汉英
土木工程大词典

A Chinese-English Civil Engineering Dictionary

中交第四航务工程勘察设计院有限公司

罗新华 主编

人民交通出版社股份有限公司
China Communications Press Co.,Ltd.

内 容 提 要

《汉英土木工程大词典》共收集词条约106万，内容涵盖房屋建筑工程、港口航道工程、道路与桥梁工程、铁路工程、岩土工程、地下与隧道工程、市政工程、水利水电工程、城市轨道交通工程、矿冶工程、工程机械、建筑材料、健康安全环保(HSE)以及数理化等相关学科专业方面的词组、短语，可供从事土木工程相关方面的广大科技人员参考使用。

图书在版编目(CIP)数据

汉英土木工程大词典：全2册/罗新华主编. --北京：人民交通出版社股份有限公司，2016.4
ISBN 978-7-114-12909-4

Ⅰ. ①汉… Ⅱ. ①罗… Ⅲ. ①土木工程－词典－汉、英 Ⅳ. ①TU-61

中国版本图书馆CIP数据核字(2016)第065039号

书　　名：汉英土木工程大词典(上)
著 作 者：罗新华
责任编辑：杜　琛　邵　江
出版发行：人民交通出版社股份有限公司
地　　址：(100011)北京市朝阳区安定门外外馆斜街3号
网　　址：http://www.ccpress.com.cn
销售电话：(010)59757973
总 经 销：人民交通出版社股份有限公司发行部
经　　销：各地新华书店
印　　刷：北京市密东印刷有限公司
开　　本：880×1230　1/16
印　　张：293.25
字　　数：24000千
版　　次：2016年4月　第1版
印　　次：2016年4月　第1次印刷
书　　号：ISBN 978-7-114-12909-4
总 定 价：998.00元(上、下册)

《汉英土木工程大词典》
编　委　会

总策划：朱利翔

审　定：王汝凯

主　编：罗新华

副主编：覃　杰　张丽君

编　委（按姓氏笔画顺序）：

卢永昌　田俊峰　刘　堃　刘诗净　朱利翔　佘　红　佘巧玲　佘树阳
张丽君　张　勇　张宏铨　张欣年　张冠绍　张惠丽　张镇鹏　李　杨
李　虹　李伟仪　李华强　杨云兰　沈力文　肖玉芳　陈哲淮　陈策源
陈潇惠　周　娟　周鑫强　周晓琳　周　野　罗　梦　罗新华　苗　辉
金文龙　姚鸿志　唐群艳　徐少鲲　贾　镇　高月珍　高志成　曹培璇
梁　桁　黄　怡　黄　雄　彭　清　覃　杰　谢焰云　廖建航　蔡泽明
潘　磊

顾　问：蔡长泗　王将克　麦土金　阳至忠

校　审（按姓氏笔画顺序）：

马秋柱　孔　明　王四根　王玉平　王学武　王征亮　邓　涛　代云霞
冯　娜　厉　萍　叶雅图　关劲松　刘　永　刘黎明　刘　思　刘自闯
刘树明　吕　剑　孙英广　许建武　闫永桐　严义鹏　何日青　何旭如
何康桂　何智敏　张　伟　张　珂　张　程　张丽琼　张丽珊　张连浩
张校强　张继生　张　恩　张雪君　张瑞芬　李　聪　李　刚　李秀英
杜　宇　杨兴文　杨建冲　杨艺冠　杨彩燕　沈启亮　沈炎贵　苏莉源
连石水　邱铎冠　陈相宇　陈　健　陈文婷　麦文冲　周　顶　林正珍
林济南　林海标　林向阳　罗　逸　姚　颢　姚紫涵　查恩尧　洪璇玲
祝刘文　胡东伟　胡龙胜　饶梓彪　唐有国　柴海斌　耿高飞　郭大维
高　浪　梁文成　梁卫军　黄丹苹　黄志伟　彭春元　曾青松　曾香华
程　娟　韩　冰　韩凤亭　蔡锡荣　潘晓军　黎维祥　戴利云

电脑输入与处理：

罗新华　张丽君　覃　杰　佘树敏　张文贤　张丽影　张喜顺　张再嘉
张　嘉

《汉英土木工程大词典》
编 辑 组

责任编辑：杜 琛 邵 江

审 稿：邵 江 杜 琛 王 霞 李 坤 尤晓暐 周往莲 富砚博 田克运

编 辑：杜 琛 卢 珊 陈力维 卢俊丽 张 鑫 王景景 李学会 张 洁 韩彩君

总　序

土木工程是一门古老的学科，人类在远古的时候就进行各种土木工程活动，如盖房子、修路、筑堤坝、烧黏土砖等。当时土木工程涉及的领域比较少，后来慢慢发展起来，到17世纪西方工业革命以后，土木工程得到高速的发展。我国也在近代派遣了许多学生到西方学习土木工程学和建筑学，他们学成归来，为我国该类学科做出了巨大的贡献。但是，在新中国成立之前，基本上没有出版过有关英汉或者汉英土木工程方面的辞书。

新中国成立以后，随着国际交流日益增多，有关出版社也出版了一些英汉土木工程方面的辞书，例如《英汉铁路词典》(1975年)，这些辞书基本上是应当时国家援建项目需要而编写的。

1978年，改革开放的春风吹遍祖国的大江南北，祖国各行各业的发展蒸蒸日上，土木工程学也得到空前的发展，一大批包括工程建设公司、建设监理、咨询公司等在内的外资企业进驻中国，开展基本建设方面的业务。同时，由于国际间土木工程方面的学术交流日益增多，对英汉、汉英土木工程辞书的需求也显得更为迫切。有关出版社也出版了各行各业的英汉、汉英辞书，在一定程度上满足了当时发展的需要。但是随着科技的高速发展，以及超大型工程项目，如港珠澳大桥、上海洋山港深水港区等的建设，涉及了大量的土木工程方面问题，需要国际间土木工程专家共同商讨并解决。为了交流沟通，专业的翻译显得特别重要，工作过程中也离不开这方面的辞书。

2013年9月和10月，中国国家主席习近平在出访中亚和东南亚国家期间，先后提出共建"丝绸之路经济带"和"21世纪海上丝绸之路"的重大倡议，得到国际社会高度关注。随着国家"一带一路"战略的实施，中国将有更多的工程技术人员走向海外，参与境外土木工程建设，并成为新常态。

从事土木工程专业英语翻译的广大科技人员都有一个愿望，就是手头拥有一部综合的英汉土木工程方面词典和一部汉英土木工程词典或者这方面的电子书，这样工作起来就比较得心应手。该大词典的主编罗新华硕士和编写组大多数人员长期从事国内外土木工程项目咨询、勘察、设计、施工和监理工作，深深感到编写该辞书的重要性和必要性，经过25年的不懈努力，终于完成了《英汉土木工程大词典》(共收集词条约83万条)和《汉英土木工程大词典》(共收集词条约106万条)，前者已于2014年初出版，出版后受到业界的广泛好评，也盼望后者能够早日出版。在交通运输部科技司、中国交通建设股份有限公司、人民交通出版社、中交第四航务工程勘察设计院有限公司以及其他兄弟单位的大力支持下，编写组又经过两年多的努力，《汉英土木工程大词典》如愿完成，为我国土木工程界增添了一部实用型基础工具书。

《汉英土木工程大词典》一书的最大特点是收集了海量词条(约106万条)，为了满足各方面的要求，不但收集大量工程需要的新词汇，以满足目前正在进行的国内外土木工程项目的需要，而且还收集了各个时期已有的词汇，以满足在高校或者科研机构从事土木工程研究的科技人员以及广大工程技术人员的需要。同时与时俱进，为适应当今社会智能化时代的需要，词典以电子书的思路进行编写，这样用起来更方便。比如承包商、承包人、承包者这三个中文词条对应的英文都是contractor，使用者可以根据需要通过电子书进行查找选择。如果只给出中文词条其中的一个，查找时就会出现经常找不到词的情况。

我相信该大词典的出版，将为从事土木工程的科技人员提供极大方便。

中国科学院院士

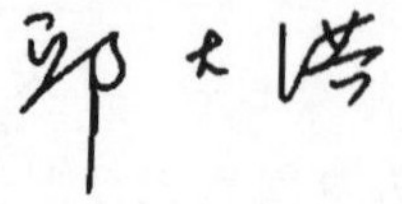

2015年12月于大连

序

2013 年 9 月和 10 月，中国国家主席习近平在出访中亚和东南亚国家期间，先后提出共建“丝绸之路经济带”和“21 世纪海上丝绸之路”（以下简称“一带一路”）的重大倡议，得到国际社会高度关注，作为从事土木工程工作的科技工作者也受到极大的鼓舞。随着国家“一带一路”战略的实施，尤其是我国各行业海外业务的不断扩大，国内原有传统的有关汉英土木工程专业方面的辞书已经不能适应新的要求，很有必要编写一部综合性的汉英土木工程方面的辞书，以满足广大科技工作者在国内外学习和工作中的需要。

《汉英土木工程大词典》是在《汉英港湾工程大词典》（2000 年 4 月人民交通出版社出版，约 18.6 万词条）和《英汉土木工程大词典》（2014 年 2 月人民交通出版社出版，约 83 万词条）的基础上，参考了大量的国内外相关辞书、现行规范和标准术语，进一步广泛收集了与土木工程相关的专业词汇，包括房屋建筑工程、港口航道工程、道路与桥梁工程、铁路工程、岩土工程、地下与隧道工程、市政工程、水利水电工程、城市轨道交通工程、矿冶工程、工程机械、建筑材料、健康安全环保（HSE）以及数理化等相关学科专业方面的词汇编纂而成，共收集词条约 106 万条。编写组经过两年多的不懈努力，终于完成了《汉英土木工程大词典》的编纂工作，该书是迄今国内最为完整的汉英土木工程方面的辞书。

该大词典的出版，将在很大程度上满足从事土木工程方面工作的广大科技工作者和工程技术人员阅读和翻译英文的需求。

中国工程院院士

谢世楞

2015 年 9 月于天津

前　言

《汉英土木工程大词典》历经25载不懈努力，终于与读者见面了，这是一件值得庆贺的事情！20世纪80年代初的某个晚上，编者在广州中山大学图书馆晚自修，因学习需要进入外文工具书阅览室借阅有关地质方面的英汉词典。但看到的是，宽敞的书架上只放了几本不到300页(16开本)的非土木工程专业词典和两本厚厚的美国人编的韦氏词典(大16开本)。当时编者便感慨于韦氏词典编者的伟大；佩服之余，心生今后也要编出这样大部头综合性权威词典的理想。1990年，编者硕士毕业，其后一直在国内外从事岩土工程勘察类工作，经常接触到工程报告、招投标书的翻译，也经常因找不到可用的相关专业词典而苦恼，于是萌发了编写汉英土木工程方面词典的想法，并在王汝凯、麦土金等专家教授的鼓励下开始了资料搜集工作。

1997年初，编者完成了《汉英港湾工程大词典》的编撰工作，收录词汇约186000条，该书于2000年4月由人民交通出版社出版。在该词典编写过程中，编者偶然在一本有关土木工程的辞书中看到这样一句话："土木工程学科发展到今天，英汉土木工程词汇估计有三十多万条"。为了这个答案，在好奇心的驱使下，编者凭借兴趣和长期在国外及港澳地区的工作需要，尝试收集，结果发现，在实践中收集的词条远远超过这些。

2003年初，许多专家向编写组提议，仅有汉英部分不是很全面，应该配上英汉部分使用才方便。于是便把《汉英港湾工程大词典》转换为《英汉港湾工程大词典》(没有出版)继续收集编写。2014年，时值中交第四航务工程勘察设计院成立50周年，为了庆祝建院50周年，便于2014年2月先期出版了《英汉土木工程大词典》(人民交通出版社出版，收录词条约86万)，并在此基础上，继续进行《汉英土木工程大词典》的编写工作。

在该词典的编写过程中，编者参考了大量的国内外相关辞书、现行规范和标准术语，进一步广泛收集了与土木工程相关的专业词汇，包括房屋建筑工程、港口航道工程、道路与桥梁工程、铁路工程、岩土工程、地下与隧道工程、市政工程、水利水电工程、城市轨道交通工程、矿冶工程、工程机械、建筑材料、健康安全环保(HSE)以及数理化等相关学科专业方面的词汇编纂而成的，共计词条约106万。编者在本书收录词条的过程中，特别注意以下两方面：第一，高校和科研单位需要；第二，土木工程项目招投标、勘察设计以及施工过程中的需要，以期最大化满足土木工程科技工作者的实际需要。

本词典的词条首先源自近年来土木工程专业大类相关出版单位出版的土木工程类词典、专业图书、行业规范和标准术语等，并在收集时做了大量核查比对工作，力求对每个词条给出最为准确、常用和实用的解释；其次，参考了全国科学技术名词审定委员会公布的《土木工程名词》，并对其中部分内容进行了修订。此外，根据编者近二十年在国外和我国港澳地区参与国际、地区土木工程建设的经验，目前的土木工程勘察设计与施工特别注重健康、安全、环保(HSE)方面问题,因此本词典也收集了这方面的词条,方便广大科技工作者在工作中使用。

在词典编排顺序上,本词典采用计算机自动排序方法,首先按拼音排列,其次按声调顺序排列,这种方式符合当今智能化环境下一般科技工作者的行为习惯。文前列出了汉语拼音音节索引,便于使用者查询。

本词典在编写过程中,先后有一百多位国内外专家、教授、勘察设计大师、博士、硕士、英语专业毕业的大学生、在校大学生、常年奋战在工程项目第一线的工程师、技术人员参与。同时,也得到了交通运输部科技司、中国交通建设集团有限公司、人民交通出版社、中交第四航务工程勘察设计院有限公司以及其他兄弟单位的大力支持。中山大学地球科学与地质工程学院王将克教授、张珂教授更是在词典编写过程中给予不少帮助和指导。本词典的编纂可以说是凝聚了我国从事土木工程工作的广大科技人员的心血,在此表示衷心的感谢!

科技发展突飞猛进,土木工程新词汇不断出现,且随时间的推移某些词的词义也有所变化,热切期望广大读者使用过程中发现问题给予批评指正,也欢迎随时提供该词典没有收集到的相关词条,为以后再版输送新鲜血液。相信有读者的热心参与,该词典将更加完善。

主编:罗新华

2016年3月3日于广州

总　目

凡　　例

1. 本词典系按汉语拼音字母顺序采用计算机程序进行排列，术语单词、复合词和短语一律顺排。对于含有阿拉伯数字和西文字母的词条，以阿拉伯数字、西文字母、汉字拼音字母顺序排列；对于含有标点符号的词条，不考虑标点符号的影响，只以标点符号前后两字的顺序排列；同音异调的汉字按声调顺序排列。

2. 当中文词条有多个英文词条释义时（即一词多译情况），不同的英文释义词条分列，并用分号（;）将不同释义分隔开。例如：

框架结构 frame(d) construction;frame(d) structure;rahmen;skeleton structure;skeleton type construction

3. 括号的用法

(1)( )圆括号

表示可省略的汉字、字母或单词，例如：

路拌柏油（沥青）混合料路面 tar-road-mix surface

框架 frame (bent);pigsty(e);skeleton (frame)

(2)[ ]方括号

① 可替换前面的中文汉字，但括号外字形为推荐字形，例如：**黏[粘]**

② 可替换前面的单词，例如：**蜡片** wax disc[disk]；**缆索吊装设备** cableway erecting equipment[plant]

③ 英文缩略语，例如：**零功率铀系统** zero energy uranium system[zeus]

④ 英文缩略语解释，例如：**零功率热核装置** Zeta[zero Energy Thermonuclear Assembly]

⑤ 英文单词的复数形式，例如：**卵石饰** ovum[复 ova]

(3) < >尖括号

表示对中文词条的进一步注释或对英文释义用法的补充说明，例如：

螺旋式整平摊铺机 < 混凝土 > combination screw-screed spreader

螺旋管塞 casing head < **井钻的** >;casing cap

(4)【 】鱼尾括号

表示专业或学科，例如：**【铁】，表示铁路工程**

4. 当主词条有多个英文释义时，为节省篇幅和便于查阅进行适当合并，并用正斜杠（/）分隔，表示多个英文释义可互相替代使用，例如：

横撑 cross arm[bar/ beam/ bracing/ strut/ tie/ transom]

5. 专业或学科代号

【数】数学
【道】道路工程
【航空】航空学
【地】地质学
【气】气象学
【天文】天文学
【动】动物学
【农】农业学
【港】港口航道工程
【航海】航海学
【无】无线电子学
【矿】矿物学
【机】工程机械
【救】救捞工程
【生】生物学
【军】军事工程
【建】房屋建筑工程
【化】化学化工
【给】给排水
【水文】水文学
【疏】疏浚工程
【声】声学
【暖通】暖通工程
【物】物理
【铁】铁路工程
【岩】岩土工程
【测】测量学
【计】计算机
【植】植物学
【冶】矿冶工程

汉语拼音音节索引

A

吖

吖丙啶 ethyleneimine

吖丁啶 azetidine
吖啶 acridine
吖啶橙 acridine orange
吖啶橙染色法 acridine orange staining method
吖啶橙荧光染色法 acridine orange fluorescent staining
吖啶橙直接计数 acridine orange count
吖啶酚 acridol
吖啶红 acridine red
吖啶黄 acridine yellow; acriflavinium chloride
吖啶黄素 acriflavine
吖啶基 acridinyl
吖啶氯 acrizane
吖啶染料 acridine dye
吖啶酸 acridinic acid
吖啶琐辛 acrisorcin
吖啶酮 acridone; dihydroke toacridine
吖啶系染料 acridine system dye
吖庚因 azepine
吖黄素直接细胞计数 acriflavine direct cell count
吖内酯 azlactone
吖嗪 azine
吖嗪染料 acridine dye; azine dye; azines; phenazine dye
吖糖 acrose
吖糖醇 acritol

阿

阿(夏)熔岩 aa lava

阿埃隆铝合金 Aeron
阿巴丹炼油厂 <伊朗> Abadan Refinery
阿巴林 abalyn
阿巴洛伦茨薄壳桩 shell pile Aba-Lorenz
阿巴洛伦兹(带)套管桩 cased pile Aba-Lorenz
阿坝古陆 Aba old land
阿坝盆地 Aba basin
阿贝比长器原理 Abbe's comparator principle
阿贝比长仪 Abbe comparator
阿贝不变量 Abbe invariant
阿贝不变式 Abbe invariant
阿贝常数 Abbe constant
阿贝成像理论 Abbe's theory of image formation
阿贝成像原理 Abbe's theory of image formation
阿贝处理 Abbe's treatment
阿贝尔闭杯闪点 Abel flash point
阿贝尔闭杯闪点测定仪 Abel closed cup flash point apparatus
阿贝尔闭杯闪点检验仪 Abel closed cup testing apparatus
阿贝尔闭杯闪点试验仪 Abel closed cup flash point apparatus
阿贝尔闭杯试验 Abel's close test
阿贝尔闭式试验器 Abel closed tester
阿贝尔-宾斯基闭杯闪点试验 Abel-Pensky flash point test
阿贝尔-宾斯基闭杯式闪点试验器 Abel-Pensky closed cup flash point tester
阿贝尔不等式 Abel's inequality
阿贝尔测定仪 Abel tester
阿贝尔定理 Abel theorem
阿贝尔富度 Abell richness class
阿贝尔积分方程 Abel's integral equation
阿贝尔加热试验 Abel heat test
阿贝尔金相浸蚀剂 Abel's reagent
阿贝尔密闭试验 <一种测定液体燃料和润滑油闪点的方法> Abel's close test
阿贝尔耐热试验 Abel heat test
阿贝尔群【地】Abelian group
阿贝尔闪点 closed flash point
阿贝尔闪点(测定)仪 Abel flash point apparatus
阿贝尔闪点试验 Abel flash point test
阿贝尔闪点试验器 Abel flash point tester; Abel tester
阿贝尔闪点试验仪 Abel testing apparatus
阿贝尔试剂 Abel reagent
阿贝尔收敛性判别法 Abel's test of convergence
阿贝尔问题 Abel's problem
阿贝尔域 Abelian domain; Abelian field
阿贝分辨率判据 Abbe resolution criterion
阿贝辐射率定律 Abbe radiance law
阿贝格八值定则 Abegg's rule of eight
阿贝格规则 Abegg's rule
阿贝格制盐法 Alberger process
阿贝公式 Abbe's formula
阿贝光度定律 Abbe's photometric law
阿贝聚光镜 Abbe's condenser
阿贝聚光器 Abbe's condenser
阿贝孔径计 Abbe's apertometer
阿贝棱镜 Abbe's prism
阿贝理论 Abbe's theory
阿贝立特炸药 Abelite
阿贝零不变量 Abbe's zero in variant
阿贝目镜 Abbe's eyepiece
阿贝判据 Abbe's criterion
阿贝球径计 Abbe's spherometer
阿贝数 Abbe's number
阿贝数值孔径计 Abbe's apertometer
阿贝双衍射原理 Abbe's double diffraction principle
阿贝他石油 Aberta oil
阿贝透镜成像理论 Abbe's theory of imaging
阿贝显微镜描图器 Abbe's camera lucida
阿贝原理 Abbe's principle
阿贝照明器 Abbe's illuminator
阿贝折射计 Abbe's apparatus
阿贝折射率计 Abbe's refractometer
阿贝折射仪 Abbe's refractometer
阿贝正弦定律 Abbe's sine law
阿贝正弦定则 Abbe's sine rule
阿贝正弦条件 Abbe's sine condition
阿贝值 Abbe's value; Abbe's number
阿贝准则 Abbe's criterion
阿贝自动对准测量方法 Abbe's autocollimation measuring method
阿贝自准直量度法 Abbe's autocollimation measuring
阿贝坐标量测仪原理 Abbe's comparator principle
阿贝坐标仪原理 Abbe's comparator principle
阿倍尔闭杯闪点测定仪 Abel closed tester
阿苯 acetysalicylic acid phenobarbital
阿苯达唑 albendazole
阿比里特炸药 amberite
阿比让 <科特迪瓦经济首都> Abidjan
阿比让港 <科特迪瓦> Port Abidjan
阿比斯接口 Abis interface
阿比提比带 Abitibi belt
阿比西尼亚假金 Abyssinian gold
阿比西尼亚建筑 Abyssinian architecture
阿比西尼亚(式)井 <用于取中等硬度地层的地下水> Abyssinian well; Abyssinian driven well
阿庇乌大道 <古罗马皇帝 Appius 所建军用大道,长 350 英里,1 英里 = 1.609 千米> Appian Way
阿庇亚街道 Via appia antica
阿别纳提矿 abernathyite
阿波克连酸 Apocrenic acid
阿波罗阿尔发能谱仪 Apollo alpha spectrometer
阿波罗飞船对接试验装置 Apollo docking test device
阿波罗计划 Apollo program(me)
阿波罗简单透度计 Apollo simple penetrometer
阿波罗禁猎区 sanctuary of Apollo
阿波罗纳尔镜头 Apo-Ronar lens
阿波罗尼定理 Apolloniu's theorem
阿波罗尼圆 Apolloniu's circle
阿波罗全景摄像机 Apollo panoramic camera
阿波罗神庙 <古希腊> Temple of Apollo; Temple of Apollo Epicurius
阿波罗生物环境信息系统 Apollo bioenvironmental information system
阿波罗圣地 sanctuary of Apollo
阿波罗数据库 Apollo Data Bank
阿波罗天体 Apollo object
阿波罗应用 Apollo application
阿波罗应用计划 Apollo applications program(me)
阿波耶系统 oboe
阿伯丁 <澳、英、加、美、南非产的银灰色有云母黑点的花岗岩> Kemnay
阿伯丁花岗岩 Arberdeen granite
阿伯克龙比和菲奇公司 Abcrcrombie-Fitch
阿伯斯投影 Ablers projection
阿伯西斯酸 abscisic acid
阿勃拉莫夫公式 Arpenamef formula
阿布茨佰新根陶器 Abtsbessingen faience
阿布德哈尔登反应 Abderhalden's reaction
阿布拉姆定律 <即,混凝土强度取决于水灰比> Abram's law
阿布拉姆森型矫直机 Abramsen straightener
阿布拉姆斯水灰比定律 Abram's water/cement ratio law
阿布拉姆细度模量 Abram's fineness modulus
阿布拉姆细度模数 Abram's fineness modulus
阿布拉姆逊码 Abramson code
阿布拉姆圆锥 Abram's cone
阿布雷顿 <一种抛光用氧化铝粉> abradum
阿布罗斯镍铬锰耐蚀合金 Abros
阿布尼凹面光栅装置 Abney mounting for concave grating
阿布尼测斜器 Abney clinometer
阿布尼定律 Abney's law
阿布尼色度装置 Abney's colo(u)r patch apparatus
阿布尼闪变光度计 Abney flicker photometer
阿布尼式测斜仪 Abney level
阿布尼水准器 Abney level
阿布尼水准仪 Abney level
阿布尼效应 Abney effect
阿布尼装法 Abney mounting
阿布萨罗克造山运动 Absarokan orogeny
阿布森抽提试验 <用于美国 ASTM 规定的沥青混合料试验> Abson extraction test
阿布石 ablykite
阿布松分离(萃取)法 Abson recovery method
阿布松回收法 Abson recovery method
阿布妥因 albutoin
阿布辛贝勒神庙 <古埃及> Temple of Abu Simbel
阿布辛勒小石窟神庙 Small Temple of Abu-Simbel
阿策尔巴乙酰化黏[粘]胶纤维 Acelba
阿策塔醋酯长丝 Aceta
阿策塔特罗迪阿醋酯短纤维 Acetat Rhodia
阿昌门利亚建筑艺术 <公元前 6 世纪至公元前 4 世纪> Achamenian Persian architecture
阿窗酸 atronic acid
阿刺的数字 cipher
阿达林自适应线性元件 Adaline adaptive linear element
阿达铝合金 Ardal
阿达曼铬锰钢 adamantine
阿达姆松接头 <锅炉> Adamson joint
阿达姆松联结环 Adamson's ring
阿达穆生丝 Ardamu silk
阿达特砂型离心铸管法 Ardelt process
阿丹森尼亚纤维 Adansonia fibre
阿德莱德地槽【地】Adelaide geosyncline
阿德莱德港 <澳大利亚> Port Adelaide
阿德莱德羊毛 Adelaide wool
阿德莱德棕色料 Adelaide brown colo(u)r
阿德莱熔模铝热离心浇注法 Adeline steel making process
阿德兰-克鲁克斯X贮片盒 Ardran-Crooks cassette
阿德勒高速射线管 Adler tube
阿德勒铜铵丝 Adler silk
阿德密拉铜锌镍合金 Admiro
阿德莫斯排溢铸造(法) Admos die casting
阿德尼克铜镍合金 Adnic
阿登尼斯地块【地】Ardennes massif
阿登诺棉 Adenos cotton
阿登造山运动【地】Ardennian orogeny
阿地砜钠 aldesulfone sodium
阿地西林 adicillin
阿东酸 adonic acid
阿恩合金 Arnd alloy
阿尔巴磁力探伤仪 Alba crack detector
阿尔巴达黄铜 Albata metal
阿尔巴达取景器 Albada finder
阿尔巴达铜合金 Albata alloy
阿尔巴红 alba red
阿尔巴洛伊电解淀积用铜锡锌合金 Albaloy
阿尔巴尼黏[粘]土 Albany clay
阿尔巴尼亚 Albania
阿尔巴提花丝绒 Alba velvet
阿尔巴银钯合金 Alba alloy
阿尔邦杜尔包皮纯铝超硬铝板 Albondur
阿尔卑斯地槽【地】Alpine geosyncline
阿尔卑斯地壳类型 Alpine crustal type
阿尔卑斯古气候期 Alpine paleoclimate epoch
阿尔卑斯海槽 Alpine marine trough
阿尔卑斯海退 Alpine regression
阿尔卑斯期【地】Alpine period
阿尔卑斯气吹式清洗筛 Alpine airswept sieve
阿尔卑斯前缘相 prealpine facies
阿尔卑斯浅绿凝灰岩 pietraverdite
阿尔卑斯三叠系 Alpine Triassic system
阿尔卑斯山脉 <欧洲中南部> Alps; Montes Alpides

A

阿尔卑斯山岳冰川 mountain glacier of Alpine
阿尔卑斯式 Alpine fold
阿尔卑斯式大地构造 Alpinotype tectonics
阿尔卑斯式高山造山作用【地】Alpine orogeny
阿尔卑斯式相 alpine type facies
阿尔卑斯式褶皱 Alpine type (of) folding
阿尔卑斯-喜马拉雅地槽系【地】Alpine-Himalayan geosyncline system
阿尔卑斯型超镁铁岩体 Alpine type of ultramafic rock body
阿尔卑斯型超铁镁岩组合 Alpine type ultramafic associations
阿尔卑斯型(高山)冰川 Alpine glacier
阿尔卑斯型构造 Alpinotype tectonics
阿尔卑斯型矿脉 Alpine type veins
阿尔卑斯月谷 Vallis Alpine
阿尔卑斯运动【地】Alpine movement
阿尔卑斯造山带【地】Alpine orogen; Alpides
阿尔卑斯造山运动【地】Alpine orogeny
阿尔贝斯电缆 Alpeth cable
阿尔本醋酯纤维 Albene
阿尔本纳无光醋酯长丝 Albuna
阿尔比翁期 Albionian
阿尔伯达低压 Alberta low
阿尔伯达盆地 Alberta basin
阿尔布克尔造山运动 Arbuckle orogeny
阿尔布拉克高强度铝黄铜 Albrac
阿尔布西 albucid; sulfacetamide
阿尔达尔铝合金 Aldal
阿尔达钢 Alda
阿尔达里铜合金 aldary
阿尔丹德多角形屋顶 <后哥特式屋顶> Ardand type polygonal roof
阿尔丹地盾【地】Aldan shield
阿尔丹古陆【地】Aldan old land
阿尔丹纪【地】Aldanian period
阿尔丹陆核【地】Aldan nucleus
阿尔丹相【地】Aldan facies
阿尔德雷导线用铝合金 Adlrey
阿尔德林 aldrin
阿尔登特-埃斯特尔特反应 Arndt-Eistert reaction
阿尔登特-埃斯特尔特合成 Arndt-Eistert synthesis
阿尔迪科高强度低合金钢 Aldecor
阿尔蒂斯信号灯 <用于夜间三角测量> Aldis (signaling) lamp
阿尔丁斯克阶 <早二叠世>【地】Artinskian (stage)
阿尔杜布拉铝黄铜 Aldurbra
阿尔杜拉尔包铝硬铝合金 Aldural alloy
阿尔杜铝锌镁合金 Aldur
阿尔多仿 Aldoform
阿尔发固溶体 alpha solid solution
阿尔法 alpha
阿尔法-贝塔搜索 alpha-beta search
阿尔法变化 alpha diversity
阿尔法测量法 alpha survey method
阿尔法次幂 alpha order
阿尔法方英石 alpha-cristobalite
阿尔法放射体 alpha emitter
阿尔法放射线的能量损失 alpha energy loss
阿尔法放射性 alpha activity; alpha radioactivity
阿尔法放射性测量 alpha radioactivity measuring
阿尔法放射性条件 alpha-active condition
阿尔法辐射 alpha radiation
阿尔法过程 alpha process
阿尔法黄铜 alpha brass
阿尔法黄铜合金 Alpha brass alloy
阿尔法活化 alpha activation
阿尔法几何图形 alphageometric graphic
阿尔法计数器 alpha counter
阿尔法截止频率 <晶体三极管> alpha cut-off frequency
阿尔法晶体 alpha-crystal
阿尔法径迹测量法 trace measurement method
阿尔法卡仪型号 Alpha card meter model
阿尔法粒子 alpha particle
阿尔法粒子电离压强计 alphatron
阿尔法粒子发射 alpha-particle emission
阿尔法-鳞石英 alpha-tridymite
阿尔法欧米伽 alpha omega
阿尔法铅法 lead-alpha method
阿尔法强度变化图 figure of variation of alpha-intensity
阿尔法强度等值图 contour map of alpha ray intensity
阿尔法强度平剖图 profile on plane of alpha intensity
阿尔法青铜 alpha bronze
阿尔法热释光法 alpha heat releasing light method
阿尔法射线 alpha ray
阿尔法射线的反常散射 alpha anomalous scattering
阿尔法射线监测仪 alpha monitor
阿尔法射线卡片阅读器 Alpha card reader
阿尔法射线谱法 alpha-ray spectrometry
阿尔法射线探测 alpha detection
阿尔法石膏 alpha gypsum
阿尔法衰变【物】alpha decay
阿尔法铁 alpha-iron
阿尔法系数 alpha coefficient; alpha factor
阿尔法纤维素 alphacellulose
阿尔法仪 alfameter
阿尔法仪埋设读数法 alpha-meter buried reading method
阿尔法仪型号 alpha-meter model
阿尔法值 alpha value
阿尔法质点 alpha particle
阿尔法桩 <同时采用打入法和现浇混凝土法施工的桩型> alpha pile
阿尔费尔铁铝磁致伸缩合金 Alfer
阿尔费留姆铝合金 Alferium
阿尔费隆耐酸合金 Alferon
阿尔费罗铁铝磁致伸缩合金 Alfer(o)
阿尔芬二元铝合金 Alfin alloy
阿尔芬尼德金属 Alfenide metal
阿尔芬尼德铜锌镍合金 Alfenide
阿尔芬诺尔铝铁合金 Alfenol
阿尔芬诺尔铝铁合金粉 Alfenol flake
阿尔芬斯 Alphonsus
阿尔芬轴承合金 Alfin alloy
阿尔芬铸塑法 Alfin process
阿尔夫威德森分布 Arfwedson distribution
阿尔福德环 Alford loop
阿尔福德环形天线 Alford loop antenna
阿尔福德天线 Alford antenna
阿尔福加斯厚帆布 Alforgas
阿尔富尔 Alfol
阿尔干灯 Argand lamp
阿尔干图 <两垂直轴,一为实数轴,一为虚数轴> Argand diagram
阿尔冈纪【地】Proterozoic (era); Algonkian period
阿尔冈系 <元古界> Algonkian system
阿尔高夫亚阶【地】Argovian
阿尔戈-邦德易熔合金 Argo-Bond alloy
阿尔戈-弗洛四元合金 Argo-Fio alloy
阿尔戈海盆 Argo basin
阿尔戈-斯维夫特四元合金 Argo-Swift alloy
阿尔格锡锑(轴承)合金 Alger's metal
阿尔贡反应堆计算 Argonne reactor computation
阿尔贡高通量反应堆 Argonne high flux reactor
阿尔贡国家实验室 Argonne National Laboratory
阿尔贡三辊式冷轧管机 Argonne three-roll tube reducer
阿尔汗布宫 <13~14世纪西班牙的> Alhambra
阿尔赫西拉斯港 <西班牙> Port Aleciras
阿尔及尔 <阿尔及利亚首都> Algiers
阿尔及尔港 <阿尔及利亚> Port Algeriers
阿尔及利亚 <非洲> Algeria
阿尔及利亚新石油法 Algeria's New Petroleum Act
阿尔加极性巨带 Arga polarity hyperzone
阿尔加极性巨时 Arga polarity hyperchron
阿尔加极性巨时间带 Arga polarity hyperchron zone
阿尔加锡锑系轴承合金 Algier metal
阿尔卡耳法 Alkar process
阿尔科阿耐蚀铝合金 Alcoa alloy
阿尔科凹版法 Alco gravure process
阿尔科基轴承合金 Alco metal
阿尔科克管 Alcock's canal
阿尔科克氏管 canalis pudendalis
阿尔科列特酚醛树脂 arcolite
阿尔科马克斯铝镍钴铜型永磁合金 Alcomax alloy
阿尔科马克斯永久磁铁 Alcomax
阿尔科显微刀 Arco microknife
阿尔科相干测量雷达 Alcor
阿尔克拉德纯铝覆面的硬铝合金 Alclad
阿尔克莱德包铝 clad
阿尔克罗姆铁铬铝电阻合金 Alchrome
阿尔克罗塔尔电阻合金 Alchrotal
阿尔雷铁铬镍耐热合金 Alray
阿尔露德间冰段【地】Allerod interstade
阿尔马格合金 Almag alloy
阿尔马格铝镁合金 Almag
阿尔马莱克 Almalec
阿尔马赛高硬度铝镁硅合金 Almasil
阿尔马西林铝镁硅合金 Almasilium
阿尔梅莱克铝基合金 Almelec
阿尔美利亚陶器 Almiria ware
阿尔门极压润滑剂试验机 Almen extreme pressure lubricant testing machine
阿尔门摩擦试验机 Almen friction machine; Almen tester
阿尔门-奈兰德试验 Almen-Nylander test
阿尔门试验机 Almen machine
阿尔蒙多项式滞后型式 Almon scheme of polynomial lag
阿尔蒙分布滞后模型 Almon distributed lag model
阿尔蒙滞后 Almon lag
阿尔蒙滞后型式 Almon lag scheme
阿尔米纳尔铝硅系耐蚀合金 Alminal
阿尔穆莱特硅砖 <平炉用> Almulit
阿尔内昂铝锌铜合金 Alneon
阿尔内斯分类 Arneth's classification
阿尔内斯公式 Arneth's formula
阿尔内斯计 Arneth's scale
阿尔内斯计数 Arneth's count
阿尔内斯指数 Arneth's count; Arneth's index
阿尔乃昂铝锌合金 Alneon
阿尔尼夫莱克斯溶液 Alniflex solution
阿尔尼古V形磁铁 <一种铝镍钴合金> alnico V magnet
阿尔尼科合金 alumin(i)um nickel-cobalt alloy; Alnico
阿尔尼科铝镍钴合金 Alnico alumin(i)um-nickel-cobalt alloy
阿尔尼科烧结铝镍钴铁 Alnico sintered magnet
阿尔尼科铁镍铝钴系永磁合金 Alnico permanent magnet alloy
阿尔尼克铝镍沉淀硬化型永磁合金 Alnic alloy
阿尔尼克镍铝铸造磁铁 Alnic magnet
阿尔尼克铁镍铝合金 Alnic
阿尔尼铁镍铝(永磁)合金 Alni
阿尔尼西铁镍铝硅合金 Alnisi
阿尔帕卡 alpaca
阿尔帕卡锌白铜 Alpakka
阿尔帕姆高磁导率铁铝合金 Alperm
阿尔品 <法国旧时土地面积单位> arpent
阿尔珀特电离计 Alpert-ionization ga(u)ge
阿尔丘迈特金黄色铝青铜 Alcumite
阿尔噻嗪 altizide
阿尔申 <俄尺度,1俄尺=71.12厘米> archine
阿尔塔泥 Alta-mud
阿尔塔膨润土 Alta-mud
阿尔太普印字传输系统 Artype 阿尔泰北塔山海槽【地】Altay-north Tashan marine trough
阿尔泰地槽 Altay geosyncline
阿尔泰地洼区【地】Altay Diwa region
阿尔泰构造段 Altay tectonic segment
阿尔泰海槽 Altay marine trough
阿尔泰峭壁 palisade Altay
阿尔泰山脉 Altai; Montes Altai
阿尔泰早古生代俯冲带 Altay early Paleozoic subduction zone
阿尔泰造山带 Altaides
阿尔泰褶皱系 Altay fold system
阿尔特弥斯定位系统 <一种海上定位系统名> Artemis
阿尔特弥斯神庙 <供奉月亮女神的建筑> Artemiseion
阿尔瓦雷兹型直线加速器 Alvarez accelerator
阿尔瓦乙烯树脂 alvar
阿尔维林 alverine
阿尔维铝镁硅合金 Aldrey
阿尔文波 Alfven waves
阿尔文频率 Alfven frequency
阿尔文数 Alfven number
阿尔文速度 Alfven speed; Alfven velocity
阿尔文湍动 Alfven turbulence
阿尔西阿铝硅合金 Alsia
阿尔西菲铁硅铝(磁性)合金 Alsifer
阿尔西隆高铝耐热铸铁 Alusirion
阿尔西隆耐热耐酸铝硅铸铁 Alsiron
阿尔西明铁硅铝合金 Alsimin
阿尔西塞迈克合金 Alsithermic alloy
阿尔纤维长度试验仪 Almeter
阿尔曾铝铜锌合金 Alzen
阿发伊神庙 <古希腊> Temple of Aphaia
阿法尔三向联结构造 Afar triple junction structure
阿法尔洼地 Afar depression
阿房宫 E-Pang Palace
阿夫罗狄蒂-乌拉尼阿神庙 Temple of Aphrodite Ourania
阿夫唐冰期【地】Aftonian interglacial epoch

阿夫唐间冰阶【地】Aftonian interglacial stage
阿弗伽德罗定律 Avogadro's law
阿弗伽德罗假说 Avogadro's hypothesis
阿弗伽德罗数 Avogadro's number
阿弗科分子试验系统 Avco molecular test system
阿伏克 avogram
阿芙栏 <一种预制房屋> Alframe
阿芙林聚酯纤维 Avlin polyester fibre
阿芙齐裁 avehess
阿富汗 <亚洲> Afghanistan
阿钙霞石 afghanite
阿盖佐依德铜镍锌焊剂合金 Arguzoid alloy
阿干树油 Argan oil
阿戈菲尔铜锰硅合金 Argofil alloy
阿戈弗纶聚四氟乙烯纤维 Argoflon fiber[fibre]
阿哥墨特 E 聚合树脂 Agomet E polymer resin
阿格拉 agora(e)
阿格拉细工 <印度一种镶贴石料细工> Agra work
阿格拉珍珠清真寺 <位于印度北部的一个城市> Moti Masjid at Agra
阿格兰德法 Argelander method
阿格赛兹海下谷 Agassiz Valleys
阿格赛兹拖网 Agassiz trawl
阿格赛兹造山运动【地】Agassiz orogeny
阿根泰有光黏[粘]胶长丝 Argentea
阿根廷刺木 Chanar
阿根廷地沥青 rafaelite
阿根廷共和国中央银行 Central Bank of Argentina Republic
阿根廷钩 Argentina hook
阿根廷海盆【地】Argentina basin
阿根廷深海平原 Argentina abyssal plain
阿勾曼造山运动 Algoman orogeny
阿果蓝 Algoi blue
阿侯石 ajoite
阿基里斯群 Achilles group
阿基隆阶 <晚侏罗世晚期>【地】Aquilonian
阿基米德螺线 Archimedes spiral
阿基米德定律 Archimedes' law; law of Archimedes
阿基米德多面体 Archimedean solid
阿基米德赋值 Archimedean valuation
阿基米德公理 Archimedean axiom; Archimedes' axiom
阿基米德螺泵 Archimedes' screw pump
阿基米德螺线 Archimedean screw; Archimedean spiral; Archimedes' spiral; spiral of Archimedes
阿基米德螺旋 Archimedean screw
阿基米德螺旋泵 Archimedean screw pump
阿基米德螺旋抽水机 Archimedean screw pump
阿基米德螺旋桨 Archimedes' screw
阿基米德螺旋桨船 Archimedes' screw vessel
阿基米德螺旋提升机 Archimedean screw elevator
阿基米德螺旋提扬水机 Archimedean screw water lift
阿基米德螺旋钻 Archimedean drill; Archimedean screw
阿基米德数 Archimedes number
阿基米德体 Archimedean solid
阿基米德问题 Archimedes' problem
阿基米德蜗杆 straight-sided axial worm
阿基米德旋涡场 Archimedes spiral field
阿基米德原理 Archimedean principle; Archimedes' principle; principle of Archimedes
阿基米德钻 Archimedean drill
阿吉尔聚乙烯纤维 Agil
阿吉利斯力法 <又称柔度矩阵法> Argyris force method
阿吉纶 Agilon
阿加比耶夫分类 Acabijev classification
阿加赛因 agathin
阿加什-维约公司 Agache-Willot
阿加索依德铜合金 Argasoid
阿加新 ajacine
阿金斯型分级机 Akins' classifier
阿卡德地槽 Acadian geosyncline
阿卡德建筑 Akkadian architecture
阿卡德统 <中寒武世>【地】Acadian; Acadian series
阿卡德造山运动【地】Acadian orogeny
阿卡迪亚森号【船】Acadia Forest
阿卡胶 acaria
阿卡拉 Acala
阿卡罗厄纤维 Akaroa fiber[fibre]
阿开木油 akee oil
阿科反向极性带 Akoh reversed polarity zone
阿科反向极性时 Akoh reversed polarity chron
阿科反向极性时间带 Akoh reversed polarity chron zone
阿科洛伊镍铬耐热合金 Accoloy
阿可因 Acoin
阿克电解池 Acker cell
阿克发彩色 Agfacolo(u)r
阿克发-古伐集团 Agfa-Gevaert Group
阿克发聚酰胺 Agfa polyamide
阿克法 Acker process
阿克拉明涂料 Acramin pigment colo(u)rs
阿克蜡 <一种合成脂肪酸酯> Acrawax
阿克来木材 <沉重坚硬耐久的> Acle
阿克莱特方法 Ackeret method
阿克兰酯 Aclantate
阿克里贝尔丙烯腈共聚物短纤维 Acrybel
阿克里反应 Acree's reaction
阿克里利染料 Acrylene dye
阿克里隆 Acrilan
阿克里斯铁铬铝(耐蚀耐热)合金 Alcres
阿克林顿红砖 Accrington brick
阿克林顿工程砖 <英> Nori
阿克隆黄铜 Akron
阿克隆铝铜硅合金 Acron
阿克隆磨耗试验机 Akron(abrasion) machine; Akron abrasion tester
阿克罗诺染料 Acronol dye
阿克罗塞尔聚酯纤维 Acrocel
阿克曼车前轴 Ackermann front axle
阿克曼车转向驾驶盘 Ackermann steering
阿克曼函数 Ackermann's function
阿克曼肋形楼面 Ackermann ribbed floor
阿克曼转向 Ackermann steering
阿克曼转向机构 Ackerman steering gear
阿克米商业电码 ACME code
阿克姆梯形扣丝锥 tandem ACME tap
阿克萨聚丙烯腈短纤维 Aksa
阿克赛巴什-克孜勒塔格褶断带【地】Aksaybashishan-Kezeletag fold-fault belt
阿克赛混合炸药 alkalsite
阿克赛盆地【地】Akesai basin
阿克斯林弹性织物试验仪 Axline tester
阿克斯明斯特式地毯 Axminster carpet
阿克斯明斯特专利地毯 patent Axminster carpet
阿克缩松 acrocinonide
阿克特炸药 arkite
阿克瓦弗莱克斯聚烯烃纤维 Akvaflex
阿克烟肼 aconiazid
阿克唑酸 actithiazic acid
阿肯码 Aiken code
阿肯色大理石 Arkansas marble
阿肯色河 Arkansas River
阿肯色河航行系统 Arkansas River Navigation System
阿肯色磨石 Arkansas stone
阿肯色软松 Arkansas soft pine
阿肯色岩 Arkansas stone
阿库氯铵 alcuronium chloride
阿库纶 Akulon
阿夸罗水压式轧液机 Aquaroll mangle
阿奎纶丙烯腈短纤维 Aqualon
阿奎纶高吸水性纤维 Aqualon
阿奎特因盆地 Aquitaine basin
阿奎左重力式滤池 Aquazur filter
阿拉贝瓦缝编机 Arabeva
阿拉伯板块【地】Arabia plate
阿拉伯城堡 qasr
阿拉伯地台【地】Arabian Platform
阿拉伯非洲经济开发银行 Arab Bank for Economic Development in Africa
阿拉伯风格装饰 arabesque decoration; arabesque ornament
阿拉伯公馆 qasr
阿拉伯宫殿 kasr; qasr
阿拉伯共同市场 Arab Common Market
阿拉伯古陆【地】Arabian old land
阿拉伯光泽彩 Arabian luster
阿拉伯国家工业发展中心 Industrial Development Center for Arab States
阿拉伯国家联盟 Arab League; League of Arab States
阿拉伯海 Arabian Sea
阿拉伯海盆 Arabian basin
阿拉伯货币基金组织 Arab Monetary Fund
阿拉伯记账第纳尔 Arab Accounting Dinar
阿拉伯胶 Arabic gum; gum acacia
阿拉伯胶浆 mucialga of arabic gummy
阿拉伯胶溶液 gum water
阿拉伯胶树 acacia senegal
阿拉伯胶素 arabin
阿拉伯联合酋长国 <亚洲> United Arab Emirates
阿拉伯联盟经济理事会 Economic Council of Arab League
阿拉伯努比亚地盾【地】Arabo-Nubian Shield
阿拉伯人造卫星 Arabian satellite
阿拉伯石油 Arabian oil
阿拉伯石油输出国组织 Organization of the Arab Petroleum Exporting Countries
阿拉伯式 Arabian style; Arabic style
阿拉伯式拱 Arabic arch
阿拉伯式花饰 arabesque
阿拉伯式花饰品 arabesque ornament
阿拉伯式花纹 arabesque
阿拉伯(式花纹)装饰 arabesque decoration
阿拉伯式建筑 Arabian architecture
阿拉伯式图案 arabesque
阿拉伯式柱顶 Arabian capital
阿拉伯式柱头 Arabian capital
阿拉伯树胶 acacia; acacia gum; araban; Arabic gum; gum arabic
阿拉伯数码 Arabian cypher; Arabic numerals
阿拉伯数字 Arabic figure; Arabic number(al)
阿拉伯数字系统 algorism
阿拉伯酸 Arabic acid; arabin; gummic acid
阿拉伯酸盐 arabate
阿拉伯糖 arabinose; pectinose
阿拉伯天然气讨论会 Arab Gas Symposium
阿拉伯铁路联盟 Arab Union of Railways
阿拉伯相思树 bablah; babool; babul
阿拉伯(橡)胶 acacia; acacia gum
阿拉伯洋槐 acacia
阿拉伯绉 Arabian crepe
阿拉地胶 Araldite
阿拉丁铝铜锌合金 Aladdin
阿拉尔代特环氧树脂 <以环氧树脂为黏[粘]结料的一种特制混凝土黏[粘]性砂浆> Araldite
阿拉尔定律 Allard's law
阿拉尔关系式 Allard's relation
阿拉尔铝硅(铸造)合金 Alar
阿拉尔铝合金 Aeral
阿拉尔透镜 Allard lens
阿拉盖绸 Alagia
阿拉戈点 Arago's point
阿拉戈距离 Arago's distance
阿拉戈旋转 Arago's rotation
阿拉戈圆盘 Arago's disc[disk]
阿拉格的珍珠清真寺 <印度> Pearl Mosque at Agra
阿拉克罕极性超带 Ulakhan polarity superzone
阿拉克罕极性超时 Ulakhan polarity superchron
阿拉克罕极性超时间带 Ulakhan polarity superchronzone
阿拉磷 alafosfalin
阿拉卢普缝编机 Araloop machine
阿拉玛特 Alamalt
阿拉米德纤维缆索 Aramidae fiber rope
阿拉斯挂毯 arras
阿拉斯加 <美国州名> Alaska
阿拉斯加柏木 Chamaecyparis yellow cedar
阿拉斯加扁柏 Alaska cedar; Alaska (ground) cypress; yellow cypress
阿拉斯加长周期天线阵 Alaska long period array
阿拉斯加海流 Alaska current
阿拉斯加黄杉 Alaska yellow cedar
阿拉斯加暖流 Alaska warm current
阿拉斯加铁杉 Alaska fir
阿拉斯加湾 Gulf of Alaska
阿拉斯加型超镁铁岩体 Alaska type of ultramafic rock body
阿腊拉克 Aralac
阿莱发生器 Early generator
阿莱夫尼龙长丝 Aliaf
阿莱干尼生物区 Alleghenian life zone
阿莱干尼造山运动【地】Alleghenian orogeny
阿莱效应 early effect
阿莱型等效电路 Early equivalent circuit
阿赖斯塔式研磨 arrastra
阿兰尼数 <土料开始流动时的含水量> Arany's number
阿兰酸 alantic acid; inulic acid
阿郎松细嵌花针绣织物 <室内装饰织物> Alencon lace
阿劳顿 alautun
阿勒地块【地】Aare massif
阿勒格尼高导磁率镍铁合金 Allegheny electric(al) metal
阿勒格尼统【地】Allegheny series

阿勒格尼造山运动 Allegheny orogeny
阿勒颇生丝 Aleppo silk
阿勒颇松 Allepo pine
阿勒沙赖特矿 allcharite
阿勒斯变性聚丙烯腈纤维 Aeress
阿勒特遮罩 < 雨量计上用以防止风影响的罩 > Alter shield
阿勒特周期图 Alter periodogram
阿雷纽斯作图法 Arrbenius plot
阿雷西波电离层观测台 Arecibo ionospheric observatory
阿累氏点 Halle's point
阿里代涂料 Aridye pigment colo(u)rs
阿里二醇 arnidiol
阿里卡里阶【地】Arikareean
阿里龙耐蚀高硅铸铁 Ariron
阿里洛夫特醋酯长丝 Ariloft
阿里米纳韧皮纤维 Arimina
阿里品 alypine
阿里山港 < 阿拉伯联合酋长国 > Mina Jebel Ali
阿里索杉木 aliso
阿里特水泥 alit(e) cement
阿里瓦混凝土喷射器 Aliva concrete sprayer
阿立帕米 alipamide
阿立酮 arildone
阿立西定 alexidine
阿利恩撒斯纤维 Alleanthus fibre
阿利马嗪 alimemazine
阿利尼水泥 alinite cement
阿利新条子泡泡纱 Alicinenne crepe
阿利原理 Allee's principle
阿连阶 < 中侏罗世早期 >【地】Aalenian(stage)
阿连冷凝器 Allian condenser
阿列夫零 aleph-naught; alephnull; alephzero
阿林迪丝 Arrindy silk
阿林过滤管 Alin's filter
阿磷镁钼石 aldermanite
阿灵顿公式 < 计算混凝土路面厚度公式 > Arlington formula
阿令粒级标准 Alling grade scale
阿留马格铝镁合金 Alumag
阿留尼翁锌铜镍铝合金 Aluneon
阿留申低压 Aleutian low
阿留申海沟 Aleutian trench
阿留申海流 Aleutian current
阿留申深海平原 Aleutian abyssal plain
阿留申洋流 Aleutian current
阿硫铋铅矿 aschamalmite
阿硫铁银矿 argentopyrite
阿龙 < 乙酰化高强度黏[粘]胶短纤维 > Alon
阿龙计 Aron meter
阿龙森培养基 Aronson's culture-medium
阿龙斯验色器 Arons chromoscope
阿卢迪罗姆铁铬铝系电热丝 Aludirome
阿卢弗尔包铝钢板 Alufer
阿卢弗莱克斯导电铝锰合金 Aluflex
阿卢马尔铝锰合金 Alumal
阿卢曼铝锰耐蚀合金 Aluman
阿卢梅尔镍合金 Alumel alloy
阿卢奈兹焊药 Alunize
阿卢西尔(高硅耐热)铝合金 Alusil
阿鲁杜铝镁合金 Aludur
阿鲁海槽【地】Arrou trough
阿鲁沙协定 Arusha Agreement; Arusha Convention
阿伦扳头 Allan wrench
阿伦赤色金属 Allen red metal
阿伦德法 < 摄影三角测量图解解析法 > Arundel method
阿伦德组【地】Arundel formation
阿伦电解池 Allen's cell
阿伦定律 Allen's law; Allen's rule
阿伦方差 Allen's variance
阿伦规则 Allen's rule
阿伦-汉森公式 < 近似估算土的渗透性 >【岩】Allen-Hazen formula
阿伦合金 Allen's alloy
阿伦滑阀 Allen's valve; trick valve
阿伦环路试验法 Allen's loop test
阿伦螺钉 Allen's screw
阿伦奈特碳化钨系列 Allenite
阿伦尼阶 < 早奥陶世晚期 >【地】Arenigian(stage)
阿伦纽斯电离理论 Arrhenius theory of dissociation
阿伦纽斯定律 Arrhenius law
阿伦纽斯方程式 Arrhenius equation
阿伦纽斯-古兹曼方程 Arrhenius-Guzman equation
阿伦纽斯黏[粘]度公式 Arrhenius viscosity formula
阿伦纽斯黏[粘]滞性公式 Arrhenius viscosity formula
阿伦铅青铜合金 Allen's metal
阿伦染色测流法 Allen's method velocity ga(u)ging
阿伦染色测速法 Allen's method velocity ga(u)ging
阿伦斯棱镜 Ahren's prism
阿伦斯偏振棱镜 Ahrens polarizing prism
阿伦铜铅合金 Allan alloy; Allan's metal
阿伦铜铅轴承合金 Allan metal
阿伦盐液测流(速)法 Allen's salt velocity method
阿罗-艾索文充分性定理 Arrow-Enthoven sufficiency theorem
阿罗反论 Arrow's Paradox
阿罗-赫比格天体 Haro-Herbig object
阿罗索表面活性剂 Aerosol surfactant
阿罗伊科铁镍铬系耐蚀合金 Aloyco
阿洛粗绒线 Alloa wheeling; Alloa yarn
阿洛戴法 < 一种铝表面处理化学氧化法 > Alodine process
阿马-勃郎罗经 Arma-Brown gyrocompass
阿马夫隆 amafolone
阿马伽 amagat
阿马伽-勒杜克定则 Amagat-Le-duc rule
阿马伽密度单位 Amagat density unit
阿马伽体积单位 Amagat volume unit
阿马伽图 Amagat diagram
阿马伽制 Amagat system
阿马科月球石 Armaleolite
阿马洛格镍铬钨合金 Amalog
阿马洛伊耐蚀合金 Amaloy corrosion-resistant alloy
阿马米平纹织物 Amamee
阿马托混合炸药 almatol
阿马托炸药 amatol
阿曼 < 亚洲 > Oman
阿曼董枣红 amandone bordeaux
阿曼托黄素 arnentoflavone
阿芒拿尔炸药 ammonal
阿芒拿硝铵炸药 < 成分为硝酸铵、三硝基甲苯、铝片或铝粉 > ammonal
阿芒炸药 ammonite
阿美尔斯福特间冰阶 Amersfoort interstade
阿美石油公司 Arabian American Oil Company
阿美索卡因 amethocaine; tetracaine
阿蒙森海 Amundsen Sea
阿蒙森海槽 Amundsen trough
阿蒙森湾 Amundsen Gulf
阿米巴 ameba; amoeba
阿米克尼龙丝 Amick
阿米兰特海沟 Amirante trench
阿米隆聚酯纤维 Amilon
阿米纶 Amilan
阿米洛姆 amilomer
阿米奈特 Amianite
阿米曲拉 amitraz
阿米曲替林 amitriptyline
阿米赛脱 < 一种冷铺沥青混合料,由碎石、稀释剂、膏体沥青及少量消石灰拌成 > Amiesite
阿米水云母 ammersooite
阿米索美啶 amisometradine
阿米西-伯特兰透镜 Amici Bertrand lens
阿米西棱镜 Amici prism
阿米西酮 amicibone
阿米西物镜 Amici objective
阿秘阶 < 早白垩世晚期 >【地】Albian stage
阿膜散 amosan
阿莫尔 Amor
阿莫尔力克地块【地】Armorican massif
阿莫尔力克运动【地】Armorican
阿莫尔天体 Amor object
阿莫卡因 amoxecaine
阿莫科国际石油公司 Amoco International Oil Co., Ltd.
阿莫拉酮 amolanone
阿莫拉油 Amoora oil
阿莫力克造山活动【地】Armorican orogeny
阿莫灵 aromoline
阿莫尼特硝铵炸药 ammonite
阿莫沙平 amoxapine
阿姆勃尔方法 < 一种模拟计算机联结方法 > Amble
阿姆勃法 Amble's method
阿姆达赫斯公司 Amerada Hess Corporation
阿姆河 Amu Daya River
阿姆柯 48 软磁性合金 Armco 48 alloy
阿姆柯(磁性)铁 Armco iron
阿姆柯软钢 Armco steel
阿姆柯渗铝钢 Armco aluminized steel
阿姆柯稳定化钢 Armco stabilized steel
阿姆柯蓄热式均热炉 Amco soaking pit
阿姆柯冶炼法 Armco process
阿姆克龙含铬无氧铜合金 Amcrom chromium copper
阿姆奎斯特单位 Almquist unit
阿姆拉特树胶 Amrad gum
阿姆勒万能材料试验机 Amsier's universal tester
阿姆萨尔弗无氧铜 Amsulf copper
阿姆斯科合成芳烃油溶剂 Amsco G
阿姆斯勒杯形拉延试验 Amsler cupping test
阿姆斯勒(高频)扭转(疲劳)试验机 Amsler vibraphone
阿姆斯勒磨耗试验 Amsler abrasion test
阿姆斯勒磨耗试验机 Amsler abrasion tester
阿姆斯勒疲劳机 Amsler fatigue machine
阿姆斯勒求积仪 Amsler planimeter
阿姆斯勒试验机 Amsler tester
阿姆斯勒万能材料试验机 Amsler's universal tester
阿姆斯铝青铜 Arms bronze
阿姆斯特丹大公园 Amsterdam Bosh
阿姆斯特丹港 < 荷兰 > Port Amsterdam
阿姆斯特丹高程基准面 Amsterdamsch Peil
阿姆斯特丹(建筑)学派 Amsterdam group
阿姆斯特丹交易所 < 荷兰 > Amsterdam Exchange
阿姆斯特丹零点 normal Amsterdam level
阿姆斯特丹学派 Amsterdam school
阿姆斯特朗电路 Armstrong circuit
阿姆斯特朗调制方式 Armstrong system
阿姆斯特朗公理 Armstrong's axiom
阿姆斯特朗活塞液压马达 Armstrong motor
阿姆斯特朗双金属轧制法 Armstrong process
阿姆斯特朗振荡器 Armstrong oscillator
阿姆特尔含碲无氧铜 Amtel tellurium copper
阿姆西尔银铜合金 Amsil silver copper
阿木基特石棉 amosite
阿穆尔单位 armo(u)r unit
阿那巴辛 anabasine
阿纳巴尔地盾 Anabar shield
阿纳巴尔古陆 Anabar old land
阿纳巴尔陆核 Anabar nucleus
阿纳达科盆地 Anadarko basin
阿纳多易熔合金 anatomic(al) alloy
阿纳菲野蚕丝 Anaphe silk
阿妮姆斯 animus
阿尼迪克斯纤维 anidex
阿尼多昔 anidoxime
阿尼尔三醋酯长丝和短纤维 Arnel
阿尼拉纳聚丙烯腈系纤维 Anilana
阿尼林 aniline
阿尼林印刷 aniline printing
阿尼林油 aniline oil
阿尼洛韧皮纤维 Anilo
阿尼玛卿复背斜带 Anyemagen anticlinorium belt
阿尼溶液 Arny solutions
阿诺德分布 Arnold distribution
阿诺德灭菌器 Arnold steam sterilizer
阿诺德试验 Arnold test
阿诺德通蒸汽灭菌法 Arnold steam sterilization
阿诺东绿 Arnaudon's green
阿诺特式阀门 Arnott valve
阿诺特式截门 < 近天花板处的逆止开关,用以排出浊气 > Arnott valve
阿欧理论 < 变单相为三相的方法 > Arno principle
阿帕拉契变革 Appalachian revolution
阿帕拉契亚 Appalachia
阿帕拉契亚地槽【地】Appalachian geosyncline
阿帕拉契亚断裂褶皱带【地】Appalachian fault-fold belt
阿帕拉契亚海槽【地】Appalachian marine trough
阿帕拉契亚盆地【地】Appalachian basin
阿帕拉契亚山脉 Appalachian Mountain
阿帕拉契亚式地形 Appalachian relief
阿帕拉契亚造山运动【地】Appalachian orogeny
阿帕帕港 < 尼日利亚 > Port Apapa
阿帕网 Advanced Research Projects Agency net
阿派铝合金 alpax
阿硼混剂 Atra-bor
阿硼镁石 aksaite
阿硼钠石 ameghinite
阿皮亚 < 西萨摩亚首都 > Apia
阿匹松 Apiezon
阿匹松蜡 Apiezon wax
阿匹松密封蜡 Apiezon grease
阿匹松真空泵用油 Apiezon oil
阿匹松真空泵油 Apiezon
阿匹松脂 Apiezon grease
阿片类中毒 opiums poisoning
阿片中毒 meconism; opium poisoning

A

阿珀利恩起绒呢 Apperleen
阿珀特陶器 Apt faience
阿菩达汉合-赫林模型 Abdel-Herrin model
阿朴藏红酮 aposafranone
阿朴托品 apotropine
阿浦约翰公式 Apjohn's formula
阿普第阶 <早白垩世>【地】Aptian (stage)
阿普顿层 Appleton layer
阿普尔比-福罗丁翰法 Appleby-Frodingham process
阿普尔盖特图 Applegate diagram
阿普伽评分 Apgar score
阿普拉特尔热镀锌法 Aplataer process
阿普列陶瓷 Aprey faience
阿齐多染料 Acidol dye
阿齐帕明 azipramine
阿齐特林 acitrin
阿奇(工具)【计】Archie
阿奇逊电炉 Acheson furnace
阿奇逊人造石墨 Acheson graphite
阿启坦阶 <晚中新世>【地】Aquitanian
阿契美尼建筑 <波斯> Achaemenid architecture
阿琴那火箭 Agena rocket
阿琴那控制系统 Agena control system
阿琴那型月球轨道飞行器 Agenaclass lunar orbiter
阿丘卡罗染剂 Achucarro's stain
阿曲库铵苯磺酸盐 atracurium besilate
阿醛 arabinal
阿萨科-洛伊镉镍合金 Asarco-Loy alloy
阿萨科耐蚀铅合金 Asarco lead
阿萨马丝 Assama silk
阿萨姆棉 Assam cotton
阿萨姆热 Assam fever; kala-azar
阿塞拜疆 <亚洲> Azerbaijan
阿塞尔轧管机 Assel mill
阿塞尔辗轧机 Assel elongator; Assel mill
阿塞纶聚丙烯腈短纤维 Acelan
阿塞诺炮筒离心铸造法 Arsenal process
阿赛姆教堂 <巴洛克式建筑的代表作品> Asam Kirche
阿赛托红紫 Acetopurpurin
阿散蒂金矿公司 Ashanti-Goldfields Corporation Ltd.
阿散酸 arsanilic acid
阿散酸钠 sodium aminophenylarsonate; sodium anilinearsonate; sodium arsanilate
阿桑科比野蚕丝 Asonkobi
阿瑟单位 Arthur unit
阿瑟斯反应 Arthus reaction
阿瑟斯现象 Arthus phenomenon
阿瑟无磁性耐热耐蚀钢 Atha's alloy
阿瑟遥测温度仪 Arthur remote-indicating thermometer
阿森特造山运动【地】Assyntian orogeny
阿沙姆-聪德克试验 Ascheim-Zondek test
阿山矿 ashanite
阿舍尔阶【地】Asselian
阿舍利时代 Acheulean age
阿舍利文化 Acheulean
阿砷钙铁石 kolfanite
阿砷铜石 arhbarite
阿施内反射 Asohoner's reflex
阿施内氏反射 oculocardiac reflex
阿什贝利锡合金 Ashbury metal
阿什杜德港 <巴勒斯坦> Port Ashdod
阿什拉夫-卢特菲建议 Ashraf-Lotfi's Suggestion
阿什穆尼棉 Ashmouni cotton
阿石极阶 <晚奥陶世晚期>【地】Ashgillian (stage)
阿氏颤蓝细菌 Oscillatoria ogardhii sp.
阿氏颤藻 Oscillatoria ogardhii sp.
阿氏稠度 Atterberg consistency
阿氏稠度极限值 Atterberg consistency limits
阿氏极限 <土壤含水界限> Atterberg limit
阿氏极限分级标准 Atterberg limit grade scale standard
阿氏极限试验 Atterberg limit test
阿氏极限值 Atterberg limit value
阿氏极限指标 moisture index
阿氏粒级标准 Atterberg grade scale
阿氏塑性指数 Atterberg plasticity index
阿氏土粒分级(标准) Atterberg grade scale
阿氏土粒分组标准 Atterberg's scale
阿氏限度 <即土的特性湿度界限值> Atterberg limits value
阿氏蒸锅 Arnold steam sterilizer
阿氏指数 Atterberg number
阿斯巴特 aspartame
阿斯迪克水下声波探测仪 asdic gear
阿斯蒂阶【地】Astian
阿斯顿 Aston
阿斯顿暗区 Aston dark space
阿斯顿方法 Aston process
阿斯顿光谱 Aston spectrum
阿斯顿阴极暗区 Aston dark space
阿斯顿整数定则 Aston whole number rule
阿斯卡罗伊铬钼耐热钢 Ascalloy
阿斯卡尼亚光学跟踪器 Askania optical tracker
阿斯卡尼亚海洋重力仪 Askania sea gravimeter
阿斯卡尼亚经纬仪摄影机 Askania theodolite camera
阿斯卡尼亚压力控制器 Askania pressure regulator
阿斯卡尼亚重力仪 Askania gravimeter
阿斯科利反应 Ascoli's reaction
阿斯科利氏反应 Miostagmin reaction
阿斯科利试验 Ascoli's test
阿斯科洛伊高温合金 Ascoloy
阿斯科洛伊铬合金钢 Ascoloy
阿斯克莱禁猎区 sanctuary of Asclepius
阿斯克莱圣地 sanctuary of Asclepius
阿斯麻林博物馆 Ashmolean Museum
阿斯曼干湿表 Assmann psychrometer
阿斯曼干湿球湿度计 Assmann psychrometer
阿斯曼通风干湿表 Assmann aspiration psychrometer
阿斯曼通风干湿球湿度计 Assmann aspiration psychrometer
阿斯普兰德式木丝板制造法 Asplumd process
阿斯屈罗夫脱假捻变形丝 Astroloft
阿斯塔特 <腓尼人等所崇拜的丰饶和爱的女神> Astarte
阿斯特拉富尔塑料片 <一种刻图用塑料商名> Astrafoil
阿斯特拉罕羔 astrakhan
阿斯特拉龙尼龙假捻变形纱 Astralon
阿斯特拉隆 <一种刻图用塑料> Astralon
阿斯特拉宗染料 Astrazon dye(stuff)
阿斯特朗链式剥皮机 Astron barker
阿斯特雷涤纶弹力丝 Astralene
阿斯特罗卡布 Astrocarb
阿斯特罗洛伊镍基超耐热合金 Astroloy
阿斯特罗特夫尼龙草皮 Astroturf
阿斯特-莫林加肋楼板 Ast-Molin rib(bed) floor
阿斯特-莫林肋形楼板 Ast-Molin rib(bed) floor
阿斯特希尔 <一种夹层材料> Astrasil
阿斯图里建筑 <西班牙> Asturian architecture
阿斯图里造山运动【地】Asturian orogeny
阿斯托里亚桥 <美> Astoria Bridge
阿斯托里亚式封罐机 Astoria seamer
阿斯旺高坝 Aswan High Dam
阿苏熔岩 aso lava
阿索斯本德丝 Assorcebunder silk
阿塔洛斯二世的拱顶柱廊 <古希腊在阿森广场上的> Stoa of Attalos Ⅱ on the Agora at Athens
阿塔普吉特镁质黏[粘]土 attapulgite
阿太堡稠度 Atterberg's consistence [consistency]
阿太堡稠度极限值 Atterberg consistency limits
阿太堡极限 <土壤含水界限> Atterberg limit
阿太堡极限分级标准 Atterberg limit grade scale standard
阿太堡极限试验 Atterberg limit test
阿太堡极限值 Atterberg limit value
阿太堡极限指标 moisture index
阿太堡粒级标准 Atterberg grade scale
阿太堡黏[粘]土塑性测定法 Atterberg test
阿太堡试验 Atterberg test
阿太堡塑性指数 Atterberg plasticity index
阿太堡土粒分级(标准) Atterberg grade scale
阿太堡土粒分组标准 Atterberg's scale
阿太堡限度 <即土的特性湿度指标> Atterberg limit
阿太堡指数 Atterberg number
阿泰 ata
阿糖胶 arabin
阿特巴斯镍铬钢 Atbas alloy
阿特达板阶 Atdabanian
阿特拉津 Atrazine
阿特拉斯 Atlas
阿特拉斯地槽 Atlas geosyncline
阿特拉斯计算机实验室 Atlas Computer Laboratory
阿特拉斯青铜 Atlas bronze
阿特拉斯式系泊装置 Atlas mooring
阿特拉斯-沃克方式 Atlas-Werk system
阿特拉斯系统 <后张法预应力方法之一> Atlas system
阿特拉斯-约翰逊接头 Atlas-Johnson tubing joint
阿特拉通 Atraton; Gesatamin; Primatol
阿特赖特铜镍锌合金 Aterite
阿特纶醋酯纤维 Atlon
阿特马格铝镁合金 Altmag
阿特柔斯王陵墓 Treasury of Atreus at Mycenae
阿特伍德机械 Atwood machine
阿提克造山运动【地】Attic orogeny
阿托 atto
阿托克斯辊式磨 Atox mill
阿托克统 Atokan
阿托迈 <一种烈性炸药> atomite
阿托品 atropine
阿托品处理法 atropinization
阿托品化 atropinization
阿托酸 atropic(al) acid
阿托酰 atropoyl
阿托益 Atoxyl
阿托兹纱 Atozyarn
阿脱红(色淀偶氮染料) autol red
阿瓦兰切指数 Avalanche index
阿维阿尔镜头 Aviar lens
阿维冈镜头 Aviogon lens
阿维克纶黏[粘]胶丝束 Avicron
阿维拉黏[粘]胶草秆纤维 Avila
阿维纳尔(硬质铝)合金 Avional alloy
阿维尼翁山上的神父宫 <法国哥特式建筑之一> Palace of the Popes at Avignon
阿维森纳矿 avicennite
阿维斯神庙 <古希腊战神> Temple of Ares
阿维斯塔碳钢 Avesta
阿维烯 Avitene
阿魏胶 gum asafetida
阿魏醛 ferulaldehyde
阿魏酸 ferulic acid
阿魏酸酯 orizanol; oryzanolum
阿魏烯 ferulene
阿魏脂 galbanum
阿魏属 Ferula
阿翁阶【地】Avonian
阿武隈钆硅磷灰石型相 Abukumatype facies
阿武隈石 abukumalite
阿西杜尔铁硅合金 Acidur
阿西尔醋酯纤维 Acele
阿西仑染料 Acilan dye
阿希克罗夫特电池 Ashcroft cell
阿昔洛韦 acyclovir
阿熙提 apostilb
阿型白榴岩 albanite
阿杨氏溶液 Hayem's solution
阿尤恩 <西撒哈拉首都> EL Aiun
阿育凡油 ajowan oil
阿月浑子 pistachio
阿赞加尔缎 Azamgar
阿扎胆醇 azacosterol
阿扎尼亚 <非洲> Azania
阿扎他定 azatadine
阿扎硝唑 azanidazole
阿扎溴铵 azamethonium bromide
阿卓甘油酸 atroglyceric acid
阿兹台克建筑 Aztec architecture
阿兹泰克纶 Aztectron
阿佐杰拉宁 B Azogeranine B
阿佐利明 azolimine
阿佐酰胺 azosemide

锕化物 actinides

锕类 acitinide
锕类元素 actinides
锕铅 actinium lead
锕射气 actinium emanation actinon; actinon
锕衰变系 actinium decay series
锕系 actinide series; actinium family; actinium series; actinoid elements
锕系镧系元素分离 actinide-lanthanide separation
锕系收缩 actinide contraction
锕系元素 actinide element; actinides; actinoid
锕系元素的金属含氧酸盐 actinide oxometallate
锕系元素氟氧化物 actinide oxyfluoride
锕系元素金属化物 actinide metallide
锕系元素硫氰酸盐 actinide thiocyanate
锕系元素硫族元素化合物 actinide chalcogenide
锕系元素卤化物 actinide halide
锕系元素氯化物 actinide chloride
锕铀 actinium-uranium; actinouran; uranium-actinium
锕铀系 actinouranium series

A

嗄扎嗄扎的响声 crunch

嗄扎嗄扎地碾过或踏过 crunch

哀像 mourner;weeper

埃贝尔方式 Eble type

埃贝尔溶液 Eber's solution
埃比道拉斯剧场 Epydauros theatre [theater]
埃比特罗比克长丝 Epitropic(al) filament yarn
埃比特罗比克纤维 Epitropic(al) fibre
埃毕顶烧式隧道窑 Aebi kiln
埃波纶低分子量聚乙烯 Epolene
埃伯尔 Aebl
埃伯哈德效应 Eberhardt effect
埃布朗冰期【地】Eburonian glacial stage
埃布朗寒冷期【地】Eburonian cold epoch
埃达尔页岩 Edale shale
埃德夫赫鲁斯太阳神神庙 <埃及> Temple of Horus/Edfu
埃德·赫克特光楔 Eder-Hecht wedge
埃德里奇-格林坦信号灯测验 Edridge-Green lantern tests
埃德曼降解技术 Edman degradation technique
埃德泽尔页岩 Edzell shale
埃迪定理 Eddy's theorem
埃迪卡拉动物群 Ediacaran fauna
埃迪原理 <计算拱上任意断面弯矩的定理> Eddy's theorem
埃蒂安绸 Haitienne
埃多克斯球 sphere of Edoxus
埃尔巴海渊 Erba deep
埃尔贝尼尔染料 Elbenyl dye
埃尔本反射 Erben's reflex
埃尔勃斯反应 Elbs reaction
埃尔茨造山运动【地】Erzgebirgian orogeny
埃尔顿环试验 Elton's ring test
埃尔法尔电泳涂铝钢带 Elphal
埃尔芬数字管 Elfin
埃尔福锡釉陶器 Erfurt faience
埃尔过德系统 ergodic system
埃尔基洛伊耐蚀游丝合金 Elgiloy
埃尔金萃取器 Elgin extractor
埃尔金砂 Elgin sand
埃尔卡洛伊铜合金焊条 Elkaloy
埃尔凯斯(铝表面)两道电泳涂装法 Elcas process
埃尔科洛依铁镍钴合金 Elcolloy
埃尔科奈特钨铜烧结合金 Elkonite
埃尔科尼姆接点合金 Elkonium
埃尔科里特钨铜合金 Elconite
埃尔克沥青 elkerite
埃尔兰根纲领 Erlangen program(me)
埃尔利希侧链学说 Ehrlich's side chain theory
埃尔利希重氮反应 Ehrlich diazo reaction
埃尔罗德-马伦-克里格剪切速率方程 Elrod-Maron-Krieger equation for shear rate
埃尔米特型 Heimitian form
埃尔帕索烟尘 <美> El Paso's smut
埃尔斯特冰期 Elsterian glacial epoch;Elsterian glacial stage
埃尔斯特-盖特尔效应 Elster-Geitel effect
埃尔塔宁断裂带 Eltanin fracture zone
埃尔韦莱特耐蚀铸铁 Elverite
埃尔维阵风 elvegust;sno
埃尔文分布 Elfving distribution
埃尔沃太特硬钨合金 Elwotite
埃尔兹霍兹混合剂 Elzholz's mixture
埃菲尔阶【地】Eifelian stage
埃菲尔式风洞 Eiffel wind tunnel
埃费科-诺思拉斯无芯高频感应炉 Efco-Northrup furnace
埃费科-尤迪莱特光亮镀镍法 Efco-Udylite process
埃弗布赖特铜镍耐蚀合金 Everbrite
埃弗多蓝绿 Efdolan Green
埃弗哈特效应 Everhard effect
埃弗利目镜 Erfle eyepiece
埃弗诺姆镍铬系电阻合金 Evanohm
埃弗森波 Evison wave
埃弗托尔形变硅青铜 wrought Everdur
埃弗无缝黄铜管 Ever-brass
埃弗谢德效应 Evershed effect
埃格茨法 Eggertz's method
埃及隘口 Egyptian gorge
埃及碧玉 Egyptian jasper
埃及的祈祷塔 Egyptian prayer-tower
埃及地沥青 Egyptian asphalt
埃及风 Egyptian wind
埃及高粱 Egyptian corn
埃及黑色无釉玻化器皿 Egyptian black
埃及花边 Egyptian lace
埃及建筑 Egyptian architecture
埃及金字塔 the Pyramids
埃及决明子 cismatan
埃及蓝 Egyptian blue
埃及沥青 Egyptian asphaltum
埃及绿 Egyptian green
埃及棉 Egyptian cotton
埃及泥砖 tebi
埃及黏[粘]土 Egyptianized clay
埃及神庙 Temples of Egypt
埃及石油总公司 Egyptian General Petroleum Corp.
埃及式 Egyptian style
埃及式门楼 propylon
埃及式塔门 pylon
埃及式柱头 Egyptian capital
埃及水车 <类似波斯水车的链斗式提水工具> zawafa;novia
埃及水蛭 Hirudo aegyptiaca
埃及条纹大理石 Egyptian alabaster
埃及峡谷 Egyptian gorge
埃及亚麻 Egyptian flax
埃及伊斯兰教堂的尖塔 Egyptian minaret
埃及柱头 <纸莎草式样> papyriform
埃济水泥 <铁矿石水泥> Erz cement
埃杰克斯合金 Ajar metal
埃杰里亚 Egeria
埃杰特快速定碳试验 Eggert's test
埃卡特-扬因素分析 Eckart-Young factor analysis
埃柯仪 <泥浆和凝胶强度和剪切力测定仪> eykometer
埃克勒斯-乔丹多频振荡器 Eccles-Jordan multivibrator
埃克曼边界层 Ekman boundary layer
埃克曼采泥机 Ekman dredge(r)
埃克曼采泥器 Ekman dredge(r);Ekman square foot bottom sampler
埃克曼层 Ekman layer;spiral layer
埃克曼底质采样器 Ekman bottom sampler
埃克曼颠倒采样瓶 Ekman reversing water bottle
埃克曼辐合带 Ekman convergence
埃克曼规则 Ekman rule
埃克曼海流 Ekman current
埃克曼流速计 Ekman current meter
埃克曼流速仪 Ekman current meter
埃克曼螺(旋)线 Ekman spiral
埃克曼-梅尔茨流速流向仪 Ekman-Merz current meter
埃克曼摩擦层 Ekman frictional layer
埃克曼瓶 Ekman bottle
埃克曼深度 Ekman depth
埃克曼输送 Ekman transport
埃克曼数 Ekman number
埃克曼水底采样器 Ekman bottom sampler
埃克曼水瓶 Ekman(water)bottle
埃克内菲斯飑 ecnephias
埃克勒斯-乔丹电路 Eccles-Jordan circuit
埃克萨法 Excer process
埃克萨伊纳含有聚酯的非织造织物 Ecsaine
埃克斯塞尔西棉 Excelsior cotton
埃克斯塔阻燃聚酯纤维 Extar
埃克斯特拉无光纤维 Xtra-dull
埃克特立式压铸机 Eckert die cast machine
埃克特数 Eckert number
埃克西来罗试验仪 Accelerotor
埃拉纳聚酯纤维 Elana
埃拉尼尔染料 Elanyl dye
埃拉普协议 Erap Agreement
埃拉特港 <巴勒斯坦> Port Eilat
埃莱夫西斯的神秘厅 Hall of Mysteries at Eleusis
埃莱马硅碳棒加热炉 Elema furnace
埃莱马加热电阻器 Elema heating resistor
埃勒风 Elerwind
埃勒克特龙镁基铝铜轻合金 Elektron alloys
埃勒克特卢姆金银合金 Electrum
埃勒克纤维 Eruc
埃雷克特龙 AZF 铸造铝镁合金 Electron AZF
埃雷克特龙铝镁合金 Electron metal
埃雷克特龙镁合金 Electron
埃雷克特龙镁铝锌合金 Electron alloy
埃里克森杯突深度值 Erichsen(cupdepth) number
埃里克森电话工业公司 LM Ericsson Telefonaktinbolaget
埃里克森分隔滤波器 Ericsson separating filter
埃里克森螺纹 Ericsson screw
埃里克森深拉试验机 Erichsen ductility machine
埃里克森氏杯突深度值 Erichsen value
埃里克森式选择器 <自动电话总机> Ericsson selector
埃里克森试验 cupping test;Erichsen test
埃里克森试验机 Erichsen tester
埃里克森循环 Ericsson cycle
埃里克森压痕试验 Erichsen indentation test
埃里克森制 Ericsson system
埃立顿 <一种专卖的无缝地面材料> Elitherm
埃利阿奈特耐蚀高硅铁基合金 Elianite
埃利奥特变向关节 Elliont type knuckle
埃利奥特闪点测定试验 Elliot test
埃利奥特闪点测定试验器 Elliot tester
埃利奥特顺序控制 Elliot sequence control
埃利奥特循环 Elliot cycle
埃利斯流动模型 Ellis model for flow
埃利斯流体 Ellis fluid
埃利斯研钵 Ellis mortar
埃利特测定器 Elliot tester
埃利伍德法 <用于投资分析> Ellwood technique
埃林瓦尔钢 Elinvar
埃林瓦尔(恒弹)合金 Elinvar
埃硫铋铅银矿 eskimoite
埃伦费斯绝热定律 Ehrenfest's adiabatic law
埃伦费斯特定理 Ehrenfest's theorem
埃伦费斯特模型 Ehrenfest's model
埃伦哈弗特效应 Ehrenhaft effect
埃罗芬素色丝纱罗 Aerophane
埃罗柯尔 <一种超细玻璃绝缘材料> Aerocor
埃罗科尔玻璃纤维 Aerocor fibreglass
埃罗铝合金 aerolite
埃洛弗尔样板(解释)曲线 Earlougher type curve
埃洛高岭石 livesite
埃洛石 halloysite;nerchinskite;severite
埃洛石-高岭石型高岭土矿石 kaolin ore of halloysite-kaolinite type
埃洛石黏[粘]土 halloysite clay
埃洛石型高岭土矿石 kaolin ore of halloysite type
埃马里特硬质合金 Elmarit
埃玛等值图 contour map of Eman
埃玛图 <气温气压图> emagram
埃曼 Eman
埃曼努尔式建筑 <16 世纪初葡萄牙的> Emanual style
埃曼平剖图 profile on plane of Eman
埃米 <一种有机汞杀菌剂> Emmi
埃米拉旋转黏[粘]度计 Emila rotary viscometer
埃默里-迪茨重力取样器 Emery-Dietz gravity corer
埃姆登方程 Lane-Emden equation
埃姆登函数 Lane-Emden function
埃姆尔高级铸铁 Emmel cast iron
埃姆尔铸铁炼制法 Emmel process
埃姆间冰期【地】Eamian interglacial epoch;Eamian interglacial stage
埃木舍过滤器 Emscher filter
埃木舍阶【地】Emscherian
埃木舍井 Emscher well
埃诺罗式叶片液压马达 Enor motor
埃诺奇肯统【地】Enochkin series
埃彭巴赫高速搅拌器 Eppenbach homomixer
埃彭巴赫混合机 Eppenbach mixer
埃皮科特 <一种环氧树脂> Epikote
埃普雷切特黏[粘]度计 Epprecht viscometer
埃普利日射强度计 Eppley pyrheliometer
埃普利太阳热量计 Eppley pyrheliometer
埃普罗颗石 Eprolithus
埃奇米尼阶【地】Etcheminian
埃奇沃思合同曲线 Edgeworth contract curve
埃奇沃思循环 Edgeworth cycle
埃奇沃思展式 Edgeworth expansion
埃奇沃思指数 Edgeworth index
埃塞俄比亚动物地理区 Ethiopian zoogeographic region
埃塞俄比亚管井 <一种早期井点型式> Abyssinian tube well
埃塞俄比亚建筑 Ethiopian architecture
埃塞俄比亚型泵 Abyssinian pump
埃塞奎博棉 Esequibo cotton
埃塞纶聚乙烯鬃丝 Ethylon
埃塞维黏[粘]胶长丝 Essevi
埃散油 essange oil
埃桑化学马桶 <一种专利产品> Elsan chemical closet
埃森系数 Essen coefficient
埃舍利希氏反射 Escherich's reflex
埃施魏勒-克拉克改进反应 Eschweiler-Clarke modification
埃史卡测硫法 Eshka method
埃氏(杯突深度)值 Erichsen value

埃氏杯突试验 Erichsen test
埃氏冲击试验 Izod impact test
埃氏冲盂试验机 Erichsen cupping machine
埃氏金属板延展性试验机 Erichsen ductility machine
埃氏颗石 Ericsonia
埃氏拉延试验 Erichsen deep drawing cup test
埃氏深度指标 Erichsen depth index
埃斯巴赫试剂 Esbach's reagent
埃斯巴赫试验 Esbach's test
埃斯卡测硫法 Eschka method
埃斯卡测硫混合剂 Eschka mixture for sulfur determination
埃斯卡混合溶剂 Eschka mixture
埃斯科比洛纤维 Escobillo fibre
埃斯科里亚尔 <16 世纪西班牙建筑群,包括宫殿、大学、修道院、陵墓等> El Escorial
埃斯克朗贡效应 Esclangon effect
埃斯库多 <葡萄牙货币> Esc
埃斯纶聚酯短纤维 Eslon
埃斯帕弹性纤维长丝纱 Espa
埃斯帕托叶纤维 Alfa
埃斯塔 <一种扭绞钢筋的牌号> Isteg
埃斯坦聚氨基甲酸乙酯弹性纤维 Estane
埃斯特拉醋酯短纤维 Estera
埃斯特朗补偿太阳热量计 Angström's compensation pyrheliometer
埃斯特朗单位 Angström's unit
埃斯特朗分辨率 Angström's resolution
埃斯特朗公式 Angström's formula
埃斯特朗系数 Angström's coefficient
埃斯特纶醋酯长丝 Estron
埃斯特纶醋酯短纤纱 Estron spun yarn
埃斯特罗菲染料 Esterophile dye
埃斯特罗基农染料 Esteroquinone dye
埃斯特罗染料 Estrol dye
埃斯特韦尔德聚酯长丝 Esterweld
埃索富力斯 <一种塑性绝缘材料> Isoflex
埃索蜡蒙 <一种表面硬化剂,可以防止水泥地面起尘> Isolament
埃索石油公司 ESSO Oil
埃塔德反应 Etard's reaction
埃特板 Ether board
埃特鲁利亚泥灰岩 Etruria marlite
埃特纳火山 Etna volcano
埃特温公式 <计算排水管流速公式> Eytelwein's formula
埃瓦布赖特耐蚀铜镍合金 Everbrite metal
埃瓦耳德法 Ewald method
埃瓦耳德-科恩菲尔德法 Ewald-Kornfeld method 埃瓦耳德球 Ewald sphere
埃瓦雷斯特经纬仪 Everest theodolite
埃瓦雷斯特铅基轴承合金 Everest metal
埃威逊记法 Iverson notation
埃威逊记号 Iverson notation
埃维杜尔合金 Everdur alloy
埃维杜尔耐蚀硅青铜 Everdur copper
埃维杜尔铜合金 Everdur
埃希菌属 Escherichia
埃伊纳岛上的阿发伊神庙 <古希腊> Temple of Aphaia at Aiyina
埃泽-巴特勒暗带 Edser and Butler's bands
埃佐德冲击试验 Izod impact test; Izod test
埃佐德冲击试验机 Izod impact machine
埃佐德冲击值 Izod impact value; Izod number; Izod value

挨

挨次 come in its turn

挨户送货 door-to-door delivery
挨户送货货箱 traffic container for door-to-door transport
挨户推销 door-to-door selling
挨近玉米地 close to corn field
挨墙柱【建】pilaster

嗳

嗳腐 eructation with fetid odo(u)r

嗳气 belching; eructation
嗳酸 acid eructation; oxyrygmia

矮

矮板梁 pony plate beam

矮边货车 low-sided wagon
矮标志号 dwarf sign
矮波 dwarf wave
矮草草甸 short grassland
矮草大草原 short grass plain
矮草放牧 herd to dwarf herbage
矮草型 short grass type
矮草型草地 short grassland
矮草型放牧 pasture with foragegrass
矮茬的 close-cropped
矮茶几 cobbler's bench
矮车身车辆 low-height car
矮床 <可推入大床下的> trundle bed
矮丛 bosk(et)
矮丛林 brush wood; underbrush
矮打桩机 shortened hammer
矮大梁 pony girder
矮挡板 toe board
矮挡土墙 dwarf wall; low retaining wall; superstructural wall <桩基承台上的>
矮的 pony
矮的地下通道 cuniculus
矮凳 low stool; ottoman
矮墩 squat pier
矮多斗柜 low boy
矮防护墙 <公路中心地带的> vehicle safety barrier
矮干材 short bole
矮干树 bush tree
矮干树林 low-pole wood
矮干整枝 low-headed training
矮秆树干 low-pole wood
矮秆作物 short-stalked plant
矮高炉 low-shaft(blast) furnace
矮高位芽小灌木 nanophanerophyte
矮隔断 dwarf partition; low partition
矮隔离墙 <公路中心地带的> barrier rail
矮隔屏 dwarf partition; dwarf wall
矮隔墙 dwarf partition; low partition; partition non-rated
矮拱 hance; skene arch
矮灌丛 brushland; low birch thicket; scrog
矮灌丛地 bushland
矮灌木 bush; undershrub
矮灌木丛 dumi
矮灌木地 bushland
矮灌木林 low bush
矮罐 squat jar
矮果树 dwarf fruit
矮桁架 low truss; pony truss
矮桁架桥 open bridge; pony bridge; pony truss bridge
矮桁梁下承桥 half-through bridge
矮护壁 dwarf wainscotting
矮护壁板 dwarf wainscotting plate
矮护墙 parapet; perclose <围绕观众台的>
矮化 dwarf; stunt
矮化林 dwarf trees
矮化砧 dwarfing stock
矮化植被 alvar
矮化植物 dwarfing plant
矮化作用 dwarfing effect
矮桦 black birch; cherry birch; dwarf birch; sweet birch
矮几 low tea-table
矮间墙 dwarf partition
矮金属脚架 trivet
矮筋履带板 semi-grouser
矮抗剪墙 squat wall
矮靠背鞍座椅 captain's chair
矮宽防渗心墙 <土坝的> stub cut-off
矮老虎窗 eyebrow dormer
矮篱 ha-ha
矮篱墙 ha-ha; haw-haw; sunk fence
矮梁 pong girder; pony beam; pony girder; shallow beam
矮林 bosk(et); bosquet; brush(wood); chat wood; coppice (wood); copse (wood); low forest
矮林地 coppice land
矮林混林作物 coppice with field crops system
矮林林分 coppice stand
矮林平茬 coppicing
矮林择伐作业 coppice selection
矮林作业 coppice-method
矮林作业法 coppice system
矮柳条凳或搁脚凳 Mora
矮路堤 light fill
矮仑 bunker
矮轮手推车 trundle
矮门 dwarf door
矮门廊 sotto portico
矮木椅 sgabello
矮木樱 dwarf cherry
矮牧草 dwarf grass
矮女儿墙 low parapet
矮胖的 squat
矮平板拖车 low bed
矮平房 low block
矮千斤顶 short jack
矮牵牛【植】petunia
矮墙 dwarf wall; short wall; domali; ha-ha; low wall; screen wall; squat wall; stub wall; hyposcenium <古希腊剧场舞台前部下面的>; pluteus <罗马建筑女儿墙>; kneeboard <赛马场周围>; bahut <挑檐上支持屋顶的>
矮墙托架 skid platform
矮墙檐口踏步 lysis
矮乔木界限 dwarf tree limit
矮三脚架 dwarf tripod; dwarf trivet
矮设备层 crawl space; crawlway
矮生灌木的 suffrutescent
矮生果园 dwarf-tree orchard
矮生花坛 dwarf flower bed
矮生山松 mugho pine
矮生树种果园 low-stemmed orchard
矮生型 dwarf form
矮生砧 small stature form of stock
矮生植被 low growing vegetation
矮生植物 dwarf plant; low growing plant; low growing vegetation
矮矢高椭圆拱【建】hance arch
矮矢拱 <矢拱小于跨度一半> surbased arch
矮式上部结构 shallow superstructure
矮式水尺 pile ga(u)ge
矮收草放牧 herbage with dwarf grass
矮疏林 woodland
矮树 elfin tree; scrub
矮树丛 bush; coppice (wood); copse (wood); dwarf thicket; underwood
矮树栏 live enclosure
矮树篱 hedgerow; low-hedge
矮树林 chaparral
矮松 pinon pine; scrub pine
矮态 dwarfism; nanism
矮天窗 dwarf skylight
矮土墩 dumpling
矮土(围)墙 low earth barrier
矮围墙 hurdle fence; safe parapet wall
矮屋顶 low-rise roof
矮纤维的 short stapled
矮巷道 stoop way
矮小的 dwarf
矮小的东西 stunt
矮小的动物或植物 dwarf
矮小灌木 stunted brushwood
矮小心柱 bantam stem
矮小型猪舍 kennel-type piggery
矮形轨 full-web-section rail
矮形尖轨 full-web-section switch point rail
矮形磷 chlorphonium
矮型 dwarf
矮型侧线出发信号机【铁】leave-siding dwarf
矮型车 low-built car
矮型灯光信号(机) ground light signal
矮型底盘 low line
矮型调车信号机【铁】shunting dwarf
矮型二示像信号机【铁】two-aspect dwarf
矮型二显示信号机【铁】two-aspect dwarf
矮型风机盘管 lowboy type fan coil
矮型幻灯信号机【铁】ground position light signal
矮型集中联锁机 dwarf interlocking machine
矮型经济林 economic short trees
矮型联锁机 dwarf interlocking machine
矮型三示像信号机【铁】three-aspect dwarf
矮型三显示信号机【铁】three-aspect dwarf
矮型色灯信号 ground colo(u)r light signal
矮型色灯信号机 ground colo(u)r light signal
矮型司机室 low line cabin
矮型探照式信号机【铁】searchlight dwarf
矮型位灯信号 ground position light signal; position light dwarf
矮型位灯信号机【铁】ground position light signal
矮型信号 dwarf(type) signal; ground signal; miniature signal
矮型信号机【铁】dwarf(type) signal; ground signal; miniature signal
矮型信号机基础 dwarf type signal foundation
矮型信号机透镜 dwarf signal lens
矮型信号示像 dwarf signal aspect
矮型装料机 low type charger
矮型装载机 low loader
矮性树 dwarfing tree
矮碹 drop arch; flying arch
矮翼墙 <桥台顶部处> stub wings
矮圆塔 squat round tower
矮院墙 dwarf wall
矮栅栏 sleeve fence
矮枝 dwarf branch; dwarf shoot
矮柱 doll
矮柱千斤顶 short support jack
矮柱信号机 dwarf signal
矮桩 stub pile
矮桩式水尺 stake ga(u)ge
矮状树 dumpy tree

霭

霭 brume; mist

A

艾昂尼尔锡青铜 Ironier's bronze

艾奥瓦导流板 Iowa vanes
艾波卡低温绝缘材料 Iporka
艾波生砖 Aberson brick
艾伯塔宫廷 Court of Alberca
艾伯塔树脂 Albertol
艾伯特柏油 albertite
艾伯特馆 <英国伦敦第一届世界博览会上展出的工人典型住宅> Albert cottage
艾伯特-普雷切特效应 Albert-Precht effect
艾伯特顺捻钢丝绳 Albert lay wire rope
艾伯特绉 Albert crepe
艾勃特-法斯梯单色器 Ebert-Fastie monochromator
艾勃特-法斯梯摄谱仪 Ebert-Fastie spectrograph
艾勃特-法斯梯装置 Ebert-Fastie mounting
艾勃特离子计数管 Ebert ion counter
艾卜特支承曲线 Abbott's bearing curve
艾布拉姆森式七辊矫直机 seven-roll Abramsen machine
艾布拉姆森式五辊矫直机 five-roll Abramsen machine
艾达玻璃纤维 Idaglass
艾德测头 Idel Sonde
艾德发稳定剂 Advastab
艾德勒反应 Alder reaction
艾登堡式卷取机 Edenborn coiler
艾登堡式线材卷取机 Edenborn reel
艾迪布拉斯 Edibrac
艾迪斯计数 Addis count
艾杜酸 idonic acid
艾杜糖二酸 idosaccharic acid
艾杜糖醛酸 iduronic acid
艾多福电视投影方式 Eidophor system
艾多福光阀 Eidophor light valve
艾多福投影系统 Eidophor projector system
艾俄瓦冰川作用 Iowan glaciation
艾尔波里特水泥 albolite
艾尔德里德镍铁芯镀铜线 Eldred's wire
艾尔顿分流器 Ayrton shunt;universal shunt
艾尔顿分路 Ayrton shunt
艾尔顿-梅则电流计 Ayrton-Mother galvanometer
艾尔顿-梅则分路 Ayrton-Mother shunt
艾尔顿-梅则环路测试法 Ayrton-Mother ring test method
艾尔顿-梅则检流计 Ayrton-Mother galvanometer
艾尔顿-佩里绕组 Ayrton-Perry winding
艾尔顿-琼斯秤 Ayrton-Jones balance
艾尔法 Ayre method
艾尔柯尼特合金 Elkonit
艾尔科尼克耐蚀铝黄铜 Alcunic
艾尔麦特钨铜合金 Elkmet
艾尔萨沙带模式 Elsasser's band model
艾尔萨沙辐射图 Elsasser's radiation chart
艾尔斯T形管 Ayres T-piece
艾菲尔阶 <中泥盆有效世>【地】Eifelian
艾芬地尔 ifenprodil
艾弗里拉延试验 Avery cupping test
艾杆门帘 mugwort stalk door curtain
艾灌丛 sagebrush
艾蒿【植】artemisia argyi
艾辉铋铜铅矿 eclarite
艾基树 <产于尼日利亚的紫棕色硬木> Ekki
艾杰克斯标准青铜 Ajax standard bronze
艾杰克斯吹氧倾动平炉 Ajax furnace
艾杰克斯感应炉 Ajax induction furnace
艾杰克斯-怀阿特(式感应)电炉 Ajax-Wyatt furnace
艾杰克斯火药 Ajax powder
艾杰克斯磷青铜 Ajax phosphor bronze
艾杰克斯-诺斯拉普式高频感应炉 Ajax-Northrup furnace
艾杰克斯铅青铜 Ajax metal
艾杰克斯铅锑锡轴承合金 Ajax bearing alloy
艾杰克斯塑性青铜 Ajax plastic bronze
艾杰克斯铜锡铅轴承合金 Ajax
艾杰克斯(轴承)合金 Ajax metal
艾杰克斯铸造铜硅锌合金 Ajax casting alloy
艾金森电动机 Atkinson motor
艾金森简化公式 modified Atkinson formula
艾金森通风阻力单位 Atkinson unit
艾金森循环 Atkinson cycle
艾科斯-弗莱克斯体系 Icos-Flex system
艾克尔特投影 Eckert projection
艾克里特钴铬钨镍合金 Akrit
艾克曼公式 Eykman formula
艾克米乔木 <灰褐色,纹理粗疏,用于修补和制作普通家具> Ekhimi
艾克司明斯特络纱地毯 spool Axminster carpet
艾克斯假金叶 Aix gold leaf
艾克塔 Ektar
艾克塔摄影透镜 Ektar lens;projection Ektar lens
艾克瓦拉纤维 Akwara fiber[fibre]
艾肯核 Aithen nuclei
艾肯计尘器 Aithen counter
艾肯微粒 Aithen particle
艾阔杰尔土 <美国产的一种膨润土> Aquagel
艾勒金斯公式 1/2/3 Elkins formula 1/2/3
艾勒斯福特实验室搅拌器 Aylesford laboratory beater
艾里阿德尼系统 Ariadne system
艾里斑 Airy disc[disk]
艾里半径 Airy disc[disk] radius
艾里波 Airy's wave
艾里地壳均衡说 Airy isostasy
艾里浮力理论 Airy's floating theory
艾里杆 Airy's bar
艾里函数 Airy's function
艾里机构 Airy's mechanism
艾里机制 Airy's mechanism
艾里积分 Airy's integral
艾里假说 Airy's hypothesis
艾里均衡补偿 Airy's compensation
艾里均衡理论 Airy's theory of isostasy
艾里斯-查尔默斯粉磨指数 Allis-Chalmers grinding index
艾里斯夏曼临界实验设施 Allischalmers critical experiment facility
艾里投影 Airy's projection
艾里图形 Airy's pattern
艾里微分方程 Airy differential equation
艾里系统 Airy's system
艾里型物镜 Airy's type objective
艾里衍射积分 Airy's diffraction integral
艾里衍射盘 Airy's diffraction disc
艾里衍射图样 Airy's diffraction pattern
艾里应力函数 Airy stress function
艾里应力作用函数 Airy's stress function
艾里圆 Airy's circle
艾里圆斑 Airy's spot
艾里支撑点 <简支梁自重变形最小的支点> Airy's point
艾里支点 Airy point
艾里子午环 Airy transit circle
艾利代黏[粘]胶染色纱 Iridye
艾利德克斯纺前染色黏[粘]胶长丝 Iridex
艾利奇混砂机 Eirich mill
艾利试验 Ely's test
艾林方程式 Eyring equation
艾林分子体系 Eyring molecular system
艾林公式 Eyring formula
艾林理论 Eyring theory
艾林黏[粘]度 Eyring viscosity
艾林黏[粘]度公式 Eyring viscosity formula
艾硫铋铜矿 eichbergite
艾洛陶瓷 allocs
艾麦黎型浮选机 Emery cell
艾靡林低黏[粘]度油 emoline oil
艾靡林油 emoline oil
艾姆登方程 Emden equation
艾姆登函数 Emden function
艾姆斯阶 <早泥盆纪>【地】Emsian
艾奈莫尔费像变透镜 Anamorphic lens
艾奈莫尔弗透镜圈 ring for Anamorphic lens
艾奇国际条例 Edge Act
艾奇合金 Aitch metal
艾奇蜡酸 echiceric acid
艾奇树脂 echicaoutchin
艾奇逊-托皮卡-圣菲铁路公司 Atchison-Topeka and Santa Railway Company
艾青 celadon
艾绒 ean-shuin;fibre of common mugwort;moxa
艾瑞克斯型轴流式扇风机 Aerex fan
艾润吸声系数 Wyring adsorption coefficient
艾弱丁炸药 azotine
艾萨测量卫星 environmental survey satellite[ESSA]
艾萨克斯·基德采水样器 Isaacs Kidd water sampler
艾萨克斯高速采样器 Isaacs high-speed sampler
艾森哈特模型 Eisenhart model
艾什莱式不透水丁坝 <新西兰的一种丁坝> Ashley type groin[groyne]
艾什莱型丁坝 Ashley type groin [groyne]
艾氏剂 aldrin
艾舒里铁矾土 Ayrshire beauxitic clay
艾斯科勒克斯装饰用金银线 Iscorex
艾索莱特层压电木绝缘场物 isolite
艾台砂岩 Eday Sandstone
艾特肯插值法 Aitken's method of interpolation
艾特肯尘量计 Aitken's dust counter;Aitken's nucleus counter
艾特肯定理 Aitken's theorem
艾特肯公式 Aitken's formula
艾特肯估计量 Aitken's estimator
艾特肯广义最小平方估计量 Aitken's generalised least-squares estimator
艾特肯核 Aitken nuclei
艾特肯核子计数器 Aitken's nucleus counter
艾特肯线性最小平方法 Aitken's linear least square method
艾特肯最小平方 Aitken's least square
艾特隆 Etroeungtian
艾条 moxa roll
艾廷豪森效应 Ettinghausen effect
艾托夫等积投影 Aitoff's equal area map projection
艾托夫投影(图法) Aitoff's projection
艾托斯卫星 Itos satellite [improved TIROS operational satellite]
艾文稠度计 Irwin consistometer
艾文纳单位 Avena unit
艾文下沉试验 Irwin slump test
艾五混剂 Aldrex
艾希合金 Aich's metal
艾希六含铁黄铜 Aich's alloy
艾希铁黄铜 Aich's metal
艾辛-史蒂文斯分布 Ising-Stevens distribution
艾叶【植】Artemisia leaf
艾叶油 Blumea oil
艾因勒纳磨耗值 Einlehner abrasion value
艾因托文电流计 Einthoven's galvanometer;thread galvanometer
艾因托文三角 Einthoven's triangle
艾炷 <用艾绒压制而成的锥状物> moxa cone
艾灼法 moxa cauterization

爱奥尼克底座 Ionic base

爱奥尼克反曲线脚 Ionic cyma(tium) reversa
爱奥尼克建筑 Ionic architecture
爱奥尼克建筑柱型 Ionic architectural order
爱奥尼克盘蜗 Ionic scroll
爱奥尼克式 Ionic style
爱奥尼克式壁柱 Ionic pilaster
爱奥尼克式门廊 Ionic portico
爱奥尼克式寺院 Ionic temple
爱奥尼克式漩涡 Ionic scroll;Ionic volute
爱奥尼克柱 Ionic column
爱奥尼克柱顶盘 Ionian entablature;Ionic entablature
爱奥尼克柱廊 Ionic colonnade
爱奥尼克柱式 Ionic order
爱奥尼克柱头 capital of Ionic column
爱奥尼克柱型 Ionic order
爱奥尼亚冒头盖块 coussinet
爱奥尼亚式波状花边 cymatium reversa
爱奥尼亚式螺旋饰 canalis
爱奥尼亚式木柱 timber Ionic column
爱奥尼亚式涡卷眼 centre of the Ionic volute
爱奥尼亚式柱头 Aeolic capital
爱本斯坦原理 Eppenstein's principle
爱伯特式轨道 Abt track
爱达荷白松 Idaho white pine;mountain white pine
爱达荷州 <美国州名> Idaho
爱德华尔石 Idwall stone
爱德华式建筑 <英> Edwardian style
爱德华天然气比重天平 Edward balance
爱德华型焙烧炉 Edwards roaster
爱德华砖 <一种注册的窗台陶砖设计> Edward's tile
爱德考克测向仪 Adcock direction(al) finder
爱德考克定向器 Adcock direction(al) finder
爱德考克天线 Adcock antenna
爱德考克天线系统 Adcock system
爱德考克无线电测距 Adcock range
爱德蒙天平 Edmond's balance
爱迪林精炼法 Edelean process
爱迪生插座 Edison socket
爱迪生灯座 Edison base;Edison lampholder

爱迪生电池 Edison cell
爱迪生电桥 Edison bridge
爱迪生螺丝插座 Edison screwholder
爱迪生螺丝灯头 Edison screw cap
爱迪生螺丝帽 Edison screw cap
爱迪生螺纹 Edison screw
爱迪生铁镍蓄电池 Edison battery
爱迪生效应 Edison effect
爱迪生蓄电池 Edison accumulator; Edison storage cell
爱迪生蓄电池组 nickel-iron battery; Edison battery
爱迪斯旺布线制 Ediswan wiring system
爱丁堡水槽 Edinburgh sink
爱丁顿-巴比叶方法 Eddington-Barbier method
爱丁顿标准模型 Eddington standard model
爱丁顿光度 Eddington luminosity
爱丁顿极限 Eddington limit
爱丁顿近似 Eddington approximation
爱尔柯-胡佛脱硫法 Airco-Hoover sweetening
爱尔兰建筑 Irish architecture
爱尔兰胶 Irish gum; Irish moss
爱尔兰-罗马风格 Hiberno-Romanesque style
爱尔兰石 Elland stone
爱尔兰屋檐铅皮排水槽 Elland eave-lead
爱尔门道夫式扯裂试验仪 Elmendorf tearing tester
爱尔门道夫式撕裂度测定仪 Elmendorf tearing tester
爱尔莫真空泵 Elmo pump
爱尔新染料 Alcian dye
爱菲苏司的后期"月女神"神庙 Later Temple of Artemis at Ephesus
爱弗来组合材料 Everite
爱护农业试验地 take good care of experimental fields
爱护仪器 care of instrument
爱杰克斯型真空过滤机 Agidisc filter
爱克米螺纹 Acme thread
爱克米螺纹规 Acme thread ga(u)ge
爱克米商品及用语密码 Acme Commodity and Phrase Code
爱克米丝锥 Acme thread tap
爱克米制螺纹 Acme(screw)thread
爱克塔克隆姆航空彩色胶片 Extachrome aero colo(u)r-film
爱拉托辛纪 eratosthenian
爱拉托逊斯筛法 sieve of Eratosthenes
爱立逊无杆锚 Allison's anchor
爱烈芬塔暴风雨 elephant(a); elephanter
爱烈芬太压缩板 Elephantide pressboard
爱伦美瓶 Erienmeyer flask
爱罗科 Aelosomatidae
爱米式屋顶 Emy's roof
爱默生打浆机 Emerson beater
爱默生计划 Emerson Plan
爱姆司表面量规 Ames surface ga(u)ge
爱姆司平面量规 Ames surface ga(u)ge
爱姆司实验室 Ames Laboratory
爱姆斯试验 Ames' test
爱姆斯沃司水样采集器 Emsworth water sampler
爱姆斯沃司水样取样器 Emsworth water sampler
爱泼斯坦测试仪 Epstein tester
爱泼斯坦磁滞仪 Epstein hysteresis tester
爱泼斯坦法 Epstein method
爱泼斯坦方圈仪 Epstein square
爱琴海 Aegean Sea
爱琴海文化 Aegean civilization
爱琴海(文化)建筑 Aegean architecture
爱琴海艺术 Aegean art
爱沙尼亚 Estonia
爱沙尼亚油页岩 Esthonian oil shale
爱神刻像的 Hathor-headed
爱神裸体雕像饰 putto; [复 putti]
爱神木属 myrtle
爱神星 Eros
爱神柱 Hathoric column; Hathoric type of capital
爱神柱头 Hathor capital
爱生塔尔自动稳压器 Isenthal automatic voltage regulator
爱氏拉深杯突试验 Erickson cupping test
爱斯波义耳黏[粘]胶长丝织物 Espoir
爱斯基摩缎纹呢 Eskimo fabric
爱斯基摩人的冰屋 igloo
爱斯基摩人的圆顶茅屋 igloo
爱斯基摩人茅舍 barrabkie
爱斯基摩人夏季住的小屋 topek
爱斯开勒介电液体 Askarel
爱索兰太特 < 一种陶瓷高频绝缘材料,状如滑石 > isolantite
爱特尼石棉水泥屋顶材 Eternit
爱特尼特石棉水泥板 Eltermit
爱特伍德公式 Attwood's formula
爱因斯坦比热方程 Einstein's equation for specific heat
爱因斯坦比热容理论 Einstein's specific heat theory
爱因斯坦-玻尔方程 Einstein-Bohr equation
爱因斯坦-玻色统计 Einstein-Bose statistics
爱因斯坦场方程组 Einstein's field equations; Einstein's law of gravitation
爱因斯坦-德布罗意公式 Einstein-de Broglie formula
爱因斯坦-德哈斯方法 Einstein-de Hass method
爱因斯坦-德哈斯效应 Einstein-de Hass effect
爱因斯坦-德西特模型 Einstein-de Sitter model
爱因斯坦-德西特宇宙模型 Einstein-de Sitter cosmological model
爱因斯坦定律 Einstein's law
爱因斯坦方程式 Einstein equation
爱因斯坦方程组 Einstein equations
爱因斯坦-否勒方程 Einstein-Fowler equation
爱因斯坦概率系数 Einstein probability coefficient
爱因斯坦关系式 Einstein's relation
爱因斯坦光电定律 Einstein photoelectric(al)law
爱因斯坦光电方程 Einstein photoelectric(al)equation
爱因斯坦光化当量定律 Einstein law of photochemical equivalence; Einstein photochemical equivalence law; Stark-Einstein law
爱因斯坦函数 Einstein function
爱因斯坦基本方程式 Einstein fundamental equation
爱因斯坦纪念塔 < 建在德国波茨坦 > Einstein Tower
爱因斯坦扩散方程式 Einstein diffusion equation
爱因斯坦-罗森波 Einstein-Rosen waves
爱因斯坦-麦克斯韦方程 Einstein-Maxwell equation
爱因斯坦模型 Einstein's model
爱因斯坦能 Einstein energy
爱因斯坦黏[粘]度方程式 Einstein viscosity equation
爱因斯坦配分函数 Einstein partition function
爱因斯坦频率 Einstein frequency
爱因斯坦频率状态 Einstein frequency condition
爱因斯坦-普朗克定律 Einstein-Planck law
爱因斯坦求和约定 Einstein's summation convention
爱因斯坦升降机 Einstein elevator
爱因斯坦-斯托克方程 Einstein-Stokes equation
爱因斯坦他激系数 Einstein B coefficient
爱因斯坦塔 < 建在德国波茨坦 > Einstein Tower
爱因斯坦天文台 Einstein Observatory
爱因斯坦统一场论 Einstein's unified field theories
爱因斯坦推移质函数 Einstein's bed-load function
爱因斯坦位移 Einstein shift
爱因斯坦温度 Einstein temperature
爱因斯坦吸收系数 Einstein's absorption coefficient
爱因斯坦系数 Einstein coefficient
爱因斯坦相对性原理 Einstein's principle of relativity
爱因斯坦效应 Einstein effect
爱因斯坦悬浮体流动理论 Einstein's theory for flow of suspension
爱因斯坦引力场方程 Einstein's equation of the field gravity
爱因斯坦宇宙 Einstein universe
爱因斯坦跃迁概率 Einstein transition probability
爱因斯坦张量 Einstein tensor
爱因斯坦质能公式 Einstein mass energy formula
爱因斯坦质能关系式 Einstein mass energy relation
爱因斯坦自激系数 Einstein A coefficient

砹

砹代酪氨酸 astatotyrosine

砹含量分析仪 astatine analyser[analyzer]
砹化物 astatide

隘

隘道 bottleneck; defile; narrow passage

隘径 bottleneck path
隘口 cross-over; gap; lak; mountain pass; notch; pass saddle
隘路 defile; mountain pass
隘路分析 bottleneck analysis
隘偏角 D declination D

碍

碍航 hindrance to navigation; obstacle to navigation; obstruction to navigation; impede navigation

碍航标志灯 obstruction light
碍航沉船 < 在水下不到十拓的沉船 > dangerous wreck
碍航的河面冰 ice bridge
碍航河弯 navigation-obstructing river bend
碍航礁石 navigation-obstructing reef
碍航历时 duration of navigation-obstruction
碍航流态 navigation-obstructing flow pattern
碍航桥梁 navigation-obstructing bridge
碍航情况 condition of obstruction to navigation
碍航区 difficult area
碍航时间 obstruction period of navigation; period of navigation obstruction
碍航物 navigational danger; navigational obstructer; obstacle to navigation
碍航物标灯 obstruction light
碍航物标志 obstruction mark(er)
碍航物浮标 obstruction buoy
碍航物界线 limiting danger line
碍航物警告灯 obstruction lighting
碍航物与船只之间的距离 obstruction clearance
碍航性质 nature of navigation obstruction
碍航闸坝 lock-and-dam obstructive to navigation; navigation-obstructing dam and lock
碍视交叉口 blind crossing
碍视交叉口转角 blind corner
碍视距离 blind distance
碍视坡度 < 在道路曲折处有碍视距的坡度 > gradient interfering with view
碍视曲线 blind curve
碍视弯路 blind curved road
碍视物 sight obstruction
碍视转角 blind corner
碍性 impenetrability
碍眼物 eye-sore

安

安板夹子 floor clamp

安波拿木材 Amboyna wood
安玻璃的油灰层 bed glazing
安伯格线 Amberg's line; lateral sinus line
安伯罗依德镍银合金 Amberoid alloy
安搏律定 aprindine
安卜洛克法 Anblock method
安布拉克铜镍耐蚀合金 Ambrac
安布拉洛伊耐蚀铜合金 Ambraloy
安布罗斯耙头 Ambrose draghead
安布罗斯铜镍锌耐蚀合金 Ambrose alloy
安布赛特 ambuside
安布森量水堰 Ambursen weir
安布森式坝 Ambursen-type dam
安布森式堰 Ambursen-type weir
安布森溢流堰 Ambursen weir
安布式面具 ambu facepiece
安布溴铵 ambutonium bromide
安瓿 ampo(u)le
安瓿成型法 ampo(u)le forming process
安窗的 fenestrate
安粗安山岩 latiandesite
安粗斑岩 latite porphyry
安粗玄武岩 latibasalt
安粗岩 latite
安粗岩类 latite group
安达标签 lotting
安达曼海 Andaman Sea
安达曼紫檀 amboina rosewood; Amboyna; Andaman rosewood; Burmacoast padauk; Burmese rosewood; Andaman padauk
安大略阶 Ontarian
安道尔(国) < 欧洲 > Andorra
安得拉德蠕变定律 Andrade's creep law
安得拉海流计 Anderraa current meter
安得森采样器 Anderson's sampler
安德登(滚筒式)联合采煤机 Anderton's shearer-loader
安德列斯海流 Antilles current

安德烈-弗纳蓄电池 Andre-Venner accumulator
安德烈森沉降管装置 Andreasen pipet(te) apparatus
安德烈森砂粒度测定仪 Andreasen pipet(te)
安德烈森型粒度测定仪 Andreasen pipet(te)
安德烈森移液管 Andreasen pipet(te)
安德烈森装置 Andreasen apparatus
安德烈维内尔蓄电池 Andre-Venner accumulator
安德隆尼柯·塞拉斯特钟塔 <古瑞典> Horologium of Andronikos Cyrrhestes
安德鲁的傅立叶型点图 Andrew's Fourier-type plot
安德鲁公式 Andrew's formula
安德鲁斯淘析器 Andrews elutriator
安德森病 Anderson's disease
安德森沉降管 Anderson's sedimentation pipet
安德森-达森统计量 Anderson-Daring statistic
安德森电桥 Anderson's bridge
安德森多级撞击取样器 Anderson's cascade impactor
安德森分类统计量 Anderson's classification statistic
安德森公式 <用于计算大梁重量的公式> Anderson's formula
安德森空气取样器 Anderson's air sampler
安德森取样器 Anderson's sampler
安德森移液管 Anderson's pipette
安第纳锥尖侧壁阻力触探头 Andina cone-friction sleeve
安第斯成矿带 Andean metallogenic belt
安第斯共同市场 Andean Common Market
安第斯海槽 Andean marine trough
安第斯菊石地理大区 Andean ammonite region
安第斯山脉 Andes
安第斯山型造山作用 Andean orogenesis
安第斯闪电 Andes glow; Andes lightning
安第斯双壳类地理亚区 Andean bivalve subprovince
安第斯型地槽 Andes type geosyncline
安第斯型造山带 orogenic zone of Andes type
安第斯型造山运动 Andean-type orogeny
安第斯运动 Andean orogeny
安蒂奥奇方法 Antioch process
安顶梁 crossbarring; girder propping
安定 ballast; settling; stabilize
安定报警器 safety alarm
安定比降 slope of compensation
安定度 permanence
安定合金 killed alloy
安定化合物 stable compound
安定极限 limit of stability
安定剂 stabilizer; stabilizing agent
安定力矩 stability moment
安定面 stabilator; stabilization; stabilizer; stabilizing plane
安定面弦 stabilizer chord
安定囊 stabilizing bag
安定片 diazepam tablet
安定下限 lower limit of stability
安定型 inert type
安定性 soundness; stability; stabilizing ability
安定性不良的骨料 unsound aggregate
安定性不良的集料 unsound aggregate
安定性不良的水泥 unsound cement
安定性海岸 stable beach
安定性和质量试验 <水泥> soundness and fineness test
安定性荷载 stability load
安定性快速试验 accelerated soundness test
安定性理论 shakedown theory
安定性(良好的)水泥 sound cement
安定性试验 <水泥> soundness test; test for soundness
安定性试验的试饼 <水泥> soundness test pat
安定性条件 stability condition
安定性问题 stability problem
安定性系数 stability coefficient
安定性压蒸试验 autoclave test for soundness
安定性增高值 inhibiting value
安定缘 stabilizing skirt
安定债券 stabilization bonds
安定状态 shakedown
安定状态荷载 shakedown load
安定作用【化】stabilization
安东纳迪标度 Antonaldi scale
安东尼荚膜染色法 Anthony's capsule staining
安东尼模型 Anthony's model
安东诺夫定则 Antonoff's rule
安顿 shakedown
安多矿 anduoite
安放 emplacement; implant; implantation; imposition; lay; place; placing
安放沉箱 placing of caisson; seating caisson; set-down of caisson
安放冻害垫板工作 frost-shim work
安放钢筋 placing of reinforcement
安放块石 placed rockfill; placing rock
安放龙骨 lay a keel; lay the keel of a ship
安放螺旋式锚作业船 screwing lighter
安放位置 riding position
安沸石 arduinite
安伏欧电表 avometer
安伏欧计 avometer
安哥拉埃斯库多 Angolan Escudo
安哥拉缝补线 Angola mending
安哥拉工艺 Angola process
安哥拉海盆 Angola basin
安哥拉柯巴脂 Angola copal
安哥拉纱 Angola yarn
安哥拉山羊毛 mohair
安哥拉深海平原 Angola abyssal plain
安哥树酚 angustifoliol
安哥树酮 angustione
安格尔分类法 Angle's classification
安格拉斯提奎呢 anglastique
安格鲁-巴拉迪恩式建筑 Anglo-Palladian architecture
安格鲁古典式 Anglo-classic style
安格鲁-诺尔曼式 Anglo-Norman style
安格鲁-诺尔曼式建筑 Anglo-Norman architecture
安格鲁-撒克逊式 Anglo-Saxon style
安格鲁-撒克逊式建筑 Anglo-Saxon architecture
安格鲁-撒克逊式砖石建筑 Anglo-Saxon masonry(work)
安格鲁-撒克逊塔 Anglo-Saxon tower
安放石料的桅杆吊 setting derrick
安格斯塔树皮 Angosta bark
安古米阶【地】Angoumian
安古斯-史密斯防腐蚀法 Angus-Smith's process
安古斯-史密斯溶液 Angus-Smith's solution
安管机 pipe-laying machine; piping machine
安圭拉岛 Anguilla
安果 formothion
安吉尔雷斯特醋酯丝束 Angelrest
安吉格那芬溶液 angiografin solution
安加拉地盾 Angaraland; Angara shield
安加拉古陆 Angaraland; Angara paleo-island
安加拉海盆 Angara sea basin
安加拉石 angaralite
安加拉植物地理区系 Angara floral realm
安铰链的门边框 hinge jamb
安静操作 whisper operation
安静代谢 rest metabolism
安静道路 quiet road
安静的 pacific
安静的房间 quiet room
安静地区 quiet zone
安静感 feeling of repose
安静货车(生产)计划 quiet lorry project
安静路面材料 quieter road-surfacing material
安静时间 dead air
安静行驶 quiet-riding
安静休息区 tranquil rest area
安静氧吸收量 resting oxygen uptake
安静值 rest(ing) value
安静状态 resting state; rest state
安卡不锈钢 Anka
安卡拉 <土耳其首都> Ankara
安抗 anchorage
安科海绵铁粉 Ancor iron powder
安科纳图 Ancona diagram
安科纳图拉真凯旋门 <意大利> Arch of Trajan at Ancona
安克雷奇港 <美> Port Anchorage
安框滤板 recessed fitter press plate
安栏杆的暗楼梯梁 subrail
安澜桥 Anlan Bridge
安乐椅 easy chair; lounge chair; rocking chair
安曼阶【地】Ammanian
安曼-死海转换断层【地】Amman-Dead Sea transform fault
安蒙定律 Ammon's law
安/米 <磁场强度单位> ampere/meter
安秒 ampere-second
安那托利亚地毯 <土耳其> Anatorlian carpet
安纳晶 aminoquinoline; analgene; ethoxybenzoyl
安纳托里地块【地】Anatolian massif
安纳托里古陆【地】Anatolian old land
安纳沃尔聚酯纤维 Anavor
安纳西斯岛桥 <加拿大> Annacias Island Bridge
安娜女王拱 Queen Anne arch
安娜王后夏宫 <建在布拉格的观景楼> Queen Anna's summer house
安纳康达 <以三氧化砷为主要成分的木材防腐剂> anaconda
安尼米基统【地】Animikian series
安尼米基系 <元古代>【地】Animikian system; Upper Huronian; Animikean; Penokean
安尼西阶 <中三叠世早期>【地】Anisian
安尼炸药 anilite
安诺德电动机 Arnild motor
安诺索夫定理 Anosov's theorem
安排 adjustment; arrange for; arrangement; collocation; disposition; make arrangements for; ordonnance; posit
安排表 schedule
安排不当 misarrangement
安排的信贷偿还 scheduled repayments on credits
安排多项工程时的资源分配 resource allocation of multi-project scheduling
安排港内交通流向 port traffic flow arrangement
安排工程时间 schedule engineering time
安排工作 scheduling work
安排很好的 well-ordered
安排节目 programming
安排施工计划 <从开工日期到完工日期> forward scheduling
安排修理 place under repair
安排预定 budget
安培 ampere
安培表 ammeter; ampere meter; current meter
安培表分流器 ammeter shunt
安培表转换开关 ammeter switch
安培秤 <量程为 1～100 安培的> deka-ampere balance; ampere-balance
安培导体 ampere conductor; ampere-wire
安培导线 ampere conductor; ampere-wire
安培滴定 amperometric titration
安培滴定法 ampere titration
安培电流 ampere-current
安培定理 ampere theorem
安培定律 Ampere's law
安培法则 Ampere's rule
安培分钟 ampere-minute
安培伏特欧姆表 ampere-volt-ohm meter
安培计 ammeter; ampere meter; amperometer; galvanometer
安培计分流器 ammeter shunt
安培计转换开关 ammeter switch
安培检测 amperometric detection
安培每米 ampere per meter
安培米 ampere meter
安培米平方 ampere meter squared
安培米制氧化锆氧传感器 amperometric zirconia oxygen sensor
安培秒 ampere-second
安培平方米每焦耳秒 ampere square meter per joule second
安培平衡 ampere-balance
安培容量 ampacity; ampere-capacity
安(培)数 amperage
安培(小)时 ampere-hour
安培小时计 ampere-hour meter
安培小时容量 ampere-hour capacity
安培小时效率 ampere-hour efficiency
安培英尺 ampere-feet
安培右手定律 thumb rule
安培右手定则 Ampere's right-handed rule; Ampere's rules right hand rule
安培右手螺旋定则 Ampere's right handed screw rule
安培匝数 ampere-turns; ampere-winding; number of ampere-turns
安培值 amperage
安片框 backing frame
安平 level(l)ing adjustment
安平脚螺旋 leg level(l)ing screw; level(l)ing(foot) screw
安平精度 setting accuracy
安平螺旋 leg level(l)ing screw
安平桥 Anping Bridge
安平误差 level(l)ing error
安普科耐热耐蚀铜合金 Ampco
安奇可罗达耐蚀铝硅镁合金 anticorodal
安全 safety
安全按钮 safety knob; safety switch
安全板 safe(ty) guard
安全半径 radius of safety; safety radius
安全瓣 safety flap; shut-down rod
安全棒 emergency shut-off rod; safety bar; safety member; safety rod;

scram rod
安全包装 protective packing
安全保护 safeguard
安全保护带 safety band
安全保护服 safety protective coverall
安全保护装置 safety guard
安全保险架 <俚语> headache rack
安全保险装置 cut-out device
安全保障 insurance; safeguard; safe(ty) control
安全保障措施 precaution practice; safeguard prevention
安全保障分析 safeguard analysis
安全保障条款 safeguard provision
安全保障制动 safety control brake application
安全保障装置 fail-safe device
安全保证系统 safety assurance system
安全报警器 safe(ty) alarm
安全报警装置 safety alarm device
安全曝光水平 safe exposure level
安全爆破 safety blasting; safety explosion
安全爆破器材 permissible blasting device; permissible blasting material; safe explosive
安全爆破装置 permissible blasting device
安全爆炸 safe blasting
安全背板 <脚手架外部的> backboard
安全背包 <水上作业时预防溺水备用> safe(ty) vest
安全背带 safety harness
安全背心 <水上作业时预防溺水备用> safe vest
安全必备品 safety requirement
安全闭锁 safety interlocking
安全避车道 safe(ty) turnout; safety siding【铁】
安全边 safety edge
安全边际 margin of safety
安全边际比率 margin of safety ratio
安全边际量 safety margin
安全边缘 margin of safety; safety margin; security margin
安全变压器 isolating transformer
安全标 safety post
安全标杆 safety stake
安全标志 safety alert symbol; safety mark; safety sign; approved marking <放炮器>; safe post <一般有反射装置,显示车行道的边界>
安全标志色 safe sign colo(u)r; safety colo(u)r
安全标准 safety criterion; safety standard; standard of security
安全标准规范 safety standard specification
安全表达式 safe expression
安全别针 safety pin
安全玻璃 autoglass; glass laminate; laminated glass; multiplate glass; non-shatterable glass; plexglass; protective glass; safe glass; safety glass; security glass; Sekurit glass; shatter-proof glass; toughened glass
安全玻璃窗 safety window glass
安全玻璃门 safety glass door
安全泊地 safety basin
安全泊位 safe(ty) berth; snug berth
安全补偿 safety allowance; safety compensation
安全补充 safety supplement
安全捕鱼措施 safety measures to fish catch
安全舱壁 safety bulkhead
安全舱口 escape hatch; safe(ty) hatch
安全操纵 safety operation
安全操纵杆 safety lever
安全操作 operating safety; safe handling; safe operation; safe to operate; safety operation; safety practice; safety work; safe working
安全操作方法 safe practice; safety practice
安全操作规程 rule of safety operation; safety operation regulation; safety operation rule; safety operation specification
安全操作荷载 safe working load(ing)
安全操作强度 safe working strength
安全操作区 area of safe operation
安全操作压力 safety working pressure; safe working pressure
安全侧石 safe curb; safety curb
安全侧线【铁】safety siding; refuge siding; runaway catch siding; trap siding
安全测试 safety test
安全策略 security policy
安全插头 safety plug
安全插销 safety latch; sweep lock
安全插座 shuttered socket
安全产量 safe yield
安全产水量 safe(ty) yield
安全产水率 safe productivity
安全长度 safe length
安全长筒靴 safety boot
安全超车距离 safe passing distance
安全超车视距 passing minimum sight distance; safe passing sight distance
安全超高 safety free-board
安全超临界反应堆 safety super-critical reactor
安全超文本传输协议 secure hypertext transport protocol
安全车 safe car
安全车距 safe interval
安全车头时距 safe headway
安全掣 emergency stop
安全掣子 safety catch; safety pawl
安全撤离路线 escape route
安全衬 outer lining; safety lining
安全承载 safe bearing load
安全承载力 safety bearing capacity; safety bearing load; safety bearing power
安全承载量 safety carrying capacity
安全承载能力 safe bearing capacity; safe(ty)(load)-carrying capacity; admissible load
安全承重能力 safe load carrying power
安全程度 degree of safety; safe(ty) level
安全程度分区 division of safe degree
安全吃水 safe(ty) draft
安全齿轮 emergency gear
安全冲床台 overload relief bed
安全抽水量 safe pump output; safe yield
安全出港 clear out; clear the port
安全出口 emergency exit; emergency opening; escape door; escape exit; escape hatch; escape opening; exit; fire escape; fire exit; safe exit; safety exit
安全出口灯 emergency exit light; exit light
安全出口灯出线口 exit light outlet
安全出口宽度 exit width
安全出口楼梯 fire escape stair(case)
安全出口门 exit door
安全出口门栓 fire exit bolt
安全出口通道 fire escape tube
安全出水口 emergency outlet
安全出水量 safe(ty) yield
安全出水率 safe(ty) yield
安全储备 emergency capacity; margin of safety; safe(ty) margin; safety stock
安全储藏 safe storage
安全储存区 secure storage area
安全储存时间 shelf time
安全储存室 safe deposit vault
安全传动 stand-up-drive
安全传热 safe heat transfer
安全船席 safe berth
安全窗 detention window; emergency window; exit opening; security window
安全存仓 base stock bin
安全存货 safety inventories
安全存量 buffer stock; safety quantity; safety stock
安全存量概念 safety stock concept
安全措施 accident(al) prevention; accident measure; accident protection; emergency action; maintenance prevention; prevention measurement; protection measurement; safeguard(ing); safe measure; safe method; safe practice; safe precaution; safety action; safety guard; safety measure; safety method; safety practice; safety protection; safety provision; security; security arrangement; security measure
安全锉 safe edge file
安全搭扣 safe hasp; safety hasp
安全打滑摩擦离合器 slip friction clutch
安全带 protected band; protecting band; restraining harness; safe belt; safety band; safety belt; safety groove; safety rope; securing strap; securing strip; lap belt; life belt; life line; life rope; seat belt; shoulder harness; insurance cheater <井架工用>; life saver <塔上工人的>; scared strap <装配工人或钢铁工人的>
安全带钩 safety strap hook
安全带钩挂 safety strap hanger
安全带连接扣 safety strap clamp
安全带强制使用法 mandatory belt use law
安全带自动解脱 automatic safety belt release
安全挡板 guard plate; safety retainer; safety screen; safety shield
安全挡块 safety catch; safety dog; safety stop
安全挡土墙 free retaining wall
安全导槽 channel-section-bar guard
安全导航标 clearing marks
安全导航线 clearing line
安全导火线 safety fuse
安全岛 pedestrian island; refuge island; refuse island; safe(ty) island; safe(ty) isle; safe(ty) strip; traffic island
安全岛的发光标柱 <公路> luminous bollard
安全岛上的照明灯柱 <道路> island lighting column
安全到达 safe arrival
安全道 clear area; security lane <隧道中供事故车辆乘员安全撤离用的人行道>
安全道岔【铁】safety points; safety turnout; catch points; catch switch; runaway catch points; runaway switch; safety switch
安全道岔标 catch points sign
安全的 accident-proof; assured; fail safe; non-hazardous; safe; secure; trouble-free; trouble-proof
安全的玻璃 non-shatterable
安全灯 approved lamp; garage lamp; jacket lamp; jack lamp; permissible lamp; permissible light; safe lamp; safety lamp; safety light; safe light; working lamp <矿内用的>
安全灯滤光片 darkroom filter; safe light filter
安全灯屏 safe light screen
安全灯用汽油 safety lamp gasoline
安全等级 safety class
安全堤 safety wall
安全底盘 safety chassis
安全地带 haven; refuge; safety island; safety strip; safe(ty) zone
安全地点 point of safety
安全地方 haven
安全地面 safety ground
安全地线 safe ground wire
安全第一 safe(ty) first
安全第一工程 safe(ty) first engineering
安全第一技术 safe(ty) first engineering
安全电池灯 <检查油舱用> electric(al) safety hand lantern
安全电磁阀 safety magnet valve; security solenoid valve
安全电动机 permissible motor
安全电缆 safe cable; safety cable
安全电流 safety current
安全电路 safety circuit; vital circuit
安全电路继电器 safety circuit relay; vital circuit relay
安全电平 safety level
安全电容器 safety condenser
安全电压 safety voltage
安全电子支付协议 secure electronic payment protocol
安全垫 safety cushion; safety pad
安全垫圈 safety washer
安全垫上盖 safety cushion head
安全吊 safety hanger; safety jaw
安全吊带 safety harness; safety strap
安全吊钩 safety hook
安全吊环 safety link
安全吊货钩 drop lip hook; safety hook
安全吊座 safety hanger bracket
安全调度 safety despatching; security dispatching
安全钉 captive pin
安全堵墙 safety bulkhead
安全堵头 emergency bulkhead
安全度 factor of safety; degree of security
安全度因数 safety factor
安全断流器 safety cutoff; safety stop; safety cutout
安全断路 safety breaker; safety kick-off; safety trip
安全断路器 safety cutoff; safety cutout; safety release; safety stop
安全发射镜 security mirror; see-through mirror
安全伐林 safety deforestation
安全阀 air relief valve; blow valve; boiler blow-off; disaster valve; emergency (relief) valve; escape valve; expansion valve; pop(-off) valve; pressure limiting valve; pressure-reducing valve; pressure-relief device; pressure-relief valve; protection valve; protective valve; release valve; relief(pressure) valve; safe(ty)(relief) valve; security valve
安全阀操作试验 safety valve opera-

A

tion test
安全阀锤重 safety valve weight;safe valve weight
安全阀的调定压力 set pressure for safety valve
安全阀的容量换算 capacity conversion for safety valve
安全阀的泄放容量 relieving capacity of safety valve
安全阀定位 relief valve setting
安全阀定压 safety valve setting;set pressure for safety valve
安全阀动作试验 safety valve operation test
安全阀对容器的连接 connection of safety valve to vessel
安全阀杆 safety lever
安全阀关闭压力 blowdown pressure of safety valve
安全阀簧 relief valve spring;safety valve spring
安全阀回座压力 return pressure of safety valve
安全阀活塞 emergency valve piston
安全阀接口 relief valve connection;relief valve connector
安全阀开启压力 opening pressure of safety valve
安全阀螺母 emergency valve nut
安全阀门 isolation valve
安全阀门座 safety valve seat
安全阀起座压力 popping pressure
安全阀汽包 auxiliary dome;safety valve dome
安全阀球 relief valve ball
安全阀疏水 safety valve easing
安全阀弹簧 safe valve spring
安全阀提升杆 safety valve lifting lever
安全阀消音器 safety valve muffler
安全阀泄放 discharge of safety valve
安全阀泄漏 safety valve escape
安全阀压套 safety valve pressing sleeve
安全阀座 emergency valve seat;safety valve dome;safety valve seat;safety valve turret
安全阀座挡水板 safety valve turret swash plate
安全法典 safety code
安全法规 safety code;safety regulation
安全法兰 safety flange
安全法则 safety code
安全反射镜 security mirror
安全范围 range safety;safe margin;safe range;safety limit;safety margin;safety range
安全方法 safe(ty) method;safety practice
安全方面 safety aspect
安全防爆阀 safeguard valve
安全防爆照明器 safety explosion-proof lighting fittings
安全防范报警系统 guard and alarm system
安全防范系统 safety and protection system
安全防风索 safety guy
安全防护 safeguard(ing);safety guarding;safety protection
安全防护建设 safety protection building
安全防护设备 safeguarding
安全防护系统 safety protective system
安全防护用钢丝绳 guard cable
安全防护装置 safeguarding device;safety device;safety protection installation
安全防火的 fire safe
安全防火沟 safety fire line
安全防火廊 escape corridor
安全防火林 safety firebreak
安全防火门 security fire door
安全防火线 safe fire control line
安全放电器 safety gap
安全放空 safety vent
安全放排 safety rafting
安全放炮电流 safe firing current
安全放炮器 approved shot-firing apparatus
安全放松弹簧 safety release spring
安全分隔带 safe(ty) strip
安全分离钩 safety detaching hook
安全分离装置 breakaway device
安全分析逻辑树 safety analysis logic tree
安全风门 relief damper
安全风险 safety risk
安全风险评估 safety risk assessment
安全封闭开关 safety enclosed switch
安全封隔器 emergency packer
安全缝 safety stitch
安全服 safety clothing
安全服务 safety in service;trouble-free service
安全服务社 <一种私营的安全服务机构> Securicor
安全浮箱 <船坞用保险门> emergency floating caisson
安全浮箱闸门 emergency floating caisson
安全幅度 margin of safety
安全辐射强度 safe level
安全负荷 proof load;safe load carrying capacity;safety load(ing);safety working load
安全负荷指示器 safe load indicator
安全负荷自动指示器 automatic safe load indicator
安全负载 proof load;safe load carrying capacity;safety load(ing)
安全负载能力 safety working load
安全富裕宽度 safety margin width
安全改进维护 corrective maintenance
安全盖 nigger head;safety cap
安全杆 safety link;safety pole;safety rod
安全感 sense of security
安全港(口) harbo(u)r of refuge;port of refuge;safe port
安全杠杆 safety lever
安全高度 safe clearance;safe(ty) height
安全搁浅 safe aground;safety aground
安全格式化 safe format
安全隔板 burst(er) disc;burst(ing) disk[disc]
安全隔层 safety screen
安全隔膜 blowout disc[disk];burst diaphragm;rupture disc[disk]
安全隔墙 safety bulkhead
安全工程师 safety boss;safety engineer
安全工程学 safety engineering
安全工况 safe(ty) condition
安全工作 safe operation;safe working;trouble-free service
安全工作地点 clear working place
安全工作地面 safety work surface
安全工作负荷 safe working load(ing)
安全工作负载 safe working load(ing)
安全工作荷载 safe working capacity;safe working load(ing)
安全工作平台 safety platform
安全工作强度 safe working strength
安全工作区 area of safe operation;safety operation area;safe working area
安全工作台 safety platform
安全工作温度 safe working temperature
安全工作鞋 safety working shoes
安全工作靴 safety working boots
安全工作压力 safe(ty) working pressure
安全工作应力 safe working stress
安全公式 safe formula
安全功率 firm power
安全供水 safe water supply
安全拱 relieving arch;safety arch;saving arch
安全钩 safety hook;sister hooks;snap hook
安全钩子 safety hanger
安全构造证书 safety construction certificate
安全箍 safety dog
安全固定轴环 safety set collar
安全挂锁 safety padlock;vandalism lock
安全拐杖 safety crutch
安全关闭 safety shut-down
安全关闭阀 <煤气的> safety shutoff valve
安全关闭设施 safety shutoff device
安全关气装置 safety shutoff device
安全官员 safety officer
安全管 escape pipe;escape tube;projecting pipe;projecting tube;safe(ty) pipe;safe(ty) tube;bursting tube <变压器的>
安全管卡 safety clamp
安全管理 safety management
安全管塞 safety cork
安全惯例 safety practice
安全罐笼 safety cage
安全光 safe(ty) light
安全光气装置 safety shutoff device
安全光纤 security optical fiber[fibre]
安全规程 accident prevention regulation;safe code;safety procedure;safe(ty) regulation;safety rule
安全规范 safety code;safety specification
安全规格 safety requirement;safety specification
安全规划 safety program(me)
安全规则 accident prevention instruction;accident prevention regulation;safe rule;safe(ty) regulation;safe(ty) rule
安全规章 accident prevention instruction;accident prevention regulation;safe regulation;safety rule
安全锅炉 boiler safety
安全国际多式运输 safe international multimodal transport
安全过梁【建】safe(ty) lintel
安全过滤器 security filter
安全过滤元件 safety filter element
安全过水能力 safe carrying capacity;safety discharge capacity
安全海岸 <指没有沉船或暗礁等> clean coast
安全航道 safety channel;safety fairway;safety lane;safety track;ship safety fairway
安全航路 fairway
安全航速 safe speed
安全航行 safe sailing
安全航行信号 traffic hazard warning signal
安全号码 security number
安全合格牌照 <集装箱的> safety approval plate
安全和健康 safety and health
安全和经济的桥梁 safe and economical bridge
安全核心 security kernel
安全荷载 charge of safety;charge of surety;permissible load;safe bearing load;safe loading;safety load(ing);safety weight
安全荷载表 safe load table
安全荷载警报器 safe load alarm
安全荷载系数 safe load coefficient;safe(ty) load factor
安全荷载限度 working load limit
安全荷载因数 safety load factor
安全荷载指示器 safe-load indicator
安全恒温器 safety thermostat
安全虹吸管 relief siphon;safety siphon
安全护固 safety retainer
安全护栏 safe gird;safety guard rail;safety guard
安全护目镜 safety goggles
安全滑槽 fire escape chute
安全滑动垫圈 safe slip-ring
安全滑动离合器 safety slip clutch
安全滑梯 fire escape
安全环 guard ring;safety collar;safety ring
安全环套 <具有吸能特性的防碰撞装置> toruselement
安全环状浮袋 flo(a)tation collar
安全黄色炸药 permitted dynamite
安全回车道 safe turnaround loop
安全回动杆 safety reverse lever
安全回动杆簧 safety reverse lever spring
安全回复场 <失控车辆回复安全的路边空地> safe recovery area
安全回复重调阀 safety reset valve
安全回流管路 safety return line
安全活门 relief valve;safety valve
安全活塞 emergency piston
安全火柴 safety match
安全火柴硬纸夹 match book
安全火花(间)隙 protective spark gap;safe(ty) spark gap
安全机构 release mechanism;safeguarding mechanism;safety gear;safety mechanism;security mechanism
安全积载所需的袋装货 bags for safe stowage
安全基金 safety fund
安全基金法 Safety Fund Act
安全基金制度 safety fund system
安全及环境保护 safety and environmental conservation
安全级地震 safe level earthquake
安全极限 redlining;safe margin;safe(ty) limit
安全极限风速 survival wind speed
安全极限控制器 safety limit controller
安全极限校核地震 margin check earthquake
安全集装箱 safe container
安全几何条件 safe geometry
安全给水 safety water;safe water
安全计划 safe(ty) program(me)
安全计量器 safety ga(u)ge
安全记录 safety record
安全记录仪 safety recording instrument
安全技术 accident prevention;prevention ensure;prevention measure;prevention of accidents;safe practice;safety(first) engineering;safety method;safety technics;safety technique;security control
安全技术措施 safety technical measure
安全技术规程 accident prevention in-

struction;act of technique for security;emergency decree;safe technical specification
安全技术条件 safety specification
安全技术学会 <欧洲共同体委员会联合研究中心的> Safety Technology Institute
安全技术主管 safety supervisor
安全技术组织措施 adopting safety measures in productive technologies
安全剂量 safe(ty) dose
安全继电器 safety relay
安全继电器阀 safety relay valve
安全夹 safety fork; safety gripper; safety gripping gear
安全夹具 safety holder
安全甲板 safety deck
安全驾驶 safe(ty) driving <车辆的>; safe piloting <船、飞机等的>
安全驾驶镜 safe driving glasses
安全间 lock-up cage;lock-up room
安全间隔 safe headway;safe interval
安全间距 safe(ty) distance
安全间隙 safety clearance;safety gap
安全肩带 shoulder harness
安全监测 safety monitoring
安全监察 safety supervision
安全监察员 safety supervisor
安全监督 safety control;safety supervision
安全监督材料控制系统 safeguard material control system
安全监督员 safety supervisor
安全监视(测) security monitoring
安全减压阀 pressure-relief valve
安全检测 safety test
安全检测器 safety check; safety detector
安全检查 safety audit; safe (ty) check;safety inspection
安全检查员 competent person;safety inspector
安全鉴定 safety evaluation
安全鉴定书 safety assessment
安全奖金 safe(ty) bonus
安全交替运输 safe intermodal transport
安全交通 safety traffic
安全交易 in-house transaction
安全交易技术 secure transactions technology
安全胶片 non-flame film;safety film
安全角 angle of safety; commutation angle;safe(ty) angle
安全绞辘 <有增强措施的> safety tackle
安全脚手架 safety scaffold(ing)
安全铰端 hospital tip
安全铰链 safety butts
安全教育 safety education
安全接地 safe(ty) ground(ing);safety earthing
安全接点 <开闭器的> power-off contact;safety contact
安全接头 safety coupling; safe (ty) joint
安全节流阀 safety throttle
安全节气门 safety flap
安全结构 safe construction;safeguard construction
安全解 safety solution
安全界 safety margin
安全界线 deadline
安全界限 deadline;safety limit;safety clearance; safety margin; security margin
安全界限率 rate of safety margin
安全津贴 risk allowance
安全进行 safe conduct
安全茎叶切碎机 safety haulm pulverizer
安全井 escape pit
安全警报(器) safety alarm
安全警报系统 advance warning system;safety warning system;security alarm system
安全警报装置 safety alarm device
安全警告标志 warning sign
安全警告系统 safety warning system
安全警惕按钮 security control key
安全警惕操作 deadman operation
安全警惕触点 deadman contact
安全警惕脚踏开关 deadman's foot switch
安全警惕紧急制动 deadman emergency
安全警惕手柄 deadman's handle
安全警惕制动 penalty (brake) application;safety control brake application
安全警惕装置 safety control device
安全净间距 safe interclear spacing
安全净空 safe(ty) clearance
安全净空高度 safe overhead clearance
安全镜片 hardening lens
安全臼 breading cap;safety pot
安全距离 safe clearance; safe distance; safe range; headway <前后两车船之间的>
安全距离表 <储存炸药的> quantity distance tables
安全卷筒 <钻机上的> nigger head
安全卷席 safety curtain
安全卡板 safety clip
安全卡盘 safety stirrup
安全卡栓 safety detent
安全卡瓦 safety clamp jaw
安全卡爪 safety detent
安全卡子 safety catch
安全开采 safe working
安全开采层 safety working layer
安全开采量 safe yield
安全开采深度 safety working depth
安全开关 cut-out device; emergency shutdown; interlock; safety breaker;safety cutoff;safety cutout;safety-operated switch; safety switch; safety-type switch
安全开脱器 safety release
安全壳 containing vessel;containment vessel;reactor containment
安全可靠 good safety
安全可靠的 idiot proof
安全可靠度 reliability of safety
安全可靠性 reliability of safety;safe reliability
安全空气 safe atmosphere
安全(空)隙 safe(ty) gap
安全孔 safety vent
安全控制 deadman control;emergency control; limit control; security control;safety control
安全控制器 safety controller
安全控制系统 safety control system
安全控制中心 security control center [centre]
安全控制装置 safety control device
安全扣带 buckle-up
安全库 safe deposit vault; security vault
安全库存量 safe(ty) stock
安全快速道路 safe fast road
安全宽度 safety width
安全宽限 safety allowance
安全矿车 safety mine car
安全矿灯剔丝 trimmer
安全矿柱 barrier clutch;barrier pillar
安全盔 safe helmet
安全拉火 safe pull
安全拉力 safety tension
安全栏 <用以防止某类交通工具脱离其使用道路> safe fence
安全栏杆 life rail;safety rail(ing)
安全栏绳 life line
安全缆索 safe(ty) cable
安全类 security class
安全离合器 overload(release clutch); safety clutch;safety coupling
安全离开码头 clearing form alongside
安全理论 safety theory
安全理事会 <联合国> Security Council
安全连接器 breaking piece
安全帘幕 safety screen
安全连接链 <煤水车及电力机车> safety coupling chain
安全联锁 safety interlocking
安全联锁装置 safety interlock;safety interlock(ing) device
安全联轴节 overload coupling;safety coupling
安全联轴器 overload coupling;safety coupling
安全链 safety chain;breakaway chain <拖车的>
安全链钩【机】safe(ty) chain hook
安全链条 check chains; restraining device;snubber chains
安全链眼 check chain eye; safety chain eye
安全零件 breaking piece;safety piece
安全领域 safety domain
安全溜索 safe slipping wire
安全流材道 safety timber-floating channel
安全流(程) safety flow
安全流量 firm discharge
安全流速 permissible velocity; safe (current) velocity; safety flow velocity
安全留量 safety margin;security margin
安全楼梯 emergency stair(case)
安全漏斗 safety funnel;safety tube
安全漏斗管 safety funnel tube
安全路边石 safety curb;safety kerb
安全路线 emergency route
安全路缘石 safeticurb;safe(ty) curb [kerb]
安全率 factor of safety;safety coefficient;safety factor;safety rate
安全轮毂 safety hub
安全轮胎 safety tread
安全轮缘 safety flange
安全螺钉 shear screw
安全螺帽 safety nut
安全螺母 jam nut;safe nut;safety nut
安全螺栓 breaker bolt;safety bolt
安全螺丝 safety(set) screw
安全螺丝卡盘 safety screw chuck
安全螺旋 safe spin;safety screw
安全码 safety code;security code
安全锚(泊)地 safe anchorage; snug anchorage
安全帽 crash helmet; hard hat; headache; headgear; helmet shield; protected cap; protecting cap; protective cap;safe hat;safe helmet;safety cap; safety hat; safety helmet; skull guard;pee pot <俚语>;protective headwear
安全帽灯 safety cap lamp
安全帽帽套 safety hat covering
安全门 detention door; emergency door;emergency exit;escape opening;exit;exit opening;fire door;fire escape; fire exit; safe exit; safety gate
安全门挡 emergency door stop
安全门链 chain and barrel;chain door fastener;door chain
安全门路线 escape route
安全门门锁 panic-proof lock
安全门容量 exit capacity
安全门设施 exit facilities
安全门闩 fire exit bolt
安全门栓 dead latch
安全门推开装置 panic devices on doors
安全门五金配件 fire exit hardware
安全门轧头 emergency door stop
安全门装置 <逃生口> exit device
安全密封 protectoseal;safety seal
安全密封罐 safety can
安全面罩 face shield
安全(灭火)罐 safety can
安全模壳 formwork safety
安全膜 rupture disc[disk]
安全摩擦离合器 slip(ping) clutch
安全幕 <气压盾构施工需用的> safe screen;safety curtain
安全幕帘 asbestos curtain
安全模板 formwork safety
安全逆止阀 safety check
安全纽扣 safety button
安全浓度 safe concentration; safety concentration
安全爬升装置 safety climbing device
安全爬梯 safety ladder
安全排出管 relief pipe
安全排放口 relief opening
安全排气 safety exhaust
安全排气阀 emergency valve; safety exhaust valve
安全排气管 blow-off pipe; discharge vent pipe
安全排气口 emergency vent; safety vent
安全旁路 emergency by-pass; safety by-pass
安全旁通阀 relief bypass valve
安全旁通管 emergency by-pass; safety by-pass
安全配件 safety fitting
安全膨胀抑制剂 safe expansive inhibitor
安全片 bursting disk[disc];safety disc [disk]
安全漂 safety afloat
安全平板玻璃 safety plate glass
安全平衡 stable equilibrium
安全平盘 safety berm
安全评估 safety evaluation
安全评估监视系统 safe assessment monitoring system; safety assessment monitoring system
安全屏(蔽) safety screen; security screen
安全屏幕 safety screen
安全屏障 safety curtain
安全扑火 safety extinguishing fire
安全期 safe period
安全起爆 nitramon
安全起爆器 permissible blasting unit
安全起爆装置 permissible blasting device; permissible blasting unit; fuse lighter
安全起动 safety start
安全起动范围 safety starting range
安全起动曲柄 safety starting crank
安全起动手柄 safety starting crank
安全起动位置 safety starting position
安全起动摇把 safety starting crank
安全起重机 safety hoist
安全气道 explosion-proof tube;explosion vent;pressure-relief vent
安全气孔 emergency air inlet;safety vent
安全气象条件 weather minimum

A

安全气闸<气压沉箱的> emergency lock
安全汽缸 relief cylinder
安全器 overload release;tripper
安全器具 safety appliance
安全器具标准 safe(ty)appliance standard
安全器械 safety apparatus
安全牵条 safety stay
安全钳 safety tongs
安全钳工锤 safety machinist's hammer
安全钳口 safety jaw
安全潜水衣 safety overall garment
安全墙 safety wall
安全墙栅 safe(ty)barrier
安全切除 safety cut
安全切断 safe(ty)cutoff
安全切断器 safety cutout
安全切断装置 safety cutoff device
安全倾卸槽 fire escape chute
安全情报 safe(ty)message
安全球阀 ball relief valve
安全区 non-hazardous area; protection zone; protective zone; safe clearance zone;safe range;safe region
安全区域 safe(ty)region; safe(ty) zone
安全区域的边界 boundary of safe region
安全曲柄 safety crank
安全趋近(道口的)车速 safe approach speed
安全圈 safety loop;safety ring
安全燃料<闪点不高的> safety fuel
安全燃烧 perfect combustion
安全让车道【铁】safety siding turnout;safety turnout
安全认证 safety certification
安全认证标志 mark of safety certification
安全容限 safety allowance
安全容许标准 acceptable standard of safety
安全容许负载 safe allowable load
安全容许荷载 safe allowable load; safe bearing load
安全容许应力 safe allowable load; safe allowable stress
安全熔断器 safety fuse
安全撒网 safety castnet
安全塞 escape cock;fuse(d)plug;fusible plug;safety plug;shear release
安全塞温度 yield temperature
安全塞座 safety plug socket
安全色 safety colo(u)r
安全森林管理 safety forest administration
安全纱窗 detention screen
安全刹车 safety stop
安全筛 safe sieve;safety screen;safety sieve
安全闪光灯 safety flasher
安全烧瓶 safety flask
安全设备 approved apparatus;safeguard(ing);safe harness;safety accessory; safety accommodation; safety aids;safety apparatus;safety appliance;safety device;safe(ty)equipment;safety facility;safety furniture; safety gear; safety guard; safety harness; safety installation; safety method; safety provision; safety system
安全设计 fail-safe design; safe(ty) design;safety first engineering
安全设施 maintenance prevention; safe apparatus; safe installation; safe provision; safety apparatus; safety device;safety facility;safety provision;safeguard
安全审计 safety audit
安全生产 safe production;safety in production
安全生产方针 guiding line of safety in production
安全生产率 safe productivity
安全生境 safe habitat
安全声迹 safety track
安全绳<横向拉钻塔的> belly buster;safety rope
安全绳索 safety line
安全施工配件 safety builders fittings
安全施工设备 safety builders furniture
安全施药间隔期 safe crop period
安全实践 safety practice
安全食物 safe food
安全使用负荷 safe(working)load(ing)
安全使用荷载 safe(working)load(ing)
安全使用(马)力 safety working power
安全使用年限 safe service life;safe service period
安全使用期限 safe service life;safe service period
安全使用说明书 direction for safe use;instruction for safe use;specification for safe use
安全使用证 safety certificate
安全示踪剂量 safe tracer dosage
安全事故 safe misadventure
安全事故棒 scram rod
安全视距 safe sight distance
安全试验 fall-safe test; innocuity test;proof test;safety test
安全试验汽车 experimentary safety vehicle
安全室<油罐操作用的> safety cage
安全释放高压器 decompression
安全释放机构 safety trip
安全收割期 safe crop period
安全收缩抑制剂 safe contractive inhibitor
安全手柄 acknowledging lever;deadman-handle; deadman's lever; forestalling lever; monitoring lever; safety handle;vigilance lever
安全手册 safety manual;security manual
安全守则 safety regulation;safety rule
安全枢轴 captive pin
安全疏散距离 exit distance
安全疏散路线 means of escape;protected escape route; route of escape;safe route
安全疏散指令 safety evacuation instruction
安全输水能力 safe channel capacity
安全竖井 escape shaft;safety shaft
安全数 safety number
安全数据集 security date set
安全闩 safety latch
安全栓 safety cock
安全水舱 safety tank
安全水阀 emergency water valve
安全水平 safety level
安全水平距 safely horizontal distance
安全水位 safe(water)level;safe water stage
安全水域 clear water;safe water
安全水域标 safe waters mark
安全水准 security level
安全说明 safety statement
安全饲养 safe feeding
安全速度 civil speed;safe(ty)speed; safe(ty)velocity
安全速率 safe speed
安全隧道机 escape tunnel
安全索 breast rope; check cable; guard cable;hawser;life line;life rope; man rope; preventer; safety cable; safety rope; securing strap; tag line
安全锁 safety lock; up-and-down locks<飞机起落架的>
安全锁闭电磁铁 safety lock magnet
安全锁闭器 safety lock
安全锁紧螺钉 safety locking screw
安全锁链 safety locking chain
安全锁线 lockwire; safety locking wire
安全锁销 safety locking pin
安全踏板 deadman's pedal; safety pedal;safety tread
安全踏步 safety tread
安全踏脚 safety tread
安全台 safety board;refuge platform <分洪区的>
安全弹簧锁 dog
安全套层 secure sockets layer
安全特征 deadman feature
安全梯 emergency stair(case); escape ladder; escape stair(case); fire escape;fire escape ladder;fire escape stair(case);ladder escape; safety ladder
安全梯出口 fireman's escape
安全梯级 safety tread
安全提示牌 safety sign
安全剃刀 safety razor
安全填埋 secure handfill
安全条件 safe(ty)condition
安全条款 safeguard requirement; safety clause
安全条例 regulation for safety;safety rule;sate-conduct
安全调节板 safety flap
安全调节器 safety governor
安全调速器 safety governor
安全调压器 safety governor
安全停泊水域 safety basin
安全停车 emergency;safety stop
安全停车距离 safe stopping distance
安全停车视距 minimum non-passing sight distance; non-passing sight distance; non-sight distance; safe stopping sight distance
安全停堆地震 safe shutdown earthquake
安全停机 safe shutdown
安全停机装置 safety-stop gear
安全停运地震 safe shutdown earthquake
安全停止(器)safe(ty)stop
安全通道 escape corridor; escape way; exit passageway; protected shaft;relief passage;relief passageway;safety pathway;safety walkway
安全通风管 relief duct;relief vent
安全通过 passing clear;safe conduct
安全通过净空 obstruction clearance
安全通过距离 passing clear distance
安全通航区 fairway
安全通廊 safety vestibule
安全通路 escape corridor; escape way; exit passageway; protected shaft; relief passageway; safety pathway;safety walkway
安全通气管 relief duct;relief vent
安全通信[讯] safety communication
安全通信[讯]设备 safety communication equipment
安全通行证 safe conduct
安全统计 safety statistics
安全头灯 safety head lamp
安全头盖 safety head
安全头盔 safety helmet; protective helmet
安全投资收益率 safe rate
安全凸轮 safety cam
安全凸爪 safety pawl
安全涂层 trouble-free coating
安全土地填埋 safe landfill
安全脱断装置 safety trip
安全脱钩装置 breakaway device
安全脱开装置 safety trip device
安全外挡超车 safe offside overtaking
安全网 cargo net;guard net;life net; protected net; protecting net; safe(ty)net(ting);safety mesh;safety screen;save-all net;save-all<船与码头间的>
安全网罩 safety cage;safety screen
安全卫生管理体系 safety and health control system; safety and sanitation management system
安全位置 perch
安全温度 safe(ty)temperature
安全问题 safe aspect;safety aspect; safety problem
安全污染物浓度 safe pollutant concentration
安全屋顶走道 escape roof(walk) way
安全五金 safety hardware
安全误差 error of safe side;error on the safe side;mounting error;safety error;set-up error
安全吸管 safety pipette
安全系数 assurance coefficient;assurance factor; coefficient of safety; degree of safety;degree of security;factor of assurance;factor of ignorance; factor of safety; loading factor; margin of safety; safety allowance;safe(ty)coefficient;safety factor; safe (ty) margin; security margin;working factor
安全系数不足的设计 underdesign
安全系数过大的 over-size
安全系数过大的设计 overdesign
安全系统 fail-safe system; protective system;safe system;safety system; security system
安全隙 protective gap
安全下泄量 safe discharge;safe discharge capacity
安全显示 safety status indication
安全线 deadline;guard wire;life line; safe(ty)line; safety margin; catch siding【铁】; safety siding【铁】; security siding【铁】; safety track【铁】;shoot-fly track【铁】
安全线保护区段长度【铁】protection area length of catch siding
安全线道岔 catch points
安全线迹 safety stitch
安全线路 secure line
安全线路标<路面的> safety-line street marker
安全限 safe critical
安全限度 margin of safety;safety limit; safe(ty) margin; safety siding; security margin
安全限度值 safety limit value
安全限界 safety clearance
安全限界点 clearance point; fouling point
安全限量 threshold limit value
安全限值 danger threshold
安全箱 cut-out box;safety box
安全硝铵炸药 permissible ammonium nitrate explosive
安全销 safety pin;captive pin
安全销衬 shear pin bush
安全销吊链 safety pin chain

安全销钉 break pin;preventer pin;safety pin;securing pin;shearing pin
安全销钉连接 shear pin type safety joint
安全销钉连接器 shear pin type coupling
安全销机 safety pin
安全销联轴器 safety pin coupling
安全效率 safety efficiency
安全楔 grip wedge
安全鞋 safety shoe
安全泄放阀 safety bleeder valve
安全泄放和泄压阀 safety relief and pressure relief valves
安全泄量 safety discharge
安全泄水闸 escape sluice
安全泄压阀 safety(and)relief valve
安全泄压装置 safety relief device
安全泄液 safety liquid relief
安全卸出 security dump
安全信道照明 escape lighting
安全信号 guard signal;safe(ty)signal
安全信号灯 safety signal light
安全信号引线 safety fuse
安全信托柜 safe deposit box
安全信文 safety message
安全行车 safe driving;safe-running of vehicles;safety traffic
安全行车间距 safe following distance
安全行车距离 safety riding distance
安全行车路面 safe riding surface
安全行驶 safe(ty)traffic;security of service
安全型继电器 heavy armature relay;safety circuit relay;vital circuit relay
安全性 reliability;safety(risk);security
安全性的计算误差 error on the side of safety
安全性分析 safety analysis
安全性公理 security axiom
安全性监视微处理机 security monitor microprocessor
安全性警告路标 warning road sign
安全性考虑 security consideration
安全性临界值 safe critical
安全性能 safety performance
安全性评价 safety assessment;safety evaluation
安全性缺陷 security flaw
安全性维护 security maintenance
安全性要求 security requirement
安全性约束 security constraint
安全需要 safety needs
安全续航 safe prosecution of voyage
安全悬浮 safe levitation
安全旋塞 relief cock;safety cock;safety tap;spit cock
安全靴 safety shoe
安全巡查 safety patrol
安全压力 hydraulic relief pressure;safe(ty)pressure
安全眼镜 safety glasses
安全验证 security certificate
安全遥控 safety remote control
安全遥控设备 safety remote control equipment
安全药卷 permissible cartridge
安全药筒 permissible cartridge
安全要求 safe condition;safety requirement
安全要求标志 safe(ty)condition sign
安全业务 safety service
安全仪表 proof meter
安全溢洪道 emergency spillway
安全因数 factor of safety;safe factor
安全因素 assurance factor;factor of safety;safety factor
安全因子 factor of safety;safety factor
安全引信管 safe(ty)fuse
安全饮水法案 safety drinking water act
安全饮用水 safe drinking water
安全饮用水标准 safe drinking water standard
安全饮用水法令 <美> Safe Drinking Water Act
安全饮用水源 safe drinking water source
安全应力 safe(ty)stress;working stress
安全用具 safety appliance
安全油墨 safety ink;sensitive ink
安全油箱 self-sealing fuel tank
安全余度 safe clearance;safety margin
安全余额 safe margin
安全余量 liberal factor of safety;margin of safety;safe clearance;safety margin;security margin
安全余裕 liberal factor of safety;margin of safety;safe clearance;safety margin
安全与进气组合阀 combined safety and air valve
安全预防 hazard prevention
安全预防措施 safe(ty)precaution
安全预警系统 advance warning system
安全裕度 leeway;liberal factor of safety;margin of safety;safety margin
安全元件 safety element
安全员 accident prevention officer;safety boss;safety officer;safety and security clerk
安全原木起运装置 safety log hoist
安全圆柱形锁 security cylinder lock
安全缘 <设于码头外边缘,防止流动机械、车辆等滑入水中> bull rail
安全缘石 safety curb
安全越车视距 minimum passing sight distance
安全允许公差 safe tolerance
安全允许荷载 safe allowable load
安全允许应力 safe allowable stress
安全运材车 safety log-wagon
安全运输 safe handling
安全运行 fail-safe operation;safe handling;safe in operation;safe operation;safe-running;safety traffic;security of service;smooth running
安全运行链【铁】safety chain of operation
安全运转 safe handling;safe performance;safe(ty)operation;safety running;trouble-free operation
安全运作 fail-safe operation;safe operation
安全载荷 charge of surety;safe operating load
安全载量 safe bearing capacity
安全载流量 safe(current)carrying capacity
安全载流能力 safe current carrying capacity
安全载重 safe load(ing)
安全载重钩 safety load hook
安全载重警报器 safe load alarm
安全载重量 safe load capacity;safety carrying capacity
安全再存程序 security restore
安全责任条例 safe(ty)responsibility act;safety responsibility regulation
安全责任制 safety responsibility act
安全渣口塞 safety cinder notch stopper
安全轧头 safety dog;safety driver
安全闸 emergency brake;safe brake;safety brake
安全闸门 emergency bulkhead;emergency lock;escape gate;escape lock;guard gate;safe gate;safety gate;escape hatch
安全栅 guard grating;safe fence;safety barrier;safety cage;safety screen;security screen
安全栅挡 safety grid
安全栅栏 safe barrier;safety fence;safety barrier;security screen
安全炸药 donarite;nitramon;non-explosive agent;permissible dynamite;permissible explosive;permitted explosive;safety explosive;security explosive;arbite
安全炸药包 safety cartridge
安全张力 safety tension
安全照明 emergency lighting;protective lighting;safe(ty)illumination;safe(ty)lighting
安全照明灯 safety flare;safety light
安全照明装置 safety lighting fitting
安全罩 safety cap;safety cover;safety guard;safety hood
安全遮板 safety screen
安全针 captive pin
安全针形喷嘴 relief needle nozzle
安全正点 safe and punctual running of a train
安全正点运行 safe and punctual running
安全证明 security instrument
安全证券 default free securities
安全证书 safety certificate
安全支撑 safety brace
安全支持船 safety support vessel
安全支架 formwork safety
安全支柱 safety brace;safety jack;safety pillar
安全止挡 safety catch
安全止动 safety kick-off
安全止动螺钉 safety set screw
安全指标 safety target
安全指示 safety indication
安全指示灯 green indicating lamp;pilot safety;safety light
安全指示器 safe indicator
安全指数 safe(ty)index
安全制动 safety arrestment;safety shut-down
安全制动距离 safe stopping distance
安全制动器 deadman's brake;emergency brake;safe(ty)brake
安全制动装置 emergency brake gear;safety catch
安全制轮爪 safety pawl
安全制片 security film
安全质量 safe mass
安全中空玻璃 safety double glass
安全中止阀 safety shutoff valve
安全重量 safety weight
安全周期 safety period
安全柱 safety post;safety prop
安全爪 safety catch
安全转储(程序)security dump
安全转速 safe speed of rotation
安全装备 safety installation
安全装配 safety fitting
安全装药量 safe quantity of explosives
安全装载量 safety carrying capacity
安全装载容量 safe bearing capacity;safety carrying capacity
安全装置 emergency apparatus;fail-safe system;foolproof(ness);preserver;protection;protective device;relief device;relief mechanism;safe device;safe feature;safeguard;safety apparatus;safety device;safety element;safety feature;safety gear;safety installation;safety mechanism;security device;taboo facility
安全装置断开力 breakout load
安全装置脱开力 breakout load
安全状态 safe(ty)condition
安全准则 safe(ty)criterion
安全着陆 safe landing
安全咨询委员会 Advisory Committee for Safety
安全资本 security capital
安全资用荷载 safe working load(ing)
安全资用应力 safe working stress
安全自锁装置 foolproof apparatus
安全钻夹 safety chuck
安全钻孔法 safety drilling method
安全最低标准 safe minimum standard
安全作业 safe(ty)operation;safety work
安全作业开关 safety operated switch
安全作业压力 safe working pressure
安全座 emergency seat
安森单位 Anson unit
安山斑岩 andesite porphyry
安山玻璃 glassy andesite
安山玢岩 andesite porphyry;andesitic porphyrite
安山碱玄岩 sumacoite
安山拉长岩 andesilabradorite
安山凝灰岩 andesite-tuff;andesitic tuff
安山玄武岩 andesite basalt
安山岩 andesite
安山岩灰 andesite ash
安山岩浆 andesitic magma
安山岩块体 andesite block
安山岩铺砌石块 andesite paving sett
安山岩熔岩 andesite lava
安山岩石块 andesite sett
安山岩线 andesite line;andesitic line
安山质玻璃 andesitic glass
安山质火山角砾岩 andesitic volcanic breccia
安山质集块岩 andesitic agglomerate
安山质熔结集块岩 andesitic welded agglomerate
安山质熔结角砾岩 andesitic welded breccia
安山质熔结凝灰岩 andesitic welded tuff
安山质熔岩 andesitic lava
安上 fit over
安上垫子 cushion
安上桩帽的桩 capped pile
安设 install;set-up
安设潮位标尺的静水井 stilling well of gauge
安设在趸船上的转运桥 <滚装码头的> pontoon-mounted transfer bridge
安设架子 cope
安身所 harbo(u)r
安时 ampere-hour
安时计 ampere-hour meter
安时容量 ampere-hour capacity
安时效率 ampere-hour efficiency
安氏型砂粒度测定仪 Andreasen pipet(te)
安斯巴彻尔单位 Ansbacher unit
安斯台特试验法 Anstett test
安斯提极限 Anstie's limit
安锁舌片的边梃 strike stile
安锁舌片的窗边框 strike jamb
安塔西隆耐蚀耐磨铁硅合金 Antaciron
安特勒运动 Antler orogeny
安特勒造山运动 Antler orogeny
安特纶 Antron

安特卫普港 < 比利时 > Port Antwerp
安特卫普花边 Antwerp lace
安特卫普蓝 Antwerp blue
安特乌得图表 Underwood chart
安特乌得蒸馏计算法 Underwood distillation method
安梯菲块体 < 防波堤用 > Antifer block
安锑锂明 anthiolimene
安提瓜岛 Antigua
安提科斯提岛 Anticosti Island
安替列海槽 Antillean marine trough
安替列双壳类地理亚区 Antillean bivalve subprovince
安托尼方程 Antoine equation
安托努齐试验 Antonucci test
安妥 antu
安稳的 undisturbed
安西非特 amicinafide
安西斯特铁镍合金 Anhyster
安西缩松 amcinonide
安息建筑 Parthian architecture
安息角 angle of repose; angle of rest; repose angle; slope of repose
安息香 benzoin; gum benzoin
安息香醇 styracitole
安息香酊 benzoin tincture
安息香胶 benzoin; benzoin gum
安息香胶酸 sumaresinol
安息香醛 benzaldehyde
安息香试验 benzoin test
安息香树 benzoin
安息香树胶 gum benzoin
安息香酸 benzoic acid; phenylformic acid
安息香酸汞 p-mercuribenzoate
安息香酸钾 potassium phenylformate
安息香酸钠 sodium benzoate
安息香缩合 benzoic conden-sation
安息香肟 benzoin oxime
安息香香脂 oriental sweetgum
安息香香脂树脂 oriental sweetgum resin
安息香英 styracin
安息油 benzol
安线 arrangement of wires
安秀兹陀螺罗经 Anchutz gyrocompass
安秀兹陀螺罗盘 Anschutz gyrocompass
安匝 ampere-turns; ampere-winding
安匝木属 < 拉 > Pomaderris
安匝数 number of ampere-turns
安匝系数 ampere-turns factor
安载流容量 ampacity
安在结构物上监控其移动的圆钉形标志 reference stud
安在炉壁中的铸铁盘 mantel register
安在小车上的 dolly mounted
安置 bed down; emplacement; fix; fixation; fix up; instate; place; placement; posit; resettlement; seat; set(-on); setting; set-up; siting
安置补助费 settling allowance
安置测试 installation and checkout
安置崇拜雕像的壁龛 blocked doorway
安置定向构件 setting orientation element
安置浮标 buoy-laying
安置浮标工作船 buoy-laying vessel
安置幅度 range of setting
安置机器的床板 bed plate
安置津贴 installation allowance; installation grant
安置就位 emplace
安置螺旋 setting screw
安置铆钉钳 rivet sticking tongs
安置钮 setting knob
安置区 receiving area; reception area
安置数据 predetermined setting data; setting data
安置误差 installation error; setting-(-up) error
安置线 setting line
安置箱形板梁 box out
安置仪器 set-up of instrument
安置在下面 underlay
安置轧辊 roll setting; roll setup
安装 assemblage; assemble; boxing-in; building-up; connecting up; construct; construction; erect; erection; fitting-up; fixing; install; installation; instalment; laid on; mount(ing); placing; put-on; reinstallation; rigging; setting up; up-line installation
安装板 fixing plate; mounting deck; mounting panel; mounting plate; subpanel
安装板强度试验 racking test
安装板墙筋作业 stud work
安装保险 erection insurance; installation insurance
安装爆炸物 explosive fixing
安装备件 mounted spares
安装边缘 flange
安装标高 erection elevation; erection mark
安装标记 adjustment mark; adjustment notch; fitting mark
安装标志 erection mark
安装标准 installation standard
安装玻璃 setting glass
安装玻璃工艺 channel glazing
安装玻璃用槽口 glass groove
安装玻璃用钉 glazing point
安装玻璃用钳 glazier's pliers
安装补救措施 installing remedial measure
安装不成直线 misalignment
安装步骤 erection procedure
安装部件 mounting block; mounting unit
安装材料 erection material; installation material
安装材料单 erecting bill
安装菜单 set-up menu
安装测量 erection measurement; erection survey; installation survey
安装长度 laid length
安装场 erecting yard; erection area
安装场地 assembly area; assembly plant; assembly site; fabricating yard
安装场所 installation site
安装车 tool car
安装车间 erecting shop; erection shop
安装车厢地板下安全反光镜 underfloor safety vision screen
安装车厢地板下发动机 underfloor engine
安装成本 cost of erection; cost of installation; installation cost
安装程序 assembly program(me); erection procedure; erection sequence; fitting procedure; installation procedure; preset; setting procedure
安装尺寸 assembly dimension; fixing dimension; installation dimension; installation size; mounting dimension
安装出口程序 installation exit routine
安装垂度 erection dip; erection sag
安装次序 erection sequence
安装挡火物 fire stopping
安装的 installed
安装的起始时间 initial setting time
安装的设备 erected equipment
安装的设备能力 installed capacity
安装的用户程序 installed user program(me)
安装底板 mounting bedpiece
安装底座 substructure installation
安装地点 infield; installation site; mounted position; mounting position
安装点 attachment point; erection point; mounting point
安装电线 electric(al) wiring
安装电线管道 duct for electric(al) wiring
安装垫片 mounting pad
安装钉 pilot nail
安装动力设备能力 capacity of installing power equipment
安装端子棍 terminal mounting bar
安装端子条 terminal mounting bar
安装段 construction section
安装队 erection crew; erection force; erection gang; fitting-up gang
安装对中 set-on center[centre]
安装发电机的楼面层 generator floor
安装法 installation method
安装范围 fitting limit
安装方法 assembling method; erection device; erection method; means of erection; method of erection; method of installation; mounting system
安装方式 means of erection
安装防寒装置 winterization
安装防滑链 fitting overall chain
安装费(用) cost of erection; cost of installation; erection cost; fabricating cost; installation charges; installation cost; installation fee; mounting cost; laying cost; assembling cost; processing cost
安装风选机 install winnower
安装风雨板 weather-board(ing)
安装封檐板 bungalow siding
安装缝 erection joint
安装服务 erection service
安装杆 erection bar
安装钢结构的承包商 steel erector
安装钢绳冲击钻进设备 rigging-up of standard tools
安装高程 elevation of erection
安装高度 mounting height; setting height
安装格栅 grid-ironing
安装隔断 curtain walling
安装隔墙 curtain walling
安装更换管道 installing replacement pipe
安装工 fixer; installer; millwright; mounter; repairman
安装工程 erection work; field engineering; installation engineering; installation work; mechanical-electric equipment installation
安装工程保险 < 包括设备及其运输、安装、测试 > installation floater
安装工程费 cost of erection work
安装工程合同 contract for installation work
安装工程进度表 schedule of erection work
安装工程清单 erecting bill
安装工程师 field engineer; installation engineer
安装工程一切保险 erection-all-risks insurance; erection all risks
安装工具 erecting tool; erection aid; installation tool; mounting jig; replacement tool
安装工人 erector; millwright < 重型机械的 >
安装工作 assembling work; erecting work; erection work; installation work; placing operation < 建筑物内部的 >
安装工作队 erection gang; erection party; erection team
安装工作装置 implementation
安装公差 erection tolerance
安装功率 installation power; installed power
安装构件 mounting hardware; setting element
安装固定角 fixing angle
安装故障 installation failure
安装管道 pipe grout; pipe installation; pipe laying; piping; plumbing
安装管道脚手架 pipe scaffold(ing)
安装管子 pipe installation
安装规程 erection code; installation instruction
安装规范 installation specification
安装规则 installation rule
安装过程 process of setting
安装过程图 installation process drawing
安装焊 erection weld; site weld
安装焊缝 erection weld; field joint
安装焊接 erecting welding; erection welding; site welding
安装合同 erection contract
安装和维护 installation and maintenance
安装和维修 installation and maintenance
安装和运转 installation and operation
安装和装管 installation and plumbing
安装荷载 erection load; installed load; setting load
安装荷重 installed load
安装桁架 erection truss
安装后 post-installation
安装后的可及性 accessibility after installation
安装后的重量 installed weight
安装后规范印章的可及性 accessibility after installation of code stamp
安装后检测 post-installation review
安装后检验 readiness review
安装后效果审核 post-installation audit
安装环 erection loop; mounting ring
安装灰板墙工程 stud work
安装灰板墙筋工作 stud work
安装活塞环 ring installation
安装机 erector; mounting plate
安装机器 install machinery
安装机器和设备 install machinery and equipment
安装机千斤顶 erector jack
安装机容量收费率 demand charges rate
安装机轴 mounting spindle
安装机座 mounting base
安装基准面 erection reference plane
安装基座 mounting base
安装及检修规范 installation and overhaul specification
安装及装修 < 房屋设备 > fittings and fitments
安装计划 erection schedule
安装记号 adjustment notch
安装技术 field engineering
安装夹 mounting clip
安装夹具 mounting jig; sectional fixture
安装夹套前 before jacketed
安装架 assembling stand; assembly rack; assembly stand; erecting fixture; erecting frame; mounting bracket; mounting deck; mounting

rack
安装间 clipping room;erecting bay;erecting shop;erection and dismantling bay; erection bay; unloading bay
安装间距 erection with spacing
安装间隙 fitting clearance; mounting gap
安装监督 erection supervision
安装检修规程 installation specification
安装件 fabricated section; installation arrangement; mounting parts
安装键 fitting key
安装角 established angle; setting angle
安装角调节 angling
安装角铁(座椅) fastening plate
安装绞车 setting winch
安装绞辘 raise a purchase
安装铰链不当的门 hinge-bound door
安装阶段 erecting stage
安装接榫 mounting rabbet
安装接头 erection joint; field joint
安装接线图 mounting diagram
安装结构图 structural installation diagram; structural installation drawing; structural installation figure
安装截齿 pick setting
安装进程 erection schedule
安装进度(表) erection schedule
安装进门口 entrance installation
安装精度 installation accuracy
安装井架 tower-installed; tower-mounted
安装净空 erection clearance; fixing clearance
安装卷扬机 setting winch
安装卡 mounting card
安装空间 setting space
安装空隙 fixing clearance
安装孔 fixing hole; mounting hole; open hole; pocket
安装孔洞 installation recess
安装孔试验 open-hole-test
安装喇叭 erecting horn; mounting horn
安装缆索 erection cable
安装连接 erection joint
安装了水电等管线的柱子 column with services
安装临时工(人) installation floater
安装零件清单 installation parts list
安装履带的 caterpillar-mounted; crawler-tracked
安装螺钉 mounting screw
安装螺帽 erection nut
安装螺栓 assembling bolt; construction bolt; erection bolt; mounting bolt
安装螺栓的钻孔 clearance hole
安装螺丝 assembly screw; erection screw
安装螺旋 assembly screw; erection screw
安装码头 fitting-out quay; fitting-out wharf
安装毛坯天花板所用的槽铁 blank ceiling mounting channel
安装锚杆 sky hook
安装锚杆台车 bolting jumbo
安装铆接 field rivet(ing)
安装门把手方法 <凯氏专利> Kaye's patent
安装面 fitting surface; installing surface; mounting surface
安装面积 erection space
安装面积成本 cost of floor space
安装模板 erect framework; form placing; shutter <装百叶窗等>
安装模壳 form setting
安装木板 boarding (in); boxing; planking; timbering
安装木架 assembly holding block
安装能力 erectility; installation capacity; installed capacity
安装能量 installation capacity; installed capacity
安装年代 year installed
安装扭矩 mounting torque
安装盘 mounting flange; subpanel
安装配件 installed fittings
安装配件重量 weight for erection
安装喷嘴用突出部 nozzle boss
安装皮带的跨度 span length of the installed belt
安装偏差 installation deviation
安装平台 erection platform; mounting plate; mounting platform
安装期 erecting stage
安装期限 erection time
安装器 erector; installer
安装钎子 setting chisel
安装前试验 pre-installation; preinstallation test
安装强度 erection strength
安装人 planter
安装人员 erection person
安装容量 installed capacity
安装容许误差 erection tolerance
安装润滑剂 erection equipment; fitting lubricant
安装三脚架 mounting tripod
安装上的 planted
安装上的线脚 plated mo(u)lding
安装设备 erecting equipment; erection equipment; installation equipment; plenish <房屋>
安装设备利用率 utilization rate of installed equipment
安装设施 installation facility
安装绳 erection rope
安装绳索 bit a cable; erection cable
安装施工图表 erection and construction plot
安装时间 assembly time; installation time; set(ting)(-up) time; time of setting up; rig-up time <钻探设备>
安装示意图 scheme of installation
安装式的 mounted
安装试验 installation test
安装室内墙板工作台 hanger bench
安装手册 instruction manual
安装(竖)井 mounting shaft
安装数据 installation data
安装水电、煤气、电话等 lay on
安装水下方块 underwater block setting
安装税 setting tariff
安装顺序 fitting sequence; erection sequence
安装顺序清单 erecting bill
安装说明 fixing instruction
安装说明书 fitting instruction; installation instruction; installation specification; instruction for installation; instruction for mounting
安装速度 erection rate; erection speed; installation rate
安装损伤 installation damages
安装塔架 erection tower; tower-installed; tower-mounted
安装台 erecting bed; erecting floor; mounting block
安装条件 mounting provision
安装调试 installation and debugging; installation and trial run
安装挑梁檐饰线 borsing-up
安装挑檐饰线 borsing up
安装通道 erection pass
安装通风挡板 draft stopping
安装图 assembly drawing; assembly for installation; draw(ing) for fixation; erecting diagram; erecting drawing; erection drawing; erection diagram; installation diagram; installation drawing; install drawing; setting drawing; set-up diagram; shop drawing; wire layout; wiring diagram; wiring layout; wiring scheme
安装图说明书 framing drawings
安装图样 erection drawing
安装托架 mounting bracket
安装托梁 joist
安装拖车 trailer-erector
安装位移 erection displacement
安装位置 assembling site; installation site; mounting point; mounting position; position of assembly; riding position
安装位置图 location for installation
安装位置与形式 installed position and shapes
安装温度 installation temperature
安装文件卷 mount a volume
安装误差 alignment error; constructional error; erection error; installation error
安装误差漂移 misalignment drift
安装系统 mounting system
安装系统图 fitting arrangement
安装纤维套管 fiber[fibre] conduit
安装显微镜 installation microscope
安装现场 erecting bed; erecting stage; installation site; loading bay; placing point
安装线 hookup wire; interconnection wire
安装线脚【建】laid-on mo(u)lding; planted mo(u)lding; planted
安装线路图【电】diagram of wiring
安装线条 laid-on mo(u)lding
安装箱形模盒 box out
安装项目 installation project
安装销 mount pin
安装新框架 reframe
安装压力 erection pressure; setting pressure
安装验收规范 code for erection and inspection
安装验收阶段 installation and checkout phase
安装验收制 rigging-up inspecting rule
安装验证过程 installation verification procedure
安装叶片 blading
安装翼缘 flanging
安装应力 assembly stress; erection stress; installation stress
安装用扳手 erection wrench
安装用大型扳手 construction wrench
安装用吊车 erection crane
安装用吊杆 erecting jib
安装用钉 plenishing nail
安装用法兰(盘) mounting flange
安装用固定导轨 mounting rail
安装用夹具 erection jig
安装用卷扬机塔架 erection tower
安装用脚手架 erection scaffold(ing)
安装用临时支撑 erection bracing
安装用螺栓 erection bolt
安装用起重杆 erecting jib; erecting mast
安装用起重机 erecting crane; erection crane
安装用起重架 gin pole
安装用千斤顶 erection jack
安装用人字架 bipod
安装用设备 erection unit
安装用塔架 erecting tower
安装用凸缘 mounting flange
安装用线 wire for assembling
安装用转臂吊机 erecting derrick crane
安装用转臂起重机 erecting derrick crane
安装于楼板上的单元采暖器 floor-mounted unit heater
安装于楼板上的火警装置 floor-mounted fire warning device
安装于楼板上的热水器 floor-mounted(hot) water heater
安装于楼板上的饮用喷水器 floor-mounted drinking fountain
安装于楼层上的采暖机组 floor-mounted unit heater
安装隅撑 mounting bracket
安装与测试 installation and checkout
安装与调试 erection and commissioning; installation and debugging
安装裕量 erection reserve
安装员 setter
安装原处 faint in place
安装允许偏差 erection tolerance
安装允许误差 erection tolerance
安装在保险库内部的格栅 day grate
安装在表面上的照明体 surface-mounted luminaire
安装在车尾的撒肥装置 end gate distributor
安装在充气橡胶轮胎上的 pneumatic-mounted
安装在船上的混凝土(搅拌)厂 barge-mounted concrete plant
安装在船上的混凝土(搅拌)设备 barge-mounted concrete plant
安装在弹性座垫上的发动机 flexible-mounted engine
安装在底盘架上的临时单元房屋 wheel-mounted transportable accommodation unit
安装在防护壳内的探照灯 shielded flood light
安装在工地上 erection on the site
安装在管道里的烟感探测器 duct-mounted smoke detector
安装在轨道上的 rail-guided; rail-mounted
安装在辊轴上的百叶门 roller-mounted leaf gate
安装在机架上的 rack-mounted
安装在架上的 posting mounted; rack-mounted
安装在脚手架立柱上的小型转臂式起重机 scaffold hoist
安装在抹灰面上的电缆 line installed on plaster
安装在内部的 built-in
安装在汽车上的挖掘机 truck-mounted shovel
安装在墙上的起重机 wall crane
安装在拖车底盘架上的临时单元房屋 wheel-mounted transportable accommodation unit
安装在屋顶上的旗杆 roof-mounted flagpole
安装在圆盘耙间距套管上的轴承 spool-mounted bearing
安装张力 take-up tension
安装者 erector; installer; planter
安装正确 true-up
安装证书 erecting act
安装支撑 erection brace[bracing]
安装支承 erection support
安装支架 erection frame; mounting bracket
安装在支架上可移动的临时单元房屋 leg-mounted transportable accommodation unit
安装支柱 mounting column; mounting

A

rack; plant column; mounting bar <凿岩机的>
安装支座 erection seat;erection support
安装值 value of set(ting)
安装制动弹簧用手钳 brake spring pliers
安装质量 assembly quality
安装中队 installation squadron
安装重量 erection weight;installation weight
安装周期 placing period
安装轴承的间距套管 bearing spool
安装轴颈 mounting trunnion
安装主轴 mounting spindle
安装属性 mount attribute
安装助手 assistant fitter
安装柱 erection column; mounting column
安装专用设备 erection rig
安装转盘钻机设备 rigging-up of rotary tools
安装装配 fitting on
安装装置 erecting device; mounting device;position of assembly
安装资料 erection information
安装总高度 overall height of installation
安装组件 mounting group
安装钻机 set drill;set-up of drill
安装钻棚 setting shack
安装钻塔 sight derrick
安装作业 installation exercise
安装作业车 catenary installation car
安装座 fitting seat

桉

桉<一种具有弹韧性的木材> yate tree
桉白蚁<拉> Porotermes adamsoni
桉苯硫脲 thiosemicardasone
桉醇 eudesmol
桉桦 black birch;cherry birch;sweet birch
桉蓝烃 eucazulene
桉木 gum tree;messmate
桉树 jarrah; mallet; yellow gum <澳洲>;gum tree;iron bark;eucalyptus
桉树矮木 mallee scrub
桉树分布类型 pattern eucalypt
桉树灌木草原 mallee scroll
桉树灌木丛 scrub
桉树胶 eucalyptus gum; eucalyptus kino;gum kino;kino gum;red gum
桉树胶素 edudesmin
桉树焦油 eucalyptus resin oil; eucalyptus tar
桉树栲胶 myrtan extract
桉树类 Beakpod eucalyptus
桉树密灌林 mallee scrub
桉树脑 cineole;eucalyptol(e)
桉树脑酸 cineolic acid
桉树脑烯 eucalyptolene
桉树品种 eucalypt species
桉树生态 eucalypt ecology
桉树烯 eucalyptene
桉树叶 eucalyptus leaves
桉树油 eucalyptus oil
桉树属 gum;swamp gum
桉树属植物 eucalyptus
桉素 eudesmin
桉烷 eudesmane
桉烯酸 cinenic acid
桉叶醇 eucalyptol
桉叶素 cineole
桉叶烷 eudesmane
桉叶烯 eudesmene;selinene
桉叶油 eucalyptus oil;oil of eucalyptus
桉叶油醇 eudesmol
桉叶油素 cineole;eucalyptol
桉油 eucalyptus oil;oleum eucalypti
桉油醇 cineol;eucalyptol
桉油浮选法 Owen process
桉油精 cajeputol;cineole;eucelyptol
桉油萜醛 cryptal
桉属 eucalyptus;yate

氨

氨饱和器 ammonia saturator
氨爆炸药 ammonia dynamite
氨苯 phenalgin
氨苯喋啶 triamterene
氨苯丁酮 amphenone
氨苯丁酯 butamben
氨苯磺胺 sulfanilamide sulfamidyl; sulfonamide P
氨苯甲基丁烷二醇 phenaglycodol
氨苯酞胺 amphotalide
氨泵 ammonia pump
氨比色计 ammonia colo(u)rimeter
氨苄基化 aminobenzylation
氨丙醇 aminopropanol
氨丙基硅 aminopropylsilica
氨丙基三乙氧基硅酸盐 aminopropyltriethoxysilicate
氨丙嗪 aminopromazine
氨布卡因 ambucaine
氨草胶 ammoniac gum;ammoniacum
氨草油 oil ammoniac
氨测定器 ammonia checker; apparatus for determination of ammonia
氨臭氧化反应 amozonolysis
氨处理 ammonia process; ammonia treatment
氨吹脱 ammonia stripping
氨催化甲阶酚醛树脂 ammonia resol
氨代那买特炸药 ammonia dynamite
氨代烷氧基二氧一硼杂环己烷 amino alkoxydioxaborinane
氨氮 ammonia nitrogen
氨氮测定法 ammonionitrometry
氨氮废水 ammonia nitrogen wastewater
氨氮降解菌 ammonia nitrogen degradation bacteria
氨氮浓度 ammonia nitrogen concentration
氨的合成 ammonia synthesis
氨的气提 ammonia stripping
氨的形成 ammonia formation
氨蝶呤 aminopterin
氨丁烷 Frucote;Tutane
氨二通阀 ammonia two-way valve
氨发生器 ammonia generator
氨阀 ammonia valve
氨法 ammonia process
氨法碱 ammonia ash
氨法气体脱硫装置 amino-gas desulphurizing plant
氨法苏打 ammonia soda
氨法苏打灰 ammonia soda ash
氨法碳酸钠 ammonia ash
氨法脱硫 ammonia process of desulfurization
氨反演跃迁 ammonia inversion transition
氨分解 ammonia dissociation
氨分离器 ammonia separator
氨分子激光器 ammonia molecular laser
氨分子束微波激射器 ammonia beam maser
氨酚喹 amodiaquine
氨腐蚀 ammonia corrosion
氨汞基 dimercurousammonium
氨汞齐 ammonia amalgam
氨管道 ammonia piping
氨过滤器 ammonia filter; ammonia strainer
氨合 ammino
氨合成催化剂 ammonia synthesis catalyst
氨合成(法) ammonia synthesis; synthesis of ammonia
氨合成气 ammonia synthesis gas
氨合成塔 ammonia converter; ammonia reactor
氨合成装置 ammonia synthesizer
氨合钴 cobaltammine
氨合物 ammino-complex;ammoniate
氨合作用 ammonation; ammonification
氨化 ammonistion
氨化反应 ammoniation reaction
氨化肥料 ammoniated fertilizer
氨化过磷酸钙 ammoniated superphosphate
氨化剂 ammoniating agent; ammonizator
氨化菌 ammonia bacteria; ammonificator; ammonifiers; ammonifying bacteria
氨化锂 lithamide;lithium amide
氨化煤 ammoniated coal
氨化能 ammonifying capacity
氨化泥炭 ammoniated peat
氨化强度 ammonifying capacity
氨化设备 ammoniation facility
氨化生物化学 biochemistry of ammonification
氨化速率 ammnonification rate
氨化速率常数 ammonification rate constant
氨化甜菜渣 ammoniated beet pulp
氨化物 amide;ammoniate
氨化细菌 amonifying bacteria
氨化硝酸银 ammoniated silver nitrate
氨化亚砷酸铜<木材防腐用> ammoniacal copper arsenate
氨化作用 ammoniation; ammonification;ammonization
氨荒酸 dithiocarbamic acid
氨荒酸盐 dithiocarbamate
氨磺丁脲 carbutamide
氨磺磷 famphur
氨磺酰 sulfamine;sulfamoyl
氨磺酰苯甲酸 sulfamine-benzoic acid
氨挥发 ammonia volatilization
氨回收厂 ammonia recovery plant
氨回收法 ammonia recovery process
氨回收装置 ammonia recovery unit
氨茴基 anthranilo
氨茴内酐 anthranil
氨茴酸 anthranilic acid; o-aminobenzoic acid
氨茴酸甲酯 artificial neroli oil; methyl anthranilate
氨茴酸盐 anthranilate
氨茴酰 anthran(i)loyl
氨茴酰胺茴酸 anthranoyl-anthranilic acid
氨基 amine; amino group; ammonia group
氨基半光烘干瓷漆 amino semi-gloss baking enamel
氨基钡 barium amide
氨基苯 aminobenzene
氨基苯并噻唑 aminobenzothiazole
氨基苯醋酸 aminophenyl acetic acid
氨基苯酚 aminophenol; hydroxyaniline
氨基苯酚磺酸 aminophenol sulfonic acid
氨基苯磺酸 aminobenzenesulfonic acid;aniline sulfonic acid;p-Aminobenzene sulfonic acid
氨基苯磺酸钠 sodium p-aminobenzene sulfonate;sodium sulfanilate
氨基苯磺酸锌 zinc sulfanilate
氨基苯甲腈 anthranilo nitrile
氨基苯甲醚 aminoanisole
氨基苯甲醛 aminobenzaldehyde
氨基苯甲醛肟 aminobenzaldoxime
氨基苯甲酸 aminobenzoic acid; benzaminic acid
氨基苯甲酸丙酯 propyl aminoben-zoate
氨基苯甲酸盐 anthranilate
氨基苯甲酸乙酯 benzocaine; ethyl aminobenzoate
氨基苯甲酸异丁酯 isobutyl aminobenzoate
氨基苯甲酰甲酸 amino-benzoyl formic acid
氨基苯胂化硫 aminophenyl arsine sulfide
氨基苯胂酸 atoxylate
氨基苯胂酸汞 aspirochyl; mercuric atoxylate
氨基苯胂酸钠 Atoxyl
氨基苯酰醋酸 amino-benzoyl acetic acid
氨基苯酰甲酸 amino-benzoyl formic acid
氨基苯乙腈 aminopheny-lacetonitrile
氨基苯乙醚 phenetidine
氨基苯乙酸 aminophenyl acetic acid
氨基苯乙酮 aminoacetophenone
氨基苯乙酰乙胺 aminoethy-lacetanilide
氨基比林试验 aminopyrine test;pyramidon test
氨基比林中毒 pyramidonosis
氨基吡啶 aminopyridine
氨基苄醇 aminobenzyl alcohol
氨基苄腈 aminobenzonitrile
氨基丙苯 aminopropylbenzene
氨基丙酸 alanine
氨基丙酮 acetone amine; acetonylamine;aminoacetone
氨基草酰 amidoxalyl;oxamoyl
氨基草酰胺 aminooxamide
氨基草酰肼 aminooxamide; oxamic acid hydrazide;semi-oxamazide
氨基醇 alkamine;amino alcohol
氨基醇酸树脂 aminoalkyd resin
氨基醇酸树脂快速烘干清漆 aminoalkyd resin quick drying baking varnish
氨基醇酸树脂涂料 aminoalkyd resin coating
氨基醋酸 aminoacetic acid
氨基氮 amino nitrogen; ammonia nitrogen
氨基氮杂苯 aminopyridine
氨基的 amino
氨基丁二酸 aminosuccinic acid; aspartic acid
氨基丁三醇 trometamol;tromethamine
氨基丁酸 aminobutyric acid; propalanine
氨基蒽 amino anthracene
氨基蒽醌 aminoanthraquinone
氨基二苯胺 aminodiphenylamine
氨基二苯甲酮 aminobenzophenone
氨基二苯甲烷 aminodiphenylmethane
氨基二苯酮 aminobenzophenone
氨基二甲苯 amino-xylene
氨基二甲基嘧啶基苯磺酰胺 sulphamethazine
氨基二硫代羧酸 dithiocarbamic acid
氨基二酸 dibasic aminoacid
氨基腐殖酸 amino-humic acid
氨基铬酸钾 potassium aminochromate
氨基汞化氯 aminomercuric chloride;

ammoniated mercuric chloride;ammoniated mercury; mercury cosmetic
氨基胍 aminoguanidine
氨基胍硫酸盐 aminoguanidine carbonate;aminoguanidine sulfate
氨基胍重碳酸盐 aminoguanidine bicarbonate
氨基烘干锤纹漆 amino baking hammer paint
氨基烘干瓷漆 amino baking enamel
氨基烘干底漆 amino baking primer
氨基烘干二道底漆 aminoalkyd baking surfacer
氨基烘干静电锤纹漆 amino baking electro static hammer paint
氨基烘干静电瓷漆 amino electrostatic baking enamel
氨基烘干绝缘漆 amino baking insulating paint
氨基烘干腻子 amino baking putty
氨基烘干清漆 amino baking varnish
氨基烘干水溶性底漆 amino baking water soluble primer
氨基烘干透明漆 amino baking transparent paint
氨基琥珀酰胺酸 aminosuccinamic acid
氨基化合物 amino-compound
氨基化氰 carbamonitrile;cyanamide
氨基化作用 amination
氨基环 amine ring
氨基环丙烷羧酸 1-aminocyclopropane-1-carboxylic acid
氨基环醇 aminocyclitol
氨基磺酸 Amidosulphuric acid;sulfamic acid
氨基磺酸铵 Amcide Ammate;ammonium sulfamate
氨基磺酸铵除草剂 Ammate
氨基磺酸镍 nickel sulfamic acid
氨基磺酸亚铁 ferrous sulfamate
氨基磺酸盐 sulfamate;sulphamate
氨基茴香醚 aminoanisole
氨基活化气体 amine seed gas
氨基己二酸半醛 aminoadipaldehyde
氨基己腈 aminocapronitrile
氨基己醛糖 aminoaldehexose
氨基己酸 aminocaproic acid;leucine
氨基己糖 aminohexose
氨基甲苯 aminotoluene
氨基甲苯磺酸 aminotoluene sulfonic acid
氨基甲醛树脂 amino formaldehyde resin
氨基甲酸 amidocarbonic acid;aminocarbamic acid; aminoformic acid; carbamic acid
氨基甲酸-2-戊酯 hedonal
氨基甲酸铵 aminoquinoxaline;ammonium carbonate
氨基甲酸百里酚酯 thymol urethane; tratol
氨基甲酸苯酯 phenyl carbamate
氨基甲酸苄基苯酯 benzylphenyl carbamate
氨基甲酸苄酯 benzyl carbamate
氨基甲酸丁酯 butyl carbamate
氨基甲酸浣基酯 alkyl carbamate
氨基甲酸甲酯 methyl carbamate
氨基甲酸叔己脂 nuncital
氨基甲酸戊酯 amyl carbamate
氨基甲酸盐 carbam(in)ate
氨基甲酸乙酯沥青 tar urethane
氨基甲酸乙酯 ethyl carbamate;ethyl urethane
氨基甲酸乙酯改性醇酸(树脂) uralkyd;urethane alkyd
氨基甲酸乙酯化油 urethanated oil;urethane oil
氨基甲酸乙酯键 urethane bond
氨基甲酸乙酯浸透垫板 urethane-impregnated pad
氨基甲酸乙酯聚合物 urethane polymer
氨基甲酸(乙)酯(类) urethane
氨基甲酸(乙)酯腻子 urethane putty
氨基甲酸(乙)酯黏[粘]合剂 urethane adhesive
氨基甲酸乙酯泡沫 urethane foam
氨基甲酸乙酯泡沫塑料板 urethane foam panel
氨基甲酸(乙)酯泡沫涂层 urethane foam coating
氨基甲酸乙酯人造橡胶 urethane elastomer
氨基甲酸(乙)酯树脂 urethane resin
氨基甲酸(乙)酯涂料 urethane coating
氨基甲酸酯 carbamic acid ester;carbam(in)ate
氨基甲酸酯浸透垫板 urethane-impregnated pad
氨基甲酸酯聚合物 urethane polymer
氨基甲酸酯类除草剂 carbamate herbicides
氨基甲酸酯类农药 carbamate pesticides
氨基甲酸酯类杀虫剂 carbamate insecticides
氨基甲酸酯弹性纤维 urethane elastic fiber[fibre]
氨基甲酸酯农药中毒 carbamate pesticide poisoning
氨基甲酸酯泡沫塑料板 urethane foam panel
氨基甲酸酯橡胶 urethane rubber
氨基甲肟 formamidoxime
氨基甲酰 carbam(o)yl
氨基甲酰氟 carbamyl fluoride
氨基甲酰基 formamyl
氨基甲酰磷酸盐 carbamyl phosphate
氨基甲酰膦酸酯 carbamyl phosphonate
氨基甲酰氯 carbamyl chloride
氨基甲酰溴 carbamyl bromide
氨基钾 potassamide;potassium amide
氨基间苯二酚 aminoresorcinol
氨基碱金属 alkali amide
氨基金属 ammonobase
氨基腈 amino-nitrile
氨基静电喷涂烘干清漆 amino electrostatic spraying baking varnish
氨基聚羧酸 aminopolycarboxylic acid
氨基菌素 aminomycetin
氨基快干烘漆 amino quick dry baking paint
氨基喹恶啉 aminoquinoxaline
氨基喹啉 aminoquinoline
氨基(类)塑料 aminoplastics
氨基锂 lithium amide
氨基联苯 aminobiphenyl
氨基联苯胺 aminobenzidine
氨基邻二甲基嘧啶基苯磺酰胺 sulphasomidine
氨基磷酸 phosphoramidic acid
氨基磷酸酶 phosphaminase
氨基磷酸盐 phosphoro-amidate
氨基磷酸酯 phosphoro-amidate
氨基硫脲 aminothiourea;thiosemicarbazide
氨基硫羰基 thiocarbamoyl
氨基卤化物 amino halide
氨基氯苯 amino-chloro-benzene
氨基末端 amino terminal
氨基钠 Sodamide;sodium amide
氨基萘酚 aminonaphthol
氨基萘酚磺酸 amino-naphthol sulfonic acid
氨基萘磺酸 naphthylamine sulfonic acid;sulfonaphtine
氨基脲 semi-carbazide
氨基脲化氢氯 semi-carbazide hydrochloride
氨基脲盐酸盐 semi-carbazide hydrochloride
氨基偶氮苯 aminoazabenzol;aminoazobenzene
氨基偶氮化合物 aminoazo-compound
氨基偶氮萘 aminoazonaphthalene
氨基羟基丙酸 amino hydroxy propionic acid
氨基羟基酸 amino hydroxy acid
氨基氢振动异构 phasotropy
氨基氰 urea anhydride
氨基醛 amido aldehyde
氨基醛树脂 amino aldehyde resin
氨基肉桂酸 amino-cinnamic acid
氨基噻吩 aminothiophene
氨基噻唑 aminothiazole
氨基三环癸烷 amantadine
氨基三唑 aminotriazole
氨基杀菌素 aminocidin
氨基胂化氧 amino-arsenoxide
氨基树脂 aminoplastic resin; amino resin
氨基树脂抗水剂 amino resin water repellent
氨基树脂类 amino resins
氨基水杨酸 aminosalicylic acid
氨基水杨酸钠 paramisan sodium
氨基水杨酸盐 aminosalicylate
氨基松香 aminorosin
氨基塑料 amino plastics
氨基酸 amino acid
氨基酸废水 amino-acid wastewater
氨基酸外消旋测年法 amino-acid racemization age method; amino-acid racemization dating method
氨基酸外消旋作用 amino-acid racemization
氨基酸转换率 amino-acid turnover rate
氨基酸自动分析仪 automatic amino acid analyser[analyzer]
氨基无光烘干瓷漆 amino matt baking enamel
氨基无光烘干水溶性瓷漆 amino matt baking water soluble enamel
氨基戊二酸 aminoglutaric acid;glutamic acid
氨基戊酸 aminovaleric acid
氨基戊烷 aminopentane
氨基硒脲 setenosemicarbazibe
氨基纤维素 amine cellulose; aminocellulose
氨基橡胶 amino rubber
氨基辛酸 aminocaprylic acid
氨基辛烷 amino-octane
氨基锌 zincamide
氨基亚铁氰化钠分光光度法 amino sodium ferrocyanide spectrophotometry
氨基移转酶 transaminase
氨基移作用 aminotransferation
氨基乙苯 aminoethylbenzene
氨基乙醇 aminoethanol; aminoethyl alcohol;cholamine;ethanolamine
氨基乙醇甲醚 ethanolamine methyl ether
氨基乙磺酸 taurine
氨基乙基异硫脲二溴氢酸盐 aminoethyl iso-thiourea; dihydro bromide
氨基乙硫醇 aminoothyl mercaptan
氨基乙酸 aminoacetic acid
氨基乙酸甲酸 methyl aminoacetate
氨基乙酸邻甲酚红 glycine-o-cresol red
氨基乙缩醛 aminoacetal
氨基乙烷 aminoethane;ethyl amine
氨基乙酰肼 aminoacethydrazide
氨基异丙苯 amino-cumene
氨基异丁酸 aminoisobutyric acid
氨基异戊酸 amino-isovaleric acid
氨基银 silver amide
氨基脂 aminolipid
氨基转移作用 transamination
氨基腙 amidrazone
氨激光器 ammonia laser
氨剂 ammonizator
氨甲基膦酸 phosphonic acid
氨甲酰丙氨酸 carbamino alanine
氨碱法 ammonia-alkali process; ammonia soda process
氨胶质炸药 ammonia gelatin(e) dynamite
氨解臭氧化作用 amozonolysis
氨解吸 ammonia stripping
氨解吸法 ammonia stripping process
氨解作用 ammonolysis
氨浸滤 ammonia leaching
氨腈(类) cyanamide
氨净化器 ammonia purifier
氨克生 trexan
氨空气燃料电池 ammonia-air fuel cell
氨冷冻机 ammonia machine;ammonia refrigerating machine;ammonia refrigerator
氨冷冻剂 ammonia refrigerant
氨冷凝器 ammonia condenser;ammonia cooler
氨冷却器 ammonia cooler
氨冷式 ammonia cooling type
氨离解分离器 ammonia dissociation separator
氨离解器 ammonia dissociator
氨离心制冷机 ammonia centrifugal liquid chilling unit
氨量计 ammoniometer
氨滤器 ammonia strainer
氨滤网 ammonia strainer
氨纶 spandex; urethane elastic fiber [fibre]
氨纶弹力织物 spandex stretch fabric
氨纶废水 spandex wastewater
氨络铬 chromammine
氨络钴 cobaltammine
氨络双氧化汞 Millon's base
氨络物 amino-complex; amino-compound;ammine;ammonia complex
氨明矾 ammonia alum
氨凝胶(炸药) ammonia gelatin(e)
氨瓶 ammonia cylinder
氨气 alkaline air; ammonia gas; free ammonia
氨气采集器 ammonia collector
氨气冷凝器 ammonia condenser
氨气冷却器 ammonia cooler
氨气渗碳 ammonia carburizing
氨气塔 ammonia still
氨气提 ammonia stripping
氨气微波激射器 ammonia gas maser
氨气吸收机 ammonia absorption machine
氨气洗涤器 ammonia scrubber
氨气显影 ammonia gas development
氨气压缩机 ammonia compressor
氨气压缩冷冻机 ammonia compression refrigerating machine; ammonia compression refrigerator
氨气压缩制冷机 ammonia compression refrigerating machine
氨气氧化炉 ammonia oxidation converter
氨气直接回收法 direct ammonia recovery
氨氰化钙 calcium cyanamide
氨醛树脂 amino aldehyde resin

氨燃烧制氮催化剂 ammonia combustion catalyst
氨溶出 ammonia stripping
氨溶的 ammonio
氨溶液 ammonia solution; solution of ammonia
氨乳剂 ammoniacal emulsion
氨三乙酸铋钠 bismuth sodium triglycollamate
氨三乙酸二钠 nitrilotriacetic acid disodium salt
氨三乙酸三钠 nitrilotriacetic acid trisodium salt
氨三唑 amitrole
氨深度分布的电离 ionization in depth
氨收率 NH_3 yield
氨束微波激射器 ammonia beam maser
氨树胶 ammoniac; ammonia gum
氨水 ammonia liquor; ammonia water; aqueous ammonia; hartshorn; liquid ammonia
氨水泵 ammonia pump
氨水法脱硫 ammonia spirit desulfurization
氨水溶液 ammonia spirit; aqua ammonia
氨水溶液浓度 concentration of aqua ammonia
氨水撒洒机 ammonia water distributor
氨-水吸收式制冷 aqua ammonia absorption refrigeration
氨-水吸收式制冷机 aqua ammonia absorption-type refrigerating machine
氨水中毒 ammonia water poisoning
氨水注施机 aqua ammonia applicator
氨羧络合(试)剂 complexone; amino carboxyl chelating; ethylene diamine tetraacetic acid
氨羧络酸盐 complexonate
氨态氮 ammonia nitrogen
氨探漏器 ammonia leak detector
氨探漏试验 ammonia leak test(ing)
氨羰丙氨酸 asparagin(e)
氨体系 ammono-system
氨替比林 antipyrine
氨透平压机 ammonia turbocompressor turbine
氨图 dyeline
氨烷基磺酸酯或盐 aminoalkyl sulfonate
氨烷基磷酸酯或盐 aminoalkyl phosphate
氨烷基硫酸酯或盐 aminoalkyl sulfate
氨微波光谱分析仪 ammonia maser spectrum analyser[analyzer]
氨微波激射器 ammonia maser
氨微波激射钟 ammonia maser clock
氨污染 ammonia pollution
氨吸附制冷机 ammonia absorbent refrigerator; ammonia absorption refrigerator
氨吸收法烟气脱硫 flue gas desulfurization by ammonia absorption process
氨吸收器 ammonia absorber
氨吸收式冷冻机 ammonia absorption refrigerating machine
氨吸收式制冷机 ammonia absorption refrigerating machine; ammonia absorption refrigerator
氨洗涤器 ammonia scrubber
氨系统 ammonia system
氨细菌 ammonium bacteria
氨细菌类 ammonibacteria
氨酰基 aminoacyl
氨酰基部位 aminoacyl site
氨泄漏 ammonia leak
氨形成 ammonification
氨性氮 ammoniacal nitrogen
氨性盐 ammoniacal salt
氨熏机 ammoniator
氨熏晒图 ozalid print
氨熏晒图纸 ozalid paper
氨循环泵 ammonia circulating pump
氨循环系统 ammonia recycle system
氨压计 ammonia manometer
氨压缩机润滑油 ammonia oil
氨压缩机组 ammonia compressing unit; ammonia compressor set; ammonia compressor unit
氨压缩冷冻机 ammonia compression refrigerating machine
氨压缩制冷机 ammonia compressed refrigerator
氨压缩制冷循环 ammonia compression refrigerating cycle
氨盐 ammonia salt
氨盐水 ammoniacal brine; ammoniated brine
氨洋红 ammonia carmine
氨氧氮混合气 ammoxygen-nitrogen mixture
氨氧化 ammonia oxidation; ammonia-oxidizing
氨氧化古菌 ammonia oxidizing archaea
氨氧化菌群 ammonia oxidizing bacterial community
氨氧化细菌 ammonia oxidizing bacteria
氨氧化作用 ammoxidation
氨液 ammoniacal liquor; ammonia liquor; ammonia solution; liquid ammonia
氨液工厂 ammoniacal liquor plant
氨乙基吡嗪 aminorthyl pyrazine
氨乙基对二氮杂苯 aminorthyl pyrazine
氨乙基化棉 aminoethylated cotton
氨乙基硫醇 aminoethyl mercaptan
氨乙基纤维素 AE-cellulose; aminoethylcellulose and fixed quotas
氨乙钠 Hadacidin
氨乙酸甘羟铝 dihydroxyaluminum aminoacetate
氨乙酰丙酸 aminolevulinic acid
氨乙硝酸 aminoethyl nitrate
氨银染色技术 ammonical silver staining technique
氨银液 ammoniated silver solution
氨用真空压力表 vacuumatic pressure ga(u)ge for ammonia
氨由醋胺 ambucetamide
氨油 ammonia oil
氨油分离器 ammonia oil separator
氨再生器 ammonia regenerator
氨再循环 ammonia recirculation
氨蒸发器 ammonia evapo(u)rator
氨蒸馏废物 ammonia still waste
氨蒸馏器 ammonia distiller
氨蒸馏塔 ammonia still
氨蒸馏塔废液 waste liquid from ammonia still
氨蒸气 ammonia vapo(u)r
氨蒸气熟化 amine vapo(u)r cure
氨脂 ammoniacum
氨植物 ammonia plant
氨酯基 urethane
氨制冰机 ammonia machine
氨制碱 ammonia hydrate
氨制冷 ammonia refrigeration
氨制冷厂 ammonia cooling plant
氨制冷机 ammonia machine; ammonia refrigerator
氨制冷剂 ammonia refrigerant
氨制冷压缩机 ammonia refrigerating compressor
氨中毒 ammonia intoxication; ammonia poisoning
氨钟 ammonia clock
氨转化塔 ammonia converter

庵 Buddhist convent; nunnery

鞍板 <装煤分舱导板> saddle-back; saddle plate

鞍背 dorsum sellae; saddle-back
鞍(背)形大梁 saddle-backed girder
鞍(背)形盖顶 saddle-back coping
鞍(背)形桁梁 saddle-backed girder
鞍背状脊柱 lordosis; saddle-back
鞍鼻 saddle-back nose
鞍边 best set of rim
鞍部 saddle; upper bend
鞍承 saddle bearing
鞍带 girt(h)
鞍袋形石笼沉排丁坝 saddle-bag groin; saddle-bag groynes
鞍袋形石笼丁坝 saddle-bag groin
鞍点 minimax; saddle point
鞍点的矩形特性 rectangular property of saddle-point; saddle-point game
鞍点定理 saddle-point problem
鞍点对策 saddle-point game
鞍点法 saddle-point method; steepest descent method
鞍点方程 saddle-point equation
鞍点理论 saddle-point theory
鞍点问题 saddle-point problem
鞍顶【地】saddle bend
鞍锻 saddling
鞍盖式泛水板 cricket cap flashing
鞍盖式泛水板件 cricket cap flashing piece
鞍盖式披水板 cricket cap flashing
鞍盖式披水板件 cricket cap flashing piece
鞍工 saddler
鞍环 saddle ring
鞍夹 saddle clip
鞍架 cradle; saddle tree
鞍架导槽 saddle guidance
鞍架横向运动 crosswise movement of saddle
鞍架夹杆 saddle clamping lever
鞍架进给螺杆 saddle feed screw; saddle traverse screw
鞍架丝杠 saddle traverse screw
鞍接 saddle; saddle grafting
鞍接合 saddle joint
鞍结节 tubercle of sellae
鞍具 saddlery
鞍马 horse with pommel; pommelled horse; saddle horse; side horse; vaulting horse
鞍囊 saddle bag
鞍皮 saddle leather
鞍骑性栓子 saddle embolus
鞍前桥 front arch
鞍桥 bridle
鞍褥 saddle-cloth
鞍伤 saddle gall; saddle sore
鞍式刀架 cutter saddle
鞍式函数 saddle function
鞍式监测器 saddle type monitor
鞍式披水板 cricket counter flashing
鞍式披水板件 cricket counter flashing piece
鞍式牵引半挂车 bolster-type trailer
鞍式牵引车 semitractor
鞍式运输机 saddle type conveyer [conveyor]
鞍式支座 saddle support; support saddle
鞍式轴 shipper shaft
鞍式轴承 shipper bearing
鞍栓 saddle-pin
鞍头 saddle-bow
鞍头块 saddle piece
鞍突 clinoid
鞍形 col; saddle type
鞍形板 saddle(-back) board; saddle plate
鞍形表面 saddle surface
鞍形薄壳 anti-clastic shell
鞍形薄壳结构 saddle-back shell structure
鞍形舱口 <装煤分舱导口> saddle hatch(way)
鞍形场透镜 saddle-field
鞍形车床 saddle-shaped lathe
鞍形的 saddle-backed; saddle-shaped
鞍形低压 col; saddle
鞍形底盘车 saddle-bottomed car; saddle-bottomed wagon
鞍形底自卸车 saddle-bottomed wagon
鞍形垫块 saddle piece
鞍形垫圈 saddle-shaped washer
鞍形顶盖 saddle-back cope; saddle-back coping; saddle coping
鞍形阀 saddle valve
鞍形法兰 saddle flange
鞍形泛水 saddle flashing
鞍形防雨板 saddle flashing
鞍形拱 saddle(-shaped) arch
鞍形拱顶石 saddle stone
鞍形构造【地】saddle
鞍形谷 saddle valley
鞍形管夹 pipe saddle
鞍形管件 saddle fitting
鞍形管件熔接接头 saddle-fused joint
鞍形管子配件 saddle fitting
鞍形管座 pipe saddle
鞍形光屋顶 saddle type monitor roof
鞍形轨 saddle rail
鞍形锅炉 saddle boiler
鞍形函数 saddle function
鞍形焊(接) saddle welding
鞍形虹吸管 saddle siphon[syphon]
鞍形夹 saddle clip
鞍形夹钳 saddle cramp
鞍形键 horsed key; saddle key
鞍形脚手架 saddle scaffold; straddle scaffold
鞍形接合 saddle-back joint; saddle joint
鞍形接头 horsed joint; saddle(-back) joint
鞍形卷座 coil storage saddle; saddle coil storage
鞍形壳(体) saddle(-shaped) shell
鞍形扣件 saddle tie
鞍形连接装置 <锚索与拉索间的> bridle hitch
鞍形楼梯 saddle stair(case)
鞍形炉栅 saddle grate
鞍形面 anti-clastic surface
鞍形面薄壳 anti-clastic shell
鞍形面薄壳系统 anti-clastic shell system
鞍形面的 <即一面凸一面凹的> anti-clastic
鞍形模子 saddle-shaped form
鞍形耙 saddle-back(ed) harrow
鞍形配件 saddle fitting
鞍形偏转线圈 saddle coil; saddle deflecting yoke
鞍形汽缸座 cylinder saddle; saddle cylinder base
鞍形墙盖 saddle-shaped coping of a wall
鞍形区 col; neutral point; saddle point

鞍形曲度 saddle-shaped curvature
鞍形曲面薄壳 anticlastic shell
鞍形裙 corso skirt
鞍形散热器 cabane radiator;saddle radiator
鞍形山(脊) saddle-back
鞍形石 saddle stone
鞍形石笼沉排丁坝 saddle groin
鞍形水柜机车 saddle tank locomotive
鞍形提灯 saddle type lantern-light
鞍形天窗 saddle type skylight
鞍形天沟 saddle-back gutter
鞍形天线绝缘子 shell insulator
鞍形填充物 Berl saddle
鞍形填料 saddle packing
鞍形通风屋顶 saddle type monitor roof
鞍形凸缘 saddle flange
鞍形弯头 saddle bend
鞍形屋顶 saddle(-back) roof
鞍形屋脊 roof saddle
鞍形屋脊板 saddle board
鞍形屋面 saddle(-back) roof
鞍形物 saddle
鞍形系扣 saddle tie
鞍形线圈磁体 saddle coil magnet
鞍形销座 saddle type pin boss
鞍形修理管夹 saddle repair clamp
鞍形悬臂单塔式起重机 saddle boom monotower crane
鞍形悬臂梁 saddle type cantilever beam
鞍形悬索屋顶 cable roof with saddle shape
鞍形压顶 saddle-back(ed) coping;saddle coping
鞍形溢洪道 saddle spillway
鞍形油箱 saddle tank
鞍形褶皱【地】saddle fold
鞍形针迹 saddle stitch
鞍形支承 saddle bearing
鞍形支座 saddle support
鞍形砖 saddle brick
鞍形砖盖顶 saddle-back brick coping;saddle-back coping
鞍形转臂单塔式起重机 saddle jib monotower crane
鞍形座板 <屋脊相交处的> saddle piece
鞍形座(椅) saddle seat
鞍印 saddle mark
鞍羽 saddle feather
鞍毡 saddle blanket
鞍罩 saddle cover
鞍中突 middle clinoid process
鞍轴 anticlinal axis;saddle axis
鞍状鼻 saddle nose【地】;nasus incurvus
鞍状冰川 saddle glacier
鞍状峰 saddle-back
鞍状构造【地】saddle structure
鞍状谷 saddle valley
鞍状关节 saddle joint
鞍状壳 ephippium
鞍状矿脉 saddle reef;saddle vein
鞍状矿体 saddle orebody
鞍状马 saddle-backed horse
鞍状山口 sag
鞍状温度曲线 saddle-back temperature curve
鞍状无云区 saddle-back non-cloud region
鞍状物 saddle-back
鞍状虚脱 saddle decollement
鞍状褶皱 saddle fold
鞍状支座 saddle bearing
鞍状轴承 saddle bearing
鞍座 cradle;saddle;saddle block <挖掘机的>;saddle seat <指自行车类>
鞍座包角 contact angle of saddle support;saddle inclusion angle
鞍座叉杆 saddle yoke
鞍座顶 top of saddle
鞍座轭 saddle yoke
鞍座骨架 <自行车的> saddle tree
鞍座机构 saddle gear
鞍座夹 saddle clamp
鞍座宽度 width of saddle support
鞍座螺栓 saddle bolt
鞍座式 saddle-mounted
鞍座式转塔车床 saddle type turret lathe;saddle-turret lathe
鞍座数目 number of saddle support
鞍座弹簧 saddle spring
鞍座系板配件 banjo fittings
鞍座系紧螺栓 saddle pivot pin
鞍座支架 saddle pillar
鞍座支销 saddle pivot pin
鞍座柱 saddle pillar

铵

铵爆炸药 ammonia dynamite;dynamite
铵矾 ammonium alum;mascagnite
铵铬矾 ammonium chromic alum;ammonium chromic sulfate
铵固定 fixed ammonium
铵固定特性 ammonium fixation characteristics
铵黄铁矾 ammoniojarosite
铵黄铁钾矾 ammoniojarosite
铵基 ammonium
铵基苯石 kladnoite
铵钾矾 guanakite
铵钾石膏 ammonium-syngenite
铵胶 ammongelatine
铵胶炸药 ammongelatine dynamite;ammonia blasting gelatin(e);ammonia gelatin(e) dynamite
铵离子 ammonium ion
铵离子固定 ammonium fixation
铵离子交换容量 NH_4-cation exchange capacity
铵离子吸附 ammonium fixation
铵离子吸收 ammonium fixation
铵力散混剂 Shinmel emulsion
铵磷粉 ammo-phos
铵铝矾 ammonium alum;ammonium alumin(i)um sulfate;boussingaultite
铵镁矾 boussingaultite
铵明矾 ammonia alum;kalium alum;tschermigite
铵醛 ammonium aldehyde
铵石膏 koktaite
铵松腊炸药 ammon-rosin-wax explosive
铵态氮 ammonium nitrogen
铵碳石 teschemacherite
铵锑汞矿 ammiolite
铵铁矾 ammonium iron alum
铵铜合物 ammonium cuprate
铵细菌 ammonium bacteria
铵硝 kentite
铵硝化钾炸药 ammonia gelatin(e) dynamite;Denaby powder
铵硝石 nitrammite
铵压缩机组 ammonium compressing unit
铵盐 ammonium salt
铵盐侵蚀 ammonium salt attack
铵油炸药 ammonium nitrate-fuel oil mixture;ANFO [ammonium nitrate fuel oil];anfo explosive
铵油炸药装填机 ANFO loader
铵铀云母 uramphite
铵皂 ammonium soap
铵炸药 ammon-dynamite;ammonia dynamite;ammonpulver
铵质土 ammonium soil

岸

岸 bank coast;rivage;shore
岸板 back slab;corbel back slab
岸壁 alcove;bulkhead;bulkhead building;land wall;quay;quay wall;shore wall
岸壁凹槽 wall recess
岸壁传感器 quay sensor
岸壁吊车 container crane
岸壁基础 base of a quay wall;bulkhead foundation;quay wall foundation
岸壁集装箱起重机 shore container crane
岸壁集装箱装卸桥 portainer
岸壁结构 quay wall structure;quayside structure
岸壁码头 bulkhead wall;quay
岸壁门吊 dockside gantry crane;quayside portal crane
岸壁木隔条 bulkhead spacing strip
岸壁内倾的码头 quay with battered face;quay with sloping face
岸壁起重机 building slip(way) crane;dockside crane;quay(side) crane
岸壁前趾 toe of wall
岸壁墙 quay wall
岸壁式 wall type
岸壁式码头 bulkhead quay(wall);bulkhead wharf;quay wall;cantilever bulkhead quay;cantilever bulkhead wharf
岸壁式突码头 quay pier
岸壁位移 wall movement
岸壁系缆桩 breasting dolphin;breasting island
岸壁线 bulkhead line
岸壁型码头 bulkhead wharf;quay wall
岸壁影响 bank effect
岸壁装卸桥 dockside gantry crane
岸边 bank edge;beach approach;brink;bund;coast
岸边暗礁 shore reef
岸边冰 flange ice;shore ice
岸边冰湖 shore polynya
岸边冰穴 shore polynya
岸边薄冰 <水面下降后悬空结在岸边的> cat ice
岸边测向台 shore direction-finding station
岸边沉积 bank deposit
岸边冲刷 bank cutting;bankside erosion;bankside scouring;shore cutting;shoreline erosion
岸边储水 bankside storage
岸边带污染 coastal zone pollution
岸边淡水 riparian freshwater
岸边挡土墙 waterfront retaining wall;embankment wall
岸边道路(法) corniche
岸边的 bank-run;bankside;shoreside
岸边电缆 shore-end cable
岸边堆积的冰脊 ice rampart
岸边法 riparian legislation
岸边方位标 shore bearing
岸边房屋 pile building
岸边浮冰 shore floe
岸边浮坞 lifting dock;offshore dock
岸边高地 elevated beach
岸边骨料 bank-run aggregate
岸边管 <疏浚> shore pipe
岸边光缆 shore end optical cable
岸边过滤 bank filtration;bankside filtration
岸边环境 riparian environment
岸边回流 rip current
岸边火山锥 littoral cone
岸边货物 dockside cargo
岸边货物吊机 dockside cargo crane
岸边货物起重机 dockside cargo crane
岸边激浪 surging
岸边激浪声 rut
岸边集料 <未经筛选的河边天然骨料> bank-run aggregate
岸边集装箱 quayside container
岸边集装箱起重机 quayside container crane
岸边集装箱装卸桥 gantry crane;portainer;portal crane;shore container crane;waterfront container crane;wharf crane
岸边加固 bank stabilization
岸边间隙 bank clearance
岸边建筑物 waterside structure;onshore structure
岸边礁 ledge
岸边礁石 shore reef
岸边阶地 bank terrace
岸边接收站 shoreside receiving depot
岸边接收站码头 shoreside receiving terminal
岸边接头 <船舶用水、电、油等> groin root
岸边街道 coastal street
岸边结构 shore structure;shoreside crane
岸边进水构筑物 shore intake
岸边进水口 riverain intake
岸边巨澜的回流 rip current;rip tide
岸边距 distance from the bank
岸边拦鱼堰 shore weir
岸边浪花 breakers along shore
岸边砾石 run-of-bank gravel
岸边砾石堤 boulder barricade
岸边连接 land connection
岸边林荫道 shore boulevard
岸边流 coast current;fringing current;shore current
岸边漫滩 riparian floodplain
岸边排放 coast discharge;coast drainage
岸边排放岔道 shoreline bypass
岸边漂积物 shore drift
岸边起重机 bank crane;dockside crane;quayside crane
岸边潜水动态 phreatic water regime on bank
岸边浅水区 shallow coastal zone
岸边浅滩 flat shore
岸边浅滩的 beachy
岸边桥墩 bank pier
岸边侵蚀 bank erosion
岸边取水口 river intake
岸边融冰 shoreside melting ice
岸边沙丘 bankside dune;downs
岸边砂 shore sand
岸边湿地 riparian wetland
岸边式 shore type
岸边式泵站 bank pumping station
岸边水库 <蓄存河道水的> bankside storage
岸边水权 riparian rights;riparian water rights
岸边水域 coastal waters
岸边水域污染 coastal waters pollution
岸边松土带植物 enhalid community
岸边碎波 surf
岸边碎波拍击 surf beat
岸边台地 bank terrace;elevated beach
岸边台阶 gha(u)t
岸边坍塌 shoreside collapse
岸边网 peter-net

岸边涡流 bank(ed) eddy
岸边污染 coast pollution
岸边污染带 polluted zone from shore
岸边吸水井 sucking well on shore; suction well on shore
岸边系船处 quay berth
岸边线 bank line;coastline;land line; strand line;water front;shoreline
岸边小石子 stanners
岸边溢洪道 approach spillway channel;lateral spillway channel
岸边淤积 inwash; shore deposit; shoreside accretion; shoreside deposit
岸边淤积物 inwash; shoreside sediment
岸边原水 bankside storage
岸边栈桥 shore bridge
岸边站 marine terminal
岸边植被 riparian vegetation
岸边住房 < 半水半陆,打桩支承 > pile dwelling
岸边贮水 bankside storage
岸边装卸货物 transshipping of cargo at waterfront; transshipping of goods at waterfront
岸标 beacon; land mark; shore beacon;shoremark
岸标灯 beacon light
岸标系统 beaconage
岸滨地 shore land
岸滨沙丘 shore dune
岸冰 border ice; brink ice; coastal ice; flaw ice; landfast ice; shore floe;shore ice
岸冰带 shore ice belt
岸冰界 shore ice edge
岸侧船闸 land lock
岸侧锚 shore anchor
岸侧闸墙 < 船闸的 > land wall
岸船联合导航系统 cooperative aid to navigation
岸船远距离无线电通信[讯] long-distance ship-shore radio communication
岸到岸全程保险 shore cover; shore-to-shore clause
岸到船 shore-to-ship
岸的下风侧 lee of the shore
岸堤 bank levee; bunding; river embankment
岸堤加固 bunding strengthening
岸堤栽植 bank plant
岸地所有者 riparian
岸电接线箱 shore connection box
岸电(源) shore power; shore-to-ship-power system
岸吊 shore crane; shore tackle; wharf crane; quay crane
岸对船呼叫 shore-to-ship call
岸对船通信[讯] shore-to-ship communication
岸对舰导弹 ground-to-sea missile; ground-to-ship missile
岸墩 abutment(pier);bank pier;butment pier; end pier; flanking pier; land(ing) abutment; land(ing) pier; pier abutment; shore pier
岸墩背水面底部加围墙 abutment toe wall
岸墩边墙 abutment sidewall
岸墩承压区 abutment zone
岸墩拱 abutment arch
岸墩基座 abutment pad
岸墩间距 abutment span
岸墩接合铰 abutment hinge
岸墩孔 abutment bay; abutment opening; abutment spalling; abutment span
岸墩廊道 abutment gallery
岸墩前趾墙 abutment toe wall
岸墩设施 abutment system
岸墩四分之一锥体填坡 quarter cone filling
岸墩填堆体 quarter cone filling
岸墩填土 abutment fill
岸墩填筑锥体 quarter cone filling
岸墩支座 abutment piece
岸垛 bankhead
岸防舰 coast defence ship
岸风【气】shore wind
岸钙华 thinolite
岸高度 bank height
岸骨料 bank-run aggregate
岸管 shore pipe
岸管连接 shore pipe connection
岸河 ripa
岸湖 border lake; ripa
岸积物 bank material; coastal deposit; coastal sediment
岸基 bank sill
岸基抽水泵 land-based suction pump
岸基抽吸泵 land-based suction pump
岸基导航设施 shore based aids to navigation
岸基的 shore-based
岸基地 land-based; shore-based
岸基发射机 shore based transmitter
岸基基础设施 shore-based infrastructure
岸基雷达链 shore-based radar chain
岸基设施 onshore-based facility
岸基水质监测站 land-based water quality station
岸集料 bank-run aggregate
岸岬 tongue
岸架式浮坞 offshore dock
岸间的桥梁跨度 landside(d) bridge span
岸槛 bank sill
岸礁 bank reef; coast reef; fringing reef; ledge rock; ledger rock; shore reef
岸礁海岸 fringing reef coast
岸进 progradation of coast
岸控制系统 shore control system
岸跨 access space; access span; approach space; approach spalling; approach span; approach to a bridge; bank span
岸缆 shore fast
岸浪 <飓风或地震引起的 > ground swell
岸砾 bank gravel
岸砾石 bank-run gravel
岸梁 bank sill
岸流砂砾 bank-run gravel
岸码头前沿墙 quay breastwork
岸面阶地 shoreface terrace
岸坡 bank slope; beach approach; foreshore; side banks
岸坡保护系统 revetment armouring system
岸坡崩塌观测 observation of bank caving
岸坡表层坍落 bank sloughing
岸坡表层脱落 bank slough
岸坡冲刷 bank erosion; bank scouring
岸坡冲渣法 bank process
岸坡处理 bank improvement; bank stabilization
岸坡底部 toe of bank
岸坡底槛 bank sill
岸坡加固 bank stabilization; bank strengthening
岸坡加固工程 bank stabilization works
岸坡脚 toe of bank
岸坡阶地 bank terrace
岸坡开挖 bank cutting
岸坡铺面 bank pavement
岸坡铺砌护面 bank paving
岸坡前的 shore-front
岸坡侵蚀 bank erosion; shore erosion; slope erosion
岸坡踏步 waterside step; water stair-(case)
岸坡稳定性 bank stability
岸坡稳定性标准 criterion of bank stability
岸坡稳定作用 bank stabilization
岸坡系数 side coefficient; side factor
岸坡修整 bank grading
岸坡岩性 rock type of bank slope
岸坡涌浪 surging
岸坡原始高度 original height of bank slope
岸坡筑料 bank sloping
岸栖的 riparian
岸栖植物 riparian plant; riparian vegetation
岸前浅水地带 nearshore
岸前沙丘 fore dune
岸前水深 water depth in front of bank
岸墙 quay wall; shore wall; sidewall
岸墙结构 quay wall structure
岸桥【港】quay crane
岸禽类 shore bird; wader
岸砂 < 也称岸沙 > bank-run sand; bank sand
岸上操作员 shoreside operator
岸上储罐 shore tank
岸上吹向大海的微风 land breeze
岸上导航突出标志 sea mark
岸上的 epilittoral; supralittoral
岸上碇桩 bank seat
岸上发射站 <水文测量电子定位系统> remote transmitter
岸上固定滚装坡道 fixed Ro-Ro shore ramp
岸上固定滚装跳板 fixed Ro-Ro shore ramp
岸上管线 shoreline; shore pipeline
岸上航标 shore beacon
岸上基地 shore base
岸上记录设施 shore mounted logging device
岸上交货价格 landed terms
岸上可调节滚装跳板 adjustable Ro-Ro shore ramp
岸上可作助航标志 land mark
岸上库场 shoreside storage
岸上雷达系统 shore-based radar system
岸上连接点 shore connection
岸上排泥管线 shore discharge pipeline
岸上坡道 shore ramp
岸上起重机 harbo(u)r crane
岸上设备 onshore facility; shore facility
岸上设施 shore facility
岸上施绞站 shore-based warping station
岸上跳板 shore ramp
岸上挽缆柱 shore cleat
岸上吸水井 suction well on shore
岸上系泊设备 onshore mooring equipment
岸上系缆柱 landfast; shore cleat
岸上信号台 shore station
岸上油灌 shoreside tank
岸上油罐区 onshore tank farm
岸上支座桥台 bank seat abutment
岸上终端站 on-shore terminal station
岸上专用助航的突出标志 sea mark
岸上装卸桥 shore crane
岸式码头 bank levee
岸首 bankhead
岸塌 bank caving; bank collapse
岸台 base station; shore(-based) station
岸台基线 baseline in shore station
岸滩 beach; river flat
岸滩贝壳 bank shell
岸滩冲刷段 washing bank
岸滩骨料 bank-run aggregate
岸滩集料 bank-run aggregate
岸滩砾石 bank-run gravel
岸滩平原 beach plain
岸滩剖面 beach profile
岸滩桥 beach bridge
岸滩岩 littoral rock
岸滩演变过程 beach process; littoral process; shore process
岸滩原地形 native beach profile
岸涛 ground swell
岸土 bank soil
岸土流失 run-of-the bank filling
岸土性质 nature of bank soil
岸土桩 onshore pile
岸推 bank cushion
岸外坝 false beach; offshore bar
岸外岛链 barrier chain
岸外堤 reef
岸外堆积堤 < 后有泻湖 > potrero
岸外群岛 offshore arching
岸外沙坝油气藏趋向 offshore bar pool trend
岸外沙洲 offshore bar
岸外油溢 offshore oil spills
岸湾 embayment
岸雾 coastal fog
岸吸 bank suction
岸吸岸推现象 < 吸船尾,推船首 > bank effect
岸吸力 bank suction force
岸吸现象 bank suction; phenomenon of bank suction
岸吸作用 action of bank suction; bank suction
岸线 bank line; beach line; bundline; strand line; water front
岸线测量 bank-line survey; shoreline survey
岸线地平 terrestrial horizon
岸线地平俯角 depression of shore horizon
岸线分类 classification of coasts
岸线俯角差 dip of shore horizon
岸线后退 recession of coast; recession of shoreline; setting back of bank; recession of beach; retrogression of beach
岸线几何形状 shoreline geometry
岸线扩展 development of shoreline
岸线连续向海推进 advance of a beach
岸线轮廓图 bank-line profile
岸线坡度 dip of shore horizon
岸线取直 alignment of coast; straightening of bankline
岸线权 riparian rights
岸线使用计划 waterfront utilization planning
岸线使用权 littoral right; riparian rights
岸线使用权准则 doctrine of riparian rights
岸线特征 alongshore feature; shoreline feature
岸线稳定结构 shoreline stability structure
岸线形状 configuration of shoreline; shoreline feature
岸线循环 shoreline cycle
岸线植被 shoreline vegetation
岸线纵断面 bank-line profile; coastline profile; shoreline profile

岸线走向 run-of-the coast
岸斜面的不稳定 bank sloping
岸屑 land waste
岸用波浪自记仪 shore wave recorder
岸用低频自记测波仪 shore-based recorder of low-frequency ocean waves
岸用声呐 shore sonar
岸用声学测波仪 coastal acoustical wave ga(u)ge
岸缘冰 land ice
岸站识别码 shore identification code
岸中伸出的潜坝 sill rooted in the bank
岸洲 barrier island
岸贮水 bank storage

按八进制校准 octet alignment

按百等分分布的 percentile
按百等分分布的数值 percentile value
按百等分分布曲线 percentile curve
按百等分分布数值 percentile
按百等分排列的 percentile
按百分比 precentagewise
按百分比分摊 percentage allocation
按百分比计算 percentagewise
按百分比计租金 percentage rent
按百分比配料 per centum dosage
按百分比收费合同 percentage contract
按百分比收费协议 percentage agreement
按百分率收费合同 percentage contract
按百分数表示的生产能力利用系数 percent utilization of capacity
按班核算 accounting based on shift
按班轮条件船上交货价 free on board liner terms
按板尺计算 board measure; board scale
按磅收费数 poundage
按包计算的责任范围 per package limitation of liability
按保险对象价值变动调整的保单 reporting policy
按保险金额折旧法 depreciation-insurance method
按被调节参数的变化率调整 derivative control
按比例 proportion; proportionally; pro-rata < 拉 >; prorate
按比例变化 proportional change
按比例部分 proportional part; proportional range; proportionate part
按比例采样 proportional sampling
按比例采样器 proportional sampler
按比例尺的纵面图 scale profile
按比例尺归算 reducing to scale; reduction of scale
按比例尺描绘 draw at scale; draw on scale; draw to scale
按比例尺制图 draw at scale; draw on scale; draw to scale
按比例抽样 proportional sampling; proportionate sampling
按比例抽样样品 quota sample
按比例的 rateable
按比例的部分 proportional parts; proportionate part
按比例的偿债基金 pro-rata sinking fund
按比例的减低 proportional reduction
按比例的经济 scale economics
按比例的子类数目 proportional subclass number
按比例发展 develop in proportion
按比例放大 multiply; scale-up; scaling-up
按比例分层抽样的得益 gains from proportionate stratified sampling
按比例分层取样 proportional stratified sampling
按比例分担 proportionate burden-sharing
按比例分流设施 proportional divisor
按比例分配 apportion; apportionment; equitable apportionment doctrine; proportional allocation; proportional distribution; proportioning; proportionment; proration; prorate < 美 >
按比例分配的 apportioned
按比例分摊条款 apportionment clause
按比例复制 reproduce to scale; scale reproduction
按比例高速度发展 developing in proportion and at high speed
按比例高速发展 proportionate and speedy development
按比例估计 estimate by ratio
按比例划分 division in proportion; proportionment
按比例换算 scaling
按比例换算变量 scaling the variable
按比例回扣 prorate rebate
按比例绘图 draw to scale; scale drawing
按比例绘制 draw to scale
按比例计算运费 pro-rata freight
按比例加大 scale-up; scaling-up
按比例加权法 proportional weight method
按比例减小 scale down
按比例校正 scale-adjustment
按比例均摊 prorate average
按比例控制 proportional control; proportioning control
按比例扣除 proportional deduction
按比例扩大 scale-up
按比例描绘 scaling
按比例配合 proportioning
按比例平均 prorate average; pro ratio average
按比例取样器 proportional sampler; proportional sampling device
按比例实物模型 mock-up
按比例收费 proportional charges
按比例衰减 flat fading
按比例缩减 proportional deduction; scale down; scaling-down
按比例缩小 scale down; scaling-down
按比例缩小的模型 scale down model; scale model
按比例摊派的空气污染物排放费 prorated emission charges on air pollutants
按比例摊赔 make-up a loss in proportion
按比例调整 adjusted pro-rata
按比例调整的 scale-adjusted
按比例卸货 scale discharge
按比例在图上量尺寸 weigh scaling
按比例增加 scale-up
按比例增加系数 scale-up factor
按比例折减 grade down
按比例制造的 built-to-scale
按比例做出的图 scaled drawing
按比重分级 classification by specific gravity; gravity classification; thickening
按币值调整的会计核算 accounting for inflation
按变形设计 design by deformation
按标准罗航向 heading per standard compass
按标准模数建造的街区 module-built block
按标准网布置钻孔 pattern well spacing
按标准销售 sale by standard
按标准型设计的 modular
按表计价 metered billing
按表列时间采样 sampling at list time
按表收费 charge by meter; meter rate
按表收费制 flat and meter rate schedule
按波长测定的太阳辐射流 wavelength resolved solar flux
按波段顺序的 band-sequential
按薄膜上升原理工作的蒸发器 climbing-film evapo(u)rator
按补给分割过程线 hydrograph separation; separation of hydrograph
按不变价格计算 calculated according to constant price
按不变价格计算的资产现有价值 value of the stock of assets at constant price
按不变价值美元计算 in constant dollar value
按步操作 step-by-step operation
按步法 step-by-step method; step-by-step procedure
按步计算 step-by-step calculation; step-by-step computation
按步连续 stepwise continuous
按部件询问 inquire by unit
按部门的投资分配 sector distribution of investment
按操舵罗航向 heading per steering compass
按侧面出烟砌筑烟囱 hovelling
按测深航行 navigate by sounding
按层砌筑 < 砖或圬工的 > keeping the ga(u)ge
按产量抽取样品 outturn sample
按产量计算折旧法 productive-output method of depreciation
按产品分类 classification by product
按产品分类的 productized
按产业类型的职业分布 industrial type employment distribution
按长度截取 cut-to-length
按长度切割 cutting to length
按长堆堆料 windrow
按长线平衡 balance based on an oversupply of products
按常规配筋的 convectional reinforced
按常规取样 regular sampling
按车道建筑(法) < 每次铺筑一条车道 > lane-at-a-time construction
按车道铺砌(法) lane-at-a-time paving
按车道铺设(法) lane-at-a-time placement
按车道顺序铺砌法 lane-at-a-time paving
按车道逐条拌和(法) lane-by-lane mixing
按车分批法 wheel batch method
按车计量法 wheel batch method
按车站顺序 < 车辆按站顺序编组 > in station order
按车站顺序的车辆编组线 station classification track
按车站顺序排列的编组线 local order track
按成本 at cost
按成本编制预算 cost-based budgeting
按成本的固定百分比折旧法 depreciation method of fixed percentage on cost
按成本的市价估价 valuation at cost market
按成本定价 service at cost; value at cost
按成本计算库存股票的售价 disposal of treasury shares cost basis
按成本加给酬金合同 < 承包商按照成本执行特定工程任务,在造价以外,加给一笔酬金和应得利润 > cost-plus contract
按成本加收(管理费和利润等) cost-plus
按成本减残值变率折旧法 depreciation-changing percentage of cost less scrap method
按成因分类 genetic(al) classification
按承载自动调节的制动机 self-adjusting load-proportional brake
按承租人收入的百分比计租 percentage rent
按程收费 pay-as-you-go
按程收费计划 pay-as-you-go-plan
按程收费体系 pay-as-you-leave fare system
按程序操作者 routineer
按程序处理 with order
按程序检查 programmed checking
按程序逐步改进 phase in
按程序转变 pitchover
按程序转弯 pitchover
按持续荷载计算的 continuously rated
按尺寸 by measure
按尺寸分级 grading into uniform size
按尺寸分级机 size grader
按尺寸加工 finish to size
按尺寸精加工 sizing
按尺寸切割 cutting to size
按尺寸切割的木屋面板 dimension cut shingle
按尺寸下料 cut-to-measure
按尺度制图 draw to scale
按触器 contactor unit
按船舶交货速度 as fast as steamer can deliver
按船舶排水量计费 costing by ship's displacement
按船上交货定价 free on board pricing
按词序排列 word by word
按磁方位角定向 lay-on a given compass
按次计费率 message rate; measured rate < 电位 >
按次序装货 loading in turn
按大小分级 size classification
按大小分类 sizing
按大小分选 size classification
按大小离析(现象) size segregation
按大小排好了的 sized
按大小排位 positioner for size; positioning for size
按代销额给予经理人佣金 override
按单价承包 unit price contract
按单价分包 unit cost contract
按单位的责任限制 unit limitation of liability
按单位平均费率 straight-line rate
按单位时间计价 flat rate
按单位值 per-unit value
按当前情况修正预算 budget update
按当时价格 at current price
按到达站别分类 classification by destination
按到期计算 maturity basis
按到站编组【铁】classification by destination
按道路整个宽度 work over the road
按地导线 earth lead
按地理次序 in geographic(al) rotation
按地理排序 geographic(al) arrangement
按地面图阻滞的模拟方法 retardant pattern simulation model
按地区分类 area classification; areal

A

category
按地区划分 classification by region
按地形确定站立点位置 topographic(al) position finding
按地址调用 call by location
按递远递减计算的运费 freight charges on tapering basis
按点分割 point-dependent segmentation
按点换位 point transposition
按电钮点焊 button spot weld
按钉 thumb pin;thumb tack
按订单生产 order production
按订单要求制作 made-to-order
按订货设计的包装 custom-designed package
按订货条款制造的 custom fabricated
按定价 on a flat rate
按动操纵杆 thumb-operated control stick
按动鼠标器【计】click
按度分刻度 graduation in degrees
按短线平衡 balance based on a shortage of products
按对污染的敏感性分类型 pollution-sensitive typology
按吨交货 ton by ton delivered
按二次导数调节 second derivation control
按二增量 incrementation by two;increment by two
按伐根茎计 at the stump
按法律进行仲裁 legal arbitration
按方计费 agreement by meter[metre];payment by measurement
按方计货 agreement by cubic(al) meter
按方计售 agreement by meter[metre]
按方计资 agreement by meter[metre]
按方数协议 agreement by meter[metre]
按方位角行进 march by compass
按方位控制 azimuth only;azon
按方向分类 classification by direction
按防尘最小风速计算风量 air requirement according to least air-speed
按房产的直接支出自动调整租费条款 direct expense escalation
按放射性同位素透射测量计 radioisotope transmission ga(u)ge
按飞行计划飞行的飞机 scheduled aircraft
按分工编制 functional organization
按分类排列 in subject order
按分量逐个作出的乘积 component-wise product
按分区价率收费 charger at sectional rate
按分项费用估算总造价法 unit-in-place method
按风险额调整的折现率 risk-adjusted discount rate
按伏调赫 volts-to-hertz regulation
按负幂展开 expansion in negative powers
按复利计算 compounding
按干(物质)计算 dry basis
按高度调整 adjusted vertically;adjustment in height
按高度分布 distribution in altitude;distribution in height
按格铺砌 laid in panels
按各项资产不同使用年限分别折旧法 unit life depreciation method
按各种比例 in various proportions
按给定垂直方向钻杆定向法 projected-vertical-plane method of orienting
按跟单托收 collection on documents;for documentary collection;on documentary collection
按工程进度付款 construction progress payment
按工时及材料定价法 time and material pricing
按工薪分摊费用 payroll-related basis of allocation
按工作年资增加工资 longevity pay
按工作时数付给计时的工资 hours per hour
按工作时数折旧法 depreciation-working hour method
按公里数收费 kilometerage charges
按公里行程(的标准) kilometric performance
按公式拨款 formula funding
按功能分类 classification by function
按功能划分的微处理器 functional partitioning microprocessor
按固定比额分期偿还 level-line repayment
按固定位置布置 layout by fixed position
按固定指标检验 inspection by attributes
按固定指标检验质量 quality control by attributes
按顾客类型分类 classification by the type of customers
按顾客制作的 custom-built
按关<即一吊货>计数法 sling tally
按关键字分类 key sorting
按关键字选择路由 routing by key
按惯例的制裁 sanction of custom
按光票托收 collection on clean bill;on clean collection
按光谱分层设色 spectral-adaptive plastic colo(u)rs
按光谱排列 spectral arrangement
按光泽分类的肉眼煤岩类型 lithotypes of coal by luster[lustre]
按规定比例尺 direct-to-scale
按规定比例尺测图 scale survey;survey on scale
按规定模数尺寸制成的砌块 modular masonry unit
按规定日期 scheduled time
按规定日期付款汇票 bill drawn payable at a fixed date
按规范进行设计 specified project
按规格分级的木材 dimension lumber
按规格分级的石料 dimension stone
按规格改制 customize
按规划分隔为若干部分 compart
按规则排列 arrangement with system
按国家调拨价格作价 price of equipment should be set at the normal allocation price
按国家分配的输入配额 regional quota
按合同 by contract;on agreement
按合同承担的义务 contract commitment
按合同规定的维修 contract-performed maintenance
按合同预收款项 advance received on contract
按合约支付保证金 caution money paid on contract
按荷载而定的 load dependent
按化学反应比例混合物 stoichiometric(al) mixture
按化学计量燃烧 stoichiometric(al) combustion
按环列的方程 loop-oriented equation
按回购协定进行的购买业务 buying operation under repurchase agreement
按"或"搜索 disjunctive search
按货币计算 in money terms
按货物负担能力计费 charger what the traffic will bear
按货物命名的集装箱 named cargo container
按货种类别的差别运价 making different price according to freight categories
按级分类项存储器 hierarchic(al) memory storage
按级配曲线配合 proportioning by grading charts
按级配曲线配料 proportioning by grading charts
按级配图配料 proportioning by grading charts
按极化疏散 polarization diversity
按极坐标法控制 twist and steer control
按计划 according to plan;on schedule
按计划保养 scheduled maintenance
按计划编制预算 program(me) budgeting
按计划步骤施工 planned-stage construction
按计划分配 apportion;apportionment
按计划工作 schedule work
按计划进行 according to schedule;act on schedule;act upon plan;keep to program(me);keep to schedule
按计划清除 cleared as planned
按计划施工 planned-stage construction
按计划提前 ahead of schedule
按计划完成 accomplished as planned;keep to program(me)
按计划修理的 scheduled for repair
按计划早点 ahead of schedule
按计量付费的工程 measured work
按技术规范编制的计算 specified project
按技术规范编制的设计 specified project
按季(度)的 quarterly
按季付款 quarterly payment
按季节变化调整 adjustment of seasonal variations
按季节计算的费率 seasonal rate
按季收付款项 quarterage
按加速度调节 second derivative control
按价 valorem
按价格(计税) ad valorem
按价格水平调整的报告 price level adjusted statement
按价税 ad valorem duty
按价值计算的后进先出法 LIFO dollar-value method
按件计酬 by the job;pay on a piece-work basis
按件计酬原则 piece rate principle
按件计费 agreement by piece
按件计付工资 pay by the piece
按件计(工资) by the job
按件计价制 piece by price system
按件计算 by the piece
按件计资 agreement by meter[metre];agreement by piece
按建设地区分类 classification by construction location
按建筑单元拆分的估价 elemental estimate
按建筑活动分类 classification by type of construction activity
按建筑容积分区指定的地区 bulk district;volume district
按键 depressed key;keying;key stroke;press key;push-key
按键菜单 push-button menu
按键号盘 push-button dialing pad
按键开关 key switch;push-key;press-to-talk switch
按键率 keying speed
按键脉冲 key pulse
按键式拨号 push-button dial(l)ing
按键式电话机 touch-tone telephone
按键式调谐装置 push-button tuner
按键式呼叫 touch call
按键式数据服务 touch-tone data service
按键式信息存取 remote batch access
按键式制表机键 touch tabulator key
按键通话 push to talk
按键通话方式 press-talk switch;press-talk(telephone) system
按键通话开关 press-to-talk switch
按键通话制 press-talk(telephone) system
按键误差率 error rate of keying
按键选择路径 routing by key
按键选择器 key touch selector
按键噪声 manipulation noise
按键制 press-talk(telephone) system
按箭头方向 in the direction of the arrow
按角度研磨 bevel grinding
按角亮度分布 angular brightness
按接近示像运行 approach aspect run
按接近显示运行 approach aspect run
按进尺包干计价 contract footage rate payment
按进尺(计算) by the run
按进出门时间付工资 portal-to-portal pay
按进度(表)付款 progressive payment
按进度表工作 schedule work
按进价 at cost
按经济原则 in economy
按经验配合 empiric(al) proportioning;proportion by assignment
按距递减运费率 tapering freight
按距离计的差别运价 making different price according to distance categories
按距离计算的收费表 distance tariff
按距扫描 range scanning
按距扫描多谐振动 range multivibrator
按距扫描速度 range scanning rate
按距收费率<电话> distance rate
按锯料单加工的木材 cutting-list structural timber
按绝对体积配合(法) proportioning by absolute volume
按军用规范设计 military specification design
按开放示像运行 clear aspect run
按开放显示运行 clear aspect run
按开裂换算的截面 transformed cracked section
按可比口径计算 calculated on the comparable basis
按可调参数的变化率进行控制 anticipatory control
按控制点定位 setting on points of control
按扣 snap(fastener);snapper
按块存储器 block-oriented memory
按宽井距布置的井 wide-spaced wells
按拉钮 push and pull button
按喇叭 beep
按劳动分红 payment according to labo(u)r contributions
按劳动分配 distribution according to labo(u)r
按劳分配法则 law of distribution according work done
按劳付酬 payment according to

work;payment by results;performance-linked pay;rewarding by merit
按劳工资 efficiency wage
按类通信[讯] bracket communication
按累计保养 age-based maintenance
按里程计算的运价表 tariff on uniform basis
按理论价格调整 formula price adjustment
按理论空气量燃烧 stoichiometric(al) combustion
按历史成本计算的惯例 historic(al) cost convention
按粒度分级 particle-size classification
按粒度分类 particle-size classification
按量 according to specified quantity
按量分配室 metering chamber
按量付款 payable quantity
按量计费 meter rate
按列车命令行车 <对时刻表所未规定的列车> movement by train order
按列相加程序 column-adding routine
按零转移指令 branch on zero instruction
按流明计算法 lumen method
按流体重量 on weight of solution
按垄疏伐 line thinning
按炉子侵蚀外形修炉 contour patch
按路面类型的养护工作 maintenance by surface type
按旅客列车运价率计费的运输 <如行李、包裹、邮件等> passenger rated traffic
按罗伯逊定律的增长 growth by Robertson's law
按罗盘行进 compass march
按落式窗口菜单 pulldown menu
按马赫数校准 Mach number calibration
按码计算 yardage
按毛利分配 distribution on gross profit
按每期等额付款计息 interest based on each installment
按每人分配 per capita
按每延米计 running meter
按每英尺计 running foot
按美元 in dollar
按美元价值计算的后进先出法 dollar-value last-in first-out method
按幂函数规律的 power law
按幂级数变化的加速度 crescceleration
按幂展开 expansion in powers
按面积分布 distribution in area
按面积估算造价法 area method of estimating cost
按面积制作工程量计算书 squaring
按描述符调用 call by descriptor
按名调用 call by name
按名赋值 assignment by name
按模 N 计数 count module N
按模计算 modulo
按模检验 module check
按模数 N 校验 modulo N check
按模数校验【计】modulo check
按模型构造的关系 modelled relationship
按模型制成的 shaped to pattern
按摩室 massage room
按摩椅 massage armchair
按磨损调整 adjust for wear
按某种比例增加 scale-up
按目标制订规划 planning by objective
按目的地编组【铁】classification by destination;grouping by destination
按内容存取法 content-based access method
按内容访问存储器 content-addressable memory; content-addressed memory
按年采购法 year purchase method
按年代排列 chronologize
按年代顺序排列 chronological ordering
按年计 per annum
按年计税 yearly taxation
按年金折旧法 depreciation-annuity method
按年龄的死亡率 age-specific death rate
按年摊付 yearly instal(l)ment
按年摊付额 yearly instal(l)ment
按年支付 annual installment
按年资晋升的工资 seniority-based wage
按牛顿定理加热 Newtonian heating
按牛顿定理冷却 Newtonian cooling
按钮 catch; depressed button; depressed key; hand button; hand push;key board;key button;knob; press button; press knob; pushing button; push-key; push knob; snap button;snap fastener;button【电】
按钮拔出 button pulling
按钮板 key board
按钮保险罩 button safety-cap; push-button safety-cap
按钮报警器 push-button alarm
按钮标记 button marking
按钮表示 indication of depressed button
按钮表示灯 button barrel lamp;push-button (barrel) light; push-button lamp
按钮表示灯光 push-button (barrel) light
按钮表示灯罩 button barrel
按钮拨号 push-button dial(l)ing; tone dialing
按钮拨号盘 push-button dialing pad
按钮波段开关 push-button selector
按钮操纵 button control; dash control;finger-tip control;press-button control;push-button control
按钮操纵半自动绞车控制 push-button winding control
按钮操纵的 push-button
按钮操纵系统 press-button system
按钮操纵钻机 push-bottom drilling machine
按钮操纵钻进 push-bottom drilling
按钮操作 push-button operation; push-button working
按钮触点 push(-button) contact
按钮的 thumb;push-button
按钮灯口 button socket
按钮点火 press-button ignition;push-button ignition
按钮电键 key sender;key set
按钮定时器 push-button timer
按钮端 turret terminal
按钮阀 push-button valve
按钮复位 push-button reset
按钮感应系统 press-button sensing system
按钮工调谐装置 push-button tuner
按钮和卡片拨号电话 push-button and card dial telephone
按钮盒 push-button box
按钮化船 push-button ship
按钮继电器 push-button relay
按钮接点 button contact;finger contact
按钮接收机 push-button receiver
按钮开关 button switch; face contact;press-button key;press-button switch; pressure switch; push-button actuator; push-button key; push-button switch; push contact; stud switch; thumb switch; push-button
按钮开关阀 push-button valve
按钮开关盒 push-button switch box
按钮开关起动器 push-button-starter
按钮开关阵列 push-button array
按钮控制 button control; dash control;finger-tip control;press-button control;push-button control;touch control
按钮控制板 control panel with push-button
按钮控制搅拌 press-button controlled mixing;push-button controlled mixing
按钮控制搅拌机 press-button controlled mixer; push-button controlled mixer
按钮控制盘 push-button panel
按钮控制配料 push-button controlled proportioning
按钮控制屏 push-button panel
按钮控制器 press controller
按钮控制式调车场 push-button yard
按钮控制式驼峰编组场 push-button hump yard
按钮控制系统 button control system; push-button control system
按钮帽 button cap
按钮排 strip of keys
按钮盘 press controller
按钮启动打印操作 push-to-type operation
按钮启动器 press-button starter; push-button starter;push-on starter
按钮起动 push-start
按钮起动器 push-on starter
按钮式保险 push-button safety
按钮式拨号 push-button dial(l)ing
按钮式拨号板 push-button dialing pad
按钮式拨号电话机 telephone set for push button dialling
按钮式操纵器 knob controller
按钮式的 push-button
按钮式电话机 push phone
按钮式调度集中 keyset-operated centralized traffic control
按钮式调度集中系统 push-button centralized traffic control system
按钮式调度集中制 push-button centralized traffic control system
按钮式对讲机 button interphone
按钮式火焰点火器 push-button flame ignitor
按钮式机键 push-button switch
按钮式集中联锁 push-button interlocking
按钮式集中联锁机 button interlocking machine; push-button machine;switch-type interlocking machine
按钮式集中联锁架 push-button (type) interlocking frame
按钮式继电集中联锁 button-type relay interlocking
按钮式继电联锁 button-type relay interlocking
按钮式搅拌机 push-button mixer
按钮式进路集中联锁 button control route interlocking
按钮式进路控制系统 push-button route control system
按钮式进路联锁 button control route interlocking
按钮式开关 press-button switch
按钮式控制 knob-operated control
按钮式联锁 push-button interlocking
按钮式联锁机 button interlocking machine; push-button machine; switch-type interlocking machine
按钮式联锁架 push-button(type) interlocking frame
按钮式联锁信号楼 push-button interlocking(signal) box
按钮式联锁装置 push-button installation
按钮式模型控制盘 diagrammatic thumb switch control board
按钮式喷雾器 aerosol
按纽式起动方法 push-button starting
按钮式调谐频率的振荡器 keyboard oscillator
按钮式调谐 push-button tuning
按钮式调谐器 push-button tuner
按钮式调整 knob-operated control
按钮式信号 push-button signal
按钮式选择器 push-button selector
按钮式音频拨号 touch-tone dialing
按纽式钻机 push-button drilling machine
按钮式转接开关 stud switch
按钮式装置 push-button installation
按钮试验台 press-button station
按钮水阀 compression faucet
按钮锁 push-button lock
按钮台 push-button station
按钮弹跳开关 thumb jump
按钮(调谐式)收音机 push-button receiver
按钮通话开关 push-to-talk switch
按钮匣 press-button box
按钮箱 press-button box;push-button box
按钮型控制板 button panel
按钮型设备 button device
按钮型制图输入设备 button device
按钮旋转开关 push-button rotary switch
按钮选路 key routing; push-button routing
按钮选路式集中联锁机 push-button route control machine
按钮选路式控制台 button route control machine
按钮选路式联锁机 push-button route control machine
按钮遥控钻机 push-button drill
按钮引燃 press-button ignition
按钮有声时刻表 push-button talking timetable
按钮战争 press-button warfare
按钮站 press-button station
按钮罩 pressure button cover
按钮指示 indication of depressed button
按钮指示器 demand pusher indicator
按钮制表键 touch tabulator key
按钮自动控制 automatic push-button control
按钮自动控制电梯 automatic push-button control lift
按钮组 button set
按钮组件 push-button assembly
按钮钻进 push-button drilling
按钮钻眼 push-button drilling
按钮座 push-bottom socket
按配方制的 magistral
按配方制造产品 formulated products
按配合比堆集混合料 <用平地机或推土机> blading method of proportioning
按批堆放 stack by batches; stack by lots
按批配料 batching
按票面额 at par
按票面价格 at par
按频率减负荷装置 load decreasing

A

device according to frequency
按频区分 frequency separation
按平方律衰减 quadratic damping
按期 on schedule;on time
按期处理方式 come up system
按期定额支付偿债基金计算法 equal-payment-series-sinking fund-computation
按期定额支付复利计算法 equal-payment-series-compound amount-computation
按期定额支付现值计算法 equal-payment-series-present value-computation
按期定额支付资金回收计算法 equal-payment-series-capital recovery-computation
按期付费 flat rate
按期竣工 completion as scheduled; completion on schedule; timely completion
按期累增 accrue
按期应计款项 < 收入或支出的 > accrual
按气候定航线 weather routing
按气味分级 nasal rating
按气味评价 nasal rating
按气压变化的燃料调节 barometric(al) fuel control
按汽车喇叭 toot
按牵引方式操作 operation in traction mode
按前后两钩舌内侧距离计算的车辆长度 length between couplings
按强度分级 < 木材 > stress graded
按强度分级的木材 stress-graded timber
按锹锁 push-key
按切块的办法 according to a definite base
按区登录 zone metering
按区记录 zone registration
按区随机存储器 block-oriented random access memory; block-oriented random access storage
按区域和时间记录 zone and overtime registration
按区(域)统计 zone metering
按曲线选择经验公式 curve fit(ting)
按曲线运动 riding
按全部成本定价 full cost pricing
按燃气热值收费 charging on a thermal basis;thermobilling
按人计费 capitation
按人计算 capitation; per capita; per head
按人计算补助费 capitation grant
按人均人口分配 per capita
按人均人数分配 per capita
按人口(计算)per capita
按人口每人 per capita
按人口平均计算 in per capita terms
按人口平均计算的消费 per capita consumption
按人平均计算 per capita
按人收费 capitation
按人数分配 per capita
按人数分摊费用 personnel-related basis of allocation
按人头(分配)per capita;per head
按人头平均计算的消费 per capita consumption
按人员计算风量 air requirement for every man
按任务编制预算法 task method of budgeting
按日 by the day;per diem
按日的 on day-to-day basis
按日放款 day-to-day loan
按日给予津贴 per diem
按日供应仓库 day-supply reservoir
按日供应水库 day-supply reservoir
按日供应 < 水、油等的 > 箱 day-supply tank
按日计 per diem
按日计酬的散工 day labo(u)rer
按日计酬施工 day labo(u)r construction
按日计酬制 day work system
按日计工制 day labo(u)r system
按日计利息 per diem rate
按日计算 < 拉 > pro-rata
按日借款 day-to-day money
按日领工资的工作人员 daily paid staff
按日平均 daily means
按日摊付 daily instalment
按日租船 daily charter
按日租赁 diem basis
按容积比例配料 volume batching
按容积比配合 volume mix
按容积测量 volumetric(al) measurement
按容积计的成分 volume composition
按容积计费的船货 measurement cargo
按容积计费的货物 measurement goods
按容积计算运费 freight by measurement
按容积配合 proportioning by volume
按容积所占分数 volume fraction
按容量连续配料 continuous batching by volume
按容许速度连挂 coupling at an acceptable speed
按入射角分离同相轴 separation of events by angle of incidence
按入式肥皂配出器 push-in-type soap dispenser
按软方向(金刚石在钻头上的定向) on grain
按三角形接法 in triangle connection
按上 push-in
按设计图准确加工 split the layout line
按深度分选地震道 sorting traces by depth
按生产过程分类 classification by the process of production
按生产能力折旧法 depreciation-service capacity method
按生产数量折旧法 depreciation-service output method
按湿量计算 wet basis
按时 against time; in due course; on time
按时保养 periodic(al) maintenance
按时次序 chronological order
按时到达保证 time arrive guarantee
按时分享权 < 分享部分地产 > time-share estate
按时付清 pay up
按时更换零件 periodic(al) replacement
按时计费率 time rate
按时计费制 flat rate
按时计价 flat rate
按时间的导数 time derivative
按时间调节的加速度 timed acceleration
按时间调整报酬率 time-adjusted rate of return
按时间分布 distribution in time
按时间控制 time-variable control; timing
按时间(年、月、日)顺序的 chronological
按时间平均 time averaging
按时间区分 timing separation
按时间取平均数 time-averaging operation
按时间顺序 in chronological sequence
按时间顺序的图幅比较 comparison of time-sequential maps
按时升压试验 graded time step-voltage test
按时图案 time pattern
按时完成工作 completing task on time
按时完成任务 fulfill task on time
按时完工 timely completion
按时享用权 time-share use
按时信号 time signal
按时序排列的 chronological
按时选通 time gating
按实际情况 according to actual condition
按实际完成工程量计价合同 remeasurement contract
按实际运量计费 costing by actual freight volume
按实价保险 insuring to value
按实情 on merits
按市场价 at market price
按市场价格估价 valuation at market price
按市场资料估价法 < 指不动产 > market data approach
按市价兑换 conversion at market price
按市价计算的费用 current cost
按市价折合的债券 debenture convertible at market price
按试配法配合 proportioning by trial method
按室内墙壁尺寸的 wall sized
按收入多少给予的差别对待 discrimination by income
按收入总额计算的营业费用率 operating ratio based upon revenues
按售价分配 distribution on selling price
按书写顺序摆放法 < 岩芯 > book fashion
按数量分配 distribution on selling price
按数字运算 digitwise operation
按水表收的水费 meter rate
按水灰比配合 proportioning by water-cement ratio
按水头列的方程 head oriented equation
按顺时针方向 deasil
按顺序 according to priority; in order;in sequence
按顺序加的洗提液 eluant applied in sequence
按顺序启动 sequence starting
按顺序筛分 step-sizing operation
按速度分类的线路 trackage classified by speed
按速度聚焦 velocity focusing
按速度作用 rate response
按速控制的伺服系统 rate servosystem
按塑性理论设计 plastic design
按塑性理论设计方法 plastic design method
按岁差运行 precess
按索引顺序访问方式 indexed sequential access mode
按弹性设计 elastic design
按特定设计制造的第一台机车 prototype locomotive
按特征分类 tag sort
按体积 by volume; volume basis; volumetric(al) base
按体积比称量 weigh(t) by volume
按体积比称重 weigh(t) by volume
按体积比分批配合 volumetric proportioning
按体积比例调配 proportioning by volume
按体积比配合拌料 volume batching
按体积比配料 volume batching
按体积比配料斗 volumetric(al) batcher;volumetric(al) box
按体积比配料器 volume batcher;volumetric(al) batcher
按体积比投配 volumetric(al) batching
按体积采办(材料) purchased on a volume basis
按体积定量供水 volumetric(al) supply of water
按体积分配的 apportioned by volume
按体积分批配合 volume batching
按体积估价 cubing
按体积估算成本 volume method of cost estimation
按体积计百分数 percentage by volume
按体积计的份数 part by volume
按体积计的水费 volumetric(al) water rate
按体积计量 bulking;measurement by volume cubing
按体积计量的材料 cubic(al) material
按体积计量的货物 measurement cargo;measurement goods
按体积计算的平均温度 bulk temperature
按体积计算运费 measurement freight
按体积计重 weigh by volume
按体积配合 batching by volume;proportioning by volume
按体积配料 mixing proportion by volume;proportioning by volume
按体积配料斗 volumetric(al) batch box
按体积配料法 batching by volume; bulk batching
按体积配料器 batch box
按体积投配 batching by volume
按体积投配设备 volumetric(al) batching equipment
按天平均 daily mean
按天体方位控制的 azimuth only;azon
按通过筛号累计量的级配 "total-passing" gradation
按同心圆摆放金刚石 on the rack
按同样条件报盘 offer on same terms and conditions
按同一方式 after the same pattern
按统计均匀的 statistically uniform
按透视法缩小绘制 foreshortening
按图 according to drawing
按图案雕成虫迹形马赛克装饰 opus vermiculatum
按图幅编号排列存放的地图 horizontal column
按图施工 construction according to drawing; construction in compliance with design drawing
按椭圆分布的负荷 elliptic(al) loading
按椭圆分布的荷载 elliptic(al) loading
按未收余额计息 interest based on uncollected balance
按位 bit orient
按位编码 encoding by bit
按位表示 positional representation
按位表示法系统 positional representation system
按位表示文字 bit literal
按位表示系统 positional representation system
按位操作 step-by-step operation

按位串行 serial-by-bit
按位串行处理 serial-by-bit processing
按位存储器 bit-by-bit memory
按位存取存储器 bit oriented memory
按位的 bit-oriented
按位的补码 digital complement
按位调用 call by location
按位光储存器 bit-by-bit optical memory
按位记数 positional number
按位记数法 position notation positional notation
按位记数系统 positional number system
按位记数制 positional representation system
按位加 <无进位加法> addition without carry; exclusive or
按位加门 anti-coincidence gate
按位加权二进制 positionally weighted binary
按位加算符 exclusive or operator
按位进位 cascade carry; step-by-step carry
按位开关 bit switch
按位控制 bit-by-bit control
按位取数 fetch bit
按位运算 digitwise operation
按位置调用 call by location
按文件询问 inquire by file
按文字调用 call by literal
按蚊属 anopheles
按无握裹效应设计 unbonded design
按物价水平调整 price level shifts
按吸入状态 under suction state
按吸收原理工作的贝塔测量计 beta absorption ga(u)ge
按系列计损 average by series
按系数换算 coefficient conversion
按下按钮 knob down
按下的电键 depressed key
按下接点 push contact
按下旋钮 push-turn key
按纤维长短分级 staple
按现货价格买进 buying sight rate
按现价兑换 conversion at current price
按现价计算 in current price
按现时费率计算 at current cost
按现行价格 at current price
按现行价格计算 calculated according to current price
按现行市场价格 at the current market price
按现值 on current basis
按现值法计算的收益成本率 discounted benefit/cost ratio
按现值计算回收法 discounted payback method
按现值计算现金流量法 discounted cash flow method
按相起动 phase-after-phase start-up
按相似律计算法 similarity-rule estimation method
按向分布 directional distribution
按向分布图 polar candle-power diagram
按项目编制预算 project budgeting
按项目的 project-by-project
按项目前进 item advance
按项序处理 item advance
按像元对波段交叉 band-interleaved by pixel pairs
按销 push-piece
按销售价格盘存法 selling price inventory method
按销售净额计算的营业费用率 operating cost rate based upon net sales
按小时计算 by the hour
按效果付酬 payment by results
按楔形破裂面分析法 soil trial wedge method
按信用证开出汇票 drawing under the credit
按星形接法 in star connection
按形仿制 repetition work
按性质分类 classification by kind; natural classification
按需操作 demand operation
按需处理 demand processing; immediate processing
按需传送 demand staging
按需读出 demand reading
按需分配 demand-assignment; distribution according to needs; to each according to one's needs
按需分配带宽 bandwidth on demand
按需分配电话信道 demand-assigned voice channel
按需分配电路 demand-assigned circuit
按需分配时分多址 demand assignment time-division multiple-access
按需分配制 demand assignment system
按需供水 delivery on demand
按需进行检修 inspection and repair as necessary
按需配车公交系统 demand activated bus system
按需曝气池 demand aeration tank
按需曝气池间歇曝气池组合工艺 demand aeration tank-intermittent aeration tank process
按需求读数 demand fetching
按需写出 demand writing
按需要修理 repair as required
按许可证生产 licence production
按序 in sequence
按序编址 sequential addressing
按序采样法 sequential sampling method
按序操作电传打字机的通用选择器 sequentially operated teletype-writer universal selector
按序抽样法 sequential sampling method
按序处理 sequential processing
按序存取 sequential access
按序存取存储器 sequential access memory; sequential access storage
按序存取模块 sequential access module
按序的 ordinal
按序调度系统 sequential scheduling system
按序方式 sequential mode
按序分析 sequential analysis
按序过闸 lockage in regular order; sequential lockage
按序检测 sequential testing
按序进位 sequential carry
按序靠泊 regular turn
按序列安排 sequencing
按序排队 sequential queue
按序排列 reorder
按序排序 sequential collating
按序切换开关 commutator switch
按序算法 sequential algorithm
按序询问法 polling method
按序整理 sequential collating; sequential collation
按序转接 sequential switching
按旋钮 push-turn button
按学科划分 organization in subject departments
按压触点 push contact
按压法 pressing
按压接触 face contact
按压式信号开关 signal(l)ing key of push type
按样板裁切板状材料 engineering lofting
按样板加工 finish to ga(u)ge; work to pattern
按样板加工下料 <钣金工> pattern development
按样品 as per sample; by sample
按要求 according to requirement; as required
按要求修改信用证 adjustment the letter of credit as requested
按页发送 page transmission
按页寻址 paged addressing
按一定比例 to a scale
按一定规模采购 buying on scale
按一定井网驱动 pattern drive
按一定井网注水 pattern flooding
按已钻出油井延续线布井法 belt-line theory
按已做的进行制图 work as executed drawing
按议定条件 on-line negotiated terms
按溢价 at premium
按应力分段的木材 stress-graded timber
按应力分析设计 design by stress analysis
按应力(强度)分级木材 stress-graded lumber
按英里程比例分配 mileage prorate
按英里程分摊的运输 mileage division on traffic
按英里程计算的费用 mileage charges
按英里程计算的运价 mileage rate
按英里计算的运费 mileage
按英里里程收税 mileage taxation
按英里支付的旅费 mileage
按营业额征收之税项 turnover tax
按用户要求改装机器的服务 customizing service
按用户要求制作 customize; customizing
按用途(划分) by purpose
按用途匹配铲斗 job-matched application
按优先序排列 prioritize
按"与"检索 conjunctive search
按预定的旅程 prorate itineraries
按预定计划 accordant to schedule
按预定时刻表 on schedule
按预置开关转移 branch-on-switch setting
按原保险单价格 value as in original policy
按原价计算 calculated on the basis of their original price
按原始成本编制 historic(al) cost statement
按原始成本编制的报表 historic(al) cost statement
按原文的 textual
按原样修复 reconstruct
按圆弧滑动面分析法 soil friction circle method
按圆弧应力分析法 soil circle stress method
按约救助 salvage by contract
按月 by the month; per mensem
按月的 monthly
按月分期付款 monthly instalment
按月分期还款的抵押 budget mortgage
按月付款 monthly instalment; monthly payment
按月付款购买法 layaway plan
按月结算 monthly accounting; monthly certificate measurement; monthly settlement
按月结算分录 monthly closing entries
按月摊付 monthly instalment
按月支付 monthly payment
按月租赁 month to month tenancy
按运量分类的线路 trackage classified by traffic volume; trackage classified by volume of traffic
按运输类别的差别运价 making different price according to transport categories
按造价百分比付款 percentage fee
按造价百分比付款合约 percentage agreement
按造价百分率付款 percentage fee
按站场布置的控制盘 geographic(al) control panel
按站场布置设计电路法 geographic(al) circuitry
按站顺分类 classification by destination
按站顺序零担车 station order car
按章操作 operation according to regulation; regulatory operation
按照比例 pro ratio
按照比率 prorate
按照表列 as per list
按照常规 by usage
按照常例 in the ordinary course of things
按照程序 keep to program(me)
按照风俗习惯的 accustomed
按照工程变更通知改变施工 changes to the work
按照估计 by estimation
按照惯例 according to usual practice; as customary
按照规定 according to the rule
按照规定形式切割石料并砌筑 stereotomy
按照国际惯例 according to international practice
按照合同 as contracted; by contract
按照合同收集 contract collection
按照划线 to the layout line
按照计划 keep to program(me); keep to schedule
按照计算公式调整价格合同 formula variation of price contract
按照技术指导 follow the instructions
按照价格变化公式对合同金额进行调整的方法 formula price adjustment
按照进度表 on schedule
按照军事援助的转让 transfers under military grants
按照年月顺序的 chronological
按照契约 as per contract; by contract
按照情况 as circumstances demand
按照设计安放 pattern-place
按照实际成本加适当费用付款的工程 force account work
按照实际完成工作量计算的计划支出 planned expenditures counted on actual volume of work finished
按照实践经验 as a matter of experience
按照说明书 according to specification; to specifications
按照提货单交货合同 delivery order contract
按照同一时刻表运行的列车的一部分 <例如第 x 次列车的第一、第二部分> section of train
按照投标时间调整的基本价格 escalated base price
按照透视法缩小 foreshorten
按照位置调整 positional adjustment
按照项目完成时造价的保险 completed value insurance
按照协议 in accordance with agreement
按照需要的尺寸加工的石料 dimen-

sion stone
按照一定程序 in due course
按照预定计划 according to schedule; on the schedule
按照指示 in light of instruction; keep to instruction
按照制造程序计算成本法 process method of cost-finding
按照总造价的百分数付费 percentage fee
按折价 at discount
按正式职工计算的固定资产装备率 tangible fixed assets per regular employee
按支出用途编制的预算 object of expenditures budget
按直接成本定价 direct cost pricing
按直接原材料成本法 direct material cost method
按直径分级 diameter class
按直径分级机 diameter sizer
按值 according to value
按值传送 pass-by value
按值调用 call by value
按职能编制 functional organization
按职能划分部门 functional departmentation
按指定用途提供资金 entitlement funding
按指示图表组织生产 organizing production according to scheduling charts and tables
按指数调整价格 indexation of prices
按指数分布的随机数表 table of exponential random numbers
按指数规律运动 exponential motion
按指数计值偿还的贷款 loan tied to an index
按制流程法 control chart method
按制造成本分配 distribution on manufacturing cost
按制造费用率分配的材料成本法 material cost basis for manufacturing overhead rates
按质分等的标准 grading specification
按质分等级 grade labelling
按质分等论价 price evaluation and classification according to quality
按质分类 < 木材 > grading of timber
按质量分等 grade products according to quality
按质论价 base price on quality; fixing price according quality
按质选择 quality selection
按中等开销加利润原则确定的价格 cost-plus price
按钟点计(编制进度) around the clock basis
按重点排列 prioritize
按重量 by weight; weight basis
按重量比例调配 proportioning by weight
按重量比例配合 proportioning by weight
按重量采办(材料) purchased on a weight basis
按重量分 parts by weights
按重量分配 apportioned by weight
按重量分配投配设备 weight batcher
按重量混合 weight mixing
按重量计 measurement by weight
按重量计百分数 percentage by weight
按重量计的残余物 residue by weight
按重量计的份数 parts by weights
按重量计的筛余 residue by weight
按重量计费的货物 weight cargo
按重量计算 by weight
按重量计算的粉尘收集率 collection efficiency on a total-weight basis
按重量计算运费 freight by weight
按重量配合 proportioning by weight
按重量配合的 batch weighed
按重量配料 mixing proportion by weight; weigh(t) batching
按重量配料厂 weigh-batching plant
按重量配料斗 weigh(ing) batcher; weigh-batching hopper; weight batcher
按重量配料法 batching by weight; gravimetric(al) batching; proportioning by weight; weigh batching
按重量配料器 weigh batcher
按重量配料设备 weigh-batching equipment; weigh-batching plant
按重量配料箱 weighing batch box
按重量配料装置 weigh-batching device; weigh-batching equipment; weigh-batching plant
按重量投配 batching by weight
按重量喂料 feeding by weight; weight feeding
按重要性大小加权 importance weighting
按重置成本折旧 replacement depreciation
按重置价值折旧 depreciation on replacement value
按周期和基准起动控制 period-and-level start-up control
按轴向原理建成的建筑物 < 指长的建筑物 > structure built on the axial principle
按主要使用者分摊道路费用的近似法 predominant-use approach
按主要项目编制的运输成本费用计划 transportation cost and fee plan in terms of main items
按属性抽样 attribute sampling; attributive sampling
按属性分类 attributive classification
按属性取样 cluster sampling
按专业分类 classification by special function
按……转移 branch on
按资本比例分配 division in capital ratio
按字符串行处理 serial-by-character
按字节编址存储器 byte-addressable storage
按字节操作 byte-oriented operation
按字节(的)操作数 byte oriented operand
按字节寻址 byte addressing
按字节寻址计算机 byte address machine
按字面的 verbal
按字母分类 alphabetic sorting
按字母排列的索引 alphabetic list
按字母顺序 alphabetic order
按字母顺序排列 abecedarian; alphabetic arrangement
按总价百分比计费 percentage fee
按总价百分比收费合同 percentage contract
按总造价百分比计费的合约 percentage agreement
按总值比例加权法 proportion of total value methods of weighting
按租船合同规定 as per charter party
按租金估算地价的乘数 gross rent multiplier
按组编码 encode by group; encoding by group
按组装原理设计系统 design-it-yourself system
按最大密度选择级配 packing
按最高或最低费用计费 charger of a maximum or minimum charge
按最坏情况设计 worst-case design
按最小空隙选料的 compact grained
按作业面积分摊 space-related basis of allocation
按作业外观标识的操纵杆 shape coded
按作用分类 functional division

案

案板 breach board; cutting and chopping block; kitchen (chopping) board

案秤 counter scale with weight
案辊 table roll
案件发生地点 venue
案件记录 charge sheet
案件一览表 table of cases
案卷 archives; files; records
案例调查 casework
案例研究 case study
案例研究法 case method
案头便览 desk edition
案桌 kitchen table; kitchen top
案子工 bench work

胺 amine

胺泵 amine pump
胺比 amine ratio
胺处理 amine treatment
胺当量 amine equivalent(weight)
胺高氯酸盐 amine perchlorate
胺固化环氧树脂 amine cured epoxy resin; epoxy amine
胺固化环氧涂料 amine cured epoxy coating
胺固化剂 amine cured agent; amine hardener
胺黑 amido black
胺黑绿 amine black green
胺化 alinating
胺化产物 aminate
胺化剂 aminating agent
胺化了的 aminated
胺化棉 aminized cotton
胺化酰亚胺 aminimide
胺化氧 amine oxide
胺化作用 amination
胺磺酰基 sulf(o)namic
胺基 amido; amine group
胺基膦酸树脂 amidocyanogenphosphonic acid resin
胺基树脂 amine resin
胺基乙烷 ethyl amine
胺加合物 amines adduct
胺甲苯 carbaryl
胺甲萘 carbaryl
胺甲噻吨酮 becanthone
胺菊酯 tetramethrin
胺糠醛树脂 amine-furfural resin
胺类固化剂 amine type curing agent
胺类抗氧化剂 amine anti-oxidant
胺硫基 azylthio
胺硫磷 trichlorgnate
胺络酸阻蚀剂 amine-acid complex inhibitor
胺络物 ammine
胺醚 amidogen ether
胺醛树脂 amine aldehyde resin; amine formaldehyde resin; amino aldehyde resin
胺树胶 kino
胺酸 amino acid
胺酸络合阻蚀剂 amine-acid complex inhibitor
胺稳定剂 amine stabilizer
胺吸磷 amiton
胺吸收法 amine absorption process
胺效应 amine effect
胺型表面活性剂 amine surfactant
胺盐 amine salt
胺氧基 azyloxy
胺氧曲芬 aminoxytriphene
胺荧 fluorescamine; fluram
胺皂 amines soap
胺值 amine value
胺致发白 amine blushing

暗

暗(靶)扫描 scanning in darkness

暗斑 dark speck; dark spot; flat spot; pattern staining
暗板 anisotropic(al) disc[disk]; anisotropous disc[disk]; submerged pier; submerged plate; transverse disk[disc]
暗板托架 carrier for dark plate
暗半球 unilluminated hemi-sphere
暗伴天体 dark companion
暗伴星 dark companion; faint companion
暗孢贫属 < 拉 > Armata
暗背景 bark background
暗背景亮度 dark background luminance
暗边缘 dark limb
暗标兑投 closed bid
暗标记 dark signature
暗冰 black ice; nilas
暗补变明补 turning invisible subsidy to open subsidy
暗舱口 blind hatch
暗藏的 secret
暗藏电缆 concealed cable
暗藏关闭机构 concealed closing mechanism
暗藏关门器 concealed
暗藏木接点 lay-in timber connector; lay-in wood connector
暗藏平头钉 concealed tack
暗藏闪光装置 concealed flashing piece
暗藏设备 concealed installation
暗藏式照明 concealed illumination
暗藏梯 loft ladder
暗槽 chase
暗层 blind stor(e)y
暗层浮游生物 skotoplankton
暗插锁 warded mortise lock
暗插销 blind bolt; flush bolt; lever action bolt; mortise bolt
暗产 abortion within the first month of pregnancy
暗场法 dark-field method
暗场反射显微镜 dark-field reflection microscope
暗场干涉模式 dark-field interferogram mode
暗场观察法 dark ground method of observation
暗场聚光器 dark-field condenser
暗场图像 dark-field image
暗场显微技术 dark-field microscopy
暗场显微镜 dark-field microscope
暗场线 dark-field line
暗场照明 dark-field illumination; dark-ground illumination
暗场照明器 dark ground illuminator
暗场振幅模式 dark-field amplitude mode
暗潮 undercurrent; underflood
暗尘星云 dark dust nebula
暗橙色 burned sienna
暗处 dark
暗椽 concealed rafter; rough rafter
暗窗 blank window
暗窗闩 angle catch
暗带 dark band; dark lane; dusky

belt;zone of opacity
暗带效应 dark-band effect
暗袋 camera bag
暗淡 dimness;ganosis;gray
暗淡玻璃 dull glass
暗淡程度 degree of dullness
暗淡处理 saddening
暗淡的 dim; dimmish; dull; faint; pale;subfuscous
暗淡光(线)dim light;half-light
暗淡光泽 dull luster[lustre]
暗淡金黄色 old gold
暗淡煤 dull coal
暗淡面 dark tint face
暗淡色 faint colo(u)r
暗淡色的 faintly colo(u)red
暗淡条带煤 dull-banded coal
暗淡无光 dullness
暗淡效应 dimming effect
暗淡照明 dim lighting
暗挡条 blind stop;concealed flashing
暗道 blind pass; covered road; covered way;postern;secret passage
暗的 concealed
暗的金属防雨板 concealed flashing
暗灯 concealed light
暗灯凹槽 recess for concealed lighting
暗灯槽 troffer
暗灯丝 dim filament
暗底显示管 black scope
暗点 dark spot;scotoma;shadow dot
暗点测量法 scotometry
暗点发生 scotomization
暗点计 scotometer
暗点描记器 scotomagraph
暗点剖面 dark point section
暗电导 dark conductance;dark conduction
暗电导率 dark conductivity
暗电荷 dark charge
暗电流 dark current
暗电流电压曲线 dark current voltage curve
暗电流分量 dark current component
暗电流脉冲 dark current pulse
暗电流散粒噪声 dark current shot noise
暗电流噪声 dark current noise
暗电平 black level
暗电线 concealed wire
暗电压 dark voltage
暗电噪声 dark current noise
暗电阻 dark resistance;resistance in the dark
暗电阻率 dark resistivity
暗吊顶 <吊件不露的> concealed suspension system
暗调 dark tone
暗调层次 low-key gradation;shadow details;shadow gradation
暗丁石 blind header;snap header
暗丁砖 blind header;snap header
暗钉 blind-nailed; blind nail (ing); dowel;finish nail;secret nail(ing); concealed nail(ing)
暗钉的 secret-nailed
暗钉钉合板 dowel board
暗钉连接 secret nailing
暗钉头 countersunk head
暗度 darkness;dullness;opacity
暗度测量 opacimetry
暗度计 opacimeter
暗度仪 opacimeter
暗墩 submerged pier
暗发射体 dull emitter
暗阀 concealed valve;secret valve
暗反差 dark contrast
暗反应 dark reaction
暗反应时间 dark reaction time
暗泛水 concealed flashing
暗房 dark room
暗放电 dark discharge
暗玢岩 black porphyry;melaphyre
暗缝 blind joint; caped joint; concealed joint;coped joint;submerged joint;sunken joint;bastard joint
暗缝边 blind edge
暗缝法 invisible stitch
暗敷设 concealed wiring; laid concealed
暗敷线 embedded wiring
暗扶壁式挡土墙 counterfort retaining wall
暗扶壁式码头岸壁 counterforted quay-wall
暗扶壁式墙 counterfort wall
暗辐射 dark radiation
暗附件 secrete fixing
暗复活作用 dark reactivation
暗盖板 secret cover sheet
暗杆锥晶 baculite
暗杆阀门 ono-rising-stem valve
暗杆内螺纹 inside screw and non-rising stem
暗橄白榴岩 ugandite
暗橄霞玄岩 tannbuschite
暗弓 dark segment
暗拱 concealed arch; dark dome; relieving arch;back arch;blind arch
暗沟 blind ditch; closed conduit; closed valley;covered conduit;covered gutter; hidden gutter; secret gutter; sewer; subaqueous tunnel; subdrain; underdrain; underground drain;blind drain;French drain <用碎石或砾石填满的>
暗沟分支 sublateral
暗沟管 pipe subdrain
暗沟管道 subdrain pipe
暗沟过滤层排水 filter drain(age)
暗沟落差 closed conduit drop
暗沟排水 blind drainage; closed drainage;covered drain(age);mole drainage;spray drain;subdrainage; underdrainage
暗沟排水节制闸 subsurface drainage check gate
暗沟塑孔附加装置 mole attachment
暗沟塑孔机 moling machine
暗沟(塑孔)犁 mole plough
暗沟塑孔器 mole press
暗沟塑孔球 mole ball
暗沟填料 blinding material
暗固着楔 concealed cleat
暗管 blinding tile drain;buried pipe; closed conduit; concealed carcasing; concealed gutter; concealed pipe;concealed tube[tubing]; covered conduit;culvert with top-fill; embedded conduit;embedded pipe; hidden pipe; hidden tube; secret pipe;underground pipe
暗管槽 chase
暗管敷设 concealed piping
暗管流 closed conduit flow; covered conduit flow
暗管排水 closed drainage; mole drainage; mole pipe drainage; tile drainage;underdrainage
暗管系统 subsurface system
暗管线 closed conduit wiring
暗光 black light; dark light; dimmed light
暗光灯 dim light;low beam
暗光光度曲线 scotopic luminosity curve
暗光琥珀 bathwillite
暗光磷光粉 scotophor
暗光磷光体 scotophor
暗光适应 dark adaptation;scotopia
暗光头灯 dimmed headlight
暗光眼球震颤 darkness tremor
暗轨 flush track;track set in paving; flatted rail
暗轨铁道 flatted tracks;track set in paving
暗轨铁路 flatted tracks;track set in paving
暗过梁 back lintel
暗涵管 culvert with top-fill; buried culvert;covered culvert
暗焊片固定 secret tack
暗行扫描 dark trace
暗号 cipher[cypher](code);code signal;cryptogram;secret signal
暗号注解 cipher key
暗合页 blind hinge;concealed hinge; invisible hinge;secret hinge
暗河 buried river;subterranean river; underground river; underground stream
暗河长度 length of underground river;length of underground stream
暗河充水矿床 mineral deposit of underground river inundation
暗河充水系数 inundation coefficient of underground river
暗河出口观测点 observation point of subterranean river outlet
暗河的走向 strike of underground river
暗河调查 investigation of underground river
暗河断面截流法 method of flow interception from cross-section underground river
暗河分布方向 distributed direction of an underground river
暗河分支数 branch number of an underground river
暗河宽度 width of an underground river
暗河流向 flow direction of underground river
暗河埋藏深度 buried depth of an underground river
暗河水流速 fluid velocity of an underground river
暗河水深(度) water depth of an underground river
暗河与地表水联系 relation between underground river and surface water
暗盒 cassette;spool box
暗盒容量 magazine capacity
暗盒摄影机 magazine camera
暗盒数据卡 magazine data card
暗盒箱 magazine casing
暗褐花岗岩 trevor
暗褐煤 dull brown coal
暗褐色 darkish brown; dingy; dun; dust colo(u)r
暗褐色斑驳的硬木 <南非产> muninga
暗褐色的 fuscous
暗褐色物质 dark-brown matter
暗黑 dark;dusky
暗黑表面 cloudy surface
暗黑胶 dark factice
暗黑色的 dark-hued
暗黑色亚麻 blue flax
暗红 darkish red
暗红橙色的 burned sienna
暗红(炽)热 dark red heat; dull-red heat
暗红的 dark red;duff-red
暗红灯丝管 dull emitter
暗红热 black hot;dark heat
暗红色 kermesinus;lower red
暗红色的 darkish red; dark red; dull-red
暗红色滤光纸 dark red filter
暗红色木材 <产于非洲，装饰用> barwood
暗红色砂岩 <产于英国坎伯兰郡的> aspatria
暗红色铁铝土 dark red ferralitic soil; dark red ferralsol
暗红色硬质松木 <印度产> piney
暗红外线炉 dark infra-red oven
暗红紫色 puniceous
暗红棕色 reddish dark brown
暗湖 underground lake
暗花 veiled decoration
暗花岗闪长岩 vaugnerite
暗花装饰 lithophane; secret decoration
暗环 dusky ring
暗换场 dark change
暗黄 shading yellow
暗黄色 dark yellow
暗灰黄棕色 musk
暗灰色 atrous; dark-grey [gray]; dusk grey; grayish colo(u)r; London smoke
暗灰色砂石 <产于欧洲爱尔兰克来尔> hamrock
暗火操作 invisible flame operation
暗迹 dark trace
暗迹电子射线管 dark trace tube
暗迹粉 scotophor
暗迹管 dark trace tube
暗迹示波管 skiatron
暗迹阴极射线管 dark trace tube
暗迹荧光屏 dark-trace screen
暗基床 entrenched foundation bed; rubble fill foundation bed in trench
暗集水井 blind catch basin
暗间 enclosed end bay
暗键 sunk key
暗绛紫色 dull purplish black
暗礁 bedrock spur; blind rock; covered rock; drowned reef; hidden rock;ledge;nab;rocky ledge;shelf; shoal; shoal head; snag; snug; submarine reef; submerged reef; submerged rock;sunk-(en) reef;sunk-(en) rock; submarine rock; rock bar
暗礁群 covers;reefs
暗礁式防波堤 submerged reef-type breakwater
暗礁与浅滩 shelves and shoals
暗礁与险滩 hidden reefs and dangerous shallows
暗铰(链) blind hinge; concealed hinge;invisible hinge;secret hinge
暗阶地 hidden terrace
暗阶丘 hidden terrace
暗接缝 blind joint
暗接合 covered joint
暗接井 blind catch basin
暗接榫 joint housed
暗接头 concealed joint;secret joint
暗节 enclosed knot
暗截流井 blind catch basin
暗金黄色 dull gold
暗井 blind catchment basin;blind pit; blind shaft; bonstay; boustay; dead well; jackshaft; staple pit; blind catch basin <地下排水的>
暗井螺旋溜槽 spiral staple chute
暗井提升机 staple-shaft hoist
暗镜 dark mirror
暗鸠尾接头 secret dovetail
暗鸠尾榫 secrete dovetail
暗鸠尾榫接头 secret dovetailing; secret dovetail joint
暗酒糟 dark distiller's grain; dark

A

grain
暗掘 undercut(ting);undermine;undermining
暗掘锚固 undercut anchor
暗掘坡 undercut slope
暗坑 blind pit;blind sag
暗孔菌属 <拉> Phaeolus
暗孔钻机 in-the rig hole rig
暗扣 hidden discount
暗块 phaeodium
暗款 characters incised in the paste
暗蓝色 dark blue;dove;Oxford-blue
暗蓝色的 lasureous;lazuline
暗浪 <长浪越过浅滩时浪高长的现象> blind roller
暗沥青 libolite
暗梁 hidden beam
暗亮煤型 duroclarite
暗裂 shrinkage crack(ing)
暗流 dark current;submerged flow;undercurrent
暗流星 faint meteor
暗流噪声 dark noise
暗龙骨吊顶系统 concealed ceiling grid system
暗楼 blind stor(e)y
暗楼梯 artificial lighting stair(case);disappearing stair(case)
暗楼梯基 housed string
暗炉 closed furnace;closed oven
暗炉片 concealed radiator
暗绿玻璃 bottle stone;bouteillenstein;moldovite
暗绿的 dark-green
暗绿帘石 arendalite
暗绿色 dark-green;invisible green;sap green
暗绿(色)漆 blind green paint
暗绿云母 adamsite
暗螺钉 secret screw
暗螺钉接合 secret screwing
暗螺钉连接 secret screwing
暗螺丝接合 secret screwing;secret screw joint
暗螺丝连接 secret screwing
暗螺丝圆盘盖 concealed-screw rose
暗落水管 built-in gutter
暗马牙榫 dovetail mitre[miter];mitre dovetail;secret dovetail
暗码 cryptogram
暗码锁 combination lock;ring lock
暗脉冲 dark pulse
暗铆钉 blind rivet
暗冒口 blind feeder;blind head;bob;closed riser;dummy riser;blind riser <铸件的>
暗煤 attritus;cherry coal;mat coal
暗煤块 durain
暗煤素质 durinite
暗煤型 durite
暗煤质 attritus
暗煤质泥炭 durain peat
暗美术纸 dull art paper
暗门 blank door;blind door;concealed door;sally port
暗门柄 flush handle
暗门插销 secret gate latch
暗门闩 concealed door bolt
暗门栓 dormant bolt
暗门锁 concealed door bolt;secret gate latch
暗门销 dormant bolt
暗面 dark face
暗敏度 darkness acuity
暗木节 encased knot
暗钠闪辉长斑岩 penikkavaarite
暗啮合扣接 secret joggle
暗镍蛇纹石 garnierite;genthite
暗排水 blind drain
暗排水沟 blind drainage;covered drain(age)(ditch)
暗盘 actual quotation
暗抛石堤脚 buried toe apron
暗炮台 casemate
暗泡灯 hidden tack
暗平头钉 secret tack
暗屏运行 obscurity board operating
暗谱斑 dark flocculus
暗砌合 blind bond
暗漆 concealment paint
暗企口接 secret joggle
暗嵌丝网玻璃 obscure wire glass
暗墙 blank wall;dead wall;ha-ha;haw-haw;sunk fence
暗桥台 secret abutment
暗瞧 reef
暗切坡 undercut slope
暗青绿色 gobelin blue
暗青色 dark blue
暗区 area opaca;dark field;dark region;dark room;dark space;zone of opacity
暗渠 blink conduit;cable trough;cloaca;closed channel;closed conduit;conduit;covered conduit;culvert;duct;hidden ditch;kanat;mole drain;underdrain;underground canal;qanat <阿> <伊朗等国从山上引水至平原的>;blind drain <用碎石或砾石填满的>
暗渠标 drainage post
暗渠管 conduit pipe
暗渠排水 underdrainage
暗渠水力学 closed conduit hydraulics
暗泉 covering spring
暗热 black heat
暗热辐射 dark-heat radiation
暗日芒 dark mottle
暗色 dark;dark colo(u)r;dead colo(u)r;opaque colo(u)r;shade colo(u)r
暗色斑点 <矿物中的> macle
暗色半丝炭 dark semi-fusain
暗色包体(深熔岩中) mianthite
暗色表层 dark surface
暗色表土 blacktop soil
暗色冰 glaucous ice
暗色残油 viscosine
暗色层 dark layer
暗色大理岩 chian
暗色的 dark-colo(u)red;metanic;melanocratic【地】
暗色调 dark tone;low key;darker shade
暗色调屏 low-key tone
暗色调像片 low-key picture
暗色调异常 dark tonal anomaly
暗色腐殖土 dark humus soil
暗色橄长苏长岩 melanotroctolitic norite
暗色橄长岩 melanotroctrolite
暗色橄榄辉长岩 melano-olivine gabbro
暗色橄榄苏长岩 melano-olivine norite
暗色辉长苏长岩 melano-gabbro norite
暗色辉长岩 melagabbro;melanogabbro
暗色辉绿岩 meladiabase
暗色混合岩 lamboanite
暗色火成岩 traprock
暗色角闪辉长岩 melanohornblende gabbro
暗色矿物 dark-colo(u)red mineral;dark mineral;melane;melanocratic mineral
暗色蜡光纸 dull-glazed paper
暗色滤光镜 black screen
暗色滤光屏 black screen
暗色路面 dark surface
暗色煤 dull coal
暗色美术纸 dull-glazed art paper
暗色泥炭 dark peat
暗色漆 dull varnish
暗色森林土 black forest soil;dark forest soil
暗色砂岩 trap sandstone
暗色闪长岩 meladiorite;melanodiorite
暗色施工法 scumbling
暗色蚀变 melano-alteration
暗色水 glaucous water
暗色水藓泥炭 dark sphagnum peat
暗色苏长辉长岩 melanorite gabbro
暗色苏长岩 melanorite
暗色体 melanosome
暗色土 ando soil;andosol;dark-colo(u)red soil
暗色微晶闪长岩 melanomicrodiorite
暗色纹层 dark laminae
暗色芯材 dark heart
暗色玄武岩 melabasalt
暗色岩 melanocrate;melanocratic rock;trap(pide);traprock;whin;whine-rock;whinstone
暗色岩床 whin sill
暗色岩灰 trap-ash;trap-tufa
暗色岩脉 trap dike[dyke]
暗色岩墙 trap dike[dyke]
暗色岩石 traprock
暗色岩小方石 whin setts;whinstone setts
暗色岩状 trappoid
暗色岩状角砾岩 trappoid breccia
暗色阴极 dark cathode
暗色油 dark oil
暗色原料 dark-colo(u)red stocks
暗色正长岩 melanosyenite;melasyenite
暗色着色剂 scumble stain
暗色组分 dark-colo(u)red constituent
暗沙 submarine bank
暗沙滩 submerged sand bar
暗沙洲 submerged bar
暗纱 dusky veil
暗闪 backlight
暗闪电 dark lightning
暗伤 concealed damage;concealed defect;hidden damage;hidden flaw
暗烧 dark burn
暗设 concealed installation;embedded installation
暗射地图 blank map;non-lettering map;riddle map
暗射线 dark ray
暗摄影棚 dark stage
暗深红色 dark cardinal
暗渗管道 blind drain
暗蚀 internal erosion
暗始成土 umbrept
暗示 adumbrate;adumbration;hint;side glance
暗示通行权 easement by implication
暗式壁(柜)床 disappearing bed
暗式布电线 concealed electric(al) wiring
暗式布线 concealed wiring
暗式多级处理反应堆 covered multi-stage treatment reactor
暗式基床 rubble bedding under bottom
暗式链 disappearing chain
暗式檩条托架 concealed-type purlin(e)hanger
暗式楼梯梁 <梁身与踏步榫接合> box(ed)stringer
暗式伸缩缝 submerged type construction joint
暗式施工缝 submerged type construction joint
暗式收缩缝 submerged type construction joint
暗式雨水沟 concealed gutter
暗视 night vision
暗视场 dark-field of view;dark ground;dark field <光弹性试验的>
暗视场显微观察 dark-field microscopy
暗视场显微镜 dark ground microscope
暗视的 scotopic
暗视计 nyctometer
暗视觉 noctovision;scotopic vision
暗视觉光谱光视效率 scotopic spectral luminous efficiency
暗视力 scotopic vision
暗视器 noctinson;noctirsor
暗视野 dark field
暗视野彩色油浸法 dark-field colo(u)r immersion method
暗视野法 dark-field method
暗视野光阑 dark-field stop
暗视野镜检 dark-field microscopy
暗视野聚光镜 dark-field condenser
暗视野聚光器 dark-field condenser
暗视野配件 dark-field elements
暗视野像 dark-field image
暗视野映光法 dark-field illumination
暗视域 dark field
暗室 camera;photo darkroom <摄影洗片时用>
暗室灯 darkroom lamp;darkroom light
暗室定时器 darkroom clock;darkroom timer;interval timer in darkroom
暗室防光转门 revolving door
暗室辅助设备 darkroom accessory
暗室灰雾 darkroom fog
暗室技术 darkroom technique
暗室(检)眼灯 darkroom ophthalmic lamp
暗室开启 open in dark room
暗室口避光装置 light lock
暗室滤光器 darkroom filter
暗室设备 darkroom equipment
暗室式照相机 darkroom camera
暗室试验 darkroom test
暗室温度计 darkroom thermometer
暗室显影的 scotographic
暗室显影法 scotography
暗室显影机 darkroom processor
暗室显影片 scotogram[skotogram];scotograph[skotograph]
暗室显影术 scotography
暗室照明 darkroom illumination;darkroom lighting
暗室制版照相机 darkroom camera;one-room camera
暗室钟 darkroom clock
暗室装片 darkroom loading
暗适应计 dark adaptometer
暗收缩缝 submerged type construction joint
暗手纸盒 concealed toilet paper holder
暗竖井 blind shaft
暗衰退 dark decay
暗栓 dormant bolt
暗栓钉 dump fastening
暗栓圬工 dowel masonry
暗水管 built-in gutter
暗水落管 concealed downpipe;internal leader
暗榫 concealed dovetail;dowel;joint dowel;blind mortise
暗榫接 joint housed
暗榫接缝 dowel(l)ed joint
暗榫接合 dowel(l)ed joint;secret dovetailing;secret heading joint

暗榫接头 secret dovetail joint;stub mortise and tenon
暗榫结合 blind-mortise-and-tenon joint;secret heading joint
暗榫孔 blind mortise[mortice];stopped mortise[mortice]
暗榫裂缝 dowel crack
暗榫式对接 straight joint
暗榫头 blind tenon;secret tenon;secret valley
暗榫斜接 secret mitre joint
暗榫眼 blind mortise [mortice]; stopped mortise;stub mortise
暗榫眼和短榫接合 stub mortise and tenon
暗锁 built-in lock;instant lock;mortice [mortise](-type) lock; trick lock;warded lock
暗锁机构 warded locking mechanism
暗锁眼 warded key hole
暗滩 hidden shoal;shoal
暗碳酸岩 melacarbonate
暗天沟 concealed gutter; concealed valley; hidden valley; secrete gutter;sunk gutter
暗天蓝色 azure black
暗条 filament
暗条振动 filament oscillation
暗调光圈 shadow stop
暗通气 blind vent
暗通天插销 morticed[mortised] cremone bolt;morticed[mortised] espagnolette bolt
暗图蓝色的 azure deep
暗涂布纸 dull coated paper
暗托架 concealed bracket
暗挖法 tunnel(l)ing <隧道工程的>;undermining method<地下工程的>; undercutting method; subsurface excavation
暗挖隧道 bored tunnel;mining tunnel
暗瓦管 blinding tile drain
暗瓦楞轧辊 dull corrugated roll
暗卫星 dark satellite;faint satellite
暗物质 dark matter
暗匣 blind pocket;magazine platen
暗匣抽盖片 dark slide
暗匣模拟 black-box simulation
暗匣模型 black-box model
暗匣压平板 dark slide
暗匣装片量 loading capacity of the magazine
暗霞碧玄岩 atlantite
暗霞正长岩 covite;malignite
暗纤维 dark fibers;dull fibre
暗线 buried wire [wiring]; concave wiring; concealed wiring; concealing wiring; dark lane; dark line; hidden conductor;hidden line;hidden wiring;obscure ray;secret wiring;knob-and-tube wiring<装在瓷柱上或管内的>
暗线槽 chase;concealed wire chase; conduit
暗线插座 flush socket
暗线缝 blind stitch
暗线管道 concealed conduit;conduit; green field
暗线光谱 dark-line spectrum
暗线光谱数据 data of dark-line spectrum
暗线盒 wall box
暗线探测 dark-line detection
暗线系统 conduit system
暗线箱 wall box
暗线荧光屏 dark-trace screen
暗线用导管 interior conduit
暗线照相 schlieren
暗线装置 conduit;conduit system
暗线装置系统 conduit system;conductor system
暗相差 dark phase contrast
暗箱 booth;camera;camera bellows; camera obscure; daxk box; lightproof enclosure;light-tight box;obscure camera
暗箱镜头 camera lens
暗箱式话筒 booth microphone
暗箱透镜 camera lens
暗消融<冰下> covered ablation
暗销 dormant lock;dowel pin;feather piece
暗销叠合梁 dowel(l)ed beam
暗销钉合木梁 floor of dowelled wood(en)beams
暗销杆 dowel bar;rod dowel
暗销接合 dowel bar; dowel (led) (pin)joint
暗销接头 dowel(l)ed(pin)joint
暗销结合 dowel(l)ed pin joint
暗销连接 dowel(l)ed connection
暗销螺钉 dowel screw
暗销润滑剂 dowel lubrication
暗销组合梁 dowel(l)ed beam
暗销作用 dowel action
暗楔 foxtail wedge; nose key; nose wedge[wedging]
暗楔法 foxtail wedging; secret wedging
暗楔固 secret wedging
暗楔接合 secret dovetailing; secret joint
暗楔榫 blind dovetail;mitre dovetail; secret dovetailing
暗楔榫连接 secret wedging
暗楔形榫 secret dovetail
暗斜接(头) secret miter[mitre]
暗斜井 inside slope;subincline;subinclined shaft
暗斜井提升 inclined staple shaft hoisting
暗信号 dark signal
暗星 dark star;faint star
暗星系 faint galaxy
暗星云 dark nebula
暗修复 dark repair
暗岩 traprock
暗盐土 hidden solonchak
暗檐槽 secret gutter;sunk gutter
暗檐沟 concealed gutter; secret gutter;sunk gutter
暗焰 dark flame
暗燕尾榫 blind dovetail;miter[mitre] dovetail;secret dovetail
暗燕尾榫接 miter[mitre] dovetailing; secret dovetailing; secret dovetail joint
暗银河星云 dark galactic nebula
暗隐周期性 hidden periodicity
暗隐周期性模型 hidden-periodicity model
暗樱红热 dark cherry heat
暗樱桃红色 dull cherry-red
暗影 cloud; dark shadow; ghosting; shadow;umbra[复 umbrae/umbras]
暗影试验 shadow test
暗影最大值 shadow peak
暗硬煤 splint;splint coal
暗釉 scumble glaze
暗雨水管 concealed downpipe;internal leader
暗语 watchword
暗原子 dark atom
暗云 dark cloud
暗云正长岩 durbachite
暗噪声 background noise;dark noise
暗噪声信号 dark-noise signal
暗窄带 opaque margin
暗账 private ledger;secret ledger
暗障碍物 shoal
暗中操纵 pull strings form behind the scenes
暗中进行的 under cover
暗中支持 disguised support;give secret support
暗轴 blind axle;hidden axis;invisible axis
暗柱 concealed column; embedded column
暗装 concealed installation;embedded installation
暗装的 flush mounted
暗装法 secret fixing
暗装风机盘管 concealed fan-coil
暗装供暖 concealed heating
暗装管(道) concealed piping;embedded pipe;embedded tube
暗装混合龙头 concealed mixing cock
暗装紧固 foxtail wedging
暗装空调器 concealed air conditioner
暗装淋浴器 concealed shower
暗装煤气旋塞 concealed gas cock
暗装门内关门器 concealed-in-door closer
暗装配 secret fixing
暗装取暖器 recessed heater
暗装散热器 concealed radiator; enclosed radiator;recessed radiator
暗装式暖气片 concealed radiator
暗装式照明 recessed lighting
暗装旋塞 embedded tap
暗紫灰色 charcoal;dusk
暗紫色 dull purple;petunia
暗棕钙土 dark-brown soil
暗棕色 auburn;dark brown
暗棕色土 dark-brown soil
暗棕色硬木 black bean<产于澳大利亚的>;akle<产于菲律宾>
暗踪阴极管 dark-trace cathode ray tube
暗阻 resistance in the dark

肮

肮脏 dingy;filth

肮脏城<美国纽约市的俚称> Dirty City
肮脏的浮动 dirty floating
肮脏交易 dirty deal;trafficking

昂

昂布莱沥青<新西兰的一种沥青产品> Ambrite

昂贵 long figure;long price
昂价 heavy price;long price
昂尼阶【地】Onnian
昂沙格方程 Onsager equation
昂天莲属纤维 abroma fibre

盎

盎司(1盎司=28.35克)ounce

盎司数 ounce-weight
盎司英尺 ounce-foot;oz-ft
盎司英寸 ounce-inch;oz-in
盎司铸造铜合金 ounce metal

凹

凹 bight;cavity

凹岸 concave bank; concave shore; cutbank;undercut slope
凹岸顶点 apex of concave bank
凹岸面 concave side
凹岸水流 concave flow
凹岸线 concave bank line; concave coastline;concave shoreline
凹岸一侧 concave side
凹凹 concave-concave
凹斑<油漆> crater bloom
凹斑蚀像 pit
凹板 concave;gravure;notch board; buckle plate<桥面用四边支承的>
凹板板条 concave bar
凹板雕刻针 dry point
凹板分组 concave bottom
凹板格栅 concave grate
凹板固定螺栓 concave mounting bolt
凹板后段 rear of concave
凹板间隙 concave clearance
凹板间隙调节杆 concave adjusting lever;concave clearance lever;concave-setting lever
凹板间隙调节机构 concave clearance adjuster
凹板墨 intaglio ink
凹板筛 concave grate;concave grid; escape grid
凹板式压滤机 recessed plate filter press
凹板式压榨机 recessed plate press
凹板调节 conave setting
凹板调节螺栓 concave adjusting bolt
凹板调整轴 concave adjustment shaft
凹板喂入板 concave feed plate
凹板橡胶脱粒杆 rubber concave bar
凹板延长板 concave extension
凹版 intaglio
凹版雕刻 recess engraving
凹版腐蚀法 deep-etch process;gravure etching process
凹版腐蚀制版法 aquatint
凹版胶印机 gravure offset printing press
凹版墨料 plate oil
凹版摄影 heliogravure
凹版式压滤机 recessed plate filter
凹版移印 pad printing
凹版印版 intaglio plate
凹版印刷 copperplate printing; die stamping; gravure printing; heliogravure;intaglio printing
凹版印刷机 copperplate press;gravure press;intalio press;photogravure press
凹版用油墨 photogravure ink
凹版油墨 copperplate ink; intaglio ink;plate printing ink
凹版油墨用油 plate oil
凹版照相(术) heliogravure
凹版制版 gravure plate-making
凹半圆成型铣刀 concave cutter
凹半圆刃铣刀 concave cutter
凹半圆刃整体铣刀 concave solid cutter
凹半圆铣刀 concave cutter for milling half circle; half-round concave milling cutter
凹背 hollow back
凹背板 hollow backed
凹背的 hollow backed
凹背锯 hollow-backed saw
凹背楼板 hollow-backed flooring
凹壁 recess;alcove<河岸的>
凹边 concave edge;concave side
凹边锉 hollow-edged file
凹边方孔形 fluted square pass
凹边齐头平锉 hollow-edged equalling file
凹边圆顶棚 cove ceiling
凹表光栅分光计 concave grating spectrometer
凹玻片 concave slide
凹部 dent; dish; hollow; housing; quirk;rabbet;recess;sag;valley
凹部校直 hammering cut of dents
凹槽 balancing gate pit;cave;caving; coulisse; depressed trough; depressed well; gate well; gorge; groove; impression; indentation;

neck；notch；notch groove；recess；rut；scoop channel；scoring；valley channel；trough bend【地】；fillister【建】；rustication <混凝土或砖墙装饰用>；architectural flute <建筑物柱子的>
凹槽板 notch board；pocket piece
凹槽板条 rustication strip
凹槽扁头螺杆 flat fillister screw
凹槽标准规 notch ga(u)ge
凹槽波纹板回转式空气预热器 notched undulated preheater
凹槽玻璃 fluted glass；fluted sheet；grooved glass
凹槽舱壁 fluted bulkhead
凹槽侧板 notch board
凹槽车刀 recessing tool
凹槽尺寸 rebate size
凹槽冲击试验 nick-break test
凹槽冲撞试验 nick-break test
凹槽滴干板 fluted drainer
凹槽滴阴沟 fluted drainer
凹槽断层 trough fault
凹槽缝 fillistered joint；groove(d) joint
凹槽干(灰)缝 recessed dry joint
凹槽拱顶 trough vault
凹槽勾缝 recessed joint；recessed pointing
凹槽滚轮 troughing roller
凹槽滚筒 grooved roll
凹槽滚轴 <槽带输送机的> troughing roller
凹槽焊(接) groove weld(ing)
凹槽痕迹 flute mark
凹槽滑车 notch block
凹槽灰缝 recessed joint
凹槽及雄榫接合 notched and cogged joint
凹槽间分隔片 <陶立克柱顶中楣三陇板上的> femur
凹槽间距 <陶立克柱顶中楣三陇板上的> femora
凹槽间平面 <陶立克柱顶中楣三陇板上的> femur
凹槽角 groove angle
凹槽接缝 rustic joint
凹槽接合 fillistered joint；notched joint
凹槽节 notching joint
凹槽结合(法) chase bonding
凹槽孔 recess hole
凹槽连接 notch connection
凹槽流痕 depressed flute cast
凹槽轮 drop center wheel
凹槽轮缘 drop center rim
凹槽螺帽 fillister head；fillister screwhead
凹槽螺塞 slotted screw plug
凹槽螺丝头 fillister(ed) head
凹槽帽螺钉 fillister head screw
凹槽帽螺栓 fillister head bolt
凹槽模 chase form
凹槽磨削 recess grinding
凹槽刨 fillister plane；ogee plane(iron)
凹槽平缝 flat-joint jointed
凹槽平缝铰链 pocket butt
凹槽嵌填 recessed pointing
凹槽深度 depth of groove
凹槽式滚珠轴承 grooved ball bearing
凹槽式流量计 notched discharge meter
凹槽式鱼梯 notch fish ladder
凹槽试件冲击试验 notch bar test；test with notched test piece
凹槽饰 flute；fluting；fluted mo(u)lding；strigil ornament <古罗马建筑>
凹槽锁 rabbeted lock
凹槽铣床 rabbeting bit
凹槽线脚【建】fluted mo(u)lding
凹槽形成作用 fluting
凹槽形伸缩缝 groove-type contraction joint
凹槽形收缩缝 groove-type contraction joint
凹槽圆线脚 quirk bead；bead and quirk
凹槽载片 concave slide
凹槽錾子 pocket chisel
凹槽照明装置 recessed lighting fitting
凹槽柱 notched column；striated column
凹槽柱身 fluted column
凹槽砖 frog brick；kick
凹槽锥形壳桩 fluted tapered shell pile
凹沉饰条 sunk mo(u)lding
凹沉线条 sunk mo(u)lding
凹池 pan
凹处 cavity；concave；concavity；nick；pocket；pot-hole；recess；recession；scoop；sinus；alcove <洞穴等中的>
凹疵 <抹灰面层时的> corpsing
凹锉 riffler
凹蛋面 circular-circular sunk face
凹挡 recess
凹道亮光胭脂瓶 rouge glaze vase with concave lines
凹的 cavernous；cuppy；recessed
凹底 concave bottom；kick <玻璃瓶等的>
凹底铲斗 drop center bucket
凹底车 depressed center wagon；depressed-deck car；saddle-bottomed car；saddle-bottomed wagon；trestle
凹底分隔条 cove base dividing strip
凹底刨 concave plane；concavo-plane
凹底平车 ca(u)ldron wagon；depressed center flat car；well car；well wagon
凹底小车 saddle-bottomed wagon
凹地 coombe；delve；depression (land)；dish；flat bottom land；hollow；kar；mulde；pot-hole；surface depression；valley
凹地带 hollow zone
凹地花坛 sunken flower bed
凹地排水 valley drainage
凹地涌泉 dimple spring
凹地园 sunken garden
凹地贮水 pocket storage
凹点 pit；trough
凹点位置 position of depression
凹垫圈 cupped washer
凹雕 cavo-relievo；diaglyph；hollow relief；intaglio
凹雕宝石 chevee
凹雕的 diaglyphic；intagliated
凹雕瓦 intaglio tile
凹雕装饰 diaglyphic ornament
凹雕作品 diaglyphic work
凹叠拱 recessed arch
凹顶 concave crown
凹顶冰碛丘 humpy
凹顶活塞 concave head piston
凹顶棚 recessed ceiling
凹顶棚上新月形采光孔洞 lunette
凹顶形冒口 dished riser
凹洞 concave cave；eddy mill <河床岩石上的>
凹斗车 saddle-bottomed wagon
凹度 concavation；concave camber
凹度容差 valley tolerance
凹断 concave fault
凹对策 concave game
凹钝角 <小于180°> concave corner
凹多边形 concave polygon；reentrant polygon
凹多面体 concave polyhedron
凹耳 female lug
凹法兰 female flange
凹反射光栅 concave reflection grating
凹缝 deep seam；groove(d) joint；hollow joint；hungry joint；open joint；weakened plane joint
凹浮雕 cavo-relievo；intaglio rilevate
凹腹凸轮 concave flank cam
凹港 reentrant
凹割 undercut(ting)
凹格 caisson
凹格板 concave grid
凹格顶棚 lacunar
凹格天花板 lacunar
凹谷 saddle
凹罐 bucket can
凹光圆盘 concave disk
凹规划问题 concave programming problem
凹辊 engraved roller
凹辊环 collar hole；inner collar
凹辊涂布 engraved roll coating
凹辊涂布机 engraved roll coater
凹海岸国家 concave state
凹函数 concave function
凹焊缝 sunk bead
凹河岸 concave stream bank
凹痕 dent；dimple；indentation；indenture；pitting
凹痕法 indentation method
凹痕感度 notch sensitivity
凹痕卵石 scarred pebble
凹痕螺钉 hacked bolt
凹痕螺栓 hacked bolt
凹痕阻力 pitting resistance
凹后退层叠拱 recessed arch
凹弧饰 cavetto；cavetto mo(u)lding；gorge
凹弧形屋檐 cavetto cornice
凹弧与平肋相间并用的装饰 ribbed fluting
凹弧与平肋相间的装饰 cabled fluting；stopped flute
凹环形线脚 cavetto；trochilus
凹灰缝 recessed joint；recessed pointing
凹甲板 well deck
凹甲板驳 well deck barge
凹甲板船 well decked vessel；well decker；well deck ship；well deck vessel
凹角 angle of incurvature；concave angle；nook；reentrant (angle)；reentrant corner；reentrant part
凹角堡 tenail(le)
凹角处 nook
凹角焊 concave fillet weld；throat of weld
凹角焊喉 throat of fillet weld
凹角交叉拱 coved arch
凹角接 bird's-mouth
凹角柱身 nook-shaft
凹节 gab
凹节杆 gab-lever
凹界面 concave interface
凹进 back-off；recess
凹进壁架 recessed ledge
凹进部分 recess
凹进处 breast of a window；recess；sinkage；sinking
凹进的冲水水箱 recessed flush cistern
凹进的肥皂盒 recessed soap holder
凹进叠层拱 recessed arch
凹进顶棚 concave ceiling
凹进平顶 concave ceiling
凹进墙架 recessed ledge
凹进墙面 sunk face
凹进桥台 reentering abutment
凹进翘曲 bow；concave bow
凹进去 fall-in
凹进式废物箱 recessed waste receptacle
凹进式梳妆架 recessed vanity shelve
凹进镶(面)板 sunk panel
凹进仪 indenting apparatus
凹镜 concave glass
凹镜窗式光电倍增管 plane concave head-on photomultiplier
凹镜头 concave lens
凹龛床 box bed
凹刻 diaglyph；intaglio
凹刻制版术 intaglio engraved process
凹刻装饰 diaglyphic ornament；intagliated ornament
凹坑 aerugo；depression；pit；recess；scallop；stain；steel pit <薄板表面缺陷>；pot-hole <路面的>
凹坑铣削 pocket milling
凹孔螺栓系杆 she bolt
凹口 cove；dap；gap；notch；pocket；recess；box out <模板的>
凹口坝 notch dam
凹口板 <测量水流量的> notch plate；notch board
凹口比 notch ratio
凹口标准规 notch ga(u)ge
凹口铲 notching spade
凹口车床 gap lathe
凹口冲击试验 notch test
凹口冲头 notching punch
凹口床身 gapped bed
凹口跌水 notch drop
凹口管节 socket union
凹口剪床 gap shears
凹口剪切机 gap shears
凹口鉴别 <胶片的> identification notch
凹口接头 notched joint
凹口锯 concave saw
凹口抗弯试验 notch flexure test
凹口螺纹量规 Wickman ga(u)ge
凹口敏感比 notch sensitivity ratio
凹口试杆 notched bar
凹口弯曲试验 notch bending test
凹口线脚 notched mo(u)lding；notch ornament
凹口销 notch pin
凹口研磨机 gap mill
凹口溢洪道 saddle spillway
凹口溢流坝 notch dam；notch spillway dam
凹口装饰 notch ornament
凹刳 gorge
凹脸 hollow face
凹螺纹 female screw
凹脉 concave vein
凹帽头 top hat
凹面 concave camber；concave surface；concavity；rearward face
凹面杯形钢丝刷 hollow faced wire cup brush
凹面玻璃 concave glass
凹面倒边 sagged bevel
凹面底 spoon-shaped bottom
凹面法兰 female flange
凹面反光镜 concave mirror
凹面反射器 concave reflector
凹面方钢 fluted bar(iron)
凹面防护圆盘 concave protecting disk
凹面光栅 concave grating
凹面光栅分光计 concave grating spectrometer
凹面焊缝 concave weld；inverted weld(ing)
凹面加工装置 cambering gear
凹面键 concave key

凹面交错层理 concave cross-bedding
凹面角 concave corner
凹面接合器 female adapter
凹面镜 concave mirror
凹面聚焦光栅 stigmatic concave grating
凹面密封条 concave bead
凹面坯块 concave-shaped compact
凹面绕丝筒 concave package
凹面上楣 coved cornice
凹面石 unk face
凹面式摩擦卷筒 concave friction drum
凹面栓 recessed bolt
凹面双层底舱 hip tank
凹面弹簧垫圈 saucer washer
凹面填角焊缝 concave fillet weld
凹面透镜 concave lens
凹面凸面透镜的 periscopic
凹面凸缘 female flange
凹面屋顶 concave roof;inverted roof
凹面物 concave
凹面修正 minus correction
凹面檐口 coved cornice
凹面阴极 concave cathode
凹面圆锯 concave circular saw;concave saw
凹面圆犁刀 concave (rolling) disk colter
凹面圆盘 concave disk
凹面(轧)辊 concave roll
凹面钻头 concave bit
凹模 cavity block;cavity die;female die;female mo(u)ld;lower mo(u)ld half;mo(u)ld cavity
凹模顶杆 die-pin
凹模固定板 die block;die holder
凹模厚度 die thickness
凹模拉入的圆角部分 bell of die
凹模上面高度 die level
凹模台肩角度 shoulder angle
凹模铣床 die sinking milling machine
凹模铣刀 die sinking cutter
凹模镶块 die plate insert
凹模圆角半径 die profile radius
凹模支撑圈 die backer
凹磨圆形刮刀 curved scraper
凹盘轮 dish emery wheel
凹刨 compass plane;fillister plane;fluting plane;fillister
凹刨刨刀 iron for concaved planes
凹片 dip
凹平面 concave plane
凹瓶底 pushed punt;push-up
凹坡 sag grading;waning slope
凹坡地段 sagging section
凹坡发育 <剥蚀大于上升>【地】waning development
凹腔 reentrant
凹腔偏转器 reentrant deflector
凹腔声-光学光调制器 reentrant acousto-optic light modulator
凹腔式频率计 reentrant-type frequency meter
凹腔式扬声器 re-entrant loudspeaker
凹腔谐振器 dumbbell resonator;reentrant resonator
凹墙 allege
凹球面(反射)镜 concave spheric(al) mirror
凹曲度 concave curvature;concavity
凹曲面 concave camber
凹曲线 depression curve
凹曲线半径 concave radius
凹曲线脚 <陶立克柱头> hypophyge
凹缺作用 notch effect
凹入 indentation;indrawing;invaginate;invagination
凹入部分 invagination;reentrant
凹入粗缝 rustic joint
凹入的 concave;dish;incurvate;reentrant
凹入的金字塔形方阵线脚 hollow square mo(u)lding
凹入的圆条线脚 recessed bead
凹入工作面制动器 spoon brake
凹入构件 recessed element
凹入管 reentrant pipe;reentrant tube
凹入角 reentering angle;reentrant angle
凹入孔口 reentrant orifice
凹入墙内的浴盆 recess tub
凹入设置 recessed mounting
凹入式顶灯 recessed fixture;recessed light fixture
凹入式接管 reentrant tube
凹入式进水口 reentrant inlet;reentrant intake
凹入式梳妆架 recessed vanity shelve
凹入式坞壁廊道 dock recessed gallery
凹入式泄水孔 reentrant orifice
凹入线脚 stuck mo(u)lding;sunk bead
凹入形线脚 sunk mo(u)lding
凹蚀 cavitation erosion;pitting
凹蚀岸 undercut bank
凹蚀镂法 aquatint
凹式接缝 hungry joint
凹式腻缝 concave bead
凹式平板挂车 cranked platform trailer
凹饰 hollow mo(u)lding;quirk
凹室 alcove;recessed room;schola <罗马浴场中设浴缸的>
凹损 dent
凹榫 blind mortise[mortice]
凹榫槽 sunk coak
凹缩 neck down;sinking;sink mark
凹塘 <因地下采矿形成的陷穴> pitfall
凹梯度 concave gradient
凹铜 dry copper;set copper
凹头 socket head
凹头管塞 socket head pipe plug
凹头活塞 cavity piston
凹头螺钉 recessed head screw;socket(ed)(head) screw
凹头螺钉键 socket screw key
凹头螺栓 concave head bolt;eye bolt
凹头螺丝 socket screw
凹头木螺钉 cup head wood screw
凹凸 buckle;roughness;warp
凹凸板 buckle(d) plate;buck-plate;deformed plate
凹凸板式蒸发器 embossed plate evapo(u)rator
凹凸棒催化氧化剂 attapulgite catalytic oxidant
凹凸棒石 attapulgite
凹凸棒石黏[粘]土 attapulgite clay
凹凸棒石黏[粘]土矿床 attapulgite clay deposit
凹凸不平 irregularity;irregularity irregular;sags and crests
凹凸不平的 accidented;jagged;jaggy;lumpy;ragged;rough;scraggy;uneven
凹凸不平的地势 jagged terrain
凹凸不平的地形 accidented topography
凹凸不平的海岸 ragged coast
凹凸不平的瓶面 hammered bottle surface
凹凸不平的山地 hill to full of bumpy and holes
凹凸不平度 ruggedness;rugosity
凹凸不平状 roughness
凹凸不齐的墙角 pigeonhole corner
凹凸不整合 trachy discontinuity
凹凸不整合面【地】trachy discontinuity
凹凸部 jog
凹凸层 roughness
凹凸的 concavo-convex
凹凸地形 knob-and-basin topography;knob-and-kettle topography;roche moutonnee;uneven topography
凹凸点粒 lump and pit
凹凸断面 beaded section
凹凸对策 concave-convex game
凹凸发散透镜 divergent meniscus lens
凹凸珐琅 champleve;raised style enamel
凹凸缝 bulky joint;keyway;rabbet
凹凸浮雕 sunk relief
凹凸浮雕模型 embossed pattern
凹凸浮雕墙纸 embossed wall paper
凹凸浮雕设计 embossed design
凹凸花纹 ridge design;abbatre
凹凸花纹地毯 sculptured carpet
凹凸接板 tabled fish plate
凹凸接板接合 tabled fish-plate splice
凹凸接触 concave-convex contact
凹凸接合 joggling
凹凸两面透镜 lunette
凹凸轮胎 well base tyre
凹凸密封面 convexo-concave seal face;male-female seal contact face
凹凸面 concavex;male and female
凹凸面橱 breakfront
凹凸砌合 out-and-in bond
凹凸曲线形颚板 convex concave shaped crusher plate
凹凸式胶片 lenticular film
凹凸榫 rebate;tenon and mortise
凹凸榫搭接 rebated joint
凹凸榫盖板 rebated siding
凹凸榫接 grooving
凹凸榫接合 mortise-and-tenon joint;rebated joint
凹凸榫接混凝土板 rebated concrete slab
凹凸榫(接)水泥板 rebated cement slab
凹凸榫刨 rebate(d) plane
凹凸榫墙(盖)板 rebate siding
凹凸榫斜接 rebated mitre[miter] joint
凹凸透镜 concavo-convex lens;meniscus[复 menisci/meniscuses];meniscus lens;periscopic lens
凹凸透镜的 meniscoid
凹凸纹的 stippled
凹凸纹(理) raised grain
凹凸纹轧花机 gauffer calender
凹凸纹织物 pique
凹凸线脚 bar(-rail) mo(u)lding
凹凸相咬榫中的凸榫 joggle tenon
凹凸形 concave-convex;concavo-convex;convexo-concave;machicolated form
凹凸形的 concavo-convex
凹凸形线脚 conge
凹凸压铸铝箔 embossed alumin(i)um foil
凹凸印刷 die stamping;embossing
凹凸印刷机 die-stamping press
凹凸影瓷砖 shadow relief tile
凹凸钥匙 corrugated key
凹凸轧花 embossing
凹凸轧花机 embossing calender
凹凸轧印机 indentation machine
凹凸织物 embossed texture
凹凸纸 embossed paper
凹凸绉 convex and concave crepe;pique crepe;spun tussah cloque
凹凸砖层 indenting course
凹洼 cavity
凹瓦 abbey tile;flap tile;concave tile
凹湾 sac
凹尾 emarginated tail
凹纹 dimpled grain
凹纹滚子 indented roller
凹纹路碾 indented roller
凹纹压路机 indented roller;indenting roller
凹纹印刷 spanishing
凹窝 cavity
凹窝载玻片 hollow glass
凹膝 calf kneed
凹隙 nick
凹下 sinkage in
凹下部分 negative area;negative element
凹下的 depressed;sunk(en)
凹下横杆式格筛 grizzly with depressed crossbar
凹下去的 sunk
凹下深度 depth of recess
凹线 chamfer;concave;concave-up(ward);groove;scarf;splineway
凹线辊型 concave camber
凹线角 angle of chamfer
凹线脚 apophyge;sunk mo(u)lding <浅于边框的>
凹线校正 correction for sag
凹线条 sunk fillet
凹线纹 design in intaglio
凹陷 depression;dimpling;dish(ing);excavation;falling;fovea;impression;indentation;pitting;sag(ging);seg;subside;subsidence;valley
凹陷边缘 recessed margin
凹陷处 hollow area
凹陷的 cave-in;hollow;sunken;umbilicate
凹陷的泻水斜面 sunk weathered
凹陷地点 hollow spot
凹陷断裂 depressed fracture
凹陷湖 downwarped lake
凹陷极 depression pole
凹陷蓝色彩饰 sunken blue
凹陷露天矿 deep open pit
凹陷面 hollow plane
凹陷砌块 invert block
凹陷容限 valley tolerance
凹陷式轮缘 well base rim
凹陷霜花 crater bloom
凹陷型 pitting type;umbilicate type
凹陷作用 notch effect
凹镶 concave mirror
凹镶顶棚 caisson
凹向上的 concave-up(ward)
凹向下的 concave-down(ward)
凹楔 socket wedge
凹斜面 hollow chamfer
凹心钻头 concave bit;concave plug bit
凹形 concavity;saucer shape;suck
凹形板 notch plate
凹形变坡点 sag
凹形薄壳 concave shell
凹形舱壁 recessed bulkhead;stepped bulkhead
凹形铲刀的轻土料推土机 light material bowl-dozer
凹形长板 stave
凹形车辆【铁】depressed center car
凹形车 <运大件的> depressed center car;depressed well car
凹形的 female;trough-shaped
凹形垫 thumb pad
凹形垫块 concave washer
凹形垫圈密封 coil gasket seal
凹形断裂面 listric surface
凹形断面线脚 oxeye mo(u)lding
凹形对顶砧超高压高温装置 <简称

A

"凹砧装置" > ultra-high pressure and high temperature device with two recessed dies
凹形对顶砧超高压装置 ultra-high pressure device with two recessed dies
凹形多孔板 concave perforated plate
凹形封头 reversed dished head
凹形盖 female cap
凹形拱顶 cavetto vault
凹形勾缝 key joint pointing
凹形管座 saddle hub
凹形规划法 concave programming
凹形辊身 concave barrel
凹形焊缝 concave weld
凹形焊面 concave weld face
凹形桁条 notch joist
凹形剪 concave shear
凹形角焊 concave weld; light fillet weld
凹形角焊缝 concave fillet weld
凹形接电器 concave collector
凹形联锁铣刀 concave interlocking cutter
凹形轮廓图 sag profile
凹形轮辋 concave rim
凹形轮缘 well base rim
凹形门 recessed portal
凹形磨损 scallop wear
凹形配件 female fitting
凹形皮革件 leather hollows
凹形坡 concave slope
凹形器皿 hollow ware
凹形钎头 drop centre bit
凹形曲线 concave curve; sag curve
凹形入口 recessed entrance; recessed portal
凹形砂浆缝 <浆砌圬工的> concave joint
凹形砂轮 cup grinding wheel
凹形实心钻头 solid concave bit
凹形竖曲线 concave vertical curve; sag vertical curve; vertical curve at sag; vertical sag curve
凹形弹簧片 dented spring leaf
凹形铁 channel iron
凹形凸轮 concave cam
凹形推土板 bowldozer
凹形挖掘铲 undercutter
凹形卧室 alcove
凹形无岩芯钻头 solid concave bit
凹形物 female
凹形铣刀 concave milling cutter
凹形线脚 sanitary shoe; scape; sunk mo(u)lding
凹形镶板 sunk panel
凹形小珠 <釉面的> concave bead
凹形崖 balm; crown scarp
凹形阴极 reentrant cathode
凹形凿 concave bit; hollow chisel
凹形站坪 concave
凹形支垫座 <人字闸门> concave block
凹形砖 concave brick
凹形转子 female rotator; female rotor
凹形纵断面 concave cross-section; sag cross-section; sag profile
凹形钻头 concave bit; drop centre bit
凹型 matrix[复 matrixes/matrices]
凹型车 well(hole)car
凹型车架 kick-up frame
凹型多轴货车 transporter truck
凹型空腔谐振器 reentrant cavity resonator
凹型平板车 concaved trailer; low loader <美国铁路,车底板中间下陷成凹型,以便装运超高货物>
凹型拖车 concaved trailer
凹性 concavity
凹穴 cavitation; countersink; indentation; peck; recess
凹穴造型 reentrant molding
凹压模 cover die
凹(衍射)光栅 concave diffraction grating
凹眼 sunken eye
凹眼球 eyeballs in
凹阳台 loggia[复 loggias/loggie]; recessed veranda
凹液面 concave meniscus
凹椅座 dropped seat
凹印 batter; cooklee; gravure; hammer; wave
凹印玻璃 hammered glass
凹印打样机 photogravure proofing machine
凹印电子雕刻机 Helio-Klischograph
凹印滚筒抛光机 gravure cylinder polishing machine
凹印轮转机 rotogravure press
凹印墨斗 overshot duct
凹印油墨 gravure ink
凹域 concave region
凹圆暗槽灯 cove lighting
凹圆槽 dishing; hollow chamfer
凹圆丁头砖 coved header brick
凹圆缝 concave joint; groove joint
凹圆拱顶 coved vault
凹圆弧灰浆缝 keyed jointing
凹圆灰缝 keyed jointing
凹圆灰线脚 plaster cove
凹圆接缝 concave joint
凹圆面 circular sunk face; concave chamfer
凹圆抹灰线脚 plaster cove
凹圆平顶 coved ceiling
凹圆嵌条 canalis
凹圆穹顶 cloister vault; coved vault; square dome
凹圆饰 cove ro coving
凹圆饰托座 coved bracket
凹圆踢脚板 cove shirting; hollow rounded skirting
凹圆踢脚线 coved skirting; hollow rounded skirting
凹圆托臂 cove(d)bracket(ing)
凹圆线 hollow chamfer; scotia; scotia mo(u)lding; trochilus; cove; coving
凹圆线顶棚 cove(d)ceiling
凹圆线格子顶棚 coved checker ceiling
凹圆线脚 cavetto mo(u)lding; cove mo(u)lding; gorge; plaster cove; round concave mo(u)lding
凹圆线脚边墙 undercut side wall
凹圆线脚顶棚 coved and flat ceiling
凹圆线脚平顶 coved and flat ceiling
凹圆线条 flush bead
凹圆削角 hollow chamfer
凹圆形 cove
凹圆形丁头砖 cove header brick
凹圆形顶棚 cove ceiling; coved ceiling
凹圆形灰浆勾缝 keyed pointing
凹圆形(木)支架 cove bracketing
凹圆形内刃的木凿 paring gouge
凹圆形平顶 cove ceiling
凹圆形砂浆勾缝 keyed pointing; key joint pointing
凹圆形踢脚板 coved base
凹圆形弯曲线脚 <柱身与柱头或柱脚的> apothesis
凹圆形线脚 cob mo(u)lding; hollow mo(u)lding; sunk bead
凹圆形线脚顶棚 coved mo(u)lding ceiling
凹圆形柱身 scotia scaper
凹圆压条 cove mo(u)lding
凹圆状 cup
凹圆状珊瑚 cup coral
凹缘的 emarginate
凹缘轮胎 well base tyre
凹月形牙镜 concave meniscus
凹载玻片 concavity slide; hollow ground slide
凹褶 concave fold
凹砖牙 indent
凹状 concavity
凹状的 dished
凹状空腔 reentrant cavity
凹状叶 concave leaf
凹状振荡器 reentrant cavity oscillator
凹锥 female cone
凹字楔 gib
凹字形键 gib key
凹座 dimple; recess; saddle; thole

坳 col

坳槽【地】trough bend
坳沟 shallow flat ravine

遨游 rove

熬车 trig

熬稠 boil out
熬碱锅 solid caustic soda pot
熬胶锅 glue kettle; glue pot
熬炼 cooking
熬浓 boil down
熬去轻油 skimming
熬夜 stay up
熬油厂 rendering plant
熬油温度计 deep fat thermometer
熬住 trig

翱翔 hover

螯合测定法 chelomery

螯合萃取法 chelating extract method
螯合滴定 chelometric titration; chelatometric titration
螯合滴定法 chelatometry; chelometry
螯合估测 chelatometric estimation
螯合环 chelate ring
螯合活性 sequestering activity
螯合基 chelate group
螯合剂【化】chelate[chelating](re)agent; sequestering agent; sequestrant; chelator
螯合剂负载树脂分离法 chelating agent-loaded resin separation
螯合结构 chelate structure
螯合聚合物 chelate polymer
螯合淋溶作用【地】cheluviation
螯合铝 alumin(i)um chelate
螯合能力 chelating capacity
螯合配位化合物 chelating coordination compound
螯合配位体 chelating ligand
螯合溶液 chelate solution
螯合试剂 chelant; chelating reagent
螯合树脂 chelate[chelating] resin
螯合物 chelate complex; complexes
螯合物激光器 chelate laser
螯合物形成 chelate formation
螯合吸附剂 chelate sorbent
螯合稀土金属 rare earth chelate
螯合纤维 chelate fibre
螯合效应 chelate[chelating] effect
螯合型离子交换剂 chelating ion-exchanger
螯合性能 chelating property
螯合指示剂 chelatometric indicator
螯合作用 chelation; sequestrant
螯尖坯板 pallet brick
螯盔 galea of chclicera
螯器 cheliform
螯钳 terminal segment of chelicera
螯形的 chelate
螯形化合物 chelate compound
螯形环 chelate ring
螯形聚合物 chelating polymer; chelic polymer
螯肢杆 shaft of chelicera
螯肢鞘 cheliceral sheath
螯趾 terminal digit of chelicera
螯足 cheliped

拗断带 downwarping faulted belt

拗断区 downwarping faulted region; downwarping faulted zone
拗沟 cleuch; clough
拗拉槽【地】aulacogen trough
拗拉槽盆地【地】aulacogen basin
拗曲板压机 buckle plate press
拗曲板桩 buckle plate sheet piling
拗弯 downwarp
拗陷 depression; downwarping
拗陷槽 geotectogene; tectogene
拗陷带 downwarping belt; geotectogene
拗陷盆地 depression basin; downwarped basin
拗陷区 downwarping region
拗折的需求曲线 kinked demand curve
拗褶带 downwarping folded belt
拗褶构造 downwarping structure
拗褶区 downwarping folded region
拗褶运动 downwarping movement

奥斯特瓦尔德比色计 Ostwald's colo(u)rimeter

奥巴赫电池 Obach cell
奥巴赫法 Obach process
奥贝尔氧化沟 Orbal oxidation ditch
奥本海默-菲利普斯反应 Oppenheimer-Phillips reaction
奥本海默-沃尔科夫极限 Oppenheimer-Volkoff limit
奥本曼光源 Opperman source
奥本曼活动撑板坝 Oppermann wicket(dam)
奥本曼旋转桁架木板坝 Oppermann wicket(dam)
奥本瑙尔氧化反应 Oppenauer oxidation
奥苯达唑【化】oxibendazole
奥伯风 Oberwind
奥伯迈耶试剂 Obermayer's reagent
奥伯氏试验 Ober's test
奥伯斯方法 Olber's method
奥伯特门闸 Aubert's gate
奥伯特现象 Aubert's phenomenon
奥伯特闸门 Aubert's gate
奥步松毛圈地毯 Aubusson carpet
奥长斑岩 oligophyre
奥长古铜无球粒陨石 diogenite; rodite
奥长花岗岩【地】trond(h)jemite; laugenite
奥长石 amausite; oligoclase; oligoclasite; oligoklas
奥长岩 oligoclasite; oligosite
奥长英安岩 ungaite
奥达铜镍耐蚀合金 Oda metal
奥德尔-别格胶体磨 Oder-Berger colloid mill
奥德赫温层 Oldhaven beds
奥德蘑属 <拉> Oudemansiella

奥登氏技术 Oudia technique
奥登天平 Oden balance
奥地利垂帘 Austrian drape
奥地利粗支阔条窗帘布 Austrian shade cloth
奥地利建筑 architecture of Austria
奥地利施工法 < 隧道掘进 > Austrian method of tunneling driving
奥地利式(隧道)支撑法 Austrian method of timbering
奥地利学派 < 岩石力学 > Austrian school
奥地利造山运动【地】Austrian orogeny
奥地利遮帘 Austrian shade
奥蒂油 < 一种产于南美洲的可以制油漆的原料,代桐油用 > oiticica oil
奥丁电流 Oudin current
奥丁试验 Oudin test
奥丁谐振器 Oudin resonator
奥杜 < 一种西非硬木 > Odum
奥杜威事件 Olduvai event
奥杜威正向极性亚带 Olduvai normal polarity subzone
奥杜威正向极性亚时 Olduvai normal polarity subchron
奥杜威正向极性亚时间带 Olduvai normal polarity subchronzone
奥顿阶【地】Autunian
奥多催化降解 Otocatalytic degradation
奥多风 Otophone
奥多麦克精纺自动落纱机 AuDomac
奥厄灯 Auer burner
奥厄(火石)合金 < 稀土金属 65%,铁 35% > Auer metal
奥尔波特瓶式窑 Allport oven
奥尔德姆-惠特灯 Oldham-Wheat lamp
奥尔德姆联轴节 Oldham coupling
奥尔德休-拉什顿塔 Oldshye-Rushton column
奥尔登测功器 Alden power brake
奥尔登动力制动器 Alden power brake
奥尔顿测温锥 Orton cone
奥尔顿耐火锥 Orton cone
奥尔干尼丁制备 Organidin preparation
奥尔卡德统【地】Orcadian series
奥尔良呢 Orleans
奥尔洛夫马 Orloff
奥尔梅克建筑 Olmec architecture
奥尔塞溶液 Alsever's solution
奥尔森银极 Ohlson galactic pole
奥尔特常数 Oort constant
奥尔特公式 < 设计混凝土路面厚度的一种古典公式 > Older's formula
奥尔特密度极限 Oort limit of density
奥尔特-施皮策机制 Oort-Spitzer mechanism
奥尔特氏溶液 Orth's solution
奥尔特云 Oort's cloud
奥尔逊存储器 core rope memory;Olsen memory
奥尔逊试验机 Olsen tester
奥尔逊延展性试验 Olsen ductility test
奥费 < 西非加纳产硬木 > Ofe
奥芬巴哈锡釉陶器 Offenbuch faience
奥弗好塞效应 Overhauser effect
奥弗涅内型交叉甬道 < 十字形教堂的翼部 > Auverge transept
奥福德分层炼镍法 Orford process
奥福德港雪松 Port Orford cedar
奥福二氏黏[粘]度计 Ostwald-Folin visco(si)meter
奥盖尔陨星 Orgueil meteorite
奥格斯堡赫尔科利斯泉 Hercules foundation at Augsburg
奥古斯丁提银法 Augustin process
奥古斯都神殿 Augustaeum
奥古斯塔斯拱 < 位于意大利佩鲁贾 > Arch of Augustus
奥古斯塔斯陵墓 Mausoleum of Augustus
奥哈二氏试验 Osegood-Haskins test
奥环状花岗岩 rapakivi;wiborgite
奥环状花岗岩结构 rapakivi texture
奥霍阶【铁】Ochoan(stage)
奥霍统【地】Ochoan
奥坎可可棕色硬木 < 尼日利亚产 > Okan
奥科耐特 okonite
奥克拉特处理法 Ocrate process(of treatment)
奥克拉特混凝土 Ocrate concrete
奥克兰港 < 新西兰 > Port Auckland
奥克利-富尔索谱试验 Oakley-Fulthorpe test
奥克萨力包层钢 Oxally
奥克托齿轮 Octoid gear
奥克卫英棕色硬木 < 尼日利亚产 > OKwen
奥寇梯木油 ocotea oil
奥寇梯木属 < 拉 > Ocotea
奥拉风 Ora
奥兰治蒂比略凯旋门 Arch of Tiberius at Orange
奥里根白栎 pacific post oak
奥里根诺 Oregano
奥里斯坎尼阶 < 美国早泥盆世晚期 > 【地】Oriskany stage;Oriskanizn stage
奥里扎巴灰岩 Orizaba limestone
奥立康制外摆线锥齿轮啮合 Oerlikon gearing
奥利弗型(真空)过滤机 Oliver filter
奥利弗真空过滤器 Olive vacuum filter
奥利伦法 laws of Oleron
奥利特合金 Oilite alloy
奥利特轴承合金 Oilite alloy
奥廉斯斑点试验 < 沥青材料 > Oliensis spot test
奥廉斯试验 Oliensis test
奥林比亚的赫拉神殿 Heraion at Olympia
奥林帕斯神庙 Olympieion
奥林匹克青铜 Olympic bronze
奥林匹克青铜合金 Olympic bronze alloy
奥林匹克铜绿 Olympic bronze alloy;Olympic green
奥林匹克亚的宙斯神庙 Temple of Zeus at Olympia
奥林匹斯山 Olympus Mons
奥林奇伯格图案 Orangeburg
奥隆乳油硬木 < 产于澳大利亚黄金海岸 > Olon
奥伦尼克阶【地】Olenekian
奥纶 Orlon
奥罗多红棕色硬木 < 尼日利亚产 > Orodo
奥罗管 Orotron
奥罗拉·巴比特合金 Aurora Babbitt metal
奥罗万关系式 Orowan's relation
奥罗亚热 Oroya fever
奥马纶地毯(软)垫 Omalon carpet foundation
奥曼-柏雷定理 Aumann-Perles theorem
奥曼测量仪器 Oehman's survey instrument
奥曼测斜仪 < 用照相法记录罗盘和倾斜器读数 > Oehman's apparatus
奥蒙德陶器 Aumund faience
奥蒙柳安 almon lauan
奥姆拉铜锌锡合金 ormolu
奥姆斯拜滤波器 Ormasby filter
奥钠长石 oligoclase albite
奥-瑙二氏规律 rule of Ogino-Knaus
奥嫩达加层 < 中泥盆纪下部 >【地】Onondaga bed
奥嫩达加灰岩 Onondaga limestone
奥尼阿带肋楼板 Omnia rib floor
奥尼阿地板 < 一种可预制或现浇的轻质钢筋混凝土地板 > Omnia concrete floor
奥尼阿宽的厚板 Omnia wide slab
奥尼阿楼板 Omnia floor
奥尼阿托梁混凝土板 Omnia trimmer concrete plank
奥尼阿网格 Omnia grid
奥尼阿屋顶 Omnia roof
奥涅马克剑式无梭织机 Onemack
奥帕克斯 Opax
奥佩尔带 Oppel zone
奥皮氏奇异现象 Opie para dox
奥球闪长岩 esboite
奥萨特 < 一种测定气体混合物组成的分析化学装置 > Orsat
奥萨特分析(法)Orsat analysis
奥萨特分析器 Orsat apparatus
奥萨特分析仪 Orsat analyser[analyzer]
奥萨特气体分析器 Orsat gas apparatus
奥萨特气体分析仪 Orsat gas analyser[analyzer];Orsat(gas analyzing)apparatus
奥萨特烟气分析仪 Orsat flue gas analyser[analyzer]
奥赛列斯柱 < 古埃及的主神之一 > Osiris pillar
奥瑟契树 obeche
奥森-戈乐茨改正 Oseen-Goldstein correction
奥森近似式 Oseen's approximation
奥森力 Oseen's force
奥氏半导体 Ovshinsky semi-conductor
奥氏半导体组件 Ovonic
奥氏玻璃半导体 Ovshinsky glass semi-conductor
奥氏博尼特 Osbornite
奥氏测微计 Orthotester
奥氏法气体分析 Orsat analysis
奥氏马氏体 austenomartensite
奥氏黏[粘]度计 Ostwald's visco(si)meter
奥氏气体分析器 Orsat apparatus
奥氏体 austenite
奥氏体本质晶粒度 austenite inherent grain size;inherent Austenitic grain size
奥氏体变拔丝法 ausdrawing
奥氏体变态体 osmondite
奥氏体不完全等温退火 progressive austempering
奥氏体不锈钢 austenite stainless steel;austenitic stainless steel;Durimet
奥氏体不锈钢的小孔 pitting of austenitic stainless steel
奥氏体的 austenitic
奥氏体的转变 transformation of austenite
奥氏体等温淬火 austemper
奥氏体等温时效 austenag(e)ing
奥氏体等温退火 ausannealing
奥氏体等温轧制形变热处理 ausrolling
奥氏体锻造 ausforging
奥氏体范围 austenitic range
奥氏体复合钢 austenitic clad steel
奥氏体钢 austenic steel;austenitic steel
奥氏体高锰钢 Hadfield manganese steel;Hadfield steel
奥氏体铬-镍钢 austenitic chromium-nickel steel
奥氏体过冷区加工法 marworking
奥氏体合金钢 austenitic alloy steel
奥氏体化 austenitize;austenitizing;austenization;austentize
奥氏体回火 austemper(ing)
奥氏体基体 austenitic matrix
奥氏体晶界 austenite grain boundary
奥氏体晶粒 austenite crystal
奥氏体晶粒大小测定法 austenite grainsize determination
奥氏体晶粒度 austenitic grain size
奥氏体晶粒度分级 austenitic grain-size classification
奥氏体晶体 austenite matrix
奥氏体-马氏体转变开始温度 < 淬火时 > Motransformation
奥氏体锰钢 austenite manganese steel;austenitic manganese steel
奥氏体锰钢铸件 austenitic manganese steel casting
奥氏体耐热钢 austenitic heat-resistance steel
奥氏体镍铬不锈钢 austenilic Ni-Cr stainless steel
奥氏体区 austenitic area;austenitic range
奥氏体区域 austenitic region
奥氏体生铁 austenitic cast iron
奥氏体实际晶粒度 austenite actuargrain size
奥氏体铁 austenitic iron
奥氏体铁圈 austenite(generator)ring
奥氏体稳定化处理 austenite stabilization
奥氏体稳定剂 austenite stabilizer
奥氏体形变 ausform(ing)
奥氏体形变淬火 ausform hardening
奥氏体形变退火 ausform-annealing
奥氏体形成元素 austenite former
奥氏体轧制成型法 ausform(ing)
奥氏体铸铁 austenitic cast iron
奥氏效应 Ovshinsky effect
奥氏效应的 Ovonic
奥氏形变拔丝法 ausdrawing
奥式黏[粘]度计 Ostwald visco(si)meter
奥司脱拉特 Astralite
奥斯博恩层 Osborne beds
奥斯丁-科恩公式 Austen-Cohen formula
奥斯顿法 < 制铅白粉的分室炉法 > Eustone process
奥斯华德氏吸管 Osward pipette
奥斯劳港 < 挪威 > Port Oslo
奥斯劳氏现象 Oslo's phenomenon
奥斯劳条约 Oslo Convention
奥斯劳型结晶器 Oslo-type crystallizer
奥斯劳桩靴 Oslo pile shoe
奥斯陆 < 挪威首都 > Oslo
奥斯陆桩靴 Oslo-point
奥斯默法 Othmer process
奥斯泼雷锻造 Osprey method
奥斯特 < 磁场强度单位 > oersted-(oe)
奥斯特柏格式取样器 Osterberg sampler
奥斯特柏活塞式取土器 Osterberg piston sampler
奥斯特风 Auster;Ostria
奥斯特霍夫星群【地】Oosterhoff Group
奥斯特计 oerstedmeter[oerstedmetre]
奥斯特瓦尔德 Ostwald
奥斯特瓦尔德(U形毛细管)黏[粘]度计 Ostwald's visco(si)meter;Ostwald's U-tube

A

奥斯特瓦尔德比重计 Ostwald's gravimeter
奥斯特瓦尔德玻璃毛细管黏[粘]度计 Ostwald's glass capillary visco(si)-meter
奥斯特瓦尔德成熟 Ostwald's ripening
奥斯特瓦尔德纯度 Ostwald's purity
奥斯特瓦尔德催熟 Ostwald's ripening
奥斯特瓦尔德电离方程式 Ostwald's equation
奥斯特瓦尔德定律 Ostwald's law
奥斯特瓦尔德方法 Ostwald's process
奥斯特瓦尔德曲线 Ostwald's curve
奥斯特瓦尔德色图 Ostwald's colo(u)r solid
奥斯特瓦尔德色系(列) Ostwald's colo(u)r system
奥斯特瓦尔德十进变阻器 Ostwald's decade rheostat
奥斯特瓦尔德式毛细管黏[粘]度计 Ostwald-type visco(si)meter
奥斯特瓦尔德熟化 Ostwald ripening
奥斯特瓦尔德图 Ostwald's diagram
奥斯特瓦尔德万能光度计 Ostwald's universal-photometer
奥斯特瓦尔德吸附等温线 Ostwald's adsorption isotherm
奥斯特瓦尔德稀释定律 Ostwald's dilution law
奥斯特瓦尔德颜色圆锥体 Ostwald double cone
奥斯特瓦尔德指示剂理论 Ostwald's indicator theory; Ostwald's theory of indicator
奥斯汀白垩层【地】Austin chalk
奥斯汀阶【地】Austinian
奥斯汀式坝 Austin dam
奥斯汀数据记录器 Austin data recorder
奥斯托罗计算表 Osterloh's calculation table
奥斯托斯脱罗莫液相过程 Osterstrome liquid phase Process
奥索风助听器 osophone[otophone]
奥索曼泰透镜 Orthometar lens
奥索尼克磁性材料 Orthonic
奥索斯风 Osos wind
奥陶纪【地】Ordovician(period)
奥陶纪海浸【地】Ordovician transgression
奥陶纪前【地】Pre-Ordovician
奥陶纪石灰岩【地】Ordovician limestone
奥陶系【地】Ordovician system
奥陶-志留纪冰期 Ordovician-Silurian glacial stage
奥特流速仪 Ott current meter
奥特曼联轴器 Ortman coupling
奥特赛量角器 Odessey protractor
奥特氏征 Ott's sign
奥梯林冻结凿井法 Oetling freezing method
奥托比较仪 Orthatest
奥托计算机辅助设计(软件包) Autodesk computer aided design
奥托科珀自动卷纬机 Autocopser
奥托克罗母微粒彩屏干版 autochrome plate
奥托-拉狄隆方法 Otto-Lardillon method
奥托曼建筑 < 土耳其 > Ottoman architecture
奥托尼昂建筑 < 德国 > Ottonian architecture
奥托尼昂教堂 < 德国 > Ottonian church
奥托尼昂文艺复兴式 < 德国 > Ottonian Renaissance
奥托尼昂宗教建筑 < 德国 > Ottonian ecclesiastical architecture
奥托双叶轮式海底流速仪 Otto bottom current meter with two wheels
奥托塔普测距系统 Autotape
奥托特朗扫描器 Autotron scanner
奥托系数 Otto's coefficient
奥托型发动机燃料 Otto type fuel
奥托循环 Otto cycle; sparking ignition combustion cycle
奥托循环发动机 Otto(cycle) engine
奥脱洛尼氏技术 Ouchterlony technique
奥维尔斯阶 < 始新世 >【地】Auversian
奥维辛斯基玻璃半导体 Ovshinsky glass semi-conductor
奥维辛斯基效应 Ovshinsky effect
奥沃斯 < 一种加气剂 > Orvus
奥希利斯柱 < 古埃及神像 > Osirian column
奥霞正长岩 raglanite
奥亚膨胀度试验 Arnu-Audiberts dilatometer test

澳白蚁 < 拉 > Mastotermes darwiniensis

澳白蚁科 < 拉 > Mastotermitidae
澳白蚁属 < 拉 > Mastotermes
澳大利亚测高计 daisy Mae
澳大利亚船舶报告系统 Australian ship reporting system
澳大利亚大坝委员会通报 < 不定期 > ANCDLD Bulletin
澳大利亚道路管理局联合会 Australian State Road Authorities
澳大利亚道路文献计算机索引 Australian Road Index
澳大利亚道路研究会 Australian Road Research Board
澳大利亚道路研究文献库 Australian Road Research Documentation
澳大利亚电力牵引协会 Australian Electric(al) Traction Association
澳大利亚国家标准 Australian Standard
澳大利亚国家协会 National Association of Australian
澳大利亚海流 Australian current
澳大利亚海域航海警告 navigational warning for Australia waters
澳大利亚皇家建筑师学会 Royal Australian Institute of Architecture
澳大利亚吉纳树胶 Australian kino
澳大利亚建筑 architecture of Australia
澳大利亚科学院 Australian Academy of Science
澳大利亚全国州公路管理局协会道路平整度仪 NAASRA[National Association of Australian State road Authorities] meter
澳大利亚软木 Hoop pine
澳大利亚石棉水泥板 fibro
澳大利亚水协会 Australian Water Association
澳大利亚松 black pine
澳大利亚松树 celery top pine
澳克兰港 < 美 > Port Oakland
澳式插接软琵琶头 Australian soft eye splice
澳松石 fichtelite
澳太珊瑚地理区系 Australian-Pacific coral realm
澳洲桉树 tingle-tingle; woollybutt
澳洲柏 Bald pine
澳洲板块 Australian plate
澳洲贝壳杉 Australian kauri; cowdi pine; kauri pine; New Zealand kauri
澳洲玻璃陨体 australite
澳洲产水溶性或水分散性树胶 wattle gum
澳洲橡木 iron bark
澳洲大陆与南极大陆分离 Australia-Antarctica separation
澳洲地台 Australian platform
澳洲豆树 Moreton Bay chestnut
澳洲黑 Australorp
澳洲黑树胶 Austrian black wattle gum
澳洲黄杨桉 red box
澳洲胶 Australian gum; wattle gum
澳洲木材体积标准 < 1HDF = 1.27 立方米 > Harkondale foot
澳洲木麻黄 she-oak
澳洲蔷薇木 Australian rosewood
澳洲水蛭 Australian leech
澳洲松 Australian pine; Corsican pine; horsetail beefwood
澳洲檀香油 Australian sandal wood oil
澳洲相思树 raspberry jam wood
澳洲小桉树 mallee
澳洲玉 Australian jade
澳洲朱砂矿 Australian cinnabar

B

八

八半面体 ogdohedron

八半面像 ogdohedry
八瓣穹隆 octopartite vault
八瓣形 octofoil;octofoil figure
八磅大锤 double jack
八倍的 eightfold;octuple
八倍频的 octonary
八倍频放大器 octamonic amplifier
八倍体 octoploid
八倍性 octaploidy
八苯基环辛四烯铀 octaphenyluranocene
八边侧廊 eight-sided aisle
八边的 octal
八边线材 octagonal wire
八边形 octagon;octagonal figure
八边形的 octagonal;octangular
八边形等值线 octagonal contour
八边形底层平面图 octagonal ground plan
八边形地牢 octagonal dungeon
八边形地面图 octagonal ground plan
八边形地区 octagonal block
八边形房间 octagonal chamber
八边形基座 eight-sided base;octagonal footing
八边形建筑 eight-sided building
八边形街区 octagonal block
八边形金字塔 octagonal pyramid
八边形空隙 octagonal opening;octahedral interstice
八边形马赛克(瓷)砖 eight-sided mosaic tile;octagonal mosaic tile
八边形穹顶 eight-sided cupola;octagonal cupola
八边形元件 octagonal element
八边形中世纪城堡主楼 octagonal donjon
八边形桩 octagonal pile
八边砖片 octagonal tile
八侧向测井 laterolog eight
八侧向测井曲线 laterolog eight curve
八层叠板 eights
八层轮胎 eight-ply tire[tyre]
八齿小蠹 ips typographus
八重 octuple;eightfold
八重的 eightfold
八重法 eightfold way
八重峰 octet(te)
八重态 octet(te)
八重线 octet(te)
八次方 eight-power
八单位的 eight-level
八单位记录纸 eight-channel recording paper
八单位码 eight level code
八挡齿轮变速箱 eight-speed gearbox
八导程记录纸 eight-channel recording paper
八道数据处理器 eight-channel data processor
八道压力记录器 eight-channel pressure recorder
八点系泊系统 eight-point mooring system
八电平编码 eight level code
八叠板 eights
八度 octave
八端网络 eight-terminal network
八段锦 eight-section brocade
八垛式炉台 eight-stack base
八-二进制编码 octal coded binary code
八方锤 octagonal hammer
八方钢锭 chcesc ingot
八分的 octopartite
八分度取样 eight sampling intervals per decade
八分弧 octant arc
八分角 octant angle
八分均化法 octant-homogenizing system
八分区 octant
八分算潮法 eight division method of calculating tide
八分象限顶点 octant vertex
八分仪 octant
八分圆 octant
八分之二法<用矢距测设螺旋曲线上各点的近似方法> two-eighth method
八分之七定则 seven-eighth rule
八分之三法则 three-eighth rule
八分之一均化系统 one eighth blending system
八氟丙烷 octafluoropropane;perfluoropropane
八氟化锇 osmium fluoride
八氟环丁烷 octafluorocyclobutane;perfluorocyclobutane
八纲 eight guiding principles
八缸单列的 eight-in-line
八缸发动机 eight cylinder engine
八个尖角的 eight-pointed
八个土壤剖面 eight soil profiles
八个一组 octad;octet(te)
八个一组的 octave
八个预应力台架场地 eight-bed yard
八股锤绳 eight-part hammer line
八股棉纱绳 cotton cord
八卦流 gyrating current
八管发射机 xylophone
八轨迹磁带 eight-track tape
八回旋式集尘器 eight-cyclone dust collector
八级(代)码 eight level code
八级风 force eight wind;gale;wind of Beaufort force eight
八级风浪 precipitous sea
八级浪 force eight wave;very high sea
八级能见度 visibility very good
八级涌 heavy swell long
八级涌浪 heavy long swell;long heavy swell
八极 octupole
八极管 octode
八极体系 octopolar system
八甲基环四硅氧烷 octamethylcy-clotetrasiloxane
八甲磷 schradan
八价 octavalence
八价的 octad;octavalent
八价物 octad
八角 octet(te);star aniseed【植】;true star anise(tree)【植】;chinese anise(tree)【植】
八角半球形屋顶 eight-sided cupola
八角棒材 octagon(al) bar
八角城堡主塔 eight-sided donjon
八角窗 bay window;belvedere;octagonal window;polygonal bay window
八角大梁的四柱空间框架 eight-sided girder four columns space frame
八角灯 eight-sided lantern;octagonal lantern
八角地牢 eight-sided dungeon
八角定则 octet rule
八角耳堂 octagonal aisle
八角枫【植】alanginm
八角杆 eight-sided rod
八角钢 eight-sided steel;octagon(al) steel;octagon(al) bar
八角钢材 octagonal steel
八角钢锭 octagonal ingot
八角钢条 octagonal steel bar
八角拱顶 eight-sided vault;octagonal vault
八角管底 octal base
八角管座 octal socket
八角茴香香料 badian essence
八角茴香油 oil of badian;oil of star anise
八角茴香子油 aniseed-star oil
八角基础 eight-sided foundation
八角尖塔 broach spire;eight-sided spire;octagonal spire
八角金字塔 eight-sided pyramid
八角看守所 octagonal keep
八角棱镜 octagonal prism
八角礼拜堂中部通道 eight-sided aisle
八角莲(属)dysosma
八角楼 octagonal building
八角马赛克锦砖 eight-sided mosaic tile
八角穹顶 octagonal dome
八角僧侣会堂 eight-sided chapterhouse
八角塔 eight-sided tower;octagonal tower
八角塔楼 octagonal turret
八角体 octet(te)
八角天窗 eight-sided lantern
八角条钢 octagonal bar steel
八角亭 octagonal pavilion
八角线材 eight-sided wire
八角小塔 eight-sided turret
八角形 octagon;octagonal figure
八角形堡垒 eight-sided keep
八角形场地规划 eight-sided ground plan
八角形城堡 octagonal donjon;octagonal dungeon
八角形冲天炉 octagonal cupola
八角形瓷砖 corner cutting tile
八角形粗木料 plancon
八角形大楼 eight-sided block
八角形的 octagonal;octangular
八角形灯笼 octagonal lantern
八角形堤头 octagonal pierhead
八角形底脚 octagonal footing
八角形二氧化钛晶体 octahedrite
八角形房间 octagonal chamber
八角形封闭桩 octagonal sealing pile
八角形钢锭浇注台 octagon ingot area
八角形钢筋 eight-sided bar
八角形钢条 eight-sided bar
八角形化铁炉 octagonal cupola
八角形会堂侧廊 octagonal aisle
八角形基础 octagonal footing
八角形基地 eight-sided base
八角形尖塔 octagonal spire
八角形建筑物 eight-sided building;octagonal building
八角形教士会堂 octagonal chapterhouse
八角形街区 octagon block
八角形块体 octagon block
八角形螺钉 octagon screw
八角形螺母 octagonal nut
八角形牧师会堂 octagonal chapterhouse
八角形僧侣会堂 octagonal chapterhouse
八角形石块<铺砌用> octagon block
八角形天窗 octagon(al) lantern
八角形头的螺钉 octagon-head(ed) screw
八角形箱 octabin
八角形烟囱 octagonal chimney
八角形要塞 eight-sided keep
八角形甬道 octagonal aisle
八角形圆顶 octagonal cupola
八角形桩 octagonal pile
八角型钢 octagonal bar steel;octagon bar
八角烟囱 eight-sided chimney
八角圆屋顶 eight-sided dome
八角属 anise(tree)
八角柱 octagonal column
八角柱状硬合金钻头 octagonal pillar tungsten carbide bit
八角砖 eight-sided tile
八角钻杆 octagonal shaft;octahedral shaft
八脚 octal
八脚管座 eight pin header;octal base;octal socket
八节头筒拱 octopartite vault
八进位计数器 octal counter
八进制 octal system;octonary number system
八聚物 cotamer
八开 octavo
八开图纸 flat letter
八孔砖 eight-hole brick
八棱脖羊角锤 claw hammer with octagon neck
八厘麻 Chinese azalea
八连晶 eightlings
八路电报 octuplex telegraphy
八路多工电报 octuplex telegraphy
八氯苯乙烯 octachlorostyrene
八氯丙烷 octachloropropane;perchloropropane
八氯二苯并呋喃 octachlorinated dibenzofurnan
八氯二丙醚 octachlorodipropylether
八氯环戊烯 octachlorocyclopentene
八氯联苯 octachlorobiphenyl
八氯六亚基萘 chlordane
八轮车 eight-wheeler
八枚花缎 double damask
八面的 octal
八面沸石 faujasite
八面结构铁镍合金 octahedrite
八面硼砂 mohavite;octahedral borax;tincalconite
八面石 anatase
八面体 octahedron
八面体层 octahedral layer
八面体层电荷 octahedral layer charge
八面体场 octahedral field
八面体的 octahedral
八面体的角 octahedral angle
八面体法向应力 mean stress;octahedral normal stress
八面体剪(切)应变 octahedral shear(ing) strain
八面体剪(切)应力 octahedral shear(ing) stress
八面体结构 octahedral structure
八面体解理 octahedral cleavage
八面体金刚石 octahedral stone
八面体晶片 octahedral sheet
八面体晶体 octahedral crystal
八面体晶位 octagonal site
八面体空隙 octahedral interstice;octahedral void
八面体配位 octahedral coordination
八面体偏应力 octahedral deviated stress
八面体平面 octahedral plane
八面体群 octahedron group
八面体双晶 macle
八面体位置优先能 octahedral site preference energy

八面体线性应变 octahedral linear strain
八面体性 ogdohedry
八面体应变 octahedral strain
八面体应力 octahedral stress
八面体应力和应变 octahedral stress and strain
八面体应力理论 octahedral stress criterion
八面体应力路径 octahedral stress path
八面体应力图 octahedral stress plot
八面体陨体 octahedrite
八面体杂化轨道 octahedral hybrid orbital
八面体择位能 octahedral site preference energy
八面体正应力 octahedral normal stress
八面体座 octahedral site
八面陨石 octahedrite
八面柱 octagon column
八木波道式天线 eight-wood wave channel antenna
八木天线 in-line antenna;Yagi antenna
八汽缸发动机 eight cylinder engine
八汽缸直排式 straight eight
八羟基酸 octohydroxylated acid
八羟基硬脂酸 octohydroxy-stearic acid
八氢雌甾酮 octahydroestrone
八区的 octopartite
八区式穹隆 octopartite vault
八全 eight convergent points
八色绘图仪 eight colo(u)r plotter
八扇折叠式滑动百页门 eight-leaf folding sliding shutter door
八十列穿孔机 eighty-column puncher
八十列卡片 eighty-column card
八十烷 octacontane
八水合砷酸钴 cobalt bloom
八水氢氧化钡 barium octahydrate
八丝排线器 eight-wire traverse
八速 eight-speed
八速齿轮箱 eight-speed gearbox
八天自记速度计 eight-day techograph
八通道长图记录仪 eight track strip chart recorder
八通道逻辑分析仪 eight-channel logic analyser[analyzer]
八通一平 <水、电、道路、通信[讯]、天然气、暖气、热水、下水道要通,施工场地要平> eight connections and the one level(l)ing assuring that a construction site is connected to water/power/roads/communications/natural gas/heat gas/hot water and sewer/and that the land is leveled before a building project is begun
八维的 octuple
八维空间 octuple space
八位二进数 eight digit binary number
八位(二进制数)eight bit
八位二进制数的位组 octet(te)
八位二进制数字 octet(te)
八位加法器 eight bit adder
八位数 eight digit number
八位数据 octet data
八位位片 byte slice
八位位组 octet(te)
八位字节 octet(te)
八位组数据 octet data
八五砖 eight and a half brick
八溪 eight joints
八仙花 hydrangea;seven barks
八仙桌 square table for eight people
八线(铁路)eightfold tracks
八线阴极射线示波器 eight-channel cathode-ray oscilloscope
八线自动记录黏[粘]度计 eight-channel automatic recording viscometer
八小时的工作班 eight-hour shift
八小时工作制 eight-hour day;eight-hour day working system;eight-hour shift;eight-hour system of labour;eight working hour day
八小时基本工作日 eight-hour basic day
八小时一班制 eight-hour shift
八小时制 eight-hour day
八信息移频电源 eight-code frequency shift-power supply
八星叶甲 <拉> Cryptocephlus japonus
八溴化物试验 octabromide test
八溴联苯 octabromo diphenyl
八氧化三铀 uranous-uranic oxide
八氧杂环二十四烷 octaoxacyclotetracosane
八叶窗花格 eight-lobe tracery
八叶片风扇 eight-blade fan
八叶饰 octofoil
八叶形 octofoil
八乙基环丁硅氮烷 octaethylcy clotetrasilazane
八乙基环四硅氮烷 octaethylcy clotetrasilazane
八音度 octave
八英尺隧道加热炉 eight-foot tunnel furnace
八隅体 octet(te)
八隅学说 octet theory
八元数 biquaternion
八张薄板叠轧 roll eights
八振子天线阵 four-over-four array
八中取四码 four-out-of-eight code
八轴特长平板车 <同时装运牵引车和装在车架上的重载半挂车和挂车> eight-axle transporter
八柱式 <古希腊神庙的> oktastylos
八柱式的 eight columned;octastyle
八柱式建筑 octastyle
八柱式建筑物 octastylos
八柱式门廊 octastyle portico
八柱式庙宇 octastyle temple
八柱式圣殿 octastyle temple
八字边口 spayed edging
八字波 <船首的> divergent wave;diverging wave
八字侧壁 splayed jambs
八字窗 splayed window
八字顶棚 splayed ceiling
八字拱 <前拱口半径大于后拱口> fluing arch
八字角 spay angle
八字脚 splay foot
八字接 splayed heading
八字接头 splayed heading joint
八字锚泊 open mooring
八字锚系泊(船头抛的)flying mooring
八字门窗口 embrasure
八字抹角 fillet;splayed fillet
八字墙 aliform;flare wall;wing wall
八字式底脚 splayed footing
八字式门 splayed door
八字双体船 angle catamaran
八字双体浮座 <浮式钻台的> angle catamaran
八字线【铁】flare track;splayed track;wing track
八字形 figure-of-eight;splaying
八字形壁龛 splayed niche
八字形侧墙 splayed jambs
八字形窗 splayed window
八字形窗洞 window flaring;window splay
八字形的 flanning;splay
八字形底脚 splayed foot(ing)
八字形端接头 splayed heading joint
八字形拱 splayed arch
八字形基脚 splayed foot(ing)
八字形接合 splayed joint(ing)
八字形接头 splayed joint(ing)
八字形链 jack chain
八字形马鞍链 bridle;bridle chain
八字形门 splayed door
八字形门窗帮 splayed jambs
八字形平顶 splayed ceiling
八字形嵌接 splayed scarf
八字形嵌榫 splayed scarf
八字形墙 splayed walls
八字形桥台 abutment with flare wing wall;flare wing-walled abutment;splayed abutment
八字形竖框 splayed jambs
八字形踢脚 splayed baseboard;splayed skirting
八字(形)腿的车行路拱 splay-legged roadway arch
八字形(翼墙)桥台 flare wing wall abutment
八字形直棂 splayed mullion
八字翼墙 flare wing wall
八字翼墙洞口 culvert inlet with flared wing wall
八字翼形桥台 wing abutment
八字砖 back arch;front arch;guide block

巴 <压强单位,1 巴 = 10^5 帕斯卡> bar

巴巴多斯(岛)<拉丁美洲> Barbados
巴巴多斯放射虫石 Barbados earth
巴巴多斯天然沥青 Mankack
巴巴苏棕(仁)油 Babassu oil;Babassu palm kernel oil
巴柏氏自动接经机 Barber's warp tying machine
巴贝玻璃 Babal glass
巴贝尔高温计 Barber pyrometer
巴贝奇 Babbage
巴比合金 <一种减磨合金> Babbitt(alloy);Babbitt metal;white metal
巴比合金层 Babbitt layer
巴比合金衬垫 Babbitt packing
巴比合金衬垫的 Babbitt-lined
巴比合金衬管轴承 Babbitt-lined bearing
巴比合金固定件 Babbitted fastening
巴比合金内衬 Babbitt lining
巴比合金熔炉 Babbitt melter
巴比合金填密圈 Babbitt packing ring
巴比合金镶嵌工 Babbitter
巴比合金轴承 Babbitt(metal) bearing;white metal Babbitt bearing
巴比伦建筑 Babylonian architecture
巴比伦空中花园 Babylonian hanging gardens
巴比伦塔状石英 Babylonian quartz
巴比涅补偿器 Babinet's compensator
巴比涅测角器 Babinet's goniometer
巴比涅-索累补偿器 Babinet-Soleit compensator
巴比涅原理 Babinet's principle
巴比铅合金 leaded babbitt alloys
巴比青铜 Babbitt bronze
巴比土 barbital;barbitone;diethyl malonylurea
巴比土钠 barbital sodium
巴比土酸 barbituric acid;malonyl urea
巴比土酸钠 sodium barbiturate
巴比土酸盐 barbiturate
巴比妥钠 barbital sodium;barbitone sodium;sodium barbital
巴比妥酸 barbituric acid
巴比妥酸分光光度法 barbituric acid spectrophotometry
巴比妥酸盐 barbiturate
巴比硬合金 hard genuine babbitt alloy
巴比锥孔黏[粘]度计 Barbey orifice viscometer
巴别塔 <古巴比伦建筑> Tower of Babel
巴伯格林铺路机 Barber-Greene
巴伯格林修整机 Barber-Greene finisher
巴伯-考尔门自动络纱机 Barber-Colman automatic spooler
巴伯里欧氏试验 Barberio's test
巴伯隐丝式光测高温计 Barber pyrometer
巴博定律 Babo's law
巴博沙浴 Babo's sand bath
巴布达岛 Barbuda
巴布科克磁象仪 Babcock magnetograph
巴布科克及威尔科克斯锅炉 Babcock and Wilcox boiler
巴布科克及威尔科克斯碾磨机 Babcock and Wilcox mill
巴布科克摩擦系数 Babcock coefficient of friction
巴布科克乳脂测定仪 Babcock apparatus
巴布科克试验 Babcock's test
巴布森预测图 Babson chart
巴布什金近似公式 Babshkin approximation formula
巴布亚新几内亚 <西太平洋> Papua New Guinea
巴布延海峡 Babuyan channel;Babuyan strait
巴达克法 Bardac process
巴达维亚达玛树脂 Batavia dammar
巴丹【化】cartap
巴德窗 Baad's window
巴德铜试验 Baad's copper test
巴迪氏转化器 Badisch converter
巴碲铜石 balyakinite
巴丁法 <消除钻杆金属疲劳应力方法> Bardine process
巴丁合金 Badin metal
巴丁-库珀-施里弗理论 <BCS 超导现象理论> Bardeen-Cooper-Schriefer[BCS] theory
巴豆基溴 crotyl bromide
巴豆醛 crotonic aldehyde
巴豆酸 crotonic acid
巴豆油 croton oil
巴豆油醇 crotonol
巴豆油火棉胶 croton oil collodion
巴豆脂 croton resin
巴豆中毒 crotonism;croton oil poisoning
巴顿埔工艺 Bardenpho process
巴恩合金 Bahnmetal
巴恩铝铜合金 bahnaluminium
巴恩铅基轴承合金 Bahnmetal
巴恩斯公式 Barns' formula
巴恩斯水流公式 <用于计算泥泞污水> Brane's formula for flow(in slimy sewers)
巴尔巴赫法 Balbach process
巴尔拜定律 Barba's law
巴尔比尼氏环 Balbiani ring
巴尔博亚港 <巴拿马> Port Balboa
巴尔布洛克刺钢丝 Barblok
巴尔达赫氏试验 Bardach's test
巴尔的摩凹形槽 Baltimore groove
巴尔的摩港 <美> Port Baltimore
巴尔的摩规则 <一种地产评估方法> Baltimore rule
巴尔的摩桁架 Baltimore truss

巴尔的摩型凹槽接触 Baltimore groove contact
巴尔杜齐氏反射 Balduzzi's reflex
巴尔顿阶 <晚始新世>【地】Bartonian stage
巴尔顿统【地】Bartonian series
巴尔夫方法 <铁的过热蒸气氧化防锈法> Barff's process
巴尔干半岛 Balkan peninsula
巴尔干夹板 Balkan frame Balkan grippe
巴尔干架 Balkan frame
巴尔干松 Mecedonian pine
巴尔康桩系统 Balkan piling system
巴尔可镍铁合金 Balco
巴尔茅斯粗沙岩 Barmouth grit
巴尔米拉古城的贝勒神庙 Temple of Bel at Palmyra
巴尔末公式 Balmer formula
巴尔末光谱带 Balmer band
巴尔末渐近 Balmer progression
巴尔末连续区 Balmer continuum
巴尔末谱线 Balmer lines
巴尔末跳变 Balmer discontinuity; Balmer jump
巴尔末系限 Balmer limit
巴尔末(线)系 Balmer series
巴尔纳斯水流公式 Barnes formula
巴尔特反应 Bart reaction
巴耳弗松 foxtail pine
巴伐利亚阿尔卑斯山脉 Bavarian Alps
巴伐利亚火山灰 <德国> Bavarian trass
巴伐利亚夹 Bavarian splint
巴芬湾 Baffin Bay
巴福德试验 Barfoed's test
巴甫洛夫斯基公式 Paveloveskee formula
巴甫洛夫斯基函数 Paveloveskee function
巴哥罗伯夫-泊拉奇克定理 Boglolubov-Parasiuk theorem
巴格达 <伊拉克首都> Baghdad
巴格希拉毛圈丝绒 bagheera
巴哈马石 <细粒浅海灰岩> bahamite
巴函数 Ber function
巴霍洛风 <苏门答腊岛 5 ~9 月间的一种焚风> Bohorok
巴基斯坦 <亚洲> Pakistan
巴吉岩层【地】Baggy bed
巴杰尔定则 Badger rule
巴金糙率系数 Buzin roughness coefficient
巴金粗糙度系数 Buzin roughness coefficient
巴金公式 Bazin('s) formula
巴金式锐缘堰 Bazin-type sharp-crested weir
巴金堰公式 Bazin weir formula
巴卡特驳 Bacat barge
巴卡特船 Bacat ship
巴柯尔压痕器硬度计 Barcol impresser
巴柯尔硬度 Barcol hardness
巴柯尔硬度计 Barcol impresser
巴科尔刚玉锆英石 <耐火材料> Bacor
巴科型干式超微粒空气离心机 Bahco air centrifuge
巴克 <一包货物的标准包装量,如羊毛为 240 磅或 109 千克,亚麻纱为 60000 尺码> pack
巴克点 Barker's point
巴克法 Barker method
巴克好森干扰 Barkhausen interference
巴克好森-库尔茨振荡器 Barkhausen-Kurz oscillator
巴克好森效应 Barkhausen effect
巴克好森振荡 Barkhausen oscillation
巴克鲁定理 Parcal's theorem
巴克曼氏反射 Barkman's reflex
巴克曼氏试验 Bachman's test
巴克曼式仪器 <量测溶液冰点和沸点> Buckman apparatus
巴克磨 Barker's mill
巴克-纳恩摄像机 Bakker-Nun camera
巴克-帕邢效应 Back-Paschen effect
巴克水磨 <反击式水轮的> Barker's mill
巴克水磨机 Barker's mill
巴克斯范式 Backus normal form
巴克斯-诺尔范式 Backus-Naur form; Backus-Naur notation
巴克序列 Barker sequence
巴克指数 Barker index
巴库地毯 Baku
巴库橄榄油 Baku olive oil
巴库盆地 Baku basin
巴拉波石英岩 Baraboo quartzite
巴拉东 <一种黏[粘]度添加剂> Paraton(e)
巴拉额尔斯地穹系 Balaerti geodome system
巴拉格塔合成树脂 Paragutta
巴拉圭 <南美洲> Paraguay
巴拉圭茶 Paraguay tea
巴拉圭河 Paraguay River
巴拉内试验 Barany's test
巴拉内箱 Barany's box
巴拉内椅 Barany's chair
巴拉那河 Parana River
巴拉诺克斯 <一种润滑油多效添加剂> Paranox
巴拉斯金刚石 Ballas
巴拉塔胶带 balata belt
巴拉塔树胶 balata; gutta-balata
巴拉特风 <苏拉威西岛附近的一种烈飑> barat
巴拉望尼多盆地 Balawangniduo basin
巴朗西构造体系 <采样预制墙板、现浇楼板> Balency system
巴勒贝克的朱庇特神庙 Temple of Jupiter Heliopolitanus at Baalbek
巴勒斯坦 Palestine
巴雷格纱罗 barege
巴雷姆阶 Barremian
巴厘风 Bali wind
巴厘海 Bali Sea
巴厘海槽 Bali trough
巴厘宣言 Bali Declaration
巴黎白(粉) Paris white
巴黎歌剧院 the Paris Opera
巴黎公约 Paris Convention
巴黎骨炭 animal charcoal; Paris black
巴黎合金 Parisian alloy
巴黎黑 Paris black
巴黎黑颜料 Paris black pigment
巴黎红 Paris red
巴黎黄 Paris yellow
巴黎黄颜料 Paris yellow pigment
巴黎交通管理局 Paris Transport Authority
巴黎蓝 Paris blue
巴黎蓝颜料 Paris blue pigment
巴黎-里昂-马赛营运法 <为减少高峰交通,预先提供下一路段交通信息并作调整的营运方法> "Palomar" Operation
巴黎绿 copper aceto-arsenite; emerald green; imperial green; Mitis green; Paris green; Schweinfurt(h) green; urania green
巴黎绿防腐剂 Paris green preservative
巴黎圣母院 Cathedral of Notre Dome
巴黎石膏 Paris plaster
巴黎市政厅 <法语> Hotel De Ville
巴黎水泥 Paris cement; Parisian cement
巴黎紫 gentian violet; Paris violet; pentamethyl violet
巴里纱 voile
巴里特合金 palid
巴利安白粉 Parian cement
巴利安瓷 Parian porcelain
巴利安瓷器 Parian ware
巴利安大理石 Parian marble
巴利安岛产大理石 Parian Paros
巴利安粉刷 Parian plaster
巴利安灰浆 Parian plaster
巴利安石膏 Parian plaster
巴利红褐色硬木 <印度产> Pali
巴列 <旧时气压单位> barie; barye; microbar
巴林 Bahrain
巴林杯 Parlin cup
巴林杯黏[粘]度 Parlin cup viscosity
巴林风 <委内瑞拉东部的一种西风> Barine
巴林油 emblem oil
巴灵秤 Balling scale
巴硫铁钾矿 bartonite
巴隆固结理论 Barron's consolidation theory
巴伦西亚的丝绸交易所 <15 世纪> <法语> Lonja de la Seda at Valencia
巴伦西亚港 <西班牙> Port Valencia
巴伦仪 balun[balanced to unbalanced transformer]
巴伦支海 Barents Sea
巴罗德压滤仪 <测定失水量用> Baroid wall-building test instrument
巴罗德造壁式试验仪 <测定失水量用> Baroid wall-building test instrument
巴罗尔通风系统 Barrol system
巴罗方程 Barlow's equation
巴罗芙变质作用 Barrovian metamorphism
巴罗规则 Barlow's rule
巴罗克建筑形式 Baroque
巴罗式带 Barrovian zone
巴罗水准尺 Barlow's rod
巴洛可可式的 barococo
巴洛克壁画 Baroque fresco painting
巴洛克大教堂 Baroque cathedral
巴洛克雕塑 Baroque sculpture
巴洛克雕像 Baroque statue
巴洛克房屋 Baroque building
巴洛克(风格艺术)大师 Baroque master
巴洛克机械型 Baroque machine style
巴洛克建筑 Baroque architecture; Baroque building
巴洛克建筑师 Baroque architect
巴洛克教堂 Baroque church
巴洛克美术镜 Baroque mirror
巴洛克式 Baroque; Baroque style
巴洛克式城堡 Baroque castle
巴洛克式宫殿 Baroque palace
巴洛克式广场 Baroque square
巴洛克式建筑 Baroque architecture
巴洛克式建筑时期 Baroque period
巴洛克式喷泉 Baroque fountain
巴洛克式圣堂 Baroque sanctuary
巴洛克式寺院 Baroque sanctuary
巴洛克式庭园 Baroque garden
巴洛克式园林 Baroque style garden
巴洛克塑像 Baroque statue
巴洛克艺术 Baroque art
巴洛水准杆尺 <分划用三角形表示> Barlow leveling rod
巴马科 <非洲马里首都> Bamako
巴木天线 Yagi antenna
巴拿赫代数 Banach algebra
巴拿赫定理 Banach theorem
巴拿赫空间 Banach space; complete normed linear space
巴拿赫-斯坦豪斯定理 Banach-Steinhaus theorem
巴拿马 Panama
巴拿马城 <巴拿马首都> Panama City
巴拿马地峡 panama passage
巴拿马橡胶 panama rubber
巴拿马型【船】Panamax
巴拿马运河 Panama Canal
巴拿马运河吨位 Panama Canal tonnage
巴拿马运河航行费 Panama Canal tolls
巴拿马运河区 Panama Canal zone
巴拿马运河通行限制 limitation of Panama Canal passable ship
巴纳德圈 Barnard's loop
巴纳德卫星 Barnard's satellite
巴纳德星 Barnard's star
巴纳放射性测井仪 Barneby instrument
巴纳克石 Barnach stone
巴奈斯石 barnesite
巴尼瑟灰褐色硬木 <印度产> Panisaj
巴涅特法 Barnett method
巴涅特效应 Barnett effect
巴普斯定理 Pappus' theorem
巴切曼图 Bachman diagram
巴钦斯基关系 Batchinsky relation
巴柔阶 <中侏罗世早期>【地】Bajocian stage
巴瑞苏尔脱蜡法 Bari-Sol process
巴瑞特氏滴定管 Barret burette
巴萨洛伊安全系统合金 Basalloy
巴塞尔港 <瑞士> Port Basel
巴塞伐尔定理 Parseval's theorem
巴塞伐尔方程 Parseval's equation
巴塞罗那 <西班牙东北海港> Barcelona
巴塞罗那港 <西班牙> Port Barcelona
巴塞罗那式椅子 Barcelona chair
巴塞式上下双动水压机 Bussman-Simetag press
巴山松 Henry pine
巴士底狱 Bastil(l)e
巴士海峡 Bashi channel
巴士库 bus depot
巴士拉地毯 Basrah carpet
巴士拉港 <伊拉克> Port Basrah
巴氏测定法 Babcock's test
巴氏反转图绘制法 Barr's method
巴氏伏特计 Ballantine voltmeter
巴氏合金 <一种铜、锑、锡合金> Babbitt(alloy); Babbitt metal; bearing alloy; bearing metal; white metal
巴氏合金锉 babbitt metal file
巴氏合金轴承衬 babbit(t)
巴氏虎钳 Parkinson's vice
巴氏计量槽 Parshall (measuring) flume
巴氏灭菌器 Pasteurizer
巴氏灭菌(消毒)法 pasteurization
巴氏硼酸盐缓冲液 Palitzsch's buffer solution
巴氏染色法 Papanicolaou's vaginal smear technique
巴氏杀菌 pasteurization; pasteurize
巴氏丝石竹 gypsophila patrini
巴氏消毒法 pasteurization
巴氏仪 <坯体收缩,失重纪录仪> Barelattograph
巴氏硬度 hardness Barcol
巴水钒矿 bariandite
巴思脆性白铜 Bath metal
巴思石 Bath stone; monk's park <最好的一种>
巴斯德法 Pasteur's method
巴斯德滤器 Pasteur filter

巴斯德灭菌法 pasteurization
巴斯德烧瓶 Pasteur flask
巴斯德氏灭菌法 pasteurization
巴斯德氏消毒定温计 pastometer
巴斯德消毒法 pasteurization
巴斯德消毒器 Pasteurizer
巴斯德效应 Basteur effect; Pasteur effect
巴斯德学说 Pasteur's theory
巴斯德盐溶液 Pasteur's salt solution
巴斯德-张伯兰滤器 Pasteur-Chamberland filter
巴斯蒂阿内利法 Bastianelli's method
巴斯海峡 Bass Strait
巴斯计划 Barth plan
巴斯卡拉卫星 Bhaskara satellite
巴斯克神庙 Temple of Bacchus
巴斯磨砖 bath brick
巴斯石 Bath stone
巴斯图阶【地】Barstovian
巴斯页岩 bass; batt
巴松管 bassoon
巴索拉树胶 bassora gum
巴索兰 bassoran
巴他酸 batatic acid
巴塔尔布拉铜基合金 Batalbra
巴台农神殿 <公元前 438 年建于希腊雅典> Parthenon
巴台农神殿的山墙檐饰 Parthenon pediment
巴特查里亚距离 Bhattacharyya distance
巴特尔环境评价系统 Battelle environmental evaluation system
巴特尔图 Bartel's diagram
巴特勒窗口 Bartlett window
巴特勒脱力 Bartlett force
巴特勒振荡器 Butler oscillator
巴特里姆铜铝镍合金 Batterium (alloy)
巴特尼科英铜镍铁合金 Batnickoin
巴特西烟气洗涤法 Battersea gas washing process
巴藤贝克编带 Battenberg braid
巴通阶 <中侏罗世晚期>【地】Bathonian stage
巴通统【地】Bathonian series
巴统【地】Barr Series
巴土树脂 Batu (gum)
巴脱阶 <中侏罗世>【地】Bafllian
巴瓦尼式消力池 <印度巴瓦尼坝> Bhavani stilling basin
巴韦锅炉 Babcock and Wilcox boiler
巴韦型俯仰起重机 Babcok and Wilcox type luffing crane
巴维林 barverine
巴温诺律 Baveno law
巴温诺孪晶律 Baveno twin law
巴温诺双晶 Baveno twin
巴西宝石 Brazilian gem
巴西碧硒 Brazilian tourmaline
巴西地盾 Brazilian shield
巴西地台 Brazilian platform
巴西法抗拉试验 Brazilian tensile test
巴西法试验 splitting tensile strength test; tensile spilling strength test
巴西法圆盘试验 disk test
巴西方柱石 Brazilian scapolite
巴西放射性污染事故 Brazil-radioactive pollution incident
巴西干果树 castana; castanha
巴西干果树坚果油 castanha de cotia kernel oil
巴西橄榄石 Brazilian peridot
巴西古陆 Brazil old land
巴西果 Brazil nut
巴西果仁油 oil of brazil nuts
巴西果油 oiticica oil
巴西果油厚油 polimerisado oil
巴西果油聚合油 polimerisado oil
巴西果油酸 licanic acid
巴西海蓝宝石 Brazilian aquamarines
巴西海流 Brazil current
巴西海盆 Brazil basin
巴西黑黄檀 Brazilian rosewood
巴西红宝石 Brazilian ruby
巴西红木 Brazilian mahogany
巴西黄宝石 Brazilian topaz
巴西黄褐色硬木 Imbuia
巴西黄檀木 Brazilian rosewood
巴西黄玉 Brazilian topaz
巴西蜡棕蜡 carnauba wax
巴西蓝宝石 Brazilian sapphire
巴西利亚 <巴西首都> Brasilia
巴西灵 brasilin
巴西律 Brazil law
巴西卵石 Brazilian pebble
巴西玫瑰红木 Brazil (ian) rosewood
巴西木 Brazil wood; angica <一种坚硬和沉重的装饰木材>
巴西木色素 brasilin
巴西木芯材 Brazilette
巴西劈裂试验 Brazilian splitting test
巴西杉 Parana pine
巴西扇棕 caranda; caranday; carnauba
巴西石 Brazilite
巴西石英 Brazilian pebble
巴西式单向压力试验 Brazilian test
巴西式(径向)压缩试验 Brazilian test
巴西式试验的抗拉强度 Brazilian tensile strength
巴西试验 Brazilian test
巴西树胶 angico gum
巴西双晶 Brazil (ian) twin
巴西双晶律 Brazil (ian) twin law
巴西松木 Araucaria braziliana
巴西苏木 Brazil wood
巴西苏木素 brazilin
巴西酸 brazilic acid
巴西桃花心木 Brazilian mahogany
巴西特法 Basselt process
巴西铁树 pao-ferro
巴西烷 brazan
巴西王木 Brazilian kingswood
巴西烯酸 brassidic acid
巴西香椿 Brazilian cedar
巴西香脂 Brazilian balsam
巴西橡胶 Hevea rubber
巴西影试验 <混凝土陶瓷的抗张强度试验> Brazillian test
巴西紫木 kingwood
巴西棕榈醇 carnaubanol; carnaubyl alcohol
巴西棕榈蜡 Brazil wax; carnauba [karnauba] wax
巴西棕榈酸 carnaubic acid; lignoceric acid
巴西棕属 <拉> Attalea
巴肖氏弹性试验机 Bashore resiliometer
巴歇尔测流量装置 Parshall (measuring) flume
巴歇尔量水槽 Parshall (measuring) flume
巴雅-阿尔培特电离真空计 Bayard-Alpert ionization ga (u) ge
巴雅-阿尔培特真空计 Bayard-Alpert ga (u) ge
巴亚德横彩条绸 bayadere
巴耶莫雷飑 <古巴南岸的一种雷飑> Bayamo
巴泽特公式 Bazett index
巴扎德反射 Buzzard's reflex
巴掌 leg of bit
巴掌落井 bit leg falling down hole
巴掌铁 cast-iron bracket
巴佐兰铬媒染料 Basolan chrome dye
巴佐兰染料 Basolan dye

扒

扒钉 anti-checking iron; chape; clasp nail; clincher; cocking piece; cramp; cramp iron; dog; dog anchor; dog iron; iron dog; saddle clip; scaffold nail; sprocket; steel dog; stirrup bolt; timber dog

扒斗铲泥机 slusher
扒杆 davit; derrick mast; gib; jib; kingpost; standing derrick
扒杆式起重机 derrick crane; gib crane; jib crane
扒钩连接 hook joint
扒集式抓斗 rake grab
扒锔 <用以连接、固定相邻石块> cramp (iron); metal cramp
扒锔灌船 cramp run in lead
扒锔子 cramp iron; scaffold nail; lead plug
扒口 <堤口的> deliberate breaching; intentional breaching
扒矿 scraping
扒矿机 ore scraper; scraper (loader); scraping machine
扒矿绞车 drag scraper hoist; scraper hoist; scraper winch
扒拉石 scraped finish
扒料装岩机 gathering arm loader
扒料装载机 gathering arm loader; paddle loader
扒平 level (l) ing
扒山廊 sloping gallery
扒松轨枕槽 loosening sleeper bed
扒梯 accommodation ladder
扒头铁板 heel strap
扒网 crab dredge
扒圆机 rounding bending machine
扒渣 dross trap; skimming; slag-off
扒渣棒 skimmer bar
扒渣杆 skimmer
扒渣钩 damping bar
扒渣机 ballast raking equipment; ballast scarifier
扒渣木 skimmer bar
扒砟机 ballast harrow; ballast raking equipment; ballast scarifier; gathering loader
扒砟平巷 slusher drift
扒柱石 scraped finish
扒爪 gathering arm
扒爪式装载机 gathering arm loader

芭

芭蕉罩 palm-leaf openwork screen

芭蕉属 banana
芭蕾舞剧院 ballet house

疤

疤 scab

疤痕 cicatrice; cicatricle; cicatrix; scar; scabbing <混凝土表面>
疤皮 <钢坯缺陷> spilliness
疤眼 turtle back

拔

拔 pluck

拔白剂 white discharging agent
拔板机 puller
拔板桩 pulling sheeting
拔板桩费 cost of pulling sheeting
拔棒 spike pulling
拔草 weed
拔插件工具 extraction tool
拔插件手把 card puller
拔出 cramp out; Evulsion; extraction; pulling; pull out; withdrawal
拔出按钮 knob up
拔出的 drawn
拔出点 Nukiyama point
拔出断丝锥用的四爪工具 pull tap
拔出荷载 withdrawal load
拔出力 pull-out force
拔出黏[粘]结力试验 <钢筋的> pull-out bond test (for reinforcement)
拔出器 extractor; puller
拔出强度 pull-out strength
拔出试验 <桩的> internal fracture test; Lok-strength internal fracture test; pulling test; withdrawal test; pull-out test
拔出试验用试体 <钢筋> pull-out specimen
拔出阻力 pull-out resistance; withdrawal load; withdrawal resistance
拔除 extraction
拔除工具器 tool extractor
拔除木桩的工具 grubbing implement
拔除木桩的机器 grubbing machine
拔除树根的工具 grubbing implement
拔除树根的机器 grubbing machine
拔除树木 tree removal
拔除树桩 stump removal
拔除树桩的绳索 grubber rope
拔道钉 extraction of sleeper screw
拔道钉机 spike drawer
拔道钉器 spike extractor
拔道撬棍 claw bar; lining bar
拔地槽 embayment
拔掉草 pull-up weeds
拔钉锤 adz (e)-eye hammer; claw hammer; nail hammer; lath hammer; tack claw
拔钉短柄小斧 claw hatchet
拔钉斧 claw hatchet
拔钉杆 lever nail pulley
拔钉钩 shackle bar
拔钉机 nail puller
拔钉器 crowfoot bar; nail drawer; nail extractor; nailpicker; nail puller; pry bar; tack claw
拔钉钳 chain dog; dog; nail claw; nail drawer; nail extractor; nail nippers; nail puller; nippers; pincers; spike drawer; spike puller
拔钉钳子 nail puller
拔钉撬棍 wrecking bar
拔顶 topping
拔顶厂 topping plant
拔顶管馏器 topping pipe still
拔顶加热器 topping heater
拔顶裂化联合装置 combination topping and cracking plant
拔顶气 tops from crude distillation
拔顶设备 topping unit
拔顶塔 topping still
拔顶原油 topped crude; reduced oil
拔顶装置 topper
拔阀座器 valve seat puller
拔风管 extract duct
拔风效应 stack effect
拔杆 monkey pole
拔根机 cleaning dozer; rooter; slump-puller; stumper; stump puller; stump rooter
拔根孔 slump-puller
拔根器 rooter
拔管 pipe drawing; pipe extraction; tube drawing; whole drawn tube
拔管机 drawbench; pulling machine; tube-drawing bench
拔管绞盘 calf wheel
拔管绞盘的传动滑轮 calf wheel tug rim
拔管困难 difficulty in decannulation
拔管模 tube-drawing die
拔管膜 welding bell

拔管器 pipe extractor
拔管小车 plyers
拔管装置 cathead installation
拔痕 drawn-in scratch
拔火罐 cupping glass
拔火钳 clinker tongs
拔键器 key puller
拔节期 elongation stage
拔茎机 haulm pulling machine
拔具 puller
拔距【铁】adjusting distance of track lining
拔拉荷载 pull-out load; withdrawal load
拔拉结合力试验 pull-out bond test (for reinforcement); pull-out (type) test
拔拉力 pull-out force
拔拉黏[粘]结力试验 pull-out bond test(for reinforcement)
拔拉强度 pull-out strength
拔拉试验 pull-out test
拔拉握裹试验 <钢筋的> pull-out bond test(for reinforcement)
拔拉转矩 pull-out torque
拔拉阻力 pull-out resistance
拔力 pulling force;pull-out force
拔立柴风 <南美及菲律宾岛的东北风> Brisa
拔立克斐儿特风 <澳大利亚南海岸的一种干热风> brickfielder
拔麻 flax pulling
拔麻机 flax puller
拔麻丝 bast pulling
拔锚 unmoor;weigh anchor
拔锚剪切试验 pull-out shear test
拔棉柴机 cotton plant puller;cotton stalk puller
拔模 withdrawing pattern
拔模率 draft angle
拔模斜度 draft angle; pattern draft; pattern taper;stripping taper
拔模余量 draught allowance
拔怒风片 brufen tablet
拔盘 driver chuck; center plate <机床的>
拔起 pulling(up);pull-up;lifting <根茎>
拔起高 ascent of elevation
拔起高度【铁】height of elevation; height of lift(ing);lifting height
拔气罩 exhaust hood;hood
拔钎器 jumper extractor;steel puller; steel extractor
拔钎器螺栓 steel puller bolt
拔钳 nippers
拔取导槽 pulling channel
拔取工具 drawer
拔取机构 pulling mechanism
拔取夹 puller grip
拔取轮 puller sheave
拔取皮带 pick-up belt;pulling belt
拔取皮带轮 pulling drum
拔取装置 pulling attachment; pulling unit
拔去……的插头 unplug
拔去……的塞子 unplug;unstop
拔去瓶塞 corkage
拔去套管 pull casing;withdrawal casing
拔去销钉 unlock;unpin
拔染剂 discharging agent
拔塞浇注 stopper pouring
拔磉【建】corbel;offset;set-off
拔磉高度 offset height
拔梢 taper
拔伸捏正 reduction by pulling and kneading
拔伸牵引 traction by pulling and extension
拔升曲线 pull-rise curve
拔蚀作用 quarrying
拔试验 pull-out test
拔树根的钩子 root hook
拔树根器 root extractor
拔树起重器 monkey jack
拔树钳 logging tongs
拔丝 drawing;spin(ning);wire draw(ing);wire stretching
拔丝长度 length of string
拔丝厂 drawing mill
拔丝车间 drawing shop
拔丝工字轮 wire-drawing reel
拔丝机 drawing machine; spinning machine; wire drawer; wire-drawing bench;wire stretcher
拔丝冷却剂 coolant for wire drawing
拔丝模 wire-drawing die
拔丝模板 wire-drawer's plate
拔丝模盒 die box
拔丝模孔口 drawing die orifice
拔丝圈 fleeter ring
拔送器 pull-over
拔套管机 <锤击钻进用的> casing puller
拔套器 sleeve puller
拔筒制板法 lubber's process
拔头油 overhead;tops
拔图钉的拔钉器 tack puller
拔销器 needle remover;pin removal
拔斜梁 tapering beam
拔斜梁腋 tapered haunch
拔斜率 taper
拔斜平瓦 tapered plain tile
拔芯机 mandrel stripper
拔油顶 top the oil
拔者 puller
拔指甲钳 nail extracting forceps
拔制产品 drawn product
拔制钢 drawn steel
拔制管材 drawn tube
拔制型材 drawn shape
拔株去劣 rogueing
拔柱机 post puller
拔柱试验 pulling test
拔桩 extraction of pile;pile extraction [extracting]; pile pulling; redraw rammed piles;withdrawing pile
拔桩机 extraction jack; extractor of pile; pile drawer; pile drawing engine;pile drawing machine;pile extractor;pile puller;pile pulling machine;puller;pulling machine
拔桩力 extract force
拔桩器 extractor;pile drawer;pile extractor;pile puller
拔桩千斤顶 extraction jack
拔桩钳 logging tongs;pile drawer
拔桩试验 pile pulling test;pulling test on piles;withdrawal resistance test of pile;withdrawal test;withdrawal test of pile;pull-out(type) test
拔桩阻力 pile extraction resistance; pull-out resistance
拔子 puller
拔钻楔铁 drill key

跋 after-word;postscript

把 hand grip;lever

把 A 拨给 B appropriate A for B
把边刻成锯齿形 engrail
把柄 grip;holder-on
把不确定性减少到最低限度 minimization of uncertainty
把材料和设备拨给新的建设项目 allocate materials and facility for a new construction program(me)
把持钳 holding forceps
把船浮起 get a ship afloat
把船靠在码头 wharf
把钉敲进去 drive home
把钉子钉到头 knock home
把法律编集成典 codify
把……分成几份 subdivider
把杆式起重机 gin pole derrick
把钩 cramp iron
把钩工 cager;headman;lander <混凝土>
把钩工人 lander
把管子头对头地排放 endo
把规模扩大到……方面 branch out into
把货车编入出发列车 placing of cars in outbound trains
把货卸上码头 wharf
把井排空 dry-up a well
把款项解入 pay in
把连续量转换为数字 quantize
把列车或货车转至另一径路或线路 diverting a train or a wagon
把列车退到侧线 shunt-back a train
把螺母拧紧 nut-running
把锚链刹住 hold on the chain
把门漆成绿色 paint the door green
把某物拿出拍卖 bring something under the hammer
把皮弄软 buff
把票据贴现 discount
把汽车开入车队中 filtration
把球面投影到平面 develop a sphere onto a plane
把球面展开到平面 develop a sphere onto a plane
把设备效率发挥到很高程度 develop the equipment to a high pitch of efficiency
把绳系在系绳栓(或其他物体)上 belay
把时间减到最少 time-minimization
把式翻斗加料机 skip type charger
把事由误记于实际发生日期之前 prochronism
把收入、工作、活计等包出去 farm out
把手 handle(bar);handle knob;dolly bar; grab bar; grab handle; grip (handle); haft; heft; knob; lug; stale;ear <水壶等>
把手挡 retaining lever catch
把手端螺母 handle bar end nut
把手杆 bar handle
把手杆夹圈 handle bar clamping ring
把手梗 bar handle
把手孔眼 handle eye
把手螺旋 handle bar spiral
把手塞 handle bar plug
把手式保险丝 handle-type fuse
把手锁件 handle lock
把手油门挈 <摩托车> twist grip throttle control
把手柱塞 handle bar plunger
把树木咬成环槽的甲虫 girdle
把水抽上 draw up
把水箱再灌满水 renew the water in the tank
把索 <上船用的> man rope
把套管放入井内 land casing
把条 holding bar
把条例编集成典 codify
把铁炼成钢 steelify
把握 confidence;holding
把握柄 hand hold
把握度 power of a test
把希望寄托于 pin ones hopes on
把斜坡挖成台阶形 bench the slopes
把信号机扳到停车位置【铁】set signal at stop or danger
把信号机扳到线路开通位置【铁】set signal at line clear
把岩石爆破得很细因而刮土机可以把岩屑运走 shoot to pan
把样机加载到破坏为止 loaded to collapse
把仪器调到零 adjust the instrument to zero
把有争议财产交第三者保管 sequester;sequestrate
把……重新划区 redistrict
把砖墙(面上)凿粗糙(以备抹灰)stab
把桩打到底 drive the pile home
把桩打到死点 ram down;ram home
把桩打到止点 drive home;drive the piles to refusal; pilling home; ram home
把桩打入土内 staked to the underlying soil
把桩弹出 pop pile out
把桩旋入土中 pile screwing
把自动开关锁在开的位置 lock the recloser open

钯 催化剂 palladium catalyst

钯汞膏 potarite
钯黑 palladium black
钯华 palladinite
钯金 palau;palladium gold;porpezite
钯金合金 polarium
钯金浆料 palladium gold paste
钯矿 palladium ore
钯铁催化还原法 palladium-iron catalytic reduction method
钯铁双金属 Pd-Fe bimetal
钯铜 palladium copper
钯银 palladium silver
钯银法 palladium-silver method
钯制的 palladic

靶 板式气流粉碎机 jet-anvil type fluid energy mill;target type fluid energy mill

靶标潜艇 target and training submarine
靶玻片 target glass
靶场 archery ground;armament training camp; gunnery range; range; shooting gallery;shooting range
靶场安全系统 range safety system
靶场测量雷达 missile-range-instrumentation radar
靶场警戒旗 range flag
靶场(上的)观察所 mantlet
靶船 target ship
靶电极 target electrode
靶电压 target voltage
靶垛 target butt
靶(恩) <核子有效截面单位,1 靶(恩) = 10^{-24}平方厘米> barn
靶分子 target molecule
靶核 target nucleus
靶核数量 amount of target nuclear
靶化学 target chemistry
靶机 target aircraft;target drone
靶激发 target actuation
靶极金属 target metal
靶加热器 target heater
靶截止电位 target cut-off potential
靶截止电压 target cutoff voltage
靶茎 pinched stem
靶径辐射 stem radiation
靶孔 wad cutter
靶理论 target theory
靶密度 target density
靶面积 area of target;target area

靶面加热器 target heater
靶内剂量 intratarget dosage
靶区 target region
靶区优选 target selection
靶式流量变送器 target flow transmitter
靶式流量计 target(type)flowmeter
靶丸 <激光或电子束的> pellet
靶丸电晕 pellet corona
靶丸压缩 pellet compression
靶网 target mesh
靶网颤噪效应 target mesh microphonics
靶像 target image
靶信号闪变 target flicker
靶型流量计 target meter
靶学说 target theory
靶阴极 target cathode
靶原子辐射 target atom irradiation
靶子 mark;target
靶子大小 target size
靶子论 target theory
靶子组织 target tissue

坝

aboideau; batardeau; bunding; dam;dike[dyke];stank

坝岸连接结构 abutment; land abutment of dam
坝巴醇 barbatol
坝巴醇酸 barbatolic acid
坝巴醇羧酸 barbatol-carboxylic acid
坝背 back of dam
坝测量 dam survey
坝长 dam length;length of dam
坝的背水面 back of dam; back of dike[dyke];dam back
坝的背水坡 downstream slope
坝的承水面 dam face
坝的堆石面 rock-fill face of dam
坝的法定管理 statutory control of dam
坝的工况测定 dam behavio(u)r measurement
坝的厚度 dam thickness;thickness of dam
坝的护底 dike bottom protection
坝的加高 dam heightening; heightening of dam; heightening of dike [dyke];raising of dam
坝的加固 dam strengthening;strengthening of dam;strengthening of dike [dyke]
坝的间距 space between dikes[dykes]
坝的溃决 dam break(ing)
坝的老化 ag(e)ing of dam
坝的类型 type of dam
坝的破坏 dam failure
坝的上覆力 uplift pressure on dam
坝的上游 back of dam
坝的上游面坡度 upstream slope of dam
坝的上游坡脚 dam heel;upstream toe of dam
坝的设计 dam design;dike[dyke] design
坝的失事 failure of dam
坝的挑流范围 deflected stream limits of dike[dyke]
坝的维修 maintenance of dike[dyke]
坝的位置 dam location; location of barrage;location of dam
坝的下游面 air face; airside face; downstream face of dam
坝的下游面坡度 downstream slope of dam
坝的下游坡脚 dam toe; downstream toe of dam
坝的芯墙 core wall of dam;dam core
坝的性能测定 dam behavio(u)r measurement; measurement of dam's behavio(u)r
坝的迎水面 dam face
坝的迎水面坡度 front slope of dike [dyke];upstream slope of dam
坝的壅水高度 dam lift
坝的(原体)性能观测 dam behavio(u)r measurement
坝的中心截水墙 core wall
坝底 dam base
坝底抗滑趾 toe hold of dam
坝顶 crest of dam; dam crest; dam top;top of dam;toe of dam
坝顶包角 included angle of crest
坝顶标高 crest level
坝顶长度 crest length; dam crest length; length at crest; length of crest;length of dam
坝顶超高 crest freeboard of dam
坝顶超填量 camber
坝顶沉降 crest settlement
坝顶挡墙 crest wall
坝顶道路 dam crest road
坝顶翻板带节制闸门 flashboard check gate of crest
坝顶防浪墙 crest wall; dam crest wall;wake wall;wave wall
坝顶高程 crest elevation of dam; crest level; crest level of dike [dyke]; dam crest level; dam top height
坝顶拱圈中心 <拱坝> arch center [centre] for crest
坝顶活动调节设备 movable crest device
坝顶加高 heightening of dam
坝顶净长 net length of crest
坝顶净超高 net freeboard
坝顶宽 thickness of dam crest
坝顶宽度 crest width; dam crest width;dam top width; top width; width at dam crest;width at dam top
坝顶拦墙 coping wall
坝顶廊道 dam crest gallery
坝顶曲线半径 crest radius
坝顶曲线中心点 centre of crest circle
坝顶三角洲人字头 triangular dam to provide a horizontal crest;triangular section to top of
坝顶上游面曲率半径 upstream radius of crest
坝顶水头 water head above dam top
坝顶下游面半径 downstream radius of crest
坝顶下游面曲率半径 downstream radius of crest
坝顶泄槽(溢洪道)overshot spillway
坝顶移动式设备 movable crest device
坝顶溢洪道 crest spillway;dam crest spillway;overfall spillway
坝顶溢流 crest overflow
坝顶余幅 camber
坝顶闸板 <调节水位的> flashboard
坝顶闸门 crest gate;dam crest gate
坝顶中心角 central angle at crest
坝顶纵坡 longitudinal slope of dike top(crest); profile grade of dike crest
坝段 dam section;dam monolith <两条伸缩缝的>
坝段测量计 monolith lysimeter
坝段间垂直止水槽 staunching piece
坝段接缝 monolith joint
坝墩 weir pier
坝垛 buttress
坝垛间距 buttress spacer; buttress spacing
坝垛净间距 clear buttress spacer; clear buttress spacing
坝垛中心间距 buttress centers[centres]
坝高 dam height;height of dam
坝根 dike[dyke] root
坝根护坡 slope paving at dike root; slope protection at dike root
坝根淘刷 scouring at dike root
坝跟 heel of dam
坝工 earth embankment; engineering of dams
坝工技术 dam construction technique
坝工专家 dam generalist
坝核 dam core
坝后厂房式水力发电 concentrated fall hydroelectric(al)development
坝后防冲护底 downstream apron; rear apron
坝后式厂房 power-house at dam toe; power plant at dam toe
坝后式水电站 power station at dam toe;power station at the toe of the dam
坝厚 thickness of dam
坝湖 dam lake
坝基 base of dam; dam base; dam foundation; embankment foundation;foundation of dam;dam root <山傍的>
坝基补缝坑处理 dental treatment
坝基补缝填坑处理 dental treatment of dam foundation
坝基处理 dam foundation treatment; treatment of dam foundation
坝基高程 dam foundation height
坝基构造 dam construction
坝基截水墙槽 key trench
坝基局部挖补处理 dental treatment
坝基开挖线及高程 excavation line and elevationof dam foundation
坝基勘察 dam foundation investigation
坝基宽度 dam foundation width
坝基渗漏量 leakage of dam foundation
坝基施工 dam construction
坝基选址 location selecting for dam basis
坝基岩体附加荷载 superimposed load of dam foundation
坝基岩体滑动型式 rock sliding type of dam foundation
坝基扬压力观测 monitoring of uplift pressure on the dam
坝基置换 dam foundation underpinning
坝基最底部以上高度 height above lowest foundation of dam
坝间地区 dike field
坝肩 abutment;dam abutment
坝肩接缝 abutment joint
坝肩渗漏 leakage of dam abutment
坝肩推力 abutment thrust
坝肩稳定性 abutment stability;stability of abutment
坝槛 sill lip
坝槛线 sill
坝脚 base of dam; dam toe; toe of dam
坝脚抛石 talus
坝决 dam break(ing);dam failure
坝坎 sill lip
坝壳 dam shell
坝口层 bargate bed
坝跨间的拱板 concave ceiling
坝块 dam block;dam monolith;monolith
坝宽 dam width;width of dam
坝溃 dam failure
坝溃决 dam failure;dam break
坝料干填 loose fill
坝论 treatise on dam
坝漫顶 overdam
坝面 dam face
坝面测标 surveying mark on dam surface
坝面护板 dam sheeting; sheeting of dam
坝面铺砌 paving of dike face
坝面倾斜 batter of face
坝面整理 adjustment of dike face
坝内廊道系统 gallery system
坝内式厂房 power-house inside the dam;power-house within the dam
坝内式电站厂房 power dam
坝内式水电站 inside dam power station
坝内竖井 raiser
坝旁凹槽 flute by bar
坝坡 dam batter;dam slope
坝坡稳定性 stability of dam slope
坝前护坦 upstream floor
坝前水头 barrage head
坝前水头高度 water head height of front dam
坝前水位 dam front water level;stage at dam front
坝墙 bridge wall;dam wall
坝区供电 dam area power supply
坝区交通管制 traffic control in dam area
坝区泥沙淤积 sedimentation at dam vicinity
坝区平面图 dam vicinity plan; plot plan
坝区移民安置 dam site resettlement
坝上道路 dam roadway; roadway of dam
坝上管理人员 dam warden
坝上游河段 bank of dam
坝上游坡度 dam upper reaches slope
坝上游区调查 upstream dam survey
坝上游淤积 deposition above dam
坝身 body of dam; dam body; dike [dyke] body
坝身加高 heightening of dam
坝失事 dam failure
坝式厂房 dam power station
坝式发电厂 dam type power plant
坝式发电站 dam power plant
坝水库水相互作用 dam-reservoir interaction
坝体 dam body; dam mass; mass of dam;embankment <指土石坝的>
坝体变位 dam deflection; dam deformation;dam dislocation
坝体沉陷 subsidence of dike [dyke] body
坝体尺寸 size of dam mass
坝体冲蚀 ablation of dike body
坝体堆放机 stacker for building up fills
坝体分区 embankment zoning
坝体附属结构物 dam accessories; dam appurtenance
坝体积 dam volume;volume of dam
坝体加高 dam heightening; dam raising
坝体加固 dam strengthening
坝体挠度 dam deflection
坝体渗流 seepage flow through dike body;vadose through dike[dyke]
坝体输送机 stacker for building up fills
坝体坍塌 collapse of dike body
坝体土石料 embankment material
坝体位移观测 monitoring of displacement of dam
坝体芯墙 central fill

坝体重量 dam weight
坝田 dike[dyke] field;spur dike field
坝田淤积 siltation in dike field
坝头 dike[dyke head];jetty head
坝头岸坡 dam abutment
坝头冲刷防治 erosion control below dam
坝头冲刷坑 scouring pit near dike head
坝头接缝 abutment joint
坝位 dam location
坝下冲刷 degradation below dam;scour below dam
坝下冲刷防治 erosion control below dam
坝下底部刷深 degradation below dam
坝下河槽粗化 channel armoring below dam
坝下河床下切 riverbed degradation at downstream of dam;riverbed downcutting below dam
坝下河底刷深 degradation below dam;riverbed degradation below dam
坝下河段 river section below dam
坝下埋管 under dam culvert
坝下设计通航水位 designed navigation water level at downstream of dam
坝下渗漏 leakage of dam foundation
坝下淘刷 scour below dam
坝下游冲刷 degradation below dam
坝下游坡度 dam lower reaches slope
坝芯 dam core
坝芯顶部 crest of core
坝芯坑槽 core trench
坝芯块体 core(d) block
坝芯瓦 cored tile
坝型 dam type;type of dam;ultimate of dam
坝型选择 choice of dam type
坝淹没 overdam
坝堰水梯级 damming step
坝闸 dike lock
坝闸堵水 dammed water
坝址 dam location;dam site;location of barrage;location of dam;site of dam
坝址比较方案 alternative dam site
坝址测量 dam site survey;site survey
坝址查勘 dam site investigation
坝址地质(状况) dam geology
坝址调查 site inspection;site investigation
坝址反滤层 toe filter
坝址工程地质勘察 engineering geologic(al) investigation of dam-site
坝址勘测 dam site investigation;dam site survey
坝址勘查 dam site investigation;site exploration
坝址勘察 dam site investigation;dam site survey
坝址勘探 dam site exploration
坝址平面图 dam site plan;plot plan;site plan
坝址评价 dam site appraisal;site appraisal
坝址区测绘面积 geologic(al) mapping area of dam site
坝址区工程地质图 engineering geological plan of dam site area
坝址区地质测绘 geology mapping of dam site
坝址区实际材料图 location plan of in-situ exploratory works on dam site
坝址试探 damposcope
坝址踏勘 dam site reconnaissance
坝址选择 dam site selection;selection of dam site;site selection
坝址一览表 list of dam sites
坝趾 dam toe;downstream toe;toe (of dam)
坝趾板线工程地质剖面图 engineering geological section along dam plinth
坝趾齿墙 foot wall;toe wall
坝趾倒滤层 filter toe;toe filter
坝趾反滤层 filter toe;toe filter
坝趾防护 toe protection of dam
坝趾过滤层 toe filter
坝趾护石 toe protection stone
坝趾静水池 toe basin
坝趾零应力 zero heel stress
坝趾滤层 toe filter
坝趾滤水平台 drainage berm
坝趾排水层 toe drain
坝趾排水体 toe drain
坝趾铺盖 toe blanket
坝趾墙 toe wall
坝趾消力池 toe basin
坝趾消能池 toe basin
坝趾压重 toe weight
坝趾应力 toe stress
坝踵 dam heel;heel(of dam)
坝踵零应力 zero heel stress
坝踵线 heel line
坝轴线 axis of dam;dam axis
坝轴线防渗帷幕水文地质剖面图 hydrologic engineering geological profile along impervious curtain on dam axis
坝轴线工程地质剖面图 engineering geological profile of dam axis
坝钻凿 embankment drilling
坝座 abutment;dam abutment
坝座变形 abutment deformation
坝座稳定性 stability of abutment
坝座压力 abutment pressure

罢

罢工 industrial action;job action;stoppage;stop work;strike;turnout;walk out

罢工保险 strike insurance
罢工、暴动和内乱 strikes
罢工附加费 strike surcharge
罢工荒废的工日数 man-day of strike idleness
罢工津贴基金 strike fund
罢工延误险 strike delay insurance
罢工者 striker
罢工追加费用保险 strike expense insurance
罢免 dismissal;dismission
罢市 shopkeeper's strike

霸

霸权 hegemony

霸权主义 hegemonism
霸王拳【建】fist-shape beam
霸占 deforce;dispossess

灞

灞桥 <在中国西安东北部二十里的西临公路上,跨灞河,两千多年前建成的> Ba bridge

掰

掰板机 glass severing machine

掰板装置 glass severing device
掰边机 edge snapping machine

白

白氨基烘干罐头漆 white amino baking can coating

白柏松 white cypress pine
白斑 bleach spot;hickie;white speck;white spots <涂层水作用的>
白斑病 vitiligo
白斑的 vitiliginous
白斑点 white dirt
白斑腐木 white rot
白斑红大理岩 mandelato
白斑污 white rot
白版纸 Manil(l)a board
白宝石 white stone
白宝石晶须 gem whisker
白报纸 newspaper;newsprint;newsprinting paper
白贝壳杉 Amboina pine;Amboyna pine
白贝罗定律 baric wind law;Buys-Ballot's law
白背景图片 white print
白边 white margin
白边轮胎 white wall tyre[tire]
白扁柏 Atlantic white cedar;white cedar
白变 leucismus
白飑 white squall
白冰 white ice
白冰铜 white metal
白波 white wave
白玻璃 cover glass
白布 <英> calico[复 calico(e)s]
白布绷带 calico bandage
白茬封闭 sealing bare wood
白茬涂漆 open pore coating;open pore finishing
白茶盏 white teacup
白场亮度 white brightness
白场色调 white shade
白场色温 white colo(u)r temperature
白尘粉 chalk
白痴理论 <房地产用语> Bigger Fool Theory
白痴政策 greater fool policy
白炽 brilliant
白炽部分 <电炉式煤气炉的> radiant
白炽的 candescent;incandescent;white hot
白炽灯 bright valve;electric(al) filament lamp;filament lamp;incandescent(filament) lamp;light globe
白炽灯灯头 incandescent lamp base
白炽灯光 incandescent light
白炽灯泡 bird's eye lamp;incandescent bulb
白炽灯数字显示装置 incandescent readout
白炽灯丝 glower
白炽灯丝电子管 bright emitter tube;bright emitter valve
白炽灯稳压器 lamp-voltage regulator
白炽灯照明 incandescent lighting
白炽灯照明设备 incandescent lighting fixture
白炽灯组 lamp bank
白炽点 incandescent spot
白炽电灯 electric(al) filament lamp;incandescent electric(al) lamp
白炽电灯组 lamp bank
白炽光 brilliant white;incandescent light;incandescence
白炽弧光灯 incandescent arc lamp
白炽热 incandescence
白炽日光灯 incandescent daylight lamp
白炽时间 incandescent time
白炽体 glower
白炽溢光灯 kliegshine
白炽阴极 incandescent cathode
白炽罩 incandescent mantle
白炽状态 incandescent state
白虫胶 bleached (shel) lac;white (shel) lac
白虫胶清漆 white shellac varnish
白瓷 ceramic whiteware;whiteware
白瓷漆用漆基 white varnish
白瓷土 china;china clay
白瓷砖 white ceramic tile;white porcelain tile;white wall tile
白枞木 white deal
白枞树 white fir
白粗石蜡片 white scale
白醋 white vinegar
白达马树脂 white damar
白大理石 pure marble;white marble
白蛋巢菌属 <拉> Crucibulum
白道 moon's path;white way <灯火灿烂的街道或大路>
白的 leukous;white
白灯 white lamp;white light
白底白板纸 coated duplex board with white back
白底复制图 whiteprint
白底黑色刻度 black-on-white scale
白底蓝图 positive print
白底漆 white coat(ing)
白底釉 white ground coat(enamel)
白地 bare land
白地釉下赭彩 underglaze brown painting on white ground
白碲金银矿 krennerite;white tellurium
白点 fish eye;flake crack;shatter-crack;snow flake;white flake;lemon spots <钢材缺陷>
白点蝙蝠蛾 <拉> Palpifer sexnotatus
白点病 ichthyophthirius
白点钢 spotty steel
白点缺陷 snake
白电刚玉 white alumina
白电平削波器 white clipper
白淀汞 white precipitate
白定釉 white Ding glaze
白锭子油 white spindle oil
白洞 white hole
白洞效应 <汽车驶出隧道时外部强光使驾驶员产生的明亮"白洞"> white hole effect
白度 brightness;whiteness
白度计 blancometer;whiteness meter
白度指数 whiteness index
白椴 white basswood
白锻制品 trifle
白墩子 petun(t)se
白俄罗斯建筑 Byelorussia architecture
白垩 calcium carbonate;chalk;creta;English white
白垩板岩粉 chalk slate
白垩沉积物 chalky deposit
白垩储集层 chalk reservoir
白垩处理 chalking
白垩的 chalky;cretaceous
白垩-第三纪-第四纪混合极性超时 Cretaceous-Tertiary-Quaternary mixed polarity superchron
白垩-第三纪-第四纪混合极性超时间带 Cretaceous-Tertiary-Quaternary mixed polarity subchronzone
白垩粉 chalk powder;chalk whiting;Spanish white;whiting
白垩腐殖土 chalk humus soil
白垩化 cretification
白垩灰浆 whitewash
白垩基涂料 chalk-based paint
白垩基油漆 chalk-based paint
白垩纪【地】cretaceous;Cretaceous period
白垩纪砂岩 <一种产于美国弗吉尼亚州的,呈浅灰色和浅黄色的>

Aquia Greek stone
白垩纪石油 cretaceous oils
白垩浆 chalk slurry
白垩胶 clairecolle;clearcole
白垩开采 chalk quarrying
白垩矿场 chalk pit
白垩矿床 chalk deposit
白垩黏[粘]土 calcareous clay
白垩黏[粘]土软性砖 main grizzle brick
白垩黏[粘]土砖 London stock;Suffolk brick;white brick
白垩取土坑 chalk pit
白垩山丘 downs
白垩石 chalk rock;chalkstone
白垩石灰 chalk lime
白垩试验 chalk test
白垩燧石 chalk flint
白垩统 Cretacic
白垩凸版 graphtype
白垩土 chalky clay;chalk(y) soil;malm
白垩土油灰 chalk putty
白垩土质黏[粘]土 chalky clay
白垩系【地】Cretaceous system;Cretacic
白垩岩 solid chalk
白垩纸 chalk(overlay)paper;overlay paper
白垩质泥炭岩 chalk-marl
白垩质黏[粘]土 chalky clay
白垩质石灰石 chalky limestone
白垩质土(壤)chalky soil
白垩砖 gault brick;malm(brick);malta brick
白而窄的线条 narrow white line
白凡士林 petroleum jelly white;white petroleum jelly;white vaseline
白矾 alum;white alum;white vitriol
白反射率标准 white reflectance standard
白沸钙石 centrallasite
白沸石 laubanite
白粉 whitening
白粉笔 white chalk
白粉笔画线 chalk line
白粉磨 chalk mill
白粉墙 whitewashed wall
白粉刷 whitewash
白粉水 whitewash
白粉线 snapping the line
白粉状贝壳杉脂 chalk kauri
白峰削波 white peak clipping
白蜂蜡 bleached beeswax;cera alba;white beeswax
白辐射 white radiation
白腐 white rot
白腐菌 Poria raporaria
白腐真菌 white rot fungus
白腐真菌膜生物反应器 membrane white rot fungus bioreactor
白钙沸石 gyrolite
白钙块石灰 rich lump lime
白钙镁沸石 truscottite
白钙硼矿 calciborite
白干层树 cajeput
白干铅粉 dry white lead
白橄黄长岩 katungite
白刚玉 diamantin(e);white alundum;white fused alumina
白岗细晶岩 alaskite aplite
白岗岩矿床 alaskite deposit
白钢 Bristol alloy
白钢车刀 high-speed steel lathe tool
白高斯噪声 white Gauss noise
白革 white leather
白革涂饰剂 maxwhite
白铬铸铁 white chromium cast iron
白功 contour painting
白宫 <美> White House
白宫官邸 Palace of Whitehall
白骨扇 white bone fan
白骨折扇 folding fan with bone rib;white bone folding fan
白光 opalescence;white light;white radiation
白光曝光 white-light exposure
白光彩色胶片 daylight colo(u)r film
白光处理系统 white-light processing system
白光分解 decomposition of white light
白光干涉测量 white-light interferometry
白光干涉条纹 white-light fringe
白光环质 coronium
白光换片 <摄影> daylight changing
白光激光器 white-light laser
白光胶片 daylight film
白光全息术 white-light holography
白光全息图 white-light hologram
白光日冕 white-light corona
白光日冕观察仪 white-light coronograph
白光日冕光度计 white-light coronameter
白光散斑法 white-light speckle method
白光事件 white-light event
白光图像处理 white-light image processing
白光下装片 loading in daylight
白光显影 daylight developing
白光耀斑 white-light flare
白光荧光灯管 white-light fluorescent lamp tube
白硅钙石 bredigite;centrallasite;gyrolite
白硅铝钠石 weldite
白硅铍石 berillite[beryllite]
白硅砂 quartz sand
白硅石 cristobalite[crystobalite]
白硅质土 white earth
白鲑 white fish
白果树 gingko(biloba);maidenhair tree
白海 white sea
白海风(无锋面海风)marine blanc
白合金 babbit(t);Babbitt metal;bidery metal;white metal <以锡、铅或锑为基的>
白合金层 Babbitt layer
白合金衬层 white metal lining
白合金锉 babbitt metal file
白合金焊 alba alloy soldering
白合金片 white alloy plate
白合金瓦衬 Babbitt lining
白核 white nucleus
白核桃木 white walnut
白鹤 white crane
白黑峰间幅值 white-to-black-amplitude range
白虹 fog bow
白后黑 black after white
白胡椒 white pepper
白胡桃木 butternut
白胡桃油 piquia fat
白琥珀 bactard
白花 efflorescence;sink money <钱的>
白花丹属 plumbago
白花岗石碎片 white granite chip(ping)s
白花岗岩 alaskite
白花岗岩质器皿 white granite-ware
白花花 lily-flower
白花品种 white-flowered varieties
白滑石 white talc
白滑石笔 white slate pencil
白化 blooming;efflorescence
白化滤波器 prewhitening filter;whitening filter
白化囊泡 etioblast
白化体 albino
白化体膜 etioplast membranes
白化现象 albinism
白桦 birch;Japanese birch;white birch
白桦木 birchwood
白桦木焦油 birch wood tar
白桦木树皮焦油 birch bark tar
白桦小蠹 Seolytus amurensis
白环蛇纹岩 leucophite
白环俞 Baihuanshu
白黄麻 white jute
白黄铜 white brass
白黄玉 goutte d'eau
白灰 white lime
白灰粉饰 whitewash
白灰粉刷涂层 whitewash coat;whitewashing
白灰膏麻刀灰 lime flax fibered[fibred] mortar
白灰夯实土 tabia
白灰浆 lime wash
白灰黏[粘]土 lime clay
白灰色的 tephrosious
白灰砂浆 lime mortar
白灰砂浆打底 lime mortar undercoat
白灰砂砖 lime sand brick
白灰刷帚 whitewash brush
白灰水 whitewash
白灰水泥砂浆 lime and cement mortar
白灰涂面 white coat(ing)
白灰罩面 white coat(ing);white finish coat
白辉石 leucaugite
白绘画颜料 flake white
白桧 Veitches silver fir
白混凝土板 white concrete panel
白混凝土构架 white concrete frame
白混凝土路面上行车道白色标志 white concrete carriageway markings
白火焰 bright flame
白鸡蛋花 white frangipani
白集料 <如白石屑等> white aggregate
白钾云石 potash mica
白假霞石 liebenerite
白尖毛 cock saddle white
白坚木 quebracho;white quebracho
白碱土 white alkali soil
白浆冰水 <由冰山下流出的> glacier milk
白浆果 waxberry
白浆化棕壤 lessive brown earth
白降汞 ammoniated mercury
白交通支 white communicating branch
白胶 white factice;white glue
白节油 painter's naphtha
白芥子油 white mustard(seed)oil
白金 platinum;white gold
白金杯 platinum dish
白金打磨机 contact point dresser
白金的 platinic
白金电极 platinum electrode
白金耳勺 platinum ear-pick
白金法 platinum method;platinum process
白金钢 platinum steel
白金焊料 white gold solder
白金黑粉 platinum black
白金环 platinum loop
白金链 platinum chain
白金圈 platinum loop
白金丝 platinum wire
白金丝的白热电灯 platinum-lamp
白金丝管式(锅)炉 platinum-wound tube furnace
白金、锡和铜合金 mystery
白金针 platinum needle
白金舟 platinum boat
白金属 white metal
白金属合金 white metal alloy
白晶石 bertrandite
白鲸 beluga
白酒废水 white wine wastewater
白菊花 feverfew
白钧釉 white Jun glaze
白卡纸 art post paperboard;white cardboard
白卡纸板 ivory board
白拷贝纸 white acid-free tissue paper
白克顿 baktun
白口层 chill
白口层深度试验 chill test
白口检验 chill control
白口可锻铸件 white malleable casting
白口倾向 chilling tendency
白口深度 chill depth
白口铁 bright tin plate;white cast iron;white pig iron
白口铸铁 white cast iron;white iron
白块石灰 white lump lime
白矿物油 white mineral oil
白矿脂 petrolatum album;white petrolatum
白框 white edge
白拉胶 Para
白拉斯勒斯定理 Blaslus theorem
白蜡 bleached beeswax;Chinese wax;insect wax;white wax
白蜡杆篮 white wax plant basket
白蜡杆制品 white wax plant products
白蜡树 ash;Chinese ash
白蜡树内酯 fraxetin
白蜡树皮单宁酸 fraxitannic acid
白蜡树酮 fraxinellone
白(莱因)比面决定法 Blaine method
白(莱因)比面值 Blaine specific surface;Blaine value
白莱因气渗仪 <一种测定水泥细度的仪器> Blaine air permeability apparatus
白(莱因)氏细度 <按每克的表面积平方厘米计> bird's Fineness
白兰方石 marialite
白兰花 hyacinth orinntal
白兰花油 Michelia oil
白蓝宝石 leucosapphire
白浪(花) cockle;flock of sheep;white cap <深水破碎波>;white chop;white horses;white sea;white water;wind chop;cockling sea
白冷 <辐射量低的物体在遥感仪器上显示的图像色调淡> white cold
白冷杉 white balsam;white fir
白里阿斯层【地】White Lias
白沥青 albino asphalt
白栎木 white oak
白粒的 white grained
白粒岩 granulite;weiss-stein <德语>
白磷 ordinary phosphorus;white phosphorus;yellow phosphorus
白磷钙矿 whitlockite
白磷钙石 whitlockite
白磷火柴 white phosphorus match
白磷碱铝石 lehiite
白磷榴弹 white phosphorus grenade
白磷镁矿 bobierrite
白磷镁石 bobbinite
白磷铁矿 tinticite
白领工人 white-collar worker(or employee)
白领阶层的 white-collar
白令海 Bering Sea
白令峡谷 Bering Canyon
白硫堇 leucothionine
白榴斑岩 leucitophyre

白榴碧玄岩 leucite basanite
白榴橄辉岩 missourite
白榴黄长岩 leucite melilitite
白榴火山灰 pozz(u)olan(a);puzzolana;puzzolano
白榴火山灰的 pozz(u)olanic
白榴火山灰混凝土 pozz(u)olanic concrete
白榴火山灰水泥 pozz(u)olanic cement
白榴闪辉斑岩 mondhaldeite
白榴闪霞粒玄岩 leucite kulaite
白榴石 amphigene;grenatite;leucite;schorl blanc;Vesuvian garnet;white garnet
白榴石碱玄岩 leucite tephrite
白榴石凝灰岩 leucite tuff
白榴石响岩 leucite phonolite
白榴石玄武岩 leucite-basalt
白榴石岩 amphigenite[amphigenyte]
白榴石黝方石方钠石响岩 leucite nosean sodalite phonolite
白榴石黝方石方钠石响岩斑岩 leucite nosean sodalite phonolite porphyry
白榴霞斑岩 arkite
白榴岩 albanite;leucitite
白榴正长岩 leucite syenite
白柳 white willow
白柳桉 Burma mahogany
白柳桉木 white lauan
白龙堆 <新疆罗布泊> jardang;yardang;yarding
白芦笋 white asparagus
白炉贝碱 beilupeimine
白鹿 white deer
白鹿皮鞋 white buckskin shoes
白路 white way
白鹭 egret
白铝胶 clairecolle
白铝铅矿 dundasite
白氯铅矿 churchillite;mendipite
白卵黄 white yolk
白罗马霾 bruma
白螺纹书写纸 woodfree white laid paper
白麻 dogbane hemp
白麻点 white speck
白麻绳索 white hemp rope
白麻石 white granite
白玛瑙 white agate
白蚂蚁 duck ant
白茅 cogongrass
白茅稀树干草原 cogonal
白帽浪 white cap;white horses
白玫瑰 rose white
白梅 salted and dried plum
白梅瓶 <瓷器名> vase with white prunus blossom design
白煤 anthracite(coal);lustrous coal;stone coal;white coal
白煤覆盖 anthracite capping
白镁氧 magnesia alba
白蒙脱石 glacialite
白锰矾 mallardite
白锰石 sussexite
白棉 white wool
白描 contour drawing;contour painting;delineation;traditional delineation;traditional line drawing
白明胶 gelatin(e);gelatinum alba;isinglass
白膜 <镀锌层表面的> wet storage stain
白膜的 albugineous
白蘑菇 white mushroom
白牡丹花茶 white Peony scented tea
白木 tulipwood;whitewood <椴木、杨木、鹅掌楸、钟花树、奥寇梯木、荚蓬、挪威云杉等木材的统称>;canary whitewood <美国产>
白木质 alburn(um);sap;sap wood
白木质橡胶树 sap gum
白目标 white object
白内障 cataract
白钠硅钙镁矿 ondrejite
白钠锶矿 igdloite;lueshite
白钠镁矾 astrakanite;astrochanite;bloedite
白钠镁矾含量 astrakhanite content
白钠镁矾岩 astrakhanite rock
白钠镁石 astrakhanite;bloedite
白囊 white pocket
白呢量裁机 cloth measuring and cutting machine
白泥 white clay;white slime
白泥煅烧 burning of lime sludge
白泥过滤机 lime mud filter
白泥灰岩 acendrada
白泥浆 clay wash
白泥石灰浆 zaccab
白泥水灰浆 zaccab
白泥炭 white peat
白泥洗液 whitewash
白腻苔 white and greasy tongue coating
白腻子 white mastic
白黏[粘]土 argil;white rot
白黏[粘]土坯体 white body
白镍矿 white nickel ore
白柠檬油 limette oil
白浓霭 smoke
白浓雾 smoke
白抛光粉 white rouge
白泡石 quartzitic(sand)stone;white afrodite
白硼钙石 pandermite;priceite
白硼镁锰矿 sussexite
白硼镁石 halurgite
白坯 plain white body
白坯瓷器 china
白坯封闭 sealing bare wood
白坯管 bare sleeve
白坯绳 plain cord
白坯涂漆 open pore coating
白坯涂装 open pore finishing
白砒 arsenic trioxide;arsenious oxide;white arsenic
白铍石 leucophanite
白皮桉 tumble-down eucalyptus
白皮椴 Mongolian linden
白皮石 leucophane
白皮书 white book;white papers
白皮松 lacebark pine;white bark pine
白票 white paper
白频率 white frequency
白频率噪声 white frequency noise
白平衡 <彩色电视中的> white balance
白瓶含氧量 oxygen content in clear bottle
白桤木 white alder
白漆 white lead;white paint
白漆浆 stock white
白漆片 white lac
白鳍豚 Chinese dolphin;Lipotes vexillifer
白千层萜 cajeputene
白千层油 cajuput oil
白铅 white lead;London white
白铅粉 basic carbonate of white lead;white lead;whiting
白铅膏 <防锈涂料> slush
白铅工厂 white lead plant
白铅浆 white lead paste
白铅胶 clearcole
白铅矿 cerus(s)ite;lead spar
白铅漆 lead paint
白铅石灰 slush
白铅水泥 white lead cement
白铅油 lead in oil;white lead
白铅油灰 white lead putty
白铅油漆 white lead paint
白铅油涂层 sharp coat
白墙纸 plain wall paper
白羟氯铜矿 atacamite
白青麻 abutilon
白青铜 white bronze
白球灯 white globe lamp
白雀碱 quebrachomine
白雀玫瑰红硬木 quebracho
白雀木醇 quebrachitol
白雀树皮萃取物 quebracho extract
白热 brilliant;candescence;glow;glowing heat;white(flame)heat
白热带 zone of incandescence
白热的 white hot
白热灯 <普通电灯> incandescent lamp
白热化的 candescent
白热燃烧 glowing combustion
白热丝 filament;white-hot filament
白热丝灯 filament lamp
白热焰 incandescent flame
白热状态 incandescent state
白人黑人混血后裔 mulatto
白人趋避点 tipping point
白日光度 daylight factor
白日护理中心 day-care center[centre]
白日进场 daytime approach
白日上锁 day latch
白如玉 white as a jade
白乳胶 white latex adhesive
白朊胶 albumin glue
白朊组分 albuminous constituent
白软胶合剂 egg albumen
白瑞纳克等级 <噪声分类度标> Beranek scale
白瑞香素 daphnetin
白瑞香脂 megeresin
白瑞香中毒 daphnism
白塞木 balsa wood
白色 autochromatic colo(u)r;leuko;satin white;white colo(u)r;zero-saturation colo(u)r
白色斑 leukasmus;vitiligo
白色斑(纹)腐(朽)white mottled rot
白色半透明玻璃纸 glassine paper white
白色标(志)线[道]white line
白色冰 white ice
白色波特兰水泥 white Portland cement
白色薄光纸 white single glossy paper
白色薄棉布 jaconet
白色不白 bad white
白色不透明颜料 white opaque pigment
白色参考电平 white reference level
白色场均匀性 white field equipollence
白色场平衡 white field balance
白色场平衡电流比 <彩色管的> white field balance current ratio
白色成分 white content
白色虫胶片 white shellac
白色绸纹纸 white silky paper
白色传输 white transmission
白色醇酸瓷漆 white alkyd resin enamel
白色醇酸漆 white alkyd paint
白色瓷器 Parian ware
白色刺绣 white embroidery
白色代胶 white India rubber substitute
白色带棕斑的 griseous
白色的 albicans;albus;white
白色的性质或状态 whiteness
白色底漆 zinc-rich paint
白色点 white point
白色电缆 white cable
白色电平 white level
白色电平峰值 peak white
白色电平光栅 peak white raster
白色电平限制电路 white clip circuit
白色短纤维石棉 anianthus
白色法国罩光漆 white French polish
白色粉末状填充物 white powdery filling
白色峰点 white peak point
白色峰值电平检测器 peak white detector
白色浮标 white buoy
白色刚玉骨料 white corundum aggregate
白色刚玉集料 white corundum aggregate
白色高铝水泥 white aluminate cement
白色功能主义 white functionalism
白色勾缝砂浆 white pointing mortar
白色骨料 white aggregate
白色光 white light
白色硅酸盐水泥 non-staining cement;white Portland cement
白色硅藻土载体 diatom white;kieselguhr Merck;porochrom;supasorb
白色果肉品种 variety of the white fleshed group
白色合成烘漆 white synthetic(al) baking enamel
白色合成平光瓷漆 white synthetic(al) flat enamel
白色合剂 white mixture
白色合金 white alloy
白色厚光纸 white double glossy paper
白色花岗岩集料浇制(混凝土)路缘石 cast curb[kerb] of white granite aggregate
白色灰膏 white lime putty
白色灰浆 white lime paste
白色灰泥 white mortar
白色混凝土 white concrete
白色或褐色的粉衣 whitish or brownish bloom
白色基层 <沥青路面下的水泥混凝土或碎石基层> white base
白色集料 white aggregate
白色建筑(风格)white architecture
白色浆 stock white
白色接缝灰浆 white joint mortar
白色接缝砂浆 white joint mortar
白色结晶聚烃 gutta[复 guttae]
白色金银合金 white gold alloy
白色金属 white metal
白色晶体 white crystal
白色卷烟纸 white cigarette paper
白色菌落 white colony
白色矿物油 slab oil
白色垃圾 <如废弃的泡沫塑料制品等> white debris
白色蓝宝石 white sapphire
白色亮层 white layer
白色轮腐 white ring rot
白色玛琋脂 white mastic
白色密封料 white seal
白色磨光面混凝土 white fair-faced concrete
白色泡沫 white suds
白色片痕 <色彩缺陷> white patch
白色偏光镜 leucoscope
白色平衡 white balance
白色球节 white cornet
白色区域压缩 white compression
白色绒面纸 white velvety paper
白色乳胶黏[粘]结剂 white latex adhesive
白色乳浊剂 white opacifier

白色入墙式开关 white flush switch
白色软化 White softening
白色软黏[粘]土 prain;pryan;terra alba
白色闪光表示 flashing white indication
白色闪光显示 flashing white indication
白色生石灰 white quicklime
白色石英二长岩 white quartz monzonite
白色饰用合金 Dutch white metal
白色书写纸 white woodfree writing paper
白色水泥 non-staining cement;white cement
白色水硬性水泥 white hydraulic cement
白色水域 white waters
白色丝状短纤维石棉 <其中的一种> amianthus
白色碳酸钙沉淀物 <水中> rock metal
白色搪瓷制品的注册名称 Albagloss
白色桃花心木 <印度产> white dhup
白色陶瓷(器皿) whiteware
白色陶器 whiteware
白色体 leucoplast;leukoplast
白色体质颜料 white non-opaque pigment
白色填缝料 white seal
白色图 white print
白色涂层 whitening coat
白色涂料 Spanish paint;white paint;white plastering;whitewash
白色涂料养护剂 white-pigmented curing compound
白色拖尾 white smear
白色污染 <废弃泡沫塑料等制品引起的> white pollution
白色无光纸 white matt paper
白色洗液 lotion alba;white lotion
白色细脆黏[粘]土 pryan
白色纤维毡 white wool
白色线条 pencil(l)ing
白色线状瘢痕 white linear scar
白色信号 white signal
白色信号灯玻璃 white signal lamp glass
白色信号电平 white level
白色信号峰值电平限制器 peak white limiter
白色信号峰值限制电路 peak white limiting circuit
白色信号峰值限制器 peak white limiter
白色信号基准电平 reference white level
白色修正液 white correction fluid
白色烟雾 white smoke
白色颜料 Chinese white;zincolith;white pigment;silver white
白色颜料粉 white pigment powder
白色颜料消色力 colo(u)r intensity;colo(u)r strength
白色颜料消色力测定 determination of tinting strength
白色氧化铝 white alumina;white alumin(i)um oxide
白色氧化铝质颗粒 white alumina grain
白色氧化镁板 white magnesium oxide plate
白色液体 white liquid
白色意大利大理石 white Italian marble
白色荧光灯 white fluorescent lamp
白色硬树脂 white copal
白色硬质聚氯乙烯绝热防风雨窗 white rigid polyvinyl chloride insulating storm window
白色硬质聚氯乙烯外用挤出型材 white rigid polyvinyl chloride exterior-profile extrusion
白色硬质陶瓷 stone china
白色釉面砖 white ceramic tile
白色中带有黑或棕色斑点的 griseous
白色中间体 light interstitial material
白色中间相 light interstitial phase
白色装饰用合金 Warne's metal
白色灼剂 cousticity of white;white caustic
白色钻石 white diamond
白沙丘 white dune
白砂 silver sand;white sand
白砂浆 white mortar
白山核桃木 white pecan
白山毛榉 <产于澳大利亚> binburra
白杉 white cedar
白珊瑚 white coral
白蛇纹石 marmolite
白砷 white arsenic
白砷镍矿 dienerite
白砷石 claudetite
白生料烧成法 burning process with common meal; burning process with ordinary raw meal
白生石灰 white lump lime
白生铁 white pig iron
白石 <美> white perch;white stone
白石粉 white stone powder;albarium <粉刷用的>
白石灰砂浆 rich lime mortar;white lime mortar
白石灰石粉 white limestone powder
白石蜡 paraffin(e) wax white;white paraffin(e);white paraffin wax
白石棉 white asbestos
白石棉粉 white asbestos flour
白石磨 white stone-made mill
白石墨 white graphite
白石屑 white stone chip(ping)s
白石英 crystobalite
白石坐释迦像 <工艺品> white marble sitting buddha
白石器 white stoneware
白氏比面值 Blaine specific surface;Blaine value
白市 <法律允许的紧缺商品或票证买卖> white market
白手指 white finger
白树脂 burgundy pitch;white resin
白霜 frost mist; hoar-frost; kiln white;laitance;rime;white frost
白水槽 white water silo
白水池 white water storage
白水貂 white mink
白水回收装置 save-all
白水磷铝石 kingite
白水泥 white(Portland) cement
白水泥仿大理石 marezzo marble
白水泥粉刷 white cement plaster
白水泥勾缝 pointed in white cement
白水泥抹灰 white cement plaster
白水泥石棉板 white asbestos-cement board;white cement asbestos board
白水气浮处理 white water treatment by air flotation
白水仙 white narcissus
白水(现象) <即水中掺气> white water
白丝状石棉 amiantus
白松 white pine
白松冰团 shuga
白松香 galbanum
白松脂 white resin
白苏打 white alkali
白酸 <一种氟化氢铵溶液> white acid
白碎块 white chip(ping)s
白碎米 white broken rice
白碎片 white chip(ping)s
白燧石 milk-stone
白穗 white head
白胎壁轮胎 white-side tire[tyre];white sidewall tire[tyre];whitewall tire[tyre]
白苔藓 chronic atrophic lichenoid dermatitis;lichen albus
白钛硅钠石 vinogradovite
白钛石 <一种钛铁矿> leucoxene
白檀 Asian sweet leaf; Asiatic sapphireberry sweetleaf;Asiatic sweetleaf; sandalwood; white sandalwood
白檀油 Oleum Ligni Santali
白檀油醇 amyrol
白檀油烯醇 arheol;santalol
白炭 white charcoal
白炭黑 carbon-white;silica-gel filler;silica hydrated;silica pigment;silica white; white carbon black; white soot
白桃花 white peach flower
白桃花心木 avodire;white mahogany
白陶 white pottery
白陶石 porcelain jasper
白陶土 bolus alba;carclazyte;kaolin;kaolin clay;porcellanite;white bole
白陶土的 kaolinic
白陶土块 white-hard
白锑母合金 temper
白藤制品 white rattan products
白体 corpus albicans; white body;white object
白体活字 light face
白体字 fine type letter;lead type letter;light type letter
白天 daytime
白天班 day watch
白天半脱产进修制的 <英> day release
白天场所 day center[centre]
白天的 diurnal
白天服务 daytime service
白天工作制 day work system
白天观测 daylight observation
白天光照 daylight
白天光照时间 daylight period
白天活动的 diurnal
白天交通 daytime traffic
白天疗养所 daytime home
白天能见度 daytime visibility; day visibility
白天频道 day channel
白天气辉 dayglow
白天人口 daytime population
白天收容所 daytime home
白天透明度 daylight transparency
白天养育所 daytime home
白天业务电台 station open from sunrise to sunset
白天值 day value
白天作战目标图 daylight target map
白田道夫法 Bettendorff's method
白田道夫试剂 Bettendorff's reagent
白条纸 cream laid
白铁板 galvanized iron plate
白铁车间 sheet-metal shop
白铁丹 white rouge
白铁泛水 galvanized (iron) sheet flashing
白铁工 cold-metal worker;plumber;sheet metal work;tinbender;tinker;tin-knocker;tinman;tinner;tinsmith;whitesmith;tin bender
白铁工车间 plumber's shop; tin smith's workshop
白铁工程 cold-metal work;tinsmith work
白铁工工具 tinsmiths' tool
白铁工工作间 tinsmithy
白铁工人剪钳 tinman's shears
白铁工台砧 tinman's bick iron
白铁工用铆钉 tinner's rivet
白铁管 galvanized iron pipe; galvanized iron tube;tin pipe
白铁罐 oil-canning;tin
白铁壶 tin-kettle
白铁剪 snips
白铁剪刀 tinman's snips;tin shears
白铁剪子 hand snips
白铁匠 tinsmith
白铁矿 binarite; cellular pyrite; Jew stone;lamellar pyrite;marcasite;radiated pyrite;white(iron)pyrite
白铁矿矿石 marcasite ore
白铁矿硫 marcasite sulfur
白铁矿岩 marcasite rock
白铁漏斗 iron tin funnel
白铁螺钉 galvanized iron screw
白铁披水片 galvanized iron sheeting weathering
白铁皮 galvanized iron sheet; galvanized steel; sheet iron; sheet zinc; terne plate; tinned iron; tinned sheet iron;tin plate;tin sheet iron;tutanaga; galvanized sheet (iron); white iron
白铁皮防火门 galvanized iron lined door
白铁皮剪(刀) tin snips
白铁皮剪钳 tinman's shears
白铁皮平屋顶 metal deck
白铁皮水落管 galvanized iron leader;galvanized iron sheet down pipe
白铁皮挑檐泛水 sheet-metal cornice flashing
白铁皮屋顶 tin roofing
白铁皮屋面 galvanized iron sheet roof;tin roof(ing)
白铁片 galvanized iron plain sheet
白铁杉 white hemlock
白铁水桶 galvanized iron water bucket
白铁丝布 galvanized iron wire gauze
白铁丝刷 galvanized iron wire brush
白铁天沟 galvanized iron sheet valley
白铁瓦 galvanized iron shingle
白铁油壶 galvanized iron oil pot
白铁圆头螺栓 galvanized iron mushroom head bolt
白铁蒸笼 tin steamer
白铁制品 tinwork
白厅 <英> Whitehall
白铜 copper nickel; German silver;nickel alloy;paktong;tutenag(ue);white brass; white copper; white metal
白铜银 nickel silver
白酮酸 leukonic acid
白头鹤 hooded crane
白头浪 comber
白头翁 Chinese pasque-flower
白透辉石 diopside;malacolite
白透辉石片麻岩 malacolite gneiss
白透镜 white lens
白涂料 white coat(ing);whitewash;whiting
白涂料标 whitening mark
白土 argil;carclazyte;gumbrine;terra alba; white soil; whitish soil; clay【化】
白土层 albic
白土处理的 clay treated
白土粉 argil powder
白土精制的 clay treated
白土泥浆 clay slurry
白土色淀 earth lake
白土石 tonstein
白土脱沥青 clay deasphalting

白土中和 neutralizing with clay
白退火 white annealing
白拖黑 black after white; negative streaking
白拖黑尾 pulling on whites
白外区 ultra-white region
白碗罩灯泡 white bowl lamp bulb
白网状结构 formation alba
白微斜长石 chesterlite
白纹 linear ablicantes; striae albicantes
白钨矿 scheelite
白钨矿矿石 scheelite ore
白钨砂 scheelite; white tungsten ore
白雾 white fog; white smog
白硒钴矿 hastite
白硒铅石 molybdomenite
白硒铁矿 ferroselite
白锡 pewter; white tin
白细胞 leucocyte
白细节 white detail
白纤维 white fiber[fibre]
白纤维软骨 white fibrocartilage
白藓叶桉 white gum of South Australia
白线 linear alba; white line
白线疫病 white thread blight
白相 whitish
白香瓜片 white muskmelon slice
白箱测试 white-box testing
白箱模型 white-box model
白像后延拖带线条 pulling on whites
白像拖延 pulling on whites
白橡木 white oak
白楔 white wedge
白芯可锻铸铁 white heart malleable cast-iron
白辛树 epaulette-tree; fragrant epaulette tree
白锌粉 white zinc; zinc white
白锌矿 white zinc ore
白锌铁皮 zinc plate
白锌(油)漆 white zinc paint
白信号传输 white transmission
白熊 sea-bear
白锈 white rust
白血球 leucocyte
白鲟 Psephyrus gladius
白崖砂岩 white cliff sandstone
白盐土 solonchak
白颜料 China white
白羊皮纸 virgin parchment
白杨 abele; poplar; white poplar
白杨木 poplar
白杨树 aspen; poplar
白杨属 aspen; poplar
白叶栎页岩 white-leaved oak shale
白叶藤碱 cryptolepine
白页目录 white page directory
白夜 white night
白液 white liquor
白液澄清器 white water clarifier
白蚁 termite; white ant
白蚁巢 termite heap; termite hill; termite nest
白蚁挡板 termite shield
白蚁堆 antheap; anthill; termite heap
白蚁防治 termite control
白蚁检查 termite inspection
白蚁科 <拉> Termitidae
白蚁侵扰 infestation by termites
白蚁条款 termite clause
白蚁危害 termite damage
白蚁窝 termite hill
白蚁穴 termitarium[复 termitaria]
白蚁冢 antheap; anthill
白蚁走道 termite runway
白银 silver
白银比价 parity of silver
白银边毛 mallard falcated teal feather
白银储备 silver stock
白银鉴定 silver assay
白银平价 parity of silver
白银市场 silver market
白银证券 silver certificate
白英【植】climbing nightshade; bitter sweet
白荧光素 leucofluorescein
白硬的 white-hard
白硬胶树 white damar
白硬土 white-hard clay
白涌头 Neptune's sheep; white cap; white horses
白油 clean oil; technical white oil; white oil
白油膏 white factice
白油灰 white putty
白釉 white glaze
白釉壁砖 white glazed wall tile
白釉侈口盘 <瓷器名> dish with white glaze
白釉褐斑 white glaze with brown mottles
白釉胶杯 white glazed latex cup
白釉刻花饕餮纹瓶 white glaze vase with carved Taotie design
白釉绿斑 white glaze with green mottles
白釉饰面 white glazed finish
白釉涂层 white glazed coat(ing)
白釉釉下黑彩 white glaze with underglaze black colo(u)rs
白釉终饰 white glazed finish
白鱼 white fish
白榆 American elm; dwarf elm; Siberian elm
白玉 Japanese frit; white jade
白玉雕刻品 white jade carving
白玉米 white maize
白月元胶 albumin(al) glue
白云花岗岩 muscovite granite
白云化石灰岩 dolomitic limestone
白云灰岩 dolomite rock; dolostone; dolomitic limestone
白云矿 beiyinite
白云母 ammochrysos; antonite; cat gold; common mica; katzensilver; mirror stone; muscovite; white mica
白云母玻璃 muscovite glass; muscovy glass
白云母薄片 isinglass; tale
白云母采矿 muscovite mining
白云母花岗岩 muscovite granite
白云母矿床 muscovite deposit
白云母片岩 muscovite schist
白云母石英岩 muscovite quartzite
白云母伟晶岩 muscovite pegmatite
白云母岩 muscovite rock
白云泥灰岩 dolomite-marl
白云杉 white spruce
白云石 bitter spar; dolomite; magnesian limestone; magnesian spar; magnesium limestone; marine Permian; mirror stone; pearl spar; pierite; taraspite
白云石饱和指数 saturation index of dolomite
白云石玻璃 dolomite glass
白云石大理石 dolomite marble
白云石大理岩 dolomite marble
白云石大砖 dolomite block
白云石煅烧炉 dolomite calcining kiln
白云石方解石碳酸岩 dolomite alvikite
白云石粉 dolomite dust; dolomite fines
白云石骨料 dolomite aggregate
白云石黑云碳酸岩 dolomite sovite
白云石化鲕粒灰岩 dolomitized oolitic limestone
白云石化硅质石灰石 siliceous magnesian limestone
白云石化灰岩 dolomitized limestone
白云石化内碎屑灰岩 dolomitized intraclast limestone
白云石化球粒灰岩 dolomitized pellet limestone
白云石化生物层灰岩 dolomitized biostratic limestone
白云石化生物礁灰岩 dolomitized bioherm limestone
白云石化生物屑灰岩 dolomitized bioclast limestone
白云石化团块灰岩 dolomitized lump limestone
白云石化作用 dolomitization
白云石灰 calcined dolomite in powder
白云石灰膏 dolomite plaster
白云石灰膏饰面 dolomite plaster finish
白云石灰岩 dolomite limestone
白云石集料 dolomite aggregate
白云石加工厂 dolomite processing plant
白云石胶结物 dolomite cement
白云石砾岩 dolomitic conglomerate
白云石-镁质耐火砖 dolomite-magnesite brick
白云石模 dolocast
白云石耐火制品 dolomite refractory product
白云石耐火砖 dolomite brick
白云石泥灰岩 dolomitic marl
白云石喷枪 dolomite gun
白云石溶解速度 dissolution rate of dolomite
白云石熔块 dolomite clinker
白云石烧结块 dolomite clinker
白云石石灰 dolomite lime
白云石熟料 clinker dolomite
白云石水泥 dolomite cement
白云石台屏 white marble table screen
白云石碳酸岩 rauhaugite
白云石碳酸岩类 rauhaugite group
白云石陶器 dolomite earthen-ware
白云石铁白云石菱镁矿方解石碳酸岩 dolomite ankerite magnesite alvikite
白云石铁白云石菱镁矿黑云碳酸岩 dolomite ankerite magnesite sovite
白云石投射机 dolomite-throwing machine
白云石制品 dolomite article
白云石质大理石 dolomitic marble; magnesian dolomitic marble
白云石质耐火材料 dolomite refractory
白云石质生石灰 dolomite quicklime
白云石质石灰 dolomitic(quick) lime; magnesia lime
白云石质石灰石 dolomite limestone; dolomitic limestone
白云石质(石)灰岩 dolomitic limestone
白云石质水合物 dolomitic hydrate
白云石砖 <其中的一种> dolofer
白云石砖压膜器 dolomite brick press
白云石碳酸岩 dolomite carbonite
白云岩 dolomite
白云岩储集层 dolomite reservoir
白云岩粉 dolomite flour
白云岩结核 dolomite concretion
白云岩矿床 dolomite deposit
白云岩脉 dolomite dike[dyke]
白云岩砂 dolomitic sand
白云岩相 dolomite facies
白云岩型铀矿石 U ore of dolomite type
白云岩岩溶 dolomitic karst
白云英岩 muscovite-quartz rock
白云质大理岩 dolomite marble
白云质灰岩 dolomitic limestone
白云质灰岩储集层 dolomite limestone reservoir
白云质砾岩 dolomitic conglomerate
白云质黏[粘]土岩 dolomite claystone
白云质砂 dolomitic sand
白云质砂岩 dolomite sandstone; dolomitic sandstone
白云质石灰岩 dolomitic limestone
白云质碳酸盐岩 dolomite carbonatite
白云质微晶灰岩 dolomicrite
白云质页岩 dolomitic shale
白云砖 dolomite brick
白噪声 <包括全部频率在内、频谱连续而又均匀的杂音> white noise; discrete white noise; flat noise
白噪声测量仪 white-noise measuring set; white-noise test set
白噪声测试仪 white-noise test set
白噪声大小 white-noise level
白噪声的噪声源 gas noise
白噪声发生器 flat noise generator; white-noise generator
白噪声激发 white-noise excitation
白噪声量 component of white noise
白噪声谱 white-noise spectrum
白噪声水平 white-noise level
白噪声信号 white-noise signal
白噪声作用过程 white-noise process
白噪音 white noise
白渣 white(line) slag
白樟油 camphor oil white; white camphor oil
白针柱石 leifite
白珍珠 venezuelan
白珍珠羔皮 white pearl lamb skin
白珍珠羔皮褥子 white pearl lamb skin plate
白真菌素 albofungin
白证券纸 white bond paper
白支【植】white ramus[复 rami]
白芝麻 white sesameseed
白脂晶石 fichtelite
白纸 plain sheet
白纸板 white(duplex) board
白纸测图 plane-table mapping
白纸黑字 in black and white
白质 white matter
白中略呈蓝色的 glaucous
白周期 white cycle
白昼 broad daylight; day; daylight; daytime
白昼班 day shift
白昼标志 day mark
白昼侧 day side
白昼大气辉光 day airglow
白昼导航线 day leading line
白昼灯标 daytime light
白昼分辨率 daytime resolution
白昼辐射率 daytime radiance
白昼高峰需求 peak daytime demand
白昼火流星 daylight fireball
白昼灵敏度 daytime sensitivity
白昼流星 daytime meteor
白昼流星群 daylight stream; daytime stream
白昼流星余迹 daytime train
白昼能见度 day visibility
白昼时间 daylight time; daytime hours <小时数>
白昼视觉 daylight vision; photopia [photopic] vision
白昼视觉响应 photopic response
白昼天空背景 daytime sky background
白昼天空透明度 daytime transparency
白昼位置 daylight position; day position

B

白昼效应 daylight effect
白昼信号灯 daylight signal
白昼行车 daylight driving
白昼装片 daylight filling
白昼作用距离 day range;daytime range
白侏罗纪【地】White Jura period
白侏罗统【地】White Jura
白珠油 gaultheria oil
白珠属 Gaultheria
白柱石 white beryl
白铸铁 white cast iron
白砖 white brick
白镏 pewter;trifle
白紫苏籽 white perilla seed
白紫铜 white copper
白棕绳 abaca rope;Manil(l)a hawser;Manil(l)a rope
白棕绳吊索 Manil(l)a web sling

百

百巴 <气压单位,相当于 10^7 帕斯卡> hectobar

百磅 <英> cental
百磅钞票 century
百磅重 cental
百宝箱 holdall
百倍 centuplicate
百倍的 centuple;hundredfold
百尺庙 <古希腊雅典城> hecatompedon
百等分数速限 <如 85% 车速,意指在 85% 车流量中所能达到的最大车速> percentile speed
百度表 centigrade scale
百分比 per census;per cent;percentage;per centum
百分比报表 common-size statement
百分比变化 fractional variation;percentage variation
百分比抽样检查 percent sampling inspection
百分比的 percentile
百分比读数 percentage registration
百分比费用 percentage fee
百分比分配 percentages distribution
百分比分析法 analytic(al) percents
百分比符号 percent symbol
百分比含量值 percentage content value
百分比基准 percentage basis
百分比抗沉密实度试验 percentage refusal density test
百分比浓度 percentage concentration
百分比皮重 percentage tare
百分比伸长率 percentage elongation
百分比条图 hundred-percent barchart
百分比误差 percentage error
百分比下降点 percentile
百分比协议 percent agreement
百分比谐波 percent harmonic
百分比圆形图 percentage pie chart
百分比柱形图表 percentage bar graph
百分标 centigrade scale
百分标准偏差 percentage standard deviation
百分标准误差 percentage standard error
百分表 dial ga(u)ge;dial indicator;indicating ga(u)ge
百分单位 centival
百分点 <百分率中相当于 1% 的单位> percentage point
百分点地图 mille map;percentage dot map
百分电导率 percentage conductivity
百分电抗 percentage reactance
百分电抗压降 percent reactance drop
百分度 centesimal graduation
百分度盘 hundreds dial
百分度热量单位 centigrade heat unit
百分度数 centigrade;centigrade degree;degree of centigrade;gon;gon grade
百分度温度 <℃> temperature degree of Centigrade
百分度制 centesimal system;centigrade;centigrade system
百分对比度 relative contrast
百分法 percentage;percentage method
百分法电桥 percentage bridge
百分分度 centesimal (circle) graduation
百分含量 percentage composition
百分含水率 percent moisture content
百分寒暑表 centigrade thermometer
百分号 percent sign
百分检测携带式探测计 percent-test portaprobe
百分校正 percent correction
百分精密度 percentage precision
百分均方偏差 percentage standard deviation
百分刻度 centigrade scale
百分刻度的 centigrade
百分率 centage;fraction;per cent;percentage
百分率比较 percentage comparison
百分率比较图 chart of percentage comparison
百分率表 one-hundred percent statement;percentage statement
百分率差动继电器 biased relay;percentage differential relay;ratio-balance relay;ratio-differential relay
百分率法 percentage method
百分率法折耗 percentage depletion
百分率分析法 percentage analysis method
百分率附加 percentage addition
百分率合同 percentage contract
百分率很高 high percentage
百分率基准 percentage basis
百分率校正 percentage correction
百分率试验 percentage test(ing)
百分率收益表 income statement
百分率损耗 percentage loss
百分率图 percentage chart;percentage map
百分率误差 percentage error
百分率运价 percentage rate
百分率折耗 percentage depletion
百分率折耗减免 percentage depletion allowance
百分率中相对分布量 percent abundance
百分率资产负债表 percentage balance sheet
百分面积法 percentage area method
百分浓度 percentage concentration;percent concentration
百分偏差 percentage deviation
百分频率 percentage frequency
百分坡度 percentage inclination;percent grade
百分清晰度 percent articulation
百分声级 percentile sound level
百分数 percentage
百分数表 percentage table
百分数补偿费用 <以施工费用的百分数计> percentage fee
百分数附加 percentage addition
百分数号 percent sign
百分数湿度 percentage humidity
百分数增加 percentage increase
百分天平 centesimal balance
百分条图 percentage bar chart;percentage bar diagram
百分透过率 percentage transmittance
百分透射率 percentage transmittance
百分位点 tercile
百分位数 centile;percentile
百分位数法 method of percentile;percentile method
百分位数曲线 percentile curve
百分位数值 percentile
百分温标 centigrade;centigrade (thermometric) scale
百分温标热单位 centigrade heat unit
百分温度 centigrade degree;centigrade temperature
百分温度标 Celsius scale;centigrade scale
百分温度表 centigrade temperature scale;centigrade thermometer
百分温度计 Celsius thermometer;centigrade thermometer
百分温度热单位 centigrade thermal unit
百分误差 percent error
百分吸收系数 percentage absorptivity
百分相对湿度 percentage relative humidity
百分异常 anomaly per centage
百分圆图 percentage circular chart
百分之百 a hundred percent;one-hundred percent
百分之百的 all to nothing;cent per cent
百分之百调制 one-hundred percent modulation
百分之百孔压法 hundred percent pore pressure ratio
百分之百所有权 wholly owned ownership
百分之百为贷款资金 one-hundred percent financing
百分之几 per cent;per centum
百分之十定律 law of ten percent
百分之十以上 double digit
百分之五十的规则 fifty percent rule
百分之五十的致死量 half lethal dose
百分之一 per census;percentile
百分之一八度音程 centi-octave
百分之一当量的 centinormal
百分之一当量浓度的 centinormal
百分之一的 centesimal
百分之一公亩 cent(i)are
百分之一秒 centisecond
百分之一升 centiliter[centilitre]
百分之一音程 centi-tone
百分止点密实度 percentage refusal density
百分制 centesimal system
百分制标 centesimal scale
百分制的 centesimal
百分制的度 centesimal degree
百分组成 percentage composition
百公尺 hectometer
百公斤 kintal
百公斤米 poncelet
百公升 kintal;quintal
百合 lily;lily bulb;lily root
百合白色 lily-white
百合粉 lily root flour
百合干 dried lily bulb
百合花饰 fleuron
百合木 <美洲> saddle tree
百花 hundred flowers
百花珠兰 chloranthus bouquet
百货采购点 one-stop shopping
百货大厦 department block
百货店 general shop;universal provider
百货公司 emporium
百货公司载客电梯 department store passenger lift
百货列车 depart-train
百货商店 baza(a)r;departmental store;department building;department store;general shop;general store
百货商店的顾客电梯 department store passenger elevator
百货商店巡视员 <美> floorwalker
百级碎 hundred-fold crackles;truite
百脚 centipede
百节 joints of the body on the whole
百进位的 centesimal
百进位符号 centesimal notation
百进位制 centesimal system
百科词典 encyclop(a)edic(al) dictionary
百科全书 encyclop(a)edia;thesaurus
百克 hectogram(me)
百里碘酚 thymol iodide
百里酚 thyme camphor;thymol
百里酚磺酸 thymol blue;thymolsulfonic acid;thymolsulfonphthalein
百里酚蓝 thymol blue;thymolsulfonphthalein
百里酚羧酸 thymol-carboxylic acid
百里酚酞 thymolphthalein
百里酚乙醚 thymol ethyl ether
百里酚油 thymol
百里酚紫 thymol violet
百里醌 thymoquinone
百里醌肟 thymoquinone-oxime
百里柠檬油 thyme lemon oil
百里酸 thymotic acid
百里酸酐 thymotic anhydride
百里酸锌 zinc thymotate
百里亭酸 thymotinic acid
百里烯 thymene
百里香 mother of thyme;thyme
百里香的 thymic
百里香油 thyme linaloe oil;thyme oil
百立方米 <法国通用> hectostere
百立方英尺 <木材材积单位,约合 2.83立方米> cunit
百米 hectometer
百米标 hectometer post;hundred-meter post
百米标记录簿 picket notebook
百米波 hectometer wave;hectometric wave
百米橛 main peg
百米桩【测】hectometer stake;main peg
百秒呼叫 hundred call seconds
百慕大高压 Bermuda high
百慕大浅台 Bermuda platform
百慕大群岛 Bermuda
百慕大(石油)沥青 Bermuda asphalt
百年 a hundred years;century
百年变化 centennial variation
百年不遇的风暴 hundred-year storm condition
百年不遇洪水 flood with a recurrence interval of more than one hundred years
百年的 centenary
百年洪水位 100-year flood water level
百年纪念 centenary
百年一遇 once in 100 years
百年一遇洪水 centennial flood;hundred-year once flood;returned flood of one hundred years;one-hundred-year flood
百年一遇洪泛平原 one-hundred-year floodplain
百年一遇频率洪水 hundred-year frequency flood
百年周期 secular cycle
百牛顿 hectonewton
百千克 kintal;quintal

百千克米 poncelet
百日菊属 zinnia
百升 hectoliter[hectolitre]
百市斤<中国和东南亚国家的一种重量单位,1担=50千克> picul
百岁图 age pyramid
百瓦 hectowatt
百瓦时 hectowatt hour
百万 mega;million
百万安 megampere
百万倍 millionfold
百万比特 megabit
百万泊<一种黏[粘]滞度单位> megapoise
百万车英里 million vehicle miles
百万次标准轴载 million standard axle
百万次浮点运算 megaflop
百万次指令运算每秒 mips million instructions per second
百万当量数 equivalents per million
百万的四次幂<英、德> quadrillion
百万度电 gigawatt hour
百万吨<核爆炸力单位> megaton
百万吨级 megatonnage
百万吨级油轮 megatanker
百万吨位 megatonnage
百万尔格 megaerg
百万二进制位 megabit
百万乏 megavar
百万分率 parts per million
百万分之几 parts per million
百万分之一<10^{-6}> micro;millionth;ppm[part per million]
百万分之一当量 equivalent per million
百万分之一伏 microvolt
百万分之一克 microgram
百万分之一秒 microsecond
百万分之一微米 micromicron
百万分之一英寸 microinch
百万伏 megavolt
百万伏安 megavolt ampere
百万赫 megahertz
百万加仑/年<1加仑=3.79升> million gallons/year
百万居里<1居里=3.7×10^{10}贝可> megacurie
百万克 megagram
百万秒差距 megaparsec
百万秒视差 megaparsec
百万年 megayear;million years
百万欧姆 megohm
百万千瓦小时 gigawatt hour
百万入境车辆 million entering vehicles
百万条指令/秒 million instructions per second
百万桶/日 million barrels per day
百万瓦 megawatt
百万瓦时 megawatt hour
百万位 megabit
百万字节 megabyte
百微克 hectogamma
百温标 centigrade scale
百业之人 the baker;the butcher;the candlestick maker
百叶 bean curd leaf
百叶板 chev(e)ron;louvered board;luffer board
百叶板条 chev(e)ron slat;slat
百叶窗 back-flap;blinds;blind window;dark jalousie;dark slatted blind;false window;gill;jalousie window;louver[louvre] window;persiennes;roller shades;shelter;shutter;sun blind;sun shade;window blind;window shutter;Persian blind;pierced louver<安装在门板上的>;brise soleil<用在热带地区>
百叶窗板 lever boards;louvered board;luffer board
百叶窗板清洗机 machine for cleaning shutter boards
百叶窗边框压条 extension blind stop
百叶窗玻璃 jalousie glass
百叶窗操纵杆 shutter operator;shutter worker
百叶窗翅片 louver fin
百叶窗出气口 louvered air outlet
百叶窗窗框 ground casing
百叶窗挡板 louver damper
百叶窗的垂直百叶板 vertical blind slat
百叶窗的垂直板条 vertical blind slat
百叶窗的卷动装置 rolling-up device of roller shutter
百叶窗的叶片 blind slat
百叶窗调节杆 shutter bar
百叶窗固定器 blind fast
百叶窗滚轴箱 slatted roller blind housing
百叶窗继电器 shutter relay
百叶窗架 blind window frame;louver window frame
百叶窗铰链 shutter butt
百叶窗进气口 louvered intake
百叶窗开关 shutter operator;shutter worker
百叶窗开关杆 shutter bar
百叶窗开关控制 shutter control
百叶窗扣 blind catch;blind fast;window-blind fastener
百叶窗框架 jalousie framing
百叶窗拉手 blind lift
百叶窗帘 shutter curtain
百叶窗帘板 blind slat
百叶窗门 shuttle door
百叶窗模具 louvering die
百叶窗片 lip;louvre blade;radiator shutters
百叶窗片控制器 blind operator
百叶窗散光照明 louver lighting
百叶窗式除尘器 corrugated precipitator;louver separator;slot scrubber
百叶窗式导流栅 louver vane
百叶窗式的 baffle type
百叶窗式电扇 louver fan
百叶窗式顶棚 louver all ceiling;louvered ceiling
百叶窗式翻斗壳型机 rainfall dump box machine
百叶窗式分离器 drying screen;louver separator
百叶窗式干燥器 louver drier[dryer]
百叶窗式航摄快门 louver shutter
百叶窗式快门 louver shutter
百叶窗式冷凝器 shutter condenser
百叶窗式燃烧室 louvered combustion chamber
百叶窗式收尘器 baffle type collector
百叶窗式条板 louvered slats
百叶窗式通风器 louver-type ventilator
百叶窗式通风筒 shutter type ventilator
百叶窗通风 louvre ventilation
百叶窗通风口 louver[louvre]
百叶窗匣 blind box;boxing;boxing shutter;box of shutters
百叶窗叶板 louvered battens
百叶窗叶片 louvre tablet;shutter blade
百叶窗遮板 jalousie screen
百叶窗遮蔽角 louver shielding angle
百叶窗中控制器 blind operator
百叶导流栅 louver vane
百叶吊帘 louvered overhang
百叶风口 air grill(e);ventilation louver[louvre];ventilation shutter
百叶卷折机 slat crimper
百叶孔通风的 louver ventilated
百叶帘 blinds;persiennes;shutter blind;Venetian blind
百叶帘幕板条 curtain lath;curtain slat
百叶炉箅 shutter grate
百叶门 blind door;jalousie door;louver door;louvered[louvre(d)] door;shutter door;slat door
百叶门操纵器 shutter door operator
百叶门操作 shutter door operation
百叶门导向杆 shutter door guide
百叶门高度 shutter door height
百叶门过梁 shutter door lintel
百叶门楣 shutter door lintel
百叶门门道 shutter doorway
百叶门门洞 shutter door aperture
百叶门页板 shutter leaf
百叶门页片 shutter(door)leaf
百叶门液压开关器 hydraulic shutter door operator
百叶片 louvered blade
百叶纱窗 louver screen
百叶式出风口 louver air outlet
百叶式出气口 louvered air outlet
百叶式挡板 louvered board
百叶式调节风阀 louver damper
百叶式进风口 louver intake
百叶式进气口 louvered(air)intake
百叶式空气散流器 louver diffuser
百叶式门<通风用> louvered door
百叶式摇门<半高的,饮食店用> louvered café door
百叶式闸门 shutter gate
百叶式照明 louvered lighting
百叶闩 shutter bar
百叶通风器<一种通风器> difusaire and difusic
百叶筒 shutter drum
百叶箱<气象观测用的> instrument shelter;louvered screen;shelter;thermometer shutter
百叶箱温度 screen temperature
百叶箱温度表 screen thermometer;shelf thermometer;shelter thermometer;thermometer shelter
百叶箱温度计 screen thermometer;shelf thermometer;shelter thermometer;thermometer shelter
百叶箱遮蔽的温度计 screened thermometer
百叶型风口 register
百叶栅遮蔽角 louver shielding angle
百叶障板 chev(e)ron baffle
百叶遮阳 louvered awning blind
百叶遮阳窗 jal-awning window
百亿分之几 parts per trillion
百亿亿 trillion
百元产值的利税率 profit and tax rates for every hundred Yuan of output value
百元产值工资含量包干 contracted quota of wage in every hundred Yuan output value
百元产值占用流动资金 circulating fund for every hundred Yuan of output value
百杂货 general cargo;general merchandise
百柱堂<波斯波利斯的> Hall of the Hundred Columns
百子莲 agipanthus

柏

柏丽雨衣 Burberry
柏邦棉 Burbon cotton
柏伯尔沥青 Barbary asphalt
柏格体 Burgers body
柏拉那松木 Parana pine
柏拉图年<分点绕黄道一周约为25800年> great year;Platonic year
柏里列顿木材容积计算法 Brereton scale
柏利变压器 Berry transformer
柏利地沥青 Berry asphalt
柏利式应变仪<一种用杠杆和千分表组成的手拉式应变仪> Berry strain ga(u)ge
柏利砖坯成型机 Berry machine
柏林白 Berlin white
柏林黑 Berlin black
柏林化学瓷 Berlin porcelain
柏林蓝 Berlin blue;Prussian blue
柏林路线引导与信息系统<德国> Leit and Information System Berlin
柏林绿 Berlin green
柏谟得斯地沥青<委内瑞拉柏谟得斯湖产的天然沥青> Bermudez (lake) asphalt
柏姆型回声测深仪 Behm lot
柏木 cedar;Chinese weeping cypress;cypress;mourning cypress
柏木粉 joss powder
柏木甲醚 cedramber
柏木脑 cedrol
柏木油 cedar wood oil;oil of cedar wood
柏木柱子 cypress-wood column
柏琴合成 Perkin's synthesis
柏琴夹具 Perkin's jig
柏瑞-奥赛特气体分析器 Burrel-Orsat apparatus
柏瑞气体分析器 Burrel apparatus
柏氏桁架桥 Pratt-truss bridge
柏氏太阳方位表 Burdwood's sun's azimuth table
柏属 cypress;Cupressus<拉>
柏树 Chinese weeping cypress;cypress
柏树油 cupressin;cupressus oil;cypress oil
柏松属 cypress pine;dark pine
柏烯 cupressene
柏型纹孔 cupressoid pits
柏亚尔惹氏内线 Baillarger's internal line
柏亚尔惹氏日线 Baillarger's lines
柏亚尔惹氏外线 Baillarger's external line
柏油 artificial asphalt;asphaltum;asphaltum oil;chian;coal-tar oil;mineral pitch;oil pitch;oil tar;pitch;tar pitch;wood tar
柏油拌和机 tar mixer;tar mixing machine
柏油饱和状态 tar saturation
柏油保护层材料 tar protective coat(ing)
柏油泵 tar pump
柏油薄型屋顶材料纸 tar sheet roof(ing)felt
柏油布 asphalt jute
柏油成品屋面材料 tar prepared roofing
柏油臭味 tarry smell
柏油处理过的薄型屋面材料纸 tar prepared sheet roofing paper
柏油处治的 tar-treated
柏油处置的 tar-treated
柏油丛林 asphalt jungle
柏油打底 tar base
柏油打底的屋顶防腐层 tar base roof preservative
柏油道路 asphalt street
柏油的衍生物 derivative of tar
柏油豆石屋面 tar-and-gravel roofing
柏油帆布 tarpaulin;tarpaulin canvas;

B

tar sheet
柏油防腐剂 tar-oil preservative
柏油防水纸 tarpaulin paper
柏油盖层 tar coat(ing)
柏油干处理渗透碎石路面 tar dry process penetration macadam
柏油干渗透铺面材料 tar dry penetration surfacing
柏油罐 tar pot
柏油锅 asphalt heater
柏油壶 asphalt kettle
柏油混合料 <一种冷铺柏油混凝土混合料> Tarvialithic
柏油混凝土 tar concrete
柏油混凝土铺面 tar concrete pavement
柏油加固处理 tar stabilization
柏油加热器 tar heater
柏油浇底层 tar base
柏油浇灌机 tar-dressing machine
柏油浇灌碎石路面 tar-grouted surfacing
柏油胶 mineral tar
柏油胶合料 tar cement
柏油接缝填料 tar joint runner
柏油结合的 tar-bonded
柏油结合料 tar binder
柏油结合碎石路面 tar-bound surface
柏油浸透的 tar-impregnated;tar saturant
柏油浸透物 tar impregnation;tar saturator
柏油矿渣 tar slag chippings
柏油沥青黏[粘]土管封口合成物 tar pitch clay pipe sealing compound
柏油路 asphalt road; bitumen surfaced road;bituminous road;blacktop(ped) road;oil mat road;pitchy road;tar coated road;tarred road
柏油路面材料 tarmac;tar macadam
柏油路面磨耗层 tar carpet
柏油麻布 asphalt jute
柏油麻绳 tarred marline;tarred rope
柏油麻绳止水 tarred rope sealing
柏油马路 bituminous street
柏油毛毡 tarred felt
柏油黏[粘]结的 tar-bound
柏油黏[粘]结料 tar cement
柏油黏[粘]结柔性铺面 tar-bound flexible pavement
柏油跑道 tar-mac runway
柏油喷洒车 tar spraying vehicle
柏油喷洒机 tar sprayer;tar spraying machine
柏油铺路 petrolize
柏油铺路碎石 tar road metal
柏油铺面 tar pavement;tar paving
柏油铺面机 tar finisher
柏油清漆 china varnish
柏油熔化炉 tar boiler
柏油乳液 tar emulsion
柏油砂 tar sand
柏油砂混合料 tar sand
柏油砂石屋顶 tar-gravel roofing
柏油烧锅 tar kettle;tar pot
柏油渗透的碎石路面 tar penetration macadam
柏油绳密封材料 tar rope sealing
柏油石渣层 tar-macadam binding course
柏油水泥黏[粘]结料 tar cementing agent
柏油碎石 tar broken rock;tar broken stone; tarred macadam; tarviated macadam
柏油碎石道路材料制造厂 tar-macadam plant
柏油碎石路 coated macadam;tarred macadam road;tarviated macadam road;tarmac;tar macadam
柏油碎石路面 tar-macadam pavement
柏油碎石屋面料 tar-and-gravel roofing
柏油填缝料 tar filler
柏油填缝条 tarred joint runner
柏油调拌器 tar mixer
柏油调和机 tar mixer
柏油桶 tar barrel;tar bucket;tar pail
柏油涂料 tar paint
柏油屋顶材料产品 tar roofing product
柏油屋面 tar roofing
柏油稀释剂 tar flux
柏油舀勺 tar dipping ladle
柏油预饱和 tar pre-saturated
柏油预浸 tar pre-impregnating
柏油毡 pitched felt;tar rag felt;tarred felt
柏油罩面 tar coat
柏油罩面部件 tar-coated unit
柏油罩面单元 tar-coated unit
柏油罩面的石灰石 tar-coated limestone
柏油罩面的碎石 tar-coated broken stone;tar-coated crushed rock
柏油罩面的碎岩 tar-coated broken rock
柏油罩面构件 tar-coated unit
柏油罩面铺路碎石 tar-coated roadmetal
柏油罩面砂 tar-coated sand
柏油罩面设备 tar-coated unit
柏油罩面碎片 tar-coated chip(ping)s
柏油罩面小块 tar-coated chip(ping)s
柏油脂 black pitch;candle pitch
柏油纸 asphalt paper;pitched paper;rubbed pitched kraft paper;sheathing paper; tar-impregnated paper; tarred paper
柏油纸覆盖路基 tar paper subgrade treatment
柏油纸覆面 tar paper cover
柏油帚(刷) tar brush

摆板泵 wobble plate pump

摆泵 pendulum pump
摆臂 oscillating arm; rocker ram; swing(ing) arm
摆臂缸 feed swing-jaw
摆臂式集材机 swing boom configuration skidder
摆槽 swivel(l)ing chute
摆测硬度 pendulum hardness
摆测硬度计 pendulum sclerometer
摆差 run-out tolerance
摆长 length of pendulum; pendulum length
摆车 <对照货位或货仓门以便装卸>【铁】spot car;spotting
摆程 swing
摆秤 pendulum scale
摆出正反面理由 pros-and-cons
摆锤 balance weight;pendulum bob; swing hammer
摆锤补偿杆 compensation bar
摆锤冲击法 pendulum impact method
摆锤冲击机 pendulum impact machine
摆锤冲击试验机 Charpy impact machine
摆锤打光机 pendulum jigger
摆锤打桩机 pendulum hammer; pendulum machine
摆锤法 swinging hammer method
摆锤(法)冲击强度 pendulum impact strength
摆锤(法)冲击试验 pendulum impact test
摆锤粉磨机 pendulum pulverizer
摆锤粉碎机 hammer swing mill
摆锤粉碎机组 mud hog
摆锤杆 pendulum rod
摆锤辊子 pendulum roller
摆锤磨 swing hammer mill
摆锤润滑器 pendulum oiler
摆锤式测功计 pendular dynamometer
摆锤式测功器 pendulum dynamometer
摆锤式冲击强度 Charpy impact strength
摆锤式冲击试验 Charpy impact test; pendulum impact test
摆锤式冲击试验机 Charpy impact tester; Charpy pendulum; pendulum impact tester;pendulum impact testing machine
摆锤式打桩机 pendulum pile driver
摆锤式粉碎机 swing beater pulverizer;swing hammer pulverizer
摆锤式功率计 pendular dynamometer;pendulum dynamometer
摆锤式摩擦试验机 pendulum-type friction machine
摆锤式磨机 swing hammer mill
摆锤式黏[粘]度计 pendulum visco(si)meter
摆锤式破碎机 swing(ing) hammer crusher
摆锤式强力试验机 pendulum strength tester
摆锤式倾斜传感器 pendular inclination sensor
摆锤式试验仪 pendulum tester
摆锤式双翻板阀 double pendulum flap gate
摆锤式碎石机 swinging hammer crusher
摆锤式碎土机 mud hog
摆锤天平 pendulum balance
摆锤压榨机 pendulum press
摆锤硬度 pendulum hardness
摆锤支座 swing bearing
摆的 semi-rotary
摆的挠曲 pendulum flexure
摆的振动 pendulum vibration
摆动 hunting vibration; jiggle; labo(u)ring;lurch;oscillating motion; oscillating movement; oscillation; oscillatory motion;pendular oscillation; pendulation; pendulum vibration; rocking; shimmy; shuttling motion; slew; sway; swing(ing); vibrate; vibration; wobble; wobbling;libration <天平平衡前的>
摆动 U 形夹 swinging clevis
摆动板 oscillating deck; oscillating plate; pendulum plate; swinging shield
摆动板和螺旋式排肥器 reciprocating plate and worm type distributor
摆动板式给料机 swinging plates feeder
摆动板式搅拌机 wobble plate mixer
摆动半径 swing radius
摆动泵 oscillating pump
摆动篦式冷却器 reciprocating grate cooler
摆动篦条筛 rocker grate
摆动臂(板) swinging arm
摆动臂机构 oscillating arm mechanism
摆动臂取件器 swinging arm extractor
摆动波 oscillating wave; oscillation wave;trochoidal wave;wave of oscillation
摆动波痕 oscillation ripple mark;oscillatory ripple mark; wave ripple mark
摆动波形 trochoidal form;trochoidal waveform
摆动槽 swing trough
摆动测力器 pendulum dynamometer
摆动测深 swinging sounding
摆动叉 swinging fork
摆动叉起重机 swing fork lift
摆动叉式装草捆机 swinging fork type bale loader
摆动长度 <绳的> length of lay
摆动车轮 wabbly wheel
摆动称法 weighing by swings
摆动承梁 swing bolster
摆动承梁连杆 swing bolster link
摆动齿轮 wobble gear
摆动齿条式冷床 rocker-type cooling bed
摆动冲击试验机 pendulum impact tester
摆动吹风机 oscillating-base fan;pivoting fan
摆动锤 pendulum; ripple hammer; whipple hammer
摆动磁针 horizontal force instrument;horizontal vibrating needle
摆动磁针仪 vibrating needle; vibration magnet meter
摆动挡板 swing gate
摆动刀架 <刨床的> clapper(box)
摆动刀架滑块 <刨床> clapper block
摆动刀架轴销 <牛头刨床的> clapper pin
摆动的 pendular;vibratory
摆动电风扇 oscillating fan
摆动电刷 oscillating brush
摆动电压 swing voltage
摆动垫圈 oscillating washer
摆动叨纸牙 swinging grippers
摆动吊杆装卸方式 swing boom system
摆动吊挂 swing hanger
摆动吊挂装置 swing hanger
摆动吊架 swing hanger
摆动动作 <斜盘驱动的> wobbling action
摆动段扫描 swing-section scan
摆动锻造法 rocking die method
摆动额(度) swing
摆动扼流圈 swing choke
摆动颚 jawstock;swing jaw
摆动颚偏心轴 jawstock shaft
摆动颚式破碎机 swing jaw crusher
摆动阀 rocker valve
摆动法 swing method
摆动法罗盘校正 compass calibration; swinging ship
摆动反光镜 rocking mirror;swinging mirror;swing-in-mirror
摆动范围 hunting range;limit of oscillation; oscillation limit; range of oscillation
摆动分隔片 pendulum slip
摆动幅度 amplitude of fluctuation; amplitude of swing
摆动负荷 swinging load
摆动负载 oscillatory load
摆动干扰波痕 wave interference ripple mark
摆动杆 flirt; swing arm; tumbling rod;wabbler;oscillating rod
摆动杆枕梁 swing link bolster
摆动缸体 tilting cylinder block
摆动给料器 swinging feeder; swing spout
摆动固有周期 natural period of swing
摆动关节连接装置 oscillating hitch
摆动观测 oscillation observation
摆动管式喷灌机 oscillating-pipe sprinkler
摆动光栅 rocking grating

摆动光楔 swing wedge
摆动函数 oscillating function
摆动焊 weave beading;weaving welding
摆动焊道 weave bead
摆动航迹 oscillating track
摆动河床 channel twisting;divagation channel;twisting channel
摆动河道 channel twisting;divagation channel;twisting channel
摆动荷载 oscillating load
摆动滑轮 swing sheave
摆动环 pendular ring
摆动换向齿轮 tumbler gear
摆动机构 swing mechanism;tilting mechanism
摆动极限 oscillation limit
摆动继电器 astatic relay
摆动加料器 shaking feeder
摆动架 swing span
摆动假说 wobble hypothesis
摆动交错波痕 oscillation cross ripple mark
摆动角 angle of oscillation;pivot angle;swing angle
摆动绞车 swing winch
摆动铰销 oscillating pivot pin
摆动界限 oscillation limit
摆动进料器 oscillating feeder
摆动锯 oscillating saw;swinging saw
摆动拉幅机 jig stenter
摆动缆 swing wire
摆动离合器 swing clutch
摆动犁 oscillating plough
摆动犁铧 reciprocating share
摆动理论 trochoidal theory
摆动力量 swinging strength
摆动力偶 rocking couple
摆动连接杆 swing link
摆动链杆 pendulum member
摆动梁 oscillating beam;walking bar;walking beam
摆动量 amount of eccentricity;oscillating quantity
摆动溜槽 swivel(l)ing chute
摆动流嘴 swing spout
摆动炉排 tipping grate
摆动路刷 oscillating brush
摆动率 rate of oscillation
摆动轮 wobble wheel
摆动罗盘 swinging compass
摆动螺钉 oscillating screw
摆动落煤管 traversing chute
摆动马达 semi-rotary actuator
摆动马桶钩 swing clevis
摆动码纸器 jogger
摆动锚 swing anchor
摆动锚定装置 hold-down-or-up
摆动门扉 pendulum leaf
摆动面 oscillating plane;plane of oscillation
摆动摩擦 wobble friction
摆动碾压法 swinging die method
摆动碾压机 rotary forging machine;swinging die press;wobble rolling machine
摆动拍频方法 wiggle-beat method
摆动抛光机 wig-wag tool
摆动偏心筛分器 oscillating and eccentric sifter
摆动频率 hunting frequency;oscillation frequency
摆动期 shaking period
摆动汽缸 oscillating cylinder
摆动器 vibrator;wabbler;wig-wag
摆动迁移 swing migration
摆动强度 swinging strength
摆动桥【机】oscillating axle
摆动桥墩 hinged pier;rocker-pier
摆动桥锁闭 oscillating axle locked
摆动桥脱开 oscillating axle unlocked
摆动曲柄 wobble crank
摆动曲柄杆 oscillating crank lever
摆动曲柄装置 oscillating crank gear
摆动曲线 swing curve
摆动润滑器 oscillation lubricator
摆动撒布管 reciprocating spout
摆动三角刀 triangular oscillating blade
摆动筛 oscillating riddle;pulsating screen;reciprocating screen;riddler;rocking sieve;sand shifter;shaking screen;swinging screen;swinging sieve;vibrating grizzly;vibrating screen
摆动筛架 shake mill
摆动筛砂机 sway sand screen
摆动设备 rocking apparatus
摆动射流 oscillating jet
摆动升降台 pendulum table;tilting table
摆动湿度计 sling hygrometer
摆动时间 duration of oscillation;time of oscillation
摆动式倍增器 pendulum multiplier
摆动式泵 wabble pump
摆动式测力计 pendulum dynamometer
摆动式测力仪 pendular dynamometer
摆动式铲斗 swing dipper shovel
摆动式冲击板 oscillating impinge plate
摆动式除渣机 oscillating strainer
摆动式传动装置 oscillating drive
摆动式传送机 rocker conveyer[conveyor]
摆动式粗滤机 oscillating strainer
摆动式弹簧锁闩 swinging latch bolt
摆动式导向架 swinging lead
摆动式捣固机 oscillating tamper
摆动式的 shuttle-type
摆动式地震仪 pendulum seismograph
摆动式电压调整器 vibrator voltage regulator
摆动式风机 oscillating fan
摆动式给料机 jig feeder;swinging feeder
摆动式供料 shuttle-type feed
摆动式管接头 swivel coupling
摆动式辊 oscillating roller;rocking roll(er);tilting roll(er)
摆动式后桥轴 oscillating axle
摆动式混凝土振动器 pendulum concrete vibrator
摆动式间苗机 oscillating thinner
摆动式搅拌器 oscillating agitator
摆动式精研机 oscillating lapping machine
摆动式锯床 swing cross-cut sawing machine
摆动式拉幅机 jig stenter
摆动式联结装置 swinging drawbar
摆动式炉箅子 reciprocating grate
摆动式轮胎碾压机 wobble wheel roller
摆动式轮胎压路机 oscillating pneumatic roller;wobble wheel roller
摆动式抹平梁 oscillating finishing beam
摆动式排量泵 oscillating displacement pump
摆动式刨煤机 activated coal plough
摆动式喷灌机 oscillating sprinkler
摆动式喷雾管 oscillated spray line
摆动式皮带输送机 swinging belt conveyer[conveyor]
摆动式平板给料机 wobble plate feeder
摆动式平板喂料机 wobble plate feeder
摆动式气胎路碾 oscillating pneumatic roller
摆动式气胎压路机 oscillating pneumatic roller
摆动式牵引杆 swing-type draw bar
摆动式钳 pendulum pliers
摆动式桥门 rocking portal
摆动式取样器 oscillating sampler
摆动式撒布机 pendulum-action spreader;pendulum-type distributor
摆动式湿饲料搅碎机 swinging wet masher
摆动式输送带 swing belt conveyer[conveyor]
摆动式输送机 rocker conveyer[conveyor];shaker conveyer[conveyor];swing conveyer[conveyor]
摆动式天线 rocking horse antenna
摆动式挺杆 swinging lead
摆动式挖掘机 oscillating digger
摆动式喂料机 swinging feeder
摆动式下旁承 roiling rocker side bearing
摆动式悬挂装置 oscillating hitch
摆动式压实器 swing-type ram
摆动式液压马达 oscillatory motor
摆动式圆锯 oscillating circular saw;pendulum circular saw
摆动式运输机 shaking conveyer[conveyor];swinging conveyer[conveyor]
摆动式轧机 oscillating rolling mill
摆动式闸门 swinging gate
摆动式振动积算表 pendulum meter
摆动式支架 oscillating mast
摆动式止回阀 swing check valve
摆动式装干草机 oscillating(-bar) hay loader
摆动试验 swing test
摆动输送盘 swinging delivery tray
摆动衰减 roller fading
摆动双杆操作 swinging derricks
摆动双键 oscillating double bond
摆动水 pendular water
摆动水柜 <破冰船上产生强制摆动用> heeling tank
摆动水位 pendular stage
摆动水跃 oscillating jump
摆动速度 swing speed
摆动随动件 oscillating follower
摆动损失 hunting loss
摆动探头 hunting probe
摆动天线 rocking horse antenna
摆动调节器 pendulum governor
摆动凸轮 oscillating cam;rocker cam;swing cam
摆动凸轮盘 oscillating cam gear
摆动托架 rocking bracket
摆动稳索 slewing guy
摆动蜗杆传动 swing worm drive
摆动误差 stagger error;swing error
摆动系数 wobble coefficient
摆动限度 limit of oscillation
摆动箱体 tilting block;tilting box
摆动销 rocking pin
摆动小波 trochoidal ripple
摆动效应 hunt effect;pendulum effect;wobble effect
摆动楔 swinging wedge
摆动卸料槽 swivel(l)ing chute
摆动心 core pendulum
摆动信贷 swing credit
摆动行程 oscillation stroke
摆动旋转试验 pendular rotatory test
摆动液压缸 rotary actuator
摆动液压马达 rotary actuator
摆动仪 oscillator;oscillometer;swing meter
摆动溢流管 return swing arm drip
摆动游丝 spring balance
摆动圆 swing circle
摆动圆锯 pendulum circular saw
摆动圆锯机 oscillating circular saw
摆动运动 oscillating motion;oscillating movement;pendulum motion
摆动载荷 oscillating load
摆动闸门 pendulum shutter
摆动栅 shaking screen
摆动支架 swinging bracket;swinging mounting
摆动支距 swing offset
摆动支枢 <转向架> swing pivot
摆动支座 gantry pillar;pendulum bearing;pivot bearing;rocker shoe;socketed stanchion;swing bearing;swing link carrier;rocker bearing
摆动指示器 oscillation direction indicator
摆动中心 center[centre] of oscillation;oscillation center[centre]
摆动周期 hunting period;oscillation period;period of oscillation;period of pendulation;period of undulation
摆动轴 axis of swing;oscillating axle;oscillating shaft;pivot axis;stirring shaft;swinging axis;walking bar
摆动轴承 oscillation bearing;pendulum bearing
摆动轴颈轴承 oscillating journal bearing
摆动轴线 axis of oscillation;swinging axis
摆动柱 gantry column
摆动柱塞式捡拾压捆机 swing ram baler
摆动爪 rocking jaw
摆动爪扣 swing knuckle
摆动转移托架 swinging delivery tray
摆动装置 pendulous device
摆动子继电器 pendulum relay
摆动作用 average position action;wobble effect
摆斗式清沟机 swinging-bucket ditch cleaner
摆斗式输送机 swing bucket conveyer[conveyor]
摆度 swing;throw
摆度仪 swing meter
摆渡 ferriage;ferry
摆渡车 ferry push car;tractor car
摆渡船 ferry boat
摆渡费 ferry fee
摆渡服务 ferry service
摆渡交通 ferry traffic
摆渡设施 ferry structure
摆渡式集装运输 ferry system
摆渡艇 shore boat
摆锻开坯机 swing-forging machine
摆阀 swing valve
摆法 pendulum method
摆放金刚石 position diamond
摆放样式 <金刚石在钻头上的> spacing pattern
摆放钻杆 <钻塔内> racking of drill pipe
摆幅 amplitude(of oscillation);arc of swing;excursion;oscillation amplitude;range of oscillation
摆幅改正 arc correction;correction for amplitude of pendulum;pendulum correction
摆幅观测仪 ampliscope
摆幅记录仪 ampligraph
摆幅仪 ampligraf;ampliscript
摆杆 pendulum bar;pendulum rod;sway bar;sway rod;swing link;swing stem
摆杆步犁 swing plough;swing plow
摆杆滑块曲柄机构 oscillating block slider crank mechanism;swinging block slider crank mechanism

摆杆急回运动 swinging block quick return motion
摆杆曲柄连杆机构 lever crank mechanism;quadric crank mechanism
摆杆式转壁双向犁 turnwrest swing plow
摆杆四杆链系 swing block four bar linkage
摆杆销 swing link pin
摆杆硬度 pendulum(-rocker) hardness
摆杆硬度计 pendulum hardness tester;rocker hardness tester;swinging beam hardness tester
摆杆硬度试验机 pendulum hardness tester
摆杆支座 rocker-bar bearing
摆杆阻尼试验 pendulum damping test
摆缸 tilt cylinder
摆缸式发动机 oscillating engine
摆缸式原动机 oscillating cylinder type prime mover
摆管 swing pipe
摆管架 laydown rack;pipe rack(ing stand);rack pipe
摆管器 locator of pipe;pipe locator
摆辊炉箅 rocker grate
摆辊式机械化立窑 mechanized shaft kiln with pendulum roller
摆辊式卸料装置 roller pendulum discharge device
摆弧 arc of oscillation;balance arc;swinging arc
摆弧限制板 cycloidal chop
摆环式传动机构 wrist-action drive
摆环式转速计 tilting ring tachometer
摆簧 pendulum spring
摆回式安全器 swingback release
摆夹板 balance cock
摆架 rocker
摆架共振 sway of support
摆角 angle of swing;swing(ing) angle;tilt angle
摆角缸 feed swing-jaw
摆节器的摆动 hunting of governor
摆锯 drunken saw;goose saw;pendulum saw;radial(arm) saw;swinging cross cut saw;wobble saw;swing saw
摆卡 oscillation pin;rocker keeper
摆开无碍 swinging off clear
摆口水头 <水龙头的> swivel outlet head
摆块 rocker;rocking coupler support <车钩装置>
摆块吊 <车钩装置> rocking coupler support hanger
摆块框 rocker frame
摆块链系 swing block linkage
摆块式旁承 pendulum side bearing;rocker side bearing
摆阔性消费 conspicuous consumption
摆梁 balance arm
摆梁骑马钉 walking beam saddle pin
摆轮 balance wheel;escapement;escapement wheel;floating wheel;wobbler
摆轮锤 oscillating weight
摆轮夹板 balance cock
摆轮轮缘 balance rim
摆轮平衡工具 poising tool
摆轮平衡器 balance poising
摆轮式高速混砂机 speed muller
摆轮式混砂机 centrifugal muller;sand muller;speed muller;whirl mix
摆轮式轮胎碾压机 wobble wheel roller
摆轮式压路机 wobble wheel roller
摆轮调整螺母 timing nut
摆轮误差 balanced error
摆轮心轴 balanced mandrel
摆轮游丝表 balance-wheel watch
摆轮游丝的末圈 overcoil
摆轮游丝精密计时计 balance spring chronometer
摆轮转动惯量比较仪 inertia comparator
摆轮状态 balanced state
摆螺钉 balance screw
摆门 swing door
摆门式给料机 stirrup feeder
摆碾机 rotary forging press
摆盘式活塞泵 swash plate pump
摆盘式流量计 nutating-disk meter
摆盘式水表 nutating-disk meter;wobble-disk meter
摆偏转指示器 swing indicator
摆频 wobble frequency
摆频信号发生器 wobbulator
摆频振荡器 sweep generator;wobbulator
摆平投标 level tendering;policy clause
摆日 pendulum day
摆设 garniture;upholster
摆矢 pendulum vector
摆式安全器 pendulum grip gear
摆式测力计 pendulum-type dynamometer
摆式测坡器 pendulum gradient indicator
摆式测坡仪 pendulum clinometer;pendulum gradient indicator
摆式测斜仪 pendulum clinometer;pendulum gradient indicator
摆式叉式装卸车 swing fork lift
摆式车辆 pendulum car
摆式车体 tilting body
摆式车体倾斜机构 banking system
摆式冲击量 Izod value
摆式冲击试验机 Charpy impact tester;Charpy pendulum;pendulum impact tester;pendulum(-type) impact testing machine
摆式触发器 pendulous type trigger;pendulumtype trigger
摆式传感器 pendulum sensor
摆式垂球 pendulum plumb bob
摆式磁强计 pendulum magnetometer
摆式打桩锤 swinging pile hammer
摆式单干装置 single slewing derrick
摆式导管 pendulum leader
摆式吊车 pendulum crane
摆式抖动器 balance agitator
摆式颚板 swing jaw crushing plate
摆式发码器 pendulum-type coder
摆式飞剪 rocking fly shears
摆式风速表 pendulum anemometer
摆式浮标 pendulum floater
摆式复式磨床 oscillating sander
摆式给料机 pendulum feeder
摆式给料器 pendulum feeder;swinging feeder;swinging spout
摆式滑块 pendulum guide
摆式回转压缩机 pendulum rotary compressor
摆式混凝土振捣器 pendulum concrete vibrator
摆式货车 rocker wagon
摆式机械 rocker-type machine
摆式继电器 pendulum-type relay
摆式加速表 pendulous accelerometer
摆式加速度计 pendulum accelerometer
摆式减速计 pendulum decelerometer
摆式减振器 pendulum damper
摆式减震器 oscillating type vibration damper
摆式剪 rocking shears
摆式剪板机 swing-type plate shears
摆式搅拌器 balance agitator
摆式锯 oscillating saw;swing saw
摆式流速计 hydrometric pendulum
摆式流速仪 hydrometric(al) pendulum;pendulum hydrometer;pendulum type current meter
摆式六分仪 pendulum sextant
摆式轮胎压路机 oscillating pneumatic roller
摆式磨粉机 pendulum-type ring roll pulverizer;Raymond ring roller mill
摆式耙路机 pendulum-type(mechanical) rake
摆式配重 pendulum counterbalance;pendulum damper
摆式喷雾器 pendulum spray
摆式破碎机 Huntington mill;pendulum crusher
摆式起重机 pendulum crane
摆式倾斜仪 pendulum inclinometer;pendulum tiltmeter
摆式取样器 pendulum-type sampler
摆式热锯 rocking-type hot saw
摆式砂带磨床 oscillating sander
摆式上翻门 up-and-over door of the swing-up type
摆式时间继电器 pendulum-type time relay
摆式试验仪 pendulum tester
摆式输送机 pendulum conveyer[conveyor];swing conveyer[conveyor]
摆式塑性计 pendulum plastometer
摆式调节 pendulum control
摆式调速器 pendulum governor
摆式陀螺积分加速表 pendulous gyro integrating accelerator
摆式陀螺加速表 pendulous gyro accelerometer
摆式陀螺仪 pendulous gyroscope
摆式望远镜照准仪 pendulum telescope alidade
摆式喂料机 pendulum feeder
摆式喂料器 pendulum feeder
摆式斜度仪 pendulum clinometer
摆式悬吊管子 pendulum pipe hanger
摆式悬挂 pendulum suspension;pendular suspension
摆式压光机 pendulum rolling machine
摆式压力机 pendulum press
摆式压力计 pendulum manometer
摆式硬度计测定的硬度 pendulum sclerometer hardness
摆式硬度试验机 pendulum hardness tester
摆式运送机 pendulum conveyer[conveyor]
摆式造波器 pendulum-type wave generator
摆式轧机 pendulum mill;rocker swaging machine
摆式照准仪 pendulum alidade
摆式支撑 pendulum support
摆式支座 rocker bearing
摆式重力仪 pendulum gravimeter
摆式轴承 pendulum bearing
摆式转数计 pendulum-type tachometer
摆式撞击器 balance agitator
摆式钻具 <防止孔斜> pendulum drill-assembly
摆艄角 amount of yaw;yawing angle
摆水准 pendulum level
摆弹簧 pendulum spring
摆调节器 pendulum governor
摆头电扇 oscillating fan
摆头印刷机 tilting head press
摆脱 cast off;extrication;shake off;shaking off
摆脱他船 shake off the other ship
摆稳 bed down
摆线 cycloid;epicycloid;pendulum wire;trochoid
摆线摆 cycloidal pendulum
摆线泵 cycloidal pump;Gerotor pump
摆线波 cycloidal wave;trochoidal wave
摆线波剖面 trochoidal profile
摆线齿 cycloidal teeth
摆线齿轮 cycloidal gear;cycloid system gear
摆线齿轮滚刀 cycloidal gear hob
摆线齿轮减速电动机 cycloidal gear reducing motor
摆线齿轮磨齿机 cycloidal gear grinding machine
摆线齿轮油液压马达 cycloid gear hydraulic motor
摆线拱 cycloidal arch
摆线管 chrochtron;chronotron;trochoid;trochotron
摆线轨迹 cycloidal path
摆线减速齿轮 cycloid reduction gear
摆线轮齿 cycloidal gear teeth;cycloid wheel tooth
摆线螺旋运动 cycloidal helical motion
摆线磨齿机 cycloid gear grinding machine
摆线啮合 cycloidal gearing;cycloidal toothing
摆线曲线 cycloidal curve
摆线式回转分度台 cycloidal type rotary index units
摆线式气表 cycloidal gas meter
摆线推进器 cycloidal propulsion
摆线式行星齿轮减速机 cycloidal planetary gear speed reducer
摆线凸轮 cycloidal cam
摆线形螺旋桨 cycloidal propeller
摆线叶片推进器 cycloidal blade propeller
摆线圆柱 cycloidal cylinder
摆线运动 cycloidal motion;trochoidal motion
摆线针轮电动机 cycloidal needle wheel type motor
摆线针轮减速箱 cycloidal pinwheel reduction box
摆线质量分析仪 trochoidal mass analyser[analyzer]
摆线质谱仪 cycloidal mass spectrometer
摆线柱面 cycloidal cylinder
摆线转子(液压)马达 orbit motor
摆向量 pendulum vector
摆心 pivot center[centre]
摆性 pendulosity
摆修正陀螺仪 modified pendulum gyroscope
摆旋泵 cycloidal pump
摆旋鼓风机 cycloidal blower
摆样运动 pendulum-like movement
摆仪 pendulum apparatus;pendulum instrument
摆仪测量 pendulum determination;pendulum survey
摆仪动力温度改正 dynamic(al) temperature correction
摆仪基准 pendulum basis
摆仪架弯曲 pendulum flexure
摆仪重力测量 pendulum gravity measurement;pendulum gravity survey
摆仪重力点 pendulum point;pendulum station
摆仪重力基准 pendulum basis
摆仪重力值 pendulum value
摆仪座 pendulum support
摆原理 pendulum principle

摆枕吊 suspension rod
摆振 hunt
摆振阻尼器 shimmy damper
摆支距 swing offset
摆值 British portable skid-resistance number
摆值仪＜英＞ pendulum-type portable skid resistance tester
摆质量 pendulum mass
摆钟 pendulum clock
摆钟外壳 casing for pendulum clock
摆周期 pendulum period
摆轴 balance staff;pendulum shaft
摆轴铰销 oscillating pivot pin
摆轴精研机 oscillating spindle lapping machine
摆轴支柱 pendulum stanchion
摆轴支座 pendulum bearing
摆柱 hinge pedestal
摆柱墩(柱)pendulum column
摆柱接头 rocker joint
摆柱支座 pendulum bearing
摆转起重架 guyed derrick
摆锥 pendulum cone
摆钻 bit stock brace
摆座 hinged pier; rocking pier; tumbler

败

败废 blight

败废区 blighted area
败酱烯 patrinene
败色 off-shade

拜

拜伯冰期 Biber glaciation

拜伯-多瑙间冰期 Biber-Donau interglacial stage
拜垫 hassock
拜恩丁锌合金 binding metal
拜尔比层 Beilby layer
拜尔定律 Baer's law
拜尔(方)法 Bayer process; Byer's process
拜尔工艺 Bayer process
拜尔石 bayerite
拜尔氧化铝 Bayer alumina
拜尔张力学说 Baeyer strain theory
拜格赖夫计算尺 Bygrave slide rule
拜金主义 mammonism
拜三水铝石 bayerite
拜韦二反向极性亚带 Biwa 2 reversed polarity subzone
拜韦三反向极性亚带 Biwa 3 reversed polarity subzone
拜韦一反向极性亚带 Biwa 1 reversed polarity subzone
拜物教 fetishism
拜物教徒 fetishists
拜占廷式高柱帽 dossoret
拜占庭＜镶嵌艺术＞ Byzantine
拜占庭教堂入口处附属教堂 antiparabema
拜占庭式 Byzantine style
拜占庭式建筑 Byzantine architecture;Byzantine building
拜占庭式教堂 Byzantine church
拜占庭式艺术 Byzantine art
拜占庭式圆穹顶 Byzantine dome
拜占庭式住宅 Byzantine house
拜占庭式柱 Byzantine column
拜占庭式柱头 Byzantine capital;capital of Byzantine

扳

扳柄 trigger piece

扳叉 spanner fork
扳导线钳 draw tongs
扳倒开关 throw-over switch;tumbler
扳道(岔)set the points
扳道电话 switchman's telephone
扳道房【铁】switchman's cabin; junction signal box;pointsman's cabin
扳道工房【铁】switchman's cabin
扳道工(人)【铁】pointsman; switchman;switch tender;rail shunter
扳道机 switch stand;track shifter
扳道握柄 throwing lever
扳道员【铁】pointsman; shunter; switch tender;switchman
扳道员扳动道岔 turnout switched by switchman
扳动发动机 trip engine
扳动杆 throw rod
扳动机构 trip gear
扳动轴 throw shaft
扳动装置 trip gear
扳动装置轴 trip shaft
扳断 switching-off
扳法 pulling and turning
扳杆加力器 bar assistor
扳钩 pickaroom;pike pole
扳过 throw over
扳过头 overstroke
扳回 reversing
扳机 cocking lever;trigger
扳机点 trigger point
扳机机构 trigger gear;trigger mechanism
扳机卡榫 trip
扳机力 trigger pull
扳机 trigger
扳机喷雾器 trigger release spray pump
扳机延伸杆 trigger extension
扳机状指 digits recellens; snap-finger;snapping finger;trigger finger
扳机座 trigger housing
扳键 lever-type key;pile-up;stack
扳键开关 key-lifting switch
扳键式(集中)联锁架 switch-type interlocking frame
扳紧 wrenching
扳紧柄 tension lever
扳紧器 spanner;wrench
扳紧器螺帽 spanner nut
扳开 switching-off
扳口开度 size of jaw
扳链手扳葫芦 ratchet hoist
扳满舵 hard helm;hard over
扳钮 switch knob
扳钮开关 paddle level switch; toggle switch
扳起位置 cocked position
扳钳 Mexican speed wrench;spanner; wrench;knuckle buster
扳钳叉头 wrench jaw
扳钳工(人)wrencher
扳桥梁交叉支撑 spanner
扳手 clutch; detent; dog; knuckle buster;spanner;wrench
扳手阀(门)key valve
扳手方头 drive square
扳手盖阀 cap wrench valve
扳手架 dies handle
扳手卡面 wrench flats
扳手开度 spanner opening;wrench opening
扳手开口 spanner opening; wrench clearance;wrench opening
扳手开口宽度 width across flats
扳手空位 wrench clearance
扳手孔 driving hole; spanner hole; Tommy hole
扳手螺母 spanner nut
扳手钳口 jaw of spanner
扳手切口 wrench flats
扳手套筒 wrench socket
扳手头 driving end
扳手钻夹头 spanner drill chuck
扳头 spanner;wrench
扳头尖尾木螺丝 lag screw
扳头螺栓 wrench-head bolt
扳腿推拿手法 leg-pulling
扳妥的转辙器 switch lined properly
扳牙 bolt die; die; thread chaser; threading die
扳牙扳手 die stock;die holder
扳牙架 screw stock
扳牙绞手 die stock
扳牙(切)头 die head
扳牙梳刀 die chaser
扳闸式互通电话机 lever line selector interphone
扳直机 opener
扳转 throw over
扳子 nut-wrench;spanner;wrench
扳子开度 wrench opening
扳钻 ratchet(bit)brace;ratchet drill; twist drill

班

brigade;squad

班报表 party report;tour report
班伯里密闭式混炼机 Banbury mixer
班伯里密炼机 Banbury mixer
班伯里重型双轴混合机 Banbury mixer
班布里奇反射 Bainbridge reflex
班布里奇质谱仪 Bainbridge's mass spectrograph
班产量 shift output
班长 chief of gang;chief of party;chief of team;gang-boss;gang leader
班长台 chief operators desk;monitor's desk;supervisor's desk
班车 regular bus
班车客运 scheduled bus transport
班车箱 truck liner
班船 liner
班次 duty; frequency of service; shift;trick
班次密度 frequency of service
班达瓦累斯风 Vendavales
班德劳氏气褥 Bandeloux's bed
班都氏环 Bandl's ring; contraction ring of uterus
班戈统【地】Bangor Series
班工 man-shift
班硅锰石 bannisterite
班机 aerial liner;aerobus;airliner;liner; regular air service; scheduled flight
班机货物 liner cargo
班机旅客 flight passenger
班基式水轮机 Banki turbine
班吉＜中非共和国首都＞ Bangui
班计划 shift operating plan
班加西港＜利比亚＞ Port Benghaz
班进尺【岩】per-shift drilling depth
班克式水轮机 Banki turbine
班克斯澄清池 banks clarifier
班克松 Banksian pine
班轮 berth liner;line post;liner;liner vessel;regular liner;regular steamship service;regular shipping
班轮船主 berth owner
班轮到岸条款 cost, insurance and freight liner terms
班轮费率 berth rate;liner rate
班轮公会 shipping conference
班轮公会准会员 associate members of shipping conference
班轮公司 liner company
班轮货物 berth cargo;liner cargo;liner goods
班轮提单 liner bill of lading
班轮条件 liner term
班轮条款 berth term;liner term
班轮业务 liner service
班轮运费表 liner's freight tariff
班轮运价 liner freight
班轮运价表 liner's freight tariff
班轮运输 liner transport
班尼斯达尔板岩 Bannisdale Slates
班努特打桩机＜液压锤＞ Banut piling rig
班期 regular schedule
班人员 crewman
班森＜透气率单位＞ Bansen
班苏安山岩 santorinite
班特统【地】Bundsandstein;Bunter
班运输计划 shift transport plan
班珠尔＜冈比亚首都＞ Banjul
班卓轴 banjo axle
班桌琴式挂钟 banjo clock
班组 gang; group; party; shift and team; squad; team; teams and groups
班组长 gang foreman;ganger＜建筑施工专业队的＞
班组成员 party member
班组工长 unit-foreman
班组工作 team work
班组核算 shift-group accounting
班组核算员 worker accounting clerk in shift-group
班组计件制 gang piece work system; group piece work system
班组记录单 gang sheet
班组经济核算 economic accounting of group; shift and group business accounting; team economic accounting
班组人员 crew
班组协作键 team-work key

颁

颁布 enact; enactment; issuance; promulgate

颁布法令的通告 statutory notice
颁布现行法规 issuance of the current code
颁发 issuance;promulgation
颁发规章 issuance of regulation
颁发奖金 bestow a prize
颁发许可证 issue of licences[licenses]
颁发证书 issuance of certificate
颁发执照 issue of licences[licenses]
颁奖大会 award-giving meeting
颁行 issuance for enforcement

斑

斑桉 spotted gum

斑白的 grizzled;hoar
斑驳 mottling
斑驳的 pied
斑驳腐朽 mottled rot
斑驳结晶片岩 mottled schist
斑驳器＜带有颜色条纹的陶器＞ splashed ware
斑驳生铁 mottled(pig)iron
斑驳硬木＜从黄色到棕色的,产于菲律宾＞ narig
斑驳朱古力棕色硬木＜印度产＞ thinwin
斑驳状态 piebaldism
斑彩(珠光)颜料 flamenco pigment
斑点 black spot;blob;burl;dab;macula[复 maculae]; maculation; mottle; patch; pock mark; smudge; speck; speckle; spot; spottiness; stain;tache;fleck＜钢材表面缺陷＞; scab＜一种浇铸缺陷＞
斑点白云岩 spotted taraspite

B

斑点斑岩 spotted porphyry
斑点板岩 spotted slate
斑点玻璃 tubercular corrosion
斑点测量 spot measurement
斑点成像 stigmatic image
斑点大小 spot size
斑点大小分辨率 spot-size resolution
斑点度 spottiness
斑点反应 spot reaction
斑点分析 spot analysis
斑点腐蚀 dot etching; tubercular corrosion
斑点构造 spotted structure
斑点光泽彩 splashed luster[lustre]
斑点花纹 grivelle
斑点花纹涂装法 speckled finish
斑点混合岩 stictolite[stiktolith]
斑点抗核因子 speckled anti-nuclear factor
斑点面积 stippled area
斑点木纹 mottled grain
斑点暖异常 spotted warm anomalies
斑点片岩 spotted schist
斑点侵染 spot infection
斑点色谱 spot chromatography
斑点砂岩 spotted sandstone
斑点闪烁 smudging
斑点式贯入度仪 plaque-type penetrameter
斑点式贯入计 plaque-type penetrameter
斑点式误差指示器 spot error indicator
斑点试验 <测定地沥青材料均匀度用> spot test
斑点试验板 spot test plate
斑点搪瓷 mottled enamel
斑点跳动 spot dancing
斑点图像 measles
斑点涂层 prime in the spots
斑点涂装法 mottling
斑点污染试验 spot stain test
斑点显色剂 location reagent
斑点效果 mottled effect; speckle effect
斑点效应 mottled effect; speckle effect
斑点型 spotted type
斑点页岩 mottled schist
斑点有效面积 effective area of stain
斑点釉 mottled glaze; speckled glaze; splashed glaze
斑点与条带相间的木纹 raindrop figure
斑点云母 cataspilite
斑点再浓集现象 spot reconcentration
斑点噪声 speckle noise
斑点砖 brindled brick
斑点状分布性 patchiness
斑点状构造 spotted structure
斑点状积雪 patch snow cover
斑点状胶结物结构 spotted cement texture
斑点状阴影 mottling
斑点状组织 spotted texture
斑点总数 dropout count
斑蝶 milkweed butterfly
斑厄姆公式 Banghum formula
斑腐 mottled rot
斑骨状琥珀 mottled osseous amber
斑痕 black spot; splodge; splotch; spotiness
斑痕试验 stain test
斑红色 fletton
斑红砖 fletton
斑花大理岩 calciphyre
斑迹 mottling; pressure mottling
斑迹比色滤纸 stain colo(u)rimetric test paper
斑迹现象 mottled effect
斑礁 patch reef
斑结状【地】maculose
斑结状岩石 maculose rock
斑晶【地】phenocrystal; inset; phanerocrystal; porphyritic crystal
斑晶胶凝型组织 porphyropectic fabric
斑晶矿物 phenocrystal mineral
斑晶质 phenocrystalline
斑晶组构 porphyrotopic fabric
斑鸠 culver
斑鸠菊油 vernonia oil
斑块 plaque
斑粒结构 porphyrogranulitic texture
斑羚 goral
斑流岩 nevadite
斑马 zebra
斑马带 zebra stripe
斑马法 zebra crossing method
斑马横道 zebra crossing; zebra marking
斑马纹 zebras; zebra stripe
斑马纹木 <产于西非> zebrawood
斑马纹人行横道 zebra crossing
斑马线 <画有黑白相间条纹的人行横道> zebra crossing; zebra lines; zebra marking
斑马线控制区 zebra controlled area
斑马线人行横道线 zebra crossing
斑马仪 zebra instrument
斑马状炉顶 zebra roof
斑皮桉 spotted eucalyptus
斑片试验 patch test
斑色 roan
斑色的 versicolo(u)r(ed)
斑砂岩 bunter sandstone; new red sandstone
斑闪花岗岩 kammgranite
斑伤 poker burn
斑试验 patch test
斑苏粗安岩 toscanite
斑苏玄武岩 peleeite
斑贴试验 patch test
斑铜矿 bornite; erubescite; peacock ore; phillipsite; purple copper ore; variegated copper ore
斑铜矿矿石 bornite ore
斑秃 alopecia areata
斑脱土 bentonite
斑脱土泥浆 bentonite mud; bentonite slurry; water-bentonite slurry
斑脱岩 bentonite
斑纹 brinded; maculation; mottle; mottled grain; patch; speckle; streak(ing); stripe
斑纹病 ring spot
斑纹玻璃 agateware; chipped glass; marble(d) glass; variegated ware
斑纹彩色显像管 zebra tube
斑纹瓷砖 speckled tile
斑纹大理石 calciphyre
斑纹带 mottled zone
斑纹的 brinded
斑纹干涉测量 speckle interferometry
斑纹干涉像 specklogram
斑纹干涉仪 speckle interferometer
斑纹干涉照相机 speckle camera
斑纹桦木 masur birch
斑纹技术 speckle technique
斑纹剪切干涉测量法 speckle-shearing interferometry
斑纹木 zebrano; zebrawood
斑纹泥灰岩 <美> Keuper marl
斑纹漆 dapple coating; speckled coating
斑纹器 speckled ware
斑纹器皿 clouded ware
斑纹饰面 flecked surface finish
斑纹陶器 pebble ware
斑纹图样 speckle pattern
斑纹问题 speckle problem
斑纹乌木 Andaman marble; marblewood
斑纹细粒 fleck
斑纹效应 speckle effect
斑纹心 tabby cat heart; thrust breast heart; tiger heart; tiger lily heart
斑纹釉 dappled glaze; variegated glaze
斑纹釉艺术陶器 spatter ware
斑纹照相术 speckle photography
斑纹砖 <含铁质黏[粘]土> brindled brick
斑纹装饰 speckle finish
斑纹(装饰)器皿 variegated ware
斑纹状表面 speckled surface
斑纹着色 variegated colo(u)r
斑污 blotchy
斑霞正长岩 pulaskite
斑屑 phenoclast
斑形脱发 alopecia areata
斑玄武岩 inninmorite
斑牙 dental plaque
斑岩 porphyre; porphyrite; porphyritic rock; porphyry
斑岩的 porphyritic
斑岩基质 porphyritic filler
斑岩块石 porphyry rubble
斑岩沥青混凝土 porphyry asphaltic concrete; porphyry bitumen concrete
斑岩钼矿床 porphyry molybdenum deposit
斑岩钼矿床模式 model of porphyry molybdenum deposit
斑岩凝灰岩 porphyritic tuff
斑岩砂 porphyritic sand
斑岩砂砾 porphyry gravel
斑岩石板 porphyry slab
斑岩铜矿 porphyry copper
斑岩铜矿床 copper porphyry deposit; porphyry copper deposit
斑岩铜矿床模式 model of porphyry copper deposit
斑岩型含铜钼建造 porphyry-type copper and molybdenum-bearing formation
斑岩型金矿床 porphyry-type gold deposit
斑岩型锡矿床 porphyry-type tin deposit
斑岩柱 porphyry column
斑叶 dotted leaf; variegated leaf
斑叶桉 leatherjacket eucalyptus
斑叶品种 variegated variety
斑叶植物 variegate-leaved plant
斑影 fleck; mottling
斑釉 mottled enamel
斑釉病 dental mottling
斑釉涂层 mottled glazed coat(ing)
斑杂构造 taxitic structure
斑杂混合岩 merismite
斑杂条带状假流纹构造 taxitic-streaked pseudofluidal structure
斑杂岩 taxite
斑杂状构造 mottled structure
斑杂状矿石 mottled ore
斑痣盘菌 <拉> Rhytisma
斑竹 mottled bamboo; spotted cane
斑竹壳 spotted bamboo sheath
斑砖 <两端色彩不匀的建筑砖,用于饰面> flare header
斑状变晶 porphyroblast
斑状变晶的【地】porphyroblastic
斑状变晶结构 porphyroblastic texture
斑状玻璃 vitrophyric glass
斑状的 porphyritic
斑状高层云 altostratus maculosus
斑状构造【地】porphyritic structure
斑状花岗岩 porphyritic granite
斑状花纹 mottle figure
斑状花釉装饰 mottling
斑状结构 porphyritic texture; speckled texture
斑状晶间的 intersertal
斑状空化 spot cavitation
斑状沥青 porphyritic bitumen
斑状模式 patchlike pattern
斑状特征 speckled feature; speckled signature
斑状铜矿 porphyry copper
斑状岩 rice stone
斑状盐渍分布 sporadic distribution of salinity
斑状云 maculosus
斑状组构 porphyritic fabric
斑状组织 porphyritic texture
斑卓琴式气压表 banjo barometer
斑渍 blotchy; discolo(u)ration
斑渍清除 spot removal

搬

搬把式门拉手 lever handle
搬场车 pantechnicon
搬场工人 mover
搬程 lead
搬出轨道的升降转运设备 off-tracking lift transfer
搬出轨道外 offtrack
搬到船边 carting to shipside
搬到船边的搬运费 cartage to shipside
搬到使用地点 move to point-of-use
搬道机 track shifter
搬动检验 move to check-count
搬钩 cant hook; dog; handling hook
搬货费用 handling charges
搬货用的搭钩 stevedore hook
搬家 change of residence; displacement of families
搬开 carry off
搬空 evacuate; evacuation
搬空地方 evacuated space
搬棉手钩 cotton hook
搬钮开关 toggle switch
搬瓶车 gas cylinder carrier
搬迁 relocation; removal
搬迁安置费用 relocation settlement cost
搬迁补助付款 relocation grant payment
搬迁对象登记 relocation workload
搬迁房屋 displaced structure
搬迁费 compensation for removal; moving cost; moving indemnity; relocation payment
搬迁工时 moving time
搬迁工作量 magnitude of relocation
搬迁人口 population relocated
搬迁任务 relocation workload
搬迁诉讼 dispossess proceedings
搬入费 carrying-in expenses
搬上轨道 <手摇车、手车> on-track
搬桶机 drum handler
搬位 <指绳索、锚链的掉头或改变受磨部位> freshen
搬物扣手 handling slot
搬下轨道设备 off-track equipment
搬行李工人 <车站> porter
搬移 removal
搬移保证书 removal bond
搬移点 handing-over point
搬移费 moving charge; shifting charges; lift on/off charge; removal charge
搬移钢轨机 rail removing device
搬移管道 pipe placing
搬移者 remover; shifter
搬运 carry; cartage; carting; handlage; handling; haul(age); hauling; moving; physically handling; portage; porterage; tote; transference; transportation

搬运变形 handling strain
搬运表土 transported regolith
搬运材料 handling of materials;materials hauling
搬运车 caravan; carrying pushcart; cart; conveyancer; porter; transfer car; truck; van
搬运沉积 transportation deposit
搬运沉重物料用的凹形推土板 heavy material bowldozer
搬运成本 landed cost
搬运尺寸 transport dimension
搬运处 cartage department
搬运的材料 material to be conveyed
搬运登记簿 cartage book
搬运吊车 transfer crane
搬运堆垛车 carrier-and-stacker
搬运方式 transportation mode
搬运方向 transportation direction
搬运废料 waste cartage
搬运废物 waste cartage
搬运费(用) amount of handling; carriage expenses; cartage; cartage expenses; handling charges; haulage; porterage; removal expenses; trucking expenses; drayage; portage; truckage; handling expenses
搬运分析 analysis of shifting products
搬运服务(车站) porterage service
搬运钢筋 reinforcement for handling
搬运港 cartage port
搬运工 carter; dragman; haulier; remover; trucker; truckman
搬运工具 caddy; haulage appliance
搬运工库房 <码头的> docker; stevedore's warehouse
搬运工(人) <指码头作业工人> docker; porter; stevedore; master porter; bearer; carrier; loader; remover
搬运工人用具及更衣室 stevedores gear and change house
搬运工室 porter's room
搬运公司 cartage company; haulage company; porterage company; removal contractors; transport company
搬运管理 management of shifting products
搬运管子夹钳 pipe handling tongs
搬运灰泥、砖瓦的工人 hodman
搬运灰泥砖瓦工 hod carrier
搬运机 carrying implement; handler
搬运机构 transporting mechanism
搬运机链 conveyer chain
搬运机械 handling machinery; hauling unit
搬运计时 gang hour
搬运介质 transportation medium
搬运距离 transportation distance
搬运力 transportation power
搬运联营公司 van pool
搬运量 transportation amount
搬运木材 logrolling
搬运木材工人 deal porter; strapper
搬运木杆杠 <带钩的> cant hook
搬运能力 transported capacity; transporting capacity; transporting force; transporting power
搬运抛锚汽车的卡车 pick-up truck
搬运铺路小方石 porphyritic paving sett
搬运起重机 transfer crane
搬运汽车 carrier vehicle; removal van
搬运器 carrier
搬运侵蚀速度 transporting erosive velocity
搬运人 car; porter
搬运人员 mover
搬运设备 handling equipment; handling facility; haulage equipment; loader
搬运设备小修车间 light repair shop for hauled stock
搬运设施 handling facility; handling installation; handling plant
搬运时间 handling time
搬运事业 haulage business
搬运顺序 running landing numbers
搬运速度 conveying velocity; transporting velocity <泥沙的>
搬运速率 transported rate
搬运索 handling guy
搬运条件 handling condition
搬运通知 handling information
搬运土 transported soil
搬运物 load; portage
搬运系统 handling system
搬运线 handling line
搬运箱 heavy-duty crate; tote box; tote-bin <集装箱的别名>
搬运小车 hand truck; jim
搬运行李 porterage
搬运许可证 cartage note
搬运业 cartage undertaking; porterage
搬运业务 cartage service
搬运应力 handling stress; hauling stress
搬运营力【地】agent of transportation
搬运用垃圾箱 carrying waste container
搬运用拖拉机 baulage tractor
搬运与保管费用 cost of handling and storing inventory
搬运站台面积 shipping platform area
搬运罩 shipping cover
搬运者 belt conveyer[conveyor]
搬运中心 handling center
搬运装卸过程 transportation and handling procedure
搬运装置 handler; handling attachment; handling device
搬运作业 handling operation
搬至仓库储存 transport to stock storage
搬钟 clock transportation
搬装 handling and loading
搬钻 nipping

板 board; plank

板背 back-board; back of board
板壁 brattice; partition of native style; siding; wooden partition(wall); battened wall
板壁材料 <房屋的> siding material
板壁压力中心 panel center of pressure
板边 edge; plate edge; ribbon edge
板边保护带 edge strip
板边插接器 edge-card connector
板边抽吸 edge pumping
板边地震 plate boundary earthquake
板边焊 flanged edge weld
板边唧泥 edge pumping
板边加工 edge preparation
板边加工机床 edge-dressing machine
板边检查 inspection of plate edges
板边角度 bevel angle
板边校直公差 alignment tolerances of plate edges
板边控制装置 edge control device
板边裂纹 crack vent; edge crack
板边密封 <胶合板> exterior finishing
板边刨床 plate edge planing machine
板边拼接 joint edge
板边欠厚 <板边厚度不足> dubbing
板边切割 plate edges cutting
板边撕裂 rip-in
板边头开槽 plow groove
板边细磨 edge fine grinding
板边缘翘曲 wavy edge
板冰 cake ice; ice cake
板柄 trigger
板柄钩 pad hook
板波 Lamb wave; plate wave
板玻璃 panel glass; plate glass
板材 deal board; deals and boards; lumber; planking; plank stuff; plates; plate stock; sheet material; sheet
板材保温 board-type insulation; slab insulation
板材标号 plate marking
板材标准 plates specifications
板材车间 slab yard
板材成型机 sheet-forming machine
板材成型液压机 hydraulic sheet metal forming press
板材冲床 plate-punching machine
板材处理 plate working
板材的几何配置 geometric(al) arrangement of the plates
板材的翘曲 camber of sheet
板材的弯折 dings
板材的制备 preparation of plates
板材的最小厚度 minimum thickness of plate
板材等级 panel grade
板材吊车 plate crane
板材吊顶 panel ceiling
板材堆垛 baling
板材翻转机 plate turnover
板材荷载试验 plate load test
板材厚度 plate thickness
板材厚度规 lumber ga(u)ge
板材划线机 plate marking machine
板材计量单位 board measure; board foot
板材加工 plate processing; plate work
板材加工车间 plate processing shop
板材加工工作 plate work
板材加工机械 plate-working machine
板材夹具 plate grip
板材夹钳 plate gripping tongs
板材检查 plate inspection
板材矫正机 plate flattening machine
板材校平机 plate-leveling machine
板材锯 head saw
板材锯架 deal frame
板材卷边 curling
板材卡尺 plate ga(u)ge
板材抗戳性能试验 mullen
板材抗酸性能试验 mullen
板材拉伸矫平机 sheet stretcher
板材拉深试验 drawing test
板材连接 plate connection
板材量尺 board measurement feet
板材量具 plate ga(u)ge
板材码垛条隔通风法 sticking
板材挠曲 camber of sheet
板材黏[粘]辊 gathering
板材刨边机 plate edge planer
板材翘曲 bow warping
板材切割 cutting plate
板材切割以后的转移标准 markings transfer after cutting plates
板材热矫直机 hot mangle
板材容积单位 board foot
板材(上凸)纵向挠曲 crook warping
板材深冲(成型)【机】deep drawing
板材湿润法 humidification
板材试验 plate test
板材试验机 plate testing machine
板材树 board tree
板材双面弯折 dogleg
板材四面折边单元 sheet-metal four edge folding cell
板材碎片 plate scrap
板材涂漆机 sheet-coater
板材弯边机 plate flanging machine
板材弯曲试验 flat-bend test
板材弯曲试验机 flex tester
板材弯曲试验器 flex tester
板材弯折 ding
板材屋顶 plate roof
板材屋面防水 sheet water-proofing
板材压合机 jointing press
板材压合扣 jointing press
板材运输起重机 plate-handling crane
板材轧机 plate mill
板材折叠试验 doubling test
板材制板厂 board mill
板材中心部分增厚 crowning
板材自动弯曲机 plate automatic bender
板槽式换热器 plate groove exchanger
板层 flag
板层骨 lamellar bone
板层建造 fakes
板层颗粒 lamellated granule
板层砂岩 flagstone
板层状 flaggy
板层状节理 slab-layered joint
板车 block truck
板撑墙坝 slab and buttress dam
板撑式墙坝 slab and buttress type dam
板承刚度 plate rigidity
板承压试验 <土壤的> plate bearing test
板承(载)试验 plate bearing test
板承值 <土基的> plate bearing value
板尺 <一英尺见方一英寸厚,1 千板尺 = 2.36 立方米> board(measure) foot; board rule; feet board measure
板尺计算 board measure
板翅管 plate-fin tube
板翅式换热器 plate-fin heat exchanger
板翅式空气加热器 plate-fin coil
板翅式盘管 plate-fin coil
板翅元件的预处理 preprocessing of plate-fin elements
板翅元件的组装 assembly of platefin elements
板窗 window blind
板床 plank bed
板垂震源 hydroseism
板椿尖端 bevel point of sheet pile
板错位 slab staggering
板搭接 lap of splice
板大梁 plate girder
板带材中心部分增厚 crowning
板带式运输机 slat conveyer[conveyor]
板道 <铺在堑壕底的> duck board
板的安装空隙 edge spacing; end spacing; panel spacing
板的凹陷 lacuna
板的边端支承 edge support
板的边模 edge form
板的边缘 deck edge
板的边缘保护带 edge banding
板的变厚部分 thickened portion of the slab
板的变形 slab deflection
板的不齐边皮 waney edge
板的层积 sheet lamination
板的成型 slab forming
板的尺寸 plate size
板的出挑 slab projection
板的钢吊环 slab collar
板的厚度 thickness of plate
板的挤压 sheet extrusion

板的夹具 slab grab(bing) equipment
板的剪切机 slab shears
板的劲度 plate stiffness; stiffness of plate
板的卷曲 curling of slabs
板的力矩 plate moment
板的模壳 slab form(work)
板的挠度 slab deflection
板的挠曲 slab deflection
板的企口接合 rabbet joint
板的曲度 buckling of plate
板的生产标志 panel mark
板的试验 test slab
板的凸出 overriding of slab
板的弯曲 bending of plate
板的悬伸 slab projection
板的压曲 buckling of plate
板的应力 slab stress
板的有效宽度 effective width of slab
板的折曲 buckling of plate
板的支撑 slab prop
板的周边 slab circumference
板凳 bench; stool; wooden bench
板碲金银矿 muthmannite
板电泳(现象) plate electrophoresis
板垫法承载力试验 plate bearing test
板垫圈 plate washer
板雕窗花格 plate tracery
板吊顶 boarded ceiling
板叠翻转机 sheet pack turnover
板钉框架 plank frame
板顶面 top of slab
板顶棚 boarded ceiling
板动断层 wrench fault
板端错台 faulting of slab ends
板端搭接 panel end lap
板端接迭法 butt lap; end lap
板端捻缝凿 sharp iron
板端台级 <因垂直位移而形成的> stepping-off of slab ends
板端相对垂直错动 <路面的> fault of slab ends
板端移动式接缝 end movement joint
板堆垛机 plate piler
板对扭曲变形的抗力 racking resistance
板垛 straight sheet pile
板阀 plate valve
板阀控制器 flapper-valve controller
板沸石 willhendersonite
板分隔墙 plate partition(wall)
板缝 slab joint
板缝盖网 fly wire
板缝配筋 slab-joint reinforcement
板幅变动 snake
板刚度 panel stiffness
板钢 plate steel; slab steel
板高度 ceiling height; plate height
板格支承 floor joist bearing
板根 buttress; meniscus [复 menisci/meniscuses]; onion
板工 sheeting
板拱 barrel arch; plate arch
板拱渡槽 plate arch aqueduct
板拱桥 slab arch bridge
板拱桥的拱圈 <横截面高度小于宽度的> arch barrel
板构镶木细工 plate(d) parquet
板构造物 plate work
板固定系统 plate anchoring system
板管式冷凝器 plate and tube condenser
板管式蒸发器 tube-in-sheet evapo(u)rator
板规 contour ga(u)ge; flat ga(u)ge; plate ga(u)ge; sheet(-metal) ga(u)ge
板规体系 sheet ga(u)ge system
板轨 plaque rail; plate rail; sheeting rail
板涵 slab culvert
板和板条 board and batten
板和侧石压制机 slab and kerb press
板和瓷砖压制机 slab and tile press
板和瓷砖研磨机 slab and tile grinder
板荷载极限承载力 ultimate plate load capacity
板荷载试验 plate load test
板桁 plate girder
板横撑 slab bolster
板后布线 back panel wiring
板厚 slab thickness; thickness of slab
板厚测定 measurement of plate thickness
板厚范围 thickness range
板环链 plate link chain
板簧 band spring; cup spring; leaf mechanical spring; plate(-form) spring
板簧夹 bridle
板簧卡 leaf spring slip
板簧连接螺栓 dolly bolt
板簧悬挂装置 spring hanger
板簧压力表 plate spring pressure ga(u)ge
板簧支座 spring carrying block
板簧中心楔 center[centre] nib
板簧总成 plate spring assembly
板簧座 spring block
板辉锑铅矿 semseyite
板积测量 board measure
板积计(算) board measure
板极 anode; plate electrode; positive pole
板极变感器 plate variometer
板极变压器 plate transformer
板极电池 plate battery
板极电流峰值 peak plate current
板极电路效率 plate circuit efficiency
板极电路阻抗 external plate impedance
板极电容 plate capacitance
板极电势 plate potential
板极电位 plate potential
板极电压 plate voltage
板极电源 B power supply; B-source; plate supply
板极电源滤波器 plate supply filter
板极电渣焊 electroslag welding with plate electrode; plate electrode slag pool welding
板极电阻 plate resistance
板极定流调制 Heissing modulation
板极端子 plate terminal
板极断路器 plate circuit breaker
板极堆焊试验 strip overlay welding experiment
板极扼流圈 plate choke coil; plate inductor
板极反电压 plate inverse voltage
板极负载 anode load
板极负阻管振荡器 plate dynatron oscillator
板极耗散 anode dissipation
板极辉光 anode light
板极回路 anode loop
板极间距 plate clearance
板极间阻抗 plate-to-plate impedance
板极检波 plate detection
板极检波伏特计 plate-detection voltmeter
板极检波器 plate(circuit) detector; plate rectifier; transrectifier
板极检波特性曲线 transrectification characteristic
板极检波真空管电压表 plate-detection type vacuum tube voltmeter
板极键控法 plate keying
板极截止电流 plate cut-off current
板极脉冲调制发射机 plate-pulsed transmitter
板极帽 plate cap
板极耦合 plate-coupled
板极耦合多谐振荡器 plate-coupled multivibrator
板极旁路电容器 plate by-pass capacitor
板极去耦 plate decoupling
板极栅极电容 plate-grid capacitance
板极输出器 plate-follower
板极输出器电路 see-saw circuit
板极特性 plate characteristic
板极调幅 plate modulation
板极调谐 tuned-anode
板极调谐放大器 tuned plate amplifier
板极调谐耦合 tuned-anode coupling
板极调谐振荡器 plate tuning oscillator; tuned-plate oscillator
板极调制 plate modulation
板极线圈 plate winding
板极限制器 plate limiter
板极效率 plate efficiency
板极谐振腔调谐轴 plate-cavity tuning shaft
板极引出线 plate terminal
板极引线 plate cap
板极振荡回路 plate tank
板极中和 plate neutralization
板极阻抗 plate impedance
板际地震 interplate earthquake
板加固板 reinforcement plate
板夹 panel clip; plate holder; sheeting clip
板架 flat rack; grillage beam; plate girder; stage
板架集装箱 flat rack container
板架式输送带 pallet belt conveyer [conveyor]
板架式输送机 pallet conveyer [conveyor]
板架式运输机 pallet conveyer [conveyor]
板架支撑 planking and strutting; planking and stuffing
板架轴向式连续自动工作机床 in-line pallet transfer machine
板间充填料的克特尔塔板 standard Kittel tray with a packed intermediate
板间盖条 splat
板间互作用 interaction with interelectrode
板间间隔 panel spacing; sheet separation
板间间隙 panel spacing
板间距 distance between collecting plates
板间摩擦 interleaf friction
板间伸缩缝 panel spacing
板件 <房屋建筑中的地板、镶板等> structural slab
板件装配线 white line
板件总成 panel assembly
板角厚度 <混凝土路面的> corner thickness
板角裂缝 corner crack
板角损裂 <混凝土路面的> corner break(on concrete pavement)
板铰(链) plate hinge
板接地 plate earthing
板接缝防水填料 board joint filler
板结 hardening
板结程度 harden extent
板结的 livery
板结地 compact ground
板结构 plate(d) construction; plate(d) structure; plate work; slab structure
板结构类型 plate construction type
板结黏[粘]土 knotty clay
板结土 hardened soil
板筋成型工具 hickey bar
板晶钙磷酸石 martinite
板晶蜡 scheererite
板晶石 epididymite
板距 board spacing; plate distance
板锯 board saw; bladed saw; hand plate saw; pad saw; panel saw; plate saw
板锯齿器 swage
板卷焊 coil weld
板卷推出器 coil-ejector
板卷轧机 strip sheet mill
板卷折纹 coil break
板卷折印 coil wrench mark
板壳式换热器 lamella heat exchanger; shell-and-plate heat exchanger
板刻 facet(te); panel-cut
板孔 diaphragm orifice
板孔流量计 plate orifice meter
板孔筛 perforated plate sieve; plate screen; plate sieve
板口尺 board foot
板跨度 span of slab
板块【地】plate; plate boundary; plate juncture; flag
板块边界地震 plate boundary earthquake
板块边缘 plate margin
板块边缘活动性 plate boundary activity
板块差异运动 plate different movement
板块衬砌 slab lining
板块承重结构 slab weight-carrying structure
板块大小 size of plate
板块地层学 plate stratigraphy
板块镀黄铜 brass plate
板块俯冲 plate subduction
板块工匠 blockman
板块构造【地】plate structure; block structure; raft tectonics; slab structure; plate tectonics
板块构造成矿模式 plate tectonic model for metallogenesis
板块构造单元分类 classification of plate tectonic units
板块构造单元划分 division of plate tectonic units
板块构造的 plate tectonic
板块构造理论 theory of plate tectonics
板块构造轮廓 plate tectonic cycle
板块构造模型 plate tectonic model
板块构造学【地】plate tectonics
板块构造学说 plate tectonic theory
板块构造总论 outline of plate tectonic
板块划分标志 marks of plate division
板块会聚 plate convergence
板块挤压 plate jams
板块假说 plate hypothesis
板块间 interplate
板块间的角不整合 angular velocity between plates
板块间地震 interplate earthquake
板块间火山作用 mid-plate volcanism
板块建筑 slab building
板块浇注 slab pour(ing)
板块接缝 slab joint
板块结合带 plate boundary; plate junction; plate juncture
板块界限 plate boundary
板块类型【地】type of plate
板块理论 plate theory
板块模壳 slab shuttering
板块内 intraplate
板块内部地震 intraplate earthquake
板块碰撞【地】collision of plates; plate collision

板块(平行)滑动 slab slide
板块铺面 slab surfacing
板块铺屋面 plate roofing
板块驱动力 plate-driving force
板块三结合点 triple junction of plates
板块时代 age of plate
板块台阶 slab step
板块位置 location of plate
板块消减 plate destruction;plate subduction
板块消亡 plate destruction;plate subduction
板块小便池 slab urinal
板块斜冲运动 plate oblique thrust
板块旋转运动 rotary plate motion
板块要素 plate element
板块移动 slab translation
板块运动 plate motion;plate movement
板块增大 plate accretion
板块中地震机制 mid-plate earthquake mechanism
板宽 plate width
板宽收缩 attenuation of plate width
板框硅藻土过滤机 sheet and kieselguhr filter
板框加固钢筋 edge bar reinforcement
板框滤油机 plate oil-filter
板框式滤油器 plate-frame type oil filter
板框式压滤机 frame type filter;plate and frame press;plate and frame type filter press;sheet filter
板框式压滤机脱水 dewatering by plate frame press filter
板拉桥 plate stayed bridge
板肋 arris of slab;plate frame;rib of slab
板肋拱桥 slab-rib arch bridge
板棱 arris of slab
板犁 mo(u)ld board plough
板篱 board fence;pale fence[fencing];paling;palisade
板理 foliation
板沥青 piauzite
板栗 Chinese chestnut
板栗壳 chestnut shell
板帘调制 plate-screen modulation
板链 flat link chain;plate link chain
板链托轮 <铲土机> roller for elevator chain
板链运输带 leaf chain
板梁 plain beam;plain girder;plate beam;plate girder;bridge plate girder <桥的>
板梁坝 deck-girder dam
板梁的抗剪板 shear plate
板梁腹板 plate girder stalk;plate girder web
板梁腹板接合 plate girder web splice
板梁腹板拼接 plate girder web splice
板梁高度 plate girder depth
板梁护轨 girder guard rail
板梁结构 slab and girder construction;slab and girder structure;plank-and-beam construction
板梁宽度 plate girder span
板梁楼面 slab and girder floor
板梁木桥 timber girder bridge
板梁桥 bridge plate girder;girder bridge;plain beam bridge;plate girder bridge
板梁桥支座 plate girder bridge bearing
板梁上承桥 plate girder deck bridge
板梁上翼 upper flange
板梁上翼缘 upper flange of girder
板梁式地板 slab and girder floor
板梁式钢坝 deck-girder steel dam
板梁式高桩码头 concrete slabs and beams platform supported on piles
板梁式框架 plank and beam framing
板梁式楼板 slab and girder floor
板梁下翼(缘) lower flange of girder
板梁弦杆 plate girder chord
板梁型筏基 slab and beam raft foundation
板梁翼缘接合 plate girder flange splice;plate girder web splice
板梁翼缘拼接 plate girder flange splice;plate girder web splice
板料 panel;sheet bar
板料成型 sheet forming
板料冲压 sheet-metal press working
板料导向块 stock guide
板料分离装置 sheet separator
板料矫平机 plate-straightening roll
板料磨床 sheet-metal grinder
板料升降器 stock lifter
板料送进 sheet feed
板料送进机构 sheet feeding device
板料弹动器 strip flipper
板料拖运小车 drag-off carriage;drag-on carriage
板料弯曲机 bending brake;plate bending machine
板料弯折机 bending brake
板料样规 sheet ga(u)ge
板料折弯机 bending brake;plate bender
板料折弯剪切机 combined press brake and plate shears
板料折弯剪切两用机 plate bending and shearing machine
板料自动压力机 dieing machine
板裂缝 plank split
板磷钙铝石 davisonite;dennisonite
板磷钙石 martinite
板磷铝矿 berlinite
板磷铝铀矿 threadgoldite
板磷镁锰矿 bermanite
板磷锰矿 bermanite
板磷铁矿 lehnerite;ludlamite
板菱铀矿 dakeite;schroeckingerite
板流程图 plate flow sheet
板流构造 platy flow structure
板流截止 plate-current cut-off
板硫铋铜铅矿 berryite
板硫锑铅矿 semseyite
板轮 <钟表等上的> web wheel
板螺钉 plate bolt
板螺栓 crab bolt
板门 slab door
板门镶嵌件 panel insert
板米尺 board metre[meter]
板面 face;pan;panel face
板面不匀 <碎料板的> show-through
板面处理 substrate preparation
板面粉饰灰浆 board finish plaster
板面固定 face fastening
板面护栏 side plank top rail
板面屏幕 panel screen
板面散裂 panel spalling
板面溢洪道 deck spillway
板面中的褶皱纹 quilted figure
板面装饰空白 finish skip
板面装饰缺空 finish skip
板模 board forms;board shuttering;slab mo(u)ld;template die
板模钢 die steel
板木锉 horse rasp file
板内地震 inner-plate earthquake;intraplate earthquake
板内地震运动 intraplate seismicity
板内垫块 slab spacer
板内断块 intraplate block
板内钢筋支座 slab bolster;slab spacer
板内核群 intralaminar nuclei
板内熔融异常 mid-plate melting anomaly
板拟法 slab analogy
板抛光机 plate-polishing machine
板棚 sheeting
板硼钙石 inyoite
板硼石 inyoite
板坯 blank;flat blank;mat(tress);plate blank;strip breakdown;slab
板坯搬运起重机 slab handling crane
板坯(剥皮)修整机床 slab-milling machine
板坯仓库 slab yard
板坯出料机 slab extractor
板坯初轧机 slab(bing) mill
板坯打印机 slab marker
板坯的垂直压下或侧压下 slabbing action
板坯的切头 slab butts
板坯火焰清理机 scarfer
板坯机 slab mill
板坯均匀热处理 slab soaking treatment
板坯冷却机 slab cooler
板坯连续加热炉 continuous slab heating furnace
板坯连铸机 slab caster;slab casting machine
板坯轧辊 slabbing roll
板坯轧机 plate slab mill
板坯装料机 slab charger
板劈理 slaty cleavage
板皮 lagging;slab
板皮料 slab
板皮木条 billet
板皮削片机 slab chipper
板片 bar of flat;flat bar;sheet
板片或翅片的冲压 punching process of heat exchange plate or fin
板片间摩阻力 <汽车弹簧钢板> interleaf friction
板片密封垫 plate packing
板片式换热器 plate-type heat exchanger
板片式活动人行道 pallet-type moving ramp
板片数量 number of plates
板平顶 boarded ceiling
板铺地板 deal floor(ing)
板铺路面 slab pavement
板铅铀矿 curite
板墙 board partition;drywall;panel wall;siding wall;slab wall;sheet wall
板墙缝注胶枪 drywall adhesive gun
板墙覆盖涂料 cover coat drywall compound
板墙刮刀 pole drywall blade
板墙护角 wallboard corner bead
板墙角压条 wallboard corner bead
板墙筋 ashler(ing) <琢石墙中的>;stud
板墙立筋 studding
板墙螺钉 drywall screw
板墙嵌缝枪式涂胶器 drywall adhesive applicator
板墙涂料 shingle stain
板墙系统 drywall system
板墙油色 shingle stain
板墙主筋 scantling
板羟砷铋石 atelestite
板桥 slab bridge
板翘曲 curling of slabs;slab warping;warping of slab
板翘曲约束 restraint to slab warping
板切口 plate cut
板球 cricket
板球包 cricket bag
板球场 cricket court
板曲作用 bending
板筛 bolter
板栅 sheeting;slab lattice
板栅电容 plate-grid capacity
板栅电压比 control ratio
板上光密度测定法 thin-layer plate densitometry
板上划线 <锯木前> lining out
板上混汞法 plate amalgamation
板蛇纹石 lizardite
板蛇纹石和海泡石的混合矿 kolskite
板石 allevardite;flagstone;slabstone;stone flag;tablite;deriberite
板石粉 powdered slate;slate stone powder
板石铺砌 flagstone pavement
板石岩 slate
板式 plate-type
板式安装的 subbase mounted
板式鞍形吊架 plate saddle hanger
板式岸壁码头 quay with battered face
板式避雷器 lightning plate protector;plate-type lightning arrestor
板式避雷针 lightning plate needle
板式标号 plate marking
板式采暖 panel heating
板式测量报警装置 panel meter/alarm unit
板式车架 plate frame
板式冲击除尘器 impingement plate scrubber
板式除尘器 parallel plate precipitator;plate and wire electrofilter;plate electrostatic precipitator;plate-type precipitator
板式传送机构 pallet conveyer[conveyor]
板式捣压实机 vibratory plate tamper
板式的 apron-type
板式电沉降器 electric(al) plate precipitator
板式电除尘器 Elex precipitator;parallel plate electrostatic precipitator
板式电集尘器 electric(al) plate precipitator
板式电加热器 electric(al) panel-type heater
板式电热器 electric(al) panel heater
板式顶部 slab roof
板式顶盖 slab roof
板式顶棚 slab roof
板式筏基 plain slab raft foundation
板式阀 plate valve
板式法 slab method
板式放热器 panel heater
板式分解电位计 slab-type resolving potentiometer
板式格栅 plank-type grating
板式隔断 panel partition;slab partition(wall)
板式给矿机 plate-belt feeder
板式给料机 apron(-type) feeder;feed apron;pan feeder;plate-belt feeder;plate(-type) feeder
板式给料器 plate feeder
板式跟踪数字化仪 panel tracking digitizer
板式供料器 feed apron
板式构架 plate frame
板式构件 panelized construction
板式刮土机 board scraper
板式轨道 slab rail;slab track
板式滚丝机 plate-type thread rolling machine
板式过滤机 plate filter;sheet filter
板式过滤器 leaf filter;plate filter
板式换热器 plate heat exchanger
板式回热器 plate(-type) regenerator
板式活门 plate valve
板式基础 bed-plate foundation;mat

footing; mat foundation; slab base; slab foundation
板式基座 slab base
板式加热器 baffle heater
板式加压滤油机 plate-type pressurized oil filter
板式拣矿输送机 apron picking conveyer[conveyor]
板式建筑 slab-type building; tilt-up construction
板式建筑物 straight-line block
板式铰链 strap hinge
板式结构 panelized construction; plate format; plate(-like) structure
板式结构框架 plank frame
板式进料机 plate feeder
板式进料器 apron feeder
板式静电除尘器 plate-type electrostatic precipitator
板式静电分选机 plate-type electrostatic separator
板式静电收尘器 plate-type electrostatic dust-precipitator
板式绝缘材料 board-type insulant
板式空气过滤器 panel type air filter
板式空气预热器 plate air preheater; platen air heater
板式扩散器 plate diffuser
板式冷凝器 plate-type (heat) condenser
板式冷却器 panel (type) cooler; plate (type) cooler
板式连接 gasket mounting; subbase mounting
板式连接的 gasket mounted; subplate mounted
板式(连铸)结晶器 plate mo(u)lding machine
板式楼梯 <无边梁及托梁的整体板楼梯> cranked slab stair (case); slab-type stairway
板式路肩 slab shoulder
板式螺旋 plate screw
板式落料模 plate-type blanking die
板式幕墙 panel curtain wall
板式砌块 slab-type block
板式砌块建筑 slab-type block building
板式墙 panel wall
板式墙建筑 panel wall building
板式墙街区 panel wall block
板式墙住房 panel wall block
板式切割机 plate-chopping machine
板式取暖器 heating panel; panel heater
板式热交换机 plate-type regenerator
板式热交换器 heat exchangers of the plate-type; plate-type heat exchanger
板式柔性墩 slab flexible pier
板式散热器 panel heater; panel radiator
板式石墨换热器 plate graphitic heat-exchanger
板式输送机 apron conveyer[conveyor]; pallet conveyer [conveyor]; plate conveyer[conveyor]; platform conveyer[conveyor]; slat conveyer [conveyor]; pallet conveyer
板式水平测头 horizontal plate ga(u)ge
板式水平位移计 horizontal plate ga(u)ge
板式送料器 pallet feeder
板式塔 column of trays; plate column; plate tower; tray column
板式塔的最大容许挠度 maximum allowable deflection of tray column
板式梯级 plate-type tread
板式体形 board body type
板式填料 gasket packing
板式挺杆 plate jib
板式通风系统 panel air system
板式拖车 plate form trailer
板式喂料机 apron feeder; feed apron; pan feeder; plate(-belt) feeder
板式屋面 slab roof
板式无砟线路结构 slab-type ballastless track structure
板式吸音器 panel absorber
板式洗涤塔 plate scrubber
板式橡胶支座 elastomeric pad bearing; laminated rubber bearing; rubber pad bearing
板式压滤机 plate(filter) press; plate-type pressure filter
板式阳极 slab anode
板式液面计 plate level ga(u)ge
板式液体冷却器 plate liquid cooler
板式运输机 platform conveyer[conveyor]; slat conveyer[conveyor]
板式运送机 pallet conveyer[conveyor]
板式灶 independent hotplate
板式振捣器 platform vibrator; slab vibrator; vibrating plate compactor
板式振动器 plate vibrator; platform(-type) vibrator; slab vibrator
板式振动压实机 plate-vibrating compactor; vibratory plate tamper
板式蒸发器 plate(-type) evapo(u)rator
板式蒸馏塔 plate column; plate tower
板式住宅 slab block; slab-type apartment house
板式转换阀 plate-type changeover valve
板式装填器 wadboard packer
板式钻模 plate jig
板收缩机 sheet-metal shrinker
板束的制造 lamella bundle manufacture
板刷 scrubber; scrubbing brush
板栓座 crab bolt
板水胆矾 brochantite; kamarezite
板丝电容 plate-filament capacity
板榫 plate dowel
板台 deck
板钛矿 brookite
板弹簧 flat spring; laminated spring; leaf spring; plate spring
板套卡子 socket retainer
板套气板机 socket
板体电导比 rate of conductivity for sheet
板体顶端埋深 depth of top of sheet
板体断裂 slab rupture
板体理论 theory of plates
板体翘曲 slab warping
板体倾角 dip angle of plate
板体弯曲 plate bend(ing)
板体走向长度 length of strike for sheet
板体作用 slab action
板田模型 Sakata model
板条 bat batten; batten(strip); boarding; lagging; lath (ing); panel (strip); parquet; plate strip; ribbon; slab billet; slat; strapping; strip; wood batten
板条百叶窗 slat shutter; slatted blind window
板条百叶门 slat shutter door
板条百叶屏幕 slatted blind
板条百叶 lath shutter
板条背面抹灰 backplastering
板条槌 lath(ing) hammer
板条锤 lath(ing) hammer
板条打底抹面 lath laid-and-set
板条带抛撒轮式撒肥机 slatted belt and flicker type distributor
板条带式撒肥机 slatted belt distributor
板条地板 deal floor(ing); lath floor
板条垫木 cradling
板条吊顶 suspended wood(en) lath ceiling
板条吊顶棚 boarded false ceiling
板条钉 batten nail; furring nails; lath(ing) nail
板条顶棚 lathed ceiling; strip ceiling
板条渡槽 stave flume; wood-stave flume
板条防雪栅 wood-slat snow fence
板条房屋 lathhouse
板条分层框架 battened ply frames
板条斧 lathing hatchet
板条盖缝的墙板 board and batten
板条格栅 battened grating; stripped joist
板条隔断 battened partition; batten wall partition(ing)
板条隔墙 battened partition; batten wall partition(ing)
板条工 lather
板条工作 lathwork
板条固定系统 strip anchoring system
板条刮粗器 lath scratcher
板条管道 stave pipe
板条滚轴百叶门 slatted roller blind gate
板条滚轴百叶门断面 slatted roller blind section
板条滚轴百叶门楣 slatted roller blind lintel
板条滚轴百叶屏幕 slatted roller blind
板条滚轴屏幕构件 slatted roller blind unit
板条滚轴屏幕形状 slatted roller blind shape
板条滚轴屏幕修饰 slatted roller blind trim
板条焊制辊 slatted roller
板条和薄板 deals and battens
板条花房 lathhouse
板条激光器 slab laser
板条夹 lath clip
板条间壁 battened partition
板条间灰泥 plaster key
板条胶合板 battened plywood
板条角度 slat angle
板条教堂 stave church
板条锯 panel saw; rift saw; slat saw
板条框(架) <张钉抹灰布帘用> cradle; crate
板条捆 bundle of lath
板条帘 lath screen; latorex
板条马氏体 lath martensite
板条门 bar door; batten door; ledged door; unframed door
板条门芯 ladder core
板条模板 strip forms
板条抹灰 lath and plaster; plaster on wood(en) lath(ing); timber lath and plaster
板条抹灰打底 pricking up
板条抹灰打底层 pricking-up coat
板条抹灰的 backplastered
板条抹灰顶棚 lath and plaster ceiling; plastered wood-lath ceiling
板条抹灰隔墙 lath and plaster partition
板条抹灰泥顶棚 lathing ceiling
板条抹灰泥绝热层 lath insulating mat
板条抹灰泥天花板 lathing ceiling
板条抹灰天花板 lath ceiling
板条抹灰网 lath mesh
板条木材 lath timber; lath wood
板条木榫 brandering
板条木筒仓 stave silo
板条泥镘墙 lath and plaster wall
板条拼成的桶形管 stave pipe
板条平顶 board ceiling; lathed ceiling
板条墙 batten(ed) wall; strapped wall; strapping
板条墙立筋间斜撑 dwang
板条墙双层上抹灰 set-work
板条筛网 lathing
板条上的灰泥底层 pricking-up coat
板条上抹灰 set-work
板条升举百叶门 slat lift shutter door
板条实心木门 wood strips-solid core door
板条式滚筒 cylinder cage
板条式滚子链 flat-top roller chain
板条式升运器 slatted elevator
板条式输送机 slat type conveyer [conveyor]
板条式输送器 slatted apron slat conveyer[conveyor]
板条式运输机 slat type conveyer [conveyor]
板条水槽 stave flume
板条天花板 wood lath ceiling
板条天棚 wood lath ceiling
板条填充塔 slat packed column
板条填充柱 slat packed column
板条托梁 boarding joist
板条网架 netting lath(ing)
板条网眼钢皮 <抹灰用> perforated sheet lath
板条网眼铁皮 <抹灰用> perforated sheet lath
板条围栏 lath(ed) fence
板条围墙 slat closure
板条屋面 plank roof
板条箱 crate
板条芯 stripboard
板条芯板 board and batten
板条芯胶合板 batten board; block board; laminated board; lumber-core board; lumber-core plywood; strip core
板条芯细木工板 laminboard
板条芯细木结构 lamber-core construction
板条椅 sparred seat
板条圆锯 stripper
板条栅 hoarding
板条栅栏 batten fence
板条种植房 lathhouse
板条转动百叶窗 slat rolling shutter
板条状的 lath-shaped
板条子操作 brandering; counter lathing
板条座架 batten seat
板铁钒 rhomboclase
板铁矿 rhomboclase
板头尖端木螺钉 coach screw; lag screw
板瓦 pan-roofing tile; plain tile
板瓦和筒瓦 pan and roll roofing tile
板网 expanded metal
板围 hoarding
板围墙 post-and-block fence
板纹理 cross grain
板屋顶 plank roof
板线斗容【疏】plate line level bucket capacity
板镶衬 lining of boards
板销 panel pin; plate dowel; plate lock
板销木梁楼板层 floor of dowelled wood(en) beams
板效率 plate efficiency; tray efficiency
板芯 board core
板芯材结构 lumber-core construction
板芯塑造机 slab core machine

板星 sanidaster
板行式运输机 slate type conveyer [conveyor]
板形 shape of strip
板形(多点)接触 grid-spaced contact
板形放电器 plate discharger
板形换热器 plate exchanger
板形结构 plate-like structure
板形砌块 slab block
板形绳状熔岩 slab pahoehoe
板型 template
板型窗花格 plate tracery
板型隔声隔热材料 slab insulant
板型穹盖 plate-type dome
板型圆顶 plate-type dome
板压制机 slab machine
板牙 bolt die;cutting die;die block;screw-cutting dies;screw(ing) die;screw plate
板牙扳手 dies handle;dies holder;screwing stock
板牙齿轮 baffle gear
板牙辅件 clamp accessory
板牙架 die handle;die stock;holder for die
板牙切丝机 die bolt cutter
板牙切头 die box
板牙丝锥 die tap;hob tap;long taper die tap;master tap
板牙头夹套 die head bush
板牙头螺纹梳刀 die head chaser
板牙状切削器 rose cutter
板烟 cavendish
板岩 callys;cleaving stone;killas;plate stone;slate
板岩带 slate belts
板岩粉 slate flour powder;slate powder
板岩粉尘 slate dust
板岩夹层 dividing slate;slate band;slate intercalation
板岩矿 slate mine
板岩矿场 slate quarry
板岩矿床 slate deposit
板岩矿渣 slate slag
板岩煤 slate coal
板岩黏[粘]土 slate clay
板岩劈理 slate cleavage;slaty cleavage
板岩劈裂机 slate cleaving machine
板岩墙板或瓦板(的总称) slating
板岩石 platy rock
板岩水泥 slate cement
板岩碎块 crushed slate
板岩碳酸盐建造 slate-carbonate formation
板岩瓦片 imperial slate;marchioness
板岩瓦片夹钳 jume
板岩屋顶 slate roof
板岩质的 slaty
板岩质黏[粘]土 slaty clay
板岩状 slaty
板岩状黏[粘]土 slaty clay
板岩状砂岩 slaty sandstone
板岩钻孔机 holing machine
板堰 plank weir
板样的 board-like
板样硬度 board-like hardness
板页岩 plate shale
板一览表 slab schedule
板翼热交换器 plate-fin exchanger
板阴输出放大器 concertina amplifier
板英尺 board foot;board measure;board rule
板英尺度量 board-foot measure;foot board measure <度量木材的>
板英尺含量 footage
板英尺量度 board-foot measure
板影 project
板油 kidney fat;leaf-fat
板羽球 paddle badminton
板羽球球板 battledore
板院 lumber yard;timber yard
板造型 plate mo(u)lding
板栅栏工程 plank hurdle works
板障 diploe
板障型 diplolc type
板振动夯压器 vibrating plate rammer
板振动吸声装置 panel sound absorber
板振动压实机 <混凝土> vibro-compaction slab press
板振实器 <混凝土> vibrating slab compactor
板正錾 draw chisel
板支承 plate bearing
板支承架 slab bolster
板支承结构 plate bearing structure
板直辊 debending roll
板纸 boards
板纸箱 crate
板制窗花格 plate tracery
板制桁架 plate girder
板中荷载 interior load
板中开裂 intermediate cracking
板中裂开 intermediate cracking
板轴 <气板机> square drive spindle
板柱 sheath post
板柱结构 mushroom construction;post-and-panel structure;slab-column structure;slab-column system
板柱式支墩坝 slab and column buttress(ed) dam;slab and column dam
板柱体系 slab-column system
板筑墙 cob walling
板筑土墙 loam wall(ing)
板砖 split
板砖墙 post-and-block fence
板桩 camp sheeting;pile plank;pile row;pile sheet;piling;row of piles;sheeter;sheeting pile;sheeting plank;sheet pile;sheet-pile (plank);spiling lath
板桩岸壁 pile wall;sheet-pile bulkhead(quaywall);sheet piling;sheet piled bulkhead;sheet-piled wall
板桩岸墙 sheet-pile bulkhead;sheet-pile quay(wall)
板桩拔出机 sheet-pile puller;sheet-pile extractor
板桩拔除 sheet-pile extract(ing)
板桩坝 sheet-pile dike[dyke]
板桩驳岸 sheet-pile quay(wall);sheet-pile seawall
板桩抽出机 sheet-pile extractor
板桩锤 sheet-pile hammer
板桩打桩机 sheet driver;sheeting pile driver
板桩单墙式防波堤 sheet-pile wall breakwater
板桩挡墙 sheet-pile wall
板桩挡土岸壁 camp sheeting
板桩挡土墙码头 camp sheathing
板桩导梁 clutch of sheet pile;wale;waling guide beam
板桩导桩与导架 guide pile and frame for sheet piling
板桩的企口接缝 sheet-pile of tongue and groove
板桩的有效嵌固深度 effective depth of embedment of sheet pile
板桩堤 sheet-pile levee
板桩堤岸 sheet-pile bulkhead
板桩丁坝 sheet pile groyne
板桩断面 sheet piling section
板桩法 sheet-pile method
板桩防波堤 sheet-pile breakwater
板桩防护栏 sheet-pile screen
板桩格笼 sheet-pile cell
板桩格笼式码头 sheet-pile cell type wharf
板桩格体 sheet-pile cell
板桩格体岸壁 cellular sheet pile bulkhead
板桩格体码头 cellular sheet pile quay;cellular sheet pile wharf
板桩格型结构 sheet pile cellular structure
板桩工艺 sheet-pile technology
板桩贯入度 sheet-pile penetration
板桩贯入系数 penetration coefficient of sheet pile
板桩灌浆防渗墙 sheet-pile grouting cut-off
板桩横挡 ranger
板桩横栏 ranger;sheet-pile walling
板桩护岸 camp sheathing
板桩基础 sheet-pile foundation
板桩夹心子堤 <加高堤顶方法之一> mud box
板桩尖端 bevel point of sheet pile
板桩铰接支承 hinged support of sheet piling
板桩结构 sheet-pile(d) structure;wall slab structure
板桩结构的稳定性 stability of sheet pile structure
板桩结构类型 type of sheet pile structure
板桩截水墙 curtain of sheet pile[piling];cut-off sheet pile wall;sheet-pile curtain;sheet-pile cut-off wall;sheet-pile screen
板桩拉杆 anchor rod;sheet-pile anchor tie
板桩联系帽梁 <船坞用> cap piece of sheet pile
板桩联系帽条 cap piece of sheet pile
板桩码头 sheet-pile bulkhead;sheet-pile wharf;sheet-pile quay(wall)
板桩埋深 deep embedment of sheet pile
板桩锚碇结构 anchoring of sheet pile;sheet-pile structure in anchor;sheet-pile anchorage
板桩锚碇设施 sheet pile anchorage
板桩锚碇装置 sheet-pile anchorage
板桩锚(固)sheet-pile anchorage
板桩帽 sheeting cap;sheeting driver
板桩帽梁 capping beam of sheet-pile
板桩内导向圈 inside lead circle of pile
板桩排 <用于河岸或松软土壤> camp sheathing;camp sheeting;curtain of piles;sheet-pile curtain
板桩千斤顶 <用来作沟渠的支撑> sheeting jack
板桩墙 piling wall;sheet-pile curtain;sheet-pile cut-off;sheet-pile wall;sheet piling wall
板桩墙防波堤 sheet-pile-wall breakwater
板桩桥台锚固栓钉 anchor bar of sheet piling abutment
板桩入土深度 sheet-pile penetration
板桩上升 piling rise
板桩石灰岩 slabby limestone
板桩式挡土墙 sheet-pile(type) retaining wall
板桩式防波堤 sheet-pile breakwater
板桩式结构 sheet-pile type structure
板桩式码头 sheet-pile type quay;sheet-pile type wharf
板桩式桥台 sheet-pile abutment;sheet piling abutment
板桩式闸墙 sheet-pile type lock wall
板桩塑料连锁接头 plastic interlock
板桩锁口 sheet-pile interlock;key of sheet pile
板桩锁口强度 interlock resistance of sheet piling
板桩外导向圈 outside lead circle of pile
板桩围幕 sheet-pile screen
板桩围堰 pile cofferdam;sheet(ing) pile cofferdam;sheet-pile enclosure;sheet piling cofferdam
板桩帷幕 sheet-pile curtain;sheet-pile screen
板桩尾部 end of sheet pile
板桩坞墙 sheet-pile(d) dock wall
板桩箱式防波堤 box sheet pile breakwater
板桩斜角尖端 bevel point of sheet pile
板桩斜角接头 bevel joint of sheet pile
板桩靴 pile shoe
板桩用大梁 forepoling girder
板桩有效入土深度 effective depth of sheet pile penetration
板桩圆筒式防波堤 sheet pile cellular type breakwater
板桩遮板 sheet-pile screen
板桩振动锤 vibratory hammer
板桩支撑 sheet piling
板桩支架 forepale;forepole;pile support
板桩中最后一根桩 key pile
板桩组 sheet(ing) piling
板桩作业 sheet piling
板状板根 plank buttress
板状冰 plate ice
板状冰晶 tabular ice crystal
板状薄壁组织 tabular parenchyma
板状沉降机 plate-type precipitator
板状的 plate-like;plate-shaped;platy;sheet-like;slabby;tabular;tabulate
板状地蜡 slab wax
板状电池 plate battery
板状电极 plate electrode
板状干基 plank buttress
板状根 buttress root;tabular root
板状构造【地】tabular structure;platy structure;slabby shape;slaty structure
板状管道 sheet-metal duct
板状光学玻璃 slab glass
板状硅藻土 diatomaceous earth;infusorial earth;terra cariosa;tripoli earth;tripolite(earth)
板状滑坡 slab slide
板状灰岩 platy limestone
板状基础 slab foundation
板状交错层理 tabular cross-bedding
板状交错层理构造 planar cross bedding structure
板状节理【地】platy joint(ing);laminated jointing;slab jointing
板状结构 platy structure;platy texture;sheeted structure;tabular texture
板状结核 plate nodule
板状晶体 plate-like crystal;tablet
板状静压压差计 static plate manometer
板状绝热材料 board-type insulant
板状绝缘材料 board-type insulant;slab insulant
板状颗粒 plate-like particle
板状矿体 tabular ore body
板状流动构造 platy flow structure
板状炉排片 pin-hole bar
板状泥灰岩 slaty marl
板状黏[粘]土 plate-like clay;schistose clay
板状镍银 silmet
板状劈理 slaty cleavage
板状破坏 slab failure

板状破裂作用 slabbing
板状砌块 slab-type segment
板状千枚岩 slate-phyllite
板状强直 board-like rigidity
板状燃料元件 fuel plate; nuclear fuel plate
板状熔丝 plate fuse
板状砂岩 flagstone
板状石灰岩 platy limestone; slaty limestone
板状体 plate-like body
板状铁结核 tabular ferric concretion
板状土壤结构 platy soil structure
板状物件抓具 sheet grab
板状吸声装置 panel absorber
板状橡胶 slab rubber
板状芯 slab core
板状玄武岩 laminated basalt
板状亚麻籽油 plate linseed oil
板状岩石 slabby rock
板状页岩 plate shale
板锥式黏[粘]度计 plate and cone viscometer
板阻电桥 plate-resistance bridge
板座(螺)栓 crab bolt; fang bolt; ground bolt

版

版鞍 saddle

版本 edition; version
版本号 version number
版本世代号 generation version number
版本说明 imprint
版本注释 release note
版层 plate
版次 edition
版次说明 edition note
版幅 plate size
版画 engraving; graving
版画家 woodcutter
版画印样用薄纸 Indian transfer paper; india proof paper
版夹 clamp bar
版框 chase
版面量规 page ga(u)ge
版木 wood block
版权 copyright; literary property
版权转让 assignment of copyright
版税 copying royalty; copy-money; copyright royalty; royalty
版台 bed
版图 domain; territory
版瓦 segmental tile
版楔 quoin
版楔键 quoin key
版心 depth of page
版型 matrix[复 matrixes/matrices]
版型印刷机 matrix(wire) printer
版筑 beaten-cob construction
版筑技术 shutter-ramming technique

钣

钣金标准圆度规 sheet-metal ga(u)ge

钣金车间 sheet-metal shop
钣金工 plate(metal) work; sheet-metal work(ing)
钣金工程 sheet metal work
钣金工工作 plate work; sheet metal work
钣金工人 metal(l)er; sheet-metal worker; tin-knocker; sheet-metal fitter; plater
钣金工图 sheet-metal drawing
钣金焊接车间 welding and fabrication shop
钣金坯件 burr
钣金加工 panel beating; plate work; sheet-metal processing; sheet-metal working
钣金加工制造 sheet-metal fabrication
钣金零件 sheet-metal parts
钣金螺钉 sheet-metal screw
钣金作业 sheet metal work
钣料 sheet metal

办

办错 misconduct

办得比较好的企业 better-run enterprises
办法 means; measure; way
办公车辆费用 car expenses
办公程序 office procedure
办公处 office
办公大楼 administration building; administrative building; block of offices; hall; office block; office building; personnel block; service building
办公大楼园区 office park
办公大厦 office tower
办公地址 business address
办公房屋 office building; utilitarian building
办公费 administrative expenses; clerical cost; office allowances; office expenses
办公费(用)账(户) office expense account
办公费账簿 office expense book
办公工作自动化 mecanography
办公管理费 office overhead
办公环境安静措施 office quieting
办公家具 office furniture
办公建筑 office building
办公空间 office space
办公楼 business building; office block; office building; service building
办公楼侧壁 office portion
办公楼层 office floor; office stor(e)y
办公楼供暖 office building heating
办公楼街区 office block
办公楼进厅 office entrance
办公楼空气调节 office building air conditioning
办公楼区 block of offices
办公楼入口处 office entrance
办公楼送公文升降机 office dumbwaiter
办公器具 office furniture
办公器具及装置 office furniture and fixtures
办公区 office area; office block; office space
办公设备 office equipment
办公时间 office(duty) hours; office time
办公使用面积 available office space
办公室 administrative office; business premises; commercial; office
办公室闭路电视 office enclosed circuit TV
办公室布局应用程序 office layout application
办公室侧厅 office wing
办公室侧翼 office wing
办公室打字机 office typewriter
办公室大楼 block of offices
办公室电脑密码 office password
办公室负责人 office supervisor
办公室革命 office revolution
办公室隔墙 office partition
办公室隔扇 office landscape screen
办公室工作 clerical operation
办公室工作的机械化 mechanization of office work
办公室工作人员 deskman
办公室机构 office machinery
办公室机器 office machinery
办公室间网络 intra-office network
办公室空间景观布置 office landscape
办公室楼层 office stor(e)y
办公室内部通信[讯] intra-office communications
办公室屏风 office landscape screen
办公室式隔断 office type partition
办公室室内设计 office layout
办公室通告 office circular
办公室信息系统 office information system
办公室询问窗口 guichet
办公室询问台 guichet
办公室用品 office supplies
办公室照明 office illumination; office lighting
办公室之间的 interoffice
办公室之间的备忘录(文件)交流 interoffice memo
办公室之间交通 interoffice traffic
办公室职员 office staff
办公室终端 office terminal
办公室主任 chief of office; head of office; office chief
办公室桌锁 desk lock
办公室自动化 office automa(tiza)tion
办公室自动化系统 office automation system
办公手册 office procedure manual
办公署 bureau[复 bureau/bureaus]
办公厅 general office
办公厅主任 director general; office chief; general officer
办公文员 office clerk
办公小间 office cubicles
办公信息系统 office information system
办公用打孔器 office perforator
办公用房 office occupancy
办公用复印机 office duplicator
办公用挂车 office trailer
办公用计算机 business machine; office machine
办公用具 office accommodations; office appliance
办公用摩天大楼 office skyscraper
办公用品 office supplies; stationery
办公用显示终端 office display terminal
办公用印刷机 office printing machine
办公用纸夹子 paper clasp
办公助理 office assistant
办公桌 desk
办公自动化 bureautique; mechanography; office automa(tiza)tion
办合作社 run a cooperative
办进入(旅店等)手续 check-in
办离开(旅店等)手续 check-out
办理 conduct; handle; transact; transaction
办理保险 underwrite insurance for
办理闭塞 blocking
办理闭塞登记簿 blocked record
办理不善 misconduct
办理贷款手续 process a loan
办理方法 working process
办理过程 working process
办理海关进口手续 clear in
办理记录 transaction record
办理进路 route setting; setting of route
办理手续 working procedure
办理数据 transaction data
办理铁路的责任 handling line responsibility
办理文件 transaction file
办理行李 baggage handling
办理自用运输业者 private carrier
办票 ticketing
办清出口手续 clear outward
办清进口手续 clear inward
办事处 agency; headquarters; office; public office
办事处询问窗口 guichet
办事处询问台 guichet
办事规则 standing rule
办事机构 administrative body; administrative organ; working body
办事员 clerk; office clerk
办事(员)的 clerical
办事员室 clerk's office
办完海关手续 customs clearance
办学 schooling

半

半U形铲刀 semi-U blade

半U形刀板的推土机 semi-U blade dozer
半V形坡口 single bevel
半安装式的 semi-mounted
半暗淡的 semi-mat(te)
半暗的 semi-transparent
半暗煤 semi-dull coal
半暗色 semi-mat(te)
半暗硬煤 semi-splint coal
半凹部件 half-recessed element
半凹槽轮缘 semi-drop center rim
半凹形 dished
半八角形密封环 half-octagon ring
半白玻璃 half-white glass; semi-white glass
半柏油 flux oil
半败作用 semi-mo(u)ldering
半板条 half batten
半板状的 tabulate
半棒插销 half rabbeted lock
半包封的 half enclosed
半包含 semi-inclusive
半包装 semi-packed
半宝石 semi-precious stone
半饱和 half-saturation; semi-saturation
半饱和的 half-saturated
半饱和时间 half-saturation time
半饱和时间单位 half-saturation unit
半饱和时间组织 half-saturation tissue
半保留复制 semi-conservative replication
半暴露式煤田 semi-concealed coalfield; semi-exposed coalfield
半杯形端裂 burst check
半杯形断口 half-cupped fracture
半杯形断裂 half-cupped fracture
半贝(尔) <电平单位> hemi-bel
半倍频程 semi-octave
半焙烧 green roasting; half-baked
半焙烧砖 half-baked brick
半苯 semi-benzene
半比例控制 semi-proportional control
半比例试验 half-scale experiment
半闭挡泥屏 semi-closed splash screen
半闭管扩散 semi-closed tube diffusion
半闭(合) semi-closure
半闭合道岔 half-closed points
半闭回路潜水装置 semi-closed circuit diving device; semi-closed circuit diving equipment; semi-closed circuit diving gear; semi-closed circuit diving unit
半闭口槽 partly closed slot; semi-(en)closed slot
半闭口槽内的矩形导体 rectangular conductor in semi-closed slot

半闭路收尘器 semi-closed circuit deduster
半闭区间 semi-closed interval
半闭(塞)海 semi-closed sea
半闭式保险器 semi-enclosed cut-out
半闭式燃气轮机 semi-closed-cycle gas turbine
半闭式熔丝保险器 semi-enclosed cut-out
半闭式循环 semi-closed cycle
半闭式循环燃气轮机 semi-closed-cycle gas turbine
半闭式叶轮 semi-closed-type impeller;single-shrouded wheel
半闭式再循环潜水系统 semi-closed recirculating diving system
半闭锁分速器 semi-locking differential
半壁柱列柱式 pseudo-prostyle
半臂镗床 semi-jib boring machine
半边船模 half(block)model
半边风掉抢 build a chapel
半边公式 half side formula
半边靠模铣刀 half side milling cutter
半边宽度筑路法 half width work
半边栏木 halfway gate
半边莲 French pusley
半边路宽 one-half roadway
半边线脚 measure and a half
半边小斧头 half hatchet
半编译的 semi-compiled
半编译的程序 semi-compiler
半扁平木梁 half-timber beam
半变差 semi-variation
半变动成本 semi-variable cost
半变动成本的变动部分 variable elements of semi-variable cost
半变动成本的要素 element of semi-variable cost
半变动费用 semi-variable expenses
半变动管理费 <制造费用> semi-variable overhead
半变量 hemi-variate
半变流量泉 <流量变幅大于平均流量的 25%> subvariable spring
半变期 <即半衰期>【化】period of half change
半变态类 hemi-metabola
半变形 half deformation
半标度 half scale
半标准的 half-standard
半标准螺距螺旋 half-standard pitch auger
半标准弯头 half-normal bend
半表半里 half exterior and half interior syndrome;location between the exterior and interior
半饼形天线 half cheese antenna
半并联 mid-shunt
半并联导出滤波器 mid-shunt derived filter
半并联节 mid-shunt section
半并联推演式滤波器 mid-shunt derived filter
半波 half-wave;semi-wave
半波倍压器 half-wave doubler
半波倍压整流电路 half-wave voltage doubler
半波变压器 half-wave transformer
半波层 half-wave layer
半波长度 half-wave length
半波长偏振片 half-wave polarization plate
半波长天线 half-wave length antenna
半波传输线 half-wave transmission line
半波带 half-wave zone
半波单元 half-wave element
半波导线 half-wave conductor
半波电路 half-wave circuit
半波电势 half-wave potential
半波电压 half-wave voltage
半波动的 semi-fluctuating
半波对称天线 half-wave doublet antenna
半波二极管整流器 half-wave diode rectifier
半波放大器 half-wave amplifier
半波辐射 half-wave radiation
半波辐射器 half-wave element;half-wave radiator
半波汞气整流管 half-wave mercury vapo(u)r rectifier tube
半波汞气整流器 half-wave mercury vapo(u)r rectifier
半波轨道电路 half-wave track circuit
半波检波器 half-wave detector
半波介质层 half-wave dielectric(al) layer
半波晶片 half-wave plate
半波可控硅整流器 half-wave thyristor rectifier
半波偶长极子 half-wave length dipole
半波偶极天线 half-wave doublet antenna
半波偶极子 half-wave doublet;half-wave(length)dipole
半波片 half-plate
半波偏振片 half-wave plate
半波区 half-wave zone
半波石棉瓦 V-crimp asbestos cement sheet
半波输电线 half-wave transmission line
半波特性 half-wave character
半波天线 half-wave antenna
半波线 half-wave line
半波线状辐射器 half-wave linear radiator
半波延迟器 half-wave retarder
半波抑制(感应)线圈 half-wave suppressor coil
半波振子 half-wave element;half-wave(length)dipole;half-wave radiator;half-wave vibrator
半波振子天线 dipole antenna
半波整流 half-wave rectification;one-half period rectification;single-wave rectification
半波整流电路 half-wave rectifying circuit
半波整流管 half-wave rectifier tube
半波整流器 half-wave rectifier;half-way rectification;single-wave rectifier;single-way rectifier
半玻化白坯器皿 semivitreous whiteware
半玻化瓷 semivitreous china;semivitreous earthenware
半玻化的 semivitreous;semi-vitrified
半玻璃光泽 subvitreous luster[lustre]
半玻璃门 half-glazed door
半玻璃质结构 hemi-hyaline texture
半薄膜衣 semi-film coating
半薄胎器 semi-eggshell ware
半补偿 quasi-compensation
半补偿链形悬挂【电】semi-autotensioned catenary equipment
半补强剂 semi-reinforcing agent
半补强炉法炭黑 semi-reinforcing furnace black
半不变量 half invariant;semi-invariant
半不变式 semi-invariant
半不可约图 semi-irreducible graph
半不渗透 semi-tight
半不锈钢 semi-stainless steel
半步行街 <允许受限制的车辆通过> semipedestrian mall;semi-mall
半参数 half parameter
半舱壁 partial bulkhead
半槽 half-groove
半槽边 rebate
半槽边口 rabbet
半槽边刨 rabbet plane
半槽接合 rabbet(ed)joint
半槽结合的木板 shiplap
半槽口门锁 half rabbeted lock
半槽口水泥板 rebbated cement slab
半槽企口 rabbet;rebate
半槽舌接合 rabbet joint
半槽式断面 trench and feather edge section
半槽式断面法 <路面工程的> trench and feather edge method
半槽式上辊 semi-slotted upper roll
半草原 hemisteppe
半侧面 half side-view
半侧视图 three-quarter view
半测回 <全圆法的> round
半测回闭合差 misclosure of round
半测回归零差 misclosure of round
半测面 half-set
半层 entresol;half-flat;half floor;half stor(e)y
半层流 semi-laminar flow
半层楼 one-half stor(e)y
半层休息板 half landing;half-space landing
半层值 half-value layer
半叉形支柱 half-fork strut
半插套管 half-socket pipe
半拆散式输出 semi-knockdown export
半拆散式销售 semi-knockdown sell
半柴油发动机 half diesel engine
半柴油机 semi-diesel engine
半柴油引擎 semi-diesel engine
半产品部件 semi-finished parts
半产品材料 semi-finished material
半铲形舵 semi-spade rudder
半长径 semi-major axis
半长轴 major semi-axis;semi-major axis
半常绿树 half-ever green
半常绿植物 semi-evergreen plant
半敞开式 semi-open type
半敞开式模具 partly open mo(u)ld
半敞开走廊 veranda(h)
半敞开小室 benchtop cave
半敞露的 semi-exposed
半超越曲线 interscendental curve
半潮 half tide;mean tide
半潮差 amplitude of tide;half-range of tide;semi-range of tide;tide amplitude
半潮差船坞 semi-tidal dock
半潮差港池 half tide basin
半潮池 half tide basin
半潮船渠 half tide basin;half tide canal
半潮船坞 half tide basin
半潮挡浪墙 half tide wall
半潮登岸码头 quay with half tide landing
半潮幅 semi-range of tide
半潮干出礁石 half tide rock;tide rock
半潮港(池)half tidal basin;half tidal harbo(u)r;half tide basin
半潮高程 half tide level
半潮高护墙 half tide wall
半潮面 half tidal level;half tide level
半潮起岸 half tide landing
半潮湿的 semi-humid;subhumid
半潮湿地区 semi-humid region;subhumid region
半潮水位 half tide level
半潮围堰 <较低的挡水并能溢流的建筑物> half tide cofferdam
半潮汐船坞 semi-tidal dock
半潮汐日的 semi-diurnal
半潮汛 half flood
半潮闸 half tidal lock
半车动的 <地接近交叉口的道路上,局部装置车动设备的> semitraffic-actuated
半车动控制器 <在接近交叉口的道路上,局部装置车动设备,即装有检车感应器> semitraffic-actuated controller
半车动信号 <由半车动控制器管理的信号> semitraffic-actuated signal
半车光螺栓 semi-finished bolt
半车模拟 half-car simulation
半沉球 submerged sphere
半沉头不脱出螺钉 oval slotted countersunk head unloosing screw
半沉头机器螺钉 oval countersunk fillister head machine screw
半沉头螺钉 machine screw with oval countersunk fillister head
半沉头螺旋 oval head screw
半沉头铆钉 countersunk not chipped rivet;oval countersunk head rivet
半沉头木螺钉 oval countersunk fillister head wood screw
半衬砌 half lining
半成材 shop lumber;shop timber
半成拆旧法 five percent method of depreciation
半成的 half done
半成点 half a point
半成晶 half crystal
半成码 intermediate code
半成品 crude product;green ware;half-crystal;half-finished goods;half-finished material;half-finished product;intermediate goods;intermediate product;partly finished goods;semi-finished goods;semi-finished product;semi-manufactured product;semi-product;virgin material
半成品保管 in-process storage
半成品标准 semi-finished product standard
半成品出口 knock down export
半成品储备 semi-finished inventory;semi-processed stock
半成品的 half manufactured;half-finished;semi-finished
半成品钢 rerolled steel;rerolling steel
半成品钢丝 process wire
半成品检验分类 preforming screen
半成品螺栓 non-finished bolt
半成品木材 half-wrought timber
半成品轧材 semi-finished metal
半承压含水层 semi-confined aquifer
半承压井 subartesian well
半承压水 <不流出地表的自流水> subartesian water;semi-confined water
半城市的 semi-urban
半持久性病毒 semi-persistent virus
半持久性毒气 moderately persistent gas
半尺寸 half-size scale
半尺寸模型 half-scale model
半齿高加强板 half shroud
半齿抓斗 half-tine grab
半充气轮胎 semi-pneumatic tire[tyre]
半充填 semi-filling
半冲孔 semi-piercing
半冲填坝 hemi-hydraulic fill dam;semi-hydraulic fill dam
半冲压 semi-stamping
半稠的 semi-heavy
半出露煤田 semi-concealed coalfield

半储热层 semi-reservoir
半处理的 half black
半穿孔 chadless perforation
半穿孔带 chadless tape
半穿孔的【计】chadless
半穿孔纸带 chadless paper tape
半穿式板梁 half-through plate girder
半穿式格梁 half-through latticed girder
半穿式公路桥 half sunk roadway
半穿式拱 half-through arch
半穿式桁架 half-through truss; pony truss
半穿式桁架桥 pony truss bridge
半穿式桥跨 half (-space)-through space
半穿式桥(梁) half-through bridge; pony (girder) bridge; half-hillside bridge
半传统的 quasi-traditional
半船坞 semidock; slipdock
半椽(条) <伸不到屋脊的> half principal
半串联 mid-series
半串联导出式滤波器 mid-series derived filter
半串联节 mid-series section
半窗 half-window; semi-window
半窗半墙 semi-window-semi-wall
半窗间壁 half-pier
半窗腰隔墙 curtain-wall semi-breast panel
半吹风式冷冻装置 semi-air blast freezer
半吹制(地)沥青 semi-blown asphalt
半锤头式吊杆 semi-hammerhead boom
半纯的 meromorphic
半瓷化的 semivitreous; semi-vitrified
半瓷器 semi-porcelain
半瓷釉 semi-faience
半瓷砖 half block; half-tile
半磁迹 half track
半磁泡 half-bubble
半磁性控制器 semi-magnetic controller
半次全振动 one-half cycle; one swing
半粗糙 half-rough
半粗糙表面 semi-mat(te) surface
半粗糙的 semi-mat(te); semi-rough
半粗粒体 semi-macrinite
半粗粒体组 semi-macrinoid group
半粗体字 half-fat
半粗制的 semi-rough
半粗制螺母 half-rough nut
半促进剂 semi-reinforcing agent
半脆性固体 semi-brittle solid
半脆性氧化铝 semi-friable alumina
半存期 half residence time
半搭接 half-lap scarf joint; half scarf; halved splice; halving joint; haved; lipped joint; lipping
半搭接合 halved joint
半搭接接合 half-lap joint
半搭接接头 half-lap joint
半搭接鸠尾接合 half-lap dovetail joint
半搭接联轴节 half-lap coupling
半大集装箱 semi-container
半大颗粒的 half-size
半大颗粒系数 <筛分的> half-size factor
半带法 semi-flat band method
半带宽 half bandwidth; semi-band width
半单的 semisimple
半单环 semi-simple ring
半单矩阵 semi-simple matrix
半单群 semisimple group
半单元 half-cell
半蛋白石 semiopal
半当量 semi-normal
半当量浓度的 semi-normal
半导电玻璃 semi-conducting glass
半导电的 semi-conductive
半导电敷层 semi-conducting coating
半导电涂层 semi-conducting coating
半导电性 semi-conduction
半导体 quasi-conductor; semi-conductor
半导体包胶 semi-conductor encapsulation
半导体冰箱 semi-conductor freezer
半导体玻璃 semi-conducting glass; semi-conductor glass
半导体玻璃纤维 semi-conducting glass fibre
半导体薄膜检测器 semi-conductive thin-film detector
半导体薄膜探测器 thin-film semi-conductor detector
半导体薄片 wafer
半导体材料 semi-conducting material; semi-conductor material
半导体参量激励子 semi-conductor parametron
半导体参量器 semi-conductor parametron
半导体测辐射热计 negative-α bolometer
半导体超晶格 semi-conductor superlattice
半导体传播常数 propagation constant of a semi-conductor
半导体传感器 semi-conductor sensor
半导体存储器 semi-conductor memory; semi-conductor store
半导体存储器测试系统 semi-conductor memory test system
半导体的 semi-conductive
半导体的本征性质 semi-conductor intrinsic(al) property
半导体的铁氧体 ferroxcube
半导体点温度计 semi-conductor point thermometer
半导体电化学 semi-conductor electrochemistry
半导体电容器 semi-conductor capacitor
半导体电压调整器 semi-conductor voltage regulator
半导体电子倍增器 semi-conductor electron multiplier
半导体电阻温度计 semi-conductor resistance thermometer
半导体动态存储器 semi-conductor dynamic(al) memory
半导体二极管 crystal diode; crystal rectifier; diode; semi-conductor-diode
半导体放大器 semi-conductor amplifier
半导体辐射热测量器 semi-conductor bolometer
半导体辐射探测器 semi-conductor radiation detector
半导体工艺 semi-conductor technology
半导体管 transistor
半导体光催化 semi-conductor photocatalysis
半导体光催化剂 semi-conductor photocatalyst
半导体光电二极管 semi-conductor photo diode
半导体光电子器件 semi-conductor photoelectronic device
半导体光电子显示器 semi-conductor optoelectronic display
半导体光发射器 semi-conductor light emitter
半导体光放大器 semi-conductor optical amplifier
半导体光学快门 semi-conductor optical shutter
半导体合金 semi-conducting alloy
半导体化合物 semi-conducting compound
半导体化学 semi-conductor chemistry
半导体激光测距机 semi-conductor laser range finder
半导体激光二极管 semi-conductor laser diode
半导体激光发射器 semi-conductor laser transmitter
半导体激光放大器 semi-conductor laser amplifier
半导体激光检测器 semi-conductor laser detector
半导体激光解调器 semi-conductor laser demodulator
半导体激光(器) semi-conductor laser
半导体集成电路 integrated semiconductor circuit; semi-conductor integrated circuit
半导体集成电路块 semiconductor chip
半导体加工 semi-conductor processing
半导体检测器 semi-conductor detector
半导体结 junction
半导体结型激光器 junction laser
半导体金刚石 semi-conducting diamond
半导体金属 semi-conducting metal
半导体晶体 semi-conducting crystal; semi-conductor crystal
半导体开关元件 silicon controlled rectifier; thyristor
半导体矿物 semi-conductive mineral
半导体量子井激光器 semi-conductor quantum well laser
半导体漆 semi-conductor varnish
半导体器件 semi-conductor device
半导体热敏电阻 semi-conductor thermosensitive resistor
半导体三极管 semi-conductor triode
半导体时间继电器 semi-conductor time relay
半导体时延继电器 semi-conductor time-lag relay
半导体拾音头 semi-conductor cartridge
半导体探测器 semi-conductor detector
半导体陶瓷 semi-conducting ceramics; semi-conductive ceramics; semi-conductor ceramics
半导体温差电偶 semi-conductor thermocouple
半导体温度计 semi-conductor thermometer
半导体物理学 semi-conductor physics
半导体芯片 semiconductor chip
半导体悬浮 semi-conductive suspension
半导体异质结构 semi-conductor heterostructure
半导体应变计 semi-conductor strain ga(u)ge
半导体应变片 semi-conductor strain ga(u)ge
半导体应变仪 semi-conductor strain ga(u)ge
半导体荧光二极管 semi-conductor luminescent diode
半导体釉 semi-conducting glaze
半导体元件 semi-conductor; semi-conductor cell; semi-conductor component; semi-conductor element
半导体噪声消除器 semi-conductor noise eliminator
半导体闸流管 thyristor
半导体障板 electrothermal baffle
半导体振荡管 oscillistor
半导体振荡器 oscillistor; semi-conductor oscillator
半导体整流管 semi-conductor rectifier tube
半导体整流焊机 semi-conductor rectifier welder
半导体整流器 semi-conductor rectifier
半导体整流元件 semi-conductor rectifier cell
半导体纸 semi-conducting paper
半导体制冷 semi-conductor refrigeration
半导体制冷机 semi-conductor refrigerator
半导体注入式激光器 semi-conductor injection laser
半导体装药管 semi-conductive loading tube
半导体装置 semi-conductor device
半导体着色 semi-conductor colo(u)rization
半岛 biland; byland; chersonese; half island; peninsula
半岛的 peninsular
半岛的半岛 subpeninsula
半岛端 terminus of a peninsula
半岛式防波堤 shore-connected breakwater
半岛式码头 peninsular quay
半岛式舞台 thrust stage
半岛式月台 peninsular platform
半岛园 peninsular garden
半岛状厨房橱柜 peninsula-base kitchen cabinet
半灯火管制 dim-out
半低压轮胎 semi-balloon tyre
半低装载机 semi-low-loader
半堤半堑 cut-fill section
半狄塞尔机 semi-diesel
半底层 half-bed; half-joint
半底面 hemi-base
半底盘轴承 bearing half
半地带性土壤 semi-zonal soil
半地沥青的 semi-asphaltic
半地沥青基石油 semi-asphaltic base oil; semi-asphaltic base petroleum
半地沥青石油 semi-asphaltic petroleum
半地面青贮窖 modified trench stack silo
半地面铁路 semi-metro
半地面运货升降机 grade-level elevator
半地堑 semi-graben
半地球 hemi-sphere
半地铁 <地下、地面兼容> premetro
半地下 semi-metro
半地下仓 semi-underground bin
半地下槽 semi-buried tank
半地下储罐 semi-underground (storage) tank
半地下式厂房 semi-underground powerhouse
半地下式车库 semi-underground garage
半地下式沥青贮仓 semi-underground asphalt storage
半地下式水电厂 semi-underground powerhouse
半地下室 American basement; English

basement; partially exposed basement; semi-basement; stereobate; subbasement
半地下油库 semi-underground storage
半电池 half-cell
半电池电势 half-cell potential
半电池电位 half-cell potential
半电池反应 half-cell reaction
半电池反应能量变化 half-cell reaction energy change
半电桥 half-bridge
半电算化设计 computer-aid design
半电位计 semi-potentiometer
半电源电压原理 half-supply voltage principle
半电子交换机 partelectronic switching system; semi-electronic switching system
半电子交换系统 partelectronic switching system; semi-electronic switching system
半电子式电话交换机 semi-electronic telephone exchange
半电子式照相排字机 semi-electronic typesetter
半电子系统 semi-electronic system
半电子制 semi-electronic system
半垫 cotter
半雕绣 half cutwork
半吊杆 fish davit; half davit
半迭代法 semi-iterative method
半迭代过程 semi-iterative process
半叠包绕组 half-lap winding
半叠盖 half-lap
半叠接 half-lapped joint; half-space; halved splice; halving
半叠接合 half-lap joint; half-lap scarf
半叠拼接 half-lap scarf joint
半叠嵌接 half-lap scarf joint
半叠楔接 half-lap scarf joint
半叠楔面接合 half-lap scarf joint
半叠斜接 half-lap scarf joint
半蝶式孔型 semi-butterfly pass
半顶角 semi-apex angle
半顶面铣 semi-topping
半顶头砖 half header
半定 semi-definite
半定长记录 semi-fixed length record
半定床模型 semi-rigid model
半定二次型 semi-definite quadratic form
半定矩阵 semi-definite matrix
半定量 semi-quantitative
半定量测定 semi-quantitative determination
半定量分析 semi-quantitative analysis
半定量估计 semi-quantitative estimate
半定量估值 semi-quantitative assessment
半定量浸注法 <木材的> lowly process
半定算子 semi-definite operator
半定向 semi-directional
半定向标本 semi-oriented specimen
半定向交叉(口) semi-directional intersection
半定向式立交 semi-directional interchange
半定型 semi-definite form
半定性近似法 semi-qualitative approach
半定序 partial ordering
半定序关系 partial ordering relation
半冬性 half winterness; semi-winterness
半动荡 semi-turbulence
半冻结 subfreezing
半洞 big cave; mero cave
半陡峭的 semi-steep
半陡(斜)的 semi-prone
半读出脉冲 half reading pulse
半读脉冲 partial read pulse; read half-pulse
半独立道岔【铁】semi-independent points
半独立的 semi-detached; semi-independent
半独立地区 semi-independent territory
半独立尖轨 semi-independent point tongue
半独立式独户住宅 single family semi-detached dwelling
半独立式房屋 semi-detached building; semi-detached house
半独立式住宅 semi-detached dwelling; semi-detached home; semi-detached house
半堵壁 partial bulkhead
半度空间 half-space
半度量 pseudo-metric; semi-metric
半镀膜 half coating
半镀银的 half-silvered
半镀银反射镜 partially silvered mirror
半镀银镜 half-silvered mirror
半端梁 tailpiece; tailpiece beam; tall beam <俗称>
半端梁格栅 header
半短径 semi-minor axis
半短轴 semi-minor axis
半断接 partial disconnection
半断路 partial disconnection
半断面 half section
半断面导坑掘进法 half section heading method
半断面底导坑法 bottom drift and half section method
半断面开挖 half section excavation
半断面开挖掘进 half section tunnel-(l)ing
半断面隧道开挖法 half section excavation method
半断线 partial disconnection
半对称 hemi-symmetry; semi-symmetry; hemihedry <多指晶体>
半对称的 hemi-symmetrical; semi-symmetrical
半对称非稳定谐振腔 half-symmetric-(al) unstable resonator
半对称谐振腔 half-symmetric(al) resonator
半对称形 hemi-morphism
半对称性 hemihedrism
半对角线 semi-diagonal
半对流的 meromictic
半对流湖 meromictic lake
半对流型 semi-convection
半对流型管式炉 semi-convection type pipe still
半对数 semi-log
半对数变换 semi-log transformation
半对数标尺 semi-logarithmic scale
半对数标度 semi-logarithmic scale
半对数表 semi-logarithmic chart
半对数的 semi-logarithmic
半对数横坐标 semi-logarithmic abscissa
半对数模型 semi-logarithmic model; semi-log model
半对数曲线 semi-logarithmic graph; semi-log curve
半对数图 semi-logarithmic graph; semi-log diagram
半对数图解 semi-logarithmic graphy
半对数图纸 semi-log paper
半对数线图 semi-logarithmic linear chart
半对数纸 arithlog paper; semi-logarithmic paper
半对数坐标图 semi-log plot
半对数坐标纸 semi-coordinate paper; semi-logarithmic coordinate paper; semi-log graph paper
半吨小型载货汽车 pick-up
半盾构 roof shield
半多孔的 semi-porous
半舵 half port
半惰性煤素质 semi-inertinite
半额股票 half stock
半二基酚橙 semi-xylenol orange
半发达国家 semi-developed nations
半发抑制 concurrent inhibition
半反冲擒纵机构 half dead escapement
半反射 half reflection
半反射镜 half-reflecting mirror; semi-reflecting mirror
半反射体 semi-reflector
半反算法 semi-inverse method
半反位 half reverse
半反向 half reverse
半反应 half-reaction
半反应电势 half-reaction potential
半反应期 half life
半范数 semi-norm
半方材 half-timber
半方英里 <等于 160 英亩或约 64.7 万平方米> quarter section
半防护港 semi-protected harbo(u)r
半防护式电机 semi-guarded machine
半防护型电动机 semi-protected motor
半防火的 semi-fireproof
半防火建筑 ordinary construction; semi-fireproof construction
半防火门 fire check door
半防火(木)结构 <楼层木梁厚度不小于 6 英寸或 0.15 米> mill construction
半仿真方式 half emulation mode
半非可燃物 semi-non-combustible material
半肥煤 cherry coal
半肥砂 medium strong mo(u)lding sand
半沸腾锅炉 ignifluid boiler
半沸煮法 semi-boiled process; semi-boiling process
半分布绕组 semi-distributed winding
半分布式硬件系统 semi-distributed hardware system
半分布线圈 semi-distributed coil
半分段式浮船坞 half sectional dock
半分法 split-half method
半分隔挡墙 scotch wall
半分节驳船队 semi-integrated tow
半分解纤维质 hemi-cellulose material
半分开式扣件 hybrid fastenings; mixed holding fastenings; semi-separated rail fastenings
半分离的 semi-detached
半分离房屋 semi-detached house
半分离系统 partially separated system
半分离住宅 semi-detached dowelling
半分立式住宅 semi-detached dwelling
半分流 half-split flow
半分模型 pattern half
半分配制会议电话 telephone conference of semi-distribution system
半分批法 semi-batch process
半分砂箱 half-part mo(u)lding box
半分跳钟 half minute jump clock
半分析解 semi-analysis solution; semi-analytic(al) solution
半风潮差 amplitude of wind tide
半风化层 semi-weathering bedrock horizon
半风化岩石 half weathered rock; half weathering feldspar
半封闭层 aquitard
半封闭插入式熔断器 semi-seal plug-type fuse
半封闭的 semi-hermetic
半封闭的污水管 protected waste pipe
半封闭海(域) semi-(en)closed sea
半封闭篱笆 blind fence
半封闭盆地 semi-closed basin
半封闭区间 semi-closed interval
半封闭式 partially closed type; semi-closed; semi-enclosed type
半封闭式槽 semi-enclosed slot
半封闭式的 semi-enclosed; semi-envelop
半封闭式电动机 semi-enclosed (type) motor
半封闭式电机 semi-enclosed type machine
半封闭(式)港池 semi-enclosed basin
半封闭(式)港湾 semi-enclosed harbo(u)r
半封闭式机器 semi-enclosed machine
半封闭式空气分配 <冷藏车> semi-envelop air distribution
半封闭式潜水呼吸器 semi-closed circuit underwater breathing apparatus
半封闭式压缩机 accessible compressor; semi-hermetic compressor
半封闭式压缩机组 accessible hermetic compressor unit
半封闭式压缩冷凝机组 semi-hermetically sealed condensing unit
半封闭式叶轮 semi-enclosed impeller
半封闭式制冷剂压缩机 semi-hermetic refrigerant compressor
半封闭式制冷剂压缩机组 accessible hermetic refrigerant compressor
半封闭水体 semi-closed body of water; semi-(en)closed water body
半封闭水域 semi-closed body of water; semi-(en)closed water body
半封闭洼地 semi-bolson
半封闭系统 semi-closed system
半封闭线路 partially access route; semi-isolated route
半封闭型电器 partially enclosed apparatus
半封闭型冷凝机组 semi-hermetic condensing unit
半封闭循环 semi-closed cycle
半封闭循环燃气轮机 semi-closed-cycle gas turbine
半封闭压缩机 field service compressor
半封闭压缩冷凝机组 service-sealed condensing unit
半封闭制冷机 semi-hermetic refrigerator
半封闭制冷压缩机 semi-hermetic refrigeration compressor
半封层 half-closed layer
半封顶锭模 semi-closed top mo(u)ld
半峰半宽度 half width at half-maximum
半峰宽度 half-peak breadth; half-peak width; peak half width
半峰全宽 full-width at half maximum
半峰线宽 half-maximum line breadth
半缝 dummy joint; groove joint; weakened plane joint
半浮半沉的 half-in-and-half-out of the water
半浮充制 partial floating system
半浮的 semi-buoyant
半浮雕 bas-relief; basso-relievo; de-

B

mi-relief;demi-relievo;mezzo relievo
半浮动 semi-floating
半浮动式翻斗车 semi-floating
半浮动式桥轴 semi-floating axle shaft
半浮式半轴 semi-floating axle shaft
半浮式的 semi-floating
半浮式后轴 semi-floating rear axle
半浮式活塞销 semi-floating piston pin
半浮式轴 semi-floating axle
半浮游生物 hemi-plankton; mesopelagic(al)plankton
半幅 semi-range
半幅板 <陶立克式檐壁转角三拢板外侧的> demi-metope
半幅度点 half-amplitude point
半幅方向图 half-amplitude beam
半幅傅立叶级数 Fourier half-rang series;half-range Fourier series
半幅级数 half-range series
半幅宽度 half-amplitude duration
半幅照相机 half-frame camera
半幅值持续时间 half-amplitude duration
半幅阻尼 damping to half amplitude
半辐射束 half-amplitude beam
半俯卧位 semi-prone position
半俯卧位的 semi-prone
半腐层 duff
半腐层湿度计 duff hygrometer
半腐解腐殖质 duff mull
半腐泥 amphisaprobel
半腐生 mixotrophic
半腐生寄生物 semi-saprophytic parasite
半腐生菌类 half-saprophyte
半腐生生物带 mesosaprobic(al)zone
半腐生物 half-saprophyte
半腐生植物 semi-saprophyte
半腐蚀性水 half corrosion water
半腐殖质 duff
半负定函数 negative semi-definite function
半负定矩阵 negative semi-definite matrix
半负荷起动 starting at half load
半负荷运行 half capacity operation
半负载 half load
半负载段 half-loading section
半附墙柱 semi-column
半附生植物 hemi-epiphyte
半复粒 semi-compound grain
半复消色差物镜 semi-apochromat
半傅立叶间节 half Fourier interval
半傅立叶区间 half Fourier interval
半覆盖膜 half coating
半改良地面 semi-improved surface
半盖燕尾榫接 dovetail half-lap joint; dovetail halved; dovetail halving; dovetail joint
半概率设计法 semi-probabilistic design method
半概率性统计 semi-probabilistic statistics
半干 leather-hard
半干材 half-timber
半干草 semi-arid
半干成型法 stiff-plastic making
半干处理 semi-dry process
半干的 semi-dried;subarid
半干法成型 semi-dry pressing
半干法(工艺)semi-dry process
半干纺细纱机 half-dry spinning frame
半干旱-半潮湿亚热带-热带亚带 semi-arid to semi-humid subtropical to tropical subzone
半干旱的 semi-arid;subarid
半干旱地 semi-arid land
半干旱地带 semi-arid zone
半干旱地区 semi-arid area;semi-arid zone
半干旱地区潜水区 half arid area underground water area
半干旱地区生态系统 semi-arid land ecosystem
半干旱封闭洼地 semi-bolson
半干旱-干旱亚热带 semi-arid to arid subtropical zone
半干旱泥流 semi-arid mudflow
半干旱气候 semi-arid climate
半干旱热带 semi-arid tropic
半干旱土壤 semi-arid soil
半干焊地区 semi-arid region
半干湖地 semi-bolson
半干精纺机 half-dry spinning frame
半干黏[粘]性 dry tack
半干显影法 semi-dry developing process
半干性混凝土 semi-dry concrete
半干性油 semi-drying oil
半干压成型 semi-dry pressing
半干压法 semi-dry pressing
半干压工艺 semi-dry process
半干压制法 semi-dry press process
半干压砖法 semi-dry press process
半干硬性混凝土 semi-dry concrete
半干燥 partial desiccation
半干燥的 semi-arid
半干燥地带 semi-arid zone
半干燥地区 semi-arid region
半干状 <指坯体干燥程度> leather-hard
半干状泥流 semi-arid mudflow
半干状态 black hard; cheese hard; green hard;semi-dry state
半干状态硬度 <窑业制品毛坯的> leather-hard-hardness
半感潮的 half-tide
半感潮港池 half tidal basin;half tide basin; semi-tidal basin; semi-tidal dock
半感应控制器 semi-actuated controller
半感应式交通信号控制器 semi-actuated traffic controller
半感应信号 <是对主要街道全部超绿灯时的典型计时信号> semi-actuated signal;semi-actuating signal
半刚架 semi-rigid frame
半刚架结构 semi-rigid frame construction
半刚性板 semi-rigid sheet
半刚性衬砌 semi-rigid lining
半刚性船台 semi-rigid cradle
半刚性的 semi-rigid
半刚性隔热板 semi-rigid insulation board
半刚性管 semi-rigid tubing
半刚性护栏 semi-rigid barrier
半刚性基层 <用水硬性无机结合料处置的板体性基层,如石灰、粉煤灰、石灰煤渣、石灰土、水泥土等> semi-rigid base(course);semi-rigid type base
半刚性接合 semi-rigid connection; semi-rigid joint
半刚性接头 semi-rigid connector; semi-rigid joint
半刚性节点 semi-rigid joint
半刚性结点 semi-rigid joint
半刚性结构 semi-rigid structure
半刚性结合 semi-rigid connection; semi-rigid joint
半刚性框架 semi-rigid frame[framing]
半刚性框架连接 semi-rigid connection
半刚性框架(做)法 semi-rigid framing
半刚性连接 semi-rigid joint; imperfect rigid connection
半刚性路面 <沥青路面下有一层水硬性结合料的基层> semi(-rigid) pavement
半刚性模型 semi-rigid model
半刚性容器 semi-rigid receptacle
半刚性石棉沥青板 semi-rigid asbestos-bitumen sheet
半刚性塑料 semi-rigid plastics
半刚性悬架 semi-rigid suspension
半刚性压力水管 semi-rigid penstock
半刚性支船架 semi-rigid cradle
半钢 gun iron;semi-steel
半钢化玻璃 semi-tempered glass
半钢性铸铁件 semi-steel casting
半高 mid-height
半高峰宽 peak width at half-height
半高集装箱 half-height container
半高砌块 half height block
半膏 half-cream
半膏状原漆 semi-paste paint
半哥特式拱 semi-Gothic arch
半哥特式尖拱 semi-Gothic arch
半格(点)semi-lattice
半格构架 half-lattice(d)girder
半格构式构架 half-lattice(d)frame
半格组(大)梁 half-lattice(d)girder
半格组构架 half-lattice(d)frame
半隔水层 semi-confining bed; aquitard
半隔焰炉 semi-muffle furnace
半隔焰退火炉 semi-muffle lehr
半隔焰窑 semi-muffle kiln
半个 half;moiety
半个法兰接头 flange coupling half
半工半读制 work-study system
半工半薪 half time
半工厂设备 semi-plant equipment
半工厂装置 semi-work scale plant
半工程砖 semi-engineering brick
半工时 half time
半工业规模 semi-industrial scale
半工业化工厂 semi-commercial plant
半工业化生产 semi-scale production
半工业生产装置 semi-industrial installation
半工业试验 pilot plant test
半工业性规模试验 pilot-scale test
半工业性试验 pilot test
半工业性装置 pilot plant
半工业装置 halfway unit;semi-commercial unit
半工作面爆破 part face blast
半公共房屋 semi-public building
半公共辅助交通 semi-public paratransit
半公共建筑 semi-public building
半公共空间 semi-public space
半公共游泳池 semi-public pool
半公开当事人 partially disclosed principal
半公开的 more or less open;semi-overt
半公里标(志)half-kilometer sign
半功率 half power
半功率带宽 half-power bandwidth
半功率点 half-power point
半功率点间的发射束角 emission beam angle between half power points
半功率点间的角 angle between half power points
半功率点间的束夹角 beam-angle-between-half-power-points
半功率点频率 half-power frequency
半功率法 <求阻尼用的> half-power method
半功率角 half-power angle
半功率宽度 half-power width
半功率频率 half-power frequency
半功率频率上限 upper half-power frequency
半功率束宽 half-power beamwidth
半供电压原则 half-supply voltage principle
半拱 half-arch;semi-arch
半拱凹面 semi-intrados
半拱腹线 semi-intrados
半共生 metabiosis
半共心谐振腔 half-concentric resonator;hemi-concentric resonator
半钩结 midshipman's hitch
半构件 semi-member
半股 half stock;moiety
半骨架式履带板 semi-skeleton shoe
半固定长度记录 semi-fixed length record
半固定成本 semi-fixed cost
半固定存储器 semi-permanent store
半固定导向架 semi-fixed lead
半固定的 semi-fixed; semi-portable; semi-stationary
半固定点 partially fixed point
半固定可变电阻器 semi-fixed variable resistor
半固定梁 semi-fixed girder
半固定桥 semi-fixed bridge
半固定沙 semi-fixed sand
半固定沙丘 semi-fixed dune
半固定式压力水管 semi-fixed penstock
半固定支点 partially fixed support; semi-fixed support
半固化 semi-cure
半固化片 prepreg
半固结的 semi-indurated
半固石油 lard oil
半固态 semi-solid state
半固态金属 partially solidified metal
半固态沥青 Jew's pitch;semi-solid asphalt
半固态土 semi-solid soil
半固体 semi-solid
半固体防锈剂 slushing compound
半固体废物 semi-solid waste
半固体分散体 semi-solid dispersion
半固体阶段 semi-solid stage
半固体沥青 semi-solid asphalt
半固体沥青材料 <稠度在液体与固体之间的沥青材料> semi-solid bituminous material
半固体沥青物质 semi-solid bituminous material
半固体培养基 semi-solid culture medium
半固体状态 semi-solid state
半固体润滑剂 semi-solid lubricant
半挂车 semi-mounted wagon; semi-trailer
半挂车车轮 semi-trailer wheel
半挂车的前支腿 trailer support
半挂车连接轮 fifth wheel attachment
半挂车牵引车 semi-trailer tractor
半挂车式 semi-trailer type
半挂车式给水箱 semi-trailer type supply tank
半挂车式构造 semi-trailer type construction
半挂车式沥青玛瑞脂熔制锅 semi-trailer type mastic asphalt boiler
半挂车停放支架 parking leg; trailer dolly
半挂车支撑轮起落架 landing gear
半挂车支地轮 jockey wheel
半挂车组合体 semi-trailer combination
半挂农具 semi-mounted tool
半挂汽车列车 semi-trailer train
半挂牵引车 tractor-truck
半挂式翻斗车 semi-trailer dump wag-

on
半挂式沥青罐车 semi-trailer asphalt truck
半挂式拖车 semi trailer
半关 semi-closure
半官方的 quasi-official;semi-official
半冠形合扎 half crown seizing
半管 semi-canal
半管螺旋式夹套 half-pipe coil jacket
半管套 half-pipe section
半管形的 semi-tubular
半管形铆钉 semi-tubular rivet
半贯流式轴流泵 angle type axial flow pump
半贯入式碎石路面 semi-penetration macadam
半贯轴 semi-transverse axis
半灌浆的 semi-grouting
半灌沥青处理 semi-penetration treatment
半灌木 fruticuli;half-shrub;semi-frutex
半灌木荒漠 semi-shrubby desert
半灌木状 suffruticose
半灌木状的 suffrutescent
半光 satin;semi-flat
半光氨酸 cysteine
半光瓷漆 semi-gloss enamel
半光的 semi-glassy
半光滑轮胎 half smooth
半光环氧聚酯粉末涂料 semi-gloss epoxide-polyester powder coating
半光快干瓷漆 semi-gloss quick-dry enamel
半光六角螺母 semi-finished hexagon nut
半光六角螺栓 semi-finished hexagon head bolt
半光埋头螺栓 semi-finished countersunk head bolt
半光面层 egg-shell finish
半光面轮胎 half smooth
半光面漆 satin finish;silk
半光面相纸 semi-glossy paper
半光喷漆 semi-gloss lacquer
半光漆 satinwood finish
半光乳胶瓷漆 semi-gloss latex enamel
半光涂层 semi-gloss
半光涂料 semi-gloss paint
半光像纸 semi-glassy paper;semi-mat(te)paper
半光圆销 semi-finished round pin
半光泽 half-matt gloss
半光泽的 half-matte;semi-flat;semi-gloss;semi-lustrous
半光泽面层 egg-shell finish
半光泽抛光 butter finish
半光泽漆 semi-gloss paint
半光泽油漆 semi-gloss oil paint
半光泽釉面砖 semi-mat(te)glaze tile
半光制 semi-finished
半光制的 half-bright
半光制垫圈 half-bright washer;half-finished washer
半光制螺钉 half-bright screw;semi-finished screw
半光制螺母 half-finishing nut;semi-bright nut;semi-finished nut
半光制螺栓 half-bright bolt;semi-finished bolt
半胱氨 cysteine
半胱氨酸盐酸盐 cysteine hydrochloride
半胱氨酰 cysteinyl
半胱氨酰甘氨酸碘化钠 cysteinylglycine sodium iodide
半胱胺 cysteamine
半胱甲酯 mecysteine
半胱酰甘氨酸 cysteinyl glycine
半胱亚磺酸 cysteine sulfinic acid
半规管 semi-circular canal
半规则变星 semi-regular variables
半规则状 semi-regular
半硅酸盐 subsilicate
半硅质耐火材料 semi-silica refractory;semi-siliceous refractory
半硅质耐火砖 semi-silica fireclay brick
半硅质陶器 siliceous earthenware
半硅砖 semi-silica brick; siliceous fireclay brick
半轨 half track
半柜格式构架 half-lattice(d)frame
半贵金属 semi-precious metal
半国营的 para-state
半国有企业 para-state enterprise
半海里法则 half mile rule
半含水层 aquiclude
半旱地扇 <半干旱地区冲积扇> hemi-arid fan;semi-arid fan
半行脉冲 haft-line pulse
半行频率 half-line frequency
半好氧土地填埋 semi-aerobic landful
半合成 semi-synthesis
半合成的 semisynthetic
半合成砂 semisynthetic(al)sand
半合成纤维 semisynthetic(al)fiber[fibre]
半合成型砂 semisynthetic(al)sand mix
半合成油管挂 wrap-around hanger
半合管 split barrel;split tube
半合管从内管泵出 split-tube in pumped from inner tube
半合式油管挂 wrap-around hanger
半合子状态 hemi-zygosity
半荷载 half load
半盒 half-chest
半盒形天线 half cheese antenna
半褐煤 semi-bituminous coal
半赫兹传输 half-Hertz transmission
半黑市 gray market
半黑体字 half-fat
半黑头砖 flared header
半恒流 semi-permanent current
半桁架 half truss;semi-truss;jack truss <四面坡屋顶的>
半横梁 half-beam
半横向的 semi-transverse
半横向式通风 semi-transverse ventilation
半横向式系统 semi-transverse system
半横向通风 semi-transverse ventilation
半横向通风系统 semi-transverse ventilation system
半后视图 half-rear view
半后张法 <预应力的> prepost tensioning
半厚度 half-thickness
半厚砌块 half height block
半厚(油)漆 semi-paste paint
半厚(油)涂料 semi-paste paint
半厚砖 split brick
半厚砖砌层 split course
半厚砖砌体 split bond
半厚砖砌筑 split bond
半弧光灯 half-arc
半弧角 half-arc angle
半蝴蝶式环 semi-butterfly ring
半户外的 semi-outdoor
半户外式发电设备 semi-outdoor-type power plant
半花岗岩 aplite
半滑动垫木 semi-live skid
半化学方法 semi-chemical process
半化学工厂 semi-chemical mill
半化学漂白 semi-chemical bleaching
半化学液体 semi-chemical liquor
半化学造纸废水 semi-chemical paper-making wastewater
半化学纸浆 semi-chemical(wood)pulp
半化学纸浆厂废水 semi-chemical pulp mill wastewater
半化学纸浆厂污水 semi-chemical pulp mill wastewater
半化学纸浆废水 semi-chemical pulp wastewater
半化学纸浆污水 semi-chemical pulp sewage
半化学制浆 semi-chemical pulping
半环 semi-ring;split-ring
半环的 semi-cyclic
半环键 semi-cyclic link;semi-cyclic linkage
半环孔材 semi-ring porous wood
半环路 loop street
半环式广场 partial roundabout
半环式交叉 partial roundabout
半环线 semi-circular line
半环形的 semi-circular;semi-orbicular
半环形枢纽 semi-circle junction terminal;semi-circular junction terminal
半环形铁芯 cut core
半环形线圈 doroid
半环状双键 hemi-cyclic double bond
半荒漠 half desert;near desert;semi-desert
半荒漠地区 semi-desert region
半荒芜 semi-arid
半挥发有机化合物 semi-volatile organic compound
半挥发有机碳 semi-volatile organic carbon
半挥发有机物 semi-volatile organics
半挥发有机物雨水清除 rain scavenging of semi-volatile organics
半回波抑制器 half echo suppressor
半回转泵 semi-rotary pump
半回转式挖掘机 part-swing shovel
半混合层【地】meromixis;crenogenic meromixis
半混合湖 meromictic lake
半混合状态 <湖水> meromixis
半混合作用 <湖水> meromixis
半混响 semi-reverberation
半混砖砌层 split course
半活动控制器 semi-actuated controller
半活动筛 semi-flexible screen
半活动小架车 semi-live skid
半活性的 semi-active
半活养寄生物 hemi-biotrophs
半活叶螺旋桨 semi-feathering propeller
半货柜船 semi-container ship
半击发状态 half cock
半机动的 semi-mobile
半机动式分批(拌和)设备 semi-mobile batching plant
半机械化 semi-mechanization
半机械化操作 semi-mechanized operation
半机械化的 semi-mechanical;semi-mechanized
半机械化盾构 half-mechanized shield;partly mechanized shield;semi-mechanized shield
半机械化垃圾焚化炉 incinerator of half-mechanized operation;incinerator of semi-mechanized operation
半机械化设备 semi-mechanical installation
半机械人 cyborg
半迹记录器 half-track recorder
半基荷电厂 semi-base load plant
半基荷电站 semi-base load power station
半畸形 demimonstrosity;half deformation
半畸形的 hemi-teratic
半激磁式再生发电机 semi-exciting type regenerative generator
半激冷轧辊 semi-chilled roll
半激励磁芯 half-excited core
半激励电流脉冲 half-current pulse
半极大处全宽度 full-width at half maximum
半极化 semi-polar
半极化电容器 semi-polar capacitor
半极性 semi-polarity
半极性的 semi-polar
半极性键 semi-polar bond
半极性双键 semi-polar double bond
半极值点弦长 bowstring length between half-maximum point
半极轴坐标 semi-polar coordinates
半集中式系统 semi-central system
半集装箱船 semi-container ship;semi-container vessel
半几何变换 semi-geometrical transformation
半几率设计 semi-probabilistic design
半挤压盾构 partial blind shield;semi-blind shield
半脊椎畸形【动】hemi-vertebra
半计量资料 semi-measurement data
半计算机化 partly computerized
半技能工人 semi-skilled worker
半技术因素 semi-technological factor
半继动闸 half-serve brake
半寄生物 hemi-parasite;semi-parasite
半寄生植物 partial parasite
半加 false add;half-add
半加(法)器 half adder;one-digit adder;two-input adder
半加感节距 half-coil spacing
半加工的 half black;half-finished
半加减电路 half-adder-subtractor circuit
半甲板 half deck
半甲板艇 half decked boat;half decker
半价 semi-valence[valency]
半价层 half-value layer
半价出售 sell at half price
半价的 half fare
半价电报 half-rate message
半价季票准许卡片 half-fare season authority card
半价票 half price ticket;half-fare ticket
半价票旅客 half-fare passenger
半价运费 half fare
半坚硬岩石 semi-hard rock
半坚硬岩石类 semi-hard rocks;type of semi-solid rocks
半间接附件 semi-indirect fitting
半间接供暖 semi-indirect heating
半间接加热 semi-indirect heating
半间接暖气装置 direct-indirect heating;semi-direct heating
半间接系统 semi-indirect system
半间接照明 semi-indirect illumination;semi-indirect lighting
半间歇式反应堆 semi-batch reactor
半间歇式反应器 semi-batch reactor
半肩榫 bare face(d)tenon;bare face(d)tongue
半减法器 half-subtracter;one-digit subtracter;two-input subtracter
半减期 half life
半减收缩 hemi-systole
半键 half bond
半浆机 breaker beater
半交叉 semi-decussation

B

B

半交叉传动 quarter-turn drive; semi-cross drive
半交叉的 semi-cross
半交(叉)皮带 half-cross(ed) belt
半交换期 exchange of half time
半胶结的 semi-cemented
半胶束 semi-micelle
半胶丝质次结构体 semi-gelifusinite-posttelinite
半胶丝质结构体 semi-gelifusinite-telinite
半胶丝质类 semi-gelifusinites
半胶丝质似无结构体 semi-gelifusinite-precollinite
半胶丝质无结构体 semi-gelifusinite-collinite
半胶体 hemi-colloid; semi-colloid
半胶体的 semi-colloidal
半胶体结构 hemi-colloid structure
半胶压木材 semi-compreg
半胶质 hemi-colloid; semi-gelatin
半胶质次结构体 semi-gelinite-posttelinite
半胶质结构体 semi-gelinite-telinite
半胶质似无结构体 semi-gelinite-precollinite
半胶质无结构体 semi-gelinite-collinite
半胶质硝甘炸药 semi-gelatin dynamite
半焦(柏)油 carbocoal tar
半焦化层 zone of semi-coking
半焦化作用 carbonization at low temperature; semi-coke
半焦收率 carbocoal yield
半焦炭 semi-coke; carbocoal; coalite
半焦弦 semi-focal chord
半焦油 carbocoal; coalite tar
半角 half angle; semi-angle
半角公式 half-angle formula
半角宽度 half-angular breadth
半角锥 half-angle cone
半教堂圆形歌唱半席位 apsidal choir
半阶式铆接 semi-lozenge riveting
半接头 half-bed; half-joint
半节 demi-section; half section; mid-section
半节车厢长度 length of half car
半节接管 half-socket pipe
半节网络 half section network
半节线圈 half coil
半节线圈间距 half-coil spacing
半节线圈区段 half-loading section
半节阻抗 mid-section impedance
半结 clinch; half hitch
半结构化决策 half structurization decision
半结合式 semi-integrated type
半结晶玻璃 half-crystal glass
半结晶的 hemi-crystalline; merocrystalline; semi-crystalline; hypocrystalline
半结晶期 half-crystallization time
半截板墙 suspended wall
半截玻璃隔断 half-glazed partition
半截玻璃门 sash door; half-glass door <上部安装玻璃的>
半截窗帘 brise-bise
半截防渗墙 partial curtain
半截隔断 dwarf partition; low partition
半截隔墙 dwarf partition
半截管 half section pipe; half-split pipe
半截管道 half section duct
半截货柜 half-high container
半截帘 <遮住门窗下半部的帘子> cafe curtain
半截流 half-split flow
半截门 half door; halved door
半截面 half section
半截式花边窗帘 brise-bise
半截水沟 half section gutter
半截贴面(砖)墙 half tile(d) wall
半截形橡胶滚轮 half shape rubber bobbin
半截闸门 truncated gate
半截站杆 chicot
半截止 half cutoff
半截止头 semi-stop
半解析法 semi-analytic(al) method
半解析空中三角测量 semi-analytic-(al) aerotriangulation; semi-digital aero-triangulation
半解析区域空中三角测量 semi-analytic(al) block aerotriangulation; semi-digital block aero-triangulation
半金属 half-metal; semi-metal; submetal
半金属的 semi-metallic; submetallic
半金属垫片 semi-metallic gasket
半金属光泽 semi-metallic luster[lustre]; submetallic luster[lustre]
半金属客车 semi-metallic coach
半金属密封片 semi-metallic gasket
半金属品 semi-metallics
半金属填料 semi-metallic packing
半金属填密片 semi-metallic gasket
半金属型 semi-permanent mo(u)ld
半金属型铸造 semi-chilled mo(u)ld casting
半金属元素 submetallic elements
半筋履带板 semi-grouser
半进位 half carry
半进位标志 half-carry flag
半浸式船台 semi-submerged shipway
半浸式气垫器 semi-submerged air-cushion vehicle
半浸水的 semi-submerged
半浸水桥 semi-high level bridge
半浸水水翼艇 surface-piercing (hydro) foil
半浸液猝灭保险丝 semi-immersed liquid-quenched fuse
半经典的 semi-classical
半经典理论 semi-classical theory
半经纪人 half-commission man
半经验程序 semi-empiric(al) procedure
半经验的 semi-empiric(al)
半经验法 semi-empiric(al) method
半经验方程式 semi-empiric(al) equation
半经验方法 semi-empiric(al) method
半经验公式 semi-empiric(al) formula; semi-empiric(al) relationship; semi-empiric(al) rule; semi-formula
半经验关系 semi-empiric(al) relationship
半经验关系式 semi-empiric(al) relation
半经验规则 semi-empiric(al) rule; semi-rule
半经验计算 semi-empiric(al) calculation
半经验近似法 semi-empiric(al) approach
半经验修正 semi-empiric(al) modification
半菁 hemi-cyanine
半晶 hemi-hedral crystal
半晶斑状 hemi-crystalline-porphyritic; hypocrystalline porphyritic; semi-crystalline-porphyritic
半晶玻璃 half crystal
半晶态水化硅酸钙 hyalocrystalline calcium silicate hydrate; semi-crystalline calcium silicate hydrate
半晶体 semi-crystal
半晶体玻璃 half-crystal glass; semi-crystal glass
半晶体结构 semi-crystalline texture
半晶体密封继电器 half-crystal can relay
半晶质 merocrystalline
半晶质的 hemi-crystalline; hypocrystalline; semi-crystalline
半晶质结构 hemi-crystalline texture
半晶质水化硅酸钙 hyalocrystalline calcium silicate hydrate; semi-crystalline calcium silicate hydrate
半晶质岩 hemi-crystalline rock
半晶质岩类 hemi-crystalline rocks
半晶轴 parameter
半晶状的 hemi-crystalline; semi-crystalline
半精加工 semi-machine; semi-finishing
半精加工的 semi-finished; semi-finishing
半精炼白石蜡 semi-fined paraffin wax white
半精炼棉籽油 cotton-seed oil semi-refined; semi-refined cottonseed oil
半精炼石蜡 semi-refined paraffin wax
半精密计时表 half chronometer
半精密量测工具 semi-precision measuring tool
半精切齿 semi-finishing tooth
半精制蜡 semi-refined wax
半精制螺母 half-bright nut
半精制坯件 semi-finished blank
半精制油料 semi-refined oil
半精致螺母 half-bright nut
半精装 half-binding
半精装的 half-bound
半井状通道 half shaft
半径 semi-diameter; tad radius
半径比率 radius ratio
半径比效应 radius ratio effect
半径变化点 <三心复曲线的> point of curve to curve
半径补偿 radius compensation
半径参数 radius parameter
半径差 correction for semi-diameter
半径尺寸 radial dimension
半径尺寸标注 radius dimensioning
半径倒数 reciprocal radius
半径的 radial
半径范围 radius range
半径改正 radius correction
半径改正量 <观测天体边缘点的> semi-diameter correction
半径杆 gig stick; radius bar; radius link; radius rod; valve rod
半径杆垫片 radius rod shim
半径杆吊杆 radius rod lifter
半径杆块 radius block
半径杆提杆 lifting link
半径杆托 radius rod bracket
半径光度关系 radius-luminosity relation
半径规 radius ga(u)ge; semi-diameter ga(u)ge
半径加速度 radius acceleration
半径检索 radial retrieval; radial search
半径校正 radius correction; semi-diameter correction
半径量规 radius ga(u)ge
半径镘刀 radius trowel
半径面 edge grain
半径磨削附件 radius grinding attachment
半径切纹理 mixed grain
半径收缩 radial shrinkage
半径损耗 radii loss
半径铣刀 radius cutter; radius mill cutter
半径线 radial road(line)
半径修整装置 radius truing device
半径修正 semi-diameter correction
半径样板 radius ga(u)ge; radius template
半径与厚度比 radius-thickness ratio
半径增订量 augmentation of semi-diameter
半径装配法 radius mounting
半静钢 semi-filled steel
半静态的 semi-static
半静态位置 semi-static position
半静止地下水 semi-perched water
半镜煤 subanthraxylon
半镜质体 semi-collinite
半镜质组 semi-vitrinite
半旧零件 secondary part; second parts
半矩阵 semi-matrix
半具缘纹孔 semi-bordered pit
半具缘纹孔对 half bordered pit pair
半距等高线 auxiliary contour(line); dashed contour line; dashed land line; half-interval contour; supplemental contour; supplementary contour; zero five contour; zero half contour
半距等高线间曲线 auxiliary contour (line)
半飓风 half a gale
半锯产品 half-sawn
半锯开(木)材 semi-split
半锯石 half-sawn stone
半聚合差 angle of conversion; arc-to-chord correction; conversion angle; half convergency
半聚焦 semi-focusing
半决定性 semi-decidability
半绝热水化量热计 semi-adiabatic hydration calorimeter
半绝缘的 semi-insulated; semi-insulating
半绝缘多晶硅 semi-insulating polycrystalline silicon
半绝缘体 semi-insulator
半均相液体 semi-homogeneous liquid
半均匀的 semi-uniform
半均匀应变 semi-homogeneous strain
半均质混凝土 semi like-grained concrete
半喀斯特 merokarst
半卡普兰式水轮机 semi-Kaplan turbine
半开 <指门> ajar
半开敞的 semi-open
半开敞的庭院 semi-court
半开敞锚地 roadstead; semi-open anchorage; pelabuan
半开敞式 semi-open type
半开敞式电气设备 semi-open type electric(al) equipment
半开敞式叶轮 semi-open impeller
半开的 half-open; semi-enclosed
半开叠接 halving
半开钩 half-open hook
半开角焊接 half-opened corner joint
半开铰链 stop butt hinge
半开接点 half-open contact
半开节流阀 half-throttle
半开结构 semi-open texture
半开垦地带 backwoods
半开垦(林)地 backwoods
半开口槽 semi-open slot
半开口角接头 half-open corner joint
半开立方体 half-open cube
半开门钩 ajar(door) hook
半开区间 half-open interval; semi-open interval
半开式 semi-open type
半开式的 semi-open

半开式缝 dummy joint
半开式铰刀 semi-open cutter
半开式接缝的 half-open-jointed
半开式收缩缝 dummy contraction joint
半开式叶轮 semi-closed-type impeller; semi-shrouded impeller; unshrouded impeller
半开榫槽 stopped dado
半开正方形 half-open cube
半开状态 half-open position
半靠背 half-coupling
半颗粒状态的 semi-granular
半壳 half shell
半可变成本 semi-variable cost
半可变电容器 preset capacitor; semi-variable capacitor; semi-variable condenser
半可锻铸铁 semi-malleable cast iron
半可分离性 semi-reparability
半可计算的 semi-computable
半可计算谓词 semi-computable predicate
半可逆吸附等温线 semi-reversible sorption isotherm
半可逆性 semi-reversibility
半可逆转向 semi-reversible steering
半可判定的 semi-decidable
半可塑成型法 semi-plastic making; semi-plastic process
半可透的 semi-permeable
半刻面 demi-section
半空格 half-space
半空格键 half-space key
半空间 half-space; semi-space
半空间分析 half-space analysis
半空间模型【数】half-space model
半空间平台 half-landing
半空间上土层 layer-over-half-space
半空间体 semi-infinite body
半空间轴对称 half-space axial symmetry
半空心拔制型材 semi-hollow drawn shape
半空心挤压型材 semi-hollow extruded shape
半空心拉制型材 semi-hollow drawn shape
半空心铆钉 semi-tubular rivet
半空心型材 semi-hollow shape
半孔径 semi-aperture
半孔屑纸带 chadded tape; chadless tape
半控制镶嵌 semi-controlled mosaic
半控制镶嵌图 semi-contacted mosaic; semi-controlled mosaic
半跨 half-bay
半跨荷载 half-span loading
半跨径附加荷载 additional half span loading
半块雕饰板 <陶立克式角柱上雕带外侧的> semi-metope; demi-metope
半块面砖 half face brick
半块砖 blind header; brick bat; half bat
半快旅客列车 semi-fast passenger train
半快(普通)市际客运业务 <英> semi-fast intercity service
半快速 semirapid transit
半快速公共汽车 semirapid bus
半快速(公交)客运 semirapid transit
半快速轻轨铁路交通 semirapid light rail
半快装锅炉 partial package boiler
半宽度 full-width at half maximum; half width; peak width at half-height; semi-breadth; half-height width; half breadth <船的>
半宽线图 half breadth plan
半宽施工 half width construction
半宽(水线)图 half-breadth plan
半框格式构架 half-lattice(d) frame
半框架 half frame
半窥镜 semi-speculum
半扩散 semi-diffusion
半扩散角 half-angle of spread
半拉杆塔 half-anchor tower
半劳动力 auxiliary manpower; one able to do light manual labour only; semi-able bodied; semi-able-bodied labour force; semi-able-bodied worker
半肋 half-rib
半肋板 partial floor
半棱晶 hemi-prismatic
半棱镜 half prism
半棱柱 hemi-prism
半棱锥体 hemipyramid
半冷模铸造 semi-chilled mo(u)ld casting
半冷却时间 half cooling time
半离散化 semi-discretization
半离心式 semi-centrifugal type
半离心式离合器 semi-centrifugal clutch
半离心铸造 semi-centrifugal casting
半理论的 semi-rational
半立方抛物线 semi-cubical parabola
半立方体算法 hemi-cube algorithm
半立面 half elevation
半沥青的 semi-asphaltic; semi-bituminous
半沥青膏 semi-asphaltic flux
半沥青煤 semi-bituminous coal
半沥青石油 semi-asphaltic petroleum
半沥青油 semi-asphaltic oil
半砾石 semi-gravel
半粒径的 half-size
半连环状救生索 becketed life line
半连续的 hemi-continuous; semi-continuous
半连续电解法 semi-continuous electrolytic process
半连续函数 semi-continuous function
半连续化学反应器 semi-batch chemical reactor
半连续浇铸 direct chill casting
半连续开采工艺 semi-continuous mining technology
半连续培养 semi-continuous culture
半连续钎焊炉 semi-successive brazing furnace
半连续式带材热轧机 semi-continuous hot strip mill
半连续式烘炉 semi-continuous type oven
半连续式宽带钢轧机 semi-continuous wide strip mill
半连续式炉 semi-continuous furnace
半连续式线材轧机 semi-continuous wire-rod mill
半连续式窑 semi-continuous kiln
半连续式轧机 hemi-continuous rolling mill; semi-continuous rolling mill
半连续式自动离心机 semi-continuous automatic centrifuge
半连续通路 semi-continuous channel
半连续推料 semi-continuous stoking
半连续信道 semi-continuous channel
半连续性 partial continuity; semi-continuity
半连续性过程 semi-continuous process
半连续性活性污泥 semi-continuous activated sludge
半连续性活性污泥试验 semi-continuous activated sludge test
半连续性浸取 semi-continuous leaching
半连续性生产 semi-serialized manufacture
半连续性蒸馏 semi-continuous distillation
半连续压延法 semi-continuous rolling process
半连续映射 semi-continuous mapping
半连续运转 semi-continuous running
半连续轧钢机 semi-continuous mill
半连续铸造 semi-continuous casting
半连续铸造法 direct chill process
半连续铸造机 semi-continuous casting machine
半连续铸造熔化 semi-continuous casting melting
半连轧 semi-tandem rolling
半连铸 semi-tandem casting; double contact casting
半联胺 semidine
半联胺重排作用 semi-dine rearrangement
半联轴节 coupling half; half-coupling; split coupling
半练丝 mi-cuit silk
半凉廊 semi-loggia
半亮度角 half-value angle
半亮煤 semi-bright coal
半亮油 half-white oil
半量子数 half quantum number
半料浆 half-stuff
半料洗涤机 rag washer
半临界退火 subcritical annealing
半临界值的 diacritical
半临界值电流 diacritical current
半流动 quasi-flow
半流动的 semi-fluid
半流动沙丘 semi-immobile dune
半流动体 semi-fluid mass
半流化床 semi-fluidized bed
半流润滑脂 semi-fluid grease
半流沙地 semi-mobile ground
半流体 semi-fluid; semi-liquid; viscid
半流体沥青 mineral tar
半流体溶液 semi-fluid solution
半流体润滑 quasi-hydrodynamic(al) lubrication
半流线型 semi-streamlined form
半流线型车体 semi-streamlined body
半流质的 pappy; semi-fluid
半留时间 half residence time
半硫代半缩醛 hemi-mercaptol
半硫化 semi-cure
半硫化(轮胎线层)补丁 semi-cured tire(repairing) patch
半硫化作用 semi-vulcanization
半龙门吊 half gantry crane; semi-gantry crane
半龙门起重机 half gantry crane; semi-gantry crane
半龙门桥式起重机 semi-portal bridge crane
半龙门座臂架起重机 semi-portal jib crane
半龙门座回转起重机 semi-portal slewing crane
半陇 half-groove
半楼 <一层与二层中间的阁楼>【建】entresol
半漏泄型 semi-leaky type
半露关门器 semi-concealed closer
半露铰链 half-surface hinge
半露(明)木架建筑 half-timbered building
半露木(构架房)屋 half-timber building; half-timber house
半露木架房屋 half-timber building; half-timber house
半露木结构 half-timber construction
半露木墙 half-timber wall
半露式拦沙障 semi-concealed fencing
半露天的 semi-housed; semi-outdoor
半露天电站 semi-outdoor station
半露天式 semi-outdoor type
半露天式电厂 half-outdoor power plant; semi-outdoor power plant
半露天式电站 semi-indoor plant
半露天式发电站 half-outdoor power station
半露天装置 semi-open-air installation
半露柱 antal; pilaster [pilaster]; semi-column; demi-column; half column; half-engaged column
半露柱块 pilaster block
半路 halfway; midway
半路堤 half embankment
半路堤半路堑 half embankment and half cut
半路径 semi-path
半路堑 half cut; sidehill fill
半履带车 half-track car
半履带车辆 half-track vehicle
半履带驱动 half track drive
半履带式车 half track carrier
半履带式车辆 half track; half-track vehicle; semi-tracked vehicle
半履带式的 half-tracked
半履带式货车 half-tracked vehicle; half-track motor lorry; half-track truck
半履带式机车 <美> half car
半履带式联合收获机 half-track combine
半履带式汽车 half-track car; half-track vehicle
半履带式牵引车 half-track tractor
半履带式拖拉机 half-crawler tractor; semi-crawler tractor; semi-tracked tractor; half-track tractor
半履带式行走装置 half-track unit
半履带行走部分 half-track unit
半履带运货车 half-track truck
半履带走行部分 half-track unit
半卵形窗亮子 <通常安装在门口上方> circle-head window
半卵形(截面)金属丝 half-oval wire
半卵圆铸造蜡条 half-oval profiled wax
半轮 hand wheel
半罗经点 half point
半螺纹 half thread
半螺旋钻 half-twisted auger; half-twisted bit
半落潮 half-ebb
半麻花钻头 half-twisted bit
半马尔柯夫过程 semi-Markov process
半马尔柯夫模型 semi-Markovian model
半马弗炉 semi-muffle furnace
半马弗式炉 semi-muffle type furnace
半马弗窑 semi-muffle kiln
半马氏体 half martensite
半埋藏式水箱 half-buried tank
半埋沉 half sunk
半埋的地窖 semi-buried cellar
半埋没罐 mounded tank
半埋入的 half sunk
半埋入式进气口 semi-flush inlet
半埋式罐 mounded tank
半埋式箱罐 half-buried tank
半埋式支座 partly buried support
半埋头 half-countersunk head
半埋头螺钉 instrument headed screw
半埋头螺母 countersunk nut; oval head nut
半埋头螺旋 oval head screw
半埋头铆钉 countersunk not chipped rivet; half sunk rivet; pan head rivet with tapered neck
半埋头式铆钉 half-countersunk rivet
半埋头式铆钉头 half-countersunk

rivet head
半埋装式开关 semi-sunk switch
半麦克斯威尔透镜 half-Maxwell lens
半脉冲 half-pulse
半脉冲发送器 half-time emitter
半脉冲重复频率延时 half pulse recurrence rate delay
半满 half-full
半满流 flow partly full
半盲鸠尾榫 half-blind dovetail
半盲目开掘的油井 semi-wildcat well
半盲燕尾榫 half-blind dovetail
半毛重 semi-gross weight
半锚杆 half anchor pole
半锚杆环 half-anchor ear
半锚式 partially anchored
半锚塔 half-anchor tower
半帽 half nut
半煤气 semi-coal gas
半煤气加热 semi-gas firing
半煤气燃烧炉 half-gas fired furnace
半煤气烧成 half gas firing; semi-gas firing
半煤气窑 semi-direct furnace
半门 half gate
半门架 half-portal
半门式吊车 semi-portal crane
半门式刮板取料机 half-portal scraper
半门式起重机 <双门柱不等长> half-portal crane; inverted L-type portal crane; semi-portable crane; semi-portal gantry; semi-portal crane
半门座式动臂起重机 semi-portal luffing crane
半门座式起重机 half-portal crane
半门座台架式起重机 semi-portal type of pedestal crane
半门座悬臂起重机 semi-portal crane
半密闭式模具 semi-positive mo(u)ld
半密闭式燃(气用)具 flued gas appliance; vented type
半密闭系统 semi-closed system
半密闭罩 partially closed hood
半密封 semi-tight
半密封钢丝绳 semi-locked coil wire rope
半密级配沥青混凝土 semi-dense bituminous concrete
半密结构 partially closed structure
半幂 half power
半面 half plane
半面电路 side circuit
半面电路负载线圈 side circuit loading coil
半面电路中继线圈 side circuit repeating coil
半面环弹簧 half ring
半面晶形 sphenoid
半面体 hemi-hedron
半面涂银镜 half-silvered mirror
半面像场 hemi-hedral field
半面形晶体 hemi-hedral crystal
半面型对称 hemi-hedral symmetry
半面型形 hemi-hedral form
半面罩式呼吸防护器 half-mask respirator
半秒摆 half-second pendulum
半秒迟发雷管 half second delay detonator
半模 half of mo(u)ld; semi-norm
半模锻 semi-stamping
半模块式电缆 half-modular cable
半模数 half module
半模型 half model
半模制 semi-mo(u)lded
半膜式液货舱 semi-membrane type cargo tank
半磨光面 semi-rubbed finish
半磨光面的 semi-rubbed
半磨光(平板)玻璃 half polished plate glass
半磨耗车轮 half-worn wheel
半磨砂灯泡 half frosted lamp bulb
半没入水中的 semi-submersible
半没水孔 partially submerged orifice
半漠境草原土 semi-desert steppe soil
半木构件 half-timbered member
半木架结构的 half-timbered
半木建筑 post and petrail
半木结构 half-timber; post-and-panel
半木结构的 half-timbered
半木结构建筑 half-timbered building; half-timbered work
半木煤体 semi-xylinite
半木素 hemilignin
半木质镜煤体 semi-xylotinite
半牧半耕的 semi-ranching
半苜蓿叶式交叉 half clover leaf junction
半苜蓿叶形交叉 half cloverleaf intersection
半幕墙 semi-curtain wall
半内海 semi-enclosed sea
半内积 semi-inner product
半内径规 odd-leg calipers
半内平连接套管 <套管末端加厚,薄壁按箍与套管外径相同> semi-flush coupling casing
半内腔激光器 half-intracavity laser
半耐高温的砖 semi-refractory brick
半耐寒的 <植物> half-hardy
半耐寒植物 half-hardy plant
半耐寒一年生(植物) half-hardy annual
半耐火的 semi-fireproof; semi-refractory
半耐久性黏[粘]合剂 semidurable adhesive
半耐熔的 semi-refractory
半耐受极限 median tolerance limit
半耐用商品 semidurables
半耐用消费品 consumer semi-durable
半挠性连接 semi-flexible joint
半挠性联轴器 semi-flexible coupling
半泥灌浆的 semi-grouting
半拟形常压潜水服 semi-anthropomorphic atmospheric diving suit
半逆解法 semi-inverse method
半逆向显影 partial reversal processing
半年保险(费) half-yearly premium
半年变化 semi-annual variation
半年查账 half-yearly audit
半年的 semi-annual
半年定期存款 deposits of six-month maturity
半年度报告 semi-annual report
半年分潮 semi-annual component; semi-annual constituent
半年分红 semi-annual bonus
半年复利 compound semi-annually
半年计算一次的复利 compound semi-annually
半年结账 half-yearly closing
半年经济报告 half-yearly economic report
半年决算 half-yearly closing; half-yearly settlement
半年刊 <每半年出一期> half yearly
半年轮 semester ring
半年期 semi-annual period
半年为期的定期存款 deposits of six-month maturity
半年修理 semi-annual repair
半年巡潮 semi-annual tide
半年一次的 biannual; semi-annual; semi-yearly
半年一次的分期付款 semi-annual installment
半年账单 half-yearly account; semi-annual account
半年周期潮 semi-annual tide
半黏[粘]稠状防潮材料 semi-mastic
半黏[粘]性的 quasi-viscous
半黏[粘]性流 quasi-viscous flow
半黏[粘]滞度流动 quasi-viscous flow
半黏[粘]滞度流体 quasi-viscous fluid
半黏[粘]滞性流动 quasi-viscous flow
半黏[粘]滞性流体 quasi-viscous fluid
半碾碎的 half-broken; half-crushed
半凝胶 semi-gel; semi-gelatin
半凝胶化基质体 semi-gelified groundmassinite
半凝胶化菌类体 semi-gelified sclerotinite
半凝胶化组 semi-gelinite group
半凝胶类 semi-gelinites
半凝胶炸药 semi-gelatine (type of) explosive
半凝结期 specific coagulation time
半凝润滑脂 semi-solid grease
半农草牧区 agricultural pastoral area; mixed pastoral farming area
半农村环境 semi-rural environment
半浓度信息 half-tone information
半偶极子 half-dipole
半耦合 coupling half
半排出期 half excretion time; half life period; half time <同位素>
半抛光弹簧 half polished spring
半抛物线大梁 semi-parabolic girder
半抛物线的 semi-parabolic
半抛物线形路拱 <两个车行道合成一个整抛物线> half parabolic crown
半抛物线形振动整平机 semi-parabolic vibrating screed
半跑段 half flight
半跑(楼梯) half flight
半泡 half-bubble
半膨胀 demiinflation
半偏转(测)法 half-deflection method
半票 half fare
半贫液泵 semi-lean solution pump
半频信号 half frequency signal
半频旋转波 half-frequency spin waves
半平板拖车 semi-deck trailer
半平的 half-flat
半平底轮辋 semi-flat rim
半平衡 half balance; semi-balance
半平衡半悬舵 mariner type rudder
半平衡舵 semi-balanced rudder
半平均数 semi-average
半平面 semi-plane; half plane
半平面电光调制器 semi-planar electro-optic modulator
半平面图 half plan
半平稳过程 semi-stationary process
半坡面【地】hemi-dome
半坡屋顶 half-span roof
半破产(状态) semi-bankruptcy
半破坏的 half-broken
半剖俯视图 half top view
半剖面 half cross-section; half profile; half section; semi-section
半剖面图 half sectional view; semi-sectional view
半剖视 demi-section; half section
半剖视侧图 half sectional side elevation
半剖视图 half section(al) view
半谱带宽度 half bandwidth
半栖留地下水 semi-perched groundwater
半栖留地下水位 semi-perched groundwater table
半栖留水 semi-perched water
半栖滞潜水面 semi-perched water table
半栖滞水 semi-perched water
半期检测 half-time survey
半期检验 half-time survey
半期平均法 semi-average method
半期收缩 half-time shrinkage
半旗 half mast; half staff
半企口 half-groove
半启钥匙合同 semi-turnkey contract
半气压盾构 shield with partial compressed air
半牵引车后回转半径 rear fitting radius of semi-trailer tractor
半牵引车前回转半径 front fitting radius of semi-trailer tractor
半铅淬火盘条 semi-patented rod
半前视图 half-front view
半潜驳 semi-submerged barge
半潜船 near surface ship; semi-submerged ship
半潜的 semi-submersible
半潜孔口 partially submerged orifice
半潜式 semi-submersible
半潜式驳船 semi-submersible tug boat
半潜式管线铺设驳船 semi-submersible pipe-laying barge
半潜式海上钻探设备 semi-submersible drill rig; semi-submersible offshore(drill) rig
半潜式平台 semi-submerged platform
半潜式起重驳船 semi-submersible derrick barge
半潜式起重船 semi-submersible crane vessel
半潜式生产平台 semi-submersible production platform
半潜式双体船 semi-submerged catamaran
半潜式挖泥船 semisubmersible dredger
半潜式外海结构 semi-submersible structure
半潜式钻机 semi-submerged rig; semi-submersible drilling unit; semi-submersible rig
半潜式钻井船 semi-submersible drilling vessel
半潜式钻井平台 semi-submersible drilling platform
半潜式钻探平台 semi-submersible drilling platform
半潜式钻探设备 semi-submersible drill rig
半浅海环境 epineritic environment
半嵌固连接 partially fixed joint
半嵌铰链 half mortise hinge
半嵌鸠尾接 dovetailed halving joint
半强度 half intensity
半强度宽度 half-intensity width
半强迫函数 semi-coercive function
半墙 semi-wall
半乔木荒漠 semi-arboreous desert
半桥的 semi-bridge
半桥式 semi-bridge system
半桥式电路 half bridge circuit
半切断 half cutoff
半轻便(式)的 semi-portable
半轻便式农田喷水设备 semi-portable agricultural sprinkling system
半倾斜式销座 semi-taper pin boss
半清管器 half-pig; half-scraper
半穹顶 semi-dome
半穹顶作用 half-dome action
半穹隆 hemi-dome
半穹隆顶 semi-vault
半求和器 half adder
半求和求差电路 half-adder-subtractor circuit
半球 half sphere; semi-sphere

半球波束反射器 hemi-reflector
半球波束接收机 hemi-receiver
半球的 hemi-spheric(al);semi-spheric(al)
半球底 domical bottom
半球地图 hemi-sphere map
半球发射率 hemi-spheric(al) emittance;semi-spheric(al) emittance
半球分布 hemi-spheric(al) distribution
半球环流 hemi-spheric(al) circulation
半球间裂 intercerebral fissure
半球面 hemi-sphere
半球面积分 hemi-spheric(al) integration
半球面平均烛光 mean hemi-spheric(al) intensity
半球面谐振腔 hemi-spheric(al) resonator
半球壳 hemi-spheric(al) shell
半球熔融温度 hemi-spheric(al) fusion temperature
半球式日射强度表 hemi-spheric(al) pyrheliometer
半球式日射强度计 hemi-spheric(al) pyrheliometer
半球体 hemi-sphere;hemi-spheroid
半球头 cup head
半球头钉 cup-headed nail
半球头铆钉 cup head rivet
半球投影 hemi-spheric(al) projection
半球图 planisphere map
半球形 hemi-sphere;semi-sphere
半球形钵体 hemi-spheric(al) bowl;semi-spheric(al) bowl
半球形薄壳 domed shell
半球形储罐 hemi-spheroid
半球形导向头 bull-nose guide
半球形的 dished;hemi-spheric(al);semi-spheric(al)
半球形的底 egg end
半球形灯 hemi-spheric(al) lamp;semi-spheric(al) lamp
半球形底 dome bottom
半球形底板 egg end
半球形地板 dome(d) floor;domical floor
半球形电极头 semi-spheric(al) tip
半球形垫板 half-spheric(al) washer
半球形顶棚大楼 half cupola;hall dome
半球形阀 half-ball value
半球形反射镜 hemi-spheric(al) mirror
半球形反射罩 dome-shaped reflector
半球形封头 hemi-spheric(al) head
半球形缝 dome slot
半球形浮图 hemi-spheric(al) stupa (mould)
半球形辐射 hemi-spheric(al) emittance
半球形光源 dome-geometry light source
半球形活门 half-ball value
半球形基底 hemi-spheric(al) substrate
半球形接点 dome-shaped contact
半球形井底公式 formula of well with semi-spheric(al) bottom
半球形井底进水井 water entering well with semi-spheric bottom
半球形模 hemi-spheric(al) mo(u)ld
半球形磨头 half-round grinding head
半球形末端板 egg end
半球形壳 hemi-spheric(al) shell
半球形穹顶 domical vault;semi-spheric(al) dome
半球形穹顶的 domical
半球形燃烧室 hemi-spheric(al) combustion chamber;semi-spheric(al) combustion chamber
半球形视野 hemi-spheric(al) coverage
半球形水团 dome
半球形碎石片 D-shaped spalling
半球形头部 hemi-spheric(al) nose
半球形头部汽缸 hemi-sphere
半球形透镜 hemi-spheric(al) lens
半球形土墩 domical mound
半球形压痕 identation cup
半球形压缩室汽缸 dome-head cylinder
半球形圆顶 hemi-spheric(al) dome;semi-spheric(al) dome
半球形圆顶结构 hemi-spheric(al) dome structure
半球形烛光 hemi-spheric(al) candle power
半球形钻头 semi-spheric(al) bit
半球状 domed form
半球状反射 hemi-spheric(al) reflection
半球状软毛刷 dabber
半球状体 semi-sphere
半球状透射比 hemi-spheric(al) transmittance
半球状吸收比 hemi-spheric(al) absorptance
半球状油浸透镜 hemi-spheric(al) immersion lens
半曲面 semi-surface
半曲线簇 family of half-curves
半驱动脉冲 partial drive pulse
半屈 semi-flexion
半圈 half turn;half wraps
半圈间距 half-coil spacing
半圈绕法 half-turn coil(ed) winding
半圈绕组 half-turn coil(ed) winding
半圈线圈 half-turn coil
半全面型 hemi-holohedral
半醛 semi-aldehyde
半缺顶尖 half(dead) center[centre]
半缺合金顶尖 half alloy dead center [centre]
半缺接合 half halved joint
半确定函数 semi-predicate function
半确定时 semi-definitive time
半群法 semi-group method
半群同态 semi-group homomorphism
半群组 semi-group
半热的 half cooked
半热锻淬火 ausforging
半热态起动 warm start
半热体汽轮机 half warmed turbine
半人半马像 centaurus
半人半鱼海神 Triton
半人工港 semi-artificial harbo(u)r;semi-artificial port
半人字木 half man rafter
半韧性聚合物 semi-flexible polymer
半日变化 semi-diurnal variation
半日波 semi-diurnal wave
半日潮港 semi-diurnal tidal harbo(u)r
半日潮龄 semi-diurnal age of tide
半日潮流 semi-diurnal(tidal) current
半日潮汐 semi-daily tide;semi-diurnal tide
半日潮汐船坞 semi-diurnal tidal dock
半日的 semi-diurnal
半日分潮 semi-diurnal component;semi-diurnal constituent
半日内做完的 semi-diurnal
半日生潮力 semi-diurnal(tide-producing) force
半日一次的 semi-daily;semi-diurnal
半日制 half-day system
半日周潮 semi-diurnal tide
半日周潮的低低潮 lesser ebb
半日周潮流 semi-diurnal current
半容积 half-volume
半溶冰 sludge ice;slush ice
半溶酚醛树脂 resitol;resolite
半溶海水 sludge
半溶化区 incomplete fusion zone
半熔方式 fritting way
半熔酚醛树脂 B-stage resin;tesitol
半熔化 semi-fused;semi-molten
半熔融熟料 vitrified clinker
半熔融态的 semivitreous
半熔状态的珀翅(树脂) slack melt copal
半融雪 slop(snow)
半融雪带 slush zone
半柔性衬砌 semi-flexible lining
半柔性的 semi-flexible
半柔性接合 semi-flexible joint
半柔性接头 semi-flexible joint
半柔性节点 semi-flexible joint
半柔性结点 semi-flexible joint
半柔性流动 quasi-plastic flow
半柔性路面 <在开级配沥青混合料的孔隙中注入以水泥为主要成分的特殊浆剂,使沥青路面耐热、耐油、色淡,有时也指水泥、石灰稳定土或粒料路面> semi-flexible(type) pavement;salviacim pavement
半柔性面层 flexible composite pavement
半乳多糖 galactogen
半乳甘露聚糖 galactomannan
半乳聚糖 galactan;galactosan
半乳葡甘露聚糖 galactoglucomannan
半乳糖 cerebrose;galactose
半乳糖醇 galactitol
半乳糖二酸 galactaric acid;galactosaccharic acid;mucic acid
半乳糖耐量试验 galactose tolerance test
半乳糖醛酸 galacturonic acid
半乳糖酸 galactonic acid;pentahydroxyhexoic acid
半乳糖脂 galactolipid
半入墙拱 scoinson arch
半软包衬 semi-soft packing
半软的 medium soft;semi-soft
半软钢 semi-soft steel
半软回火薄钢板 <布氏 3 号硬度> quarter hard temper sheet
半软沥青 medium soft pitch
半软性印刷线路板 semi-flexible board
半软质黏[粘]土 semi-soft clay
半软质黏[粘]土矿石 semi-soft clay ore
半三槽板的边槽 hemi-glyph
半三槽板间距 <陶立克建筑> hemi-triglyph
半三次抛物线 semi-cubical parabola
半三角形 semi-triangular form
半伞式 modified umbrella type
半伞式发电机 semi-umbrella type generator
半散件 semi-knockdown
半散件商品 semi-knockdown
半散装袋 semi-bulk bag
半散装货 semi-bulk cargo
半散装货船 semi-bulk cargo ship
半色调 half-tone;intermediate tone;semi-tone
半色调板 half-tone plate
半色调版 half-tone engraving
半色调处理 half-tone processing
半色调存储管 half-tone storage tube
半色调等级 tones of gray[grey]
半色调底片 half-tone negative
半色调点 half-tone dot
半色调电荷图 half-tone charge pattern
半色调读数 half-tone reading
半色调法 half-tone method
半色调屏假彩色编码 half-tone modulating screen pseudocolo(u)r encoding
半色调摄影 half-tone photography
半色调失真 half-tone distortion
半色调特性 half-tone characteristic;half-tone response
半色调图像 half-tone image;half-tone picture
半色调网点再现 half-tone dot reproduction
半色调网目片 half-tone screen
半色调显示 half-tone reading
半色调楔 tonal wedge
半色调信号 half-tone signal
半色调信息 half-tone information
半色调原版文件 half-tone original
半色调原图 half-tone original drawing
半色调正片 half-tone positive
半沙漠【地】half desert;semi-desert
半沙漠牧区 sparselands
半沙漠盆地 semi-bolson;semi-desert basin
半山洞 half tunnel
半山墙 aileron;half gable
半山桥 half-hillside bridge
半山头【建】clipped gable;hipped gable;jerkin head;shread head
半山头屋顶 hipped gable roof;jerkin head roof
半闪光条件 semi-flash condition
半商业性的 semi-commercial
半商业性规模 semi-commercial scale
半烧成砖 medium-baked brick
半烧结的 semi-sintering
半烧结状态 semi-sintered condition
半烧透黏[粘]土砖 half-burnt clay brick;half-fired clay brick
半烧透砖 half-burnt brick;half-fired brick
半烧砖 place brick;samel brick;chuff brick
半奢侈品 semi-luxury
半舌接合 rabbet joint
半伸出栏杆柱 half-baluster
半身椽 half-length rafter
半身镜头 waist shot
半身铅线 enscore
半身铅字 en
半身像 bust
半身像柱 herm
半身柱 engaged column;half column
半深 mid-depth
半深成的 hypabyssal
半深成岩 dikites;hypabyssal rock
半深度的流液洞 intermediate level throat
半深海 semi-deep sea
半深海沉积物 bathyal deposit;bathyal sediment;moderate sea deposit
半深海沉积作用 bathyal deposition
半深海带 bathyal belt;bathyal zone
半深海的 bathyal;bathylic
半深海底带 archibenthic zone
半深海底的 bathyal
半深海环境 bathyal environment
半深海区 bathyal region;bathyal zone
半深海相 bathyal facies
半深水 semi-deep water
半渗膜 semi-permeable membrane
半渗透(薄)膜 semi-permeable membrane
半渗透的 semi-tight
半渗透曲面 semi-permeable surface
半渗透性 semi-permeability
半渗透性薄膜 semi-permeable mem-

brane
半渗透性的 semi-permeable; semi-pervious
半升启仰开桥 semi-lift bascule bridge
半生产规模 semi-commercial scale
半生产规模试验 semi-commercial scale test
半生产流水线 semi-production line
半生产性研究 pilot plant study
半生产性装置 pilot-scale facility
半声码器 semi-vocoder
半绳索式缆车集装箱起重机 container crane with semi-rope trolley
半失速 semi-stall
半失业 partly unemployed; part-time idleness; semi-employed; underemployed
半失业者 partially unemployed
半湿度 semi-humid
半湿法 semi-wet process
半湿法水泥生产 semi-wet cement manufacturing
半湿纺细纱机 semi-wet frame
半湿青贮料 medium-moisture silage
半湿润 semi-humid
半湿润的 subhumid
半湿润地带 subhumid zone
半湿润地区 semi-humid region; subhumid area
半湿润气候 grassland climate; subhumid climate
半湿润温带 subhumid and temperate zones
半湿土(壤) semi-humid soil; subhumid soil
半湿性 semi-humid
半石墨 schungite; semi-graphite
半时发送器 half-time emitter
半时钟脉冲周期 half clock period
半实时 semi-real time
半实时处理 semi-real time processing
半实时仿真 quasi-real simulation
半实体突堤 partly solid jetty
半实体堰 semi-solid weir
半实心地板 semi-solid floor
半实心叠层隔墙 semi-solid laminated partition
半实心夹板门 semi-solid flush door
半实心轮胎 air core tire; cushion tire [tyre]; semi-pneumatic tire[tyre]
半实心门 semi-solid(core) door
半实验性质的 semi-empiric(al)
半式交通控制器 semi-actuated controller
半视场 half field-of-view; semi-field
半视场角 angle of half field-of view; half-field angle; semi-angular field
半室外运货升降机 grade-level elevator
半适应方案 semi-adaptive plan
半收敛差 angle of conversion; arc-to-chord correction; conversion angle; half convergency
半收敛的 semi-convergent
半收敛级数 semi-convergent series
半手工的 semi-hand
半寿命 half life; half-value period
半寿期 half life(period); half period; half time
半兽饰柱头 protomai capital
半疏松的 semi-porous
半熟的 half cooked; half done
半熟练的 semi-skilled
半熟练工 builder's handyman; handy man; jobber; semi-skilled man
半熟练工人 semi-skilled labo(u)r; semi-skilled worker
半熟练劳动力 semi-skilled labo(u)r; semi-skilled manpower
半熟土 semi-mature soil
半竖槽 hemi-glyph
半竖陇 hemi-glyph
半竖升开启桥 semi-lift bascule bridge
半数 half the number; half-size factor <筛分的>
半数必中界 fifty-percent zone
半数据块 half block
半数免疫剂量 immunizing dose 50
半数耐受量 fifty percent tolerance dose[50% tolerance dose]
半数耐受水平 median tolerance level
半数耐受限量 median tolerance limit
半数生存界限 median tolerance limit
半数有效剂量 median effective dose
半数有效量 effective dose 50; median effective dose
半数有效浓度 median effective concentration
半数有效时间 median effective time
半数致死量 fatal dose of killing half of the tested animals; incipient lethal level; half lethal dose; median lethal dose
半数致死浓度 fatal consistency of killing half of the tested animals
半数致死时间 median lethal time
半数中毒量 median toxic dose
半数字对称法 semi-numerical symmetrical method
半衰减层 half-value layer
半衰落区 twilight area
半衰期 half life(period); half period; half time; half-value period; period of half decay; radioactive half-life
半双盖表 demi-hunter; half-hunter
半双工 half-duplex; semi-duplex
半双工操作 either-way operation; half-duplex operation; semi-duplex operation
半双工传输 half-duplex transmission
半双工电路 half-duplex circuit
半双工方式 half-duplex basis; half-duplex mode
半双工服务 half-duplex service
半双工通信[讯] half-duplex communication; half-duplex operation
半双工通信[讯]线路 half-duplex communication line
半双工线路 half-duplex circuit
半双工信道 <双向传输信道的一种> half-duplex channel
半双工运用 haft-duplex operation
半双工增音机 half-duplex repeater
半双工制 half-duplex basis
半双工中继器 half-duplex repeater
半双联法 semi-duplex process
半双线性的 sesquilinear
半双向 half-duplex
半双向操作 half-duplex operation
半双向通道 half-duplex channel
半双向通信[讯] either-way communication
半双用 half-duplex
半水槽 half basin
半水合硫酸钙 calcium sulphate hemihydrate
半水合石膏 hemi-hydrate plaster
半水合物 semi-hydrate
半水化合石膏抹灰 hemi-hydrate gypsum plaster
半水化(合)物 hemi-hydrate; semi-hydrate
半水晶 semi-crystal
半水力冲积堤 semi-hydraulic fill earth dam
半水力冲填坝 semi-hydraulic fill dam
半水力冲填法 semi-hydraulic fill method
半水力冲填式土坝 semi-hydraulic fill earth dam
半水力挖土机 semi-hydraulic excavator
半水硫酸钙 calcium sulphate hemihydrate
半水煤气 half water gas; Mond gas; semi-water gas
半水栖的 subaqueous
半水栖生物 semi-aquatic plant
半水羟碳镁石 pokrovskite
半水生的 semi-aquatic; subaqueous
半水生植物 semi-aquatic plant
半水石膏 calcium sulfate hemi-hydrate; gypsum hemi-hydrate; hemi-hydrate gypsum; hemi-hydrate of calcium sulfate; plaster of Paris; semi-hydrate gypsum
半水石膏浆 hemi-hydrate plaster
半水石膏与生石膏的混合物 stucco
半水硬石灰砂浆 hemi-hydraulic lime mortar
半水硬性石灰 hemi-hydraulic lime; semi-hydraulic lime
半税 half-duty
半丝煤 semi-fusain
半丝炭化浑圆体 semi-fusinized circleinite
半丝炭化基质体 semi-fusinized groudmassinite
半丝炭化菌类体 semi-fusinized sclerotinite
半丝炭化组 semi-fusinoid group
半丝炭煤素质 semi-fusinite
半丝质体 semi-fusinite
半丝质组 semi-fusinoid group
半私有经济收入 quasi-private revenue
半私有制 system of semi-private ownership
半似晶质混凝土 semi like-grained concrete
半速齿轮(传动) half-speed gear
半速度 half speed
半速航行 under half steam
半速后退 half astern
半速棱镜 half-speed prism
半速前进 half speed
半速轴 half-speed shaft
半塑性成型法 semi-plastic making; semi-plastic process
半塑性的 semi-plastic
半塑性阶段 semi-plastic stage
半塑性炸药 semi-plastic explosive
半塑性状态 semi-plastic state
半酸性耐火材料 semi-acid refractory
半酸性耐火砖 siliceous fireclay brick
半酸沼区 half bog area
半随机存取 semi-random access
半随机存取存储器 semi-random access memory
半随机的 semi-random
半随机电报信号 semi-random telegraph signal
半随机访问存储器 semi-random access memory; semi-random access storage
半随机模型 semi-random model
半隧道 half tunnel; semi-tunnel
半隧洞 half tunnel; semi-tunnel
半隧洞拱块 half tunnel vault
半缩帆结 half bow-knot; slippery reef knot
半缩基酸 hemi-acetal group
半缩甲醛 hemi-formal
半缩进的部件 half-recessed element
半缩醛 hemi-acetal
半缩酮 hemi-ketal
半所有权 quasi-proprietary right
半索率式起重小车 semi-rope trolley
半太阴月 <用于潮汐> semi-lunation
半太阴月潮汐 semi-lunation tide
半弹性变形 semi-elastic deformation
半弹性冲击 semi-elastic impact
半弹性的 partially elastic; semi-elastic
半弹性地基 semi-elastic foundation; semi-elastic subgrade
半弹性路基 semi-elastic subgrade
半弹性碰撞 semi-elastic impact
半弹性形变 semi-elastic deformation
半弹性状态 semi-elastic condition
半套房间 half-flat
半套炉 semi-muffle furnace
半套筒轴承 sleeve half-bearing
半梯台 half pace; haut-pass
半体双晶 hemi-trope
半天的 semi-diurnal
半天球 hemi-sphere
半天然港(口) semi-natural harbo(u)r; semi-natural port
半天然植被 semi-natural vegetation
半添加法 semi-additive method
半填半堑 cut-fill section; part-cut-part fill section
半填半挖 sidehill fill
半填半挖的坡道 cut-and-fill slope
半填半挖的梯田 cut-and-fill terrace
半填半挖(横)断面 cut-and-fill section; part-cut-part fill section
半填半挖路基 cut-fill subgrade
半填半挖式(横)断面 cut-fill section
半填半挖式路基 part-cut-part-fill subgrade
半填半挖水池 cut-and-cover tank; cut-and-full tank
半填半挖斜坡 cut-and-fill slope
半填充端部槽 half-filled end-slots
半填挖 sidehill cut
半条电路 <一条单向信道> half-circuit
半条砖 closer
半调节堰 partly adjustable weir
半调整 half adjusting
半通货膨胀 semi-inflation
半通径 semi-latus rectum
半通路 half-path
半通行地沟 semi-accessible trench
半通行管沟 crawl trench; semi-passable trench
半同轴的 semi-coaxial
半同轴频率计 reentrant-type frequency meter
半统工作靴 brogue
半筒瓦 Spanish tile
半头黑砖 flare(d) header
半头砖 clipped header; snap(ped) header <砌体表面用作丁砖的>
半投资银行家 quasi-investment banker
半透薄膜 semi-permeable membrane
半透彻 translucence[translucency]
半透彻的 translucid
半透彻度 translucence[translucency]
半透风篱笆 blind fence
半透过性 semi-permeability
半透镜 pellicle mirror
半透明 partially transparent; translucence[translucency]
半透明暗煤 translucent attritus
半透明板 translucent panel
半透明表面 translucent surface
半透明玻璃 translucent glass
半透明玻璃纸 translucent glass paper; white glassine paper
半透明薄膜 semi-transparent thin-film
半透明薄涂层 scumble glaze
半透明材料 translucent material
半透明瓷 semivitreous china; semivitreous earthenware; translucent china
半透明的 gray; greyish; semi-diapha-

nous; semi-hyaline; semi-lucent; semiopague; semi-opaque; semi-translucent; semi-transparent; semi-vitreous; subtranslucent; subtransparent; translucent
半透明的混凝土 translucent concrete
半透明顶棚 translucent ceiling
半透明度 translucence[translucency]
半透明珐琅 translucent enamel
半透明反射镜 half-mirror; semi-transparent mirror
半透明反射镜式分束器 semi-transparent mirror splitter
半透明覆盖层 scotchprint
半透明光电阴极 semi-transparent photocathode
半透明光电阴极光电管 front-effect photocell
半透明混凝土结构 translucent concrete construction
半透明混凝土楼板 translucent concrete floor
半透明混凝土组合结构 translucent concrete construction
半透明介质 translucent medium
半透明镜 semi-transparent mirror
半透明镜分离器 semi-transparent mirror splitter
半透明聚氯乙烯板 translucent PVC panel
半透明拷贝 translucent copy
半透明矿物 transopaque mineral
半透明门 translucent door
半透明膜 half-mirror; semi-transparent film; semi-permeable membrane
半透明平板 translucent plane
半透明平板玻璃 gray plate glass
半透明屏 translucent screen
半透明漆 translucent paint
半透明漆膜 translucent film
半透明球 translucent beads
半透明散光罩 translucent diffuser
半透明色料 semi-transparent colo(u)r; translucent colo(u)r
半透明上釉的瓷砖 camettes tile
半透明烧结的 semi-transparent sintered
半透明石英玻璃 translucent fused silica glass; translucent vitreous silica
半透明水 translucence water
半透明塑料板 translucent plastic sheet
半透明体 semi-transparent; translucent body
半透明投影屏幕 translucent projection screen
半透明涂层 translucent coating
半透明涂料 translucent coating
半透明物质 vitrina
半透明镶嵌 translucent mosaic
半透明橡胶 translucent rubber
半透明性 translucence[translucency]
半透明颜料 translucent colo(u)r
半透明氧化铝 translucent alumina
半透明氧化铝陶瓷 translucent alumina ceramics
半透明液体 translucence liquid [liquor]
半透明阴极 semi-transparent cathode
半透明釉 translucent glaze
半透明原稿 translucent origin
半透明原料 semi-transparent pigment
半透明皂 translucent soap
半透明照明 translucent lighting
半透明罩 opaque mask; translucent mask
半透明罩面 translucent coating
半透明织物窗帘 glass curtain
半透明纸 translucent paper; translucent sheet
半透明着色涂层 semi-transparent stain
半透膜 pellicle; semi-permeable membrane
半透气性 semi-permeability
半透射的 semi-transparent
半透射镜 half-transmitting mirror
半透水材料 semi-permeable material; semi-pervious material; transition material
半透水层 aquitard
半透水的 semi-(im) pervious; semi-permeable
半透水河床 semi-pervious riverbed; semi-pervious streambed
半透水区 semi-pervious zone
半透水釉面 semi-impervious glaze
半透性的 semi-permeable
半透性膜 semi-permeable membrane
半凸浮雕 half relief
半凸形(站坪) semi-convex
半突缘 bottle nosing
半图厄系统 semi-Thue system
半图厄系统的判字问题 word problem of semi-Thue system
半图解的 semi-graphic(al)
半图解法 semi-graphic(al) method
半图解后方交会法 semi-graphic(al) resection
半图解键盘 semi-graphic(al) keyboard
半图解设计 semi-graphic(al) design
半图解式信号器 semi-graphic(al) annunciator
半图解仪表盘 semi-graphic(al) control panel; semi-graphic(al) panel
半图式面板 semi-graphic(al) panel
半涂银面 half-silvered surface
半途停车<车辆溜放时> short running
半途停工的住房建设 halfway housing
半途终止 abort
半褪色时间 half fading time
半拖车 semi-trailer (van); tractor semitrailer; half-train【铁】
半拖车方式 semi-trailer system
半拖车后回转半径 rear fitting radius of semi-trailer
半拖车货车 semi-trailer wagon
半拖车接轮 fifth wheel
半拖车连接车 semi-trailer combination
半拖车牵引车 semi-trailer tractor
半拖车前回转半径 front fitting radius of semi-trailer
半拖车双后轴 semi-trailer bogie
半拖车轴 semi-trailer axle
半拖车轴距 semi-trailer wheel-base
半拖车转轮 fifth wheel
半拖挂车 articulated trailer
半拖挂车用牵引车 truck tractor for semi-trailers
半拖挂式槽车 tank semi-trailer
半拖式电车 semi-trailer
半拖式钢索集材 high lead cable logging
半拖式集材 high lead skidding
半脱机数字化 quasi-off-line-digitizing
半脱胶 half boiling
半脱胶丝 crude silk; ecru silk; half degummed silk; mi-cuit silk
半脱水 partial desiccation
半脱胎器 semi-bodiless ware
半脱位 semi-luxation
半脱氧钢 balanced steel; semi-deoxidized steel
半椭球面镜 semi-ellipsoidal mirror
半椭球体 semi-ellipsoid
半椭圆断面的外加温盘管 half oval
半椭圆封头 semi-elliptic(al) head
半椭圆拱 semi-ellipse arch
半椭圆截面 semi-elliptic(al) section
半椭圆截面屋脊 hog's back ridge; hogback ridge
半椭圆孔形 half-oval pass
半椭圆控制器 half-oval controller
半椭圆立轧边 half-oval edge
半椭圆饰窗 circle-head window
半椭圆体 semi-ellipsoid
半椭圆形 semi-ellipse
半椭圆形表面裂纹 semi-elliptic(al) surface crack
半椭圆形弹簧 half elliptic(al) spring; semi-elliptic(al) spring
半椭圆形弹簧钢板 half elliptic(al) spring; semi-elliptic(al) spring
半椭圆形的 half-elliptic; semi-elliptic(al)
半椭圆形(断面)下水道 semi-elliptic(al) sewer
半椭圆形拱 semi-elliptic(al) arch
半椭圆形拱桥 semi-elliptic(al) arch bridge
半椭圆形片弹簧 semi-elliptic(al) leaf-spring
半椭圆形缺陷 semi-elliptic(al) flaw
半椭圆形涡簧 semi-elliptic(al) scroll spring
半椭圆形污水管 semi-elliptic(al) sewer
半椭圆形下水管 semi-elliptic(al) sewer
半椭圆形悬臂钢板弹簧 grasshopper spring
半椭圆针锉 marking needle handle file
半挖半填 cut(-and)-fill; sidehill cut; sidehill fill
半挖半填的边坡 cut-and-fill slope
半挖半填的斜坡 cut-and-fill slope
半挖半填断面 part-cut-part-fill
半挖半填断面路基 part-cut-part fill section
半挖半填路段 part-cut-part fill section
半挖半填路段断面 part-cut-part fill section
半挖半填式断面 cut(-and)-fill section; part-cut-part fill section
半挖半填式截面 cut(-and)-fill section; part-cut-part fill section
半挖半填式路基 part-cut-part-fill subgrade
半挖填土 sidehill fill
半瓦当 half-round eaves-tile ornament
半外筋斗 bunt
半弯管 easy bend
半弯形缝合针 half-curved needle
半完成的 semi-finished
半万能的 semi-universal
半万能磨削机 semi-universal grinding machine
半万能摇臂钻床 semi-radial drilling machine; semi-universal radial drill
半万有曲面 semi-universal surface
半微量苯胺点试验 semi-micro aniline point test
半微量称样 meso sample
半微量的 semi-micro
半微量法 meso method; semi-micro method
半微量分馏 semi-micro-fractionation
半微量分析 semi-microanalysis
半微量(分析)天平 semi-micro analytical balance
半微量化学 semi-micro-chemistry
半微量加氢装置 semi-micro hydrogenation apparatus
半微量量热计 semi-micro calorimeter
半微量试样 meso sample
半微量有机合成 semi-micro organic synthesis
半微量元素燃烧分析装置 apparatus for semi-micro elementary analyser [analyzer]
半微咸水沼泽 semi-brackish marsh
半微型生物 semi-microscopic organism
半围蔽处所 semi-enclosed space
半围堰 half cofferdam
半围轴承 partial journal bearing
半桅合板 half top
半尾刀柄 shank with half tang
半尾机 semi-aft
半位 subluxation
半位错 half dislocation
半位组 half-byte
半谓词函数 semi-predicate function
半文象结构【地】semi-pegmatitic texture
半稳定 semi-stability
半稳定白云石 semi-stabilized dolomite
半稳定的 semi-stable
半稳定分散体 semi-stable dispersion
半稳定沥青分散液<即中裂乳化沥青> semi-stable bituminous dispersion; medium breaking dispersion
半稳定能级 semi-stable energy level
半稳定乳液 medium breaking emulsion
半稳定性白云石熔块 semi-stable dolomite clinker
半稳定性白云石质耐火材料 semi-stable dolomite refractory
半稳定性白云石砖 semi-stable dolomite brick
半稳定性乳液 semi-stable emulsion
半稳定桩<拖拉机履带片上的低抓板> semi-grouser
半稳态 quasi-steady state
半涡流形叶片 half vortex blading
半蜗壳 semi-scroll case; semi-spiral case
半卧的 semi-recumbent
半卧式 reclining posture
半卧位 semi-reclining position
半污水生物 mesosaprobia
半污水生物带 mesosaprobic(al) zone
半屋架 half truss
半屋面瓦 half roof(ing) tile
半屋面温室 half-span house
半无变压器式 semi-transless
半无光的 semi-mat(te)
半无光漆 semi-mat(te) lacquer
半无光清漆 semi-mat(te) varnish
半无光纱 semi-dull yarn
半无光丝 semi-dull silk
半无光像点 semi-mat(te) point
半无光像片 semi-mat(te) photo; semi-mat(te) picture
半无光釉 satin-vellum glaze; semi-mat(te) glaze; vellum glaze
半无穷带 semi-infinite tape
半无限半空间中的应力 stress in the semi-infinite half-space
半无限层 semi-infinite layer
半无限层状介质 semi-infinite stratified medium
半无限长电动机 semi-infinite motor
半无限长锭料 semi-infinite ingot
半无限长度 semi-infinite length
半无限长杆件 semi-infinite bar
半无限长梁 semi-infinite beam
半无限的 semi-infinite
半无限固体 semi-infinite solid; semi-solid
半无限含水层 semi-infinite aquifer

B

半无限厚度含水层 aquifer with semi-limited thickness
半无限介质 semi-infinite medium
半无限均匀辐射体 semi-infinite homogeneous radiator
半无限空间 semi-infinite half-space
半无限平板 semi-infinite plate
半无限水库 semi-infinite reservoir
半无限弹性地基 semi-elastic subgrade;semi-infinite elastic subgrade
半无限弹性(固)体 semi-infinite elastic solid
半无限体 half-space;semi-infinite body
半无限筒柱 semi-infinite cylinder
半无限土体 semi-infinite soil mass
半无限下层 semi(-infinite) lower layer
半无限斜率逼近 approximation by semi-infinite slopes
半无限圆柱 semi-infinite cylinder
半无烟煤 carbonaceous coal;semi-anthracite
半无政府状态 semi-anarchic state
半坞式船台 half-dock type shipbuilding berth;slip dock
半坞式滑道 slip dock
半坞式造船滑道 <英> gated shipbuilding berth
半物理仿真 semi-physical simulation
半吸声处理 semi-absorbent treatment
半吸收层 half-absorption layer;half-value layer
半吸收厚度 half-absorption thickness; half-thickness; half-value thickness
半吸水性的 semivitreous
半细胞法 <木材防腐> Lowry process
半细胞加压法 <木材防腐处理> lowery pressure process
半细加工 semi-finished working
半细螺钉 semi-fine screw
半下沉 half sunk
半下沉的部件 half-recessed element
半下承桥 half-through bridge
半下承式桥 half-through bridge
半纤维化的 semi-fibrated
半纤维素 hemi-cellulose; hexpsan; semi-cellulose
半弦切纹理 mixed grain
半咸沉积 brackish deposit
半咸湖 brackish water lake
半咸冷却水 brackish cooling water
半咸水 brackish water; mixohaline water
半咸水沉积 brackish deposit
半咸水浮游生物 brackish water plankton
半咸水湖 brackish lake
半咸水环境 brackish water environment
半咸水相 brackish facies
半咸水泻湖 brackish water lagoon
半咸水养殖 brackish water aquaculture
半咸性 brackishness
半显舱室 cabin top;cabin trunk
半显露舱室 coach roof;trunk cabin
半显式 semi-explicit
半显性 semi-dominance
半显性基因 semi-dominant gene
半显域土 semi-zonal soil
半线宽 half-linear width
半线圈 mid-coil
半线圈绕组 half-coiled winding; hemi-tropic(al) winding
半线性变换矩阵 matrix of semi-linear transformation
半线性的 semi-linear
半线性偏微分方程 semi-linear partial differential equation
半限注法 Lowry process
半乡村环境 semi-rural environment
半箱 half-chest
半箱形梁 semi-box beam
半像存储管 half-picture storage tube
半像条 <伸不到屋脊的> half main rafter
半像线 halving line
半削裂流 half-split flow
半消耗的 semi-expendable
半消色差接目镜 semi-apochromat; semi-apochromatic objective
半消色差接物镜 semi-apochromatic objective
半消声的 semianechoic
半消声室 semi-anechoic room
半硝皮 semi-tanned skin
半销毁式过油管射孔器 enerjet gun
半小时额定值 half-hour rating
半小时合成漆 half-hour synthetic-(al) finishes
半斜带法 half-drill strip method
半斜度 miter[mitre] half
半斜脊 half hip
半斜脊屋顶 half-hipped roof
半斜接 half-miter[mitre] joint; miter ga(u)ge;miter half
半斜坡式岸壁 partly sloped wall
半斜坡式码头 partially sloping quay; partially sloping wharf; semi-sloping quay;semi-sloping wharf
半斜式路缘石 semi-mountable curb
半斜屋顶 half-pitch roof
半斜屋脊 partial hip
半写脉冲 half-write pulse;write half-pulse
半写入脉冲 haft-write pulse
半写数脉冲 partial write pulse
半卸载式 semi-relieved type
半新车 used car
半薪 half-pay
半信关 half-gateway
半形的 subhedral
半形的晶粒 subhedral grain
半形晶体 hemi-morphic crystal
半形性 hemi-morphism
半型 die half;half mo(u)ld;mo(u)ld half
半休眠 semi-dormancy
半休闲地 occupied fallow land
半朽节 punk knot
半序 partial order
半序集(合) partially ordered set; partly ordered set
半序空间 partially ordered space
半序任务 partially ordered task
半序系 partially ordered system
半续潮 tide and half tide
半悬臂 semi-cantilever
半悬臂弹簧 semi-cantilever spring
半悬浮聚合 semi-pearl polymerization
半悬挂播种机 semi-mounted seed drill
半悬挂舵 partially hanging rudder; partially underhung rudder; semi-spade rudder
半悬挂机引条播机 semi-mounted tractor drill
半悬挂九行谷物播种机 semi-mounted nine-row grain drill
半悬挂式的 partly mounted;semi-integral;semi-mounted
半悬挂式割草机 semi-mounted mower
半悬挂式后装载机 semi-mounted rear loader
半悬挂式铧式犁 semi-mounted mold-board plow
半悬挂式建筑 semi-mounted type construction
半悬挂式犁 semi-integral plow;semi-mounted plough
半悬挂式喷雾器 semi-mounted sprayer
半悬挂式拖车 gooseneck-type wagon;semi-mounted trailer
半悬挂式旋转割草机 semi-mounted rotary grass cutter
半悬挂式圆盘犁 semi-mounted disk plow
半悬挂重型圆盘耙 heavy-duty semi-mounted disk harrow
半悬链系 mid-lift linkage
半悬式舵 partly underhung rudder
半悬式农具 mid-mounted tool
半悬踏步 cantilevered steps; hanging steps
半悬梯级 cantilevered steps; hanging steps
半悬支墩 hanging buttress
半旋浮聚合 semi-pearl polymerization
半旋后 semi-supination
半旋前 semi-pronation
半旋转阀 semi-rotary valve
半旋转机 semi-rotative machine
半旋转式吊艇柱 semi-rotary davit
半旋转体 half-body of revolution
半旋转跳板 semi-slewing rampway
半选磁芯 half-selected core
半选单元 partially selected cell
半选电流 half current
半选电压 half-selected voltage
半选读出脉冲 partial read pulse
半选脉冲 half-selected pulse; read half-pulse
半选输出 partial select output
半选输出差 delta
半选输出信号差 delta signal
半选输入脉冲 partial select input pulse
半选选芯 partially selected core
半选择 semi-selective
半选择存储单元 partially selected cell
半选择振铃 semi-selective ringing
半学年 semester
半学术性 para-academic
半驯服的 half-broken
半循环 half cycle;hemi-cycle
半循环运转制【铁】half circular system of locomotive running
半压力式涵洞 inlet submerged culvert; partial pressure culvert; submerged culvert
半压缩凸轮 half compression cam
半压台锯 <锯条的一半被压住> half-backed-bench saw
半烟囱砌块 half chimney block
半烟煤 semi-bituminous coal
半淹海蚀崖 plunging cliff
半淹没的 logged;semi-submerged
半淹没式取水口建筑物 partly submerged intake structure
半淹式堰坝 partially downed weir
半岩溶 merokarst
半厌氧状态 semi-anaerobic condition
半仰卧位 semi-supination
半仰卧位的 semi-supine
半氧化焙烧 half-oxidizing roasting
半氧化沥青 semi-blown asphalt
半样本 half-sample
半摇臂式起落架 semi-articulated landing gear
半遥截止 semi-remote cut-off
半遥控 semi-remote handling
半野生 semi-natural;semi-wild
半野生油棕 semi-wild palm
半野生植被 semi-natural vegetation
半野外环境 semi-rural environment
半野外锚孔 semi-wildcat
半页图 half sheet
半页瓦 gable tile
半夜 midnight
半夜班 middle watch;midwatch
半夜灯 evening lamp;mid-night lamp
半夜费率 night rate
半液动摩擦 semi-fluid friction
半液态模锻 precast-forging
半液态砂浆 larry
半液体 quasi-liquid
半液体冲洗 semi-liquid flushing
半液体的 semi-liquid
半液体废物 semi-liquid waste
半液体阶段 semi-liquid stage
半液体润滑 semi-liquid lubrication
半液体状态 semi-liquid stage
半液相过程 semi-liquid phase process
半液压提升机 semi-hydraulic lift
半液压挖掘机 semi-hydraulic excavator
半液质沥青 maltha
半液状沉积固体物质 sludge
半仪器测量 semi-instrumental survey
半仪器法 semi-instrumental survey
半移动闭塞 distance-to-go block
半移动的 semi-mobile
半移动配料搅拌设备 semi-portable batching and mixing plant
半移动破碎机 semi-mobile crusher
半移动式 semi-movable
半移动式拌和设备 semi-mobile batching plant
半移动式的 semi-portable; semi-mobile <通常指拌和设备>
半移动式设备 semi-portable plant
半移动式原动机 semi-portable engine
半移位寄存器 half-shift register
半椅式 half-chair
半抑制浓度 inhibitant concentration 50
半译码 half decode
半易腐烂货物 semi-perishable goods
半意识 semi-consciousness
半意识的 semi-conscious
半溢式模具 semi-positive mo(u)ld
半溢式塑模 semi-positive mo(u)ld
半翼弦 half-chord
半因子 semi-factor
半阴旋光计 half-shade polariscope; half-shadow polarimeter
半阴影 penumbra
半阴影区 twilight zone
半音 half note;half step;semi-tone
半音度 half-tone;medium tone
半音度特性 half-tone characteristic
半音(阶)的 chromatic
半音失真 half-tone distortion
半音休止 semi-tone
半音音阶 chromatic scale
半引航费 half pilotage
半隐蔽村落 semi-recessed village
半隐蔽关门器 semi-concealed closer
半隐蔽照明器 quasi-secretive illuminator
半隐驾驶室【船】sunk bridge
半隐框玻璃幕墙 semi-exposed framing glass curtain wall
半隐芽植物 hemi-cryptophyte
半英寸比例尺 half-inch scale
半英寸比例尺测图 half-inch survey
半影 <水准仪上水准气泡的光学呈像> half image;half-shadow;penumbra
半影板 half-shade plate
半影补偿器 half-shade compensator
半影分析器 half-shade analyser[analyzer];half-shadow analyser[analyzer]

半影角 half-shadow angle
半影棱镜 half-shadow prism
半影目镜 half-shade eyepiece
半影起偏振镜 half-shade polarizer
半影器件 half-shade device
半影区 penumbra region; penumbra zone
半影原理 penumbral theory
半影月食 appulse; lunar appulse; penumbral eclipse; penumbral lunar eclipse
半影装置 half-shade device; half-shadow device
半影锥 penumbra cone
半硬板 semi-rigid board; semi-rigid sheet
半硬磁材料 semi-hard magnetic material
半硬磁合金 semi-hard magnetic alloy
半硬的 semi-hard; semi-rigid
半硬度保温材料 semi-hard insulating material
半硬钢 half-hard steel; semi-hard steel
半硬钢丝绳 semi-flexible wire rope
半硬化 semi-hardening
半硬化干燥 < 涂层的 > semi-hard drying
半硬回火薄钢板 < 布氏 2 号硬度 > half-hard temper sheet
半硬基地 limp base
半硬挤出工艺 semi-stiff extrusion process
半硬壳结构 semi-monocoque construction
半硬壳式机身 semi-monocoque; stiffened-shell fuselage
半硬壳式结构 semi-monocoque structure
半硬铝线 semi-hard-drawn aluminum wire
半硬泥制坯法 semi-stiff mud process
半硬容器 semi-rigid container
半硬填料 semi-hard packing
半硬纤维板 medium hardboard
半硬橡胶 half-hard rubber; semi-ebonite
半硬性电缆 semi-rigid cable
半硬支承平衡机 semi-hard-type balancing machine
半硬质合成板 semi-hardboard
半硬质胶 half-hard rubber
半硬质胶管 semi-ebonite hose
半硬质聚氯乙烯片材 semi-rigid polyvinyl chloride sheet
半硬质煤焦油柏油 medium-hard coal-tar pitch
半硬质煤焦油沥青 medium-hard coal-tar pitch
半硬质耐火黏[粘]土 semi-stiff fireclay
半硬质泡沫塑料 semi-rigid foamed plastics
半硬质塑料 semi-hard plastics; semi-rigid plastics
半硬质纤维板 semi-hard(fiber) board
半硬质橡胶 semi-hard rubber
半永固型颜料 semi-permanent pigment
半永久车钩电气部分 electric(al) part of semi-permanent drawbar
半永久船磁性 ship subpermanent magnetism
半永久牵引杆 semi-permanent drawbar
半永久数据 semi-permanent data
半永久型 semi-permanent mo(u)ld
半永久型砂型铸造 burnt sand casting
半永久性波动 semi-permanent fluctuation
半永久性草地 semi-permanent pasture
半永久性池塘 tabki
半永久性存储器 semi-permanent memory
半永久性的 semi-permanent
半永久性低压 semi-permanent depression
半永久性反气旋 semi-permanent anti-cyclone
半永久性高压 semi-permanent high
半永久性建筑 semi-permanent building
半永久性结构 semi-permanent structure
半永久性接续 semi-permanent connection
半永久性连接 semi-permanent connection
半永久性模 semi-permanent mo(u)ld
半永久性桥(梁) semi-permanent bridge
半永久性桩 semi-permanent piling
半永久雪线 semi-permanent snow line
半游填土坝 semi-hydraulic earth dam
半有机化学 semi-organic chemistry
半有芒穗 semi-awned head
半有限的 semi-finite
半有效浓度 effective concentration 50%
半有影响浓度 median effective concentration
半有源雷达 semi-active radar
半有源稳定平台 semi-active stabilized platform
半釉 semi-glaze
半釉砖 engineering brick
半浴缸 demi-bath
半预混式喷头 semi-premix injector
半预应力梁 half-prestressed beam
半原地花岗岩 hypautochthonous granite
半原木 half log
半圆凹槽形勾缝 bucket handle pointing
半圆凹缝 keyed jointing
半圆凹室 semi-circular alcove
半圆板电容器 semi-circular plate capacitor
半圆棒钢 half-round bar steel
半圆贝壳形斜边 scalloped bevel
半圆壁龛 apsis[复 apsides]; semi-circular apse; semi-circular niche
半圆边 half-rounded edge
半圆边扁钢 oval edged steel flat
半圆边缘 half-round edge
半圆边缘圆弧棱边 penciled edge
半圆材的 half-round
半圆材原木 half log
半圆踩锤 half-round flatter
半圆槽 half slot; half-split pipe duct; semi-circular groove
半圆铲 half-round spade
半圆沉头螺栓 half-round countersunk head bolt
半圆串珠饰 < 古典陶立克式钟形圆饰下边圆线脚 > fusarole
半圆唇金刚石钻头 half-round nose bit
半圆粗锉 half-round coarse file
半圆锉 bastard file; cabinet file; half-round file; half-round rasp; pitsaw file; round-off file
半圆单板 half-round veneer
半圆单板刨切 half-round veneer slicing
半圆刀具 astragal tool
半圆导线双芯电缆 D-cable
半圆的 half-round; semi-round; semi-circle
半圆底 domical bottom
半圆底三角锉 great American file
半圆底小三角锉 auriform file
半圆顶 half cupola; hemi-dome; semi-cupola
半圆法 semi-circular method
半圆房间 semi-circular apse; semi-circular excedra
半圆分度器 half circle protractor
半圆分水尖 half-round cut-water
半圆辐射型往复压缩机 semi-radial reciprocating compressor
半圆杆 half-round bar
半圆钢 half-round iron
半圆钢棒 semi-round bar
半圆钢筋 half-round bar
半圆钢丝 half-round steel wire
半圆弓形体 C segment
半圆拱 full-centered[centred] arch; full center(ed) vault; half-round arch; Roman arch
半圆拱窗 semi-circular arched window
半圆拱顶 cylindric(al) vault
半圆拱桥 semi-circular arch bridge
半圆拱形断面 semi-circular arch section
半圆拱支架 semi-circular arch support
半圆勾缝 half-round pointing
半圆沟管 half-round channel pipe
半圆管 < 纵向剖开的 > half-round pipe
半圆管道 half-split pipe
半圆规 protractor; protractor scale; steel protractor
半圆横截面 semi-circular cross-section
半圆后堂拱 < 教堂的 > apse arch; apsis arch
半圆后堂拱墩 < 教堂的 > apse arch impost
半圆脊帽 half-round ridge covering; hip roll; ridge roll
半圆建筑 apsidal
半圆键 circular key; semi-circle key; Whitney key; woodruff key
半圆键槽铣刀 woodruff key seat cutter; woodruff keyway(milling) cutter
半圆铰刀 half-round reamer
半圆金属焊垫 half sole
半圆金属丝 half-round wire
半圆竞技场 hemi-cycle arena
半圆锯 half-round saw
半圆锯锉 half-round saw file
半圆卡环 half-round clamping ring
半圆孔 semi-circle orifice
半圆量角器 semi-circular protractor
半圆列缸 semi-circle cylinder
半圆明槽排水沟 channel pipe
半圆木 halfback
半圆木锉 half-round rasp file; half-round wood rasp
半圆木大顶梁 half header
半圆木杆 < 放在炮眼内,保证按平巷轮廓炸掉岩石 > half rod
半圆木料 puncheon
半圆木平路机 log leveler
半圆木平路器 log leveler
半圆木凿 firmer gouge chisel
半圆排水管 channel pipe
半圆偏差 semi-circular deviation
半圆偏转 semi-circular deviation
半圆平锉 half-round file
半圆剖面 half-round section
半圆钳 half-round nip(pers); half-round pliers
半圆穹顶 concha; full-center[centre] calotte; semi-circular arch; semi-circular dome
半圆穹隆 semi-dome; hemi-dome
半圆球壳 bullet
半圆券 semi-circular arch
半圆软垫椅 barrel chair
半圆三角楣饰 round pediment
半圆式露天建筑 exedra
半圆式多孔沉箱防波堤 semicircular caisson breakwater
半圆(式木)凿 firmer gouge
半圆饰 astragal; baguette; bead mo(u)ld(ing); tondino
半圆饰边 beading fillet
半圆饰雕带 astragal frieze
半圆饰面 astragal front
半圆室 half-round apse[复 apsides]; half-round apsis[复 apsides]; hemicycle
半圆室窗 < 教堂的 > apse window; apsis window
半圆室的 apsidal
半圆室扶垛 apse-buttress
半圆梯形楼座 amphitheater[amphithcatre]
半圆体屋顶 hemi-spheric(al) dome; semi-spheric(al) dome
半圆天沟 half-round gutter
半圆条 half-round bar
半圆铁 convex iron
半圆铁棒夹楔劈石法 plug-and-feather method
半圆铁杆 half-round iron
半圆铁条 half-round iron-bar
半圆铁线 half-round iron wire
半圆筒拱 semi-circular vault
半圆筒形拱顶 half-round barrel vault
半圆筒形穹顶 semi-circular barrel vault
半圆筒形天花板 barrel ceiling
半圆筒形瓦 mission tile
半圆筒形小便槽 semi-cylindric(al) urinal
半圆头 cup head; spheric(al) head
半圆头扳手 face spanner
半圆头锤 half-round hammer
半圆头钉 half-round head nail; lining nail
半圆头方颈螺栓 half-round head square neck bolt; step bolt
半圆头方螺栓 cup-square bolt
半圆头机器螺钉 snap head machine screw
半圆头紧固螺钉 button-head cap screw
半圆头螺钉 button-head(ed) screw; cup head screw; half-round head screw; half-round screw; round-head(ed) screw; snap head screw
半圆头螺帽 acorn nut
半圆头螺母 ascorn nut
半圆头螺栓 button-headed bolt; cup head bolt; half-round screw; oval head bolt; snap head bolt
半圆头铆钉 button head rivet; cup head rivet; half-round head rivet; snap head rivet
半圆头铆钉窝模 button-head snap
半圆头木工锉 half-round head file for carpentry
半圆头木螺钉 cup head wood screw; half-round wood screw; round-head(ed) wood screw
半圆头木螺旋 half-round wood screw
半圆头销 cup head pin
半圆头有色金属铆钉 non-ferrous metal semi-round head rivet
半圆凸凹线脚接头 astragal joint

半圆凸缝 bad joint
半圆凸线脚 boitel
半圆瓦楞铁临时房屋 quonset hut
半圆弯头刮刀 half-round bent scraper
半圆屋顶 concha; hemi-dome; semi-circular roof; semi-dome
半圆屋面 semi-circular roof
半圆细锉 half-round smooth file
半圆狭板 half-round batten
半圆线规 nosing
半圆线角 nosing
半圆线脚 astragal; ba(s)ton; beading fillet; bead mo(u)ld(ing); half-round mo(u)lding; nosing; semi-circular mo(u)lding
半圆线圈的 half-coiled
半圆线饰 half-round fillet
半圆线条 half-round mo(u)lding
半圆形 arch; semi-circle; semi-circular in shape; hemi-cycle
半圆形 D 形橡胶护舷 semi-circular type D fender
半圆形矮桌 hunt table
半圆形堡垒 half-round bastion; semi-circular baston
半圆形壁龛 half-round niche; semi-circular niche; semi-circular space
半圆形扁钢 beaded flat steel
半圆形表面裂纹 semi-circular surface crack
半圆形表面缺陷 semi-circular surface flaw
半圆形剥落 D-shaped spalling
半圆形薄壳 domed shell
半圆形铲 crescent scraper bucket
半圆形场地 semi-circular space
半圆形衬垫 half soling
半圆形齿条 wrench circle
半圆形触点 butt contact
半圆形窗 half-round window; semi-circular window
半圆形锉刀 half round file
半圆形打捞器 half-turn socket
半圆形挡水条 astragal
半圆形的 arched; half-round; semi-circular
半圆形地界 half-round termination
半圆形电磁铁 semi-circular electromagnet
半圆形顶棚 half-round ceiling
半圆形端头 half-round termination
半圆形断面渠道 semi-circular channel
半圆形防波堤 semi-circular breakwater
半圆形房间 semi-circular apsis
半圆形风 round wind
半圆形扶垛 apse-buttress
半圆形盖瓦 imbrex
半圆形刚性接收盘 half-round rigid receiving tray
半圆形钢板渡槽 semi-circular sheet (steel) flume
半圆形钢材 semi-circular steel
半圆形钢丝 semi-circular wire
半圆形钢条 half-round bar
半圆形钢质滚轮 half-spheric(al) steel bobbin
半圆形港池 semi-circular basin
半圆形拱 compass-headed arch; semi-circular arch
半圆形拱顶 barrel vault(ing)
半圆形刮刀 half-round scraper
半圆形冠部钻头 semi-round nose bit
半圆形管道 half-round section duct; semi-circular canal; semi-circular conduit; semi-circular pipe; semi-circular tube
半圆形管渠 semi-circuit canal
半圆形管子存水弯 half trap
半圆形横条 semi-circular stretcher
半圆形后室半圆壁 <教堂> absis
半圆形后堂门厅 apsidal entrance hall
半圆形护角瓷砖 angle bead tile
半圆形护角水泥板 angle bead tile fitting
半圆形活动房屋 quonset hut
半圆形激光谐振腔 semi-circular laser resonator
半圆形集料架 cowhorn bins
半圆形脊瓦 half-round ridge tile; hog's back(tile); imbrice
半圆形建筑的 apsidal
半圆形建筑物 hemi-cycle structure
半圆形交叉拱顶 half-round cross-vault; semi-circular cross-vault
半圆形交叉筒拱 half-round cross-vault
半圆形结构 semi-circular structure
半圆形截面 half-round profile; half-round section; semi-circular section
半圆形截面钢材 half-round steel
半圆形截面瓦 mission roofing tile; mission tile
半圆形截面型钢 half-round iron
半圆形界限 half-round termination
半圆形金属把手 bail handle
半圆形金属拉手 bail handle
半圆形龛 apse[复 apsides]
半圆形可变电容器 disc[disk] capacitor
半圆形刻度盘 fan dial; semi-circular dial
半圆形空气室 air dome
半圆形控制板 semi-circular control panel
半圆形控制盘 semi-circular control panel
半圆形拉伸机 semi-circular stretcher
半圆形拦污栅 semi-circular trash-rack
半圆形老虎窗 semi-circular dormer window
半圆形肋 half-round rib; semi-circular rib
半圆形露侧砖 half-round stretcher
半圆形露天室 half-round exedra
半圆形露天椅 semi-circular excedra
半圆形炉缸 basin shape crucible
半圆形炉缸倾转炉 basin tilting furnace
半圆形轮廓 half-round profile; semi-circular profile
半圆形螺纹 half-round thread
半圆形铆钉 half-round rivet
半圆形门厅 apsidal entrance hall
半圆形明沟 half-round floor channel
半圆形磨瓦 half-round abrasive tile
半圆形(木)扶手 mopstick
半圆形木工凿 crescent firmer chisel
半圆形木螺钉 semi-circular wood screw
半圆形木钻 dowel bit
半圆形排水沟 half-circular drain; semi-circular drain
半圆形排水管 semi-circular drain (age pipe)
半圆形起始踏步 circle end
半圆形前廊 half-round apsis; round exedra; semi-circular excedra
半圆形嵌条 beading
半圆形穹顶 semi-circular vault; semi-dome; semi-spheric(al) dome
半圆形缺口 semi-circular notch
半圆形石棉瓦 asbestic half-round tile; asbestiform half-round tile
半圆形室 apse[复 apsides]; round exedra; semi-circular room
半圆形水渠 half-round channel
半圆形顺砖 semi-circular stretcher
半圆形隧道拱顶 semi-circular tunnel vault
半圆形隧洞拱顶 half-round tunnel vault
半圆形塔(架) half-round tower; semi-circular tower
半圆形塔楼 D-shaped tower
半圆形套柄铁锤 fuller
半圆形提环 bail
半圆形天沟 half-round(roof) gutter; semi-circular gutter
半圆形天花板 half-round ceiling; semi-dome
半圆形铁器 semi-circular iron
半圆形透视背景 cyclorama
半圆形凸窗 compass window; semi-circular bay window; semi-circular oriel window
半圆形凸圆线脚 beadwork
半圆形凸缘 quirked bead
半圆形突边【建】half-round nosing
半圆形瓦 astragal tile
半圆形弯钩 semi-circular hook
半圆形围堰 semi-circular cofferdam
半圆形屋顶 compass roof; conch(a)
半圆形屋架 compass roof
半圆形物 half-round
半圆形小教堂 apse chapel; apsidal chapel
半圆形型材 half-round section
半圆形碹 semi-circular arch
半圆形檐槽 half-round gutter; half-split pipe
半圆形檐沟 half-round gutter
半圆形堰 semi-circular weir
半圆形堰顶 semi-circular sill
半圆形油封槽 seal with semi-circular annular groove
半圆形雨水槽 semi-circular rainwater gutter
半圆形枕木 <锯制或劈制的> buck
半圆形阵地工事 semi-circular baston
半圆形终点(站) semi-circular termination
半圆形终端 semi-circular termination
半圆形转子磁极 hemi-spheric(al) rotor pole
半圆形桌 half-round table
半圆旋切 half-round cutting; stay-log cutting
半圆旋切单板 <胶合板的> half-round veneer
半圆旋切的 half-rotary cut
半圆仪 graphometer; semi-circular protractor
半圆油石 half-round oil stone
半圆錾子 half-round chisel
半圆凿 <锐口在凸面的> outside gouge; gouge(spade); half-round chisel
半圆凿穴 gouge hole
半圆枕木 half-round sleeper
半圆支承环 center[centre] split supporting ring
半圆中锉 half-round middle file
半圆周 semi-circumference
半圆周绕流 semi-circumferential flow
半圆柱 semi-circular column; semi-column
半圆柱体 half-cylinder; semi-cylinder
半圆柱体临时房屋 quonset hut
半圆柱体模 semi-cylindric(al) die
半圆柱形反射器 semi-cylindric(al) reflector
半圆柱形屋顶 half-round cylindric(al) roof; semi-circular cylindrical roof
半圆砖 radius brick
半圆装饰 astragal
半圆装饰砖 astragal tile
半圆状扶垛 apse-buttress
半圆锥体的 semi-conic
半圆自差 semi-circular deviation
半圆自差校正器 semi-circular corrector
半圆钻 half-round drill; woodruff drill
半远距 semi-remote
半远距离操纵 semi-remote handling
半远距离操作 semi-remote manipulation
半远洋沉积 hemi-pelagic deposit; hemi-pelagic sediment
半远洋环境 hemi-pelagic environment
半远洋区 hemi-pelagic region
半约束的 half restrained
半约束梁 partially restrained beam
半月 dichotomy; half moon
半月板 meniscus[复 menisci/meniscuses]
半月不等 semi-monthly inequality
半月差 fortnightly inequality
半月潮 fortnightly tide
半月的日潮不等 semi-menstrual inequality
半月分潮 fortnightly component; fortnightly constituent; fortnightly tide
半月核 semi-lunar nucleus
半月刊 bimonthly; semi-monthly
半月锁 woodruff key
半月体 crescent; glass-body-demilune body; demilune
半月线 linea semi-lunaris
半月销 Whitney key
半月形 half-moon shape; lune; semi-lune
半月形城堡 ravelin
半月形锄 half-moon hoe; semi-moon hoe
半月形的 half-round; lunate; semi-lunar; semi-moon shaped
半月形堤 crescent-shaped dike [dyke]; half-moon dike[dyke]
半月形轨枕 half-moon crosstie
半月形河弯 lunate bend
半月形千斤顶 <盾构前端工作室用的> half-moon jack
半月形体 semi-lunar body
半月形外堡 <城堡的> half moon
半月形围堰 <防止堤防漏水的> hooping
半月形物 lunule
半月形枕木 half-moon tie
半月征 meniscus sign
半月周期 semi-lunar period
半月皱襞 semi-lunar fold
半月状隙 semi-lunar space
半匀质混凝土 semi-uniform concrete
半匝绕组 half-turn coil(ed) winding
半匝线圈 half-turn coil; semi-lune
半栽培品种 semi-cultivated variety
半载驳船系统 semi-barge carrier system
半载状态 half cargo condition
半增量 semi-increment
半轧废品 cobble
半栅栏 half-barrier
半站型测距经纬仪 semi-total station distance theodolite
半涨潮 half flood
半掌状的 semi-palmate
半爪抓斗 half-tine grab
半沼泽 banto faro
半沼泽土 half bog soil; humic-glei soil; semi-boggy soil
半遮光路灯 semi-cutoff lantern
半遮角 half-shade angle
半折叠 half-lap
半辙叉脱轨器 half-frog brake-shoe

escapement
半辙叉脱鞋器＜脱鞋道岔＞ half-frog brake-shoe escapement
半真空 partial vacuum
半振动 semi-vibration
半振幅 semi-amplitude
半振幅加法器 amplitude half adder
半镇静的 semikilled
半镇静钢 balanced steel; capped steel; half still steel; non-piping steel; semi-deoxidized steel; semi-killed steel; semi-rimming steel
半镇静钢锭 semi-killed ingot
半睁半闭 half closed and half open
半整数 half-integer
半整数动量矩 half-integer angular momentum
半整数时差 half-integer synchronization
半整体的 semi-integral; semi-monolithic
半整体模型 half overall model
半整体式构造 semi-monolithic construction
半整体式建筑 semi-construction; semi-monolithic construction
半整体式结构 semi-construction; semi-monolithic construction
半正定函数 positive semi-definite function
半正定矩阵 positive semi-definite matrix
半正定系统 semi-definite system
半正规测量 semi-regular survey
半正矢 haversine
半正矢公式 haversine formula
半正矢自然函数公式 natural haversine formula
半正弦波 half sine wave; half-sinusoid
半正弦冲击脉冲 half sine shock pulse
半正弦脉冲 half sine pulse
半帧 field; frame field
半帧频 vertical frequency
半帧频率 field frequency
半帧式电视录像 field television video recording
半帧序制 field-sequential system
半政府性质 quasi-government nature
半支持环 half supporting ring
半支阻滞 hemi-block
半知地衣 Lichenes Imperfecti
半知菌纲 Deuteromycetes; fungi imperfecti
半直吹式条形散流器 semi-straight bar
半直接(采)光 semi-direct lighting
半直接费用 semi-direct expenses
半直接连接 semi-direct connection
半直接连接匝道 semi-direct connection ramp
半直接量测 semi-direct measurement
半直接式匝道 semi-direct ramp
半直接照明 semi-direct illumination; semi-direct lighting
半直觉技术 semi-intuitive skill
半直立式防波堤 composite breakwater; semi-vertical breakwater
半直立式码头 semi-vertical-face quay; semi-vertical-face wharf
半直线 half line; ray
半直线脉冲 half-line pulse
半直焰烧煤坩埚窑 Boetius furnace
半值 half value
半值层 half-value layer; half-value thickness
半值厚度 half-value layer; half-value thickness; thickness of half value
半值角 half-value angle
半值宽度 half breadth; half-value width
半值期 half-value period
半职业性的 semi-professional
半殖民地 semi-colonial
半酯 half-ester
半制备的 semi-preparative
半制备规模分离 semi-preparative separation
半制备柱 semi-preparative column
半制成的 semi-finished; semi-manufactured
半制成品 crude product; semi-finished material; semi-finished product; semi-manufactured material
半制的 semi-finished
半制动闸 half-serve brake
半制动转向＜起重机＞ half block steering
半制钢 semi-finished steel
半制品 half blank; half-finished goods; half-finished material; half-finished product; semi-manufactured goods; semi-product; unfinished goods
半制品存量 intermediate inventory
半质子性溶剂 semi-protic solvent
半致死的 semi-lethal
半致死辐射剂量 medium lethal radiation dose
半致死剂量 fifty percent kill; lethal dose 50%; lethal dose fifty percent; median lethal dose; half lethal dose
半致死量 lethal dose 50%; sublethal dose
半致死浓度 fifty percent kill; lethal concentration fifty percent; median lethal concentration
半致死时间 median lethal time
半致死突变体 semi-lethal mutant
半滞水地下水位 semi-perched groundwater table; semi-perched water table
半中毒浓度 effect concentration 50%
半中毒浓度时间积 effect concentration time 50%
半中平台 half pace landing
半中型部件 semi-intermediate section
半中轴 semi-mean axis
半终端回波抑制器 half terminal echo suppressor
半重瓣的 half double; semi-double
半重的 semi-heavy
半重负荷 semi-heavy loading
半重力的 semi-gravity
半重力抛物线形斜坡 Montague profile
半重力式挡土墙 semi-gravity type retaining wall
半重力式墙 semi-gravity wall
半重力式桥台 semi-gravity type abutment
半周 pulse; semi-revolution
半周长 semi-perimeter; united inches ＜玻璃、嵌板等的＞
半周传输 half-cycle transmission
半周刊 semi-weekly
半周平均电流 half-period average current
半周期 half cycle; half period; hemi-cycle; one-half period; semi-period
半周期波动 half-period fluctuation
半周期带 half-period zones
半周期均价值 half-period average value
半周期平均值 half-period average value
半周期位移输出 half-cycle displacement output
半周期位移输入 half-cycle displacement input
半周期振荡 semioscillation
半周日低潮 minimum ebb
半周日气压变化 semi-diurnal barometric(al) variation
半轴 differential axle; half axis; half axle; half rear axle; half shaft; independent axle; semi-axis; semi-axle
半轴承 half-and-half bearing; half-bearing; partial bearing
半轴承轮 half rear axle gear gasket
半轴齿轮 axle shaft gear; half axle gear
半轴流泵 semi-axial flow pump
半轴流式水泵 semi-axial flow pump
半轴流式水轮机 semi-axial flow turbine
半轴螺栓 shaft flange bolt
半轴面 hemi-pinacoid
半轴套管 axle tube
半轴瓦 half liner; outboard bearing bushing
半轴外侧万向节 outboard universal joint
半轴外端轴承 axle outer bearing
半轴向推力 semi-axial thrust
半轴悬鼻式悬挂法 semi-axle hung nose suspension
半轴悬挂式 semi-axial hung type; semi-axle hung type
半轴轴承 outboard bearing bushing
半昼夜一次的潮汐 semi-diurnal tide
半烛煤 semi-cannel
半主椽 half main rafter; half principal ＜伸不到屋脊的＞
半主动的 semi-active
半主动跟踪系统 semi-active tracking system
半主动激光系统 semi-active laser system
半主动脉冲 semi-active pulse
半主动寻制导 semi-active homing guidance
半主对角线 semi-dominant diagonal
半主权国家 half sovereignty state
半煮法 semi-boiling process
半驻波 semi-stationary wave
半柱 attached column; column engaged to the wall; half small column
半柱面 semi-cylinder
半专门贸易 semi-special trade
半砖【建】 two quarters; bat; blind header; false header; half brick; pseudo-header; snap header; two-quarter brick
半砖隔断 half-brick partition
半砖隔墙 withe; wythe
半砖厚 half-bat thick
半砖厚墙 half-brick wall(ing); leaf
半砖块 split
半砖砌体 snapped work
半砖墙 half-bat wall; half tile(d) wall; zero five brick wall
半砖头 queen closure
半转 half turn; halfway around
半转动 semi-rotary motion
半转换存储单元 partially switched cell
半转轮泵 semi-rotary pump
半桩长 half pile length
半桩环 half-anchor ear
半装配 partial prefabrication
半装配部件 subassembled part
半装入 reload
半装填 half-loaded
半椎鱼属砂岩 Semionotus sandstone
半锥背斜【地】 partiversal
半锥体 hemi-cone; hemipyramid
半锥形 partial taper
半着生的 semi-adherent
半琢平工作＜石面＞ half-plain work
半子囊菌类 hemi-ascomycetes
半子午线 semi-meridian
半自动安瓿喷射洗涤机 semi-automatic ampule spray-washing machine
半自动包衣造粒机 semi-automatic packing and pill-making machine
半自动保持式信号 semi-automatic stick signal
半自动保持式信号机【铁】 semi-automatic stick signal
半自动报文交换中心 semi-automatic message switching center[centre]
半自动曝光控制器 semi-automatic exposure control
半自动备用和转向人工操纵的系统 semi-automatic back-up and override system
半自动闭塞 controlled (manual) block; interlocked block; interlocking block; lock and block; manual-controlled block; semi-automatic block
半自动闭塞机 interlocked block instrument; interlocking block instrument; lock-and-block apparatus; semi-automatic block machine
半自动闭塞联系电路 connecting circuit with block instruments; connecting circuit with semi-automatic block
半自动闭塞系统 block interlocking system; lock-and-block system; manual-controlled block system
半自动闭塞制 block interlocking system; lock-and-block system; manual-controlled block system; semi-automatic block system
半自动编码 semi-automatic coding
半自动编组场 semi-automatic yard
半自动变电站 semi-automatic substation
半自动变速器 semi-automatic transmission
半自动变速箱 semi-automatic transmission
半自动标准夹具 semi-automatic master fixture
半自动表 semi-automatic watch
半自动拨号 semi-automatic selection
半自动操纵 semi-automatic control
半自动操纵作业 semi-automatic operation
半自动测速发电机 aided tachometer generator
半自动测听计 semi-automatic audiometer
半自动测听(器) semi-automatic audiometer
半自动插件机 semi-auto component inserter
半自动长途拨号 semi-automatic toll selection
半自动车床 semi-automatic lathe; semi-automatic machine
半自动车钩 semi-automatic coupling
半自动车钩电气部分 electric(al) part of semi-automatic coupler
半自动称量机 semi-automatic weighing machine
半自动称量架 semi-automatic weight batcher
半自动称料机 semi-automatic weigh batcher
半自动成型 semi-automatic forming
半自动程序设计 semi-automatic programming
半自动程序设计器 semi-automatic

programmer
半自动秤 semi-automatic scale
半自动齿轮滚齿机 semi-auto gear hobbing machine
半自动穿孔带中继 semi-automatic tape relay
半自动传输 automanual transfer
半自动打桩锤 semi-automatic pile hammer
半自动的 automanual; automatic manual; manual-automatic; partially automatic; semi-automated; semi-auto(matic); semi-unattended
半自动低压铸造机 semi-automatic low pressure die-casting machine
半自动地面防空系统 semi-automatic ground environment system
半自动地面系统 semi-automatic ground environment
半自动点火 half-automatic ignition
半自动电传打字机通信[讯]制 semi-automatic teletypewriter communications system
半自动电焊 semi-automatic arc welding
半自动电焊机 semi-automatic welder
半自动电弧点焊机 semi-automatic arc spot welder
半自动电弧焊 semi-automatic arc weld(ing)
半自动电弧焊机 semi-automatic arc welder; semi-automatic arc welding machine
半自动电弧焊接 semi-automatic arc welding
半自动电弧焊接机 gun welder
半自动电话 semi-automatic telephone
半自动电话交换机 automanual telephone exchange; automanual telephone switchboard; semi-automatic telephone exchange
半自动电话交换器 automanual telephone switchboard
半自动电话局 automanual telephone exchange; semi-automatic telephone station
半自动电话系统 semi-automatic telephone system
半自动电话制 semi-automatic telephone system
半自动电路 semi-automatic circuit
半自动电路性能监察器 semi-automatic circuit performance monitor
半自动调焦 semi-automatic focusing
半自动定位 semi-automatic position fixing
半自动动作 semi-automatic action
半自动发报键 bug
半自动阀 semi-automatic valve
半自动反射面 fixed-tiltable reflector
半自动仿形车床 semi-automatic copying lathe; semi-automatic copying machine
半自动飞行检验 semi-automatic flight inspection
半自动非保持式信号 semi-automatic nonstick signal
半自动非保持式信号机【铁】semi-automatic nonstick signal
半自动分批搅拌机 semi-automatic batcher
半自动敷设 aided laying
半自动跟踪 aided tracking; semi-automatic tracking
半自动跟踪机构 aided-tracking mechanism
半自动跟踪数字化仪 semi-automatic tracking digitizer
半自动跟踪系数 aided-tracking ratio
半自动跟踪制 aided-tracking system
半自动跟踪转速计 aided tach(e)ometer
半自动跟踪装置 aided-tracking mechanism; semi-automatic tracking mechanism
半自动更换原版复印机 duplicator with semi-automatic master change
半自动工艺 semi-automated process
半自动工作 semi-automatic work(ing)
半自动弓锯床 semi-automatic hack sawing machine
半自动共电制 common battery semi-automatic system
半自动光学布氏硬度计 semi-automatic optical Brinell's hardness tester
半自动滚齿机 semi-automatic gear hobbing machine
半自动滚刀磨床 semi-automatic hob grinding machine
半自动焊 semi-automatic weld
半自动焊接 semi-automatic welding
半自动焊接法 semi-automatic welding method
半自动焊接机 semi-automatic welding machine
半自动焊枪 semi-automatic gun
半自动呼叫 machine key ring
半自动化 manual-automation; partial automation; semi-automation; semi-transfer
半自动化拌和斗 semi-automatic batcher
半自动化拌和机 semi-automatic batcher
半自动化拌和楼 semi-automatic batcher
半自动化闭塞系统 semi-automatic block system
半自动化操作 semi-automatic [automation] operation
半自动化的 partial automatic; semi-auto(matic)
半自动化地面防空体系 semi-automatic ground environment
半自动化电话局 semi-automatic exchange
半自动化方法 semi-automated method
半自动化焊接机 semi-auto welding machine
半自动化机床 semi-automatic machine tool
半自动化控制系统 preset system
半自动化喷灌系统 semi-automatic sprinkler system
半自动化喷水系统 semi-automatic sprinkler system
半自动化洒水系统 semi-automatic sprinkler system
半自动化水电站 semi-automatic hydro-electric(al) station
半自动化驼峰【铁】semi-automatic hump
半自动化系统 automanual system; semi-automatic system
半自动化循环 semi-automatic cycle
半自动幻灯机 semi-automatic slide projector
半自动换母版复制机 duplicator with semi-automatic master change
半自动混凝土砌块制造机 semi-automatic concrete block machine
半自动混砂机 semi-automatic sand mixer
半自动机床 semi-automatic controlling machine
半自动棘轮式螺丝刀 semi-automatic ratchet screw driver
半自动计算机控制式划线机 semi-automatic computer directed layout machine
半自动加工 semi-automatic processing
半自动加热装置 semi-automatic heat facility
半自动甲台 direct junction position
半自动检波器 semi-automatic rectifier
半自动检验 partial automatic checker; semi-automatic check
半自动键控电路 semi-automatic keying circuits
半自动交换台 automanual exchange
半自动交通信息和控制系统 semi-automatic traffic information and control system
半自动搅拌装置 semiautomatic operating batch plant
半自动接续制 operator dial(l)ing working
半自动金属电弧焊 semi-automatic metal arc welding
半自动精密立式滚齿机 semi-automatic precision vertical gear hobber
半自动精密平面磨床 semi-auto precision plain grinder
半自动距离数据发送 aided range gearing
半自动刻图纠正仪 partially automatic rectifier; semi-automatic rectifier
半自动刻图仪 rectagraver[rectograver]; semi-automatic engraver
半自动控制 automanual control; semi-automatic control
半自动控制器 semi-automatic controller
半自动控制装置 semi-automatic controller
半自动捆书机 semi-automatic strapping machine
半自动离合器 semi-automatic clutch
半自动螺丝刀 semi-automatic screwdriver
半自动落纱机 semi-automatic doffer
半自动落纱翼锭细纱机 flyer doffing spinning frame
半自动埋弧焊接 semi-automatic submerged arc welding
半自动瞄准 aided laying
半自动排字 semi-automated lettering
半自动配料拌和机 semi-automatic batcher
半自动配料器 semi-automatic batcher
半自动喷淋系统 semi-automatic sprinkler system
半自动瓶塞机 semi-automatic corking unit
半自动起动器 semi-automatic starter
半自动气割机 semi-automatic gas cutting machine
半自动气割双面坡口 semi-auto matic cutting the double groves
半自动切纸机 semi-automatic score cutter
半自动燃烧器 semi-automatic burner
半自动设备 semi-automatic appliance; semi-automatic plant
半自动伸缩伞 semi-auto folding umbrella
半自动剩余静校正 half-auto residual static correction
半自动式 automanual system; semi-automat
半自动式电话交换机 semi-automatic telephone switchboard
半自动式喷雾机 semi-automatic sprayer
半自动式中继台 semi-automatic trunk board
半自动输送阀 automanual transfer valve
半自动双缸洗衣机 semi-automatic washer-dryer
半自动水电站 semi-automatic hydro-electric(al) station
半自动顺序法 semi-automation routine
半自动送料 semi-automatic feed
半自动(塑)模 semi-automatic mo(u)ld
半自动搪磨机 semi-automatic honing machine
半自动提前 semi-automatic advance
半自动驼峰编组场 semi-automatic hump yard
半自动洗衣机 semi-automatic washing machine
半自动铣床 semi-automatic miller; semi-automatic milling machine
半自动系统 automanual system; automatic manual system
半自动信号机【铁】semi-automatic signal
半自动信息处理机 semi-automatic processor
半自动信息交换中心 semi-automatic message switching center[centre]
半自动信息转接站 semi-automatic message switching center[centre]
半自动信息转接中心 semi-automatic message switching center[centre]
半自动选择 semi-automatic selection
半自动循环 semi-automatic circulation
半自动压机 semi-automatic press
半自动压制 semi-automatic pressing
半自动氩气弧焊机 semi-automatic argon arc welder
半自动用具 semi-automatic appliance
半自动有轨堆垛起重机 semi-automatic S/R [storage/retrieval] machine
半自动预磨机 semi-automatic pre-milling machine
半自动圆锯床 semi-automatic circular sawing machine
半自动圆磨床 semi-automatic cylindrical grinder
半自动运行 semi-automatic operation
半自动闸板 falling crest; falling shutter
半自动闸板堰 falling crest weir
半自动闸门 semi-automatic gate
半自动折叠伞 semi-automatic folding umbrella
半自动蒸汽打桩机 semi-automatic steam pile hammer
半自动整流器 semi-automatic rectifier
半自动织袜机 semi-automatic hose machine
半自动制 automanual system; automatic manual system; semi-automatic system
半自动终端插入器 semi-automatic terminal inserter
半自动重力送料 semi-automatic gravity feeding
半自动重量称量器 semi-automatic weigh batcher
半自动轴承磨床 semi-automatic bearing grinder
半自动注油器 semi-automatic oiler
半自动专用(小)交换机 semi-automatic private branch exchange
半自动转速表 aided tach(e)ometer

半自动转塔车床 semi-automatic turret lathe
半自动装置 semi-automatic plant
半自动锥齿轮研齿机 semi-automatic bevel gear lapper
半自动作业 semi-automatic work(ing)
半自动作用 semi-automatic action
半自动座席 semi-mechanical position
半自耕农 part-tenant farmer; semi-owner peasant
半自给 semi-subsistence
半自给自足的低收入阶层 semi-subsistence low-income sector
半自紧密封 semi-automatic seal
半自流承压地下水 subartesian groundwater
半自流的 semi-artesian; subartesian
半自流地下水 subartesian water
半自流井 semi-artesian well; subartesian well
半自流水 hypopiestic water
半自流水压力 subartesian pressure
半自磨 semi-autogenous
半自然的 semi-natural
半自然经济 semi-natural economy
半自然经济的物物交换 barter peculiar to a semi-natural economy
半自然植被 semi-natural vegetation
半自热熔炼法 semi-pyritic smelting process
半自熔性矿石 semi-self-fluxing ore; semi-self-fusible ore
半自生的 subspontaneous
半自生磨矿(法) semi-autogenous grinding
半自形 subhedral
半自形变晶结构 hypautomorphic texture
半自形的<火成岩的一种结构形式>【地】hypidiomorphic; hypautomorphic; subidiomorphic
半自形结构 hypautomorphic texture; hypidiomorphic texture
半自形晶 hypidiomorphic crystal
半自形(晶)粒状结构 hypautomorphic granular texture
半自形晶体 subhedron
半自形粒状的 hypautomorphic granular
半自养 mesotrophy
半自养的 mesotrophic; semi-autotrophic
半自养状态 mesotrophic state
半自由离子 quasi-free ion
半自由提升高度 part free lift
半自则有向图 semi-regular directed graph
半自治的 semi-autonomous
半自助 semi-self-service
半自走式机具 semi-self-propelled machine
半自走式联合收获机 semi-self-propelled combine
半字 half-word
半字节 half-byte; nibble
半字界 half-word boundary
半字输入 half-word input
半字组 half block; half-word block
半宗 half-race
半综 doup
半足尺 half scale
半足尺试验 half-scale experiment
半足尺详图 half-sized detail
半阻塞的 half stopped
半阻水层 semi-confining bed
半组 semi-group
半组合式驳船队 semi-integrated tow
半组合式的 semi-modular
半组合式曲轴 half built-up crank shaft
半组合式商品 semi-knockdown
半坐标镗削 semi-jig boring

伴

伴波函数 adjoint wave functions
伴发的 accompanying
伴峰 satellite peak
伴集 coset
伴集码 coset code
伴集权 coset weight
伴离子 coion
伴联度 degree of association
伴联系数 coefficient of association
伴流 side flow; transmitted(forward) echo; wake flow; wake stream
伴流前沿 wake front
伴流速度 wake rate; wake speed
伴流速率 wake rate; wake speed
伴流图 wake pattern
伴流推力 wake gain
伴流系数 wake coefficient; wake factor; wake percentage; wake value
伴流噪声 fluid-coupling noise
伴流增量 wake gain
伴流阻力 wake resistance
伴侣桩 mating pile
伴帽 cocap
伴偶 satellite-pair
伴热蒸汽管 steam tracing
伴生 accompany
伴生γ辐射俘获 radiation capture; radiative capture
伴生产品 concomitant output
伴生断层【地】auxiliary fault
伴生断裂 auxiliary fracture
伴生发射 associated emission
伴生富气 wet field gas
伴生感觉 concomitant sensation
伴生构造 associated structure
伴生环境影响 associated environmental effect
伴生剪节理 associated shear joints
伴生金矿床 accompanying gold deposit
伴生金矿石 associated Au ore
伴生金属 associated metal
伴生矿 associated ore
伴生矿经济临界品位 break-even point of economic grade by mineral
伴生矿物 accompanying mineral; associated mineral; minute associate
伴生矿物名称 title of associated mineral
伴生粒子监测器 associated particle monitor
伴生劈理 associated cleavage
伴生气 associated gas; combination gas
伴生砂岩 associated sandstone
伴生树 companion tree
伴生水 associated water
伴生天然气 associated natural gas
伴生微粒 associated corpuscular
伴生微生物 table companion microbe
伴生污染物 associated contaminant; associated pollutant
伴生现象 associated phenomenon
伴生岩石 associated rock
伴生雁列脉 associated en echelon veins
伴生抑制 correlated inhibition
伴生有用组分 associated useful component
伴生元素 accompanying element; associated element
伴生元素储量 reserves of associated element
伴生褶皱 associated folds
伴生种 companions
伴生作物 companion crop
伴声载波 aural carrier
伴声载波抑制 rejection of accompanying sound; sound rejection
伴书 covering letter
伴算符 adjoint operator
伴随 accompany; adjoint; adjugate; follow
伴随边界条件 adjoin boundary condition
伴随变换 adjoint transformation
伴随变量 adjoint variable; concomitant variable
伴随操作 attended operation
伴随差分方程 adjoint difference equation
伴随产生 supervene
伴随存储备份 companion store backup
伴随存储器 associative memory
伴随的 concomitant
伴随的起拱作用 concomitant arching
伴随发生 supervene; supervention
伴随方程 adjoint equation
伴随仿真 adjoint simulation
伴随服务 incidental service
伴随俘获的辐射 capture radiation
伴随辐射 collateral radiation
伴随函数 adjoint function
伴随行列式 adjoint determinant
伴随记录 incident record
伴随键盘 companion keyboard
伴随结果 spin-off
伴随矩阵 adjoint matrix; companion matrix; conjugate matrix
伴随空间 adjoint space
伴随模型 associated model
伴随曲线 adjoint curve
伴随设备 attendant equipment
伴随矢量 adjoint vector
伴随式 syndrome
伴随试件 companion specimen
伴随试验 companion test
伴随输出 concomitant output
伴随算符 adjoint operator
伴随算子 adjoint operator
伴随网络 adjoint network
伴随问题 adjoint problem
伴随物 accompanist; attendant; concomitant
伴随细菌 microbe satellite
伴随线性变换 adjoin linear transformation
伴随向量空间 adjoint vector space
伴随效益 adjoining benefit
伴随信源 adjoint source
伴随引理 adjoint lemma
伴随映射 adjoint mapping
伴随有向图 associated digraph
伴随运动 associated movement
伴随运算子 adjoint operator
伴随阵 adjoint matrices
伴随正交系 adjoint orthogonal system
伴随终结符 adjoint terminal
伴随作用 companion action
伴同的 accompanied
伴线<摄谱线的> satellite line
伴像电话 picture-phone
伴星 companion star; partner star; secondary star
伴旋轮线 companion to the cycloid
伴音 accompanying sound; background; sound accompaniment
伴有垂直位移的水平运动 horizontal movement associated with vertical displacement
伴有大风的雷暴雨 thunder-gust
伴有水平位移的垂直运动 vertical movement associated with horizontal displacement
伴云星团 nebulous cluster
伴奏席<舞台上的> band platform

扮

扮演 enact; playing

拌

拌柏油的碎石 tar crushed stone
拌柏油的碎石岩 tar crushed rock
拌板<抹灰工用的> spot board
拌成混合料 all-in mix
拌成混凝土料 all-in mix
拌成腻子 run to putty
拌成油灰 run to putty
拌缸 mixing tank
拌缸净体积【道】live zone
拌过沥青的材料 bitumen-coated material
拌过沥青的石屑<即黑色石屑> bituminous-coated chips
拌好的混凝土 mixed concrete
拌和 blend; intermix; kneading; malaxation; mix and stir; mixing
拌和比 mixing ratio
拌和标准用水<混凝土的> ga(u)ging water
拌和不匀 imcomplete mixing; undermixing
拌和不足 undermixing
拌和参数 mixing parameter
拌和仓 blending bin
拌和槽 mixing bunker
拌和厂<混凝土> batch(ing) plant; mixer plant; mixing unit; mixing plant
拌和车 agitator car; mixer-lorry; transit mixer; truck agitator; truck mixer
拌和车拌和的混凝土 truck-mixed concrete
拌和车拌制的混凝土 truck-mixed concrete
拌和车在运输途中拌和混凝土 transit mix
拌和成分 mix ingredient
拌和池 mixing basin
拌和(持续)时间 duration of mixing
拌和稠度 mix consistency
拌和得好的 well-tempered
拌和的 mixed
拌和动作 mixing motion
拌和斗 blending bin
拌和堆场 mixing bed
拌和法 mixing method
拌和杆 agitating arm; agitating bar; stirrer bar
拌和缸 mixing tank
拌和工厂 mixer plant; mixing plant
拌和工具 mixing element
拌和工作 mixing operation
拌和公式化 mixed formulation
拌和功率测定 mixing power measurement
拌和骨料试配法 trial-and-error method of blending aggregates
拌和鼓(筒) mixing drum
拌和过度 overmix
拌和过度的 overmixing
拌和好并且用搅动车送到浇筑地点的混凝土 dumpcrete
拌和灰泥木板 gauge board
拌和混凝土 mixed concrete; mixing concrete
拌和机 amalgamator; batch(ing) mixer; blender; machine mixer; mixer; mixing machine; mixing mill; pugmill; blending machine

B

拌和机的配料仓 batcher
拌和机桨叶 arm of mixer
拌和机搅拌缸 mixer-agitator tank
拌和机喂料程序 mixer feeding sequence
拌和机效率 mixer efficiency
拌和机械 mixing machinery
拌和机叶片 arm of mixer; mixing paddle
拌和机装料斗 < 混凝土 > loader itself
拌和集料试配法 trial-and-error method of blending aggregates
拌和集料图解法 graphic(al) method of blending aggregates
拌和计时器 mix(o)meter
拌和计数器 batch counter
拌和记录器 batch recorder
拌和加固(法) admixture stabilization
拌和间 mixing room
拌和卡车 agitating truck; batch truck
拌和控制 mix control
拌和宽度测定 mixing width measurement
拌和沥青混凝土加热前的配料及供料系统 cold feed system
拌和沥青路 mixed bituminous
拌和料 mix; mixture
拌和料仓 mix silo
拌和料间的相容性 compatibility of binders
拌和料浇筑 mixture placing
拌和料静放时间 concrete stationary time
拌和料配比设计 plan of the mixing materials
拌和料配合比 mix proportion
拌和料配制 < 混凝土 > mix preparation
拌和料提升机 mix elevator
拌和料组分 mix ingredient
拌和楼 < 混凝土 > batch(ing) plant; mixer plant; mixing plant
拌和螺旋输送器 mixing screw conveyer[conveyor]
拌和浓度 < 指混合料中结合料用量的多少 > richness of mix; mixing concentration
拌和平台 mixing platform
拌和器 mixing pad
拌和器车 agitator car
拌和热 heat of mixing
拌和容积箱 volumetric(al) batcher
拌和设备 mixing equipment; mixing plant
拌和深度测定 mixing depth measurement
拌和时间 mixing time; time of mixing
拌和式 batch-type
拌和式表面层 mixing top
拌和式封层 mix seal
拌和式基层 mixed base(course)
拌和式沥青混凝土碎石路面 mixed bituminous macadam pavement
拌和式沥青路 mixed bituminous road; mixed macadam
拌和式沥青碎石路 mixed bituminous macadam
拌和式面层 mixing coat
拌和式碎石路 mixed macadam
拌和室 mixing chamber
拌和水 batch water; water of mixing
拌和水量 batched water volume
拌和速度 mixing speed; mixing velocity
拌和塔 mixing tower
拌和台 mixing table
拌和摊铺机 mixer-spreader machine
拌和筒 mixing drum
拌和温度 mixing temperature
拌和物 < 混凝土 > mixes
拌和物浇筑性 placeability of mix
拌和物可灌性 placeability of mix
拌和物配制 < 混凝土 > mix preparation
拌和箱 mixer hopper; batch box
拌和型树脂 stir-in resin
拌和型颜料 stir-in pigment
拌和性 miscibility
拌和需水量 < 混凝土或砂浆的 > mixing water requirement
拌和叶片 mixing paddle
拌和一次混凝土的干材料(水除外)重量 dry-batch weight
拌和一次混凝土的水量 ga(u)ging water
拌和用水 < 混凝土 > batched water; ga(u)ging water; water of mixing; mix(ing) water
拌和用水化验 mixing water test
拌和站 mixed plant; mixing plant; mixing unit
拌和制度 mixing system
拌和周期 mixing cycle
拌和桩 mixed-in-place pile
拌和装置 mixing unit
拌和作业 mixing operation
拌和作用 mixing effect
拌灰板 ligger; mixing board
拌灰槽 mortar box
拌灰浆板 < 脚手架上的 > spot board
拌浆铲 larry
拌浆锄 larry
拌浆机 grout mixer; paste mixing equipment; premixing equipment; slurry mixer
拌浆器 grout mixer; slurry mixer
拌浆设备 slurry equipment
拌浆桶 slurry mixing tank
拌浆用水桶 ga(u)ge pot
拌胶器 glue mixer
拌沥青材料 coated material
拌沥青的 oiled
拌沥青的砂 oiled sand
拌沥青砾石 coated gravel
拌沥青砂粒 coated chip(pings); coated grit
拌沥青石屑 coated chip(pings); coated grit
拌沥青石屑撒布机 coated chipping spreader
拌沥青碎石 oil coated stone
拌沥青碎石路 coated macadam
拌了沥青的石屑 bitumen-coated chip(ping)s
拌料工 malaxerman
拌流率 wake percentage
拌泥机 pugmill
拌泥机式搅拌机 cake mixer
拌泥器转筒 wet pan
拌漆角刀 paint spatula
拌入 fold
拌砂 sand cutting(-over)
拌砂机 sand cutting machine
拌砂浆棒 rab
拌石墨的牛油 graphite grease
拌熟石膏砂浆 ga(u)ged mortar
拌数计数器 batch counter
拌水泥试验 cement mixing test(for emulsified asphalt)
拌水石渣 mixed moist aggregate
拌筒内表面 inner drum surface
拌桶尺寸 size of mixing drum
拌桶转数 speed of mixing drum
拌土 on clay
拌土处理 puddling treatment
拌土工人 temperer
拌土机 pug; pugmill
拌土器 soil agitator
拌油砂土 oil-clay sand; oiled sandy-clay
拌油碎石 oil coated stone
拌有沥青的碎石路 coated macadam
拌制好的混凝土 mixed concrete
拌制混凝土 concrete mixing
拌种 seed-dressing; seed treatment
拌种机 seed dresser; seed machine
拌种剂 seed-dressing agent
拌种器 seed mixer

绊

绊担 trip dog
绊倒 stumble; stump
绊跌 blunder
绊脚石 stumbling block
绊锯 fret saw
绊跳装置 kickout
绊轴 trip shaft
绊住饰条 stuck mo(u)lding

瓣

瓣 clack; lobe
瓣摆动 lobe swing
瓣变换开关 lobe switch
瓣步带 phyllode
瓣阀 clack valve; crack valve; flapper (valve); flap trap; flap valve; hinged valve
瓣阀箱 clack box
瓣合模 split-ring mo(u)ld
瓣口 valve passage
瓣裂的 valvate
瓣轮 lobed wheel
瓣帽 valve cap
瓣膜 valve
瓣片 clack
瓣鳃动物纲 Lamellibranchiata
瓣式快门 drawer shutter
瓣式抓斗 orange-peel grab
瓣形戽斗 orange peel bucket; orange peel(ing)
瓣形花饰 quatrefoil
瓣形挖土斗 orange-peel bucket
瓣形阳极磁控管 split-plate magnetron
瓣形抓斗 orange-peel bucket; orange-peel grab
瓣形抓斗挖土机 orange-peel excavator
瓣叶形转子 < 罗茨鼓风机 > lobed impeller
瓣装挡板 flap shutter
瓣状的 sectorial
瓣状活门 leaf valve
瓣状切开 flap-shaped incision

邦

邦德定律 Bond's law
邦德反照率 Bond albedo
邦德粉碎理论 Bond's size reduction theory
邦德功指数 Bond's work index
邦德勒方法 Bondley process
邦德数 Bond number
邦德-王破碎学说 Bond and Wang crushing theory
邦红 Bon red
邦加式人力勘探钻机 banka drill
邦加锡 Banka tin; Straits tin
邦加钻 banka drill
邦金曲线图 < 船体横剖面面积与吃水关系图,用以计算各种浮态时排水量 > Bonjean's curve
邦克楼 minaret
邦联 confederation
邦内等积假圆锥投影 Bonne's pseudo-conic-(al) equivalent projection
邦内尔-鲍尔中子探测器 Bonner-Ball neutron detector
邦内尔球谱仪 Bonner sphere spectrometer
邦内尔式弹簧锁 Bonnel type spring
邦内尔星表 Bonner durchmusterung
邦内投影 Bonne's projection
邦内正轴等积伪椭圆锥投影 Bonne's normal equivalent pseudo-conic-(al) projection
邦尼桥耐火黏[粘]土 Bonnybridge fire clay
邦诺阶【地】Bononian
邦奇帕染色丝绸 panchpat
邦契夫矿 bonchevite
邦系颜料 Bon pigment
邦紫红 Bon maroon

帮

帮板 riser
帮板龙骨 side bar keel
帮壁采样 wall sampling
帮槽 end cut
帮电段 repeater section
帮电机 repeater
帮电继电器 repeater relay; repeating relay; translating relay
帮电站 relaying station; repeater station; repeating station
帮电装置 repeating installation
帮工 apprentice; helper; help with farm work
帮角刷胶机 lasting cementing machine
帮射角 < 钻管 > lookout
帮手 coagent; co-worker
帮条锚具 bar anchorage device
帮眼 rim holes
帮助减缓全球变暖速度 help slow down the pace of global warning
帮助清理债务人 debt-pooler
帮助指令 help command
帮桩 derrick pole; stub reinforcement; under-bracing

浜

浜名大桥 < 主跨 240 米,预应力混凝土 T 形刚构桥,1976 年建于日本,是当时同类桥中的最大跨度桥 > Hamana Bridge(Japan)

绑

绑 clamping operation; hitch; tie-up
绑带 bandage; binding band
绑带绝缘 banding insulation
绑缚线 bind wire
绑钢丝 border wire
绑箍 bandage
绑焊 splice welding
绑环 banding ring; holding ring; retaining ring; supporting ring
绑架 hijack
绑接 tie-in
绑接钢丝 < 钢筋、弹簧等 > bonder wire
绑结 bend; stitch(ing)
绑绳 back guy; guy line; guy rope; guy wire; lashing; wire guy line; span rope < 井架的 >
绑绳环 guy ring
绑绳夹 pulling rope clamp
绑绳卡子 guy clamp
绑绳锚桩孔 deadman hole
绑绳稳定的轻便桅杆 guyed mast
绑绳扎成的绳眼 lashing eye
绑手 lashing
绑丝 tie wire
绑丝夹钳 cram frame
绑索 < 钢制的 > tight wire
绑条锚具 tie bar anchorage(device)

绑腿 gaiter;leggings
绑拖 tow abreast;tow alongside;tow at side
绑拖船队 barge train towed alongside
绑线 binding thread;binding wire;tie wire
绑线损耗 band loss
绑匝 binding turns
绑扎 banding;colligate;colligation;lashing;ligate;ligature;seizing
绑扎法 bandaging;strapping
绑扎钢箍用钢丝 wire tie
绑扎钢筋 assembling reinforcement;binding reinforcement
绑扎钢筋作业 steel-fixing
绑扎钢丝 binding wire;seizing wire;string wire;tie wire
绑扎钢丝圈 binding wire coil
绑扎格网 ligature grid
绑扎焊接 fillet welding
绑扎脚手架 scaffold lashing
绑扎连接 tied joint
绑扎联结 tied joint
绑扎纱 binder yarn
绑扎绳(子)lash rope
绑扎网格 ligature grid
绑扎线 binding thread
绑扎橡胶护舷 <考特开帕式护舷> Cordkapp fender
绑扎用镀锌铁丝 galvanized seizing wire
绑扎用钢丝 fastening wire;tie wire;binding wire
绑扎用铁丝 binding wire;tie wire;wire binders
绑札线 binding wire
绑札用铁丝 binding wire
绑轧钢丝绳 lashing wire

榜

榜样 example

蚌

蚌壳式可调喷管 clamshell nozzle

蚌壳式抓斗 clamshell bucket;clamshell grab
蚌壳式抓斗装(卸)船机 clamshell loader
蚌壳滩砂岩 clam bank sandstone
蚌类 bivalve mollusks
蚌式采样器 bottom grab;clamshell sampler
蚌式密封 clam seal
蚌式挖斗 clamshell
蚌线【数】conchoid
蚌线的 conchoidal

傍

傍管薄壁组织 paratracheal parenchyma

傍管带状薄壁组织 paratracheal banded parenchyma;paratracheal zonate parenchyma
傍集 coset
傍山道路的低侧 low side of road
傍山的一边 high side
傍山的一边道路 high side of road
傍山沟 hillside ditch;sidehill canal;sidehill ditch
傍山建筑 hypogeum
傍山路 hillside road
傍山排水沟 berm(e) ditch;berm(e) spillway
傍山桥 hillside bridge
傍山隧道 sidehill tunnel
傍山展线 development along hillside
傍台升浮筒 outside auxiliary lifting pontoons
傍晚高峰交通 evening peak traffic
傍午 ex meridian
傍系【数】coset
傍线 side line
傍轴区 paraxial region
傍轴射线方程 paraxial ray equation

棒

棒孢属 <拉> Rhabdospora

棒冰 frozen sucker;ice sucker
棒冰机 frozen sucker set;ice lolly freezer
棒材 bar(stock);rods and bars;rod stock;steel bar
棒材搬运设备 rod handling equipment
棒材倒角机 bar chamfering machine
棒材剪切机 bar shearing machine
棒材矫直机 bar straightener;bar straightening machine;rod straightener
棒材拉拔 bar drawing;rod drawing
棒材拉拔机 bar bench
棒材冷却台 <熟铁轧制的> bar bank
棒材抛光机 bar polishing machine
棒材切割机 bar cutting machine
棒材铜 copper rod
棒材弯曲机 bar bending machine
棒材轧机 bar mill
棒材轧尖机 barpointing machine
棒槽 rod socket
棒插捣实混凝土方法 poking
棒插座 rod socket
棒雏晶 belonite
棒触 <习称插钎,捣实混凝土的一种方法> poking
棒触捣实混凝土方法 poking
棒槌状结核 bar nodule
棒刀吊综装置 bannister harness
棒捣 rodding
棒法拉丝 drawing from rods;draw-rod method
棒法拉丝工艺 rod-melting process
棒法毛纱机 Shüller's sliver machine
棒负载波导 rod-loaded waveguide
棒杆调直机 bar straightener;bar straightening machine
棒钢 bar steel;steel rod
棒钢铧尖 barpoint
棒钢铧尖犁 barpoint plow
棒钢铧尖犁铧 barpoint share
棒钢铧尖犁体 barpoint bottom
棒钢温剪生产线 warm cutting production line for bar steel
棒格栅 <机舱等的> bar grating
棒固定系统 bar anchoring system
棒管法 rod-in-tube method
棒规 bar ga(u)ge
棒棍轧制机 rod mill
棒荷波导 rod-loaded waveguide
棒击法 rod-beating
棒夹 bar clamp
棒节 clava;club
棒帘式电除尘器 electric(al) rod-curtain precipitator
棒帘式电聚尘器 electric(al) rod-curtain precipitator
棒帘式电收尘器 electric(al) rod-curtain precipitator
棒量规 end ga(u)ge
棒料 bar;bar stock
棒料车床 bar turning machine
棒料车削刀架 bar turner
棒料粗车机床 bar peeling machine
棒料翻转机 bar stock turnover device
棒料工件 bar work
棒料挤压 rod extrusion
棒料加工 bar work
棒料架 bar stand;stock reel
棒料剪床 bar shear
棒料剪断机 bar shear;rod shears
棒料剪切机 rod shearing machine;steel bar shears
棒料矫直机 bar straightener
棒料进给器 bar feeder
棒料卡盘 bar chuck plate
棒料磨光附件 bar grinding attachment
棒料切断机 bar cut-off machine
棒料切割机 bar cutting machine
棒料切割容量 bar stock cutting capacity
棒料送进 rod feeding
棒料送进机构 bar feed mechanism
棒料送进器 rod feed;rod magazine
棒料弯曲机 bar bending machine
棒料运输拖车 pole trailer
棒料转塔车床 bar turret lathe
棒料自动送进装置 autobar
棒料最大送料长度 maximum length of bar feeding
棒料最大许可直径 maximum admissible bar stock diameter
棒料最大直径 bar capacity
棒锚【疏】dredger spud
棒磨 rod milling
棒磨机 bar mill;pin crusher;rod grinder;rod mill
棒磨机给料 rod-mill feed
棒磨机内衬 rod mill liner
棒盘孢属 <拉> Coryneum
棒屏沉淀器 rod-curtain precipitator
棒球 baseball
棒球棒 baseball bar
棒球柄开关 bat-handle switch
棒球场 baseball court;baseball diamond;baseball field
棒球壳属 <拉> Trabutia
棒球指 baseball finger mallet finger
棒式存储器 rod memory
棒式电流互感器 bar type current transformer
棒式多触点继电器 bar relay
棒式多点试验器 bar type multipoint tester
棒式粉碎机 bar disintegrator
棒式进料器 bar feeder
棒式绝缘子 post insulator;rod insulator;stem insulator
棒式磨碎机 bar mill;rod grinder
棒式内部振捣器 immersion(-type) vibrator;internal vibrator;vibrating needle
棒式内部振动器 immersion vibrator
棒式碾磨机 rod grinder
棒式破碎机 bar breaker;bar crusher
棒式松砂机 spike disintegrator
棒式印刷机 bar printer
棒式振捣器 bar vibrator;rod vibrator
棒束孢属 <拉> Isaria
棒束型燃料元件 cluster-type fuel element
棒丝壳属 <拉> Typhulochaeta
棒体 barred body
棒条碾压机 bar roller
棒条筛 bar grid;bar grizzly;bar screen;bar type grate
棒条筛面 rod deck
棒条筛室 grizzly chamber
棒条体 rods
棒铜 bar copper
棒头 bouton;end bulb
棒形采样器 rod thief
棒形钢材 bar stock
棒形晶体 rod-like crystal
棒形绝缘器 stick insulator
棒形绝缘子 long rod insulator;rod insulator
棒形黏[粘]度计 bar visco(si)meter
棒形天线 bar antenna;rod antenna;stick antenna
棒形铁芯变压器 bar type transformer
棒形图 flagpole shadow path
棒形铣刀 hob
棒形型钢 bar section;bar shape
棒形元件 rod element
棒形圆钢 bar round section
棒旋星系 barred spiral galaxy
棒移动指示器 rod-motion indicator
棒印法 <陶瓷印坯装饰法> bat printing
棒栅筛 bar grizzly
棒轴目 Clavaxinellida
棒注法 rod feeding
棒状虫漆 stick shellac
棒状触角 clavated antenna
棒状的 baculiform;claviform
棒状放电器 rod gap arrester
棒状分子 rod-like molecule
棒状敷脂 rod grease
棒状辐射器 rod radiator
棒状复用器滤波器 rod multiplexer filter
棒状杆菌属 Corynebacterium
棒状共振换能器 resonant-bar transducer
棒状胶束 rod-shaped micelle
棒状晶体 rhabdolith;rod-like crystal
棒状磷 stick phosphorus
棒状内冷铁 chill rod
棒状耦合器 rod coupler
棒状抛光膏 emery bar
棒状燃烧器 bar burner;line burner;pipe burner
棒状热敏电阻器 rod thermistor
棒状闪光灯 rod-shaped flash lamp
棒状体 clava
棒状体的 claval;clavate
棒状天线 bar antenna;rod antenna;stick antenna
棒状图 bar graph
棒状温度计 bar thermometer
棒状芯 stock core
棒状研磨膏 grease stick
棒状氧化铁抛光膏 gloss
棒状炸药 stick
棒状折叠缝 batten seam
棒状折叠缝式铺法 <金属板屋面的> batten seam roofing
棒字图 design of holding characters in both hands

磅

磅 <重量单位,缩写 lb,1 磅 = 0.4536千克> pound;libra

磅秤 platform balance;platform scale;scale;weighing machine
磅秤标度盘 weighing dial
磅秤标料盘 weigh dial
磅秤车 scale car
磅秤计量计 weighing scale quantifying instrument
磅秤累计称量能力 balance total capacity
磅秤上补足重量的东西 makeweight
磅秤台 weighing floor;weighing platform
磅秤针盘 weighing dial
磅达 <英制力的单位,1 磅达 = 0.1383 牛,使质量 1 磅的质点发生每秒 1 英尺加速度的力量> poundal
磅单轴轮荷等效(重复)旋加(次数) equivalent 18 kip single axle wheel load applications 18000
磅房 weighing house;weight house
磅卡 centigrade heat unit;pound-calorie
磅卡路里 <英制热量单位,使一磅水升高 1℃ 的热量称为 1 磅卡>

pound-calorie
磅力 pound force
磅/立方码散料 lb/lcy [pound per loose cubic yard]
磅/立方英尺 <1 英尺 = 0.30 米> pounds per cubic(al)foot
磅码单 specification of weight
磅每立方英尺 pounds per cubic(al) foot
磅每立方英寸 <1 英寸 = 0.083 英尺 = 0.025 米> pounds per cubic(al) inch
磅每平方英尺 psf[pounds per square foot]
磅每平方英尺小时 pounds per square foot per hour
磅每平方英寸 psi[pounds per square inch]
磅每平方英寸表压力 pounds per square inch ga(u)ge
磅每平方英寸绝对压力 psia[pounds per square inch absolute pressure]
磅每英尺 pounds per foot
磅每英寸 pounds per inch
磅摩尔 pound-mol
磅/平方英尺 psf[pounds per square foot]
磅/平方英寸 psi[pounds per square inch]
磅/平方英尺表压力 pounds per square foot ga(u)ge
磅/平方英尺绝对压力 pounds per square foot absolute
磅-摄氏单位 pound-centigrade unit
磅数 poundage
磅刷 pound brush
磅桶 pound per bulk
磅音 point
磅/英尺 LB/FT [pound per foot]; pound-foot
磅/英寸 <扭矩单位> lb-in[pound-inch]
磅/英寸表压力 pounds per square inch ga(u)ge
磅/英寸绝对压力 pounds per square inch absolute
磅原子 pound atom
磅站 scale house;weight station <俗称>
磅重 pound weight

镑 <货币单位> libra

镑镀 <一种耐蚀铝合金> Bondu

包 白铁皮防火门 tin-clad fire door

包板 wrapper sheet
包板船 sheathed ship
包办的 contracted
包办人 promotor
包被肥料 ercapsulate fertilizer
包被擦花 bags chafed
包被擦破 bags badly chafed
包被矿物 perimorph mineral
包被物 encrusting substance
包庇隐匿 misprision
包边 bound edge;wrapping
包边机 taping machine
包边夹层板 closed sandwich-type panel
包边绝缘材料 perimeter insulation
包边卡片 edge coated card
包边效应 lap-over effect
包编软管 combination wrapped and braided hose
包标题信息 packet header information
包冰衣 glazing
包薄钢板 sheet-metal sheath
包薄钢板防火门 kalamein fire door
包不锈钢板 stainless-clad steel plate
包布输水胶管 wrapped water hose
包藏 occlusion
包藏化合物 inclusion complex;occlusion compound
包藏气 occluded gas
包层 cladding
包层表面直径偏差 cladding surface diameter deviation
包层玻璃 cladding glass
包层薄板 coated sheet
包层薄钢板 clad sheet steel
包层不圆度 non-circularity of cladding
包层传导模 cladding-guided mode
包层防火门 tin-clad fire door
包层钢 conflex;Oxally
包层钢板 clad metal;plurametl;clad(ding) steel
包层光纤 cladded fiber[fibre];cladded optical fibre
包层光学纤维波导 cladded fiber[fibre] optical waveguide
包层技术 cladding technique
包层金属(板) bonded metal; clad metal;plymetal
包层模 cladding mode
包层模消除器 cladding mode stripper
包层偏心率 cladding eccentricity
包层石英光纤 clad silica fiber
包层损失 cladding loss
包层条形介质波导 cladded slab dielectric(al) waveguide
包层用青铜 sheathing bronze
包层轧制 sandwich rolling
包层折射率 cladding index
包层直径 cladding diameter
包层中心 cladding center[centre]
包缠纱 fasciated yarn
包缠式钢缆 locked coil wire rope
包缠式钢丝绳 locked coil rope
包产指标 target stated in contract of fixed output
包长度 packet length
包长度选择 packet length selection
包车 chartered vehicle;use of private carriage or special passengers train
包车乘客 passenger chartered
包车辆 chartering
包成帧 packet framing
包乘制【铁】allocation system;system of assigning crews to designated trains;responsible crew system
包乘制机车 caboosed engine
包重传输 packet retransmission
包重发间隔 packet retransmission interval
包出工件 farm out
包处理 packet processing
包处理器 packet handler
包传输 packet transmission
包传输程序 packet transfer procedure
包传输过程中恢复 mid-batch recovery
包船 chartering
包纯铝的硬铝合金 aldural
包错误检测 packet error detection
包带 belting;binding;gird;warp tape
包袋 wrappage
包到达时间直方图 packet interarrival time histogram
包灯收费制 flat rate
包底剩铁 ladle heel
包底衣 subcoating
包地址识别 packet address recognition
包垫接头 packed joint
包顶压铁 break iron
包定序 packet sequencing
包定总价合同 lump-sum contract
包杜拉铝 dural alclad
包镀金属 coated metal;metallizing
包镀金属法 metal coating
包镀金属粉末 coated metal powder
包端松散 end off
包多路转换技术 packet multiplexing technique
包尔-莱昂哈特预应力体系 <利用预制钢筋混凝土块进行张拉> Baur-Leonhardt prestressing system
包方式 packet mode
包方式操作 packet mode operation
包方式终端 packet mode terminal
包房 passenger compartment
包房客车 compartment coach
包房式 compartment type
包飞机 chartering
包费旅行 package(d)tour
包封 envelopment;armo(u)r;cover;encapsulating;wrapping
包封材料 blinding material
包封的 enclosed;obvolvent
包封剂 encapsulant
包封介质 encasement medium
包封位 envelope
包封用胶乳 adhesive latex
包缝机 cup seaming machine; overedger; overedging machine; overlock machine; overstitching machine
包覆 cladding;coat;coverture
包覆板 cladding plate;clad sheet
包覆材料 clad material;covering
包覆层 clad;coating
包覆层厚度 cladding thickness
包覆处理 coating treatment
包覆带 covering tape
包覆的 clad;covered
包覆二氧化钛 metallized titanium dioxide
包覆粉 coating powder
包覆粉粒 coated particle
包覆钢 cladding steel
包覆焊条 covered electrode
包覆合金 clad alloy
包覆金属 clad metal
包覆金属的 clad;metal clad
包覆铅锡合金的低碳钢板 terne
包覆弹性纱 covered elastomeric yarn
包覆橡芯纱 covered rubber yarn
包覆橡芯线 covered rubber thread
包覆氧化锑的二氧化硅 antimony oxide-coated silica
包覆纸 clad sheet
包覆组织 <指包晶> surrounding structure
包盖 be built by contract;ladle cover
包盖板裁剪机 flat clipping machine
包盖板机 flat clipping machine
包盖传送装置 covered conveyor system
包盖的门 covered door
包干 trunk wrapping
包干办法 contract system
包干工程 lump-sum work
包干工作 lump work
包干合同 lump-sum contract; stated sum contract
包干契约 lump-sum contract
包干项目 lump-sum item
包干项目的分项 breakdown of lump sum items
包干项目分解表 breakdown of lump sum items
包干运费 lump-sum freight
包干制 complete rationing system;overall rationing system;supply system
包橄结构 peritectic texture
包钢 steel armo(u)red; steel-clad; steeling
包钢板的 steel plated
包钢钢丝绳 steel-clad wire rope
包钢皮的 steel-clad
包钢皮的夯样板 <铺混凝土路面用> steel-shod screed
包钢皮的铅管 steel-sheathed lead pipe
包钢皮的样板 steel-shed screed
包钢皮件 steel armo(u)r
包钢铅管 steel-sheathed lead pipe
包钢铁 composite iron and steel
包格里反应模式 Bogli's reaction model
包格式化 packetize
包工 contract(for job);contract for work; contract labo(u)r; job-(bing)work
包工包料 composite cost;contract for labo(u)r and materials
包工单位 contractor
包工到作业组 work contracted to specialized group
包工方式 type of contract
包工工程 contract construction; contractor's business;force-account works;contract works
包工工作 contracting job;lump work
包工合同 contract labo(u)r agreement
包工建筑 contract construction
包工量 bidding volume
包工契约 lump-sum contract
包工设备 contractor's equipment; contractor's plant
包工市场 jobber market
包工协议 lump sum agreement
包工制 complete rationing system; contract system;force account;job rate
包钩 bali
包箍 banding;binding;shroud ring
包箍带 cover band
包箍线 shrouding wire
包毂板 boss plate
包毂肋骨 bossed frame
包管 tubing
包管道工 <沥青保护层等> dope gang
包管弯头 female bend
包管子机 doping machine
包柜费率 box rate
包裹 package; packet; bundle; encapsulation;muffle;parcel;wrapping
包裹搬运车 package delivery truck
包裹层 surround
包裹超重通知书 advice of excess parcels
包裹车 package car;parcel car
包裹承运车站 parcel depot
包裹秤 post parcel scale
包裹戳记 parcel stamp
包裹袋 parcel bag
包裹单 bill of parcel;parcel list
包裹的 encapsulated;encysted
包裹的运到期限 transit period of parcels
包裹地道 baggage tunnel;luggage tunnel
包裹递送费 UPS charges
包裹法 pack
包裹房 parcel office
包裹附单 despatch note
包裹隔离 sheathing
包裹管 wrapped hose
包裹管道涂沥青的班组 dope gang

包裹管道涂沥青的机器 dope machine
包裹好的管道 wrapped pipe
包裹混凝土 encasement concrete
包裹机 wrapping-in machine
包裹寄存室 parcel check room
包裹寄存锁柜 parcel check locker
包裹架 package rack;package shelf;parcel rack;parcel shelf
包裹件货输送机 bale conveyer[conveyor];bale transporter
包裹捆扎机 parcel tying machine
包裹料 wrapper
包裹列车 parcels train
包裹票 parcel ticket
包裹式地下排水系统 wrapped underdrain system
包裹式嵌铅锡合金接头 wiped joint
包裹室 parcel office;parcel room
包裹收费率 parcel rate
包裹收寄窗口 parcel posting counter
包裹收寄机 parcel posting machine
包裹收据 parcel(post)receipt
包裹收入 parcel revenue
包裹体【地】inclosure;inclusion filling
包裹体参数 inclusion of parameters
包裹体测温法 inclusion thermometry
包裹体测压法 inclusion geobarometry
包裹体长轴 major axis of inclusion
包裹体成分分析法 chemical determination of inclusion
包裹体成因理论 origin of inclusion
包裹体短轴 minor axis of inclusion
包裹体二氧化碳同位素分析 isotope determination of carbon dioxide inclusion
包裹体分布 distribution of inclusion
包裹体痕迹 inclusion trail
包裹体技术 techniques of inclusion study
包裹体结构【地】inclusion texture
包裹体镜下特征 feature of inclusion
包裹体类型 type of inclusion
包裹体面积 area of inclusion
包裹体溶液提取法 techniques for extracting inclusion solution
包裹体溶液同位素分析 isotope analysis of inclusion solution
包裹体实验设备 apparatus for inclusion study
包裹体水 inclusion water
包裹体水含量分析法 analysis of water content in inclusion
包裹体体积 volume of inclusion
包裹体同位素成分 inclusion isotope composition
包裹体形态 shape of inclusion
包裹体压力校正曲线 pressure calibration curve of inclusion
包裹体研究实际应用 practical usage of inclusion study
包裹体颜色 colo(u)r of inclusion
包裹网 parcel net
包裹物 envelope
包裹系统 wrap system
包裹选择模型 wrapping choice model
包裹岩脉 inclusion dike[dyke]
包裹邮递 parcel post
包裹邮费 parcel postage
包裹邮件 parcel post
包裹运费率 parcel rate
包裹运价 less-than-carload rate
包裹运输 parcel shipment;parcel traffic
包裹运输收入 parcel revenue
包裹晕【地】envelope halo
包裹责任事故发生率 occurrence rate of liability accident for parcel
包裹责任事故件数 number of liability accident for parcel
包裹纸 wrapper
包裹自动分拣机 parcel automatic sorting machine
包过滤【计】packet filter
包含 comprehend;comprise;encompass(ment);enfold;involvement;subsumption;throw-in
包含出口包装费 including export packing
包含的 comprehensive
包含的正文 contained text
包含调车费 <运价内> absorption of switching charges
包含关系 inclusion relation;relation of inclusion
包含化合物类【化】inclusion compounds
包含结构 poikilitic texture
包含嵌晶变晶结构 included poikiloblastic texture
包含全部的 all-in
包含手续的价格 price including commission
包含碎屑结构 poikilitic texture
包含体 inclusion body
包含物 contain;embody;include;inclusion;enclave
包含一切的条件 all-embracing term
包含一切的条款 all-embracing term
包含映射 inclusion mapping
包含原理 inclusion principle
包含在挖方单价内的土方正常运输 normal haul
包豪斯建筑学院 <近代建筑师 Walter Gropius 创办> Bauhaus
包豪斯学派【建】Bauhaus
包好的边 bounded edge
包合反应 inclusion reaction
包合金 alloy cladding
包合配合物 inclusion complex
包合体 inclusion body
包合物 clathrate;clathrate compound
包合物的迁移 inclusion migration
包合形成物 inclusion-forming substance
包核高铅酸钙颜料 calcium plumbate-coated silica
包核铬酸锌 zinc chromate-coated silica
包核红丹颜料 red lead-coated pigment
包核碱式铬酸铅 monobasic lead chromate coated silica
包核型复合颜料 coalesced pigment
包核颜料 coated pigment
包护封机 jacketing machine
包化 packetize
包黄铜的 brassbound
包混凝土的钢梁 steel beam enclosed in concrete
包混凝土钢框架 concrete encased steel frame
包混凝土钢梁 concrete encased steel beam
包混凝土钢柱 concrete encased steel column;steel column cased in concrete
包伙者问题 caterer problem
包机 chartered plane
包迹 envelope;enveloping curve
包迹对消 envelope cancellation
包迹法 envelope method
包迹幅度 envelope amplitude
包迹截止波长 envelope cut-off
包迹宽带示波器 envelope widescope
包迹示波器 envelope oscilloscope
包迹同步 envelope synchronization
包迹因数 envelope factor
包级错误控制 packet level error control
包级逻辑接口 packet level logical interface
包剂焊条 coated electrode;covered electrode
包价 contract price;flat rate;tender sum
包价旅行 <全部代办的> package tour
包价收费 flat rate
包间 passenger compartment
包件 package
包件计数器 bale counter
包件清单 parcel list
包件自动拖运器 automatic bale sledge
包建 be built by contract
包建工程 turnkey project
包交换 packet-switch(ing)(exchange)
包交换部件 packet switching unit
包交换方式负荷 packet system charge
包交换技术 packet technology
包交换实验网络 experimental packet switching service
包交换数据传输服务 packet switched data transmission service
包交换数据网络 packet-switched data network
包交换网络 packet switchingnetwork
包交换协议 packet switching protocol
包交换业务 packet switching service
包交换中心 packet switching center[centre]
包交换终端 packet terminal
包交替 packet interleaving
包胶 encapsulate;encapsulation
包胶的 encapsulated;rubber-lined
包角 angle of contact;angle of wrap;armo(u)red corner;cornerite;wrap-around angle;wrap(ped)angle;nose angle <蜗壳>
包角铁 corner iron
包角铁板 chafing plate
包脚纱成型装置 bunch builder
包结瘤 scull
包金 golded-plated;gold filled;leaf-gilding;rolled gold
包金表 rolled gold watch
包金的 gold-coated;gold-plated;metallized
包金膜玻璃 gold-film glass
包金线 gold clad wire
包金属板门 armo(u)red door;metal plate sheathed door
包金属的窗 metal-clad window
包金属垫片 metal jacket gasket
包金属防火门 kalamein fire door;metal-clad fire door
包金属门 kalamein door;metal-clad door;metal-covered door
包金属面的木制件 metal-faced joinery
包金属皮 kalamein sheathing;metal covering
包金属砖 metal-cased brick
包晶 envelope;inclosing crystal;peritectic crystal
包晶的 peritectic;peritectoid
包晶点 peritectic point
包晶反应 peritectoid reaction
包晶反应点 peritectic point
包晶结构 cored structure;peritectic structure
包晶球化 peritectic spheroidizing
包晶体 peritectoid
包晶微细化 peritectic granulation
包卷层理 convolute bedding
包卷构造【地】roll-up structure
包卷结构【地】roll-up texture
包卷球 convolutional ball
包卷纹理 convolute lamination
包卷作用 involution
包开缝 bags seam open
包开口 bags mouths open
包壳 bulb;cladding;envelope;jacketing
包壳防渗法 shell-perm process
包壳钢梁 encased steel beam
包壳混凝土桩 shelled concrete pile
包壳颗粒 coated grain
包壳梁 encased beam
包壳料球法 shell process
包壳球烧成法 burning process with secondary nodulization
包壳锁 box lock
包壳轧制 sheath rolling
包壳桩 shell pile
包克莱压力黏[粘]度计 <润滑脂用> Bulkley pressure viscosimeter
包控制 packet control
包块 enclosed mass
包框墙 brick-framed wall
包括 comprehension;comprise;contain;containment;count in;cover;encompass(ment);include;incorporate;subsumption
包括5%佣金的离岸价 FOBC5[5% free on board commission]
包括5%佣金的到岸价 CIFC5[5% cost, insurance, freight &commission]
包括单独海损 including particular average
包括的 comprehensive;inclusive
包括分程序 encompassing block
包括各项费用 all-around
包括工程建造及使用期维护费的成本 whole-life cost
包括规划、设计和管理的施工合同 turnkey contract
包括护舷材的船宽 beam over fenders
包括伙食等的票价 all in fare
包括机车在内的列车总重 total gross ton weight of train including locomotive
包括家用设备在内的住宅贷款 package mortgage
包括理舱费和平舱费 free on board stowed and trimmed
包括买价和卖价的双向报价单 two-way quotation
包括平舱费的离岸价格 free on board and trimmed
包括水和陆地的 terraqueous
包括四个一组 quadriad
包括无遗的 umbrella
包括一切的 across-the-board;all-embracing
包括一切的价格 all-in price
包括一切的住房 overall housing
包括一切费用的价格 all-round price
包括有 embody
包括运费价格 delivered price
包括运走弃土的开挖作业 haulaway
包括在内 included;inclusive
包揽 contract for the entire management(of……)
包类型 packet type
包立拉德 Polyrad
包粒 coated grain
包粒白云岩 coated grain dolomite
包粒磷块岩 coated grain phosphorite
包粒石灰岩 coated grain limestone
包连接器 packet gateway
包料式加料机 enfolding batch charger
包列姆阶 <晚白垩世>【地】Barremian
包铝 alclad
包铝层板 plymetal

包铝(的硬铝)合金 alclad alloy; alumin(i)um-clad alloy
包铝钢 alumin(i)um-coated steel; alumin(i)um-plated steel
包铝钢板 Alufer
包铝钢丝 alumin(i)um-clad wire
包铝胶合板 plymetal
包络波动 envelope fluctuation
包络波频率 hamp frequency
包络层 envelope
包络齿廓 generated profile
包络调制 envelope modulation
包络法 envelope method
包络方向图 envelope pattern
包络分布 envelope distribution
包络幅度 envelope amplitude
包络负反馈 negative envelope feedback
包络观察器 envelope viewer
包络函数 envelope function
包络记录 envelope recording
包络检波 envelope detection
包络检波器 envelope detector
包络检定器 envelope detector
包络解调电路 envelope demodulation circuit
包络卡 envelope card
包络空间 enveloping space
包络宽带示波器 envelope widescope
包络面 enveloping plane; enveloping surface
包络面产状 attitude of enveloping surface
包络面与轴面夹角 angle between envelope and axial-plane
包络面褶皱 enveloping surface fold
包络曲率 enveloping curvature
包络曲面 envelope surface
包络曲线 envelop(ing) curve; envelope curve; intrinsic(al) curve
包络失真 envelope distortion
包络时延 envelope delay
包络示波器 envelope oscilloscope
包络速度 envelope velocity
包络探测器 envelope detector
包络体 enveloping solid
包络图 envelope diagram
包络蜗杆 enveloping worm
包络蜗轮 enveloping worm wheel
包络物 inclusion complex; inclusion compound
包络显示器 envelope viewer
包络线 envelope curve; envelope line
包络线多路传送 envelope multiplex
包络线峰值功率 peak envelope power
包络线解调 envelope demodulation
包络线相位 envelope phase
包络线延迟 <信号传输延迟的变化程度> envelope delay
包络线延迟畸变 envelope delay distortion
包络线延迟数据 envelope delay data
包络线重合 envelope matching
包络相移 envelope phase shift
包络选择 envelope select
包络延迟频率 envelope delay frequency
包络延迟失真 envelope delay distortion; group delay distortion
包络延迟失真测量仪 envelope delay distortion meter
包络延迟特性测定器 envelope delay scanner
包络延迟特性扫描器 envelope delay scanner
包络延迟显迹器 envelope delay tracer
包络延时测量器 envelope delay time meter
包络延时线 envelope delay
包络阈检测 envelope threshold detection
包络阈检定器 envelope threshold detector
包络原理 envelope principle
包络噪声 envelope noise
包络振幅 envelope amplitude
包麻钢丝绳 marline clad wire rope
包埋 embed(ding); embedment; imbed
包埋法 investment
包埋料液 liquid investment
包埋牙 embedded teeth
包门铁皮 kalamein door
包面 envelope
包面板 skin plate
包面层钢板 clad steel
包面栅栏 envelope barrier
包膜 coating; membrane envelope
包膜处理 coating treatment
包膜级白垩粉 coated grade whiting
包膜金属粉 coated metal powder
包膜磷光粉 coated phosphor particles
包膜硫尿素 sulfur-coated urea
包膜碳酸钙 coated calcium carbonate
包膜物 coating material
包膜颜料 coated pigment
包内处理 ladle treatment
包内取样 ladle sample
包内去氧 ladle degassing
包内添加剂 ladle addition
包内脱氧 ladle deoxidation; ladle deoxidizing
包耐热塑料电缆 thermoplastic cable
包囊化 encapsulization
包囊涂封 encapsulation
包镍层 nickel coat
包镍钢板 nickel-clad steel plate; Niclad
包镍石墨粉 nickel-coated graphite powder
包镍铁 nickel-clad iron
包镍铜 nickel-clad copper
包镍氧化铝粉 nickel-coated alumin(i)um oxide powder
包排序 packet sequencing
包赔 guarantee to pay compensations
包皮 blister; cleading; cover(ing); sheathing; wrappage; wrapper
包皮材料 encrusting matter
包皮的 preputial
包皮电缆 protected cable; sheathed cable
包皮管道 armo(u)red conduit
包皮净重 real tare
包皮门 covered door
包皮破裂 bales cover torn; edge torn; cover torn
包皮软管 armo(u)red hose
包皮失落 cover missing
包皮损耗 <电缆铅[CJK]> sheath loss
包皮脱落 cover off
包皮系带 bridle of prepuce
包皮下的 subpreputial
包皮锈 cover rusty
包皮脏渍 cover dirty
包皮纸 brown packing paper; cover paper; kraft(paper); packing paper; wrapping paper
包皮重 actual tare
包皮重量 tare weight
包片机 flaker
包瓶纸 bottle packing paper; bottle wrapping paper
包破 bag broken
包破裂 bag burst
包气带 aeration zone; subsurface runoff; unsaturated zone; vadose region; vadose zone; zone of suspended water
包气带的水 <土壤中> argic water
包气带含水量变化曲线 curve of water content change in aeration zone
包气带泉 vadose spring
包气带水 aeration zone water; suspended water; vadose water; wandering water
包气带水分运移参数 parameter of moisture transportation in aeration zone
包气带水量的变化量 change in water quantity of aeration zone
包气带水流 subsurface flow
包气带水文学 vadose zone hydrology
包气带天然湿度 natural moisture of aeration zone
包气带土壤湿度 soil moisture in aeration zone
包气带土壤温度 soil temperature in aeration zone
包气带岩溶 vadose karst
包气带岩性剖面 lithologic(al) characters profile of aeration zone
包气带自净能力 ability of self-cleaning of aeration zone
包铅 lead-coating; lead plating; lead sheath(ing)
包铅的 lead-clothed; lead-coated; lead-covered; leaded; lead-sheathed
包铅的铜泛水板 lead-coated copper flashing(piece)
包铅的铜防水片 lead-coated copper flashing(piece)
包铅电缆 lead-covered cable
包铅钢板 ferrolum
包铅管 lead-coated pipe
包铅皮框子 radiation-retarding frame
包铅青铜衬套 lead bronze wrapped bush
包铅圆筒形挡风雨板 torus roll
包铅圆屋顶 lead cupola; lead dome
包墙的门窗框 wrap-around frame
包青窑 guaranteed cobalt-blue kiln
包球(现象) ball coating
包绕的 encysted
包绒辊机 cloth pasting machine
包容 containment
包容的人际需求 <希望与别人来往、结交、建立和谐关系的欲望> interpersonal need for inclusion
包容件 external member
包容量 ladle capacity
包容零件 female member
包容面 female surface
包容弹簧 contained spring
包容原理 inclusion principle
包容原则 envelope principle; envelope requirement
包容值 inclusive value
包软木的绳索 cork covering cord
包纱机 covering machine
包纱漆包线 cotton-enamel covered wire
包砂 burnt-in sand; veining
包砂混凝土 sand enveloped with cement concrete
包上 blanketing
包石 reclothed stone
包石棉线 asbestos-covered wire
包石梢捆 stone-covered fascine
包氏棉纤维长度分析仪 Balls's sledge sorter
包氏效应 Bauschinger's effect
包式终端 packet mode terminal
包双层铅皮法 double-lead process
包税 tax farming
包税人 tax farmer
包撕裂 bag split
包撕破 bag torn
包塑钢线 plastic-covered steel cord
包塑金属软管 plastic-coated metal hose
包塑料窗帘杆 plastic-coated curtain rod
包塑料钢丝绳 plastic-coated wire rope
包塑配线电缆 plastic-covered distributing cable
包塑软管 flexible hose covered with plastic film; hose with coated plastics; plastic-coated hose
包塑铜线 plastic-covered copper wire
包损纸 cassie
包套 canning
包套抽空 evacuation of capsule
包体 encrusting matter; inclusion【地】
包体测定 inclusion determination
包体测温法 inclusion thermometry method
包体测压法 fluid inclusion determining pressure method
包体成分测定 inclusion composition determination
包体成因 inclusion genesis of earthquake
包体固相成分分析 solid-phase composition analysis
包体类型 inclusion type
包体特征 inclusion characteristic
包体同位素分析 isotope analysis of inclusion
包体微量气体分析 micro-gas analysis in inclusion
包体温度 inclusion temperature
包体形状 inclusion shape
包体性质 inclusion character
包体仪 inclusion ga(u)ge
包体中水含量分析 water content analysis in inclusion
包铁 iron clad
包铁板 armo(u)r plating
包铁的 ironbound; iron cased; ironshod
包铁的砖 ferro-clad brick
包铁混凝土 iron plated concrete
包铁接缝 armo(u)red joint
包铁接头 armo(u)red joint
包铁门 hollow metal door
包铁木材 armo(u)red wood
包铁皮的 armo(u)red
包铁皮的木材 armo(u)red wood
包铁皮防火门 armo(u)red wood
包铁皮件 steel armo(u)r
包铁皮胶合板 armo(u)r ply
包铁皮木材 armo(u)red wood
包铁软管 armo(u)red hose
包铁硬木衬砌块 iron-covered hardwood lining block
包铁缘石 armo(u)red curb
包廷尼效应 Bordini effect
包通信[讯]机器组织 packet communication machine organization
包铜 coppering
包铜薄钢板 Rosslyn metal
包铜的 copper-clad; coppered
包铜的铝薄板 cupal
包铜底板 copper-clad base plate
包铜电缆 copper-sheathed cable
包铜钉 copper-clad nail
包铜钢 copper-clad steel
包铜钢板 copper-plated steel
包铜钢丝 copper-clad steel conductor; copper-clad(steel) wire; copperweld; copper weld wire; weld wire
包铜铝线 copper-clad alumin(i)um wire
包铜皮船底 copper bottomed
包铜皮的斜屋顶 copper-clad pitched

roof
包铜片 copper sheathing
包铜石棉垫(圈) cobestos gasket; copper(-clad) asbestos gasket
包铜丝 coppered wire
包铜铁粉 copper-coated iron powder
包头机 tipping machine
包头矿 baotite
包土栽植 ball planting
包退包换 all sales final; coveat; on approval; vendor
包外尺寸 out-of-out; out-to-out
包网过滤器 filter of wrapped net
包网网眼 mesh of wrapped net
包围 beset; circumvent; close about; close in; close round; encapsulation; encircle; enclose; enclosure; encompass (ment); envelope; envelopment; enwrap (ping); hedging; ring; surround
包围的 enclosed; obvolvent
包围弧 grip hold arc
包围角 angle of contact
包围轮一半的皮带轮传动 half wrap drive
包围渗碳法 pack carburizing
包围文法 embracing grammar
包围物 ambient
包围应力 ambient stress; confining stress
包围着的 ambient
包析反应 peritectoid reaction
包析体的 peritectoid
包锡 tin-coat; tin coating; tinning
包锡的 tin-clad
包线 enveloping curve; covered wire【电】; covered yarn【电】
包线补偿 envelope cancellation
包线法 envelope method; wire wrapping method
包线机 covering machine; wire-tying machine; wire wrapping machine
包线检波器 envelope detector
包线设计 rolling grade design
包线设计的纵断面 rolling grade; undulating grade
包线设计的纵坡度 rolling grade
包线失真 tracing distortion
包线示波器 envelope oscilloscope
包线延迟 envelope delay
包线延迟畸变 envelop delay distortion
包线延迟特性扫描仪 envelope delay scanner
包线延时特性 envelope delay characteristic
包线指示器 envelope viewer
包厢 balcony; box; family circle
包厢客车 compartment car
包厢座 box seat
包镶梁 encased beam
包橡胶的 rubber-covered
包橡胶电缆 rubber-covered cable
包橡筋线机 rubber-covering machine
包橡皮的 rubber-covered
包销 exclusive sale; monopoly of sale; underwrite; underwriting
包销承诺 firm commitment
包销费用 underwriting fee
包销合同 exclusive sales contract
包销联营 underwriting pool
包销权 exclusive selling rights
包销人 exclusive distributor
包销商 exclusive agent
包销协议(书) underwriting agreement; exclusive sale agreement
包销佣金 underwriting commission
包芯纺纱机 core spinning frame
包芯焊条 flux-cored electrode; core electrode
包芯焊条电弧焊 flux-cored arc welding
包芯焊条焊机 flux-cored welder
包芯焊条焊接 flux-cored welding
包芯合股变形纱 core-ply textured yarn
包芯偏析 coring
包芯纱 cladded yarn; core-spun yarn; covering yarn; coverspun yarn
包芯纱缆线 case cord
包芯树枝晶形态 cored dendritic morphology
包芯弹力纱 core-spun elastic yarn
包芯弹力丝 core-spun stretch yarn
包芯线 core-spun yarn
包辛格伸长计 <一种用齿轮带动指针的伸长仪> Bauschinger's extensometer
包辛格式膨胀测定器 Bauschinger's expansion tester
包辛格效应 <试样的拉伸试验循环会提高拉伸的弹性极限,降低压缩的弹性极限,这种现象称为包辛格效应> Bauschinger's effect
包锌 zinc coating; zinc covering; zincification; zincify[zinkify]; zinking
包锌的木水槽 jaw box
包信息位 packet bit
包修 contract (-performed) maintenance; guarantee for repair
包修保用技术服务 after(-sale) service
包修期服务 after service
包修制【铁】allocated repair system
包延迟 packet delay
包檐天沟 back gutter
包样 ladle sample
包样分析 ladle analysis
包样化学成分 ladle chemistry
包药加强焊条 flux encased electrode
包液矿物 aerohydrous mineral
包已缝补 bag patched
包以薄片 laminating
包以钢板的 steel plated
包以外壳的 encrust
包银 silver-clad; silvering
包银铜 silver-clad copper
包银铜板 Sheffield plate
包硬铝 duralumin alclad
包硬铝的铜板 duralplat
包用 guaranteed suitable
包用金属锁 lock of metal for bag
包用系统 turnkey system
包有货钩洞 bag holed by cargo hooks
包有手钩洞 bag with hook
包孕 subsumption
包运合同 contract of affreightment
包皂机 soap wrapping machine
包渣 cinder inclusion; slag inclusion
包扎 bandaging; binding (up); dressing; enwinding; girt (h); packing; tie-up; wrapping
包扎绷带 bandage for dressing
包扎处理 bandage treatment
包扎法 bandaging strapping; method of bandage
包扎防腐带 carrying rod
包扎工 tier
包扎柜台 packing counter
包扎机 bundling machine; strapper
包扎麻绳 pack twine
包扎伤口 dress
包扎绳 packthread
包扎式多层圆筒 weld-shrunk multilayered cylinder
包扎式圆筒 weld-shrunk cylinder
包扎输酸碱胶管 wrapped acid-alkali hose
包扎所 <多用于前线军营中> dressing station
包毡滚筒烘干机 felt drying machine
包针纸 needle paper
包中孕育处理 ladle inoculation
包周差 envelope to cycle difference; envelope to cycle discrepancy
包住 muffle
包砖的 brick-encased
包砖墙 brick-encased wall
包装 boxing up; cased; casing; encased; encasement; encasure; enclose; making-up; pack (age); pack (ing) (up); stow; tie-up; transport package
包装班组 packing shift
包装板 clad plate; packing plate; wrapper; wrapping plane; wrapping plate
包装标志 packing mark
包装标志条款 packing and marks clause
包装标准 packaging standard
包装标准化 standardization of packing
包装薄膜热封机 heat-seal film overwrapping machine
包装不固 case unsufficient packed
包装不牢固 insufficient packing
包装不良 bad order; defect in packing; defective packing; fault in packing; improper packing; insufficient packing
包装不适当 improper packing; inadequate packing
包装不完备 faulty packing
包装不严的 loose packed
包装不足 insufficient packing
包装材料 envelope material; pack(ag)ing material; wrappage; wrapping(material)
包装测验 pack test
包装车间 packing department; packing house; packing plant
包装成本 packaging cost; packing cost
包装成品工厂 pack-house
包装秤 packing scale
包装尺寸 packing measurement
包装储运标志 package indicative mark
包装储运图示标志 pictorial markings for handling of packages
包装粗糙货物 rough cargo
包装单 packing list; packing specification
包装单位 <如袋、件、桶、捆等> packing unit
包装的和散装的 packaged and bulk
包装垫高 pack up
包装垫块 pack up
包装钉 casing nail; casing wire nail; iron wire
包装法 package basis; packing method; pack(aging)
包装方法 packing method
包装方式 manner of packing; pattern of packing
包装费 package; packing and wrapping expenses; packing charges; packing expenses
包装费用另计 packing extra
包装封闭 packaging closures
包装工 make-up
包装工厂 packaging plant; pack(ag)ing unit
包装工具 wrapping tool
包装工人 packer; wrapper
包装工业 pack(ag)ing industry
包装工艺 package technology
包装公司 packing company; packing firm
包装规格 packing specification
包装规则 package basis
包装好的木材 packaged lumber
包装和解装程序 packet assembler and disassembler
包装盒 packing box; packing case
包装后重量 packed weight
包装货 package cargo; bales; bale cargo
包装货舱容量 capacity in bales
包装货船 pallet ship
包装货容积 bale (cargo) capacity; bale cubic; bale measure; bale space
包装货物 bale cargo; baled material; package freight; packed cargo; packing cargo
包装货物试验方法 packing container test method
包装机 bale[baling] press; bead covering machine; packager; packaging machine; packer-head machine; packing machine; packing press; sack filler; wrapping machine
包装机灌装叶轮 filling impeller
包装机缓冲料斗 packer surge bin
包装机料斗 packer bin; packer hopper
包装机喂料仓 packing bin
包装机喂料斗 packer feed bin
包装机械 packing machinery
包装计数器 package counter; wrapping counter
包装计算标准 package basis; piece basis
包装记录单 packing note
包装间 packer's bay; packing shed
包装检验 packing inspection
包装件号 package number
包装件输送机 lowerator conveyer [conveyor]
包装卷烟 cigarette in packet
包装跨 packing bay
包装量包装 pack
包装零售的货物 package goods
包装流水作业线 packaging conveyer line
包装密度 package density; packed bulk density; packing density
包装密封 package enclosure
包装棉花压板 trunk plank
包装明细表 packing list
包装模数 packing module
包装模数尺寸 packing module dimensions
包装能力 capacity packing
包装黏[粘]糊机 sheet pasting machine
包装配/拆卸 packet assembly/disassembly
包装配和拆卸 packet assembling and disassembling
包装品自动推送台 unscrambler
包装破裂险 breakage of packing
包装破损 breakage of packages; package in damaged condition
包装起来的浴缸管子 encased bath tube
包装前处理 prepacking treatment
包装清单 packing list; packing manifest
包装燃料 packaged fuel
包装热处理法 metal foil heat treating method
包装容积 bale cubic; bale capacity【船】
包装容量 bale capacity
包装容器 container
包装商品规则 packaged goods regulations
包装设备 packaging facility; packaging plant; packaging unit

B

包装设计 package design;packing design
包装渗碳 pack carburizing
包装绳 pack thread
包装式冰冻器 packaged freezer
包装室 making-up room; packer's bay;packing shed
包装台 packing table
包装体积 packing volume
包装填充用板条 packing stick
包装填料 packing medium
包装条款 packing clause
包装外貌 external condition of packing
包装稳定性 package stability
包装污染 bales discolo(u)red;bales stained
包装物 container; encasement; pack(ag)ing;wrapper
包装物的回收复用 commodity package
包装物核算 container accounting
包装物件搬运 package handling
包装物料 wrapping material
包装物审计 packing article audit
包装系统 packaging system
包装线 calf line;pack line
包装箱 packing box; packing case; packing chest; packing container; shipping box; tare; transport case; transport container
包装箱用材 box shook
包装橡胶 rubber bale
包装压紧机 packer; packing machine;packing press
包装压榨机 cabbaging press
包装药卷 cartridging
包装要求 packing requirement
包装业 packing service
包装以备发货 pack for shipping
包装因数 packing factor
包装印刷 package printing
包装印刷废水 baling and printing wastewater
包装印刷用油墨 packaging ink
包装用玻璃罐 canning glass jar
包装用布 pack cloth;pack duck
包装用材 packing timber
包装用粗糙的编织品 matting
包装用料 packing material
包装用黏[粘]胶纸 viscose sheet for wrapping
包装用牛皮纸 craft paper
包装用品 package;packing supplies
包装用塑料薄膜 plastic film for wrapping
包装用图钉 casing nail
包装用再生纤维纸 sheet of reclaimed cellulose for warping
包装油污 bale oil stained
包装油纸 oil packing paper
包装有缺点 defective pack
包装有效期 maximum packet lifetime
包装与商品保护 packing and commodity protection
包装者 packer
包装纸 kraft paper;pack(ag)ing paper; packing sheet; wrapping paper;wrapper
包装纸板 packing board
包装纸板盒 paper carton
包装纸袋 valve bag
包装纸分配器 dispenser for wrapping paper
包装纸及纸板 wrapping paper and cardboard
包装纸用油墨 packing paper ink
包装质量 packaging quality
包装重量 packed weight; tare (weight) <指皮重>
包装砖 packed brick
包装装潢 packing and presentation
包装装配 packet assembly
包装作业线 pack line
包子后端 heel
包租 charter
包租的 charted
包租的班机 charter flight
包租的运输工具 contract carrier
包租飞行 chartered flight
包租费 charter fee
包租公共汽车 chartered bus
包租合同 charter contract
包租市场 chartering market
包租运费 charter of freight
包组装分解器 packet assembler disassembler
包做 by the job

孢

孢粉带 sporopollen zone
孢粉带位置 position of sporopollen zone
孢粉地层学 palynostratigraphy
孢粉分离 separation of oil sample
孢粉分析 spore-pollen analysis
孢粉鉴定样品 sample for sporopollen identification
孢粉谱 sporopollen spectrum
孢粉体 sporinite
孢粉学 palynology
孢囊孢子 sprangiospore
孢囊柱 sporophore
孢子 spore
孢子被 sporocyst
孢子残植煤 spore liptobiolith
孢子层 hymenium
孢子果 sporocarp
孢子花粉分析 sporopollen analysis
孢子花粉鉴定 sporopollen identification
孢子花粉统计学 sporopollen statistics
孢子囊体 sporangium[复 sporangia]
孢子体 sporinite;sporophyte
孢子外膜 spore coats
孢子叶 sporophyll
孢子植物 spore producing plant;sporo-producing plant

苞

苞芽油页岩 torbanite

雹

雹 sleet
雹瓣 hail lobe
雹暴 hail storm;heavy fall of rain
雹飑 hailsquall
雹害 injury by hail
雹害保险 hail insurance
雹痕 hail mark
雹块 hailstone
雹期 hail stage
雹日【气】day of hail;hail day
雹灾 disaster caused by hail; hail damage;plague of hail
雹阵 hail-shower
雹状物 hail
雹子 hailstone;hail

薄

薄靶 thin target
薄柏油薄浆的石料 tar-grouted stone
薄板 board; crossband veneer; film; lamel(lation); lamina[复 laminae/laminas]; leafy; light-ga(u)ge plate; light-ga(u)ge sheet; sawn plank; sheet; slit deal; slitwork; splint; thin plank; thin plate; thin-slab; veneer board; thin board <木板厚度在2厘米以下>
薄板坝 sheet dam
薄板标志 thin plate marking
薄板玻璃 thin plate glass
薄板材 sheet stock
薄板测厚仪 sheet thickness calibrator
薄板厂 steel mill sheet
薄板车间 sheet rolling mill
薄板衬砌 laminated lining
薄板翅片 plate-fin
薄板冲压 sheet stamping
薄板单元 thin plate element
薄板的 laminiferous;thin-slab
薄板的厚度 ga(u)ge of sheet
薄板电磁分送机 magnetic sheet handler
薄板电磁分送机构 magnetic sheet handling unit
薄板叠 sheet pack
薄板定位销 sheet-holder
薄板镀锌设备 sheet-galvanizing equipment
薄板镀锌作业线 sheet-galvanizing line
薄板分送机 sheet pick-up
薄板分选工 sheet-metal grader
薄板分选系统 single-sheet classification system
薄板工 sheeter
薄板构件 thin plate element
薄板构造 thin-slab construction
薄板管道 sheet-metal duct
薄板滚压法 wheeling
薄板焊接 light-ga(u)ge welding
薄板和带材磨床 sheet and coil grinding machine
薄板厚度 sheet ga(u)ge
薄板厚度卡规 sheet thickness ga(u)ge
薄板滑架式平车 foiler
薄板加热炉 sheet furnace
薄板夹具 web clamp
薄板剪(刀) sheet shears
薄板剪切机 sheet-mill shears
薄板胶合机 tapeless jointer;tapeless splicer
薄板矫平机 sheet leveller
薄板矫正辊 sheet-metal smoothing roll(er)
薄板矫直机 sheet rectifier; sheet-straightening machine; sheet stretcher;stretcher
薄板校平机 sheet leveller
薄板结构 plate structure; thin-slab structure
薄板金属 thin sheet metal
薄板精整作业线 sheeting line
薄板锯床 wood-peeling machine
薄板卷 coil sheet
薄板拉伸液压机 hydraulic sheet metal drawing press
薄板冷成型件 light-ga(u)ge cold-formed member
薄板冷轧机 cold sheet(rolling)mill
薄板理论 plate theory; theory of sheets;theory of thin plate
薄板力学 theory of thin plate
薄板梁 slab band;slab beam
薄板梁地面 slab band floor
薄板料 sheet material
薄板螺钉 Parker-Kalon screw
薄板坯 bar strip;flat hot-rolled bar;mo(u)lder;sheet bar;sheet iron
薄板坯车间 sheet-bar mill
薄板坯垛放机 sheet bar stacker
薄板坯剪切机 sheet-bar shears
薄板坯小坯轧机 sheet-bar and billet mill
薄板坯轧机 sheet-bar mill
薄板品种 sheet stock
薄板平整机 sheet-skin pass mill; sheet-temper mill
薄板曲压机 caul
薄板上皱纹 flopper
薄板伸张压力机 stretching press
薄板升降台 sheet lifter
薄板式夹头 diaphragm chuck
薄板式吸声体 panel absorbent
薄板式荧光灯 panelescent lamp
薄板条 sheet strip;web
薄板条叠层穹顶 wooden lamella dome
薄板条叠层圆屋顶 wooden lamella cupola
薄板托盘 sheet pallet
薄板屋面用钉 sheet-roofing nail
薄板吸声器 panel absorber
薄板吸声体 panel absorbent
薄板吸收 sound absorption by thin plate
薄板箱 veneer case
薄板型灰板条 sheet lath
薄板压延机 sheet mill;wheeling machine
薄板延压机 sheet mill
薄板堰 thin plate weir
薄板油画 panel-painting
薄板元件 thin plate element
薄板圆形模具 spunware
薄板扎机 thin plate mill
薄板轧厂 strip mill
薄板轧辊 sheeting roll
薄板轧机 sheet(rolling) mill; strip mill;thin-sheet mill
薄板轧机机座 sheet-mill stand
薄板折叠 doubling
薄板折叠机 sheet doubler;sheet-doubling machine
薄板折印 pinchers; sheet wrench mark
薄板砖 scoen;split
薄板桩 plank piling;plank sheet pile
薄板自动计数器 automatic sheet counter; automatic sheet counting machine
薄板组织 laminar tissue
薄板作用 sheet action
薄半透明纸 glassine
薄包剂焊条 thin coated electrode
薄包装纸 tissue wrapping paper
薄壁 light wall
薄壁V形切口量水堰 flat-vee weir; flat V weir
薄壁板结构 thin plate structure
薄壁板梁 thin-walled plate girder
薄壁不锈钢管 thin-walled stainless
薄壁槽钢 thin-walled channel
薄壁储罐 membrane tank
薄壁吹泡机 paste mo(u)ld machine
薄壁导管 thin-wall conduit
薄壁的 light-case;thin-wall(ed)
薄壁电离室 thin-walled chamber
薄壁断面 thin-walled section
薄壁蜂窝结构 cellular structure
薄壁杆 thin-walled bar
薄壁杆件 thin-walled member
薄壁钢管 thin-walled steel tube
薄壁钢管桩 thin-walled(steel tubular)pile
薄壁钢结构 thin-walled steel structure
薄壁钢质钻杆 thin-walled steel drill rod
薄壁构造 thin-walled construction
薄壁管 light-wall conduit; light wall pipe; thin pipe; thin-walled conduit; thin-walled pipe; thin-walled tube
薄壁管胞 thin-walled cell

薄壁管道 sheet-metal duct
薄壁管取土器 Shelby soil sampler; Shelly tube sampler; thin-walled tube sampler
薄壁管取样器 thin-walled tube sampler
薄壁涵管 thin-walled conduit
薄壁焊接结构 light welding structure
薄壁计数管 thin-walled counter
薄壁结构 thin-walled construction; thin-walled structure
薄壁结构镜质体 parenchymotelinite
薄壁结晶器 thin-walled mo(u)ld
薄壁截面梁 thin-walled section beam
薄壁金刚石钻头 thin faced bit; thin-walled bit
薄壁金属型 thin-walled metal mo(u)ld
薄壁金属圆筒风箱 sylphon bellows
薄壁壳体 thin-walled case
薄壁壳质体 tenexinite
薄壁空洞 thin-walled cavity
薄壁空心砖 thin-walled hollow brick
薄壁梁 thin-walled beam
薄壁炉衬 thin-skinned lining
薄壁模(子) draw mo(u)ld
薄壁剖面 thin-walled section
薄壁墙粉刷 thin-wall plaster
薄壁桥柱 thin-walled pier
薄壁球体 thin sphere; thin-walled sphere
薄壁曲梁 thin-walled curved beam
薄壁取土器 thin-wall(ed) sampler; thin-wall Shelly tube sampler
薄壁取土样器 foil soil sampler; Shelby soil sampler; soil sampler of thin-wall; thin-walled soil sampler
薄壁取芯钻头 narrow kerf core bit; thin core bit
薄壁取样法 <取原状土> thin-walled sampling
薄壁取样管 <取不扰动土样的> Shelby tube sampler; thin-walled tube sampler
薄壁取样器 foil sampler; thin-wall(ed) sampler
薄壁容器 thin-walled pressure vessel
薄壁三角堰 thin-walled triangle weir
薄壁盛料器 thin-walled container
薄壁套管 thin-walled casing tube
薄壁套圈的球轴承 thin-section ball bearing
薄壁铜管 light-ga(u)ge copper tube; thin-walled copper tube
薄壁纤维 thin-walled fiber
薄壁箱形结构 thin membrane box structure
薄壁型钢 hollow steel section; light-ga(u)ge steel section; thin-walled steel section
薄壁压力水管 thin-shell penstock; thin-walled penstock
薄壁压入式取土器 open drive sampler
薄壁堰 knife-edge weir; sharp-crested weir; thin plate weir; thin-weir; weir with thin-wall
薄壁氧化镁坩埚 thin-walled magnesian crucible
薄壁预件 thin-shell precast
薄壁预制 thin-walled prefabrication
薄壁圆筒 thin pipe; thin(-walled) cylinder
薄壁圆筒公式 thin-cylinder formula
薄壁圆柱体 thin-walled cylinder
薄壁制品 thin ga(u)ge goods
薄壁中空制品 thin-walled hollow product
薄壁轴承 thin-walled bearing
薄壁轴承衬 thin-walled bearing bush
薄壁铸件 thin-section casting
薄壁纵断面 thin-walled profile
薄壁组织 parenchyma
薄壁组织束 strand parenchyma; wood parenchyma strand
薄壁钻头 thin drilling bit; thin-walled bit
薄边 feather-edge[edging]; thin edge
薄边板 feather(edge) board; feather-edged board[boarding]; feather tip
薄边锉 currycomb file; feather-edge file
薄边的 feather-edged; thin-edged
薄边封接 knife seal
薄边盖顶石 feather-edged coping
薄边木板紧密搭接围墙 close boarded fence
薄边式 feather-edge type
薄边式的 feather-edged
薄边式断面 feather-edged (cross-) section
薄边式盖顶 feather-edged coping; splayed coping
薄边式横断面 feather-edge cross-section
薄边式铺开 feathering out
薄边式摊料 feather-edge spread
薄边砖 feather-edge brick
薄扁嘴钳 thin flat nose pliers
薄标准钢条 thin ga(u)ge strip
薄表 thin list
薄冰 glare ice; glazed frost; light ice; slud
薄冰层 ice sheet; sheet ice
薄冰盖 shell ice
薄冰壳 cat ice
薄冰块 light ice floe
薄冰片 ice flake; ice shutter
薄玻璃板 thin glass plate
薄玻璃涂层 flake glass coating
薄箔蜂窝芯子 thin foil honeycomb core
薄薄上胶 slack size
薄材硬度计 microdurometer
薄彩色纸 diaphonic paper
薄层 film; flag; lamella(tion); lamina [复 laminae/laminas]; laminar film; laminar layer; lamination; laming; seam; shallow layer; thin bed; thin-layer; thin lift; thin stratum
薄层板 laminboard; thin-layer plate
薄层板上光密度测定法 thin-layer plate densitometry
薄层棒色谱法 thin-layer rod chromatography
薄层表面处治 thin surfacing coat
薄层剥落 shallow layer; shallow lift <混凝土>
薄层层析(法) thin-layer chromatography
薄层撒铺(碎石) thin spread
薄层沉积 thin-layer deposit; veneer <海蚀平台上的>
薄层充填的 thin-layer filling
薄层冲刷 sheet erosion; sheet washing; thin-layer erosion
薄层冲刷作用 action of sheet erosion
薄层的 finely stratified; straticulate; thin; thin-bedded
薄层地表水 sheet flood; sheet flow
薄层电导 sheet conductance
薄层电化学 thin-layer electrochemistry
薄层电阻 sheet resistance
薄层叠成的 thinly stratified
薄层镀锡薄板 coke plate
薄层堆填 thin-layer fill
薄层方解石 bacon
薄层分布 film distribution; thin spread
薄层分析法 thin-layer chromatography
薄层封面 <路面> fog seal
薄层腐殖质土 ranber
薄层覆盖 fine surface mulch
薄层光密度计 thin-layer chromatography densitometer
薄层环氧接缝 <预制拼装节段间的> thin epoxy joint
薄层混凝土罩面 thin concrete overlay
薄层及细沟型冲刷 sheet and rill erosion
薄层加料 blanket charging; blanket feed
薄层加料法 thin-layer charging
薄层浇布(结合料) thin spread
薄层胶合的木材 glued laminated timber
薄层胶合构件 glued laminated member
薄层浚挖 thin-layer dredging
薄层矿体 thin-bedded orebody
薄层理的 finely stratified
薄层沥青封面 <道路工程中> flush seal
薄层沥青路面 sheet asphalt pavement
薄层裂缝 laminar crack
薄层流动 film flow; laminar displacement
薄层路面 sheet pavement
薄层煤 paper coal
薄层面板 shingle
薄层泥煤 paper peat
薄层泥炭 paper peat
薄层黏[粘]土 bandy clay; lamina clay; paper clay
薄层凝胶过滤(法) thin-layer gel filtration
薄层抛光漆 glaze coat
薄层喷射混凝土 <覆盖混凝土表面微疵的> flash chamber
薄层扫描器 thin-layer scanner
薄层扫描仪 thin-layer scanner
薄层色层分析仪 thin-layer chromatograph
薄层色谱板 chromatographic sheet; chromatoplate; chromatosheet
薄层色谱(法) thin-film chromatography; thin-layer chromatography
薄层色谱法扫描光谱密度法联用 thin-layer chromatography-scanning spectrodensitometry
薄层色谱光密度定量法 thin-layer chromatographic densitometry
薄层色谱扫描仪 thin-layer chromatography scanner
薄层砂岩 flagstone
薄层施工 <大体积混凝土的> low-lift construction
薄层石灰岩 banded limestone
薄层水 pellicular water
薄层水流 flat plate flow; sheet flow; thin sheet flow
薄层水磨石 thinset terrazzo
薄层胎座式 laminal placentation
薄层填料 dumping in thin fill; dumping in thin-layers
薄层填土 dumping in thin-layers; thin-layer fill
薄层投料法 thin blanket feed
薄层涂刷使混凝土表面平整 scumble for fair-faced concrete
薄层土壤 shallow soil
薄层脱气塔 thin-layer deaerator
薄层挖掘 skiving
薄层外延 thin-film epitaxy
薄层微型反应器 thin-layer microreactor
薄层位移 laminar displacement
薄层镶面胶合板 two-plywood
薄层样品 thin-layer sample
薄层页岩 paper shale; shell shale
薄层淤泥 shallow muck
薄层藻类体 lamalginite
薄层蒸发器 thin-layer evapo(u)rator
薄层整平修理 thin screed repair
薄层状 flaggy; thin-bedded
薄层状的 spathic; spathose
薄层状构造 lamellar structure; thin-bedded structure
薄层状结构 thin-bedded texture
薄层状黏[粘]土 finely laminated clay
薄层状岩体 flaggy rock
薄层组合构件 laminated composite member
薄衬纸 slip sheet
薄成层黏[粘]土 finely laminated clay; finely stratified clay
薄绸 ninon
薄窗玻璃 single strength window glass; single thickness sheet glass
薄窗计数管 thin-window counting tube
薄窗帘布 casement cloth
薄窗膜计数管 thin-window counter
薄窗式的 thin-window
薄窗图像增强器 thin-window image intensifier
薄床机动炉排 thin bed stoker
薄瓷器 egg(-shell) china
薄磁膜 thin magnetic film
薄打字纸 manifold paper
薄带 thin tape
薄带成型 tape forming
薄带法 thin strip process
薄带桥 band bridge
薄带扬声器 band loudspeaker
薄带原理 tape theorem
薄单板 veneer
薄道林纸 thin-woodfree printing paper
薄的 flimsy; light-ga(u)ge; thin
薄的窗玻璃 thin sheet glass
薄的底砂运动 light bed load movement
薄的底质运动 light bed load movement
薄的防护屏蔽 curtain
薄的冷加工成型钢结构构件 light-ga(u)ge cold-formed steel structural member
薄的磨光锉 emery stick
薄的平板玻璃 thin sheet glass
薄底板 shallow blanket
薄底方法 thin-bedded method
薄底胶粘工艺 thin-bedded fixing technique
薄底胶粘剂 thin-bedded adhesive
薄地板 shallow blanket; sheet floor
薄地槽【地】leptogeosyncline
薄地层 fine bed
薄垫片 shim
薄度试验 slump test
薄镀 flash plating
薄镀板 flash plating
薄镀层 flash coating; flash plate; flash plating
薄断面的 low profile
薄剁斧 patent(bush) hammer
薄敷焊条 lightly coated electrode
薄浮冰块 light floe
薄腹 thin-web
薄腹板 thin-webbed plate
薄腹梁 thin-walled girder; thin-webbed beam; thin-webbed girder
薄腹梁桥 thin-webbed girder bridge
薄覆盖层 scanty cover; skim coat; thin overlay
薄感光胶片 thin-base film; thin emulsion carrier film

薄钢板 black sheet(iron);light-ga(u)ge plate;light(-gage)sheet;light plate;sheet iron;sheet metal;sheet steel;sheet stock;slick sheet;steel lamella;steel sheet(ing);thin sheet(plate)
薄钢板标准厚度 standard sheet metal ga(u)ge
薄钢板厂 sheet steel mill
薄钢板衬垫 sheet steel lining
薄钢板的热镀锌 hot-dip sheet galvanizing
薄钢板吊钩 sheet steel lifting hook
薄钢板顶部 sheet roof
薄钢板顶盖 sheet roof
薄钢板顶棚 sheet roof
薄钢板分选机 sheet classifier
薄钢板矫平机 sheet steel straightening unit
薄钢板门 sheet-metal door
薄钢板饰面 sheet steel(sur)facing
薄钢板竖撑板 sheeter
薄钢板通风管 sheet steel duct
薄钢板退火用固定式炉底 sheet-annealing base
薄钢板外壳 sheet steel casing
薄钢板望板 sheet-metal sheath
薄钢板屋顶覆盖层 flexible metal sheet roof cladding;flexible metal sheet roofing;flexible metal sheet roof sheathing
薄钢板屋面 sheet roof
薄钢板压延机 sheet steel rolling mill
薄钢板止水条 sheet-metal water stop
薄钢板制天花板 ceiling sheet metal
薄钢材 light material
薄钢带取土器 foil sampler
薄钢管 sheet-iron tube;sheet steel pipe;thin-walled steel tube
薄钢焊接管 sheet-iron tube
薄钢护板 flexible metal flashing(piece)
薄钢模板 light-ga(u)ge metal mo(u)ld;sheet steel form
薄钢皮 light sheet
薄钢片 light sheet;sheet bar;stalloy;steel lamella;lewis sheeting <做百叶窗的>
薄钢片穹顶 steel lamella dome
薄钢片圆屋顶 steel lamella cupola
薄钢纸 leatheroid
薄隔板 parting lath;way-board <两厚层中的>
薄拱坝 shell arched dam;thin-arch dam
薄拱壳 curved shell
薄管板 thin tubesheet
薄管取样钻探 tube sample boring
薄管套衬里 insituform
薄管压平成膜法 flat film process
薄厚板镶接 board and batten
薄糊 water gruel
薄黄铜 latten brass
薄灰浆 grout
薄灰浆层 veneer of mortar
薄混合料 thin mixture
薄混凝土路面板 concrete flag
薄基底光电二极管 narrow base photodiode
薄荚 thin-walled pod
薄甲藻 Glenodinium sp.
薄键 fox tail
薄浆 grouting fluid;larry;slurry
薄浆拌和机 grout mixer
薄浆底层 rich bottom layer
薄浆缝 buttered joint
薄浆混合料 grout mix(ture)
薄浆搅拌机 grout mixer
薄浆流动坡度 grout slope
薄浆浓缩器 slurry concentrator
薄浆砌筑(法)larrying up
薄浆砌砖(法)larrying up
薄浆送料机 slurry feeder
薄浆雾 <英国特恩河口的浓雾> larry
薄浇筑层 <混凝土> thin placing lift
薄胶合板 slice plywood
薄胶泥 grout
薄胶指套 light rubber cot
薄焦油沥青碎石路 tar-grouted stone
薄角缝焊接 light fillet weld
薄角质体 tenuicutinite
薄截盘 thin-kerf bar
薄介质电容器 thin dielectric(al)capacitor
薄金箔 gold leaf
薄金膜电阻器 thin gold film resistor
薄金属板 sheet metal;thin metal plate
薄金属板工 sheet-metal fitter
薄金属片 splint;foil;thin sheet metal
薄金属片墙纸 foil wallpaper
薄金属圆盘 paten
薄晶钒钙石 hewettite
薄卷筒凸印版 wrap-round plate
薄绝热 foil insulant
薄绝缘材料 foil insulant
薄烤饼 pancake
薄壳 shell;thin(-walled)shell
薄壳坝 shell dam
薄壳板 shell-slab
薄壳扁桃 papershelled almond
薄壳标准 shell normal
薄壳不稳定性 shell instability
薄壳常数 shell constant
薄壳衬砌 thin-shell lining
薄壳单元 thin-shell element
薄壳的 thin shell;thin-shelled
薄壳的受力和弯矩 shell forces and moments
薄壳方程 shell equation
薄壳分析 shell analysis
薄壳公式 shell formula
薄壳拱 shell arch
薄壳拱顶 thin vault
薄壳拱桥 shell arch bridge;thin-shell arch bridge
薄壳拱筒 shell-vault
薄壳构件 shell element
薄壳构造 shell construction;thin-shell construction;thin shell structure
薄壳厚度 shell thickness
薄壳混凝土 thin-shell concrete
薄壳基础 shell foundation
薄壳基础桥台 shell foundation abutment
薄壳几何学 geometry of shell
薄壳计算 shell calculation
薄壳件旋压加工 spun work
薄壳建筑 shell construction;stressed-skin construction
薄壳结构 shell construction;shell structure;thin-shell construction;thin shell structure
薄壳结构分析 analysis of shells
薄壳壳体结构 shell-type structure
薄壳理论 shell theory;theory of shallow shells;theory of thin shell
薄壳力学 theory of thin shell
薄壳面 thin-shell surface
薄壳模板 shuttering for shell
薄壳模塑 slush molding
薄壳模型 shell model
薄壳挠度 shell deflection[deflexion]
薄壳挠曲 shell deflection[deflexion]
薄壳穹顶 shell dome;shell roof;shell-vault
薄壳球体 thin sphere
薄壳容器 shell capacity
薄壳山核桃 apocarya;pecan
薄壳设计 shell design
薄壳施工方法 shell construction method
薄壳式集装箱 monocoque container
薄壳弯曲应力 bending stresses in shell
薄壳屋顶 barrel roof;shell roof;thin(shell)roof
薄壳屋顶的 shell roofed
薄壳系数 shell coefficient
薄壳芯 shell core
薄壳型填充剂 pellicular packing
薄壳型微珠载体 pellicular micro beads
薄壳应力模式 shell stress pattern
薄壳预制(构件)单元 thin-shell precast unit
薄壳预制件 thin-shell precast
薄壳圆顶 shell cupola
薄壳圆筒 thin-shell barrel;thin-shell cylinder
薄壳载体 pellicular support
薄壳闸门 shell gate
薄壳炸弹 light-case bomb
薄壳支座 shell support
薄壳中线 shell center line
薄壳铸件 slush casting
薄壳铸造 shell mo(u)lding casting
薄壳桩 shell pile
薄壳作业 shell work
薄壳作用 shell action
薄空铅 thin space
薄空心砖 thin hollow brick
薄孔板 thin plate orifice
薄孔菌属 <拉> Antrodia
薄口锉 feather-edged file
薄矿层 delf;low seam;shelf bed
薄矿层输送机 low-seam conveyer(conveyor)
薄蜡纸 waxed tissue
薄棱镜 thin prism
薄利 narrow margin;small profit;thin margin
薄沥青垫层 asphalt sheet mattress
薄沥青面层 asphalt fog coat;sheet asphalt;thin bituminous surfacing
薄楼板 thin-slab
薄滤膜培养法 filter film cultivation;membrane filtration culture method
薄路面垫层 shallow blanket
薄铝板 alumin(i)um sheet
薄铝板轧机 alumin(i)um sheet mill
薄铝箔 thin alumin(i)um foil
薄铝滤光片 thin alumin(i)um filter
薄铝片 alumin(i)um flake;beaten alumin(i)um;flake alumin(i)um
薄铝片颜料 alumin(i)um flake pigment
薄轮缘式转子 thin rim type rotor
薄螺母 thin nut
薄煤 burgy
薄煤层 low coal seam;thin(coal)seam
薄煤层运输机 low-seam conveyer[conveyor]
薄蒙皮结构 light-skinned structure
薄绵纸 stencil tissue paper;tissue paper
薄面板 thin veneer
薄面层 shallow blanket;thin surfacing <沥青面层>
薄膜 diaphragm;film;jockey;membrane;pellicle;sheeting;soap film;thin coat;thin foil;thin membrane
薄膜 Q 开关 film Q-switching
薄膜半导体 thin-film semi-conductor
薄膜包衣 film coating
薄膜泵 membrane pump
薄膜比拟 soap film analog(y)
薄膜比拟法 membrane analog(y);quasi-membrane method;soap-bubble analogy
薄膜比拟理论 membrane theory
薄膜比重计 membrane densimeter
薄膜变像管 thin-film image converter
薄膜表面 membrane surface
薄膜波导光谱分析仪 thin-film waveguide spectrum analyser[analyzer]
薄膜玻璃 film glass
薄膜剥落试验 <沥青> film stripping test
薄膜材料 thin-film material
薄膜操作式料仓料位指示器 diaphragm-operated bin material-level indicator
薄膜测定装置 film-metering device
薄膜层 thin-layer
薄膜场致发射阴极 thin-film field-emission cathode
薄膜超滤法 membrane ultrafiltration
薄膜超滤器 membrane ultrafilter
薄膜沉积 thin-film deposition
薄膜衬里 film liner
薄膜持水度 specific retention of film water
薄膜储罐 membrane tank
薄膜处理设备 film handling equipment
薄膜传动 diaphragm-operated
薄膜传感器 thin-film sensor
薄膜传感式张力计 film tensiometer
薄膜吹制 sheet blowing
薄膜磁头 film head;thin-film magnetic head
薄膜磁阻磁头 thin-film magnetoresistive head
薄膜磁组件 thin-film magnetic module
薄膜存储器 film memory;thin-film storage;film store;thin-film memory
薄膜存储式计算机 thin-film memory computer
薄膜打字机带 film ribbon
薄膜带 pellicular zone
薄膜带通滤光片 thin-film band pass filter
薄膜袋 bag film
薄膜单结量子干涉仪 thin-film single junction quantum interferometer
薄膜单片集成电路 thin-film monolithic circuit
薄膜挡圈 diaphragm baffle
薄膜导热率 film conductance
薄膜导热系数 film coefficient of heat transfer
薄膜的 membranous;thin-film
薄膜的附着力 adhesion of thin-film
薄膜的抗磨强度 abrasion resistance of thin-film
薄膜的相位厚度 phase thickness of thin-films
薄膜的阻力 drag of film
薄膜等效厚度 equivalent optical thickness of thin-film
薄膜等效折射率 equivalent index of thin-film
薄膜低温管 thin-film cryotron
薄膜电池 hull cell
薄膜电感器 thin film inductor
薄膜电解分离法 <咸水淡化的> membrane-electric(al)separation
薄膜电路 film circuit;thin-film circuit
薄膜电热元件 thin-film electrothermal component
薄膜电容 thin-film capacitor
薄膜电容器 film capacitor;thin-film capacitor

薄膜电子学 pellicular electronics
薄膜电阻 filmistor;membrane resistance;thin-film resistor
薄膜电阻测试仪 film resistance meter
薄膜电阻器 thin-film resistor;film resistor
薄膜电阻温度计 thin-film resistance thermometer
薄膜叠层系统 membrane system
薄膜叠式存储器 film stack
薄膜镀层 thin-film coating
薄膜阀 diaphragm valve;diaphragm van;membrane valve
薄膜法 membrane method;membrane process
薄膜反射器 pellicle reflector
薄膜泛水层 membrane flashing
薄膜方程 membrane equation
薄膜防火 membrane curing;membrane fireproofing;membranous water-proofing
薄膜防渗 membrane seepage prevention
薄膜防水 membrane(ous) waterproofing;membranous water-proofing;waterproofing sheet
薄膜防水处理 membrane treatment for water-proof(ing)
薄膜防水法 membrane method of water-proofing
薄膜沸腾传热 film-boiling heat transfer
薄膜分级式冲洗淘汰盘 film sizing table
薄膜分离法 membrane separation process
薄膜分切机 film splitter
薄膜分散剂 thin-film spreading agent
薄膜分析 film analysis;membrane analysis
薄膜分选 membrane separation
薄膜分子的定向 film orientation
薄膜封闭的 membrane sealed
薄膜封闭的土层 membrane-enveloped soil layer;membrane sealed soil layer
薄膜峰 pellicular front
薄膜敷层 film coating
薄膜负压造型法 vacuum-sealed process
薄膜负压铸造 V-process
薄膜复制品 filmy replica
薄膜干涉仪 thin-film interferometer
薄膜干燥机 film drier[dryer]
薄膜感应超导电装置 ryotron
薄膜工艺 thin-film processing
薄膜工艺学 thin-film technology
薄膜固定床反应器 thin-film fixed bed reactor
薄膜固体像传感器 thin-film solid-state image sensor
薄膜灌浆法 membrane grouting process
薄膜罐 membrane tank
薄膜光波导 film optic(al) waveguide;thin-film(optic) waveguide
薄膜光导 thin-film light guide
薄膜光导管 thin-film light guide
薄膜光电池 thin-film photocell
薄膜光电导体 film photoconductor;thin-film photoconductor
薄膜光电二极管 thin-film photodiode
薄膜光电管 thin-film photocell
薄膜光调制器 film optic(al) modulator;thin-film optic(al) modulator
薄膜光复用器 film optic(al) multiplexer;thin-film optic(al) multiplexer
薄膜光开关 film optic(al) switch;thin-film optic(al) switch
薄膜光敏电阻 thin-film photoresistor
薄膜光学 layer optics;optics of thin-film;thin-film optics
薄膜光学厚度 optic(al) thickness of thin-film
薄膜光学快门 thin-film optic(al) shutter
薄膜光学元件 thin-film optic(al) components
薄膜硅太阳能电池 thin film silicon solar cell
薄膜裹包机 film wrapping machine
薄膜过滤 membrane filtration
薄膜过滤层 membrane filter
薄膜过滤法 membrane filter procedure
薄膜过滤器 membrane filter
薄膜合成结构 thin-film composite structure
薄膜和活塞式脉动器 diaphragm and piston-type pulsator
薄膜盒 diaphragm chamber
薄膜盒温升率探测器 diaphragm chamber type rate-of-rise detector
薄膜烘箱试验 <地沥青> thin-film oven test
薄膜红外探测器 thin-film infrared detector
薄膜厚度 film-proof thickness;film thickness;thin-film thickness
薄膜厚度计 thin-film thickness meter
薄膜护面 film liner
薄膜换能器 thin-film transducer
薄膜混合集成电路 thin-film hybrid integrated circuit
薄膜混凝土养护剂 membrane(-forming) curing agent
薄膜混浊度测量仪 hazemeter
薄膜活门 diaphragm valve
薄膜激光器 thin-film laser
薄膜激光器元件 thin-film laser element
薄膜集成电路 thin-film integrated circuit
薄膜技术 thin-film technique
薄膜加强石膏板 membrane reinforced gypsum board
薄膜加热试验 thin-film heating test
薄膜剪力 membrane shear(ing) force
薄膜剪切 membrane shear(ing) force
薄膜胶 film glue;glue in film form
薄膜胶粘剂 film glue;film adhesive
薄膜阶段 pellicular stage
薄膜阶梯式光催化反应器 photocatalytic thin-film cascade reactor
薄膜结构 membrane structure;structure of thin-film
薄膜介质 thin-film dielectric
薄膜介质超小型可变电容器 film super-small variable capacitor
薄膜介质可变电容器 film dielectric(al) variable capacitor
薄膜介质四连可变电容器 film dielectric(al) four-gang variable capacitor
薄膜金刚石 thin-film diamond
薄膜浸透理论 film-penetration theory
薄膜晶体 thin-film crystal
薄膜晶体管 thin film transistor
薄膜晶体管材料 thin-film-transistor material
薄膜晶体振荡器 film crystal oscillator
薄膜镜 pellicle mirror;thin membrane mirror
薄膜卷涂系统 thin-film coil-coated system
薄膜绝缘电线 thin-film insulated wire
薄膜开关 thin-film switch
薄膜科学 membrane science
薄膜扩散 film diffusion
薄膜拉伸机 film drawer
薄膜老化试验 Shell ag(e)ing test
薄膜棱镜 thin-film prism
薄膜冷却燃烧室 film-cooled combustion chamber
薄膜冷却液进口 film coolant inlet
薄膜冷却液喷孔 film coolant injection hole
薄膜冷子管 thin-film cryotron
薄膜离子交换设备 membrane ion-exchange plant
薄膜离子学 thin-film ionics
薄膜理论 <一种薄壳设计的理论> boundary layer theory;film theory;membrane theorem;membrane (shell) theory
薄膜力 membrane force
薄膜连接电路 thick-film interconnection
薄膜连续性 film continuity
薄膜逻辑元件 diaphragm logic element
薄膜落卷 doffing
薄膜密度计 membrane densimeter
薄膜密封 diaphragm seal
薄膜密封层 membrane barrier
薄膜面 pellicular front
薄膜面层 membrane surface
薄膜面层的 membrane surfaced
薄膜模拟 membrane analog(ue);membrane analog(y)
薄膜模型 membrane model;thin-skin model
薄膜耐久性 film durability
薄膜覆盛土层 membrane encapsulated soil layer
薄膜黏[粘]附 adhesion of film
薄膜黏[粘]合剂 film adhesive
薄膜排印 filmsetting
薄膜披水层 membrane flashing
薄膜片接合器 wafer bonder
薄膜铺盖 film blanket
薄膜气体传感器 thin-film gas sensor
薄膜器件 thin-film device
薄膜强度 film strength;membrane strength
薄膜切边装置 sheet edge cutting device
薄膜切力 membrane shear(ing) force
薄膜氢传感器 thin-film hydrogen sensor
薄膜全息图 thin-film hologram
薄膜热电堆 film thermopile
薄膜热电偶 film thermocouple
薄膜热电探测器 thin-film pyroelectric(al) detector
薄膜热敏电阻器 thin-film thermistor
薄膜热收缩包装机 film shrink packager
薄膜容器 membrane container
薄膜润滑 thin-film lubrication
薄膜扫描机 thin-film scanner
薄膜闪光 membrane flashing
薄膜闪光片 membrane flashing piece
薄膜设备 membrane equipment
薄膜渗透法脱硫 thin-film osmosis desulfurization
薄膜生产机 thin-film production machine
薄膜生长 film growth
薄膜生长速率 film growth rate
薄膜式泵 surge pump
薄膜式测量器 film ga(u)ge
薄膜式充填的 filmily filling
薄膜式夹具 diaphragm chuck
薄膜式冷却 film cooling
薄膜式(淋水)填料 film packing
薄膜式脉动器 diaphragm pulsator
薄膜式煤气表 diaphragm meter;dry meter
薄膜式气敏元件 thin-film gas sensor
薄膜式汽化器 diaphragm type carburettor;film type boiler
薄膜式压力盒 diaphragm type pressure ga(u)ge;membrane(type pressure) ga(u)ge
薄膜式压力计 diaphragm(type pressure) ga(u)ge
薄膜式压缩机 diaphragm type compressor
薄膜式应变片 thin-film strain ga(u)ge
薄膜式应变压力计 thin-film strain ga(u)ge
薄膜式蒸发器 film(type) evapo(u)rator
薄膜饰面硬纸壁板 film surfaced hardboard siding
薄膜寿命试验 Shell ag(e)ing test
薄膜受力 membrane force
薄膜树脂 pellicular resin
薄膜衰减器 film decreaser
薄膜水 adhesive water;adsorption water;adsorptive water;attached water;bound water;film water;held water;hydroscopic water;thin-film water;pellicular water
薄膜水层 pellicular zone
薄膜水带 pellicular front
薄膜水分 film moisture;pellicular moisture;pellicular water
薄膜水流 film flow
薄膜水内聚力 moisture-film cohesion
薄膜水凝聚力 moisture-film cohesion
薄膜丝网印花机 membrane screen printing machine
薄膜似的 filmy
薄膜塑料 plastic film
薄膜太阳电池 thin-film solar cell
薄膜探测器 thin-film detector
薄膜条 film strip
薄膜调节器 diaphragm-actuated regulator
薄膜调压器 diaphragm governor;diaphragm regulator
薄膜贴花 slide-off transfer
薄膜铁氧体磁芯线圈 thin-film ferrite coil
薄膜图形 film pattern
薄膜涂布纸 film-coated paper
薄膜涂层 coat film;thin-film coating
薄膜脱落 film-proof stripping
薄膜微电子器件 thin-film microelectronics
薄膜微电子学 thin-film microelectronics
薄膜微型电路 thin film microcircuit
薄膜位移 membrane translation
薄膜温差电学 thin-film thermoelectrics
薄膜温度 film temperature
薄膜稳定(土)法 membrane stabilization
薄膜稳定土路 membrane stabilized soil road
薄膜稳定作用 membrane stabilization
薄膜屋面 membrane roofing
薄膜无源网络 thin-film passive network
薄膜物理学 thin-film physics
薄膜吸附剂 film absorber;pellicular adsorbent
薄膜吸收 sound absorption by film
薄膜吸收滤光片 absorption filter
薄膜纤维 film(-based) fiber[fibre]
薄膜显微术 thin-film microscopy
薄膜陷波滤波器 thin-film notch filter
薄膜橡胶 hull rubber
薄膜效应 film effect;membrane effect

B

薄膜形成 film formation; filming; pellicular formation
薄膜形成的 film-forming
薄膜形成剂 membrane forming concrete curing compound
薄膜形成器 film former
薄膜型发射 film emission
薄膜型离子交换剂 pellicular ion-exchanger
薄膜型树脂 pellicular resin
薄膜型蓄能器 diaphragm type accumulator
薄膜悬浮液光催化反应器 thin-film photocatalytic slurry reactor
薄膜旋转 membrane rotation
薄膜压力 diaphragm pressure; film pressure <凹状液面的>
薄膜压力表 membrane pressure ga(u)ge
薄膜压力分离法 <咸水淡化的> membrane-pressure separation
薄膜压力计 diaphragm pressure ga(u)ge; membrane pressure ga(u)ge; membranometer
薄膜压力调节 diaphragm pressure metering
薄膜盐度计 membrane salinometer
薄膜盐壳 pellicular salt
薄膜养护 <混凝土的> film curing; membrane curing
薄膜养护化合物 membrane curing compound
薄膜养护剂 membrane curing compound; membrane curing solution
薄膜养护剂的效率指数 efficiency index of membrane curing media
薄膜养护液 membrane compound; membrane curing solution
薄膜养生 membrane curing
薄膜养生剂 membrane curing compound
薄膜液舱型液化天然气运输船 membrane-type LNG carrier
薄膜阴极 lamel cathode
薄膜应力 membrane stress
薄膜应力干涉仪 film-stress interferometer
薄膜域 film-like domain
薄膜元件 thin-film component; thin-film element
薄膜原理 membrane theorem
薄膜增塑剂 film plasticizer
薄膜张力 membrane tension
薄膜蒸镀法 thin-film evapo(u)ration technique
薄膜蒸发 film evapo(u)ration
薄膜蒸发器 film evapo(u)rator; thin-film evapo(u)rator
薄膜蒸发试验 thin-film oven test
薄膜蒸馏 thin-film distillation
薄膜蒸涂 film evapo(u)ration
薄膜整流器 thin-film rectifier
薄膜止水 membrane waterproofing
薄膜止水的 membrane sealed
薄膜止水剂 membrane sealant
薄膜制备 film preparation
薄膜致动机构 diaphragm-operating mechanism
薄膜重叠 film overlay
薄膜柱 thin-film column
薄膜状沸腾 film boiling
薄膜组成 film composition
薄膜组合件 assembly of thin-films
薄膜作用 membrane action; membrane effect
薄磨耗层 thin carpet
薄木板 scale board; veneer
薄木板穹隆 timber lamella dome
薄木板制造的胶合板 veneer plywood; veneer plywood
薄木片 clip wood; shingle; splint; veneer; wood veneer
薄木片层夹板 laminboard
薄木片贴面的刨花板 veneer faced particle board
薄木片外饰 veneer
薄木片小屋顶 timber lamella cupola
薄囊的 leptosporangiate
薄泥浆 slurry
薄腻子涂层 sharp coat
薄盘菌属 <拉> Cenangium
薄坯 thin stock
薄皮 pellicle
薄皮的 thin skinned
薄皮鲕 superficial ooid
薄皮钢锭 thin-skinned ingot
薄皮构造 thin-skinned structure
薄皮焊条 light-coated electrode
薄皮孔菌 <拉> Ischnoderma
薄片 flake (film); flaking; lamel; lamellation; lamina [复 laminae/laminas]; laminar film; leafy; rasher; shave; sheeting; slice; thin plate; thin section; thin slice; wafer
薄片爆破装药 sheet demolition charge
薄片冰 flake ice
薄片玻璃 thin sheet glass
薄片剥裂 chip
薄片材料 lamellar material; sheeting
薄片材料边缘剪成曲线的 scalloped
薄片材料边缘剪切成曲线的 scolloped
薄片层 lamella; membrane
薄片铲 slice bar
薄片齿轮 web gear
薄片磁化 lamellar magnetization
薄片锉 warding file
薄片的制备 preparation of sections
薄片电阻率 sheet resistivity
薄片叠成的 laminated
薄片阀 feather valve
薄片法 slice method
薄片方解石 paper spar
薄片放射性计数 foil count
薄片分析 thin-section analysis
薄片光学系统 leaf optical system
薄片过滤器 fin filter
薄片击穿保险丝 film cut-out
薄片激冷金属 splat
薄片鉴定法 thinned section method
薄片胶合 veneering
薄片胶合安全玻璃 laminated safety glass
薄片结构 flake structure; laminal structure
薄片介质 laminated dielectric
薄片卷成的枪管 laminated barrel
薄片开关 diaphragm switch
薄片料 veneering
薄片铝芯 sheet alumin(i)um core
薄片铝制的颜料 flake alumin(i)um pigment
薄片木心夹板 lamina boards
薄片渠道像增强器 wafer channeltron image intensifier
薄片取样器 <用于未扰动土壤> foil sampler
薄片砂轮 disc wheel; sheet wheel; straight thin grinding wheel
薄片石棉 flaked asbestos
薄片石墨 flaked graphite
薄片石屑 thin flattish chips
薄片式热交换器 plate exchanger
薄片碎玻璃 <装饰用> diamantini; frost glass; glass frost; frost; tinsel; flake glass
薄片梯形犁铧 razor-blade share
薄片条 thin lead
薄片调谐 spade tuning
薄片铁芯 sheet core
薄片通道式倍增器 thin-wafer-channel multiplier
薄片形的 lamellate
薄片型消音防逆阀 wafer type silent check valve
薄片旋涡状手柄 foliated scroll-handle
薄片氧化铁 flaked iron oxide
薄片云母厚度 thickness of thin mica
薄片轧辊 laminating roller
薄片制动器 plate brake
薄片注浆法 sheet casting
薄片装饰的 foil decorating
薄片状 flaky
薄片状的 lamellar; laminar; laminate; sheet-like; tabulate
薄片状粉末 leafy powder
薄片状构造 flaky structure; foliated structure
薄片状结构 flaky texture; foliated texture
薄片状铝粉 flake(d) alumin(i)um powder
薄片状石墨 flaky graphite
薄片状填料 macerate
薄片组成的 laminated
薄片组合件 flake composite
薄平锉 blunt mill file; mill(blunt) file
薄平凿 thin flat chisel
薄屏模型 thin screen model
薄剖面 thin section
薄铅板 lead sheet; rolled lead; sheet lead
薄铅片 milled sheet lead
薄铅条 eight-to-pica leads
薄浅覆盖层 shallow earth cover
薄墙 allegory; perpend wall
薄墙壁铆件 thin-wall(ed) fixing
薄墙石膏粉饰 Scandinavian plaster
薄切割胶合板(饰面) thin-cut veneer
薄切片 slice
薄曲面玻璃 coquille; micoquille
薄全息光栅 thin hologram grating
薄刃刀 thin bladed knife; thin-edged knife
薄刃石锤 patent bush hammer
薄如纸 thin as a piece of paper
薄软炭质岩层 rashings
薄软炭质页岩 rashings
薄色层分离法 thin-layer chromatography
薄纱 gossamer; grenadine; tulle <丝质或尼龙>
薄纱罗 marquisette
薄纱织物 muslin
薄砂层 sand(ing) sheet
薄砂浆 sand(ed) grout
薄砂岩的 flaggy
薄石英片整流器 thyristor
薄式平面电阻器 metal foil resistor
薄饰单板 thin veneer
薄书写纸 writing tissue
薄水层模型 model(l)ing with thin layer of water
薄水浆 cement grout
薄水铝矿 boehmite
薄水泥浆 cement grout
薄水泥砂浆 slush
薄松板 slit deal
薄塑料涂层 liquid envelope
薄胎瓷 egg-shell china; egg-shell porcelain
薄胎陶 egg-shell pottery
薄贴法 thinset method
薄铁板 template; thin iron sheet
薄铁板壁 sheet-iron-siding
薄铁板搭接焊缝 plumb joint
薄铁板折板机 lock former
薄铁管 thin ga(u)ge conduit
薄铁铰链 bright light iron hinge
薄铁皮 sheet iron; tagger
薄铁振动片 sheet diaphragm
薄铜板 copperplate
薄铜管 light-ga(u)ge copper tube
薄铜皮 beaten copper; foliated copper; sheet copper
薄铜片 beaten copper; foliated copper
薄透镜 shallow lens; thin lens
薄透镜公式 lensmaker's formula
薄涂暗色 scumbling
薄涂层 lamination coating; light coating; shallow layer; skim coat; scumble
薄涂灰泥 single-coat plaster
薄涂料层纸 single coated paper
薄涂料焊条 lightly coated electrode; superfaced welding rod
薄涂涂料 scumble
薄土 poor land; thin soil
薄外衣 overdress
薄纹层构造 thin lamellar structure
薄纹层状 thin laminae
薄屋面板 shingle
薄锡层镀锡薄钢板 cokes
薄锡层(焦炼)镀锡薄钢板 coke tinplate
薄细布 plumety; Swiss muslin
薄镶板 sarking
薄相纸 single-weight paper
薄橡皮膏布 court plaster
薄斜纹呢 Beige
薄心墙坝 thin core dam; thin membrane dam
薄芯板的胶合板 veneer core plywood
薄锌板 sheet zinc
薄锌片 sheet zinc
薄形结构 thin structure
薄型电子台秤 low-profile electronic platform scale
薄型楼板 slim floor
薄型扬声器 thin(type) speaker
薄岩层 fine bed
薄样切片机 microtome
薄样硬度计 microdurometer
薄药皮 light coating
薄药皮焊条 light coating; lightly coated electrode; thin coated welding rod
薄页岩【地】foliate; paper shale
薄页纸 tissue paper
薄翼理论 thin air foil theory
薄印刷纸 tin printing paper
薄硬壳式集装箱 monocoque container
薄油层 oil sheet
薄油膜润滑 thin-film lubrication
薄油漆 lean paint
薄釉 starved glaze; thin glaze
薄釉质 dwarfed enamel; nanoid enamel
薄淤泥 shallow muck
薄雨衣 gossamer
薄缘的 feather-edged
薄源 thin source
薄凿 paring chisel
薄毡 paper felt; web <美国称法>; tissue <欧洲称法>
薄毡料 felt cloth
薄黏[粘]结层 thin-set
薄罩面 flash chamber; thin overlay
薄织物 casement cloth
薄纸 silk paper; tissue(paper)
薄纸板 cardboard; press paper
薄纸基厚度 single-weight thickness
薄纸区段客票 blank sectional ticket
薄纸式客票 blank ticket
薄纸造纸机 tissue machine
薄质涂料 thin coating
薄轴衬对轴和座的适应性 conforma-

bility of sleeve bearing
薄皱纹纸 creping tissue
薄爪凿 patent claw
薄砖 slips;splits
薄砖层 split course
薄紫铜板 copper sheet
薄嘴平口手钳 slim nose pliers

宝顶 tee

宝贵的 precious;valuable
宝贵意见 valuable advice; valuable suggestion
宝库 treasure-house;treasury
宝来公司数据存取方法 Burroughs data access method
宝来公司网络体系结构 Burroughs network architecture
宝球纹 mound
宝砂 emery
宝石 bijou; gem; jewel(ry); noble stone;precious stone
宝石玻璃 <多层套色并具有浮雕的玻璃器皿> cameo glass
宝石叉瓦 rubytine
宝石的斜面 bezel
宝石雕刻 cameo cut
宝石雕刻师 gemmary
宝石雕刻术 glyptography
宝石雕琢术 lapidary
宝石分析仪 gemstone analyser[analyzer]
宝石工(艺) lapidary
宝石光泽瓷器 jewelled ware
宝石红 ruby red
宝石红玻璃 cerise glass;ruby glass
宝石红光泽彩 ruby luster[lustre]
宝石红釉 ruby red glaze
宝石红着色剂 ruby stain
宝石互磨 bruting
宝石黄茶具 yellow jewel tea set
宝石及玉石矿产 gemstone and jadestone commodities
宝石级金刚石 gem grade diamond
宝石家 lapidarist
宝石检查镜 Gemolite
宝石鉴识家 lapidary
宝石匠锉 jeweler's file
宝石礁 pinnacle reef
宝石晶体 gem crystal
宝石矿床 precious stone deposit
宝石矿物 gem mineral
宝石蓝 jewelry blue
宝石蓝纹片釉 turquoise blue crackle glaze
宝石蓝釉碗 <瓷器名> bowl with sapphire blue glaze
宝石类 bijouterie
宝石砾层 gem gravels
宝石磨粉 glass putty
宝石钳 corn tongs
宝石商 lapidary
宝石烧结机 jewel sintering machine
宝石收藏者 lapidary
宝石收集者 lapidary
宝石头的 jewel-tipped
宝石镶嵌 cameo incrustation; gem mounting
宝石学 gemmary;gemnology
宝石轴承 jewel bearing
宝石轴承孔 jewel hole
宝石轴承生产设备 jewel bearing manufacturing equipment
宝石琢磨 gem cutting
宝塔 pagoda
宝塔灰岩 <中奥陶世>【地】pagoda limestone
宝塔建筑 <局部设防御工事,底层常为穹结构> bastil(l)e house
宝塔礁 pinnacle reef
宝塔轮 step-cone
宝塔轮皮带【机】belt of cone pulley
宝塔皮带轮 stepped cone
宝塔纱 cone bobbin; cone-shaped yarn
宝塔纱筒 cone package
宝塔石 pagoda stone;pagodite
宝塔石灰岩 pagoda limestone
宝塔式传墨辊 pyramid roller
宝塔式滑轮 cone pulley;stepped pulley
宝塔糖形 sugar-loaf fashion
宝塔筒管 cone core
宝塔筒子络纱机 cone winder; cone winding machine
宝塔线 cotton sewing thread on cone;sewing thread on cone
宝塔形 sugar-loaf fashion
宝塔形台 tier table
宝塔纸管 paper cone
宝源局 coinage office
宝藏 buried treasure;precious deposit;treasury
宝座 throne

饱冰冻土 saturated ice frozen soil

饱冰度 degree of saturation of ice
饱含水的地层 water-saturated bed; water-saturated formation
饱含水的岩层 water-saturated bed; water-saturated formation
饱含油砂 oil-saturated sand
饱和 impregnate
饱和氨 saturated ammonia
饱和百分比率 percent saturation
饱和百分率 percentage of saturation; saturation percentage
饱和百分数 percentage saturation; saturation percentage
饱和比 saturation ratio
饱和比湿度 saturation specific humidity
饱和变压器 saturation transformer
饱和标准矿物 saturated normal mineral
饱和表面 saturated surface
饱和表面干燥 saturate surface dry
饱和不足 saturation-deficient
饱和材料 saturated material; saturating material
饱和参量 saturation parameter
饱和参数 parameter of saturation; saturation parameter
饱和测试 saturation testing
饱和层 phreatic zone;saturated zone; saturation zone;zone of saturation
饱和层换算系数 saturated converted coefficient
饱和差 saturation deficiency; saturation deficit;vapo(u)r pressure deficit
饱和产量 saturation output
饱和常数 saturation constant
饱和场(强) saturation field
饱和车间 saturating plant
饱和车流 <公路及城市交通> saturation flow;saturated flow
饱和车头时距【交】saturation headway
饱和程度试验 saturation test
饱和储存时间 saturation storage time
饱和触发器 saturated flip-flop
饱和传导率 saturated conductivity
饱和传信系统 saturation signalling system
饱和磁感应强度 saturation flux density;saturation induction density
饱和磁化 saturation magnetism; saturation magnetization
饱和磁化强度 saturation magnetization intensity
饱和磁记录 saturation magnetic recording
饱和磁矩 saturation magnetic moment
饱和磁路 saturable magnetic circuit
饱和磁强计 saturation magnetometer
饱和磁通 saturation flux
饱和磁通密度 saturation magnetic flux density
饱和磁芯矩阵 saturable-core magnetic matrix
饱和磁滞回线 saturation hysteresis loop
饱和带 saturated belt;saturated zone; saturation zone;zone of saturation
饱和单位重量 saturated unit weight
饱和导水率 saturated conductivity
饱和的 saturated;saturating
饱和的空气混合物 saturated air mixture
饱和的膨胀软木砖 saturated expanded cork brick
饱和的市场 saturated market
饱和的油 fat oil
饱和等温剩余磁化强度 saturation isothermal remanent magnetization
饱和等温线 saturation isotherm
饱和点 point of saturation; saturating point; saturation point; saturation temperature
饱和点的横坐标 abscissa of saturation point
饱和点压力 saturation-point pressure
饱和电动机 saturation motor
饱和电感 saturated inductance
饱和电荷 saturation charge
饱和电抗 saturation reactance
饱和电抗法 saturated reactance method
饱和电抗防滑控制 transductor slip control
饱和电抗器 saturable(-core) reactor; transductor
饱和电抗器型交流弧焊机 saturable reactor AC arc welder
饱和电抗器元件 transductor element
饱和电流 saturation current
饱和电流范围 saturated current range
饱和电流密度 saturation current density
饱和电路 saturated circuit
饱和电平 saturation level
饱和电位 sticking potential
饱和电压 saturation voltage
饱和电子枪 saturated gun
饱和电阻 saturation resistance
饱和动态 <多孔介质中的> saturation regime
饱和度 degree of saturation; demand-capacity ratio; percentage humidity; percent saturation; saturability; saturation coefficient; saturation level; saturation ratio; saturation degree <信号交叉口进口道或车道中实际到达流量与通行能力之比>; X values <用于交通信号配时中>
饱和度从低到适中 cameo
饱和度大 high saturation
饱和度减少 desaturation
饱和度校正 saturation correction
饱和度控制压实 compaction control by degree of saturation
饱和度调节 saturation control
饱和度调整 saturation control
饱和度小 low saturation
饱和度指数 saturation index
饱和度中等 medium saturation
饱和度中值的毛细管压力 capillary pressure at saturation medium value
饱和多元酸 saturated polybasic acid
饱和(额)度 saturability
饱和扼流圈 direct current controllable reactor; saturable reactor; saturated core reactor
饱和二极管 saturated diode
饱和二相土 saturated two-phase soil; saturation two-phase soil
饱和二相土状态 saturated two-phase condition
饱和(方)法 method of saturation; saturation method
饱和放大 saturation amplification
饱和放射性(强度) saturation activity;saturated activity
饱和非承压流 saturated unconfined flow
饱和沸腾 saturation boiling
饱和分析法 saturation analysis
饱和辐射 saturation irradiation
饱和复合率 saturated recombination rate
饱和甘汞电极 saturated calomel electrode
饱和感应 saturation induction
饱和感应线圈 saturable inductor
饱和骨料 saturationaggregate
饱和固溶体 saturated solid solution
饱和光电流 saturation photocurrent
饱和光谱学 saturation spectroscopy
饱和含量 saturation content
饱和含沙量 saturated sediment content;saturated silt charge
饱和含沙量比例 scale of saturated sediment content
饱和含湿量 saturation humidity ratio
饱和含水量 saturating capacity; saturation capacity; saturation moisture content
饱和含水率 percentage of saturated water content; saturation moisture content
饱和合成树脂 synthetic(al) resin saturated
饱和合金 saturated alloying
饱和轰炸 saturation bombing
饱和厚度 saturated thickness; saturation thickness
饱和化合物 saturated compound
饱和恢复法 saturation resume method
饱和混合比 saturation mixing ratio
饱和混合物 saturated mixture
饱和活性 saturation activity
饱和活性炭 saturated activated carbon
饱和积分器 saturating integrator
饱和激励 saturation activation
饱和极化 saturation polarization
饱和极限 saturation limit
饱和记录 saturation recording
饱和剂 saturant; saturating agent; saturator
饱和价格 satiety price
饱和间隙水量 interstitial water saturation
饱和交叉口 saturated junction
饱和交通 saturated traffic
饱和交通量 saturation traffic flow; saturation traffic volume
饱和交通量比率 saturation flow rate
饱和交通枢纽 saturated junction
饱和介质 saturated media
饱和界线 saturation boundary
饱和界限 saturation boundary

饱和浸出液 saturation extract
饱和聚酯树脂 saturated polyester resin
饱和绝热过程 saturation-adiabatic process
饱和绝热率 saturation-adiabatic rate
饱和绝热倾率 saturation-adiabatic lapse rate
饱和绝热线 moist adiabat; wet adiabat; saturation adiabat
饱和绝热直减率 saturated-adiabatic lapse rate
饱和勘察 saturation prospecting
饱和抗流圈 saturable choke
饱和抗压强度 saturation compression strength
饱和颗粒材料 saturated granular material
饱和空气 moisture-laden air; saturated air
饱和空气温度 saturation air temperature
饱和孔隙比 zero air void ratio
饱和孔隙介质 saturated pore medium
饱和控制 saturation control
饱和矿物 saturated mineral
饱和扩张器 saturation spreader
饱和力矩 saturation moment
饱和沥青 saturating asphalt
饱和砾石 saturated gravel
饱和砾石容重 unit weight of saturated gravel
饱和砾质黏[粘]土 saturated gravelly clay
饱和链烃 saturated acyclic (al) hydrocarbon
饱和量 amount of saturation; capacity of saturation; saturating capacity
饱和流量 saturated flow; saturation flow; saturation volume
饱和流量率 saturation volume rate
饱和流速率 saturated flow speed
饱和率 factor of saturation; percentage of saturation; percent saturation; saturation factor; saturation ratio
饱和绿灯时间 saturated green time
饱和氯酸钾溶液 saturated potassium chlorate solution
饱和逻辑 saturation logic
饱和毛细管水头 saturation capillary head
饱和密度 saturated density; saturation density; zero air void density
饱和面 plane of saturation; saturation level; saturation plane; saturated surface
饱和面干 saturated surface dry
饱和面干的 <集料饱水后表面风干> saturated-surface-dried
饱和面干试样 saturated-surface-dried sample
饱和面干吸水率试样 saturated-surface-dried moisture retention tester
饱和面干重骨料 saturated-surface-dry weight
饱和面干重集料 saturated-surface-dry weight
饱和面干状态 saturated-surface-dried condition; saturated-surface-dry condition
饱和抹音法 saturated erase
饱和能力 capacity of saturation; saturability; saturation capacity
饱和能量 saturated energy; saturation energy
饱和黏[粘]土 saturated clay; waterlogged clay
饱和黏[粘]土层 saturated clay stratum
饱和黏[粘]土沉积物 saturated clay deposit; saturated clay sediment
饱和黏[粘]土样 saturated clay sample
饱和黏[粘]性土 saturated cohesive soil
饱和浓度 saturated concentration; saturation concentration
饱和浓缩 saturation concentration
饱和膨胀应力 saturation swelling stress
饱和坡 saturated slope
饱和坡面漫流 saturation overland flow
饱和期 period of saturation
饱和起动器 saturation starter
饱和气浮(法) saturation flo(a)tation
饱和气石油 saturated oil
饱和气压 saturated pressure; saturation vapo(u)r pressure
饱和气压计 tens(i)ometer
饱和气油藏分布区 distribution area of saturated oil pool
饱和汽水混合物 saturated steam-water mixture
饱和器 saturer
饱和器操作员 saturator operator
饱和器煤气分配伞 saturator bell
饱和潜水 saturation dive[diving]
饱和潜水记录 saturation diving record
饱和潜水平台 saturation diving platform
饱和潜水系统 saturation diving system
饱和潜水员 saturation diver
饱和潜水装置 saturation diving apparatus
饱和强度 saturated strength; saturation intensity
饱和区检测井 monitoring well of saturated zone
饱和区(域) zone of saturation; saturated zone; saturation area; saturation range; saturation region; saturation zone
饱和曲线 saturation curve; zero air void curve
饱和热直减率 saturation-adiabatic lapse rate
饱和人口 asymptotic(al) population
饱和容量 capacity of saturation; saturated unit weight; saturation capacity
饱和容重 saturated unit weight; unit weight in saturated state
饱和溶度 saturation solubility
饱和溶解氧量 saturated dissolved oxygen; saturation dissolved oxygen
饱和溶解氧浓度 saturated dissolved oxygen concentration
饱和溶解氧水平 saturated dissolved oxygen level
饱和溶液 saturate(d) [saturation] solution
饱和溶液沉积物 saturite
饱和溶液池 saturator
饱和溶质扩散法 saturated solute diffusion method
饱和软黏[粘]土 saturated soft clay
饱和色 deep colo(u)r; full shade; heavy shade; killed colo(u)r; saturated colo(u)r; saturation colo(u)r
饱和色度调整 colo(u)r-saturation control
饱和砂 saturated sand
饱和砂和砾石 saturated sands and gravels
饱和砂区 saturated sand zone
饱和剩磁 maximum remanent flux; saturation remanent flux
饱和剩余磁平 saturation remanent level
饱和湿度 saturated humidity; saturated moisture; saturation humidity; saturation moisture content
饱和湿度混合比 saturated humidity mixing ratio
饱和湿空气 saturated moist air
饱和湿胀应力 saturation swelling stress
饱和石灰 maximum lime; saturation lime
饱和石脑油 rich naphtha
饱和时间 saturated time; saturation time
饱和时间常数 saturation time constant
饱和式磁力仪 saturation type magnetometer
饱和试验 saturation testing
饱和试样 saturated sample; saturated specimen; wet sample
饱和收集 saturation collection
饱和树脂 resin saturated
饱和树脂纸 resin-loaded paper
饱和水 imbibition water; saturated water; saturation water; water of saturation
饱和水层 water-saturated layer; water-saturated stratum
饱和水流 saturated flow
饱和水面 level of saturation; water-table
饱和水泥 impregnated cement
饱和水平 saturated level; saturation level
饱和水气 saturation vapo(u)r
饱和水气压 saturation water vapo(u)r pressure
饱和水溶液 saturated aqueous solution
饱和水位(潜水面) line of saturation
饱和水蒸汽 moist steam; saturated steam
饱和水蒸汽压力 saturation water vapo(u)r pressure
饱和速度 saturated velocity; saturation speed; saturation velocity
饱和速率 saturation rate
饱和酸 saturated acid
饱和损耗 saturation loss
饱和塔 saturation tower; saturator
饱和碳环 saturated carbon ring
饱和碳氢化合物 saturated hydrocarbon
饱和特性 saturated characteristic; saturation characteristic
饱和特性曲线 saturation characteristic curve
饱和特征 saturating characteristic
饱和特征曲线 saturation characteristic curve
饱和梯度 saturated gradient; saturation gradient
饱和提取(液) saturation extract
饱和体积 saturation volume
饱和条件 saturated working condition; saturation condition
饱和条件下的性状 performance under saturated condition
饱和铁芯 saturable core; saturated core
饱和铁芯扼流圈 saturable-core reactor
饱和铁芯发电机 saturable-core generator
饱和铁芯稳压器 saturation core regulator
饱和烃 satisfied hydrocarbon; saturated hydrocarbon
饱和烃/芳烃 saturated hydrocarbon/aromatic hydrocarbon
饱和烃含量 content of saturated hydrocarbon
饱和通量 saturation flux
饱和通量密度 saturation flux density
饱和透水性 saturated permeability
饱和土 saturated ground; saturated soil; saturation ground; saturation soil
饱和土的损坏状况 failure condition in saturated soil
饱和土浆 saturation soil paste
饱和土密度 density of saturation soil
饱和土壤 aqueous soil; saturated soil
饱和土壤传导度 saturated conductivity
饱和土壤带 aqueous soil zone; saturated soil zone
饱和土容重 unit weight of saturated soil
饱和土液化 liquefaction of saturated soil
饱和温度 saturated temperature; saturating temperature; saturation temperature
饱和无环烃 saturated acyclic(al) hydrocarbon
饱和吸附剂 saturated adsorbent
饱和吸附容量 saturated adsorptive capacity
饱和吸收 saturable absorption; saturated absorption
饱和吸收峰 saturated absorption peak
饱和吸收光谱 saturation-absorption spectrum
饱和吸收染料锁模 mode-locking by saturable dye
饱和吸收稳频 saturated absorption frequency stabilization
饱和吸收油 rich oil
饱和吸水率 coefficient of water saturation
饱和系数 factor of saturation; saturated coefficient; saturated factor; saturation coefficient; water-saturated coefficient; absorption ratio <指建材吸水量>
饱和线 line of saturation; liquid-vapo(u)r-coexistence curve; percolation line; saturated line; saturation line
饱和线圈 saturable inductor
饱和限度 limit of saturation; saturation limit
饱和限幅 saturation limiting
饱和限幅器 saturation limiter
饱和限制 saturation constraint
饱和相 saturating phase
饱和消磁法 saturated erasure
饱和效率 saturation efficiency
饱和效应 saturation effect
饱和信号 saturating signal; saturation signal
饱和型电路 saturation type circuit
饱和型逻辑电路 saturated logic circuit
饱和性骨料混凝土 expanded aggregate concrete
饱和性集料混凝土 expanded aggregate concrete
饱和虚温度 saturated virtual temperature
饱和压降 saturation voltage drop
饱和压力 bubble point pressure; pressure of saturation; saturation pressure
饱和压力泵 bubble point pump
饱和压力点 bubble point; bubbling

point
饱和亚甲基二苯基二异氰酸酯 saturated methylene diphenyl-4
饱和岩石 impregnated rock;saturated rock
饱和岩体 saturated rock mass
饱和盐溶液 saturated brine
饱和盐水 saturated brine
饱和盐水冲洗液【岩】saturated salt-water drilling fluid
饱和盐水浮集法 saturated saline flo-(a)tation method
饱和盐水泥浆 saturated salt mud
饱和样品 saturated sample
饱和幺重 saturated unit weight
饱和液 saturated liquefaction
饱和液的混合溶蚀 mixed corrosion of saturated solution
饱和液体 saturated liquid;saturation liquid
饱和液线 saturation liquid line
饱和异构现象 saturation isomerism
饱和因数 saturation factor
饱和因子 saturation factor
饱和永久冻土 saturated permafrost
饱和油 fat oil;saturated oil
饱和油毡 <浸透沥青的油毛毡> saturated felt
饱和釉 saturated glaze
饱和淤泥 saturated silt
饱和原状土 saturated undisturbed soil
饱和原状土样 saturated undisturbed sample
饱和噪声 saturated noise;saturation noise
饱和张力 saturation tension
饱和蒸气 saturated vapo(u)r
饱和蒸气压法 saturation vapo(u)r pressure method
饱和蒸气压和冷却剂最小温差点 pinch-point
饱和蒸气压力 saturated vapo(u)r pressure;saturation vapo(u)r pressure
饱和蒸气张力 saturation vapo(u)r tension
饱和蒸汽 saturated steam
饱和蒸汽表 saturation steam table;table of saturated steam
饱和蒸汽管 saturated steam pipe
饱和蒸汽锅炉 wet steamer
饱和蒸汽机车 saturated steam locomotive
饱和蒸汽汽缸机油 saturated steam cylinder oil
饱和蒸汽压力 saturation steam pressure
饱和脂肪醇二羧酸酯 saturated fatty alcohol dibasic acid ester
饱和脂肪酸 saturated fatty acid
饱和脂肪烃 saturated aliphatic hydrocarbon
饱和脂肪族化合物 saturated aliphatic compound
饱和值 saturation value
饱和纸 saturated paper
饱和指数 Langelier index;saturated index
饱和重度 saturated unit weight
饱和重量 saturated weight
饱和周期 saturation period
饱和转移 saturation transfer
饱和状态 saturated state;saturated (working) condition;saturation condition;state of saturation;saturation state
饱和自耦变压器 saturable autotransformer
饱和自由面水流 saturated free-face flow
饱和组分 saturating composition
饱和作用 saturation
饱满 fullness;satiation
饱满感 satiety
饱满灌浆 fully grouted
饱满性 full weight
饱满种子 full seed
饱满籽粒 full seed;plump seed
饱凝分晶体 cryohydrate
饱气带 aerated zone;aeration zone;zone of aeration
饱气带湿度动态 moisture regime(n) in aeration zone
饱气带水 suspended water
饱气带水分观测 moisture observation in aeration zone
饱气带水分运移测试工程 testing project for moisture transporting in aeration zone
饱气水 aerated water;aqueous soil
饱水百分率 percentage of saturation
饱水带 saturated belt;saturated zone;zone of saturation
饱水的 moisture-laden;water-saturated;water saturation;water-soaked
饱水法 inundation method
饱水骨料 moisture-laden aggregate
饱水裹覆含水量 <集料饱水不擦去表面裹覆水的含水量> saturated-coating water content
饱水集料 moisture-laden aggregate
饱水率 rate of saturation;saturated water-absorptivity
饱水率试验 saturated water content test
饱水率系数 water saturation coefficient
饱水黏[粘]土 saturation clay;water-layered clay
饱水期 soaking period
饱水缺氧的 aquic
饱水砂 inundated sand
饱水试验 water saturated test
饱水土(壤) aqueous soil water-saturated soil;saturation soil
饱水系数 saturation coefficient
饱水岩层 water saturation rock layer
饱水岩石 saturated rock
饱水状态 water saturated state

保安措施 safe(ty) control;safety measure;security control;security measure

保安带 gird;safety belt
保安刀架 safety razor
保安的 protective
保安电路 safety circuit
保安电源 emergency power supply
保安短路器 battle short
保安断路器 safety cutout
保安队(的总称) constabulary
保安阀 pressure limiting valve;pressure-relief valve;safety relief valve
保安放电器 safety spark gap
保安工程学 safety engineering
保安规程 safety regulation
保安规章 safety regulation
保安互锁装置 protective interlock
保安技术 safety engineering;safety technics;safety technique
保安继电器 guard relay;safety circuit relay
保安接地网 protecting grounding network
保安警灯 warning light
保安开关 safety cutoff
保安控制 safe(ty) control
保安控制装置 safe control;safety control
保安矿柱 protecting pillar
保安联动 guard lock
保安联锁 safety interlocking
保安链 check chain;safety chain
保安链 U 形夹 check chain clevis
保安器 protected cut-out;protector;safety cutout
保安器机盘 protector rack
保安器架 hook guard;protector frame;protector rack
保安器组件 protector block
保安器座 protector base
保安设备 safety apparatus
保安设计 conservative design
保安水平 security level
保安条件 safety condition
保安跳闸 protective trip
保安亭 safe kiosk
保安系统 protective system
保安隙 gap;protector gap
保安线路 crowbar circuit
保安信号系统 protective signal(l)ing system
保安装置 protecting device;protection device;protective device;safety appliance
保安装置试验 protection device test
保本 break-even
保本点 break-even point
保本点分析 break-even analysis
保本分析 break-even analysis;break-even chart
保本分析图 chart for break even analysis
保本概率 break-even probability
保本积载因素 break-even load factor
保本计算 break-even computation
保本计算法 break-even method
保本价格 break-even price
保本模式 break-even model
保本投资 break-even investment
保本图 break-even chart;break-even graph
保本销售额 break-even dollar sales;break-even revenue
保本销售量 break-even sales volume;break-even units
保本运价 break-even freight rate
保本运量 break-even traffic volume
保残木 hold-over
保藏 conservation;preservation;preserve;reposit
保藏处理 curing
保藏的 conservative
保藏费 carrying cost;holding cost
保藏柜 conservator
保藏培养基 storage medium [复media]
保藏所 preservatory
保藏物 preserve
保藏液 preservative fluid
保测变换 measure preserving transformation
保测度变换 measure-preserving transformation
保持 hold;holdfast;maintaining;preservation;sustain(ing)
保持安全距离 wide berth
保持安匝 holding ampere turn
保持按钮 hold button
保持按下制表键 hold-down tabulator key
保持棒 holding bar
保持不跌落(价格) keep up
保持铲刀垂直的斜撑 <推土机> vertical blade strut
保持畅通 keep open
保持储备 maintenance of stock
保持船舶进坞对中的牵引小车 ship centering trolley
保持船级 maintenance of class
保持磁铁 holding magnet
保持带 retainer belt
保持道路视距权 sight-line easement
保持的 holding
保持电键 holding key
保持电流 holding current;keeper current
保持电流值 holding value of current
保持电路 hold(ing) circuit;lockout circuit;retaining circuit;stick circuit
保持电容器 hold capacitor
保持电压 sustaining voltage
保持电子枪 holding gun
保持电子束 holding beam
保持队列 hold queue
保持耳子 retaining lug
保持阀 holding valve;maintaining valve
保持范围 hold in range
保持方式 hold mode
保持放大器 hold amplifier
保持费用 holding cost
保持粉沙随水流运动的流速 nonsilting velocity
保持浮泊 be always afloat
保持符号 hold mark
保持复位 hold reservoir;hold reset
保持干燥 keep(ing) dry
保持钩 retaining lug
保持固定 remain stationary
保持故障 hold-over fault
保持故障法 methods of hold-over fault
保持故障系统 hold-over system
保持海上航行 keep the sea
保持航向 go as course;keep course
保持航向不变 stand upon the course
保持航向和速度不变 stand on
保持合闸机构 hold-closed mechanism
保持河道平衡的流量 regime(n) discharge
保持荷载装置 load holding device
保持恒温 homoiothermism;homoiothermy;homothermism
保持环 retaining collar
保持机构 retaining mechanism
保持基准收益 keeping bench income
保持记忆装置 hold register
保持继电器 guard relay;hold(ing-on) relay;retained relay;retaining relay;stick relay
保持继电器电路图 stick relay scheme
保持寄存器 holding register
保持架 cage;holder;retainer
保持架边框 side plate of cage
保持架球兜孔 cage ball pocket
保持架损坏 cage failure
保持检修完善 keep in repair
保持件 keeper
保持建筑外貌的守约 facade easement
保持键 hold key
保持接触 maintain contact
保持接点 holding contact;retaining contact
保持经常供应 keep up regular supply
保持开放 keep open
保持开放装置 hold-clear assembly;hold-clear attachment
保持开关晶体管 hold switch transistor
保持空气的物质 air-retaining substance
保持库存 holding stock
保持缆绳受力 keep the lings tight
保持冷藏 keep cool

B

保持离岸航行 keep and offing
保持离地远些航行 keep a good offing
保持力 confining force; holding force; holding power; retentive force; retentive power; retentivity
保持力矩 holding torque
保持联络 keep in touch with
保持梁底与钢结构件固定距离的间隔物 soffit spacer
保持良好性能 keep in repair
保持良好状态 well-being
保持率 conservation rate
保持落下磁通 holding-down flux
保持门开启探测器 door hold-open detection
保持门开启装置 door hold-open device
保持秘密的 undisclosed
保持密封 keep tight
保持模式 hold-over mode; hold pattern
保持能力 holding capacity; retentivity
保持排队 hold queue
保持频率 holding frequency
保持平衡 keep balance; libration
保持坡度 maintain at grade
保持器 keeper; maintainer; retainer
保持器电压 keeper voltage
保持强度 holding strength
保持请求 hold request
保持缺口 holding notch; stop notch
保持确认信号 hold acknowledge signal
保持绕组 holding winding; retaining winding
保持润滑的轴承 bearer with lubrication
保持润滑油的能力 oil-retaining property
保持生态平衡 keep ecologic(al) balance
保持湿度的 retentive
保持湿润的 moist-cured
保持时间 holding period; hold(ing) time; retention time; storage time
保持时间给定装置 holding time setter
保持实际资本 real capital maintenance
保持式 freeze mode
保持水分的土壤 retentive soil
保持水土 conservation of both moisture and soil
保持水土耕种 conservation farming
保持踏板 hold pedal
保持铁路轨距的钢标尺 bridle rod
保持通航水深 maintaining the navigable depth
保持同步 hold-in; syn-hold
保持同步范围 retention range
保持土壤肥力 conserving soil fertility; preservation of fertility
保持完好 survive
保持完整 be kept perfectly
保持望见陆地 keep the land aboard
保持位 holding position
保持位置 holding position
保持稳定的缆索 stabilization cable
保持稳定压力 maintenance of pressure
保持吸收作用 remain function of absorption
保持系 B-line; maintenance line; maintainer line
保持系数 retention coefficient; retention factor
保持下风位置 keep to leeward
保持衔铁 holding armature
保持现场能力 hold facility
保持现场整洁 keep site clear
保持线 holding wire
保持线圈 holding(-on) coil; holding out coil; holding winding; hold-in winding; locking coil; retaining coil; retaining winding
保持相对振幅处理 relative amplitude conserved processing
保持信号 inhibit(ing) signal
保持信息表 hold list
保持性 holdout; retentivity
保持压力 keeping under pressure; keep up pressure; pressure upkeep
保持压力装置 pressuriser [pressurizer]
保持沿海岸航行 keep the land aboard
保持阳极 holding anode
保持要求 hold request
保持页面队列 hold page queue
保持因数 holding factor
保持阴凉 keep cool
保持应答 hold acknowledge
保持优势 hold on to our favorable position in
保持油饱和 remaining oil saturation
保持与陆地接触 hold on the land
保持元件 holding element
保持原航向 keep head on
保持原始价值 keep aboriginal
保持原样 keep intact
保持在叠标线上 keep on the transit
保持在海岸挡风航线上 keep under the lee of land
保持在视界范围内 keep in sight
保持在一起航行 keep consort
保持闸 holding brake
保持者 keeper
保持真空度不变 keep the vacuum constant
保持振幅反褶积 preserve amplitude deconvolution
保持振幅剖面 maintenance amplitude section
保持整齐 keep in order
保持正横方位 bear abeam
保持正后方方向 bear astern
保持正直 be kept upright
保持直立 Keep upright
保持指令 hold instruction
保持制动器 holding brake
保持制动作用 braking
保持秩序 keep in order
保持周期 holding period
保持转矩 holding torque
保持装填量 holding charge
保持装置 holding device; holdings; hold-off device; stay-put device
保持状态 freeze mode; hold mode; interrupt mode
保持纵坡 maintain at grade
保持最大塑性压力的时间 dwell time
保持作用 holding action
保磁铁片 keeper
保磁用衔铁 keeper of a magnet; magnet keeper
保存 conservation; conserve; hold(ing); preservation; preserve; preserving; saving
保存不好 out of condition
保存到请求传输 hold for delivery on request
保存的 preservative
保存的热量 retained heat
保存电子枪 holding gun
保存反射 preservative reflex
保存范例 model of preservation
保存费 necessary expenses
保存国 depositary
保存记录 keeping records
保存记录与工作条理 keeping records and orderliness
保存剂 conserving agent; preservative agent
保存寄存器 save register
保存建筑材料 building material saving
保存类别 retention class
保存(例行)程序 save routine
保存量 reserve capacity
保存命令 hold-over command
保存能力 hold capacity; hold facility
保存年龄 retention ages
保存期 keeping period; keeping time
保存期检查 retention period check
保存期限 shelf life; storage life; storage property; storaging time; pot life <液体物>
保存器 conservator
保存区 conservation zone; preserve; save area
保存区表 save area table
保存区描述体 saved area description entry
保存生命 survive
保存时间 holding period; preserve time
保存式 hold mode
保存文件 hold file
保存物 conservative; tenement
保存物证 preservation of physical evidence
保存系统 saved system
保存性 durability
保存性污染物 conservative pollutant
保存性物质 conservative substance
保存序列 saving sequence
保存语句【计】save statement
保存者 conservator; preserver
保存值 save value
保存指令 hold instruction; save instruction
保存周期 retention period
保存自己 self-preservation
保存自然 nature reserve
保单 guaranteed warranty; guarantee slip; insurance certificate; policy; warranty
保单持有人 policy holder
保单负债 warranty liability
保单满期 expiration of policy
保单审查处 stamping office
保定带 casting harness
保冻塑料袋 Iporka
保兑 confirm(ation)
保兑保证金 confirming margin
保兑不可撤销委托购买证 confirmed irrevocable authority to purchase
保兑不可撤销信用证 confirmed irrevocable credit
保兑跟单信用证 confirmed documentary credit
保兑公司 confirming house
保兑手续费 confirmation commission; confirming charges
保兑信用卡 guaranteed letter of credit
保兑信用证 confirmed letter of credit; cumulative letter of credit
保兑银行 confirmed bank; confirming bank
保额 amount in force; cover; coverage
保额过高的保险 over-insurance
保尔-邦内尔试验 Paul-Bunnell test
保费保险 premium insurance
保费付足的保险单 paid-up policy
保费基数条款 centum clause
保费借款 premium loan
保费量 volume of premium
保费率 insurance ratio
保费数额 volume of premium
保费账单 premium statement
保费准备金 premium funds; premium reserves
保付比率 coverage ratio
保付货价合同 del credere agreement
保付书 confirmed order; confirming order
保付银行 certifying bank
保付运费 guaranteed freight
保付证券 assumed bonds
保付支票 cashier's cheque; certified check; certified cheque
保干器 desiccator; exsiccator
保关税货物 goods under customs bond
保管 custody; housekeeping; keeping; safe custody; safe-keep(ing); take care of
保管不良 faulty storage
保管仓库 custodial warehouse
保管处 depot
保管的 custodial
保管费(用) housing cost; inventory carrying cost; keeping expenses; storage cost; carrying charges; cost of upkeep; custodian fee; custody charges; safe custody charges; safe-keeping fee; shelter cost; storage; storage charges; storage expenses
保管公司 safe deposit company
保管合同 contract of deposit
保管基金 custodian fund
保管及处理费用 keeping and handing expenses
保管库 safe custody vault; safe deposit vault; vault; wardrobe <皇族和贵宅的>
保管库房 vault
保管面积 custodial area
保管品 articles in custody
保管期 maintaining period; period of custody and control
保管人 custodian; custos; depositary; keeper
保管人员 depository; storeman
保管人责任 custodianship
保管人资格 custodianship
保管设备 storage facility
保管设备的登记 keeping equipment records
保管设备记录 keeping equipment records
保管时间 storage time
保管室 storeroom; wareroom
保管收据 deposit(e) receipt
保管条例 care and maintenance regulations; storage regulation
保管图纸 custody of drawings
保管箱 safe(ty)-deposit box
保管信托公司 depository trust company
保管业务 custodian service
保管员 guardian; storekeeper; storeman; warden
保管账簿记 custody account bookkeeping
保管账费用 custody account charges
保光性 gloss retention
保果 fruit retention
保过险的私人抵押财产 private insured mortgage
保函 guarantee letter; letter of guarantee; surety bond
保函格式 specimen of letter of guarantee
保函释放 bond release
保弧触点 keep-alive contact
保弧电弧 keep-alive arc
保弧电极 holding electrode; keep-alive electrode

保弧电路 keep-alive circuit
保弧阳极 keep-alive anode
保护 aegis; conservancy; custody; guard(ing); indemnify; lockout; overshadow; patronage; protect(ing); safeguard(ing); safe-keeping; shelter; shield(ing); tutelage; wardship
保护岸线 protection shoreline
保护板 armo(u)r block; armo(u)r plate; fender apron; fender board; free board; guard plate; patent protective; protected apron; protection board; fender <壁炉的>
保护板侧板 side skirt of the fender
保护板导杆 fender guide
保护板的衬板 fender welt
保护板灯 fender lamp
保护板防溅罩 fender splash shield
保护板架 fender bracket
保护板减声片 fender anti-squeak
保护板拉条 fender brace
保护板末端 extremities of fenders
保护半径 radius of protection
保护包装 protecting cladding; protective packing
保护绷带 protective bandage
保护比 protection ratio
保护标准 <土地等> conservation standard
保护玻璃 cover glass; front glass; safety glass
保护薄膜 protective film; safety film; protective membrane
保护部件 guard block
保护操作者的结构 operator protective structure
保护层 anti-abrasion layer; armo(u)r course; armo(u)r(ed) coat; cover(ing); cover(ing) layer; inhibitory coating; maskant; mat coat; preventive coating; protecting film; protecting layer; protecting skin; protection blanket; protection course; protection layer; protective blanket; protective coat(ing); protective course; protective cover(ing); protective facing; protective layer; protector; resist; sealer; sealing coating; surface layer; armo(u)red course <道路路面的>
保护层沉浸涂镀法 dip process
保护层垫块 cover block; cover tile
保护层厚度 covering depth; thickness of retaining layer
保护层混凝土 cover concrete; covercrete
保护层金属膜 lagging gauze
保护层塑料垫环 plasclip; plaslip
保护层脱落 sag of protecting coating
保护衬里 protective lining
保护充注 holding charge
保护臭氧层公约 Conversion for the Protection of the Ozone Layer
保护臭氧层会议 Saving the Ozone Conference
保护臭氧层维也纳公约 Vienna Convention for the Protection of the Ozone Layer
保护处理 protective finish
保护催化剂 guard catalyst
保护存储器 protected storage
保护存储区 protected storage area
保护存款 deposit(e) for safe custody
保护措施 cocooning; conservation measure; precaution; prevention ensure; prevention measure; protection method; protective measure; safeguard(practice)
保护大气行动计划 action plan for the protection of the atmosphere
保护大气宣言 Declaration on the Protection of the Atmosphere
保护大自然及生物资源国际联合会 International Union for the Conservation of Nature and Living Resources
保护带 boundary belt; guard band; guard row; protecting screed; protective tape
保护袋 protecting bag
保护单元 protected location
保护挡板 protective masking
保护导管 armo(u)r tubing
保护导线 guard wire
保护倒换计数 protection switching count
保护道岔 protective points; trap points
保护的 protected; protective
保护的电动机 protected motor
保护的识别原则 tagged approach
保护灯 guard lamp; protection lamp
保护等级 degree of protection; protection glass; protection grade
保护底板的防冲钢板 floor armor
保护底漆 protecting primer
保护地 area under glass; frame area; protected area; protective earth; protective ground(ing); protectorate; shelter; sheltered ground
保护地带 protective belt
保护地中海免受污染公约 Convention for Protection of the Mediterranean Sea Against Pollution
保护电弧焊 shielded arc welding
保护电极 covered electrode; guard electrode
保护电抗 protective reactance
保护电抗器 protection reactor; protective reactor
保护电缆 protective cable
保护电路 guard circuit; holding circuit; protecting circuit; protection circuit; protective circuit
保护电容器 protecting condenser; protective condenser
保护电位 guard potential
保护电阻 protective resistance
保护电阻器 protective resistor
保护垫 neonychium
保护垫圈 backup washer; chip shield; chip washer; backup ring
保护动态存储器 protected dynamic(al) storage
保护动作时间 operating time of protection
保护镀层 protective finish
保护断路器 protective circuit breaker
保护队列区 protected queue area
保护对策 protection countermeasure
保护扼流圈 protecting [protective] choke(coil)
保护反应 protective reaction
保护反应遗传 inheritance of protective reaction
保护范围 protection range; zone of protection
保护方案 protection scheme
保护方法 guard method
保护方解石涂层 protective calcite coating
保护方式 protected type; protection mode
保护放大器 guard amplifier
保护放电器 protective gap
保护分析计划 protection analysis project
保护封面料 protective sealant
保护扶手 protecting railing
保护服 protective clothing
保护符 protection character
保护覆盖层 clear cover
保护盖 closure door; protection cover; protective cap; visor; protection hood
保护杆 protection bar; safety bar(for controls)
保护钢梁的外包物质 girder casing
保护港 protected harbo(u)r; protected port
保护高 free board
保护格栅 protecting rack
保护隔膜 blowout disc[disk]
保护工程 protection works
保护工业 safeguard industries
保护拱 protective arch
保护钩 tenter hook
保护构件 protected member
保护古迹 protection of historic site
保护故障探测器 protection failure detector
保护关税 protection duty; protective duty; protective tariff
保护关税制 protective system
保护关税主义 protectionism
保护关系 clientage; protectorate
保护管 protected pipe; protecting housing; protecting pipe; protecting tube; protective tube; protector tube; shield tube <铺设电缆用>
保护规划 conservation plan; conservation program(me)
保护棍 protective bar
保护锅炉介质气层 protective furnace atmosphere
保护国 protected state
保护海洋环境区域组织 Regional Organization of Protective Marine Environment
保护海运政策 protective shipping policy
保护焊 shielded welding
保护行 boundary row; guard row; isolation strip
保护河底 river bottom protection
保护河海边缘运动 campaign for the conservation of the water's edge
保护横担 guard arm
保护环 guard ring; protection ring; protective ring
保护环境 protect the environment against pollution
保护环境的全球性学习与观察 global learning and observations to benefit the environment
保护环式电容器 guard ring type capacitor
保护环探测器 guard ring detector
保护火花隙 protective spark gap
保护货物的车衬 car lining
保护机构 protection feature; protection mechanism
保护机制 guarding
保护基 blocking group; protecting group
保护基团 blocking group
保护级 protected level
保护计划 conservation planning
保护纪念碑 protection of monuments
保护剂 preservative(agent); protectant; protecting agent; protection agent; protective agent; protective material
保护剂的 protectant
保护继电方式 protective relay system
保护继电器 conservation relay; keep relay; protecting relay; protection relay; protect(ive) relay
保护继电器测试仪 protective relay test set
保护加工修饰 protective finish
保护价格 protective price
保护价值 conservation value
保护架 fender bracket
保护间隔 guard band; guard space
保护间距 guard band
保护间隙 protection gap
保护检查 protection check
保护键 protected key; protection key
保护交换计数 protection switching count
保护交换时间 protection switching duration
保护胶体 protecting colloid; protective colloid
保护角 angle of projection
保护角钢 protective steel angle
保护脚部 foot protection
保护脚手架 protecting scaffold(ing)
保护接地 protecting[protective] earth(ing)
保护接地装置 protective earthing device
保护接零 protective neutralization
保护结构 protection architecture
保护介质 protective medium
保护金 subvention
保护镜 protective glass
保护距离 guard space
保护绝缘 protective insulation
保护开关 protection switch
保护壳 containment vessel; protecting housing; protective housing
保护孔壁 reinforce the hole wall
保护控制 protective control
保护口鼻戴口罩 respiratory protection
保护矿藏 conservation of resources
保护扩散 protective diffusion
保护拉杆 protective gear
保护栏 protection barrier
保护栏杆 protecting railing
保护棱角用的排桩 cows
保护里胎带 breaker strip
保护立法 protective legislation
保护料 preservative
保护列车占用正线的信号 station protection signal
保护林 forest preserve; guard tree; protection forest
保护林带 protective belt
保护林带区 tree belt area
保护龙骨 false keel; horizontal bar keel; rubbing keel; slab keel
保护路面垫子 excavator mat
保护滤光器 <阴极射线管> ambient light filter
保护率 protective rate
保护码 protected code; protection code
保护贸易 protected trade; protection of trade and commerce; protective trade; sheltered trade
保护贸易条例 protectionism; protective system; protective system of trade
保护贸易政策 protectionism; protective trade policy
保护贸易制 protectionism
保护贸易制度 protective trade system
保护贸易主义 protectionism
保护贸易主义者 protectionist
保护帽 protective cap
保护迷彩涂料 protective camouflage coating
保护面 protecting cover; protective cover

保护面层 armo(u)r course
保护面层物质 protective surfacing mass
保护面积 protection area
保护面具 protecting mask
保护民族工业 protection of home industries
保护命令 guarded command
保护模式 protected mode
保护膜 overcoat; preservative; protection membrane; protective coating; protective film; protective foil; protective layer; protective membrane; resist; safety film; seal(ing) coating
保护膜抗蚀剂 resist-etchant
保护目标 protected object
保护能力 protective capability
保护排队区 protected queue area
保护片 finger plate
保护频带滤波器 guard band filter
保护平板法 guarded plate method
保护屏 protecting screen; protection screen; screen; shielding
保护屏蔽 guard shield; protective screen
保护屏蔽法 guard sealed method
保护坡脚的大块石 toe armo(u)r
保护漆 masking lacquer; protective paint
保护起来 under cover
保护气层 protective atmosphere
保护气氛 shielding atmosphere; shielding gas atmosphere
保护气氛供应设备 atmosphere equipment; protective atmosphere equipment
保护气氛炉 special atmosphere oven
保护气氛钎焊 brazing in controlled atmosphere
保护气氛退火炉 special atmosphere furnace
保护气候 conservation of climate
保护气候框架公约 Framework Convention on the Conservation of Climate
保护气体 atmosphere gas; blanket gas; protective gas; shielding atmosphere; shielding gas
保护气体净化设备 atmosphere purifying equipment
保护气体流量 shield gas flow rate
保护气体炉 controlled atmosphere furnace
保护气体入口 gas atmosphere inlet
保护气体烧结箱 atmosphere retaining sinter box
保护气体转化器 atmosphere gas converter
保护器 defender; guard; protected device; protector; tutamen
保护器架 hook guard; protector rack
保护墙 backup wall; protection apron; safety wall
保护区 conservancy area; conservancy district; conservation area; conservation district; conservation zone; guard zone; protected area; protected zone; protection zone; range district; reservation; zone of protection
保护区段 overlap protection block section
保护区域 protective zone; conservation area <城市发展中的>
保护圈 backup ring; guard circle
保护热箱法 guarded hot box method
保护人 defender; guardian; preserver; protector
保护冗余 protective redundancy
保护色 assimilatory colo(u)ration; cryptic colo(u)ring; mimic colo(u)ring; protective colo(u)ration; sematic colo(u)rs
保护色涂料 baffle paint; camouflage paint
保护色油漆 camouflage paint
保护森林 preserve forest
保护砂浆 protective mortar
保护珊瑚礁、红树林和渔业资源 protect coral reefs, mangrove and fishing resource
保护设备 preventive device; protection device; protection unit; protective device; protective equipment; protector(apparatus)
保护设计 protection design
保护设施 protective equipment
保护生物多样性 conserve biodiversity
保护时段 guard period
保护使用方式 protected usage mode
保护始效值 protective threshold
保护世界文化和自然遗产公约 Convention Concerning Protection of the World Cultural and Natural Heritage
保护式电弧焊 shielded metal arc welding
保护式惰性气体金属弧焊 shielded inert gas metal arc welding
保护式切割 shielded cutting
保护事故 protection exception
保护试验 protection test(ing)
保护适应 protective adaptation
保护手段 protective measure
保护手套 hand saver; safety and industrial gloves
保护树 nurse tree; preserved tree; protected tree
保护数据 protected data
保护数据集 protected data set
保护数位 guard digit
保护水平 protection level
保护税率 protection tariff
保护税则 protective tariff
保护锁键 guard latch
保护套 barney; protecting jacket; protective sleeve; protector sleeve; packing gland <电缆或管道的>
保护套管 protecting casing; protecting tube; protective casing; sheathing; splice case <水底电缆>
保护特性 protection feature
保护体 protective body
保护体系 protective system
保护条 protective strip
保护条款 protective provisions; safeguard clause
保护条例 conservation regulation; conserve regulation
保护跳闸 protective trip
保护听力 hearing protection
保护听力设备 hearing protective device
保护头部 head protection
保护头盔 crash helmet
保护涂层 armo(u)r coat; overcoating; preservation coat; protecting [protection/ protective] coat(ing); protective finish; protective paint
保护涂层材料 protective coating material
保护涂层和衬理 protective coating and lining
保护涂剂 protection coat
保护涂料 armo(u)r coat; overcoating; protecting coat; protective paint
保护土堤 protective earth wall
保护外壳 containment; protective casing
保护网 catch net; cradle(guard); guard cradle; guard net; protecting [protection] net(work); protective netting; protective screening; safety net; containment nets
保护网罩 mat; wire guard
保护位 guard bit; guard digit; protect(ion) bit; guard position <避免溢出时信息失灵的>
保护位置 isolated location; protected location
保护文件 protected file
保护文件用玻璃 document glass
保护无釉陶砖表面的密封油剂 penetrating oil
保护物 preservative; protection; protector; safeguard; shield; shroud; security
保护系统 protection system; protective system
保护系统侵犯 protection vibration
保护系统设计 protection system design
保护线 guard line; guard wire; protective wire
保护线臭氧屏蔽 protective ozone shield
保护线路 protecting circuit
保护箱罩 enclosure
保护消费者利益委员会 Consumers Council
保护消费者利益主义 consumerism
保护销 guard pin
保护小区 protective plot
保护效应 protective effect
保护信号 guard signal
保护信号系统 protective signal(l)ing system
保护信托 protective trust
保护性包装 protective package
保护性产量定额 protective output norm
保护性成色剂 protected
保护性出口税 protective export duty
保护性措施 protective practice; safeguard practices
保护性倒边 protective bevel
保护性的 protective
保护性多点接地 protective multiple earthing
保护性扼流圈 protective choke coil
保护性反应 aversion response
保护性工程 protective works
保护性构件 protected member
保护性关税 protective customs duty; protective tariff; safeguarding duty
保护性关税政策 protective tariff policy
保护性过滤器 protective filter
保护性核查 protected check
保护性护舷 protective fender
保护性检查 protected check
保护性校核 protected check
保护性接地 protective ground(ing)
保护性金属 sacrificial metal
保护性进口税 protective import duty
保护性抗原 protective antigen
保护性令状 protection writ
保护性贸易 protective trade
保护性能 protective value
保护性拟态 protective mimicry
保护性气氛 protective atmosphere
保护性气体加热炉 protecting atmosphere furnace
保护性契约(中的限制条款) protective covenant
保护性乳剂 protective cream
保护性杀菌剂 protective fungicide
保护性石墙 protective stone wall
保护性饰面 protective finish
保护性适应 protective adaptation
保护性税率 protective tariff
保护性投资 defensive investment
保护性涂料 protective coating
保护性抑制 protective inhibition
保护性抑制器电路 protective rejector circuit
保护性栽植 protective planting
保护性质生态系统 protective eco system
保护性颜料 protective pigment
保护颜色 protective pigment
保护眼睛 eye protection
保护眼镜 protective spectacles; eye protector
保护阳极 corrosion protection anode; protective anode
保护窑 protecting furnace
保护要求 protection requirement
保护液体 preserver solution
保护异常 protection exception
保护用地线 protective earth
保护用户利益主义 consumerism
保护用栏杆 protective railing
保护用栅极 guard net
保护用塑料薄板 preservation plastic sheeting
保护用塑料薄膜 preservation plastic film
保护用毯子 bonnet rug
保护用栅栏 gate guard; guard gating; protection grid
保护油膜 tempered oil film
保护与赔偿 protection and indemnity
保护域 protected field
保护圆 guard circle
保护罩 boot(cap); protected cover; protecting cover; protecting housing; protecting jacket; protecting shell; protective cap; protective casing; protective cover(ing); protective hood; protective housing; protective shell; safety cover; shielding case; shroud
保护真空装置 guard vacuum
保护证书 <美> certificate of protection
保护政策 conservation policy; protection policy
保护指甲制剂 nail care preparation
保护制度 protective system; protectorate
保护主义政策 policy of protectionism; protectionist policy
保护柱 guard column; protective column
保护桩【测】guard stake
保护装置 fender system; guard(er); protecting device [equipment/ means/ equipment/ gear/ system/ unit]; protection device [unit]; protector; (apparatus); safety device
保护装置的整定计算 calculation of protection setting
保护装置探头 protector feeler
保护状态 guard mode
保护资源 conservation of resources
保护子系统 protected subsystem
保护字段 protected field
保护字节 guard byte
保护自然环境 preservation of the natural environment
保护自我 ego-defense
保护自由存储器 protected free storage
保护组 protection group
保护组织 protective tissue
保护作物 nurse crop

保护作用 protection; protective action; safety action
保护作用时间 breakthrough time
保活弛张 keep-alive relaxation
保活电流 keep-alive current
保活电路 keep-alive circuit
保活放电 keep-alive discharge
保活阴极 keep-alive cathode
保活栅 keep alive grid
保火险 fire insurance; insure against fire
保迹铅笔 indelible pencil
保积映射 equi-areal mapping
保加利亚 Bulgaria
保加利亚建筑 Bulgarian architecture
保价包裹 insured parcel
保价费 value insured fee
保价关税 support value duty
保价赔偿款 compensate payment for secured value
保价信 insured letter
保价邮件 insured; recorded delivery
保价邮政包裹 parcel post insured
保价运输 value insured transport
保健 health care; health guard
保健措施 health-care measures
保健的 sanitary
保健法 hygiene
保健费 subsidy for health
保健工作 health work
保健管理 health management; health supervision
保健和福利基金 health and welfare fund
保健和卫生条例 health and sanitary regulation
保健基金 health fund
保健及公共卫生工作者 sanitarian
保健检测仪 health monitor
保健津贴 health allowance; subsidies for health
保健林区 forest for public health
保健设施 health-care facility
保健食堂 nutrition canteen
保健事故 health hazard
保健事业 health service
保健所 health center[centre]
保健物理学 health physics
保健物理学家 health physicist
保健箱 medical kit; nurse and health keeper's visiting bag
保健学 hygiene
保健站 health center[centre]; health station
保健指标 health index; health indicator
保健指导 health guidance
保健制度 health-care system
保健中心 health center[centre]
保角变换 conformal representation; conformal transformation; isogonality
保角变换法 conformal mapping method
保角变换图 conformal map
保角表示法 conformal representation
保角的 conformal
保角等价的 conformally equivalent
保角射影法 conformal projection
保角条件 conformal condition
保角投影 conformal projection
保角涂料 conformal coating
保角显像 conformal representation
保角显影 conformal representation
保角性 conformality
保角映射 conformal mapping
保角映射法 conformal mapping method
保角映象 conformal map
保洁箱 litter bin
保结书 letter of indemnity
保结押汇 negotiation under reserves
保径齿排 <牙轮钻头> ga(u)ge cutter
保径金刚石 ga(u)ge diamonds
保径镶焊铣齿钻头 ga(u)ge milled bit
保径镶焊镶齿钻头 ga(u)ge TCI bit
保冷 cold insulation; heat-proof
保冷板 cold reserving board
保冷材料 cold insulator; cold reserving material
保冷工程 cold reserving work
保冷集装箱 insulated produce container
保冷台 cooling plate
保冷循环 keep cooling recirculation
保联 join
保联不可约的 join-irreducible
保联同态 join-homomorphism
保龄球场 bowling alley
保龄球大厅 bowling centre hall
保龄球房 bowling hall
保龄球中心 bowling center[centre]
保留 allocate; conservation; continue to have; preserve; retain; sticking
保留百分率 retained percentage
保留采购 reserved procurement
保留参数 retention parameter
保留舱容 reserve space
保留操作数 reserved operand
保留操作数故障 reserved operand fault
保留操作数失败 reserved operand abort
保留操作数异常 reserved operand exception
保留策略 retention strategy
保留车道 reserved lane
保留程度 degree of reservation
保留程序 prewired program(me)
保留储蓄 retained saving
保留存储的释放 liberation of reserved storage
保留存储器 reserve storage
保留带 leave strip
保留带宽 reserved bandwidth
保留单元 stick unit
保留道路 reserved road
保留的 reserved
保留等级 security classification
保留地 reservation area; reserved land
保留地让出总量 total decrease
保留电路 holding circuit; stick circuit
保留费 retention fund; retention money
保留分析(法) retention analysis
保留分析图 retentiongram
保留份额 reserved quota
保留浮力 reserve buoyancy; safety buoyancy
保留符号 stet
保留付款 payment under reserves
保留复制 conservative replication
保留更改差错权 error and omission excepted
保留工资 pay a retaining of guaranteed wage; retaining pay; retaining wage; retention wage
保留股票 reserved stock
保留航速 reserve speed
保留呼叫 camp; clamp-on
保留活性 retentive activity
保留或发展路旁风景权 scenic easement
保留机制 mechanism of retention; retention mechanism
保留剂量 retained dose
保留价 price lining
保留价格 reservation price; reserve price
保留接点 stick contact
保留金 maintenance of value; retained amount; retention; retention fund; retention money
保留金百分比 retained percentage
保留金保证 retention money bond
保留金的支付 payment of retention money
保留金合约条款 retainage
保留进位 partial carry
保留进位加法器 carry save adder
保留距离 braking distance
保留卷 reserved volume
保留空间 reserved space
保留库容 preserved storage
保留款项 retention money
保留累加器 reserve accumulator
保留利润 retained profit
保留林 reserve; reserved forest
保留林地 reserve forest land
保留林木 royal tree
保留率 retention rate
保留模式操作符 reserved pattern operator
保留模型 retention modulus
保留木 reserve
保留品种 retaining variety
保留期 retention period
保留强度 reserved strength
保留区 holding zone; reserved area
保留全部权利 ex all
保留权利 reservation of right; reserved droit; reserve power; reserve the right; rights reserved
保留权限 reserved authority
保留权益 reservation
保留上下文索引系统 preserved context index system
保留生前权益财产转让 transfers with retained life estate
保留时间 holding time; retaining time; retention time
保留市场 reserved market
保留式 hold mode
保留式按钮 stick type push button
保留式手钮 stick knob
保留式旋钮 stick knob
保留试样 reserve sample
保留收入 revenue reserves
保留收益 retained earnings; retained income
保留输入 retained import
保留树木 leave tree
保留数 encumbrance; incumbrance
保留数据 retained data
保留数准备 reserve for encumbrances
保留数字 retained digit
保留所有权 retained ownership
保留索赔权 reserve the right to claim
保留锁闭 stick locking
保留锁定 stick locking
保留特性 retention characteristic
保留体积 retention volume
保留条款 grandfather clause; proviso clause; provisory clause; reservation clause; reserve clause; safeguard clause; salvo; saving clause
保留通话声中继线 holding tone trunk
保留图像 sticking picture
保留土地 reservation of land
保留退休金的权利 vesting
保留外汇制 foreign exchange retaining system
保留为自然耕地 reserve as natural farmland
保留温度 retaining temperature; retention temperature
保留文件类型 reserved file type
保留物 arrearage
保留线 stick wire
保留线圈 stick coil
保留线选择 stick wire selection
保留信号 stick signal
保留信件 retained correspondence
保留需求 reservation demand
保留寻址方式故障 reserved addressing mode fault
保留样品 keeping sample
保留页框性能可选项 reserved page frame performance option
保留页面可选项 reserved page option
保留页选择 reserved page option
保留页坐标性能选择 reserved page frame performance option
保留意见 reservation of opinion; with certain qualifications
保留意外中断的协议 contingent agreement
保留盈余 reserved surplus; revenue reserves
保留盈余表 statement of retained earnings
保留余额 objective balance; obligated balance
保留原有现场 back-out
保留责任 reserve liability
保留占用权 retaining possession
保留值 retention
保留指令 reserved instruction; reserve statement
保留指数 Kovats index; retention index
保留重 retained weight
保留转接 camp-on switching
保留追偿权 under reserves
保留追索 with recourse
保留追索权 reserve the right to recourse; under reserves
保留追索权基础 recourse basis
保留资金 reserved capital
保留子句 reserve clause
保留字 reserved word
保留自然环境地区 wilderness area
保留自然面貌地区 wilderness (preservation) area
保留作业法 reserve cutting
保留作用 stick effect
保漏时间 weather life
保罗捕获 Paul trap
保码排列 code preserving permutation
保密 privacy; secrecy
保密安全呼叫 private and secure call
保密保护 privacy protection
保密措施 cryptosecurity; security
保密打字机 secure printer
保密代号 security number
保密倒频电路 scrambler circuit
保密的 private
保密等级 classification category; security classification; security level
保密电报设备 secure telegraph equipment
保密电话 code phone; enciphered telephone; secret telephony
保密电话机 confidential phone; privacy telephone set; secure telephone; secret telephone
保密电话系统 secure telephone system; voice security telephone system
保密电视会议接口设备 secure video conferencing interface equipment
保密工程 confidential project; limit-access project; secrete project
保密归档 archive
保密过程 privacy procedure
保密话音系统 secure speech system

保密级别 degree of classification;security classification;security level
保密检查 censorship
保密键 privacy key
保密键锁 security keylock
保密码 secret code;security code
保密器 scrambler
保密情报 confidential information; know-how
保密区 closed security zone
保密设备 privacy device;privacy equipment;security equipment
保密实时转播 private real-time relay
保密视觉通信[讯] secure visual communications
保密数据 private data
保密锁 privacy lock
保密锁机构 privacy lock mechanism
保密体制 secrecy system
保密条例 security regulations
保密通话 secret telephony
保密通信[讯] privacy communication; secret communication; secure communication
保密通信[讯]卫星 secure communication satellite
保密通信[讯]系统 secret signalling
保密通信[讯]制 privacy system; privacy transformation; secrecy system
保密维护 security maintenance
保密委托 blind trust
保密文件 classified documents;secret documents
保密问题 privacy problem
保密线路 secure line
保密协议 confidentiality agreement
保密性 confidentiality;privacy;security
保密学 cryptology
保密印刷 security printing
保密语言 secure speech
保密语音 secure voice
保密装置 secrecy system
保密资料 confidential information
保棉磷 azinphose methyl
保面积的 area-preserving
保苗 keep a full stand of seedlings
保明 anti-dim
保明玻璃 anti-blur glass; anti-dim glass
保明剂 < 防止水分集结于玻璃上的 > anti-dim compound;anti-dimmer
保姆 dry nurse;nurse
保姆室 maid room
保暖玻璃门 tempered glass door
保暖垫 heat storage quilt
保暖垫养生 heat storage quilt
保暖房屋 warm roof
保暖服 thermal insulating suit; thermal protection suit
保暖救生连衣裤 survival suit
保暖潜水服 thermal insulating diving suit;thermal protective diving suit
保暖设备 heater
保暖性能 heat insulating capacity;insulating ability
保暖罩 cosy[cozy]
保赔 protection and indemnity
保赔保险 protection and indemnity insurance
保赔保险条款 protection and indemnity clause
保赔标准提单格式 protection and indemnity model bill of lading
保赔协会 protection and indemnity club < 承租人的 >;protection and indemnity association < 船舶所有人的 >
保赔协会保险 protection and indemnity
保赔责任险 protection and indemnity risks
保偏单模光纤 polarization-maintaining single-mode fiber; polarization-preserving single mode fiber
保偏单模耦合器 polarization-preserving single-mode coupler
保偏光纤 polarization maintaining optic(al) fiber [fibre]; polarization-preserving optic(al) fiber
保偏光纤耦合器 polarization-maintaining fiber coupler
保偏耦合器 polarization-maintaining coupler; polarization-preserving coupler
保破碎险 insurance against breakage
保漆性 paint-holding property
保气剂 air-retaining substance
保全 maintenance of possession; perpetuate
保全措施 means of security; protective measure
保全险 against all risks; all risks insurance;insurance against all-risks
保全险条款 all risks clauses
保全性 maintainability
保热能力 heat retaining capacity
保热器 heat retainer
保热容量 heat retaining capacity
保热套 cleading
保热体 heat retainer
保热系数 coefficient of heat preservation
保热罩 heat conservation shutter
保人 pledge;sponsor
保人地位 qualifications of the guarantors
保色性 colo(u)r retention; pretence of colo(u)r; retention colo(u)r; tint retention
保墒 preservation of soil moisture
保湿的 moisture-retentive
保湿剂 anti-desiccant;humectant
保湿室 humid room;moist(ure) closet; moist (ure) chamber; moist(ure) room
保湿箱 hygrostat;moist air cabinet
保湿装置 humidor
保时 time keeping
保氏比重计 < 用于测定悬浮液固体颗粒大小 > Bouyoucos hydrometer
保释 bail(ment)
保释保证书 bail bond
保释金 bail
保释契约留置权 bail bond lien
保释人 bail;bailsman
保收货款佣金 del credere commission
保收人 factor
保守处理 conservative treatment
保守的 conservative; orthodox; reactionary
保守的对策策略 conservative gamesmanship
保守的预测值 conservative prediction
保守地 conservatively
保守定额 loose standard
保守放养法 conservation stocking
保守分量 conservative constituent
保守负载轴承 conservatively loaded bearing
保守估定成效时间 pessimistic performance time
保守估定的时间 pessimistic time
保守估计 conservative estimate
保守估算 conservative estimate
保守计算惯例 conservatism convention
保守解 conservative solution
保守力 conservative force
保守力场 conservation field of force; conservative force field
保守秘密 keep confidential; maintain confidentiality
保守设计 conservation design; conservative design
保守设计者 conservative designer
保守数值 conservative value
保守数字 conservative figure
保守替换 conservative replacement; conservative substitution
保守系 conservative system
保守性 conservatism; conservative property
保守元素 conservative element
保守者 conservative
保守主义 conservative principle
保寿险 insure against death
保水 moisture holding;water conservation;water holding
保水保肥 preserve moisture and fertility
保水沟 trench pit
保水剂 water-retaining admixture; water-retaining agent; water-retention agent;water-retentive agent
保水阶地 absorption terrace
保水力 water-holding capacity
保水量 moisture-holding capacity; water-holding capacity; water retaining capacity;water retentivity
保水率 rate of retention; retention rate; water-holding rate; water retentivity
保水能力 moisture-holding capacity; water handling ability; water-holding capacity;water retaining capacity; water-retention ability; water retentivity
保水式地埂 absorption-type terrace
保水式梯田 absorption-type terrace
保水水泥砂浆 dry set mortar
保水塑化剂 water-retaining plasticizer
保水土壤 retentive soil
保水效率 water-retention capacity; water-retention effectiveness; water-retention efficiency
保水性 moisture retention; moisture-retaining property; water-retention property; water retentiveness; water retentivity
保水性波特兰水泥 water-retentive Portland cement
保水性的 water-retaining
保水性硅酸盐水泥 water-retentive Portland cement
保水性试验 water-retention test
保水性水泥 water-retentive cement
保水仪器 water retention apparatus
保水渍险 insurance WPA[with particular average]
保税 under bond;bond
保税保险 bonding insurance
保税仓库 bonded godown; bonded shed; bonded store; bonded warehouse; customs storage; customs warehouse;licensed warehouse
保税仓库单 < 海关单据 > bond note
保税仓库交易 bonded warehouse transaction
保税仓库内的货物 goods in bond
保税单 bond note
保税的制品仓库 bonded manufacturing warehouse
保税地窖 bonded vaults
保税地区 bonded area
保税港口 bonded port
保税工厂 bonded factory; bonded manufacturing warehouse; tariff factory
保税关栈 bonded godown; bonded shed; bonded store; bonded warehouse; customs storage; customs warehouse
保税货场 bonded goods yard
保税货买卖 sale in bond
保税货棚 bonded shed
保税货物 bonded cargo; bonded goods; goods in bond; goods in hand
保税价格 bonded price
保税价值 bonded value
保税价值条款 bonded value clause
保税区 free trade zone;bonded area
保税授信机构 bonding agent
保税提货许可证 bond note;customs warrant
保税物料 bonded store
保税物品 bonded goods
保税运输 bonded transportation
保税制度 bonded system
保丝网性 wire retention
保特锥承值 Boyd cone-bearing value
保梯等效系数 Potier's coefficient of equivalence
保梯电抗 Potier reactance
保梯图 Potier diagram
保体积映射 volume-preserving mapping
保土坝 soil saving dam
保卫 defense[defence];security
保卫城市的要塞 zwinger
保卫环境基金 environmental dense fund
保卫科 security department; security section
保卫领海权 defend sea sovereignty
保卫细胞 guard cell
保温 heat insulation;incubation;insolate;thermal insulation;thermal retardation
保温板 heat(ed)(insulation) board; insulating board; insulating panel; insulation board;thermal insulation board;thermal insulation slab
保温杯 vacuum cup
保温被 quilted insulation blanket
保温箔片 thermal foil
保温材料 adiabator; heat insulant; heat insulating[insulation] material; heat insulator; hold-over; insulated material;insulating material;insulation material;insulator;lagging material;thermal insulating[insulation] material;thermal insulator
保温菜橱 hot cupboard
保温舱 insulated hold
保温槽车 thermal insulating tank car
保温层 heat insulating layer;heat insulating protection; heat insulation layer;heat retention lagging;insulating layer; insulating sheath; insulating wall; insulation course; insulation layer; muff; thermal barrier; thermal insulating layer;thermal insulation(blanket)
保温层厚度 insulating layer thickness; insulation thickness; thermal insulation thickness
保温层找坡 insulation to falls
保温车 insulated car; insulated wagon; isothermic wagon; refrigerator car
保温车间 insulation workshop
保温车厢 insulated van body < 载重汽车 >;insulated boxcar
保温衬里 insulating lining

保温窗 insulation window
保温带 insulation belt; lamella mat; reoriented insulation
保温的 heat-insulated; heat-insulating; heat retaining; holding; insulated; heat-proof
保温的双层管 jacketed pipe
保温地板 heating floor; insulated floor
保温地砖 insulating tile
保温垫片 insulating pad
保温垫子 insulation quilt
保温蝶形阀 insulated butterfly valve
保温顶盖 insulated roof
保温动车 insulated rail-car
保温段 holding zone; soaking zone
保温法 thermos method
保温方法 insulation
保温粉 insulating powder; insulation powder
保温浮砾石 insulating pumice gravel
保温浮石 insulating pumice; insulation pumice
保温浮石粒 insulating pumice gravel
保温覆盖物 humidity cover
保温隔热层 insulating layer
保温隔声罩 insulation jacket
保温工程 heat insulating works; heat reserving works; insulation works
保温挂车 thermal insulation trailer
保温管 covered pipe; insulated pipe; insulating tube; thermal insulating pipe; thermal insulating tube
保温管道 utilidor
保温管套 heat insulating cover
保温护道【道】thermal insulation berm
保温混凝土 insulating concrete
保温货车 thermal insulation vehicle
保温货柜 insulated container
保温集装箱 heat-insulated container; insulated container; insulated produce container; thermal container
保温加热器 muff heater
保温金属屋面 insulated metal roofing
保温块 block insulation
保温蜡烛 warmer candle
保温冷藏车 insulated truck
保温里衬 insulating lining
保温流道 insulated runner
保温炉 die-casting furnace; holding furnace; maintaining furnace
保温炉排风罩 canopy hood
保温滤器 hot-water filter
保温冒口 insulated feeder; insulated riser
保温冒口套 insulating riser sleeve
保温帽 dozzle; feeder; hot dozzle; hot top
保温帽砖 hot brick
保温门 insulating door; radiation-retarding door; thermal insulating door; thermal insulation door; thermally insulated door
保温门道 heated doorway
保温棉 insulating wool; insulation wool
保温面 heat-protective surface
保温面层 insulating skin
保温模板 insulated form
保温抹灰 insulating plaster
保温内衬 insulating lining
保温耐火混凝土 insulating refractory concrete
保温耐火砖 insulating firebrick
保温能力 heat retaining capacity; insulated capacity
保温盘 hot plate
保温泡沫塑料板 insulating plastic foam board
保温培养 incubation
保温篷车 insulated van
保温瓶 jacketed flask; thermos (bottle); thermos flask; vacuum bottle; vacuum flask
保温瓶吹泡机 thermos-bulk blowing machine
保温汽车 insulated lorry
保温器 heat retainer
保温前炉 preheated forehearth
保温墙 insulated wall; insulating wall
保温墙板 thermal wallboard
保温墙纸 insulating wallpaper
保温区 heat insulating zone; soaking area
保温取样器 insulation sampler
保温砂浆 heat insulating mortar; insulating [insulation] mortar; thermal insulating[insulation] mortar
保温绳 heat insulating rope; insulator string
保温失效 insulation failure
保温石膏 insulating gypsum
保温时间 holding time; soaking time; soak period
保温室的防潮 moist room dampproofing
保温水管 attemperator
保温水桶 heat insulating bucket
保温台 hot top
保温毯 insulation blanket
保温套 cleading; cosy[cozy]; fagging; heating jacket; heating mantle; insulating jacket; insulating sheathing muff; insulating sleeve; insulation sleeve; muff
保温套安全阀 jacket safety relief valve
保温套管联结器 muff coupling
保温贴片 insulating pad
保温涂层 insulating coating
保温瓦 insulating tile
保温外壳 lagging casing
保温外套 lagging casing
保温外套材料 lagging material
保温温度 holding temperature; soaking temperature
保温屋顶 insulated roof; thermal insulating roof; warm roof
保温屋面 thermal insulating roof; warm roof
保温吸热玻璃 heat-absorbing glass
保温系数 coefficient of heat insulation
保温纤维 insulation fiber[fibre]
保温线 insulator string
保温箱 incubater[incubator]; insulation can; soaking box; warming chamber; warming compartment; hotcloset <保存菜肴用>
保温效率 insulating efficiency
保温性 heat retaining property; thermal insulation property
保温性能 heat insulating property
保温养护 heat reserving curing; insulated curing
保温阴极 heat-shielded cathode
保温运输 insulated transport
保温毡 felt thermal insulation; insulation quilt; roll insulation; thermal insulation blanket
保温罩 anti-freezing cover; insulating cover; insulating hood; lagging section
保温蒸馏塔 insulated column
保温值 insulating value; insulation figure; insulation value
保温纸 building paper; insulating paper
保温铸块 insulating castable
保温砖 insulating brick; insulation brick; silocell
保息股票 guarantee stock
保息债券 drop-lock bond
保险 assurance; indemnification; insurance; safety; unarmed
保险板 lock plate; safeguard; safety guard
保险保障 insurance cover
保险保证书 certificate of insurance
保险标 insurance subject; object of insurance; subject matter of insurance
保险玻璃 safe(ty) glass; security glass
保险不足 underinsurance
保险不赔偿爆炸、崩坍或地下危险损坏财产的条款 explosion, collapse or underground damages
保险部件 proven component
保险仓库 safe deposit
保险槽 safety groove
保险叉 fork guard; safety fork
保险插销 fuse head; night bolt; night latch
保险插座 fused plug
保险差益 gain on insurance claim; profit accrued from insurance
保险成交文件 insured closing letter
保险承保集团 insurance conglomerate
保险承保条款 closing slip
保险齿轴 safety pinion
保险储备 buffer stock; reserve stock
保险储蓄 insured savings
保险窗 security window
保险磁铁 guard magnet
保险存货 protective stock
保险代理人 insurance broker
保险代理商 broker insurance
保险代理行 insurance agent
保险带 life belt; restraining harness; safety band; safety belt
保险单 binder; certificate for insurance; insurance certificate; insurance policy; policy(of insurance)
保险单背书 endorsement of policy
保险单持有人 policy holder
保险单贷款 policy loan
保险单的解释 construction of policy
保险单的退保值 surrender value
保险单的再生效 revival of policies
保险单的注释 construction of policy
保险单的转让 assignment of policy
保险单解释规则 rules for construction of policy
保险单据 insurance documents
保险单满期 expiration of policy
保险单签发基础 policies issued basis
保险单签发手续费 policy fee
保险单权益证明 policy proof of interest
保险单上受益人背书 beneficiary endorsement
保险单一般规定 general policy conditions
保险单责任准备金 policy reserves
保险单中出现的例外产权 title exception
保险担保书 guarantee of insurance
保险挡 safety dog; bumper
保险挡板 safety screen
保险的 accident-proof
保险的放弃 surrender
保险的风险 risk for insurance
保险的完备性 adequacy of insurance
保险的未决赔款 outstanding loss
保险的重置条款 replacement clause
保险的最低数额 minimum amount of insurance
保险灯 emergency lamp; flame safety lamp; protector lamp
保险堤段 fuse plug; fuse plug levee
保险抵押 insured mortgage
保险电梯 foolproof elevator
保险垫 safety pad
保险垫片 locking gasket; safety shim
保险垫圈 safety washer
保险短路开关 battle short
保险额 amount covered; insurance value
保险额户 policy holder
保险阀 dual relief valve; easing valve; escape valve; lock valve; relief valve; safe(ty) valve
保险阀球 relief valve ball
保险法 insurance law; law of insurance
保险范围 insurance cover(age); coverage; scope of cover
保险方 insurer
保险方法 foolproof method
保险费 cost, insurance, freight and commission; insurance charges; insurance cost; insurance fee; insurance premium; premium(on insurance)
保险费安全系数附加费 safety load(ing)
保险费偿还期 term of insurance payments
保险费的支出 benefit payment
保险费付款通知单 premium note
保险费和运费 insurance and freight
保险费加运费 cost, insurance and freight
保险费扣除 insurance premium deduction
保险费联盟 premium association
保险费另议 premium to be arranged
保险费率 insurance rate; manual rate; premium rate; rate of premium
保险费率表 premium tariff; schedule of rates
保险费率同盟 tariff association
保险费收据 premium receipt
保险费税 premium tax
保险费用 insurance expenses
保险费预算 insurance estimating
保险费账单 premium statement
保险费支出 payment for insurance
保险费准备金 premium reserves
保险粉 sodium hydrosulfite; vat powder; sodium hydrosulphite <俗称>
保险风险 insurance risk
保险附锁 check lock
保险副单 alternate policy
保险盖 relief cover
保险杆 bumper(bar); locking lever; safety bar for controls; safety lever; safety rod; buffer; overrider <汽车>
保险杆护挡 bumper guard
保险杆角撑板 bumper gusset
保险钢板 supplementary spring
保险钢球 lock ball
保险钢丝 lock(ing) wire
保险杠 buffer; bumper; fender guard; push bumper <装置在机械或车辆前面的>
保险杠起重器 bumper jack
保险杠上的小标语 <贴在汽车> bumper sticker[strip]
保险高度 guarantee height
保险公积金 insurer reserve fund
保险公司 insurance[assurance] company; assurer; insurer; surety company; underwriter
保险公司标准费率 premium rate

B

保险公司的 actuarial
保险公司的责任 liability of the insurer
保险公司计算员 actuary
保险功能 danger protecting function
保险钩 safety hook
保险观念 insurance awareness
保险管 protective tube;safety pipe
保险柜 iron cash case; safe box; strong box
保险国有化 nationalization of insurance
保险合金 lock alloy
保险合同 contract of insurance; insurance contract
保险合同的解除 termination of insurance contract
保险合页 crane hinge
保险盒 cut-out box;cut-out case;disaster box;safety-operated switch
保险环 guard ring; relieving ring; safety ring
保险回扣 insurance rebate
保险会计和统计协会 Insurance Accounting and Statistic(al) Association
保险活门装置 relief valve unit
保险活销 safety lock plunger
保险机构 safety lock
保险机制 insurance mechanism
保险积存金 cash surrender value
保险基金 insurance fund
保险基金准备 insurance fund reserve
保险棘爪 safety detent
保险技术 safety technique
保险加空运费价格 cost, insurance, freight by plane
保险夹 locking clamp;safe(ty) clip;safe(ty) driver
保险价值 insurance value; insured value; value of insurable interest; value of insurance
保险价值过低 underinsure
保险间距 guard track
保险奖金 insurance premium
保险铰链 crane hinge;security hinge
保险金 insurance money; performance bond;premium
保险金差损 loss on insurance claim
保险金的现金赔款 cash losses
保险金额 amount issued; amount of insurance; insurance cover(age); insured amount; sum insured
保险金额未定保险单 unvalued policy
保险金额未确定保单 unvalued policy
保险金库 coupon room
保险经纪人 broker insurance
保险经纪人暂保单 broker's cover note
保险精算师 actuary
保险净额 net premium
保险卡 interlocking leg
保险卡销 safety detent
保险开关 emergency switch; fused switch; guarded switch; safety cock; safety(-type) switch; direction limits switch <电梯的>
保险开始 attachment of policies
保险开始期 inception of insurance cover
保险开尾销 safety cotter pin
保险扣 safety catch
保险库 safe(deposit) vault; strong room;vault
保险库存量 safety stock
保险库门 vault door
保险块 safety block
保险拉杆 safety link
保险拉索 spring stay
保险缆 safety wire
保险缆索 insurance cable
保险类别 branches of insurance
保险理论 insurance theory
保险理赔代理人 pay agent
保险利益条款 benefit of insurance clause
保险连接件 breaking piece
保险连接器 safety coupling
保险联锁装置 safety interlock
保险链 safety chain
保险零件 breaking piece
保险路线 survivable route
保险履约保护委员会 Policy Holders Protection Board
保险率 premium tariff
保险率表 premium list
保险螺帽 check lock;check nut;jam nut;jaw nut;safety nut
保险螺母 block nut;check nut;clamp nut;jam nut;lock(ing) nut;retaining nut;safety nut
保险螺栓 safety bolt;shear bolt
保险螺丝 safety screw;screwed cut-out
保险帽 protecting cap
保险门 fire door
保险门锁 insurance lock
保险免赔额 franchise
保险免赔率条款 franchise clause
保险摩擦离合器 safety friction clutch
保险年度 insurance year
保险赔偿标准 measure of indemnity
保险赔偿费 benefit;insurance compensation; insurance indemnity; insurance proceeds
保险赔偿估定员 adjuster;loss adjuster
保险赔偿金 insurance compensation; insurance indemnity; insurance money
保险赔偿年度 benefit year
保险赔偿限度 measure of indemnity
保险片 fuse link;safety lever
保险评定价值 agreed value
保险凭条 risk note
保险凭证 certificate of insurance;insurance certificate;insurance policy
保险期 guarantee period; length of warranty;period of warranty;warranty period
保险期间条款 duration of risk clause
保险期限 duration of insurance; insurance period
保险气袋 <汽车冲撞时保护乘客用> air bag
保险汽缸 relief cylinder
保险契约 contract of insurance; insurance contract
保险契约有效期 term of insurance policy
保险器 catch holder;fuse cutout;protected device; protecting device; safeguard
保险器接点 circuit contact
保险铅丝 lead fuse(wire)
保险铅印(封条)失落 seal missing
保险铅印(封条)脱落 seal off
保险切断销 safety shear pin
保险清单 schedule of insurance
保险圈 safety loop
保险权益定值 valuation of insurable interest
保险让与人 cedant
保险人 assurer;insurer;underwriter
保险人保证书 insurer security; underwriter's guarantee
保险日期 dated
保险塞 fuse plug;fusible plug;safety plug
保险商 assurer;insurer;underwriter <特指水险商>
保险商的要求 underwriter's requirement
保险设备 interlock;locking device;safety appliance
保险设计 overdesign
保险申请 application for insurance; insurance application; insurance slip;proposal for insurance
保险申请书 application for insurance
保险失效 avoidance of policy;termination of insurance status
保险时间 storage life
保险实体 risk-bearing entity
保险事业 insurance business
保险事业营业费 business expenses of insurer
保险室 specie room;strong room
保险释放装置 safety release
保险手柄 safety handle
保险手册 policy manual
保险受益人 assured
保险数位 guarding figure
保险栓 lock
保险丝 backup fuse; fuse(wire); fuze;power fuse;protected device; protector;safe(ty) fuse;safety pin; safety wire;wire fuse
保险丝板 fuse board
保险丝插塞 fusible plug
保险丝电阻器 fuse-resistor
保险丝端钮 fuse terminal
保险丝断路器 fusible disconnecting switch
保险丝额定(电流)值 fuse rating
保险丝管 cartridge(-type) fuse
保险丝合金 fuse metal
保险丝盒 catch holder; fuse block; fuse cabinet; fuse chamber; fuse holder;fuse unit;fuse box;fuse link
保险丝及导线组件 fuse and wire kit
保险丝夹 fuse clip
保险丝架 fuse rack
保险丝接头塞 fuse connector plug
保险丝联锁装置 protective interlock
保险丝排 strip of fuses
保险丝盘 fuse board;fuse panel
保险丝片 strip fuse
保险丝熔断 blown fuse
保险丝熔断电流 fusing current
保险丝熔断指示器 blown fuse indicator
保险丝式测辐射热计 little-fuse bolometer
保险丝调节器 fusible link damper
保险丝匣 fuse box
保险丝型金属膜电阻器 fusible metal film resistor
保险丝支座 fuse holder
保险丝装置 fuse block
保险丝阻尼器 fusible link damper
保险丝座 fuse carrier
保险损害鉴定人 insurance surveyor
保险损害评价人 insurance appraiser
保险损失索赔 loss on insurance claim
保险索 emergency cable;preventer; storm rail
保险索绞车 preventer winch
保险索赔 insurance claim
保险索赔清单 claim note
保险索赔收益 gain on insurance claim
保险索赔所得 gain on insurance claim
保险锁 safety lock
保险锁紧螺栓 safety locking bolt
保险锁线 safety lockwire
保险弹簧 creep spring;relief spring; restraining spring; supplementary spring
保险弹簧套 safety spring bushing
保险天数 days of assurance
保险条件 insurance condition
保险条款 insurance clause; policy clause
保险条款变动 alteration of policy
保险通知 insurance notification; risk note
保险统计 actuarial statistics
保险统计的 actuarial
保险统计法 actuarial method
保险统计计算标准 actuarial basis
保险统计师 actuary
保险统计员 actuary
保险投资组合 insurance portfolio
保险凸耳 safety lug
保险推广员 insurance canvasser
保险未满期责任 portfolio
保险稳索 preventer guy
保险系数 assurance coefficient;factor of assurance;factor of safety;safety coefficient;safety factor
保险(系数过大的)设计 overdesign
保险细目 particulars of insurance
保险隙 protective gap
保险限度 margin of safety
保险限位装置 safety stop
保险箱 ark; coffer; night safe; proof box;safe deposit box;strong box
保险项目 cover;insurance item
保险项目名称 insurance title
保险销 arming pin; cotter key; link locking pin; lock pin; preventer pin;safety pin;spur guard
保险销机 safety bolt catch
保险楔 grip wedge
保险协会条款 club terms
保险辛迪加 <一种企业联合组织> underwriting syndicate
保险信号 guard signal
保险信托 insurance trust
保险性库存 decoupling stock
保险悬挂装置 safety suspension device
保险业 business of insurance;insurable industry;underwriting
保险业的改革 reform of insurance business
保险业计算标准 actuarial basis
保险业务量 insurance portfolio;portfolio
保险业务年度 underwriter year
保险业务员 portfolio
保险业务总量 insurable portfolio
保险业业务 insurance business
保险业者 underwriter
保险溢洪道 emergency spillway
保险预付款 insured advances
保险元件 safety element
保险圆钩 lock on hook
保险圆盘 safety roller
保险运输费 carriage insurance and freight
保险责任 insurable liability;insurance cover;insurance liability
保险责任的起讫(日期) commencement and termination of cover
保险责任开始 attachment of risk; commencement of cover; commencement of risks
保险责任终止 termination of risk
保险增益 profit of accrued from insurance
保险闸 emergency brake;safe brake; safety(-operated) switch
保险闸门 emergency closure;emergency(guard) gate;safety lock gate
保险账户 underwriting account
保险账目 underwriting account
保险罩 protecting casing
保险针形管嘴 relief needle nozzle

保险证明 covernote
保险证(明)书 certificate of insurance; certificate for insurance
保险证券 policy
保险支付种类 kind of benefits
保险执行机构 safety and arming device
保险值 insurance value; value of risk
保险止动螺钉 safety locking screw
保险纸 safety paper
保险制动器 emergency brake; safety clutch
保险制动装置 emergency brake gear
保险终止 termination of insurance
保险主体 interest
保险装置 cut-out(fuse); emergency apparatus; emergency unit; locking device; relief device; relief mechanism; safety action; safety device; safety installation; safety interlock
保险装置匣 cutout box
保险追加条款 rider-of-insurance
保险准备 insurance reserve; reserve for insurance
保险自动中止条款 automatic termination of cover clause
保险总额 coverage; insurance amount; insurance cover(age)
保险总开关 safety limit switch
保线员 <电线等的> patrolman
保向保速航行 keep course and speed
保向的 sense-preserving
保形变换 conformal transformation
保形表示法 conformal representation
保形参数 conformal parameter
保形的涂层 conformal coating
保形反射图 conformal reflection chart
保形函数【数】conforming shape function
保形结构 conformal structure
保形肋 form(er) rib
保形射影 conformal projection
保形投影 conformal projection
保形涂料 conformal coating
保形映射 conformal mapping
保修 guarantee to keep something in good repair; maintenance support; warranty
保修材料费 maintenance material cost
保修车间 service shop
保修成本 warranty cost
保修单 maintenance bond
保修服务 after-sale service
保修工作 guarantee work
保修卡 warranty and service card
保修期(限) <缺陷责任期> guarantee time; term of maintenance; term of service; maintenance period; defects liability period; length of warranty; warranty period; free maintenance period
保修契约 maintenance bond
保修协议 maintenance bond
保序 isotone
保序变换 order preserving transformation
保序回归 isotonic regression
保序回归函数 isotonic regression function
保序性 isotonicity
保序映射 isotone mapping; order preserving mapping
保序映象 isotone mapping
保压 maintaining; pressure maintaining; pressurization; pressurize; dwell(ing) <保持最大的压塑压力>
保压部件 pressure retaining parts
保压的 pressurized
保压阀 pressure retaining valve; retainer
保压阀管 pressure retaining valve pipe
保压阀托架 pressure retaining valve bracket
保压器 pressurizer
保压取芯筒 pressure core barrel
保压时间 dwell time
保压位 holding position
保压压力 dwell pressure
保压制动 holding brake; pressure dwelling brake
保养 attendance; conserve; maintain; maintenance prevention; maintenance service; minor maintenance; operation activity; recreate; recreation; service; servicing; upkeep
保养编制 maintenance establishment
保养不好 out of condition
保养部位的布置 service layout
保养部位示意图 maintenance allocation chart
保养厂 maintenance depot; maintenance shop
保养场所 maintenance shop
保养车 maintenance car
保养车间 maintenance shop
保养车库 maintenance shed
保养成本 cost of upkeep
保养程度 maintenance level
保养程序 maintenance practice; maintenance routine
保养大纲 maintenance program(me)
保养底漆 shop primer
保养点数目 number of service points
保养电梯 electric(al) service lift
保养方法 maintenance method; maintenance practice
保养肥 maintenance fertilizer
保养费(用) maintenance charges; operating cost; upkeep cost; attendance cost; cost of maintenance; maintenance cost
保养工 fettler; handling labo(u)r; maintenance worker
保养工场 maintenance shop
保养工程 maintenance engineering; maintenance work
保养工程师 service engineer
保养工具箱 maintenance kit
保养工作 maintenance care; maintenance work
保养管理 maintenance care
保养规程 maintenance manual; maintenance procedure; routine order
保养很好的 well-preserved
保养机构 maintenance establishment
保养计划 maintenance program(me); maintenance project
保养记录 maintenance task log
保养记录表 maintenance log
保养间 maintenance shop
保养间隔期 reserve maintenance period
保养鉴定试验 maintenance evaluation test
保养库 maintenance shed
保养良好的 well-preserved
保养率 maintainability; maintenance rate
保养率指数 maintainability index
保养能力 maintainability
保养棚 maintenance shed
保养漆 maintenance paint
保养器材 maintenance store
保养勤务 maintenance logistics
保养区(域) maintenance area
保养人员 maintenance man
保养设备 service facility
保养时程表 maintenance log
保养时间 service time
保养室 curing chamber; curing room
保养手册 maintenance manual
保养说明书 maintenance instruction; maintenance publication
保养维修费 maintenance charges
保养维修义务 upkeep obligation
保养系数 <隧道照明的> maintenance factor
保养细则 maintenance regulation; service manual
保养箱 maintenance kit
保养性能 maintainability
保养修理船 maintenance and repair craft
保养用材料 service material
保养与大修 maintenance and overhaul
保养与维修 care and maintenance; maintenance and service; upkeep and mending
保养与修理 maintenance and repair
保养允许公差 service tolerance
保养站 all-in-service station; maintenance point
保养指南 maintenance instruction
保养周期 maintenance period; service interval
保养状况 maintenance status
保养组 maintenance team
保窑 furnace protection
保一切险 against all risks; with all risks
保用期 defects liability period; ensurance period; guarantee(d) period; warranty assurance; warranty period
保用期内的裁决 warranty decision
保用期内退换产品 field warranty return
保用期内修理 warranty repair
保用期索赔 warranty claim
保用寿命 warranty life
保用性(鉴定)试验 warranty test
保油性 oil-retainance
保油性能 oil-retaining property
保有储量 available reserves; conserved reserves; recoverable deposits
保有储量审批单位 ratifier of available reserves
保有储量审批日期 ratifying date available reserves
保有费用 owning cost
保有可开采储量 available workable reserve
保有可设计储量 available designable reserve
保有矿量 reserves period of production
保有期 ownership period
保有条件 <土地等的> tenure
保有资产成本 cost of possession
保育薄膜 curing membrane
保育单位 nursing unit
保育设施 nursing facility
保育室 baby room; nursery
保育树 nurse tree
保育稳定剂 curing stabilizer
保育员 nurse
保育员住房 nurse's hostel
保育院 nursery
保障 indemnify; passport
保障包装 protective packing
保障船 attendant ship
保障措施 safeguard
保障供应 secure an adequate supply
保障环境措施 safeguards for the environment
保障期限 length of protection
保障软件 support software
保障条款 safeguard clause
保障与赔偿 protection and indemnity
保障与赔偿保险 protection and indemnity insurance
保障资产 hedge-type assets
保真度 fidelity(factor); quality of reproduction
保真度标准 fidelity criterion
保真度不足 fidelity defect
保真度判据 fidelity criterion
保真度系数 fidelity factor
保真显示器 orthoscopicity
保真显示性 orthoscopicity
保证 assurance; guaranty; indemnity; pledge; surety; vouch; warrant
保证保险 bonding insurance; guarantee insurance
保证背书 endorsement in security
保证产品质量的人员 quality assurance personnel
保证产水量 dependable yield; safe yield
保证偿还 bail-out
保证偿还债务 guarantee the payment of the debts
保证承担义务 contract in
保证承诺 consent of surety
保证出产量 safe yield
保证出力 dependable energy; dependable output; firm capacity; firm output; firm power; guarantee(d) output; warranted output
保证存款 guaranteed deposit; secured deposit
保证贷款 loan on guarantee
保证单 bonding
保证到货时状态 condition guaranteed on arrival
保证的缓解 insured release
保证的确认考核 confirmation test for guarantee
保证抵押制度 guaranteed mortgage system
保证点 guarantee point
保证电路 guarantee circuit
保证电能 firm energy
保证动作 safety action
保证度 assurance factor
保证兑现的支票 marked check
保证发行 guaranteed issue
保证发行准备 fiduciary reserve
保证法 <进行信号只在有关道岔和道岔手柄位置一致时才能开放> SS [signal selector] protection
保证放款 cash credit
保证付款 guarantee pay
保证负载 proof load
保证负债 guaranteed liability
保证工资 base rate
保证工资计划 guaranteed wage plans
保证工资率 guaranteed wage rate
保证工资制 guaranteed wage system
保证工作周 guaranteed working week
保证功率 assured power; dependable power; firm power; guaranteed output
保证供水调度线 dependable flow rule curve
保证供水流量 duty water
保证供应电力系统 no-break power system
保证供应区 maintenance area
保证股份 guaranteed share
保证股利 guaranteed dividend
保证股票 guaranteed share; guaranteed stock
保证股票转让 marked transfer
保证股息 guaranteed dividend
保证航速 guaranteed speed
保证合同 contract of guarantee; con-

tract of guaranty; suretyship contract
保证合同履行 guaranteed performance
保证红利 guaranteed dividend
保证基金 guaranteed fund
保证价格 guaranteed price
保证价格购买 guaranteed purchase
保证价值 warranted value
保证交货 guaranteeing delivery
保证结构在地震时人身安全的设计 life-safety design
保证借款 guaranteed loan
保证金 bargain money; bid bond; binder; bond; cash cover; cash deposit (as collateral); cash fund; cash guarantee; cash security; caution money; caution security; deposit(e) for security; deposit(e) for security deposit; deposit(e) in security; earnest money; good faith money; guarantee deposit [fund]; guaranty fund; hand money; handsel; margin and guaranty; margin money; recognizance; retention money; surety (bond); warrant money; earnest
保证金比率 margin; requirement
保证金不足 undermargined
保证金存款 marginal deposit for security
保证金额 guarantee sum
保证金附加条款 memorandum of deposit
保证金购进 margin; purchase
保证金规则 margin rules
保证金交易中所交存的保证金 margin transaction guarantee money
保证金率 margin rate
保证金买卖 margin; securities business
保证金收据 deposit(e) receipt
保证金下限 maintenance margin
保证金信用交易 margin trading
保证金要求 margin requirement
保证精度 guaranteed accuracy; guaranteed precision
保证利得 threshold return
保证良好操作 guarantee of good working order
保证流量 dependable discharge; dependable flow
保证旅行汇票 guaranty travellers draft
保证履行合同 guarantee performance
保证履行契约 give one's hand on
保证率 frequency of exceedance
保证率频率法 duration-frequency method
保证率曲线 curve of guarantee rate
保证马力 guaranteed horsepower
保证年度工资 guaranteed annual wage
保证年发电量 firm annual energy
保证年(金)利息 guaranteed annuity interest
保证年金选择权 guaranteed annuity option
保证票据 backed bill; guaranteed bill
保证品质 guaranteed quality
保证期 commitment period; guaranteed period; period of warranty; warrant period
保证期票 principal note
保证期限 duration of guarantee period; period of guarantee; duration of guaranty; guarantee period
保证汽耗 guaranteed steam consumption; steam rate guarantee
保证契约 guaranty bond
保证强度 proof strength
保证屈服强度 guaranteed yield strength
保证屈服应力 guaranteed yield stress
保证燃料消耗量 warrant fuel consumption
保证热耗 guaranteed heat consumption; heat rate guarantee
保证人 bailsman; bondsman; certifier; guaranty; investor-sponsor; reference; sponsor; surety (bond); warranter [warrantor]; guarantee; guarantor <法律上用>
保证人地位 suretyship
保证人手续费 surety commission
保证容量 guaranteed capacity
保证入流量 dependable inflow
保证深度 guaranteed depth
保证失业率 warranted unemployment rate
保证使用流量 firm discharge
保证使用期限 warranty life
保证使用寿命 warranty life
保证试剂 <纯度高于分析纯>【化】 guaranteed reagent
保证试验 guarantee test
保证收取货款佣金 del credere commission
保证书 affidavit; deed of security; guarantee (bond); guaranty; letter of commitment; letter of guarantee; performance bond; recognizance; security bond; surety bond; written pledge; warranty
保证输出功率 firm output
保证水力发电量 dependable hydroelectric(al) capacity
保证水量 dependable yield; safe yield
保证水深 guaranteed water depth
保证条款 engagement clause; guarantee clause; warranty clause
保证退款 money-back guarantee
保证物 surety(bond)
保证系数 assurance coefficient; assurance factor; assure factor
保证效率 guarantee(d) efficiency; warranted efficiency
保证信用证 stand-by letter of guarantee
保证性能 guarantee(d) performance; specified performance
保证性试验 warranty test
保证应力 proof stress
保证载重量和包装容积 guaranteed deadweight, bale-space
保证责任 liability for guarantee; liability on guaranties
保证债权人提出立刻履行 guarantee on first demand
保证债券 guaranteed bond; secured bond
保证债务 guaranteed debt; surety obligation; suretyship obligation
保证者 subscribing witness
保证真空 guaranteed vacuum
保证支付 guaranteed payment
保证值 guaranteed value
保证制度 guaranteed system
保证质量 guaranteed quality
保证质量成本 cost of quality
保证重量 guaranteed weight; guarantee of weight
保证准备(金) guaranteed reserves; security reserves
保证最大连续出产 guaranteed maximum continuous output
保证最高费用 guaranteed maximum cost
保证最高价格 guaranteed maximum price
保证最高价合同 guaranteed maximum(cost) contract
保值 maintain value; support value
保值借贷 index-linked loan
保值债务 maintenance of value obligations
保质保量 guarantee both quality and quantity
保综合险 insurance against all-risks

堡

堡壕外护墙 counterscarp wall
堡礁 <指与海岸平行的珊瑚礁> barrier reef; encircling reef; reef barrier
堡礁岛 barrier island
堡礁海岸 barrier reef coast
堡垒 bastion; block house; bulwark; entrenchment; fort; fortress; rampart; sconce; strong hold
堡垒的斜堤 glacis
堡垒地道 sally port
堡垒墙 fortress wall
堡垒主机 dual-homed gateway
堡塔 bastil(l)e; peel(tower)
堡塔建筑 <局部设防御工事,底层常为穹结构> bastel house; bastil(l)e house
堡眼 crenel(le); embrasure
堡状高积云 altocumulus-castellatus
堡状云 castellanus

报

报版轮转机 newspaper press
报表 accounting; journaling; journal sheet; report forms; statement; tabular form
报偿 payment
报偿函数 payoff function
报偿金 consideration money
报偿矩阵 payoff matrix
报潮灯(标) tidal light
报潮球 tidal ball; tide ball
报酬 compensation; earnings; emoluments; gratification; pay(ment); payoff; recompense; remuneration; retribution; reward
报酬的理论 compensatory theory
报酬的舍弃率 cut-off rate of return
报酬递减 decreasing returns; diminishing return
报酬递减法则 law of decreasing returns
报酬递减律 law of diminishing returns
报酬递增法则 law of increasing returns
报酬递增律 law of increasing returns
报酬递增率 rate of increasing returns
报酬非比例法则 law of non-proportional returns
报酬和红利 remuneration and bonus
报酬减少 diminishing return
报酬渐减 diminishing return
报酬渐增 increasing return
报酬率 rate of pay; rate of return
报出价格 offering price
报出口 entry outward
报春壶 tea pot welcome spring
报春花 primrose
报答 requital; reward
报单 bill
报单簿 bill book
报单价 unit pricing
报单卡片 transaction card
报导 transaction
报导节目时间 information hour
报导性文摘 information abstract; informative abstract
报导性文章 informative article
报到室 reporting room
报道 reportage
报道秘书处的情况 reporting of secretariat
报房 operating room; radio room
报房日志 radio log
报房设备 facility of telegraph operation room
报废 damage beyond repair; obsolescence; out of use; reject; scrap(ing); written off
报废板材 mender
报废材料 obsolete material
报废(尺寸)界限 condemn(ing) limit
报废单 retired dossier
报废道路的旧料 obsolescent road salvage
报废的 condemned; disabled; out-of-service
报废等值线 abandonment contour
报废概率 probability of rejection
报废工程 scrapped project
报废工程损失 loss due to project scrapped
报废管子 pipe with a string on it
报废海底电缆 abandoned submarine cable
报废巷道 abandoned working
报废机器 scrap a machine
报废价格 retirement price
报废件 discard; old part
报废进尺 rejected footage
报废井 junked well
报废孔 abandoned hole
报废零件 faulty parts; scrapped parts
报废率 disability rate; rate of obsolescence; rejection rate; scrappage
报废期 date of retirement
报废器材 condemned material; dormant scrap
报废前平均时间 mean time to failure
报废清理 retirement and liquidation
报废曲线 retirement curve
报废日期 <固定资产> date of retirement
报废设备 scrap equipment
报废设备出售利益 profit on sale of scrap equipment
报废时价值 scrap value
报废寿命 retirement life
报废损失 obsolescence loss; salvage loss
报废限度 condemn(ing) limit
报废项目 faulty item
报废油井 abandoned well
报废资产 dead assets
报废资产的重量 replacement of retired and scrapped assets
报复 countervail; retaliate; retortion; retribution
报复放火者 emotional fire setter
报复关税 retaliatory tariff
报复税率 retaliatory tariff
报复行为 reprisal
报复性关税 retaliate
报告 bulletin; colloquium; dissertation; inform; returns
报告编号 report number; report writing
报告编写单位 report-writing unit
报告编写人员 report writer
报告编写日期 report-writing date
报告部分 report section
报告草案 draft report
报告产生程序 report generator
报告产生(法) report generation
报告程序 report program(me)
报告程序编制器 report program-

(me)generator
报告程序的生成程序 report program-(me)generator
报告带 report tape
报告单位 reporting unit
报告的根据 authority for the report
报告的设计 design of report
报告点 reporting point
报告定制人程序产品 Report Customizer Program(me) Product
报告格式 report(ing) form;reporting format; reporting framework; running form;statement form
报告行 report line
报告和档案制度 system for reporting and filing
报告户日记账 diary of the reporting household
报告环境污染与破坏事故的暂行办法 Provisional Regulations for Reporting Accidents of Environmental Pollution and Damage
报告精确度实验 aussage experimental
报告密级 security classification of report
报告名 report name
报告名称 report title
报告年度 reporting year
报告批准文件号 file number of report ratification
报告期 report(ing) period
报告起草人 rapporteur
报告群 report group
报告人 reporter
报告日 reporting day
报告日期 reported date
报告审批部门 ratifier of report
报告审批单位 report ratifier
报告审批结论 conclusion of report ratification
报告审批日期 ratifying date
报告生成 report generating; report generation
报告生成参数 report generation parameter
报告生成程序 report generator
报告生成语言 report generator language
报告时间间隔 report interval
报告时滞差 reporting lag
报告式损益表 report form profit and loss statement
报告式资产负债表 report form of balance sheet
报告书 account; act; notification; statement;report
报告书的格式 form of report
报告提交及时率 timely rate of report filing
报告提交日期 reporting date of report
报告完成日期 report date
报告文件 report file
报告文件处理机 report generator
报告文学 reportage
报告系统 reporting system
报告形成 report generation
报告形式 reporting form
报告延迟 report delay
报告页面格式 report page format
报告员 annunciator;political lecturer
报告正文 body of the report
报告制度 reporting system
报告种类 report type
报告周期 reporting period
报告资料 reported data
报告子句 report clause
报告总计 report footing
报关 apply to the customs; clearance of goods;declare at the custom;declaring at the customs;reporting at customs
报关表 declaration form
报关出口 enter out
报关代办人 agent for clearing customs;custom house broker
报关代办者 agent for clearing customs;custom house broker
报关代理人 clearance agent; clearing agent;customs agent
报关单 bill of entry;custom invoice; customs debenture; customs declaration; customs entry; customs manifest; declaration; manifest; bill of sight <海关临时起岸的>
报关费 customs clearance fee; customs(clearing) charges
报关港 port of entry
报关海港 port of entry
报关行 customs(house) broker; customs agency; declaration house; freight collect;freight forwarder
报关货物 declared goods
报关价值 entered value
报关经纪人 customs broker
报关马力 duty horsepower
报关人 declarant
报关时间 entry time
报关手续 customs formality;entry
报关数字 customs clearing figure
报关物品 things to be declared;goods to be declared
报关许可证 clearance paper
报关验关手续 clearance formality
报馆 newspaper office
报馆编辑 copyreader
报馆编辑部 copydesk;desk <美>
报馆编辑人员 deskman
报话复合制组件 set composite
报话合用机 <在同一线路上可通话和发报的机器> phonophore
报话机 aerophone; handie-talkie; walkie-talkie
报话同线工作法 simultaneous telephone and telegraph working
报话务繁忙 heavy traffic; intense traffic
报话务流量 flow of traffic; traffic flow
报火机 fire alarm
报火警 fire alarm call
报价 bid; make an offer; offer(ed price); offer in a bid; quotation; quote(d price);tendering
报价单 price quotation; quotation of prices; offering list; offering sheet; price list; price sheet; quotation (sheet);tender
报价单正本 original quotation
报价方案 contractor's proposal
报价估价 bid quotation
报价很多 abundance of offers
报价或估价 bid or quotation
报价较低 lower in quotation
报价截止日 closing date of offer
报价期限 offer validity
报价人 bidder;offerer
报价日期 date of quotation; offering date
报价商号名单 list of bidders
报价申请 request for quotation
报价邀请 invitation for bid;invitation of offer;invitation to bid
报价有效期 offering period; valid period of the offer
报价与投标的估定 assessment of offers and tenders
报架 newspaper stand
报进口 entry inward
报警 alarm;annunciation
报警报文 warning message
报警标志 warning mark
报警部件 warning piece
报警错误 false alarm
报警错误率 false alarm rate
报警打印 print-on-alarm
报警打字机 alarm printer
报警单向阀 alarm check valve
报警灯 alarm lamp;alert lamp;warning light(ing)
报警灯光 alarm light;warning light
报警笛 alarm hooter;alarm whistle
报警电路 alarm circuit; warning circuit
报警发射机 alarm transmitter
报警阀 alarm valve; sentinel valve; warning valve
报警方式 type of alarm
报警蜂鸣器 alarm buzzer
报警浮标 alarm buoy; alarm float; warning float
报警符(号) bell character; warning character
报警呼叫 alarm call
报警激光雷达 warning laser radar
报警及巡检 alarm and surveillance; machinery control
报警计算机 alarm computer
报警记录器 alarm recorder
报警剂量计 alarm dosimeter
报警继电器 alarm relay
报警监控系统 monitoring system
报警阶段 warning stage
报警接收机 alarm receiver; warning receiver
报警控制面板 alarm control panel
报警铃 alarm bell; emergency alarm bell
报警码 alarm code
报警浓度 alarm concentration
报警盘 alarm panel
报警气压计 alarm manometer
报警器 alarm siren; alarm system; alarm warner; alertor; annunciator; siren;warner;warning device
报警器玻璃 alarm glass;alarm glazing
报警器反应 alarm reaction
报警器伽马测量 alarm gamma ray survey
报警器开关 alarm switch
报警器控制板 alarm panel
报警器控制阀 alarm check valve
报警熔丝 grasshopper fuse
报警闪光灯 hazard warning flasher
报警设备 alarm facility; alarm service;panalarm;warning facility
报警输入电平 alarm input level
报警数据 alert data
报警水位 alarm water level; warning water level
报警条件 alarm condition; warning condition
报警温度计 alarm thermometer
报警无线电信号台 warning beacon; warning radio signal station
报警系统 alarm system; alert system; warning system; panalarm <有灯光和振铃的>
报警显示 alarm display
报警陷阱 warning trap
报警响应 alarm response; warning response
报警信号 alarm bell; alarm message; alarm signal; alerting signal; warning signal
报警信号操纵杆 alarm signal handle
报警信号灯 warning light
报警信号盒 alarm signal case
报警信号继电器 alarm relay
报警信号开关 alarm switch
报警信号漆 warning paint
报警信号器 flag alarm; warning apparatus
报警信号设备 alarm device
报警信号手柄 alarm signal handle
报警信号台 readiness area; warning signal station
报警信号箱 alarm box
报警信号装置 warning apparatus
报警压力表 alarm pressure ga(u)ge
报警压力计 alarm ga(u)ge; alarm manometer
报警延迟 pre-signal delay
报警仪器 monitoring instrument
报警音响器 alarm buzzer
报警站 alarm call point; warning service
报警指示控制板 alarm indicator panel
报警指示器 alarm indicator; warning indicator
报警指示信号 alarm indication signal
报警装置 alarm device; alarm installation; alarm system; attention device; monitoring device; warning; warning apparatus; warning device;warning equipment
报警字符 bell character
报刊 newspapers and periodicals; the press
报刊柜 news stall;newsstand
报刊栏 column
报刊名 name plate
报刊阅览室 newspaper room; newsroom
报刻齿板 quarter rack
报刻涡形轮 quarter snail
报名者 applicant
报盘 offer(to sell); submit an offer for
报盘人 offerer
报批稿 final text submitted for approval; manuscript submitted for approval
报请批准 submit for approval
报社 newspaper office;press office
报时灯 chargeable time lamp; time check lamp
报时滴答声 time tick
报时机械装置 time indicating mechanism
报时开关片 all-or-nothing piece; stop slide
报时器 chronopher;timing device
报时球 time ball
报时设备 timing device
报时系统 time system
报时信号 blip; pip; time signal; time tick;timing signal
报时信号服务 timed signal service
报时信号球 time ball
报时业务 time service
报时音 time tone
报时站 time signal station
报时钟 time bell;time signal clock
报时钟声 watch bell
报时装置 striking work
报数人 caller
报税单 bill of sight
报税通知单 bill of entry
报送纳税申请表 file one's tax return
报送账单 render account
报摊 news kiosk;newsstand
报亭 news kiosk;newsstand
报头 header;masthead
报头栏 masthead
报头首部 heading
报文交换中心 message switching center[centre]

B

报务 telegraph traffic
报务交换局 traffic exchange office
报务日记簿 logbook
报务拥挤 congestion of traffic
报务员 operator; radio operator; radiop; telegrapher; telegraph operator; radio officer
报务主任 chief radio officer
报务组 traffic group
报销 apply for reimbursement; refund; reimbursement; send in account
报销办法 method of charging out
报销账单 expense account
报小关 crew's customs declaration
报信号电钟 annunciator electric(al) clock
报讯 alarm
报讯器 annunciator
报汛 hydrologic(al) information
报汛站 flood-reporting station; reporting station
报汛站网 reporting network
报优惠价 quote favorable terms
报雨器 ombroscope
报账单 check sheet
报纸 gazette; newspaper; paper
报纸编辑 journalist
报纸夹 newspaper clip; newspaper file
报纸捆包机 newspaper baling press
报纸上的头号标题 <美> banner
报纸箱 <邮政车> paper box
报纸阅览架 newspaper display stand
报纸撰稿人 journalist
报终符号 end-of-message signal
报终卡 end-of-transmission card
报终信号 clearing back signal; clearing down signal; clearing out signal
报终信号键 automatic clearing key
报终信号自动键 automatic clearing key
报……最低实盘 make best possible firm offer

刨 plane; rutter; shave; thicknesser

刨把 toat
刨板边机 edge-shaving machine; plate beveller; trimming machine
刨板刀 planing knife
刨板机 panel planer; shaving machine; shaving plane; thicknesser; thicknessing machine
刨背 back-planing
刨锛 <转起工具> scutch
刨边 edge planimeter; edge shot; plane edge; planing
刨边机 bevel(l)ing machine; edge planer; edge planing machine; edge shaver; jointer
刨冰片机 ice flaker
刨槽 dadoing; fillister; gouging
刨槽机 keyway planer; recessing machine; trenching machine
刨铲挖掘机 scraper shovel; skimmer
刨成边 planed edge
刨成齿 planned tooth
刨成坯料 blank
刨程 planing length
刨齿 gear shaper cutting; gear shaping
刨齿床 gear generator
刨齿刀 gear shaper; gear cutter; shaping cutter
刨齿规 raker ga(u)ge
刨齿机 gear generator; gear planer; gear planing machine; gear shaper; gear shaping machine; toothed-wheel shaper; toothed-wheel shaping machine
刨齿退刀槽 gear shaping recess
刨床 buzz planer; facing machine; matcher; mechanical slicer; planer; planing machine; surfacer
刨床部件 planer parts
刨床刀架 headstock; planer heads; planing tool carriage
刨床工 planer
刨床工作台 planer table; planing machine platen; planing machine table
刨床滑板 planer slide
刨床夹紧装置 planing jig
刨床架 planer heads; planer stock
刨床精度夹盘 planer center[center]
刨床刨花出口 throat
刨床切削刀具 planer cutting tool
刨床头座 headstock
刨床用虎钳 planer vice[vise]
刨床转度卡盘 planer center[centre]
刨锤 scutch
刨刀 draw shave; knife plane; plane bit; plane(r) knife; planer tool; planing blade; planning cutter; rabbet; shaper and planer tool; shaper tool; shaver; ploughed blade <采煤机的>; planing tool <龙门刨床用>; shaping tool <平刨工具>
刨刀单板 knife-cut veneer
刨刀和车刀磨床 planer and lathe tool grinding machine
刨刀痕面 planer
刨刀护盖 fence
刨刀护铁 back(ing-up) iron; break iron; dressing iron
刨刀夹角 pitch
刨刀片 blade for plane; plane iron
刨顶压铁 break iron
刨工 planer; planing machine operator; planing work
刨工工作 planer work; planing work
刨工台 shaving horse
刨钩 hookaroon
刨光 shaping; shoot off
刨光板 chipboard; dressed board; dressed lumber; dressed timber
刨光板夹具 shooting board fixture
刨光板面净宽度 face width
刨光并平头接合的 planed and square-jointed
刨光并在端部作榫的 dressed and headed
刨光材 planed lumber
刨光材尺寸 dressed size
刨光厂 <木材加工场> planing mill
刨光的 planed; surfaced
刨光的木材 planed lumber
刨光的木料 planed lumber; wrought lumber
刨光后的尺寸 dressed size
刨光机 surfacer
刨光接头 planed joint
刨光了的 dressed
刨光木材 dressed lumber; dressed stuff; dressed timber; planed timber; surfaced lumber; surfaced timber; wrought lumber; wrought timber
刨光木料 dressed lumber; dressed stuff; dressed timber; planed timber; surfaced lumber; wrought lumber; wrought timber
刨光木纹 chipped grain
刨光木制品 <如天花板、墙板、地板条等> planing mill products
刨光木砖 <钉在墙的> wrought grounds
刨光拼合板 dressed and matched board; dressed matchboard; planed matchboard
刨光企口板 dressed and matched boards; dressed matchboard; planed matchboard
刨光企口地板 dressed and matched flooring; dressed tongue-and-groove flooring
刨光镶板 dressed and matched boards
刨光镶地板 dressed and matched flooring
刨光镶接 dressed and matched
刨规 planer ga(u)ge
刨轨 planimeter of rail
刨轨机 raft plane; rail plane; rail planing machine
刨焊根 back gouging
刨焊口 edge planimeter
刨痕 chipped grain
刨花 cutting; hog fuel; paring; scobs; shavings; spill; wood chip; wood refuse; wood residue; wood shavings
刨花板 chipboard; flake board; particle board; shaving board; wood-wool slab; xylolite slab
刨花板板料 particle board panel stock
刨花板垫板 particle board underlayment
刨花板垫层 particle board underlayment
刨花板搁板 particle board shelving
刨花板及贴面 shaving board and attaching veneer
刨花板家具 particle board furniture
刨花板料 particle panel materials
刨花板镶板材 particle board panel stock
刨花板芯板 particle-board core
刨花板芯材 particle board core stock
刨花板芯胶合板 particle board core plywood
刨花板芯料 particle board core stock
刨花冰 flake ice
刨花冰制冰机 flake ice maker
刨花钩 hook for cleaning chips
刨花机 shaving machine
刨花滤器 woodwool filter
刨花楠 Chinese bandoline wood
刨花水泥板 woodwool cement slab
刨花丝建筑板材 gypklith
刨花填料 excelsior
刨花纸 excelsior tissue
刨架 plane stock
刨校正杠 adjusting lever
刨具 planing tool
刨锯 planer saw
刨块 cutting
刨路机 pavement milling machine; pavemill; planer; road planer
刨路机出力系统 planer forcing system
刨路机驱动系统 planer forcing system
刨毛 scarify(ing)
刨毛机 debristling machine
刨煤镐 coal pick
刨煤机 coal planer; coal plough
刨面标记 face mark
刨面钢 blister steel
刨面机 surface planer
刨面宽度 width of planed surface
刨模机 die and profile shaping machine; profile shaping machine; punch and profile shaping machine
刨磨 cutting
刨木边 shooting
刨木厂 planing mill
刨木导板 shooting board
刨木端的小刨 block plane
刨木机 wood planer; wood planing machine
刨木台止推条 bench stop
刨木用导板 shooting block
刨皮机 beam machine
刨皮砧板 unhairing beam
刨片 flaking
刨片机 chipper; flaker; flaking machine; slicer
刨平 plane; planing; planish
刨平边 plane edge
刨平侧面 side
刨平的薄镶板 sliced veneer
刨平的材料 dressed stuff
刨平的方木 dressed lumber
刨平和接合两用机 planing and jointing machine
刨平和造型两用机 planing and mo(u)lding machine
刨平机 planing machine; surface planer; surfacer
刨平、加厚和造形三用机床 planing, thickening and mo(u)lding machine
刨平接合两用机床 planing and jointing machine
刨平木材的侧面 side
刨平木料 planed timber
刨平造型两用机床 planing and mo(u)lding machine
刨砌尖轨 <半砌型尖轨> planimeter down the switch tongue
刨切 slicing
刨切薄木 sliced veneer
刨切单板 sliced veneer
刨切的 sliced
刨切木材 slicewood
刨刃 plane iron
刨伞齿机 bevel gear generator
刨身 adz(e) block; plane stock; plane wood
刨式磨床 planer-type grinder
刨式平面磨床 plano-type surface grinder
刨式水平镗-钻-铣机床 chine
刨式铣床 planer-type miller; planer-type milling machine; planomiller; planomilling machine
刨丝机 woodwool making machine
刨榫槽机 rabbeting machine
刨台 planing bench
刨台导轨 planing slide bearing
刨铁 cutting iron; plane iron
刨头 ram
刨窝工 hitch cutter
刨窝机 hitch cutter
刨线脚工 mo(u)lding planer
刨削 chipping; gouging; shaping; planing
刨削 T 形槽 undercutting
刨削材 surfaced lumber
刨削材账 strip count
刨削操作 planing operation; shaping operation
刨削车床 shaping lathe
刨削车间 planing mill
刨削的斜展面 planed flare
刨削工 job planing
刨削厚度 planing thickness
刨削机 shale cutter; shale planer
刨削加工 planing operation
刨削加工厂 planing mill
刨削夹具 planer fixture
刨削锯 novelty saw; planer saw
刨削口 mouth of plane
刨削宽度 planing width
刨削容量 planing capacity
刨削速度 planing cutting speed
刨销 shaping
刨斜角槽导板 mitre[mitre] shoot
刨斜角木模型板 miter[mitre] board; miter shoot

刨屑压碎机 chippings crusher
刨压机 surfacer;thicknesser
刨圆孔法 internal circular planing
刨圆削片联合机 router
刨皂机 soap chipper; soap shaving machine
刨装机 cutter-loader shearer
刨子 drawing knife; plane; spokeshave
刨子基面 sole
刨座 plane stock

抱钉 clinch nail

抱负水平 level of aspiration
抱钩 anchor ear; clip hook; guide strap
抱箍 anchor ear
抱骨垫 peri-bone pad
抱鼓石 drum-shaped bearing stone; drum-shaped stone block
抱合 obvolvent
抱角 angle of embrace
抱角石 corner stone
抱框 jamb on door or window
抱轮红赤 ciliary hyperemia
抱球虫 globigerina[复 globigernae]
抱球虫软泥【地】globigerina ooze
抱索器 rope clip
抱握器 clasper;harpes
抱闸 band-type brake;brake binding; brake locking; brake sticking; contracting brake; internal contracting brake;sticking of brakes
抱闸式制动器 contracting brake
抱轴伤痕 seizing mark
抱轴式滚动轴承悬挂 axle-hung roller bearing suspension
抱轴式悬挂 nose suspension
抱轴式悬挂电动机 axle-hung motor
抱柱带 girdle

豹斑木 <产于圭亚那> leopard-wood

豹猫 leopard cat
豹皮灰岩 leopards skin limestone
豹皮香菌 scaly cap

鲍茨-摩根型 Bautz-Morgan type

鲍德兰高温膨胀仪 Baudran expansion apparatus
鲍德温蠕变试验机 Baldwin creep tester
鲍德温氏试验 Baldwin's test
鲍德温太阳图 Baldwin solar chart
鲍登安全电缆 Bowden cable
鲍登(钢)线 Bowden cable
鲍狄奇(测量)平差规则 Bowditch's rule
鲍狄奇规则 Bowditch's rule
鲍多尔反应 Boudouard's reaction
鲍多英合金 Baudoin's alloy
鲍恩哈德矿 bornhardtite
鲍尔德特-约翰逊谱带 Baldet-Johnson band
鲍尔菲奥盐釉炻器 Bouffloux stoneware
鲍尔弗定律 Balfour's law
鲍尔环 Pall ring
鲍尔-列昂哈尔特式预应力混凝土后张系 Baur-Leonhardt system
鲍尔铅基轴承合金 Power
鲍尔双动盘磨机 Bauer refiner
鲍格达构造段【地】Bogda tectonic segment
鲍格丹斯基型立式螺旋泵 Bogdanski screw pump
鲍格公式 Bogue's formula
鲍格·拉·莱恩软瓷 <法国> Bourg-La-Reine porcelain
鲍兰丁硬度计 Ballentine hartester
鲍里图样 <坯样干燥收缩与时间关系曲线> Bourry diagram
鲍林不相容原理 Pauling's exclusion principle
鲍林定则 Pauling rule
鲍林沸石 paulingite
鲍林规律 Pauling's rules
鲍林规则 Pauling's rules
鲍罗米公式 <计算混凝土强度的公式> Bolomey's formula
鲍罗米低渗混凝土级配曲线 Bolomey's curve
鲍罗米公式 <计算混凝土强度或级配的> Bolomey's formula
鲍玛旋回 Bouma cycle
鲍麦克塑性指数 Bowmaker's plasticity index
鲍曼硫印 Baumann print; sulphur print
鲍曼式排汽 Baumann exhaust
鲍曼式硬度计 Baumann hardness meter
鲍曼试验 Baumann sulfur printing
鲍曼学说 Bowman's theory
鲍姆巴赫公式 Baumbach formula
鲍姆跳汰机 Baum jig;Baum wash box
鲍姆洗煤机洗槽 Baum wash box
鲍硼铁矿 boroferrite
鲍氏标记法 Bow's notation
鲍氏表示法 <桁架内力图解法的> Bow's notation
鲍氏符号 Bow's notation
鲍氏黄铜 Bobierre's metal
鲍氏软瓷 <法国> Bow porcelain
鲍特锥承值 Boyd cone-bearing value
鲍威尔-巴尔夫(钢材防锈)法 Bower-Barff process
鲍威尔-巴尔夫氧化铁水管防锈法 Bower-Barff
鲍威尔方法 Powell method
鲍威尔木材防腐工艺 Powell-wood
鲍威尔斯·布鲁诺尔模型 Powers-Brunauer model
鲍威尔斯间距系数 Powers spacing factor
鲍威尔斯仪 Powers apparatus
鲍威尔斯重塑试验 Powers remolding test
鲍韦尔斯海岭 Bowers ridge
鲍维公式 Bowie formula
鲍维平差法 Bowie method of adjustment
鲍维效应 Bowie effect
鲍文比值 <蒸发的热与传到空气中的热的比值> Bowen's ratio
鲍文病 Bowen's disease
鲍文反应系列 Bowen's reaction series
鲍文谱线 Bowen line
鲍文荧光机制 Bowen fluorescence mechanism
鲍文玉 bowenite
鲍沃斯望远镜 Bouwers telescope
鲍沃斯折反射系统 Bouwers catadioptric system
鲍物勒铰链 Paumelle hinge
鲍辛固定液 Bousin's fixative
鲍鱼 abalone

暴潮 storm tide;storm surge

暴潮门 storm tide gate
暴跌 collapse;crash;slump
暴动 insurrection;outbreak
暴动不保 free of riots
暴动和内乱险不保 free of riots and civil commotions
暴动、内乱和罢工 civil commotion, strikes and riots
暴动、内乱和罢工险 insurance forriots, civil commotion and strikes
暴动与内乱 riots and civil commotions
暴发点 flash point
暴发调查 outbreak investigation;outbreak survey
暴发高潮 paroxism[paroxysm]
暴发洪水 flash(y) flood; stream flood;torrential flood
暴发户 jumped up people;new rich; overnight millionaire;profiteer;vulgarian
暴发径流 flash runoff
暴发流行病控制 outbreak control
暴发性高空缺氧 fulminating altitude anoxia
暴发性火 blowout
暴发性减压 explosive decompression
暴发性缺氧 fulminating anoxia
暴发性鼠疫 pestis fulminans; pestis major
暴发作用 paroxism[paroxysm]
暴沸 explosive boiling
暴风 gale; heavy squall; land spout; squall; storm (gale); storm wind; violent wind;wind storm
暴风潮 hurricane tide;storm surge
暴风负荷 storm loading
暴风海滩 storm beach
暴风海啸 atmospheric tsunami
暴风客热 pseudo-membranous conjunctivitis
暴风浪 resaca; storm sea; storm water;storm wave
暴风浪搬运的有机质 organic matter by storm wave transportation
暴风浪(后形成的)海滩 beach of storm profile
暴风排水 storm drainage
暴风强度 storm intensity
暴风沙 sand and storm
暴风涛 grown sea
暴风污染 gale pollution
暴风信号 cone
暴风雪 blizzard(wind); drift storm; driving snow; snow squall; snow storm;tempest;violent storm
暴风雪堆 blizzard snow dune
暴风雨 heavy storm; rain squall; spate;storm(rainfall);tempest;violent storm; war of element; rainstorm
暴风雨保险 storm and tempest insurance
暴风雨潮 storm tide
暴风雨带 storm lane
暴风雨的 stormy
暴风雨地带 storm belt
暴风雨泛滥 wild flooding
暴风雨防备 stormproof
暴风雨防护 storm protection
暴风雨警报标志 storm cone
暴风雨频率 storm frequency
暴风雨气候 squally weather; stormy weather
暴风雨汽门 storm valve
暴风雨水落管 storm down-pipe
暴风雨损害 damage by storm
暴风雨天气 heavy weather; severe weather;storm-flag;stormy weather
暴风雨信号 storm signal
暴风雨信号筒 storm drum
暴风雨涌潮 storm surge
暴风雨灾害 storm damage
暴风雨之夜 wild night
暴风雨中心 rainstorm centre
暴风云 storm cloud
暴风中心 stormer
暴风骤雨 hurricane rain;rain squall
暴洪 a sudden;flash stream;flash(y) flood;violent flood
暴洪河川 flashy stream
暴洪河流 flashy river;flashy stream
暴洪监视 flash flood watch
暴洪警报 flash flood warning
暴洪警报系统 flash flood alarm system
暴洪水流 flash(y)flow
暴降 bust
暴聚 flash polymerization
暴力 act of force;violence
暴利 colossal profits; quick profit; sudden huge profits;windfall profit
暴利税 anti-profiteering tax;windfall profits tax
暴露 emerge; exposal; expose; exposition;lay open;reveal;rip;uncover; unearth;unmask
暴露保护设备 exposure protection
暴露表面 exposed surface
暴露程度 degree of exposure
暴露的 exposed;unsheltered
暴露的部位 naked position
暴露的场所 exposed situation
暴露的地方 exposed location
暴露的锚地 exposed anchorage
暴露地点 exposure site
暴露方式 exposure pattern
暴露风险 exposure risks
暴露负债 exposed liabilities
暴露海岸 exposed coast
暴露火灾 exposure fire
暴露极限 exposure limit
暴露剂 demasking agent
暴露剂量 exposure dose; reconditioning
暴露建筑物 exposed building
暴露裂隙 exposing fissure
暴露煤面 butt
暴露面 exposed side; free end; free face
暴露面积 exposed area
暴露面取样 face sampling
暴露耐久性 exposure durability
暴露评价 exposure assessment
暴露区 exposed zone; zone of exposure
暴露燃烧面积 exposed burning area
暴露人年 person-year of exposure
暴露人群 exposed population group
暴露人时 person-time of exposure
暴露声级 sound exposure level
暴露施工 exposed finish
暴露时间 duration of exposure; exposure duration;open-assembly time
暴露式煤田 exposed coalfield
暴露试验 atmospheric exposure test; exposure test
暴露水平 exposure level
暴露条件 exposure condition
暴露危险 exposure hazard
暴露效应关系 exposure-effect relationship
暴露因子 exposure factor
暴露油罐 exposed tank
暴露于不利条件 exposure to adverse condition
暴露于大气中 weather(ed) exposure
暴露于火 fire exposure
暴露于火的时间 fire exposure time
暴露于火焰试验 flame exposure test
暴露于火灾的严重程度 fire exposure severity

暴露于露天 weathered exposure
暴露在含臭氧的大气中产生的表面裂纹 ozone cracking
暴露着 lie open
暴乱或罢工 riots or strikes
暴落 nose dive
暴怒 blaze up
暴燃 blaze up; deflagrate
暴燃波 combustion wave; deflagration wave
暴燃混合物 deflagrating mixture
暴燃性 deflagrability
暴时分量 storm-time
暴试验 atmospheric exposure test
暴缩 implosion
暴涛 confused sea
暴涛海面 <浪高 40 英尺以上或相当于 12.19 米以上>【气】precipitous sea
暴涌 confused swell; ground swell
暴雨 cloudburst; deluge; drencher; hard rain; heavy rain; heavy shower; intense (rain) fall; intense storm; rainfall storm; rain gush; shower; torrential downpour; torrential rain
暴雨按地区分布型 storm distribution pattern
暴雨(沉砂)池 storm-water tank
暴雨持续时间 duration of storm
暴雨冲蚀 rainwash
暴雨冲刷面 storm washing
暴雨冲刷物 storm washings
暴雨带 storm belt; storm zone
暴雨当地放大 maximizing storm in place; maximizing storm in situ
暴雨地带 storm belt; storm zone
暴雨地下径流 storm groundwater discharge
暴雨地下流量 subsurface storm flow
暴雨调查 storm investigation; storm survey
暴雨叠置 superposition of a storm
暴雨多发区 storm prone area
暴雨泛滥 wild-flooding irrigation
暴雨放大 maximization of storms; rainstorm magnification; storm maximisation
暴雨废水 storm wastewater
暴雨分布类型 storm distribution pattern
暴雨分布型式 storm distribution pattern
暴雨分析 analysis of intense rainfall
暴雨洪水 cloud burst flood; storm flood
暴雨洪水过程线 storm hydrograph
暴雨机制 storm mechanism
暴雨积水 accumulated storm water on ground surface
暴雨极大化 maximization of storms; storm maximisation
暴雨集流时间 response time
暴雨降水量 storm precipitation
暴雨截流井 storm intercepting well
暴雨进口 storm inlet
暴雨进水口 storm-water inlet
暴雨径流 direct runoff; rainfall runoff; rainstorm runoff; spate runoff; storm runoff; storm(-water) flow
暴雨径流法 <按暴雨强度和汇水面积求算设计流量> rainfall-runoff method
暴雨径流水质 storm-water runoff quality
暴雨径流水质模型 storm-water runoff quality model
暴雨径流调节池 storm runoff retention basin
暴雨径流预报 storm runoff forecasting
暴雨巨浪 storm surge
暴雨类型 rainstorm pattern; storm pattern
暴雨历时 duration of storm; storm duration
暴雨砾块平原 dasht
暴雨量 amount of rainfall; volume of storm; storm rainfall
暴雨流量 storm rainfall; storm(-water) flow
暴雨路径 storm lane; storm path
暴雨玫瑰图 driving-rain rose
暴雨面深分析 time-area-depth analysis
暴雨模式 storm model
暴雨排除 storm drainage
暴雨排水道 storm(-water) drain; storm-water sewer
暴雨排水沟 storm outfall sewer; storm sewer; storm(-water) drain
暴雨排水管 shower drain; storm outfall sewer; storm sewer pipe; storm(-water) drain
暴雨排水设备 storm collector
暴雨排水系统 storm drainage; storm drain system; storm-water system
暴雨排泄 storm drainage
暴雨频率 rainstorm frequency; storm frequency
暴雨期 storm period
暴雨强度 intensity of rainstorm; intensity of storms; rainfall intensity; rainstorm intensity; storm intensity; torrential rain strength
暴雨强度按时间分布型 storm intensity pattern
暴雨强度分布型式 storm intensity pattern
暴雨强度类型 storm intensity pattern
暴雨情报 storm information
暴雨区 storm lane; storm region
暴雨曲线 storm curve
暴雨渗流 storm seepage; subsurface flow
暴雨渗入地下水流 subsurface storm flow
暴雨事件 storm event
暴雨水 storm sewage; storm water
暴雨水分流排管 storm-water overflow
暴雨水沟 storm sewer
暴雨水管 storm sewer
暴雨水管理 storm-water management
暴雨水管理模型 storm-water management model
暴雨水管理模型 3.0 版 storm-water management model version 3.0
暴雨水管理设施 storm-water management facility
暴雨水径流 storm-water runoff
暴雨水控制程序包 storm-water control package
暴雨水量 amount of storm sewage
暴雨水流池 storm-water tank
暴雨水流储水池 storm-water tank
暴雨水落管 storm down-pipe
暴雨水排水沟 storm-water channel
暴雨水水质 storm-water quality
暴雨水水质管理措施 storm-water quality management measure
暴雨水水质控制 storm-water quality control
暴雨水水质指数 storm-water quality index
暴雨水头 drencher head
暴雨水污染 storm-water pollution
暴雨水污染监测 storm-water pollution monitoring
暴雨水污染控制 storm-water pollution control
暴雨水污染物 storm-water pollutant
暴雨水滞留池 storm-water retention pond
暴雨水滞留容量 storm-water retention pond volume
暴雨水综合管理 comprehensive storm-water management
暴雨损失量 storm loss
暴雨天气 storm weather
暴雨污水 storm sewage
暴雨污水溢流 storm-sewage overflow
暴雨下水道 storm drain; storm outfall sewer; storm-water sewer
暴雨下水道系统 storm sewer system
暴雨形成 storm formation
暴雨型 storm pattern
暴雨型泥石流 rainstorm type mudstone flow
暴雨移置 rainstorm transposition; storm transposition; transposition of storm
暴雨溢流 storm-water outfall; storm(-water) overflow
暴雨溢流槽 storm overflow gutter
暴雨溢流井 intercepting well; storm overflow manhole; storm overflow well
暴雨溢流排水管 storm(-water) overflow sewer
暴雨溢流设施 stormwater overflow facility
暴雨溢流水存储 storage of storm overflow
暴雨溢流污水道 storm(-water) overflow sewer
暴雨溢水槽 storm overflow
暴雨溢水口 storm overflow
暴雨与污水管理模型 storm/wastewater management model
暴雨原地极大化 maximizing storm in place; maximizing storm in situ
暴雨云 storm cloud
暴雨造成的坑洼 hogwallows
暴雨指数 driving-rain index
暴雨滞留 detention of storm flow
暴雨中心 centroid of storm rainfall; storm center[centre]
暴雨中心路径 path of storm center[centre]
暴雨重心 centroid of storm rainfall
暴雨轴线 storm axis
暴雨资料 storm data; storm information
暴雨总量 total precipitation of storm; total volume of storm
暴涨 flush
暴涨的 booming
暴涨河流 freshet
暴涨径流 flash runoff
暴涨宇宙 inflationary universe

曝光 exposal; expose; exposition; exposure; exposure to sunlight

曝光按钮 exposure button
曝光标 exposure scale
曝光标度 exposure scale
曝光表 actinometer; exposing chart; exposing meter; exposure meter; metraster; photometer; sensitometer
曝光表玻璃罩 photometer screen
曝光表读数 exposure meter reading
曝光补偿 exposure compensation
曝光不足 under-exposure; unfill
曝光不足部分 under-exposure portion
曝光不足区 under-exposure region
曝光测定 exposure determination; exposure measurement
曝光测定的 actinometrical
曝光测定计 light meter
曝光测定时间 actinometrical time
曝光测定术 actinometry
曝光持续时间 length of exposure
曝光灯 exposing lamp; exposure lamp
曝光点 exposure point; exposure station
曝光定时 time control
曝光定时器 exposure timer
曝光度 light meter
曝光范围 exposure latitude; latitude; range of exposures
曝光缝 exposure slit
曝光过度 over-exposure
曝光过度部分 over-exposure portion
曝光过度区 over-exposure region
曝光过久 solarization
曝光过量 over-exposure
曝光机 exposure machine; photoexposure machine
曝光积分器 exposure integrator; light integrator
曝光计 actinometer; expometer; exposure clock; exposure meter; phototimer
曝光计数器 exposure counter
曝光计算表 exposure calculating chart; exposure calculator
曝光记录纸 actinometer paper; exposure recording paper
曝光剂量 exposure dose
曝光间隔 exposure interval; time interval of exposure
曝光节制器 exposure regulator; intervalometer
曝光控制 exposure control
曝光控制带 exposure control band; exposure control stripe
曝光控制计 exposure controller; intervalometer; light dosimeter
曝光控制器 exposure controller; intervalometer; light dosimeter
曝光口 exposure gate; picture gate
曝光快门 exposure shutter; time shutter
曝光宽容度 exposure latitude; range of exposures
曝光量 light exposure; quantity of illumination
曝光量对数 exposure logarithm; logarithm of exposure
曝光量对数曲线 log-exposure curve
曝光量范围 exposure range
曝光量级 exposure level
曝光门 camera aperture
曝光密度曲线 density-exposure curve
曝光面积 irradiated area
曝光强度 exposure intensity; intensity of exposing light; intensity of exposure
曝光时放出电子的分子 electronogen
曝光时计 exponometer
曝光时间 exposure duration; exposure hours; exposure time; length of exposure; opening time; shutter time; time of exposure
曝光时刻 time of exposure
曝光时限 exposure latitude; latitude of exposure
曝光试验 exposure test
曝光试验条 exposure test strip
曝光适当部分 correct-exposure region
曝光手册 exposure guide
曝光瞬间 instant of exposure; moment of exposure
曝光速度 exposure speed; exposure

velocity
曝光台 lighthouse
曝光特性曲线 exposure characteristic curve;Hurter and Driffield curve
曝光梯度 exposure step
曝光头 exposure head;light head
曝光图表 exposure chart
曝光误差 exposure error
曝光系数 exposure coefficient; exposure factor
曝光系统 exposing system; exposure system
曝光限 exposure tolerance
曝光效果 effect of exposure;exposure effect
曝光延长 increase in exposure
曝光一览表 exposure guide
曝光用表 exposure table
曝光站 exposure station
曝光正片 photoexposure positive
曝光值 exposure value
曝光指示器 exposure indicator
曝光指数 exposure index
曝光指针 exposure needle
曝光钟 exposure clock
曝光周率 exposure cycling rate
曝光周期 exposure cycle; exposure period
曝光轴 exposure axis
曝光装置 exposure unit
曝光自动控制 automatic exposure control

爆

爆边 chip
爆波 deflagration wave
爆出火花 spit
爆点 pop-off;popper
爆发 belch; blasting; blaze; blowout; break forth; breakout; burst (up); exploding; explosion; flare; outbreak;outburst;puff
爆发变星 eruptive variable
爆发成 burst into
爆发冲程【机】explosion stroke
爆发的 bursting
爆发地区 outbreak area
爆发点 bursting point
爆发调查 outbreak in investigation
爆发动力学 pyrodynamics
爆发拱 eruptive arch
爆发活门 explosive valve
爆发火山口 explosion crater
爆发火灾 outbreak of fire
爆发货币危机 explosion of monetary crisis
爆发激光器 explosion laser
爆发间隔 explosion interval
爆发角砾岩 explosion breccia; explosive breccia
爆发力 breakout force
爆发力学 pyrodynamics
爆发链 chain of bursts
爆发内燃(发动)机 explosion engine; explosive engine
爆发凝灰岩 explosion tuff
爆发期 outbreak period
爆发期间 burst period
爆发日珥 eruptive prominence
爆发时漏气 combustion blow-by
爆发室 explosion chamber
爆发物 eruption
爆发型 explosive type
爆发性过程 explosive process
爆发性加温 impulsive warming
爆发性污染废水 explosive contaminated wastewater
爆发性压力 popping pressure
爆发性增温 impulsive warming
爆发性振荡 explosive oscillation
爆发性周期 explosive cycle
爆发压力 explosion pressure; explosive pressure
爆发耀斑 explosive flare
爆发云 explosion cloud
爆发指数 explosive index
爆固铆钉 explosive rivet
爆固式锚杆 bolt of blasting; explosively anchored rockbolt
爆管 booster;burst pipe;squib
爆管导火线 detonating fuse
爆管技术 pipe bursting technique
爆光 bombardment
爆夯挤淤法 explosive displacement method
爆夯压密 explosive consolidation
爆轰 detonation
爆轰波 detonating wave; detonation wave
爆轰波前锋 detonation front
爆轰范围 detonation range
爆轰感度 detonation sensitivity
爆轰混合物 detonation mixture
爆轰剂 detonation agent
爆轰能 detonation energy
爆轰气体 detonation gas
爆轰燃烧 detonation combustion
爆轰热 detonation heat
爆轰速度 detonating velocity;detonation velocity
爆轰速率 rate of detonation
爆轰特性 detonation property
爆轰危害 detonation hazard
爆轰温度 detonation temperature
爆轰稳定性 detonation stability
爆轰压力 detonation pressure
爆轰炸药 detonating explosive; detonation explosive
爆轰作用 detonation action
爆后 postburst
爆后毒气 afterdamp
爆后气体 after-gas;noxious gas after explosion
爆花 frizzing; striking < 烤花时颜料剥落 >
爆火 dryness-fire
爆击率 knock rating
爆击试验 knocking test
爆击特性 < 汽油 > knock characteristic(of gasoline)
爆击值 knock value
爆剂 detonator
爆聚 implode;implosion
爆聚峰值 explosion focusing peak magnitude
爆孔 popping
爆孔钻 blast hole drill
爆口 crack-off
爆口烘口机 burning off and edge-melting machine; cracking-off and edge melting machine
爆口机 cracking-off machine
爆扩桩 blown tip pile;bulb pile;detonating pedestal pile; exploded pile; explosion-expanded piling; explosive expanded pile
爆力 blasting force;strength of explosive
爆力打入式紧固件 explosive-driven fastening
爆力钻进 explosive drilling
爆烈性 brisance
爆裂 blowout; bursting; decrepitate; pop(ping);splitting;sputter
爆裂窗 blowout window
爆裂的 disruptive
爆裂地震 explosion earthquake
爆裂点 point of burst
爆裂法 decrepitation method
爆裂火山 pumice volcano
爆裂火山口 explosion crater
爆裂距离 bursting range
爆裂空间 bursting space
爆裂孔口 < 起安全阀作用 > blowout window
爆裂孔眼 blowing;popping
爆裂口 explosion vent;explosive vent
爆裂轮胎 blown-out tire[tyre]
爆裂脉冲数 decrepitation pulse times
爆裂膨胀 bursting expansion
爆裂片 bursting disk[disc]
爆裂频次高度 decrepitation frequency elevation
爆裂强 strong decrepitation
爆裂强度 bursting strength;decrepitation intensity
爆裂曲线 decrepitation curve
爆裂弱 weak decrepitation
爆裂声 crackle;crackling;crepitation
爆裂式火山 explosive volcano
爆裂试验 burst test
爆裂速度 burst speed
爆裂图 decrepigraph
爆裂温度 decrepitation intensity
爆裂温度范围 range of decrepitation temperature
爆裂稳定性 bursting stability
爆裂信号 detonating signal
爆裂性炸药 disruptive explosive
爆裂压力 burst(ing) pressure
爆裂压力试验 bursting pressure test
爆裂岩石 popping rock
爆裂药 powder monkey
爆裂仪 decrepitation apparatus
爆裂应力 bursting stress
爆裂晕图【地】decrepitation halo diagram
爆裂中 moderate decrepitation
爆裂砖 chuff;shuff
爆裂作用 decrepitation
爆鳞 fish scaling
爆落顶板 datalling
爆鸣 detonation;puff
爆鸣气 detonating gas
爆鸣器 detonator
爆皮 blister(ing)
爆皮玻璃球 chipped marble
爆破 blast (down); blasting (out); blowing; burst (ing); demolition blast; detonate; detonation; explosion; pop-shoot (ing); shooting; shotfiring
爆破安全 safety of blasting
爆破安全等级 degree of explosion safety
爆破安全距离 explosion safety distance;safety distance of explosion
爆破班组 blasting crew; blasting gang;blasting party;blasting team
爆破保护装置 explosion-proof apparatus
爆破比 < 单位耗药 > blasting ratio
爆破波 bursting wave; detonation wave;explosion wave
爆破布置 blasting layout;blasting pattern;mode of blasting
爆破步骤 blasting procedure
爆破材料 blasting material
爆破材料库 magazine
爆破材料类型 type of blasting material
爆破材料性能 performance of blasting material
爆破采石 quarrying by the use of explosives
爆破参数 blasting parameter;detonation parameter
爆破餐具 flatware
爆破操作 blasting practice
爆破侧钻孔 side hole
爆破层 bomb breaking layer;bursting layer
爆破场地 blasting site
爆破成沟法 explosion ditching method
爆破成踏步 bench blasting
爆破承包人 blasting contractor
爆破程序 blasting procedure
爆破冲动 explosive impulsion;explosive pulse
爆破冲击波 blasting impulsive wave; blast wave;explosion shock wave
爆破大石 block holing < 用钻爆法破碎的 >;boulder blasting
爆破单位体积岩石所需炸药量 powder factor
爆破弹 blast shell
爆破挡帘 blasting curtain; blasting mat;blasting screen
爆破导火线 reed
爆破导坑 explosive heading
爆破导线 blasting lead
爆破的垫底板 < 隧道工程 > slick sheet
爆破的平行双电线连接 hobo connection
爆破的岩石 shot rock;blasted rock
爆破的最小抵抗线 line of least resistance
爆破抵抗线 burden in explosion
爆破地点 blasting site
爆破地震 explosion earthquake; explosive earthquake
爆破地震观测 blasting vibration observation; explosion seismic observation; explosive seismic observation; explosive vibration observation
爆破地震效应 explosion seismic effect
爆破地震学 explosion seismology
爆破地质指导 control of blasting geology
爆破点 blasting point;bursting point; shot point
爆破点布置 blasting layout
爆破点时间 time at shot point
爆破电路 blasting circuit
爆破电桥 blasting bridge
爆破垫 blasting mat
爆破定时器 blasting timer
爆破峒室 < 峒室爆破前先进行系列小爆破形成的峒室 > camouflet;blasting chamber
爆破洞 shothole
爆破洞装备 blast-hole rig
爆破段深度 depth of blasting segment
爆破段岩性 lithologic(al) characters of blasting segment
爆破阀 rupture disc[disk]
爆破法 blasting method;blasting procedure;method of blasting
爆破法埋入混凝土的销钉 shot pin
爆破方法 blasting method; blasting procedure; method of blasting; method of explosion; shattering process
爆破方式 blasting pattern; mode of blasting
爆破防尘 blasting dust proof
爆破防护建筑物 barricade
爆破防护帘 blasting curtain; blasting screen
爆破飞石 popping rock
爆破飞石距离 rock throw
爆破费用 firing cost
爆破隔垫 < 防止碎石乱飞用 > blasting mat
爆破隔膜 blasting diaphragm;bursting diaphragm;bursting disk[disc]

爆破工 blaster; blasting technician; dobie man; exploder; fire man; hole man; powder monkey; shooter; shotfirer; shotman; torpedo man
爆破工具 blasting tool
爆破工人 < 精于使用炸药的 > powder monkey
爆破工作 blasting work
爆破沟槽 explosion trench
爆破固定工具 explosive-actuated fastening tool
爆破固结 explosive consolidation
爆破管 auget; blasting cartridge; priming tube
爆破灌砂法 blasting and sanding method
爆破规程 blasting code; blasting regulation; regulations of blast
爆破海底探测 sea-floor exploration by explosives
爆破焊接 explosion welding
爆破荷载 blast load; explosion load(ing); explosive load
爆破后的边坡面 initial face
爆破后的水井出水量 water yield of well after explosion
爆破后撬下松石 scaling
爆破换土施工法 blasting displacement method
爆破机 blaster
爆破机器 blasting battery
爆破激发地震 explosive-stimulated earthquake
爆破激振 vibration excited by explosive action
爆破挤密法 blasting compaction method; extrusion method compaction by explosion
爆破挤淤法 mud replacement by blasting
爆破记录 explosion notebook
爆破技师 blasting technician
爆破技术 blasting practice; blasting technique; explosion technique; explosive technique
爆破技术经济指标 technical-economic index of blasting
爆破技术员 blaster
爆破剂 blasting agent
爆破加固 blasting consolidation
爆破加固砂基 explosive compacting sand subgrade
爆破加密法 blasting compaction method
爆破监测器 blasting monitor
爆破减压板 explosion relief panel
爆破降压 explosion pressure relief
爆破校准地震模型 explosively calibrated seismic model
爆破阶面 bench
爆破进尺 blast depth; pull
爆破井 shothole
爆破巨砾 boulder blasting
爆破距离 burden distance; explosive distance
爆破开槽 ditch(ing) by explosives
爆破开沟 blasting trenching
爆破开关 blasting switch
爆破开挖 excavation by blasting
爆破坑 shothole
爆破孔 blasthole; pop hole; shothole; shot point; snake hole
爆破孔背面裂断 back break
爆破孔布置 firing hole layout
爆破孔布置型式 firing pattern
爆破孔到自由面的水平距离 hole burden
爆破孔盖泥土 mudcapping
爆破孔几何形状 blast-hole geometry
爆破孔内分层装药 deck charge
爆破孔内分层装药和分隔开的起爆线 deck load
爆破孔内连续装药法 column load
爆破孔眼 camouflet
爆破孔钻机 blast hole drill; blast-hole machine; shothole rig
爆破孔钻进 blast-hole drilling
爆破孔钻头 blast hole bit
爆破块度 blasting fragmentation
爆破雷管 blasting cap; blasting pellet; blossom; detonator
爆破雷管处理 handling of blasting caps
爆破力 blasting power; bursting force; explosive force
爆破力测量计 blast meter
爆破力学 explosion mechanics; mechanics of explosion
爆破裂隙 bursting fracture
爆破漏斗 blasting cone; blasting wedge; crater formed by blasting; detonation hopper; explosive funnel
爆破漏斗边缘 crater lip
爆破漏斗参数 parameter of explosion crater
爆破漏斗法 blasting crater method
爆破漏斗孔 blasting crater hole
爆破漏斗试验 blasting crater test
爆破漏斗型式 type of explosion crater
爆破漏斗张开角 angle of breakage
爆破露头效应 exploded outcrop effect
爆破路槽 explosion trench
爆破密实 compaction by explosion
爆破模式 blasting pattern; mode of blasting; pattern of blasting
爆破膜 rupture disc[disk]
爆破膜装置 rupture disk device
爆破母线 blasting cable; leading wire; shot-firing cable
爆破能 blasting energy
爆破欧姆表 blasting ohmmeter
爆破排淤法 blasting replacement method; mud replacement by blasting
爆破抛掷 blast throwing; explosive casting
爆破炮眼 fire a hole
爆破配矿 ingredient ore of blasting
爆破平面图 plane map blasting
爆破破坏效应 shattering effect
爆破起爆点 firing point
爆破气泡 explosion bubble
爆破气体 gas from explosion
爆破器 blaster; condenser discharge
爆破器材 blasting material; explosive material
爆破器材堆场 explosives area
爆破器械 blasting machine
爆破前的水井出水量 water yield of well before explosion
爆破枪 splitting gun
爆破强度 burning strength; bursting strength
爆破球 demolition ball
爆破区(域) blast(ing) area
爆破区图 map of blasting zone
爆破设备 blasting gear; detonating equipment
爆破设计 blast design; design of blast; planning of blasting procedure
爆破深度 blasting depth; shot depth
爆破失效准则 burst failure criterion
爆破石料 shot material
爆破时间 shot time
爆破时限 time limit for blasting
爆破式灌注桩 drilling and blasting pile
爆破式物种形成 explosive speciation
爆破事故 blasting accident; demolition accident
爆破试验 abruption test; blasting experiment; blasting test; blow-test; burning test; bursting test; destructive test; explosion bulge test; trial blast
爆破试验机 bursting test machine
爆破室 demolition chamber; shot chamber
爆破手 blaster; shooter
爆破顺序 blasting pattern; firing sequence
爆破松散体积 < 以立方码计的 > bulk cubic(al) yard[bcy]
爆破速度 detonation velocity
爆破索 shot firing cable
爆破掏槽 burnt cut
爆破掏槽钻孔 burnt-cut drill
爆破通风 explosion venting
爆破通风板 explosion relief panel
爆破筒 Bangalore; blasting cartridge; buster; explosive cartridge; go-devil
爆破腿 < 装满炸药的 > slick hole
爆破挖掘 excavation blasting
爆破危害及其限制 blasting hazards and limitations
爆破位移法 blasting displacement method
爆破物资 blasting supply
爆破系数 blasting coefficient; explosive coefficient
爆破下填法 underfill method of blasting
爆破线 detonating fuse
爆破线路 blasting circuit
爆破限度 explosive limit
爆破限制 explosive limit
爆破消耗 explosive consumption
爆破效果 blasting effect; explosive effect
爆破效率 blasting efficiency
爆破效应 blasting effect
爆破楔 blasting wedge; explosive wedge
爆破泄放孔 trim hole
爆破卸压孔 explosion vent
爆破信号 time break
爆破形成的毛石 blast stone
爆破循环 blasting round; cycle of blasting
爆破压力 blasting pressure; bursting pressure; explosion pressure; explosive pressure
爆破压密法 blast-densification
爆破压强 bursting pressure
爆破压实 blasting compaction; densification by explosion
爆破延发时间 delay period of explosion; delay time of explosion
爆破岩层 burden
爆破岩石抛出 rock propelling
爆破岩石松散体积 < 以立方码计的 > bulk cubic(al) yard[bcy]
爆破药量公式 blasting formula
爆破药筒 torpedo
爆破仪表 blasting accessory
爆破引起的振动 blasting vibration
爆破引起地面运动 explosion generated ground motion
爆破应力 bursting stress
爆破影响 blasting effect
爆破用电缆 blasting cable
爆破用电系缆 firing cable
爆破用具 blasting accessory; blasting device; blasting equipment; blasting set
爆破用一次性电线 connecting wire
爆破诱发地震 explosion-triggering earthquake
爆破预裂孔 relief hole
爆破员 powderman
爆破增密 blast densification
爆破炸药 blasting charge; blasting explosive; blasting powder; detonating explosive
爆破炸药包 blasting cartridge
爆破炸药密度 blasting explosive density
爆破展开 explosion spread
爆破振动 blasting vibration; explosive vibration
爆破振动效应 vibration effect of explosion
爆破振密 blast densification
爆破震动 blasting concussion; blasting shock; blasting vibration
爆破震动影响 shattering effect
爆破指数 blasting index
爆破置换法 blasting replacement method; explosive replacement method
爆破桩 blow pipe; bulb pile; pedestal pile
爆破装药 blast charging; blasting charge; blast loading
爆破装药工 charger
爆破装置 exploder; go-devil
爆破纵深 burden depth
爆破阻力 blasting resistance
爆破钻进 explosion drilling; explosive drilling
爆破钻孔型式 firing pattern
爆破作业 blasting operation; blasting work; shotfiring
爆破作业区 blast area
爆破作用 blasting action; explosive action; explosive attack; heaving action; rending action
爆破作用圈 acting circles of blasting; explosive action circle
爆破作用指数 crater-shape characteristic; explosive action index; index of blasting action
爆气冲击 concussion
爆前超新星 presupernova
爆燃 conflagration; deflagrate; detonation; explosive burning; knocking combustion; outbreak; puff; strong deflagration
爆燃比 explosion ratio
爆燃到爆轰的跃变 deflagration to detonation transition
爆燃的 deflagrable
爆燃的正面 deflagration front
爆燃混合物 deflagrating mixture
爆燃期 explosion period
爆燃器 deflagrator
爆燃区 deflagration fringe; explosive fringe
爆燃式发动机 explosion motor
爆燃式夯具 explosion tamper; explosion type rammer
爆燃式内燃机 explosion engine
爆燃式燃气轮机 explosion gas turbine
爆燃式透平机 explosion turbine
爆燃速度 detonation velocity
爆燃特性 deflagration behavio(u)r
爆燃通风 deflagration venting
爆燃温度 fuming-off temperature
爆燃现象 deflagration phenomenon
爆燃性 deflagrability
爆燃性空气 explosive atmosphere
爆燃压力 detonation pressure
爆燃压缩压力 detonating compression pressure
爆燃仪 knockmeter
爆燃抑制 deflagration suppression
爆燃指示器 detonation indicator
爆燃作用 deflagration

爆伤 flash burn
爆声 shock wave noise
爆速 detonation velocity; exploding speed
爆碎 bursting; explosion to pieces
爆碎石料 shot rock
爆胎 blowout; tyre burst
爆筒壳 squib shell
爆脱阀 pop-off valve
爆响雾号 explosive fog signal
爆响信号 detonating signal
爆响着熄灭 <马达等> sputter
爆响着熄灭掉 <发动机> sputter-out
爆心 explosion center[centre]
爆心投影点 hypocentre
爆扬带 throwing zone
爆音 pop (ping); puff; shock; sonic boom
爆音雾号 explosive fog signal
爆炸 blow-up; breaking; break open; burst out; detonate; detonation; explode; explosion; knocking explosion; outburst; pop-shoot (ing); pressure surge; torpedoing
爆炸安全阀 explosion relief valve
爆炸安全隔膜 explosion relief membrane
爆炸安全门 explosion door
爆炸安全性 explosion risk; explosive risk
爆炸安装锚 explosive-set anchor
爆炸保险 explosion insurance
爆炸崩塌 explosion collapse
爆炸崩坍 explosion collapse
爆炸比 <空气和燃料> explosion ratio
爆炸表 explosion meter
爆炸波 blast wave; blast whirl; blast wind; explosive wave; shock wave; wave detonation; explosion wave
爆炸波检测仪 shock detector
爆炸波压力 blast wave pressure; explosion wave pressure
爆炸剥离 explosive stripping
爆炸材料 blasting supply
爆炸参数 detonation parameter
爆炸测量器 explosimeter
爆炸拆除法 demolition with explosives
爆炸拆屋法 demolition with explosives
爆炸产生的高频背景 explosion produced high-frequency background
爆炸产生的烟雾 blasting fume
爆炸产物 explosion product
爆炸尘埃 explosive dust
爆炸成分 blasting compound
爆炸成型 aeroform; detonation forming; explosion forming; explosion shaping; explosive compaction; explosive forming; explosive swaging
爆炸冲程 firing stroke
爆炸冲击波 explosion wave; explosive blast
爆炸冲击作用 blasting concussion
爆炸冲量 explosive pulse
爆炸冲压 explosion punching; explosive punching
爆炸抽运气动激光器 explosive-pumped gas dynamic(al) laser
爆炸除泥法 bog blasting
爆炸传感器 explosion sensor
爆炸锤 detonating ram; detonation ram
爆炸磁通量压缩 explosive flux compression
爆炸打孔 explosive perforation
爆炸当量 explosive yield
爆炸导火索 cordeau; cordtex; detonating fuse
爆炸导火线 cordeau; cordtex; detonating fuse
爆炸导线 exploding wire
爆炸的 explosive
爆炸的地震效应 seismic effect of explosion
爆炸等静压成型法 explosive isostatic pressing; explosive processing
爆炸等静压形成法 explosive isostatic pressing; explosive processing
爆炸地点 explosion site
爆炸地震学 explosion seismology
爆炸点 detonation point; explosive point; loading pole; shot point; stopping point
爆炸电荷 explosive charge
爆炸镀金法 detonation plating
爆炸锻造 explosive forging
爆炸遏制 explosion suppression
爆炸遏制系统 explosion suppression system
爆炸法 explosion method
爆炸法处理卡钻 shoot a string of tools
爆炸反射面 exploding reflector
爆炸反应 explosive reaction
爆炸范围 explosion spread; explosive limit; explosive range
爆炸方法 blasting method; explosion method; method of explosion; dynamite method <排淤、挤密等>
爆炸防护 explosion protection
爆炸分离 explosive separation
爆炸分散(法) explosive dispersion
爆炸粉尘混合物 explosive dust mixture
爆炸粉磨 explosive grinding
爆炸风险 explosion risk
爆炸复层法 explosive cladding
爆炸复合 explosion cladding
爆炸高度 burst height
爆炸高速快门 explosive high-speed shutter
爆炸工 exploder; shooter
爆炸工艺 explosive technique
爆炸故障 burster; explosion malfunction
爆炸管 burster; explosion tube
爆炸管爆发 explosion-pipe eruption
爆炸焊(接) explosion welding; explosive bonding; explosive weld(ing)
爆炸夯 explosion rammer; frog rammer
爆炸荷载 blast load; explosion load(ing)
爆炸痕迹 explosion imprint; explosion track
爆炸后的有害气体 after-gas
爆炸后毒气 afterdamp
爆炸化合物 explosive compound
爆炸回声测距 explosive echo ranging
爆炸回声测距声呐浮标 explosive echo-ranging sonobuoy
爆炸回声定位 explosive echo ranging
爆炸混合体 explosive mixture
爆炸混合物 exploding composition; exploding mixture; explosive mixture
爆炸火药 explosive powder
爆炸激发的地震 explosion-induced earthquake; explosion-stimulated earthquake
爆炸激光器 explosive laser
爆炸极限 combustible limit; explosion limit; flammable limit; limit of explosion
爆炸挤密 blasting compaction; compaction by explosion; explosive compaction
爆炸挤密法 blasting compaction method; explosive compaction method
爆炸挤实 compaction by explosion; explosive compaction
爆炸计 explosimeter; explosive meter
爆炸剂 burster; exploder; explosive (agent); explosive substance
爆炸加工 explosive working
爆炸加密 explosive compaction
爆炸加压形成法 explosive pressing
爆炸间隔 interval between explosions
爆炸减震器 blast damper
爆炸键 burst key
爆炸胶 blasting gelatin(e)
爆炸焦点 explosion focal point
爆炸接合 explosive bonding; explosive joining
爆炸金属 explosive metal
爆炸紧实 explosive ramming
爆炸景象 explosion scene
爆炸距离 explosive distance
爆炸距离指示器 burst-distance indicator; explosive distance indicator
爆炸坑 bomb crater
爆炸坑底部 hydrothermal crater bottom
爆炸坑里的喷汽孔 explosion carter fumarole
爆炸坑群 hydrothermal crater group
爆炸控制 explosion control; explosive control
爆炸口壁 hydrothermal crater wall
爆炸口阶地 hydrothermal crater terrace
爆炸口孔道 hydrothermal crater vent
爆炸快门 blast shutter
爆炸扩孔 sprung borehole
爆炸扩孔法 sprung borehole method
爆炸雷管 blasting cap; detonator; initiator
爆炸力 blasting power; force of explosion; explosive force
爆炸力载体 explosive power load
爆炸连接 explosive joining
爆炸量热器 bomb calorimeter
爆炸烈度 explosive severity
爆炸裂变 explosive fission
爆炸裂缝 explosion fissure
爆炸裂隙 explosion fissure
爆炸笼 flexotir
爆炸铆 explosion riveting
爆炸铆钉 explosive rivet
爆炸猛度测定 explosion grading
爆炸密实度 <按每立方厘米克计> blasting density; explosive density
爆炸密实法 compaction by explosion
爆炸密实(砂基) explosive compacting
爆炸灭火 explosive snuffing
爆炸敏感性 explosive sensitivity
爆炸命令 explosion command
爆炸模拟地震 explosion simulating earthquake
爆炸膜 Q 开关 exploding film Q-switching
爆炸能力 detonation power; explosive power
爆炸能量 detonation energy; explosion energy; explosive energy
爆炸泥炭土 blasting of peat
爆炸黏[粘]合 explosive bonding
爆炸浓度 explosion concentration
爆炸排气装置 explosion relief device; explosion relief venting
爆炸抛石挤淤法 rock-fill and mud displacement by explosion
爆炸膨胀试验 explosive bulge test
爆炸品 explosives
爆炸品车停留线 set-out track for explosives
爆炸品锚地 anchorage for explosion; explosive anchorage
爆炸品信号旗 powder flag
爆炸破坏 explosive damage; explosive ring
爆炸气管 explosion gas pipette
爆炸气浪 air blast
爆炸气体 firedamp
爆炸气体混合物 explosive gas mixture
爆炸气体检测器 explosive gas detector
爆炸气体云 blast gas cloud
爆炸前沿 detonation front
爆炸强度 explosive strength
爆炸强度试验机 bursting strength tester
爆炸切割器 explosive cutter
爆炸球管 explosion pipette
爆炸区(域) blast area; explosion zone; explosive area
爆炸曲线图 combustion diagram
爆炸驱动的 explosive-driven
爆炸驱动脉冲化学激光器 explosively driven pulsed chemical laser
爆炸驱动枪 explosive-actuated gun
爆炸燃料蒸气 explosive fuel vapo(u)r
爆炸燃烧 combustion by explosion
爆炸热 explosion heat; explosive heat
爆炸熔黏[粘] explosive bonding
爆炸伤 explosion injury; explosive wound; high-explosive injury
爆炸上限 upper explosive limit
爆炸烧结 explosive sintering
爆炸深度 blasting depth; explosion depth; shot depth
爆炸声 bang; detonation sound; explosion sound; rattle
爆炸声源 explosive sound source
爆炸时间 burst period
爆炸时间标志 shot break
爆炸时刻 shot break; time break
爆炸式冲击 explosion-like impact
爆炸式夯锤 detonating rammer
爆炸式夯实机 explosion compactor; explosion rammer
爆炸式燃气轮机 explosion gas turbine
爆炸式音响雾号 explosive fog signal
爆炸式语言 explosive speech
爆炸事故 explosion accident; explosion hazard; explosive accident
爆炸试验 firing test
爆炸试验场 explosion test ground
爆炸试验法 explosion test method
爆炸手 blaster; hole man; powder monkey
爆炸松扣次数 times of explosion
爆炸速度 detonation velocity; explosion velocity; velocity of detonation
爆炸速率 detonation rate; rate of detonation
爆炸索 geoflex
爆炸态 explosion state; explosive state
爆炸探测器 explosion detector; explosive detector
爆炸筒 blasting cartridge
爆炸图 explosive view
爆炸涂层 detonation coating
爆炸涂覆 detonation coating
爆炸(脱位)螺栓 explosive bolt
爆炸危险 explosion hazard; explosion risk; explosive hazard
爆炸危险防护 explosion hazard protection; explosive hazard protection
爆炸危险性 explosive risk
爆炸危险指示器 explosive hazard indicator; explosive risk indicator
爆炸威力 brisance; explosive capacity; explosive effect
爆炸位置 explosion site; explosive site

B

爆炸温度 blast temperature; detonating temperature; explosion temperature; temperature of explosion
爆炸物 exploder; explosive (agent); explosive substance; explosives
爆炸物仓库 explosive holding depot
爆炸物处理 explosives handling
爆炸物处理控制中心 explosive ordinance disposal control center [centre]
爆炸物处理小队 explosive ordinance disposal unit
爆炸物处理中队 explosive ordinance disposal squadron
爆炸物地球物理勘探法 <用埋设炸弹法> detection of buried bomb by geophysical method
爆炸物工业 industry of explosive material
爆炸物侦察 explosive ordinance reconnaissance
爆炸物质 explosive material
爆炸物装卸 explosives handling
爆炸下限 lower explosive limit; lower limit of flammability
爆炸线闪光光源 exploding wire source
爆炸限度 explosivity limit
爆炸响墩 explode a detonator
爆炸效果 explosive effect
爆炸效力 explosive effect; mining effect
爆炸效率 explosive efficiency
爆炸信号 detonator signal; explosive signal; shot break
爆炸信线 detonating fuse
爆炸型故障 explosive-type malfunction
爆炸型加荷 blast type loading
爆炸性 brisance; detonating; explosibility; explosiveness; explosivity
爆炸性废水 explosive wastewater
爆炸性废物 explosive waste
爆炸性粉尘 explosive dust
爆炸性粉尘大气 explosive dust atmosphere
爆炸性固体废物 explosive solid waste
爆炸性化合物 explosive compound
爆炸性货物 explosive cargo
爆炸性极限 explosibility limit; explosivity limit; explosive limit
爆炸性局势 explosive situation
爆炸性矿尘 explosive dust
爆炸性煤尘 explosive dust
爆炸性能 detonation performance
爆炸性破裂 explosive burst
爆炸性气体 explosive gas
爆炸性气体分析器 explosive gas analyser[analyzer]
爆炸性气体指示器 explosive gas indicator; explosive vapo(u)r indicator
爆炸性曲线 explosibility curve
爆炸性燃烧 explosive combustion
爆炸性试验 explosibility test
爆炸性损伤 blast injury
爆炸性物质 explosive substance
爆炸性硝酸甘油化合物 explosive gelatin(e)
爆炸性增温 explosive warming
爆炸性沼气 explosive methane
爆炸性指数 explosibility index
爆炸穴 crater; hydrothermal crater-pit
爆炸学 detonics
爆炸压力 blast pressure; detonating pressure; detonation pressure; explosion pressure; explosive fracturing; explosive pressure; pressure of explosion
爆炸压力气流 blast draft
爆炸压密 blasting compaction
爆炸压密法 blasting compaction method; explosive compaction method
爆炸压型 explosive compaction
爆炸压制 explosive pressing
爆炸烟雾 dynamite fume; fumes
爆炸延迟 blast delay
爆炸掩蔽室 blast-safe chamber; blast shelter
爆炸掩体 blast shelter
爆炸药 blaster; detonics
爆炸药量 explosive charge; explosive weight
爆炸引起的沉陷 settlement due to blasting
爆炸引起的地面运动 explosive generated ground motion
爆炸引线 detonating cord; detonating fuse; shot lead
爆炸硬化 explosion hardening
爆炸油 blasting oil; explosive oil
爆炸诱发的地震 explosion-induced earthquake; shot-induced earthquake
爆炸源 explosive source; hypocentre of explosion
爆炸噪声 explosive noise; noise by explosion
爆炸胀管 explosive expanding
爆炸胀接 explosive expansion joint
爆炸振波 detonation wave
爆炸振动 blast vibration; vibration from blasting
爆炸振击器 explosive jar
爆炸震源 explosive seismic origin
爆炸指数 explosion index; explosive index
爆炸致动装置 explosive-actuated device
爆炸中断 breakaway of detonation
爆炸中心 explosion center [centre]; seat of explosion
爆炸铸造法 combustion casting process
爆炸装药 burster charge; bursting charge; explosive element
爆炸装置 destructor; detonator device; exploder; explosive assembly; explosive release; shot exploder
爆炸状态的骤熄 quenching of explosive condition
爆炸撞锤打桩机 detonating ram pile driver
爆炸锥 cone of explosion
爆炸阻抗 detonation impedance
爆炸组分 explosive component
爆炸钻井 explosive drilling
爆炸作用 explosion action
爆振波 detonating wave
爆震 detonation; knock(ing); ignition shock <内燃机>
爆震波 detonating wave; detonation wave; wave of detonation
爆震波传递试验 gap test
爆震测量(指示)仪 knock indicator
爆震测声计 strobophonometer
爆震点 detonation point; point of detonation
爆震发生器 knock producer
爆震计 knockmeter
爆震剂 knocker
爆震率 knock rating
爆震喷枪 detonation gun
爆震喷涂 detonation spraying; flame plating
爆震器 knock indication instrument; knock indicator
爆震强度 knock intensity
爆震强度指示器 knock intensity indicator
爆震强度指示仪 knock intensity indicator
爆震燃料 detonating fuel; knocker
爆震燃烧 combustion; detonating combustion; detonative combustion; knocking combustion
爆震伤 explosive injury
爆震试验 knocking test
爆震试验机 knock-test engine; knock tester
爆震限制的密度指数 knock-limited density index
爆震性 knock property; knock tendency; knocking behavio(u)r
爆震性试验 knock test(ing)
爆震仪 detonation meter; knockmeter
爆震抑制 suppressing of detonation; suppressing of knocking
爆震诱导物 knock inducer
爆震指示器 knock indication instrument
爆竹 cracker; fireworks; maroon; squib
爆抓锚 explosive-driven anchor; explosively embedded anchor

卑尔根港 <挪威> Port Bergen

卑尔根石 bergenite
卑劣的 reptile
卑湿的 boggy
卑湿地 boggy ground

杯 cup; mug <常指圆筒形有柄的杯>

杯端杆 cup bar
杯封法 cup method
杯盖 bowl cover
杯盖密垫 bowl cover packing
杯葛 boycott
杯管式排料装置 cup-and-pipe discharge; cup-and-pipe draw
杯罐试验 jar test
杯滑脂 cup grease
杯壳孢属 <拉> Chlorocyphella
杯口 rim of a cup
杯口基础 pocket foundation
杯口状凹陷 crateriform depression
杯类成型线 cup-forming line
杯类自动成型线 automatic cup forming line
杯漏法流动试验 cup flow test
杯轮式马铃薯种植机 cup wheel type potato planter
杯模式流动试验 cup flow test
杯木造状花 chalice
杯盘给料机 disk-and-cup feeder
杯球黏[粘]度计 cup-and-ball visco(si)meter
杯色参数 colo(u)rimetric parameter
杯筛 cup screen
杯式比重瓶 cup-type pycnometer
杯式风速表 cup-type anemometer
杯式绝缘子 cup insulator
杯式离心头 cup-shaped rotor
杯式黏[粘]度计 cup visco(si)meter
杯式排种的条播机 cup-feed drill
杯式排种装置 cup-feed mechanism
杯式气压计 cistern barometer; cup barometer
杯式升运器 cup-type elevator
杯式压力表 well-type manometer
杯饰 tazza
杯送式马铃薯种植机 cup-conveyer type potato planter; cup-feed potato planter
杯头钉 cup-headed nail
杯头螺栓 cup head bolt
杯突(过程) cupping
杯突深度值 Erichsen number
杯突试验 cupping test; Erichsen (indentation) test
杯突试验机 cupping testing machine; Erichsen tester
杯突试验仪 cupping tester
杯突值 cupping value
杯托 cup stand; tumbler holder
杯吸法 cupping
杯形车刀 mushroom bit
杯形衬垫 cup washer
杯形承口 cup bearing
杯形打印机 cup wheel printer
杯形的 cuppy
杯形电机 cup motor
杯形电极技术 cup-electrode technique
杯形垫密封 seal with cup packing
杯形端 cup point
杯形断口 cup fracture
杯形阀 cup valve
杯形方螺栓 cup-square bolt
杯形风力计 cup(-cross) anemometer
杯形封接 cup seal
杯形戽斗 cup-shaped bucket
杯形机头 cup head
杯形基础 footing socket; sleeve foundation; socket-connected footing; socket foundation
杯形挤压 cupping
杯形件 cup shell
杯形接合 <圆木梁和圆木柱间的> cup bearing
杯形洁齿刷 cup-type bristle brush wheel
杯形绝缘子 cup insulator
杯形绝缘子螺脚 cupholder
杯形拉手 flush-cup pull
杯形链轮 bell-shaped chain wheel; bell-shaped sprocket wheel; cup-shaped sprocket wheel
杯形流速计 cup-type current meter
杯形螺母 cup nut
杯形螺栓垫圈 cup bolt washer
杯形镘刀 cup-shaped sleeker
杯形密封圈 cup seal
杯形磨轮 cup wheel
杯形喷嘴 cup-type nozzle
杯形器 cupule
杯形卡盘 cup chuck
杯形翘曲 cup
杯形砂轮 cup emery wheel; cup grinding wheel; cup wheel; plain cup wheel; straight cup wheel
杯形树冠 caldron-shaped crown
杯形填密法 cup packing
杯形铁芯 cup core
杯形衔铁 cup-shaped armature
杯形压紧螺母 yoke cup nut
杯形圆头螺钉 cup point screw
杯形铸件 cup-shaped casting
杯形铸壳 cup-shaped casting
杯形鬃刷轮 cup-type bristle brush wheel
杯溢法流动指数 cup flow figure
杯翼式风速 cup and vane anemometer
杯缘 margin of optic(al) cup; rim of optic(al) cup
杯状 calyciform; shape of cup
杯状凹地 cup
杯状凹凸断口 cup-and-cone fracture
杯状凹陷 cupping
杯状半圆头螺钉 cup head screw
杯状的 acetabutar; calicular; cupped; cup-shaped; scyphoid; vase-form
杯状垫圈 cup washer
杯状顶铆模 cup dolly
杯状断口 cup fracture
杯状(萼状)结构 cupped structure
杯状阀 cup valve
杯状辐射燃烧器 radiant cup burner

杯状戽斗 cup-shaped bucket
杯状绝缘体 cup-shaped insulator
杯状盘 disc cup
杯状翘曲 cup warp
杯状燃烧器 cup burner
杯状润滑器 grease cup
杯状树冠 bowl crown
杯状竖割 cup frilling
杯状竖沟 cup frills
杯状水斗 cup-shaped bucket
杯状水银气压计 cistern barometer
杯状托 cupule
杯状物 cup
杯状形树冠 vase-shaped crown
杯状修剪 goblet pruning
杯状圆头螺栓 cup-headed bolt
杯锥 cup-and-cone
杯锥形断口 cup-(and-)cone fracture
杯锥状断口钢丝 cuppy wire
杯锥状蘑菇头断裂 cuppiness

背

背包 backpack;bagpack;knapsack;shoulder bag;valise;packsack

背包电台 pack unit;walkie-talkie
背包旅行 knapsacking
背包罗兰 man-pack loran
背包生命保护系统 back-type life support system
背包式彩色摄像机 colo(u)r pack camera
背包式锅炉 dry back boiler
背包式喷粉机 knapsack mist-duster
背包式喷雾器 knapsack sprayer
背包问题 knapsack problem
背衬 backing-up
背带 harness;small arms sling
背法 backpacking
背负 tote
背负鼓风式机动弥雾器 knapsack air-blast sprayer with engine drive
背负锚 piggyback anchor
背负式播种机 knapsack seeder
背负式步谈机 pack radio set
背负式除虫器 knapsack pest control machine
背负式单阀泵 single-valve knapsack pump
背负式电视摄像机 backpack camera
背负式电视摄影机 backpack camera
背负式动力弥雾喷粉机 knapsack power mist duster
背负式动力喷粉机 knapsack power duster
背负式发射机 backpack transmitter
背负式杠杆喷雾机 knapsack lever type sprayer
背负式割草机 shoulder carrying mower
背负式挂车 piggyback trailer
背负式活塞泵喷雾器 knapsack sprayer with piston pump
背负式活塞喷雾器 plunger type knapsack sprayer
背负式机动鼓风喷雾器 motorized knapsack mist-blower
背负式机动喷雾机 engine-driven knapsack sprayer
背负式机动喷雾器 motorized knapsack
背负式激光器 man-pack laser unit
背负式膜片泵喷雾机 diaphragm knapsack sprayer
背负式喷粉机 knapsack duster
背负式喷雾器 backpack pump;knapsack duster;knapsack pump;knapsack(type)sprayer
背负式喷雾器体 knapsack
背负式平车 piggyback car of trailers
背负式起重桁车 piggyback travel(l)er
背负式起重行车 piggyback travel(l)er
背负式气动喷雾器 knapsack compressed air type
背负式气力喷雾机 knapsack compressed air type sprayer
背负式气力喷雾器 pneumatic knapsack
背负式摄像机 backpack camera
背负式生产 piggybacking
背负式手动喷射器 hand-operated knapsack sprayer
背负式微波电台 man-pack microwave radio
背负式无线电台 manpacked radio set
背负式稀种机 knapsack seeder
背负式压力筒喷雾器 knapsack sprayer with pressurized cylinder
背负式压气喷雾机 knapsack compressed air type sprayer
背负式邮政运输 <邮政拖车或半拖车装在铁路平板车上运送> piggyback mail
背负式运输 intermodal;pick-a-back-consignment;piggyback consignment;piggyback traffic;rail-trailer shipment
背负式运输成组列车 piggyback unit train
背负式运输法 piggyback system
背负式运输列车 piggyback(trailer)train
背负式运输枢纽 piggyback terminal
背负式运输业务 piggyback
背负式运输中心 piggyback center
背负式运输装卸设备 piggyback handling facility
背负式运输装载纵断面 piggyback profile
背负式自动喷雾机 automatic knapsack sprayer
背负双绞扭存储器 piggyback twistor
背负线运输装车数 piggyback loadings
背负运输 pick-a-back;piggyback
背罐 knapsack
背篓 dosser;packbasket;pannier
背篓商店 pack-basket shop
背囊 bloused back;haversack;kit;knapsack;rucksack
背囊式电台 knapsack station

悲

悲惨指数 misery index

悲观的模糊自动机 pessimism fuzzy automaton
悲观的时值估计 pessimistic time estimate
悲观估计 pessimistic estimation
悲观设计法 pessimistic design
悲观时间 pessimistic time
悲观误差 errors of pessimism
悲观准则 criterion of pessimism

碑

碑 stone;tablet

碑碣 stone tablet
碑铭 epigraph;epitaph
碑铭学 epitaphy
碑亭 stone-table pavilion
碑文 epigraph;inscription;inscription of a tablet;inscription on a tablet;monumental inscription
碑硒铜矿 chameanite
碑状火山颈 volcanic obelisk

北

北阿拉善构造段 Northern Alxa tectonic segment

北安普敦砂岩 Northampton sands
北半球 continental hemisphere;land hemisphere;Northern hemi-sphere
北半球-澳大利亚植物地理区系 north hemi-spheric-Australian floral realm
北半球副热带无风带 calms of Cancer
北半球高纬度 high northern latitude
北半球极海流 North Pacific current
北半球信风 northeast trade(wind)
北半球中纬度 northern middle latitude
北北东 north northeast[NNE]
北北西 north northwest[NNW]
北贝加尔极性超带 North-Baikal polarity superzone
北贝加尔极性超时 North-Baikal polarity superchron
北贝加尔极性超时间带 North-Baikal polarity superchronzone
北冰洋 Arctic Ocean;Arctic Sea;the Arctic Ocean
北冰洋带 Arctic realm
北冰洋界 Arctic realm
北冰洋-南极洲地壳波系 Arctic-Antarctica crustal-wave system
北冰洋蒸发雾 Arctic sea smoke;Arctic smoke
北部 northward
北部潮湿暖湿-亚热带 northern China humid warm temperate to subtropical zone
北部林 boreal forest
北部隆起区 north upwarping region
北部气候 boreal climate
北部台坳 northern platform depression
北部湾 Beibu Bay
北部湾拗陷地带 Beibu Bay depression
北部湾盆地 Beibu Bay basin
北侧门廊 north porch
北侧通道 north aisle
北侧翼部 <建筑物的> north transept
北朝鲜海 northern Korean sea
北赤道(海)流 north equatorial current
北赤道暖流 north equatorial warm current
北赤纬 northing
北窗 north-facing window;north light
北窗采光玻璃 north-light glazing
北窗天沟 north-light gutter
北磁极 north magnetic pole
北磁极位置 north magnetic pole position
北磁极性 northern polarity
北达科他州 <美国州名> North Dakota
北达科他州圆锥试验 <美> North Dakota cone test
北达科他州圆锥试验法 <测定土基承载力> North Dakota cone method
北大西洋 North Atlantic Ocean
北大西洋底层水 North Atlantic bottom water
北大西洋公约组织 North Atlantic Treaty Organization
北大西洋海流 North Atlantic current;North Atlantic stream
北大西洋海洋观测站 North Atlantic Ocean Station
北大西洋航线 North Atlantic track;transatlantic trade
北大西洋暖流 Gulf stream;North Atlantic flow
北大西洋漂流 North Atlantic drift
北大西洋区系 North Atlantic realm
北大西洋三叶虫地理区系 North Atlantic trilobite realm
北大西洋深水油港 North Atlantic Deepwater Oil Terminal
北大西洋松 pond pine
北的 north
北点 north point
北东北 north northeast[NNE]
北东构造系 N-E tectonic system
北东向构造带 NE-trending structure
北斗七星【天】Big Dipper;Charles' wain;Great Dipper;Plough;Wagon
北端 northward
北方 northward
北方白松 northern white pine
北方尺 <1 尺 = 13.12 英寸 = 0.33 米> northern foot
北方臭氧层空洞 northern hole
北方的 boreal
北方焚风 north foehn
北方红栎 northern red oak
北方箭石地理区系 boreal belemnite realm
北方菊石地理区系 boreal ammonite realm
北方平流层 northern stratosphere
北方期 Boreal period
北方青瓷 <以别于越窑青瓷而得名> northern celadon
北方森林群落 microthermophytia
北方珊瑚地理区系 boreal coral realm
北方生物带 Boreal life zone
北方松 Northern pine
北方炭疽病 northern anthracnose
北方腕足动物地理区系 boreal brachiopod realm
北方位标 north cardinal mark
北方型潮湿暖温带 <中国> humid warm temperate zone of northern China type
北方针叶林 boreal forest
北方种 boreal species
北非建筑 North African architecture
北非芦苇草 esparto
北非茅草 esparto
北非茅草纤维 esparto grass fiber[fibre]
北非雪松 Atlantic cedar
北风 Boreas;northerly;north wind;zonda
北风的 boreal
北高加索构造作用幕 North-Caucasus orogeny episode
北海 North Sea
北海盆地 North Sea basin
北海天然气 North Sea gas
北寒带 Arctic zone;north(ern)frigid zone
北河青石 <产于纽约,主要用于筑路> North River bluestone
北赫步里底海沟 north Hebrides trench
北横极 north ecliptic pole
北回归线 Tropic(al)of Cancer
北回归线无风带 calm of Cancer;calms of Cancer
北回归线无风带(气)calm zone of Cancer
北极 Arctic Pole;north geomagnetic pole;north magnetic pole;N-pole
北极边缘 Arctic front
北极冰 North Pole ice
北极冰盖 Arctic ice cap;northern ice cap
北极冰盖逐渐变薄 thinning of the Arctic ice cap
北极冰沼土 tundra soils in the arctic area
北极臭氧层空洞 Arctic ozone hole

北极带 Arctic zone;north frigid zone
北极的 arctic;hyperborean
北极底层水 Arctic bottom water
北极地方 arctic
北极地区 Arctic province; Arctic region
北极东风带 Arctic easterlies
北极东风流 Arctic eastern wind current
北极多年冰 Arctic ice
北极二 Kochab
北极锋 Arctic front
北极高山 arctalpine
北极高山植物区系 arctalpine flora
北极高压 Arctic anti-cyclone; Arctic high;polar anti-cyclone;polar high
北极光 aurora borealis; aurora polaris;merry dancers;northern lights; north light
北极光光谱 spectrum of aurora borealis
北极海 Arctic Sea
北极海流 Arctic current
北极海洋气团 maritime arctic air mass
北极海中央海岭 Arctic Mid-Oceanic Ridge
北极褐土 Arctic brown earth
北极狐 Arctic fox
北极箭石地理大区 Arctic belemnite region
北极鲸油 bottle-nose oil
北极距 north polar distance
北极陆坡盆地 Arctic slope basin
北极霾 Arctic haze
北极破冰船 Arctic ice breaker
北极气候 Arctic climate
北极气团 Arctic air mass
北极区 Arctic zone; northern polar region
北极圈 Arctic Circle;North Polar Circle
北极犬 Eskimo dog
北极人的 hyperborean
北极生态系统 Arctic ecosystem
北极生态学 Arctic ecology
北极石 arctite
北极树木线 Arctic tree line
北极水系 Arctic drainage
北极水域 Arctic waters
北极太平洋区系 Arctic-Pacific realm
北极外洋 Arctic offshore
北极雾 Arctic mist
北极星 Lodestar; North Star; Polaris; Pole Star
北极星高度求纬度改正量 Polaris correction
北极星观测 Polaris observation
北极星记录器 polestar recorder
北极星监视仪 Polaris monitor
北极星历 Polaris almanac
北极星任意时角法 method by hour angle of Polaris
北极星序 north polar sequence
北极熊 polar bear
北极岩套 Arctic suite
北极源水 Arctic source water
北极植物 Arctic vegetation
北加里曼丹盆地 north Kalimantan basin
北郊 northern suburbs
北角海流 North Cape Current
北界线 northern limit
北进 northing
北京故宫保和殿 Hall of Preserving Harmony
北京故宫德和园 garden of Harmonious Virtue
北京故宫奉先殿 Hall of Ancestral Worship
北京故宫交泰殿 Hall of Union
北京故宫太和殿 Hall of Supreme Harmony
北京故宫谐趣园 garden of Harmonious Interest
北京故宫养心殿 Hall of Mental Cultivation
北京故宫中和殿 Hall of Central Harmony
北京皇极殿 Hall of Imperial Model
北京社稷坛 Altar of Land and Grain
北京坐标系(统) Beijing coordinate system;Peking coordinate system
北距 northing
北卡罗来纳州 <美国州名> north Carolina
北立面图 north elevation
北流河 northflowing river;northflowing stream;northgoing river;northgoing stream
北洛基山脉风级 NRM [North Rock Mountains] wind scale
北美板块 North American plate
北美翠柏 bastard cedar; incense cedar;post cedar
北美大陆冰盖 glacial sheet of north America
北美大陆与欧亚大陆分离 north America-Eurasia separation
北美地台 north American platform
北美短叶松 Banksian pine;jack pine
北美椴木 limewood
北美鹅掌楸 tulip poplar
北美高压 North American anti-cyclone;North American high
北美古陆 north America paleocontinent
北美古气候期 north America paleoclimate epoch
北美湖泊管理协会 North American Lake Management Society
北美黄杉 Douglas fir;red fir
北美柳栎 willow oak
北美落叶松 hackmatack;tamarack
北美毛蠓 Psycoda alternata
北美乔松 northern white pine; Tonawanda Pine Punus strobes
北美区系 north American realm
北美珊瑚地理区系 north American coral realm
北美双壳类地理区 north American bivalve province
北美碳酸岩带邻缘和内碎屑带 north American carbonates belt margin and intraclastic belt
北美铁道协会 <旧译美国铁路协会,会员有美国、加拿大和墨西哥三国的铁路> Association of American Railroads
北美铁杉树皮提取物 <稀释泥浆用> hemlock bark extract
北美腕足动物地理区系 north American brachiopod realm
北美香柏 northern white cedar
北美鹦鹉螺地理大区 north American nautiloid region
北美油果松 piñon pine
北美油松 Norway pine; pitch pine; red pine
北美油松木 pitch pine
北美圆柏 red cedar
北美中大陆-通古斯区 North American Midcontinent-Tunguskan region
北美洲 North America
北美洲建筑 North American architecture
北美洲五大湖 the Great lakes
北美洲星云 North American Nebula
北门廊 <教堂> north porch
北面采光的锯齿形屋顶 north-light roof
北面采光的筒形薄壳拱顶 north-light barrel-vault shell roof
北面采光的屋顶 square to roof
北面采光碟形窗 north-light saucer dome
北面采光技术 north lighting
北面采光屋盖 north-light roof
北面采光圆筒形薄板 north-light cylindric(al) shell
北面采光圆屋顶 north-light cupola
北摩尔族建筑 Moghrebin architecture
北摩尔族伊斯兰教尖塔 Moghrebin minaret
北南对抗 North-South confrontation
北欧北大西洋动物区 European boreal faunal region
北欧赤松 Scotch pine
北欧古气候期 north European paleoclimate epoch
北欧国家 nordic country
北欧建筑 Scandinavian architecture
北欧双壳类地理区 north European bivalve province
北偏 northing
北偏东 north by east
北偏西 north by west
北坡 north slope;saylo
北墙 north-facing wall
北墙保温土坡 <太阳能建筑的> berm(e)
北热带 north tropic zone
北首岭类型陶器 Beishouling type pottery
北寺塔 <苏州> North Temple pagoda
北宋官窑 Northern Song official ware
北太平洋 North Pacific ocean
北太平洋高压 Pacific anticyclone
北太平洋观测计划 North Pacific experiment
北太平洋海流 North Pacific current
北太平洋海盆 North Pacific basin
北太平洋海盆巨地块 Northern pacific ocean basin block
北太平洋飘流 North Pacific drift
北太平洋双壳类地理大区 North Pacific bivalve region
北特提斯海槽【地】north Tethyan trough
北天参考星 northern reference star
北天极 north pole
北图廓 northerly limit; top border; top margin; upper border; upper margin
北纬 north(ern) latitude
北纬差 northing
北温带【气】north temperate zone
北温带双壳类地理区系 north temperate bivalve realm
北屋房屋 north roof building
北屋建筑 north roof building
北西北 north northwest[NNW]
北西构造系 N-W tectonic system
北西向构造带 NW-trending structure
北喜马拉雅地槽 Northern Himalayan geosyncline
北向 north(ern) latitude; north orientation
北向白昼光 north sky light
北向采光的桁架 north-light truss
北向采光的锯齿形屋顶 north(ern)-light roof
北向采光的屋架 north-light truss
北向朝上表示法 north-upward presentation
北向的 northward
北向定位 north orientation
北向方位 north orientation
北向分量 northward component
北向坡 northern slope
北向纬度差 northing
北行的 northbound
北行列车 northbound train
北亚热带 north subtropical zone
北移假定值 <指纵坐标,用来避免纵坐标出现负值> false northing
北意大利 14 世纪时期 North Italian Quatrocento
北银极 north galactic pole
北银极支 north polar spur
北印度洋双壳类地理亚区 north Indian ocean bivalve subprovince
北原式采水器 Kitahara type water bottle
北越-广西浅海 northern Vietnam-Guangxi shallow sea
北越海 northern Vietnam sea
北越海盆 northern Vietnam sea basin
北越-珠江海浸【地】north Vietnam-Zhujiang transgression
北直隶海 North Zhili Sea
北转误差 northerly turning error
北走廊 <教堂> north aisle

贝昂 behen

贝昂油 behen oil;ben oil
贝包特式门坝 Bebout wicket dam
贝包特式栅孔活动坝 Bebout wicket dam
贝包特旋转桁架上木板坝 Bebout wicket dam
贝比迪亚岩系【地】Pebidian
贝比碱 biberine
贝比烯 bebeerilene
贝币 money cowrie
贝茨波前剪切干涉仪 Bates wavefront shearing interferometer
贝茨法 Bates process
贝茨干涉仪 Bates interferometer
贝茨拟态 Batesian mimicry
贝措尔德-布鲁克现象 Bezald Brucke phenomenon
贝代尔法 <木材防腐的> Bethel's method
贝得石 beidellite
贝德福呢 Bedford cloth
贝德灰岩 Indiana limestone
贝迪阿熔融石 bediasite
贝地蜡 baikerite
贝蒂定理 Betti's theorem
贝蒂定律 Betti's law
贝蒂法 Betti's method
贝蒂反应 Betti's reaction
贝蒂固定亚甲蓝染色法 Bethe's saining method
贝蒂互易定理 Betti's reciprocal theorem
贝蒂互易定律 Betti's reciprocal theorem
贝蒂诺德-拉图尔交流发电机 Bethenod-Latour alternator
贝蒂-萨尔彼特方程 Bethe-Salpeter equation
贝蒂数 Betti number
贝蒂-魏茨泽克循环 Bethe-Weiz-sacker cycle
贝雕 cameo;shell carving;shell sculpture
贝雕画 shell carving picture
贝杜尔阶【地】Bedoulian
贝杜工资奖励方案 Bedaux plan
贝恩罐笼托座 Bein kep gear
贝尔 <音强单位> bel
贝尔鞍形填料 Berl saddle packing
贝尔多项式 Bell polynomial
贝尔法斯特港 <英> Port Belfast
贝尔法斯特弓形屋顶 Belfast roof

贝尔法斯特弓形屋架 Belfast roof truss
贝尔法斯特桁架 Belfast truss
贝尔法斯特水槽 Belfast sink
贝尔伽 <比利时货币单位,1926 年至 1945 年间通行> Belga
贝尔格莱德 <前南斯拉夫首都> Belgrade
贝尔函数 Baire function
贝尔集成光学器件 Bell integrated optical device
贝尔解释系统 Bell interpretive system
贝尔麦式漂白机 Belimer bleacher
贝尔曼方程式 Bellman's equation
贝尔曼投影 Behrman's projection
贝尔曼最优性原则 Bellman's principle of optimality
贝尔曼最优原则 Bellman's principle of optimality
贝尔默漂白机 Bellmer bleacher
贝尔姆地沥青 Bermudze
贝尔纳衬砌法 Bernold lining method
贝尔诺板 Bernold sheet
贝尔诺法 <隧道施工的> Bernold method
贝尔实验室 Bell laboratory
贝尔受话器 Bell telephone receiver
贝尔斯坦火焰电离探测器 Beilstein flame detector
贝尔斯坦试验 Beilstein test
贝尔送话器 Bell telephone transmitter
贝尔塔密破坏理论 Behrami's theory of failure
贝尔塔密强度理论 Beltrami's theory of strength
贝尔维德雷宫 <18 世纪奥地利维也纳> Belvedrer Wien
贝尔型修整砂轮器 Bell dresser
贝尔型整形砂轮器 Bell dresser
贝凡洛尔 bevantolol
贝佛莱日天线 Beverage antenna
贝弗宁甲硫酸盐 bevonium metilsulfate
贝哈姆转盘 Benham top
贝褐碳 jet
贝加尔构造作用幕 Baikalian orogeny episode
贝加尔古陆 Baical old land
贝加尔海槽 Baikalian marine trough
贝加尔极性巨带 Baikal polarity hyperzone
贝加尔极性巨时 Baikal polarity hyperchron
贝加尔极性巨时间带 Baikal polarity hyperchronzone
贝加尔裂谷带 Baikal rift zone
贝加尔裂谷地震构造带 Baikal rift seismotectonic zone
贝加尔旋回 Baikal movement
贝加尔褶皱【地】Baikalian
贝甲目 <节肢动物> Conchostraca
贝净格钢丝网 Benzinger metal lath(ing)
贝壳 conch; oyster shell; wampum
贝壳岸 shell bank
贝壳本质 shell fiber[fibre]
贝壳层 mussel bed; shell bed
贝壳粗砂岩 gryphite grits
贝壳大理岩 lumachel(le)
贝壳堤 shell bank; shell ridge
贝壳雕刻工艺品 scrimshaw
贝壳粉 ground oyster shell; oyster shell whiting; shell powder
贝壳工艺品 shell work
贝壳骨料 shell aggregate
贝壳含量 shell content
贝壳花 shell flower
贝壳花饰 coquillage
贝壳灰 chalk
贝壳灰岩 coquina; coquinoid limestone
贝壳混凝土 shell concrete
贝壳混凝土建筑 shell concrete construction
贝壳混凝土屋顶 shell concrete roof
贝壳类 mussel; Mytilus edulis
贝壳(类)骨料 shell aggregate
贝壳(类)集料 shell aggregate
贝壳砾石 shell gravel
贝壳路面 shell pavement; shell surface
贝壳面 scalloped surface
贝壳泥灰岩 shell marl
贝壳(铺)路 shell road
贝壳铺面 shell pavement
贝壳沙滩 shell bank; shell beach
贝壳砂 conchitic sand; sand shell; shell sand
贝壳砂石 beach rock; shell sandstone
贝壳砂岩 shell(y) sandstone
贝壳杉 dammar tree; kauri
贝壳杉清漆 kauri varnish
贝壳杉树胶 kauri copal; Kauri gum
贝壳杉酸 Kaurinic acid
贝壳杉烯 kaurene
贝壳杉烯酸 kaurenic acid
贝壳杉脂 kauri resin
贝壳杉脂丁醇(溶解)试验 kauri butanol test
贝壳杉脂丁醇(溶液溶解)值 kauri-butanol value
贝壳杉脂素 kauroresene
贝壳杉脂稀释试验 kauri tolerance value test
贝壳杉脂稀释值 kauri reduction value
贝壳杉属 <拉> Agathis
贝壳石灰 shell lime
贝壳石灰石 shell(y) limestone; coquina <产于美国南部,用于建筑>
贝壳石灰岩 shelly rock; shell(y) limestone
贝壳式缝边机 shell-type edge seamer
贝壳饰 scallop
贝壳饰线脚 scalloped mo(u)lding
贝壳饰柱头 scalloped capital
贝壳树脂 kauri resin
贝壳松烯二(羧)酸 agathenedi-carboxylic acid; agathic acid
贝壳松脂 kauri copal; Kauri gum
贝壳碎片 picking; shell fragments; shell particles
贝壳碎屑 shell debris
贝壳土 shelly ground
贝壳挖泥船 shell dredge(r)
贝壳相 shelly facies
贝壳形花纹 scallop
贝壳型 scallops; shell type
贝壳岩 coquina shell; shell rock
贝壳养殖 shellfish farming
贝壳页岩 mussel bind
贝壳鱼类 shellfish
贝壳鱼类污染 shellfish contamination
贝壳柱头 scalloped capital
贝壳状 conchiform; conchoidal
贝壳状的 conchoidal; shelly
贝壳状断痕 conchoidal fracture
贝壳状断口 conchoidal fracture
贝壳状断面 conchoids
贝壳状集块岩 shelly agglomerate
贝壳状结构 shelly texture
贝壳状裂痕 conchoidal fracture
贝壳状流痕 shell-like flow mark
贝壳状破裂 conchoidal fracture
贝壳状砂岩 conchoidal sandstone
贝壳状斜边 conchoidal bevel; round punt bevel; shell bevel
贝克比重计 Beck hydrometer
贝克挡土墙设计规则 Baker's rule
贝克尔-帕金混合机 Baker-Perkin mixer
贝克尔与科尔内兹基效应 Becker and Kornetzki effect
贝克管鞋 <方形齿刃> Baker shoe
贝克莱标准数 Bakerly normalized value
贝克莱雨量计 Beckley ga(u)ge
贝克勒耳 <放射性活度单位> Becquerel
贝克勒耳电池 Becquerel cell
贝克勒耳射线 Becquerel's ray
贝克勒耳效应 Becquerel effect
贝克里悬吊式单轨运输设备 Becorit system
贝克林-诺伊格鲍尔天体 Becklin-Neugehaver object
贝克-隆摄影机 Bake-Nunn camera
贝克曼二氧化硫分析仪 Beckmann SO_2 analyser[analyzer]
贝克曼二氧化硫库仑分析仪 Beckmann coulometric SO_2 analyser[analyzer]
贝克曼分光光度计 Beckmann spectrophotometer
贝克曼分子转换 Beckmann molecular transformation
贝克曼辐射计 Beckmann bolometer
贝克曼梁 Beckmann beam
贝克曼梁回弹弯沉(值) Beckman beam rebound
贝克曼梁弯沉(值) Beckmann beam deflection
贝克曼流程氧量监测仪 Beckmann process oxygen monitor
贝克曼流动测色仪 Beckmann flow colo(u)rimeter
贝克曼石英分光光度计 Beckmann quartz spectrophotometer
贝克曼顺磁型电子分析器 Beckmann electronic analyser [analyzer] of paramagnetic type
贝克曼弯沉仪 Beckmann beam
贝克曼微量水分分析仪 Beckmann trace moisture analyser[analyzer]
贝克曼温度计 Beckmann thermometer
贝克曼仪器 Beckmann apparatus
贝克曼镇石灰岩 Beckman town limestone
贝克曼重排 Beckmann rearrangement
贝克曼总氧化剂分析仪 Beckmann total oxidant analyser[analyzer]
贝克-纳恩摄影机 Baker-Nunn camera
贝克-纳恩照相机 Baker-Nunn camera
贝克黏[粘]度计 Bekk's viscometer
贝克喷水抽气泵 Baker's water jet pump
贝克钳位 Baker clamp
贝克生物指数 Beck biologic(al) index
贝克-施密特反射镜系统 Baker Schmidt mirror system
贝克-施密特望远镜 Baker-Schmidt telescope
贝克式车辆取暖炉 Baker car heater
贝克式钟形系船墩 Baker bell dolphin
贝克式钟形系船柱 Baker bell dolphin
贝克试验 Becke test
贝克数值口径计 Beck apertometer
贝克水泥浮鞋 <带止回阀的> Baker cement float shoe
贝克斯坦光度计 Bechstein photometer
贝克威思统【地】Beckwith series
贝克希尔页岩 Birkhill shale
贝克系船墩 Baker bell dolphin
贝克系缆桩 Baker dolphin
贝克线 Becke line
贝拉洛伊 <一种铍青铜合金> Beraloy
贝拉米偏航角 Bellamy drift
贝莱迪算法 Belady algorithm
贝兰板式蒸发计 Belain plate atmometer
贝雷克补偿器 Berek compensator
贝雷流量计 Bailey flow meter
贝雷硫试验 Bailey test for sulphur
贝雷(式桁)架 Bailey truss
贝雷式桁架桥跨 Bailey span
贝雷式桥 <美国战时就地装配小跨径钢桁梁桥> Bailey bridge
贝雷式突堤及码头 Bailey-type pier and wharf
贝类 shellfish
贝类保护地 shellfish reserves
贝类捕捞 shellfishing
贝类环境 shellfish environment
贝类加工废水 mussel processing wastewater
贝类加工废物 mussel processing waste
贝类学 conchology; malacolo
贝类养殖 shellfishing
贝类养殖场 shellfish farming
贝类养殖水 shellfish water
贝类养殖业 shellfishery
贝里尼-托西天线 Bellini-Tosi antenna
贝里特混合炸药 bellite
贝里亚斯组【地】Berriasiangy
贝利克瓷 Belleek ware
贝利漆画木纹工艺 Berries graining
贝利斯浊度计 Beyliss turbidimeter
贝利炭粒炉 Baily's furnace
贝利特 B-mineral
贝利特水泥 belite cement
贝鲁特 <黎巴嫩首都> Beirut
贝鲁特港 <黎巴嫩> Port Beirut
贝伦氏结构畸变危险界限 Bjerrums danger limits for distortion of structures
贝伦斯-费希尔问题 Behrens-Fisher problem
贝纶 perlon
贝纶-1 coprone
贝轮港 <巴西> Port Belem
贝洛生 <一种加气剂商品名> Petrosan
贝洛梯跨式起重机 Belotti straddle crane
贝米丁 peimidine
贝母花 fritillary flower
贝母酮 peiminone
贝母烷 peiminane
贝母属 Fritillaria
贝母属碱 fritillarine
贝拿勒斯麻 Benares hemp
贝纳德单体【气】Benard cell
贝纳德涡胞【气】Benard cell
贝纳尔德单体 Benard cell
贝纳尔德环流(运动) Benard circulation motion
贝纳尔德窝 Benard cell
贝纳特离子质谱仪 Bennet ion-mass spectrometer
贝纳特氏立克次体 Coxiella burnetii
贝尼奥夫带 Benioff zone
贝尼奥夫地带【地】Benioff fault place
贝尼奥夫地震带 Benioff seismic zone
贝尼奥夫短周期地震仪 Benioff short-period seismograph
贝尼奥夫伸长计 Benioff extensometer
贝尼奥夫型俯冲带【地】Benioff-type subduction zone
贝尼奥夫应变计 Benioff strain meter
贝尼烯 benihene
贝宁湾 <非洲> Benin(bay)
贝诺特法成孔机 Benoto method bor-

ing machine
贝诺特桩系统 Benoto piling system
贝诺特钻孔机 <用于钻孔灌柱桩> Benoto boring machine
贝诺托冲击式抓具 Benoto hammer grab
贝诺托(施工)法 <大口径现浇混凝土桩> Benoto method; Benoto process; Benoto system
贝诺托式(大口径)挖掘机 Benoto machine
贝诺托式抓斗 Benoto grab
贝诺托钻孔压桩机 Benoto boring plant; Benoto boring rig
贝诺希尔德单层烘燥机 Beno-Shilde drying machine
贝诺酯 benorilate
贝耙型采捕机 scooper type harvester
贝齐尔曲线 <就给定的离散点联结成一个折线多边形,然后用光滑的参数曲线段去逼近这个多边形称为Bezier 曲线> Bezier curve
贝齐利阿斯价键理论 Berzelius theory of valency
贝奇-米利安试验 Becchi-Millian test
贝乔粉末分级器 Bacho dust classifier
贝瑞亚砂岩 Berea sandstone
贝塞尔不等式 Bessel's inequality
贝塞尔大地问题解算公式 Bessel's formula for solution of geodetic problem
贝塞尔方程 Bessel's equation
贝塞尔防腐法 Bethel's process
贝塞尔根数 Besselian elements
贝塞尔函数 Bessel's function; cylindric(al) harmonics
贝塞尔函数的级数 series of Bessel functions
贝塞尔函数的列 series of Bessel functions
贝塞尔函数恒等式 Bessel function identity
贝塞尔恒星常数 Besselian star constant
贝塞尔假年岁首 beginning of Besselian fictitious year
贝塞尔喇叭 Bessel's horn
贝塞尔内插公式 Bessel's interpolation formula
贝塞尔年 Besselian year
贝塞尔日期 Bessel's date; Besselian date
贝塞尔日数 Bessel's day number; Besselian day number
贝塞尔椭球 Bessel's ellipsoid
贝塞尔椭球体 1841【测】Bessel ellipsoid of 1841
贝塞尔椭圆体 Bessel's ellipsoid
贝塞尔图上定位法 Bessel's method
贝塞尔微分方程 Bessel's differential equation
贝塞尔星数 Bessel's star number; Besselian star number
贝塞尔要素 Besselian elements
贝塞尔支承点 Bessel's point
贝塞尔转移系数 Bessel's transition coefficient
贝塞麦方法 Bessemer process
贝塞麦钢 Bessemer(mild) steel
贝塞麦铁 Bessemer(pig) iron
贝塞麦转炉 Bessemer converter
贝森克函数 Besinc function
贝尚还原 Bechamp reduction
贝氏 S 曲线 Bain S-curve
贝氏法球墨铸铁 bainite ductile iron
贝氏硫菌属 Beggiatoa
贝氏弹簧 Belleville spring
贝氏弹簧垫圈 Belleville spring washer
贝氏体 bainite
贝氏体淬火 bainite hardening
贝氏体钢 bainitic steel
贝氏体铸铁 bainite ductile iron
贝氏体转变 bainite transformation
贝氏体转变开始点 bainite start point
贝氏体转变终了点 bainite finish point
贝氏振动稠度计 Vebe consistometer
贝氏转炉 Bessemer converter
贝式防腐法 <木材的> Bethell's process
贝式弓弦桁架 Belfast truss
贝式弓弦屋盖 Belfast roof
贝式弓形桁架 Belfast truss
贝式弓形屋盖 Belfast roof
贝式弓形屋架 Belfast roof truss
贝司 bass
贝司罗量热计 Berthlot's calorimeter
贝斯聪诺夫试剂 Basszonoff's reagent
贝斯顿岩群 Bayston Group
贝斯模式(决策) Bayesian model
贝塔方硼石 beta-boracite
贝塔方英石 beta-cristobalite
贝塔放射性 beta activity; beta radioactivity
贝塔放射性测量 beta radioactivity measuring
贝塔分布【数】beta distribution
贝塔伽马编录值 beta-gamma documentary value
贝塔伽马测量 beta plus gamma survey
贝塔伽马取样 beta-gamma sampling
贝塔伽马综合分析 beta-gamma composite analysis
贝塔固溶体 beta solid solution
贝塔硅钙铀矿 beta-uranophane
贝塔函数 beta function
贝塔褐钇铌矿 beta-fergusonite
贝塔回授网络 beta network
贝塔粒子 beta particle
贝塔粒子感应加速器 betatron
贝塔粒子回旋加速器 betatron
贝塔鳞石英 beta-tridymite
贝塔硫锰矿 beta-alabandite
贝塔锰方硼石 beta-chambersite
贝塔莫来石 praguite
贝塔射线 beta ray
贝塔射线谱法 beta-ray spectrometry
贝塔石 betafite
贝塔石英 beta quartz
贝塔衰变 beta decay
贝塔铁 beta iron
贝塔铁方硼石 beta-ericaite
贝塔硒银矿 beta-naumannite
贝塔系数 beta coefficient; beta factor
贝塔相 beta phase
贝塔氧钒铜矿 beta-ziesite
贝塔织物 beta fabric
贝塔质子 beta particle
贝塔自然硫 beta-sulfur
贝特顿-克洛耳法 Betterton-Kroll process
贝特朗曲线 Bertrand curve
贝特洛方程式 Berthelot's equation
贝特洛关系 Berthelot's relation
贝特洛量热器 Berthelot's calorimeter
贝特洛-汤姆逊原理 Berthelot-Thomsen principle
贝替斯窑 Boetius furnace
贝纹 cowrie pattern
贝纹图 mussel diagram
贝西单位 Bessey unit
贝西克纤维 <聚碳酸酯纤维> basic fiber[fibre]
贝叶斯不确定性 Bayesian uncertainly
贝叶斯定理 Bayesian theorem
贝叶斯定律 Bayesian law
贝叶斯法 Bayesian method
贝叶斯分类 Bayesian classification
贝叶斯分析法 Bayesian approach
贝叶斯风险 Bayesian risk
贝叶斯概率决策法 Bayesian probability decision method
贝叶斯估计(法) Bayesian estimation
贝叶斯估算(法) Bayes estimation
贝叶斯规则 Bayesian rule
贝叶斯后验分析 Bayesian posterior analysis
贝叶斯检测 Bayesian detection; Bayesian test
贝叶斯检测理论 Bayesian detection theory
贝叶斯检验 Bayesian test
贝叶斯决策定则 Bayesian decision rule
贝叶斯决策规则 Bayesian decision rule
贝叶斯决策规则的宜取性 admissibility of Bayesian decision rule
贝叶斯决策理论 Bayesian decision theory
贝叶斯模型 Bayesian model
贝叶斯判定规则 Bayesian decision rule
贝叶斯判决规则 Bayesian decision rule
贝叶斯统计 Bayesian statistics
贝叶斯准则下的判别分析 discriminatory analysis on Bayesian criterion
贝叶棕 talipot palm
贝茵体 bainite
贝茵体铸铁 acicular iron
贝永桥 <美> Bayonne Bridge
贝泽热压硬质合金法 Baeza method
贝珍珠 conch
贝冢 kitchen midden; shell-mound
贝状重晶石 allomorphite
贝兹动量理论 Betz momentum theory

备 办者 supplier

备采矿量 extraction reserves
备餐 cartering
备餐矮桌 butler's table
备餐间 pantry; server
备餐间送货窗 pantry window
备餐间污水池 pantry sink
备餐间洗涤槽 pantry sink
备餐间洗涤池 pantry sink
备餐室 armarium; bouteillerie; butler's pantry; pantry; servery; still room
备餐室窗 pantry window
备餐室与大厅的隔断 buttery hatch
备餐桌 serving table; sideboard-table
备查表 reference table
备查簿 memorandum book
备查分类账 memorandum ledger
备查记录 memorandum entry; memorandum record
备查录音 reference recording
备查账簿 memorandum book
备查账户 memorandum account; memorandum record
备查资料 backup data
备车【船】stood by engine
备存文件区 overflow file area
备抵贷款损失 loan loss allowance
备抵估价 valuation allowance
备抵耗减 depletion allowance
备抵坏账 allowance for bad debts; allowance for uncollectible accounts receivable
备抵库存减价 allowance for reduction inventory
备抵收回成本 allowance for collection cost
备抵摊销 amortization allowance
备抵投资亏折 investment impairment allowance
备抵退货 returned goods allowances
备抵销货折扣 allowance for sales discounts
备抵账户 offset account; provision for offset account
备抵账户性质 nature of allowance account
备抵折耗 depletion allowance
备抵折旧 allowance for depreciation; depreciation provision; reserve for depreciation
备读卡片 ready-read card
备分伞 reserve parachute
备分系统程序库 backup system library
备份【计】backup; spare; repair piece
备份部件 depot spare part
备份操作员 backup copies saving; backup operator
备份磁道 alternate track
备份存盘 backup copies saving
备份和恢复 backup and resume
备份记录 duplicated record
备份拷贝 backup copy
备份控制 backup control
备份控制数据集 backup control data set
备份零件 depot spare part
备份冗余 stand-by redundancy
备份扇区 alternate sector
备份扇区标识符 alternate sector identifier
备份扇区柱面 alternate sector cylinder
备份设备 alternate device
备份文件 backup file
备份系统 backup system; stand-by system
备份项目 backup item
备份应用 stand-by application
备份资料 backup data
备付税款 provision for taxes
备付所得税款 provision for income tax
备付债券利息存款 cash deposited for bond interest
备耕 make preparations for ploughing and sowing
备耕地 emergency field
备耕方案 emergency project
备耕期 waiting period
备焊机具 <一种把材料拉在一起以备焊接的用具> comalong
备好配料 ready-made mixture
备荒 be prepared against natural disasters
备货 choice
备货生产 stock order
备急发电机 emergency generator
备急调速器 preemergency governor
备件 appendage; awaiting parts; duplicate parts; keeping spare parts; repair parts; repair piece; replacement item; replacement parts; reserve parts; spares; sparedetails; spare parts; spare unit
备件包 spare packaging
备件表 spare parts list
备件仓库 repair parts stock; spare parts store
备件舱 spare part compartment
备件单 spare parts list
备件分类 spare parts collection
备件分配 spares allocation
备件服务 spare parts service; spares service
备件供应 spares provisioning
备件供应商 spare parts supplier
备件管理 spare parts management

备件管理方式 stock control system
备件检修 spare parts service; spares service
备件库 spare parts depot
备件库储备量 parts depot stock
备件名称 repair parts line item
备件明细表 parts list; spare details
备件目录 parts catalog(ue); service parts catalogue; spare parts catalog; spare parts list
备件清单 list of spare parts; spare parts inventory; spare parts list; spares vocabulary
备件清洗机 spare parts cleaner; spare parts cleaning machine
备件设计 spares planning
备件手册 spare parts manual
备件箱 accessory case; spare parts case; spare parts kit
备件需要量 spares requirements
备件员 partsman
备降机场 alternate aerodrome; diversionary aerodrome; divert aerodrome; supplementary aerodrome
备考栏 reference column
备考图 charts for reference
备料 feed preparation; make-up; stock (preparation)
备料场 charge make-up area
备料车间 department for treatment of raw material
备料尺寸 stock size
备料工序 procedure for preparation
备轮储箱 wheel container
备轮架 spare wheel carrier
备轮架锁键 spare wheel carrier latch
备轮壳 spare wheel container
备木 wood preparation
备皮 preserved skin
备品 choice; repair parts; repair piece; reserve parts; spare parts; spare piece; spares; stand-by
备品备件 spare parts
备品表 fitting and tool card
备品仓库 repair parts stock
备品库 accessories store
备品目录 list of fixtures
备品配件 spare parts and components
备品箱 spare parts case
备售制品 stockwork
备胎 spare wheel; stepney
备胎架 spare tire carrier; spare wheel carrier
备胎托架 spare tire bracket
备填洞 prepared cavity
备拖 ready for towing
备妥投标文件 finishing bid
备忘拨盘 memorandum dial
备忘记录 memorandum entry
备忘价值 memorandum value
备忘录 memorandum[复 memodanda/memorandums]; memorandum of understanding; adversaria; agendum [复 agenda]; aide-memoire; bordereau; common place-book; notandum [复 notanda/no-tadums] < 拉 >; tickler < 美 >
备忘录价格 memorandum value
备忘录贸易 memorandum trade
备忘条款 memorandum clause
备线路 reserve line
备销商品成本 cost of goods available for sale
备修船闸 emergency gate
备修链节 repair link
备修旁通阀 by-pass stop valve
备选的 alternative
备选电站 alternative power plant; alternative power station; candidate plant
备选范围 alternate pattern
备选方案 alternate design; alternate layout; alternative(plan); reference alternative
备选方案排序 ranking alternatives
备选方案选择 alternative choice
备选计划 alternative plan
备选轮胎 optional tires[tyres]
备选品 choice
备选设备 optional equipment
备选设计方案 alternate design
备选水源 alternative water supply source
备选条文 alternative text
备选样机 option
备选用施工方法 alternative construction method
备选者 choice
备询人 reference
备宴厨房 banqueting kitchen
备用 preemergency; reservation; reserved as spare; spare parts; stand-by application; stand-by service; stand-by time < 准备投入使用的时间 >
备用安排 stand-by arrangement
备用安全设备 backup safety device
备用安全装置 backup safety device
备用按钮 emergency button
备用按钮开关 emergency pushbutton switch
备用拌和机 stand-by mixer
备用保护装置 backup protection
备用保险丝 spare fuse
备用泵 appendage pump; attached pump; auxiliary pump; backer pump; emergency pump; jury pump; off-duty pump; relay pump; reserved pump; service pump; spare pump; stand-by application; stand-by pump; stand-up pump; supplementary pump
备用泵备用道路 reserved road
备用泵站 stand-by pump station
备用编码 spare code
备用变电所 auxiliary substation
备用变压器 spare transformer
备用标价 alternate bid
备用波道 stand-by channel
备用部分 spare parts
备用部件 reserve parts; spare parts; spare unit
备用材料 candidate material; lay-by material; service material; spare material; spare unit
备用材料账 store impress account
备用仓库 emergency storage; off-stream storage; reserve depot; reserve storage; substore
备用操舵台 alternative steering station
备用操作程序 operational stand-by program(me)
备用槽 reserve tank; service tank
备用侧线 stand-by siding; reserve siding
备用测站 subordinate station
备用层 dead level
备用茶几 occasional table
备用柴油发电机 emergency diesel generator
备用柴油发电机组 emergency diesel-electric(al) generator set; stand-by diesel generator plant
备用柴油机 auxiliary diesel engine
备用柴油机发电机组 diesel-electric(al) emergency set
备用厂 stand-by plant
备用超速保安器 backup overspeed governor
备用车 emergency bus; reserved vehicle; spare wagon; stand-by car; stored car
备用车道 lay-aside; lay by(e); reserved lane
备用车调整 adjustment of reserved cars
备用车钩 emergency coupler
备用车辆 stand-by or spare wagon
备用车轮 spare wheel
备用车轮架 wheel support
备用车轮总成 spare wheel and tire
备用车停留线 reserved cars parking track
备用成本 stand-by cost
备用承付款项 stand-by commitment
备用承诺 stand-by commitment
备用程序 emergency procedure; stand-by program(me)
备用程序存储器 spare program(me) storage
备用池 emergency basin; spare tank; stand-by tank
备用齿轮 equipment gear
备用储备 stand-by storage
备用储仓 spare bin
备用储存物 reserve stockpile
备用储罐 reserve tank
备用储量 spare reserves; stand-by reserves
备用处理机 spare processor
备用传动装置 driving mechanism; emergency drive; reserve drive
备用船 stand-by ship
备用船首大锚 best anchor; best bower anchor; sheet anchor; waist anchor
备用船首锚 spare(bow) bower
备用磁道 spare track
备用存储器 backing memory; backing storage; shelf storage
备用措施 fallback provision
备用大锚 sheet anchor; waist anchor
备用代码 alternate code; spare code
备用带 alternate tape; spare tape
备用贷款 stand-by facility
备用贷款安排 stand-by credit; stand-by facility arrangement
备用袋 spare bag; spare sack
备用单元 stand-by block
备用道路 emergency road
备用的 auxiliary; emergence; off-duty; reserve; spare; stand-by; backup; ready for use; stand-up
备用的营造工具 auxiliary building equipment
备用灯 reserve lamp; reserve light
备用灯泡 spare bulb
备用底图 safety copy
备用地 reservation land
备用地段 accommodation area
备用电厂 auxiliary power plant; regulating station; stand-by power plant
备用电池 emergency cell
备用电池组 emergency battery; reserve battery; spare battery; stand-by battery
备用电动机 auxiliary motor; spare motor
备用电话分机 off-premises extension
备用电机 emergency engine
备用电缆 cable in stock; reserve(d) cable; spare cable
备用电力 marginal supply capability; non-firm power; stand-by power
备用电力电路 reserve power circuit
备用电路 back up circuit; redundant circuit; reserve circuit; safety chain; spare circuit; stand-by circuit
备用电容 idle capacity
备用电枢 spare armature
备用电网 emergency network
备用电源 accessory power supply; alternate power source; auxiliary power (supply); backup power source; emergency power (supply); emergency supply; prime standby power source; reserve power source; reserve power supply; spare electric source; spare power source; stand-by electric(al) power; standby electric source; stand-by power source; stand-by power(supply)
备用电源设备系统 reserve power source installing system
备用电源系统 stand-by power source system
备用电源自动投入 automatic switch of stand-by power supply
备用电源自动投入装置 automatic throw in device of emergency supply; reserve electric(al) source automatic connection device
备用电站 auxiliary power station; stand-by plant; stand-by power; stand-by station
备用电子管 spare tube
备用吊车 stand-by crane
备用叠梁闸门 emergency stoplog
备用动力 auxiliary power; stand-by power
备用段 dead section
备用段干线 dead lever trunk
备用断路器 backup breaker
备用堆置场 backup area; stacking area
备用发电厂 auxiliary power station; reserve power station; stand-by power plant
备用发电机组 standby power electric(al) set; auxiliary engine; emergency generator; stand-by(power) generator; assisting engine; emergency power generating set; spare generator set; stand-by generating set; stand-by generator set
备用发电设备 power plant for emergency
备用发电系统 stand-by generation system
备用发电站 reserve power station; stand-by power plant; stand-by power station
备用发动机 auxiliary engine; back to the engine; emergency engine; emergency generator; stand-by (power) generator
备用发生器 spare generator; stand-by generator
备用发信机 reserve transmitter
备用阀 auxiliary valve; make-up valve; reserved valve; service valve; spare valve; supplementary valve
备用方案 additive alternate; alternate layout; alternative schematization; alternative scheme; alternative solution
备用房间 spare room
备用房屋 pied a terre
备用飞机 backup aircraft; reserve aircraft
备用飞机场 alternate aerodrome; alternate landing ground
备用费 < 工程概算、预算中的 > unaccounted for
备用费率 deferred duty
备用费项 cash allowance
备用负荷 stand-by load
备用钢轨 spare rail

B

备用阁楼 expansion attic
备用隔膜泵 supplementary diaphragm pump
备用工具 cutfit; stand-by facility; stand gear
备用工作状态 stand-by mode of operation
备用功率 idle capacity; non-firm power; power-allowance; reserve power
备用功率百分数 percentage reserves
备用功能键 alternate function key
备用供电设备 emergency electric(al) supply unit
备用供应源自动投入装置 automatic throw in device of emergency supply
备用构件 spare member
备用固定资产 spare-fixed assets; stand-by assets
备用关闭装置 emergency closing device
备用关键字 alternate key
备用管 stand-by pipe; supplementary pipe; supplementary tube
备用管口 spare nozzle
备用管线 off-stream(pipe) line
备用罐 auxiliary tank
备用光源 standby lighting
备用广播系统 emergency broadcast system
备用轨 emergency rail; spare rail
备用轨枕 reserve sleeper
备用锅炉 auxiliary boiler; banked boiler; reserved boiler; stand-by boiler
备用国际线路 reserve international line
备用航空站 alternate airfield; alternate airport; alternative airport
备用号灯 spare lights
备用号码表 reference listing
备用荷载 stand-by load
备用化学药品 chemical ready for use
备用缓存单元 stand-by block
备用回采工作面 spare face; stand-by face
备用回路 reserve loop; reserve return circuit; stand-by circuit
备用汇流条 auxiliary bus-bar; hospital busbar
备用汇流线 reserve bus-bar
备用混合器 stand-by mixer
备用活塞 spare piston
备用货车 available wagon; reserved car
备用机 guest machine; slave application
备用机场 alternate aerodrome; alternate airfield; alternate airport; field alternate; reserve aerodrome; surplus deployment
备用机车【铁】locomotive in reserve; reserved locomotive; stand-by locomotive; stored locomotive; emergency engine; spare locomotive; stand-by engine
备用机工作 stand-by application
备用机件 emergency unit; spare unit
备用机具 spare gear
备用机器 auxiliary machine; spare machine; reserve machine; stand-by machine
备用机械系统 mechanical backup
备用机组 emergency set; idle unit; reserve set; spare set; spare unit; stand-by plant; stand-by set; stand-by unit
备用机座 spare stand
备用基地 reserve base
备用基金 expendable funds; reserve funds
备用给水 auxiliary water supply
备用给水柜 reserve feed water tank
备用给水箱 reserve feed tank
备用计算机 backup computer; stand-by computer
备用记录 duplicated record
备用继电器 backup relay; duplicate relay
备用寄存器 stand-by register
备用检疫锚地 alternative quarantine anchorage
备用件 keeping parts; spare parts
备用交换功率 emergency transfer capability
备用胶卷(片) replacement film; spare film
备用绞盘 make-up cathead
备用搅拌机 stand-by mixer
备用接点 spare contact
备用截击指挥系统 backup intercept control
备用金 fund of disbursement; petty cash; provision(al) sum; stand-by fee
备用金报销人 advance holder
备用金审计 audit of a shot in the locker
备用井 emergency shaft; stand-by well
备用决策方案 alternative decision-making
备用可换刀片 spare disposable blade
备用客车 reserve coach
备用空车数 empty cars reserve
备用空袋 empty spare bag
备用空气入口 alternate air inlet
备用空气压缩机 stand-by compressor
备用库存 dead storage; inactive storage; stand-by storage
备用库容 reserve capacity
备用块 spare block; stand-by block
备用款项 reserve funds
备用馈电线 emergency feeder; secondary feeder
备用馈路 secondary feeder
备用冷却 stand-by cooling
备用励磁机切换试验 spare exciter change-over test
备用梁 reference beam
备用两用沙发的单人卧室 single bedroom with convertible couch-bed
备用量 margin capacity; reserve capacity; reserve level; reserve quantity
备用料仓 stand-by bin
备用料堆 emergency stockpile; reserve stockpile
备用料浆 slop glaze
备用列车车底 reserved train stock
备用列车运行线 spare train paths
备用零件 repair parts; repair piece; replacement parts; service parts; spare details; spare parts
备用零件箱 spare parts kit
备用路线 alternate route
备用路由 alternate route[routing]; alternative route; reserve route; sidetrack(ing)
备用履带节 spare track link
备用率 percentage reserves
备用轮 fifth wheel attachment; replacement wheel; spare wheel
备用轮对 spare wheel pairs
备用轮架 frame wheel carrier
备用轮胎 spare tire[tyre]; stepney; extra wheel
备用轮胎钢圈总成 spares tire and rim assembly
备用轮缘牵引力 reserve rimpull
备用罗经 stand-by compass
备用螺旋桨 spare propeller
备用锚 sheet anchor; spare anchor
备用锚栓 make-up cathead
备用煤舱 reserve coal bunker; spare coal bunker
备用煤气锅炉 stand-by gas boiler
备用门 emergency lock
备用面板 blank panel
备用模 stand-by set of dies
备用模件 spare module
备用磨机 auxiliary mill
备用母线 auxiliary bus-bar; reserve bus-bar
备用能 reserved energy
备用能力 motivity; reserve capacity; stand-by capability
备用能源 backup energy; backup power source; reserve power source; stand-by power source; support energy
备用能源系统 backup energy system; auxiliary energy system
备用泥浆坑 reserve pit
备用排水渠 empty emergency ditch
备用旁通阀 by-pass stop valve
备用跑道 off-duty runway; overrun
备用配电盘 emergency panel
备用配合料料斗 reserve batch hopper
备用频率 alternative frequency
备用品 backup; spare parts; spares; stores
备用起重机 service crane; stand-by crane; stand-by derrick
备用气瓶 bail-out bottle
备用器件 spare unit
备用桥 emergency bridge
备用清漆 spare varnish
备用区 spare area
备用驱动机构 stand-by drive
备用燃料 guarantee fuel
备用燃料舱 preserve bunker; reserve bunker
备用燃烧系统 stand-by burning system; stand-by firing system
备用燃油舱 reserve oil bunker
备用燃油箱 reserve fuel tank
备用热风炉 auxiliary air heater
备用热源 stand-by heat source
备用热源自动投入装置 automatic throw in device of emergency supply
备用容量 idle capacity; margin(al) capacity; reserve capacity; spare capacity; stand-by capacity
备用熔断器 spare fuse
备用融通额度 stand-by credit
备用润滑油泵 emergency bearing oil pump
备用筛 spare sieve
备用设备 alternate facility; alternate installation; appendage; auxiliary equipment; back-up; emergency apparatus; emergency unit; off-stream unit; optional equipment; ready-to-servo requirement; reserve equipment; spare equipment; spare unit; stand-by equipment; stand-by facility; stand-by plant; supplemental equipment
备用设备转接电键 stand-by equipment key
备用设施 alternate facility
备用生产能力 stand-by capacity
备用时间 stand-by time
备用试样 spare test piece; stand-by sample
备用室 spare room
备用收信机 reserve receiver
备用手柄 spare lever
备用手动控制系统 manual backup control system
备用数据集 backup data set
备用数据块【计】block stand-by; stand-by block
备用水 auxiliary water; reserved water
备用水泵 jury water pump; reserve-(d) water pump; stand-by pump
备用水池 <事故或峰荷时使用的> service reservoir
备用水阀门 emergency water valve
备用水管 reserved water pipe[piping]; reserved water tube[tubing]
备用水井数 number of reserve well
备用水库 service reservoir
备用水箱 buffer tank; emergency water tank; stand-by tank; store tank
备用水源 emergency water supply; water reserves
备用水源自动投入装置 automatic throw in device of emergency supply
备用税率 deferred duty
备用搜索 idle search
备用速度 <应急的> reserve speed
备用损失 stand-by loss
备用塔 stand-by column; stand-by still
备用台 emergency set; spare desk
备用弹簧 spare spring
备用套管 make-up cathead
备用梯 auxiliary stair(case)
备用提升机 emergency elevator
备用替换冗余 stand-by replacement redundancy
备用天线 emergency antenna
备用调节器 auxiliary regulator
备用铁轨材料 stock rail
备用停机 reserve shutdown
备用通路 backup path; spare channel; stand-by channel
备用通行能力 spare capacity
备用图纸 deposited drawings
备用推进装置 auxiliary propulsion unit
备用拖缆 spare towing rope
备用外汇资金 reserved foreign currencies
备用委托 backup commitment
备用卫星 backup satellite
备用位 guard position; spare bit; stand-by redundancy
备用位置 spare space
备用文件 backfile
备用卧室 spare bedroom
备用握柄 spare lever
备用物资储集场 pool
备用系数 reserve factor
备用系统 backup system; override system; stand-by system
备用系统程序库 backup system library
备用系统库 backup system library
备用现金 bill(money); cash; till cash; till money
备用现金储备 stock in the till
备用线 siding; spare wire; stand-by siding
备用线对 extra pair
备用线路 boosting main; extension wire; spare circuit; stored route; spare line
备用项目 backup item; optional item
备用(小)桌 occasional table
备用协定 stand-by arrangement
备用信贷 contingent credit facility; credit stand-by; stand-by credit
备用信道 alternate channel; spare channel; spare path; stand-by channel

备用信号链路 reserve signaling link
备用信息块 stand-by block
备用信用证 stand-by(letter of) credit
备用型芯 stock core
备用蓄电池 spare battery;stand-by battery
备用蓄电池组 storage battery reserves
备用压缩机 stand-by compressor
备用烟囱 donkey stack
备用页片 spare blade
备用仪表 appendage;stand-by instrument
备用仪器 appendage;reserve instruments
备用椅 occasional chair
备用引出端 emergency exit
备用印刷版 supplementary plate
备用应急装置 emergency set
备用应用 stand-by application
备用油泵 emergency bearing oil pump
备用油柜 spare oil bunker
备用油箱 feed tank;reserve(oil) tank;storage cistern
备用迂回路线 emergency route
备用雨水池 storm(water) standby tank
备用元件 emergency unit;spare parts;spare unit
备用原图 safety copy
备用载频振荡器 emergency carrier generator
备用轧辊 spare roll
备用闸 emergency lock;escape lock
备用闸门 alternate gate;emergency closure;emergency gate;guard gate;reserve gate;spare gate
备用照明 emergency lighting;stand-by lighting
备用照明系统 stand-by lighting system
备用真空泵 appendage vacuum pump
备用真空箱 vacuum reserve tank
备用振荡器 emergency generator
备用值 backed-up value
备用中继线 reserve trunk
备用轴 immobilized spindle;spare shaft;spare spindle
备用轴承 replacement bearing
备用主锚 sheet anchor;waist anchor
备用煮水器 back boiler
备用柱 stand-by column
备用转换功率 emergency transfer capability
备用桩 stand-by pile
备用装置 alternate device;alternate facility;alternate installation;alternate plant;emergency installation;emergency unit;reserve plant;spare equipment;spare plant;stand-by equipment
备用状态 readiness
备用状态观察 readiness review
备用着陆机场 alternate airport
备用资产 reserve assets
备用资金 tying up capital
备用组件 set of spare units;spare package
备用钻机 spare drilling machine
备用钻孔工具 auxiliary drilling device
备用座 overflow seating
备用座席 reserve seat
备有火箭抛绳器的救生站 rocket station
备有夹套的 jacketed
备有家具的出租房间 furnished room
备有家具的出租公寓 furnished flat
备有家具的出租住房 furnished room(ing house)
备有小吃的车站 refreshment station
备有支腿的车轮 outrigger wheel
备有装卸特别配件的集装箱 PA container
备淤深度 advanced maintenance dredging;allowance for sedimentation;allowance for siltation;depth for siltation
备淤疏浚量 advanced maintenance dredging;allowance for bottom change between maintenance dredging;allowance for siltation
备运 received shipment
备运货物 goods awaiting shipment
备运提(货)单 received for shipment bill of lading
备择程序 alternative routine
备择方案的产生 generation of alternatives
备择方案最优解 alternative optimum solution
备择假设 alternative hypothesis
备择模型 alternative model
备择能源 alternate energy source
备战 armament;clear for action
备制的砾石 prepared gravel
备注栏 free field;reference column;remark column;remarks board
备作超过预算之用的款项 end money
备作救护车用的旅行汽车 ambulet

背

背板 back brace;backing(deal);back panel;back-veneer;breast board;display board;head lagging;sheeter;sheet(ing) backing;slab board;top lagging(board) <打桩的>;back-board <打桩用>;backplate <打桩用>;flitch <打桩用>;scale board <镜框等的>

背板龙骨 horizontal bar keel
背板线 lamina dorsal
背板粘贴 back blocking
背冰川的 lee
背部 back;backside;dorsum
背部凹陷 swayback
背部车门 back entrance
背部的 dorsal;rear
背部光反应 dorsal light response
背部框架 strongback
背部损伤 back injury
背部通气 backventing
背部通气管 back vent;back vent pipe
背部穴 points of the back
背部雨水沟槽 back gutter
背部照明 backlight
背部阻力 back resistance
背材 angle strap;back
背槽 back-trough
背侧部 dorsal part
背侧层 stratum dorsale
背侧的 dorsal
背侧缝 notopleural suture
背侧股 divisions dorsales;dorsal divisions
背侧固有束 dorsal funiculus;proprius
背侧连合 dorsal commissure
背侧面 dorsal surface;facies dorsal
背侧屈 dorsiflexion
背侧三角 trigonum dorsal;trigonum durum
背侧缘 dorsal border;dorsal margin
背侧支 dorsal branch
背侧纵束 dorsal longitudinal fasciculus
背侧组 dorsal group
背层 back coat(ing);backing layer
背层墙 <砖墙的> backing tier
背衬 backer;backing(-up);back jamb;packing
背衬板 back boxing;backer board;backing board
背衬玻璃的云母薄片 glass backed flake mica
背衬玻璃的再集合云母纸 glass backed re-integrated mica paper
背衬布 backing cloth
背衬材料 backer;backup material;backing material
背衬护墙板 base sheeting
背衬基材 primary backing
背衬胶粘剂 backing compound
背衬木 backing
背衬木条 back jamb;backlining
背衬气体 backing gas
背衬条 backer strip
背衬织物 grass cloth <壁纸或墙布的>;muslin scrim <油地毡的>
背衬纸板 backing board
背衬砖 backer brick;backing brick;backup(lining) brick
背衬砖墙 backing brick wall
背撑 backshore;back stay <机车锅炉的>;backup;jack shore;stiffleg
背齿轮 back gear;quill gear
背齿轮比 backgear ratio
背齿轮立式钻床 back-geared upright drill press
背齿轮轴 backgear shaft
背齿面 coast side of(gear) tooth
背冲式冲断层 back thrust fault
背唇 dorsal lip
背打灯乙烯织物 backlit vinyl fabric
背的 notal;tergal
背底散射 background scattering
背地 backland;hinterland
背地弯曲的 apogeoesthetic
背点 antapex
背垫板 backing plate;ridge piece
背垫短角钢 back angle;backing bar
背垫短角铁 back angle;backing bar
背垫木条 backup strip
背垫条 backing strip;back strap;backup strip
背顶式支护 tunnel support with principal rafter
背顶支撑 principal rafter
背段 dorsal segment
背对背 back to back
背对背贷款 back-to-back loan
背对背担保 counter-indemnity
背对背电路 back-to-back circuit
背对背二极管 back-to-back diode
背对背房屋 back-to-back houses
背对背角钢 angles back-to-back
背对背角钢组合 angles back-to-back
背对背连接 back-to-back connection
背对背人兽图案雕饰 <柱头上的> addorsed
背对背设置的角钢 back-to-back angles
背对背设置的炉箅 back-to-back grate
背对背设置的炉条 back-to-back grate
背对背设置的炉栅 back-to-back grate
背对背信用 overriding credit
背对背信用证 back-to-back(letter of) credit;contra credit
背反射 back reflection;back-scatterer;dorsal reflex;lumbar reflex
背反射照相 back-reflection photography
背风岸 lee bank;lee shore;leeward bank
背风波 lee wave
背风槽 lee trough
背风侧 leeward side
背风(侧)防波堤 lee breakwater
背风处 leeward
背风的 lee(ward)
背风堆沙区 sand shadow
背风海岸 lee coast;lee shore
背风积成沙丘 wind-shadow lee dune
背风积砂区 sand shadow
背风面 lee;lee(sur) face;lee(ward) side;suction side
背风面防波堤 lee breakwater
背风面风暴 Kona storm
背风坡 lee(ward) slope
背风坡低压 lee depression
背风区 wind shadow
背风区前沿 leeward end of fetch
背风沙丘 lee dune
背风斜坡 lee slope
背风漩涡 lee eddy
背风一侧 <船舶的> lee side
背缝 back seam
背缝线 dorsal suture
背浮肋 floating rib
背辐肋 dorsol rays
背割面 back face
背拱 rear arch;scuncheon arch
背拱顶 rear vault
背箍 <门窗外边部件> back band
背观投影阅读器 rear-projection reader
背光 backlight
背光的 backlighted
背光性 negative phototropism
背光照明 backlighting
背光遮板 backlight blinder;backlight shutter;back spectacle
背焊缝 back weld
背焊件 back welding
背焊接 back welding;backing run(weld)
背合铰链 counter-flap hinge
背核 dorsal nucleus;nucleus dorsalis
背后空间返回【计】back space
背后通风 back draft
背弧面 convex surface;rearward face
背弧形面 convex profile
背迹 dorsal trace
背脊 back
背脊的 dorsal
背脊丘 drumlin
背夹 back clip
背间的 interdorsal
背间距 back to back
背角 lip clearance
背角材 back piece
背街 <美> alley(way)
背街服务性道路 back service road
背节距 backpitch
背筋 <搪瓷金属板的> backing strip
背紧螺母 back nut
背景 backdrop;setting
背景波 background wave
背景波动 background fluctuation
背景布线 back wiring
背景材料 background information;background material
背景材料简报 back grounder
背景测量辐射计 background measurement radiometer
背景测量实验 background measurement experiment
背景场 ambient field
背景处理 background processing
背景淡入 background fade-in
背景的 ambient
背景灯光 <舞台> backing light
背景地震 background earthquake
背景地震活动性 background seismicity
背景电荷 background charge
背景电平 ambient level
背景调查 background survey
背景订正 background correction

背景陡度光谱 background gradient spectrum
背景反差 background contrast; background reflectance
背景反光率 background reflectance
背景反射 background reflection
背景反射信号 background return
背景反射性能 background reflectance
背景反映 background image
背景范围 background range
背景放映 back projection; rear (-screen) projection; screen process
背景放映机 background projector
背景分散模式 background dispersion pattern
背景辐射 background radiation
背景辐射强度 background radiation intensity
背景辐射噪声 background radiation noise
背景供暖 background heating
背景光 ambient light; background light; backlight (ing); bias light-(ing)
背景光补偿 bias light compensation
背景光灯 light bias lamp
背景光滤光器 ambient light filter
背景光密度 background in density
背景光照明 ambient light illumination
背景黑度 background density
背景环境评价 evaluation for ambient environment
背景计数 background count(ing)
背景监测 background monitoring
背景鉴别 background discrimination
背景鉴别技术 background discrimination technique
背景鉴别能力 background discrimination
背景交通量 background traffic
背景校正 background correction
背景节目录像 rear program(me) picture recording
背景距 backpitch
背景康普顿散射 background Compton scattering
背景控制 background control
背景块差错 background block error
背景块差错率 background block error ratio
背景亮度 background brightness; background luminance
背景亮度控制 background brightness control; background luminance control
背景密度 background density
背景墨水 background ink
背景幕 backcloth
背景幕布 background screen
背景浓度 background concentration; background level
背景平均值 average background value
背景屏幕 rear-projection screen
背景起伏 background fluctuation
背景强度 background intensity
背景墙纸 ground wall paper
背景情况 background
背景情况介绍 background briefing
背景情况介绍会 back grounder
背景热辐射 thermal background emission
背景散射 background scattering
背景色 background colo(u)r
背景摄影机 background camera
背景声扬声器 background loudspeaker
背景声(音) background sound
背景数据信息 background data
背景水 background water
背景水平 background level
背景随机过程 background random process
背景调制噪声 background modulation noise
背景投影 background projection
背景投映 background projection
背景透射比 background transmissivity
背景温度 ambient temperature; background temperature
背景文件 background paper
背景污染 background contamination; background pollution
背景吸收 background absorption
背景显示图像 background display image
背景限红外光电导探测率 background-limited infrared detectivity
背景限红外光电导体 background-limited infrared photoconductor
背景限红外摄影 background-limited infrared photography
背景效果 background effect; silhouette effect
背景信号 background signal
背景信息 background data; background information
背景星光 stellar light
背景修正 background correction
背景循环 background loop
背景颜色 ground colo(u)r
背景扬声器 background loudspeaker
背景音乐 background music
背景杂波 background clutter
背景杂音 background noise
背景栽植 background planting
背景噪声 ambient noise; background noise; ground noise; noise of background
背景噪声测量 hum measurement
背景噪声电平 background noise level
背景噪声级 background noise level; level of background noises
背景噪声控制 background noise control
背景噪声水平 background noise level
背景噪声消除器 ground noise eliminator
背景噪声抑制 suppression of background noise
背景噪声自动调整 automatic background noise control
背景照明 background illumination; background lighting; bias lighting
背景照相机 background camera
背景值 background level; background value
背景值调查 background value survey; baseline survey
背景值强度 intensity of background value
背景种植 background planting
背景周期 <控制感应式信号灯的> background cycle
背景专利 background patent
背景资料 background data; background information; background material
背径小路 back access
背靠 back-board; backrest
背靠背 back to back
背靠背安装 back-to-back arrangement
背靠背电气试验 electric(al) back-to-back test
背靠背动物图案雕饰 adorsed
背靠背法 back-to-back method
背靠背房屋 back-to-back houses
背靠背合同 back-to-back contract
背靠背拼合角钢 back-to-back angles
背靠背试验 back-to-back testing; Hopkinson test; opposition test
背靠背协议 back-to-back agreement
背靠背运行 back-to-back running
背靠背组合的角钢 angles back-to-back; back-to-back angles
背靠块座 heel plate seat
背靠卧铺 backrest
背靠座椅 backrest
背壳 dorsal scale
背宽 across back
背篮式凝汽器 pannier condenser
背棱 heel
背离 divergence
背离型板块 divergent plate
背离者 deserter
背力 back strength
背立面图 back elevation; back view; rear elevation
背列 rear arrangement
背裂 dorsal fissure
背流面 lee face; lee side
背隆起 dorsal hump
背轮 back gear; backgearing
背轮的 back-geared
背面 back (plane); backside; back surface; cold side; rear face; reserve side; reversal side; soffit; verso <货币、奖章等的>; suction side <叶片的>
背面安装的 back mounted
背面板 back-board; backplate; soffit board
背面半球 averted hemi-sphere
背面保护气体 backing gas
背面补光 backlighting
背面布线 back wiring
背面层 backlayer
背面场效应太阳能电池 back surface field effect solar cell
背面冲洗 backflushing
背面触点 back contact
背面单板 back-veneer
背面的 dorsal; face down
背面底漆涂装 back priming
背面电极 backplate
背面镀银(反射)镜 rear-silvered mirror
背面反射 X 射线照相机 back-reflection X-ray camera
背面反射式荧光屏 mirror backed fluorescent screen
背面防光晕层 anti-halation backing
背面供给 face-down feed
背面焊 backing pass; backrunning; back weld
背面焊道 back bead
背面焊缝 backrun; sealing run
背面建筑基础 backsite; rear land
背面浇铸 back-up
背面胶合单板 back-veneer
背面接触式晶体管 back contact transistor
背面接线 rear connection
背面接线图 back connection diagram; rear connection diagram
背面开口扬声器箱 Boffle
背面空白提单 blank back bill of lading
背面馈送 face-down feed
背面扩散 back diffusion
背面立视图 back elevation; back view; rear elevation; rear view
背面连接 back connection
背面连接式仪器 back connection type instrument
背面裂断 back break
背面抹灰 back mortaring; backplastering
背面抹灰的 backplastered
背面排水 <堤或墙的> back drain(age)
背面坡口 underside groove
背面失效 rear face fail
背面受脂 back cupping
背面输送 face-down feed
背面竖砌砖墙 rowlock-back wall
背面台阶式挡土墙 retaining wall with stepped back
背面投影 back projection; rear projection
背面图 back elevation; back view; end view; rear elevation
背面涂层 back(ing) coat(ing)
背面涂胶 backsizing
背面涂料 back-paint
背面涂铺 back-mop
背面涂漆 <防湿用> back-paint(ing)
背面涂刷 back painting
背面涂有黏[粘]胶的 stick-on
背面网纹硬质纤维板 screen-back hardboard
背面印刷 backing printing; backside printing; reverse printing
背面影像地图 balk-up photomap
背面有凹槽的面砖 grooved facing tile
背面有挂脚的瓦 nibbed tile
背面有黏[粘]胶的标签 <邮票、封口等> sticker
背面錾平 back chipping
背面照明 back bias; backlighting
背面支柱 back leg
背模 backform
背木 blocking
背内侧核 dorsomedial nucleus; nucleus dorsomedialis
背内骨 endotergite
背挠 back-scratcher
背逆断层作用 backthrusting
背排水 back drain(age)
背刨 back gouging
背皮 butt
背片 tergite
背坡 back slope
背弃 back-pedal; jump ship
背弃合同义务 back-out of contract
背签 visa
背签票据 endorse a bill
背腔式天线 cavity-backed radiator antenna
背墙 <防弹片杀伤而在堑壕或掩体后构筑的土垛> backwall; parados
背墙回波 backwall echo
背清渣格栅 back-cleaned rack
背穹隆 rear vault
背圈 back band
背入口 back entrance; rear entrance
背散射 back-scattering
背散射电子 back-scattered electron
背散射电子图像 back-scattered electron image
背散射电子像 back-scattered electron image
背散射式密度探测器 back-scattered density robe
背散射系数 back-scattering coefficient
背色膜 dye backing
背砂 back(ing) sand; floor sand
背射波 backwater
背射法 back reflection
背射天线 back-fire antenna
背生的 dorsiferous
背式电台 knapsack station
背视 rear view
背视图 back elevation (drawing); back view; dorsal view; rear elevation; rear view
背书 back; endorse(ment); endorsing
背书不符 endorsement irregular

背书担保 guaranteed by indorsement
背书的应付票据账户 endorsed notes payable a-c
背书汇兑条款 exchange as per endorsement
背书或有负债 contingent liability from endorsement
背书票据转让他人 endorse over a bill to another one
背书人 backer;endorser[indorsor]
背书手续费 endorsement commission
背书条款 endorse clause
背书贴单 allonge
背书信 letter of endorsement
背书责任 liability for endorsement
背书债券 endorsed bond
背书证实 endorsement confirmed
背书支票 back a check
背水 backwater
背水侧 landside
背水侧截梳戗堤 < 围堰 > inner closure dike[dyke]
背水堤 back levee
背水面 landside;air face;downstream face < 坝的 >
背水面坡度 downstream batter;downstream slope
背水面坡脚排水 < 坝渠岸堤的 > counterdrain;toe drain
背水坡 downstream batter < 坝的 >;downstream slope < 坝的 >;dry slope < 坝的 >;back slope < 堤的 >;landside slope < 堤的 >
背水坡护道 banquette
背水坡脚排水 < 堤坝、渠岸背水面排除渗漏水用 > counterdrain
背水曲线 < 由于水位下降引起的 > drop-down curve
背水箱 < 水冲便池背后的水箱 > after-flush(ing) compartment
背水性 negative hydrotropism
背送式堆料机 back stacker
背榫 back joint
背缩烃类 cata-condensed hydrocarbon
背索 dorsal cord
背贴材料 backing material
背贴角钢 back-to-back angles
背铁 back iron
背通气管 back vent
背头 back primed
背投式显示器 rear-projection display device
背图 back view
背涂层 back coat(ing)
背涂层反射镜 back-coated mirror
背驮动车 < 一种用内燃动力驱动的集装箱挂车平车 > trailer tramp
背驮式挂车 piggyback trailer
背驮式逆冲扩展 piggyback thrust propagation
背驮式通信[讯]系统 walkie-talkie communications
背驮式无线电台 manpacked radio set
背驮式邮政运输 < 邮政拖车或半拖车装在铁路平板车上运送 > piggy-back mail
背驮式运输 intermodal;pick-a-back consignment;piggyback consignment;piggyback traffic;rail-trailer shipment
背驮式运输车辆 intermodal car
背驮式运输成组列车 piggyback unit train
背驮式运输列车 piggyback(trailer) train
背驮式运输枢纽 piggyback terminal
背驮式运输业务 piggyback
背驮式运输中心 piggyback center
背驮式运输装卸设备 piggyback handling facility
背驮式运输装载纵断面 piggyback profile
背驮线运输装车数 piggyback loadings
背驮运输 pick-a-back;piggyback
背弯试验 < 焊缝的 > root-bend test
背卧位 dorsal position;supine position
背隙 back clearance;back lash
背隙窿 bergschrund
背线 top line
背镶金属的锯 back saw
背向 trailing(direction)
背向道岔 trailing points;trailing switch
背向渡线 trailing point crossover
背向反射电子显微镜 retro-reflecting electron microscope
背向机车【铁】direction opposite to that of traffic
背向机车的座席 back-to-the-engine seat
背向磨损 back wear
背向通过道岔 passing the point trailing;trail the point
背向位置 trailing position
背向信道 backward channel
背向运行 trailing movement
背向褶皱 backward folding
背向转辙器 trailing pointer
背斜【地】anticline;arch;saddle bend;upper bend
背斜鞍部 arch of anticline
背斜鼻 anticlinal nose;nose
背斜闭合度 anticlinal closure
背斜边缘断层 epi-anticlinal fault
背斜辫 queue anticline
背斜不整合复合圈闭 anticlinal-unconformity combination trap
背斜层【地】anticline;anticlinal layer;anticlinal stratum
背斜储水构造 storage structure of anticline
背斜带 anticlinal belt;anticlinal zone
背斜的 anticlinal
背斜的边 side of an anticline
背斜的分水线 crest line of anticline
背斜的两翼 wings of anticline
背斜地带 arched area
背斜顶部 arched area
背斜顶尖 huckle
背斜断层 anticlinal fault
背斜构造 anticline structure
背斜谷 anticlinal valley;valley of elevation
背斜河 anticlinal river
背斜河曲 anticlinal meander
背斜核部 anticline core;arch core;core of anticline
背斜脊【地】anticlinal ridge
背斜井 up-dip well
背斜壳 anticlinal valley
背斜矿床 anticlinal deposit
背斜理论 anticlinal theory
背斜裂隙 anticlinal fissure
背斜岭 anticlinal ridge
背斜隆起 anticlinal bulge
背斜倾没端含水带 water-bearing zone of anticline pitching
背斜曲部 anticlinal bend
背斜圈闭 anticlinal trap
背斜泉 anticlinal spring;anticlined spring
背斜山 anticlinal mountain
背斜山脊 anticlinal ridge
背斜上冲断层 break thrust
背斜上倾尖灭复合圈闭 anticlinal-updip edge out combination trap
背斜枢(纽) hinge of anticline;anticlinal pivot
背斜隧道 anticline tunnel
背斜形态 antiform
背斜型构造 anticlinal form structure;antiform structure
背斜型水动力圈闭 anticlinal type of hydrodynamic(al) trap
背斜翼【地】anticlinal limb;side of an anticline;arch limb
背斜油藏 anticlinal pool
背斜油气田 anticlinal oil-gas field
背斜张断层【地】tension faulted anticline
背斜褶皱 anticlinal fold;upfold
背斜中心【地】core of anticline
背斜轴 anticlinal axis;anticline axis;axis of anticline;axis of arch;saddle axis
背斜轴部含水带 water-bearing zone of anticline axis
背斜轴部张开地段 axial opening region of anticline
背斜轴向河 axial stream
背斜最高部 culmination
背斜作用 arching
背心系膜 dorsal mesocardium
背信 back-pedal;breach of trust;break faith;defection
背信弃义行为 act of perfidy
背信行为 act of treachery
背形 antiform
背形背斜 antiformal anticline
背形的 antiformal
背形叠置双冲构造 antiformal stack duplex
背形圈闭 antiformal trap
背形向斜 antiformal syncline
背压 backing pressure;counterpressure;return pressure
背压安全阀 back-pressure relief valve
背压操作 back-pressure operation
背压抽气式汽轮机 back-pressure extraction turbine;extraction back pressure turbine
背压抽气式透平 back-pressure extraction turbine
背压的 non-condensing
背压阀 back-pressure valve;counterbalance(d) valve;foot valve
背压角阀 angle back-pressure valve
背压控制阀 counterbalance pressure-control valve
背压力 back pressure
背压式抽气汽轮机 non-condensing bleeder turbine
背压式机组 back-pressure turbine set
背压式汽轮机 back-pressure turbine
背压式汽轮制冷机 back-pressure turbine refrigerator
背压式水轮机 back-pressure turbine
背压式水轮制冷机 back-pressure turbine refrigerator
背压式蒸发器 back-pressure evapo(u)rator
背压式蒸汽 counterpressure steam
背压式蒸汽机 non-condensing steam engine
背压调节抽气式汽轮机 non-condensing automatic extraction turbine
背压调节阀 back-pressure regulating valve
背压调节器 back-pressure governor;back-pressure regulator
背压压力计 back-pressure manometer
背阳面 opaco
背阳坡 opaco;ubac
背倚子叶 incumbent cotyledons
背翼 backlimb
背有凹槽的门框 buck frame
背缘 heel side
背缘尺 back ga(u)ge
背约 break an appointment;break of contract
背针 dorsal stylet
背震初动 anaseismic onset
背震中 anaseism
背震中的 anaseismic
背正中沟 dorsal median sulcus
背纸板 backing board
背中线 dorsal line
背柱 dorsal column;dorsal funiculus
背转沙丘 anti-dune
背装式料斗 lay-back skip
背锥 back cone
背锥角 back cone angle
背锥距离 back cone distance
背着的 dorsifixed
背琢 back chipping

钡 140 辐射 radiation of 140Ba

钡白 barium white;constant white;permanent white
钡白云母 oellacherite
钡白云石 norsethite
钡白纸 baryta paper
钡冰长石 baryta feldspar;hyalophane
钡冰晶 hyalophane
钡玻璃 barium glass
钡餐室 barium kitchen
钡长石 barium feldspar;baryta feldspar;celsian feldspar;celsian(ite);kasoite
钡长石瓷 celsian porcelain
钡长石陶瓷 baryta spar ceramics;celsian ceramics
钡尘沉着病 baritosis;barytosis
钡尘肺 baritosis[barytosis]
钡的 baric
钡等离子体 barium plasma
钡地层 baryta coating
钡地涂层 baryta coating
钡钒云母 chernykhite
钡放电器 barium discharger
钡沸石 antiedrite;edingtonite
钡氟硅酸盐 barium fluosilicate
钡钙大隅石 armenite
钡钙沸石 armenite
钡钙铅合金 Frary's metal
钡钙十字石 wellsite
钡钙霞石 wenkite
钡合金 barium alloy
钡恒磁 ceramagnet
钡化合物 barium compound
钡化水泥 barium cement
钡黄 barium chromate[chrome];barium crown;barium yellow;baryta yellow
钡灰浆 barium plaster
钡灰泥 barium plaster
钡混合灰泥 barium mixed plaster
钡混凝土 barium concrete
钡火石玻璃 barium flint glass;baryta flint(glass)
钡基立索尔调色料 barium lithol toner
钡基润滑油 Ba-grease;barium-base grease
钡基润滑脂 barium-base grease
钡胶浆 barium colloidal suspension;barium plaster
钡解石 barytocalcite
钡晶质玻璃 barium crystal glass
钡空位 barium vacancy
钡矿 barium ore
钡离子 barium ion
钡粒 granellae
钡磷灰石 alfosite
钡铝沸石 cymrite

钡铝合金 barium aluminium alloy
钡绿 baryta green
钡镁脆云母 kinoshitalite
钡镁锰矿 todorokite
钡锰闪叶石 ericssonite
钡冕 baryta crown
钡冕玻璃 barium crown glass
钡钠长石 banalsite
钡硼铝玻璃 Babal glass
钡硼砂 babosil
钡铅玻璃 baryta glass
钡铅磷矿 ferrazite
钡氢氧化物 barium hydroxide
钡燃料电池 barium fuel cell
钡熔剂 barium fluxing agent
钡砂浆 barium mortar
钡闪叶石 barytolamprophyllite
钡烧绿石 bariopyrochlore
钡砷铀云母 heinrichite
钡水泥 barium cement
钡锶水泥 barium strontium cement
钡燧石玻璃 barium flint glass
钡钛硅石 batisite
钡钽消气剂 batalum getter
钡添加剂 barium additive
钡铁脆云母 anandite
钡铁钛石 bafertisite
钡铁氧体 barium ferrite
钡涂层 baryta coating
钡涂纸 baryta paper
钡文解石 barytocalcite
钡吸气剂 barium getter; batalum getter
钡细晶石 bariomicrolite; rijkeboerite
钡霞石 alstonite
钡霰石 bromlite
钡硝石 nitrobarite
钡锌稳定剂 barium-zinc stabilizer
钡星 barium star
钡盐 barium salt
钡盐沉淀法 barium salt sedimentation method
钡氧水 baryta water
钡氧重土 baryta
钡硬锰矿 romanechite
钡铀矿 bauranoite
钡铀云母 uranocircite
钡釉 barite glaze; barium glaze
钡皂 barium soap
钡皂基润滑脂 barium soap grease
钡渣 barium dregs
钡正长石 cassinite
钡质炻器 jasper stoneware
钡中毒 baritosis; bariumism; barium poisoning
钡珠云母 ephesite

倍斑安山岩 cumbraite

倍半边带传输 sesquisideband transmission
倍半硅酸钠 sodium sesquisilicate
倍半硅酸盐 sesquisilicate
倍半碱价的 sesquibasic
倍半结线 one and a haft circuit breaker connection
倍半醌 sesquiquinone
倍半硫化四铁 phosphorus sesquisulphute
倍半硫化物 sesquisulfide
倍半碳酸盐 sesquicarbonate
倍半萜类 sesquiterpenoids
倍半萜烯 sesquiterpene
倍半盐 sesquisalt
倍半氧化物 sesquioxide
倍半氧化物含量 content of sesquioxide
倍比 multiple proportion
倍比定律 law of multiple proportions
倍布特氏栅孔活动坝 Bebout wicket dam
倍长寄存器 double register
倍长石 bytownite
倍长数 double length number
倍潮 overtide
倍乘因数 multiplying factor
倍程二次差 double second difference
倍尺板材 multiples
倍尺薄板坯 sheet bar multiple
倍尺(长度) multiple length
倍丹宁 gallotannin
倍尔特统 <元古代>【地】Belt(ian) series
倍尔特造山运动 <前寒武纪末>【地】Beltian orogeny
倍幅 double amplitude; peak-to-peak amplitude
倍钙长石 bytownorthite
倍横距 double meridian distance
倍积 multiplicatrix
倍积曲线 multiplicatrix curve
倍加 duplication; multiplexing; multiplication
倍加法 doubling method
倍加计算机 duplex calculating machine
倍加剂量 doubling dose
倍加寄存器 doubling register
倍加器 doubler; intensifier; multiplier
倍加时间 doubling time
倍加系数 multiplying factor
倍减 demultiplication
倍减电路 demultiplexing circuit
倍减器 demultiplexer; demultiplier
倍角复测法【测】doubling an angle
倍角公式 double angle formula; duplication formula
倍精度寄存 load double precision
倍宽船队船闸 double-breadth barge train lock
倍宽船闸 double-breadth lock
倍宽砖 double standard brick
倍利夏警标 <穿越道路标志> Belisha beacon
倍利岩 beresite
倍利珠 Baily's beads
倍量公式 duplication formula
倍硫磷 baycid; baytex; fenthion
倍率 magnification; multiplying factor; multiplying power
倍率计 <光学用> dynameter
倍率器 range multiplier
倍率为三的钢丝绳滑轮组 three-part line
倍率系数 magnification factor
倍氯米松 beclomethasone
倍密度 double density
倍密度编码 double-density encoding
倍密度(记录)格式 double-density format
倍捻机 two-for-one twister; two-for-one twisting machine
倍捻加捻机 double-twisting machine
倍捻捻线机 double-twisting frame; double-twisting machine; two-for-one twister
倍频 frequency doubling; frequency multiplication; multiple frequency; octonal
倍频程 octave(-band); third octave 1/3
倍频程带 octave-band
倍频程带程 octave frequency band
倍频程带宽 octave-bandwidth
倍频程带声压级 octave-band pressure level
倍频程分析器 octave-band analyser [analyzer]
倍频程滤波器 octave filter
倍频带 octave frequency band
倍频带分析器 octave-band analyser [analyzer]
倍频带极 octave-band level
倍频带滤波器 octave-band filter
倍频带声压级 octave-band sound-pressure level
倍频带效应 frequency effect
倍频带压级 octave-band pressure level
倍频带压力级 octave-band level
倍频带振荡器 octave-band oscillator
倍频的 frequency-doubled; octonary
倍频电路 doubling circuit; frequency multiplier circuit
倍频范围 octave coverage
倍频放大器 octamonic amplifier
倍频分析 octave analysis
倍频分析器 octave analyser[analyzer]
倍频记录法 frequency-doubling recording
倍频链 frequency multiplier chain
倍频滤波器 octave filter
倍频率 double frequency
倍频器 doubler; frequency booster; frequency doubler; frequency multiplier
倍频器电路 doubler circuit
倍频速调管 frequency multiplier klystron
倍频效应 frequency-doubled effect; second harmonic generation
倍频振荡 double frequency oscillation
倍平行距 double parallel distance
倍示压力计 multiplying manometer
倍数 fold; multiple; multiplier; multiplying factor; times
倍数的 diploid
倍数发生器 multiple generator
倍数杠杆天平 multiplying lever balance
倍数核 amphikaryon
倍数货币 multiple money
倍数计量单位 multiple unit of measurement
倍数效应 multiplier effect
倍数因数 submultiple
倍水化石灰 double hydrated lime
倍苏玄武岩 sudburite
倍速潮 overtide
倍速器 multiplier speed; speed multiplier
倍速蜕变 multiple disintegration
倍相器 phase multiplier
倍压电路 convectional voltage doubler; doubling circuit; voltage double [doubling] circuit; voltage-multiplying circuit
倍压加速器 multivoltage accelerator
倍压连接 double voltage connection
倍压器 doubler; voltage doubler; voltage multiplier
倍压器电路 doubler circuit; voltage-multiplier circuit
倍压整流 rectifier doubler
倍压整流电路 voltage doubling rectifying circuit
倍压整流管 voltage doubler tube
倍压整流器 rectifier doubler; voltage doubler rectifier
倍压整流器电路 multiple rectifier circuit
倍音 overtone
倍音检波元件 ceraminator
倍增 breed; multiplexing; multiplication; multiply; neutron multiplication factor; torque multiplication
倍增本领 regenerative efficiency
倍增常数 multiplication constant; multiplying constant
倍增的 multiplicative
倍增电极 doubling circuit; multiple circuit
倍增电路 doubling circuit; multiple circuit
倍增放大器 multiplier amplifier
倍增管 multiplier tube
倍增管电极斑点 dynode spots
倍增管探测器 multiplier detector
倍增过程 multiplicative process
倍增击穿 multiplicative breakdown
倍增机头方位角 doubling the angle on the bow
倍增级数 number of stages
倍增极极间电压 interdynode voltage
倍增季节因素 multiplication seasonal factors
倍增寄存器 doubling register
倍增能力 multiplying power
倍增器 duplicator; multiplexer; multiplicator; multiplier
倍增器电极 dynode
倍增器灵敏度 multiplier sensitivity
倍增器显像管 multiplier kinescope
倍增器正析像管 multiplier orthicon
倍增时间 doubling time
倍增时间测量计 doubling time meter
倍增式超正析像管 multiplier orthicon
倍增式显像管 multiplier kinescope
倍增误差项 multiplicative error term
倍增系数 multiplication constant; multiplication factor
倍增系统 dynode system; multiplier system
倍增现象 doubling effect
倍增行波光电二极管 multiplier traveling-wave photodiode
倍增因数 multiplication factor
倍准数 double length number
倍兹孔耦合器 Bethe-hole coupler
倍子午距 double meridian distance
倍纵距【测】double parallel distance

悖论 antinomy

被安装 mounted

被包含文本 contained text
被包含子句 subsumed clause
被包容件 internal member
被包容面 male surface
被包容转子 male rotor
被包围的 ringed
被包围物 enclave
被孢锈菌 <拉> Peridermium
被保护存储区 protected storage
被保护单元 protected location
被保护格式 protected formatting
被保护煤层 protected coal seam
被保护区 protected zone
被保护数据集 protected data set
被保护文件 protected file
被保货物 insured goods
被保人 warrantee
被保险的 covered
被保险人 assured person; insurant; insured person
被保险物 insured interests
被保险物件检查 inspection of risks
被保险者 insurant
被保证本人 guaranty principal
被保证人 warrantee
被报价人 offeree
被背书人 endorsee; the insured
被比较字 comparand
被变址地址 indexed address

被冰擦伤 ice worn
被冰封阻的 icebound
被冰覆盖 ice up
被冰夹住 ice nipped
被波浪冲打 awash
被波浪冲蚀的材料 wave-worn material
被波浪抬起波浪推进力 scend
被剥夺公民权者 outlaw
被剥削阶级 exploited class
被剥原子 stripped atom
被补偿 redemption
被捕船 prize
被捕食者 prey
被操纵部件 operated unit
被操纵的市场 rigged market
被操纵机件 operated unit
被操作数位 operated digit
被草皮覆盖的 soddy
被测变量 measurand;measured variable
被测部件 unit under test
被测定物 determinand
被测对象 measurand
被测量 measurand;measured quantity
被测量物理量 measurand
被测数 measurand
被测数量 measured amount
被测系统 system under test
被测信号 measured signal
被拆下的 unfixed
被铲车碰成洞 holed by forklift hands
被超车辆 overtaken vehicle
被超越的车辆 overtaken vehicle
被潮水淹没的 tideful
被潮汐堵住的 tide locked
被撤销的 reversed
被承认等同 or equal
被乘数 icand;multiplicand
被乘数长度操作数 multiplicand length operand
被乘数除数寄存器 multiplicand divisor register
被乘数串 multiplicand string
被乘数地址操作数 multiplicand address operand
被乘数寄存器 icand register;multiplicand register
被冲上岸 ashore;driven ashore
被冲刷边坡 eroded slope
被冲刷掉的金刚石 washed-out diamond
被抽税 be subject to taxation
被抽样的总体 population sampled
被抽中区域 sampled region
被除去树皮的木头 buckskin
被除数 dividend
被除数长度操作数 dividend length operand
被除数串 dividend string
被除数地址操作数 dividend address operand
被促进的 accelerated
被催化物 catalysant
被错动长度 length of offset
被打乱的信号序列 disturbed signal sequence
被打扫修饰一新 swept and garnished
被大雪阻住 snowed-up
被代理人 principle
被单 coverlet;sheeting
被单织机 sheeting loom
被担保人 warrantee
被担保者 vouchee
被当作定论的 alleged
被导波 guided wave
被盗事故 burglary accident; robbery accident
被滴定物 titrand
被滴定液【化】titrate
被抵押的财产 mortgaged property
被调度的操作 scheduled operation
被调过程 called procedure
被调入位置 called station
被调用程序 called program(me)
被调用分程序 invoked block
被调用过程 invoked procedure
被调用位置 called station
被动 Q 开关 passive Q-switch
被动阿瑟斯反应 passive Arthus reaction
被动边 passive edge
被动部件 passive component
被动操练 passive exercise
被动侧限 passive confinement
被动测量 passive measurement
被动场屏蔽 passive field shielding
被动成像系统 passive imaging system
被动齿轮 driven gear;follower gear; following gear; gear wheel; idler gear
被动齿轮轴 driven gear shaft
被动重吸收 passive reabsorption
被动传感器 passive sensor
被动传输 passive transfer
被动船舶交通服务 passive vessel traffic service
被动大陆边缘 passive continental margin
被动大洋边缘 passive ocean margin
被动的 passive
被动地压 passive resistance
被动地震 passive earthquake
被动段制导 postboost guidance
被动断裂 passive rupture
被动方式 passive mode
被动方位作用 passive orienting action
被动防火 passive fire defence
被动防御反应 passive defense reaction
被动分泌 passive secretion
被动锋【气】passive front
被动感 feeling of passivity
被动感染 passive infection
被动构件 driven member
被动贯入 passive injection; passive penetration
被动光学寻的器技术 passive optic(al) seeker technique
被动光学元件 passive optic(al) component
被动红外 passive infrared
被动红外假目标 passive infrared decoy
被动后向反射器 passive retrodirective element
被动滑动面 passive surface of sliding
被动换热器 passive regenerator
被动回吸收 passive reabsorption
被动机构 driven member
被动激光通信[讯]卫星 passive laser beam communications satellite
被动记录设备 passive recording device
被动加工贸易 passive improvement trade;passive processing trade
被动假目标 passive decoy
被动结构 passivity
被动禁止兑换 passive blockage
被动局面 passive state
被动抗力 passive resistance
被动抗性 passive resistance
被动控制 passive control
被动扩散 passive diffusion
被动拦截跟踪系统 passive intercept tracking system
被动朗肯破坏区 passive Rankine failure zone
被动朗肯土压力 passive Rankine pressure
被动类型 passive type
被动冷却 passive cooling
被动流动带 passive flow zone
被动流量调节 passive flow adjustment
被动滤光片 passive optic(al) filter
被动轮 driven wheel;follower
被动贸易 passive commerce; passive trade
被动门 inactive door
被动敏化 passive sensitization
被动摩擦轮 driven pulley
被动摩擦盘 driven friction disk
被动摩擦圈 driven friction ring
被动磨擦力 passive frictional force
被动凝集试验 passive agglutination test
被动破产 involuntary bankruptcy
被动破坏 passive failure;passive rupture
被动侵染 passive infection
被动散布 passive dispersal
被动声呐 listening set; listening sonar;listen only sonar
被动施工法 passive method
被动时间间隔 passive interval
被动式 inactive mode;passive system
被动式传感器 passive sensor
被动式存储 passive memory
被动式单目观察仪 passive monocular viewer
被动式跟踪装置 passive tracker
被动式供暖 passive heating
被动式光学卫星监视 passive optic(al) satellite surveillance
被动式红外测距仪 passive infrared range finder
被动式红外装置 passive infrared equipment
被动式红外自动导向头 passive infrared homing head
被动式开关 passive switch
被动式抗横摇系统 passive anti-roll system
被动式平交道口防护 passive highway grade crossing protection
被动式热水系统 passive hot water system
被动式声导鱼雷 passive torpedo
被动式声呐 passive sonar
被动式水暖系统 passive water heating system
被动式太阳房 passive solar house
被动式太阳能采暖系统 passive solar energy heating system
被动式太阳能供暖 passive solar heating
被动式太阳能利用 passive solar utilization
被动式太阳能设计 passive solar design
被动式太阳能系统 passive solar energy system
被动式显示 passive display
被动式寻的 passive homing
被动式烟气控制系统 passive smoke control system
被动式遥感 passive remote sensing
被动式夜间自动跟踪系统 passive automatic night time tracking system
被动式夜视仪 passive night-vision device
被动式夜视装置 passive night-vision device
被动式仪器 passive instrument
被动受托人 bare trustee
被动输送 passive transport
被动顺应 passive accommodation
被动塑性平衡状态 passive state of plastic equilibrium
被动锁模 passive mode-locking
被动探测 passive detection
被动套利 passive arbitrage
被动体位 passive position
被动体验 feeling of passivity
被动图形学 passive graphics
被动土抗力 passive earth resistance
被动土推力 passive earth thrust;passive thrust of earth
被动土压力 counterthrust of soil;passive earth pressure;passive ground pressure;passive soil pressure;passive soil resistance; passive thrust of earth; reaction earth pressure; uplift
被动土压力系数 coefficient of passive earth pressure
被动土压力引起的破坏 failure due to passive pressure
被动微波 passive microwave
被动微波遥感图像 passive microwave remote sensing image
被动卫星 passive satellite
被动卫星光电探测器 passive satellite electrooptic(al) detector
被动吸收 passive absorption
被动吸收值 passive absorptive rate
被动袭夺 passive capture
被动系统 passive system
被动纤维光学元件 passive fibre optics element
被动显示 passive display
被动限 passivity limit
被动消防安全设备 passive fire safety equipment
被动消防系统 passive fire protection system
被动型 inactive mode
被动型制图学 passive graphics
被动性 passivity
被动选择法 forced choice approach
被动寻的制导 passive homing guidance
被动压力 passive pressure
被动阳离子 passive cation
被动引导 passive guidance
被动引力质量 passive gravitational mass
被动元件 passive device
被动元素 passive element
被动圆盘 driven disk[disc]
被动源法 passive source method
被动运动 passive exercise; passive movement
被动运输 passive traffic;passive transport
被动站 passive station
被动褶皱 passive fold
被动轴 dead axle;driven shaft
被动轴齿轮 driven shaft gear
被动轴轴承 driven shaft bearing
被动轴轴承杯 driven shaft bearing cup
被动注意 passive attention
被动转移 passive transfer
被动转移试验 passive transfer test
被动转运 passive transference; passive transport
被动桩 passive pile
被动装置 passive equipment;passive system
被动状态 passive state
被动状态的塑性平衡 passive state of plastic equilibrium
被动追踪 passive homing
被动阻尼器 passive damper
被动作用 passive action;passive role
被冻结的存款 block account; frozen account

B

被洞悉感 feeling of being revealed
被堵塞线路 blocked line
被断定的 alleged
被断定的东西 predicament
被断裂严重破坏的 badly faulted
被煅烧物料 material being burned
被锻铁板 hammered sheet iron
被夺河 beheading
被夺河流 abstracted river; abstracted stream; captured stream; pirated stream; beheaded river
被遏制的通货膨胀 suppressed inflation
被发价人 offeree
被法院宣布为破产的当事人 party adjudged bankrupt
被访问者 callee; interviewer
被放置 laid
被分配到财产的人 distribute
被分散相 discontinuous phase; discrete phase
被粉的 farinose
被封闭的记录 locked record
被封闭的名字 locked name
被封闭的页 locked page
被封锁的记录 locked record
被服壁 <日本式> cased wall
被服厂 clothing factory
被服储藏室 clothing store room; slop room
被服库 linen locker; linen store
被服室 linen closet; linen room
被俘 captivity
被俘电子 trapped electron
被俘获载流子 trapped carrier
被辐照的 exposed
被抚养人口 dependent population
被腐蚀的 eroded
被覆 cladding; superposition
被覆包装 cocoon packing
被覆层 coating
被覆带 covering tape
被覆的 covered
被覆地 covered land
被覆盖地 covered field
被覆盖露头 hidden outcrop
被覆盖土壤 mulched ground; mulched land
被覆光纤 coated fiber[fibre]
被覆金属 coated metal
被覆金属粉末 coated metal powder
被覆浸润剂的玻璃纤维 sized glass fibre
被覆卡 coated card
被覆力 hiding power
被覆磨料 coated abrasive
被覆石 riprap protection
被覆物 coil serving; serving
被覆线 coated wire; covered wire; field wire; sheathed wire; sheathing wire
被覆橡胶的玻璃织物 rubber-coated glass fabric
被盖交叉【医】decussations tegmenti
被干扰单元 disturbed cell
被感应的 induced
被感应电路 induced circuit
被告 accused; indictee
被告人 defendant
被告为废弃的住宅 <因拆迁等原因> condemned dwelling
被告证人 evidence for the defence
被工件带出的酸洗液 drag-out
被供作俗用的教堂 desecrated church
被估计的 estimative
被估了价的 valued
被固定的向量 bound vector; fixed vector
被雇佣 go into service; on the payroll
被雇佣的 hireling
被雇者 hiree; hireling
被海水包围的 seabound
被害人的陈述 victim's statement
被洪水所围的 water-bound
被厚毡毛覆盖的 peronate
被呼方 called party
被呼叫的终端 terminal called
被呼叫用户 called party; terminating subscriber
被呼叫站 called station
被呼叫者 callee
被呼线路识别信号 called line identification signal
被还原氮化物 reduced nitrogen species
被还原硫化物 reduced sulphur species
被灰白毛的 canescent; hoary
被豁免的 exempt
被火包围的 alight
被击原子 struck atom
被积的【数】integrand
被积函数 integrand; integrated function
被积函数的有理化 rationalization of integrand
被激发的载流子 excited carrier
被激励网络 energized network
被集中消息 concentrated message
被计数的串 counted string
被加工表面宽度 width of the machined surface
被加工金属 work metal
被加数 addend; augend; summand
被加数部分积寄存器 addend partial product register
被加数的数字 operated digit
被加数寄存器 augend register
被加速的 accelerated
被加项 added entry
被夹带物 entrainment
被夹住的 nipped
被甲 passive armor
被减弱的振动 damped vibration
被减数 minuend
被减数长度操作数 minuend length operand
被减数串 minuend string
被减数地址操作数 minuend address operand
被溅污的 sloppy
被降低的压力 reduced pressure
被叫电话局 called exchange
被叫和主叫用户双方话终拆线继电器 called and calling subscribers relay
被叫控制复原方式 called subscriber release
被叫线 called line
被叫用户 called line; called subscriber
被叫用户单方拆线 called subscriber release
被叫用户单方话终拆线 called subscriber release
被叫用户挂机信号灯 called subscriber held lamp
被叫用户号码 called number
被叫用户空线信号 called subscriber free signal
被叫用户应答 called subscriber answer
被校仪表 calibrated instrument
被接见者 presentee
被接受的风险 accepted risk
被截风 stowed wind
被截输出缩合 output-truncated condensation
被截站 intercepted station
被截终端 intercepted terminal
被截资源 intercepted resource
被解雇 off the payroll
被解雇的 off-the-job
被解雇工人的工资 discharged workers payroll
被解释变量 explained variable; variable being explained
被浸蚀的 eroded
被禁止 disable
被禁止的 forbidden
被禁止的中断 disabled interruption
被禁止脉冲 inhibited pulse
被禁中断 disabled interruption
被救船舶 salvage
被救物 the saving things
被拘押人 detained person
被绝缘体 insulated body
被开方数 radicand
被开垦的 tame
被砍劈的木材 hewn timber
被看见 come in sight
被壳 scurf
被壳结构 incrustation texture
被空气阻塞的 air-bound
被控变量 controlled variable; manipulated variable
被控参数 controlled variable
被控车间 controlled plant
被控点 controlled point
被控电流 controlled current
被控电路 slave circuit
被控电钟 controlled electric clock
被控对象 controlled member; controlled object
被控过程 controlled process
被控机车 slave locomotive
被控级 controlled stage
被控螺旋 controlled spin
被控脉冲计数器 predetermined scaler
被控媒质 controlled medium
被控速度轴驱动发电机 controlled speed axle generator
被控台 slave station
被控台信号 remote signal
被控系统 controlled system
被控源 controlled source
被控站 <绍兰系统地面站之一> drift station
被控制车站 controlled station
被控制的水 controlled water
被控制点 controlled point
被控制电路 controlled circuit
被控制电钟 controlled clock
被控制感 delusion of foreign influence; feeling of passivity
被控制设备 equipment for controlled station
被控装置 controlled device
被扣押财产 arrested property
被扣押者 detainee
被困油液 trapped fluid; trapped oil
被困在港内的 port bound
被扩大的 megascopic
被拉毛的 dragged
被拦住 barred; pent-up
被浪冲上岸的海草 sea-ware; sea wrack
被利用的热量 absorbed heat
被隶属任务 attached task
被鳞片的 paleate
被零除的俘获 divide by zero trap
被流走 lose ground
被炉烟污染的空气 hazy atmosphere
被陆地包围的 landlocked; mediterranean
被陆地遮住 shut in the land
被卵石砂砾覆盖的 beachy
被乱涂乱画的表面 graffiti-out surface
被锚(固)墩 anchored pier
被锚链搅缠的锚 foul anchor
被帽弹丸 capped bullet
被没收的 forfeit
被没收的股份 forfeited share; forfeit stock
被酶作用物【化】substrate
被免除的 exempt
被免除债务者 releasee
被免除者 exempt
被膜 envelope
被膜处理 flash treatment
被膜反应 envelope reaction
被膜状 membranous
被泥沙堵塞 sand up
被黏[粘]体 adherend
被黏[粘]物 adherend
被黏[粘]物破坏 adherend failure
被浓雾笼罩的 fog bound
被拍卖 be under the hammer; come under the hammer
被排掉的 supplanted
被排挤的 supplanted
被排挤的土 displaced soil
被派人员 authorized person
被抛弃的 derelict
被抛弃的人(或物) castaway; cast off
被泡沫覆盖的 spumous; spumy
被碰船 collided vessel
被批准的可燃塑料 approved combustible plastics
被批准的移民数 immigrants admitted
被平衡的 balanced
被屏蔽 conductively closed
被迫把货物投入海中 jettison
被迫取消订货 be compelled to cancel the order
被迫停止 compulsory stop
被气体阻塞 air-bound
被弃的 derelict
被弃的船 abandoned vessel
被弃货物 abandoned goods
被弃物 derelict(ion)
被卡管子 stuck pipe
被卡钎杆 stuck jumper
被卡钎头 stuck steel
被卡(在孔内的)工具 stuck tools
被卡(在孔内的)落物 stuck fish
被卡钻杆 frozen drill pipe; stuck rods
被卡钻具 stuck steel
被牵引的车辆 hauled vehicle
被遣返回国者 repatriate
被敲竹杠 pay through the nose
被切割件 part to be cut out
被切去部分 excision
被窃票据 stolen bill
被清算 to be liquidated
被驱动的 driven
被让路船 given way vessel; privileged vessel; right-of-way vessel; stand on vessel
被扰动的调和过程 disturbed harmonic process
被扰乱 multilated
被认可的 accredited
被认可的可燃塑料 approved combustible plastics
被认可的实验室 accredited laboratory
被任命者 appointee; nominee
被扔的 slung
被溶晶体直径 diameters of dissolved crystal
被溶样品表面积 surface area of dissolved sample
被褥 bedding
被褥形采暖器 quilt radiator
被褥织物 quilted fabric
被森林覆盖 hylean
被砂堵塞的 sanded in
被删的框架 suppressed frame
被上诉人 appellee

被摄物对比度 subject contrast
被审单位 audited entity; audited organization; auditee; organization audited
被审单位的违法行为 illegal acts by audited entity
被十除线路 divide-by-10
被试验车辆 test vehicle
被试验的 underproof
被收购公司 acquired company
被授权的代表 authorized representative
被授权人员 authorized personnel
被授权者 authorized person
被授予称号者 confer(r)ee
被授予的权利 delegated power
被授予学位者 confer(r)ee
被授予者 grantee
被拴住的 captive
被水包围的 water-locked
被水冲蚀的 washed-out
被水打湿 awash
被水覆盖的 awash
被水浸过的 awash
被水磨光的 water worn
被水磨损的 water worn
被水磨圆的 water-rolled
被说明变数 explained variable
被随同的 accompanied
被损坏的 impaired
被损坏图形 damaged drawing
被索赔人 claimee
被锁齿 locked tooth
被锁记录 locked record
被锁名字 locked name
被锁页面 locked page
被锁资源 locked resource
被胎 comforter batt
被碳沉积盖覆的 carbon-coated
被淘汰 be eliminated
被套 tick
被套件 internal member
被提名人 nominee
被提名者 nominee
被体现的技术进步 embodied technical progress
被替换行 replaced row
被天气阻隔的 weather-bound
被调参数 controlled variable
被调对象 controlled member
被调放大器 modulated amplifier
被调级 modulated stage
被调节量 regulated variable
被调量 regulated quantity
被调整的 controlled
被调值的调整 control point adjustment
被调制的脉冲放大器 modulated pulse amplifier
被调制放大管 modulated amplifier valve
被通知的一方 notified party
被通知方 notified party
被通知人 notified party
被统驭账户 controlled accounts
被投入到经济流通中 drawn into economic circulation
被涂底材 coating substrate
被涂物 substrate
被涂鸦的表面 graffiti-marred surface
被土工织物密封的土 geotextile encapsulated soil
被推荐的投标书 recommended tender
被推荐者 nominee; presentee
被拖船 ship towed; towed ship; trailer ship; tugee; vessel towed
被拖罚 towaway
被拖曳单元 towed unit
被围的 enclosed
被围相 enclosed phase
被委付者 abandonee
被委托人 mandatory
被污染的 contaminated; defiled
被污染的大气 polluted atmosphere
被污染的地表水 polluted surface water
被污染的覆盖层 polluted overburden
被污染的河水 polluted river water
被污染的环境 contaminated environment; polluted environment
被污染的空气 polluted air
被污染的农田 polluted agricultural land
被污染的水 polluted water
被污染的鱼类 polluted fishes
被诬告的人 falsely accused person
被吸附的原子 adatom
被吸附离子 adion
被吸附物 adsorbate; adsorptive
被吸附物质量 mass of adsorbates
被吸收的冲击能 absorbed striking energy
被吸收的力矩 absorbed torque
被吸收的能量 absorbed energy
被吸收的扭矩 absorbed torque
被吸收的热量 absorbed heat
被吸收物质 absorbate
被吸收性 absorbability
被吸收状态 absorbence[absorbency]
被吸引住的 captive
被袭夺河(流) captured river; mutilated river
被削波 clipped wave
被消费的货物 goods consumed
被消耗的力矩 absorbed torque
被消耗性 exhaustibility
被泄露感 feeling of being revealed
被信托人 accredited party
被形采暖器 quilt radiator
被许可的 competent
被许可方 licensee
被絮花纹 quilted figure
被絮纹 quilted figure
被选单元 selected cell
被选的 selected
被选的主文件带 selected master file tape
被选地址 selected address
被选范围显示器 selected range indicator
被选元件 selected cell
被选择的地址 selected address
被选择港口 picked port
被选择过的链 followed link
被雪封住的 snow bound
被雪围住的 snow bound
被寻地址 addressee
被压扁的轧辊 flattened roll
被压材 compression wood
被压的 oppressed
被压杆 overtopped stem
被压紧状态 appression
被压木 suppressed tree
被压木场 suppressed tree farm
被压缩状态 confined state
被烟黑覆盖 begrime
被烟黑污染的 soot-laden
被烟雾污染的大气 hazy atmosphere
被烟熏黑的 sooty
被淹植物 emophytic
被岩石包围的 rockbound
被岩盐堵塞的井 salt up well
被研磨物 grinding charge
被厌恶的关税 tariff of abomination
被氧化的 oxidized
被邀请者 invitee
被邀投标人 invitated bidder; invited bidder
被邀投标商 invitated bidder
被邀投标者 invitated bidder
被要求索赔一方 defendant
被移植物 transplant
被遗弃城市的遗迹 ghost town
被遗弃的 derelict
被遗弃建筑物 derelict building
被异议人 person challenged
被抑制 barrage
被抑制的 quiescent
被抑制的通货膨胀 suppressed inflation
被抑制的需求 pent-up demand; suppressed demand
被抑制的嗅球反应 depressed olfactory bulbar response
被抑制信号 victim signal
被抑制状态 smother
被引航的船 piloted ship
被引射流体 driven fluid
被诱导的投资 induced investment
被诱物 acceptor
被运算数 operand
被噪声所掩盖的信号 victim signal
被噪声调制的载波 randomly modulated carrier
被扎束物 tie-up
被轧制的金属 rolling metal
被炸后的废墟 bomb site
被炸毁 going up
被占时刻间 busy time
被占用费用 occupancy expenses
被遮蔽的信号 concealed signal
被遮盖的 covered
被遮住的 unsighted
被蒸馏物 distilland
被支配感 feeling of being controlled
被指定人 assignee; nominee
被指定者 designee
被制动的列车总重量 total weight to be braked
被置换的体积 displacement volume
被中止的 suspended
被转嫁的利息 imputed interest
被转嫁的资本价值 imputed capital value
被转嫁的资本流量 imputed capital flow
被转让人 endorsee
被状隔热填料 building quilt
被状绝缘材料 quilt insulation
被撞船 collided ship
被追越船 overtaken vessel
被子 quilting
被子植物 angiosperm
被租船 chartered ship
被租塞的交通 stalled traffic
被阻碍的 barred
被阻断的电路 interrupted circuit
被阻内旋转 restricted internal rotation
被阻塞了的 barred

焙 baking

焙茶机 roaster; tea drier; tea firing machine
焙粉 baking powder
焙干 drying by fire; bake-on <焙干砖头等>
焙干砖 baked brick
焙固机 curer
焙烘机 baking machine; curing machine
焙解 calcination
焙炼炉 roasting oven; smelting furnace
焙炉 roaster
焙器 grill(e)
焙砂 calcine
焙砂浸出 calcine leaching
焙砂浸出系统 calcine leaching circuit
焙砂冷却器 calcine cooler
焙砂小车 calcine car
焙砂溢流 overflow calcine
焙烧 bake; baking; burning; calcinate; calcinating; calcination; calcine; firing; furnacing; roast(ing); sintering; torrefy
焙烧白度 burned whiteness
焙烧不足 underroasting
焙烧产品 roasted product
焙烧床层 roasting bed
焙烧的黄铁矿 roasted pyrite
焙烧的铺地砖 floor clay block
焙烧发生气 roast gas
焙烧法 roasting method
焙烧过程 firing process
焙烧过的锌 roasted zinc
焙烧过度 overbaking; overburn(ing); overroasting
焙烧滑石 fired talc
焙烧黄铜矿粉 magistral
焙烧机 burning machine
焙烧空间 roasting space
焙烧矿石辊碎机 chat-roller
焙烧炉 baking furnace; calcination furnace; calcinator; calciner; calcining furnace; calcining kiln; roaster; roasting furnace
焙烧黏[粘]土 calcined clay
焙烧黏[粘]土陶瓦 terra-cotta
焙烧黏[粘]土砖 burned clay brick
焙烧强度 intensity of roasting
焙烧缺陷 firing defect
焙烧热 roasting heat
焙烧蛇纹石 furnaced serpentine
焙烧设备 roasting apparatus
焙烧生成物 roast
焙烧时间 sintering time
焙烧试验 oven test; roasting test
焙烧室 firing chamber; roasting chamber
焙烧适度的砖 hard-fired brick
焙烧收缩 fire shrinkage; firing shrinkage
焙烧苏打灰 roaster ash
焙烧速度 rate of roasting
焙烧损失 loss by roasting
焙烧脱脂的 grease burning
焙烧温度 sintering temperature
焙烧氧化钼 roasted molybdenum oxide
焙烧窑 burning(-in) kiln; calciner; calcining kiln; roasting kiln
焙烧再生 roasting regeneration
焙烧装置 calcining plant; firing installation
焙箱 baking oven

蓓

蓓蕾漆 stipple paint
蓓蕾漆涂装法 stippling
蓓蕾漆髹饰法 stipple
蓓蕾饰柱头 lotos bud capital

奔

奔赴点 apex[复 apices/apexes]; vertex[复 vertices/vertexes]
奔离点 anti-vertex
奔流 cataract; chute; flush; onrush; swift flow; torrent; torrential flow
奔马律 gallop rhythm; Traube's murmur
奔马型 galloping form
奔奔流 torrential flow
奔逃的 runaway
奔特桑斯汀-楚怀特极性带 Buntsand-

stein-Chugwater polarity zone
奔特桑斯汀-楚怀特极性时 Buntsandstein-Chugwater polarity chron
奔特桑斯汀-楚怀特极性时间带 Buntsandstein-Chugwater polarity chronzone
奔腾处理器【计】Pentium processor
奔腾芯片【计】Pentium processor
奔向点 apex[复 apices/apexes]
奔溢<流水的>debacle
奔越 override
奔子 runner
奔走步态 metadromic progression

锛

锛斧 hatchet
锛架 adz(e) block
锛削 hewing
锛制大枋 large hewn square
锛制中枋 medium hewn squares
锛子 adz(e)

本

本奥克拉纤维 Bunochra fibre
本波道干扰比 co-channel interference ratio
本伯格式拉伸纺丝机 Bemberg's stretch spinning apparatus
本伯格铜铵丝 Bemberg
本伯格铜铵丝双面绉 Bemberg sheer
本布里奇层 Bembridge bed
本部 head office;headquarters
本财政年度 current fiscal year
本厂垃圾 home scrap
本超星系 local supergalaxy
本超星系团 local supercluster
本初横子午线 prime transverse meridian
本初斜子午线 prime oblique meridian
本初子午圈线 first meridian;prime meridian
本初子午线 basis meridian;Greenwich meridian;initial meridian;prime meridian
本船 own ship
本床 internal crucible
本茨尔低速测流管 Bentzel velocity tube
本茨尔管<测水流速度的>Bentzel tube
本次航行 current voyage
本戴底纹制版法 Benday process
本单位历史先进水平 historic(al) best cost of the entity
本单位消费 self-consumption
本胆烷 etiocholane
本胆烷醇酮 etiocholanolone
本胆烷二酮 etiocholanedione
本道夫桥<德国>Bendorf bridge
本德尔康陆核【地】Bandelkhand nucleus
本德法 Bender process
本德曼避雷器 Bendman arrester
本迪克斯式齿轮 Bendix gear
本底 background
本底暴露 background exposure
本底测定 background determination
本底测量 background determination;background measurement;background survey;sample-out count
本底掺杂 background doping
本底掺杂能级 background doping level
本底臭氧 background ozone
本底处理【计】background processing
本底传导性 background conductivity
本底大气成分监测网 background atmosphere composition network
本底地震 background earthquake
本底地震波 background seismic wave
本底电解质效应 background electrolyte effect
本底电流 background current
本底调查 background survey
本底发光 background luminescence
本底放射性 background activity;background radioactivity
本底辐射 background irradiation;background radiation;natural radiation
本底辐射强度 background radiation intensity
本底辐射值 background radiation value
本底负载 dead load
本底改正 background correction
本底干扰 background interference
本底光 bias light
本底含量 background content
本底荷载 quiescent load
本底混合物 background mixture
本底活动性 background activity
本底计数 background count(ing)
本底计数率 background counting rate
本底监测 background monitoring
本底监测规划 background monitoring program(me)
本底监测器 background monitor
本底监测站 background monitoring station
本底监察 background monitoring
本底监视 background monitoring
本底校正 background correction
本底接触 background exposure
本底空气 background air
本底空气污染 background air pollution
本底扣除 background rejection;background subtract(ion)
本底离子 background ion
本底亮度 background brightness
本底密度 background density
本底浓度 background concentration
本底谱线图 background spectrum
本底区域 background area
本底水平 background level
本底水质 background water quality
本底水准 background level
本底调制噪声 background modulation noise
本底微生物 background microbiology
本底污染 background pollution
本底污染测定 background pollution observation
本底污染观测 background pollution observation
本底雾 background fog
本底吸收 background absorption
本底谐音 background music
本底信号 background signal
本底修正值 background corrected value
本底压强 base pressure
本底样本 background sample
本底抑制 background suppression
本底有机物 background organics
本底杂波 background clutter
本底杂质 background impurity
本底噪声 background noise;basic noise;ground noise;noise background
本底噪声标准 background noise criteria
本底噪声降低 hush-hush
本底噪声控制 background noise control
本底照度 background illumination
本底照明 background illumination
本底照射 background exposure
本底蒸气压 background vapo(u)r pressure
本底值 background level
本底值监测 baseline monitoring
本底质谱图 background mass spectrum
本地标准 local standard
本地材料 local material
本地操作工作站 local operator workstation
本地差别待遇 local discrimination
本地长距离站 long-distance local
本地成批处理 local batch processing
本地成批作业 local batch job
本地程序错 local procedure error
本地处理机 local processor
本地传输包 local packet
本地传送方式 local mode
本地打印机 local printer
本地代表(商)local representative
本地到本地链路 local-local link
本地到远地链路 local-remote link
本地的 autochthonous;domestic;indigenous;local;native;vernacular
本地电话拨号 local selection
本地电话局 local central office
本地电台 local station
本地端接中继器 drop repeater
本地多点分配业务 local multipoint distribution service
本地多重访问 local multiple access
本地发射机 local sender;local transmitter
本地风格 native style
本地服务区 local service area
本地复合环回 local composite loopback
本地公共交通车乘客数 local transit rider
本地供应 local supply
本地共享资源 local shared resources
本地广播 spot broadcast(ing)
本地广播台 local station
本地广播网 tannoy
本地号码 local number
本地河 autochthonous stream;indigenous river;indigenous stream
本地呼叫 local call
本地话 vernacular
本地环境 home environment
本地环路 local loop
本地回路 home loop
本地回路操作 home loop operation
本地回路测试 back to back
本地计算机 local computer
本地计算机网 local computer network
本地加密 local cipher
本地交换机 local exchanger
本地交换中心 local exchange center [centre]
本地交通 local traffic
本地交往 local transaction
本地接入和传送地区 local access and transport area
本地接收 local reception
本地接收站 local destination
本地节点 local node
本地经济 domestic economy
本地就业条例 local employment act
本地居民 aboriginal;aborigines;indigenous inhabitant;native inhabitant
本地居民的 aboriginal
本地控制器 local controller
本地连接的 locally attached
本地连接站 locally attached station
本地连接终端 locally attached terminal
本地木材 indigenous wood
本地目的地 local destination
本地排放来源 local emission source
本地品种 indigenous breed;indigenous variety;native species;indigenous species
本地期票 local bill
本地人 autochthon(e)[复 autochthon(e)s];native
本地人口 indigenous population
本地设备 local device
本地实验室台阵 local laboratory array
本地始端地址字段 origin address field prime
本地市场 local market
本地事务处理 local transaction
本地事项 local transaction
本地数字环回 local digital loopback
本地水平 domestic level
本地水源 domestic water source
本地送货 local delivery
本地台 home station;local station
本地题目 local title
本地调制解调器 local modem
本地通道 local channel
本地通话 local message
本地通信[讯]网 local network
本地网 local area network
本地网络控制程序 local network control program(me)
本地卫星计算机 local satellite computer
本地物质 autochthonous material
本地系统 local system
本地系统队列区 local system queue area
本地线路 local line
本地线圈 local coil
本地信道 local channel
本地信道环路 local channel loopback
本地信号 local signal
本地信息 local information
本地虚拟协议 local virtual protocol
本地需要 local need
本地循环 local loop
本地岩石 country rock
本地用户终端 local user terminal
本地语 vernacular
本地语言 native language
本地远地切换继电器 local-remote relay
本地远区转换开关 local distant switch
本地运价表 local tariff
本地运行 opposing movement
本地载波 local carrier
本地站 local site;local station
本地照明 bias lighting
本地振荡 local oscillation
本地振荡器 local oscillator
本地知识 indigenous knowledge
本地植物 native plant
本地制的 home-made
本地中心局 local central office
本地终端 local terminal
本地终端设备 local terminal
本地种 endemic species;native species
本地主管机关 local authority
本地资源 local resource
本地资源的利用 utilization of local resource
本地自动电话付费计算 local automatic message accounting
本地作风 native style
本点垂线 local vertical
本甸试验 Bendien's test
本动 peculiar motion;peculiar proper motion
本动分量 peculiar motion component
本动速度 peculiar velocity

本顿群 Benton group
本顿润滑脂 Benton grease
本多磁钢 Honda alloy;Honda steel
本多镍钴钛系磁钢 Honda alloy
本多生酸 pantothenic acid
本多式潮位计 Hobda tide ga(u)ge
本范围内的 intramural
本格尔单位 Benger unit
本格拉海流 Benguela current
本工时基 <劳动定额的> base time
本构定理 constitutive law
本构定律 constitutive law
本构方程式 constitutional equation; constitutive equation
本构关系 <描述材料性质诸如应力、应变和时间等物理量之间的关系> constitutive relation; constitutive law
本构矩阵 constitutive matrix
本构模式 constitutive mode
本构模型 constitutive model
本构性能 constitutive behavio(u)r
本国报价人 domestic bidder
本国产的 domestic-manufactured
本国产品 domestic goods; domestic production;home products
本国车 domestic car
本国出生公民 natural-born citizen
本国船舶 domestic ship
本国的 native;vernacular
本国法律 national legging
本国货 domestic accommodation;domestic goods
本国货币 domestic currency;national currency
本国技术能力 indigenous technologic(al)capability
本国领土地图 domestic photomap
本国木材 home-grown timber
本国人 native
本国提供的设备 locally supplied equipment
本国投标者 domestic bidder
本国有意义号码 national significant number
本国语 vernacular
本国制造的气动提升机系统 home-made airlift system
本国制造品 domestic manufacture
本国资本 domestic capital;indigenous capital
本国资源 domestic resources
本国自制率 domestic content rate
本哈姆高原 Benham Plateau
本行范围 bailiwick
本航次 current voyage
本航线 primary flight line
本号 current issue
本合同 present contract
本霍尔德试验 Bennhold s test
本机编译程序 native compiler
本机侧 local side
本机存储器 local memory
本机导频 local pilot
本机电池 local battery
本机电缆 local cable
本机电路 local channel;local circuit
本机端 local side
本机反馈 local feedback
本机方式 local mode;native mode
本机放大器 local amplifier
本机附件 native attachment
本机副载波 local subcarrier
本机回授 local feedback
本机检验器 local checker
本机晶体振荡器 local crystal oscillator
本机控制 local control
本机连接 native attachment
本机频率控制 local frequency control
本机同步信号 local synchronous signal
本机谐振 local resonance
本机映象 native image
本机语言 native language
本机杂音 set noise
本机振(荡)local oscillation
本机振荡管 local oscillator tube
本机振荡器 local oscillator; receiver oscillator
本机振荡器波导管 local oscillator waveguide
本机振荡器辐射 local oscillator radiation
本机振荡器激励 local oscillator drive
本机振荡器检验器 local checker; local chequer
本机振荡器统调 oscillator padding
本机振荡器噪声 local oscillator noise
本机振荡线圈 local coil
本机振荡注入 local oscillator injection
本机自动化系统 local automation system
本级占 50 ~0.5 毫米级产率 ones fractions occupy 50 to 0.5 millimeter fractions rate
本季度 current season
本家汇票 pig on pork
本交 natural mating
本节车缓解 local release
本届政府 sitting government
本金 capital sum; principal amount; principal sum;corpus[复 corpora]
本金的利息 interest on the principal
本金化的利息 capitalized interest
本金化费用 capitalized cost
本金化价值 capitalized value
本金及收益现金 principal and income cash
本金、利息、税金和保险费 principal, interest, tax and insurance
本局电话线 local line
本局记发器 local register
本局信号 local signal
本科 regular college course; undergraduate course
本科学生 undergraduate
本会计年度 current fiscal year
本来的 inherent;original
本来的价值 eigenvalue;eigenwert
本利 principal and interest
本利的盈亏 profit and loss on capital and interest
本利分析 cost-benefit analysis
本利合计 both principal and interest
本利和 accumulated amount; capital and interest; compound amount <复利的>
本利和系数 interest factor
本利和因数 compound amount factor
本量利分析 cost-volume-profit analysis
本量利假定 cost-volume-profit assumption
本量利预测 cost-volume-profit projection
本领 ability; capability; capacity; faculty;prowess;skill
本流 mother current
本流袭夺 autopiracy
本路 home road
本路材料 service store
本路车【铁】home car
本轮 epicycle
本轮说 epicycle theory
本轮运动 epicyclic(al) motion
本纳康格式 <一种木材运输标准合同格式> Benacon
本能 instinct
本能冲动 instinctual impulse
本能的 instinctive
本能的长途洄游 instinctive migratory journey
本能活动 instinctive activity
本能释放机制 innate releasing mechanism
本能行为 instinctive behavio(u)r
本能行为障碍 instinctive behaviour disturbance
本能衍生物 instinctive derivative
本能中枢 instinctive centre
本尼迪克丁唱诗班 Benedictine choir; Benedictine quire
本尼迪克丁教堂 Benedictine church
本尼迪克丁修道院 Benedictine abbey;Benedictine monastery
本尼迪克丁修道院教堂 Benedictine abbey church
本尼迪克特溶液 Benedict's solution
本尼迪克特试验 Benedict's test
本尼迪克特效应 Benedict's effect
本尼迪克特状态方程式 Benedict's equation of state
本尼米德【化】benemid
本年纯利润 net profit for the current year
本年到期的长期债务 current maturity
本年度 current year;this year
本年度纯利 net profit for the year
本年度国家预算 the national budget for this fiscal year
本年度净利 net profit for the year
本年度开采矿量 ore mined in this year
本年度收入 current annual revenue
本年度税收 current year's tax levy
本年度损失矿量 ore lost in this year
本年度预算经费 current appropriation
本年度折旧 depreciation of the year
本年度支出 current annual expenditures
本年基本建设计划 capital construction plan of current year
本年累积产量 accumulated quantity of production for current year; accumulated yearly quantity of production
本年盈余 surplus for current year; surplus for the year
本年预算拨款 current year appropriation from treasury
本诺依计 Benoist's scale
本票 bank's order; bank check; bank cheque; cashier's cheque; cashier's order;dog;note of hand; promissory note
本票存款 bank check deposit
本票的保证 guaranteeing of promissory notes
本期 current period; present period; current issue <指期刊>
本期保险金 currency premium
本期保险金的支付 payment of the current premium
本期报酬率 current return
本期拨款 current appropriation
本期产量 output of current period
本期产品成本 current product cost
本期成本 current cost
本期纯利 net profit of current period;net profit of the term
本期纯收益 current net income
本期发生成本 cost incurred in current period
本期费用 current expenditures
本期货币回收 money returned of current term
本期货币流动资金 current monetary assets
本期货币性流动资产 current monetary assets
本期经营成果观念 current operating performance concept
本期经营成果基础 current operating performance basis
本期净利 net profit of the term
本期净损失 current term net loss;net deficit for the period; net loss of current term
本期净损益 current term settlement
本期净益 current term net profit
本期决算 current term settlement
本期控制报告 current control reports
本期利润 profit of current period
本期生产成本 production cost for the period
本期收益 current income; current revenue;current yield
本期税收 current tax
本期税收损失估计 estimated uncollectible current taxes
本期损失 loss of current term
本期损益 current profit and loss
本期完成的工作成本 cost of work done in current period
本期完成工程造价 cost of work done in current period
本期完工产量 finished production in current period
本期无形资产 current intangibles
本期应付工资 wage accrual
本期盈余 current surplus
本期预算 current budget
本期支出 current expenditures
本色 essential colo(u)r;intrinsic(al) colo(u)r; local colo(u)r; nankeen;nankin;natural colo(u)r;primary colo(u)r;self-colo(u)r
本色布 gray goods;nankeen
本色处理 natural finish
本色的 self-colo(u)red
本色沥青瓦片 monpavet
本色清漆 flat finish varnish
本色饰面 natural finish
本色陶瓷 biscuit;bisque
本色陶器 biscuit;bisque
本色涂漆 open pore coating
本色细平布 shirting
本色氧化铝 clear anodized alumin(i)um;silvered anodized alumin(i)um
本森锅炉 Benson boiler
本身 oneself
本身存在的问题 built-in problem
本身的 in-house
本身电容 self capacitance;self-capacity
本身分化 self-differentiation
本身干扰 set interference
本身供电的 self powered
本身固有噪声 set noise
本身光度 intrinsic(al)luminosity
本身就齐全的【机】self-contained
本身力 self-force
本身亮度 intrinsic(al) brightness; intrinsic(al)luminosity
本身能量 self energy
本身频率 self-frequency
本身容量 self-capacity
本身上 on its own account
本身稳定的 self-stable
本身星等 intrinsic(al)magnitude
本身颜色 intrinsic(al)colo(u)r
本身自重 deadweight
本生冰量热器 Bunsen ice calorimeter;ice calorimeter
本生灯 Bunsen lamp;Bunsen(-type) burner
本生灯火焰 Bunsen flame

B

本生灯喷焰 Bunsen jet
本生电池 Bunsen cell; Bunsen element
本生电量计 Bunsen voltameter
本生光度计 Bunsen photometer
本生-基尔霍夫定律 Bunsen-Kirchoff law
本生-罗斯科互易律 Bunsen-Roscoe reciprocity law
本生煤气灯 Bunsen gas burner
本生喷灯 Bunsen burner
本生燃烧 partially aerated combustion
本生燃烧器 Bunsen burner
本生式光度计 Bunsen photometer
本生式锅炉 Benson boiler
本生消光系数 Bunsen's extinction coefficient
本生岩 rock in place
本生焰 Bunsen flame
本生元素 Bunsen element
本市电话拨号 local selection
本市呼叫 local call
本市或长途通信[讯]用的进局干线 intercoming trunk
本市汽车货运工作 local trucking
本市通话 local call;local communication;local traffic
本市通话业务 local communication; local traffic
本受作用 proprioception
本斯得石 bonshtedtite
本诉 principal claim
本堂 church nave
本特兹管 Bentzel tube
本体 body;entity;main body;noumenon[复 noumena]
本体变形 body distortion
本体成本 self-cost
本体感受感觉 <本受感觉> proprioreceptive sensation
本体感受作用 proprioception
本体灰分 constitutional ash
本体畸变 body distortion
本体极迹 polhode
本体聚合(法) bulk polymerization; mass polymerization
本体聚合物 bulk polymer
本体论分析 ontological analysis
本体黏[粘]度 bulk viscosity
本体热 calor innatus
本体溶液 bulk solution
本体溶液成分 bulk solution composition
本体试块<铸造用语> test lug
本体寿命 bulk lifetime
本体消耗 internal consumption
本体语句 body statement
本体折断 body failure
本体着色玻璃 body-tinted glass
本田生长期 field growth period
本图利阶梯式塔板 Benturi Kascade tray
本土 homeland;mainland;native land
本土地图 domestic map;native map
本土性 aboriginality
本土种 native species
本位(货)币 standard currency; standard money
本文 body(matter);body of work; this article
本文解释 textual interpretation
本务机车【铁】leading locomotive; main engine;train engine
本务机车公里<即列车公里> lead locomotive kilometers
本务机车走行公里 maintenance locomotive moving kilometers; train lead locomotive kilometers
本务位 duty engine position
本息 principal and interest
本溪山字型构造体系【地】Benxi epsilon structural system
本系统需量 native system demand
本线路运价率 local rate
本乡本土的建筑方法 vernacular construction method
本小利微 have tiny funds and very small earnings
本星流 local star stream
本星群 local stellar system
本星团 local cluster of stars; local star system
本星系 local galaxy
本星系群 local group
本星系团 local cluster of galaxies
本性 essentiality; inherent character; inherent nature;nature;true nature
本性方程 intrinsic(al) equation
本性非负矩阵 essentially non-negative matrix
本性奇点 essential singularity
本性上确界 essential supremum
本性正矩阵 essentially positive matrix
本性周期序列 essentially periodic sequence
本压密度 orthobaric density
本压容积 orthobaric volume
本义 basic concept(ion)
本营业年度 current business year
本影 core shadow;umbra[复 umbrae/umbras]
本影点 umbral dot
本影食 umbral eclipse
本影食始 moon enters umbra
本影食终 moon leaves umbra
本原 originality;primitive
本原多项式 primitive polynomial
本原方程 primitive equation
本原根 primitive root
本原流程表 prime flow table
本原命题 primary statement
本原相容集合 prime compatible set
本原因子 primitive factor
本原有向图 primitive digraph
本原域元素 primitive field element
本原元素 primitive element
本源 mother;parent;source
本源面积 parent area
本源抛出物 essential ejecta
本源专利 parent patent
本月 current month
本月内有效 good this month
本站 home station
本站(货物)作业车 local car
本站气压 station pressure
本站作业车编组线【铁】sorting local wagons siding
本站作业车场 local yard
本站作业车的取送技术作业过程 operating procedure of taking-out placing-in of local car
本站作业车停留线 local siding
本账户 this account
本振辐射 local oscillator radiation
本振混频器 self-oscillating mixer
本振滤波器 local oscillator filter
本振频率 local frequency
本震 main shock;proper shock
本征 intrinsic(al)
本征安全的 intrinsically safe
本征半导体 intrinsic(al) semiconductor;proper semi-conductor
本征半导体材料 intrinsic(al) semiconductor material
本征变换 eigentransformation
本征变位比 intrinsic(al) stand-off ratio
本征波型 eigenmode
本征材料 intrinsic(al) material
本征层 intrinsic(al) layer; intrinsic(al) sheet
本征成核 intrinsic(al) nucleation
本征磁导率 intrinsic(al) permeability
本征磁矩 eigen magnetic moment
本征大地测量学 intrinsic(al) geodesy
本征导电 intrinsic(al) conduction
本征导电区 intrinsic(al) region
本征导电性 intrinsic(al) conductivity
本征的 eigen
本征电荷 intrinsic(al) charge
本征电离 intrinsic(al) ionization
本征电致发光 intrinsic(al) electro-luminescence
本征电子吸收 intrinsic(al) electronic absorption
本征电阻 intrinsic(al) resistance
本征电阻率 intrinsic(al) resistivity
本征范围 intrinsic(al) range
本征方程式 intrinsic(al) equation
本征分辨率 eigenresolution
本征干扰 characteristic disturbance
本征感应 intrinsic(al) induction
本征根 eigenroot;latent root
本征共振 intrinsic(al) resonance
本征光电导 intrinsic(al) photo-conductivity
本征光电导体 intrinsic(al) photoconductor
本征光电晶体管 intrinsic(al) phototransistor
本征硅 intrinsic(al) silicon
本征轨道 eigenfunction orbital
本征函数 characteristic function; eigenfunction;proper function
本征核化 intrinsic(al) nucleation
本征红外探测器 intrinsic(al) infrared detector
本征互导 intrinsic(al) transconductance
本征激发 intrinsic(al) excitation
本征晶片 intrinsic(al) sheet
本征晶体 intrinsic(al) crystal
本征晶体管 intrinsic(al) transistor
本征矩阵 characteristic matrix; eigenmatrix
本征矩阵法 eigenmatrix method
本征空间 eigenspace
本征空穴密度 intrinsic(al) hole density
本征离子导电 intrinsic(al) ionic conduction
本征连接损耗 intrinsic(al) junction loss
本征亮度 intrinsic(al) bright;intrinsic(al) brightness; intrinsic(al) brilliancy
本征洛仑兹变换 proper Lorentz transformation
本征模 eigenmode
本征能 intrinsic(al) energy
本征能级 intrinsic(al) level
本征能量 self energy
本征黏[粘]度 intrinsic(al) viscosity; limiting viscosity number
本征浓度 intrinsic(al) concentration
本征偏离比 intrinsic(al) stand-off ratio
本征频率 characteristic frequency; eigenfrequency
本征迁移率 intrinsic(al) mobility
本征强度 intrinsic(al) strength
本征区 intrinsic(al) range; intrinsic(al) region
本征缺陷 intrinsic(al) defect
本征散射 intrinsic(al) scattering
本征时间 intrinsic(al) time; proper time
本征矢量 eigen vector; latent vector; eigenvector
本征势垒二极管 intrinsic-barrier diode
本征势垒晶体管 intrinsic-barrier transistor
本征速度 intrinsic(al) speed; proper velocity
本征损失 intrinsic(al) loss
本征态 eigenstate
本征探测器 intrinsic(al) detector
本征特性 intrinsic(al) property
本征椭圆 eigenellipse
本征温度范围 intrinsic(al) temperature range
本征问题 eigenproblem
本征吸收 intrinsic(al) absorption
本征线宽 intrinsic(al) linewidth
本征向量 eigenvector;latent vector
本征效率 intrinsic(al) efficiency
本征型光学双稳性 intrinsic(al) bistability
本征性质 intrinsic(al) property
本征音 eigentone
本征元素 eigenelement
本征载流子 intrinsic(al) carrier
本征载流子密度 intrinsic(al) carrier density
本征载流子浓度 intrinsic(al) carrier concentration
本征噪声温度 intrinsic(al) noise temperature
本征锗光电二极管 intrinsic(al) germanium photodiode
本征振荡 natural oscillation
本征振动 eigenvibration
本征值 characteristic value; eigenvalue;eigenwert;proper value
本征值法 eigenvalue method
本征值方程 eigenvalue equation
本征值和本征向量 eigenvalue and eigenvector
本征值节约子 eigenvalue economizer
本征值问题 characteristic value problem;eigenvalue problem
本征周期 eigenperiod
本征着色 intrinsic(al) colo(u) ration
本征籽晶 intrinsic(al) seed
本征阻挡层晶体管 intrinsic-barrier transistor
本征阻抗 intrinsic(al) impedance
本征阻力 intrinsic(al) resistance
本征坐标 intrinsic(al) coordinates
本质 essence; innate character; nature;principle;texture
本质边界条件 essential boundary condition
本质策略 essential strategy
本质层压材料 compreg
本质差别 an essential distinction
本质常数 essential constant
本质点 essential point
本质方面 an essential aspect
本质关系 constitutive relation
本质光电导体 idiochromatic photoconductor
本质光电导性晶体 idiochromatic crystal
本质光电晶体 idiochromatic crystal
本质合作对策 essential cooperative game
本质晶粒度 inherent grain size
本质可靠性 intrinsic(al) reliability
本质冒险 essential hazard
本质区别 essential difference
本质色晶体 idiochromatic crystal
本质色性 idiochromatism
本质上 basically; essentially; intrinsically
本质上的退化 substantial deterioration

本质上确界 essential supremum
本质收敛 essential convergence
本质特征 essential characteristic
本质细晶粒 inherent fine grain
本质项 essential term
本质一般对策 essentially general game
本质有界函数 essentially bounded functions
本质余划分 essentially complementary partition
本质最大值 essential maximum
本周内有效 good this week

苯 benzene;benzol(e)

苯氨基苯胺 semidine
苯氨基磺酸 phenyl-sulfamic acid
苯氨基磺酰 phenylsulfamoyl
苯氨基甲酸 carbanilic acid
苯氨基甲酸乙酯 phenyl urethane
苯氨基甲酰 carbaniloyl
苯氨基硫脲 phenylthiosemicarbazide
苯氨基乙腈 nitrile of phenylglycine
苯氨甲酰基 carbanilino;carbaniloyl
苯氨腈 phenylcyanamide
苯氨羰基 phenylcarbamoyl
苯胺 phenylamine;aniline
苯胺吡啶不溶解物质 aniline-pyridine-insoluble matter
苯胺箔片 aniline foil
苯胺橙 aniline orange
苯胺当量 aniline equivalent aniline number
苯胺点 aniline point
苯胺点测定仪 aniline test apparatus
苯胺点试验 aniline point test
苯胺废水 aniline wastewater
苯胺改性酚醛模塑料 aniline modified phenolic mo(u)lding compound
苯胺褐 aniline brown
苯胺黑 aniline black;benzalin;nigrosine
苯胺黑染料 aniline black dyestuff
苯胺红 aniline red;tyraline
苯胺黄 aniline yellow
苯胺灰 nigrosin
苯胺甲醛树脂 aniline-aldehyde resin;aniline formaldehyde resin
苯胺甲醛塑料 aniline-formaldehyde plastics
苯胺金属 anilinate
苯胺腈 cyanilide
苯胺糠醛 aniline-furfural
苯胺糠醛树脂 aniline-furfural resin
苯胺蓝 aniline blue
苯胺类化合物 aniline compound
苯胺类颜料 aniline colo(u)r
苯胺离子 anilinium ion
苯胺绿 aniline green
苯胺脲 phenicarbazide
苯胺皮革 aniline leather
苯胺羟基化 aniline hydroxylation
苯胺染料 aniline colo(u)r;aniline dye(stuff)
苯胺染料厂 aniline dye plant
苯胺染料染色 aniline dyeing
苯胺色素 aniline dye
苯胺杀虫药 phenylamide pesticide
苯胺树脂 aniline resin
苯胺数 aniline number
苯胺塑料 anilinoplast
苯胺羰酸 oxanilic acid;phenyloxamic acid
苯胺涂层 aniline coating
苯胺涂饰剂 aniline finish
苯胺猩红 aniline scarlet
苯胺颜料 aniline pigment
苯胺印刷 flexographic printing
苯胺印刷机 aniline press
苯胺印刷术 aniline printing;flexography
苯胺印刷油墨 flexographic(al) ink
苯胺油 aniline oil
苯胺油墨 aniline ink
苯胺中毒 aniline poisoning
苯胺浊点 aniline cloud point
苯胺子 mauve
苯胺紫 aniline purple;aniline violet;mauve(ine);Perkin's mauve
苯胺紫色 regina purple
苯巴氨酯 difebarbamate
苯巴比通 phenobarbitone
苯丙氨酸 phenylalanine
苯丙氨酸氮芥 melphalan;phenylalanine mustard
苯丙氨酯 phenprobamate
苯丙胺 amphetamine;benzedrinum
苯丙醇 phenylpropanol;phenylpropyl alcohol
苯丙醇胺 phenylpropanolamine
苯丙二酸 phenylmalonate
苯丙砜 phenprofone;solasulfone;sulfetrone[sulphetrone]
苯丙砜片 phenprofonum
苯丙共聚乳液 styrene-acrylic emulsion
苯丙磺胺苯二磺酸钠 soluseptazine
苯丙基 phenylpropyl
苯丙甲胺 phenpromethamine
苯丙内墙乳胶漆 styrene-acrylic interior latex paint
苯丙内墙无光乳胶漆 styrene-acrylic interior wall matt latex paint
苯丙哌林 benproperine
苯丙哌酮 eprazinonum
苯丙醛 phenylpropyl aldehyde
苯丙炔 phenyl-allylene
苯丙乳胶 styrene acrylic latex
苯丙乳胶漆 styrene-acrylic latex coating
苯丙酸诺龙 durabolin;nandrolone phenylpropionate
苯丙酸去甲睾酮 durabolin;nandrolone phenylpropionate
苯丙酮溶剂 benzol-acetone solvent
苯丙外墙涂料 styrene acrylic exterior wall coating
苯丙无光乳胶漆 styrene acrylic matt latex paint
苯丙西林 phenoxypropyl penicillin potassium;propicillin
苯丙烯 allyl benzene
苯丙酰胺酯 fenalamide
苯丙香豆醇 phenprocoumon
苯丙型金属乳胶底漆 styrene-acrylic latex primer for metal
苯并 benzo
苯并吖啶 benzacridine
苯并吡咯 benzopyrrole
苯并吡喃基 benzopyranyl
苯并吡喃酮 benzopyrone
苯并吡喃酮系 benzopyrone series
苯并橙 benzo orange
苯并靛蓝 benzo-indigo-blue
苯并恶嗪 benzoxazine
苯并恶嗪基 benzoxazinyl
苯并恶唑 benzoxazole
苯并恶唑基 benzoxazolyl
苯并蒽 benzanthracene
苯并蒽酮 benzanthrone
苯并二恶烷 benzdioxan
苯并二嗪 benzodiazine
苯并二氢吡喃基 chromanyl
苯并二氢吡喃酮 benzodihydropyrone;dihydrocoumarin;ketocoumaran
苯并二氢茚 benzindan
苯并菲嗪 phenophenanthrazine
苯并吩嗪 phenonaphthazine
苯并呋喃 benz(o)furan;coumarone
苯并呋喃基 benzofuranyl
苯并呋喃树脂 benzofuran resin
苯并呋喃茚树脂 coal-tar resin;coumarone(-indene) resin
苯并铬黑 benzo chrome black
苯并铬棕 benzo chrome brown
苯并胍胺 benzoguanamine
苯并胍胺甲醛树脂 benzoguanamine formaldehyde resin
苯并黑蓝 benzo-black-blue
苯并红 benzo red
苯并红蓝 benzo-red-blue
苯并红紫 benzopurpurin(e);ozamin
苯并黄素 benzoflavine
苯并黄酮 benzflavone
苯并磺酰唑 benzosulfonazole
苯并坚牢橙 benzo-fast-orange
苯并坚牢淡紫 benzo-fast-heliotrope
苯并坚牢红 benzo fast red
苯并坚牢黄 benzo fast yellow
苯并坚牢蓝 benzo fast blue
苯并坚牢桃红 benzo fast pink
苯并碱红 benzo-rhoduline red
苯并喹啉 benzoquinoline
苯并喹哪啶 benzoquinaldine
苯并蓝 benzo blue
苯并亮橙 benzo brilliant orange
苯并亮玉红 benzo-light rubine
苯并咪唑 benzimidazole
苯并咪唑基 benzimidazolyl-
苯并咪唑啉 benzimidazoline
苯并咪唑酮 benzimidazolone
苯并芘 benzopyrene
苯并芘污染 benzopyrene pollution
苯并浅橙 benzo light orange
苯并浅蓝 benzo light blue
苯并青 benzo sky blue
苯并染料 benzo-colo(u)rs
苯并若杜林红 benzo-rhoduline red
苯并噻二唑 benzothiadiazole;diazosulfide
苯并噻吩 benzothiophene;thionaphthene
苯并噻唑 benzothiazole
苯并噻唑基 benzothiazolyl
苯并噻唑聚合物 benzothiazole polymer
苯并三嗪 phentriazine
苯并三唑 azimido-benzene
苯并色酮 benzochromone
苯并四嗪 benzotetrazine
苯并天青精 benzo-azurine
苯并芴 benzfluorene
苯并芴醇 benzfluorenol
苯并硒二唑 benzopiaselenole
苯并异喹啉 benzoisoquinoline
苯并茚 benzindene
苯不溶物含量 content of benzene-insoluble substance
苯撑 phenylene
苯撑硅橡胶 phenylene silicone rubber
苯抽出物 benzene extract
苯醋酸 phenyl acetic acid
苯代基三聚氰胺 benzoguanamine
苯代基三聚氰胺甲醛树脂 benzofuanamine formaldehyde resin
苯代硫酸钡 barium sulfophenylate
苯代乙撑 styrolene
苯代乙二醇 styrene glycol
苯当量 benzol(e) equivalent
苯的溶解度 solution benzene
苯碘达隆 benziodarone
苯丁胺 phentermine
苯丁醚 butoxy benzene
苯丁酸氮芥 chlorambucil;leukeran
苯丁酰脲 ethyl phenacemide
苯度氯铵 benzododecinium chloride
苯对二甲醛 terephthalaldehyde
苯多甲酸 benzene polycarbonic acid;benzene polycarboxylic acid
苯二胺 diaminobenzene;phenylenediamine
苯二磺酸 benzene disulfonic acid
苯二磺酸钾 potassium benzodisulfonate
苯二磺酸盐 benzene disulfonate
苯二磺酰氯 benzene-disulfo-chloride
苯二甲醇 phenyldicarbinol
苯二甲酚 phthalphenol
苯二甲基 phenylenedimethylene;xylylene
苯二甲酸 benzene dicarboxylic acid;phenyldimethanic acid;phthalic acid
苯二甲酸酐 phthalate anhydride
苯二甲酸环己酯 cyclohexyl phthalate
苯二甲酸聚乙烯介质电容器 polyethylene diphthalate condenser
苯二甲酸氢钾 late potassium biphthalate;potassium biphthalate;potassium hydrogen phthalate
苯二甲酸氢盐 biphthalate
苯二甲酸氢酯 biphthalate
苯二甲酸染料 phthalocyanine dyestuff
苯二腈 benzene dinitrile
苯二醛 phthalaldehyde
苯二砷酸 phenylene-diarsonic acid
苯二酸氢盐 diphthalate
苯二乙酸 phenylene-diacetic acid
苯酚 carbolic acid;phenol
苯酚铋 bismuth phenate;bismuth phenolate
苯酚萃取 phenol extraction
苯酚的 phenolic
苯酚的利伯曼试验 Liebermann test for phenols
苯酚二磺酸 phenol disulfonic acid
苯酚二羟铋 bismuth carbolate;bismuthyl phenolate
苯酚废液 phenol waste(liquor)
苯酚钙 calcium phenate
苯酚合苯醌 phenoquinone
苯酚磺酸 phenolsulfonic acid;sulfocarbolic[sulphocarbolic] acid
苯酚磺酸钾 potassium phenolsulfonate
苯酚磺酸钠 sodium phenolsulfonate
苯酚磺酸树脂 phenolsulfonic acid resin
苯酚磺酸盐 phenolsulfonate[phenosulphonate]
苯酚磺酞 phenol red;phenolsulfonphthalein
苯酚基 phenylol
苯酚甲醛离子交换树脂 <商品名> Amberlite
苯酚甲醛树脂 phenol formaldehyde resin
苯酚甲醛塑料 phenol formaldehyde plastics
苯酚钾 potassium phenate
苯酚-间苯二酚树脂胶粘剂 phenol resorcinol
苯酚检测器 oxybenzene detector
苯酚糠醛树脂 phenol furfural resin
苯酚糠醛塑料 phenol furfuraldehyde plastics
苯酚糠醛压塑粉 phenol-furfural mo(u)lding compound
苯酚硫酸酯 phenol sulfuric acid
苯酚醚 phenol ether
苯酚钠 sodium carbolate;sodium phenate[phenolate]
苯酚浓度 phenyl concentration
苯酚泡沫塑料隔热层 phenolic insulation
苯酚醛树脂 phenol aldehyde(type)

resin
苯酚润滑油 phenol oil
苯酚三羧酸 phenol tricarboxylic acid
苯酚水槽 phenolic water drum
苯酚水泥 phenol cement
苯酚系数 phenol coefficient
苯酚纤维 phenol fiber[fibre]
苯酚纤维垫圈 phenol fabric washer
苯酚盐 phenate;phenolate
苯酚衍生物 phenol derivatives
苯酚乙醛树脂 phenol acetaldehyde resin
苯酚质量浓度 phenol mass concentration
苯酚轴承 phenolic bearing
苯酚贮罐 phenol storage
苯汞铵 puratized agricultural spray
苯汞乙二胺杀菌剂 Coromerc
苯硅酸 benzene siliconic acid
苯硅烷树脂 phenyl silane resin
苯核 benzene nucleus
苯红紫 benzopurpurin(e)
苯化油 benzolized oil
苯环 benzene ring
苯环丙胺 tranylcypromine
苯环利定 phencyclidine
苯环戊胺 cypenamine
苯磺丁脲 phenbutamide
苯磺酸 benzene sulfonic acid
苯磺酸钡 barium benzosulfonate
苯磺酸甲酯 methyl benzene sulfonate
苯磺酸铝 alumin(i)um phenylsulfonate
苯磺酸钠 benzene sulfonic acid sodium salt
苯磺酸铜 cupric sulfophenate
苯磺酸盐 benzene sulfonate
苯磺酸乙酯 ethyl benzenesulfonate
苯磺酸异丙酯 isopropyl benzene sulfonate
苯磺酰 benzene sulfonyl;phenylsulfonyl
苯磺酰胺 benzene sulfonic amide; benzsulfamide
苯磺酰胲 benzene sulfonyl hydroxylamine
苯磺酰基 benzene sulfonyl
苯磺酰肼 benzene sulfonyl hydrazide
苯磺酰邻氨基苯甲酸 benzene sulfonyl anthranilic acid
苯磺酰氯 benzene sulfonyl chloride
苯磺烟肼 sulfoniazid
苯混合物 benzol blend
苯基 phenyl(group)
苯基β萘胺<一种沥青改性掺加剂> phenyl beta naphthylamine;phenyl-β-naphthylamine
苯基氨基甲酸乙酯 euphorin
苯基苯胺 phenylaniline;xenylamine
苯基苯胺脲 phenylanilineurea
苯基苯酚 parahydroxydiphenyl;paraxenol
苯基苯酚酚醛树脂 phenyl phenol phenolic resin
苯基苯基胺衍生物 Neozone
苯基苯基甲酸 phenylbenzoic acid
苯基吡啶 phenylpyridine
苯基吡唑酮 phenylpyrazolone
苯基苄基二甲基氯化铵 phenylbenzyldimeth ammonium chloride
苯基丙氨酸 phenylalanine; phenylaminopropionic acid
苯基丙氨酸氮芥 phenylalanine mustard;sarcolysin
苯基丙氨酸酶 phenylalaninase
苯基丙醇 hydrocinnamic alcohols; phenylethyl carbinol; phenylpropyl alcohol
苯基丙二醇醚 propylene glycol phenyl ether
苯基丙基甲酮 phenylpropyl ketone
苯基丙醛 hydrocinnamic aldehyde; phenylpropyl aldehyde
苯基丙酸 phenylpropionic acid
苯基丙酮 methyl benzylketone;phenyl-acetone
苯基丙酮酸 phenyl pyruvic acid
苯基丙烷 propyl benzene
苯基丙烯酸 phenylacrylic acid
苯基次膦酸钠 sodium phenylphosphinate
苯基碘化汞 phenylmercuric iodide
苯基丁氮酮 butazolidine;phenylbutazone
苯基丁二酸 phenylsuccinic acid
苯基蒽 phenylanthracene
苯基二甘醇碳酸酯 phenyl diglycol carbonate
苯基二氯磷 phenyldichlorophosphine
苯基二氯胂 phenyldichloroarsine
苯基二氢萘 atronene
苯基氟 phenylfluoride
苯基甘氨酸 phenylglycocoll
苯基甘氨酸邻羧酸 phenylglycine-o-carboxylic acid
苯基汞化卤 phenylmercuric salt
苯基硅酮 phenyl silicone
苯基硅烷树脂 phenyl silane resin
苯基硅氧烷 phenylsiloxane
苯基化合物 phenyl compound
苯基化剂 phenylating agent
苯基化作用 phenylation
苯基环己醇 phenylcyclohexanol
苯基环己烷 cyclohexylbenzene; phenylcyclohexane
苯基黄原酸 phenyl-xanthogenic acid
苯基基酚 phenyl phenol
苯基甲基硅油 phenyl methyl silicone oil
苯基甲基甲醇 phenyl methyl carbinol
苯基甲基喹啉 phenylchinaldine
苯基甲基缩水甘油醚 phenyl methyl glycidyl ether
苯基甲硼烷 phenylborine
苯基甲烷 phenyl-methane
苯基钾 phenyl potassium
苯基芥子油 phenyl isothiocyanate; phenyl mustard oil; phenylthiocarbonimide;thiocarbanil
苯基金鸡纳酸乙酯 acitrin
苯基腈 benzonitrile
苯基聚硅氧烷 polyphenylsiloxane
苯基喹啉 phenylquinoline
苯基磷二酰胺 phenyl phosphorodiamidate
苯基磷酸二正辛酯 di-n-octyl phenylphosphonate
苯基磷酸异二戊酯 di-iso-amyl phenylphosphonate
苯基硫脲 phenylthiocarbamide; phenylthiourea
苯基卤 phenyl-halide
苯基卤化镁 phenyl-magnesiumhalide
苯基氯 phenylchloride
苯基氯仿 phenyl-chloroform
苯基氯硅烷 phenyl chlorosilane
苯基氯化汞 phenylmercuric chloride
苯基脒 benzene carbon amidine
苯基内酰联胺 phenyllactazam
苯基钠 sodium phenide
苯基脲 phenylurea
苯基偶氮吡啶二胺 phenazopyridine
苯基偶氮二氨基吡啶 pyridium
苯基硼酸 borophenylic acid
苯基硼酸盐 phenylboronate
苯基羟胺 phenylhydroxylamine
苯基氰 phenyl cyanide
苯基溶纤剂 oxitol;phenyl cellosolve
苯基三氯硅烷 phenyl trichlorosilane
苯基三乙氧基硅烷 phenyl tri-ethoxysilane
苯基水杨酸 phenyl salicylic acid
苯基水杨酸汞 mersolite
苯基缩水甘油醚 glycidyl phenyl ether
苯基戊烷 phenyl pentane
苯基硝基甲烷 phenyl nitromethane
苯基硝酸灵 phenylnitrone
苯基辛可宁酸 atoquino
苯基溴化汞 phenylmercuric bromide
苯基氧化砷 phenyl-arsenoxide
苯基乙醇 phenylethanol
苯基乙醇胺 phenylethanol amine
苯基乙酸 a-toluic acid; phenyl acetic acid
苯基乙酸钠 sodium phenylacetate; sodium α-toluene
苯基乙烷 ethyl benzene; phenylethane
苯基乙烯基醚 phenyl vinyl ether
苯基异羟肟酸 benzohydroxamic acid
苯基荧光酮 phenylfluorone
苯基硬脂酸金属盐 metal phenyl stearate
苯基脂醇 phenyl-paraffin alcohols
苯基重氮酸 nitranilide
苯计量槽 benzene metering tank
苯-甲苯-二甲苯(混合物) benzene-toluene-xylene
苯甲比妥 heptobarbital
苯甲醇 benzyl alcohol; benzyl carbinol;phenylcarbinol
苯甲基 benzoic acid;benzyl(group)
苯甲基硅酮 phenyl methyl silicone
苯甲基硅油 polymethylphenyl siloxane fluid
苯甲腈 cyanobenzene
苯甲硫胺 bentiamine
苯甲硫醛 thiobenzaldehyde
苯甲吗啉 phenmetrazine
苯甲吗啉酮 fenmetramide
苯甲醚 anisole; benzaldehyde; methyl-phenoxide
苯甲哌嗪 marzine
苯甲醛 benzaldehyde; benzoic aldehyde;phenyl aldehyde
苯甲醛缩二醇 benzaldehyde acetal
苯甲醛肟 benzaldoxime
苯甲酸 acidum benzoicum;phenylformic acid;benzoic acid
苯甲酸铵 ammonium benzoate
苯甲酸苯酯 phenol benzoate;phenyl benzoate
苯甲酸铋 bismuth benzoate
苯甲酸苄酯 benzyl benzoate
苯甲酸丙酯 propyl benzoate
苯甲酸雌二醇 oestradiol benzoate
苯甲酸雌二醇酯 ovostab
苯甲酸丁酯 butyl benzoate
苯甲酸酐 benzoic anhydride;benzoyl oxide
苯甲酸汞 mercuric benzoate; mercury benzoate
苯甲酸钴 cobalt benzoate
苯甲酸基 benzoxy;benzoyloxy
苯甲酸甲酯 methyl benzoate; niobe oil
苯甲酸钾 potassium benzoate
苯甲酸镁 magnesium benzoate
苯甲酸钠 sodium benzoate
苯甲酸萘 benzonaphthalene;benzona phthalin
苯甲酸萘酚 benzonaphthol; benzoylnaphthol
苯甲酸萘酯 naphthol benzoate
苯甲酸戊酯 amyl benzoate
苯甲酸辛酯 octyl benzoate
苯甲酸锌 zinc benzoate
苯甲酸盐 benzoate
苯甲酸乙酯 ethyl benzoate
苯甲酸异丙酯 isopropyl benzoate
苯甲酸异丁酯 eglantine;isobutyl benzoate
苯甲酸异戊酯 amyl benzoate;isoamyl benzoate
苯甲酸蔗糖酯 sucrose benzoate
苯甲酸酯 benzoate; benzoic ether; benzoas
苯甲酸酯纤维 benzoate fiber[fibre]
苯甲羧肟酸钾 potassium benzohydroxamate
苯甲烃铵 benzalkonium;zephiran
苯甲酰 benzoyl
苯甲酰氨基苯酸 benzoylaminobenzoic acid
苯甲酰氨基酯酸 hippuric acid
苯甲酰胺 benzamide;benzoic amide; benzoyl amide
苯甲酰胺水杨酸钙 calcium benzamidosalicylate
苯甲酰苯基羟胺 benzoyl phenyl-hydroxylamine
苯甲酰苯甲酸 benzoylbenzoic acid
苯甲酰丙酮 benzoyl acetone
苯甲酰丙烯酸 benzoyl acrylic acid
苯甲酰胆碱 benzoylcholine
苯甲酰叠氮 benzazide;benzoyl azide
苯甲酰氟 benzoyl fluoride
苯甲酰甘氨酸 benzoylglycine
苯甲酰化 benzoylation
苯甲酰化的 benzoylated
苯甲酰化物 benzoylate
苯甲酰磺胺 sulfbenzamide
苯甲酰基 benzoyl
苯甲酰剂 benzoylating agent
苯甲酰甲醇 phenacyl alcohol
苯甲酰甲基 phenacyl
苯甲酰甲基卤 phenacyl halide
苯甲酰甲基氯 phenacyl chloride
苯甲酰甲基溴 phenacyl bromide
苯甲酰甲醛 phenylglyoxal
苯甲酰甲酸 benzoyl formic acid
苯甲酰甲酸乙酯 ethyl benzoylformate
苯甲酰肼 benzoyl hydrazine
苯甲酰喹啉 benzoxiquine
苯甲酰来门酮 benzoyl ramanone
苯甲酰邻苯二甲酸 benzoyl phthalic acid
苯甲酰硫激酶 benzoyl thiokinase
苯甲酰硫脲 benzoyl thiourea
苯甲酰氯 benzoyl chloride
苯甲酰脲 benzoyl urea
苯甲酰乳酸 benzoyl lactic acid
苯甲酰水杨酸甲酯 methyl benzoylsalicylate
苯甲酰亚甲基 phenacylidene
苯甲酰乙醇酸 benzoyl acid glycolic acid
苯甲酰乙腈 benzoyl acetonitrile
苯甲酰乙酸 benzoyl acetic acid
苯甲酰乙酸甲酯 methyl benzoylacetate
苯甲酰乙酰替苯胺 benzoyl acetanilide
苯腈 cyanophenyl
苯精 benzin(e)
苯肼 hydrazinobenzene;phenylhydrazine
苯肼对磺酸 phenylhydrazine-p-sulfonic acid
苯肼基喹啉 phenyl hydrazoquinoline
苯肼基萘 benzenehydrasinonaphthalene
苯肼硫酸盐 phenylhydrazine sulfate
苯肼脲 phenylhydrazine urea
苯肼乙酰丙酸 phenylhydrazine levulinic
苯均三酸 trimesic acid
苯均四酸 pyromellitic acid
苯均四酸二酐 pyromellitic dian-

hydride
苯可溶分数 benzene soluble fraction
苯苦杏酮 benzamarone
苯醌 benzoquinone;quinone
苯冷凝器 benzene condenser
苯邻二酚 catechol tannin
苯磷硫胺 benfotiamine
苯膦 phenyl phosphine
苯膦基 phosphenyl
苯膦酸 benzenephosphonic acid;phenylphosphonic acid
苯硫代磺酸 benzene thiosulfonic acid
苯硫酚 benzenethiol;phenthiol;phenylthioalcohol;thiophenol
苯硫基丙酮 thiophenyl acetone
苯硫醚 diphenyl sulphide
苯硫酸酶 phenol sulfatase
苯硫氧化物离子 thiophenoxide ions
苯柳胺酯 xenysalate
苯六甲酸 benzene hexacarbonic acid;mellitic acid
苯六甲酸盐 mellate
苯六羧酸 mellitic acid
苯六(羧)酸三酐 mellitic acid trianhydride
苯咯溴铵 benzilonium bromide
苯氯乙酰脲 chlophenacemide
苯吗庚酮 phenadoxone
苯醚 diphenyl ether;phenylate
苯莫辛 benmoxin
苯某酮 phenones
苯鸟粪胺 benzoguanamine
苯鸟粪胺甲醛树脂 benzoguanamine formaldehyde resin
苯偶氮苯 benzeneazo-benzene
苯偶氮基 phenylazo-
苯偶氮甲基苯酚 benzeneazo cresol
苯偶氮间苯二酚 benzeneazo resorcinol
苯偶氮萘胺 benzeneazo-naphthylamine
苯偶酰 benzil;dibenzoyl;diphenylglyoxal
苯偶酰二肟 benzil dioxime
苯偶酰脎 benzil osazone
苯偶姻 benzoin
苯偶姻暗绿 benzoin dark-green
苯偶姻坚牢红 benzoin fast-red
苯偶姻蓝 benzoin blue
苯偶姻缩合 benzoin condensation
苯偶姻肟 benzoin oxime
苯偶姻乙醚 benzoin ethyl ether
苯偶姻乙酸酯 benzoin acetate
苯哌啶醋酸甲酯 methylphenidate;ritalin
苯哌利定 phenoperidine
苯哌利多 benperidol
苯哌乙四唑 zolertine
苯硼化二氟 boron phenyl difluoride
苯硼酸 phenylo boric acid
苯偏三酸 trihemellitic acid
苯偏四甲酸 mellophanic acid
苯频哪醇 benzopinacol
苯频哪酮 benzpinacolone
苯汽油 benzoline
苯醛酸 benzaldehyde-carboxylic acid;phthalaldehydic acid
苯醛肟 benzaldoxime
苯炔 benzyne;dehydrobenzene
苯炔中间体 benzyne intermediate
苯绕蒽酮 benzanthrone
苯溶出 benzoic stripping
苯乳胺 atrolactamide
苯乳酸 phenyl-lactic acid
苯噻啶 pizotifen
苯噻庚乙胺 zotepine
苯噻硫酮 fezatione
苯噻妥英 phethenylate
苯三酚 hydroxyhydroquinone;hydroxyquinol
苯三磺酸 benzene trisulfonic acid
苯三甲酸 benzene tricarboxylic acid
苯色酮 benzochromone
苯沙酸钙 calcium benzamidosalicylate
苯砷亚胺 phenyl-arsenimide
苯胂化氧 phenyl-arsine oxide
苯胂基硫 phenyl-arsine sulfide
苯胂酸 benzene arsonic acid
苯胂酸钠 sodium phenyl-arsonate
苯胂酸盐 benzene arsonate
苯式 benzene formula
苯双偶氮基 phenylene diazo
苯双偶氮硫 phenylene diazosulfide
苯四甲酸 benzene tetracarboxylic acid
苯酸铵 ammonium benzoate
苯酸酐 benzoic anhydride
苯酸过氧羰化作用 benzoxyperoxycarbonylation
苯酸烯丙酯 allyl benzoate
苯酞 phthalide
苯炭黑 benzol black
苯酮 benzophenone;diphenyl ketone
苯污染 benzene pollution
苯五甲酸 benzene-pentacarboxylic acid
苯戊醇 fenipentol
苯戊溴铵 valethamate bromide
苯芴酮分光光度法 phenylfluorone spectrophotometry
苯西酮 phenythilone
苯系 benzene series
苯系含量 benzene series content
苯系烃 benzene hydrocarbons
苯系物检测 benzene and its analogies determination
苯酰 benzoyl
苯酰胺 benzamide
苯酰胺类 benzamides
苯酰胺硫酚 benzamidothiophenol
苯酰苯 diphenyl ketone
苯酰丙酮钠二水合物 sodium benzoylacetone dihydrate
苯酰磺胺 sulfabenzamide
苯酰甲酸 phenylglyoxylic acid
苯酰间苯二酚 benzoresorcinol;resbenzophenone
苯酰肼 benzhydrazide
苯酰替苯胺 benzanilide;N-phenyl benzoic acid amide
苯酰乙酸乙酯 ethyl benzoylacetate
苯硝胺 phenyl-nitramine
苯型化合物 benzoid compound
苯型(化合物)的 benzenoid
苯型结构 benzenoid structure
苯型烃 benzoid hydrocarbon
苯型烃类 benzenoid hydrocarbons
苯亚磺酸 benzene sulfinic acid
苯亚磺酸钠 benzene sulfinic acid sodium salt;sodium benzene sulphonate
苯亚磺酸盐 benzene sulfinate
苯亚磺酰 benzenesulfinyl;phenylsulfinyl
苯亚甲基 benzylidene
苯亚胂酸 phenyl-dihydroxyarsine
苯亚胂酸钠 sodium phenyl-arsenite
苯亚胂酸盐 phenyl-arsenite
苯亚胂氧化物 phenyl-arsenoxide;phenyl-arsine oxide
苯亚乙基 phenylethylene
苯氧苯丙酸 fenoprofen
苯氧苄胺 dibenzyline;phenoxybenzamine
苯氧苄胺盐酸盐 phenoxybenzamine hydrochloride
苯氧丙二醇 antodyne
苯氧丙肼 fenoxypropazine
苯氧二羟铋 phenol bismuth
苯氧基 phenoxyl
苯氧基苯甲酸 phenoxy benzoic acid
苯氧基丙二醇 phenoxy propandiol;phenoxypropane diol
苯氧基丙酮 phenoxy acetone
苯氧基丁腈 phenoxy-butyronitrile
苯氧基树脂 phenoxy resin
苯氧基钛 phenoxide titanium
苯氧基乙醇 phenoxetol
苯氧基乙醛 phenoxy acetaldehyde
苯氧基乙酸 phenoxy acetic acid
苯氧基乙酰胺 phenoxy-acetamide
苯氧离子 phenonium ion
苯氧树脂 phenoxy resin
苯氧肟酸 benzhydroxamic acid
苯氧乙醇 phenoxyethanol
苯液体二氧化硫法 liquid sulfur dioxide-benzene process
苯乙胺 phenethylamine;phenylethyl amine
苯乙醇 phenethyl alcohol
苯乙醇酸 hydroxyphenyl-acetic acid
苯乙二醇 benzoglycols
苯乙二甲缩醛 phenyl acetaldehyde dimethyl acetal
苯乙基 phenethyl
苯乙基二胍 phenethyldiguanide;phenformin
苯乙基乙酰脲 phenylethyl acetourea
苯乙腈 benzyl cyanide
苯乙肼 nardil;phenelzine;phenylethylhydrazine
苯乙醚 ethyl phenolate;phenetole
苯乙哌酮 iminophenimide
苯乙醛 hyacinthin;phenyl acetaldehyde
苯乙炔 phenylacetylene
苯乙双胍 phenethyldiguanide;phenformin
苯乙酸 phenyl acetic acid
苯乙酸丁酯 butyl phenylacetate
苯乙酸甲酯 methyl phenyl acetate
苯乙酸香叶酯 geranyl phenyl acetate
苯乙酸乙酯 ethyl phenylacetate
苯乙酸异丁酯 isobutyl phenylacetate
苯乙酮 acetophenone;acetyl benzene
苯乙酮肟 acetophenone oxime
苯乙酮酯 phenacyl ester
苯乙烷 ethyl benzene;phenylethylene
苯乙烯 styrene;styrol;vinylbenzene
苯乙烯胺 styrylamine
苯乙烯丙烯腈 styrene-acrylonitrile
苯乙烯丙烯腈共聚物 styrene-acrylonitrile copolymer
苯乙烯丙烯腈树脂 styrene-acrylonitrile resin
苯乙烯丙烯酸乳胶 styrene acrylic latex
苯乙烯玻璃 <塑料> polyglass
苯乙烯丁二烯-苯乙烯共聚物改性剂 styrene-butadiene-styrene modifier
苯乙烯丁二烯苯乙烯嵌段共聚物 styrene-butadiene-styrene block copolymer
苯乙烯丁二烯苯乙烯橡胶 styrene-butadiene-styrene
苯乙烯丁二烯苯乙烯橡胶改性沥青 styrene-butadiene-styrene modified asphalt
苯乙烯丁二烯共聚物 styrene-butadiene copolymer
苯乙烯丁二烯合成橡胶 styrene-butadiene synthetic rubber
苯乙烯丁二烯化合物 styrene-butadiene compound
苯乙烯丁二烯嵌段共聚物 styrene-butadiene block copolymer
苯乙烯丁二烯乳胶 styrene-butadiene latex
苯乙烯丁二烯乳液 styrene-butadiene latex
苯乙烯丁二烯树脂乳液 styrene-butadiene resin emulsion
苯乙烯丁二烯树脂涂料 styrene-butadieric resin coating
苯乙烯丁二烯橡胶 styrene-butadiene rubber
苯乙烯二乙烯离子交换树脂 styrene-divinylbenzene ion-exchange resin
苯乙烯酚 styrenated phenol
苯乙烯改性醇酸 styrenated alkyd
苯乙烯改性醇酸树脂 styrenated alkyd
苯乙烯改性醇酸树脂涂料 styrenated alkyd coating
苯乙烯改性豆油 styrenated soyabean oil
苯乙烯改性妥尔油 styrenated tall oil
苯乙烯改性亚麻油 styrenated linseed oil
苯乙烯合金 styrene alloy
苯乙烯化醇酸 styrenated alkyd
苯乙烯化醇酸树脂 styrol alkyd resin
苯乙烯化亚麻油 styrenated linseed oil
苯乙烯化氧 styrene oxide
苯乙烯化油 styrenated oil
苯乙烯磺酸 styrene sulfonic acid
苯乙烯挥发 styrene emission
苯乙烯基 cinnamenyl;styryl
苯乙烯基当归酸 cinnamenyl angelic acid
苯乙烯基甲基酮 styryl methyl ketone
苯乙烯甲基丙烯酸甲酯 styrene-methyl methacrylate
苯乙烯聚合物 styrene polymer
苯乙烯聚酯 styrene polyester
苯乙烯绝缘电缆 styrene dielectric-(al)cable
苯乙烯类塑料 styrene plastics
苯乙烯离子交换树脂 styrene ion exchange resin
苯乙烯马来酐共聚物 styrene maleic anhydride copolymer
苯乙烯泡沫 styrene foam
苯乙烯溶解度测定 styrene-solubility test
苯乙烯乳剂 styrene emulsion
苯乙烯软树脂 copal balsam
苯乙烯树脂 copal;polystyrene;styrene resin;styrol resin
苯乙烯塑料 polyglass;polythylene plastics;styrene plastics
苯乙烯妥尔油共聚物 styrene-tall oil copolymer
苯乙烯橡胶 styrene rubber
苯乙烯橡胶管 styrene-rubber pipe
苯乙烯橡胶管件 styrene-rubber fittings
苯乙烯橡胶塑料 styrene-rubber plastics
苯乙酰 phenylacetyl
苯乙酰胺 phenyl acetamide
苯乙酰甘氨酸 phenaceturic acid;phenylacetylglycine
苯乙酰谷氨酰胺 phenylacetylglutamine
苯乙酰氯 phenylacetyl chloride
苯乙酰脲 phenacemide
苯异丙胺 amphetamine;benzedrine
苯异丙肼 pheniprazine
苯异硫脲基乙酸 phenylthiohydantoic acid
苯异硫氰酸 phenylthioisocyanate
苯茚胺 phenindamine
苯茚二酮 phenindione
苯茚酮 phenindione
苯扎贝特 bezafibrate
苯扎隆 benzarone
苯扎氯铵 benzalkonium chloride
苯扎明 benzamine

苯扎托品 benzatropine
苯扎溴铵 benzalkonium bromide
苯蒸馏器 benzene distilling apparatus;benzene still
苯中毒 benzene poisoning;benzolism
苯重氮酸 diazo benzene acid
苯重氮酸钾 potassium benzene-diazotate
苯贮槽 benzene storage
苯紫 benzopurpurin(e)
苯腙类 phenyl hydrazones
苯佐氯铵 benzoxonium chloride
苯佐那酯 benzonatate
苯佐萘酚 benzonaphtol

畚斧<一端尖，一端扁> pick ax(e)

畚箕 dust pan
畚箕式刀片推土机<刀片侧板向前伸出与刀片形成斗形的推土机> excavator type bulldozer
畚箕式疏浚机 dustpan(type of hydraulic)dredge(r)
畚箕式吸扬挖泥船 dustpan dredge(r)

笨大货物 bulky goods

笨踏板 hard pedal
笨重 hulkiness;heavy
笨重材料 heavy and hulky material
笨重的 hulky;cumbersome;lumbering;ponderous;rugged;unwieldy
笨重的船 hulk
笨重工件 unwieldy working piece
笨重工种的津贴 allowance for awkward work
笨重货 bulky cargo
笨重货物 awkward cargo;bulky cargo;bulky goods;cumbersome cargo;heavy and bulky goods;heavy cargo
笨重货物支重块 bearing piece
笨重货物装卸设备 bulk cargo handling equipment
笨重结构 massive design
笨重散装货物运输<如煤等> heavy bulk transport
笨重体积 bulkiness
笨拙的 awkward;unhandy;unskilled;unskil(l)ful
笨拙的工作 bungled(piece of)work

崩岸 bank caving;bank cavity;caving bank;eroding bank;slumping bank

崩波 spilling breaker;collapsing breaker
崩堤 levee failure
崩顶破波 spilling breaker;spilling wave
崩顶破波 spilling breaker
崩顶碎波 spilling breaker
崩断压力内压 burst pressure
崩沸 bumping
崩岗 slope disintegration
崩滑 slumping
崩滑构造 slump structure
崩滑角砾岩 slump breccia
崩滑体 slump(ed)mass
崩滑线 curve of sliding
崩滑褶皱 slump fold
崩积层 colluvial deposit;colluvium
崩积沉积 colluvial deposit
崩积的【地】colluvial
崩积泥沙 colluvial deposit
崩积黏[粘]土 colluvial clay
崩积期 colluvial period
崩积土 colluvial soil;colluvium soil
崩积土图样 sketch for the colluvial soils
崩积物 colluvial deposit;colluvium
崩积斜坡 colluvial slope
崩积作用 colluviation
崩解 blowing;break-up;crumble away;crumbling;disintegration weathering;unraveling<混凝土>
崩解含水率 slaking water content
崩解花岗岩 disintegrated granite;disintegrating granite
崩解剂 disintegrant
崩解矿渣 disintegrating slag
崩解量 disintegration volume
崩解炉渣 disintegrating slag
崩解黏[粘]土 slaking clay
崩解熔渣 disintegrating slag
崩解石块 brash;brashy wood
崩解时间 disintegration time
崩解时限 disintegration time limited
崩解试验 swelling test;slaking test
崩解速度 disintegration velocity
崩解特性 slaking characteristic
崩解性 disintegrative;slaking of soil<土的>
崩解性黏[粘]土 dispersive clay
崩解性土 collapsing soil
崩解性岩石 disintegrated rock
崩解岩石 crumbling rock
崩解仪 slaking apparatus
崩解作用 calving;disintegration
崩矿 breaking-out of ore
崩溃 breakdown;collapse;cracker;crash;crumble;crumbling;crumple;debacle;labefac(ta)tion;smashup
崩溃点 collapse point
崩溃电压 breakdown voltage
崩溃性 collapsibility
崩溃性态 collapse behavio(u)r
崩溃指数 disintegration index
崩溃转矩 breakdown torque;breaking down torque
崩离电压 disintegration voltage
崩裂 blow-up;break apart;break-up;burst apart;bursting(crack);crack
崩裂的<指岩石> rotten
崩裂角 angle of break(ing up);angle of disintegration
崩流沉积 colluvial deposit;colluvium
崩落 avalanche;breakage;breakaway;breakdown;breaking;breakout;come down;dilapidation;inbreak;scree;talus rumble
崩落保护 avalanche protection
崩落冰川 debris glacier
崩落材料 caved material
崩落采矿法 caving stopping method
崩落带 caving area
崩落的采空区 caved goaf
崩落防护装置 avalanche protector
崩落防御设施 avalanche[defense] defence
崩落剪切试验<岩石的> rock slump shear test
崩落角 angle of draw;caving angle
崩落开采法 caving
崩落力 breaking force
崩落面 base area of roof cavity;base area of tile roof cavity;plane of break
崩落试验 avalanche test
崩落土 falling soil
崩落线<顶板岩石的> breaking edge;breaking line
崩落学家<研究土崩、雪崩的专家> avalanchologist
崩落压力 breaking pressure
崩落岩矿的爆破作业 muck-blasting operation
崩落岩石 shot rock
崩落锥 avalanche cone
崩坡 slope disintegration
崩刃 tipping
崩碎 crumble;mo(u)lder
崩索 tight wire
崩塌 avalanche;avalanching;devolution;dilapidation;land fall;mountain creep;slide;slough;toppling(collapse)
崩塌冰川 talus glacier
崩塌堆积土 colluvial soil
崩塌堆积物 rock fall
崩塌防治 collapse protection
崩塌观测站 avalanche observation station
崩塌机理 collapse mechanism
崩塌积物 colluvial deposit
崩塌角砾岩 collapse breccia
崩塌料 caved material
崩塌区 avalanche zone
崩塌石流岩石冰川 talus glacier
崩塌系数 collapsibility coefficient
崩塌形坍落度 collapse slump
崩塌压强 collapsing pressure
崩塌崖 abandoned cliff
崩坍 avalanche;caving-in;collapse;devolution;down rush;ecoulement;fall(ing);landslide;landslip;mountain creep;slacktip;sloughing;avalanching<雪、冰、土、石的>;slough<岩石、河岸等>
崩坍坝 avalanche dam
崩坍触发区 avalanche trigger zone
崩坍的页岩 heaving shale
崩坍地带 slump belt;slump zone
崩坍堆积物 avalanche debris
崩坍防护 avalanche[defense] defence
崩坍防护堤 avalanche protection dike[dyke]
崩坍防护工程 avalanche protection works
崩坍观测 avalanche observation
崩坍观测站 avalanche observation station
崩坍河岸 caving bank
崩坍警报 avalanche alarm
崩坍块体 slump block
崩坍破坏 avalanche damage
崩坍区 avalanche zone
崩坍土 collapsing soil
崩坍形成的坝 avalanche dam;landslide dam
崩坍(引起的)气浪 avalanche blast
崩纬防止装置 filling smash eliminator
崩下的雪堆 avalanche
崩陷 cave-in;collapse;fall-in
崩陷地震 earthquake due to collapse
崩泻 flow slide
崩崖 cliff landslide
崩岩 rock fall
崩岩急滩 rock-fall rapids
崩证 sudden profuse uterine bleeding

绷布机 tenter

绷带 binder;dressing;supporter
绷带包扎 bandaging
绷带处理 bandage treatment
绷带剪 bandage scissors;bandage shears
绷带卷 roller bandage
绷带用麻布 lint
绷绞机 hank spreading device
绷紧 tighten
绷紧的薄膜状物 tympan
绷紧滑轮 guide pulley
绷紧空心销 tension pin
绷紧绳索 tighten the rope;tight rope
绷紧系统 tensioning system
绷皮操作 straining
绷索 guy line;tight rope;tight wire
绷扎法 desmurgia;desmurgy

泵 pump;pumping machine(ry)

泵安全阀 pump relief valve
泵摆锤 pump bob
泵保险阀 pump relief valve
泵杯 pump bowl
泵柄 swipe
泵柄式基础 pumphandle footing
泵并联 pumps in parallel
泵波 pumping wave
泵舱 pump compartment;pump hold;pump room
泵操纵杆 pump lever
泵操作状态指示器 pump operating status
泵侧 pump side
泵场 pump field
泵车 pumping appliance
泵车进水阀 pumper inlet valve
泵车试验槽 pumper test pit
泵车中队 pump engine company
泵衬套 pump bushing
泵池 pump sump
泵齿轮 pump gear
泵充水 prime[priming] a pump;pump priming
泵充水起动 pump priming
泵冲程 pump stroke
泵冲程计数器 pump stroke counter
泵抽 pump exhausting
泵抽回流活性污泥 return activated sludge pumping
泵抽井 pumping well
泵抽试验 pumpability test
泵抽水量 discharge of pump
泵抽送量 pump discharge
泵抽运量 pump delivery
泵出 pump off;pump out
泵出点 pumping point
泵出口控制阀 pump discharge control valve
泵出口压力 pump discharge pressure
泵出力 duty of pump;pump duty
泵出量 pump output
泵出水口 pump outlet
泵出水量 pump delivery
泵出水率 capacity of pump;pump capacity
泵传动 pump transmission
泵传动齿轮 pump drive gear
泵传动箱 pump drive transfer case
泵传动装置 pump drive assembly
泵传动组件 pump drive assembly
泵船 floating pumping station;pumping pontoon
泵串联 pump in series
泵粗滤器 pump strainer
泵带 pumping band
泵到泵输送 tight-line pumping
泵到罐输送 floating line pumping
泵的安装 pump installation
泵的安装高程 pump setting
泵的比速 specific speed of pump
泵的闭锁球 pump check ball
泵的操纵 pump operation
泵的超负荷 overcapacity of pump;pump overcapacity
泵的超负荷运行 overcapacity of pump
泵的衬里 pump liner
泵的持续时间 pumping duration
泵的充满系数 operating efficiency of a pump

泵的冲程 throw of pump
泵的抽送量 pumpage
泵的抽送率 pumpage
泵的抽吸高度 lift of pump suction
泵的抽运量 pumpage
泵的出水口 pump outlet
泵的出水量 pump delivery;pump displacement
泵的出油口 pump outlet
泵的传动 pump drive
泵的传动组 pump drive assembly
泵的导水管 pump water conduit
泵的底座 cradle of a pump
泵的电动机 pump motor
泵的电路 pump circuit
泵的动力端 pump power end
泵的额定转速 rated speed of pump
泵的负载特性试验 slip test
泵的工作 pump operation
泵的工作轮 pump runner
泵的工作特性 pump performance characteristic
泵的供水量 pump delivery
泵的功率 pumping power
泵的功率级 pumping power level
泵的功率输入 pump horsepower input
泵的功率调制 pump power modulation
泵的功率图 pump power chart
泵的供水量 delivery of pump
泵的故障 pump failure;pump stall
泵的规格 pump size
泵的活塞杆 bucket rod
泵的机坑 pump pit
泵的激发 pump excitation
泵的极限压力 ultimate pressure of a pump
泵的集水坑 pump pit;pump sump
泵的加载 pump loading
泵的接合器 pump adapter
泵的结构 pump structure
泵的集水坑 pump pit;pump sump
泵的进口拦污网 pump strainer
泵的进口水头 pump inlet head
泵的进水表 pump suction ga(u)ge
泵的进水口 pump inlet;pump intake
泵的进油口 pump inlet
泵的净水头 net pump suction head
泵的净吸压头 net pump suction head
泵的静吸升高度 static lift
泵的空气(拱)室 air bottle of pump
泵的类型 pump type
泵的理论排水量 theoretic(al) pump displacement
泵的流导 admittance of pump
泵的流量 capacity of pump;pump capacity;pump discharge;pump flow
泵的流体端 fluid end of pump
泵的脉冲持续时间 pump pulse duration
泵的密合度 seating the pump
泵的磨耗 pump wear
泵的能力 pumpage;pump capacity
泵的能量 pump(ing) energy
泵的能量存储 pumping energy storage
泵的能率 duty of pump
泵的能密度 pump energy density
泵的排出端 outlet side of pump
泵的排出量 pump delivery;pump displacement
泵的排量 flow from a pump; pump delivery
泵的排水量 capacity of pump; discharge of pump; displacement of pump; pump drainage; pump displacement
泵的旁通路 pump bypass
泵的频率 pump frequency
泵的破坏 pump damage
泵的起动 priming of pump
泵的起动泵 pump primer
泵的起动器 pump primer
泵的起动注水 pump priming
泵的气(压)室 air chamber of pump; air dome of pump;air vessel;pump air chamber
泵的汽缸 barrel of a pump
泵的强度 pump intensity
泵的容量压头曲线 pump capacity head curve
泵的入口管 pump intake piping
泵的生产率 capacity of pump
泵的实际出水量 actual output of a pump
泵的实际送水量 actual delivery of pump
泵的实际扬水量 actual delivery of pump
泵的试验 pump testing
泵的试验性能 water-test performance of the pump
泵的手把 pump handle
泵的手柄 pumping beam
泵的输出量 discharge of pump
泵的输出水头 pump delivery head
泵的输出水位 pump delivery head
泵的速率分布 pump rate distribution
泵的损耗 pumping depletion
泵的太阳齿轮 pump sun gear
泵的特性 <指转速、水头、流量、功率间的关系> pump characteristic; characteristics of pump
泵的调节 pump adjustment
泵的万向节驱动(装置) pump universal joint drive
泵的蜗壳 helical casing
泵的吸高 lift of the pump suction
泵的吸入管 suction branch
泵的吸入胶管 pump suction hose
泵的吸升高度 height of lift(ing)
泵的吸水坑 pump pit
泵的吸引升力 suction lift of a pump
泵的衔接 pump engagement
泵的效率 duty of pump;pump(ing) efficiency;efficiency of pump
泵的效能数据 pump performance data
泵的效应 pumping effect
泵的性能 pump performance
泵的性能参数 technical data required for the pump
泵的悬挂深度 depth of plunger
泵的旋转方向 pump rotation
泵的压力 pump pressure
泵的压入管 ascending pipe
泵的压头 pump head; pump thrust; thrust of pump
泵的扬程 lift of pump;pump(ing delivery) head;pump(ing) lift
泵的摇柄 pumping beam
泵的摇杆 pump handle
泵的液体端 pump liquid end
泵的油封 pump oil seal
泵的有效压力 available pump pressure
泵的跃迁 pump transition
泵的跃迁概率 pump transition probability
泵的止回阀 pump check valve
泵的周期 pumping cycle
泵的柱塞 pump plunger
泵的转轮 pump rotor
泵的转速 speed of rotation of pump
泵的转子 pump rotor
泵的装配 pump installation
泵的装置 pump set-up
泵的阻塞 blockage in pumping
泵底座 pump-foot
泵电缆控制线 pump line
泵电压 pump voltage
泵动力 pumping power
泵斗 pump bucket
泵发动机 pumping engine
泵阀 pump valve; working barrel valve <深井泵的>
泵阀盖座 pump valve cage
泵阀体 pump valve cage
泵阀压紧簧 pump valve pressing spring
泵阀座 pump valve seat;working barrel valve seat <深井泵的>
泵反射器 pump reflector
泵房 district pumping station; pump(ing) building; pump(ing) box; pump(ing) house; pump(ing) plant; pumping room; pumping shed;pump station
泵房岔道 by-pass of pumping house
泵房出水池 header tank of pumping house
泵房分类 classification of pumping house
泵房进水 flooding of pumphouse
泵房进水井 pump well; suction well of pumping house
泵房排水 house drainage pump
泵房排水泵 pumphouse drainage pump
泵房起重设备 hoisting equipment in pumping house
泵房设计 design of pumphouse
泵房位置 location of pumphouse
泵放出阀 pump outlet valve
泵放水旋塞 pump drain cock
泵分类 pump type
泵附件 pump accessory
泵盖 pump bonnet;pump cage;pump cover
泵盖衬套 cover bush
泵盖导槽 cover guide
泵杆 pump(ing) rod; pump(ing) lever;sucker pole;sucker rod
泵杆扳手 sucker rod wrench
泵杆打捞器 sucker rod socket
泵杆吊卡 sucker rod elevator
泵杆调整器 pumping adjuster
泵缸 fluid cylinder;pump bowl;pump bucket; pump cylinder; working barrel
泵缸衬里 pump lining
泵缸套 fluid cylinder liner;fluid liner
泵缸体 pump cylinder
泵工况 pump operating duty
泵工作轮 pump rotor;pump wheel
泵工作容积 pump displacement
泵工作容量 pump displacement
泵功率 delivery of pump; pump (horse) power
泵供水量 pump delivery
泵供液蒸发器 pump feed evapo(u)rator
泵管 pumped[pumping] pipe;pumped [pumping] tube;pump pipeline
泵管复式接头 pump manifold
泵管节数 segment number of pump tube
泵管下置深度 depth of pump tube installation
泵管直径 diameter of pump tube
泵管柱悬挂装置 knock off block
泵灌 irrigation by pump;pumped irrigation
泵灌水起动的注水口 priming cup
泵过滤器 pump screen
泵号 pump number
泵耗电力 pump power
泵后压力 rear pump pressure
泵滑水率 pump slip
泵滑转 pump slippage
泵回 blowback;pump back
泵回气体 blowback gas
泵回设施 repumping installation; repumping plant
泵混合型 pump-mix type
泵活塞 pump piston
泵活塞环柱螺栓 pump piston collar stud
泵活塞余隙 pumping clearance;pump piston clearance
泵机组 engine and pump assembly; pump assembly; pump setup; pump unit
泵唧 pumping
泵唧本领 pumping capacity; pump output
泵唧负荷 pumping load
泵唧管线 pump piping
泵唧量 pumpage;pumping draft
泵唧设备 pumping appliance
泵唧速度 pumping rate
泵唧性 pumpability
泵唧循环 pumparound
泵唧值 pumping value
泵唧装置 pumping appliance; pumping installation
泵激频率 pump frequency
泵激振荡器 pump oscillator
泵级 pump stage
泵集水坑 pump sump
泵给水系统 pump feed system
泵架 pump bracket
泵减载气蚀 pump load-drop cavitation
泵浇混凝土 pumpcrete; pump(ed) concrete
泵浇混凝土机 pumpcrete machine
泵搅拌系统 pump-mixing system
泵接合器 pump adapter
泵进口 pump inlet
泵进口侧压力 pump inlet pressure
泵进口端拦污网 pump strainer
泵进口管 pump inlet line
泵进口滤网 rosehead
泵进口位差 suction water head
泵进口止回阀 pump inlet check valve
泵进气口 pump steam inlet
泵进水口滤网 rose
泵进水压力 pump suction supply pressure
泵进油管 pump inlet line
泵井 pump(ed) well;pumping pit
泵开关 pump switch
泵开式反循环阀 pump-out reversing valve
泵壳 case of pump;housing of pump; pump barrel; pump body; pump case[casing]; pump housing; pump shell
泵壳 O 形环 casing O-ring
泵壳试验压力 casing test pressure
泵坑 pump pit
泵空穴作用 pump cavitation
泵空运转 pump running dry; pump running free
泵控制阀 pump control valve
泵口 pumping hole
泵口法兰 inlet flange
泵口拦污网 pump strainer
泵口凸缘 inlet flange
泵口压强 inlet pressure
泵扩散管 pump diffuser
泵拉杆 pumping rod
泵冷却 pump cooling
泵力加速循环 accelerated circulation by pump
泵连接杆 pump connecting link;pump link
泵量 fluid volume; pump delivery; pump duty;pump volume

B

泵量调节器 pump regulator
泵流量 delivery of pump; delivery volume; duty of pump; pump capacity; pump delivery; pump discharge; pump duty; pump flow; pumping capacity; pumping flow; pumping output
泵滤头 pump strainer
泵滤网 pump screen; pump strainer
泵滤网护圈 pump screen retainer
泵轮 disc of pump; impeller pump; pump impeller; pump pulley; pump wheel
泵轮力矩 impeller torque
泵轮轴 pump impeller shaft
泵马力 pump horsepower
泵脉动 pump surge
泵密封垫 pump packing
泵密封圈 pump gland
泵膜 pumping diaphragm
泵膜片 pump diaphragm
泵内腔室 pump chamber
泵能 pumping energy
泵排出管 pump main; pump water conduit
泵排出量 pump delivery; pump displacement
泵排放阀 pump outlet valve
泵排量 pump discharge(flow); pump displacement; pump output
泵排量试验 pump delivery test
泵排气口 pump exhaust inlet
泵排水管路 pump discharge line
泵排水量 delivery of pump; magnitude of pump discharge; pump displacement
泵排送量 pump discharge; pump displacement
泵排泄阀 pump relief valve
泵盘 pump disc
泵旁通喷口 pump bypass jet
泵皮带轮 pump pulley
泵皮碗 pump cup(leather)
泵频(率) pump(ing) frequency
泵频信号 pump(ing) signal
泵平台 pump platform
泵浦车双干线供水 dual pumper operation
泵浦摇梯消防车 escape pump
泵起动 priming of pump
泵起动器 pump primer
泵起动用注水旋塞 priming cock
泵起动注水 pump priming
泵气蚀 pump cavitation
泵气损失 pumping loss
泵前压力 front pump pressure
泵前注水 priming the water
泵钳 pump pliers
泵腔 pumping chamber
泵区 pump bay; pumping area
泵曲臂 pumpcam
泵驱动 pump drive
泵容量 pump capacity
泵容量效率 volumetric(al) efficiency of pump
泵入口 intake of pump
泵入口管 pumping intake piping
泵入口过滤器 pump inlet strainer
泵入口加热器 suction heater
泵入试验 pumping-in test
泵润滑 pump lubrication
泵塞排量 plunger displacement
泵塞套筒 plunger bushing
泵砂挖泥船 sand pump dredge(r)
泵上过滤器 pump case filter
泵设备 pumping unit
泵设备容量 capacity of pumping equipment
泵示意图 pumping scheme
泵式打浆机 pump pulper
泵式挖泥船 pump dredge(r)
泵式挖泥机 pump dredge(r)
泵式油壶 oil pumping can
泵试验 pump test(ing)
泵试验器 pump test machine
泵室 pump(ing) chamber
泵输出道 pump supply line
泵输出管 pump main
泵输出量 pump delivery
泵输给 pump-fed
泵输送量 pump delivery; pump duty
泵数据 pump data
泵水量 pumpage; pumping draft
泵水瓶 water taking bottle
泵水头 pump delivery head
泵水压头 pump head
泵水装置 pumping water device
泵四脚支架 pumping jack
泵送 pump conveyance; pumping(over); pumpover
泵送成套设备 pumping outfit
泵送传动装置 pumping gear
泵送道 pump supply line
泵送的摩擦力 friction(al) in pumping
泵送方式 pumping mode
泵送干管 pumping main
泵送高度 pumping height
泵送功 pumping works
泵送管(道) pumping line
泵送管线 pumping line
泵送混凝土 concrete of pump; concrete pumping; pump(able) concrete; pumpcrete; pumped concrete; pumping(of) concrete
泵送混凝土的臂式浇筑机 boomplacer
泵送混凝土混合料 pump concrete mix
泵送混凝土机械 pumpcrete machine
泵送混凝土能力 concrete pumpability
泵送机械 pumping machinery
泵送极限 pumping delivery limit point
泵送剂 <能改善混凝土拌合物泵送性能的外加剂> pumping aid; pumping admixture
泵送进度表 pumping schedule; pump program(me)
泵送量 delivery of pump; pumpage; pump output
泵送流体所需功率 pumping power requirement
泵送率 pumping rate
泵送马力 pump horsepower
泵送能力 pumpability; pumpage; pumping ability; pump(ing) capacity
泵送泥浆 slurry pumping
泵送碾磨机 pumping grinding mill
泵送铺路面材料 pumping of pavement
泵送倾注洗涤器 pumper-decanter
泵送砂浆 pumping of mortar
泵送上岸 pumping ashore
泵送上岸装置 pump ashore unit
泵送设备 pumping aid; pumping equipment; pumping plant; pump installation
泵送试验 pumping test
泵送水头 pumping head
泵送速度 pumping rate; rate of pumping
泵送速率 pumping rate
泵送损耗 pumping loss
泵送温度 pumping temperature
泵送温度下的液体比重 specific gravity at pumping temperature
泵送温度下的液体蒸气压 vapo(u)r pressure at pumping temperature
泵送物 substance pumped
泵送物料 material pumped
泵送系统 pumping(transport) system
泵送效率 pumping efficiency
泵送循环 pumping circulation
泵送循环润滑系统 pump-type circulation lubrication system
泵送压力 pumping pressure
泵送站 bunkie station; pump station
泵送值 pumping value
泵送装置 pumping installation
泵送状态 pumpable condition
泵速 pump(ing) speed; speed of pump
泵速调节器 pump speed regulator
泵损失 pumping loss
泵太阳齿轮 pump sun gear
泵弹簧 pump spring
泵套 jacket for pump; pump liner
泵套筒 pump sleeve
泵特性 pump characteristic
泵特性曲线 pump characteristic curve; pump curve
泵特征曲线 pump characteristic curve
泵体 barrel of pump; body of pump; housing of pump; pump barrel; pump body
泵体侧轴承 ball bearing
泵体导槽 casing guide of pump
泵体盖 pump casing cover
泵调节器 pump control mechanism; pump governor
泵调节器盖 pump governor cover
泵调节器盒盖 pump governor case cover
泵调整器 pump governor
泵桶 working barrel
泵筒 barrel of pump; pump barrel; pump bucket; pump cylinder
泵图 pump diagram
泵推杆 pump push rod
泵推力 thruput of pump; thrust of pump
泵外壳 pump case
泵外阻力 pump external resistance
泵吸 pump suction
泵吸反循环钻进 pump suction drilling; suction pump reverse circulation drilling
泵吸高程 pumping level
泵吸高度 suction lift of a pump
泵吸管 tail pipe
泵吸管端逆止阀 foot valve
泵吸泥机 pump dredge(r)
泵吸排放 pump drain
泵吸入侧 pump suction side
泵吸入阀 pump inlet valve
泵吸入阀座 pump suction valve seat
泵吸入管 pump suction pipe
泵吸入管道 pump suction line
泵吸入管的过滤龙头 pump kettle
泵吸入口 pump inlet
泵吸入温度 pumping suction temperature
泵吸升高度 pump suction head; suction lift of a pump
泵吸收水池 pump suction chamber
泵吸收压头 pump suction head
泵吸水池 <船坞充水> pump suction chamber
泵吸水高度 pump suction head
泵吸水管 pump suction pipe
泵吸水压头 pump suction head
泵吸引高度 lift of the pump suction; suction lift
泵吸作用 pumping action
泵系布置图 pumping plan
泵系和泄水布置图 pumping and drainage plan
泵箱 pump casing
泵消防车 pumper apparatus
泵消防梯车 pumper ladder truck
泵小齿轮 pump pinion
泵效率 pump efficiency
泵芯子 pump element
泵行程 pump stroke
泵型号 pump type; type of pump
泵性能 pump performance
泵蓄水池 pumped storage
泵悬挂装置 pump suspension
泵循环 circulation by circulation; pump(ed) circulation
泵压 pumping pressure
泵压调节器 pump pressure regulator
泵压供水系统 upfeed distribution
泵压管 pump piping
泵压过滤器 pump filter
泵压计 pump pressure ga(u)ge
泵压冷却 pump cooling
泵压力 pump pressure; thruput of pump
泵压力计 pump pressure ga(u)ge
泵压头 head of pump; pumping head
泵压头高度 lift of pump
泵压系数 coefficient of pump pressure
泵压循环 pump circulation
泵压装置 pump pressurizing unit
泵扬程 discharge head; pressure head; pump(ing) head
泵摇梯消防车 pump escape
泵叶轮 impeller of pump; pump impeller; pump runner; pump wheel
泵叶轮节 pump bowl
泵叶轮扭矩系数 torque coefficient of pump impeller
泵叶片 pump blade
泵液压 power hydraulics
泵引水 pump lead
泵用电动机 pump motor
泵用轴承 bearing in pump
泵油 oil pumping; pump oil
泵油站 oil pump station
泵与电动机的共用底座 common pump motor base
泵源 pumping source
泵运混凝土外加剂 pumping admixture
泵站 drainage station; lift station; pumping house; pumping plant; pump(ing) station; pump works
泵站抽水费 cost of pumping station
泵站房 bunkie station; pumping station house
泵站管路安装 pump station header piping installation
泵站机组运转 pump sets running
泵站排水 drainage by pumping station; forced drainage; pumping drainage
泵站排水能力 pumping plant discharge capacity
泵站排水系统 forced drainage system
泵站前池 forebay of pumping stations
泵站容量 power of pump station
泵站设计 pump station design
泵站设计排水量 design discharge of pumping station
泵站设计扬程 design head of pumping station
泵站位置 location of pumping station
泵站效率 efficiency of pumping station
泵站自动警报 automatic alarm in pumping station
泵站自动控制 automatic control of pumping station
泵支架 pump cartridge; pumping jack
泵直接传动液压机 pump direct driven press
泵止回簧 pump check spring

泵止逆阀 pump check valve
泵制造厂 pump manufacturer
泵轴 pump axis; pump shaft; pump spindle
泵轴承 pump bearing
泵轴环 pump cup(leather)
泵轴密封 pump shaft seal
泵注混凝土 pumpcrete
泵柱 pump plunger shaft; pump ram
泵柱塞 pump plunger
泵转子 pump rotor
泵装在平板上的手动喷雾器 hand sprayer with platform mounted pump
泵装置 pump arrangement; pump installation; pump unit
泵总站 base pump station
泵阻塞 blockage in pumping
泵组 combination of pumps; pump(ing) set; pump package; pump screw
泵组装置 set of pumps
泵组总成 pumping unit
泵钻 pump drill
泵最大缸径 maximum size pump liner
泵最高冲程数 maximum strokes of pump
泵最小缸径 minimum size of pump liner
泵座 bracket; casing mount; pump base; pump block; pump cartridge; pump frame

进

进法荷载 pop-in load

蹦

蹦复载荷 return load

逼

逼火 forced firing

逼近 approach; approximate; approximation; proximity
逼近点 approach point
逼近定理 approximation theorem
逼近度 approach; degree of approximation
逼近法 cut-and-try procedure; cut-and-try process; method of approach; trial-and-error procedure
逼近函数 approximating function
逼近警报指示器 approximity warning indicator
逼近理论 approximation theory; theory of approximation
逼近论 theory of approximations
逼近时间 approach time
逼近式(值) approximant
逼近速度 rate of approach; rate of closure
逼近所追赶的船 down upon edge
逼近问题 approximation problem
逼近误差 approximate error
逼使顺从 compel
逼债 press for the repayment of debts
逼真 true to nature; verisimilitude
逼真彩色 realistic colo(u)r
逼真的 picturesque; realistic
逼真的判定 realistic decision
逼真的事物 verisimilitude
逼真度 fidelity; naturalness
逼真度控制 presence control
逼真度曲线 fidelity curve
逼真度准则 fidelity criterion; reality criterion
逼真率 fidelity factor
逼真误差 probable deviation
逼真渲染 realistic rendering
逼真颜色 lifelike colo(u)r

鼻

鼻白蚁科 <拉> Rhinotermitidae

鼻背 bridge of the nose
鼻部 nasal part; snout
鼻测量计 nasograph
鼻长 nose length
鼻堤 agger of nose
鼻底 floor of nose
鼻端 approach end; nose
鼻端固定导叶 nose vane
鼻高 nasal height; nose height
鼻根 radix nasi; root of nose
鼻根点 nasion
鼻尖 apex of nose
鼻尖高 nasal tip height
鼻尖突 nasal tip salient
鼻槛挑流式消能工 trajectory bucket-type energy dissipator
鼻槛挑流式消能结构 trajectory bucket type energy dissipater
鼻角 nose angle
鼻坎 bucket lip
鼻坎反弧段 deflecting bucket; deflector bucket
鼻梁 nose girder
鼻喷雾器 nasal atomizer
鼻喷嘴 snoot
鼻山尾 crag and tail
鼻式托座 bearing nose
鼻式悬挂 nose suspension(type)
鼻式悬挂电动机 nose suspended motor
鼻涕虫(俗称) slug
鼻尾丘 crag and tail
鼻尾山【地】crag and tail
鼻烟盒 snuff bottle; snuff-box
鼻烟壶 snuff-box
鼻音 nasal sound
鼻柱 bridge of the nose; nasal septum
鼻状背斜 structural nose
鼻状地形 stoss-and-lee topography
鼻状丘 crag and tail
鼻锥 nose cone
鼻锥帽 nose cap; nose tip
鼻锥凸头 nose
鼻子 nose

匕

匕首 stylet

比

比……多 outnumber

比阿隆铜铍合金 Beallon
比阿洛伊铜铍中间合金 Bealloy
比安内梅-切比雪夫不等式 Bienayme-Chebycheff inequality
比安奇恒等式 Bianchi identity
比安奇宇宙学 Bianchi cosmology
比奥贡航摄镜头 Biogon lens
比奥固结理论 Biot's consolidation theory
比保留体积 specific retention volume
比苯溴铵 bibenzonium bromide
比标价 comparison of bid
比标系数 proportional scale coefficient
比表面 specific surface; relative surface area
比表面电阻率 specific surface resistivity
比表面积 specific surface area
比表面积测定法 Brunner-Emmett-Teller method
比表面积率 rate of specific surface area
比表面积平均直径 specific surface mean diameter
比表面积试验 specific surface test
比表面能 specific surface energy
比表面试验仪 specific surface apparatus; specific surface tester
比表面张力 specific surface tension
比表体积 surface-to-volume ratio
比布拉铋锡铅合金 Bibra alloy
比布利灰褐色硬木 <印度产> Pipli
比采油指数 specific productivity index
比糙度 specific roughness
比糙率 specific roughness
比测器 comparator
比产甲烷活性 specific methanogenic activity
比产水量 specific yield
比长基线 comparator base
比长计 comparator
比长器 standardization base; comparator【测】
比长仪 comparator
比沉积 specific deposit
比沉降体积 specific sedimentation volume
比持水率 <土壤克服重力所保持的水重与土自重之比> specific water retention
比尺 scale(ratio)
比尺关系 scale relation
比尺距离 scale distance
比尺模型 scale model
比尺条件 scale condition
比尺效应 scale effect
比尺影响(模型) size scale effect
比冲 specific impulse; specific thrust
比冲量 specific impulse
比抽水量 specific water pumpage
比抽水率 specific capacity
比出水量 specific yielding
比处理费用 specific disposal cost
比传导 specific conductivity
比磁负载 specific magnetic loading
比磁化率 relative magnetic susceptibility
比磁化系数 specific magnetization coefficient; specific magnetizing coefficient
比磁通密度 specific permeability
比存 specific storage
比导电率 specific conductivity
比导热率 specific thermal conductivity
比导热阻 specific resistance of heat production
比的 <即单位的> specific
比等张比容 specific parachor
比地黑 biddiblack
比蒂漆 bitty
比电导 specific conductance
比电导率 specific(electric) conductance; specific(electric) conductivity
比电负载 specific electric(al) loading
比电荷 specific charge
比电离 specific ionization; total specific ionization
比电离曲线 specific ionization curve
比电容 specific capacitance; specific inductive capacity
比电压 specific voltage
比电晕功率 specific corona power
比电阻 mass resistivity; resistivity; specific(electric) resistance
比电阻法 resistivity method; specific resistivity method
比定容热容 specific heat capacity at constant volume
比定压热容 specific heat capacity at constant pressure; specific heat capacity at saturation
比动力 specific power
比度放射性 specific radioactivity
比额抽样 quota sampling
比额计划 quota scheme
比额限制 quota restriction
比尔-鲍格定律 Beer-Bouer law
比尔鲍姆刮刻硬度仪 Bierbaum scratch hardness equipment
比尔鲍姆划痕硬度 Bierbaum scratch hardness
比尔鲍姆划痕硬度试验 Bierbaum scratch hardness test
比尔鲍姆微压痕硬度计 Bierbaum microcharacter
比尔-布格定律 Beer-Bouguer law
比尔定律 Beer's law; law of Beer
比尔-郎伯方程 Beer-Lambert's equation
比尔-朗伯(吸收)定律 Beer-Lambert's law
比发光度 specific luminance; specific luminosity
比反射率 specific reflectance
比反应常量 specific reaction constant
比反应常数 specific reaction constant
比反应速度常数 specific reaction rate constant
比反应速率 specific reaction rate
比放射性 specific activity
比放射性法 way of specific activity
比放射性强度 specific activity
比废物量 specific waste quantity
比佛尔控制系统 <一种明渠控制系统> Bival control system
比浮计 ar(a)eometer
比辐射率 ratio of radiation
比负荷 specific load
比附着 specific adhesion
比刚度 specific stiffness; stiffness to weight ratio
比功率 horsepower per unit of weight; specific power
比贯入阻力 specific driving resistance; specific penetration resistance
比惯量 specific inertia
比光点曝光计 spot comparison exposure meter
比光谱探测率 specific spectral detectivity
比光学密度 specific optical density
比焓 specific enthalpy; specific heat content
比号 sign of ratio
比耗 specific consumption
比耗氧速率 specific oxygen consumption rate; specific oxygen utilization rate
比荷 specific charge
比荷载 specific load
比化学反应 specific chemical reaction
比混浊法 turbidity method
比活度 intensity of radioactivity per unit mass; ratio of activity; specific activity
比积 specific volume
比基尼城 <美国迈阿密的俚称> Bikini City
比基质降解速率 specific substrate degradation rate
比集尘面积 specific collection area
比记录器 ratio recorder
比甲烷产率 specific methane production capacity
比价 comparative cost; comparison of prices; competitive cost; parity of price; price ratio; relative price; specific cost
比价程序 pricing out routine
比价的 competitive bid(ding)
比价剪刀差 price parity scissors
比价率 parity ratio
比价招标 tendering by comparing of-

fer
比价指数 relationship price index
比价制 competitive bidding system
比碱度 specific alkalinity
比降 gradient(ratio);slope;fall <河道的>
比降比尺 slope scale
比降测流公式 slope velocity formula
比降大的河流 steep(slope) river;steep(slope) stream
比降法 slope method
比降观测断面 slope measuring cross-section
比降流量曲线 slope discharge curve
比降流量图 slope discharge diagram
比降流速公式 slope velocity formula
比降率 stream gradient ratio
比降落 specific drawdown
比降面积测流法 slope-area discharge measurement
比降面积法 slope-area method
比降输水率法 slope-conveyance method
比降水尺断面 slope measuring cross-section
比降水位流量关系 slope-stage-discharge relation
比降线 inclination line;slope line
比较 comparability;compare;comparing;comparison;trade-off
比较坝址 alternative(dam) site;tentative(dam) site
比较编码器 comparison coder
比较标准 standard of comparison
比较表 comparative sheet;comparative statement;comparison sheet;comparison table;comparing watch <指仪表>
比较表达式 comparison expression
比较布置方案 alternate layout;alternative layout
比较部分 comparing element
比较部件 comparing unit;comparison unit
比较财务报表 comparative financial statement
比较操作 compare operation;comparison operation
比较操作符 comparison operator
比较测定(法) comparative measurement;comparison measurement;comparison measuring
比较测定量 comparative measurement
比较测角仪 comparison goniometer
比较测量 comparative measurement
比较测试 compare test;comparison test
比较测微光度计 comparator-densitometer
比较厂址 alternate site;alternative factory site;comparative factory site;tentative site
比较成本 comparative cost;comparison cost;relative cost
比较成本表 comparative cost sheet
比较成本差异 comparative cost difference;difference of comparative cost
比较成本调查 comparative cost studies
比较成本定律 law of comparative cost
比较成本分析法 comparative cost planning
比较成本概念 comparative cost concept
比较成本理论 theory of comparative advantage;theory of comparative cost
比较成本利益 compacost advantage;comparative cost advantage
比较成本说 doctrine of comparative cost
比较成本研究 comparative cost study
比较成本优势(法) comparative cost advance;comparative cost advantage
比较成本原理 principle of comparative cost
比较程序 tentative program(me)
比较磁铁 relative magnet
比较粗糙的方法 rule-of-thumb
比较单 comparative list;competitive list
比较单元 comparing element;comparing unit;comparison unit
比较的 alternative;comparative;specific
比较的标准 comparative standard
比较的要素 elements of comparison
比较灯 comparison lamp
比较地 comparatively
比较地势学 hypsography
比较地图学 comparative cartography
比较电路 comparator(circuit);compare circuit;comparing element;comparison circuit;subtraction circuit
比较电平 comparative level
比较电桥 compare bridge;comparison bridge
比较定义 comparison definition
比较动态学 comparative dynamics
比较读出 comparative readout
比较法 correlation method;relative method
比较法(理)学 comparative jurisprudence
比较反应性 comparative reactivity
比较方案 alternate design [layout] plan;alternating project;alternative;alternative optimum [project/schedule/scheme/solution];comparative design;comparative plan;comparative scheme;comparison of alternative;project alternative;alternative method
比较方案的标准 criterion for comparing alternative
比较方案分析 alternative analysis
比较方案投标 alternative proposal
比较方案选择 choice of alternative
比较方法 alternative method
比较费 relative cost
比较分别 cnntradistinguish
比较分类 ascending sort;comparison sort
比较分类器 comparison sorter
比较分析 comparative analysis
比较分析法 comparative analysis method
比较港址 alternate harbo(u)r site;alternative port site;comparative harbo(u)r site;comparative port site;tentative site
比较工程地址 alternate site;alternative site
比较估计法 comparative estimating method
比较估价 alternate valuation
比较观测 comparative observation
比较光度计 relative photometer
比较光谱 comparison spectrum
比较光谱法 method of comparison spectrum
比较广告法 comparative advertising
比较规划方案 alternative plan
比较海洋学 comparative oceanography
比较函数 comparison function
比较和打印 compare and print
比较和检验系统 comparison and check system
比较核型分析 comparative karyon type analysis
比较黑度 relative blackness
比较基础 comparison basis
比较基线 comparison baseline;comparator base
比较稽查 audit by comparison
比较极谱法 comparative polarography
比较计 comparative scale
比较价格 alternative price;comparative price
比较价值说 doctrine of comparative value
比较检查 audit by comparison
比较检错(程序) comparison post-mortem
比较检验(法) comparison test;comparing check
比较校验 twin check
比较结构研究 comparative structural studies
比较解法 alternative solution
比较经济学 comparative economics
比较静态方法 method of comparative statics
比较静态分析 comparative static analysis
比较控制变换 comparing control change
比较宽松的经济环境 comparatively relaxed economic environment
比较类推法 comparison and analogy method
比较棱镜 comparison prism
比较离子 pilot ion;reference ion
比较利益 comparative advantage
比较利益标准 comparative earnings standard
比较利益理论 theory of comparative advantage
比较利益率 comparative rate of profit
比较利益论 comparative advantage theory
比较利益原理 principle of comparative advantage
比较利益原则 principle of comparative advantage
比较量度 comparative measurement
比较劣势 comparative disadvantage
比较路线 alternate locations of route selection;alternate route;alternative route;alternative (location) line;comparative route
比较逻辑寄存器 compare logical register
比较面积 reference area
比较目镜 comparison eyepiece
比较能力 compare facility
比较年 comparison year
比较频率 comparison frequency
比较平板法导热仪 thermal conductivity tester by comparative plate method
比较评定 trade-off
比较期 comparable period;current period
比较器 comparator;comparer;comparing unit
比较器迟滞 comparator hysteresis
比较器校验 comparator check
比较千分尺 comparator micrometer
比较强度 comparison strength
比较曲线 comparative curve;comparison curve
比较人口 comparable population
比较溶液 comparison solution
比较上 relatively
比较设计 alternate design;alternative design;competitive design
比较设计方案 alternate(design) layout;alternative (design) project;comparative design
比较社会心理学 comparative social psychology
比较审计 auditing by comparison
比较审计法 audit by comparison
比较审计学 comparison auditing
比较生产力论 theory of comparative productivity
比较施工方法 alternative construction method
比较湿度 specific humidity
比较实验 comparative experiment
比较示波器 comparison oscilloscope
比较式光度计 contrast photometer
比较试块 reference block
比较试算表 comparative trial balances
比较试验(法) comparability test;comparative test;comparison test;alternative test
比较试验机 comparison tester
比较收入表 comparative income account;comparative profit and loss statement
比较收益账户 comparative income account
比较寿命 comparative lifetime
比较售价法 relative sales value method
比较束 comparison beam
比较数 comparand
比较数据 comparing data
比较数值 comparative value
比较数字 comparative figures
比较刷 comparing brushes
比较死亡指数 comparative mortality figure
比较损益表 comparative income statement;comparative profit and loss statement
比较损益计算书 comparative income account
比较特性 comparative characteristic;comparative characters
比较统计(学) comparative statistics
比较投标价 alternative bid
比较投资效果 comparative returns on investments
比较位置 <道路选线中的> alternate locations(of route selection)
比较无价值 comparative valueless
比较误差 balanced error;comparison error;relative error
比较细长度 comparison slenderness
比较显微镜 comparator microscope;comparison microscope
比较线 alternate line;alternate route
比较线路 alternate route;alternative line;comparison line
比较相对数 relative comparison figures
比较项目 item compared
比较消元法【数】elimination by comparison
比较效果 comparative effectiveness;comparative performance
比较效用 comparative utility
比较信号 comparison signal
比较星 reference star
比较行星学 comparative planetology
比较形态学 comparative morphology
比较性和预测性情报 comparative and predictive information
比较性试验 competitive trial
比较选择方案 alternative option

比较选择分类 tournament selection sort
比较研究 comparative study;comparison study;trade(-off) study
比较研究法 comparative method; comparison method
比较仪 comparator;comparoscope
比较仪校正 ga(u)ge setting
比较仪校准 ga(u)ge setting
比较应力 comparison stress
比较营销学 comparative marketing
比较营业表 comparative operating statement
比较硬的树木 relatively hard wood
比较用显微镜 comparison microscope
比较用字(符) comparand
比较优势 comparative advantage
比较优势法则 law of comparative advantage
比较优先考虑的项目 higher priority item
比较有利条件论 theory of comparative advantage
比较元件 comparing element; comparison element
比较原理 comparison principle
比较原色 primaries
比较运算 comparison operation
比较运算符 comparison operator
比较造价 comparative cost
比较闸址 alternative lock site
比较振荡器 comparison oscillator
比较指令 compare instruction;comparison order
比较指示器 comparing indicator; comparison indicator
比较指数 comparison index
比较制图学 metacartography
比较柱 reference column
比较装置 comparing element;comparing unit;comparison unit
比较浊音 relative dullness
比较资产负债表 comparative balance sheet
比较字 compare word
比较字寄存器 comparand register
比较字节 compare byte
比介质强度 specific dielectric(al) strength
比界面积 specific interfacial area
比井排水量 specific capacity of a well
比径流 specific runoff
比绝缘电阻 insulativity
比卡迭代法 Picard iteration method
比抗法 <用于电测地质状态> specific resistivity method
比抗性 specific resistivity
比颗粒(表)面 specific grain surface
比克拉托 picratol
比克内尔砂岩 Bicknell sandstone
比克特公式 Pickett's formula
比克指数 Beek index
比空气重 be heavier than air
比孔容 specific pore volume
比拉力 specific thrust
比朗格临界速度 Belangers critical velocity
比勒-米亚格生料预热器 Buhler-Ming raw preheater
比勒陀利亚 <南非首都,又称约翰内斯堡> Pretoria
比累对切透镜 Billet half lens; Billet split lens
比里昂特轴承合金 Bearium bearing alloy
比力 specific force
比力矩 specific torque;torque gradient
比力矩系数 Esson coefficient; output coefficient; specific torque coefficient
比利牛斯山脉 Montes Pyrenean;Pyrenees Mountains
比利牛斯造山运动 Pyrenean orogeny
比利时 <欧洲> Belgium
比利时大理石 Belgian block;rance
比利时道路研究中心 Belgian Road Research Centre
比利时的 Belgian
比利时法郎 <货币名称> Belgian francs
比利时和荷兰的液量 vat
比利时建筑 Belgium architecture
比利时(矩形块石)路 <为汽车试验场特制的块石路> Belgian block road
比利时(开挖)法 Belgian excavation method;flying arch method
比利时蓝色大理石 Belgian blue marble
比利时青石 blue Belgian limestone
比利时柔性路面设计法 Belgian flexible pavement design method
比利时生物指标 Belgian biotic index
比利时式桁架 Belgian truss; Belgium truss
比利时式建筑 Belgian architecture
比利时式砌石块 Belgian block
比利时式砌石块路面 Belgian block pavement
比利时式隧道法 Belgian method of tunnel(l)ing
比利时式隧道支撑法 Belgian method of timbering
比利时式屋架 Belgian truss
比利时式线材轧机 Belgian looping mill; Belgian rod mill; Belgian wire mill
比利时式锌蒸馏熔炉 Belgian zinc distilling furnace
比利时式轧机 Belgian mill
比利时水屋架 Belgian roof truss
比利时先拱后墙法 Belgian method
比利时窑 Belgian kiln
比利时预应力混凝土法 Belgian sandwich cable method
比利兹基减薄剂 Belitzski's reducer
比例 percentage; proportion(ing); scale ratio
比例包干 proportionate sharing of the revenue
比例泵 dosing pump;metering pump; proportional pump
比例臂 ratio arm
比例臂电路 ratio arm circuit
比例臂(电阻)箱 ratio arm box
比例变动 rate variable
比例变动规律 law of variable proportions
比例变换 scale transfer; scale transformation;transformation of scale
比例变换点 scale transfer point;scale transformation point
比例变态模型 distorted-scale model
比例变形 scale distortion
比例标尺 ratio scale
比例表示法 scale representation
比例不当的 ill-proportioned
比例部分 proportional component; proportional parts
比例部分论 theory of proportional parts
比例采样 proportional sampling
比例操纵 proportional control
比例操纵法 proportional controlling means
比例测径规 proportional cal(l)ipers
比例测量法 proportionate measurement
比例插入 linear interpolation
比例插值法 interpolation by proportional;interpolation by proportional parts
比例差率 relative error
比例常数 constant of proportionality; proportional constant;proportionality constant
比例乘法器 coefficient multiplier; rate multiplier
比例乘数 rate multiplier
比例尺 architect's scale; comparing rule; engineer's rule; engineer's scale; graduated scale; measure scale;measuring scale;proportional scale;scale(d) rule;scale
比例尺比率 < = f(摄影机焦距)/H(摄影机站高出地面的距离)> scale ratio
比例尺变换 scale change;scale transfer; scale transformation; transformation of scale
比例尺变换器 scale changer
比例尺变形 scale distortion; scale variation
比例尺不变的 scale-stable
比例尺不变性 scale preservation; scale present <在局部地区保持比例尺不变>
比例尺不一致 scale distortion
比例尺差 scale difference
比例尺差异 variation in scale
比例尺常数 scaling constant
比例尺单位 scale unit
比例尺倒数 scale reciprocal
比例尺度 ratio scale;scale of proportions
比例尺范围 scale limitation
比例尺放大 scale exaggeration
比例尺分类 scale classification
比例尺分母 scale denominator
比例尺关系 scale ratio
比例尺归算 reduction to scale
比例尺换算 scale conversion
比例尺计算 scale computation
比例尺检定 scale check(ing)
比例尺精度 scale accuracy
比例尺匹配分析法 scale matching analysis technique
比例尺偏差 scale departure
比例尺确定 scale determination
比例尺缩小 scale compression
比例尺图 scale map
比例尺误差 error of scale;scale error;ratio error;scale deterioration; scale variation
比例尺系列 scale series; successive scales
比例尺系数 ≤ H(摄影机站高出地面的距离)/f(摄影机焦距) = D(地面上距离)/d(像片上距离) > scale factor
比例尺选择 scale factoring
比例尺因子 scale factor
比例尺影响 scale effect
比例尺种类 scale class
比例尺转换器 scaling translator
比例重定调节器 proportional reset controller
比例重合计数器 coincidence proportional counter
比例抽样 ratio sample
比例抽样法 proportional sampling
比例抽样样本容量估计 estimation of sample size with proportions
比例大小 scale of proportions
比例代表制 proportional representation
比例带 proportional band
比例带电位计 proportional band potentiometer
比例带宽滤波器 proportional bandwidth filter
比例导航 proportional navigation course
比例导引式激光寻的器 proportional navigation laser seeker
比例的 proportional
比例的安全性 sureness of proportions
比例的标准误差 standard error of proportion
比例的多重比较 multiple comparisons of proportions
比例的方差 variance of proportion
比例的分层抽样 stratified sampling for proportions
比例的稳妥性 sureness of proportions
比例的运算规则 rule of three
比例第三项 third proportion(al)
比例第四项 fourth proportion(al)
比例电磁铁 proportion electro-magnet;ratio electromagnet
比例电动机 proportioning motor
比例电抗器 proportioning reactor
比例电压 ratio-voltage
比例定量配料设备 proportioning device
比例定律 law of proportionality;proportionality law; scale law; scaling law
比例定员法 proportional personnel allocation method; staff proportion quota
比例动作 proportional action
比例度 proportional band
比例度设定螺丝 proportion set screw
比例对应点 scale point
比例吨 <50 立方英尺 = 1 比例吨> scale ton
比例阀 proportional valve;proportioning valve
比例法 golden rule; method of proportioning; ratio method; rule of three; scaling measurement; scaling method
比例法则 scale law;scaling rule
比例反馈 proportional feedback
比例范围 proportionality range;proportionarity range; proportional band <控制计量仪表>
比例放大 scale-up
比例放大器 proportional amplifier
比例放大效果 scale-up effect
比例放大效应 scale-up effect
比例放图仪 pantograph
比例放样 scale lofting
比例费用 proportional charges; proportional cost; proportional expenses
比例分布 proportional distribution
比例分担条件 condition of average
比例分规 proportional compasses; proportional divider
比例分量 proportional component
比例分流器 proportional divider
比例分流堰 proportional weir
比例分配 proportional distribution; ratable distribution; scale distribution
比例分配阀 proportioning valve
比例分配器 proportional divider;ratio divider
比例分数 representative fraction
比例分水 proportional division water
比例分水口 proportional division box
比例分摊 prorate distribution
比例分摊条件 condition of average
比例分析 proportional analysis
比例分相器 proportional resolver
比例符号 sign of proportion
比例符合计算器 coincidence propor-

tional counter
比例附加 add-on
比例附加运价 arbitrary
比例杆 model(l)ing bar
比例格 proportioning grid
比例格式 proportional format
比例跟踪接收机 ratio tracing receiver
B
比例构成 composition of proportions
比例估计量 ratio estimate
比例估值 ratio estimator
比例固定收益 constant return to scale
比例关系 proportional relation; scale relation(ship); scaling relation
比例规 proportional dividers; bisecting compasses; compasses of proportion; planimegraph; radiometer; ratio divider; reduction compasses; whole-and-half compasses
比例规律 proportional law; scaling law
比例号 sign of proportion
比例荷载 proportional loading
比例恒量 proportionality constant
比例画器 pantograph
比例画图器 pantograph
比例画图仪 pantograph
比例环节 proportional component
比例换算 ratiometric conversion
比例换算系统 scaling system
比例换转开关 ratio switch
比例回授 proportional feedback
比例绘图器 pantograph
比例绘图仪 pantograph
比例混合器 proportioning mixer
比例混合物 proportional mixer
比例混合系统 proportion system
比例混合液 proportioning concentration
比例混合原理 proportioning principle
比例积分 proportional integration
比例积分控制 proportional integral control
比例积分控制器 proportional integral controller
比例积分调节器 proportional integral controller
比例积分调速器 proportion-integral governor
比例积分微分 proportional-integral-derivative; proportional-integration-differentiation
比例积分微分控制 proportional-integral-derivative control
比例积分微分控制器 proportional-integral-differential controller
比例积分微分调节 proportional-integral-derivative control
比例积分微分调节器 proportional-integral-derivative controller
比例积分微分作用 proportional-plus-integral plus differential action
比例积分微商控制器 proportional-integral-derivative controller
比例极谱法 comparative polarography
比例极限 limit of proportion(ality); p-limit; proportional(ity) limit
比例极限功 work to proportional limit
比例极限强度 proportional limit intensity
比例极限纤维应力 fiber stress at proportional limit
比例计 proportion meter
比例计费法 ratable charge method
比例计数管 proportional counter tube
比例计数器 proportional counter; ratio counter
比例计算法 method of proportional computation
比例计算机 ratio calculator
比例计算模片 ratio-computation sheet
比例计算器 proportion calculator; ratio calculator
比例继电器 quotient relay
比例加倍 duplicate scale
比例加大 scaling-up
比例加浮动控制 proportional-plus-floating control
比例加荷 proportional loading; scale loading
比例加厚 proportional intensification
比例加积分加微商控制器 proportional-plus-integral-plus-derivative controller; three-term controller
比例加积分加微商作用 proportional-plus-integral-plus-derivative action
比例加积分控制 proportional-plus-integral control
比例加积分控制器 proportional-plus-integral controller
比例加积分控制作用 proportional-plus-integral control action
比例加积分作用 proportional-plus-integral action; reset action
比例加料器 proportioner
比例加强 proportional intensification
比例加权法 proportional weight method
比例加微分控制 proportional-plus-derivative control
比例加微商控制器 proportional-plus-derivative controller
比例加微商作用 proportional-plus-derivative action
比例加无静差作用 proportional-plus-floating action
比例加药器 chemical proportioner
比例加药箱 chemical proportioner
比例加载 proportional loading
比例加自动复位作用 proportional-plus-automatic reset action
比例间隔 proportional spacing
比例间隔打字机 proportional spacing machine
比例间隔机构 proportional spacing mechanism
比例减薄液 proportional reducer
比例减压阀 proportional pressure reducing valve
比例剪切极限 proportional limit of shear
比例检波器 ratio detector
比例鉴频器 ratio detector
比例校正系数 ratio correction factor
比例界限 limit of proportionality; proportional limit
比例经济 economics of scale
比例控制 proportional(type) control; ratio control
比例控制阀 proportional control valve
比例控制法 proportional controlling means
比例控制器 proportional controller; ratio controller
比例控制系统 ratio control system
比例扩张 scale expansion
比例理论 theory of proportions
比例两脚规 bisecting compasses; proportional compasses; proportional divider
比例量 proportional(quantity)
比例量测法 proportionate measurement
比例量水堰 proportional weir
比例料斗加料器 ratio hopper loader
比例流量调节器 proportional flow control unit
比例流量过滤 proportional flow filter
比例流量堰 proportional flow weir
比例流体掺和系统 proportional fluid blending system
比例律 scaling law
比例率 scaling
比例模型 dimensional scaled model; proportion model; scale model
比例模型车 scale model vehicle
比例模型律 scale model law
比例模型设置 scale model layout
比例模型试验 scale model test
比例内插 linear interpolation; proportional interpolation
比例内插法 interpolation by proportional parts
比例黏[粘]滞阻尼 proportional viscous damping
比例配料器 proportioner
比例配料设备 proportioning device; proportioning plant
比例配料装置 proportioning device; proportioning plant
比例配水建筑物 proportional divider
比例频带 proportional band
比例平衡法 ratio method of balancing
比例平衡继电器 ratio-balance relay
比例气体计量器 proportional gas meter
比例器 proportioner
比例前项【数】antecedent
比例区 proportional band
比例区域 proportional band
比例取样 proportional sampling
比例取样器 proportional sampler; proportional sampling device
比例上的协调 harmony of scale
比例失调 disproportion(ality); maladjusted scale; miss ratio
比例失调的 disproportionate
比例式 relational expression
比例式检测器 rate type detector
比例式量水堰 proportional weir
比例式水表 proportional meter
比例式堰 proportional weir; Sutro weir <流量与水头成正比>
比例输入 scale input
比例数 commensurable number; proportional number
比例数据 ratio data
比例税 percentage tax; proportional taxation
比例税率 proportional rate of tax; proportional tax rate
比例税制 proportional taxation
比例死亡比 proportionate mortality ratio
比例死亡率 proportionate mortality
比例缩放仪 ratio printer
比例缩小 scale down; scaling-down
比例缩小仪 reducer ratio printer
比例弹限 proportional elastic limit
比例弹性限 proportional elastic limit
比例体积梯度 proportional volume gradient
比例调节 proportional control; proportioning regulator; ratio control; ratio regulation
比例调节阀 proportioning valve
比例调节器 proportional controller; proportional governor; proportional regulator; proportioner; ratio controller
比例调节燃烧器 proportioning burner
比例调节烧嘴 proportional burner
比例调节系数 proportional control factor
比例调节装置 proportioner
比例调节作用 proportional control action
比例调配 ratio control
比例调速器 proportional governor
比例调制 ratio control
比例图解图 ratiograph
比例图(样)scale drawing
比例外汇汇率 arbitrated exchange rate; arbitrated rate of exchange; arbitration rate of exchange
比例外汇平价 arbitrated par of exchange
比例外项 extreme terms of proportion
比例微分积分调速器 proportion-differential-integral governor
比例微分控制器 proportional-plus-derivative controller
比例位置式伺服电动机 proportional position action type servomotor
比例位置作用 proportional position action
比例温度控制器 proportional temperature controller
比例无静差调节 proportional-plus-floating control
比例无静差调节器 proportional and floating controller
比例误差 proportional error; ratio error; relative error
比例系列 scale series
比例系数 coefficient of proportionality; factor of proportionality; proportional(ity) coefficient; proportional(ity) factor; scale coefficient; scale factor; scaling factor
比例系数电位器 scale factor potentiometer
比例限 proportional limit
比例限度 limit of proportion(ality); proportion(ality) limit
比例限时远距离继电器 proportional time-limit distance relay
比例相关 spurious correlation
比例项 proportional
比例效应 scale effect; size effect
比例效应定律 law of proportional effect
比例协调间隙 proportional spacing
比例型数据 proportional data
比例性 proportionarity
比例选择 proportional selection
比例氧切割机 ratio oxygen cutting machine
比例样品 proportional sample
比例液体采样器 proportional liquid sampler
比例因数 factor of proportionality; proportional(ality) factor; scaling factor
比例因数法 scale factor method
比例因子 factor of proportionality; proportional(ality) factor; scale coefficient
比例因子校验 scale factor check
比例因子指示符 scale factor designator
比例印花税 proportional stamp tax
比例影响 size effect; scale effect
比例有限区 region of limited proportionality
比例于活劳动的支出 in proportion to the expenditures of living labo(u)r
比例运费 pro-rata freight
比例运价 proportional rate
比例运价表<适用在规定站点之间> proportional tariff
比例增大 scaled-up
比例增减协约 sliding scale agreement
比例增减制 sliding scale
比例增益 proportional gain
比例执行机构 proportional power unit

比例直尺 dimension scale；measuring scale
比例纸 plotting paper；scale paper
比例制动差动保护 percentage restraint differential protection
比例中项 mean of ratio；mean proportion(al)；mean term proportion；proportional mean
比例重量掺和机 ratio-weight blender
比例注销 prorate cancellation
比例装置 proportioning device
比例准备制 proportional reserve system
比例作用 proportional action；scale effect
比例作用系数 proportional action coefficient；proportional action factor
比粒度 specific grain size
比连面 adjacent surface
比量 relative quantity
比量投料器 proportioning plant
比林石 bilinite
比流阀 specific valve
比流量 specific discharge；specific (rate) of flow；specific runoff；specific yield
比率 factor of proportionality；proportion；rate；ratio；specific ratio；sliding scale <按市场情况调整的工资、税收、价格等的>
比率臂 ratio arm
比率变压器 ratio transformer
比率表 logometer；rate scale；rating table；ratiometer；ratio table；scale of rates
比率测试 ratio testing
比率差动保护装置 biased differential protective system；percentage differential protection
比率差动继电器 percentage differential relay；ratio-differential relay
比率差动继电系统 ratio differential relaying system
比率差异推算抽样法 ratio and difference estimation sampling
比率乘数 rate multiplier
比率尺度 ratio scale
比率的 specific
比率的差异 rate variance
比率电阻箱 ratio resistor
比率定律 ratio law
比率发电机 rate generator
比率法 ratio method
比率放大器 ratio amplifier
比率分离机 ratio separator
比率分析 rate analysis；ratio analysis
比率改变 reproportion
比率杆 ratio arm
比率估计 estimation of ratio；ratio estimate；ratio estimation
比率估计的近似方差 approximate variance of the ratio estimate
比率估计量 ratio estimator
比率估计值的方差 variance of ratio estimate
比率计 ratiometer
比率计数器 ratio counter
比率检验法 ratio test
比率结构 structure of rate
比率矩阵 rate matrix
比率控制 ratio control
比率控制系统 ratio control system
比率量表 ratio scale
比率流量控制 ratio flow control
比率平衡继电器 ratio-balance relay
比率平衡式 ratio-balance type
比率平均法 ratio average method
比率晒印 ratio print
比率晒印器 ratio printer
比率时间 rate time
比率调节阀 ratio plug valve
比率调整器 ratio adjuster
比率推算抽样法 ratio estimation sampling
比率推算(法) ratio estimate
比率误差 ratio error
比率啸声抑制电路 ratio squelch
比率信号 rate signal
比率研究 <资产负债表的> ratio study
比率移动平均法 ratio-to-moving-average method
比率溢额混合契约 mixed quota surplus treaty
比率因数 ratio factor
比率约制式差动保护装置 percentage restraint differential protection device
比率装置 ratio set
比率浊度计 ratio turbidimeter
比率作用 rate act
比脉冲探测 specific pulse detectivity
比曼视距弧 Beaman stadia arc
比密度 specific density
比密黏[粘]度 viscosity-density ratio
比面 specific surface
比面积 specific area；area of per unit volume
比面积测量 measurement of specific surface
比模量 modular ratio；specific modulus
比摩阻力 specific frictional resistance
比磨损 specific wear
比磨损度 specific wearability
比内能 specific internal energy
比奈公式 Binet's formula
比奈-柯西定理 Binet-Cauchy theorem
比奈年龄 Binet age
比能 <水深与速头之和或单位质量所具有的内能> specific energy
比能见度 specific visibility
比能量 specific energy
比能曲线 specific energy curve
比能试验机 specific energy test rig
比尼贝特 binifibrate
比拟 analogy；comparison；resemble；similitude
比拟板 quasi-slab
比拟板法 quasi-slab method
比拟的 analogous
比拟法 analogy method
比拟结果 analog(ue) result
比拟模式 competing mode
比拟模型 analogy model
比拟正交各向异性板法 quasi-orthotropic plate method
比拟柱 analogous column
比黏[粘] specific viscosity
比黏[粘]附力 specific adhesion；specific strength
比黏[粘]附系数 specific adhesion coefficient
比黏[粘]附限度 specific adhesion limit
比黏[粘]合 specific adhesion
比黏[粘]计 leptometer
比黏[粘](滞)度 specific viscosity
比浓度 specific concentration
比浓对数黏[粘]度 logarithmic viscosity
比浓对数黏[粘]度值 logarithmic viscosity number
比浓黏[粘]度 reduced specific viscosity；reduced viscosity；viscosity number
比浓渗透压 reduced osmotic pressure
比浓浊度 reduced turbidity
比硼钠石 biringuccite
比膨胀 specific expansion
比譬法 metaphor
比平流层更高的大气层 higher layers of the atmosphere
比谱分光镜 comparison spectroscope
比谱棱镜 comparison prism
比气耗 specific gas consumption
比气流阻率 specific airflow resistance
比汽耗 specific steam consumption
比潜热 specific latent heat
比强度 ratio of strength to weight；specific strength；specific tenacity；strength-to-weight ratio
比切鲁克斯法 Bicheroux process
比钦计划【铁】beaching plan
比燃耗 specific burn up
比燃料消耗量 specific fuel consumption；specific propellant consumption
比热 heat (storage) capacity；natural heat；specific heat；thermal capacity
比热比 rate of specific heat；ratio of specific heat；specific heat ratio
比热测定 specific heat test
比热导 specific conductance
比热定律 law of specific heat
比热陡变 specific heat discontinuity
比热法 method of specific heat
比热反常 anomalous specific heat
比热力学能 specific thermodynamic energy
比热流 heat-transfer rate
比热率 heating rate
比热强度 specific calorific intensity
比热容 <热容除以质量> specific heat capacity；specific thermal capacity
比热容比 ratio of specific heat capacity
比热容定律 law of specific heat capacity
比容积 specific volume
比容量 specific capacity；specific storage；specific volume
比容面 surface of specific volume
比容偏差 specific volume anomaly；steric anomaly
比容异常 thermosteric anomaly
比溶解度 specific solubility
比溶蚀度 specific corrosion degree
比熔化效率 specific melting efficiency
比蠕变 <单位应力下的蠕变> specific creep
比萨 <意大利城市> Pisa
比萨斜塔 leaning tower of Pisa
比萨耶麻 bisaya
比塞塔 <西班牙货币> peseta[Ptas]
比赛 competition；contest；game
比赛场 amphitheater[amphithcatre]
比赛场内隔开观众的矮墙 podium[复 podiums/podia]
比赛场所 arena
比赛分类 tournament sorting
比赛计时表 game watch
比赛奖金 stake
比赛排序 tournament sorting
比赛树 game tree
比赛图 tournament
比赛性的 competitive
比赛用汽车 sport car；stock car
比赛者 competitor
比色 colo(u)r comparison
比色板 colo(u)r plate
比色杯 cuvette
比色标准 colo(u)r standard
比色标准液 colo(u)r standard solution
比色表 colo(u)rimeter
比色表照明器 illuminants for colo(u)rimetry
比色测定 colo(u)rimetric determination；colo(u)rimetric estimate；colo(u)rimetric estimation；colo(u)rimetric measurement；colo(u)rimetric test
比色测定法 colo(u)rimetric determination method
比色测量仪器 colo(u)r measuring instrument
比色测氧仪 colo(u)rimetric oxygen detector
比色处理 nesslerize
比色纯度 colo(u)rimetric purity
比色的 colo(u)rimetric
比色滴定法 colo(u)rimetric titration (method)
比色定量 colo(u)rimetric assay
比色定碳试验 carbon colo(u)r test
比色法 chronometry；colo(u)r comparimetry；colo(u)rimetric method；colo(u)rimetric process；colo(u)rimetry (method)；colo(u)r method；photocolorimetric method
比色法 pH 测定 colo(u)rimetric pH measurement
比色法检验 colo(u)rimetric test
比色反应 chrominance response；colo(u)rimetric reaction；colo(u)r reaction
比色分析(法) colo(u)rimetric analysis；chromatic analysis；chromatric analysis
比色分析术 colo(u)rimetry
比色分析仪 colo(u)rimetric analyser [analyzer]
比色分析值 colo(u)rimetric value
比色辐射探测器 colo(u)rimetric radiation detector
比色高温计 colo(u)r comparator pyrometer；colo(u)rimetric pyrometer；colo(u)r ratio pyrometer
比色管 colo(u)r comparison tube；colo(u)rimetric cylinder；colo(u)-rimetric tube
比色管暗箱 colo(u)r tube camera
比色光度计 colo(u)rimetric photometer
比色光学高温计 bioptix pyrometer；colo(u)r pyrometer
比色盒 comparator box
比色计 chromometer；chromophotometer；colo(u)r comparator；colo(u)rimeter(instrument)；comparison colo(u)rimeter；pycnometer；tint(o)meter
比色计测氧仪 colo(u)rimeter oxygen detector
比色计刻度 colo(u)rimetric scale
比色剂量计 colo(u)rimetric dosimeter
比色架 colo(u)rimetric shelf；colo(u)rimetric stand
比色检验 colo(u)r check
比色卡 colo(u)r grade；colo(u)rimetric card
比色刻度尺 colo(u)r scale
比色块 comparator block
比色盘 colo(u)rimetric disc
比色偏移 colo(u)rimetric shift
比色器 colo(u)r comparator；colo(u)rimeter；colo(u)rimetric comparator
比色溶液 colo(u)rimetric solution
比色散度 specific dispersion
比色试剂 colo(u)rimetric reagent
比色试验 colo(u)rimetric test；colo(u)rimetry；colo(u)r test
比色图 colo(u)r diagram
比色图表 colo(u)r chart
比色温度 colo(u)r temperature
比色系数 distribution coefficient

B

比色匣 comparator block
比色仪 colo(u)r coder;colo(u)r comparator;photoelectric(al) colo(u)r comparator
比色应用 colo(u)rimetric application
比色指数 colo(u)r index
比色转速器 chronometric tach(e)ometer
比色座 comparator block
比沙布尔的沙布尔一世宫殿 <波斯古建筑> Palace of Shapur 1 at Bishapur
比熵 specific entropy
比绍 <几内亚(比绍)首都> Bissau
比摄取率 specific uptake rate
比摄氧速率 specific oxygen uptake rate
比伸长 specific elongation
比伸长度 specific elongation
比深 specific depth
比渗透率 specific permeability
比升力 unit lift
比生长率 specific growth rate
比声计 acoustic(al) meter;acoustometer
比声抗 specific acoustic(al) reactance
比声阻 specific acoustic(al) resistance
比声阻抗 specific acoustic(al) impedance
比剩余表面 specific surface excess
比湿度 <每公斤空气中的水重,以克计> specific humidity; humidity ratio;specific moisture
比实际早的日期 antedate
比士风 <法国南部山地的一种干冷风> Bise
比式建筑 tilt-up construction
比式水箱 closed water tank
比视度 specific visibility
比释动能 kerma
比释动能率 kerma rate
比收尘面积 specific collection area
比授与能量 specific energy imparted
比输出 specific output
比数 odds
比衰减 specific damping
比衰减率 specific decay rate
比水马力 specific hydraulic horsepower
比水轻的非水相液体 lighter-than-water non-aqueous phase liquid
比水深长得多的波浪 long wave
比水头 specific energy;specific head
比水头曲线 specific head diagram
比水吸附性 specific absorption
比斯开深海平原 Biscay abyssal plain
比斯开湾 Bay of Biscay
比死亡速率 specific death rate
比速 specific speed;specific velocity; unit speed
比速常数 specific constant
比速度 specific velocity
比速率常数 specific rate constant
比速涡轮 specific turbine
比损耗 specific loss
比探测率 specific detectivity
比特 bit
比特传送速率 bit transfer rate
比特尔线圈 Bitter coil
比特反转 inversion of bit
比特粉纹图 Bitter pattern
比特号码 bit number
比特和布里奇曼方程 Beattie and Bridgeman equation
比特缓冲器 Bit buffer unit
比特减缩因子 bit reduction factor
比特矩阵 bit matrix
比特利斯地块 Bitlis massif
比特流 bit stream;stream of bits
比特率 bit rate
比特每秒 bits per second[bps]
比特频率 bit frequency
比特时间计数器 bit time counter
比特速度 bit speed
比特跳动 bit-jitter
比特位置 bit location
比特误差率 bit error rate
比特误差率处理机 bit error rate processor
比特误码率 bit error rate
比特占用 bit stealing
比体积 specific volume
比体积电阻率 specific volume resistivity
比廷 biethiol;bithionol;bitin
比投料量 specific inventory
比透明度 reduced transparency
比推力 specific impulse;specific thrust
比托特罗 bitolterol
比挖取功 specific bucketing work
比位能 specific energy of position; specific potential energy
比温升 specific temperature rise
比污泥产量 specific sludge production
比污泥生长率 specific sludge growth rate
比误差 ratio error
比吸附 specific absorption
比吸附额 specific adsorptive capacity
比吸附容量 specific adsorptive capacity
比吸附势 specific absorption potential
比吸光系数 specific extinction coefficient
比吸收 specific absorption
比吸收系数 specific absorptivity
比希沉沙池 Buchi sand trap
比希截沙坑 Buchi sand trap
比系数 specific coefficient
比线运行图【铁】train diagram for double-track
比限 proportional limit
比相定位标 phase localizer
比相定位器 phase comparison localizer
比削枕木机 tie adzing machine
比消光系数 specific extinction coefficient
比消耗(量) specific consumption
比硝化速率 specific nitrification rate
比效率 specific efficiency
比性能 specific property
比需能量 specific energy requirement
比需水量 specific water requirement
比需氧化量 specific oxygen demand
比徐变 specific creep
比悬浮负荷 specific suspended load
比旋 specific rotation
比旋光度 specific rotatory power
比压 specific compression; specific pressure
比压降 specific pressure drop
比压力 specific pressure
比压入系数 specific press-in coefficient
比压损耗法 method of specific loss pressure
比压头 specific head
比压应力 specific compressive stress
比亚耳试验 Bial's test
比耶对切透镜 Billet split lens
比叶面积 specific leaf area
比移值 flow rate;ratio value
比音波慢的 subsonic
比应变 specific strain
比影光度计 shadow photometer
比油耗 specific fuel consumption
比有价值 outvalue
比有效能 specific effective energy
比增殖率 specific growth rate
比张量 specific tensor
比照 with reference to
比照标准 reference standard
比折光度 intercept refractivity
比折射度 specific refraction
比折射功率 specific refractive power
比折射力 specific refractive power
比折射率 specific refractivity
比蒸汽渗透阻 specific vapo(u)r resistance
比直径 diameter group
比值 proportionality; quotient; ratio; relative value;specific value
比值比 odds ratio
比值变换 ratio transformation
比值标准 scale of ratios
比值测定 ratio test
比值法 ratioing;ratio method
比值计 ratiometer
比值检波器 ratio detector
比值控制 ratio control
比值控制器 ratio controller
比值平衡继电器 ratio-balance relay
比值器 comparison measurer
比值调节器 ratio controller
比值调节系统 ratio control system
比值图像 ratioing image
比值误差 ratio error
比值小区划方法 ratio microzonation method
比值影像 ratioing image
比值增强 ratio enhancement
比质 specific mass
比质量 specific mass
比滞度 specific viscosity
比滞性 specific viscosity
比重 relative density; specific density;specific force of gravity;specific gravitation;specific(mass) gravity; specific weight
比重标度 gravity scale
比重表 specific density table;hydrometer;pycnometer <指仪器仪表>
比重材料 high density material
比重测定 determination of specific gravity;gravity test; specific gravity determination
比重测定的 gravimetric(al)
比重测定法 areometry;hydrometry
比重测定器 gravi(to)meter[gravimetre]
比重测定仪 araeo-picnometer
比重测试 specific weight determine
比重沉降 gravity settling
比重秤 bydrostatic balance; gravity balance;hydrostatic balance;specific gravity balance
比重大的货物 high-density cargo
比重大的重散装 heavy bulk(y) cargo
比重电池 specific gravity cell
比重法 hydrometer method; method of specific gravity
比重分离器 gravity separator
比重分析 specific gravity analysis
比重分析法 proportional analysis approach
比重分选法 differential-density separation;specific gravity separator
比重分选机 specific gravity separator
比重分选台 gravity table
比重浮标 specific gravity floater
比重管 picknometer;picnometer[pycnometer]
比重级 specific gravity fractions
比重计 density ga(u)ge;areometer; densimeter [densometer]; density meter;gravi(to)meter[gravimetre]; gravity balance; hydrometer; hydrostatic balance; pycnometer; stereometer
比重计标度 hydrometer degree
比重计测定法 hydrometric(al) method
比重计称重 weighting of hydrometer
比重计法 hydrometer analysis; hydrometer method
比重计分析 hydrometer analysis;wet mechanical analysis
比重计分析法 hydrometer analysis method;hydrometer method of analysis;wet mechanical analysis
比重计校准 hydrometer calibration
比重计瓶 hydrometer jar
比重计试验 hydrometer test
比重计型浮坞门 hydrometer type floating caisson
比重计用吸液器 hydrometer syringe
比重记录仪 recording gravimeter
比重控制 density control
比重偏析 gravity segregation
比重瓶 density bottle;gravity bottle; gravity tube;picknometer[pyknometer];picnometer[pycnometer];specific gravity bottle;specific gravity flask; volumetric(al) flask; weighing bottle
比重瓶比重计 areopycnometer[areopyknometer]
比重瓶测定比重法 pycnometer method
比重瓶法 <测定液体和骨料比重的> bottle method; pycnometer method;specific gravity bottle method
比重瓶法比重试验 specific gravity test with pycnometer method
比重瓶法测定的比重因数 pycnometer specific gravity factor
比重器 hydrostatic balance
比重清选机 specific gravity separator
比重曲线 specific gravity curve
比重去石机 specific gravity stoner
比重试验 specific gravity test
比重天平 balance for specific gravity; hydrostatic balance; Jolly balance;Oden balance;specific gravity balance
比重天平法 specific gravity balance method
比重系数 specific gravity factor
比重选种 specific gravity selection
比重液 specific gravity liquid
比重液电池 gravity battery
比重因素 specific gravity factor
比重正负0.1曲线 specific gravity plus or minus 0.1 curve
比重值 rate of specific gravity;specific gravity
比重指数 weight index number
比重中百分曲线 gravity mid percent
比重组成 specific gravity consist
比转矩 specific torque
比转矩系数 Esson coefficient;specific torque coefficient
比转速 specific rotating speed;specific rotating velocity
比转速常数 specific speed constant
比转速系数 specific speed factor
比浊滴定(法) heterometry;turbidimetric titration;heterometric titration
比浊法 nephelometric method;turbidimetric method;turbidimetry
比浊分析 turbidimetric analysis
比浊分析法 photoextinctionmethod
比浊计 nephelometer;turbidimeter
比浊计法 turbidimeter method

比阻 resistivity; specific resistance; specific resistivity
比阻抗 specific impedance
比钻压 bit weight per unit area

芘 pyrene

吡胺月酯 lapirium chloride

吡啶 pyridine
吡啶巴比妥酸比色法 pyridine-barbituric acid colo(u)rimetry
吡啶并 pyridino-
吡啶并吡啶 pyridopyridine
吡啶不溶解物质 pyridine-insoluble matter
吡啶的溶解度 solution pyridine
吡啶二羧酸 dipicolinic acid
吡啶酚 pyridol
吡啶和三氯乙醛产物 polychloral
吡啶基 pyridyl
吡啶甲醛 pyridylaldehyde
吡啶碱类 pyridine bases
吡啶硫胺 pyrithiamine
吡啶羟酸 pyridine carboxylic acid
吡啶染料 pyridine dye
吡啶三甲酸 pyridine tricarboxylic acid
吡啶斯的明 pyridostigmin(e)
吡啶酸 pyridine acid
吡啶酮 pyridone
吡啶酰胺 picolinamide
吡啶盐 pyridinium salt
吡啶氧化物 pyridine-N-oxide
吡啶一磺酸 pyridine monosulfonic acid
吡啶一羧酸 pyridine monocarboxylic acid
吡啶与三氯甲醛聚合物 viferral
吡啶中毒 pyridine poisoning
吡多辛 pyridoxine
吡多酯 piridoxilate
吡哆胺 pyridoxamine
吡哆醛 pyridoxal
吡哆醛氨基硫脲荧光光度法 pyridoxal thiosemicarbazide fluorophotometry
吡哆酸 pyridoxic acid
吡芬溴铵 prifinium bromide
吡喹诺唑 pirquinozol
吡喹酮 praziquantel
吡拉布隆 pyrabrom
吡拉明 pyramal; pyrilamine
吡拉酰胺 pirolazamide
吡拉唑酸 pirazolac
吡邻异常 adjacent anomaly
吡邻晕 adjacent halo
吡硫醇 pyritinol
吡咯 azole; pyrrole
吡咯并吲哚 pyrrolo-indole
吡咯格列 piroglirlde
吡咯庚汀 piroheptine
吡咯环 pyrrole ring
吡咯基 pyrryl
吡咯基甲酰 pyrrolylcarbonyl
吡咯洛 pirprofen
吡咯烷 pyrrolidine; tetrahydropyrrole
吡咯烷二硫代氨基甲酸铵 ammonium pyrrolidine dithiocarbamate
吡咯烷基 pyrrolidyl
吡咯烷三酮 pyrrolidinetrione
吡咯烷生物碱类 pyrrolidine alkaloids
吡咯烷羧酸 pyrrolidine carboxylic acid
吡咯烷酮 pyrrolidone
吡咯戊酮 pyrovalerone
吡咯系 azole series
吡咙 pyrrone
吡喃 pyrane
吡喃环 pyranoid ring
吡喃基 pyranyl
吡喃基化 pyranylation
吡喃木糖 xylopyranose; xylose
吡喃糖 pyranose
吡喃酮 pyrones
吡喃酮羧酸 pyrone carboxylic acid
吡喃型 pyranoid form
吡喃盐 pyranium salt
吡哌喷酯 pipenzolate bromide
吡哌酸 pipemidic acid
吡哌乙胺 picoperine
吡嗪 pyrazines
吡嗪羰酰胺 pyrazine carboxamide
吡嗪酰胺 pyrazinamide; pyrazine carboxylamide; pyrazinoic acid amide
吡酮类 pyrrones
吡维铵恩波酸盐 pyrvinium embonate
吡维氯铵 pyrvinium chloride
吡香豆酮 inicarone
吡乙二酮 pyrithyldione
吡乙酰胺 piracetam
吡吲哚 pirlindole
吡唑 pyrazole; pyrromonazole
吡唑基 pyrazolyl
吡唑蓝 pyrazole blue
吡唑类 pyrazoles
吡唑啉 pyrazoline
吡唑啉酮 pyrazolon(e)
吡唑啉酮分光光度法 pyrazolon(e) spectrophotometry
吡唑啉酮红 pyrazolon(e) red
吡唑啉酮黄 pyrazolon(e) yellow
吡唑啉酮染料 pyrazolon(e) dye
吡唑磷 pyrazoxon
吡唑烷基 pyrazolidyl
吡唑烷酮 pyrazolidone

彼此独立的交易 deal at arm's length

彼此独立的买卖 arm's-length sale; sale at arm's length
彼此可以抵销的债务 cross debt
彼得发动机 Peter engine
彼得红色黑云母花岗石装饰 Peterhead
彼得曼氏试验 Peterman test
彼得森海流计 Peterson current meter
彼得森图 Peterson graph
彼得森线圈 Peterson coil
彼得斯堡木材体积标准 <1 标准计量单位等于 165 立方英尺，约合 4.67 立方米> Petersburg standard
彼尔格莱姆锥齿轮刨齿机 Bilgram bevel gear shaper
彼拉里德 <一种防火门或百叶窗> Pyrelide
彼硫磷 pyrazothion
彼特传递速率 bit transfer rate
彼氧磷 pyrazoxon

俾塞姆钢 <用英国人亨利俾塞姆法炼成的钢> Bessemer

俾氏安全导火索 Bickford safety fuse
俾氏安全导火线 Bickford safety fuse
俾氏导火索 Bickford fuse
俾氏缓燃导火线 Bickford slow-firing fuse
俾斯麦海 Bismarck Sea
俾斯麦棕色 Bismarck brown

笔触输入 pen touch input

笔法 pencraft
笔杆 penholder; penstock; pen arm <记录仪表的>
笔号 pen number
笔痕 pen touch
笔划 stroke
笔划宽度 stroke width
笔划中线 center line
笔划字符发生器 stroke character generator
笔画 stroke
笔绘示波器 pen drawing oscilloscope
笔迹 chirography; handwriting; script
笔迹学 graphology
笔记本 memorandum[复 memodanda/memorandums]; notebook
笔记本式计算机 notebook computer
笔记簿 note hook; pocket book
笔记录器 writing pen recorder
笔架 brush rack; brush rest; penholder; pen carriage <自动记录器的>
笔尖 nib; pen point; stylus
笔尖杆 pen arm
笔尖划线法 pen scribe
笔尖记录器 pen recorder
笔尖误差 pen error
笔尖形的 styliform
笔录 put down
笔录供词 deposition
笔录极谱仪 pen recording polarograph
笔录器 ink writing recorder
笔录示波器 pen record oscillograph; pen-writing oscilloscope
笔录式极谱仪 pen recording polarograph
笔录式示波器 direct writing oscillograph
笔名 pen-name
笔墨记录器 pen-and-ink recorder
笔铅 black lead
笔塞孔 pen connect
笔石群体 rhabdosome
笔石相【地】graptolitic facies
笔石页岩 graptolite shale
笔式电流计 pen galvanometer
笔式跟踪数字化器 pencil follower
笔式跟踪头 pencil-like cursor
笔式绘图机 pen plotter
笔式绘图仪 pen plotter
笔式记录 record of pen
笔式记录器 pen recorder; pen writing recording instrument
笔式记录示波仪 stylus type direct-writing oscillograph
笔式气砂轮机 pencil-type grinder
笔式示波器 pen oscillograph
笔式自动记录器 pen recorder
笔式自动记录仪 pen automatic recorder; pen recorder
笔试 written examination
笔算 hand computation; manual computation; written calculation
笔算法 longhand method
笔铁矿 pencil ore
笔筒 brush holder; brush stand
笔头 <记录仪> stylus
笔头差 pen equation
笔头夹板 pencil lead holder
笔误 a slip of the pen; clerical error; clerical typographical error
笔洗 brush pot; brush-washer
笔写计算机 pen-based computer
笔形波束 pencil beam
笔形波束天线 pencil-beam antenna
笔形测温计 colo(u)r pencil
笔形测针 pencil-type probe
笔形管 pencil-tube
笔形管放大器 pencil-tube amplifier
笔形管振荡器 pencil-tube oscillator
笔形混频管 pencil mixer
笔形热偶测针 pencil-type thermocouple probe
笔形射束天线 pencil-beam antenna
笔形温度计 colo(u)r pencil
笔形(显色)测温计 colo(u)r pencil
笔型 pen type
笔型剂量计 pen-type dosimeter
笔译 written translation
笔直 upright
笔直的 straightaway
笔直的柱 unbending column
笔直木材 straight timber
笔状构造 pencil structure
笔状泥芯 pencil core
笔状劈理【地】pencil cleavage
笔状突起 stylus

舭板 bilge plate

舭部列板 bilge strake
舭部曲度半径 bilge curvature radius
舭部外板 bilge plating
舭部弯曲处 turn of bilge
舭部油水分离器 bilge separator
舭部折角线 chine line
舭撑柱 bilge shore
舭承凸座 bilge altar
舭对角线 bilge-diagonal intercept
舭墩(木) bilge block; bilge cribbing; side block
舭放水栓 bilge plug
舭集油柜 oil bilge collecting tank
舭角钢 margin angle
舭肋材 bilge frame
舭肋骨 bilge timber
舭列板 bilge strake
舭裂板 bilge plate
舭龙骨 bilge chock; bilge keel
舭内龙骨 bilge keelson
舭内龙骨阻尼 bilge keel damping
舭排水栓 bilge plug
舭水道盖板 bilge board
舭水井 bilge hat; bilge well; drain hat; drain pot
舭水总管 bilge main
舭外板 bilge plank; bilge plating; strake
舭吸水管 bilge injection; bilge line; bilge pipe; bilge suction
舭泄水塞 bilge plug
舭油水分离 bilge separator
舭圆 bilge circle
舭缘线 chine
舭肘板 bilge bracket; margin bracket; margin plate; tankside bracket; tankside knee; wing bracket
舭纵材 bilge stringer

币金 coin gold

币值 value of currency; valuta
币值变动 currency fluctuation
币值波动 currency fluctuation
币制 currency system

必报点 compulsory reporting points

必备部件 integral part
必备水箱 integral tank
必备条件 conditiosine qua non; essential condition; indispensable condition; necessary condition
必可复气雾剂 becloforte spray
必可酮气雾剂 becotide spray
必然的结果 corollary
必然发生的成本 inescapable cost
必然反应 natural response
必然规律 fixed rule; inexorable law
必然结果 foregone conclusion; inevitable outcome; inevitable result
必然区域 sure region
必然趋势 inexorable trend
必然事件 certain event; matter of ne-

cessity;sure event
必然王国 realm of necessity
必然性 certainty;certitude;inevitability
必然演替 inevitable succession
必释值 must-release value
必死性 mortality
必停站口 <指公共汽车逢站必停的路口> local access
必修科目性 compulsory subject
必修课程 compulsory course
必须报告的 notifiable
必须穿劳保鞋 foot protection must be worn
必须戴安全帽 head protection must be worn
必须戴保护眼镜 eye protection must be worn
必须戴耳罩 hearing protection must be worn
必须戴口罩 respiratory protection must be worn
必须缴纳的印花税 capital duty
必须缴税的财产 property chargeable with duty
必须谨慎处理的问题 delicate question
必须履行的 obligatory
必须填写的细节 mandatory particular
必须属籍类别 mandatory membership class
必须遵守的 binding
必须遵循的要求 mandatory requirement
必需出力 must run output
必需带宽 necessary bandwidth
必需的超挖部分 back cutting
必需的代理 agency of necessity
必需的辅助因素 essential cofactor
必需电能 must run energy
必需费用 necessary expenses
必需基团 essential group
必需矿物质 essential mineral
必需矿物质元素 essential mineral element
必需品 essential goods;munition;necessary
必需微量元素 essential microelement
必需元素 essential element
必需脂肪酸 essential fatty acid
必需脂肪酸指数 essential fatty acid index
必要保护率 necessary protection ratio
必要标准 desirable criterion
必要补充 necessary supplement
必要部分 part-and-parcel
必要操作 necessary operation
必要产品 necessary product
必要成分 essential component
必要带宽 necessary bandwidth
必要的超挖部分 back cutting
必要的设计荷载 required design load
必要的数据 pertinent data
必要的协助 appropriate assistance
必要多数 required majority;requisite majority
必要和足够条件【数】necessary and sufficient condition
必要换气量 ventilation requirement
必要经费 necessary expenses
必要净吸入扬程 required net positive suction head
必要开挖 required excavation
必要劳动 necessary labo(u)r
必要劳动时间 necessary labo(u)r time
必要连字符 required hyphen character
必要前提 precondition-prerequisite
必要且充分的条件 necessary and sufficient condition
必要设备 necessary equipment
必要生活资料 necessary means of livelihood
必要水分 essential water
必要水深 requisite depth
必要说明 compulsory declaration
必要条件 causa sine qua non;essential condition;necessary condition;prerequisite;sine qua non
必要条款 keepwell
必要通风 required draft
必要通行权 easement of necessity
必要性预测 requirements forecasting
必要要求 exclusive requirement
必要元素 essential element
必要原因 causa sine qua non
必要资格 sine qua non
必要资历 essential qualification
必要最低利润 necessary minimum profit
必支费 obligatory expenditures
必作值 must-operate value

毕阿兹法 Biazzi process

毕奥定律 Biot law
毕奥固结理论 Biot's consolidation theory
毕奥模数 Biot modulus
毕奥-萨伐定律 Biot-Savart law
毕奥-萨伐尔-拉普拉斯定律 law of Biot-Savart-Laplace
毕奥塔照相镜头 Biotar lens
毕奥特 <圆偏振二向色性物质转动强度单位> biot
毕奥系数 Biot modulus;Biot number
毕达哥拉斯定理 Pythagorean theorem
毕达哥拉斯数 Pythagorean number
毕达哥拉斯验算 Pythagorean test
毕达哥拉斯直角控制器 Pythagorean right-angle inversor
毕代玛管 bidematron
毕德迈尔式 <19 世纪前半期德国、奥地利流行的家具风格> Biedermeierstil
毕尔巴港 <西班牙> Port Bilbao
毕函数 Bei function
毕竟有界限域 region of ultimate boundedness
毕竟有界性 ultimate boundedness
毕拉姆式风速计 Biram's wind meter
毕列尔窑 Buhrer kiln
毕玛管 bimatron
毕门视距弧 Beaman stadia arc
毕培式联轴器 Bibby coupling
毕生工作 lifework
毕生楼板 bison floor
毕氏钢标 Bilby steel tower
毕氏岩芯管 Pickard core barrel
毕索法 Bishop's method
毕索夫法 Bischof's process
毕索夫系数 Bischof's coefficient
毕索光环 Bishop's ring
毕索简化条分法 Bishop's simplified method of slice
毕索普图解法 Bishop's graphic(al) construction
毕索与摩根斯坦(边坡稳定分析)法 Bishop's and Morgenstern slope stability analysis method
毕特线圈 spiral-staircase coil
毕托管 ga(u)ge tube
毕西 pieze
毕肖普固结仪 Bishop consolidometer
毕肖普简化条分法 bird's simplified method of slice
毕肖普取土器 Bishop sampler
毕肖普与摩根斯坦法滑坡分析法 Bishop and Morgenstern slope stability analysis method
毕谢蒸发器 Piche evapo(u)rimeter
毕业税 graduate tax
毕业文凭 diploma
毕朱尔式升压机 Bijur type booster

闭板 closing plate

闭半平面 closed half space
闭半直线 closed half line
闭包 closure
闭包代数 closure algebra
闭包公理 closure axiom
闭包关系 closure relation
闭包假设 closure assumption
闭包条件 closure condition
闭包运算 closure operation
闭杯闪点 closed cup flash point
闭杯闪点测定器 closed cup flash tester;set a flash closed tester
闭杯闪点试验 closed cup flash point test
闭杯闪点试验器 closed cup flash point tester
闭杯试验器 closed cup tester
闭波导 closed waveguide
闭博弈 closed game
闭操作 closed operation
闭槽电枢 armature with closed slots;closed-slot armature
闭槽路 closed channel
闭测地线 closed geodesic
闭厂 lockout;shut out
闭船渠 closed basin
闭磁路变压器 closed core transformer;commutator transformer
闭磁路装置 closed-flux device
闭单形 closed simplex
闭点 close point
闭电路制 closed circuit system
闭顶单灯 <航标灯> closed-top single lantern
闭顶双灯 <一种航海上信号灯> closed-top duplex lantern
闭斗缆【疏】hold wire
闭斗绳 <抓岩机> closing rope
闭端 closed end;dead end
闭端颠倒温度计 protected reversing thermometer;protected thermometer
闭端管状针 closed-end tubular needle
闭端火花塞 closed-end spark plug
闭端式 closed-end type
闭端式拨禾轮 closed-end reel
闭端式谐振控 closed-end resonator
闭段 block
闭断瓣 shutting clack
闭断电流 turn-off current
闭锻模钢 closed die steel
闭对策 closed game
闭对应 closed correspondence
闭封式螺旋输送机 shrouded screw conveyer[conveyor]
闭复合形 closed complex
闭港 closure of port
闭关锁国 seclude the country from the outside world;seclusion
闭关政策 closed-door policy;exclusion policy
闭关自守 close the country to international intercourse;closing the door to the outside world;national seclusion;seclusion
闭关自守的 self-contained
闭关自守经济 closed economy
闭关自守政策 closed-door policy;policy of seclusion
闭管 closed tube;stopped pipe
闭管法 closed-tube method
闭管海水温度表 protected reversing thermometer
闭管扩散 closed-capsule diffusion
闭管外延 epitaxy in closed device
闭管温度表 protected thermometer
闭管压力计 closed manometer
闭合 closeness;close up;closing;pinning;clogging
闭合按钮 close(d) push button
闭合背斜【地】closed anticline
闭合泵浦系统 close-packed pumping system
闭合比 ratio of closing error;ratio of closure
闭合并自锁 closed and self-holding
闭合波导 closed waveguide
闭合薄壁管 closed thin-wall tube
闭合不全 dysraphism;failure of fusion
闭合槽 closed slot;tunnel slot
闭合侧门窗梃 closing stile
闭合差【测】angular error of closure;closure discrepancy;closure error;discrepancy in closing;misclosure;closure;mis-tie
闭合差边长配赋法 compass rule
闭合插座 closed socket
闭合程序 closed routine
闭合程序控制 closed-sequence control
闭合畴 closure domain
闭合储油层 closed reservoir
闭合触点 closing contact;make contact
闭合船坞 enclosed dock
闭合船闸 closed lock
闭合磁畴 closed domain;closure domain
闭合磁路 closed magnetic circuit
闭合磁位形 closed magnetic configuration
闭合大地线 closed geodesic line
闭合导线【测】closed(-on-itself) traverse;closing traverse;complete loop;loop traverse;back traverse;closed polygon
闭合导线观测 looping observation
闭合导线误差 misclosure
闭合的 closed;conductively closed
闭合的低势区 enclosed low potential area
闭合等高线 closed contour
闭合等值线法 method of closed contour
闭合低压 closed low
闭合堤 closing levee
闭合点 <导线的> closing station;close point;closing point
闭合电流 closed path;closing current;making current
闭合电路 closed circuit;complete circuit;made circuit
闭合电路电视 closed circuit television
闭合电路设计 closed circuit design
闭合电压 sealing voltage
闭合定理 closure theorem
闭合动作 closing movement
闭合读数 closing reading
闭合度 closure
闭合端 closed end
闭合段 <导线的> closure section
闭合断层【地】closed fault;sealed fault
闭合断开 make-and-break
闭合对 closed pair
闭合对椽 <用拉杆在脚部系住的>

couple-close
闭合多边形 closed polygon
闭合多边形刚架 closed polygonal rigid frame
闭合多边形刚架实体结构 closed construction
闭合轭 closed yoke
闭合阀门 closure valve
闭合反馈回路控制 closed loop control
闭合范围 closing range
闭合方位角 closed azimuth angle
闭合方向 closing direction
闭合刚构 closed frame;rigid frame
闭合钢箍 closed stirrup;closed tie < 钢筋混凝土柱的 >
闭合港池 closed basin;enclosed dock
闭合高度 shut height
闭合高度指示仪 shut height indicator
闭合高压 closed high
闭合公差 close tolerance;closure tolerance
闭合公式 closed formula
闭合构造 closed structure;closure to prevent reverse flow
闭合管道 closed duct
闭合轨道畸变 closed orbit distortion
闭合过程 closed process
闭合海港 closed harbo(u)r
闭合海湾 closed bay
闭合和 closing sum
闭合滑板 closed slide
闭合环流 close cell;unending circulation
闭合环路 closed circuit;closed loop;closed polygon
闭合环系统 closed-loop system
闭合环线 closed circuit
闭合环线周长 length of closed loop
闭合环形接缝 confined O-ring joint
闭合回路 closed loop(circuit);loop circuit;closed path;circuital forces < 平衡力系中矢量相加所形成的 >
闭合回路碘激光器 closed-cycle iodine laser
闭合回路跟踪系统 closed loop tracking system
闭合回路冷却 closed circuit cooling;closed-cycle cooling
闭合回路频率 recirculating loop frequency
闭合回路汽暖 closed circuit steam heating
闭合回路式潜水呼吸系统 closed-cycle underwater system
闭合回路试验 closed loop test(ing)
闭合回路锁相系统 close loop phase lock system
闭合回路遥测系统 closed loop telemetry system
闭合回路增益 closed loop gain
闭合回线 closed loop
闭合回线控制 closed loop control
闭合回线特性 loop-type characteristic
闭合回转弯头 close return bend
闭合火花 make spark;spark at make contact
闭合机构 closing mechanism
闭合加压润滑 closed circuit pressured lubrication
闭合夹 closed clamp
闭合间隙 closure gap
闭合交换层 closed mixolimnion
闭合接触(点)make contact
闭合接点 circuit-closing contact;closed contact;contact-closure;make contact;making contact
闭合接头 closed joint
闭合节理 tight joint
闭合节理组 tight joint set
闭合结构 closing structure;closure structure
闭合截面 closed cross section
闭合解 closed-form solution
闭合开关 close switch
闭合壳层 closed shell
闭合空间 closed space
闭合空隙 closure gap
闭合孔隙 closed void
闭合块 closure section
闭合力 closing force
闭合力多边形 closed-force polygon;closed polygon of force
闭合例行程序 closed routine
闭合连续方案 closed sequential scheme
闭合链节 chain lock;master link
闭合流域 closed(drainage)basin;cut-off basin
闭合流域水均衡观测法 water balance observation method in closed watershed
闭合楼梯 closed stairway
闭合螺管 closing coil
闭合螺线阵列 closed spiral array
闭合脉冲 make pulse
闭合锚杯 closed socket
闭合面积 closed area
闭合模 closed die
闭合模糊信息 closed fuzzy information
闭合模模塑 closed mo(u)ld mo(u)lding
闭合模汽缸 closing cylinder
闭合能力 making capacity
闭合盆地 closed basin
闭合期间 period of contact
闭合气量 closing volume
闭合砌块 hog
闭合器 closer
闭合嵌板 closed sandwich type panel
闭合戗脊 close-cut hip
闭合桥台 close abutment
闭合区 closed region
闭合曲线 closed curve;loop curve;making curve
闭合曲线定义文件 polygon definition file
闭合圈 closed loop
闭合绕组 reentrant winding
闭合容量 making capacity
闭合容器 closed container
闭合三角形 closed triangle
闭合设备 closing apparatus
闭合设计函数 enclosing design function
闭合(射)流 closed jet
闭合生态生活支援系统 closed ecological life support system
闭合生态系统 closed ecological system
闭合时的压力冲击 closing pressure surge;closing shock
闭合时间 closing period;closing time;make delay;make time;making time;operate time
闭合时间延迟 make delay
闭合式 180°弯头 close pattern return bend
闭合式 U 形弯头 close return bend
闭合式编码震源 enclosed coded source
闭合式泊位 enclosed berth
闭合式测定法 closed circuit method
闭合式对偶屋顶 couple-close roof
闭合式钢肋正交类性板面桥梁 orthotropic deck bridge with closed steel ribs
闭合式港池 closed harbo(u)r basin;enclosed dock;enclosure dock;dock harbo(u)r;closed dock
闭合式港(口)closed harbo(u)r;enclosed harbo(u)r;impounded dock
闭合式回转弯头 closed pattern return bend
闭合式夹心护墙 closed sandwich type panel
闭合式夹心幕墙 closed sandwich type panel
闭合式解 closed formed solution
闭合式螺旋管钻 closed spiral auger
闭合式锚泊地 enclosure road
闭合式排水 closed drain(age)
闭合式喷管 closed effuser
闭合式叶轮 close impeller
闭合释放 make-busy release
闭合数组 closed array
闭合水管道系统 closed water-piping system
闭合水区 closed water body;enclosed (bodies of) waters;landlocked(bodies of)waters
闭合水域 closed water body;enclosed (bodies of) waters;landlocked (bodies of)waters
闭合水准(测量)网 closed level circuit
闭合水准环 closed level circuit
闭合水准路线 closed level(l)ing line;close level
闭合顺序 closing order
闭合顺序控制 closed-sequence control
闭合速度 closing speed
闭合梭口 closed shed
闭合体积 closed volume
闭合体系 closed system
闭合条件 conditions for closure
闭合调压塔 closed surge tank
闭合铁芯 closed core
闭合铁芯式 closed core type
闭合铁芯式变压器 closed core type transformer
闭合铁芯式电磁铁 iron-clad electromagnet
闭合铁芯型电抗器 closed core type reactor
闭合通风系统 closed ventilation system
闭合通路碘激光器 closed-cycle iodine laser
闭合通路灌浆 closed circuit grouting
闭合通路注油系统 closed circuit oil system
闭合图形 closed figure
闭合图形闭合差 closure error of closed figure
闭合图形内角个数 inner angle number of closed figure
闭合拓扑 closed topology
闭合网络封条 chased-cell closure strip
闭合网络控制 closed network control
闭合位置 closed position;closure position;make position;on position
闭合问题 closed-ended question
闭合屋谷 close-cut valley
闭合屋面天沟 closed valley
闭合误差【测】closing error;error of closure;closure error;error of enclosure
闭合误差三角形 triangle of error
闭合系统 closed system
闭合线【测】closed line;point-to-point line;closing line
闭合线积分 circuitation
闭合线路 closed line
闭合线圈 closing coil
闭合相位 closure phase
闭合箱梁(截面)closed box girder
闭合谐振腔 closed resonator
闭合行程 closing stroke
闭合性损伤 closed injury;closed wound
闭合循环 closed cycle
闭合循环调节 closed-cycle control
闭合循环回路 closed loop
闭合循环级联式氦致冷器 closed-cycle cascade helium refrigerator
闭合循环节流制冷器 closed-cycle throttling refrigerator
闭合循环空气冷却发电机 closed air system cooled alternator
闭合循环冷却微波激射器 closed-cycle cooling maser
闭合循环燃料电池 closed-cycle fuel cell
闭合循环燃气(涡)轮机 closed-cycle gas turbine
闭合循环指令 closed loop instruction
闭合循环致冷 closed circuit refrigeration
闭合循环致冷器 closed-cycle cryogenic refrigerator
闭合压力 closing pressure;shut in pressure
闭合压力灌浆 closed circuit grouting
闭合延迟时间 make delay
闭合堰 closed weir
闭合页 gate hinge
闭合移位计数器 close shift counter
闭合有限复合形 closure-finite complex
闭合语句【计】close statement
闭合再循环方式 closed recirculation system
闭合噪声 closing noise
闭合闸门 closed lock;dosed lock
闭合折线 closed polyline
闭合褶皱【地】closed fold;tight fold
闭合阵列 closed array
闭合振荡电路 closed oscillation circuit
闭合振荡回路 closed oscillator
闭合振荡器 closed oscillator
闭合支线 < 导线的 > cut-off line
闭合值 closing value
闭合指令循环回路 closed instruction loop
闭合制 closed system
闭合桩 closure pile
闭合装置 closing device
闭合状态 closed position;on position
闭合子程序 closed subroutine;linked subroutine
闭合子集 closed subset
闭合作用 closing action
闭核 closed kernel
闭弧【数】closed arc
闭环 closed loop;closed ring;feedback loop
闭环程序 closed loop program(me)
闭环传递函数轨迹图 closed loop transfer locus
闭环的 loop-locked
闭环电路 closed loop circuit
闭环电压增益 closed loop voltage gain
闭环反应 ring-closure reaction
闭环方案 closed loop policy
闭环废水系统 closed loop wastewater system
闭环分解矩阵 closed loop resolvent matrix
闭环干涉型光纤传感器 close loop interferometric fiber optic(al)sensor
闭环共振峰值 magnitude of closed loop resonant peak
闭环估计法 closed looped estimation
闭环过程控制 closed loop process control
闭环计算机控制系统 closed loop

B

computer control system
闭环空气冷却 closed circuit air cooling
闭环控制 closed loop control
闭环控制电路 closed loop control circuit
闭环控制回路 close loop control circuit
闭环控制系统 closed-cycle control system;cyclic(al) control system; closed loop control system
闭环力矩试验 closed circuit torque testing
闭环频率响应 closed loop frequency response
闭环闪点 close cap flash point
闭环式操作 closed circuit operation
闭环式气举 closed rotative gas lift
闭环适配器 closed loop adapter
闭环伺服控制系统 closed loop servo control system
闭环伺服系统 closed loop servo system
闭环随从自动调整系统 servo-loop control
闭环锁相系统 closed loop phase lock system
闭环太阳能加热系统 closed loop solar heating system
闭环调节 closed-cycle control;closed loop regulation
闭环调整 closed loop regulation
闭环烃 closed-ring hydrocarbons
闭环网络 closed network
闭环稳定性 closed loop stability
闭环系统矩阵 closed loop system matrix
闭环相角 closed loop phase angle
闭环循环系统 closed loop recycling system
闭环增益 closed loop gain
闭环致冷器 closed-cycle cooler
闭环转接器 closed loop adapter
闭环自动化水处理厂 closed loop automated water treatment plant
闭环自动控制 automatic closed-loop control
闭环自适应光学系统 closed loop adaptive optical system
闭环组合测量法 closed-series combination method of measurement
闭环作用 ring closure
闭回路 loop circuit
闭回路控制 closed loop control
闭回线积分 circulation
闭集 closed aggregate;closed set【数】
闭架<指图书资料架> closed stack; closed shelves
闭架借阅 closed counter lending
闭架式 closed stack system
闭架制度 closed shelf system
闭键烃 closed-chain hydrocarbon
闭浆 closure
闭节劈理 close-joint cleavage
闭紧的 choking
闭井储油 shut in storage
闭井阀 shut-off valve
闭井井底压力 shut in bottom hole pressure
闭井压力 shut in pressure
闭井压力表 shut-off ga(u)ge
闭井压头 shut-off head
闭开 make-and-break
闭开触头 make-and-break contact
闭开接点 make-and-break contact
闭壳层原子 closed shell atom
闭壳层组态 closed shell configuration
闭空隙率 close void ratio
闭孔 obturator foramen;unicellular
闭孔发泡料 closed cell foam
闭孔海绵胶 sealed cell sponge rubber
闭孔结构 closed cell structure
闭孔密封膏背衬材料 closed cell sealant backing
闭孔膜 obturator membrane
闭孔囊 obturator pouch; paravesical pouch
闭孔泡沫 closed cell foam
闭孔泡沫材料 closed cell cellular material
闭孔泡沫塑料 closed cell foam(ed) plastics;unicellular plastics
闭孔泡沫橡胶 gas-expanded rubber; unicellular rubber
闭孔气泡 closed cell
闭孔气泡密封剂 closed cell foam seal
闭孔器 obturator
闭孔式多孔材料 closed cell cellular material
闭孔体积 closed pore volume
闭孔支 obturator branch
闭口扳手 cap key;closed-end spanner;closed-end wrench
闭口杯试验 closed cup test
闭口薄壁杆件 thin-walled member with closed section
闭口槽 closed slot
闭口抵押 closed-end mortgage
闭口订货单 close indent
闭口盾构 blind shield
闭口坩埚 cover(ed) pot
闭口钢箍 closed stirrup
闭口港 closed harbo(u)r
闭口箍(筋) closed stirrup
闭口管桩 closed end pile
闭口湖泊 closed lake
闭口环榫 closed ring dowel
闭口截面 closed section
闭口截面的桥梁上部结构 closed deck
闭口孔隙 closed void
闭口孔型 dead hole;tongue and groove pass
闭口孔型轧制 tongue and groove rolling
闭口梁形轧槽 dead-beam pass
闭口气孔 closed pore
闭口气孔率 closed porosity
闭口闪点 closed flash point
闭口绳头套环 close end socket
闭口式风洞 closed-jet wind tunnel
闭口式机架 housing of the closed top
闭口式孔型 closed pass
闭口式孔型轧制法 tongue and groove method
闭口式箱形孔型 closed box groove
闭口式轧槽 closed groove; closed pass;dead groove
闭口铁芯 closed core
闭口铁芯变压器 closed core transformer
闭口箱形孔型 closed box pass
闭口压力 closing jaw pressure
闭口桩尖 dosed end of pile
闭理想子环 closed ideal minor ring
闭联 seco
闭联集 continuum[复 continua]
闭联集的势 power of continuum
闭链 closed chain
闭链化合物 closed chain compound
闭链烃 closedchain hydrocarbon
闭链烃类【化】closed-chain hydrocarbons
闭链系 closed chain series
闭列程 closed routine
闭裂缝强度 closed fracture density
闭邻域 closed neighborhood
闭流海沉积 euxinic deposit(ion)
闭流路 closed channel
闭流区 blind drainage area;non-contributing area
闭流水系 blind drainage;closed drainage
闭垄 backfurrow;blind furrow;double furrow
闭路 closed circuit;closed path;close(d)-up;closing;closure;completed circuit;made circuit
闭路操作 closed circuit operation
闭路除尘器 closed circuit deduster
闭路触点 make contact
闭路传递函数 loop transfer function
闭路传输 closed circuit transmission
闭路传输线 close-circuited transmission line
闭路单独通风 enclosed separately ventilation
闭路电报系统 closed circuit telegraph system
闭路电池组 closed circuit battery
闭路电解系统 closed electrolysis circuit
闭路电流容量 closing capacity
闭路电路 closed circuit
闭路电视 cable television; CCTV [closed circuit television]; wired television
闭路电视共用天线系统 closed circuit television common antenna system
闭路电视接收机 closed circuit television set
闭路电视控制系统 closed circuit television control system
闭路电视摄像机 closed circuit television camera
闭路电视系统 closed circuit TV system
闭路电压 closed circuit voltage
闭路粉磨 closed circuit grinding; grinding in closed circuit
闭路粉磨法 closed circuit method
闭路粉磨系统 closed circuit grinding system
闭路风洞 close-circuit wind tunnel
闭路工艺 closed process
闭路工作 closed circuit working
闭路供水 closed water feed
闭路管系 dosed circuit pipe system
闭路机理 mechanism for closing
闭路激光器 closed circuit laser
闭路加注系统 closed circuit filling system
闭路接点 circuit-closing contact;closed circuit contact
闭路接法 circuit-closing connection
闭路接线法 closed circuit connection
闭路空间 loop space
闭路控制 close-cycle control
闭路冷却塔系统 closed-circuit cooling tower system
闭路冷却系统 closed circuit cooling system
闭路连接 make connection
闭路录像 closed circuit recording
闭路录音 closed circuit recording
闭路码 circuit;circuit code
闭路脉冲 make impulse
闭路磨 closed circuit mill
闭路磨矿 closed circuit grinding
闭路磨矿机 closed circuit grinder
闭路磨碎 closed circuit grinding
闭路耦合 closed circuit coupling
闭路破碎 closed circuit crushing;crushing in closed circuit;cycle crushing
闭路破碎系统 closed circuit closed circuit crushing system
闭路器 circuit closer;closer
闭路球磨机 closed circuit ball mill
闭路绕组 reentrant winding
闭路润滑 closed circuit lubrication
闭路筛 closed circuit screen
闭路生态学系统 closed ecological system
闭路湿法粉磨系统 closed circuit wet grinding system
闭路湿法原料粉磨 closed circuit wet raw grinding
闭路式 closed circuit system
闭路式的 closed circuit
闭路式电视<有线电视> closed circuit television
闭路式电视摄像机 closed circuit TV camera
闭路式工作 closed circuit working
闭路式管(道)系(统) closed circuit pipe system
闭路式轨道电路 closed-type track circuit; normally energized track circuit
闭路式轨道电路继电器 closed track circuit relay
闭路式轨道电路系统 closed track circuit system
闭路式轨道电路制 closed track circuit system
闭路式连接 closed circuit coupling
闭路式水下呼吸器 closed circuit underwater breathing apparatus
闭路式通风 closed circuit ventilation
闭路伺服加速度计 closed loop servo accelerometer
闭路特性 closed loop characteristic
闭路天线 closed aerial;closed antenna
闭路通风式电机 machine with closed circuit ventilation
闭路通信[讯] closed circuit signal(l)ing
闭路通信[讯]系统 closed circuit communications system
闭路网络控制【交】closed network control
闭路信号发送 closed circuit signal(l)ing
闭路循环 closed circuit;closed cycle; closed loop;closed recirculation
闭路循环粉磨 feedback grinding
闭路循环灌浆 closed circuit grouting
闭路循环破碎机 closed circuit crusher
闭路循环燃气(涡)轮机 closed-cycle gas turbine
闭路循环系统 closed cycle system
闭路循环选矿机 closed system separator
闭路循环氧气设备 closed circuit oxygen equipment
闭路循环用水系统 closed circuit water system;water system of closed-circuit circulation
闭路循环油系统 closed circuit oil system
闭路循环作业 closed circuit operation
闭路压力注浆(法) closed circuit pressure grouting
闭路研磨法 closed circuit pulverizing
闭路原理 closed circuit principle
闭路原则 closed circuit principle
闭路振荡器 closed oscillator
闭路振动器 closed oscillator
闭路振子 closed oscillator
闭路制 closed circuit system
闭路自携式水下呼吸器 closed circuit scuba
闭路阻抗矩阵 loop-impedance matrix
闭门操作 close door operation
闭门力<闸门的> closing power
闭门器 door closer
闭门装置 door closer-holder
闭皿闪点试验 closed cup flash test
闭皿闪法试验 closed cup test

闭模成型技术 closed mo(u)lding
闭模锻造 closed-die forging
闭模锻造力学 mechanics of closed die forging
闭模时间 dwell time;mo(u)ld hold time;residence time
闭模型 closed model
闭膜管 obturator canal
闭幕 drawdown the curtain
闭平面 closed plane
闭气 air-off;indehiscent air
闭气阀 air shut-off valve;gas check valve
闭气孔 closed pore
闭气孔率 sealed porosity
闭汽点 cut-off point
闭腔窑 chamber kiln
闭区间 closed interval
闭区域 closed region
闭曲面 closed surface
闭曲线 closed curve
闭圈电枢 closed coil armature
闭圈绕组 closed coil winding
闭圈式电枢 closed coil armature
闭圈式电枢绕组 closed coil armature winding
闭入洞中 cavern
闭塞 blanking; blankoff; blockage; block system; locking in; lockout; make-busy; obstruction; obturation; occlusion; plugging(-up); blocking
闭塞按钮 block(ing push) button; make-busy jack
闭塞板 blind flange
闭塞表示孔 block window
闭塞表示器 blocking indicator
闭塞部件 block unit
闭塞操作 block service
闭塞差【测】closing error;closure discrepancy; closure error; error of closure
闭塞触点 block contact
闭塞代用法 block applied method
闭塞的闭塞机 closed block
闭塞的房间 block chamber
闭塞的线路 line blocked
闭塞的一头 dead end
闭塞电报机 block telegraph instrument
闭塞电话(机) blocking telephone
闭塞电话线 block telephone line
闭塞电极 pick-off electrode
闭塞电键 make-busy key
闭塞电缆 block cable
闭塞电路 block circuit;lockout circuit
闭塞电阻 blocked resistance
闭塞端 <管道的> dead end
闭塞阀 blocking valve
闭塞方案 block scheme
闭塞分区 <列车运行> intermediate train distancing point;blocking section;block subsection;intermediate train distancing post; subdivided block section
闭塞分区接合点 block joint
闭塞封闭器 blind closure
闭塞复通 disobliteration
闭塞复原按钮 block restoration button
闭塞杆 blocking lever;lever block
闭塞管 clogged tube;closewise tube
闭塞过程 seclusion
闭塞海 closed sea
闭塞湖 checked-up lake
闭塞环 obturator ring
闭塞机 block apparatus;block cabinet;block equipment;block instrument;block unit
闭塞机构 block mechanism
闭塞机故障 block instrument failure
闭塞机和铃声信号闭塞法 blocking by instruments and bell signals
闭塞机所控制区段 block instrument section
闭塞机锁尺 block interlocking slide
闭塞机锁条 block interlocking slide
闭塞机维修 block service
闭塞机位置表示器 block position indicator
闭塞机箱 box of block instrument
闭塞机座 pedestal for block instrument
闭塞计划 block scheme
闭塞继电器 blocking relay; lock-in relay;make-busy relay
闭塞间隔 block interval
闭塞检查 block proving
闭塞解除电路 line freeing circuit
闭塞开关 block switch
闭塞空间 dead-air space;dead-air compartment <空心墙内的>
闭塞空气 dead air;entrapped air;stagnant air
闭塞空气间 dead-air compartment; dead-air space
闭塞空气绝缘 dead-air insulation
闭塞空隙 dead-air void
闭塞控制 block control
闭塞控制站 block post
闭塞连锁系统 blocking interlocking system
闭塞了的 blocked
闭塞铃 block bell
闭塞铃信号 block bell signal
闭塞流 choking flow
闭塞流域 sealed basin
闭塞滤波器 blocking filter
闭塞脉冲 disabling pulse; suppressor pulse
闭塞器 block instrument; closer; obturator
闭塞器座 pedestal for block instrument
闭塞区 dead zone
闭塞区段 block section; track block section;block instrument section
闭塞区段长度 block interval
闭塞区段出清 block clear
闭塞区段出清点 block clearing point
闭塞区段占用 block occupancy
闭塞区段占用表示 block occupancy indication
闭塞区间 block section;intermediate block;section blocked;track block section
闭塞区间长度 block interval; block length
闭塞区间开通 block clear
闭塞区间开通地点 block clearing point
闭塞区间开通点 block clearing point
闭塞区间空闲位置 block clear position
闭塞区间入口 entrance of block
闭塞取消机 block cancelling instrument
闭塞塞孔 make-busy jack
闭塞设备 block equipment
闭塞手柄 block handle
闭塞手续 block procedure
闭塞水体 landlocked body of water
闭塞锁 block lock
闭塞纹孔对 aspirated pit pair
闭塞物 block
闭塞系统 blocked system;closed system
闭塞系统继电器 block system relay
闭塞线 block telephone line;plugging-up line
闭塞线路 blocked track
闭塞线圈 holding-on coil;holding out coil
闭塞消失 disobliteration
闭塞信号 block(section)signal
闭塞信号按钮 block signal(l)ing push button
闭塞信号标准规则 Standard Code of Block Signal Rules
闭塞信号规则 block signal rules
闭塞信号机【铁】block section signal; block signal machine
闭塞信号控制站 block post
闭塞信号系统 block signal system
闭塞信号箱 block signal box
闭塞信号员 block signalman; block signal operator
闭塞信号制 block signal system
闭塞型车场电码联锁 block type yard code interlocking
闭塞性过滤 blocking filtration
闭塞站 block station
闭塞振荡器 blocking oscillator
闭塞指示器 block indicator
闭塞制 block system
闭塞中继器 block repeater
闭塞转接器 block switch
闭塞装置 blocking device; block system; interlocking; locking device; plugging-up device
闭砂 closed sand;Fales grain
闭上链 cocycle
闭生群落 closed community
闭式 closed type
闭式凹板 blind concave; closed-type concave
闭式侧滑块压力机 straight-side press with-side slide
闭式铲斗 closed-type bucket
闭式传动 closed drive;enclosed drive
闭式传送带 closed-belt conveyer[conveyor]
闭式袋包装机 valve bag filling machine
闭式单点压力机 closed-type single point press; enclosed single point press; straight-side single point press
闭式单动曲柄压力机 closed-type single action crank press
闭式单航标灯 closed-top single lantern
闭式单曲柄压力机 straight-side single crank press
闭式导杆 enclosed guide rod
闭式导缆钳 closed chock
闭式电动机 enclosed type electric(al) motor
闭式度量 closed-form measure
闭式锻模 closed forging die
闭式盾构 closed-face shield
闭式多工位压力机 straight-side transfer press
闭式发电机 protected type dynamo
闭式法 closed circuit method
闭式方法 closed method
闭式港池 dock basin;dock harbo(u)r
闭式高速精密压力机 straight-side high speed precision press
闭式工厂不开放式计算站【计】closed shop
闭式工会 closed union
闭式供给系统 closed-feed system
闭式供暖系统 closed system of heating
闭式供应系统 closed supply circuit
闭式钩环 closed shackle
闭式滚轮导缆钳 closed roller chock
闭式宏程序 closed macro
闭式环流冷却 closed circuit cooling
闭式环流冷却器 closed circuit cooler
闭式环流润滑 closed circuit lubrication;closed circuit oiling
闭式环路 closed loop
闭式环路水系统 closed loop water system
闭式缓冲筒 closed buffer case;closed buffer cycle;closed buffer shell
闭式回路 closed hydraulic circuit
闭式回路控制 closed-cycle control
闭式回路潜水员呼吸系统 closed circuit diver's breathing system
闭式回路热水潜水服 closed circuit hot water diving suit
闭式回路热水潜水装置 closed circuit hot water diving apparatus; closed circuit hot water diving gear
闭式回路自携式水下呼吸器 closed circuit self-contained underwater breathing apparatus
闭式回水 closed backwater; closed return
闭式混流叶轮 shrouded mixed-flow impeller
闭式活塞 double-walled piston
闭式火室系统 closed fireroom system
闭式机身 straight-side frame
闭式机座 closed stand
闭式级数 series in closed form
闭式给水加热器 closed-feed water heater
闭式给水系统 closed-feed system
闭式加热器 closed-type heater
闭式加压气焊 closed butt gas pressure welding
闭式绞刀 closed cutter;enclosed cutter
闭式绞刀头 closed cutter head
闭式烤炉 close roaster;muffle(roaster)
闭式壳管式冷凝器 closed shell and tube condenser
闭式空气输送斜槽 closed-type air slide
闭式空气循环 closed air cycle
闭式馈给系统 closed-feed system
闭式冷凝器 closed condenser
闭式冷却(法) closed-cycle cooling; sealed cooling
闭式冷却塔 closed cooling tower
闭式冷却塔系统 closed cooling tower system
闭式冷却系统 closed cooling system; closed-cycle cooling; closed system of cooling
闭式连接 closed joint
闭式连接链 closed joint chain
闭式联合碎石机组 close-type crushing plant
闭式链节 closed link
闭式流槽 enclosed launder
闭式螺旋 enclosed auger
闭式螺旋桨轴 enclosed propeller shaft
闭式脉序 closed nervuration
闭式满管回水 closed full flow return
闭式面板 closed face
闭式模 closed-type die
闭式模锻 closed-die forging
闭式模旋转锻机 die-closing swager
闭式耦合器 sealed hydraulic coupling
闭式盘簧 close-coiled spring
闭式喷油器 close fuel injector;close-type injector
闭式喷油嘴 closed nozzle
闭式潜水钟 closed bell
闭式曲轴箱通风装置 closed crankcase ventilating system
闭式曲轴箱压缩机 closed crankcase compressor
闭式热水热网 closed-type hot-water heat-supply network
闭式闪点燃点试验仪 closed flash and

fire points testing apparatus
闭式闪火点 Pensky-Marten's flashpoint
闭式试验法 <土体冻胀试验的> closed system test
闭式手柄 closed-type handle
闭式输种开沟器 closed delivery boot
闭式输种条播机 closed delivery drill
闭式双 closed-type double action crank press
闭式双点压力机 straight-side double crank press; straight-side two point press
闭式双航标灯 enclosed type duplex lantern
闭式双柱压力机 straight-side press
闭式双柱肘节式压力机 straight-side knuckle joint press
闭式水管路 closed water piping
闭式水箱 closed tank
闭式水循环 closed water recycling
闭式四点双动拉伸压力机 straight-side 4-point double-action drawing press
闭式四点压力机 straight-side four point press
闭式调压塔 closed surge tank
闭式通风系统 closed system of ventilation
闭式凸轮轴 enclosed cam shaft
闭式拖缆钳 closed towing chock
闭式涡轮机 shrouded turbine
闭式蜗轮传动 cased worm gear
闭式系统 closed system; closed system water line <指水循环>; sealed water system <指水循环>
闭式循环 closed cycle
闭式循环磁流体发电 closed-cycle magnetohydrodynamic(al) generation
闭式循环地热发电 closed-cycle geothermal power generation
闭式循环海洋热能转换系统 closed-cycle OTEC[Oceanic Thermal Energy Conversion] system
闭式循环氦气透平 closed-cycle helium turbine
闭式循环呼吸器 closed circuit breather
闭式循环呼吸系统 closed circuit breathing system
闭式循环呼吸装置 closed circuit breathing gear; closed circuit breathing rig
闭式循环空气透平 closed circuit air turbine
闭式循环空气涡轮机 closed circuit air turbine
闭式循环燃气(涡)轮机 closed-cycle gas turbine
闭式循环水力活塞泵 closed-cycle hydraulic piston pump
闭式循环透平 aerodynamic(al) turbine
闭式循环系统 close cycle system; closed circuit system
闭式循环液力耦合器 double fluid coupling
闭式压力机 straight-side press
闭式压模 closed mo(u)ld
闭式叶轮 double shrouded wheel; enclosed(type) impeller; hooded impeller; impeller with two side discs; shrouded impeller
闭式叶轮混流泵 mixed pump with shrouded impeller
闭式叶轮泥泵 closed impeller type dredge pump
闭式液力耦合器 sealed fluid coupling
闭式液位测量装置 closed ullage system
闭式引流法 closed drainage
闭式引流排气法 water-sealed drainage
闭式灶面板 center fired hot top; solid top(hotplate)
闭式遮蔽甲板船 closed shelter-deck ship
闭式蒸发器 close-type evapo(u)rator
闭式蒸汽循环 closed vapo(u)r cycle
闭式轴承 closed bearing
闭式锥形孔径 closed tapered bore
闭式组织结构 closed structure
闭式作业法 closed process
闭室熔焊 closed-chamber fusion weld
闭束 beam cut-off
闭数组 closed array
闭水性 water-tightness
闭死 choke-out
闭算子 closed operator
闭锁 blocking; closing; closure; deadlock; escapement; interdict; interlock(ing); latch-up; lock(ing on); lockout; occlusion
闭锁保护 latch-up protection
闭锁不全 insufficiency
闭锁部件 closed block
闭锁层 barrier film; blocking layer; blocking lever
闭锁插销 deadlocking lath
闭锁掣子 lock catch; retaining catch
闭锁电流 latching current
闭锁电路 exclusive circuit; finding circuit; hunting circuit; latching circuit; lockout circuit
闭锁电平 blocked level
闭锁电压 blocking voltage; latching voltage
闭锁锻造 lock
闭锁多谐振荡器 biased multivibrator
闭锁二极管 hold-off diode
闭锁阀 blocking valve; disconnecting valve; holding valve
闭锁盖 joint cap
闭锁管 off-tube
闭锁盒 locking box
闭锁环礁 closed ring reef
闭锁回路式潜水装具 closed circuit diving apparatus
闭锁活门 closing cock
闭锁机 gunlock
闭锁机构 blocking mechanism; block locking mechanism; interlocking gear; interlocking mechanism; lock in gear
闭锁畸形 imperforation
闭锁继电器 block relay; compelling relay; latching relay; lockout relay
闭锁紧固件 locking fastener
闭锁离合器 lock-up clutch
闭锁料斗 lock hopper
闭锁料斗系统 lock-hopper system
闭锁脉序 closed venation
闭锁期间 idle interval
闭锁器 bonding bar; deadlock; git; fastener
闭锁卡铁 breech lock; locking lug
闭锁驱动 latch drive
闭锁群 closed population
闭锁绕组 block winding
闭锁塞 locking plug
闭锁时间 blocking time; dwell; hangover time
闭锁式 enclosed type
闭锁式距离保护 blocking distance protection
闭锁式铁氧体数字移相器 digital latching ferrite phase shifter
闭锁手柄 locking handle
闭锁弹簧 case spring
闭锁体系 closed system
闭锁投资信托 closed-end type investment trust
闭锁突榫 locking lug
闭锁位(置) locked position
闭锁系 closed line
闭锁系统 block system
闭锁线圈 blocking coil
闭锁小带 zonule occluden
闭锁信号 block signal
闭锁型风洞 closed-throat with tunnel
闭锁型设计 closed design
闭锁旋塞 closing cock
闭锁循环系统 closed circulating system; closed circulation system
闭锁压力 closing pressure
闭锁育种 closed breeding
闭锁元件 blocking element
闭锁指令 blocking order
闭锁抓取器 latch dog
闭锁装置 blocking device; blocking element; catch gear; device for closing; latch fitting; locking device; locking element; lockout; stopper
闭锁状态 blocking state
闭锁资本 locked-in capital
闭锁最低利率浮动债券 floating rate drop lock bonds
闭态 closed state
闭态电流 off-state current
闭体 closure
闭铁芯变压器 closed-iron transformer
闭凸包 closed convex hull
闭凸集 closed convex set
闭图定理 closed graph theorem
闭途径 closed walk
闭纹 concentric(al) groove; locked groove
闭系 closed system
闭线 abutment line
闭线段 closed segment
闭线性流形 closed linear manifold
闭箱渗碳 box carburizing
闭箱退火 box annealing; pack annealing
闭销 latch
闭歇继电器 blocking relay
闭斜角 closed bevel
闭卸式压滤机 closed discharge filter press
闭心式操纵阀 closed center control valve
闭心式滑阀 closed-center slide valve
闭心式回路 closed center
闭心式液压系统 closed center hydraulic system
闭心式整枝 close centered training
闭型不等式 closed inequality
闭型程序 close program(me); linked routine
闭型法 closed method
闭型积分公式 closed integration formula
闭型孔隙 closed void
闭型孔隙率 porosity of closed void
闭型例行程序 linked routine; closed routine
闭型世界假定 closed world assumption
闭型循环 closed circulation
闭型子程序 closed subprogram(me); closed subroutine
闭胸盾构(挤压推进)法 blind shield method
闭胸式盾构 blind(type) shield; closed shield
闭胸式盾构的开口比 opening ratio of closed shield
闭循环反应堆 closed-cycle reactor
闭循环燃气轮机 closed-cycle gas turbine
闭循环式冷却 closed circuit cooling; closed-cycle cooling
闭循环式喷嘴 closed circuit nozzle
闭循环式汽轮机 aerodynamic(al) turbine
闭循环系统 closed loop system
闭业 closing business; wind up one s business
闭叶理构造【地】closed foliation structure
闭映射 closed mapping
闭宇宙 closed universe
闭域 closed domain; close region; closure domain
闭运算 closed operation
闭闸(机械)装置 gate lowering mechanism
闭褶皱 closed fold
闭直流变压器 commutator transformer
闭止把 catch handle; handle latch; latch handle
闭止把电路控制器 catch handle controller
闭止把回路管制器 catch handle controller
闭止把接点 latch contact
闭止把联锁 catch handle interlocking; latch locking
闭止把式道岔 catch handle type points
闭止把式道岔握柄 point lever with a catch handle
闭止把式集中联锁机 catch handle interlocking machine
闭止把式联锁机 catch handle interlocking machine
闭止把锁闭 catch handle locking; latch locking
闭止把弹簧 catch spring; latch spring
闭止把弹簧架 latch shoe
闭止把托架 latch bracket
闭止点 catch point
闭止杆 catch arm; catch lever; catch rod; latch rod
闭止杆调整套管 latch rod thimble
闭止钩 catch hook
闭止块 catch block; latch block; rocker die
闭止器架 latch guide
闭止锁 catch lock; latch lock
闭止锁联锁 latch-locking interlocking
闭止装置 catching device; closing device
闭止状态 latched condition
闭置对辊机 close-set rolls
闭阻 impatency
闭组合流形 closed combinatorial manifold

庇

庇护 harbo(u)rage
庇护木 shelterwood
庇护权 right of asylum
庇护人 patron
庇护所 abri; ark; asylum; lee; nest; sanctuary
庇护物 shelter
庇护效应 sheltering effect
庇拉试验台 Pira test bench
庇屋顶 pent roof
庇檐 pent

铋

铋白 bismuth nitrate; bismuth subnitrate; bismuth white
铋玻璃 bismuth glass

铋车轮矿 soucekite
铋碘仿石蜡糊 bipp paste;bismuth iodoform paraffin paste
铋锭 bismuth ingot
铋粉 bismuth meal
铋汞合金 bismuth amalgam
铋焊料 bismuth solder
铋合金 bismuth alloy
铋华 bismite;bismuth ocher
铋化钍 thorium bismuthide
铋化物 bismuthide
铋黄 bismuth trioxide;bismuth yellow
铋黄锑华 bismutostibiconite
铋活性剂 bismuth active substance
铋基低熔点合金 Wood's metal
铋基合金 bismuth base alloy
铋空心阴极灯 Bi hollow cathode lamp
铋矿石 bismuth ore
铋粒 bismuth granule
铋磷灰石 abukumalite
铋螺线 bismuth spiral
铋锰磁性合金 bismanal
铋泼糊 bipp;bismuth iodoform paraffin paste
铋铅钯矿 polarite
铋铅合金 Cerrobase(alloy)
铋铅锡镉合金 bismuth-lead-tin-cadmium alloy
铋铅锡易熔合金 Newton alloy
铋铅银铜矿 benjaminite
铋青铜(合金)bismuth bronze
铋乳 bismuth magma;milk of bismuth
铋砂 bismuth ore
铋砷钯矿 palladobismutharsenide
铋试验 bismuth test;Nylander's test
铋丝 bismuth wire
铋锶钙铜氧化物 bismuth strontium calcium copper oxide
铋酸 bismuthic acid
铋酸钠 sodium bismuthate
铋酸盐 bismuthate
铋酸盐玻璃 bismuthate glass
铋锑铅锡合金 Matrix alloy
铋土 daubreeite
铋锡铅镉易熔四元合金 quaternary eutectic alloy
铋锡铅合金 rose metal
铋锡锑合金 bismuth-tin-antimony alloy
铋细晶石 bismutomicrolite
铋线 bismuth line
铋悬液 bismoid
铋银氧铯光电阴极 bismuth-silver-oxygen-cesium photocathode
铋皂 bismuth soap
铋赭石 bismuth ocher
铋质光泽彩 bismuth lustre
铋中毒 bismuth poisoning

秘鲁赤潮 aguaje;salgso

秘鲁俯冲带 Peru subduction zone
秘鲁海流 Peru current
秘鲁海盆 Peru basin
秘鲁建筑 Peru architecture;Peruvian architecture
秘鲁香胶木 Peru balsam tree
秘鲁型俯冲带 Peru-type subduction zone
秘鲁印第安式建筑 Inca architecture
秘鲁-智利海沟 Peru-Chile trench
秘鲁-智利海盆巨地块 Peru-Chile ocean basin block

敝处时间 our time

敝底井 open-bottomed well
敝函 our letter
敝开式通过台 open platform

奰屃 stone turtle

滗 decant;outwell

滗析 decant;decantation
滗析阀 decanting valve
滗析器 decanter

蓖麻 castor;castorite;castor oil plant;Ricinus

蓖麻蚕 costor silkworm
蓖麻蚕丝 ricinus silk
蓖麻醇酸 ricinoleic acid
蓖麻醇酸甲酯 methyl ricinoleate
蓖麻毒蛋白 ricin
蓖麻粉 castor meal
蓖麻根 castor root
蓖麻机器油 castor machine oil
蓖麻茧 castor cocoon;pongee cocoon
蓖麻酸 ricinic acid;ricinoleate acid
蓖麻酸丁酯 butyl ricinoleate
蓖麻酸烷基芳基酯 alkyl aryl recinoleate
蓖麻酸乙氧基乙酯 ethoxyethyl ricinoleate
蓖麻脱粒机 castor-bean sheller
蓖麻叶 castor leaf
蓖麻硬脂炔酸 ricinstearolic acid
蓖麻油 castorseed oil;oil of ricinus;oleum ricini;ricin oil;ricinolaoil;ricinus oil
蓖麻油醇 ricinoleyl alcohol
蓖麻油醇酸树脂 castor oil alkyd
蓖麻油电容器 castor oil capacitor
蓖麻油酸 castor oil acid;ricinoleic acid
蓖麻油酸钡 barium ricinoleate
蓖麻油酸丙酯 propyl ricinoleate
蓖麻油酸盐 ricinate
蓖麻油异氰酸酯加成物 castor oil isocyanate adduct
蓖麻油皂 monopol soap
蓖麻油渣 castor pomace
蓖麻油脂 ricinolein
蓖麻油脂肪酸 castor oil fatty acid
蓖麻子 castor bean;castor seeds
蓖麻子饼 castorseed cake
蓖麻子油 castor oil
蓖麻子摘取机 castor-bean stripper
蓖麻子中毒 castor bean poisoning;riciaism;ricinus poisoning
蓖式錾凿 Comanchic-chiselling
蓖酸丁酯 butyl ricinoleate
蓖酸异丁酯 isobutyl ricinoleate

碧矾 morenosite;nickel vitriol

碧绿 viridity
碧石 jasper
碧桃 flowering peach
碧硒 tourmalin(e)
碧犀 clouded jade
碧玄岩 basanite;Lydian stone;lydite
碧玄岩碱玄岩类 basamite-tephrite group
碧瑶风 vaguio;baguio < 菲律宾的强烈热带气旋 >
碧玉 jaspe(rite);jasperoid;jaspis
碧玉玻璃 jasper glass
碧玉大理石 jasper marble;jaspure
碧玉大理岩 jaspure
碧玉蛋白石 jasp opal
碧玉雕刻品 jasper carving
碧玉花纹地毯 jaspe carpet
碧玉玛瑙 jasper agate
碧玉石 jasper stone
碧玉炻器 jasper stoneware
碧玉铁质岩 jaspilite;jaspilyte
碧玉细炻器 jasper ware
碧玉岩 jasper rock
碧玉质岩 jasperoid rock
碧玉状 jasperiod
碧云寺 < 北京香山 > Green Cloud Temple; Temple of the Azure Clouds
碧云岩 basanite

蔽光云 opacus cloud

箅板 grate shoe;grid plate;slotted diaphragm;slotted partition

箅板表面积 grate surface area
箅床负荷 grate surface loading
箅缝间距 grid spacing
箅盖可转动的雨水口 Bolding's gulley
箅冷机 Pyrostep
箅上物料层 bed on the grate
箅式过滤器 slotted strainer
箅式进水口 grate opening of inlet;grate(d type)inlet
箅式冷却机 grate type cooler
箅式冷却机冲程 grate cooler stroke
箅式冷却机计算机控制 computer control of grate cooler
箅式喂料机 grate feeder
箅式雨水沟 grate type gutter;grating gutter
箅式雨水口 grated inlet
箅式预加热机 grate type preheater
箅条 bar grate;grid(rack);grid section;grillage;screen bar
箅条冷床 cooling grid
箅条筛 bar screen;grate;grizzly grate
箅条运输机 transfer grid
箅下风室 undergrate chamber
箅下隔仓 undergrate compartment
箅下送风机 underblower
箅栅 gull(e)y grating
箅栅作用 grid action
箅子 grate;grating grid;grid
箅子板 grate
箅子盖 grating
箅子加热机 grate heater
箅子空隙面积 open grate area
箅子面积 area of grate
箅子三尖杉 oliver plum yew
箅子筛 bar screen;bar grizzly
箅子预热机 grate preheater

篦齿式密封装置 labyrinth seal device

篦齿状的 pectinate
篦式錾凿 comb-chieselling
篦梳纹理木材 comb-grained wood
篦纹 combing;comb pattern
篦纹陶 comb pottery
篦形板 guide comb
篦形防滑板 comb plate

壁 <飓风风眼外围一层汹涌的漏斗云> eyewall

壁凹 recess
壁板 pressed-fiber board;sheathing;siding;wainscot;wall board;wall panel;wall slab
壁板采暖 wall-panel heating
壁板钉 sheathing nail
壁板供暖 panel heating;wall-panel heating
壁板划线规 panel ga(u)ge
壁板(胶)合板 plywall
壁板式供暖 concealed heating
壁板式供暖系统 embedded panel system
壁板式供热 panel heating
壁板式构造 panel construction
壁板式致冷装置 panel cooler
壁板纸机 wallboard machine
壁板制造厂 wallboard factory
壁板装饰 < 室内 > cabinet finish
壁碑 mural monument;mural tablet
壁布 fabric wall covering
壁藏保险箱 wall safe
壁侧人孔 shell manway
壁层 wall layer
壁衬 wall lining
壁橱 a(u)mbry;built-in cupboard;closet;plate closet;cabinet wall
壁橱挂衣杆 closet pole;closet rod
壁橱挂衣钩 closet bar
壁橱门 closet door
壁橱门执手 closet knob
壁橱门执手心轴 closet spindle
壁橱内衬板 closet lining
壁橱内衬榫接薄板 closet lining
壁橱墙 close ban
壁橱式书架 set in bookcase
壁床 recess bed;wall bed
壁的连续曲率 continuous wall curvature
壁灯 bracket lamp;bracket light;panel lamp;pin-up lamp;wall(bracket)lamp;wall fittings;wall-mounted light(ing);wall-mounted luminaire
壁灯插座 lampholder
壁灯架 fixing bracket;girandole;wall lamp bracket
壁灯头 wall lampholder
壁灯托架 lamp bracket
壁灯座 wall lamp socket
壁电压 wall voltage
壁吊 bracket crab;bracket crane;wall crane
壁镀层 wall coating
壁发射 wall emission
壁反射率 wall reflection factor
壁反射系数 wall reflection factor
壁风扇 wall fan
壁伏礁 well reef
壁覆植物 wall complex
壁拱 mural arch;wall arch
壁沟铲刮机 side scraper
壁钩 wall hook
壁钩型封隔器 hook wall packer
壁骨 quartering;stud
壁骨构造体系 studs construction type
壁挂 gobelin tapestry;hanging;wall hanging
壁挂冲水小便器 wall-hung water closet
壁挂式便桶 wall-hung closet
壁挂式采暖炉 panel door;panel fire
壁挂式采暖器 panel heater
壁挂式电表箱 electric(al)meter niche
壁挂式电话机 wall mounting telephone;wall set telephone
壁挂式盥洗盆 wall-hung toilet
壁挂式牛角扇 wall pedestal fan
壁挂式散热器 wall radiator
壁挂式小便器 wall-hung urinal
壁柜 closet;wall unit;wardrobe
壁柜吊挂装置 closet hanging device
壁核 wall nucleus
壁盒 wall urn
壁厚 thickness of wall;wall thickness
壁厚比 wall ratio
壁厚不均 wall unevenness

B

壁厚的影响 influence of wall thickness
壁厚附加量 additional value of wall thickness
壁厚计 wall thickness ga(u)ge
壁厚减薄 wall thickness reduction
壁厚千分尺 wall thickness micrometer ga(u)ge
壁画 fresco; mural (painting); tablature; wall fresco; wall painting
壁画法 frescoing
壁画灰泥 fresco plaster
壁画技术 <壁画技术中一种> true fresco
壁画家 fresco painter
壁画末道浆 graffiti[graffito]
壁画色 fresco colo(u)r
壁画上涂鸦清除 graffiti removal
壁画施工法 fresco
壁画涂层 fresco plaster
壁画颜料 distemper
壁画用水性颜料 fresco colo(u)r
壁画油漆 fresco painting
壁画油漆工 fresco painter
壁画装饰 frescoed decoration
壁架 brick seat; ledge; wall(-projected) shelf
壁架柱 pendant post
壁间 intermural
壁剪应力 wall shear(ing) stress
壁渐收进式的拱 recessed order of arch
壁礁 wall reef
壁角式卫生器铸件 sanitary corner cast(ing)
壁角柱 anta[复 antae]; anticum; parastas
壁角柱顶 anta cap
壁角柱之间的神庙 in antis temple
壁角柱柱头 anta[复 antae] capital
壁脚板 base plate; mopboard; skirt(ing) board; wash board
壁脚弯砖 internal angle to cove skirting
壁脚弯砖阴角 <釉面砖的配件砖> internal angle to cove skirting
壁阶 scarcement
壁龛 aedicule; albery; alcove; breast of a window; columbarium; hovel; niche; recess; stable hole; tabernacle; thole; wall hollow; wall niche; wall recess; wall shrine; a(u)mbry <存放圣餐用具的>; ambitus <地下墓中存放骨灰或棺材的>; altar of repose <罗马天主教堂中储存圣餐的>; almehrabh <清真寺院面向麦加的那道墙内的>; mihrab <清真寺院面向麦加的那道墙内的>; tokonoma <日本房屋的>
壁龛床 wall bed
壁龛顶篷 niche canopy
壁龛方砖 shelf tile
壁龛隔墙 aedicule altar
壁龛华盖 niche canopy
壁龛祭坛 aedicule altar
壁龛建筑 aedicular architecture
壁龛龛室 niche baldaquin
壁龛宽度 niche width
壁龛内散热器 recessed radiator
壁龛三角楣饰 niche pediment
壁龛三角饰 niche pediment
壁龛式浴盆 recessed tub
壁龛饮水阀 alcove faucet
壁龛主体 body of niche
壁龛柱 niched column
壁孔 aperture
壁孔闭塞 aspiration
壁孔突 torus[复 tori]
壁跨 severy bay
壁垒 barrier; bulwark; circumvallation; fireplace; grate; ingle; rampart; vallate papilla <古建筑>; vallation <古建筑>
壁垒的界限 termination of barrier
壁篱 cordon
壁联 respond
壁流 wall flow
壁炉 fireplace; grate (furnace); ingle; wall furnace; wall-mounted oven
壁炉矮砖墙 fender wall
壁炉板 fire-board; mantel shelf
壁炉背 back hearth
壁炉背部的铁板 iron-back
壁炉背衬 chimney back
壁炉背面 reredos
壁炉背墙 fire back
壁炉边 chimney corner
壁炉变算 camber bar
壁炉侧墙 chimney jambs; jamb
壁炉侧墙面砖 chimney lining
壁炉柴架 andiron; dog iron; fire dog
壁炉地面 hearth
壁炉地面的外部 outer hearth
壁炉吊臂 chimney crane
壁炉顶斜面 coving
壁炉拱的支承铁杆 turning bar
壁炉挂钩 chimney crook; chimney hook
壁炉过梁 mantel tree
壁炉横棍 backbar
壁炉喉口 chimney throat; throating
壁炉后墙 chimney back
壁炉后热水箱 water back
壁炉及其装饰 parrel
壁炉架 chimney breast; chimney piece; mantel pick-up; mantel (piece); mantel shelf
壁炉架板 mantel board
壁炉架额饰 overmantel
壁炉槛 curb for fire place
壁炉块石 hearth stone
壁炉框两侧斜边 flanning
壁炉栏 fire screen
壁炉两旁的墙 jambs
壁炉炉衬 fireplace tiles
壁炉炉床 back hearth; inner hearth
壁炉炉架 iron firedog
壁炉炉栅 coke grate
壁炉楣 mantel tree
壁炉面饰 mantel piece; mantling
壁炉面饰面 mantel shelf
壁炉内地面 inner hearth
壁炉旁凹座 ingle recess
壁炉前的托梁 hearth trimmer
壁炉前地 front hearth
壁炉前拱 trimmer arch
壁炉腔 chimney breast
壁炉墙 fireplace wall
壁炉墙额饰 overmantel
壁炉墙角 chimney corner; roofed ingle
壁炉墙角处 inglenook
壁炉式火炉 fireplace stove
壁炉饰面 chimney piece; mantel
壁炉台 chimney breast; chimney piece; mantel (piece); mantel shelf
壁炉膛 fireplace hearth
壁炉条 chimney bar; turning bar
壁炉调节板 chimney board; mantel register
壁炉铁杆 chimney bar
壁炉铁框 cast-iron register
壁炉突角 chimney breast
壁炉胸墙 breast work
壁炉咽喉 chimney throat
壁炉烟道 chimney stack
壁炉烟道口翼墙 chimney wing
壁炉用具 fire irons
壁炉用砖 stove tile
壁炉整套装置 fireplace unit
壁炉周边装饰 curb fender
壁炉装饰架 mantel shelf
壁面糙率 wall roughness
壁面测压孔 wall pressure hole
壁面粗糙度 wall roughness
壁面静压 wall static pressure
壁面轮廓 wall profile
壁面摩擦角 angle of wall friction
壁面摩擦力 wall friction
壁面摩擦系数 coefficient of wall friction
壁面强度 wall strength
壁面热损失 loss of heat through wall
壁面热通量 wall heat flux
壁面射流 wall jet
壁面涂料 wall covering
壁面紊流 wall turbulence
壁面修整 wall trimming
壁面作用 wall action
壁摩擦角 angle of wall friction
壁内部 internal wall(ing)
壁内烟囱 interior chimney
壁内折叠床 disappearing bed; wall bed
壁能 wall energy
壁碰撞 wall collision
壁球场 squash court
壁泉 wall fountain
壁上安装 wall mounting
壁上插座 wall socket
壁上灯台 sconce
壁上拱廊 blind arcade
壁上滑移 slip at wall
壁上喷泉 wall fountain
壁上喷泉式饮水器 wall fountain
壁上起重机 wall crane
壁上通风器 wall ventilator
壁上镶嵌 mural mosaic
壁上窄窗 <中世纪教堂的> hagioscope
壁上烛架 girandole
壁上烛台 sconce
壁上装饰 mural ornamentation
壁虱病 acariasis
壁式安装 wall mounting
壁式插座 wall socket
壁式沉箱 wall-type caisson
壁式传感器 wall sensor
壁式高温计 wall-type pyrometer
壁式静压龙头 wall static pressure tap
壁式空调器 wall air conditioner
壁式空气调节器 wall air conditioner
壁式框架 wall(ed) frame
壁式框架结构系统 pier and panel wall system
壁式起重机 boom hoist
壁式挖土机 boom excavator
壁式陷落法 wall method
壁势效应 effect of wall potential
壁饰 mural (decoration)
壁毯 wall tapestry
壁体 wall body
壁涂开管柱 wall-coated open tubular column
壁外层 wall skin
壁外的 extramural
壁外壳 wall sheathing
壁温度 wall temperature
壁效应 <因驾驶员恐撞侧壁的心理而使通行能力降低现象> wall effect
壁效应修正系数 wall-effect correction factor
壁行抛砂机 bracket-type sandslinger
壁行起重机 wall slewing crane
壁行式抛砂机 bracket-type sandslinger
壁形基极 walled base
壁形集电极 walled collector
壁形选择 wall shaping
壁压 wall pressure
壁衣 fabric covering of wall
壁移 wall shift
壁应力 wall stress
壁(影)修正 wall correction
壁缘式的 frieze-like
壁栽植物 walling plant
壁毡 arras
壁支架 wall bracket
壁纸 decorative laminate; paperhanging; wall covering; wall paper
壁纸裱糊刷 wall-paper brush
壁纸衬纸 lining paper
壁纸清除剂 wall-paper removing preparation
壁纸清洗剂 wall-paper cleaning preparation
壁纸色调的卷筒纸 wall-paper colo(u)r
壁纸印刷机 wall-paper printing machine
壁纸专用胶粉 powdered glue for wall paper
壁钟 wall clock
壁柱 antal; applied column; attached column; attached pier; engaged column; half small column; mural column; pilaster[pilastre] (strip); wall column; wall post; wall stud; fust; lesene <无柱础柱帽的>
壁柱侧面 pilaster side
壁柱顶托座 pannier
壁柱墩子 pilaster mass
壁柱基础 pilaster base
壁柱间距 interpilaster
壁柱净距 interpilaster; space between pilasters
壁柱空间 interpilaster; space between pilasters
壁柱块 pilaster block
壁柱帽 pilaster capital; pilaster capping
壁柱帽顶装饰 pilaster capping
壁柱面 pilaster face
壁柱砌块 pilaster block
壁柱式采暖器 panel heater
壁柱台座 bench table
壁柱条带 <罗马式的> lisena
壁柱头 pilaster capital; pilaster capping
壁柱外观 pilaster facade
壁柱正面 pilaster facade; pilaster face
壁砖 nogging
壁砖黏[粘]合剂 adhesive for wall tile
壁砖状的 muriform
壁装采暖板 wall-mounted heating panel
壁装插座 wall socket
壁装电源插座 wall outlet
壁装绞车 wall(-mounted) winch
壁装卷扬机 wall crab
壁装拉手 wall-mounted grab bar
壁装磨机 wall-mounted grinder
壁装起重绞车 bracket crab
壁装式采暖器 wall-mounted heater
壁装式的 wall-mounted
壁装式盥洗盆 wall-mounted lavatory (basin); wall washbowl
壁装式盥洗室 wall-mounted wash basin
壁装式加热器 wall-mounted heater
壁装式冷热水混合开关龙头 wall-mounted mixing cock for cold and hot water
壁装式淋浴 wall-mounted shower
壁装式煤气淋浴 wall-mounted gas geyser
壁装式煤气喷泉 wall-mounted gas geyser
壁装式起重机 wall crane
壁装式气体间歇淋浴 wall gas geyser
壁装式气体间歇喷泉 wall gas geyser

壁装式燃气热风加热器 wall gas-fired warm air unit heater
壁装式热风加热器 wall-mounted warm air heater
壁装式热水加热器 wall-mounted (hot) water heater; wall-mounted water heating appliance
壁装式热水加热装置 wall-mounted water heating appliance
壁装式热水器 wall(hot) water heater
壁装式托架灯 bracket lamp
壁装式洗手池 wall-mounted wash-bowl; wall-mounted wash-hand basin
壁装式洗手盆 wall-mounted wash-bowl; wall-mounted wash-hand basin
壁装式小便池 wall-mounted urinal; wall urinal
壁装式饮水龙头 wall-fixed drinking fountain
壁装式照明配件 wall-mounted light fitting
壁装式照明装置 wall-mounted lighting fixture; wall-mounted luminaire fixture
壁装饰 mural enrichment
壁装饰灯 wall scone
壁装型 wall-on type
壁装移动式悬臂起重机 cantilever walking crane
壁装钻床 wall bore machine
壁座 walling crib
壁座起重机 wall crane

避

避潮层 dampproof course; repellent coat
避车车道 lay-aside; lay by(e)
避车岛 refuge island
避车道 lay-aside; lay by(e); passing bay; passing place; relief track; waiting lane; turnout lane <美>; waiting bay <英>
避车道 1/4 英里 <约合 402.33 米> turnout 1/4 mile
避车道地段 lay-by area
避车洞 niche; refuge bay; refuge chamber; refuge recess; safety recess; recess; refuge hole; refuge niche; side pocket
避车台 evacuation; refuge(platform)
避车台托架 bracket for refuge platform
避车线 line of setback; refuge track; relief track; turnout
避尘的 dustproof
避尘剂 dust preventive agent
避弹堡垒 casemate
避弹窖 bombproof vault; casemate
避弹结构 shell-proof structure
避弹掩壕 bomb shelter
避弹窑 bombproof vault
避弹衣 flak jacket
避电火花器 spark arrester[arrestor]
避电器 arrester[arrestor]; discharge device
避风暴船 weather bound vessel
避风暴的钢筋混凝土地下室 storm cellar
避风泊位 snug berth
避风场所 place of refuge
避风处 region sheltered form winds
避风防波堤 shelter breakwater
避风港 harbo(u)r of refuge; haven of refuge; port of distress; port of refuge; port of shelter; refuge harbo(u)r; shelter(ing) harbo(u)r; snug harbo(u)r
避风港池 safety basin
避风港规则 safe harbo(u)r rules
避风海湾 sheltered bay
避风河湾 sheltered bay
避风窖 cyclone cellar; storm cellar; tornado cellar
避风锚地 sheltered anchorage; snug anchorage
避风门 vestibule door
避风天窗 protected roof monitor; wind-proofed monitor
避风停泊处 roost
避风停泊水域 harbo(u)r for laying-up craft
避风湾 sheltered bay
避风穴 storm cellar
避风雨处 lew
避风植物 anemophobe
避钙植物 calcifuge; calciphobe; calciphobous plant
避光 protect form light
避光的 lucifugal; photophobic
避光点 anti-solar point
避光框 mask
避光灭草膜 herbicide-processed film sheet
避光性 photopathy
避光植物 heliophobe
避光装置 light trap
避寒 hibernation
避寒地 winter resort
避寒植物 frigofuge; frigofuge plant
避旱的 xerophobous
避航区 area of evasion; area to be avoided
避护所 sheal(ing)
避火板 battle plate
避火服 entry clothing; fire entry suit
避碱植物 basifuge
避开 abstain; abstention; aloof; avert; keep out of the way; shy away; stand-off
避开风险 risk aversion
避开逆风 bear away
避开险境 get clear of a danger
避雷 lightning protection; lightning-safe; thunder-arresting
避雷板 lightning protector plate
避雷导线 lightning conductor
避雷地线 ground wire
避雷工程学 lightning protection engineering
避雷技术 lightning protecting engineering
避雷开关 lightning switch
避雷器 aerial discharger; arc arrestor; arrester [arrestor]; discharge device; discharger; lightning arrester; lightning conductor; lightning guard; lightning protector; lightning rod; protector; spark gap; surge absorber; surge gap
避雷器残压 residual voltage of lightning arrester
避雷器测试器 arrester tester
避雷器掣子 arrester catch
避雷器的接地极 lightning conductor
避雷器放电间隙 lightning gap
避雷器放电(空)隙 lightning gap
避雷器接地导线 lightning conductor
避雷器接地线 earth wire of lightning arrester
避雷器接地装置 earthing of lightning arrester
避雷器接线盒 lightning arrester terminal box; terminal box of lightning arrester
避雷器开关 arrester switch
避雷器锁挡 arrester[arrestor] catch
避雷器箱 lightning arrester box
避雷器用炭精 arrester carbon
避雷设计 lightning prevention design
避雷网 network of lightning conduct
避雷系统 lightning protection system
避雷线 lightning protection cable; overhead ground wire
避雷针 air terminal; arrester [arrestor]; conductor; discharging rod; diverter; elevation rod; lightning arrester; lightning guard; lightning rod; lightning spike; point lightning protector; surge diverter
避雷针导线 lightning conductor
避雷针拉铁 brace for lightning
避雷针支撑 brace for lightning rod
避雷针支架 lightning rod support
避雷装置 lightning arrester; lightning conductor; lightning protection device; lightning protection system; lightning rod
避漏 leakage-proof
避免错误 fault-avoidance
避免重复 avoidance of repetition
避免破裂 avoidance of cracking
避免日晒 keep out of the sun
避免双重征税 avoidance of double taxation
避免死锁 deadlock avoidance
避免通货膨胀损失的套期保值 hedge against inflation
避免危险 avoidance of danger
避免延误 avoid delay
避免阳光 keep out of the sun
避免责任条款 hedge clause
避难标志 escape sign
避难洞 refuge shelter
避难港 port of distress; port of refuge; refuge harbo(u)r
避难国 country of refuge
避难滑道 fire chute
避难计划 escape plan
避难间 fire cut
避难区(域) escape zone; fire area; refuge area
避难所 asylum; habo(u)rage; haven; place refuge; refuge (center[centre]); refuge shelter; refugium; sanctuary
避难梯 fire escape stair(case)
避难通道 emergency passage(way); passenger refuge adit; refuge passage(way)
避难系统 escape system
避难线【铁】counter-grade siding; refuge siding; runaway catch siding; safety siding; trap siding; trap track
避难线道岔 runaway catch points
避难小屋 refuge hut
避难中心 refuge center[centre]
避难住所 emergency dwelling
避弄 <旧时大宅院中供仆从行走的便道> avoidance lane
避碰 collision avoidance; collision prevention
避碰规则 collision regulations; regulations for preventing collisions; rules of the road
避碰航向信号 collision course indication
避碰雷达 anti-collision radar; radar for collision avoidance
避碰雷达系统 collision avoidance radar system
避碰雷达显示装置 anti-collision display unit
避碰网格 collision avoidance grid
避碰系统 collision avoidance system
避碰显示装置 anti-collision display unit
避碰装置 collision avoidance radar aids
避让船 give-way vessel; obliged vessel
避让航线 evasive routing
避让闪光灯 flashing light for collision avoidance
避让线 relief track
避热罩 heat shield(ing)
避日目 Solpugida
避入港湾 take harbo(u)r
避湿层 cheek(damp) course
避暑别墅 summer house; summer residence
避暑地 health resort; summer resort; summer cottage area
避暑海滩 summer beach
避暑胜地 summer resort
避鼠剂 rat repellent
避税 avoidance of tax; evade payment of duty
避税港 tax haven; tax paradise; tax shelter
避税港活动 tax haven activities
避税年金 tax-sheltered annuities
避税投资 tax investment
避税掩蔽所 tax haven
避酸的 acidofuge; acidophobous
避酸植物 oxyphilous plant; oxyphobe
避险 <外汇市场> hedging
避险处 refugebay
避险洞 manhole
避险方位 clear bearing
避险基金 hedge fund
避险条款 hedge clause
避险者 <外汇市场> hedger
避心下锯法 side cut; siding
避心制材法 side cut
避雪棚 snow shed
避雪所 snow shed; snow shelter
避雪植物 chionophobous plant
避盐的 halophobic; halophobous
避盐植物 halophobe; halophobe plant
避阳的 heliophobic; heliophobous
避阳植物 heliophobe; skiophyte
避蚁剂 <一种昆虫驱避剂,无色油状> deet
避雨棚 lew
避雨植物 ombrophilous plant; ombrophobe
避杂波选通 clutter gating
避债 avoid creditors
避震建筑 earthquake-proof construction
避震轮 vibration damper
避震器 damper; shock absorber; shock eliminator
避震装置 shock absorber
避撞报警显示器 proximity warning indicator
避撞系统 anti-collision system; collision avoidance system

臂

臂 gib; jib

臂板 arm semaphore; semaphore(arm)
臂板摆动 arm sweep
臂板摆动范围 blade sweep
臂板表示镜 arm signal lens
臂板承轴器 semaphore spindle bearing
臂板电锁器联锁 interlocking by electric(al) locks with semaphore
臂板复示器 arm indicator; miniature semaphore(type) indicator; semaphore repeater
臂板关闭控制器 drop-off controller
臂板接触断路器 arm contact breaker
臂板接触器 arm (semaphore) contact; semaphore contact

B

臂板落下 arm off
臂板位置 arm position;blade position
臂板信号 arm signal;hand semaphore signal;semaphore
臂板信号灯 semaphore lamp;semaphore lantern
臂板信号机【铁】arm signal;semaphore signal
臂板信号机外表示镜 front semaphore spectacle
臂板信号示像 arm signal aspect
臂板信号系统 semaphore system
臂板信号柱 semaphore signal post
臂板直立杆 signal rod
臂板止挡 arm stop
臂板轴 arm axle;arm spindle;semaphore shaft
臂板轴承 semaphore spindle bearing
臂板铸件 semaphore casting;arm casting <铁路信号机的>
臂板转极器 arm pole changer;semaphore pole changer
臂臂接种法 arm-to-arm vaccination
臂部 haunch
臂部升降 up-down traverse of the arm
臂部左右移动 <机器人的> right-left traverse of the arm
臂长 arm length
臂长比 <传动摇臂的> jack ratio
臂长尺 arm scale
臂带 armband
臂的比例 arm ratio
臂的倾斜角 <起重机,挖掘机> pitch of boom
臂吊带 arm sling;mitella
臂斗式挖掘机 skimmer equipment
臂端 <起重机> boom point
臂端撑条 stay of arm
臂端滑轮 boom point sheave
臂端滑轮组 crown block
臂端回转半径 <挖掘机> boom head clearance radius
臂端离地面高度 <挖掘机> boom head clearance
臂辐射支架 arm spider
臂盖 arm cap
臂杆 arm;boom column
臂高 arrow height
臂骨钉 arm nail
臂架 arm support;jib(mounting);dipper arm
臂架变幅限位器 derricking limiter
臂架长度 boom length
臂架放倒机构 boom lowering equipment
臂架钢丝绳 derricking rope
臂架搁置架 jib support
臂架根部 boom foot
臂架根部轴线 axis of boom foot
臂架滑轮 boom sheave
臂架角度 boom angle
臂架拉索 pendant line
臂架平衡系统 boom-balancing system
臂架起重机 jib crane
臂架倾角 boom elevation angle
臂架倾角指示器 jib angle indicator
臂架式铰车 boom hoist
臂架型起重机 jib-type crane
臂架旋转装置 arm revolving gear
臂架折叠机构 jib fold mechanism
臂架座 boom socket
臂脚支点 boom foot pivot
臂铰刀架起落装置 <挖泥船的> ladder hoisting gear
臂接 knee joint
臂筋膜 brachial fascia;fascia brachia
臂靠 arm rest
臂靠支架 arm rest bracket
臂拉杆 arm brace
臂联锁磁铁 arm lock magnet
臂轮式挖土机 boom-mounted wheel excavator
臂倾斜度 pitch of boom
臂圈 armlet
臂舌循环时间 arm-tongue circulation time
臂式铲运车 boom scraper
臂式铲运机 boom scraper
臂式吊车 boom crane;boom hoist;jib crane
臂式骨料刮送器 boom scraper
臂式刮料机 boom scraper
臂式铰车 boom hoist
臂式拉索铲斗 dragline bucket suspension
臂式栏木 bascule barrier
臂式喷洒机 boom sprinkler
臂式起吊设备 boom rig
臂式起重杆 mast with arm
臂式起重机 boom crane;boom hoist;mast with arm
臂式切削机 cutter boom
臂式升降机 arm elevator
臂式挖土机 boom excavator
臂托 arm rest
臂外偏角 carrying angle
臂围 upper-arm circumference
臂现象 arm phenomenon
臂销衬套 arm bushing
臂形的 brachiform
臂形拐肘 radial arm;relief crank
臂形拉条 arm brace
臂形韵律层 draa
臂悬 arm sling
臂支销 arm fulcrum pin
臂轴 arm axle
臂状海湾 arm of the sea
臂状物 arm
臂座 boom base

边 latus[复 latera];rand;rim;verge;side【数】

边岸 marginal bank
边板 edge plate;edge slab;side board;side plate;side sheet
边帮锚杆支护 side bolting
边帮压力 side abutment pressure
边刨 chipping plane;edge plane;edge planing;edging plane;match plane;rabbet plane;side plane
边刨机 side planing machine
边比 side ratio
边币 border region currency
边壁 <混凝土空心砌块的> face shell
边壁糙度 wall roughness
边壁剪应力 wall shear(ing) stress
边壁效应 wall effect
边壁影响 wall effect
边壁作用 wall action
边-边接触 edge-edge contact
边标 side mark
边冰 brink ice
边波 side wave
边不相交子图 edge disjoint subgraph
边不相接割集的并集 edge disjoint cut-set union
边不相接回路的并集 edge disjoint circuit union
边部变形 edge creep;edge flake
边部搭接密封剂 sidelap sealer
边部封接 edge seal(ing)
边部钢筋 marginal bar;marginal reinforcement
边部隔片 edge spacer
边部光线 marginal ray
边部环砖 circle brick on edge
边部加工 edgework;rim work
边部间距 edge clearance
边部浪 <薄板缺陷> coil buckling;kink(y)
边部(平衡)拉引 rolling take-off;side draw
边部切角工具 feathered edge
边部缺陷 edge fault
边部压力 lip pressure
边部支承板 edge-supported slab
边材 alburn(um);listing;sap(wood);splint wood;trim material;whitewood
边材板 side board
边材变色 sap stain
边材剥皮 sap peel
边材腐朽 sap(wood)rot
边材干腐 dry sap rot
边材褐变 fungous brown stain
边材蓝变 blue(sap)stain
边材木条 list
边材木枕 sapwood sleeper
边材内部变色 interior sap stain
边材青变 blue(sap)stain
边材树 sapwood forest
边材树木 sapwood tree
边材小蠹虫 bark beetle
边材枕木 sapwood sleeper
边采边探法 exploration method by combined exploratory-exploiting engineering
边舱 side compartment
边舱纵向隔舱壁 side bulkhead
边槽 side channel;notch;outside groove;side recess <闸门的>
边槽刨 side rabbet plane
边侧 brink
边侧插接 edge grip
边侧敞开的大建筑物 open-sided block;open-sided building
边侧敞开的多层汽车库 open-sided multi-stor(e)y garage
边侧敞开的多层修车厂 open-sided multi-stor(e)y garage
边侧敞开的街区 open-sided block
边侧导坑 side drift
边侧导坑法 <隧道开挖用> side-drift method
边侧分车岛 side island
边侧辅助溢洪道 side service spillway
边侧裂隙 lateral crevasse
边侧面 edge profile
边侧晒台 side terrace
边侧踏板 side running board
边侧庭院 side yard
边侧通道 side aisle
边侧走行板 side running board
边差 <六分仪> side error
边长 length of side;side length
边长比 side ratio
边长测定方法 method of distance measurement
边长(测定)相对中误差 relative mean square error of side length
边长角度测量 angulateration
边长中误差 mean square error of side length
边车 side car body;wing(-side)car;rid car <摩托车的>;side-car <摩托车的>
边车挡泥板 side car mudguard
边车底架拉条夹 side car frame brace clamp
边车叠片弹簧 side car leaf spring
边车缓冲杆 side car buffer lever
边车架撑 side car frame brace
边车架角板 side car frame angle plate
边车连接臂 side car connecting arm
边车轮轴轴承 side car wheel axle bearing
边车轮轴轴承衬套 side car wheel axle bearing bushing
边车身 side car body
边车手柄杆 side car handle bar
边衬 coaming
边撑 shore spur;side shore;side shoreline;side shoring;spur shore;temple
边撑柱(船坞)spur shore
边成直角的 square-edged
边城 border town
边齿轮 side gear
边冲边填 cutting and fill
边冲边淤(曲流)cut-and-fill;scour and fill
边穿孔卡 border-punched card
边窗 margin light;quarter light;side light;side window;flanking window <大门的>
边垂线标定 setting-out of side plumb-bob
边陲 border land
边锤 side hammer
边次材料 marginal material
边次骨料 marginal aggregate
边次集料 marginal aggregate
边次质量材料 material of marginal quality
边搭焊接 sidelap weld(ing)
边打入套管边冲洗岩粉钻进法 wash-and-drive method
边带 webbing;sideband
边带传输 sideband transmission
边带倒转 sideband inversion
边带的泼刺声 splatter
边带电话 sideband telephone
边带发送 sideband transmission
边带放大器 marginal amplifier;sideband amplifier
边带分析器 sideband analyser[analyzer]
边带分析仪 sideband analyser[analyzer]
边带干扰 sideband interference
边带杆式拖拉机 side-boom tractor
边带功率 sideband power
边带邻近干扰 sideband splatter
边带滤波器 sideband filter
边带能量 sideband energy
边带频率 sideband frequency
边带容量 sideband capacity
边带衰减 sideband attenuation
边带特性 sideband characteristics
边带调制信号 sideband modulated signal
边带限止 sideband clipping
边带像 sideband image
边带削波 sideband clipping
边带抑制 sideband attenuation;sideband suppression
边带振幅 sideband amplitude
边带制 sideband system
边挡 side bumper
边导模隔离器 edge guide mode isolator
边到边 edge-to-edge
边到边距离 edge-to-edge distance
边道 sidewalk;sideway
边的轮廓 edge profile
边灯 side lamp;side light;cowl lamp <装在引擎罩上的>
边堤 border dike[dyke]
边抵边接合 edge butt joint
边地 border district;border land;side land
边电压 polygonal voltage
边吊杆式拖拉机 side-boom tractor
边吊机 side lift
边叠接 halving joint

边钉(法) edge nailing
边读边写 read-while-write
边独立数 line independence number
边端窗梃 end stile
边端隔绝 edge isolation
边端胶结 edge gluing
边端结构瓦 side construction tile
边端门梃 end stile
边堆石 end moraine; terminal moraine
边对边 edgewise
边对边铺砌 lay edgewise
边对面絮凝 edge-to-face flocculation
边墩 abutment (pier); bridge abutment; end pier; bilge block; side block
边墩稳定性 stability of abutment
边墩压力 side abutment pressure
边舵 side rudder
边发射二极管 edge-emitting diode
边方程 side equation
边方程极点 pole of side equation
边方程检验 side equation test
边防检查站 frontier (defence) inspection station
边防人员 frontier officer
边防站 coastguard station
边房 wing
边放大率 edge gain
边封 edge seal(ing)
边封机 side seamer
边缝 side seam
边缝缝合机 edge pick stitching machine
边缝焊 edge fillet weld(ing)
边缝黏[粘]合罐 cemented seam can
边浮力舱 side buoyancy tank
边浮箱 side pontoon
边腐 marginal rot
边腹板 side web
边覆盖数 line covering number
边盖 side cover
边杆 side rod
边杆发动机 side lever engine
边杆曲柄销 side rod crank pin
边杆轴承 side rod bearing
边格 edge grid
边拱 boundary arch; edge arch; side arch
边沟 border ditch; gutter; killesse; lateral ditch; marginal ditch; roadside gully; side channel; side ditch; side drain; side gutter; side trench; street gutter
边沟底坡 gutter grade
边沟断面 gutter section
边沟刮铲机 side scraper
边沟模 <混凝土> mule
边沟排水 gutter drainage
边沟砌块 gutter block
边沟水箅 gutter grate
边沟泄水涵洞 ditch relief culvert; relief culvert
边沟转角 gutter angle
边沟纵坡线 gutter grade line
边钩 edge hook
边管提升搅拌器 edge-lift agitator
边光显示 edge-lit display
边辊环 end collar; outer collar
边海驱逐舰 coastal destroyer
边涵(洞) side culvert
边焊(接) side weld(ing)
边行 border row
边行喷射 marginal spray
边行树 boundary tree
边行效应 edge effect
边行影响 border effect
边行作物 marginal crop rows
边号 <原木旁边的记号> contramarque
边荷载 side load
边痕 edge tracking
边桁 verge purlin(e)
边横挡 edge rail
边横条 edge rail
边花 ray floret; ray flower
边花饰 lambrequin
边花纹 border pattern
边环 side ring
边回波 edge echo
边汇编边执行 assemble-and-go
边击产出 marginal output
边迹 edge trail
边际 margin; verge
边际报酬 marginal return
边际比率 marginal ratio
边际变化 marginal change
边际变异 marginal variation
边际标准差 marginal standard deviation
边际产出 marginal output
边际产品 marginal (physical) product
边际产品生产 marginal product operation
边际厂商 marginal firm
边际成本 marginal cost
边际成本定价 marginal cost pricing; price making according to marginal cost
边际成本定价法 marginal cost price
边际成本方程式 marginal cost equation
边际成本核算 marginal costing
边际成本计算法 marginal costing
边际成本价格 marginal cost price
边际成本曲线 marginal cost curve
边际成本无盈亏点 marginal cost breakeven
边际成本向量 marginal cost vector
边际储存倾向 marginal propensity to save
边际存贷率 marginal deposit loan ratio
边际代替比例 marginal rate of substitution
边际贷款人 marginal lender
边际单位成本 marginal unit cost
边际的 marginal
边际地租 marginal rent
边际定价 marginal pricing
边际费用 marginal cost; marginal expense
边际费用和边际收入 marginal cost and revenue
边际分布 marginal distribution
边际分配 marginal distribution
边际风险 marginal risk
边际负效用 marginal disutility
边际概率 marginal probability
边际个人成本 marginal private cost
边际个人所得税率 marginal rate of personal income tax
边际耕地 marginal land
边际工程 marginal project
边际工资 margin wage
边际工资成本 marginal wage cost
边际工资费用 marginal wage cost
边际工资率 marginal wage quota
边际供应者 marginal supplier
边际贡献 contribution margin; marginal contribution
边际贡献分析 contribution margin analysis
边际贡献率 contribution (margin) ratio; marginal contribution ratio
边际贡献总额 contribution pool
边际购买 buying on margin
边际活动 marginal activity
边际集装箱货 marginal containerizable cargo
边际价格 marginal price
边际价格向量 marginal value vector
边际价值 marginal value
边际价值产品 marginal value product
边际价值生产率 marginal value productivity
边际价值原则 principle of marginal value
边际减免 marginal relief
边际交易 marginal trading; marginal transaction
边际(结构与土壤界面)孔隙水压力计 boundary piezometer
边际借款人 marginal borrower
边际进口率 marginal import quota
边际进口倾向 marginal propensity to import
边际就业系数 marginal employment coefficient
边际均等原理 equi-marginal principle
边际课税倾向 marginal propensity to tax
边际亏损 marginal loss
边际劳动生产率 marginal productivity of labor
边际利率 marginal rate of interest
边际利润 marginal advantage; marginal profit; marginal return; margin of profit; profit margin
边际利润的作用 role of profit margins
边际利润分析 contribution margin analysis
边际利润率 contribution margin ratio; marginal profit ratio; marginal rate of return; profit margin rate; rate of marginal profit
边际利润收益 marginal profit yield
边际利润图表 marginal profit chart
边际利益 incremental benefit; marginal profit
边际利益费用比 incremental benefit-cost ratio; marginal benefit-cost ratio
边际零售商 marginal retailer
边际流动偏好率 marginal rate of liquidity preference
边际流通速度 marginal velocity
边际漏出倾向 marginal propensity to withdraw
边际卖主 marginal seller
边际贸易 marginal trading
边际密度 marginal density
边际内部报酬率 marginal internal rate of return
边际内部收益率 marginal internal rate of return
边际内的外部效应 inframarginal externality
边际能力 marginal capacity
边际频数函数 marginal frequency function
边际频数率 marginal frequency
边际品位 <矿业> cut-off grade; marginal grade
边际倾向 marginal propensity
边际情况 end condition
边际曲线 marginal curve
边际取得成本 marginal cost of acquisition
边际润滑 boundary lubrication
边际社会成本 marginal social cost
边际社会纯产值 net marginal value of social output
边际社会费用 marginal social cost
边际生产 marginal production
边际生产成本 marginal cost of production
边际生产经营成本 marginal production operating cost
边际生产力 marginal productivity
边际生产力递减律 law of diminishing marginal productivity
边际生产力均等规律 law of equi-marginal productivity
边际生产力论 theory of marginal productivity
边际生产量 marginal product
边际生产率 marginal productivity
边际生产率递减 diminishing marginal productivity
边际生产率分布理论 marginal productivity theory of distribution
边际生产率工资理论 marginal-productivity theory of wages
边际生产率说 marginal productivity theory
边际生产实物量 marginal physical product
边际生产收入 marginal revenue product
边际生产收益 marginal production revenue
边际生产收益量 marginal revenue product
边际生产要素成本 marginal factor cost
边际生产要素收益 marginal factor revenue
边际生产者 marginal producer
边际生态学 marginal ecology
边际使用者费用 marginal user cost
边际市场 marginal market
边际收入 marginal receipt; marginal revenue; marginal yield
边际收入产品 marginal revenue product
边际收入曲线 marginal revenue curve
边际收益 contribution; margin; marginal income; marginal revenue
边际收益比率 marginal income ratio
边际收益产品 marginal revenue product
边际收益(计算)表 marginal income statement
边际收益率 contribution margin ratio; marginal profit ratio
边际收益图 marginal income chart
边际输入倾向 marginal propensity to import
边际税率 marginal rate of tax; marginal tax rate
边际税收 marginal tax
边际私人费用 marginal private cost
边际损害成本 marginal damage cost
边际损益点分析 marginal break-even analysis
边际所得物成本 marginal cost of acquisition
边际所得总额 marginal revenue
边际提取倾向 marginal propensity to withdraw
边际替代(比)率 marginal rate of substitution; rate of marginal substitution
边际条件 marginal condition
边际条款 marginal clause
边际调整 marginal adjustment
边际投资 marginal investment
边际投资倾向 marginal propensity to invest
边际土地 marginal land
边际土壤 marginal soil
边际稳定性 marginal stability
边际物质产品 marginal physical product
边际物质生产 marginal material production
边际项目 marginal project
边际消费倾向 marginal propensity to consume

B

边际消费者 marginal consumer
边际效率 marginal efficiency
边际效益 marginal benefit; marginal contribution
边际效益费用比 marginal benefit-cost ratio
边际效益分析 marginal analysis
边际效应 boundary effect; edge effect; fringe effect; margin (al) effect; wall effect
边际效应有限原则 principle of limitation on marginal benefit
边际效用 marginal utility
边际效用(程)度 marginal degree of utility; marginal utility degree
边际效用递减 diminishing marginal utility
边际效用递减(规)律 law of diminishing marginal utility
边际效用分析 marginal utility analysis
边际效用价值论 marginal utility theory of value
边际效用均等 equi-marginal utility
边际效用论 theory of marginal utility
边际效用缩减律 law of diminishing marginal utility
边际效用学派 marginal utility school
边际信贷 marginal credit
边际信息成本 marginal cost of information
边际需求 marginal demand
边际需求价格 marginal demand price
边际需求模型 marginal demand model
边际需要 marginal need
边际益本比 marginal benefit-cost ratio
边际营业 marginal business
边际增益 marginal gain; marginal increment
边际账户 marginal account
边际支出倾向 marginal propensity to spend
边际住区 marginal settlement
边际转换率 marginal rate of transformation
边际准备金核算 marginal reserve accounting
边际资本报酬 marginal returns to capital
边际资本产出比率 marginal capital-output ratio
边际资本产出率 incremental capital output ratio
边际资本成本 marginal cost of capital
边际资本收益 marginal returns to capital
边际资本收益率 marginal efficiency of capital
边际资本系数 marginal capital coefficient
边际资本占用率 marginal capital coefficient
边际资本支出 marginal capital expenditures
边际资金成本 marginal cost of capital
边际作物区 marginal farm area
边际作用 marginal effect
边夹 <木工工作台上的> side hook
边架 side frame
边剪钳 side cutting pliers
边件 side piece
边建边改模式 construct-by correction
边疆 border area; frontier
边桨式染色机 side paddle dyeing machine
边桨式拖船 side paddle tug
边交会(测量)法 linear intersection (method); side intersection method
边浇道 side gate
边浇口 side gate
边胶接 edge gumming
边礁 shore reef
边角 endedness
边角不整齐的木材 mismatch lumber
边角测量 combination of triangulation and trilateration; triangulateration
边角地 marginal land
边角地带 boundary strip; wing area
边角钢 corner angle; curb angle
边角交会(法) linear angular intersection
边角联合交会 linear angular intersection
边角料 batten and corner trim; leftover bits and pieces; scrap
边角抹子 arris trowel; margin trowel
边角缺陷 dry edging
边角填块 <梁柱> corner mold
边角同测 angulateration
边角同测法 combined method of triangulation and trilateration
边角涂覆性 edge covering
边角网 triangulateration network
边角向里卷的边 safe edge
边角效应 <集料抗滑的> edge effect
边角修圆 edge rounding
边角修整 batten and corner trim
边角修整器 corner finisher
边角余料 leftover bits and pieces of raw material
边角褶折 dog-ear (ed) fold
边脚 <沉井带有刃口的,便于沉降> curb shoe; kerb shoe
边脚料 reduct
边铰拱坝 arch dam with peripheral hinge
边铰门 side hinged gate
边接 butt and butt; side set
边接边 counter edging
边接触的电子管底 external contact base
边接合 edge joint
边接或端接距离 side or end lap
边接胶粘剂 edge joining adhesive
边接黏[粘]胶剂 edge joining adhesive
边接榫钉 butt dowel
边接贴板 butt strap; edge strip; seam strap; seam strip
边接头 edge joint
边节 edge knot; margin knot
边结构面砖 side construction tile
边界 border; boundary; bourn (e); frontier; mete; metes and bounds; outskirt; range line
边界(安全)矿柱 boundary pillar
边界逼近 boundary approximation
边界(壁面)式土压力盒 boundary pressure cell
边界变形条件 deformation boundary condition
边界标 boundary mark
边界标灯 boundary light
边界标志 bordering mark
边界标志定位 boundary-tag allocation
边界标志法 boundary tag method
边界标志物 bordering
边界波 boundary wave
边界波长 boundary wavelength
边界测量 boundary survey; frontier surveying
边界层 boundary layer; bounding layer; friction (al) belt
边界层壁面处理 boundary layer casing treatment
边界层表面摩擦 boundary layer skin friction
边界层吹除 boundary layer blowing-off
边界层的动量厚度 momentum thickness of boundary layer
边界层的消除 boundary layer removal
边界层动量积分方程 momentum integral boundary layer equation
边界层分离(现象) boundary layer separation; separation of boundary layer; flow separation
边界层风洞 boundary layer wind tunnel
边界层光电池 boundary layer photocell
边界层过渡(区) boundary layer transition
边界层厚度 boundary layer thickness
边界层激流丝 boundary layer trip
边界层加速 boundary layer acceleration
边界层剪力 boundary layer shear
边界层控制 boundary layer control; control of a boundary
边界层理论 boundary layer theory
边界层流动 boundary layer flow; boundary layer motion
边界层模型 boundary layer model
边界层摩阻力 boundary friction
边界层内层流 laminar flow in boundary layer
边界层内法向分布 distribution across the boundary layer
边界层内区 inner region of boundary layer
边界层气象学 boundary layer meteorology
边界层水流 boundary layer flow
边界层速度剖面 boundary layer velocity profile
边界层探测管 boundary layer probe
边界层陶瓷 boundary layer ceramic
边界层特性 behavio(u)r of boundary layer
边界层湍流 boundary layer turbulence
边界层外区 outer region of boundary layer
边界层位移 boundary layer displacement
边界层吸除 boundary layer suction
边界层现象 boundary layer phenomenon
边界层效应 boundary layer effect
边界层学说 boundary layer theory
边界层噪声 boundary layer noise
边界层增厚 boundary layer growth
边界层增长期流动 generating flow
边界层振动 boundary layer oscillation
边界层转捩 boundary layer transition
边界层阻力系数 boundary-drag coefficient
边界超平面 bounding hyperplane
边界衬度 border contrast
边界尺寸 boundary dimension
边界处理 boundary treatment
边界脆性断裂 boundary brittle fracture
边界错误 boundary error
边界(单)元 boundary element
边界(单)元法 boundary element method
边界导热层 boundary (conduction) layer; bounding layer
边界的 interfacial
边界灯 border light; boundary light
边界灯光 perimeter lighting
边界堤 boundary bank
边界地带 border land; boundary strip
边界地方 border land
边界地区居民 marches
边界点 boundary point; end point; frontier point; limiting point
边界电阻 boundary resistance
边界定位 boundary alignment; orientation of the margins; orientation of the borders
边界断层 border fault; boundary fault
边界断裂 boundary fracture
边界对比度 boundary contrast
边界对准 boundary alignment
边界反射 boundary echo; boundary reflection; edge reflection
边界反射二维河流水质模型 reflex-type two-dimensional steady water quality model of river
边界范围 boundary zone
边界方程法 boundary equation method
边界分析 marginal analysis
边界附近 boundary vicinity
边界干扰 edge disturbance
边界格点 boundary grid point
边界格网形 boundary grid pattern
边界跟踪 edge following
边界功能 boundary function
边界拱 boundary arch
边界固定装置 edge retaining system
边界关系 boundary relation
边界海湾 boundary bay
边界海峡 boundary strait
边界含矿率 cut-off ore ratio
边界函数 boundary function
边界河 border river
边界环 border ring
边界回波 boundary echo
边界回声 boundary echo
边界混响 boundary reverberation
边界积分法 boundary integral method
边界积分方程法 boundary integral equation method
边界几何形状 boundary geometry
边界寄存器 boundary register
边界间隙 edge clearance
边界剪(切)力 boundary shear
边界剪(切)应力 boundary shear stress
边界检测 boundary detection
边界检查 bias check; marginal check
边界检验 marginal check
边界角 boundary angle; rim angle
边界节点 boundary node
边界结点 boundary node
边界解法 boundary solution method
边界井 borderline well; boundary well; offset well
边界井的非稳定流公式 unsteady flow formula of boundary well
边界井的稳定流公式 steady flow formula of boundary well
边界勘测 boundary surveying; frontier survey
边界空化 boundary cavitation
边界空间 boundary space
边界孔 borderline hole
边界矿柱 barrier pillar
边界力 boundary force; edge force
边界链 boundary chain
边界裂缝 toe crack
边界流 boundary current
边界面 boundary plane; boundary (sur) face; bound surface
边界面折射 refraction at planeboundary face

边界明确的水域 well defined water mass
边界模数 boundary module
边界膜 boundary film
边界摩擦 boundary friction
边界目标 edge target
边界碰撞模型 peripheral collision model
边界频率 boundary frequency
边界品位 boundary tensor; cut-off grade; marginal grade
边界墙 boundary wall
边界桥 transborder bridge
边界侵蚀面 bounding erosion surface
边界区 border land; border zone; boundary region; boundary zone
边界区空蚀 boundary cavitation
边界区汽蚀 boundary cavitation
边界曲线 boundary curve
边界取舍 <计算不规则面积的> equalization of boundaries
边界泉 border spring; boundary spring
边界扰动 boundary disturbance; boundary perturbation
边界扰动问题 boundary perturbation problem
边界蠕变断裂 boundary creep fracture
边界润滑 boundary lubrication
边界润滑剂 boundary lubricant
边界润滑添加剂 boundary lubrication additive
边界散射 boundary scattering
边界上剪应力 boundary shear stress
边界深渊 marginal abyss
边界生态系统 boundary ecosystem
边界蚀刻法 border etching; boundary contraction method
边界势 boundary potential
边界视力 peripheral vision
边界收缩(方)法 boundary contraction method
边界水层 <船航行时随船体移动的> friction(al) belt
边界水力条件 hydraulic boundary condition
边界水头值 water head value on boundary
边界水域条约 boundary waters treaty
边界水域无边舟状区 boundary waters canoe area wilderness
边界水域舟状区 boundary waters canoe area
边界说明 boundary description
边界四址已定的土地 data tract
边界弹力 boundary spring
边界天井 boundary raise
边界条件 boundary condition; edge condition; final condition; marginal condition; terminal condition
边界条件函数发生器 producer of boundary condition function
边界条件系统 set of boundary condition
边界调整 boundary adjustment; marginal adjustment
边界图 boundary map
边界外流动 flow outside boundary
边界网络节点 boundary network node
边界位错 bounding dislocation
边界位移 boundary displacement
边界温度 boundary temperature
边界文件 boundary file
边界稳定度 boundary stability; marginal stability
边界稳定性 boundary stability; marginal stability
边界问题 boundary problem
边界下资源 submarginal resources
边界现象 boundary phenomenon; frontier phenomenon
边界线 border line; boundary line; limiting line; line of demarcation; side line; sight line; demarcation
边界线曲线 borderline curve
边界相似 boundary similarity
边界效应 boundary effect; edge effect; side effect
边界形变条件 boundary deformation condition
边界形状 boundary geometry
边界性质 boundary property
边界衍射 boundary diffraction
边界应力 boundary stress; edge load stress; edge stress
边界影响 boundary affect; perimeter effect
边界影响修正 contour correction
边界元(素) boundary element
边界约束 boundary constraint; edge constraint
边界约束条件 edge-restraint condition
边界栅栏 boundary fence
边界障碍物指示灯 boundary obstacle light
边界值 boundary value; edge value; rim value
边界值函数问题【数】boundary value function problem
边界值图表 boundary value diagram
边界值图解 boundary value diagram
边界值问题 boundary value problem
边界指点标 boundary marker
边界指示器 boundary indicator
边界中间节点 mid-side nodes
边界种植 boundary planting
边界砖墙 brick boundary wall
边界桩 border pile
边界状态 marginal state
边界阻力 boundary resistance
边界钻孔 offset drilling
边界作用 boundary action; edge action
边筋 marginal bar
边井 border spring; edge well; end hole
边净空 side clearance
边境 border; frontier; marchland
边境兑换 exchange at frontier
边境风险 borderline risk
边境管制 border control
边境海关 border customs
边境话(报)务 frontier traffic
边境价格 border price
边境价值 value at the frontier
边境检查站 checkpoint
边境交货(价) delivered at frontier
边境交货价格条件 delivered at frontier; franco border; franco frontier; free border
边境交货条件 franco boarder; free boarder
边境交通 frontier zone traffic
边境接壤 border contact
边境贸易 border trade; frontier trade
边境免税贸易区 border zone
边境上的 limitrophe
边境水域 boundary waters
边境税 border tax
边境通信[讯]联络 frontier relation
边境(外币)兑换 currency exchange at the border
边境站费用已付 free to frontier
边境之外 out of bounds
边距 edge distance; back ga(u)ge <铆钉或螺栓中心至角钢或槽钢边缘的距离>
边距比 edge distance ratio
边锯 siding
边卷筒饰 edge roll
边卷装饰线脚 edge roll
边开门 side door
边开门卸车车辆 side discharge car
边靠边 edge-to-edge
边刻卡片 edge-notched card
边孔 edge boring; flanking space; flanking span; lateral opening; marginal bore; rib hole <隧洞的、巷道的>
边孔穿孔机 edge-punched punch
边孔盖 side hole cover
边孔凿岩操作缸 trimming cylinder
边口钳 side tongs
边扣环 edge buckle
边跨 abutment spalling; abutment span; end spalling; end span; flanking space; flanking span; outer aisle; side space; side span; tail space <活动桥的>; end bay <靠岸的桥跨>; shore span <桥、闸等>
边跨与主跨比 side-to-main span ratio
边块 <混凝土面板等的> side bay
边框 arbor; boundary bulkhead; cheek pieces; frame; rim; side jamb; cheek【建】; side frame【建】
边框标 side fiducial mark
边框厚度 jamb depth
边框加固钢筋 edge bar reinforcement
边框锚固件 <门窗的> jamb anchor
边框冒头 jamb horn
边框墙石 jamb stone
边框饰条 screen mo(u)ld
边框锁 jamb lock
边拉伸器 border stretcher; edge stretcher; fork
边缆 side wire
边缆导缆钳 fairlead for side ropes
边缆绞车控制装置 side-wire winch controlling unit
边廊 side corridor
边廊式 peristyle
边廊式客车 side-corridor coach
边肋骨 side frame
边棱保护 arris protection
边棱(角) arris
边棱节 arris knot; corner knot
边棱音 edge tone
边篱 boundary fence
边连杆 side rod
边连通度 line-connectivity
边链 side chain
边梁 border joist; boundary beam; edge beam; edge girder; marginal beam; skirt beam; edge stringer
边梁配件 dumb iron
边梁外饰带 side fascia
边料 alburn(um); rim charge; sap wood
边料板 slab board
边裂 broken edge; quarry cut
边裂缝 edge crack; edge split; edge fracture <木材的>
边檩 edge purlin(e)
边龙骨墩 bilge block
边陆机会成本 marginal opportunity cost
边陆价格 marginal price
边陆投资 marginal investment
边陆效用 marginal utility
边陆值 marginal value
边陆资本 marginal capacity cost
边轮式车 side wheeler
边螺栓 side bolt; side rod
边锚 side anchor
边锚绞车 side anchoring winch
边冒口 side riser
边煤舱 side bunker; wing bunker
边门 by-passing door; postern; secondary door; sidedoor; side gate; wicket(door); wicket gate
边门拦木 sidewalk arm; side gate; sidewalk gate arm
边门锁闭器握柄 wicket lock lever
边面比 perimeter(over) area ratio
边面接触 edge-face contact
边面絮凝 edge-to-face flocculation
边模(板) check board; side form (work); edge form (work); side shuttering
边模浇灌施工(法) side form paving
边模抑制比 side mode suppression ratio
边木条 margin strip
边目录法 edge listing
边幕 tormenter[tormentor]; wing sets
边内衬 side lining
边内龙骨 side keel; wing keel
边内注水 internal flooding
边碾 edge mill; fret mill
边碾机 chaser; edge runner mill
边耙 <自航耙吸挖泥船的> side drag
边耙挖泥船 side drag arm hopper dredge(r); trailing suction dredge(r) with side suction tube
边排齿的保径边刃 ga(u)ge side of the cutter
边排沟 side drain
边抛【疏】side cast(ing)
边抛阀 sidecasting valve
边抛法 sidecasting method
边抛管 side-boom(discharge) pipe
边抛管架 side-boom ladder
边抛光 edge polishing
边抛距离 side cast distance
边抛耙吸式挖泥船 sidecasting hopper dredge(r); sidecasting trailing suction dredge (r); trailing suction sidecasting dredge(r)
边抛式施挖 sidecasting dredging
边抛疏浚 boom of dredging
边抛疏浚技术 sidecasting dredging technique
边抛挖泥船 boom dredge(r); side-boom dredge(r); side caster; side-casting dredge(r)
边抛装置 sidecasting arrangement; sidecasting device; side discharge assemblage
边炮眼 rib hole; trimmers
边篷 side awning
边皮 flaw-piece
边皮材 slabwood
边匹配 edge matching
边偏转 edge run-out
边频带 sideband
边频带限制 sideband clipping
边频带抑制 sideband attenuation
边频电流 side-frequency current
边频放大器 marginal amplifier
边频率 side frequency
边平差 side adjustment
边平行的预制基础桩 parallel-sided precast foundation pile
边坡 bank; batter; benching; side banks; sidehill; side slope; slope; transverse slope; verge slope; versant
边坡板 slope board
边坡保护 slope protection
边坡比率 ratio of slope
边坡变化点 changing point in side slope
边坡变形 distortion of slope
边坡变形调查 investigation of slop deformation
边坡标桩 <填筑路堤的> slope stake; finishing stake
边坡不稳定 slope instability
边坡部分 slope portion; slope section
边坡测量 slope level(l)ing

B

边坡长度 length of slope
边坡衬砌机 slope-lining machine
边坡成型压实机 slope shaping and compaction machine
边坡冲蚀 slope erosion
边坡冲刷 washing away of bank
边坡冲刷防治 slope erosion treatment
边坡处理 slope stabilization
边坡捣固 slope tamping
边坡的护坡 slope lining
边坡的重要性 significance of slopes
边坡底部 base of slope
边坡底距 slope distance
边坡顶 crest of slope; top of side slope
边坡陡度 slope steepness; steepness of setting; steepness of(side)slope
边坡堆积 slope talus
边坡堆积作用 marginal-slope accumulation
边坡防护 slope protection
边坡分析 slope analysis
边坡高 height of slope
边坡割草附件 slope mowing attachment
边坡割草机 side-slope mower; slope mower
边坡割草装置 slope mowing attachment
边坡鼓起 slope heave
边坡灌溉 slope irrigation
边坡夯拍机 side slope packer
边坡夯实 slope tamping
边坡后缘 back edge of slope
边坡护层衬砌 lining of slope
边坡护面 slope pavement; slope paving; slope revetment
边坡护坡 slope revetment
边坡护墙 slope revetment
边坡滑动 slope creep
边坡滑坡 side slope failure
边坡滑坍 fall-in of bank; slide slope
边坡毁坏 slope failure
边坡加固 grade stabilization; slope consolidation; slope protection; slope stabilization
边坡监测 slope monitoring
边坡角 angle of slope; slope angle; slope inclination; top of slope; side batter
边坡角起始值 initial value of slope angle
边坡脚 base of slope; top of slope
边坡截水沟 berm(e)ditch
边坡开挖 sidehill cut; slope cutting
边坡块石铺面 slope sett paving
边坡块石铺砌 slope sett paving
边坡类型 type of slope
边坡临界高度 critical height of slope
边坡溜坍 erosion of slope
边坡绿化 slope planting
边坡面 face of slope
边坡面保护工程 covering work
边坡面坡度 slope gradient
边坡平缓 slope flattening
边坡平路机 slope grader
边坡平台 plain stage of slope; platform of slope
边坡平整 slope flattening
边坡平整机 side scraper
边坡平整器 side scraper
边坡坡度 grade of side slope; highwall slope; slope gradient; slope grading
边坡破坏 slope failure
边坡铺面机 slope-lining machine
边坡砌护 pitching of slope
边坡切削 pulling(down)of bank
边坡侵蚀 erosion of slope; side slope erosion; slope erosion
边坡倾斜度 slope gradient
边坡倾斜角 bank slope; bench slope
边坡区段 slope portion; slope section
边坡泉 slope spring
边坡设计 slope design
边坡渗沟 side slope seepage ditch
边坡失稳 stability of slope
边坡施工 slope work
边坡收砟机 side ramp collecting ballast and reshaping machine
边坡台阶开挖 bench cutting on side slope
边坡坍滑 slope collapse-sliding
边坡坍塌 slope failure; slump
边坡坍陷 erosion of slope
边坡挖土 side cutting
边坡稳定 slope stability; slope stabilization
边坡稳定法 slope stabilization
边坡稳定分析库尔曼法 Culmann's method of slope stability
边坡稳定分析詹布法 Janbu method of slope stability analysis
边坡稳定极限分析法 limit analysis methods of slope stability
边坡稳定问题 problem of stability of slope
边坡稳定系数 factor of safety of slope; stability factor of slope; slope stability coefficient
边坡稳定性 side slope stability; slope stability; stability of setting; stability of(side)slope
边坡稳定性分析 analysis of slope stability
边坡稳定性观测 observation of slope stability
边坡稳定性监测 observation of slope stability
边坡系数 rate of slope; ratio of slope; slope coefficient
边坡线 profile of slope
边坡斜度 ratio of slope
边坡形式 slope shape
边坡形态要素 factors of slope shape
边坡修整 slope trimming; trimming of slope
边坡修整机 siding machine
边坡修整压实机 slope shaping and compaction machine
边坡修整作业 bluff work
边坡压实 slope compaction
边坡压重 slope weighting
边坡养护 slope maintenance
边坡遥测仪 slope remote measurement device
边坡翼墙 wing of slope
边坡圆锥体 cone of slope
边坡再调整 slope readjustment
边坡造林 slope planting
边坡整平工作 bluff work
边坡整平作业 bluff work
边坡整修机 slope trimming machine
边坡支撑渗沟 slope revetment drain
边坡支护 buttress
边坡植被 vegetation on slope
边坡植草坪 slope sodding
边坡种草 slope of sodding
边坡桩 slope stake
边坡桩测设 slope stake location
边坡锥体 cone of slope; tail of slope
边坡纵剖面图 profile of slope
边坡钻机 highwall drilling machine; highwall drilling rig; spindle type drilling machine
边破 edge broken
边铺料 side layer material
边碛 border moraine; marginal moraine
边墙 side wall; abutment wall; cheek wall; end masonry wall; end wall; flank wall; sidewall; wing wall
边墙衬里 lining of the side wall(s)
边墙底座混凝土 curb concrete
边墙鼓胀 squeeze of side wall
边墙后侧混凝土支护 concrete support behind side wall
边墙混凝土 sidewall concrete
边墙加厚 enlarged side wall; thickening of side wall
边墙甲板 wing deck
边墙膨胀 sidewall bulging
边墙施工 sidewall construction
边墙梳形木 sidewall segment
边墙输水系统 < 闸门 > wall-port system
边墙屋顶 jamb wall roof
边区 border area; border region; marginal zone; remote location
边区格 exterior panel
边渠 side canal; side channel
边渠式溢水道 side channel spillway
边燃料舱 side bunker
边燃油舱 wing oil bunker
边容量 edge capacity
边色消褪 feathering
边山墙 boundary gable
边上侧廊拱顶 side aisle vault
边上侧廊墙壁 side aisle wall
边上侧廊墙窗 side aisle wall window
边上侧廊通道 side aisle passage
边上侧廊屋顶 side aisle roof
边上侧廊支柱 side aisle pier
边上负荷的 edge loaded
边上密封 edge seal(ing)
边上无通道 side aisleless
边上无通道教堂 side aisleless church
边上旋转 edge rotation
边上用橡皮保护 edge protection with rubber
边上约束 edge restraint
边设计边施工(法) fast track construction; fast tracking; accelerated delivery
边射 broadside fire
边射天线 broadside antenna
边射阵天线 broadside array antenna
边渗膜 marginal membrane
边石 border stone; boundary stone; rimstone
边石塘 gour
边蚀刻 rim etching
边视孔 edge view
边视图 edgewise view
边饰 check-fillet; curb; edging; list; purfling
边饰板条 edge batten; edging lath
边饰带 fringe zone
边饰的 marginal
边饰木材 edged timber
边饰条带 edge banding
边饰瓦 edge tile
边饰屋脊 edge ridge
边饰镶板 mo(u)lded panel
边饰小穗 rat-tail fringe
边室 side chamber
边收缩 side contraction
边树木 sapwood tree
边数据串 edge string
边水 edge water; fringe water < 油水接触带的 >
边水柜 Macglashan tank; side tank
边水界限 edge water limit
边水前侵线 encroachment line
边水侵入 edge water incursion
边水驱动 edge water drive
边水入侵 edge water incursion
边水线 edge water line
边水压力 edge water pressure
边隧道光纤 side-tunnel fiber
边榫 side tenon
边索 jack stay
边索倾角 angle of backstay
边抬打捞 side lifting
边滩 point bar; sediment bar; side bar; side flat; side shoal; strand flat
边滩沉积 point bar deposit
边滩相 point bar facies
边探边采 exploring mining
边梯 < 双回楼梯的返回梯段 > side flight
边条 edge band; edging; list < 木板上截下的 >
边条件 side condition
边条切碎机 edging grinder
边跳板 side gangplank; side ramp
边铁 edge bar
边梃 stile
边梃推板 stile plate
边涂层 setting coat plaster
边挖边填 cut-and-cover
边瓦 curb tile; edge band; end band; margin(al)tile
边外图 < 测深图版上的 > dog ear
边外注水 peripheral flooding
边弯 spring
边弯材 sprung
边弯曲试件 side-bend test specimen
边纬和中纬变形绝对值相等的圆锥投影 conic(al)projection with equal absolute values of distortion on boundary and mid parallel
边纬线 bounding parallel
边纹 edge grain
边纹穿吊 border tie
边纹图案 border pattern
边稳定极化继电器 side stable relay
边铣 side milling
边隙压实装置 edge compacting unit
边衔铁 flat armature; side armature
边衔铁继电器 side armature relay
边线 border line; boundary line; brow; edge line; outer; surrounding line; side line
边线标志 edgeline marking
边线规 marking ga(u)ge
边线调整 side adjustment
边线修【铁】caused repair at marshalling yard
边线砖 border tile
边限调整 marginal adjustment
边限调整器 margin regulator
边限力 boundary force
边限效用 marginal utility
边厢 < 剧院 > side box
边向上弯转的金属丝网布 gauze wire cloth with turned up edges
边斜切 side chamfer
边斜削插条 cutting whip
边斜砖 squint brick
边写边读 read-while-write
边心距 spindle offset; apothem【数】
边芯 side core
边序列 edge sequence
边选装置 edge sorter
边压载舱 side ballast tank
边岩 rimrock
边沿 border; edge; fringe; margin; rim; verge; brink < 河流等 >
边沿曝光 edge printing
边沿波 edge wave
边沿沉积 rim deposit
边沿触发的触发器 edge triggered flip-flop
边沿传动 rim drive
边沿跟踪器信息处理机 edge tracker processor
边沿弧线 edge arch
边沿灰雾 edge fog

边沿加强的 edge-stiffened
边沿间的距离 edge-to-edge distance
边沿检测电路 edge sense circuit
边沿检测网络 edge sense network
边沿简支 simply supported at the edges
边沿截面 edge section
边沿矿床 rim deposit
边沿料 edge unit
边沿檩条 <屋顶上的> edge purlin(e)
边沿平板 edge slab
边沿切口 edge notch
边沿散热器 perimeter diffuser
边沿梯度 edge gradient
边沿同步的 D 形触发器 edge clocked D-type register
边沿涂层卡片 edge coated card
边沿现象 edge phenomenon; margin phenomenon
边沿形状 edge shape
边沿印出 edge printing
边沿值级数 Edgeworth series
边沿着墨机 edge inking machine
边眼 side hole
边椅 side chair
边翼 side wing
边釉 beading enamel
边釉不齐 irregular beading
边缘 brink; brow; edge; flange; hem; limbus; listing; margin; periphery; proch; ridge; rim; selvage [selvedge]; skirting; verge; side verge <道路的>
边缘桉 jarrah
边缘暗礁 fringe reef; fringing reef
边缘凹口卡片 edge-notched card
边缘凹陷 marginal trough
边缘坳陷 marginal depression; marginal trough
边缘坳陷的深断裂 deep fractures in marginal depression
边缘坳陷型沉积建造 marginal depression type formation
边缘拗陷 marginal deep
边缘板 margin plate
边缘保护 edge protection
边缘保护带 arris cover strip
边缘保护角 arris cover angle
边缘刨薄板 feathered board
边缘刨床 side planer
边缘编码卡 edge coded card
边缘变性 rim degeneration
边缘变质作用 marginal metamorphism
边缘标度 margin scale
边缘标号 edge number
边缘标记 marginal marking
边缘标志 marginal marking
边缘冰 border ice
边缘冰川 fringe glacier; fringing glacier
边缘冰裂缝 lateral crevasse
边缘冰隙 marginal crevasse
边缘波 edge wave; rim wave
边缘剥裂 edge spall
边缘薄壁组织 marginal parenchyma
边缘部分 peripheral part
边缘部件 boundary element
边缘材料 marginal material; short material
边缘操作 marginal operation
边缘槽刨 border plane
边缘草地 verge turf
边缘侧面装饰 edge trim
边缘侧吸罩 lateral exhaust hood
边缘测量 edge measurement
边缘测试 marginal testing
边缘层 fringe region; marginal layer; spray region
边缘插件板 edge card
边缘插接件 edge connector
边缘插筋 edge dowel
边缘产量或产品 marginal output or product
边缘长度 arris length
边缘场 fringing field
边缘车道 outer lane
边缘沉积 marginal deposit
边缘成本曲线 marginal cost curve
边缘池 marginal pool
边缘齿 <牙轮> heel teeth
边缘齿折断 <牙轮> heel tooth notch
边缘冲断层 marginal thrust
边缘触发 edge trigger
边缘触发触发器 edge trigger flip flop
边缘处理 edge treatment
边缘穿孔的 verge-perforated; verge-punched
边缘穿孔机 edge-punched punch
边缘穿孔卡 marginal punched card
边缘穿孔卡片 edge-notched card; margin-punched card; edge-punched card; verge-perforated card
边缘传动(装置) gear and pinion drive; girth gear drive; peripheral drive
边缘磁场 fringe magnetic field
边缘磁通 edge flux; fringing flux
边缘错误 marginal error
边缘大梁 edge girder
边缘带 boundary zone; marginal belt; rim zone
边缘带倒钩的铁丝网 barbed edge chain link
边缘单斜沉积 marginal geomonocline sediment
边缘挡板 <皮带运输机的> skirt board; skirting
边缘导向 edge guide
边缘岛峰 marginal nunatak
边缘倒棱 arris rounding
边缘倒棱机 edge-chamfering machine
边缘的 fringe; limbic; marginal
边缘低地 peripheral lowland
边缘堤岸 marginal bund
边缘地 border land
边缘地槽 marginal geosyncline
边缘地带 border land; edge zone; marginal zone
边缘地区 back country; border (area); border district; downcountry; fringe area; marginal area
边缘地台 epiplatform
边缘地下储水 <油田下层的地下储水> marginal groundwater
边缘地下水 marginal groundwater
边缘地斜坡 borderland slope
边缘地震 marginal earthquake
边缘点 marginal point
边缘点火法 edge firing
边缘电镀器 rim plating apparatus
边缘电流 edge current
边缘电容 edge capacitance; fringing capacitance
边缘垫层 edge bedding
边缘定位器 edge positioner
边缘读数 edge reading
边缘读数式仪表 edgewise instrument
边缘读数式指示表 edgewise indicator
边缘读数仪表 edgeways instrument
边缘断层 border fault; marginal fault; peripheral fault
边缘断裂 marginal fracture
边缘断面 arris section
边缘对接 edge butt joint
边缘发火弹 rimfire
边缘发券 edge arch
边缘发射 fringe radiation
边缘反射 boundary reflection
边缘范畴 marginal category
边缘方向 edge direction
边缘防护 edge protection
边缘防护带 border strip
边缘放电 marginal discharge
边缘费用 marginal cost
边缘分辨力 skirt resolution
边缘分辨率 edge resolution
边缘分布 marginal distribution
边缘分析 marginal analysis
边缘辐射 fringe radiation
边缘覆盖率 edge coverage
边缘概率 marginal probability
边缘概率分布 marginal probability distribution
边缘概率密度 marginal probability density
边缘干扰 edge disturbance; marginal disturbance
边缘杆件 edge member
边缘钢筋 edge bar; edge reinforcement; marginal bar; marginal reinforcement
边缘高应力 high edge stress
边缘隔断 edge isolation
边缘个性 marginal personality
边缘拱顶 edge arch
边缘拱座压力 side abutment pressure
边缘沟 marginal ditch; marginal furrow
边缘构件 boundary element; boundary member; edge member
边缘古陆 border land; marginal land
边缘固定板 clamped plate
边缘固定的 edge-fixed
边缘故障 marginal fault
边缘刮刀 edge scraper
边缘灌溉 border irrigation
边缘光电效应探测器 side-looking detector
边缘光线 marginal ray; rim ray
边缘海 adjacent sea; border sea; epicontinental sea; epiric sea; fringing sea; marginal sea
边缘海沟 marginal trench
边缘海盆 marginal sea basin
边缘海平面运动 marginal sea level movement
边缘海山 marginal seamount
边缘海崖 marginal escarpment
边缘海渊 marginal deep; side deep
边缘函数 edge function
边缘焊 edge(joint) weld
边缘焊缝 edge weld(ing seam)
边缘焊接 edge welding; welded edgewise
边缘焊接头 edge joint
边缘行业 border irrigation
边缘河湖相双壳类地理亚区【地】 marginal fluvial-lacustrine bivalve subprovince
边缘荷载 edge load(ing); side load(ing)
边缘荷载应力 edge load stress
边缘痕量 edge trace
边缘横杆 edge cross member; edge rail
边缘横梁 edge cross member
边缘厚度 edge thickness
边缘厚度差 edge thickness difference
边缘厚度系数 edge thickness factor
边缘弧 border arc; marginal arc
边缘滑移 edge slump(ing)
边缘环形坳陷 marginal ring depression
边缘灰雾 edge fog
边缘回波 side echo
边缘回卷 marginal convolution
边缘混凝土砌块 boundary concrete block
边缘迹线 edge trace
边缘基岩 rimrock
边缘畸变 edge distortion; marginal distortion
边缘集【数】border set
边缘嵴 marginal ridge
边缘继电器 marginal relay
边缘加工 edge finish(ing); verge processing
边缘加工的刨花板 profiled chipboard
边缘加工工具 edge tool
边缘加固 edge protection; edge strengthening
边缘加固料 edge reinforcement
边缘加固设计 strengthened edge design
边缘加厚 edge thickening
边缘加厚的 heavy edge
边缘加厚工作 heavy-edge work
边缘加劲 edge stiffening
边缘加劲钢筋 edge bar reinforcement
边缘加密钢筋 heavy edge reinforcement
边缘加强(钢筋) heavy edge reinforcement
边缘间距 edge spacing
边缘剪刀 shear along edge
边缘剪力 edge shear
边缘检测 edge detection
边缘检测滤波器 edge detection filter
边缘检测器 edge detector
边缘检查 high low bias test; marginal check
边缘检验 bias check; marginal focus
边缘简支 simply supported at the edges
边缘胶结物 rim cement
边缘焦点 marginal focus
边缘角 edge angle; marginal angle
边缘校验 bias check; high low bias test; margin(al) check(ing); marginal focus
边缘校正 marginal correction
边缘接触 edge contact
边缘接触冷却的整流器 edge-contact-cooled rectifier
边缘接缝 edge joint
边缘接头 edge connector
边缘街道 marginal street
边缘节理 fringe joint
边缘结构 marginal texture
边缘井 marginal well
边缘聚焦 edge focusing
边缘卷曲 edge buckle
边缘卡片 edge card
边缘科学 bordering science; borderline science; frontier science; boundary science
边缘科学领域 borderline field
边缘孔 end hole
边缘控制(器) margin control
边缘控制装置 edge control device
边缘枯萎 dead margin
边缘扩散函数 edge-spread function
边缘力矩 boundary moment
边缘力强运输带 stepped ply conveyer belt
边缘连接 edge joint
边缘连接筋 edge dowel
边缘连接器 edge connector
边缘连续分布 marginal continuous distribution
边缘梁 marginal beam
边缘亮度 edge luminance
边缘量规 ga(u)ge edge
边缘裂缝 arris crack; edge crack; marginal crevasse; marginal fissure
边缘裂纹 edge crack; edge seam
边缘裂隙 marginal fissure
边缘隆起 marginal swell; marginal uplift

B

边缘漏磁 fringe magnetic leakage
边缘陆地 border land;marginal land
边缘滤器 edge filter
边缘轮廓 edge contour
边缘脉冲 edge pulse
边缘煤群 edge coal group;limestone coal group
边缘密度 marginal density
边缘密度增强 edge density enhancement
边缘模糊 edge blurry;edge fog
边缘膜 marginal membrane
边缘磨损 edge abrasion;edge deterioration
边缘抹子 arrissing tool
边缘内的 intramarginal
边缘逆断层 marginal(up) thrust
边缘碾平器 edge straightener
边缘扭矩 edge torque moment;fringe torque moment; marginal torque moment
边缘扭转力矩 boundary torque moment;marginal torsional moment
边缘扭转弯矩 marginal twisting moment
边缘排水 margin drainage
边缘炮眼 side hole
边缘喷口 marginal explosion crater
边缘盆地 marginal basin
边缘疲劳 end-fatigue
边缘偏移 edge shifting
边缘漂移 edge shifting
边缘拼接 edge joint
边缘频率 marginal frequency
边缘平行光线 marginal parallel ray
边缘平原 marginal plain
边缘起纹效应 edge fringing
边缘嵌合体 mericlinal chimera
边缘强度 edge strength
边缘墙板 curb(plate)
边缘翘曲 edge warping
边缘切成斜面 beveled edge
边缘切割 verge cutting
边缘切口 film notch
边缘切口卡片 edge notch card
边缘侵占 marginal invasion
边缘清楚 clear-cut margin; well demarcated margin
边缘清晰的 sharp-edged
边缘清晰度 edge sharpness;marginal definition;marginal sharpness
边缘区 bordering zone;border land;marginal zone;rim zone
边缘区油井 <油田> fringe well
边缘区域 side line
边缘曲线 boundary curve
边缘取代 edge substitution
边缘裙板 <皮带运输机的> shirt board
边缘群落 marginal community
边缘扰动 edge disturbance
边缘绕组 edge winding
边缘热储 marginal geothermal reservoir
边缘热带 border tropical zone
边缘韧皮部 marginal bast
边缘入射光线 marginal incident ray
边缘锐化 edge sharpening
边缘锐利 clear-cut margin
边缘润滑 boundary lubrication
边缘色纯化磁铁 edge purity magnet
边缘山墙 boundary gable
边缘闪光 edge flare
边缘烧黑砖 flashed brick
边缘设计 edge design
边缘射线 marginal ray
边缘深成变质作用 periplutonic metamorphism
边缘生境 marginal habitat
边缘生长 edge growth;marginal growth
边缘生长断层 marginal growth fault
边缘失真 edge distortion
边缘石 boundary stone;edgestone
边缘市场 fringe market
边缘市区 urban fringe
边缘势函 rim potential function
边缘试验 marginal test
边缘饰 decorated border;purfle;purfling
边缘饰条 marginal mo(u)ld
边缘释放机构 margin release mechanism
边缘受益费用比 incremental benefit-cost ratio
边缘水 edge water;fringe water <土壤内毛细管的>
边缘水冲 edge water drive
边缘水界限 edge water line
边缘水驱油藏 edge water drive reservoir
边缘水深 brink depth
边缘瞬变 edge ringing
边缘撕裂 marginal laceration
边缘速率 peripheral speed
边缘损坏 edge failure
边缘胎座式 marginal placentation
边缘台地 marginal plateau;marginal platform
边缘坍塌 edge slump(ing)
边缘滩 marginal bank
边缘镗孔 outstep boring
边缘梯度 edge gradient
边缘梯度分析 edge gradient analysis
边缘梯度分析技术 edge gradient technique
边缘条 edge strip
边缘条件 edge condition; marginal condition;rim condition
边缘调整 justified margin
边缘跳动 edge jitter
边缘铁 edge iron
边缘停机机构 margin stop mechanism
边缘停机位置控制 margin stop setting control
边缘停机指示器 margin stop indicator
边缘通道 marginal access
边缘通量 fringing flux
边缘通量的形成 fringing
边缘凸包 <抹灰形成的> end bulb
边缘凸起变形 edge lip
边缘图 edge graph
边缘涂层卡片 edge coated card
边缘涂胶机 edge gluer
边缘涂料刮刀 edge doctor
边缘土地 marginal ground
边缘脱釉 skipping
边缘洼地 peripheral depression
边缘歪扭 buckle
边缘外形 edge contour
边缘弯角 angle of flange
边缘弯矩 edge moment
边缘位错 edge dislocation
边缘位移 edge dislocation
边缘喂料 peripheral feed
边缘紊乱图像 perturbed edges picture
边缘问题 peripheral issue
边缘握持能力 edge-holding power
边缘误差 marginal error
边缘吸收 edge absorption; marginal absorption
边缘系 limbic system
边缘系数 fringing coefficient
边缘纤维 edge fiber
边缘纤维应力 edge fabric stress
边缘现象 edge phenomenon
边缘线 edge line
边缘线脚 edge mo(u)lding
边缘线圈 edge coil
边缘线饰 edge mo(u)lding; edging mo(u)ld
边缘线状裂纹 edge seam
边缘限定薄层供料生长法 edge-defined film-fed growth
边缘相 border facies;marginal facies
边缘相带 marginal facies zone
边缘响应 skirt response
边缘响应曲线 edge response curve
边缘向斜带 peripheral synclinal belt
边缘像差 marginal aberration
边缘效果 edge effect
边缘效益 marginal benefit
边缘效益成本比 marginal benefit-cost ratio
边缘效益曲线 marginal benefit curve
边缘效应 edge effect; fringe effect; fringing effect;marginal effect
边缘效应调制器 edge effect modulator
边缘斜角 angle of chamfer;bevel angle
边缘泻湖 marginal lagoon;paralagoon
边缘卸料 peripheral discharge
边缘卸料磨机 peripheral discharge mill
边缘信号楼 fringe box
边缘信息 marginal information
边缘型 marginal form; peripheral type
边缘性的 marginal
边缘性格 marginal personality
边缘性混合岩化 marginal migmatization
边缘修剪机 edge trimmer
边缘修饰 edging
边缘修整机 siding machine
边缘修整器 edger assembly; edge trimmer;verge trimmer
边缘需要量 <运输问题> rim requirement
边缘蓄水层 edge aquifer
边缘选择性 skirt selectivity
边缘学科 borderline subject;interdisciplinary subject
边缘学科的 interdisciplinary
边缘压力 arris pressure; edge pressure;edge stress;rim pressure
边缘压缩(力) arris compression;edge compression
边缘研磨机 <石料> edge grinding machine
边缘衍射 edge diffraction
边缘洋盆 marginal-ocean basin
边缘叶 marginal convolution
边缘翳影 edge fog
边缘印片机 edge printer
边缘印字 edge printing
边缘应力 arris stress;boundary stress; edge stress;fibre stress <梁的>
边缘应力的局部性 localization of boundary stress
边缘应力的自限性 self-restraint of boundary stress
边缘应力条件 stress boundary condition
边缘影响 edge effect;marginal effect
边缘用地 marginal land
边缘有凹痕的 emarginate
边缘有限复合形 closure-finite complex
边缘预(整)加工 <板带材> edge preparation
边缘约束 edge restraint
边缘约束条件 edge-restraint condition
边缘载荷应力 edge load stress
边缘增强 boundary enhancement;edge enhancement
边缘增强图像 edge-enhanced image
边缘增生 marginal accretion
边缘照明 edge illumination; edge light;marginal illumination
边缘照明全息图 edge illumination hologram
边缘遮幅 border mask
边缘褶 marginal fold
边缘整理 edge preparation
边缘整平器 verge trimmer
边缘整修 <焊接前的> edge preparation
边缘政策 brinkmanship
边缘支 marginal branch
边缘支承 <路面> lateral support
边缘支承板 edge-supported slab
边缘支承界面 edge-supported interface
边缘值 marginal value;rim value
边缘止水 side seal(ing)
边缘住区 marginal settlement
边缘注水 edge water flood; marginal flood
边缘砖 marginal tile
边缘桩 border pile;side pile
边缘装饰线脚 edging mo(u)ld
边缘装饰线轮廓 edge shape
边缘钻孔 marginal bore
边缘钻探 edge boring
边缘作用 edge action
边缘作用点 edge action point
边远的 outlying;out-of-the-way
边远的森林地带 backwoods
边远地区 back block; backcountry (district); frontier; outback; outlying area; outlying district; outpost; remote area
边远电视 frontier television
边远林带 backwoods
边远区 far zone
边远乡村地区 <美> boonies
边载(荷) side load; surcharge; edge load(ing)
边载应力 boundary stress; edge (load) stress
边载重 side load
边錾 side chisel
边凿岩机 side rod
边增益 edge gain
边折 edge break
边振 marginal vibration
边振放大器 edgetone amplifier
边支付 side payment
边支柱 quarter pillar; quarter stanchion
边值【数】boundary value
边值问题 boundary value problem
边周速度 peripheral speed
边轴外旋转门式窗 out-swinging side hung casement
边肘板 side bracket
边注 marginal note
边注资料 marginal data
边柱 edge column; side column; side pillar;side post
边柱和过梁 post-and-lintel
边砖 flat brick
边转仪器 edgewise instrument
边转指示器 edgewise indicator
边桩 border pile;corner pile;side piling; slope stake【测】; side stake【测】
边撞 side swipe
边子 bulb edge
边座 side seat

砭 nip

砭石 stone needle

编包电缆 braided cable

编包和模制管 braided and molded hose

编辫地毯 braid rug
编辫织物 braided fabric
编表经济体 compiling economy
编表控制 listing control
编表设备 tabulating equipment
编测 compiling survey
编测单位 cartographic(al) unit
编测人员 cartographer
编测时间 drawing date
编测图幅【地】compiling sheet of geologic(al) map
编柴排工程 wattle works
编柴墙 brushwood fence
编车场【铁】railway yard;marshalling yard
编车站【铁】train assembly station
编成 forming;weave
编成程序 compiled program-(me)
编成代码的 coded
编成代码的字 coded word
编成的 plaited
编成的板 woven board
编成的沉排 woven mattress
编成的吊索 braided sling
编成的列车 made-up train
编成的织物 knitted fabric
编成过程 creation
编成环 wreathe
编成日期 creation date
编程服务器 program(me) server
编程机 programming machine
编程计算机 programmed computer
编程检验 programmed check
编程控制器 programmable controller
编程逻辑 programmed logic
编程逻辑阵列 programmed logic array
编程器 programmer
编程信息 programmed information
编程序 program(me) composition;programming
编程序的程序 programming program-(me)
编程序流程图 programming flow chart;programming flow diagram
编程序模块 programming module
编程序系统 programming system
编程中断请求向量 programmed interrupt request vector
编出发场 marshalling-departure yard
编出发线 marshalling-departure track
编带 braid(ing)
编带机 braider
编档 filing
编档保存 archive
编档保存样品 archive sample
编档单位 filing unit
编档等级 filing hierarchy
编档段 filing section
编档规则 filing rule
编档项 filing area
编档准则 filing criterion
编的钢丝网 woven steel fabric
编订 filing
编定成本 scheduled cost
编队【船】fleeting;formation of fleet
编队锚地 fleeting anchorage;formation anchorage
编队区 fleeting area
编队系数 coefficient of formation
编队作业 formation work
编发场 classification-departure yard;marshalling-departure yard
编发线 marshalling-departure track;sorting-departure track
编缝丝结合 stitched wire joint
编钢丝网 woven wire
编工 mat work
编好的计算机程序 canned computer program(me)
编号 consecutive numbers;number-(ing);serial[series] number
编号按钮 numbered button
编号次序 numeral order
编号迭片 numbered overlay
编号叠置片 numbered overlay
编号方案 numbering plan
编号冠字 numbering prefix
编号机 numbering machine
编号计划 numbering plan
编号计划区 numbering plan area
编号连接 numbering splicing
编号牌 number plate
编号器 numbering device
编号清单 number abstract
编号区 numbering area
编号区代码 numbering plan area code
编号系统 numbering system
编号一览表 numbering schedule
编号印字机 numbering machine
编号印字器 numbering stamp
编号制度 numbering plan
编后记 after-word
编绘 compilation;laydown
编绘底图 basis of compilation;compilation base;original map
编绘地图 plot a map
编绘地形图 topographic(al) plotting
编绘规范 cartographic(al) specifications
编绘图比例尺 compilation scale
编绘图员 compiler
编绘细则 compilation instruction
编绘原图 base manuscript;compilation manuscript;compilation plot;compilation sheet;compiled map;compiled original;compiled plot;compiled sheet;composite sheet;composition map;composition sheet;edit plot;primary compilation;work sheet
编绘原图审校 compilation editing
编辑 compile;compiling;edit;redact-(ion);subeditor <英>
编辑编校 redact
编辑部 copydesk;editorial board;editorial department;editorial office;edit section
编辑修改 edit update
编校 redact;redaction
编接 splice
编接接头 married joint
编结 knit
编结篱笆 plashing
编结树枝 pleach
编解码器 codec
编进 weave
编篮式格子砖砌体 basket weave checkers
编篮式码法 basket weave packing
编篮纹 basket weave pattern
编篮纹装饰 basket weave
编篮细工 basketry
编缆 braid(ed covered) cable
编篱 framed mattress;plashing;wattling
编篱笆 <英> plash
编篱工 hurdle work;wattle work
编篱护岸 framed revetment
编篱护岸(促淤防冲)工程 wattle works
编篱护坡工程 slope net working
编柳 woven willow
编柳排工 willow fascine mattress
编柳条制品 hurdle work
编录地质图件 maps in geologic(al) documentation
编路 routing
编码 codification;codify;coding;codogram;compile;encipher;encode;encoding;encrypt;numbering
编码变换器 code converter
编码标准 coding standard
编码表 encode table
编码表示 code element
编码表示法 coded identification;coded representation
编码波 coding wave
编码部件 coding unit
编码参考波 code reference wave
编码参考波全息图 coded reference wave hologram
编码参考全息图 coded reference hologram
编码操作 encoding operation
编码程序 builder;coded program-(me);coded sequence;editor;compilation
编码程序系统 coded program(me) system;compiler programming system
编码尺 coded scale
编码处理器 encode processor
编码存储线路 code storage circuit
编码错误 code error;coding error
编码单元 coding unit
编码的 coded
编码的扩展字符 coded extension character
编码的十进制 coded decimal
编码的十进制计算机 coded decimal machine
编码的十进制记数法 coded decimal notation
编码的十进制数 coded decimal number
编码的十进制数字 coded decimal digit
编码的十进制系统 coded decimal system
编码的数据 coded data
编码的算术数据 coded arithmetic data
编码的题目 encoded question
编码地址 coded address;codress;encode address
编码点 encoded point
编码电流 code current
编码电流闭塞区间 coded current block section
编码电流发送器 coded current transmitter
编码电流控制 code current control
编码电路 code(d) circuit;encode circuit
编码电视电话 coding videotelephone
编码度盘 coded circle;compass circle
编码段 coding section
编码多路分光计 encoded multiplex spectrometer
编码发生器 code generator
编码法 compiling method
编码方案 code scheme
编码方法 coding method;coding system;encoding method
编码方式 coded system;coding form;encoded mode
编码放大器 coding amplifier
编码分辨率 code distinguishability
编码分集 coded diversity
编码分类 coding specification
编码符号 coded identification
编码傅立叶变换全息图 coded Fourier-transform hologram
编码高度计 encoding altimeter
编码格式 coded format
编码管 coding tube
编码光识别 coded-light identification
编码(规)律 encoding law
编码规则 code rule
编码轨道电路 coded track circuit
编码行 code line;coding line
编码号 code(d) number
编码呼叫 code call
编码呼叫指示 coded call display working
编码呼叫指示器 coded call indicator
编码化 codification;numeralization
编码环 coding collar
编码环节 coding link
编码机 code machine;coder
编码基数【计】code base
编码激光束 coded laser beam
编码技术 coding technique;encoding technique
编码继电器 coding relay;encoder relay
编码检查 coding check
编码鉴别器 code discriminator
编码键 encoding key;key letter
编码键盘 encoded keyboard
编码键筒【计】cartridge
编码校验 coding check
编码接点 coding contact
编码接线器 code bar switch
编码结构 code structure
编码结束 end-of-encode
编码经纬仪 code theodolite;coed transit
编码矩阵 encoder matrix;encoding matrix
编码距离 code distance
编码卡 coding card
编码孔 notch
编码孔径 code aperture
编码控制 encoded control
编码控制微程序 encoded control microprocessor
编码控制系统 coded control system
编码控制制 coded control system
编码馈电 coded feed
编码理论 coding theory
编码立体测图仪 encoded photogrammetric plotter
编码立体绘图机 encoded photogrammetric plotter
编码立体绘图仪 encoded photogrammetric plotter
编码连续波 coded continuous wave
编码率 code rate;encoding rate
编码轮 code wheel
编码脉冲【计】coded impulse
编码脉冲门 coding impulse gate
编码命令 coded command
编码模式 encode mode
编码模型 encode model
编码能力 code capacity
编码盘 coded disc[disk];coding disk;coding mask;encoding board
编码器 code device;coder;code translator;coding network;compiler;encipherer [encipheror];encoder;quantizer
编码器方框图 encoder block diagram
编码器输出 encoder output
编码器组 encoder group
编码区 code area
编码缺损 encoding impairment
编码容量 code capacity;coding capacity
编码扫描 coded scanning
编码扫描层析X射线照片 coded-scan tomogram
编码扫描技术 coded scanning technique;encoded sweep technique
编码设备 coding equipment
编码设计 coding design;design of code
编码摄影绘图仪 encoded photogrammetric plotter

编码声呐 code sonar
编码十进计算机 coded decimal calculating machine
编码十进制表示法 coded decimal presentation
编码十进制加法器 coded decimal adder
编码时间 scramble time

B

编码识别 coded identification
编码式文摘 coded abstract; encoded abstract
编码式自动电话交换机 code switch automatic telephone system
编码式自动增益控制 coded automatic gain control
编码视频信息 encode video information
编码室 code room
编码手册 coding manual
编码输入 coded input; uncoded input
编码术语 encryption description
编码树 code tree; coding tree
编码数 code(d) number; call number
编码数据 code data; encode data
编码数据模式 coded data pattern
编码数据译码器 coded data decoder
编码数据转换 code data conversion
编码数字调制 coded-digital modulation
编码数字信息 encoded digital information
编码速率 code rate
编码塑料卡片 coded plastic card
编码算法 encryption algorithm
编码索引区 code line index
编码条 encoding strip
编码条驱动磁铁 code bar drive magnet
编码调制 code modulation; pulse code modulation
编码停机 coded stop
编码通信[讯] coded communication
编码通信[讯]处 encode address
编码通信[讯]设备 navamander
编码通信[讯]系统 navamander
编码凸轮 coding cam
编码图 code pattern
编码图例 coding legend
编码图灵机 encoded Turing machine
编码图像 coded image; coding image; encoded image
编码图像空间 coded image space
编码图像信息 encoder video information
编码图像质量 quality of coded picture
编码图形 coded graphics
编码网络 coding network
编码违例 coding violation
编码问题 encoded question
编码无线电波束 coded radio beam
编码无源反射器 coded passive reflector
编码无源反射器天线 coded passive reflector antenna
编码无源元件 coded inert element
编码系统 coded system; coding system
编码线 code line; coding line
编码消息 coded message
编码效率 code efficiency; coding efficiency
编码信号 code signal; encoded signal
编码信号发生器 code oscillator
编码信号振铃 code ringing
编码信息 coded information; coded message
编码形式 coded form; coding form
编码序列 coded sequence
编码选通电路 coding gate
编码选择开关 coded selector
编码选择器监视系统 code selector supervisory system
编码询问器 coded interrogator
编码循环 coding cycle
编码延迟 code delay; coding delay
编码衍射光栅 coded diffraction grating
编码掩膜 encoding mask
编码遥控系统 coded remote control system
编码译码器 coder-decoder
编码影像 coding image
编码用纸 coding sheet
编码有效性测试 code validity test
编码与传输选择 coding and transmission selection
编码元素 code element
编码元素单元 code element unit
编码员 coder; encoder
编码约定 coding convention
编码约束长度 encoding constraint length
编码载波控制 coded carrier control
编码载波设备 coded carrier equipment
编码噪声 coding noise
编码增益 coding gain
编码纸 coding sheet
编码指令 coded command; coded order
编码制 coding system; numbering scheme
编码制图 coded graphics
编码钟晶振稳定度 stability of crystal oscillator of coding clock
编码转换 coded conversion
编码装置 code device; encoder; encoding device; moder
编码状态图 encoder state diagram
编码资料 enciphered data
编码子程序 code subroutine
编码字 coded word
编码字符 coded character
编码字符串 coded string
编码字符集 coded character set
编码自动增益控制 coded automatic gain control
编码组 encoded group
编码组合 coded combination
编码组件 encoding pack
编码(最)优化 code optimization
编目 catalog(ue)
编目表 list table
编目程序 cataloger
编目处理机 list processor
编目档案 catalogued file
编目的 catalogued
编目法 cataloguing
编目方法 categorization
编目规则 cataloging code
编目过程 catalogued procedure
编目计算 inventory calculation
编目计算机 file computer
编目记录 catalog(ue) record
编目控制 inventory control
编目理论 inventory theory
编目流水号 entry number
编目录 scheduling
编目目录 catalog(ue) directory
编目人 catalog(u)er
编目手续 catalogued procedure
编目数据集 cataloged data set
编目数据组 catalog(u)ed data set
编目文件 cataloged file
编目文件结构 list file structure
编目文件生成 inventory filing
编目系统 cataloging system; catalog(ue) system; indexing system
编目学 cataloguing
编目用词汇 entry vocabulary
编拟投标书 bid assembly
编年表 chronological scale
编年的 chronological
编年记录 chronological record
编年龄 chronological age
编年史 annals; chronicle
编年序列 chronological series
编排 compiling; edit(ing); set-up
编排板 patching panel
编排操作 editing operation
编排场 marshalling yard
编排符号 editing symbol
编排格式 formatting
编排进度 scheduling
编排框架 cradle
编排列车 making-up of train
编排器 composer
编排式传输 edit-directed transmission
编排式流 edit-directed stream
编片机 film editor
编绕式 mat type
编绕式仿真天线 mat-type artificial antenna
编绕式绝缘 mat-type insulant
编入 come under; enrol(l); incorporated
编入预算 budget
编梢沉排 woven mattress
编审 senior editor; professor of editorship
编审意见表 edit check list
编绳机 rope braiding machine
编绳索机 cable braiding machine; cord braiding machine
编史工作 historiography
编书 book making
编送账单 rendering of account
编索 braided sling; sennit line
编索引 index(ing)
编条 plat; wattle
编条制品 hurdle work
编图 composing map; map compilation; map composition; map plotting; plotting
编图程序 compilation procedure; compilation process; compilation program(me)
编图单位 compilation organizer; compiled unit; unit of compiling
编图法 compilation method
编图方法 compilation procedure; compilation process
编图过程 compilation process
编图基本资料 basis of compilation
编图时间 compiled date
编图室 compilation unit
编图说明 compilation note
编图员 plotter
编图资料 basic plan; cartographic(al) source; compiled information; map documents; mappable material; mapped data; map source data
编图资料分类 classification copy
编图资料分析 resource analysis
编图资料示意图 index to compilation map; source evaluation report
编图资料准备 preparation of source material
编外人员 people outside the authorized personnel quota
编网机 minnow net machine; net making machine
编苇门 braided door
编委会 editorial board
编纹板机 jacquard card lacer
编席机 thatch-making machine
编细孔金属丝网 fine-mesh wire netting
编细孔网用的丝 fine-mesh silk
编线焊接 numbering splicing
编线机 braiding machine
编线网存储器 woven-screen storage
编写 compile; compose; redact
编写报告 making report
编写标准的基本要求 basic requirements for drafting standard
编写翻译程序系统 translator writing system
编写日期 compiling date
编写预算 estimating
编序 serialization
编叶数号 <区别于编页数号> foliate
编余费 redundancy payment
编预算 prepare budget
编运行图 scheduling
编造物 fabrication
编者 compiler; editor
编者按 editor's note; editorial note; editor's comment
编者评论 editorial comment
编枝工 wicker works
编枝(做篱笆等) wattle
编织 lace; lacing; twist; weaving; braid
编织板 woven board
编织玻璃 braided glass
编织玻璃纤维管 braided glass tube
编织层 braid ply
编织沉排 woven mattress
编织成的沉排衬垫 woven mattress
编织成的钢丝网 woven steel fabric; woven-wire fabric
编织存储器 woven memory
编织带 braided tape
编织的 pleached
编织的聚丙烯滤布 woven polypropylene filter cloth
编织的摩擦衬面 woven facing
编织电极 braided electrode
编织电缆 braid covered cable; braided cable
编织电缆外套 braided cable jacket
编织电线 braided wire
编织法 loom
编织钢丝绳 braided wire rope; selvage wire rope
编织钢丝网 braided wire rope; woven-wire fabric; woven-wire reinforcement
编织工 mat work
编织构件 matting member
编织骨 woven bone
编织机 braider; braiding machine; knitting-machine
编织加强的软管 braid hose
编织胶管 braided construction hose; knitted rubber hose
编织结合纸 bonded fabric
编织金属筛网 woven-wire screen
编织绝缘电缆 textile insulated cable
编织耐压胶管 braided compression resistant hose
编织尼龙绳 braided nylon rope
编织喷管 knitted spraying hose
编织喷沙浆管 knitted gunning hose
编织喷雾胶管 braided spray hose
编织品 fabric
编织屏蔽 braided shield
编织起来 intertwine
编织器 crochet
编织绒毛地毯 woven pile carpet
编织色带 fabric ribbon
编织筛 wire gauze sieve; woven screen
编织绳 braided rope
编织使用的枝条 running vine
编织式过滤器 wound filter
编织套 wired tube
编织套管 braided sleeve; braided tub-

ing
编织填料 braided packing
编织土工布 woven geotextile
编织土工材料的长线 filament yarn
编织网 mesh grid
编织纹 woven pattern
编织物 basket work; braid(ed fabric); braiding; fabric; platting; worm fabric
编织物包裹 worm jacket
编织物填衬软管 braided hose
编织物选矿 blanketing
编织物状的装饰线脚 platted mo(u)lding
编织细工 knot work
编织纤维 woven fabric
编织纤维光学 woven-fiber optics
编织线 braided strand; braided wire; litzendraht wire
编织线网滤油器 woven-wiremesh filter
编织型土工织物 knitted geotextile; woven geotextile
编织氧气胶管 armo(u)red oxygen rubber hose; braided oxygen hose
编织业 weaving industry
编织乙炔胶管 braided acetylene hose
编织因数 spinning factor
编织用钢丝 weaving wire
编织用禾本科草织物 esparto fabric
编织用金属丝 fabric metal
编织中柱 plectostele
编织装饰 torsade; braiding
编织状粗腐殖质 matted mor
编织状的 interlaced
编织状排列 interlacing arrangement
编址存储 addressed memory
编址存储器 addressed storage; addressed memory
编址的 addressed
编址寄存器 addressable register
编址顺序存取 addressed sequential access
编址系统 addressing system
编址直接存取 addressed direct access
编制 basket work; compilation; establishment; execute; footing; framing; make-up; organization; preparation; prepare; regiment; regimentation; system of organization; work out
编制半期全面预算 semi-full budgeting
编制报表 prepare statement
编制标准报告 generating standard report
编制表 table of organization
编制材料消耗表 material scheduling
编制操作 scheduling operation
编制侧重投入的预算 input-oriented budgeting
编制产出预算 output budgeting
编制成本 compiling cost
编制程序 coding; compiler program(me); compiling program(me); generator; program(me) composition; program(me) design; programming
编制程序法 programming module
编制程序时间 program(me) development time
编制单位 organization for compilation
编制发展规划 draw up a development planning; work out a development planning
编制范围 compiling scope
编制分录 journalize
编制符号程序 symbolic programming
编制工料预算 figuring
编制工作进度表 job scheduling
编制规范 compilation specification
编制规格书 compilation specification
编制和选择最佳开发方案 constructional and selected optimum development project
编制换算表 bridge tabulation
编制机车乘务员工作计划表 rostering of locomotive crew
编制计划 planning; scheduling
编制计划任务书 project definition
编制计算程序 factorization
编制进度表 scheduling
编制进料计划 materials planning; materials programming
编制扩充表 table of organization augmentation
编制利润计划 profit planning
编制列车时刻表 timetable making
编制面板 basket work panel
编制目录 scheduling
编制品 wicker works
编制平面图 planimetric(al) plotting
编制器程序 compiler routine
编制全面预算 full budgeting
编制全面预算方法 full-budgeting approach
编制人员 complement
编制设计书 layout of plan
编制生产计划 work out a production plan
编制时间 time of compilation
编制时刻表 scheduling
编制市场报告要求程序 programming request for price quotation
编制说明 compiling explanation
编制停车场清册调查 parking inventory study
编制统计 compilation of statistics
编制统计表 statistic(al) tabulation
编制头寸表 position sheet
编制图表 scheduling
编制微码 microcode
编制文件 documentation; preparation of documents
编制物 fabric sheet(ing)
编制现金预算 preparing cash budget
编制项目方案 project programming
编制像片镶嵌图 photographic(al) compilation
编制虚拟计算机程序 build-virtual-machine program(me)
编制依据 compiling basis
编制与装备表 table of organization and equipment
编制预报方案 preparation of forecast
编制预算 budgeteering; budgeting; budget making; budget present; build-up budget; compilation of budget; compile a budget; estimating; fixing of budget; prepare budget
编制预算计划系统 planning-programming-budgeting system
编制在一起的柳条 wicker works
编制账单 billing
编制者 person for compilation
编制职工值班时间表 rostering of staff
编制指数 indexing
编制资本预算 capital budgeting
编钟 bell set; chime
编竹门 braided door
编竹围墙 bamboo enclosure
编缀的金属线 lacing wire
编字码 lettering
编综机 harness building machine
编综丝机 heald-braiding machine
编组 category; gang-up; groupage; organize; organize into groups; regimentation
编组场 formation yard; assembly area < 机场 >; classification yard【铁】; make-up yard; marshal(led) yard; marshalling yard; railroad marshalling yard; railway marshalling yard; shunting yard; sorting yard; switching yard
编组场布局 classification yard layout
编组场出发端 outbound end of classification yard
编组场灯 classification light
编组场调度室 marshalling yard control office
编组场调度所 classification yard control office
编组场分去向编组线【铁】sorting line in marshalling yard
编组场货车通过的辆数 wagon throughput
编组场机械化 mechanization of classification yard
编组场控制 classification yard control
编组场控制机 yard control machine
编组场列车移动登记簿 register of train movements at marshalling yard
编组场配置 location of marshalling yards
编组场设计 classification yard layout
编组场停留时间 marshalling yard staying time
编组场尾部 outbound end of classification yard
编组场现在车数 perpetual yard inventory
编组场线束 track group
编组场业务 classification yard service
编组场自动化 automation of a marshalling yard; automatization of marshalling yard; yard automa(tiza)tion
编组场自动计算机 yard automatic computer
编组场总作业性能 < 关于到达、编组，出发各场的相互关系、线路数及其容量，出入场道岔的配置等 > total yard performance
编组车场 classification yard; marshalling yard
编组车头 marshalling tractor
编组调车 classification make-up of trains; marshalling and disposition
编组发场 marshalling-departure yard
编组发线 marshalling-departure track
编组方式 compilation
编组轨道 shunt track; yard track
编组机车 gathering locomotive
编组计划的最优化 optimization of marshalling plans
编组记录 group record
编组列车 making-up of train; marshal a train; marshalling vehicle; marshaling
编组能力 make-up capacity
编组区 marshalling area
编组设备 marshalling equipment
编组时间 classifying time
编组梯线 sorting gridiron
编组线【铁】arrangement track; classification track; marshalling track; sorting siding; sorting track; classification siding; classified track; formation siding; Litz wire; storage track
编组线按货车去向的固定使用 assignment of classification tracks
编组线缓行器 siding retarder
编组线减速器 siding retarder
编组线群 set of formation sidings; set of sorting sidings
编组线上现有车数 presence of cars on classification tracks
编组线实际占用情况的摹写 replica of actual track occupation of sorting sidings
编组线停留车表 table of wagons on sorting tracks
编组线占用剩余程度 < 占用线路的轴数 × 每轴平均长度有效长 >【铁】degree of residual occupation
编组信号 classification signal
编组站【铁】classification yard; formation siding; marshalling station; marshalling yard; sorting yard; train make-up station; classification station; sorting station; switch yard
编组站调车线 yard track
编组站间距 spacing of terminals
编组站列车工作计划 train working plan on classification
编组站台剩余程度 degree of residual occupation
编组站作业收入 classification station operation income
编组制【铁】groupage system
编组作业 assembly operation; make-up operation; marshalling service
编纂 codification; codify; compilation; compile; edit
编纂者 compiler

蝙蝠蛾 ghost moth; hepialid moth; swift moth; Phassus excrescens < 拉 >
蝙蝠蛾科 < 拉 > Hepialidae
蝙蝠翼式灯 batswing burner; fishtail burner; flat-flame burner
蝙蝠翼天线 batwing antenna
蝙蝠翼形天线 batwing antenna; super-turnstile antenna

鞭策者 whips
鞭(抽) whip
鞭打 flagellate; lash
鞭击作用 < 高耸建筑物顶部的 > whip action
鞭毛 cilia; flagellum[复 flagella/flagellums]
鞭毛虫(藻) flagellate
鞭毛染色法 flagellum staining
鞭毛藻纲 ceratium
鞭毛状的 flagelliform
鞭炮 fire-cracker; maroon
鞭梢效应 whip lashing response; whipping effect
鞭舞艺术风格 whiplash style
鞭榍作用 whip action
鞭形灯杆 whip-shaped lamp post
鞭形灯柱 whip-shaped lamp post
鞭样的 whiplike
鞭液作用 hydrothermal process
鞭状的 whip-shaped
鞭状天线 antenna spike; monopole antenna; rod antenna; whip(antenna)
鞭子树 whip

贬低 debase; denigrate; depreciate; depreciation; derogation; put down
贬值 debasement; depreciate; depreciation(of value); devaluate; devaluation; devalue; economic obsolescence; recede
贬值的 depreciated
贬值费 depreciation cost

贬值附加费 devaluation surcharge
贬值货币 depreciated currency; depreciated money
贬值率 rate of depreciation
贬值时期 period of depreciation
贬值损失 loss from devaluation; loss on devaluation
贬值通货 depreciated currency
贬值系数 coefficient of depreciation
贬值原因 cause of depreciation
贬值准备金 reserve for depreciation

扁柏 cypress

扁柏油酚 hinokitiol
扁柏属 false cypress; Chamaecyparis <拉>
扁板侧试验 flat dilatometer test
扁半圆钢 flattened half-round steel
扁保险丝 flat fuse wire
扁编股绳 strap laid
扁编绳 sennit
扁饼 pat
扁饼反应堆 pancake reactor
扁材 flat bar
扁材轧机 flat-rolling mill
扁叉 blades
扁插头 flat plug
扁插销 flat tower bolt
扁插座 flat socket
扁铲 chisel knife; flat chisel
扁铲侧胀试验 dilatometer test
扁铲钻头 chopping bit; drag-chisel bit
扁长的 oblong; prolate
扁长孔口 oblong aperture
扁长孔隙 oblong aperture
扁长矿体 elongated lens
扁长头 platystencephalia; platystencephalism
扁虫 flatworm
扁锤 enlarging hammer; flat (ter) hammer; set hammer
扁粗锉 flat rasp
扁锉 blunt mill file; equaling file; flat file; mill (blunt) file
扁带 bandlet
扁带层 band course
扁带雕刻饰 banderole
扁带绳 band rope
扁带饰 balteus; band (course); band decoration; list (el)
扁带饰壳 band shell
扁带线圈 edgewise winding
扁带形雕饰 bandero (ce); bannerol
扁带状雕刻装饰 banderole
扁带状纤维 flatter ribbon-like fibre
扁袋集尘器 flat bag filter; pocket filter
扁袋式集尘器 pocket type filter
扁担 carrying pole; cross arm; picul stick; shoulder pole
扁担合页 band and gudgeon; band and hook
扁担铰链 surface-fixed hinge
扁担式定量喂料机 biandan constant feeder
扁担式铰链 band hinge
扁导线 strip conductor
扁导线绝缘电缆 laminar bus
扁的 oblate
扁灯芯 flat lamp core
扁灯罩 flat type lamp shade
扁电池 flat battery
扁钉 clasp nail
扁钉尖 chisel nail point
扁锭 flat bloom; flat section ingot; slab
扁豆沸石 herschelite
扁豆式组合梁 lenticular beam
扁豆体 lenticle; phacoids; lens
扁豆形花纹钢板 tear plate
扁豆形(组合)梁 lenticular beam; lentiform beam
扁豆状 lens shaped; lenticular; lentiform; phacolith
扁豆状混合岩 lenticular migmatite
扁豆状夹层 lenticular intercalation; lenticular interlayer; lenticule; lentil
扁豆状结构 phacoidal structure
扁豆状矿体 lenticular ore body; lens
扁豆状砂层 sand lens
扁豆状体 lenticle
扁度 compression; flattening
扁端子 flat terminal
扁方二十四面体 deploid
扁方弹簧 gun spring
扁方形螺母 flat square nut
扁斧 adse; adz (e); flat mattock
扁斧工 adzed work
扁腹钢板桩 flat web sheet pile[piling]
扁腹拱 rere arch
扁杆 flat bar
扁刚毛 palea
扁钢 band iron; band steel; flat (bar) iron; flat rolled steel; flat steel bar; metal strap; plain bar (of reinforcement); ribbon iron; steel flat (slab); steel strap; strap iron; strap steel; universal plate
扁钢半成品 flat semi-finished product
扁钢锭 cast slab; flat-shaped ingot; ingot slab; rectangular ingot
扁钢锭模 ingot slab mo (u) ld
扁钢断面 flat steel section
扁钢格栅 flat bar screen; flat screen of bars
扁钢角尺 flat square
扁钢坯 bloom slab; rolling slab
扁钢坯堆置场 slab yard
扁钢坯铣床 slab-milling machine
扁钢坯轧厂 slab cogging mill
扁钢坯轧机 slabber; slabbing mill; slab cogging mill
扁钢热轧机 hot-strip mill
扁钢丝 flat steel wire; steel flat wire
扁钢丝编织物 flat wire woven fabric
扁钢丝布 flat wire cloth
扁钢丝铠装电力电缆 power cable with flat steel wire armo (u) ring
扁钢丝拉模 flatter
扁钢丝绳 band rope; flat wire rope
扁钢丝绳绞轮 flat-rope reel
扁钢丝轧机 flat wire mill
扁钢丝织物 flat wire fabric
扁钢条 flat (steel) bar
扁钢外形 flat steel profile
扁钢围盘 flat repeater
扁钢斜接 diagonal junction of flat bars
扁钢悬托镫 stirrup strap; hanger <木楼板用>
扁钢轧厂 slabbing mill
扁钢轧辊 jump roll
扁钢轧机 flat-rolling mill
扁钢张紧工具 band-iron tightener
扁钢桩 bar pile
扁钢缀条 flat bars lacing
扁拱 flat (tened) arch
扁拱形的 surbased
扁股钢丝绳 flat-strand wire rope; flattened strand rope
扁股提升机绳 flattened strand hoisting rope
扁骨 flat bone; tabular bone
扁骨料 flat particle; flat piece
扁管散热器 flat tube radiator
扁管式散热器 flat tube radiator
扁管状高岭土 metahalloysite
扁轨 flat rail
扁环接链 sprocket chain
扁环节链 chain sprocket; flat link chain; pintle chain; sprocket chain
扁黄铜 flat brass
扁簧 laminated spring
扁簧钢 flat spring steel
扁簧弹簧悬挂 leaf suspension spring
扁簧弦长 chordal height
扁集料 flat particle; flat piece
扁夹 band clamp
扁尖量规 cape ga (u) ge
扁尖錾 bolt chisel
扁尖凿 bolt chisel; cape chisel; cross-cut chisel
扁键销 cotter key
扁浇口 flat gate
扁脚插头 flat-pin plug
扁铰链 band hinge
扁节 spike knot
扁节链 link chain; pintle chain
扁金属板条 flat-sheet metal lath (ing)
扁壳 shallow shell
扁壳边梁 edge beam of shallow shell
扁壳单元 shallow shell element
扁壳桥 shell bridge
扁壳体 flat shell; shallow shell
扁壳屋顶 flat shell roof
扁孔插座 flat pin receptacle
扁孔金属网 flattened expanded (metal) mesh
扁口石凿 flat edge stone chisel
扁口凿 diamond chisel
扁阔型短桨 coble oar
扁拉刀 surface broach
扁立缠绕线圈 edgewise wound coil
扁立绕法 edgewise winding
扁砾石 shingle (-stone); stream shingle
扁砾石层 shingle layer
扁菱沸石 phacolite
扁菱形 rhomboid; rhombus
扁菱形的 rhomboidal
扁铝线 flat type alumin (i) um wire
扁率 ellipticity; flattening; oblateness
扁率系数 ellipticity coefficient
扁螺母 jam nut
扁螺纹钢 flat threaded steel
扁麻花钻 flat twist drill
扁锚 flat coupler
扁锚体系 flat anchor system
扁铆钉 flattened rivet
扁帽盖螺母 flat cup nut
扁闷盖螺母 flat cup nut
扁母线 flat bus-bar
扁抛物线 flat parabola
扁抛物线拱 flat parabola arch
扁抛物线拱梁 flat parabola arched girder
扁坯 flat blank
扁坯加热 slab heating
扁坯剪切机 slab shears
扁坯剪切机刀片 slab shear blade
扁坯轧辊 slabbing roll
扁坯轧辊孔型 slabbing pass
扁坯轧机 slab mill
扁皮带 flat belt
扁片 tablet
扁平 flatness; flattening; oblateness
扁平板材 flat product
扁平板桩 straight sheet pile
扁平棒 bar of flat; flat bar
扁平包装 flat pack
扁平比 flatness ratio
扁平编织线 flat ribbon cable
扁平箔材 flat product
扁平餐具 flatware
扁平槽 flatter
扁平产品 flat product
扁平带材 flat product
扁平带状插头座 flat ribbon connector
扁平带状电缆 flat ribbon cable
扁平单丝 flat monofilament
扁平导管 flat duct
扁平导轨 flat way
扁平导线电缆 flat cable; flat-conductor cable
扁平的 applanate; flat; tabular
扁平的绞合线 flattened strand
扁平底座 orlo
扁平电缆 flat cable; tape cable
扁平度 flakiness (ratio); order of flattening
扁平度比 flatness ratio
扁平锻造 pancake forging
扁平耳 flat ear
扁平发动机 pancake engine
扁平封装 flat pack
扁平封装集成电路 flat-pack integrated circuit
扁平杆螺栓 strap bolt
扁平钢带错绕式多层圆筒 crossly wound multilayered cylinder by flat ribbon
扁平钢丝缆 flattened strand cable
扁平钢丝绳 flat rope
扁平钢桩 straight-web piling bar
扁平高频(感应)线圈 pancake coil
扁平拱 depressed arch; diminished arch; four-centered[centred] arch
扁平钩 flat hook
扁平股索 flattened strand rope
扁平骨 flat bone
扁平管 flat tube
扁平光缆 flat optic (al) cable
扁平滑石 platy talc
扁平化效应 flattening effect
扁平活动扳手 adjustable flat wrench
扁平集成电路 flat pack; flat integrated circuit
扁平尖端 flat nose
扁平接触冷却整流器 flat base rectifier
扁平颗粒 flat particle; flat piece
扁平孔型 flat pass; slab pass
扁平孔型轧制 flat-rolling
扁平矿体 lens
扁平梁 flat beam
扁平铝线 flat type alumin (i) um wire
扁平履带片 flat track shoe
扁平率 flatness ratio
扁平轮胎 flat profile tyre [tire]; low section-height tire[tyre] <汽车用>
扁平螺旋钎头 flat-spiral auger shoe
扁平螺旋线圈 pancake helix
扁平螺旋钻 pancake auger
扁平面 flat horizontal surface
扁平面的 bluff
扁平面技术 flat panel technique
扁平面显示器 flat panel display
扁平蘑菇 flat mushroom
扁平木具 <造陶瓷坩埚等坯形时所用的> pallet
扁平内浇口 flat gate
扁平喷嘴 flat burner
扁平漆刷 stippler
扁平器 flat device
扁平牵开器 flat retractor
扁平墙壁刷 flat wall brush
扁平穹隆 flat vault
扁平曲线 flat curve
扁平人造丝 flattened rayon
扁平石 bedding stone
扁平式反应堆 pancake reactor
扁平式金字塔结构 flat pyramid structure
扁平式锌锰干电池 flat type zinc manganese dioxide dry cell
扁平手 flat hand; manus plane
扁平手柄 flat handle

扁平梳状装订器 flat-comb binder
扁平双芯电缆 flat twin cable
扁平碎石块 < 河床沉积的 > channery
扁平体 bluff body
扁平条杆筛 level bar screen
扁平条格筛 level grizzly
扁平头 < 铆钉等的 > flat head
扁平头半空心铆钉 thin flat head socket shank rivet
扁平头铆钉 thin flat head rivet
扁平透明曲线板 curve
扁平外壳 flat pack;flat package
扁平系数 flattening coefficient
扁平衔铁 flat armature
扁平线 ribbon cable;flat wire【电】
扁平线框 pancake loop
扁平线圈 flatwise coil;pancake coil
扁平线条方式 flat wire bar system
扁平小石 pennystone
扁平形的 pancake
扁平形分布 flatter distribution
扁平形钢纤维 flat steel fiber[fibre]
扁平形(颗粒)组分 < 土壤或沙粒内的 > flaky constituent
扁平型磁膜存储器 flat type magnetic thin-film memory
扁平型电动机 pancake motor
扁平型发动机 floor engine
扁平型反应堆 pancake reactor
扁平型继电器 flat type relay
扁平型绕组 pancake winding
扁平型同步机 pancake synchro
扁平型芯 cake core
扁平牙顶 flat crest
扁平焰燃烧器 spreading-flame burner
扁平叶片 flat blade
扁平油漆刷 flat paint brush
扁平轧材 flat product
扁平整枝 flat-form training
扁平指甲 platonychia
扁平指数 flakiness index
扁平砖 < 修补用 > scone brick;tile
扁平状 oblate
扁平状扳手 flat wrench
扁平状的 platy
扁平自旋 flat spin
扁平组件 flat pack(age)
扁平钻 spade drill
扁蒲壶 wine-pot in the shape of a calabash
扁漆刷 fitch;flat lacquer and varnish brush;flat paint brush
扁千斤顶 Freyssinet type jack
扁千斤顶法 flat jack method;flat jack process;flat jack technique
扁千斤顶试验 flat jack test
扁铅锉 lead float file
扁钳 gripping tongs;joint pliers
扁墙刷 flat wall brush
扁穹隆 flat dome
扁球把手 flattened knob
扁球钢 flat bulb steel
扁球面 oblate ellipsoid;oblate sphere;oblate spheroid
扁球面坐标 oblate spheroidal coordinates
扁球壳 shallow-spheric(al) shell
扁球壳体 flat spherical shell
扁球体 flattened spheroid;oblate ellipsoid;spheroid;oblate spheroid
扁球铁 flat bulb iron
扁球形 flattened spheroid;oblate ellipsoid;oblateness;oblate spheroid;spheroid;spheroidicity
扁球形的 oblate
扁球形门把 flattened door knob
扁球形穹顶 surbased spheric(al) vault
扁球状的 oblate
扁绕绕组 edgewise winding;strap-wound winding
扁绕线圈 edge coil;flat coil
扁三角锉 barrette file;cant file;dead file
扁三角钻 flat drill
扁绳 band rope;flat rope;sinnet
扁石 flag;flagging stone;flagstone
扁石屑 thin flattened chips;thin flattish chips
扁石凿 flat stone chisel
扁式旁压仪 flat dilatometer
扁式膨胀仪 flat dilatometer
扁式松胀仪 flat dilatometer;Marchetti
扁式硬皮箱 cabin trunk
扁饰带 regula(e)
扁首方尾平底驳 trow
扁刷 flat brush
扁栓 gib;jib
扁栓制动机构 gib clamp
扁水套 squash jacket
扁丝 tape yarn
扁索 sinnet
扁锁闭杆 flat locking rod
扁锁匙 flat key
扁塌现象 collapse phenomenon
扁弹簧 flat spring;half elliptic(al) spring;semi-elliptic(al) spring
扁弹簧钢 flat spring steel
扁弹簧卷耳 rolled eye
扁桃 almond
扁桃仁油 almond oil
扁桃形的 amygdaline
扁桃样的 amygdaloid
扁桃油 almond oil
扁提桶 flat handle drum
扁条 flat bar
扁条拉模 flattener;flatter
扁条铁 flat iron
扁条铜线 busbar wire
扁条状网 flat strip net
扁铁 band iron;flat bar;flat iron;ribbon iron;core rail < 连接扶手与栏杆的 >;iron core < 连接扶手与栏杆的 >
扁铁及三角铁切割机 flat iron and angle iron cutting machine
扁铁铰链连接 flat iron butt joint
扁铁轮 flat iron wheel
扁铁丝 stitching flat wire
扁铁条 flat bar iron;flat iron bar;strap iron
扁铁缀条 flat iron(bars) lacing
扁铜 flat copper
扁铜锭 slab copper
扁铜坯 copper slab
扁铜线 flat type copper wire
扁筒形拱顶 flat cradle vault
扁头 palm end
扁头的 chomecephalic;platycephalic;platycephalous
扁头钉 clout nail;flat-headed nail;flat nail;sprig
扁头钉钉成的格栅 flat spike grid
扁头夯砂锤 peen rammer;pin rammer
扁头鹤嘴锄 flat mattock
扁头鹤嘴镐 flat and point headed mattock
扁头结合螺钉 binding head screw
扁头螺钉 brazier head screw;flat-head screw;lentil-headed screw
扁头螺栓 gib-headed bolt
扁头螺丝 thumb head screw
扁头铆钉 braz(i)er(head) rivet;flat-head rivet;flattered rivet;lentil-headed screw
扁头铆顶 flat dolly
扁头钎(子) plain drill;cutting out bar
扁头砂舂 pin rammer
扁头形大直径铆钉头 wagon-box rivet head
扁头鱼钩 flat-headed hook
扁头錾 bolt chisel
扁头凿卡环 plain drill collar
扁头凿套环 plain drill collar
扁头凿(子) plain drill
扁透镜矿体 pod
扁透镜状 podiform
扁突线条 platband
扁椭球 oblate ellipsoid
扁椭球封头曲面 oblate ellipsoid head contour
扁椭圆体 oblate ellipsoid
扁弯头 strapped elbow
扁尾锤 engineer's cross pein hammer;lug hammer
扁尾键槽刀柄 shank with tang and keyway
扁尾螺栓 lug bolt;strap bolt
扁线 lenticular wire
扁线材轧机 flat wire mill
扁线绕磁极 ribbon-wound pole
扁线绕组 sheet winding
扁橡皮条 flat rubber strip
扁销 cotter(pin);flat pin;flat cotter(pin);forelock
扁销键 cotter key
扁销孔 cotter hole
扁销连接 cotter joint
扁销卸扣 oblong pin anchor shackle;oval pin shackle
扁卸扣 plate shackle
扁锌锭 slab zinc
扁形编织绳 flat-braided cord
扁形测孔规 flat plug ga(u)ge
扁形齿轮轴 sector shaft
扁形的 fan-shaped
扁形电缆 flat cable;tape cable
扁形多股绞合线 flat type stranded wire
扁形骨料 flat-shaped aggregate
扁形光缆 ribbon optic(al) fiber cable
扁形光缆连接器 ribbon cable connector
扁形规 flat ga(u)ge
扁形集料 flat-shaped aggregate
扁形夹持器 eccentric rod clamp
扁形接头 spade terminal
扁形宽截面窑 sandwich kiln
扁形连接件(器) flat coupler
扁形毛笔 flat brush
扁形软线接头 spade tag
扁形软性电缆 flat flexible cable
扁形刷子 flat brush
扁形双芯电缆 flat twin cable
扁形同步机 slab synchro
扁型材 bar stock
扁型钢 bar steel
扁型继电器 flat(type) relay
扁型千斤顶 flat jack;capsular jack < 预应力混凝土路面的 >
扁型软钢 flat mild steel bar
扁型椭球体 oblate ellipsoid
扁焰喷烧器 slot burner
扁油石 flat oil stone
扁油刷 flat paint brush
扁圆的凸线脚 thumb mo(u)lding
扁圆顶 surbased dome
扁圆钢 flattened round bar
扁圆钢线钉 oval steel wire brad
扁圆拱 surbased arch
扁圆管散热器 flat oval tubes steel radiator
扁圆尖 oval point
扁圆木锉 cabinet rasp file
扁圆坯 cheese
扁圆球 oblate sphere
扁圆球形的 oblate spheroidal
扁圆筒形拱顶 flat cylindrical vault
扁圆头螺栓 oval head bolt
扁圆头铆钉 mushroom rivet;oval head rivet
扁圆头头顶带凹槽的平尖螺钉 oval fillister head flat point screw
扁圆屋顶 flat cupola;lobed dome;surbased dome
扁圆形 oblateness
扁圆形的 oblate
扁圆锥尖 oval dog point
扁錾 broad chisel;cross-cut chisel;flat chisel
扁凿 flat jumper;flat(stone) chisel;paring chisel
扁凿钻头 chopping bit
扁轧钢 flat rolled steel
扁轧铁 flat rolled iron
扁轧铁缀条 flat rolled iron lacing
扁枝烯 phyllocladene
扁柱 flat bearing
扁砖 flat brick
扁状导线 ribbon conductor
扁锥形的 flat tapered
扁钻 drill bit;flat bit;flat drill;plain chisel;spade drill
扁钻头 flat drill bit
扁钻形铰刀 spade reamer
扁嘴钳 cutting pliers;flat bit tongs;flat(-nose) pliers;pliers;thin nose pliers

匾 horizontal inscribed board;plaque

匾心 center of circle

苄 氯丙酰胺 beclamide

苄氨基苯酚 benzyl aminophenol
苄胺 aminotoluene;benzyl amine
苄胺肉桂酸盐 benzylamine cinnamate
苄胺碳酸盐 benzylamine carbonate
苄胺肟 benzamidoxime
苄苯氯 benzylphenyl chloride
苄醇 benzalcohol;benzoic alcohol;benzyl alcohol
苄化 benzylate
苄化剂 benzylating agent
苄环烷 bencyclane
苄磺胺 benzylsulfamide
苄磺酸 benzyl sulfonic acid
苄基 benzyl
苄基苯胺 benzyl aniline
苄基苯胺偶氮苯 benzylanilineazobenzene
苄基苯胺树脂 benzyl aniline resin
苄基苯酚 benzylphenol
苄基苯甲酸 benzyl benzoic acid
苄基苯甲酸盐 benzyl benzoate
苄基苯甲酸酯 benzyl benzoate
苄基丙酮 benzyl acetone
苄基碘 benzyl iodide
苄基对氨基苯磺酸钠 sodium benzyl sulfanilate
苄基二甲胺 benzyl dimethylamine
苄基氟 benzyl fluoride
苄基磺胺 benzyl sulfanilamide;proseptazine
苄基甲基酮 benzyltrimethyl ketone
苄基肼 benzyl hydrazine
苄基联苯 benzyl biphenyl
苄基卤 benzyl halide
苄基氯 benzyl chloride
苄基醚 dibenzyl ether
苄基硼酸 benzyl boric acid;benzyl boron dihydroxide
苄基溶纤剂 benzyl cellosolve

苄基三甲基碘化铵 benzyltrim-ethylammonium iodide
苄基三甲基氯化铵 benzyltrim-ethylammonium chloride
苄基三甲基氢氧化铵 benzyltrim-ethyl-lammonium hydroxide
苄基三甲基溴化铵 benzyltrim-ethylammonium bromide
苄基纤维素 benzylcellulose
苄基溴 benzyl bromide α-bromotoluene
苄基亚胺 benzimide
苄基乙基醚 benzyl ethyl ether
苄基异硫脲盐酸盐 benzyl-iso-thiourea hydrochloride
苄腈 phenyl cyanide
苄硫醇 benzyl mercaptan
苄氯乙胺 dibenzylchlorethamine
苄醚 benzyl oxide
苄烷铵 benzalkonium
苄烯丁胺 benzylidenebutyramide

便

便餐餐车 kitchen buffet car
便餐车 buffet car;cafe car;cafe coach;lunch counter car
便餐服务车 lunch wagon
便餐馆 luncheonette;lunch room
便餐俱乐部 luncheon club
便餐客车 cafe coach
便餐台 cafe counter
便餐(用长)柜台 lunch counter
便池 toilet
便池冲洗 toilet flushing
便椽【建】auxiliary rafter
便当的 easy;handy
便道 access lane;access road;by-passage;by-path;access side;detour(road);deviation track;pathway;pavement;piste;service carriageway;service road;service roadway;side path;sidewalk;temporary road;trail
便道砌块 patio block
便道桥 detour bridge
便道小舱口 booby hatch
便读性 readability
便服 home wear
便函 memorandum[复 memodanda/memorandums]
便壶 bed urinal;chamber pot
便笺簿 scratch-pad;tablet
便开门 <残疾人用> handicap door opening system
便坑 dry closet;earth closet
便坑厕所 bucket latrine
便坑混凝土 dry closet
便览 concordance;ench(e)iridion[复 ench(e)iridia/ench(e)iridions];manual;handbook
便利功能 facilitating functions
便利品 convenience goods;convenient goods
便利商店 convenience outlet;convenience store
便利生活的设备 convenience[conveniency]
便路 detour road
便门 access door;postern;private door;sidedoor;wicket door;wicket gate
便盘 water closet bowl
便盆 bedpan;water closet bowl
便盆洗涤器 bedpan washer
便器 stool
便器冲水计量装置 <厕所> wastometer
便器冲洗软管 bedpan washer hose
便器冲洗水 after-flush
便器抽水装置 wastometer
便器间 bedpan closet
便器水箱 flush tank
便器陶瓷部件 closet bowl
便桥 access board;access bridge;accommodation bridge;auxiliary bridge;emergency bridge;foot bridge;makeshift bridge;pullback draw bridge;rising scaffolding bridge;temporary bridge
便桥式脚手架 bridge beam run;bridging run
便桥式结构 lightweight bridge structure
便桥式楼面 bridging floor
便士重 pennyweight
便适界面 friendly interface
便所 cloaca
便梯 access ladder;auxiliary stair(case);cat ladder;standing ladder
便条 brief note;chit(ty);memorandum[复 memodanda/memorandums]
便条本 pad
便条纸 notepaper;scratch paper
便厅 liberty hall
便桶 bucket latrine;closet bowl;commode;nightstool;pail privy
便桶冲水阀的漏水指示器 watchman's indicator
便桶间 pail closet
便桶排出口 closet horn
便桶式厕所 pail closet;pail latrine
便桶水箱 closet tank
便桶座(圈) closet seat;toilet seat
便巷 access lane
便携打眼器 hand borer
便携的 handy;man-carried;man-pack;portable
便携电池 portable battery
便携电视 mobile television
便携电台 portable station
便携对讲无线电话机 pack set
便携设备 mobile equipment;portable equipment
便携式 portable type
便携式安培计 pocket ammeter;portable ammeter
便携式冰箱 portable refrigerator
便携式补偿法地面监测仪 portable compensated ground monitor
便携式测流计 portable galvanometer
便携式测深仪 portable sounder
便携式测试仪 portable tester;portable test instrument
便携式测试仪器 portable testing set
便携式测针 portable point ga(u)ge
便携式场能谱仪 portable field spectrometer
便携式场强仪 portable field-strength meter
便携式超声诊断扫描仪 portable ultrasonic diagnostic scanner
便携式尘埃取样器 portable dust sampler
便携式程序编译器 portable compiler
便携式穿孔机 port-a-punch
便携式磁化率测定器 portable magnetic susceptibility meter
便携式磁记录器 portable magnetic recorder
便携式单区温度控制器 portable single-zone temperature controller
便携式的 in portable form;hand-held
便携式地面辐射监测仪 portable area monitor
便携式地图集 hand atlas
便携式地震记录仪 portable seismic recorder
便携式电动工具 portable power tool
便携式电话机 pocket telephone;portable telephone
便携式电脑 portable computer
便携式电热器 electric(al) portable heater
便携式电扇 electric(al) portable fan
便携式电视发射机 portable television transmitter
便携式电视摄像机 creepie-peepie;mobile camera;field camera;eyemo
便携式电视装置 man-pack television unit;mobile television unit
便携式电台 portable radio station
便携式电钻 electric(al) portable drill
便携式定标器 portable scaler
便携式发电机组 portable generator set
便携式发射机 backpack transmitter
便携式帆布水槽 portable suction basin
便携式防爆数字液位仪 portable explosion-proof digital level ga(u)ge
便携式防爆瓦斯探测器 portable explosion-proof gas detector
便携式分光光度计 portable spectrophotometer
便携式伏特表 pocket voltmeter
便携式辐射监测仪 portable radiation survey meter
便携式复轨器 portable re-railer
便携式盖缝 portable canopy
便携式高温计 portable pyrometer
便携式个人计算机 portable personal computer
便携式工具 portable dam
便携式谷仓 portable grain bin
便携式固体混合机 portable solids mixer
便携式观察器 hand viewer
便携式光弹仪 cassette photoelastic indicator
便携式光导摄像管摄像机 walkie-lookie
便携式过滤器 pocket filter
便携式焊机 portable welder
便携式焊接设备 portable welding equipment
便携式红外气体分析仪 portable infrared gas analyser[analyzer]
便携式弧焊机 portable arc welding machine
便携式环境空气分析仪 portable ambient air analyser[analyzer]
便携式机器能力分析器 portable machine capability analyser[analyzer]
便携式激光测距机 portable laser rangefinder
便携式激光器 man-pack laser unit;man-portable laser;portable laser
便携式计算机 laptop;portable computer;pocket computer
便携式计算器 pocket calculator;portable calculator
便携式加密机 portable ciphering unit
便携式加压舱 chamber;portable compression
便携式监护仪 portable monitor
便携式校准用陀螺罗经 portable alignment gyrocompass
便携式检验设备 portable testing unit
便携式胶管卷盘 portable hose reel
便携式接地引 portable earthing lead
便携式接收机 mobile receiver;portable receiver
便携式金属梯 portable metal ladder
便携式经纬仪 portable theodolite;portable transit
便携式精密酸度计 portable precise acidimeter
便携式静电喷漆机 portable electrostatic painting machine
便携式聚氨酯发泡工具 portable polyurethane foam kit
便携式空气冷却器 package-type air cooler
便携式空气涂漆机 portable air painter
便携式空气污染分析仪 portable air pollution analyser[analyzer]
便携式空气压缩机 portable air compressorair
便携式雷达 hand radar
便携式雷达性能检测器 portable radar performance tester
便携式雷达装置 brownie;portable radar apparatus
便携式录音机 portable recorder
便携式铝合金箱 portable alumin(i)um alloy cabinet
便携式罗兰辅助装置 portable Loran assisted device
便携式罗盘指示器 portable compass indicator
便携式洛氏硬度计 portable Rockwell hardness tester
便携式灭火器 portable(fire) extinguisher
便携式摩擦系数仪 British portable tester
便携式喷墨打印机 portable ink jet printer
便携式气流速度计 portable air velocity meter
便携式气体监测仪 portable gas monitoring instrument
便携式器具 portable appliance;portable instrument
便携式器械 portable appliance
便携式潜水空气压缩机 portable diving air compressor
便携式嵌缝机 portable ca(u)lking applicator
便携式切割工具 portable cutting tool
便携式人孔盖 portable manhole cover
便携式溶氧监测仪 portable dissolved oxygen meter
便携式设备 portable appliance;portable set
便携式摄像发射机 portable camera transmitter
便携式摄像机 portable video-camera
便携式声级计 portable sound grader
便携式声呐 hand sonar;portable sonar
便携式声学跟踪系统 portable acoustic(al) tracking system
便携式示波器 portable oscillograph
便携式收发两用机 hand transmitter receiver
便携式收录两用机 portable recorder receiver
便携式收音机 portable radio set
便携式手动穿孔器 portable hand punch
便携式数据记录介质 portable data medium
便携式数据记录媒体 portable data medium
便携式数据加载器 portable data loader
便携式数字伏安计 portable digital voltammeter
便携式数字辐射计 portable digital radiometer
便携式水分监测仪 portable moisture monitor
便携式酸度计 portable acidity meter
便携式缩微阅读器 hand viewer
便携式台式机 handy-type computer

便携式台式计算机 handy-type computer
便携式跳舞地面 portable dance floor
便携式通信[讯]系统 portable communication system
便携式通用平整度仪 portable universal roughness device
便携式土壤分析测试仪 portable soil tester
便携式瓦特计 portable wattmeter
便携式外景摄影机 field camera
便携式微波电视传输系统 portable microwave television transmission system
便携式涡流探伤仪 portable eddy-current crack detector
便携式吸气设备 portable aspirating equipment
便携式线盘 wire carrier
便携式消防设备 fire control portable equipment
便携式旋转黏[粘]度计 portable rotation viscometer
便携式掩蔽体 portable shelter
便携式氧气设备 portable oxygen set
便携式液位检测器 portable liquid level detector
便携式一氧化碳监测器 portable carbon monoxide monitor
便携式仪表 portable appliance;portable instrument
便携式乙炔发生器 portable acetylene generator
便携式异频单工电台 portable different frequency SX radio set
便携式应急机动交流发电机 portable emergency engine-driven alternator set
便携式应急收发信机 portable emergency transceiver
便携式荧光灯 portable fluorescent lamp
便携式油散热器 Latona
便携式有毒气体监测仪 portable poisonous gas monitor
便携式有声幻灯机 portable sound slide projector
便携式照明设备 portable lighting
便携式照片传真发送机 portable photo facsimile transmitter
便携式照相机 portable camera
便携式蒸汽监测仪 portable vapo(u)r monitoring instrument
便携式指示器 portable indicator
便携式终端设备 portable terminal
便携式轴流通风机 portable axial flow ventilator
便携式贮水坝 portable water storage dam
便携式装置 portable unit
便携式自动测缆器 automatic portable test set for cable
便携式自动潮汐计 portable automatic tide ga(u)ge
便携式自动水位计 portable automatic tide ga(u)ge
便携式自动瓦斯监测仪 portable automatic gas monitor
便携式综合分析仪 portable composite analyser[analyzer]
便携式钻机 portable drilling machine
便携手压泵 stirrup hand pump
便携台 portable station
便携下吸式潜水泵 portable downdraft submersible pump
便携型 portable type
便携性 portability
便携装置 portable unit
便携钻孔器 hand borer
便宴俱乐部 luncheon club
便移式地震台 portable seismographic (al) station
便移式接收机 portable mobile receiver
便移式摄像机 field camera
便移式无线电话机 portable radiophone
便移式无线电台 portable radio station
便移式照相设备 portable camera equipment
便于拆模的斜窄构件 stripping piece
便于拆卸的 accessible
便于加工 easy to machine;handling ease
便于检修 easy access
便于接近的 easily accessible
便于接受的 readily accepted
便于使用的 handy
便于数学处理 mathematic(al) tractability
便于施工的程度 constructability
便于运输的水平大巷 good level
便运锅炉 portable boiler;transportable boiler
便纸 bumf;toilet bowl
便纸架 toilet paper holder

变

变 μ 管 variable-mu tube

变 μ 五极管 variable-mu pentode
变 μ 的 variable-μ
变 μ 四极管 variable-mu
变 μ 因数 trans-μ factor
变 A 型架 modified A-frame
变埃洛石 metahalloysite
变安山岩 metaandesite;propylite
变胺蓝 variamine blue
变胺蓝 B 色基 variamine blue B base
变胺蓝盐 variamine blue salt
变暗 after darkening;blacken;darken(ing);dimming;tarnish;browning <照射时玻璃变暗>
变暗波长 darkening wavelength
变暗玢岩 metamelaphyre
变暗倾向 darkening tendency
变暗速率 darkening rate
变白 bleaching;blench;whitening
变白反应 blanching reaction;Schulta-Charlton reaction
变白榴石 epileucite
变白云母 damourite;talcite
变斑晶 metacrystal;porphyroblast
变斑晶结构 blastoporphyritic texture
变斑脱岩 metabentonite
变斑岩 apoporphyry
变半径拱 variable radius arch
变半径拱坝 variable radius arch dam
变胞法 variable-cell method
变钡砷铀云母 metaheinrichite
变钡铀云母 meta-uranocircite
变倍复印机 zoom copier
变倍立体判读仪 zoom stereo interpretoscope
变倍率摄像管 pick-up tube with electron zoom;zoom pick-up tube
变倍率像增强管 zoom image intensifier tube
变倍望远镜 variable power telescope
变倍像管 zoom image tube
变比 no-load voltage ratio;transformation ratio
变比继电器 variable ratio relay
变比降 variable gradient;variable slope
变比例投影 varioscale projection
变比热 variable specific heat
变比热容 variable specific heat capacity
变比误差 ratio error
变比误差百分数 percent ratio error
变比误差率 percent ratio error
变比型强化 variable ratio reinforcement
变壁厚管道 changed wall thickness pipeline
变波长相位显微镜 variable wavelength phase microscope
变播量排种装置 variable drop device
变薄 pinch(ing-out);thinning;thin out
变薄翻孔 hole extruding
变薄挤压 pushing
变薄拉深 ironing
变薄旋压 flow turning;power roll forming
变彩 chatoyance[chatoyancy];play of colo(u)r
变参管 parametron
变参数计算机 parametron computer
变参数系统 variation parameter system
变参数移位寄存器 parametron shift register
变参数元件 parametron
变参信道 parametric(al) variation channel;variable parameter channel
变参移位寄存器 parametron shift register
变传导作用 dromotropic(al) action;dromotropic(al) effect
变差 deviation;variation
变差测度 measure of variation
变差的绝对测度 absolute measure of variation
变差度量【数】measure of variation
变差法 method of variable differences;variate-difference method;variational method
变差分解 breakdown of variation;decomposition of variation
变差分析 variate difference analysis
变差函数的异向性 anisotropy of variogram
变差函数理论模型 theoretic(al) models of variogram
变差函数拟合 fitting of variogram
变差函数性状 behavio(u)r of variogram
变差系数 coefficient of variation;variation coefficient
变产 realize property
变产利益 gain on realization of assets
变产量测试 rate of production test
变产清算 realization and liquidation
变产清算单 realization and liquidation statement
变产清算损益 realization and liquidation profit and loss
变产清算损益账 realization and liquidation profit and loss account
变产损益 profit and loss on realization
变产损益账户 profit and loss on realization account
变长 lengthening
变长编码 variable-length encoding
变长度码 variable-length code
变长记录 variable-length record
变长记录文卷 variable-length record file
变长石砂岩 meta-arkose
变长指令系统 variable-length instruction set
变长字组 variable-length block
变沉积岩 metasediment
变成 change into;fall into;turn into
变成暗淡无光 becoming mat(t)
变成黄色的 flavescent
变成灰色 graying[greying];turn grey
变成角砾岩的 brecciated
变成蓝色 aubleu
变成论 transformism
变成没有光泽 turning mat
变成平面 complanation
变成三倍 treble
变成深红色 crimson
变成私营 denationalize
变成沃土 humify
变成无用 crock
变成硝酸盐 changing into nitrate
变成岩 metamerism rock;metamorphic rock
变成液态 liquefaction;liquefy
变成作用阶段 metagenetic stage
变程 march;range;variable range
变程板 plug program(me) patching
变程发动机 variable stroke engine
变橙黄铀矿 metavandendrisscheite
变尺度法 variable metric method
变尺度算法 variable metric algorithm
变充量耦合器 coupling of variable amount of filling;variable fill coupling
变冲程泵 variable stroke pump
变冲程给料机 variable stroke feeder
变冲程喷油泵 variable stroke injection pump
变冲程式发动机 variable stroke engine
变冲程柱塞泵 variable stroke plunger pump
变稠 bodying;body up;jelling;stiffen;thickening
变稠的料机 thick slurry
变稠的漆 fatty paint
变纯粹 refine
变磁通调压 variable flux voltage variation
变磁通式地震检波器 variable magnetic flux geophone
变磁性 metamagnetism
变磁性转变 metamagnetic transformation
变磁阻传感器 variable-reluctance transducer
变磁阻地震仪 variable-reluctance seismograph
变磁阻电磁摆地震仪 variable-reluctance electromagnetic pendulum seismograph
变磁阻检波器 variable-reluctance detector
变磁阻拾震器 variable-reluctance pick-up
变磁阻式传感器 variable magnetic-resistance type transducer
变磁阻式地震检波器 variable magnetic impedance geophone
变磁阻微音器 variable-reluctance microphone
变粗 spreading;thicken
变粗糙 chap;depolish;roughen
变粗玄岩 metaadolerite
变脆 embrittlement
变脆点 brittle transition temperature
变翠砷铜铀矿 metazeunerite
变淡 pale
变蛋白石【地】hornstone
变导磁系数压力转换器 variable-mu pressure transducer
变导网络 variable-conductance network
变的 alternate
变低 step down
变低速 down shift
变底坡河槽 variable-grade channel

B

变地址程序 readdressing routine
变点表示 variable-point representation
变点表示系统 variable-point representation system
变点模型 variable-point-mo(u)ld
变点数 variable-point numeral
变电 power transformation
变电间 substation;transformer room
变电抗器 varactor
变电抗调制器 reactance modulator
变电控制室 transformer control room
变电器电桥 transformer bridge
变电容参变管 variable-capacitance parametron
变电容载比 ratio of transformer capacity to load
变电设备 transform equipment
变电室 transformer and switch room;transformer house
变电所 distribution substation; electric(al) substation; electricity substation; substation; transformer station; transformer substation; transforming station
变电所间不能负载复用 no-load-sharing between substations
变电所间可负载复用 load-sharing between substations
变电所容量 substation capacity
变电站 converting station; distribution station; distribution substation; electric(al) substation; electricity substation; substation; transformer station; transformer substation; transforming station
变电站程控测试车 substation program(me) control testing vehicle
变电站二次程控测试车 program(me) control testing vehicle for secondary equipment of substation
变电站接地 substation grounding
变电站容量 substation capacity; transformer size
变电站一次程控测试车 program(me) control testing vehicle for preliminary equipment of substation
变电站综合自动化子系统装备 subsystem equipment of substation integrated automation
变电阻拾声器 variable-resistance pick-up
变电阻拾震器 variable-resistance pick-up
变电阻式测径仪 variable-resistance calipers
变电阻式井径仪 variable-resistance calipers
变调 modulate; modulation; transition;transpose;transposition;whine
变调的 transpositive
变调器 transposer
变调音 variation tone
变定 deformation set;setting;set-up
变定时间 set time
变定温度 setting temperature
变动 alter; change; fluctuation; variation
变动岸 variable bank
变动百分率 variable per cent
变动保证金 variation margin
变动比例 variable proportion; variable rate
变动比例法 law of variable proportions
变动标价 alternate bid
变动不定的兑换率 mercurial exchange rate
变动不定的证券市场 feverish market
变动操作条件 varying duty
变动场 dynamic(al) field
变动成本 changeable cost; variable cost
变动成本比率 variable cost ratio; variable expenses ratio
变动成本法 variable cost method
变动成本积累 variable cost pool
变动成本计算(法) variable costing
变动抽样法 variable sampling
变动带 belt of fluctuation
变动单价 adjusted base cost
变动单位(过程)线 variable unit hydrograph
变动的 ambulatory;fluxional;fluxionary;unfixed
变动的工厂间接费用 variable factory overhead(cost)
变动的工厂制造费用 variable factory overhead cost
变动的行市 fluctuating market
变动的实际收益率 fluctuating effective rate of return
变动的实际盈利率 fluctuating effective rate of return
变动的征税 variable levies
变动(地域)海岸 coast of mobile region
变动电场 fluctuating electric(al) field
变动范围 mobility scale; range; range of fluctuation;variation range
变动费用 variable charges; variable cost;variable expenses
变动分析 variation analysis
变动幅度 amplitude of fluctuation
变动负荷 alternating load(ing);variable load;varying load
变动负载 fluctuating load; variable load;varying duty;varying load
变动工艺流程分析 variation flow analysis
变动供给 variable supply
变动估价 variable evaluation
变动管理 change management
变动管理费 variable overheads
变动河槽 changing channel; variable channel
变动河床 changing channel; variable channel
变动荷载 alternating load(ing);fluctuating load; varying load; variable load
变动回水区 fluctuating backwater area;fluctuating backwater region
变动基金 change fund
变动基期 shifting base period;shifting the base
变动价格 sliding price
变动价格合同 cost-plus contract; fluctuating price contract
变动减除数 variable deductions
变动阶段 moving stage
变动进口税征收额 variable import levy
变动净额法 net change method
变动剧烈价格 volatile price
变动利率存单 variable rate certificates of deposits
变动利率定存单 variable rate CDs
变动利率优良证券 variable rate gilts
变动利润比率 variable profit ratio
变动率 fluctuating ratio; fluctuation rate;fluctuation ratio;mobility;rate of change
变动率表 mobility table
变动毛数法 gross change method
变动年金 variable annuity
变动平价 fluctuating par
变动前地质图 dip-corrected map
变动情势 variable regime
变动区 belt of fluctuation;fluctuation belt;fluctuation zone
变动权数 changing weight
变动时间步长 varying time step
变动水位 changing stage
变动水源模型 variable source model
变动瞬时单位过程线 variable instantaneous unit hydrograph
变动损益 flexible loss and profit;variable loss and profit
变动损益平衡点定价 flexible breakeven pricing
变动系数 coefficient of variation;variation coefficient
变动现场 moved scene
变动响应模型 variable response model
变动性 mobility
变动性数据 transaction data
变动性因素 factor of variability
变动压力 variable pressure
变动要素投入 variable factor input
变动应力 varying stress
变动预算 sliding budget; variable budget
变动状态 variable regime
变动准备 variable reserves
变度 variation;wabble;wobble
变度面板材 tapered plate
变短 shorten
变断面薄板 tapered sheet
变断面材 taper plate
变断面的 tapered
变断面调压室 variable section surge chamber
变断面杆件 variable section bar
变断面钢丝绳 tapered rope
变断面轧机 taper rolling mill
变断面柱 column with variable cross-section
变钝 dull;failure
变矾石 metaaluminite
变钒钙铀矿 metatyuyamunite
变钒铝铀矿 metavanuralite
变反操作 not operation
变方沸石 apoanalcite
变放大率透镜 variable magnification lens
变肥 grow fat
变废为宝 change wastes into valuables;turn wastes into wealth
变分 variation
变分波函数 variational wave function
变分不等式 variational inequality
变分不等式问题(模型)【数】variational inequalities problem
变分参数 variational parameter
变分差分格式 variational difference scheme
变分导数 variational derivative
变分的 variational
变分迭代法 variation iteration
变分法 calculation of variation;calculus of variations; variation(al) method; variational approach; variational calculus;variation calculus
变分法计算 variation calculus
变分法节点方程 nodal equation of variation method
变分法则 variational principle
变分法中的博尔赞问题 Bolza problem in calculus of variation
变分法中的拉格朗日问题 Lagrange's problem in calculus of variations
变分法中的迈尔问题 Mayer problem in calculus of variations
变分方程(式) equation of variation; variation(al) equation
变分方法 variational method
变分公式 variational formula(tion)
变分轨道 variation(al) orbit
变分积分 variational integral
变分计算 calculus of variations; variation calculation
变分近似法 variational approach
变分灵敏度 variational sensitivity
变分律 variance law
变分曲线 variational curve; varied curve
变分矢量场 variation vector field
变分微商 variational derivative
变分问题 variational problem
变分系数 variation coefficient
变分形式的相互约束 mutual constraint of variational form
变分学 calculus of variations; variational calculus
变分原理 variational principle
变风【气】variable
变风量方式 variable air volume system
变风量空气调节系统 variable air volume air conditioning system
变风量末端装置 variable air volume terminal device[unit]
变风量条缝风口 variable air volume strip diffuser
变风量系统 variable air volume system
变风量装置 variable air volume apparatus; variable air volume device; variable air volume unit
变浮比重计 hydrometer of variable immersion
变符 sign-alternating
变符板 varisymbol
变符号 negate
变符聚焦 sign-alternating focusing
变幅 amplitude(of fluctuation); amplitude of variation;booming in and out
变幅比 luffing ratio;ratio of ranges
变幅臂架 <起重机、装船机的> luffing boom;luffing beam
变幅吊臂 raisable jib
变幅钢丝绳 boom hoist rope
变幅滚筒 luffing barrel;luffing drum
变幅滑车组 radius-changing pulley block
变幅机构 derricking mechanism; luffer;luffing mechanism
变幅记录 variable-amplitude recording
变幅卷筒 boom hoist drum
变幅缆(索) luffing cable;luffing wire
变幅能力 <起重机> luffing capacity
变幅疲劳试验 variable-amplitude fatigue test
变幅起重机 luffing crane
变幅起重机臂 luffing jib
变幅器 amplitude transformer
变幅式起重机 luffing type crane
变幅速度 radius-changing speed
变幅索 <起重机或挖泥船的> luffing wire
变幅调制 amplitude shift keying
变幅通信[讯] amplitude-change signalling
变幅往复运动 variable traverse motion
变幅信号 amplitude-change signalling
变幅载波 variable carrier
变辐机构 radius-changing mechanism
变负荷 varying duty
变负荷试验 load change test
变负载强度试验 dynamic(al) endurance test
变负载试验 load change test
变复荷载 variable repeated load
变钙砷铀云母 metauranospinite

变钙铀矿 metacalciouranoite
变钙铀云母 meta-autunite
变干 dry out;dry-up
变杆沸石 gonnardite
变感扼流圈 swing(ing) choke;swinging reactor
变感换能器 variable-inductance transducer
变感器 varindor;variometer
变感器固定线圈 variometer stator
变感拾音器 variable-inductance pick-up
变感仪 induction variometer
变感元件 parametron
变感元件逻辑电路 parametron logical circuit
变感转动线圈 variometer rotor
变橄榄岩 metaperidotite
变刚度 varying rigidity
变刚度法 variable stiffness method; varying rigidity method
变刚度调平设计 optimized design of pile foundation stiffness to reduce differential settlement
变刚度悬架 controlled suspension; variable rate suspension
变高的 step up
变高度 variable depth
变高度梁 variable depth girder
变高岭石 metakaolin
变高速 up-shift
变锆石 zirconolite;zirkelite
变革 change;revolution
变革促进者 change agent
变革方式 mechanism of change
变革管理 change management
变革经济关系 alter the economic relations
变革理论 theory of chances
变更 altering;alternation;changement; change(-over); permutation; variation
变更报告 change report
变更标价 additive alternate
变更差(错) alter(ing) error
变更程序 alter the procedure
变更尺度 change of scale
变更船期 change of sailing
变更错 altering error
变更带 change tape
变更的 alternate;alternative
变更的对策 alternative strategy
变更的工程 varied work
变更的估价 valuation of variation
变更的径路(货车) deviated route
变更的铁路线 diverted line
变更登记 change of registration;modify one's registration; register the changes(in ones registration)
变更方案 additive alternate
变更方式 alter mode
变更方向的一批货物 diverted consignment
变更分类 shifting
变更符号 change sign
变更工作 alteration work
变更管理权【船】change of management
变更航程条款 change of voyage clause;deviation clause
变更合同 contract renewal;variation on contract
变更合同中规定的某些工程 constructive change
变更会车地点 diverse crossing station
变更货币单位 redenomination
变更级 change level
变更极性 alter polarity
变更计划 alternation to plan;change of plan
变更记录 change record
变更交通方式 modal shift; model shift
变更进路 alternate route;alternative route
变更经路 route diversion
变更经营 new management
变更径路 route diversion; traffic diversion
变更开关 <控制程序的开关> alternation switch
变更率 volatility
变更命令 change order;variation order;notice of change
变更命令程序 variation order procedure
变更票面额 change in par value
变更期 conversion period
变更去向 redirection
变更设计 altered design;alter the design
变更设计文件 variation order
变更受信托人的文书 substitution of trustee
变更所有权 change of ownership
变更通道 alternate channel
变更通知 change order; field order; notice of change
变更位 change bit
变更文件 change file
变更误差 alter(ing) error
变更线 modified line
变更线路 diversion line
变更卸货港附加费 alternation charges
变更卸货港条款 diversion clause
变更信道 alternate channel
变更姓名地址 redirection
变更佣金率 change of commission rate
变更原径路 deviation from a route
变更越行地点 diverse overtaking station
变更运输 traffic diversion
变更运输线 traffic diversion line
变更运行方向通过旅客列车 changing the run direction of through passenger train
变更运行径路 change in route; change in routing
变更运行路径 wagon flow route diverse
变更指示 change order
变更注册事项 alteration on entries in the register
变更转储 change dump
变更装货计划 alternation in the loading plan
变更字符 change character
变更作业体制 conversion system
变工 exchange labo(u)r; exchange work
变工队 labor-exchange team; work-exchange team
变工况运行 abnormal operation
变工制 varioplex
变构物 mutamer
变钴砷铀云母 metalirchheimerite
变故 casualty
变挂 back-pedal
变管 remote cut-off tube;super-control tube
变光程样品池 variable path-length cell
变光灯 alternating light;dimmer
变光灯泡 high low lamp;turn-down lamp
变光管 varitron
变光开关 luminosity-changing switch; dip switch <汽车大灯的>
变光器 dimmer
变光手柄 dimming lever
变光星云 variable nebula
变轨发动机 orbit maneuver motor
变函数 varying function
变旱 desiccation
变号 reversal;sign reversal
变号荷载 reversal of load
变号指令 reverse sign
变荷载试验 load change test
变褐 brown(ing)
变褐铁矾 metahohmannite
变黑 blacken(ing);blackout;darken(ing);nigrescence
变黑颗粒 blackened grains
变红 blushing; redden; rubescence; ruddy
变厚 aggrade;thicken(ing)
变厚的矿层 expanding bed
变厚度拱 variable-thickness arch
变厚度轮盘 disk of variable thickness
变弧装置 variable camber gear
变互导 variable-mutual conductance
变互导管 super-control tube; variable-mutual conductance valve
变花岗岩 apogranite
变化 change(ment);changing;diversity; metamorphism; metamorphosis; transform; transformation; transmute;variate
变化博弈论 metagame theory
变化不稳定的险恶天气 treacherous weather
变化参数 running parameter;variable parameter;variation parameter
变化层 zone of transition
变化场(法) dynamic(al) method
变化程度 degree of variation
变化磁场 variation magnetic field;varying magnetic field
变化的 non-uniform; sliding; variable;variational;varying
变化的恶感 aversion to change
变化的辐照度 varied irradiance level
变化的价格 variable prices
变化的模式与机理 model and mechanism of change
变化点 change point
变化度的回归方程 regression equation of diversity
变化多端 shifty
变化多端的 hot-cold
变化法 variational method
变化范围 excursion; limit of variation; range of variation; variation range
变化幅度 amplitude of variation; rangeability
变化幅度大 vary within-wide limits
变化负荷 diversified load
变化负载 varying duty
变化格式 variable format
变化规律 variation rule
变化过程 history
变化河槽 variable channel
变化荷载 diversified load;fluctuating load;varying load
变化检测图像 change-detection images
变化镜头 alter shots
变化控制因素 controlling factor of variation
变化棱纹组织 figured rep
变化率 change rate;rate of mutation; variance ratio
变化率继电器 rate of change relay
变化率曲线图 rate of change curve chart
变化率调节 rate control
变化轮作次序 change the order of crops
变化模式 changing pattern;pattern of variability
变化莫测的天气 treacherous weather
变化排水量 variable discharge
变化器 variator
变化区间 variation range
变化山形组织 broken herringbone
变化使用 varied usage
变化速度 rate of change;velocity of variation
变化速率 rate of change;variance rate
变化图 change chart;tendency chart
变化网形斜纹 braided twill weaves
变化网眼地组织 alternative net ground
变化微量 delta
变化无常 change about
变化无常的 constantly changing; erratic
变化无常的气候 vagaries of climate
变化系数 coefficient of variation;variation coefficient;variation factor
变化斜纹 diversified twill
变化性 variability
变化性指数 variational index
变化性质 character of variation
变化性质指数 index of variation characters
变化压力 changing pressure
变化因数 variation coefficient;variation factor
变化应力 fluctuating stress; varying stress
变化种植 shift cultivation
变化着的环境 changing environment
变化组织 alternative construction
变化组织结构 stitch-varied construction
变化组织织物 fancy fabric
变坏 deterioration;deteriotate;spoil
变坏的 deteriorative;stale
变幻不定的场面 phantasmagoria
变幻莫测的 protean
变换 conversion; convert; frogging; interconversion; relocate; relocation; throw over; transfer; transform(ation); transmutation; transmute;transposition
变换比 ratio of transformation;transformation ratio
变换比例尺 change of scale
变换比为 1 的变压器 one-to-one transformer
变换编码 transition coding
变换表 map(ping) table
变换部分 conversion fraction
变换彩色相序 reversing colo(u)r sequence
变换参数 transformation parameter
变换操作 map function
变换测绘板 conversion board
变换层 transform layer
变换常数 conversion constant;transformation constant
变换场方程 transformed field equation
变换车道 lane change; moving between lanes
变换成本 alternative cost;conversion cost
变换成生产资金 capitalize
变换程序 conversion program(me)
变换程序段数 mapping block number
变换尺度 scale change
变换齿轮 change gear;change wheel; translating gear
变换冲孔带 converter punch tape
变换传感器 transformative transducer

B

变换窗口 mapping window
变换单位 scale change
变换单元 conversion unit;converter unit;shift conversion unit
变换导纳 conversion conductance
变换的简约化 reduction of a transformation
变换的可约性 reducibility of a transformation
变换的量程 range of a transformation
变换的裘布衣水井公式 transforming Dupuit well formula
变换的因子分解 factorization of a transformation
变换地址 map(ping) address
变换点 change point;point of change;transformation point
变换点阵结构 transformed lattice structure
变换电路 inverter;transfer network
变换电压 voltage of transformation
变换电压增益 conversion voltage gain
变换电子 conversion electron
变换电子发射 conversion-electron emission
变换电子光谱 conversion spectrum
变换电阻 transformation resistance
变换定义语言 transformation definition language
变换段 transforming section
变换队形 changing the formation
变换对 transfer pair;transform pair
变换阀 change-over valve
变换法 converter technique; method of shift
变换反应 shift reaction
变换反应器 shift converter; shift reactor
变换方程 conversion equation; equation of transformation; transformation equation
变换方式 mapping mode
变换方向 divert
变换分析 transform analysis
变换分析准则 transformational criterion
变换符号 figure shift
变换杆 conversion rod
变换公式 transformation formula
变换功能 mapping function
变换构件 transformation member
变换故障 mapping fault
变换关系 transformation relation
变换管 inverter tube
变换光速测图 affine plotting
变换光速系数 affinity factor
变换光学 transform optics
变换规律 rule of conversion
变换规则 transformation rule
变换过程 procedures for transition
变换函数 transformation function; transforming function
变换函数模式 transfer function model
变换行列式 determinant of transformation
变换核 kernel of transformation
变换荷载 changing load; reversal of load;transformation load
变换横截面 transformed cross-section
变换湖 eustatic lake
变换缓冲器 mapped buffer
变换回路 transformation loop
变换机构 mapping device
变换机型组件 conversion set
变换机组 conversion unit
变换积分 transform integral
变换级 conversion stage
变换极性 reserve
变换计数测试法 transition count test method
变换技术 converter technique
变换结构框架 transformation framework
变换截面法 transformed section method
变换矩阵 transformation matrix
变换开关 alteration switch
变换开关装置 interswitching unit
变换空间 transformation space
变换控制 control of inversion
变换快速性 rapidity of changeover
变换雷达 transradar
变换理论 transformation theory
变换链 transformation chain
变换了的变量 manipulated variable
变换了的控制信号 converted command signal
变换了的受控变量 converted controlled variable
变换了的输出信号 converted output signal
变换了的输入信号 converted input signal
变换了的数值 transformed value
变换流网 transformed flow net
变换炉 change furnace;shift converter
变换滤光片 conversion filter
变换率 transition coefficient
变换论 theory of transformation; transformation theory; transformed theory
变换逻辑 converter logic
变换码 conversion code
变换模型 transformation model
变换能量 transformation energy
变换频率 conversion frequency
变换平稳 shift equilibrium
变换器 changer;conversion transducer; conversion unit; converter; inverter; permutator; transducer; transformer;datrac <把连续信号变为数字信号的>
变换器电路 converter circuit
变换器组 converter unit
变换曲线 conversion curve
变换群 group of transformation; transformation group
变换商品设计条款 change in design clause
变换式 transform
变换试验 change trial
变换手柄 lever change
变换手柄位置 lever change
变换速度 transformation rate
变换速度时的撞击 crash change of speeds
变换速率 transformation rate
变换算符 transformation operator
变换算子 transform(ation) operator
变换算子对 transform operator pair
变换损耗 conversion loss; transformation loss
变换损耗系数 conversion loss coefficient
变换特性 conversion characteristics
变换特性曲线图 conversion diagram
变换调谐开关 change-tune switch
变换调制 permutation modulation
变换网(络) transformed network
变换微积分 transformation calculus
变换未知数 transformation unknown
变换位置 fleet
变换位置方法 locomotiveness
变换温度 temperature of inversion; transformation temperature
变换文件 change file
变换误差 mapping fault
变换系 transformation series
变换系数 coefficient of conversion; conversion coefficient; conversion factor;conversion fraction;ratio of transformation; transformation coefficient;transformation ratio
变换线路 conversion line
变换线圈仪表 change-coil instrument
变换相成分 transformed phase composition
变换效率 conversion efficiency; efficiency of conversion
变换信号 figure signal
变换性 versatility
变换压板装置 change presser device
变换颜色显微镜 colo(u)r translating microscope
变换因式分解 factorization of a transformation
变换因数 conversion coefficient;conversion factor
变换因子 conversion factor
变换语句 transfer statement
变换语义 transformational semantics
变换域处理 transform processing
变换元件 inverting element
变换原子核 transformed nucleus
变换噪声 converter noise
变换增益 conversion gain; transformation gain
变换增益测试器 conversion gain tester
变换增益的死点 dead point of conversion gain
变换增益系数 conversion gain coefficient
变换站 transit exchange
变换张量 transformation tensor
变换振幅 transforming amplitudes
变换指衬套 shifting finger bushing
变换滞后 transformation hysteresis
变换终止 end-of-conversion pulse
变换周期 period of transformation; transformation period
变换柱 column-programming
变换转化最优净设备费用 optimum bare equipment cost of shift conversion
变换转移点 alteration switch
变换装置 changer; changing attachment; mapping device; modifier; shift converter;shift unit
变换状态 transition state
变换子 varitron
变换字段 mapping field
变换族 transformation family
变换组织 reform weave
变换坐标系 transformed coordinate system
变黄 yellowing
变灰白的 canescent
变辉绿岩 epidiabase;metadiabase
变火成岩 metaigneous rock
变迹法 apodisation apodization
变迹换能器 apodization transducer
变迹孔径 apodized aperture
变迹器 apodizer
变基线干涉仪 variable baseline interferometer
变基性岩 metabasite
变极 change pole
变极变速电机 variable-pole-speed motor
变极点火开关 polarization switch
变极电动机 change-pole motor;pole-change[changing] motor
变极电机 motor with change cable pairs of poles
变极电机换速 speed-change with multipole motor
变极发电机 pole-change generator
变极开关 polarization switch
变极式电动机 polar-change motor
变极式感应电动机 pole-changing motor
变极式双速电动机 consequent poles motor
变极调速 pole-changing control;pole-changing speed regulating
变极增白整理 polar change brightening
变几何形机翼 variable geometry wing
变计 change one's mind
变加减号指令 reverse sign
变加速度 fluctuating acceleration; variable acceleration;varying acceleration
变加速运动 variable accelerated motion;varying accelerated motion
变甲醛 metaformaldehyde
变钾铁矾 metavoltine;metavoltite
变钾铀云母 meta-ankoleite
变价 appraise at the current rate
变价收入 cash realizable income
变价元素 elements of variable valence
变尖 diminution;sharpen
变间隔加固肋 vari-distant rigidity rib
变桨距 feather
变交流电为直流电 commutate
变胶体矿物 metacolloidal mineral
变胶状构造 metacolloidal structure
变焦 zooming
变焦倍比 focal variation ratio
变焦倍率镜 zoom converter
变焦比 zoom(ing) ratio
变焦点高温计 variable focus pyrometer
变焦度系统 variable power system
变焦放大 zoom magnification
变焦放大观测器 zoom macroscope
变焦光学器件 zoom optics
变焦光学系统 varifocal optical system
变焦距 varifocal;zoom
变焦距倍率 focal variation ratio; zoom ratio
变焦距光学装置 zoom optics
变焦距镜头 zoom lens
变焦距聚光镜 variable focus condenser
变焦距立体显微镜 zoom stereoscopic microscope
变焦距取景器 zoom finder; zoom viewfinder
变焦距圈 zoom ring
变焦距双筒望远镜 zoom binocular
变焦距探视器 zoom finder
变焦距透镜 variable focal length lens;varifocal lens;zoom lens
变焦距透镜光学系统 zoom lens optical system
变焦距图像增强器 zoom image intensifier
变焦距物镜 objective with variable focal length
变焦距物镜系统 zoomar
变焦距系统 zoom system
变焦距显微镜 zoom microscope
变焦距寻像器 zoom finder
变焦扫描系统 varifocal scanning system
变焦透镜 multifocal lens; varifocus lens
变焦透镜双筒望远镜 varifocal lens binocular
变焦望远镜 pancratic telescope
变焦物镜 varifocal objective;varifocus lens

变焦正像系统 varifocal erecting system
变焦转绘仪 zoom transferscope
变角斑岩 metakeratophyre
变角反射 variable-angle reflection
变角辐射计 gonioradiometer
变角光度计 goniophotometer
变角光泽计 varied-angle glossmeter
变角加速运动 eccentric motion
变角器 angulator; rectoblique plotter <倾斜面上测得的角度变成平面上相应角度的仪器>
变角仪 <把在斜面上量得的角换算为水平面上的投影的仪器> angulator
变角振动 deformation vibration
变节 defection
变节距栅极 variable-pitch grid
变节距水轮机 variable-pitch turbine
变结二极管 flexode
变结构系统 variable structure system
变截面 non-prismatic cross-section; tapered cross-section; variable cross-section; varying cross-section
变截面板材 taper plate
变截面的 non-prismatic
变截面段 tapered portion
变截面发条 tapered mainspring
变截面杆件 variable section bar
变截面钢丝绳 tapered wire rope
变截面拱桥 arch bridge with variable cross-section
变截面构件 non-prismatic member
变截面构形 tapered member
变截面管 varying cross-section duct
变截面管道 transition duct; varying-area channel
变截面河槽 non-prismatic channel
变截面解法 variable cross-section method
变截面连续梁 non-prismatic continuous beam; non-uniform continuous beam
变截面梁 beam of non-uniform section; beam of variable cross section; beam with variable cross-sections; beam with variable cross-us; haunched beam; nonprismatic beam; non-uniform beam; tapered beam
变截面梁桥 beam bridge with variable cross-section
变截面流量计 flowrator; variable area flowmeter[flowrator]
变截面轮盘 disk of variable profile
变截面喷嘴 variable nozzle
变截面桥 nonprismatic bridge
变截面榫 haunched tenon
变截面弦杆 chord of varying sections; tapered chord
变截面肖特基势垒栅 variable section Schottky barrier gate
变截面叶片 blade of variable cross-section; tapered blade
变截面翼缘钢梁 tapered-flange beam
变截面轴 non-uniform shaft; step shaft
变截面柱 column of variable sections; column with variable cross-section; tapered column
变截面桩 non-uniform pile; taper pile
变截絮凝 tapered flocculation
变界层 variable-boundary layer
变紧 tighten
变进制电话交换机 step-by-step telephone switching system
变晶 compound crystal; crystalloblast; metacryst
变晶半碎裂岩 blasto-hemiclastite
变晶包体 metacryst inclusion
变晶次序 crystalloblastic order
变晶的 metacrystal
变晶鲕 crystalloblastic ooid
变晶结构 blastic texture; crystalloblastic texture; metacryst texture
变晶矿物 metamict mineral
变晶全碎裂岩 blasto-holoclastite
变晶顺序 crystalloblastic sequence
变晶系列 crystalloblastic series
变晶相界 metamorphic phase boundary
变晶性 morphotrophy
变晶岩 metacrystallic rock; metamorphic crystalline rock
变晶影响 morphotropy
变晶质的 crystalloblastic
变晶组构 crystalloblastic fabric
变晶作用【地】crystalloblastic process
变径 change diameter; change size; route diversion
变径泵杆 tapered rod string
变径差 out-of-round
变径衬套 reducing bushing
变径次数 number of diameter changing; variable diameter number of hole
变径段 reducer
变径法兰 reducing flange
变径钢丝绳 taper(ed) steel line; taper rope; tapered drilling line <钻井用>
变径刮蜡器 changed diameter paraffin scraper
变径管 <俗称大小头> reducer pipe; reducing conduit; reducing pipe; reducing tube; reductor; stepped taper tube; taper pipe; flat reducer; reducer
变径管道 tapered pipeline; telescoped pipeline
变径管接头 reducing socket
变径管节 reducing coupling; reducing pipe joint
变径管柱 tapered string
变径管嘴 reducing nozzle
变径接箍 bush roller chain
变径接合 reducing joint
变径接头 reducer(union); reducing joint; subcoupling
变径理论 variable radius theory
变径配件 <联结不同直径管子的> diminishing piece
变径喷管 transition nozzle
变径三通 reducing tee[T]
变径上升床 variable diameter lifted bed
变径深度 variable diameter depth of hole
变径式除气器 adjustable orifice scrubber
变径四通 reducing cross
变径套 drill holder; reducing sleeve
变径弯管 reducing bend pipe[piping]; reducing bend tube[tubing]
变径弯头 reducing bend; reducing elbow
变径位置 depth of diameter changing
变径油管柱 tapered tubing
变径柱 tapering shaft
变径钻管组 tapered string of drill pipe
变径钻头 expansion bit
变静压 variable static pressure
变矩激振器 variable eccentric moment vibrator
变矩器 converter(controller); torque converter
变矩器反应器 torque converter reactor
变矩器加速阀门 torque converter speed valve
变矩器控制阀 torque converter hold valve
变矩器驱动离合器 torque converter drive clutch
变矩器驱动(装置) torque converter drive
变矩器失速比例 torque converter stall ratio
变矩器失速点 torque converter stall point
变矩器输入安全阀 torque converter inlet relief valve
变矩器行星传动装置 torque converter planetary drive
变矩器液体 torque converter fluid
变矩器液压力 torque converter oil pressure
变矩载荷 <连续梁的> moment load
变距 proportional spacing
变距槽 groove with variable pitch
变距槽轮 adjustable sheave
变距定子叶片 variable stator vane
变距风扇 controllable pitch fan
变距干涉仪 variable-spacing interferometer
变距桨叶 adjustable blade
变距静叶 variable stator vane
变距可逆螺旋桨 variable-pitch reversing propeller
变距螺纹 gaining twist
变距螺旋桨 adjustable pitch propeller; variable-pitch screw
变距推进器 adjustable pitch propeller
变抗法 reactance variation method
变抗调制放大器 modulating amplifier by variable reactance
变孔调节阀 variable-orifice damper valve
变孔径地震台阵 variable aperture seismic array
变孔口流量计 variable aperture flowmeter
变苦橄岩 metapicrite
变跨导管 super-control tube; variable-mutual conductance tube; variable transconductance tube
变快 quicken; shifting up
变宽 widening
变阔 widening
变拉斑玄武岩 metatholeiite
变蓝宝石 alexandrite-sapphire
变蓝方石 ittnerite
变蓝磷铝铁矿 metavauxite
变锂辉石 aglaite
变力 variable force
变力性的 inotropic(al)
变力作用 inotropic(al) action
变沥青 courtzilite
变粒结构 granulitic texture
变粒玄岩 epidolerite
变粒岩 granulite
变联式变流器 parallel-type inverter
变量 alternating quantity; fluent; variable; variable displacement; variable quantity; variance; variate; variation(in quantity)
变量泵 pump of variable delivery type; variable displacement pump; variable(flow) pump
变量泵配变量马达 pump variable-motor variable
变量泵配定量马达 pump variable-motor fixed
变量变换 change of variable
变量变换定理 change of variable theorem
变量辨识器 variable identifier
变量标量 variant scalar
变量标识符 variable identification
变量标识器 variable identifier
变量标准化 variable standardization
变量表 argument table
变量参数 variable element; variable parameter
变量测试 variables test
变量差分法 variable-difference method; variate-difference method
变量场 variable field
变量乘法器 variable multiplier
变量抽样法 variables sampling
变量的【数】variational
变量的比例 scaling of variables
变量的变换 transformation on variables
变量的范围 range of variables
变量的分组 grouping of variables
变量的更换 change of variable
变量的归并 aggregation of variables
变量的均分 dichotomy of variables
变量的类型 type of variables
变量的离差 spread of variables
变量的力 variable force
变量的名字 name of variables
变量的模拟测定 analog(ue) assignment of variables
变量的模拟赋值 analog(ue) assignment of variables
变量的生成 generation of a variable
变量的时限 timing of variables
变量的数据类型 data type of a variable
变量的统计 statistics of variables
变量的像 image of a variate
变量的一阶差分法 first difference of variables
变量电动机 variable displacement motor
变量定义 variable-definition
变量法 quantity method
变量范围 range of variables; variable range
变量防火节风阀 variable fire damper
变量分离(法) separation of variables
变量分区法 quantization
变量分析 analysis of variance; variable analysis
变量符(号) variable symbol
变量概率分布曲线 normal probability curve
变量更换定理 change of variable theorem
变量更换方法 change of variable technique
变量关系 variable relation
变量荷载 varying load(ing)
变量机构 stroking mechanism
变量计 variograph
变量间的联系 association between variables
变量间的统计关系 statistic(al) relationships among variables
变量间隔 range of variables
变量间相似性 intervariable similarity
变量检验 inspection by variable
变量结合 variable binding
变量可预测性 predictability of a variable
变量空间 variable space
变量列 variable column
变量流 non-steady current; shifting current; unsteady current; unsteady flow
变量马达 variable displacement motor
变量名冲突 variable name conflict
变量名(字) variable name
变量能力 variable capacity
变量泥浆泵 variable-delivery mud pump

B

B

变量排污许可证 variable discharge permit
变量排种器 variable drop device
变量器 changer; secondary generator; transformer
变量器比率臂电桥 transformer ratio-arm bridge
变量器构型 transformer build
变量泵 variable-grade spring
变量删除 variable deletion
变量设定 specification of variables
变量式【数】variant
变量式液力变矩器 variable capacity (torque) converter
变量输送泵 variable delivery pump
变量属性 variable's attribute
变量数列 quantity variation series; series of variates; variable series
变量数列图 graph of variable series
变量说明 variable declaration
变量说明部分 variable declaration part
变量弹簧吊架 variable spring hanger
变量替换 variable substitution
变量调节 quantitative governing
变量调节器 quantitative governor; quantity governor
变量图 variogram
变量涡轮机 variable discharge turbine
变量误差 error in variable; variable error; variable substitution
变量误差模型 error in variable model
变量误差偏倚 error in variable bias
变量系数法 variable coefficient method
变量系统 variable system
变量相加 addition of variables
变量向量 variable vector
变量项级数 series of variable terms
变量性能 variability; variable capacity
变量选择 variable selection
变量叶片泵 variable vane pump
变量液压泵 variable displacement hydraulic pump
变量液压电动机 variable displacement hydraulic motor
变量引用 variable reference
变量域 variable range
变量载荷 variable load; varying load
变量值 variate-value
变量值差分法 variable-difference method
变量钟 delta clock
变量轴向活塞泵 capacity regulated pump
变量作用域 scope of a variable; variable scope
变了色的 <书页等> foxed
变了形的器皿 deformed ware
变劣品种 off-type variety
变磷铝石 metabariscite
变菱沸石 doranite
变流 unsteady flow
变流比 transformer ratio
变流臂 converter arm
变流变压器 convertor transformer
变流动资本为固定资本 immobilization
变流方程 equation of varied flow
变流函数 varied flow function
变流机 inversion converter; rotary transformer; uniformer
变流机车 transformer locomotive
变流机室 converter room
变流技术 converting technique
变流连接 convertor connection
变流量 variable flow
变流量泵 variable delivery pump; variable flow pump; variable volume pump
变流量方式 changing discharge method
变流量泉 variable spring
变流量式涡轮机 variable discharge turbine
变流量调节 variable flow control
变流量透平 variable discharge turbine
变流器 ammeter transformer; converter; current converter; current transformer; inverter; rectifier; transverter
变流器比较仪 current transformer comparator
变流器发射机 converter-transmitter
变流器相位角 circuit angle
变流器站 converter station
变流设备 converter[convertor] equipment
变流式机车 current conversion locomotive
变流纹岩 metarhyolite
变流因数 conversion factor
变流闸门 variable flow gate
变流装置 converter plant; convertor
变楼面荷载 variable floor load
变路转换器 varioplex
变律 regime(n)
变率 distortion; variability
变率递减法 diminish rates on cost method
变率继电器 rate of change relay
变率内插 interpolation by rate of change
变率调节电路 rate of change circuit
变率图 rate of change map
变率指示器 rate of change indicator
变绿钾铁矾 metavoltine
变轮距 flexible wheel base
变轮廓天线 variable profile antenna
变螺距 variable pitch
变螺距螺旋 variable-pitch auger
变螺距推进器 variable-pitch propeller; variable-pitch screw
变螺距叶片 variable-pitch blade
变螺旋推运器 variable-pitch auger
变码器 code converter; transcoder
变卖 cash in; liquidate
变卖财产 melt down; realization of property
变卖利益 realized profit
变卖收入 realized revenue
变卖无主货物款 proceeds from sale of unclaimed goods
变卖折旧 realized depreciation
变卖证券为现款 redeem
变卖资产收入 capital receipts
变卖资产收益 gain on realization of assets
变卖资产损失 loss on realization of assets
变卖资源 disposition of resources
变慢 changing down; slacken; downshifting <汽车调挡>; shift gear down <调挡>
变漫射透镜 variable-diffusion lens
变毛矾石 metaalunogen
变镁砷铀云母 metanovacekite
变门限解码 variable-threshold decoding
变蒙脱石 potash bentonite
变密 thicken
变密度 variable density
变密度表层 graded-density skin
变密度测井 variable-density log
变密度大气 varying density atmosphere
变密度风洞 compressed-air wind tunnel; variable-density wind tunnel
变密度记录 variable-density record
变密度记录胶卷 variable-density record film
变密度记录剖面 variable-density record section
变密度滤光器 variable-density filter
变密度制 variable-density system
变密录音法 movietone
变面积记录 variable area record
变面积记录剖面 variable area record section
变敏感 sensitize
变模糊 dislimn
变模量模型 variable module model
变内径内螺纹接头 reducing nipple
变泥质岩 metapelite
变黏[粘]稠 toughen
变凝灰岩 metatuff
变扭 torque conversion
变扭比无级变化 stepless variation of torque ratio
变扭传动装置 toromatic transmission
变扭杠杆 torque lever
变扭器 converter; torque converter
变扭器传动 torque converter transmission
变扭器的油温继电器 torque converter oil temperature relay
变扭器机车 torque converter locomotive
变扭器迷宫口 converter labyrinth port
变扭器排油孔 converter drain port
变扭弹簧 torque spring
变扭系数 torque ratio
变扭箱 torque converter box
变浓 thicken(ing)
变浓热 integral heat; total heat
变暖 calefy
变偶假说 wobble hypothesis
变排量泵 variable displacement pump; variable stroke pump
变排量(液压)马达 variable displacement motor
变配电站 transformer-distribution station
变膨胀 variable expansion
变片麻岩 metagneiss
变频 frequency conversion; variable frequency
变频带扫描技术 vari-sweep technique
变频电导 conversion conductance
变频电气传动 variable frequency electric(al) drive
变频电压增益 conversion voltage gain
变频电源 variable frequency power sources
变频电子顺磁共振波谱仪 variable frequency EPR [electron paramagnetic resonance] spectrometer
变频辐射 modified radiation
变频感应测井仪 variable frequency induction tool
变频感应电位仪 variable frequency induced potentiometer
变频管 converter tube; frequency converter tube
变频互导 conversion(trans) conductance
变频机 frequency changer; frequency converter[convertor]
变频机组 frequency-changer set
变频激发极化法 variable frequency induced polarization
变频级 converter stage
变频技术 converter technique; variable frequency technique
变频检查器 conversion detector
变频晶体 frequency-changer crystal; frequency conversion crystal
变频距快速傅立叶变换 zoom fast Fourier transformation
变频控制 <感应电动机的> alter-cycle control
变频跨导 conversion transconductance
变频率正弦波激振 variable frequency sinusoidal excitation
变频脉冲斜向探测 oblique incidence sounding; variable frequency pulse
变频器 conversion detector; converter; frequency changer; frequency converter [convertor]; frequency transformer; mixer; transverter; univertor
变频器电路 converter circuit
变频器用五极管 pentagrid of converter
变频式电磁波测距仪 electromagnetic distance meter with variable frequency
变频式模糊控制空调器 frequency modulation air-conditioner with fuzzy control
变频式振动沉桩机 variable frequency type pile driver
变频损耗 conversion loss; frequency conversion loss; loss due to frequency conversion
变频损耗系数 conversion loss coefficient
变频天线 antennaverter
变频调节 frequency control of speed
变频调速 frequency control; variable frequency speed regulation
变频调速水泵 pump with frequency conversion and speed governor
变频同步发电机 variable frequency synchro generator
变频效率 conversion efficiency
变频效应 frequency conversion effect
变频用变电站 substation for frequency conversion
变频用配电站 substation for frequency conversion
变频噪声 converter noise
变频增益 conversion gain
变频增益系数 conversion gain coefficient
变频振荡器 variable frequency oscillator
变频振动器 variable frequency vibrator
变频振动试验 variable frequency vibration test
变频转发器 frequency translating transponder; variable translating transponder
变频装置 converter plant
变平 flatten(ing); flatting
变平或变弯曲的形状 flattened and curled shape
变平接缝 flush joint
变坡 change in gradient; change of gradient; variable inclination; variable slope
变坡点 grade break; break in grade; change of gradient; grade(change) point; kick point; point of change of gradient; point of change slope; point of gradient change; turning station
变坡陡槽 variable slope tilting flume
变坡护岸 crazy pitching
变坡渠 variable-grade channel
变坡屋面 curb roof
变坡线路纵断 track rolling profile

变千枚岩 metaphyllite
变迁 change;transition;variation;vicissitude;wag;whirligig
变迁的 transitional
变迁断言 transition assertion
变迁范围 zone of migration
变迁河岸 shifting banks
变迁温度 transition temperature
变迁型河段 variable waterway
变浅 beneaped;shallowing;shoal(ing)
变浅系数 shoal coefficient
变嵌晶 poeciloblast;poikiloblast
变嵌晶结构 poikoblastic texture
变嵌晶状 sieve texture
变嵌晶状的【地】poikiloblastic
变强 stiffen
变强度测井 variable intensity log
变强韧 toughen
变轻 lighten
变清净 purge
变曲点 point of curve change;point of inflexion
变曲刚性 bending stiffness
变曲面 plane of bending;variable camber
变曲试验 deflection test
变曲线 varied curve
变曲线凸轮板 removable strap cam
变热 calescence;get hot;warm up
变热的土壤 heated soil
变热期 hypsithermal interval
变热系数 coefficient of variation
变热阻氦热桥 variable-resistance helium thermal bridge
变容二极管 autocap;hypercap diode;resiode;varactor(diode);variable-capacitance diode;varicap;variode;varipico;volticap
变容二极管参量放大器 varactor diode parametric amplifier
变容二极管特高频调谐器 varicap UHF[ultra-high frequency] tuner
变容二极管调谐 variode tuning
变容放大器 variable-capacitance amplifier
变容管倍频链 varactor multiplier chain
变容管倍频器 varactor frequency multiplier;varactor multiplier
变容管调谐 varactor tuning
变容换能器 variable-capacitance transducer
变容积(液压)马达 variable displacement motor
变容晶体管 capacitance-variable transistor
变容抗器 varactor
变容器 variodencer[variodenser]
变容式泵 variable displacement pump
变容式比重计 variable immersion hydrometer
变容式鼓风机 vary-volume blower
变容式纸带输入机 varying capacitive tape reader
变容消振器 variable-speed damper
变容真空泵 positive-displacement pump
变容转换器 variable-capacitance transducer
变熔体 metatect
变柔 soften
变柔软 tan
变软 soften
变软发脆的陈木 frowy
变锐利 sharpen
变弱 soften;weakening
变弱的 weaken
变扫描宽度 uncertain sweep width
变色 alteration;change of colo(u)r;discolo(u)r(ation);foxiness;off-colo(u)r;play of colo(u)r;tarnish;stain(ing) <木材缺陷>
变色桉 <一种澳洲硬木> kar(r)i
变色边材 stained sapwood
变色玻璃 dichroic glass
变色材料 discolo(u)ration material;off-colo(u)r material;photochromic material
变色的 allochromatic;brindle;off colo(u)red;pleochromatic
变色反应 metachromasia;metachromia;metachromatism <温度变化引起的>
变色反应性 metachromasy
变色硅胶 allochroic silicagel
变色海水 discolo(u)red seawater
变色和变形部位 discolo(u)red and distorted area
变色机能 metachrosis
变色剂 alterant;colo(u)r-changing agent
变色剂量玻璃 radiochromatic dose glass
变色菌 stainer
变色滤光器 metachromatic filter;variable colo(u)r filter
变色木材 stained wood
变色黏[粘]土 discolo(u)red clay
变色漆 chameleon paint;heat indicating paint;temperature sensitive paint;thermoindicator paint
变色汽油 off-colo(u)r gasoline
变色区域 colo(u)r change interval
变色闪光灯 alternating flashing (light)
变色示温温度计 chameleon thermometer
变色试验 discolo(u)ration test
变色熟料 discolo(u)red clinker
变色水 decolo(u)red water;discolo(u)ring water
变色水泥 colo(u)r-changeable cement
变色酸 chromotropic acid
变色酸法 chromotropic acid method
变色酸分光光度法 chromotropic acid spectrophotometry
变色涂料 chameleon paint;temperature sensitive paint
变色温度 thermocolo(u)r
变色温度指示 thermocolo(u)r
变色蜥 anole
变色蜥蜴 chameleon
变色纤维 chameleon fibre
变色现象 metachromasia
变色芯材 stained heartwood
变色颜料 camouflage paint
变色眼镜 photo-grey glasses
变色眼镜片 chameleon glass block
变色荧光 tenebrescence
变色油墨 sympathetic(al)ink
变色釉 changing colo(u)r enamel;photochromic glaze;transmutation glaze
变色釉生产工艺 changing colo(u)r enamel manufacture
变色轴承 discolo(u)red bearing
变闪长岩 epidiorite;metadiorite
变蛇绿岩套 metamorphic ophiolitic suite
变设计点法 variable design point method
变射电体 variable radio object
变射电源 variable radio source
变射频无线电探空仪 variable radio-frequency radiosonde
变深 after darkening;deepen
变深度开沟器 variable depth opener
变深声呐 variable depth sonar
变渗出沥青体 meta-exsudatinite
变渗透压的 poikilosmotic
变渗性动物 poikilosmotic animal
变升程凸轮 cam of variable lift
变升力装置 variable lift device
变生成岩期 anadiagenetic stage
变生成岩作用 anadiagenesis
变生非晶质 metamict
变生阶段成因气 metagenetic gas
变生矿物 metamict mineral
变生作用阶段 metagenetic stage
变声 wow
变声频无线电探空仪 variable-audio-frequency radiosonde
变湿 dampen;moistening
变湿系数 coefficient of moisture transition
变石 alexandrite
变石激光器 alexandrite laser
变时的 time-stepping
变时定车仿真 time-stepping vehicle-specific simulation
变时控制 time-variable control
变时限继电器 dependent time-lag relay
变时型强化 variable interval reinforcement
变时性的 chronotropic
变时性反应 chronotropic(al) response
变时滞继电器 dependent time-lag relay
变时作用 chronotropic(al) action
变式 variant
变视赤质 meta-porphyropsin
变视玫红质 metarhodopsin
变视紫红 metarhodopsin
变数 fluent;inconstant value;parameter;variable;variation
变数部件 B-unit
变数存储器 modifier storage
变数代换 transformation of variables
变数的变换 transformation of variables
变数的更换 change of variable
变数的增量 delta
变数范围 range of variables
变数方程式 parametric(al) equation
变数分离 separation of variables
变数分离法 method of separation of variables
变数极限 limit of variable
变数寄存器 B-register;modifier register
变数间的相关 correlation between variables
变数均匀折旧法 depreciation method of uniformity varying amounts
变数系数 variable coefficient
变数增加法 step-up method
变数指令 B-instruction
变数字符 variant character
变数字位 figure shift
变数组 set of variables
变水钒钙石 metarossite
变水钒锶钙矿 metadelrioite
变水方硼石 inderborite
变水锆石 malacon(e)
变水红砷锌石 metakoritnigite
变水磷钒铝石 metaschoderite
变水丝铀矿 metastudtite
变水头 variable head;varying(water) head
变水头法 variable water level method
变水头流量装置 variable water flow system
变水头渗透试验 fall(ing)-head permeability test;variable head permeability test
变水头渗透仪 falling-head permeameter;variable head permeameter
变水头渗透仪图示 schematic diagram of falling-head permeameter
变水头竖管面积 area of falling-head standpipe
变水位过滤器 variable level filter
变水植物 poikilohydric plant
变丝接头 thread-changing joint
变松黏[粘]土岩 claystone
变送器 transducer;transmitter;transmitting instrument
变送器电源 transducer supply
变送系统 transmitting system
变速 change gear;change(of) speed;fluctuation velocity;gear change [changing];shift gear;speed change;speed transformation;speed transmission;gear shift(ing)
变速按钮 selector button
变速板给料机 variable-speed plate feeder
变速刨床 variable-speed planer
变速被动轴 shift driven shaft
变速泵 adjustable speed pump;variable-speed pump;variant pump
变速比 gear ratio;ratio of gear;ratio of transmission;speed ratio
变速臂 shifting arm
变速标志 speed-change indicator;variable-speed indicator
变速表 speed chart
变速拔叉 shifter;gear shift fork
变速拔叉轴 gear shifter shaft;shifting fork shaft
变速拔叉轴闭锁器 gear shifter shaft lock
变速拔叉轴闭锁器锁簧 gear shifter shaft lock spring
变速操纵杆 gear shifting lever;joy stick
变速叉 selector fork;transmission fork
变速叉弹簧 speed shifting fork spring
变速叉杆 selector rod
变速叉轴 gear shift fork shaft;speed shifting fork shaft
变速叉轴锁球 gear shift rail lock ball
变速车道 <即加速或减速车道> speed-change lane;speed exchange lane
变速齿轮 change gear;gear change;speed-change[changing] gear;speed gear;speed transforming gear;transmission gear;variable(-speed) gear;change-speed gear;change wheel
变速齿轮比 transmission gear ratio
变速齿轮传动 change gear drive
变速齿轮传动机构 derailleur
变速齿轮杆 change gear lever
变速齿轮双端螺栓 change gear stud
变速齿轮系 change gear train
变速齿轮箱 change gear box;change gear case;change-speed gear box;speed reducer
变速齿轮箱锁 transmission lock
变速齿轮轴 change gear shaft
变速齿轮轴套 change gear shaft sleeve
变速齿轮装置 change gear device
变速齿轮组 change gear set
变速传动 change drive;differential drive;selective transmission;speed-transforming transmission;variable transmission
变速传动轮 change gear
变速传动式动力输出轴 variable-drive power takeoff
变速传动轴承 variable-speed transmission bearing
变速传动装置 speed transformation

device; speed transmission device; variable gearing; variable-speed gear
变速大卷装拉丝机 speed compensated winder
变速的 F-K 偏移 F-K migration with variable velocity
变速地区 <如加速或减速车道> speed-change area
变速电动机 adjustable speed motor; adjusting speed motor; change-speed motor; multiple speed motor; multispeed motor; varying speed motor; variable-speed motor
变速电葫芦 electric(al) hoist with creep lifting motor
变速定压发电机 high low generator
变速度 variable speed; variable velocity
变速发电机 variable-speed generator
变速发动机 adjustable engine; geared engine; variable-speed engine
变速阀 speed-change valve; speed selector valve
变速阀门 speed-change valve
变速范围 driving range; gear range; slewing range; speed range
变速方向控制杆 control lever for transmission direction
变速杆 change-speed lever; control lever of transmission; gearbox selector; gear change lever; gear lever; gear rod; gear selector lever; gear shift bar; gear shift(ing) lever; gear shift rod; gear shift shaft; lever change; low and high shift lever; range selector lever; selector lever; shift(ing) bar; shift(ing) lever; speed change (lever); speed (selector) lever; striking lever; transmission control lever; transmission shift lever
变速杆拨叉 gear change shift fork
变速杆定位板 gated device
变速杆防尘罩 gear shift lever dust cover; gear shift lever rubber cap
变速杆簧垫 gear shift lever spring seat
变速杆架 gear shift lever bracket
变速杆壳 speed shifting lever casing
变速杆壳垫 gear shift lever housing gasket
变速杆联锁球 gear shift rail interlock ball
变速杆联锁柱塞 shift lever interlock plunger
变速杆联锁装置 gear lever interlock
变速杆捏手 gear shift lever knob
变速杆球端 gear shift lever ball
变速杆球壳 gear shift lever ball housing
变速杆锁 gear lever lock; gear shift lever pin
变速杆锁球 gear shift rod lock ball
变速杆弹簧 gear shift lever spring; gear shift shaft spring
变速杆托架 shift lever bracket
变速杆油封 gear shift lever oil seal
变速杆罩 selector rod housing; shifter housing; shifting lever boot
变速杆轴 gear shift shaft; shift(ing) lever shaft
变速杆组 gear shifter group
变速感应电动机 variable-speed induction motor
变速杠杆 change lever
变速杠杆球端 shifting lever ball
变速鼓风机 variable-speed blower
变速管 velocity-variation tube
变速轨互锁销 gear shift rail interlock pin
变速过滤 filtration with varying rate; variable rate filtration
变速滑槽 gear shift(ing) gate
变速滑车 speed pulley
变速滑轮 speed pulley
变速滑堑 speeder
变速环 shifting collar
变速换挡 gear shifting
变速回动门弹簧 gear shift reverse latch spring
变速机构 change-speed gear; gearing in; gear shifting mechanism; selective gear; speed control mechanism; speed shifting mechanism
变速机构传动杆 jackshaft
变速级数 number of steps of speeds
变速给料机 vari-speed feeder
变速计量泵 variable-speed metering pump
变速减速机 variable-speed reducer
变速胶带给料机 variable-speed belt feeder
变速开关 gear switch; speed-change valve
变速控制 variable-speed control
变速控制板 change control board
变速联轴节 shifting coupling
变速流 non-uniform flow; variable flow; varied flow
变速流变仪 multispeed rheometer
变速率 rate of speed change
变速轮 change pulley; change spur gear; ratio gear; stud gear; variable-speed wheel gear
变速轮空挡 neutral
变速马达 change-speed motor; variable-speed motor; varidrive; varying speed motor
变速牌 variable-speed indicator
变速跑 speed agility run
变速皮带 speed belt
变速皮带轮 speed pulley
变速坡道 speed transition ramp
变速器 change gear box; compound box; gear set; shift transmission; speed transmission box; speed variator; transmission; transmittal; variable-speed device; variable-speed mechanism; variator
变速器侧动力输出装置 transmission power take-off
变速器倒车中间齿轮轴 transmission reverse idler gear shaft
变速器倒挡齿轮 transmission reverse gear
变速器防尘罩 gear shift dust cover
变速器副轴 layshaft
变速器盖 gear shift cover
变速器接合螺钉 transmission attaching screw
变速器冷油器 transmission oil cooler
变速器润滑油脂 transmission grease
变速器头挡及倒车齿轮 transmission first and reverse speed gear
变速器星形耦合器 transmission star coupler
变速器遥控 remote gear control
变速器油 transmission oil
变速器油箱 transmission oil sump
变速器支架 transmission support bracket
变速器中间轴 transmission countershaft
变速器主轴 transmission main shaft
变速器(主轴)二挡及三挡齿轮 transmission second and third speed gear
变速器(主轴)头挡及倒车齿轮 transmission low and reverse speed gear
变速牵拉装置 variable draw motion
变速潜油泵 variable-speed electric(al) submersible pump
变速倾斜裙板喂料机 variable-speed inclined apron feeder
变速区间 speed-change section
变速曲线图 speed chart
变速驱动 variable-speed drive
变速驱动装置 variable-speed drive
变速绕射叠后偏移 post-stack varying velocity diffraction migration
变速扫描 variable-speed scanning; variable velocity scanning
变速扫描法 variable-speed scanning
变速扇形板 gear shifting quadrant
变速设备线 slewing service line
变速生长法 rate growing method; rate growth junction
变速生长结 rate grown junction
变速生长晶体管 graded-junction transistor; rate grown transistor
变速生流式膨胀中和滤池 rising-flow expansion neutralizing filter with changeable rate
变速时间 shift time; gear change time <齿轮>
变速手把 speed selector lever
变速手柄 change-speed handle
变速水流 varied flow
变速送丝方法 <焊接用语> alternate wire-feed system
变速踏板 gear shift pedal
变速调挡 gear shift(ing)
变速调节 variable-speed control
变速调节器 variable speed governor
变速调制解调器 gar-shift modem; variable-speed modem
变速调制盘 variable-speed chopper
变速调制盘叶片 variable-speed chopper blade
变速图解 gear shifting diagram
变速蜗壳 variable velocity volute casing
变速系数 coefficient of variation in speed
变速系统 gearing in; power transmission system; transmission arrangement
变速下降 variable-speed lowering
变速箱 adjustable speed transmission; banjo; change(-over) speed gear; compound box; gear box; gear case[casing]; gear change control housing; gear(shift) housing; reducing gear box; selective headstock; speed-change[changing] box; speed reduction box; speed transmission box; spindle-speed change; transfer case; transfer gear box; transmission box[case/gear]; variable-speed case; wheel box
变速箱变速轨互锁销 gear shifting rail interlock pin
变速箱操纵机构 gearbox operating mechanism
变速箱超速挡 over-drive gear
变速箱传动轴 jackshaft
变速箱的变速比 transmission gear ratio
变速箱的电子控制 electronic transmission control
变速箱的选择机构 selective system of gear changing
变速箱底垫密片 gear shift base gasket
变速箱第一轴 clutch spindle
变速箱垫片 fork box gasket
变速箱盖 gearboxshift cover
变速箱盖垫密片 gear shift cover gasket
变速箱盖密垫 gearbox cover packing
变速箱杆 change gear lever
变速箱换挡模式 transmission shift pattern
变速箱机油冷却器 transmission oil cooler
变速箱机油压力 transmission oil pressure
变速箱减速比 transmission reduction ratio
变速箱胶圈 gearbox rubber ring
变速箱壳 transmission housing
变速箱控制电缆 transmission control cable
变速箱冷却器 transmission cooler
变速箱离合器踏板 gearbox clutch pedal
变速箱力矩 gearbox torque
变速箱量油塞 transmission ga(u)ge plunger
变速箱轮 selective gear
变速箱排挡踏板 transmission modulating pedal
变速箱皮带轮 gearbox pulley
变速箱润滑机油压力 transmission luboil pressure
变速箱体 gearbox body; gearbox casing; gearbox housing
变速箱通道 transmission access
变速箱通气孔 transmission breather
变速箱头 gearbox head
变速箱凸缘 transfer case flange
变速箱拖动的油泵 transmission-driven pump
变速箱油管压力 transmission line pressure
变速箱油位表 transmission oil ga(u)ge
变速箱中间轴 countershaft
变速箱中位指示器电线束 transmission neutralizer wiring harness
变速箱主轴 main shaft
变速箱总成 transmission assembly
变速箱座 gear shift base
变速消振器 variable-speed damper
变速效应 rate effect
变速型 variable-speed model
变速型钢板给料机 steel-pan variable speed feeder
变速性作用 chronotropic(al) effect
变速选择杆 gear shift bar selector
变速摇臂衬套 shifting rock arm bushing
变速叶轮叶片 non-uniform rotor blade
变速液压传动 variable-speed fluid drive
变速用直流发电机 Leonard dynamo
变速运动 motion with variable velocity; non-uniform motion; variable motion; variable-speed motion
变速闸门 speed-change valve
变速斩波盘 variable-speed chopper disk
变速斩光器 variable-speed chopper
变速直联风机 variable-speed direct drive fan
变速制动 extended range braking; variable-speed braking
变速制动(器)带 change-speed brakeband
变速中位保险装置 transmission neutral lock
变速轴 variable-speed shaft
变速轴发电机 variable-speed axle generator
变速轴托架 gear shift shaft bracket
变速主动轴 shift driving shaft
变速装置 change wheel; gear shift; slewing unit; speed-change gear;

speed changer; speed changing gear;speed transmission device; speed transmission unit;speed variator; transmission arrangement; transmission gear (ing); variable-speed gear;shifting gear
变速装置制动器 slewing unit brake
变速锥 speed cone; variable-speed cone
变速作用 chronotropic(al) action
变酸 acidification;sour
变酸的 acescent;acidoid;sour
变酸倾向 acid drift
变酸乳 acidified milk
变态 abnormality;degeneration;metamorphosis; palingenesis; transform(ation)
变态比尺 distorted scale
变态比例(尺) distorted scale; exaggerated scale;scale distortion
变态单元 distorted element
变态的 abnormal;abnormous
变态地质剖面 distorted geological section
变态点 anomalous site;transient point
变态断层 abnormal fault
变态反应 allergic reaction;allergic response; hypersensitivity; transformation reaction
变态反应病 allergic reaction disease
变态反应性 allergic property;allergy
变态反应性的 allergic
变态反应学 allergology
变态反应原浸出物 allergenic extract
变态分层结构 heterarchy
变态固着 abnormal fixation
变态河流模型 distorted river model
变态间隔 phase changing range
变态率 distortion ratio
变态模型 distorted model
变态式的 barock
变态式建筑 Baroque architecture
变态水 distorted water
变态行为 abnormal behavio(u)r
变态性 allergy
变态影响 effect of distortion
变态值 abnormal value
变碳钙铀矿 metazellerite
变特性二极管 flexode
变体部分 variant part
变体结构 variant structure
变甜 sweeten
变铁砷铀云母 metakahlerite
变通 be flexible
变通办法 accommodation;adaptation
变通的检验 alternative survey
变通发展战略 adaptative development strategy
变铜砷铀云母 metazeunerite
变铜铀云母 metatorbernite
变头【机】angle head
变头顶点 apex of bend
变透明信号 bleaching signal
变秃 deglabration
变万磷铀矿 meta-vanmeersscheite
变网离子 network modifying ion
变微暗 dusk
变微黑 dusk
变为零 vanish
变为脉冲信号 change into pulse signal;sampling
变为阴沉 darken
变伟晶岩 metapegmatite
变位 deflect(ion);deformation;dislocation; displacement (shift); metachoresis; rearrangement; shift; variation
变位层 disrupted horizon
变位场 displacement field
变位齿轮 profile modified gear; profile shifted gear
变位传感器 displacement transducer
变位带 shift zone
变位点 deflection point
变位度 amount of deflection;amount of displacement
变位断层 shift fault
变位法 deflection method; displacement method
变位互等理论 theory of reciprocal deflection
变位机 positioner
变位机构 modified gear
变位角 angle of declination; deflection angle
变位(理)论 deflection theory
变位量 addendum modification
变位流量计 displacement meter
变位区 dislocation zone
变位曲线 deflection curve; displacement diagram
变位曲线法 deflection line method
变位梳 shift comb
变位调整 shift control
变位图 displacement diagram
变位误差 stand-off error
变位系数 modification coefficient
变位线(影响线)原理 Muller-Breslau's principle
变位岩 cliff of displacement; fault scarify
变位仪 displacement ga(u)ge
变位阈 displacement threshold
变位准则 deflection criterion
变味险 risk of change of flavor
变温层 metalimnion;thermocline
变温层掺混 epilimnetic mixing
变温传热 temperature changing heat transfer
变温等值线 therm(o)isopleth
变温低温恒温器 variable temperature cryostat
变温动物 poikilotherm; poikilothermal animal;poikilothermic animal
变温锻炼 change temperature hardening;turned hardening
变温过程 temperature curve
变温结构 thermal structure
变温浸种 warm-cold seed treatment
变温器 heat-exchanging apparatus
变温热 tepefy
变温试验 caloric test
变温水层 epilimnion(layer)
变温外延 temperature change epitaxy
变温误差 temperature sensitivity
变温吸附 temperature swing adsorption
变温性 poikilothermy
变温悬浮法 temperature float technique
变纹唱片 varigroove
变无烟煤 super-anthracite
变稀 thin
变稀薄 rarefy;weaken
变稀薄至消失 thin away
变稀的空气 dilution air
变稀少 thin out
变系数二进制分频器 variable binary scaler
变系数控制系统 time-varying system
变系数线性系统 linear system with variable coefficients
变细 diminution;tapering;thin down; thin out
变细碧岩 metaspilite
变细拉伸 attenuating draft
变狭 constriction
变纤钠铁矾 metasideronatrite
变现 realization
变现常规 realization convention
变现价值 realization value
变现率 < 招标中用 > liquidity rate
变现慢的资产 slow assets
变现能力 cash ability;liquidity
变现清算表 statement of realization and liquidation
变现速度 flexibility;liquidity
变现损失 after loss realization
变现性 liquidity;marketability
变现资本 realized capital
变线系数 shoaling coefficient
变线仪 device for line variation;line (width) variator;variometer
变相板 phase changing plate
变相波 transformed wave
变相长壁开采法 modified longwall system
变相怠工 work to rule
变相的指令性计划 covert mandatory plan
变相割让 disguised cession
变相湖沼 metalimnion
变相机 phase converter
变相机电力机车 phase-converter locomotive
变相贸易壁垒 covert trade barrier
变相器 phase changer;phase converter;phase transformer
变相让与 disguised cession
变相失业 disguised unemployment
变相同步机 phasing synchro
变相涨价 hidden price increase
变向 break-in;diversion
变向车道 reverse lane;reversible lane
变向车流 reverse flow
变向车流车道 reverse flow lane
变向车流道路 reverse flow roadway
变向车流交通 reverse flow operation
变向车流运行 reverse flow operation
变向齿轮 change gear
变向阀 makeshift valve
变向风 shifting wind;uncertain wind
变向荷载 reversal load
变向滑轮 angle pulley
变向活门 makeshift valve
变向机构 side steering
变向交通 reverse flow
变向交通车道 reverse flow
变向流动 reversed flow
变向排量泵 non-positive displacement pump
变向器固定环 deflector wedge ring
变向台 rockover table
变向载荷 reversal load
变向装置 deviator
变项 variable term
变项级数 series of variable terms
变像管 image(converter) tube;image intensifier;converter tube
变像管高速扫描照相机 image converter streak camera
变像管高速摄影机 image converter high-speed camera
变像管摄像机 image converter camera
变像管照相机 electronic camera
变像器 image converter
变像相机 image converter camera
变小 decrease;diminution;shrink
变斜度 variable pitch
变斜率脉冲调制 variable-slope pulse modulation
变锌砷铀云母 metalodevite
变星【天】variable star
变星周期 period of a variable star
变星总表 General Catalogue of Variable Stars
变形 anamorphoser; anamorphosis; deform; deformity; deviation from exact shape; malformation; metamorphosis; shape distortion; stretch;transfiguration;transfigure; transmutation; transmute; variant model; volume change; warpage; cripple < 纵向挠曲 >
变形板 deformed plate
变形半径 radius of deformation
变形比 deformation ratio;shape distortion ratio
变形比例 proportion of deformation
变形边界条件 deformation boundary condition
变形变焦距透镜 anamorphic zoom lens
变形变数 texturing variables
变形表面 textured surface
变形冰川 amoeboid glacier
变形波 deformation wave;distortional wave
变形薄层 deformation lamella
变形补码 modified complement
变形不大 backfit
变形部分 straining piece
变形参数 deformation coordinates
变形参数试验 deformation parameter test
变形测定 deformation measurement
变形测定计 deformation meter; deformeter
变形测定器 deformability meter;extensometer;strain-ga(u)ge extensimeter
变形测定仪 deformeter
变形测量 deformation survey; measurement of distortion
变形测量仪 strain ga(u)ge
变形测试器 deformation tester
变形层理 deformed bedding
变形产品 modified product
变形长丝 modified continuous filament;processed filament yarn
变形成像存储显示管 deformographic storage display tube
变形程度 degree of distortion
变形秤 extensometer balance
变形虫 ameba
变形虫病 am(o)ebiasis
变形虫属 Am(o)eba
变形传感器 deformation transducer
变形醋酯丝 popparoni
变形醋酯纤维 fioraceta
变形带 deformable band;deformable zone;zone of deformation
变形带长度 length of deformation band
变形的 deformed;derated;distorted; out of shape
变形的板墙 deflected sheet wall
变形的极限状态 limit state of deformation
变形的模式 pattern of deformation
变形的隧道 deformed tunnel
变形的协调状态 compatible state of deformation
变形的柱面 anamorphic cylindrical surface
变形低共熔物 deformation eutectic
变形地震仪 deformation seismograph
变形递增 deformation increment
变形点 deformation point;dilatometric softening point; incipient deformation point; Mg-point; yielding point
变形电位 deformation potential
变形碟式反射器 shaped dish reflector
变形度仪 deformeter
变形断裂 ductile fracture
变形多孔(隙)介质 deformable porous medium;deformable pore medium

B

B

变形鲕 deformation ooid
变形鲕粒 deformed oolite
变形鲕状岩 spastolith
变形发展监测 monitoring of deformation movement
变形法 deformation method; deformation process; displacement method
变形法兰式扳手 hand dog
变形范围 deformation range
变形方程式 deformation equation
变形方式 deformation form; mode of texturing
变形方向 deformation direction; direction of deformation
变形分辨率(量测仪器) deformation resolution
变形分布函数 deformation distribution function
变形分配法 deformation distribution method; distribution of deformation
变形分析 deformation(al) analysis
变形缝 deformation joint; expansion joint; movement joint
变形浮箱 deformable raft
变形符号 flexional symbols
变形幅度 deformation amplitude
变形复制拷贝物镜 anamorphotic copying objective
变形钢材 deformed steel
变形钢筋 deformed bar; deformed reinforcement; deformed reinforcing steel; deformed steel bar; deformed steel reinforcement; high-bond bar; steel wire rope; deformed reinforcing bar <常指竹节钢筋>
变形钢筋拉杆 deformed tie bar
变形钢筋肋条 rib
变形钢丝 deformed wire; indented wire
变形高温合金 wrought superalloy
变形公差 distortion tolerance
变形功 deformation energy; deformation work; energy of deformation; work of deformation
变形构造 deformation(al) structure
变形谷 deformation valley
变形固体动力学 deformation solid dynamics
变形观测 deformation measurement; deformation observation
变形观测控制网 control network for deformation observation
变形管 deformed pipe; pipe of variable form
变形光学系统 anamorphotic optical system
变形轨迹 deformation locus
变形过程 deformation process; mechanism of deformation
变形合金 deforming alloy
变形和碎裂作用方式 deformation and cataclasis ways
变形核 deformed nucleus
变形荷载 deformation load; buckling load; racking load
变形横担 deformable cross arm
变形湖 deformation lake
变形化石 deformed fossils
变形恢复 deformation recovery; recuperation of deformation; reversible deformation
变形回复 deformation recovery
变形回弹 deformation(al) resilience
变形机理 deformation mechanism; mechanism of deformation
变形机理图 deformation mechanism map
变形迹线 deformation path
变形极化率 deformation polarizability; deformation polarization
变形极限 deformation limit; limit of deformation
变形极限状态 deformation limit state
变形计 deformability meter; deformation ga(u)ge; deformeter
变形计算 deformation computation
变形剂 deforming agent; denaturant
变形加工用原丝 flat yarn
变形监测网 control network for monitoring deformation; deformation monitoring network
变形交错层(理) deformed cross-bedding
变形交会测量法 deformation cross method; distorted cross method
变形角 angle of deformation; deformation angle; deformation plane
变形矫正 straightening
变形校正 deformation correction
变形校正器 distortion corrector
变形阶梯波 modified stair (case) wave
变形结构 deformation structure; deformation texture; distressed structure
变形结构沉积物 retextured sediment
变形金刚 transformers
变形金属板材 deformed metal plate
变形镜头 anamorphic lens; distorting lens
变形镜头系统 Delrama
变形镜装置 anamorphotic attachment
变形纠正 rectification of distortion
变形矩阵 deformation matrix
变形聚乙烯衬管 deformation polyethylene liner
变形开裂 strain crack(ing)
变形抗力 deformation resistance; distortion resistance; resistance of deformation; resistance to deformation
变形壳层 deformation lamella
变形控制 deformation control
变形库仑场 modified Coulomb field
变形拉杆 deformation tie bar
变形肋条 crimped stiffener
变形棱镜 anamorphic prism
变形理论 deformation theory; theory of deformation
变形力 deforming force; strain force
变形力矩 moment of deformation
变形力作用轴 deformation axis
变形历程 deformation path
变形砾石 deformation gravel; deformed pebble
变形量 deformation value
变形量具 deformation ga(u)ge
变形裂缝 deformation crack; deformation fracture; strain crack(ing)
变形流线 flow line
变形路径 deformation path
变形铝合金 wrought alumin(i)um alloy
变形孪晶 deformation twin
变形面 deformation plane
变形面填图 mapping of deformed face
变形模 distorted pattern
变形模量 compression modulus of elasticity; deformability modulus; deformation modulus; modulus of deformation
变形模式 deformation pattern
变形模数 deformation modulus
变形木材 cripple timber
变形幕 deformation curtain
变形能 energy of distortion
变形能法 strain-energy method
变形能理论 theory of strain energy
变形能力 deformation property; deformability
变形能量 deformation energy; energy of deformation; strain-energy of distortion
变形捻度 texturing twist
变形盘子 humper
变形坡度 distortion of slope
变形破裂 deformation fracture
变形谱 deformation spectrum
变形气压表 elastic barometer
变形器 anamorphoser
变形前锋 deformation front
变形潜伏力 potential energy of deformation
变形潜伏能 potential energy of deformation
变形强度 deformation intensity
变形区 deformation area; deformation zone; deformed area
变形曲线 deformation curve; distortion curve; elastic curve; stress-strain curve
变形取向 deformation orientation
变形圈闭 deformational trap
变形缺陷 deformation defect
变形绒毡层 amoeboid tapetum
变形软化温度 deformation point; dilatometric softening point; incipient deformation point; Mg-point
变形纱(线) textured yarn
变形山 deformation mountain
变形伸长 anamorphic stretching
变形深切曲流 deformation incised meander
变形失效 deformation failure
变形式支承 yielding-type support
变形事件 deformable event
变形势 deformation potential; potential of deformation
变形势能 potential energy of deformation
变形试验 deformation test(ing)
变形收缩 deformation retraction
变形双晶 secondary twinning
变形顺序 deformation sequence
变形丝 textured filament; textured yarn
变形丝试验仪 textured tester
变形丝织物 textured yarn fabric
变形速度 deformation velocity; speed of deformation; strain rate
变形速率 deformation rate; rate of deformation; deforming rate
变形特性 deformation behavio(u)r
变形特征 deformation behavio(u)r
变形梯度 deformation gradient
变形体 deformable body; deformation body; plasmodium
变形体力学 deformable body mechanics; deformation mechanics
变形天花 mitigated smallpox; modified smallpox
变形条带 deformation band
变形条件 deformation condition
变形透镜 anamorphic lens; anamorphote; deforming lens
变形图 deformation map; deformation plan; deformograph; pattern of deformation
变形图像 deformation pattern
变形退色斑 deformed reduction spots
变形托尔钢 deformed Tor-steel
变形拖曳力 deformation drag
变形椭球体 deformation ellipsoid; ellipsoid of deformation
变形椭圆 ellipse of distortion; indicatrix ellipse
变形椭圆元素 element of ellipse; element of indicatrix; ellipse element
变形椭圆轴 axis of the indicatrix
变形网格法 strain net method
变形围岩压力 deformation pressure of surroundings
变形位能 potential deformation energy; potential energy of deformation
变形温度 deformation temperature; distortion temperature
变形温度表 deformation thermometer
变形温度计 deformation thermograph; deformation thermometer
变形纹 deformation
变形纹层 deformation lamella
变形稳定标准 deformation standard
变形物镜 anamorphotic lens
变形系杆 deformed tie bar
变形系筋 deformed tie bar
变形系数 coefficient of deformation; deformation coefficient; modifying factor <洪水波的>; anamorphoser; anamorphotic system
变形系统 anamorphoser; anamorphotic system
变形纤维 textured fiber[fibre]
变形显影 deformation development; deformed development
变形现象 metamorphism
变形线圈 distorted loop
变形像 deformation image
变形像记录法 deformation imaging process
变形效果 deformation effect; deforming effect
变形效应 anamorphic effect; texturing effect
变形楔 deforming wedge
变形协调 compatibility of deformation
变形协调条件 deformation compatibility condition; conditions of compatible deformation
变形型式 deformation style
变形型态 deformation pattern
变形性 deformability; morphotropism; morphotropy
变形性质 deformation property
变形序列 deformation sequence
变形悬链线 transformed catenary
变形旋回 deformation cycle
变形压力 deformation pressure
变形压缩 anamorphic compression
变形压缩图像 anamorphotically squeezed image
变形应变能 deformational strain energy
变形应力 deformation(al) stress; distortional stress; yielding stress
变形影响 deformation effect; deforming effect; effect of distortion; modifying effect <洪水波的>
变形硬化 strain-hardening
变形余量 distortion allowance
变形域 deformation domain
变形原理 theory of deformation
变形运动 amoeboid movement
变形再生 morphallaxis
变形增量 deformation increment
变形增量调制 derived delta modulation
变形振动 deformation vibration
变形制造程序 fabricating process
变形钟 delta clock
变形种类 deformation type; mode of deformation
变形状态 deformation behavio(u)r; deformation condition; deformation state; deformed state; state of deformation
变形字体 deformed typeface; modified letter
变形阻抗 deformation drag; modified

impedance
变形阻抗继电器 modified impedance relay
变形阻力 deformation drag;deformation resistance; distortion resistance;resistance to deformation
变形阻力曲线 deformation resistance curve
变形阻尼器 deformable damper
变形组构 < 地壳构造的 > deformation fabric
变形作用 deformation action; deforming action
变形作用差异 difference in deformation
变形坐标 deformation coordinates
变型 derivative(model);variant;variety;version
变型变换器 code converter
变型变态反应性 metallergy
变型二浴法 modified two-bath process
变型活性污泥法 modified activated sludge process
变 性 degeneration; metamorphism; transform;transmutation
变性醇 denatured alcohol
变性醋酯纤维 modified acetate
变性的 degenerated;dematured
变性的实心木 modified solid wood
变性短纤维 modified staple fibre
变性反应 reaction of degeneration
变性过程 denaturation
变性海流 transformed current
变性混凝土 metamorphic concrete
变性剂 denaturant; modifier; modifying agent
变性腈纶 modacrylic
变性酒精 < 在普通酒精中掺入毒物,如木酒精等,专供工业用 > denatured alcohol;methylated spirit
变性聚丙烯腈纤维 modacrylic fiber[fibre];modified acryl fiber[fibre]
变性理论 denaturation theory
变性明胶 metagelatin
变性木材 modified wood;transmuted wood
变性黏[粘]胶 modified rayon
变性气团 indifferent air-mass;modificatory air mass; transformation of an air mass;transformed air-mass
变性气旋 neutral cyclone
变性热 heat of denaturation
变性热带气旋 neutercane
变性人造丝 modified rayon
变性试验 denatured test
变性图 denaturation map
变性土 vertisol
变性萎缩 degenerative atrophy
变性温度 denaturation temperature
变性细菌产物 mutant bacterial product
变性纤维 modified fiber[fibre]
变性纤维素纤维 modified cellulose fibre
变性盐 denatured salt
变性支链聚乙烯 modified linear polyethylene
变性指数 degenerative index
变性制冷剂 denatured refrigerant
变性质元素 variable property element
变性铸铁 inoculated cast iron; meehanite metal
变性铸铁轧辊 ductile iron roll
变性作用 denaturation;denaturization
变朽黏[粘]土斑岩 claystone porphyry
变朽黏[粘]土岩 claystone
变序点 changing order point
变序相位 variable sequence phasing
变玄武岩 meta-basalt
变旋构现象 mutamerism
变旋光作用 mutarotation
变循抽油 variable cycle pumping
变压 transform(ation);variable pressure
变压比 ratio of transformation;transformer ratio
变压比电桥 transformer ratio bridge
变压比试验 transformation voltage ratio test;transformer ratio test
变压比调节 voltage-ratio regulation
变压变流器 voltage current transformer
变压变频 variable voltage variable frequency
变压变频控制装置 variable voltage variable frequency control equipment
变压变频逆变器 variable voltage variable frequency inverter
变压变频逆变器风扇 variable voltage variable frequency inverter fan
变压表 variometer
变压舱 < 气压沉井的 > man lock
变压的电势 transformed potential
变压等值线 isophasm of pressure
变压发电机 varying-voltage generator
变压纺丝装置 spinning apparatus with variable pressure
变压计 statoscope;variograph
变压控制 variable voltage control;varying-voltage control
变压毛细管黏[粘]度计 variable pressure capillary viscometer
变压器 converter; power transformer;secondary generator;transformer; voltage changer; voltage transformer; potential transformer < 测量仪表用的 >;current transformer
变压器 C 型铁芯卷绕机 transformer C-core reeling machine
变压器保护屏 transformer protective screen
变压器保护装置 protection equipment for transformer
变压器比 ratio of transformer
变压器变比 transformer voltage ratio;turns ratio
变压器变压系数 ratio of transformation;transformation ratio
变压器标称变比 marked ratio
变压器测试仪 transformer testing instrument
变压器场 transformer yard
变压器冲片 transformer stamping
变压器抽头 transformer tapping
变压器抽头装置 transformer tap gear
变压器次级电压 transformer-secondary voltage
变压器的比较仪 voltage transformer comparator
变压器的输出谐波系统 harmonic factor of inverter output voltage
变压器的相关线端 related terminals of a transformer
变压器电动势 transformer electromotive force
变压器电感 transformer inductance
变压器电桥 transformer bridge
变压器电压比 transformer voltage ratio
变压器洞室 transformer pit
变压器额定变比 transformer normal tapping ratio
变压器反馈 transformer feedback
变压器反馈振荡器 oscillator with transformer feedback
变压器房 transformer room
变压器分压器 transformer divider
变压器浮子继电器 float relay for transformer
变压器负载损耗 transformer load loss
变压器干燥法 transformer drying methods
变压器杆 transformer pole
变压器钢 transformer steel
变压器钢板 transformer sheet
变压器罐 transformer tank
变压器硅钢片 transformer silicon steel sheet
变压器柜 transformer tank
变压器过流跳闸装置 transformer overcurrent trip
变压器过载 transformer overload
变压器回授振荡器 oscillator with transformer feedback
变压器极性 polarity of transformer
变压器继电器 transformer relay
变压器间 transformer bay
变压器降压比 step-down ratio
变压器窖 transformer vault
变压器接线组 transformer connection
变压器进线套管 transformer bushing
变压器绝缘套筒 transformer barrier tube
变压器开关 transformer switch
变压器空载损耗 transformer no-load losses
变压器馈电偏转线圈 transformer-fed deflector coil
变压器廊 transformer gallery
变压器利用系数 transformer utilization factor
变压器励磁 static exciter
变压器滤波器 transfilter;transformer filter
变压器脉冲响应波形 transformer pulse response waveform
变压器母线 transformer bus
变压器母线组接线 transformer-busbar scheme
变压器耐用油 passivated transformer oil
变压器耦合 transformer coupling
变压器耦合测向仪 transformer-coupled direction finder
变压器耦合放大器 transformer-coupled amplifier
变压器耦合负载 transformer-coupled load
变压器耦合功率放大器 transformer-coupled power amplifier
变压器耦合级 transformer-coupled stage
变压器耦合脉冲放大器 transformer-coupled pulse amplifier
变压器耦合振荡器 transformer-coupled oscillator
变压器匹配 transformer matching
变压器欠流跳闸装置 transformer undercurrent trip
变压器欠载跳闸装置 transformer underload trip
变压器绕线方向 polarity of transformer
变压器绕组 transformer winding
变压器绕组变形 deformation of transformer winding
变压器绕组极性 polarity of transformer
变压器热点温度 hot spot temperature of transformer
变压器热转换器伏特计 transformer-thermal converter voltmeter
变压器容量 transformer capacity
变压器容器 transformer container
变压器升压比 step-up ratio
变压器室 transformer hall;transformer housing;transformer room;transformer vault
变压器受潮 breathing
变压器损耗 transformer loss
变压器套管 bushing shell for transformer;transformer bushing
变压器调节 transformer regulation
变压器调谐电容器 transformer tuning capacitor
变压器调制 transformer modulation
变压器铁芯 transformer core
变压器亭 transformer kiosk
变压器外壳 transformer case; transformer shell
变压器无功功率 transformer reactive power
变压器无载分接头开关 no-load tap-changer of transformer
变压器无载功率值 no-load power consumed by transformer
变压器矽钢片 transformer silicon steel sheet
变压器线路组结线 transformer line unit connection
变压器线圈 transformer coil
变压器线圈缠绕用纸 transformer coil winding paper
变压器箱 transformer box;transformer tank
变压器消功功率 transformer active power
变压器效率 transformer efficiency
变压器效应 transformer action
变压器型耦合滤波器 transformer type coupling filter
变压器引线 transformer lead
变压器引线极性 lead polarity of a transformer
变压器用防油纸板 transformer oil-proof board
变压器用(硅)钢片 transformer sheet steel
变压器用纸板 transformer board
变压器油 electric(al)insulating oil;electric(al) insulation oil; insulating oil;transformer oil
变压器油湿度检查 crackle test
变压器油箱 transformer tank
变压器有功功率 transformer active power
变压器有效功率 transformer active power
变压器有载损失 transformer load loss
变压器有载调压开关 on-load tap-changer of transformer
变压器匝间绝缘试验 transformer turn-to-turn insulation test
变压器阵列 transformer array
变压器支架 transformer bracket
变压器只读存储器 transformer read-only storage[store]
变压器中点抽头 transformer center tap
变压器柱 transformer pillar
变压器自动开关 automatic transformer switch
变压器组 bank of transformers;transformer bank
变压器组合 transformer compound
变压器作用 transformer action
变压区【气】allobar
变压式传感器 variable pressure transducer
变压式蓄热器 variable pressure accumulator
变压缩比发动机 variable compression ratio engine
变压调压器 powerstat
变压误差 voltage sensitivity
变压吸附 pressure-swing adsorption

B

变压吸附塔 pressure-swing absorber
变压系数 ratio of transformation;secondary-to-primary-turn ratio;transformer ratio
变压运行 variable pressure operation
变压站 substation
变压站场地 transformer yard
变压整流机 transverter
变压整流器 varying-voltage rectifier;vertoro
变压装置 potential device
变压作用 transformer action
变液的 liquescent
变乙醛 metacetaldehyde
变异 cline;convulsion;degeneration;differentiation;dissociation;freak;mutation;variate;variation
变异半日分潮 variational semi-diurnal component;variational semi-diurnal constituent
变异标志 variable indicant
变异产物 alteration product
变异长度曲线 variance-length curve
变异长丝 differentiated filament yarn
变异程度 degree of variation
变异的 variant;variational
变异的度量 measure of variation
变异点 change point
变异定律 variability law
变异度 measure of dispersion;variability
变异法 alternative method
变异反应试验 fluctuation test
变异范围 range of variation
变异方向 direction of variogram
变异分析 analysis of variance;variance analysis
变异构造 palimpsest structure
变异和控制 variation and control
变异化学 allelochemistry
变异量 amount of variability;amount of variation
变异摩擦 wobble friction
变异数 variance
变异数分析 analysis of variance
变异数列 variation(al)series
变异体 variant
变异图解 variation diagram
变异系数 coefficient of differentiation;coefficient of variability;coefficient of variance;coefficient of variation;wobble coefficient
变异系数值 value for coefficient of variation
变异效应 mutagenic effect
变异性 deviancy;variability
变异序列法 variation sequence method
变异旋光 bi-rotation
变易性 uncertainty
变音 mutation;wow
变应测定 allergometry
变应化作用 allergization;sensitization
变应力蠕变 creep under variable stress
变应力蠕变试验 change-stress creep test
变应力振幅 varying-stress amplitude
变应素 chlorpheniramine maleate
变应性 allergy
变应性病 allergic disease;anaphylactic disease
变应原 allergen
变英安岩 metadacite
变硬 brinelling;harden;indurate;induration;solidify(ing);stiffen(ing)
变硬了的 crimp
变硬时间 firm time
变铀矾 metauranopilite
变余斑晶 crystalloblast
变余斑状的 blastoporphyritic
变余斑状结构 blastoporphyritic texture
变余波痕构造 blasto-ripple mark structure
变余玻屑结构 blastoglassyclastic texture
变余薄层层理构造 blasto thin bedded stratification structure
变余沉积物 palimpsest sediment
变余粉砂状结构 blastosilt texture
变余构造 palimpsest structure
变余厚层层理构造 blasto heavy stratification structure
变余花岗结构 blastogranite texture
变余花岗岩 blastogranitic rock
变余花岗状的 blastogranitic
变余花岗状结构 blastogranite texture
变余辉长结构 blastogabbroic texture
变余辉绿结构 blastodiabasic texture
变余辉绿状 blastophitic
变余辉岩 blastophitic
变余火山角砾结构 blastovolcanic brecciatic texture
变余交织结构 blastopilotaxitic texture
变余角砾岩 blastobreccia
变余角砾状结构 blastobrecciatic texture
变余结构 palimpsest texture
变余结核构造 blasto-nodular structure
变余晶屑结构 blastocrystalloclastic texture
变余巨厚层层理构造 blasto giant stratification structure
变余砾状 blastopsephitic
变余砾状结构 blastopsephitic texture
变余流纹构造 blasto-flow structure
变余糜棱岩 blastomylonite
变余糜棱状结构 blastomylonitic texture
变余泥状结构 blastopelitic texture
变余凝灰结构 blastoash texture
变余气孔构造 blasto-vesicular structure
变余熔蚀结构 blastoresorption-crystal texture
变余砂岩 blastopsammite
变余砂状 blastopsammitic
变余砂状结构 blastopsammitic texture
变余碎屑状结构 blastofragmental texture
变余条带构造 blasto-streaked structure
变余细晶结构 blastoaplitic texture
变余杏仁构造 blasto-amygdaloidal structure
变余岩屑结构 blastodettritus texture
变余枕状构造 blasto-pillow structure
变余中厚层层理构造 blasto medium heavy bedded stratification structure
变域 variable domain
变阈解码 variable-threshold decoding
变元表 argument list
变元的有效性 validity of an argument
变元段 argument segment
变元和参数的关系 relationship of arguments and parameters
变元计数 argument count
变元计算 argument count
变元寄存器 argument register
变元结合 argument association
变元描述符 argument descriptor
变元描述器 argument descriptor
变元下标 argument subscript
变元下标求值 evaluation of argument subscript
变元指针 argument pointer
变载短时工作方式 variable temporary duty
变载断续工作方式 variable intermittent duty
变载(荷)variable load;varying load
变载荷试验 load change test
变载制动机 variable load brake
变增交通量 <从其他类型交通工具改乘本车型时所增加的变通量> converted traffic
变增益自校正控制 variable gain self-tuning control
变增益阻尼 variable gain damping
变窄 narrow down;narrowing
变窄路面 narrowing pavement
变窄脉冲电路 narrowing circuit
变张角喇叭 horn of variation of flare angle
变张力性收缩【植】allasotonic contraction
变针钒钙石 metahewettite
变针钙硅石 foshagite
变针硅钙石 foshagite
变振幅试验 varying-amplitude test
变证 deterioration of a case
变直 straighten
变直径油管柱 tapered tubing
变直流机组 alternating current converter;converter
变值 variate
变值控制 variable(-value)control
变值命令控制 variable command control
变值曲线 deflection curve
变址 address modification;index(ing);modify address;indexed address
变址编址 indexed addressing
变址表 mapping table
变址部分 index part
变址操作 indexing operation
变址磁道 index track
变址存储器 index memory;index storage
变址存取 indexed access
变址存取法 index access method
变址单元 indexing applications unit
变址道 index track
变址地址 indexed address(ing)
变址电路 hard-wired index
变址定义 index definition
变址法 indexing method
变址返回符 index return character
变址方式 indexed mode
变址访问 indexed access;indexed addressing
变址缝口 index slit
变址隔离寄存器 index barricade register
变址环 modification loop
变址缓冲器 index buffer
变址级 index level
变址计数器 index counter
变址记录 index record
变址寄存器 B-box;B-register;index register;loop box;modifier register;modifier storage
变址寄存器指示器 index register pointer
变址加法器 index adder
变址间接寻址 index indirect addressing
变址类型 index type
变址零页寻址 indexed zero page addressing
变址命令 modifier command
变址器 indexing applications unit
变址区域 index realm
变址数 modifier
变址数部件 B-unit
变址数存储器 modifier storage
变址数大转移 branch on index high
变址数寄存器 B-box;B-line;base register;B-store
变址数寄存器组 index array
变址数据名 indexed data name
变址数据项 index data item
变址顺序 indexed sequential
变址位 index bit;modify bit
变址限定符 index qualifier
变址信号 index signal
变址型寻址 indexing addressing
变址修改 index modification;index modify;index qualifier
变址修改型寻址 index modification addressing
变址序列 indexed sequential
变址选址 indexed addressing
变址寻址 indexed addressing
变址寻址方式 indexed addressing mode
变址域值 index field value
变址值 index value
变址指令 B-instruction;index instruction
变址周期 index cycle
变址字 index word
变址字寄存器 index word register
变址组 index set
变质 ag(e)ing;debasement;degeneracy;degeneration;deterioration;metamorphism;metamorphosis;qualitative change;transform;transformation;transmutation;transmute
变质暗煤 metadurain
变质变形事件 metamorphic-deformational event
变质产物 alteration product
变质长石砂岩 meta-orkose
变质沉积物 metamorphic sediment;metasediment;palimpsest sediment
变质沉积岩 metasedimentary rock;metaseds
变质成矿床 metamorphogenic deposit
变质成矿作用 metamorphic metallization
变质成因条件 metamorphogenic condition
变质程度 degree of metamorphism;grade of metamorphism;metamorphic rank
变质处理 inoculation;modification
变质处理不足的 undermodified
变质带 metamorphic belt;metamorphic zone;metamorphism zone;zone of metamorphism
变质的 alterative;degenerated;degenerative;metamorphous
变质的黑(钙)土壤 degraded black-earth soil
变质的有机废料 degenerated organic wastes
变质底砾岩 metamorphic basal conglomerate
变质地层 metamorphic terrain
变质地层不整合 unconformity of metamorphic terrain
变质地体 metamorphic terrane
变质地质学 metamorphic geology
变质点 <焊接的> affect zone
变质叠加 metamorphic overprint
变质反应 metamorphic reaction
变质分带 metamorphic zoning
变质分区图 division map of metamorphism
变质分异作用 metamorphic differentiation
变质分异作用方式 metamorphic dif-

ferentiation way
变质构造 metamorphic structure
变质古风化壳 metamorphic weathered paleo-crust
变质含铁建造 metamorphic iron-bearing formation
变质含土石灰石 metamorphosed argillaceous limestone
变质合金 modified alloy
变质核杂岩体 metamorphic core complex
变质厚层泥岩 meta-argillite
变质花岗石 altered granite; metamorphic granite
变质花岗岩 altered granite; metamorphosed granite
变质花岗岩含金建造 metamorphic granite gold-bearing formation
变质灰岩 metamorphic limestone
变质辉长岩 metagabbro
变质辉长岩类 metagabbroid
变质活动带 mobile metamorphic zone
变质火山岩 metavolcanic rock; metavolcanics; metavolcanite
变质机理 metamorphic mechanism
变质基底 metamorphosed basement
变质基性岩 metabasite
变质级(别) metamorphic grade; metamorphic rank
变质极性 metamorphic polarity
变质剂 alterant; alterative; modificator
变质假砾岩 metamorphic pseudo conglomerate
变质碱土 degraded alkali soil
变质建造 metamorphic formation
变质角砾岩 metabreccia; metamorphic breccia
变质结构 metamorphic texture
变质结构面 metamorphic discontinuity
变质结晶作用 metamorphic crystallization
变质结晶作用方式 crystalloblastesis way
变质晶 metabasite
变质精制石油 astral oil
变质均匀化 metamorphic homogenization
变质矿床 metamorphic(ore) deposit
变质矿物 metamorphic mineral
变质矿物组合 metamorphic assemblage; metamorphic mineral association
变质扩散作用 metamorphic diffusion
变质类型 metamorphic type
变质砾岩 metaconglomerate
变质量 variable mass
变质量动力学 dynamics of variable mass; variable mass dynamics
变质量系 variable mass system
变质流体 metamorphic fluid
变质麻粒岩 granulite
变质幕 metamorphic phase
变质泥岩 pelite
变质年龄 metamorphic age
变质片岩 metamorphic schist; transformed schist
变质期次 stage of metamorphism
变质前侵位 premetamorphic emplacement
变质区 <焊接的> affect zone
变质圈 metamerism aureole; metamorphic aureole
变质热液 metamorphic-hydrothermal solution
变质热源 metamorphic heat source
变质砂砾岩建造【地】metamorphic glutenite formation
变质砂岩 metasandstone
变质失效 deterioration failure
变质石 metamerism rock
变质石灰岩 metamorphosed limestone
变质石英岩 metaquartzite
变质时代 time of metamorphism
变质事故 rot accident
变质事件 metamorphic event
变质水 degraded water; metamorphic water <来源于岩石变质过程中的岩浆水>【地】
变质水泥 unsound(ed) cement
变质顺序 metamorphic sequence
变质碎屑喷出岩类 porodite
变质碳酸盐建造 metamorphic carbonate formation
变质特征 stigma of degeneracy
变质梯度 metamorphic gradient
变质调节 qualitative governing; ratio governing
变质调节器 quality governor
变质土 metamorphic soil; solum <覆盖在原生土上面的土层,往往包括A层土和B层土在内>
变质土地块 metamorphic plot
变质脱气作用 metamorphic degassing
变质相【地】densofacies; metamorphic facies; metamorphic phase
变质相系(列) metamorphic facies series
变质相组 metamorphic facies group
变质旋回 metamorphic cycle
变质学 metamorphics
变质亚相 metamorphic subfacies
变质岩 diaphthorite; metamorphic rock; metamorphite; metamorphosed rock; transformed rock
变质岩包裹体 inclusion of metamorphic rocks
变质岩层状铜矿床 metamorphosed stratiform copper deposit
变质岩层状铜面 metamorphosed stratiform copper deposit
变质岩储集层 metamorphic rock reservoir
变质岩的等物理系列 isophysical series of metamorphic rocks
变质岩地层层序 stratigraphic(al) succession of metamorphic rock
变质岩地层层序判别准则 distinguishing criterion for metamorphic rock succession
变质岩地图 metamorphic map
变质岩调查 survey of metamorphic rock
变质岩分布区 distributional area of metamorphic rock
变质岩构造 palimpsest structure
变质岩建造 metamorphic rock formation
变质岩结构 palimpsest
变质岩类型 metamorphic rock type
变质岩气 metamorphic rock gas
变质岩热储 metamorphic reservoir
变质岩石学 metamorphic petrology
变质岩系相带异常 lithofacies gone anomaly of metamorphic rock
变质岩岩石构造 structure of metamorphic rocks
变质岩岩石结构 texture of metamorphic rocks
变质岩岩石学 petrology of metamorphic rocks
变质岩中天然气 natural gas in metamorphic rocks
变质页岩 metashale
变质印痕 metaglygh
变质源水 metamorphic water
变质晕 metamorphic aureole
变质杂砂岩 metagreywacke
变质杂岩 metamorphic assemblage
变质杂岩体 metamorphic complex; morphic assemblage
变质再结晶 metamorphic recrystallization
变质炸药 injured powder
变质褶皱带 metamorphide
变质中酸性斑岩含铜建造 metamorphic intermediate-acid porphyritic copper bearing formation
变质铸铁 modified cast-iron
变质作用【地】metamorphism
变质作用标志 metamorphism marker
变质作用差异 difference in metamorphism
变质作用次数 time number of metamorphism
变质作用的 metamorphic
变质作用的类型和变质 metamorphic type and genesis of metamorphism
变质作用地球化学 geochemistry of metamorphic processes
变质作用叠加 superimposition of metamorphism
变质作用方式 way of metamorphism
变质作用极性 metamorphism polarity
变质作用类型 type of metamorphism
变质作用迁移 metamorphism migration
变质作用时代 age of metamorphism
变质作用特征 metamorphism feature
变质作用因素 metamorphism factor
变中心拱坝 variable center arch dam
变种 transmutation; variant; variety
变种石棉 bastard asbestos
变周期 cycle-free
变皱 crease; crumple
变烛电灯 high low lamp
变柱石 aetheriastite
变柱铀矿 metaschoepite
变转矩驱动系统 variable torque driving system
变转速 variable speed
变转速汽轮机 variable-speed turbine
变状 metamorphosis; transmutation
变浊 thicken
变紫 purple; purpling
变字率 error rate
变自由流速度 variable free-stream velocity
变租用为购置的选择权 option to purchase leased property
变阻传感器 variable-resistance transducer
变阻灯 lamp resistor
变阻灯排 lamp bank
变阻二极管 varistor[varister]
变阻法 resistance variation method
变阻合金 rheostan
变阻控制器 rheostatic controller
变阻泡 resistance bulb
变阻起动器 rheostatic starter
变阻器 electric(al) rheostat; regulating resistance; regulation resistance; rheostat; rhomboid; variable-resistance unit; variable resistor; variohm; varistor[varister]; voltage-dependent resister[resistor]
变阻器补偿电路 varistor-compensated circuit
变阻器电刷 rheostatic brush
变阻器合金 rheostatic alloy
变阻器滑动触头 rheostatic slider; slider of rheostat
变阻器滑臂 rheostatic arm
变阻器滑块 rheostatic arm
变阻器控制 rheostatic control
变阻器控制杆 rheostatic control rod
变阻器控制器 rheostatic controller
变阻器起动 resistance starting; resistor starting
变阻器式调节器 rheostatic type regulator
变阻器制动 resonance braking; rheostatic braking
变阻器制动器 rheostatic brake
变阻拾音器 variable-resistance pick-up
变阻式加热器 rheostatic heating apparatus
变阻式流量计 variable-resistance type flowmeter
变阻式调压器 rheostatic type volt(age) regulator
变阻式液位传感器 variable-resistance level transducer
变阻调速 rheostatic control
变阻位置 rheostatic position
变阻型电压调整器 rheostatic voltage regulator
变阻型自动功率因数调整器 rheostatic type automatic power factor regulator
变阻旋钮 rheostatic knob
变阻整流器 varistor rectifier
变阻制动 rheostatic brake
变阻制动器 rheostatic braking controller

遍

遍计效率 overall efficiency
遍历 traversal; traverse; traversing
遍历的 ergodic
遍历定理 ergodic theorem
遍历定律 ergodicity law
遍历各态历经 ergodic
遍历过程 ergodic process
遍历假设 ergodic hypothesis
遍历理论 ergodic theory
遍历树的双重次序 double order for traversing tree
遍历随机函数 ergodic random functions
遍历条件 ergodic condition
遍历信源 ergodic source
遍历性 ergodicity; ergodic property
遍历性假说 ergodic hypothesis
遍历性随机过程【数】ergodic random process
遍历噪声 ergodic noise
遍历状态 ergodic state
遍密集簇 everywhere-dense manifold
遍世界的 worldwise
遍数 pass
遍透镜状 podiform

辨

辨别 differentiate; differentiation; discretion; discriminate
辨别测试 discrimination test
辨别出 pick out
辨别的 discriminatory
辨别颠倒 discrimination reversal
辨别方法 discriminating conduct
辨别函数 discriminant function
辨别力 discrimination
辨别能力 discriminating power; resolving ability
辨别溶剂 differentiating solvent
辨别时间 discrimination time
辨别效应 differentiating effect
辨别序列 distinguishing sequence
辨别学习 discrimination learning
辨别训练 discrimination training
辨别因子 discrimination factor
辨别阈 differential threshold
辨别者 discriminator

辨差阈试验 difference limen test
辨差阈值 just noticeable difference
辨读条形码 read bar code
辨光测验法 photoptometry
辨光测验计 photoptometer
辨距不良 dysmetria
辨距过大 hypermetria
辨距障碍 dysmetria
辨络脉 observe the superficial venule
辨明景象 clear through vision
辨热器 sensing device
辨认 discrimination; identification; identify
辨认标记 distinctive mark
辨认标志 identification key; identification mark
辨认错动次数 number of offset recognized
辨认得出的 decipherable
辨认法<指各项存货计价> identification method
辨认脉冲 identification impulse
辨认潜在顾客 prospecting potential customer
辨色错觉 colo(u)r defective vision
辨色分选机 colo(u)r sorting machine
辨色力 colo(u)r discrimination
辨色敏感度 hue sensibility
辨色能力 capacity for differentiating colo(u)rs; chromatic discrimination power; colo(u)r differentiating capacity; colo(u)r discrimination; colo(u)r distinguishing capacity
辨色能力合格 fitness for distinguishing between colours
辨色视觉 colo(u)r vision
辨色阈值 colo(u)r threshold
辨声器 unscrambler
辨识 identification
辨识备选方案 identify alternatives
辨识接收器 identification receiver
辨识器 identifier
辨析电路 differentiating circuit
辨向 sensing
辨向器 sense finder; sensing device
辨向天线 sense antenna; sensing antenna
辨证 differentiation of symptoms and signs

辩

辩释者 justifier

辩证法 dialectic
辩证逻辑 dialectical logic
辩证思维 dialectical thinking
辩证唯物主义 dialectical materialism

辫

辫编线 Litz wire

辫带式钢索 braided rope
辫带式滤网 lace screen
辫伏河沉积模式 braided river sedimentation model
辫硫菌属 Thioploca
辫线 litzendraht
辫线夹子 chain-off thread back-tacking
辫状槽 braided channel
辫状带 plait-band
辫状河 braided river
辫状河层序 braided stream sequence
辫状河沉积 braided stream deposit
辫状河道 braid; braided river course; braided channel; braided stream
辫状河道砂圈闭 braided stream sand trap
辫状河段 braided reach
辫状水道 braided stream
辫状水道沉积 plaiting channel deposit
辫状水系 anastomosing drainage; braided drainage; interlacing drainage pattern
辫状条痕 braided striation
辫子 braid; plait
辫子花线 snarl yarn

标

标板 guide board; target

标板反差 target-object contrast
标本 exemplar; model; sample(piece); specimen
标本编号 sample code
标本编录表 record table of samples
标本玻片卡夹 specimen clip
标本采集 collection of specimens; sampling
标本磁化率值 susceptibility value of sample
标本磁性类型 type of magnetism of specimens
标本的磁性构成 magnetic composition in specimens
标本的磁性矿物 magnetic mineral in specimens
标本法 samples measuring method
标本分布 sampling distribution
标本缸 specimen jar
标本固定器 specimen fixator
标本管 specimen tube
标本盒 specimen box
标本加热器 specimen heater
标本架 specimen holder
标本块数 number of specimens
标本类型 sample type
标本名称 sample name
标本瓶 specimen bottle
标本室 herbarium
标本室植物 herbarium material
标本数 number of samples
标本微动装置 specimen fine adjust equipment
标本箱 herbarium; specimen box
标本园 living collection
标本制备法 preparation of specimen
标本自动包埋器 specimen automatically embedding equipment
标兵 pacemaker; pacer; pacesetter
标波段 nominal band
标长位 punctuation bit
标称白电平信号 nominal white signal
标称比例尺 nominal scale
标称壁厚 nominal wall thickness
标称变换系数 nominal transformer ratio
标称变压比 nominal transformer ratio
标称波长 nominal wavelength
标称波段 nominal band
标称部分 nominal section
标称产量 nominal output
标称长度 designated length; nominal length
标称成分 nominal composition
标称承载力 nominal bearing pressure
标称持久极限 nominal endurance limit
标称尺寸 nominal dimension; nominal size; normal dimension; size bracket
标称尺寸大小 nominal dimension capacity
标称尺寸房屋 nominal dimension range
标称尺寸容量 nominal dimension capacity
标称尺度 nominal scale
标称齿顶高 nominal addendum
标称大小 nominal size
标称带宽 nominal bandwidth
标称的 nominal; normal; rated
标称的进口空气湿球温度 nominal inlet air wet-bulb temperature
标称灯光射程 nominal range of light
标称地面压力 nominal ground pressure
标称电流 nominal current; rated current
标称电容量 rated capacitance
标称电压 nominal voltage; rated voltage
标称电阻 nominal resistance
标称电阻值 nominal resistance
标称定额 nominal rating
标称动力 nominal power
标称断裂强度 nominal breaking strength
标称断流 nominal cut-off
标称堆装容量 nominal heaped capacity
标称发热能力 nominal calorific capacity
标称范围 nominal range
标称负载 nominal load; normal load
标称刚度 nominal rigidity
标称刚性 nominal rigidity
标称钢筋 nominal reinforcement
标称高程 nominal elevation
标称高度 nominal altitude
标称工作面积 nominal working area
标称功率 nominal capacity; nominal horsepower; nominal output; nominal power
标称供热功率 nominal heating output
标称管壁厚 nominal tube wall thickness
标称规格 nominal rating
标称行 nominal line
标称行距 nominal line pitch
标称行宽 nominal line width
标称航道底高程 nominal channel bed level
标称荷载 nominal load
标称厚度 nominal thickness
标称厚度木材 nominal thickness lumber
标称混凝土配合比 nominal concrete mix proportion
标称极限 nominal limit
标称架叶安装角 nominal blade setting
标称剪应力 nominal shear(ing) stress
标称焦距比 nominal focal ratio
标尺校正 rod correction
标尺校准 rod calibration
标称节线 nominal pitch line
标称劲度 nominal stiffness
标称精度 nominal accuracy
标称静态放大(倍数) normal static magnification
标称距离 nominal distance; nominal range
标称绝对功率电平 nominal absolute power level
标称开裂应变 nominal fracture strain
标称颗粒大小 nominal particle-size
标称颗粒度 nominal grain size
标称颗粒级配曲线 nominal grading curve
标称颗粒粒度 nominal grain size
标称孔径 normal pore size
标称孔宽 nominal aperture width
标称控制电压 nominal control voltage
标称口径 nominal aperture
标称宽度 nominal breadth
标称拉应力 nominal tensile stress
标称粒径 nominal grain size; nominal particle-diameter; nominal particle-size
标称粒子大小 nominal particle-size
标称零点 nominal zero point
标称流量极限 nominal flow limit
标称螺距 nominal pitch
标称螺距比 nominal pitch ratio
标称马力 rated horsepower; duty horsepower; horsepower nominal; nominal horsepower; normal horsepower
标称面积 nominal area
标称内径 nominal bore; nominal inside diameter; nominal internal diameter
标称内宽 nominal internal width
标称耐压值 nominal withstand voltage
标称能力 nominal capacity; rated capacity
标称能量 rated energy
标称浓度 nominal concentration
标称配合 nominal mix
标称配合比 nominal mix ratio
标称偏差 nominal deviation
标称频带 nominal band
标称频率 nominal frequency
标称破裂应变 nominal fracture strain
标称破裂应力 nominal fracture stress
标称气量 nominal gas capacity; normal gas capacity
标称牵入转矩 nominal pull-in torque
标称牵引定数 nominal tractive capacity
标称强度 nominal strength
标称容积 nominal volume
标称容量 nominal power; nominal (rated) capacity
标称容限 nominal margin
标称塞入率 nominal stuffing rate
标称扫描行宽 nominal scanning line width
标称色 nominal colo(u)r
标称筛分粒度 nominal screen size
标称筛孔 nominal screen aperture
标称筛面面积 nominal area of screen
标称上升率 nominal rate of rise
标称设计功率 nominal rated power
标称设计强度 designated design strength
标称生产能力 nominal capacity
标称时刻 nominal time
标称视频 normal video
标称输出(功率) nominal output; normalized output
标称输出压力 stated delivery pressure
标称数值 nomenclature numeric(al) value
标称速度 datum speed; nominal speed; nominal velocity
标称损耗 nominal loss
标称特性阻抗 nominal characteristic impedance
标称提升能力 nominal lifting capacity
标称体积 nominal volume
标称调整率 nominal justification rate
标称透射率 nominal transmittance
标称瓦管直径 nominal tile diameter
标称外径 nominal outside diameter
标称尾流 nominal wages
标称温度 nominal temperature
标称误差 nominal error
标称系统电压 nominal system voltage
标称下陷量 nominal sinkage
标称线 nominal line
标称效率 declared efficiency
标称压力 nominal pressure

标称压缩应力 nominal compression stress
标称眼睛受害距离 nominal ocular hazard distance
标称眼睛受害区域 nominal ocular hazard area
标称应力 nominal stress
标称载荷 normal load
标称载重 nominal load
标称振幅 nominal amplitude
标称直径 basic size;equivalent diameter;nominal diameter;normal diameter
标称值 nominal value;rating
标称重量 nominal weight
标称烛光 nominal candle power
标称转速 rated speed
标称桩直径 nominal pile diameter
标称字符尺寸 nominal character dimension
标称阻抗 nominal impedance;normal impedance;normalized impedance
标乘 scalar multiplication
标程 beacon course
标尺 collimating staff;field rod;gunsight;lath;measuring scale;range rod;rod;scale plate;sight rail;staff ga(u)ge;staff(rod);survey(ing) rod;yardstick
标尺比长 rod comparison;staff comparison
标尺变形 staff warping
标尺参数 scale parameter
标尺长度 length of scale;scale length
标尺长度改正 rod correction
标尺长度误差 rod length error
标尺常数 rod constant;staff constant
标尺尺座 rod support
标尺寸 dimension;insert the dimensions
标尺点 staff point;staff station
标尺垫【测】benching iron
标尺读数 reading on rod;rod reading;staff reading
标尺分划 rod graduation;staff division;staff graduation
标尺分划间隔 rod interval;staff interval
标尺分划面弯曲差 flexure error of division face of staff
标尺分划误差 staff error
标尺高 scale height
标尺高度 scale height
标尺红外经纬仪 scale infrared theodolite
标尺划分 staff division
标尺间距 rod interval
标尺截距 rod intercept
标尺刻度 scale label
标尺刻度板 ga(u)ge board
标尺刻度值 value per division of scale
标尺扩展 scale expansion
标尺零点差 rod constant;staff constant;zero error of staff
标尺零(点)误差 index error of staff
标尺扭曲 staff warping
标尺频率 pattern frequency
标尺式控制器 indicating controller
标尺手柄 staff holder
标尺水准器 road level;rod level;staff level
标尺台 frog
标尺图 scale map
标尺误差 rod error;staff error
标尺影像 rod image
标尺员 rod(s)man;staffman
标尺圆水准器 circular rod level
标尺桩 frog
标尺座 foot plate;turning plate
标出 marking out;mark-up;stake off;stake out
标出道路路线 blaze the line
标出点 plotted point
标出评价 bid evaluation;evaluation of bids
标出设计路线 blaze the line
标出真方位 laydown true bearings
标疵扣尺 free yardage owing defects
标锉硬度 file hardness
标单 bidding sheet;bid form;tender sheet
标单格式 proposal form
标单提要综合单 <投标商名称> bid abstract
标灯 aiming light;beacon;cresset;marine beacon-light lantern;pilot flame;signal light
标灯高程 light elevation
标灯信号 beacon signal
标低(商品)的价目 mark-down
标低商品售价 mark-down
标底 base bid price;base number of a tender;employer's estimate;engineer's estimate;estimate lower limit on bids;pretender estimate;tender price
标的 subject matter
标的物 subject matter
标点 ga(u)ge point;mire;monument(mark);punctuation
标点地图 spot map
标点法 punctuation
标点符号 punctuation marks;punctuation symbol
标点计数分析 point-counting analysis
标点距离 ga(u)ge length
标点器 dotter
标点位 punctuation bit
标点字符 punctuation character
标钉 spad
标定 boundary marking;calibrate;calibration;scaling;standardization;standardize;standardizing
标定边界 demarcate boundaries
标定表 calibration scale
标定参考块 reference block
标定测验 assignment test
标定产量 capacity production
标定常数 scaling constant
标定程序 calibrating procedure
标定持续牵引力 continuous tractive force rating
标定的 rated
标定的钢筋网 designated fabric
标定的检查砝码 calibrated test weight
标定的面向节点的有向图 label(l)ed node oriented directed graph
标定的序列并行网络 label(l)ed series-parallel network
标定的噪声值 label(l)ed noise
标定地界 landline adjustment
标定点 calibrating point;calibration point;fixed point;ga(u)ge point;index point;outstanding point;plot point;proved point;proving point;rodded point【测】
标定电压 nominal voltage;voltage rating
标定断面 monumented cross-section
标定堆砂法 calibrated sand method
标定法 standardization
标定反应 label(l)ing response
标定方程 calibration equation
标定方法 calibration method;calibration procedure
标定负荷 maximum payload
标定负载级数 load class indication number
标定高度 calibrated altitude;nominal elevation;nominal height
标定工厂最大生产能力 nominal maximum plant capacity
标定工作 staking out work
标定功率 nominal horsepower;rated output
标定罐 calibration tank;proving tank;tank prover
标定过的防水挡板 label(l)ed fire dampers
标定函数 calibration function
标定基准线 thrust line
标定技术 calibration technique
标定焦距 calibrated focal length
标定界线 marking of boundaries
标定(金银)精炼炉 report furnace
标定精度 calibrating accuracy
标定可迁有向图 label(l)ed transitive digraph
标定孔口 calibrated orifice
标定流量计 proving flowmeter
标定路段 calibration section
标定码 identifying code
标定面 marked face
标定炮眼位置 collaring
标定频率 spot frequency
标定平均功率 nominal average power
标定区 calibration zone
标定曲线 calibration curve;rating curve
标定容量 rated capacity
标定试验 calibration test
标定数据 calibration data;nominal data;rating data
标定水污染系数 standardization pollution coefficient
标定速度 <指在道路的一个区段中,驾驶员在没有交通干扰的情况下所能达到的行驶速率> crest speed
标定酸溶液的基准物 acidimetric standard
标定太阳能电池 calibrated solar cell
标定图 label(l)ed graph
标定推力发动机 calibrated thrust engine
标定卫生空气需要量 nominal hygiene air requirement
标定位置 plotted position;plotter position
标定污染负荷 standardization pollution loading
标定误差 calibrated error;calibration error
标定系数 calibration coefficient;calibration factor;ga(u)ge factor
标定现场 calibration site
标定线 calibration line;orientation line;orienting line;stake line
标定线带 <测定隧道裂缝用> scanning line
标定限期 tender period
标定压力 nominal pressure
标定样品 calibration sample
标定仪 <标定主点> making apparatus
标定仪表 ga(u)ged instrument
标定因数 calibration factor
标定应力的木材 <经非破坏试验> machine stress rated lumber
标定油价 nominal crude price
标定运行范围 nominal margin
标定噪声传播值 label(l)ed noise emission value
标定值 label(l)ed value;orientation value;scaling value
标定指数 indexing
标定转矩 torque rating
标定最大工厂生产能力 nominal maximum plant capacity
标度 dial type scale;division;gradation;hardness scale(degree);scale(base)
标度板 scale plate
标度比 division ratio;scale[scaling] ratio
标度变化 scale change
标度变换 scale conversion;scale transformation
标度变换器 scale converter
标度变数 scale variable
标度标记 scale designation
标度不变理论 scale-invariant theory
标度不变性 scale invariance
标度不变性破坏 scaler invariance breaking
标度参数 scale parameter
标度操作 scale operation
标度乘法器 scale multiplier
标度尺 marking scale
标度尺长度 scale length
标度尺的工作部分 effective range
标度尺数字 scale numbering
标度尺特性 characteristics of scale
标度单位 scale unit
标度点 scale point
标度读数 scale reading
标度范围 scale range
标度方程 scale equation
标度方法 scaling method
标度放大 multiplexing
标度放大器 scale projector
标度分格间距 length of a scale division
标度分类间隔 class interval
标度改变 scale change
标度函数 scaling function
标度弧 arc scale;scale arc
标度假设 scaling assumption
标度镜 index mirror
标度开关 scale switch
标度模数 scale modulus
标度模型 scale model
标度盘 circular scale;dial(plate);differential micrometer dial;graduated dial;indexing plate;plate;scale disk;scale plate
标度盘秤 dial balance
标度盘电缆 dial cable
标度盘量规 dial measuring ga(u)ge
标度盘模拟指示器 dial analogue indicator
标度盘仪器 dial instrument
标度盘指示器 dial indicator
标度盘指针 dial pointer
标度起点 beginning of scale
标度设计 scale design
标度始点值 minimum scale value
标度锁档 dial lock
标度投影 scale-reading projection
标度投影器 scale projector
标度无关 scaling
标度无关分析 scaling analysis
标度无关性破坏 scaling violation
标度误差 scale error
标度系数 scale[scaling] factor
标度线 graduation line;graduation mark;retic(u)le;scale line
标度线保持器 retic(u)le holder
标度线对准 retic(u)le alignment
标度效应 scale effect
标度信号放大器 notch amplifier
标度星对 scale pair
标度性 scaling property
标度选配 scale factoring
标度压缩 scale compression
标度因数 constant multiplier;scale[scaling] factor
标度因子 scale factor;scaling factor
标度值 scale value;value per division

B

of scale
标度终点 end of scale
标度终点值 maximum scale value
标方位线 < 像片上 > azimuth transfer
标幅照度 scalar irradiance
标杆 aiming post;aiming stake;bearing picket; bearing rod; flag pole; ga(u)ge staff;marker;marking pole; marking post;measuring bar;perch beacon;profile;pylon;range pole; range rod; ranging pole; ranging rod;reference rod;sight(ing)pole; sight(ing)rod; skewer; staff; surveying rod; surveyor's pole; surveyor's stake;target level(l)ing rod; target rod; banderolle; lining pole;line rod; object staff; station pole;station rod;field rod;keeping ga(u)ge < 砌墙用 >
标杆标桩 marking post
标杆反光镜 < 红外测距仪用 > pole reflector
标杆三脚架 ranging pole tripod
标杆员 rod-melting process;staffman
标杆支架 ranging pole support
标竿 post
标高 absolute altitude; datum mark (of levelling); elevation; height above datum; height mark; level; marked elevation;scale height;spot level;tick;tops;true height
标高测量 level measurement
标高差 altitude difference;difference in level;difference of elevations;elevation difference
标高差改正 correction for skew normals
标高传递 transfer of elevation
标高贷款利息 mark-up loans
标高低的 low-level
标高点 spot elevation
标高电路 height index circuit
标高读数 level reading
标高价格 mark-up;trade up
标高价格的通货膨胀 mark-up inflation
标高校正 correction for elevation
标高金(额) mark-up
标高刻度 reference mark
标高平面 indexed plan(e)
标高商品售价 mark-up
标高调整螺丝 adjusting screw for elevation
标高投影 projection with heights
标高线 line of elevation;line of levels
标高整体容积 hypsometric(al) integral
标高桩 grade stake
标格 reference grid
标购 buying tender; tender for procurement
标管 tubing pipe
标贯数 number of standard penetration test
标贯装置 standard penetration equipment
标行 indexing
标行程序的实际行 actual row of rower
标航路 plotting
标号 brand;code number;designator; ga(u)ge number; grade; label; marking; mark number; number; subscript;tally
标号保存区 label save area
标号编码 label coding
标号变换 label map
标号变量 label variable
标号变量说明的标号表 label list of a label variable declaration
标号标记 label(l)ed notation
标号标识符 label identifier
标号标准电平 label standard level
标号表 label list; label table; mark sheet
标号表达式 label expression
标号常数 label constant
标号常数环境 environment of a label constant
标号程序 label routine
标号尺寸 number sizes
标号处理 label handling; label processing
标号处理程序 label handling routine; label processor
标号处理器 label processor
标号地址表 label address table
标号定义 label definition
标号定义符 label delimiter
标号定义组 joined-label-definition
标号读出 mark sensing
标号法 label(l)ing method;label(l)ing technique
标号方案 label(l)ing scheme
标号格式记录 label format record
标号计算法 label(l)ing method
标号记录 label record
标号加工 label processing
标号加工程序 label processor
标号检验 label check
标号降低的水泥 weakened cement
标号卡片 aspect card
标号卡片系统 aspect card system
标号卡片阅读器 label(l)ing card reader
标号栏 label field
标号列表 label list
标号螺钉 marking screw
标号描述符 label descriptor
标号牌 identifying plate
标号器 marker
标号前缀 label prefix
标号区 label area
标号区段 label(l)ed field
标号实体 label incarnation
标号数 label number
标号数据 label data
标号图 label(l)ed graph
标号网络 label(l)ed network
标号系统 aspect system
标号下标 label subscript
标号信息区 label information area
标号信息组 label block;level block
标号畜 marker
标号循环 marked cycle
标号域 label(l)ed field
标号终结符 label terminator
标号属性 label attribute
标号柱面 label cylinder
标号追踪 label trace
标号字段 label(led)field
标号组 label group;label set
标红字的专款账户 rubricated account
标化率 standardized rate
标化死亡比 standardized mortality ratio
标化死亡比例 standardized proportional mortality ratio
标划道路中线 center [centre] line marking of road
标划路中线 center line marking;centerlining
标绘 plot(ting)
标绘板 plot table;plotting plate
标绘的 plotted
标绘地震数据 plotting seismic data
标绘点 plot point
标绘观测机 aeroplane spotter
标绘观测孔 aeroplane spotter
标绘海图 plotting chart
标绘航线 plot a course
标绘间隔时间 plotting interval
标绘距离 plot distance
标绘器 plotter
标绘曲线 plot a curve
标绘图 graph;plotting sheet
标绘位置线 cut-in
标绘仪 plotter
标绘仪器 plotting instrument
标绘纸 plotting paper
标迹信息素 trail-marking pheromone
标积 scalar product
标记 badge; blip; brand (ing); display;earmark;emblem;flag;guide mark; identification mark; index tag; indicator; indicia; map; marking; monogram; peg; plot mark; sign;subscript;symbolization;symbol sign;tab;tag;token;mark(er)
标记板 marking plate
标记保持 mark hold
标记保存 mark hold
标记笔 marker pen
标记编码 label coding
标记变式 label(l)ed variant
标记波 marking wave
标记不归零制 non-return-to-zero mark
标记不明的 poorly marked
标记不清 marks indistinct
标记尺 marking ga(u)ge
标记重捕法 marking-recapture method
标记处理 label processing
标记穿孔 designation punching
标记存储槽 tag slot
标记存储器 mark memory
标记单子 tagged atom
标记的 label(l)ed
标记的可及性 accessibility of marking
标记的终端 marked terminal
标记点数 mark tally
标记点位移 marker pip displacement; pip displacement
标记电路 marking circuit
标记定时器 pulser timer
标记读出 mark reading;mark sense; mark sensing
标记读出表 mark-sensing sheet
标记读出穿孔 mark-seen punching
标记读出电路 mark sensor circuit
标记读出行 mark-sense row; mark-sensing row
标记读出机构 mark-reading station
标记读出卡 mark sensed card;mark-sensing card
标记读出列 mark-sensing column
标记读出器 badge reader
标记读穿 mark sense punch
标记端 marked end
标记端失真 marking end distortion
标记法 label(l)ing method; tagging method
标记法则 notational convention
标记方法 method of tagged
标记分子 label(l)ed molecule;tagged molecule
标记符 marker character
标记符号 label symbol;marked symbol;sentinel
标记符合 mark match
标记赋值语句 label assignment statement
标记盖印机 imprinter
标记干扰性移动 bobbing
标记杆 < 位于电缆焊接处 > marker post;marking post
标记格式 tag format
标记功能 mark function
标记含量 label(l)ed content
标记号码 lable number
标记化合物 label(l)ed compound; marked compound; tagged compound
标记混杂 mixed mark
标记机 marking machine
标记技术 label(l)ing technique
标记寄存器 flag register;mark register
标记间隔 marker spacing
标记检测 mark sensing
标记检查 mark check
标记检验 label check
标记介词 flagging preposition
标记菌属 Stigmatella
标记卡(片) mark card;token card; badge card
标记卡(片)读出 mark card sensing
标记卡(片)读出器 mark card reader
标记卡阅读器 badge card reader;label(l)ing reader
标记刻度 reference mark
标记类 marking class
标记亮度 index intensity
标记量 label(l)ed amount
标记逻辑功能 flag logic function
标记码 flag code;tab code
标记脉冲 marker pip;marker pulse; marking impulse;notch pulse
标记脉冲发生器 marker oscillator
标记脉冲选择器 marker selector
标记酶 marker enzyme
标记墨水 marking ink
标记排序 tag sort
标记牌 badge plate;notice plate;tally
标记盆栽 label(l)ed pod
标记匹配电路 pip-matching circuit
标记偏移 marking bias
标记频率 marking frequency
标记漆 signal paint
标记器 marker;marking device
标记签 mark sheet
标记前体 label(l)ed precursor
标记强度 index intensity
标记区 label area;mark zone
标记缺口 code notch
标记容量 marked capacity
标记扫描 mark(er)scan(ning)
标记扫描文件 mark scanning documents
标记色笔 marking crayon
标记识别 marker sense
标记事件 flag event
标记手套人 < 筑路时戴一种特制连指手套的人,在指挥时易于辨认 > glove man
标记数 label(l)ed graph
标记数据 flag data
标记顺序格式 tab sequential format
标记条件 flag condition
标记调节 pip matching
标记调整 notch adjustment
标记调整器 notch adjuster
标记同步 mark synchronization
标记同位素 label(l)ed isotope; tagged isotope
标记图 label(l)ed graph;signature
标记图表 mark sheet
标记位 marker bit
标记位置 mark position
标记物 label;tag
标记洗涤法 tagged detergent
标记线 tag line
标记效应 marker effect
标记信号 marking signal
标记信号放大器 notch amplifier
标记信息 label information

标记形成序列 mark form sequence
标记序列 flag sequence
标记选配 mark matching
标记衍射理论 scalar diffraction theory
标记页面阅读器 marked page reader
标记页数 pagination
标记印字机 label printer
标记油墨 magic ink
标记与图案酸洗器 etcher
标记域 tag field
标记元素 label(l)ed element;tagged element
标记原子 label(l)ed atom;marker atom;tagged atom
标记原子法 label(l)ed atom method
标记阅读器 badge reader
标记载重 capacity tonnage;marked capacity
标记占空比 mark-to-space ratio
标记植物 label(l)ed plant
标记纸 mark sheet
标记制度 symbolizing system
标记终结符 marked terminal
标记转换开关 peg switch
标记转印 <压力容器> marking transfer
标记字段 tag field
标记字节 flag byte
标记钻孔网络<在钻探区> start the holes
标价 label(l)ed price;claim gamesmanship;competitive price;list of quotations;list price;marked price;offered price;posted price;price card;pricing;tender price <投标的>;bid and offered price <投标的>;bid price <投标的>
标价变动 fixed-price movement
标价单 bidding sheet
标价的分项表 breakdown of tender prices
标价的投标 priced bid
标价高的投标人 high bidders
标价工程量清单 priced bill of quantities
标价工程数量清单 priced bill
标价汇总表 bid abstract;bid tabulation
标价加成率 mark-on percentage
标价减成率 mark-down percentage
标价净降低数 net markdown
标价净提高数 net mark-up
标价牌 tag
标价契约 guaranty bond
标价清单 priced bill
标价条 price tag;price ticket
标价指数 bid price index
标价总表 bid abstract
标架 frame work
标架丛 frame bundle
标碱基准 alkalimetric standard
标件 tender
标界 lining peg;pegging out
标界测量 demarcation survey;survey for marking of boundary
标界石 march stone
标界通信[讯] bracket communication
标界消息 bracket
标界协议 bracket protocol
标界柱 terminal pillar
标界状态管理程序 bracket state manager
标金 standard gold
标镜 index glass
标距 scale distance
标距长度 ga(u)ge length
标距起讫点 ga(u)ge point
标距伸长率 elongation between ga(u)ges
标距线 ranging line
标橛 marker stake
标刻度 indexing
标量 mark-up;scalar quantity;scale quantity
标量保存寄存器 scalar-save register
标量变量 scalar variable
标量变数 scale variable
标量表达式 scalar expression
标量波 scalar wave
标量波动方程 scalar wave equation
标量波动理论 scalar wave theory
标量参数 scalar parameter
标量常数 scalar constant
标量场 scalar field
标量乘法 scalar multiplication
标量乘积 scalar product
标量处理 scalar processing
标量处理部件 scalar processor unit
标量处理单元 scalar processing unit
标量处理机 scalar processor
标量磁力仪 scalar magnetometer
标量磁位 scalar magnetic potential
标量存取控制 scalar access control
标量大地电磁法 scalar magnetotelluric method
标量单态 scalar singlet
标量的 scalar
标量的李亚普诺夫函数 scalar Liapunov function
标量的梯度 gradient of a scalar
标量电导率 scalar electrical conductivity
标量电位 electric(al) scalar potential
标量返回寄存器 scalar-return register
标量方式计算 computation in scalar mode
标量赋值 scalar assignment
标量光子 scalar photon
标量函数 scalar function
标量化 scalarization
标量积 dot product
标量积循环 scalar product cycle
标量计算 scalar calculation;scalar computation
标量计算机 scalar computer
标量寄存器 scalar register
标量结果 scalar result
标量介子 scalar meson
标量介子场 scalar meson field
标量介子理论 scalar meson theory
标量矩阵 scalar matrix
标量扩张 scalar expansion
标量喇叭 scalar horn
标量类型 scalar type
标量粒子 scalar particle
标量流 scalar stream
标量流水线 scalar pipeline
标量密度 scalar density
标量偶理论 scalar pair theory
标量耦合 scalar coupling
标量强度 scalar intensity
标量轻子对 scalar lepton pairs
标量设备 valuator(device)
标量矢量效应 scalar-vector effect
标量势场 scalar potential field
标量数组运算 scalar-array operation
标量速度 scalar speed
标量算符 scalar operator
标量通量 scalar flux
标量网络分析器 scalar network analyser[analyzer]
标量位 scalar potential
标量位场 scalar potential field
标量位势 scalar potential
标量相互作用 scalar interaction
标量项 scalar item
标量性质 scalar nature
标量压力 scalar pressure
标量压强 scalar pressure
标量衍射理论 scalar diffraction theory
标量域 scalar field
标量张量理论 scalar-tensor theory
标量张量效应 scalar-tensor effect
标量指令 scalar instruction
标量指令优化 optimization of scalar instruction
标量中微子 scalar neutrino
标量轴 scalar axis
标量属性 scalar attribute
标码 label(l)ed size
标么值 per unit
标么值同步电抗 per-unit synchronous reactance
标么制 per-unit system
标密度 scalar density
标描 generalization marking
标描过渡 generalization transfer
标描过渡透写图 deletion trace
标明 indicate;label;mark
标明单价或价格的工程量清单 priced bill of quantities
标明的 indicated
标明的价格 posted price
标明对环境的影响 environmental label(l)ing
标明价格 label(l)ed price
标明桥梁载重 posted loading
标明数值等高线 index contour
标明载重量<桥梁> posted loading
标明重量 indicated weight
标明转让 marked transfer
标目 entry word;heading
标牌 identical plate;indexing plate;label;nomenclature plate;rating plate;sign board;tablet
标牌宽度 width of mark
标牌用涂料 graphic(al) arts coating
标牌支撑构筑物 sign structure
标盘 bidding quotation
标频时号 standard frequency and time signal
标品 scantling
标旗 flag;signal flag;surveyor's flag
标钎 marking pin
标签 docket;identification card;identification tag;index tag;label;placard;poster;tag;tally
标签保险 label insurance
标签边 label side
标签变换器 tag converting unit
标签布 label cloth;tag cloth
标签裁切机 label-cutting press
标签插架 label holder
标签抽样 ticket sampling
标签出售 tag sale
标签法 label(l)ing act
标签费 label(l)ing
标签盒<邮政车> label box
标签价格 sticker price
标签架 label rack
标签接线板 tag block
标签卡(片) tag card
标签捆包机 label-knotting machine
标签漆 label lacquer
标签区 label area
标签上胶机 label-gluing machine
标签识别电路 label recognition circuit
标签数据寄存器 label data register
标签条款 label clause
标签条例 label(l)ing regulation
标签涂料 label coating
标签维护<车辆自动识别装置> label maintenance
标签系结机 label-tying machine
标签系统 tag system
标签需要 label(l)ing requirement
标签印花 label printing
标签印刷机 label printing machine
标签纸 label paper
标签字 banner word;tagged word
标前会(议) prebid conference;prebid meeting;pretender meeting
标前会议记录 minutes of pre-tender meeting
标枪 dart;javelin
标区涂料 zone marking paint
标色水线【船】boor topping;paint line
标上时间 time-tag
标身垂直角 vertical angle of mark
标深尺 fathom scale
标石 marked stone;markstone;monument(mark);pillar;stone mark(er);stone monument
标石完好 stone monument perfect
标石完好标心志已损坏 stone perfect marker damaged
标石完好情况 condition of stone monument
标石系桩 monument tie
标石已损坏 stone monument damaged
标时消费请求权 dated consumption claims
标识 cachet;designation;flag;identification(division);identify(ing);label;short title;signify;token
标识X辐射 characteristic Roentgen ray;characteristic X-radiation;characteristic X-ray
标识不归零制 non-return-to-zero indicating
标识部分 identification division
标识串 identification string
标识代码 authentication code
标识单元 identify unit
标识地址 home address
标识点 identification point
标识反射器 characterizing mirror
标识方法 marking
标识放流 capture and recapture experiment
标识放流试验 capture and recapture experiment
标识浮标 dan(buoy);mark buoy
标识符 identification code
标识符表 identifier list;identifier table
标识符长度 identifier length;length of identifier
标识符的属性 attribute of identifiers
标识符号 identifier;logograph;logotype
标识符计数 identifier count
标识符类型 identifier type
标识符密度 identifier density
标识符名 identifier name
标识符说明 identifier declaration
标识符属性 identifier attribute
标识符指针 identifier pointer
标识符字 identifier word
标识符作用域 scope of identifier
标识辐射 characteristic radiation
标识关键码 identification key
标识光谱 characteristic spectrum
标识号 identification number
标识决定 decision marking
标识卡(片) designation card;tag card
标识卡片阅读器 identification card reader
标识空段 identify dummy section
标识控制 marker control
标识控制段 identify control section
标识块 home block
标识码 ID code;identification code;identifying code;sentinel code;identifier

标识名 identification name
标识判定系统 decision marking system
标识器 concentrator marker
标识器脉冲转换 marker pulse conversion
标识区 tag slot
标识群互通发送器 inter marker group sender
标识射线 characteristic ray
标识条 designation strip
标识条件 identification condition
标识托座 banner bracket
标识位置 home position
标识线 banner line
标识线状光谱 characteristic line spectrum
标识项 identification item
标识哑段 identify dummy section
标识用户代码 personal identification code
标识语 logo
标识值编组方式 tag-value compilation
标识指示器 designation indicator
标识字段 identification field
标识字符 identification character
标示 designation;plotting
标示长度位 punctuation bit
标示储量 indicated reserve
标示法 label(l)ing method
标示杆弹簧 <暖汽调整阀> indicator spring
标示杆弹簧销 indicator spring pin
标示河中潜滩/沙洲浮标 middle ground buoy
标示卡 designation card
标示量 label(l)ed amount
标示器 annunciator;cursor;marker;marking device
标示水深的海图 bathygraphic(al) chart
标示条 designation strip
标示物 marker
标示下锚点的浮筒 anchor buoy
标式浮子 float rod
标势 scalar potential
标书 <招标的> bid(ding) documents; tender documents; bid form;tender form
标书分析 analysis of tenders
标书副本 copy of bid
标书格式 bid form;tender form
标书文字 language of the bid
标书语言 language of the bid
标书预审 preliminary examination of bids
标酸基准 acidimetric standard
标塔 pyller;pylon
标题 caption; file header; header; head(ing);inscription;label;title
标题标签 header label
标题表 header list; header sheet; header table
标题部分 title division
标题单元 header cell
标题段 header segment
标题扉页 title page
标题符号的启动 start of heading character
标题格式 header format;title format
标题关键词索引 keyword-from-title index
标题关键字 keyword in title
标题行 header line;heading line
标题和页码 heading and footing
标题活字 founder's type
标题记录 header record;heading record;leader record
标题检索 retrieval by header
标题句子 topical sentence
标题卷宗 heading volume
标题卡(片) header card;leader card;designation card
标题开始 start of header; start-of-heading
标题开始记号 start of heading character
标题开始字符 start of heading character
标题框 title panel
标题栏 title panel
标题目录输入 title directory entry
标题区 header area;heading area;key area;title domain
标题区涂层 heading-area coating
标题书帖 title signature
标题索引 header-index; subject index;title index
标题图形 leading graphic
标题项目 header entry
标题消息 header message
标题消隐 caption blanking
标题信息 heading message
标题选择 title option
标题页 front page;title page
标题印刷 heading printing
标题语句 header statement; heading statement
标题帧 heading frame
标题制作器 headliner
标题字 banner word; header word; head letter
标题字段 header field
标题字符 heading character
标题字排版 display work
标题字铅字 titling fount
标题字字体表 head schedule
标题字组 header block
标贴 label(l)ing
标头开始符 start of header
标头开始字符 start of heading character
标头值 prefix value
标头资料 header information
标图 graphic(al) portrayal; plotting; tactical setting;target mapping;target plotting
标图板 plot table; plotter; plotting board;plotting tablet
标图尺 plotting scale
标图室 plotting room
标图仪 plotter
标图仪器 plotting instrument
标图员 plotter
标图作业 chart work
标位 scalar potential
标位浮标 marker buoy;station buoy;watch buoy
标线 cutting-in;ga(u)ge mark;graticule; guideline; index mark; lineation; marker; marking; reticle; scratch;string line
标线板 graticule
标线测流法 stay line method
标线尺寸 cutting dimension
标线的 reticular
标线法 stay line method
标线分隔 marking separated
标线密度 reticular density
标线盘小孔 pipper
标线盘小孔像 pipper image
标线片 graticule;retic(u)le
标线漆 spray line
标线涂料 spray line
标线以下的 below grade
标线影像 reticle image
标箱 standard crate
标向波 beacon
标向波接收机 beacon receiver
标向灯 beacon lamp
标向电台 beacon station
标形 ennuple;indicatrix
标型的 typomorphic(al)
标型符号 type symbol
标型矿层 guide seam
标型矿物 guide mineral;typomorphic(al) mineral
标型矿物学 topomineralogy
标型特征 typomorphic(al) peculiarities
标型相 typomorphic(al) facies
标样 guide sample;type sample
标样变更压密 sample change compaction
标样变更压缩 sample change compression
标样分析 standard sample analysis
标页号 paginate
标页数 paginate
标以耳号 ear marking
标以(小)记号 tick
标音字母 accented letter;phonogram
标银 standard silver
标引 index(ing)
标引槽 indexing slot
标引词 feature word;index term
标引点 index point
标引短语 index phrase
标引规程 indexing instruction
标引手册 indexing manual
标引数据项 index data item
标引涂层 guide coat
标引系统 indexing system
标引性结构面 indicative structural plane
标引序列 indexing sequence
标引语言 indexing language
标引员 indexer
标引字 index term
标印 headstamp
标印机 print-marking machine
标有尺寸的地图 dimensional map
标有尺寸的示意图 dimensioned diagram
标有尺寸的图 dimensional drawing
标有等高线的地图 contour map
标有价格工料单 priced bill of quantities
标有箭头的 arrowed
标有军事目标的航片 mo(u)lded aerial photograph
标有控制点的像片索引图 photograph index map
标有时间记录图像 time-correlated photograph
标语 poster;watchword
标语牌 placard;sign post
标语塔 slogan pylon
标针 marking peg
标证编码 label coding
标值 scale value
标值重量 nominal weight
标纸费 label(l)ing charges
标志 attribute;beacon;blip;changeable message sign(system);characteristics identification; coding; designate; designation; emblem; ensign; flag; hallmark; identification; insignia;label(l)ing; marker sign; mark(ing); notation; sentinel; sign(al);tagging;target
标志板 identification plate;mark plate;sign plate
标志变动度 mark variable extent;sign variation
标志变动系数 mark variable coefficient
标志变化系数和精度要求比 ratio of coefficient of variance against precision demanded
标志变异指标 variable indicant
标志标准 standard of mark
标志不清 incorrect marking; marks indistinct;marking indistinct
标志操作 flag operation
标志操作数 flag operand
标志层 index bed;key bed;datum horizon
标志层顶板高程图 altitude diagram of top of marked layer
标志层对比 matching of marker bed
标志层法 method of marker bed
标志层控制点 control point of marker bed
标志层位 guide seam;guiding bed;index bed;key bed;key horizon;key layer;marker bed;reference lamina
标志触点 marking contact
标志触发器 flag flip-flop
标志传感器 index transducer
标志船 dan ship;markboat;marking vessel
标志磁道错误 mark track error
标志错误严重性的代码 error severity code
标志大样 mark detail
标志带 index zone
标志到间隔过渡 mark-to-space transition
标志到间隔转变 mark-to-space transition
标志灯 identification light;light marker;marker lamp;marker light
标志灯标 marker light
标志灯光 marker light
标志灯架 marker bracket
标志灯座 marker lamp frame
标志地层 marker bed; marker horizon
标志点 index point; marked point; marking point; monumented station;monumented survey point;signalized point
标志电路 display circuit;marker circuit
标志电平 marker level
标志电平钳位电路 marker clamp
标志电位 marking potentials
标志电压 mark potential
标志读出 flag sense;mark sensing
标志读出机 mark-sensing machine
标志读出卡片 mark-sensing card
标志读出扫描 mark scan(ning)
标志法 designation system;notation
标志方差和精度要求比 ratio variance against precision demanded
标志放流 tagging
标志放流法 tagging method
标志分权 component weight of index
标志分权绝对差 absolute difference of component weight of index
标志服 safe marked coat
标志浮标 marker buoy;marking buoy;dan buoy <测量用>;watch buoy【船】
标志浮标的锚碇 marking buoy moorings
标志浮筒 marker buoy
标志符 denoter;designator;identifier
标志符标志孔 function punch
标志符号 designator; identifier; tag mark(ing)
标志杆 sign post
标志钢线钉 marking steel wire nail
标志高温计 sentinel pyrometer
标志格点 marker and cell
标志格点法 marker and cell method
标志格式 tag format
标志功能 blip facility

标志桁架 sign truss
标志化石 guide fossil
标志极差和精度要求比 ratio of range against precision demanded
标志记号 denotation token
标志寄存器 flag register;marker register
标志价格 marker price
标志间隔倍增装置 mark-space multiplier unit
标志间隔比 mark-to-space ratio
标志间隔乘法装 mark-space multiplier unit
标志间距 marker spacing
标志检测 mark detection
标志接点 marking stud contact
标志结构 sign structure
标志介词 flagging preposition
标志可读性 sign legibility
标志孔 control hole;control punch;designation hole;designation punch;function hole
标志控制 flag control;marker control
标志矿层 guide seam
标志矿物 diagnostic mineral;index mineral
标志扩展 notch expansion
标志雷达信标 radar marker beacon
标志磷 label(l)ed phosphorus;radioactive phosphorus
标志逻辑函数 flag logic function
标志脉冲 index pulse;mark(er) pulse;marking impulse;reference pulse
标志脉冲频率 marking frequency
标志脉冲选择器 marker selector
标志脉冲闸门 marker gate
标志锚泊区的浮标 anchorage buoy
标志面与参考面夹角 angle between marker plane and reference plane
标志牌 denoter;mark board;sign board;index tag;escutcheon plate <船名>
标志牌背后 beetle back
标志牌照明 signboard illumination
标志泡 marker bubble
标志配布 placement of marks
标志漆 marking paint
标志器 indicator;marker
标志器链路测试器 marker and link tester
标志区段分离电路 index-sector separation circuitry
标志权重 index weight
标志群 marker group
标志染料 sighting colo(u)rs
标志容积 level capacity
标志扫描 mark scan(ning)
标志色 signal colo(u)ration
标志色笔 marking crayon
标志色漆 marking paint
标志纱 identification yarn;tracer yarn
标志纱线 index yarn
标志设备 designation equipment;marking equipment
标志设计 design of marks
标志石 monument point
标志视认性 sign legibility
标志书写 sign writing
标志输入 flag input
标志数据 designation;flag data
标志数(字) designation number;conventional number
标志顺序 flag sequence
标志体 *X* 轴长度 *X*-axis length of markers
标志体 *Y* 轴长度 *Y*-axis length of markers
标志体 *Z* 轴长度 *Z*-axis length of markers
标志体变形后长度 post-deformation length of markers
标志体变形后轴率 post-deformation axial-ratio
标志体原始长度 initial length of markers
标志体原始轴率 initial axial ratio of markers
标志条 index slip
标志条件 flag condition
标志停车点 flag stop
标志位 bit zone;flag bit;response position;zone bit
标志位置 mark position;setting out;sign position
标志无线电信标 radio marker beacon
标志物灯 marker light
标志系统 designation system;marking system
标志显示 flag indicator
标志线 guideline;marker line;marker thread;line of demarcation;demarcation line
标志线路 flag line
标志线与参考线夹角 angle between marker line and reference line
标志镶边 sign border
标志信标 marker beacon
标志信号 marker signal;marking signal
标志信号发生器 marker generator;notch generator
标志信号混合器 marker mixer
标志信号检测器 blip detector
标志信号跨线桥 sign gantry
标志信号系统 marker system
标志信号转换器 marking signal translator
标志信息权 information weight of index
标志性统计(数字) benchmark statistics
标志序列 flag sequence
标志岩层 key rock;marker bed
标志颜色 code colo(u)r;identification colo(u)r
标志移位操作 flag shift operation
标志易读性 sign legibility
标志应力 index stress
标志用粉笔 marking crayon
标志用蜡笔 marking crayon
标志用涂料 identification paint
标志用有机色料 distinguished stain
标志油漆 marking paint
标志鱼密度 density of marked fish;tagged fish density
标志与号码 marking & number
标志语义 denotational semantics
标志元素 typochemical element
标志原油 marker crude
标志照明设施 sign illumination system
标志照明系统 sign illumination system
标志遮缝 sign awning
标志值 value of statistical indicant;value of statistical item
标志柱 mark pole;sign post
标志桩【测】marker peg;monument mark
标志状态 index state
标志状态找矿信息量 ore-hunting information by index state
标志字 banner word;flag word
标志字段 attribute field
标志字节 flag byte
标志字体 sign writing
标帜 flag
标重 indicated weight
标轴率 parameter ratio
标轴平面 <晶体的> parametral plane
标珠地图 bead map
标注变量 dimension variable
标注尺寸 dimensioning
标注等高线 index contour
标注环 marking ring
标注类型 dimension style
标注实体 dimension line
标注页码 pagination
标柱 distance pole;engaged bollard;guard post;guide post;peg;pillar;stanchion;tops;bollard <马路上安全岛的>
标柱间距离 trial range
标砖 normal brick
标桩【测】directing staff;hub;lining peg;measuring peg;nose pile;pegging out;piquet;staking out;stud stave;surveyor's stake;bearing picket;marking stake;stake;survey(ing) stake;beacon <作航标用>
标桩编号 station number
标桩袋【测】stake pocket
标桩袋带子 stake pocket strap
标桩的设置 stake-setting
标桩定线 pegging out;stake-out-peg out;staking
标桩工【测】axman;stake-man
标桩校正法【测】peg method
标桩校正水平仪法 peen adjustment
标桩模型 peg model
标桩深度 hub-deep
标桩线 stake line
标准 bench mark;calibration;criterion;denominator;figure of merit;loading ga(u)ge;mark;norm(al);par;prototype;reference date;standard
标准 D 形车钩 standard D coupler
标准安培计 standard ammeter
标准白 standard white
标准白板 standard white plate
标准白炽灯 standard incandescent lamp
标准白瓷板 standard white plaque
标准白度 standard white
标准白色 reference white
标准白色面 standard white surface
标准白体 standard white body
标准(扳牙)丝锥 die hob
标准班轮附加险条款 additional perils clause;liner negligence clause
标准板 normal plate;on-ga(u)ge plate;standard sheet
标准板孔 normal orifice
标准板式计数 standard plate count
标准板牙 master die
标准版面 standard format
标准办公费用 standard clerical cost
标准半电池 standard half-cell
标准半合匙取土器 standard split spoon sampler
标准半合管贯入器 standard split barrel tube
标准半合管取土器 standard split barrel sampler
标准半径 standard radius
标准拌和 standard mix
标准棒 master bar;rod ga(u)ge
标准包协议 standard packet protocol
标准包装 standard packing
标准保单 standard policy
标准保赔协会 Stand and PI Club
标准保温集装箱 normally insulated container
标准保险单 standard policy;ticket policy
标准保险单条件 standard policy condition
标准报告式样 standard report format
标准报批材料 standard materials for approval
标准报批稿 standard draft for approval
标准报批审查 standard examination for approval
标准曝光表 standard actinometer
标准爆破漏斗 standard blasting crater
标准爆破试验 standard blasting test
标准本 master copy
标准比较率法 standard ratio method
标准比例尺 normal scale
标准比率 standard ratio
标准比容 standard specific volume
标准比色板 standard colo(u)rimetric plate
标准比色观测仪 standard colo(u)rimetric observer
标准比色管 standard colo(u)rimetric tube
标准比色系统 standard colo(u)rimetric system
标准比色液 standard colo(u)r solution
标准臂 standard boom
标准编写机构 <美> standards writing organization
标准编译程序编制者 normal compiler writer
标准编制流程图 flowchart for standard development
标准编制说明 description for drawing up standard
标准编制组 drafting group of standard
标准变差概差 probable error of standard deviation
标准变差系数 coefficient of standard deviation
标准变动成本计算法 standard variable costing
标准变换 canonic(al) transformation
标准变量 canonic(al) variable;canonic(al) variate
标准变数 criterion variables
标准变速箱 standard transmission
标准标本 index sample
标准标称电压 standard nominal voltage
标准标号 standard label
标准标距 standard ga(u)ge length
标准标识符 standard identifier
标准标示器 calibration marker
标准表 standard scale;table of standards
标准表面 standard surface
标准表色系统 standard colo(u)r system
标准表式 standard table
标准冰冻深度 standard frozen depth
标准波 standard wave
标准波长 standard wavelength
标准波长计 standard wave meter
标准波导 standard waveguide
标准波束引导进场系统 standard beam approach system
标准波速进场 standard beam approach
标准波特兰水泥 standard Portland cement
标准波形瓦 normal roll pan tile;standard pantile
标准波状滚压玻璃 standard corrugated rolled glass
标准玻璃 normal glass;reference glass
标准玻璃磨口 interchangeable ground
标准玻璃纤维 standard fiber[fibre] glass;staple glass fiber[fibre]

B

B

标准铂铑热电偶 standard platinum-rhodium alloy thermocouple
标准薄板 standard sheet
标准补充件 addition to standard
标准不锈钢窗 standard stainless steel window
标准布置 standard lay
标准部件 building block; normal component; normalizer; package; standard block; standard component; standardized parts; standard parts
标准部件制成的计数器 building block counter
标准材料 normal material; standard material; standard stock
标准材料成本 standard material cost
标准材料价格 standard material price
标准采购成本 standard purchase price
标准采购价格 standard purchase price
标准采暖度日 normal heating degree-day
标准采样容器 standard sampling container
标准采种标分 normal seed stand
标准彩色副载波频率 standard chroma subcarrier frequency
标准彩色相片 normal colo(u)r photograph
标准参考大气条件 standard atmospheric of reference
标准参考格栅 modular reference grid
标准参考框格 modular reference grid
标准参考偏差 reference standard deviation
标准参考水样本 <美国地质调查局> standard reference water samples
标准参考条件 standard reference condition
标准参考位置 standard reference position
标准参考温度 standard reference temperature
标准参考物质 standard reference material
标准参考系统 modular reference system
标准参考样品 standard reference sample
标准参数 canonic(al) parameter; standard parameter
标准参照样 standard reference material
标准参照状态 standard reference state
标准餐厅 standard restaurant
标准仓库 standard store
标准操作 standard operation; standard procedure
标准操作步骤 standard operating procedure
标准操作程序 standard operating procedure
标准操作冲击电压波 standard switching voltage impulse
标准操作符 standard operator
标准操作规程 standard operating instructions; standard operating procedure; standard practice (instruction); standard routine practice
标准操作规定 standing operating procedure
标准操作过程 standard operating procedure; standard operation procedure
标准操作时间 standard operation time; standard working time
标准操作温度 standard operative temperature
标准槽钢 standard channel
标准草案 draft standard
标准测定 standard test
标准测定方法 standard method of measurement
标准测定条件 standard condition
标准测度 canonic(al) measure
标准测光器 luminous standard
标准测井 standard log
标准测径规 standard cal(l)iper gauge(u)ge
标准测力机 reference load calibration machine; standard dynamometer
标准测量 canonic(al) measure; standard measurement; standard survey(ing)
标准测量方法 standard method of measurement
标准测量仪 standard meter
标准测流孔 standard metering orifice
标准测试 standardized test
标准测试带 standard recording tape
标准测试频率 standard test frequency
标准测试信号 standard measuring signal
标准测试音调功率 standard test tone power
标准测温(熔)锥 Orton cone; pyrometric reference cone; standard pyrometric cone
标准层 datum bed; index bed; key bed; key horizon; key layer; mandatory layer; marker bed; marker horizon; marker lamination; marker layer; reference horizon; standard bed; structure indicator; standard floor【建】
标准层面【地】index plan; index horizon
标准层平面图 typical floor plan
标准层速度 marker velocity
标准层位【地】contour horizon; horizon marker; index horizon; index plane; standard horizon; datum horizon <作地质构造等高线用>
标准插件 standard plug-in unit
标准插件箱 standard card cage
标准差 root mean square deviation; root mean square error; standard deviation; standard error
标准差标记 label standard deviation
标准差的不可靠性 unreliability of standard deviation
标准差的概差 probable error of standard deviation
标准差的可靠性 reliability of standard deviation
标准差的最优值 optimum value of standard deviation
标准差估计 estimate of standard deviation
标准差观察 standard deviation observation
标准差降低 decreasing of standard deviation
标准差异法 variance from standard method
标准差异分析 standard variance analysis
标准产地 type locality
标准产额 standard production
标准产冷量 standard rating
标准产量 normal output; rated output; standard production volume
标准产量计酬 paying remuneration according to standard output
标准产品 off-the-shelf; standard products; stock products
标准产品成本 standard product cost
标准产品手册 data book
标准产品型号 standard model
标准产乳记录 production record; standard milk
标准产业分类 standard industrial classification
标准铲斗 standard bucket
标准长度 normal length; standard length; typical length; full-length
标准长度钢轨【铁】standard length rail
标准常态分配 standard normal distribution
标准常态密度函数 standard normal density function
标准场 pattern field
标准场强发生器 standard field generator
标准场站到达航线 standard terminal arrival route
标准潮汛 common establishment; establishment of the port
标准车 control vehicle; standard car
标准车长度 length of standard car
标准车底 set of standard stock
标准车队的横向布置 plan arrangement of standard heavy trucks
标准车队的平面布置 plan dimension of standard heavy trucks
标准车队的纵向布置 longitudinal arrangement of standard heavy trucks
标准车间 beamhouse
标准车辆 standard vehicle
标准车辆荷载 standard truck loading; standard vehicle loading
标准车身 interchangeable body
标准车组 set of standard stock
标准沉降粒径 standard sedimentation diameter
标准沉降速度 standard fall velocity
标准沉降系数 standard precipitation coefficient
标准沉降直径 standard fall diameter
标准沉箱 box caisson
标准衬砌环 standard lining ring
标准成本 standard cost
标准成本差异 standard cost variance; variation from standard cost
标准成本差异处理 disposition of standard cost variances
标准成本差异法 variation from standard method
标准成本单 standard cost sheet
标准成本的单行记账法 single plan of standard cost
标准成本的单一记账法 single plan of standard cost
标准成本的双行记账法 dual plan for standard cost
标准成本定价 normal cost pricing
标准成本会计 standard cost accounting
标准成本会计部分计划 partial plan of standard cost accounting
标准成本会计的单一计划 single plan of standard cost accounting
标准成本会计制度 standard cost accounting system
标准成本计算 standard cost calculation; standard costing
标准成本结算 standard cost clearing
标准成本控制法 standard cost control
标准成本形态 standard cost tableau
标准成本制度 standard cost system
标准成本中心 standard cost center [centre]
标准成分 normative element; standard composition
标准成型条件 normal mo(u)lding condition
标准成砖 medium burned brick
标准承包合同条款 general conditions of contract
标准承插弯头 standard bell and spigot bend
标准承压部件 standard pressure parts
标准城 city of standard urban structure
标准城市交通法规 model municipal traffic ordinance
标准城市结构 city of standard urban structure
标准城市区 standard metropolitan area
标准城市统计面积 standard metropolitan statistic(al) area
标准程序 generalized routine; general routine; general purpose program(me); standard procedure; standard program(me); standard routine
标准程序包 standard package
标准程序编制步骤 standard program(me) procedure
标准程序解码器 standard program(me) decoder
标准程序库 standard program(me) library
标准程序手册 standard procedure manual
标准秤 master scale; standard scale
标准吃水 standard draft
标准尺 bar standard
标准尺长 standard measure; typical measure
标准尺寸 normal size; regular size; standard dimension; standard size; stock size
标准尺寸板 stock sheet
标准尺寸比 standard dimension ratio
标准尺寸成材 dimension lumber
标准尺寸的 full-sized; standard sized
标准尺寸的塔盘 full-sized plate
标准尺寸法 module method
标准尺寸构件 module component
标准尺寸活塞 standard size piston
标准尺寸木材 dimension lumber; dimension stock
标准尺寸木料 dimension staff
标准尺寸内墙装饰板 standard dimension drywall
标准尺寸石料 dimension stone
标准尺寸屋面板 dimension shingle
标准尺寸砖 ga(u)ged brick
标准尺度 canonic(al) scale; ga(u)ge; ga(u)ge board; standard rule; standard scale; normative scale; standard measurement
标准齿 full-height tooth; standard tooth
标准齿高齿轮 full-depth gear
标准齿轮 master gear
标准齿轮校正仪 master gear checking instrument
标准齿轮润滑剂 regular-type gear lubricant
标准齿轮润滑油 regular-type gear lubricant
标准齿轮速比 standard gear ratio
标准齿条 basic rack
标准冲制垫圈 standard punched washer
标准抽气水银整流器 standard pumped rectifier
标准抽气整流器 standard pumped rectifier
标准抽头 standard tap
标准抽样 judgment sampling
标准抽样调查 standard sample survey
标准抽样调查理论 standard sample survey theory
标准抽样制度 standard sampling sys-

tem
标准稠度 normal consistence[consistency];standard consistence[consistency];water consistency
标准稠度与凝结时间测定仪 apparatus for determining normal consistency and setting time
标准初速 service velocity
标准储备 standard inventory
标准储罐 standard storage tank
标准处理 standard processing;standard treatment
标准处理单位 standard unit of processing
标准处理方式 standard processing mode
标准处理过程 standard operation
标准传播 standard propagation
标准传动装置 standard drive
标准传声器 standard microphone
标准船(舶) standard ship;standard vessel
标准船舶设计吃水 designed draft of typical ship;designed draft of typical vessel
标准船队 typical fleet
标准船型 dimensional ship;dimensioning ship;standard ship;typical ship type
标准船型尺寸 standard ship size
标准船型尺度 standard ship size
标准椽 guiding rafter
标准串行程序 standard serial program(me)
标准窗 standard window
标准窗洞 standard span
标准窗孔 standard opening
标准纯金 sterling gold
标准纯物质 purified standard material;standard purify material
标准纯银 sterling silver
标准磁带 reference tape
标准磁导率 normal permeability
标准磁放大器 standard magnetic amplifier
标准磁化曲线 normal magnetization curve
标准磁罗经 standard magnetic compass
标准磁铁 standard magnet
标准存储单元 standard memory location;standard storage location
标准存储器 standard memory
标准存储器接口 standard memory interface
标准措施 standard method
标准打<12 件,12 英尺×11 英寸×1/2 英寸的板材,约相当于 3.66 米×27.94 厘米×1.27 厘米> standard dozen
标准打印文件 standard files print;standard print file
标准打字 standard writer
标准大城市市区 standard metropolitan area
标准大都市地区 standard metropolitan area
标准大都市统计区 standard metropolitan statistic(al) area
标准大理石 standing marble
标准大楼 module-built block
标准大气 normal air;standard air;standard atmosphere;standard atmospheric pressure
标准大气表 table of normal air;table of normal atmosphere;table of standard air;table of standard atmosphere
标准大气舱 one bar chamber
标准大气环境 normal atmospheric environment
标准大气记录 normal atmospheric recording
标准大气水头 standard atmospheric head
标准大气条件 standard atmospheric condition
标准大气压 normal atmosphere;standard atmosphere
标准大气压测定 test of standard atmosphere pressure
标准大气压读数 standard atmospheric pressure reading
标准大气压力<1 大气压=101325 帕> normal atmospheric pressure;standard atmospheric pressure;standard atmosphere pressure
标准大气状态 standard ambient condition;standard atmospheric condition
标准大小 normal size;standard size
标准大小的 standard sized
标准大小头 standard short reducer
标准大样 standard details
标准代号<钢筋的> standard mark
标准代号与编码 symbol and number of standard
标准带 index zone;reference tape;standard tape;standard zone
标准带标记 standard tape label
标准带执行程序 standard tape executive program(me)
标准单模光纤 standard single-mode fiber[fibre]
标准单头扳手 normal single head wrench
标准单位 normalized unit;standard unit
标准单位成本 standard unit cost
标准单位费率 standard unit rate
标准单位运费 standard unit transportation
标准单元 division of standard;standard block;standard cell;standard element;standard unit
标准单元钢栈桥<桥梁结构的> standard unit steel trestle
标准单元高架桥<桥梁结构的> standard unit steel trestle
标准单元架柱台<桥梁结构的> standard unit steel trestle
标准弹 reference rounds
标准弹道 normal trajectory;standard trajectory
标准弹道大气 standard artillery atmosphere
标准弹道带 standard artillery zone
标准弹道条件 standard ballistic condition
标准淡水 standard fresh water
标准淡水溶剂 standard freshwater medium
标准当量 standardization equivalent
标准档次编号 cell number
标准档次范围 cell limit
标准刀具 standard cutter
标准导程 standard lead
标准导磁率 normal permeability
标准导电率 standard conductivity
标准到期日 standard maturities
标准道岔 standard points;standard turnout
标准道路柏油 standard road tar
标准道路煤沥青 standard road tar
标准的 canonic(al);classic;ga(u)ged;ideal;normal;normative;on-ga(u)ge;standardized
标准的产品形式 product form of specification
标准的等效性 equivalence of standards
标准的幅面及格式 width and format of standard
标准的附录 normative annex
标准的构成 constitution of standard
标准的级别 level of standard
标准的建立 establishment of standard
标准的逻辑乘法形式 normal conjunctive form
标准的逻辑加法形式 normal disjunctive form
标准的名称 title of standard
标准的协调 harmonization of standard
标准的要求 normative requirement
标准的印就合同 standard form contract
标准的印就信用证 standard form for letter of credit
标准灯光流曲线 luminous flux curve of standard lamp
标准等高线 accurate contour;normal contour;standard contour
标准等离子体 standard plasma
标准等压面 mandatory level;standard isobaric surface
标准滴定管 normal burette;standard burette
标准滴定物 standard titrimetric substance
标准滴定液 titrand
标准滴滤池 conventional trickling filter;standard trickling filter
标准底片 normal negative;standard negative
标准底图 bordered separation;border sheet;standard base drawing
标准抵押贷款 standard mortgage
标准抵押权条款 union mortgage clause
标准地 sample area;sample plot(ting);study plot
标准地板 standard floor
标准地板面高度 standard level
标准地沥青 standard asphalt(ic bitumen)
标准地面站 standard earth station
标准地球 standard earth
标准地球模型 standard earth model
标准地球站 standard earth station
标准地区 normal area;normal region;normal township;standard area;type area;type region
标准地图 map standard;standard map
标准地图格网 normal cartographic(al) grid;normal map grid;standard cartographic(al) grid
标准地下水 typical groundwater
标准地形图 regular topographic(al) map;quadrangle topographic map<美国地质测量局绘制的>
标准地形图幅 quadrangle map;quadrangle sheet
标准地震计 standard seismometer
标准地震台 standard seismograph station
标准地震系数 standard seismic coefficient
标准地震仪 standard seismograph
标准地址 normal address
标准地址发生器 standard address generator
标准地质年代学 orthochronology
标准递减率 nominal decline rate
标准点 normal point;reference mark;reference point;spotted minutiae
标准点时 point hours
标准点制度 standard hour system
标准电波 standard wave
标准电池 normal cell;standard (Weston) cell
标准电池电动势 standard electromotive force of the cell
标准电灯泡 standard lamp
标准电动势 standard electromotive force
标准电度表 reference kilowatt hourmeter
标准电杆 standard pole
标准电感 standard inductance
标准电感器 standard inductor
标准电话传送参照系统 master telephone transmission reference system
标准电极 normal electrode;standard electrode
标准电极测井 standard electric(al) log
标准电极电势 standard electrode potential
标准电极电位 standard electrode potential
标准电极势 normal electrode potential
标准电抗器 standard reactor
标准电缆<一种旧的电信传输单位> standard cable
标准电缆英里<电信传输单位> mile of standard cable
标准电离室 standard chamber
标准电流表 standard amperemeter
标准电流发生器 standard current generators
标准电路 preferred circuit
标准电码本 official telegraph dictionary;standard code book
标准电平 fiducial level;fiduciary level;reference level
标准电气设备 electric(al) standard equipment
标准电容 standard capacitance
标准电容器 calibration capacitor;reference capacitor;standard capacitor;standard condenser
标准电容箱 standard capacitance box
标准电势 standard(electrode) potential
标准电视信号 standard television signal
标准电位 normal potential;reference potential;standard potential
标准电位计 comparation potentiometer
标准电压 normal voltage;pilot voltage;reference voltage;standard tension;standard voltage
标准电压表 standard voltmeter
标准电压发生器 standard voltage generators
标准电压互感器 standard potential transformer
标准电压振荡器 standard voltage oscillator
标准电影片 standard film stock
标准电子管 serial tube
标准电子活度 standard electron activity
标准电子自动计算机 standard electronic automatic computer
标准电阻 measuring resistance;standard resistance
标准电阻合金 Novokanstant
标准电阻器 calibration resistor;standard resistor
标准电阻箱 standard resistance box
标准定长记录 standard fixed length record
标准定单 order of merit
标准定额 normal rating;standard rate

B

[rating]
标准定位 standard setting
标准定位业务 standard positioning service
标准定义 standard definition
标准冻深 standard frost penetration
标准洞 standard opening
标准都会市区 standard metropolitan area
标准毒剂 standard toxicant
标准毒素 normaltoxin;standard toxin
标准毒性检验 standard toxicity test
标准度量 ga(u)ge;standard measure;standard measurement;typical measure
标准度量衡 standard weights and measures
标准度盘 calibrated dial
标准端 normal end
标准端测规 end standard rod
标准短管 <管径约为管长的 1/3> standard short tube
标准短管弯头 standard short-body bend
标准短轨 make-up rail
标准短三通 standard short-body tee
标准短四通 standard short cross
标准段宽度 width of standard section
标准断路能力 standard breaking capacity
标准断面 standard section;theoretic(al) profile;type section;typical section
标准断面构件 standardized shape member
标准堆 standard pile
标准堆高 typical stacking height
标准多布森分光光度计 standard Dobson spectrophotometer
标准多点记录器 standard multipoint recorder
标准多模光纤 standard multimode fiber[fibre]
标准额定产量 reference rated output;standard rated output
标准额定出力 standard rated output
标准额定电压 standard rated voltage
标准额定负荷 normal rated load;standard rated load
标准额定功率 normal rated power;standard rated output
标准额定热负荷 normal rated heat load
标准额定值 standard rating
标准二极管 voltage reference diode
标准二进码 straight binary code
标准二进制 normal binary;standard binary;straight binary
标准二进制码 standard binary code
标准发动机功率 standard engine rating
标准发光度函数 standard luminosity function
标准发射体 standard emitter
标准罚函数 standard penalty function
标准法 standard code;standard law
标准法定价格 standard legal price
标准法兰尺寸 standard size of flange
标准法兰(盘) standard flange
标准法特性回线 normalised characteristic loop
标准砝码 standard weight
标准反差等级 normal contrast grade;standard contrast grade
标准反力 <护舷> standard reaction force
标准反射率 standardization reflectivity
标准反向曲线 standard reverse curve
标准反应谱 normalized response spectrum;standard response spectrum
标准饭店 standard restaurant
标准范围 critical field;scope of standard
标准范围保险 standard coverage policy
标准方案 standard version
标准方程(式) canonic(al) equation;normal equation;standard equation
标准方法 model(l)ing method;standard method
标准方块砖 standard square
标准方木(头) standard lumber;standard timber
标准方式 standard form;standard mode
标准方位 normal orientation
标准方位罗经 standard bearing compass
标准方位罗盘 standard bearing compass
标准防护器 standard guard
标准防火门 fire-rated door
标准防火试验 standard fire test
标准房屋单元 standardized building unit
标准仿效行为 norm following behavio(u)r
标准放大(率) normal magnification;standard magnification
标准放大器 reference amplifier
标准放音 standard play
标准废水 standard waste(water)
标准废物 standard waste
标准沸点 normal boiling point
标准费率 standard rate;standard tariff
标准费用 norm expenses;standard fee
标准分布 standard distribution
标准分布滞后函数 standard distributed lag function
标准分档 cell classification
标准分度齿轮 master dividing gear
标准分阶锥形桩 tapered pile standard step
标准分解 canonic(al) decomposition;standard decomposition;standard resolution
标准分类 standardized classification
标准分类常规 standard sort routines
标准分类成本单 standard process cost sheet
标准分路灵敏度 standard shunting sensitivity
标准分批成本单 standard job cost sheet
标准分批量 standard run quantity
标准分数 criterion score
标准分摊率 standard burden rate
标准分析 standard analysis
标准分析程序 standard analyser[analyzer]
标准分析法 standard analytical process;standard method of analysis
标准分析方法 standard method of analysis
标准分析过程 standard analytical process
标准分析模型 normative analytic model
标准分项 standardized classification
标准风压 standard wind pressure
标准封面纸 standard cover paper
标准敷设 standard lay
标准伏特计 standard voltmeter
标准符号 standard code;standard symbol
标准符号表示法 standard notation
标准幅度带 master output tape
标准辐射强度 standard pyranometer
标准辐射曲线 standard radiation curve
标准辐射源 calibrated radiation source
标准辐照度 standard irradiance
标准腐泥型 standard saprogenic type
标准腐殖型 standard humic type
标准负荷 ga(u)ge load;proof load;scale load;standard load
标准负荷测定仪 standardizing box
标准负荷单级消化池 standard rate single-stage digestion tank
标准负荷滤池 standard rate filter
标准负荷率 standard burden rate
标准负荷消化 standard rate digestion
标准负荷状态 standard loaded condition
标准负极性 negative standard polarity
标准负载 standard termination
标准附加说明 appended description of standard
标准附加投资偿还年限 standard payback period of added investment
标准附件 standard equipment
标准概率分布 standard dimension
标准概念 standard concept
标准干围 normal girth
标准甘汞电极 normal calomel electrode;standard calomel electrode
标准杆 ga(u)ging rod;reference rod;standard bar;standard rod;standard staff
标准感度 normal sensibility
标准感光板 standard plate
标准感光计 standard sensitometer
标准钢 standard steel
标准钢窗 standard steel window;stock steel window
标准钢窗断面 standard steel window section
标准钢锭模 standard steel ingot mo(u)ld
标准钢轨断面 standard rail section
标准钢结构 standard steel construction
标准钢立筋 standard metal stud
标准钢丝绳 hemp core cable;standard wire rope
标准钢珠 standard steel ball
标准港(口) <已测定潮汐常数的港口> standard port;standard harbo(u)r
标准高程 standard elevation
标准高程系统 standard elevation system;standard system of level
标准高度 standard height
标准高频信号发生器 standard high frequency signal generator
标准高斯求积法 standard Gauss quadrature
标准高压不锈钢管 standard high pressure stainless steel tubing
标准锆英石砖 standard zircon brick
标准格式 canonic(al) form;master format;modular format;normal format;pro forma;reference format;standard form(at);standard layout
标准格式提单 standard bill of lading
标准格网 normal grid;standard grid
标准隔距 standard ga(u)ge
标准更改通知 standard change notice
标准工厂 standard factory
标准工程 standard engineering
标准工具 conventional tool;master tool
标准工具变量估计量 standard instrumental variable estimators
标准工具磨床 regular tool-grinding machine
标准工况 standard condition
标准工时 normal hour;standard(man-)hour;standard work force;standard working-hour
标准工时法 method of time standard
标准工薪 standard wage and salary
标准工业分类 standard industrial classification
标准工业黏[粘]度计 standard concrete consistometer
标准工业铜 standard copper
标准工艺过程 master schedule
标准工资 standard wage
标准工资等级 wage pattern
标准工资率 standard labo(u)r rate;standard rate of wages;standard wage rate
标准工字形鱼尾钻头 <转盘钻进用> California type ideal fishtail bit
标准工作 standardized work;standard operation
标准工作成绩 standard performance
标准工作电灯 working standard lamp
标准工作量 standard working volume
标准工作日长度 standard workday length
标准工作日数 standard working day
标准工作时间 synthesis
标准工作时数 standard hours worked;standard working hours
标准工作制 standard duty
标准工作周 standard(working) week
标准公差 standard tolerance
标准公差单位 standard tolerance unit
标准公路 classified road
标准公式 normalized form;standard form;standard formula
标准功率 calibration power;rated output;reference power;standard power
标准功率计 reference power meter;standard power meter
标准拱 ga(u)ged arch
标准钩体 standard hook
标准构架 standard frame
标准构件 standard(ized) element;standard member
标准构件起重机 modular crane
标准构件桥 unit construction bridge
标准构造 normal configuration
标准购入价格 standard purchase price
标准估计差【数】 estimated standard deviation
标准估计误差 standard error of estimate
标准股票 barometer stocks;standard stock
标准固定成本 standard fixed cost
标准固定利率抵押贷款 standard fixed-rate mortgage loan
标准固结 normal consolidation;standard consolidation
标准固体量 standard solids
标准观测 standard observation
标准观测数据 standard observer data
标准观测员 standard observer
标准管 standard pipe;standard tube
标准管端套筒接合 standard socket and spigot taper
标准管接头 standard coupling
标准管径 standard pipe size
标准管子弯头 standard pipe bend
标准管嘴 standard tube
标准贯击数 SPT blow count
标准贯入度检验 standard penetration inspection
标准贯入度试验 standard penetration test
标准贯入击数 blow count of SPT [standard penetration test];standard penetration blow count

标准贯入击数 N 值 SPT N-value
标准贯入抗力 standard penetration resistance
标准贯入器 standard penetrometer
标准贯入试验 SPT[standard penetration test]
标准贯入试验 N 值 SPT N-value
标准贯入试验(锤)击数 standard penetration test blow count; SPT blow count
标准贯入试验分析仪 standard penetration test analyser[analyzer]
标准贯入试验分析仪数据信号 SPT analyzer data signal
标准贯入试验校正 standard penetration test correction
标准贯入数 standard penetration number
标准贯入仪 standard penetrometer
标准贯入针 standard penetration needle
标准贯入值 standard load value
标准贯入阻力 Proctor penetration resistance; standard penetration resistance
标准光船租赁合同 standard bareboat charter
标准光度灯 standard lamp
标准光栏 standard stop
标准光亮精整 standard bright finish
标准光谱 standard prism; standard spectrum
标准光谱符号 standard spectroscopic notation
标准光强度 etalon optical power
标准光楔 standard wedge
标准光学测力机 standard optical dynamometer
标准光源 standard illuminant; standard light source
标准广播 <535 ~1605 千赫兹的无线电广播> standard broadcast(ing)
标准广播波段 standard broadcast band
标准广播通路 <双边带的> standard broadcast channel
标准广播信道 standard broadcast channel
标准规 reference standard; standard ga(u)ge
标准规定 standard code
标准规范格式 standard specification format
标准规范砖 standard specification brick
标准规格 basic size; modular format; nominal rating; normal rating; standard rating; standard requirement
标准规格管 standard pipe size
标准规划图 master layout
标准规块 standard ga(u)ge block
标准规约 standards code
标准规则 standard code; standard rule
标准硅酸盐水泥 standard Portland cement; standard silicate cement
标准轨 standard rail
标准轨距 < =1.435 米 =4 英尺 8.5 英寸> standard ga(u)ge; international ga(u)ge; normal pitch; standard railway ga(u)ge; standard track ga(u)ge
标准轨距的轨道 standard ga(u)ge rail; standard track
标准轨距钢轨 standard ga(u)ge rail
标准轨距铁路 full ga(u)ge railroad; full ga(u)ge railway; standard ga(u)ge railroad[railway]
标准轨距铁路线 < =4 英尺 8.5 英寸 = 1.435 米> standard ga(u)ge line
标准轨铁路线路 standard ga(u)ge railroad track
标准轨枕 standard sleeper; standard tie
标准辊道 ga(u)ge tables
标准国际贸易商品分类 standard international trade classification
标准国际年龄分组 Standard International Age Classifications
标准过程 standard procedure
标准过程程序 standard procedure program(me)
标准海里 <1 海里 = 1.852 千米> measured mile
标准海平面 standard sea level
标准海水 Copenhagen water; normal seawater; standard seawater
标准海水条件 standard seawater condition
标准含沙量 index sediment concentration
标准函数 <一般指三角函数、对数函数、指数函数等,是在程序设计语言中,不加说明就可使用的函数> standard function; canonic(al) function
标准焓 standard enthalpy
标准焊接符号 standard welding symbols
标准行距 nominal line width
标准夯杆 standard tamping bar
标准夯机 standard rammer
标准夯实试验 standard compaction test
标准航道尺度 standard channel dimensions
标准航海用语 standard marine navigation vocabulary
标准航空摄影 normal aerial photography
标准航空图 standard flip chart
标准航摄胶片 standard mapping film; typical mapping film
标准耗热量 standard heat consumption
标准耗水量 normal water consumption
标准合并统计区 standard consolidated statistical areas
标准合同 form contract; frame contract; model contract; standard contract
标准合同格式 standard contract form
标准合同规定 standard contract provision
标准合同条款 standard contract provision
标准和 canonic(al) sum; standard sum
标准河段 standard section
标准荷载 characterisation load; characteristic load; normal loading; rated load(ing); scale load; standard load
标准荷载试验 rated load test; standard load test
标准盒 base box
标准贺电 standard greetings
标准黑(色料) standard black
标准黑体光源 standard blackbody source
标准横断面 standard cross-section; typical cross-section
标准洪水 standard flood
标准厚度 standard thickness; typical thickness
标准厚窄板 standard deals
标准壶 ga(u)ge pot
标准华氏温度计 standard Fahrenheit thermometer
标准化 normalization; normalize; normalizing; standardization; standardize; standardizing
标准化比率 standardized ratio
标准化比数 standardized score
标准化变换 standardization transformation
标准化变数 standardized variable
标准化变阻器 standardizing rheostat
标准化标准草案 draft standard
标准化部件 standardized component; modular component
标准化财务报表 standardized financial statements
标准化参数 normalizing parameter; standardization parameter
标准化残差 standardized residual
标准化残差平方和 sum of squares of standardized residuals
标准化产品 standardized products
标准化常数 generalized constant
标准化车辙率 normalized rut rate
标准化程度的设备 modular measure system
标准化程序 standardization program(me); standardized program(me)
标准化尺寸 modular dimension
标准化出生率 standardized birth rate
标准化措施 standardization measures
标准化大批量大生产阶段 standardized mass production phases
标准化代号 code
标准化档案 archive of standardization
标准化导纳 normalized admittance
标准化的 orthonormal; standardized
标准化的建筑尺寸 standardized dimension for construction
标准化的建筑外形 standardized figure for construction
标准化的结构构件 standardized structural element
标准化的生育率 standardized fertility rate
标准化电抗 normalized reactance
标准化电子连接 standardized electronic interface
标准化电阻 normalized resistance
标准化发病比 standardized incidence ratio
标准化法 standardization law; standardized technique
标准化法则 standardization rule
标准化反应谱 normalized response spectrum
标准化方法 modular method; standardized method
标准化飞机库 standardized hangar
标准化飞机棚 standardized hangar
标准化分布 standardized distribution
标准化符号 standardized sign; standardized symbol
标准化负荷 standardized burden rate
标准化负荷测定机 standardizing box
标准化构架 standardized framing
标准化构件 modular unit; standardized unit; modular component
标准化行列式 standardized determinant
标准化核机组电站系统 standardized nuclear unit power system
标准化荷载系列 standardizing load sequence
标准化回归系数 standardized regression coefficient
标准化机构 standardizing body
标准化集装箱 standardized container
标准化计划 standardization program(me)
标准化技术委员会 technical committee for standardization
标准化建筑 standardized building
标准化键盘 standardized keyboard
标准化降水指数 standardized precipitation index
标准化接收机 modularized receiver
标准化经济效果 economic benefits of standardization
标准化空间发射飞行器 standardized space launch vehicle
标准化会计 standardized accounting
标准化离差 standardized deviation
标准化零件 standardized parts
标准化领域 field of standardization
标准化滤波器 normalized filter
标准化率 standardized rate
标准化名称 standardized name
标准化目的 level of standardization
标准化炮眼组 standardized holes
标准化频带极差 normalized band level difference
标准化频率 normalized frequency
标准化契约 standardized contract
标准化砌块 modular(building) unit
标准化曲线 normalized curve; standardized curve
标准化人 standardized man
标准化生物测定法 standardized bioassay method
标准化剩余平方和 sum of squares of standardized residuals
标准化石 characteristic fossil; diagnostic fossil; guide fossil; index fossil; key fossil; leading fossil; standard fossil; type fossil
标准化石法 method of index fossil
标准化试液 standardized test solution
标准化数 normalized number; standardized number
标准化数据 standardized data
标准化数值 standardized value
标准化水平 level of standardization; standardized level
标准化死亡比 standardized mortality ratio
标准化死亡率 adjusted death rate; standardized death rate; standardized mortality rate
标准化死亡率比 standardized mortality ratio
标准化死亡指数 comparative mortality index
标准化随机变量 standardized random variable
标准化特性回线 normalized characteristic loop
标准化条件 normalization condition
标准化同谱线 normalized co-spectrum
标准化图表 chart of standardization
标准化托盘 standardized pallet
标准化委员会 Standards Committee
标准化吸收谱 normalized adsorption spectrum
标准化系列 standardizing system
标准化响应 normalized response
标准化信号 normalized signal; standardized signal
标准化选择土工参数 standard selected soil parameter
标准化学离子平衡技术 normalized chemical ion balance technique
标准化学势 standard chemical potential
标准化因子 normalization factor; normalized factor
标准化浴室单元 unitized bathroom unit
标准化振幅 standardized amplitude
标准化振型 normalized mode(shape)
标准化正态变量 standardized normal

B

variate
标准化正态分布 standardized normal distribution
标准化正态偏差 standard normal deviation
标准化指标比 standardized index ratio
标准化指令 standardized instruction; standardizing order
标准化制服 standardized uniform
标准化制造费用率 standardized burden rate
标准化主题 subject of standardization
标准化转速 normalized rotary speed
标准化纵坐标 normalized ordinate
标准化组件 modular element
标准化阻抗 normalized impedance
标准化钻时【岩】normalized speed time
标准化钻速法 normalized penetration rate method
标准化钻压 normalized bit weight
标准化作用力 normalized force
标准化坐标 normalized coordinates
标准还原电势 normal reduction potential
标准还原电位 standard reduction potential
标准还原蓝 indanthrene
标准还原溶液 normal reducing solution
标准环规 ring standard ga(u)ge; standard ring ga(u)ge
标准环境 standard environment
标准环境溶液 typical environmental solution
标准环境条件 typical environmental condition
标准环境温度 standard ambient temperature
标准缓冲(溶)液 standard buffer solution
标准换气次数 standard number of air change
标准黄麻 actuals
标准黄铜 common brass;standard brass
标准灰色分级样卡 standard grey scale
标准灰色花岗石 <挪威产> standard grey
标准挥发焓 standard enthalpy of volatilization
标准回潮率 regain;standard moisture regain
标准回归 standard regression
标准回归模型 standard regression model
标准回归系数 standard regression coefficient
标准回流法 standard reflux method
标准回流消解法 standard reflux-digestion method
标准回弹能 proof resilience
标准回转表 standard swing meter
标准混合 standard mix
标准混合覆盖 standard cover mixtures
标准混合料 standard mix(ture)
标准混合物 normal mix(ture); standard mixture
标准混凝土立方试块 normal cube; standard cube;typical cube
标准混凝土砌块 standard concrete block
标准混凝土强度 characteristic concrete strength
标准混凝土壳体 model concrete shell
标准混响时间 standard reverberation time
标准活扳手 standard adjustable wrench
标准活塞环 standard piston ring
标准活塞圈 standard piston ring
标准活性污泥法 conventional activated sludge process
标准火险保单 standard fire policy
标准火焰 standard fire
标准货币 standard money
标准货币记账单位 standard money unit of account
标准货车 standard freight car; standard truck
标准货物集装箱 standard cargo container
标准货样 standard sample
标准击实法 typical compacting method
标准击实曲线 standard compaction curve
标准击实试验 standard compaction test
标准机床 standard machine tool
标准机电产品 standard machinery and electric(al) products
标准机构 standard body
标准机器工时 standard machine hour;standard machine time
标准机器小时 standard machine hour
标准机误 standard error
标准机械压片机 standard type mechanical tabletting machine
标准积 canonic(al) product; standard product
标准基本不变量 typical basic invariant
标准基本部件 standard basic unit
标准基(底) canonic(al) base
标准基期 reference base period
标准基线 standard baseline; comparator base
标准基准高程 standard datum elevation; standard datum level
标准基准面 standard datum chart; standard datum level; standard datum plane
标准激励 pattern field
标准及蒲耳氏公司 <美> Standard & Poor's Corporation
标准吉布斯函数增加 standard Gibbs function increase
标准吉布斯能量 standard Gibbs energy
标准吉布斯生成自由能 standard model Gibbs free energy of formation
标准吉布斯自由能 standard Gibbs free energy
标准级 standard grade
标准级配 standard grading
标准级配砂 graded standard sand; standard grade sand
标准极势 normal electrode potential
标准极性 standard polarity
标准极坐标系统 standard polar coordinate system
标准急性毒性检测 standard acute toxicity test
标准集中锁闭架 standard locking frame
标准集装箱 standardized container
标准几何偏差 standard geometric-(al) deviation
标准计 guiding rafter; standard ga(u)-ge; standard meter
标准计酬荷载 standard payload
标准计划 standard plan; standard program(me)
标准计划洪水 standard project flood
标准计划指示图表 indicative diagram of standard plan
标准计量 standard ga(u)ge; standard batching <混凝土集料的>
标准计量表 standard calculation sheet
标准计量单位 standard measure of quantity
标准计量法 <建筑工程上的> standard method of measuring
标准计量费 standard measure expenses
标准计量基准 standard metering base
标准计时仪 regulator
标准计数法 standard notation
标准计数管 standard counter
标准计数器 standard counter
标准计数要求 standard counting requirement
标准记账单位 standard unit of accounting
标准技术 standard technique
标准技术规程 standard specification
标准技术规范 standard (technical) specification
标准技术规格(书) standard (technical) specification
标准技术说明书 standard technical specification
标准技术条件 standard specification
标准技术要求 standard requirement
标准剂 standard material
标准剂量学 standard dosimetry
标准加工成本单 standard process cost sheet
标准加工方式 standard processing mode
标准加工费 standard conversion cost; standard process cost
标准加工工艺 standard processing technique
标准加仑 proof gallon
标准加强角焊缝 standard reinforced fillet weld
标准加入 standard addition
标准加入法 standard addition method
标准加速度 normal acceleration
标准甲烷产率 standard methane production rate
标准价 standard unit cost
标准价格 normalized price; normal price; standard price; target price
标准价格单位 standard unit of value
标准价格法 list price method; standard price method
标准价值 standard value
标准价值单位 standard unit of value
标准间隔 normal space
标准间接制造费 standard manufacturing overhead
标准间接制造费摊配率 standard burden rates of manufacturing
标准间距 normal pitch
标准监测机 reference monitor
标准监测器 reference monitor
标准剪力系数 standard shear coefficient
标准检查程序 bench mark; benchmark program(me)
标准检查井 standard manhole
标准检定 standard test; useful test
标准检索 criteria search; criterion search; standard search
标准检验程序 standard inspection procedures
标准检验记录 standard inspection record
标准碱 standard base
标准碱测定 determination of standard base
标准碱溶液 standard alkali solution
标准件 building block; standard component; standardized parts; standard unit; etalon
标准件计划方法 planning method for standard parts
标准件杂货租船公司 uniform general charter
标准建造 index formation; standard formation
标准建造方式 standard construction model
标准建筑 standard building; typical building
标准建筑单元 modular building unit
标准建筑防火等级曲线 standard fire rating curve
标准建筑构件 standardized building elements
标准建筑物 ideal building
标准建筑用砖 standard brick
标准建筑造价 standard building cost
标准渐开线齿轮 standard involute gear
标准渐开线齿轮齿 standard involute gear tooth
标准键 standard key
标准浆 standard paste
标准降落速度 standard fall velocity; standard settling velocity
标准交叉制 standard transposition system
标准交互捻 <绳索> standard lay
标准浇块 normal cast block
标准焦距 standard focal length
标准焦油黏[粘]度计 standard tar visco(si)mete
标准角槽 standard bight
标准校正 standardization correction
标准校正拷贝 answer print
标准校重车 standard weight car
标准接口 standard interface
标准接收机 reference receiver
标准接头 modular connection; modular connector; standard connector; standard joint
标准节 <直径小于 1.5 英寸或 3.81 厘米的活节> standard knot
标准节距链 regular pitch chain
标准节距套筒滚子链 regular pitch roller chain
标准结构 normal structure; standard construction
标准结构体系 standard structural system
标准结构系统 standard structural system
标准结算方法 standard method of payment
标准截面 standard section
标准截面构件 standardized shape member
标准解(法) standard solution
标准金 <试金用> proof gold; standard gold
标准金属窗 standard metal window
标准紧固件 standard fastener
标准劲度 standard stiffness
标准经济订货量 standard economic ordering quantity
标准经济定货 standard economic ordering quantity
标准经济预测 standard economic forecast
标准经线 secant meridian; standard line; standard meridian; tangent meridian
标准经营活动程序 standard operating procedure
标准精度 standard accuracy; characteristic accuracy
标准精度图 standard accuracy map
标准精细航空照相纸 standard fine grain aerial photo paper

标准井 key hole
标准井网 normal well pattern
标准净化工作台 standard cleaning bench; standard type purifying table
标准净浆 standard paste
标准静荷载 characteristic dead load
标准静压力机试验器 standard deadweight press tester
标准纠正仪 standard rectifier
标准九脚小型管 novel tube
标准酒精 proof-spirit; standard alcohol
标准居住单元 standard dwelling unit
标准局 <美> Bureau of Standards
标准矩阵 canonic(al) matrix
标准具 Fabry-Perot etalon
标准距 normal pitch
标准距离 ga(u)ge(d) distance; standard distance
标准卷标号 standard volume label
标准卷尺 standard tape
标准卷筒 standard drum
标准决算方法 standard method of payment
标准军用格网 standard military grid
标准菌株 reference culture
标准卡板 standard cal(l)ipers
标准卡方检验 standard chi-square test
标准卡规 standard cal(l)iper ga(u)ge
标准卡片箱 standard card cage
标准开本 standard format
标准开度 normal opening
标准开关 standard prelude; standard switch
标准开口 standard opening; standard span
标准开口高度 standard opening height
标准抗冲击材料 normal impact material
标准抗滑材料 reference skid-resistant material
标准抗剪力值 standard shear value; typical shear value
标准抗拉电缆 standard pull tension cable
标准抗弯试块 standard transverse test core
标准抗压强度 standard compression strength
标准抗压试验圆柱体 standard cylinder for compression testing
标准考(得) <长 8 英尺或 2.44 米,宽高各 4 英尺或 1.22 米的木材堆> standard cord
标准可变电容器 standard variable condenser
标准可靠性方程 standard reliability equation
标准可替换磨砂接头 standard interchangeable ground joint
标准克特尔塔板 Kittel standard tray; standard Kittel tray
标准刻度 master scale; standard scale
标准空气 <干球温度 20℃,相对湿度 50%,压力 759 毫米汞柱> standard air; normal air
标准空气电容器 standard air capacitor
标准空气漏率 standard air leak rate
标准空气密度 standard air density
标准空气调节制动 standard air-actuated brake
标准空腔谐振电路 standard cavity circuit
标准空腔谐振器 reference cavity
标准空运军需品集装箱 standard air munitions package
标准孔 ga(u)ge hole; ga(u)ge orifice
标准孔口 reference orifice; standard orifice
标准孔流速计 standard orifice flowmeter
标准控制制度 standard control system
标准控制字段 normal control field
标准扣除额 standard deduction
标准扣件 standard fastener
标准库存量 standard stock
标准库存量制度 model stock plan
标准跨度 standard opening; standard span
标准跨径 standard space; standard span
标准会计实例说明书 statement of standard accounting practice
标准块 building block; calibrated block; reference block; standard segment
标准块管片 ordinary segment; standard segment
标准块规 standard block ga(u)ge
标准宽度 modular width; normal opening; normal width; standard width; typical width
标准矿层 guide seam
标准矿物 index mineral; normative mineral; standard mineral
标准矿物成分【地】norm
标准框 template
标准框架 standard frame
标准框架建筑 standard framed block; standard framed building
标准拉丁方 standard Latin square
标准拉力 normal tension; standard tension
标准拉力试块 standard tensile-test core
标准拉线牵线环 standard guy thimble
标准喇叭 standard horn
标准喇叭天线 standard horn antenna
标准栏杆 standard railing
标准类型 standard type
标准棱镜【测】master prism
标准棱柱体 standard prism
标准冷冻循环 standard freezing cycle
标准冷凝管合金 standard condenser tube alloy
标准离差 standard deviation
标准离差法 dispersion method
标准离差系数 coefficient of standard deviation
标准离子剂量 standard ion dose
标准犁铧 reference share
标准里程标杆 measured mile beacon
标准里程浮标 measured mile buoy
标准立方米 standard cubic(al) meter
标准立方试块 standard test cube; typical cube
标准立方试体 standard cube
标准立方体 normal cube
标准立方体试件 standard cube test specimen
标准立方英尺 standard cubic(al) foot [复 feet]
标准立方英尺/秒 standard cubic(al) feet per second
标准立方英尺/时 standard cubic(al) feet per hour
标准沥青封层 standard seal coat
标准沥青试块 asphalt briquet(te); asphaltic-bitumen briquet(te)
标准粒度 standard gradation; standard grading; standard grain size
标准连续浓度 criterion continuous concentration
标准链 calibrated chain
标准梁断面 standard beam section
标准亮度曲线 standard luminosity curve
标准亮度响应 standard luminance response
标准量测(法) standard measurement
标准量测系统 modular coordination
标准量尺 ga(u)ge stick
标准量滴器 standard drop measure
标准量度 standard measure
标准量规 master ga(u)ge; reference ga(u)ge; setting ga(u)ge; standard ga(u)ge
标准量规的厚度 thickness of ga(u)ge
标准量计 master ga(u)ge
标准量具 ga(u)ge stick; standard ga(u)ge; station meter; etalon
标准量水计 standard water meter [metre]
标准量 reference quantity; standard deviation rate; standard measure
标准量制造 standard quantity manufacture
标准料 standard material
标准林 normal forest
标准林分 normal stand
标准灵敏度 normal sensibility
标准零点 normal zero; standard zero
标准零件 standard(ized) element; standard(ized) parts
标准龄期 valid period of standard
标准流速仪 reference current meter [metre]; standard current meter [metre]
标准六角形屋面板 standard hexagonal roof slab
标准楼板 standard floor
标准楼层 standard stor(e)y; typical floors
标准楼梯 standard stair(case)
标准漏板 reference bushing
标准漏斗 standard funnel
标准漏孔 reference leak; standard leak
标准漏率 standard leak rate
标准炉 standard stove
标准滤光片 basic filter; normal filter; reference filter; standard filter
标准滤率 standard rate filtration
标准路面 regulating course
标准路缘石 normal curb
标准履带 standard track
标准履带板 standard shoe; track pad of standard
标准履带齿片 standard grouser shoe
标准履带轮爪靴 standard grouser shoe
标准率 standardized rate
标准轮齿 standard tooth
标准轮廓 standard profile
标准轮压 standard tire pressure
标准论时租船契约 uniform time charter
标准罗经 normal compass; standard compass
标准罗经方位 bearing per standard compass
标准罗经航向 standard compass course
标准罗经自差 standard compass deviation
标准罗兰【测】standard Loran
标准罗盘 normal compass; standard compass
标准逻辑微型组件 standard logic module
标准螺管线圈 standard solenoid
标准螺距螺旋 normal pitch auger; standard pitch auger
标准螺母 normal nut; standard nut
标准螺栓 normal bolt; standard bolt
标准螺丝攻 hob tap; master tap; tap hob
标准螺纹 normal screw; standard screw; standard thread; unified thread
标准螺纹攻 hob tap
标准螺纹环规 standard thread ring ga(u)ge
标准螺(纹)距 normal pitch; standard pitch
标准螺纹(量)规 standard screw thread ga(u)ge
标准螺纹形状 normal thread form
标准螺纹样式 standard screw thread form
标准螺线管 standard solenoid
标准螺旋 master screw
标准马力 horsepower nominal; nominal horsepower; standard horsepower
标准码试验信号 standard code test signal
标准埋层集板 standard buried collector
标准麦加利银行 <英> Standard Chartered Bank
标准脉冲 calibration pulse; full-sized pulse
标准脉冲发生器 basic pulse generator; pulse pattern generator; standard pulse generator
标准漫反射白板 standard white plate of diffuse reflectance
标准镘刀 ga(u)ging trowel
标准毛细管黏[粘]度计 master viscometer
标准铆钉 standard rivet
标准贸易术语 standard trade terms
标准煤 equivalent of coal; standard coal
标准煤驳 <煤的重量单位,1 龙骨 = 21539 千克> keel
标准煤单价 unit price of standard coal
标准煤耗 standard coal consumption
标准煤耗率 rate of standard coal consumption; standard coal consumption rate
标准门式刚架 standard portal frame
标准猛烈炸药 standard high explosive
标准米 normal meter; standard meter [metre]
标准米尺 standard meter[metre] bar
标准米原尺 prototype meter
标准密度 normal density; reference density; standard density
标准密度级 standard density rate
标准密码 standard cipher
标准面 index plane; normal plane; standard plane
标准面层 standard topping
标准面轮胎 standard base tire
标准民用时 standard civil time
标准命名 standard nomenclature
标准命名法 standardized denomination
标准模 master die; standard die
标准模板 standard form; standard mo(u)ld board; standard shuttering; typical form
标准模架 standard die set
标准模块系统 standard modular system
标准模块系统插件 standard modular system card
标准模拟电路 standard analog circuit
标准模式 mode standard; normal mode; standard mode; standard pattern
标准模式流程表 normal mode flow table; standard mode flow table

标准模数 standard module
标准模数砖 standard modular brick
标准膜滤大肠杆菌检验方法 standard method for membrane filtration fecal coliform test
标准膜滤器需氧培育 standard aerobic incubation of membrane filter
标准摩尔能量 standard molar energy
标准摩尔热容 standard molal heat capacity
标准摩尔热容系数 standard molal heat capacity coefficient
标准摩尔体积 standard molal volume
标准磨口接头 normal ground joint; standard ground joint
标准抹灰工作 ga(u)ged plaster work
标准模型 master mo(u)ld; master pattern; normative model; standard model; standard mo(u)ld; standard shape
标准模子 standard mo(u)ld
标准亩 standard mu
标准木 model tree; sample tree; test tree; type tree
标准木板 dimension shingle
标准木窗 standard timber window
标准木节 standard knot
标准木料 stock
标准木瓦 dimension shingle
标准木质胶合板 normal plywood
标准目标 standard target
标准耐气候 standard weather meter
标准耐气小时数 standard weathering hour
标准耐晒试验仪小时 standard fade-o-meter hour
标准内径尺寸比 standard inside dimension ratio
标准内容地图 standard content map
标准内项 canonic(al) implicant
标准能见度 standard visibility
标准能力 normal capacity
标准泥浆体积 standard slop peck
标准泥沙粒径 standard sedimentation diameter
标准年金 standard annuity
标准年龄 <保险> rated age
标准年率 standard annual rate
标准黏[粘]度计 standard visco(si)-meter
标准黏[粘]度液 standard viscosity liquid
标准黏[粘]土 clay substance
标准黏[粘]土耐火砖 standard chamotte brick; standard fireclay brick
标准黏[粘]土熟料砖 standard chamotte brick
标准捻度 standard twist
标准捻绕 regular lay
标准扭斜带 master skew tape
标准农用拖拉机 standard agricultural tractor
标准浓度 normal concentration; standard concentration
标准欧姆 standard ohm
标准欧洲通货利率 standard Eurocurrency rates
标准排泥分叉管 standard blow-off branch
标准排水量 standard displacement
标准抛掷药包 standard throw blasting charges
标准跑道 regulating course
标准炮眼组 standard round
标准配比 <混凝土的> standard mix
标准配方 standard recipe
标准配合 standard fit; standard mix
标准配合比 <混凝土> standard mix
标准配换齿轮 standard change gear
标准配件 standard fitting
标准配料板 ga(u)ging board
标准配色曲线 standard colo(u)r-mixture curves
标准配置点 standard collocation point
标准批量 standard lot size
标准坯布 proofing sheeting
标准偏差 modular deviation; standard derivation; standard error
标准偏差椭圆 standard deviation ellipse
标准偏差系数 coefficient of standard deviation
标准偏回归系数 standard partial regression coefficient
标准偏离 modular deviation; standard deviation
标准偏析 normal segregation
标准偏移 standard deviation
标准偏转 standard deflection
标准片 standard film
标准拼接的 standard matched
标准频率 standard frequency
标准频率电台 standard frequency station
标准频率发生器 standard frequency generator
标准频率和时间信号电台 standard frequency and time signal station
标准频率和时间信号业务 standard frequency and time signal service
标准频率计 standard frequency meter
标准频率系统 standard frequency system
标准频率信号 standard frequency signal
标准频率业务 standard frequency service
标准频率源 standard frequency source
标准频率制 standard frequency system
标准频偏振荡器 standard frequency deviation oscillator
标准频谱 standard frequency spectrum
标准品 standard grade
标准品对照 standard control
标准品位 standard quality
标准品系 standard strain
标准品种 standard variety
标准平车 standard flat wagon
标准平衡常数 standard equilibrium constant
标准平虎钳 standard vice
标准平均大洋水 standard mean ocean water
标准平均海洋潮位 standard mean ocean water
标准平均弦长 standard mean chord
标准平开窗 standard casement window
标准平面设计图 standard plan
标准评估程序 bench mark
标准评价程序 standard evaluation procedure
标准坡度 standard lean-to
标准破碎强度 standard crushing strength
标准剖面 canonic(al) profile; key section; normal profile; standard profile; standard section; type section
标准剖面图 master profile; standard profile
标准铺路砖 standard paving brick
标准铺设 standard lay
标准蒲耳指数 standard Poor's Indices
标准普罗克托干密度 standard Proctor dry density
标准普罗克托击实试验 standard Proctor(compaction) test
标准普罗克托湿密度测定法 standard proctor method
标准普罗克托压实试验 standard Proctor(compaction) test
标准普氏击实试验 standard Proctor (compaction) test
标准普氏湿密度测定法 standard proctor method
标准普通金属开槽锯床 standard plain metal-slitting
标准普通铣刀 standard plain milling cutter
标准期 <外汇或货币市场报价的标准到期日> standard period
标准企口砌合的 standard matched
标准起重机部件 standard crane pieces
标准气动量规 normal jet
标准气候条件 weather code
标准气体 calibrating gas; standard gas
标准气体混合物 correct gas mixture
标准气味单位 standard odor unit
标准气温 standard temperature
标准气压 standard atmosphere; standard barometric pressure
标准气压表 normal barometer; standard barometer
标准气压层 standard pressure level
标准气压高度 standard pressure altitude
标准气压计 normal barometer
标准汽车荷载 standard truck load; H-loading <美国一种公路桥设计的>
标准汽油 normal benzine
标准契约格式 standard contract form
标准砌块 standard block
标准器 standard
标准钎子组 standard round
标准前进基地分队 standard advanced base units
标准潜水 standard diving
标准潜水服 standard diving dress
标准潜水设备 standard diving gear
标准潜水作业 standard diving work
标准腔口速度 standard muzzle velocity
标准强度 characterisation strength; characteristic strength; normal intensity; specified strength; standard strength
标准强度以下的 underproof
标准强力船 full scantling vessel
标准乔木 standard tree
标准擒纵机构组件 platform escapement
标准氢电池 standard hydrogen cell
标准氢电极 normal hydrogen electrode; standard hydrogen electrode
标准氢氧化钠溶液 standard caustic soda solution
标准轻潜水服 standard light weight diving dress
标准轻水反应堆 reference light-water reactor
标准轻型和中型普通车床 standard light and medium duty engine lathe
标准轻中型普通车床 standard light and medium duty engine lathe
标准清除率 standard clearance
标准情报工作 information work of standard
标准情报管理 standard information management
标准情报检索 standard information retrieval
标准情报咨询服务 advisory service of standard information
标准情况 normal condition; standard condition
标准晴天阴天空 standard overcast sky
标准球 master ball
标准球形放电器 standard sphere gap
标准曲线 calibration curve; normal curve; specification curve; standard curve; type curve; typical curve
标准曲线法 standard curve method
标准曲线解 type-curve solution
标准曲线图 canonic(al) plotting
标准取土器 <英国标准> standard U (100) soil sampler
标准取芯钻井 standard core drill
标准取样容器 standard sampling container
标准全白漫射体 standard perfect white diffuser
标准全部成本法 standard absorption costing
标准全景拍摄 standard full shot
标准全球地质年代表 standard global geochronologic scale
标准群 standard group
标准燃料 ideal fuel; reference fuel; standard fuel
标准燃烧热 standard heat of combustion
标准染色时间 standard dyeing time
标准绕组 pattern winding
标准热电偶 standard couple; standard thermocouple
标准热管 standard heat pipe
标准热力学温标 standard thermodynamic(al) scale
标准人 normal man; standard man
标准人工成本 standard labo(u)r cost
标准人工工时 standard labo(u)r hour; standard labo(u)r time
标准人孔管 standard manhole pipe
标准人口 standard population
标准人造石 standard artificial stone
标准任选件 standard option
标准日工作量 measuring day work; standard day work
标准容积 normal volume; orthobaric volume; standard volume
标准容量 normal capacity; standard capacity
标准容器 volumetric(al) standard
标准溶液 normal solution; typical solution; standard solution
标准蠕变曲线 typical creep curve
标准乳液 standard emulsion
标准入射角 standard incidence angle
标准入渗能力曲线 standard infiltration capacity curve
标准软焊料 common solder
标准软件 standard software
标准软件包 standard software package
标准软设备组件 standard software package
标准锐缘堰 standard sharp-crested weir
标准弱电模型 standard electroweak model
标准三进位计算制 normal ternary
标准三通管 standard tee
标准三原色油墨 standard three colo(u)r ink
标准散布 standard dimension; standard dispersion
标准色 checking colo(u)ration; colo(u)r standard; reference colo(u)r; standard colo(u)r(ation)
标准色调 standard colo(u)r tone
标准色调灰阶 standard tone gray scale
标准色度观察者 standard observer
标准色度系统 standard colo(u)rimetric system

标准色谱 standard colo(u)r chart
标准色谱图 standard chromatogram
标准色液 standard colo(u)r solution
标准砂 normal sand; standard sand; unit sand
标准砂浆 ga(u)ged mortar; standard mortar
标准砂浆立方体试件 standard mortar-cube
标准砂胶 standard mortar
标准筛 standard screen; standard sieve
标准筛号 standard sieve series; standard sieve number <美>
标准筛序表 standard screen scale; standard sizing scale
标准筛序制 standard sizing scale
标准筛制 standard screen scale
标准商品 standard commodity
标准熵 standard(molal)entropy
标准熵变 standard entropy change
标准烧成砖 medium burned brick; standard burned brick
标准设备 conventional equipment; regular equipment; standard equipment; standard plant; standard rig
标准设计 modular design; stable design; standard design; typical design
标准设计暴雨 standard project storm
标准设计标高 nominated design level
标准设计断面 nominated design profile
标准设计方案 standard design schematization; standard design scheme
标准设计高程 nominated design level
标准设计洪水 standard design flood; standard project flood
标准设计流量 standard design flow
标准设计路基 standard design roadbed
标准设计图 typical drawing
标准设计图纸 standard design plan
标准设计详图 standard details
标准射束着陆系统 standard beam approach
标准深度 standard depth
标准深度分级样卡 standard depth scale
标准深度染色 standard depth dyeing
标准深度压力记录仪 standard depth-pressure recorder
标准审查会 examination meeting of standard; review meeting of standard
标准审计报告 auditor's standard report
标准审计程序表 standard audit program(me)
标准审批 standard approval
标准渗透性试验 standard percolation test; standard permeability test
标准渗透性试验方法 standard percolation test method; standard permeability test method
标准渗透性系数 standard permeability coefficient
标准生产车辆 production car
标准生产量 capacity production
标准生成焓 standard(molal)enthalpy of formation
标准生成吉布斯自由能 standard Gibbs free energy of formation
标准生成热 standard heat of formation
标准生成自由能 standard free energy of formation
标准生化需氧量 immediate biochemical oxygen demand; standard biochemical oxygen demand
标准生油层 key petroleum source bed
标准声道 standard track
标准声级 standard sound level
标准声级差 standard sound levels difference
标准声信号 standard acoustic(al)signal
标准失效率 derated standard level
标准施工法 standard construction method
标准施工方法 standard construction method
标准施工设备 standard provision
标准施照体 standard illuminant
标准湿度 normal moisture
标准湿度计 standard hygrometer
标准十进位 standing-on-nines carry
标准石板瓦 countess slate
标准石灰 standard lime
标准石灰粉尘 standard limestone dust
标准石灰岩 index limestone
标准石油地沥青 standard asphalt(ic bitumen)
标准石油公司 <美> Standard Oil Company
标准石油密度计 standard petroleum densimeter
标准时点 specified standard time
标准时间 normal time; standard time; direct labo(u)r standard; output standard; production standard; reference time; etalon time; zone time
标准时间工资制 standard hour plan
标准时间区带 standard time zone
标准时间-温度曲线 standard time-temperature curve
标准时距 standard time interval
标准时区 standard time zone; zone standard time
标准时正午 standard noon
标准实施日期 date of standard implementation
标准实物产量指示 indicator of standard physical output
标准实物指标 standard indicator with a unit expressed in kind
标准实验室(大)气压 standard laboratory atmosphere
标准实验输出功率 standard test output
标准矢量 normal vector
标准使用年限 guideline life
标准使用条件 normal service condition
标准世界地质年代表 standard global geochronologic scale
标准市集商人 standard market merchant
标准示波器 macrooscillograph; model scope
标准式 normative form; standard form
标准式集装箱 standardized container
标准式平差机 standard graball
标准式样 standard pattern; standard form
标准式蒸发器 standard evapo(u)rator
标准式铸道形成器 standard type sprue former
标准视程 standard visual range
标准视力 standard vision
标准试航 progressive speed trials; standardization trial
标准试件 standard test piece; standard test specimen
标准试块 briquet(te); index sample; reference test block; standard test block
标准试块试验 briquetting test
标准试验 code test; conventional test; normal test; standard test
标准试验程序 standard test procedure
标准试验法 uniform test procedure
标准试验方法 standardized testing procedure; standard test method
标准试验规程 standard test procedure
标准试验筛 standard test sieve
标准试验室气压 standard laboratory atmosphere
标准试验室试验 standard laboratory test
标准试验条件 standard condition for testing; standard test condition
标准试样 calibration sample; index sample; proof sample; standard sample; standard specimen; standard test piece
标准试音功率 standard test tone power
标准室温 standard room temperature
标准适光眼 standard photopic eye
标准适用范围 field of application
标准收费率 standard billing rate
标准收获表 normal yield table
标准收获量法 standard yield method
标准收益表 standard income statement
标准手柄 standard shank
标准手册 manual of standards; standard manual
标准受压件 standard pressure parts
标准书号 standard book number
标准输出 standard output
标准输入 reference input
标准输入量控制器 standard input controller
标准输入输出接口 standard input-output interface
标准输入输出请求 standard input-output request
标准输入输出指令 standard input-output instruction
标准输入文件 standard files input; standard input file
标准术语 standard terminology
标准树节 standard knot
标准竖管蒸发器 standard vertical tube evapo(u)rator
标准数额 standard amount
标准数据电报 standard data message
标准数据电话装置 standard data phone
标准数据格式 standard data format
标准数据交换 normal data interchange; standard data interchange
标准数学常数 standard mathematical constant
标准数学函数 standard mathematical function
标准数值 standard figures
标准数值属性 standard numerical attribute
标准数字键盘 standard numeric keyboard
标准数字显示器 standard numeric display
标准衰减器 standard attenuator
标准双承弯头 standard bell and bell bend
标准双头扳手 normal double wrench
标准双头螺柱 standard stud
标准水 standard diluent
标准水槽 standard water tank
标准水层 standard depth
标准水尺 reference ga(u)ge; standard ga(u)ge
标准水处理条件 typical water treatment condition
标准水龙头 standard swivel
标准水磨石 standard terrazzo
标准水泥 normal cement; specification cement; standard cement
标准水泥浆 standard(cement)paste
标准水泥砂浆立方块 standard cement mortar cube
标准水泥试块 standard briquette; briquet(te)
标准水泥试块模壳 standard briquette mo(u)ld
标准水泥试块模子 standard briquette mo(u)ld
标准水泥试块强度 standard briquette strength
标准水泥试块压制机 briquet(te) press
标准水平 standard level
标准水深 <水文测验的> standard (water)depth
标准水听器 standard hydrophone
标准水网测量 standard system of level
标准水位 normal water level
标准水样 index sample
标准水银气压表 standard mercurial barometer
标准水与废水检测方法 standard method for examination of water and wastewater
标准水柱 standard column of water; standard water column
标准水准 correct level; standard level
标准水准系 standard system of level
标准税率 standard rate of tax; standard tax rate
标准税率范围 standard tax rate zone
标准税收结构 normative tax structure
标准顺序排列档 standard sequential file
标准顺序文件 standard sequential file
标准说明 standard declaration
标准说明书 standard description; standard specification
标准丝锥 hob tap; master tap; standard tap
标准死亡比 standard mortality ratio
标准死亡率 standard death rate; standard mortality rate
标准送话器 standard transmitter
标准送审稿 draft standard for examination
标准速度 standard speed; standard velocity; typical speed; typical velocity
标准速度带 master speed tape
标准速度滤池 standard rate filter
标准速率 standard rating
标准速率过滤 standard rate filtration
标准速率滤池 standard filter
标准酸溶液 standard acid
标准算符 reference operator; standard operator
标准算子 standard operator
标准随机变量 standard random variable
标准随机存取存储器 standard RAM [random access memory]
标准随机走动 standard random walk
标准索引 index of standards
标准锁闭架 standard locking frame
标准塌落度试验 standard slump test
标准塔板的安装方法 standard tray installation method
标准塔楼 standing tower
标准踏面 standard tread
标准台式电话机 standard table telephone set
标准太阳时 standard solar time

标准态 standard state
标准态化学势 standard chemical potential
标准态化学位 standard chemical potential
标准态环境 standard state environment
标准态浓度 standard state concentration
标准态溶液 standard state solution
标准态状况 standard state condition
标准坍落度 normal slump
标准摊铺宽度 standard paving width
标准碳素钢锯条 standard carbon blade
标准碳酸氢盐 standard bicarbonate
标准讨论稿 draft standard for discussion
标准套管 standard casing
标准套环 standard collar; standard thimble
标准套筛 standard sieve
标准特点 standard property
标准特性 standard property
标准特许银行 <英> Standard Chartered Bank
标准提单 standard bill of lading
标准体积 normal volume; standard volume
标准体积管 standard pipe prover
标准体摄影仪 normal astrograph; standard astrograph
标准体系 standard system
标准体系表 standard system table
标准体系表的构成 structure of standard system
标准体型 standard figure; standardizing body
标准天平 standard balance
标准天然采光系数 recommended daylight factor
标准天然胶 standard natural rubber
标准天体照相仪 normal astrograph
标准天文钟 standard chronometer
标准天线 standard antenna
标准添加法 standard addition method
标准条件 normal temperature and pressure; standard condition
标准条款 model clause; standard clause; standard provision
标准条款说明(书) standard item description
标准条料 standard bar
标准调整 standard adjustment
标准调制度 standard modulation degree
标准铁轨 standard ga(u)ge rail
标准铁路轨距 < = 1.435 米 > standard railway ga(u)ge
标准铁塔 standard tower
标准听力零级 standard reference zero
标准听阈 normal threshold
标准停车架 standard rack
标准通道 standard opening
标准通信[讯]单位 standard communication unit
标准通信[讯]链路 standard communication link
标准通信[讯]协议 standard communication protocol
标准通信[讯]子系统 standard communication subsystem
标准通行能力 typical capacity
标准通用标识语言 standard generalized markup language
标准同构 canonic(al) isomorphism
标准同轴电缆 standard coaxial cable
标准铜 standard copper
标准铜线 standard copper wire
标准统保单 standard blanket policy
标准统计方法 standard statistical routine
标准统计汇总表 standard statistical tabulation
标准统计检验 standard statistical test
标准统计量 standard statistics
标准统计数字 canonic(al) statistics
标准统一区 standard consolidated area
标准统一弱电论 standard unified electroweak theory
标准桶 regular barrel
标准投入量限额 standard inputs allowed
标准投影 standard projection
标准投影透镜 standard projection lens
标准投资偿还年限 standard payback period of investment
标准投资机会 standard investment opportunity
标准凸规则 canonic(al) convex programming; standard convex program(me)
标准图 master drawing; normal chart; normal map; standard graph; standard picture; typical drawing
标准图案 standard pattern
标准图幅 map of standard format; quadrangle; standard quadrangle
标准图例 conventional sign
标准图像 standard picture
标准图形 <电测试用> test pattern
标准图形格式 standard pattern format
标准图形语言 standard pattern language
标准图纸 standard drawing
标准图纸目录 list of standard drawings
标准土 standard earth; standard ground
标准土壤 standard soil
标准土样 standard soil sample
标准推力 normal thrust; rated thrust
标准退水曲线 normal recession curve; standard recession curve
标准拖拉机 standard tractor
标准椭球 normal ellipsoid; standard spheroid
标准椭圆形封头 normal ellipsoidal head
标准瓦 modular tile; standard tile
标准外部时间编码 standard external time code
标准外项 fundamental implicate
标准外形 standard profile
标准弯钩 standard hook
标准弯管机 standard pipe bender
标准弯曲 standard bend
标准网络接入规程 standard network access protocol
标准网目 sieve mesh
标准危险性水平 standard risk level
标准维护程序 standard maintenance procedure
标准纬度 normal latitude
标准纬圈 correction line; secant parallel; standard parallel; tangent parallel
标准纬线 secant parallel; standard line; standard (secant) parallel; tangent parallel
标准位置 normal place; normal position
标准温标 standard thermodynamic (al) scale
标准温度 normal temperature; reference temperature; standard temperature
标准温度表 normal thermometer
标准温度和压力 normal temperature and pressure; standard temperature and pressure
标准温度计 index thermometer; normal thermometer; standard thermometer
标准温度计玻璃 standard thermometer glass
标准温度时间曲线 standard temperature/time curve
标准温度(下)压力 normal temperature pressure
标准温度与压力 standard temperature and pressure; normal temperature and pressure
标准温压 <温度为 0℃,压力为 1 个标准气压,即 760 毫米水银柱压力> normal temperature pressure; standard temperature and pressure
标准文件 normative documents; standard documents; standard file
标准文件标号 standard file label
标准文件的贯彻 implementation of normative document
标准文件的应用 application of normative documents
标准文件的制订 preparation of normative documents
标准文件的主体 body of normative document
标准稳压管 voltage reference diode
标准问题 typical problem
标准涡轮钻进 standard turbodrill
标准涡轮钻具 standard turbodrill
标准污染物 criterion pollutant
标准污水 standard sewage; standard waste
标准屋面 standard topping
标准屋面板材 standard roof
标准无电荷溶质 typical uncharged solute
标准无耳砖 standard lugless brick
标准无负荷状态 standard unloaded condition
标准无线电大气层 standard radio atmosphere
标准无线电导航设备 standard radio aids
标准物量单位 standard physical units
标准物质 reference material; standard reference material; standard substance
标准物质选择 standard substance selection
标准误差 quadratic mean deviation; standard deviation; standard error
标准误差椭球 standard error ellipse
标准误差椭圆 standard error ellipse
标准误估计值 estimate of standard error
标准误检验 standard error test
标准吸收 standard absorber
标准稀释法 standard dilution method
标准稀释石油沥青 standard cut-back asphaltic bitumen
标准铣齿钻头 standard milled bit
标准铣床 standard milling machine
标准系列 series of standards; standard series
标准系列比色法 standard series colo(u)rimetric(al) method
标准系列表 standard series table
标准系列法 standard series method
标准系统 modular(measure) system
标准系统标记 standard system label
标准系统操作 standard system action
标准系统程序 standard system program(me)
标准系统带 standard system tape
标准系统动作 standard system action
标准系统环境 standard environment
标准系统扫描程序 standard system scanner
标准系统转储 standard system dump
标准细部(设计)图 standard details
标准细长玻瓶 Winchester
标准细度 standard fineness
标准下渗容量曲线 standard infiltration capacity curve
标准下折射 subrefraction
标准纤维素 standard cellulose
标准舷弧 standard sheer
标准显影剂 standard developer
标准线 ga(u)ge wire; normal line; reference line; standard line
标准线规 standard wire ga(u)ge
标准线号导线 code wire
标准线划粗度 standard line weight
标准线脚 standard trim
标准线圈 standard coil
标准线弹性设计反应谱 standard linear elastic design response spectrum
标准线性模型 standard linear model
标准限 standard limit
标准限界(架) standard clearance ga(u)ge
标准相对可见度 standard relative visibility
标准相片 standard photograph; standard print
标准相位表 standard phase meter
标准箱 standardizing box; tonnage equivalent unit <集装箱>; twenty-foot equivalent unit <集装箱>; ga(u)ge box
标准箱折算系数 standard case conversion factor
标准镶板 standard panel
标准详图 standard details; typical detail drawing
标准响应方式 normal response mode
标准响应指示器 standard response indicator
标准向量 normal vector
标准项目 standard project
标准项目消耗定额 consumption quota of standard project
标准像对 ideal photopair
标准消防报警系统 standard fire alarm system
标准消防灭火器 standard fire extinguisher
标准消防喷射水流 standard fire stream
标准消防射流量 standard fire stream
标准消防试验 standard fire test
标准硝甘炸药 standard dynamite
标准小时 standard hour
标准效率 standard efficiency
标准效能 standard performance
标准协方差 normalized covariance
标准协会 Standards Institute
标准斜角 standing bevel
标准谐振腔 reference cavity; standard cavity
标准写程序 standard writer
标准泄漏 standard leak
标准蟹式可控震源 standard crab vibrator
标准心轴 standard mandrel
标准信号 reference signal; standard signal
标准信号发生器 reference signal generator; standard signal generator
标准信号放大器 standard signal amplifier
标准信息 standard information
标准信噪比 standard signal to noise
标准行车闭塞规则 standard block regulation
标准行程 standard stroke

标准形参数 standard shape parameter
标准形车钩 standard coupler
标准形定理 canonic(al) form theorem
标准形率 normal form-quotient
标准形式 canonic(al) form; canonic(al) representation; modular format; normal(ized) form; standard form; standard pattern; standard version
标准形数 normal form factor
标准形态 standard type
标准形状 standard shape
标准型 canonic(al) form; normalized form; standard pattern
标准型材 standard profile; standard section
标准型钢 S-shapes; standard section; standard shape; standard steel section
标准型钩螺栓 standard hooked bolt
标准型号 standard model
标准型货车 normal type wagon; standard type wagon
标准型机器 machine of normal series
标准型紧固件 typical standard anchor
标准型轮式拖拉机 standard type wheeled tractor
标准型耐火砖 standard size brick
标准型泥石流 standard type mudstone flow
标准型农用胎纹轮胎 standard type farm tread tire
标准型切割器护刃器 regular guard
标准型设备 standard equipment
标准型式 standard model; standard type
标准型拖拉机 standard tractor
标准型西蒙斯圆锥破碎机 standard type Symons cone crusher
标准型圆锥破碎机 standard cone crusher
标准型中耕除草器 ideal weeder
标准型轴承 standard bearing
标准型砖 standard size brick; standard square
标准型转筒 standard type bowl
标准型租船契约格式 standard charter party form
标准性 modularity
标准性能 standard behavio(u)r; standard performance; standard property
标准性质 normality
标准修改件 amendment to standard
标准修理法 standard repair method
标准修饰 standard trim
标准虚拟机 standard virtual machine
标准需氧量 standard oxygen requirement
标准序部 standard prelude
标准玄武岩 standard basalt
标准旋转方向 standard rotating direction
标准旋转钻机 standard rotary rig
标准学 standard learning
标准学会 Standards Institute
标准循环 standard rating cycle
标准循环时间 normal cycle time
标准压力 normal pressure; standard pressure
标准压力表 master ga(u)ge; standard pressure ga(u)ge
标准压力罐 standard pressure vessel
标准压力和温度 normal pressure and temperature
标准压实厚度 nominated compacted thickness
标准压实力 standard compaction effort
标准压温 normal pressure
标准烟气道 standard flue gas
标准烟色图 Ringelmann chart
标准淹没孔口 standard submerged orifice
标准延迟线 standard lag line
标准岩层 key rock
标准岩芯钻头 standard core bit
标准盐度 standard salinity
标准颜色示像 standard colo(u)r aspect
标准验潮站 standard tide station
标准阳离子表面活性剂 standard cationics
标准养护 standard curing; standard maintenance
标准养护法 standard curing procedure
标准养护方法 standard method of curing
标准氧化电位 standard oxidation potential
标准氧化还原电位 standard oxidation-reduction potential
标准氧化还原势 standard oxidation-reduction potential
标准氧化溶液 normal oxidizing solution
标准氧化势 standard oxidation potential
标准样板 standard jig
标准样(本) representative sample; standard sample; master sample; dummy
标准样件 master body
标准样棉 box cotton
标准样品 key sample; master sample; standard sample; standard specimen; type sample; type specimen
标准样性质 nature of standard sample
标准药包 normal charge
标准野外测井系统 standard field logging system
标准业绩 standard performance
标准页 standard page
标准液 titer[titre]
标准液化天然气运输船 standard LNG vessel
标准液浓度 standard solution concentration
标准液体 normal fluid
标准液体供热系统 standard liquid heating system
标准液添加法 standard solution addition method
标准液压缸 standard hydraulic cylinder
标准液压站 standard hydraulic station
标准一致 conformance to standard
标准仪表 master meter; reference instrument; standard instrument; standard meter
标准仪表比较检验法 master meter method
标准仪表进近 standard instrument approach
标准仪器 master ga(u)ge; reference instrument; standard instrument
标准以上的产品 product plus
标准以下 below the mark
标准以下的 substandard
标准以下的工资率 substandard rate
标准异型钢材 standard rolled section
标准译本 received version
标准意见 standard opinion
标准阴离子表面活性剂 standard anionics
标准音调 concert pitch
标准音调测试功率 standard test tone power
标准音高 standard pitch
标准音量指示器 standard volume indicator
标准音乐音调 standard musical pitch
标准银 proof silver
标准银符号 standard mark
标准银块 standard bullion
标准饮食 standard diet
标准印制板边端插头 standard edge connector
标准应变 normal strain; standard strain
标准应变分析器 standard strain ga(u)ge analyser[analyzer]
标准应变量 amount of normal strain; amount of standard strain
标准应力 normal stress; reference stress; standard stress
标准英里 standard mile
标准荧光 standard fluorescence
标准影片放映机 standard film projector
标准映射 canonic(al) mapping
标准硬度 standard hardness; standard stiffness
标准硬度块 standard block of hardness
标准硬件 standard hardware
标准硬件程序 standard hardware program(me)
标准硬质纤维板 standard hardboard
标准佣金 standard commission
标准用法 normative usage
标准用户标号 standard user label
标准用料 standard material usage
标准优先权 normal priority; standard priority
标准油槽 standard oil tank
标准油墨 standard ink
标准油墨色样 standard ink swatch
标准有效分配面积 standard net assignable area
标准有效温度 standard operative temperature
标准与方法部门 standards and methods department
标准与检验 standardization and inspection
标准与完成评定 standards and performance appraisal
标准宇宙模型 standard cosmological model
标准雨量计 standard rain ga(u)ge; standard weather bureau gage <美国气象局>
标准语言 standard language
标准语言符号 standard language symbol
标准玉米脱粒机 standard maize sheller
标准预测 normative forecast
标准预订程序 standard reservation procedure
标准预加重 standard preemphasis
标准预算 standard budget
标准预制构件 standardized structural element
标准寓所 standard dwelling
标准元件 standard cell; standard unit
标准原材料的成本 standard material cost
标准原器 prototype standard
标准圆 standard circle
标准圆磨 standard cone crusher
标准圆盘规 standard disk ga(u)ge
标准圆盘犁 standard disk plow
标准圆盘量规 reference disc[disk]
标准圆柱体 standard cylinder
标准圆柱体试验 standard cylinder test
标准圆柱形规 standard cylindric(al) ga(u)ge
标准源常数 etalon source constant
标准源含量 etalon source content
标准运费率 standard freight scale
标准运价表 model tariff; normal tariff
标准运行程序 standard operation procedure
标准运转时分 standard running time
标准杂志 <美期刊名> The Magazine of Standards
标准载荷 proof load
标准载重车 standard heavy loading truck
标准载重制 standard load system
标准凿岩碳化钨钻头 standard chisel-face tungsten-carbide bit
标准噪声发生器 standard noise generator
标准噪声声源 reference sound source
标准噪声温度 standard noise temperature
标准噪声因子 standard noise factor
标准增益函数 normalized gain function
标准轧制型材 standard rolled section
标准闸门 <水工模型用> calibrated sluice
标准站 standard station
标准张拉力 nominal tension force
标准张力 standard tension
标准账户 standard account
标准障板 standard baffle
标准照度 reference illumination; standard illuminant; standard illumination; standard intensity of illumination
标准照明体 standard illuminant
标准照片对比法 standard photo comparison method
标准折射 standard refraction
标准折射模数梯度 standard refractive modulus gradient
标准真空 normal vacuum; standard vacuum
标准真空表 standard vacuum ga(u)ge; standard vacuum-meter
标准真空计 standard vacuum ga(u)ge
标准振荡方式 normal mode
标准振荡器 standard oscillator
标准振动模式 standard mode of vibration
标准振幅 standard amplitude
标准振型 normal mode of vibration
标准振型法 normal mode approach
标准振型方程 normal mode equation
标准振型分析 normal mode analysis
标准蒸馏试验 standard distillation test
标准蒸汽 equivalent steam
标准蒸汽表 standard steam table
标准蒸汽压力 standard steam pressure
标准正断层 conventional normal fault
标准正规化 standard normalization
标准正规值 standard normal value
标准正交的 normal orthogonal; orthonormal
标准正交多项式 orthonormal polynomial
标准正交观测格网 orthonormal observation grid
标准正交函数 orthonormal function
标准正交函数展开式 orthonormal function expansion
标准正交化 orthonormalization

B

标准正交基(底) orthonormal basis; standard orthogonal basis
标准正交集 orthonormal set
标准正交矩阵 orthonormal matrix
标准正交模型 orthonormal model
标准正交统计模型 orthonormal statistical model
标准正交投影 standard orthographic projection
标准正交系 normal orthogonal system
标准正交向量组 orthonormal vectors
标准正交性 orthonormality
标准正交坐标 orthonormal coordinates
标准正态 Z 变换 standard normal Z transformation
标准正态 Z 分布 standard normal Z distribution
标准正态变量 standard normal variable; standard normal variate
标准正态差 standard normal deviate
标准正态分布 standard normal distribution
标准正态分布曲线下的面积 area under standard normal curve
标准正态概率 standard normal probability
标准正态概率曲线 standard normal probability curve
标准正态离差 standard normal deviation
标准正态偏离 standard normal deviation
标准正态曲线 standard normal curve
标准正态随机变量 standard normal random variable
标准支承 normal support; standard support
标准支付 standard payment
标准支付方式 standard method of settlement
标准支路 standard branch
标准肢体导程 standard limb leads
标准直径 ga(u)ge diameter
标准值 guide[guiding] value; normal(ized) value; rating value; standard value
标准值表 standard value table
标准纸 standard paper
标准指令 standard instruction; stereotyped command
标准指令助记符 standard instruction memonic
标准指令组 standard instruction set
标准指数 designation index; designation number
标准指数公式 standard index number formula
标准制 standard system
标准制备 standard preparation
标准制剂 standard preparation
标准制冷量 standard cooling capacity; standard rating of refrigeration machine
标准制品 standardized products
标准制图 modular drafting
标准制造成本 standard manufacturing cost
标准制造费用 standard manufacturing expenses; standard overhead cost
标准制造费用分配率 standard overhead rate
标准制造费用率 standardized burden rate
标准质量 standard mass; standard quality
标准质量管理 standard quality control
标准质量控制 standard quality control
标准中断 standard interrupt
标准中频 medium standard frequency
标准中心距 reference center distance
标准中心距齿轮副 gear pair with reference center[centre] distance
标准中心频率 nominal mean frequency
标准中子源 standard neutron source
标准终端 standard terminal
标准终端负载 reference termination
标准钟 control clock; etalon clock; master clock; regulator clock; standard clock
标准种 standard species; type species
标准仲裁条款 standard arbitration clause
标准重力 normal gravity; standard gravity
标准重力加速度 normal acceleration of gravity; standard gravitational acceleration; standard gravity acceleration
标准重力值 standard gravity value
标准重量 calibrating weight; standard weight; mint weight <货币>
标准重潜水服 standard deep-sea diving dress
标准重潜水装具 standard deep-sea gear
标准重试针 <测定凝结时间> standard weighted needle
标准重型普通车床 standard heavy duty engine lathe
标准周工时数 standard weekly hours
标准周期 normal period
标准周围温度 normal ambient temperature
标准轴 standard axle
标准轴荷载 standard axial load(ing)
标准轴载 standard axial load(ing)
标准轴制 standard shaft system
标准珠光体 normal pearlite
标准烛光 standard candle(light); standard candle power
标准逐步推算法 standard step method
标准住房 modular housing; standard dwelling
标准住房单元 standard housing unit
标准住宅 standardized house
标准注水 normal flood
标准柱 standard column
标准柱面坐标系统 standard cylindric(al) coordinate system
标准著作 classic
标准铸件 pilot casting
标准铸件废水管 normal cast-iron waste pipe
标准铸件排水管 normal cast-iron drain(age) pipe
标准铸块 standard casting
标准铸石 standard cast stone; standard reconstituted stone
标准专用件 standard special(shape)
标准砖 normal(shape) brick; standard brick; standard tile; stock brick; ga(u)ged brick
标准砖体积重量 nine-inch equivalent
标准转环假捻装置 standard rolling twist equipment
标准转弯 standard rate turn
标准转氧率 standard oxygen transfer rate
标准转氧效率 standard oxygen transfer efficiency
标准转移概率 standard transition probability
标准转移矩阵 canonic(al) transition matrix
标准桩 <一种支承板桩的> standard pile
标准装备 standard facility; standard outfit
标准装件 standard parts
标准装修 standing finish
标准装药 normal charge
标准装运 standard shipment
标准装载限界 standard loading-ga(u)ge
标准装置 standard fitment
标准状况 normal temperature and pressure
标准状态 normality; normal state; standard condition; standard state; standard temperature and pressure
标准状态键 standard mode key
标准状态空气 standard state air
标准状态逸度 standard state fugacity
标准撞击机 standard tapping machine
标准撞击器 tapping machine
标准撞击声级 normalized impact sound level
标准锥 standard cone
标准锥度 standard taper
标准锥度规 standard taper ga(u)ge
标准锥度接头 standard taper joint
标准锥面 normal cone
标准锥形锉 standard taper file
标准锥形管螺纹 standard tapered pipe thread
标准锥形铰刀 standard taper reamer
标准锥形接头 standard taper joint
标准锥形筒子 standard cone
标准准备时数 standard preparation hours
标准浊度液 standard turbidity solution
标准子程序 standard subprogram(me); standard subroutine
标准子程序接口 standard subprogram(me) interface; standard subroutine interface
标准子集合 standard subset
标准子通道 standard subchannel
标准子午圈 standard meridian
标准子午线 standard meridian; time meridian
标准字符(串) standard character
标准字体 standard letter
标准自动资料处理系统 uniform automatic data processing system
标准自记验潮仪 standard automatic tide ga(u)ge
标准自行车路段 demonstration bicycle route
标准自由落体加速度 standard acceleration of free fall
标准自由能 standard free energy
标准自由能变化 change in standard free energy
标准综合剖面图 standard comprehensive profile plane
标准租船合同 standard charter party; type charter party
标准阻抗 standard impedance
标准组 criterion group
标准组合插口 modular jack
标准组合钢栈桥 <桥梁结构的> standard unit steel trestle
标准组合高架桥 <桥梁结构的> standard unit steel trestle
标准组合架柱台 <桥梁结构的> standard unit steel trestle
标准组合器 standard package
标准组件 building block
标准组件电子设备 modular electronics
标准组件结构法 modular construction method
标准组件库 library of standard components
标准组织 normal structure; standard organization; standard structure
标准钻床 standard drilling machine
标准钻杆 standard drill rod
标准钻具 standard drill tool
标准钻探 <又称绳索式冲击钻探> standard drilling
标准钻探法 standard drilling method
标准钻头 standard bit
标准最大密度 standard maximum density
标准最大浓度 criterion maximum concentration
标准最小平方回归分析 standard least squares regression analysis
标准最小平方回归系数 standard least squares regression coefficient
标准最小强度 standard minimum strength
标准作法说明书 standard practice instructions
标准作物 standard crop
标准作业 standard application
标准作业表 standard operation clause; standard operation sheet
标准作业程序 standard operating procedure; standard operation procedure
标准作业灯 working standard lamp
标准作业定额 standard output
标准作业说明 standard procedure instruction
标准坐标 conventional coordinates; normal coordinates; standard coordinates
标准坐标系 conventional coordinate system; standard coordinate system
标准做法 standard application
标字 marking-up

飑 squall; williwaw

飑风轨迹 track of typhoon
飑线 squall line
飑云 squall cloud

藨 草属 bul(l)rush

表 watch; ga(u)ge <指仪表>; metre[meter] <指仪表>

表板 dash board
表报 report
表编辑程序 list editor program(me)
表编址 table addressing
表变换 table transform
表标记 list notation
表冰 surface ice
表冰片 epiborneol
表玻璃 eyeglass
表玻璃大小 watch glass size
表玻璃法 watch glass method
表部裂缝 surface crack
表材 facing material
表操作 table handling
表册 list; table
表测压力 ga(u)ge pressure
表层 burden; overlay; skim(ming) coat; membrane; skin(coat); skin covering; skin layer; supercrust; superficial coat; superstratum[复 superstrata]; surface coat; surface course; surface stratum; veneer; mantel <岩石或土壤的>
表层板 surface sheet

表层拌和法 admixture stabilization of skin
表层变形 surface deformation
表层变性 surface modification
表层剥除的地面 stripped surface
表层剥离电铲 electric(al) stripping shovel
表层剥落 peeling
表层剥蚀 superficial degradation; superficial deterioration
表层薄板 face veneer
表层不平均补偿 surface unconsistency compensation
表层材料 surfacing material
表层采水器 surface sampler
表层采水样 surface water sampling
表层采样 surficial sampling
表层采样器 surface layer sampler; surface sampler
表层草皮 top sod
表层沉积 surface deposit; surficial deposit
表层沉积过程 surface precipitation process
表层沉积物 overlying deposit(ion); superficial deposit(ion); superficial sediment
表层沉积物离差分布图 distribution map of deviation of the superficial sediments
表层沉积物偏态分布图 distribution map of skewness of the superficial sediments
表层沉积物取样 sampling of surface sediments
表层沉积物岩芯柱状图 column diagram of superficial sediments cores
表层沉积物中分区重矿物组合图 regional map of assemblage of the heavy minerals in the superficial sediments
表层沉积物中泥含量分布图 distribution map of mud in the superficial sediments
表层沉积物中砂含量分布图 distribution map of sand in the superficial sediments
表层沉积物中值粒度分布图 distribution map of medium size of the superficial sediments
表层沉积物中重矿物含量分布图 distribution map of heavy minerals in the superficial sediments
表层沉积物中重矿物颗粒含量分布图 distribution map of the grains of the heavy minerals in the superficial sediments
表层吹流运动 wind-drift surface movement
表层瓷漆 enamel finish
表层导体 skin conductor
表层地壳运动 epistrophic movement
表层地形 surface feature
表层地质图 surface geologic(al) map
表层冻结 shallow freezing
表层发酵 surface fermentation; top fermentation
表层浮拖网 surface floating trawl
表层浮选 skin flo(a)tation
表层腐蚀 blanket corrosion; exterior corrosion
表层改良 surface improvement
表层改良的 surface-improved
表层构造 superficial structure; surface structure
表层关井压力 surface shut-in pressure
表层管 surface string
表层海流 ocean surface current
表层含水层 perched aquifer
表层含盐量 surface salinity
表层厚度 skin thickness
表层滑动 surface creep; surface slide
表层滑动构造 epidermal glide tectonics
表层环流 surface circulation
表层基本生产力 fundamental productivity at surface
表层基准层 surface key bed
表层酵母 top yeast
表层结冰 shallow freezing
表层结构 surface structure
表层开采 surface mining
表层矿床 grass roots deposit
表层矿料 <覆盖屋面沥青的> surface mineral
表层裂 surface check
表层流 superficial current; interflow; perched water; prompt subsurface runoff; storm seepage; surface current; surface flow
表层流速 surface velocity
表层流网 surface drift net
表层锰结核 surface manganese nodule
表层爬动 surface creep
表层漂浮物 supernatant
表层漂流 surface drift current; wind drift
表层漆 surface paint
表层区 rim surface zone
表层取水 top layer diversion
表层取(土)样器 surface sampler; surficial sampler
表层取样 surficial sampling
表层泉 land spring
表层蠕动 surface creep
表层软化 pull(ing) up
表层砂波 surface ripple
表层渗入层 penetration surface course
表层渗入层处理 surface penetration treatment
表层声径 near surface path
表层试样 surface sample
表层饰面灰 veneer plaster
表层水 level water; superficial water; surface water; top water
表层水采样 surface water sampling
表层水采样点 surface water sampling point
表层水采样器 surface water sampler
表层水控制 surface water control
表层水流 skimming flow
表层水平衡 surface water balance
表层水体 surface layer waters
表层水温 surface temperature
表层水样 surface water sample
表层水游泳动物 surface swimmer
表层碎土耙 crust breaker
表层塌滑 reptation; surface creep
表层套管 collar piping; conductor casing; conductor pipe; surface casing
表层套管深 surface casing depth
表层套管柱 conductor string; surface string
表层填土 superimposed fill
表层涂有灰泥的天花板 one-coat plaster(ed) ceiling
表层土方平整 site stripping
表层土(壤) anthropic soil; surface soil; top soil; veneer of soil; mantle of soil
表层土蠕动 surface soil creep
表层拖网 surface trawl
表层温度 surface layer temperature
表层下基层 subterrane
表层下缺陷 subsurface defect
表层压实 superficial compaction
表层岩 mantle regolith; surface rock; mantle rock
表层岩石 mantle rock; surface rock
表层洋流 ocean surface current; surface ocean current
表层移动 surface movement
表层以下的冰 interstitial ice
表层引水 top layer diversion
表层应力 skin stress; surface stress
表层应力结构 stressed-skin construction
表层硬化 case-harden(ing)
表层鱼 surface fish
表层褶曲 dermal fold; superficial fold
表层褶皱 decollement fold; derma fold; epidermic fold; superficial fold; surface folding
表层褶皱和冲断层带 shallow fold and thrust belts
表层装饰薄板 face veneer
表插入 list insertion
表插入法 list inserting
表插头 ga(u)ge port plug
表差 chronometer correction; correction for chronometer; tabular difference; tabulated difference
表沉积层 overlaying deposit
表称压力 ga(u)ge pressure
表成的 epigene
表成格式 tabular format
表成环境 supergenetic environment
表成组构 telogenetic fabric
表尺 bar sight; battle sight; range of quadrant; range quadrant
表尺板 backsight leaf; sight leaf
表尺座 sight ramp
表处理 list manipulation; list processing
表处理操作 list processing function
表处理程序 list processing program(me); list processing routine
表处理功能 list processing function
表处理技术 list processing technique
表处理结构 list processing structure
表处理模块 table handing module
表处理条件 list processing condition
表处理语句 list handling statement
表处理字 list processing word
表存取 table access
表达单位 unit of presentation
表达法 representation
表达工具 instrument of expression
表达式 expression
表达式的等价 equivalence of expression
表达式的精度 precision in expression
表达式的类型 type of expression
表达式分析 expression parsing
表达式精度 expression precision
表达式矩阵 presentational matrix
表达式求值 evaluation of expression
表达式区段 expression field
表达式之值 value of expression
表达式中的转换 conversion in expression
表达为 expressed in terms of
表达形式的概念 concept of expressive form
表达性 expressivity
表大小 table size
表带 watch-guard
表袋 watch holder
表单 form
表胆甾醇 epicholestanol
表的插值 tabular interpolation
表的存储 list storage
表的发条 watch spring
表的格式 tableau format
表的回收 list reclamation
表地迁移 global migration
表地址操作数 table address operand
表定速度 schedule speed
表定诸元 tabular data
表读数 meter reading
表阀 meter control; meter stop
表反曲线 <上方凹、下方凸的波状花边>【建】cyma recta; cyma rectum
表访问 table access
表分隔符 list separator
表分类法 list sorting method
表封锁 table lockup
表辐照 surface irradiation
表干 cotton-free dry; dry tack-free; dry-to-non tacky; dust dry; skin dry; surface dry; top-drying; touch dry
表干时间 dust-free time; tack-free time
表干型 skin drying mo(u)ld
表高 indicated altitude
表格 list; table; tableau[复 tableaus/tableaux]
表格表示法 list representation; representation of a table; tabular representation
表格处理 table handling
表格处理机 list processor
表格处理系统 list processing system
表格处理语言 list processing language
表格传输 list-directed transmission
表格存储器 table memory
表格的链接分配 linked allocation of table
表格的顺序分配 sequential allocation of tables
表格调度 list scheduling
表格调度法 list schedule
表格法 schedule method
表格分段 table segmenting
表格复片 forms slice
表格汇编 tabular compilation
表格汇总 tabular compilation
表格基地址寄存器 table base register
表格计算 tabular computation
表格计算法 tabular calculation
表格检验法 check list method
表格结构 tableau format
表格刻度 chart division
表格控制程序 table driven program(me)
表格控制的 table-driven
表格控制的编译程序 table-driven compiler
表格排版 tabular matter
表格驱动程序 table driven program(me)
表格驱动法 table-driven technique
表格驱动模拟 table-driven simulation
表格上的空白处 space on a form
表格式 sheet format
表格式传输 list-directed transmission
表格式的 tabular
表格式模型 tabular type model
表格式现金账簿 tabular cash book
表格式账簿 tabular book
表格输入输出 list directed input-output
表格数据 tabulation
表格数据结构 list data structure
表格填错 writing short
表格图 tabular drawing
表格系列 chain-track tractor
表格显示(器) tabular display
表格线性化 list linearization
表格项目中的信息栏 item of information in a table entry
表格形式 list form; tabular form; tabulated form
表格型输入输出 list directed input-output

B

表格压缩 list compacting
表格印刷机 form printing machine
表格语言 table language
表格元素 table element
表格纸 form
表格纸供给 form feed(ing)
表格纸输送 form feed(ing); form skip
表格指示符 table indicator
表钩 watch hook
表骨架 table skeleton
表观半径 apparent radius
表观半衰期 apparent half-life
表观保留时间 apparent retention time
表观保留体积 apparent retention volume
表观逼近 apparent approximation; apulse
表观比热 apparent specific heat
表观比容 apparent specific volume
表观比重 apparent specific gravity
表观波 apparent wave
表观波长 apparent wavelength
表观波高 apparent wave height
表观波频率 apparent wave frequency
表观波周期 apparent wave period
表观层距 apparent stratigraphic(al) gap
表观产污泥系数 apparent sludge production coefficient
表观常数 apparent constant
表观超固结 apparent overconsolidation
表观尺寸 apparent size
表观齿磁束密度 apparent tooth density
表观稠度 apparent consistency
表观初始变形 apparent initial deformation
表观传播速度 apparent velocity of propagation
表观传热系数 apparent thermal conductivity; effective thermal conductivity; equivalent thermal conductivity
表观纯度 apparent purity
表观磁阻 apparent reluctance; apparent resistance
表观导热系数 apparent thermal conductivity; effective thermal conductivity; equivalent thermal conductivity
表观的 apparent
表观地层间断 apparent stratigraphic(al) gap
表观地震系数 apparent seismic coefficient
表观电导率 apparent conductivity
表观电感 apparent impedance
表观电荷 apparent charge
表观电离常数 apparent ionization constant
表观电离率 apparent ionization yield
表观电容 apparent capacity
表观电势 appearance potential
表观电位 formal potential
表观电阻 apparent resistance
表观电阻力 apparent resistivity
表观电阻率 apparent specific resistance
表观电阻率曲线 apparent resistivity curve
表观电阻系数 apparent specific resistance
表观度 apparent proof
表观断距 apparent throw
表观堆积密度 apparent bulk density
表观对比度 apparent contrast
表观反射比 apparent reflectance
表观分布容积 apparent volume of distribution
表观分解煅烧率 apparent degree of calcination
表观分配系数 apparent partition coefficient
表观分子量 apparent molecular weight
表观分子量分级 apparent molecular weight distribution
表观附加质量 apparent additional mass
表观干重度 apparent dry specific gravity
表观功率 apparent power
表观固体密度 apparent solid density
表观耗氧量 apparent oxygen utilization
表观厚度 apparent thickness
表观活度 apparent activity
表观活化能 apparent activation energy
表观剪切强度参数 apparent shear-strength parameter
表观剪(切)应力 apparent shear stress
表观检查 visual examination
表观检验 visual examination
表观结晶速率常数 apparent crystallization constant
表观距离 apparent distance
表观抗剪强度 apparent shear(ing) strength
表观可消化能 apparent digestible energy
表观可用面积 apparent available area
表观孔隙度 apparent porosity
表观孔隙率 <孔隙与整体体积之比，以%计> apparent porosity
表观扩散系数 apparent diffusion coefficient; coefficient of apparent diffusion
表观离子交换容量 apparent ion exchange capacity
表观力 apparent force
表观亮度 apparent brightness
表观流动性 apparent fluidity
表观流度 apparent fluidity
表观流速 apparent velocity
表观落差 apparent throw
表观密度 apparent density; performance density
表观面积 apparent area
表观模数 apparent modulus
表观摩擦角 apparent angle of friction
表观摩擦系数 apparent coefficient of friction
表观摩尔体积 apparent molal volume
表观摩尔吸附系数 apparent molar adsorptivity
表观木素 apparent lignin
表观目标亮度 apparent target luminance
表观内聚力 apparent cohesion
表观内摩擦角 apparent angle of internal friction
表观能量 apparent energy
表观能量计 apparent energy meter
表观黏[粘]结 apparent cohesion
表观黏[粘]结强度 apparent bond strength
表观黏[粘]聚力 apparent cohesion
表观黏[粘]力 apparent cohesion
表观黏[粘](滞)度 apparent viscosity
表观黏[粘]滞性 apparent viscosity
表观凝聚力 apparent cohesion
表观膨胀 apparent expansion
表观膨胀系数 coefficient of apparent expansion
表观平衡常数 apparent equilibrium constant
表观坡度 apparent slope
表观气孔率 apparent porosity
表观前期固结压力 apparent preconsolidation pressure
表观嵌固点 apparent fixity
表观强度 apparent strength
表观倾斜度 apparent dip
表观缺陷 apparent defect
表观热导率 apparent thermal conductivity
表观热阻率 apparent thermal resistivity
表观容积 apparent volume
表观容积效率 apparent volumetric(al) efficiency
表观容量 apparent capacity
表观容重 apparent bulk density
表观溶度积 apparent solubility product
表观溶(解)度 apparent solubility
表观色 apparent colo(u)r
表观生化需氧量 immediate biochemical oxygen demand
表观视场 apparent field; apparent field of view
表观视角 apparent visual angle
表观寿命 apparent lifetime
表观输出 apparent output
表观死亡率 apparent mortality
表观松密度 apparent bulk density
表观速度 apparent speed; apparent velocity; superficial velocity
表观速率 apparent rate of motion
表观速率常数 apparent rate constant
表观酸度 apparent acidity
表观损失 apparent loss
表观太阳日 apparent solar day
表观弹性极限 apparent elastic limit
表观弹性模量 apparent elastic modulus; apparent modulus elasticity
表观碳分解率 apparent degree of decarbonation
表观体积 <材料在干燥和松散状态下的体积> apparent volume
表观体积模量 apparent bulk modulus
表观体密度 apparent bulk density
表观温差 apparent temperature drop
表观温度 apparent temperature
表观温度降 apparent temperature drop
表观误差 apparent error
表观吸附等温线 apparent adsorption isotherm
表观吸附密度 apparent adsorption density
表观吸附平衡常数 apparent adsorption equilibrium constant
表观吸收 apparent absorption
表观系数 apparent coefficient
表观细度 apparent fineness
表观先期固结压力 apparent preconsolidation pressure
表观相速度 apparent phase velocity
表观消化率 apparent digestibility
表观消化吸收率 apparent digestibility
表观效率 apparent efficiency
表观效应统计累积 statistic(al) accumulation of apparent effect
表观形成常数 apparent formation constant
表观压力 apparent pressure
表观压缩系数 apparent bulk modulus; apparent coefficient of compressibility
表观岩土参数 apparent soil parameter
表观盐度 apparent salinity
表观颜色 apparent colo(u)r
表观摇摆 apparent rolling
表观溢洪水舌 apparent free nape
表观应力 apparent stress
表观硬度 apparent hardness
表观硬化曲线 apparent hardening curve
表观预固结压力 apparent preconsolidation pressure
表观阈 apparent threshold
表观运动 apparent motion; relative motion
表观值 apparent value
表观质量 apparent mass
表观重量 apparent weight
表观烛光 apparent candle power
表观转化率 apparent conversion
表观自由空间 apparent free space
表观阻抗 apparent impedance
表观阻力 apparent resistance
表观阻力系数 apparent drag coefficient
表光 mass colo(u)r; top tone
表函数 table function
表号 schedule number
表后盖螺纹车床 watch-bottom thread-ing lathe
表迹 epichmia
表计的 indicated
表计零点 zero of ga(u)ge
表计旋塞 ga(u)ge
表计压力 ga(u)ge pressure
表计用水量 metered consumption; metered water use
表加工系统 list processing system
表架 table skeleton
表检索 table search
表结构 list structure; table structure
表结构形式 list structure form
表结束 end of list
表结束控制块 end of list control block
表解 tabulated solution
表解总汇 tabular summary
表径流 flow of ground
表决电路 voting circuit
表决系统 decision-making system
表决选择器 voting selector
表决元件 voting element
表壳 surface crust; watch case <指钟表>
表壳构造 superstructure; suprastructure
表壳式压模 watch-case mo(u)ld
表孔溢洪道 surface spillway
表控输入 list directed input
表控输入输出 list directed input-output
表控制模拟 table-driven simulation
表控制输入表 list-directed input list
表块 table block
表里 exterior and interior
表里双色缎 satin alcyonne
表链 watch chain; watch-guard
表链带 watch-guard
表列 tabular
表列方位 tabulated azimuth
表列方位角 tabulated azimuth angle
表列高度 tabulated altitude
表列或图上读数 tabulated or charted reading
表列价格 list price
表列式输入输出 list directed input-output
表列数据 data given in tabular form; tabular data; tabular figure; tabulated data
表列数值 tabular value; tabulated value
表列图 tabular chart
表列语言 tabular language
表列值 entry
表列资料 data given in tabular form;

tabular data;tabular information
表列自变量 table argument
表流 drift current; sheet current; sheet flood; skin current; surface flow
表流分级器 surface-current classifier
表流式分级机 surface-current classifier
表流文丘里洗涤器 surface flow Venturi scrubber
表氯醇 chloropropylene oxide; epichlorohydrin
表面 face; nappe; rind; skin covering of the surface; superficies; surface; tens(i)ometer
表面安装 surface mounting
表面安装元件布局机 surface mount component placement machine
表面安装装置 surface mounting device
表面凹槽 surface groove
表面凹坑 surface cavity
表面凹孔 surface pitting
表面凹凸 <搪瓷制品> sagging
表面凹凸不平 skintled; surface irregularity
表面凹凸砌体 skintled
表面凹凸砌体线条 skintled brickwork
表面凹凸性 surface angularity
表面凹陷 dinge; dishing; surface depression; surface indentation
表面白点 hard spot
表面白色的混凝土 white exposed concrete
表面斑点 pimple
表面斑迹现象 mottled effect
表面包层 <轻骨料> surface coat
表面包皮 <轻集料> surface coating
表面保护 surface protection
表面保护操作 surface protection work
表面保护层 sealer; surface protection layer; surface sealer
表面保护处理 surface protective treatment
表面保护剂 surface protectant
表面刨光机 facing jointer
表面爆裂 blowing
表面爆破 surface blasting
表面比 surface ratio
表面比较仪 surface comparator
表面比能 specific surface energy
表面边界层 surface boundary layer
表面边缘曲线 surface edge curve
表面变黑 surface stain
表面变化 superficial change; superficial variation; surface alternation
表面变容二极管 surface varactor
表面变色 tarnish; tarnish decolo(u)rization
表面变位 surface dislocation
表面变形 areal deformation; surface irregularity
表面变形器 surface strain indicator
表面变形现象 <钢渗碳后的> brinelling
表面变硬 face-hardened
表面变质 envenomation; superficial degradation; superficial deterioration; surface degradation
表面标定 surface calibrate
表面标志 surface marker
表面裱糊的 surface-mounted
表面冰层 sheet ice
表面波 Rayleigh's wave; surface wave
表面波测定仪 surface wave instrument
表面波测试法 surface wave testing method
表面波传播 surface wave motion
表面波传输线 surface wave transmission line
表面波荡 surface undulation
表面波导 surface duct; surface waveguide
表面波导系统 surface waveguide system
表面波度 surface waviness; waviness of a surface
表面波度记录仪 surface waveness recording instrument
表面波法 surface wave measuring
表面波辐射测试器 surface wave probe
表面波群 surface wave group
表面波探测器 surface wave probe
表面波天线 surface wave antenna
表面波线路系统 surface wave line system
表面波线路制 surface wave line system
表面波信号相关器 surface wave signal correlator
表面玻璃 clock glass; watch crystal; watch glass
表面玻璃化处理 vitreous surfacing
表面玻璃硬化 case-hardened glass
表面剥离 surface spalling
表面剥落 surface peening; surface scaling; surficial spalling
表面剥皮 surface scaling
表面泊 surface poise
表面薄板 commercial veneer
表面薄层覆盖土 light surface mulch
表面薄壳 surface shell
表面薄膜 surface membrane
表面薄毡 overlay mat; surface mat; surfacing mat
表面补强材料 hard-facing material; hard surfacing material
表面不暴露的混凝土 unsurfaced exposed concrete
表面不规则 surface imperfection
表面不均匀加热 differential surface heating
表面不均匀性 surface heterogeneity
表面不连续性 surface discontinuity
表面不平 air spots
表面不平的 pocky
表面不平的地形 accidented topography
表面不平度 surface flatness; surface irregularity
表面不平整的 surface irregular; rough-surfaced
表面不平整的玻璃 reamy glass
表面不平整(度) surface irregularity; undulation
表面不稳定性 surface instability
表面不匀性 surface heterogeneity
表面布线 surface wiring
表面擦伤 galled spots
表面材料 facing material; surfacing material
表面采光屋顶天窗 north-light roof light; north-light roof glazing
表面采光屋顶装配玻璃 north-light roof glazing
表面采暖 surface heating
表面彩点 jaspe
表面糙度 surface roughness
表面糙度测定 surface roughness measurement
表面糙率 surface roughness
表面糙率测定 surface roughness measurement
表面测定器 surface analyser[analyzer]
表面测量 surface measurement
表面测量仪 face measuring instrument; profile meter; profilometer; surface-measuring instrument
表面测试仪 surface tester
表面测温计 surface thermometer
表面测温术 thermography
表面测污仪 surface contamination meter
表面层 superficial layer; superficial stratum; superstratum[复 superstrata]; surface coat; surface course; surface layer; uppermost layer
表面层次 case shell
表面层氮化法 surface layer nitriding
表面层流 laminar surface flow
表面插座 surface socket
表面铲平斗容量 struck bucket capacity
表面长条夹杂物 surface stringer
表面常数 surface constant
表面沉垢防止剂 anti-crustator
表面沉积层 overlying deposit; superficial sedimentary layer
表面沉积物 superficial deposit(ion); superficial sediment; surface deposit; surface sediment
表面沉积吸附等温线 surface precipitation isotherm
表面沉降 surface settlement
表面沉陷 surface depression; surface settlement
表面成层砌体 coursed veneer
表面成分测绘辐射计 surface composition mapping radiometer
表面承载力 surface capacity
表面持久极限 surface endurance limit
表面尺寸 superficial dimension
表面尺度 skin dimension; superficial dimension
表面斥水剂 surface water-repeller
表面斥水乳液 surface water repellent emulsion
表面斥水外加剂 surface water repellent admix(ture)
表面充气 surface aeration
表面冲积物 surface wash(ing)
表面冲刷 surface erosion; surface scouring; surface wash(ing)
表面冲洗 surface wash(ing)
表面冲洗过的混凝土 surface-washed concrete
表面冲洗滤池 surface washing room
表面冲洗扫除 surface cleaning
表面重磨 refacing
表面重涂柏油 surface retarring
表面重修 resurfacing; rinsing of surface
表面初始吸水率 initial surface absorption
表面除油器 surface dredge(r)
表面处理 skin treatment; superficial treatment; surface application; surface coating; surface preparation; surface treatment; surfacing; top dressing; cladding; dressing; mat-forming treatment; protective finish
表面处理材料 top dressing compound
表面处理的碎石路 coated macadam
表面处理的涂层 flash coat
表面处理的土路 surface treated road
表面处理盖层 flash coat
表面处理过的路 surface treated road
表面处理机 surface treating machine
表面处理技术 surface technique
表面处理剂 finishing agent; finishing chemicals
表面处理塑料涂料 plastic dressing paint
表面处治 carpet treatment; carpet veneer; dressing; mat-forming treatment; skin treatment; surface application; surface coating; surface preparation; surface treatment; top dressing; surface dressing <英>
表面处治操纵 surface coating operation
表面处治层 coating; treated surface
表面处治的道路 surface treated road
表面处治的碎石路 surface-dressed macadam
表面处治混合料 dressing compound
表面处置 surface disposal; top disposal
表面传感器 surface probe
表面传热式回热器 surface-transfer type regenerator
表面传热系数 surface coefficient of heat transfer; surface film conductance
表面传热系统 apparent heat transfer coefficient
表面传热阻 surface resistance of heat transfer
表面吹除 support blowoff
表面吹割 gouging
表面垂直于干线 surface rising main
表面疵病 surface blemish; surface defect; beauty defect <木材的>
表面瓷漆 finished enamel
表面磁性 surface magnetism
表面粗糙 crizzle; surface irregularity
表面粗糙不平的织品 bourette
表面粗糙的 mat(te); rough-surfaced; scobinate; shaggy; surface-rough
表面粗糙的叶片 rough-surfaced blade
表面粗糙度 roughness of surface; surface roughness
表面粗糙度测量计 surface roughness measuring ga(u)ge
表面粗糙度测量仪 surfaga(u)ge
表面粗糙度传感器 surface roughness sensor
表面粗糙度检查仪 surface roughness tester
表面粗糙度轮廓仪 surface coarseness profiling instrument
表面粗糙度样块 surface roughness specimens
表面粗糙度仪 rough(o)meter
表面粗糙度值 numeric(al) value of surface roughness
表面粗糙度自动测量分析仪 surface roughness automatic tester
表面粗糙化 surface roughening
表面粗糙空化 roughness cavitation
表面粗糙型 shaggy pattern
表面粗糙性 surface roughness
表面粗度 surface roughness
表面粗化 rusticating
表面粗化处理 surface roughening treatment
表面粗磨机 rough surface grinding machine
表面粗纹理 textured coarse aggregate
表面粗纹理骨料 textured coarse concrete
表面粗纹理集料 textured coarse concrete
表面催化的反应 surface-catalyzed reactions
表面催化作用 surface catalysis
表面淬火 case hanger; case-harden(ing); face-harden(ing); hard surfacing; skin hardening; surface hanger; surface hardening; surface quenching; Tocco hardening
表面淬火处理 hard-facing
表面淬火的 hard-faced
表面淬硬 surface hardening; superficial hardening

B

表面淬硬的 face-hardened
表面打磨 surface grinding
表面带槽纹的面砖 combed-finish tile
表面带微裂纹瓶口 frosted finish
表面单元 surface element
表面导电 surface conductance
表面导电层玻璃 surface electro-conductive glass
表面捣实器 surface compactor
表面的 apparent; areal; cosmetic; facial; outdoor; outer; superficial; surfaced; surficial
表面的法线 normal to a surface
表面的竣工高程 formation level
表面的蒸气速度 superficial vapo(u)r velocity
表面灯 <用于道路标志上> external lantern
表面等离子激元 surface plasmon polariton; surface plasmon
表面等离子激元波 surface plasmon wave
表面等离子激元模 surface plasmon mode
表面滴斑 droplet; tear drop
表面地形学 surface topography
表面缔合物 surface associate
表面点 surface point; surface site
表面点火 surface ignition
表面点火发动机 surface ignition engine
表面点浓度 surface sites concentration
表面点蚀 <混凝土的> surface pitting
表面电池 surface cell
表面电导 surface conductance
表面电导率 surface conductivity
表面电荷 surface charge
表面电荷分布 surface charge distribution
表面电荷晶体管 surface charge transistor
表面电荷密度 electric(al) surface density; surface charge density
表面电极 surface electrode
表面电加热器 electric(al) surface heater
表面电抗 surface reactance
表面电离作用 surface ionization
表面电流 superficial current; surface current
表面电容 surface capacitance
表面电容器 surface capacitor
表面电势 surface potential
表面电势检测器 surface potential detector
表面电位 surface electric(al) potential
表面电位检测器 surface potential detector
表面电压 surface voltage
表面电晕放电 surface corona
表面电阻 apparent resistance; sheet resistance; surface resistance
表面电阻率 electric(al) surface resistivity; surface resistivity
表面电阻系数 electric(al) surface resistivity; surface resistivity
表面雕刻 surface engraving
表面掉皮 surface scaling
表面碟状沉陷 dishing of surface
表面钉住 face nailing
表面定向 surface orientation
表面动态光洁度检查仪 surface dynamic(al) profilometer
表面冻结 shallow freezing; surface freezing
表面堵塞 surface clogging
表面度量 measure of surface
表面镀层 surface treatment
表面镀铬的 chrome-faced
表面镀铬的活塞环 chrome-faced piston ring
表面镀膜 surface coating
表面镀膜反射镜 surface-coated mirror
表面镀膜镜 first-surface mirror
表面镀硬铬 hard chrome facing
表面断层迹 surface fault trace
表面断层作用 surface faulting
表面堆高斗容量 bucket capacity heaped
表面堆焊 surface overlaying; surfacing
表面堆焊硬合金 facing alloy; hard (metal) facing
表面堆积物 surface deposit
表面钝化 surface inactivation; surface passivation
表面钝化工艺 surface passivation technology
表面多孔管 porous surface tube
表面多孔颗粒 superficially porous particle
表面多孔性 open porosity
表面多相性 surface heterogeneity
表面发裂 <钢材因弯折而产生的> fluting
表面发裂纹 surface flaw
表面发黏[粘]现象 surface tackiness
表面发射发光二极管 surface-emitting laser diode
表面发射激光二极管 surface-emitting laser diode
表面发射激光器 surface emitting laser
表面发射离子源 surface emission ion source
表面发射率 skin emissivity; surface emissivity
表面发射系数 emissivity of a surface; skin emissivity; surface emissivity
表面发纹 surface flaw
表面法 surface method
表面法线 surface normal
表面翻沫 laitance on surface
表面反射 surface reflection; surface reverberation
表面反射层 outermost reflector
表面反射法 surface-reflection method
表面反射率 surface albedo
表面反射特性 reflection behavio(u)r of surfaces
表面反射照相机 surface-reflection camera
表面反向散射法 surface back-scatter method
表面反向散射装置 surface back-scatter equipment
表面反应 surface reaction
表面反应控制 surface-reaction control
表面反应速率常数 reaction rate constant
表面反应速率方程 surface rate equation
表面防腐处理 superficial application
表面防护 surface protection
表面防护处理 surface protective treatment
表面防护罩 surface casing; skin enclosure
表面防滑混凝土 nonslip concrete
表面防蚀化学处理法 <铝及铝合金> Alrak method
表面防水 surface water-proofing; water-repellent treatment
表面防水材料 surface water-proofer
表面防水的 surface water proof
表面防水剂 surface repelling admix(ture); surface repelling agent; surface water-proofer; surface water-proof(ing) agent
表面防水乳液 surface water-proofing emulsion
表面防水液 surface(water-) proofing liquid
表面放电 creeping discharge; surface discharge
表面放热率 heat density
表面放热系数 film coefficient of heat transfer; surface conductance; surface heat transmission coefficient
表面沸腾 surface boiling
表面费率 apparent rate
表面分层 skin lamination
表面分级器 surface classifier
表面分离 nappe separation
表面分离器 surface-current classifier; surface flow classifier
表面分色 <常指不同车道的路面分成不同的颜色> surface contrast
表面分析 surface analysis
表面分子 surface molecule
表面分子印迹树脂 surface molecular imprinting resin
表面风应力 surface wind stress
表面封闭 surface sealing
表面缝接 face seam
表面敷贴器 surface applicator
表面敷涂 surface cladding
表面俘获 surface trapping
表面浮雕法 surface relief method
表面浮浆 laitance on surface
表面浮射流 buoyant surface jet
表面浮游生物 surface plankton
表面辐射 surface radiation
表面辐射换热系数 surface radiation coefficient
表面辐射率 emissivity
表面辐射器 surface radiator
表面辐射系数 surface emissivity
表面辐照 surface irradiation
表面腐蚀 exterior corrosion; surface corrosion
表面腐殖质 surface humus
表面负荷 overflow rate; surface load(ing)
表面负荷率 superficial loading rate
表面负摩擦 negative skin friction; downward drag
表面负摩阻 negative skin friction
表面附着 surface adhesion
表面附着式振动器 external vibrator
表面附着物 surface additive materials
表面复合 surface recombination
表面复合率 surface recombination rate
表面复合速度 surface recombination velocity
表面复合速率 recombination-rate surface
表面复型 surface replica
表面富集 surface enrichment
表面覆层 restricting; surface coating
表面覆盖层 non-structural top screed
表面覆盖的混凝土板 surfacing concrete slab
表面覆盖度 surface coverage; surface covering
表面覆盖环氧树脂的钢丝绳 epoxy coated steel wire
表面覆盖金属盐溶深层的陶瓷 solution ceramics
表面覆盖率 surface coverage; surface covering
表面改变 surface improvement
表面改变覆盖层 surface conversion coating
表面改良 surface modification
表面改性 surface modification
表面改性的 surface modified
表面改性硅灰石 surface modified wollastonite
表面改性硅石 surface modified silica
表面改性剂 surface improver; surface-improving agent; surface modifier
表面改质 surfaction
表面干的 surface dry
表面干裂的 <木材> case-hardened
表面干燥 dry tack-free; skin drying; surface dry(ing)
表面干燥的木材 case-harden(ing)
表面干燥内部饱和状态 saturated-surface-dried condition
表面干燥状态 surface-dried condition; surface-dry condition
表面感热系数 surface conductance
表面感应 surface induction
表面钢板 <闸门等的> skin plate
表面钢化 acierage; steel facing
表面钢丝 crown wire
表面钢丝绳 keystone strand wire rope
表面高程 surface elevation; surface level
表面高度 grout life
表面高温计 surface(feeler) pyrometer
表面割切 superficial cut
表面更新 reprofiling
表面更新理论 surface renewal theory
表面功函数 surface work function
表面供应量 apparent availability
表面沟道 surface channel
表面构件 surfacing member
表面构形 surface topography
表面构造 surface structure
表面构造深度 depth of surface texture
表面鼓泡 <夹层玻璃缺陷> bridging
表面鼓起 alligator; cockled surface
表面固定试验 surface fixation test
表面故障 superficial failure; surface defect
表面刮光 <水泥砂浆或混凝土> darbying
表面刮痕 surface scratch
表面刮平 surface screeding
表面官能团 surface functional group
表面灌浆 surface grouting
表面灌浆站厅 surface grouting
表面灌注压力 face infusion pressure pipe
表面光电发射 surface photoemission
表面光电效应 surface photoeffect; surface photoelectric(al) effect
表面光度计 profilometer
表面光度仪 profilograph; profilometer; Talysurf
表面光滑 smooth surface
表面光滑的 smooth-faced; smooth-finished; surface smooth
表面光滑度 surface flatness; surface smoothness
表面光洁度 cleaning of surface; cleanliness of surface; smooth finish; surface finishment; surface finish quality; surface smoothness; surface state
表面光洁度测定仪 instrument for determining surface finish; profile meter
表面光洁度测量显微镜 surface finish testing microscope
表面光洁度测量仪 surface analyser; surface finish meter; surfaga(u)ge; surfascope

表面光洁度测试仪 surface finish recorder
表面光洁度等级 grade of finish;surface rating
表面光洁度分析仪 surface finish analyser[analyzer]
表面光洁度符号 surface finish symbol
表面光洁度记录器 surface finish recorder
表面光洁度记录仪 surface finish recorder
表面光洁度检查仪 surface analyser[analyzer];surface finish indicator
表面光洁度轮廓仪 microprofilometer
表面光洁度显微镜 surface finish microscope;surface roughness microscope
表面光洁度指示仪 surface finish indicator
表面光泽 varnish
表面光泽不均匀 variation of gloss
表面光泽退化试验 tarnishing test
表面光轧 temper rolling
表面光轧机 skin rolling mill
表面光制 surface finish
表面龟裂 check surface;surface checking;crocodiling <粉饰、油漆>
表面规 surface ga(u)ge;surface indicator
表面规则 rule of surface
表面滚压 surface rolling
表面过滤 surface filtration
表面海水温度计 bucket thermometer
表面含水量 surface moisture content
表面含碳量 case carbon
表面焊 skin weld
表面焊缝 surface weld
表面焊缝金属的形成 surface weld metal buildup
表面焊接 skin welding;surface welding
表面夯实 surface compaction;superficial compaction
表面夯实法 shallow compaction
表面耗尽层 surface depletion layer
表面合金光电晶体管 surface-alloy phototransistor
表面和尺寸检查 surface and dimension inspection
表面荷载 surface load(ing)
表面荷载率 surface loading rate
表面恒温器 surface thermostat
表面烘干 skin drying
表面厚分隔条 heavy dividing top strip
表面湖震 surface seiche
表面护板 skin
表面花纹 surface detail
表面化学反应 surface chemical reaction
表面化学反应性 surface chemical reactivity
表面化学分析 surface chemical analysis
表面化学效应 surface chemical effect
表面化学(性质)<在两个系统间的界面中,一个或两个系统的底层在离子方面已变得不平衡> surface chemistry
表面划痕 surface scratch
表面环流 surface circulation
表面缓凝剂 surface active agent;surface active constituent;surfactant;surface retarder <使混凝土表面易加工处理>
表面换热器 surface(heat)exchanger;surface type heat exchanger
表面换热系数 film coefficient of heat transfer;surface coefficient of heat transfer;surface conductance;surface heat transfer coefficient;surface thermal conductance
表面换热阻 surface resistance of heat transfer
表面恢复 surface restoration
表面混凝土 skincrete;surface concrete;topping concrete
表面混凝土防水膜 surface concrete membrane
表面混浊 external haze
表面活度 surface activity;surfactivity
表面活化 surfacting
表面活化的 surface active
表面活化剂 interfacial active agent;surface action agent;surface activating agent;surface active agent;surface active chemical;surfactant;tenside
表面活化物质 surface active material
表面活化性能 surfactant property
表面活性 surface activity;surfactivity
表面活性材料 surface active material
表面活性的承重系统 surface active load-bearing system;surface active weight-carrying system
表面活性化学剂 surface active chemical
表面活性剂 interfacial active agent;surface action agent;surface active agent;surface active chemical;surfactant;tenside
表面活性剂废水处理 surfactant wastewater treatment
表面活性剂分子结构 surfactant molecular structure
表面活性剂改性蒙脱石黏[粘]土 surfactant modified montmorillonite clay
表面活性剂化合物 surfactant compound
表面活性剂胶团 surface active agent micelle;surfactant micelle
表面活性剂浓度 surfactant concentration
表面活性剂溶液 surfactant solution
表面活性剂生物降解 surfactant biodegradation
表面活性剂污染 surface active agent pollution
表面活性剂污染带 surfactant contaminated zone
表面活性剂效用 surfactant effect
表面活性剂有机化合物 surface active organic compound;surfactant organic compound
表面活性剂有机溶质 surface active organic solute;surfactant organic solute
表面活性剂佐剂 surface active agent adjuvant
表面活性剂作用 surface ant effect;surfactant effect
表面活性离子 surface active ion
表面活性膜 surface active film
表面活性物质 surface active substance;surfactant
表面活性物质的泥浆 surfactant mud
表面活性吸附物 surface active adsorbate
表面活性阳离子 surface active anion;surface active cation
表面活性杂质 surface active impurity
表面活性组分 surface active composition
表面火焰扩散 surface fire spread
表面火焰清除 surface scarfing
表面击穿 surface breakdown
表面积 superficial area;superficies;surface area;surface content
表面积测定 surface area test
表面积常数法 surface area constant method
表面积承载量 supporting value of surface area
表面积定律 surface law
表面积法<一种确定混合料中沥青用量的方法> surface area method
表面积计量 superficial measure
表面积累层 surface accumulation layer
表面积理论 theory of surface area
表面积浓度 surface area concentration
表面积破碎比 degree of size reduction
表面积渗透率 permeability surface area
表面积水 surface ponding
表面积系数<求沥青用量用> surface area coefficient;surface area factor
表面积学说 surface area theory
表面积仪 surface area apparatus
表面积与体积(之)比 surface-to-volume ratio
表面基石 bay stone
表面激活 surface activation
表面激冷 surface chill
表面及侵入性破坏 surface and trespass damage
表面极化元波 surface polariton waves
表面集成电路 epi-planar integrated circuit
表面几何图形 surface geometry
表面几何形状 morphology
表面给热系数 surface coefficient of heat transfer
表面计量 surface measure
表面计算 surface calculate
表面记号 face mark
表面记录 surface recording
表面加工 face work;facing;finishing;surface finish;surface preparation;surface working;surfacing
表面加工方法 method of facing
表面加工及钻孔 faced and drilled
表面加工技术 surface technique
表面加热 skin heating;surface heating
表面加热器 surface heater
表面加速曝气 accelerated surface aeration
表面加涂层的钉子 coated nail
表面加硬电弧焊 hard-facing arc welding
表面加硬用合金 hard-facing alloy;hard-facing metal
表面加硬用硬合金 facing alloy
表面加载 surface load(ing)
表面夹杂物 surface inclusion
表面坚固的掩膜 hard surface mask
表面坚固内接触掩膜 hard surface in-contact mask
表面监测 surface monitoring
表面减湿器 surface dehumidifier
表面剪切黏[粘]性 surface shear viscosity
表面检查 surface check
表面检查仪 surface tester
表面溅点 surface flash
表面浆沫层<混凝土> surface laitance
表面交混回响 surface reverberation
表面浇焦油(沥青) surface dressing with tar
表面铰链 surface hinge
表面阶梯 surface step
表面接触 surface contact
表面接触孔 surface contact hole
表面接触式再热器 surface contact reheater
表面接触系统 surface contact system
表面接触絮凝器 surface contact flocculator
表面接触压力 surface contact pressure
表面接地 surface earthing
表面接缝 face joint;face point;face seam
表面接合 face joint
表面节(疤) face knot
表面结疤 surface lap
表面结冰 ice cover(ing)
表面结冰的 ice glazed;surface ice glazed
表面结构 surface structure;surface texture
表面结构分析 surface structure analysis
表面结合 surface bond(ing)
表面结晶 surface crystallization
表面结晶釉 surface crystalline glaze
表面结壳化学剂<喷洒煤堆上面的> crusting agent
表面结瘤 surface cord
表面结露 surface sweating
表面结皮 incrustation
表面解吸分子显微镜法 surface desorption molecular microscopy
表面界面层 surface boundary layer
表面浸镀铝钢 Armco aluminized steel
表面经沥青处理的碎石 asphalt dry penetration surfacing
表面晶体学 surface crystallography
表面精度 surface accuracy
表面精加工 surface finishing
表面精整 surface finish(ing)
表面净化 decrustation;surface decontamination;surface purification
表面径流 runoff flow;storm water
表面径流量 overland flow;surface runoff
表面静电 surface electrostatics
表面距离 surface reach
表面绝缘 surface insulation
表面均匀性 surface regularity
表面开裂 face checking;surface check;surface cracking
表面开挖 surface cutting;surface excavation
表面壳层 surface crust
表面可淬硬性 case-hardenability
表面刻槽器<自动筑路机> groove finisher
表面刻槽装饰 grooved surface finish
表面刻痕隔音板 fissured acoustic board
表面空气冷却器 surface air cooler
表面孔隙 surface pore;surface void
表面孔隙度 surface porosity
表面孔隙率 superficial porosity;surface porosity
表面控制二次再结晶 surface-controlled secondary recrystallization
表面宽度 face width
表面扩散 skin diffusion;surface diffusion
表面扩散系数 surface diffusion coefficient
表面扩展 surface spreading
表面拉刀 surface broach(ing) tool
表面拉毛 surface scuffing
表面拉削 surface broaching
表面拦蓄系数 coefficient of surface accumulation
表面冷斑 chill mark;cold appearance;cold mo(u)ld
表面冷处理 cold surface treatment
表面冷激的 case-chilled

表面冷凝 surface condensation
表面冷凝器 surface condenser
表面冷却 superficial cooling; surface cooling
表面冷却的 surface-cooled
表面冷却器 Jenssen's cooler; surface condenser; surface cooler
表面冷硬的 case-chilled
表面冷轧 surface rolling
表面冷轧机 skin pass mill
表面离子 surface ions
表面力 surface force; surface power
表面立波 standing surface wave
表面立管 surface riser
表面沥青透层 <用于未处治粒料层的> surface priming
表面连拱 surface arcade
表面连续性 surface continuity
表面亮度 apparent bright; surface bright
表面量度 face measure; superficial measure
表面裂缝 chill check; pressure vent; surface check; surface crack(ing); surface flaw【物】; surface shake; surface vent; external crack
表面裂痕 alligatoring
表面裂纹 checking; external crack; pressure vent; surface check; surface crack; surface flaw; surface shake; surface vent; surface crazing
表面磷化 alramenting
表面鳞剥 surface spall
表面流 skin current; surface current; superficial current
表面流变仪 surface rheometer
表面流出量 surface runoff
表面流动 surface current; surface flow
表面流动控制剂 planarization agent
表面流排料 surface discharge
表面流失 surface waste
表面流速 superficial velocity; surface velocity
表面流速测量 velocity measurement at surface
表面流体流速 superficial liquid velocity
表面流线 surface streamline
表面留隙 face clearance
表面隆起 surface doming; lateral shift <深挖土层引起的>
表面漏电 surface leakage
表面漏泄 surface leakage
表面漏泄电导 surface leakage conductance
表面漏泄电流 surface leakage current
表面露骨状态 surface angularity
表面露晶状态 surface angularity
表面轮廓 surface profile
表面轮廓热处理 contour hardening
表面洛氏硬度计 superficial Rockwell hardness tester
表面洛氏硬度试验机 superficial Rockwell hardness tester
表面络合 surface complexation
表面络合物 surface complexes
表面络合吸附 surface complex adsorption
表面漫流 surface runoff; surface spreading
表面朦雾处理 haze finish
表面密度 areal density; superficial density; surface density
表面密封 surface sealing
表面密封剂 surface sealer; surface sealing agent
表面密实剂 surface densifier
表面面积 skin area; superficial area; surface area
表面面积变化 areal deformation
表面面积体积比 surface area-volume ratio
表面面积系数 surface area factor
表面皿 clock glass; watch crystal; watch glass
表面皿夹 watch glass clamps
表面敏化聚合作用 surface activated polymerization
表面模型 surface model
表面膜 skin covering of the surface; surface film
表面膜平衡 surface film balance
表面膜势 surface film potential
表面摩擦 skin friction; surface friction
表面摩擦分布 skin friction distribution
表面摩擦卷取机 surface friction windup device
表面摩擦力 skin friction force
表面摩擦损失 skin friction loss
表面摩擦温度 skin friction temperature
表面摩擦系数 skin friction coefficient; surface coefficient of friction; surface friction coefficient
表面摩擦效应 skin friction effect
表面摩擦阻力 skin friction(al) resistance; skin friction drag; skin resistance; surface friction drag; surface resistance; mantle friction
表面摩阻 mantle friction; skin friction; surface friction
表面磨工 surface grinding
表面磨光 block finish; polished finish; surface finishing; surface smoothing; surface grinding
表面磨光机 face grinder; surface grinding machine
表面磨耗 exterior wear; external wear; surface abrasion; cover wear
表面磨耗层 surface abrasion course
表面磨蚀 surface abrasion
表面磨削 face grinding; surface grinding; surfacing
表面磨削技术 surface technique
表面抹平 surface screeding
表面抹土的 earth-lined
表面耐久性 surface durability
表面耐磨层 hard facing
表面耐磨堆焊 hard-facing
表面耐磨能力 surface abrasion resistance
表面耐磨损性 surface abrasion resistance
表面能 interface surface energy
表面能级 surface energy level
表面能见度 surface visibility
表面能力 surface property; surface quality; surface power
表面能量 surface energy
表面能吸附层 surface energy-absorbing layer
表面年龄 apparent age
表面黏[粘]度 surface viscosity
表面黏[粘]度计 surface visco(si)meter
表面黏[粘]附剂 skin adhesive
表面黏[粘]合剂 surface cement
表面黏[粘]接 face seam
表面黏[粘]结 surface bond(ing); face seam <地毯>
表面黏[粘]力计 tacciometer
表面黏[粘]土 surface clay
表面捻缝 superficial ca(u)lking
表面碾压机 surface roller
表面凝结 surface condensation
表面凝结迟缓剂 surface setting retarder
表面凝结水 sweating water
表面凝水 sweating
表面浓度 surface concentration
表面浓度过剩 surface concentration excess
表面偶极矩 surface dipole moment
表面偶极子 surface dipole
表面耦合 surface coupling
表面排斥 exclusion; surface exclusion
表面排水 surface water drainage
表面排水剂 surface water-repeller
表面排水溶液 surface water repellent emulsion
表面排水外加剂 surface water repellent admix(ture)
表面排水系统 face drainage system
表面排污 support blowoff; surface blow off
表面抛光 surface finish(ing); surface polishing
表面抛光的胶合板 sanded plywood
表面抛光机 surface polishing machine
表面培养 surface culture
表面培养基 surface medium
表面配位体 surface ligand
表面喷镀 hard grid facing
表面喷溅 surface flash
表面喷浆 skin grouting
表面喷枪修整 gun finish
表面喷砂处理 sand-blast finish
表面喷砂料 surface blasting sand
表面喷丸加工 shot sawn
表面膨胀 superficial expansion; surface expansion
表面膨胀系数 coefficient of superficial expansion
表面皮 surface skin
表面疲劳 surface fatigue
表面片材 surface sheet
表面片落 flaking
表面偏析 surface segregation
表面漂流物 surface drifter
表面漂移 surface drift
表面撇渣 surface skimming
表面撇渣管 surface skimmer
表面平滑度 surface smoothness
表面平滑加工 specular finish
表面平均温度 mean surface temperature
表面平均压力 area mean pressure
表面平均直径 surface mean diameter
表面平坦度仪 profilometer
表面平整 surfacing
表面平整度 surface evenness; surface smoothness
表面平整机 surfacing machine; temper pass mill
表面平整加工 cutting down
表面平直度检查器 surface-flatness checker
表面坡度比 <天然的和模拟的> slope scale ratio
表面破坏 superficial damage; surface failure
表面破裂 <钢锭的> skin breakage
表面破碎 surface deterioration
表面破碎法 surface crushing
表面铺层 surface layer
表面铺洒矿物碎料的油毛毡 mineral-surfaced felt
表面曝气池 surface aeration basin
表面曝气(法) surface aeration
表面曝气机 surface aerator
表面曝气器 surface aerator
表面曝气设备 surface aeration equipment; surface aeration unit
表面曝气涡轮 surface aeration turbine
表面曝气系统 surface aeration system
表面曝气装置 surface aeration equipment
表面漆(画)成木纹的 grained
表面砌合法 surface bonding of masonry
表面起伏 surface undulation
表面起伏度 asperity
表面起泡 blowing; surface blistering
表面起砂 grout loss; surface dusting
表面起网状裂纹 surface checking
表面起晕加工 bloom
表面起皱 surface wrinkling
表面起皱或隆起 crawling
表面气孔 surface blowhole; surface pore; surface porosity
表面气流 superficial current; surface current
表面气泡 surface blister; top surface bubble <玻璃等的>; blibbing <石膏模缺陷>
表面汽化器 surface carburetor
表面汽蚀 sheet cavitation
表面迁移 surface migration
表面迁移率 surface mobility
表面迁移增强外延 migration enhanced epitaxy
表面牵引力 surface traction
表面铅 surface lead
表面浅层引水 <指不扰动泥沙的> skimming
表面嵌接 surface scarfing
表面嵌锁式(路面板) face-interlock type
表面强度 surface strength
表面强度函数 surface intensity function
表面强化 surface peening
表面强化处理 surface peening
表面强化拉曼散射铺 surface enhanced Raman spectroscopy
表面墙 surface wall
表面切割 gouging
表面切割割矩 gouging blow pipe
表面切割用凿 gouging chisel
表面切削 surface cut
表面侵蚀 fretting; sheet erosion; surface erosion
表面侵蚀作用 action of sheet erosion
表面倾淋处理 cloud burst treatment
表面清洁度 surface clearness
表面清理 removing surface; surface cleaning
表面曲率 surface curvature
表面曲线 surface curve
表面屈光度 surface power
表面取样 surface sample
表面取样器 surface sampler
表面去污性 decontaminability of surface
表面缺点 superficial; surface defect
表面缺损 surface defect
表面缺陷 blemish; crizzling; patent defect; roak; surface blemish; surface damage; surface defect; surface flaw; surface imperfection; open-defect
表面缺陷清除 scarfing
表面燃烧 surface combustion
表面燃烧法 surface combustion method
表面燃烧喷燃器 surface combustion burner
表面燃烧速度 <材料的> surface spread of flame
表面绕组 surface winding
表面热泵 surface heat pump
表面热处理 hot surface treatment; surface heat-treatment; thermolize; thermolizing

表面热处理钢 surface heat-treating steel
表面热处理后钢中心的性质 core property of case hardened steel
表面热传递系数 surface heat transfer coefficient
表面热度 surface heating
表面热交换系数 surface conductance
表面热转移系数 surface heat transfer coefficient
表面容量 surface capability; surface capacity
表面溶液 surface solution
表面熔解 surface melting
表面熔涂 surface cladding
表面蠕动 reptation; superficial creep; surface creep
表面入口 surface inlet
表面入射光束的中心线 incident ray
表面软化 pulling up; soft skin
表面软化点 <试样在标准烘箱中经过一定时间的人工老化之后，其表面薄膜在最小压力的针触之下的屈服温度> temperature of surface softening
表面润滑 surface lubrication
表面润滑剂 surface lubricant
表面润湿荷黏[粘]结性 surface wetting and adhesion
表面润湿性 surface wettability
表面润饰 touching up
表面撒布矿质颗粒沥青毡 mineral granule surfaced bitumen felt
表面撒布细颗粒沥青毡 fine granule surfaced bitumen felt
表面散度 surface divergence
表面散热器 surface radiator
表面散热系数 surface coefficient of heat transfer
表面散射 surface scattering
表面扫毛(处理) broom finish
表面色 surface colo(u)r; top colo(u)r
表面色谱法 surface chromatography
表面色散 surface dispersion
表面砂浆 surplus mortar
表面伤害 superficial injury
表面伤口 superficial cut
表面熵 surface entropy
表面上 seemingly
表面上的点与观察口中心点的连线 viewing ray
表面上的权利 colo(u)r of right
表面上的证据 prima facies evidence
表面上过剩黏[粘]结料的溢流 surplus overflow
表面上色 surface colo(u)ring
表面上升流速 superficial upflow velocity
表面烧焦 superficial charring; surface charring
表面烧落处理 <混凝土> thermal texturing
表面烧蚀 surface ablation
表面稍粗糙的 semi-flat
表面设计 surface design
表面摄食的 surface feeding
表面伸长黏[粘]度 surface elongation viscosity
表面深度 case depth
表面渗氮淬火 nitrogen case hardening
表面渗流 surface seepage
表面渗漏 surface seep
表面渗铝 alitizing
表面渗入层 blot(ter) coat; penetration surface course
表面渗入处理 penetration surface treatment
表面渗碳 carburising; case-carbonizing; case-carburizing; cementation; superficial cementation; surface carburization; surface carburizing
表面渗碳处理 carburizing; hard-facing
表面渗碳淬火性能 case-hardening property
表面渗碳淬硬钢 case-hardening steel
表面渗碳的 hard-faced
表面渗碳级合金齿轮钢 case-hardening grade alloy gear steel
表面渗碳硬化 case-harden(ing); hardened case
表面渗碳硬化钢 case-hardened steel
表面渗透率 surface permeability
表面生成 surface production
表面生物 surficial organism
表面生锈 surface rusting
表面生长 superficial growth
表面声波 surface acoustic(al) wave
表面声波滤波器 surface acoustic(al) wave filter
表面声波器件 surface acoustic(al) wave device
表面声波延迟线 surface acoustic(al) wave delay line
表面失去光泽 sheariness; surface staining; tarnish
表面失效 surface failure
表面施胶纸 size press coated paper
表面湿度 surface humidity; surface moisture
表面蚀变作用 hypergenesis
表面式餐巾纸 facial tissue holders
表面式的 surface type
表面式化油器 surface carburetor
表面式换热器 indirect heat exchanger; surface heat exchanger
表面式给水加热器 surface feed heater
表面式加热 surface type heating
表面式加热器 surface heater
表面式加湿器 surface type humidifier
表面式减湿器 surface type dehumidifier
表面式减温器 non-contact attemperator; surface type desuperheater
表面式空气冷却器 surface air cooler
表面式冷凝器 surface condenser
表面式内振动器 surface internal vibrator
表面式凝汽器 surface condenser
表面式热交换器 surface heat exchanger
表面式外振动器 surface external vibrator
表面式振捣器 surface type vibrator
表面式振动器 surface vibrator
表面式中间冷却器 surface type intercooler
表面势 surface potential
表面势垒 surface potential barrier
表面势垒层晶体管 surface barrier transistor
表面势垒二极管 surface barrier diode
表面势垒光电二极管 surface barrier photodiode
表面收缩 surface contraction; surface shrinkage
表面收缩裂缝 surface shrinkage crack
表面收缩裂纹 surface shrinkage crack
表面收缩硬化钢 surface shrinkage hardened steel; cemented steel
表面寿命 surface lifetime
表面受体 surface receptor
表面疏松 surface ripping
表面双电层 surface double-electric(al) layer; surface electric(al) double layer
表面水 day water; surface moisture; surface water
表面水分 surface moisture
表面水化水泥 surface hydrated cement
表面水力负荷 hydraulic surface loading
表面水量 surface moisture
表面水流 effluent stream; superficial current; surface flow
表面水泥 final coating cement; wash cement
表面水泥浆 laitance
表面水平 surface level
表面水温 surface water temperature; bucket temperature <海水的>
表面松散 surface loosening
表面速度 superficial speed; superficial velocity; surface speed; surface velocity
表面速率方程 surface rate equation
表面酸碱性反应 surface acid-base reaction
表面酸性反应 surface acidity reaction
表面碎裂 case crushing; surface spalling(due to concrete overhang) <由于混凝土板边伸出而引起的>
表面损坏 superficial degradation; superficial deterioration; surface damage
表面损伤 surface damage
表面损伤场 surface damage field
表面损失 surface waste
表面缩陷 surface depression; surface shrinkage
表面所有权 apparent time
表面态 surface state
表面炭化 <一种木材防腐法> superficial charring
表面探伤 surface inspection
表面特性 character of surface; surface character(istic)
表面特征 character of surface; surface behavio(u)r; surface character(istic)
表面梯度 surface gradient
表面填料 surface filler
表面条件 surface condition
表面条纹 surface cord
表面调节剂 surface modifier
表面调整剂 surface conditioner; surface conditioning agent
表面调制 surface modulation
表面通风孔 surface vent
表面透湿系数 surface vapo(u)r permeance
表面凸出物 surface protuberance
表面凸起 domed; rat
表面突起 protrusion of surface
表面图 exterior view
表面图示仪 contorograph
表面涂布不均 crawling
表面涂层 exterior coating; face coat(ing); finish layer; supercoat; surface coat(ing); surface finish; surface treatment; top coat
表面涂层处理 surface coating treatment
表面涂防水材料的砌砖工程 rendered brickwork
表面涂焦油(沥青) surface tarring
表面涂料 surface coating(material)
表面涂膜的 super-coated; surface coated
表面涂沫法 surface drop technique
表面涂漆 finish coating; gel coat(ing)
表面涂染 cover printing
表面涂三聚氰胺的 melamine-surfaced
表面涂饰剂 face finish
表面涂刷各种颜色 party colo(u)rs
表面涂橡胶的织物 spread fabric
表面团聚率 surface aggregate ratio
表面退火 skin annealing; flash annealing【机】
表面拖曳力 surface drag
表面脱膜器 surface stripping device
表面脱碳 skin decarburization; soft skin; surface decarbonization
表面弯曲试验 face-bend test
表面弯曲试样 face-bend specimen
表面弯曲应力 skin bending stress
表面完好 apparent good order and condition
表面网纹 surface crazing; surface texture
表面微凹 dimple
表面微观结构 surface microtexture
表面微晶化 surface crystallization
表面微裂纹 chill check; crizzle; patch of crizzle; surface crack; surface vent
表面微生物区系 superficial microflora
表面未加工(玻璃)板 unfaced board
表面未经加工的 unfaced
表面未抛光的胶合板 unsanded plywood
表面未经琢磨的 <建筑石块> quarry-faced
表面位垒 surface potential barrier
表面位移 external movement; surface dislocation
表面温差 apparent temperature difference
表面温差电偶 surface thermocouple
表面温度 surface temperature
表面温度变化 superficial alteration
表面温度传感器 surface temperature sensor
表面温度计 ardometer; land surface pyrometer; skin temperature meter; surface thermometer
表面温度记录仪 skin temperature recorder
表面温度效应 surface temperature effect
表面纹理 face grain; surface texture
表面纹理仪 surface texture meter
表面稳定性 surface stability
表面涡流 surface eddy
表面污泥法 surface mat
表面污染 surface contamination; surface pollution
表面污染测量仪 surface contamination meter
表面污染导出极限 derivative limit of surface contamination
表面污染监测 surface contamination monitoring; surface monitoring
表面污染监测仪 surface contamination monitor
表面污染控制水平 control level of surface contamination
表面污染膜 surface pollution film
表面污染物质检测仪 surface contaminant detector
表面无光泽的精整加工 non-reflecting finish
表面物质 surfacing mass
表面物种活度 activity of surface species
表面误差 surface error
表面雾化试验 haze test
表面西化帮 surface ac tire agent
表面吸附 surface adsorption
表面吸附法 adsorption method
表面吸附膜 surface adsorption film
表面吸湿能力 surface moisture capacity

表面吸湿器 surface moisture absorber
表面吸收 surface absorption; surface trapping
表面吸收率 surface absorptivity
表面吸收器 surface absorber
表面吸收效能 areal suction effectiveness
表面铣削 face milling
表面系数 specific surface factor; surface coefficient; surface factor
表面细层 superficial microlayer
表面细条纹 piano line
表面细微结构学 microtopography
表面细线道 piano line
表面瑕疵 surface blemish
表面下凹 dished
表面下的 subsurface
表面下腐蚀 subsurface corrosion
表面显微分析仪 surface microanalyser[analyzer]
表面显影 surface development
表面现象 superficial phenomenon; surface phenomenon
表面陷阱 surface trap
表面陷坑 caramel; dropping; sagging
表面相 surface phase
表面相变 surface transformation
表面相连管道系统 surface connecting system
表面相似的 look-alike
表面镶板 surfacing panel
表面镶杆式伸缩计 surface-mounted rod extensometer
表面镶金刚石钻头 surface set diamond bit
表面镶嵌的 surface-mounted
表面消毒 surface sterilization
表面消光 frosting
表面消融 surface ablation
表面效率 surface effectiveness
表面效应 skin effect; surface action
表面效应船 surface effect ship
表面效应系数 coefficient concerning the surface effect
表面效应运载工具 surface effect vehicle
表面斜率 surface gradient
表面泄漏 surface leakage
表面形成 skin forming; surface production
表面形貌 surface topography
表面形态 configuration of surface; surface feature
表面形态测量学 topography
表面形态学 surface morphology
表面形状 surface appearance; surface configuration
表面形状检验仪 face mo(u)ld
表面形状偏差 deviation in superficial form
表面形状系数 coefficient of surface configuration
表面型滤油器 surface filter
表面性 superficiality
表面性能 surface capability; surface capacity; surface power; surface property; surface quality
表面性质 surface nature; surface property; surface state
表面修补 skin patch(ing); surface patch(ing)
表面修饰 face-lift; finishing; surface dressing; surface finish(ing); surfacing
表面修饰层 finishing coat
表面修饰成分 surfacing composition
表面修饰合成物 surfacing compound
表面修饰用板 surfacing board
表面修饰用箔片 surfacing foil
表面修饰用薄板 surfacing sheet
表面修饰用粗陶瓷 surfacing stoneware
表面修饰用石制品 surfacing stoneware
表面修饰用组分 surfacing component
表面修饰制品 surfacing ware
表面修整 deseam(ing); face-lift; outside finish; surface conditioning; surface dressing; surface finish(ing); surfacing
表面修整材料 resurfacing material
表面修整处理 surface dressing treatment
表面修整机 surfacer
表面修整技术 surface technique
表面修整器 refacer; resurfacer
表面修整用席 overlay; surfacing mat
表面修正 surface modification
表面修琢 figuring of surface; surface dressing; surface finish
表面旋滚 surface roller
表面旋量 surface rotational
表面旋气式曝气 vortair surface aeration
表面旋气式曝气器 vortair surface aerator
表面旋涡 surface eddy
表面压痕 surface indentation
表面压力 contact pressure; surface pressing; surface pressure
表面压力表 surface pressure chart
表面压力均布的轴承 even bearing
表面压力试验模型 surface pressure model
表面压力系数 surface pressure coefficient
表面压实 superficial compaction; surface compaction
表面压实机 superficial compactor
表面压缩 surface compression
表面压缩性 surface compressibility
表面压(缩)应力增韧 compressive surface stress toughening
表面延烧性 surface spread of flame
表面岩石 mantle rock
表面研磨 face milling; surface grinding; surface working
表面养护 surface maintenance
表面氧化的 oxide-coated
表面要素 surface element
表面耀纹暖集料 textured coarse aggregate
表面曳力 surface drag
表面液体冷却器 Baulot cooler; surface liquid cooler
表面一样糙度 uniform roughness of surface
表面仪 surface meter
表面移植物 outlay; surface graft
表面以下的 subsurface
表面抑制 surface trapping
表面易抹性 finishability
表面易燃性 surface flammability
表面溢流率 surface overflow rate
表面因素 surface factor
表面阴影 surface shadow
表面印痕 surface marking
表面印染 surface printing
表面应变 surface strain
表面应变计 external strain ga(u)ge; surface strain ga(u)ge; surface strain indicator
表面应变仪 external strain ga(u)ge; surface strain ga(u)ge; surface strain indicator
表面应力 skin stress; surface stress
表面硬层 surface crushing
表面硬度 case hardness; superficial hardness; surface hardness
表面硬化 carburization; case-harden(ing); cementing; face hardening; hard surfacing; incrustate; shallow hardening
表面硬化玻璃 case-hardened glass
表面硬化成壳 case-hardening
表面硬化池 case-hardening bath
表面硬化处理 surface hardening; hard-facing; case-hardening
表面硬化的 case-hardened; surface hardened
表面硬化度法 < 无损试验的 > case-harden(ing); superficial hardness method
表面硬化法 surface hardening
表面硬化防止剂 anti-crustator
表面硬化钢 case-hardened steel; case-hardening steel; surface hardened steel
表面硬化合金钢 case steel
表面硬化混合物 case-hardening mixture
表面硬化剂 surface hardener; surface-hardening agent
表面硬化犁铧 hard surface share
表面硬化炉 case-hardening furnace
表面硬化渗碳剂 case-hardening carburizer
表面硬化性能 case-hardening property
表面硬化用氟硅酸盐 surface-hardening fluosilicate
表面涌浪 surface surge; surface swell
表面用砂磨光的 sand-surfaced
表面油漆 surface coat
表面有凹凸花纹的墙纸 sculptured wall covering
表面有机负荷 organic surface loading
表面有突出疙瘩的粗陋浇注圬工 paretta
表面有效度 surface availability
表面诱发过程 surface induced process
表面釉饰 face glazing
表面与体积比 ratio of surface to volume; surface-volume ratio
表面与质量之比 surface-to-mass ratio
表面预加工 surface preparation
表面预应力 external prestress
表面杂质 surface impurity
表面再沸腾 surface reboil
表面再分布 redistribution at surface
表面再曝气 surface reaeration
表面再生 surface recycling
表面再生气泡 surface reboil
表面造型 surface modulation
表面噪声 surface noise
表面责任 prima liability
表面增滑剂 surface slip agent
表面增强层 surface accumulation layer
表面增强层电容 surface accumulation-layer capacitance
表面增强剂 hardener
表面增硬液 surface-hardening liquid
表面轧光机 temper pass mill
表面炸孔钻探 drilling shot-holes in the face
表面沾污 surface contamination
表面沾污的检测器 surface monitor
表面毡 overlay sheet; surface mat; surfacing mat; veil
表面张力 free surface energy; interfacial force; interfacial tension; surface tension; surface tensity
表面张力波 capillary ripple; capillary wave; surface tension wave
表面张力测定 surface tension test
表面张力测定秤 surface tension balance
表面张力测定杆 surface tension balance
表面张力测定天平 surface tension balance
表面张力测定仪 surface tension apparatus
表面张力测定装置 surface tension apparatus
表面张力滴定法 stalagmometric titration
表面张力滴量计 stagonometer; stalagmometer
表面张力滴重法 stalagmometry
表面张力滴重计 stagonometer; stalagmometer
表面张力电量法 tensammetry
表面张力法 surface tension method
表面张力计 surface tensiometer; surface tension balance; surface tension meter
表面张力减弱剂 bathotonic reagent
表面张力降低剂 surface tension reducer; surface tension reducing agent
表面张力试验机 surface tensile force tester
表面张力数 surface tension number
表面张力水头 tension head
表面张力弹性模量 surface tension modulus of elasticity
表面张力梯度驱动的对流 Marangoni convection
表面张力天平 surface tension balance
表面张力系数 surface tension coefficient
表面找平仪 surface indicator
表面找正器 surface indicator
表面照射 surface irradiation
表面折光力 surface power
表面褶皱 surface folding
表面针孔 surface pinhole
表面振荡 surface oscillation
表面振捣 external vibration; mat-vibration; surface vibration
表面振捣的 mat vibrated
表面振捣器 exterior vibrator; external vibrator; pan vibrator; puddler; surface vibrator
表面振动 surface vibration
表面振动器 < 用于混凝土路面 > float vibrator; surface(type) vibrator; surface vibrating machine
表面镇压器 surface roller
表面震源 surface focus
表面蒸发冷凝器 surface evapo(u)rative condenser
表面蒸发凝汽器 surface evapo(u)rative condenser
表面蒸发作用 surface evapo(u)ration
表面整备 surface preparation
表面整修 surface dressing
表面证据 prima evidence
表面支承 surface bearing
表面直交单板 face crossing
表面值 apparent value
表面只涂一层的组合屋面生产工艺 single coating technique
表面指数 surface index
表面制备 surface pretreatment
表面制备工艺 surface preparation technology
表面质量 surface quality
表面质量测定 surface quality measurement
表面质量速度 superficial mass velocity
表面滞留(量) surface detention
表面中毒 surface poisoning
表面中耕机 surface cultivator
表面终饰 surface finish(ing)
表面重力波 surface gravity wave

表面皱纹 chill mark
表面驻波 standing surface wave;stationary surface wave; surface standing wave
表面转子 surface rotor
表面装嵌钻头 single-layer bit;surface-set drill
表面装饰 incrustation;surface decoration;surface finish
表面装饰薄板 face veneer
表面装饰材料 surface decoration material;surface decorative material
表面装饰料 facing material
表面装修 surface decoration;surface enrichment;surface ornament
表面装修构件 surfacing component
表面装修润饰 surface decorative finish;surface ornamental finish
表面装修特征 surface decorative feature;surface ornamental feature
表面状况 surface appearance;surface condition
表面状况评价样板 surface profile comparator
表面状态 state of surface;surface state;surface texture
表面状态效应 surface state effect
表面准备 surface preparation
表面着陆探测器 surface landing probe
表面着色 surface colo(u)r(ation)
表面着色剂 surface colo(u)rant
表面着色眼镜玻璃 surface colo(u)red eye glass
表面着色作用 surface colo(u)ring
表面琢石 face ashlar
表面自扩散 surface self diffusion
表面自由空隙 apparent free space
表面自由能 surface free energy
表面自由水分 surface moisture
表面走形 form burn
表面走样 disfigurement of the surface
表面阻挡层 surface barrier
表面阻挡层光电晶体管 surface barrier phototransistor
表面阻挡层晶体管 surface barrier transistor
表面阻抗 surface impedance
表面阻力 skin friction;skin resistance;surface drag;surface resistance
表面阻力系数 coefficient of surface resistance
表面阻凝 <在模板上刷阻凝剂> surface retardant
表面阻燃的 surface retardant
表面组成 surface composition
表面组织 surface texture
表面钻头 surface bit
表面最大宽度 maximum width of face
表面最高温度 maximum surface temperature
表面作用 surface action
表面作用的杀菌剂 surface acting fungicide
表明 indicate;proclaim;unfold
表模拟程序 table simulator
表膜 pellicle
表膜浮选 film flo(a)tation
表膜厚度 film thickness
表膜水 film water
表膜下漂浮生物 infraneuston
表摩系数 skin friction coefficient
表目 entry
表目块 entry block
表目录索引 table directory
表目属性 entry attribute
表内径千分尺 dial inside micrometer
表盘 dial(plate);index dial;panel board
表盘板 panel board
表盘秤 dial balance
表盘灯 dial lamp;pilot lamp
表盘固定销 dial foot
表盘焊钉机 wrist-watch dial locating pin welding machine
表盘面脚 dial foot
表盘绳 dial cable
表盘式厚度规 dial thickness ga(u)ge
表盘式计数器 circular counter;dial counter;disk counter
表盘式调速器 dial type governor
表盘式温度计 dial thermometer
表盘式仪表 dial instrument
表盘式仪器 dial instrument
表盘照明 dial illumination
表皮 crust;cuticle;skin
表皮剥脱 epidermal desquamation;exfoliation;membranous desquamation
表皮擦伤 scuffing
表皮材料 skin material
表皮层 cuticular layer;epidermal area;epidermal layer;epidermis
表皮成型 skin forming
表皮的 epidermal
表皮的外观 surface view of epidermis
表皮电流 sheath current
表皮法 epidermic method
表皮分层 skin lamination
表皮附属物 dermal appendage
表皮构造 epigenetic structure
表皮光滑的 smooth-skinned
表皮光轧 skin passrolling
表皮光轧机 skin(pass)mill;skin pass roll
表皮滑动构造 epidermal glide tectonics
表皮基层【生】basal layer of epidermis
表皮冷轧 skin pass
表皮粒层 Langerhans layer
表皮裂缝 skin cracking
表皮裂纹 skin breakage
表皮面积 skin area
表皮摩擦 mantle friction
表皮喷浆 skin grouting
表皮偏析 skin segregate
表皮破裂 skin breakage
表皮气泡 skin hole
表皮渗毒性 <农药的> dermal toxicity
表皮渗碳硬化 skin hardening
表皮渗碳硬化的 skin hardened
表皮土 mantle of soil;mantle regolith;mantle rock
表皮脱落 excoriation;exfoliation
表皮温度 skin temperature
表皮涡流 sheath current
表皮铣床 skin miller
表皮系数 skin factor
表皮效应 skin effect
表皮形成 epidermization
表皮形成剂 crust forming agent
表皮型重力构造 epidermal type of gravitate tectonics
表皮岩 mantle of rock;rock mantle
表皮应力 skin stress
表皮硬度 skin hardness
表皮硬化的 skin hard
表皮原 dermatogens
表皮蒸腾 cuticular transpiration
表皮质 cut-in
表皮阻力 skin resistance
表栖动物群 epifauna
表栖动物有机体 epifaunal organism
表气不固 lowered superficial resistance
表碛【地】superglacial moraine;surface moraine;superficial moraine
表区 list area
表驱动编译程序 table-driven compiler
表驱动技术 table-driven technique
表热 exterior heat syndrome;heat in the exterior
表柔比星 epirubicin
表扫描程序 list scanner(routine)
表色 apparent colo(u)r;plain shade
表色发花 floating
表色管验色管 chromoscope
表色系统 colo(u)r notation system;colo(u)r order system
表上登记项目 form entry
表上作业法 table dispatching method
表设计形式 table layout form
表射偏振光 epipolarized light
表射荧光显微镜计数 epifluorescence microscopic count
表生沉积 supergene deposit
表生成岩作用 exodiagenesis
表生的 supergene
表生富集 supergene enrichment
表生富集带 supergene enrichment zone
表生构造 hypergene structure;superficial structure;supergene structure
表生河谷 superimposed valley
表生河流 superimposed river;superimposed stream
表生活动性 supergene mobility
表生矿床 superficial deposit(ion)
表生矿物 supergene mineral
表生砂 epiclastic sand
表生蚀变 hypergenesis
表生碎屑 epiclast;epiclastic debris
表生碎屑砾岩 epiclastic conglomerate
表生碎屑岩 epiclastic rock
表生下降溶液 supergene solution
表生作用过程的数学模拟 mathematic(al) simulation of supergenesis process
表生作用模拟实验 exogenic process simulating
表声试验 watch test
表施肥料 top dressing compound
表示 bespeak;denotement;signify
表示臂板 indicating arm
表示变压器 indication transformer
表示标志 indication sign;indicator sign;informational sign
表示表面 presentation surface
表示不同高度的地形图 hypsography
表示层 presentation layer
表示插件 indication plug unit
表示尺寸的数字 dimension figure
表示尺寸的线 dimension line
表示的 representative
表示灯 indicating lamp;indicating light;indication lamp;indication light;indicator light;indicatory lamp;lamp type indicator;light indicator
表示灯电源 power source for indication lamp
表示灯盘 display lamp board;lamp panel
表示灯调压 voltage regulation of indication lamp
表示电路 indicating circuit;indication circuit
表示电码 field code;indication code
表示电码发送器 indication transmitter
表示电码接收器 indication receiver
表示电锁器 electric(al) indication lock
表示定理 representation theorem
表示对象 indicated function;indicated object
表示发送器 indication transmitter
表示法 method of(re)presentation;notation;representation(method)
表示法指明 representation specification
表示方法 denotation;designation
表示分类 presentation class
表示分量 quantify
表示分系统 indication subsystem
表示服务 presentation services
表示服务命令处理程序 presentation services command processor
表示改变 indication change
表示杆 indication bar;indication lever;indication rod
表示格式 presentation format
表示公式 representation formula
表示功能 presentation function
表示管壁厚度系列的号码 schedule number
表示机 telltale
表示机构 indicating mechanism
表示继电器 indicating relay;indication relay
表示检查按钮 indication check button
表示校核继电器 indication check relay
表示接点 indication contact
表示接收器 indication receiver
表示精度 accuracy of presentation
表示镜玻璃 spectacle glass
表示镜卡雷 roundel clip
表示镜卡圈 roundel ring
表示镜框 spectacle frame
表示抗议 demur
表示孔 indication window
表示控制盘 diagrammatic control board
表示连接杆 connecting rod for indication
表示路线和安全岛等的轮廓线 delineation of island
表示脉冲 indicating impulse
表示媒体 presentation medium
表示模 representative module
表示盘 display board;display panel;indicating diagram;indicating panel;indication panel;indicator board
表示器 announcer;indicator
表示器按钮 indicator button
表示器灯光 indicator light
表示器架 indicator bracket
表示器手柄 indicator lever
表示器握柄 indicator lever
表示上次大修和注油时间的标记(车辆) sign indicating when last overhauled and lubricated
表示深浅的海洋图 bathygraphic(al) chart
表示式 expression
表示锁 indication lock
表示锁闭 indication locking
表示锁闭器 indication lock
表示特征 typify
表示特征的 indicative
表示条件 indication requisition
表示图 indicating diagram
表示系统 representation system
表示消息 indication message
表示协议数据单元 presentation protocol data unit
表示信息 indication information
表示异议 call for question;demur
表示语言 representation language
表示允诺的 promissory
表示振铃 indication ringing
表示周期 indication cycle;indication

B

period
表式 list-directed
表式变址寄存器 table base register
表式测力矩扳手 meter spanner for force moment
表式传输 list-directed transmission
表式分类账 tabular ledger
表式基址寄存器 table base register
表式计数器 tabular calculator
表式路由选择 directory routing
表式描述 table description
表式示号器 ga(u)ge annunciator
表式输出 list-directed output
表式输入 list directed input
表式输入输出语句 list-directed input-output statement
表式数据说明部分 list-directed data specification
表式数据域长度 list-directed data field length
表式说明 table description
表式域长度 list-directed length of field
表事件 list event
表视体积 apparent bulk
表数次序 numeric(al)order
表速 chronometer rate; indicated air speed; rate of chronometer
表速校正 correction for rate of chronometer
表索引 table index
表态 clarify one's position; proclaim one's stand; pronouncement; take a stand; meter; ga(u)ge head < 指仪表 >
表弹簧 main spring
表头保护电路 meter protection circuit
表头标题 heading
表头部件 meter unit
表头读数 meter sense
表头格式设置 top-of-form set
表头刻度 meter dial; meter scale
表头刻度仪表标度 meter scale
表头量程 meter range
表头零位调整电路 meter zero adjustment circuit
表头设置 top-of-form set
表头损耗 meter loss
表头线 header line
表头线圈 meter coil
表涂层 setting coat
表土 atteration; burden; capping (mass); living soil; mantle rock; overburden (layer); regolith; soil cap; soil cover(ing); soil mantle; surface soil; surficial soil; top soil; uncallow
表土保护层 topsoil cover
表土剥离 burden removing; desquamation of surface soil; topsoil stripping
表土剥离铲 < 矿山用 > soil-stripping shovel
表土层 A-horizon; epipedon; grass roots; mantle soil; pedosphere; shallow layer of soil; superficial stratum; surface of soil; veneer of soil; zone of removal; pedosphere < 地球的 >; vegetative cover < 利于植物生长的 >
表土层剥离机铲 stripping shovel
表土层的积聚 stockpile of topsoil
表土层取样器 dry sample barrel
表土层钻进 overburden drilling
表土层(钻进用)钻头 overburden bit
表土带 soil belt
表土带含水 surface soil water
表土的腐殖质含量 humus content of topsoils
表土复原 restoring of topsoil
表土根 superficial root
表土更换 topsoil replacement
表土耕作 surface tillage
表土耕作法 surface tillage method
表土夯实 superficial compaction; surface compaction
表土厚度 thickness of the overburden
表土开挖 topsoil excavation
表土犁 stubble cleaner
表土流失 surface waste
表土面层 topsoil surfacing
表土磐 surface pan
表土侵蚀 topsoil erosion
表土取芯管 blanket core tube
表土蠕动 surface creep
表土施肥 surface application; surface maturing
表土施肥机 surface applicator
表土疏松机 mulcher; mulching-machine
表土塌滑 surface creep
表土特性 epipedon; superficial earth characteristic
表土挖土机 overburden excavator
表土细碎机 treader
表土压力 overburden pressure
表土杂草 surface weeds
表土镇压器 surface packer
表土中耕 surface cultivation
表土钻机 earth drill
表位 epi-position; epitope
表文件 list file; table file
表文件结构 list file structure
表显示器 table display
表现 take shape
表现比重 apparent specific gravity
表现传热系数 apparent coefficient of heat transmission
表现度 expressivity
表现环 representative ring
表现模 representative model
表现特征 performance characteristic
表现型 phenotype
表现型比值 phenotypic ratio
表现型等级 phenotypic score
表现型模拟 phenocopy
表现型群 group of phenotype; phenogroup
表现艺术 expression art
表现应力 apparent stress
表现元素 representative element
表现值 apparent value
表现主义 expressionism
表镶金刚石钻头 surface set diamond bit; diamy < 瑞典 >
表镶金钢石扩孔器 surface set diamond reaming shell
表项目 table entry
表象 presentation
表象分类数组 phenon
表象分类学 phenetics
表象类型 imaginal type
表象理论 representation theory
表象系数 representative coefficient
表像 image
表像记忆 image memory
表像型 imagery type
表型 phenotype
表型比值 phenotypic ratio
表型迟延现象 phenomic lag; phenotypic lag
表型反转 phenotypic reversion
表型方差 phenotypic variance
表型方差记录 phenotypic variance recording
表型分类 phenotypic classification
表型混合 phenotypic mixing
表型可塑性 phenotypic plasticity
表型临界期 phenocritical period; phenocritical phase
表型模拟 phenocopy
表型图 phenogram
表型相关 phenotypic correlation
表型选择 phenotypic selection
表型学 phenetics
表型值 phenotypic number
表寻址 table addressing
表压力 ga(u)ge pressure; manometer pressure; super-atmospheric pressure; indicated pressure; pressure above the atmosphere; psig [pound per square inch gauge]; relief pressure
表岩屑 regolith
表演场 arena; parade ground
表演场设在观众座席中央的剧院 theater-in-the-round
表演法 method of presentation
表演会 entertainment
表演平台 acting level
表演区 acting area
表演区灯 acting area light
表扬 commend; praise
表氧基 epoxy group
表液面下的 subsurface
表意标本 ideotype
表意标题 ideographic heading
表意的图案 allegory
表意符号 ideograph
表意文字 ideogram; ideograph
表意文字学 ideography
表音速记法的 phonographic(al)
表语言 list language
表域 list area
表元 list cell
表原生代【地】Epiprotozoic
表源间歇河(流)surface-fed intermittent river; surface-fed intermittent stream
表针漂移 meter creeping
表征 characterization; characterize; superficial characteristic; surface feature
表征程序文法 characteristic program grammar
表征分析 characterization analysis
表征技术 characterization technique
表征码 mask
表征数字组特性常数【计】block constant
表征误差 error of representation
表征语言 characteristic language
表征组 attribute set
表证试验 demonstration test
表值 tabular value
表中原子 atom
表准行距 nominal line width
表组合 table pack
表座 ga(u)ge stand

裱

裱板片 mounting photograph

裱板图 mounted map
裱板像片 coated photograph
裱版 adhesive backing
裱布地图 linen-backed map
裱布纸 linen-backed paper
裱糊 hang; paper(hang)ing; pasting
裱糊板 correctostat paper; drawing card; mounting board
裱糊薄纸 mounting tissue
裱糊的 butt jointed; linen-backed
裱糊的门 secret door
裱糊底涂 hard copy
裱糊工(人)paper hanger
裱糊机 pasting machine
裱糊面层 surface mounting
裱糊墙纸 paperhanging; wall papering
裱糊刷 paste[pasting] brush
裱糊图纸 mounted paper
裱糊纸 backing paper; metal-mounted paper
裱糊桌 pasting table
裱黏[粘]底图 hard copy
裱贴浆糊 paste for hanging
裱涂 pasting
裱在布上的纸 papyroline paper
裱纸 mounted paper
裱纸层 paper coating
裱装工 mounter

鳔

鳔 air bladder

鳔胶 bladder glue; fish glue; isinglass

憋

憋泵 overpressure pumping

鳖

鳖裙 < 色釉品种之一 > turtle's calipash

别

别布橡胶 perbunan

别处的 strange
别构调节物 allosteric modulator
别构转变 allosteric transition
别号 surname
别捷赫琴矿 betekhtinite
别洛夫石 belovite
别名 alias; alternate name; variant name
别名段 alias section
别名描述入口 alias description entry
别名描述体 alias description entry
别名描述项目 alias description entry
别名名字 alias name
别名使用 aliasing
别模标本 allotype
别人的资金 other people's money
别人有权通行的地产 servient tenement
别墅 chateau; country seat; guest cottage; second house; villa; cottage < 郊外、海滨等处的 >
别墅的 villatic
别墅公寓 garden apartment
别墅和居住别墅的人们 villadom
别墅庭院 villa garden
别墅用地 villa lot
别位调节 allosteric control
别位现象 allosterism
别无规定 not otherwise provided

蹩

蹩脚木工 < 俚语 > wood butcher

蹩钻 turning rough

瘪

瘪掉 deflate

瘪气轮胎 flat tire
瘪桶 drums dented

别

别扭变道 < 行车困难的弯道 > awkward bend

玢

玢岩 porphyrite; porphyry

玢岩式铁矿床 porphyrite-type iron deposit
玢岩铁矿床模式 model of porphyrite iron deposit

B

宾馆 guest house;prytaneion

宾馆接待厅 hotel vestibule;reception hall
宾馆休息大厅 hotel entrance lounge;hotel lobby
宾馆休息室 guest lounge
宾汉可塑性测定仪 Bingham plastometer
宾汉流动 Bingham flow
宾汉流体 Bingham fluid
宾汉模式 <流变体的> Bingham model
宾汉模型 Bingham model
宾汉姆流体 plastic fluid
宾汉黏[粘]性体系 Bingham viscous system
宾汉膨胀 Bingham swelling
宾汉数 Bingham number
宾汉塑性计 Bingham plastometer
宾汉塑性体 Bingham plastic body
宾汉体 Bingham substance
宾汉体黏[粘]塑性体 Bingham body plasticoviscous substance
宾汉体黏[粘](滞)性 Bingham viscosity
宾汉物体 <在屈服力以内时反映弹性状态的塑性物体> Bingham body
宾汉物体流动 <在屈服力以外时的> Bingham flow
宾汉液体 Bingham liquid
宾客休息室 guest lounge
宾客拥车比率 guest car ratio
宾马氏闪(火)点 Pensky-Marten's flash-point
宾斯克-马丁测定仪 Pensky-Martens flash-point tester
宾斯克-马丁法闪点 Pensky-Martens flame point
宾斯克-马丁密闭式闪点测定仪 Pensky-Martens closed(flash) tester
宾斯克-马丁密闭式闪点试验 Pensky-Martens flash-point test
宾斯克-马丁密闭式闪点试验器 Pensky-Martens closed (flash) tester;Pensky-Martens flash-point tester
宾夕法尼亚板岩 <美> Pennsylvania slate
宾夕法尼亚纪【地】Pennsylvania Era
宾夕法尼亚农舍殖民地建筑 <美> Pennsylvania farmhouse colonial architecture
宾夕法尼亚青石 Pennsylvania bluestone
宾夕法尼亚式桁架 Pennsylvania truss
宾夕法尼亚系 <美国早碳世>【地】Pennsylvania system
宾夕法尼亚钻进法 Pennsylvania drilling;Pennsylvania drilling method
宾州大学应用研究试验所 <美> Applied Research Laboratory, the Pennsylvania State University
宾州槭 striped maple
宾主共栖的共轭化学 xenobiotic conjugation chemistry
宾主共栖生物 xenobiotics
宾主效应 guest-host effect
宾主效应彩色液晶显示 guest-host display
宾主作用 guest-host interaction

滨 rivage

滨岸带 littoral zone
滨岸带层序 shore-zone sequence
滨岸堤 littoral beach ridge
滨岸堤类型 type of beach ridge
滨岸堤名称 name of beach ridge near shore barrier
滨岸地貌调查 survey of shore morphology
滨岸海湾 coastal embayment
滨岸砾岩 littoral conglomerate
滨岸漂积物 shore drift
滨岸沙丘 shore dune;strand dune
滨岸碎屑沉积 shoreline clastic deposit
滨岸线油气藏趋向带 strand line pool trend
滨冰 border ice;shore ice
滨冰带 shore ice belt
滨波破碎 spilling
滨草 marram grass
滨地 shore land
滨海冰川 tide water glacier
滨海草甸 sea meadow
滨海潮流 alongshore current;littoral current
滨海沉积土 littoral sedimentary soil
滨海沉积(物) coast(al) deposit(ion);littoral deposit;littoral sediment;offshore sediment
滨海沉积作用 littoral deposition
滨海城市 coastal town
滨海大道 promenade
滨海带 littoral zone
滨海岛 barrier island
滨海道路 coastal road
滨海的 littoral
滨海底 littoral bottom
滨海地槽 paraliageosyncline
滨海地带 littoral belt;oceanfront;littoral zone
滨海地段 sea front
滨海地区 coastal area
滨海地区的发展 coastal development
滨海地热系统 coastal geothermal system
滨海地下淡水 fresh ground water in littoral deposit
滨海地形 littoral landform;littoral topography
滨海工业发展区 maritime industrial development area
滨海工业区 coastal industrial area
滨海公路 coastal highway;sea front
滨海国家 maritime country
滨海含水层 coastal aquifer
滨海河流 coastal river;maritime river;maritime stream
滨海后方 supralittoral zone
滨海湖 coastal lake;eutroph(ic) lake;loch
滨海环境 littoral environment
滨海季风-信风气候 monsoon and trade-wind littoral climate
滨海礁 shore reef
滨海结构物 offshore construction
滨海浪蚀台 offshore bench
滨海砾岩 shallow marine conglomerate
滨海疗养区 riviera
滨海路 bund
滨海码头 shore wharf
滨海漂积物 alongshore drift;littoral drift;shore drift
滨海平台 littoral flat
滨海平原 coastal plain;littoral plain;strand plain
滨海平原沉积 littoral plain deposit
滨海平原地下水 groundwater in littoral plain
滨海平原型 shore plain type
滨海区 coastal region;littoral area;littoral region;maritime belt;sea front
滨海区开垦 coastal reclamation
滨海萨巴哈沉积模式 littoral Sabkha sedimentation model
滨海三角洲 coast delta;shore delta
滨海沙坝 offshore barrier
滨海沙坝沉积 littoral sand bar deposit
滨海沙丘 coastal dune;littoral dune;towan
滨海沙丘沉积 littoral sand dune deposit
滨海沙洲 beach barrier
滨海沙嘴 barrier spit
滨海砂矿 littoral placer;offshore placer
滨海砂矿床 marginal marine deposit
滨海水道 beach race
滨海水域 offshore waters
滨海碎屑沉积模式 littoral clastic sedimentation model
滨海探测 offshore prospecting
滨海填筑 coastal landfill
滨海土地 coastal land
滨海土力学 offshore soil mechanics
滨海土壤改良 coastal reclamation
滨海挖泥作业 coastal dredging
滨海雾 coastal fog
滨海席状沙沉积 littoral sheeted sand deposit
滨海相 littoral facies;offshore facies
滨海泻湖沉积 littoral lagoon deposit
滨海悬崖 littoral cliff
滨海岩溶 shore karst
滨海盐土 marine solonchak;seashore beach;seashore saline soil
滨海沼泽 sea marsh
滨海沼泽沉积 littoral marsh deposit
滨河床边滩 transitory bar
滨河床浅滩 shoal near river bed
滨河床砂坝 natural levee
滨河道路 water front
滨河国家 riparian country
滨河路 river side road
滨后 back(shore) beach
滨后岸 backshore
滨后沉积物 backshore deposit;backshore sediment
滨后地带 background
滨后陡坎 berm(e) scarp
滨后阶地 backshore terrace;offshore terrace
滨后阶地脊部 berm(e) crest;berm(e) edge
滨湖公园 lakeside park
滨湖航道 lakeside channel;nearlake channel
滨江公园 riverside park
滨江路 bund
滨礁 shore reef
滨流 shore current
滨面 <低潮以下的拍岸浪区> shoreface
滨面沉积 shoreface deposit
滨内 inshore
滨漂沙 shore drift
滨平原 beach plain
滨前阶地 shoreface terrace
滨侵蚀 shore erosion
滨水公园 waterfront park
滨水结构物 waterfront structure
滨水区 water front
滨太平洋地槽褶皱区 marginal-Pacific geosynclinal fold region
滨太平洋断裂体系 marginal-Pacific deep fracture system
滨太平洋构造域 marginal-Pacific tectonic domain
滨太平洋海槽 Pacific coastal trough
滨太平样迁移区 marginal-Pacific migration region
滨滩 playa
滨外 offshore;outer shore
滨外坝 offshore bar
滨外堡坝 offshore barrier
滨外测量 offshore survey
滨外沉积(物) offshore sediment;offshore deposit
滨外带 offshore belt;offshore strip;offshore zone
滨外岛 barrier island
滨外堤 offshore barrier
滨外堤泻湖体系 offshore barrier-lagoon system
滨外地带 offshore area
滨外海槽 offshore trough
滨外海流 coastal current
滨外脊 offshore ridge
滨外礁洞 pass
滨外阶地 offshore terrace
滨外勘探 offshore exploration;offshore prospecting
滨外矿产调查 offshore placer survey
滨外浪蚀台 offshore bench
滨外平原 coastal plain;strand plain
滨外坡 offshore slope
滨外浅滩 offshore bank;offshore shoal
滨外区域水流 offshore current
滨外沙坝 barrier bar;beach barrier;offshore barrier
滨外沙坝沉积 offshore sand bar deposit
滨外沙堤 offshore barrier
滨外沙埂 barrier beach;offshore barrier;offshore beach
滨外沙滩 barrier beach;offshore beach
滨外沙障 offshore barrier;beach barrier
滨外沙洲 offshore bank;offshore bar
滨外沙嘴 barrier spit
滨外石油 offshore oil
滨外水域 offshore waters
滨外滩 offshore barrier
滨外滩阶地 offshore beach terrace
滨外相 offshore facies
滨外油井 offshore oil well
滨外油井钻井平台 offshore well drilling platform
滨外油田 offshore field
滨外钻孔 offshore boring
滨外钻探 offshore drilling
滨线 shoreline;strand line
滨线变化速室 shoreline change rate
滨线沉积 shoreline deposit
滨线地势 shoreline relief
滨线发育率 shoreline-development ratio
滨线方向 shoreline orientation
滨线轮廓 shoreline relief
滨线侵蚀 shoreline erosion
滨线侵蚀速率 shoreline erosion rate
滨线蚀退 shoreline retrogression
滨线推进 advance of shoreline
滨线循环 shoreline cycle
滨崖 shore cliff
滨簪花 thrift

槟城 <马来西亚> Penang

槟榔 areca(betel) nut;betel nut;pinang;semen arecae
槟榔红 areca red;arecin
槟榔碱 arecaidine methyl ester;arecoline
槟榔胂胺 drocarbil
槟榔酮 arecolone
槟榔因 arecaine

濒海冰川 tidal glacier

濒海地带 oceanfront
濒临破产 on the brink of bankruptcy

濒临破产的边缘 on the verge of bankruptcy
濒危 imminence
濒危标志 hazard beacon
濒危动物物种 endangered animal species
濒危物种 endangered species
濒危野生动物 endangered wildlife
濒危野生动植物物种国际贸易公约 Convention on International Trade in Endangered Species of Wild Fauna and Flora
濒危植物物种 endangered plant species
濒于灭绝的动物 endangered animal
濒于灭绝的物种 endangered species
濒于灭绝的植物 endangered plant
濒于危境的水生生物 emergent aquatic

殡舍 lich-house

殡仪馆 funeral chapel;funeral church;funeral house;funeral parlour;funeral residence;mortuary(house);the undertaker's
殡仪馆内长方形会堂 mortuary basilica
殡仪馆小教堂 mortuary chapel
殡葬小礼堂 funeral chapel
殡葬仪式 mortuary cult

冰 solid water

冰碍 barrier ice
冰岸 barrier ice;ice bank
冰岸水道 shore lead
冰凹湾 ice bight;ice dam
冰坝 blocking of ice;ice bar(rage);ice barrier;ice bridge;ice dam;ice gorge;ice hanging dam;ice jam;embacle
冰坝洪水 ice jam flood
冰坝水位 ice jam stage
冰板 slab
冰雹 hail(stone);ice hail;sleet
冰雹的 haily
冰雹坯胎 hail embryo
冰雹印痕 hail imprints
冰雹预报器 hail forecaster
冰堡 barrier ice
冰暴 graupel shower;ice storm;silver storm
冰爆破 ice blasting
冰被 ice carapace
冰崩 avalanche;glacier avalanche;ice avalanche;ice disintegration;ice fall;ice quake
冰崩落 ice fall
冰壁 ice dike[dyke];ice foot;ice front;ice ledge;ice wall
冰边 ice edge;periglacial
冰边河 ice-marginal stream
冰边湖 ice-marginal lake
冰边线 ice fringe
冰扁豆体 ice lens
冰饼 ice pan;pancake ice;plate ice
冰擦岩 glaciated rock;glacier rock
冰仓 ice bunker
冰仓冷却单元 ice bin cooling unit
冰仓冷却器 ice bin cooling unit
冰仓冷却设备 ice bin cooling unit
冰仓冷却装置 ice bin cooling unit
冰仓式冷藏车 ice-bunker refrigeration car
冰仓栅 ice-bunker screen
冰舱 ice hold
冰藏库 ice storage(bin);ice storehouse
冰草 couch grass;wheatgrass
冰层 ice cover;ice layer;ice formation;ice sheet;sheet ice;band of ice
冰层处置 ice sheet disposal
冰层地貌 ice morphology
冰层覆盖率 ice cover rate
冰层推进 advance of ice cover
冰层消失 ending of ice sheet
冰层运动 advance of ice cover
冰层增厚 ice buildup
冰茶 iced tea
冰掺(合)料 <用于减少混凝土放热> ice admixture
冰长石 adular(ia);kalifeldspath;valencianite
冰长石光彩 adularescence
冰长石化 adularization
冰厂 ice plant
冰场 field of ice;ice bank;ice field
冰尘 cryoconite
冰尘穴 cryoconite hole
冰沉积 ice deposit
冰成滨堤 shore wall
冰成的 glacigene;glaciogenous
冰成构造的 cryotectonics
冰成海槽 glacial trough
冰成湖 glacial lake;glacier lake;tarn
冰成阶地 glacial terrace;moraine terrace
冰成砾石 glacial gravel
冰成平原 glacial plain
冰成沙砾堆 ice rampart
冰成围场 amphitheater[amphithcatre]
冰成悬谷 glacial hanging valley
冰成岩 glacial rock
冰池格栅 ice tank grating
冰冲刷作用 ice scouring
冰川 glacier;ice stream
冰川拔削作用 plucking
冰川斑 polster
冰川搬运 glacial transport
冰川保护说 glacial protection theory
冰川爆发 glacial burst;glacier burst
冰川爆发洪水 glacial outburst flood;glacier outburst flood
冰川爆裂 glacier burst
冰川崩溃 glacier burst
冰川鼻 glacier snout;snout(of glacier)
冰川边界 glacial boundary
冰川边沿裂隙 bergschrunde
冰川边缘沉积 glacial inwash;inwash
冰川边缘的 periglacial
冰川边缘裂隙 bergschrund
冰川编号 glacial number
冰川变动 fluctuation of glacier;glacier fluctuation
冰川表面河流 superglacial river
冰川冰 clear ice;glacial ice
冰川冰冠 glacier glacial cap
冰川冰块的联结 banding of glacier ice
冰川冰碛 glacial drift
冰川冰塞湖 glacier-ice-blocked lake
冰川冰山 glacial berg;glacier(ice) berg
冰川冰桌 glacier table
冰川剥蚀(作用) glacial denudation;ice erosion;glacial plucking;plucking;exaration
冰川补给 alimentation of glacier;glacial fill;glacial replenishment;glacier nourishment;glacier replenishment
冰川补给河 glacial-fed river;glacial-fed stream;glacier-fed stream
冰川补给区 glacial reservoir
冰川擦痕 drift scratch;glacial striae;glacial striation;score;scoring
冰川擦口 friction(al) crack
冰川残积的 glacieluvial
冰川槽 glacial trough
冰川测量 glacier survey
冰川测图 glacier mapping
冰川长度 glacial length
冰川沉积 glacial deposit;glacial outturn;glacial outwash;ice-laid deposit
冰川沉积砾石 glacial outwash gravel
冰川沉积平原 apron plain;outwash plain
冰川沉积土 glacial deposit(e);glacial-fluvial soil
冰川沉积物 aque-glacial deposit;aqueoglacial deposit;drift deposit;glacial deposit(e);glacial(derived) sediment
冰川沉积物采样 sampling of glacial sediment
冰川冲积层 glacial alluvion;glacial alluvium
冰川冲积扇 debris cone;dirt cone
冰川冲刷 glacial outwash;glacial scour;ice scouring
冰川大裂缝 barranca
冰川带来的 englacial
冰川的 glacial
冰川的颤动 glacier oscillation
冰川的底部 sole of the glacier
冰川的动能 kinetic energy of glacier
冰川的视运动 visional motion of glacier
冰川等高线 glacial contour;glacier contour
冰川底部冰的扩展 piedmont bulb
冰川底部的 subglacial
冰川底床 bed of glacier
冰川底流 ice undercurrent
冰川地带 glacial zone
冰川地貌 glacial geomorphy
冰川地貌调查 survey of glaciated landform
冰川地貌拟构等高线 glacier form line
冰川地貌形态线 glacier form line
冰川地壳均衡【地】glacio-isostasy
冰川地区 glacial zone
冰川地形 glacial feature;glacial landform;glacial topography
冰川地形地貌形态 glacial form line
冰川地质学 glacial geology;glaciogeology
冰川地质作用 geologic(al) process of glacier
冰川地状 glacial landform
冰川调查 glacier survey
冰川动力学 glacier dynamics
冰川动态 glacier regime
冰堆积 ice accretion
冰对结构物的磨耗 ice-caused abrasion
冰川发育条件 growth condition of glacier
冰川粉土 glacial silt;glacier silt
冰川风 firn wind;glacier breeze;glacier wind
冰川覆盖 glacier cover
冰川覆盖的 covered by glaciers;glaciated;glacier-covered;glacierized;ice covered
冰川沟 moat
冰川构造的 cryotectonics
冰川构造结构【地】glaciotectonic structure
冰川谷 glacial carved valley
冰川谷坎 glacial threshold
冰川锅穴 glacier mill
冰川海面进退 galcio-eustatism;glacio-eustasy;glacio-eustation
冰川海面升降 galcio-eustatism;glacio-eustasy;glacio-eustation
冰川壕 moat
冰川和河流的 fluvioglacial;glaciofluvial
冰川河 glacial river;glacial stream
冰川河床 glacial bed;glacier bed
冰川河谷 glacial valley
冰川河流 fluvioglacial stream;jokula
冰川痕迹 evidence of glaciation
冰川洪积 glaciofluvial deposit
冰川洪水 glacier flood
冰川后期 post-glacial period
冰川后退 glacial recession;glacial retreat;glacier recession;glacier retreat;retreat of glacier
冰川厚度 glacial thickness
冰川壶穴 glacial mill;glacier mill;glacier pothole;glacier well;moulin;pot-hole
冰川湖 cave-in lake;glacial lake;glacier(-dammed) lake;ice-dammed lake
冰川湖泊相 glacial lake facies
冰川湖积土 glacial lake deposit
冰川湖黏[粘]土 glacial-lake clay
冰川滑动 glacial sliding
冰川化 glaciation;glacierization
冰川环境 glacial environment
冰川黄土 glacial loess
冰川积层 glacial till
冰川积累面积比率 glacier accumulate area ratio
冰川积累区 glacial accumulation region
冰川积累区面积 glacier accumulate region area
冰川基准面 glacier table
冰川计 glaciometer
冰川记录 glacial record
冰川纪 glacial period
冰川加积作用 glacial accretion
冰川坚冰 ice bridge
冰川减退作用 deglaciation
冰川角砾(岩) glacial breccia
冰川阶地 fluvioglacial terrace;glacial terrace
冰川阶段 glacial stage
冰川接触地貌 glacial contact landform
冰川进退 fluctuation of glacier
冰川径流 runoff from glacier
冰川巨砾 ice boulder
冰川均夷(作用) glacial planation
冰川喀斯特 glaciokarst
冰川刻槽 glacial groove
冰川刻蚀槽【地】glacially eroded trough
冰川刻蚀沟 glacially eroded trough
冰川控制说 glacial control theory
冰川宽度 glacial width
冰川溃决 glacier burst;jokulhlaup
冰川砾磨蚀地 ice mill
冰川砾石 glacial gravel
冰川裂缝 bergschrund
冰川裂隙 creases of glacier
冰川陵削 glacial planning
冰川流动 glacial flow;glacier flow
冰川流动冰 glacier ice
冰川流水沉积物 outwash deposit
冰川流速 glacial velocity
冰川轮回 glacial cycle
冰川轮廓线 glacier contour
冰川名称 glacial name
冰川磨蚀 abrasion by glaciers;glacial abrasion
冰川抹端 terminal face
冰川内(部)河流 englacial river;englacial stream
冰川内(部)融(解) englacial melt(ing)

冰川内的 englacial
冰川内碛 englacial drift; englacial load; englacial material; englacial moraine; internal moraine
冰川内水系 englacial drainage
冰川泥 glacial mud; glacier mud
冰川泥沙 glacial silt
冰川泥石流 glacier mud-rock flow
冰川泥岩 pellodite
冰川年代 glacial chronology
冰川黏[粘]土 glacial clay
冰川瓯穴 chimney; glacier mill
冰川刨蚀 glacial scour; scouring
冰川盆地 glacial basin
冰川漂砾 glacial boulder; glacial erratic
冰川漂砾法 glacier boulder method
冰川漂流 glacial drift
冰川漂石 glacial erratic
冰川漂石黏[粘]土 glacial till
冰川平原 glacial plain; glacier plain
冰川瀑布 glacial cascade; glacial fall
冰川期 glacial era; period of glaciation
冰川期后的 post-glacial
冰川前端 glacier snout
冰川前冲积平原 outwash plain
冰川前堆积层 frontal apron
冰川前锋 glacier snout; snout
冰川前进 glacial advance
冰川前砂砾层 apron
冰川前移 glacial forward movement
冰川前缘湖泊 proglacial lake
冰川潜流 ice undercurrent
冰川侵蚀 erosion of glacier; glacial erosion; glacier erosion; ice erosion
冰川情况 glacier regime
冰川泉 glacier spring
冰川壤土 glacial loam
冰川乳浆 glacial milk; glacier milk
冰川三角洲 glacial delta; glacier delta
冰川三角洲沉积 glacial delta deposit
冰川三角洲相 glacial delta facies
冰川砂层 glacial sand
冰川砂泥 glacial silt
冰川上的冰碛土 supraglacial till
冰川舌 glacial lobe; glacial [glacier] tongue; ice apron; lobe; ice lobe; ice tongue
冰川舌退缩 regression of glacial tongue
冰川舌状盆地【地】zungenbecken
冰川生成的 glaciated; glaciered
冰川生成土 soil of glacial origin
冰川石流 rock glacier
冰川时代 glacial age
冰川时代的 glacial
冰川时期 glacial epoch; glacial period; glacial stage
冰川蚀谷 glacial valley
冰川蚀余地形 biscuit board topography
冰川世 glacial epoch
冰川收缩 glacial shrinkage
冰川竖坑【地】chimney
冰川水河流 fluvioglacial stream
冰川水流 glacier flow; glacier stream
冰川水文调查 hydrologic(al) survey of glaciers
冰川水形成的 glaciofluvial; fluvioglacial
冰川碎石层 dirt band
冰川碎石带 dirt band; glacial dirt band
冰川碎屑物 englacial debris
冰川台地 glacial table; glacier table; sole of the glacier
冰川特征 glacial feature; glaciology
冰川条痕石 striated pebble
冰川停顿 glacial stagnation
冰川土 glacial soil
冰川推积型 glacial accumulation type
冰川退缩 glacial recession; glacier recession; glacier retreat; shrinkage of glacier
冰川挖掘作用 glacial plucking; glacial sapping
冰川外沉积 extraglacial deposit
冰川纹泥 glacial varve
冰川系 ice system
冰川下的 subglacial
冰川下的冰碛土 subglacial till
冰川下河流 subglacial river; subglacial stream
冰川相 glacial facies
冰川削平作用 glacial planation
冰川消融 glacial ablation
冰川消融高度 glacial ablation height
冰川消融洪水 jokulhlaup
冰川消融季节 glacial ablation season
冰川消融界线 glacial ablation boundary line
冰川消融区 glacial ablation region
冰川消融区面积 glacier region area
冰川消融速度 glacial ablation velocity
冰川消融因素 glacial ablation factor
冰川消退 glacier recession; glacier retreat
冰川消退作用 deglaciation
冰川携带物 load of glacier
冰川型泥石流 glacier type mud-stone flow
冰川性海面升降运动 glacio-eustatism
冰川旋回 glacial cycle
冰川学 cryology; glaciology
冰川学说 glacial theory
冰川雪 glacier snow; neve
冰川岩溶 glaciokarst
冰川岩屑锥 debris cone
冰川堰塞湖 ice-blocked lake; ice-dammed lake
冰川堰塞湖决口 glacier burst
冰川仪 glaciometer
冰川移动 movement of a glacier
冰川遗迹 remnants of glaciations
冰川壅水湖 drift-dam lake
冰川涌流 surge
冰川源头高度 glacial source height
冰川跃动 glacier surge
冰川越流 glacial transfluence
冰川运动 glacial motion; glacial movement; ice motion; ice movement; movement of glacier
冰川运动特征 motion characteristic of glacier
冰川增长 alimentation of glacier
冰川振荡 glacial oscillation
冰川植物群 glacial flora
冰川周缘的 periglacial
冰川总面积 glacier total area
冰川作用 glacial action; glaciation
冰川作用时期 period of glaciation
冰川作用循环 cycle of glaciation
冰川作用遗迹 evidence of glaciation
冰窗口 window
冰锤 ice hammer; submerged ice foot <冰山或冰丘的水下部分的>
冰醋酸 glacial acetic acid
冰淬硬化 hardening in ice
冰带 belt of ice; ice band; ice ribbon
冰带加强肋骨 ice web frame
冰带外板 ice shell plating
冰带舷侧纵桁 ice stringer
冰袋 ice-bag; ice pack
冰挡 ice apron; ice breaker; ice fender; ice guard; ice trap; sterling <桥梁的>
冰岛 Iceland <北欧一个国家>; ice island <指浮冰的>
冰岛低压 icelandic low
冰岛低压区 icelandic low zone
冰岛晶石矿 Iceland spar
冰岛克朗 <冰岛货币 krona 的代号> IKr
冰岛式 Icelandic
冰岛苔藓 <含胶质> Iceland moss
冰岛岩 icelandite
冰道 ice road
冰的 glacial; icy
冰的崩解 calving
冰的出现 appearance of slush
冰的反光 ice blink
冰的反照 ice blink
冰的分凝 segregation of ice
冰的分凝作用 ice segregation
冰的浮托荷载 ice uplift load
冰的挤压力 ice nip
冰的结构 ice texture
冰的举升荷载 ice uplift load
冰的密集 ice compaction
冰的漂程 run-of-the ice
冰的融点 ice melting point
冰的融解热 heat of ice melting
冰的融解热当量 ice melting equivalent
冰的融解热量 ice melting and filling system
冰的升举作用 ice uplift
冰的疏密度 ice concentration
冰的形成 formation of ice
冰的运动 ice motion
冰堤 ice bar(rier); ice rampart
冰底的 infraglacial
冰底碛 infraglacial deposit; subglacial moraine
冰点 freeze point; freezing point; freezing temperature; frost point; ice(melting) point
冰点测定法 cryoscopy; algoscopy
冰点测定计 cryoscope
冰点测定器 cryoscope
冰点长期上升 secular rise of zero-reading
冰点常量 zero constant
冰点的测定 freezing-point test
冰点基线杆尺 iced-bar apparatus
冰点降低 depression of freezing point; freezing-point depression; freezing-point lowering
冰点降低测定法 cryoscopy
冰点降低常数 cryoscopic constant
冰点降低法 cryoscopic method
冰点降低剂 freezing-point depressant
冰点降低溶剂 cryoscopic solvent
冰点试验 freezing-point test; freezing test
冰点下降 depression of zero-reading; lowering of freezing point
冰点下降度 freezing-point depression
冰点下温度 subfreezing temperature
冰点以上 above freezing
冰点以上温度 temperature above freezing
冰点以下 subfreezing
冰点以下度数 degree of frost
冰点以下温度 temperature below freezing
冰点之下 below freezing
冰冻 congeal; freeze; freezing; frost; ice; icing; refrigerate
冰冻崩解 frost weathering
冰冻剥落 frost scaling
冰冻材料 frozen material
冰冻草甸森林土 cryogenic meadow-forest soil
冰冻层 cryosphere; frost layer; frost zone; frozen zone
冰冻层下水 infrapermafrost water
冰冻超薄切片机 cryoultramicrotome
冰冻超薄切片术 cryoultramicrotomy; ultracryotomy
冰冻持续时间 duration of freeze
冰冻冲积砂层 frost blanket sand
冰冻处理 cryogenic quenching
冰冻带 freezing zone; frozen zone; zone of freezing
冰冻的 frigorific; icebound
冰冻等时线 isopectic line
冰冻地层 freeze formation
冰冻地带 frost zone
冰冻地区 frost area; frost region
冰冻地质学 geocryology
冰冻点 chill point
冰冻度 degree of freeze
冰冻法 refrigeration method
冰冻法打井 frozen shaft sinking
冰冻法凿井 freezing process for shaft sinking; frozen shaft sinking
冰冻翻浆 cryoturbation
冰冻防护措施 ice control
冰冻风化 wintering; frost weathering
冰冻风化作用 frost weathering
冰冻干化法 freeze drying process
冰冻干燥法 freezing and drying
冰冻港 ice harbor
冰冻固定 cryofixation
冰冻管 freeze pipe
冰冻海 frozen sea
冰冻合剂 freezing mixture
冰冻厚度 freezing depth; frozen depth
冰冻混合物 frigorific mixture
冰冻货 frozen cargo
冰冻货物条款 frozen products clause
冰冻季(节) <日平均温度在 0℃或 32F 以下时的一段时期> freezing season
冰冻解冻法 freeze-thaw technique
冰冻龟裂形【地】frost polygon
冰冻喀斯特 cryokarst
冰冻量 amount of frost
冰冻裂缝 frost crack; frost fissure
冰冻裂解 disintegration by frost
冰冻裂隙 frost crack; frost fissure
冰冻隆起 freezing heave; frost heave; frost upheaval
冰冻隆胀 frost heave; frost heaving; spew frost
冰冻密封 frozen-seal
冰冻面 frost front; frost table
冰冻泥流 gelifluxion; gelisolifluction
冰冻凝结浓缩 freeze concentration
冰冻劈裂 frost splitting
冰冻平衡 frozen equilibrium
冰冻破坏 frost damage; frost attack
冰冻破坏堆积物 congeliturbate
冰冻破坏物质堆积作用 congeliturbation
冰冻瀑布 ice fall
冰冻期 duration of crystallization; freezing period; frost period
冰冻期的混凝土 concrete in freezing weather
冰冻期混凝土施工 concreting in freezing weather
冰冻气候 eternal frost climate
冰冻潜热 latent heat of freezing
冰冻切片 frozen section
冰冻侵蚀 frost attack
冰冻区 frost zone
冰冻曲线 freezing curve
冰冻圈 cryosphere
冰冻深度 depth of freezing; depth of frostline; depth of frost penetration; freezing depth; frost(-free) depth; frost penetration depth; frozen depth; penetration of frost
冰冻蚀刻 freeze etching
冰冻蚀刻法 freeze-etching technique
冰冻食品 frozen food
冰冻食品库 frozen food store

冰冻食物 frozen food
冰冻试验 freezing test
冰冻室 freezing chamber
冰冻水果 frozen fruit
冰冻水银模 mercast pattern
冰冻水银模熔模铸造法 frozen mercury process
冰冻水银模铸造 mercast process
冰冻损伤 frost damage
冰冻天气 freezing weather
冰冻天气使用的水泥 working concrete in frosty weather
冰冻条款 ice clause
冰冻推力 frost thrust
冰冻位 frost table
冰冻现象 frost phenomenon
冰冻线 freezing line;frost line
冰冻线标高 freezing level
冰冻学 cryology
冰冻夷平作用 equiplanation
冰冻引起的龟裂 frost-induced cracking
冰冻影响 frost effect
冰冻胀力 frost thrust
冰冻指数 <一个冰冻季中累计度一日曲线上,自最高点至最低点之差,以度一日计> freezing index
冰冻周期 ice period
冰冻铸法 freeze casting method
冰冻作用 action of frost;freezing action;frost action;frost effect;frozen action;gelivation
冰洞 ice cave;ice cavern
冰斗 amphitheater[amphithcatre];cirque;cirrie;coombe;glacial amphitheater [amphitheatre];glacial cirque;kar;zanoga
冰斗冰川 circus glacier;cirque glacier;corrie glacier
冰斗冰碛 cirque moraine
冰斗湖 cirque lake;corrie-lake;mountain tarn;tarn
冰斗基线 schrund line
冰斗阶地 cirque step;cirque terrace
冰斗切刻 cirque cutting
冰斗侵蚀 cirque erosion
冰斗台 cirque platform
冰斗台地 cirque terrace
冰斗削蚀 cirque cutting
冰斗状小穴 slade
冰斗状盐凹地(溶解形成)salt corrie
冰断面探测声呐 ice profile sonar
冰堆 embacle;hummock;ice blister;ice hanging dam;ice hummock;ice mound;kar
冰堆积 ice hummock;ice deposit
冰堆阶地 ice pushed terrace
冰堆石 moraine
冰吨 ice ton
冰盾 ice mantle;ice sheet;inland ice
冰锋 ice front
冰筏 ice raft(ing)
冰房 ice house
冰沸(现象)frost boil(ing)
冰分布图 ice chart
冰封 complete freezing;complete ice coverage
冰封的 glaciated;icebound;ice covered;iced
冰封港 ice-bound port;icebound harbo(u)r
冰封河道 ice-covered channel
冰封洪水预报 forecasting of ice jam flood
冰封湖 ice-covered lake
冰封期 freeze-up period;icebound season;ice laying;period of ice drifting
冰封区 icebound
冰封渠道 ice-covered channel
冰封水域 ice-infested water
冰封条款 ice clause
冰封着的 glaciated
冰封阻留 detention by ice
冰峰 serac
冰缝 water opening
冰敷 ice compress
冰浮托 ice uplift
冰斧 pickel
冰负荷 ice load(ing)
冰附过程 adfreezing
冰阜阶地 kame terrace
冰覆岛 ice covered island
冰覆盖 ice apron
冰覆盖渠道 ice-covered channel
冰覆面 ice apron
冰盖 glacial sheet;ice cap;ice carapace;ice cover;ice mantle;ice sheet;ice cake
冰盖层 ice covering
冰盖层裂缝 split of ice cover
冰盖气候 ice-cap climate
冰盖水位流量关系曲线 ice cover water-rating curve
冰盖系数 ice-cover coefficient
冰盖卸荷运动 unloading by ice melt
冰干法 cryochem
冰港 <由冰崖所围成的临时自然港> ice port
冰镐 ice ax(e);ice pick
冰隔 <因结冰而使土层分隔> ice segregation
冰隔作用 ice segregation
冰工程 ice engineering
冰工学 ice engineering
冰构黏[粘]土 glacial clay
冰谷 ice gorge
冰谷湖 glacial valley lake
冰冠 ice cap;ice carapace;ice mantle;ice cake
冰冠面伸长盆地 <其中有水塘> bagnoire
冰冠气候 ice-cap climate
冰管 ice tube
冰柜 chest freezer;deep freezer;ice chest;ice cuber box;ice tank;refrigerating cabinet
冰柜压缩机 compressor for freezer
冰棍 ice lolly;ice sucker
冰裹法 ice pack
冰海沉积 ice sea deposit
冰海的 glacial marine;glaciomarine
冰海图 ice chart
冰害 ice damage;ice trouble
冰河 glacier river;glacier stream;ice river;ice stream
冰河崩溃 ice breakup
冰河变异 eustasy
冰河冰碛物 glacial till
冰河沉积 glacio-alluvial deposit;glaciofluvial deposit
冰河沉积土 glacial-fluvial soil
冰河冲积层 glacial drift
冰河的 glaciofluvial
冰河的冰流 serac
冰河堤 ice rampart
冰河堆集成的小山 drumlin
冰河谷 rofla
冰河化 glaciation
冰河口砂质沉积 esker delta
冰河裂隙 crevasse
冰河漂积物 glaciofluvial drift
冰河期 glacial age;glacial epoch;glacial period;glacial stage
冰河期残遗物 glacial relict
冰河期前的 preglacial
冰河砂堆 eskar[esker]
冰河舌 <伸入海中的> glacier tongue
冰河时代 glacial age;ice age;ice period
冰河纹泥 varved glacial clay
冰河下的冰碛 subglacial moraine
冰河向下流部分 defluent
冰河消退而露出的区域 deglaciation
冰河形成的地形 fluvioglacial landform
冰河学 glaciology
冰河质的 glacial
冰核 ice nuclei;ice nucleus
冰核丘 pingo
冰荷载 ice load(ing)
冰轰声 ice boom
冰后高温期 altithermal
冰后期 post-glacial age;post-glacial period
冰后期沉积 post-glacial deposit
冰后期的高温期 altithermal
冰后温暖期 hypsithermal interval
冰后系 post-glacial system
冰后隙 bergschrund
冰厚 ice thickness;thickness of ice
冰厚测定 ice thickness measurement
冰厚测量 ice thickness measurement
冰湖 ice lake;polynya
冰湖沉积 glacial lake deposit
冰湖的 big clear;clearing glade;glaciolacustrine;ice clearing;polynia;regional clearing
冰花 cream ice;frazil slush;ice flowers;shuga;sludge floe;sludge ice
冰花玻璃 chipped glass;floral pattern glass;frosted glass;glue-etched glass;ice flower glass;ice patterned glass
冰花尺 sludge ruler
冰花干燥薄膜 frosted dried film
冰花厚度 sludge thickness
冰花密度 density of frazil slush
冰花石 moonstone
冰花折算系数 conversion factor of frazil slush;sludge adjustment factor
冰花装饰 ice decorating
冰花状玻璃 ice glass
冰花状构造 ice flower-like structure
冰滑动 ice creep;ice slip
冰化 geacification
冰化作用 glaciation
冰环 ice annulus;ice ring
冰回取螺旋输送机 ice recovery screw
冰混凝土 ice concrete;icecrete
冰机 fridge machine
冰积层 glacial deposit(e)
冰积粉土或岩粉 mo
冰积海岸 glacial deposition coast
冰积平原地下水 groundwater in apron plain
冰积丘 paha
冰积土 glacial deposit(e);glacial soil
冰积土演变 pagium
冰积物 glacial deposit(e);glacial till;ice-borne sediment;ice-deposited material;ice-laid deposit
冰积物样品 glacial sediment sample
冰积物异常 glacial overburden anomaly
冰积锥 ablation cone
冰级 ice class;ice classification
冰极 ice pole;pole of inaccessibility
冰挤压 ice nip;ice push
冰脊 ice(pushed)ridge;pressure ridge
冰夹层 ice band
冰夹带的沉淀物 ice-borne sediment
冰夹具 ice tongs
冰架 ice shelf;shelf ice
冰架界 limit of ice-shelf
冰间航道 flaw lead;ice channel;ice lane;open lead
冰间湖 ice clearing;polynya
冰间水道 ice lane;ice lead;land lane
冰间水路 ice crack
冰间水面 ice clearing;opening in ice;rasvodye;water opening
冰间死水道 blind lead;cul-de-sac(street)
冰间穴 ice clearing
冰笕 glacial chute
冰礁 ice reef;ice rock
冰角砾 ice breccia
冰脚 ballicatter;catter;ice foot
冰窖 cistern;firn basin;ice cave;ice house
冰窖贮藏 ice pit storage
冰阶 glacial stair(case)
冰接坡【地】ice contact slope
冰接三角洲 delta moraine;ice contact delta;morainal delta
冰结的 frost bound
冰结构 construction of ice;structure of ice
冰界 ice boundary;ice limit
冰界层状冰碛 ice contact stratified drift
冰界沉积 ice contact deposit
冰界三角洲 ice contact delta
冰进 glacier advance
冰进期 glacial epoch
冰进速度 glacial advance velocity
冰晶 frazil;frost lens;frost snow;kryogen;lolly ice
冰晶玻璃 cryolite glass
冰晶尘 diamond dust
冰晶粉 diamond dust
冰晶痕 ice crystal mark
冰晶化学 ice crystal chemistry
冰晶结合体 ice concrete
冰晶理论 ice crystal theory
冰晶霾 ice crystal haze
冰晶石 alumin(i)um fluoride;cryolite;Greenland spar;ice stone
冰晶石玻璃 cryolite glass
冰晶石矿床 cryolite deposit
冰晶体 ice crystal;ice lens
冰晶雾 ice crystal fog
冰晶效应 ice crystal effect
冰晶学说 ice crystal theory
冰晶印痕 ice crystal imprint
冰晶云 ice cloud crystal;ice crystal cloud
冰精蓝 kryogen blue
冰精棕 kryogen brown
冰井 dust well
冰静压力 <土或岩石中孔隙水结冰的> cryostatic pressure
冰臼 moulin
冰锯 ice saw
冰掘平原 ice scoured plain
冰卡表 ice calorimeter
冰坎 cross wall;rock bar
冰壳 frozen crust;glare ice;glass ice;ice cover;ice crust;ice rind;nilas;shell ice;cat ice <水位下降后所留下的>
冰刻沟 glacial groove
冰坑 cirque;corrie;kar
冰口(或冰川)崩落漂流的冰块 calf
冰库 ice chest;ice house;ice storage(bin);ice storage room;ice store
冰库百叶窗 bunker louver
冰库放气窗 bunker louver
冰库通风窗 bunker louver
冰块 ice block;ice body;ice cake;ice mass
冰块重叠 rafting
冰块叠挤 rafting
冰块分流 ice diversion
冰块夹 ice tongs
冰块间海面 water opening
冰块流速 ice floe velocity
冰块群 bergy;ice pack

冰块消融 ice disintegration
冰块拥塞 ice clogging;ice jam(ming)
冰块拥塞区 pressure ice area
冰筐 ice crate
冰况 ice condition;ice regime
冰况报告 ice report
冰况标准 ice criterion
冰况分布图 ice chart
冰况信号台 ice signal station
冰况侦察 ice reconnaissance
冰栏 ice apron;ice fender;ice guard;ice trap
冰冷藏车 ice-bunker refrigerated wagon
冰冷处理 cold quenching;cryothermal treatment;deep freezing
冰冷的 gelid;iced;icy;ice cold
冰冷风 icy wind
冰冷感 ice cold sense
冰冷凝器 ice condenser
冰冷却冷藏车 ice-cooled refrigerator car
冰冷天气 freezing weather
冰力 ice force
冰力学 ice mechanics
冰砾 rubble
冰砾壁 boulder well
冰砾堤 biasar
冰砾阜 cam;kame
冰砾阜阶地 kame terrace
冰砾孤阜 lone kame
冰砾孤丘 lone kame
冰砾列阜 boulder fan
冰砾泥 boulder clay;boulder mud;clay boulder;drift clay;glacial till
冰砾平原 kame plain
冰砾碛 kame moraine
冰砾岩 glacial conglomerate;ice conglomerate
冰粒 grain of ice;ice granule;ice particle
冰联结 ice bond
冰链 ice chain
冰量 amount of ice;ice amount;quantity of floating ice;volume of ice
冰裂 destruction of ice;flaw;ice break(-up);ice clearing
冰裂纹 cracked-ice pattern;ice crack
冰裂隙 crevasses of glacier
冰裂作用 calving
冰磷锰铵石 niahite
冰磷酸 glacial phosphoric acid
冰凌 ice slush;sleet and ice;slush
冰凌堆集 ice jam
冰凌运动 movement of ice
冰龄 age of ice
冰溜面 glacial pavement
冰溜通痕 remnants of glacial abrasion
冰流 block(of)ice;ice-drift(ing);ice flow;ice motion;ice run;ice stream;jokula;serac;stream of ice
冰流控制 ice control;ice flow control
冰流控制闸门 ice control gate
冰流量 ice discharge
冰流苏 <由植物茎渗出水分沉积凝结> ice fringe
冰隆 ice rise
冰麓 ice piedmont
冰轮廓探测声呐 ice profile sonar
冰脉 freezing vein;ice dike[dyke];ice vein;ice wedge
冰锚 ice anchor;ice drag;ice hook;Rodgers' anchor
冰锚桩 ice grouser
冰帽 glacial cap;glacier cap;ice cap;ice carapace;ice mantle
冰貌 ice topography
冰面的 superglacial
冰面湖 ice basin lake
冰面开裂 promojna
冰面融化 ablation
冰面水流 ice-surface stream;superglacial stream
冰面消融 ablation
冰面岩屑 supraglacial debris
冰面蒸发 evaporation from ice
冰摩擦 ice-caused abrasion
冰模 ice can;ice mo(u)ld
冰膜 ice coating;ice film
冰膜衣 ice coating
冰磨蚀 ice abrasion
冰蘑菇 ice pillar
冰漠 ice desert
冰漠气候 ice desert climate
冰内带 englacial zone
冰内河(流)englacial stream
冰内湖 englacial lake
冰内环境 englacial environment
冰内加盐百分数 percentage of weight of salt to ice
冰内碛 englacial till
冰内蠕变 englacial creep
冰内生物 pagon
冰内碎屑物 englacial debris
冰泥 ice slush;slob;slush
冰泥钙结核 ice slush concretion
冰泥浆 slush ice
冰泥砾岩 pellodite
冰泥流 slush ice run
冰泥下淌 slush ice run
冰凝 ice formation
冰凝结构 <固结体> ice concrete
冰凝器 butane cryophorus;cryophorus
冰凝值 cryolac number
冰排 ice floe;ice pack;ice raft
冰盘 ice float;ice floe;ice pan;ice plate
冰棚 ice foot
冰劈作用 congelifraction;gelivation;ice cutting action
冰皮 ice rind
冰片 borneol(flake);frazil ice
冰片丹 alodin
冰片烷 bornylane
冰漂浮 wind-drift of ice
冰坡 glacial slope
冰坡冰碛物 ice-side till
冰瀑 cascading glacier;glacial cascade;ice cascade;ice ledge
冰瀑布 ice fall
冰期 drift epoch;glacial age;glaciation;ice age;ice period;period of glaciation;proglacial;glacial epoch
冰期测流 flow measurement during freezing
冰期的 glacial
冰期海面升降 glacial eustasy
冰期海面下降 glacial lowering of sea level
冰期后的 post-glacial
冰期后地壳运动 post-glacial period crust movement
冰期气候 glacial climate
冰期前的 preglacial
冰期雪线 glacial age snow line
冰淇淋 ice cream
冰淇淋保藏柜 ice cream cabinet
冰淇淋碟 ice cream shell
冰淇淋冻结器 ice cream freezer
冰淇淋粉 dried ice cream mix;ice cream mix
冰淇淋柜 ice cream cabinet
冰淇淋冷冻机 ice cream freezer
冰淇淋桶 ice tub
冰碛 moraine;glacial moraine;ice-laid drift;glacial drift
冰碛坝 drift dam;morainal dam;moraine dam;morainic dam
冰碛冰 debris-laden ice
冰碛波状丘陵 till billow
冰碛擦痕 drift scratch
冰碛层 drift sheet;glacial alluvion;glacial layer
冰碛层影响 drift sheet influence
冰碛沉积(物)drift deposit;morainal deposit
冰碛的 morainal;morainic
冰碛地貌 kame terrain
冰碛地坪 moraine terrace
冰碛地形 drift topography;morainic topography
冰碛堆积物 drift
冰碛阜 cam;moraine kame;kame
冰碛阜阶地 kame terrace
冰碛埂 moraine bar
冰碛构造的 cryotectonics
冰碛海岸 glacial coast
冰碛湖 drift-dammed lake;morainal dam lake;moraine lake;morainic lake;proglacial lake
冰碛湖盆 drift lake basin
冰碛环 moraine loop
冰碛积集 morainal accumulation
冰碛脊 coteau
冰碛角砾岩 moraine breccia
冰碛阶地 kame terrace;moraine terrace
冰碛井 glacial drift well
冰碛砾石 morainal gravel
冰碛砾岩 glacial conglomerate
冰碛门廊 moraine terrace
冰碛泥炭 drift peat
冰碛黏[粘]土 moraine clay
冰碛平原 till plain
冰碛平原水系 deranged drainage
冰碛前平原 marginal plain
冰碛丘 sowback
冰碛丘陵 moraine hill
冰碛壤土 boulder loam
冰碛三角洲 morainal delta;morainic delta
冰碛沙丘 hill-island
冰碛砂 morainal sand
冰碛砂砾 glacial debris;morainal gravel
冰碛砂洲 moraine bar
冰碛山丘 moraine hill
冰碛扇 moraine fan
冰碛石 glacial drift
冰碛石屑 morainal chip(ping)s
冰碛石子 morainal gravel
冰碛碎石片 morainal chip(ping)s
冰碛图 drift map;glacial drift map
冰碛土 boulder clay;boulder loam;clay till;drift(ed)soil;glacial till;moraine(soil);morainic soil;till;lodg(e)ment till
冰碛土层 morainic soil layer
冰碛外的沉积 outwash
冰碛物 glacial debris;glacial deposit(e);glacial till;ice-deposited moraine;moraine debris;till
冰碛相 glacial drift facies
冰碛岩 tillite
冰碛堰 drift dam
冰碛堰塞湖 drift-barrier lake;moraine-dammed lake;drift-dam lake
冰碛阻塞湖 drift-barrier lake
冰铅 lead matte
冰前沉积(物)preglacial deposit
冰前冲积平原 frontal apron;frontal apron plain
冰前的 supraglacial;proglacial <指时间或空间>
冰前湖 marginal lake;preglacial lake
冰前平原 apron plain;frontal apron
冰前三角洲 proglacial delta
冰前沼 polynya
冰钳 ice tongs
冰钳式牵引弓 ice tongs traction bow
冰强度 strength of ice
冰墙 ice dike[dyke];ice wall
冰桥 ice bridge
冰切削器 ice cutter
冰侵蚀 ice erosion
冰情 ice condition;ice regime;ice situation
冰情报告 ice report
冰情查勘 ice reconnaissance
冰情电码 ice code
冰情分布图 ice chart
冰情观测 ice condition observation;ice regime observation
冰情观察组织 ice observation service
冰情广播 ice bulletin
冰情警报 ice warning
冰情勘查 ice reconnaissance
冰情图册 ice atlas
冰情图(例)ice atlas;ice chart;ice designations
冰情巡逻 ice patrol
冰情巡逻船 ice patrol vessel
冰情预报 forecast of ice condition;ice condition forecast;ice forecast(ing);ice prediction;ice regime forecast
冰情预报工作 ice forecasting service
冰情侦察 ice reconnaissance
冰穹 ice dome
冰丘 drumlin;ground ice mound;hammock;ice dome;ice hummock;ice mound
冰丘冰 hummocked ice
冰丘的形成 hummocking
冰丘脉 pressure ridge
冰丘群 floeberg
冰球 hockey puck;ice ball;puck <扁圆状>
冰球场 hockey area;ice hockey rink;rink
冰球队 rink
冰球杆 hockey stick
冰球计时器 ice hockey timer
冰球拍 ice hockey bat
冰球式蓄冷 encapsulated ice storage
冰区 ice region;ice zone
冰区岸边碎冰块 <漂动的> land trash
冰区边界 ice edge;ice limit
冰区船艺手册 ice seamanship manual
冰区浮标 ice buoy
冰区航行 ice navigation
冰区航行船 ice ship
冰区航行船级 ice classification of ships
冰区航行船艺 ice seamanship
冰区航行瞭望台 ice plank;spike plank
冰区加强船 ice-strengthened ship
冰区加强油轮 ice-strengthened tanker
冰区水道 ice channel
冰区图 ice chart
冰区引航员 ice master;ice pilot
冰区中间通向海岸的水道 land lane;land lead
冰泉 flood icing;flooding ice;ice blister;icing
冰裙 ice apron
冰群 embacle;hummock
冰群堆积 ice reefing
冰染 ice dy(e)ing
冰染法 ice colo(u)r process
冰染蓝 ice blue
冰染料 ice colo(u)r;ice dye
冰刃 ice edge
冰日 ice day
冰熔当量 ice melting equivalent
冰融泛滥 glacier outburst flood
冰融洪水 glacier outburst flood

冰融交替 alternation of freezing and thawing
冰融泥流作用 glaciosolifluction
冰融循环 cycle of freezing and thawing
冰融沼泽 ablation swamp
冰蠕变 ice creep
冰蠕动 ice creep
冰塞 blocking of ice; freeze-up; ice bar; ice blockage; ice clogging; ice gorge; ice jam
冰塞湖 glacier-dammed lake; ice-dammed lake
冰塞水位 ice jam stage
冰山 berg; glacial berg; iceberg; ice mound; ice mountain
冰山冰 berg ice
冰山侧面 glacier face
冰山沉积 berg deposit
冰山城 <美国安克雷奇的昵称> Iceberg City
冰山丛 ice massif
冰山警报 iceberg alarm
冰山漂积海图 drift map
冰山群 bergy; iceberg swarm
冰山输移 iceberg transportation
冰山水下部分 ram
冰山拖曳 iceberg towing
冰上的 superglacial
冰上滑艇 iceboat
冰上滑行游艇 ice yacht
冰上机场 ice airfield
冰上水 nasslood
冰上新冰层 nasslood
冰上雪深 snow depth on ice
冰上验潮孔 tide hole
冰上运动场 ice arena; ice rink; ice stadium; skating rink; water sport area
冰上钻进 glacial ice drilling
冰舌 glacier tongue; tongue
冰舌间碛 interlobate moraine; interlobular moraine
冰石 ice rock
冰石膏 raw gypsum
冰石台 glacier table
冰石盐 hydrohalite
冰蚀 glacial abrasion; glacial erosion; glacial wash; glaciation; ice abrasion; ice erosion; ice scrape
冰蚀槽 glacial trough
冰蚀的 ice worn
冰蚀地貌 glacial erosion landform
冰蚀地面 glaciated terrain
冰蚀洞 thawing hole
冰蚀高地 <北欧等地> fjeld
冰蚀高原 <北欧等地> fjeld
冰蚀谷 glacial carved valley; glaciated valley; glacial valley
冰蚀过程 glacial cycle
冰蚀海岸 glacial coast; glaciated coast
冰蚀河谷 glacial (carved) valley
冰蚀湖 glacial erosion lake
冰蚀极限 glaciation limit
冰蚀宽谷 <冰川拔削作用> urstromtal
冰蚀陆架 glacial shelf
冰蚀平原 glaciated plain; ice scoured plain
冰蚀小洞穴 cavetto
冰蚀悬谷 glacial hanging valley
冰蚀循环 cycle of glaciation; glacial (erosion) cycle
冰蚀沼池【地】fjell
冰蚀沼泽 fjell
冰蚀周期 glacial cycle
冰蚀作用 glacial denudation; ice scouring; plucking
冰室 ice chamber
冰室效应 icebox effect
冰霜 frozen fog
冰霜探测仪 ice and frost detector
冰霜探测装置 frost and ice detection system
冰水 ice water; melt water
冰水沉积 aqueoglacial deposit; fluvioglacial drift; outwash (drift); overwash
冰水沉积海岸 outwash coast
冰水沉积平原 apron; frontal apron; frontal plain; morainal apron; morainal plan; outwash apron; outwash plain; overwash plain; sandur; wash plain
冰水沉积裙 outwash apron
冰水沉积三角洲 outwash delta
冰水沉积扇 fan of outwash sediment; outwash fan; outwash apron
冰水沉积土 glacial-fluvial soil
冰水沉积物 fluvioglacial deposit; glacial outwash; glaciofluvial deposit; outwash deposit; sander aqueoglacial deposit
冰水沉积锥 outwash cone
冰水冲积阶地 fluvioglacial terrace
冰水冲积砾石 outwash gravel
冰水冲积平原 alluvial apron
冰水冲积平原沉积 glaciofluvial outwash plain deposit
冰水的 glaciofluvial; aqueoglacial
冰水地貌 glaciofluvial landform
冰水地形 fluvioglacial landfill
冰水堆积 fluvioglacial accumulation
冰水管 ice water pipe
冰水河(流) fluvioglacial river; fluvioglacial stream
冰水河流作用形成的地形 fluvioglacial landform
冰水洪积平原 overwash plain
冰水湖 glaciofluvial lake
冰水环境 glaciofluvial environment
冰水混合云 mixed(-state) cloud
冰水交错层 ice water alternating layers
冰水阶地 fluvioglacial terrace; glaciofluvial terrace
冰水界面 ice water interface
冰水径流 ice flow; ice runoff
冰水冷却器 chilled water cooler
冰水砾石 schotter
冰水泥 glacioaqueous clay
冰水漂积物 fluvioglacial drift
冰水漂碛 fluvioglacial drift
冰水平原沉积 outwash deposit; sandur deposit
冰水碛 glaciofluvial drift
冰水三角洲 glaciofluvial delta
冰水砂砾平原 wash plain
冰水扇 glaciofluvial fan
冰水扇形地【地】outwash fan; fan-outwash
冰水生成的 fluvioglacial
冰水试验 ice water test
冰水外冲平原 outwash plain
冰水外冲平原相 glaciofluvial outwash plain facies
冰水泄放道 ice pass
冰水致冷 ice water refrigeration
冰水作用的 fluvioglacial; glacioaqueous; glaciofluvial
冰似的 icy
冰凇 ice slush; rime ice; silver frost; ice feather
冰隧道 ice tunnel
冰塔 pinnacle; serac
冰滩 ice bar
冰糖 rock candy
冰糖搅拌机 icing beater
冰体 ice body
冰甜 sugar candy
冰条带 ice fringe
冰条纹 ice fringe; ice ribbon
冰铜 copper matte (regulus); matt(te)
冰铜产出率 matte-fall
冰桶 ice can; ice mo(u)ld
冰桶吊车 ice crane
冰桶架 ice can frame
冰桶绞车 ice can truck
冰桶排 ice can group
冰桶组 ice can group
冰透镜体 ice lens
冰图(集) ice atlas
冰推力 ice push; ice thrust
冰退 glacier recession
冰退速度 glacial recession velocity
冰退终碛 stadial moraine
冰挖作用 ice scouring
冰外缘沉积物 preglacial deposit
冰丸 ice pellets
冰围谷 amphitheater[amphithcatre]
冰围堰 ice cofferdam
冰位抬高 aggradation of (ice) level
冰温 temperature of ice
冰纹玻璃 iced glass; ice flower glass
冰纹外观 frosty wrinkled appearance
冰纹纸 ice paper
冰屋型货柜 igloo
冰坞 <在冰面开一船池保护过冬船不受压伤> ice dock
冰雾 frost flakes; frost fog; frozen fog; ice fog; pogonip; rime fog
冰析 <冰冻时水自土中形成纯冰析出> ice segregation; segregation of ice
冰隙 crevasse; hinge crack; ice crevasse; ice lane; polynya; weight crack
冰隙白霜 crevasse hoar
冰隙沉积 crevasse deposit
冰峡 ice gorge
冰峡谷 donga
冰下饱和潜水 under-ice saturation dive
冰下地形 subglacial landscape
冰下河流 subglacial river; subglacial stream; superglacial stream
冰下喷发 subglacial eruption
冰下潜水 diving under-ice; under-ice diving
冰下声呐 ice-covered sonar; overhead sonar
冰下水 subglacial water
冰下水道 subglacial channel
冰下水流 enclosed flow; underflow
冰下水系 subglacial drainage
冰下隧洞 under-ice tunnel
冰下消融 covered ablation
冰下消蚀 covered ablation
冰下炸礁 reef blasting under ice cover; under-ice reef blasting
冰下作业 under-ice work
冰限 ice limit
冰腺 ice gland
冰箱 chill box; cooler; domestic refrigerator; freezer; freezing chest; frig(e); ice box; ice chamber; ice chest; ice refrigerator; ice tank; reefer; refrigerating chamber; refrigerator
冰箱干燥过滤器 drier-filter of the refrigerator
冰箱冷冻室 ice box
冰箱能耗 refrigerator energy consumption
冰箱清洗剂 refrigerator cleaner
冰箱式空调器 icebox type air-conditioner
冰箱式蒸发器 ice bank evapo(u)rator
冰箱温度计 refrigerator thermometer
冰箱效应 icebox effect
冰箱型号 refrigerator model
冰箱压缩机电机 refrigerator compressor motor
冰箱用温度控制器 thermostat for refrigerator
冰箱用纸 refrigerator paper
冰箱贮液器 receiver of the refrigerator
冰箱组 refrigerator set
冰消过程 deglaciation
冰消耗 ice wastage
冰消期 deglacial; deglacial period
冰消融 ice wastage
冰消作用 deglaciation
冰楔 <永冻土内的楔形冰体> ice wedge; crystosphene
冰楔施工法 frost wedging
冰楔作用 frost wedging
冰携碎屑 ice rafted debris
冰屑 frazil; ice pieces; needle ice; screw ice
冰屑玻璃 stained glass
冰屑(泥)浆 frazil slush
冰芯抽灌系统 core sucking and filling system
冰蓄冷 ice-stored refrigeration
冰蓄冷空调 ice storage air conditioning
冰蓄冷系统 ice storage system
冰穴 glade; ice cave; ice pocket; polynya; regional clearing
冰雪 firn snow; snow ice
冰雪层 cryoconite horizon
冰雪带 cryoconite strip
冰雪的 krystic
冰雪地上已融化的小块地面 thawed patch
冰雪地质学 krystic geology
冰雪冻土学 cryology
冰雪浮游生物 cryoplankton
冰雪覆盖 cryoconite cover
冰雪工程 snow and ice engineering
冰雪荷载 sleet load; atmospheric icing and snow load
冰雪湖 cryogenic lake
冰雪界线 firn edge
冰雪孔 cryoconite hole
冰雪控制 snow-and-ice control
冰雪力学 snow and ice mechanics
冰雪气候 glacial climate; ice climate
冰雪碛纪【地】Drift period
冰雪区 firn area
冰雪圈 cryosphere
冰雪融化 snowbreak
冰雪融化水 melt snow and ice; melt water
冰雪融化天气 thawing weather
冰雪时期 cryogenic period
冰雪水文学 cryology
冰雪泻槽 slush ice chute
冰雪蓄水 snow storage
冰雪学 cryology
冰雪压力 ice snow pressure
冰雪硬度器 ramsonde
冰雪植物 cryophyte
冰雪植物群落 chionium
冰雪柱 serac
冰压脊 pressure ridge
冰压力 ice load(ing); ice pressure; ice thrust; pressure of ice
冰压实 ice compaction
冰崖 glacial cliff; ice cliff; ice front
冰岩 akbarum; aqualite; growler; ice-formed rock
冰岩学 cryology
冰盐 cryohydrate; cryosel; hydrohalite
冰盐比 ratio of ice to salt
冰盐点 cryohydric point
冰盐混合物 ice-salt mixture

冰堰 ice barrier
冰堰沉积物 preglacial deposit
冰堰湖 extra-moraine lake;extra-morainic lake;ice-dammed lake;proglacial lake
冰洋发电站 ice ocean power plant
冰样 ice sample
冰样的 glacial
冰窖 ice cellar
冰耀光 ice glow
冰野 ice field
冰衣【气】ice coating
冰移动 ice movement
冰移动速度 ice velocity
冰乙酸 glacial acetic acid
冰映光 ice blink;ice sky
冰映射 ice blink;ice sky
冰映云光 blink
冰壅 ice push;ice shove;ice thrust
冰壅回水 backwater from ice;backwater from(ice)jam
冰壅阶地 ice pushed terrace
冰壅凌汛 ice jam flood
冰壅水位 ice jam stage
冰壅台地 ice pushed terrace
冰泳 ice swimming
冰涌 ice gush
冰羽 frost feather;ice feather
冰雨 frozen rain;glazed frost;glazed rain;ice mantle;ice rain
冰浴器 ice bath
冰原 field of ice;ice bank;ice field;ice sheet;inland ice;neve
冰原冰 field ice
冰原带 ice field belt
冰原岛峰 nunatak
冰原反光 ice blink
冰原反气旋 glacial anti-cyclone;glacial high
冰原河 glacial stream;glacial river
冰原气候 frost climate;ice field climate
冰原上的反光 ice blink
冰原石山 nunatak
冰原植被 tundra vegetation
冰缘 ice barrier;ice boundary;ice edge;ice margin
冰缘沉积 marginal deposit
冰缘的 periglacial
冰缘地带 periglacial zone
冰缘地貌 periglacial landform
冰缘地貌学 periglacial geomorphology
冰缘湖 glacial marginal lake;marginal lake
冰缘宽谷 urstromthal
冰缘气候 periglacial climate
冰缘土溜 gelifluxion
冰缘湾 bight
冰源 ice floe
冰源河(流) glacial river;glacial stream;glacier river;glacier stream
冰运 ice transportation
冰灾 ice damage
冰载 ice transportation
冰錾 ice chisel;ice pick
冰凿 ice chisel;ice pick
冰增长率 ice growth rate
冰渣 ice scum
冰栅 ice foot;ice ledge;ice wall
冰杖 pickel
冰胀 ice push
冰障(碍) barrier ice;ice barrier;ice jam(ming);ice barrage
冰沼湖 polynia[polynya]
冰沼土 tundra soil
冰沼植物 tundra vegetation
冰针 ice needle;ice prisms;ice spicule
冰针团 ice slush
冰针现象 frazilization
冰砧 ice anvil
冰阵雨 icy shower
冰震 ice quake
冰蒸发量 ice evapo(u)ration
冰脂 ice fat
冰中航路 <通向海岸的> land lane
冰种瓯穴 chimney
冰洲晶石 Iceland spar
冰洲石 calc-spar;double refracting spar;iceland crystal
冰洲石矿床 iceland spar deposit
冰珠 sleet
冰柱 icicle
冰柱形的 icicle shaped
冰铸 ice mo(u)ld
冰状玻璃 ice glass
冰状物 ice
冰锥 ablation cone;ice cone;pingo
冰锥群 ice pinnacles
冰锥数 ice cone number
冰锥体积 volume of ice cone
冰坠 ice avalanche
冰桌 glacier table
冰阻 blocking of ice;ice barrier;ice clogging;ice gorge;ice jam(ming)
冰阻造成的洪水 ice barrier flood
冰钻 ice auger;ice bore;ice drill
冰钻孔 ice bore
冰钻头 ice cutter
冰作用 ice action

兵

兵队 corps
兵法 tactics
兵工厂 armory;arms plant;arsenal;defense[defence] factory;munitions factory;ordnance factory;ordnance works
兵舰 war ship
兵马俑 terra-cotta warriors
兵器 arms;ordnance;weapon(ry)
兵器群 battery
兵器误差 armament error
兵险 insurance for war risks;war risk
兵险特约条款 man-of-war
兵险条款 war risk clause
兵要地志 descriptive information;military geography;terrain study
兵蚁 dinergate;soldier
兵营 barrack;military camp
兵营船 barracks ship
兵营房间 barracks room
兵营房子 barracks block
兵营建造 barracks construction
兵站 cantonment;depot
兵站医务所 camp infirmary

丙

丙氨基甲酸乙酯 propyl urethane
丙氨菌素 alanosin
丙氨酸 alanine;lactamic acid
丙氨酸丁氨酸硫醚 cystathionine
丙氨酸丁氨酸硒醚 selenocystathionine
丙氨酰 alanyl
丙胺 propyl amine;tertiary amine
丙胺苯丙酮 propafenone
丙苯 propyl benzene phenylpropane
丙苯溶解度 solution propylbenzene
丙层(土) <由母岩风化而成的风化层> C-horizon
丙醇 propanol;propyl alcohol;tertiary alcohol
丙醇二酸 hydroxymalonic acid
丙醇二酸氢盐 ditartronate
丙醇锂 lithium propoxide
丙醇镁 magnesium propoxide
丙醇酸 lactic acid
丙醇酮酸 propanolon acid
丙醇盐 propylate
丙碘酮 propyl iodone
丙电池组 C-battery
丙电源 C-power supply
丙丁烷碳同位素值间距 separation of propane butane ethane carbon isotope value
丙对苯 propylparaben;propyl parahydroxybenzoate
丙二胺 propylene diamine
丙二胺四乙酸 trimethylen-edinitrilotetraacetic acid
丙二醇 propylene glycol
丙二醇单丙烯酸酯 propylene glycol monoacrylate
丙二醇二蓖麻油酸酯 propylene glycol diricinoleate
丙二醇二乙酸酯 propylene glycol diacetate
丙二醇甲基醚 methyl proxitol
丙二醇甲基醚乙酸酯 methyl proxitol acetate
丙二醇聚醚 polyether dials
丙二醇一硬脂酸酯 propylene glycol monostearate
丙二腈 malononitrile
丙二酸 malonic acid;methanedicarbonic acid;propandioic acid;propane diacid
丙二酸半醛 malonic semi-aldehyde
丙二酸半酰胺 half amide of malonic acid
丙二酸丁乙酯 butyl ethyl malonate
丙二酸二苯酯 diphenyl malonate
丙二酸二丙酯 dipropyl malonate
丙二酸二丁酯 dibutyl malonate
丙二酸二甲酯 dimethyl malenate
丙二酸二乙酯 diethyl malonate;ethyl malonate;malonic ester
丙二酸酐 malonic anhydride
丙二酸根 malonate
丙二酸钠 sodium malonate
丙二酸氢盐 bimalonate
丙二酸三氯丁基酯 trichloro-butyl malonate
丙二酸铊 thallous malonate
丙二酸盐 malonate
丙二酸酯 malonate;malonic ester
丙二羧酸 propane dicarboxylic acid
丙二酮 propanedione
丙二烯 allene;propadiene
丙二烯聚合物 allene polymer
丙二烯系 allenolic series
丙二烯(系)化合物 allenic compound
丙二烯系烃 allenic hydrocarbon
丙二酰 malonyl
丙二酰胺 malonamide;propane diamine
丙二酰基 malonyl
丙二酰脲 malonyl urea
丙方 party C;the third party
丙硅烷 silicopropane;trisilane
丙硅烷基 trisilanyl
丙癸溴铵 prodeconium bromide
丙环氨酯 procymate
丙环定 procyclidine
丙磺舒 benemid
丙磺酸内酯 propane sultone
丙基 propyl
丙基苯 propyl benzene
丙基苄基甲酮 propyl benzyl ketone
丙基苄基纤维素 propyl benzyl cellulose
丙基丙二酸 propylmalonic acid
丙基碘 propyl iodide
丙基丁二酸 propyl succinic acid
丙基二辛基胺 propyldioctylamine
丙基环己烷 propyl cyclohexane
丙基芥子油 propyl mustard oil
丙基硫代焦磷酸酯 propylthiopyrophosphate
丙基卤 propyl halide
丙基氯 propyl chloride
丙基醚 propyl ether
丙基氰 propyl cyanide
丙基溶纤剂 propyl cellosolve
丙基三甲基硅 propyl-trimethylsilicane
丙基三氯硅 propyl-trichlorosilicane
丙基三乙基硅 propyl-triethylsilicane
丙基三乙氧基硅 propyl-triethoxysilicane
丙基纤维素 propyl cellulose
丙基硝胺 propylnitramine
丙基硝肟酸 propyl nitrolic acid
丙基溴 propyl bromide
丙基乙二醇 propyl glycol
丙基乙酸 propyl-acetic acid
丙基乙烯 propyl ethylene
丙基乙酰乙酸乙酯 ethyl propyl-acetoacetate
丙基增效剂 propylisome
丙级道路 <联邦资助城市区道路> C system
丙级分隔 C class division
丙交酯 lactide
丙阶段 C-stage
丙阶酚醛树脂 bakelite C;resite;resit(ol);resolite
丙阶树脂 C-stage resin
丙类 C-class
丙类电路 class C circuit
丙类放大 class C amplification
丙类钢 C-type steel
丙类功率放大器 class C power amplifier
丙硫硫胺 prosultiamine;thiamine propyldisulfide
丙硫咪唑 albendazole
丙硫脲 propyl thiourea
丙硫喷地 prothipendyl
丙硫酮 thioacetone
丙纶地毯 polyproplylene-fibre carpet
丙醚 propyl ether
丙内酯 lactide;propiolactone
丙凝 <化学灌浆剂> acrylamide
丙凝灌浆 acrylamide grouting
丙凝化灌材料 AM-9
丙凝注浆材料 acrylamide base injecting paste
丙帕硝酯 propatylnitrate
丙醛 propionaldehyde;propionic aldehyde
丙醛酸 malonaldehydic acid
丙醛糖 aldotriose
丙醛肟 propionaldoxime
丙炔 allylene;methyl acetylene;propine[propyne]
丙炔醇 propiolic alcohol
丙炔化氧 allylene oxide
丙炔基 propinyl
丙炔腈 cyanoacetylene
丙炔钠 sodium methyl-acetylide
丙炔醛 acraldehyde
丙炔酸 propargylic acid;propine acid;propiolic acid
丙炔酸系 propiolic acid series
丙炔酸乙酯 ethyl propiolate
丙炔替丁 etintidine
丙炔酰 propioloyl
丙三醇 glycerin(e);glycerol;glyceryl alcohol
丙三醇环氧树脂 glycerol epoxy resin
丙三醇-邻苯二甲酐树脂 glyptal
丙三羧酸 tricarballylic acid
丙三酯 glyceryl ester
丙四羧酸四乙酯 tetraethyl propanetetracarboxylate

B

丙酸 propionic acid
丙酸苯汞 phenylmercuric propionate
丙酸苯酯 phenyl propionate
丙酸丙酯 propyl propionate
丙酸丁酯 butyl propionate
丙酸钙 calcium propionate
丙酸酐 propionic anhydride
丙酸基 propionyloxy
丙酸甲酯 methyl propionate
丙酸钾 potassium propionate
丙酸钠 sodium propionate
丙酸戊酯 amyl propionate
丙酸烯丙酯 allyl propionate
丙酸纤维(素) cellulose propionate
丙酸旋性戊酯 active amyl propionate
丙酸盐 propionate
丙酸乙内酰脲 hydantoin propionate
丙酸乙酯 ethyl propionate; propionic ether
丙酸异丙酯 isopropyl propionate
丙酸异丁酯 isobutyl propionate
丙酸异戊酯 isoamyl propionate
丙酸铀酰 uranyl propionate
丙酸酯 propionate
丙酸仲丁酯 sec-butyl propionate
丙糖 triose
丙替嗪酸 protizinic acid
丙酮 acetone; dimethyl ketone; propanone
丙酮胺 acetone amine
丙酮苯脱蜡法 acetone-benzol process
丙酮苯脱蜡装置 acetone-benzol dewaxing plant
丙酮苯腙 acetone phenylhydrazone
丙酮醇 acetol
丙酮的 acetonic
丙酮丁醇细菌 acetone-butanol bacteria
丙酮二氯甲烷溶剂 acetone-methylene chloride solvent
丙酮二酸 mesoxalic acid
丙酮二酸钙 calcium mesoxalate
丙酮二羧酸 acetone dicarboxylic acid
丙酮二乙酸 acetone-diacetic acid
丙酮合氰化氢 acetone cyanohydrin
丙酮化合物 acetonide
丙酮化作用 acetonation
丙酮基 acetonyl
丙酮基胺 acetonylamine
丙酮基丙酮 acetonyl acetone
丙酮基脲 acetonyl urea
丙酮甲醛树脂 acetone-formaldehyde resin
丙酮腈 pyruvonitrile
丙酮精馏塔 ketone fractionator
丙酮糠醛树脂 acetone-furfural resin
丙酮冷凝器 ketone condenser
丙酮氯仿 acetone chloroform
丙酮宁 acetonide
丙酮氰醇 acetone cyanohydrin
丙酮醛 pyroracemic aldehyde
丙酮热解 acetone pyrolysis
丙酮溶液 acetone solution
丙酮树脂 acetone resin
丙酮数 <涂油干后使表面呈现阴暗状态所需的丙酮,以克计> acetone number
丙酮酸 pyruvic acid
丙酮酸甲酯 methyl pyruvate
丙酮酸盐 acetonate; pyruvate
丙酮酸乙酯 ethyl pyruvate
丙酮提取物 acetone extract
丙酮提余物 acetone raffinate
丙酮肟 acetoneoxime; acetoxime
丙酮酰 pyruvoyl
丙酮酰胺 pyroracemamide
丙酮油 acetone oil
丙酮值 acetone number; acetone value
丙酮中毒 acetone poisoning

丙烷 propane
丙烷丙烯馏分 propane-propylene fraction
丙烷萃取分离 propane fractionation
丙烷地沥青 propane asphalt
丙烷阀 propane valve
丙烷分馏 propane fractionation
丙烷分馏器 propane fractionator
丙烷辅助起动成套装置 propane kit
丙烷干燥 propane drying
丙烷干燥器 propane dryer[drier]
丙烷罐 propane container
丙烷加热干燥设备 propane-heated drier unit
丙烷加热烙铁 propane soldering iron
丙烷加热农产品干燥机 propane crop drier
丙烷加热器 propane gas heater; propane burner
丙烷空气混合气 propane-air mixture
丙烷冷冻设备 propane refrigeration unit
丙烷馏除 depropanize
丙烷馏除器 depropanizer
丙烷喷灯 propane blowlamp
丙烷瓶 propane bottle
丙烷气 propane gas
丙烷(气)灯光浮标 propane gas lighted buoy
丙烷(气)灯光浮筒 propane gas lighted buoy
丙烷气泡室 propane bubble chamber
丙烷切割 propane gas cutting
丙烷四羧酸 propane tetracarboxylic acid
丙烷脱蜡 propane dewaxing
丙烷脱蜡过程 propane dewaxing process
丙烷脱沥青 propane asphalt; propane deasphalting
丙烷脱沥青的沥青 propane deasphalted asphalt
丙烷脱沥青油 propane deasphalted oil
丙烷脱碳法 propane decarbonizing
丙烷预冷混合制冷剂天然气液化工艺流程 propane pre-cooled mixed refrigerant cycle liquefaction process
丙烷蒸发器 propane evapo(u)rator
丙戊酸 valproic acid
丙戊酸钠 sodium vedproate
丙戊酰胺 valpromide
丙戊酰脲 apronal
丙烯 acrylic; propene; propylene
丙烯-(2-)基 allyl
丙烯成品 propylene product
丙烯醇酸 glucic acid
丙烯丁二烯橡胶 acrylate butadiene rubber; propylene butadiene rubber
丙烯二羧酸 propene dicarboxylic acid
丙烯画 acrylic painting
丙烯磺酸钠 sodium allylsulfonate
丙烯基 isoallyl; propenyl
丙烯基苯 propenylbenzene
丙烯基酚 propenyl phenol
丙烯基腈 propenyl cyanide
丙烯基硫醇 propene thiol
丙烯基纤维素 albylcellulose
丙烯基乙基醚 propenyl ethyl ether
丙烯建筑胶合料 acrylic building mastic
丙烯建筑玛琋脂 acrylic building mastic
丙烯腈 vinyl cyanide; acrylonitrile
丙烯腈苯乙烯 acrylonitrile styrene
丙烯腈苯乙烯丙烯酸酯共聚物 acrylonitrile-styrene acrylic
丙烯腈苯乙烯共聚物 acrylonitrile-styrene copolymer
丙烯腈苯乙烯树脂 acrylonitrile-styrene resin
丙烯腈丙烯酸酯苯乙烯共聚物【化】acrylonitrile-acrylate-styrene copolymer; acrylonitrile-acrylic styrene copolymer
丙烯腈丁二烯苯乙烯共聚物 acrylonitrile-butadiene-styrene copolymer
丙烯腈丁二烯苯乙烯三元共聚物 acrylonitrile-butadiene-styrene
丙烯腈丁二烯-苯乙烯树脂 acrylonitrile butadiene styrene resin
丙烯腈丁二烯苯乙烯(塑料) acrylonitrile-butadiene-styrene
丙烯腈丁二烯橡胶【化】acrylonitrile-butadiene rubber
丙烯腈二乙烯丁二烯树脂 acrylonitrile butadiene styrene resin
丙烯腈共聚物 acrylonitrile copolymer
丙烯腈系长丝 acrylic continuous filament
丙烯腈系纤维 acrylic fiber[fibre]
丙烯腈橡胶 acryl(ic)-nitrile rubber
丙烯腈异戊二烯橡胶 acrylonitrile isoprene rubber
丙烯腈中毒 acrylonitrile poisoning
丙烯均聚物 Noblen
丙烯类树脂 propylene resin
丙烯硫醚 thio-propenyl ether
丙烯脒 acrylamidine
丙烯密封剂 acrylic sealant; acrylic seal(er)
丙烯密封料 acrylic sealant
丙烯醛 acrolein; acrylaldehyde; acrylic aldehyde; allyl aldehyde
丙烯醛二聚物 acrolein dimer
丙烯醛基 acryl
丙烯醛聚合物 acrolein polymer
丙烯醛氰醇 acrolein cyanohydrin
丙烯醛试验 acrolein test
丙烯醛树脂 acrolein resin
丙烯醛中毒 acrolein poisoning
丙烯乳液 acrylic latex
丙烯三羧酸 aconitic acid
丙烯三羧酸三丁酯 tributyl aconitate
丙烯树脂 acrylic resin; allyl resin
丙烯树脂分散系 acrylic resin dispersion
丙烯树脂基 acrylic resin base
丙烯树脂悬浮体 acrylic resin dispersion
丙烯塑胶板 acrylic panel
丙烯塑料 propylene plastics
丙烯塑料板 acrylic panel; acrylic plastic board
丙烯塑料波纹板 acrylic plastic corrugated board
丙烯塑料瓦楞板 acrylic plastic corrugated board
丙烯塑料浴盆 acrylic plastic (bath) tub
丙烯塑料圆顶天窗 acrylic plastic domed rooflight
丙烯酸 acrylic acid
丙烯酸-2-乙基己酯 two-ethyl hexyl acrylate
丙烯酸板 acrylic panel
丙烯酸半光烘干水溶性漆 acrylic semi-gloss water soluble baking paint
丙烯酸苯汞 phenylmercuric acrylate
丙烯酸苄酯 benzyl acrylate
丙烯酸表面密封材料 acrylic bulk compound
丙烯酸瓷漆 acrylic enamel; acrylic glazing
丙烯酸瓷釉 acrylic enamel
丙烯酸单体 acrylic monomer
丙烯酸低温烘清漆 acrylic low-temperature baking varnish

丙烯酸底漆 acrylic primer
丙烯酸丁二烯橡胶 acrylate-butadiene rubber
丙烯酸丁酯 butyl acrylate
丙烯酸(防潮)玛琋脂 acrylic building mastic
丙烯酸废水 acrylic(acid) wastewater
丙烯酸改性氨基烘清漆 acrylic modified amino-alkyd baking varnish
丙烯酸改性醇酸树脂 acrylic modified alkyd
丙烯酸改性过氯乙烯瓷漆 acrylic modified vinyl perchloride enamel
丙烯酸改性聚氨酯 acrylic polyurethane
丙烯酸改性硝基清漆 acrylic modified nitrocellulose lacquer
丙烯酸钙 <土壤稳定剂> calcium acrylate
丙烯酸钙处理 <化学灌浆> calcium acrylate treatment
丙烯酸酐 acrylic anhydride
丙烯酸共聚物 acrylic copolymer; orlon
丙烯酸合成树脂漆 acrylate resin enamel paint
丙烯酸烘干锤纹漆 acrylic baking hammer finish
丙烯酸烘干瓷漆 acrylic baking enamel
丙烯酸烘干清漆 acrylic baking varnish
丙烯酸烘漆 acrylic baking paint
丙烯酸烘漆稀释剂 thinner for acrylic baking coating
丙烯酸环氧烘漆 acrylic epoxy baking paint
丙烯酸环氧树脂 acrylic epoxy resin
丙烯酸挥发性漆 acrylic lacquer
丙烯酸剂 acryloid
丙烯酸甲酯 methyl acrylate
丙烯酸浆料 acrylic size
丙烯酸胶 acrylic glue
丙烯酸胶乳 acrylic latex
丙烯酸金属烘漆 acrylic metallic baking paint
丙烯酸浸渍木地板 acrylic-wood flooring
丙烯酸静电烘干瓷漆 acrylic electro static spraying baking enamel
丙烯酸静电烘清漆 acrylic electro static spraying baking varnish
丙烯酸桔皮瓷漆 acrylic orange peel enamel
丙烯酸桔纹漆 acrylic orange-figured paint
丙烯酸聚氨酯瓷漆 acrylic polyurethane enamel
丙烯酸聚氨酯漆 acrylic polyurethane coating
丙烯酸聚氨酯外墙面漆 acrylic polyurethane wall paint-exterior
丙烯酸聚合电解质 acrylic polyelectrolyte
丙烯酸聚合物 acrylate copolymer; acrylic polymer
丙烯酸聚氯乙烯 acrylic polyvinyl chloride
丙烯酸快干烘漆 acrylic quick drying baking paint
丙烯酸快干烘清漆 acrylic quick drying baking varnish
丙烯酸类聚电解质 acrylic polyelectrolyte
丙烯酸类聚合物 catalin
丙烯酸类热塑性树脂 acrylics thermoplastic resin
丙烯酸类乳液 acrylic emulsion
丙烯酸类树脂 acrylic resin
丙烯酸类塑料 acrylic plastics

丙烯酸类塑料块 acrylic plastic cube
丙烯酸类纤维 acrylic fiber[fibre]
丙烯酸类橡胶 acrylic rubber
丙烯酸联苯酯 biphenyl acrylate
丙烯酸抹灰 acrylic plastering
丙烯酸木地板 acryl-wood flooring
丙烯酸黏[粘]合剂 acryloid cement
丙烯酸黏[粘]合乳剂 acrylic emulsion binder
丙烯酸黏[粘]结剂 acrylic adhesive
丙烯酸片 acrylic sheet
丙烯酸漆 acrylic paint
丙烯酸嵌缝膏 acrylic polymer based sealant;acrylic sealant
丙烯酸墙封 acrylic wall sealer
丙烯酸羟丙酯 hydroxypropyl acrylate
丙烯酸羟乙酯 hydroxyethyl acrylate
丙烯酸氢糠酯 tetrahydrofarfuryl acrylate
丙烯酸清漆 acrylic lacquer; acrylic varnish
丙烯酸染料 acrylic colo(u)r
丙烯酸乳胶 acrylic based emulsion
丙烯酸乳胶漆 acrylic latex coating
丙烯酸乳液 acrylic based emulsion
丙烯酸乳液增稠剂 acrylic emulsion thickener
丙烯酸闪光漆 acrylic flashing paint
丙烯酸树脂 acrylic resin;acryl resin
丙烯酸树脂表面密封剂 acrylic sealant
丙烯酸树脂混凝土 acrylic resin concrete
丙烯酸树脂基团 acrylic base
丙烯酸树脂浆 acrylic syrup
丙烯酸树脂漆 acrylic resin paint
丙烯酸树脂清漆 acrylic coating
丙烯酸树脂溶剂 acryloid
丙烯酸树脂乳剂 acrysol
丙烯酸树脂乳胶 acrylic resin emulsion
丙烯酸树脂涂料 acrylic resin paint
丙烯酸树脂系烘烤瓷漆 acrylic baking enamel
丙烯酸水性腻子 acrylic water based putty
丙烯酸塑料板 acrylic plastic sheet
丙烯酸塑料膜玻璃贴面 acrylic plastic glaze
丙烯酸塑料漆 acrylic coating for plastics
丙烯酸酸性涂料 acrylic acid paint
丙烯酸缩水甘油酯 glycidyl acrylate
丙烯酸填充性树脂 acrylic packing resin
丙烯酸透明烘干水溶性漆 acrylic water-soluble transparent baking paint
丙烯酸透明烘漆 acrylic baking transparent paint
丙烯酸涂覆光纤 acrylic coated fiber
丙烯酸涂灰 acrylic plastering
丙烯酸涂料 acrylic paint
丙烯酸涂料印花黏[粘]合剂 acrylic binder for pigment printing
丙烯酸外墙涂料 acrylic wall paint
丙烯酸外用瓷漆 acrylic outdoor enamel
丙烯酸外用清漆 acrylic outdoor varnish
丙烯酸烷基酯 alkyl-acrylate
丙烯酸屋顶采光板 acrylic roof lighting sheet
丙烯酸屋面采光瓦 acrylic tile
丙烯酸无光烘干水溶性漆 acrylic matte water soluble baking paint
丙烯酸系 acrylic acid series
丙烯酸系玻璃塑料 acrylic plastic glaze
丙烯酸系彩色水泥(砂浆)涂料 acrylic lithin coating
丙烯酸系列 oleic series
丙烯酸系乳化漆 acrylic emulsion paint
丙烯酸系树脂 acrylic resin
丙烯酸系塑料涂膜 acrylic plastic glaze
丙烯酸系透明塑料 acrylic plastics
丙烯酸系纤维 acrylic fiber[fibre]
丙烯酸酰胺 acrylic acid amide
丙烯酸硝基清漆 acrylic nitrocellulose lacquer
丙烯酸盐 acrylate
丙烯酸盐基 acrylate-based; acrylic ester-based
丙烯酸衍生物的 acrylic
丙烯酸乙酯 ethyl acrylate
丙烯酸异丁酯 isobutyl acrylate
丙烯酸异辛酯 ethyl hexyl acrylate
丙烯酸硬脂酸盐 acrylic stearate
丙烯酸有机玻璃 acrylic glass;acrylic plastic glazing
丙烯酸有机玻璃板 acrylic sheet
丙烯酸有机玻璃透镜 acrylic lens
丙烯酸酯 acrylic ester
丙烯酸酯-苯乙烯-丙烯腈树脂 acrylate-styrene-acrylonitrile resin
丙烯酸酯改性聚氯乙烯 acrylate modified PVC
丙烯酸酯共聚浆料 copoly acrylate paste
丙烯酸酯共聚物 acrylate copolymer
丙烯酸酯基 acrylate-based; acrylic base;acrylic ester-based
丙烯酸酯类 acrylics; methylmetalcrylates
丙烯酸酯类有机玻璃 acryl glass
丙烯酸酯-氯乙烯-乙烯-乙酸乙烯加压聚合物 acrylate-vinyl chloride ethylene-vinyl acetate pressure polymer
丙烯酸酯密封膏 acrylate sealing paste;acrylic sealant
丙烯酸酯乳液 acrylate emulsion; acrylic ester emulsion
丙烯酸酯三聚密封胶 acrylic terpolymer sealant
丙烯酸酯树脂 acrylate resin
丙烯酸酯塑料涂料 acrylate plastic paint
丙烯酸酯涂覆光纤 acrylate coated fiber
丙烯酸酯与丁二烯共聚物 copolymer of acrylate and butadiene
丙烯酸酯罩冠 acrylic veneer crown
丙烯酸自干闪光漆 acrylic brilliant paint
丙烯碳酸脂 propylene carbonate
丙烯涂料 acrylic plastering
丙烯纤维 tacryl
丙烯纤维废水 acrylic fiber wastewater
丙烯酰 acryloyl
丙烯酰胺 <化学灌浆剂> acrylamide
丙烯酰胺堵漏 <一种化学灌浆剂> acrylamide base injecting paste
丙烯酰胺共聚物 acrylamide copolymer
丙烯酰胺灌浆 acrylamide grouting
丙烯酰胺化灌材料 AM-9
丙烯酰胺染料 acrylamide dye
丙烯酰氯 acryloyl chloride
丙烯橡胶糊剂 acrylic rubber paste
丙烯有机玻璃 plexiglass
丙烯酯废物 acrylonitrile waste
丙烯酯分散系 acrylic dispersion
丙烯酯化合物 acrylic compound
丙烯酯混凝土 acrylic concrete
丙烯酯胶合铺料 acrylic mastic
丙烯酯密封剂 acrylic bulk compound
丙烯酯密封料 acrylic (resin) sealing compound
丙烯酯涂层 acrylic coating
丙烯酯悬浮体 acrylic dispersion
丙酰胺 propionamide
丙酰胺基 propionamido-
丙酰胺酸 malonamic acid
丙酰胆碱 propionylcholine
丙酰碘 propionyl iodide
丙酰基 propiono;propionyl group
丙酰氯 propionyl chloride
丙线 C-wire
丙氧化物 propoxide
丙氧基化物 propoxylate
丙氧基化作用 propoxylation
丙银汞膏 moschellandsbergite
丙酯 propyl ester
丙种射线 gamma ray
丙种射线场 gamma field

柄 haft;hand grip;helve;keeper;lever;lug;shank <柱、杆、螺栓等的>

柄臂 shaft arm
柄部 shank;stalk portion
柄操纵 lever
柄的导承 stem guide
柄根 tang
柄后腹 gaster
柄夹 spindle clamp
柄尖 toe
柄脚 tang
柄接 coak
柄节 scape
柄绝缘自动剥线器 automatic wire stripper;handle-insulated
柄孔 delthyrium
柄孔盖 deltidium
柄圈 helve ring
柄生孢子 stylospore
柄式铰刀 shank type reamer
柄式锁闭 lever locking
柄式铣刀 shank(type) milling cutter; stocking cutter
柄榫头 hold
柄体 handle body
柄锈菌属 <拉> puccinia
柄直径 shank diameter
柄轴 arbor
柄轴接头 arbor adapter
柄轴连接 arbor adapter
柄轴凸缘 arbor flange
柄轴外端 outside end of arbour
柄轴支架 arbor support
柄轴轴承衬套 arbor bearing sleeve
柄状狭长地带 pan handle
柄座壳属 <拉> Kretzschmaria

饼分图 pie diagram

饼干制造 biscuit manufacture
饼块染迹试验 <鉴定沥青混凝土含油量的> pat stain test
饼块试验 <测定水泥安定性> pat test
饼坯 biscuit
饼式绕组 pie;pie winding
饼式试样 wafer
饼式天线 pancake loop
饼式线圈 cross-over coil;pie
饼形管座 wafer(socket)
饼形试件试验 pat test
饼形天线 cheese(box) antenna
饼形图 pie graph
饼形线圈 pancake coil
饼状冰 ice pan; lily pad ice; pan(cake) ice;plate ice
饼状冰块 pancake ice
饼状虫胶 cake lac
饼状的 lenticular;lentiform
饼状灯 pancake light
饼状过滤 cake filtration
饼状图 pie graph
饼状物 cake
饼状岩芯 cake core

禀能 intrinsic(al) energy

禀性方程 intrinsic(al) equation
禀性曲线 <即莫尔圆包络线> intrinsic(al) curve

并车装置 joint operating device; joint operation device; synchronizer

并串行 parallel serial
并串行变换 parallel serial conversion
并串行操作 parallel serial operation
并串行方式 parallel serial mode
并串行计算机 parallel serial computer
并串行寄存器 parallel serial register
并串行转换 parallel(to) serial conversion
并串行转换电路 deserializer
并串行转换器 serializer
并串联 multiple series;parallel serial connection
并串联爆破线路 parallel series blasting circuit
并串联变换器 parallel to serial converter
并串联电容器组 multiple series capacitor
并串联接线法 parallel series connection
并串联转换开关 parallel serial switch; parallel series switch
并串联转换器 parallel to serial converter
并串联转换元件 dynamicizer
并串语句 string statement
并存荷载 concurrent loading
并存条款 condition concurrent
并存性【计】compatibility
并存延续带 concatenate-range zone
并存意识 co-consciousness
并到一起 joining
并地增值 plottage increment
并掉列板 drop strake
并发 concurrence; super-induction; supervene;synchronism
并发程序设计 concurrent program(me) design
并发的 accompanying;concurrent
并发固化 concurrent curing
并发关系 concurrency relation
并发进程 concurrent process
并发控制 concurrent control
并发位 syndrome
并纺纤维 drawn fiber
并沟线夹 parallel-groove clamp
并股无捻积纱 conventional roving
并柜卸载 less container load
并行 collateral; concurrency; in-line; pairing;paralleling
并行半加器 parallel half adder
并行半减法器 parallel half-subtracter
并行比较器 parallel comparator
并行编程 multiple program(ming)
并行表示 parallel representation
并行擦洗器 concurrent scrubber
并行操作 concurrent operation;parallel operation
并行操作计算机 concurrent comput-

B

er;parallel computer
并行操作控制 concurrent operating control;concurrent operation control
并行操作系统 concurrent operating system
并行插入 parallel insertion
并行查找 parallel search
并行查找存储器 parallel search memory
并行阐述 collateral elaboration
并行乘法器 parallel multiplier
并行程序 concurrent program(me);parallel program(me)
并行程序模型 parallel program(me) model
并行程序设计 concurrent programming;parallel programming
并行程序设计语言 parallel programming language
并行重写 parallel rewriting
并行处理 concurrent processing;parallel processing;parallel running
并行处理程序 concurrent processor
并行处理机 concurrent processor;parallel processor
并行处理机操作系统 parallel processor operating system
并行处理机控制器 parallel processor control unit
并行处理机软件 parallel processor software
并行处理机系统软件 parallel processor system software
并行处理机系统硬件 parallel processor system hardware
并行处理记号 parallel mode symbol
并行处理系统 parallel processing system
并行处理系统评价电路板 parallel processing system evaluation board
并行传输 concurrent transmission;parallel transmission
并行传送 parallel convey;parallel transfer;parallel transmission
并行存储器 parallel memory;parallel storage;parallel store
并行存储器存取 parallel memory access
并行存取 parallel access;simultaneous access
并行措施 collateral measure
并行单元链 parallel cellular chain
并行单元式子链 parallel cellular subchain
并行单元组织 parallel cellular organization
并行的 concurrent;parallel;simultaneous
并行调度 parallel scheduling
并行动作 collateral action;concurrent activity
并行读出 parallel read
并行端口 parallel port
并行对话 concurrent session;parallel session
并行多终端操作 concurrent multiple terminal operation
并行二进制计算机 parallel binary computer
并行二进制累加器 parallel binary accumulator
并行方式 parallel mode;parallel system
并行访问 concurrent access;parallel access
并行分布式处理 parallel distributed processing
并行分程序 parallel block
并行分解 parallel decomposition
并行分配算法 parallel assignment algorithm
并行分析程序 paralyzer[paralyser]
并行服务器 parallel server
并行符号 parallel symbol
并行工程<设计和施工平行地同时进行的工程> concurrent engineering
并行工作 concurrent working
并行工作的方便性 facility for cooperative effort
并行工作方式 simultaneous mode of working
并行共享资源 concurrently shared resource
并行过程结构 parallel procedure structure
并行航线 paracourse
并行航线计算机 parallel course computer
并行合并 parallel merging
并行和流水线处理 parallel and pipeline processing
并行化 deserialize
并行环累加器 parallel ring accumulator
并行环形寄存器 parallel ring register
并行缓冲器 parallel buffer
并行会话 parallel session
并行机 parallel machine
并行机处理 parallel machine processing
并行级联作用 parallel cascade action
并行计算 concurrent computation;parallel computation
并行计算法 parallel computation technique
并行计算环境 parallel computation environment
并行计算机 parallel computer
并行继电器加法器 parallel relay adder
并行寄存器 parallel register
并行加法 parallel addition
并行加法器 parallel adder
并行加工 collateral elaboration;elaborate collaterally
并行加工程序 concurrent processor
并行加载 parallel loading
并行检索 parallel search
并行检索存储器 parallel search memory;parallel search storage
并行检索型存储器 parallel search type memory
并行接口 parallel interface;parallel port
并行接口标准 centronics
并行接口元件 parallel interface element
并行进料 parallel feeding
并行进位 parallel carry;simultaneous carry
并行考虑 parallel consideration
并行可执行语句 parallel executable statement
并行控制 concurrent control;parallel control
并行控制计数 concurrent control count
并行控制结构 parallel control structure
并行控制流 parallel control flow
并行控制算子 parallel control operator
并行控制系统 concurrent control system
并行口 parallel port
并行块 parallel block
并行馈电干线 parallel distributor
并行扩充路径 parallel extended route
并行累加器 parallel accumulator
并行连接 parallel connection
并行联机外部操作 spooling
并行联机外设操作 spooling
并行链接 parallel link
并行流 parallel flow
并行流水线式处理机 parallel pipelined processor
并行流域法 parallel watersheds method
并行路线 paracourse
并行逻辑 parallel logic
并行逻辑电路 parallel logic circuit
并行模拟 parallel simulation
并行模型 parallel model
并行配电 parallel distribution
并行齐行 parallel justification
并行器 deserializer
并行切线方法 parallel tangent method
并行全加器 parallel full adder
并行全减法器 parallel full subtracter
并行燃烧窑 concurrent fired kiln
并行任务派生 parallel task spawning
并行冗余 parallel redundancy
并行入口 parallel entry
并行散列硬件 parallel hash hardware
并行扫描 parallel scan(ning)
并行色的 achatine
并行设计 concurrent design
并行十进位累加器 parallel decimal accumulator
并行十进制加法器 parallel decimal adder
并行时序计算机体系结构 parallel sequential computer architecture
并行实时处理 concurrent real-time processing
并行式 parallel mode
并行收缩 parasystole
并行疏干 dewatering with mining
并行输入 parallel entry;parallel in(put)
并行输入串行输出 parallel in serial out
并行输入方式 parallel input mode
并行输入输出 concurrent input-output;simultaneous input-output
并行输入输出插件板 parallel input-output card
并行输入数据 parallel input data
并行数据 parallel data
并行数据处理 parallel data processing
并行数据控制器 parallel data controller
并行数据库 parallel database
并行数据适配器 parallel data adapter
并行数字计算机 parallel digital computer
并行水系 parallel drainage
并行说明 collateral declaration
并行四则运算器 parallel arithmetic unit
并行送料 parallel feeding
并行搜索存储器 parallel search storage
并行算法 parallel algorithm
并行算术处理器 parallel arithmetic processor
并行算术运算器 parallel arithmetic unit
并行探索存储器 parallel research memory
并行探索(优选法) simultaneous search
并行填充过程 parallel filling-in process
并行通道 parallel channel
并行通道反应器 parallel passage reactor
并行通信[讯]接口 parallel communication interface
并行推理机 parallel inference machine
并行外部操作 concurrent peripheral operation
并行外围处理 concurrent peripheral processing
并行外围设备操作 concurrent peripheral operation
并行微操作 concurrent microoperation
并行系统 parallel system
并行细目数据 concurrent transaction
并行弦法 parallel chord method
并行线路 across-the-line;parallel lines
并行线路接口 parallel line interface
并行向量运算 parallel vector operation
并行性 concurrence [concurrency];parallelism
并行性检测 detection of parallelism
并行一致化 unification in parallel
并行异步计算机 concurrent asynchronous computer;parallel asynchronous computer
并行印刷机 parallel printer
并行有效跟踪程序 parallel active tracking program(me)
并行雨水槽 parallel gutter
并行运算 concurrent operation;parallel operation
并行运算方式 parallel arithmetic(al) mode
并行运算器 parallel arithmetic(al) unit
并行运算装置 parallel arithmetic(al) unit
并行运行 parallel running
并行运行单位 concurrent run unit
并行运转 parallel running
并行阵列处理机 parallel array processor
并行执行 parallel execution
并行指令控制器 parallel instruction control unit
并行指令排队器 parallel instruction queue
并行制作 collateral elaboration
并行终端 parallel terminal
并行终端设备 parallel terminal
并行主存储器 parallel main storage
并行主动跟踪程序 parallel active tracking program(me)
并行转换 concurrent conversion
并行子句 collateral clause
并行字符 parallel by character
并行字识别器 parallel word recognizer
并行作用 collateral action;parallel action
并行作用式计算机 parallel machine
并合 syntaxis
并合变形体 fused plasmodium
并合过程 coalescence process
并合核 fusion nucleus
并合律 combination law
并合率 coalescence efficiency
并合面 combined surface
并合命令 merge command
并合频率 combination frequency
并合取样 composite sampling
并合散射 combinative scattering
并合散射效应 combined dispersion effect
并合试样 composite sample
并合台阵 coarray
并合小叶 fused leaflet
并合星 merging star
并合样品 composite sample
并合原理 combination principle
并合指令 merge command

并合轴承 split bearing
并合柱 twin columns
并环戊二烯 pentalene
并环戊烷 pentalane
并机 <指无线电发射机> parallel operation
并激 parallel excitation; shunt excitation
并激场绕组 shunt field winding
并激磁场 self-shunt field
并激磁场放电电阻器 shunt field discharge resistor
并激的 shunt-excited; shunt-wound
并激电动机 shunt-wound motor
并激电机 shunt excited machine
并激发电机 charging dynamo; shunt dynamo; shunt-wound generator
并激励磁机 shunt-wound exciter
并激绕组 shunt winding
并激损失 shunt excitation loss
并激特性 shunt character
并激特性曲线 shunt characteristic (curve)
并激整流式交流电动机 shunt-conduction motor
并集 sum aggregate; union(set)
并集函数 union function
并加 dotting-on
并架类型 derrick type
并肩 side-by-side
并肩垫板 twin tie plates
并肩形拱 shouldered arch
并接 connection in-parallel; joining-up in parallel; merge
并接的 by passed
并接电话 extension telephone
并接弧刷 bridge wiper; bridging wiper
并接簧片 shunting spring
并接运转 operate in series
并卷机 ribbon lap machine; ribbon lapper
并靠 <两船的> side-by-side; double-banking
并靠某船 alongside a ship
并靠系浮船 tier
并块 blocking
并馈 parallel feed; shunt feed
并馈竖直天线 shunt-feed vertical antenna
并馈天线 shunt-excited antenna; shunt-feed antenna
并立柱式 accouplement
并励 shunt excitation
并励场变阻器 shunt field rheostat
并励场电路继电器 shunt field relay
并励磁场 shunt field
并励的 shunt-excited
并励电动机 shunt(-wound) motor
并励电机 shunt excited machine
并励发电机 shunt generator; shunt(-excited) dynamo
并励进相机 shunt phase advancer
并励励磁机 shunt excited magnetizer
并励绕组 shunt winding
并励特性电动机 motor with shunt characteristic
并励天线 shunt-excited antenna
并励直流电动机 shunt-excited DC motor
并连梁 tie bar
并联 connection in-parallel; in bridge; in parallel; install in parallel; parallel connection; shunt connection; shunting; paralleling
并联T形滤波器 twin-tee filter
并联饱和电抗器 parallel transducer
并联备用电源系统 parallel redundant power supply system
并联泵 pumps in parallel
并联编程 parallel programming
并联变换开关 parallel inverter switch
并联变压器 shunt transformer
并联表 contingency table
并联补偿 shunt compensation
并联补偿电容器 parallel compensating condenser
并联补偿法 minor-loop feedback compensation
并联补偿器 shunt compensator
并联补偿视频放大器 shunt-compensated video amplifier
并联布置 arrangement in parallel
并联操作 parallel operation
并联抽头 parallel tap
并联触点 collateral contact
并联串级动作 parallel cascade action
并联串联变换器 parallel series converter
并联串联接线 parallel series wiring
并联床 beds-in-parallel
并联单向阀 double check valve
并联导纳 shunt admittance
并联道岔轨道电路 shunt fouling circuit
并联的 connected in parallel; multipled; parallel; shunt-wound
并联的四端网络 parallel two-terminal pair network
并联地 multiply
并联点火 parallel firing
并联电池组 banked battery; battery in quantity
并联电导 shunt conductance
并联电感 shunt(ing) inductance
并联电感负载 parallel inductance loading
并联电弧炉 parallel arc furnace
并联电话 bridging telephone
并联电话机 bridging set
并联电解法精炼 parallel refining
并联电抗 parallel reactance
并联电抗器 shunt reactor
并联电流 parallel current
并联电流计 shunt meter
并联电路 by-pass channel; multiple circuit; parallel arrangement; parallel circuit; shunt circuit
并联电路起爆 parallel circuit firing
并联电路设计 parallel circuit design
并联电路输电方式 parallel circuit power transmission system
并联电容 shunt capacitance; shunt capacity
并联电容补偿装置 parallel condenser compensation device
并联电容电路 parallel capacitor circuit
并联电容器 bridging condenser; parallel capacitor; shunted [shunting] capacitor
并联电压调节器 shunt voltage regulator
并联电压稳定器 shunt voltage regulator
并联电阻 conducting bridge; parallel resistance; resistance in parallel; resistance of parallel
并联发电机 parallel generator
并联发电机定理 parallel generator theorem
并联阀磁铁 parallel valve magnet
并联法 multiple process
并联反接式限制器 shunt-opposed limiter
并联反馈 parallel feedback; shunt feedback
并联反馈放大器 shunt feedback amplifier
并联反馈积分器 parallel feedback integrator
并联反馈运算放大器 parallel feedback operational amplifier
并联方式 overlap mode; parallel system
并联放大器 bridging amplifier; parallel amplifier
并联分流器 parallel shunt
并联峰化 shunt peaking
并联服务通道 parallel service channel
并联辅助系统 parallel auxiliary
并联负载线路 shunt loaded line
并联复合管 compound pipes in parallel
并联复式交换机 branching switch board; bridging multiple switchboard
并联复式汽轮机 cross compound gas turbine
并联复式透平 cross turbine
并联复式涡轮机 cross compound turbine
并联复式循环 cross compound cycle
并联复式蒸汽机 cross compound engine
并联供电 parallel operation
并联供电电机 parallel-fed motor; shunt-fed motor
并联共振 parallel resonance
并联共振电路 parallel resonant circuit
并联共振防共鸣 anti-resonance
并联共振频率 parallel resonance frequency
并联构件 parallel element
并联管网 parallel circuit
并联过滤器 parallel installed filters; shunt filter
并联桁架 parallel truss
并联弧光灯 multiple arc lamp
并联弧光电路 multiple arc circuit
并联话机 bridging set
并联环路 parallel circuit
并联回路 shunt circuit
并联回路设计 parallel circuit design
并联回授 parallel feedback
并联混合 compounding in parallel
并联混合电路 parallel mixing circuit
并联混合调制 parallel modulation
并联机 parallel machine
并联机组 multiple unit
并联激磁发电机 shunt-excited dynamo
并联计算机 concurrent computer; parallel computer
并联继电器 parallel relay
并联加法网络 parallel summing network
并联加感 shunt loading
并联剪力墙 coupled shear wall; pierced shear wall
并联建峰 shunt peaking
并联建峰补偿 shunt-peaking compensation
并联校正网络 minor-loop feedback compensation network
并联接 parallel connection
并联接法 multiple connection; parallel connection method
并联接头 parallel connection; parallel splice
并联接线 parallel hook-up; parallel wiring
并联结构 parallel configuration
并联结线 fuse connection in parallel; parallel connection
并联警冲轨道电路 shunt fouling circuit
并联开关 paralleling switch; shunt switch
并联开关继电系统 parallel switching relaying system
并联可靠性 parallel reliability
并联孔开孔补强 reinforcement of multi-openings
并联控制 parallel control
并联馈电 parallel feed; shunt feed(ing)
并联馈电高压开关柜 shunt feed high-voltage switch cabinet
并联馈电天线 shunt-excited antenna; shunt-feed antenna
并联馈电线 duplicate feeder
并联馈电振荡器 shunt-feed oscillator
并联馈电整流式交流电动机 duplex power feed type AC commutator motor
并联馈路 parallel feeder
并联雷管 detonators connected in parallel
并联连接 connect in parallel; multiple connection; parallel arrangement; parallel connection
并联滤波器 parallel filter
并联锚系碇 parallel anchor mooring
并联门 parallel gate
并联能力【电】parallel capability
并联逆变器 shunt chopper
并联耦合 parallel coupling
并联排列 parallel arrangement
并联配电制 multiple distribution system
并联配线 multiple distribution
并联配置 parallel arrangement
并联平形板电容器 parallel plate condenser
并联起爆 multiple priming
并联绕组 parallel wind(ing); shunt winding
并联热电偶(装置) parallel connected thermocouple
并联热解 parallel pyrolysis
并联入口 parallel entry
并联塞孔 branching jack; bridge [bridging] jack
并联式 multiple system; parallel type
并联式变流器 parallel-type inverter
并联式电抗器 parallel connected type reactor
并联式轨道电路【铁】multiply connected track circuit; parallel track circuit
并联式汽轮机 cross compound steam turbine
并联式枢纽 parallel arrangement type junction terminal
并联式住宅 duplex-type house
并联输入 parallel in
并联输送 parallel transmission
并联水泵 running-in parallel pumps
并联水表 meter connected in parallel; parallel connected meter; parallel connection meter
并联水库 parallel reservoirs; reservoirs in parallel
并联顺序 shunt sequence
并联伺服机构 parallel servos
并联条件 parallel requisition
并联调节放大器 shunt-regulated amplifier
并联调节器 parallel regulator; shunt regulator
并联调谐电路 parallel tuned circuit
并联调整器 shunt regulator
并联跳闸 shunt tripping
并联跳闸装置 shunt trip
并联通路 alternate path; parallel channel
并联通路打印机 parallel channel

printer
并联统调 parallel padding
并联脱扣线圈 shunt trip coil
并联位置 shunt position
并联文件 relevant documents
并联稳压管 shunt regulator tube
并联稳压器 shunt regulator
并联无线电窃听 parallel radio tap
并联系统 parallel system
并联线路 parallel circuit; parallel lines
并联线圈 bridging coil; parallel wind-(ing); shunt coil
并联限幅器 shunt limiter
并联陷波电路 shunt trap
并联相位共振 parallel phase resonance
并联效应 parallel effect
并联谐振 anti-resonance; current resonance; inverse resonance; parallel resonance; shunt resonance
并联谐振电路 anti-resonance [resonant] circuit; parallel resonant circuit
并联谐振回路 shunt-resonant circuit; tank circuit
并联谐振滤波器 parallel resonance filter
并联谐振耦合 parallel resonant interstage
并联谐振频率 anti-resonance frequency; parallel resonance frequency
并联谐振阻抗 parallel resonance impedance
并联信道 by-pass channel
并联蓄电池 multiple-connected battery
并联蓄电池组 multicell battery; multiple-connected battery
并联旋风分离器 multiple cyclone in parallel
并联烟道 gather
并联液压回路 parallel hydraulic circuit
并联仪表 parallel connected meter
并联运行 mechanical operation; multiple operation; parallel operation; parallel running
并联运转 parallel operation; parallel running
并联增音器 shunt repeater
并联闸室 twin chamber
并联振荡 parallel oscillation
并联振荡电路 parallel oscillatory circuit
并联振动压路机 transversal vibratory roller
并联整流器 parallel rectifier
并联支路 parallel branch
并联止回阀 double check valve
并联中剖 parallel bisection; shunt bisection
并联柱 parallel column
并联转变 shunt transition
并联装置 parallel arrangement
并联字符 relevant character
并联自动曝光系统 parallel automatic exposure system
并联总线 parallel bus
并联阻抗 parallel impedance
并联组合 parallel combination
并列 apposition; arrangement in parallel; counterpose; juxtapose; juxtaposition; paralleling; side-by-side; switch on; parallel in <使发电机的频率、相位、电压与电力系统相一致连接>; abreast of
并列板 gore strake
并列单边带发送系统 tate-beche
并列担子 stichobasidium
并列的 parallel
并列断块 juxtaposed blocks
并列断面片组 multiple projected profile
并列断续角焊缝 chain intermittent fillet welding
并列对照 sync(hronization)
并列多缸式 cross compound
并列阀 side-by-side valve
并列反应器 parallel reactor
并列复式空气压缩机 cross compound air compressor
并列复式压气机 cross compound compressor
并列海滩 apposition beach
并列焊接 chain intermittent weld; chain welding
并列航空摄影 parallel aerial photography
并列弧焊 parallel arc weld
并列回转式开卷卷取机 double-swiveling uncoiler and recoiler
并列间断角焊缝 chain intermittent fillet weld
并列间断贴角焊 chain intermittent fillet weld
并列经历寄存器 cohistory register
并列经轴 side-by-side warp beams
并列连杆 parallel connecting rod; side-by-side connecting rod
并列连接 multiple connection
并列铆钉 chain rivet; chain-riveting
并列铆钉接合 chain-rivet joint
并列铆(接) chain-riveting; chain-rivet joint
并列偶极子 colateral dipole
并列排绳法 French coil; French fake; long fake
并列汽包式锅炉 battery boiler
并列桥 twin bridge
并列式 pattern of juxtaposition
并列式布置 side-by-side
并列式挤奶台 abreast type stall
并列式甲板起重机 deck twin crane
并列式铆接 chain-riveted joint
并列双轮胎 dual wheel; twin tire
并列顺序寄存器 cosequence register
并列调节 multiple control
并列调色 dithering
并列通过式挤奶台 walk-through abreast stall
并列透视断面 superimposed profile
并列推土法 paralleling earth pushing process
并列拖带 alongside towing
并列铣 abreast milling
并列系统 same system
并列显示器 side-by-side display
并列型双组分纤维 side-by-side bicomponent fiber[fibre]
并列运行 parallel operation
并列钻 twin-drill
并流 concurrent(flow); parallel current; parallel flow
并流操作 cocurrent operation
并流池 parallel flow basin
并流萃取 cocurrent extraction
并流干燥 parallel flow drying
并流干燥器 parallel current drier [dryer]; parallel flow drier[dryer]
并流管道 parallel pipe
并流换热器 parallel flow heat exchanger
并流浸出 cocurrent leaching
并流气化 cocurrent flow gasification
并流气水操作 cocurrent water operation
并流气水反洗 cocurrent air(-and)-water backwash
并流气水洗 cocurrent air-water scour
并流汽轮机 parallel flow turbine
并流式过热器 parallel flow superheater
并流式换热器 parallel flow heat exchanger
并流式喷雾干燥器 parallel flow type spray drier[dryer]
并流式热交换器 parallel flow heat exchanger
并流式隧道干燥器 parallel current tunnel drier[dryer]
并流式涡轮机 parallel flow turbine
并流式无孔转鼓离心机 cocurrent solid bowl centrifuge
并流送料法 parallel feed
并流涡轮 parallel flow turbine
并流旋转干燥器 parallel flow rotary drier[dryer]
并流蒸发器 parallel flow evapo(u)rator
并流注水冷凝器 parallel current jet condenser
并流注水凝气器 parallel current jet condenser
并流转轮干燥器 parallel flow rotary drier[dryer]
并流转筒干燥器 parallel flow rotary drier[dryer]
并六苯 hexacene
并捻 cabling; doubling
并捻机 doubler twister; doubling and twisting machine; doubling frame
并捻纱 doubled yarn; folded yarn
并排 side-by-side; abreast of
并排安装 twin arrangement
并排编目 side-by-side listing
并排的分数式 built-up fraction
并排靠泊 abreast berthing
并排列表 side-by-side listing
并排锚泊 mooring in tiers
并排铆钉接头 parallel row joint
并排推土法 side-by-side dozer
并排椭圆弹簧 couplet of spring
并排物 couplet
并排系泊 moored abreast
并排线 flat cable
并排限流(控制) two-abreast metering
并胚 duplicitas
并七苯 heptacene
并绕 duplex winding; parallel wind-(ing)
并绕变压器 bifilar transformer
并绕的 shunt-wound
并绕电动机 shunt meter; shunt motor
并绕电枢 duplex armature winding
并绕电阻 bifilar resistor
并绕式弧光灯 shunt-wound arc lamp
并绕特性 shunt character
并绕线圈 parallel wound coil; shunt coil
并入 incorporate in; merge into; merger
并入电网 on-line
并三苯 anthracene
并纱机 doubler winder
并生 parallel growth
并生藻类 adnate alga
并矢 dyadic product
并矢等式 dyadic equality
并矢和 dyadic sum
并矢矩阵 dyadic matrix
并矢量【数】dyad
并矢式 dyadic
并丝机 doubling winder
并四苯 naphyhacene; tetracene
并条 drawing; drawing out
并条机 doubler; draw frame
并吞 annexation
并吞物 <尤指领土> annexation
并网 parallel in; synchronize and close
并网同步发电机 interconnected synchronous generator
并网运行 on-line operation
并位 <自动电话> digit joining
并纹装饰法 chatter decoration
并五苯 pentacene
并席 position joining
并席电路 multiple position circuit
并席键 concentration key; coupling key; grouping key
并席开关(电话) concentration switch
并线 cross-over junction; doubling
并线初捻机 assembly twister
并线机 doubling frame; plying machine; twisting frame
并线器 trailing frog
并项检验 condensation test
并协性 complementarity
并协原理 principle of complementarity
并用装卸期 reversible lay days
并植 alley planting
并置 apposition; catenation; concatenation; juxtapose; juxtaposing; juxtaposition
并置冰川 juxtaposed ice stream
并置错误 concatenation error
并置大梁 double girders; twin girders
并置墩 twin-pier
并置符号 concatenation character
并置关键字 concatenated key
并置键 concatenated key
并置梁 twin beams
并置数据集 concatenated data set; concatenation data set
并置双晶 juxtaposition-twin
并置双门 dipylon
并置信号点 double signal location; twin signal location
并置信号机【铁】double signal
并置运算 concatenation operation
并置(运)算符 concatenation operator
并置轴 layshaft
并置柱 twin columns
并置字符 concatenation character
并中剖镜像阻抗 mid-shunt image impedance
并轴机 warp-rebeaming machine
并柱 coupled columns
并装双胎 double tires[tyres]
并座复式操纵 side-by-side dual control

病

病虫害防治 pest control
病虫害防治法 pest control method
病虫害防治技术 techniques of pest control
病虫害控制 pest management
病虫害预报 forecast of pest and disease
病虫害综合防治 integrated pest control
病床 hospital bed; sickbed
病床工作中心 bed center[centre]
病床围帘 hospital partition
病床摇高装置 bed lift
病毒 virus
病毒病害 virus disease
病毒化验室 virology laboratory
病毒扫描程序 virus scanning program(me)
病毒污染 viral contamination
病毒性传染 viral infection
病毒性疾病 virosis

病毒学 virology
病房 bedward; patient quarters; sick-room; ward
病房大楼 warded block; warded building
病房的护理单元 ward unit
病房楼层 ward floor; ward stor(e)y
病房照明灯光设备 ward luminaire light fitting
病害隧道 deformed tunnel
病号厨房 diet kitchen; invalid kitchen
病假 sick leave; sickness
病假工资 pay for illness leave; sick pay
病假津贴 sick benefit
病菌污染 pathogen(e) contamination
病理 pathology
病理化学 pathologic(al) chemistry
病理环境水文地质学 pathologic(al) environmental hydrogeology
病历 case history; medical history
病历夹 dossier
病历室 medical record room; records room
病木 diseased wood
病情学 nosography
病区 patient division
病人单人(居住)单元 patient unit
病人房间 patient's room; ward patient's room
病人分隔 patient division
病人护理区 patient care area
病人花园 patient's garden
病人监护系统 patient care system
病人危急测量仪 patient emergency measuring device
病人浴室 patient's bathroom
病伤缺勤统计 sick absence statistics
病室 sick-room; ward
病死率 case fatality; fatality rate
病态 defect; ill condition; morbidity; pathogenicity; peccancy
病态的【计】ill-conditioned
病态方程 ill-conditioned equation
病态矩阵 ill-conditioned matrix
病土 sick soil
病危期 critical stage
病畜舍 hospital barn
病因学 aetiology; nosazontology
病原 causal factor; pathogen
病原不明的 anetiological; of unknown etiology
病原传播 transmission of pathogen
病原分布 distribution of pathogen
病原感应圈 influential zone of pathogen
病原菌 disease producing germ; pathogen(e); pathogenetic fungi; pathogenic bacteria
病原菌传递体 germ vector
病原菌的 pathogenic; pathogenous
病原霉菌 pathogenic fungus
病原普遍存在说 panspermatism; panspermia
病原生物 causal organism; pathogenic organism
病原体 agent of disease; causative agent; pathogen(e)
病原体的携带者 carrier of pathogens
病原体污染 pathogenic contamination
病原体污染源 pathogenic pollution sources
病原微生物 pathogenic microorganism
病原物 pathogen
病原细菌 pathogenetic bacteria
病原细菌的渗出块 bacterial exudation
病原性 pathogenicity
病原性球菌 pathogenic cocci
病原学 aetiology; etiology
病原学检查 etiological examination
病原有机体 pathogenetic organism
病原种胚传播 germination transmission of pathogen
病源 disease sources
病灶 nidus[复 nidi]
病状 pathology

拨

拨补款 deficiency appropriation

拨草板 swath(e) board; track-clearer
拨草杆 grass stick
拨草杆窝座 swath(e) stick socket
拨叉 shift(ing) fork; shifting yoke; transmission fork
拨叉凹口 shifter hub
拨叉导轨 shift rail
拨叉滑架 shifting fork casing
拨叉轴 declutch shift shaft
拨叉轴紧锁钢球 declutch shift shaft lock ball
拨车机 car positioner
拨车撬杆 car winch bar
拨齿凸轮 gathering pallet
拨出 dial-out; extract; set aside
拨错电话 misdial
拨弹带杆 belt feed lever
拨弹杆轴帽 belt feed lever pivot
拨道【铁】put to line; realign(ing); relining; shifting; track lining; lining; slewing【道】
拨道杆 track liner
拨道棍 lining bar; track bar
拨道机 mechanical track aligner; track liner
拨道器 track lining device
拨道装置 track lining device
拨地 acquisition approval
拨定材料 appropriated materials
拨定的留存盈余 appropriated retained earnings
拨定利润 appropriated profit
拨定盈余 appropriated surplus
拨动 put…into circulation; toggle
拨动杆 poke rod
拨动开关 slide switch; toggle switch
拨动式开关 tumbler switch
拨动式小开关 toggle switch
拨动装置 striking gear
拨付 payment(by transfer)
拨付凭单 invoice of transfer
拨付所属投资 allocating subordinary investment
拨改贷 appropriation change to loan
拨杆 deflector rod; driving lever; lift(ing) lever; work driving arm
拨格风 purga
拨给 allocate; allot; appropriate
拨给者 appropriator
拨管器 tube pulling machine
拨归……专用 earmark
拨轨变压器 track transformer
拨轨继电器 track relay
拨好快门 set shutter
拨号 dialing; dial-up; keying; number dialing; set-up a number
拨号长途电路 trunk circuit with dialling facilities
拨号电话 automatic telephone; dial telephone
拨号电路 dialed circuit
拨号法统调 single-dial control
拨号挂锁 dial padlock
拨号呼叫 dialled call; dialling call
拨号计数器 dial register
拨号继电器 dialling relay
拨号交换机 dial exchange
拨号接续 dial up connection
拨号结束信号 end-of-selection signal
拨号卡 dial number card
拨号控制 selection control
拨号连接上网 dial-up networking
拨号码 dialling
拨号脉冲 dial impulse; dial pulse
拨号脉冲发生器 dial pulse generator
拨号脉冲翻译器 dial pulse interpolation
拨号脉冲呼叫 dial pulsed call
拨号脉冲计次 dial pulse count
拨号脉冲控制 dial pulse control
拨号脉冲入局记发器 dial pulse incoming register
拨号脉冲失真 dial distortion
拨号盘 calling device; dial plate; finger disc[disk]; numbering machine
拨号盘测试器 dial tester; dial test set
拨号盘电路 dial circuit
拨号盘杆 dial leg
拨号盘回复原位 return of dial
拨号盘空转时间 delayed pulse interval
拨号盘脉冲断续比 break to make ratio of dial impulses
拨号盘软线 dial cord
拨号盘塞孔 dial jack
拨号盘式进路控制 dial type route control
拨号盘速度测试 dial speed test
拨号盘速度指示器 dial speed indicator
拨号盘速率 dial speed
拨号盘速率测试器 dial speed meter
拨号器 dialer
拨号前等候拨号音 wait for dialtone before dialing
拨号入口 dialling access
拨号失真 mutilated call
拨号式连接 dial connection
拨号数字 dialed digit
拨号速度 dial speed
拨号网 linked numbering scheme
拨号系统 dial(ling) system
拨号选择信号 dial selection signal
拨号遥测系统 dial-up telemetric system
拨号音 dialling tone
拨号音标识器 dial tone marker
拨号音电键 dial tone key
拨号音中继线 dial tone trunk
拨号制 dialling basis; dial system working
拨号制用户电报业务 telex service
拨号终端 dial-up terminal
拨号终止信号 end-of-impulsing signal
拨号装置 dial arrangement; dialling mechanism
拨号状态 dialling state
拨禾轮 reel; winder
拨禾轮升降机构 reel lift
拨禾轮支架 reel support
拨火 agitation; poke
拨火棒 poker; rabbler
拨火棒试验 poker test
拨火的火钩 fire irons
拨火杆 slice bar
拨火孔 stoke hole
拨火铁棒 poker
拨键计算器 key-driven calculator
拨角定线 location by setting out angle
拨进 dragon
拨距 removed distance
拨锯路 set a saw
拨卷机 coil-ejector; coiler kickoff
拨开式安全装置 sweep guard
拨壳挺 kicker
拨款 allocation of funds; allotment; apportionment; appropriate a fund; appropriate money; appropriate of fund; appropriation; disburse; funding; grant-in-aid[复 grants-in-aid]
拨款程序 operation of appropriation
拨款的规定用途 obligation of appropriation
拨款额 amount allocated
拨款给…… earmark fund to; obligate fund to
拨款供……之用 make an appropriation for
拨款关系 relationship of appropriation
拨款较快的项目比例 share of faster-disbursing projects
拨款扣留 withholding or impounding appropriation
拨款期限 appropriation period
拨款申请 appropriation request
拨款通知 allotment advice
拨款限额 appropriation limitation
拨款项 earmark
拨款项目(栏) appropriation line
拨款账户 appropriation account
拨款者 appropriator
拨款证书 grant deed
拨款转发 transfer of appropriation
拨立柴风 <南美及菲律宾岛的东北风> Briza
拨立沙脱风 brisote
拨料 <锯齿> spring set; briar dress
拨料板 switch plate
拨料杆 <冷床的> shuffle bar
拨料机 kick-off; shedder
拨料器 setting ga(u)ge
拨码 dial-up
拨码电话线 dial-up phone line
拨码盘式开关 dial switch
拨盘 catch plate; index disc[disk]; small face plate; driver plate <车床的>; driving plate <车床的>
拨盘插销 driving-plate pin
拨染 discharge
拨入 dial(ing)-in
拨入忙线 dial through busy
拨入群控器 dial-in cluster
拨磉 hanging over
拨藤蔓弹性杆 vine spring
拨头 shifting block
拨用 appropriate
拨鱼尾形锯路 <圆锯片的> swage-setting
拨栅器 needle remover
拨针 adjusting pin
拨爪 pusher dog
拨转 draw-off
拨转度盘 dial
拨转开关 toggle actuator

波

波瓣 lobe; radiation lobe

波瓣摆动 lobe swing
波瓣半功率宽度 lobe-half-power width
波瓣比较法 lobe comparison method
波瓣变换开关 lobe switch
波瓣测定器 beam lobe indicator
波瓣成型 lobe shaping
波瓣穿透 lobe penetration
波瓣穿透率 lobe penetration ratio
波瓣幅度 lobe amplitude
波瓣晃动法 lobe switching method
波瓣宽度 lobe width
波瓣频率 lobe frequency
波瓣区 lobe region
波瓣顺序扫掠法 sequential lobing
波瓣图 lobe pattern
波瓣旋转 beam lobe switching; lobe rotation

波瓣转换 lobe switching
波瓣转换法 lobe switching method
波瓣转换开关 lobe switch
波瓣转换开关振荡器 lobe switch oscillator
波瓣转换天线 antenna with lobe switching
波包 wave package;wave packet
波包迹 wave envelope
波包理论 wave packet theory
波包络 wave envelope
波包散射 scattering of wave packet
波包收缩 wave packet reduction
波包形状变化 change of wave packet shape
波边饰 nebule; nebule[nebuly] mo(u)lding
波表合成器【计】wavetable lookup synthesizer
波波夫方法 Popov's method
波波夫判据 Popov's criterion
波波夫平差 Popov's adjustment
波波夫条件 Popov's condition
波波夫稳定性判据 Popov's stability criterion
波波夫线 Popov line
波波共振效应 wave wave resonant effect
波波相互作用 wave wave interaction
波玻尔频率定则 Bohr frequency rule
波参数 surge parameter
波槽 wave trough
波长 air wave; length of wave; pitch of waves;wavelength
波长比 wavelength ratio
波长比长仪 wavelength comparator
波长闭塞滤波器 wavelength blocking filter
波长变换器 wavelength shifter
波长变换凸轮 wavelength exchange cam
波长标度 wavelength scale
波长标度校准 calibration of wavelength scale
波长标度正比电容器 straight-line wavelength capacitor
波长标准 standard of wavelength; wavelength standard
波长表 frequency-identification unit; wavemeter
波长测定仪 etalon
波长测量 wavelength measurement
波长常数 wave constant; wavelength constant
波长程序推进器 wavelength programmer
波长单位 wavelength unit
波长读数分光计 wavelength reading spectrometer
波长多路复用器 wavelength multiplexer
波长范围 passband; range of wave length
波长分布 distribution of wavelength; wavelength distribution
波长分布范围 wavelength coverage; wavelength range; wavelength spread
波长分割复用 wavelength division multiplex(ing)
波长分光计 wavelength spectrometer
波长分光镜 measuring spectroscope; wavelength spectroscopy
波长分光仪 wavelength spectrometer;wavelength spectroscope
波长分离 wavelength separation
波长分配 wavelength allocation
波长改变 wavelength change
波长干涉仪 wavelength interferometer
波长基准 wavelength standard
波长极限 wavelength limit
波长计 band meter; cymometer; frequency-identification unit; ondometer; wavemeter
波长计数器 wavelength counter
波长间隔 wavelength interval
波长减短 wavelength shortening
波长渐变滤光片 wavelength wedge filter
波长校正 wavelength correction
波长校准 wavelength calibration
波长精度 wavelength accuracy
波长可选择的星形耦合器 wavelength selective star coupler
波长离散分光计 wavelength dispersion spectrometer
波长灵敏性 wavelength sensitivity
波长盘 wavelength plate
波长偏移 wavelength shift
波长平坦化耦合器 wavelength flattened coupler
波长谱 wavelength spectrum
波长区分 wavelength separation
波长去复用器 wavelength demultiplexer
波长扫描光度计 wavelength-scanning photometer
波长扫描中点 wavelength scan midpoint
波长色散 wavelength dispersion
波长色散法 wavelength dispersion method
波长损失 wavelength loss
波长调节 wavelength adjustment
波长调节筒 polycylindrical endovibrator
波长调制光谱学 wavelength modulation spectroscopy
波长稳定化 wavelength stabilization
波长系数 wavelength coefficient
波长响应 wavelength response
波长效应 wavelength effect
波长选择 wavelength choice
波长选择器 wavelength selector
波长仪表 wavemeter
波长移动 wavelength shift
波长移动器 wavelength shifter
波长已变辐射 modified radiation of wavelength
波长展开度 wavelength spread
波长直径比 <振荡器的> lambda/diameter ratio
波长重复性 wavelength repeatability
波长重心 wavelength centroid
波长转换 wavelength conversion
波长转换开关 wave changing switch
波长转换器 wavelength shifter; wavelength transducer
波长最短的紫外线 the shortest ultraviolet
波长最小值 wavelength minimum
波常数 wave constant
波场 wave field
波场方程 wave field equation
波场分解 wave field decomposition
波场分离 wave field separation
波场量子力学 quantum mechanics of wave field
波场延拓 wave field extrapolation
波成构造 wave-built structure
波成环流 wave-induced circuit
波成阶地 built terrace; wave-built terrace
波成阶地砂体圈闭 wave-built terrace sand trap
波成流 wave-generated current
波成三角洲 washover; wave-generated delta
波成台地 wave-built platform; wave-built terrace
波成型电子学 wave-shaping electronics
波程 wave path
波程差 wave path-difference
波程长度 path length
波程长度改正 path-length correction
波程角 wave angle
波持续时间 wave duration
波冲堤 wave wash levee
波冲击 wave impact
波冲刷 wave wash
波初至 first wave arrival
波传播 wave propagation
波传播轨迹 wave trajectory
波传播角 wave propagation angle
波传播矢量 waves propagation vector
波传播台阵 wave propagation array
波传播特点 property of wave transmission
波传递动力试验 wave propagation dynamic test
波茨坦标准重力 Potsdam standard gravity
波茨坦绝对重力点 Potsdam absolute point of gravity
波茨坦砂岩 Potsdam sandstone
波茨坦系 Potsdam system
波茨坦重力系 Potsdam gravimetric system
波茨坦重力制 Potsdam gravimetric system
波茨坦组 <美国晚寒武世>【地】Potsdam formation
波茨维尔 <晚石炭纪>【地】Pottsville
波茨维尔统 <晚石炭世>【地】Pottsville series
波带 band; wave band; wavestrip
波带板激光准直 laser alignment with zone plate
波带板准直 laser alignment with zone plate
波带边缘 band edge
波带宽度 bandwidth
波带扩展 bandspread
波带片 <激光> zone plate
波带片编码成像 zone-plate coded imaging
波带片干涉仪 zone-plate interferometer
波带片望远镜 zone-plate telescope
波带区 wave zone
波带域 zone plate
波荡电流 undulating current
波荡轨道 undulating orbit
波荡器 undulator
波荡射束注入器 ubitron; undulated beam injector
波荡运动 undulatory motion
波导 beam waveguide; duct(ing); guide; wave director
波导壁 waveguide wall
波导壁电流检波器 waveguide wall current detector
波导变换器 waveguide transformer; waveguide transition
波导薄膜测辐射热器 waveguide film bolometer
波导槽 waveguide slot
波导测定计 waveguide meter
波导测辐射器组合 waveguide bolometer unit
波导测辐射热计 waveguide bolometer
波导测辐射热器-耦合器组合 waveguide bolometer-coupler unit
波导传播 duct propagation; guided propagation; waveguide propagation
波导传输 guided transmission
波导传输线 waveguide transmission line
波导传输主模 dominant waveguide transmission mode
波导窗 window in guide
波导磁控管 waveguide magnetron
波导存储 waveguide storage
波导低通滤波器 waveguide low pass
波导电桥 waveguide bridge
波导短截 waveguide stub
波导短截线调谐器 waveguide stub tuner
波导二极管 waveguide diode
波导二氧化碳激光器 waveguide CO_2 laser
波导反射器 waveguide reflector
波导方式 waveguide mode
波导放大器 orthoron
波导分路 waveguide arm
波导分支 waveguide bifurcation
波导分支滤波器 waveguide branching filter
波导高度 duct height
波导隔离器 waveguide isolator
波导隔膜 waveguide iris
波导公式 guidance formula
波导共振器 waveguide resonator
波导管 channel waveguide; plumbing; wave beam guide; waveguide tube
波导管 T 形接头 hybrid circuit; waveguide tee
波导管 Y 形接头 Y-section
波导管保护器 waveguide shutter
波导管波长 guide wave length
波导管波阻抗 guide wave impedance
波导管部件 waveguide component
波导管导纳 admittance of waveguide
波导管电抗衰减器 waveguide reactance attenuator
波导管端网络 waveguide network
波导管短截线 waveguide stub
波导管短路器 plunger; waveguide plunger
波导管扼流突缘 waveguide choke flange
波导管分波器 waveguide branching filter
波导管辐射器 waveguide radiator
波导管功率分配器 waveguide power divider
波导管活塞 waveguide plunger
波导管假负载 waveguide dummy load
波导管接收机 waveguide receiver
波导管接头 waveguide junction
波导管节 waveguide cell; waveguide segment
波导管截止频率 waveguide cutoff frequency
波导管开闭器 waveguide shutter
波导管馈电 waveguide feed
波导管棱镜 waveguide prism
波导管连接器 waveguide taper
波导管滤波器 waveguide filter
波导管模式 waveguide mode
波导管扭转接头 waveguide twist
波导管耦合 waveguide coupling
波导管耦合器 waveguide coupler
波导管匹配膜片 waveguide matching plate
波导管式透镜 waveguide lens
波导管特性波阻抗 guide characteristic wave impedance
波导管天线 waveguide antenna
波导管填隙片 waveguide shim
波导管调谐器 waveguide tuner
波导管凸缘 waveguide flange
波导管谐振器 waveguide resonator

波导管型速调管 waveguide klystron
波导管增压泵 waveguide pump
波导管增压器 waveguide supercharger
波导管支架 waveguide mount
波导管转换开关 waveguide changeover switch
波导管锥形接续器 waveguide conical taper
波导管阻波凸缘 choke coupling
波导管阻波突缘 choke plunger; waveguide choke plunger
波导光电棱镜 waveguide electro-optic prism
波导光谱分析仪 waveguide spectrum analyser[analyzer]
波导过渡 waveguide transition
波导厚度 duct thickness; duct width
波导弧型探测器 waveguide arc detector
波导环行器 waveguide junction circulator
波导环形桥 waveguide hybrid ring
波导环形网络 waveguide ring network
波导活塞衰减器 waveguide below-out off attenuator
波导畸变 waveguide distortion
波导激光器 waveguide laser
波导激光谐振器 waveguide laser resonator
波导接头 choke joint; waveguide connector; waveguide coupler
波导节 waveguide component
波导开缝天线 leaky-pipe antenna
波导可变光栏 waveguide iris
波导空腔 waveguide cavity
波导孔 waveguide aperture
波导连接器 waveguide connector
波导临界尺寸 waveguide critical dimension
波导流体量热计 waveguide flow calorimeter
波导模 waveguide mode
波导模拟 waveguide simulation
波导模拟器 waveguide simulator
波导纳 waveguide admittance
波导耦合器 waveguide coupling
波导耦合正交场放大管 Ultron
波导匹配 matching of waveguide
波导匹配负载 waveguide match load
波导桥接岔路 waveguide hybrid
波导三通 waveguide tee
波导散射 waveguide scattering
波导扫描反射计 waveguide sweep reflectometer
波导色散 waveguide dispersion
波导色散线 waveguide dispersive line
波导设备 plumbing
波导时延失真 waveguide delay distortion
波导式薄膜测辐射热计 thin-film waveguide bolometer
波导式固定衰减器 waveguide fixed attenuator
波导式抗衰减器 waveguide type resistant attenuator
波导式气体激光器 waveguide gas laser
波导式天线 waveguide antenna
波导式调谐器 waveguide tuner
波导式相位计 waveguide type phase meter
波导式谐振器 waveguide type resonator
波导式驻波检测器 waveguide type standing wave detector
波导收发转换装置 duplexer of waveguide system
波导输出 waveguide output
波导束 waveguide bundle
波导衰减 waveguide attenuation
波导衰减器 waveguide attenuator
波导天线 radiating guide
波导调配柱【电】slug
波导调制器 waveguide modulator
波导通信[讯] waveguide communication
波导同步加速器 waveguide synchrotron
波导同轴转接器 waveguide-to-coaxial adapter
波导弯管 waveguide elbow
波导弯角 waveguide corner
波导弯头 waveguide bend; waveguide elbow
波导隙缝天线 leaky-pipe antenna
波导纤维 waveguide fiber[fibre]
波导纤维色散 dispersion of waveguide fiber[fibre]
波导线 waveguide wire
波导楔 waveguide wedge
波导谐振激光器 waveguide-resonator laser
波导型薄膜测热器 thin-film waveguide bolometer
波导型定向耦合器 waveguide directional coupler
波导型输出器 waveguide output circuit
波导旋转接头 waveguide rotary joint
波导延迟线 waveguide delay line
波导有效厚度 waveguide effective thickness
波导元件 waveguide component; waveguide element
波导远红外激光器 waveguide far infrared laser
波导振荡 wave-induced oscillation
波导振荡模 waveguide mode
波导支路 waveguide arm
波导直线加速器 waveguide linear accelerator
波导肘管 waveguide elbow
波导柱 waveguide post
波导转换开关 waveguide switch
波导装置 waveguide assembly
波导阻抗 waveguide impedance
波导阻抗变换器 waveguide impedance transformer
波导阻抗测量仪 impedometer
波导阻抗电桥 waveguide impedance bridge
波道 channel; duct; wave canal; wave duct
波道搬移电器 channel shifter
波道备用(方式) channel protection system
波道备用制 channel protection system
波道比 <基本波道频率与镜像波道频率之比> channel ratio
波道倒换机 channel-switching equipment
波道分配 channel allocation
波道分配计划表 channel assignments table
波道辐射 channel(l)ing radiation
波道间距 channel separate; channel separation
波道开关 channel switching
波道控制器 channel controller
波道宽度 channel width; duct width
波道宽度变化 channel-width variation
波道滤波器 channel filter
波道频率响应 channel frequency response
波道式天线 Yagi antenna
波道数 number of channels
波道效应 channel(l)ing
波道选择开关 channel selector
波道选择器 channel selector
波道压缩 channel compression
波道载波频率 channel carrier frequency
波道转换开关 channel selector; channel switch
波德 <信号速度单位,1 波德 = 1 脉冲/秒> baud
波德定则 Bode's law
波德河盆地 Powder River basin
波德洛特冷却器 Baudelot cooler
波德洛特式冷却器 Baudelot type cooler
波德图 Bode diagram
波的变化性 variability of waves; wave variability
波的变形 deformation of wave
波的初至 first break
波的传播 progress of wave; propagation of wave; wave propagation
波的传播方向 direction of wave travel; wave line of propagation
波的传播路径 wave trajectory
波的传播速度 velocity of wave advance; wave propagation velocity; velocity of wave propagation
波的传递能量 transported energy of wave
波的叠加 superposition of waves; wave superposition
波的陡度 wave steepness
波的多次反射 multiple wave reflection
波的反射 reflection of waves
波的分散 dispersion of waves
波的干扰 interference of waves
波的干涉 wave interference
波的几何传播 geometric(al) wave propagation
波的可变性 variability of waves; wave variability
波的扩散 dispersion of waves
波的弥散 dispersion of waves; wave dispersion
波的频率 wave frequency
波的坡度 wave steepness
波的强度 intensity of waves; wave intensity
波的全反射 total reflection of waves
波的绕射 diffraction of waves
波的散射 wave scattering
波的衰减系数 damping factor of wave
波的相互抵消 cancellation of intensities
波的相速度 phase velocity of waves
波的行进 progress of waves
波的形成 formation of waves
波的压力 wave compression
波的压缩 wave compression
波的演进 progress of waves
波的折射 wave refraction
波的振幅 wave amplitude
波的周期 period of waves; wave period
波登管式压力计 Bourdon tube
波底 wave base; wave trough
波巅限幅器 peak chopper
波点 wave point
波叠加 superposition of waves; waves superposition
波叠绕混合绕组 frogleg windings
波顶 crest of wave; wave crest; wave summit
波顶高度 crest height of wave; wave crest height
波顶因数 crest factor
波顶质点前进速度 forward velocity of crest particles
波定域性 localization of wave
波动 fluctuate; fluctuation; ondulation; oscillatory motion; popple; pulsative oscillation; pumping; ripple; surge; undation; undulance; undulation; undulatory motion; vacillate; waft; wave; wave motion; undulate <水面等>
波动比 fluctuation ratio
波动边界 wavy boundary
波动波痕 wave ripple mark
波动不恒定水流 oscillating unsteady flow
波动不稳定流 oscillating unsteady flow
波动床 ripple bed
波动带 belt of fluctuation; fluctuation belt; wave zone
波动的 ondulated; undulant; undulated; undulatory; wavy
波动的法定上下限 official upper and lower limit of fluctuation
波动的时间路径 time path with fluctuation
波动电流 fluctuating current; undulating current; undulatory current; wave current
波动电流电动机 undulatory current motor
波动电压 fluctuation voltage
波动电子学 wave electronics
波动动力学 fluctuation dynamics; wave dynamics
波动动量 wave momentum
波动阀 flutter valve
波动法测桩 waving inspection for piles
波动范围 oscillation limit; range of fluctuation; variation range
波动方程分析 wave equation analysis
波动方程偏移 wave equation migration
波动分量 wave component
波动幅度 amplitude of fluctuation; fluctuation margin; fluctuation range; fluctuation spread
波动负荷 fluctuating load; swinging load
波动负载 fluctuating load
波动高峰 wave efficiency
波动功率 fluctuating power
波动光学 wave optics
波动光学调制传递函数 wave optical modulation transferring function
波动光栅条纹 Moiré fringe
波动光子 wave optics
波动海洋记录仪 undulating oceanographic(al) recorder
波动函数 wave function
波动焊接 wave soldering
波动行市 fluctuating market
波动荷载 fluctuating load
波动汇价 fluctuating rate
波动汇率 fluctuating exchange rate
波动极限 oscillation limit; surge limit; surging limit
波动计 fluctuometer
波动价格合同 fluctuating price contract
波动界限 fluctuation margin; oscillation limit
波动开关 waved switch
波动理论 undulatory theory; wave theory
波动理论层析成像法 wave theoretical tomographic method
波动力计 wave dynamometer
波动力学 wave mechanics
波动力学微扰论 wave mechanical perturbation theory

B

波动历时 wave duration
波动利率 fluctuating interest rate
波动粒子二象性 wave corpuscular duality; wave particle duality
波动量 fluctuation quantity; undulating quantity
波动量密度 wave momentum density
波动流 oscillating flow; wavy flow
波动流动 fluctuating flow
波动流量 fluctuating flow rate; oscillating flow rate
波动率 fluctuating ratio; fluctuation rate; fluctuation ratio
波动面 cove plane
波动膜 undulating membrane
波动能 wave energy
波动频率 fluctuating frequency; vibration frequency
波动平价 fluctuation par
波动平面 wave level
波动坡度 wave steepness
波动期间 fluctuating period
波动器 undulator
波动钎焊 wave soldering
波动区 wave zone
波动曲面 wave surface
波动射束注入器 undulated beam injector
波动声学 wave acoustics
波动实际收益率 fluctuating effective rate of return
波动势 cymomotive force
波动收入 fluctuating income; fluctuation income
波动水流 fluctuating flow
波动水舌 fluctuating nappe; undulated nappe
波动水跃 oscillating jump; undular jump
波动速度 fluctuating velocity; velocity of wave motion
波动条款 fluctuation clause
波动微分方程 wave differential equation
波动温度 fluctuating temperature
波动物理学 wave physics
波动物体 wave object
波动吸收器 <集电弓的> surge absorber
波动系数 coefficient of fluctuation; coefficient of variation
波动现象 wave phenomenon
波动线 undulating line
波动箱 ripple tank
波动响度 fluctuating loudness
波动消光 oscillatory extinction; strain shadow; undulatory extinction
波动效率 wave efficiency
波动效应 fluctuation effect
波动性 wave character
波动性气旋 wave cyclone; wave depression
波动性账户 swing account
波动需求量 fluctuating demand
波动学 kymatology
波动学说 undulatory theory; wave theory
波动压力 fluctuating pressure; surge pressure
波动应力 fluctuating stress
波动噪声 wave noise
波动值 fluctuating value; undulating quantity
波动周期 cycle of fluctuation; period of undulation; period of waves; undulation period; wave period
波动阻抗 wave impedance
波动阻力 wave-making resistance
波动阻力荷载 fluctuating drag load
波动作用 wave action
波陡 wave slope; wave steepness
波陡比 wave height-length ratio; wave steepness ratio
波度 waviness
波度曲线 waviness curve
波段 band; frequency band; frequency range; wave band; wave range
波段比值 band ratio
波段变换 band switching; rangeswitching
波段变换器 wave changer
波段表 frequency-range table
波段复用 wavelength division multiplex(ing)
波段覆盖 band coverage
波段划分 band division
波段开关 band selector; band switch; section switch; selector (switch); wave band selector; wave band switch; wave changing switch; waver; wave selector
波段宽 <推进式信号联动系统中前后道 M 绿灯出现的时间间距> progression
波段滤波器 band filter
波段吸收 band absorption
波段选择电路 beam selector circuit
波段选择开关 range switch; wave changer
波段选择器 band selector; band switch
波段选择用调谐电容器 band setting tuning condenser
波段展开 band spread(ing)
波段展宽 bandspread
波段中心频率 mid-band frequency
波段转换 band switching
波段转换开关 band switch; range control switch; wave (band) changing switch; wave changer; changetune switch
波段组合 band combination
波多键盘 baudot keyboard
波多黎各(岛) Puerto Rico
波多黎各海沟 Porto Rico trench; Puerto Rico trench
波多黎各棉 Puerto Rico cotton
波多诺伏 <达荷美首都> Porto-Novo
波多软质木材 <产于南半球> podo
波恩公约 Bonn Convention
波尔贝克斯腐蚀图 Pourbaix corrosion diagram
波尔波埃皮宁 bulboeapnine
波尔察诺定理 Bolzano's theorem
波尔察诺-维尔斯特拉斯定理 Bolzano-Weierstrass theorem
波尔迪阶【地】Burdilian
波尔对应原理 Bohr's correspondence principle
波尔顿管 Bourdon tube
波尔多港 <法国> Port Bordeaux
波尔多混合液 Bordeaux mixture
波尔多阶 <中新世>【地】Burdigalian
波尔多里特 Burdorite
波尔多式连接 <钢丝绳与起重链的连接> Bordeaux connection
波尔多松脂 Bordeaux turpentine
波尔多锡釉陶器 <法国> Bordeaux faience
波尔多液 <一种杀虫和杀霉菌剂> Bordeaux mixture; Bordeaux(red)
波尔纶聚氨基甲酸酯纤维 Porlan
波尔曼超声显像探伤法 Pohlman method
波尔曼萃取机 Bollmann extractor
波尔曼萃取器 Bollmann extractor
波尔曼式桁架 Bollmann truss
波尔氏试验 Pohl's test
波尔塔尔复杂铝合金 Poltal
波尔兹曼 H 定理 Boltzmann's H-theorem; H-theorem of Boltzmann
波尔兹曼-爱因斯坦方程组 Boltzmann's Einstein system of equations
波尔兹曼常数 Boltzmann's constant
波尔兹曼定律 Boltzmann's law
波尔兹曼发射定律 Boltzmann's emission law
波尔兹曼方程式 Boltzmann's equation
波尔兹曼分布 Boltzmann's distribution
波尔兹曼分布律 Boltzmann's distribution law
波尔兹曼公式 Boltzmann's formula
波尔兹曼关系 Boltzmann's relation
波尔兹曼流变模型 Boltzmanns rheologic al model
波尔兹曼-沙哈理论 Boltzmann-Saha theory
波尔兹曼熵假设 Boltzmann's entropy hypothesis
波尔兹曼输运方程 Boltzmann's transport equation
波尔兹曼统计 Boltzmann's statistics
波尔兹曼物态方程 Boltzmann's equation of state
波尔兹曼系数 Boltzmann's factor
波尔兹曼因子 Boltzmann's factor
波尔兹曼原理 Boltzmann's principle
波尔滋曼流变模型 Boltzmann's rheological model
波耳兹曼函数 Boltzmann's function
波发夫式【数】Pfaffian
波发夫微分方程 Pfaffian differential equation
波发生机 wave generator
波发生器 wave generating machine; wave producer
波发生区 area of wave generation
波法向面 wave normal surface
波法向椭圆 wave normal ellipse
波反射剖面 wave reflection profile
波方程预告 wave equation prediction
波方石 hagatalite
波分复用 wavelength division multiplex(ing)
波分复用器 wavelength division multiplexer
波分去复用器 wavelength division demultiplexer
波峰 corrugation ridge; crest of wave; ridge of wave; spike; wave crest; wave peak; wave ridge; wave summit; wave top
波峰长度 crest length; length of wave crest line; wave crest length
波峰长度区 crest length region
波峰顶 top of crest
波峰法 wavefront method
波峰高度 crest height
波峰构造带 wave crest tectonic belts
波峰焊 <一种锡焊> wave soldering
波峰焊机 crest welder
波峰焊接机 wave soldering unit
波峰尖 bursting; spouting
波峰间隔 crest interval; peak separation
波峰间距 corrugation pitch; pitch of corrugations
波峰间隙 wave clearance
波峰角 crest angle
波峰阶段 peak stage
波峰宽度 wave crest width
波峰拍击点 wave crest touchdown point
波峰钎焊 flow brazing; flow soldering; spray soldering; wave soldering
波峰系数 crest factor
波峰线 crest line of wave; peak line; wave crest line
波峰线法 wavefront method
波峰线与等深线夹角 angle between wave crest and contour line
波峰线与海岸线夹角 angle between wave crest and coast line
波峰压力 crest pressure
波峰因数 crest factor
波峰与等深线的夹角 angle between wavefront and bed contour
波峰斩波器 peak chopper
波峰状发展 crown development
波峰纵剖面 crest profile
波峰组合 wave crest combination
波锋 wavefront
波锋线 wavefront line
波幅 amplitude; oscillation amplitude; wave amplitude; wave width; trough drop <波谷低于静水面之下的高度>
波幅比 wave amplitude ratio
波幅变化 amplitude variation
波幅度 amplitude of wave
波幅共振 amplitude resonance
波幅畸变 amplitude distortion
波幅衰减率 amplitude decrement factor
波幅调制 amplitude modulation
波幅图 amplitude portrait
波幅限制 amplitude limit
波辐射 wave radiation
波腹 anti-node (loop); internode; wave anti-node; wave loop
波腹带 belt of wave loop
波腹点 anti-nodal point
波干扰 waveform interference
波干扰误差 heiligtag effect; wave interference error
波高 wave(form) height
波高-波长比 wave height-length ratio
波高参数 wave height parameter
波高测量设备 wave height measuring equipment
波高出现概率 probability of occurrence of wave height
波高出现频率 frequency of occurrence of wave height
波高传感器 wave height sensor
波高范围 range of wave height
波高分布 distribution of wave height; wave height distribution
波高分析器 wave height analyser[analyzer]
波高杆 wave pole
波高计 wave ga(u)ge
波高记录 wave height record
波高鉴别器 pulse height discriminator
波高留量 wave allowance
波高谱 spectrum of wave height; wave height spectrum
波高特征 wave height characteristic
波高系数 wave height coefficient
波高仪 wave height ga(u)ge; wave height meter
波高预报 wave height forecast(ing)
波高折减系数 wave height reduction factor
波高振幅分析器 height analyser[analyzer]
波哥大 <哥伦比亚首都> Bogota
波格-朗伯-比尔定律 Beer-Lambert-Bouguer law
波格森比值 Pogson ratio
波格森标度 Pogson scale
波格森星等标度 Pogson magnitude scale
波根多里弗补偿法 Poggendoriff's compensation method

波根多里弗重铬酸盐电池 Poggendoriff's bichromate cell
波功率统计 wave power statistics
波谷 trough of wave;wave bottom;wave hollow;wave trap(ping);wave trough
波谷长度区 trough length region
波谷带 trough zone
波谷构造带 wave trough tectonic belts
波谷深度 trough depth of wave
波谷线 hollow line
波谷压力 trough pressure
波谷压力图 trough pressure diagram
波管 carcinotron;wave duct
波轨道 wave trajectory
波辊压碎机 corrugated crushing roll
波函数对称性 symmetry property of wave function
波函数归一化 normalization of wave function
波函数扩展 spread of wave function
波函数曲率 curvature of wave function
波函数调制 wave function modulation
波焊 wave soldering
波痕 current mark;current ripple;ripple mark(ing);sedimentary ripple;wave mark;wave ripple
波痕层理 ripple bedding;wave ripple bedding
波痕荷载模 ripple load cast
波痕交错层理构造 ripple cross-bedding structure
波痕交错纹理 rolling strata
波痕面系列 rippling
波痕迁移层理 ripple drift bedding
波痕浅槽 ripple scour
波痕形态组 ripple form-set
波痕指数 index of ripple;ripple index;ripple mark index
波后 wave rear
波候<波浪的多年平均状况> wave climate
波候推算 derivation of wave climate
波迹 ripple mark(ing);wave path;wave trace
波积台地 wave-built platform
波基面 wave base
波激发器 wave exciting device
波激励器 wave exciter
波及故障 secondary failure
波及区 affected zone;felt area<地震>
波及系数 conformance efficiency;conformance factor;sweep efficiency
波及效果 repercussion effect;spread effect
波及效应<业主为加快施工进度,指定某工种作业加快,并答应付给加班费,使承包人在其他工种作业上受到"波及效应"> impact effect
波级 sea(and swell)scale;wave scale
波脊 crest of wave;wave crest;wave ogive;wave ridge
波脊线 wave crest line
波尖幅度 spike amplitude
波尖宽度 spike duration
波尖漏过功率 spike leakage power
波尖漏过能量 spike leakage energy
波尖噪声 spike noise
波间隔 wave spacing
波减速结构 slow wave structure
波降 wave set-down
波角度滤波 wave angle filtering
波角状 anguloso-undulate
波脚 wave foot
波节 nodal point;node(of wave);wave node;knot<航速单位,1 波节=1.853 公里/小时>
波节带 belt of wave mode
波节的 nodal
波节点方程 nodal equation
波节点键控 nodal point keying
波节电压 node voltage
波节方程 nodal equation
波节分析 nodal analysis
波节封接谐振器 nodal seal resonator
波节力 nodal force
波节平面 nodal plane
波节区节带 nodal zone
波节式<用于流态> nodal type
波节数 nodality
波节图 nodal diagram
波节显示器 nodalizer
波节线 nodal line
波节移法 node-shift method
波节圆 nodal circle
波节圆筒 nodal cylinder
波节圆中心 centre of nodal circle
波节圆柱体 nodal cylinder
波节直径 nodal diameter
波结构 wave structure
波结线 modal line
波筋 cord;wavy line;stria[复 striae];streaking<玻璃表面的>
波京黄铜 Perking brass
波径 wave path
波径方程 wave path equation
波距 fetch of wave;pitch of waves;wave spacing
波科诺砂岩 Pocono sandstone
波科诺统<早石炭世>【地】Pocono series
波科学 wave science
波孔 wave hole
波宽 wave width
波况 wave condition;wave climate
波况图 wave climate atlas
波扩散 wave divergence
波扩散分析 wave diffusion analysis
波拉德照相机 Polaroid camera
波拉克风 polacke
波拉克氏试验 Pollak's test
波拉麦克斯韦 Pramaxwell
波拉尼真空计 hot wire
波拉瑞氏起重机 Polaris-toting crane
波拉泽克公式 Pollaczek's formula
波拉泽克-斯皮策恒等式 Pollaczek-Spitzer identity
波莱尔集 Borel set
波莱·特克斯式预处设备 Poly-Tex pretreatment equipment
波兰船舶登记局 Polishki Registry Statkow
波兰船级社 Polish Register
波兰德石灰岩上部优质层 roach
波兰建筑 Polish architecture
波兰累加器法 Polish accumulator technique
波兰尼吸附势 Polanyi adsorption potential
波兰柔性路面设计法 Poland flexible pavement design method
波兰式表示法 Polish notation
波兰式砌合 Polish bond
波郎尼式制动器 Prony brake
波朗尼测功器 Prony brake
波浪 rippling;waviness;wind sea
波浪搬运的有机质 organic matter by wave transportation
波浪搬运作用 transportation of wave
波浪边 curled edge;rippled edge;flopper<板材缺陷>
波浪变化 wave transformation
波浪变形 deformation of wave;transformation of wave;wave deformation;wave shape distortion;wave transformation
波浪表观周期 apparent wave period
波浪补偿 wave compensation
波浪补偿器 wave swell compensator
波浪补偿器压力罐 wave swell compensator pressure vessel
波浪补偿器柱塞 wave swell compensator ram
波浪参数 wave parameter
波浪槽 wave tank
波浪测量 wave measurement
波浪测量浮标 wave(rider)measuring buoy
波浪测量浮筒 wave(rider)measuring buoy
波浪测量仪器 wave measurement instrument
波浪产生的冲刷 wave-induced scour
波浪产生的顺岸流 wave-induced longshore current
波浪场 wave field
波浪潮位遥测装置 remote wave and tide meter systems
波浪潮汐记录仪 wave and tide recording system
波浪潮汐监测装置 wave and tide monitoring system
波浪成长 wave growth
波浪尺度 wave size;wave dimension
波浪冲击 alluvion;lash;wave attack;wave stroke;wave shock
波浪冲击岸 outburst bank
波浪冲击高度 swash height of waves
波浪冲击荷载 wave impact load
波浪冲击机 breacher
波浪冲击能 wave energy of sea floor
波浪冲击压力 wave impact pressure
波浪冲积堤 wave wash levee
波浪冲溅 swash
波浪冲蚀 wave attack;wave erosion;wave stroke
波浪冲刷 wave cut;wave erosion;wave-induced scour(ing);wave wash
波浪冲刷深度 erosion depth of wave
波浪传播 propagation of wave;wave propagation
波浪传播方向 direction of wave propagation
波浪传播过程 process of wave propagation
波浪传播速度 propagation speed;velocity of wave propagation;wave celerity;wave propagation velocity
波浪传播线 wave propagation line
波浪传感浮筒 wave-sensing buoy
波浪传送 wave transmission
波浪传送系数 wave transmission coefficient
波浪打上甲板 ship a sea
波浪到达时间 time of wave arrival
波浪的水质点运动 mass transport
波浪的质量运移 mass transport of waves
波浪等级 sea condition;sea state;state of the sea;wave scale
波浪动力学 wave dynamics
波浪动能 kinetic energy of waves;wave kinetic energy
波浪动态 wave regime
波浪陡度 slope of wave;wave slope;wave steepness;wave steeping
波浪度 waviness
波浪对船体的拍击 slapping
波浪对(海)岸的冲击 landwash
波浪对(海)岸的冲刷 landwash
波浪发电 wave(activated)power generation
波浪发电机 wave activated generator;wave power generator
波浪发电机组 wave activated generator group
波浪发电系统 wave(electric)power system
波浪发动机 wave motor
波浪发生 wave generation
波浪发生器 wave generating apparatus;wave generator;wave maker
波浪发生区 area of wave generation;wave generating area
波浪反冲wave backrush;wave downrush
波浪反冲波纹痕迹 backwash ripple mark
波浪反冲痕迹 backwash marks
波浪反射 deflection of wave;reflexion of wave;wave reflection
波浪反折 deflection of wave
波浪方程(式)wave equation
波浪方向 sea direction
波浪方向谱 wave directional spectrum
波浪放大系数 amplification factor of wave
波浪分级 wave scale
波浪分析器 wave analyser[analyzer]
波浪浮标 wave buoy
波浪浮托力 wave lift
波浪浮托压力 wave uplift pressure
波浪辐合 wave convergence
波浪辐聚 wave convergence
波浪辐聚区 zone of wave convergence
波浪辐散 wave divergence
波浪辐散区 zone of wave divergence
波浪富余深度 wave tolerance
波浪富裕深度 wave tolerance
波浪干涉 interference of waves;wave interference
波浪赶超 overtaking of waves
波浪港池 wave basin
波浪高 height of wave
波浪共振器 wave resonator
波浪估算 wave estimation
波浪观测 wave observation
波浪观测杆 wave surveying pole
波浪观测塔 wave observation tower
波浪轨迹 wave orbit
波浪合成 coalescence of waves
波浪荷载 wave load(ing)
波浪荷载描述 description of wave loading
波浪痕迹线 wave line
波浪后报 wave hindcast(ing)
波浪后报模型 wave hindcasting model
波浪花饰中短直段凸圆线脚<诺曼底或罗马式建筑风格的> batons rompus
波浪回波干扰 wave clutter
波浪汇聚 wave convergence
波浪汇聚区 zone of wave convergence
波浪机理 wave mechanism
波浪击岸 alluvion
波浪基部 wave base
波浪激动 wave agitation
波浪及涌浪等级 sea and swell scale
波浪及涌浪分级表 sea and swell chart
波浪集中 wave convergence
波浪计 offshore wave recorder;wave ga(u)ge
波浪记录 wave record
波浪记录图 kymogram;wave chart
波浪记录仪 wave recorder
波浪减弱 jogging;reduction of wave;wave reduction
波浪减弱率 dampening rate of wave
波浪减水 wave setdown
波浪交错层理 wave-built cross bedding

B

波浪结构相互作用 wave structure interaction
波浪结构与土之间的相互作用 wave structure-soil interaction
波浪进行曲线 wave progressing line
波浪举升压力 wave uplift pressure
波浪聚焦 wave focusing
波浪卷碎点 plunge point
波浪卷碎位置 breaker position
波浪卷跃破碎 breaking by curling; plunging
波浪均夷作用 wave planation
波浪控制相 wave dominated facies
波浪跨零周期 zero-crossing wave period
波浪扩散 expansion of wave
波浪扩散区 zone of wave divergence
波浪扩散速度 spread velocity of wave
波浪理论 wave theory
波浪力 wave force
波浪量测器 wave measurement instrument
波浪量测仪 wave ga(u)ge; wave measurement instrument
波浪量测仪器 wave-measuring instrument
波浪流 wave(-induced) current
波浪轮廓 wave profile
波浪脉动荷载 pulsating wave load
波浪玫瑰图 wave rose(diagram)
波浪弥散 wave dispersion
波浪弥散效应 wave dispersion effect
波浪模拟 wave simulation
波浪模型 wave model
波浪能 wave energy
波浪能发电系统 wave energy power generating system
波浪能量估计 energy budget of wave
波浪爬高 concrete saddle; swash height; wave run-up(height); wave saddle
波浪爬溅岸 swash bank
波浪拍岸 beating of waves
波浪拍击 wave slap
波浪泡沫 froth of the wave
波浪盆地 wave basin
波浪砰击 wave slam
波浪砰击力 wave slam force
波浪砰击力系数 slamming force coefficient
波浪漂移力 wave drift force
波浪频率 wave frequency
波浪破碎 breaking of waves; wave breaking
波浪破碎带 wave breaking zone; zone of wave breaking
波浪破碎点 plunge point; wave breaking point
波浪破碎角 breaking angle of wave
波浪破碎条件 wave breaking condition
波浪破碎系数 wave breaking coefficient
波浪破碎线 plunge line
波浪剖面 wave profile
波浪谱 sea state spectrum; wave spectrum[复 spectra]
波浪起伏 heave of the sea
波浪起伏的海面 lumpy sea
波浪起伏的水面 lumpy waters
波浪前进 wave advance; wave travel
波浪前进方向 direction of wave travel
波浪前坡 wave face; wavefront
波浪强度 wave intensity; wave strength
波浪切割 wave cut
波浪侵蚀 wave erosion
波浪侵蚀高度 height of wave erosion; swash height of waves
波浪侵蚀海岸 wave erosion coast
波浪侵袭 wave attack
波浪侵袭高度 crest height; height of wave erosion
波浪情况 wave condition
波浪区 wave zone
波浪曲折图 wave refraction diagram
波浪群集效应 wave group effect
波浪扰动 wave disturbance
波浪绕射 wave diffraction
波浪绕射理论 wave diffraction theory
波浪绕射图 wave diffraction diagram
波浪绕射系数 diffraction coefficient of wave; wave diffraction coefficient
波浪入射角 incident angle
波浪散射 scattering of wave; wave dispersion
波浪散射计 wave scatterometer
波浪扫描浮标 wave scan buoy
波浪扫描浮子 wave scan float
波浪闪光 glitter
波浪上冲 swash; uprush; wave run-up
波浪上冲标志线 overwash mark
波浪上冲高程 run-up elevation
波浪上冲高度 run-up height; swash height; wave run-up
波浪上冲痕迹线 swash mark
波浪上冲界线 limit of swash; swash limit
波浪上冲界限 limit of swash
波浪上冲线 debris line; swash mark; wave mark
波浪上浮作用补偿器 <海洋钻探船平台> heave compensator
波浪上溅 swash; uprush; wave run-up
波浪上爬 swash; wave run-up
波浪上爬冲界限 limit of swash
波浪上爬高度 swash height
波浪上升高度 wave run-up
波浪上涌段 damping of wave
波浪射线的极限方向 limiting wave direction
波浪射线间距 wave ray separation
波浪升高 wave rise
波浪生成 wave generation
波浪生长 wave generation
波浪蚀 wave erosion
波浪矢量 wave vector
波浪式的 awave
波浪式垫圈 waveform washer
波浪式温度 undulant temperature
波浪式线脚 swell chamfer
波浪式悬链 corrugated catenary
波浪式浴盆 waveform bath; Jacuzzi
波浪式振荡 ondulation
波浪式装饰线条 churn mo(u)lding
波浪势能 wave potential energy
波浪试验槽 wave basin; wave(testing) tank; wave channel; wave flume
波浪试验池 wave testing tank; wave basin
波浪试验港池 wave basin
波浪试验水池 wave basin
波浪饰【建】chev(e)ron(mo(u)lding); zigzag mo(u)lding
波浪收敛区 zone of wave divergence
波浪衰减 attenuation of wave; damping of wave; decay of waves; wave damping; wave decay; wave attenuation
波浪衰减距离 wave decay distance
波浪衰减速度 dampening velocity of wave; velocity of wave decay
波浪衰减速率 dampening rate of wave; rate of wave decay
波浪衰减预报 forecast of wave decay
波浪水池 wave basin
波浪水分子速度 wave particle velocity
波浪水力发电机 hydroelectric(al) wave generator
波浪似的 undated
波浪抬升作用 scend of sea
波浪特性 characteristics of wave; wave characteristics
波浪特性曲线 wave characteristic curve
波浪特征 characteristics of wave; wave characteristics
波浪特征曲线 wave characteristic curve
波浪特征值 characteristic value of wave; represent wave parameter; wave characteristic
波浪统计 wave statistics
波浪透入 wave transmission
波浪图 synoptic(al) wave chart; wave chart
波浪推进 wave advance; wave travel
波浪推进方向 direction of wave advance; wave travel(l)ing direction
波浪推进力 send
波浪推进速度 velocity of wave advance; velocity of wave travel(l)ing
波浪推算 wave estimation; wave prediction; wave reckoning; wave forecasting; wave hindcasting
波浪推算参数 wave prediction parameter
波浪推移 overtaking of waves
波浪退吸冲刷 suction scour
波浪拖曳 wave drag
波浪位能 potential energy of wave
波浪纹(理) raised grain; wavy grain
波浪纹木材 dip-grained wood; wavy-grained wood
波浪吸收器 wave absorber
波浪袭击 wave attack; wave stroke
波浪下冲 wave backrush; wave downrush
波浪下坡段 falling portion of waves
波浪现象 wave phenomenon
波浪线 wave shape line; wavy line
波浪相速 phase velocity of wave
波浪相位速度 wave phase velocity
波浪相位 wave phase
波浪消能丁坝 <短的> short-wave reflecting spur wall
波浪消能海滩 expending beach
波浪消能墙 wave dissipating wall; wave refractor wall
波浪消能设施 works for dissipating wave energy
波浪消能滩 <堆石> expanding beach; storm pavement; spending beach
波浪消能装置 wave damper; wave damping device
波浪消散 wave dispersion
波浪消衰 wave decay
波浪消衰延程 decay distance of wave; wave decay distance
波浪小扰动 synoptic(al) perturbation; wave perturbation
波浪效应 rough water effect; rough wave effect
波浪行程 fetch of wave; wave fetch; wave travel
波浪行径角 angle of wave approach
波浪形 chev(e)ron type; undulating; undulation; wave
波浪形边 <薄钢带的> wavy edge
波浪形成 formation of wave; wave generation
波浪形成海面下降 wave setdown
波浪形墙 serpentine wall
波浪形成区 wave generating area; wave generating region
波浪形带状结构 undulating-ribbon structure
波浪形的 corrugated; undulant wave-like; undular; undulated
波浪形底板 hog-backed floor
波浪形堆料 window deposition
波浪形堆料法 line type stacking; windows-method
波浪形花格窗 undulating tracery
波浪形磨耗 undulation
波浪形内衬 wave lining
波浪形坡度 undulating grade
波浪形线脚 undulating mo(u)lding; undy mo(u)lding
波浪形纤维 undulated fiber[fibre]
波浪形烟 looping plume
波浪形翼片 ruffled fin
波浪形预应力钢丝 crimped wire
波浪形装饰 running dog
波浪形纵断面 choppy grade
波浪形纵坡度 rolling grade
波浪汹涌的 chopping
波浪汹涌的海面 rough seas; rough waters; choppy sea
波浪学 kymatology
波浪压力 wave pressure
波浪研究计划 wave program(me)
波浪衍射 diffraction of water waves; wave diffraction
波浪遥测浮标 telemetering wave buoy
波浪遥测系统 wave telemetering system
波浪要素 element of wave; wave element; wave parameter
波浪曳力 wave drag
波浪抑制器 wave suppressor
波浪引起的 wave induced
波浪引起的海流 wave-induced current
波浪引起的水锤作用 wave hammer
波浪引起盐水入侵 wave-induced saline intrusion
波浪影响 wave effect
波浪影响补偿器 <挖泥船的> swell compensator
波浪壅高 wave setup
波浪壅水 wave setup
波浪与海底相互作用 wave bottom interaction
波浪预报 wave forecast(ing); wave prediction
波浪预报模式 wave prediction model
波浪预报图 prognostic wave chart; synoptic(al) wave chart
波浪预测 wave prediction
波浪越顶 wave overtopping; oversplash
波浪运动 wave motion; wave movement
波浪运动能 energy by wave motion
波浪运动中水质点运行轨道的水流 orbital current
波浪在浅水区的变化 wave shoaling
波浪增水 wave setup
波浪站 wave station
波浪折射 refraction of wave; wave refraction
波浪折射图 refraction diagram of wave; wave refraction diagram
波浪折射系数 wave refraction coefficient
波浪振荡 wave oscillation
波浪振幅 wave amplitude
波浪中分面 mean level of wave
波浪中心高度 height of orbit center [centre] above still stage; rise of

wave center[centre] line
波浪中心线 center[centre] line of wave
波浪周期 wave period
波浪皱 < 轧材缺陷 > build-up
波浪逐渐平息 decay of waves
波浪主人测波浮标 wave master buoy
波浪状构造 wavy structure
波浪状结构面 wavy discontinuity
波浪状况 wave condition; wave climate
波浪状况图 synoptic(al) wave chart
波浪状镶嵌构造 wavy mosaic structure
波浪状镶嵌构造说 hypothesis of the crustal-wave mosaic structure; wavy mosaic structure hypothesis
波浪撞击 wave slam
波浪撞击力 wave slam impact force
波浪追算 wave hindcast(ing)
波浪资料 wave data
波浪总能量 total energy of waves
波浪阻力 wave drag; wave resistance
波浪阻尼 damping of wave
波浪作用 wave action
波浪作用的限界深度 wave base; wave depth
波浪作用力 wave load(ing)
波浪作用机理 wave mechanism
波勒空气提升泵 Pohle air lift pump
波勒齐纳风 Porlezzina
波雷尔测度 Borel measure
波雷尔单位 Borel unit
波雷尔覆盖定理 Borel covering theorem
波雷尔函数 Borel function
波雷尔集 Borel set
波雷尔集合族 Borel set family
波雷尔可测 Borel measurable
波雷尔可测函数 Borel measurable function
波雷尔-坦纳分布 Borel-Tanner distribution
波楞川穿流塔板 ripple tray
波里坝 Poir(e) dam
波理论 wave theory
波力 wave force; wave power
波力发电 wave power generation
波力发电沉箱堤 wave power extracting caisson breakwater
波力发电灯标 wave powered light buoy
波力发电机 hydroelectric(al) wave generator; wave driven generator
波力发电站 sea wave electric(al) power system; wave forced station; wave power(ed) station
波力发电装置 wave forced device; wave powered device
波力计 wave dynamometer
波力驱动船 wave powered boat
波立顿盐剂 < 一种木材防腐剂,含铬砷酸锌等 > Boliden salts
波利·菲耳特丙纶机织土建布 Poly-Filter
波利绿 Bolley's green
波利洛姆烯烃纤维 Polyloom
波利赛尔斯染料 Polycels dye
波利特铸铁 perlit
波利通那特炸药 britonite
波利亚定理 Polya's theorem
波利亚二阶频率分布 Polya frequency distribution of order two
波利亚分布 Polya's distribution
波利亚过程 Polya process
波利亚计数定理 Polya's enumeration theorem
波利紫金色料 Bolley's gold purple
波粒二象性 duality principle; wave corpuscle duality
波粒二重性 wave particle duality
波粒共振效应 Cerenkov's resonant effect; wave particle resonant effect
波粒子 wavicle
波粒子相互作用 wave particle interaction
波帘 wave curtain
波连 wave run
波涟痕 wave ripple mark
波量 wave volume
波列 train of waves; wavelet; wave train
波列累积率 accumulation rate of wave train
波林群法 Bohlin method
波龄 < 波速与波峰之比 > wave age
波流 wave current
波流痕 flow mark
波流相互作用 wave current interaction
波硫铁铜矿 putoranite
波鲁姆测度 Blum measure
波鲁姆加速定理 Blum speed up theorem
波鲁姆试剂 Blum reagent
波鲁姆压缩定理 Blum's compress theorem
波仑型自动调节圆锥分级机 Boylan automatic cone
波伦试验 Bolen test
波伦斯基值 Polenske number; Polenske value
波轮廓 wave contour
波罗板 Porro tester
波罗的地盾 Baltic shield
波罗的古陆 Baltic old land
波罗的海 Baltic Sea
波罗的海红木 yellow deal
波罗的海油页岩 kuchersite
波罗的红杉 Baltic redwood
波罗杆 < 沉降观测用 > Borros pole
波罗·科佩原理 Porro-Kopper principle
波罗棱镜 Porro prism
波罗麻 sisal hemp
波罗全内反射棱镜系统 Porro system
波罗望远镜 Porro telescope
波罗正像系统 Porro prism erecting system
波洛克换向器 Pollock commutator
波马多克层【地】Portmadoc bed
波马纱支制 Poumar yarn count system
波脉冲 wave impulse
波曼诺(铁镍)合金 Permenorm
波慢度 wave slowness
波梅特铜钴镍合金 Pernmet
波美比重标 Baumé's scale
波美比重标度 Baumé scale of specific gravity
波美比重度 Baumé gravity
波美比重计 Baumé scale
波美比重计标度 Baumé hydrometer scale
波美比重瓶 Baumé scale
波美标度 Baumé scale
波美表 Baumé hydrometer
波美测试仪 Baumé tester
波美定律 Baume's law
波美度 < 液体比重级 > Baumé degree; degree(of) Baumé
波美刻度 Baumé scale
波美洛尔 bometolol
波美石 baumite
波美液体比重计 Baumé's hydrometer; Baumé liquid gravimeter
波美液体比重仪 Baumé gravity instrument; Baumé hydrometer
波门 port door
波门窗口 rectangular window
波门杜尔(铁钴)合金 < 一种铁钴磁性合金 > Permendur(alloy)
波门水平位置 gate lateral position
波门位置 window position
波门中心 center of tracking gate
波弥散 dispersion of waves
波米斯特理论【道】Burmister's theory
波密带 dense zone
波密构造段 Bomi tectonic segment
波密区 compressed zone of wave
波密斯特理论 < 柔性路面设计的 > Burmister theory
波面 dome; wave surface
波面叠加 superposition of wave surfaces
波面筏 wave contouring raft
波面法线 wave normal
波面法线椭球 ellipsoid of wave normals
波面径流 prechannel flow
波面升降 wave elevation
波面瞬时值 instantaneous wave elevation
波面图 skiodrome
波面斜度 wave slope
波面斜率 wave slope
波面纸板 corrugated board
波模 mode; transmission mode
波模包迹 mode envelope
波模变换器 wave mode transducer
波模纯度 mode purity
波模简并度 mode degeneracy
波模交叉 mode crossing
波模滤波器 mode filter
波模频率间隔 mode separation
波模频谱 mode spectrum
波模牵引效应 mode pulling effect
波模锁定 mode locking
波模型 wave pattern
波模选择器 wave mode selector
波模抑制技术 mode suppression technique
波模再变换 mode reconversion
波模转换开关 mode switch
波囊 wave packet
波能 sea energy; wave energy; energy of wave
波能传播 wave energy propagation
波能传递 wave energy transmission
波能萃取器 wave energy extractor
波能发电机 wave powered generator; wave power machine
波能发电站 sea wave electric(al) power system; wave energy extractor
波能分布 distribution of wave energy; wave energy distribution
波能浮标工程 wave power buoy project
波能供电浮筒 wave powered buoy
波能耗散 wave energy dissipation
波能回收系统 wave power recovery system
波能回收装置 wave power recovery device
波能技术开发 wave energy technology development
波能检波器 wave energy rectifier
波能空气透平 wave energy air turbine
波能量通量 wave energy flux
波能玫瑰图 wave energy rose diagram
波能密度 wave energy density
波能劈分 wave energy partition
波能谱 wave energy spectrum
波能汽轮发电机 wave powered air-turbine generator
波能输入 wave energy input
波能吸取系统 wave energy recovery system
波能吸取装置 wave energy recovery device
波能吸收 wave energy absorption
波能吸收器 wave energy absorber
波能吸收系数 absorbed wave energy coefficient
波能系数 wave energy coefficient
波能研究 wave energy research
波能掩护率 sheltering ratio of wave energy
波能转换 wave energy conversion
波能转换浮筒 wave energy conversion buoy
波能转换技术 wave energy conversion technique
波能转换器 wave energy converter
波能转换系统 wave energy conversion system
波能装置 wave energy device
波能资源 wave energy resource
波尼落叶松 Chinese larch
波尼酮 bornelone
波尼瓦尔恒导磁率合金 Perminvar
波尼瓦尔(铁镍钴)合金 < 一种高导磁合金 > Perminvar
波诺生 porosin
波偶极子 wave dipole
波爬界限 limit of uprush
波片 retardation sheet; wave plate
波片检偏器 wave plate analyser
波片调制器 wave plate modulator
波频计 cymometer; wavemeter
波频率 wave frequency
波频玫瑰图 rose(diagram) of wave frequency
波频谱 frequency spectrum
波频仪 wavemeter
波平 popin
波剖面 profile of wave; wave profile
波普空心铆钉 Pop rivet
波谱 power spectrum; sea spectrum; spectrum; wave pattern; wave spectrum[复 spectra]
波谱测定 spectroscopic(al) measurement
波谱测量设备 spectral measurement equipment
波谱发射度 spectral emittance
波谱发射率 spectral emissivity
波谱法 spectral method
波谱法预报海况 wave spectrum method of forecasting sea state
波谱反射率 wave spectral reflectivity
波谱方法 wave spectrum method
波谱分辨率 wave spectral resolution
波谱分析 spectrum analysis; wave spectra analysis
波谱分析器 wave spectrum analyser [analyzer]
波谱分析仪 wave spectrum analyser [analyzer]
波谱集群 spectrum cluster[clustre]
波谱类仪器 spectral sort instrument
波谱密度函数 spectral density function
波谱能量分布 spectral density; spectral energy distribution
波谱数据处理技术 spectral data processing techniques
波谱数据来源 spectral data sources
波谱数据输出方式 spectral data output form
波谱特征空间 spectrum feature space
波谱特征曲线 spectrum characteristic curve
波谱特征增强 spectral feature enhancement
波谱外的 extraspectral
波谱响应曲线 spectrum response

curve
波谱效应 spectrum effect
波谱学 spectroscopy; wave spectroscopy
波谱仪 spectrograph; spectrometer; wave diffusion spectrometer
波谱异常 wave spectrum anomaly
波期 duration
波前 front of wave; propagating wavefront; wavefront
波前标绘器 wavefront plotter
波前补偿 wavefront compensation
波前冲击试验 front of wave test
波前错位干涉仪 wavefront shearing interferometer
波前叠加 addition of wavefronts
波前陡度 wavefront steepness
波前陡度继电器 surge relay
波前法 frontal method
波前法解 frontal solution
波前反转 wavefront reversal
波前畸变 wavefront distortion
波前减震器 wavefront shock absorber
波前控制 wavefront control
波前宽度 duration of wavefront; wavefront length
波前扩散补偿 wavefront divergence compensation
波前量板 wavefront chart
波前匹配 wavefront matching
波前倾角 wavefront angle
波前倾斜 inclination of wavefront; tilt of wavefront; wave tilt
波前倾斜误差 wavefront tilt errors
波前曲率 wavefront curvature
波前图 wavefront chart
波前图法 wavefront chart method
波前像差 wavefront aberration
波前行程 wavefront travel
波前行进 wavefront advance
波前沿法 wavefront method
波前再现 wavefront reconstruction; wavefront reproduction
波前重现照相(术) wavefront reconstruction photography
波强度 intensity of wave
波切洛特电路 Boucherot circuit
波切洛特起动法 Boucherot starting method
波琴箱 Bozsin box
波倾斜 wave tilt
波丘地 hummocky
波区曲线 curve of wave zone
波曲度 corrugation
波渠天线 Yagi antenna
波取样器 wave sampler
波群 group of waves; train of waves; wave group; wave package; wave packet
波群长度 length of wave group
波群传播速度 group propagation velocity
波群谱 wave group spectrum
波群速度 group velocity of waves; velocity of wave group; wave group celerity[velocity]
波群效应 wave grouping effect
波群影响 wave grouping effect
波扰动 wave agitation
波绕射强度系数 wave diffraction intensity factor
波绕线圈 wave wound coil
波绕组 undulated series winding
波若丁印花机 Perrotine
波赛冬神庙 Temple of Poseidon
波赛利连杆机构 Peaucellier linkage
波散滤波器 dispersive filter
波散射 scattering of wave
波散效应 wave scattering effect
波色差 wavefront chromatic aberration
波色尔水泥 Porsal cement
波色散 wave dispersion
波射线 wave ray
波生流 wave-generated current; wave-generated flow; wave-induced current; wave-induced flow
波蚀 wave abrasion; wave cut(ting); wave erosion
波蚀残丘 rampart
波蚀沟 wave furrow
波蚀基面 wave-cut base
波蚀阶地 wave-cut terrace
波蚀临界深度 critical depth of wave base
波蚀台地 wave-cut bench; wave-cut platform
波矢空间 reciprocal space
波矢量 wave vector
波矢量空间 K-space; wave vector space
波矢面 wave vector surface
波士顿沉箱 Boston caisson
波士顿窗扣锁 Boston sash fast
波士顿港 <美> Port Boston
波士顿脊 Boston ridge
波士顿蓝黏[粘]土 Boston blue clay
波士顿石磨 Boston stone
波士顿式搭接 Boston lap
波士顿式四坡屋顶 Boston hip roof
波士顿式屋脊 Boston ridge
波士顿水准尺 <塔式的> Boston level(l)ing rod
波士顿屋脊 Boston hip
波氏比重计 Baume scale
波氏萃取器 Podbielniak extractor
波氏法精密分馏 Podbielniak analysis
波氏分析 Podbielniak analysis
波式测力计 wave-type dynamometer
波式压浆泵 poulter mudjack
波势 wave potential
波收集器 wave collector
波疏带 sparse zone
波疏区 rarefied zone of wave
波束 beam; packed wave; wave packet
波束半功率角 beam half power angle
波束半会聚角 semi-angle of beam convergence
波束瓣转换法 beam lobe switching
波束边界 beam boundary
波束变宽 beam broadening
波束成型器 beam-shaper
波束导航盲目进场系统 blind approach beam system
波束抖动 beamjitter
波束发射机 beam transmitter
波束反射器 beam reflector
波束方向图 beam pattern
波束分散 beam diversity; beam spread
波束分析器 beam analyser[analyzer]
波束功率 beam power
波束几何形状 beam geometry
波束夹角 squint
波束降落 beam drop
波束角 beam angle; field angle
波束可控天线 lobing antenna
波束空间 beam space
波束孔径 beam aperture
波束控向 beam steering
波束控制 beam control; beam steering
波束宽度 beam angle; beam width
波束面积 beam area
波束偏移损耗 beam deviation loss
波束偏转 beam deviation
波束偏转管 beam deflection valve
波束倾斜 beam tilt
波束区 beam zone
波束扫描 beam scanning; beam steering
波束衰减计 beam attenuation meter; beam attenuator
波束衰减器 beam attenuator
波束特性 beam characteristic
波束图 beam pattern
波束下垂 beam droop
波束效率 beam efficiency
波束形成 beam forming
波束形成光学装置 beam-forming optics
波束旋转 rotation of beam
波束压缩因数 beam compression factor
波束抑制 beam suppression
波束引导 beam rider guidance
波束引导进场寻的器 beam approach seeker
波束运动 riding
波束展宽 beam broadening
波束直径 beam diameter
波束制导 beam guidance
波束制导导弹 beam rider
波束制导方式 beam rider mode
波束制导雷达 beam rider radar
波束制导系统 beam guidance system; beam rider system
波束轴向极化 on-beam polarization
波束转换 beam switching
波束转向 beam steering
波数 wave number
波数标度 wave number scale
波数标识灯 wave number marker lamp
波数差 wave number difference
波数单位 wave number unit
波数范围 wave number range
波数计数器 wave number counter
波数记录 wave number registration
波数校准曲线 wave number calibration curve
波数空间 wave number space
波数滤波器 wave number filter
波数偏移 wave number migration
波数频谱 wave number frequency spectrum
波数谱 wave number spectrum
波数矢量 wave number vector
波数算子 wave number operator
波数域 wave number domain
波数域褶积 convolution in wave number domain
波衰减技术 ultrasonic attenuation technique
波斯阿魏 sagapenum
波斯百叶窗 Persian blinds
波斯瓷器 Persian porcelain
波斯的 Parisian
波斯地毯 Persian carpet; Persian rug
波斯顿沉箱 Gow caisson
波斯顿屋脊 shingle ridge finish
波斯红 <色料> Persian red
波斯建筑 Persian architecture
波斯尼亚 <波黑一地区> Bosnia
波斯尼亚和黑塞哥维那共和国 <简称波黑> Bosnia-Herzegovina
波斯青 <色料> Persian blue
波斯人形柱 Persian column
波斯三彩 Persian three colo(u)red ware
波斯式戽斗 Persian wheel
波斯式建筑 Persian style
波斯式水车 Persian wheel
波斯式水轮 Persian wheel
波斯树脂 galbanum
波斯水车 rahat
波斯陶器 Persian faience
波斯特对应问题 Post correspondence problem
波斯特尔投影 Postel's projection
波斯特机器 Post machine
波斯提水工具 rahat
波斯突拱 Persian corbelled arch
波斯湾 Persian Gulf
波斯湾盆地 Persian Gulf basin
波斯柱 Persian column
波苏埃里火山土 volcanic earth from Pozzuoli
波速 celerity (of wave); speed of propagation; velocity of wave; water celerity; wave celerity; wave speed
波速比剖面 wave velocity ratio section
波速测定 wave velocity measurement
波速测井 wave velocity logging
波速传播速度 velocity of wave propagation
波速度 wave velocity
波速法 wave velocity method
波速分散 wave dispersion
波速计 wave velocity meter
波速勘探法 wave velocity survey
波速宽度 wave beam width
波速面 wave velocity surface
波速梯度 velocity gradient
波速调管 travel(l)ing-wave klystron
波速异常 anomaly of wave velocity; wave velocity anomaly
波算子 wave operator
波塔纤维 Pota fibre
波泰纳 portainer
波坦 wave slope
波坦尼湾 Botany Bay
波涛 billow; surge
波涛动力学 fluctuation dynamics
波涛声 rut
波涛汹涌的 billowy; choppy
波涛汹涌的海面 boiling sea; chopping sea; heavy sea; choppy sea
波涛汹涌的河流 angry river; angry stream
波涛汹涌的水域 rough waters
波涛越顶 <防波堤> wave overtopping
波特摆式调速器 Porter pendulum governor
波特贝尔尼克萃取器 Podbielniak extractor
波特比 baud rate
波特发生器 Baud generator
波特钢丝镀锌法 Potter process
波特霍夫检验 Potthoff's test
波特基准制 Baud base(system)
波特兰层 Portland bed; Portlandian stage
波特兰粉煤灰水泥 fly-ash Portland cement; Portland fly-ash cement
波特兰港 <美> Portland Port
波特兰火山水泥 Portland-pozzolana cement
波特兰火山水泥混凝土 Portland-pozzolana concrete
波特兰阶 <晚侏罗世>【地】Portlandian
波特兰矿渣水泥 Portland blast furnace cement; Portland-slag cement
波特兰炉渣水泥 Portland blast furnace cement
波特兰石 perrycot; Portland stone
波特兰石灰石 Portland limestone; Portland stone
波特兰石料 Portland stone
波特兰水泥 Portland cement; Blue Circle <注册名称>
波特兰水泥混凝土 Portland cement concrete
波特兰水泥浆 Portland cement grout
波特兰水泥石灰砂浆 Portland-cement-lime mortar

波特兰水泥熟料 Portland clinker
波特兰水泥协会 <美> Portland Cement Association
波特兰水泥协会混凝土路面设计法 Portland Cement Association design method for concrete pavement
波特兰岩石 Portland stone
波特率 baud rate
波特率变换 baud conversion
波特奇季层 <晚泥盆世>【地】Portage beds
波特奇群 Portage group
波特什冻结凿井法 Poetsch freezing process
波特什盐水冻结凿井法 Poetsch process
波特氏弯曲 Pott's curvature
波特速率 Baud rate
波特速率发生器 Baud rate generator
波特速率系数 Baud rate factor
波特速率选择开关 Baud rate switch
波特乌斯法 Porteous process
波特型流量计 Potter-type flowmeter
波特性 wave property
波特振荡器 Potter oscillator
波梯斯热处理法 Porteus process for heat treatment
波天线 wave antenna
波调示波管 wamoscope;wave-modulated oscilloscope tube
波调制放大器 modulated wave amplifier
波廷铜锌锡合金 Potin
波头 front of wave
波图 wave pattern
波托马克层 Potomac bed
波托西银合金 Potosi silver
波瓦抗弯试验机 bending strength tester for corrugated sheet
波瓦切边机 cutting machine for corrugated sheet
波瓦屋顶 pantiled roof
波尾 tail of wave;wave coda;wave rear;wave tail
波位指示信号 liquid level signal
波纹 cockle;corrugation;current mark;current ripple(mark);damascene;dimple;flow mark;flute;Moiré pattern;riffle;ripple;watering;wave pattern;wave cord <玻璃缺陷>;waviness <钢板缺陷>
波纹凹凸组织 waved pique
波纹白铁管 Armco
波纹百分比 percent ripple
波纹板 buckled plate;corrugated plate;dimpled plate;floor plate;fluted sheet;V-beam sheeting
波纹板壁 corrugated siding
波纹板冲压成型法 corrugating
波纹板冲压法 open beading
波纹板钉 corrugated sheet nail
波纹板隔油池 corrugated plate intercepter[interceptor];dimple-plank isolating-oil pool
波纹板辊压作业线 corrugating line
波纹板机械 corrugating paper machinery
波纹板加工 corrugating
波纹板拦截器 corrugated plate intercepter[interceptor]
波纹板式冷却器 corrugated cooler
波纹板屋面 corrugated roofing
波纹板洗涤器 corrugated plates scrubber
波纹板油水分离器 corrugated plate intercepter[interceptor]
波纹板轧机 corrugating roll mill;corrugator
波纹比 ripple ratio
波纹边垫板 limpet washer
波纹编带 wave braid
波纹表面 corrugated surface
波纹表面抛光 wavy dressing
波纹表皮 corrugated skin
波纹冰 slat-flecked ice
波纹波幅 corrugated amplitude
波纹玻璃 corrugated glass;ripple(d) glass;wave glass
波纹薄板 corrugated sheet
波纹薄钢板 steel corrugated sheet
波纹材 curl
波纹槽 riffle
波纹层理 ripple bedding
波纹衬护钢板 corrugated liner plate
波纹成型模 corrugating die
波纹齿滑动式离合器 slip jaw clutch
波纹齿环 corrugated tooth ring
波纹翅片 herringbone fin
波纹绸 taffeta
波纹锉 riffler
波纹打捞筒 corrugated friction socket
波纹带 corrugated ribbon
波纹挡板 corrugated baffle
波纹导体接头 corrugated rail bond
波纹的 dimpled;rippled;undulant;undular;undulatory
波纹的顶 crown of corrugation
波纹电缆护套 cupeth
波纹电流 ripple current
波纹电压 ripple voltage
波纹电压全幅值 peak-to-peak ripple voltage
波纹电压噪声 ripple noise
波纹叠化 wash dissolve
波纹度 percent ripple;waviness
波纹度测量仪 waviness-meter
波纹镀锌薄钢板 corrugated galvanized sheet metal
波纹颚板 corrugated plate
波纹发的 ulotrichous
波纹放大器 ripple amplifier
波纹峰间电压 peak-to-peak ripple voltage
波纹浮动塔盘 Turbo-float tray
波纹钢 corrugated steel
波纹钢板 corrugated iron sheet;corrugated steel plate;corrugated steel sheet(ing);deck plate;keystone plate;zores bar;zores beam
波纹钢板桥面 corrugated steel floor of bridge
波纹钢管地道 corrugated metal tunnel
波纹钢管拱 corrugated metal pipe arch
波纹钢管涵洞 corrugated steel culvert
波纹钢管廊道 corrugated metal tunnel
波纹钢管隧道 corrugated metal tunnel
波纹钢筋 corrugated (steel) bar;crimped wire
波纹钢梁 corrugated sheet steel beam
波纹钢桥面 corrugated steel deck
波纹钢丝 corrugated wire
波纹高跨(比) pitch of corrugations
波纹管 accordion pipe;bellows (pipe);caterpillar tube;corrugated duct;corrugated(metal) pipe;corrugated tube[tubing];expansion bellows;flexible tube;pincheck tube;sylphon (bellows);wavy pipe;wavy tube
波纹管补偿接头 bellow-type expansion joint
波纹管补偿器 corrugated compensator;corrugated expansion joint
波纹管差动压力计 bellows differential ga(u)ge
波纹管差压计 bellows differential ga(u)ge
波纹管差(压)流量计 bellows differential flowmeter
波纹管道 corrugated furnace
波纹管阀 bellows valve;corrugated tube valve
波纹管涵(洞) corrugated culvert
波纹管机械密封 bellows mechanical seal
波纹管连接 bellows joint
波纹管流量计 bellows flowmeter
波纹管密封 bellows seal;sylphon seal
波纹管密封闸门阀 bellows-sealed gate valve
波纹管膨胀接头 bellows expansion joint
波纹管气体流量计 bellows-type gas flowmeter
波纹管伸缩接头 bellows expansion joint
波纹管式 bellows-type
波纹管式差压流量计 bellows meter
波纹管式分层沉降系统(仪) Sondex settlement system
波纹管式计量计 bellows-type meter
波纹管式减压阀 undulated type reducing valve
波纹管式节温器 bellow-type thermostat
波纹管式流量计 bellows flowmeter
波纹管式密封 bellows seal
波纹管式密封阀 bellows-sealed valve
波纹管式气动悬架装置 bellows-type pneumatic suspension
波纹管式调节器 bellows-type regulator
波纹管式压力计 bellows(-type) manometer
波纹管式阻汽排水器 bellows-type steam trap
波纹管悬挂 bellows suspension
波纹管压力表 bellows pressure ga(u)ge
波纹管压力计 bellows manometer
波纹管座 corrugated header
波纹辊 dimple roller
波纹河床 ripple(d) bed
波纹痕迹 ripple mark
波纹护套电缆 corrugate sheath cable
波纹环 corrugated ring
波纹混凝土 corrugated concrete
波纹混凝土板 corrugated concrete slab
波纹混凝土路面 corrugated concrete pavement
波纹混凝土桩 corrugated concrete pile
波纹火管 corrugated furnace
波纹火箱 corrugated fire box
波纹机 siphon recorder
波纹基床 ripple(d) bed
波纹集管 corrugated header
波纹脊饰 Boston hip;Boston ridge;shingle ridge finish
波纹计数器 ripple counter
波纹夹芯 corrugated core
波纹节距 pitch of the corrugation
波纹截面钢 undulating wire
波纹金属板 Armco
波纹金属垫片 corrugated metal gasket
波纹金属垫圈 corrugated packing ring
波纹金属管 corrugated metal pipe
波纹金属涵管 corrugated metal culvert;fin whistle
波纹金属接合填密环 corrugated metal joint ring
波纹金属软管 corrugated flexible metal tube
波纹金属网 corrugated gauze
波纹紧固钢带 corrugated fastener
波纹镜 corrugated mirror
波纹聚氯乙烯止水板 water stop of corrugated polyvinyl chloride
波纹聚乙烯管道 corrugated polyethylene tubing
波纹聚乙烯管件 corrugated polyethylene fitting
波纹聚酯树脂薄片 polyester resin corrugated sheet(ing)
波纹绢 tabby
波纹扣件 corrugated fastener;mitre brad
波纹扣片 corrugated fastener;mitre brad;joint fastener <连接木构件用>
波纹箝座 Moiré batten
波纹喇叭 corrugated horn
波纹量 ripple quantity
波纹炉膛管 corrugated furnace tube
波纹滤波器 ripple filter
波纹铝板 corrugated alumin(i)um sheet
波纹铝材 alumin(i)um corrugated trim
波纹率 ripple ratio
波纹蒙皮 beaded covering
波纹面 ripple(d) surface
波纹面滑跳式离合器 jaw-type jump clutch
波纹面路碾 wave roller
波纹面饰 crinkle finish;ripple finish;wrinkle finish
波纹膜片 convoluted diaphragm
波纹磨耗 corrugated wear
波纹木材 wavy grown timber;wavy grained lumber
波纹木塞 corrugated wood plug
波纹木栓 corrugated dowel;undulated dowel
波纹奶色石灰石 Caen-stone
波纹膨胀补偿弯管 creased expansion bend
波纹膨胀节 bellows expansion joint
波纹披叠板 corrugated siding
波纹片 corrugated plate;corrugated sheet;ferro-in-clave;fluted sheet
波纹频率 ripple frequency
波纹畦编 pearl rack
波纹器 undulator
波纹墙板 corrugated siding
波纹清漆 ripple varnish;shrivel varnish;wrinkle varnish
波纹曲面 corrugated surface
波纹曲线 waviness curve
波纹渠道闸门 corrugated canal gate
波纹刃口圆盘 wavy-edge disk
波纹软管 corrugated flexible pipe;corrugated tubing
波纹鞘管 corrugated sheath
波纹伸缩器 corrugated expansion joint
波纹石棉水泥瓦 transite
波纹石棉屋面防锈层 asbestos protection
波纹式混合器 perforated mixer
波纹式接头 corrugated joint
波纹饰 undy mo(u)lding
波纹饰面 ripple finish
波纹收报机 siphon recorder;undulator
波纹水泥屋顶板 corrugated cement roofing sheet
波纹丝网管芯 corrugated screen wick
波纹塑料板 plastic corrugated board
波纹塑料管 corrugated plastic pipe
波纹塔 ripple column

波纹塔盘 ripple tray
波纹陶瓷 corrugated ceramics
波纹条带 clouded ribbon
波纹铁 corrugated iron; corrugated metal; elephant
波纹铁管 corrugated iron pipe
波纹铁管涵(洞) corrugated culvert; corrugated metal pipe culvert
波纹铁皮 corrugated iron sheet; corrugated sheet iron; undulated sheet iron
波纹铁皮涵洞 corrugated culvert
波纹铁片 <转角连接用> corrugated fastener
波纹铜版 keystone plate
波纹铜片 corrugated copper plate
波纹透镜 corrugated lens
波纹图案 wave pattern
波纹图像 Moiré pattern
波纹图形 Moiré pattern
波纹图样 ripple pattern
波纹吐根 undulated ipecac
波纹瓦 corrugated tile; ripple finish tile; water-rib tile
波纹瓦屋面钉 corrugated roofing nail
波纹网版 wavy-line screen
波纹屋顶 corrugated roof(ing)
波纹屋面钢 corrugated roof steel
波纹系数 coefficient of rippling; ripple coefficient; ripple factor; ripple ratio
波纹纤维板 corrugated fiberboard
波纹现象 waviness phenomenon
波纹线道 wavy line
波纹线脚【建】cyma [复 cymas/cymae]; sima; undular mo(u)lding; zigzag mo(u)lding
波纹形成 ripple formation
波纹形的 corrugated
波纹形钢筋 corrugated steel bar
波纹形金属板 deformed metal plate
波纹形壳体 corrugated shell
波纹形料仓 corrugated silo
波纹形磨轮 corrugated type cutter
波纹形吸热板 corrugated absorber plate
波纹形线饰 chinbeak mo(u)lding
波纹形消声器 silencer of corrugated faced type
波纹形铸铁管片 corrugated type cast iron segment
波纹压板破碎机 corrugated roll
波纹压力机 crimping press
波纹叶理 ripple lamina
波纹因数 ripple factor
波纹印码机 undulator
波纹硬纸板 wavy fibre[fiber]
波纹油地毡 Moiré linoleum
波纹圆柱 corrugated cylinder
波纹轧光机 Moiré calender; noise calender
波纹轧辊 beading roll; corrugating roll
波纹涨缩管 corrugated expansion joint
波纹罩 corrugated cover
波纹振幅 ripple amplitude
波纹纸板 corrugated cardboard; corrugated paper; corrugated board
波纹纸板机 corrugater; corrugating machine
波纹纸板箱 corrugated board box
波纹纸制造机 corrugator
波纹终饰 fluted finish; wave ornament
波纹装修 wrinkle finish
波纹状 corrugation; crimped
波纹状板带 fish tape
波纹状表面 undulating surface
波纹状波导(管) corrugated waveguide
波纹状玻璃 corrugated glass
波纹状储水池 ripple tank
波纹状的 corrugated
波纹状拱顶 undulated vault
波纹状滚碎机 corrugated roll crusher
波纹状铝板 corrugated alumin(i)um
波纹状蒙皮 corrugated covering
波纹状模壁 corrugated wall; rippled wall
波纹状软管 corrugated hose
波纹状散热(翼)片 corrugated fin
波纹状陶瓷 corrugated ceramics
波纹状凸焊 ripple projection welding
波纹状外层 corrugated cover
波纹状釉面 wavy finish
波纹纵行 racked wale
波纹组织 displaced stitch; racked stitch; shogged stitch
波西短线 Pawsey stub
波希米亚宝石 Bohemian gemstone
波希米亚宝石类 Bohemian gemstones
波希米亚玻璃 Bohemian glass
波希米亚地块 Bohemian massif
波希米亚拱顶 Bohemian vault
波希米亚拱形屋顶 Bohemian vault
波希米亚晶质玻璃 Bohemian crystal glass
波希米亚水晶玻璃 Bohemian crystal glass
波系 wave system
波系对比 wave series correlation
波线 line of wave
波线网屏 wavy-line screen
波相 phase of waves; wave phase
波相速度 phase velocity of wave; wave phase velocity
波向 direction of wave; directive of wave; travel of wave; wave direction
波向分析仪 wave direction analyser [analyzer]
波向计 wave direction meter[metre]
波向角 angle defining wave direction
波向量滤波 wave vector filtering
波向频率图 rose of wave frequency; wave rose
波向谱 wave directional spectrum
波向线 orthogonal ray; wave ray
波向仪 wave direction meter[metre]
波像差 wave aberration
波像差函数 wavefront aberration function
波像图 wave rose
波歇炉 Pochet furnace
波行角 angle of wave approach
波形 crimple; flopper; model; wave configuration; wave form; wave pattern; wave profile; wave shape; waviness
波形板 bent plate; corrugated plate; corrugated sheet
波形板二次洗涤器 corrugated secondary scrubber
波形板屋面 corrugated(sheet) roof(ing)
波形板轧制厂 corrugated sheet rolling mill
波形半透明板 corrugated translucent sheet
波形边 wave edge
波形边搭板平接 scalloped strap butt
波形边界 wavy boundary
波形变换 mode transformation; wave conversion
波形变换器 mode transformer; wave (form) converter; wave mode transducer
波形变量 wavelike variable
波形波导管 corrugated waveguide
波形玻璃 corrugated(sheet) glass
波形玻璃钢屋面 corrugated glass reinforced plastics roofing
波形玻璃隔墙 corrugated glass partition(wall)
波形玻璃屋面 corrugated glass roofing
波形箔 corrugated foil
波形薄板 corrugated sheeting
波形薄钢板 corrugated sheet steel
波形薄壳 corrugated shell
波形薄壳屋顶 corrugated shell roof; waved shell roof
波形薄纸板 corrugated cardboard
波形补偿器 bellows unit
波形材料 corrugated material
波形参数 waveform parameter
波形舱壁 corrugated bulkhead; fluted bulkhead
波形舱口盖 corrugated hatch cover
波形侧面 wave profile
波形侧移壳体(结构) waveform translation(al) shell
波形测定 waveform measurement
波形测量 waveform measurement; waveform survey
波形测量器 ondometer
波形测量仪 waveform meter
波形衬板 corrugated lining plate; corrugated sheath(ing)
波形成型器 wave shaper
波形翅盘管 wave-fin coil
波形冲头 punch with corrugated nose; punch with fluted nose
波形传输 waveform transmission
波形存储器 wave memorizer
波形单元 corrugated element
波形的 dimpled; engrailed; rippled; sinuous; undulatory; wavelike; wavy
波形地 rolling country
波形垫片 corrugated gasket
波形垫圈 wave washer
波形叠加 addition of waveforms
波形钉 wiggle nail
波形镀锌钢板(屋面) corrugated galvanized steel sheet
波形镀锌铁板(屋面) corrugated galvanized iron sheet
波形段 waveform segment
波形颚板 corrugated jaw plate
波形发生器 curve generator
波形反褶积 waveform deconvolution
波形分离 mode separation; waveform separation
波形分析 wave(form) analysis
波形分析器 wave analyser[analyzer]; waveform analyser[analyzer]
波形分析仪 wave analyser[analyzer]; waveform analyser[analyzer]
波形腹板大梁 corrugated web girder
波形杆 corrugated bar
波形钢 corrugated steel
波形钢板 corrugated sheet steel
波形钢玻璃 corrugated steel glass
波形钢薄壳桩 corrugated thin shell pile
波形钢管 corrugated steel pipe
波形钢管片 corrugated segment
波形钢筋 crimped wire; zigzag-shaped bar
波形钢壳心 corrugated steel shell diaphragm
波形钢丝 crimped wire; waved wire
波形钢丝网 crimp mesh; crimp wire net(ting)
波形钢索 undulating cable
波形钢瓦 steel pantiling
波形格式 corrugated shape
波形隔板 corrugated bulkhead
波形隔热材料 corrugated insulator
波形隔声板 corrugated acoustic(al) panel
波形拱 corrugated arch; wave arch
波形拱顶 corrugated arch roof
波形估计 waveform estimation
波形挂板 corrugated siding
波形观测仪 waveform viewer
波形管 corrugated pipe; corrugated tube; waved tube
波形辊 wave roller
波形辊轧玻璃隔墙 corrugated rolled glass partition
波形号 wave symbol; til
波形合成器 waveform synthesizer
波形花纹带 wave-type seal tape
波形花纹的 damascening
波形混凝土板 corrugated concrete slab
波形畸变 wave(form) distortion; wave shape distortion
波形畸变系数 waveform distortion factor
波形计算器 waveform calculator
波形记录 waveform recording; wiggle trace
波形记录法 waveform recording method
波形记录分布 waveform record distribution
波形记录器 curve tracer; kymograph; waveform recorder; ondograph <电容式的>
波形加变密度记录 wiggle trace superimposed on variable density
波形加变面积记录 wiggle trace superimposed on variable area
波形加扰器 wave scrambler
波形夹丝玻璃 corrugated wire(d) glass
波形监控器 waveform monitor; wave monitor
波形监视器 waveform monitor; wave monitor
波形建筑用纸 corrugated building paper
波形渐缩薄板 corrugated reducing sheet
波形交错纹理 ripple cross-lamination
波形截面 corrugated section
波形金属板 corrugated metal(plate); ripple metal sheet
波形金属板条 corrugated metal lath(ing)
波形金属板系件 corrugated metal veneer ties
波形金属板系铁 corrugated metal veneer ties
波形金属薄板 corrugated sheet metal; corrugated metal sheet
波形金属挡板 corrugated metal sheath
波形金属拱形涵管 corrugated metal arch(ed) culvert pipe
波形金属管 corrugated metal pipe
波形金属建筑薄板 corrugated metal building sheet
波形金属结构 corrugated metal structure
波形金属片板条 corrugated sheet metal lath(ing)
波形金属筒仓 corrugated metal silo
波形金属屋顶盖板 corrugated metal roof cover(ing)
波形聚氯乙烯板 corrugated polyvinyl chloride sheeting
波形聚氯乙烯薄膜 corrugated polyvinyl chloride film
波形聚酯树脂板 corrugated polyester resin board
波形聚酯树脂薄板 corrugated polyester resin sheeting
波形卷涡饰 running dog; vitruvian

scroll;wave scroll
波形均衡 wave shape equalization
波形开口 wave shed
波形开口织机 ripple-shedding loom; wave shed loom
波形控制声音的板 corrugated sound-control panel
波形控制物 wave shaper
波形括号 curly brackets
波形括弧 wave parenthesis
波形拉杆 corrugated tie
波形廊 wavelike corridor;wavy corridor
波形老虎窗 eyebrow(dormer)
波形肋 corrugated rib
波形沥青板 corrugated bituminous board
波形沥青纸 corrugated asphalt board
波形连管器 sinuous header
波形连接片 corrugated joint fastener
波形梁护栏 corrugated beam barrier
波形炉胆锅炉 corrugated furnace boiler
波形录制 waveform recording
波形滤波器 mode filter;wave filter
波形路缘石 rolled curb
波形铝板 corrugated acoustic(al) panel; corrugated alumin(i)um sheet
波形铝板屋面 corrugated alumin(i)um roofing
波形铝屋面 corrugated alumin(i)um roof cover(ing)
波形螺纹 rope thread
波形脉冲 waveform pulse
波形锚 corrugated anchor
波形门窗挡水条 corrugated rabbeted stop
波形密封 bellows seal
波形面 wavy surface
波形描绘器 curve tracer
波形模 fluted mo(u)ld
波形模拟 waveform modelling
波形膜 undulating membrane
波形磨锥 corrugated grinding cone
波形抹灰板条 corrugated plaster lath(ing)
波形黏[粘]土瓦屋顶衬板 corrugated tile roof sheathing
波形碾 wave roller
波形扭曲 waveform distortion
波形耦合 mode coupling
波形膨胀(接)管 corrugated expansion pipe
波形膨胀接头 bellows expansion joint
波形膨胀节 corrugated type expansion joint
波形片 corrugated sheet
波形片段 waveform segment
波形频率间隔 mode frequency separation
波形破碎辊 corrugated crushing roll
波形剖面 corrugated section
波形剖面图 corrugated profile
波形普通用纸 corrugated general-use paper
波形起伏 waveform undulation
波形铅丝网玻璃屋顶盖板 corrugated rolled wired glass roof cover(ing)
波形铅线 wavy rule
波形墙 wavelike wall;wavy wall
波形墙板 corrugated siding
波形穹屋顶 corrugated vault roof
波形穹屋盖 corrugated vault roof
波形区分 waveform separation
波形曲率浮标 wave curvature buoy
波形曲线 wave curve;wave shape(d)line;wavy curve;wiggle trace
波形燃烧管 corrugated flue;corrugated furnace
波形绕法绕线机 wave winding machine
波形绕线机 wave winding machine
波形绕组 wave winding
波形绕组线圈 wave wound coil
波形刃锯条 wavy-edge blade
波形柔性金属管 corrugated flexible metal tube
波形纱线 ondé yarn
波形上升 wavelike uplift
波形设计 waveform design
波形伸缩节 corrugated expansion joint
波形声控板 corrugated sound-control panel
波形声音 wave sound
波形绳索 wavy cord
波形失真 klirr; wave distortion; waveform distortion; wave shape distortion
波形失真系数 distortion factor of a wave;klirr factor
波形失真因数 klirr factor
波形石棉板 corrugated-asbestos board
波形石棉墙 corrugated-asbestos wall
波形石棉水泥板 corrugated-asbestos cement board; corrugated-asbestos cement plate; corrugated-asbestos cement sheet; corrugated cement asbestos board; corrugated cement asbestos sheet
波形石棉水泥壁板 corrugated-asbestos cement siding
波形石棉水泥木料 corrugated-asbestos cement lumber
波形石棉水泥披叠板 corrugated-asbestos cement siding; corrugated cement asbestos siding
波形石棉水泥瓦 corrugated-asbestos cement sheet
波形石棉水泥屋面 corrugated cement board roofing
波形石棉水泥屋面板 corrugated-asbestos cement roofing; corrugated cement board roof cladding
波形石棉水泥屋面盖板 corrugated-asbestos cement roof sheathing
波形石棉水泥(镶)板 corrugated cement asbestos panel
波形石棉水泥制品 corrugated asbestos cement
波形石纹 wavy vein
波形试验 waveform test
波形饰 chev(e)ron mo(u)lding; wave mo(u)lding
波形水线 hollow water line
波形水跃 undular hydraulic jump
波形塑料 corrugated plastics
波形塑料板 corrugated plastic board; corrugated plastic sheet
波形塑料薄板 corrugated plastic sheeting
波形塑料薄膜 corrugated plastic film
波形塑料顶棚 corrugated plastic ceiling
波形塑料膜 plastic corrugated film
波形塑料片 corrugated plastic sheeting
波形塑料瓦屋面 corrugated plastic sheet roofing
波形隧道拱顶 corrugated tunnel vault
波形特性 waveform characteristic
波形铁 corrugated iron; corrugated metal
波形铁皮 corrugated sheet iron; undulated sheet iron
波形铜皮 corrugated copper sheet
波形筒拱 corrugated barrel vault
波形筒状穹顶 corrugated barrel vault
波形透光板 corrugated light-admitting board
波形透光屋顶板 corrugated light-admitting board roofing
波形透明塑料 corrugated perspex
波形图 oscillogram;oscillograph trace;oscilloscope record
波形图分析 analysis of oscillogram
波形图分析仪 oscillogram analyser [analyzer]
波形瓦 corrugated tile; imbrex; pantile
波形瓦板 pantile plate
波形瓦侧边搭接 sidelap of corrugations
波形瓦垫圈 diamond washer
波形瓦盖的屋顶 pantiling
波形瓦挂瓦条 pantile lath
波形瓦坯模具 thwacking frame
波形瓦片 pantile plate
波形瓦屋板 pantiled roof
波形瓦屋顶 pantiled roof
波形瓦屋面 pantiled roof
波形外板 corrugated shell
波形外板船 corrugated vessel
波形外墙板 corrugated siding
波形外壳 corrugated tank
波形纹 curl
波形纹层 ripple lamina
波形纹理 wavy grain
波形涡卷 wave scroll;wavy scroll
波形涡卷饰 running dog; vitruvian wave scroll
波形屋顶 corrugated roof(ing)
波形屋顶衬板 corrugated roof sheathing
波形屋顶覆盖 corrugated roof cladding
波形屋顶隔热 corrugated roof insulation
波形屋顶隔热板 corrugated roof insulation board
波形屋顶隔热材料 corrugated roof insulation material
波形屋顶铝板 corrugated alumin(i)um
波形屋顶黏[粘]土瓦 corrugated clay roof(ing) tile
波形屋脊帽盖 corrugated ridge capping
波形屋面板 chased-cell closure strip; rolling skin;corrugated roof(ing)
波形屋面采光板 corrugated rooflight sheet
波形屋面盖板 corrugated roof sheet(ing)
波形物 wave
波形误差 waveform error
波形吸声(镶)板 corrugated sound-absorbent panel
波形吸水板 corrugated absorbent panel
波形系数 crest factor;waveform factor
波形系统 rib system
波形下降 run down
波形纤维 crimped fiber[fibre]
波形舷板 corrugated side
波形显示器 waveform oscilloscope
波形线 wavy line
波形线脚 chamfer; oundy mo(u)lding; swelled chamfer; undulating mo-(u)lding; undy mo(u)lding; wave mo(u)lding
波形线条 oundy mo(u)lding;swelled chamfer;undulating mo(u)lding; undy mo(u)lding;wave mo(u)lding
波形箱顶 corrugated roof(ing)
波形镶板 corrugated panel
波形镶边 corrugated trim
波形橡胶条 corrugated rubber strip
波形小皱纹 ripple puckers
波形斜纹 wave twill
波形锌板 corrugated zinc plate
波形锌皮 corrugated sheet zinc
波形锌皮屋顶盖板 corrugated zinc roof cover
波形信号发生器 waveform generator
波形信息 shape information
波形形成 wave shaping
波形形成器 wave shaper
波形形状 corrugated shape
波形选择器 mode selector; wave-shape selector
波形压延玻璃 corrugated rolled glass
波形遥测浮标 telemetering wave buoy
波形依据 waveform reference
波形因数 crest factor; form factor; shape factor;waveform factor
波形因素 crest factor; form factor; shape factor;waveform factor
波形影响 waveform influence
波形有机玻璃 corrugated plexiglass
波形圆拱顶 corrugated vault roof
波形圆犁刀 wavy disk colter
波形圆铁 corrugated round iron
波形钥匙 corrugated key
波形运动 undulation;undulatory movement
波形增固法 corrugated strengthening
波形折板 corrugated folded plate
波形振幅 amplitude of waveform
波形整形 wave(form) shaping
波形正向漂移 positive creep
波形止水片 corrugated sealing piece
波形制品 corrugated product
波形皱缩 crimping
波形皱纹管弯头 corrugated pipe bend
波形铸模 corrugated mo(u)ld
波形转换开关 mode switching;waver
波形转换器 waver
波形装饰 corrugated ornament; evolute;wavy dressing;wave ornament
波形装饰品 wave scroll
波形自动测量法 kymography
波形自动记(录)器 kymograph
波形综合器 waveform synthesizer
波形组织 corrugated fabric
波型 wave mode;wave pattern
波型变换 wave mode transformation
波型变换器 <波导管> mode changer
波型测量 mode shape survey
波型传声器 wave microphone
波型纯净度 mode purity
波型钉 corrugated nail
波型光栏 mode stop
波型激励器 mode exciter
波型竞争 mode competition
波型曲线 wiggle trace
波型铁皮瓦 corrugated iron-sheet tile
波型同步 mode lock
波型图 mode chart
波型图样 mode pattern
波型退化效应 effect of mode degeneracy
波型序 mode sequence
波型选择开关 mode selection switch
波型选择器 wave(mode)selector
波型转换 conversion of mode; mode conversion;wave mode conversion
波性质 wave property
波许烟度计 Bosch spot smokemeter
波序 wave train
波压表 wave pressure meter[metre]
波压公式 wave pressure equation
波压力 wave(-induced) pressure
波压力分布公式 wave pressure for-

mula
波压力分布图 wave pressure distribution diagram
波压力计 wave manometer; wave pressure meter[metre]
波压强度 intensity of wave pressure
波压缩势 compressional potential of wave
波压图 wave pressure diagram
波扬 wave set-up
波伊奇尔拱顶柱廊 < 未发掘 > Stoa Poikile
波伊斯辐射测微计 Boys radio-micrometer
波伊斯量热器 Boys calorimeter
波伊斯砂岩 < 产于美国爱达荷州的 > Boise sandstone
波伊斯照相机 Boys camera
波义耳-查理定律 Boyle-Charles' law
波义耳定律 Boyle's law
波义耳定律加压服 Boyle's law suit
波义耳机 Boyle's machine
波义耳瓶 Boyle's bottle
波义耳温度 Boyle's temperature
波义耳压力标 Boyle's scale
波易理斯浊度计 Boylis turbidimeter
波音飞机 Boeing aircraft
波音公司 < 美 > Boeing Co.;The Boeing Company
波音机器人 Boeman
波音科学研究所 Boeing Scientific Research Laboratory
波音直升机 Boeing helicopter
波印廷定理 Poynting's theorem
波印廷定律 Poynting's law
波印廷向量 Poynting's vector
波应力 wave stress
波域片 zone plate
波域片望远镜 zone-plate telescope
波源 origin of wave; source of waves;wave origin;wave sources
波运动速度 celerity
波阵法 wavefront method
波阵面 front(wave); phase front; wave face; wavefront; wave surface
波阵面错位干涉仪 wavefront shearing interferometer
波阵面分割 division of wavefront
波阵面分裂 wavefront splitting
波阵面干涉图 wavefront interferogram
波阵面剪切干涉仪 wavefront shearing interferometer
波阵面匹配 wavefront matching
波阵面倾斜变形 wavefront tilt warping
波阵面像差 wavefront aberration
波阵面斜度 wavefront slope
波阵面再现 wavefront reconstruction
波阵面再现成像 wavefront reconstruction imaging
波阵面再现记录 wavefront reconstructing record
波阵面折叠干涉仪 wavefront folding interferometer
波阵前再现照相术 wavefront reconstruction photography
波振荡基型 dominant mode
波整形电子学 wave-shaping electronics
波芝特利夫螺钉的旋凿套筒 screwdriver socket for Pozidriv screw
波指示器 wave indicator
波至时间 arrival time;time of advent
波质量 wave mass
波周期 period of waves;wave period
波周期分布 distribution of wave period;wave period distribution
波周期谱 spectrum of wave period
波皱层理 corrugated bedding
波皱面 rippled surface
波皱纹护套电缆 corrugate sheath cable
波转移器 < 电力机车 > surge diverter
波状 crinkle;flexuosity;Sinuation
波状背斜 undulating anticline
波状表面 running surface;undulating surface
波状冰碛丘 ripple till
波状层理 current bedding; current lamination; rolling strata; wavy bedding hummocky bedding
波状层理的 current-bedded
波状层理构造 wavy bedding structure
波状齿 waveformed mouth
波状的 corrugate(d);flexuose[flexuous]; kinked; sinuous; undated; undulant; undular; undulated; undulatory;wavelike;wavy
波状地 hummock;serpentine soil
波状地形 hummocky surface topography;undulating topography
波状高积云 alto cumulus undulatus
波状高跨比 pitch of corrugations
波状高原 < 印度半岛 > maidan
波状和平稳混乱模式 hummocky and quiet chaotic mode
波状横纹 wavelike cross striation
波状花边 cascade; cyma[复 cymas/cymae]; cymatium[复 symatia]; ogee mo(u)lding;rickrack
波状花纹 wavy figure
波状花线编带 pearl braid
波状积云 cumulus-undulatus
波状夹芯 < 胶合板的 > corrugate core
波状交错层理 hummocky cross stratification
波状结构 wavy texture
波状结构面【地】wavy structural plane
波状结合 wavelike bond
波状金属管 tin horn
波状沥青路面 wave of road surface
波状隆起 wave bulge;wavy upheaval
波状路 wavelet road;wavelike road
波状路面 road wave
波状路线 sinuous alignment
波状乱纹 wavy fibred growth
波状脉 undulating pulse
波状面 wave surface
波状膜 ruffled membrane;undulating membrane
波状磨耗 corrugated wear;undulatory wear
波状磨耗的削平 shaving of corrugation
波状磨耗轨 roaring rail
波状木纹 wavy-grained
波状抛物型筒壳 undulated parabolic cylinder
波状喷管 corrugated nozzle
波状劈理 wiggled cleavage
波状片麻岩 wavy gneiss
波状平原 roll plain; undulating ground
波状起伏 undulation
波状起伏的地面 undulating ground
波状起伏的地形 sag and swell topography
波状穹顶肋 waving groin
波状丘陵地 rolling hills
波状扰动 wave disturbance; wave perturbation
波状绕法 wave winding
波状绕线机 wave winding machine
波状绕组 wave winding
波状绕组电机 wave winding machine
波状热 brucellosis;undulant fever
波状热菌素 melitin(e)
波状热菌素试验 brucellin test; melitin test
波状热凝集试验器 abortoscope
波状散热片 corrugated fin
波状沙丘 scaled dune
波状沙洲 wave barrier
波状砂层 sastruga
波状砂岩 sastruga[zastruga]
波状失真 < 光栅的 > weave
波状水面 wavy water surface
波状水线 water lining
波状水跃 chopping jump; undular jump;undulatory jump
波状条纹 wavy line
波状铁皮屋面 corrugated iron roof
波状凸纹 corrugated lug
波状土地 undulating ground;undulating land
波状外形的 contoured
波状弯曲钢筋 reticuline bar
波状纹 ripple mark;wavy grain
波状纹层 crinkling lamina; current lamination
波状纹理 curly figure;current lamination;fiddleback grain;ripple lamination; wavelike lamination; wavy lamination
波状纹理木 wavy-grained wood
波状涡纹 vitruvian(wave)scroll
波状涡纹饰 running dog
波状涡纹装饰 vitruvian scroll ornament
波状屋顶 waved roof
波状屋面 waved roof
波状细条纹 wavy penciling
波状纤维 wavy fiber[fibre]
波状线 undulating line;wavelike line; wave shape line;wavy line
波状线迹 waved stitch
波状消光 undulatory extinction; wavelike extinction; wavy extinction
波状斜坡反射结构 hummocky clinoform reflection configuration
波状压条 compound layering
波状压条法 serpentine layerage
波状叶缘 wavy leaf margin
波状移动 sinuous movement
波状釉面 wavy finish
波状云 billow cloud;undulated cloud; undulatus;wave cloud
波状运动 undulatory motion;undulatory movement;wavelike motion
波状褶皱 undulate fold(ing)
波状纸板 corrugated cardboard
波状纸边 wavy edge
波状纸盒 corrugated paper box
波状重皮 recurrent lap;surging lap
波族 wave cluster[clustre];wave system
波阻抗 intrinsic(al)impedance;surge impedance;wave impedance
波阻抗剖面 wave impedance section
波阻抗终接 characteristic impedance termination
波阻力 sinuous resistance;wave drag;wave resistance
波阻系数 wave drag coefficient
波组 composite wave;set of waves
波组成 wave component
波组对比 wave group correlation

玻

玻安岩 boninite

玻靶 target glass
玻棒拉丝法 draw-rod method
玻碟 glass disc[disk]
玻恩-奥本海默方法 Born-Oppenheimer method
玻恩-奥本海默近似 Born-Oppenheimer approximation
玻恩方程式 Born equation
玻恩-冯卡曼理论 Born-von Karman theory
玻恩-哈伯循环 Born-Haber cycle
玻恩近似 Born approximation
玻恩-马德隆模型 Born-Madelung model
玻恩-梅耶方程 Born-Mayer equation
玻尔-爱因斯坦凝聚 condensation; Einstein condensation
玻尔半径 Bohr radius
玻尔磁子 Bohr magnetron
玻尔磁子数 Bohr magneton number
玻尔-冯刘文定理 Bohr-van Leeuwen theorem
玻尔轨道 Bohr orbit
玻尔-惠勒裂变理论 Bohr-Wheeler theory of fission
玻尔假设 Bohr postulates
玻尔-科斯特图 Bohr-Coster diagram
玻尔理论 Bohr theory
玻尔模型 Bohr model
玻尔频率 Bohr frequency
玻尔频率定则 Bohr frequency principle
玻尔-索末菲理论 Bohr-Sommerfield theory
玻尔-索末菲原子 Bohr-Sommerfield atom
玻尔索瓦莫尔石 Bolsover Moor stone
玻尔效应 Bohr effect
玻尔学说 Bohr theory
玻尔原理 Bohr theory
玻尔原子 Bohr atom
玻尔跃迁 Bohr transition
玻管 glass tube
玻管液体温度计 liquid-in-glass thermograph;liquid-in-glass thermometer
玻化 vitrification
玻化瓷(器)vitrified china; vitreous china
玻化瓷砖 vitrified tile
玻化点 vitrifying point
玻化电阻器 vitrified resistor
玻化范围 range of vitrification
玻化方式 vitrifaction way
玻化管 vitrified pipe
玻化管电阻器 vitrified tube resistor
玻化光泽彩 vitreous luster[lustre]
玻化黏[粘]土管 vitrified-clay pipe
玻化凝灰岩 vitric tuff
玻化速率 rate of vitrification
玻化瓦 vitrified-clay tile
玻化卫生瓷 vitreous sanitary ware
玻化温度范围 vitrification temperature range
玻化岩【地】buchite
玻化釉 vitreous enamel
玻辉岩 augitite
玻基 basis;glass basis
玻基斑岩 hyalophyr;vitrophyre
玻基斑状 crystallinohyaline;vitrophyric
玻基斑状玻璃 vitrophyric glass
玻基斑状结构 glass matrix porphyritic texture
玻基纯橄岩 meymechite
玻基二辉岩 ehrwaldite
玻基辉橄(榄)岩 limburgite
玻基辉绿结构 hyaloophitic texture
玻基辉石岩 augitite
玻基粒玄岩 wichtisite
玻基状 vitropatic
玻晶交织结构 hyalopilitic texture

玻晶结构 crystalline texture;hyaline
玻晶屑凝灰岩 vitro-crystalloclastic tuff
玻晶质 hyalocrystalline
玻晶质结构 hyalocrystalline texture
玻壳 glass envelope
玻壳吹制机 bulb-blowing machine
玻壳电离规管 all-glass ion ga(u)ge head
玻壳电位 bulb potential
玻壳管 glass-type tube
玻壳校准 glass tube correcting
玻壳接管机 exhausting tube sealing machine
玻壳耐压试验机 glass bulb compressive strength tester
玻壳清洗 glass bulb cleaning
玻壳体温计 glass-enclosed scale clinical thermometer
玻雷吉 <一种表面活性剂> Brij
玻璃 glass;selenalyte <六种不同颜色的>
玻璃 pH 电极 glass pH electrode
玻璃安瓿 ampulla vitrea; glass ampule
玻璃安装工 glass fitter;glazier
玻璃安装工程 glazing work
玻璃安装工用锤 glazier's hammer
玻璃安装工用鹤嘴锤 glazier's pick hammer
玻璃安装工用钳 glazier's pliers; shanks
玻璃安装质量 glazing quality;glazed quality
玻璃靶 glass target
玻璃掰板机 glass severing machine
玻璃掰板装置 glass severing device
玻璃白 opaline
玻璃百叶窗 glass shutter; jalousie (window);glass jalousie <固定式的>;glass louver[louvre]
玻璃般的 hyaline
玻璃斑岩 glass porphyry
玻璃板 broad glass;glass pane;glass slate; pane of glass; plate glass; sheet glass
玻璃板搬运机械 machine for handling glass sheet
玻璃板背面 cold side;front surface of the sheet
玻璃板传送 glass sheet transfer
玻璃板电容器 glass plate capacitor
玻璃板放置架 glass sheet supporter
玻璃板刻蚀 plate etching
玻璃板刻图 glass engraving; glass-etch process;scribing on glass
玻璃板-空气界面 glass-air interface
玻璃板框 glazed panel
玻璃板条放大器 glass slab amplifier
玻璃板瓦 glass slate;glass tile
玻璃板屋顶 glass slate roof
玻璃板液面计 glass plate level ga(u)ge
玻璃板制造法 Colburn method
玻璃半成品 parison
玻璃半导体 glass(y) semi-conductor
玻璃半导体存储器 glass semi-conductor memory
玻璃半导体光电导 photoconduction of glass semi-conductor
玻璃半导体器件 glass semi-conductor device
玻璃半导体只读存储器 glass semi-conductor read only memory
玻璃棒 cane glass; glass bar; glass core;glass rod
玻璃棒封接式温度计 glass stem sealed thermometer
玻璃棒式温度计 glass stem thermometer
玻璃棒形温度计 glass-rod thermometer
玻璃包缠布 glass fiber[fibre] wrapping material
玻璃包覆的 glass-clad
玻璃包盖的 glass-enclosed
玻璃包裹体 glass inclusion
玻璃包套 glass bag
玻璃包围着的 glassed-in
玻璃保护层 glassivation
玻璃保护罩 protecting glass; cover glass
玻璃杯 glass bowl;tumbler
玻璃杯格架 tumbler holder
玻璃泵 glass pump
玻璃比例尺 glass scale
玻璃比色槽 glass cell
玻璃壁 glass partition wall(ing)
玻璃壁瓷砖 glass wall tile
玻璃边 glass boundary
玻璃编带 braided glass
玻璃标准比色计 glass standard comparator
玻璃表面着色 glass stain(ing)
玻璃波纹管 glass bellows
玻璃箔 glass frost
玻璃薄板 sheet glass
玻璃薄膜 glass film
玻璃薄膜电容器 glass film condenser
玻璃薄片 glass flake
玻璃薄纸 glass tissue
玻璃布 glass cloth;glass woven fabric;quartz cloth;woven glass fabric
玻璃布表面处理机组 glass fabric finishing aggregate
玻璃布层压板 glass-cloth laminate
玻璃布层压制品 glass-cloth laminate
玻璃布底云母带 glass(-backed) mica tape
玻璃布管子 glass cloth tube
玻璃布接头机 glass fabric end connecting machine
玻璃布绝缘 glass-cloth insulation
玻璃布油毡 asphalt-saturated glass cloth felt; saturated bitumen glass-cloth felt
玻璃布重涂层处理机组 heavy coating aggregate for glass fabrics
玻璃擦洗器 glass cleaner
玻璃材料用于半导体的 Ovonic
玻璃彩饰 glass decoration;glass painting
玻璃餐具 glass tableware;hotel glass ware; table glassware; table-top glass
玻璃槽口 glazing rabbet
玻璃草 <自其灰中可取得碱作玻璃原料> glass wort
玻璃侧板 glass side panel
玻璃测量管 glass measuring tube
玻璃层 glassy layer;vitreous lamella
玻璃层板 glass laminate
玻璃层布板 glass laminated sheet
玻璃层压材料 glass base laminated material
玻璃层压制品 glass base laminated material
玻璃插入式应力计 glass insert stress-meter
玻璃插入物 glass insert
玻璃碴 crushed glass
玻璃产量 glass yield
玻璃长石 glassy feldspar; ice spar; sanidine(feldspar)
玻璃长丝 glass filament
玻璃厂 foundry;glasshouse
玻璃厂废水 glass manufactory wastewater;glass(plant) waste
玻璃场 foundry
玻璃超导体 glass superconductor
玻璃衬底 glass substrate
玻璃衬里的 glass-lined
玻璃衬里钢 glass-lined steel
玻璃衬里水管 glass-lined pipe
玻璃衬料 glass wadding
玻璃成分 composition of glass; glass component;glass composition;glass ingredient
玻璃成品率 glass yield
玻璃成型(法) forming of glass;glass forming
玻璃成型机 glass forming machine; glass shaper
玻璃成型氧化物 glass forming oxide
玻璃成珠 beading of glass
玻璃澄清 glass refining
玻璃池 bath of glass;glass bath
玻璃池冠 glass tank crown
玻璃池检验器 glass tank checker
玻璃池炉 glass tank;tank furnace
玻璃池棋盘式蓄热室 glass tank checker
玻璃池窑 glass tank
玻璃池窑大砖 glass tank block
玻璃池窑顶 glass tank crown
玻璃尺寸 glass size;glazing size
玻璃冲水水箱 glass water waste preventer
玻璃冲洗水箱 glass flushing tank
玻璃雏形 glass blank;glass parison
玻璃橱(柜) glass case
玻璃杵 glass pestle
玻璃窗 casement window; glass panel; glazed window; glazing; lite; valved window; window glazing; lead light <用铅条镶嵌的>
玻璃窗插销 casement(window) bolt
玻璃窗除霜器 deicer
玻璃窗挡头 glass stop
玻璃窗扉 casement
玻璃窗格 window pane
玻璃窗格条 marginal bar
玻璃窗铰链 casement pintle
玻璃窗口 glass window
玻璃窗口试验池 glass window cell
玻璃窗扣件 midloc
玻璃窗框 glass framing;glazed sash; skylight sash
玻璃窗棂 glazing bar
玻璃窗木嵌条 wooden glazing bar
玻璃窗扇 casement
玻璃窗枢轴 casement pintle
玻璃窗(镶板)滴水 bevel of compound bead
玻璃窗销扣 cockspur fastener
玻璃窗雨刷 window wiper
玻璃窗装配行业 glazing industry
玻璃吹工 finisher
玻璃吹管 blowing installation
玻璃吹制 blowing;glass blowing out
玻璃吹制车床 glass blowing lathe
玻璃吹制工 blower;glass blower
玻璃炊具 glass ovenware
玻璃瓷 milk white glass;milky glass; opalescent glass; opal glass; sponge glass
玻璃粗粒 glass grit
玻璃代用品 glass substitute
玻璃带 glass ribbon;glass tape
玻璃带边钩 edge structure
玻璃带变厚 stop belt
玻璃带表面气泡 top surface bubble
玻璃带成型法 ribbon process
玻璃带宽窄不一致 snake
玻璃带跑偏 ribbon swing
玻璃带热面 hot side
玻璃带纤维 celloyarn
玻璃单据 document glass
玻璃单丝 filament; glass monofilament
玻璃蛋白 vitrein
玻璃蛋白石 amiatite;hyalite;Müller's glass;water opal;glass opal
玻璃挡风墙 glass wall(ing)
玻璃挡条 glass stop
玻璃刀 diamant; diamond; glass cutter;glass diamond;pencil diamond
玻璃导向器阻风雨带 glass-run weatherstrip
玻璃导像棒 glass guide
玻璃岛钳子 glass
玻璃的表面导电性 surface conductivity of glass
玻璃的表面电导率 surface conductivity of glass
玻璃的彩饰 painting on glass
玻璃的吹制 glass blowing
玻璃的导电性 electric(al) conductivity of glass
玻璃的电导率 electric(al) conductivity of glass
玻璃的浸析作用 leaching of glass
玻璃的离子交换钢化法 ion-exchange strengthening of glass
玻璃的熔融 glass melting
玻璃的细长气泡 cat eye
玻璃的形成 glass formation
玻璃的匀化 homogenization of glass
玻璃灯工 blower;glass blower
玻璃灯工用煤气喷灯 glass blower's burner
玻璃灯具 glass lamp shade;illuminating glassware
玻璃灯泡 glass bulb
玻璃灯伞 glass lamp shade
玻璃灯罩 glass(lamp) chimney;lantern globe;overglass;muffle
玻璃灯罩架 muffle carrier
玻璃滴 glass drop
玻璃底板 glass base plate;glass basis; glass film plate
玻璃底片【测】glass plate negative; glass negative
玻璃地板 glass floor
玻璃地板覆面层 glass floor cover(ing)
玻璃地板面层 glass flooring
玻璃地板饰面层 glass floor finish
玻璃地面砖 glass flooring tile
玻璃地砖 glass brick
玻璃递级封接 graded glass seal
玻璃电 vitreous electricity
玻璃电荷 vitreous electricity
玻璃电极 glass electrode
玻璃电极 pH 计 glass electrode pH meter
玻璃电极法 glass electrode method
玻璃电极响应 glass electrode response
玻璃电解质 glassy electrolyte; vitreous electrolyte
玻璃电热板 glass heating panel;heating panel
玻璃电容器 glass capacitor
玻璃电子管 glass electronic tube
玻璃电阻器 glass resistor
玻璃店面 fix-glass storefront
玻璃垫 glass mat
玻璃垫块 glass block
玻璃雕刻 brilliant cutting
玻璃雕刻机 glass engraving machine
玻璃雕刻仪器 hyalograph
玻璃雕饰 brilliant cutting
玻璃雕塑 glass figurine
玻璃吊平顶 glass counter ceiling
玻璃碟 glass saucer
玻璃钉 glazing brad; glazing sprig; sprig
玻璃顶棚 glass ceiling
玻璃定位器 glass positioner

玻璃定位填隙片 glass-centering shim
玻璃定位条 screw-on bead
玻璃堵塞 glass jam
玻璃度盘 glass disc[disk];glass limb
玻璃镀层材料 glass-type coating material
玻璃镀金 glass gilding
玻璃镀膜 glass coating
玻璃镀银 glass silvering
玻璃短纤维 textile glass staple fiber [fibre]
玻璃短纤维纱 glass staple fiber[fibre] yarn
玻璃钝化 glassivation
玻璃多面体 glass polygon;glass polyhedron
玻璃二极管 glass diode
玻璃发白 glass whitening
玻璃发黑 glass blackening
玻璃发霉 glass weathering; weathering of glass
玻璃阀 glass valve
玻璃反射镜 glass reflector
玻璃反射镜调制盘 glass mirror chopper
玻璃反射器 glass reflector
玻璃房 forcing house
玻璃房子 glasshouse
玻璃肥料 glass fertilizer;vitreous fertilizer
玻璃分划尺 glass length scale
玻璃分析 glass analysis
玻璃粉 glass flour; glass powder; ground glass;powdered glass
玻璃粉尘 glass dust
玻璃粉烧结 glass powder sintering
玻璃风挡 windshield apron
玻璃封闭的人工解锁器 glazed release
玻璃封边的玻璃窗 glass edge sealed glazing unit
玻璃封裹的 glass-clad
玻璃封口 glass(-dead) seal
玻璃封装 glass encapsulative; glass package;glass packaging
玻璃封装剂 glass encapsulant
玻璃缝 glass seam
玻璃浮雕 glass cameo;glass embossing;glass figurine
玻璃浮石混凝土板 glass-pumic concrete plank
玻璃浮渣 sandiver
玻璃盖板 glass cover plate
玻璃盖片 cover glass
玻璃盖匣 glass box;shadow box
玻璃干版照相法 ambrotype
玻璃杆 glass rod;glass stem
玻璃坩埚 glass pot
玻璃缸 aquarium
玻璃钢 fiberglass; fiberglass reinforced plastics; glass (reinforced) plastic;glass fiber[fibre] reinforced resin; glass-reinforced plastics; glassteel
玻璃钢薄板 fibrous glass strip
玻璃钢船 glass fiber[fibre] reinforced plastic boat
玻璃钢船体 glass fiber[fibre] reinforced plastic hull
玻璃钢反射器 glass steel reflector
玻璃钢管 glass-reinforced plastic pipe; glass steel tube; tube of glass fiber[fibre] reinforced plastic
玻璃钢划桨救生艇 glass-reinforced plastic oar rowing lifeboat
玻璃钢机动救生艇 glass-reinforced plastic motor lifeboat
玻璃钢家具 fiberglass furniture
玻璃钢建筑 steel-glass construction
玻璃钢结构体系 steel-glass structural system
玻璃钢筋混凝土空间结构 space structure in glass-concrete
玻璃钢救生筏 glass fiber[fibre] reinforced plastic lifeboat
玻璃钢救生艇 glass fiber[fibre] reinforced plastic lifeboat
玻璃钢救生衣 glass fiber[fibre] reinforced plastic life suit
玻璃钢快艇 fibre-reinforced plastic speed boat
玻璃钢冷却塔 fibreglass steel cooling tower;glass fiber[fibre] steel cooling tower
玻璃钢模 fiberglass reinforced plastic form
玻璃钢桥 glass fiber[fibre] reinforced plastic bridge
玻璃钢丝管 glass fiber[fibre] pipe
玻璃钢天线 fibreglass epoxy antenna
玻璃钢艇 glass-reinforced plastic boat
玻璃钢瓦 fibreglass tile; glass steel tile
玻璃钢渔船 fiberglass fishing boat
玻璃钢织布 woven cloth for reinforcing plastics
玻璃钢转鼓 fiberglass drum
玻璃割刀 cutting diamond; diamond cutter; ga(u)ge glass cutter; glass cutter; glazier's hacking knife; glazier's diamond
玻璃搁板 plate glass shelf
玻璃格条 astragal; astragal window; glazing bar
玻璃格条窗 lattice window
玻璃格网板 masterglass negative
玻璃格栅 glass waffle
玻璃隔板 glass partition(wall(ing))
玻璃隔断 glass partition;glazed partition;partitioning glazing
玻璃隔墙 glass partition wall(ing); glazed partition(wall); partitioning glazing
玻璃工 glass cutter;glass fitter
玻璃工安装用钳 glazer's pliers
玻璃工厂 glass works;glasshouse
玻璃工工长 foreman glazier
玻璃工人 glass worker
玻璃工业 glass industry
玻璃工业废物 glass manufacturing waste
玻璃工艺 glasswork
玻璃工艺学 glass technology
玻璃工用的凿子 glazier's chisel
玻璃工作 glasswork
玻璃拱顶 glass vault
玻璃构件 glass component; glass member
玻璃骨料 glass aggregate
玻璃骨料混凝土 beton translucide
玻璃固化 glass solidification;vitrification
玻璃刮刀 glass slicker;glass spatula
玻璃刮料板 skimming rod
玻璃刮勺 glass spatula
玻璃刮水器 window cleaner
玻璃观测窗 glass sight ga(u)ge
玻璃观测计 glass sight ga(u)ge
玻璃观察管 glass observation tube
玻璃管 glass tube[tubing];glass pipe [piping]
玻璃管保护套 glass tube protector
玻璃管保险丝 glass tube fuse
玻璃管窗户布局 glass tube fenestration
玻璃管道 glass pipe line
玻璃管的焊接器 glass tube welder
玻璃管割刀 glass tube cutter
玻璃管汞弧灯 Cooper-Hewitt lamp
玻璃管规 glass ga(u)ge
玻璃管护罩 glass tube protector
玻璃管接头 glass tube joint
玻璃管量规 glass tubing gauge
玻璃管路 glass piping
玻璃管切割机 glass tube[tubing] cutter
玻璃管切磨机 glass tube cutting-grinding machine
玻璃管熔断器 glass tube fuse
玻璃管示位表 ga(u)ge glass
玻璃管式压力计 glass tube manometer
玻璃管水银温度计 mercury-in-glass thermometer
玻璃管温度计 glass thermometer
玻璃管型汞弧整流器 glass tube mercury-arc rectifier
玻璃管液面计 ga(u)ge glass
玻璃管液面指示器 ga(u)ge glass
玻璃管液体温度计 liquid-in-glass thermometer
玻璃光纤 glass optical fiber[fibre]
玻璃光纤波导 glass fiber[fibre] guide;glass fiber[fibre] waveguide
玻璃光纤激光器 glass fiber[fibre] laser
玻璃光学纤维 glass fiber[fibre]
玻璃光泽 glassy luster[lustre]; vitreous luster[lustre]
玻璃广场 square of glass
玻璃龟裂 dice
玻璃规格 glass specification
玻璃柜 glass-frame cabinet
玻璃柜台 show case
玻璃滚料板 marver(plate)
玻璃滚筒 glass tumbler
玻璃过滤器 glass filter;sintered glass filter
玻璃海绵 glass sponge
玻璃海绵纲 Hyalospongia
玻璃含量 glass content
玻璃焊封的 glass-sealed
玻璃焊剂 glass solder
玻璃焊接车床 glass splicing lathe
玻璃焊接封 glass solder seal
玻璃焊(接)料 glass solder
玻璃焊条 glass solder
玻璃合金 glass alloy
玻璃盒子 glass box
玻璃横格条 horizontal glazing bar; lay bar
玻璃烘具 oven glassware
玻璃虹吸管 glass siphon
玻璃虹吸阱 glass siphon trap
玻璃厚板 glass plate
玻璃厚边 bead
玻璃厚度的测定 glass thickness determination
玻璃护层 <半导体> glassivation
玻璃护屏 glass shield
玻璃护罩 cover glass;glass protecting cover;glass shield
玻璃花岗岩 glass granite
玻璃花饰 glazed ornament
玻璃滑动扯门 glass sliding door
玻璃滑动门 glazed sliding door
玻璃化 vitrify
玻璃化白色瓷器 vitrified white ware body
玻璃化壁垒 vitrified fort
玻璃化的 vitrified
玻璃化的灰 vitrified ashes
玻璃化的煤渣 vitrified cinder
玻璃化矩阵 glassy matrix
玻璃化矿渣 vitrified slag
玻璃化墙壁 vitrified wall
玻璃化速率 rate of vitrification
玻璃化炭黑 glassy carbon
玻璃化瓦 vitrified tile
玻璃化温度 glass (transformation) temperature;vitrification point
玻璃化温度范围 vitrification range
玻璃化岩石 vitrified rock
玻璃化转变 glass transition
玻璃化转变温度 glass transition temperature
玻璃化作用 vitrification
玻璃画 glass painting
玻璃画家 glass stainer
玻璃画线笔 glass-marking pencil
玻璃环廊生活间 solarium[复 solaria/solariums]
玻璃换热器 glass heat exchanger
玻璃回火 glass tempering
玻璃混凝土 glass-crete
玻璃混凝土结构 translucent concrete construction
玻璃活门 glass stopcock
玻璃活塞 glass stopcock
玻璃获得率 glass yield
玻璃机械 glass machinery
玻璃基板 glass substrate
玻璃基复合材料 glass matrix composite
玻璃基体 glass basis
玻璃基质 glass matrix
玻璃激光靶 glass laser target
玻璃激光棒 glass laser rod
玻璃激光材料 glass laser material
玻璃激光器 amorphous laser;glass laser
玻璃激光损伤 laser damage of glass
玻璃集块岩 vitric agglomerate
玻璃集料 glass aggregate
玻璃集料混凝土 beton translucide
玻璃剂量计 glass dosimeter
玻璃加工 glass finishing;glass working
玻璃加工车床 glass lathe
玻璃加工工艺 glass machining technique
玻璃加工机械 glass working machine
玻璃加筋防水纸 glass-reinforced water-proof paper
玻璃加料工 batch filler; batch pusher;lump man
玻璃加料器 glass feeder
玻璃加强塑料 glass-reinforced plastics
玻璃加强纤维 fiberglass reinforcement
玻璃夹 glazing clip
玻璃夹胶滤色镜 glass cemented filter
玻璃夹子 glass clamp
玻璃家具 glass furniture
玻璃间壁 glassed partition
玻璃减光器 glass dimmer
玻璃检测器 glass detector
玻璃检视孔 glass peep hole
玻璃建筑 glass architecture; glass construction
玻璃建筑物 glass-enclosed building
玻璃交织结构 hyalopolitic texture
玻璃浇注工 ladler
玻璃浇铸台 glass receiver
玻璃胶 glass cement
玻璃胶合云母 glass-bonded mica
玻璃胶粘剂 glass adhesive
玻璃角砾岩 vitric breccia
玻璃教堂 glass church
玻璃接头 adapter glass
玻璃结构 glass construction; glass structure;structure of glass
玻璃结构真空压强测量规 glass-construction vacuum pressure measuring ga(u)ge
玻璃结合合成云母 glass-bonded synthetic(al) mica
玻璃结合云母 glass-bonded mica
玻璃结晶材料 pyroceramic

玻璃介质电容器 glass condenser; glass dielectric capacitor
玻璃金属封焊 glass-metal seal(ing)
玻璃金属密封 glass-to-metal seal(ing)
玻璃锦砖 glass mosaic (tile); thousand-flower glass
玻璃镜 glass mirror
玻璃镜框背板 scale board
玻璃锯切机 glass saw machine
玻璃聚酯混合纤维沥青毡 glasspolyester base bitumen felt
玻璃绝缘板 glass insulator
玻璃绝缘材料 glass insulation material; vitreous insulating material
玻璃绝缘的 glass-insulated
玻璃绝缘体 glass insulator
玻璃绝缘线 glass-insulated wire
玻璃绝缘子 glass insulator
玻璃均化 glass conditioning
玻璃卡子 glazing clip
玻璃开关 glass switch; Ovonic (device)
玻璃抗朦剂 glass anti-dimmer
玻璃壳的 all-glass
玻璃壳水银整流器 glass housing mercury rectifier
玻璃壳整流器 glass bulb rectifier
玻璃刻度量筒 graduated measuring glass cylinder
玻璃刻度盘 glass dial; glass disk scale
玻璃刻度器 glass marker
玻璃刻花 glass cutting; intaglio
玻璃刻花机 glass carving machine
玻璃刻磨轮 glass cutting wheel
玻璃刻蚀 clear etching
玻璃空心球靶 glass-shell target
玻璃空心砖 glass hollow block; glass hollow brick; glass brick
玻璃块 block glass; glass brick; glassy mass; slab glass
玻璃块砌筑工作 glass-block masonry work
玻璃框 glass frame; glass rim; bezel; instrument bezel <仪器的>
玻璃框镜背板 scale board
玻璃框条 glazing spacer block
玻璃扩散真空泵 glass diffusion pump
玻璃拉丝 glass spinning
玻璃拉丝机 glass spinning machine
玻璃拉丝组合炉 integrated fiber [fibre] drawing furnace
玻璃拉制机 glass drawing machine
玻璃栏板 balustrade wit glass panel; glass-panel(l)ed balustrade
玻璃栏杆自动滚梯 glass-balustrade escalator
玻璃栏杆自动楼梯 crystalator
玻璃类型 glass type
玻璃棱镜 glass prism
玻璃棱镜单色仪 glass prism monochromator
玻璃棱镜摄谱仪 glass prism spectrograph
玻璃冷加工 cold work of glass
玻璃冷阱 glass cold trap
玻璃冷凝器 glass condenser
玻璃离子键聚合物水泥 glass ionomer cement
玻璃立面建筑 glass-facade building; glass-fronted building
玻璃沥青 <一种以玻璃制成的铺路材料> glassphalt
玻璃粒的形成 glass particle formation
玻璃粒料作基层的公路 glass-based highway
玻璃帘子线 glass curtain cord
玻璃亮光的 glass clear
玻璃量杯 glass graduate; measuring glass
玻璃量具 <有容量刻度的玻璃器皿> glass measuring device; volumetric(al) glass(ware)
玻璃量器 graduated glass (ware); volumetric(al) glass(ware)
玻璃量筒 glass cylinder; glass graduate cylinder; glass measuring cylinder; measuring glass
玻璃料 <搪瓷用> frit
玻璃料滴供给 glass gob delivery
玻璃料股剪刀 glass stream cutter
玻璃料块 glass pellet
玻璃料块料滴 lump
玻璃料坯 glass gob
玻璃料器 glass art products
玻璃瞭望区 glass observation area
玻璃裂变探测器 glass fission detector
玻璃笼罩着的场地 glassed-in area
玻璃楼面板 glass floor plate
玻璃漏斗 glass funnel
玻璃露台 glass terrace; glazed terrace
玻璃滤坩埚 sintered glass filtering crucible
玻璃滤光镜 glass screen
玻璃滤器 glass filter
玻璃滤器法 glass filter method
玻璃滤色镜 colo(u)r glass filter
玻璃路钮 glass button
玻璃落地窗 French casement; glass casement
玻璃落地门 French door
玻璃马赛克 glass mosaic (tile); glazed mosaic; mosaic glass; smalto
玻璃毛坯 chunk glass; glass pressing blank
玻璃毛细管 capillary glass tube; glass capillary
玻璃毛细管电极法 glass capillary electrode method
玻璃毛细管黏[粘]度计 glass capillary (tube) viscometer
玻璃毛细管黏[粘]度计压头变化 head variation in glass capillary viscometer
玻璃毛细管气相层析 glass capillary gas chromatography
玻璃毛细管气相色谱法 glass capillary gas chromatography
玻璃毛细管柱 glass capillary column
玻璃毛预滤器 glass wool prefilter
玻璃煤气洗涤器 Drechsel washer
玻璃门 casement door; French casement; French window; glass door; glazed door
玻璃门扉 casement door
玻璃门控制(机构) glass door control
玻璃门拉手 door glass knob
玻璃闷光 devitrification of glass
玻璃密度 glass density
玻璃密封 glass sealing
玻璃密封的 glass-sealed
玻璃密封的晶体管 glass-sealed transistor
玻璃密封电阻器 glass-sealed resistor
玻璃密封合金 glass sealing alloy
玻璃密封式晶体管 glass seal type transistor
玻璃密封条 glazing tape
玻璃密封温度计 glass-sealed thermometer
玻璃密封专用设备 glass sealing-packing equipment
玻璃棉 glass cotton; glass fiber [fibre]; glass wool; mineral wool
玻璃棉板 block of glass; glass wool board; glass wool plate; glass wool slab; mineral wool board; slab of glass wool
玻璃棉半硬板 semi-rigid board of glass wool
玻璃棉保温材料 fibrous glass insulation
玻璃棉保温外套 glass wool lagging
玻璃棉顶棚保温 glass wool ceiling insulation
玻璃棉隔热(材料) glass wool insulation
玻璃棉管段 glass wool pipe section
玻璃棉管壳 fiberglass pipe section
玻璃棉过滤器 glass wool filter
玻璃棉卷材 glass wool roll
玻璃棉空气阻力系数 *Z*-factor
玻璃棉塞 glass wool plug
玻璃棉绳 glass wool rope
玻璃棉绳机 glass wool rope machine
玻璃棉填塞 pouring wool
玻璃棉絮 fiberglass batt
玻璃棉硬质板 rigid board of glass wool
玻璃棉预滤器 glass wool prefilter
玻璃棉毡 blanket of glass wool; glass fiber felt; glass wool blanket; glass wool quilt; mineral wool felt
玻璃棉毡片 bat of glass wool
玻璃棉砖 glass wool blanket
玻璃面 glass facing; glass surface
玻璃面板 face glass
玻璃面工作 glass face work
玻璃面积 glass area
玻璃面遮阳 shading of glass area
玻璃面砖 glass(facing) tile; glass mosaic
玻璃皿 glass disc[disk]; glass dish
玻璃皿蒸发试验 glass dish evapo(u)ration test
玻璃模二极管 glass mo(u)ld diode
玻璃模具 glass mo(u)ld
玻璃模具定位块 glass spacer block
玻璃膜电极 glass membrane electrode
玻璃摩天(大)楼 glass skyscraper
玻璃摩天楼设计方案 glass skyscraper project
玻璃沫 sandiver
玻璃母体 glass matrix
玻璃幕墙 coated glass; glass(curtain) wall(ing); reflection glass curtain wall; window wall; curtain wall
玻璃幕墙从窗台到下层窗顶之间的墙 spandrel wall
玻璃幕墙玻璃 cladding glass
玻璃幕墙不透明玻璃 spandrel glass
玻璃内部气泡 hard blister
玻璃内部缺陷 metal defect
玻璃内衬 glass lining
玻璃内衬管 glass-lined pipe
玻璃挠曲 hog
玻璃腻子 back putty; glass putty; glazier's putty; glazing compound; glazing putty; putty for glazing
玻璃腻子凸线条 convex bead
玻璃黏[粘]度计标定试验 standard test for glass viscometer
玻璃黏[粘]合剂 glass cement; glass glue
玻璃黏[粘]合云母 glass-bonded mica
玻璃黏[粘]结 glassy bond
玻璃黏[粘]结陶瓷制品 keramovitrons
玻璃凝灰岩 vitric tuff
玻璃纽扣 glass bottom
玻璃浓缩色料 concentrated glass colo(u)r
玻璃女儿墙板 glass parapet slab
玻璃暖房 greenhouse
玻璃盘状穹隆 glass saucer dome
玻璃抛光器 glass polisher
玻璃抛光热处理 fire-polish
玻璃泡 glass envelope
玻璃泡汞弧整流器 glass bulb mercury arc rectifier
玻璃泡沫 glass foam
玻璃泡水银整流管 glass bulb mercury rectifier
玻璃培养皿 glass Petri disk
玻璃配合料 glass batch; glass charge
玻璃配件 glass fittings
玻璃烹饪器皿 top-of-stove ware
玻璃片 cullet; glass sheet; pane of glass; sheet glass; slide; slide glass <显微镜的>
玻璃片电容器 glass plate capacitor
玻璃片修饰 brilliant cutting
玻璃片组合件 glass flake composite
玻璃频谱分析 frequency spectrum analysis
玻璃品 glass object
玻璃品库 glass storage
玻璃品制造工艺 vitric
玻璃平板 glass plate
玻璃平衡状态 structural equilibrium state of glass
玻璃平屋顶 deck glass roof; glazed flat roof
玻璃屏 glass mask
玻璃瓶 glass bottle; vial
玻璃瓶罐自动检验线 automatic inspection line for glass container
玻璃瓶颈部成型模 finishmold
玻璃瓶内搭丝 birdcage
玻璃瓶内黏[粘]丝 bird's nest
玻璃瓶塞 glass stopper
玻璃破碎检测器 glass break detector
玻璃破碎模拟器 glass break simulator
玻璃铺地砖 glass paving slab
玻璃漆布 varnished glass cloth
玻璃砌块构造 glass concrete construction
玻璃器 vitreous body
玻璃器具 glass appliance; glass fittings; glassware; vitreous ware
玻璃器类 vitrics
玻璃器皿 glass hardware; glassware
玻璃器械橱 glassware chest
玻璃钳 glazier's pliers
玻璃浅花纹 shallow glass pattern
玻璃嵌板 glass panel
玻璃嵌板加热器 glass panel heater
玻璃嵌槽 glazing groove
玻璃嵌工 glass mosaic
玻璃嵌条 glass bead; glass stop; glazing fillet; saddle bar
玻璃墙 glass wall(ing)
玻璃墙板 glass wall panel
玻璃墙壁系统 glass wall system
玻璃墙护板 glass wall tile
玻璃墙面 glass wall facing
玻璃墙面砖 glass wall tile
玻璃切裁车间 glass cutting workshop
玻璃切裁工 cut-off man
玻璃切裁率 yield of glass sizing
玻璃切刀 glass cutter
玻璃切割 glass cutting
玻璃切割刀 glazier's diamond; diamond cutter
玻璃切割刀轮 glass scoring wheel
玻璃切割刀上撬边的钳子 nippers
玻璃切割工 glass cutter
玻璃切割器 glass cutter
玻璃切削液 glass cutting fluid
玻璃清洁剂 glass cleaner
玻璃清洗器 windshield washer
玻璃穹隆 glass dome
玻璃球 glass marble; glass sphere; marble; shot
玻璃球边墙型喷淋头 glass bulb side wall type sprinkler
玻璃球灯罩 lamp jacket
玻璃球二次起泡温度 reboiling tem-

perature of glass marble; secondary seeding temperature of glass marbles
玻璃球火灾探测器 quartzoid bulb detector
玻璃球加料系统 marble feed system
玻璃球均匀性 homogeneity in glass marble
玻璃球粒 glass spherule
玻璃球料斗 marble hopper
玻璃球料碗 marble bushing
玻璃球溜槽 marble chute
玻璃球喷水灭火系统 quartzoid sprinkler system
玻璃球喷丸处 glass bead peening
玻璃球坯 glass gob for marble making; gob of glass
玻璃球缺疵 marble defect
玻璃球熔体 marble melt
玻璃球试验台 marble inspection table
玻璃球收缩法 contraction beading method
玻璃球网带冷却机 marble cooling conveyer[conveyor]
玻璃球形(门)把手 glass knob
玻璃球窑 glass marble furnace
玻璃球应力 stress in glass marble
玻璃球重力加球 marble gravity feeding
玻璃球重新熔化 marble remelted
玻璃曲颈瓶 glass retort
玻璃缺陷 glass defect
玻璃燃料比 glass-to-fuel ratio
玻璃热处理 heat-treatment of glass
玻璃热交换器 glass heat exchanger
玻璃热敏电阻器 glass thermistor
玻璃热敏电阻温度计 glass thermistor thermometer
玻璃绒 glass cotton; glass wool
玻璃绒镶条 glass wool strip
玻璃容器 glass container; glass envelope; glass vessel
玻璃容器制造 glass container manufacture
玻璃熔封 glass head seal
玻璃熔化理论热耗 theoretic(al) heat consumption for glass melting
玻璃熔化炉 glass furnace; glass oven
玻璃熔化温度制度 temperature program(me) for glass-melting
玻璃熔接 beading; glass head
玻璃熔接的 glass-beaded
玻璃熔块 glass frit
玻璃熔炉 glass tank furnace; tank furnace
玻璃熔炉的炉口 bocca
玻璃熔融料 metal
玻璃熔体 glass melt
玻璃熔窑 glass melter; glass melting furnace; glass melting tank
玻璃熔窑护砖 tuck stone
玻璃熔液 glass melt
玻璃熔液面的池壁砖 flux-line block
玻璃熔液原料 metal
玻璃熔制 glass melting
玻璃熔制辅助工 sitter-up
玻璃软化温度 glass transition temperature
玻璃润滑剂 glass lubricant
玻璃润滑剂高速挤压法 Sejournet process; Ugine Sejournet process
玻璃润滑热挤压法 glass extrusion process
玻璃塞 glass plug; glass stopper
玻璃塞瓶 glass stoppered bottle
玻璃三角 glass triangle
玻璃色料 glazing colo(u)r
玻璃色釉 glass decoration colo(u)r
玻璃纱 glass fiber yarn; organdie[organdy]
玻璃纱层 glass yarn layer
玻璃纱(线)编织套管 glass yarn braided sleeving
玻璃纱线套管 glass yarn sleeving
玻璃砂 glass sand; siliceous[silicious] sandstone
玻璃砂布 glass cloth
玻璃砂纸 glass abrasive paper; glass (sand) paper
玻璃砂纸磨光机 glass papering machine
玻璃筛板式精馏塔 glass sieve plate distillation column
玻璃上绘图者 glass painter
玻璃上釉瓷砖块 carreau
玻璃烧杯 glass beaker
玻璃烧瓶 glass flask
玻璃烧器 laboratory boiling glass
玻璃蛇管 glass coil
玻璃摄谱仪 glass spectrograph
玻璃深加工 glass processing
玻璃升降机 glass lifter
玻璃升降器 glass-frame riser
玻璃生产条件 conditions for glass formation
玻璃生产用石英砂 glassmaking sand
玻璃生料熔尽的 batch-free
玻璃石英 hyaline-quartz; vitrified silica
玻璃蚀刻雕花机 glass etcher
玻璃蚀刻法 acid etching of glass; glass etching
玻璃蚀刻术 hyalography
玻璃示位表 ga(u)ge glass
玻璃示位表盖 ga(u)ge glass cap
玻璃示油规 level sight glass
玻璃式气压浮选机 all-glass pneumatic cell
玻璃试管 <测斜用> glass vial
玻璃试验池 glass cell
玻璃试样 glass specimen
玻璃饰面墙 glass wall facing
玻璃收集推杆 glass catcher bars
玻璃收集装置 glass collection unit
玻璃水 bath of glass
玻璃水标尺 water glass
玻璃水槽 <水工模型试验用> glass-panel(l)ed flume; glass(-sided) flume
玻璃水瓶 carafe
玻璃水位表 glass water ga(u)ge; water ga(u)ge glass
玻璃水位管 glass water ga(u)ge; sight glass
玻璃水位计 glass sight ga(u)ge; glass (water) ga(u)ge; sight glass
玻璃水位指标示器 ga(u)ge glass
玻璃水位指示管 ga(u)ge glass; glass ga(u)ge
玻璃水银扩散泵 bottle pump
玻璃丝 fiberglass; fiber[fibre] wool; fiber[fibre] glass; glass cotton; glass fiber[fibre]; glass silk; glass thread; glass wool; S glass; spun glass; fibrous glass
玻璃丝包缠 glass fiber[fibre] covering
玻璃丝包电磁线 fiberglass magnet wire
玻璃丝包线 fiberglass covered wire; glass (fiber) covered wire; glass wrapped wire
玻璃丝包圆铜线 glass silk covered round copper wire
玻璃丝被覆 glass fiber[fibre] covering
玻璃丝编织电线 fiberglass braided wire
玻璃丝编织管 glass wool braided tube
玻璃丝编织线 fiberglass braided wire
玻璃丝编制带 glass woven tape
玻璃丝布 glass cloth; textile glass fabric
玻璃丝层 <包在管子外面防止腐蚀的> coromat
玻璃丝刀筋 fibreglass tendon
玻璃丝的卷绕 glass filament wind-up
玻璃丝电缆 glass cable
玻璃丝覆盖墙面 glass silk wall lining
玻璃丝护墙 glass silk wall lining
玻璃丝加固塑料 glass-reinforced structural plastics
玻璃丝加强的聚酯树脂 glass fiber[fibre] reinforced polyester resin
玻璃丝力筋装置 fiber[fibre] tendon
玻璃丝毛刷 glass brush
玻璃丝漆包铜线 glass silk-wrapped enameled copper wire
玻璃丝收缩法 glass fiber [fibre] shrinking method
玻璃丝毯 textile glass mat
玻璃丝网 glass cross
玻璃丝线 glass wire
玻璃丝预应力绞索 glass fiber[fibre] prestressing strand
玻璃丝增强聚酯树脂 fiberglass reinforced polyester resin
玻璃丝增强热塑塑料 glass-reinforced thermoplastics
玻璃丝增强塑料 fiberglass reinforced plastics
玻璃丝毡 blanket of glass wool; glass batt; glass blanket; glass(fiber) felt; glass wool felt; glass wool quilt
玻璃酸瓶 glass carboy
玻璃酸蚀法 acid embossing of glass
玻璃碎块形状 break pattern
玻璃碎片 glass fragment; glass splinter
玻璃碎片构造 bogen structure
玻璃碎屑 glass splinter
玻璃碎屑构造 vitroclastic structure
玻璃缩微片 micropane
玻璃塔 glass tower
玻璃台架接收器 glass bed receiver
玻璃态 glassy state; vitrescence
玻璃态瓷 glassy porcelain
玻璃态磁性材料 glass magnetic material
玻璃态的 vitreous
玻璃态夹杂物 glassy inclusion
玻璃态石墨 vitreous carbon
玻璃态熟料 vitreous clinker
玻璃态炭 glassy carbon
玻璃态微观相 glassy micro phase
玻璃态转变 glassy transition
玻璃态转变温度 glass transition temperature
玻璃坛 glass carboy
玻璃炭电极 glassy carbon electrode
玻璃碳 vitreous carbon
玻璃搪瓷 glass enamel; vitreous china
玻璃搪瓷用薄板 vitreous enameling sheet
玻璃陶瓷 devitroceram; Devitro ceramics; glass ceramics; pyroceram; vitreous china; vitro ceram
玻璃陶瓷电容器 glass ceramics capacitor
玻璃陶瓷电容温度计 glass ceramic capacitance thermometer
玻璃陶瓷光纤传感器 glass ceramic fiber optic(al) sensor
玻璃陶瓷活性媒质 glass ceramic active medium
玻璃陶瓷介质电容器 glass ceramic capacitor
玻璃陶瓷模 glass ceramic die
玻璃陶瓷纤维 glass ceramic fibre
玻璃陶瓷制品 vitro-ceramic
玻璃套 glass sock
玻璃套管 glass bushing; glass sleeve; glass sleeving
玻璃体 corpus; glass; vitreous body; vitreum; vitrifiable body
玻璃体碟状凹 saucer-shaped depression of vitreous body
玻璃体浮游物 vitreous floater
玻璃体管 Cloquet's canal; hyaloid canal
玻璃体灌注吸出切割器 vitreous infusion suction cutter
玻璃体膜 hyaloid membrane
玻璃体嵌塞 impaction of vitreous
玻璃体切割器 vitreous cutter
玻璃体皱缩 shrinkage of vitreous
玻璃天窗 glass louver(louvre); glass skylight
玻璃天沟 glass (rainwater) gutter; glass roof gutter
玻璃天花板 glass ceiling
玻璃天花板镶板 glass coffer
玻璃填料 glass-filled material; glass wadding
玻璃条 glass ribbon; glass strip; luxfer <屋顶装配玻璃用的>
玻璃条纹检验仪 glass core detector
玻璃调板 glass slab
玻璃调整剂 glass modifier
玻璃调整体 glass modifier
玻璃贴墙布 glass-cloth for wall covering
玻璃铁丝 glass iron wire
玻璃庭院 glass patio; glazed patio
玻璃通风砖 ventilating block
玻璃桶 glass tank
玻璃筒整流器 glass tank rectifier
玻璃投料端墙 gable wall
玻璃透镜的抛光 glass lens polishing
玻璃透明消失 devitrification of glass
玻璃图样 glass pattern
玻璃涂布棒 glass spreading rod
玻璃涂层 glass coating
玻璃涂料 glass coating; glass paint
玻璃涂药棒 glass applicator
玻璃涂油漆 glass painting
玻璃退火炉 glass oven; leer
玻璃退火窑 glass lehr; lehr
玻璃托 glass holder
玻璃脱色剂 glassmaker's soap
玻璃瓦 glazed(roofing) tile; roofing glass; vitrified tile
玻璃瓦板 glass tile
玻璃瓦屋顶 glass tile roof
玻璃外壳 glass shell
玻璃弯曲法 glass bending process
玻璃弯曲机 glass bending machine
玻璃丸喷丸 glass bead peening
玻璃网布 glass web
玻璃网格板 glass plate grid
玻璃网络 glass network
玻璃网络调整剂 glass network modifier
玻璃网络形成剂 glass network modifier
玻璃网络形成体 glass network former
玻璃网络中间体 glass network intermediate
玻璃网目屏 glass screen
玻璃网屏 cross-line glass screen
玻璃微电极 glass microelectrode
玻璃微调电容器 trimming glass capacitor
玻璃微珠 glass microballoon; glass microbead; glass microsphere; microglass bead
玻璃微珠屏幕 glass bead screen
玻璃温度 glass temperature
玻璃温室 glasshouse; greenhouse
玻璃屋顶 glass roof; glazed roof; dry glazing roof <不用油灰的>

玻璃屋顶的望板 glazed roof sheathing
玻璃屋顶覆盖层 glazed roof covering
玻璃屋顶覆盖物 glass-roof cladding
玻璃屋顶建筑 glass-roof construction
玻璃屋面料 glass roof(ing) material; glass roofing
玻璃屋面瓦 glass roof(ing) tile
玻璃无槽引上 glass
玻璃吸盘 <装玻璃用> glass holder
玻璃吸收器 glass absorber
玻璃析晶 devitrification of glass
玻璃细工 glazing
玻璃细粒 crushed glass; granulated glass
玻璃细片 fine glass
玻璃细珠 glass bead
玻璃细珠增强塑料 glass beads reinforced plastic
玻璃纤维 fibered glass; fiberglass; glass cotton; glass fiber[fibre]; glass wool; rock wool; spun glass
玻璃纤维板 fiberglass sheet; fibreglass panel; glass fiber [fibre] board; glass mat; glass wool board; glass wool slab
玻璃纤维棒 glass fiber[fibre] rod
玻璃纤维包装材料 glass fiber[fibre] wrapping material
玻璃纤维保温材料 fiberglass batt insulation; fibreglass insulation material
玻璃纤维保温风道 glass wall duct
玻璃纤维保温绳 glass fiber[fibre] heat insulation rope
玻璃纤维编织电缆套 fiberglass braided cable jacket
玻璃纤维表面处理剂 glass fiber finish
玻璃纤维表面性质 surface property of glass fiber[fibre]
玻璃纤维并捻机 doubler for glass fiber[fibre]
玻璃纤维薄板 glass fiber [fibre] sheet; glass tissue sheet(ing)
玻璃纤维薄毡 glass mat
玻璃纤维布 glass(fiber) cloth; glass fabric
玻璃纤维布袋式集尘器 glass bag dust collector
玻璃纤维布油毡 bituminous glass fabric felt; glass fabric felt
玻璃纤维材料 glass fiber[fibre] material
玻璃纤维层压板 glass fiber [fibre] laminate
玻璃纤维层压隔板 glass fiber[fibre] partition laminated
玻璃纤维缠绕的外壳 glass fiber[fibre] wound case
玻璃纤维缠绕机 primary twister for glass fiber[fibre]
玻璃纤维承力索 heavy-duty glass rope
玻璃纤维窗帘 fiberglass curtain
玻璃纤维窗纱 fiberglass screening
玻璃纤维带 glass fiber[fibre](based) tape; glass woven tape
玻璃纤维袋集尘器 glass fiber[fibre] filter
玻璃纤维的挤出拉制 glass fiber[fibre] extrusion
玻璃纤维的喷出拉制 glass fiber[fibre] extrusion
玻璃纤维灯芯 fiberglass wick
玻璃纤维底板条 glass fiber [fibre] based strip
玻璃纤维地板材料背衬 glass fiber[fibre] flooring backing
玻璃纤维地沥青 glass-asphalt
玻璃纤维地毯背衬 fiberglass carpet backing
玻璃纤维垫 fiberglass packing
玻璃纤维垫片 glass mat
玻璃纤维帆布 fiberglass tarpaulin
玻璃纤维反滤料 glass fiber[fibre] filter
玻璃纤维纺织品 glass textile
玻璃纤维废水 fiberglass wastewater
玻璃纤维风筒 fiberglass ventilation pipe
玻璃纤维缝纫线 glass sewing thread
玻璃纤维复合物 glass fiber [fibre] composite
玻璃纤维复捻机 secondary twister for glass fiber[fibre]
玻璃纤维杆 glass fiber[fibre] rod
玻璃纤维钢板 fibreglass epoxy
玻璃纤维格栅 fiberglass grid
玻璃纤维隔热隔声材料 fiberglass insulation material
玻璃纤维工厂 fiberglass plant
玻璃纤维管 fiberglass pipe; glass cloth tube; glass fiber[fibre] pipe
玻璃纤维管道 fiberglass tunnel
玻璃纤维管壳 glass fiber[fibre] pipe section
玻璃纤维光学 fibreglass optics; glass flexible fiber[fibre] optics
玻璃纤维过滤 fiber[fibre] filtration
玻璃纤维过滤材料 glass fiber[fibre] filtration material
玻璃纤维过滤袋 fiberglass bag filter
玻璃纤维过滤器 glass fiber[fibre] filter; glass wool filter
玻璃纤维环氧树脂 glass epoxy
玻璃纤维灰泥 glass reinforced plaster
玻璃纤维混凝土 glass fiber[fibre] concrete; glass-reinforced concrete
玻璃纤维混凝土采光屋顶 glass concrete roof light
玻璃纤维混凝土承载结构 glass concrete(load) bearing structure
玻璃纤维混凝土窗子 glass concrete window
玻璃纤维混凝土建筑 glass concrete construction
玻璃纤维混凝土结构 glass concrete construction
玻璃纤维混凝土结构系统 glass concrete structural system
玻璃纤维混凝土砌块 glass concrete block
玻璃纤维混凝土天窗 glass concrete roof light
玻璃纤维混凝土支承结构 glass concrete supporting structure
玻璃纤维机械控制工艺 mechanic attenuating of glass fiber[fibre]
玻璃纤维基薄屋面板 fiberglass baseglass mat
玻璃纤维技术 glass fiber[fibre] technique
玻璃纤维加固铝箔 fibreglass reinforced alumin(i)um foil
玻璃纤维加筋混凝土 glass fiber[fibre] reinforced concrete
玻璃纤维加强灰泥 glass reinforced plaster
玻璃纤维加强聚酯树脂 fibreglass-reinforced polyester resin
玻璃纤维加强塑料 fiberglass reinforced plastics; glass fiber[fibre] reinforced plastic
玻璃纤维夹层 interlayer of spun glass; sandwich of spun glass
玻璃纤维夹心沥青油毛毡 fiberglass cored bituminous felt
玻璃纤维接缝填料 glass fiber[fibre] joint runner
玻璃纤维聚酯 glass fiber[fibre] polyester
玻璃纤维聚酯板 glass fiber[fibre](reinforced) polyester sheet
玻璃纤维卷材 glass mat
玻璃纤维绝热材料 fiberglass insulation material
玻璃纤维绝缘 fiberglass insulation; fibrous glass insulation; glass fiber[fibre] insulation
玻璃纤维绝缘材料 fiberglass[fibreglass] insulation material; fiber insulation(grade) material
玻璃纤维绝缘电线 fiberglass insulated wire; glass fiber[fibre] insulated wire
玻璃纤维绝缘套 fibrous glass lagging
玻璃纤维绝缘体 fiberglass insulator
玻璃纤维壳体 glass filament case
玻璃纤维拉丝漏板 glass filament bushing
玻璃纤维沥青 glass fiber[fibre] asphalt
玻璃纤维沥青瓦 fiberglass shingle
玻璃纤维沥青毡 glass fiber[fibre] base bitumen felt
玻璃纤维帘 glass fiber[fibre] curtain
玻璃纤维帘子线 glass cordage
玻璃纤维滤布 glass filter cloth; glass filtration fabric
玻璃纤维滤料 fiberglass filtering medium; glass fiber[fibre] filtering medium
玻璃纤维滤器 fiberglass filter
玻璃纤维滤水丝 water filtering glass wire
玻璃纤维滤纸 glass fiber[fibre] filter
玻璃纤维轮胎帘子线 glass tire(tyre) cord
玻璃纤维毛刺 fiber[fibre] protrusion
玻璃纤维锚杆 fiberglass bolt
玻璃纤维密封绳 glass fiber[fibre] seal(ing) rope
玻璃纤维棉垫 glass fiber[fibre] mat wool
玻璃纤维面层料 veil of glass fiber[fibre]
玻璃纤维模板 fiberglass forms; fibrous glass form board; glass fiber[fibre] form(work); glass fiber[fibre] shuttering
玻璃纤维模壳 glass fiber[fibre] shuttering
玻璃纤维模塑格栅 fiberglass mo(u)lded grating
玻璃纤维模型 glass fiber[fibre] mo(u)ld
玻璃纤维膨体纱 bulked glass yarn
玻璃纤维漆布 varnished glass fabric
玻璃纤维漆管 varnished glass tube
玻璃纤维强化砂轮磨 fiberglass reinforced grinding wheel
玻璃纤维强化水泥 glass fiber[fibre] reinforced cement
玻璃纤维墙布 spun glass wall cover(ing)
玻璃纤维墙衬 spun glass wall lining
玻璃纤维墙面 spun glass wall(sur) facing
玻璃纤维绕丝机 glass fiber[fibre] winding machine
玻璃纤维绒垫 glass wool mat
玻璃纤维绒毡 glass wool mat
玻璃纤维润滑剂 glass fiber[fibre] lubricant
玻璃纤维塞 glass wool plug
玻璃纤维纱 glass yarn
玻璃纤维纱染色 glass yarn dying
玻璃纤维绳 glass fiber[fibre] strand; glass cord
玻璃纤维石膏 glass fiber[fibre] reinforced gypsum
玻璃纤维饰面元件 glass fiber[fibre] facing unit; glass fiber[fibre] surfacing unit
玻璃纤维树脂板 glass fiber[fibre] resin panel
玻璃纤维水泥 glass fiber[fibre] reinforced cement
玻璃纤维丝 glass fiber[fibre] wire
玻璃纤维塑料 fiberglass plastic; glass fiber[fibre] plastic; glass fiber[fibre] reinforced plaster
玻璃纤维塑料电池箱 fiberglass plastic battery box; glass fiber[fibre] plastic battery box
玻璃纤维隧道 fiberglass tunnel
玻璃纤维套 fiberglass coating
玻璃纤维套管 fiberglass sleeving
玻璃纤维套筒弹簧 glass fiber[fibre] sleeve-springs
玻璃纤维填料 fiberglass packing
玻璃纤维贴墙布 fiberglass wall covering
玻璃纤维涂层 fiberglass coating; glass fiber[fibre] coating
玻璃纤维涂层织物 coated glass fabric
玻璃纤维涂料 glass fiber[fibre] coating
玻璃纤维屋面材料 glass fabric roofing
玻璃纤维屋面毡 fiberglass roofing felt; fiberglass roofing mat
玻璃纤维无捻粗纱 glass roving (cloth); woven glass roving fabric
玻璃纤维无捻纱 glass roving(cloth)
玻璃纤维无纬带 unidirectional glass tape
玻璃纤维吸声顶棚 glass fiber[fibre] acoustic(al) ceiling
玻璃纤维席垫 glass fiber[fibre] mat
玻璃纤维线 glass(fiber) thread; glass wire
玻璃纤维芯电缆 glass core cable
玻璃纤维型板 fibrous glass form board
玻璃纤维蓄电池隔离片 glass fiber[fibre] battery separator
玻璃纤维旋翼桨叶 fiberglass rotor blade
玻璃纤维样化 hyalinization
玻璃纤维印刷电路板 fibreglass printed circuit board
玻璃纤维油毡 asphalt-saturated glass fiber[fibre] felt; fiberglass reinforced bituminous felt
玻璃纤维原丝 glass strand; strand
玻璃纤维圆筒过滤布 glass bag filter cloth
玻璃纤维增强 fiberglass[fibreglass] reinforcement
玻璃纤维增强材料 glass fiber[fibre] reinforcement
玻璃纤维增强弹性体 fiberglass reinforced elastomer; glass fiber[fibre] reinforced elastomer
玻璃纤维增强的 glass fiber reinforced
玻璃纤维增强的合成树脂 glass fiber[fibre] reinforced synthetic resin
玻璃纤维增强的人造树脂 glass fiber[fibre] reinforced synthetic resin
玻璃纤维增强的树脂墙板 glass fiber[fibre] reinforced resin panel
玻璃纤维增强的塑料薄板 glass fiber[fibre] reinforced plastic sheet
玻璃纤维增强的塑料模板 glass fiber[fibre] reinforced plastic profile
玻璃纤维增强的塑料型材 glass fiber[fibre] reinforced plastic profile

玻璃纤维增强的未饱和树脂 glass fiber[fibre] reinforced unsaturated polyester
玻璃纤维增强阀门 glass fiber[fibre] reinforced plastic valve
玻璃纤维增强酚醛塑料 glass fiber[fibre] reinforced phenolic plastics
玻璃纤维增强复合材料 glass fiber[fibre] reinforced composites; reinforced fiber composite glass
玻璃纤维增强管材 glass fiber[fibre] reinforced plastic pipe
玻璃纤维增强环氧树脂 fiberglass epoxy; glass fiber [fibre] reinforced epoxy resin
玻璃纤维增强环氧塑料 glass fiber[fibre] reinforced epoxy plastics
玻璃纤维增强混凝土 glass fiber[fibre] reinforced concrete; reinforced glass concrete
玻璃纤维增强混凝土板 glass fiber[fibre] reinforced concrete panel
玻璃纤维增强混凝土管 glass fiber[fibre] reinforced concrete pipe
玻璃纤维增强剂 fibrous glass
玻璃纤维增强结构热塑泡沫(塑料) glass fiber[fibre] reinforced structural thermoplastic foam
玻璃纤维增强聚丙烯 glass fiber[fibre] reinforced polypropylene
玻璃纤维增强聚丙烯酸系塑料 acrylaglas
玻璃纤维增强聚丙乙烯酸系塑料 acrylafil
玻璃纤维增强聚碳酸酯 glass fiber[fibre] reinforced polycarbonate; polycarbafil
玻璃纤维增强聚酯 fiberglass reinforced polyester; glass fiber[fibre] reinforced polyester
玻璃纤维增强聚酯板 polyester-glass fibre sheet
玻璃纤维增强聚酯波纹板 glass fiber [fibre] reinforced polyester corrugated sheet
玻璃纤维增强聚酯树脂 glass fiber[fibre] reinforced polyester resin
玻璃纤维增强聚酯涂层 glass fiber[fibre] reinforced polyester coating
玻璃纤维增强料 fibrous glass reinforcement
玻璃纤维增强菱苦土 glass fiber[fibre] reinforced magnesite
玻璃纤维增强模压塑料 glass fiber[fibre] reinforced plastic for mo(u)lding
玻璃纤维增强尼龙 glass fiber[fibre] reinforced nylon
玻璃纤维增强尼龙保持架 fiberglass reinforced nylatron cage
玻璃纤维增强热塑性塑料 fiberglass thermoplastics; glass fiber[fibre] reinforced thermoplastics
玻璃纤维增强石膏 glass fiber[fibre] reinforced gypsum; glass fiber [fibre] reinforced plaster
玻璃纤维增强树脂 glass fiber[fibre] reinforced resin
玻璃纤维增强水泥 glass(fiber) reinforced cement
玻璃纤维增强塑料 fiberglass reinforced plastics; fibrous glass reinforced plastics; glass fiber[fibre] reinforced plastic
玻璃纤维增强塑料薄板 fibrous glass-reinforced plastics laminate
玻璃纤维增强塑料层压板 glass fiber [fibre] reinforced plastic laminate
玻璃纤维增强塑料撑竿 glass fiber[fibre] reinforced plastic vaulting pole
玻璃纤维增强塑料储罐 glass fiber[fibre] reinforced plastic tank
玻璃纤维增强塑料船体 fiberglass reinforced plastic hull
玻璃纤维增强塑料桨叶 glass fiber[fibre] reinforced plastic blade
玻璃纤维增强塑料门窗框 glass fiber [fibre] reinforced plastic door and window frames
玻璃纤维增强塑料模 fiberglass reinforced plastic form
玻璃纤维增强塑料切割机 glass fiber [fibre] reinforced plastic cutter
玻璃纤维增强塑料艇 glass-reinforced plastic boat
玻璃纤维增强塑料透明板 glass fiber [fibre] reinforced plastic transparent sheet
玻璃纤维增强塑料压力气瓶 glass fiber [fibre] reinforced plastic pressure vessel
玻璃纤维增强塑料浴缸 glass fiber[fibre] reinforced plastic bathtub
玻璃纤维增强塑料制管工艺 glass fiber reinforced plastic pipe making process
玻璃纤维毡 fiberglass mat(te); glass fiber[fibre] felt; textile glass mat
玻璃纤维毡毯 glass fiber[fibre] mat
玻璃纤维毡移位 glass mat displacement
玻璃纤维织物 fiberglass fabric; textile glass fabric; glass fabric
玻璃纤维织物包覆层 glass blanket
玻璃纤维纸 all-glass paper; fiberglass paper; glass fiber[fibre] paper; glass tissue
玻璃纤维制品 glass fiber[fibre] product
玻璃纤维铸索 glass fiber[fibre] pouring rope
玻璃纤维砖 glass fiber[fibre] tile
玻璃纤维着色 colo(u)ring of glass fiber
玻璃显色温度 striking temperature
玻璃显微晶质的 vitromicrolitic
玻璃线 glass yarn
玻璃线脚 glazing mo(u)lding
玻璃相 glassy phase; vitreous phase
玻璃箱盒 glass cassette
玻璃镶板 glass panel
玻璃镶板门 glass and wood panel door; glazed panelled door
玻璃镶嵌条 glazing gasket
玻璃小圆窗 glass roundel
玻璃小珠 glass bead
玻璃楔 glass wedge
玻璃屑 chips of glass; glass dust; loose glass; small glass; tramp glass
玻璃屑凝灰岩 vitric tuff
玻璃芯 glass core; core glass
玻璃信号板 glass sign board
玻璃形成范围 glass formation range
玻璃形成体 glass former
玻璃形成系统 glass forming system
玻璃形成氧化物 glass forming oxide
玻璃性能 glass property
玻璃玄武岩 tachylite basalt; vitrobasalt
玻璃旋塞 glass cock
玻璃压板 flat
玻璃压力管 glass pressure tube
玻璃压力计 glass manometer
玻璃压舌板 glass tongue depressor
玻璃压条 glass bead; glass stop; glazing bead; glazing fillet; glazing mo(u)lding; glazing stop; removable support; saddle bead; stop glazing
玻璃压制 pressing of glass
玻璃压制成型机 glass forming press
玻璃压制机 glass press(ing) machine
玻璃延迟线 glass delay line
玻璃研钵 glass mortar
玻璃研磨车间 glass grinding workshop
玻璃研磨机 glass grinder; glass grinding machine
玻璃颜料 glass colo(u)r
玻璃檐槽 glass gutter
玻璃掩模 glass mask
玻璃眼垫圈 feed glass washer
玻璃眼珠 bull's eye
玻璃样板 test glass; test plate
玻璃样板准确度 accuracy of test glass
玻璃样变 hyalinization
玻璃样变性 hyaline degeneration; hyalinosis; vitreous degeneration
玻璃样的 glass-like; hyaline; hyaloid
玻璃样物质 hyaline substance
玻璃样小滴 hyaline droplet
玻璃窑 glassmaking furnace
玻璃窑工作带 forehearth
玻璃窑炉 glass tank furnace
玻璃窑投料侧壁 gable wall
玻璃液 glass liquid; glass metal; melt; molten glass; vitreous body; vitreous humor
玻璃液的生产流 direct current of glass
玻璃液滴 bead
玻璃液过热 superheating phenomenon of glass
玻璃液搅拌器 glass stirrer; molten glass stirrer
玻璃液接触部位 glass contact area
玻璃液接触角 wetting angle of molten glass
玻璃液冷却阶段 tanking-down period
玻璃液冷却时间 taking-down time
玻璃液流 glass current; glass flow; glass stream; metal current
玻璃液流出管 glass out flow pipe
玻璃液流量控制计 glass flow control needle
玻璃液流料槽 lip; pool block; pool tablet; refractory sill
玻璃液面 flux level; flux line; metal level; glass level
玻璃液面表 ga(u)ge face glass
玻璃液面波动 fluctuation of metal line
玻璃液面高度 molten glass level
玻璃液面计 ga(u)ge glass; visual indicator
玻璃液面控制 glass level control; metal line control
玻璃液面控制器 glass level controller
玻璃液面控制装置 glass level controller
玻璃液面冷却水包 flux-line waterbox
玻璃液面稳定性 metal line stability
玻璃液面线 glass line; Metalline
玻璃液面线侵蚀 glass level attack
玻璃液面指示管 ga(u)ge glass
玻璃液面自动控制 automatic glass level control
玻璃液膜蒸发器 glass film evapo(u)rator
玻璃液取样铁棒 dip rod; trying iron
玻璃液润湿角 wetting angle of molten glass
玻璃液深度 depth of metal; glass depth; metal depth
玻璃液体比重计 glass liquid hydrometer
玻璃液位表 ga(u)ge glass; glass ga(u)ge; level sight glass
玻璃液位表旋塞 ga(u)ge cock
玻璃液压头 head of glass
玻璃液中无不熔物 batch-free
玻璃仪器 glass apparatus; glassware instrument
玻璃艺术制品 glass art products
玻璃引出量 glass pull
玻璃饮料瓶 carafe
玻璃印花 glass printing
玻璃印花机 glass printer
玻璃印刷 cold-colo(u)r printing
玻璃荧光屏 glass screen
玻璃硬度 < HRC65 以上 > glass hard
玻璃用白云岩 dolomite for glass
玻璃用大理岩 marble for glass
玻璃用灰岩 limestone for glass
玻璃用具 glass appliance
玻璃用脉石英 vein quartz for glass
玻璃用凝灰岩 tuff for glass
玻璃用砂 sand for glass
玻璃用砂岩 sandstone for glass
玻璃用石英岩 quartzite for glass
玻璃用油墨 glass ink
玻璃油杯 glass oil cup
玻璃油规 ga(u)ge glass
玻璃油画 oil painting on glass
玻璃油灰 glass putty; glazier's putty; glazing compound; glazing putty
玻璃油量计 fuel ga(u)ge glass
玻璃油漆工 glass painter
玻璃油位表 ga(u)ge glass; oil(level) ga(u)ge glass
玻璃釉 glass glaze; vitreous glaze
玻璃釉电容器 glass-glaze condenser
玻璃釉电阻器 glass glaze resistor
玻璃釉微调电位器 trimming glass glaze potentiator
玻璃鱼缸式规划 <一种接受公众监督具有相当透明度的规划方法> fish bowl planning
玻璃隅角反射器 glass corner
玻璃与玻璃封接 glass-to-glass seal(ing)
玻璃与金属的真空封焊 glass-to-metal vacuum seal
玻璃与金属的真空连接 glass-to-metal vacuum seal
玻璃与金属封接 glass-to-metal seal(ing)
玻璃与陶瓷封接 glass to ceramic seal(ing)
玻璃浴炉 glass tank furnace
玻璃原料 frit; glassmaking materials; raw material for glass industry
玻璃原料矿产 glass raw material commodities
玻璃原丝内聚力 glass strand cohesion
玻璃原丝支数 glass strand yield
玻璃圆顶天窗 glass light cupola
玻璃圆盘激光放大器 glass-disc-laser amplifier
玻璃圆盘激光器 glass disk laser
玻璃圆嵌条 glazing bead
玻璃圆屋顶 glass cupola
玻璃圆屋顶天窗 glass dome(roof-) light
玻璃圆柱式光应力计 circular-glass photo stress ga(u)ge
玻璃云母薄片带 glass and flake mica tape
玻璃云母布 glass-mica cloth; glass-mica fabric
玻璃云母复合材料 glass-mica combination
玻璃陨体 tektite
玻璃栽培管 glass culture tube
玻璃载片 glass slide
玻璃增强板 glass-reinforced panel
玻璃增强层压板 glass-reinforced laminate
玻璃增强塑料板 glass-reinforced lam-

inate
玻璃闸流管 glass thyratron
玻璃栅板墙隔 glazed partition
玻璃毡 glass web
玻璃罩 glass cover;glass enclosure;glass jar;glass shade
玻璃针 glass needle
玻璃针注油器 glass needle lubricator
玻璃真空活塞 glass vacuum stopcock
玻璃真空系统 glass vacuum system
玻璃正片【测】glass(plate)diapositive;glass positive;positive glass
玻璃支架<支承玻璃的> glass rest
玻璃织物 glass cloth;glass tissue;woven glass fabric
玻璃织物管 woven glass tube
玻璃纸 celloline;cellophane(paper);glassine;transparent paper
玻璃纸袋 glassine bag;poly bag
玻璃纸卷材 cellophane web
玻璃纸条 celloyarn
玻璃纸印刷油墨 cellophane ink
玻璃纸用锚固剂 anchoring agent for glassine
玻璃纸用油墨 glassine ink
玻璃制备 glass preparation
玻璃制机油显示器【机】circulation indicator
玻璃制品 glass article;glass products;glassware;glasswork;vitrics
玻璃制品的热成型 hot work
玻璃制品缺陷 chip
玻璃制品洗涤器 glassware washer
玻璃制造 glass manufacture
玻璃制造法 vitrics
玻璃制造废水 glass manufactory wastewater
玻璃制造工具 glassmaker's tool
玻璃制造工业 glassmaking
玻璃制造设备 glassmaking equipment
玻璃制造业 glasswork
玻璃制造者 glass manufacturer
玻璃质 glassiness;hyaline
玻璃质白色瓷器 vitreous white ware body
玻璃质比率 percentage of glass
玻璃质材料 glassy material;vitreous material
玻璃质的 glassy;vitreous;vitric
玻璃质骨料 vitreous aggregate
玻璃质固体 vitreous solid
玻璃质硅石纤维 vitreous silica fiber[fibre]
玻璃质硅酸盐母体材料 glassy silicate host material
玻璃质化 vitrescence
玻璃质辉绿岩的 hyaloophitic
玻璃质集料 glassy aggregate;vitreous aggregate
玻璃质结构 holohyaline texture;hyaline texture;vitreous texture;vitrified texture
玻璃质结合物 vitrified bond
玻璃质绝缘材料 vitreous insulating material
玻璃质量规定 glass regulations
玻璃质炉渣 vitreous slag
玻璃质黏[粘]合剂 vitrified bond
玻璃质砂 vitreous sand
玻璃质陶瓷涂层 glass-type ceramic coating
玻璃质纤维 vitreous fiber[fibre]
玻璃质岩石 glassy rock
玻璃中性 neutrality of glass
玻璃钟罩 bell glass;glass bell(jar);bell jar
玻璃珠 bead;beaded glass;glass drop;glass pearl
玻璃珠形镶条 beaded stripe
玻璃珠柱法 glass bead cylinder method
玻璃注射器 glass syringe
玻璃铸型 glass mo(u)ld
玻璃砖 glass block;structural glass;terra-cotta;vitrified brick;vitrified clay;crystalux<一种用于混凝土路面有透镜作用的>;crete-o-lux<一种专利玻璃砖产品>
玻璃砖窗子 glass-block window
玻璃砖隔墙 glass-block partition (wall)
玻璃砖混凝土窗 translucent concrete window
玻璃砖块 glazed block;terra-cotta block
玻璃砖类混凝土砌块 glass-block class-concrete block
玻璃砖亮子<嵌入楼板中的地板窗> floor light
玻璃砖平台屋顶 deck glass roof
玻璃砖砌建筑物 glass-block masonry
玻璃砖砌筑工作 glass-block masonry work
玻璃砖砌筑建筑物 structure of glass block masonry
玻璃砖砌筑物 glass-block masonry
玻璃砖天窗 glass-block skylight
玻璃砖屋顶 glass-block roof-light
玻璃砖屋顶采光板 glass-block roof-light panel
玻璃砖镶板 glass-block panel
玻璃转变温度 glass transformation temperature
玻璃转化 gamma transition;glass(y) transition
玻璃转子流量计 glass rotameter
玻璃装配 glazing
玻璃装配行业 glass industry
玻璃装饰 glass decoration;prunt
玻璃装饰板材 glass tile for glass concrete
玻璃状 crystopal;vitrescence;vitroclastic
玻璃状冰 glassy ice
玻璃状材料 glassy material;vitreous material
玻璃状的 glassy;hyaloid;vitreous;hyaline;vitric;vitriform
玻璃状断口 glassy break;glassy fracture;vitreous fracture
玻璃状断面 vitreous fracture
玻璃状废液 vitreous fluid
玻璃状构造 vitroclastic structure
玻璃状焊剂 glass flux
玻璃状夹层<石头中的> glass seam
玻璃状结构 glass-like structure;vitreous texture
玻璃状聚合物 glassy polymer
玻璃状矿渣 glassy slag;vitreous slag
玻璃状磷 vitreous phosphorus
玻璃状磷酸盐 glassy phosphate
玻璃状炉渣 glazed slag;vitreous slag
玻璃状黏[粘]合剂 glass binder
玻璃状破坏 glazed joint failure
玻璃状熔结块 vitreous clinker
玻璃状熔岩 glassy lava;vitreous lava
玻璃状石英 vitreous silica
玻璃状态 glass state;vitreous state;vitreousness
玻璃状炭 glassy carbon
玻璃状搪瓷 glassy enamel
玻璃状体混浊 vitreous opacity
玻璃状物 glassy mass
玻璃状物质 glassy mass;vitrics;vitrina
玻璃状液体 vitreous fluid;vitreous humor
玻璃状组织 glassy texture
玻璃着色颜料 glass colo(u)r
玻璃着色用的颜料 glass colo(u)r
玻璃字母 glass letter
玻璃走廊 glass corridor
玻璃组成 glass composition
玻璃组分 glass component;glass constituent;glass ingredient
玻璃钻 glass drill
玻璃钻孔 drilling of glass
玻璃座架镜 mirror with glass foot
玻利维亚<拉丁美洲> Bolivia
玻利亚分布律 Polya distribution
玻利亚山砂岩<一种产于美国俄亥俄州比利尔山的砂岩> Briar hill sandstone
玻密特烧结纯铁 Pomet
玻姆扩散 Bohm diffusion;drain diffusion
玻片 slide
玻片捕捉器 slide-trap
玻片法 slide method
玻片观察孔 plate glass window
玻片盒 slide box
玻片凝集法 slide agglutination
玻片凝集试验 slide agglutination test
玻片培养法 slide culture
玻片染色缸 Coplin jar
玻瓶冲洗机 bottle rinsing machine;rinser
玻色-爱因斯坦分布 Bose-Einstein distribution
玻色-爱因斯坦分布律 Bose-Einstein distribution law
玻色-爱因斯坦核 Bose-Einstein nuclei
玻色-爱因斯坦凝聚 Bose-Einstein condensation
玻色-爱因斯坦统计(法) Bose-Einstein statistics
玻色-基森方 Bose-Kishen square
玻色气体 Bose gas
玻色子 boson
玻色子波动 boson fluctuation
玻态的 vitrescent
玻态光泽 vitreous luster[lustre]
玻态黏[粘]合结晶陶瓷 vitreous bonded crystalline ceramics
玻态砒霜 vitreous white arsenic
玻炭电极 glassy carbon electrode
玻特林格模型 Bottlinger model
玻特林格图 Bottlinger diagram
玻纤涂膜石墨乳 colloidal graphite for fiber[fibre] glass
玻纤状结构 glassy fibrous texture
玻屑 shard;vitreous fragment
玻屑凝灰熔岩 vitric tuff lava
玻屑凝灰岩 vitroclastic tuff
玻岩屑砂状结构 vitro-crystalloclastic psammitic texture; vitro-lithic psammitic texture
玻意耳定律【物】Boyles law
玻印亭矢量 Poynting vector
玻陨石 tektite
玻质方沸碱煌岩 glassy monchiquite
玻质辉绿岩结构 hyaloophitic texture
玻质凝灰岩 glassy tuff
玻质球的黏[粘]合性 adhesive property of beads
玻质碎屑岩 aquagene tuff;hyaloclastite
玻质碎屑岩相 hyaloclastic fragmental facies
玻质玄武岩 hyalobasalt
玻质岩 vitreous rock
玻质英安岩 hyalodacite

剥

剥布边器 selvedge decurler;selvedge uncurler
剥采比 overburden ratio;stripping coefficient;stripping ratio
剥采比等值线图 contour map of overburden ratio
剥层法 peeling layer method;planar method
剥层火山弹 bread-crust bomb
剥层取样 stripping sampling
剥除 removal;stripping
剥除表土 land strip;overburden removal;stripping topsoil
剥除的 undressed
剥除方法<沥青路面> removal method
剥除面层土 stripping
剥刀 broach
剥电子层原子 stripped atom
剥掉 flake off
剥夺 abridge;abridg(e)ment;denude;deprivation;deprive of;dispossession;rend;divestiture<财产、权力的>;divestment<财产、权力的>
剥夺基金 disendow
剥夺起诉 dispossess proceedings
剥夺所有权 proscription
剥夺消防力量 denude of fire-fighting force
剥分 stripping off
剥光 denude
剥含栲胶树皮 fit
剥开 fission;overburden strip;peeling off;strip off;stripping
剥开机 stripper
剥壳 husking
剥壳机 decorticator;shucker;shucking machine
剥壳器 shucker
剥孔机 broacher;broaching machine
剥离 delaminate;drop-off;fission;overburden strip(ping);peel-back;peel(ing);peeling off;pele;scaling;shelling;slough;strip(off)
剥离爆破 overburden blasting
剥离爆破法 relief blasting;relief method
剥离比 overburden ratio
剥离表土 unsoil
剥离表土层 removal of overburden
剥离采矿 strip mining
剥离层 overburden layer;peel ply;stripping layer;top soil
剥离层边坡 overburden slope
剥离层厚度 thickness of stripping layer
剥离层排土场设备 overburden tip and disposal installation
剥离层排土场装置 overburden tip and disposal installation
剥离层坡度 overburden slope
剥离层土壤 overburden soil
剥离铲 hoe scaler;stripping shovel
剥离铲运机 overburden drag scraper
剥离车轮 shelled-out
剥离次序 stripping order
剥离刀 hoe scaler;stripping knife
剥离的钢轨 flaked rail
剥离地质指导 control of overcasting geology
剥离电铲 dragline stripper;stripper
剥离断层 denudational fault
剥离方法<沥青路面> removal method
剥离腐蚀 exfoliation corrosion
剥离高峰 peak of stripping
剥离工程 overburden operation
剥离工作 overburden mining;overburden removal;uncover work
剥离钩 dissecting hook
剥离构造 fissile structure
剥离厚度 depth of overburden;thickness of cover;thickness of overburden

剥离剂 stripper;stripping agent
剥离检验 <沥青膜> displacement test
剥离胶片 stripping film
剥离节 adhesive peel joint
剥离控制(法) stripping control
剥离量 overburden amount
剥离量计算平面图 calculation plan of overburden ratio
剥离膜 release film
剥离黏[粘]结性 adhesion in peel
剥离黏[粘]着力 peel adhesion
剥离片 stripping film
剥离破坏 peeling failure
剥离破裂 separation fracture
剥离器 debonder;stripper
剥离强度 peeling strength; racking strength;stripping strength
剥离区 peel off area;stripping area
剥离设备 overburden equipment
剥离深度 depth of stripping;stripping depth
剥离试验 friction(al) pull test;peeling test;stripping test
剥离试验仪 peeling tester
剥离试样 peel test specimen
剥离术 decollement
剥离损失 loss from erosion
剥离土 overburden soil
剥离挖掘机 stripper excavator;stripping shovel
剥离围岩回采法 resuing
剥离位置 stripping position
剥离物 overburden material
剥离物运送货车 overburden wagon
剥离系数 overburden ratio;stripping coefficient
剥离现象 exfoliation phenomenon
剥离线理 parting lineation
剥离型电铲 stripper shovel
剥离型拉索铲挖掘机 dragline stripper
剥离型面膜 peel off pack
剥离型挖掘机 overburden excavator
剥离用动力刮铲机 overburden power drag scraper(machine)
剥离原子 stripped atom
剥离纸 release paper
剥离阻力 stripping resistance
剥离钻眼 overburden drilling
剥离作用 desquamation;exfoliation
剥理地 foliation
剥裂 breakaway; shelling; slabbing; spalling crack
剥裂反应 stripping reaction
剥裂试验 spalling test
剥铃清棉机 cotton extractor
剥露 denudation
剥露地形 exhumed topography
剥露构造阶地 stripped structural terrace
剥露构造面 stripped structural surface
剥露和开口 uncover and make opening
剥露河 resurrected stream
剥露景观 exhumed landscape
剥露平面 stripped plane
剥露作用 exhumation
剥裸 denudation
剥裸法 stripping film method
剥裸作用【地】denudation
剥落 ablation;cracking-off;crumble away; crumbling away; desquamation;flake;flaking(off);peel;peel(ing) off; ravel; scale off; scaling; shelling;slough off;spallation;spalling; stripping(of coat); unraveling;chippage <火灾后果>;ravel(l)ing <路面的>
剥落的 exfoliative;spalt
剥落的涂层 stripped coating
剥落的镶面板 peeled veneer
剥落的窑皮 scaling coating
剥落地形 exhumed topography
剥落掉 flake off
剥落法 method of stripping
剥落腐蚀 exfoliation corrosion
剥落破坏 pull-out type fracture
剥落试验 peel test;spalling test;stripping test
剥落疏松岩石 scale down loose rock
剥落碎屑 scaling chip(ping)s
剥落物 spall
剥落性磨损 abrasive wear(ing)
剥落指数 flakiness index;spalling test
剥落蛭石 exfoliated vermiculite
剥落状层 scaling
剥落作用 scaling action;spalling effect
剥麻机 decorticator; flax brake; raspador
剥麻率 percentage fiber[fibre] extraction
剥棉短绒机 linter gin
剥棉网 doffing
剥牡蛎器具 oyster opener
剥皮 barking; disbark; peeling; rossing;scalp
剥皮铲 spud
剥皮刀 bark knife; bark-peeler; debarker;flaying knife;hide skinning knife;peeling knife;skinning knife
剥皮段 skinner
剥皮工 barker; bark-peeler; debarker;rosser
剥皮机 barker; bark-peeler; bark peeling machine;debarker;decorticator;disbarking machine;hide pulling machine;paring machine;peeler; peeling machine; rosser; stripper;stripping machine
剥皮机床 scaling machine
剥皮器 barker;stripper
剥皮钳 wire stripper
剥皮纱 peeled yarn
剥皮旋压 spinning with chip forming
剥皮羊毛 skin wool
剥皮圆材 peeled billed-wood
剥皮作用 peeling action
剥片 peeling off
剥片瓷 delaminated clay;delaminated kaolin
剥片吊车 stripper crane;stripping crane
剥片机 splitter
剥片架 stripping rack
剥片间 stripping room
剥片钳 stripping tongs
剥片云母 mica splitting
剥谱校正值 corrected value of desquamation spectrum
剥取辊 angle stripper
剥取辊和工作辊 stripper and worker
剥去 denude;rip
剥去表层 scalp
剥去表土 overburden stripping
剥去树皮的 barked
剥韧皮机 defiberer
剥绒机 cotton velvet peeler;delinter;delinting machine;linter
剥绒纤维 linter
剥色剂 stripping agent
剥蚀 abrasion; breaking off; brinelling; disintegration; fretting; pack(ing); plucking; wastage; degradation【地】;degrade【地】
剥蚀比 denudation ratio
剥蚀表面 denudation level
剥蚀残山 torso mountain
剥蚀残柱 monument
剥蚀层 degradation level
剥蚀的 degraded
剥蚀的轮齿 chipped gear tooth
剥蚀的山 mountain of erosion
剥蚀的踏面 shelled tread
剥蚀地 denuded area
剥蚀度 degree of abrasion
剥蚀堆积高原 plateau of denudation-accumulation
剥蚀方式 mode of denudation
剥蚀高原 scabrock
剥蚀过程 denudation process
剥蚀海岸 abrasion coast;denudation coast
剥蚀河岸 abrasion coast;denudation coast
剥蚀灰壤 truncated podzol
剥蚀混凝土 disintegrated concrete
剥蚀基坡 haldenhang;wash slope
剥蚀基岩台地 abrasion tableland
剥蚀基准面 base level of denudation
剥蚀角砾岩 clastic breccia
剥蚀阶地 degradation terrace; denudation terrace; structural rock bench
剥蚀面 denudation plane;plane of denudation
剥蚀能力 abrasive capacity
剥蚀平原 denudation plain; plain of denudation
剥蚀坡 denudation slope
剥蚀剖面 truncated profile
剥蚀强度 denudation intensity
剥蚀区 denuded zone
剥蚀熔岩高原 scabland
剥蚀山 denudation mountain
剥蚀深度 depth of erosion
剥蚀水平面 destruction level
剥蚀速度 denudation speed
剥蚀速率 denudation rate
剥蚀台地 abrasion tableland
剥蚀土壤 denudation soil; denuded soil;truncated soil
剥蚀岩层 denudation terrace
剥蚀因素 denudation factor
剥蚀作用 denudation; erosion; plucking;quarrying
剥树皮 barking
剥树皮机 barker; debarker; barking machine
剥树皮器 spudder
剥撕 split-tear
剥土 capping mass;stripping soil
剥土编录 soil desquamation documentation
剥土电铲 overburden excavator
剥土设备 overburden equipment
剥土体积 volume of soil stripped
剥脱 cracking-off;denudation;exfoliation;stripping
剥外皮(法) decortication
剥下 strip down
剥纤维机 defiberer; fiber[fibre] extracting machine
剥线剪钳 connection cover cutting pliers
剥线器 wire stripper
剥线钳 connection cover cutting pliers; decrustation pliers; wire stripper;wire stripping pliers
剥线圈绝缘带器 coil stripper
剥镶板机 veneer peeling machine
剥削 exploit;exploitage;exploitation;rack
剥削者 exploiter
剥芽 disbudding
剥釉 chipping; fish scaling; peeling; scaling;stripped glaze
剥制动物标本 stuffed animal
剥制云母 mica splitting
剥桩头 stripping pile head

钵

钵底垫粉 bit stone
钵圈 ringer

菠

菠萝温室 pinery
菠萝形装饰品 pineapple
菠萝园 pinery

播

播 sow;strew
播波 propagating wave
播草籽附加装置 seed attachment
播发信号灯 on-air light
播放机 transcribing machine
播放设备 playback facility
播幅 sowing width
播幅大小 sowing width number
播幅调整 sowing width regulation
播核 nuclei seeding
播叫接收器 paging receiver
播控混响器 reverberant unit
播控设备 studio equipment
播控室 studio control room
播控调整室 studio control booth
播控中心 broadcasting center[centre]
播控中心的地线系统 grounding facility of broadcast continuity
播量表 sowing chart;sowing table
播量调节机构 variable-drop mechanism
播煤机 coal scatter
播苗机 seedling planting machine
播期 date of seeding
播期适宜 proper seeding
播前 before planting;prior to planting
播前把垄整平 to level the ridges before planting
播前处理 preplant treatment;presowing treatment
播前耕作 soil preparation
播前灌溉 irrigation before seeding; presowing irrigation; presowing water
播前灌水 irrigation before seeding; presowing irrigation
播前施用 preplant treatment
播前土壤熏蒸剂 preplanting soil fumigant
播前土壤准备 bed of land preparation
播前整地 prepare the seedbed; presowing treatment;seedbed preparation
播散 dissemination;scattering
播散器 sprayer
播散与收集网络 scrambling and unscrambling network
播深 seed level
播时 time transmission
播水板 spreader-board
播送 broadcast(ing)
播送室内实况 live pick-up
播送信号 transmit
播送中 on-the-air
播送终了标志 finishing sign
播焰 flame spread
播音 public announcement
播音车 sound trunk
播音控制桌 broadcasting control table
播音时间 playing time
播音试听室 listening room
播音室 announce booth; announcing room; broadcasting house; broadcasting studio; public announce-

ment studio;studio
播音室广播 studio broadcast(ing)
播音室广播节目 studio program(me)
播音室混响 studio reverberation
播音室设备 studio facility
播音员 announcer
播音员室 announcer('s) booth
播音站 transmitting station
播云 cloud seeding
播种 implant;scatter seed;seed;sow-(ing)
播种草地 sow down to grass
播种草坪 seeding lawn
播种床 seedbed
播种法 seedage;seeding
播种机 planter;seeder;seeding machine;sower;sowing drill;sowing machine
播种间距 seed spacing
播种开沟器 seed boot
播种量 seed quantity
播种率 seeding rate
播种密度 thickness of sowing
播种面 seed surface
播种面积 area under crops;seeded surface;sowing area;acreage under crop <英亩>
播种期 date of seeding;seed(ing) time
播种器 garden seeder
播种施肥机 seed and fertilizer drill
播种时间 seeding time
播种要求条件 seeding requirement
播种造林 seeding
播种者 seeder;sower
播种装置接合杆 planter lever
播籽植草 turfing by seeding

伯

伯氨喹 primaquine
伯氨喹啉 neoquipenyl;primaquine
伯氨喹啉磷酸盐 primaquine phosphate
伯胺 primary amine
伯巴克纤维 bur-bark
伯查德-李伯曼试验 Burchard-Liebermann test
伯醇 carbinol;primary alcohol
伯德单位 Bird unit
伯德-迪杜法 Byrd-Dew method
伯德定则 Titius-Bode law
伯德均衡器 Bode equalizer
伯德克试验 Boedeker's test
伯德离心脱水机 Bird coal filter
伯德图 Bode diagram;log magnitude and phase diagram
伯德(型沉降式)离心脱水机 Bird centrifuge
伯顿石 bodenite
伯顿线 blue line;Burton's line;lead line
伯恩鲍姆-索德斯分布 Birnbaum-Sauders distribution
伯恩鲍姆-廷吉分布 Birnbaum-Tingey distribution
伯恩公约 Berne Convention
伯恩哈特公式 Bernhardt's formula
伯恩海默纤维 Bernheimer's fiber
伯恩联盟 <信用及投资保险人国际联盟> Berne Union
伯恩默斯层 Bournemouth beds
伯恩赛德引理 Burnside's lemma
伯恩赛德钻孔机 Burnside boring machine
伯恩斯法 Burns act
伯恩斯-麦克唐奈活性污泥处理系统 Burns-McDonnell activated sludge treatment system
伯恩斯坦不等式 Bernstein's inequality
伯恩斯坦定理 Bernstein's theorem
伯尔德合成 Boord synthesis
伯尔德烯羟合成法 Boord olefin synthesis
伯尔分布 Burr's distribution
伯尔尼 <瑞士首都> Bern(e)bon
伯尔尼窗 Berner's window
伯高红色光泽彩 Burgos lustre
伯格进动照相机 Buerger's precession camera
伯格码 Berger's code
伯格曼定律 Bergmann's law
伯格曼定则 Bergmann's rule
伯格曼发电机 Bergman's generator
伯格曼法则 Bergmann's rule
伯格曼规律 Bergmann's rule
伯格曼-吐纳单位 Bergman-Turner unit
伯格曼系 Bergman's series
伯格模型 Burger model
伯格诺德数 Bagnold number
伯恒希等式 Bianchi identity
伯吉尤斯法 Bergius process;coal hydrogenation
伯杰龙(气团)分类 Bergeron classification
伯克菲尔德滤池 Berkefeld filter
伯克菲尔德(细菌)滤器 Berkefeld filter
伯克霍夫定理 Birkhoff's theorem
伯克霍夫正规化 Birkhoff's regularization
伯克兰-艾迪电弧法 Birkeland-Eyde process
伯克里耐火高岭土 Berkeley clay
伯克利-齐格拉径流公式 Burkli-Ziegler formula for runoff
伯克森线 Berksonian line
伯肯希德式粗纱架 Birkenhead creel
伯朗格临界流 Belanger's critical flow
伯劳 <一种鸟> shrikes
伯勒森补偿 Blessum compensation
伯利安白大理石 white Parian marble
伯利恒的耶稣降生教堂 church of the Nativity at Bethlehem
伯利斯漏斗 Berlese's funnel
伯利斯器 Berlese's organ
伯灵贝类 Billingsellacea
伯马布赖特(可锻铝镁)合金 Birmabright
伯马尔压铸铝合金 Birmal alloy
伯马克斯轴承合金 Bermax bearing alloy
伯马利特(铸造铝基)合金 Birmalite alloy
伯马斯蒂克耐热铸造铝合金 Birmastic
伯马西尔硅铝特种合金 Birmasil special alloy
伯马西尔航空用铸造铝合金 Birmasil
伯梅塔尔铝铜锌镁合金 Birmetal
伯米迪昂铝合金 Birmidium
伯明翰铂合金 Birmingham platinum alloy
伯明翰高锌黄铜 Birmingham platina
伯明翰规 Birmingham ga(u)ge
伯明翰量线规 Birmingham wire ga(u)ge
伯明翰线径规 Birmingham wire ga(u)ge
伯内特法 Burnett's method
伯内特防腐剂 Burnett's fluid
伯内特木材氯化锌防腐处理法 Burnett's process
伯内特溶液 Burnett's solution
伯内特消毒液 Burnett's disinfecting fluid
伯内特旋转转化效应 Burnett's effect
伯内特原则 Burnett's axiom
伯纳尔管 Bernard's duct
伯纳海绵 Bernay's sponge
伯纳维花岗岩 Bonawe granite
伯南棉 Pernam cotton
伯尼港 <澳大利亚> Port Burnia
伯努里方程式 energy equation
伯努力原理 <受弯构件正截面计算中的平面假定> Bernoulli's principle
伯努利变异 Bernoulli's variation
伯努利常数 Bernoulli's constant
伯努利定理 <水力学中的水能不灭定理> Bernoulli's theorem;Bernoulli's theory;theorem of Bernoulli
伯努利定律 Bernoulli's law
伯努利多项式 Bernoulli's polynomial
伯努利方程 Bernoulli's equation
伯努利分布 Bernoulli's distribution
伯努利分布密度 Bernoulli distributions density
伯努利分析 Bernoulli's analysis
伯努利概率 Bernoulli's probability
伯努利公式 Bernoulli's formula
伯努利过程 Bernoulli's process
伯努利级数 Bernoulli's series
伯努利假定 Bernoulli's assumption;Bernoulli's hypothesis
伯努利力 Bernoulli's force
伯努利螺线 Bernoulli's spiral
伯努利能量方程 Bernoulli's energy equation
伯努利能量公式 Bernoulli's energy equation
伯努利-欧拉定律 Bernoulli-Euler law
伯努利-欧拉微分方程 Bernoulli-Euler differential equation
伯努利试验 Bernoulli's trial
伯努利试验序列 sequence of Bernoulli's trials
伯努利数 Bernoulli's number
伯努利数表 Bernoulli's number table
伯努利双纽线 Bernoulli's lemniscate;lemniscate of Bernoulli
伯努利随机过程 Bernoulli's stochastic process
伯努利微分方程 Bernoulli's differential equation
伯努利效应 Bernoulli's effect
伯努利游走 Bernoulli's walk
伯努利原理 <受弯构件正截面计算中的平面假定> Bernoulli principle
伯奇反射显微镜 Burch reflecting microscope
伯奇-梅克法则 Birge-Mecke rule
伯塞莱目镜 Berthele eyepiece
伯氏压痕器 Berkovitvh indenter
伯叔醇 primary-tertiary alcohol
伯松测力计 Berthon dynamometer
伯松计 Berthon dynamometer
伯酸 primary acid
伯碳 primary carbon
伯碳原子 primary carbon atom
伯特格尔试验 Boettger's test
伯特兰德验证方程式 Bertrand qualifying equation
伯特兰的双垄断模型 Bertrand's Duopoly Model
伯特兰公设 Bertrand's postulate
伯特兰规则 Bertrand's rule
伯特兰假设 Bertrand's postulate
伯特兰镜头 <偏光显微镜观察用> Bertrand lens
伯特兰曲线 associate curve;Bertrand curve;conjugate curve
伯特兰透镜 Bertrand lens
伯特兰验证方程式 Bertrand qualifying equation
伯托利化合物 Bertholide
伯烷基过氧化合物 primary alkyl peroxide
伯戊醇 primary amyl alcohol
伯硝基化合物 primary nitrocompound
伯硝基烷 primary nitroparaffin
伯仲醇 primary-secondary alcohol

驳

驳岸 bulkhead(dock);bulkhead wall;current revetment;dock wall;wharf wall

驳岸工程 waterfront construction
驳岸建筑物 waterfront structure
驳岸结构物 waterfront structure
驳岸线 bulkhead line
驳不倒的 irrefragable;irrefutable
驳斥 refutation
驳船 barge;drag boat;dumb barge;hoy;johnboat;landing stage;wherry;lighter
驳船岸壁 barging wall
驳船编队区 barge fleeting area
驳船编队系结装置 barge lashing
驳船编队作业区 barge fleeting area
驳船舶位 barge berth;lighter berth
驳船舱盖 barge cover
驳船操作系统模拟 barge operation system simulation
驳船撑篙 barge pole
驳船船员 barge lighterman;bargeman;bargee
驳船碇泊处 lighter berth
驳船队 barge fleet;barge string;barge system;barge tow;barge train;fleet of barges;train of barges
驳船队(不解缆)整体一次过闸 single lock
驳船队解队 breakdown of barge train
驳船队列 train of barges
驳船队前端 head-of-fleet
驳船队驶经航道弯曲段时的偏航 tow drift
驳船费 lighterage;lighter charges
驳船封仓费 barge sealing charges;lighter sealing charges
驳船港 barge port;bunder;port of barges;barging port
驳船港池 barge basin;barge slip
驳船工人 bargeman;lighterman
驳船钩杆 barge pole
驳船过期停泊费 lighter demurrage
驳船航线 barge line
驳船和机车铲斗 barge and railcar bucket
驳船护舷 barge fender
驳船货运站 lighter freight station
驳船货运站货 lighter freight station cargo
驳船集结区 barge fleeting area;fleeting area
驳船价 ex barge price
驳船交货 ex barge;ex lighter;lighterage delivery
驳船交货价格 free on lighter
驳船(靠泊码头)定位器 barge positioner
驳船靠泊区 barge berthing area
驳船类型 barge type
驳船列 barge train
驳船码头 barge berth;barge dock;barge terminal;barge wharf;lighter's berth;lighter's wharf
驳船纳税证明书 lighter note
驳船起重臂 marine leg
驳船起重机 barge crane;pontoon crane
驳船清舱作业 digging out of barge
驳船渠 barge canal
驳船上安装的起重机 barge-mounted crane
驳船上交货 delivery in lighter

驳船水手 bargeman
驳船水域 barge pool;lighter pool
驳船条款 craft clause
驳船停泊区 barge bed;barge mooring area
驳船停泊滩 barge bed
驳船拖带法 barge line system
驳船坞 barge dock
驳船系泊区 barge mooring area
驳船系结装置 barge hauler; barge hauling unit; barge haul system; barge lashing;barge shifter
驳船险 craft risk;lighter risk;risk of craft and lighter
驳船卸货斗式提升机 bucket elevator barge unloader
驳船卸货机 barge unloader
驳船运河 barge canal
驳船运输 barge conveyance; barge transport; lighter service; lighter traffic; transport by lighter; barge traffic
驳船运输船方式 barge on board ship system
驳船之间相互联结系统 barge/barge coupling system
驳船转铁路 barge to rail transfer
驳船桩 pile barge
驳船装货 barge-loading
驳船装货皮带输送机 barge loading belt conveyer[conveyor]
驳船装货皮带运输机 barge loading belt conveyer[conveyor]
驳船装料皮带输送机 barge loading belt conveyer[conveyor]
驳船装卸 cargo handling; lighterage; barge handling
驳船装卸货物 cargo-handling by lighter
驳船装载用皮带运输机 barge loading belt conveyer[conveyor]
驳船作业 barge handling;barging
驳船作业区 literage limits
驳格导口【船】entry cell
驳门 cargo port; portside opening; side porter;siporter
驳门框 port frame
驳运 barge conveyance; barge-transportation; barging; lightering; transship;trans(s)hipment;wherry
驳运泵 transfer pump
驳运范围 lighterage limit
驳运费 lighter charges; lighter due; lighterage
驳运费限额 lighterage limit
驳运港口 barge port;barging port
驳运工作 barge work
驳运公共交通系统 <把公共汽车作为直达、快速、大容量交通线的辅助交通的一种> feeding system
驳运公司 barge line operator;towage firm
驳运量 barge commerce; lighterage volume;trans(s)hipment
驳运码头 lighters wharf
驳运设施 lighterage facility
驳运系统 feeder system
驳运险 craft risks
驳运行 barge line operator
驳运业务 lighterage service
驳运业者 barge line operator
驳运制 barge system
驳载 trans(s)hipment
驳载港 barge port;barging port
驳柱【船】pillar
驳柱头 cone

泊 moar;poise <黏[粘]度单位,1 泊 =1 达因秒/平方米>

泊车线 parking lane
泊船池 boating pool; mooring basin; open basin;outer dock;wet dock
泊船池入口 basin entrance
泊船处 berth;haven
泊船地 basin;mooring basin
泊船费 groundage
泊船区 berth area; docking area; mooring area
泊船容量 docking capacity
泊船设备 berthing facility; docking facility
泊船设施 berthing facility; docking facility;mooring facility
泊船所 mooring(place)
泊船坞 wet dock
泊地 boat basin;mooring area;mooring place;roadstead
泊定地 anchor ground
泊尔迪(携带)式硬度计 Poldi hardness tester
泊尔定甲硫酸盐 poldine metilsulfate
泊尔佛姆塔板 Perform tray
泊靠他船边 alongside a vessel
泊拉条件 berth term;liner term
泊力 berthing force
泊伦法 Brin's process
泊马克司镍铁合金 Permax
泊马利 <一种浸树脂胶合木板> Permali
泊玛奈特 <一种防潮层> Permanite
泊玛森 <一种木材防腐剂> Permason
泊码头 docking
泊曼特铁镍合金 Permant
泊姆 <渗透速度单位> perm
泊松 Poisson
泊松-阿喇戈光斑 Poisson-Arago spot
泊松逼近 Poisson's approximation
泊松比 <即横向变形系数> Poisson's ratio
泊松比的双轴向影响 biaxial effect (of Poisson's ratio)
泊松比效应 Poisson's ratio effect
泊松比修正 Poisson's ratio correction
泊松边界条件 Poisson's boundary condition
泊松变换 Poisson's transform;potential transform
泊松波动方程 Poisson's wave equation
泊松-波耳兹曼方程 Poisson-Boltzmann equation
泊松常数 Poisson's constant
泊松抽样 Poisson's sampling
泊松大数定律 Poisson's law of large number
泊松到达 <服从泊松分布的车辆到达>【交】Poisson's arrival
泊松到达分布 <一种排队模型的分布到达流是对于时间的随机分布> Poisson's arrival distribution
泊松到达指数服务模型【数】Poisson's arrival exponential service model
泊松定律 Poisson's law
泊松二项分布 Poisson's binomial distribution
泊松方波 Poisson's rectangular wave
泊松方程 Poisson's equation
泊松分布 <一种统计分布,用于排队或等待线等> Poisson's distribution
泊松分布表 Poisson's distribution table
泊松分布式 <表示路上行车稀密程度的> Poisson's distribution formula
泊松概率表 Poisson's probability table
泊松更新脉冲过程 Poisson's renewal pulse process
泊松公式 Poisson's formula
泊松过程 Poisson's process
泊松过程变量 variance of the Poisson's process
泊松函数 Poisson's function
泊松核 Poisson's kernel
泊松积分公式 Poisson's integral formula
泊松解 Poisson's solution
泊松近似值 Poisson's approximation
泊松括号 Poisson's parenthesis; Poisson's bracket
泊松离差指数 Poisson's index of dispersion
泊松亮斑 Poisson's bright spot
泊松流 Poisson's flow; Poisson's stream
泊松密度函数 Poisson's density function
泊松模型 Poisson's model
泊松求和公式 Poisson's sum (mation) formula
泊松事故随机程序 Poisson's accident process
泊松输入 Poisson's input
泊松数 Poisson's number
泊松体 <该物体泊松比 = 0.25> Poisson's solid
泊松统计 Poisson's statistics
泊松伪靶模型 Poisson's false-target model
泊松系数 Poisson's coefficient
泊松衍射 Poisson's diffraction
泊松噪声 Poisson's noise
泊松值 Poisson's number
泊松指数模型 Poisson's exponential model
泊脱振荡器 Potter oscillator
泊位 berth(age);berthing space
泊位安排 allocation of berths
泊位边的 alongside berth
泊位长度 berth length;length of berth
泊位尺度 berth dimension; berth geometry
泊位底标高 bottom berth level
泊位电话 berth telephone
泊位调度员 berthing master;berthing officer
泊位顶部高程 berth surface elevation
泊位定线 berth alignment
泊位费 berthage; quayage; berthing dues
泊位分配 berth allocation
泊位港池 berthing basin
泊位工程 berth construction
泊位公共服务设施 utility services at berth
泊位管理 berth management
泊位护舷布置 fender layout of berth
泊位货运量 berth throughput
泊位间隔 berthing room;berthing space
泊位建设 berth construction
泊位结构 berth structure
泊位可用率 berth availability
泊位利用率 berth occupancy (factor); degree of berth occupancy; percentage berth occupancy;utility factor of berth
泊位利用情况 berth occupancy
泊位利用时间 berth occupancy time
泊位利用系数 berth occupancy factor
泊位轮廓 berth configuration
泊位面的富裕净空 clearance at berth face
泊位面积 berthing area
泊位面前的净空 clearance at the berth
泊位能力 berth capacity
泊位年泊船能力 annual berthing capacity
泊位配置 berth allocation
泊位前龙骨下富余深度 underkeel clearance at berth
泊位前深槽 berth box;berth pocket
泊位前沿水深 berth alongside depth
泊位区号 berth number
泊位日供冰能力 daily ice supply capacity per berth
泊位日卸鱼能力 fish landing capacity per day
泊位容量 berthing capacity
泊位设计通过能力 design berth throughput(capacity)
泊位设施 berthing facility
泊位申请 berth application;apply for berth;stemming
泊位生产量 berth throughput
泊位使用费 berth charges
泊位使用率 < = 泊位服务船舶的时间/(365 × 24 小时)> berth occupancy ratio;berth utilization
泊位使用时间 berth time
泊位受力 berth force
泊位数 number of berths
泊位水深 berth water depth;depth alongside berth; berthing depth (for ship)
泊位条件 berth term
泊位通过量 berth throughput
泊位通过能力 berth's capacity (of freight); berth throughput (capacity);capacity of berth
泊位吞吐量 berth throughput; handling capacity of berth
泊位外形 berth geometry
泊位维护 berth maintenance
泊位线 berth(ing) line
泊位线利用率 occupancy of berth line
泊位有效利用率 < = 泊位服务船舶的时间/(每年工作日 × 24 小时)> berth utilisation
泊位有效利用系数 berth utilisation coefficient
泊位预定时间 berth time required
泊位员工 berthing gang
泊位占用率 berth occupancy(factor)
泊位占用时间 duration of occurrence of a berth
泊位正面 berth face
泊位轴线方向 berth orientation
泊位综合通过能力 comprehensive capacity of berth
泊位作业量 volume of cargo transferred at berth
泊稳【船】tranquility; tranquility of harbo(u)r basin
泊稳条件 tranquility condition
泊萧叶方程 Poiseuille's equation

勃地酮 boldenone

勃尔特型沉降式离心脱水机 solid bowl centrifuge
勃艮地大门 Burgundian portal
勃艮地雕塑形式 Burgundian style of sculpture
勃艮地哥特式风格 Burgundian Gothic (style)
勃艮地教堂 Burgundian church
勃艮地穹隆 Burgundian vault
勃艮制导系统 Burgundian guidance system
勃固黄褐色硬木 <巴西产> pegui
勃赫曼法 Behmer method
勃金刚酯 bolmantalate
勃拉克试验 Black's test
勃兰登堡冰阶【地】Brandenburg ice stage
勃兰登堡门 Brandenburg gate
勃兰姆水压机 Bramah's press

勃兰特查格三维压力混凝土强度理论 <在三维压力下混凝土强度 = 单压力加4.1倍最小侧向压力的混凝土强度> Brandtzaceg's theory
勃朗-包维利股份公司 <瑞士> Brown-Boveri, Cie
勃朗阶【地】Blancan
勃雷克颚式破碎机 Blake crusher
勃雷特 <地下连续墙一类基础结构的别称> <英> Barrette
勃利-安图断裂构造带【地】Boli-Antu fault belt
勃利盆地 Boli basin
勃利亚阶 <早白垩世>【地】Berriasian
勃吕克纳循环 Brückner cycle
勃伦蒂斯定则 Prentice's rule
勃马妥防腐剂 <主要成分为五氯酚> permatol
勃姆薄层 boehm lamellae
勃姆锤 Boehme hammer
勃姆石 boehmite
勃砷铅石 paulmooerite
勃特沃斯滤波器 Butterworth filter

铂氨络物 platinammines

铂铂铑感温元件 platinum-platinum-rhodium temperature-sensitive element
铂铂铑热电偶 Le Chatelier thermocouple; platinum-platinum-rhodium thermocouple
铂铂铑温差电偶 platinum-platinum-rhodium thermocouple
铂铂镍热电偶 platinum-platinum nickel couple
铂铂镍温差电偶 platinum-platinum-nickel thermocouple
铂铂热敏元件 platinum-platinum thermoelement
铂箔 platinum foil
铂材 platinum product
铂测辐射热计 Platinum bolometer
铂触点 platinum contact
铂触媒法 platinum contact process
铂传感器 platinum sensor
铂催化剂 platinum catalyst
铂带测辐射热计 Platinum strip bolometer
铂的 platinic
铂灯丝 platinum filament
铂电极 platinum electrode
铂电阻标定温度 platinum scale temperature
铂电阻测温探针 platinum resistance temperature needle
铂电阻感温计 platinum resistance temperature sensor
铂电阻敏感器 platinum resistance sensor
铂电阻器 platinum resistor
铂电阻热电偶 platinum resistance thermocouple
铂电阻温度计 Callendar's thermometer; platinum resistance thermometer
铂粉 platinum powder
铂坩埚 platinum crucible
铂高温计 platinum pyrometer
铂钴比色法 colo(u)rimetry with platinum-cobalt
铂钴标准液 platinum-cobalt standard solution
铂钴度量 platinum-cobalt scale
铂钴法 platinum-cobalt method
铂钴色度标尺 platinum-cobalt scale
铂管 platinotron
铂光电元件 platinum photocell
铂光泽(彩) platinum luster[lustre]
铂光泽彩露花 <陶瓷装饰法> platinum resist
铂硅红外传感器 Pt-Si infrared sensor
铂硅红外焦平面阵列 Pt-Si infrared focal plane array
铂硅探测器 Pt-Si detector
铂硅氧化铝催化剂 platinum-silica-alumina catalyst
铂海绵 platinum sponge
铂含量 content of platinum
铂含量分析仪 platinum analyser[analyzer]
铂耗量 platinum loss
铂合金 platinum alloy
铂黑 platinum black; platinum Mohr <金属粉末>
铂化合物 platinum compounds
铂环 platinum loop; platinum ring
铂环量 loopful
铂黄 platinum yellow
铂基催化剂 platinum-based catalyst
铂基合金 platinum-based alloy
铂极 platinode
铂接点 platinum contact
铂金 platina
铂金衬套 platinum bushing
铂金催化剂 platinum catalyst
铂金锉 point file
铂金坩埚 platinum crucible
铂金钻度量 platinum
铂金页 platinogold
铂金锥 platinum cone
铂镜面镀层 platinum mirror coating
铂矿石 platinum ore
铂铼重整 platinum-rhenium reforming
铂蓝 platinum blue
铂铑发热体 platinum-rhodium heating element
铂铑合金坩埚 rhodium-rhodium alloy bushing
铂铑合金回收 recovery of platinum-rhodium
铂铑热电偶 platinum-rhodium thermocouple
铂铑丝网垫 platinum-rhodium gauze pad
铂类金属 platinum metals
铂类轻金属 light platinum metal
铂类重金属 heavy platinum metal
铂氯酸钾 platinum potassium chloride; potassium chlorplatinate; potassium platinichloride
铂棉 platinum sponge
铂镍合金 platinum-nickel alloy
铂盘 platinum boat
铂片 platinized platinum; platinum sheet
铂青铜 platinum bronze
铂青铜合金 platinum bronze alloys
铂氢电极 Pt-hydrogen electrode
铂氰化物 cyanoplatinate; platinocyanide
铂热电偶 platinum thermocouple
铂绒 platinum sponge; sponge platinum; spongy platinum
铂砂 platiniferous sand
铂闪烁点 platinum sparkler
铂石棉 platinized asbestos; platinum asbestos
铂丝 platinum filament; platinum wire
铂丝电极 platinum(wire) electrode
铂丝管式炉 wound-wound tube furnace
铂丝温度表 platinum wire thermometer
铂丝温度计 platinum(wire) thermometer; resistance thermometer
铂丝温度敏感器 platinum wire temperature sensor
铂丝液位传感器 platinum wire liquid level sensor
铂酸 platinic acid
铂酸钡 barium platinate
铂酸钾 potassium platinate
铂酸钠 sodium platinate
铂酸盐 platinate
铂探针 wound probe
铂铁镍齐 norilskite
铂同位素 platinum isotopes
铂铜 platinoid
铂铜合金 Mock gold
铂涂层 coating for wound
铂网电极 gauze platinum electrode
铂微电极 platinum microelectrode
铂钨合金 platinum-tungsten alloys
铂锡催化剂 platinum-tin catalyst
铂系合金 platinoid
铂系金属 platinoid
铂锌电偶 Pt-Zn couple
铂盐相纸 platinum paper
铂阳极 platinum anode
铂铱 platinoiridita
铂铱催化剂 platinum-iridium catalyst
铂铱合金 platinum iridio; platinum-iridium(alloy)
铂铱合金杆尺 platinum-iridium bar
铂铱矿 platiniridium
铂铱耐蚀耐热合金 platinum iridio
铂铱针 platinum-iridium needle
铂阴极 platinum cathode
铂银合金 platinum-silver(alloy)
铂印相法 platinotype
铂用量 quantity of wound used
铂蒸馏釜 platinum still
铂中毒 wound poisoning
铂重整 platforming; platinum reforming
铂重整产品 platformate
铂重整反应 platforming reactions
铂重整过程 platforming process
铂重整装置 plat former
铂状的 platinoid
铂锥体 platinum cone
铂族玻璃 platinum-group glass
铂族合金 platinum metal alloy
铂族金属 platinum-group of metals
铂族金属合金 platinum-group metal alloy
铂族金属矿 platinum-group metal ore
铂族金属硫属化物 platinum-group metal chalcogenides
铂族金属卤化物 platinum-group metal halides
铂族元素 platinum family elements; platinum-group elements
铂族元素分析 platinum family element analysis
铂族重金属 heavy platinum metal
铂阻温度计 platinum resistance thermometer

舶岸输油管 ship-to-shore pipe line

舶来矿石 foreign ore
舶来品 foreign goods
舶来物种 tramp species
舶用锅炉装置 boiler arrangement of marine

博比里尔定律 Bobillier's law

博茨瓦纳 Botswana
博达管 <以法国工程师命名的一种泄水管> Borda's pipe
博达管口 Borda's mouthpiece
博达管嘴 Borda's mouthpiece
博达数 Borda count
博达泄水管 Borda's mouthpiece
博代定律 Bordet's law
博代介体 Bordet's amboceptor
博代现象 Bordet's phenomenon
博德克指数 Bodecker index
博德图 response diagram
博登公司 <美> Borden Inc.
博登斯坦数 Bodenstein number
博迪恩胶体银染色法 Bodian staining method
博杜安反应 Baudouin reaction
博多电报机 Baudot telegraph
博多多工速度 Baudot multiplex speed
博多分配器 Baudot distributor
博多机 baudot
博多键盘 baudot keyboard
博多码 Baudot code
博多印字电报机 Baudot printing telegraph
博尔茨反应 Boltz's reaction; Boltz's test
博尔茨扩展法 Boltz's development method
博尔茨替代法 Boltz's method of substitution
博尔顿点 Boulton point
博尔顿公式 Boulton formula
博尔顿井函数 Boulton well function
博尔顿筘号 Boulton reed count
博尔塔拉构造结 Bortala tectonic knot
博尔韦尔制度 <用于劳资谈判> Boulwarism
博风板 barge board; gable board; verge board
博格达地穹列 Bogda geodome series
博格达-哈尔克构造带【地】Bogda-Halik tectonic zone
博格-沃纳超速器 Borg-Warner overdrive
博古架 antique-and-curio shelves; antique shelf; curio shelves
博古斋 Bogu Studio
博加德斯标度 Bogardus scale
博克纳定理 Bochner's theorem
博克球状体 Bok globule
博克三分量模型 Bock's three-component model
博克斯法则 <用以计算排水量或排水管直径的供水问题> Box's rule
博克斯-考克斯变换 Box-Cox transformation
博克斯-皮尔斯卡方检验 Box-Pierce chi-square test
博克斯-詹金斯法 Box-Jenkins method
博克斯-詹金斯季节模型 Box-Jenkins seasonal model
博克斯-詹金斯控制 Box-Jenkins control
博克斯-詹金斯模型 Box-Jenkins model
博克斯-詹金斯式预测法 Box-Jenkins forecasting method
博克斯-詹金斯预测 Box-Jenkins forecasting
博拉斯科雷暴 borasque
博拉斯雷暴 <地中海上的一种雷暴或猛烈风> borasca[borasco]
博览会 expo; exposition; fair; international fair
博览会场 fair ground
博览会的陈列柜 fair stand
博雷崇 <一种人造亚硝酸硼高硬度研磨材料> Borazon
博利瓦法兰绒 bolivar
博林间冰阶 Bolling interstade
博洛霍洛地穹列 Boluohuoluo geodome series
博洛尼亚射电源表 Bologna survey
博洛涅大麻 great hemp
博落回碱 bocconine
博曼反常透射技术 Borrmann anoma-

lous-transmission technique
博曼效应 Borrmann effect
博默型螺旋铰链 Bommer type helical hinge
博纳砂滤池 Bohna sand filter
博纳投影 Bonne's projection
博奈哈德结构 Bonyhard organization
博桑基特定律 Bosanquet's law
博桑基特-皮尔森扩散公式 Bosanquet's and Pearson's diffusion formula
博山窑器 Boshan ware
博施柴油喷射泵 Bosch fuel injection pump
博施法 Bosch process
博施式给油器 Bosch oil lubricator
博士后研究员 postdoctoral fellow
博士论文 doctor(i)al thesis
博士衔 doctorate
博士学位 doctorate
博思哈德-蔡思双影测速仪 Bosshardt-Zeiss reducing tacheometer
博斯曼位置 Bozeman's position
博斯普鲁斯桥 <土耳其> Bosporus Bridge
博斯普鲁斯式海峡 bosporus
博斯-乔赫里码 BCH[Bose-Chaudhuri] code
博斯托克沉降天平 Bostock sedimentation balance
博斯总星表初编 Preliminary General Catalogue
博塔洛管 arterial duct;Botallo's duct
博塔洛孔 Botallo's foramen
博塔洛氏孔 oval foramen
博唐斯基单位 Bodansky unit
博韦里试验 Boveri's test
博韦特拉西层【地】Bovey Tracey bed
博维尔巴比特合金 Boveall Babbitt alloy
博物馆 museum;repository
博物馆动物学 museum zoology
博物馆疲劳症 museum fatigue
博物馆学 museum science
博物馆珍藏品 museum piece
博物学的方式 naturalistic form
博物学家 naturalist
博物院 museum
博学的 erudite
博学者 generalist
博亚斯试验 Boas' test
博耶-林德奎斯特坐标 Boyer-Lindquist coordinates
博伊德卷纬机 Boyd winding machine
博伊登技术 Boyden technic
博伊登指数 Boyden index
博伊顿径向出流式水轮机 Boyden radial outward flow turbine
博伊斯决策法 Boyes decision procedure
博伊特勒法 Beutlermethod
博伊文抗原 Boivin antigen
博弈【数】betting; game (playing); gaming
博弈程序 game program(me)
博弈机 game machine
博弈控制 game control
博弈论 game theory;theory of games
博弈论模型 game theoretical model
博弈模拟 gaming simulation
博弈曲线 betting curve
博弈树 game tree
博弈树的启发式修剪 heuristic pruning of game tree
博弈树搜索 game-tree search
博弈树(中)极大极小搜索 minimax search in game trees
博弈树状图 game tree
博弈算法 game playing algorithm
博弈图 game graph
博弈型控制系统 game-type control system
博弈支付矩阵 game pay-off matrix
博弈状态 game situation

渤

渤海窑 Bohai kiln

搏

搏出 putting out

搏出量 output
搏斗 buffet
搏缝板 gable eave board

箔

箔 foil;tinsel

箔靶 foil target
箔保温材料 foil insulant
箔保险丝 foil fuse
箔材 foil
箔材坯料 web
箔材轧机 foil mill
箔材轧料 web
箔衬袋 foil bag
箔带轴承 foil bearing
箔导体 foil conductor
箔电容 sheet capacitance
箔垫圈 foil gasket
箔腐蚀法 etching method
箔钢取土器 foil sampler
箔活化测量 foil-activation measurement
箔激活技术 foil-activation technique
箔剂量计 foil dosimeter
箔夹子 foil support
箔监测仪 foil monitor
箔检验器 monitor foil
箔交换器 foil changer
箔精轧机 finish foil mill
箔静电计 leaf electrometer
箔绝热 foil insulation
箔镊 foil pliers
箔片 chaff;foil sheet(ing)
箔片包装机 foil wrapping machine
箔片静电计 leaf electrometer
箔片束 foil array
箔片延伸结构 extended-foil construction
箔片印刷机 foil printing machine
箔片轧机 laminating rolling mill
箔绕组 foil winding
箔式安全阀 foil-type safety valve
箔式热致发声器 foil thermophone
箔式线圈 foil winding
箔式应变计 foil(-type) strain ga(u)ge
箔式应变片 foil(-type) strain ga(u)ge
箔式云母电容器 stacked-foil mica capacitor
箔收缩型薄膜袋加工机 foil-shrink film bag processing machine
箔束 stacked foil
箔探测器 detecting foil;foil detector
箔条 chaff
箔线 tinsel cord
箔线圈 foil coil
箔样品 foil sample
箔叶 foil sheet(ing)
箔纸 foil paper
箔制增光屏 intensifying foil
箔阻应变规 foil resistance strain ga(u)ge

薄

薄地 poor land;thin soil

薄光 glimmer
薄绢 tissue
薄利多销 bulkcheap
薄明 dusk
薄幕 marquisette curtain
薄幕状云 nebulosus
薄暮 dusk
薄暮视觉 mesopic vision
薄弱 frail; slenderness; weak; weakness
薄弱部分 vulnerable area; weak section
薄弱的 crimp;feeble;slender
薄弱点 thin spot;weak spot
薄弱环节 bottleneck; vulnerable spot;weak link;weakness
薄弱环节问题 <瓶颈问题> bottleneck problem
薄弱楼层 weak stor(e)y
薄弱面 plane of weakness; weakness plane
薄雾 faint haze; haze; mist; reek; thin fog
薄雾的 misty
薄雾状(流平罩光)涂层 mist coat
薄耶伦关系式 Bjerrim's relation
薄阴 dusk
薄云 light cloud
薄云的 briefly cloudy

跛

跛窗 <随楼梯斜度的窗> battement light;cripple window

跛拱 raking arch;rising arch;rampant arch <桥台不在同一水平上的斜拱>
跛拱顶 rampant vault;rising vault
跛拱桥 rampant arch bridge
跛穹隆 rampant vault
跛行 crippling;limp
跛行本位制 lame standard
跛子 cripple
跛子用拐 crutch

簸

簸 winnow

簸动 jigging
簸动槽 shaker chute
簸动拉条机 jigging stenter
簸动炉箅 jigging grade
簸动炉排 jigging grade
簸动筛 jigging screen;shaking picker
簸动输送机 jigging conveyer (conveyor)
簸动运输机 pan shaker;reciprocating through conveyer(conveyor)
簸动运送机 reciprocating through conveyer(conveyor)
簸分机 van
簸析法 jigging
簸析机 jigging machine
簸析试验 jigging test
簸选 winnowing

薄

薄荷 mint

薄荷醇 menthol;peppermint camphor
薄荷精 peppermint essence
薄荷脑 menthol(crystal)
薄荷素油 peppermint oil dementholized
薄荷酮 menthone
薄荷烯 menthene
薄荷烯醇 piperitenol
薄荷烯酮 piperitenone
薄荷油 lavender spike oil;mint oil;oil of peppermint; peppermint oil; spearmint oil
薄荷油试验 peppermint test
薄荷原油 raw peppermint oil
薄荷皂 peppermint soap

簸

簸箕 dust pan

簸箕式刀片推土机 excavator type bulldozer
簸箕式挖泥船吸泥头 dustpan head
簸箕式屋顶天窗 dustpan dormer
簸箕形老虎窗 dustpan dormer

卜

卜立顿盐剂 <一种木材防腐剂> Boliden salts

卜氏纤维强力检验仪 Pressley tester
卜头线 lapel roll line
卜头斜度 lapel bias

卟

卟吩 porplim

卟啉【化】porphyrin
卟啉镍石 abelsonite

补

补疤液 patent knotting

补白图饰 tailpiece
补板 partner
补版 mending
补包黄麻布 mending bagging
补编 supplement; supplementary volume
补拨款 deficiency appropriation
补播 after-culture
补播草 resowgrass
补播作物 subordinate crop
补仓施工 <水泥混凝土路面> complementary bay construction
补测 filling-in measurement
补层 after-compaction
补插器 interpolater
补差功能 residual function
补偿 back-off; balancing (out); commute; compensate; correction; counter-balance; countervail; flattening; indemnify; make compensation; make good; make-up to; making good; override; pay for; recoup; reimburse; reimbursement; reparation; repayment; requital
补偿安排 compensation arrangement
补偿安匝 compensation ampereturns
补偿摆 compensated pendulum; compensation pendulum
补偿摆轮 compensating [compensation] balancer
补偿板 compensating [compensation/compensator] plate; correction plate
补偿办法 compensatory approach; compensatory mechanism
补偿半导体 compensate semi-conductor
补偿棒 shim rod
补偿棒传动机构 shim rod actuator
补偿保险 compensation insurance; insurance by way of indemnity
补偿保证 indemnity bond
补偿报酬 compensation payment; compensatory payment
补偿本征材料 compensated intrinsic-(al) material
补偿比率 replacement ratio
补偿变差 compensating variation
补偿变流器 compensated current transformer
补偿变压器 compensator transformer
补偿表层流 compensating surface

current
补偿波 compensated wave; complementary wave
补偿薄板 balancing sheet; compensator
补偿不足 undercompensation
补偿不足电度计 undercompansated meter
补偿部件 compensating unit
补偿财政论 compensatory fiscal theory
补偿参数 compensating parameter; offset parameter
补偿槽辊涂布机 offset gravure coater
补偿侧水塘 compensation side pond
补偿测井 compensated log
补偿测量变压器 compensated instrument transformer
补偿测量目镜 compensating measuring eyepiece
补偿测微光度计 compensated microphotometer
补偿层 compensation layer; layer of compensation
补偿差别 equalizing difference
补偿差额 make-up a deficiency
补偿产品 compensation products
补偿场 compensating field
补偿承载轴液压缸 compensating axle-load cylinder
补偿程序 compensating procedure
补偿尺寸 free size
补偿充电 equalizing charge
补偿筹资办法 compensatory financing scheme
补偿串激单相牵引电动机 compensated series single phase traction motor
补偿串激式电动机 compensated series motor
补偿串励电动机 compensated series motor; neutralized series motor
补偿锤 compensator weight
补偿磁变仪 compensated variometer
补偿磁场 compensating magnetic field
补偿磁极 interpole
补偿磁力计 compensation magnetometer
补偿磁圈 magnetic field equalizer
补偿磁铁 compensating magnet
补偿存款金额 compensating balance
补偿措施 indemnifying measure
补偿大地水准面 cogeoid; compensation geoid; isostatic cogeoid
补偿贷款 compensatory financing
补偿贷款办法 compensatory financing facility
补偿贷款制度 system of compensatory financing
补偿导体 compensating conductor
补偿导线 autotensioned conductor; compensating conductor; compensating lead (wire); compensatory lead
补偿的 building-out; compensated; compensating; compensatory; complementary; corrective
补偿的盘绕线 compensated sense winding
补偿的需求函数 compensated demand function
补偿地层密度测井 compensated formation densilog
补偿地层密度测井曲线 compensated formation densilog curve
补偿地层密度测井仪 formation density compensated tool
补偿地方时 offset local time
补偿地形 compensated topography
补偿点 compensating point; compensation point
补偿电场 compensating electric (al) field
补偿电池 balancing battery
补偿电动机 compensated motor
补偿电感 compensating inductance
补偿电抗器 compensation reactor
补偿电缆 building-out cable; compensating cable
补偿电离室 compensated ionization chamber; compensating ionization chamber
补偿电流 cancellating current; compensating current; compensation current; equalizing current; offset current
补偿电流变感器 compensated current transformer
补偿电路 cancelling circuit; compensating chain; compensating circuit; compensation circuit; correcting circuit; emphasis circuit; equalizer
补偿电罗经 compensated compass
补偿电容器 balancing condenser; compensating capacitor; compensating condenser; compensation capacitor; trimmer; trimming condenser
补偿电刷 compensating brush
补偿电位计 compensator
补偿电压 bucking voltage; compensating voltage; offset voltage
补偿电阻 compensating resistance
补偿电阻器 compensating resistor; compensation resistor
补偿电阻温度 temperature compensating resistance
补偿垫片 shim
补偿定理 compensation theorem
补偿度 compensation degree
补偿度的装定 compensation adjustment
补偿度盘 offset dial
补偿短截线 compensating stub
补偿二极管 input offset diode
补偿二进制码 offset binary code
补偿发电机 compensated dynamo
补偿发射 compensating emission
补偿发射机 compensation transmitter
补偿阀 compensating [compensate/ compensation/ compensator] valve; make(-up) valve; surge valve
补偿法 compensation method; method of compensation; null method; offset method; penalty method; substitution method; zero method
补偿法互导测定 null measurement of transconductance
补偿法则 law of compensation
补偿反馈 compensating feedback
补偿反馈环 compensating feedback loop
补偿反射 compensatory reflex
补偿反射器 compensated reflector
补偿反应活塞 receiving compensation piston
补偿方法 compensation process
补偿方式 mechanism of compensation
补偿放大器 balanced amplifier; cancellation amplifier; compensated amplifier; compensating amplifier; compensator-amplifier unit
补偿费合同 cost reimbursement contract
补偿费(用) compensation cost; reimbursement expenses; set-off expenses; compensation fee; cost reimbursement contract; gross up; payment of compensation; reimbursable expenses
补偿分析 compensation analysis
补偿风 recoup air
补偿风缸 take-up cylinder
补偿缝 compensation joint
补偿伏特表 compensated voltmeter
补偿改正 compensation correction; correction for compensation
补偿杆 balancing lever; buck arm; compensating bar; compensation bar; compensation rod; fall lever
补偿杆尺 compensated bar
补偿感应 complementary induction
补偿感应发电机 compensated induction generator
补偿感应式电动机 compensated induction motor
补偿感应推斥电动机 compensated repulsion motor
补偿缸筒 feed extension
补偿跟踪试验 compensating trace test
补偿供暖 compensating heating
补偿关税 reimbursement of customs duties
补偿管 compensating pipe; compensating tube; expansion pipe; expansion tube
补偿管道 compensation line
补偿光阑 compensating diaphragm; compensating stop
补偿光谱 compensated spectrum
补偿光圈 compensating diaphragm
补偿光纤 compensated optical fiber
补偿辊 compensating roller
补偿过度 overcompensate
补偿海流 compensation current; supply current
补偿函数 penalty function
补偿滑轮 compensating sheave; pulley assembly for tensioning; pulley with clevis
补偿滑轮塔 compensating sheave tower
补偿滑轮装置 pulley assembly for tensioning
补偿环 compensated loop; compensation ring; expansion bead
补偿缓冲器 compensating buffer
补偿回路 equalizing network
补偿汇率 compensation rate
补偿活劳动报酬 compensation to living labor
补偿活塞 compensating piston
补偿货款制度 system of compensatory financing
补偿货物 compensatory goods
补偿机理 compensatory mechanism
补偿基础 floating foundation, compensated foundation
补偿基金 compensation fund; recovery fund
补偿基线杆尺 compensating base-bar
补偿激发 compensating excitation
补偿极 compensating pole
补偿棘轮 wheel tension assembly
补偿给水 make-up water
补偿计 compensating ga(u)ge
补偿技术 compensation technique
补偿剂 shim
补偿加热 <焊接中> additional heating
补偿加热器 compensating heater
补偿加速度法 compensated acceleration method
补偿价值 compensated value; value of penalty
补偿假 compensatory leave
补偿假期 reimbursed leave
补偿剪切 compensatory shear
补偿检验 compensation test
补偿交易 exchange cover
补偿角 offset angle
补偿校正 compensation correction; correction for compensation
补偿接收机 compensated receiver
补偿接头 compensated joint
补偿节 expansion joint
补偿金 amount made good; compensatory amount; compensatory payment; consideration money
补偿井 offset well
补偿镜 compensating glass; compensating mirror
补偿卷边压脚 compensating hemming foot
补偿均衡 compensating equalization; deviation compensating equalization
补偿开支 set-off expenses
补偿勘察 supplement investigation
补偿空间 compensation space
补偿空气 make-up air
补偿空气阀 compensating air valve
补偿空气温度计 compensated air thermometer
补偿空腔共振器 compensated cavity
补偿空腔谐振器 compensated cavity resonator
补偿控制 compensate control; compensation control
补偿控制点 compensating control point
补偿控制线保护系统 Beard-Hunter protective system; compens
补偿口 compensating port
补偿劳动报酬 compensation for living labour
补偿劳动对象 compensation for labor object
补偿累加器 compensating accumulator
补偿棱镜 compensating prism; compensator
补偿离子 complementary ion
补偿帘子 compensating lattice
补偿联动器 lazy jack
补偿联轴节 expansion coupling; slip-joint coupling
补偿链 compensating chain
补偿梁 compensating beam
补偿量 compensation rate
补偿量孔 compensating jet
补偿量热器 compensation calorimeter
补偿流 compensated current; compensated flow
补偿流量 compensation flow
补偿流量控制阀 compensated flow control valve
补偿滤波器 compensating filter; compensation filter; trimming filter
补偿滤光片 compensating filter; compensation filter
补偿滤光器 compensation filter
补偿滤色镜 colo(u)r compensating filter; compensation filter
补偿滤色片 colo(u)r compensating filter; timing filter
补偿码二进制 complementary offset binary
补偿贸易 compensation deal; compensation trade; compensation transaction; compensatory trade; countertrade
补偿贸易项目 compensation trade project
补偿美元 compensated dollar
补偿蒙片 compensating mask
补偿密度 density of compensation

B

补偿密度测井 compensated density log
补偿面 compensating surface; compensation surface; complementary area; surface of compensation
补偿瞄准器 compensating sight
补偿模型 compensated model; model of compensation
补偿膜片 compensating diaphragm
补偿磨损调整 adjuster for wear; adjustment for wear
补偿目镜 compensating eyepiece; compensation ocular; offset eyepiece
补偿难衡器 compensator balancer
补偿能力 compensation capacity
补偿年金 redemption annuities
补偿扭矩 make-up torque
补偿盘 compensating disc[disk]
补偿判据 compensating criterion; compensation criterion
补偿赔款 compensation award
补偿喷油嘴 compensating nozzle
补偿喷嘴 compensating jet; compensating nozzle
补偿盆地 compensated basin; well-fed basin
补偿片 compensating ga(u)ge; compensating plate; shim
补偿平衡 compensation balance
补偿平衡器 compensator balancer
补偿平衡应变片 dummy ga(u)ge
补偿坡度 compensated grade
补偿期 compensating period; payoff period
补偿气流 compensation current; supply current
补偿气压表 compensated aneroid
补偿气源 compensation current
补偿器 balance gear; compensating unit; compensation device; compensator; complementor; equalizer; expansion piece; filter; tensioner; tensioning device; tensioning equipment
补偿器起动器 compensator starter
补偿器绕组 compensator winding
补偿器式检波器 compensator receiver
补偿器式控制 compensator control
补偿器调整 compensator setting
补偿器系统 compensator system
补偿器旋钮 compensator knob
补偿器预拉伸 compensator pretension
补偿器支架 compensator stand
补偿前馈 compensating feedforward
补偿求积仪 compensated planimeter; compensating planimeter; compensation planimeter
补偿区 compensating basin
补偿曲线 compensated curve; compensating curve; compensation curve; correction curve
补偿驱动(装置) compensating drive
补偿屈服强度 offset yield strength
补偿圈 expansion bead
补偿权 compensation authority
补偿绕组 bucking coil; bucking winding; compensating winding; compensation winding
补偿润滑系统 make-up lubricating system
补偿扫描 compensated scan(ning)
补偿色度计 compensation colo(u)rimeter
补偿舌 compensating torque
补偿设备 cancel(l)er; compensation equipment
补偿设备输出电压 canceller output voltage
补偿申请<运输者向政府申请> reparation claim
补偿深度 compensating depth; compensation depth; depth of compensation
补偿渗透计 compensating osmometer
补偿生产成本 make-up for the cost of production
补偿生长 compensatory growth
补偿声波测井 borehole compensated sonic log
补偿失业福利 supplementary unemployment benefit
补偿施主 compensating donor
补偿十字线片 compensating diaphragm
补偿时间 make-up time
补偿式电离箱 compensated ionization chamber
补偿式电桥 compensated bridge
补偿式电位差计 balance type potentiometer
补偿式发电机 compensated generator
补偿式分流器 compensating shunt
补偿式分流器箱 compensated shunt box
补偿式伏特计 compensated voltmeter; compensation voltmeter
补偿式感应电动机 compensated induction motor
补偿式环形(天线)测向器 compensated-loop direction finder
补偿式火灾检测器 compensating fire detector
补偿式基础 compensated foundation
补偿式基线测量器械 compensating base-line measuring apparatus
补偿式滤色镜 compensating filter
补偿式日温计 compensation pyrheliometer
补偿式衰减器 compensated attenuator
补偿式双折射法 compensative-birefringence method
补偿式通用分流器 compensating universal shunt
补偿式推斥电动机 compensated repulsion motor
补偿式万用分流器 compensating universal shunt
补偿式微压计 compensate-type micropressure meter; compensation micromanometer
补偿式显示 compensatory display
补偿式显影液 compensating developer
补偿视准器 compensated sight
补偿试池 compensating cell
补偿室 compensated chamber; compensating chamber
补偿收入 offsetting receipts
补偿收缩混凝土 shrinkage compensated[compensating] concrete
补偿收缩水泥 shrinkage-compensating cement
补偿疏干法 compensated dewatering method
补偿赎金 redemption penalty
补偿束 compensation strand
补偿竖直(度盘)指标 compensating vertical index
补偿数据 offset data
补偿数字 compensating digit
补偿衰减器 compensated attenuator network
补偿水 compensating water; compensation water; water compensation
补偿水出水口工程 compensation water outlet works
补偿水库 compensation reservoir; compensator reservoir
补偿水流 compensating flow; compensation flow
补偿水流水轮机 compensation water turbine
补偿水流涡轮机 compensation water turbine
补偿水平面 compensation level; level of compensation
补偿水平线 compensation level
补偿水塘 compensation pond
补偿水箱 compensation tank
补偿水泄水工程 compensation water outlet works
补偿水准器 compensation[compensator/compensated] level
补偿水准(仪) compensation[compensator/compensated] level
补偿税 compensating duty; compensatory tax
补偿损害赔偿金 compensatory damages
补偿损失 compensation for loss or damage; recovery of loss
补偿锁壳 compensating hub
补偿弹簧 counter-balance spring; counterpoise spring; equalizer spring
补偿弹簧秤 compensated spring scale
补偿调节 compensation regulation
补偿调节器 compensated regulator
补偿调节水库 balancing reservoir; compensation[compensating] reservoir
补偿调速 compensator control
补偿调整 adjustment for wear; compensation adjustment
补偿调整系统 compensation adjustment system
补偿通风 compensating ventilation
补偿投资 compensatory investment
补偿透镜 compensating lens; compensatory lens; offset lens
补偿途径 mechanism of compensation
补偿推拆式电动机 compensated repulsion motor
补偿推斥串激单相牵引电动机 compensated repulsion series single phase traction motor
补偿瓦特计 compensated wattmeter
补偿网络 compensating network; compensative network; trimming filter
补偿微压计 compensation micropressure meter
补偿温度 compensation temperature
补偿稳压器 compensated regulator
补偿物 indemnity
补偿误差 compensated error; compensating error; closing error
补偿系数 coefficient of complementary; compensation coefficient; compensation factor
补偿系统 back-off system; bucking-out system; charging system
补偿线合金 compensator alloy
补偿线路 compensated[compensating] circuit; compensating line
补偿线圈 bucking coil; compensating coil; neutralizing coil
补偿相移 compensating phase shift
补偿向性 light-compass reaction
补偿项目 additional item; compensation item; offset item
补偿效应 compensating effect
补偿协定 compensation agreement
补偿协议 indemnity agreement
补偿信号 compensation signal
补偿型半导体 compensated semi-conductor
补偿型伽马射线箱 compensated gamma-ray chamber
补偿性财政政策 compensatory fiscal policy
补偿性存款 compensatory deposit
补偿性的增加工资 compensatory wage increase
补偿性地堑 well-fed graben
补偿性关税 compensating tariff; compensatory tariff
补偿性基础 compensated foundation; compensating foundation
补偿性减让 compensatory concession
补偿性需求扩张 compensatory expansion of demand
补偿性支出政策 compensatory spending policy
补偿性资金供应 compensatory financing
补偿需求曲线 compensated demand curves
补偿选择器 co-selector
补偿压力 charging pressure; compensatory pressure
补偿压力传感器 compensating pressure transducer
补偿压力的变基泵 variable pressure compensated pump
补偿压头 equalizing head
补偿延迟 compensating delay
补偿延迟线 compensating delay line; equalized delay line
补偿液压缸 compensating cylinder
补偿仪<自动水平仪的> compensator instrument
补偿仪器 compensation apparatus
补偿因子 compensating factor
补偿音量控制 compensated volume control
补偿银行 reimbursing agent; reimbursing bank
补偿引线 compensating lead wire; compensation pin
补偿应变计 dummy strain ga(u)ge
补偿应变片 dummy strain ga(u)ge
补偿用的链条 compensating chain
补偿油缸 compensating cylinder
补偿油井 accelerating well
补偿油(气)路 compensating circuit
补偿油嘴 compensating nozzle
补偿预算政策 compensatory budget policy
补偿元件 equalizing components
补偿原则 compensation principle
补偿运算放大器 compensated operational amplifier
补偿杂质 compensated impurity
补偿杂质电阻器 compensated-impurity resistor
补偿再生 compensational regeneration
补偿造林 compensation planting
补偿增重 compensatory gains
补偿栅 half gate; offset gate
补偿照明 compensating illumination
补偿振荡槽路 compensation tank
补偿蒸发器 compensating evapo(u)rator
补偿整流电动机 compensated commutator motor
补偿正切模量 offset tangent modulus
补偿正确的 correct
补偿政策 offsets policy
补偿支付 compensatory payment
补偿直接日射强度计 compensation pyrheliometer
补偿值 building-out; compensation value; offset

补偿中子测井 compensated neutron log
补偿中子测井曲线 compensated neutron log curve
补偿重物 compensating weight
补偿周期 <地下水> recovery cycle
补偿轴 compensating shaft
补偿轴环 compensating collar
补偿转矩 compensating torque;make-up torque
补偿装置 compensating apparatus; compensating arrangement; compensating device; compensating gear;compensating unit;compensation device; compensation gear; compensation system; equalizing gear
补偿准则 compensating criterion; compensation criterion
补偿自动记录仪 compensating self-recording instrument
补偿阻抗 compensating impedance
补偿作用 compensating action;compensating effect;compensation action
补齿 dentures
补齿合金 dental alloy
补齿合金粉末 dental alloy powder
补齿塑料 denture plastics
补充 addition;intromission;recharge;refill;replenishment supply;supplement;supplementation
补充报表 supporting schedule
补充报告 complement report;supplement report
补充曝光 additional exposure;supplementary exposure
补充备件 replenishment spare parts
补充比较方案 additive alternate;additive alternatives; supplementary alternate
补充比率 supplementary rate;supplementary ratio
补充变量 additional variable
补充标准色度系统 supplementary standard colo(u)rimetric system
补充表格 supplementary table
补充拨号 post selection
补充拨款 supplemental grant
补充波浪资料 additional wave data
补充财务信息 supplementary financial information
补充采样 additional sampling
补充参数 stray parameter
补充草地 supplementary pasture
补充册页票 blank coupon
补充测点 supplemental survey point;supplementary point
补充测量 additional survey;supplementary survey
补充测站 supplementary survey station
补充查勘 supplementary exploration
补充产品 complementary product
补充成本 supplementary cost
补充充电 additional charge;booster charge;boost(ing) charge;supplementary charger
补充充电的升压电机 milking booster
补充处理 after-treatment;supplementary treatment
补充船货 complementary ship cargo
补充存货 replenishment of inventory
补充贷款 supplementary financing facility;supplementary loan
补充担保 supplementary guarantee
补充的 compensatory;complemental;complementary; filled; supplementary
补充的爆破 boulder blasting
补充的钢筋 secondary re-bar
补充的空气供应 subsidiary air supply
补充的设备 additional equipment
补充的文件属性 additive file attribute
补充地层密度测井 compensated formation density log
补充地下水 groundwater recharge
补充地质报告 supplementary geologic(al) report
补充点 additional point; auxiliary point; extra dot; supplementary point;replenishment point <最大库存量>
补充电池 boosting battery; milking cell
补充电力 supplementary power
补充电流 supply current
补充电路 outer loop
补充电势 boosting voltage
补充电压 additional voltage
补充订货 replenishment order
补充惰性气体 topping up
补充法 replenishment
补充反应 post-reaction
补充反应器 post-reactor
补充方程 supplementary equation
补充肥料 supplementary fertilizer
补充费用 replenishment cost;supplementary expenses
补充服务项目 supplemental services
补充符号 supplementary symbol
补充概算书 supplemental estimate;supplementary estimate
补充港 port of recruit
补充跟踪 complementary tracking
补充耕作 subsidiary farming
补充供电 supplementary power
补充供给 complementary supply
补充供暖 supplementary heating
补充供水 additional water supply
补充供水水源 additional water supply source
补充关税 compensation duty
补充观测 intermediate observation;supplementary observation
补充管道 small transfer line
补充灌溉 supplementary irrigation
补充灌溉水 supplemental irrigation water;supplemental water
补充光束 complementary beam
补充光源 supplementary light source
补充规定 additional regulation;supplementary provision;supplementary regulation
补充轨线 additional track
补充过滤器 after-filter
补充函件 back letter
补充航海日志 supplementary log book
补充合同 supplemental contract;supplementary contract
补充合同条件 supplementary condition
补充荷载 secondary load(ing)
补充呼叫频率 supplementary calling frequency
补充回路 redundant mesh
补充货 complementary cargo
补充基金 supplementary fund
补充基线 patchline base
补充给水 make-up feed;make-up water;supplementary feed
补充记录 addition(al) record
补充技术力量 recruit technical forces
补充技术标准 supplemental specification
补充技术条件 additional requirement
补充剂 extender;replenisher
补充加热 additional heating;make-up heat(ing);concurrent heating
补充加湿 supplementary humidification
补充加速度 complementary acceleration
补充加压 repress(ing)
补充假指令 extra pseudo order
补充浇灌 back pouring
补充浇注 back pouring
补充浇筑 back pouring
补充进汽 after-admission
补充进入点 added entry point
补充井 additional well;fill-in well;intervening well
补充警报 adalert
补充净化 after purification
补充卷 ancillary volume
补充绝缘 supplementary insulation
补充绝缘材料 supplement insulation material
补充开采法 supplementary recovery method
补充勘测 additional survey
补充勘察报告 complement exploratory report
补充勘探 additional exploration;supplementary exploration
补充勘探报告 complement exploratory report
补充科目 complementary account
补充课程 supplementary course
补充空气 auxiliary air;make-up air;secondary air;supplementary air
补充空气供给 subsidiary air supply
补充空气装置 make-up air unit
补充孔 supplementary hole
补充控制点 additional control point;supplemental control point;supplementary control point
补充矿质 remineralization
补充来源 additional source
补充冷却 supplementary cooling
补充冷却空气 extra cooling air
补充料 extender
补充列车时刻表 additional train schedule
补充氯化 afterchlorinate
补充免税额 supplementary allowance
补充木 recruitment
补充牧场 supplemental pasture
补充判决 supplementary judgment
补充配件 supplementary parts
补充喷射 postinjection
补充喷油 fuel post injection
补充频率 alternate frequency
补充品 complementary goods
补充普查报告 complement prospecting report
补充气阀 compensating air valve;supplementary air valve
补充气体 make-up gas
补充契据 supplemental deed
补充契约 supplementary contract
补充器 expansion piece;replenisher
补充区划 supplementary zoning
补充群居 complementary society
补充燃料 post-combustion;supplementary fuel
补充燃料油 made-up fuel oil
补充燃烧 after-combustion;afterflaming; post-combustion; secondary combustion
补充燃烧式蒸汽发生器 supplementary-fired steam generator
补充染色 complementary stain
补充人力 replenish manpower
补充容积 clearance pocket
补充润滑油 make-up oil
补充润滑脂 re-lubrication
补充三角测量 intervening triangulation;supplementary triangulation
补充三角网 supplementary scheme of triangulation
补充砂 replenishment sand
补充设备 ancillary equipment;complementary equipment; supplemental equipment
补充设计公式 supplementary design formula
补充摄影 supplemental photography;supplementary photography
补充审计程序 additional audit procedures
补充生产井 additional producer
补充失业救济金 supplement unemployment benefits
补充石油税 supplementary petroleum duty
补充时基滤波 supplementary time base filtering
补充市场 complementary market
补充示像 additional aspect
补充试验 complementary test(ing);complementation test; reexamination;supplemental test;supplementary experiment
补充收益 supplementary earning
补充授权书 supplemental authorization
补充输出指令 extra output order
补充数据 supplementary data
补充数据报告 supplementary data report
补充水 compensation water;make-up water;replenishment water;supplementary water
补充水泵 make-up pump
补充水处理 make-up water treatment;treatment of make-up water
补充水管 make up pipe
补充水柜 supplementary tank
补充水源 additional source
补充水准点 supplementary bench mark
补充水准基点 supplementary bench mark
补充水资源 additional water sources
补充说明 additional remark;explanatory note; supplemental note; supplementary note; supplementary specification
补充算子 complementary operator
补充碎部 subsidiary details
补充炭 make-up carbon
补充特别存款 supplementary special deposit
补充条件supplemental condition;supplementary condition
补充条款 clause rider;supplemental condition; supplementary clause; supplementary provision; supplementary term
补充条例 additional clause
补充条约 complementary treaty
补充通知 addendum[复 addenda]
补充头寸 reconstitution
补充投标 additive alternate;supplementary alternate
补充投资 additional investment;incremental investment
补充图 supplementary drawing
补充土壤资料 additional soil data
补充网 filling-in net;fill network
补充维修 supplementary maintenance
补充喂料 subsidiary feed
补充文件 addendum[复 addenda];additional documents; supplementary act
补充物 complement;replenisher
补充系统 backup system
补充细节 additional details;subsid-

iary details
补充细流量给料 trickle feed
补充隙 complemental space
补充显示 additional aspect
补充显影剂 replenishment developer
补充项 addition(al)item;additive term
补充项目 supplementary item
补充项目表 supplementary list
补充硝化 additional nitration
补充协定 collateral agreement;supplemental authorization;supplementary agreement
补充协议 collateral agreement;complementation agreement;supplemental agreement;supplemental authorization;supplementary agreement
补充信贷资金 supplementary financing to previous credits
补充信息 additional information
补充性标准 complementary standard
补充性灌溉 supplemental irrigation
补充性证明 adminicle
补充性植树 fill-in planting
补充选择器 co-selector
补充压缩机 make-up compressor
补充研磨 supplemental grinding
补充验潮仪 supplementary tide ga(u)ge
补充验潮站 supplementary tide station
补充阳极 supplementary anode
补充业务 supplementary service
补充液 replenisher
补充异丁烷 make-up isobutane
补充印鉴 supplement to authorized signature
补充印数 plus sheet
补充营养 extra-nutrition
补充用的钢丝绳 compensating rope
补充诱导 complementary induction
补充余隙 clearance pocket
补充鱼群 recruitment
补充浴液槽 replenisher tank
补充预算 supplementary budget;supplementary estimate
补充源 secondary source
补充载气 make-up carrier gas
补充造林 beating
补充栅 supply gate
补充张拉 <钢筋> overjacking
补充账户 complementary account;supplementary account
补充照明 supplementary lighting
补充照明灯光 fill light
补充职工 recruitment of staff
补充指示 follow-up instruction;supplementary instruction
补充制图资料 supplement cartographic(al)documents
补充质量 additional mass
补充注水 supplementary water injection
补充装料 additional charge
补充资本 replacement capital
补充资产负债表 supplementary balance sheet
补充资金 supplementary financing;supplementary resources
补充资料 addition record
补充资料报告 supplemental information report
补充资料表 schedule of supplementary information
补充子空间 complemented subspace;supplemented subspace
补充阻尼 additional damping
补充组织 complementary tissue;filling tissue
补充钻进 offset drilling
补充钻孔 supplementary borehole
补充钻眼 offset drilling
补捣 butt-off
补捣砂型 butt-off
补的 complementary
补点【测】subsidiary station;supplementary point;supplementary station
补垫条 <封缝用的> backup strip
补丁方法 patching approach
补丁礁 patch reef;reef patch
补丁礁圈闭 patch reef trap
补丁(片)patch
补钉线迹 vamping stitch
补定购 repeat order
补洞胶片 blowout patch;puncture seal
补洞填料 badigeon
补堆积结构 accumulate texture
补堆积岩 adcumulate
补额保险费 restoration premium
补而不滞 tonify without causing stagnation
补发的增加工资 retroactive pay;retroactivity
补发工资 back pay
补风管 secondary air channel
补缝 squeegee
补缝机 squeegee buggy
补缝填坑处理 <坝基的> dental treatment
补付 afterpayment
补付款项的追领 retroactivity of payments
补格 complemented lattice
补耕 additional cultivation
补供输出功率 supplemental capacity
补购额 open-to-buy
补规划 complementary programming
补锅工人 tinker
补过的轮胎 retread
补焊 built-up welding;overlaying welding;patch weld(ing);repair(ing)welding;weld up;dot weld(ing)<补表面缺陷>
补呼气 reserve air;supplemental air
补呼气量 expiratory reserve volume
补弧【数】supplement of an arc
补花 patch work
补花装饰 applique work
补划区 retroactive zoning
补回 reimbursement
补货会议 conference for supplementing goods
补获隙 catcher gap
补机【铁】assisting locomotive;assisting engine;assisting vehicle;auxiliary engine;helping locomotive;pusher engine;pusher locomotive;pushing engine;push-up engine
补机路签 bank engine staff;pusher staff
补机路签附加装置 pusher attachment
补机路签装置 train staff pusher assembly
补机凭证机 bank engine token apparatus
补机坡度 assisting grade;helper grade;pusher grade;booster-track gradient <美>
补机牵引始终点站 helper station
补机停留线 helper hold track
补机推送 banking
补机运行 assisted operation;assisting run of a locomotive【铁】
补机站 helper station
补机装置 <路签机> pusher assembly
补机作业 pusher operation
补集 complementary set;supplementary set
补给 recruitment;replenishment;supply
补给泵 replenishment pump;topping-up pump
补给边界 contour of recharge
补给冰川 alimentation
补给不足 underfeed(ing)
补给仓库 supply depot
补给槽 make-up tank
补给层水位不下降 non-water level decline of recharge later
补给层水位下降 water-level decline of recharge layer
补给池 recharge basin;replenishing basin
补给传递器 supply transfer unit
补给船 supply boat;supply ship;store ship
补给带宽度 width of recharge zone
补给地 source area
补给地下水的河流 influent stream;losing stream
补给地下水的水体 influent impounded body
补给点 feed point;supply point
补给阀 replenishing valve
补给反漏斗 cone of recharge
补给反应 anaplerotic reaction
补给范围 area of supply
补给方式 recharge form
补给浮标 supply buoy
补给港(口)supply harbor;port of recruit;fitting-out port;victual(l)ing port
补给工程总投资 quantity of back-pumping
补给灌溉 <超量的灌溉水补给地下水> replenishing irrigation
补给河(流)influent stream;afflux(ion)
补给基地 logistic base;supply base
补给井 absorbing well;injection well;recharge well;service well
补给空气 auxiliary air
补给空气量调节器 additional air governor;additional air regulator
补给孔 recharge pit
补给宽度 width of contribution
补给来源 recharge sources;source of alimentation;source of nourishment
补给量 increment;recharge(capacity)
补给裂缝 feeding fissure
补给流 feeder current
补给流域 nourishment basin;recharge [recharging] basin
补给率 recharge rate;supply rate
补给码头 fitting-out quay
补给面积 alimentation area;area of supply;recharge area
补给模数 recharge modulus
补给能力 capacity of replenishment
补给盆地 nourishment basin
补给品 supplies
补给品管理制 supply control
补给期 replenish(ing)period
补给潜水的河流 <河槽高于地下水位的> influent stream
补给强度 recharge intensity
补给区 accumulation area;alimentation area;alimentation region;area of supply;collecting basin;nourishment area;region of alimentation;region of intake;supply area;contributing region <地下水>;recharge area <地下水>
补给区边界 boundary of recharge area
补给区面积 area of recharge
补给曲线 recharge line
补给渠 feeder canal;recharge canal
补给沙滩 feeder beach
补给式热风炉 make-up air heater
补给式阴极 dispenser cathode
补给竖井 recharge pit
补给水 extra water;feed(ing)water;feed-water make-up;imported water;make-up water;recharge water;replenishing water;replenishment water;supplemental water;supply water makeup;water make-up
补给水泵 make-up water pump
补给水池 feed reservoir
补给水除铁 make-up water iron removal
补给水处理 feed-water treatment
补给水处理设备 feed-water treatment plant
补给水道沉积 supply channel deposit
补给水地下停滞时间 duration of recharging water detention underground
补给水管 make-up piping;make-up water pipe
补给水过滤器 feed-water filter
补给水加热装置 feedwater heater
补给水扩散范围 spreading field of recharging water
补给水扩散速度 spreading velocity of recharging water
补给水量体积 volume of recharge water
补给水去离子 make-up water deionization
补给水脱碱 make-up water dealkalization
补给水脱气 make-up water deaeration
补给水系统 feedwater system
补给水箱 make-up water tank;water make-up tank
补给水预处理 make-up water pretreatment
补给水源 nourishment source;runoff source;source of runoff
补给速度 rate of replenishment
补给条件 feeding condition;nourishment condition <冰川的>
补给土壤储水量 replenishing soil moisture reserves
补给系数 recharge coefficient
补给系统 feeding system;make-up system
补给线 feeder line;supply line
补给相 alimentation facies
补给箱 make-up tank
补给新风 air make-up;fresh-air make-up
补给性工业 feeder industry
补给性海滩 <人工拓宽海滩,借沿岸水流补给下行海岸的> feeder beach
补给性培养基 supplemental medium
补给修理船 depot ship
补给液 bulking liquor
补给油 make-up oil
补给油柜 replenishing tank
补给油箱 make-up tank
补给与维修 supply and maintenance
补给源人为衰减 artificial attenuation of recharge sources
补给源自热衰减 natural attenuation of recharge source
补给运河 <美国给大的运河供水的> feeder canal
补给运输船 support ship
补给站 staging post
补给锥体 cone of recharge

补给总库 general depot
补剂 co-plasticizer
补加费 afterpayment;surtax
补加肋骨 rider frame
补加能 subsidy energy
补加票价 excess fare
补加强度 additional strength
补加压力 repress(ing)
补加因子 supplementary factor
补加纵桁 panting stringer
补架 after frame
补假 compensatory leave;reimbursed leave
补笺 allonge
补件螺栓 patch bolt
补浆孔 slurry replenishing hole
补交保证金通知 margin call
补交款 conscience money
补浇 afterteeming
补浇注 back pouring
补角 auxiliary angle; subsidiary angle;supplement(ary)angle;supplement of an angle
补角的【数】supplementary
补角观测 <指全圆观测法> closing horizon
补缴款项 conscience money
补进 cover(ing);cover the position
补进差额 making-up differences
补进短缺 short covering
补进汇款 covering remittance
补进价格 making-up price
补进契约 covering contract
补进预计额 open-to-buy estimate
补救 redemption;redress;reparation;retrieval;saving
补救办法 remedial measure
补救操作 corrective operation;remedial operation
补救处理 curative treatment; remedied treatment
补救措施 corrective action measure;curative treatment;means of relief;mitigation measure; remedial action; remedial measure; remedy measure
补救的 remedial
补救方法 means of redress; method of redress;remedial solution
补救工程 remedial works
补救管理 remedial management
补救合成 salvage synthesis
补救活动计划 remedial action plan
补救检验 remedial inspection
补救建议 remedial proposal
补救设计 remedial design
补救设施 remedial facility
补救时间 make-up time;remedial time
补救疏浚 remedial dredging
补救途径 remedial pathway
补救托换 remedial underpinning
补救维修 remedial maintenance
补救行动 remedial action
补救性工程 remedial works
补救性酸化作业 remedial acid job
补救性挖泥技术 remedial dredging technique
补救性维修 remedial maintenance
补救性养护 corrective maintenance
补距 plus distance
补卷 supplementary volume
补坑 patch(ing);patch repair
补坑率 patching ratio
补坑楔入料 level-up wedge
补坑用(沥青)桶 patch pot
补空 bear covering;cover;short covering
补空测深线 split line of sounding
补孔 minus punch;patching hole
补孔焊缝 patch weld
补孔器 spot punch
补口 repaired mouth
补块 patch
补里容器 lined vessel
补量 tret
补料翻修 resurfacing by replacement
补零 zero fill;zeroize;zero padding
补零字段 zero-extended field
补流 feeder current; rip feeder current; supply current; compensation current
补漏 leak repairing;take-up
补漏垫 lead tack
补漏钉工人 <俚语> high spiker
补漏管箍 belly band
补炉 fettling
补炉材料 fettler material;fettling material;refractory patch material
补炉底材料 bulldong
补炉底材料的矛形尖 bulldog spear
补炉工 patcher
补炉机 fettling machine
补炉料 mending material
补炉时间 filling time
补路砂石 blinding
补轮胎胶 tyre sealer
补轮胎片 tire patch
补码 base complement;complemental code; complementary code; radix complement; ten's complement; true complement;zero complement
补码表示 complement(ed)representation
补码操作 complementary operation
补码的基数 complement base
补码底数 complement base
补码地址 complement address
补码电路 complementary circuit;complement circuit;complementer;complementing circuit
补码二进制 complementary binary
补码法 complementation
补码规则 complement rule
补码脉冲 complement pulse
补码器 complementer
补码算子 complementary operator
补码形式 complement form
补码移位加法电路 complement and carry add circuit
补码指令 complement instruction
补面 surface patching
补模 complementary modulus
补模标本 hypotype
补农资金 agriculture aid funds
补片 repair patch; patch; sticking patch;vamp;shim <木材单板的>
补片机 film repair machine
补票 buy one's ticket after the normal time;excess fare
补票费 excess fare
补票距离 excess distance
补票亭 ticketing stall after normal time
补漆 touch-up painting
补漆用喷枪 touch gun
补气 admission of air;air replenishing
补气阀 aeration valve;gulp valve
补气管 blowdown pipe
补气溢流堰 overfall with air admission
补强 reinforce(ment); reinforcing;stiffening;strengthening
补强板 gusset; reinforcement plate;reinforcing plate;stiffening plate
补强板试验 test for reinforcing plate
补强板条 fuor
补强不足的 under-reinforced
补强材 rib
补强层 strengthening course;strengthening layer;double ply
补强衬小角 end patch
补强处理 remedial treatment
补强带 reinforcing band
补强的对接焊缝 reinforced butt weld
补强的开孔 reinforced opening
补强对接焊 reinforcement butt weld
补强工事 remedial works
补强灌浆 strengthening grout(ing)
补强轨 <铁路线路交叉> reinforced rail
补强焊 reinforced welding
补强焊料 excess weld metal
补强后壁厚 wall thickness after reinforcement
补强环 reinforcing ring
补强混合物 rooting mixture
补强计算 computation of reinforcement
补强剂 active filler;fortifier;reinforcing agent;strengthening agent
补强件 stiffener
补强角 strengthening corner
补强接合 reinforced joint
补强接头 compensated joint;compensation joint
补强金属 excess weld metal; reinforcement of weld
补强肋骨 rider frame
补强梁 panting beam
补强片 doily
补强强度 reinforcement strength
补强圈 reinforcement pad; stiffening ring
补强圈补强 panel reinforcement
补强砂轮 reinforced grinding wheel
补强式对接焊缝 reinforced butt weld
补强炭黑 hard black
补强填充剂 reinforcing filler
补强凸缘 compression flange
补强橡胶 reinforced rubber
补强效果 reinforcement effect
补强形式 reinforced type; reinforcement type
补强性颜料 reinforcing pigment
补强钻头 tipped bit
补强作用 strengthening action
补取岩芯样品 additional core sampling
补全 complement
补缺 default;fill a vacancy;supply a deficiency;supply the lack
补缺部门号 default department number
补缺块 <块料路面直线式铺砌时转弯处补上V形的一块> dutchman
补缺术 morioplasty
补缺选举 by-election
补缺值 default value
补缺组 default group
补燃 after burning
补燃器 after burner
补燃式发动机 reheat engine
补热器 after burner
补色 complement;complementary colo(u)r;supplemental colo(u)r
补色波长 complementary wavelength
补色残像 complementary after image
补色法测图仪 anaglyphic plotting instrument
补色法则 law of compensation
补色立体地图 anaglyphic map;anaglyptographic(al)map
补色立体法 anaglyphy
补色立体观察系统 anaglyphic viewing system
补色立体镜 anaglyphoscope
补色立体投影 anaglyphic projection
补色立体图 anaglyph
补色立体像片 anaglyph
补色立体眼镜 anaglyphic spectacles
补色蒙片 complementary mask
补色配对 complementary colo(u)r pairs
补色配合 complementary scheme
补色适应性 complementary chromatic adaptation
补色现象 complementary phenomenon
补色眼镜 macyscope
补色主波长 complementary dominant wavelength
补砂 <又称补沙> resanding; stop-(ping)off
补砂护底 bottom nourishment
补砂护滩 beach(re)nourishment; beach replenishment; littoral nourishment; beach nourishing; beach recharge
补砂块 stop-off piece
补砂芯 embedded core
补砂型芯 stop-off core
补设护桩 complementary establishment of reference stakes
补摄 insurance shot;retake
补伸角【地】co-hade
补矢量 complement vector
补事件 complementary event
补收费单 recharge note
补收费用 recovery of charges
补收费站 recharge station
补收价费 recovery of charges
补收价格 subsidized price
补收账单 recharge invoice
补树 cotree
补数 complement number;radix complement;true complement
补数法 complementation
补数记数法 complementary notation
补数器 complementer
补数算子 complementary operator
补数系 complement number system
补水 body wetting before glazing;water replenishing
补水池 make-up water tank
补水灌溉 supplemental irrigation
补水率 make-up water percentage
补水系统 supply system
补水箱 expansion water tank;make-up water tank
补送领料单 covering material requisition
补算时间 <机器出错重新运行的有效时间> make-up time
补缩 feeding
补缩包 riser bob;shrink bob
补缩捣杆 feeding rod
补缩横浇口 runner riser
补缩剂 feedex
补缩距离 feeding distance
补缩冒口 feeding head;sinkhead
补缩能力 feeding capacity
补缩系统 system of risers
补胎工具 tire[tyre] repair kit
补胎工具箱 tire repair kit
补胎机 vulcanized machine;vulcanizing machine
补胎胶 sealing compound; tire(repair)cement;repair gum
补胎胶布 blowout patch
补胎片 tyre patch
补体 complement
补体单位 complement unit
补体固定现象 fixation phenomenon
补体光灭活作用 photoinactivation
补体旁路 complement bypass
补体偏差 complement deviation
补体缺陷 complement defect
补体系统 complement system
补体系统缺陷 defect of complement

B

system
补体消耗试验 complement consumption test
补体抑制 inhibition of complement
补体抑制物 complement inhibitor
补体纸 complement paper
补体致活的 complemented
补体中段 midpiece of complement
补体转向 diversion of complement
补体总量测定法 total complement measurement
补添 subjoin
补填 refilling
补贴 allowance;compensation;grant;subsidization; subsidize; subsidy;subvention
补贴建设资金 financial aid
补贴缺陷的费用 cost of remedying defects
补贴政策 allowance policy;subsistence policy
补贴住房 subsidized housing
补图 complement;complementary graph
补涂 inpaint
补网 network patching
补吸气 complemental air
补隙板 batten(ing);gap plate
补弦【数】supplementary chord
补向量 complement vector
补心 bushing
补型 apotype
补修车辙 filling rut
补修坑槽 filling rut
补修支撑 strengthening of timber support
补压 after-compaction
补养基地 supply base
补遗 addendum[复 addenda];additional amendment;appendix[复 appendices/appendixes];supplement
补益冲任 replenish the thoroughfare and conception vessels
补翼 tab
补油泵 slippage pump
补油回路 feed circuit;make-up circuit
补釉 reclaim;retouching
补余产差函数 complemented error function
补余电流波 complementary current wave
补余方程 complementary equation
补余能量 complementary energy
补余误差函数 error function complement
补元 complement
补元素 complemented element
补员 recruitment
补运算 complementary operation
补栽补种 after-culture
补站【测】subsidiary station;supplementary station
补绽 patching
补绽螺栓 patch bolt
补整 compensation;equiponderate
补整法 method of compensation
补整管 compensating pipe
补整面积仪 compensation planimeter
补整平衡 compensation balance
补整坡度 compensation grade
补整汽化器 compensated carburet(t)er
补整器喷口 compensator jet
补整田地 readjustment of farm boundaries
补整停止器 compensating stop
补整推杆 compensating push rod
补正器端 retriever end
补正系数 augmenting factor
补植 after-culture;after replacement;intermediate culture;repair planting;replanting
补植树 replacement tree
补种 additional cultivation;reseed;resow
补种机 reseeder
补种量 rate of after culture
补种作物 catch crop
补助 allowance;compensating;compensatory allowance;subsidization
补助拨款 grant-in-aid[复 grants-in-aid]
补助车顶横梁(冷藏车)sub-carline
补助的 subsidiary
补助帆 steering sail
补助帆索 trip halyard
补助航线 subsidized line
补助簧片 <继电器> back contact spring
补助机车 helping locomotive
补助机车走行公里 auxiliary locomotive moving kilometres
补助机器 auxiliary machinery
补助计划 grants program(me)
补助剂 accessory agent
补助价格 subsidized price
补助浇口 relief sprue
补助金 bounty;grant;grant-in-aid[复 grants-in-aid];subsidiary;subsidization;subvention;support money
补助金账户 subsidy account
补助进汽嘴 supplementary live steam nozzle
补助救济金 complementary benefit
补助空气 additional air;supplementary air
补助冷却 positive cooling
补助梁 nailing sill;nailing strip
补助能量 subsidy energy
补助能流 auxiliary energy flow
补助气球 nurse balloon
补助器 compensator;complementer
补助设备 ancillary equipment
补助税 aid
补助弹簧钢板 supplementary spring
补助物 accessory
补助性市场 complementary market
补助因子 supplemental factor
补助油箱 jettisonable auxiliary fuel tank
补助账簿 subsidiary book
补助纵向梁 subsill
补注 <液体金属> afterteeming
补注水泥 recementing;remedial cementing
补铸 casting-on
补缀 patch
补缀黏[粘]胶 patching cement
补缀器 patching work
补缀型印花花样 patchwork print
补子空间 complementary subspace
补足 make-up
补足的 complemental;expletive;expletory;supplemental;supplementary
补足票据 deficiency bills
补足水准点 supplementary bench mark
补足所需数额 make-up the required number
补足物 counterpart
补做试验 penalty run

哺

哺乳动物 mammal

哺乳动物纲 Mammalia
哺乳动物时代 <早第三纪～晚第三纪>【地】age of mammals
哺乳室 nurse(ry)room;nursing room

捕

捕尘 dust allaying;dust allayment;dust-binding;dust capture;dust collecting

捕尘能力 dust retaining capacity
捕尘器 dust arrester[arrestor];dust catcher;dust extractor;dust recovery apparatus;dust trap
捕尘箱 dust box;dust bunker
捕尘重量试验法 dust weight arrestance test method
捕滴器 drop catcher
捕对虾船队 prawning ship
捕俘 trap(ping)
捕负量 fish catch
捕汞器 mercury trap;trap
捕鲑船队 salmon factory ship
捕灰器 dust trap
捕获 acquisition;capture;catch;seize;trap(ping)
捕获半径 capture radius
捕获比 capture ratio
捕获程序 prize proceeding
捕获船 captured vessel
捕获船押送官 prize master
捕获带 capture zone
捕获的气泡 captive air bubble
捕获地址 trap address
捕获电子 trapped electrons
捕获法 law of prize;prize law
捕获方式 acquisition mode
捕获概率 acquisition probability
捕获光 catch light
捕获与跟踪雷达 acquisition and tracking radar
捕获假说 capture hypothesis
捕获晶【地】chadacryst;xenocryst
捕获距离 engagement range
捕获利用 exploitation
捕获粒子不稳定性 trapped particle instability
捕获粒子动力学 trapped particle dynamics
捕获量 catch;yield
捕获目标 target acquisition
捕获器 catcher
捕获区域 capture region
捕获时间 capture time
捕获试验 captive test
捕获数 catches;hauls
捕获说 Capture Theory
捕获温度 trapping temperature
捕获物 catch;prize;seizure
捕获稀有气体 trapped rare gases
捕获隙 catcher gap
捕获险条款 risk of capture clause
捕获向量 trap vector
捕获效率 capture rate
捕获信道 bid
捕获信道指示器 bid indicator
捕获信号 lock-on signal;seizing signal;signal capture
捕获氩 trapped argon
捕获与跟踪系统 acquisition and tracking system
捕获栅 catcher grid;collector grid
捕获装置 acquisition equipment
捕获状态 trapped state
捕集 capitation;entrapment;hunting;seizing;trapping
捕集箔 catcher foil
捕集槽 catch tank
捕集磁场 trapped magnetic field
捕集电极 collector electrode
捕集粉尘 collected dust;precipitated dust;trapped dust
捕集剂 collecting agent;collector
捕集截面 trapping cross-section
捕集器 arrester[arrestor];catcher;drip catcher;hunter
捕集器电流 catcher current
捕集器拖臂 basket arm
捕集设备(夹具)gripping appliance
捕集效率 arresting efficiency
捕集仪 trapping apparatus
捕集真空泵 entrapment vacuum pump
捕浆器 stocksaver
捕金枪鱼船 tuna boat;tunny boat
捕鲸 whaling
捕鲸场 whaling ground
捕鲸船 catcher boat;killer boat;whale boat;whaler;whale ship;whaling craft
捕鲸绞机 whaling winch
捕鲸快艇 killer boat;killer ship
捕鲸母船 mother whaler;whale mother boat;whale mother ship;whaling mother craft
捕鲸索浮标 drogue;sea anchor
捕捞 fishing job
捕捞不足 under-fishing
捕捞策略 harvesting strategy
捕捞船 dredger
捕捞法规 fishery law
捕捞工作 fishing operation;fishing work
捕捞过度 overfishing
捕捞控制 fisheries control
捕捞量 amount of fishing
捕捞强度 intensity of fishing
捕捞权 right of fishery
捕捞设备 fishing gear
捕捞位置 fishing site
捕捞效果 fishing effort
捕捞许可证 fishing permit
捕捞资源 fished resources;fished stock
捕冷器 cold trap
捕虏晶 chadacryst;xenocryst
捕虏体【地】accidental inclusion;exogenous inclusion;foreign inclusion;xenolith
捕虏岩【地】xenolith
捕虏岩包体 xenolithic enclave
捕灭鼠 muritan
捕沫器 mist eliminator
捕拿者 arrester[arrestor]
捕纱器 yarn trap
捕砂器 sand catcher
捕砂室 grit catcher;sand catcher
捕食 predation
捕食者 predator
捕收 catching;collecting
捕收剂 collecting agent
捕收剂浓度 concentration of collector
捕兽夹 steel trap
捕鼠夹 mouse-trap;rattrap;rat trap
捕鼠笼 mouse-trap
捕鼠器 mouse-trap;rat trap
捕铁器 iron trap
捕雾器 mist catcher;mist trap;spray catcher
捕虾船 langoustier;lobster boat;shrimp boat
捕蟹 crab
捕蟹船 crabber;crab boat
捕蟹系绳 trot line
捕蝇器 fly trap
捕油器 oil trap;trap for oil
捕鱼 fishing
捕鱼场 piscary
捕鱼场所 fishing place
捕鱼船条款 fishing vessel clause
捕鱼灯 fishing lamp;fishing light
捕鱼工艺 fishing technology
捕鱼和获量管理规则 catching regula-

tion of fishing and catching
捕鱼及加工船 fishing and factory ship
捕鱼季节 fishing season
捕鱼兼冷藏船 fishing and freezing vessel
捕鱼流网 drift net
捕鱼笼 pot;pouch
捕鱼木排筏 catamaran
捕鱼期 fishing season
捕鱼器具 fisher
捕鱼区 fishery zone;fishing zone
捕鱼权 fishing right;piscary <在他人渔区内的>
捕鱼人 piscator
捕鱼水车 fish wheel
捕鱼水域 fishing waters
捕鱼网 catch net
捕鱼物料 fishing stores
捕鱼限额 catch quota
捕鱼学 piscatology
捕鱼用的鱼坝 garth
捕鱼用木桶浮标 keg buoy
捕鱼竹排筏 catamaran
捕鱼作业标 fishing boat
捕鱼作业时数 hours fished
捕渣管 screen tube;slagging screen
捕渣管筛 slag screen
捕渣筛 slagging screen
捕捉 acquisition; catching; locking; lock-on;pull-in acquisition;seizing; seizure;trap(ping);entrap
捕捉程序中断 trapped-program(me) interrupt
捕捉带 pull-in range(on synchronization)
捕捉带宽 pull-in bandwidth
捕捉范围 catching range; pull-in range
捕捉和俘获 seizure and capture
捕捉距离 lock-on range
捕捉器 arrester[arrestor]; separator; trapper;catcher;catching device <载货台自由下落停止器>
捕捉区 retaining zone
捕捉设置 trap setting
捕捉时间 pull-in time
捕捉速度 capture velocity
捕捉物标 acquire a target
捕捉险不保 free of seizure
捕捉信号 signal acquisition
捕捉者 catcher
捕捉装置 trap setting
捕捉状态 trapping mode;trap state

不碍航行 non-interference to navigation; without interference to navigation

不安 discomfort;ill at ease
不安定常数 instability constant
不安定的 labile【化】;non-persistent; unsound;unstable
不安定骨料 unsound aggregate
不安定灰泥 unsound plaster
不安定集料 unsound aggregate
不安定水泥 unsound cement
不安定性 instability; lability; unsoundness;unstability
不安定因素 destabilizing factor
不安定中心 astatic center
不安全 incertitude
不安全饱和 partial saturation
不安全变形 unsound deformation
不安全泊位 foul berth
不安全的 insecure;unassured;unsafe
不安全的程序 fail-safe program(me)
不安全的基础埋置深度 unsafe foundation depth
不安全的建筑物 deathtrap
不安全动作 unsafe act
不安全范围 unsafe range
不安全房屋 unsafe building
不安全复位 unsafe reset
不安全感 insecurity
不安全弧 unsafe sector
不安全建筑物 unsafe building;unsafe structure;deathtrap
不安全结构 unsafe structure
不安全情况 unsafe condition
不安全燃料 unsafe fuel
不安全条件 unsafe condition
不安全文件 unsafe file
不安全误差 unsafe error
不安全性 insecurity;unreliability;unsafety
不安全饮用水 unsafe drinking water
不安稳的 unsafe
不安指数 discomfort index
不按比例 not to scale
不按比例增长 disproportionate
不按常规 out of rule
不按程序的 unmethodical
不按次序排队 jump the queue
不按次序演算法 out-of-kilter algorithm
不按到港顺序 free of turn
不按化学计量燃烧 off-stoichiometric combustion
不按时刻表规定的 off-schedule
不按时刻表规定的列车到发次数 off-schedule, arrivals and departures
不按(照)规格的 off-ga(u)ge
不暗化玻璃 non-browning glass
不懊悔地 remorselessly
不摆 dead beat;deadbeat response
不摆测量 deadbeat measurement
不摆电流计 aperiodic(al)galvanometer;deadbeat galvanometer
不摆动 dead beat
不摆动的 non-oscillating;non-oscillatory;shimmy-proof
不摆检流计 aperiodic(al)galvanometer;deadbeat galvanometer
不摆罗经 aperiodic(al) compass; deadbeat compass
不摆擒纵机 deadbeat escapement
不摆式测试仪器 deadbeat instrument
不摆式伏特计 aperiodic(al) voltmeter
不摆式仪表 aperiodic (al) instrument;deadbeat instrument
不摆仪表 deadbeat meter
不拌沥青的石屑 uncoated chip(ping)s
不包括的 not to be covered
不包括腐蚀裕度 excluded corrosion allowance
不包括海损险 free from average
不包括税费 free from duty
不包括损坏 free from damage
不包括运费 free of freightage
不包括在合同内 not in contract
不饱和 undersaturation
不饱和变流器 unsaturated current transformer
不饱和标准电池 unsaturated standard cell
不饱和醇 unsaturated alcohol
不饱和醇酸树脂 unsaturated alkyd resin
不饱和带 unsaturated zone
不饱和单体 unsaturated monomer
不饱和的 non-saturable; undersaturated;unsaturable;unsaturated
不饱和的玄武质玻璃 undersaturated basaltic glass
不饱和电抗器 non-saturable reactor
不饱和电流互感器 unsaturated current transformer
不饱和度 degree of unsaturation
不饱和度试验 unsaturation test
不饱和多元酸 unsaturated polybasic acid
不饱和二元酸 unsaturated dibasic acid
不饱和硅氢化合物 unsaturated silicon hydride
不饱和合成橡胶 unsaturated synthetic(al) rubber
不饱和化合物 unsaturated compound
不饱和化学键 unsatisfied chemical bond
不饱和键 dangling bond;unsaturated bond;unsaturated link(age)
不饱和聚酯 unsaturated polyester
不饱和聚酯混凝土设备 unsaturated polyester concrete equipment
不饱和聚酯腻子 unsaturated polyester putty
不饱和聚酯漆 unsaturated polyester varnish
不饱和聚酯树脂 unsaturated polyester resin
不饱和聚酯树脂漆 unsaturated polyester paint
不饱和聚酯涂料 unsaturated polyester coating; unsaturated polyester paint
不饱和空气 unsaturated air
不饱和矿物 unsaturated mineral
不饱和链烃 unsaturated acrylic hydrocarbon
不饱和流 unsaturated flow
不饱和逻辑 unsaturated logic
不饱和内酯 unsaturated lactone
不饱和黏[粘]土 unsaturated clay
不饱和潜水 non-saturation dive[diving];unsaturated dive
不饱和亲和力 unsaturated affinity
不饱和溶液 unsaturated solution
不饱和色 desaturated colo(u)r
不饱和渗透度 unsaturated permeability
不饱和渗透力 unsaturated permeability
不饱和水分土壤 unsaturated soil
不饱和酸 unsaturated acid
不饱和缩醛 unsaturated acetal
不饱和碳氢化合物 unsaturated hydrocarbon
不饱和烃 unsaturated hydrocarbon
不饱和酮醇类 acivinil alcohols
不饱和透水性 unsaturated permeability
不饱和土(壤) non-saturation soil;unsaturated soil
不饱和土壤水分导电性 hydraulic conductivity unsaturated soils
不饱和位置 non-saturation site
不饱和无环烃 unsaturated acrylic hydrocarbon
不饱和物 unsaturates
不饱和物质 unsaturated material
不饱和系数 unsaturated coefficient
不饱和显影剂 lean developer;undersaturated developer
不饱和现象 unsaturation phenomenon
不饱和橡胶 unsaturated rubber
不饱和新戊乙二醇聚酯 unsaturated neopentylglycol polyester
不饱和岩 undersaturated rock;unsaturated rock
不饱和岩浆 undersaturated magma
不饱和衍生物 unsaturated derivative
不饱和油藏 undersaturated oil pool
不饱和原油 unsaturated oil
不饱和蒸汽 non-saturation steam;unsaturated steam
不饱和正长伟晶岩 undersaturated syenite pegmatite
不饱和正长细晶岩 undersaturated syenite aplite
不饱和支链 unsaturated side chain
不饱和脂肪醛 unsaturated aliphatic aldehyde
不饱和脂肪酸 unsaturated fatty acid
不饱和脂肪烃 unsaturated aliphatic hydrocarbon
不饱和脂肪族烃 unsaturated fatty hydrocarbons
不饱和脂族烃 aliphatic unsaturated hydrocarbon
不饱和值 unsaturated value
不饱和状态 undersaturated condition;unsaturated state
不饱满 not-blown up
不饱满的籽粒 imperfect grain
不饱羟基酸 hydroxy unsaturated acid
不饱色 light shade
不保兑信用证 non-confirmed letter of credit; unconfirmed letter of credit
不保密 unconfident
不保密的 unclassified
不保温的 uninsulated
不保温管 uninsulated pipe
不保险的 blue sky
不保险的投资 insecure investment
不保真 infidelity
不报 under protest
不爆发 misfire
不爆发炮眼 miss-fire shot
不爆破炮眼 failed hole
不爆炸的 inexplosive;non-explosive; unexplosive
不爆震燃料 non-detonating fuel
不被渗透的 impermeable
不被吸收的 non-absorbent
不被遗忘的 unforgettable
不必偿还基金 non-reimbursable fund
不闭合导线【测】free traverse;open-end traverse; open traverse; unclosed traverse
不闭合的 incomplete;unclosed
不闭合等高线 unclosed contour
不闭合网 free net(work)
不编码微指令 no-encoding micro-instruction
不便利的 unwieldy
不变 fixedness;constant tilt <航摄照片的>
不变币值财务报表 common dollar financial statement
不变并矢式 invariant dyadic
不变波 constant wave
不变测度 invariant measure
不变成本 constant cost;fixed cost
不变带 unaltered belt;unaltered zone
不变的 constant;fixed;immutable;invariable; nonvariant; permanent; self-conjugate;standing;stationary; steadfast; steady; unaffected; unalterable; unaltered; unchanged; unvaried
不变的限制 immoveable restraint
不变的约束 immoveable restraint
不变等级 unchanging grade
不变滴定曲线 unmodified titration curve
不变点 unvariable point
不变点法 invariant point method
不变度量 invariant metric
不变费用 constant expenses; fixed charges; fixed cost; invariable expenses; invariant cost; unvariable expenses
不变分布 invariant distribution

B

B

不变负载 constant load
不变钢 invar steel
不变工况 constant duty
不变功率 constant horsepower
不变估计 invariant estimation
不变关系 invariant relation
不变荷载 constant load;fixed load;invariant load;steady load
不变化的 uniform
不变黄 nonyellowing
不变回波 permanent echo
不变积分 invariant integral
不变价格 constant price;fixed price
不变价值美元 constant dollar
不变截面 constant cross-section;uniform cross-section
不变量 invariable;invariant
不变量组 group of invariants
不变流 constant flow
不变流水线 fixed assembly line
不变美元 constant dollar
不变美元价值 constant dollar value
不变摩擦 constant friction
不变墨水 indelible ink;permanent ink
不变啮合 constant mesh
不变啮合传动 constant mesh transmission
不变扭矩 constant torque
不变平面 invariable plane
不变坡 steady gradient;uniform grade;uniform slope
不变嵌入(法) invariant embedding [imbedding]
不变权数 fixed weight
不变容积的排出量 positive displacement
不变容积正排量液压泵 positive-displacement hydraulic pump
不变色玻璃 non-browning glass
不变色的 fast to light;non-pigmented
不变色染料 permanent dye
不变式 invariance
不变式的 invariant
不变式论 theory of invariants
不变数 numeric(al) invariants
不变水头 constant head
不变水头测流仪 constant-head meter
不变水头渗透仪 constant head permeator
不变水位 constant water level
不变水准点 unchanging bench margin
不变速传动 constant speed drive
不变速度 constant speed
不变损耗 constant loss
不变体系 invariable system
不变条件 permanence condition
不变歪平面 plane of no distortion
不变吸附等温方程 unmodified isotherm equation
不变效率 constant efficiency
不变形挡土墙 non-yielding retaining wall
不变形的 indeformable; non-deflecting; non-deformable; non-deforming; non-yielding; undeformable; invariant
不变形钢 non-deforming steel
不变形塑料(片) stable plastics
不变性 constancy;invariance;invariance property;steadiness
不变因素 constant factor
不变因子 invariant factor
不变预算 constant budget
不变值 fixed value;invariant value
不变质的 non-detergent
不变状态 invariant state
不变资本 constant capital
不变子空间 invariant subspace
不变子群 invariant subgroup;normal divisor
不变棕色玻璃 <辐射后> non-browning glass
不变坐标 invariant coordinates
不标准的 non-type;off-ga(u)ge;substandard;underproof
不标准的颜色 off-colo(u)r
不标准间隙 wrong clearance
不标准套管 substandard casing
不标准颜色的 off colo(u)red
不标准桩 substandard pile
不冰冻层厚度 frost-free depth
不剥落的 tack free
不薄的 unthinned
不补偿盆地 starved basin
不补燃的废热锅炉 unfired waste heat boiler
不采纳规定 exclusionary rule
不采用阀门的 valveless
不参加的 non-participating
不参与分红的优先股 non-participating preferred stock
不参与竞争保证书 <卖方作出在有限时间、范围内不与买方竞争的保证书> covenant not to compete
不测的 unforeseen
不测事件 eventuality
不拆除的模板 leave-in-place formwork
不拆卸的 dismountable
不掺混合料的波特兰水泥 pure Portland cement
不掺气水流 non-aerated flow
不掺杂的稀释(沥青) undoped cutback
不产流面积 non-contributing area
不产流区 non-contributing area
不产生放射性的 unactivated
不产生火花的工具 non-sparking tool
不产生火星的 non-sparking
不产生空蚀的 free of cavitation
不产生温室效应气体 non-greenhouse gas
不产生无线电干扰的 non-static
不产油 barren of oil
不常出现的 infrequent
不常用的 unwonted
不常用的材料 unwonted material
不常有的 unwonted
不畅的排水 impeded drainage
不畅流交叉口 non-free-flow junction
不超车视距 non-passing sight distance
不超过概率 probability of non-exceedance
不超载式 non-overloading type
不潮的 moisture-free
不潮解的 non-deliquescent
不沉淀的 non-settling
不沉淀的红丹 non-setting minium
不沉淀的红铅 non-setting red lead
不沉淀固体 non-settleable solids;non-settling solids
不沉淀红丹 non-settling red lead
不沉积的固体 nonsettleable solids
不沉积流速 nondepositing velocity
不沉积物质 nonsettleable matter
不沉降的 non-settling
不沉救生艇 unsinkable lifeboat
不沉物质 non-settleable matter
不沉陷的 non-settling;unyielding
不沉陷的面 unyielding surface
不沉陷地基 unyielding foundation
不沉陷支座 unyielding support
不沉性 insinkability;insubmersibility
不沉性试验 floodibility test;insinkable test;insubmersibility test
不衬砌隧洞 unlined tunnel
不称职 incompetence[incompetency];inefficiency
不成比例 disproportion;misproportion
不成比例的 disproportionate
不成比例试验 non-proportional test
不成比例组合量 disproportionate class numbers
不成材林 improductive forest
不成层冰碛 unstratified drift
不成层的 unstratified
不成层方整石砌体 random range ashlar
不成层构造 unstratified structure
不成层矿床 unstratified mineral deposit
不成层乱砌毛石 irregular-coursed rubble; uncoursed masonry; uncoursed rubble
不成层乱石 irregular-coursed rubble
不成层毛石圬工 uncoursed rubble masonry
不成层石砌体 random work
不成层圬工 uncoursed masonry;uncoursed work
不成层岩 unstratified rock
不成调的 atonal
不成对的 azygous;impair
不成对列车运行图 train graph scheduled with trains not in pairs
不成对运行图 train diagram not in pairs
不成功查找 unsuccessful search
不成功呼叫 unsuccessful call
不成功计划 jonah trip; unsuccessful plan
不成功执行 unsuccessful execution
不成角的 agonic
不成立 false
不成熟的 immature;unformed
不成熟技术 immature technology
不成水平 out level
不成套的东西 odd lot
不成套技术 unpacked technology
不成文的 unwritten
不成文法 common law; customary law; unwritten dictate; unwritten law
不成文规定 unwritten dictate; unwritten rule
不成型状的 off the form
不成型材料 unformed material
不成型的 unshaped
不成型的耐火制品 unshaped refractory product
不成一直线 malalignment; out of alignment
不成正方形 off-square
不承担风险 assume no risk
不承担义务的 free from commitment;uncommitted
不承担责任 irresponsibility; not responsible
不承担责任的 uncommitted
不承兑 non-acceptance
不承兑期票 dishonour a bill
不承兑远期使用证 non-acceptance usance letter of credit
不承认 disavow
不承压梁 false beam
不承重的 non(-load)-bearing
不承重隔墙 non(-load)-bearing partition
不承重隔墙(空心)砖 partition tile
不承重面砖 non-load-bearing tile
不承重墙 filler wall; non(-load)-bearing wall
不承重围墙 curtain wall; enclosure wall
不迟发的 non-delay
不充电电池 frozen battery
不充分供料 underfeed
不充分灌溉 deficit irrigation; under irrigation
不充分就业 underemployment
不充分理由原则 principle of insufficient reason
不充满系数 coefficient of unfullness
不冲不淤比降 stabilized grade
不冲不淤流量 regime(n) discharge
不冲不淤流速 non-eroding and non-silting velocity
不冲不淤状态 in regime
不冲流速 non-scouring velocity
不冲蚀河岸 non-erodible bank
不冲刷河槽 non-erodible channel
不冲刷河床 non-erodible bed;non-erosive bed
不冲刷流速 non-eroding velocity; non-erosive velocity; non-scouring velocity; velocity to prevent erosion;non-erodible velocity
不冲洗的 non-washed
不重叠 underlap
不重叠的 non-overlapping
不重叠镜像 non-superimposable mirror image
不重叠密码 non-overlapping code
不重复本征值 distinct eigen value
不重复抽样 non-repeated sampling; sampling without replacement
不重复花纹 non-repeating design
不重复零点 distinct zero
不重复排列 permutation without repetition
不重复使用的 expendable
不重复随机抽样 random sampling without replacement
不重关的卸压装置 non-reclosing pressure relief device
不重合 misalign; misalignment; mismatching;non-coincidence;offset
不重合度 misalignment
不重磨车刀 throwaway bit
不重磨刀具 throwaway tool
不重磨刀片 throwaway chip
不重磨滚刀 throwaway hob
不重磨合金钻头 alloy throw-away bit
不重磨钎头 single-use bit;throwaway bit
不重磨铣刀 throwaway cutter
不重磨硬质合金面铣刀 throwaway face cutter
不重磨钻头 single-use bit;throwaway bit;throwaway drill
不重绕 unrewind
不重要的 immaterial; non-essential; unessential;unimportant
不重要的偏僻小镇 podunk
不重要的事物 unessential
不重要小镇 tank town
不抽汽 non-extraction; zero-extraction
不稠 thin consistency
不臭的 odo(u)rless
不出故障的 fail safe
不出席 non-attendance
不出席服务 nonattendant service
不出席工作 nonattendant service
不出油井 inactive well
不处理的 untreated
不处理接缝 untreated joint
不穿孔的 imperforated
不穿透的 non-penetrating
不穿透性 unpenetrability
不传导的 non-conducting;opaque
不传热的 adiabatic;non-conducting;heat-proof
不传热的量热计 calorimeter without heat transmission
不传声的节点 sound tight knot
不垂直 get out of plumb;non-normal-

ity;off-plumb;out of plumb
不垂直的 skewed
不垂直度 non-perpendicularity;out of plumb
不纯 contamination
不纯蛋白石 opalite
不纯的金属锭 base bullion
不纯的水 defective water
不纯的油酸 red oil
不纯度 impurity(level)
不纯硅灰石 edelforsite
不纯硅质耐火黏[粘]土 post-city
不纯琥珀 imperfect amber; impure amber
不纯金刚砂 fragmented bortz
不纯金属 regulus[复 reguli/reguluses]
不纯净的阱 dirt trap
不纯块滑石 potstone
不纯煤 maggie
不纯黏[粘]土页岩 impure clay shale
不纯汽油 raw gasoline
不纯砂岩 impure sandstone
不纯石灰 meager(meagre)lime
不纯石墨 black lead;schungite
不纯水 impure water
不纯相关 spurious correlation
不纯氧化铝 tough alumina
不纯皂石【地】potstone
不纯蒸汽 impure steam
不纯重晶石 <英> cawk stone
不从逻辑得出的 non-logical
不脆变 free of embrittlement
不脆残渣 non-pulverulent residue
不脆化 free of embrittlement
不淬火的 non-hardened
不淬火的组合辙叉 nonhardened fabricated crossing
不存在 nonentity;non-exercise
不存在代码 non-existent code
不存在的 nonexistent
不存在的实质 nonentity
不错 all correct;all right
不打滑 never slip;non-skid
不打滑差速器 <其中的一种> power-divider
不打滑的 non-slip;sliding skid
不打算回收的集装箱 prepackaged container
不大的改形 backfit
不带报价的工程量清单 unpriced bill of quantities
不带报价的建议书 unpriced proposal
不带边管堵 plain plug
不带边试管 test-tube without rim
不带边弯头 plain elbow
不带边异径四通 plain reducing crossing
不带边异径弯头 plain reducing elbow
不带边周径二向三通管接 plain equal side outlet T
不带边周径三通(管接) plain equal tee[T]
不带边周径三向弯头 plain equal side outlet elbow
不带边周径四通 plain equal cross(ing)
不带底板的壁炉 independent hearth fire
不带电背景 neutral background
不带电表面 uncharged surface
不带电的 uncharged
不带电荷的 deenergized;uncharged
不带电粒子 uncharged particle
不带电面板 dead front
不带电区 neutral area
不带电刷的发电机 brushless electric generator
不带电刷的交流发电机 brushless alternator
不带电衔铁 neutral armature
不带电一边 dead front
不带电一面 dead front
不带电一面开关板 dead front switchboard
不带翻车保护结构的改装方法 non ROPS [roll-over protection structure] conversion
不带符号的字 unsigned word
不带符号字次数操作数【计】unsigned word degree operand
不带负载状态 no-load position
不带附件的机器 bare machine
不带附属设备的发动机 bare-engine
不带股息 ex dividend
不带护套复合中心钻 compound center drill without jacket
不带颈视镜 sight glass without nozzle
不带均衡梁的转向架 non-equalized truck
不带可编址存储器的计算器 calculator without addressable storage
不带利息 ex interest
不带料斗沥青与黑色碎石路面整修机 asphalt and coated macadam finisher without hopper
不带偏见的测度 dry measure
不带司机室的改装方法 non-cab conversion
不带司机室或翻车保护结构时的高度 height without cab or ROPS[roll-over protection structure]
不带弹簧白铁剪 tinman's snips without spring
不带息票 ex coupon
不带星号的非终结符号 unstarred non-terminal
不带液冷却器 non-priming cooler
不带有效负荷的工作重量 operating weight without payload
不带预分解炉的悬浮预热器 suspension preheater without precalciner
不待证明的 self-evident
不单纯承兑 qualified acceptance
不担保单独海损 free from particular average
不当班的 off-duty
不当班时间 off-time
不当得利 illegal profit;unjustified enrichment
不当的索赔 wrong claim
不当交割 bad delivery
不当接受 unwarranted acceptance
不当利润 illegal profit
不导电材料 electrically non-conductive material
不导电的 non-conducting
不导电灭火剂 non-conductive extinguishing agent
不导电区 non-conductive area
不导电型显影剂 non-conductive toner
不导电性 inconductivity
不导电性材料 non-conducting material
不导热的 athermic
不导热管道 thermally chocked duct
不导热头锥 non-conducting nose cone
不导通间隔 non-conduction interval
不导通晶体管 off transistor
不倒伏 non-lodging
不倒伏品种 non-lodging variety
不倒滑车 non-toppling block
不倒相参量器件 non-inverting parametric device
不倒相输入 non-inverting input
不到防渗基岩的截水墙 partial curtain
不到期的 premature
不到水深值 no bottom sounding
不到桌旁服务的 nonattendant service
不得延误 without delay
不得用钩 use no hooks
不得转让的 not negotiable;unassignable
不等 imparity
不等瓣壳 inequivalved shell
不等饱和度法 unequal-degree-of saturation method
不等本征值 distinct eigen value
不等比例 inequality proportion
不等比例分层取样 disproportionate stratified sampling
不等比例子类数 disproportionate subclass numbers
不等比模型 distorted model
不等臂秤 unequal-arm scale
不等边不等厚角钢 angle of unequal legs and thickness
不等边的 inequilateral; scalene; unequal-sided
不等边管 unequilateral tube
不等边角钢 angle steel with unequal legs; L-bar; L-beam; unequal angle(iron); unequal angle steel; unequal-leg angle
不等边角焊缝 unequal-leg fillet welds
不等边角铁 unequal angle iron; unequal angle steel
不等边三角形 non-equilateral triangle; scalene (triangle); unequal triangle
不等边四边式梯形车场 trapezoid yard
不等边四边形 trapezium[复 trapopia/trapeziums];trapezoid
不等边型材 unequal angle iron; unequal angle steel
不等边型钢 unequal sections;unequal sides
不等步长的 unequally spaced
不等长边 unequal leg
不等长缓和曲线 transition curve with varied length
不等长双坡屋顶 unequal gable roof
不等长腿 unequal leg
不等长纤维分布 non-square fiber length distribution
不等长翼 unequal leg
不等沉陷 differential settlement
不等程音阶 unequally tempered scale
不等齿顶高齿轮 unequal addendum gear
不等齿顶高齿轮系 unequal addendum system
不等齿顶制 unequal addendum system
不等大的 anisometric(al)
不等的 unequal
不等的预应力 varying prestress
不等发射率 unequal emission rate
不等反射系数 unequal coefficient of reflection
不等方差 unequal variance
不等方程 aeolotropy
不等分标尺 non-uniform scale
不等分标尺刻度 non-uniform scale division
不等分齿直槽铰刀 reamer with staggered straight flutes
不等分度标尺 curvilinear scale
不等分裂 unequal division; unequal fission;unequal segmentation
不等符号 differs from symbol
不等符合计数 unequal coincidence counting
不等辐射效应 unequal irradiation effect
不等概率 unequal probability
不等概率抽样 sampling with unequal probability
不等根 distinct root
不等轨道运动 unequal orbital motion
不等号 sign of inequality
不等厚度的平板 plates of unequal thickness
不等厚度拱坝 variable-thickness arched dam
不等厚枕木 bevel(led)tie
不等活性中心 unequal activation center[centre]
不等加速度 varying acceleration
不等价的 inequitable
不等价交换 exchange of unequal values;inequitable exchange;unequivalent exchange
不等间隙钎焊 brazing with the unparallel clearance
不等交换 unequal crossing over
不等角 unequal angle
不等角不等积的投影 aphylactic projection
不等角的 anisometric(al)
不等角骨针 alate
不等角投影的 axonometric(al)
不等角投影透视图 axonometric(al) perspective
不等角投影图 axonometric(al) drawing;axonometric(al) projection
不等角透视图 axonometric(al) perspective
不等精度观测 unequal precision observation
不等精度观测值 unequal observation value
不等径的 waney
不等径圆木 waney log
不等距轮齿 unequally spaced teeth
不等距区间 unequally spaced intervals
不等距网格 in-equidistant grid
不等距线性排列 non-isometric linear array
不等颗粒的 heterogranular
不等跨 unequal span
不等宽门窗边梃 diminished stile; gunstock stile;diminishing stile
不等粒 seriate
不等粒变晶结构 seriate blastic texture
不等粒角砾岩 anisometric(al)breccia
不等粒结构 inequigranular texture; seriate texture
不等粒嵌晶结构 seriate poikilitic texture
不等粒砂状结构 inequigranular psammitic texture
不等粒状的【地】inequigranular
不等粒组构 inequigranular fabric
不等量 inequality;unequal quantity
不等量沉陷 unequal settlement; unequal subsidence
不等量生长 anisometric(al)growth
不等量子化效应 unequal quantization effect
不等裂变过程 unequal fission process
不等灵敏度组合 unequal sensibility array
不等零点 distinct zero
不等流速 non-uniform velocity
不等率 diversity factor
不等率调整装置 droop setter
不等螺旋线结构 unequal helix structure
不等脉冲 unequal impulse
不等面关节 incongruent articulation
不等能量耗失 unequal energy dissipation
不等碰撞参数 unequal impact parameter
不等腔加速 unequal cavity accelera-

tion
不等切向速度 unequal tangential velocity
不等侵蚀 differential erosion
不等区间 unequal interval
不等权数 differential weights
不等群体二级采样 subsampling of unequal clusters
不等熔点 unequal melting point
不等熵的 non-isentropic
不等渗的 anisosmotic;anisotonic
不等渗溶液 anisotonic solution
不等时的 non-isochronous
不等式 inequality;inequation;non-equality;odds
不等式方程 inequation
不等式系数 inequality coefficient
不等式限制 inequality restriction
不等式项 disparity items
不等式约束 inequality constraint
不等式约束估计式 inequality-restricted estimator
不等式约束问题 problem with inequality constraint
不等式组 set of inequalities;system of inequalities
不等衰变常数 unequal disintegration constant
不等四边形 trapeziform
不等速的万向节 non-constant-velocity universal joint
不等速度 non-uniform velocity
不等速流 non-uniform flow
不等速运动 non-uniform motion;non-uniform movement;variable-speed motion
不等体积线 isopleric line
不等同 incoordination
不等腿角钢 angle steel with unequal legs;unequal(-leg) angle
不等微扰 unequal perturbation
不等温的 anisothermal;non-isothermal
不等屋面温室 uneven span greenhouse
不等吸收系数 unequal absorption coefficient
不等弦 tapered chord
不等相对速度 unequal relative velocity
不等向固结 anisotropic(al) consolidation;non-hydrostatic(al) consolidation
不等效晶体 inequivalent site
不等谐振动 unequal harmonic vibration
不等形琢砌体 broken ashlar
不等形琢石块 broken ashlar
不等形琢石圬工 broken ashlar masonry
不等性 inequality
不等性约束 inequality constraint
不等压的 anisobaric
不等压固结不排水试验 anisotropically consolidated undrained test
不等压力 non-uniform pressure;unequal pressure
不等压缩性 unequal compressibility
不等压头 differential head
不等样本含量 unequal sample sizes
不等叶的 anisophyllous
不等翼工字梁 differflange I-beam
不等翼矿山 non-equilateral mine
不等翼梁 differflange beam
不等翼褶皱 inequant fold
不等应力 unequal stress
不等于 not equal to
不等缘工字梁 differflange beam
不等晕的【物】non-isoplanatic
不等振荡频率 unequal oscillation frequency
不等肢角钢 angle steel with unequal legs;unequal-leg angle(iron)
不等肢圆头角钢 unequal-leg bulb-angle
不等值交换 exchange of unequal values
不等指长换能器 apodized transducer
不等趾 anisodactylus
不等重复 unequal replication
不等轴的 anisometric(al)
不等轴晶体 anisometric(al) crystal
不等轴颗粒 anisometric(al) particle
不等子类 unequal subclass
不等子类含量 unequal subclass numbers
不等组距 unequal class intervals
不滴油机器 drip-proof machine
不抵抗 passivity
不抵押保证条款 negative pledging clause
不缔合的 non-associating
不缔合天然气 non-associated natural gas
不典型的 atypical
不点火 misfire;misfiring
不点亮的教堂拱廊 blind triforium
不电离的 non-ionizing
不电离溶剂 non-ionizing solvent
不电离质 non-electrolyte
不垫背纸型 packless matrix
不凋萎的 unfading
不调用 never call
不定岸线 frequented coast;indefinite [undefinite] coastline;variable bank line
不定比例律 law of variable proportions
不定比热 variable specific heat
不定边界 indeterminate boundary
不定变异 adventitious variation
不定变异性 indefinite variability
不定标准 indefinite standard
不定拨款 indeterminate appropriation
不定操作 indeterminate operation
不定差 irregular deviation
不定长 random length
不定长度块 undefined length block
不定长方式记录 U-mode record
不定长记录 undefined length record
不定长信息组 undefined length block
不定常 unsteadiness
不定常迭代法 non-stationary iterative method
不定常法 non-stationary method
不定常合乘 informal carpool
不定常空化 unsteady cavitation
不定常空泡 unsteady cavity
不定常数 indeterminate constant
不定尺 random length
不定床河流 walker river
不定的 ambulatory;erratic;indefinite;indeterminate;uncertain;undeterminable;unlimited;unsteady;varying
不定的曲率线 indeterminate line of curvature
不定点 unfixed point
不定点测深 irregular sounding
不定度 degree of indeterminacy
不定度规 indefinite metric
不定额保单 <只规定保险额上限的> open policy
不定额的 open ended
不定额年金 variable annuity
不定额契约 open-end contract
不定反跳 irregular chattering
不定范围 indeterminate range;variable range
不定方程式 indefinite equation;indeterminate equation
不定分析 indeterminate analysis
不定符号的 indefinite
不定负荷 varying load
不定负载 varying load
不定格式 free form
不定格式操作 free form operation
不定根 adventitious root
不定关系 uncertain(ty) relation
不定海岸 frequented coast
不定函数 indeterminate function;undetermined function
不定航线 ocean tramp
不定航线的远洋货船 ocean tramp ship
不定航线货船 tramper;tramp ship;tramp steamer
不定河槽 shifting channel
不定河床 movable bed;shifting bed;shifting channel
不定荷载 oscillating load;varying load
不定湖 astatic lake
不定积分 anti-derivative;indefinite integral
不定积分法 indefinite integration
不定交让人 official assignee
不定结构 indeterminate structure
不定解 indeterminate solution
不定解析 indeterminate analysis
不定静电分布 variable electrostatic contribution
不定居户 unlocated household
不定矩阵 indefinite matrix
不定扩散方程 variable dispersion equation
不定力 variable force
不定裂 indeterminate cleavage
不定流 shifting current
不定流动 unsteady flow
不定面积 area of ambiguity
不定浓度 variable concentration
不定耦合常数 indeterminate coupling constant
不定坡度 undulating grade;variable inclination
不定期 adventitious phase
不定期班轮 irregular liner
不定期报告 non-periodic(al) report
不定期船 irregular carrier;mushroom steamer line;tramper
不定期存款 irregular deposit
不定期单位支出计算 non-periodic(al) calculation of unit expenditures
不定期的 aperiodic(al);non-scheduled;unscheduled
不定期的远洋货轮 ocean tramp
不定期调查 irregular inquiry
不定期飞机 nonsked
不定期服务 irregular service
不定期负债 indeterminate-term liability
不定期干货船 dry cargo tramp
不定期供应 irregular service
不定期航班 nonregular service;nonsked
不定期航次 irregular service
不定期航线 irregular service;non-scheduled service;nonsked;occasional line;occasional service
不定期洪水 aperiodic(al) flood
不定期货船 tramp ship;tramp steamer;tramp vessel;tramper
不定期货轮 tramp ship
不定期货运物资 tramp(er) cargo
不定期检查 casual inspection
不定期检修 irregular service
不定期检验 non-periodic(al) inspection
不定期空运 air tramping
不定期列车 irregular train
不定期喷发火山 volcano of unperiodical eruption
不定期强化 aperiodic(al) reinforcement
不定期任用 indefinite appointment
不定期审计 casual audit
不定期特许 intermediate franchise
不定期统计报表 non-periodic(al) statistic(al) report
不定期维修 non-periodic(al) repair;non-scheduled maintenance;unscheduled maintenance
不定期运输 tramping;tramp shipping
不定期运输机 non-scheduled;nonsked
不定期运行 irregular service
不定期债务 sight liabilities
不定期证券 undated securities
不定期装运 indefinite shipment
不定期租户 tenant at will
不定期租赁 tenancy at will
不定情况 indeterminate case
不定区 zone of ambiguity
不定区间 interval of uncertainty
不定群体 palmella
不定时 untime
不定时采集的水样 grab sample
不定时电能 secondary energy
不定时回扬 timingless back-pumping
不定时连续通行绿波信号系统 <联动信号的一种> flexible progressive green wave system
不定时落地扇 floor fan without timer
不定时润滑 occasional lubrication
不定式 indeterminate
不定位 delocalization;no fix
不定位穿孔 off-punch
不定位光纤束 unaligned bundle
不定位相因子 random phase factor
不定位置圆 revolver;swinger
不定位轴承 non-locating bearing
不定温的 poikilothermic
不定污染源模型 variable source model
不定污染源区 variable source area
不定污染源区模拟器 variable source area simulator
不定误差 ambiguity error;variable error
不定系数 indeterminate coefficient
不定线的海上运输 tramping
不定线航行 tramp navigation
不定向逼近法 indirectional approach;undirectional approach
不定向传声器 astatic microphone
不定向的 astatic;omnidirectional;non-directional
不定向电流计 astatic galvanometer
不定向风 fishtail wind;uncertain wind;variable wind
不定向覆盖范围 omnidirectional coverage
不定向硅钢板 non-oriented silicon steel sheet
不定向河 insequent stream
不定向计数器 non-directional counter
不定向控制 astatic control
不定向控制器 astatic controller
不定向流 undirectional flow
不定向树【数】undirected tree
不定向天线 non-directional antenna
不定向通风 hit-and-miss ventilator
不定向无线电电信标 non-directional radio beacon
不定向线圈 astatic coil
不定向信标灯 non-directional beacon light
不定向圆锯 radial saw

不定向运动 undirectional motion
不定向自由水 non-oriented free water
不定形 adventitious form; indefinite form
不定形层顶板 random shingle
不定形担子 heterobasidium
不定形合同 formless contract
不定形决策 uncertainty decision
不定形耐火材料 amorphous refractory; bulk refractory; unshaped refractory
不定形石板 random slate
不定形石蜡 petrolatum
不定形式 indefinite form; indeterminate form
不定形式编码 free form coding
不定形铁块 loup(e)
不定形屋顶板 random shingle
不定形性 shapelessness
不定形褶曲 amoeboid fold
不定形褶皱 amoeboid fold
不定形植物 facultative plant
不定性 ambiguity; indeterminacy; uncertainty; unsteadiness
不定性抽样 sample uncertainty
不定性函数 uncertainty function
不定性取样 sample uncertainty
不定性椭圆 uncertainty ellipse
不定性原理 uncertainty principle
不定性锥区 cone of ambiguity
不定须根 adventitious fiber [fibre] root
不定穴 indefinite point
不定压 variable pressure
不定盐浓度 varying salt concentration
不定样品试验 blight trial
不定因素 uncertainty
不定应力 indeterminate stress
不定域 delocalization
不定元 uncertainty element
不定圆 indeterminate circle
不定源污染 non-point pollution; non-point source pollution
不定云幂高度 indefinite ceiling; ragged ceiling
不定载荷 varying load
不定载重的 varying duty
不定枝 adventitious shoot
不定值 underrange
不定值保险单 open policy; unvalued policy
不定值的 indefinite
不定周期 cycle-free
不定周期网络优化算法 cycle-free algorithm for network optimization
不定周期信号网络优化应答算法 cycle-free responsive algorithm for network optimization
不定株 adventitious plant; adventive plant
不定株的 adventitious
不定总和 indefinite summation
不动 immobilization; seize up; stagnancy; stagnation
不动板 <压铸用> stationary plate
不动本基金 non-expendable fund
不动冰川 dead glacier
不动部分 stagnant part
不动产 asset value; capital facility; estate; fixed property; illiquid holding; immobile estate; immobile property; immovable; property asset; real assets; real estate; real property; realty; things real
不动产保险 immovable insurance
不动产财务 real estate finance
不动产查封令 desist and refrain
不动产承受人 feoffee
不动产出售合同 real property sales contract
不动产贷款法规 real property loan law
不动产的附属财产 property accessory to immovable property
不动产的卖租方式 sale and lease back of real estate
不动产的所有权 freeholder
不动产登记 register of real estates
不动产抵押 pledge of immovable
不动产抵押保证 real security
不动产抵押贷款 loan on actual estate
不动产法律顾问 counsel(l)or of real estate
不动产放款 real estate loans
不动产负债 real estate debt
不动产共有人 joint tenant
不动产购置 real estate acquisition
不动产购置估价 acquisition appraisal
不动产估价 appraisal of real assets; appraisal of real estate
不动产估价损益 profit and loss on valuation of real estate
不动产合同 real estate contract
不动产继承顺序 canons of descent
不动产交付证 feoffment
不动产交易的交割 closing
不动产经纪人 discount broker
不动产留置权 real estate lien
不动产契约 estate contract; real estate contract
不动产权 landed estate
不动产让与人 feoffer(feoffor)
不动产让与手续 conveyancing
不动产上的负担 encumbrance
不动产收入 income from immovable property
不动产税 real estate tax
不动产所有权 freehold; titles to real estate
不动产投资共同基金 real estate pool
不动产托拉斯 real estate trust
不动产信贷 real estate credits
不动产信用 credit based on real property
不动产业主 vestee
不动产遗赠 devise
不动产银行 land bank
不动产用益权 usufruct of immovable property
不动产与其他财产 real estate and property
不动产占有方式 quality of estate
不动产占有期 tenure
不动产占有侵犯 clausum fregit
不动产占有权 tenure
不动产账(户) immovable account; real estate account
不动产置留权 incumbrance
不动产专业人员 real estate professional
不动产转让 demise
不动产转让证 feoffment
不动产租金 rent on real estate
不动车轴 dead axle
不动挡土墙 non-yielding retaining wall
不动的 immobile; immovable; motionless; quiescent; stationary; stockstill
不动的储存驳船 stationary storage barge
不动的地产 immovable landed property
不动地产 immovable estate
不动点 fixed point; stationary point
不动点定理 fixed-point theorem
不动点方法 fixed-point method
不动点归纳法 fix-point induction method
不动点理论 fix-point theory
不动反射 choked reflex
不动轨道 stationary orbit
不动户余额 unclaimed balance
不动空穴 stationary hole
不动门 inactive door
不动模型 stagnant mo(u)ld
不动脑筋的 unthinking
不动配子 aplanogamete
不动绳 standing rope
不动时间 dead time
不动性 immobility; immovability
不动指标 stationarity indices
不动资产 immovable property
不动作 failure to actuate; refusal
不动作电流 non-operating current; non-working current
不动作范围 region of non-operation
不冻材料 non-frost-susceptible material
不冻层厚度 frost-proof depth
不冻的 ice-free; non-freeze; non-freezing; unfrozen
不冻地 tabetisol; talik; unfrozen ground
不冻电池 uncongealable cell
不冻防火栓 anti-freezing hydrant
不冻感潮河口 open estuary
不冻港 all-weather port; ice-free harbo(u)r; ice-free port; non-freezing port; open harbo(u)r; open port; unfreezing port; unfrozen port; warm water port; winter harbo(u)r
不冻膏 non-congealing paste
不冻河口 non-freezing estuary; open estuary; open inlet; unfrozen estuary
不冻河口湾 open estuary
不冻河流 non-freezing river; non-freezing stream; open stream; unfrozen river; unfrozen stream; open river
不冻湖 unfrozen lake
不冻混合物 non-freezing mixture
不冻剂 anti-freeze
不冻季节 ice-free season
不冻结的 non-freezing; no freezing
不冻结的炸药 uncongealable dynamite
不冻结型空气冷却器 non-freeze type air cooler
不冻结油品 non-congealable oil
不冻路平式消防栓 <不露出地面> non-freezing flush hydrant
不冻盘管 non-freeze coil
不冻喷水系统 non-freeze sprinkler system
不冻期 freeze free period; ice-free period
不冻溶液 non-freezing mixture; non-freezing solution
不冻润滑油 non-freezable lubricating oil; non-freezing lubricating oil
不冻水池 wintering pond
不冻水道 ice-free waterway
不冻水域 ice-free waters
不冻土 never-frozen soil; non-freezing soil
不冻土区 unfrozen soil zone
不冻土体 talik
不冻液 anti-freeze
不冻液腐蚀 corrosion by non-freezing solution
不冻炸药 non-freezing explosive
不冻胀的 non-frost heaving
不冻胀翻浆的 non-frost heaving
不冻柱式消防栓 non-freezing post hydrant
不陡的 easying
不独立重测 dependent resurvey
不堵塞泵叶 non-clogging impeller
不堵塞的 non-chokeable; non-clogging
不堵塞的滤清器 non-clogging filter
不堵塞颚板 non-choking jaw plate
不堵塞离心泵 non-log centrifugal pump
不堵塞喷嘴 non-choking nozzle
不堵塞筛面 non-blinding screen
不堵塞水泵 non-log type of pump
不端行为 misdemeano(u)r
不断冲击(而)使左右摇摆 knock about
不断的 never-ending; unceasing; uninterrupted
不断的偿债基金 continual redemption sinking fund
不断的滴水 drip-drop
不断的需求 brisk demand
不断地 end-to-end; unceasingly
不断发展 continuous development
不断发展(中)的 on-going
不断改进 update
不断改善 progressive improvement
不断减小的 ever-reduced
不断扩大的 ever-expanding
不断膨胀的 ever-expanding
不断前进中的 on-going
不断头拉拔 continuous drawing
不断有人值勤的站 continuously attended station
不断增加的 ever-increasing
不断增强的 ever-increasing
不断增长的 ever-growing; ever-increasing
不断增长的需要 growing needs
不对称 mismatch; off-center[centre]; unbalance
不对称 V 形坡口 asymmetric(al) double vee groove
不对称 Y 形交叉口 fork junction
不对称半控制电桥 non-symmetric-(al) semi-controlled bridge
不对称背斜层 asymmetric(al) anticline
不对称比率 asymmetric(al) ratio
不对称边带 asymmetric(al) sideband
不对称边带传送 asymmetric(al) sideband transmission
不对称边带发射机 asymmetric(al) sideband transmitter
不对称变换器 dissymmetric(al) transducer
不对称标量 unsymmetric(al) scalar
不对称表面皱纹 asymmetric(al) surface ridge
不对称波 asymmetric(al) wave
不对称波痕 asymmetric(al) ripple mark; asymmetric(al) wave ripple; metaripple
不对称布置的 asymmetrically placed
不对称层板 asymmetric(al) laminate; unsymmetric(al) laminate
不对称层理 asymmetric(al) bedding
不对称场 dissymmetric(al) field
不对称车道运行 <在多车道道路上，按照上下行交通量的变化，在不同时间内把车道对上行和下行交通作不等量的分配使用> off-centre lane operation[movement]
不对称成矿带 asymmetric(al) mineralization belt
不对称齿廓 unsymmetric(al) profile contour
不对称触发电路 bias flip-flop
不对称触止 unequal stop
不对称传输 asymmetric(al) transmission
不对称磁场 dissymmetric(al) magnetic field
不对称单体 unsymmetric(al) mono-

B

mer
不对称导电性 asymmetric(al) conductivity
不对称导体 asymmetric(al) conductor
不对称导线 asymmetric(al) conductor
不对称的 asymmetric(al); dissymmetric(al); non-symmetric(al); skew; unequal; unsymmetric(al); mismatched <相邻两板>
不对称的弹簧钢板 unsymmetric(al) spring
不对称的十字形墩台 unsymmetric(al) cruciform pier
不对称的像 asymmetric(al) image
不对称第二次分裂 asymmetric(al) second division
不对称点 asymmetric(al) point
不对称电池 asymmetric(al) cell
不对称电流 asymmetric(al) current
不对称电路 asymmetric(al) circuit; unsymmetric(al) circuit
不对称电势 asymmetric(al) potential; unsymmetric(al) potential
不对称电位 asymmetric(al) potential; unsymmetric(al) potential
不对称电阻 unistor
不对称度 degree of asymmetry
不对称端子电压 asymmetric(al) terminal voltage
不对称短路 unsymmetric(al) short-circuit
不对称断面 non-symmetric(al) section; unbalanced section; unsymmetric(al) section
不对称断面轧材 unbalanced section roll bar; unsymmetric(al) section roll bar
不对称多相制 dissymmetric(al) polyphase system
不对称多谐振荡器 asymmetric(al) multivibrator; unsymmetric(al) multivibrator
不对称二苯肼 asym-dipheny hydrazine
不对称二氟乙烷 ethylidene fluoride
不对称二氯乙烷 ethylidene chloride
不对称发育 allomorphosis
不对称反应 asymmetric(al) reaction; asymmetric(al) response; unsymmetric(al) response
不对称飞行 asymmetric(al) flight
不对称分辨阳极磁控管 asymmetrically split anode magnetron
不对称分布 skew distribution; unsymmetric(al) distribution
不对称分布的 asymmetrically distributed
不对称分布曲线 asymmetric(al) distribution curve; skew distribution curve; unsymmetric(al) distribution curve
不对称分品连接 unsymmetric(al) grading
不对称分子 asymmetric(al) molecule; dissymmetric(al) molecule
不对称粉末图 non-symmetric(al) powder diagram
不对称峰 asymmetric(al) peak; dissymmetric(al) peak; unsymmetric(al) peak
不对称浮动利率本票 mismatch floating rate note
不对称负荷 asymmetric(al) load(ing); out-of-balance load; unsymmetric(al) load(ing)
不对称负载 asymmetric(al) load(ing); out-of-balance load; unsymmetric(al) load(ing)
不对称负载保护装置 protection against unsymmetric(al) load
不对称复式道岔 unsymmetric(al) double points
不对称高压脉冲轨道电路 asymmetric(al) high voltage impulse track circuit
不对称高压脉冲自动闭塞 automatic block with asymmetric(al) high voltage impulse track circuits
不对称拱 asymmetric(al) arch; lopsided arch; skew arch
不对称拱坝 asymmetric(al) arch dam; non-symmetric(al) arch(ed) dam
不对称构造 asymmetric(al) configuration
不对称谷 asymmetric(al) valley
不对称故障 asymmetric(al) fault
不对称管 asymmetric(al) cell
不对称光分布 asymmetric(al) light distribution
不对称合成 asymmetric(al) synthesis
不对称河床 asymmetric(al) riverbed
不对称河环 asymmetric(al) meander loop
不对称核 unsymmetric(al) kernel
不对称荷载 asymmetric(al) load(ing); non-symmetric(al) loading; unsymmetric(al) load(ing)
不对称横断面 unsymmetric(al) cross-section
不对称互换 asymmetric(al) interchange
不对称花 asymmetric(al) flower
不对称花纹 non-symmetric(al) design
不对称环带 asymmetric(al) girdle
不对称换能器 asymmetric(al) transducer; dissymmetric(al) transducer; unsymmetric(al) transducer
不对称回路 unbalanced circuit; unsymmetric(al) circuit
不对称基础 asymmetric(al) foundation; unsymmetric(al) footing
不对称畸变 asymmetric(al) distortion
不对称极化 asymmetric(al) polarization
不对称计 asymmeter
不对称加载 non-symmetric(al) loading
不对称尖拱 unequal pointed arch
不对称检验 asymmetric(al) test
不对称建筑物 asymmetric(al) building
不对称交流触发开关 asymmetric(al) AC trigger switch
不对称角度铣刀 anisometric(al) fraise; unsymmetric(al) angular milling cutter
不对称阶乘设计 asymmetric(al) factorial design
不对称阶地 asymmetric(al) terrace; non-paired terrace; unpaired terrace
不对称接缝 asymmetric(al) joint
不对称接合 asymmetric(al) joint; unsymmetric(al) joint
不对称接口 asymmetric(al) interface
不对称街道 unsymmetric(al) street
不对称结构 asymmetric(al) structure; dissymmetric(al) structure; unsymmetric(al) structure
不对称晶体管 non-symmetric(al) transistor
不对称晶族 asymmetric(al) class
不对称井网 asymmetric(al) well pattern
不对称聚焦 asymmetric(al) focusing
不对称空间曲线 skew curve
不对称空气隙 graded air-gap
不对称控制 asymmetry control
不对称矿脉 asymmetric(al) vein
不对称扩张 asymmetric(al) spreading; unsymmetric(al) spreading
不对称离子 unsymmetric(al) ion
不对称离子氛 asymmetric(al) ionic atmosphere
不对称立面 asymmetric(al) facade; unsymmetric(al) facade
不对称粒子 asymmetric(al) particle
不对称梁 asymmetric(al) beam; unsymmetric(al) beam
不对称裂变 asymmetric(al) fission
不对称流动 asymmetry flow
不对称滤波器 dissymmetric(al) filter
不对称路拱 unsymmetric(al) crown
不对称脉冲 asymmetric(al) pulse
不对称脉冲轨道电路 asymmetric(al) high voltage impulse track circuit
不对称脉冲宽度调制 asymmetric(al) pulse depth modulation
不对称面 asymmetric(al) face
不对称模式 dissymmetric(al) mode
不对称膜 asymmetric(al) membrane
不对称膜片 unsymmetric(al) diaphragm
不对称偶极子 asymmetric(al) dipole
不对称爬升波痕 asymmetric(al) climbing ripple
不对称排水(系统) asymmetric(al) drainage
不对称配置 asymmetric(al) configuration
不对称偏转 asymmetric(al) deflection; single-ended deflection
不对称频率曲线 asymmetric(al) frequency curve; skew frequency curve
不对称平衡 asymmetric(al) balance; unsymmetric(al) balance; unsymmetric(al) equilibrium
不对称平衡网络 unsymmetric(al) balance
不对称平面 unsymmetric(al) plan
不对称坡 asymmetry of slope
不对称谱 asymmetry spectrum
不对称丘 stoss-and-lee topography
不对称曲线 asymmetric(al) curve; unsymmetric(al) curve
不对称屈光度 asymmetric(al) diopter
不对称热变形工艺 asymmetric(al) heating
不对称人字形 asymmetric(al) chevron
不对称三开道岔 unsymmetric(al)-three-throw turnout; unsymmetric(al) three-way turnout
不对称三相短路电流 asymmetric(al) three phase short circuit current
不对称色散 unsymmetric(al) dispersion
不对称上攀波纹 asymmetric(al) climbing ripple
不对称伸缩 asymmetric(al) stretch; unsymmetric(al) stretch
不对称伸缩振动 asymmetric(al) stretching vibration
不对称失真 asymmetric(al) distortion
不对称式双室调压井 asymmetric(al) double-chamber surge tank
不对称试剂 unsymmetric(al) reagent
不对称衰减器 unsymmetric(al) attenuator
不对称双角铣刀 unequal angle angular cutter; unsymmetric(al) double angle milling cutter
不对称双锥筒子 asymmetric(al) taper ends cheese
不对称水流 asymmetric(al) flow (of water); asymmetry flow
不对称水系 asymmetric(al) drainage
不对称四端网络 asymmetric(al) four terminal network; non-symmetric(al) network
不对称隧道断面 asymmetric(al) tunnel section
不对称梭口 asymmetric(al) shedding
不对称索力 asymmetric(al) cable force
不对称碳 asymmetric(al) carbon
不对称碳原子 asymmetric(al) carbon atom
不对称梯形齿锯带 buttress blade
不对称天线 asymmetric(al) antenna
不对称调幅 asymmetric(al) amplitude modulation
不对称调整 non-symmetric(al) adjustment
不对称透镜 asymmetric(al) lens
不对称陀螺 asymmetric(al) top
不对称椭圆形通道 asymmetric(al) elliptic(al) conduit
不对称弯曲 asymmetric(al) bending; oblique bending; unsymmetric(al) bending
不对称网络 asymmetric(al) network; dissymmetric(al) net(work)
不对称屋顶 unsymmetric(al) roof
不对称误差 asymmetric(al) error; asymmetry error
不对称吸收谱带 asymmetric(al) absorption band
不对称烯属烃 unsymmetric(al) alkene
不对称膝折带 asymmetric(al) kinkband
不对称系数 coefficient of skewness; dissymmetry coefficient
不对称系统 asymmetric(al) system
不对称现象 asymmetry; skewness; dissymmetry; unsymmetry
不对称线 non-symmetric(al) line
不对称线路 non-symmetric(al) line
不对称小波痕 antiripple
不对称肖像散透镜 asymmetric(al) anastigmat
不对称效应 asymmetric(al) effect; unsymmetric(al) effect
不对称形粒子 anisodimensional particle
不对称形态 asymmetric(al) configuration
不对称形体 asymmetric(al) configuration
不对称形状 asymmetric(al) configuration
不对称型材 non-symmetric(al) section
不对称性 asymmetry; unsymmetry
不对称性分布 asymmetric(al) distribution
不对称性系数 asymmetric(al) coefficient
不对称性因数 anisotropy factor; dissymmetry factor
不对称选择聚合作用 asymmetric(al) selection polymerization
不对称压力 unsymmetric(al) pressure
不对称岩盖 asymmetric(al) laccolith
不对称异常 anti-symmetric(al) anomaly
不对称因子 dissymmetry factor
不对称有丝分裂 asymmetric(al) kar-

yokinesis;asymmetric(al)mitosis
不对称诱导 asymmetric(al)induction
不对称诱导共聚作用 asymmetric(al)induced copolymerization
不对称原子 asymmetric(al)atom
不对称圆盘 asymmetric(al) half disc [disk]
不对称运动 assymmetric(al)motion
不对称运行(状态) asymmetric(al) operation;unsymmetric(al) operation
不对称韵律 unsymmetric(al)rhythm
不对称载荷 anti symmetric(al)load
不对称噪扰电压 <线与地之间的> line-to-ground noise influence voltage
不对称折射器 asymmetric(al)refractor
不对称褶皱 asymmetric(al) fold(ing);unsymmetric(al)fold
不对称振荡 unsymmetric(al)oscillation
不对称振动 asymmetric(al)vibration
不对称振型 anti-symmetric(al) mode of vibration;asymmetric(al)mode
不对称振子 asymmetric(al)vibrator
不对称正面 asymmetric(al)facade
不对称制 unilateral system
不对称仲聚焦装置 asymmetric(al) parafocusing arrangement
不对称柱脚 unsymmetric(al)footing
不对称转录 asymmetric(al) transcription
不对称转盘 asymmetric(al) rotating disc[disk]
不对称转子 asymmetric(al)rotor
不对称状态 asymmetric(al)state
不对称阻抗 dissymmetric(al)impedance
不对称组合 asymmetric(al)array
不对称组抗 dissymmetric(al)impedance
不对路产品 unmarketable goods
不对题的 off the point
不对外国船开放的港口 closed harbo(u)r;closed port
不对外排水的闭合区域 non-contributing area
不对应位置 out-of-correspondence position
不对中 misalignment
不对准 disalignment;misalignment
不对准的 out of alignment
不对准直线 misalignment line
不兑换的货币 irredeemable currency
不兑换通货 blanket currency;inconvertible currency
不兑现 dishonour
不兑现公司债券 irredeemable loan stock
不兑现契约 inconvertible paper
不兑现纸币<美> fiat money
不二价 one price
不发达的 underdeveloped;undeveloped
不发达地区 less developed area;underdeveloped area
不发达国家 backward country;underdeveloped country
不发达区域 underdeveloped region
不发光 non-luminance
不发光导标 unlighted beacon
不发光的 non-luminous;unlighted;unlit
不发光浮标 day mark buoy;unlighted buoy
不发光航标 day beacon;day mark;day signal;unlighted navigation mark
不发光火焰 non-luminous flame
不发光体 non-luminous body
不发黄的 non-yellowing
不发黄显微物镜 non-browning micro objective
不发火<发动机或者炮> fail to fire;misfire
不发火地面 non-sparking floor
不发火花混凝土 sparkproof concrete
不发亮釉 opaque glaze
不发霉的 mildew-proof;mo(u)ld-proof
不发黏[粘]墨粉 non-tacky toner
不发泡交联凝胶 unfoamed cross linked gel
不发热的 apyretic;athermic
不发生故障的 trouble-proof
不发生位移的挡土墙 non-yielding retaining wall
不发行股票 non-issuance of stock certificates
不发音的 unsounded
不发荧光的电解液 non-fluorescing electrolyte
不发育 non-development
不发育的 ill developed;underdeveloped;undeveloped
不发粘干 dry tack-free;dry-to-non tacky;tack free
不法操作 malpractice
不法扣车 hold-up
不法贸易 wild trade
不法行为 delict;discrepance[discrepancy]; illegal act; malpractice;wrongful act;barratry<保险用语>
不法行为的责任 delictual liability
不翻浆的 non-frost heaving
不繁殖的 non-propagating
不反光的仪表盘 non-glare instrument panel
不反光仪表板 glare resistant panel
不反射玻璃 non-reflection glass
不反射的 non-reflecting;non-reflective
不反射光的 mat(te)
不反射画 non-reflecting surface;non-reflection surface
不反射膜 non-reflecting film
不反射涂膜 non-reflecting coating
不反跳 dead stroke
不反跳弹簧锤 dead-stroke hammer
不反相的 non-phase-inverting
不反相缓冲器 non-inverting buffer
不反应的 unreacted
不反应相 non-reaction phase;non-reactive phase
不反转的 non-reversible;non-reversing
不反转马达 non-reversing motor
不返回临界点<指航线临界点> point of no-return
不返回状态 non-return state
不返手柄 non-return handle
不泛黄的 non-yellowing
不泛黄聚氨酯树脂 non-yellowing polyurethane resin
不泛黄性 non-yellowing
不泛绿精元 ungreenable black
不方正 out-of-square
不防潮 non-moisture proof
不防腐的 unconservative
不防火洞口 unprotected opening
不防火建筑物 non-fireproof construction
不防火金属构造 non-fireproof metal construction
不防渗的 non-watertight
不防水的 non-watertight
不防水胶 dry-use adhesive
不妨碍的 unimpeded
不放回抽样方式 sampling scheme without replacement
不放回随机抽样 random sampling without replacement
不放射性 inactivity
不飞漆性 overspray fastness
不肥沃的 sterile
不沸腾式省煤器 non-steaming economizer
不分瓣阳极 heavy anode;non-split anode
不分层床 unstratified bed
不分层的 uncoursed;unstratified
不分层的滤床 unstratified filter bed
不分层方块(蛮)石圬工 uncoursed square rubble
不分层方块毛石圬工 uncoursed square rubble
不分层乱石圬工 uncoursed random rubble;uncoursed rubble masonry
不分层蛮石乱砌圬工 uncoursed random rubble
不分层毛石 uncoursed rubble
不分层毛石圬工 uncoursed rubble masonry
不分层石砌圬工 uncoursed masonry
不分层树型 non-stratified form
不分层型树冠 non-stratified crown
不分层(筑)圬工 broken range masonry
不分层琢石砌体 broken range ashlar
不分大小的 unsized
不分带的 azonal
不分带水 azonal water
不分挡调节 continuous regulation;stepless regulation
不分道 non-diversion
不分道转弯交叉口 unchannelized intersection
不分段气体激光管 non-segmented gas laser tube
不分割沉降法 non-fractionation sedimentation method
不分隔道路 undivided road
不分光红外气体分析器 non-light splitting infrared gas analyser[analyzer]
不分货物类别的运费率 freight-all-kinds rate
不分货种运输 freight all kinds
不分级别 non-graded system
不分级错 destaging error
不分级的 stepless;ungraded
不分级的骨料 ungraded aggregate
不分级堆石防波堤 rock-mound of run-of-quarry
不分级入选 composite feed
不分级入选给料 unclassified feed
不分级运费率 freight-all-kinds rate
不分节 amerism
不分节的 ameristic
不分开的代理融通 undisclosed factoring
不分开式扣件 direct fastening indiscrete fastener;non-separated rail fastener
不分开式曲轴箱 unsplit crankcase
不分开现象 non-disjunction
不分类存料 unclassified store
不分类的 non-sorted;unclassified
不分类的垃圾收集 collection of non-classified refuse;collection of unclassified refuse
不分类开挖 unclassified excavation
不分离的 true breeding
不分离光谱 stick spectra
不分离拉链 non-separating zipper
不分离离合器变速 clutchless gear change
不分离挖方 unclassified excavation
不分离现象 non-disjunction
不分裂能级 non-splitted level
不分流 non-diversion
不分流进样 non-splitted sampling
不分明拓扑 fuzzy topology
不分配的 dispensable
不分品种运价 freight all kinds
不分区的 azonal
不分散泥浆 non-dispersed mud
不分散体系 non-dispersed system
不分胜负的 quits
不分线公路 undivided highway
不分箱 in bulk
不分组回归模型 ungrouped regression model
不粉化船用漆 chalking resistant marine paint
不丰满的表面 hungry surface;starved surface
不风化 efflorescent-proof
不风化的 non-weathering
不封闭储集层 open reservoir
不封闭孔洞 unenclosed opening
不封闭楼梯 unenclosed stair(case)
不封闭室外楼梯 unenclosed exterior stair(case)
不封闭油气层 open reservoir
不封底标价 open bid
不封底井 open-bottomed well
不封缝 unsealed joint
不封锁换码 non-locking escape
不封锁移位符 non-locking shift character
不锋利的 blunt
不敷 deficit
不敷设管道的吊平顶 unserviced hung ceiling;unserviced suspended ceiling
不敷用生产能力 inadequate capacity
不服裁定上诉 appeal against finding
不服从 non-compliance
不服从行为 act of insubordinatioin
不服水土肿 edema due to unacclimatization
不服务时间 out-of-service time
不符报告 discrepancy report
不符规定使用 non-conforming use
不符规范 non-conforming
不符合 disagreement;lack of conformity;non-conform(ing);non-conformity; not conform to; discrepancy[discrepance]
不符合标准的 ungraded
不符合标准的地点 deficiency point
不符合城市规划的使用 non-conforming use
不符合道路设计原理的道路 anti-road
不符合的 incongruent
不符合规定使用 non-conforming use
不符合规定使用房屋的损坏 damages to non-conforming use
不符合环保要求的工艺 non-compliant technology
不符合技术规格样品 out-of-specification piece
不符合继电器 out-of-correspondence relay
不符合条件 mismatch condition
不符合同工程 non-conforming works
不符合质量印页 imperfect impression
不符顺序的运营 out-of-sequence services
不符值 discrepancy [discrepance]; misfit
不辐射 non-radiative
不辐射场 non-radiation field
不辐射的 non-radiating
不腐败性 incorruptibility
不腐的 stale-proof
不腐烂 without putrefaction

B

不腐蚀 freedom from corrosion; non-corroding
不腐蚀的 incorrosive; non-corrosive; unstainable
不腐蚀钢 non-corrosive steel
不腐蚀钎焊剂 activated rosin flux; non-corrosive flux
不腐蚀性 non-corrodibility
不腐性 imputrescibility
不付表决程序 no-vote procedure; no voting procedure
不付费(用)的 uncharged
不付款 in default of payment; non-payment
不付佣金 pay no commission
不负单独海损的保险 free from particular average
不负担的 non-supporting
不负担港口解冻的风险 first open water
不负风险 no risk
不负申报海滩费 free of reported casualty
不负责平舱费 free trimming
不负责任 irresponsibility
不附保留条件的承兑 clean acceptance
不附带条件的 untied
不附带条件的贷款 non-tied loan
不附带条件的费率 non-tied rate
不附带条件的购买 buy outright
不附带条件的提单 clean bill of lading
不附带条件的援助 untied aid
不附货运单据的汇票 bill unaccompanied by document
不附雷管药包 remaining cartridge
不附权利 <证券> ex all
不附条件的贷款 untied loan
不附条件的合同 bare contract
不附条件的债券 absolute bond
不附条件转让 absolute assignment
不附息票 ex coupon
不附着的 inadhering; non-coherent; non-cohesive
不复位定时装置 non-reset timer
不复原 non-restoring
不盖底 showing through
不干的 non-drying
不干净的空气 foul air
不干漆 after-tack
不干扰 non-interference
不干扰电话的发电机 telephonically silent generator
不干扰读出 undisturbed readout
不干涉 laissez-faire; non-interference; non-intervention
不干涉政策 hands-off policy
不干性密封剂 non-drying sealant
不干性油 non-drying oil
不干性油改性醇酸树脂 non-dry oil modified alkyd resin
不干预经济学 hands-off economics
不感潮的 non-tidal
不感潮港池 non-tidal dock; non-tide dock
不感潮河流 non-tidal river; tideless river
不感光的 blind; photostable
不高的 <建筑物> low-rise
不割断主导线的中心抽头 half-tap
不隔声的 not soundproof
不隔水的 non-watertight
不给料式燃烧 underfeed burning
不跟单汇兑 clean remittances of commercial paper
不跟单信用证 clean letter of credit
不耕地种植 zero till(age)
不工作齿侧 <齿轮的> coast side
不工作单元 dead-zone unit
不工作的 idle; inoperative; non-working; no-operating; out-of-gear; out-of-work
不工作电流 non-operating current; non-working current
不工作区(域) dead band; dead space; dead zone; neutral zone; silent zone
不工作日 day off
不工作塞孔 out-of-service jack
不工作时间 off-time; outage time
不工作位置 idle space; non-operative position; rest position
不工作织针 inactive needle
不工作值 non-operate value
不工作周期 null cycle
不工作装置 unequip
不工作状态 off position
不公开 privacy
不公开报价 non-public offering
不公开的 private; undeclared
不公开的代理 undisclosed agency
不公开的代理融通 undisclosed factoring
不公开的委托人 undisclosed principal
不公开拍卖 auction by tender
不公开审计 private audit
不公开招标 closed bid; limited bid
不公平 inequity; injustice
不公平待遇 inequities; rough deal
不公平的 inequitable
不公平的交易 wrongful dealing
不公平交换 inequitable exchange
不公平竞争 unfair competition
不公平名单 unfair list
不公正 inequity; injustice
不公正的 unfair
不公正的产品 unfair goods
不公正的分区规划 gerrymander
不公正的解雇 unfair dismissal
不公正的商业做法 unfair trade practices
不公正做法的罢工 unfair labor practice strike
不供暖的种植玻璃房 cold frame
不供暖房间 unheated space
不供座饮的小酒店 package store
不共存性 incompatibility
不共轭性 disconjugacy
不共格 incoherence
不共格的 incoherent; non-coherent
不共鸣的 non-resonant
不共心性 decentration; excentricity
不够标准的 raunchy
不够尺寸 fall short
不够尺寸的 scanty
不够大的 undersized
不够供应足够营养的湖泊 oligotrophic lake
不够紧密 defective tightness
不够整车的 less-than-carload; less-than-wagon-load
不够整车的发货 less-than-carload shipment
不够整卡车的 less-than-truckload
不够整卡车货物 less-than-truckload freight
不够整列车的 less-than-trainload
不鼓风燃烧 suction firing
不固定的 fluid; motive; non-stationary; unfixed; unset
不固定河槽 shifting channel
不固定混凝土找平层 floating concrete screed
不固定期限的抵押 open-end mortgage
不固定沙洲 casual bar; unfixed bar
不固定式用餐 unstructured dining
不固定输入 non-stationary input
不固定土壤 shifting soil
不固定振动 unstationary vibration
不固结不排水三轴剪切强度 unconsolidated-undrained triaxial shear strength
不固结不排水三轴抗压强度 unconsolidated-undrained triaxial compression strength
不固结不排水三轴试验 unconsolidated-undrained triaxial test; UU-test
不固结不排水三轴压力强度 unconsolidated-undrained triaxial compression strength
不固结不排水试验 unconsolidated-undrained test
不固结排水剪切试验 unconsolidated-drained shear test
不固结排水试验 unconsolidated-drained test
不固结土质 unconsolidated soil material
不顾血本地削价 predatory price cutting
不挂帆的帆船 bare poles
不挂帆的桅 bare poles
不挂机监视灯 permanent glow lamp; permanent loop lamp
不挂机音 permanent tone
不管点 don't-care point
不管损失是否已发生的条款 lost or not lost clause
不管愿意不愿意 willynilly
不管怎么样 willynilly
不管制的 unrestricted
不管装和卸 free in and out
不惯的 unaccustomed; unused
不灌浆的后张预应力 unbonded post-tensioning
不灌浆楔缝式锚杆 ungrouted slot-wedge bolt
不光彩 dishonour
不光滑的 harsh; mat(te); rough; unsmooth(ed)
不光亮的钢板 dull steel sheet
不归基准记录 non-return-to-reference recording
不归零编码 non-return-to-zero coding
不归零变化记录方式 non-return-to-zero change recording
不归零表示 non-return-to-zero representation
不归零操作 non-return-to-zero operation
不归零的 non-return-to-zero
不归零法 non-return-to-zero method; change on one method
不归零反相记录 non-return-to-zero inverted recording
不归零符号记录方式 non-return-to-zero mark recording
不归零记录法 non-return-to-reference recording; non-return-to-zero recording
不归零逻辑 non-return-to-zero logic
不归零脉冲 non-return-to-zero pulse
不归零式寻线机 non-homing finder
不归零位 non-homing type rotary switch
不归零遇一翻转记录 non-return-to-zero inverted recording
不归零制 non-return-to-reference; non-return-to-zero
不归零制标记记录 non-return-to-zero mark recording
不归零制记录(方式) non-return-to-zero recording
不归零制记录器 non-return-to-zero recorder
不归位的 non-homing
不归位机键 non-homing switch
不归位式导线机 non-homing finder
不归位式寻线机 <自动电话> non-homing switch
不归位调整系统 non-homing turning system
不归位旋转机键 non-homing type rotary switch
不归位寻线机 non-homing type line switch
不归属产品成本 non-inventoriable cost
不规定到期日的债券 irredeemable bonds
不规定用途的援助 free aid
不规划孔 irregular pore
不规律性 erratic behavio(u)r
不规则 abnormality; inconstancy; irregulation; rugosity
不规则岸边线 irregular coast
不规则岸线 irregular shoreline
不规则摆动 hunting vibration
不规则半日潮 irregular semi-diurnal tide
不规则背书人 irregular endorser
不规则泵送 irregular pumping; parasite pumping
不规则边(缘) broken edge; irregular edge
不规则变动 irregular fluctuation; irregular variation
不规则变化 irregular variation
不规则变化花纹 erratic stitch pattern
不规则变化使用荷载 irregularly varying service
不规则变量 irregular variable
不规则变星 irregular variable star
不规则变形 irregular deformation; irregular distortion
不规则表面 irregular surface
不规则表面反应 irregular surface reaction
不规则冰晶 irregular crystal
不规则波 irregular wave; random sea; random wave
不规则波发生器 irregular wave generator
不规则波列 train of irregular waves
不规则布置法 irregular arrangement method
不规则采区 irregular working
不规则层理 anomaly in stratification; irregular bedding
不规则层乱石 irregular-coursed rubble
不规则长度 irregular length; random length
不规则沉积 erratic deposition
不规则沉降 irregular settlement; irregular subsidence
不规则沉陷 irregular settlement; irregular subsidence
不规则成层毛石 irregular-coursed rubble; random coursed rubble
不规则程度 degree of irregularity
不规则传播 abnormal propagation
不规则床面 irregular floor
不规则磁矩 anomalous magnetic moment
不规则粗料石工程 random range ashlar
不规则的 abnormal; anomalistic(al); anomalous; chaotic; disorderly; fortuitous; non-isochromous; ragged; ruleless; sporadic; uneven; unmethodical; unsystematic(al); haphazard
不规则的斑点 irregular blotches
不规则的冰山 glacier(ice)berg
不规则的反射 random scatter(ing)
不规则的海底断层区 fracture zone
不规则的夯击 rampage

不规则的裂纹 irregular splitting
不规则的马赛克 random mosaic
不规则的脉冲形成 irregular pulsation
不规则的球 nodule
不规则的细裂缝 <混凝土、灰泥、塑料等的> craze crack
不规则的油水界面 irregular oil-water interface
不规则的振荡 hunting
不规则的周期性 irregular periodicity
不规则的资本流动 volatile capital flows
不规则灯光 irregular light
不规则底板 irregular bottom
不规则地磁场 irregular geomagnetic field
不规则地磁微脉动 irregular magnetic micropulsation
不规则地形 irregular topography
不规则地震反射结构 chaotic seismic reflection configuration
不规则掉格 erratic drift
不规则钉 barbed nail
不规则短期波动 irregular short-term fluctuation
不规则断口 irregular fracture
不规则断面 irregular(cross-)section
不规则堆放的 random-placed
不规则堆积 irregular stacking
不规则对流 irregular convection
不规则发火 erratic firing
不规则反射 irregular reflection;sporadic reflection
不规则反跳 irregular chattering
不规则方石 irregular square stone;random ashlar
不规则分布 irregular distribution;sporadic distribution
不规则分布的形成 randomization
不规则分布荷载 irregularly distributed load
不规则分布载荷 irregularly distributed load
不规则分离 irregular parting
不规则分量 irregular component
不规则粉末 irregular powder
不规则风区 irregular fetch
不规则复瓣状三角洲 irregular multilobate delta
不规则刚构 irregular rigid frame
不规则刚架 special rigid frame
不规则格式 scramble pattern
不规则格状水系 fault-trellised drainage;irregular grid drainage
不规则共生 irregular intergrowth
不规则共振散射 irregular resonance scattering
不规则共振吸收 irregular resonance absorption
不规则沟系统 <排水的> random ditch system
不规则骨料 irregular aggregate
不规则海岸 irregular coast
不规则海岸线 irregular coastline
不规则函数 erratic function
不规则河底 irregular bottom
不规则河曲 random meander
不规则河外星云 irregular anagalactic nebula
不规则河湾 irregular bend;random meander
不规则核反应 irregular nuclear reaction
不规则荷载 abnormal load;erratic load;erratic loading;irregular load
不规则荷载序列 irregular loading sequence
不规则褐铁矿脉 rake
不规则横断面 irregular cross-section
不规则花叶花纹 strand ground
不规则花园 irregular garden
不规则滑动面 irregular slip surface
不规则化 randomization
不规则环流分布 arbitrary circulation distribution
不规则辉光放电 abnormal glow
不规则混凝 irregular coagulation
不规则混凝土块体护面 irregular concrete block armo(u)r
不规则基土 erratic subsoil;irregular subsoil
不规则畸变 anemorphic distortion;fortuitous distortion;irregular distortion
不规则激发曲线 irregular excitation curve
不规则集合 irregular collective
不规则集料 irregular aggregate
不规则几何形状 random geometry
不规则加载 irregular loading
不规则尖峰 irregular spiking
不规则尖锐山脊 <冰雪面上风蚀成的> skavler
不规则间距 random spacing
不规则剪绒地毯 random-sheared carpet;random-sheared rug
不规则件压纹压印机 cecos tamp
不规则建筑 haphazard building
不规则交叉卷绕络筒机 random cross winder
不规则接触面 irregular contact face
不规则节点 irregular node
不规则结构 chaotic structure;irregular structure
不规则截面 irregular section
不规则介子衰变 irregular meson decay
不规则界面散射 scattering by irregular interface
不规则金属淀积 treeing
不规则晶体 irregular crystal
不规则井斜 random deviation
不规则井眼 irregular(bore)hole;rough borehole
不规则开裂 irregular crack;random crack(ing);zigzag crack
不规则颗粒 irregular particle
不规则颗粒形状 irregular particle shape
不规则孔隙度 irregular porosity
不规则矿体 irregular ore body
不规则框架 irregular frame
不规则粒状骨料 irregular particle shape of aggregate
不规则粒状集料 irregular particle shape of aggregate
不规则连接 random connection
不规则链增长 disordered chain propagation
不规则料 random material
不规则裂缝 irregular crack;random crack(ing);zigzag crack
不规则裂纹 irregular crack;random crack(ing);zigzag crack
不规则裂隙 irregular fissure
不规则流动 random flow
不规则流体运动 irregular motion of flowing fluid
不规则流褶皱 irregular flow fold
不规则轮廓 irregular contour
不规则螺纹 drunken thread
不规则脉 arrhythmic pulse;irregular pulse
不规则脉动 irregular fluctuation;irregular pulsation;turbulent fluctuation
不规则毛石 irregular rubble;random rubble
不规则毛石路面 irregular rubble paving;random rubble paving
不规则毛石铺面 irregular rubble paving;random rubble paving
不规则毛石砌体 irregular rubble masonry;random rubble masonry(work);random stone work
不规则毛石山墙 irregular rubble gable
不规则煤层 wandering coal
不规则弥散 anomalous dispersion
不规则密堆积 irregular close packing
不规则面不连续 trachy discontinuity
不规则面不整合 trachy unconformity
不规则模式 scramble pattern
不规则磨损 irregular wear
不规则木瓦 random shingle
不规则内节点 irregular interior node
不规则农场 abnormal farms
不规则排列 arrangement without system;irregular arrangement;random arrangement;random array;random spacing
不规则跑道 irregular course
不规则喷吹玻璃棉 nodulated blowing wool
不规则偏差 irregular deviation;irregular variation
不规则偏转 irregular deviation
不规则漂移 anomalistic(al)drift;irregular drift
不规则坡度 irregular pitch
不规则坡度屋顶 odd-pitch roof
不规则铺层 irregular course
不规则铺路小石 irregular paving sett
不规则铺面毛石 irregular paving rubble
不规则铺面石板 irregular flagstone
不规则谱线移 irregular spectral line shift
不规则砌层 irregular course
不规则砌合的 uncoursed uncoupling
不规则奇点 irregular singular point
不规则起伏 irregular fluctuation;random fluctuation
不规则气象干扰 irregular meteorological disturbance
不规则砌层 irregular course
不规则砌缝 broken bond
不规则砌合 random bond
不规则砌铺路面 random paving
不规则砌筑(法) skintled brickwork
不规则牵伸 random draft
不规则球面三角形 scalene spheric(al)triangle
不规则区 region of disorder
不规则区间 irregular interval
不规则曲流 random meander
不规则曲线(规) irregular(French) curve
不规则趋势 irregular trend
不规则渠道 irregular channel
不规则取向 disordered orientation;irregular orientation
不规则缺陷 random defect
不规则燃烧 erratic combustion;irregular combustion
不规则热 irregular fever
不规则刃形错位 irregular edge dislocation
不规则日潮 irregular diurnal tide
不规则入土深度 irregular depth
不规则三角网法 scalene triangle network method
不规则三角形 scalene triangle
不规则散光 irregular astigmatism
不规则散射 irregular scattering
不规则散射截面 irregular scattering cross-section
不规则色散 irrational dispersion
不规则砂层 casual sands
不规则砂目凹版网屏 irregular grain gravure screen
不规则熵增加 irregular entropy increase
不规则生长率 irregular growth rate
不规则剩余 irregular remainder
不规则失真 fortuitous distortion;irregular distortion
不规则石板 random slate
不规则石工 random work
不规则石香肠 irregular boudin
不规则石钟乳 anemolite;helictite
不规则式设计 informal design
不规则输入数据 fluctuating data
不规则水系 disrupted drainage system
不规则水下礁 bank reef
不规则四边形 irregular quadrilateral;trapeze <美>;trapezium[复 trapopia/trapeziums] <美>;trapezoid <英>
不规则四边形的 <英> trapezoidal
不规则松冰团 sludge lump
不规则特征 atypical characteristic
不规则体 irregularly shaped body
不规则天然河流 irregular natural stream
不规则填方 random fill
不规则条纹 irregular fringe;random fringe;random stripe
不规则跳动 random jump
不规则庭园 informal garden;irregular garden
不规则停车 haphazard parking
不规则停车排列 haphazard parking arrangement
不规则同步 random synchronizing
不规则图案 irregular pattern;random pattern
不规则图形 irregular figure
不规则土层 erratic subsoil
不规则土层剖面 erratic soil profile
不规则湍流 rough turbulence
不规则外形 irregular contour;irregular profile
不规则网络 irregular network;scramble network
不规则网络学说 random network theory
不规则网状裂缝 pattern crack(ing)
不规则微脉动 irregular micropulsation
不规则卫星 irregular satellite
不规则位错 irregular dislocation
不规则温度变化 irregular temperature variation
不规则纹理 irregular grain;random grain
不规则紊流random turbulence;rough turbulence
不规则屋面板 <等长不等宽> random shingle
不规则误差 erratic error;irregular error;irregulation error
不规则系数 coefficient of irregularity;irregularity coefficient
不规则细裂 irregular checking
不规则显示 random indication
不规则显性 irregular dominance
不规则线圈 irregular winding;mush winding;random winding
不规则相位变化 irregular phase change
不规则镶板 random paneling
不规则镶嵌 random pattern
不规则镶嵌的钻头 random set bit
不规则像散 irregular astigmatism
不规则小堰 irregular weir
不规则斜角缝【建】irregular miter[mitre]
不规则谐振动 irregular harmonic vi-

bration
不规则信号 random signal
不规则星系 irregular galaxy
不规则星云 diffuse nebulae; irregular nebulae
不规则形锉刀 anomaly file
不规则形的 off the form
不规则形开裂 irregular pattern type cracking
不规则形坑 irregular depression
不规则形状 irregular configuration; irregular shape
不规则形状技术 random geometry technique
不规则形状接缝 scribed joint
不规则形琢石块 broken range ashlar
不规则型 irregular type
不规则型气孔 anomocytic type of stoma
不规则形式 irregular pattern; random pattern
不规则型位错 irregular edge dislocation
不规则性 irregularity; randomness; unregularity
不规则性修匀 smoothing of irregularities
不规则性指数 irregularity index
不规则修琢的粗料石 random tooled ashlar
不规则淹没率 irregular annihilation rate
不规则岩层 irregular rock formation; irregular rock stratum
不规则演替 anomalous succession
不规则堰 irregular weir
不规则洋流 variable current
不规则移圈 random-loop transferring
不规则油藏 irregular pool
不规则语句 abnormal statement
不规则园林 informal garden
不规则运动 chaos motion; chaotic motion; irregular movement; random motion
不规则造波机 irregular wave generator
不规则噪声 random noise
不规则折叠 irregular folding
不规则折叠面 disordered fold surface
不规则折射 irregular refraction
不规则褶皱 irregular fold
不规则阵列 irregular array
不规则阵痛 irregular labor pains
不规则振荡 irregular oscillation; random vibration
不规则振动 Gaussian random vibration; hunting (vibration); irregular vibration; random vibration
不规则指数 irregular index
不规则致密纤维结缔组织 irregular dense fibrous connective tissue
不规则滞后 anomalous lag
不规则周期 irregular cycle
不规则轴波导 irregularly wave axis guide
不规则注水井网 irregular flood pattern
不规则状结构面 irregular-shaped discontinuity
不规则状结核 irregular-shaped nodule
不规则状矿体 irregular-shaped orebody
不规则琢石 broken ashlar
不规则琢石圬工 broken ashlar masonry
不规则自转 irregular rotation
不规则纵断面 irregular profile
不规则阻挡物【港】query-random blockwork
不规整地质图图幅 non-standard sheet of geologic(al) map
不规整渐伐 irregular shelter wood system
不过端 not-go side
不过端短节 no-go nipple
不过端量规 no-go ga(u)ge
不过端丝扣规 no-go-ga(u)ge
不过量规 go-no-go ga(u)ge
不过水堤 nonoverflow embankment
不过水丁坝 non-overflow groin
不含玻璃相的熟料 glass-free clinker
不含处理剂的纤维 bare fiber
不含氮的 unazotized
不含氮树脂 non-nitrogen resin
不含芳烃 aromatic-free
不含芳烃石蜡油 aromatic-free white oil
不含粉尘的 free from dust
不含共保条款的保险单 flat policy
不含糊的 unambiguous
不含糊地 unequivocally
不含化合物的贝塔合金 compound-free beta alloy
不含灰的 ash-free
不含灰分煤 ash-free coal
不含碱 alkali-free
不含金废石 buckstone
不含金属的 metal-free
不含浸润剂的玻璃纤维 bare glass fiber
不含酒精 alcohol-free; soft
不含矿的岩石 goaf
不含矿物的 barren
不含矿岩石 gob
不含蜡石油 non-paraffinous oil; non-waxy crude
不含蜡原油 non-waxy crude
不含沥青 asphalt-free
不含沥青油料 asphalt-free oil
不含磷酸盐洗涤器 phosphate-free detergent apparatus
不含木浆的纸张 woodfree paper
不含黏[粘]结剂型砂 unbonded sand
不含气的 gas-free
不含气的水 degassed water
不含气体的 gas-free
不含溶剂的 solvent-free
不含熔渣的 slag-free
不含石膏 gypsum-free; gypsum-less
不含时微扰 time-independent perturbation
不含树脂质 resin-free
不含水(分)的 moisture-free
不含水化学品 dry chemicals
不含水流体 non-aqueous fluid
不含水原油 water-free oil
不含四乙铅的 lead-free
不含酸的 free from acid
不含酸类的 non-acid
不含酸油品 acid-free oil
不含碎玻璃的配合料 cullet-free batch; raw batch
不含碳的 carbon-free
不含铁的 non-ferrous
不含铁合金 non-ferrous alloy
不含硝化甘油炸药 non-nitroglycerine explosive
不含盐分的冰 fresh ice
不含氧的 oxygen free
不含油的 non-oily
不含油的天然气 unassociated gas
不含油品 water-free product
不含油脂 grease free
不含铀(块)石墨 dead graphite
不含有机物的流出物 organo-free effluent
不焊合的 non-welding
不焊合性 non-welding character
不焊连接 solderless joint
不好管小农经济 hard to manage the small peasant economy
不好看的成品 Hag's tooth
不耗费的 inexpensive
不合比例 disproportion
不合标准 non-standard
不合标准的 not up to standard; off-standard; underproof(ed)
不合标准的木纹瓦 bastard-grain shingle
不合标准的润滑油 refuse oil
不合标准地块 substandard lot
不合标准电压 off-standard voltage
不合标准房屋 substandard building
不合标准项目 substandard project
不合标准住房 substandard housing
不合并计算的投资 unconsolidated investment
不合并计算碇泊期限 non-reversible laydays; non-reversible laytime
不合尺寸的 off-size
不合冲双切线【数】asyzygetic bitangents
不合法代码 illegal code
不合法的层名 invalid layer name
不合法的窗口说明 invalid window specification
不合法的点 invalid point
不合法的界限 invalid limits
不合法的块名称 invalid block name
不合法的视图名称 invalid view name
不合法的无名块 invalid anonymous block
不合法的线性名称 invalid linetype name
不合法的选择 invalid selection
不合法开支 backdoor spending
不合法绕航 unlawful deviation
不合法数字 forbidden digit
不合法诉讼 abuse of process
不合法指令检验 illegal-command check
不合法字符 illegal character
不合格 below grade; come short of the mark; disqualification; disqualify; fall short of the mark; non-conforming; off-grade
不合格板 off-ga(u)ge plate
不合格玻璃 off-grade glass
不合格部件 rejected parts
不合格材料 over-sized material; rejected material; undesirable material
不合格材料报告 defective material report
不合格产品 disqualified product; off-grade; off-test product; subquality product; unaccepted product
不合格产品百分率 fraction defective
不合格的 below proof; off-grade; off-specification; below grade; brack; cull; hors concours; improper; incompetent; ineligible; off-ga(u)ge; substandard; underproof(ed); ungraded; unqualified
不合格的材料 over-size material
不合格的处置 disposition of non-conformity
不合格的带材 off-ga(u)ge strip
不合格的海绵金属 off-grade sponge
不合格的货物 disqualified goods
不合格的石油产品 slop
不合格的水 below-grade water
不合格的铁条 below-grade iron bar; below proof bar iron
不合格的维护 incompetent attendance
不合格的氧化铝 off-grade alumina
不合格的银行承兑汇票 ineligible acceptance
不合格的印张 cancelled leaf
不合格废品 below proof
不合格钢 unsound steel
不合格个数 rejection number
不合格工程 defective works; non-conforming works; rejection work
不合格管 nonconformity
不合格管路 slop line
不合格轨枕 cull sleeper; cull-tie
不合格海绵金属 off-grade sponge
不合格混凝土 defective concrete; faulty concrete
不合格活计 defective works
不合格货币 unfit currency
不合格接头 defective coupling
不合格金属 off-grade metal
不合格绝缘子 faulty insulator
不合格零件 rejected parts; substandard parts
不合格馏分 slop cut
不合格率 fraction defective; percent defective; rejection rate
不合格判定数 rejection number
不合格票据 ineligible bills
不合格品 defective goods; defective item; defective unit; non-comforming article; nonconformance; reject; subquality product; unacceptable product
不合格品率 percent defective
不合格品率控制图 defective number chart; defective rate chart
不合格区 <空气污染> non-attainment area
不合格熔炼(炉次) diverted heat; missed heat; off-grade heat
不合格商业票据 non-eligible commercial paper
不合格商业票证 ineligible commercial paper
不合格石油产品 slop oil
不合格试件 failed test piece
不合格水泥 defective cement
不合格套管座 poor casing seat
不合格铁 off-grade iron
不合格物品 disqualified goods
不合格线对 defective
不合格氧化铝 off-grade alumina
不合格银行汇票 non-eligible bank bills
不合格油料 slop oil
不合格油料储罐 bad oil tank; slop tank
不合格域 zone of preference for rejection
不合格折贴 imperfection
不合格枕木 culls
不合格证明 unqualified certificate
不合格纸 odd sheets
不合格质量水平 rejectable quality level; rejection quality level
不合格铸件 rejected casting
不合格砖泥 foul clay; plastic clay; pure clay; strong clay
不合惯例的 illegitimate
不合规定 below proof; not conform to the rules
不合规定尺寸的 out-of-size
不合规定的骨料 irregular aggregate
不合规定的集料 irregular aggregate
不合规定的润滑 faulty lubrication
不合规定的钻孔 faulty drilling
不合规范的 off-specification
不合规格 fall short of the specifications
不合规格产品 off-specification goods
不合规格的 off-size
不合规格的混凝土 faulty concrete
不合规格的铁条 merchant bar iron
不合规格的物料 off-specification ma-

terial
不合规格样品 failed test sample
不合规矩 out of plumb
不合规则的 unchartered
不合规章的股份公司 bogus stock company
不合国情的 out of keeping with a country's tradition; unconformable to national conditions
不合乎需要的 unqualified; unsuited to needs
不合季节的 unsearchable
不合矿岩体 barren intrusive body
不合理 absurdity; illegitimate; irrationality; paradoxical
不合理布局 irrational layout; irrational location
不合理布置 irrational layout
不合理裁决 unconscionable award
不合理的 absonant; absurd; irrational; preposterous; unjustifiable; unreasonable
不合理的差别待遇 unjust discrimination
不合理的工具变量 illegitimate instrumental variable
不合理的规章制度 unreasonable rules and regulation
不合理的利率 unreasonable interest rate
不合理的危险 unreasonable risk
不合理的运价 unreasonable rate
不合理的整地 inadequate soil tillage
不合理价格 unfair price; unreasonable price
不合理库存 irrational stock of goods
不合理税收 unreasonable taxation
不合理误差 illegitimate error; irrational error; unreasonable error
不合理削坡 unreasonable cutting slope
不合理需求 unreasonable demand
不合理要求 unreasonable requirement
不合理运输 irrational haulage; irrational transport
不合理运输占总装车数百分率 percent of wagon loading of irrational transport to total wagon loadings accomplished
不合理运送 irrational forwarding
不合理组合 spread
不合逻辑 illegitimate
不合逻辑的 illogic(al); spurious
不合逻辑的推论 paralogism
不合拍 out-of-step
不合契约的工作 non-conforming works
不合色样 incorrect match
不合时 out of season
不合时的 untimely
不合时令的 unsearchable
不合时令的霜冷 untimely frost
不合时宜的 timeless
不合适 inconformity; lack of fit
不合适的 improper; inappropriate; off-key; unbecoming; unmeet; unsuitable
不合适的对准 in proper alignment
不合适电流 objectionable (flow of) current
不合适装饰 pastiche; postique
不合算的 non-paying; profitless; unremunerative
不合要求 counter condition
不合要求的变形 undesirable deformation
不合饮用水 non-potable water
不合用程度 unserviceability
不合用的 inserviceable; unserviceable
不合用工具 defective tool
不合作的 non-cooperative; uncooperative
不和谐 discord; dissonance; inharmony; out of tune
不和谐的 absonant; discordant; tuneless
不和谐排列 discordance permutation; discordant permutation
不和谐说 dissonance theory
不和谐性 discordance
不和谐样本 discordant sample
不和谐值 discordant value
不荷载弦杆 unload chord
不荷重的 unstressed
不恒等的 non-identical
不恒等性 non-identity
不恒定 non-constant
不恒定波 unsteady wave
不恒定非均匀流 unsteady non-uniform flow
不恒定空穴 unsteady cavity
不恒定流型 unsteady flow pattern
不恒定阻力 unsteady drag
不互溶的 immiscible
不互溶液体 immiscible liquid; mutually non-soluble liquid
不互通叉形立体交叉 grade separated fork junction
不互通环形立体交叉口 grade-separated roundabout junction
不互通交叉点网络 incompatible crosspoint
不互通喇叭形立体交叉口 trumpet junction
不互通立交桥 grade-separated junction
不互通立(体)交(叉) grade separation
不互通立体交叉口 grade-separated junction
不互通菱形立体交叉口 grade-separated diamond junction
不互相响应 non-interacting
不互相影响 non-interacting
不互相影响控制 non-interacting control
不花钱的 costless
不滑表面 non-skid surface
不滑的 non-skid; non-slip
不滑动的 non-skid
不滑动踏步及瓦片 altro
不滑动位错 sessile dislocation
不滑动叶片泵 non-sliding vane pump
不滑路 no skid road
不滑路面 no(n)-skid pavement; no(n)-skid surface; no(n) skid road
不滑特性 non-skid quality
不滑移 non-slipping
不滑移的 non-slippery
不换性齿系 monophyodont
不灰木 mountain wood
不恢复除法 non-restoring division
不恢复法 non-restoring method
不挥发 fixed
不挥发部分 non-volatile portion
不挥发残留物 non-volatile residue
不挥发成分 non-volatile component; non-volatile content
不挥发的 non-volatilization
不挥发的溶胀剂 non-volatile swelling agent
不挥发固体 fixed solids
不挥发燃料 non-volatile fuel
不挥发润滑剂 non-volatile lubricant
不挥发物含量 non-volatile content
不挥发物质 non-volatile matter
不挥发稀释剂 non-volatile diluent
不挥发性 fixedness; fixity (involatile); non-volatility
不挥发性半导体存储器 non-volatile semi-conductor memory
不挥发性燃料 non-volatile fuel
不挥发性试样 involatile sample
不挥发性酸 fixed acid; non-volatile acid
不挥发性调漆料 non-volatile vehicle
不挥发性烃 non-volatile hydrocarbon
不挥发性物质 involatile substance; non-volatile substance
不挥发性油 fixed oil
不挥发性展色剂 non-volatile vehicle
不挥发悬浮固体 fixed suspended solids
不挥发油 expressed oil; non-volatile oil
不挥发油类 non-volatile oils
不挥发载色剂 non-volatile vehicle
不挥发组成 non-volatile component
不回到起点测站的导线 open traverse; open traverse
不回阀 non-return valve
不回收的 expendable
不回收的包装 disposable packaging; expendable packaging
不回收的撑垫木材 non-coverable timber
不回收的浮标 expendable buoy
不回收的木支撑 non-coverable timber
不回收集装箱 single trip container
不回收拉杆 non-recoverable tie
不回收式仪器 expendable instrument
不回收式制冷系统 expandable refrigerant system
不回置抽样 sampling without replacement
不回转的 non-return; non-rotating
不洄游的 non-migratory
不会打拧的绳 non-rotating rope
不会堵塞的筛 non-clogging screen
不会燃烧的 uninflammable
不会缩小的 unshrinkable
不会污染的 stainless
不混合的 immiscible; unassorted; unmixed
不混合度 unmixedness
不混合间隙 immiscibility gap
不混合区 immiscible range
不混合溶媒剂 immiscible solvent
不混合性 immiscibility
不混溶 unmixing
不混溶包裹体 immiscible matter bearing inclusion
不混溶的 immiscible
不混溶区 immiscible range; immiscible region
不混溶驱替 immiscible displacement
不混溶溶剂 immiscible solvent
不混溶溶液 immiscible solution
不混溶相 immiscible phase
不混溶性 immiscibility
不混溶液体 immiscible liquid
不混溶液液对 immiscible liquid-liquid pair
不混水培养基 water-immiscible medium
不活动 deactivation; inaction; inertia
不活动板块 inactive plate
不活动边缘盆地 inactive marginal basin
不活动冰川 inactive glacier
不活动部分 inactive portion
不活动挡 <阀门分配机构> passive catch
不活动的 inactive; motionless; sluggish
不活动的木节 sound knot
不活动断层 inactive fault; passive fault
不活动断块 passive fault block
不活动节点 inactive node
不活动期 craticular stage; inactive period; inactive stage
不活动区 inactive region
不活动生活 asthenobiosis
不活动性 inactivity
不活动页 inactive page
不活动元素 immobile element; inactive element
不活动站 inactive station
不活动账户 dormant account; inactive account
不活动状态 inactive state
不活泼 inaction
不活泼的 inactive; inert; nulvalent; unreactive
不活泼气体 inactive gas
不活泼状态 inactive state
不活跃 inaction
不活跃锋 inactive front; passive front
不活跃公司 dormant company
不活跃市场 thin market
不活跃水驱 inactive water drive; weak aquifer influence
不击舟 immovable pleasure boat
不积算条款 non-cumulative clause
不积雪(随化)区 <中国北纬 23°以南> snow limit
不激活 deactivation
不及概率 probability of non-exceedance
不及平均值 below average
不及时的摘钩 belated uncoupling
不极化电极 unpolarizable electrode
不极化归零记录(法) non-polarized return-to-zero recording
不挤凸的 non-extruding
不挤凸的填缝料 non-extruding joint filler
不挤凸性 non-extruding nature
不计报酬 money no object; without consideration of salary
不计残值 ignoring residual value
不计次的呼叫 non-registered call
不计杆重的有锚杆 exstock anchor
不计及 leave out of account; take no account of
不计价 without charges; without cost; without obligation
不计价土方量 waste yardage
不计利息 free of interest
不计量的 non-metering
不计列所得额 exclusion from income
不计列应缴税所得额 exclusion from taxable income
不计列资产 unadmitted assets
不计名保单 blank policy
不计上部附件时的尺寸 stripped top
不计烧失量 ignition free
不计息的 interest free
不计养恤金的补助费 non-pensionable supplements
不计养恤金的服务期间 non-pensionable service
不计折旧的 nondepreciable
不记录的 non-registering
不记名背书 blank endorsement; blank indorsement; general endorsement [indorsement]
不记名资产 impersonal assets
不加标识的商品测验 blind test
不加撑的 unbraced; unshored
不加费运程 free haul
不加费运距 free-haul (distance)
不加费运土方 free-haul yardage
不加固的 unreinforced
不加管制的 uncontrolled
不加荷运转 free running
不加荷载的运转 free running; run-

ning free
不加劲构件 unstiffened member
不加拉力的 non-tensioned
不加气混凝土 non-air-entrained concrete
不加铅汽油 unleaded gasoline
不加铅辛烷值 clear octane number
不加区别 indiscrimination
不加区别的 undiscriminating; undistinguished
不加权的 non-weighted
不加权方差分析 unweighted analysis of variance
不加权回归分析 unweighted regression analysis
不加权信噪比 unweighted signal-to-noise ratio
不加燃料时间 non-refueling duration
不加热的 cold
不加热的暖房 unheated greenhouse
不加热的温室 unheated greenhouse
不加热管线 unheated line
不加热炉 black furnace
不加热黏[粘]胶剂 no-heat adhesive
不加热黏[粘]性物质 no-heat adhesive
不加热污泥消化池 non-heated sludge digestion tank
不加热应用 cold applied
不加饰面的钢筋混凝土 reinforced exposed concrete
不加套管穿越 uncased crossing
不加温消化 cold digestion
不加限制的贷款 non-tied loan
不加压的 non-pressure; non-pressurized; unpressurized
不加压焊接 non-pressure welding
不加压铝热剂焊接 non-pressure thermit welding
不加压热剂焊缝 non-pressure thermit weld
不加压太阳能热水器 non-pressurized solar water heater
不加压煮炼 open kier boiling
不加颜料的 unpigmented
不加颜料的冷水溶性涂料 unpigmented cold water paint
不加颜料的水溶性涂料 unpigmented water-carried paint
不加油 non-refuelling
不加油轴承 oilless bearing
不加运费的土方量 free-haul yardage
不加载天线 unloaded antenna
不加张力的 non-tensioned
不加遮盖 leave open
不加支撑 unbrace
不加装饰的拱 dry arch
不加装修的门洞 plaster arch
不坚定的 unstable
不坚固 unsoundness
不坚固的 unsound; unstable; unsubstantial; walt
不坚固接头 unsound joint
不坚固木结 unsound knot
不坚牢色 false colo(u)r
不坚实的 incompetent; unsound
不坚实岩层 incompetent rock
不坚硬土壤 hover ground
不间断 unremittancer
不间断变速传动 continuously variable transmission
不间断波 non-breaking wave
不间断车流 uninterrupted traffic flow
不间断车流量 uninterrupted flow capacity
不间断的 continuous; non-stop; trouble-free; trouble-proof; unremitting; uninterrupted
不间断电力系统 uninterrupted power system; uninterruptible power system
不间断电源 uninterruptable power system; uninterruptible power supply
不间断电源设备 no-break power unit
不间断服务 continuous service; uninterrupted service
不间断工作 non-stop run
不间断工作方式 uninterrupted duty
不间断供电 uninterrupted power supply
不间断供电电源 uninterrupted power supply source
不间断供电系统 continuous power system
不间断供给 non-interruptible supply
不间断校对距离 sequential collation of range
不间断控制 uninterrupted control
不间断审理原则 principle of uninterrupted trial
不间断行车 uninterrupted working
不间断行程时间 uninterrupted travel time
不间断性 incessancy; unremittance
不兼容 incompatible
不兼容参数 incompatible parameter
不兼容计算机 incompatible computer
不兼容交叉点 incompatible cross-point
不兼容数据 incompatible data
不兼容问题 incompatibility problem
不兼容性 incompatibility; non-compatibility
不兼容终端 incompatible terminal
不减函数 non-decreasing function
不减量传导 decrementless conduction
不减数分裂 <细胞> am(e)iosis
不减衰传导 non-decremental conduction
不减压潜水 no-decompression dive [diving]
不减压向上巡潜 no-decompression excursion
不减压向上巡潜极限 no-decompression excursion limit
不剪绒的圈绒地毯 uncut loop carpet
不见阳光的 unsunned
不建满房屋的地区 non-built up area
不健康 ill-health; morbidity
不健康的 ill-thriven; unhealthy
不健康需求 unwholesome demand
不健康状态 unhealthy condition
不健全的 unsound
不健全木节 unsound knot
不健全水泥 unsound cement
不健全性 unsoundness
不健全者 defective
不讲方法的 unmethodical
不讲经济效果 neglect of economic performance
不降落电势 drop-free potential
不交叉对比原则 non-crossing correlation rule
不交叉规则 non-crossing rule
不交合 incongruence; incongruity
不交换 non-exchange
不交换信息对策的扩充 extension of game without exchange of information
不交换性 interchangeability
不交货及短少险 non-delivery and shortage risk
不交轴光线 skew ray
不胶结带 loosened zone
不胶结岩石 incoherent rock
不搅拌车 non-agitating truck; non-agitating unit
不搅动滤池 filter without agitation
不接 non-connection
不接岸防波堤 detached breakwater
不接触 divorcement; non-contact; not in contact; no touch; stand clear
不接触的 discontiguous
不接触光纤 non-contacting fiber [fibre]
不接触回路法则 non-touching loop rule
不接触活塞 non-contact piston
不接触检测 non-contact ga(u)ging
不接触量规 non-contact ga(u)ge
不接触面 non-contact face
不接触式表面轮廓分析仪 non-contact surface contour analyser [analyzer]
不接触式核子密度计 non-contact nuclear densimeter
不接触式红外辐射湿度计 non-contact radiation infrared hygrometer
不接触式温度计 non-contact thermometer
不接触式振动监测器 non-contact vibration monitor
不接地 freedom from ground connection; unearth
不接地的 earth-free; non-grounded; ungrounded
不接地的中线 insulated middle wire
不接地电桥 ungrounded bridge
不接地电压互感器 unearthed voltage transformer
不接地电源 insulated supply system
不接地供电系统 ungrounded supply system
不接地供电制 insulated supply system
不接地系统 earth-free system; isolated neutral system; ungrounded system
不接地制 insulated system; ungrounded system
不接地中点 insulated neutral
不接地中线系统 non-ground(ed) neutral system
不接地中线制 non-ground(ed) neutral system
不接地中性线 floating neutral; insulated neutral
不接口陶土排水管 open joint tile drainage pipe
不接收 non-acceptance
不接受 inadmissibility
不接受报价 decline an offer; reject an offer
不接受承兑 non-acceptance
不接受呼叫信号 call not accepted signal
不接双星 detached binary
不接通 disconnect
不节约 improvidence
不洁钢 dirty steel
不洁公债 dirty bond
不洁光学装置 dirt optics
不洁货物 dirty cargo
不洁检疫证书 foul bill of health
不洁收据 foul mate receipt
不洁水 impure water
不洁提单 claused bill of lading; dirty bill of lading; foul bill of lading
不洁物 impurity
不洁雾 Callao painter; painter
不洁油轮 dirty tanker
不洁源流 <饮用水系统的> back-flow
不洁装货单 foul shipping order
不结冰的 ice-free
不结成水垢的化合物 non-scale forming compound
不结冻盘管 non-frost coil
不结垢的 non-scaling
不结果实枝 sterile shoot; unproductive growth
不结合 debond
不结合的 uncombined
不结汇 no-exchange surrender(ed)
不结汇输出 no-draft export
不结汇输入 no-draft import
不结焦 non-coking
不结焦煤 non-coking coal; non-baking coal; yolk coal
不结焦烟煤 free-burning coal
不结晶的 non-crystallizable; non-crystallized; structureless
不结块的 non-caking
不结块的炭黑 non-caking black
不结盟国家 non-aligned country; unaligned country
不结盟政策 non-aligned policy
不结实的 acarpous; incompact
不结实的包装 insufficient packing
不结实树 non-bearing tree
不结实性 sterility
不结霜的 non-frost-active
不结霜的砖 non-frost-active(clay) brick
不结霜盘管 non-frost coil
不结水垢的 non-scale
不结雾涂层 non-fogging coating
不结转的年终预算结余 unobligated balance
不截留的 untrapped
不解冻的 thawless
不解释名 uninterpreted name
不借债 keep out of debt
不紧凑装载 loose stowage
不紧密 clearance leakage
不紧密的 incompact; untight
不紧密接触 gapping
不谨慎的 unwary
不尽的数 irrationality
不尽根【数】surd(root)
不尽根数【数】radical; surd number
不尽责 defection
不进入子程序的编码程序 in line code
不进坞检修 afloat repair; in-water maintenance; wet docking
不进坞检修设备 in-water maintenance facility; wet-docking facility
不进坞修理 light repairs afloat
不进坞验船 in-water survey
不浸漆金属膜纸介电容器 non-lacquer metallized paper capacitor
不浸润金属 non-wetting metal
不浸透性 impermeability
不经煅烧的黏[粘]土 unfired clay
不经法庭而直接出售的抵押品 non-judicial foreclosure sale
不经过煅烧的砖 unfired brick
不经过市镇的公路 townless highway
不经济 diseconomy; improvidence; uneconomicalness
不经济坝址 uneconomic site
不经济的 off-design; subeconomic; uneconomic(al); wasteful
不经济工程地址 uneconomic(al) site
不经久的 perishable
不精彩的 colo(u)rless
不精密度 imprecision
不精密性 inaccuracy
不精确 inexactitude; out-of-true
不精确的 coarse; ill-defined; inaccurate; inexact; out of plumb; imprecise; lax; non-perfect
不精确落锤 inaccurate drop hammer
不精确齐行 loose justification
不精确数据 inexact data
不精确信息风险 imprecise information risk
不精确性 inexactness; infidelity; uncertainty

不精确中断 imprecise interruption
不精细的 offending
不景气 bad time; big bad; conjuncture; depression
不景气的 stagnant
不景气的低谷 trough of depression
不景气的市场 thin market
不景气地区 depressed area
不警惕的 unwary
不净煤 brat
不竞争条款 non-competition clause
不究责任汽车保险法 <车祸受害者的损失和费用由保险公司负责赔偿> no fault
不拘气候条件 irrespective of weather conditions
不拘形式 in different forms
不局部脱色 non-frosting
不具备花 imperfect flower
不具备花形的 imperfect flower-form
不具备条件的 unqualified
不具兑换性 inconvertibility
不具竞争性 non-competitive
不具名财产 bare ownership
不具名资料 anonymous literature
不据实申报 fail to submit a true report
不聚合矩阵 disaggregation matrix
不聚集染料 non-aggregated dye
不聚焦 out-of-focus
不聚焦集热器 non-focusing collector
不卷边的 flangeless
不卷曲背涂层 non-curl backing layer
不卷曲层 non-curl layer
不倦的 unwearied
不绝地 unceasingly
不绝对 not absolutely
不绝缘的 non-insulated; uncovered; uninsulated
不绝缘管 bare pipe
不绝缘物体 uninsulated object
不均 disproportionation
不均称 lopsided
不均称疱状突起 <木饰面板上的> blister figure
不均等沉陷 uneven settlement
不均等性 disparity; non-identity
不均衡 disproportion; imbalance; imparity; unbalance
不均衡采暖系统 unbalanced heating system
不均衡车道运行 <在高峰时间内上、下行交通量不均衡的车道上，将中部车道供上、下行交通交替使用> unbalanced lane movement
不均衡度 degree of irregularity
不均衡负荷 out-of-balance load; unbalanced load
不均衡供暖系统 unbalanced heating system
不均衡供油燃料泵 unbalanced fuel pump
不均衡荷载 unbalanced load
不均衡价格 disequilibrium price
不均衡结构 unbalanced construction
不均衡经济学 disequilibrium economics
不均衡开采 disproportionate withdrawal
不均衡离心力 unbalanced centrifugal force
不均衡模型 disequilibrium model
不均衡体 unbalanced mass
不均衡体系 disequilibrium system
不均衡系数 unbalanced coefficient
不均衡行车 uneven running
不均衡型 unbalanced type
不均衡性 lack of uniformity; malconformation
不均衡预算 unbalanced budget
不均衡增加 unbalanced addition
不均衡增长 unbalanced growth
不均衡质量 unbalanced mass
不均厚度 uneven ga(u)ge
不均粒沉积(物) non-graded sediment
不均粒的 non-graded
不均脉 unequal pulse
不均皮质 allocortex
不均三氯乙烷 triethane chloride
不均(相)系 heterogeneous system
不均一土 erratic subsoil
不均一性 non-homogeneity; non-uniformity
不均应力 anisotropic(al) stress
不均匀 inequality
不均匀半导体 inhomogeneous semiconductor
不均匀拌和 incomplete mixing
不均匀崩落 uneven caving
不均匀变晶结构 heteroblastic texture
不均匀变形 inhomogeneous deformation; non-affine deformation; differential deformation; non-homogeneous deformation
不均匀表面 non-uniform surface
不均匀波 inhomogeneous wave
不均匀材料 heterogeneous material
不均匀产品 non-uniform product
不均匀场 non-uniform field
不均匀潮汐 inhomogeneous tide
不均匀沉降 differential settlement; inhomogeneous settlement; non-uniform settlement; relative settlement; unequal settlement; uneven settlement
不均匀沉降导致不稳定性 instability due to uneven settlement
不均匀沉落 heterogeneous settling
不均匀沉陷 differential settlement; irregular settlement; non-uniform movement; unequal depression; unequal settlement; unequal subsidence; uneven settlement
不均匀沉箱 differential settlement; unequal settlement
不均匀程度 degree of irregularity
不均匀抽运 inhomogeneous pumping
不均匀传输 non-uniform transmission
不均匀传输线 non-uniform circuit; non-uniform transmission line
不均匀磁场 non-uniform magnetic field
不均匀磁化 non-uniform magnetization
不均匀淬火 non-uniform hardening; uneven temper
不均匀淬硬 non-uniform hardening
不均匀的 heterogeneous; inequable; inhomogeneous; non-homogeneous; non-isochronous; unequal; uneven; non-uniform
不均匀的温度分布 uneven temperature distribution
不均匀地基 heterogeneous foundation; non-uniform foundation
不均匀电场 non-uniform electric(al) field
不均匀电磁场 non-uniform electric(al) magnetic field; non-uniform electromagnetic field
不均匀电路 heterogeneous circuit; non-uniform circuit
不均匀电码 uneven length code
不均匀电容 discontinuity capacitance; non-uniform capacity
不均匀冻胀 differential frost heave; uneven frost heaving
不均匀度 unevenness
不均匀度调整器 irregularity adjuster
不均匀堆型 heterogeneous reactor type
不均匀反转 non-uniform inversion
不均匀范性流变 inhomogeneous plastic flow
不均匀放射 heterogeneous radiation
不均匀分布 heterogeneous distribution; non-homogeneous distribution; non-uniform distribution; uneven distribution
不均匀分布的 unequally distributed
不均匀分布的货物装载 unequally distributed load
不均匀分布的升力 non-uniform lift
不均匀分布荷载 irregularity distribution load; irregularly distributed [distribution] load; non-homogeneous distribution load; non-uniform distribution load
不均匀分布载荷 unequally distributed load
不均匀分异作用 heterogeneous differentiation
不均匀辐射 heterogeneous radiation; non-uniform radiance
不均匀辐射强度 non-uniform radiance
不均匀辐照 uneven irradiation
不均匀腐蚀 non-uniform corrosion
不均匀负载 unequal load(ing)
不均匀钢化 uneven temper
不均匀各向异性介质 inhomogeneous anisotropic(al) medium
不均匀给进 erratic feeding
不均匀共熔体 eutectoid
不均匀固体表面 non-uniform solid surface
不均匀光束 non-uniform beam
不均匀光源 non-uniform source aggregate; non-uniform source of light
不均匀光泽 flashing
不均匀含水体系 heterogeneous aqueous system
不均匀河岸物质 inhomogeneous bank material
不均匀荷载 unequal load(ing); uneven load
不均匀横断面 irregular cross-section
不均匀厚度 off-ga(u)ge
不均匀滑移 inhomogeneous glide; non-homogeneity slide
不均匀混合 heterogeneous blend
不均匀混合料 heterogeneous mixture
不均匀混合物 heterogeneous mixture
不均匀积雪 uneven snow coverage
不均匀基床 irregular bedding
不均匀激光束 non-uniform laser beam
不均匀激励 inhomogeneous excitation
不均匀级配 non-uniform grading
不均匀级配集料 non-uniformly graded aggregate
不均匀加热 inequal heating; uneven heating
不均匀搅拌 non-uniform mixing
不均匀接缝 uneven joint
不均匀结构 non-uniform texture
不均匀介质 inhomogeneous medium; non-homogeneous medium
不均匀进给 staggered feed
不均匀晶粒 uneven grain
不均匀镜质体 heterocollinite
不均匀颗粒 uneven grain
不均匀刻度 non-uniform scale division
不均匀孔眼结构 erratic cell structure
不均匀力 differential force
不均匀力系 differential force system; inhomogeneous force system
不均匀立体压扁 non-homogeneous bulk flattening
不均匀连锁 anisodesmic
不均匀连锁离子团 anisodesmic radical
不均匀流 non-uniform flow; variable flow; varied flow
不均匀流动 inhomogeneous flow
不均匀隆胀 differential heave
不均匀洛伦兹群 inhomogeneous Lorentz group
不均匀媒质 inhomogeneous medium
不均匀面 non-uniform face
不均匀磨损 irregular wear
不均匀木纹 uneven grain
不均匀扭转 non-uniform torsion
不均匀喷射 surge spray
不均匀喷雾 split spray
不均匀膨胀 differential expansion
不均匀频率响应 non-uniform frequency response
不均匀平衡 heterogeneous equilibrium
不均匀平面波 inhomogeneous plane wave; non-homogeneous plane wave
不均匀牵伸 space drawing
不均匀燃烧 heterogeneous combustion; non-uniform combustion
不均匀色 uneven colo(u)r
不均匀砂 non-uniform sand
不均匀深槽水深 non-uniform thalweg depth
不均匀生核 heterogeneous nucleation
不均匀失真 heterogeneous distortion
不均匀试样 heterogeneous sample
不均匀收敛的 non-uniformly convergent
不均匀收缩 differential shrinkage; non-uniform shrinkage
不均匀数字信号 heterochromous digital signal
不均匀塑性流变 inhomogeneous plastic flow
不均匀体 heterogeneous body
不均匀体系 heterogeneous system
不均匀涂层 skippy
不均匀涂搪 non-homogeneous enamelling
不均匀土层 heterogeneous seam
不均匀土(壤) non-uniform soil
不均匀土壤运动 differential soil movement
不均匀土体运动 differential soil movement
不均匀位移 inhomogeneous displacement
不均匀温标 unequally tempered scale
不均匀温度分布 temperature contrast
不均匀纹理 uneven grain; uneven texture
不均匀物质 non-uniform material
不均匀误差 heterogeneity error; heterogeneous error
不均匀系数 coefficient of non-uniformity; coefficient of ununiformity; diversity factor; non-uniformity coefficient; ununiformity coefficient; variation coefficient; variation factor; uniformity coefficient <土粒径的>
不均匀下沉 differential settlement; unequal settlement
不均匀线 heterogeneous line
不均匀线展宽 inhomogeneous line broadening
不均匀消耗 irregular demand
不均匀小方石 irregular sett
不均匀信号质量 non-uniform signal quantization

不均匀行程 irregular running
不均匀性 heterogeneity; inhomogeneity; lack o uniformity; non-homogeneity; non-uniformity; shapelessness; unevenness
不均匀性尺度 inhomogeneity scale
不均匀压力 differential pressure; non-uniform pressure; uneven pressure
不均匀压强 differential pressure; non-uniform pressure
不均匀压缩地基 unevenly-compressible foundation
不均匀压下 unequal draught
不均匀移动 non-uniform movement
不均匀应变 inhomogeneous strain; non-homogeneity strain
不均匀应力 non-homogeneity stress; non-homogeneous stress; non-uniform stress
不均匀应力场 non-uniform stress field
不均匀有规立构 heterotactic
不均匀运动 irregular motion; non-uniform motion
不均匀增宽 inhomogeneous broadening
不均匀(增宽)效应 inhomogeneous broadening effect
不均匀照明 differential illumination; differential lighting
不均匀指数 differential index; irregularity index
不均匀轴 non-uniform shaft
不均匀皱纹<玻璃中的> cockle
不均匀注入 uneven injection
不均匀转动 non-uniform rotation
不均匀组构 heterogeneous fabric
不均匀组织 heterogeneous structure
不均质的 non-homogeneous
不均质铁素体 blocky ferrite
不均质土 heterogeneous soil; non-uniform soil
不均质系数 diversity factor
不开槽的 unfluted
不开槽施工 trenchless construction
不开窗 stand sheet
不开窗口的墙板 blind panel
不开洞的圬工墙 blank masonry wall
不开放(的海)港 close port
不开放服务 close service
不开放港埠 closed harbo(u)r; closed port; non-open harbo(u)r; non-open port
不开放港口 closed harbo(u)r; closed port; non-open harbo(u)r; non-open port
不开放计算站 closed shop
不开放式操作 hands-off operation
不开放条约 closed treaty
不开沟埋设涵管方法 drive shaft
不开花 non-efflorescence
不开花植物 non-flowering plant
不开裂材料 unfissured material
不开裂弹性状态 uncracked elastic condition
不开裂的 indehiscent
不开裂混凝土 non-cracking concrete
不开坡口 square groove
不开挖基槽而建造的建筑物 trenchless construction
不考虑设置成本的动态库存模型 dynamic(al) inventory model without set-up cost
不靠船舷的舱室 inside cabin
不靠街面的 off-street
不靠墙楼梯 independent stair(case)
不苛刻条件 easy terms
不科学的 unscientific
不可拔染性 non-dischargeability
不可保的险 uninsurable risk
不可保风险 uninsurable risk
不可保险的 uninsurable
不可被氧化的 inoxidizable
不可被氧化性 inoxidizability
不可比产品 incomparable product
不可比(较)的 incomparable; incommensurable; noncomparable; noncomparative
不可比量的目标 non-commensurate objective
不可比数据 non-comparable data
不可比性 incommensurability; incomparability
不可比因素 non-comparable factor
不可比元素 incomparable element
不可避免 inevitability
不可避免的 imperative; indispensable; inevitable; unavoidable
不可避免的成本 inescapable cost
不可避免的迟延 unavoidable delay
不可避免的耽搁 unavoidable stoppage
不可避免的风险 systematic risk; unavoidable risk
不可避免的间断 unavoidable stoppage
不可避免的时间损失 unavoidable lost-time
不可避免的事故 unavoidable accident
不可避免的危险 unavoidable hazards
不可避免的延迟 unavoidable delay
不可避免的意外事故 inevitable accident
不可避免的原因 unavoidable cause
不可编索引部分 non-indexable portion
不可变电阻 fixed resistance
不可变更 inalterability
不可变现资产 unrealizable assets
不可辨区 uncertain region
不可剥夺的 imprescriptible
不可剥夺性 inalienability
不可擦存储器 non-erasable memory; non-erasable storage
不可擦的 non-erasable
不可擦堆栈自动机 non-erasable stack automaton
不可擦光盘 non-erasable optical disk
不可擦媒体 non-erasable medium
不可采储量 unrecoverable reserves
不可采煤层 unworkable coal seam
不可采煤层数 amount of unworkable coal seam
不可操纵轮 non-steerable wheel
不可操作时间 inoperable time
不可测定 coefficient of non-determination
不可测定的 undeterminable
不可测定的损失 undeterminable loss
不可测短路故障 undetectable bridging fault
不可测量的 immeasurable; spanless; unmeasurable; unmeasured
不可测量性 immeasurability
不可测流 non-measurable flow
不可测误差 indeterminate error
不可测性 uncertainty
不可测知 impenetrability
不可测知的 impenetrable
不可查信息 non-searchable information
不可拆开的 non-detachable
不可拆连接 undetachable joint
不可拆卸的 non-removable; unsplit
不可撤回的控制策略 irrevocable control strategy
不可撤销保兑信用证 irrevocable and confirmed credit
不可撤销保函 irrevocable letter of guarantee
不可撤销的 irrevocable
不可撤销的保证 irrevocable letter of guarantee
不可撤销的信用证 irrevocable letter of credit; irregular letter of credit
不可沉淀固体 non-sedimentable solid; non-settleable solids
不可称量的 unweighable
不可重读 unrepeatable read
不可重复的 non-repetitive
不可重复使用 non-reusable
不可重复使用程序 non-reusable routine
不可重复性 non-repeatability
不可重入的 not reentrant
不可重用程序 non-reusable program(me)
不可重用的 non-reusable
不可重用的例行程序 non-reusable routine
不可重用型存储媒体 non-reusable medium
不可除尽的 indivisible
不可储存产品系统 system for non-inventoriable items
不可触知的 impalpable
不可穿过的 non-traversable gallery
不可穿入性 impenetrability
不可穿透的 impenetrable
不可吹除有机碳 non-purgeable organic carbon
不可吹除总有机碳 non-purgeable total organic carbon
不可淬硬 non-hardenable
不可萃取 non-extractable
不可萃取的 inextractable
不可达到的地段 inaccessible site
不可达区 inaccessible region
不可达稳定点 inaccessible stationary point
不可达性 inaccessibility
不可达值 inaccessible value
不可达状态 inaccessible state
不可打钉的 non-nailable
不可代替之物 non-fungible thing
不可担保的风险 uninsurable risk
不可倒置 do not turn over
不可倒转的 non-revolving
不可到达点 inaccessible point
不可得到的 not available; unavailable
不可得的 irreducible
不可得性 non-availability
不可抵抗的 knock down; overwhelming
不可调换的 irreplaceable
不可调换式托盘 non-reversible pallet
不可调换债券 non-refundable bonds
不可调页动态区 non-pageable dynamic(al) area
不可调页分区 non-pageable partition
不可调页区 non-pageable region
不可钉钉子的板 non-nailable deck
不可定量因素 non-quantifiable factor
不可定位的 non-localizable
不可定位性 non-localizability
不可定误差 indeterminate error
不可定向的 non-orientable
不可懂串话<长途电话间> unintelligible crosstalk
不可懂的 non-intelligible
不可懂度 unintelligibility
不可动用基金 non-expendable fund
不可动油 non-movable oil
不可冻结的 uncongealable
不可断定的 unpredictable
不可锻的 immalleable; non-fireable
不可锻性 immalleable
不可对易性 non-commutability
不可兑换的外汇 inconvertible currency; soft currency
不可兑换货币 non-convertible currency
不可兑换纸币 inconvertible paper currency
不可兑现的 irredeemable
不可翻转的托盘 non-reversible pallet
不可反向的 non-reversible
不可返回点 point of no-return
不可废止租赁 non-cancellable lease
不可分辨性 indistinguishability
不可分辨源 unresolved source
不可分的 impartible; indivisible; non-separable; inseparable
不可分的数据块 quarantine unit
不可分的所有权 possession by entireties
不可分的约会部件 session quarantine unit
不可分动作 inseparable action
不可分多项式 inseparable polynomial
不可分割 inseparability
不可分割部分 integral part
不可分割的 inalienable; indivisible; inseparable; one-piece; undivided
不可分割的份额 undivided share
不可分割的权利 individed rights
不可分割解码 indecomposable code
不可分割信用证 indivisible letter of credit
不可分割性 inalienability
不可分割元 inseparable element
不可分割债权 indivisible credit
不可分合同 entire contract
不可分混合物 inextricable mixture
不可分解的 indecomposable; non-decomposable; undecomposable
不可分解的链 irreducible chain
不可分解矩阵 indecomposable matrix; non-decomposable matrix
不可分解码 indecomposable code
不可分块的 never blocked
不可分离的 infrangible; inseparable; non-separable
不可分离的悬浮颗粒 non-separable suspended particles
不可分离型轴承 inseparable bearing; self-contained bearing
不可分离性 inseparability
不可分连接 dead joint
不可分配逻辑存储器 unallocated logical storage
不可分配物理存储器 unallocated physical storage
不可分配准备金 undistributable reserves
不可分数据块识别器 quarantine unit identifier
不可分图 inseparable graph; non-separable graph
不可分物 indivisible thing
不可分箱体 banjo case; banjo housing
不可分项目 individual project
不可分性 indecomposability; indivisibility
不可分页区 non-pageable area
不可分域 inseparable field
不可分元 inseparable element
不可分原质 protyle
不可分债务 indivisible obligation
不可否认的 undeniable
不可浮动阶段 non-relocatable phase
不可复蠕变 irrecoverable creep
不可复用资源 fugitive resources; non-renewable resources
不可复原的伤害<多指重伤或死亡> irreversible injury
不可改变性 inflexibility
不可改正的程序错误 non-recovera-

ble program(me) error
不可改正的错误 non-recoverable error
不可更改指令 unmodified instruction
不可更换的 irreplaceable
不可更换的部件 non-replaceable unit
不可更新的 non-renewable
不可更新的自然资源 non-renewable natural resources
不可更新能源 non-renewable energy resources
不可更新性 non-regeneratability
不可更新资源 fugitive resources; non-renewable resources
不可耕地 non-cultivable land
不可工作时间 downtime; inoperable time
不可估量的 unmeasurable
不可观测的 unobservable
不可观测的变量 non-observable variable
不可观测的随机变量 unobservable random variable
不可观测的随机扰动 unobservable random disturbance
不可观测的值 unobservable value
不可观测量 unobservable quantity
不可观察的随机因子 unobservable chance factor
不可贯入的 impenetrable
不可贯入性 impenetrability
不可灌土地 non-irrigable land
不可过滤残渣 non-filtration residue
不可过滤的 non-filterable
不可过滤固体 non-filterable solid
不可焊接的 non-weldable; non-welding; unweldable
不可焊接的钢 non-weldable steel
不可焊接性 non-welding character
不可和定理 asummable theorem
不可衡量的 imponderable
不可衡重的 unponderable
不可忽视的原因 assignable cause
不可互换性 non-interchangeability; uninterchangeability
不可还原的 unreducible
不可换回的 irremediable
不可恢复的 expendable; non-recoverable; non-renewable; unrecoverable; unrecovered
不可恢复的变形 irreversible deformation
不可恢复的错误 irrecoverable error
不可恢复的地下水 irrecoverable ground water
不可恢复的更新 update-only recovery
不可恢复的凝结 irrecoverable set
不可恢复的事务处理 non-recoverable transaction
不可恢复的位移 irreversible displacement
不可恢复的应变 unrecovered strain
不可恢复读出误差 irrecoverable read error
不可恢复伸长 non-recoverable elongation
不可恢复事务处理 unrecoverable transaction
不可恢复事项 non-recoverable transaction; unrecoverable transaction
不可恢复应变 irrecoverable strain
不可恢复资源 non-renewable resources
不可回复柔量 irrecoverable compliance
不可回收的 non-recoverable
不可回收的地下水 irrecoverable ground water
不可回收装置 expendable equipment
不可回溯性 irreversibility
不可回旋起重机 non-revolving crane
不可回转的 non-revolving
不可毁性 indestructibility
不可混合的 immiscible
不可混合性 immiscibility
不可混用性 incompatibility
不可积分的 non-integrable
不可积分方程式 non-integrable equation
不可极化的 non-polarizable
不可极化电极 non-polarizable electrode
不可给态水 unavailable water
不可计量的 unmeasurable
不可计量性 immeasurability
不可计算的 inestimable
不可计算的利益 intangible benefit
不可加工的无碳钢 carbon-free non-machinable steel
不可加性 non-additivity
不可间断指令 non-interruptable instruction
不可检测的 non-detectable
不可检测性 non-detectability
不可简化的 unreducible
不可见的 invisible; non-visible
不可见辐射 invisible radiation; invisible ray
不可见供应 invisible supply
不可见光 black light; dark light; invisible light
不可见光灯 black light lamp
不可见光滤光镜 black filter; invisible light filter
不可见光谱 invisible spectrum
不可见光线 invisible ray; obscure ray; ultraphotic ray
不可见热 invisible heat
不可见色谱图 invisible chromatogram
不可见伤害 invisible damage
不可见射线 autraphotic ray; invisible ray; ultraphotic ray
不可见损伤 invisible injury
不可见物质 invisible matter
不可见像 invisible image
不可见性 invisibility
不可见脂 invisible fat
不可降解的 non-degradable
不可降解的生化物 non-degradable biochemicals
不可降解废料 non-degradable waste
不可降解废物 non-degradable waste
不可降解生化物质 non-degradable biochemicals
不可降解污染物 non-degradable pollutant
不可降解物质 non-degradable substance
不可降解有机化合物 non-degradable organic compound
不可交换的 non-swapable
不可校正的 unrecoverable
不可校正的错误 uncorrectable error; unrecoverable error
不可接近的 inapproachable; unapproachable
不可接近性 inaccessibility
不可接受的条件 unacceptable condition
不可接受的危险性 unacceptable risk
不可接受事件 unacceptable event
不可解 impenetrability
不可解标记过程 unsolvable labeling procedure
不可解除租约 non-cancellable lease
不可解的【数】unsolvable
不可解度 degree of unsolvability
不可解节点 unsolvable node
不可解决的 insoluble
不可解性【数】unsolvability
不可解约束 bilateral constraint
不可浸出的 unleachable
不可禁止中断 non-inhibitable interrupt
不可救药的 incurable
不可聚焦能量 non-focusable energy
不可决系数 coefficient of non-determination
不可开采的 unminable
不可开拓性形变 inextensional deformation
不可抗辩条款 incontestable clause
不可抗矩的 inexorable; irresistible
不可抗矩的灾害 irresistible beyond control
不可抗拒的冲动 irresistible impulse
不可抗拒的事故 accident beyond control
不可抗拒的事件 irresistible incident
不可抗拒的因素 force majeure
不可抗拒的灾害 accident beyond control
不可抗拒力量 force majeure
不可抗力 <如天灾、战争等,使无法履行契约> force majeure; accidental force; act of God; act of nature; irresistible force; superior force
不可抗力的碰撞 collision due to vis major
不可抗力的灾害 accident beyond control
不可抗力免除 force majeure exception
不可抗力免责 force majeure exception
不可抗力事件 force majeure event
不可抗力条款 force majeure clause
不可抗御的天灾 force majeure
不可靠 unsafety
不可靠的 false; insecure; treacherous; uncertain; unfortified; unreliable; unsafe; unsound
不可靠的水 unreliable water
不可靠地基 dubious foundation
不可靠估计量 unreliable estimator
不可靠观测值 unreliable observation
不可靠基础 dubious foundation
不可靠价格 capricious value
不可靠数据 corrupt data; equivocal data
不可靠性 uncertainty; unreliability
不可靠证据 flimsy evidence
不可靠值 dubious value
不可控变量 uncontrollable variable; uncontrolled variable
不可控柴油发电机组 uncontrollable diesel generator set
不可控成本 cost out of control; non-controllable cost; uncontrollable cost
不可控系统 uncontrollable system
不可控销售变数 uncontrollable marketing variables
不可控性 uncontrollability
不可控制变数 uncontrolled variable
不可控制成本 non-controllable cost; uncontrollable cost; unavoidable cost
不可控制的 uncontrollable
不可控制的紧急制动 non-controlled emergency
不可控制的螺旋 uncontrollable spin
不可控制费用 uncontrollable expenses
不可扣除性 non-deductibility
不可扩张匹配 unaugmentable matching
不可累积使用的信用证 non-cumulative letter of credit
不可冷凝的 uncondensible
不可利用的 not available
不可利用的土地 unclaimable land
不可利用水 unavailable water
不可利用性 unavailability
不可裂开的胶结 unbreakable bond
不可流通的 non-negotiable; not negotiable
不可枚举算法 non-enumerative algorithm
不可弥补的贬值 incurable depreciation
不可弥补的损失 irretrievable loss
不可抹去存储器 non-erasable storage
不可耐浓度 intolerable concentration
不可能的 impossible
不可能事件 impossible event
不可能性 infeasibility
不可能性定理 impossibility theorem
不可逆编码 irreversible coding
不可逆变化 irreversible change; irreversible conversion; non-reversible movement
不可逆变化统计力学 statistic(al) mechanics of irreversible changes
不可逆变频器 non-reversible frequency changer
不可逆变形 irreversible deformation; irreversible transformation; non-recoverable deflection; non-reversible deformation
不可逆变性 irreversible denaturation
不可逆操纵 irreversible control
不可逆畴壁移动 irreversible boundary movement
不可逆传动装置 irreversible gear
不可逆锤式粉碎机 non-reversible hammer mill[crusher]
不可逆锤式破碎机 non-reversible hammer mill[crusher]
不可逆磁畴壁位移 irreversible domain wall displacement
不可逆磁(导)率 irreversible permeability
不可逆磁化 irreversible magnetization
不可逆磁化过程 irreversible magnetic process
不可逆带箔冷轧机 non-reversing strip-foil cold rolling mill
不可逆的 frozen-in; inconvertible; irreversible; non-reversible; non-reversing
不可逆的计算法 not-reversible noting
不可逆等温膨胀 irreversible isothermal expansion
不可逆电池 irreversible cell
不可逆电极 irreversible electrode
不可逆电路 gyrator circuit; non-reciprocal circuit; unilateral circuit
不可逆电气传动 non-reversible electric(al) drive
不可逆反应 irreversible reaction; non-reversible reaction
不可逆反应热 heat of irreversible reaction
不可逆附聚过程 irreversible agglomeration process
不可逆钢 irreversible steel
不可逆工作状态 irreversible operation
不可逆功 irreversible work
不可逆汞中毒 irreversible mercury poisoning
不可逆构造变形 irreversible tectonic deformation
不可逆光损失 irreversible optical damage
不可逆过程 irreversible process; non-reversible process

B

不可逆过渡 monotropic transition
不可逆挥发性 irreversible volatility
不可逆激光损伤 irreversible laser damage
不可逆胶(质)体 inreversible colloid
不可逆节流过程 irreversible throttling procedure
不可逆卷曲 non-reversible crimp
不可逆绝热膨胀 irreversible adiabatic expansion
不可逆绝热线 irreversible adiabatics; irreversible adiabatic wire
不可逆控制 non-reversible control
不可逆控制系统 irreversible control system; non-reversible control system
不可逆扩散 irreversible diffusion
不可逆离合器 non-reversible clutch
不可逆链轮 hook-tooth sprocket gear
不可逆流动 irreversible flow
不可逆能量损失 irreversible energy loss
不可逆凝固 irreversible coagulation
不可逆凝胶 irreversible gel
不可逆平衡 complete equilibrium
不可逆破坏 irreversible breaking
不可逆热机 irreversible heat engine
不可逆热力学 irreversible thermodynamics
不可逆热循环 irreversible heat cycle
不可逆溶胀 irreversible swelling
不可逆蠕动 irreversible creep
不可逆示温漆 irreversible temperature-indicating paint
不可逆示温颜料 irreversible temperature-indicating paint
不可逆式八辊轧机 eight-high non-reversing rolling mill
不可逆式电机 non-reversible machine
不可逆式四辊冷轧机 four-high non-reversing cold rolling mill
不可逆式轧钢机 non-reversing rolling mill
不可逆式轧机 non-reversing mill
不可逆收缩 irreversible shrinkage
不可逆水 irreversible water
不可逆态 irreversible state
不可逆网络 non-reciprocal network
不可逆位移 irreversible displacement
不可逆污着速率 irreversible fouling rate
不可逆吸附 irreversible adsorption
不可逆现象 irreversible phenomenon
不可逆相转变 irreversible phase transition
不可逆效应 irreversible effect
不可逆形变 non-reversible deformation
不可逆性 inconvertibility; irreversibility; non-reversibility
不可逆性毒作用 irreversible toxic effect
不可逆性胶体 irreversible colloid
不可逆性凝集 irreversible agglutination
不可逆性循环 irreversible cycle
不可逆性抑制 irreversible inhibition
不可逆循环 irreversible circulation
不可逆压降 irreversible pressure drop
不可逆压缩 irreversible compression
不可逆压载系统 irreversible ballasting system
不可逆运算 irreversible operation
不可逆指示剂 irreversible indicator
不可逆转变 irreversible transformation
不可逆转锤式破碎机 non-reversible hammer mill[crusher]
不可逆转的 irreversible; non-reversible
不可逆转发动机 irreversible engine; non-reversible engine
不可逆转向(机构) irreversible steering
不可逆转向器 irreversible steering gear; self-locking steering gear
不可逆转向装置 irreversible steering gear; non-reversible steering gear; self-locking steering gear
不可逆(转)徐变 irreversible creep
不可逆状态 irreversibility; irreversible state
不可逆阻力 irreversible resistance
不可逆作用 irreversible action
不可凝(结)的 incoagulable
不可凝气体 non-condensable gas
不可扭转的 non-twistable
不可耙松的 non-rippable
不可判定的 undecidable
不可判定性 undecidability
不可判明的 adiagnostic
不可培养状态 non-culturable state
不可喷涂的 non-sprayable
不可喷雾的 non-sprayable
不可膨胀性 inexpansibility
不可匹配 unmatchable
不可平放 never lay flat; not to be laid flat
不可屏蔽的 non-maskable
不可屏蔽中断 non-maskable interrupt
不可屏蔽中断请求 non-maskable interrupt request
不可破的 infrangible
不可破坏 indestructibility
不可破坏的 unbreakable
不可侵犯的 imprescriptible; infrangible
不可侵犯性 inviolability
不可倾式拌和机 non-tilting mixer
不可清除介质 non-erasable medium
不可清除溶解有机碳 non-purgeable dissolved organic carbon
不可清除有机卤化物 non-purgeable organic halide
不可区别的 indistinguishable
不可区分性 indistinguishability
不可取数内部寄存器 non-accessible internal register
不可取向偶极矩 non-orientable dipole moment
不可取消的成本 committed cost
不可取消的条件 irrevocable condition
不可取消的租约 non-cancellable lease
不可缺少的 indispensable
不可燃标志材料 incombustible sign material
不可燃材料 non-combustible material
不可燃尘末 incombustible dust
不可燃废物 incombustible refuse
不可燃隔断 non-combustible partition
不可燃混合物 incombustible mixture
不可燃建筑材料 incombustible building material
不可燃垃圾 incombustible refuse; unburned refuse; uncombusted rubbish; uncombustible rubbish
不可燃硫 non-combustible sulfur
不可燃(烧)的 non-inflammable; non-combustible
不可燃(烧)性 incombustibility; non-ignitibility; non-inflammability
不可燃物质 incombustible material
不可燃性试验 <英国混凝土耐火性试验方法> non-combustibility test
不可染的 non-staining
不可让与的权利 inalienable right
不可让与性 inalienability
不可热处理的 non-heat-treatable
不可任意支配的 non-discretionary
不可容性 solvent-free
不可溶残余物 insoluble residue
不可溶残渣 insoluble residue
不可溶的 insoluble; non-soluble; unfluxible
不可溶腐殖酸 insoluble humic acid
不可溶解的 indissoluble
不可溶解性 indissolubility; insolubility
不可溶物质 insoluble material
不可溶性高分子接触消毒剂 insoluble polymeric contact disinfection
不可溶性季铵盐阳离子树脂杀菌剂 insoluble quaternary ammonium salt cation ion resin bactericide
不可溶性氢氧化物 insoluble hydroxide
不可溶性污泥 insoluble sludge
不可溶性无机物 insoluble mineral
不可溶性物质 insoluble material; insoluble matter
不可溶性悬浮物体 insoluble suspension
不可溶性盐 insoluble salt
不可熔解的 indiscerptible
不可入孔隙 inaccessible pore
不可渗透层 impermeable barrier
不可渗透的 impervious; impermeable
不可渗透的土壤 impervious soil
不可渗透性 impenetrability
不可生物降解残留物 non-biodegradable residue
不可生物降解的 non-biodegradable
不可生物降解的氯代烃类化合物溶剂 non-biodegradable chlorinated hydrocarbon solvent
不可生物降解物质 non-biodegradable material
不可生物降解性 non-biodegradability
不可生物降解有机污染物 non-biodegradable organic pollutant
不可胜数的 unnumbered
不可湿润的 non-wettable
不可识别的 undecipherable
不可识别的参数 unidentifiable parameter
不可识别(的字)符 unrecognizable character
不可识别性 non-identifiability
不可食部分 non-edible part
不可适用 not applicable
不可受潮 protect from moisture
不可赎回 non-callable
不可数 non-countable
不可数的 non-denumerable; sumless; uncountable
不可数集 non-enumerable set; uncountable set
不可税资产 inadmissible assets
不可思议的思维 magical thinking
不可塑的 implastic
不可溯成本 untraceable cost
不可缩短的 irredundant
不可提取的 inextractable
不可替代的使用价值 irreplaceable use value
不可调变量 uncontrolled variable; unregulated variable
不可调变压器 non-regulated transformer
不可调磁控管 untunable magnetron
不可调导轨支撑 non-adjustable conductor rail support
不可调的 non-adjustable; non-tunable
不可调和的 irreconcilable
不可调间隙 differential gap
不可调节的 non-adjustable; uncontrollable; unadjustable
不可调节流 uncontrolled flow
不可调节流阀 non-adjustable restrictor
不可调节流孔 non-adjustable orifice
不可调凸轮 non-adjustable cam
不可调谐的 non-tunable
不可调整的 non-adjustable
不可调整的橡胶衬套 non-adjustable rubber bushing
不可贴现汇票 non-discountable bill
不可通航的 non-navigable
不可通航的坝 non-navigable dam
不可通行的 impassable
不可通约的 incommensurable
不可通约的数 incommensurable number
不可通约量 incommensurable quantity
不可通约性 incommensurability
不可推卸的责任 indispensable obligation
不可退货 without return
不可弯曲 inflexible
不可弯曲性 inflexibility
不可挽回的 irretrievable; irrevocable
不可微分的 non-differentiable
不可微分函数 non-differential function
不可违背的 infrangible
不可违犯的 irrefrangible
不可吸附百分率 non-adsorbable fraction
不可洗式板框压滤机 non-washing plate and frame filter press
不可向国外发表 not releasable to foreign nations
不可消费的产品 unconsumable products
不可卸存储媒体 nondemountable storage medium
不可卸连接 permanent connection
不可信的 incredible
不可信度 uncertainty
不可行的 infeasible
不可行法 infeasible method
不可行规划 infeasible program(me)
不可行解 infeasible solution; non-feasible solution
不可行路径 infeasible path
不可行区域 infeasible region
不可行线性规划 infeasible linear program(me)
不可行性 infeasibility
不可行状态 non-feasible state
不可修部件 non-repairable component
不可修废品 unreclaimable waste; unrepairable waste
不可修复的 non-repairable; unrepairable
不可修复的废品 unrepairable defective product
不可修理的 unmendable
不可寻址存储器 non-addressable memory; unaddressable storage
不可压的稳定流动方程 equation for steady incompressible flow
不可压射流 incompressible jet
不可压式稳定流动方程 equation for steady incompressible flow
不可压缩变形 incompressible deformation
不可压缩层【地】incompressible stratum
不可压缩场 incompressible field
不可压缩的 incompressible; unyielding
不可压缩的边界层 incompressible boundary layer

不可压缩的附面层 incompressible boundary layer
不可压缩的流体 incompressible fluid
不可压缩地层 unyielding stratum
不可压缩介质 incompressible medium
不可压缩理想流体力学 incompressible ideal fluid mechanics
不可压缩流动 incompressible flow
不可压缩流体动力学 incompressible hydrokinematics
不可压缩流体附面层 incompressible fluid boundary layer
不可压缩流体能量方程 incompressible fluid energy equation
不可压缩黏[粘]性流体 incompressible viscous fluid
不可压缩黏[粘]性流体力学 incompressible visco(us)-fluid mechanics
不可压缩黏[粘]性流体运动方程 Navier-Stokes equation
不可压缩水(流) incompressible flow
不可压缩体积 incompressible volume
不可压缩条件 incompressibility; incompressible condition
不可压缩物体 incompressible body
不可压缩性 incoercibility; incompressibility
不可压缩性材料 incompressible material
不可压缩性流体 incompressible fluid
不可压缩性模量 incompressibility modulus; modulus of incompressibility
不可压缩性模数 modulus of incompressibility
不可压缩性条件 incompressibility condition
不可压缩性土 non-compressible soil
不可压缩性系数 coefficient of incompressibility; incompressibility factor
不可压缩液体 incompressible liquid
不可压缩支架 unyielding support
不可延展性 inextensibility
不可氧化的 inoxidable; non-oxidizable; unoxidizable
不可氧化的合金 unoxidizable alloy
不可氧化性 inoxidability; non-oxidizability
不可移动的 immovable
不可移动的滚筒 immovable roll
不可移动的位错 immobile dislocation
不可移动性 immovability
不可译(码)的 undecipherable
不可饮的 non-potable
不可用部分 unavailable part
不可用钩 no hook; use no hooks
不可用秒 unavailable second
不可用能 unavailable energy
不可用时间 unavailable time
不可逾越的鸿沟 impassable gulf; insuperable barrier; insurmountable barrier; veritable gulf
不可逾越的界限 deadline
不可逾越的障碍 impassable barrier; insurmountable barrier
不可逾越界线对策 deadline game
不可预报的 unexpected; unforeseen; unpredictable
不可预测的因素 unpredictable factor
不可预测费 accidental cost
不可预测事件 unpredictable event
不可预测行为 unpredictable behavio(u)r
不可预测性 unpredictability
不可预测因素 contingency factor
不可预计的误差 indeterminate error
不可预计过程 non-predicative process
不可预见的事件 unforeseen event
不可预见的损失 unforeseen loss
不可预见的债务 contigent liability
不可预见费(用) accidental cost; contingency; contingency allowance; contingency cost; contingency fund; contingency sum <合同中的>; hidden cost; provisional sum; unexpected pay; unforeseen expenses; allowance (for contingency); contigent fee; provision for contingency; unaccounted for
不可预见费预算 contingencies estimating
不可预见工程 unforeseen works; unpredictable works
不可预见工作 unforeseen works; unpredictable works
不可预见利润 contigent profit
不可预见事件 contingence
不可预见收益 contigent gain
不可预见损失基金 contigent fund
不可预见项目 contingent items; unforeseen item; unpredictable item; unspecified item
不可预见因素 unpredictable factor
不可预言的 unpredictable
不可预知性 unpredictability
不可原谅的 unforgivable
不可原谅的不履行合同义务 laches
不可原谅的拖期 non-excusable delays
不可约表示 irreducible representation
不可约波动方程 irreducible wave equation
不可约不变子群 irreducible invariant subgroup
不可约场方程 irreducible field equation
不可约成分 irreducible component
不可约代数方程 irreducible algebraic equation
不可约的 irreducible
不可约的多项式【数】irreducible polynomial
不可约电动力学 irreducible electrodynamics
不可约对应 irreducible correspondence
不可约多项式 irreducible function
不可约二次无理数 irreducible quadratic irrational number
不可约方程 irreducible equation
不可约方程组 irreducible system of equations
不可约分数 irreducible fraction; proper fraction
不可约积分 irreducible integral
不可约集团积分 irreducible cluster integral
不可约矩阵 irreducible matrix; unreduced matrix
不可约马尔可夫链 irreducible Markov chain
不可约曲线 irreducible curve
不可约群 irreducible group
不可约图 inreducible graph
不可约相 irreducible phase
不可约性 irreducibility
不可约性判别准则 irreducibility criterion
不可约映象 irreducible image
不可约元素 irreducible element
不可约张量 irreducible tensor
不可约张量算符 irreducible tensor operator
不可越界对策 deadline game
不可运输的资源 non-transportable resources
不可再定位阶段 non-relocatable phase
不可再生的 non-renewable; unrenewable
不可再生的自然资源 non-renewable natural resources
不可再生矿物 non-renewable mineral
不可再生能源 non-renewable energy resources
不可再生资源 fugitive resources; non-renewable resources; unrenewable resources
不可再用的 not-reusable
不可展开的 non-developable
不可展面 undevelopment surface
不可展直纹曲面 skew ruled surface
不可折叠的 non-retractable
不可折射的 irrefrangible
不可支配的 non-controllable
不可知论 agnosticism
不可知因素 ignorance factor
不可执行语句 non-executable statement
不可执行属性 not executable attribute
不可中断模块 disabled module
不可中断页故障 disabled page fault
不可转换的 non-reversible
不可转换的债券 non-convertible bonds
不可转换性 inconvertibility
不可转让的 non-negotiable
不可转让的背书票据 non-negotiable endorsement
不可转让条款 not to order clause
不可转让信用证 non-transferable letter of credit
不可转移效用 non-transferable utility
不可转移性放射性核素化合物 non-transportable radionuclide compound
不可装载字符集 non-loadable character set
不可追溯的资金供应 back financing
不可追索的信用证 letter of credit without recourse
不可捉摸的 intangible
不可钻的 undrillable
不肯定 incertitude
不肯定区域 region of indeterminacy; uncertain region
不肯定性 uncertainty
不肯适应 <个体与环境之间> non-adjustment
不控制的紧急制动 undelayed emergency
不扣减免赔额 non-deductible franchise
不扣减三分之一 thirds off
不快感界限 reduced comfort boundary
不亏不盈价格 break-even price
不扩散 indiffusion; non-dissemination; non-proliferation
不扩散的 indiffusible
不扩散离子 indiffusible ion
不扩散性钙 non-diffusible calcium
不扩展裂纹 non-propagating crack
不扩展疲劳裂纹 non-propagating fatigue crack
不拉紧的 untensioned
不来梅港 <德国> Bremen harbo(u)r; Port Bremen
不来梅蓝 Bremen blue
不来梅绿 Bremen green
不牢固的结构 unsound construction
不牢固性 looseness
不牢靠 insecurity
不牢靠的 insecure
不牢靠的计划 house of cards
不老化的 non-ag(e)ing
不累计的 non-integrating
不冷凝的 incondensable; non-condensing; uncondensable
不冷凝气体 incondensable gas
不离车停放 live parking
不离浆的润滑油 non-bleeding grease
不离开 non-disjunction
不离开嵌合体 non-disjunction mosaic
不离析混凝土 cohesive concrete
不犁地种植 no-fill planting
不理 disregard
不理想的 non-ideal
不理想情况 pessimistic case
不利 disadvantage
不利差异 unfavo(u)rable variance; unfortunate variance
不利大气条件 adverse atmospheric condition
不利的 detrimental; unfavo(u)rable
不利的经济特征 unfavo(u)rable economic feature
不利的票据交换 adverse clearing
不利的气候变化 adverse climate change
不利的缺陷 unfavo(u)rable defect
不利的视见条件 adverse visibility condition
不利的外部因素 negative externality
不利的外界障碍 adverse physical obstruction
不利的外界障碍或条件 adverse physical obstructions or conditions
不利的选择 adverse selection
不利的营运条件 adverse operating condition
不利的运行情况 adverse operating condition
不利的自然条件 adverse physical condition; unfavo(u)rable physical condition
不利汇率 unfavo(u)rable exchange
不利几何条件 bad geometry; poor geometry
不利季节 unfavo(u)rable season
不利面积 <影响线或迎风面的,英国> adverse area
不利气候 marginal weather
不利情况 bad condition
不利天气 adverse weather
不利条件 adverse condition; handicap; unfavo(u)rable condition
不利外部条件 external diseconomics
不利温度区间 interval of unfavorable temperature
不利效果 adverse impact
不利效应 adverse effect
不利因素 adverse factor; minus factor; negative factor; unfavo(u)rable factor
不利因子 disadvantage factor
不利影响 adverse effect; adverse impact; detrimental effect; minus effect; negative impact; unfavo(u)rable influence
不利用的地区 unused zone
不利于经济发展的因素 disincentives
不利跃迁 unfavo(u)red transition
不利状态 unfavo(u)red state
不利作用 adverse effect
不励磁位置 deenergized position; off position; position 0
不连工作装置的长度 length without working tool
不连贯 disjoint
不连贯的 choppy; desultory; incoherent; inconsequent
不连贯的履带式轨道 disconnected crawler track
不连贯性 incoherence
不连合的 disjugate
不连机棚高度 stripped top height

不连角隅 free corner
不连接 disconnect
不连接的 disjunct; unconnected
不连锁的垂直升驳船机 non-lock type vertical barge lift
不连锁的固定周期自动信号 automatic isolated fixed cycle signal
不连通层 discontinuous layer; non-communicating layer
不连通的孔 non-intercommunicating pore
不连通的吸声顶棚 interrupted acoustic(al) ceiling
不连通的吸声天花板 interrupted acoustic(al) ceiling
不连通的有向图 disconnected digraph
不连通度量空间 disconnected metric space
不连通集 disconnected set
不连通孔隙 dead-end pore; disconnected pore; non-communicating pore
不连通裂缝 dead-end fracture; disconnected fracture
不连通图 disconnected graph
不连续 discontinuation; non-sequence
不连续保存段 discontinuous save segment
不连续变差 discontinuous variation
不连续变化 discontinuous change; discontinuous variation
不连续变换群 discontinuous transformation group
不连续变量 discontinuous variable; discrete variable
不连续变数 discontinuous variable
不连续变形 discontinuous deformation
不连续变异 discontinuous variation
不连续波速 discontinuous beam
不连续玻璃纤维线 glass staple fiber [fibre] yarn
不连续采样 discrete sampling
不连续采样分析仪 discrete sample analyser[analyzer]
不连续参数系(统) discrete parameter system
不连续参数组 discrete parameter system
不连续测量 discontinuous measure
不连续层 discontinuity layer; discontinuous layer; layer of discontinuity
不连续车流 discontinuous flow; interrupted flow
不连续沉淀 discontinuous precipitation
不连续成本函数 discontinuous cost function
不连续成像 discontinuous image
不连续冲沟 discontinuous gully
不连续传输 discontinuous transmission
不连续的 discontinuous; discrete; disjoint; inconsecutive; non-continuous; non-sequential; unconnected; uncontinuous
不连续的测度 measure of discontinuity
不连续的动力学系统 discontinuous dynamic(al) system
不连续的负载 discontinuous load
不连续的调节器作用 discontinuous controller action
不连续的无规则噪声 discontinuous random noise
不连续的轴 unconnected shaft
不连续点 discontinuity point; point of discontinuity
不连续点荷载 discrete point load
不连续电路 discontinuous capacitance
不连续电泳 discontinuous electrophoresis
不连续调查 discontinuous observation
不连续度 saltus of discontinuity
不连续段 discontinuous segment
不连续断层 interrupted fault
不连续对策 discontinuous game
不连续多孔吸除 discontinuously distributed suction
不连续多年冻土层 discontinuous permafrost
不连续发送 discontinuous transmission
不连续反射 discontinuous reflection
不连续反应系列 discontinuous reaction series
不连续放大器 discontinuous amplifier
不连续分布 discontinuous distribution; discrete distribution
不连续分布函数 discontinuous distribution function
不连续分界墙强度 wall strength discontinuity
不连续分配 discontinuous distribution
不连续复合材料 discontinuous composites
不连续干扰 discontinuous interference
不连续高度剖面图 split-altitude profile
不连续供暖 discontinuous heating
不连续拱墩 discontinuous impost
不连续构造面 discontinuity structural plane
不连续光带吸收 discontinuous band absorption
不连续光谱 discontinuous spectrum
不连续光楔 discontinuous wedge
不连续轨迹 locus of discontinuity
不连续过程 digital process; discontinuous process
不连续海岸线 discontinuous coastline
不连续函数 discontinuity function; discontinuous function
不连续合成 discontinuous synthesis
不连续滑动面 broken sliding surface; discontinuity sliding surface
不连续滑移 discontinuous glide
不连续激发 discrete excitation
不连续级配 discontinuous gradation; discontinuous grading; gap gradation
不连续级配混凝土 gap-graded concrete
不连续级配曲线 skip grading curve
不连续级配土 gap-graded soil
不连续级数 discontinuous series
不连续记录地层倾角仪 discontinuous dipmeter
不连续加载 discontinuous loading
不连续间隙 <岩石的> discontinuous interstice
不连续剪切带 discrete shear zone
不连续检测器 discontinuous detector
不连续阶 order of discontinuity
不连续阶段 discrete steps
不连续接触 contact discontinuity
不连续接收 discontinuous reception
不连续接头 break joint
不连续结构 discontinuous construction
不连续结构面 no-continuous discontinuity
不连续解 discontinuous solution; interrupted solution
不连续介质 discontinuous medium
不连续介质动力学 discontinuity medium mechanics; discontinuum medium mechanics
不连续介质力学 discontinuity mechanics; discontinuum mechanics
不连续晶体生长 discontinuous grain growth
不连续颗粒 gap grain size; unsuccessive grain
不连续颗粒测定法 discontinuous granulometry
不连续颗粒分析 discontinuous granulometry
不连续可调红外激光器 discretely tunable infrared laser
不连续孔隙性 discontinuous porosity
不连续控制 discontinuous control
不连续控制动作 operating of discontinuity
不连续控制系统 discontinuous control system
不连续控制制 discontinuous control system
不连续梁 discontinuous beam
不连续量 discontinuous quantity
不连续裂纹 discontinuous crack
不连续滤波器 discontinuous filter
不连续轮班工作制 discontinuous shiftwork
不连续马尔可夫过程 discontinuous Markov process
不连续脉冲 discrete pulse
不连续毛细孔 discontinuous capillary pore
不连续面 discontinuity(surface); discontinuous plane; discontinuous surface; cold shut <铸体的>
不连续面层 surface of discontinuity
不连续面的剪切试验 shear test of discontinuities
不连续(能)带 zone of discontinuity
不连续疲劳 discontinuous fatigue
不连续频率 discrete frequency
不连续频率函数 discontinuous frequency function
不连续频谱 discontinuous spectrum
不连续谱 discrete spectrum
不连续区 locus of discontinuity
不连续曲面 surface of discontinuity
不连续曲线描绘器 incremental plotter
不连续群 discontinuous group
不连续绕组 discrete winding
不连续山脉 basin range
不连续施工(法) uncontinuous construction
不连续式整经 discontinuous warping
不连续数据 data digit; sampled data
不连续数列 discontinuous series; discrete series
不连续水文资料 fragmentary hydrologic(al) data
不连续松弛 discrete relaxation
不连续松散的纤维 discontinuous discrete fiber[fibre]
不连续梯度 discontinuous gradient
不连续体 discontinuum
不连续体力学 discontinuity mechanics
不连续条件 discontinuity condition
不连续调节 intermittent control
不连续图 interrupted view
不连续土壤水分带 zone of discontinuous soil moisture
不连续位移法 displacement of discontinuity method
不连续吸收 discrete absorption
不连续析出 discontinuous precipitation
不连续系列 discontinuous series
不连续系统 discontinuous system
不连续纤维毡 discontinuous mat
不连续现象 discontinuous phenomenon
不连续线 line of discontinuity
不连续相 discontinuous phase; discrete phase; dispersed phase
不连续谐波 discrete harmonic
不连续性 discontinuity; discreteness; uncontinuity
不连续性测量 measurement of discontinuity
不连续性的持久度 persistence of discontinuity
不连续性的定向 orientation of discontinuity
不连续性频率 frequency of discontinuities
不连续性调节器作用 discontinuous controller action
不连续性应力 discontinuity stress
不连续压力 discontinuity pressure
不连续岩体 discontinuous rock mass
不连续(岩体)的填充物 filling of discontinuity
不连续(岩体)之间的间隙 aperture of discontinuity
不连续岩芯 discontinuous coring
不连续油相 discontinuous oil phase
不连续运动 discontinuity motion; discontinuity movement; discontinuous fluid; discontinuous motion
不连续长大 discontinuous growth
不连续褶劈理 discrete crenulation cleavage
不连续褶皱 interrupted fold(ing); non-sequent fold(ing)
不连续振幅 saltus of discontinuity
不连续震源 discontinuity focusing
不连续证券市场 discontinuous market
不连续值 discrete value; enumerated data
不连续指令 discrete command
不连续周期运动 discontinuous periodic(al) motion
不连续转移 discontinuous jump
不连续状态 discrete state
不连续资料 discrete data
不连续组织 discontinuous structure
不连续作用 discontinuous action; discontinuous function; intermittent action
不连续作用控制器 discontinuous action controller
不连续作用伺服机构 discontinuous action servomechanism
不连续作用调节器 intermittent controller
不连轴 uncoupled axle
不联结 uncouple
不联锁 non-locking
不良半导体 defective semi-conductor
不良包装 defective packing
不良波段(宽度) <推进式信号联动系统中前后道口绿灯出现的时间间距> poor progression
不良成分 undesirable constituents
不良成型卷装 defective package build
不良承载层 poor bearing stratum
不良触点 bad contact; imperfect contact; loose contact
不良磁道 bad track
不良导热体 poor conductor of heat
不良导体 bad conductor; non-conductor; poor conductor
不良的安装 badly rigged
不良的金属涂层 unsound metal coating

不良地层 bad ground;poor stratum
不良地基 poor subsoil
不良地质 poor stratum;unfavo(u)rable geology
不良地质情况 unfavo(u)rable geologic(al) condition
不良地质条件 unfavo(u)rable geologic(al) condition
不良地质现象 adverse geologic(al)-phenomenon;undesirable geologic(al) phenomenon;unfavo(u)rable geologic(al) features
不良地质作用 adverse geologic(al)-action;adverse geologic(al) consideration;adverse geologic(al) phenomenon
不良电导体 poor conductor
不良反应 untoward effect
不良分离 poor separation
不良构造 poor construction
不良好的形态 objectionable feature
不良合缝 mismatch
不良环境 poor surrounding
不良灰泥 unsound plaster
不良混合 poor mixing
不良级配 harsh mix(ture);poor grain size distribution
不良级配的 poorly graded
不良级配骨料 poorly graded aggregate
不良级配集料 poorly graded aggregate
不良级配砂 poorly graded sand
不良级配土 poorly graded soil
不良加工 imperfect manufacture
不良驾驶 bad steering
不良假体 faulty prosthesis
不良角化 dyskeratosis
不良接触 bad contact;imperfect contact;loose contact
不良接触探测器 imperfect contact detector
不良接地 imperfect earth
不良接点 bad contact;imperfect contact;poor contact
不良接合 bad joint
不良接收区 mush area
不良接头 defective joint;faulty joint
不良结晶质 dyscrystalline
不良聚焦 poor focus
不良绝缘 poor insulation
不良绝缘子 poor insulator
不良颗粒 misshaped particle
不良立木 cull tree
不良连接 loose connection
不良流线体 bluff
不良流线型物体 bluff body
不良炉况 poor furnace
不良路基 poor subgrade
不良路基土 poor subgrade soil
不良率 fraction defective
不良锚地 bad anchorage;bad(holding) ground;foul area;foul bottom;foul ground;foul patch;foul anchorage
不良能见度 <能见度为 2000 ~4000 米>【气】poor visibility;low visibility
不良耦合 defective coupling
不良排水 impeded drainage;poor drainage
不良膨胀作用 detrimental expansion
不良漆层 unsound paint
不良起动 bad start
不良气候 adverse weather;bad-weather;foul weather
不良气候条件 adverse climatic condition;adverse weather condition;bad-weather condition
不良倾向 harmful trend;undesirable tendency;unhealthy tendency
不良情况 ill condition;unfavo(u)rable condition
不良燃烧 inefficient combustion;poor combustion
不良溶剂 poor solvent
不良扇形区 bad bearing sector
不良商誉 negative goodwill
不良设备 defective equipment
不良设计 poor design
不良使用 hard service
不良视度 poor visibility
不良视界 low visibility;poor visibility
不良天气 adverse weather;foul weather
不良调节 poor regulation
不良涂层 defective coating
不良味道 disagreeable taste
不良显示距离 low visibility
不良线路 defective track
不良效果 minus effect
不良修复 faulty restoration
不良影响 adverse effect;detrimental effect;harmful effect;negative impact;unhealthy effect
不良运行区 rough zone
不良债权 bad claim
不良照明 poor lighting
不良制动 defective brake
不良筑造的 slop-built
不良装载 <没有按到港次序装载> overstowage
不良作用 ill-effect
不料 unaware
不列颠哥伦比亚水电局 <加拿大> Hydro British Columbia Hydropower Authority
不列户名 number account
不列级公路 unclassified road
不列入资产负债表的融资 off-balance-sheet finance
不裂变的 non-fission
不裂缝 freedom from cracking(and crazing)
不裂口的 unsplit
不裂湿固化组分 non-hairing moisture-curable composition
不临街的建设基地 backsite;rear land
不灵活 jamming
不灵活的 dumb;inflexible
不灵活系统 inelastic system
不灵活终端 dumb terminal
不灵敏波段电流 dead-band current
不灵敏的 insensitive;insusceptible
不灵敏叠标 slow marks
不灵敏度 insensitiveness;insensitivity
不灵敏度区 dead area
不灵敏盲区电流 dead-band current
不灵敏区 dead band;dead zone;gap band;neutral zone
不灵敏区边界 dead-zone boundary
不灵敏区流量 dead-band current
不灵敏时间 insensitive interval
不灵敏性 insensibility;insusceptibility;non-reactivity;insensitiveness
不灵敏周期 paralysis period
不灵巧的 unskil(l)ful
不另通知 without notice
不另详述 not elsewhere specified
不另行补强的最大孔径 maximum opening diameter without reinforcement
不流动 stagnation
不流动玻璃液 dead glass
不流动的 stagnant;stale;standing
不流动的水 fixed water
不流动绝缘剂 <用于浸渍高压电缆绝缘纸> non-draining compound
不流动空气 fixed air
不流动性 immobility;non-flowing character
不流挂醇酸树脂漆 non-drip alkyd paint
不流挂漆 non-drip paint
不流水渗透计 non-discharging permeameter
不流通的较冷层 <湖水热层化作用下> hypolimnion
不流通的空气 dead air
不流通的支票 not negotiable check
不流通管道 deadline
不流通湖 undrained lake
不流通空气 dead air
不流通水 dead water
不流行 out-of-fashion;out of mode
不流行的 outdated
不留后备尺寸的 scant size
不留记录的 off-the-record
不留宿的 live out
不留心 absence of mind
不留心的 absent-minded;inadvertence[inadvertency]
不留中间过道的剧场座位 continental seating
不漏的 leak-free;leakless;leakproof;leak tight
不漏电 leakproof
不漏光 light-tight
不漏光门 dark door
不漏灰的 dust-tight
不漏流体的 fluid-tight
不漏气 no-leak;gas-tightness
不漏气的 airproof;air-tight;gas-proof;gas-tight;pressure-tight;steam tight;vapo(u)r-proof;vapo(u)r-tight
不漏气轮胎 no puncture tire(tyre)
不漏气性 air-tightness
不漏汽的 steam-proof
不漏氢 hydrogen-tight
不漏情况报告员 vigilance man
不漏失概率 non-leakage probability
不漏失几率 non-leakage probability
不漏水 water-tightness
不漏水的 staunch;water-tight
不漏水的混凝土平屋顶 water-tight concrete flat roof
不漏水管网 tight grid
不漏水或空气的 stanch
不漏水配水系统 tight distribution system;tight grid
不漏水墙 staunching wall;water-tight wall
不漏水容器 water-tight vessel
不漏水填密 water-tight packing
不漏土的 groundtight
不漏泄 no-leak
不漏烟的 smoke-proof;smoke-tight
不漏油 oil-proof
不漏油材料 raintight material
不漏油的 fuel oiltight;fuel tight;oil-tight
不漏雨的 rain-tight
不漏蒸气的 vapo(u)r-proof
不露出水面的防波堤 submerged breakwater
不履行 back-out(of);non-compliance;nonfulfil(l)ment;non-performance;defection
不履行法律义务 make default
不履行法律责任 omission
不履行合同 back-out of the contract;not keeping contract
不履行合同的补偿 compensation for non-fulfillment of contract
不履行契约 be in default;breach;default;fall back
不履行通知书 default notice
不履行义务 nonfeasance
不履行债务 default of obligation
不履约 non-compliance
不论百分比是多少 irrespective of percentage
不论船舶损失与否 ship lost or not lost
不论的 irrespective
不论晴雨 rain or shine
不论晴雨的 all weather
不论任何天气 in all weather
不论损失程度 irrespective of percentage
不落地运输系统 <集装箱> all on wheel system
不落粒作物 non-shattering crop
不落轮镟床 underfloor wheel lathe
不落叶的 indeciduous
不埋石水准点 non-monumented benchmark
不满 disappreciation;dissatisfaction;underfill
不满带 partially occupied band
不满负荷 under load
不满行 line shortage
不满荷载 under load
不满流 slack flow
不满流隧洞 grade tunnel
不满情况 <桶装液体的> ullaged condition
不满一年的纳税年度 short tax year
不满足因素 dissatisfier
不毛的 infertile;sterile
不毛的高原 barren plateau;wold
不毛区 slick spot
不毛沙地 barren sand
不毛(之)地 bare and barren land;bare ground;bare land;bare place;bare soil;barren(land);nude land;unproductive land;bare place;hungry soil
不冒黑烟 to eliminate black smoke
不冒浆 not mud pumping
不没式溢流堰顶 free crest of spillway
不焖火的 unannealed
不密闭的 non-hermetic
不密闭的接缝 leaky joint;leaking joint
不密的 loosely bound
不密封 blow by;inleakage
不密封的 untrapped
不密实 leakiness
不密实充填砾石 uncompacted gravel
不密实的 uncompacted;undensified
不密实的混合料 open-textured mix
不密实混合料 open-type mixture
不密实填料 uncompacted filling
不密实填土 uncompacted filling
不密实岩石 uncompacted rock;undensified rock
不密贴道岔 half-closed points;half-open points;half-open switch
不密贴钢轨扣件 non-flush rail fastening
不密贴尖轨【铁】open switch(point);open point rail;open switch tongue;tongue rail
不密贴位置 half-open position
不灭 conservation
不灭的 indestructible
不灭墨水 indelible ink
不灭墨印 indelible marking ink
不灭信号 permanent glow signal
不灭信号灯 permanent signal
不灭性 indestructibility
不敏感 insensitiveness
不敏感处理 immunizing
不敏感的 insensitive;non-sensitive;unsusceptible
不敏感性 immunity;insusceptibility;

B

insensitivity
不名方程 abstract equation
不名数 abstraction number; abstract number
不名数系 non-denominational number system
不名誉 dishonour
不名誉的 discreditable
不明空中飞行物 unidentified flying object
不明确 ambiguity; equivocation
不明确的 ambiguous; equivocal; ill-defined; indefinite; tentative
不明确的条文 imprecise term
不明显背斜 arrested anticline
不明显边界 badly defined boundary
不明显的起霜 crocking
不明显等高线 faint contour
不明显点 unidentifiable point
不明显方向变化 non-clear directive variation
不明显图像 fuzzy image
不明智的 inexpedient
不磨浇道 no-grind gate
不磨面 mat(te) surface
不磨牙丝锥 cut thread tap
不拿薪金的 unsalaried
不耐 intolerance
不耐干燥的 siccolabile
不耐光 photohobia; photolability
不耐光的 light fugitive; photophobic
不耐寒的 frigolabile
不耐寒植物 non-hardy plant; tender plant
不耐旱的 drought susceptible
不耐火隔断 partition non-rated
不耐久的 non-durable; non-resistant
不耐久消费品 consumer non-durables
不耐久性 fugitiveness
不耐热材料 thermolabile material
不耐热的 heat-intolerant; heat-labile; hot short; thermolabile
不耐热调理素 normal opsonin
不耐热性 thermolability
不耐热因素 heat-labile factor
不耐污染品种 intolerant species
不耐性 intolerance; lability
不耐阳光的 vulnerable to sunlight
不耐阴生物 intolerant organism
不耐用材料 short-lived material
不耐用的 non-durable; short life; short-lived; unserviceable
不耐用的纺织品 <美> soft goods
不耐用商品 non-durable goods; soft goods
不耐用物品 non-durables
不耐震的 shock-sensitive; tremolabile
不耐煮沸的 coctolabile
不挠曲的 non-deflecting; non-deformable; non-deforming
不挠曲性 inflexibility
不挠性 inflexibility
不能按期完工的处罚 penalty for delay
不能保险的 uninsurable
不能保险的房地产权 uninsurable title
不能保险的风险 non-insurable risk
不能报销项目 non-acceptable item
不能比较的 incommensurable; incomparable
不能变换 inconvertibility
不能变换的 inconvertible
不能变卖的 unrealizable
不能变通的 inelastic behavio(u)r
不能变现的比率 non-liquid ratio
不能辨别的 indistinguishable
不能补偿的 non-compensable
不能擦净的 non-scrubbable
不能擦洗的 non-scrubbable
不能采用的 objectionable
不能操纵 beyond control
不能操纵的道岔 cannot-be-operated switch
不能操作 inoperable
不能操作时间 inoperable time
不能测量 immeasurability; unmeasurable
不能拆散的列车车底 indivisible train set
不能拆散的列车车组 indivisible train unit
不能偿还 insolvable
不能偿还的 <公债、纸币等> irredeemable
不能偿还的付款 non-refundable payment
不能撤销的 indefeasible
不能撤销的发价 firm offer
不能撤销的协议 firm agreement
不能称的 imponderable
不能成合金的 non-alloyable
不能成合金的金属 non-alloyable metal
不能成交 cannot be closed
不能承受重载的桥梁 weak bridge
不能持久的 non-sustainable
不能冲洗的 non-washable
不能处理的垃圾 non-treatable refuse
不能触摸的 intangible
不能穿过的 impenetrable
不能穿透层 impenetrable stratum
不能戳穿的 <如钢板> non-tiltable
不能淬硬 non-hardenable
不能达到 out of(the) reach
不能达到的 inaccessible
不能倒退的 irreversible
不能倒置的 irreversible
不能到达点 inaccessible point
不能的 unable
不能点燃的 uninflammable
不能调换的 irreplaceable; non-tunable
不能钉钉子的板面 non-nailable deck
不能定向的 non-orientable
不能堆肥的垃圾 non-compostable refuse
不能堆压 not to be stowed below other cargo
不能兑成硬币的 irredeemable
不能兑换 inconvertibility
不能兑换的 inconvertible
不能兑换的债券 unconvertible loan stock
不能兑换外汇的货币 blocked currency
不能兑现的 irredeemable
不能兑现的通货 irredeemable currency
不能发酵的 unfermentable
不能发现的缺点 defects not discoverable
不能翻转的 irreversible
不能繁殖的 sterile
不能反转的 non-reversible
不能废除的 indefeasible; unavoidable
不能分解的 irresolvable
不能分解矩阵 indecomposable matrix
不能分开的大件物品 indivisible mass
不能服务 out-of-service
不能浮起的面 water avid surface
不能复位的 irreducible
不能复原的 non-recuperative
不能复制的 non-reproducible
不能改变的 unchangeable
不能隔离的熔断器 non-disconnecting fuse
不能根绝的 ineradicable
不能更新的熔断器 non-renewable fuse(unit)
不能更新的自然资源 non-renewable natural resources
不能更新资源 non-renewable resources
不能工作的 inoperable; out-of-operation; out-of-service; out-of-work; unworkable
不能供应 unable to supply
不能共存的 incompatible
不能关闭的拱廊 unenclosed arcade
不能关闭的广场 unenclosed plaza
不能关闭的廊 unenclosed porch
不能贯穿性 impenetrability
不能互换的 non-interchangeable
不能还原的 irreducible
不能缓解 afford no relief
不能恢复的 irrecoverable; irretrievable; irreversible
不能恢复的收缩 irreversible shrinkage
不能恢复的徐变 non-recoverable creep
不能恢复地 irretrievably
不能回收的 non-recoverable; unsalvageable
不能回收的成本 sunk cost
不能回收的木支撑 non-recoverable timbering
不能混合的 immixable
不能机械加工的 unmachinable
不能积分 unintegrable
不能积聚静电的油 static non-accumulator oil
不能计量 out of ga(u)ge
不能计量的收入 unquantifiable benefit
不能计算 incalculability
不能计算的 incalculable; incomputable
不能减轻的负债 deadweight debt
不能减缩的 incondensable
不能检测的 non-detectable
不能简约的 irreducible
不能健康发育 develop in an unhealthy way
不能降低的 irreducible
不能交换的 incommutable; inconvertible
不能接触 must not-touch
不能接收 receive not ready
不能接受不符合规定的履约表现 defect performance
不能接受的 unacceptable
不能接受的期限 unacceptable date
不能结晶的 incrystallizable; uncrystallizable
不能解决的 indeterminable
不能浸润的 non-wettable
不能开动的 unworkable
不能开动汽车 dead car
不能靠近易燃品 do not load near inflammables
不能克服的 impassable
不能控制 beyond control
不能控制的 incontrollable; out of control; uncontrollable; unstabilized
不能控制的成本 uncontrollable cost
不能控制的费用 uncontrollable expenses
不能扣除的捐献缴款 non-deductible contributions
不能扣除的迁移费 non-deductible moving expenses
不能扣除的医疗费 non-deductible medical expenses; non-deductive medical expenses
不能拉长的 inductile
不能冷凝的 incondensible
不能立即变现的资产 illiquid assets
不能立即兑现的 illiquid
不能利用 unavailability
不能利用的 unavailable
不能量测的 immeasurable
不能量水的分水节制闸 non-metering offtake regulator
不能令人满意的 unsatisfactory
不能履行的合同 frustrated contract
不能履行的条件 impossible condition
不能满足规范、规则或技术标准的工程 non-conforming work
不能没有的条件 non-forfeiture condition
不能摩擦生电的物体 anelectric(al)
不能黏[粘]结的 inadhesive
不能凝固的 incoagulable
不能凝缩的 incondensable
不能浓缩的 incondensable
不能判明的 unidentifiable
不能抛锚的海底 foul holding ground
不能抛锚的乱石底 foul holding ground
不能配合 incompatibility
不能破坏的 indestructible
不能破碎式电阻器 unbreakable-type resistor
不能起动 refusal to start
不能起动的最大流速 <床沙颗粒的> non-displacement velocity
不能区别的 undistinguishable
不能区分的 indistinguishable; undistinguishable
不能取消的 irrevocable; unavoidable
不能确定地点的损坏 non-localized damage
不能燃烧的 aphlogistic; incombustible; non-flammable
不能燃烧的混合物 incombustible mixture
不能认可的损害 <申请赔偿中的> damnum absque injuria
不能容忍的 unbearable
不能溶解的 unsolvable
不能熔炼的 unsmeltable
不能如期完工 non-completion
不能入选的 ineligible
不能删除的文件 non-delectable file
不能上班的天数 days of disability
不能少的 irredundant
不能伸长的模板 <用于隧道衬砌的模板> non-telescopic form
不能伸缩的 non-retractable
不能渗透的 impervious
不能升起的道路拌和机 non-elevating road mixer
不能生产的 non-productive
不能生活的 non-viable
不能生物降解 non-biodegradability
不能生物降解残留物 non-biodegradable residue
不能生物降解物质 non-biodegradable material
不能胜任的 incompetent
不能实施的 unenforceable
不能实行的 impracticable; inoperable; unfeasible; unworkable
不能使用的 non-serviceable; out-of-order; out-of-service; out of use; unserviceable; unusable
不能使用的金刚石 unusable diamond
不能使用机车百分率 percentage of unserviceable locomotives
不能使用期间 <机车车辆破损> period out of service
不能适用 inapplicability
不能适用的水 unsuitable water
不能收得的 uncollectible
不能收得的铁路进款 uncollectible railway revenue
不能收回的 non-recoverable
不能收缩的遮篷 non-retractable awning

不能赎回的 irredeemable
不能缩减的 irreducible
不能探测的 undetectable
不能提货的提单副本 non-negotiable copy of bill of lading
不能提前偿还的条件 uncallable condition
不能提前收回的公司债 uncallable bond
不能调行键盘 non-counting keyboard
不能贴现票据 non-discountable bill
不能通航的 innavigable; non-navigable; unnavigable
不能通航河流 unnavigable river
不能通融的问题 inelastic problem
不能通行的 impassable
不能通行的道路 impassable road
不能通约 incompatible equations
不能同化的 inassimilable
不能统制费用 uncontrollable expenses
不能透过的 impervious
不能退货 without return
不能弯曲的 inflexible
不能完成的 unattainable
不能洗的 non-washable
不能相比的 unequalable
不能想(象)的 unthinkable
不能行车的 untrafficable
不能行使的车辆 disabled vehicle
不能行驶的 disabled
不能修复的 irremediable
不能修理 beyond repair
不能修理的 irrepairable; out-of-repair
不能压缩的 incoercible; incompressible
不能延伸的 inextensible; inextensile
不能移去的 unremovable
不能硬化的 unhardenable
不能用高温灭菌法杀灭的 thermoduric
不能用筛分级的 subsieve
不能用筛子分级的微粒 subsieve
不能用同一单位计算 incommensurability
不能用于居住的楼面 non-residential usable floor area
不能预测的社会情况 problematic(al) social situation
不能预付的时期 lock-in period
不能预料的事件 unforeseeable event
不能原谅的延误工期 non-excusable delay
不能约的 irreducible
不能允许的 inadmissible
不能运行 disability
不能运行的机车 disabled locomotive
不能运行的列车 disabled train; train in difficulties
不能运转的 out-of-operation
不能再得的 irreproducible
不能再减的费用 marginal expenditures
不能再减小的糙率 irreducible roughness
不能再生产的有形资产 non-reproducible tangible assets
不能再生产的资产 non-reproducible assets
不能再生的 non-regenerative
不能再使用的包装 non-returnable packing; non-reusable packing
不能再向下钻的岩层 suitcase rock
不能再用的 not-reusable
不能皂化的 non-saponifiable
不能皂化的油 unsaponifiable oil
不能蒸馏的重残油 undistillable heavy residue
不能证实的 unverifiable
不能执行的合同 unenforceable contracts
不能执行的指令 disable instruction
不能重叠的镜像 non-superimposable mirror image
不能重复使用的保险丝 non-renewable fuse
不能重复使用的物料 non-recyclable material
不能重开谈判条款 zipper clause
不能重新使用的 not-reusable
不能重载的桥梁 weak bridge
不能转动的 restrained from rotating
不能转换契约 inconvertible paper
不能转让的注册记名债券 fully registered bond
不能转让信用证 straight letter of credit
不能转移的支出 non-transfer expenditures
不能自由兑换的货币 inconvertible currency
不能自由运用的资本 capital tie-up
不能钻的 undrillable
不能作业时间 non-working time; unavailability; unavailable time
不能作业天数 non-working days; unavailable days
不拟复兴整修购置房产 acquisition-without rehabilitation
不拟合曲线 mismatched line
不逆演化 irreversibility
不黏[粘]尘干 cotton-free dry
不黏[粘]尘干时间 dust-free dry time
不黏[粘]尘干燥 dust dry
不黏[粘]的 cohesionless; non-stick; non-viscous
不黏[粘]附的 inadhesive; non-sticking
不黏[粘]合后张法预应力 unbonded post-tensioning
不黏[粘]合后张法预应力构件 unbonded member
不黏[粘]合预应力钢索 unbonded tendon
不黏[粘]胶 non-cohesive gel
不黏[粘]结 non-stickness
不黏[粘]结的 inadherent; incohesive; non-agglomerating; non-caked; non-coherent; non-cohesive; non-sticky
不黏[粘]结的轻质板 <屋面上为防止沥青渗透的> dry sheet
不黏[粘]结的油毡 dry sheet
不黏[粘]结块的煤 non-caking coal
不黏[粘]结性 incohesion; incohesive property
不黏[粘]结性煤 non-caking coal
不黏[粘]结岩石 incoherent rock
不黏[粘]聚的 non-coherent
不黏[粘]连 non-stickness
不黏[粘]连加铺层【道】unbonded overlay
不黏[粘]连涂层 non-blocking coating
不黏[粘]连罩面 <与下层不相黏[粘]结的路面加铺层> unbonded overlay
不黏[粘]煤 non-caking coal
不黏[粘]棉纤维干 cotton-free dry
不黏[粘]面涂层 no-stick coating
不黏[粘]牛皮纸干 kraft paper free dry
不黏[粘]砂干 sand dry
不黏[粘]时间 non-pickup time
不黏[粘]性 inadhesion
不黏[粘]滞不可塑 non-sticky/non-plastic
不黏[粘]滞极可塑 non-sticky/very plastic
不黏[粘]滞可塑 non-sticky/plastic
不黏[粘]滞微可塑 non-sticky and slightly plastic
不黏[粘]滞性流体 inviscid fluid
不黏[粘]着 inadhesion; cratering; running away
不黏[粘]着的 non-bonded
不黏[粘]着力筋 non-bonded tendon; unbonded tendon
不黏[粘]着预应力钢筋 non-bonded prestressed reinforcement
不黏[粘]着预应力筋 unbonded prestressed reinforcement
不黏[粘]钻头的地层 clean cutting formation
不凝的 non-condensing
不凝固的 incondensable
不凝固的混合物 non-setting compound
不凝固润滑剂 non-freezing lubricant
不凝固镶玻璃材料 non-setting glazing compound
不凝集的 inagglutinable
不凝结的 incongeable; non-condensable; non-condensing; uncondensable; uncondensed
不凝结性 incoagulability
不凝结盐溶液 non-freezing brine
不凝结蒸汽机 non-condensing steam engine
不凝聚的 non-coherent
不凝聚胶体 deflocculated colloid
不凝气(体) non-condensible [condensable] gas; fixed gas
不凝气性蒸汽机 non-condensing engine
不凝汽的 non-condensing
不凝汽屋面(材料) non-condensing roofing
不凝缩的 uncondensed
不凝性气体 foul gas; inert gas; non-condensable gas; incoagulable gas
不凝性气体分离器 non-condensing gas separator
不凝性气体净化器 non-condensable gas purger
不凝性气体排除器 gas purger; non-condensable gas purger
不扭曲叶片 non-warped blade
不扭转 twist-less
不扭转的 torsion-less; twist-free
不浓的 subtle
不弄脏 non-staining
不耦合的 unbound
不耦合装药 decoupling charge
不耦联微分方程 uncoupled differential equation
不耦联运动方程 uncoupled equation of motion
不排放(废物) zero release
不排放废物的工厂 zero release plant
不排水沉降 <瞬时沉降> undrained movement
不排水的 undrained
不排水分析 undrained analysis
不排水荷载条件 undrained load condition
不排水荷载循环 undrained load cycle
不排水湖 undrained lake
不排水加载 undrained loading
不排水剪力 undrained shear
不排水剪切 undrained shear
不排水剪切试验 quick test; undrained shear test
不排水抗剪强度 undrained shear strength
不排水抗剪试验 undrained shear test
不排水快剪试验 undrained quick shear test
不排水快速加荷载 undrained quick loading
不排水蠕变 undrained creep
不排水三轴剪切强度 unconsolidated-undrained triaxial compression strength
不排水三轴试验 undrained triaxial test
不排水三轴压缩试验 undrained triaxial compression test
不排水试验 undrained test
不排水条件 undrained condition
不排水土壤承载能力 undrained soil bearing capacity
不排水下沉沉箱 sinking open caisson by undrained dredging
不排水下沉法 <沉井> undrained sinking method
不排水徐变 undrained creep
不排水循环荷载 undrained cycle load
不排水压缩试验 undrained compression test
不排水状态 undrained state
不排土桩 non-displacement pile
不赔不赚的销售水平 break-even sales level
不配的 unworthy
不配对的 ill-sorted
不配合 incoordination
不配筋断面 unreinforced section
不配套品种 inconsistent merchandise assortment
不喷逸性 overspray fastness
不硼硅酸玻璃 Pyrex glass
不膨胀成分构成的软木 unexpanded composition cork
不膨胀的 non-bloated; non-bloating; non-swelling
不膨胀的纯聚结软木 unexpanded pure agglomerated cork
不膨胀钢 non-expansion steel
不膨胀熔融黏[粘]结 non-expansive fusion caking
不膨胀循环 non-expansion cycle
不匹配 maladjustment; mismatching; unmatching
不匹配的 non-matched; unbecoming; non-matching
不匹配封接 unmatched seal
不匹配负载 incoordination load; unmatched load
不匹配记录检验 unmatch record check
不匹配数据 non-matched data
不匹配条件 mismatch condition
不匹配指示器 mismatch indicator
不偏的 indifferent; unbias(s)ed
不偏离的 undeviating
不偏试样 unbias(s)ed sample
不偏误差 unbias(s)ed error
不偏性 unbias(s)edness
不偏振的 non-polarizable
不平 dissatisfaction; ruggedness
不平边缘 ragged edge
不平常的 abnormal; unaccustomed
不平的 bumpy; ragged; rough; uneven; unlevel(l)ing
不平的道路 bumpy road
不平等 inequality
不平等的 unequal
不平等条件 discriminative condition
不平等条约 unequal treaty
不平地面 broken ground; rough ground; uneven ground
不平地形 rugged topography
不平度 denivellation; lippage; undulation; unevenness
不平度测定仪 smoothometer
不平度测量 non-planeness measurement
不平度系数 irregularity coefficient
不平度仪 rough(o)meter
不平断口 irregular fracture
不平衡 disbalance; disequilibrium; disparity; imbalance; inequality; lack

of balance; nonequalizing; off-centre(centre); overbalance; unbalance; unbalancing
不平衡报价 unbalanced bid(quotation); unbalancing quoting
不平衡爆破的炮眼 unbalanced shot hole
不平衡泵 non-balanced pump; non-compensated pump
不平衡变换 unbalanced transformation
不平衡差 unbalance error
不平衡超高 unbalanced elevation; unbalanced superelevation
不平衡车道行使 unbalanced lane movement
不平衡车道运行 < 在多车道道路上,按照上、下行交通量的变化,在不同时间内把车道对上行和下行交通作不等量的分配使用 > off-centre lane operation[movement]
不平衡抽水试验 non-equilibrium pumping test
不平衡传输线 unbalanced line
不平衡的 balanceless; lopsided; non-compensated; off-balance; off-centered; unbalanced; unequal; unsymmetric(al); out-of-balance
不平衡的泵 unbalanced pump
不平衡的财政 unbalanced finance
不平衡的阀 non-balanced valve; unbalanced valve
不平衡的高峰时间 < 指上、下午高峰时间的流向和数量不平衡 > unbalanced peak hours
不平衡等离子反应器 non-equilibrium plasma reactor
不平衡电流 out-of-balance current; unbalanced current
不平衡电路 unbalanced circuit
不平衡电路用电度表 unbalanced-load meter
不平衡电桥 unbalanced bridge
不平衡电压 unbalanced voltage
不平衡电阻 unbalanced resistance
不平衡度 degree of disequilibrium; degree of unbalance; unbalancedness
不平衡多相制 unbalanced polyphase system
不平衡舵 ordinary rudder; unbalanced rudder
不平衡发展 unbalanced development
不平衡阀 non-balanced valve; non-compensated valve
不平衡反应 unbalanced response
不平衡方程 non-equilibrium equation
不平衡分配分类 unbalanced merge sort
不平衡分配问题 unbalanced assignment problem
不平衡负载 unbalanced load
不平衡负载指示仪表 unbalanced-load meter
不平衡公式 non-equilibrium formula
不平衡供热系统 unbalanced heating system
不平衡过程热力学 non-equilibrium thermodynamics
不平衡合并分类 unbalanced merge sort
不平衡荷载 unbalanced load; uncompensated load
不平衡荷载保护方式 unbalanced-load protection system
不平衡环 unbalanced ring
不平衡记录 non-equilibrium writing
不平衡继电器 out-of-balance relay
不平衡交通量 unbalanced traffic
不平衡结构 unbalanced construction
不平衡截煤机链 unbalanced cutter chain
不平衡经济增长 unbalanced economic growth
不平衡静水压力 unbalanced hydrostatic pressure
不平衡馈电线 unbalanced feeder line
不平衡冷却 non-equilibrium cooling
不平衡力 unbalanced force
不平衡力矩 out-of-balance moment; unbalanced moment
不平衡流 non-equilibrium flow
不平衡率 specific unbalance
不平衡轮式振动筛 link-belt UP screen
不平衡面 plane of unbalanacing
不平衡气压 unbalanced air pressure
不平衡容量 unbalanced capacity
不平衡三相电路 unbalanced three-phase circuit
不平衡三相电压 unbalanced three-phase voltage
不平衡三相负荷 unbalanced three-phase load
不平衡生长 unbalanced growth
不平衡食物链 unbalanced food chain
不平衡书写 non-equilibrium writing
不平衡输出 unbalanced output
不平衡输沙 unbalanced sediment transport
不平衡输送机 unbalanced weight conveyer[conveyor]
不平衡树索引 unbalanced tree index
不平衡数据链路 unbalanced data link
不平衡衰减 unbalanced attenuation; unsymmetry attenuation
不平衡衰减器 unbalanced attenuator
不平衡水头 unbalanced head
不平衡速度 unbalanced speed
不平衡态 non-equilibrium state
不平衡提升 unbalanced hoisting
不平衡调制器 unbalanced modulator
不平衡投标 unbalanced bidding
不平衡土壤 ill-balanced soil
不平衡弯矩 unbalanced moment
不平衡网络 unbalanced network
不平衡位置 non-equilibrium site; unbalanced site
不平衡误差 unbalanced error
不平衡系数 coefficient of unbalance; unbalanced factor
不平衡系统 unbalanced system
不平衡线路 unbalanced line
不平衡相位 unbalanced phase
不平衡型 unbalanced type; unequilibrated type
不平衡型叶片泵 unbalanced vane pump
不平衡性 unbalance; unbalancedness
不平衡性反应 unbalanced reaction
不平衡压力 unbalanced pressure
不平衡压实 disequilibrium compaction
不平衡因素 unbalanced factor
不平衡应力 unbalance stress
不平衡铀系法 disbalance uranide method; unbalance uranide method
不平衡铀系列测年法 U-series disequilibrium dating method
不平衡有线电路 unbalanced wire circuit
不平衡预算 unbalanced budget
不平衡运输 unbalanced traffic
不平衡运输问题 < 一种线性规划问题 > unbalanced transportation problem
不平衡运行 off-center operation
不平衡增长 unbalanced increase
不平衡指示力 unbalanced indicator
不平衡制 unbalanced system
不平衡制动器 unbalanced brake
不平衡状况 unbalanced case
不平衡状态 non-equilibrium state
不平衡组合 disequilibrium assemblage
不平滑 asperity
不平滑的 rough; scabrous; unsmoothed
不平接缝 uneven joint
不平均分布 overdisperse
不平均分布荷重 irregularly distributed load
不平均沉降 uneven settlement
不平均系数 diversity factor
不平路面上使用的载重汽车 lorry for rough ground
不平齐 discordance
不平齐汇流 discordant junction
不平顺曲线 unsmoothed curve
不平坦 inequality; out(-of-) level; unflatness
不平坦边缘 jagged edge
不平坦的 rugged
不平坦地区 rough country
不平坦性 unevenness
不平稳的 jerky; jiggly
不平稳的飞行 bumpy flight
不平稳性 non-stationarity
不平稳运转 rough running; uneven running
不平稳状态 disequilibrium situation
不平行边坡法 non-parallel banks method; unparallel banks method
不平行表面 unparalleled surface
不平行不共点力 non-parallel non-concurrent force
不平行层理 discordant bedding
不平行的 unparallel(ed)
不平行度 disalignment; non-parallelism; wedge
不平行断面法 transecting section method
不平行改正 correction for non-parallelization
不平行墙 skew wall
不平行曲柄 anti-parallel crank
不平行四杆回转链系 non-parallel crank four bar linkage
不平行弦杆桁架 nonparallel chord truss
不平行性 malalignment; parallel misalignment
不平行轧辊 skewed roll
不平行中线偏转 disalignment
不平匀分布荷重 irregularly distributed load
不平整 out-of-flatness
不平整层面 irregular floor
不平整道路 rough road
不平整的 rugged
不平整的石楼梯的下部 broken soffit
不平整的越野道路 rough cross-country track
不平整底板 irregular floor
不平整底床 irregular floor
不平整地段 rough terrain
不平整地面 rough ground; uneven ground
不平整地形 rough terrain
不平整度 degree of irregularity; irregularity(degree); ruggedness; unevenness; roughness
不平整度(测定)仪 rough(o)meter
不平整度控制 protuberance control
不平整度指数 roughness index; unevenness index
不平整断口 irregular break; uneven fracture
不平整轨道 uneven track
不平整海底 uneven seabed
不平整河底 irregular river bottom; uneven river bed
不平整楼面 irregular floor
不平整路面上的凸起处 chatter bump
不平整摩擦 interfacial friction
不平整桥面 irregular floor
不平整台面 irregular floor
不平整系数 coefficient of irregularity; coefficient of unevenness; irregularity coefficient
不平整性 unevenness
不平整指数 < 路面的 > irregularity index
不平直度 unflatness
不破波 non breaking wave
不破坏存储器 non-destructive storage
不破坏的 non-destructive
不破坏读出 non-destructive reading; non-destructive readout
不破坏加法 non-destructive addition
不破坏路面的交通 non-mutilative traffic
不破坏试验 non-destructive test(ing)
不破坏试样的验定 non-destructive assay
不破坏信息读出数 read-around number
不破坏性检验 non-destructing check
不破裂的 inexplosive; unbreakable
不破碎玻璃 non-breakable glass
不破碎岩层 unbroken formation
不破损测量法 non-destructive measuring
不普通的 unusual
不齐 irregularity; unevenness
不齐的 non-homogeneous
不齐接头 random joint
不齐量 skew
不齐量调整 skew adjustment
不企口板桩 open sheeting
不启动 un-priming
不起尘的 non-dusty
不起反应的 nulvalent
不起化学反应的污染物 non-mixing bowl pollutant
不起化学作用的 chemically inert; inert
不起火花的 sparkproof
不起劲的 lukewarm
不起毛刺的染色剂 non-grain-raising stain
不起泡的 bubble tight; non-foaming; still
不起泡关闭 bubble shutoff
不起泡沫的 non-foaming
不起泡沫试验 non-foaming test
不起皮的 non-scale; non-scaling
不起皮钢 non-scaling steel
不起霜 non-chalking; non-efflorescence
不起霜润滑油 bloomless oil
不起作用 out-of-commission
不起作用的 non-effective; non-functional
不起作用的约束 inactive constraint
不气密的 non-hermetic
不恰当组合 irrelevance
不迁移的 non-migratory
不铅直 out of plumb
不前伸的进口 flush inlet
不欠债 keep head above water; out of debt
不欠值 underrange
不嵌缝的接口管 open-jointed pipe
不嵌缝接口管 open-jointed pipe
不嵌接头缝的陶土排水管 open joint tile drainage pipe
不强固焊缝 weak weld
不强化 unforcement
不翘扭平面 out-of-wind
不切边装订 uncut edges

不切断功率换挡 torque gear shift
不切合实际的 impracticable;unpractical;unrealistic
不切合实际、无法实现的计划 house of cards
不切合实际性 impracticability;unpracticalness
不切实际的 unpractical
不切实际的观测值 wild observation
不切题 irrelevance
不倾出涂料 tipping-resistant coating composition
不倾式搅拌机 fixed mixer
不倾斜的 aclinal
不倾斜搅拌机 non-tilt(ing) mixer
不倾性 stiffness
不清楚 fuzziness;indistinctness
不清楚的 indistinct;riddled
不清洁表面 unclean surface
不清洁船 dirty vessel;foul vessel
不清洁提(货)单 dirty bill of lading;unclean bill of lading
不清晰 breezing;fuzziness;lack of definition;lack of sharpness
不清晰边界 in-defined boundary;indistinct boundary
不清晰的 ill-defined;out-of-focus;unintelligible;unsharp
不清晰的通信[讯]信号 mud
不清晰等高线 faint contour
不清晰度 indistinctness;unintelligibility;unsharpness
不清晰度容限 tolerance for indistinctness
不清晰回声波 unresolved echo
不清晰梭口 unbalanced shed;uneven shed
不清晰图像 non-distinct image;unsharp image
不清晰像 non-distinct image
不清晰性 unintelligibility
不情愿的 reluctant
不屈不挠的 strenuous;unwearied
不屈的 resolute
不屈服挡土墙 non-yielding retaining wall
不屈服的 non-yielding;unyielding
不取芯金刚石钻头 B-rod bit;plug bit;torpedo bit;torpedo crown;plug bit
不取芯钻进 non-core drilling;non-coring drilling;run-to-waste drilling;open hole drilling
不取芯钻孔 non-core(bore)hole
不取芯钻头<用于回转钻头> non-coring bit;non-core bit;blind bit;borehole bit;full face bit;plug bit
不取样 unsampling
不圈结性 non-looping property
不全并计算的投资 unconsolidated investment
不全磁路 imperfect magnetic circuit
不全的 fragmental;fragmentary
不全的登记 undercount
不全对称 partial symmetry
不全反复拉压应力 tensile-compressive stress partially reversed
不全分裂 incomplete segmentation;partial segmentation
不全钙化 hypocalcification
不全节 partial node
不全晶体 paracrystal
不全面的技术进展 biased technological progress
不全强直 incomplete tetanus
不全色盲 partial colo(u)r blindness
不全收缩 catalectic systole;fractionate contraction
不全调谐 imperfect tuning
不全卫生设备系统 defective plumbing
不全信 discount
不全约束 suppressed contraction
不缺氧环境 aerobic environment
不确定 indetermination
不确定程序 non-deterministic program(me)
不确定带 indeterminate zone
不确定的 stochastic;unassured;uncertain
不确定的堆栈自动机 non-deterministic stack automaton
不确定的量化 quantification of uncertainty
不确定的契约义务 undefined contractual obligation
不确定的图灵机 non-deterministic Turing machine
不确定的有穷自动机 non-deterministic finite automaton
不确定的债务 contingent liability
不确定动水参数 uncertain hydrodynamic parameter
不确定度 indeterminateness;uncertainty
不确定范围 uncertain region
不确定分析 uncertainty analysis
不确定风险 borderline risk
不确定风险分析 uncertained risk analysis
不确定关系 uncertainty relationship
不确定环境 uncertain environment
不确定汇率 uncertain rate
不确定计划水平 uncertain planning horizon
不确定结点 chance event
不确定利息 contingent interest
不确定量 uncertain quantity
不确定期限 indefinite limitation of time;indefinite term
不确定情况 condition of uncertainty;uncertainty condition
不确定情况下的线性规划 linear programming under uncertainty
不确定区(域) uncertain region
不确定扫描宽度 uncertain sweep width
不确定事件 uncertainty event
不确定水动力环境 uncertain hydrodynamic environment
不确定水动力因素 uncertain hydrodynamic factor
不确定算法 non-deterministic algorithm
不确定污染源 uncertain pollutant sources
不确定系统 uncertain system
不确定现象 indeterminacy phenomenon
不确定型 condition of uncertainty;uncertainty
不确定型决策 decision-making uncertainty;decision under uncertainty
不确定性 indeterminacy;indeterminateness;non-determinacy;uncertainty
不确定性程度 degree of uncertainty;level of uncertainty
不确定性的 probabilistic
不确定性的时间分辨率 time resolution of uncertainty
不确定性分析 analysis of uncertainty;uncertainty analysis
不确定性故障 indeterminate fault
不确定性关系 uncertainty relation
不确定性解释 uncertain interpretation
不确定性决策 decision-making under uncertainty
不确定性时间分辨率 time resolution of uncertainty
不确定性条件 indeterminacy condition
不确定性有限自动机 non-deterministic finite automaton
不确定性原理 uncertainty principle
不确定性资产 undefined assets
不确定性自动机 non-deterministic automaton
不确定延迟交货 uncertain delivery lag
不确定因素 uncertain factor
不确定知识 uncertain knowledge
不确定自动机 non-deterministic automaton
不确切概念 inexact concept
不确切函数 inexact function
不确切回归分析 inexact regression analysis
不确切命题 inexact statement
不确切限额指专 approximate-limit order
不确切性 inappropriateness;inexactness
不燃的 non-combustible;non-flammable;non-ignitable;non-sparking
不燃的无覆盖地板 non-combustible uncovered floor
不燃结构 non-combustible construction
不燃绝缘材料 non-combustible insulation material
不燃气体层 layer of unburnt gas
不燃烧材料 incombustible material;non-combustible material
不燃烧的 incombustible;non-burning
不燃烧的废料 non-combustible waste
不燃烧地面标志 non-combustible ground sign
不燃烧结构 non-combustible construction;incombustible construction
不燃烧绝缘体 non-inflammable insulator
不燃烧气体 non-inflammable gas
不燃烧物 incombustible substance
不燃树脂 non-flammable resin
不燃体 incombustible component;non-combustible component
不燃物 incombustible(matter);non-combustible(substance)
不燃物质 incombustible material;non-combustible material;non-combustible matter;non-combustible substance
不燃性 incombustibility;non-flame property;non-inflammability
不燃性材料 incombustible material;non-combustible material
不燃性的 asbestic;asbestine
不燃性建筑材料 non-combustible constructional material
不燃性胶片 non-flammable film;safety film
不燃性垃圾 non-combustible refuse
不燃性树脂 non-flammable resin
不燃性涂层 non-flammable coating
不燃性涂料 incombustible paint;non-flammable paint
不燃性纤维 non-flame fiber[fibre]
不燃性织物 incombustible fabric;non-combustible fabric
不燃液 fire-resistant fluid
不燃液体 non-flammable fluid
不燃支架 incombustible lining;non-combustible lining
不燃纸 incombustible paper
不染色 non-staining;achromatophil
不染色标本 non-staining specimen
不染色的 achromatophilic;achromophilous
不染色涂片 unstained smear
不染色涂片检查 achromophilous smear examination
不染色性 achromatophilia;anochromasia
不染体 achromatophil
不染性纤维 non-dyeing fiber[fibre]
不让步 holdout
不让接近 keep off
不让进入的 unadmitted
不让邻车通过 NOT-yield-right-of way
不扰动结构 undisturbed structure
不扰动土 undisturbed soil
不扰动土样 undisturbed soil sample
不扰动土样薄壁取土器 Shelby tube sampler
不扰动土样钻探 undisturbed sample boring
不热处理的钢丝 not heat-treated steel wire
不认付 non-acceptance
不认可 disappreciation
不容剥夺的权利 inalienable rights;unalienable rights
不容错方法 fault-intolerance approach
不容申辩 immune to all pleas
不容讨价还价 take-it-or-leave-it
不容许的 intolerable
不容许的危险性 intolerable risk
不容许剂量 intolerable dose
不溶残积 insoluble residue
不溶残余 residue
不溶残余分析 unsolvable remnant analysis
不溶残余矿物 undissolved residue mineral
不溶残渣 insoluble sludge
不溶的 indissoluble;solventless
不溶酚醛树脂 bakelite C;C-stage resin
不溶化的物质 insoluble compound
不溶混的 immiscible
不溶混丁烷 immiscible butane
不溶混溶剂 immiscible solvent
不溶混驱替 immiscible displacement
不溶混溶液 immiscible solution
不溶混相 immiscible phase;non-miscible phase
不溶混性 immiscibility
不溶混液体 immiscible liquid
不溶积线 insoluble residue line
不溶建筑材料 infusible material
不溶解 indissolvable;insolubilize
不溶解残渣 insoluble residue
不溶解的 insoluble;non-soluble;undissolved;solventless;unsoluble
不溶解的固体 solid in solution
不溶解固体 undissolved solids
不溶解挥发性脂肪酸值 P-number;Polenske value
不溶解物质 insoluble matter;non-soluble matter;undissolved matter
不溶解性 insolubility
不溶解性聚酯 solventless polyester
不溶可熔酚醛树脂 bakelite B
不溶沥青 carbonite
不溶黏[粘]料 insolubilizer
不溶偶氮染料 insoluble azo colo(u)r
不溶树脂 insoluble resin
不溶物质 insoluble matter;insolubles;undissolved substance;unsoluble material
不溶性 non-fusibility
不溶性残余物 insoluble residue
不溶性残渣 insoluble residue
不溶性处理 insolubilizing process
不溶性单层 insoluble monolayer
不溶性淀粉 insoluble starch
不溶性毒素 insoluble toxin

不溶性固体沉淀物 solid insoluble precipitate
不溶性化合物 insoluble compound
不溶性颗粒 insoluble granule
不溶性膜 insoluble film
不溶性偶氮染料 insoluble azo dye
不溶性偶氮染料重氮组分 azoic diazo component
不溶性偶氮染料组分 azoic(printing) composition
不溶性偶氮颜料 insoluble azo colo(u)r
不溶性色料 insoluble colo(u)rant
不溶性树脂含量 indissoluble-resin content
不溶性水 water insolubility
不溶性物质 insoluble substance; non-soluble substance
不溶性屑垢 insoluble scale
不溶性颜料 insoluble pigment
不溶性阳极 insoluble anode
不溶性有机染料 insoluble organic dyestuff
不溶性杂质 insoluble impurities
不溶性沾污物 insoluble soil
不溶性重晶石 insoluble barite
不溶盐类 insoluble salts
不溶于苯的 benzene insoluble
不溶于苯乙醇 benzene-ethanol insoluble
不溶于二硫化碳 carbon bisulfide insoluble
不溶于石油醚 petroleum ether insoluble
不溶于水不渗透酸 leucon
不溶于水的 insoluble in water; water insoluble
不溶于水的溶剂 water-immiscible solvent
不溶于水的物质 water-insoluble matter
不溶于水中 water fast
不溶于铜的金属 copper insoluble metal
不溶于铜的金属粉末 copper insoluble metal powder
不溶于油类的残渣 oil-insoluble sludge
不溶胀的 non-swelling
不溶质 non-solute
不熔的 non-fusible
不熔酚醛树脂 resite
不熔化 un-run
不熔化处理 non-fusible treatment
不熔化的 infusible; non-consumable; non-fusible; non-meltable; unfluxible
不熔化电极 non-consumable electrode
不熔化阶段树脂 C-stage resin
不熔接 non-fusion
不熔块 niggerhead
不熔融黏[粘]结 non-fusion caking
不熔纤维 fusion-free fiber[fibre]
不熔型 non-fusing type
不熔型显影剂 non-fusible developer
不熔性 infusibility
不熔性沉淀 infusible precipitate
不熔炸药 explosive
不融沉 non-melt-settlement
不入工会契约 yellow dog contract
不入级杂用船 unclassified miscellaneous vessel
不锐利的 obtuse
不润湿的 non-wetted
不弱的 unimpaired
不撒石屑面层 unchipped surfacing
不散波 non-dispersive wave
不散播 non-dissemination
不删除 undelete
不删符号 stet
不闪光镜 glare-proof mirror
不擅自降低零售价格的协定 fair-trade agreement
不伤洞壁的爆破 soundwall blasting
不伤害的 non-injurious
不上发条表 keyless watch
不上翻的搅拌作用 non-lift mixing action
不上人平屋顶 non-accessible flat roof
不上釉的瓷砖 natural finish tile
不烧半稳定性白云石耐火材料 unfired semi-stable dolomite refractory
不烧的 unfired
不烧的砖 adobe brick
不烧高铝砖 unburned high-alumina brick
不烧耐火材料 unburned refractory
不烧塞头 unburned stopper
不烧制品 unburnt product
不烧砖 chemically bonded brick; unburned brick; unfired brick
不舍入 unrounded
不舍入误差 truncation error
不设超高的最小平曲线半径 maximum curvature for normal crown section
不设船闸运河 canal without locks
不设防城市 open city
不设护栏的铁路交叉口 open railway crossing
不设架装配 erection without scaffolding
不设交通岗的交叉口 unsupervised crossing
不设(脚手)架装置 erection without scaffolding
不涉及价值 value-free
不伸长索 inextensible cable
不审而判 prejudge
不渗漏的 leakless; leakproof
不渗漏污水池 tight cesspool
不渗汽油的 impermeable to gasoline; impermeable to petrol; impervious to gasoline; impervious to petrol
不渗器箱 vapo(u)r-tight tank
不渗色 non-bleeding
不渗色颜料 non-bleeding pigment
不渗石墨 impermeable graphite
不渗水层 impermeable barrier
不渗水基础 impermeable foundation
不渗水基底 impervious base
不渗水面层 impervious diaphragm
不渗水箱 water-tight box
不渗水性 impervious
不渗水油 neat oil
不渗透边界 impermeable boundary
不渗透薄膜 impermeable film
不渗透层 impenetrable layer; impermeable bed
不渗透挡板 impermeable diaphragm; impervious diaphragm
不渗透的沥青混凝土层 impervious asphalt(ic) concrete layer
不渗透的膜层 impermeable diaphragm
不渗透的阻挡墙 impervious diaphragm wall
不渗透底土 impervious subsoil
不渗透地层 impervious stratum
不渗透隔膜 impervious diaphragm
不渗透构件 impervious element
不渗透河床 impervious river bed; impervious stream bed
不渗透夹层 impermeable break; impervious break; non-permeable stringer
不渗透铠装线 impervious sheathed wire
不渗透孔隙 impermeable pore
不渗透黏[粘]土 impermeable clay
不渗透屏障 impermeable barrier
不渗透试验 impermeability test(ing)
不渗透土 impermeable soil
不渗透系数 impermeability factor; coefficient of imperviousness
不渗透性 holdout; impermeability; impenetrability
不渗透性的 impermeable
不渗透性炭 impervious carbon
不渗透岩石 impermeable rock; impervious rock
不渗透遮挡层 impermeable barrier; permeability seal
不渗析离子 non-dialyzed ion
不渗油舱壁 oil-tight bulkhead
不渗油的 oil-proof
不慎驾驶 reckless driving
不升杆式阀 non-rising stem valve
不升起的 non-rising
不生产的 non-productive; unproductive
不生产时间 idle time; no-productive time
不生息资本 dead capital
不生锈 non-staining; rust-proof(ing)
不生锈的 oxidation resistant; resistant to corrosion; stainless
不生锈钢筋 non rusting reinforcement
不胜枚举 defy enumeration
不失真 distortionless
不失真传输 distortionless transmission
不失真的 undistorted
不失真功率 rated power; undistorted power
不失真功率输出 undistorted power output
不失真接收 natural colo(u)r reception
不失真模式 unspoiled mode
不失真输出功率 distortionless power output; undistorted power output
不失真调制 distortionless modulation
不失真图像 undistorted image
不失真信号 undistorted signal
不湿润的 non-wetting
不湿润金属 non-wetting metal
不时 at any time
不时效的 non-ag(e)ing
不识别 non-recognition
不实的告知 misrepresentation
不实际的 unrealistic
不实粒 flat-kernel seed
不实行 non-performance
不实行配给 off coupon
不实用的 uneconomic; unpractical
不实用性 impracticability; unserviceability
不蚀滑脂 non-corrosive grease
不使权利受到损害 without prejudice
不使用 nonuser
不使用仓库 off-stream storage
不使用法律权利 nonuser
不使用者 nonuser
不是预先考虑的 non-anticipative
不适 discomfort; indisposition; malaise
不适当 inadequacy; inaptitude; insufficiency; out-of-the-way
不适当的 improper; inappropriate; incompetent; inexpedient; insufficient; unbecoming; unfit
不适当的包装 unsuitable packing
不适当的资源 resource out of place
不适当地执行 maladministration
不适当设计 undue design
不适当使用 non-conforming
不适当脱模划坏混凝土 form scabbing
不适当延误 undue delay
不适当指令检查 improper command check
不适的 uncomfortable
不适的气味 foreign odo(u)r
不适航 unseaworthiness
不适航的 unseaworthy
不适航的船 unseaworthy ship
不适合 disqualification; inconcinnity; inconvenience; lack of fit; nonconformity
不适合的 inadequate; incongruous; objectionable; unsuitable
不适合调查延迟策略 non-adaptive investigation delay policy
不适合加工的 unworkable
不适合居住的 uninhabitable
不适合值 unsuitable value
不适合装箱货 unsuitable containerizable cargo
不适配性 inadaptability
不适时的 unsearchable; untimely; ill-timed
不适水性 water-tightness
不适响度级 uncomfortable loudness level
不适眩光 <一种不良照明现象> discomfort glare
不适宜 inadequate
不适宜刺激物 inadequate stimulus
不适宜的 uncalled for; unfavo(u)rable; unsuitable
不适宜的条件 uncalled condition
不适宜的氧化态 objectionable oxidation state
不适宜居住的 not habitable; untenantable
不适宜流通的货币 currency unfit for circulation
不适宜性 inadequacy
不适应 inadaptation; maladjustment
不适应的 unadapted
不适应河 misfit river; misfit stream
不适应性 inadaptability
不适用 inadequacy; not applicable; out of action
不适用的 inapplicable; unapplicable; unserviceable; unusable
不适用的回填材料 unsuitable fill
不适用的跑道 unsuitable runway
不适用机械化 non-adaptability to machines
不适用码 unused code
不适用性 inadaptability; unworthiness
不适于航行的海岸 foul coast
不适于机械化 non-adaptability to machines
不适于居住的 unihabitable
不适于炼制的原油 unrefinable crude oil
不适阈 threshold of discomfort
不收船费 ex-ship
不收费道路 free road
不收费的 not charged; cost free
不收费的非机器故障时间 no-charge non-machine-fault time
不收费的机器故障时间 no-charge machine fault time
不收水费 unaccounted for water
不收税的 tariffless
不收缩 non-shrink
不收缩材料 unshrinkable material
不收缩的 non-shrinkable; non-shrinking; shrink-proof; unshrinkable; unshrinking
不收缩的灌缝 no-shrink grout
不收缩钢 non-shrinkage steel; unshrinkable steel
不收缩骨料 non-shrinkage aggregate;

non-shrinking aggregate
不收缩灌缝 non-shrinkage grout
不收缩灰浆合成物 non-shrink grouting compound
不收缩混凝土 non-shrinkage concrete; non-shrinking concrete; shrinkless concrete
不收缩集料 non-shrinkage aggregate; non-shrinking aggregate
不收缩水泥 non-shrinking cement
不收缩水泥浆 non-shrinkage grout
不收缩堰 suppressed weir; uncontracted weir
不收租金的 rent-free
不守规则乱穿街道 jay-walking
不守恒问题 non-conservative problem
不守恒性 non-conservation
不守交通规则随意穿越街道 jaywalk
不守信用 bad repute; to break one's word
不守秩序的 unruly
不受版权限制 in the public domain
不受报酬的 unpaid
不受潮的 moisture-free; non-hygroscopic
不受潮汐影响的 tide-free
不受潮汐影响的河道 tideless river
不受传染的 antiseptics
不受大气干扰的 static-free
不受的风帆 backwinding
不受法令(或惯例或时效限制等)约束的权利 imprescriptible right
不受法令(或惯例)约束的 imprescriptible
不受法律约束的责任 imperfect obligation
不受法庭干预的协议 out of court agreement
不受腐蚀的 incorrodible
不受干扰的 uninfluenced
不受干扰区 <邻近住宅区的> privacy zone
不受干扰激光雷达 unjammable lidar
不受公约约束的 unconvenanted
不受荷元件 unstrained member
不受欢迎的 unwelcome
不受交流干扰的直流轨道电路 AC immune DC rail circuit
不受禁止的 uninhibited
不受控核变化 uncontrolled nuclear transformation
不受控制的 uncontrollable; uncontrolled
不受拉钢筋 untensioned reinforcement
不受理 turn down
不受理货物 undesirable freight
不受力杆 <构架的> unstrained member; false member; idle member
不受力构件 unstrained member
不受力混凝土 non-stressed concrete
不受免赔额限制的水渍险 with average irrespective of percentage
不受墨图像 blind image
不受气候影响 weathering resistance
不受气候影响的 weatherproof(ing); weather protected
不受热的 unheated
不受射频干扰的 reflection frequency influence-immune
不受审判 immunity from trial
不受时间限制的 time-independent
不受时效限制的权利 imprescriptible right
不受束缚的 untrammelled
不受损害 impunity
不受损失百分比限制 irrespective of percentage
不受天电干扰 static-free
不受天气影响的 weatherproof; weather-resistant
不受天气影响的密封 weather seal
不受天气影响的司机室 weatherproof cab
不受弯曲 not subjected to bending
不受危害协议书 hold harmless agreement
不受位置限制 delocalization
不受温度波动影响 unaffected by temperature fluctuations
不受污染的 pollution proof
不受污染影响的 pollution-immune
不受限背书 unqualified endorsement
不受限制的 not restricted; open-end; unbounded; unrestrained; untrammelled; unzoned
不受限制地 without qualification
不受压部件 non-pressure parts
不受淹河岸 flood-free bank; non-submerged bank
不受淹没堰 free weir
不受应变的构件 unstrained member
不受应力的 unstressed
不受影响的 uninfluenced
不受约束 without obligation
不受约束出价 offer without engagement
不受约束的 unfettered; unrestrained
不受约束的水 free water
不受约束合同 uncommitted contract
不受载轨道 unloaded track
不受载混凝土 non-load-bearing concrete
不受载梁 false beam
不受噪声影响的信道 noise-free channel
不受重视 at a discount
不受专利权限制 in the public domain
不受阻碍的 unimpeded
不受阻沉降 unhindered settling
不舒服的 indisposed; uncomfortable; unpleasant
不舒适的代价 disamenity cost
不舒适感 discomfort
不舒适感觉阈 threshold of discomfort
不舒适区 discomfort zone
不舒适眩光 discomfort glare
不舒适阈 discomfort threshold
不舒适指数 uncomfort index; discomfort index
不熟练 inaptitude; inexperience
不熟练操作者 unskilled operative
不熟练的 amateurish; inexperienced; inexpert; unskilled; unskil(l)ful
不熟练工人 unskilled labo(u)r; unskilled worker
不熟悉的 unfamiliar
不衰的 unfading
不衰减波 undamped wave
不衰减的 unattenuated; undamped
不衰减性 inexhaustibility
不衰减振动 undamped oscillation
不拴系牛舍 free stall barn
不水化的 non-slaking
不水解的 non-slaking
不水解黏[粘]土 non-slaking clay
不水平 out-of-level
不顺从 non-compliance
不顺利的 unfavo(u)rable
不顺利时期 winter
不顺向水系 inconsequent drainage (system)
不说明的 vague
不说明理由的仲裁裁决 arbitral award for which no reasons are given
不四舍五入的 unrounded
不松散钢丝绳 preformed wire rope; true-lay wire rope
不随电压变化的基区宽度 voltage-invariant base-width
不随货押汇汇票 clean bill
不随机分离 non-random segregation
不随角度变化模式 angularly independent mode
不随身行李 unaccompanied luggage
不随时间变化的 invariable with time; time-invariant
不随时间变化的边界 time-invariant boundary
不随温度变化的 temperature-independent
不碎波 non-breaking wave
不碎玻璃 non-shatterable[shattering] glass; safe(ty) glass; shatter-proof glass; unbreakable glass
不碎玻璃门 shatter-proof glass door
不碎玻璃片 shatter-proof sheet glass
不碎窗玻璃 shatter-proof window glass
不碎的 non-shatterable; non-shattering; shatter-proof; splinter-proof; unbreakable; unshatterable
不碎隔热玻璃 shatter-proof insulating glass
不碎平板玻璃 shatter-proof plate glass
不碎石板 unbreakable slate
不碎透明塑胶 perspex
不碎透明塑料 perspex
不损害环境的 environmentally friendly
不损坏试验 non-destructive test(ing)
不损坏试验方法 non-destructive test method
不损坏性 indestructibility; non-destructibility
不缩 non-shrinkage
不缩标签 texturity
不缩的 shrink-proof
不缩格的小标题 shoulder heads
不缩排 no paragraph indention
不缩排段 flush paragraph
不缩水 shrink resistant
不索赔 disclaim
不索取 disclaim
不踏回针 no seam back stitches
不抬头的银行票据 banker's clean bill
不太适用的水 less suitable water
不坍落混凝土 no-slump concrete
不坦率的 oblique
不掏槽爆破 blasting-off the solid; no-cut-hole blasting; solid shooting
不掏槽的排水口 non-carved water-spout
不掏槽的水落管 non-carved water-spout
不掏槽炮眼组 no-cut round
不特殊化的 unspecialised[unspecialized]
不提供信息的先验分布 non-informative prior distribution
不提钻换钻头钻进 retrievable bit drilling without drill string lifting
不提钻钻头 no-hoisting drill bit
不替换发票的转让 non-substitution of invoice transfer
不填不挖线 zero grade line; zero work line
不填塞装药 carrotless charge
不填砂壳型 unbacked shell
不填字的报表"nil" return
不调和 disconformity; disharmony; inconcinnity; incongruity
不调和的 anharmonic; inconsistent; patchy
不调和频率 inharmonic frequency
不调和音节 diaphonics
不调和褶皱 inharmonious fold
不调频叶片 untuned blade
不调梭缝迹 even-lock
不调谐的 untuned
不调谐放大器 untuned amplifier
不调谐天线 untuned antenna
不调压式多辊矫直机 non-pressure regulating roller leveller
不调匀的 unequable
不跳闸断路器 trip-free circuit breaker
不贴颈圆 stand-away neckline
不贴现 no discount
不停产检修 on-line maintenance
不停产卡盘 non-stop chuck
不停车超越 non-stop overtaking
不停车的容许自动闭塞系统 non-stop permissive automatic block system
不停车的容许自动闭塞制 non-stop permissive automatic block system
不停车电子收费 non-stop electronic toll collection
不停车换挡 on-the-go shift
不停车会车【铁】flying crossing; non-stop meet; running meet
不停车减速通过 slow-down without stopping
不停车检查 on-stream inspection
不停车交会 non-stop crossing of opposite trains; non-stop meet
不停车快换钻攻夹具 quick change drilling chuck in process
不停车调整 on-the-go adjustment
不停车卸载 non-stop dumping; on the move dumping
不停车越行 non-stop overtaking; non-stop passing
不停车摘车辆 running switch
不停车转弯直径 non-stop turning circle
不停的 continual; unceasing; uninterrupted
不停地 unceasingly
不停电电源 uninterrupted power supply; uninterruption power sources
不停工检查 on-stream inspection
不停工维修 on-stream maintenance
不停机测试设备 operational test set
不停机检修 on-line maintenance
不停机调试 on-the-go adjustment
不停开关 non-stop switch
不停运转的期间 on-stream period
不停站列车 non-stop train
不停站运行 non-stop run
不通 blankoff
不通车清垢 on-stream cleaning; on-stream descaling
不通车清洗方法 on-stream mechanical cleaning method
不通车铁路 <建筑中的、废弃的、破坏的> non-operating railroad [railway]; non-operated railroad [railway]
不通船坝 non-navigable dam
不通达的 inaccessible
不通的巷道 blind
不通电的 cold
不通电试验 cold test
不通风 absence of draft; absence of draught; stuffiness
不通风的 airless; non-ventilated; stuffy; unventilated; windtight
不通风的房间 stuffy room
不通风的卫生管道系统 closed stack
不通风电缆槽 non-ventilated cable trough
不通风房子 unaired room
不通风平顶 non-ventilated flat roof
不通过 unthread

不通过反应即可学习 learning without responding
不通过集镇的公路 townless highway
不通过交易所而直接售给顾客的 over-the-counter
不通过量规 no-go-ga(u)ge
不通航坝 non-navigable dam;unnavigable dam
不通航的 innavigable;non-navigable
不通航的湖 obstruction lake
不通航河段 non-navigable reach;unnavigable reach
不通航河流 non-navigable river;nonnavigable stream;unnavigable river;unnavigable stream
不通航水域 unnavigated waters
不通航性 innavigability
不通孔 blind hole;dead hole;unfair hole
不通孔铰刀 end reamer
不通气 non-breathing;stuffiness
不通气的 air-fast;deaerated
不通气的室 stuffy room
不通气房间 non-draft room;stuffy room
不通视 nil visibility
不通视的 non-intervisible
不通视地区 dead ground
不通透性 imperviousness
不通行 no road;no thoroughfare
不通行道路 no road
不通行地沟 impassable trench;nonaccessible trench
不通行管沟 impassable conduit;unpassable trench
不通行机动车的小路 drove road;drove way
不通行街巷 dead-end street
不通行廊道 non-traversable gallery
不通行区域 non-passing zone
不通行屋顶 non-accessible roof
不通约相 incommensurate phase
不同 discrepancy[discrepance];disparity;diversity
不同比率 divided rate
不同标高 different elevation;different level
不同表示系列 system of distinct representation
不同波数变换 conversion between different wave numbers
不同波形的交叉 mode crossing
不同步 asynchronism;outer-sync;out-of-step
不同步的 free running;non-synchronous
不同步电路 free running circuit
不同步发电机 asynchronous generator
不同步发展 asynchronous development
不同步起动 non-synchronous initiation
不同材料的组合 combination of different materials
不同层次的大气透明度 differential transparency of atmosphere
不同层次的行程 interfloor travel
不同层次间的交通 <指楼面或桥面的> interfloor travel
不同层次间的通行体系 interfloor travel system
不同层次生产力 different levels of productive forces
不同长度 random length
不同厂家的设备配置 mixed-vendor environment
不同成分焊条 dissimilar welding rod
不同乘方(幂) various power
不同程度上 in varying degree
不同尺寸的方石砌体 coursed header work
不同尺寸集装箱混载 stowage of different sized container
不同尺寸原稿 different-sized original
不同大小的 varisized
不同氮浓度 different N concentration
不同氮载体 various nitrogen carriers
不同道信号传输 out of band
不同的 unequal;varied;various
不同的变形 variant
不同的成土过程 different soil-forming processes
不同的工业间信息交流 interindustry information exchange
不同的焊接金属 dissimilar weld metal
不同的气候条件和土壤条件 varying climatic and soil conditions
不同的现场条件 differing site conditions
不同的运输方式 alternative modes of transportation
不同等的工作能力 unequal productive capacity
不同地区对比 place to place comparison
不同地区间的运输 interterritorial traffic
不同地区套利 space arbitrage
不同对 untied pair
不同反应 differential response
不同范围的利益 territorial rights
不同方向的相对辐射能量 radiation pattern
不同感受性 differential susceptibility
不同港口运费差别 port differential
不同高程 different elevation;different level
不同高度的 grade-separated
不同高度的圆拱接头 underpitch groin
不同高度摄影 multistage photography
不同耕作深度 different depths of plowing
不同构造体系复合部位 compounding area of various tectonic systems
不同光束条件 distinct beam condition
不同轨距铁路的换乘站(或换装站) break-of-ga(u)ge station
不同国籍进口货附加税 flag surtax
不同行距 different spacing
不同活性的代谢产物 metabolites of varying potency
不同技术种类的工人 workers with difference technical classifications
不同金属的焊接 dissimilar weld metal
不同矿物质营养条件 varied mineral nutrient conditions
不同来源 separate sources
不同来源的能源混合使用 energy mix
不同类的 dissimilar;inhomogeneous
不同类分页功能 sort function
不同类生物氧化系统 oxidative systems of various groups of organisms
不同类项 dissimilar terms
不同磷量 different amounts of phosphorus
不同名极 opposite pole
不同偏好 difference preference
不同频道信号传输 out of band
不同频率收发原理 crossband principle
不同品种 different cultivars
不同平面交叉 split-level interchange
不同平面四端网络 non-planar network
不同平面网络 non-planar network
不同坡度的交汇点 grade-separated junction
不同坡度间的过渡段 transition between gradients
不同期沉积 non-contemporaneous deposit
不同期的 asynchronous
不同气候的灯光能见度 light climate
不同强度钢材组成钢板梁 hybrid girder
不同区域 zones of different
不同燃料相互取代 interfuel substitution
不同日期的 multidate
不同色的 heterochromous
不同深播种附加装置 variable depth attachment
不同渗透带 zone of different permeability
不同时到 time interval between two opposing trains arriving at station not at the same time
不同时观测 non-simultaneous observation
不同时后张法(预应力) non-simultaneous prestressing
不同时恢复 heterochronic restitution
不同时间的 multitemporal
不同时率 diversity factor
不同时系数 diversity factor
不同时性 asynchronism;asynchrony
不同时预加应力 non-simultaneous prestressing
不同实验室测试精密度 multilaboratory precision
不同市场间的差价 back spread
不同树冠层下 under individual tree canopies
不同数的 anisomerous
不同数现象 anisomery
不同衰减 differential decline
不同水分含量 various moisture contents
不同水平施钾 different levels of potassium
不同水头比 different head ratio
不同水位比 head ratio
不同丝绞 dissimilar skeins
不同速度 friction(al) speed
不同统计数列间的时滞变化关系 lead-lag relationship
不同土层的电阻率 resistivity of different materials
不同土壤 different soils
不同土质泥斗容量 bucket capacity for various soils
不同纬度的子午线差 meridianal differential of latitude
不同纬度的子午线长差 meridional difference of latitude
不同纬线的比例尺 scale for varying latitude
不同温度 different temperatures
不同纤维交织物 ortho mixture
不同相 out-of-phase
不同相电流 out-of-phase current
不同相位 out-of-phase
不同相位电流 out-of-phase current
不同项目 disparity items
不同斜率系数 differential slope coefficient
不同心度 non-concentricity;disalignment
不同岩性地层多次再现现象【地】cyclothem
不同氧浓度 different oxygen concentrations
不同一性 non-identity
不同用途差别订价政策 policy of product-use price differentials
不同用途的资本 in the different employments of capital
不同预算分类之间的相互关系 crosswalk
不同源供电 dual service;plural service
不同运输对手间的竞争 competition of rival carriers
不同运输方式的联运 intermodal transport
不同运输方式间背负式挂车的联运 intermodal transfer of piggyback trailers
不同运输方式间背驮式挂车的联运 intermodal transfer of piggyback trailers
不同运输方式间的交换 intermodal interchange
不同运输方式间的联运 intermodal traffic
不同运输方式间的联运业务 intermodal service
不同运输方式间的联运中心 intermodal hub
不同运输方式间的(运输)协调 intermodal(transportation) coordination
不同运输方式间联运交接设备 interchange facility
不同运输方式联合运输 intermodal
不同运输方式联合运输协会 <美> International Transportation Association
不同运输方式联合运输业 intermodal industry
不同运输方式联运大竞赛 intermodal derby
不同运输方式联运的激增 intermodal boom
不同运输方式联运集装箱 intermodal container
不同运输方式联运集装箱用车 intermodal container car
不同运输方式联运交换车场 intermodal exchange yard
不同运输方式联运区段 intermodal field
不同运输方式联运全长大型列车 full-length intermodal train
不同运输方式联运市场 intermodal market
不同运输方式联运枢纽 intermodal terminal
不同运输方式联运铁路线 intermodal line
不同运输方式联运系统 <一般指集装箱化运输等> intermodal transport system
不同运输方式联运用车 intermodal car
不同运输方式联运中心 intermodal center[centre]
不同运输方式联运重载挂车(或半挂车)用车 <美国铁路用以组成挂车列车> impack car
不同运输方式联运装置 intermodal unit
不同运算 non-identity operation
不同之点 dissimilarity
不同直径或不同壁厚组成的钻杆 combination string
不同植物的群体 varying plant population
不同质分类 heterogeneous classification
不同种类的溶剂 different kinds of liquid solvents
不同轴 disalignment
不同轴度 misalignment
不同轴性 malalignment;non-axiality;

uncoaxiality
不同姿态试验 attitude test
不同组合 various combination
不统一 disunion;inhomogeneity
不统一性 heterogeneity
不投票的 nonvoting
不透 X 线的 radiopaque;roentgen-opaque
不透层 imperious layer
不透的 incorrodible
不透堤 impervious dike[dyke]
不透放射线的 radiopaque;non-radiable
不透风的 air-fast; windtight; wind proof
不透风的材料 windtight material
不透风雨的 weathertight
不透风雨性 weather tightness
不透辐射热的 athermanous
不透辐射热体 athermous body
不透辐射热性 athermancy
不透辐射性 athermancy
不透辐射性的 athermous
不透光布幕 light-tight curtain
不透光材料 light-proof material
不透光窗 blackout window
不透光带 aphotic zone
不透光的 adiactinic;light-proof;light-tight
不透光的百叶窗 light-tight blind; light-tight jalousie; light-tight louvers[louvres]
不透光的板条百叶窗 light-tight slatted blind
不透光的固定百叶窗 blackout jalousie
不透光的门 light-tight door
不透光的天窗 blackout louver[louvre]
不透光的条板百叶窗 blackout slated blind
不透光的遮帘 light-tight blind
不透光管 light-tight tube
不透光化线的 adiactinic
不透光门 blackout door
不透光气窗 blackout jalousie;blackout louver[louvre]
不透光设备 blackout installation
不透光通风 light-trapped ventilation
不透光通气孔 light-proof vent
不透光系数 opacity factor
不透光性 fastness to light
不透光性能 non-transparency
不透过性 impermeability;imperviousness
不透红外线的 adiathermanous; opaque to infrared
不透红外线性 adiathermance [adiathermancy]
不透灰尘的 dust-tight
不透空的 staunch
不透空气的 impervious to air; air proof
不透浪防波堤 impermeable breakwater
不透明 crystopal;non-transparent
不透明板 opaque plate
不透明板玻璃 opaque plate glass
不透明冰 opaque ice;rime ice
不透明玻璃 devitrifying glass; grisaille;jealous glass;obscured glass; opaque glass
不透明玻璃窗 obscuring window
不透明部分 opaque portion
不透明材料 opaque material
不透明层 opaque layer
不透明大气 opaque atmosphere
不透明带 stop band;zone of opacity
不透明的 cloudy; non-penetrating; non-transparent;opaque;turbid
不透明的硅土气凝胶 opacified silica-aerogel
不透明底基 opaque substrate
不透明点 opaque point
不透明度 coefficient of opacity; degree of density; non-transparency; opacity (coefficient); opagueness; optic(al) density
不透明度测试仪 opacimeter
不透明度计 opacimeter; opacity meter
不透明反射层 opaque reflecting layer
不透明反射镜 opaque mirror
不透明粪粒体 opaque coprolite
不透明盖板 opaque cover
不透明光电阴极 opaque photo cathode
不透明光栅刻线 opaque bar
不透明剂 opacifier;opacifying agent; opalizer
不透明胶 opaque glue
不透明介质 opaque medium
不透明金属箔 high-opacity foils
不透明晶体 opaque crystal
不透明菌落 opaque colony
不透明矿物 opaque mineral
不透明流体 opaque fluid
不透明膜 opaque coating
不透明屏(幕) opaque mask; opaque screen
不透明漆 opaque paint
不透明区(域) zone of opacity;opacitas;opacity;opaque area
不透明熔融氧化硅 opaque fused silica
不透明色(彩) opaque colo(u)r;body colo(u)r
不透明色母料 opaque colo(u)r concentrate
不透明石英玻璃 fused silica;opaque silica glass
不透明石英管 non-transparent quartz tube
不透明石英炉胆 opaque quartz glass muffle
不透明石英燃烧管 non-transparent quartz combustion tube
不透明水彩 opaque watercolor
不透明水基油墨 opaque water-based ink
不透明水泥覆盖层 opaque cement coating
不透明塑料 opaque plastics
不透明碎屑 opaque attritus
不透明探测器 opaque detector
不透明陶瓷釉面砖 opaque ceramic glazed tile
不透明体 opaque body
不透明体投影器 opaque projector
不透明涂层 opaque coat(ing)
不透明涂料 opaque paint
不透明涂饰剂 opaque finish
不透明微粒 opaque particle
不透明微粒体 residuum[复 residua]
不透明物 opacite;opaque material
不透明物投影放大器 episcope
不透明系数 coefficient of opacity; opacity coefficient
不透明像 opaques
不透明斜条形调制盘 slanted opaque bar reticle
不透明性 non-transparency; opacity; opaqueness;hiding power <油漆的>
不透明性指标计 opacity meter
不透明颜料 opaque paint;opaque pigment
不透明颜色提浓物 opaque brightener
不透明乙醇基油墨 opaque alcohol based ink
不透明油墨 opaque ink
不透明油漆 opaque paint
不透明釉彩陶 majolica
不透明釉层 opaque glaze coat(ing)
不透明釉(瓦) opaque glaze
不透明原稿 opaque original
不透明云遮系数 opaque cloud cover
不透明杂质煤 opaque attritus
不透明照明器 opaque illuminator
不透明罩 opaque mask
不透明纸 opacity paper; opaque paper
不透明状 opaque appearance
不透明着色剂 scumble stain
不透气 air proof;air seal;stuffiness
不透气材料 air-tight material; hermetic material;vapo(u)r-tight material
不透气层 barrier coating;impervious stratum
不透气的 air-fast;air-locked;airproof; gas resistant; impermeable to air; impermeable to gas; leak tight; staunch; air-tight; gas-proof; gas-tight
不透气的房间 stuffy room
不透气度 air resistance
不透气混凝土 air-tight concrete
不透气接合 gas-tight joint
不透气填料 air-tight packing
不透气外壳 solid enclosure
不透气性 air impermeability; air-tightness; gas impermeability; gas imperviousness; gas-tightness; impermeability to gas; imporosity; tightness
不透气性材料 gas-tightness
不透气性试验 gas impermeability test
不透汽 steam-proof
不透热的 adiathermic; athermanous; impervious to heat;heat-proof
不透热体 adiathermanous body; adiathermic body
不透热性 adiathermance [adiathermancy];athermancy
不透日光玻璃 sun protection glass
不透日光的 sun-proof
不透砂的 sand-tight
不透砂丁坝 impermeable groyne; sand-tight groyne; impermeable spur dike
不透射线的 adiactinic;radiopaque
不透射线媒质 opaque medium
不透声车身 all-silent body
不透声的 sound-proof
不透声室 cry room
不透声性 soundtightness
不透湿性 moisture impermeability
不透水坝 impervious dam
不透水坝芯墙 core wall of dam
不透水柏油布 water-tight tarpaulin
不透水包 waterproof packing
不透水边界 impervious boundary
不透水材料 barrier material; impermeable material; impervious material;water-tight material
不透水层 aquifuge;barrier membrane; confining bed;confining layer;confining stratum;hard pan;impermeable course; impermeable layer [seam]; impervious layer [skin]; waterproof stratum[复 strata]; water-tight layer; impermeable barrier; aquiclude <既不吸水又不让水自由通过的岩层>
不透水插座 water-tight socket
不透水衬层 impervious liner
不透水衬里 impermeable liner; impervious liner;impervious lining
不透水衬砌 impervious lining
不透水齿墙 impervious cut-off
不透水带 impermeable to water; impermeable zone; impervious belt; impervious zone; water-impermeable zone;water-tight zone
不透水带的 impermeable; impervious;water-tight;water impervious
不透水的 dampproof;drip-proof;drip-tight;fluid-tight; hydrofuge; impenetrable by water;impermeable to water; impervious to water; liquid-proof; moisture-proof; moisture-tight;waterproof(ing)
不透水的坝芯墙 impervious wall of dam
不透水的碾压填土 impervious rolled fill
不透水的土坝芯 soil for impervious core
不透水的心墙 hearting
不透水堤 impermeable dike[dyke]; impervious dike[dyke]
不透水底板 impervious bottom
不透水地层 confining stratum;impervious stratum;water-tight stratum; impermeable stratum
不透水地基 impervious foundation
不透水地面 impermeable ground
不透水地下室 water-tight basement
不透水丁坝 impermeable groin; impermeable groyne;solid spur
不透水断层 impervious fault
不透水防波堤 impermeable breakwater; impermeable groin; impermeable groyne
不透水封闭地层 impermeable confining bed
不透水缝 closed joint
不透水覆盖层 impervious blanket; dam membrane <填筑坝上游面的>
不透水盖面 impervious facing
不透水隔层 impermeable confining bed;impervious confining bed; impermeable barrier
不透水隔膜 waterproofing membrane
不透水工作缝 water-tight construction joint
不透水河床 impervious river bed
不透水化合物 impervious compound; water-impermeable compound
不透水混凝土 dampproof concrete; impermeable concrete; waterproof concrete;water-tight concrete
不透水混凝土面层 impervious concrete diaphragm
不透水基础 tight bedding
不透水基床 water-tight bed
不透水基底 impermeable base;impervious bottom
不透水基地 water-tight basement
不透水基岩 water-tight bedrock
不透水夹层 impervious break
不透水间隔 water-tight compartment
不透水接缝 impermeable seam; water-tight joint
不透水接头 water-tight joint
不透水结构 impervious construction; impervious structure; water-tight structure
不透水截水墙 impervious cut-off
不透水锯屑 waterproofed sawdust
不透水路面 bound water-proof pavement;waterproof pavement
不透水密封 water-tight packing
不透水面板 impervious facing
不透水面层 impervious blanket; impervious facing;impervious surface
不透水面层拱 <堤坝的> water-tight facing arch
不透水膜 impermeable layer; impervious membrane;impervious skin

B

B

不透水幕 barrier;impermeable barrier
不透水黏[粘]土 impervious clay;roof clay
不透水黏[粘]土层 impervious clay blanket;impervious clay layer;impervious clay stratum
不透水黏[粘]土铺盖 impervious clay blanket
不透水排水坝 impermeable groin;impermeable groyne
不透水铺盖 impervious blanket;waterproof blanket;water-tight blanket
不透水铺面 impervious pavement;waterproof blanket
不透水墙 impermeable wall;impervious wall;water-tight wall
不透水区 impermeable zone;impervious zone
不透水区径流 impervious-zone runoff
不透水容器 water-tight vessel
不透水砂纸 impermeable sand paper
不透水施工缝 water-tight construction joint
不透水水泥 waterproof cement
不透水塑料纸 impermeable plastic sheet
不透水炭 impervious carbon
不透水挑水坝 impermeable groin;impermeable groyne
不透水条件 impervious condition
不透水透镜体 impervious lens
不透水涂层 impermeable coating;impermeable liner
不透水土 impermeable ground;impermeable soil;impervious soil
不透水土层 impermeable ground layer
不透水土磐 <红砂土层下> nazzaz
不透水外壳 water-tight housing
不透水围岩 impermeable ground;impervious ground
不透水帷幕 impervious curtain
不透水污水坑 water-tight cesspool
不透水物质 impermeable substance;impervious material
不透水系数 coefficient of imperviousness;impermeability factor;impervious factor;imperviousness coefficient;imperviousness factor
不透水芯墙 hearting;impervious core;impervious core wall;heart(ing) wall;water-core;water-tight core wall
不透水型电机 water-tight machine
不透水性 impermeability;imperviousness;water-tightness;tightness;unpermeability
不透水性实验 water impermeability test
不透水性试验 impermeability test(ing);water impermeability test;water-tightness test
不透水岩 impermeable rock;retainer
不透水岩层 aquifuge;impermeable bed;impervious bed;impermeable formation;impermeable rock bed;impermeable rock stratum;impervious deposit;water-tight formation;water-tight rock stratum
不透水岩石 impervious rock;retainer;impermeable rock
不透水栅栏 water-tight barrier
不透水折流坝 impermeable groin;impermeable groyne
不透水纸 craft paper
不透性 opacity;opaqueness
不透性衬里 impervious lining
不透性石墨 impermeable graphite
不透性石墨管 Resbon tube
不透性石墨块 Resbon block
不透性土 impervious soil
不透烟的 smoke-proof
不透阳光的 sunlight-proof
不透液的 liquid-tight
不透液废物 liquid-tight waste
不透油的 impermeable to oil;impervious to oil;oil-proof(ing);oil-resisting;oil-tight
不透油涂料 oil-impervious composition
不透油性 oil-tightness
不透雨的 rainproof
不透遮条 opaque cover
不透蒸汽的 impermeable to vapo(u)r;impervious to vapo(u)r;steam tight
不透中子的 neutron tight
不透紫外线 uvioresistant
不透紫外线玻璃 uvioresistant glass
不凸出的 non-extruding;non-salient
不凸出的填缝 non-extruding joint filler
不凸出极 non-salient pole
不突出 less prominent
不突出的 non-salient
不涂膜激光器 uncoated laser
不涂膜透镜 uncoated lens
不涂油镀铅锡合金钢板 dry finished terne plate
不退的付款 non-refundable payment
不退化恢复力 non-deteriorating restoring force
不退款的 non-refundable
不褪的颜色 fast colo(u)r
不褪色 fast colo(u)r
不褪色船用磁漆 chalking resistant marine paint
不褪色的 colo(u)r-fast;fadeproof;fast;unfadable;unfading;non-fading
不褪色的色彩 lightfast colo(u)r
不褪色染料 fast dye
不褪色纱线 fast dyed yarn
不褪色性 colo(u)r fastness;fastness to light;light-fastness
不褪色油墨 permanent ink
不脱土 non-scouring
不脱氧钢 rimmed steel
不妥协的 uncompromising
不挖沟埋设管道技术 trenchless technology
不外露的 secret
不完成 nonfulfil(l)ment
不完成的 incomplete
不完美晶体 real crystal
不完美性 imperfection
不完全饱和 partial saturation
不完全饱和的 incompletely saturated
不完全爆炸 incomplete detonation
不完全贝塔函数 incomplete beta[β] function
不完全焙烧 green roasting
不完全避险 imperfect hedge
不完全边界条件 incomplete boundary condition
不完全波痕 starved ripple mark
不完全补偿 undercompensation
不完全布格改正 incomplete Bouger reduction
不完全程序 incomplete program(me)
不完全充填 incomplete filling;incomplete packing
不完全处理 incomplete treatment
不完全淬火 incomplete quenching;slack hardening;slack quench(ing)
不完全代偿间歇 incomplete compensatory pause
不完全捣实 incomplete compaction
不完全的 defective;immature;imperfect;incomplete;non-holo(no)-mic;non-perfect;partial
不完全的飞机来回票 <不返回起飞地点的长途客票> open-jaw
不完全的工具 odd farm implements
不完全的模型 partial model
不完全的燃烧 imperfect combustion
不完全的四叶式 <指交叉口> partial clover leaf
不完全的所有权 imperfect ownership
不完全的物权 imperfect real right
不完全的义务 imperfect obligation
不完全的再结晶区 incomplete recrystallization section
不完全点火 imperfect sparking
不完全动床模拟 incomplete mobile-bed similitude
不完全对冲 imperfect hedge
不完全对流湖 meromictic lake
不完全多项式 incomplete polynomial
不完全多重共线性 no perfect multicollinearity
不完全二级污水处理 incomplete secondary sewage treatment
不完全发火 imperfect sparking
不完全反射 incomplete reflection
不完全反应 incomplete reaction
不完全反转 imperfect inversion
不完全方程 incomplete equation
不完全方程组 incomplete system of equation
不完全方向测回 broken round
不完全方向观测 broken direction observation;incomplete round of direction observation
不完全方向组 broken round;incomplete set of directions
不完全防渗帷幕 partial curtain
不完全肥料 incomplete fertilizer
不完全分解 katolysis
不完全分离 incomplete separation
不完全分异岩体 half-completely differentiated intrusive body
不完全分支 incomplete branch
不完全伽马函数 incomplete gamma function
不完全隔墙 partial partition
不完全个员 cyathozooid
不完全固结 incomplete consolidation
不完全观测值 incomplete observation
不完全观测组平差 adjustment of incomplete sets of observations
不完全贯穿井 partially penetrating well
不完全函数 incomplete function
不完全互溶物系 system of incomplete mutual solubility
不完全花 imperfect flower;incomplete flower
不完全花群 apetalae
不完全化合 incomplete chemical combination
不完全还原 incomplete reduction
不完全混合 imperfect mixing
不完全混合湖 meromictic lake
不完全混合系统 incomplete mixing system
不完全混溶性 partial miscibility
不完全击穿 incomplete breakdown
不完全极化 imperfect polarization
不完全减数分裂【生】apomeiosis
不完全减振 underdamping
不完全剪切裂隙 incomplete shear crack
不完全阶段 imperfect stage
不完全接地 partial earth
不完全解理【地】imperfect cleavage
不完全浸注法 empty-cell process
不完全晶型 imperfect crystal formation;atelene
不完全井 partially penetrated well
不完全竞争 imperfect competition
不完全竞争的市场 imperfect market
不完全就业 subemployment
不完全就业人员 the inadequately employed
不完全矩 incomplete moment
不完全壳结构 incomplete shell structure
不完全块体设计 incomplete block design
不完全框架 imperfect frame
不完全拉丁方 incomplete Latin-square
不完全拉丁方试验 incomplete Latin square experiment
不完全类质同象 imperfect isomorphism;restricted isomorphism
不完全立波 partial clapotis
不完全例行程序 incomplete routine
不完全连锁 incomplete linkage
不完全流体 imperfect fluid;non-perfect fluid
不完全履行 incomplete performance
不完全螺纹 imperfect thread;incomplete thread
不完全漫射 incomplete diffusion
不完全目录 incomplete list
不完全配伍组设计 incomplete block design
不完全喷发 abortive eruption
不完全膨胀 incomplete expansion;underexpansion
不完全膨胀循环 incomplete expansion cycle
不完全平衡 half balance;imperfect equilibrium;incomplete equilibrium;underbalance
不完全普查 incomplete census
不完全期 imperfect stage
不完全起爆 incomplete detonation
不完全切削 approach cut
不完全区组 incomplete block
不完全权利 inchoate title
不完全确定函数 incompletely specified function
不完全燃烧 fractional combustion;incomplete combustion;poor combustion;rough burning;smo(u)lder
不完全燃烧气体 unburnt gas
不完全燃烧损失 incomplete combustion loss
不完全溶化区 partial fusion zone
不完全溶混有机溶剂 partially miscible organic solvent
不完全熔化 incomplete fusion
不完全熔化区 incomplete fusion zone
不完全熔接 incomplete fusion
不完全熔融 incomplete fusion
不完全润滑 incomplete lubrication
不完全散射 imperfect scattering
不完全渗水井 partially penetrating well
不完全生态系统 incomplete ecosystem
不完全生物处理 partially biological treatment
不完全失业 partially unemployed
不完全识别 partial recognition
不完全收缩 incomplete contraction;incomplete shrinkage;partial contraction;suppressed contraction
不完全收缩孔 orifice with suppressed contraction;incomplete contraction orifice;incompletely contracted orifice
不完全收缩口 incomplete contraction orifice;incompletely contracted ori-

fice; orifice with suppressed contraction
不完全数 imperfect number
不完全数据 fragmentary data; incomplete data
不完全衰减 underdamp(ing)
不完全双循环 incomplete double circulation
不完全水解聚丙烯酰胺 partially hydrolyzed polyacrylamide
不完全水跃 undular jump
不完全说明 incomplete specification
不完全说明布尔函数 incompletely specified Boolean function
不完全随机化 incomplete randomization
不完全弹性 imperfect(ion of) elasticity; partial elasticity
不完全调节 partial regulation
不完全调节库容 deficient pondage
不完全调节量 deficient pondage
不完全统计 undercount
不完全统计观测值 incomplete statistical observation
不完全统计数字 incomplete figures
不完全统计资料 incomplete figures
不完全退火 partial annealing; slack annealing; under annealing
不完全脱扣运动 dragging
不完全脱氧钢 open steel; unkilled steel
不完全椭圆积分 incomplete elliptic(al) integral
不完全外显率 incomplete penetrance
不完全位错 imperfect dislocation
不完全蜗壳 partial scroll case; semi-spiral case
不完全吸收 incomplete absorption
不完全稀疏波 incomplete rarefaction wave
不完全先验信息 incomplete prior information
不完全显性 incomplete dominance
不完全线性系统 incomplete linear system
不完全(小)区组设计 incomplete block design
不完全协方差 imperfect covariance
不完全信托 imperfect trust
不完全信息 imperfect information
不完全信息预期价值 expected value of imperfect information
不完全性 imperfection
不完全性连锁 incomplete sex-linkage
不完全循环 meromixis
不完全循环层理 meromictic stratification
不完全氧化 incomplete oxidation
不完全氧化系统 incomplete oxidation system; partial oxidation reaction
不完全样本 defective sample; fragmentary sample
不完全叶 incomplete leaf
不完全溢流 incomplete overflow
不完全域 imperfect field
不完全约束 incomplete contraction; non-holo(no)mic constraint
不完全再生 incomplete regeneration
不完全遮盖 incomplete hiding
不完全褶皱 incomplete fold
不完全真菌 fungi impertecti
不完全真空 partial vacuum
不完全蒸发 incomplete evapo(u)ration
不完全证据 imperfect evidence
不完全制动 half braking
不完全秩评定 incomplete ranking
不完全中立 imperfect neutrality
不完全资料 fragmental data; fragmentary data; incomplete data
不完全阻滞 incomplete block
不完善的 amateurish; imperfect; incomplete
不完善的工具 defective tool
不完善电介体 imperfect dielectric
不完善度 imperfection
不完善接地 bad earth; imperfect earth
不完善井 imperfect well; incomplete well; partially penetrating well
不完善粒 unsound grain; unsound kernel
不完善顺序 hyphenated sequences
不完善赠与 imperfect gift
不完整 subwhole
不完整背斜 uncompleted anticline
不完整齿轮机构 imperfect gear mechanism
不完整的 broad-brush
不完整的产权 defective title
不完整的票据 inchoate instrument
不完整构架 imperfect frame
不完整解理 imperfect cleavage
不完整晶体 imperfect crystal
不完整井 partially penetrated well; partially penetrating well; partly penetrating well
不完整粒 imperfect grain
不完整螺纹 incomplete thread; wash-out thread
不完整数据 deficiency of data; deficient data
不完整蜗壳 partial scroll case
不完整系 non-holo(no)mic system
不完整性 imperfection
不完整性密度 density of imperfection
不完整约束 non-holo(no)mic constraint
不完整支票 defective check
不完整综合体 partial complex
不唯一 non-uniqueness
不卫生的 anti-hygienic; epinosic; insalubrious; insanitary; noxious; unhealthy; unhygienic; unsanitary; unwholesome
不卫生的水 unsanitary water
不卫生的填土 offensive fill(ing) of ground
不卫生地区 clearance area; unhealthy area
不位移 unshift
不吻合 misfit
不吻合索 non-concordant cable
不稳 lopping
不稳的 slippery
不稳地面 unstable ground
不稳定 destabilization; disequilibrium; incertitude
不稳定暴雨 instability shower
不稳定币值 unstable dollar
不稳定边界层 unsteady boundary layer
不稳定边坡 instable slope; unstable slope
不稳定变速流 unsteady non-uniform flow; variable varied flow
不稳定变形过程 non-steady deformation process
不稳定波 unstable wave; unsteady wave
不稳定波动 erratic fluctuation
不稳定残积矿物 unstable relict mineral
不稳定残积物 unstable relict matter; unstable residue
不稳定残余矿物 unstable relict mineral
不稳定策略 non-stable strategy
不稳定层 instable layer; unstable layer
不稳定层理【地】unstable stratification
不稳定产量 non-stabilized rate; unsteady rate
不稳定常数 instability constant; unstable constant
不稳定超临界流 non-steady supercritical flow
不稳定成分 labile element
不稳定处 <结构的> deficiency
不稳定传导 unsteady conduction
不稳定传热 transient heat conduction; unsteady heat transfer
不稳定传质 unsteady mass transfer
不稳定大陆架 labile shelf
不稳定大气 unstable atmosphere
不稳定大气条件 unstable atmospheric condition
不稳定带 instability strip
不稳定导热 unsteady heat conduction
不稳定的 astable; astatic; frail; instable; labile; lubric(i)ous; non-persistent; non-stable; non-stationary; non-steady; shifty; unbalanced; unfortified; unstabilized; unstable; unsteady
不稳定的波浪前锋 non-stationary wave front
不稳定的短暂基金 volatile short-term fund
不稳定的浮力平衡 instable buoyancy equilibrium
不稳定的构造 unstable constitution; unstable structure
不稳定的行情 unstable market; volatile market
不稳定的可闻区 freak range
不稳定的屈曲荷载 astatic buckling load
不稳定的酸 labile acid
不稳定的投机 destabilizing speculation
不稳定的喂料 unsteady feed
不稳定等离子体 transient plasma
不稳定底质 non-steady bed load; unstable bed load
不稳定地层 bad ground; unstable formation; unstable stratum
不稳定地带 unstable zone; zone of instability
不稳定地面 unstable ground
不稳定地区 unstable area
不稳定电弧 unstable arc
不稳定电流 erratic current; unsteady current
不稳定电路 astable circuit
不稳定顶板 unstable roof; weak roof
不稳定度 degree of instability; instability; unstability
不稳定度系数 instability coefficient; lability coefficient; lability number
不稳定多谐振荡器 astable multivibrator
不稳定发芽 erratic germination
不稳定非均匀流 unsteady non-uniform flow
不稳定分布 unstable distribution
不稳定分层 unstable stratification
不稳定分解呈色 colo(u)r produced by spinodal decomposition
不稳定分散体系 unsteady dispersion
不稳定风 non-stationary wind; unsteady wind
不稳定腐殖土 unsteady humus
不稳定腐殖质 unstable humus
不稳定负载 fluctuating load
不稳定工作 erratic operation; unstable operation
不稳定功率 transient output
不稳定构造 unstable construction
不稳定股票市场 queasy stock market
不稳定航道 mobile channel
不稳定河槽 mobile channel; non-regime channel; shifting channel; unstable channel; variable channel
不稳定河床 changing channel; erodible bed channel; mobile bed; mobile channel; mobile riverbed; shifting bed; shifting bottom; shifting riverbed; unstable channel; unsteady riverbed
不稳定河底 shifting bottom
不稳定核 unstable nuclear
不稳定荷载 fluctuating load; unstable load; unsteady load
不稳定桁架 labile truss
不稳定化合物 unstable compound
不稳定化学平衡 unstable chemical equilibrium
不稳定环形谐振腔 unstable ring resonator
不稳定回热器 unsteady heat regenerator
不稳定激波 unstable shock
不稳定间歇振荡器 astable blocking oscillator
不稳定键 labile bond
不稳定浆液 instable grout
不稳定降雨 instability shower
不稳定交通流 unstable flow
不稳定接收区 freak range
不稳定结构 unstable construction; unstable structure
不稳定解 unstable solution
不稳定就业 unstable employment
不稳定居 ecesis
不稳定均衡 unstable equilibrium
不稳定均匀流 unsteady uniform flow
不稳定空泡 non-stationary cavity
不稳定空穴 non-stationary cavity
不稳定控制 undamped control
不稳定矿物 unstable mineral
不稳定框架 imperfect frame [framing]; instable frame; labile frame; unstable frame
不稳定扩散 unsteady diffusion
不稳定理论 instability theory
不稳定力矩 destabilizing moment
不稳定粒子 unstable particle
不稳定裂纹扩展 unstable crack propagation
不稳定流 labile flow; non-stationary flow; non-steady current; non-steady-state low; unstable flow
不稳定流动 non-steady flow; unsteady flow; transition flow
不稳定流速 unstable velocity
不稳定流型 unsteady flow pattern
不稳定陆缘区 unstable margin
不稳定滤波器 unstable filter
不稳定络合物 unstable complex
不稳定脉 labile pulse
不稳定美元 unstable dollar
不稳定明渠污水流 unsteady open channel sewer flow
不稳定膜态沸腾 unsteady film boiling
不稳定黏[粘]土 unstable clay
不稳定配合物 labile complex
不稳定平衡 astable balance; astable equilibrium; labile balance; unstable balance; labile equilibrium; unstable equilibrium
不稳定平面流 non-stationary two-dimensional flow
不稳定坡 unstable slope
不稳定期 amphibolia
不稳定气候 unsettled weather
不稳定气流 unsteady wind
不稳定气团 unstable air mass
不稳定汽油 unstable gasoline

不稳定氢 labile hydrogen
不稳定区 labile area;labile region;labile zone; range of instability; unstable region;unstable zone
不稳定群落 unstable community
不稳定燃烧 discontinuous combustion;rough burning;rough combustion;unsteady combustion
不稳定热传导 non-stationary thermal conductivity
不稳定蠕动 unstable creep
不稳定乳液 <英> labile emulsion
不稳定沙丘 unstabilized dune
不稳定上升 unsteady lift
不稳定渗流 transient flow;transient seepage flow;unsteady seepage
不稳定市场 unstable market;volatile market
不稳定式重力仪 unstable type gravimeter
不稳定试井 transient well test
不稳定收敛 drifting convergence
不稳定水道 shifting channel;variable channel;unstable channel
不稳定伺服系统 unstable servo
不稳定态 labile state; non-steady form;unstable form
不稳定特性 unstable characteristic
不稳定体系 unstable system
不稳定天气 unsettled weather
不稳定条件 instability condition;non-stable condition;unstable condition
不稳定调节 undamped control;unstable regulation
不稳定调节器 astatic governor;instable governor
不稳定烃 unstable hydrocarbon
不稳定同位素 unstable isotope
不稳定图像 judder
不稳定土层 detrimental soil;unstable soil
不稳定土(壤) unstable soil
不稳定挖槽 non-steady dredge-cut; unstable dredge-cut
不稳定外汇市场 unstable exchange market
不稳定系数 wobble factor
不稳定系统 time-dependent system; unstable system
不稳定现象 wild effect
不稳定线 instability line
不稳定相 unstable phase
不稳定响度 fluctuating loudness
不稳定硝化棉 labile nitrocellulose
不稳定效应 unstable effect
不稳定谐振腔 unstable resonator
不稳定星 non-stable star; unstationary star
不稳定型 instability mode
不稳定性 destabilization; fugitiveness; imbalance; instability; jitter; lability;unstability;unsteadiness
不稳定性系数 instability coefficient; lability coefficient;lability number
不稳定性效应 instability effect;lability effect
不稳定性阵雨 instable shower
不稳定性指数 instability index
不稳定性中子 false neutron;instability neutrons
不稳定压力 unbalanced pressure
不稳定岩层 bad ground;unstable formation
不稳定岩层段 trouble area
不稳定岩层区 trouble area
不稳定盐对 unstable salt pair
不稳定氧化产物 unstable oxidation product
不稳定液体 unstable liquid
不稳定因素 labile factor
不稳定因子 instability factor
不稳定因子缺乏 labile factor deficiency
不稳定应力 instability stress
不稳定影像 unstable image
不稳定雨 instability rain
不稳定元素 inconstant element; unstable element
不稳定原沥青 unstable protobitumen
不稳定原油 unstabilized crude oil
不稳定约束 rheonomic constraint
不稳定运动 transient motion;unstable motion;unstable movement;unsteady motion; unsteady movement;wobble
不稳定运转 bumpy running; harsh running;run heavily;unstable operation; unstable running; unsteady running;wobbling
不稳定载重 fluctuating load
不稳定噪声 non-stationary noise
不稳定褶皱 inconstant fold
不稳定振荡 unstable oscillation
不稳定蒸馏 unsteady distillation
不稳定植物群落 labile phytocoenosium
不稳定状态 non-steady state; labile state;unsteady state;state of instability; unstable condition; unstable constitution;unstable state;variable state
不稳定状态流动 unsteady state flow
不稳定状态特性 non-steady-state characteristics
不稳定阻力 unsteady drag; unsteady resistance
不稳定组分 unstable constitution
不稳定组合 unstable association
不稳定作用 destabilizing effect;floating action
不稳定坐标 unstable coordinates
不稳分解 spinodal decomposition
不稳给料 unsteady feed
不稳固 unsteadiness
不稳固的 instable;unsound;unsteady
不稳固顶板 bad top
不稳固性 instability;unsteadiness
不稳固岩层 incompetent bed;incompetent rock
不稳固状态 unstable state; unsteady state
不稳健的 unconservative
不稳黏[粘]土 quick clay
不稳汽油 wild gasoline
不稳态间跃迁 buzz
不稳形 labile form
不稳游离基 unstable radical
不稳状态 unstable state
不卧床的 ambulant;ambulatory
不污的 non-fouling
不污染 non-polluting
不污染的 non-fouling;non-staining
不污染环境的聚合物 environmentally friendly polymer
不污染环境的漆基 environmentally friendly binder
不污染环境的颜料 environmentally friendly pigment
不污染砂浆 non-staining mortar
不污染性 non-staining
不污浊的 non-fouling
不误生产 not at the expense of production
不吸安匝 non-operating ampere turn
不吸潮的 non-hygroscopic
不吸潮火药 non-hygroscopic powder
不吸动电流 non-operating current; non-working current
不吸动值 non-pickup
不吸风建筑物 draft-free building
不吸附的 non-adsorbable
不吸氯的 non-chlorine-retentive
不吸起值 non-operate value
不吸声的 not soundproof
不吸湿尘土 non-moisture-absorbing dust
不吸湿的 non-hygroscopic
不吸湿粉尘 non-hygroscopic dust; non-moisture-absorbing dust
不吸湿推进剂 non-hygroscopic propellant
不吸收的 non-absorbent;non-absorbing;untrapped
不吸收反射体 non-absorbing reflector
不吸收性的 non-absorbent
不吸收性介质 non-absorbent medium
不吸水骨料 hydrophobic aggregate
不吸水集料 hydrophobic aggregate
不吸水性 non-absorbency
不吸水性的表面 non-absorbent surface
不吸引喷射器 non(-lifting) injector
不惜工本 spare neither labor[labour] nor money
不稀释的 unthinned
不下车服务设施 drive-in
不下垂密封膏 non-sag sealant
不下垂密封剂 non-sag sealant
不下垂填缝剂 <竖缝的> non-sag sealant
不下渗性 holdout
不下套管的钻孔 uncased hole
不鲜明的色彩 dead colo(u)r
不鲜明的颜色 neutral colo(u)r
不鲜明色 neutral tint
不显汗 insensible perspiration
不显示 blank
不显形的 adelomorphous
不显性的 inapparent
不显性失水 invisible dehydration
不显著变量 insignificant variable
不显著的 non-significant; no significant counts
不显著误差 inappreciable error;insignificant error
不显着的 undistinguished
不现实的假定 unrealistic assumption
不限定链系 unconstrained chain
不限额支票 unlimited check
不限期即期交运 untimed prompt shipment
不限时人工解锁 manual release without time locking
不限速的 unrestricted
不限用途的财政补贴 open-ended grants
不限于一区的 azonic
不限制的 unrestricted
不限制采用特定产品或材料的技术标准 non-restrictive specification
不限制成员的机构 open-ended body
不限制继承的不动产 fee simple estate
不限制身份的人可继承的土地 fee simple
不限制速度 unrestricted speed
不相参的 incoherent
不相称 disconformity; disproportion(ation); dissymmetry; inaptitude; incommensurability; incongruity; lack of fit;unconformity
不相称的 disproportionate; dissymmetric(al); ill-sorted; inappropriate;incommensurable;unbecoming; unconformable;unequal;unsuitable
不相称的处理方法 asymmetric(al) treatment
不相称地 unduly
不相称河(流) <河流与河谷不相称的> misfit river; indapted river; misfit stream; unadapted river; underfit stream;underfit river
不相当 disproportion
不相等 imbalance;inequality
不相等的 inequable;unequal
不相等的网膜像 unequal sized retinal image
不相等概率定理 unequal-probability axiom
不相符 discrepancy[discrepance];out-of-line;unconformity
不相符的 uncomfortable
不相符位置 out-of-correspondence position
不相干 irrelevance
不相干反射 incoherent reflecting
不相干方案独立性 independence of irrelevant alternatives
不相干光 incoherent light
不相干光全息术 incoherent light holography
不相干扰动 incoherent disturbance
不相干散射 incoherent scatter(ing); non-coherent scattering
不相干散射函数 incoherent scattering function
不相干纤维光学 incoherent fiber[fibre] optics
不相干相间边界 incoherent interphase boundary
不相干性 incoherence;incoherentness
不相干噪声 incoherent noise
不相干转动 inocherent rotation
不相关 absence of correlation;incorrelate; irrelevancy; no correlation; non-correlation
不相关变量 uncorrelated variable
不相关产物 uncorrelated products
不相关成本 non-relevant cost
不相关的 incoherent; incorrelate; uncorrelated
不相关的随机变量 uncorrelated random variable
不相关独立随机变量 uncorrelated independent random variable
不相关法则 irrelevance rule
不相关反应产物 uncorrelated reaction products
不相关方程 incompatible equation; inconsistent equation
不相关函数 uncorrelated function
不相关联 non-interation
不相关联控制 non-interacting control
不相关随机力 uncorrelated random force
不相关随机误差 uncorrelated random error
不相关物质 irrelevant substance
不相关系数 alienation coefficient;coefficient of alienation
不相关像 irrelevant image
不相关效益 non-relevant benefits
不相关性 irrelevance;prevarication
不相关样本 uncorrelated sample
不相关余子式 alien cofactor
不相关噪声削减 uncorrelated noise reduction
不相关增量 uncorrelated increment
不相关指数 exponent uncorrelation
不相合 out of keeping with; unconformity
不相合的 unconformable
不相互干扰 non-interference
不相互使用 non-interacting
不相混间隙 immiscibility gap
不相混溶区 miscibility gap
不相交 non-intersect
不相交并集 disjoint union
不相交策略 disjoint policy

不相交的 disjoint; non-intersecting; uncrossed
不相交规则 non-crossing rule
不相交迹线 disjointed track
不相交集(合) disjoint sets
不相交集族 disjoint collection
不相交路线 disjointed path
不相交平面 non-intersecting planes
不相交区间 disjoint intervals
不相交事件【数】disjoint event
不相交余数 disjointed complement
不相交元素 disjoint elements
不相接的回路 disjoint circuit
不相联 dissociation
不相配 mismatch
不相配的成双轮胎 mismatched duals
不相容的 abhorrent; alien; incompatible; inconsistent; mutually exclusive
不相容的共享数据 inconsistent shared data
不相容动作 incompatible action
不相容方程 inconsistent equation
不相容方程组 incompatible equations
不相容废物 incompatible waste
不相容估计量 inconsistent estimator
不相容能量 exclusion energy
不相容事件 exclusive event; incompatible event
不相容条件 exclusive event; incompatible event
不相容性 antipathy; incompatibility; inconsistency
不相容盐类 incompatible salts
不相容语句 inconsistent statements
不相容元素 incompatible elements
不相容原理 exclusion principle; Pauli exclusion principle
不相容运动 conflicting motion
不相适应的目标 non-commensurate objective
不相适应流动法则 non-associative flow rule
不相似的 dissimilar
不相似性 dissimilarity
不相同 inequality
不相同钥匙的圆筒弹子锁 keyed-differently cylinders
不相宜的 unfit
不相应的 incommensurable; non-matched
不相应增长 disproportionate
不香不臭的 odo(u)rless
不镶衬的 unlined
不镶刃的 untipped
不镶刃的钢钻头 untipped steel bit
不详 not in detail; not known
不响的 dumb
不响应 no response
不削边铰链 unchamfered butt
不削桩 untapered pile
不消光的 glossproof; non-matting
不消耗的 non-consumable
不消化粪 undigested stool
不消失矩阵 non-vanishing matrix
不消失矩阵元 non-vanishing matrix element
不协调 ajar; disagreement; disharmony; mismatch; outer-sync
不协调的 absonant; incompactible; inharmonic; off-key
不协调的位移模型 incompatible displacement model
不协调动作 incoordinate movement
不协调方程 incompatible equations
不协调色 dissonant colo(u)r
不协调式 incoordination form
不协调水系 discordant drainage
不协调性 disconformity; dissonance; incompatibility; incongruity; incoordination; inharmony
不协调褶皱 disharmonic fold
不协调褶皱作用 disharmonic folding
不谐断裂作用 disharmonic faulting
不谐合褶皱 disharmonic fold
不谐和 disharmony
不谐和的 disharmonic
不谐和地形 disharmonic feature
不谐和火成岩侵入块体 discordant pluton
不谐和年龄 discordant age
不谐和生境 disharmonic habitat; disharmonious habitat
不谐和弦 discord
不谐和褶曲【地】disharmonic fold-(ing)
不谐和褶皱 disharmonic fold
不谐调 dissonance
不谐振的 non-resonant
不泄放的 non-draining
不泄漏几率 non-leakage probability
不新鲜 cut and dried
不信任 discredit; non-conference
不信任案 vote of unconfidence
不行使 non-exercise
不行使应享权利 non-exercise of entitlements
不幸的一次航行 jonah trip
不幸事 mishap
不幸事故保险 casualty insurance
不幸事件 calamity
不休闲耕作 permanent agriculture
不修边幅的人 sloven
不修复犁铧 throwaway share
不修整的 no dressing
不朽 perpetuity
不朽的艺术作品 artistic monument
不朽管 <上水道用石棉水泥管,能耐高压> eternit pipe
不锈 non-rust
不锈包层钢 stainless-clad steel
不锈包钢 stainless-clad steel
不锈箔 stainless foil
不锈材料 non-corrosive material
不锈衬套 stainless bushing
不锈的 corrosion-proof; corrosion-resistant; non-corroding; non-rusting; resistant to corrosion; rust-free; rustless; rust-proof(ing); rust-resisting; stainless; unoxidizable; unstainable; non-corrosive
不锈电焊条 welding stainless electrode
不锈复合钢 stainless-clad steel
不锈复合钢板 stainless compound steel plate
不锈覆盖钢 silver ply steel
不锈钢 acid-resistant steel; chrome steel; corrosion-resisting steel; non-corrosive steel; non-rust steel; rustless iron; rustless steel; rust-proof steel; rust-resisting steel; stainless steel; red fox alloy <其中的一种>
不锈钢板 corrosion-resistant plate; stainless steel plate
不锈钢板尺 stainless steel ruler
不锈钢板内固定术 internal fixation with stainless plate
不锈钢板贴接面 stainless steel plate meeting face
不锈钢泵 stainless steel pump
不锈钢表 stainless steel watch
不锈钢表带 stainless steel watch band
不锈钢表壳 stainless steel watch case
不锈钢表壳粗坯 stainless steel watch case blank
不锈钢表面氮化 malcolmising[malcomizing]
不锈钢表面氮化处理 malcolmise [malcolmize]; marcomizing
不锈钢表面堆焊 stainless steel overlay
不锈钢薄板 stainless sheet(steel)
不锈钢薄壁无缝管 stainless steel seamless thin-walled tube
不锈钢材焊接规范 specifications for stainless steel weld
不锈钢衬里 stainless steel lining
不锈钢尺 stainless rule
不锈钢齿轮泵 stainless gear pump
不锈钢厨具 stainless steel kitchenware
不锈钢储水内胆电热水器 stainless steel tank electric(al) water heater
不锈钢窗 stainless steel window; lock light <防袭击的>
不锈钢带 stainless steel band
不锈钢带材 stainless strip
不锈钢带抛光装置 scouring stand
不锈钢电焊条 stainless steel welding electrode
不锈钢电极 stainless steel electrode
不锈钢电缆夹 stainless steel cable clamp
不锈钢蝶阀 stainless steel butterfly valve
不锈钢顶棚 stainless steel ceiling
不锈钢阀(门) stainless steel valve
不锈钢泛水(件) stainless steel flashing piece
不锈钢方铰 stainless steel square hinge
不锈钢防腐针型阀 stainless steel corrosion-resistant needle valve
不锈钢房屋正面 stainless steel facing
不锈钢粉 stainless steel powder
不锈钢蜂窝板 stainless steel honeycomb panel
不锈钢蜂窝芯子 stainless steel honeycomb core
不锈钢复合钢板 stainless steel clad composite steel sheet
不锈钢复合钢筋 stainless-clad bar
不锈钢覆钢 colclad
不锈钢坩埚 stainless steel crucible
不锈钢钢包层金属 stainless-clad steel
不锈钢钢笔 fountain pen with stainless steel nib
不锈钢钢扶手 stainless steel handrail
不锈钢钢筋 stainless steel reinforcement
不锈钢钢缆 stainless steel wire cable
不锈钢钢丝 stainless steel wire
不锈钢钢丝绕制筛管 stainless steel wire wrapped screen
不锈钢钢丝绳 stainless steel wire cable; stainless steel wire rope
不锈钢搁架 stainless steel shelf
不锈钢隔板 stainless steel lining
不锈钢拐尺 stainless steel angle rule
不锈钢管 non-corrosive pipe; stainless(steel) pipe; stainless steel tube
不锈钢管栏杆 railing of stainless steel tubes
不锈钢滚动轴承 stainless steel rolling journal bearing
不锈钢锅 stainless steel kettle
不锈钢过滤器 stainless steel filter
不锈钢焊接 austenite welding
不锈钢焊条 stainless steel electrode
不锈钢合金 stainless steel alloy
不锈钢护环 stainless steel thimble
不锈钢护角 stainless steel angle
不锈钢回转门 stainless steel swing door
不锈钢夹 stainless steel clamp
不锈钢金属网 stainless steel wire mesh
不锈钢筋 stainless steel bar
不锈钢酒精炉 stainless steel alcohol stove
不锈钢矩尺 stainless steel try square
不锈钢卡环 stainless steel retainer ring
不锈钢壳 stainless steel case
不锈钢孔眼 stainless eyelet
不锈钢扣 stainless steel buckle
不锈钢矿泉水泵 stainless steel mineral spring pump
不锈钢冷凝器 stainless steel condenser
不锈钢梁 stainless steel beam
不锈钢淋浴座 stainless shower seat
不锈钢滤栅 stainless steel grating
不锈钢螺母 stainless steel nut
不锈钢螺栓 stainless steel bolt
不锈钢铆钉 stainless steel rivet
不锈钢门 stainless steel door
不锈钢母板 stainless steel mother blank
不锈钢幕墙 stainless steel curtain wall
不锈钢内卡钳 stainless steel inside calipers
不锈钢耐蚀试验 Huey test
不锈钢耐酸管 stainless acid-resistant tube
不锈钢尼龙垫圈方铰链 stainless steel nylon ring square hinge
不锈钢尼龙铰链 stainless steel nylon hinge
不锈钢盘 stainless steel disc
不锈钢盘碟 stainless steel basin and plate
不锈钢配件 semprax
不锈钢配料桶 stainless steel burden drum
不锈钢片 stainless steel sheet
不锈钢平接铰链 stainless steel butt hinge
不锈钢屏 stainless steel screen
不锈钢铺面 stainless steel overlay
不锈钢旗铰链 stainless steel flag hinge
不锈钢器皿 stainless steel ware
不锈钢潜水泵 stainless steel submersible pump
不锈钢墙板 stainless steel wall panel
不锈钢清洗剂 stainless steel cleaner
不锈钢球 stainless steel ball
不锈钢球阀 stainless steel ball valve
不锈钢球形房门锁 door lock with stainless steel knob
不锈钢绕丝 stainless steel wrap wire
不锈钢热交换器 stainless steel heat exchange
不锈钢软管 stainless steel flexible hose
不锈钢撒肥带 stainless steel fertilizer belt
不锈钢筛网 stainless steel mesh
不锈钢伸缩节 stainless steel telescopic joint
不锈钢饰面 stainless steel facing
不锈钢枢轴 stainless steel pin
不锈钢水槽 stainless steel sink unit
不锈钢丝 stainless steel wire; wire of stainless steel; wrought stainless steel wire
不锈钢丝布 stainless steel wire cloth
不锈钢丝缝合线 stainless steel wire suture
不锈钢丝卡环 stainless steel clasp
不锈钢丝筛网 stainless steel wire sieve
不锈钢丝网 stainless steel cloth; stainless steel screen
不锈钢搪瓷 stainless steel enamel
不锈钢套钢笔 fountain pen with stainless steel cap

B

不锈钢套铱金笔 iridium fountain pen with stainless cap
不锈钢天花板 stainless steel ceiling
不锈钢填料 stainless steel helices
不锈钢调料罐 stainless steel condiment pot
不锈钢-铜-不锈钢复合板 Rosslyn metal
不锈钢外卡钳 stainless steel outside calipers
不锈钢外墙衬里 stainless steel external wall lining
不锈钢外墙饰面 stainless steel outdoor wall surfacing
不锈钢屋盖 stainless steel roof cladding
不锈钢洗涤盆 stainless steel sink unit
不锈钢纤维 stainless steel fiber[fibre]
不锈钢镶边 stainless trim
不锈钢颜料 stainless steel pigment
不锈钢冶炼法 rustless process
不锈钢运输带 stainless conveyer belt
不锈钢针 stainless steel pin
不锈钢真空炼泥机 stainless steel vacuum pugmill
不锈钢蒸馏罐 stainless steel retort
不锈钢直尺 stainless steel (straight) ruler
不锈钢直角尺 stainless steel square; stainless try square
不锈钢纸托 stainless steel paper holder
不锈钢制窗扇 stainless steel sash window
不锈钢制品 stainless steel products
不锈钢制造车 stainless steel car
不锈钢中空线 fire wire
不锈钢种板 stainless steel blank
不锈钢重型游标卡尺 stainless steel heavy duty vernier calipers
不锈钢轴流风机网罩 stainless steel net-cover of axial fan
不锈钢转轮 rustless steel runner
不锈钢锥环密封 seal by stainless conical ring; seal with stainless cone-ring
不锈铬钢 chromium stainless steel
不锈铬钼钢 hicore
不锈合金 non-corrosion alloy; non-corrosive alloy; unoxidizable alloy
不锈金属 non-corrosion metal; non-corrosive metal; rustless metal
不锈钼铬钢 hicore
不锈耐酸钢 stainless acid resistant steel
不锈耐酸钢丝 stainless acid-resisting steel wire
不锈镍钢 nickel stainless steel
不锈镍铸铁 Ni-resist cast iron
不锈蚀的 non-corroding; non-corrosive
不锈蚀焊剂 noncorrosive flux
不锈套管 corrosion-resistant casing
不锈铁 rustless iron; stainless iron
不锈性 rustless property
不锈油 stainless oil
不须停车的止轮器自动安放和撤除 automatic setting and release of brake retainers without stopping a train
不需报关 nothing to declare
不需处方而可以出售的(药品) over-the-counter
不需电缆的 self-contained
不需辅助设备的 self-free
不需辅助设备的仪表 self-contained instrument
不需换润滑油 no need to change lubricant
不需加油的 oilless
不需接外电源的 cable-free
不需进行平舱作业的 self-trimming
不需经常维护的轨道 maintenance-free track
不需经常维修的轨道 maintenance-free track
不需拉杆的 free-standing; self-stable
不需润滑的 non-lubricating
不需调整的 non-adjustable
不需维护的 maintenance-free
不需维护的使用 maintenance-free service
不需维护的运行 maintenance-free operation
不需维护的运作 maintenance-free operation
不需维修的 maintenance-free; service-free
不需维修的运行 maintenance-free operation
不需养护 zero maintenance
不需养护的 maintenance-free
不需养护的道路 zero maintenance road
不需氧代谢 anaerobic metabolism
不需氧氧化 anaerobic oxidation
不需要的 supervacaneous; unwanted
不需要的材料 unwanted material
不需要的机能 unnecessary function
不需要顶窗 semi-circular dormer window
不需要附加补强 not requiring additional reinforcement
不需要特殊技能的 unskilled
不需要专门疏干的矿床 ore deposits of non-special drainage
不需用的固定资产 fixed assets not needs; unnecessary fixed assets
不许拆散的列车组 train-set that cannot be split up
不许发表(或引用)的 off-the-record
不许开动 do not operate
不许可 disapproval
不许可的 objectionable; unallowable
不许可费用 unallowable cost
不许用扶梯 do not use ladder
不许转让的 non-transferable
不许转让的客票 non-transferable ticket
不絮凝的 non-flocculated
不旋光的 optically inactive
不旋光物 optically inactive substance
不旋光性 inactivity; optic(al) inactivity
不旋转波 irrotational wave
不旋转的 irrotational; nonrotatable; non-spinning; unspinnable
不旋转钢丝绳 non-rotating cable; non-rotating rope
不旋转扰动 irrotational disturbance
不旋转提升钢丝绳 non-spin hoisting cable
不旋转提升机绳 non-spinning hoisting rope
不旋转稳定器 non-rotating stabilizer
不选择的标记 unselected marker
不炫耀 dazzle-free
不眩玻璃 dazzle-free glass
不眩光 dazzle-free
不眩目的 glare-free; glare-reducing; nondazzling; nondizzy
不学无术的 uninformed
不寻址指令 no-address instruction
不循环信用证 non-revolving letter of credit
不压井起下油管装置 pipe pulling and snubbing device
不压井修井机 pressure balance workover rig
不压实的垃圾场 uncompacted tip
不压缩空气法 non-pressed air method
不压针 mis-pressing
不亚于 stand comparison withstand
不淹丁坝 non-overflow dam; non-overflow groin; unsubmerged spur
不淹河岸 flood-free bank
不淹没的 non-submerged; unsubmerged
不淹没限度<溢流堰的> modular limit
不淹没堰 unsubmerged weir
不延发 non-delay
不延伸的线脚 stop mo(u)lding
不延时的紧急制动 non-delayed emergency braking
不严格的 inexact
不严格竞争二人对策 non-strictly competitive two-person game
不严密焊缝 open seam
不沿城市道路的地块 inside lot
不沿发动机轴向布置的联轴器 overcenter clutch; overcentre clutch
不沿光轴光线 skew ray
不艳色 dark colo(u)r
不验收 non-acceptance
不扬尘的 non-dusting
不氧化的 inoxidable; non-oxidizing
不氧化防腐剂 non-oxidizing corrosion inhibitor
不氧化合金 non-oxidizable alloy
不要翻倒 Keep upright
不要干预信息 non-action message
不要紧 never mind
不要求补强的圆形开孔 circular openings not requiring reinforcement
不要求的技术替代方案 unsolicited technical alternative
不要求修理的 maintenance-free
不耀眼照明 non-dazzling lighting
不夜城 ever bright city; night town
不一律的 unequal; uneven
不一样的 dissimilar
不一致 contradiction; disaccord; disagreement; disconformity; discordance; discrepancy[discrepance]; disharmony; disparity; dissimilarity; dissonance; inconformity; incongruity; inconsistency; misalignment; nonconformity
不一致的 abhorrent; inconsistent; non-uniform; unconformable
不一致的东西 contrariety
不一致的分配 non-conforming imputation
不一致的状态或性质 unconformability
不一致负载 non-conforming load
不一致估计量 inconsistent estimator
不一致海岸 discordant coast
不一致集合 disagreement set
不一致熔点 incongruent melting point
不一致熔融 incongruent melting
不一致熔融化合物 incongruent melting compound
不一致统计量 inconsistent statistics
不一致误差 disparity error
不一致性 inconsistency; maladjustment; non-uniformity; unconsistency
不一致性指数 index of inconsistency
不一致置信分布 inconsistent fiducial distribution
不依比例符号 point symbol
不依规则 out-of-order
不依时间变化的运动 time-independent motion
不宜航行的水道 false channel
不宜居住的住宅 unfit dwelling
不宜抛锚的海底 foul bottom; foul ground
不宜抛锚的河底 foul bottom; foul ground
不宜取策略 inadmissible strategy
不宜饮用水 impossible water; impotable water; non-potable water
不移动的 immobile
不移动挖掘机 static excavator
不易败坏的 incorruptible
不易爆炸的 unexplosive
不易变形的 indeformable
不易辨识的 indistinct
不易剥落 incrust
不易测的 weakly measurable
不易沉降固体 non-settleable solids
不易沉降物质 non-settleable matter
不易冲刷的河岸 non-erodible bank
不易冲刷的稳固河床 flow resistant bed
不易脆的 non-shattering
不易冻结的 non-frost-susceptible
不易风化成碎屑的 dysgeogenous
不易风化的 not easily weathered; weather-resistant
不易腐败的货物 non-perishable cargo
不易腐烂的 imputrescible; non-perishable
不易腐烂的材料 imputrescible material; rot-proof material
不易腐烂的货物 non-perishable cargo
不易腐烂性 imputrescibility
不易腐蚀的 incorruptible; uncorruptible
不易腐蚀性 incorruptibility
不易感受的 unsusceptible
不易感受性 insusceptibility
不易挥发的 fixed
不易挥发的残渣 fixed residue
不易挥发的固体物 fixed solids
不易混合的 non-miscible
不易浇筑的混凝土 unworkable concrete
不易接受性 inaccessibility
不易结霜的 non-frost-susceptible
不易控制费用 uncontrollable expenses
不易裂化的原料 poor cracking stock
不易流动的地下水<细粒土或岩石中> fixed groundwater
不易磨光 non-polishing
不易磨光集料 non-polishing aggregate
不易扭转的 torsionally stiff
不易疲劳 indefatigability
不易破裂的胶接 non-breakable bond
不易破裂的黏[粘]合 non-breakable bond
不易破裂的砌接 non-breakable bond
不易燃标志材料 incombustible sign material
不易燃的 apyrous; non-flammable
不易燃的电缆外层 non-combustible covering
不易燃地板 non-combustible floor
不易燃滑脂 fire-proof grease
不易燃建筑物料 low hazard contents
不易燃胶片 slow-burning film
不易燃垃圾 refuse difficult to burn
不易燃楼板 non-combustible slab floor
不易燃楼梯间 non-combustible stair(case)
不易燃烧的 uninflammable
不易燃烧的封闭围墙 non-combustible blind fence
不易燃烧的建筑物 non-combustible building
不易燃烧的网式篱笆 non-combustible screen fence
不易燃性 low flammability; non-in-

flammability
不易溶和的 non-miscible
不易熔的 non-fusible
不易熔化的 calcitrant
不易散扭结 non-invertible knot
不易生物降解的物质 non-biodegradable substance
不易碎玻璃 non-shattering glass
不易坍塌地层 competent formation
不易褪色的颜色 fast colo(u)r
不易弯曲的 inductile
不易性 immutability
不易锈蚀的 unattackable
不易压缩的 incompressible
不易照管的货物 troublesome freight
不易着火的 uninflammable
不易自燃 difficultly self combustion
不溢流坝 non-overflow dam
不溢流堰 dam without overflow
不溢式模具 positive mo(u)ld
不引起无线电干扰的 non-static
不印脉冲 nonprint impulse
不应答 no-reply
不应当的延迟 undue delay
不应得的 unearned
不应覆盖 not to be covered
不应期 refractory period; refractory stage
不应态 refractoriness
不应用于 shall not be applied to
不应由法院解决的纠纷 non-justifiable dispute
不应有的 unwarranted
不应有的损失 unwarranted losses
不应有的延误 undue delay
不应状态 refractory state
不盈不亏的数量 break-even volume
不赢不亏的利息率 neutral rate of interest
不影响作物种子 without harming crop seeds
不硬化钢 Armco steel
不硬木节 unsound knot
不拥塞路段 noncongested section
不用 desuetude; disuse; non-utility
不用偿还基金 non-reimbursable fund
不用单元 garbage
不用单元收集程序 garbage collector; garbage collection routine
不用单元收集的扫描阶段 sweep phase of garbage collection
不用单元收集算法 garbage collection algorithm
不用的 unused
不用的塞孔 out-of-service jack
不用的资料 dead file
不用电线的 cordless
不用灰浆的砖石墙 dry masonry wall
不用火(加热)的 unfired
不用火加热的压力容器 unfired pressure vessel
不用火烧的压力容器 unfired pressure vessel
不用机器的 machineless
不用监视的 unwatched
不用讲稿的 extemporary
不用脚手架的安装法 erection without scaffolding
不用金属线的 wireless
不用看守的 unwatched
不用模板的 formworkless; shutteringless; unformed
不用模板的混凝土 off-formwork concrete
不用模板浇筑 placing concrete against natural ground
不用汽车的城镇 arcology
不用砂浆砌成的自承重毛石墙或方石墙 drywall
不用时间 unattended time; unused time
不用水冲的厕所 dry sanitation
不用填塞材料进行爆破洞 blasting hole without stemming material
不用心的 careless
不用液体的 aneroid
不用仪器的滑行道 non-instrument runway
不用油灰的玻璃条 puttyless glazing bar
不用于结构上的 non-structural
不用支票的社会 checkless society
不用支票的银行制度 checkless banking system
不用支腿时的宽度 unsupported width
不用纸张即可传递信息的 paperless
不游离的 undissociated
不淤不冲的渠道 regime(n) channel; silt stable channel
不淤积的 non-silting
不淤积流速 <最小容许流速> sustaining velocity; non-depositing velocity; non-silting velocity
不淤积速度 non-depositing velocity; non-silting velocity; sustaining velocity
不淤流速 transportation velocity; velocity to prevent sedimentation
不淤渠道 non-silting channel
不淤塞水泵 non-clogging pump; non-clog type of pump
不淤输沙情况 nondeposition transport regime
不淤输沙状态 nondeposition transport regime
不淤水流情况 non-deposit flow regime
不淤水流状态 non-deposit flow regime
不予偿还的 leave outstanding; non-refundable
不予法律保护 proscription
不予回收的木料 non-recoverable timbering
不予考虑 without consideration
不予课税 tax exclusion
不予优待 ex privileges
不予支付 withhold payment
不予追究 will not investigate
不愉快感 disamenity; discomfort
不愉快气味 unpleasant smell
不预先通知 without previous notice
不愈合 disunion; fail to heal; non-union
不圆的 out-of-round; unround
不圆度 deviation in roundness; ellipticity; non-circularity; out-of-roundness; ovalisation[ovalization]
不圆度公差 roundness tolerance
不圆滑车 non-circular pulley
不圆性 ellipticity; out-of-roundness
不圆柱性检验规 roundness ga(u)ge
不远的将来 offing
不悦耳的 tuneless
不匀 uneven
不匀布边 uneven selvedge
不匀称的 unsymmetric(al)
不匀称斜坡 <屋面的> irregular pitch
不匀称转动 uneven running
不匀的 inhomogeneous; irregular; unlevel(l)ing
不匀等比例尺 non-uniform scale
不匀度 degree of irregularity; irregularity
不匀合金 heterogeneous alloy
不匀衡结构 unbalanced construction
不匀滑油漆面 cloudy
不匀级配骨料 non-conformally graded aggregate
不匀级配集料 non-conformally graded aggregate
不匀结构 uneven texture
不匀壳 non-uniform shell
不匀率 coefficient of mean deviation
不匀率变异系数 coefficient of variation unevenness
不匀率控制 irregularity control
不匀率相加定律 additive law of irregularity
不匀磨耗 uneven wear
不匀磨损 uneven wear
不匀染料 unlevel(l)ing colo(u)r
不匀染色 uneven colo(u)r; uneven dye
不匀色泽 unlevel shade
不匀调的 disproportionate
不匀性染料 unlevel(l)ing dye
不匀(一)性 inhomogeneity
不匀整 discordance; uneven
不匀整海边 discordant coast
不匀质地 uneven texture
不匀转动 uneven running
不允许 inadmissibility
不允许的 impermissible; intolerable <如污染、剂量>
不允许距离保护 <闭锁式的> non-permissive distance protection
不允许输入输出中断 disallowed input/output interrupt
不允许数位 unallowable digit
不运行 un-run
不运行的 off-duty
不运转的 out-of-operation
不晕成像 aplanatic image formation
不晕船 sea legs
不晕的 aplanatic
不晕点 aplanatic points
不晕反射镜对 aplanatic mirror pair
不晕条件 aplanatic condition
不晕物镜 aplanatic objective
不晕性 aplanatism
不载电导线 dead wire
不载人多用途卫星 unmanned multi-function satellite
不载重结构 non-bearing structure
不载重墙 non-bearing wall
不载重墙壁 non-bearing partition
不再抵押条款 negative mortgage security clause
不再进行机械加工的铸造 cast to shape
不再热的初轧方坯 unreheated bloom
不再使用的铁路线 line out of use
不再现符号 non-circular symbol
不再压砖 non-repressed brick
不再有效 no longer valid
不在保险范围内 not at risk
不在本城的 out of town
不在此限 non-subject to the restrictions; not subject to the limits
不在对角线上的 off-diagonal
不在工作地点住的 live out
不在合同中 not in contract
不在路上(行驶)的 off-the-road
不在事先计划内的购置 impulse buy
不在视野之内的 unsighted
不在适当位置 out-of-position
不在手边的 unhandy
不在水边的 non-riparian
不在铁路沿线的 off-railway line
不在铁路沿线的公路中心 off-line highway center[centre]
不在舞台上的 off-stage
不在相位上的 out-of-phase
不在一个平面内的【数】tortuous
不在一直线上 out-of-line
不在正确位置的 out-of-position
不在职流动职工 unemployed workers in motion
不在贮存中 not in stock
不赞成 deprecate; disappreciation; disapprobation; disapproval; dissent
不皂化的 non-saponifying; unsaponifiable
不皂化物 unsaponifiable matter
不择手段 by fair means foul; by hook or by crook
不增不减点 break-even point
不增函数 non-increasing function
不增加信用贷款 no more credit
不增压的 unsupercharged
不增压发动机 natural aspiration engine
不增压越站 non-boosting operation
不增长 zero growth
不扎实标价 unbalanced bid (quotation)
不摘车修 repair of vehicles in train
不摘车修理 non-detaching repair of cars; in train repair【铁】
不摘车装卸 loading and unloading of cars in train
不摘挂列车装载机 train loader
不沾染水泥 non-staining cement
不毡合性 non-felting property
不张拉的 untensioned
不张拉钢筋 untensioned bar reinforcement; untensioned steel (reinforcement)
不张拉岩石锚杆 rock dowel
不长草流速 velocity to prevent plant growth
不胀钢 invar steel
不胀缩杆 non-expansion rod
不折不扣地执行 carry-out to the letter; carry-out without any reservation
不折扣 no discount
不真确 falsity
不真实 infidelity
不真实的 unrealistic; untrue
不真实地 unrealistically
不真实过程 dishonest process
不振荡的 non-oscillating; non-oscillatory
不振动的 vibrationless
不振作的 depressed
不震区 non-seismic region
不征税的 unassessable; untaxed
不蒸发水 non-evaporable water
不整的针脚 homeward stitches
不整合【地】discordance; nonconformity; unconformity
不整合标志 mark(er) of unconformity
不整合层理 discordant bedding; irregular bedding; unconformable stratification
不整合的 discordant; non-conformable; unconformable
不整合地层 unconformable stratum; unconformity stratum
不整合地面景观 discordant landscape
不整合断层 unconformable fault
不整合盖层 cover of unconformable strata
不整合贯入 discordant injection
不整合河谷 discordant valley
不整合角【地】angle of unconformity
不整合接触面 discordant contact; unconformable contact
不整合界面 unconformable interface; unconformity interface
不整合类型 classes of unconformity
不整合面 hard ground; plane of unconformity; surface of unconformity
不整合面的地震识别 seismic recogni-

tion of unconformities
不整合面底板图 worm's eye map
不整合面下圈闭 trap under unconformity
不整合盆地 discordant basin
不整合侵入 discordant intrusion; transgressive intrusion
不整合侵入体 discordance intrusive body; discordant intrusive body
不整合圈闭 unconformity trap
不整合泉 non-conformity spring; unconformity spring
不整合上的圈闭 trap above unconformity
不整合上下圈闭 trap below and above unconformity
不整合深成岩体 discordant pluton
不整合性 <岩石的> unconformability; unconformity
不整合油 unconformity pool
不整合油藏 unconformity pool
不整合油气田 unconformable oil-gas field
不整合遮挡 unconformity barrier
不整合褶皱 discordant fold
不整合注入 discordant injection
不整流电极 non-rectifying electrode
不整流结 non-rectifying junction
不整齐齿状的 erose
不整齐的 irregular
不整齐的垄条 broken furrow
不整齐的绳索现象 pigtail
不整齐花冠 irregular corolla
不整齐前沿 uneven front
不整齐式 irregular style
不整齐梭道 irregular shed
不整齐小方石铺砌路面 random paving
不整齐琢石 broken ashlar
不整形晶体 allotriomorphic crystal
不整形晶体的 allotriomorphic granular
不整形黏[粘]状 allotriomorphic granular
不正 out-of-square
不正常变形 unusual deformation
不正常部分 malformation
不正常操作 upset operation
不正常操作情况 abnormal operating condition
不正常的 abnormal; atypical; deviant; off-key; off-normal; out-of-order; subnormal; cranky <机器等>
不正常的工作条件 abnormal operating condition
不正常动作 malfunction
不正常读数 abnormal indication
不正常工作 abnormal function; irregular working; malfunction
不正常工作条件 unusual service condition
不正常活性污泥 sick activated sludge
不正常加荷 off-normal loading
不正常降低 abnormal drop
不正常交换 abnormal exchange; illegitimate crossing over
不正常接合 illegitimate copulation
不正常结束 abnormal end
不正常磨耗 abnormal wear
不正常起动 malfunction
不正常气味 foreign flavor
不正常倾斜 abnormal dip
不正常情况 abnormal condition; offnormal condition; off-normal functioning
不正常燃烧 abnormal combustion; erratic burning; malcombustion
不正常色 off-colo(u)r
不正常色散 irrational dispersion
不正常生长 irregular growth
不正常声音 abnormal sound
不正常时间 off-time
不正常市场 irregular market
不正常授粉 illegitimate pollination
不正常条件 abnormal condition; off-rating
不正常通路的 off-path
不正常土 abnormal soil
不正常位置 off-normal position
不正常温度 subnormal temperature
不正常现象 abnormality
不正常像散 astigmatism against the rule
不正常性 abnormality
不正常颜色的 off colo(u)red
不正常运行 irregular operating; irregular working
不正常运转 abnormal operation
不正常噪声处理 processing of coherent noise
不正常折扣 abnormal discount
不正常折射 abnormal refraction
不正常者 deviant
不正常终止 abnormal end
不正常重组 illegitimate
不正常状态 abnormal state; off-rating
不正常着陆 abnormal landing
不正当的 devious; dishonest; illicit; improper; undue; unfair; unjustified; unlawful; untrue; unwarranted
不正当电流 false current
不正当交易 crooked dealing
不正当竞争 unfair competition
不正当利益 unjustified benefit
不正当贸易 illicit trade
不正当绕航 unjustifiable deviation
不正当收入 illegitimate income
不正当行为 misbehavio(u)r; sharp practice; unjust action
不正当用法 unfair usage
不正当支出 unjust disbursement
不正规半日潮 irregular semi-diurnal tide
不正规半日潮混合港 mixed tidal harbo(u)r of irregular semi-diurnal tide
不正规的 non-normal
不正规立木度 irregular stocking
不正规日潮 irregular diurnal tide
不正规日潮混合港 mixed tidal harbo(u)r of irregular diurnal tide
不正规图幅 irregular map
不正规延误 out-of-course delay
不正确 inaccuracy; incorrectness; out-of-true
不正确曝光 faulty exposure
不正确操作 Maloperation
不正确长度 incorrect length
不正确的对比 erroneous correlation
不正确的分类 faulty separation
不正确的选择 mutilated selection
不正确动作 incorrect operation; maloperation
不正确加工 mismachine
不正确加工的 mismachined
不正确开动 false start
不正确捆扎 mistying
不正确名称 invalid name
不正确配置 misarrangement
不正确使用 misapplication; mishandling
不正确数据 incorrect data
不正确维护 maloperation
不正确运行 maloperation
不正确运转 mishandling
不正确装配 disassembly; misassembly
不正散的动作 prank
不正式通知 no advice
不正视 anorthopia
不正直的 unfair
不正中 amesiality
不证自明的 self-evident; self-explanatory
不支撑的 non-supporting
不支撑时的宽度 unsupported width
不支承楼板荷载 carrying no floor load
不支付 non-payment
不支付期票 dishonour a bill
不知不觉的通货膨胀 creeping inflation
不知所措 at fault
不织布 bonded fabric; non-woven unidirectional fabric; unwoven cloth
不执行 non-performance
不直 out of straight; un-straight
不直度 non-straightness
不直接从事生产的 non-productive
不直接接触火的 unfired
不值班 off-duty
不值钱的 catchpenny
不值日 off-duty
不指定的订购单 open indent
不指定用途的财政补贴 unconditional grants
不致病的 non-pathogenic
不致电离粒子 non-ionizing particle
不致流淌的稠度 <指喷混凝土> impending slough
不致密的 open-textured; unsound
不致密岩层 unplugged formation
不致密铸件 unsound casting
不致热的 apyrogenetic; apyrogenic
不致死的 non-lethal
不致死浓度 sublethal concentration
不致死效应 sublethal effect
不致死药量 non-lethal dose
不置换问题 non-replacement problem
不中标者 unsuccessful bidder; unsuccessful tender
不中断 without interruption
不中断的 uninterrupted
不中断的划线 run-through ruling
不中断电源 uninterrupted power supply
不中断通路 non-blocking access
不中肯 beside the point
不周转库存量 dead storage
不皱布 non-creasing fabric
不皱的 crease-proof; crimp-proof; uncreeped
不属保险事项的条款 exclusion clause
不属经常固定收入 non-regular income
不属于地沥青的 non-asphaltic; non-bituminous
不住人建筑物 non-functional building
不注明日期的引用标准 undated reference to standard
不注页数 without page citation
不助燃空气 inert atmosphere
不蛀的 mothproof
不铸出部分 <模型的> stop-off piece
不专门的 unskil(l)ful
不转动电缆 non-rotating cable
不转动钢丝绳 non-rotating cable
不转动天线 non-scanning antenna
不转换存储器 untranslated storage
不转结的年终预算结余 unobligated balance
不转让提单 straight bill of lading
不转提升机绳 non-spinning hoisting rope
不转向的驱动轴 non-steer drive axle
不转移 non-diversion
不转移占有权的抵押 hypothec; hypothecate
不转轴 dead axle
不赚不赔 break-even
不装水银的 aneroid
不追究责任的保险 no-fault insurance
不追溯业务 grandfathered activities
不坠钨丝 non-dropping tungsten filament
不准 <钟表等> out of fix
不准拆散的车组 solid block of cars
不准超车 <交通管理> don't cross; don't pass
不准超车区 no-passing zone
不准超车线 no-passing line
不准超载 no overloading
不准公开发表的 off-the-record
不准进口商品单 negative list
不准确的 inaccurate; inexact
不准确度 inaccuracy; out of truth
不准确数据 inaccurate date; inexact data
不准确性 inaccuracy
不准入内 no admittance
不准停车 no parking <道路标志>; no stopping <交通管理标志，用于车道很紧张的地段，如桥上>
不准停车的规定 no-parking restriction
不准停车的限制 no-parking restriction
不准通行自行车标志 no cycling sign
不准吸烟 no smoking
不准引用的 off-the-record
不准用水灭火 do not extinguish with water
不准越车区段 non-passing zone
不准站停 <交通管理标志，用于车道较紧张的地段，但准许车辆暂停，供乘客上下> no standing
不准转让的 non-negotiable
不准转弯 no turn; turn-ban
不准转运 no transshipment permitted
不准装货物 excluded cargo
不着火 misfire; missing of ignition; non-ignition
不着火的 non-inflammable; uninflammable
不着墨 blind
不着色的 achromatic; non-staining
不着色的水泥 non-staining cement
不着要点 off the point
不着重的 unstressed
不自然的 non-natural
不自燃 most difficultly self combustion; cut and dried
不自由变分 unfree variation
不自由变异 unfree variation
不自由的 uncomfortable; unfree
不自主运动 involuntary movement
不自转钢绳 non-spin cable
不自转钢丝绳 non-spinning wire rope
不足 fall short; insufficiency; shortcoming; shortfall; stringency
不足部分 insufficient section
不足部位 <外汇> short position
不足道的 immaterial; inappreciable; non-significant; unworthy
不足的 adventitious; incomplete; insufficient; meager
不足的处理 under treatment
不足的矿化作用 insufficient mineralization
不足的重量 underweight
不足额 balance due; shortage; shortfall; deficiency
不足(额)保险 underinsurance
不足额的工资 underpay
不足伐 undercut
不足法定人数 lack a quorum
不足功率 deficit power
不足够的 inadequate
不足化学计量的 substoichiometric
不足价货币 coinage beneath face value

不足近似 approximation in deficiency
不足立木度 under-stocking
不足量 deficiency;ullage
不足量运送人 undercarrier
不足令纸 imperfect ream
不足流量 deficient flow
不足气流 deficiency of air
不足取的 inappreciable
不足容量 deficit power
不足生长 hypotrophy
不足数 deficiency
不足为证 not to be taken as an evidence
不足温饱的工资 starvation wages
不足压缩 poor compression
不足一车零担货 less-than-truckload
不足油 make-up oil
不足运费 back freight
不足转向 <车辆> understeering
不足阻尼 underdamping
不阻碍 keep out of the way
不阻碍的 unimpeded
不阻塞的叶轮 non-clogging impeller
不阻塞离心泵 non-clogging centrifugal pump
不阻塞水泵 non-clog type of pump
不钻孔用泥封闭炸药来爆破漂石 dobying
不遵守 non-compliance; nonobservance
不遵守交通规则的汽车驾驶员 road hog
不遵守交通规则乱穿马路或路口 <美> jaywalk
不遵守劳动契约 absenteeism
不遵守税法 non-compliance of tax law
不遵守条款 non-observance of terms
不遵守停车显示 nonobservance of “danger” indication
不遵守危险显示 nonobservance of “danger” indication
不遵守运行规程 abuse
不作功 idling
不作结构材料的 non-structural
不作努力的 effortless
不作为 act of omission
不作业时间 no-productive time
不作用安匝 non-operating ampere turn
不做功的 non-power
不做日记 don't log

布

布安溶液 Bouin's solution
布暗线 concealed wiring
布巴诺夫-伽辽金方法 Bubnov-Galerkin method
布贝利 <一种防水布、雨衣> Burberry
布边 list;selvage[selvedge]
布边成型 selvage formation
布边扬声器 cloth-edge speaker
布标船 buoy tender;dan layer
布帛坚牢黑 cloth fast black
布帛坚牢黄 cloth fast yellow
布帛坚牢蓝 cloth fast blue
布帛填料 cloth filler
布尺 clothmeasure
布齿轮 <麻布、帆布等制成的> cloth pinion
布楚樟脑 buchucamphor
布达拉宫 the Potala Palace
布达佩斯 <匈牙利首都> Budapest
布代豪斯石灰岩 Burdiehouse limestone
布带 strap
布带缠管机 tape winding machine
布袋 cloth bag;sack
布袋除尘 pocket dedusting
布袋除尘器 bag dust collector; bag-type dust collector; bag-type dust remover;cloth dust collector
布袋过滤器 bag filter; cloth envelop collector;cloth(tube air) filter
布袋过滤式集尘器 fabric filter dust collector
布袋集尘器 cloth bag collector; cloth dust collector; fabric dust filter; fabric separator
布袋滤尘器 bag-type air filter; cloth type arrester
布袋滤器 bag-type strainer
布袋抹刷纹 sack scrubbing
布袋收尘法 bag process
布袋收尘器 bag collector; cloth screen
布袋收尘室 baghouse
布袋悬挂机构 cloth hanging mechanism
布袋震动器 bag shaker
布当定理 Budan's theorem
布道台 pulpit
布道坛 pulpit
布德雷沙尔特顿层 Budleigh Salterton Beds
布德效应 Budde effect
布迪式短壁截煤机 Buddy
布底 cloth base
布点 location; selective locale; spotting;stationing
布点法 method of distributing points
布点方案 point layout
布点图 dot chart;stationing diagram
布电景色 <电线杆塔密集地点> wirescape
布电线 cotton-covered wire; electric(al) wiring
布店 mercery
布丁岩 pudding stone
布兜牵引 tape traction
布多 <英国钢铁厂用质量单位,1 布多 = 56 磅> boudle
布尔邦锡铝合金 Bourbon metal
布尔变量 Boolean variable
布尔变数 Boolean variable
布尔标志 Boolean denotation
布尔标志符 Boolean marker
布尔表达式 Boolean expression
布尔补数 Boolean complement
布尔部件 Boolean unit
布尔差分 Boolean difference
布尔差分法 Boolean difference method
布尔常数 Boolean constant
布尔常字 Boolean literal
布尔超正方体 Boolean hypercube
布尔乘法 Boolean multiplication
布尔初等量 Boolean primary
布尔代数 Boolean algebra
布尔代数的公理化发展 axiomatic development of Boolean algebra
布尔登低压真空计 Bourdon pressure vacuum ga(u)ge
布尔登管 Bourdon tube
布尔登管簧 Bourdon spring
布尔登管式井下压力计 Bourdon tube bottom hole pressure recorder
布尔登管式压力表 Bourdon tube type pressure ga(u)ge
布尔登管式压力计 Bourdon(tube) ga(u) ge; Bourdon tube pressure ga(u)ge;Bourdon tube type manometer
布尔登管式真空表 Bourdon tube type vacuum ga(u)ge
布尔登管型温度继电器 Bourdon tube type temperature relay
布尔登管压力表 Bourdon tube manometer
布尔登管压力计 Bourdon tube ga(u)ge
布尔登金属气压计 Bourdon's metallic barometer
布尔登量规 Bourdon ga(u)ge
布尔登呢 bourdony
布尔登试验 Bourdon's test
布尔登温度计 Bourdon temperature ga(u)ge
布尔登压力表 Bourdon manometer; Bourdon pressure ga(u)ge
布尔登压力计 Bourdon pressure ga(u)ge;Bourdon tube
布尔递归函数 Boolean recurrence function
布尔递归求解器 Boolean recurrence solver
布尔二次量 Boolean secondary
布尔二次式 Boolean secondary
布尔法 Boolean method
布尔方程 Boolean equation
布尔分析器 Boolean analyser[analyzer]
布尔符号 Boolean symbol
布尔格式 Boolean format
布尔格斯人工设色法 Bourges process
布尔函数 Boolean function
布尔函数的定义 definition of Boolean function
布尔函数的最小化 minimization of Boolean function
布尔合取 Boolean conjunction
布尔赫德层【地】bull-head(ed) bed
布尔滑动闸门 sliding shutter Boule
布尔环 Boolean ring
布尔计算法 Boolean calculus
布尔计算机 Boolean computer
布尔加【计】Boolean add
布尔矩阵 Boolean matrix
布尔克亚斯黏[粘]胶短纤维 Bullkyace
布尔奎-谢尔曼单位 Bourquin-Sherman unit
布尔拉纳聚丙烯腈系纤维 Burlana
布尔类型 Boolean type
布尔连接 Boolean conjunction;Boolean connective
布尔连接词 Boolean connective
布尔连接号 Boolean connective
布尔量 Boolean quantity
布尔逻辑 Boolean logic
布尔模式 Boolean pattern
布尔求反 Boolean complementation
布尔求否 Boolean complementation
布尔萨聚酯纤维 Bursa
布尔数据类型 Boolean data type
布尔数据项 Boolean data item
布尔数组 Boolean array
布尔斯克极性超带 Bursk polarity superzone
布尔斯克极性超时 Bursk polarity superchron
布尔斯克极性超时间带 Bursk polarity superchronzone
布尔算符 Boolean operator
布尔条件 Boolean condition
布尔同态 Boolean homomorphism
布尔图 Boolean map
布尔图样 Boolean pattern
布尔网络 Boolean network
布尔微积分 Boolean calculus
布尔位置 Boolean position
布尔系数 Boolean coefficient
布尔项 Boolean term
布尔型 Boolean number;type Boolean
布尔选择模型 Boolean choice model
布尔选择样式 Boolean choice pattern
布尔演算 Boolean calculus
布尔演算符 Boolean connective
布尔窑 Bull's ring
布尔一次量 Boolean primary
布尔因式 Boolean factor
布尔域 Boolean field
布尔运算 Boolean operation;Boolean calculation
布尔运算表 Boolean operation table
布尔运算符 Boolean operator
布尔值 Boolean value
布尔转字位符号 Booleans to bits symbol
布尔字符 Boolean character
布放点 point of placement
布非洛尔 bufetolol
布粉器 applicator
布风袋 wind sleeve;wind sock
布风扇 punka(h) louvre
布干维尔海沟 Bougainville trench
布告 announcement; decree; edict; manifesto;ordinance;placard
布告板 bulletin board; notice board; tack board <软木制的>
布告栏 bulletin board;notice board
布告栏服务【计】bulletin board service
布告牌 bulletin board; news board; notice board;tack board
布格-比尔定律 Burger-Beer's law
布格错位 Burger's dislocation
布格定律 Bouguer's law
布格改正 Bouguer's reduction
布格校正 Bouguer's reduction; Bourger's correction; stone slab correction
布格校正值 Bouguer's correction value
布格-朗伯定律 Bouguer-Lambert law
布格罗盘 Bouguer's compass
布格模型 Burger's model
布格平板 Burger's plate
布格矢量 Burger's vector
布格矢量大小 size of Burger's vector
布格矢量方向 direction of Burger's vector
布格图 Bouguer's plot
布格位错 Bouguer's dislocation
布格异常 Bouguer's anomaly
布格晕 Bouguer's halo;Ulloa's ring
布格重力对比 Bouguer's gravity correlation
布格重力值 Bouguer's gravity
布铬电气石 buergerite
布谷鸟风暴 gowk storm
布管 cloth tube;pipe laying
布管驳船 lay barge;pipe-laying barge
布管工人 pipe layer
布管平面图 pipe drawing
布管台车 pipe jumbo
布管图 piping drawing
布管限定圆直径 limited circular diameter of tube layout
布辊 cloth roll
布辊擦拭镀锌 wire cloth galvanizing
布裹纸 cloth-lining paper
布过滤器 cloth filter
布哈拉盆地 Bukhara basin
布和服装业 drapery
布赫曼-迈耶效应 Buchmann-Meyer effect
布痕 <玻璃缺陷> cloth mark
布环 cloth ring
布霍勒反应 Bucherer reaction
布基 base fabric
布基浆粕 Bukipulp
布基纳法索 <非洲> Burkina Faso
布脊纸面装订 quarter-bound
布加风 <常出现于阿拉斯加> Boorga
布加勒斯特 <罗马尼亚首都> Bucharest

布胶底运动鞋 sneakers
布接缝 cloth joint
布巾 napkin
布巾钳 towel clamp towel forceps
布金汉定理 Buckingham's theorem
布金汉方程 Buckingham's equation
布筋 arrangement of bars; arrangement of reinforcement; bar placing
布筋图 bar arrangement drawing; bar placing drawing; placing drawing
布井方式 pattern of spacing
布井网 spacing pattern
布井依据 bases of well arrangement
布景 ambience; decoration; scene(ry); scenery setting; setting scenery
布景长廊 fly gallery
布景车 scenery wagon
布景储存室 scene storage
布景的 scenic
布景灯光控制台 lighting booth
布景机 scenioscope machine
布景架 paint frame
布景库 scenery store
布景漆 scene paint
布景桥架 paint loft
布景区 setting area
布景设计 scenic design; set(ting) designing
布局 ordonnance <建筑物等的>; disposition; distribution; geographic(al) distribution; geographic(al) layout; layout grid; machinery; overall arrangement
布局程序 placement program(me)
布局分散的城镇 dispersed town
布局符号 layout character
布局规划 allocation plan
布局规则 placement policy; placement rule
布局决策方法 location decision method
布局控制字符 format effector; layout character
布局配置 layout
布局容差 topology tolerance
布局设备 mapping device
布局设计 topologic(al) design
布局算法 placement algorithm
布局图 layout plan; map
布局稳定性 configuration stability
布局问题 location problem
布局因素 factor of location
布卷尺 cloth tape; linen-tape; woven tape
布卷发芽器 rag-doll tester
布卷架 cloth roll stands
布卷软管 wrapped hose
布绝缘层 layer of cloth
布卡鲁尼卷曲变形耐纶丝 Bucaroni
布卡伦尼针织用聚酯卷曲纤维 Bucaleni
布克霍尔茨保护 Buchholz protection
布克霍尔茨保护装置 Buchholz protector; Buchholz protective device; gas bubble protective device
布克霍尔茨(气体)继电器 Buchholz relay
布克霍尔德逼近 Burkholder approximation
布克雷式开棉机 Buckley opener
布克雷真空计 Buckley ga(u)ge
布控电报交换机 wired logic controlled electronic telegraph switching equipment
布控方式 wire logic control
布矿构造 ore-distributing structure
布拉氨酯 buramate
布拉班德尔淀粉黏[粘]焙力测定仪 Brabander amylograph
布拉班德塑性仪 Brabender plastograph
布拉班康梭结花边 Brabancon lace
布拉邦特花边 Brabant loop
布拉邦特亚麻布 Brabant linen
布拉柴维尔<刚果首都> Brazzaville
布拉代染色法 bradye
布拉德佰里温度翘曲应力计算公式 Bradbury's formula for stresses due to thermal warping
布拉德莱光行差 Bradley aberration
布拉德莱光行差法 Bradley aberration method
布拉地辛钠 bucladesine sodium
布拉风<亚得利亚海东岸的一种干冷东北风> Bora
布拉福德雨量计 Bradford ga(u)ge
布拉格 X 射线显微镜 Bragg X-ray microscope
布拉格-布伦塔诺仲聚焦系统 Bragg-Brentano parafocusing system
布拉格的哥特式理斯桥 Gothic Charles Bridge at Prague
布拉格电离分光计 Bragg ionization spectrometer
布拉格电致伸缩 Bragg electro-striction
布拉格定律 Bragg('s) law
布拉格定则 Bragg rule
布拉格法 Bragg method
布拉格反射 Bragg reflection
布拉格反射角 Bragg reflection angle
布拉格反射器 Bragg reflector
布拉格方程 Bragg equation
布拉格分光计 Bragg spectrometer; crystal(diffraction) spectrometer; ionization spectrometer
布拉格-格雷关系 Bragg-Gray relation
布拉格-格雷空腔原理 Bragg-Gray cavity principle
布拉格-格雷原理 Bragg-Gray principle
布拉格光谱计 Bragg spectrometer
布拉格光栅传感器 Bragg grating sensor
布拉格光栅摄谱仪 Bragg diffraction spectrograph
布拉格盒频谱仪 Bragg cell spectrometer
布拉格红<主要含红铁氧的色剂> Prague red
布拉格角 Bragg angle
布拉格聚焦条件 Bragg focusing condition
布拉格卡尔斯大学 Charles University at Prague
布拉格卡尔斯桥 Charles Bridge at Prague
布拉格-克莱曼定则 Bragg-Kleeman rule
布拉格矿 braggite
布拉格冷室压铸机 Polak machine
布拉格耦合效率 Bragg coupling efficiency
布拉格-皮尔斯定律 Bragg-Pierce law
布拉格偏转器 Bragg deflector
布拉格频率 Bragg frequency
布拉格平面 Bragg plane
布拉格曲线 Bragg curve
布拉格散射 Bragg reflection; Bragg scattering
布拉格摄谱仪 Bragg spectrograph
布拉格条件 Bragg condition
布拉格调制器 Bragg modulator
布拉格-威廉姆理论 Bragg-William's theory
布拉格效应 Bragg effect
布拉格衍射 Bragg diffraction
布拉格衍射计 Bragg diffractometer
布拉格衍射锥 Bragg cone
布拉格张力冲击试验 Bragaw tensile impact test
布拉格转动晶体法 Bragg rotating crystal method
布拉格最大值 Bragg maximum
布拉开连续区 Brackett continuum
布拉开谱线 Brackett spectral lines
布拉开系 Brackett series
布拉开系限 Brackett limit
布拉克本铆绒地毯织机 Blackburn Rivet Head machine
布拉克本印花机 Blackburn printer
布拉克尔歇姆层 Bracklesham bed
布拉马普特拉河<雅鲁藏布江> Brahmaputra River
布拉默水压机 Bramah's press
布拉默锁闩 Bramah's lock
布拉什科效应 Blashko effect
布拉特哈勒扬声器 Blatthaller loudspeaker
布拉特黄铜 Plater brass
布拉维点阵 Bravais lattice
布拉维符号 Bravais symbol
布拉维晶胞 Bravais unit cell
布拉维空间格子 Bravais lattice
布拉维-密勒指数 Bravais Miller indices
布拉维双片 Bravais plate
布拉维系统 Bravais system
布拉维指数 Bravais index
布拉雾 Bora fog
布拉雪大板层 Brathay Flags
布莱德福分布 Bradford distribution
布莱德福分级制 Bradford system
布莱德福阶【地】Bradfordian
布莱德福黏[粘]土 Bradford clay
布莱德福破碎机 Bradford breaker
布莱德福期【地】Bradfordian
布莱德福式大容量雨量计 Bradford ga(u)ge
布莱德福雨量斗 Bradford ga(u)ge
布莱德福整经机 Bradford warping mill
布莱恩比表面测定仪 Blaine meter
布莱恩比表面积 Blaine number; Blaine specific surface
布莱恩比表面积测定仪 Blaine apparatus; Blaine fineness sensor
布莱恩比面测定法 Blaine test method
布莱恩比面值 Blaine value
布莱恩表面积 Blaine surface area
布莱恩法 Blaine method
布莱恩建造【地】Blaine formation
布莱恩渗透度法 Blaine permeability method
布莱恩试验 Blaine test; Blyth's test
布莱恩淘析器 Blyth elutriator
布莱恩透气性方法 Blaine air permeability method
布莱恩透气性试验 Blaine air permeability test
布莱恩透气性试验装置 Blaine air permeability apparatus
布莱恩细度 Blaine fineness
布莱恩细度试验 Blaine test
布莱恩细(微粒)度测定仪 Blaine fineness tester
布莱恩值 Blaine number
布莱格登定律 Blagden's law
布莱根数 Bulygen number
布莱考恩定理 Brianchone's theorem
布莱考恩光泽彩<不需要还原气氛的光泽彩> Brianchone's luster [lustre]
布莱克当层 Blackdown bed
布莱克颚式压碎机 Blake jaw crusher
布莱克反向极性亚带 Blake reversed polarity subzone
布莱克反向极性亚时 Blake reversed polarity subchron
布莱克反向极性亚时间带 Blake reversed polarity subchronzone
布莱克海台 Blake plateau
布莱克利试验法<坯釉适应性> Blakely test
布莱克培养瓶 Blake bottle
布莱克蒲尔减压时间表 Blackpool decompression table
布莱克数 Blake number
布莱克水力学半径 Blake hydraulic radius
布莱克型颚式破碎机 Blake-type jaw breaker; Blake-type jaw crusher
布莱宁格耐酸试验法 Bleininger's method
布莱渗流理论 Bligh's creep theory
布莱维尔试验 Blavier's test
布赖恩特牵引 Bryant's traction
布赖特-拉比公式 Breit-Rabi formula
布赖特瑞镍铬合金 Brightray
布赖特-维格纳方程 Breit-Wigner equation
布赖特-维格纳公式 Breit-Wigner formula
布赖特-维格纳理论 Breit-Wigner theory
布兰查德涂布刷 Blanchard brush
布兰卡图悬挂重力式(木)护舷【港】Blancato type suspended gravity fender
布兰克曼窗口 Blackman window
布兰尼-柯莱得法<计算需水量的> Blaney-Criddle method
布兰斯-迪克理论 Brans-Dicke theory
布兰斯-迪克宇宙论 Brans-Dicke cosmology
布缆板 lacing board
布缆表 cable running list
布缆船 cable layer; cable laying ship
布缆机 cable picking and laying machine
布缆机械 cable machinery
布缆设备 cable handling equipment; cable laying equipment
布郎校正值 Brown's correction value
布郎陨铁 braunite
布朗德尔<光亮度单位> Blondel
布朗德尔-雷定律 Blondel-Rey law
布朗德尔曲线图 Blondel diagram
布朗德尔示波器 Blondel oscillograph
布朗方法 Brown's method; Brownian method
布朗管示波器 Braun tube oscillograph
布朗规则 Blanc rule
布朗黄铜 Brown metal
布朗扩散 Brownian diffusion
布朗·穆德过程 Brown-Mood process
布朗纳尔特法<氯化锌木材防腐法> Bronnert process
布朗尼尔特公式<泥浆重与固体比重关系式> Brongniart's formula
布朗宁棱镜 Browning prism
布朗钳 Brown tongs
布朗桑工具经纬仪 Brunson jig transit
布朗-沙普线规<美国线规> Brown and Sharpe wire ga(u)ge
布朗-沙普锥度 Brown and Sharpe ga(u)ge
布朗式履带小拖车 Bren carrier
布朗水质指数 Brown water quality index
布朗斯台德碱 Bronsted base
布朗斯台德-劳瑞酸碱概念 Bronsted-Lowry concept of acid and base
布朗斯台德酸 Bronsted acid
布朗斯台德酸碱性 Bronsted acid base
布朗斯威克绿颜料 Brunswick green
布朗-特威斯光强干涉仪 Brown-Twiss intensity interferometer

布朗天线 Brown antenna
布朗维奇围道 Bromwich contour
布朗夏普分度头 Brown-Sharp type dividing head
布朗夏普线规<美国线规> Brown-Sharp Wire ga(u)ge
布朗夏普锥度 Brown-Sharpe taper
布朗项 Browne terms
布朗型搅拌器 Brown agitator
布朗型陀螺罗经 Brown gyrocompass
布朗学说 Brown's theory;brownism
布朗月球运动理论 Brown lunar theory
布朗运动<微粒悬浮在流体介质中的运动>【物】Brownian movement;pedesis;Brownian motion
布朗运动过程 Brownian motion process
布朗重力仪 Brown gravity ga(u)ge
布朗锥度 Brown taper
布劳顿锥坑钻 Broughton countersink
布劳恩管 Braun tube;Braun's canal
布劳恩管示波器 Braun tube oscillograph
布劳恩牵引 Braun's traction
布劳恩牵引架 Braun's traction frame
布劳恩曲线 Braun curve
布劳恩示波管 Braun tube oscillograph
布劳恩试样研磨机 Braun sample grinder
布劳恩样品研磨机 Braun sample grinder
布劳恩(阴极射线)管 Braun tube
布劳机制 Blaauw mechanism
布劳内尔捻线机 Brownell twister
布劳特兰电解抛光法 Blaut Lang process
布劳威尔不动点原理 Brouwer's fixed point theorem
布劳威尔定理 Brouwer's theorem
布勒环 Buller's ring
布勒克滑钩链制动器 Black slip stopper
布雷德希电弧法 Bredig's arc process
布雷顿林货币体系 Bretton Woods Monetary System;Bretton Woods Regime
布雷顿热动力循环 Brayton thermodynamic cycle
布雷顿森林会议 Bretton Woods conference
布雷顿森林时代 Bretton Woods Era
布雷顿森林体系 Bretton Woods System
布雷顿森林协定 Bretton Woods Agreement
布雷顿森林协定法 Bretton Woods Agreement Act
布雷顿森林制度 Bretton Woods System
布雷顿循环 Brayton cycle;complete-expansion diesel cycle
布雷恩反射 Brain's reflex
布雷恩氏反射 quadrupedal extensor reflex
布雷飞机 mine-laying aircraft
布雷赫载受压混凝土钻桩 Brechtel pressure pile
布雷活动坝 Boule active dam
布雷舰 mine layer
布雷牛姆宫 Blenheim Palace
布雷潜水艇 mine layer submarine
布雷区 mine field;mining area;mining ground
布雷设备 mine-planting equipment
布雷氏活动坝 Boule dam
布雷式堰 Boule weir
布雷斯百年纪念 Centenary Hall at Breslau
布雷斯棱镜 Brace prism
布雷斯托克多参数海流计 Braystoke multi-parameter current flow meter
布雷斯托克多直读式海流计 Braystoke directional reading current flow meter
布雷斯托克多自调式海流计 Braystoke self-aligning current meter
布雷艇 mine-laying boat;minelayer
布类 mercery
布累尔烘箱 Blair oven
布冷风 Purga;Buran<波斯及中西伯利亚的一种强烈寒冷东北风>
布里阿雷不锈钢 Brearley steel
布里阿雷高铬钢 Brearley steel
布里尔<主观亮度单位> bril
布里法 Burri's method
布里格<表示两个量之比的以10为底的对数> brig
布里格标准管螺纹 Brigg's standard pipe thread
布里格测斜仪 Brigg's clinophone
布里格常用对数 Brigg's logarithm
布里格对数 Briggean system of logarithm
布里格(管子规范)标准<1862年制定的管材及螺纹标准> Brigg's standard
布里格均衡器 Brigg's equalizer
布里格扩散系数 Brigg's dispersion coefficient
布里格螺纹 Brigg's thread
布里格试验 Brieger's test
布里科勒系统 Brikollare system
布里克斯比重计 Brix hydrometer
布里克斯度 Brix degree
布里克斯公式<道路排水流量计算公式> Brix formula
布里克伍德<商品名,一种可受钉的砌块> Brickwood
布里涅尔显微镜 Brinell's microscope
布里涅尔硬度 Brinell's hardness
布里涅尔硬度值 Brinell's hardness number
布里奇顿<巴巴多斯首都> Bridgetown
布里奇曼法<晶体生长法> Bridgman method
布里奇曼坩埚下降法 Bridgman method
布里奇曼关系式 Bridgman relation
布里奇曼取样机 Bridgman sampler
布里奇曼热 Bridgman heat
布里奇曼-斯托克巴杰坩埚移动法 Bridgman-Stockbarger method
布里奇曼效应 Bridgman effect
布里奇曼压砧 Bridgman anvil
布里奇曼钻压 Bridgman anvil;flat-faced opposite anvil
布里斯托尔瓷器<英> Bristol porcelain
布里斯托尔钢带接头 Bristol steel belt lacing
布里斯托尔黄铜 Bristol brass
布里斯托尔接头 Bristol joint
布里斯托尔铜锌锡合金 Bristol alloy
布里索反射 Brissaud's reflex
布里渊场 Brillouin field
布里渊场强 Brillouin flux density
布里渊磁通密度 Brillouin flux density
布里渊电子效率 Brillouin electronic efficiency
布里渊发射 Brillouin emission
布里渊反向散射 Brillouin backscattering
布里渊辐射 Brillouin light
布里渊公式 Brillouin formula
布里渊光 Brillouin light
布里渊光放大器 Brillouin light amplifier
布里渊光纤放大器 Brillouin fiber amplifier
布里渊函数 Brillouin function
布里渊激光器 Brillouin laser
布里渊流 Brillouin flow
布里渊区 Brillouin zone
布里渊散射 Brillouin scattering
布里渊图 Brillouin diagram
布里渊线宽 Brillouin linewidth
布立格螺纹 NPT-pipe thread
布立姆雷佛尔石 Bramley Fall stone
布料板 distributing plate
布料槽 distributing trough
布料吊臂 distributing boom
布料吊杆 distributing boom
布料斗 distributing bucket
布料杆 distributing boom;placing boom
布料胶带 distributing belt
布料料罐 distribution bucket
布料溜槽 distributing chute
布料螺旋 spreader screw
布料器 distributing device;spreading hopper;stock distributing gear
布料箱 material distribution box
布料用胶带运输机 spreading belt conveyer[conveyor]
布料锥 material distribution cone
布料着色 stuff colo(u)ring
布列底格石 bredigite
布列蒙德孔径仪 Bremond porosimeter
布列默试验 Bremer's test
布林登计算图 Bullington nomograph
布林顿板岩<英> Burlington slate
布林克除雾器 Brink demister
布林克曼数 Brinkmann number
布龙西尔页岩 Bronsil shale
布隆顿(地质)罗盘 Brunton compass;Brunton pocket transit
布隆尼改正 Browne correction;second-order correction
布隆斯定理 Bruns theorem
布隆斯桩 Bruns pile
布隆特公式<晴天天空反射量计算公式之一> Brunt's formula
布卢尔试验 Bloor's test
布卢门菲尔德(水解)法 Blumenfield process
布卢姆测度 Blum measure
布卢姆测胶计 Bloom gelometer
布鲁贝风 Broeboe
布鲁尔点 Brewer's point
布鲁尔检测仪 Brewer instrument
布鲁尔-马斯特电化学探空仪 Brewer-Mast electrochemical sonde
布鲁尔厌氧罐 Brewer anaerobic jar
布鲁赫膜 Bruch's membrane
布鲁金斯模型 Brookings model
布鲁克菲尔德回转黏[粘]度计 Brookfield rotational viscometer
布鲁克菲尔德黏[粘]度 Brookfield viscosity
布鲁克菲尔德黏[粘]度计 Brookfield viscometer
布鲁克菲尔德旋转式黏[粘]度计 Brookfield rotational viscometer
布鲁克菲尔德致流值 Brookfield yield value
布鲁克林桥<美国纽约> Brooklyn bridge
布鲁克林悬索桥<美国纽约> Brooklyn suspension bridge
布鲁克米亚-哈佛法 Brookmire-Harvard method
布鲁克塞阶【地】Bruxellian
布鲁克斯电感计 Brooks inductometer
布鲁克斯可变电感计 Brooks variable inductometer
布鲁克希尔截装机 Brookhill waffler
布鲁勒系统 Brulax system
布鲁钠锑黄(色料) Brunner's yellow
布鲁瑙厄·埃梅特-泰勒多层吸附模型 Brunauer-Emmett and Teller multilevel adsorption model
布鲁瑙厄·埃梅特-泰勒法 Brunauer-Emmett and Teller
布鲁涅尔盾构 Brunel shield
布鲁诺学说 brunonianism
布鲁齐德桩 Breuchaud pile
布鲁塞尔<比利时首都> Brussels
布鲁塞尔的斯托克莱脱大厦 Stoclet mansion at Brussels
布鲁塞尔地毯 Brussels carpet
布鲁塞尔地毯提花机 Brussels carpet jacquard
布鲁塞尔分类法 Brussels classification
布鲁塞尔分类系统 Brussels system
布鲁塞尔公约<1924年布鲁塞尔统一提单的国际公约> Brussels Convention
布鲁塞尔关税商品分类 Brussels Tariff Nomenclature
布鲁塞尔-朗贝银行 Banque Bruxelles Lambert
布鲁塞尔帘幔 Brussels curtains
布鲁塞尔命名法 Brussels nomenclature
布鲁塞尔十进分类法 Brussels classification
布鲁塞尔式(毛圈)地毯 Brussels weather strip
布鲁塞尔条约 Treaty of Brussels
布鲁塞尔议定书 Brussels Protocol
布鲁塞尔银行 Banque de Bruxelles
布鲁斯顿方法 Bruceton method
布鲁斯特<光测强性常数的单位> brewster
布鲁斯特定律<光的反射与折射定律> Brewster law
布鲁斯统【地】Bruce Series
布滤 fabric filtration
布滤架 cloth strainer frame
布滤器 fabric filter
布吕克奈周期 Btickner cycle
布仑斯惕关系 Brunsted's relation
布仑斯惕酸 Brunsted's acid
布伦地球模型 Bullen's earth model
布伦赫德环剪仪<测定土的残余强度> Bromhead ring shear
布伦克检验 Brunk's test
布伦纳单轨车 Brennan monorail car
布伦纳(量)规 Brenner ga(u)ge
布伦斯极性时 Brunhes normal polarity chron
布伦斯维克比 Brunswick ratio
布伦斯维克黑(漆) Brunswick black
布伦斯维克蓝<一种铁蓝与硫酸钡的复合颜料> Brunswick blue
布伦斯维克绿 Brunswick green
布伦斯正极性期【地】Brunhes normal polarity epoch
布伦斯正向极性带 Brunhes normal polarity zone
布伦斯正向极性时间带 Brunhes normal polarity chronzone
布轮 felt polishing bob;mop;rag wheel
布轮磨光机 fiber disc sander
布罗卡区 Broca's area
布罗卡棱镜 Broca prism
布罗珂脱悬吊摆 Brocot suspension
布罗克打孔器 Brock punch
布罗肯宝光 Brocken specter
布罗塞学说 broussaisism
布罗特派斯地体 Broad pass terrane
布洛赫波 Bloch wave
布洛赫(畴)壁 Bloch wall;domain wall
布洛赫带 Bloch band

B

布洛赫定理 Bloch theorem
布洛赫方程 Bloch equations
布洛赫函数 Bloch function
布洛赫色度计 Bloch colo(u)rimeter
布洛赫-西格特频率 Bloch-Siegert frequency
布洛赫-西格特效应 Bloch-Siegert effect
布洛洪光度计 Brodhun photometer
布洛姆法 Blom's method
布洛-诺克斯天线 Blow-Knox antenna
布马层序 Bouma sequence
布麦尔震源 boomer;shuttling boomer
布满粉尘的 powdery
布满裂纹 discrepitate
布满污渍的 blotchy
布满细裂纹的表面 checked surface
布满星状物的 stellular;stellulate
布煤器 coal distributor; distribution plate
布面密度 area density
布面清选机 draper
布面微层 superficial microlayer
布面装订板 cloth edition
布面装饰 burlap finish
布明线 open wiring
布纳橡胶 buna rubber
布钠 S buna-S
布尼洛尔 bunitrolol
布尼曼不稳定性 Buneman instability
布纽扣 linen button
布抛光轮 cloth buff;cloth disk;cloth polishing wheel; cloth wheel; full-disk buff;rag wheel
布配置 collocation
布篷 roll roofing winding mandrel
布皮带 textile belt
布皮脊装订 three-quarter bound
布匹 drapery;piece goods
布片 clout
布棋式机座布置 staggered rolling train
布气环 air sparger ring
布气性能 air dispersion performance
布琼布拉 <布隆迪首都> Bujumbura
布冉利金屑检波器 Branley coherer
布儒斯特 <光弹性单位> Brewster
布儒斯特窗 Brewster's window
布儒斯特灯 Brewster's lamp
布儒斯特定律 <光的反射与折射定律> Brewster's law;law of Brewster
布儒斯特法 Brewster's process
布儒斯特干涉带 Brewster's band
布儒斯特角 Brewster's angle; polarizing angle
布儒斯特角棒 Brewster's angled rod
布儒斯特角表面 Brewster's angle surface
布儒斯特角窗 Brewster's angle window
布儒斯特角克尔盒 Brewster's optics Kerr cell
布儒斯特棱镜 Brewster's prism
布儒斯特立体镜 Brewster's stereoscope
布儒斯特切割 Brewster's cut
布儒斯特式放大镜 Brewster's magnifier
布儒斯特条纹 Brewster's fringe
布儒斯特系数 Brewster's coefficient
布儒斯特(中性)点 Brewster's point
布锐东地层【地】Bretonian stratum
布锐东统【地】Bretonian
布锐东运动 <泥盆石炭纪间,欧洲>【地】Bretoic movement
布锐东造山运动【地】Bretonian orogeny
布瑞勒通信[讯]系统 Braille
布散能力 throwing power
布扫雷船 mine warfare ship
布砂轮 emery buff
布筛 cloth screen;tammy
布商 draper
布设 deploy(ment)
布设导线【测】run a traverse
布什比拟法 Bush's analogy
布什维尔得铬矿床 Bushveld chromium deposit
布什维尔德型超镁铁岩体 Bushveld type of ultramafic rock body
布石车厢 spreader box
布石机 stone spreader
布氏标准管螺纹 Brigg's standard pipe thread
布氏常用对数 Brigg's logarithm
布氏对数 Briggean system of logarithm
布氏钢球压痕 Brinell's dent
布氏钢球压入硬度 ball hardness; Brinell's ball hardness
布氏钢球压入硬度试验机 Brinell's ball hardness testing machine
布氏管螺纹 Brigg's thread
布氏金属硬度(试验)机 bird's machine
布氏空气冷却系统 bootstrap system
布氏漏斗 Buchner(')funnel
布氏漏斗检验 Buchner funnel test
布氏螺纹 Brigg's thread
布氏黏[粘]度计 Brookfield viscometer
布氏球测硬度 ball hardness
布氏球印试验 Brinell's ball test
布氏球印硬度 ball hardness;Brinell's ball hardness
布氏球印硬度试验 <试验金属硬度用> Brinell's hardness test;ball indentation test;Brinell's ball test
布氏球印硬度试验机 Brinell's ball hardness testing machine
布氏球印硬度数 Brinell's figure; Brinell's number
布氏球印硬度值 Brinell's figure; Brinell's number
布氏数 Brinell's figure
布氏体 braunite
布氏弯管 <布氏压力计的主要部件> Bourdon tube
布氏压力计 Bourdon pressure ga(u)ge
布氏硬度 ball hardness;Brinell's hardness
布氏硬度标尺 Brinell's scale
布氏硬度测量显微镜 Brinell's microscope
布氏硬度机 Brinell's machine
布氏硬度计 Brinell's hardness press; Brinell's hardness tester
布氏硬度刻度盘 Brinell's hardness scale
布氏硬度试验 brinelling; static ball indentation test; static hardness test;Brinell's test
布氏硬度试验机 Brinell's hardness press; Brinell's hardness tester; Brinell's hardness testing machine
布氏硬度试验球 Brinell's ball
布氏硬度试验仪 Brinell's hardness tester
布氏硬度数 <以公斤计的载重和以平方毫米计的压入印迹面积的比值> Brinell's (hardness) number; Brinell's figure
布氏硬度仪 Brinell's instrument; Brinell's machine
布氏硬度值 ball hardness number; Brinell's figure; Brinell's hardness number
布氏硬度指数 indentation hardness number
布氏锥管螺纹 American Standard Taper Pipe Thread
布水 water spreading
布水板【建】spreader plate
布水槽 trough distributor
布水方式 method of distribution of sewage
布水管 water distributor
布水喷嘴 spray nozzle
布水器 distributor
布斯算法 Booth's algorithm
布斯塔蒙特式竖炉 Bustamente furnace
布送斗 <将混合料布送到摊铺地点> distributing bucket
布送螺旋 distributing screw
布苏尔酒红色硬木 <印度产> Pussur
布套 clothing
布特哈地块 Butha block
布特克斯流程 Butex
布特南脱单位 Butenandt unit
布特萨 butethal
布条 cloth lath(ing);list
布条百叶遮阳 punka(h)louvre
布条拉伸试验 strip tensile test
布通沥青 Buton asphalt
布通树脂 Buton resin
布筒机 pocket builder
布托碘铵 butopyrammonium iodide
布托酯 butonate
布瓦 clay tile
布网船 netlayer
布网方案 network layout; network plan
布维尔特-布朗法 Bouvealt-Blanc method
布维硬度显示仪 briviskop
布纹 woven design
布纹的 wove
布纹粉刷 sack rubbed finish
布纹红陶碗 <陶器名> red pottery bowl with textile impression
布纹面 <像纸> mat surface
布纹式滤网 cross-weaved screen
布纹纸 cambric paper; linen paper; wove paper
布纹纸板 canvas board
布夏尔指数 Bouchard's index
布线 arrangement of wires; cabling; circuitry; conductor arrangement; conductor configuration; connecting up; routing; wiring
布线板 running board;wiring plate
布线背面 wired back
布线笔 wiring pen
布线表 wiring chart;wiring list
布线材料 wiring material
布线槽 raceway;wireway
布线策略 wiring strategy
布线车 wire laying vehicle
布线程序逻辑 wired program logic
布线底板 wiring board
布线电容 wiring capacitance; wiring capacity
布线法 wiring method
布线钢管 steel conduit
布线工程 wiring installation
布线工作 wiring work
布线箍 wiring grommet
布线管道 wiring conduit
布线规程 wiring code; wiring regulation
布线环 wiring grommet
布线角度 angle of lay
布线接头 wiring grommet
布线逻辑 hard-wired logic; wired logic
布线逻辑控制 wire logic control
布线逻辑控制电子电报交换机 wired logic controlled electronic telegraph switching equipment
布线逻辑控制方式 wired logic control system
布线器 wiring unit
布线设计 wiring design
布线设计自动化 automation of wiring design
布线图 electric(al) wire[wiring] plan【电】; wire diagram; wiring diagram; wiring pattern; artwork; diagram of wiring; interconnecting wiring diagram; wiring scheme; wire layout;wiring layout
布线问题 wiring problem
布线误差 wiring error
布线系统 wiring system
布线延迟 wiring delay
布线用电线 hookup wire
布线装置 connection layout
布屑填料 cloth filler
布辛奈斯克弹性理论 Boussinesq's elastic theory
布辛奈斯克方程式 <土中应力分布> Boussinesq's equation
布辛奈斯克公式 Boussinesq's formula
布辛奈斯克解 Boussinesq's solution
布辛奈斯克课题 Boussinesq's problem
布辛奈斯克理论 Boussinesq's theory
布辛奈斯克数学 Boussinesq's mathematics
布辛奈斯克系数 Boussinesq's coefficient
布辛奈斯克应力 Boussinesq's stress
布宴车 banquet cart
布液管 liquid distributor
布宜诺斯艾利斯 <阿根廷首都> Buenos Aires
布宜若斯艾利斯港 <阿根廷> Port Buenos Aires
布义型火山 puy
布油袋 storm oil bag
布油镇浪 smoothing quelling seas with oil
布鸽风暴 gowk storm
布泽曼苹果曲线 Busemann apple-curve
布泽曼锥型流解 Busemann solution for conical flow
布扎比 <阿拉伯联合酋长国首都> Abu Dhabi
布扎格洛染剂 Buzaglo's stain
布栅船 boom defense vessel
布站【测】stationing
布张力试验 grab test
布罩 clothing
布褶纹装饰 napkin pattern
布阵声全息图 acoustic(al) holography with detector array
布织物 cloth
布制充气管 fabric inflating lead
布制打磨轮 cloth buffing wheel
布质地图 cloth map
布质假皮 dermateen
布质卷尺 fabric tape
布质伪皮 dermateen
布置 arrangement; disposal; disposition; furnish; lay(ing out); layout; outlay; placement; positioning; set out; take a step; upholster
布置不当 misarrangement
布置场所 placement point; placing point
布置成本 cost of layout
布置程序 placing sequence
布置厨房的楼层 kitchen floor; kitchen stor(e)y
布置的详细规程 specs for laying
布置的详细规定 specs for laying
布置的详细规范 specs for laying

布置的详细技术条件 specs for laying

布置费<建筑物内部的> placement cost

布置工作地时间 time for the layout of work place

布置流程图 layout flow chart

布置略图 rough arrangement

布置炮眼 hole placing;spot holes

布置平面 disposition plan

布置商店橱窗 dress a shop window; dress a store window; window dressing

布置设计 disposition design; layout design

布置图 arrangement diagram;arrangement plan;assembly diagram;floor chart;general plan;layout chart;layout drawing;layout map;layout plan;layout sheet;laying drawing<管道、道路等>;placement drawing<建筑物内部的>

布置位置 placement

布置研究 layout study

布置野营 camp

布置园林 landscape;landscaping

布置值班 set the watch

布置字符 layout character

布轴 axle arrangement;cloth beam

布子弹带 bandoleer

步板 board walk

步测 footpace; pacing; pedometer; step measuring;stride

步测比例尺<以步数表示的比例尺> stride scale

步测边界线 walk a boundary

步测出(一段距离) pace out

步测法 pace method; pedimetry [pedometry]

步测计 passimeter [passometer]; pedimeter

步测计数器 pace tally

步测水准器 striding level

步测仪 distance recorder

步测者 pacemaker;pacer;pacesetter

步长 pace length; step length; step size;step width;stepwise

步长表达式 step expression

步长改变 step size change

步长型收敛 stepwise convergence

步长指数 step index

步长自动调整 automatic step adjustment

步程计 passimeter [passometer]; pedimeter[pedometer];steps teller

步程仪 perambulator

步冲法 nibbling method

步冲轮廓法 nibbling

步冲轮廓机 nibbler;nibbling machine

步带 ambulacrum

步带板 ambulacralia

步带沟 ambulacral grooves

步道 foot path; pedestrian path; side view; walk (path); ambulatory; praeocinctio;precinctio<古罗马具有上下级排座间的>

步道桥 footpath bridge

步调 pace;step

步调磁铁 event magnet

步法追踪 tracking after step

步幅 pace

步话机 handie-talkie; handy-talkie; pack unit;walkie-talkie

步级 flight of step

步级板<修理房屋用的> duck board

步级焊接 step-by-step welding

步架 panel

步架高度 scaffold height

步讲排队记发器<长途半自动接续> queuing register for incoming trunk from step-by-step office

步进 stepping

步进按钮 step button

步进变化 step change

步进操作 step-by-step operation

步进成型 progressive forming

步进程序库 step library

步进传动 step-by-step drive

步进的 step-by-step

步进电动机 pecking motor;repeating motor; step-by-step motor; step(per) motor;stepping motor;step-up motor

步进电话交换机 step-by-step telephone switching system

步进电机 magnetic stepping motor; repeating motor; step-by-step motor;stepper motor;stepping motor; step-servo motor

步进电机系统 stepping motor system

步进电气传动 step motion electric(al) drive

步进电压 stepped voltage

步进动作 step-by-step action; stepping action

步进发送器 step-by-step transmitter

步进法 forward step; step-by-step method; step-by-step procedure; step(ped) technique

步进方式 step-by-step system

步进仿真 step-by-step simulation

步进分级式自记测波仪 step-type recording wave ga(u)ge

步进感应式电压调节器 step induction regulator

步进跟踪 step(-by-step) tracking

步进函数 step-like function

步进焊法 stepping method

步进焊缝 step-by-step welding

步进机构 stepping mechanism

步进机械手 step mechanical hand

步进计时器 step timer

步进计数 step-by-step counting

步进计数机 step counter

步进计数器 step-by-step counter; step(ping) counter

步进计数装置 step count set

步进记录器 incremental recorder

步进技术 stepping technique;stepping technology

步进继电器 rotary stepping relay;rotary stepping switch; step-by-step relay; step (ping) relay; stepping switch

步进加速器 step-by-step accelerator

步进剪 progressive shear

步进角 stepping angle

步进解 marching solution

步进开关 step-by-step switch; stepping switch

步进控制 advance control; step-by-step control;stepped control

步进控制器 stepping controller

步进梁 walking beam

步进梁式窑 walking beam kiln

步进逻辑 step logic

步进马达 stepper motor; stepping motor

步进马达控制模块 stepping motor controlled module

步进马达群 stepping motor bank

步进脉冲 step-by-step impulse; step pulse

步进脉冲焊 step-pulsed welding

步进模拟 step-by-step simulation

步进起止系统 stepped start-stop system

步进入局记发器 register for incoming trunk from step-by-step office

步进扫描 step scan

步进时间 step duration;stepping time

步进式 marching type; step-by-step type;stepwise

步进式变压器 step-switch converter

步进式操作 step-by-step operation

步进式乘法 step multiply

步进式乘法器 step multiplier

步进式乘法运算 step multiply operation

步进式传送器 step-by-step transmitter

步进式的 step-type

步进式点焊机 step-type spot welder

步进式电动机 step-by-step motor

步进式电位器 step potentiometer

步进式电压调整器 step voltage regulator

步进式顶锻 progressive upsetting

步进式发送器 step-by-step transmitter

步进式缝焊 step-by-step seam welding

步进式缝焊机 step-type seam welder

步进式光楔 step wedge

步进式滚点焊 step-by-step roller spot welding

步进式呼叫指示器 step-by-step call indicator

步进式计量阀 positive-displacement metering valve

步进式计数器 step counter;step-tube counter;step-type counter

步进式继电器 step-by-step relay; stepping relay

步进式寄存器 stepping register

步进式加热炉 walking beam furnace

步进式交换 step-by-step switch

步进式接线器 two motion switch

步进式开关 step-by-step switch

步进式开关转换器 step-switch converter

步进式控制 step-by-step control

步进式控制器 step-by-step controller

步进式控制系统 step-by-step control system

步进式连续炉 walking beam continuous furnace

步进式炉底 walking beam

步进式起停系统 stepped start-stop system

步进式输送机 step-by-step conveyer [conveyor];walking beam conveyer [conveyor]

步进式隧道窑 walking beam kiln

步进式调节 step-by-step control

步进式调节器 step regulator

步进式调谐器 incremental tuner

步进式调压器 step voltage regulator

步进式问题 marching problem

步进式铣削 step milling

步进式系统 step-by-step system

步进式选择器 step-by-step selector

步进式寻址 stepped addressing

步进式(液压)马达 step-by-step motor;stepper motor;stepping motor

步进式印刷机 step printer

步进式预选器 stepping preselector

步进式再启动 step restart

步进式自动电话局 step-by-step office

步进式自动电话制 step-by-step automatic telephone system; step-by-step dial system

步进衰减器 step attenuator

步进顺序 step sequence

步进顺序控制器 stepping sequential controller

步进伺服电动机 step-servo motor

步进速度 stepping rate

步进调节器 step regulator

步进项目 advance item

步进信号 stair-step signal

步进选择 step-by-step selection

步进选择器标记 step strobe marker

步进循环 step-by-step recycling

步进延迟 step delay

步进应力 step stress

步进应力试验 step stress test

步进指令 step-by-step instruction

步进制 step-by-step system

步进制 B 台拨接法 step-by-step B board dial(l)ing

步进制的 step-by-step type

步进制公用机键自动测试器 automatic tester for group selector and connector

步进制机键 step-by-step apparatus; step-by-step switch

步进制机键测试器 step-by-step switch test equipment

步进制机键测试仪 step-by-step switch testing equipment

步进制机键出线测试器 outlet tester for step-by-step switch

步进制交换机 step-up exchange

步进制开关 step-by-step switch

步进制试验 step-by-step test

步进制选择器 step-by-step switch; step counter

步进制自动电话交换机 step-by-step automatic telephone system

步进制自动系统 step-by-step automatic system

步进转换器 step-switch converter

步进自动系统 step-by-step automatic system

步进自动制 step-by-step automatic system

步进作用 step-by-step action; stepping action

步径 foot path;footway

步距 pace length; step length; step size

步距精度 stepping accuracy

步控制 step control

步宽 step width

步廊 ambulatory;piazza

步廊入口 entrance piazza

步犁 pendant plow;walking plough

步履感热 touching warmth

步脉冲 pace pulse

步枪 rifle

步枪射击场 rifle ground;rifle range

步桥 catwalk (bridge); fore-and-aft bridge;walkway;gangway bridge<油轮>

步入 step in

步哨线 sentry go

步石 stepping stone

步时钟脉冲 pace clock

步式挡土墙 retaining wall with stepped back

步式重新启动 step restart

步式桩架 walking pile frame

步数 step number

步数标度 step scale

步数计 passimeter [passometer]; pedimeter [pedometer]; pedograph; steps teller

步速 walking rate

步态 walking

步谈机 handie-talkie; handy-talkie; pack unit;portable mobile station; talkie;walkie-talkie

步听机 walkie-hearie

步位 step

步行 on foot;tramp;walk(ing)

步行搬运车 baggage towing tractor

步行板 board walk
步行测漏 walking survey
步行出行 walking trip
步行道 pedestrian path
步行道化 pedestrianize
步行的 ambulatory; pedestrian; walking
步行的跨度 footpace
步行的路面状况 walking
步行地面 walking surface
步行地区 walking surface
步行对话机 walkie-talkie (set); walky-talky
步行范围 walking area; walk-range
步行高架通廊 pedestrian overpass deck
步行工作 pedestrian work
步行购物街 shopping street for pedestrians only
步行管线巡井检查工 line walker
步行化 pedestrianization
步行化街道 pedestrianized street
步行机 walking machine; walking vehicle
步行机构 walking mechanism
步行交叉 pedestrian crossing
步行交通 footstep traffic; foot traffic
步行街(道) foot street; mall; pedestrian mall; pedestrian traffic way; full-mall; pedestrian mall; pedestrian street
步行距离 walking distance
步行距离圈 walking sphere
步行连线 pedestrian link
步行路 esplanade; bridle way
步行路线 walk route
步行率 walk-rate
步行平台 pedestrian deck; walking platform
步行区 car-free mall; pedestrian area; pedestrian enclave; pedestrian precinct; walking area
步行商场 car-free mall
步行商业街 mall; shopping mall
步行上楼式公寓 walk-up apartment
步行时间 walking time
步行式铲斗挖泥机 walking scoop dredge(r)
步行式单斗挖泥机 walking scoop dredge(r)
步行式的 walking
步行式电动索铲(挖土机) electric(al) walking dragline
步行式吊车 walking crane
步行式拉铲挖掘机 walker dragline; walking dragline
步行式索铲 walking dragline
步行式挖掘 walking excavation
步行式挖掘机 walker excavator; walking excavator
步行式挖土机 walker excavator; walking excavator; walking scoop dredge(r)
步行式悬臂起重机 cantilever walking crane
步行式压路机 pedestrian roller
步行试验 gait test
步行适应 gressorial
步行速度 pedestrian speed
步行隧道 pedestrian underpass
步行天桥 foot bridge; overpass for pedestrians
步行天桥综合体 foot bridge complex
步行通话的无线电 walkie-talkie radio
步行危险 caution, trip hazard
步行习惯 walking habit
步行小径 walk
步行小路 pedestrian path
步行协同不能【医】asynergy major
步行信号调制 <按电子计算机控制中心命令的> pedestrian module
步行巡察员 walking inspector
步行运动 walking movement
步行者 foot passenger; pedestrian; walker
步行者路网 pedestrian network
步行专用相位 all walk phase
步行装置 walking gear; walking unit
步序费用 stepped cost
步移式连续加热炉 walking beam-type furnace
步移式输送机 walking beam conveyer[conveyor]
步游道 promenade
步鱼油 manhaden oil
步骤 procedure; step
步骤名 step name
步走式起重机 walking crane
步走式索斗铲 walking dragline

钚

钚堆 plutonium pile
钚核裂变 plutonium fission
钚后元素 transplutonics
钚火灾 plutonium fire
钚生产反应堆 plutonium producing reactor
钚酸 plutonic acid
钚酰 plutonyl
钚再生反应堆 plutonium regenerating reactor
钚再循环试验反应堆 plutonium recycle test reactor
钚中毒 plutonism

部

部颁标准 ministerial standard; ministry-issuing standard; standards issued by Ministry
部颁规范 codes issued by Ministry
部标 ministry standard
部的 departmental
部队测绘勤务 troops topographic(al) service
部队番号 tactical symbols
部队结构费用估计 force structure costing
部队结构分析 force structure analysis
部队试验 troop test
部分 compartment; component; fraction; ingredient; parcel; part; percentage; portion; section; segment(ation)
部分安全系数 <用于极限状态设计> partial safety factor
部分半衰期 partial half-life
部分包装 part packed
部分包装破损 partly cover torn
部分饱和 fractional saturation; partial saturation
部分饱和土 partially saturated soil
部分保险 partial insurance
部分报废 partially spent
部分爆炸 partial detonation
部分备份 incremental backup
部分被切掉的 cutaway
部分焙烧 partial roasting
部分闭合谐振腔 partially closed resonator
部分闭式结构 partially closed structure
部分编号 numbering of part
部分贬值 partial devaluation
部分变动成本 partly variable cost
部分变分 partial variation
部分变换式 partial transform
部分变异 meristic variation
部分标题 division header
部分波 partial wave; subwave
部分波段 subband
部分不实 partial sterility
部分材料已发的领料单 requisition partially filled
部分裁决 partial award
部分采伐 partial cutting
部分参与 subparticipation
部分槽焊 partial-penetration groove weld
部分产品 partial product
部分常用制动 partial service(brake) application
部分超高 partial super-elevation
部分沉淀法 fractional sedimentation method
部分沉降速度 velocity of partial sedimentation
部分陈旧 partial obsolescence
部分衬砌 partial lining
部分成本 component cost; cost fraction; partial cost
部分成粒 <不完全成粒> partial granulation
部分承兑 partial acceptance
部分乘积 intermediate product; partial product
部分程序 subprogram(me)
部分抽空气 partially evacuated gas
部分出入限制 partial control of access
部分储存 partial storage
部分处理的工业废料 partially treated industrial waste
部分穿孔纸带 chadless tape
部分穿透 partial penetration
部分淬火 incomplete quench
部分大波平均波高 mean height of partial high waves
部分代换 partial substitution
部分担保负债 partially secured liabilities
部分挡潮围堰 half tide cofferdam
部分倒排文件 partially inverted file
部分倒排文件系统 partially inverted file system
部分倒塌 partial collapse
部分倒用卡 fractional card; tumble card
部分捣实混凝土 partially compacted concrete
部分的 fractional; fractionary; segmental; segmentary
部分的互换性 part interchangeability
部分抵押贷款 floor loan
部分地 partly
部分地区暂停供电 load-shedding
部分地下室 partial basement
部分递归函数 partial recursive function
部分递归谓词 partial recursive predicate
部分点火 partial firing
部分电镀 parcel plating
部分电离 partial ionization
部分电离等离子体 partially ionized plasma
部分电容 direct capacitance; partition capacitance
部分叠加 partial stack
部分叠加段数 part stack segment number
部分定序 partial ordering
部分丢失 partial loss
部分独占 partial monopoly
部分断面 partial(cross-)section
部分断面掘进机 roadheader; selective heading machine
部分断面平均流速 <两测流垂线间的> mean subareal velocity
部分断面隧道掘进机 boom header; partial section tunnel boring machine
部分煅烧 partial calcination
部分队列单元 partition queue element
部分对流 semi-convection
部分多重共线性 partial multicollinearity
部分二次中继法 partial secondary trunking
部分发射镜 beam splitter
部分翻转 partial switching
部分反射 partial reflection
部分反射层 partially reflecting layer
部分反射层反应堆 partially reflected reactor
部分反射镜 partially reflecting mirror
部分反射率 partial reflectivity
部分反向分品法 partial reversal grading
部分反转 partial inversion
部分反作用力 partial reactive force
部分芳烃溶剂 partial aromatic solvent
部分仿真 partial emulation
部分放电 partial discharge
部分废除 <合同等> derogation
部分分解 partial decomposition
部分分解代谢率 fractional catabolic metabolism rate
部分分离系统 partially separated system
部分分裂 imcomplete cleavage; meroblastic cleavage; partial segmentation
部分分裂的 merblastic
部分分流式系统 partially separated system
部分分流系统 partially separated system
部分分流制 partially separated system
部分分配 partial allotment
部分分配法 partial allocation method
部分分期偿还、其余到期偿还的抵押贷款 partially amortized mortgage
部分分式 partial fraction
部分分数 partial fraction
部分分数积分法 integration by partial fraction
部分分数展开 partial-fraction expansion
部分分水 partial diversion
部分分水岭 partial divide
部分分析 partial analysis
部分风化带 partially weathered zone
部分封闭 partial closure
部分封闭式结构 <路面的> partially closed structure
部分否定 partial denial
部分否决权 veto in detail
部分腐朽 spunk
部分付款 partial payment
部分负荷 fractional load; part(ial) load
部分负荷旁通口 partial duty port
部分负荷性能 part load performance
部分负荷运算 partial load operation
部分负荷运行 operation at part load; partial load operation; partial load run
部分负载 fractional load; partial loading
部分负载性能 part load performance
部分复接 partial multiple
部分改进 revamping
部分改良 spot clearance
部分改造 minor tune up

部分干扰过的"0"输出信号 partial disturbed zero output signal
部分干扰过的"1"输出信号 partial disturbed one output signal
部分干扰过的响应电压 partial disturbed response voltage
部分干扰过的响应信号 partial disturbed response signal
部分干燥蒸汽 partially dry steam
部分感烟探测系统 partial smoke detection system
部分革新 partial innovation
部分供给 system of partial free supply and partial wages
部分共同控制式 partial common control system
部分构造语法树 partially constructed syntax tree
部分固定 partial fixing
部分固定的节点 partially fixed joint
部分固端梁 partially fixed(-end) beam
部分固端柱 partially fixed(-end) column
部分固溶体 partial solid solution
部分灌浆 partial cementation; partial grouting
部分灌浆的 partially grouted
部分光通量 partial luminous flux
部分国营贸易 partial state trading
部分过硬 hard spot
部分海损 partial average; partial loss
部分含沙量的河流 partly loaded stream
部分函数 partial function
部分合成 partial synthesis
部分合作 partial cooperation
部分和 subtotal
部分和数 partial sum
部分和序列 sequence of partial sums
部分荷载 fractional load; part(ial) load
部分荷载系数 partial load factor
部分横向通风 partial transverse ventilation
部分洪淹 underflooding
部分糊精化淀粉 partially dextrinised starch
部分互穿聚合网络 partial interpenetrating polymer network
部分互溶 partial miscibility
部分还原 partial reduction
部分还原性介质 part reducing atmosphere
部分环管薄壁组织 sparsely paratracheal parenchyma
部分环境区 partial habitat
部分换新 partly renew
部分回流 partial reflux
部分回流操作 partial reflux operation
部分回收式制冷 partial recovery refrigeration
部分回填封闭 back-stuffing and sealing in part of well
部分回油阀 scavenger valve
部分汇编表 partial assembly list
部分汇流面积 subcatchment area
部分混合 partial mixing; shrink-mixing
部分混合室 partially mixed cell
部分混流的河口 partly-mixed estuary
部分混凝土加腋 partial concrete haunching
部分混凝土模壳 partial concrete casing
部分混凝土起拱 partial concrete haunching
部分混凝土饰面 partial concrete encasement
部分混凝土外壳 partial concrete encasement
部分混凝土外皮 partial concrete sheath coat
部分混凝土镶边 partial concrete haunching
部分混溶性 partial miscibility
部分混溶液 partly miscible liquid
部分混渗型河口 partly mixed estuary
部分混生节 partially intergrown knot
部分货物 partial cargo
部分货载 fractional load
部分或全部埋入墙内的柱 wall column
部分机械加工 semi-machine
部分积 partial product
部分积分 partial integration
部分积字 partial-product word
部分畸变 fractional distortion
部分激动剂 partial agonist
部分集合经营 part pooling
部分集装箱船 semi-container ship
部分集装箱货船 partial container freighter
部分计划 parcels plan
部分加感 partial loading
部分加工程序 part program(me)
部分加荷 partial loading
部分加入并加夯 part fill in and ram
部分加载 partial load; partition load
部分减低水区 partial relief
部分减压钻进 tension drilling
部分剪切裂缝 partial shear crack
部分简并性 partial degeneracy
部分渐变段 partial taper
部分交付 partial delivery
部分交工验收 partial acceptance
部分交接 partial handling; partial possession
部分交替应力 partly alternating stress
部分浇灌和捣实 <混凝土> part fill in and ram
部分角梁 <四坡屋顶戗脊的> partial hip
部分接触 partial contact
部分接地 partial earth; partial ground
部分接线图 partial wiring diagram
部分(结构)剖视图 <机器等内部的> phantom drawing
部分结构扰动 partial structural perturbation
部分结合式混凝土加厚层 partially bonded concrete overlay
部分结块水泥 <在储存过程中的> warehouse set cement
部分结算 partial balance
部分结账单 partial account settlement
部分截流率 partial interception ratio
部分截面 partial cross-section
部分截水墙 partial curtain
部分解 partial solution
部分解释 partial interpretation
部分进气式涡轮机 partial-admission turbine
部分进位 partial carry
部分浸没式温度计 partial immersion thermometer
部分浸水 partial submergence
部分净化 partial purification
部分距离 partial distance
部分均衡 partial equilibrium
部分均一温度 partial homogenization temperature
部分开启节流 part throttle
部分开启油门 partial throttle
部分勘探区 partial prospected area
部分可混性 partial miscibility
部分可计算的 partially computable
部分可计算性 partial computability
部分可解性 partial solvability
部分可溶的 partly soluble
部分空气氧化 partial air oxidation
部分空调 partial air conditioning
部分空载 partial unloading
部分孔隙率 fractional porosity
部分控制电路 partial control circuit
部分跨度 subspan
部分矿区图 map of parted mining fields
部分扩建 partial extension
部分拉伸的 partially stretched
部分累进率 slice scale
部分冷凝 partial condensation
部分冷凝的蒸馏分离 differential partial condensation
部分冷凝器 fractional distilling tube; partial condensator; partial condenser
部分离解 partial dissociation
部分离子化 partial ionization
部分理性预期 partly rational expectation
部分历时系列 partial duration series
部分历时序列法 partial duration series method
部分立体交叉 partial grade separation
部分利率 fractional rate
部分利益 fractional interest
部分连接 partial splice
部分连续孔径 partially filled aperture
部分连续性 partial continuity
部分联编 partial binding
部分列举法 partial enumeration method
部分裂化 partial cracking
部分流量 <两测流垂线间的> partial discharge; subareal discharge
部分留矿 partial storage of ore
部分硫化 partial vulcanization
部分漏缝地面 partially slotted floor
部分漏失 partial loss
部分露出水面的船舶残骸 stranded wreck
部分露出水上的沙槛 semi-submerged sill
部分卤化氯氟碳化合物 partially halogenated chloride fluoride compound
部分卤化碳氢化合物 partially halogenated hydrocarbon
部分卤化烃烷 partially halogenated alkanes
部分埋入地下罐 inground tank
部分埋于地下的桩 pile partly in the ground
部分脉动应力 partly pulsating stress
部分门窗框 partial casing
部分密度 partial density
部分免除责任 partially exempt obligation
部分面积 partial area
部分面积径流 partial area runoff
部分灭菌 partial sterilization
部分名称 division name; title of part
部分模拟程序设计 partitioned emulation programming
部分苜蓿叶式 <指道路枢纽> partial clover leaf
部分苜蓿叶式立体交叉 partial cloverleaf interchange
部分内容 partial contents
部分逆变器 partial inverter
部分黏[粘]结的 partially adhered; partially bonded
部分凝固 partial coagulation
部分排放 partial drainage
部分排水加荷 partially drained loading
部分排泄型泉 partial drainage spring
部分派生 partial derivation
部分配件混凝土圬工 partially reinforced concrete masonry
部分膨胀 semi-inflation
部分匹配查询 partial match query
部分匹配检索 partial match retrieval
部分匹配模式 partial match pattern
部分偏振 fractional polarization; partial polarization
部分偏振辐射 partially polarized radiation
部分偏振光 partially polarized light
部分频散 partial dispersion
部分平差 partial adjustment
部分平面偏振 partially plane polarized
部分平面图 sectional plan
部分破坏 partial failure
部分破碎 partial crushing
部分破碎砾石 partially crushed gravel
部分剖面 cutaway section
部分剖视图 phantom view
部分铺砌式路肩 partial paved shoulder
部分铺装 paved partial
部分曝气 partial aeration
部分起拱 partial haunching
部分砌入墙内的墩帽 engaged pier capital
部分砌入墙内的竖井 engaged shaft
部分砌入墙内的柱子 engaged shaft
部分迁动 partial eviction
部分嵌固 partial fixing
部分嵌固的 partially fixed
部分嵌固梁 partially fixed(-end) beam
部分嵌图 partial fixing
部分强化 partial tempering
部分求和 partial summation; summation by parts
部分区间 partial section
部分取下修复后再装上 crop fair and refit
部分取消抵押条款 partial release clause
部分去偶 partial decoupling
部分群 partial group
部分燃烧 fractional combustion; partial combustion
部分绕组起动 part winding start
部分绕组起动法 part winding starting
部分热剩余磁化强度 partial thermoremanent magnetization
部分容积 partial volume
部分容限 partial tolerance
部分溶混性 partial miscibility
部分溶解度 partial solubility
部分溶解化石 partly dissolved fossil
部分溶液 partial solution
部分熔合 part fuse
部分熔融 partial fusion
部分融合 meromixis
部分融化 partial melt(ing); partial thawing
部分软化 partial softening
部分色散 partial dispersion
部分色散因子 partial dispersion factor
部分删除 partial erase
部分烧结 partial calcination
部分设备 equipment component
部分设计组 departmental force
部分深熔作用方式 partial anatexis way
部分审计 partial audit
部分渗透 partial penetration
部分生烧的 fosted
部分失效 partial failure
部分时间交通信号 part time signal
部分时间使用 part-time application
部分识别 partial recognition

部分使用 <建筑未完工> partial occupancy
部分式链节 two-piece link
部分视图 partial view
部分试验 partial trial
部分释放 partial release
部分收集器 fraction collector
部分收紧器 fraction collector
部分收据 part receipt
部分收清 receipt in part
部分受控电站 locally controlled power station
部分受拉 part in tension
部分受拉的 partially tensioned
部分树 partial tree
部分树脂锚固锚杆 partially grouted resin bolt
部分数据集 partitioned data set
部分甩负荷 partial load reject
部分双工 partial(full-)duplex
部分水解 partial hydrolysis
部分水压驱动 partial water drive
部分瞬时相位测量 fractional instantaneous phase measurement
部分说明的有限状态 partially specified finite-state
部分松弛 <预应力筋> partial release
部分损坏 partial damage
部分损失 fractional loss;partial loss
部分损益计算书 partial income statement
部分抬高的地板 <大厅内> haut-pass
部分摊还抵押 partially amortized mortgage
部分弹性的 partially elastic
部分体积 partial volume
部分替代 partial substitution
部分替换 partial substitution
部分停车 partial stop
部分通气的 partially vented
部分头 division header
部分投标 partial bid
部分投产 partial use
部分投资 partial investment
部分透射镜 partially transmitting mirror
部分突变体 fractional mutant
部分突变型 fractional mutant
部分图 partial drawing;partial graph;partial view;section graph
部分图幅 part sheet
部分图例 break line
部分涂层 single-pack coating
部分土地 parcel land
部分退色法 partial bleaching
部分退缩 partial retraction
部分脱硫法 partial desulfurization
部分脱位 partial dislocation
部分挖掘 partial excavation
部分外壳 partial casing
部分外伸 <车体枕梁与端梁间的> overhang
部分完成的产品 partly made product
部分完全树 partially completed tree
部分网络 subnet(work)
部分未干扰过的"0"输出信号 partial undisturbed zero output signal
部分未干扰过的"1"输出信号 partial undisturbed one output signal
部分未干扰过的响应电压 partial undisturbed response voltage
部分未干扰过的响应信号 partial undisturbed response signal
部分位错 partial dislocation
部分位温 partial potential temperature
部分稳定氧化锆 partially stabilized zirconia
部分问题 subproblem
部分污水处理 partial sewage treatment
部分无知 partial ignorance
部分误差 fractional error;partial error
部分吸收 partial absorption
部分系列 partial series
部分系统故障 partial system failure
部分下沉 partial submergence
部分显性 partial dominance
部分显影底片 partly developed negative
部分现金交易 partial cash transaction
部分线圈启动电动机 part-winding start motor
部分限定名 partially qualified name
部分限制进入 partial control access
部分相干光 partially coherent light
部分相干光成像 imaging with partial coherent light
部分相干光低通滤波图像 low frequency filtering image with partial coherent light
部分相干光方向滤波图像 directional filtering image with partial coherent light
部分相干光放大图像 enlarged image with partial coherent light
部分相干光高通滤波图像 high-frequency filtering image with partial coherent light
部分相干性 partial coherence
部分相干因子 partial coherence factor
部分相关 part(ial)correlation
部分相联区组设计 partially linked block design
部分镶边 partial haunching
部分响应 partial response
部分响应编码 partial response code
部分消失法 partial elimination
部分斜脊 half hip
部分谐振 partial resonance
部分写操作 partial write operation
部分卸荷 partial relief
部分新产品 partial new products
部分信道 local channel
部分信息极大似然估计量 partial information maximum likelihood estimator
部分行程 partial journey
部分行程未使用的客票 partially unused ticket
部分修测【测】partial revision;partial reconnaissance
部分修订 selection revision;selective revision
部分序列 partial sequence
部分蓄水 partial storage
部分旋转挖掘机 part-swing shovel
部分循环法 partial circulation process
部分压力 partial pressure
部分压缩试验 partial compression test
部分淹没 partial submergence
部分淹没孔口 part(ial)ly submerged orifice
部分氧化 partial oxidation
部分氧化发酵 partial oxidation fermentation
部分氧化裂化 partial oxidation cracking
部分氧化熔炼 melting with partial oxidation
部分业务经销处 bonding company
部分液化 partial liquefaction
部分液流 fractional flow
部分一致观测值 partially consistent observation
部分依赖 partial dependency
部分移交 partial handover
部分已缴款股份 partly paid share
部分抑制 partial suppression
部分音 partial tone
部分印模托盘 partial impression tray
部分佣金 split commission
部分有洒水的地区 partially sprinklered space
部分有效剂量 fractional effective dose
部分有序 partial order
部分预测 partial prefabrication
部分预分解 partial precalcining
部分预混式燃烧 Bunsen combustion;partially aerated combustion
部分预(加)应力 partial prestress(ing)
部分预加应力的 partially prestressed
部分预应力混凝土 partially prestressed concrete
部分预应力混凝土梁 partially prestressed concrete girder
部分预应力混凝土桥梁 partially prestressed concrete bridge
部分预应力设计 partial prestressing design
部分预应力柱 partially prestressed column
部分预支绿条款信用证 green clause letter of credit
部分约束 partial restraint
部分越冬 partial wintering
部分运算 partial arithmetic
部分载荷 part(ial)load
部分载荷操作 partial load operation
部分在墙内的考林斯式圆柱 engaged Corinthianesque column
部分皂化值 partial saponification number
部分噪声暴露指数 partial noise exposure index
部分占用 partial occupancy
部分占有的子公司 partially owned subsidiary
部分张拉 partial prestress(ing)
部分遮光晒印法 shutting light method
部分真空 imperfect vacuum;partial vacuum
部分真空的空洞 partially vacuumed cavity
部分真空盒 partial(ization)vacuum box
部分振动 partial vibration
部分蒸馏 partial distillation
部分正确性 partial correctness
部分支付 partial payment
部分执行 incremental execution
部分置信 partial belief
部分重叠图像 partial coincident picture
部分周边进气 partial peripheral admission
部分主元素 partial pivot
部分筑在墙内的墩子 blind pier
部分筑在墙内的柱 blind column
部分转储 partial dump
部分装货 partial shipment
部分装配 partial fixing
部分装配图 part assembly drawing
部分装备复式塞孔盘 divided multiple
部分装入 partition load
部分装药 part charge
部分装运 partial shipment
部分追踪 subtrace
部分准备 fractional reserve
部分准备金银行制度 fractional reserve banking system
部分子【物】parton
部分自动的 partially automatic
部分自动化 partial automa(tiza)tion
部分自动控制 partially automatic control
部分自动系统 partially automatic system
部分自动制 partially automatic system
部分自给 partly self-supported
部分自检查电路 partially self-checking circuit
部分租船 partial charter
部分租约 partial charter party
部分组合梁 partially composite beam
部分组合图 unit assembly drawing
部分组装锅炉 partial package boiler
部分最优化 suboptimization
部件 component element;component parts;components assembly;package;pack unit;parts;subassembly
部件搬运车 parts transportation truck
部件标志 piece mark
部件表目 component entry
部件部分失效 component-partial failure
部件测试 component test
部件测试备忘录 component test memo
部件测试车 component test carrier
部件测试装置 component test unit
部件尺寸范围图 component range drawing
部件出口 knock down export
部件处理器 device handler
部件错位 part dislocation
部件单元结构 moduler construction
部件的寿命 component life
部件地址 component address;unit address
部件分解图 exploded view
部件符号 component symbol;symbolic unit
部件更换 unit replacement
部件估价方法 component method
部件故障 component failure
部件故障影响分析 component failure impact analysis
部件管理器 device handler
部件规格 component specification
部件号 part number[P/N]
部件号码 parts number
部件互换表 interchangeability of parts
部件化的传动系统 componentized power train
部件化结构 modular construction
部件化设计 modular design
部件加工程序 part program(me)
部件间的接线 interunit wiring
部件检验合格证 material certificate
部件校验 desk check;unit check
部件接口 unit interface
部件结构 block construction;component design;modular construction;subunit construction
部件控制 unit control
部件控制块 unit control block
部件控制模块 unit control module
部件控制信息 unit control information
部件控制字 unit control word
部件磨损 component wear
部件入口 component entry
部件设计 component design;element design
部件设计的灵活性 part design flexibility
部件失效 component failure
部件式计算机 unit construction computer
部件试验 component test

部件适配 block adaptation
部件寿命 device lifetime
部件图 detail of construction; part drawing
部件图库 component library
部件洗净机 component cleaning machine
部件响应 unit response
部件斜度 element slope
部件修理法 method for repairs and component replacement
部件异常 unit exception
部件应力 element stress
部件与零件 accessories and parts
部件展示图 exploded view
部件诊断(程序) unit diagnostics
部件中间衬垫 element interface
部件装配 block assembly; part assembly; subassembly
部件装配工 part assembler; subassembler
部件装配图 part assembling drawing; part assembly drawing; unit assembly drawing
部件装置 block assembly
部件装置板 panel mounting
部件状态信息 unit status information
部件族 component family
部件组合图 unit assembly drawing
部落 hamlet; nationality
部落经济 tribal economy
部落名称 tribal name
部落社会 tribal society
部落文化 tribalism
部门 branch; department; division; section; sector
部门报表 department statement
部门标准 department standard
部门财务 department finance
部门财务收支 departmental financial revenue and expenditures
部门财务组织 departmental financial organization
部门成本 departmental cost(ing)
部门成本核算 departmental cost(ing)
部门单位成本 departmental unit cost
部门的 departmental
部门发展政策 sectorial development policy
部门费用分配表 departmental expense allocation sheet
部门费用分析表 departmental expense analysis sheet
部门费用率 departmental expense rate
部门分类账 department account
部门分批成本会计 departmental job order cost accounting
部门负责人 sector boss
部门概算 departmental estimates
部门管理 divisional management
部门间的 interdepartmental
部门间接费 department over-head
部门间接费差异 department variance on overhead
部门间经济学 interindustry economics
部门间平衡 interindustry equilibrium
部门结构 sectoral structure
部门界限 sectoral line
部门经理 department manager
部门累计 departmental summary
部门利润表 division income statement
部门领导 department head
部门毛利率 departmental rate of gross margin
部门评价 sectoral assessment
部门审查 component review
部门收益表 <损益计算书> departmental income statement
部门统计 department statistics
部门投资率 sectional rate of investment
部门盈余 department margin
部门预算 departmental budget
部门责任制 departmentalization
部门之间的 interagency
部门制度 department system
部门主管 department in charge; department manager
部门主任 department head
部门总工程师 department chief engineer
部门组织 department organization
部门组织细则 department write-up
部名 division name
部室排架目录 departmental shelf list
部首 division header
部属 subordinate
部署 allocation; arrangement; deployment; disposition
部署表 quarter bill; station bill
部署处理 disposition processing
部署分析 deployment analysis
部署消防设备 deploy fire-fight equipment
部退刀纹 run-out of thread
部委级 ministry and committee grade
部位 localization; location; place; position; site; situs; spot
部位穿孔 zone punch
部位的 regional
部位名称 toponym
部位命名法 toponomy
部位效应 topophysis
部位学说 place theory
部位诊断 topical diagnosis; topographic(al) diagnosis
部长会议 council of ministers
部长职 ministry; portfolio
部长职务 portfolio
部族 nationality

簿

簿记 bookkeeping

簿记表格 tally
簿记操作 bookkeeping operation
簿记打字机 bookkeeping typewriter
簿记机 bookkeeping machine
簿记记录 bookkeeping record
簿记员 bookkeeper; recorder; accounting clerk
簿记账页 tally

C

擦暗 dull rubbing

擦板条 etch slip; snakeslip
擦边 edge wiping
擦边碰撞 edge collision; glancing collision; grazing collision; side swipe
擦边撞击 side swipe
擦不掉的 indelible
擦布 finishing cloth; rag; scrubber
擦车蜡 polishing(-type) wax
擦车油膏 polishing paste
擦尘效果 scraping effect
擦出技法 <作图时表现宽感的> frottage
擦除 erase
擦除磁头 erase head
擦除错 erase error
擦除的 abradant; abrasive
擦除动作 erasing move
擦除符 erase character
擦除率 erasure rate
擦除脉冲 erasing pulse; extinguishing pulse
擦除器 abrasor; eraser; scratcher
擦除时间 erasing time
擦除术 attrition
擦除数据 obliterated data
擦除速度 erasing speed
擦除者 eraser
擦窗 window cleaning
擦窗吊篮 window cleaner's platform; window cradle machine
擦窗工人工作平台 window cleaner's platform
擦窗工人工作平台的锚定设施 window cleaner's anchor
擦窗活动平台 window cleaner's platform
擦窗器 window cleaner; window cleaning apparatus; window wiper
擦窗人系安全带用锚钩 window cleaner's anchor
擦窗设施 window cleaning facility
擦窗时可打开的窗扇 <一端固定的> cleaning sash
擦窗阳台 cleaning balcony
擦底 touch the bottom
擦地 graze; grazing
擦地角 grazing angle
擦地入射 grazing incidence
擦地视线 grazing(sight) line
擦掉 abrasion; brush(ing) off; efface; erase; rub-out; wear off; wipe out
擦断 <绳子等> fray
擦粉 crocus martis; crocus of mars
擦风挡纸 windshield wiping paper
擦干 wipe-dry
擦干净 rub down
擦刮 abrasion
擦管器 pipe wiper
擦光 buff away; buffing; burnishing; finishing; lapping; polish; rubbing; silking
擦光布 abrasive cloth
擦光粉 <氧化锡> putty powder
擦光辊 buffing roll; dusting roll; mop
擦光机 brush machine; glazing calender; scratch lathe
擦光剂 polishing compound
擦光具 sleeker
擦光宽度 sweeping width
擦光轮 buff(wheel); polishing wheel
擦光模 burnishing die
擦光器 polisher
擦光浅 buff
擦光石 rotten stone
擦光油 polishing oil
擦光毡 bob; felt polishing bob
擦过河底 graze the channel bottoms
擦痕 rub mark; scoring; scrape; scratch; slickenside; stria[复 striae]
擦痕的 striated
擦痕方位 orientation of striations
擦痕沟 groove
擦痕巨砾 striated boulder
擦痕卵石 scratched pebble; striated pebble
擦痕面 <岩石的> slickenside; striated rock-fill; striated(rock) surface
擦痕面发状裂缝 slickensided hair crack
擦痕面毛细裂纹 slickensided hair crack
擦痕漂砾 striated boulder
擦痕试验 scratch test
擦痕线理 striation lineation
擦痕岩面【地】slickolite; striated rock surface
擦痕硬度试验 scratch hardness test
擦痕铸型 striation cast
擦痕作用 <冰川> striation
擦弧 scratch start
擦迹 rub
擦及 scrape along
擦剂 liniment; linimentum intertrigo
擦浆效果 wiping effect
擦胶 frictioning
擦胶机 cementing machine
擦胶剂 friction(al) compound
擦胶压光机 skim coat calendar
擦阶 step
擦金 bronzing
擦金粉机 bronzing and dusting machine; bronzing machine
擦净 scour(ing)
擦净剂 scourer; scouring agent
擦净器 wiper
擦净性 scrubbability
擦净液 scouring liquor
擦镜头纸 lens tissue; lens wiping paper
擦酒精除油 spiriting off
擦具 wiper
擦蜡 wax finishing
擦烂 intertrigo
擦脸纸 towel
擦亮 brightening; brush up; burnish(ing); furbishing; polishing; satin finishing; scouring
擦亮材料 rubbed down material
擦亮的 shiny
擦亮粉 cleanser
擦亮或擦暗 rub up
擦亮剂 cleanser; polisher; polishing compound; polishing material
擦亮清漆 polishing varnish
擦亮乳膏 polishing cream
擦亮石 rotten stone
擦亮铁丹 polishing rouge
擦亮制剂 furbishing preparation
擦炉粉 stove polish
擦毛长丝纱 abraded filament yarn
擦毛丝 abraded yarn
擦门机 door scraper
擦门人 door scraper
擦面粉 face powder
擦磨 scouring
擦磨机 sander
擦抹用具 eraser
擦墨器 ink eraser
擦墨球垫 ink(ing) ball
擦泥毡 mud mat
擦碰 glancing collision
擦皮法 dermabrasion
擦皮辊机 roller buffing machine
擦破 abrasion; graze
擦漆 bodying in; bodying-up
擦浅【船】touch bottom
擦去 abrade; attrite; brush off; clean away; clear away; erase; expunction; expunge; obliteration; rub-out; scrape(off); wipe-off
擦去符号 erase character
擦去器 eraser
擦去装置门 eraser gate
擦圈 swab
擦热 chafe
擦散(磨损) fray
擦伤 abrasion; brush burn; fray; friction(al) burn; gall(ing); impair; scotch(ing); scratch(ing); seizing; gouge <带钢缺陷>
擦伤表面 scored surface
擦伤处 chafe
擦伤的 abrasive
擦伤腐蚀 frettage; fretting corrosion
擦伤痕 abrasion mark; bruise; bruised place; chafe mark
擦伤路面 flat spot
擦伤皮肤 excoriation
擦伤纱 chafed yarn
擦身刷 massage brush
擦试用破布 rag
擦拭 clean(se); wipe-off; wiping
擦拭触点 self-cleaning contact; sliding contact; wiping contact
擦拭工人 greaser
擦拭辊 wiper roll
擦拭焊料 wiping solder
擦拭机车 locomotive cleaning
擦拭检查 smear test
擦拭器 wiper(arm)
擦拭器轴 wiper shaft
擦拭溶剂 wiping solvent
擦拭式润滑器 wiper lubricator
擦拭效应 wiping effect
擦拭型 <磷化清洗剂> wipe-off type
擦拭用回丝 cleaning waste; wiping waste
擦拭纸 cleansing tissue; wiping paper
擦拭装置 wiping arrangement
擦拭着色 wiping stain
擦拭作用 wiping action
擦手洗剂 hand lotion
擦手纸 towel
擦刷工具 wiper
擦碎角砾石 friction(al) breccia
擦碎角砾岩 friction(al) breccia
擦损检查 chafing check
擦铜布 brass rag
擦铜膏 brass polish cream
擦铜剂 brass work polish; metal polish
擦铜水 metal polish
擦铜油 brass polish
擦图(挡)片 eraser shield; erasing shield
擦图孔板 erasing shield
擦涂 rub-on coating; swabbing; tamponing
擦涂清漆 French varnish
擦涂脱模剂 wipe on release agent
擦纹 striations
擦洗 scrub(bing); swabbing
擦洗不掉的墨水 indelible ink
擦洗处理 scrubbed finish; scrubbing finish
擦洗船甲板 swab
擦洗地板 swab
擦洗粉 scouring powder; scrubber
擦洗工 scrubber
擦洗过的粉刷层 scrubbed plaster
擦洗过的混凝土瓦 scrubbed concrete tile
擦洗过的混凝土砖 scrubbed concrete tile
擦洗和加油 groom
擦洗机 attrition scrubber; brush motor; scrubber; scrubbing machine; swaging machine
擦洗机顶部 scrubbing head
擦洗剂 abrasive cleaner; scourer; scouring agent
擦洗器 scrubber
擦洗溶液 scouring solution
擦洗试验 scrubbing test; scrub washing test
擦洗术 scrubbing technique
擦洗刷 scrub(bing) brush
擦洗效果 wiping effect
擦洗液 scouring liquor
擦洗用的钢丝圈 scouring pad
擦洗用硬毛刷 scrubbing brush
擦洗皂 abrasive soap
擦洗者 scourer; scrubber
擦洗作用 scrubbing action
擦香膏 balsam
擦香油 balm
擦鞋垫 door mat; fiber doormat
擦鞋垫凹池 mat well
擦鞋垫凹坑 mat well
擦鞋垫坑 mat well
擦鞋机 shoe polisher
擦旋钻 spiral ratchet drill
擦音检测器 creak detector
擦硬度 scratch hardness
擦涌泉 massaging surging spring
擦油 rubbing oil
擦油圈 wipe ring
擦撞 glancing collision; side swipe
擦准 run-in
擦准润滑剂 lapping lubricant
擦子 grater; scraper
擦字胶 plastic eraser
擦字橡皮 eraser; erasing rubber

猜测 guesstimate

猜想 conjecture; guesswork

才灌油的 newly-oiled

材边 edge

材边标记 edge mark
材电学 matronics
材堆 wood stack
材堆坡度 slope of a stack
材核 stone
材积 board measure; material volume; volume of timber; volume of wood
材积表 volume table
材积测定 assize
材积尺 board rule; log rule
材积单位 board measure
材积法 method by volume; method of determining yield by volume
材积计算表 log rule
材积计算式 log rule
材积名 fathom
材积生长 growth in volume; volume increment
材积收获 volume produce
材积调节法 volume regulation
材积专用计算机 timber area calculator
材积最多轮伐期 rotation of maximum volume production
材棱凹陷 want

材料 material;stock;stuff
材料安排 arrangement of materials
材料安全数据表 material safety data sheet
材料百分比法 material percentage method
材料搬运 material handling
材料搬运车 material wagon
材料搬运分析 material handling analysis
材料搬运设备 material handling equipment
材料拌和均匀度测定 material mixing uniformity measurement
材料包络图 enveloping line of material
材料保管 storekeeping
材料报价 material quotation
材料臂 material arm
材料编号 stock number
材料编码 material class number
材料变换率 material change rate
材料标志 material designation
材料标准 material standard;specification for materials;standard of materials
材料标准成本 materials standard cost
材料标准单价 standard unit price of material
材料标准化 materials standardization
材料表 bill of materials;material schedule;schedule of materials;stock list
材料表编制者 take-off man
材料表面整平 planing
材料财务经理公司 bonding company
材料采购 material procurement;material purchase;procurement of materials;purchase of materials
材料采购策略 material purchase strategy
材料采购成本审计 material purchase cost audit
材料采购的核算 purchasing records
材料采购规格 material procure specification
材料采购计划审计 material purchase plan audit
材料采购卡片 material purchased card
材料采购账(户) material purchased account
材料参数 material parameter
材料差额记录 balance of stores records
材料差价 price difference of material
材料差异 material variance
材料产量差异 material yield variance
材料、产品等需要提前送达工地的时间 delivery lead time
材料常数 material constant
材料场 industrial park;yard of materials
材料车 material car;stores van;supply train
材料成本 cost of material;material cost
材料成本法 materials cost method
材料成本计算 costing of materials
材料成本预算 materials cost budget
材料成分 material component
材料成分分析表 material composition sheet;mill sheet
材料成分试验 material composition test
材料尺寸 scantling
材料尺寸样板 ga(u)ge stick;scantle;size stick
材料尺度 scantling
材料出库单 material delivered note
材料储备 material inventory;material reserves;material stock;stock of materials
材料储备地点 location of stock
材料储备定量 standard quantity of material stock(ing)
材料储备堆放 stockpile(re-)handling
材料储备管理 stockpile(re-)handling
材料储备控制 control of material stock
材料储备量 batch pile
材料储备输送 stockpile(re-)handling
材料储备移动 stockpile(re-)handling
材料储仓 batching bin
材料储藏 material store
材料储存补充 replenishment of material stock
材料储存堆放 stockpile(re-)handling
材料储存管理 stockpile(re-)handling
材料储存输送 stockpile(re-)handling
材料储存移动 stockpile(re-)handling
材料储量 material storage
材料储运工程 material engineering
材料处 stores department
材料处长 chief stores superintendent
材料处理 material handling;material processing
材料处理反应堆 material process(ing) reactor
材料处理工程师 material handling engineer
材料处理系统 material handling system
材料存储量 material storage
材料存储业务审计 material store audit
材料大小不等的工程 random works
材料单 list of materials;material bill;material order
材料单价 material unit price
材料单位消耗量 unit consumption of material
材料导热系数 conductivity for materials
材料导热性能值 characteristic value of material conductivity;*K*-value
材料的搬运和处理 material handling and treatment
材料的保护 preservation of materials
材料的不均匀性 discontinuity of materials
材料的不密实性 discontinuity of materials
材料的储备定量 normal fixed quantity of materials stock
材料的储备价值 stock value of materials
材料的堆筑与整平 casting and blading of material
材料的二次转运 double-handling of material
材料的辐射效应 material radiation effect
材料的耗费 inventory charges
材料的化学分析 material composition test
材料的技术标准 material specification
材料的经济储备定量 normal standard quantity of material stock
材料的可靠性 reliability of materials
材料的人工转运 man-handling of materials
材料的审批 approval of materials
材料的生物性霉病 biologic(al) spoilage of material
材料的弹性极限 elastic limit of materials
材料的性质 property of materials
材料的选择 selection of materials
材料的预约供应 forward feed of material
材料登记 material record
材料登记单 store ledger sheet
材料等级 grade of materials
材料低估整理 material under-valuation adjusted
材料调拨 material appropriation;material transfer;transfer of materials
材料调拨单 material appropriation sheet
材料调查 material investigation;material survey
材料订单 order bill of materials
材料定单 store order
材料定单编号 store order number
材料定单的使用 use of store order
材料定额 norm for estimating material requirements
材料动力强度 dynamic(al) strength of material
材料短缺 lack of materials;material shortage
材料堆 bing;stockpile
材料堆成长堆 spray material in windrows
材料堆放 placing of material
材料堆放场 material yard;storage yard
材料堆放处 store shed
材料堆放平台 <脚手架上的> landing stage
材料堆积 build-up of materials
材料堆坡度角 angle of repose
材料恶化 material deterioration
材料二次搬运费 after transfer cost of material
材料发出业务审计 material distribution audit
材料防腐 material corrosion prevention;preservation of materials
材料防水 material waterproofing
材料非线性 material nonlinearity
材料废料日报表 daily materials and spoilage report
材料废料日报单 daily materials and spoilage report
材料费上涨系数 escalating coefficient of material price
材料费(用) inventory charges;overhead of materials;material cost;material expenses
材料分布 material distribution
材料分布图 material distribution map
材料分层 stratify the material bed
材料分厂 division store
材料分存制 decentralized material stock system
材料分类 materials classification
材料分类账 stores ledger
材料分配 allocation of materials;material allotment;materials allocation
材料分配单 distribution sheet of stores
材料分配图 material distribution map
材料分析 material analysis
材料分析数据 material analysis data
材料分析资料 material analysis data
材料辐射探伤 radiomateriology
材料腐蚀 pitting
材料复验 retest of materials
材料高估整理 material over-valuation adjusted
材料隔热值 insulation value
材料工 material man
材料工程 materials engineering
材料工程力学 engineering mechanics of material
材料工程师 material engineer
材料工程手册 materials engineering manual
材料工程学 material engineering
材料工业 material industry
材料工艺性能 shop characteristic
材料工艺学 materials technology
材料供应 material handling;material supply;supply of materials
材料供应不足 scant supply of materials
材料供应仓库 material supply depot
材料供应处 material supply department
材料供应单位资金周转额 material supplying unit turnover
材料供应商 material supplier
材料供应员 material supplier
材料供应者 material man;material supplier
材料购买与储存 material purchasing and stock
材料估价 material valuation;valuation of material
材料估算员 material estimator;take-off man
材料管理 material control;material management;materials handling
材料管理费 material management expenses
材料管理员 storekeeper
材料规范 material specifications
材料规范书 material specification
材料规格 material specification;specification for materials;specification for matter;specification of materials
材料规格手册 materials specification manual
材料规格要求 material specification requirement
材料过滤层 material bed
材料含量监控器 on-line analyser[analyzer]
材料函数 material function
材料号 material number
材料耗损汇总表 summary of scrap and spoiled materials
材料耗用 material consumption
材料耗用标准 materials usage standard
材料耗用差异 materials usage variance
材料耗用汇总表 materials used summary sheet
材料耗用价格差异 materials usage price variance
材料耗用量 consumptive use of material
材料合格证 material certificate
材料和工作的日程安排 materials and work schedule
材料和能源供应源 material and energy pool
材料核算 material accounting;material record
材料核算余额法 balance method of stores accounting
材料滑槽 material chute
材料化学 materials chemistry
材料化学分析 material chemical analysis
材料回收 material yielding;material recovery
材料回收率 material yield rate
材料汇总账 materials summary
材料会计 store ledger clerk
材料或构件的凸缘 toe
材料击穿 material breakdown
材料基金 stock fund;stores fund
材料及劳务 material and service
材料及配件明细表 list of materials and fittings
材料及设备汇总表 summary of materials and requirements

材料及设备明细表 list of materials and fittings
材料及投入物成本 cost of materials and inputs
材料集体制度 marshalling system
材料计划 material plan(ning)
材料计划成本差异 planned cost variance of materials; variance from planned cost of materials
材料计划联络人 coordinator of materials planning
材料计划制度 materials planning system
材料计算蓄热系数 calculate heat accumulation coefficient
材料记录 material mark; material record
材料记录余额 balance of stores records
材料记账员 storeroom clerk; stores ledger clerk
材料技术标准 material specification
材料加工 material processing
材料价格 material price
材料价格标准 material price standard
材料价格表 material price list
材料价格差异 materials price variance
材料价格差异分析 analysis of material price variance
材料价格差异率 materials price variance ratio
材料架 storage rack
材料监督 material control
材料检查 material inspection
材料检查员 expediter; progress chaser <英>
材料检验 examination of materials; inspection of materials
材料检验报告 material test(ing) report
材料检验合格证 material certificate
材料检验学 materiology
材料检验员 inspector of materials
材料鉴别 material identification
材料鉴别仪 identometer
材料交换 stores swap
材料接收报告单 material received report
材料进出平衡 material balance
材料进出闸 material lock
材料进度管理员 expediter
材料进货登记簿 stores purchase book
材料经济学 economics of materials; material economy
材料井 material well
材料卡(片) material card; material subsidiary ledger; stock card
材料开放 material release
材料抗力 resistance of materials
材料科 material supply section
材料科学 material science
材料可混用性 material compatibility
材料可靠性报告 material reliability report
材料可靠性审定 material reliability evaluation
材料坑 barrow pit
材料控制 handling of materials; material control
材料控制卡 materials control card
材料控制账户 materials control account
材料库 materials storage; material store; material storehouse; park; stock of materials; stockpile; stock room; store depot; store house
材料库存 material inventory; stock of materials
材料库存量 storage of materials
材料来源注解 credit limit
材料老化 material degradation
材料老化实验室 material ag(e)ing laboratory
材料类别号码 material class number
材料类型 material type
材料离析 material segregation
材料力学 material mechanics; mechanics of materials; resistance of materials
材料力学理论 theory of mechanics of materials; theory of strength of materials
材料力学强度 strength of material mechanics
材料力学试验设备 equipment for mechanics of materials
材料力学性能 mechanical performance of material
材料力学性质 mechanical property of material
材料利用率 material utilization; ratio to material used; stock utilization
材料连续结存单 perpetual inventory sheet
材料流程单 track sheet
材料留置权 material lien
材料率 materials rate
材料密度 material density
材料描述 material description
材料明细表 material list
材料明细账 subsidiary ledger of materials
材料磨损过程 progress of material wear
材料内部控制制度审计 material internal control system audit
材料牌号 material trademark
材料盘存 material inventory
材料盘存报告单 stores inventory report
材料盘点单 stores inventory sheet
材料盘亏 material shortage
材料盘盈 material surplus
材料配给一览表 material issuance summary
材料疲劳 fatigue of materials
材料疲劳极限 fatigue limit of materials
材料疲劳试验 fatigue test of materials
材料疲劳试验设备 fatigue rig of materials
材料品种 description of materials
材料平衡 material balance
材料平衡表 material balance sheet
材料破断片 breakage
材料破坏 material damage
材料气味 material odo(u)r
材料强度 material strength
材料强度标准值 characteristic value for strength of materials
材料强度分项系数 partial safety factor for strength of materials
材料强度科学 science of strength for materials
材料强度理论 theory of material strength
材料强度设计值 design value for strength of materials
材料强度实验室 laboratory of materials strength
材料强度特性值 characterisation value for strength of materials
材料强度系数 strength factor of materials
材料强度学 strength of materials
材料切除率 material-removal rate
材料清单 cutting list; material bill; material schedule; material list
材料请领单 material requisition
材料请领员 materials requisition
材料曲度参数 material buckling
材料缺乏 materials shortage
材料缺口敏感试验 notch test
材料缺陷 fault in material; material defect; material flaw; material imperfection
材料燃料电力用量控制 consumption control of material fuel and electric(al) power
材料燃料价格的控制 price control of material and fuel
材料韧性 toughness of materials
材料容重 material density
材料入库单 material receipt note
材料撒布机 mechanical spreader
材料散射 material scattering
材料色散 material dispersion
材料色散波长 material dispersion wavelength
材料色散参数 material dispersion parameter
材料商标记 peak sign
材料商店 material store
材料烧蚀 material ablation
材料设备表 material and equipment schedule
材料设计 material design
材料申请 application of materials
材料申请单 materials requisition
材料申请计划 plan of material requisition
材料审核标准 material review standard
材料审计 material audit
材料升降机 material elevator; material hoist
材料实验室 laboratory for materials testing; material test(ing) laboratory
材料使用期限 material age
材料试验 material tester; material test(ing); testing of materials
材料试验报告 material test(ing) report
材料试验反应堆 materials testing reactor
材料试验反应器 materials testing reactor
材料试验方法 method of testing materials
材料试验机 machine for material testing; material test(ing) machine
材料试验机加载梁下压 drop of beam
材料试验认可 acknowledgement of materials test
材料试验学会 materials testing institute
材料收发存平衡表 store balance sheet
材料收发登记簿 stores received and issued book
材料收集器 material collector
材料收据 receipt of materials
材料手册 material manual
材料受损 damage of materials
材料输送 materials delivery
材料输送系统 material handling system
材料数据 materials data
材料数据库 materials database
材料数量 quantity of materials
材料数量标准 material quantity standard
材料数量表 take-off
材料数量差异分析 analysis of materials quantity variance
材料数量分析 material quantity analysis
材料数值孔径 material numerical aperture
材料说明 description of materials
材料松散性能 bulk property
材料塑性流(动) yielding flow
材料碎片 material fragment
材料损害 damage of materials; material breakage; material damage; material wastage; spillage of material
材料损耗 material breakage; material of wastage; spillage of material
材料损耗汇总表 summary of scrap and spoiled materials
材料损耗量 consumption of materials
材料损耗率 material wastage rate
材料损失率 materials loss rate
材料台 stock stand
材料特性 characteristics of material; material characteristic; material characterization; material property
材料特性比较 comparison of material characteristics
材料特性表达 material characterization
材料特性表述 material characterization
材料特性描写 material characterization
材料特性模型 material characterization model
材料提升机 materials elevator
材料体积单位 unit of material volume
材料调剂 material adjustment
材料调整 stores adjustment
材料退回 return material
材料托盘化 palletization[palletisation]
材料物理性质检验 physical examination
材料物理学 materials physics; physics of materials
材料吸收 material absorption
材料吸水率 specific adsorption of materials
材料吸音系数 coefficient of acoustics
材料系数 material factor
材料现缺 material is not available
材料相容性 material compatibility
材料响应 material response
材料消费价格差异 materials usage price variance
材料消耗 materials consumption; material wastage
材料消耗成本 cost of raw materials used
材料消耗定额 material consumption quota; material consumption rate; materials consumption norm; norm for materials consumed; norm of material consumption
材料消耗降低率 decreasing rate of material spending
材料消耗量 consumption of materials; material consumption; material spending amounts
材料消耗率 materials consumption rate
材料消耗综合定额 comprehensive materials consumption quota
材料效率差异 material efficiency variance
材料型流程程序图 materials type flow process chart
材料性能 material behavio(u)r; material characteristic; material property; properties of materials
材料性能标准值 characteristic value of material properties
材料性能分项系数 partial safety factor for property of materials
材料性能设计值 design value of material properties

材料性质模型 material property model
材料修整 materials dressing
材料修正 material revision
材料需要计划 material requiring planning
材料需要量 material requirement;quantity of materials required
材料许可损耗率 wastage allowance
材料选择 material selection;stock option
材料学 material science
材料延性 material ductility
材料验收 acceptance of materials;examination and acceptance of materials
材料验收报告 material examination and acceptance report
材料样品 material sample;sample of material;swatch
材料要求 material requirement
材料移动 removal of material
材料因素 material factor
材料用法 material usage
材料用量 amount of material;material usage
材料用量比率 material usage ratio
材料用量标准 material quantity standard
材料用量总表 material used summary sheet
材料用料差异 material usage variance
材料有关成本 material related cost
材料有效设计 material-efficient design
材料余额簿 book of store balance;excess materials ledger;stores balance book
材料与制品鉴定 certification of materials and products
材料预算 material budget
材料预算价格 budgeted material price;material price for estimation
材料预算控制法 materials budget control method
材料员 material checker;material clerk;material man;nipple chaser <钻机上的>
材料原因 material cause
材料源 material source
材料月结平衡表 monthly store balance sheet
材料运输 transportation of materials
材料运输车 material transportation truck
材料运输计划 material movement plan;material transport plan
材料运输码头 quay for material transport
材料运送机械 materials handling machinery
材料运送竖井 material shaft
材料在机器中运作的时间 dwell time
材料再辐射 materials reradiate
材料再利用 reuse of materials
材料责任制 responsibility system of materials
材料闸 muck lock;materials lock <材料及工具转移到不同气压环境时通过的密室>
材料栈房 material store
材料账户 material account
材料正常工作最高温度 service temperature
材料正面 face side
材料支架 stock support
材料指标 material index
材料指数 material index
材料制备 material preparation
材料制造 materials processing
材料质量 material quality;quality of materials
材料质量标准 material quality standard
材料质量成本 material quality cost
材料质量等级 material quality grade
材料中缺陷的认可 approval of defects in material
材料周转 turnover of materials
材料周转率 materials turnover
材料贮藏窖 bunker in the ground
材料贮藏坑 bunker in the ground
材料转移 materials delivery
材料转运 material handling
材料转运设备 material handling equipment
材料装卸 material handling
材料装卸机械 material handler
材料装卸及运输 material handling
材料装卸设备 material handling equipment
材料准备 materials preparation;stores reserves
材料资金 material fund;store fund
材料总成本 total cost of material
材料总存量 material inventory
材料总登簿 stock book
材料总登簿系统 stock book system
材料总登记簿 master stock book
材料总库 storage
材料阻尼 material damping
材料组分 material component
材料组合 combination of materials
材料最长存储时间 shelf life
材料作价 evaluating material
材面 face
材面标记 face mark
材面检量 face count
材面接合 face joint
材面节疤 face knot
材面量度 face measure
材面修整 jointing
材心板 center[centre] plank
材用林地 commercial forest;timber land
材楂 sloven
材质不良 material fault
材种 assortment
材种表 assortment table

财

财宝 money and valuables

财帛 money;wealth
财产 assets;belongings;estate;possession;property;tenement;chattels <除房地产以外的>
财产保护 property conservation;property protection
财产保险 insurance of property;property insurance
财产保险中的共同保险条款 co-insurance clause in property insurance
财产报废损失 loss on property retired
财产被估定者 assessee
财产被扣押者 distrainee
财产被征用者 condemnee
财产本金 estate corpus
财产编号 numbering of properties
财产变卖 sale of property
财产变卖的利益 gain on realization of assets
财产变卖的损失 loss on realization of assets
财产变现损益账户 profit and loss on realization account
财产持有时间 holding period
财产出让契约 private treaty
财产出售 sales of property
财产出租税 property rental tax
财产初步估计 tentative valuation
财产处理利益 profit on disposal of property
财产处理权 power of appointment
财产处置 disposition of property
财产的可让渡性 alienability of property
财产的可转让性 assignability
财产的留置权 encumbrance
财产的留置权及抵押权 lien and hypothecation
财产的异常损失 extraordinary property loss
财产的重置 replacement of property
财产登记簿 property register
财产抵押 chattel mortgage
财产抵押权 <不动产的> incumbrance
财产跌价损失 loss on property devaluation
财产放弃 abandonment of property
财产废弃损失 loss on property abandoned
财产废置损失 loss on property retired
财产分类账 property ledger
财产分配 distribution of estate;distribution of property;property distribution
财产付与 disposition
财产改良准备 reserve for improvement on property
财产共有 community of goods
财产估价 property valuation;valuation of property
财产估价人 assessor
财产估价总值 gross assessed value of property
财产股利 property dividend
财产关系的社会性质 social nature of property relations
财产管理 property management
财产管理账 property managing account
财产和责任保险 property and liability insurance
财产互换 reciprocal transfer of property
财产荒废 dilapidation
财产会计 property accounting
财产毁损责任保险 property damage liability insurance
财产混杂 hotch-pot(ch)
财产或投资本值 corpus
财产积累 property accumulation
财产积累储蓄契约 property accumulation saving contract
财产价值 asset value
财产价值评定 assessment of property value
财产监护人 guardian of estate
财产检索的权利 beneficium excussionis
财产交托命令 vesting order
财产接管人身份 receivership
财产经理人 administrator
财产净额 net estate
财产净值税 net worth tax
财产捐献 contribution of property
财产扣押 arrestment
财产扣押令 distress warrant;garnishment
财产留置权 possessory lien
财产买卖契约 bargain and sale deed
财产没收 expropriation of property;seizure of property
财产明细分类账 subsidiary ledger for property
财产目录 catalog(ue) of property;general inventory;inventory;inventory list;inventory of the property;list of property;property inventory
财产目录登记 inventory record
财产盘存 property inventory
财产平衡表 property balance sheet
财产评税值 assessable value of property
财产签让 sign-off
财产强制转让 involuntary alienation
财产清册 inventory
财产清查 property accounting;property inspection
财产清单 list of property;list of resources;stock inventory
财产清算人 liquidator
财产请求权 property claim
财产权 property rights;proprietary;right of property
财产权和风险在货物装船时转移 property and risk pass on shipment
财产权利等的剥夺 divestiture
财产权利等的受让人 cessionary
财产权利等的转让 cession
财产让予人 granter[grantor]
财产让与 conveyance
财产让与人 releasor
财产商品总分类账 general ledger for property and commodities
财产剩余技巧 property residual technique
财产失主 loser of property
财产实体 substance of property
财产收回 recovery
财产收益 estate income;property income
财产寿命 assets life-time
财产受让人 grantee;person acquiring the property;releasee
财产授予人 settler[settlor]
财产授予协议 property settlement agreement
财产授予者 settlor
财产授予者生前信托财产所有权 inter vivos trust
财产税 capital levy;charge on assets;estate duty;estate tax;levy on property;property tax;tax on property;wealth tax
财产税留置权 property tax liens
财产诉讼 property suit
财产损害事故 property damage accident
财产损毁损失 loss on property destroyed
财产损失 property damage;property loss
财产损失保险 property damage insurance
财产损失当量 equivalent property-damage-only
财产损失责任【交】property damage liability
财产所得税 accession tax
财产所有权 ownership of property;title to property
财产所有权的让渡 livery of seisin
财产所有权证明 muniments of title
财产所有者 property owner
财产通货 property currency
财产退废 retirement of property
财产退废损失 loss on property retired
财产托管书 deed of settlement
财产托管信托书 deed in trust
财产维持费 carrying charges;carrying cost
财产委托 mandate
财产享用权 beneficial enjoyment
财产协议书 property settlement

C

财产信托 accounting fiduciary
财产信托会计 fiduciary accounting
财产信托证书 trust deed
财产信息 property information
财产意外损失 unexpected property loss
财产应课税价值 rateable value
财产应纳税的 <英> rateable
财产盈余 property surplus
财产优先偿还权 preference as to assets
财产余额 balance of estate
财产灾害保险 property damage insurance;hazard insurance
财产再估价的盈余 surplus from property reappraisal
财产责任 property accountability
财产增产税 accession tax
财产增减表 schedule of increase and decrease of property
财产增值税 accession tax
财产债券 property bond
财产占有权 ownership
财产账(户) account of finance;property account
财产折旧 depreciation on properties
财产直接损失 primary damage
财产指定权 power of appointment
财产重估盈余 surplus from property reappraisal
财产转让 transference
财产转让方式 means of conveyance
财产转让契据 deed of grant
财产转让业务 conveyancing
财产转让者 alienor
财产转让证书 bill of sales;transfer deed
财产转移收入 income from transferred property
财产转移税统一抵免额 unified transfer tax credit
财产状况说明书 condition of affairs;statement of affairs
财产准备 property reserved
财产资本 property capital
财产资本负债表 property balance sheet
财产自然增益 accession
财产租赁合同 contract of lease of property;property leasing contract
财产租赁所得 income from leasing property
财东 moneybags;shopowner
财阀 financial magnate;financial oligarch;zaibatsu
财阀联合企业 zaibatsu combine
财阀统治(集团) plutocracy
财富 assets;purse;treasure;treasury;wealth
财富超平面 wealth hyperplane
财富持有 wealth-holding
财富代表物 representative goods
财富的平均分配 equal distribution of wealth
财富分布 wealth distribution
财富分配 distribution of wealth;wealth distribution
财富分配不均 wealth inequality
财富分享政策 wealth sharing policy
财富和收入的分配 distribution of wealth and income
财富积累 wealth accumulation
财富税 wealth tax
财富所有者 wealth holder
财富效应 wealth effect
财富约束 wealth constraint
财富转移课税 wealth transfer taxation
财会监督 financial control
财会员 financial accountant
财会制度 rule of financial accounting
财货流量 goods flow
财界 financial interests
财界恢复 financial rehabilitation
财界重建 financial reconstruction
财金乘数 fiscal multiplier
财经 finance and economics
财经法纪审计 audit of financial and economic law and discipline
财经法纪审计的内容 audit extent of financial and economic law and discipline
财经纪律 financial and economic(al) discipline
财经界 financial circle
财经体制 financial-economic system
财力 financial ability;financial capability;financial resources;pecuniary resources;purse
财力的动用 mobilization of financial resources
财力负担汇总表 summary statement of resources and obligations
财力负担限度 limits of financial capacity
财力混乱 general chaos in bookkeeping
财力垄断 financial monopoly
财力上自足 standing on one's feet
财力雄厚 financially sound
财力资源 financial resources;pecuniary resources
财贸 finance and trade
财水池 stock pond
财税杠杆 fiscal leverage
财团 finance corps;financial clique;financial group;financial plutocracy;consortium <指国际的>
财团法人 foundation
财团放款 syndicated loan
财团控制 corporate control
财务 finance;financial affairs
财务安排 financial arrangement
财务包干 fixed quotas for revenues and expenditures;full financial responsibility
财务报表 financial reporting;financial statement;statement
财务报表按营业单位编制的惯例 business entity convention
财务报表编制标准 rule for the preparation of financial statements
财务报表编制后发生的事项 poststatement event
财务报表的分组合并 grouped financial statement
财务报表分析 analysis of financial statements;financial sheet analysis;financial statement analysis
财务报表附属明细表 schedule of financial statements
财务报表公允性 fairness of financial statements
财务报表审计 audit of financial statement
财务报表物价调整机制 price adjustment mechanism of financial statement
财务报表摘要 abstract of financial statement
财务报表逐年比较 year-to-year comparison of financial statement
财务报表注释说明 explanatory notes to the financial statement
财务报告 accounting report;financial report;financial statement
财务报告分析 analysis of financial statements
财务比率 financial ratio
财务比率分析 financial rate analysis;financial ratio analysis
财务标准 financial standards
财务表中的结合关系 articulation of financial statement
财务部 controller's department;general accounting department
财务策划 financial plan(ning)
财务策略 financial strategy
财务长 chief finance officer;treasurer
财务偿付能力 financial responsibility;financial solvency
财务成本 finance cost;financial cost;financing cost
财务成果 financial outturn;financial result
财务处 finance department;financial department
财务代理 factoring
财务代理契约 fiscal agency agreement
财务代理人 <一般指银行或信托公司> fiscal agent
财务代理协议 fiscal agency agreement
财务担保 financial guarantee
财务担保书 financial guaranty
财务导向 financing orientation
财务地位 financial condition;financial position
财务调查 financial investigation
财务调度杠杆原理 leverage principle
财务独立 financial autonomy
财务范围 financial sphere
财务费用 cost of financing;finance charges;financial expenses
财务费用表 financial expense statement
财务费用审计 financial expense audit
财务分析 financial analysis
财务分析比率 financial analysis ratio
财务风险 financial risk
财务杠杆 financial gearing
财务杠杆作用 capital leverage;leverage;financial leverage
财务杠杆作用盈利度 degree of financial leverage
财务公开 financial disclosure;full disclosure
财务公司 finance company;finance house;financial corporation
财务公司存款市场 finance house deposit market
财务功能 finance function
财务共管组织 community of interest
财务关系 financial relation
财务官员 financial officer
财务管理 financial administration;financial management;financing;management through finance
财务管理系统 financial management system
财务管理信息系统 financial management information system
财务合约 financial contract
财务换汇成本 financial conversion cost of foreign exchange
财务回收率 financial rate of return
财务会计 financial accounting
财务会计标准说明书 statement of financial accounting standards
财务会计标准委员会 <美> Financial Accounting Standards Board
财务会计处 general accounting and finance department
财务机能 finance function
财务激励 financial incentive
财务计划 financial plan(ning);financial program(me);fiscal plan
财务记录 accounting record
财务记录可靠性 reliability of financial records
财务纪律 financial discipline
财务价格 financial price
财务监督 financial supervision;fiscal control
财务检查 check-up on the financial work;financial examination
财务建议书 financial proposal
财务奖励制度 financial incentive system
财务交易 financial transaction
财务拮据 financial embarrassment
财务结构 financial structure
财务结构比率 financial structure ratio;structural ratio
财务结算 financial settlement
财务紧缩 fiscal austerity
财务经济分析 financial economic(al) analysis
财务经理 finance manager;treasury manager
财务净现值 financial net present value
财务决策 financial decision
财务科 accounting department
财务可行性 financial feasibility
财务可行性财务活力 financial viability
财务控制 financial control;fiscal control
财务控制系统 financial controlling system
财务控制制度 financial controlling system
财务亏空 financial deficit
财务没收 forfeiture of property
财务秘密 financial secrecy
财务模型 finance model
财务目标 financial aim;financial objective;financial target
财务内部收益率 financial internal rate of return;interior rate of financial revenue
财务能力 financial capacity
财务年度 financial year;fiscal year
财务判断准则 financial criterion
财务平衡表 financial balance sheet
财务评估 financial appraisal
财务评价 financial appraisal;financial evaluation
财务评论 financial review
财务期间 financial period;fiscal period
财务清算 financial settlement;receivership
财务情报系统 financial information system
财务情况报告机 on-time teller terminal
财务情况表 statement of financial operations
财务情况计算书 statement of affairs
财务情况说明书 financial situation statement
财务上可行的 financial feasible
财务审计 audit of account;financial audit
财务审计工作 financial audit work
财务生存能力 financial viability
财务失败 financial failure
财务实力 financial solvency;fiscal solvency
财务事项 financial transaction
财务事项的充分公布 full disclosure
财务收入概算 estimated of financial returns
财务收入及费用表 statement of financial income and expenses
财务收入计划完成率 planned performance rate of financial income

财务收入审计 audit of financial revenue
财务收益表 statement of financial income
财务收益率 financial rate of return
财务收支 financial receipt and expenditures
财务收支报告表 statement of financial operations
财务收支机费用表 statement of financial income and expenses
财务体系 financial system
财务体制改革 reform of financial structure
财务条款 financial term
财务条例 financial regulations
财务调整 financial adjustment
财务图像处理程序 finance image processor
财务托付 financial guarantee
财务外汇净现值 financial net present value of foreign exchange
财务完整性 financial integrity
财务委员会 financial committee
财务系统设计 financial systems design
财务现金流量表 cash flow table
财务限制手段 financial covenant
财务信托 accounting fiduciary
财务信息系统 financial information system
财务信息中介 financial information intermediaries
财务信用 financial credit
财务信用保证 financial credit guarantee
财务行政 financial administration
财务性投资 financial investment
财务研究 financial study
财务应收 due from
财务应用软件 financial application software
财务预测 financial forecast(ing);financial projection
财务预计 pro forma finance
财务预算 financial budget
财务预算约束 restraints on financial budgets
财务责任 financial liability;financial responsibility;fiscal responsibility
财务战略 financial strategy
财务账单 financial account
财务账户 financial account
财务账目 financial account
财务政策 financial policy
财务支持 financial support
财务支出 financial charges;fiscal charges
财务支出计划权 planning right of cost
财务支出计划完成率 planned performance rate of financial expenditures
财务支出审计 audit of financial expenditures
财务支出优价 financial cost
财务指标 financial index;financial target
财务指数 financial ratio
财务制度 financial policies
财务周转时间 financial turnaround
财务主管 financial executive;controller
财务状况 financial position;financial state;financial status
财务状况变动表 statement of changes in financial position
财务状况表 statement of financial condition; statement of financial position
财务状况测试 tests of financial position
财务状况的披露 financial disclosure
财务状况分析 analysis of financial conditions
财务状况计算书 statement of financial condition
财务状况说明书 notes to financial statements
财务状态 financial situation;financial status
财务资产 financial assets
财务自主 autonomous financing;financial autonomy
财务总预算 master financial budget
财务租赁 capital lease;finance lease;financial lease;financing lease
财务租约 financial lease;financing lease
财物 effects;property
财物被扣押的人 distrainee
财物被扣押者 distrainee
财物单据 accounting voucher
财物归还 restitution of property
财物扣押令 distress warrant
财物委托 bailment
财物委托人 bailer[bailor]
财源 economic resources;exchequer;financial resources; fiscal resources;sources of income;sources of revenue
财源核定 authorization of resources
财政 finance;public economy;public finance
财政包干 be responsible for one's own finance
财政保证 financial guarantee
财政拨款 financial allocation;financial appropriations
财政补偿 financial indemnity
财政补贴 financial subsidy;fiscal subsidy
财政补贴基金 grants-in-aid fund
财政补助高速公路 grant-aided motorway
财政补助收入 revenue from financial subsidy
财政不平衡 fiscal imbalance
财政不足 financial deficit
财政部 Treasury Department;Department of Treasury <美>;Board of Exchequer <英>
财政部发行的货币 treasury currency outstanding
财政部观点 treasury view
财政长期债券 treasury bond
财政偿还能力 our ability to service debt
财政乘数 fiscal multiplier
财政赤字 deficit financing;financial deficit
财政充裕 financial sufficiency
财政刺激 fiscal incentive
财政措施 fiscal action
财政大臣 the Chancellor of the Exchequer
财政代理人 fiscal agent
财政担保 financial guarantee
财政的 financial;fiscal
财政的地方分权 fiscal decentralization
财政的负担限度 financial capacity
财政的基本不对称情况 fundamental fiscal asymmetry
财政的可行性 financial feasibility
财政的伸缩 financial expansion and contraction
财政独立 financial autonomy
财政独占 fiscal monopoly
财政短期借款 ways and means advances
财政法 finance act;finance law;financial law
财政法案 finance bill;money bill
财政费 financial expenses
财政分成 finance sharing
财政分担 financial participation
财政分级管理 financial management at different levels
财政分配 financial allocation
财政分析 financial analysis
财政分析程序 financial analysis program(me)
财政分析家 financial analyst
财政福利津贴 fiscal welfare benefits
财政负担 fiscal burden
财政复兴公司 <美> Reconstruction Finance Corporation
财政改善措施 monetary correction
财政工作 financial work;financing
财政公开 make public the administration of finance
财政功能 fiscal function
财政鼓励 fiscal incentive
财政顾问 adviser on financial affairs;financial adviser
财政关税 financial duty;financial tariff;revenue duty;revenue tariff
财政关系 fiscal relation
财政观念 fiscal concept
财政管理 financial administration
财政管理检查 financial management review
财政管辖权 fiscal jurisdiction
财政和收支概算 <英> the Estimates
财政和物质援助 financial and material assistance
财政和物资平衡 balance of finance and materials
财政红利 financial bonus
财政后备 financial reserve
财政幻觉 fiscal illusion
财政回收 financial return
财政活力 financial viability
财政或货币措施 fiscal or monetary action
财政货币混合政策 fiscal-monetary mix
财政机构 fiscal institution
财政机关 financial organization
财政计划 financial plan(ning);financial project
财政纪律检查 mutual check of financial discipline
财政家 financier
财政价值 financial value
财政监察委员会 board of estimate
财政监督 financial supervision;fiscal control
财政监督管理 financial supervision and control
财政监督条例 the regulations on financial supervision
财政奖励 financial incentive
财政缴款 funds handed over-to the state treasury
财政结构 financial structure
财政结算 financial settlement
财政结余 financial surplus;surplus in the budget
财政金库 financial treasury
财政金融 public finance and finance
财政金融部门 financial and monetary sector
财政金融垄断 financial monopoly
财政金融体制改革 financial and monetary restructuring
财政金融政策 fiscal and monetary policy
财政金融政策相结合 fiscal-monetary mix
财政紧迫 financial stringency
财政紧缩 financial retrenchment;fiscal restraint
财政紧缩措施 austerity measures
财政紧缩方案 austerity program(me)
财政经济委员会 Financial and Economic Board
财政经济学 financial economics;pecuniary economics
财政巨头 financial magnate
财政捐款 financial contribution
财政决定权 fiscal discretionary power
财政决算 call report;financial statement
财政困难 financial difficulty;financial squeeze;financial strait;pecuniary difficulty;pecuniary embarrassment
财政立法委员会 Ways and Means Committee
财政联邦主义 fiscal federalism
财政贸易壁垒 fiscal barrier to trade
财政能力 fiscal capacity
财政年度 business year;financial year;fiscal(accounting)year
财政年度初 beginning of the fiscal year
财政年度货币折算调整 translation adjustment for fiscal year
财政年度盈余 surplus in preceding fiscal year
财政平衡 financial balance
财政缺口 financial gap;financing gap
财政上的 monetary
财政上的虚收实支 nominal income and actual expenditures
财政上分配过头 financial outlays exceeding state revenues
财政上交 handing profits over-to the state
财政神经中枢 financial nerve center[centre]
财政审计 financial audit;fiscal audit
财政实力 financial solvency;financial strength
财政收入 financial return; financial revenue;fiscal revenue;public revenue
财政收入的移置和规模扩大效应 displacement and scale effects
财政收入缴存手续 depository receipt procedures
财政收入缴存制度 depository receipt system
财政收入税 revenue tax
财政收入增长可行限量 feasible limit of increase in financial revenue
财政收入最大限量 limit of maximum financial revenue
财政收益 financial benefit;financial income;fiscal returns
财政收支包干制 contract system on fiscal revenue and expenditures
财政收支平衡 balance of revenues and expenditures
财政收支平衡表 financial balance statement
财政收支平衡补贴 exchequer equalization grant
财政收支平衡账户 exchequer equalization account
财政手续程序 fiscal process
财政税收 financial taxation;fiscal levy;fiscal taxation;revenue tax
财政税收杠杆 the lever of finance and taxation
财政特权 fiscal privilege
财政体制改革 financial restructuring;reform of the financial system
财政投资 financial investment
财政投资及贷款 fiscal investment and loans

财政拖累 fiscal drag
财政危机 financial crisis
财政稳定 financial stability
财政稳健政策 financial prudence
财政信贷 financial credit
财政性关税税率 revenue tariff
财政虚收 nominal revenue
财政需要 financial need
财政学 cameralistics;public finance
财政压力 crunch
财政盈余 fiscal dividend;government surplus
财政优惠 financial preference
财政与货币政策 fiscal and monetary policy
财政预测 financial calculation
财政预算 financial budget; fiscal budget
财政援助 financial aid;financial support
财政援助基金 financial support fund
财政约束 fiscal restraint
财政再分配 redistribution by fiscal process
财政责任 fiscal responsibility
财政政策 financial policy;fiscal policy
财政支持 financial support
财政支出 expenditure;financial budget expenditures; financial charges; fiscal charges;fiscal expenditures
财政支出的最高数量界限 limit of maximum financial expenditures
财政支用余额 < 美 > fiscal dividend
财政支援 financial backing;financial support
财政指标 financial index; financial objective
财政制裁 financial sanction
财政制度 financial system;fiscal system;monetary system
财政主义者 fiscalist
财政专家 moneyman
财政状况 pecuniary condition
财政资本 financial capital
财政资本寡头 oligarchy of finance capital
财政资金 financial fund
财政资金筹措办法 ways and means of finance funds
财政资源 financial resources
财政资源的转移 financial resource transfers
财政资助 financial assistance;financial backing
财政阻滞 financial retardation

裁板 breakout

裁板锯 cut-to-size saw
裁板平台 cutting-off platform
裁边板 sketch plate
裁边机 edge trimmer
裁边金属丝布 woven-wire cloth with cropped up edges
裁边锯 ripping edger
裁边圆排锯 gang edger
裁并 cut-down and merge
裁布机 fabric cutting machine
裁撤 dissolve on
裁成尺寸 cut size
裁带机 strap cutting machine
裁刀 cut-off knife
裁底料机 sole-material cutter
裁定 adjudication; arbitrate; arbitration;judge;ruling
裁定短额 deficiency judgement
裁定额 award
裁定汇兑比例价 arbitrated exchange rate;arbitrated rate of exchange
裁定汇率 arbitrated exchange rate
裁定借款 arbitrated loan
裁定利率 arbitrated interest rate
裁定破产 adjudication of bankruptcy
裁定书 written verdict
裁定外汇 arbitrated exchange
裁定外汇平价 arbitrated par of exchange
裁短河 captured river;mutilate driver
裁方 square cut
裁缝 tailor
裁缝尺 tailor's tape
裁缝剪刀 dressmaker's shears;tailor's scissors
裁缝用尺 dressmaker's measure
裁缝用台毯 tailor's table blanket
裁割修边机 sizing and edging machine
裁减 run down
裁减经费 retrench outlay
裁减人员 reduction in force
裁剪方法 trimming method
裁剪画线 cutting mark
裁剪机 cutter;cutting machine
裁剪夹子 cutting clamp
裁剪模 cutting die
裁剪平面 clipping plane
裁剪算法 trimming algorithm
裁截 cut-to-order
裁截泊松分布【数】truncated Poisson distribution
裁截负指数分布【数】truncated negative exponential distribution
裁决 adjudgement;adjudication;arbitrage;arbitral award; finding; ruling;umpirage
裁决的有效性 validity of an award
裁决的执行 enforcement of judgements
裁决器 arbiter;resolver
裁决书 arbitration award;award;letter of award
裁决者 decider;umpire
裁口 rabbet;rebate
裁口尺寸 rabbet size;rebate size
裁口接法 shiplap
裁口接缝板 shiplap
裁口接头 rabbet joint;rebated joint
裁口门框 rabbeted door jamb;rabbeted frame
裁口刨 rabbet plane; rebate plane; slitting plane;slotting plane
裁口锁 rabbeted lock;rebated lock
裁口鱼鳞板 rebated weather-boarding
裁判 judgement;officiate
裁判灯 judge lamp
裁判管辖地 place of jurisdiction
裁判权 jurisdiction
裁判哨子 referee whistle
裁判室 courtroom
裁判所 court
裁判委员会 adjudicating panel
裁判员 overman;referee;umpire < 体育运动的 >
裁铅线铅条机 rule and lead cutter
裁切标记 slitter marks
裁切不正 cropped
裁切材料 cut material
裁切构件 cut member
裁切机 clipper;cropper;cross-cutter;cutting machine;guillotine
裁切锯 < 裁切复杂形状用 > snipper saw
裁切控制装置 cut-off control
裁切裂纹 cut-off check
裁切室 cutting room
裁切碎边 breaking-out cut
裁入平台 < 起重机 > man carrying platform
裁弯导槽 pilot cut(-off)
裁弯工程 cut-off works;short-cutting works
裁弯河段 shortened section of river
裁弯湖 cut-off lake
裁弯曲流 cut-off meander
裁弯取直 < 河道 > cut-off of river; short-cutting; bend improvement; channel shortening; curve cut-off; cutting out of bend; meander cut-off;straight cut-off;straightening
裁弯取直比 < 取直河道同原河湾长度的比值 > cut-off ratio
裁弯取直段 cut-off section
裁弯取直工程 cut-off works
裁弯取直河段 cut-off reach
裁弯取直率 cut-off ratio; shortened ratio
裁弯引河 pilot cut-off
裁下的管段 off-cut pipe
裁员 cut-down of staff;job displacement
裁直 straightening
裁直河段 shortened river section; shortened section of river
裁纸刀 paper knife;paper trimmer
裁纸刀频板 knife check
裁纸器 paper cutter
裁纸圆筒 cutting cylinder
裁制 tailor

采板 break off;cap;cut-off;snap

采板层(楼面)cut-off floor;top floor
采板工(人)cut-off man;capper;topman
采板机导向装置 cross-cutter track
采板台 cut-off floor
采办 buy on a large scale;procure;purchase
采办处 purchasing office
采办费用 purchase expenses
采办合同 procurement contract
采办货物 laying in stocks
采办期 procurement lead time
采剥比 stripping ratio
采草量 herbage intake
采测 reconnaissance
采场 stope
采场采样 quarry sampling
采场测量 slop survey
采场地质管理工作 geologic(al)supervision of mining field
采场降深 pit deepening
采场绞车 stope hoist
采场矿量变动 variation of mining stope ore reserves
采场矿柱 stope pillar
采场弃石 quarry refuse
采场生产能力 production capacity of mining field
采场突水 bursting water at stope
采场挖土机 quarry shovel
采尘器 dustfall jar;impinger
采出程度 recovery percent of reserves
采出的原油 produce crude oil
采出水处理 produced water treatment
采出水油比 produced water-oil ratio
采出速度 rate of production;rate of withdrawal
采储比 ratio of exploitation and reserves
采大理石场 marble quarry
采得物 pickings
采动系数 coefficient of mining
采伐 cut(-over);fell(ing);tree felling
采伐残留木 stander
采伐成熟期 ripeness for cutting
采伐带 cut strip
采伐等级 cutting class
采伐点 cutting section
采伐段 cutting section
采伐工业 felling industry
采伐管理 cutting management
采伐轨道 tramway for cutting
采伐过度 overcutting
采伐机 feller
采伐机械 logger
采伐迹地 cutting-blank
采伐计划 cutting plan
采伐(间隔)期 cutting cycle; felling cycle;logging cycle
采伐量 cutting
采伐量测定法 determination of yield
采伐列区 cutting series
采伐林木 harvest of forest trees
采伐龄 removal age
采伐率 exploitation percent
采伐面积 coupe
采伐面积统计 felling area statistics
采伐木材的人 lumberer;lumberman
采伐木材证 timber concession
采伐难度 chance
采伐强度 heaviness of felling;intensity of cut
采伐森林 deforestation
采伐剩余物 slash
采伐树木 tree felling
采伐顺序 distribution of felling
采伐调节 cut regulation;regulation of fellings
采伐亚演替系列 felling subsere
采伐演替 logging succession
采伐一览表 cutting budget; felling plan
采伐者 feller;hewer
采伐周期 logging cycle;felling cycle
采伐作业 felling
采访表 census schedule
采风镂雕 ajour
采割松脂 tapping
采蛤器 clam dredge
采购 make a purchase;procurement;purchase;purchasing
采购办事员 purchasing clerk
采购备件清单 procurement repair parts list
采购部 buying department
采购部门 procurement division;purchasing department
采购部门负责人 purchasing agent
采购策略 acquisition strategy
采购成本 buying cost;procurement cost
采购程序 adoption process;purchasing procedure
采购程序表 procurement schedule; purchasing schedule
采购出行 shopping trip
采购处 purchasing department
采购代办所 procurement agency
采购代理 purchasing agency
采购代理机构 purchasing agency
采购代理人 buying agent;purchasing agent
采购代理商 buying agent;purchasing agent
采购代理业务 purchasing commission
采购的成品材料 purchased finished materials
采购的经济批量规模 economic lot sizes in purchasing
采购调查 purchase investigation
采购订单 purchase order
采购订货 buying order
采购订货程序图 purchase order procedure chart
采购订货量 purchase order quantity

采购方 purchaser
采购方案 procurement scheme
采购方法 procurement method
采购费（用）buying expenses; purchase expenses
采购工作负荷 purchasing work load
采购工作周期 procurement cycle
采购供应船 purchasing and supply station
采购估计 purchase estimate
采购管理 purchasing management
采购规程 procurement regulation
采购规划 procurement planning
采购规则 procurement guideline
采购和存储预算 purchasing and stock budget
采购计划 procurement program(me)
采购记录 purchase records
采购检验 purchasing inspection
采购阶段 acquisition phase
采购进程计划 procurement schedule
采购进度计划 procurement schedule
采购科 purchasing division
采购控制 control of purchases
采购量 amount purchased; procurement volume
采购频率 frequency of purchase
采购人 purchaser; purchasing agency
采购申请 procurement request; purchasing requisition
采购申请单 buying requisition; purchase requisition
采购时间 time to purchase
采购式样 purchasing pattern
采购手续费 buying commission
采购授权书 authority to purchase; procurement authorization
采购条件的比较调查 comparison shopping
采购委员会 procurement committee
采购限额 buying quota
采购用纸袋 shopping bag
采购员 buyer; buying clerk; purchasing clerk; roundsman; procurement officer; purchaser
采购账户 account of purchase
采购者 purchaser
采购证明书 A 式或 B 式 certificate of purchase A or B
采购支出 expenditure for procurement
采购指南 guided for procurement; procurement guideline
采购资金 purchase capital
采光【建】daylighting; admission of light; illumination; lighting; monitor roof; natural lighting
采光板 plane skylight
采光玻璃块 pavement prism
采光玻璃面积 exposed glass area
采光不良的 poorly lighted
采光窗 lighting window; light-taking window; utility window <公用建筑>; dream hole <塔身上的>
采光带 daylighting band; ribbon (type) skylight
采光工程 lighting engineering
采光井 dry area; light shaft; light well; areaway <地下室窗前的>
采光井格栅盖 areaway grating
采光井墙 areaway wall
采光均匀度 daylight uniformity
采光孔 funnel
采光口 day lighting open; daylight opening; opening for lighting; outdoor opening; dream hole <塔身上的>
采光口亮度 brightness of window surface
采光宽度 daylight width
采光门 Venetian door
采光面积 daylighting area; daylight width <宽度计量法>
采光权 easement; ancient light <英>
采光设计 daylighting design; lighting design
采光设计原理 daylighting by the roof
采光竖井 light shaft
采光塔 lantern; cimborio <教堂十字塔上的>
采光天窗 daylighting skylight; roof light
采光天井 light court
采光通风场所 air and light space
采光通风的部分屋顶 monitor roof
采光通风孔 window bole
采光围壁 trunk for light
采光屋顶 monitor roof; roof light
采光屋面板 roof-light(ing) sheet
采光屋面构件 roof-light sheet
采光屋面片材 roof-light sheet
采光系数 coefficient of lighting; daylight factor; daylighting coefficient
采光系数分布 distribution of daylight factor
采光系数分布曲线 distribution curve of daylight factor
采光罩 dome(type) skylight; light-absorbing shade
采光中庭 lighting atrium
采光装置 lighting arrangement
采海绵潜水员病 Skevas-Zerfus disease; sponge-diver's disease
采后充填 delay filling
采后灌浆 following grouting; follow-up grouting
采花 deflower
采集 acquisition; collect; cull(ing); gather; pick(ing)
采集臂 picker arm
采集标本 collect specimen
采集参数 acquisition parameter
采集处理机 acquisition processor
采集带 picker belt
采集的矿物 collected mineral
采集端 gathering end
采集经济 gathering economy
采集联合机 harvesters
采集器 collector
采集时间 acquisition time
采集梳 gathering comb
采集数据分析 analysis of data collected
采集水样点 water sampling point
采集速度 picking rate
采集台 picking platform
采集物 picking
采集箱 collection box; vasculum
采集型铲斗 <挖掘机> collecting bucket
采集性 test by trial
采集业 gathering
采集装置 harvester; pick device; plucker
采竭地区 exhausted area
采竭阶段 depletion stage
采金船 dredge boat; gold dredger; goldmining vessel
采金船投资 gold dredge investment
采井倾角 dip angle of shaft
采井深度 shaft depth
采掘 coulisse; cutting; dig(ging); excavate; excavation; mining(work); quarrying; winning and opening
采掘比 development ratio; driving to stopping ratio
采掘边坡角 cut slope angle
采掘场 flexible cord
采掘场起爆软线 quarry cord
采掘成本 cost of mining
采掘出的 unearthed
采掘带 cut
采掘电铲 mining shovel
采掘高度 digging height
采掘工程平面图 mining engineering plan
采掘工程师 exploitation engineer
采掘工业 extractive industry; mineral industry; mining industry
采掘工业的废弃 abandonment in extractive industry
采掘工业中的勘探成本 exploration cost in extractive industries
采掘工作 getting(work)
采掘黄金 gold mining
采掘机 digger; mining machine
采掘集料 aggregate mining
采掘进度 excavation progress
采掘面 face; working face
采掘面机车 working face locomotive
采掘面上的支柱 cocker
采掘平衡 balance of preparation and winning work
采掘区 block
采掘权使用费 payment of a royalty
采掘设备 equipment for excavation
采掘失调 debalance of preparation and winning work
采掘石渣 aggregate mining
采掘式挖泥船 digger dredge(r)
采掘水平 mine level
采掘税 severance tax
采掘塌陷 excavation subsidence
采掘台 stull
采掘图 development drawing
采掘型挖掘机 mining shovel
采掘性企业 extractors
采掘业和农业 primary sector
采掘业结构 structure of mining
采掘业商品 mining and quarrying commodity
采掘运载 pick-up carrier
采掘中心 <采矿> focal point of working
采掘总吨数 tonnage
采掘作业 mining activity
采空场 finished stope
采空矿穴 guag; gunis
采空区 abandoned working; bare ground; finished stope; goaf; gob; mined-out area; mined-out region; ore worked-out section; stull; undermining area; condie; worked-out area <矿的>
采空区充填 backfill; goaf filling; goaf stowing
采空区臭味 gob stink
采空区的容许地表变形值 allowable value of movement of ground surface in mined-up region
采空区底板 gob floor
采空区地表最大变形值的估算 estimation of maximum value of ground surface movement in mined-up region
采空区内平巷 bog road; gob heading
采空区内运输巷 gate road; gateway
采空区平巷 bog; gateway
采空区填充 bashing
采空区着火 gob fire
采空塌陷 mining subsidence
采空坍陷 mining subsidence
采空影响区 area of influence of extraction
采孔菌属 <拉> Hapalopilus
采宽 cut width
采矿 getting; mineral extraction; mining excavation; ore mining
采矿安全 mining safety
采矿部顾问 staff mining consultant
采矿部咨询 staff mining consultant
采矿铲 quarry-mine shovel
采矿厂 gravel extraction plant
采矿场 mining area; mining field; stope
采矿场充填 stope filling
采矿场凿岩台 stope board
采矿成本 mining cost
采矿船 dredge boat; mine dredge(r); mining dredge(r)
采矿的 mining
采矿地球物理学 mining geophysics
采矿地质报告 geologic(al) report for mining
采矿地质师 mining geologist
采矿地质学 mining geology
采矿动力 mining power
采矿法 Mining Act; Mining Law
采矿法规 mining code
采矿方法 mining method; quarry method
采矿废坑 mined-out pit
采矿废料 mining waste
采矿废(弃)物 mining waste
采矿废石 mining waste rock; sterile rock
采矿废水 mining wastewater
采矿副产品 mining by-products
采矿工 miner
采矿工程 mineral engineering; mining activity
采矿工程师 mining engineer
采矿工程师学会 Institute of Mining Engineers
采矿工程学 mining engineering
采矿工具 mining tool
采矿工业 mining industry
采矿工业场地 mine compound
采矿工业污水 ore industry sewage
采矿工艺学 mining art; mining technology
采矿工用油 driver's oil
采矿工作 mining work
采矿工作面 breast; face; heading stope; high wall; milled face; stope face
采矿工作中的齿轮传动装置 gearing for mining duties
采矿管理局 mining authority
采矿规程 mining regulation
采矿规范 mining code
采矿环境 mining environment
采矿回收率 mining recovery; ore recovery ratio
采矿会计 mining accounting
采矿活动 mining activity
采矿机 mining machine; stopping machine
采矿机械 mining machinery
采矿机械撑柱 post
采矿机械和设备 mining machinery and equipment
采矿技术 mining technique
采矿技术监督 mine supervision; mine technical inspection
采矿技术经济指标 index of mining technique economics
采矿井场 mining shaft and open pit
采矿康拜因 cutting loading machine
采矿康拜因立截盘 cutter-loader shearer; cutter-loader shearing jib
采矿矿船 dredge; placer dredge(r)
采矿联合机 combination cutting and loading machine
采矿联合企业 mining complex
采矿量 mining amount; mining quantity
采矿露头 lode apex
采矿辘轳 whim
采矿能力 mining capacity
采矿贫化率 mining dilution ratio
采矿品位 grade of mined ore

采矿区 mining area; mining district; mine section
采矿权 mine(ral) rights
采矿权申请书 application for mine rights; claim
采矿设备 quarry plant; winning equipment
采矿设备服务部 mining services & equipment division
采矿实践 mining practice
采矿水平 mining level
采矿损失 mining loss
采矿损失率 mining losses ratio
采矿通风联络巷道 headway
采矿挖掘机 mining excavator
采矿尾料 mine waste sand
采矿尾砂 mine waste
采矿污染 mining contamination
采矿巷道 gurmy
采矿型电铲 mining shovel
采矿型挖掘机 quarry shovel
采矿许可证 mineral mining permit
采矿用地 allotment
采矿用地面积 allocation area; allotment area
采矿用镐 mining pick
采矿用水 mining water use
采矿炸药 minelite; mining explosive
采矿者 mineralizer
采矿租金 mining rent
采矿钻车 mine jumbo; mining jumbo; service jumbo
采矿钻进 production drilling
采矿作业 mine working; mining operation; quarry operation
采腊巢框 building frame
采砾坑 gravel pit
采料 borrow; borrowed material
采料场 borrow area; borrow pit; borrow site
采料坑 borrow pit
采流极谱法 sampled current polarography
采滤器 sludge sampler
采落岩石堆 bunching of broken rock
采煤 coal cutting; coal mining
采煤铲运机 coal scraper
采煤场 colliery
采煤方法 coal mining method
采煤废水 coal mining waste
采煤废物 coal mining waste
采煤风镐 coal hammer
采煤镐 coal pick
采煤工 brusher; coal digger; coal getter; coal miner
采煤工人 hewer
采煤工业 coal mining industry
采煤工作面 coal face; stoping face; working face
采煤工作面机械 coal face machinery
采煤工作区 bank
采煤回收率 coal recovery
采煤机 coal cutter; coal digger; coal mining machine; coal-winning machine
采煤机机头 shearer gearhead
采煤机瓦斯断电仪 gas breaker for coal combination
采煤机械 coal-cutting machinery; coal machinery
采煤康拜因破煤犁 cutter-loader colter
采煤联合机 combined cutter loader; continuous miner
采煤螺旋钻 coal recovery drill
采煤气镐 coal hammer; pneumatic coal pick
采煤区 coal mining region
采煤样 coal sampling
采煤用钢拱 colliery arches
采棉机 cotton picker
采棉区 picker zone; picking zone
采棉室 cotton picking receptacle
采苗 pulling of seedlings
采苗机 cotton picker
采牡蛎船 oyster boat
采纳 adoption; deployment
采纳革新 adoption of innovation
采泥船 dredge
采泥机 grab
采泥器 bottom sampler; grab; sediment sampler; sludge sampler; snapper; sounding bottle
采暖 heating
采暖车 heater car
采暖车库 heated garage
采暖单元 heating unit
采暖的下供立管 heating riser
采暖地区 heating region
采暖电路 heating circuit
采暖吊顶棚 heated hung ceiling; heated suspended ceiling
采暖顶棚 heated ceiling
采暖工程 heating works
采暖工程师 heating technician
采暖供水管 heating flow pipe; heating water supply
采暖管道 heating pipeline
采暖管道系统图 heating piping system drawing
采暖管的预制嵌板 panel grid
采暖管线 heating line
采暖锅炉 heating boiler
采暖回水管 heating return pipe; heating water return
采暖机 heater
采暖技术员 heating technician
采暖季节 heating season
采暖接触器 heating contactor
采暖金属吊顶棚 heated metal suspended ceiling
采暖连接线 heating jumper
采暖炉 <其中的一种> latrobe
采暖面积 heating area
采暖盘管 heating coil
采暖平面图 heating layout
采暖期 heating period; heating season
采暖期天数 days of heating period
采暖器 heating radiator
采暖墙管 wall stack
采暖清晨生火装置 early morning boost
采暖燃油 liquid heating fuel
采暖热负荷 space heating load
采暖设备 heating appliance; heating equipment; heating facility
采暖设计 heating design
采暖室外临界温度 outdoor critical air temperature for heating
采暖通风 heating and ventilating; heating and ventilation
采暖通风两用机组 heating-ventilating assembly
采暖卫生要求 sanitary standard of warming
采暖温度控制器 safe-control regulator
采暖系统 heating system
采暖系统立管 heating riser
采暖系统噪声 noise from heating system
采暖养护 warm curing
采暖装置 heating plant
采气 gas production; gas recovery
采气目的层 gas offtake target
采气指标 gas productivity index
采区 mining area; mining district; mining section; productive working; stoping area; working district
采区边界 section boundary; working district boundary
采区充填 stope filling; stope stowing
采区复田 land reclamation
采区回采率 working section recovery
采区控制线 subcontrol traverse
采区拉底 stope cutting
采区联络煤巷 gateway
采区联系测量 connection survey in mining panel
采区平巷 gateway
采区石门 district cross-cut
采区通风 district ventilation
采区运输机 district haulage conveyer [conveyor]
采区中间运输机 haulage conveyer [conveyor]
采取 adopt; assume; assumption; pick-off; resort <指采取某种手段等>
采取办法 make arrangements for
采取措施 make provision for; take measures; take steps
采取措施期 setting-down period
采取拱形建筑形式 rover
采取混凝土芯试样的梁 cored beam
采取交钥匙的形式 on a turn-key basis
采取率 recovery ratio
采取某种姿势 posture
采取手段 take means
采取岩屑试样 chip sampling
采绒革盖菌 Coriolus versicolo(u)r
采砂 recovery of sand; sand mining; mining of sand
采砂场 sand pit; sand plant; sand quarry
采砂船 aggregate dredge(r); sand dredge(r); sand pump dredge(r); sand-sucker
采砂坑 sand bit; sand deposit
采砂矿船 placer dredge(r)
采砂(样)器 sand sampler
采扇贝船 scallop boat; scallop dredger; scalloper
采声记录仪 applauseograph
采石爆破 stonework explosion
采石爆炸 quarry blast(ing); stonework explosion
采石驳船 quarry barge
采石材料 quarry material
采石层 quarry bed
采石厂毛料 run-of-quarry
采石场 quarry area; quarry(site); quarry work; quarry yard; rock quarry; delf; gravel pit; open pit; stone field; stone pit; stone quarry; stope; strip pit
采石场凹地 quarry body
采石场爆破 quarry blast(ing)
采石场采掘面 quarry face
采石场铲斗 quarry bucket
采石场穿孔 quarry drilling
采石场粗废料 top spit from quarries
采石场底面 quarry floor
采石场底盘 quarry floor
采石场地 quarry site
采石场斗车 quarry car
采石场废料 mill chats; quarry refuse; quarry waste
采石场废石 quarry refuse; quarry waste; stone waste
采石场粉尘 quarry dust
采石场工作面 quarry face; quarry floor
采石场谷地 quarry body
采石场卡车 quarry truck
采石场毛料 quarry rock; quarry run
采石场排水 quarry drainage
采石场弃方 quarry spall; quarry spoil
采石场弃石 quarry refuse; quarry waste
采石场上三脚架 quarry tripod
采石场设备 quarry equipment
采石场石料 quarry material; quarry-run stone; run-of-quarry stone
采石场石料的天然含水量 quarry sap
采石场石屑 attle; pit-run fines; quarry fines
采石场碎块 quarry refuse; quarry waste
采石场碎片 quarry spall
采石场碎石 pit ballast; quarry spall
采石场挖掘机 quarry shovel
采石场尾料 quarry waste; quarry rubbish
采石场岩石 quarry rock
采石场用车 quarry car
采石场用点火线 quarry cord
采石场用硝甘炸药 quarry dynamite
采石场原石 quarry-run stone; runoff-quarry stone
采石场运石槽车 rock body
采石场载重卡车 quarry lorry
采石场载重汽车 quarry lorry; quarry truck
采石场钻机 quarry drill
采石场钻进 quarry drilling
采石场钻眼 quarry drilling
采石穿孔机 quarry drill
采石锤 quarry hammer
采石点火索 quarry cord
采石斗车 quarry car
采石方法 method of quarrying; quarry(ing) method
采石废石堆 mullock
采石膏场 plaster quarry
采石工场 rock plant
采石工程 quarry engineering; rock-cut job; rock excavation; rock works; quarrying
采石工具 stone drawing tool
采石工(人) pitman; quarrier; quarryman; rock getter; rock hand; barman; stone miner
采石工人乘坐的越野运输车 off-highway hauler for quarries
采石工业 rock industry
采石工作 quarrying operation; rock-cut job; rock works
采石灰石场 lime quarry
采石机(械) quarrying machine
采石开挖面 quarry face
采石坑 barrow pit; stone pit
采石坑砾石 bank gravel; bank-run gravel
采石器 knocking bucker; stone catcher
采石区 quarry
采石曲铁 fibula
采石取样机 rock sampler
采石山场 quarry site
采石设备 quarry equipment; quarry plant; rock plant
采石石屑 attle
采石用长手锯 <英国矿山切割石料用> frig bob saw
采石用自动倾卸汽车 quarry dumper
采石炸药 quarry powder
采石钻(孔)机 drill for quarrying; quarry drill
采石作业 quarry(ing) operation; rock works
采食量 feed intake; food consumption
采食牧草 forage
采食总能 gross energy intake
采收 collection
采收率 percentage recovery; recovery coefficient; recovery efficiency; recovery factor; recovery ratio
采收期 picking time
采水测温 Nansen cast; oceanographic(al) cast

采水点 water sampling point
采水瓶 water bottle
采水器 water bottle
采水样 sampling of water;water sampling
采水样瓶 sample bottle; water sampling bottle
采水样器 hydrophore;water sampler
采水装置 water sampling device
采酸管 drip collector
采太阳光用于加热的玻璃房 solar house
采土场 borrow pit
采土坑 borrow pit
采土器 soil sampler
采土区 cut area
采完报废的巷道 gotten
采握篮 collecting basket
采下损失 falling loss
采下损失率 falling losses ratio
采芯 core picking;core recovering
采芯器 corduroy catcher;core catcher
采选综合回收率 total rate of mining and dressing recovery
采选综合能力 combined mining and dressing
采雪器 snow sampler
采雪样器 snow sample cutter
采盐场 salt pit
采盐矿 salt mining
采样 sample collection;sample drawing;sampling
采样保持电路 sample-hold circuit
采样比 recovery ratio;sampling fraction;sampling rate;sampling ratio
采样不足 undersample
采样布局 sampling layout
采样参数计算 sampling parametric(al) computation
采样层位 sampling horizon
采样长度 length of sampling
采样程序 sampling procedure
采样抽头 sampling head
采样出口 sampling outlet
采样船 sampling boat
采样船技术 sampling boat technique
采样错漏 sampling loss
采样带 sample strip
采样单位 sampling organizer
采样地层产状 strike and dip of sampling strata
采样地点 collecting site;sampling position
采样点 sample [sampling] location; sample [sampling] point ; sample [sampling] site
采样点编号 sample point number
采样点地层温度 formation temperature of sampling point
采样点深度 depth of sample point
采样点位 sampling site
采样点位图 map of sample site
采样电路 sample[sampling] circuit
采样调查 sample [sampling] censusing;sampling investigation
采样定理 sampling theorem
采样动作 sampling action
采样断面 sampling cross-section
采样阀门 sample[sampling] valve
采样法 method of taking samples
采样范围 sample[sampling] range
采样方案设计技术规范 technical regulation on the design of sampling program(me)
采样方差 sample variance
采样方法 method of sampling; sampling method;sampling process
采样分布 sample distribution
采样杆 thief rod
采样格子 sampling cell
采样工具 sampling tool
采样管 coupon; sampler tube; sampling pipe;sampling tube
采样过程 sample[sampling] process
采样过密 over-sampling
采样过疏 undersampling
采样函数 sampling function
采样号 sample number
采样厚度 sampling thickness
采样戽 scoopfish
采样回路管 sampling loop
采样机 sampling machine
采样机刀口 sampler cutting edge
采样计划 sampling program(me)
采样记录 sampling record
采样技术 sampling technique
采样架 sampling stand
采样间隔 sample[sampling] interval
采样间距 sample[sampling] interval
采样检查 sampling inspection
采样精度 sampling precision
采样井 sampled well;sampling manhole
采样井深 sampling depth
采样空间 sample space
采样控制 sampling control
采样控制器 sampling controller
采样控制系统 sample[sampling] control system
采样矿柱 stope pillar
采样离散 sample variance
采样量 sampling volume
采样率 sampling frequency
采样密度 sampling density
采样模式 sampling configuration; sampling pattern
采样磨机 sampling mill
采样目的 sampling purpose
采样喷嘴 sample[sampling] nozzle
采样偏移 sampling bias
采样拼花地板的住宅 domestic grade block
采样频率 frequency of sampling;sampling frequency
采样品 sampling piece
采样平均(值) sample mean
采样瓶 sampling bottle
采样瓶无菌控制 sample bottle sterility control
采样剖面 sampling profile
采样歧管 sampling manifold
采样器 sampler;sample taker;sample thief;sampling thief
采样器记录 sampler log
采样器械 sample tool
采样扰动 sampling disturbance
采样日期 sampling date
采样设备 sampled device; sampling device
采样设计 sampling design
采样时间 sample[sampling] time
采样时间间隔 sample[sampling] time interval
采样时距 frequency of sampling
采样示波器 sampling oscilloscope
采样数据 sampled[sampling] data
采样数据计算机 sampled-data computer
采样数据控制系统 sampled-data control system
采样数据系统 sampled-data system
采样数量 sampling amount
采样水深 sampled depth
采样速度 sample[sampling] rate;sampling frequency
采样速率 sample[sampling] rate
采样损失 sampling loss
采样探头 sampling probe
采样探针 sampling probe
采样桶 <井口泥浆> bubble bucket; sample[sampling] bucket
采样图像 sampled imagery
采样土钻 soil sampler
采样网格 sampling grid; sampling mesh
采样网(络) sampling network
采样位置 collecting site;sampling location;sampling position
采样误差 sampling error
采样系统 sampling system
采样先进技术 sophistication
采样现场 sampling location
采样线路 sampling line
采样箱 sample kit
采样效率 sampling efficiency
采样信号 sampled[sampling] signal
采样岩石地层单位 sampling rock unit
采样要求 sampling requirement
采样仪表 sampling instrument
采样用品 sampling tool and equipment
采样元件 sampling element
采样员 sampler
采样原始地质记录 initial geologic(al) logging of sampling
采样站 sampling station
采样站网 network of sampling stations;sampling network
采样振幅 sampling amplitude
采样种类 sampling type
采样周期 period of sampling;sample interval; sample period; sampling period
采样装置 sampling installation;sampling unit
采样总管 sampling manifold
采样组数 number of sets of sample
采样钻孔 sampling hole
采样作用 sampling action
采邑 fief
采邑领地 <英> manor
采用 adaptation;adoption;employ
采用比例 accepted scale; adopted scale
采用程度 degree of adoption
采用传感系统 sensor-based system
采用单向交通的条件 criterion for application of one way street
采用的 adoptive
采用的比例尺 accepted scale
采用的标准 accepted standard
采用的规划 adopted plan
采用的取土设备 sampling equipment to be used
采用电子装置变速 electronic shifting
采用电子装置换挡 electronic shifting
采用放射式道路系统的城镇 radial town
采用规范 code requirement
采用国际标准的管理办法 administrative regulations for adopting international standards
采用国际标准和国外先进标准 adoption of international standards and advanced oversea standards
采用国际标准原则 rules for adopting international standards
采用过滤方法消毒的 filter sterilized
采用横向承重墙的构造 cross wall type of construction
采用厚度 adopt thickness
采用基线值 adopted base-line value
采用基(准)面 accepted standard;adopted datum
采用计量支付 payment by measurement
采用计算机优化技术的管理咨询系统 management advisory system using computerized optimum
采用尖端技术 technologic(al) sophistication
采用减法运算的加法 addition by subtraction
采用减振安装的司机室 cushion-mounted cab
采用巨石的建筑 megalithic
采用科学成果的 science-oriented
采用模数尺寸设计的结构 modular construction;unit construction
采用木瓦盖屋面 shingling
采用年龄 acceptable ages
采用帕尔帖热电堆 thermopile using Peltier effect
采用喷射施工的隔音粉刷层 absorbing sprayed on plaster
采用喷射施工的吸声粉刷层 absorbing sprayed on plaster
采用棋盘式道路系统的城市 gridiron city
采用棋盘式道路系统的城镇 gridiron town
采用深度 <施放浮标后仪器下水的> accepted depth
采用十进位 decimalization
采用水力法掘土 sluicing
采用陶立克式柱子的 Doric-columned
采用特种用途 special application
采用外界承包方法 outside contracting approach
采用微处理机的程序编制机 microprocessor-based programmer
采用微处理机的联锁 microprocessor-based interlocking
采用微型计算机的铁路信号联锁 microcomputer-based railway signal interlocking
采用先进技术 sophisticate; sophistication
采用先进技术的 sophisticated
采用现行标准 adoption of existing standards
采用新技术 adoption of new technology
采用信号电缆 <地下连续墙> cab-tyre cable for pick-up
采用油膜轴承的轧辊 oil film rolls
采用有效措施 take effective measures
采用值 accepted value; adopted value;assumption value
采用抓斗的起重机 grab bucket crane
采油 oil recovery;petroleum production
采油废水 oil extraction wastewater
采油封隔器 packer;production packer
采油工程 petroleum production engineering;reservoir engineering
采油工程师 production engineer
采油管 flow string
采油管汇 receiving manifold
采油管柱 flow string
采油记录 oil log
采油井架 production derrick; pumping derrick;pumping rig
采油井口压力表 Christmas tree ga(u)ge
采油康拜因截盘 cutter-loader jib
采油量 oil offtake;oil withdrawal;oil production
采油末期 end of oil production
采油平台 oil production platform; production platform;production rig
采油强度 development intensity
采油曲线 production curve; production profile;recovery curve
采油权 oil rights
采油树 Christmas tree;production tree

采油树安装 installation of Christmas tree
采油树导向架 tree guide frame
采油树内护套 tree saver
采油树破裂 < 由于高压 > knock-off the Christmas tree
采油速度 production rate; rate of oil production
采油套管 long string
采油指数 productivity factor; productivity index
采运 logging; harvesting; lumbering; winning
采运工 logger
采运管理站 logging depot
采运机 feller forwarder
采运木材工 logger
采运木轨道 tramway for felling
采运难易度 chance
采运作业 logging
采运作业面 logging show
采摘滚筒 picker cylinder
采摘机 picking machine
采摘剪 plucking shears
采摘面 picking surface
采摘时间 plucking time
采摘速度 picking rate
采摘周期 plucking cycle
采珍珠场 pearl fishery
采珍珠船 pearl lugger
采珍珠艇 pearl boat
采脂 cupping; resin tapping
采脂列痕 resin blaze
采脂面 face
采制 collect and process
采种 seed collecting
采种机 seed gathering machine; seed picking machine
采种区 plus seed stand; seed production area
采种园 seed orchard
采珠场 pearl fishery
采珠艇 pearl boat
采珠业 pearl fishery; pearl fishing
采珠业者 pearl fisher
采注比 production factor; production-injection ratio
采装 loading
采准 bench preparation; minor development; opening up
采准储量 prepared reserves
采准地质指导 heading geologic (al) control
采准工程 opening-up engineering
采准工作　development work; first working
采准阶段探采结合 drilling-mining combine of minor development phase
采准矿量 prepared reserves
采准矿量保有期限 period of retention prepared reserves
采准矿量变动 variation of prepared reserves
采自 derived from
采自料坑的 pit-run
采自料坑的材料 pit-run material
采自料坑的砾石 pit-run gravel
采自轧石场的 crush run

彩

彩斑块煤 peacock coal
彩斑(现象) variegation
彩蚌 painted shell
彩笔 colo(u)r pen
彩臂金龟 Cheirotonus
彩瓷 decorative porcelain
彩瓷卫生设备 sanitary faience
彩瓷砖 faience
彩带码 colo(u)r bar code
彩蛋 painted eggshell
彩灯 fancy lantern; festoon light; illumination
彩点纱 kinckebocker yarn; speck yarn
彩电用灌封树脂 sealing resin used on colo(u)r TV set
彩雕 colo(u)red sculpture
彩度 chroma
彩度标 chroma scale
彩度鉴别本领 saturation discrimination
彩度调整 chroma control; colo(u)r-saturation control
彩粉画 pastel
彩钢复合板 colo(u)r coated steel sandwich board
彩格纺 rayon palace checked; shioze colo(u)r checked
彩光玻璃 colo(u)r light glass
彩光环 broken bow; glory
彩光信号机【铁】colo(u)r light signal
彩光艺术 luminal art; luminist art
彩光折射率计 chromatoscope
彩虹 irising; irising from tempering; rainbow
彩虹灯具 rainbow light
彩虹光 iridescence
彩虹光泽 cangiante lustre
彩虹黑釉 iridescent mirror block
彩虹膜 rainbow film
彩虹喷水器 rainbow sprinkler
彩虹全息术 rainbow holography
彩虹色 iridescent colo(u)r; iris
彩虹色的 irisated; irised
彩虹釉 iridescent glaze
彩虹云 iridescent cloud
彩虹装饰 iridescent decoration; lustre [luster] decoration
彩虹紫色 iris mauve
彩花玻璃 stained glass
彩花吹制杯 blown tumbler with enamelled decorations
彩花机压杯 pressed tumbler with enamelled decorations
彩花陶瓷面砖 encaustic tile
彩画 colo(u)red drawing; decorative (colo(u)r) painting; part-colo(u)-red painting; polychrome decorative painting; parti-colo (u) red painting < 古建筑 >
彩画玻璃 stained glass
彩画玻璃嵌条 saddle bar; sowdel
彩画蛋 painted egg
彩画工 colo(u)rer
彩画幕布 backcloth; backdrop < 舞台后部的 >
彩画天花板 plafond
彩画游廊 painted porch
彩绘 decor; decorating
彩绘玻璃 painted glass; stained glass
彩绘车间 decorating shop
彩绘蛋 egg-shell painting
彩绘费用 decoration cost
彩绘勾刀漆器 hook-out carved lacquer article
彩绘回廊 painted corridor
彩绘绢扇 painted silk fan
彩绘木雕 colo(u)r wood carving
彩绘人行道 < 古罗马 > asarotum[复 asaroria]
彩绘陶 colo(u)r pictured pottery
彩绘瓦 decorated tile
彩绘装饰 painted decoration
彩烤 decorating fire
彩料的稳定性 colo(u)r stability
彩屏法 screen process
彩漆 painted lacquer
彩色 chromatic; chromatic colo(u)r; colo(u)red; full colo(u)r; multicolo(u)r; natural colo(u)r; polychrome; technicolo(u)r; tecimicolo(u)r
彩色鞍座 colo(u)r saddle
彩色凹版 chromo-chalcography
彩色凹版转轮印刷机 multicolo(u)r rotogravure press
彩色凹印 colo(u)r gravure
彩色斑点 colo(u)r dot
彩色板 autochromatic plate
彩色板玻璃 colo(u)red plate glass
彩色版 colo(u)r edition; colo(u)r plate
彩色版印刷法 colo(u)r type
彩色包胶杠铃 colo(u)red rubber-covered barbell
彩色宝石 colo(u)r jewel
彩色饱和度 depth of colo(u)r saturation
彩色饱和调整 chroma control
彩色保真度 colo(u)r
彩色报纸印刷油墨 comic ink
彩色逼真度 colo(u)r fidelity; true colo(u)r fidelity
彩色笔 pastel
彩色边纹 colo(u)r fringe
彩色边纹现象 colo(u)r fringing
彩色边缘 colo(u)r edging
彩色编号涂料 colo(u)r coding paint
彩色编码 colo(u)r coding
彩色编码场 field of colour coding
彩色编码地图 colo(u)r-coded map
彩色编码光束 colo(u)r-coded light beam
彩色编码红外线成像装置 colo(u)r coded thermal infrared imagery device
彩色编码计算机存储器 colo(u)r coded computer memory
彩色编码聚集图像全息图 colo(u)r encoded focused image hologram
彩色编码器 coder; colo(u)r encoding unit; colo(u)r flexer
彩色编码图 colo(u)r-coded graph
彩色编码文件 colo(u)r encoding file
彩色编码系统 colo(u)r coding system
彩色编码制 chromacoder system
彩色变换 colo(u)r transformation
彩色标志 colo(u)r marking
彩色标准光源 colo(u)rimetric standard illuminant
彩色表示 colo(u)r representation
彩色冰屑玻璃 stained glass
彩色波特兰水泥 colo(u)red Portland cement
彩色玻璃 blazoned glass; colo(u)red glass; painted glass; stained glass; tinted glass; faceted glass < 有刻凿面的 >
彩色玻璃板 leaded panel
彩色玻璃窗 stained-glass window
彩色玻璃灯泡 colo(u)r glass bulb
彩色玻璃滤光片 colo(u)red glass filter
彩色玻璃面砖 vitrolite
彩色玻璃墙 stained-glass wall
彩色玻璃砖 stained-glass block; stained-glass brick
彩色补偿 colo(u)r compensating
彩色补偿滤光镜 colo(u)r compensating filter
彩色不锈钢 colo(u)r(ed) stainless steel
彩色不正 dull colo(u)r
彩色测定误差 colo(u)r index error
彩色测量 colo(u)r measurement
彩色测试卡 colo(u)r definition chart
彩色测试图 colo(u)r chart
彩色测试图发生器 colo(u)r pattern generator
彩色场 colo(u)r field
彩色超声描记器 colo(u)r ultrasonograph
彩色成分 chromaticity component; colo(u)r component; colo(u)r composition
彩色成色剂 colo(u)r coupler; colo(u)r former agent
彩色传输过程 colo(u)r process
彩色传送 colo(u)r transfer
彩色传送顺序 colo(u)r sequence
彩色传真 colo(u)r facsimile
彩色传真电报系统 colo(u)r facsimile telegraph system
彩色传真机 colo(u)r facsimile apparatus
彩色窗玻璃 colo(u)red sheet glass
彩色纯度 colo(u)r purity; excitation colo(u)r purity
彩色纯度电路 purity circuit
彩色纯度调节磁铁 purity magnet
彩色瓷器 faience; painted china
彩色瓷釉 colo(u)red enamel(glaze)
彩色瓷砖 colo(u)red(glazed) tile; mosaic tile
彩色磁板 colo(u)r magnetic board
彩色粗玻璃 stained rough rolled glass
彩色打样机 colo(u)r proof press
彩色打印机 colo(u)r printer
彩色大理石 colo(u)red marble; Synadicum marble < 一种大理石 >; brocatel(le) < 黄色带深红条纹 >
彩色大理石块镶嵌的马赛克 Alexandrian work
彩色大理石镶嵌 inlay work of colo(u)ored marble
彩色带条信号图 rainbow pattern
彩色带信号 rainbow
彩色单元 colo(u)r cell
彩色的 colo(u)red; polychromatic; technicolo(u)red
彩色灯 colo(u)red lamp
彩色灯泡 colo(u)red bulb
彩色等量线图 colo(u)red contour map
彩色等值线图 colo(u)r contour
彩色底片 autochrome; colo(u)r film negative; colo(u)r negative(film)
彩色底漆 colo(u)r base
彩色地沥青封层 asphalt colo(u)r coat
彩色地貌图 process-colo(u)r relief presentation
彩色地图 colo(u)red map; colo(u)r printed map; colo(u)r style map
彩色地形图 colo(u)red relief map
彩色地震显示 colo(u)r seismic display
彩色电灯泡 colo(u)red electric(al) bulb
彩色电视 chroma amplifier stage; colo(u)r television; polychrome television; technicolo(u)r
彩色电视播放室 colo(u)r television studio
彩色电影 cinecolo(u)r; kinemacolo(u)r; technicolo(u)r
彩色雕塑 polychrome sculpture
彩色叠层玻璃 colo(u)red laminated glass
彩色叠合打样法 colo(u)r registration proof
彩色叠加 colo(u)r addition
彩色定相电路 colo(u)r indexing circuit
彩色定向信号脉冲 colo(u)r burst
彩色镀锌铁皮 colo(u)red galvanized iron
彩色对比度 colo(u)r contrast

彩色对准 colo(u)r registration
彩色多画面分割器 colo(u)r multi-picture separator
彩色多用途复印机 colo(u)r versatile copier
彩色发 colo(u)red hair
彩色发送序列 colo(u)r sequence
彩色翻转片 colo(u)r reversal photographic(al) material
彩色反射全息图 colo(u)r reflection hologram
彩色反调制器 chromaticity demodulator
彩色反转法 colo(u)r reversal
彩色反转(胶)片 colo(u)r reversal film
彩色反转片 chrome film; colo(u)r reversal photographic(al) material; colo(u)r reversible film
彩色反转片胶卷 colo(u)r reversible roll film
彩色反转照相材料 colo(u)r reversal material
彩色范围 colo(u)r gamut; colo(u)r range
彩色方程 colo(u)r equation
彩色方箱 colo(u)r stack
彩色防水台布 American cloth
彩色放大机 colo(u)r enlarger
彩色放射性同位素扫描仪 colo(u)r radioisotope scanner
彩色放射自显影 colo(u)r autoradiography
彩色飞点幻灯机 colo(u)r-slide scanner
彩色飞点扫描设备 colo(u)r flying spot instrument
彩色分辨力 chromatic resolution; chrominance resolution
彩色分辨力测试图 colo(u)r resolution pattern
彩色分辨率 colo(u)r resolution
彩色分级 colo(u)r grating
彩色分解 colo(u)r analysis
彩色分离 colo(u)r splitting
彩色分量 colo(u)r component
彩色分量示波器 colo(u)r component oscilloscope
彩色分析计 colo(u)r analyser[analyzer]
彩色分析滤光片 colo(u)r analyzing filter
彩色分析滤光器 colo(u)r analysing filter
彩色分析显示计算机 colo(u)r analysis display computer
彩色分析仪 colo(u)r analyser[analyzer]
彩色粉笔 colo(u)red chalk; crayon; pastel(chalk)
彩色粉画 pastel
彩色粉画固着剂 pastel fixative
彩色粉刷 colo(u)red plaster
彩色风景画 colo(u)red scenery picture
彩色浮雕 anaglyph; colo(u)r relief
彩色浮雕像 anaglyph picture
彩色负片 colo(u)r negative(film); negative colo(u)r film
彩色负片冲洗液 colo(u)r negative film process(ing) solution
彩色负片显影剂 colo(u)r negative film developer
彩色负像 colo(u)r negative(film)
彩色附加器 colo(u)r adapter
彩色复写墨 colo(u)r carbon ink
彩色复印 colo(u)r copy; colo(u)r reproduction
彩色复制 colo(u)r dub; colo(u)r duplication; colo(u)r reproduction
彩色副载波发生器 colo(u)r subcarrier generator
彩色副载波频率 chromatic subcarrier; chrominance subcarrier; colo(u)r subcarrier
彩色副载波群 colo(u)r burst
彩色副载波矢量图 colo(u)r phase chart
彩色副载波误差效应 effect of colour subcarrier errors
彩色副载频正交调制 colo(u)r multiplexing
彩色感光材料 colo(u)red sensitized material; colo(u)r material
彩色感光度曲线 colo(u)r sensitivity curve
彩色感光计 colo(u)r sensitometer
彩色感光剂 colo(u)r sensitizer
彩色感光学 colo(u)r sensitometry
彩色感光仪 chromosensitometer
彩色感觉 colo(u)r sensation
彩色跟踪 colo(u)r track
彩色工业电视摄像机 colo(u)r industrial TV camera
彩色勾缝 pencil(l)ing
彩色骨料 colo(u)red aggregate
彩色骨料沥青面层 asphalt colo(u)r coat
彩色灌浆料 coloured grout
彩色光 colo(u)rama; colo(u)r light
彩色光带 colo(u)r light band
彩色光电倍增管 colo(u)r photomultiplier
彩色光度计 chromatophotometer
彩色光面 polychromatic finish
彩色光谱 chromatic spectrum
彩色光学 colo(u)r optics
彩色硅酸盐水泥 colo(u)red Portland cement
彩色滚筒 colo(u)r drum
彩色过剩 colo(u)r excess
彩色航空摄影学 colo(u)r aerial photography
彩色航空照片 colo(u)r aerial photograph
彩色合成 colo(u)r combination; colo(u)r composite; colo(u)r composition; colo(u)r synthesis
彩色合成技术 colo(u)r compositing technique
彩色合成像片 colo(u)r composite image
彩色合成仪 colo(u)r additive viewer; colo(u)r recombined instrument
彩色合成影像 colo(u)r composite image
彩色和谐 colo(u)r harmony
彩色盒 colo(u)r box
彩色黑点 colo(u)r shading
彩色红外航片 colo(u)r infrared airphoto
彩色红外(胶)片 colo(u)r infrared film; infrared colo(u)r film
彩色红外摄影(术) colo(u)r infrared photography
彩色红外像片 colo(u)r infrared photograph
彩色厚玻璃 colo(u)red thick glass
彩色糊墙纸 stained paper
彩色护墙板 colo(u)r wall protection plate
彩色花岗岩 porphyry
彩色花瓶 colo(u)red vase
彩色花纹效应 panache
彩色花园砖 colo(u)red garden tile
彩色化学反应法 <检查桥梁色彩的一种手法,它使构造物的颜色变化与原画重叠、复写> colo(u)r-chemireaction method
彩色画 colo(u)r painter; colo(u)r painting
彩色画笔 pastel pencil
彩色画簿 pastel book
彩色还原 colo(u)r rendition
彩色幻灯片 colo(u)r slide; colo(u)r transparency
彩色灰浆 colo(u)red mixed plaster; colo(u)red mortar; coloured grout
彩色灰浆喷涂 colo(u)red mortar spraying
彩色灰浆饰面 colo(u)red mortar finish
彩色会聚 colo(u)r registration
彩色绘图仪 colo(u)r(pen) plotter
彩色混合器 colo(u)r adder
彩色混凝土 colo(u)rcrete; colo(u)red concrete; pastel-colo(u)red concrete
彩色混凝土路面 colo(u)red concrete road
彩色混杂 colo(u)r contamination
彩色火柴 colo(u)red match
彩色基准 colo(u)r reference
彩色基准波群台阶 colo(u)r burst pedestal
彩色基准信号 colo(u)r reference signal
彩色畸变 chromatic distortion; colo(u)r distortion
彩色集料 colo(u)red aggregate
彩色计算机图像系统 colo(u)r computer graphic(al) system
彩色技术 colo(u)r technology
彩色加工 colo(u)r process
彩色兼容制 compatible colo(u)r system
彩色监视器 colo(u)r monitor
彩色胶卷 ink film; polychrome film
彩色胶片 bipack; ink film; photochromic film; colo(u)r film
彩色胶片分析仪 colo(u)r film analyser[analyzer]
彩色校正滤光镜 colo(u)r correction filter
彩色校正滤光片 colo(u)r correction filter
彩色校正膜片 colo(u)r correction mask
彩色校正器 colo(u)r corrector
彩色校正遮片 colo(u)r correction mark
彩色接收机 colo(u)r receiver
彩色结子纱 colo(u)red knops
彩色解码 colo(u)r decoding
彩色解码器 colo(u)r decoder
彩色解码组件 colo(u)r decoder module
彩色解调器 chroma demodulator
彩色金 mosaic gold
彩色金相照片 colo(u)r metallograph
彩色径迹 colo(u)r track
彩色静电复印机 colo(u)r electrostatic printer
彩色镜鼓 colo(u)r drum
彩色矩阵 colo(u)r matrix
彩色矩阵电路 colo(u)r matrix unit
彩色聚合物 chromogen bonded polymer
彩色绝缘导线 parti-colo(u)red wire
彩色均衡器 colo(u)r equalizer
彩色珂罗版 chromocollotype; colo(u)r collotype
彩色可逆电化学滤光器 colo(u)r reversible electrochemical filter
彩色刻纸 colo(u)red paper
彩色空间 colo(u)r space
彩色控制条 colo(u)r control strip; colo(u)r guide
彩色控制装置 colo(u)r control unit
彩色快硬水泥 colo(u)rcrete
彩色矿物骨料 colo(u)red mineral aggregate
彩色矿物集料 colo(u)red mineral aggregate
彩色扩印机 colo(u)r enlarger
彩色拉毛粉饰 graffi(a)to
彩色拉毛粉刷 graffi(a)to
彩色拉丝茶具 colo(u)red tea set with white band
彩色蜡笔 colo(u)red oiled crayon; pastel
彩色蜡光纸 flint colo(u)red paper
彩色蜡烛 colo(u)r candle
彩色理论 colo(u)r theory
彩色立体 colo(u)r solid
彩色立体照像 stereochromy
彩色沥青 colo(u)r asphalt; colo(u)rphalt
彩色沥青瓦 colo(u)r paver
彩色亮度 colo(u)r intensity
彩色亮漆 colo(u)r lacquer
彩色磷光粉 colo(u)r phosphor
彩色灵敏度 colo(u)r sensitivity
彩色镂刻印刷 stencil colo(u)red print
彩色露地拉毛粉饰 sgraffi(a)to
彩色录像 colo(u)r recording
彩色滤光屏 colo(u)r screen
彩色滤光阵列 colo(u)r filter array
彩色路面 colo(u)red pavement
彩色轮转凹印 colo(u)roto
彩色马赛克 colo(u)red mosaic
彩色脉冲 chrominance pulse
彩色毛面瓷砖 graffito tile; sgraffi(a)to tile
彩色美术纸 construction paper
彩色蒙版法 colo(u)r masking
彩色蒙片 colo(u)r mask
彩色密度 colo(u)r density; density of colo(u)r
彩色密度测定 colo(u)r densitometry
彩色密度分割 colo(u)r density slicing
彩色密度计 colo(u)r densitometer
彩色面层 colo(u)red surfacing
彩色明度 colo(u)r intensity
彩色明胶滤色镜 colo(u)r gelatine filter
彩色明亮度 colo(u)r brightness
彩色模拟显示装置 colo(u)r simulation device
彩色磨光纸 chromatic paper
彩色抹面 coloured finish
彩色墨水 colo(u)red ink
彩色木刻版印件 chromoxylograph
彩色木刻版印刷术 chromoxylography
彩色泥浆勾划轮廓 <面砖装饰方法> tubelining
彩色泥浆装饰的器皿 slip ware
彩色浓淡程度 value of colo(u)r
彩色浓度 depth of colo(u)r
彩色泡沫玻璃 colo(u)red foam glass
彩色配合 colo(u)r way
彩色配准 colo(u)r registration; colo(u)r superimposition
彩色喷射打印机 colo(u)r jet printer
彩色喷涂 colo(u)r spray coating; colo(u)r spraying
彩色皮笔记本 colo(u)red cover notebook
彩色匹配滤光片 colo(u)r matching filter
彩色片 colo(u)r film; colo(u)r photographic(al) material
彩色片分层感光度 colo(u)r film layers-separate sensitivity
彩色片总感光度 total sensitivity of colo(u)r film

彩色拼装黏[粘]土瓦 mosaic clay tile
彩色品质 colo(u)r quality
彩色平板玻璃 colo(u)red plate glass;colo(u)red sheet glass
彩色平版 chromograph;chromolithograph;colo(u)r lithograph
彩色平版印刷 colo(u)r lithographic-(al) printing
彩色平版印刷术 chromolithography
彩色平衡 colo(u)r balance
彩色平面 colo(u)r plane
彩色平印纸 chromopaper
彩色屏幕录像 colo(u)r kinescope recording
彩色瓶贴 colo(u)r label on a bottle
彩色普通水泥 colo(u)red cement;colo(u)red Portland cement
彩色起伏 colo(u)r fluctuation
彩色铅笔 colo(u)r(ed) pencil;crayon pencil
彩色铅笔画 colo(u)r pencil drawing;drawing with colo(u)red pencil
彩色浅淡 colo(u)r undertone
彩色强度 tone intensity
彩色清晰度 chromatic resolution;chrominance resolution
彩色清晰度测试图 colo(u)r resolution pattern
彩色取样装置 colo(u)r sampling device
彩色全息地图 colo(u)r holographic-(al) map
彩色全息术 colo(u)r holography
彩色全息图 colo(u)r hologram
彩色全息照相 colo(u)r hologram
彩色全信息 complete colo(u)r information
彩色染料 colouring pigment
彩色热谱图 colo(u)r thermograph
彩色人口分区图 demopleth
彩色人造宝石 colo(u)r synthetic-(al) jewel
彩色软线 colo(u)r cord;colo(u)r core
彩色扫描 chromoscan
彩色扫描密度计 chromoscan densimeter
彩色扫描器 colo(u)r scanner
彩色扫描图像 colo(u)r scanning image
彩色砂浆 colo(u)red mortar
彩色砂浆喷涂 colo(u)red mortar spraying
彩色砂浆罩面 colo(u)red mortar finish
彩色闪光灯 alternating flashing (light)
彩色闪光灯组 alternating group flashing(light);alternating group occulting light
彩色闪光时间 colo(u)r burst interval
彩色闪烁 chromaticity flicker;colo(u)r flicker
彩色设计 colo(u)r design;section of colo(u)rs
彩色摄像管 colo(u)r pickup tube
彩色摄像机 colo(u)r camera;colo(u)r video camera
彩色摄像机配准控制 colo(u)r camera registration control
彩色摄影处理 colo(u)r photographic-(al) processing
彩色摄影的 photochromatic
彩色摄影机 colo(u)r camera
彩色摄影器 variscope
彩色摄影术 colo(u)r photography;photochrom(ograph)y
彩色摄影照明器 fryer
彩色深浅 shade
彩色失真 chromatic distortion;colo(u)r deviation;colo(u)r distortion;predominance of one colo(u)r
彩色石膏 colo(u)red plaster
彩色石棉水泥瓦 colo(u)red asbestos-cement tile
彩色石印 lithochromy;lithotint;chromo
彩色石印版 chromolithograph
彩色石印画 chromolithograph
彩色石印师 chromolithographer
彩色石印术 chromolithography
彩色石印图 chromolithograph;chromotype
彩色石印纸板 chrome board
彩色石英玻璃 colo(u)red silica glass
彩色石英岩 colo(u)r quartzite
彩色矢量绘图系统 colo(u)r vector graphics system
彩色视频合成器 video colo(u)r synthesizer
彩色视频信号放大器 colo(u)r video amplifier
彩色视频信息 colo(u)r video information
彩色饰面 colo(u)red finish;multicolo(u)r finish
彩色饰柱 <装饰街市的> Venetian mast
彩色适应 chromatic adaptation;colo(u)r adaptation
彩色守恒 colo(u)r constancy
彩色树脂片 resin colo(u)r chip
彩色树脂型颜料 resin-bonded pigment
彩色数据 colo(u)r data
彩色数据显示器 colo(u)r data display
彩色水笔 colo(u)red art pen
彩色水磨石 colo(u)red terrazzo
彩色水泥 coloured cement;cement colo(u)rs;colo(u)r Portland cement;pigmented cement
彩色水泥混凝土 colo(u)red cement concrete
彩色水泥喷涂 colo(u)red cement spraying
彩色水泥砂浆(墙壁)涂装 lithin coating
彩色水泥(砂浆)涂料 lithin
彩色水泥(树脂)涂料 cement lithin paint
彩色水泥瓦 colo(u)red cement tile
彩色水泥(外)砖墙 colo(u)red cement face brick
彩色顺序储备 colo(u)r sequence with memory
彩色四分割图像处理机 colo(u)r quad image processor
彩色缩微胶片 colo(u)r microfilm
彩色缩微摄影(术) colo(u)r microphotography
彩色索引表 list of colo(u)r indices
彩色锁相发射机 colo(u)r lock transmitter
彩色锁相接收机 chrominance-lock receiver;colo(u)r lock receiver
彩色陶器 faience;delf <其中的一种>
彩色套合规矩线 colo(u)r registration guide
彩色套色石印版 chromo
彩色套印 process printing
彩色梯尺 colo(u)r scale
彩色条 colo(u)r bar
彩色条点交叉图案信号发生器 colo(u)r bar dot crosshatch generator
彩色条纹 colo(u)red fringe
彩色条纹系统 colo(u)r schlieren system
彩色调节 colo(u)r control
彩色调料 crayonsauce
彩色调整 colo(u)r control
彩色调制器 chromaticity modulator;colo(u)r modulator
彩色同步 colo(u)r synchronism
彩色同步机 colo(u)r sync generator
彩色同步键控信号 colo(u)r burst flag
彩色同步脉冲放大级 colo(u)r burst amplifier stage
彩色同步脉冲放大器 burst amplifier;chroma bandpass amplifier;colo(u)r burst amplifier
彩色同步锁相 colo(u)r generator lock
彩色同步信道 colo(u)r sync channel
彩色同步信号 burst signal
彩色同步信号分离器 burst separator
彩色同步信号副载波相位 burst phase
彩色同步信号脉冲 colo(u)r burst
彩色同步信号消隐脉冲 burst blanking pulse
彩色同步信号形成信道 colo(u)r sync process(ing) channel
彩色铜版印刷机 printer with multicolo(u)r copper plate
彩色投影电视机 colo(u)r projection TV receiver
彩色投影系统 colo(u)r projection system
彩色透明片 colo(u)r transparency
彩色透视 colo(u)red perspective
彩色凸版 colo(u)r press block
彩色凸版印刷术 chromotypography
彩色凸印术 chromotypography;chromotypy
彩色图 chromogram;kromogram
彩色图案 multicolo(u)r pattern
彩色图表 colo(u)r chart
彩色图画 pastel painting
彩色图片 colo(u)r picture
彩色图谱 colo(u)r atlas
彩色图示 colo(u)r graphic
彩色图式符号 symbol colo(u)r association
彩色图文 colo(u)r image
彩色图像 chromatic image;colo(u)r image;colo(u)r picture;full-colo(u)r view
彩色图像变换器 colo(u)r converter
彩色图像处理系统 colo(u)r picture processing system
彩色图像传输 colo(u)r transmission
彩色图像发生器 colo(u)r pattern generator
彩色图像分离 colo(u)r image separation
彩色图像复原 colo(u)r image recovery
彩色图像观察仪 kromscope
彩色图像合成仪 colo(u)r image combination device
彩色图像混合 colo(u)r registration
彩色图像监控 colo(u)r monitoring
彩色图像监控器 colo(u)r(control) monitor
彩色图像监视器 colo(u)r graphic monitor
彩色图像开关 colo(u)r switching
彩色图像频率 colo(u)r picture frequency
彩色图像取样 colo(u)r picture sampling
彩色图像显示系统 colo(u)r image display system
彩色图像信号 colo(u)r picture signal
彩色图像信号放大级 colo(u)r video stage
彩色图形打印机 colo(u)r graphic printer
彩色图形绘图机 colo(u)r graphic plotter
彩色图形接口板 Hercules graphic adaptor
彩色图形软件 colo(u)r graphic software
彩色图形显示器 colo(u)r video display unit
彩色图形终端机 colo(u)r graphic terminal
彩色涂层/透明涂层系统 colo(u)r coat/clear coat system
彩色涂料 colo(u)red paint;colo(u)r wash;tinted paint
彩色瓦 encaustic tile
彩色网络图形软件 colo(u)r graphic network software
彩色网目版 colo(u)r screen
彩色网屏 colo(u)r screen
彩色温标 colo(u)r scale
彩色温度 colo(u)r temperature
彩色温度标示 thermocolo(u)r
彩色温度标示漆 thermopaint
彩色纹影 colo(u)r schlieren
彩色纹影系统 colo(u)r schlieren system
彩色稳定放大器 colo(u)r stabilizing amplifier
彩色污染 colo(u)r contamination
彩色误差 colo(u)r error
彩色析像管 colo(u)r image dissector
彩色洗涤机 colo(u)r washing machine
彩色系数 colo(u)r coefficient
彩色下置 chroma-under;colo(u)r-under
彩色下置技术 colo(u)r-under technique
彩色显示 colo(u)r display
彩色显示监视器 colo(u)r display monitor
彩色显示屏 colo(u)r screen
彩色显示器 colo(u)r display
彩色显微像片 colo(u)r photomicrograph
彩色显微照相版 colo(u)r photomicrograph
彩色显像管 chromoscope;colo(u)r kinescope;colo(u)r picture tube;colo(u)r television picture tube;colo(u)r trace tube;tricolo(u)r (picture) tube
彩色显像管玻壳外形测试设备 colo(u)r picture tube bulb outline measurer
彩色显像管记录 colo(u)r kinescope recording
彩色显像管阴罩 aperture mask;shadow mask
彩色显影 chromogenous development;colo(u)r development
彩色显影触媒剂 colo(u)r developing agent
彩色显影剂 colo(u)r developer;colo(u)r developing solution
彩色显影液 colo(u)r developer;colo(u)r developing solution
彩色线 colo(u)red thread
彩色线式荧光屏 colo(u)r line screen
彩色相衬显微术 colo(u)r phase contrast microscopy
彩色相片 chromatype
彩色相位 colo(u)r phase
彩色相位变换多谐振荡器 colo(u)r phase alternation multivibrator
彩色相位给定器 colo(u)r phase setter
彩色相位检比器 colo(u)r phase de-

tector
彩色相位检测器 colo(u)r phase detector
彩色相位稳定器 colo(u)r phase stabilizer
彩色相纸 colo(u)r paper
彩色相纸显影剂 colo(u)r paper-developer
彩色镶边 colo(u)r edging;colo(u)r fringing
彩色镶嵌木工 <17 世纪德国> reisner work
彩色响应 colo(u)r response
彩色响应曲线 colo(u)r response curve
彩色像解调器 colo(u)r demodulator
彩色像片 chromic image;colo(u)r copy;colo(u)r photograph;colo(u)r prints;photochrome
彩色像片晒印 colo(u)r copy
彩色像素 colo(u)r element
彩色像纸 colo(u)r paper;colo(u)r photographic(al) paper
彩色消隐脉冲电平 colo(u)r bar pedestal
彩色小玻璃块马赛克 <罗马> musivum
彩色小灯 fairy lamp
彩色小型快速印片机 fast compact colo(u)r printer
彩色效应 multicolo(u)r effect
彩色新闻纸 colo(u)red newsprint
彩色信号 chroma signal;chrominance;colo(u)r signal
彩色信号比校正放大器 masking amplifier
彩色信号边带 colo(u)r sideband
彩色信号编码器 colo(u)r coder
彩色信号参数 colo(u)r data
彩色信号处理 colo(u)r processing
彩色信号的编码 encoding of colour signals
彩色信号灯 cue light
彩色信号电路 chroma circuit;chrominance circuit;colo(u)r circuit
彩色信号电平 colo(u)r level
彩色信号定相放大器 colo(u)r phasing amplifier
彩色信号多路传输技术 colo(u)r multiplexing
彩色信号发生器 chroma oscillator;colo(u)r signal generator
彩色信号反调制器 colo(u)r demodulator
彩色信号放大级 chroma amplifier stage
彩色信号放大器 chroma amplifier
彩色信号检波器 chroma detector
彩色信号解调器 chrominance demodulator;chrominance-subcarrier demodulator
彩色信号强度 colo(u)r intensity
彩色信号切断电路 colo(u)r killer circuit
彩色信号数据 colo(u)r data
彩色信号调制 chroma modulation
彩色信号调制器 chrominance(-subcarrier) modulator
彩色信号调制载波 chrominance signal carrier
彩色信号通道 chroma channel;colo(u)r channel
彩色信号同步电路 colo(u)r hold circuit
彩色信号相位交变 colo(u)r phase alternation
彩色信号形成电路 colo(u)r processing circuit
彩色信号抑制级 colo(u)r killer stage
彩色信号抑制三极管 killer triode
彩色信号译码电路 colo(u)r decoder
彩色信号杂波 colo(u)r noise
彩色信号载波 colo(u)r carrier
彩色信号增益调整 chrominance gain control
彩色信号增益控制 chrominance gain control
彩色信号振荡器 chroma oscillator;chrominance-subcarrier oscillator;colo(u)r(subcarrier) oscillator
彩色信号指示灯 <在高峰时间,指示改变车行方向> colo(u)red cones
彩色信号转接电路 colo(u)r switching circuit
彩色信息 colo(u)r information
彩色信息矢量 complexor;phasor
彩色形成器 colo(u)rplexer
彩色修饰 colo(u)r masking
彩色旋转 colo(u)r rotation
彩色选通电路 colo(u)r gate
彩色渲染 colo(u)red rendering
彩色渲染图 colo(u)r rendered plan
彩色学 chromatism;chromatography
彩色雪花干扰 confetti
彩色信号源 colo(u)r signal source
彩色压型钢板 pressed colo(u)r coated steel sheet
彩色颜料 chromatic pigment;colo(u)r(ed) ink;colo(u)r(ing) pigment
彩色掩模 see-through mask
彩色阳极保护(饰面)层 colo(u)red anodic finish
彩色阳极氧化 colo(u)r anodizing
彩色样本 colo(u)r catalog
彩色样图 colo(u)r pattern
彩色夜光地图 luminous-colo(u)r map
彩色一次印刷法 stenochromy
彩色移动电路 colo(u)r shifting circuit
彩色艺术 polychromy
彩色艺术品 polychrome
彩色异常 colo(u)r anomaly
彩色抑制电路 colo(u)r killer
彩色抑制管 colo(u)r killer tube
彩色阴影 pastel shade
彩色印版 colo(u)r forme
彩色印版滚筒 colo(u)r plate cylinder
彩色印件 chromograph;chromolithograph;colo(u)r type
彩色印片(法) technicolo(u)r
彩色印刷 autochromatic printing;autochrome printing;chromaticity printing;chromatic printing;colo(u)r printing;multicolo(u)r printing
彩色印刷版 chromotype
彩色印刷机 chromatic printing machine;multicolo(u)r printing machine;colo(u)r press
彩色印刷品 colo(u)r print
彩色印刷物 colo(u)r print
彩色印相纸 colo(u)r paper
彩色印样 colo(u)r print;colo(u)r proof
彩色荧光屏 colo(u)r screen
彩色荧光屏发光点 colo(u)r-emitting phosphor dot
彩色影片 colo(u)r film
彩色影像地图 colo(u)r image(format) map
彩色影像频率 colo(u)r picture rate
彩色映象示波器 colo(u)r video scope
彩色油布 American cloth
彩色油墨 colo(u)red ink
彩色油漆 colo(u)red paint;pastel painting;tinted paint
彩色有线锁相系统 colo(u)r wirelock system
彩色釉面(瓷)砖装饰 polychrome glazed-brick decoration
彩色釉面墙砖 colo(u)red glazed wall tile
彩色釉面图案砖 alicatado;azulejo
彩色釉面砖 colo(u)r glaze brick
彩色釉砖 encaustic brick
彩色余像 colo(u)red after image
彩色预检器 colo(u)r previewer
彩色元件 colo(u)r cell
彩色原图 multicolo(u)r original
彩色载波 chrominance carrier
彩色载波标准 chrominance-carrier reference
彩色载波调节器 colo(u)r carrier modifier
彩色载波修正器 colo(u)r carrier modifier
彩色再配 colo(u)r rendering
彩色再现 chromatic rendition;colo(u)r rendering;colo(u)r rendition
彩色再现特性 colo(u)r rendering property
彩色再现指数 colo(u)r rendering index
彩色增感剂 colo(u)r sensitizer
彩色增强 colo(u)r enhancement
彩色增强影像地图 colo(u)r intensified photomap
彩色增益与时延测试仪 colo(u)r gain, delay test set
彩色沾色样卡 chromatic transference scale
彩色毡尖笔 colo(u)red felt-tipped pen
彩色障板 colo(u)r mask
彩色照明 colo(u)rama lighting;colo(u)r illuminating;colo(u)r lighting
彩色照片 autochrome;colo(u)r photograph;colo(u)r print;heliochrome;photochrome
彩色照片传真发送机 colo(u)r photo facsimile transmitter
彩色照相 chromophotograph;chromotype;photochrome
彩色照相玻璃 photochromic glass
彩色照相材料 colo(u)r photographic(al) material
彩色照相底片 autochrome
彩色照相干片 autochrome plate
彩色照相胶卷 colo(u)r negative(film)
彩色照相胶印 colo(u)r lithographic(al) printing
彩色照相术 colo(u)r photography;photochromy
彩色照相纸 colo(u)r photo paper;photocolo(u)r paper;colo(u)r photographic(al) paper
彩色照相制版平印术 photochromo lithography
彩色照像 autochrome process;photochromy
彩色照像凹版 colo(u)r gravure
彩色照像术 heliochromy
彩色罩面 colo(u)red finish
彩色遮蔽 colo(u)r masking
彩色折纸灯笼 Chinese lantern
彩色振幅编码 colo(u)r amplitude code
彩色整饰 colo(u)r dressing;colo(u)r pattern
彩色正片 colo(u)r positive film;colo(u)r print film;crystoleum;positive colo(u)r film
彩色正片显影液 colo(u)r positive film developer
彩色帧频 colo(u)r-frame rate
彩色织花型染色机 dye-weave polychromatic dyeing machine
彩色纸 fancy paper
彩色纸带 streamer
彩色纸盒 fancy carton
彩色指令 colo(u)r command
彩色指示脉冲 colo(u)r indexing pulse
彩色指示脉冲分离器 colo(u)r index pulse separator
彩色指示器 colo(u)r indicator
彩色指数 colo(u)r index
彩色制式选择器 colo(u)r mode selector
彩色中间涂层 colo(u)r base
彩色中心 colo(u)r center[centre]
彩色终端显示器生产线 colo(u)r terminal display production line
彩色重合 colo(u)r registration;colo(u)r superimposition
彩色重显不够真实 lack of true colo(u)r rendering
彩色重现 colo(u)r rendering
彩色皱纹纸 colo(u)red crepe paper
彩色砖 polychrome brick
彩色砖瓦 colo(u)red tile
彩色转换滤光镜 colo(u)r conversion filter
彩色转盘 colo(u)r filter
彩色转印纸 colo(u)r transfer paper
彩色装饰 colo(u)r finishing
彩色装饰玻璃 pot-metal glass
彩色装修 colo(u)red glazed finish;polychromatic finish;polychrome finish
彩色字符显示器 colo(u)r character display
彩色自动控制电路 automatic colo(u)r control circuit
彩色自然景物分析 colo(u)r natural-scene analysis
彩色组成 colo(u)r composition
彩色坐标系 colo(u)r coordinate system
彩烧 decorating fire;decoration baking;decoration fire[firing];fire-on
彩烧池炉 enamel tank furnace
彩烧窑 decoration firing lehr;furnace decoration
彩石 colo(u)r stone
彩石工 plasterer's labo(u)rer
彩矢量 chrominance
彩饰 festoonery;illuminating
彩饰表面 polychromatic finish
彩饰法 polychromy
彩饰建筑 florid architecture
彩饰面纸 decorative web
彩饰陶器 polychrome pottery
彩饰制品 decorative article
彩塑 colo(u)red sculpture;colo(u)r modelling;painted sculpture
彩陶 decorated pottery;faience pottery;painted pottery
彩陶动物 painted earthen animal
彩陶漆动物 painted earthen and lacquer animal
彩陶器 faience
彩陶镶嵌 majolica mosaic
彩条测视图 colo(u)r bar test pattern
彩条大理石 pavonazzo
彩条纺 shioze colo(u)r striped
彩条亮度电平 colo(u)r bar Y level
彩条亮度缓冲器 colo(u)r bar Y buffer
彩条绡 colo(u)r stripe gauze
彩条信号 colo(u)r bar signal;colo(u)r stripe signal
彩条信号发生器 bar graph generator;colo(u)r bar generator;rainbow generator
彩条跃变 bar transition
彩图 colo(u)r graph

彩帷绒 tapestry wool
彩纹 lathe work
彩像 polychrome
彩谐调整 colo(u)r balance adjustment
彩艺术 polychromy
彩艺术油漆 colo(u)red paint
彩印 colo(u)r printing
彩印包装盒 fancy packing box
彩印底漆 size coat
彩印复合包装袋 colo(u)r-printing laminated package bag
彩印机 painting machine
彩印件 chromatograph; colo(u)r print
彩印纸 chromopaper
彩釉 colo(u)red glaze
彩釉瓷器 colo(u)r glaze porcelain
彩釉瓷砖 faience tile; glazed colo(u)-red ceramic tile
彩釉花盒 colo(u)red glazed flower pot
彩釉蓝 faience
彩釉马赛克 faience mosaic; glazed colo(u)red mosaic
彩釉陶 glazed colo(u)red pottery
彩釉陶器 faience; faience ware
彩釉瓦 colo(u)red glazing tile
彩釉镶嵌工 alicatado
彩釉制品 colo(u)red luster [lustre] ware
彩鱼眼石 chromocyclite
彩晕轮 Parry arcs
彩扎 silk figure
彩砖 Dutch tile; encaustic brick
彩砖工艺 flashing

踩成泥浆 poach

踩法 stamping manipulation; trampling method
踩下制动板 apply brake board
踩硬 tread

菜板 cutting and chopping block

菜单【计】menu
菜单参数 menu parameter
菜单操作 menu processing
菜单处理器 menu processor
菜单段 menu section
菜单方式 menu mode
菜单建立 menu creation
菜单键 menu keypad
菜单卡片夹 menu card holder
菜单块 menu block
菜单驱动接口 menu-driven interface
菜单生成系统 menu generation system
菜单输出 menu output
菜单提示 menu prompt
菜单条 menu bar
菜单显示 menu display
菜单项 menuitem; menodefault
菜单选择 menu selection
菜单选择过程 menu selection procedure
菜地 vegetable plot
菜花头 cauliflower
菜窖 vegetable cellar
菜篮子工程 Vegetable Basket Construction; Vegetable Basket Project
菜盆 nappy
菜市场 food market
菜糖厂废水 wastewater from rape suger factory; Steffen's waste
菜肴 menu
菜肴保温板 dish-warmer; hot plate
菜肴保温器 plate warmer
菜油 rape oil; rubsen oil
菜园 herbary; kitchen garden; kitchen yard; vegetable farm; vegetable garden
菜园土 garden mo(u)ld; orchard soil; vegetable soil
菜子酸 rapic acid
菜子油 colza oil; rape oil; rape seed oil; colza <拔丝润滑剂>
菜子甾醇 brassicasterol; campesterol

蔡查罗(求)和 Cesaro sum(mation)

蔡查罗收敛数列 Cesaro convergent series
蔡尔德定律 Child's law
蔡尔德-朗缪尔公式 Child-Langmuier equation
蔡齐绿 Zeissig green
蔡司塔斯科纸 <一种描图纸> Tracitex
蔡斯-阿贝数值孔径计 Zeiss-Abbe apertometer
蔡斯奥杜美泰镜头 Zeiss Orthometar lens
蔡斯奥托比较仪 Zeiss Orthatest
蔡斯导程检查仪 Zeiss indicator
蔡斯-恩特粒度分析仪 Zeiss-Endter particle-size analyser
蔡斯非球面磨床 Zeiss aspheric grinding machine
蔡斯杠杆式测微头 Zeiss indicator
蔡斯光学比较仪 Zeiss optimeter
蔡斯灰尘计 Zeiss konimeter
蔡斯可换普劳特镜头 Zeiss convertible Protar
蔡斯块规干涉仪 Zeiss ga(u)ge block interferometer
蔡斯粒径分析仪 Zeiss particle-size analyser[analyzer]
蔡斯螺距(导程)检查仪 Zeiss lead tester
蔡斯门测定仪 Zisman apparatus
蔡斯平行四边形 Zeiss parallelogram
蔡斯全能经纬仪 Zeiss universal theodolite
蔡斯索那镜头 Zeiss Sonnar
蔡斯天象仪 Zeiss planetarium
蔡斯透镜 Zeiss lens
蔡斯物镜 Zeiss objective
蔡斯显微硬度试验计 Zeiss microhardness tester
蔡希斯坦白云石 <像扁桃样的> blasenschiefer
蔡希斯坦统 <欧洲晚二叠世>【地】Zechstein
蔡希斯坦统的杏仁状结构白云岩 amygdaloidal Zechstein dolomite
蔡泽尔法 Zeisel's method

参比 reference

参比标准 comparison standard; reference standard
参比玻璃 reference glass
参比池 reference cell
参比池腔 reference cell cavity
参比单位 reference peak location
参比电池 reference cell
参比电极 reference electrode
参比电极充填液 reference electrode filling solution
参比电柱 reference column
参比峰位 reference peak location
参比毛细管 reference capillary
参比器 reference holder
参比燃料之校准 calibration of reference fuels
参比溶液 reductometry solution; reference solution
参比色谱图 reference chromatogram
参比数据 reference data
参比水平物种 reference level species
参比态 reference state
参比条件 reference condition
参比温度 reference temperature
参比物 reference compound
参比物温度 reference material temperature
参比物质 reference material
参比线圈 external reference coil
参比样品 reference sample
参比仪表 reference instrument
参比元素 reference element
参比柱 comparison column; reference column
参变不稳定性 parametric(al) instability
参变管 parametron
参变光学 parametric(al) optics
参变过程 parametric(al) process
参变量 parameter
参变平面 parameter plane; parametric(al) plane
参变数 cross variable; parameter; parametric(al) variable
参变性作用 parametric(al) interaction
参变诱导共振 parametrically induced resonance
参变元件 parametron
参放变容二极管 varactor diode for parametric(al) amplifier
参股 equity participation
参股公司 shares-holding company
参股收益 equity earnings
参股油 participation oil
参股者 equity participant
参股总协定 general agreement on participation
参观(访问)者入流量 influx of visitors
参加 enter(ing); enter into; join; mingle; take a share in
参加成本 entry cost
参加承兑 acceptance by intervention; supraprotest <汇票为付款人拒绝后,第三者出面承兑>
参加的 contributory
参加国 acceding state
参加海运同盟的班轮 conference line vessel
参加机构 participating agency
参加交易的许可 permission to deal
参加经济活动人口 active population
参加竞赛者 entrant
参加率 participation rate
参加票据交换的银行 clearing bank
参加人(员) attendant
参加商号 participating house
参加市场自由 freedom of entry
参加诉讼方 intervening party
参加他人间已订合同行为 act of accession
参加谈判 enter into negotiations
参加投标 participate in tender
参加优先股 participating preferred stock
参加运输 participation in traffic
参加运输业 <在客货须经由几种运输方式或几条铁路的运输情况下> participating carrier
参加债券 participating bond
参加者 participant
参加证书 participating certificate
参见 cross reference
参见号 index mark
参看符号 reference mark
参考 compare; consult(ing)
参考白(色) reference white
参考板 reference plate
参考报价 info quote
参考比例 reference scale
参考臂 reference arm
参考边 reference edge
参考边缘 reference edge
参考变量 reference variable
参考变数 reference variable
参考标 azimuth reference
参考标尺 reference scale
参考标点 reference mark; referring mark; witness mark; reference object
参考标杆 reference rod; Borros point <沉降观测用>
参考标高 level of reference; reference height; reference level
参考标记 reference mark; referring mark
参考标架 frame of reference; reference frame
参考标石 reference monument; witnessing monument
参考标志 reference mark; setting mark
参考标桩 recovery peg; reference peg
参考标准 normative reference; reference standard
参考标准灯 reference standard lamp
参考表 reference table
参考标桩【测】reference peg
参考波 reference wave
参考波长 reference wavelength
参考波前 reference wavefront
参考部分 reference member
参考部件 reference member
参考材料 reference material
参考草图 reference sketch
参考层 reference layer; reference level
参考差错率 reference error ratio
参考长度 reference length
参考程序块 reference block
参考尺寸 reference dimension
参考储备 reference fund
参考传送器 reference transmitter
参考船 reference ship
参考大气条件 atmosphere of reference
参考代码 identifying code
参考带 reference tape
参考当量 reference equivalent
参考道 library track; reference track
参考等效值 reference equivalent
参考等压面 datum plane of identical atmospheric pressure
参考底片 reference radiographs
参考地平面 ground reference plane
参考地图集 reference atlas
参考地址 reference address
参考点 datum point; fiducial point; orientation mark; point of reference; reference mark; reference point; reference station; referring point; witness mark; witness point
参考点光源 reference point source
参考电极 reference electrode
参考电平 reference level
参考电位 reference potential
参考电压 reference voltage; voltage reference
参考电源 reference power supply; reference supply
参考读数 reference count; reference reading
参考断面图 reference section
参考对物光能量比 reference-to-object energy ratio

参考二极管 reference diode
参考发射器 reference transmitter
参考反射镜 reference mirror
参考方法 reference method
参考方位(角) reference azimuth;reference bearing
参考方向 reference direction
参考放大器 reference amplifier
参考符号 reference symbol
参考辐射 reference radiation
参考辐射水平 reference radiation level
参考副载波同步信号 reference burst
参考刚度 reference stiffness
参考港 reference harbo(u)r;reference station;standard port
参考高程 level of reference
参考格式 parameter format
参考格网 frame of reference;reference frame;reference grid
参考工程量 quantity for reference
参考功率 reference power
参考构架 reference frame;frame of reference
参考关键字(符号) reference key
参考光 reference light
参考光路 reference path
参考光束 reference beam
参考光束法 reference beam method
参考光束角 reference beam angle
参考光束偏振 reference beam polarization
参考光线 reference ray
参考轨道 reference orbit;reference track
参考海图册 reference chart folios
参考号码 reference number
参考号数 reference number
参考恒星 astre fictif
参考汇率 reference rate
参考汇率区域 reference rate zone
参考混频器 parametric(al) mixer
参考货币 reference currencies
参考基点 reference mark
参考基(准)面 datum reference;reference datum
参考激励 parametric(al) excitation
参考级 reference level
参考计数 reference count
参考记录 reference record
参考技术标准 reference standard
参考剂量 reference dose
参考价格 price indication;reference price
参考价格制度 reference price mechanism;reference price system
参考价值 reference value
参考价值转换 reference value convertor[converter]
参考架 reference frame
参考检波器 reference seismometer
参考键槽 reference keyway
参考角 reference angle;reference corner;witness angle;witness corner
参考接收器 parametric(al) receiver
参考结 reference junction
参考结点 datum node;reference node
参考解 reference solution
参考介质 blank medium
参考距离 reference distance;reference range
参考距离标记器 reference range marker
参考卷 reference volume
参考抗滑材料 reference skid-resistant material
参考刻度 reference mark
参考库的程序设计 library reference programming
参考类 reference class
参考棱镜 reference prism
参考量 datum quantity;reference quantity
参考量规 reference ga(u)ge
参考列表 reference listing
参考灵敏度 reference sensitivity
参考流程 reference flowchart
参考流域 benchmark basin
参考露点 reference dew point
参考脉冲 reference pulse
参考密度 reference density
参考面 datum plane;plane of reference;reference area;reference datum;reference plane;reference surface
参考面积 area of reference;reference area
参考模型 reference model
参考目镜 reference eyepiece
参考配置 reference configuration
参考喷涂片 reference painting panel
参考偏振性 reference wave polarization
参考频率 frequency reference;reference frequency
参考平均校正坡度 reference average rectified slope
参考平均校正速度 reference average rectified velocity
参考平面 plane of reference;reference plane
参考剖面 reference profile;reference section
参考期 reference period;reference time
参考器件 parametric(al) device
参考球 reference sphere
参考缺陷 reference defect
参考群体 reference group
参考燃料 reference fuel
参考溶液 reference solution
参考色 reference colo(u)r
参考栅 reference grating
参考栅极 reference grid
参考设计 reference design
参考声功率 reference sound power
参考声强 reference sound intensity
参考声压 reference sound pressure
参考时标 reference time scale
参考时间 reference time
参考时钟 reference clock
参考矢系 system of vectors of reference
参考式 reference form
参考试池 reference cell
参考试剂 reference reagent
参考试件 reference piece
参考试块 reference block;reference test piece
参考试样 reference sample
参考手册 guidebook;guide manual;reference manual
参考书 book of reference;companion;data book;reference book
参考书目(录) bibliography;bibliographical reference;reference
参考书室 reference room
参考输入 reference input
参考输入变量 reference input variable
参考数据 advisory data;data for reference;reference data
参考数据磁道 library track
参考水 reference water
参考水尺 reference ga(u)ge
参考水平 reference level
参考水位 reference level;reference water table
参考水质标准 referential standard of water quality
参考水准面 reference level
参考速度 reference speed;reference velocity
参考态 reference state
参考态成分 reference state composition
参考态环境 reference state environment
参考态环境条件 reference state environmental condition
参考态浓度 reference state concentration
参考态条件 reference state condition
参考条件 reference condition
参考调整 reference adjustment
参考调制器 parametric(al) modulator
参考订单 order under reference
参考通货 reference currency
参考统计估值 statistic(al) estimation of parameters
参考图 reference diagram;reference drawing;reference map
参考图号 reference drawing number
参考图书馆 reference library
参考图书室 morgue
参考图纸 informative drawing
参考土体系 reference soil system
参考椭球定位 orientation of reference ellipsoid
参考椭球面 surface of reference ellipsoid
参考椭球(体) reference ellipsoid;reference spheroid
参考椭圆体 reference spheroid
参考网 reference net
参考网格 grid of reference
参考位 reference bit
参考位置 reference position
参考温度 reference temperature
参考文献 literature cited;literature reference;reference
参考稳频法 parametric(al) method of frequency stabilization
参考稳压器 parameter voltage stabilizator
参考物 reference
参考物试验 reference substance test
参考物质 reference material
参考物种 reference species
参考系(统) frame of reference;reference frame;reference system;system of reference
参考弦 reference chord
参考线 line of reference;reference axis;reference line
参考线性规划(法) parametric(al) linear programming
参考相位 fixed phase;reference phase
参考相位同步发电机 phase-reference alternator
参考向量 reference vector
参考像对 reference pairs
参考信号 comparison signal;reference signal
参考信号发生器 reference generator
参考信息系统 reference information system
参考星 reference star
参考性的转折日期 reference turning dates
参考性计划 plan serves suggestions
参考性能 reference performance
参考压强 reference pressure
参考样本 pattern for reference;reference sample
参考样品 reference sample
参考业务量 artificial traffic
参考页 reference page
参考依据 frame of reference
参考仪器 reference instrument
参考音量 reference volume
参考银行 reference bank
参考应变 reference strain
参考用的 referential
参考用工具书 reference book
参考语句【计】 reference statement
参考语言 reference language
参考语言的实现 implementation of the reference language
参考元素 reference element
参考圆 circle of reference;reference circle;reference circuit
参考圆柱 reference cylinder
参考圆锥 reference cone
参考源 calibration source;reference source
参考载波 reference carrier
参考噪声 reference noise
参考站 index station
参考振荡器 parametric(al) oscillator;reference oscillator
参考证据 circumstantial evidence
参考帧高 reference image height
参考值 guide value;guiding value
参考值调整 reference adjustment
参考指标 reference index
参考指令 reference instruction;reference order
参考制品 reference preparation
参考终端负载 reference termination
参考重量 reference weight
参考周期 reference cycle
参考轴承 reference bearing
参考轴(线) axis of reference;reference axis
参考柱 reference column
参考著作 reference works
参考桩【测】 recovery peg;reference peg;reference stake;witness post;witness stake
参考装置 reference unit
参考资料 bibliography;reference;reference data;reference material
参考资料附件 information annex
参考资料手册 data book;reference data book
参考字母 reference letter
参考阻尼 parametric(al) damping;reference damping
参考作物耗水量 reference crop evapotranspiration
参考作物蒸发蒸腾量 reference crop evapotranspiration
参考坐标 reference coordinates
参考坐标格网 grid reference
参考坐标网 grid reference;reference grid
参考坐标系 frame of reference;reference coordinate system;reference frame;reference system
参考坐标轴 reference coordinate axis
参量 parameter;rating
参量倍频 parametric(al) frequency multiplication
参量倍增器 parametric(al) multiplier
参量变化 parametric(al) variation
参量变频器 parametric(al) converter;parametric(al) frequency converter
参量次谐波振荡器 parametric(al) subharmonic oscillator
参量的 parametric(al)
参量地震计 parametric(al) seismometer
参量发射 parametric(al) emission
参量发生器 parametric(al) generator
参量方程式 parametric(al) equation
参量放大 parametric(al) amplification
参量放大二极管 parametric(al) amplification diode
参量放大光电二极管 parametric(al)

amplification photodiode
参量放大器 parameter amplifier; parametric(al) amplifier; paramp
参量分类 parametric (al) classification
参量分频器 parametric(al) frequency divider
参量分析 parametric(al) analysis
参量符号 mark of reference
参量共振 parametric(al) resonance
参量共振加热 parametric (al) resonance heating
参量估计 estimation of parameters; parameter estimation
参量过程相位匹配 phase matched for parametric(al) processes
参量红外变像管 parametric (al) infrared image converter
参量互作用 parametric(al) interaction
参量化 parametrization
参量混频 parametric(al) mixing
参量混频器 parametric(al) mixer
参量激发 parametric(al) excitation
参量激励 parametric(al) excitation
参量经度 parametric(al) longitude
参量描述表 parameter descriptor list
参量模型 parametric(al) model
参量频率倍增 parametric (al) frequency multiplication
参量频率变换器 parametric (al) frequency converter
参量器件 parametric(al) device
参量前置放大器 parametric (al) preamplifier
参量筛选 parametric(al) selection
参量上变频器 parametric(al) up-converter
参量上转换 parametric (al) up-conversion
参量上转换器 parametric(al) up-converter
参量声呐 parametric(al) sonar
参量式显示 parameter mode display
参量调制器 parametric(al) modulator
参量统计分析 parametric(al) statistic-(al) analysis
参量统计学 parametric(al) statistics
参量图法 parametric(al) curve method
参量图像变换 parametric (al) image conversion
参量图像转换器 parametric (al) image converter
参量纬度 geometric (al) latitude; parametric(al) latitude
参量稳频法 parametric(al) method of frequency stabilization
参量系统 parametric(al) system
参量下变频器 parametric (al) down converter
参量下转换 parametric(al) down-conversion
参量线性规划(法) parametric (al) linear programming
参量谐振 parametric(al) resonance
参量研究 parameter research
参量荧光 parametric(al) fluorescence
参量影响系数 parameter influence coefficient
参量元件 parametric(al) element
参量元件电子计算机 parametric(al) element electronic computer
参量增益 parametric(al) gain
参量阵 parametric(al) array
参量振荡 parametric(al) oscillation
参量振荡器 parametric(al) oscillator
参量转换 parametric(al) conversion
参量阻尼 parametric(al) damping
参滤交代作用 infiltration metasomatism

参谋部门目标 staff objective
参入键 break-in key
参事 counselor
参数 parameter; rating
参数包 parameter pack(et)
参数泵 parametric(al) pumping
参数泵分离 parametric (al) pump separation
参数边界条件 parametric(al) boundary condition
参数变分法 method of variation of parameters
参数变化 parameter variation; parametric (al) variation; variation of parameter
参数变换 parameter transformation; parameter variation
参数变量 parametric(al) variable
参数变值法 parameter variation; parametric (al) variation; variation of elements; variation of parameter
参数标定 parameter identification
参数标记 parameter tag
参数表 data sheet; data table; parameter list; parameter table
参数表示 parametric (al) representation
参数测定 parametric (al) determination
参数测量 parameter measurement
参数测深 parametric(al) sounding
参数测试 parameter test(ing)
参数产品计划 parametric(al) product planning
参数长度 parameter length
参数场 parameter field
参数程序设计 parametric (al) programming
参数抽取 parameter extraction
参数初值 initial value of parameter
参数储存器 parameter of storage
参数传送 parameter passing
参数存储器 parameter storage
参数代换 parameter substitution
参数导数 parametric(al) derivative
参数的 parametric(al)
参数的变更 variation of parameter
参数的插入界限 intervention threshold
参数的非线性 non-linearity in parameters
参数的分配 allocation of parameters
参数的界 bound of parameter
参数的可估性 estimability of parameters
参数地震 parameter earthquake
参数点 parametric(al) point
参数电位计 parameter potentiometer; parametric(al) potentiometer
参数定界符 parameter delimiter
参数定义 parameter-definition
参数定义符 parameter delimiter; parametric(al) delimiter
参数法 parametric(al) method
参数反演 parametric(al) inversion
参数方差 parameter variance
参数方程(式) parametric (al) equation; parameter equation
参数放大 parametric(al) amplification
参数放大二极管 parametric (al) amplification diode
参数放大器 parameter amplifier; parametric(al) amplifier
参数非线性 parametric(al) nonlinearity
参数分界符 parameter delimiter; parametric(al) delimiter
参数分类法和非参数分类法 parametric (al) and non-parametric (al) classification

参数分区数 number of parameter division
参数分析 analysis of parameters; parametric(al) analysis
参数格网 parametric(al) network
参数跟随 parameter tracking
参数功能 parametric(al) function
参数共轴椭球 datum-centered ellipsoid
参数估计 estimation of parameters; parameter estimation
参数估值 estimation of parameters; parameter estimation
参数故障 parametric(al) fault
参数规划(法) parametric (al) programming
参数过程 parametric (al) procedure; procedure as parameter
参数函数 parametric(al) function
参数化 parameterization; parameterize
参数化的曲线 parametrized curve
参数化法 parameterization
参数化几何设计 parametric (al) geometric design
参数回归系数 parametric (al) regression coefficient
参数激发 parametric(al) excitation
参数激发频率信号 pump signal
参数激励 parametric(al) excitation
参数激励频率信号 pumping signal
参数激励子 parametron
参数集 parameter set
参数计算机 parameter computer
参数记录 reference record
参数加权 parameter weighting
参数假设 parametric(al) assumption; parametric(al) hypothesis
参数间关系 parametric (al) relationship
参数检测 parameter detection; parametric(al) detection
参数检验 parametric(al) test
参数解 parametric(al) solution
参数界和长度 parameter bound and length
参数界限 parameter bound
参数井 parameter well; parametric(al) borehole; reference well; stratigraphic(al) well
参数矩阵 parameter matrix
参数卡(片) parameter card
参数空间 parameter space; parametric(al) space
参数控制费用 parameter control cost
参数块 parameter block
参数联系 parameter association
参数联系模式 parameter mode
参数面 parametric(al) face
参数描述符 parameter descriptor
参数描述符表 parameter descriptor list
参数敏感度 parameter sensitivity
参数模式 parameter mode; parametric(al) mode
参数模型 parameter model; parametric(al) model
参数偏移 parameter shift
参数平差 adjustment by parameters; parameter adjustment; parametric(al) adjustment
参数平均值 mean parameter
参数平面 parameter plane; parametric(al) plane
参数平面方法 parameter plane method
参数奇点 parametric(al) singular point
参数气象学 parameteorology
参数器 parametric (al) phase-locked oscillator; parametron; phase-locked subharmonic oscillator

参数器逻辑电路 parametron logical circuit
参数器铁芯 parametron core
参数器振荡电路 paraloc
参数曲线 parameter curve; parametric(al) curve
参数曲线密度 density of parametric-(al) curve
参数曲线系统 system of parametric-(al) line
参数群 population of parameters
参数扰动法 parameter perturbation technique
参数上变频器 parametric(al) up-converter
参数设计 parametric(al) design
参数识别 parameter identification
参数数据 parametric(al) datum
参数水平 reference level
参数水文学 parametric(al) hydrology
参数特征表 parameter attribute list
参数调试 parameter test(ing)
参数调整装置 parameter adjustment control
参数通信[讯] parametric(al) communication
参数统计 parametric(al) statistics
参数统计推论 parameter statistical inference
参数统计学 parametric(al) statistics
参数推断 parametric(al) inference
参数微分法 parametric(al) differentiation
参数纬度 parametric(al) latitude
参数位置 parameter position
参数稳压器 parameter voltage stabilizer
参数系统 parametric(al) system
参数线性规划(法) parametric(al) linear programming; parametric (al) linear planning
参数相关 parameter correlation; parametric(al) correlation
参数相关性假设 parametric (al) dependence assumption
参数向量 parameter vector
参数谐振过电压 parameter resonant over-voltage
参数信道 parametric(al) variation channel
参数形式 parametric(al) form
参数选定 dimensioning
参数选择 parametric(al) selection
参数选择表 parameter selection menu
参数学 parametrics
参数寻优 parameter optimization
参数寻优法 constant optimum method
参数压力级 reference pressure level
参数研究 parameter study
参数影响系数 parameter influence coefficient
参数用户 parametric(al) user
参数优化 parameter optimization
参数优化钻进 parameters optimized drilling
参数优选 parameter optimization
参数优选源程序 source program(me) of parameter optimization
参数语句 parameter statement
参数语言 parameter language
参数元素 parametric(al) component
参数约束 restrictions on the parameters
参数诊断 parameter diagnosis
参数振荡 parameter oscillation
参数振荡器 parametric(al) oscillator
参数值 parameter value
参数指令 parameter instruction
参数置放指令 parameter setting instruction

参数属性 parameter attribute
参数属性表 parameter attribute list
参数转换 parameter switch conversion;parametric(al) switch
参数转移 parameter transition
参数装定装置 parameter adjustment control
参数子程序 parametric(al) subroutine
参数字 parameter word
参数自动记录系统 data-logging system
参数综合 parametric(al) synthesis
参数阻尼 parametric(al) damping
参数组 population of parameters
参数最佳值 parametric(al) optimized value
参数最优化 parameter optimization
参物比 reference object ratio
参项【数】parameter
参议院各种委员会 <美> Senate Committees
参引表 reference table
参与贷款 loan participation
参与抵押 participation mortgage
参与发行证券集团的银行或证券行 participant
参与方 participant
参与放款 participation; participation loan
参与费 participation fee
参与分红 participation in the profit
参与分红股 participating capital stock
参与分红股利 participating dividend
参与分红优先股 participating preferred share;participating preferred stock;profit participating preferred stock
参与分红债券 participating bond
参与感 sense of participation
参与工作人员 on-the-job staff
参与管理 management participation; participating management; participative management
参与会议者 confer(r)ee
参与经营管理 management of participation
参与人 participant
参与设计技术 participating design technique
参与设计项目 participating design project
参与收入分成的权利 income participation
参与团体 participatory group
参与系数 participation coefficient
参与销售证券 participation sale certificate
参与协商者 confer(r)ee
参与盈余分配 participating
参与油 participation oil
参与者 participator
参与证单 participation certificates
参与证券 <一种抵押证券> participation certificates
参与职业组织 membership in professional organization
参与制 participation system; system of holdings
参与组织模型 participative model of organization
参阅 consultation
参赞 council(l)or[counsel(l)or]
参照 consulting;reference;referencing
参照标尺 reference scale
参照采用 adopting by reference
参照磁体 reference magnet
参照地理位置的数据 geographically referenced data
参照点 reference point;referring point
参照法 cross reference
参照方向 reference direction
参照分析方法 reference method of analysis
参照符号 mark of reference; reference mark;referring object
参照构架 frame of reference; reference frame
参照关系 reference relation
参照号码 cross reference number
参照基准 basis of reference
参照级 reference level
参照漏板 reference bushing
参照区 reference zone
参照数据 comparable data
参照索引 cross reference index
参照椭球(体) reference ellipsoid
参照温度 reference temperature
参照系 location referencing system; reference frame;reference system
参照系数 reference coefficient
参照系统 reference system
参照系转换器 reference system convertor[converter]
参照线 datum line;reference line
参照向量系 system of vectors of reference
参照延伸 reference projection
参照样本 sample for reference
参照圆 circle of reference;reference circle
参照站【测】benchmark station;reference station
参照值 reference value
参照周期 reference cycle
参照轴 axis of reference; reference axis
参照桩【测】reference peg
参照坐标系 reference coordinate system;frame of reference
参振质量 mass of vibration
参证点 <测量中的> witness mark; reference mark;reference point
参证流域 analog(ue) basin; benchmark basin; index basin; reference basin
参证面 reference plane
参证区域 reference zone
参证水文基站 benchmark station
参证线 reference line
参证站 benchmark station;index station;reference station
参政权 suffrage

餐车 buffet car;buffet coach;catering car;diner;dining car;dining carriage;restaurant car;salo(o)n <铁路>;crummy <货车>;kitchen buffet car <铁路>

餐车厨房 <俚语> crummy
餐车供应品的补充 restocking of dining car
餐刀 case-knife
餐费 victual(l)ing expenses
餐服 dinner clothes
餐馆 cuisine; eatery; eating house; eating place; lunchery; restaurant; victual(l)ing house
餐馆空气调节 restaurant air conditioning
餐馆帘 cafe curtain
餐后腹泻 postprandial diarrhea
餐后水果 dessert fruit
餐巾 mess cloth;mocket(er);mokador; napery; napkin; nappe; table napkin;tabling
餐巾薄纸 napkin tissues
餐具 dinner service;dinnerware;dishware;mess gear;mess kid;mess utensils;tableware
餐具壁橱 plate closet
餐具橱 plate rack
餐具干燥器 tableware dryer
餐具柜 buffet; cutlery chest; kitchen cabinet;side board(ing)
餐具架 plate rack; side board; buffet <车站、客车内的>
餐具框 fiddle
餐具清洗消毒设备 tableware washing and sterilizing equipment
餐具室 ambry;covey;mess hall;pantry;plate closet
餐具锡合金 Minofar
餐具洗涤剂 dish washing detergent; tableware detergent
餐具洗涤室 scullery
餐具箱 canteen
餐具消毒 tableware disinfection
餐室 dining room;lunchery;lunch room;refreshment room <车站或餐车中的>;buffet <车站、客车内的>;c(o)enaculum <古罗马房屋中的>
餐厅 dining hall;dining saloon;dining section;dining room; lunch room; refreshment saloon; triclinium <古罗马三面用餐躺椅的>; soupery <美>;refectory <寺院神学院中的>
餐厅层 restaurant level
餐厅服务员 mess boy
餐厅管理员 pantry man
餐厅甲板【船】salo(o)n deck
餐厅楼板驱动系统 restaurant floor drive system
餐厅阳台 solarium[复 solaria/solariums]
餐卧车厢 hotel car
餐用器皿 tableware
餐桌 dining table;dinner table;dinette table <厨房用>
餐桌服务饭店 table-service restaurant
餐桌饰架 epergne
餐桌台布 dinner cloth
餐桌转盘 lazy Susan
餐座 dining nook;dining seat

残氨废水 residual-ammonia wastewater

残斑变岩 porphyroid
残斑变质岩 porphyroid
残斑新生变形作用 porphyroid neomorphism
残斑状 porphyroid
残本 aberrant copy
残币 worn coin
残冰堆积 ice ledge
残波 residual wave
残材 offal-timber;wastage
残材清理 parameter
残层混合岩 embrechite
残茬 crop residue;stub;stubble
残茬处理 crop residue management
残茬覆盖 stubble mulch(ing)
残茬覆盖耕作 stubble-mulch tillage
残茬耕作 trash farming
残茬留在地面 let a mulch top of the soil
残差 residual; residual deviation; residual error
残差法 method of residuals
残差方程 residual equation
残差分析 residual analysis
残差集 set of residuals
残差计算 residual calculation
残差均方 residual mean square
残差率 residual error rate
残差平方和 residual sum of squares; square sum of residues
残差图 residual plot
残场 residual field
残臣 Hurtling
残虫胶 molamma
残磁性 remnant magnetism; residual magnetism
残次品 defect ware;imperfection;spoilage
残存 remaining;remnant;survive;surviving
残存潮湿 trapped moisture
残存概率 probability of survival
残存构造 relict structure
残存函数 survival function
残存结构 relict texture
残存空气 air pocket; entrapped air; trapped air
残存离子 survivor ion
残存膨胀 after-expansion
残存期间 remaining period
残存曲线 <显示出道路服务若干年后尚存的服务能力的百分比> survivor curve
残存湿度 <指气体中含有的水分> trapped humidity
残存视差 residual parallax
残存收缩 after-contraction; permanent contraction
残存物 survival;survivor
残存小体 residual body
残存性 survivability
残存影响 residual impact
残存元素 tramp element
残存债券 survival bond
残存者 survival
残岛 relict island;remnant island;skerry
残电压 residual voltage
残锭 ingot stub;stub ingot
残冻层 intergelisol;pereletok
残毒 residual toxicity;toxic residue
残毒含量 residual level
残毒积累 residue accumulation
残毒量 residual toxic dose
残端 stub end
残短单 shortage and damage report
残段 horn;stub
残段街道 stub street
残段生存曲线 stub-survivor curve
残废 deformation; deformity; disability;disablement
残废保险 disability insurance
残废偿金 disability benefit
残废的 disabled;maim
残废抚恤金 disability pension
残废工人 disabled worker
残废津贴 disability benefit
残废救济金 disability payment; disablement benefit
残废料处理 salvage account; salvage disposal
残废人 maimed person
残废者 handicapped people
残干 nog;stub;stump
残杆 stub
残根 residual root
残根剩草 plant remains
残谷 residual valley
残冠 residual crown
残骸 debris; remains; wrack【船】; wreck(age)【船】
残骸价值 wreckage value
残海 relic sea
残函数 residual function
残湖 relict lake
残毁 mutilation
残货修整费 cooperage

C

残迹 relics;remaining trace;remnant;scar;trail
残迹地层学 ghost stratigraphy
残迹地貌 relic
残积层 eluvial horizon; eluvium; overburden; residual; residuum [复 residua]
残积成因 residual origin
残积的 eluvial;sedentary
残积堆积景观 eluvial-accumulative landscape
残积肥 residues of previous fertilizer application
残积覆盖层 residual over-burden
残积红土 eluvial laterite
残积角砾岩 eluvial breccia
残积景观 eluvial landscape
残积矿床 eluvial ore deposit
残积蜡土 residual-wax soil
残积砾石 eluvial gravel; eluvium gravel;lag gravel
残积母质 residual parent material
残积黏[粘]土 residual clay
残积砂 eluvial sand;lag sand
残积砂矿 eluvial placer;residual placer
残积土 eluvial soil;lithorelics;native soil;residual material;residual soil;sedentary soil
残积物 residual material;eluvial deposit;eluvial material;residual deposit;residual sediment;saprolite;sedentary product
残积物异常 residual over-burden anomaly
残积相 eluvial facies
残积形态 <地形的> residual feature
残积型风化壳 residual weathering crust
残积元素 residual elements
残积晕 residual halo
残积作用 eluviation
残基 residue
残基量 residue weight
残极 stub
残疾 crippling
残疾驾驶员 disable driver
残疾人 cripple;disabled person;handicap(ped person)
残疾人电梯 disable people's elevator;handicapped elevator
残疾人电梯切换箱 change-over box for disable people's elevator
残疾人客车 coach with easy access for handicapped people
残疾人设计 designing for the disabled;planning for the handicapped
残疾人用的公房 handicapped persons use of public buildings
残疾人员 physically disabled person
残疾人中心 handicap person's center [centre]
残键 residual bond
残胶 cull
残晶的 malcrystalline
残晶结构 malcrystalline structure
残孔 <爆破后的> dead hole
残酷竞争 cut-throat competition
残块 relic
残块地槽 dismembered geosyncline
残沥青 ipsonite
残粒胶 molamma
残料 remainder;scrap material;surplus
残流 residual flow
残留 remain;residual
残留奥氏体 retained austenite
残留百分率 retained percentage
残留半衰期 residue half life
残留半脱位 residual subluxation
残留边带 quasi-signal-side band;residual sideband;vestigial sideband
残留边带传送 vestigial sideband transmission
残留边带发射 vestigial sideband emission
残留边带发射机 vestigial sideband transmitter
残留边带接收法 vestigial sideband reception
残留边带解调器 vestigial sideband demodulator
残留边带滤波器 vestigial sideband filter
残留边带调幅 amplitude modulation with vestigial sideband
残留边带调制 vestigial sideband modulation
残留边带通信[讯]系统 vestigial sideband communication system
残留边带通信[讯]制 vestigial sideband communication system
残留变形 offset;permanent distortion;residual deformation
残留不平衡度 steady-state speed drop
残留层理 relict bedding
残留产品 bottom product;residuary product
残留产物 bottom product;residual product
残留潮湿 <指多孔固体材料中含有的水分> trapped moisture
残留沉积(物)lag deposit;relict(ion) sediment;residual deposit
残留沉降 residual settlement
残留磁性 residual magnetism
残留粗屑沉积 lag
残留错误率 residual error rate;residual error ratio
残留大洋 remnant ocean
残留单边带滤波器 residual single-sideband filter
残留单体 residual monomer
残留岛弧 dead arc;remain arc;remnant arc
残留的 remaining;remnant;residuary;vestigial
残留的矿物 relic mineral
残留(的天然)气 <石油中> residue gas
残留地沥青 residual asphalt
残留点 remanent point
残留电荷 residual charge
残留电弧 residual arc
残留电压 residual voltage
残留毒效应 residual toxic effect
残留毒性 residual toxicity
残留堆积物 relict sediment
残留粉量 residual dust
残留辐射 residual radiation
残留耕作 trash farming
残留固体 <污水中的> fixed solids
残留光线 residual ray
残留骸晶结构 residual skeletal texture
残留含水量 residual moisture
残留痕 relic scar
残留哼声 residual hum
残留活性 residual activity
残留货物 residue cargo
残留脊 remnant ridge
残留键 residual bond
残留降深 residual drawdown
残留焦炭 residue coke
残留焦油 residuum tar
残留阶段 remanent stage;residual stage
残留结构 palimpsest texture
残留金属液 last-to-freeze liquid
残留孔隙度 retained porosity
残留矿床 residual deposit
残留矿物 residual mineral
残留矿柱 remnant pillar
残留垃圾 residual waste
残留累积试验 test on residue accumulation
残留沥青 residual bitumen
残留砾石 lag gravel
残留粒子分布 residue distribution of particle size
残留量 residual quantity;residual volume
残留量分析 residual analysis;retention analysis;residue analysis
残留卤水 relict bittern
残留氯 residual chlorine
残留螺旋 relic coil
残留脉冲 afterpulse;residual impulse
残留煤柱 abandoned coal pillar
残留明矾 residual alum
残留膜层 residual coating
残留母岩中的沥青碳 carbon of residual bitumen in source rock
残留母岩中的烃碳 carbon of residual hydrocarbon in source rock
残留母岩中有机质 residual organic matter in source rock
残留木 hold-over
残留耐量 residual tolerance
残留挠度 residual deflection
残留泥浆 residual slip
残留泥土 residuary earth;residuary soil
残留黏[粘]土 primary clay
残留农药 residue of pesticide
残留盆地 residual basin
残留膨胀 permanent expansion
残留谱 residual spectrum
残留期 residual life
残留气孔 remaining pore
残留气泡 air void
残留强度 retained strength
残留强力 strength retention
残留容积 remanent volume;residual volume
残留容量 residual tolerance
残留溶剂 residual solvent
残留杀虫剂 residual pesticide
残留沙坝 relic bar
残留沙洲 relic bar
残留砂 residual sand
残留山丘 monadnock
残留生物 relict
残留生物岩 liptobiolite;liptobiolith
残留石油 by passed oil;unrecovered oil
残留时间 residence time;residual time
残留时间分布 residual time distribution
残留水 residual water;residuary water;water of hydration
残留水分 residual moisture
残留水压力 back water load
残留酸 residual acid
残留损伤 residual impairment
残留特性 persistence characteristic
残留体构造 residual structure
残留调制 residual modulation
残留图像 after-image;picture retention;residual image;sticking
残留图像电荷 residual image charge
残留土 satholith;derived soil
残留问题 residue problem
残留污物 residual soil
残留物 bottoms;derelict;flux residue;odd parts;relic;remnant;residue;residuum[复 residua]
残留物产生 residual generation
残留物沉淀 residuum lodge
残留物分析 residue analysis
残留物试验 test on residue
残留误差 offset;residual error
残留现象 residual phenomenon
残留响应 residual response
残留响应区 residual response zone
残留星 remaining star
残留性能 residual property
残留性农药 agricultural chemical;persistent pesticide;residue prone;residual pesticide
残留性农用化学物 residual-prone agricultural chemicals
残留雪 snow residuum
残留延伸 permanent elongation
残留岩体 sarsen(stone)
残留岩芯 dropped core;lost ground;residual core; stand-off; stickup <钻孔底的>
残留岩芯长度 residual core length
残留盐分 salt residue
残留洋盆 remnant ocean basin
残留药液 residual liquor
残留液量 residual spray mixture
残留应力 residual stress
残留影像 after-image; image retention;residual image
残留硬度 residual hardness
残留有机质丰度 abundance of remainder organic matter
残留允许量 practical residue limit
残留杂质 residual impurity
残留炸药 misfire charge
残留蒸汽 entrained steam
残留直径 residual diameter
残留趾 dew claw
残留种 deleted species
残留自凝泥浆 <地下连续墙> grout remains in place
残留作用 residual action
残硫量 residual sulfur;residual sulfur content
残缕构造 helicitic structure
残缕结构 helicitic texture
残氯定量分析仪 quantitative analyzer of residual chlorine
残氯分析仪 analyzer of residual chlorine;residual chlorine analyser[analyzer]
残落物层 duff
残木 slashings
残泥 mud residue
残炮眼 bootleg hole
残片 butt;relic
残品 damaged articles;defective goods;defective products; remainder;scrapped parts
残坡积层地下水 groundwater in eluvial-cliff debris
残坡积物 residuum[复 residua]
残坡积物采样 sampling of eluvial sediment
残破 dilapidation
残破不堪 dilapidation
残谱 residual spectrum
残气 residual gas;sweep gas;after-gas <爆破后残留的有毒气体>
残气量 residual volume
残气量测定装置 alveolar-air measuring apparatus
残气率 residual gas rate
残气排出管 steam waste pipe
残腔 residual cavity
残丘 hurst; kopje; koppie; mosor; remnant hill; residual hill; torso mountain;monadnock <准平原上的>;inselberg
残丘块【地】unaka
残丘平原 pimple plain
残丘群 unaka
残缺 deformity;fragmentary;incomplete
残缺版本 crippled version

残缺本 imperfect copy
残缺不全 multilated
残缺的 malformed
残缺晶 malformation crystal
残缺性线干扰 hit
残缺样本 defective sample; fragmentary sample
残溶解氧浓度 residual dissolved oxygen concentration
残融化层 residual thaw layer
残山 inselberg; monadnock; mosor; relict mountain; remainder mountain; island mountain
残生物岩 liptotriolith
残剩矿床 residual deposit
残数 residual; residue
残数定理 residue theorem
残数法 method of residuals
残数计算 calculus of residues
残数校验 residue check
残水井 drainage well
残碎斑晶 porphyroclast
残碎斑状结构 porphyroclastic structure
残碎冰山 growler
残损 damage
残损变质商品 damaged and spoiled commodities
残损不赔 free of damage
残损部分 damage portion
残损货品 damaged goods
残损货物 goods in bad order
残损货物检验证书 inspection certificate on damaged cargo
残损净价 net damaged value
残损率 percentage of damaged goods
残损品市价 damaged market value
残损情况 damage condition
残损条款 damage clause
残损证明(书) certificate of damage; certificate of loss or damage; damage certificate
残损证书 certificate of loss and damage
残损总价 gross damaged value
残碳 carbon scraping
残碳测定法 Conradson method
残碳值 carbon residue
残体 wrack
残体群落 liptocoenosis
残头 crop; stub
残头废料 end-wastage
残土处理 removal of surplus soils
残项 error term; residue term
残像 after-image; image retention
残像现象 afterimage phenomenon
残效 residual action; residual activity; residual effect
残效接触毒 residual contact poison
残效期 residual life; residual period
残屑 derelict; detritus
残屑分离机 trash extractor
残雪量 snow residua; snow residuum
残压 residual pressure; residual voltage
残眼 <爆炸后的> dead hole
残阳极 anode remnant; anode scrap
残氧化剂 residual oxidant
残液 bottom product; heavy ends; heavy residue; raffinate; residual liquid
残液泵 tail pump
残液放出孔 weep hole
残液分离塔 raffinate splitter column
残液过滤叶片 filter leaf for residual
残遗沉积物 relict sediment
残遗单优种群落 enclave
残遗的 rudimentary
残遗地貌 relic
残遗动物区系 relic fauna
残遗孤林 forest outlier
残遗河段 dead channel
残遗景观 relic landscape
残遗群落 enclave; relict
残遗沙丘 relict dune
残遗体 relic
残遗永久冻土 relict permafrost
残遗赭石 residual ochre
残遗种 deleted species; epibiotic species; relic species
残音 after-sound
残印 bloach
残营养物负荷 residual nutrient load
残影体 skialith
残油 bottom oil; goudron; liquid asphalt; raffinate; resid; residuum [复 residua]; tailings; residual oil; dead oil <蒸馏石油的>
残油泵 stripper pump
残油层 raffinate layer
残油带 lag oil zone
残油管 stripper pipe
残油管系 stripper; stripping line; stripping system
残油回收 oil residue recuperation
残油回收驳 oil recovery barge
残油及压载水泵 stripping and ballast pump
残油黏[粘]结剂 residual oil binder
残油收集驳船 oil recovery barge
残有机负荷 residual organic load
残有机化合物 residual organic compound
残有机磷 residual organic phosphorus
残有机物 residual organic matter
残于材 stumpwood
残余 odds and ends; remainder; remains; residuals; residuary; residue; scrap; survival
残余凹陷 residual indentation
残余奥氏体 residual austenite; retained austenite
残余奥氏体含量 residual austenite content
残余百分率 percentage residue
残余斑状结构 relict porphyritic texture
残余饱和度 residual saturation
残余饱和率 <岩芯分析> irreducible saturation
残余背景电场 residual background field
残余背斜【地】 residual anticline; residual dome
残余边带 residual side; residual sideband; vestigial sideband
残余边带传输 asymmetric(al) sideband transmission; vestigial sideband transmission
残余边带传输制 residual sideband transmission system
残余边带调幅 vestigial sideband amplitude modulation
残余变形 permanent deformation; permanent set; permanent strain; remnant deformation; residual deformation; residual strain; set yielding
残余变形测定法 offset method
残余变形测屈服点法 offset method
残余变形挠曲 relieve distortion
残余变形屈服强度 offset yield strength
残余冰 penitent ice
残余波动 remaining variation
残余玻璃相 residual glass phase
残余部分 residual fraction; residual part; stump
残余产品 residual products
残余产物 residual products
残余长石砂岩 residual arkose
残余场法 residual field method
残余沉积(物) relict sediment; residual deposit; residual sediment
残余沉降 residual settlement
残余成本 residual cost
残余臭氧 residual ozone
残余处理系统 residue disposal system
残余纯收入 residual net income
残余磁场 residual magnetic field
残余磁导率 remanent permeability
残余磁化(强度) remanent magnetization; residual magnetization
残余磁通量密度 residual flux density
残余磁性 remanent magnetism
残余单体 residual monomer
残余导电性 residual conductivity
残余岛坝 flying bar
残余岛弧 remnant arc
残余的 penitent; remnant; residual; relict
残余的矿物 relic mineral
残余地槽 residual geosyncline
残余地沥青 residual asphalt
残余地形 residual landform
残余点阵吸收 residual lattice absorption
残余电荷 residual charge
残余电流 after current; residual current
残余电流定律 residual current law
残余电容 residual capacitance
残余电位 residual potential; rest potential
残余电压 residual voltage
残余电阻 residual resistance
残余毒力 residual toxicity
残余毒性 residual toxicity
残余恶臭 residual odo(u)r
残余鲕粒白云岩 residual oolitic dolomite
残余鲕粒结构 relict oolitic texture
残余反射 residual reflection
残余放射性尘埃 residual radioactive dust
残余分数 residual fraction
残余粉末 residual powder
残余份额 residual share
残余辐射 residual radiation
残余腐蚀 after-etching
残余覆盖层 residual coating; residual over-burden
残余感应 residual induction
残余感应系数 remanent induction coefficient
残余拱 remaining arch
残余贡献 residual contribution
残余构造【地】 relict structure; residual structure
残余构造应力 residual structure stress
残余关联 residual correlation
残余海 remnant sea
残余海波测定 remnant hypo test
残余含盐量 residual salt content
残余焓 residual enthalpy
残余河曲 abandoned meander
残余黑体辐射 residue black body radiation
残余红黏[粘]土 residual red clay
残余湖 relict lake
残余互作用 residual interaction
残余滑动 residue sliding
残余化合价 residual valence
残余挥发物 residual volatile matter
残余混凝土清洗机 residue-concrete washing-out plant
残余活性 residual activity
残余畸变 residual distortion
残余价值 junk value; residual value; salvage(value); scrap value
残余剪切角 angle of residual shear
残余剪切强度 residual shear strength
残余剪切应力准则 residual shear stress criterion
残余碱含量 residual alkali content
残余降深 residual drawdown
残余降雨 residual rain(fall)
残余焦油 residual tar
残余角砾岩 residual breccia
残余结构 relic(t) texture
残余结构白云岩 relict texture dolomite
残余金属元素 residual metal elements
残余景观 residual landscape
残余抗剪强度 residual shear strength
残余空气 entrapped air
残余孔 residual pore
残余孔隙度 residual porosity
残余孔隙率 residual porosity
残余孔隙水压力 residual pore(water) pressure
残余矿床 residual deposit
残余矿物 relict mineral; residual material; residual mineral
残余拉应力 residual tension
残余累积曲线图 residual mass diagram
残余冷作 residual coldwork
残余离子间引力 residual interionic force of attraction
残余力 residual force
残余料 heels
残余磷酸盐 residual phosphate
残余流 residual current
残余流量 residual discharge
残余硫酸盐 residual sulphate
残余馏分 residual fraction; tail fraction
残余露头 residual outcrop
残余陆块 residual block
残余氯 chlorine residual
残余氯比较器 residual chlorine comparator
残余氯分析器 residual chlorine analyser[analyzer]
残余码 residue code
残余煤气 residue gas
残余镁量 residual magnesium content
残余摩擦角 residual frictional angle
残余摩擦力 residual friction
残余母岩厚度 residual thickness of source rock
残余内摩擦角 residual angle of internal friction
残余内碎屑白云岩 residual intraclast dolomite
残余内碎屑结构 relict intraclastic texture
残余内应力腐蚀 residual internal stress corrosion
残余挠度 residual deflection
残余挠曲 residual deflection
残余能量 residual energy
残余泥土 residual earth
残余年龄 relict age
残余黏[粘]度 residual viscosity
残余黏[粘]聚力 residual cohesion intercept; residual cohesion(strength)
残余黏[粘]土 primary clay; residual clay
残余黏[粘]性 after-tack; after-tackiness; residual tack; residual tackiness
残余凝灰结构 relict tuffaceous texture
残余凝聚力 residual cohesion(strength)
残余耦合 residual coupling
残余膨胀 after-expansion; permanent expansion; residual expansion; residual swelling
残余漂砾 residual boulder
残余平均 residual mean
残余破坏包络线 residual failure envelope
残余破坏机理 residual damage mechanism

C

残余破坏系数 residual damage coefficient
残余气饱和率 residual gas saturation
残余气体 residual gas
残余气体分析仪 residual gas analyser [analyzer]
残余气压 residual gas pressure
残余强度 residual strength
残余亲和力 residual affinity
残余氢 residual hydrogen
残余穹丘 residual dome
残余球粒白云岩 residual pellet dolomite
残余球粒结构 relict pellet texture
残余曲线 residual mass curve
残余缺陷 residual defect
残余群落 relict
残余燃料油 residual fuel oil
残余燃料油污染 residual fuel oil contamination
残余燃烧设备 residual burning equipment
残余热 residual heat
残余热辐射 residual thermal radiation
残余溶解氧 residual oxygen
残余溶液 residual solution
残余熔浆 residual liquor
残余熔融作用 residual molten process
残余熔体 residual melt
残余色调剂 residual toner
残余山地 residual mountains
残余熵 residual entropy
残余上下视差【测】residual vertical parallax
残余伸长 permanent elongation; remanent elongation
残余深度 residual depth
残余渗碳体 residual cementite
残余生物层白云岩 residual biostromic dolomite
残余生物礁白云岩 residual bioherm dolomite
残余生物碎屑结构 relic bioclastic texture
残余生物屑白云岩 residual bioclast dolomite
残余石膏盐土 gazk soil; relict gypseous solonchak
残余时间 residual time
残余蚀变 relict alteration
残余视差 residual parallax
残余视差量 amount of residual parallax
残余收缩 after-contraction; after-shrinkage; linear after contraction; permanent contraction; residual shrinkage
残余收益 residual income
残余双折射效应 residual birefringent effect
残余水 irreducible water; relict water; residual water
残余水饱和度 residual water saturation
残余水分 residual moisture
残余水流 residual flow; residual current
残余水压 residual water pressure
残余塑流 after flow
残余塑性流动 after flow
残余随机变量 residual random variable
残余损伤 residual impairment
残余损失 residual loss
残余滩尖嘴 residual beach cusp
残余弹性 residual elasticity
残余碳 residual carbon
残余体积 residual volume
残余(天然)气饱和度 residual gas saturation
残余调幅 residual amplitude modulation
残余调频 residual frequency modulation
残余调制 residual modulation
残余同源性 residual homology
残余土 relict soil; residual soil; saprolite; saprolith; sapropelite
残余土异常 residual soil anomaly
残余团块白云岩 residual lump dolomite
残余团块结构 relict lump texture
残余弯沉 permanent deflection; residual deflection
残余微晶白云岩 residual dolomicrite
残余微晶结构【地】relict micritic texture
残余位错环 residual dislocation loop
残余温度 residual temperature
残余温度应力 residual temperature stress
残余稳定性 residual stability
残余污染 residual contamination; residual pollution
残余污染产物 residual pollution product
残余污染物 residual contaminant; residual pollutant
残余物 derelict; hangover; oddment; relict; residue on the sieve <筛分的>; residuum [复 residua]; saprolite; wreckage <沉船>
残余物料 salvage store
残余误差 residual error
残余系数 residual factor
残余下渗 residual infiltration
残余线性变化 residual linear change
残余相 last phase
残余像差 residual aberration
残余小体 residual body
残余效率 residual effect
残余效应 residual effect
残余胁变 remanent strain
残余信号 garbage
残余形变 permanent deformation; permanent set; residual deformation; set yielding
残余性酸度 residual acidity
残余性碳酸钠 residual sodium carbonate
残余性质 residual property
残余雪 penitent snow
残余压力 residual compression; residual pressure
残余压密 residual compaction
残余压应力 residual compressive stress
残余岩浆 residual liquid; residual liquor; residual magma; rest magma
残余岩块 residual block
残余岩脉 relict dike[dyke]
残余岩石 residual rock
残余盐丘构造 residual slat feature
残余洋盆 remanent ocean basin
残余氧 residual oxygen
残余氧化皮层 drawn-in scale
残余液体 residual liquid
残余异化颗粒结构 relict allochem texture
残余因数 residual factor
残余因素 residual factor
残余应变 over-strain; remanent strain; residual strain
残余应变能 residual strain energy
残余应力 residual stress; built-in stress; locked-up stress; remanent stress; residual compaction; unrelieved stress
残余应力报告 residual stress information
残余应力测量 residual stress measurement
残余应力场 residual stress field
残余应力分布 residual stress distribution
残余应力消除 relaxation of residual stress
残余硬度 residual hardness
残余油 remained oil; residual oil
残余油饱和度 residual oil saturation
残余油滴 ganglion; residual oil blob
残余油气饱和度 residual hydrocarbon saturation
残余雨量 residual rain(fall)
残余元素 residual elements
残余炸药 unexploded explosive
残余振动 residual vibration
残余正常时差 residual normal move out
残余正常运动 residual normal movement
残余植物种 relict
残余质量 residual quality
残余种 relict
残余重力异常 residual gravity anomaly
残余珠光体 residual pearlite
残余阻力 residuary resistance
残余阻力系数 residual resistance factor
残余组构 residual fabric
残雨 residual rain
残杂物 trash
残渣 fag-end; flux residue; leavings; mud residue; refuse; residual sludge; residue; residuum[复 residua]; rinsings; scrap; slime; sludge; tailings
残渣处理系统 residue disposal system
残渣淬火系统 residue quench system
残渣堆 heap of debris
残渣分解作用 residue decomposition
残渣焦油(沥青)<通常指重质石油裂化残渣> residuum tar
残渣净化工段 purification residual section
残渣量 level of residue
残渣煤 residual coal
残渣浓度 sludge concentration
残渣排出口 sludge discharge tube
残渣汽缸油料 residual cylinder stock
残渣燃料油 residual fuel oil
残渣溶解度 solubility of residue
残渣软化点 softening point of residue
残渣试验 test on residue
残渣水池 residue pool
残渣酸度 acidity of residue
残渣态 residual form
残渣油 boiler oil; residue oil
残渣油超临界抽提方法 residuum oil supercritical extraction process
残渣油沥青 asphalt flux
残渣油裂化原料 black stock
残渣重量 residue by weight
残枝 stump
残值 junk value; recovery value; remnant value; residual value; salvage (cost); scrap value; salvage value <指变卖改用低价部分>
残值比率 residual ratio
残值偿债基金 salvage sinking-fund
残值计算 calculus of residues
残值类型 pattern of salvage values
残值理论 residual theory
残值下降损失 salvage loss
残值折现 salvage present-worth
残值折现值 present worth of salvage
残殖化作用 liptobiolite forming process
残殖煤 liptobiolite
残质体 residual body
残株 stub(ble); stump; sub
残烛煤 cannel coal; liptobiolite; liptobiolith
残桩 stub; stump

蚕

蚕豆 broad bean

蚕食公园用地 park encroachment
蚕室 cocoonery; rearing house
蚕丝 cocoon fiber; natural silk; silk
蚕丝经线 cane
蚕丝玛瑙 silk agate
蚕丝生产 sericulture
蚕行波 silkworm-motion wave
蚕用防干纸 dry-proof paper for silkworm
蚕用消毒药剂及用具 disinfecting medicament and apparatus for silkworm
蚕甾醇 bombicesterol
蚕纸 paper with silkworm eggs
蚕种场 seed station
蚕种纸 silkworm egg paper

灿

灿烂的 brightsome; radiant; splendid

灿烂甲酚蓝 brilliant cresyl blue
灿铜色 aheneus

粲

粲数(粒子) charm

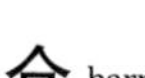

仓

仓 barn

仓壁振动器 bin activator
仓壁指数曲线形斗仓 exponential profiled hopper
仓车 bunker car
仓储 warehouse; warehousing
仓储安全 storage safety
仓储采煤法 shrinkage stoping method
仓储成本 storage expenses; warehouse charges; warehouse cost
仓储费(用) godown charges; godown rent; storage charges; storage expenses; warehouse expenses; warehouse fee; warehouse (storage) charges
仓储公司 dock company; warehouse company
仓储管理 warehousing management
仓储计划 silo program(me)
仓储建筑 storage building
仓储结构 storage structure
仓储盘存制 balance-of-stores system
仓储区 warehousing district
仓储入库费 warehousing and carrying charges
仓储设备 storage facility
仓储设施 depot; storage facility
仓储式干燥机 storage drier[dryer]
仓储式制粉煤系统 storage pulverized-coal system
仓储损耗 storage loss
仓储摊销 carry charges
仓储系统 warehousing system
仓储业务 warehousing
仓储指示器 silometer
仓储作业 warehousing and storage activities
仓促的 cursory
仓单 godown warrant; warehouse certificate; warehouse receipt; warehouse warrant
仓单贷款 warehouse loans; warehouse receipt clause
仓顶除尘器 roof scrubber

仓斗 funnel;hopper
仓恩引理 Zorn's lemma
仓口 bunker hatchway;hatch;hatchway
仓口单 manifest
仓库 barn;bunker room;cargo building;coverage shed;coverage storage;depositary;depository;depot;entrepot;freight shed;godown;goods depot;goods storage;mo(u)ld loft;pack-house;receptacle;repertory;repository;stock room;storage;storage building;storage magazine;storage plant;store;store building;store house;thesaurus;warehouse;warehouse building
仓库保管 storekeeping
仓库保管员 storekeeper;storeman;storer;warehouse-man;warehouse keeper
仓库保管员栈单 warehouse-keeper's warrant
仓库保证书 godown warrant
仓库标志 warehouse mark
仓库布置 layout of warehouse;storeroom layout
仓库叉车 warehouse fork lift truck
仓库虫害 store pests
仓库出货表 warehouse delivery note
仓库储备量 storage reserves
仓库储藏 bin storage
仓库储存 store;warehousing storage
仓库储公司 storage agency
仓库船 barracks ship;block ship;hulk;warehouse ship
仓库存货 warehouse stock
仓库存货清单 warehouse inventory
仓库存货数量 stock size
仓库大门 barn door
仓库单位面积储存量定额 storage norm per unit of warehouse floor space
仓库到仓库 warehouse-to-warehouse
仓库定额管理 warehouse management by specific norms
仓库发料 store issue
仓库房屋 warehousing
仓库费(用) storeroom expenses;warehouse charges;warehouse cost;storage;warehousing charges
仓库分布 warehouse distribution
仓库分派 warehouse allocation
仓库分配 warehouse allocation
仓库服务费 warehouse service charges
仓库工人 store(s)man
仓库工作人员 warehouse-man
仓库供应 warehouse supply
仓库管理 store management;warehouse management
仓库管理法 warehouse-keeping method
仓库管理机器人 robot storekeeper
仓库管理人 material man;shedkeeper;storekeeper;store(s)man;warehouse keeper;warehouseman;locker <英国海关的>
仓库管理员 godown keeper;material man;shedkeeper;stockkeeper;stockman;storekeeper;store(s) man;warehouse keeper;warehouse-man
仓库管理员受货凭单 warehouse-keeper's receipt
仓库管理员受货证书 warehouse-keeper's certificate
仓库管线 storage pipe line
仓库广场 barn yard
仓库轨道 house track
仓库害虫 stored grain insects
仓库合理使用 rational utilization of warehouse
仓库合理使用问题 rational utilization problem of warehouse
仓库和储存 warehousing and storage
仓库火炉 storage fire
仓库货品登记 warehouse booking
仓库货物 articles from the storeroom
仓库及堆置场劳务 store and yard labo(u)r
仓库计量器 storage meter
仓库记录卡 store record card
仓库加热器 storage fire;storage geyser;storage warmer
仓库建筑 store building
仓库交货 delivery ex-warehouse;ex-godown;warehouse delivery;ex-warehouse <价格不包括搬运费>
仓库交货价格 ex-godown price;ex-warehouse price;wharf price;ex-store
仓库进货作业 inloading
仓库看守 storekeeping
仓库科目 warehouse account
仓库宽度 width of storehouse
仓库理货 warehouse tally
仓库理货员 godown tally
仓库利用率 utilization rate of warehouse
仓库沥青 packing house pitch
仓库流水账 stores ledger
仓库码垛机 underrunning stacker crane
仓库门 stock door
仓库门部件 stock door element
仓库门插销 store door latch
仓库门吊车 barn-door hanger
仓库门吊架 barn-door hanger
仓库门碰锁 store door latch
仓库门组合锁 combined store door lock
仓库面积 floor area;floor space;storage floor area;storage space;warehouse floor area;warehouse space
仓库内硬化水泥 warehouse set cement
仓库起重机 store crane
仓库前空地 barn yard
仓库前装卸车棚 loading shed;loading way
仓库墙 storage wall
仓库桥式起重机 storage bridge crane
仓库区 warehouse district
仓库取货叉车 order pick
仓库取货工作台 order pick
仓库取暖器 storage warmer
仓库容积 warehouse space
仓库入库收据 warehouse entry
仓库设备 depot equipment;storage equipment;storage facility;storage plant
仓库设备间 store equipment room
仓库申请表 warehouse application form
仓库审计 stores audit
仓库市场 warehouse market
仓库式干燥机 storage drier[dryer]
仓库收据 godown receipt;warehouse receipt
仓库收领证据 dock warehouse receipt
仓库收入(货物) godown receipt
仓库数 yard number
仓库提单 warehouse receipt
仓库提货单 godown delivery order
仓库通道净空 aisle space
仓库统楼层 <美> loft
仓库网 warehouse network
仓库温度湿度管理 control of warehouse temperature and moisture
仓库物资账 warehouse book
仓库险 godown risk
仓库现价交货 cash-and-carry
仓库线 warehouse track
仓库卸粮用回转螺旋 auger bin sweep
仓库卸粮用螺旋推运器 auger bin sweep
仓库沿街正面 storefront
仓库业 dock warehousing【港】;warehousing
仓库业者 warehouse-man;warehouse owner
仓库用起重机 warehouse crane
仓库用起重运输机 tiering machine
仓库有效空间 <除立柱、走廊和工作及照料顾客所需空间外> warehouse effective space
仓库预付账 store imprest account
仓库运货车 block
仓库栈房 depot and warehouse
仓库栈房土地 depot and warehouse sites
仓库(账)簿 warehouse book
仓库至仓库条款 warehouse-to-warehouse clause
仓库至仓库险 risk of warehouse to warehouse
仓库中部分结硬的水泥 warehouse set
仓库中的结块水泥 warehouse set cement
仓库中的凝结水泥 stockhouse set cement
仓库中有现货 available from stock
仓库主任 chief storekeeper
仓库装卸月台 loading dock
仓库装卸站台 loading platform
仓库租金 godown rent
仓库作业 warehousing
仓流试验 bin-flow test
仓买 warehouse purchase
仓门 bin gate;hatch door;port;trap door
仓门护柱 shed door post
仓面货 deck cargo
仓面指示器 level detector
仓内干燥 in-bin drying
仓内干燥法 barn-drying method
仓内货 under cargo deck cargo
仓内升运器 indoor storage elevator
仓内物料 bunker content
仓内贮量指示器 bin level indicator
仓袭风 chanduy
仓式泵 blow tank;cone pump;pneumatic pump
仓式挡土墙 bin-type retaining wall
仓式定量给料机 cabin ration feeding machine
仓式钢挡土墙 bin type retaining wall of steel
仓式进料器 bin feeder
仓式列车 storage-and-conveyor train
仓式气力输送机 pneumatic chamber feeder
仓式气压泵 vessel pneumatic pump
仓式输送泵 conveying vessel;silo conveying pump
仓式输送器 batch conveyer[conveyor]
仓式挖泥船 hopper dredge(r)
仓式喂料机 bin feeder
仓式运输机 gate road bunker
仓鼠 hamster
仓筒 silocell
仓位指示器 silopilot
仓效应 bin effect
仓压力试验 bin-pressure test
仓至仓 warehouse-to-warehouse
仓贮式制粉煤系统 pulverised[pulverized] coal-storage system
仓贮用棚 warehousing shelter
仓柱式开采法 battery breast system
仓租 storage charges
仓租率 warehouse rental rate

沧

沧桑变化 interchange of sea and land

苍

苍白色 pale

苍白色的 silver white
苍古 antiquity
苍红(色) pale red
苍黄色 pale yellow
苍龙摆尾法 green dragon shaking tail method
苍鹭 heron
苍绿 pale green
苍穹 vault of heaven
苍色油 pale oil
苍桃红色 pale pink
苍天 azure
苍皱橡胶 <白皱橡胶> pale crepe (rubber)

舱

舱 capsule;compartment

舱壁 bulkhead
舱壁凹入处 bulkhead recess
舱壁板条 bulkhead panel
舱壁衬条 bulkhead line
舱壁船钟 bulkhead clock
舱壁垂直桁 bulkhead web;vertical web
舱壁灯 bulkhead lamp
舱壁底边角材 bulkhead boundary bar
舱壁阀(门) bulkhead valve
舱壁防挠材 bulkhead stiffener
舱壁构架 bulkhead framing
舱壁管道接头 bulkhead adapter
舱壁护板 ceiling
舱壁护条 cargo batten;cargo sparring;sparring
舱壁护条夹 hold batten cleat
舱壁甲板【船】 bulkhead deck
舱壁结构图 bulkhead plan
舱壁龛 bulkhead recess
舱壁肋板 bulkhead floor(plate)
舱壁连接管 bulkhead piece
舱壁门 bulkhead door
舱壁门控制装置 quick-closing gear
舱壁通风 bulkhead draught
舱壁通风筒 cabin wall ventilator
舱壁凸缘 bulkhead flange
舱壁围板 bulkhead coaming
舱壁下列板 bottom plating of bulkhead
舱壁镶板 bulkhead panel
舱壁压盖 bulkhead packing gland
舱壁有防挠材的一面 rough side;stiffening side
舱壁闸阀 bulkhead sluice(door)
舱壁闸门 bulkhead sluice(door)
舱边板 winger
舱舶抵押贷款 bottomry
舱侧灌补器 wing feeder
舱侧护条 sparing
舱单 cargo manifest;manifest;manifest of cargo;shipping bill
舱底 bilge
舱底板 ceiling board;floor board
舱底板垫梁 ceiling beam
舱底泵 bilge pump;burr pump
舱底泵出水管 bilge pump discharge pipe
舱底泵阀 bilge pump valve
舱底泵附件 bilge pump accessories
舱底泵颈衬 bilge pump neck bush
舱底泵气膛 bilge pump air vessel
舱底泵塞门 bilge pump cock

C

舱底泵枢键 bilge pump stud
舱底泵挺杆 bilge pump rod
舱底泵推水柱 bilge pump plunger
舱底泵推水柱杆 bilge pump plunger rod
舱底泵吸水管 bilge pump suction pipe
舱底泵小塞门 bilge pump petcock
舱底泵压盖 bilge pump gland
舱底导水管 bilge delivery pipe
舱底垫板 ceiling
舱底垫块 bilge block
舱底独立吸管 direct bilge suction
舱底废物 bilge waste
舱底管滤水器 bilge strum box
舱底货上面的垫板 relieving board
舱底货物 bottom cargo
舱底交货 free on board stowed
舱底交货的到岸价格 cost, insurance, freight and exship's hold; exship's hold
舱底接角 tank knee
舱底进水警报系统 bilge alarm system
舱底栏板 coaming
舱底沥青漆 bitumastic
舱底漏水 bilge water
舱底木板 ceiling plank
舱底木板质铺板 bottom ceiling
舱底(排)水泵 bilge pump
舱底喷射器 bilge ejector; bilge injector
舱底破漏 bilging
舱底铺板 bottom ceiling; floor ceiling
舱底去污绳 limbers-rope
舱底水打到货物上 blow-by the bilge
舱底水阀箱 bilge chest
舱底水滤盒 bilge strum box; rose box; strainer box; strum box
舱底水排水系统 bilge arrangement
舱底水位 bilge level
舱底水系统 bilge system
舱底水总管 bilge main; bilge main pipe
舱底污水 bilge waste(water)
舱底污水泵 bilge pump
舱底污水道盖板 bilge board; limber board; limber's plate
舱底污水和压载水管系 bilge and ballast water pipes
舱底污水阱 bilge hat
舱底污水主管 main bilge line(pipe)
舱底吸水管 bilge line
舱底卸载 bottom dump
舱底油渣和水 bilge sludge and water
舱顶灯 ceiling lamp; ceiling light; roof light
舱顶甲板 deckhead
舱顶天花板 top ceiling
舱顶装载 topping off
舱盖板 hatch board; hatchway cover
舱盖板防浪装置 hatchcover weathertight sealing arrangement
舱盖板缓冲器 hatchcover buffer
舱盖板起升装置 hatchcover jacking device
舱盖板水密装置 hatchcover gasket
舱盖板压紧装置 cleating device; dogging device
舱盖布 hatch tarpaulin; paulin; tarpaulin; tar paving
舱盖打开时的锁挡 hold-open operating lock
舱盖滚轮 hatch cover wheel
舱盖铰链 hatch cover hinge
舱盖开关绞车 hatchcover handling winch
舱盖起爆器 canopy jettison initiator
舱盖压条 hatch bar; hatch clamping beam; tie beam
舱货 hold cargo; underdeck cargo
舱货容量检查人 bulker
舱井 hatchway
舱口 access hatch; engorgement; escape hatch; hatch(opening); hatchway; porthole
舱口报关单 declaration of hatches
舱口边桁 hatch side girder; hatch stopper
舱口边围板 side coaming
舱口变形 distortion of hatch
舱口驳 decked barge
舱口操纵部位 hatch control position
舱口超额吨位 excess of hatch(way)
舱口窗 hatch window
舱口大梁 hatch beam; king beam
舱口单 hatch list
舱口吊杆 hatch boom; inboard boom
舱口吊货绞辘 hatch tackle; hatch whip
舱口吊货索 up-and-down fall
舱口端梁 hatch end beam
舱口端围板 end coaming; hatch end coaming; headledge
舱口吨位 <即舱口超额吨位> hatchway tonnage
舱口防雨罩 hatch awning; hatch tent
舱口盖 hatch cover; hatch deck; scuttle
舱口盖Z形承铁 hatch ledge bar
舱口盖板握环 hatch ring
舱口盖承 hatch bearer; hatch ledge bar; hatch rest bar; hatch rest section; ledge bar
舱口盖夹扣 hatch dog
舱口盖纵梁 fore-and-after
舱口滚轮 hatch roller
舱口号码 hatch number
舱口横梁 hatch cross beam
舱口横围板 hatch cross beam; ledge
舱口护缘 hatch mo(u)lding
舱口环 <系绳用> hatch ring
舱口活动梁 beam coaming; hatch (way) beam; hatch web; portable beam; portable hatch beam; shifting beam; travel(l)ing hatch-way beam
舱口活动梁座 beam coaming shoe; beam shoe; hatch beam carrier; shifting beam carrier
舱口检查报告 hatch survey report
舱口检视 hatch survey
舱口检验 hatch survey
舱口检验报告 hatch survey report
舱口角部应力集中 concentrated stress of hatch corner
舱口井 hatchway trunk
舱口空间 crown; deckhead
舱口拦板 coaming; hatch coaming
舱口理货员 hatch checker
舱口梁吊钩 beam hooks
舱口梁吊索 hatch beam sling
舱口梁座 beam socket; carrier; hatch beam shoe; hatch carrier; hatch socket
舱口面积 hatch area
舱口起重杆 hatch mast
舱口起重机 hatch crane
舱口梯 hatch ladder; hold ladder
舱口天窗 hatch companion
舱口天幕 hatch awning; hatch tent; rain awning; rain cloth
舱口围板【船】 coaming; combing-coaming; hatch side coaming; hatchway coaming
舱口围板扶强材 hatch stiffener
舱口围撑板 coaming stay; coaming stiffener
舱口围空间 square of the hatch
舱口系数 factor of hatches
舱口下护板 dumping board; dumping plank
舱口楔 hatch wedge
舱口楔耳 batten cleat; coaming cleat; hatch batten clip; hatch cleat
舱口压条【船】 hatch batten; hatch clamping batten
舱口雨篷 hatch awning; hatch tent; rain awning; rain cloth
舱口罩棚 hood
舱口支柱 hatch stanchion
舱口装货器 hatch feeder
舱口装卸货垫板 land board
舱口装卸速度 hatch speed
舱口装卸指挥 hatchman; hatchminder; hatch signal man; hatch tender
舱口纵桁 carling main beam longitudinal; fore-and-after; hatch carling; main beam longitudinal
舱口纵梁 hatch carling
舱梁 hold beam
舱梁栓 beam bolt
舱门 hatch door; port
舱门滑车组 port tackle
舱面 deck
舱面泵 deck pump
舱面舱室 deck house
舱面长椅 deck bench; deck seat
舱面出水高度 free board
舱面电机操纵室 resistor house
舱面吊架 gallows
舱面覆盖层 deck covering
舱面工班 <码头工人上船装卸货的> deck gang
舱面构筑物 deck erection
舱面管路控制台 <油船上> deck piping control panel
舱面管系 deck piping
舱面货提单 on deck bill of lading
舱面货(物) deck cargo; goods carried on deck; on deck cargo
舱面货物保险 deck cargo insurance
舱面货物由货主担风险 deck cargo shipper's account
舱面货物证明书 deck cargo certificate
舱面货运费率 deck rate
舱面机械 deck machinery
舱面建筑 deck structure
舱面建筑物 deck erection
舱面交货 on deck delivery
舱面绞辘 deck tackle
舱面巨浪积水 green sea
舱面拉货短索 bull line
舱面器械 deck appliance; deck gear
舱面人员 deck crew; deck gang; deck hand
舱面设备 above deck equipment; deck appliance; deck outfit
舱面水柜 deck tank
舱面水手 deck hand
舱面条款 deck clause; on deck clause
舱面桅座 tabernacle
舱面物料贮藏室 boatswain's store
舱面险 on deck risk
舱面小厨房 caboose; cabouche; cambose
舱面移动起重机 deck rolling crane
舱面鱼池 kid
舱面运费率 deck rate
舱面摘要日记 deck abstract logbook
舱面值班 deck duty; deck watch; watch on deck
舱面值班员 officer of the deck
舱面值日员 mate of the watch
舱面属具 deck fitting; hull fitting
舱面装货 on deck shipment
舱面装卸工人 deck man
舱面作业 on deck operation
舱内搬货安全索 bull rope
舱内不规则装货 broken stowage
舱内侧桁 hold stringer
舱内衬板 hold ceiling
舱内灯 hold lantern
舱内地板 compartment floor
舱内惰气加压 topping up
舱内防汗湿木板 sweat board
舱内复板 ceiling plate
舱内汗湿 condensation in hold; sweat in hold
舱内货(物) hold cargo; inboard cargo; underdeck cargo
舱内货物的通风道 trench; vent gutter in hold
舱内机械 hold machinery; underdeck machinery
舱内及甲板上条款 in-and-over clause
舱内甲板 flat
舱内交货价格 free in
舱内肋骨 hold frame
舱内冷却装置 pod cooling unit
舱内梁 hold beam
舱内模拟潜水 chamber dive[diving]
舱内内龙骨 hold keelson
舱内凝露 sweat in hold
舱内器材和用具 chamber interior materials and supplies
舱内塞紧 <防止货物松动> chock off
舱内设备 below deck equipment
舱内条款 underdeck clause
舱内通风筒 hold ventilator
舱内压力表 inside pressure ga(u)ge
舱内油气状况检查证书 <油船卸空后的> gas certificate
舱内支柱 hold pillar; hold stanchion
舱内支柱兼升降梯柱 pillar ladder
舱内装货 underdeck shipment
舱内装卸班 hold gang
舱内装卸工(人) hold crew; hold man; holdsman
舱内装载 underdeck stowage
舱内作业 underdeck operation
舱容量 hatch capacity; hold capacity; storage capacity
舱容图 capacity plan
舱容系数 coefficient of loading
舱容租赁 space charter
舱身 cab body
舱时 hatch hour
舱时量 hatch-hour rate; tons per hatch-hour
舱式运输机 cabin transport
舱室 cab(in); caisson chamber
舱室布置图 accommodation plan
舱室分电箱 cabin distribution box
舱室甲板 accommodation deck
舱室面置图 cabin plan
舱室名称 compartment designation
舱室木工工程图 joiner plan
舱室容积 volume of compartment
舱室设备 accommodation outfit
舱室升降口 companion hatch(way)
舱室升降梯 companion ladder; companion way
舱室试验 compartment test
舱室通风机 cabin ventilator; cabin fan
舱室舷窗 cabin port
舱室用品 cabin store
舱室用品库 cabin store
舱梯 <甲板到船舱的> companion ladder; companion way
舱梯构架 fidley
舱外电缆 external cable
舱外活动 extravehicular activity
舱外排气面罩 air over board dump mask
舱外压力表 outside pressure ga(u)ge
舱围压条 battening bar; battening iron; hatch batten
舱尾壁吊杆 after screen derrick

舱位 berth;cargo space;ship's space;shipping space
舱位包租 berth charter
舱位不足 shortage of space
舱位订单 indent for space
舱位互换 slots exchange
舱位经纪人 shipping space broker
舱位利用率 hold space efficiency;space efficiency
舱位申请书 application for space
舱位损失 broken space
舱位压条 hatch batten
舱位租约 space charter
舱位租约方式 space charter system

藏床壁橱 bed closet

藏钉 concealed nail(ing)
藏骨灰所 cinerarium
藏骨屋 charnel house
藏骸所 charnel;charnel house
藏酒窖 apotheca
藏镭器 radium cache
藏量 stockpile
藏量变化 inventory change
藏匿 secretion
藏书库 book repository
藏书量 holdings
藏书目录 depository catalogue
藏书品种 holdings
藏书室 book vault;stack room
藏书中心 storage center[centre]
藏头铆钉 countersink head rivet
藏物处 cache
藏衣室 vestiary;wardrobe
藏仪表的地下温室 meter pit
藏在匣内的软百叶窗 box shutter
藏置暖炉片 concealed radiator
藏置式散热器 concealed radiator

操舱员【救】chamber operator

操场 athletic field;drill ground
操船仿真 maneuver simulation
操船控制船位 position control by maneuver
操船模拟器 ship maneuvering simulator
操船区 maneuvering area
操船用拖船 ship-handling tug
操舵 conn;steerage;steering
操舵标距 steering range
操舵不稳的 wild
操舵传动装置 rudder gear
操舵磁罗经 steering magnetic compass
操舵分罗经 steering repeater
操舵杆 lever steerer
操舵航向 course to steer
操舵(技)术 steersmanship
操舵角度 helm angle
操舵口令 rudder order;steering order
操舵灵敏度调整 rudder ratio adjustment
操舵轮 pilot wheel;steering wheel
操舵轮胎 steering column
操舵罗经 steering compass
操舵罗经方位 bearing per steering compass
操舵罗经复示器 steering repeater
操舵罗经航向 steering compass course
操舵室 pilot house;rudder house;steering bridge;steering house;steering room;wheelhouse
操舵手柄 steering handle
操舵首向标志 heading-to-steer mark
操舵索 yoke rope
操舵台 steering bridge;steering stand
操舵遥控传动装置 after telemotor
操舵用的灯 tow steering light
操舵员 steersman
操舵站台 wheel grating
操舵主令控制器 steering master controller
操舵转风 <不用调帆> chapelling a ship
操舵转向架 steering bogey;steering bogie
操舵装置 helm gear;maneuvering gear;steering apparatus;steering arrangement;steering equipment;steering gear
操劳综合征 effort syndrome
操雷头 torpedo exercise head
操练 drill
操练房 drill hall
操练椅 plint
操耙【疏】drag handling
操耙手 dragtender
操艇 boat handling
操艇训练 boat drill
操向杆 steering clutch lever
操向机 steering engine
操向机构 steering mechanism
操向机构限位器 steering stop
操向拉杆 steering link
操向犁 steering plow
操向轮 dirigible wheel;steering wheel
操向轮键 steering wheel key
操向轮开关 switch-on the steering wheel
操向式重型马拉中耕机 heavy horse-drawn steerage hoe
操向索 steering control rope
操向限位器 steering stop
操向油缸 steering ram
操向圆盘 steering disc[disk]
操向指示器 steering pointer
操向助力油缸 power-assisted steering ram
操向装置 steering gear
操向装置轴销 steering pivot
操向装置助力油缸 power-assisted steering ram
操运强度 handling strength
操舟机 outboard motor
操纵 actuate;administer;control;engineer;governing;handling;management;maneuver;manipulation;operate;piloting;steerage;steer(ing)
操纵按钮 control button;control knob;operating button
操纵把 operating handle
操纵把离地面高度 <挖掘机> hauler bar height
操纵把手 control handle;handle grip
操纵板 console panel;control cabinet;control panel;control rack;ga(u)ge plate;instrument panel
操纵臂 control arm;control crank;operating arm
操纵臂滑轮 steering arm block
操纵臂轴 operating arm shaft
操纵表 manipulation chart
操纵柄 escape crank;handle bar
操纵波道 control channel
操纵波束 controlling beam;lead beam
操纵不灵敏的船 least maneuverable ship
操纵部分 console section;control component
操纵部件 function unit;operating part
操纵测试 manoeuvering test
操纵叉 operating fork
操纵程序 steering routine
操纵齿弧 steering sector
操纵齿轮 steerage gear
操纵齿轮轴 steering gear shaft
操纵传动轴 steering drive axle
操纵传感器 control pick-up;operating transducer
操纵船 management of a ship
操纵当期利益 manipulation of periodic income
操纵导管 control lead
操纵导线 control lead
操纵的 actuating;operated;operating
操纵的增压泵 steering booster pump
操纵灯 <拖轮> maneuvering light
操纵电磁铁 actuating solenoid;operating solenoid
操纵电路 operating circuit;steering circuit
操纵动作筒 steering cylinder
操纵度 degree of controllability;margin of controllability
操纵对象 controlled function;controlled marker
操纵舵 control fin;control vane
操纵发动机 maneuvering engine
操纵阀 control valve;maneuvering valve;operating valve;pilot valve;sentinel relief valve;throttle
操纵阀盖垫密片 application valve cover gasket
操纵阀手把 operating valve handle
操纵阀调节 pilot valve governing
操纵阀销 application valve pin
操纵阀压盖 control valve gland
操纵法 modus operandi;manipulative method <影响他人改变行为>
操纵反馈 monitoring feedback
操纵反效 control reversal;reversal of control
操纵反应 control response
操纵范围 manipulated range;steering range
操纵方便 handiness
操纵方法 method of operation
操纵方向 steering
操纵风缸 control air cylinder
操纵辐轮 hand spoke wheel
操纵改正 steering correction
操纵杆 action bar;actuating arm;basket rod;brake hand control lever;change-over lever;control arm;control column;control handle;controller lever;control (ling) lever;control rod;control stick;drop arm;horn;joy stick;lever;operating arm;operating bar;operating handle;operating lever;operating rod;operating strut;regulating crank;regulating lever;setting lever;steering bar;steering handle;steering lever;steering rod;striking lever;wind arm;working lever
操纵杆的预调位 preselective
操纵杆的中间位置 neutral steer
操纵杆加速操作 linking-up;notching up
操纵杆架 steering control bracket
操纵杆件 steering link
操纵杆角位移 stick displacement
操纵杆控制 steering column control
操纵杆拉绳 trip rope
操纵杆扭转挂挡 twist-grip control
操纵杆球头 lever ball
操纵杆式(光标)指示器 joystick pointer
操纵杆手柄 lever handle
操纵杆随动机构 stick servo
操纵杆位置 stick position
操纵杆信号 joystick signal
操纵杆装置 arrangement of levers
操纵杆座 operating rod bearing
操纵感觉 control feel
操纵钢缆 steering cable
操纵钢索 steering cable
操纵工作循环 operation cycle
操纵供给 control over-supply
操纵供应 manipulation of supply
操纵股票市场小集团 clique
操纵鼓轮 control drum
操纵拐肘 operating crank
操纵关节销 steering knuckle pin
操纵规程 working instruction
操纵和缓冲组件 steer-damped unit
操纵活塞 application piston
操纵机构 control mechanism;controls;helmsman;motivator;operating gear;operating mechanism;poaptor;steering mechanism
操纵机器 jockey
操纵机械化 mechanization of operation
操纵机组 switch gear
操纵集团 pool operations
操纵记录 metering of operations
操纵价格论 administered-price theory
操纵驾驶杆 steering column
操纵驾驶技术 steersmanship
操纵架 control frame;handling frame
操纵间 control compartment;operational building
操纵绞盘 control capstan
操纵脚蹬 steering pedal
操纵铰接头 steering link
操纵铰链 maneuver winch
操纵接点 operating contact
操纵节流直角杆 throttle control bell crank lever
操纵截断阀 pilot cut-off valve
操纵开关 master cock;operating switch
操纵控制 maneuvering control
操纵控制点 control console
操纵控制阀 steering control valve
操纵控制室 control cab
操纵控制轴 steering control shaft
操纵拉杆 control operating rod
操纵拉索 Bowden cable
操纵缆 umbilic(al)cord
操纵缆绳制动销 control cable stop
操纵离合器安全阀 steering clutch relief valve
操纵离合器保险阀 steering clutch relief valve
操纵离合器减压阀 steering clutch relief valve
操纵离合器控制 steering clutch control
操纵离合器控制阀 steering clutch control valve
操纵离合器控制开关 steering clutch control valve
操纵离合器连杆 steering clutch linkage
操纵离合器联动装置 steering clutch linkage
操纵离合器松脱轴承 steering clutch release bearing
操纵力 operating force;steering force
操纵力矩 control moment
操纵力系 control force system
操纵连杆 steering link
操纵链 man(o)euvering chain;operating chain
操纵链锁 control interlock
操纵量 manipulated variable
操纵灵便 handling facility
操纵灵便性 roadability
操纵灵活性 driveability;man(o)euvrability
操纵流量 pilot flow
操纵轮 control wheel;pilot wheel;steering wheel;wheel
操纵螺母 steering nut

操纵面 control surface;motivator
操纵面传感器 control surface pick-up
操纵面夹板 control surface lock
操纵模拟器 control simulator;maneuvering simulator
操纵模拟装置 driving simulator
操纵膜盒 operating bellows
操纵能 maneuver energy
操纵能力 maneuvering capability
操纵能力受限制的船 vessel restricted in her ability to maneuver
操纵钮 thumb lever
操纵盘 console panel;control handwheel;control(ling)board;control panel;control wheel;dash board;instrument panel;panel;steering hand wheel;switch panel
操纵盘范围 operating panel area
操纵喷管 control nozzle
操纵片 control fin
操纵起落传动装置 steerable landing gear
操纵器 controller;executor;manipulator;steerer
操纵器械 control instrument
操纵曲柄 cranker
操纵人员 control staff
操纵设备 commanding apparatus;maneuvering apparatus;steering device
操纵失灵 understeer
操纵失灵灯 breakdown light
操纵失灵信号 breakdown light
操纵市场 play the market
操纵试验 maneuvering test;steering test
操纵室 control booth;control box;control cab;control cabin(et);control center[centre];control cubicle;control post;control room;driver's compartment;maneuvering cab;maneuver(ing)room;operating cab;operating house;operating room;pilot house;pulpit
操纵手把 operating handle
操纵手柄 control crank;control knob;controlling lever;hand(control)lever;manual control lever;steering handle;control handle
操纵手轮 hand wheel
操纵数据 manipulation data
操纵顺序表 control sequence table
操纵随动联杆 steering follow-up linkage
操纵索 control cable;control wire;hand line
操纵索引 manipulative index
操纵塔 control tower
操纵踏板 modulating pedal;operating pedal;steering pedal
操纵台 bench board;cabinet;console(panel);control area;control bench;control booth;control box;control console;control(ling)board;control(ling)desk;controlling machine;control panel;control pedestal;control post;control rack;control stand;control station;instrumentation console;instrumentation control rack;maneuvering platform;operating board;operating console;operating platform;operational console;operational desk;operator's console;operator's desk;operator's pulpit;steering console;switchboard;switch panel
操纵台部分 console section
操纵台设备 interlocking panel apparatus
操纵台罩 control stand cover
操纵台作业员 panel operator
操纵特性 handling characteristic;operating characteristic
操纵条件 operating condition
操纵投标 bid rigging
操纵稳定性 maneuvering stability
操纵蜗杆 steering worm
操纵握柄 operating lever;working lever
操纵系统 control(ling)system;control loop;steering system
操纵系统传动比 control system gear ratio
操纵系统杠杆 selecting lever
操纵系统计算机 steering computer
操纵系统设备 control facility
操纵系统助力器 control booster
操纵线路 control run
操纵线圈 operating coil
操纵箱 control cabinet
操纵效率 driving efficiency
操纵信号 control signal;steering command;steering order
操纵信号输入 steering signal input
操纵行程 control run
操纵型机器人 manipulator
操纵性 control ability;handling quality
操纵性能 driveability;maneuvering capability;maneuverability;maneuvering property <船舶的>
操纵性试验 controllability test;maneuverability trial
操纵性系数 maneuverability coefficient
操纵性指数 maneuverability index;steering quality index
操纵修正 steering correction
操纵摇臂 control arm;operating rock arm
操纵要领 handling essentials
操纵液压缸枢销 steering cylinder pivot pin
操纵液压系统 steering hydraulic system
操纵液压油泵 steering hydraulic oil pump
操纵仪表 director
操纵仪表架 control rack
操纵应力 steering stress
操纵用计算机 steering computer
操纵用空气压缩机 maneuvering air compressor
操纵用压气机 maneuvering air compressor
操纵油 pilot oil
操纵有效性 control effectiveness
操纵元件 controlling element;operating element
操纵圆柱体枢销 steering cylinder pivot pin
操纵者 handler;manipulator;operator
操纵者视界图 operator's visibility diagram
操纵证券市场 manipulation of security market
操纵指令 control command
操纵指示板 operating panel
操纵指示器 steering indicator
操纵指数 steering index
操纵制 controlling system
操纵制动器压缩空气 compressed-air for brake control
操纵中心【船】central control post(aboard)
操纵轴 operating shaft
操纵助力器总成 operating booster assembly
操纵柱轴齿条 steering column shaft spline
操纵柱轴花键 steering column shaft spline
操纵转盘 maneuvering dial
操纵装置 control device;control gear;control unit;effector;manipulator;motivator;operating control;operating device;poaptor;steering device;maneuvering gear <舵机的>
操纵装置符号 operator controls symbols
操纵准确度 control accuracy
操纵子 operon
操纵子网 operon network
操纵子学说 operon theory
操纵自由度 freedom of manoeuvre
操纵作业 handling operation
操作 handle;handling;machining;maintain;manipulate;operation;operational work;processing;working
操作安全 handling safety;operational safety;safety in operation;safety of operation
操作安全性 processing safety
操作按钮 operating button;operating knob
操作把手 operating handle
操作班 operating crew
操作班长 chief operator
操作班组 operating gang
操作板 operating console;operational panel
操作泵 operating pump
操作臂 motion arm
操作编码组 command code group
操作变化 operational change
操作变量 manipulate variable;operating variable;performance variable
操作变量的值态无关 valuewise independence of performance variable
操作标记 operational label
操作标志 operational notice
操作标准 operating standard;operational standard;working standard
操作表 manipulation chart;operation(al)table
操作表达式 operational expression
操作柄 operating handle
操作波残压 residual voltage at switching impulse
操作波试验 switching surge test
操作不当 maloperation
操作不稳定 fluctuation of service
操作布置 layout by operation
操作步骤 operating procedure;operational procedure;operational sequence;operational steps;sequence of operations
操作部分 function part;operation(al)part
操作部件 functional unit;manipulate unit;operating part;operational part;operational unit
操作参考面 surface of operation
操作测定 time and motion study
操作测试设备 operational test set
操作测验 performance test
操作层 operating floor
操作层次 hierarchy of operation
操作叉 striker fork
操作场地 operating yard
操作成本 running cost
操作程序 application program(me);operating procedure;operating program(me);operating schedule;operating scheme;operating sequence;operational procedure;operational schedule;operational scheme;operation(al)sequence;running program(me);schedule of operations;scheme of operation;sequence of operations;working routine;working sequence;handling procedure
操作程序表 countdown profile;operation(al)schedule;system diagram
操作程序带 operating program(me)tape
操作程序控制 operating procedure control;operational sequence control
操作程序图 diagram flow;diagram of operation(al)procedure;flow(process)diagram;flow sheet;operational flowchart;operational process chart;operational sequence diagram;operations flowchart;control diagram;operation process chart
操作程序图表 flow chart
操作程序细则 detailed operating procedure
操作稠度 application consistency
操作出错 error in operation
操作储备 operating storage
操作传送向量 operational transfer vector
操作次数计数器 item counter;operating item counter
操作次序 operating sequence;operational order
操作存储器 operate memory;operate storage;operational store;working storage
操作错误 error in operation;operating mistake
操作单 operational sheet
操作单位 operating unit
操作的 active;functional;operated,operational;operative;operating
操作的自治权 autonomy of functions
操作地带 working area
操作地点 operating point
操作地址寄存器 operation(al)address register
操作地址指令 functional address instruction;operational address instruction
操作地址指令格式 functional address instruction format
操作点 operating point
操作电池 actuating battery
操作电动机 operating motor
操作电缆 actuating cable
操作电流 operating current
操作电路 operating circuit
操作电压 control voltage;operating voltage
操作电源 operational power supply
操作叠式寄存器 operated stack register
操作定额过载 level over-load
操作度 operational readiness
操作对象格式 operand format
操作对象栈 operand stack
操作吨 <指装卸> operational ton
操作阀 operating valve
操作阀柄爪 operating valve stem jaw
操作阀垫圈 operating valve gasket
操作阀盖 operating valve cap
操作阀杆 operating valve lever
操作阀簧 operating valve spring
操作阀体 operating valve body
操作阀体柱螺栓 operating valve body stud
操作法 maneuver【船】;methodology;technique;work method;manipulation
操作反应 operant response
操作范围 operating specification;working range
操作方案 operating plan;operational scheme

操作方便 operating convenience

操作方法 application method; method of operation; mode of operation; operating method; operational method; way of manipulation; working method; method of cargo handling <指装卸>

操作方法的时间测定 method time measurement

操作方法分析 method study

操作方法描述 general description of operation

操作方法时间测量 method time measurement

操作方式 computed mode; mode of operation; operating mode; operational mode

操作方式选择按钮 operational mode selection button

操作方式选择器 operation mode selector

操作费用 operating cost

操作分配器 operational commutator

操作分析 operation(al) analysis

操作分析图 operation analysis chart

操作符表 operator table

操作符部分 operator part

操作符(号) functional symbol; operating symbol; operation(al) symbol; actor; control character; instruction character; operational character; operator

操作符栈 operator stack

操作负荷 service load

操作改进 operations improvement

操作改善 operational improvement

操作杆 action bar; actuating lever; function lever; opening rod; operating arm; operating lever; working beam

操作杆按钮 operating lever latch knob

操作杆臂 operating rod lever

操作杆布置 arrangement of levers

操作杆架 shaft bracket

操作杆控制 lever control

操作杆连接架 operating lever connecting yoke

操作杆螺栓 operational lever bolt

操作杆闩 operating lever lock

操作杠杆 operating lever

操作高度 operating altitude

操作工 operator

操作工程师 operating engineer

操作工人 manometer

操作工序 operational sequence; unit operation(al) of cargo handling <指装卸>

操作工序控制 operational sequence control

操作工序图表 operational process chart

操作工艺性 operative weldability

操作工助手 dogger

操作功率 operate power

操作功能 operating[operation] function

操作功能退化 operation in crippled mode

操作故障 operating disturbance; operating trouble

操作管理程序 operation(al) supervisor

操作管理员 operational manager

操作管路 operating line

操作管塞 operating tube plug

操作管套 operating tube shield

操作惯例 working rule

操作罐 operating tank; operational tank

操作规程 code of practice; code of procedures; instructions to attendants; operating duty; operating instruction; operating manual; operating provision; operating rule; operating specification; operational instruction; operational procedure; operational regulation; operational specification; operation rule; practice instruction; routine practice; service instruction; service regulation; specifications for workmanship; standing order; working instruction; working operation; working order; working specification; agendum[复 agenda]

操作规程曲线 <水库> operating rule curve

操作规定 operating provision

操作规范 operational standard; operation specification; technical specification

操作规格 operating standard

操作规模 scale of operation; working scale

操作规则 operating regulation; operating rule; operational gaming; operational rule; working rule

操作规则表 rule curve

操作规章手册 manual of operating instructions

操作过程 flow of operations; operating procedure; operating process; operational procedure; unit operation; unit process of cargo handling <指装卸>

操作过程加热 scanning heating

操作过程图表 operating-process chart

操作过电压 switching over-voltage; switching surge

操作号码 operational number

操作耗时控制器 time director

操作合格考试 performance qualification test

操作和维修 operational and maintenance

操作和维修手册 operational and maintenance manual

操作荷载 operational load

操作宏指令 functional macro

操作环境 operating environment; operational environment

操作缓冲区 operational buffer

操作簧 operating spring

操作机构 actuating mechanism; actuator; controlling gear; controlling mechanism; function mechanism; operating device; operating mechanism; operator

操作机器人 manipulation robot

操作机师 operating engineer

操作机械 operating machinery

操作机械化 mechanization of operation

操作及装运设备 handling and shipping equipment

操作极限 operating limitation

操作计划 operating scheme; operational plan(ning)

操作计划系统 operational planning system

操作计时 function timing

操作计时器 function timer

操作计数器 functional counter; operational counter

操作记录 metering of operations; operating record; operational log; operational note; operation record

操作记录器 operational recorder

操作技巧 operation skill

操作技术 operating skill; operating technique; operational technique

操作技术辅导 operational technical assistance

操作技术(人)员 operating engineer; operational technician

操作技术指导 operationally technical assistance

操作继电器 operating relay; operational relay

操作寄存器 operation register

操作加重管 wrestle

操作架 handling frame

操作间 console; operation building

操作间温度 shop temperature

操作监测 operational monitoring

操作检查 checking of operations; operational checkout; operational inspection

操作检查记录 operation(al) inspection log

操作简单 simplicity of operator

操作建议 operating recommendation

操作键 function key; operational key

操作键盘 function keyboard; operational keyboard

操作交错(进行) functional interleaving

操作角度 work angle

操作校验 operation check

操作阶段 operational phase

操作接地 operational grounding

操作结束检验灯 finish lamp

操作结束信号灯 finish lamp

操作解码器 operational decoder

操作经济 operating economy

操作经验 experience gained in operation; operating experience; operational experience

操作距离 operating distance

操作卡(片) operational card; operation(al) sheet

操作开关 console switch; function switch; operating switch; operation(al) switch

操作开关盘 operating panel

操作可靠性 operating reliability; operational reliability

操作空白 operating space

操作空格 operational blank

操作空间 operating space

操作孔 function hole

操作控制 operating control; operation(al) control; operator guidance

操作控制板 operation(al) control panel

操作控制单元 operational control unit

操作控制点 operating control point

操作控制阀 operational control valve

操作控制计划 operation control plan

操作控制键 operational control key

操作控制开关 operational control switch

操作控制器 operating supervisor; operational control

操作控制设备 operational control unit

操作控制室 operation center

操作控制台 display console; operating console; operator's console; utility control console

操作控制系统 operated control system; operation(al) control system

操作控制装置 operational control unit

操作廊 operating gallery; service corridor

操作廊道 operating gallery; operating gangway

操作类指令 operate class instruction

操作力 operator force

操作利益 operational advantage

操作例外 operational exception

操作例行程序 function routine

操作连续性 application consistency

操作联动装置 operating linkage

操作量 manipulated variable; handling tons; operational ton; tonnage of cargo handled <指装卸>

操作灵便性 roadability

操作灵活性 flexibility of operation; operational flexibility

操作流程图 operation(al) flow chart

操作流水线 operational pipeline

操作螺母 operating nut

操作螺栓荷载 operating bolt load

操作码 command code; function code; function digit; operating code; operational code; operation part; order code; opcode; operation code

操作码表 function code table; operational code table

操作码部分 operational part; operator part; part operation

操作码差错 error in operation code

操作码错误 error in operation code

操作码方式 operating code mode

操作码寄存器 command code register; operating code register; operational register

操作码区 operating code field

操作脉冲残压 switching impulse residual voltage

操作秘密 processing know-how

操作面板 guidance panel

操作面积 operational area

操作命令 operating command

操作模式 operator schema

操作模式化 functional modularity; functional modulatory

操作能力 operational capability; operational capacity

操作钮安装 control setting

操作盘 hand wheel; operating board; operation(al) board

操作配电盘 operating panel

操作喷嘴及喷射混凝土的工人 nozzleman

操作片控制器 template control unit

操作片描述符 template descriptor

操作频率 operating frequency

操作平台 operating deck; operating desk; operating platform; operator's platform; service platform; working platform

操作评定 performance evaluation

操作屏 operating panel; operator panel

操作期 operating phase; working life

操作气管的水暖子 wind plumber

操作器 exerciser; manipulator

操作器机械手 manipulator arm

操作器械 operating apparatus

操作桥 operating bridge

操作轻便 easy operation

操作轻便的机体 light-to-operate body

操作区 operating space

操作曲柄 operating crank

操作曲线 operating curve; operation curve

操作驱动器 function driver

操作缺陷 imperfection in workmanship; working imperfection

操作人员 attending personnel; operating crew; operating personnel; operating staff; operational crew; operator

操作人员的视野 operator vision

操作人员的旋转座位 operator swivel seat

操作人员控制台 operator's console

操作人员误差 personal error

C

操作人员用电路 operator's circuit
操作任务 operating duty; operational task
操作软件 operating software
操作软件开发 operating software development
操作上的 operational
操作上的可靠性 serviceability
操作上的压力传感器 operational pressure transducer
操作上的优点 operating advantage
操作设备 operating equipment
操作设计 functional design
操作设计与分析 operational design and analysis
操作深度 depth of processing
操作失误 misoperation; operate miss; operating failure
操作十字架 operating spider
操作时擦伤 handling scratch
操作时间 hour of operation; hours to stream; labo(u)r time; length of operation; manipulation time; operating time; operation(al) time; running time; time of operation
操作时间测定法 operating time measurement method
操作时间系数 operating factor
操作时间自动调节器 automatic timing device
操作时破碎 handling breakage
操作时序 time sequential routine
操作识别 operational label
操作实践 operating practice
操作使用手册 service manual
操作示意图 operational chart
操作式膨胀阀 pilot-operated expansion valve
操作事故 accident at work; operating accident; operating incident; operation(al) exception; operational incident; working accident
操作试验 operating test; operational test; operation test(ing)
操作室 cab(in); control room; manipulator cell; operating cab; operation(al) room; operator's cabin; operator's compartment; operator's cab
操作室小车 <桥吊、塔吊等的> crane trolley
操作适应性 operational flexibility
操作适用性 operational suitability
操作手把 operational lever
操作手柄 handle control; operating grip; operating handle
操作手册 instruction manual; manipulation manual; manual of procedure; operating handbook; operating manual; operation(al) manual; operator's handbook; service manual; handling manual
操作手轮 hand wheel
操作手续 operating performance; operating procedure; operational procedure
操作守则 working rule
操作舒适 operating comfort
操作数 operand
操作数表 operand table
操作数部分 operand part
操作数存储器 operand store
操作数存取 operand access
操作数地址 operand address
操作数地址字段 operand address field
操作数调用字节 operand call syllable
操作数段 operand field
操作数队列 operand queue
操作数寄存器 operator register
操作数进入 operand entry
操作数精度寄存器 operand-precision register
操作数据 operating data; operational data
操作数据表 function data table
操作数类型 operand type
操作数码 function digit
操作数码部分 operational digital part; operator digital part
操作数区 operand field
操作数取出指令 operand fetch instruction
操作数入口 operand entry
操作数说明符 operand specifier
操作数说明符类型 operand specifier type
操作数位 operand bit
操作数误差 operand error
操作数信息组 operand field
操作数寻址操作 operand addressing operation
操作数延迟 operand delay
操作数延迟时间 operand delay
操作数有效地址 effective operand address
操作数域的类型 type of operand field
操作数栈 operand stack
操作数栈寄存器 operand stack register
操作数值 operand value
操作数指定 operand designation
操作数子表 operand sublist
操作数子字段 operand subfield
操作数字 function digit; operand word
操作数字长 operand word-length
操作数字段 operand field
操作数总线 operand bus
操作数组合 composite of operand
操作水平 operant level
操作水位 operating water level
操作水文学 operational hydrology
操作顺序 operating order; operating schedule; operating sequence; scheme of operations; sequence of operations; sequence of processes; working order
操作顺序分析 operational sequence analysis
操作顺序图 operating sequence diagram; operational flow sheet
操作瞬变现象 switching transient
操作说明 handling instruction; operating instruction
操作说明书 instruction manual; manipulation manual; operating instruction; operating manual; operating specification; operational sheet; operation manual; operator manual; run book; working instruction
操作速度 operating velocity; service speed; speed of operation; speed of working; work speed
操作速率 operating speed
操作索 control cable; hand line
操作踏板 operating pedal
操作台 console; control console; load-dispatching center[centre]; manipulation platform; operating board; operating console; operating table; operational desk; operation area; working platform
操作台缓冲器 console buffer
操作台指示灯 operator indicator
操作弹性 turn-down ratio
操作特性 operating characteristic; performance characteristic; working characteristic
操作特性曲线 operating characteristic curve
操作体制(的系统)表述 system formulation
操作条件 condition in operating; operating condition; processing condition; service condition
操作条件组 set of operating condition
操作铁钩 <搅炼炉补炉、熔碳及沸腾期用> jam bar
操作铁链 operating chain
操作通知系统 operational announcing system
操作统一体 operating entity
操作图 application drawing; operating scheme; scheme of operation
操作图表 operating chart
操作维修步骤 operating maintenance procedure
操作位 done bit; function digit; operational field
操作位置 operating position; working place; work location
操作温度 operating temperature; operational temperature; processing temperature; service temperature; temperature of use; working temperature
操作稳定性 operational stability
操作问题 operational problem
操作污染 operational pollution
操作误差 error in operation; operating error
操作系数 <指装卸> stream coefficient; coefficient of cargo-handling; ratio of operation(al) tons to physical tons
操作系统 actuating system; executive system; monitor system; operating system; operation(al) system
操作系统安全性 operating system security
操作系统成分 operating system component
操作系统程序 operating system program(me)
操作系统程序包 system pack
操作系统程序软件【计】 operating system program(me) software
操作系统存取法 operating system access method
操作系统的软件成分 software component of an operating system
操作系统的组成部分 operating system component
操作系统方式 operating system configuration
操作系统分时 operating system time-sharing
操作系统功能 operational system function
操作系统管理 operating system management
操作系统管理程序 operating system supervisor
操作系统核心 operating system kernel
操作系统核语言 operating system nucleus language
操作系统监督程序 operating system monitor
操作系统监控程序 operating system monitor
操作系统键盘命令 operating system keyboard command
操作系统结构 operating system configuration; operating system structure
操作系统开销 operating system overhead
操作系统内核 operating system nucleus
操作系统配置 operating system configuration
操作系统情况 operating system configuration
操作系统软件 operating system software
操作系统生成 operating system generation
操作系统算法 operating system algorithm
操作系统特性 operating system characteristic
操作系统文本编辑系统 operating system text editor
操作系统文件 operating system file
操作系统系列 operating system family
操作系统总体 operating system master
操作系统组成部分 monitor system components
操作显示 operating display
操作线 operating line; operational line; pilot wire
操作线路 functional arrangement
操作线圈 operating coil
操作箱 control box
操作消耗量 operating charge; operating consumption
操作小时 hours run; operating hours
操作效率 operating efficiency
操作信号 operational signal
操作信号盘 telltale board
操作信息 operating information; operational message; operator message
操作信息系统 operational information system
操作行程测定 operating distance measurement
操作性能 handleability; operating performance; operational performance; performance; serviceability; service performance; workability
操作性能良好的船舶 maneuverable ship
操作性能图 performance chart
操作性条件反射 instrumental conditioning; operant conditioning
操作性质 character of operation
操作须知 operating instruction
操作许可证 operating license [licence]; operator license
操作序列 sequence of operations
操作序列控制 operational sequence control
操作循环 cycle of operation; operating cycle
操作压力 on-stream pressure; operating pressure
操作压力循环 operating pressure cycle
操作延迟 operating delay; operational delay
操作延迟时间 operating delay time
操作延误 operating delay
操作研究 operational research; work study
操作要求 operational requirement
操作要素 operating element
操作一致 unit operation
操作仪表 operating instrumentation
操作仪表板 operational board
操作异常 abnormal operation; operational exception
操作译码器 operational decoder
操作因素 operational factor
操作用的脚手架 working scaffold(ing)
操作用管线 jug-handle
操作优点 service advantage
操作油缸 operating cylinder

操作油管 oil supply bar; oil supply line; operating oil line
操作与保养手册 operational and maintenance manual
操作与控制站 operational and control station
操作与设备手册 operational and equipment manual
操作与维修集中化 centralization of operations and maintenance
操作与校正 operations and checkout
操作语义学 operational semantics
操作元件 executive component; operating element
操作员 operator
操作员标识符 operator identifier
操作员操作台 operator console
操作员存取码 operator's access code
操作员错误 operator error
操作员导向码 operator guidance code
操作员服务 operator service
操作员干预 operator intervention
操作员干预部分 operator intervention section
操作员甲 operator A
操作员监督 operator over-sight
操作员监控程序间通信[讯] operator-monitor communication
操作员监视 operator monitor
操作员交互作用 operator interaction
操作员接口控制块 operator interface control block
操作员接口设备 operator interface equipment
操作员截取 operator intercept
操作员控制 operator control
操作员控制表 operator control table
操作员控制单元 operator control element
操作员控制地址向量表 operator control address vector table
操作员控制功能 operator control function
操作员控制面板 operator control panel
操作员控制命令 operator control command
操作员控制台 operator's console; operator's station; operator control console
操作员控制台程序 operator console facility
操作员控制台面板 operator control panel
操作员控制台设备 operator console facility
操作员控制系统 operator control system
操作员控制语言 operator control language
操作员控制站 operator control station
操作员逻辑分页 operator logic paging
操作员命令 operator command
操作员命令语言 operator command language
操作员确认记录 operator authorization record
操作员人机界面 operator man-machine interface
操作员识别码 operator identifier
操作员特殊记录 operator authorization record
操作员通信[讯] operator communication
操作员通信[讯]管理程序 operator communication manager
操作员通信[讯]控制设备 operator communication control facility
操作员通信[讯]信息 operator communication message
操作员外中断处理程序 operator external interrupt processor
操作员位置 operator's position
操作员响应字段 operator response field
操作员协调的呼叫 operator-assisted call
操作员信息 operator message
操作员信息区 operator information area
操作员业务 operator service
操作员引导码 operator guidance code
操作员引导指示灯 operator guidance indicator
操作员应答字段 operator response field
操作员与计算机的交互作用 operator interaction
操作员站 operator station
操作员站任务 operator station task
操作员值班 operator's tour
操作原理 operating principle; principle of operation
操作原因缩减系数 operational reduction factor
操作杂音 operational knocks
操作噪声 gimp; operating noise
操作栈 active stack; operator stack
操作栈寄存器 operational stack register
操作站 operating station
操作者 jockey; manipulator; manometer; operative; operator; runner
操作者的辅助工具 operator aid
操作者的助手 operator aid
操作者的熟练程度 manipulative skill
操作者控制台 operator platform
操作者疲劳 operator fatigue
操作者平台 operator platform
操作者误差 operator error
操作者信息 operator message
操作者延误 operator delay
操作指 operating finger
操作指导计算机 operational guide computer
操作指令 handling command; operating instruction; operating order; operational command; operational order; operation instruction; operator command; operating instruction
操作指令地址 functional instruction address
操作指南 operating instruction; operation(al) manual; operator guide
操作指示 operations directive; operating instruction
操作指示符 function designator
操作指示器 operational indicator; pilot guide
操作制度 operating duty
操作中 busy
操作中断 interruption of operation
操作中断时间 process hold up time
操作中用水 operating water; process water
操作周期 cycle of operation; cycle period; operating cycle; operating period; operation(al) cycle; operation(al) period
操作主管人 operation(al) supervisor
操作属性 operational attribute
操作助剂 mixing aid; processing aid
操作转轮叶片伺服器 blade operating servomotor
操作装置 handling device; manipulative device; manipulator; operating apparatus; operating device; operating equipment; operating gear; operating unit
操作状态 operating state; operating status
操作准备时间 operator set-up time
操作准备指示灯 ready light
操作资料 operating information
操作子程序 function subprogram(me)
操作字 operational word
操作字段 operational field
操作字符 operational character
操作字码 function letter
操作字母 function letter
操作总成本 overall operating cost
操作走廊 operating gallery
操作组人员 operating crew
操作作业 mixing operation

糙斑 chika

糙斑铁 sorbite
糙瓷 rough porcelain
糙度 rigesity; roughness
糙度等级 scale of roughness
糙度计 roughness meter; rugosimeter
糙度曲线 roughness curve
糙度系数 roughness coefficient; rugosity coefficient
糙度轴 roughness axis
糙经 warp faulty lift
糙率 roughness(coefficient); rugosity; coefficient of roughness
糙率比尺 scale ratio of roughness
糙率比(率) roughness ratio
糙率尺度 roughness size
糙率分级 category of roughness; roughness category
糙率弗老德数 roughness Froude number
糙率雷诺数 roughness Reynolds number
糙率失真 < 模型试验中 > distortion of roughness
糙率系数 roughness coefficient; roughness factor; rugosity coefficient
糙率因数 roughness factor
糙率影响 roughness effect
糙率种类 categories of roughness
糙米 unpolished rice
糙面 rough surface
糙面白云岩 rauchwacke
糙面冰 rough ice
糙面玻璃纤维 roughened surface glass fiber[fibre]
糙面镀锡薄(钢)板 grained tinplate
糙面光泽 sheen gloss
糙面光泽计 sheen gloss meter
糙面滚筒 roughing roller
糙面马口铁 grained tinplate
糙面内质网 rough-surfaced endoplasmic reticulum
糙面喷涂法 dry spray
糙面效应 anchoring effect
糙面纸 rough paper; shagreen paper
糙皮病 pellagra
糙皮病疗养院 pellagrosarium
糙皮桦 Himalayan birch
糙石巨柱 menhir
糙水效应 rough water effect
糙苏 jerusalem sage
糙纬 weft shiner
糙叶 rough leaf
糙铸 scabbed casting

曹白鱼 Chinese herring

曹灰长石 labradorite
曹灰长石光 labradorescence

嘈杂 noiseness

嘈杂场所 bear-garden
嘈杂的 noisy
嘈杂数位 noisy digit
嘈杂状态 noisy mode

槽 channel; trough

槽鞍形填料 Intalox saddle
槽板 trough slab; batter board; leading frame < 施工放线用 >
槽板布线 raceway wiring; wooden mo(u)lding wiring
槽板带式输送器 troughed belt conveyer[conveyor]
槽板输送机 apron conveyer[conveyor]
槽半径 groove radius
槽饱和 chamber saturation
槽背斜 geosynclinal anticlinorium; geosyncline anticlinorium
槽壁 cell wall; diaphragm; slot wall; slurry wall; trench wall
槽壁法 slurry trench method
槽壁法施工 slurry wall method; trench method
槽壁间漏磁 slot leakage
槽边 flange
槽边排风 rim ventilation
槽边排风罩 lateral exhaust at the edge of a batch; rim exhaust; slot exhaust hood
槽边平行槽 parallel slot
槽边通风 rim ventilation; slot exhaust on edges of tanks
槽柄钻头 grooved shank drill
槽波 channel wave; slot wave
槽泊构造 chute and pool structure
槽部 slot part
槽部磁导 slot permeance
槽部放电 slot discharge
槽部绕组 slot winding
槽部线棒 slot bar
槽部线圈 slot coil
槽长 flute length
槽车 cistern car; receiver; tank car; tanker(wagon); tank lorry; tank wagon
槽车减耗量 shell outage
槽车取样 car sampling
槽车容量 shell capacity
槽车剩余量 shell innage
槽车装料 filling of tank cars
槽车自动装载台 < 液化气装卸用 > automated key-stop truck loading
槽沉 sagging
槽沉法 dropping
槽沉炉 sagging kiln; softening furnace
槽沉温度 sag point; self-sagging temperature
槽衬 slot liner
槽衬垫 pit liner
槽衬里 tank lining
槽撑 trench brace
槽承大梁 trough girder
槽齿比 tooth ratio
槽齿接合 step joint; tooth joint
槽齿连接 step joint
槽齿联结 tooth joint
槽齿式戽 slotted roller bucket
槽齿轴 spline shaft
槽触轮架空线 grooved trolley wire
槽船 tank steamer
槽磁场 slot field
槽带 trough(ed) belt
槽带式输送机 trough-belt conveyer [conveyor]

C

C

槽带式运输机 trough-belt conveyer [conveyor]
槽带输送机 trough band conveyer [conveyor]
槽道 conduit;duct
槽道宽深比 aspect ratio
槽道螺旋桨 ducted propeller
槽的 groovy
槽的几何形状 tank geometry
槽灯 cove lighting;valance lighting
槽底 bottom of slot; bottom of the groove;cell bottom;slot base;tank bottom
槽底半径 bottom radius
槽底挡料衬板 lagged liner
槽底沟 subslot
槽底内径 groove-root diameter
槽底刨 old woman's tooth
槽底找平 bottoming
槽底折断 break-in invert
槽地 trough
槽电抗 slot reactance
槽电流 cell current
槽电压 bath voltage;cell voltage;tank voltage
槽电阻 cell resistance
槽钉 channel pin
槽顶螺钉 slotted top screw
槽顶螺帽 castellated (screw) nut; casting nut; castle nut; crown nut; fluted nut;grooved nut;slotted circular nut
槽顶螺母 castellated nut;casting nut; castle nut; crown nut; fluted nut; grooved nut;slotted circular nut
槽顶钻头 castellated bit;padded bit
槽斗联合装置 chute and funnel device
槽端镗杆 slit nosed boring bar
槽段 reach of channel;wall panel
槽段准备 preparation of trench
槽法 channel process
槽法施胶 tub-sizing
槽法炭黑 canal black; channel (carbon) black; channel-type carbon black;impingement black
槽法着色 tub colo(u)ring
槽缝 groove(d) joint;plane-of-weakness joint; slot; weakened plane joint
槽缝尺寸 slot size
槽缝焊 slot weld
槽缝拉杆 slot tie
槽缝螺栓 slotted bolt;slotted bolt
槽缝曲柄 slotted crank
槽缝式刮浆板 slot squeegee
槽缝式锚杆 slitted bolt;slotted bolt
槽缝式施加器 slot applicator
槽缝式旋转针梳机 slot-guide intersector
槽缝天线 slot antenna
槽缝型磁控管 slot magnetron
槽腐蚀 groove corrosion
槽盖 capping;gutter plank
槽杆 channel bar
槽杆式凹板 channel bar concave
槽钢 beam channel;box iron;channel iron;channel steel;channel string; groove steel; iron channel; metal channel; mild steel channel; steel channel(ling);troughing;trough iron; trough steel; U-bar; U-beam; U-iron;U-steel
槽钢板 troughing plate
槽钢撑杆 channel strut
槽钢顶梁 channel bar;channel head
槽钢断面 steel channel section
槽钢罐道 channel guide
槽钢截面 channel(cross-)section
槽钢截面轴线 channel-section axle
槽钢壳 rifled shell
槽钢框架 channel frame
槽钢拉杆 channel tie
槽钢立筋 channel stud
槽钢立筋隔断 channel stud partition
槽钢梁 channel beam; steel channel beam
槽钢檩条 channel purlin(e); steel channel purlin(e)
槽钢楼梯梁 channel stringer
槽钢锚固 channel anchor
槽钢门框 channel jamb
槽钢支架 buckstay
槽钢支柱 channel strut
槽钢制轮辋 channel(l)ed-steel wheel rim
槽钢轴 channel-section axle
槽钢柱 channel column;steel channel column
槽钢缀合柱 column of built channels laced;laced column of built channels
槽隔小圆 quirk bead
槽根半径 <冲击试件的> notch root radius
槽沟 flute;gain(groove);trough(gutter);trough bend【地】
槽沟挡板 sheeting of trench; trench sheeting
槽沟挡块 bath weir
槽沟挡堰 bath weir
槽沟的 groovy
槽沟活塞环 slotted channel piston ring
槽沟漏斗 fluted funnel
槽沟取样 trench sampling
槽沟双面衬板 grooved and hyperboloidal composite liners
槽谷 trough valley
槽谷肩 trough-shoulder
槽谷缘 trough-edge
槽管套 grooved couplings
槽罐驳 tank barge
槽罐挂车 tank trailer
槽规 recess ga(u)ge
槽辊 fluted roll;grooved roller
槽辊上墨装置 grooved roller inking unit
槽辊涂装 engraved coating; graved roll coating
槽滚 trough roller
槽滚压路机 grooved roller
槽焊 grooving;slot weld;groove weld
槽焊缝 slot weld(ing)
槽焊接 slot welding; groove welding)
槽合成矿理论 geosyncline-platform theory for metallogenesis
槽核 trough core
槽痕 flute mark
槽痕表面 furrowed surface
槽痕风化 fluting
槽痕琢石 furrowed stone
槽洪 stream flood
槽化石 saussurite
槽化作用【地】 saussuritization
槽环 grooved ring
槽脊 land
槽脊系统 trough-ridge system
槽间串音 crosstalk between spiral grooves
槽间间隔 spacing of tanks
槽间平面部分 <陶立克式柱的> shank
槽键 sunk key
槽桨式(混凝土)拌和机 trough(-and)-paddle(type)mixer
槽桨式(混凝土)搅拌机 trough(-and)-paddle(type)mixer
槽角 groove angle
槽角度 angle of the V-groove;groove angle
槽接头 trough connection
槽节距 slot pitch
槽截面 slot cross-section
槽浸 vat leaching
槽距 flute pitch;slot pitch;slot size
槽绝缘衬 slot insulating liner;slot liner
槽开梁 beam channel;channel beam; U-shape beam
槽坑底 bottom of the excavation
槽空间 slot space
槽孔 slotted aperture; slotted eye; slotted hole; slotted opening; diaphragm trench
槽孔链节 slotted link
槽孔链节运动 slotted link motion
槽孔模片 slotted templet
槽孔模片板 slotted template
槽孔模片铺设组 laydown
槽孔式采样器 slot-type sampler
槽孔式喷嘴 slotted nozzle
槽孔式取样器 slot-type sampler
槽孔式推移质采样器 slot-type bed load sampler
槽孔型谐振器 hole-and-slot resonator
槽口 notch;rabbet;ribbet;slit orifice
槽口凹角中的压条 rabbet bead
槽口板 notch plate
槽口板桩 grooved pile
槽口尺寸 rabbet size
槽口的易碎性 notch brittleness
槽口缝 notching joint
槽口管子 grooved pipe
槽口接合 rabbet
槽口接合门 rabbeted door
槽口宽 slot opening
槽口连接 notching
槽口门锁 rabbeted lock;rebated lock
槽口嵌接材 boxing
槽口式排种盘 edge-cell seed plate
槽口式摘穗辊 notch-type snapping roll
槽口水泥板 rebated cement slab
槽口榫接 notched and cogged joint
槽口退火 pit annealing
槽口外边线 outer rabbet line
槽口温度 temperature at debiteuse mouth
槽口线道 lip streak
槽口堰 notch weir
槽口影响 notch effect
槽口圆线 rebate bead
槽口珠缘 rabbet bead
槽口桩 slotted pile
槽块 channel block
槽宽 channel width; groove width; slot width
槽馈偶极天线 slit antenna;slot dipole
槽馈偶极子 slot-fed dipole
槽肋 channel rib
槽棱玻璃 ribbed glass
槽立铣刀 slotting end mill
槽陇间的空间 interglyph
槽漏磁 slot leakage
槽漏磁场 slot field
槽漏磁通 slot leakage flux
槽漏电抗 slot leakage reactance
槽漏泄 slot leakage
槽路 channeling;circuit of the cells; slot way;tank circuit;troughing
槽路传输线 tank line
槽路的 Q 值 goodness of circuit
槽路的品质因素 goodness of circuit
槽路电感 tank circuit inductance
槽路电流 mesh current
槽路电容 tankage;tank capacitance
槽路电容器 tank capacitor;tank condenser
槽路盘 tank circus panel
槽路现象 channel(l)ing
槽路线圈 tank coil
槽轮 grooved pulley;grooved wheel; scored pulley;sheave wheel
槽轮传动 sheave drive;wedge drive
槽轮和钢丝直径比 sheave-to-wire ratio
槽轮机构 geneva mechanism
槽轮驱动轴 roll-driving shaft
槽轮式条播机 fluted roll drill;fluted-wheel drill
槽轮式选粉机 channel wheel separator
槽轮轴 fluted roller shaft
槽脉冲 serrated pulse
槽脉动 slot ripple
槽楣 chase lintel
槽面 groove face
槽面法兰 groove flange
槽面镶嵌玻璃 face glass;face glazing
槽面砖 scored tile
槽面装置台 grooved setting-up table
槽名 slot name
槽模 channel mo(u)ld; flute cast; horning tool
槽摩擦轮传动 traction drive
槽磨床 groove grinder
槽磨机 slot grinder
槽内处理 tank treatment
槽内处理法 chemical rising technique
槽内导条 slot bar
槽内接触轨 conduit conductor rail
槽内接触轨制 conduit conductor rail system
槽内浸滤 confined leaching
槽内绕组层 layer in slot
槽内贴面板 channel glazing
槽内铜导线 buried copper
槽扭因数 skew factor
槽刨 badger plane; bevel(l)ing plane;box plane;fillister(plane); groove-cutting chisel; groove plane;groover;grooving plane;hollow plane;match(ing)plane;badger plane; plough (planer); plow plane; quirk router; rabbet plane; rebate planer;router;router plane; snipe's-bill;snipe bill plane;tonguing plane;trenching plane
槽刨刨铁 oblique grooving iron
槽配合 slot combination;slot coordination
槽片 slotted vane
槽片深度 depth of slot
槽片直径 diameter of slot
槽剖面 groove profile
槽嵌玻璃法 channel glazing
槽渠比 <槽底宽与下游渠道底宽之比> fluming ratio
槽塞焊 slot weld
槽舌 groove and tongue;rabbet
槽舌玻璃 grooved glass
槽舌地板 grooved and tongued flooring)
槽舌对接 rabbeted butt joint
槽舌风雨板 rebated weather-boarding
槽舌接缝 fillistered joint;grooved joint
槽舌接合 groove connection;groove(d) and tongue(d) joint; grooving and tonguing; joining by rabbets; rabbet(joint)
槽舌接口 match joint(ing)
槽舌连接 grooving
槽舌榫 groove and tongue
槽舌榫接合 rebated joint
槽舌贴角接缝 rebated and filleted joint
槽舌镶板 grooved panel
槽舌圆贴角接缝 rebated and filleted joint
槽舌圆线 rebate bead

槽深 depth of groove;depth of rabbet;depth of rebate;groove depth;slot depth
槽升子 center block
槽蚀 channel erosion;grooving
槽蚀高地 channel(l)ed upland;grooved upland
槽式拌和机 trough mixer
槽式鼻坎 <溢洪道的> slotted bucket lip
槽式便池 trough water closet
槽式变向器 whipstock
槽式传送带 troughed belt conveyer[conveyor]
槽式磁选机 magnetic trough separator
槽式打浆机 trough-style pulp beater
槽式导管 railway catheter
槽式的 trough-shaped
槽式底沙采样器 pit sampler
槽式电池 tank cell
槽式电子倍增器 channel-type electron multiplier
槽式断面 trench section;trough-shaped
槽式断面法 <路面工程的> trench method
槽式断面铺砌 trough-shaped paving
槽式堆叠收纸机 bath delivery stacker
槽式反射器 trough reflector
槽式分级机 tank classifier
槽式分离 trough separation
槽式分砂机 launder sand slicer
槽式焚化炉 trench incinerator
槽式干扰下沉分级机 hindered-setting tank classifier
槽式给矿机 chute feeder;slot feeder
槽式刮板输送机 scraper trough conveyer[conveyor]
槽式管线 trench conduit
槽式过鱼道 pool-type fish pass
槽式混合器 trough mixer
槽式挤奶台 chute-type milking bail
槽式建筑(法) <路面> trench-type construction
槽式胶带输送机 troughed belt conveyer[conveyor]
槽式铰刀 fluted reamer
槽式搅拌机 trough mixer;tub mixer
槽式搅动干燥器 agitated trough drier[dryer]
槽式接缝 castellated joint
槽式接合 groove(d) connection;groove(d) joint;notching joint;weakened plane joint
槽式节流阀 groove control valve
槽式结合 groove joint
槽式结晶器 tank crystallizer
槽式冷却装置 channel cooling arrangement
槽式立柱 supporting channel
槽式链条上煤机 dragging feeder
槽式列车 <隧道出砟用> bunker train
槽式流量计 flume flow meter
槽式炉 tank furnace
槽式滤水器 silt filter
槽式轮 recessed wheel
槽式模型 tank model
槽式磨光机 trough grinding-polishing machine
槽式配水系统 troughing distribution system
槽式皮带 trough belt
槽式皮带输送机 trough-belt conveyer[conveyor]
槽式皮带运输机 troughed belt conveyer[conveyor]
槽式气压计 cistern barometer;dial barometer
槽式汽车 tanker
槽式倾斜排水板 draining board
槽式取粉器 chute riffler
槽式砂轮 recessed abrasive wheel
槽式伸缩缝 grooved contraction joint
槽式施胶机 tub sizing machine
槽式输送带 troughed conveyer belt
槽式输送机 conveyor trough;pan conveyer;tray conveyer;trough(ing) conveyer[conveyor]
槽式输送器 pan conveyer;troughing conveyer
槽式隧道施工(法) trench-type tunnel construction
槽式缩缝 <混凝土路面的> grooved contraction joint
槽式碳黑 wyex
槽式梯田 channel-type terrace
槽式提升机 trough lift
槽式涂布机 tub coating
槽式洗涤机 launder washer;tub scouring machine
槽式铣刀 fluted cutter
槽式显影 tank development
槽式移圈针 chamfer needle;chamfer type transfer needle
槽式溢洪道 chute spillway;trough spillway
槽式运输机 tray conveyer;trough conveyer[conveyor]
槽式装料器 <一种垃圾清运装置> trough loader
槽式阻滞沉降分级机 tank-type hindered-setting classifier
槽式钻模 channel-type jig
槽饰 channel mo(u)lding
槽数 number of slots
槽送混凝土的缆索起重机 concrete chuting cable crane
槽榫 chase mortise;keyed dowel;chase mortising;chase mortise;slot mortise
槽榫机 slot mortising machine
槽榫接合 plow and tongue joint;tongued and grooved joint
槽榫接合边 tongue and groove edge
槽榫刨 boaster
槽榫錾 hammerhead chisel
槽探 exploring trench;trenching(exploration);trench exploration;trench test;costean(ing);trail trench
槽探取样器 pit sampler
槽探总长度 total length of exploratory trench
槽铁 channel bar;channel iron;channel-section iron;trough iron;U-iron
槽铁接头 channel joint;channel rod coupling
槽铁框架 channel iron frame
槽铜断面 brass channel(section)
槽筒 groove(d) drum;slotted drum
槽筒式络纱机 chute-barrel spooler
槽头固定螺钉 slotted mounting screw
槽头螺钉 slotted(head) screw
槽头螺栓 fillister head bolt
槽头螺丝 recessed head screw
槽头螺丝刀 recessed-head screw-driver
槽凸轮 grooved cam
槽瓦 bent tile;channel tile;imbrex;interlocking tile;over-tile;trough tile;valley tile
槽位 slot
槽纹 <建筑物柱子的> architectural flute
槽纹板 fluted sheet;grooved slab
槽纹波导 grooved waveguide
槽纹玻璃 fluted(roller) glass;grooved glass;reeded glass
槽纹不稳定性 flute instability;interchange instability
槽纹撑螺栓 slit stay bolt
槽纹道面跑道 grooved runway;grooving runway
槽纹跟踪数字化 deep-etch digitizing
槽纹跟踪数字化法 groove digitizing method
槽纹管 fluted tube
槽纹辊 corrugated roll;crimping roll;fluted roll mill
槽纹辊洗涤机 corrugated roll washing machine;grooved roll washing machine
槽纹滚筒 corrugated roll;grooved roll;serrated roller
槽纹棍 serrated roller
槽纹黄铜管 <主要用于电气和楼梯扶手> fluted brass tube
槽纹路碾 grooved roller
槽纹式轮胎 grooved tire[tyre]
槽纹套筒 grooved couplings
槽纹铜管 <主要用于电气和楼梯扶手> fluted copper tube
槽纹图板 etch copy
槽纹外层胶 corrugated cover
槽纹镶板 grooved panel;troughing plate
槽纹修琢 columnar stroked dressing
槽纹压路机 grooved roller
槽纹(压延)辊 fluted roller
槽洗 launder washing
槽洗机 launder;trough washer
槽铣刀 channel(l)ing cutter;fluting cutter;groove milling cutter;grooving cutter;slitting cutter;slot milling cutter)
槽隙电抗 slot reactance
槽隙绝缘 slot insulation
槽隙脉动 slot pulsation
槽隙耦合 slot coupling
槽隙耦合空腔谐振器 slot-coupled cavity
槽隙阻尼器 slot damper
槽下水流 underflow
槽线 cannelure;dummy joint;grooved wire;groove joint;trough line
槽线圈 slot coil
槽线压路机 grooved roller
槽向砌合 through bond
槽向斜 geosynclinal synclinorium
槽效应 effect of grooves;slot effect
槽楔 slot wedge
槽楔钉 channel pin
槽斜度 slot slope
槽芯旋涡式喷嘴 grooved core swirl spray nozzle
槽芯织物 fluted core fabric
槽形 bathtub type;flute profile;groove contour;groove shape
槽形板 channel plate;channel slab;grooved slab;trough plate
槽形板梁桥 trough plate girder bridge
槽形箅炉 trough grate furnace
槽形壁集装箱 corrugated container
槽形扁钻头 bobbin bit
槽形波导 grooved waveguide
槽形玻璃 channel-section glass;grooved glass;U-profile glass;U-shaped glass
槽形薄板 troughed sheeting;trough-type sheeting
槽形补缀 channel patch
槽形不稳定性 flute instability
槽形布置托滚 troughing idler
槽形材料 channel material
槽形舱壁 recessed bulkhead;stepped bulkhead;troughed bulkhead
槽形成型模 channel forming die
槽形齿轮啮合 channel toothing
槽形锉 hollowing file
槽形大梁 channel girder;trough girder
槽形带 trough belt
槽形带式喂料机 slot-type belt feeder
槽形挡土墙 U-type retaining wall
槽形导板 channel runner
槽形导轨 channel(l)ed rail
槽形的 alveated;channeled;channel-shaped;tank-shaped;troughed;trough-shaped
槽形底托 grooved mount
槽形地带 slot
槽形顶棚 tray ceiling
槽形斗车 <装运石渣用的> bunker car
槽形断层【地】 trough fault
槽形断路器 tank truck circuit-breaker
槽形断面 channel section;trough section
槽形断面摇枕 channel-section bolster
槽形对接光纤连接器 grooved fiber-alignment connector
槽形翻斗车 trough tip wagon
槽形翻卸车 trough tip wagon
槽形副龙骨 furring channel
槽形腹板 corrugation web
槽形钢 channel(-section) steel
槽形钢板 trough(ing) plate
槽形钢板桩 grooved steel plate pile
槽形钢轨 channel rail;score rail
槽形钢圈 channel ring
槽形沟 trough gutter
槽形构件 channel member
槽形构件框架 channel frame
槽形谷 trough-shaped valley
槽形管 channel pipe
槽形光纤定位连接器 grooved fiber-alignment connector
槽形轨 grider rail;grooved rail
槽形轨条 channel rail
槽形轨线路 grooved track
槽形辊子输送机 troughed roller conveyer[conveyor]
槽形滚筒 trough roller
槽形海底谷 trough-shaped submarine valley
槽形河谷 trough valley;U-shaped valley
槽形混合机 trough-type mixing machine
槽形混合料床 trough-type blending bed
槽形混合器 trough mixer
槽形混凝土浇灌机 trough-type concrete distributor
槽形货柜 tank container
槽形机翼 channel wing
槽形机座 gap bed
槽形夹子 channel clip
槽形交错层 trough cross-bedding
槽形交错层组 trough cross set
槽形胶带输送机 entrenched belt;trough band conveyer[conveyor];trough-belt conveyer[conveyor]
槽形胶带运送机 entrenched belt;trough band conveyer[conveyor];trough-belt conveyer[conveyor]
槽形胶皮带穿梭式输送机 troughed rubber belt shuttle conveyer[conveyor]
槽形阶地 channel(-type) terrace
槽形结构 bathtub construction
槽形截面 channel(cross-) section;troughing;trough section
槽形金属 carrying channel
槽形金属条 carrying channel
槽形镜面照明器 mirror-trough lighting
槽形绝缘 channel insulation
槽形绝缘纸 channel fiber
槽形开挖 box cut
槽形可调节高度的搁板支座 shelf standard

槽形块 troughed block
槽形栏杆 channel rail
槽形犁铧 channel share
槽形链板给料机 apron feeder
槽形链板输送机 apron conveyer[conveyor];trough-chain conveyer[conveyor]
槽形链板运输机 scraper trough conveyer[conveyor]
槽形梁 beam channel;channel beam;channel-section spar;double plate girder;trough beam;trough-shaped girder;U-shape beam;trough girder <支承铁轨的>
槽形料仓 trough-type bin
槽形六角螺母 grooved hex-nut
槽形龙骨 trough keel
槽形楼板 channel-shaped floor slab;trough floor slab
槽形炉箅 trough grate
槽形炉箅砖 trough grate tile
槽形铝板 troughed alumin(i)um sheet
槽形铝箔 alumin(i)um chanelled foil
槽形铝材 alumin(i)um channel
槽形轮廓 troughed profile
槽形螺钉头 slot head
槽形螺帽 channel nut
槽形螺母 capstan nut;castellated nut;castle nut;throttled nut
槽形螺栓 U-bolt
槽形毛玻璃 reed-type glass
槽形摩擦轮 grooved friction wheel
槽形母线 busbar channel
槽形碾砂机 groove muller
槽形盘子 marcel disk
槽形泡帽 tunnel-tray cap
槽形泡帽塔盘 tunnel-type tray
槽形泡罩 tunnel cap
槽形盆地 trough-like basin
槽形皮带 troughed belt
槽形皮带输送机 troughed belt conveyer[conveyor];troughing conveyer[conveyor]
槽形剖面 channel profile;channel section
槽形铺面 trough floor
槽形砌块 channel block;trough block
槽形墙截面 channel-shaped wall section
槽形桥梁 channel change bridge
槽形桥面承板 trough plate
槽形侵蚀 channel erosion
槽形伸缩缝 grooved type contraction joint
槽形十字头导框 slotted crosshead guide
槽形输送带滚子 troughing roll
槽形输送机 trough conveyer[conveyor];apron conveyer
槽形水力分级机 tank-type hydraulic classifier
槽形台座 U-shaped bed
槽形弹簧片 nibbed spring leaf
槽形陶管 channel earthenware pipe
槽形天沟 box gutter;trough gutter
槽形调整板 slotted adjustment plate
槽形铁 iron channel
槽形铁皮 fluted sheet
槽形(头)钢轨 step rail
槽形(头)轨 grooved rail
槽形推土法 trough-shaped earth pushing process
槽形托辊 channel-type idler;troughing idler
槽形托盘 channel tray
槽形挖掘铲 channel share
槽形瓦 channel tile;courtrail tile;grooved tile;trough tile;valley tile
槽形瓦挂瓦条 pantile lath
槽形外形 troughed profile
槽形尾水渠 channel-type tail race
槽形纹 groove markings
槽形屋顶 trough roof
槽形屋顶覆盖层 troughed roof cladding
槽形屋面板 channel roof slab;troughed roof cladding
槽形屋面瓦 pantile
槽形物 castle
槽形铣刀 fluted cutter;grooved milling cutter
槽形细流痕 flute rill mark
槽形线脚 canal
槽形线路 trough-shaped alignment
槽形卸料口料仓 slot bunker
槽形卸料口卸料 slot discharge
槽形型材 channel profile
槽形雪崩 channeled avalanche
槽形檐沟梁 gutter beam of U section
槽形衍射光栅 groove form diffraction grating
槽形仪表 grove shape meter
槽形溢洪道 channel-type spillway
槽形引道 trough approach;trough structure
槽形印模 flute cast
槽形鱼尾板 channel splice bar
槽形闸门 lifting chute
槽形辗压机 grooved roll
槽形振动输送机 vibratory trough conveyer[conveyor]
槽形支承辊 <输送带用> troughing idler
槽形支架 troffer
槽形支柱 channel strut
槽形支座 cradle
槽形轴承 corrugated bearing
槽形柱 channel column;trough column
槽形砖 keyed brick
槽形钻 groove bit
槽型 cell type
槽型材料 channel material
槽型分配器 trough-type distributor
槽型钢材 structural channel;troughing
槽型滚筒 trough roller
槽型混合机 trough-type mixing machine
槽型加热器 cell-type heater
槽型连接 clevis and tongue coupling
槽型密封圈 channel gasket
槽型谐振器 slot-type resonator
槽蓄 channel (detention) storage;storage in channel
槽蓄方程 channel storage equation;storage equation
槽蓄洪水演算 channel storage flood routing;storage flood routing
槽蓄量 channel detention
槽蓄流量曲线 storage-discharge curve
槽蓄曲线 storage curve
槽蓄容量 prismatic(al) storage;channel storage capacity
槽蓄绳套曲线 storage loop
槽蓄演算 channel storage routing
槽穴科 Phreatoicidae
槽牙 bicuspid teeth;premolar teeth
槽檐板 gutter board
槽眼 seed cell
槽眼螺钉连接 slot screwing
槽液 tank liquor
槽用分划规 mortice ga(u)ge
槽用网板 tank sheet
槽缘隆起 marginal uplift
槽缘轮 concave rim wheel
槽錾 grooving chisel
槽凿 gouging chisel;grooving chisel;nicker
槽渣 cell mud
槽辗压路机 grooved compactor
槽辗压实机 grooved compactor
槽褶皱 down fold
槽针 grooved needle;groove pin
槽针针杆 open stem
槽中布线 channel wiring
槽轴 fluted shaft;grooved shaft
槽轴承 fluted bearing
槽注入口 tank filler
槽柱 coulisse
槽铸型 flute cast
槽桩 grooved pile
槽状凹地 trench-like depression
槽状断层【地】 trough fault
槽状海滩 tunnel beach
槽状交错层理构造 trough cross bedding structure
槽状流 trough flow
槽状水道 gouge channel
槽子气泡 debiteuse bubble;debiteuse seed;drawbar bubble
槽子砖 boat;debiteuse
槽子砖槽口 base slot
槽子砖窑 debiteuse kiln
槽阻抗 slot impedance
槽组 bank of cells;group of tanks
槽钻 drill flute;long borer;slot borer;slot drill;slot mortising bit
槽钻头 gouge bit;long auger

草

草氨酸 oxamic acid;oxamidic acid
草氨酸丁酯 butyl oxamate
草氨酸乙酯 oxamethane
草氨酰 oxamyl
草氨酰肼 oxamic hydrazide
草案 draft note;draught;ground plan;protocol
草案拷贝 draft copy
草案性设计规范 tentative design criterion
草案性设计要求 tentative design criterion
草案性现代化 tentative modernistic
草胺磷(除草剂)cremart
草坝 fascine dam
草包 straw bag;straw sack
草被 grass cover
草被截留量 interception by grass
草本草原 herbaceous steppe
草本层 field layer;herbaceous layer
草本的 herb;herbaceous
草本的杆插 herbaceous cutting
草本地被(物)herbaceous soil covering
草本多年生植物 renascent
草本干草原 herbaceous steppe
草本高位芽植物 phaenerophyta herbaceae
草本根胶 grass rubber
草本果 herbaceous fruit
草本可可燃物 herbaceous fuel
草本泥炭 grass peat
草本群落 duriherbosa
草本群落阶段 herbaceous stage
草本水生植物 herbaceous aquatic vegetation
草本型 herbaceous type
草本学 agrostology
草本杂草 herbaceous weed
草本甾醇 agrosterol
草本沼泽 herbaceous swamp;marsh
草本植被 altoherbosa;grassland vegetation
草本植被区 grassland
草本植物 herb;herbaceous plant;wort
草本植物的花坛 herbaceous border
草本植物群 <尤指牧草> herbage
草本植物群落 herbosa
草编小地毯 grass rug
草编织品 ethyl xanthogen disulfide;grass woven products;hand-plaited straw articles;straw-weaved product
草编制品 straw products
草辫 straw band
草饼压制机 wafer press
草不绿 alachlor
草草做成 rig up
草测 approximate surveying;exploration survey;exploratory survey;field sketching;geostenography;original reconnaissance;preliminary survey;reconnaissance survey;rough survey;skeleton survey;sketching;sketch survey
草测导线 preliminary traverse
草测阶段 preliminary survey stage
草测图 eye sketch;geostenogram;skeleton map;sketch survey map;reconnaissance map
草层 herb layer
草叉 hay fork;pitch-fork
草铲 sod lifter;spud
草场 esplanade;grass cover;grassland;lawn ley;meadow;pasture land;rangeland
草场补播 range re-seeding;range sowing
草场地生境 range site
草场调查 range survey
草场更新 turf reconditioning
草场管理 rang management
草场火灾 range fire
草场利用 range utilization
草场喷水 lawn drizzle
草场评定 range appraisal
草场踏查 range reconnaissance
草场条件具备 range readiness
草场污染 pasture pollution
草场畜棚 range shelter
草场植物覆盖 range plant cover
草场资源 grass resources
草锄 weeding hoe
草创时期 initial stage;pioneering stage
草刺 burr
草刺盘 burr pan
草丛 hassock;herbosa;tuff of grass;tussock
草丛岸 grassy shore
草丛密度 turf density
草丛丘 hammock
草醋酸 oxalacetic acid
草醋酸盐 oxalacetate
草醋酸乙酯 ethyl oxalacetate
草醋酸酯 oxalacetate
草(搓)绳 grass rope
草带 straw cord
草袋 straw bag;wrack
草袋围堰 sand-bag cofferdam
草地 clun[clon];esplanade;grass(land);grass sod;green area;green sward;hayfield;hirsel;hirsie;ley;lawn;lea;leasow;meadow;meadow land;pasture;pratum;sod;sod swale;swale;sward;turf
草地百脉根 meadow deervetch
草地保护企业 lawn care business
草地保龄球 bowling green
草地边缘 grass margin
草地扁钢耙 flat steel lawn rake
草地播种机 grassland sod drill;grass reseeder
草地补播 over-sowing
草地长期休闲 extended pasture spelling
草地处理 grass plot treatment
草地带 lawn belt
草地的围边草 verge
草地飞机场 grasslanding area

草地覆盖 grass cover
草地覆盖物 lawn top mulch
草地割草机 scythe
草地格列土 meadow gley soil
草地灌溉 grassland irrigation
草地滚压机 grass roller
草地过滤 grass filtration
草地海滩 grass beach
草地火灾 grass fire
草地机场 grass airfield;sod airfield
草地剪草机 grass cutter
草地经营 lea management
草地犁 lea plow;sod plow
草地犁体 grassland body; grassland bottom;lea body
草地轮作 meadow grass rotation
草地轮作法 grassland agriculture
草地面积 turf area
草地目测法 ocular estimate
草地牧场 grass farm
草地挠性耙 grassland type flexible harrow
草地农业 grassland farming;lea farming
草地农作制 grassfield farming
草地耙 grassland harrow;lea harrow
草地刨土机 grassland rejuvenator
草地跑道 grass runway
草地喷灌 lawn drizzle
草地喷灌机 lawn sprinkler
草地喷灌器 lawn sprinkler; turf sprinkler
草地喷洒头 pop-up head
草地喷洒系统 lawn sprinkler system; turf sprinkler system
草地喷水器 lawn sprinkler; turf sprinkler
草地喷水系统 lawn sprinkler system; turf sprinkler system
草地评定 judging of grassland condition
草地破土犁体 sod breaker bottom
草地剖土机 grassland rejuvenator
草地曝晒漂白 bleach on the green
草地曝晒漂白法 grass bleaching
草地曝晒漂麻法 bush bleaching
草地潜育土 meadow gley soil
草地球场 tennis lawn
草地森林 grassland forest
草地沙化 grassland desertification
草地生态系统 grassland ecosystem
草地生态学 grassfield ecology;grassland ecology
草地疏松透气器 turf piercer
草地似的 turfy
草地松土器 grassland rejuvenator; pasture ripper
草地毯 floor mat;straw carpet
草地庭园 grass garden
草地土壤 grassland soil;meadow soil
草地退化 grassland degeneration
草地网球场 grass court;turf court
草地网状耙 grassland type flexible harrow
草地污水处理 grass plot
草地席 floor mat
草地斜坡 sodded slope
草地泄水道 grass(ed)waterway;sod waterway
草地型耕作机具 sod-type groundworking equipment
草地休闲 pasture spelling
草地修剪机 grass sod cutter
草地畜牧业 grassland agriculture
草地畜棚 range shelter
草地学会学报 Journal of the British Grassland Society
草地研究所 Grassland Research Institute
草地研究所专刊 Memoir Grassland Research Institute
草地用犁体 sod bottom
草地用熟地型犁体 clipper bottom
草地游戏场 grass play area
草地栽培 grassland cultivation
草地早熟禾 smooth-stalked meadow grass
草地沼泽 meadow bog;meadow moor
草地-沼泽-池塘处理法 meadow-marsh-pond treatment method
草地诊断 judging of grassland condition
草地植被 grassland cover; grassland vegetation
草地中围地 paddock
草地专用播种机 special sod land drill
草地资源 grassland resources
草地作物 sod crop
草甸 meadow;pelouse;pratum
草甸草原 meadow steppe
草甸冻原 meadow tundra
草甸黑钙土 meadow chernozem
草甸黑土 meadow black soil
草甸灰化土 meadow podzolic soil
草甸菌素 poine
草甸泥炭 meadow peat
草甸群落 hygropium; meadow community
草甸栗钙 meadow chestnut soil
草甸土 meadow soil;wet meadow soil
草甸盐土 meadow saline soil; meadow solonchak; saline soil of grassy marshland
草甸沼泽 meadow bog;meadow moor
草甸沼泽沉积 meadow swamp deposit
草甸沼泽土 meadow-boggy soil
草甸植被 herbosa;prata
草甸植丛群落 helolochmium
草甸植物 meadow vegetation;poad
草甸中植物 pratal
草甸子 marshy grassland
草甸棕壤 meadow burozem
草垫 donkey's breakfast; grass mat; hassock; pallet; palliasse; rush mat; straw cushion; straw floor mat; straw mat(tress)
草垫编织机 straw mat loom
草垫养护 curing by covering mats
草垫制品 matted materials
草丁二酸 oxalosuccinic acid
草毒死 allidochlor
草毒素 alfatoxin
草堆 stack
草堆形锅炉 haystack boiler
草多索 endothal
草垛 bunch;rick;stack
草垛提升机 pike lifter;rick lifter
草垛通风系统 stack ventilation system
草垛运输车 bale stook mover
草恶嗪 bentranil
草方格沙障 checkered straw mat sand-break
草酚酮 tropolone
草酚酮类 tropolones
草粉 grass meal
草粉粒 grass meal pellets
草腹 grass belly;hay belly
草盖 straw mulch
草甘二膦 glyphosine
草甘膦 glyphosate
草甘膦废水 glyphosate-producing wastewater
草甘膦水剂 glyphosate solution
草高 natural plant height
草稿 draft; draught; esquisse; rough copy;rough draft;sketch
草稿簿 rough pad
草稿带 scratch tape
草稿底图 sketch master
草稿地图 sketch master
草稿复制 draft copy
草稿图 foul copy
草稿文件 scratch file
草根 grass roots
草根工业 grass roots industry
草根泥 cob;sod
草根土 turf;turfy soil
草根土用楔形犁铧 blackroot share
草菇 straw mushroom
草害 crop smothering
草花苇帘 reed screen with flower
草荒 farmland running to weeds; over-grown farmland
草黄色 olive drab;straw yellow
草黄色布 chartreuse colo(u)r cloth
草黄铁矾 carphosiderite
草黄油 straw oil
草灰 pulverin
草灰碱 soap ashes
草灰泥 daub
草茴香 anethum graveolens;dill
草绘 draw by sight
草绘岸线 unsurveyed coastline
草绘等高线 approximate contour; inaccurate contour;sketching contour
草绘地貌 approximate location; approximate relief
草绘稿图 freehand drawing
草绘河流符号 approximate water course
草绘平面 sketch plan
草绘曲线 inaccurate contour; sketching contour
草迹 single pole
草简 diagrammatic sketch
草碱 potash;potassium carbonate
草荐 pallet;palliasse
草浆 straw pulp
草浆包装纸 straw wrapping paper
草浆黑液 straw pulp black-liquor
草浆粕 straw pulp
草浆造纸废水 straw pulp paper-making wastewater
草胶 grass rubber;herb rubber
草秸板 thatchboard
草筋灰 coarse stuff
草筋泥 cob;pisay
草靠垫 straw cushion cover
草枯醚 chlornitrofen
草捆 bale;sheaf
草捆叉 bale fork
草捆长度控制轮 metering wheel
草捆堆垛机 bale buncher; bale handler;bale stooker;straw bale buncher
草捆堆提升机 bale stook lifter
草捆干燥机 baled hay drier
草捆挂车 bale trailer;bale wagon
草捆计数器 bale counter
草捆捡拾机 bale pickup
草捆捡拾升运器 bale pickup elevator
草捆捆结接通机构 bale trip mechanism
草捆码垛机 bale piler; bale stooker; straw bale piler
草捆密度液压调节 hydraulic bale tension control
草捆密实度 bale density
草捆抛送滑道 ejecting platform
草捆抛掷器 bale thrower
草捆气力输送器 bale blower
草捆切碎机 bale buster;bale cutter
草捆升运器 bale elevator
草捆收集车 bale accumulator
草捆收集器 bale collector
草捆输送器 bale conveyer [conveyor];straw bale conveyer[conveyor]
草捆压实密度调节手柄 bale density control handle
草捆整平器 bale aligner
草捆止退板 bale dog; bale retainer; hay holder
草捆爪钩 bale grab
草捆装运机 bale loader
草捆自动拖运器 automatic bale sledge
草篮 straw basket
草类植物 cover plant
草料 forage;forage fodder
草料槽 hayrack
草柳 straw willow
草柳制品 straw and willow products
草率 careless;rough-and-ready
草率处理 rough treatment
草率从事的 jerry
草率的 cursory;sloppy
草率的判断 prejudication
草率了事的 jerry
草率完成的 rough finished
草率行事 act with hasty
草绿环氧聚乙烯醇丁缩醛瓷漆 straw green epoxy polyvinyl butyral enamel
草绿漆 olive green paint
草绿色 graminaceous;grass green;olive drab;prasinous
草绿色的山脉 grassy ridge
草麻黄 Ephedra sinica
草帽胶 straw hat glue
草帽胚 straw hat body
草莓 strawberry
草幂 straw mulch
草棉 levant cotton
草木 green stuff;vegetation
草木的茎 culm
草木干酪根 baceous kerogen
草木灰 plant ash;wood ash
草木灰或覆盖 ashed or mulch
草木灰水 lixivium
草木灰釉 wood ash glaze
草木链 grazing food chain
草木茂盛 lush growth of trees and grass
草木密度 density of vegetation
草木泥炭 meadow peat
草木园 greenery
草木增长 vegetation growth
草木植被 herbosa
草钼酸 oxalomolybdic acid
草泥 cob walling;sod
草泥灰 straw mud mortar
草泥灰粉刷 straw-mud mortar plaster
草泥浆 <填塞灰板条缝的> cat
草泥抹面 clay and straw plaster
草泥坯块 terron
草泥砖 cob brick; mud and straw brick
草拟 draft; drawing; draw unit; draw up
草拟的运价表 draft tariff
草拟合同 draw up a contract
草拟计划 draw a plan
草拟图稿 esquisse
草脲胺 oxolan
草耙 harrow
草耙头 leaf rake head
草怕津 ipazine
草排 grass mat
草棚 straw mat shed;thatched shack
草皮 dog wood; grass cover; green sward; ground cover; sod(ding); sward;turf(cover);turf sod
草皮板结 sod-bound
草皮边坡 turfed slope
草皮播种 sod-seeding
草皮草 sod grass;turf grass
草皮层 divot
草皮铲 turfed spade;turf sod cutter
草皮铲剥 turf stripping
草皮铲除器 skim colter

草皮的 soddy;turfy
草皮地播种机 grassland sod seeder; sod seeder
草皮地面 turf surface
草皮地专用播种机 special sod land drill
草皮堆垛 turf sod stockpile
草皮房子 sod house
草皮覆被 herbaceous cover; herbage cover;sod cover
草皮覆盖 herbaceous cover;sod cover
草皮覆盖层 herbaceous soil covering;sod covering
草皮覆盖地区 grass-covered area
草皮盖 grass canopy
草皮沟槛 sod ditch check
草皮谷坊 sodded check dam
草皮灌溉 turf irrigation
草皮护岸 grass protection;sod revetment
草皮护面 herbaceous cover
草皮护面花坛 herbaceous border
草皮护面渠道 grass-lined channel
草皮护坡 grassed slope;grass protection; sodding protection; sodding work;sod revetment;sodwork;turf revetment
草皮护坡道 grass berm(e)
草皮护坡明渠 grassed channel
草皮灰化土 sod-podzol soil
草皮简易机场 grass strip
草皮块 divot
草皮犁 turfing plough
草皮路肩 grass shoulder;grass verge; turf shoulder;vegetated shoulder
草皮路缘 sod curb
草皮黏[粘]土地犁体 plow bottom for sod and clay; sod and clay plow bottom
草皮农场 sod farm
草皮跑道 sodded runway
草皮培植 sod culture
草皮坡 turf slope
草皮铺面 sod revetment
草皮铺植 lining turf
草皮切边刀 turf edging knife
草皮切取机 sod plug cutter
草皮渗流区 grassed percolation area
草皮土 soddy soil;turfy soil
草皮土墙 turf wall
草皮镶护明渠 grassed channel
草皮泄水道 grassed waterway; sod waterway
草皮修剪机 sod harvester
草皮抑长剂 turf growth retardant
草皮溢水道 grassed spillway;sodded spillway
草皮栽培 sod culture;sod planting
草片 blade
草坪 grass;grass carpet;grass cover; grass plot;green sward;lawn;grass playground <供儿童游戏用的>
草坪边修剪机 lawn edger
草坪边缘 grass verge
草坪标志牌 lawn sign
草坪带 lawn belt
草坪覆盖器 lawn mulcher
草坪割草机 lawn mower
草坪更新 turf reconditioning
草坪工程 simple terracing works
草坪公路 green highway
草坪滚压器 lawn roller
草坪和园艺作业机具 lawn-and-garden equipment
草坪剪边器 lawn edger
草坪剪草机 lawn mower
草坪排水沟 turf drain
草坪喷洒器 lawn sprinkler
草坪喷水器 lawn sprinkler
草坪清理机 lawn sweeper
草坪撒播机 lawn sower
草坪砂 lawn sand
草坪庭园 grass garden
草坪修剪机 lawn mower
草坪修剪剪边两用机 lawn trimmer and edger
草坪修剪器 lawn trimmer
草坪用剪刀 lawn clippers
草坪栽植 lawn planting
草坪辗压器 lawn roller
草坪遮阳伞 lawn umbrella
草坪植物 lawn grass
草坡 turfed slope
草铺 swath(e)
草栖的 caespiticolous
草汽车垫 straw automobile cushion
草签 initial(ling);parafe;paraphe
草签保证 initial endorsement
草签背书 initial endorsement
草签合同 initial a contract;sign a referendum contract
草签结算 initial closing
草签声明 initialed statement
草签文本 initialed text
草签文件 initial a document
草签协定 initial a agreement
草签协议 initial a agreement
草签约定 initial commitment
草墙画 straw wall picture
草墙纸 straw wall paper
草醛 oxalaldehyde
草褥 paillasse
草扇 straw fan
草上晒白法 grassing
草绳 hay rope;straw rope;hay band <缠铸管型心用>
草石英 grass quartz
草树胶 acaroid(es)gum
草树树脂 acaroid resin;yacca
草酸 ethane diacid;ethanedioic acid; oxalate;oxalic acid;potassium oxalatoantimonate
草酸铵 ammonium oxalate;oxamide
草酸铵钠 ammonium sodium oxalate
草酸铵石 oxammite
草酸铵炸药 britonite
草酸钡 barium oxalate
草酸铋 bismuth oxalate
草酸沉淀法 oxalate precipitation method
草酸臭氧化 oxalic acid ozonation
草酸处理 oxalic acid treatment
草酸铥 thulium oxalate
草酸铒 erbium oxalate
草酸二苯酯 dibenzyl oxalate;phenostal
草酸二丙酯 dipropyl oxalate
草酸二丁酯 butyl oxalate;dibutyl oxalate
草酸二环己酯 dicyclohexyl oxalate
草酸二甲酯 dimethyl oxalate
草酸二脲二肟 oxaldiureide dioxime
草酸二烯丙酯 diallyl oxalate
草酸二乙酯 diethy-aceto oxalate;diethyl oxalate
草酸方解石 oxiacalcite
草酸钙 calcium oxalate
草酸钙结晶 calcium oxalate crystal
草酸钙石 weddellite
草酸钙小晶体 small crystals of calcium oxalate
草酸镉 cadmium oxalate
草酸铬钾 chromic potassium oxalate; potassium chromic oxalate
草酸汞 mercuric oxalate
草酸钴 cobaltous oxalate; cobalt oxalate
草酸环己酯 cyclohexyl oxalate
草酸钾 potassium oxalate
草酸结晶紫 crystal violet oxalate
草酸镧 lanthanum oxalate
草酸锂 lithium oxalate
草酸铝钠石 zhemchuzhnikovite
草酸美蓝染色法 oxalic methylene blue stain
草酸镁 magnesium oxalate
草酸镁钠石 jemchuznikovite
草酸镁石 glushinskite
草酸锰 manganese oxalate; manganous oxalate
草酸钠 sodium oxalate
草酸脲 urea oxalate
草酸镍 nickel oxalate
草酸铅 lead oxalate
草酸氢钡 barium bioxalate
草酸氢钙 calcium bioxalate
草酸氢钾 dioxalate of potassa;potassium acid oxalate;potassium binoxalate;potassium hydrogen oxalate
草酸氢钠 sodium bioxalate
草酸氢铜 cupric bioxalate
草酸氢盐 bi(n)oxalate;dioxalate
草酸氢盐钾 potassium dioxalate
草酸氢乙酯 acid ethyl oxalate
草酸氢酯 bi(n)oxalate
草酸铈 cerium oxalate;cerous oxalate
草酸双氧铀 uranium oxalate
草酸锶 strontium oxalate
草酸钛 titanium oxalate;titanous oxalate
草酸钛钾 titanium potassium oxalate
草酸铁 ferric oxalate
草酸铁铵 ammonium ferric oxalate; ferric ammonium oxalate
草酸铁钾 potassium ferric oxalate
草酸铁钾石 minguzzite
草酸铁矿 humboldtine;humboldtite; oxalite
草酸铜 cupric oxalate
草酸钍 thorium oxalate
草酸纤维素 cellulose oxalate
草酸锌 zinc oxalate
草酸亚铬 chromous oxalate
草酸亚铁 ferrous oxalate;ferrox;iron protoxalate
草酸亚锡 stannous oxalate;tin oxalate
草酸盐 oxalate
草酸盐处理 oxalate treatment
草酸盐萃取 oxalate extract
草酸盐法 oxalate method
草酸盐结石 oxalate calculus
草酸氧钛钡盐 barium titanium oxalate
草酸氧锑钾 antimony potassium oxalate
草酸一甲酯 monomethyl oxalate
草酸乙酯 ethyl oxalate
草酸银 silver oxalate
草酸酯 oxalic ester
草酸中毒 oxalism
草炭 grass carbon
草炭过程 turf process
草炭土 turfy soil
草塘泥 water-logged compost
草藤 cow vetch
草提箱 straw suitcase
草田轮作 lea farming;ley farming;rotation of fodder crops and agricultural crops
草田轮作法 grassland agriculture
草田轮作制 grass-arable system;rotation system of grass and crop;travopolye crop rotation system
草田农作制 grassland farming
草条 row;swath(e);windrow
草条翻晒机 swath(e)turner
草条翻转式翻草机 over-the-top tedder
草条捡拾器 swath(e)lifter;windrow pickup
草条捡拾压捆机 windrow(pickup) baller
草条捡拾装载机 windrow loader
草条撒散机 grass spreader; hay spreader;swath(e)distributor
草条通风机 swath(e)aerator
草图 skeleton(drawing);skeleton layout; skeleton map; skeleton plan; sketch drawing; adumbration; base map;block diagram;cartoon;delineation; diagrammatic drawing; diagrammatic sketch; diagram of connection; draft; epure (asphalt); esquisse;foul copy;freehand drawing; layout drawing;map sketch;outline drawing;pencil sketch;plan sketch; preliminary drawing; preliminary layout;preliminary sketch;presentation drawing; rough copy; rough draft; rough drawing; rough plan; rough sketch; rude drawing; scantling; schematic circuit; schematic drawing; schematic map; scheme; simplified version; sketch graph; sketch map;sketchpad;sketch plan; tentative sketch; test chart; thumbnail sketch;tussock
草图板 sketching board
草图处理 sketch processing
草图的 sketchy
草图核准 approval of draft
草图加工 design development
草图校正 sketch rectify
草图阶段 conceptual phase
草图设计 conceptual design;layout design; predesign; schematic design; scheme design;spring-style <美>
草图设计阶段 schematic design phase; concept phase
草图识别 sketch recognition
草图输入点 sketch input point
草图输入系统 sketch input system
草图转绘仪 sketch master
草土 sward
草土坝 turf dam
草土隔声层 straw and loam pugging
草土泥 daub
草土墙 cob wall
草土围堰 straw(-and)-earth cofferdam;turf cofferdam
草土小坝 turf dam
草土砖 cob brick
草完隆 herban;noruron
草温 grass temperature
草屋顶 thatch(ed roof)
草屋顶的底层 flaking
草烯 oxalene
草席 China grass cloth;donkey's breakfast; grass matting; rush mat; straw mat(tress)
草席包 rush mat bale
草席覆盖 straw covering
草纤维 grass fiber[fibre]; straw fiber [fibre]
草纤维过滤器 grass fabric filter;grass wool filter
草酰 oxalyl
草酰氨基 oxamido-
草酰胺 oxalamide;oxamide
草酰胺酸丁酯 butyl oxamate
草酰丙酰胺 oxalopropionamide
草酰二乙酸 ketipic acid
草酰琥珀酸 oxalosuccinic acid
草酰氯 oxalyl chloride
草酰脲 oxalylurea;parabanic acid
草酰替苯胺 oxanilide
草酰亚胺 oxalimide;oximide
草酰乙酸 oxaloacetic acid
草酰乙酸酯 methyl-oxalacetic ester
草酰乙酰胺 oxaloacetamide
草写手稿 cursive

草写体 cursive
草写印刷体 cursive
草屑毛 chaffy wool
草屑清除滚筒 trash drum
草堰<沟中防冲刷的> grass ditch check
草药 herb-medicine;medicinal herb
草药店 herbshop;herbstore
草药花坛 herbaceous flower bed
草药园 herb garden
草叶 grass blade;leaf of grass
草叶油 geraniol
草乙酸 oxalacetic acid
草乙酸二乙酯 diethyl oxaloacetate
草乙酰胺 oxaloacetamide
草鱼 Ctenopharyngodon idellus;grass carp
草原 grass;grassland;grassy plain;green sward;meadow;prairie;steppe;steppe land;Veld(t)
草原保护 protection of grassland
草原保护区 protect-range;protect-range of grassland
草原草地栗钙土黑钙土带 timber chestnut soil black calcareous soil zone
草原成土作用 steppe type of soil formation
草原带 steppe zone
草原法 grassland law
草原覆盖 grassland cover
草原改良 grassland improvement
草原管理 range management
草原管理学报 Journal of Range Management
草原规划 steppe planning
草原和沙漠地带的森林 forest in grasslands and deserts
草原黑土 steppe black earth
草原化 steppification
草原环境 grassland environment;prairie environment
草原火灾 prairie fire
草原寄宿舍房主 rancher
草原建设机械 grass building machinery
草原景观 meadow and steppe landscape;prairie landscape
草原开沟犁 prairie-buster plow
草原犁 prairie breaker
草原利用制度 range system
草原气候 prairie climate;semi-arid climate;steppe climate
草原气象学 grassland meteorology
草原群落 psilium;steppe community
草原生产能力 pasture productivity
草原生态学 range ecology
草原生态预测 prairie ecosystem forecasting
草原式风格 Prairie style
草原式住宅 prairie house
草原鼠尾粟 prairie dropseed;Sporobolus heterolepis
草原所有权和使用权 right to own and use grassland
草原土壤 grassland soil;prairie soil;steppe soil
草原土壤学 grassland pedology
草原退化 grassland deterioration
草原畜牧业 pasture animal husbandry
草原学 grassland science;range science
草原盐渍区 salinized zone in grassland
草原用块状饲料 range cubes
草原造林学 steppe sylviculture
草原沼泽 grass marsh;grass swamp
草原沼泽相 grass swamp facies
草原植被 grassland vegetation;steppe vegetation
草原植物 psilophyte;steppe plant
草原主管部门 administrative department in charge of grassland;competent department in charge of grassland
草圆垫 round mat
草约 ad referendum contract;draft agreement;protocol;provisional contract
草藻灭<一种除莠剂> endothal
草长灭<一种除草剂> carbetamide
草账 blotter
草沼地 grass fen
草沼湿地 marsh wetland
草沼泽 grass moor
草织品 straw ware
草织盛具 grass basketry
草纸 coarse paper;straw paper
草纸板 strawboard
草纸板厂 strawboard factory;straw-board mill
草纸板废料 strawboard waste
草纸浆 straw pulp
草纸浆厂 straw pulp factory
草纸浆废水 straw pulping wastewater
草酯二丁酯 dibutyl oxalate
草制购物袋 straw shopping bag
草制品 straw-made articles
草制纤维 Fibronia
草制纸板 compressed straw slab
草质 herbaceous stem
草种及肥料撒布机 grass seed and fertilizer spreader
草状植物 sedge peat
草籽 grass seed
草籽播种附加装置 grass-seed attachment
草籽播种机 grass seeder
草籽采收机 seed stripper
草籽干燥机 grass-seed drier
草籽联合收获机 grass-seed combine
草籽毛 burr wood;seedy wool;vegetable fault
草籽排除器 weed-seed eliminator
草籽排种器 grass-seed feed
草籽破皮机 grass rejuvenator
草籽清洗筒 grass cylinder
草籽清选机 grass-seed cleaner
草籽筛 cleaning sieve;lower sieve;undersize sieve
草籽收获机 grass-seed harvester;seed harvester
草籽收集器 seed collector
草籽输种管 grass-seed tube
草籽箱 grass-seed box;grass-seed hopper

册

册屏 folding screen

册页客票本 book of coupons
册页票 coupon ticket
册页票本 booklet of coupon tickets
册页式客票 booklet ticket
册页式列车时刻表 timetable booklet

侧

侧岸 wing embankment

侧岸冰碛【地】flank(ing) moraine
侧凹模 reentrant mold
侧坝 wing dam
侧柏 arbor-vitae;Chinese arbor-vitae;oriental arbo(u)r-vitae
侧柏醇 thujanol;thujyl alcohol
侧柏酸 thuzic acid
侧柏酮 absinthol;thujone
侧柏烷 thujane
侧柏烯 thujene
侧摆 lateral motion;side motion;side sway;swing transverse motion
侧摆动 side oscillation
侧摆式提升机 swing lift
侧摆液压汽缸 side swing hydraulic cylinder
侧摆振动 rocking
侧板 curb plate;jaw plate;lateral-plate;profile board;side panel;side piece;side plank;side plate;side sheet;skirt;skirt board;stave;strain strake;strake
侧板短固定板 short fixing side plate
侧板和门柱 pillar for side panel and door
侧板后片 postpleurella
侧板间缝 interpleural suture
侧板矫直<集装箱> straight-side panels
侧板孔 side plate hole
侧板犁铧 landside share
侧板式硫化机 vulcanization machine with side plate
侧板条心细木工板 laminated board;laminboard
侧板贴补<集装箱> patching side panels
侧板泄漏 wear plate leakage
侧板压铁 side post wood cover plate
侧瓣 side lobe
侧帮 cheek;lateral wall
侧棒 side rod;paraphysis【植】
侧保险杆 side bumper guard
侧堡 flanker
侧背通气管 side back vent
侧背线 adorsal line
侧壁 cheek;cheek pieces;cheek wall;jamb wall;side board;sidewall;siding;skirt board
侧壁板 side sheet;siding shingle
侧壁敞开式集装箱 open-side container
侧壁承载 load-carrying on side wails
侧壁传感器 lateral sensor
侧壁导洞 pioneer tunnel
侧壁导洞法 side heading method
侧壁导坑 side drift;sidewall drift;side heading
侧壁导坑法 side-drift method;side-pilot method
侧壁导坑先墙后拱法 German method of tunnel(l)ing
侧壁扶强材 side stiffener
侧壁浮筒 wall-sided float
侧壁负荷 side load
侧壁梗死 lateral wall infarction
侧壁过滤器 sidewall filter
侧壁回波 sidewall echo;wall echo
侧壁浸水式气垫船 immersed sidewall hovercraft
侧壁开口取样器 window type sampler
侧壁框架 side frame
侧壁内衬板 side lining
侧壁排水条<三轴试验试样的> side drain strip
侧壁气垫船 sidewall craft;sidewaller;sidewall hovercraft
侧壁强度 sidewall strength;strength of side walls
侧壁强度试验 sidewall strength test
侧壁取土器 pecker punch
侧壁取样器 side tester
侧壁全开式集装箱 open-side container
侧壁燃烧器 radiant wall burner
侧壁式结构 sidewall construction
侧壁式喷射气垫艇 jetted sidewall craft
侧壁式气垫船 captured air bubble craft;immersed sidewall air cushion vehicle;sidewall air cushion ship;sidewall type hovercraft;water-wall craft
侧壁式气垫艇 hydrokeel sidewall craft;sidewall air cushion craft;sidewall air cushion vehicle
侧壁试验 sidewall test
侧壁(外皮)承载结构 skin stressed structure
侧壁效应 bank effect;wall effect
侧壁斜度 angle of sides
侧壁斜角<孔型> angle of sides
侧壁罩面板条 side furring
侧壁柱 side post
侧壁桩摩擦阻力 lateral pile friction resistance
侧壁钻机 sidewall drill(er)
侧避调轨 shunt rail control
侧臂 side arm;side boom
侧臂电极 side arm electrode
侧臂吊杆拖拉机 side-boom tractor
侧臂吊管机 side-boom cat;side-boom tractor
侧臂工作系统 side-arm system
侧臂式烧瓶 flask with side arm
侧臂装置 side-boom attachment
侧边 lateral fillet;side
侧边标志 lateral marking
侧边成型 edge forming
侧边成型机 side part forming machine
侧边垂直度 side orthogonality
侧边搭接 side lap
侧边搭接焊 sidelap weld(ing)
侧边搭接宽度 sidelap width
侧边打孔模 shimmy die
侧边堆放 stacked on edge
侧边风 peripheral blowing
侧边浮箱<箱式浮船坞中承载两侧坞墙用> side pontoon
侧边盖板 bead plate
侧边固定器 declinator
侧边规 side lay edge
侧边滚轮 side roller
侧边涵洞 side culvert
侧边滑道 broadside slipway
侧边接合 side connection
侧边金属丝制胎圈 bead wire ring
侧边金属丝制胎圈外壳 bead wire wrap
侧边料 side layer
侧边面砖 side faced brick
侧边模板【道】side form(work)
侧边摩擦 side friction
侧边抹去 side erase
侧边排气 lateral exhaust
侧边坡 inslope
侧边墙 flank wall
侧边切坯机 side cutter
侧边清洗 side erase
侧边砂光机 edge sander
侧边升降机 sidewalk elevator
侧边式倾车 side-dumper;side tipper
侧边收缩 side contraction
侧边水深 side water depth
侧边外伸的支托 side bracket
侧边弯曲 side camber
侧边镶面板 side paneling
侧边卸料 side discharge
侧边修边机 side trimmer
侧边压缩 edge reduction
侧边扬声器 side loudspeaker
侧边咬接 side interlocking
侧边止水条 side seal(ing)
侧边装料法 method of side charging
侧边纵剪作业线 side trimming line
侧扁的 compressed
侧变位 lateral deflection
侧标系统 lateral system
侧柄 side handle
侧柄式 offset handle
侧波 lateral wave;side wave
侧步 lateropulsion
侧步带的 adambulacral
侧部 broadside;lateral;lateral part;

latus[复 latera];side
侧部地板梁 side nailing strip
侧部杆件 lateral member
侧部沟 side ditch
侧部加料 side charging
侧部掏槽 side cut
侧部异常 lateral anomaly
侧部装载 side loading
侧槽 side groove
侧槽式泄水槽 side-spillway channel
侧槽式溢洪道 lateral flow spillway;side-channel spillway
侧侧吻合 side-to-side anastomosis
侧测雷达 < 天线与航向垂直 > side-looking radar
侧测线 lateral-pattern array
侧叉架 side fork
侧叉式擒纵机构 right-angle escapement
侧叉式运货车 side fork-lift truck
侧插棒 lateral contact pin;side contact spike;side-mounted rod
侧插柱 side stake
侧铲推土 angle-dozing
侧铲推土机 angledozer;angling dozer;bullgrader;side dozer
侧敞开式 open-side type
侧敞开式大楼 open-sided building
侧敞开式多层车库 open-sided multistor(e)y garage
侧车顶内顶板 lower deck headlining
侧车顶弯梁 lower deck carline;lower deck roof support
侧衬板 end liner;side plate
侧撑 lateral support;side bracing;side shore[shoring];side stay(-bolt)
侧承滑块 side bearing plate
侧齿轮 side gear
侧冲 side wash
侧冲击 side blow
侧抽销 side draw pin
侧出口管 nozzle
侧出料式加热炉 side discharged furnace
侧出料式卷线机 pouring reel
侧出式挤奶台 gate type stall;side opening stall
侧出式双行串列挤奶台 side opening two-row tandem stalls
侧传声 flanking sound
侧传途径 flanking path
侧椽 curb rafter;side plank top rail
侧窗 side light;side window;wing light;wing window;quarter light < 车的 >
侧窗采光 lateral lighting;side lighting
侧窗取景器 side window viewfinder
侧窗式光电倍增管 side on photomultiplier;side window photomultiplier
侧吹的 side blown
侧吹风 cross air blasting;lateral blow
侧吹碱性转炉钢 side blown basic Bessemer steel
侧吹炉 side blown converter
侧吹酸性转炉 Tropenas converter
侧吹酸性转炉钢 side blow acid converter steel
侧吹转炉 side blown converter;surface-blown converter
侧垂面 vertical profile plane
侧垂线 vertical profile line
侧粗车刀 side roughing turning tool
侧簇射 lateral shower;side shower
侧搭焊 sidelap weld(ing)
侧打 < 桩的 > side-batter
侧带 sideband
侧带谱 sideband spectrum
侧挡板 side board
侧挡缓冲器 rubber-metal buffer
侧刀 side cutter;side tool
侧刀定位 side cutter fixing
侧刀架 ram head;side tool box;side tool head
侧刀片 side blade
侧导板 flipper guide;side guard
侧导槽 side guidance
侧导承 lateral guide
侧导洞法 side-drift method
侧导轨 < 闸门的 > side guide
侧导坑 side heading
侧导坑法 < 隧洞施工的 > side-drift method;side heading method
侧导轮 side guide wheel
侧导式围盘 side guard-type repeater
侧导向杆 side guide bar
侧捣淘矿机 side shake vanner
侧道 by-pass;frontage street or road;side aisle;side line;side path;sidewalk
侧的 by(e);collateral
侧灯 corner lamp;side lamp;side lantern;side light
侧灯插口 side lamp socket
侧灯灯座 side lamp socket
侧灯架 side lamp hanger
侧堤 wing embankment
侧底座 wing base
侧地性 parapatry
侧点 lateral point
侧电极 lateral electrode
侧电路 lateral circuit;side circuit
侧电路负载线圈 side circuit loading coil
侧电容 lateral capacitance
侧垫块【船】bilge block
侧垫木穿钉 < 干坞坞底埋件 > eyebolt for bilge block
侧淀积 outgrowth
侧吊杆 side hanger
侧吊杆式履带拖拉机 side-boom cat
侧吊索 side sling
侧吊作业 side lift
侧钉 edge nailing
侧钉木条 side nailing strip
侧定位杆 side ga(u)ge bar
侧洞 lateral tunnel
侧端加料 end-feed
侧端加料纵横流动区域精炼炉 endfeed cross-flow zone refiner
侧端图 end view
侧断层 lateral shear
侧断面图 profile
侧堆 side cast(ing)
侧堆法 edge stacking
侧对 broadside on
侧垛法 edge stacking
侧舵安装角 toeing angle
侧耳属 < 拉 > Pleurotus
侧发动机底盘 side engined chassis
侧阀 side valve
侧阀汽缸 L-head cylinder
侧翻矿车 rocker car
侧翻料车 rocker car
侧翻式 side-tipping
侧翻式车身 side-tipping body
侧反光板 side reflector
侧反射 lateral reflection
侧方庇荫 lateral shelter
侧方采光 side lighting
侧方观测 flank observation
侧方交会(定位法)【测】lateral intersection;side intersection
侧方切根 side cutting
侧方瞄准器 adjacent flight line viewfinder
侧方排气 side exhaustion
侧方喷发 lateral eruption
侧方起吊 overside lifting
侧方输送 side delivery
侧方脱位 lateral dislocation
侧方喂送 side delivery
侧方吸气罩 side hood
侧方移位 lateral displacement
侧方摘取 side snap
侧房 aisle(bay);el(l)
侧房顶 aisle roof
侧房房顶 aisle-vault
侧房扶壁 aisle pier
侧房拱顶 aisle-vault
侧房屋顶 aisle roof
侧分带 flank separation zone
侧分度盘 side index plate
侧分泌 lateral secretion
侧分泌说 lateral secretion theory;laterogenesis
侧分数 side fraction
侧风 abeam wind;beam wind;cross wind;lateral air;lateral wind;side wind;wind abeam
侧风分量 cross-wind component
侧风降落 cross-wind landing
侧风阻力 side wind resistance
侧封 side seal(ing)
侧缝 side seal
侧伏角 pitch
侧扶导器 side gatherer
侧浮 floating side up
侧辐射管 side radiation tube
侧辅腔 side auxiliary chamber
侧负载 lateral load
侧附滚轴 side roller
侧副镜 side telescope
侧富集 lateral enrichment
侧腹 flank
侧腹板 side web
侧盖 side cover
侧盖垫片 side cover gasket
侧杆 side bar;side lever;side pole
侧杆中心 sighting hub
侧割型联合收割机 side cutting combine
侧隔板 side support;sidewall filter
侧隔壁 alar septum;lateral septum
侧根 branch root;lateral root;laterals
侧拱 side arch
侧拱跨 side arch span
侧拱廊 side arcade;nave arcade < 教堂主厅的 >
侧拱砖 side arch brick
侧沟 side channel;side drain;side gutter
侧沟盖板 side ditch cover slab
侧构架 side frame
侧构件 side section
侧谷 side valley;transverse valley
侧鼓式跳汰机 jig with side bed
侧刮板 side plough
侧挂吊臂 side boom
侧挂折叠门 foldaway door
侧管 by-passing;by-path;side outlet;side pipe;side tube
侧管嘴 side neck
侧灌 lateral irrigation
侧光 margin light;side light(ing)
侧光照明 side lighting
侧轨 side rail;side-track
侧滚 rolling;side rolling
侧滚角 angle of roll
侧滚控制 roll control
侧滚式舱盖 side rolling hatchcover
侧滚稳定器 bolster roll stabilizer
侧滚阻尼器 roll damper
侧涵 side culvert
侧焊 face-down bonding;lateral weld
侧焊缝 side weld
侧航 crab
侧航角 angle of crab
侧盒 < 膜式缓冲器的 > side wedge
侧桁材 side girder;wing girder
侧护板 side guard plate;side protecting plate;side rack;skirt board
侧滑 glissade;side skid(ding);side slip
侧滑车 lateral troll(e)y
侧滑角 angle of side slip
侧滑块 side slide
侧滑力 skid force
侧滑面 slip plane
侧滑摩阻试验仪 mu-meter side force friction tester
侧滑式搬运(集装箱)side-slip transfer
侧滑移 side slip(ping)
侧滑振荡 side slip oscillation
侧滑指示器 clinoscope
侧滑轴 axis of sideslip
侧滑着陆 side slip landing
侧化学势 lateral chemical potential
侧缓冲杆 side stem
侧缓冲器 side buffer
侧簧底脚片 spring jack
侧灰柱 intermediolateral cell column
侧回流 side reflux
侧火山 parasitic(al)volcano
侧火山口 lateral crater
侧击 side blow;side striking;side stroke
侧击雷 sideflash
侧击式水轮机 side fed water wheel
侧积型 lateral accretion pattern
侧基 lateral group;pendant group;side group
侧基偶极损耗 dipole-radical loss
侧加固带 flipper
侧加料 side loading
侧驾驶室型【船】cab alongside engine type
侧架 bogie side frame;side bearer;side frame
侧架犁 side frame plough;side frame plow
侧架立柱 bolster guide bar
侧架式转向架 side frame type bogie
侧间体 lateral mesosome
侧肩榫 bare face(d)tenon
侧剪长平头钳 side cutting long flat nose pliers
侧剪铗 side cutting nippers
侧剪钳 slide cutting pliers
侧降 fall off
侧角 face off;side angle
侧角倒摄镜头 reverse angle-shot
侧角焊分缝 parallel fillet weld
侧角螺科 Pleuroceridae
侧脚【建】batter
侧铰(链)窗 side hinged window
侧铰中悬窗 hopper light
侧铰中旋窗 hopper lite
侧阶 offset
侧接 side joint
侧接法 side grafting
侧接三通 side tee
侧接缩径三通 side reducing tee
侧接通 side T;side tee
侧接弯头 side elbow
侧接运行 sideway running
侧紧螺栓 side fastening bolt
侧进口 side entrance
侧镜 < 工具经纬仪望远镜的 > side mirror;telescope-axle mirror
侧距 slant range
侧距分辨率 range resolution;resolution in range
侧锯 siding;stair builder's saw
侧开沟机 side plough
侧开料斗式船 side(door)hopper barge
侧开门 sidedoor
侧开门集装箱 sidedoor container
侧开门漏斗车 side gate hopper
侧开泥驳 side(door)hopper barge
侧开式浮箱门 hinged floating gate

侧开式料斗船 sidedoor hopper barge
侧开式泥驳 side open mud barge
侧坑道 side heading
侧孔 bye-hole; lateral opening; side hole; side opening; side outlet; side port
侧孔电钻 inside drill
侧孔式钎头 side hole bit
侧孔式钻头 side hole bit
侧控应力 lateral tentative stress
侧口三通 tee with side branch
侧口四通 cross with side branch
侧口异径三通 side outlet reducing tee
侧跨拱 lateral arch; side bay arch
侧块 lateral mass
侧框梁 side frame
侧拉力 side draw
侧拉条 lateral stay; side bracing
侧拉应力 lateral tensile stress
侧拉纸规 side pull lay
侧蜡板 circumferential lamellae; lateral pilacerores; lateral-plate; marginal plates
侧栏板立柱 side rack stake
侧廊 ai(s)le; aisle gallery; outer aisle; side aisle; parodos <古戏剧院观众厅两旁的>; transept aisle <教堂十字交叉部分的>
侧廊楼层 side aisle gallery
侧廊内侧上方的三个拱洞拱 <教堂> triforium gallery
侧廊内侧纵向三拱 <教堂> triforium arch
侧廊上的楼层 <教堂> trifora
侧廊上楼层的拱 <教堂> trifora arch
侧廊上楼层的拱廊 <教堂> triforium arcade
侧肋 side rib
侧力 side force
侧力密度 lateral force density
侧力系数 lateral force coefficient; side force coefficient; sideway force coefficient
侧立板 cant board
侧立冰 standing floe; turret ice; haycock; ropac[ropak]
侧立面 lateral elevation; lateral facade; side elevation
侧立投影面 profile projection plane
侧立柱 heel post; side stanchion
侧帘式光栏 side curtain stop
侧链 lateral chain; side chain
侧链氮(原子) side chain nitrogen
侧链化合物 side chain compound
侧链基 side chain radical
侧链理论 side chain theory
侧链取代 side substitution
侧链碳(原子) side chain carbon
侧链溴代作用 side chain bromination
侧链学说 Ehrlich's side chain theory; lateral-chain theory; side chain theory
侧链液晶聚合物 side chain liquid crystal polymer
侧链异构体 side chain isomer
侧链异构作用 side chain isomerism
侧链运动 side chain motion; subgroup movement
侧链支链 side chain
侧梁 curb girder; outside sill; side beam; side frame; side member; side sill; skid rail; sole bar
侧梁角钢 side sill angle
侧梁式溢流道 side channel spillway
侧梁乙形钢 side sill Z bar
侧瞭望窗 side blister
侧瞭望窗守车 body window caboose; side bay caboose
侧鳞突 lateral scale
侧流 by-pass flow; effluence; effluent; lateral flow; side flow; side stream
侧流槽 by-channel; side channel
侧流槽式溢洪道 side channel spillway
侧流抽出口 sidestream withdrawal
侧流换热器 sidestream heat exchanger
侧流排水道 by-wash
侧流汽提器 sidestream stripper; side stripper
侧流渠 by-channel; by-pass canal; side channel
侧流渠式溢洪道 side channel spillway
侧流式溢洪道 lateral flow spillway; side-channel spillway
侧流堰 side(over) flow weir
侧流溢洪道 side weir
侧馏分 side cut distillate; side draw; off-stream
侧龙骨 lateral keel
侧隆线 lateral carinae
侧炉 wing furnace
侧路 side-track
侧路牌 side number plate
侧路渠 by-pass gallery
侧轮 side roller; side wheel
侧轮压力机 side wheel press
侧螺钉 side screw
侧落式槽口排种盘 edge drop plate
侧脉 lateral vein
侧蔓 lateral bine
侧冒口 side head; side riser
侧帽螺栓 side cap bolt
侧门 back entrance; lateral entrance; secondary door; sidedoor; side entrance; side portal; wing door; parodos <古戏剧院观众厅两旁的>
侧门壁 door jamb
侧门底部导架 sidedoor bottom guide
侧门吊挂 sidedoor hanger
侧门服务员 door opener
侧门护铁 sidedoor protection strip
侧门货柜 side door container
侧门架 side portal
侧门架净空 clearance of side portal
侧门脚蹬 sidedoor step
侧门式货柜 sidedoor container
侧门式集装箱 sidedoor container
侧门式取样器 <取砂砾岩样品> door-type sampler
侧门数 doors per side
侧门闩 sidedoor tightening device
侧门锁 sidedoor lock
侧门折页 sidedoor hinge
侧门轴 sidedoor shaft
侧门轴托 sidedoor shaft bearing
侧门装置 sidedoor fixture
侧面 aspect; ide; lateral; lateral face; lateral surface; profile; profile plane; side(sur) face; wing; flank; baluster side <爱奥尼亚式卷形柱头的>; side panel <集装箱>
侧面安装的 side-mounted
侧面安装起重吊杆的拖拉机 side-boom tractor
侧面摆动 side wobble
侧面保护 flank protection
侧面爆破作用 side-shattering effect
侧面壁龛 side recess
侧面标志 fender marker; hand mark; lateral mark(ing); side marker
侧面冰碛 lateral moraine
侧面波 side wave
侧面波剖面 side wave section
侧面布景 coulisse; side scene
侧面部件 side part
侧面采光 lateral daylighting
侧面采掘 side cutting
侧面叉式装卸车 side loading forklift truck
侧面尺寸 lateral dimension
侧面齿轮 side gear
侧面冲刷 flanking
侧面冲突 side on collision; slanting collision; slantwise collision <在道岔处>
侧面冲洗式 edge washed
侧面出水口 side outlet
侧面传播 flanking transmission
侧面窗玻璃 side glass
侧面搭接 side lap
侧面搭接焊 sidelap weld(ing)
侧面挡板 side board
侧面导板 side guide
侧面导轨 side guide
侧面的 lateral; side
侧面地下水流 side underflow
侧面点燃导火线 side spit fuse
侧面吊杆 side boom
侧面调查 indirect investigation
侧面定位器 lateral locator
侧面定位调整器 side lay adjuster
侧面定位装置 side lay
侧面端子 side terminal
侧面阀门 side valve
侧面翻斗车 side-tipping car
侧面反射 off-side reflection
侧面防滑条 side cleat
侧面放电 sideflash
侧面放气 side relief
侧面风 cross wind; side blow; side wind
侧面风力补偿 cross-wind compensation
侧面浮箱 side pontoon
侧面辐射 side radiation
侧面腐蚀 side etch
侧面覆盖 lateral overlap
侧面拱脚砖 side skew
侧面拱砖 side arch
侧面构架 side frame
侧面刮板取料机 side scraper reclaimer
侧面观 norma lateralis
侧面光 ambient light
侧面滚动梯 side rolling ladder
侧面滚轮 side roller
侧面焊缝 fillet in parallel shear; lateral weld
侧面护舷 side fender
侧面滑动 side skid; side slip(ping)
侧面滑动装卸器 side slider
侧面会聚 lateral convergence
侧面火 flank fire
侧面机件 side part
侧面积 area of lateral surface; lateral area
侧面集电流 side-surface collection
侧面集装箱叉车 side container fork lift
侧面集装箱叉式装卸车 container side carrier; container side fork lift truck; container side loader
侧面加料 side fill(ing)
侧面加强板 side stiffener
侧面加载 side loading
侧面间隙 side play
侧面剪力 lateral shear
侧面剪切 lateral shear
侧面降液管 side downcomer
侧面胶结 edge gluing
侧面角 <螺纹> flank angle
侧面角焊 side fillet welding
侧面角焊缝 fillet weld in parallel shear; side fillet weld
侧面铰链 side hinge
侧面接触式导电钢轨 side-contact conductor rail
侧面接缝 side face seam; side joint
侧面节疤 edge knot
侧面金刚石 ga(u)ge stone
侧面金属饰面 side steel facing
侧面进出的检修井 side entrance manhole
侧面进气的燃烧室 side entry combustion chamber
侧面进水口 side inlet
侧面进针 raking
侧面精研机 side lapping mill
侧面开裂 lateral dehiscence
侧面开挖 side cutting
侧面抗裂钢筋 skin reinforcement
侧面孔洞 side opening
侧面控制 side control
侧面拉条 lateral tie
侧面连测 cross bearing
侧面连接抓叉 side type jockey
侧面瞭望端窗 side bay end window
侧面漏泄 side leakage
侧面煤仓系统 side bunker system
侧面门 wing door
侧面密封 side seal(ing)
侧面摩擦块 side friction block
侧面摩擦力 lateral friction; side friction
侧面磨耗 lateral wear; side wear
侧面磨蚀 lateral corrosion
侧面磨损 flank wear; lateral wear; side wear
侧面挠度 lateral deflection
侧面耦合 side coupling
侧面排水 side discharge; side drain
侧面刨 bench rebbet plane
侧面抛石船 side stone dumper
侧面喷火口 side port mouth
侧面碰撞 lateral collision
侧面平坦的 slab-sided
侧面坡度 side grade
侧面扑火 flank fire suppression
侧面铺料 side layer material
侧面铺砌的瓷砖 side construction tile
侧面墙 flank wall
侧面切坯机 side cutter
侧面切削 side cut(ting)
侧面侵蚀 lateral erosion
侧面倾斜 side set
侧面曲率半径 flank radius
侧面全横向式系统 lateral fully-transverse system
侧面燃烧 side firing
侧面燃烧的 lateral burning
侧面绕组 side winding
侧面刃铣刀 side(milling) cutter
侧面日光照明 side daylight illumination
侧面熔深 depth of the side fusion zone; side penetration
侧面熔透 side penetration
侧面入口 side portal
侧面入口检修井 side-entrance manhole
侧面伞形齿轮 crown gear; crown wheel
侧面散射波 side scattered waves
侧面蛇丘 biasar
侧面升迁 lateral promotion
侧面式叉车 side forklift
侧面式倾卸车 horizontally dump truck
侧面视图 lateral plan
侧面收缩 lateral contraction
侧面顺向河 lateral consequent river; lateral consequent stream
侧面送风 sidewall air supply
侧面台阶 side step
侧面掏槽 sidewise cut
侧面梯级 side step
侧面填缝 side seal(ing)
侧面填角焊缝 fillet weld in parallel shear; lateral fillet; side fillet weld
侧面调节 lateral adjustment

侧面贴角焊 side fillet weld
侧面庭院 side patio
侧面通道 marginal access
侧面投影 profile projection
侧面图 end view;end view drawing;profile draft;profile plan;side elevation;side view;lateral view
侧面图像 silhouette
侧面托辊 side idler;side roller
侧面拖曳装车 crosshaul
侧面弯曲 <波导管> edgewise bend
侧面未熔合 lack of side fusion
侧面纹理 side grain
侧面稳索 lateral stay;side guy
侧面涡卷装饰 side-scroll
侧面涡旋形饰 side-volute
侧面误差 side play
侧面铣刀 radial cutter
侧面下水 sideways launching
侧面线脚【建】 lateral ridge
侧面线图 sheer plan
侧面限界 side clearance
侧面像 profile
侧面楔形砖 feather side
侧面斜撑 side shoring
侧面泄水 side discharge
侧面卸货 side discharge
侧面卸货车 side-dumping car
侧面卸料 side discharge;side dump
侧面卸料铲斗 side-dump bucket
侧面卸料车 side-dump car
侧面卸泥槽 side chute
侧面形状 side view
侧面修整 side dressing
侧面悬挂开启式窗 side-hung opening window
侧面压力 side pressure
侧面压缩 edge-side compression
侧面压制 side squeeze
侧面溢流管 side over-flow pipe
侧面影像 silhouette
侧面硬度 side hardness
侧面余量均分装置 sidewall stock divider
侧面照明 side illumination;side light(ing)
侧面照明度盘 edge-illuminated scale
侧面支承板 side slab
侧面装车器 side loader
侧面装饰品 side ornament
侧面装卸叉车 side-loading fork;side loader
侧面装卸附件 side loading attachment
侧面装卸机 side loader
侧面装卸垃圾车 side loading refuse truck
侧面装卸压实垃圾车 side loading packer
侧面装载 side loading
侧面装载法 side loading
侧面准直 lateral alignment
侧面自然采光 side natural lighting
侧面走廊 side corridor;side gallery
侧面阻力 side drag
侧面钻孔 flank hole
侧模 side mould;side form;edge form <浇筑混凝土用>
侧模板 cheek board;side form(work);side shuttering
侧模垫片 side form spacers
侧模间隔物 side form spacers
侧膜 latacoria
侧膜片 latallae
侧摩擦支承力系数 skin bearing coefficient
侧摩阻(力) lateral friction(resistance);sleeve resistance
侧磨 lateral wear;side grinding;side wear
侧内衬 side lining
侧内脊【植】 endopleural ridge
侧挠度 lateral deflection
侧耙 side delivery rake
侧排式排肥器 side delivery feed
侧盘木 bilge block;side block
侧旁瞭望窗 side blister
侧旁有刺的 side spined
侧抛 side cast(ing)
侧刨 side planing
侧刨床 side planer
侧刨煤机 side plough
侧喷火口 side port
侧喷(煤气)焦炉 gun flue battery
侧喷吸扬式挖泥船 side caster;side-casting suction dredge(r)
侧劈理 lateral cleavage
侧片角 side plate angle
侧偏(位) lateral deviation
侧平衡 lateral balance
侧平两用铣刀 side-and-face cutter
侧平面 <平行于侧面的面> plane parallel to the profile plane
侧平线 <平行于侧面的线> line parallel to the profile plane
侧剖面 side section
侧剖图 sectional side elevation
侧起重车 side lift truck
侧气流 side wind
侧砌 edge course;laid-on-edge course
侧砌的顺砖 bull stretcher
侧砌顶砖层 rowlock
侧砌砖 brick laid on edge;brick-on-edge;brick set on edge;rowlock;side construction tile
侧砌砖层 brick-on-edge course
侧砌砖窗台 brick-on-edge sill
侧砌砖拱 rowlock arch
侧砌砖门槛 brick-on-edge sill
侧砌砖墙 brick-on-end course
侧砌砖压顶 brick-on-edge coping
侧碛 lateral moraine
侧碛堤 lateral moraine bar
侧牵引 side lining
侧前角 side rake angle
侧墙 sidewall;breast wall;casement wall;casing wall;curb plate;curb wall;flank masonry wall;jamb wall;turnout wall;wing wall
侧墙安装 sidewall installation
侧墙板固定的平车 flat wagon with fixed sides
侧墙板铰接的平车 flat wagon with hinged sides
侧墙保护 sidewall protection
侧墙车体斜撑 sidewall body brace
侧墙出风口 sidewall register
侧墙的平洞 sidewall drift
侧墙顶板支座 sidewall ceiling support
侧墙对角斜撑 sidewall diagonal
侧墙泛水 sidewall flashing
侧墙扶手 side hand hold
侧墙构架 side frame
侧墙固定式窑炉 open kiln
侧墙挂装轿车运输 vert-A-Pac
侧墙进风口 sidewall inlet
侧墙孔口输水系统 <闸门> sidewall port system
侧墙廊道侧向孔口输水系统 sidewall culvert with side port system
侧墙模板 sidewall formwork
侧墙木梁 panel furring;side furring
侧墙取样器 sidewall sampler
侧墙输水系统 <船闸> lateral system
侧墙双层百叶风口 double deflection side-wall grille
侧墙镶面板 sidewall paneling
侧墙砖 jamb block;jamb brick
侧切板 side board
侧切齿 side cutting tooth
侧切开 lateral incision
侧切钳 side cutter
侧切式甩刀 side cutting flail
侧切牙 lateral incisor
侧倾 camber;heeling;listing;side-dump;side sway;side-tipping;side-way;side lurch <船的>;banking
侧倾车 side-tipping wagon
侧倾刚度 sideway stiffness
侧倾基准面 cross-slope reference
侧倾加速度 roll acceleration
侧倾角 angle of heel;angle of roll;angle of skew-back;banking angle;heeling angle;listing angle;side rake
侧倾力矩 heeling moment;sidesway moment
侧倾抛石驳 sidedoor hopper barge;side-dumping scow;side hopper barge
侧倾石渣车 side-dump ballast car;side-dump ballast wagon
侧倾式铲车 side-tipping bucket
侧倾式铲斗 bucket with side dump;side-tipping bucket
侧倾式的 side-tipping
侧倾式翻斗车 side-dumping wagon;side-tipping wagon
侧倾误差 heeling error
侧倾下水船 tipping launch
侧倾卸车身 side-dumping body
侧倾卸高边敞车 side-dump gondola
侧倾卸货车 side-tipping wagon
侧倾卸卡车 side-dumper
侧倾卸式 side-dump type;side-tipping type
侧倾卸式车身 side-tipping body
侧倾卸式四轮挂车 four-wheeled side tipping trailer
侧倾卸拖车 side-tipping wagon
侧倾卸箱 <叉车> side-dumping box
侧倾运动自由度 banking degree of freedom
侧区 lateral area
侧驱动 side drive
侧驱式动力割草机 motor mower with side drive;side drive motor mower
侧渠 by-channel
侧渠式溢洪道 side channel type spillway
侧渠式溢水道 side channel type spillway
侧取控制 side draw control
侧取馏出物 side cut distillate;side draw
侧取塔板【化】 side draw tray
侧缺环 mesal penellipse
侧群 side group
侧燃烧室 side combustion chamber
侧刃 kicker
侧刃金刚石 kicker stone
侧入 edge in
侧入口 side entrance
侧入口排水沟 side-entrance gulley
侧入(口)人孔 side entrance manhole
侧塞板 sidewall filter
侧三角蜡孔 lateral cerari
侧散热器 side radiator
侧扫描 side scanning
侧扫描器 side scanner
侧扫描声呐 side scanning sonar
侧扫声呐 side scan sonar
侧沙坝 side bar
侧沙嘴 lateral spit
侧山墙 gable side
侧烧 side firing
侧烧式热风炉 side combustion stove
侧烧窑 side-fired kiln
侧舌间裂 alarima
侧射程 lateral range
侧射程函数 lateral range function
侧射光 side light
侧射影 lateral projection
侧伸跨度 overhanging span
侧伸式搅拌器 side entering type agitator
侧身灯光 wing light
侧渗水 lateral seepage
侧生根 axillary root
侧圣台 <罗马天主教堂中储存圣餐的> altar of repose
侧圣坛 side altar
侧施肥料 side dressing
侧石 curb(stone);guard stone;kerb(stone);road kerb;stone curb;vertical curb;curbstone <美>
侧石边存车 kerbside parking
侧石边停车 kerbside parking
侧石标高以上 above curb
侧石到侧石横断距离 curb to curb crossing distance
侧石到侧石距离 kurb-to-kurb crossing distance
侧蚀 lateral abrasion
侧蚀面 plane of lateral corrosion
侧蚀平原 plain of lateral planation
侧蚀作用 lateral erosion
侧式挖沟机 crawler side excavator
侧式站台 separate platform;side platform
侧视 side glance;side looking
侧视(辐射)探测器 side-looking detector
侧视海底浅层剖面仪 side scan sub-bottom profiler
侧视河底浅层剖面仪 side scan sub-bottom profiler
侧视回声测深仪 lateral echo sounder
侧视雷达 side-looking airborne radar;side-looking radar;side scanned radar
侧视雷达测量 side-looking radar survey
侧视雷达显示器 side-looking radar display
侧视轮廓图 outline profile
侧视声呐 lateral sonar;side-looking sonar;side scanning sonar
侧视图 end elevation;end view drawing;lateral elevation;lateral plan;profile view;sheer plan;side elevation;side elevation drawing;side view drawing;upright projection;vertical projection;end view;lateral view;side view
侧饰 side ornament
侧室 by-room;side chamber
侧适应 lateral adaptation
侧收缩 side contraction
侧收缩系数 coefficient of side contraction;lateral contraction coefficient;side contraction coefficient
侧栓系 side tying
侧水封 side seal(ing)
侧水冷壁 sidewall
侧水深 side water depth
侧水眼 <钻头> side water hole
侧送风 sidewall air supply
侧送附加装置 side delivery attachment
侧送式撒布机 side delivery spreader
侧送式撒肥车 side delivering manure spreader
侧送式卸料槽 side delivery chute
侧送式卸载输送器 side delivery conveyer[conveyor]
侧送式作物装载机 side delivering crop loader
侧榫刨 side rabbet plane
侧索 lateral cord
侧锁定 side lock
侧塔 flanking tower;side tower

侧台 side stage
侧台大门 loading door;side stage loading door
侧台遮挡 <指边幕、景片> side masking
侧塘 <船闸补水用> side pond;side pool
侧樘 back jamb
侧梯 side flight;side ladder;side step
侧体 lateral body;lateral element
侧天窗 clerestor(e)y
侧天窗石棉水泥薄板 roof-light sheet
侧天沟 side gutter
侧条 side slat
侧条龙骨 side bar keel
侧条沙垅 lateral dune
侧跳台 flank wall balcony
侧厅 wing
侧听系统 acousticolateral system
侧庭 side yard
侧通道 wing passage
侧通管自动转向开关 bypass switch
侧通气口 side vent
侧筒 side neck
侧投灯光 wing light
侧投点照灯光 wing spot
侧投影面 profile plane of projection
侧投影面积 longitudinal projected area
侧突系统 lateral process system
侧土压力 lateral pressure of soil
侧土压力系数 lateral earth pressure coefficient
侧推力 lateral thrust;side thrust
侧推力器 lateral thruster;side thruster
侧推力装置 side thrust unit
侧推器 athwartships propeller;thruster
侧推系泊系统 thruster assisted mooring system
侧推装置 transverse thrust unit
侧拖网渔船 side trawler
侧弯 lateral bend(ing);lateral curvature;lateral flexure;side bend
侧弯试件 side-bend specimen
侧弯试验 <焊件的> side-bend test
侧弯试样 side-bend specimen
侧弯折 lateral buckling
侧弯阻力 resistance to lateral bend(ing)
侧望镜座 sight feed glass base
侧位校正 lateral correction
侧位倾斜体层照相术 lateral inclined tomography
侧位司机座位 <土方机械的> offset cab
侧位限航灯标 cross marker;cross marking light
侧位移 lateral displacement
侧喂式捡拾压捆机 side feed baler;side opening baler
侧喂式茎稿切碎机 side delivery straw chopper
侧稳继电器 side stable relay
侧卧的 latericumbent
侧卧式 lateral recumbent posture
侧卧水平摄影片 lateral decubitus film
侧卧位 lateral position;lateral recumbent position
侧圬墙 end masonry wall
侧屋 outshot
侧误差 side error
侧吸 side draught
侧吸风道 side hood
侧吸(风)罩 lateral hood;side hood
侧吸耙挖泥船 side drag arm hopper dredge(r)
侧吸式化油器 side draft carburetor
侧吸式输棉风扇 by-pass-type cotton fan
侧铣 side milling
侧铣刀 side mill
侧铣铰刀 side cutting reamer
侧隙 back lash;side clearance;side play
侧隙公差 backlash allowance
侧隙精密测量 precision backlash measurement
侧隙误差 backlash error
侧舷门 gangway port;side port
侧舷门船 side port vessel
侧舷门装卸 gangway port handling;side port loading-unloading
侧舷跳板 side ramp
侧现蜃景 lateral mirage
侧线 by-pass route;gridiron;lateral line;side draw;side line;siding;upline;side-track <铁路两端都可行车>;side stream
侧线抽出塔板【化】side draw plate;side draw tray
侧线出发信号 leave-siding signal
侧线出发信号机【铁】leave-siding signal;siding signal
侧线出料塔盘 draw-off pan
侧线回流 side reflux
侧线馏出物 side cut distillate
侧线馏分 side run-off
侧线馏分汽提塔 side cut stripper
侧线路 side circuit
侧线汽提塔 side stripper
侧线锁闭器 siding lock
侧线系统 lateral-line system
侧线信号 siding signal
侧线信号机【铁】siding signal
侧线循环回流 pump back
侧限 lateral confinement;lateral restraint
侧限荷载 confining load
侧限混凝土 <有密集横向钢筋的> confined concrete
侧限加固 lateral restraint reinforcement
侧限抗压强度 confined compression strength;strength under peripheral pressure
侧限抗压强度试验 confined compression strength test
侧限抗压试验 confined compression test
侧限试样 laterally confined specimen
侧限土壤 confined soil
侧限悬臂梁 lateral restrained cantilever
侧限压力 confined pressure;confinement pressure;confining pressure;lateral confining pressure;lateral restraining pressure
侧限压缩 confined compression
侧限压缩模量 constrained modulus;oedometric modulus
侧限压缩试验 confined compression test;confined compressive test
侧限应力 ambient stress;confining stress
侧限最小主应力 confining minor stress
侧向 cross range;side direction;side-to-side direction
侧向暗沟 lateral sewer
侧向摆动 lateral swing
侧向爆破 lateral blast
侧向爆炸 side shot
侧向便道 side access
侧向变薄 lateral thinning
侧向变位 lateral deflection;lateral displacement;lateral shift
侧向变形 lateral deformation
侧向补给量 lateral recharge increment
侧向补给系数 lateral recharge coefficient
侧向不均匀性 lateral inhomogeneity
侧向不连续单位 lateral discontinuous unit
侧向布置 lateral placement
侧向布置式凝汽器 pannier condenser
侧向采光 side light(ing)
侧向参数激振 lateral parametric(al) excitation
侧向测井 laterlog
侧向测井地层 laterolog stratum
侧向测井电极系 laterolog sonde
侧向测井电阻率 laterolog resistivity
侧向测井刻度值 laterolog calibration value
侧向测井曲线 laterolog curve
侧向测井图 lateral log(ging)
侧向测井仪 laterologger
侧向测流槽 flume with side contraction
侧向测斜仪 lateral clinometer
侧向叉车 side carrier;side loader;side loading forklift truck;travel loader;side lift truck
侧向叉式装卸车 side fork-lift truck
侧向掺混 lateral entrainment
侧向成因 laterogenesis
侧向承压力 lateral bearing pressure
侧向尺寸 lateral dimension
侧向冲击 lateral impact
侧向冲刷 lateral corrosion;lateral erosion;lateral scouring;side wash
侧向出口 lateral escape;side outlet
侧向出入口 side access
侧向传动 side transmission
侧向传热 lateral heat-transfer
侧向传声 flanking sound transmission;flanking transmission of sound
侧向窗 flanking window
侧向簇射 lateral shower
侧向错移 sidewise mismatch
侧向导轨 <闸门的> side guide
侧向导轮 side guide wheel
侧向的 lateral;sideway;sidewise
侧向抵抗力 lateral resistance
侧向地层支撑 lateral ground support
侧向地震反射剖面法 broadside seismic reflection profiling
侧向电测曲线 lateral electric(al) measuring curve
侧向吊杆的管道安装附件 side-boom pipe-laying attachment
侧向吊杆的履带式起重机 side-boom crawler tractor
侧向吊杆附件 side-boom attachment
侧向顶压试验 <顶压坑侧木板的试验> side-jacking test
侧向动量 lateral momentum
侧向断层 lateral fault
侧向堆积【地】lateral accretion
侧向堆填 side fill(ing)
侧向发射 side emission
侧向翻斗车 side-tipping wagon
侧向翻倾装置 side tippler
侧向反光装置 side-reflection device
侧向反力 lateral reaction
侧向反射的 side reflected
侧向反射声 lateral refraction
侧向反演 lateral inversion
侧向防风拉条 lateral wind bracing
侧向飞散破片 side spray
侧向分带 lateral zoning
侧向分力 cross component(force);lateral component;sidewise component
侧向分量 cross component;lateral component
侧向风 cross wind
侧向风撑 lateral wind bracing
侧向风压力 lateral wind pressure
侧向辐射式螺旋形天线 side-fired helical antenna
侧向腐蚀 lateral corrosion
侧向负荷 side load
侧向附着 lateral adhesion
侧向干扰运动 lateral response
侧向刚度 lateral rigidity;lateral stiffness
侧向钢筋 lateral reinforcement
侧向拱 lateral arch
侧向拱肋 arc formeret
侧向沟管 lateral sewer
侧向构筑物 lateral placement
侧向鼓风 side blow
侧向固结压力 lateral consolidation pressure
侧向惯性力 lateral inertia force
侧向灌溉 lateral irrigation
侧向光电效应 lateral photo-effect;lateral photoelectric(al) effect
侧向滚轮 side roller
侧向过岔速度 speed through turnout branch
侧向荷载 lateral load(ing);side load(ing);nosing <机车摇曳引起的>
侧向荷载等效框架 lateral load equivalent frame
侧向荷载试验 lateral load test
侧向荷载桩 lateral loaded pile
侧向桁架 lateral truss
侧向横动 lateral traverse
侧向互作用 lateral interaction
侧向滑板 side skid
侧向滑动 lateral slide;lateral slipping;side skid;side slip(ping)
侧向滑动装置 side-tracking skate
侧向滑溜 sideway skidding
侧向滑坡 lateral slide
侧向滑移 lateral spread(ing);side skidding
侧向回波 side echo
侧向回声 side echo
侧向混合式喷嘴 side mixing nozzle
侧向积分浓度 cross-wind integrated concentration
侧向基床反力模量 lateral modulus of subgrade reaction
侧向及底部束狭测流槽 flume with side and bottom contraction
侧向挤压 lateral compression
侧向加撑 lateral bracing
侧向加积沉积 lateral accretion deposit
侧向加积作用 lateral accretion
侧向加速表 lateral accelerometer
侧向加速度 lateral acceleration;side acceleration;transverse acceleration
侧向加速自记器 lateral accelerograph
侧向夹向器 load crab;side clamp
侧向尖灭 lapout
侧向间距 lateral spacing
侧向间隙 back lash;side clearance
侧向剪力 lateral shear
侧向剪切 lateral shear
侧向交会 side intersection
侧向阶地 lateral terrace
侧向结构函数 lateral structure function
侧向截面 lateral section
侧向劲度 lateral stiffness
侧向进液喷嘴 side entry nozzle
侧向浸出 lateral leaching
侧向净空 lateral clearance
侧向径流 side run-off
侧向聚集作用 lateral aggregation
侧向均衡调整 metastasy
侧向均夷平原 plain of lateral planation
侧向均夷作用 lateral planation
侧向抗滑力 sideway skid resistance
侧向孔口 side port

侧向孔口充水系统 <船闸> side port filling system
侧向馈送 parallel feed;sideways feed
侧向扩散 lateral diffusion
侧向扩展 lateral spread(ing)
侧向扩张 lateral spread(ing)
侧向扩张和流动 lateral spread and ground flow
侧向拉力 side pull
侧向来水 lateral inflow
侧向力 lateral force;side(way) force
侧向力的操纵机构 aridextor
侧向力系数 sideway force coefficient
侧向连接 lateral binding
侧向连接件 side securing fitting
侧向连续沉积 depositional strike
侧向联结系 lateral bracing
侧向裂缝 lateral crevasse
侧向淋滤 lateral leaching
侧向淋溶 lateral geotropism; lateral leaching
侧向淋洗 lateral leaching
侧向流(动) lateral flow
侧向流量 lateral discharge
侧向流入 lateral inflow
侧向流斜板式沉淀池 incline-plank settling tank of lateral flow
侧向搂草机 side (stroke) rake; side stroke reel
侧向搂草轮 side stroke reel
侧向搂草铺条机 hay ridger
侧向搂集 side raking
侧向摩擦力 side friction; lateral friction
侧向摩擦阻力 side frictional force; side friction resistance
侧向摩擦作用 effect of lateral friction
侧向磨蚀 lateral corrosion
侧向挠度 lateral deflection
侧向挠曲 flexure under lateral; flexure under lateral stress; lateral buckling; lateral flexure; lateral-torsional buckling; sidewise buckling
侧向能见度 side-visibility
侧向扭曲 sidewise buckling
侧向排水 lateral drainage
侧向排水沟 lateral drain
侧向排水能力 lateral drainage ability
侧向排水系统 lateral drainage system
侧向排泄量 lateral discharge
侧向炮眼 flank hole
侧向膨胀 lateral bulging; lateral expansion
侧向膨胀计 lateral extensometer
侧向碰撞 side collision
侧向偏差 lateral deviation
侧向偏航力 yawing force
侧向偏离 lateral deflection; lateral deviation
侧向偏移 bowing; lateral drift
侧向偏转 lateral deflection
侧向平面 lateral plane
侧向坡道 lateral ramp
侧向铺放收割机 side delivery reaper
侧向铺展损坏 failure by lateral spreading
侧向迁移 lateral migration
侧向翘曲 lateral buckling; sidewise buckling
侧向侵蚀 lateral corrosion; side erosion
侧向侵蚀作用 lateral erosion
侧向倾斜 cocking; lateral tilt
侧向倾斜仪 lateral clinometer
侧向倾卸车 side-dumper; side-dumping car; side-tipping wagon; side-tip truck
侧向倾卸货车 side-dump lorry
侧向倾卸运货汽车 side-dumping truck
侧向屈服(变形) lateral yield
侧向屈曲 lateral buckling; sideway buckling
侧向渠道 lateral canal
侧向全景畸变 tipped panoramic distortion
侧向热运动 heat sidewise
侧向溶胀 lateral swelling
侧向入流 lateral inflow
侧向散射的 sidewise scattered
侧向扫描设备 side scan equipment
侧向扫描声呐 side scan sonar
侧向砂坝 lateral bar
侧向砂滩 lateral bar
侧向伸出长度 side reach
侧向渗流 lateral seepage
侧向生长率 lateral growth rate
侧向式冷凝器 pannier condenser
侧向式气腿 offset leg
侧向式自卸货车 side-tip truck
侧向视距 corner sight distance; lateral sight distance
侧向视野 field of lateral vision; side-visibility
侧向收割台 side platform
侧向收缩 lateral contraction
侧向收缩率 lateral shrinkage
侧向受力基础 side bearing foundation
侧向输送 lateral transport
侧向输送器 off-bearing conveyer[conveyor]
侧向水流 lateral stream
侧向顺炮眼 side blow
侧向送风 side feeding
侧向速度 lateral velocity
侧向摊铺 lateral spread(ing)
侧向摊晒搂草机 tedder side rake
侧向探眼 flank hole
侧向淘空 lateral caving
侧向淘刷 lateral incaving
侧向提箱机方式 <指装卸> side slacker system
侧向天体 edge-on object
侧向调平 lateral level(l)ing
侧向通气管 side vent
侧向投影 side projection
侧向透声 flanking transmission of sound
侧向凸出 lateral bulging
侧向突水 lateral bursting water
侧向土抗力 lateral earth resistance
侧向土压力 lateral earth pressure; lateral soil load; lateral soil pressure
侧向推进器 side thruster
侧向推力 lateral thrust; side thrust
侧向推力装置 lateral-thrust unit
侧向推土机 side dozer
侧向托换 lateral underpinning
侧向挖掘 side digging
侧向弯矩 lateral moment; sway moment
侧向弯曲 lateral bend(ing); lateral bow; perversion
侧向围堰 <平行于河道的> lateral cofferdam
侧向位移 lateral displacement; lateral migration; lateral shift; side displacement
侧向喂料机 side feeding machine
侧向稳定度 lateral stability
侧向稳定器 ride stabilizer
侧向稳定性 lateral stability
侧向稳定性边界 lateral stability boundary
侧向稳定性区域 lateral stability boundary
侧向稳定性试验 lateral stability test
侧向稳定装置 lateral stabilizer
侧向污水管 lateral sewer
侧向无应变试验 zero lateral strain test
侧向误差 lateral error
侧向下水道 lateral sewer
侧向限制 lateral confinement; lateral restraint; sideway restraint; sidewise restraint
侧向限(制)抗压强度 confined compressive strength
侧向楔体 lateral wedge
侧向斜撑 lateral diagonal
侧向卸叉车 side-dump truck
侧向卸料 lateral unloading; side discharge
侧向卸石驳 side stone dumper barge
侧向卸载 side discharging
侧向形变 lateral deformation
侧向悬垂系数 lateral drape coefficient
侧向旋涡星系 edge-on spiral
侧向压力 lateral compressive force; lateral pressure; thrust; thrusting force
侧向压曲 lateral buckling; sidewise buckling
侧向压屈 lateral buckling
侧向压缩 lateral compression
侧向延伸 lateral continuity
侧向岩层封闭 lateral rock seal
侧向岩面多次反射 sideswipe reflection
侧向移动 lateral movement; side movement
侧向移动标桩【测】 lateral movement stake
侧向溢流 side over-flow
侧向引伸仪 lateral extensometer
侧向应变 lateral strain
侧向应变指示器 lateral strain indicator
侧向应力 lateral stress
侧向有效应力 lateral effective stress
侧向余宽 lateral clearance
侧向裕宽 lateral clearance
侧向约束 lateral restraint; sidewise restraint
侧向运动 lateral motion; side motion; swing transverse motion; lateral movement
侧向运动自由度 lateral degrees of freedom; lateral freedom
侧向运输 lateral transport
侧向运行 flanking movement; taking slantwise; sideways running <货车>
侧向运移 lateral migration
侧向匝道 lateral ramp
侧向载荷试验 lateral load test
侧向凿岩 lateral drilling
侧向张力 lateral tension
侧向障碍物 lateral obstructions
侧向照明 lateral illumination; side lighting
侧向折射 lateral refraction
侧向振动 lateral vibration
侧向振动加速度 lateral vibration acceleration
侧向振动特性 lateral oscillatory characteristic
侧向支撑 lateral bracing; lateral strut; lateral support
侧向支撑系统 lateral bracing system
侧向支承 lateral support
侧向支付 side payment
侧向支管 side branch
侧向支座 lateral support
侧向重叠 lateral lap; lateral overlap; side lap; side overlap
侧向装料摊铺机 side loading paver
侧向装卸叉车 side loader truck; side loading fork truck
侧向装卸机 side loader
侧向装卸装置 side tippler
侧向装载叉车 side loading forklift truck
侧向装载车 side-dumping loader
侧向装载机 side-dumping loader; sideloader
侧向装载机方式 side loader system
侧向自卸车 side-tip dumper
侧向自卸货车 side-tipping wagon
侧向自由度 lateral degrees of freedom
侧向阻力 lateral resistance
侧向钻井 lateral drilling
侧向钻眼 lateral drilling
侧巷 by-alley
侧销定瓦 side-lock tile
侧楔模 wedge action die
侧楔作用侧向冲孔模 sidepiercing cam actuated die
侧斜冰碛层 lateral moraine
侧斜端砖 end skew on edge
侧斜刚度 sideway stiffness
侧斜面板 side slope
侧斜位 lateral oblique position
侧泄水孔 side outlet
侧卸 side discharging; side-dump discharge; side-dumping; side-tipping
侧卸半挂车 side-dump semi-trailer
侧卸驳 side-dump barge; side-unloading barge
侧卸铲斗 side-dump(ing) bucket
侧卸车 side discharging car; side-dumping car; side-dumping wagon; side-tip(ping dump) car; side-tip wagon
侧卸车身 drop-sided body; side-dump body
侧卸的 drop-side; side-dump
侧卸斗 side-dumping hopper
侧卸斗式装料机 side-dumping bucket loader
侧卸翻斗 side opening tipping bucket
侧卸挂车 side discharging trailer; side-dumping trailer
侧卸戽斗 side-dumping bucket
侧卸货车 side-tipping truck
侧卸角 side-dumping angle
侧卸卡车 side-dumper; side-dumping truck
侧卸料斗 side-tipping loading bucket
侧卸泥驳 side hopper barge
侧卸农用挂车 agricultural side tipping trailer
侧卸抛石驳 side-dumping barge; side-dumping scow
侧卸铺料机 side discharge truck paver
侧卸铺路机 side discharge truck paver
侧卸汽车 side discharging car; side-dumper; side-dumping truck
侧卸升运器 side delivery elevator
侧卸式 side-dump(type)
侧卸式半挂车 side-tipping semi-trailer
侧卸式铲斗 side-dump bucket; side-tip bucket
侧卸式车身 side-dump(ing) body
侧卸式出砟车 side-tipping mine car
侧卸式斗车 scoop side-dump(ing) car
侧卸式对半车厢 side-tipping halves
侧卸式翻斗车 rocker side dump(ing) car; side-tipping skip; side-tipping wagon
侧卸式货车 side-dumping truck; side-tip truck
侧卸式箕斗 side-dumping skip
侧卸式卡车 side-dump(ing) truck; side-tip lorry
侧卸式矿车 drop-sided car; side-dump car

侧卸式料斗 side-dumping bucket
侧卸式料斗船 sidedoor hopper barge
侧卸式漏斗车 side discharge hopper wagon
侧卸式软土挖运车 side-tipping muck-car
侧卸式送锭车 side tilt car
侧卸式甜菜联合收获机 side delivery complete beet harvester
侧卸式拖车 side-dumping trailer
侧卸式运货汽车 side-dumping truck
侧卸式载重卡车 side-tipping truck
侧卸式装载机 side-dump(ing)(type) loader
侧卸式装砟机 side-dumping loader; side-dumping type loader
侧卸式自动卸货车 side-dumping truck; side-tip truck
侧卸式自卸(汽)车 side-dump truck; side tipper
侧卸拖车 side-dumping wagon
侧卸箱车 box body dump car
侧卸液压缸 side-dump(ing) cylinder
侧卸运输车 side-dumping wagon
侧卸运土船 sidedoor hopper barge
侧卸装载车 side-dumping loader
侧卸装载机 side dump loader
侧卸装置 side-dumping equipment
侧行 skidding
侧形 profile
侧序分布 lateral order distribution
侧悬臂起重机 side boom crane
侧悬窗 side-hung(sash) window
侧悬挂 side mounting
侧悬挂的农具 side-mounted farm tool
侧悬挂式的 side attached; side-mounted
侧悬挂式割草机 side attached mower; side cut mower
侧悬挂装置 side linkage
侧旋 sidespin
侧旋转 sideway swivel
侧压 side thrust; confinement pressure <土三轴试验的>
侧压板 side guide
侧压力 confining pressure; lateral compression; lateral pressure; lateral thrust; side compression; side pressure; wall pressure; confined pressure <三维的>
侧压力测定 lateral pressure determination
侧压力曲线 thrust curve
侧压力系数 coefficient of confinement pressure; coefficient of lateral pressure; lateral pressure coefficient
侧压力作用时间 lateral force acting time
侧压强 lateral pressure
侧压试验 side pressure test
侧压缩 side compression
侧压系数 coefficient of horizontal pressure; lateral pressure ratio
侧压下 edge milling; edging; indirect draught; indirect rolling action; side pressure; side work
侧压仪 lateral pressure apparatus
侧压仪法 pressuremeter method
侧压褶皱 buckle folding
侧压中心 centre of lateral pressure
侧牙轮 side cutter
侧芽 axillary bud; lateral bud
侧烟道 side flue
侧岩流 effluent lava flow
侧檐 side eaves
侧眼 branch hole
侧眼短节 window sub
侧堰 side weir
侧堰溢流 side weir overflow

侧阳台 flank wall balcony
侧腰带 half waistband
侧摇枕 <三轴转向架> side bolster
侧叶 lateral lobe; side vane
侧夷 lateral planation
侧夷河流袭夺 planation stream piracy
侧夷平原 plain of lateral planation
侧移 broadsiding; lateral flow; side-shift; side sway; swing
侧移叉 side shifter
侧移断层 lateral fault; transcurrent fault
侧移方式 side shift system
侧移刚度 translational rigidity; translational stiffness
侧移刚度系数 thrust stiffness factor; translational stiffness coefficient; translational stiffness factor
侧移河床 mouilles
侧移劲度 translational stiffness
侧移劲度系数 thrust stiffness factor; translational stiffness coefficient; translational stiffness factor
侧移器 side shifter
侧移倾力 sway force
侧移屈曲破坏 sidesway buckling
侧移式货叉 side shift fork
侧移弯矩 translational moment
侧移袭夺【地】 intercision
侧移指数 drift index
侧抑制 lateral inhibition
侧溢洪道 lateral spillway
侧溢洪道堰顶 frontal sill; side-inlet sill
侧翼 flank; lateral wing; side wing
侧翼窗 flanking window
侧翼附属建筑房屋 <古建筑> pteron
侧翼截水槽 <伸入坝头内部的> wing trenches
侧翼漏头 flank escape
侧翼式开拓系统 flank development program(me)
侧音 side tone
侧音测距 sidetone ranging
侧音电平 sidetone level
侧音现象 side tone effect
侧音影响 side tone effect
侧引滑车 flying dutchman
侧引力 sidewise attraction
侧影 side view
侧影图 outline profile
侧影像 profile; silhouette
侧影效果 silhouette effect
侧优势 lateral dominance
侧渊 side deep
侧缘 side rail; skirt
侧缘活塞 skirted piston
侧缘角 angle of deadrise
侧缘折光 edge lighting
侧缘折射 edge lighting
侧院 side yard
侧运河 lateral canal
侧载荷 lateral load
侧载机 side loader; side fork lift
侧站 auxiliary station
侧胀仪 dilatometer
侧遮光板 side louver
侧褶区 plegmatium[复 plegmatia]
侧振击式打捞筒 side jar socket
侧支 collateral branch
侧支撑 side bracing
侧支承 side bearer
侧支承块 backup heel
侧支承块底座 heel plate seat
侧支木 <巷道中的> side timber; side tree
侧支循环 collateral circulation; compensatory circulation
侧支柱 quarter pillar; quarter stanchion; side timber
侧枝 branch stem; lateral branch; side branch
侧止水 side water seal
侧制动器 side brake
侧置阀 side valve
侧置方块 <防波堤的> edgewise cube
侧置割台式联合收割机 side platform combine
侧置起重臂 side boom
侧置气门 side valve
侧置气门发动机 L-head engine; side valve engine
侧置气门汽缸盖 side valve head
侧置升运器式收获机 side elevator harvester
侧置式动力输出轴 side(-mounted) power take-off
侧置式割晒机 offset swather
侧置式切割器 side cutter
侧置提升器 side lift
侧置调整器 side lay adjuster
侧置助推器 overlapping booster; wrapped booster; wrap-round booster; wrap-round motor
侧重 lopside
侧重产出的预算编制 output-oriented budgeting
侧重管理 control-orientation
侧重投入的预算法 input-oriented budgeting
侧重于管理的 control-oriented
侧重于控制的 control-oriented
侧重于应力流的设计 <尽量采用连续的结构构件,避免截面的突变,使应力峰值和裂缝降到最小的设计> stress-flow oriented design
侧轴 blind axle; countershaft; layshaft; side shaft; wing shaft
侧轴承 side bearing
侧轴承匣 side bearing casing
侧轴承橡木垫块 side bearing oak block
侧柱 jamb; lateral column; side jamb; side stake; soldier pile; side post <屋架上的>
侧柱插 side pocket
侧柱插座 side pocket
侧柱盖板 jamb extension
侧柱护铁 jamb guard
侧柱廊 lateral colonnade
侧柱支墩 jamb block
侧柱砖 bull-nose
侧砖层 course of stretchers; coursing
侧砖窗台 brick-on-edge sill
侧砖铺面 brick-on-edge paving; paving brick-on-edge
侧砖铺砌 brick-on-edge pavement; brick-on-edge paving; paving brick-on-edge
侧砖铺砌路面 brick on edge pavement
侧砖砌窗台或门槛 brick-on-edge sill
侧砖砌合 running bond; running brickwork bond
侧砖压顶 brick-on-edge coping
侧转 kick back
侧转翻笼 side tipper
侧转翼 inverted flank
侧桩 skirt pile
侧装 side loading; side mount
侧装叉车 <装卸木材或其他长物用> side loading fork truck
侧装货柜 side loading container
侧装机 <装木材用> side loader
侧装料式炉 side charged furnace
侧装入钵 rearing
侧装散热器 side radiator
侧装升降机 side lift
侧装式铲斗 side-tip bucket
侧装式锯齿型叶根 side entry serration root
侧装式垃圾车 side loading refuse collector
侧装式凝汽器 side-mounted condenser
侧装叶片 side entry blade
侧装载车 side loading vehicle
侧装载废品运输车 side loading refuse collector
侧装载自动装卸车 side loading fork truck
侧撞杆 side ramp
侧撞事故 side swipe accident
侧钻 side-track drilling; side-tracking
侧钻孔 <开挖隧道导坑的> side hole
侧钻深度 depth of side tracking
侧钻新眼 side-tracking

C

厕

厕所 closet; latrine; lavatory; sanitary conveniences; toilet; toilet compartment; wash basin; wash bowl; water closet; washroom <美>

厕所冲水 lavatory flush(ing)
厕所冲水箱 water closet flush tank
厕所冲洗管 toilet flushing pipe
厕所冲洗水 closet flushing water
厕所冲洗水管 closet flushing pipe
厕所存水弯 prestex trap
厕所防水 waterproofing for toilet
厕所肥皂配出器 lavatory soap dispenser
厕所废水 closet wastewater
厕所粪便管 soil pipe
厕所隔断 toilet cubicle; toilet enclosure; toilet partition
厕所隔间门 toilet cubicle door
厕所及淋浴室 toilet and shower
厕所间 toilet cubicle; water closet compartment
厕所间冲洗水 toilet flushing water
厕所间水槽 toilet pan
厕所间水盆 toilet pan
厕所内嵌冲水管 lead lavatory flush(ing) pipe
厕所喷水管 spare pipe; sparge pipe
厕所喷水管的连接管 down pipe
厕所铅冲水管 lead closet flush(ing) pipe
厕所铅下水管 lead closet flush(ing) pipe
厕所铅质冲水管 lead toilet flush(ing) pipe
厕所铅质污水管 lead toilet waste water pipe
厕所水箱 flush cistern; service box
厕所水箱门阀 closet valve
厕所锁 indicator bolt
厕所套间 water closet suite
厕所拖车 toilet trailer
厕所弯管 closet bend
厕所污水 black water; sanitary sewage; sanitary wastewater
厕所污水管 closet wastewater pipe; soil line; soil pipe
厕所污水立管 soil stack
厕所下水道 sanitary sewer
厕所小隔间 closet cubicle
厕所用断流阀 closet stop valve
厕所用螺钉 closet screw
厕所用螺栓 closet bolt
厕所阻气具 prestex trap
厕座 toilet bowl
厕座水箱 closet tank

测

测摆幅单元 amplitude element

测板 side panel; side piece

测板图幅 plane-table sheet
测爆机 knock-test engine
测爆计 explosimeter
测爆仪 explosimeter
测比重法 hydrometry
测比重术 pycnometry
测边测角网 side angle measurement network
测边交会法 linear intersection(method)
测边精度 linear precision
测边网 trilateration network
测边网平差 adjustment of trilateration network
测标 floating mark;gliding mark;index mark;measurement mark(er);measuring mark;measuring symbol;moveable reference;peg;sighting target;surveying mark(er);survey post
测标板 measuring-mark plate
测标(反射)镜 measuring-mark mirror
测标杆 band(e)rol;marking pin
测标钎 marking pin
测标台 tracking stand
测标位置 fixed point
测冰尺 ice ga(u)ge
测冰雷达 ice radar
测冰器 ice apparatus
测冰声呐 ice profile sonar
测冰仪 glaciometer;ice-detecting equipment;ice-detecting set;ice-detector;ice ga(u)ge
测波(标)杆 wave pole;wave staff
测波浮标 pitch and roll buoy;wave-measuring buoy;wave rider buoy
测波浮筒 pitch and roll buoy;wave-measuring buoy;wave buoy
测波计 wave ga(u)ge;wavemeter
测波雷达 wave observation radar
测波器 ondometer
测波向及海面流向雷达 directional wave and surface current radar
测波仪 ondometer;wave ga(u)ge;wavemeter
测不准 indeterminacy
测不准关系 uncertainty relation
测不准论 indeterminism
测不准条件 uncertainty condition
测不准原理 indeterminate principle;principle of indeterminacy;uncertainty principle
测布氏硬度 brinelling
测槽 survey plug
测草温度计 hay thermometer
测差规 difference ga(u)ge
测长 distance-to-coupling measurement;distance-to-go measurement
测长干涉仪 length-measuring interferometer
测长机 end measuring machine;ga(u)ging machine;length-measuring machine;measuring machine;metroscope
测长机机头 headstock
测长器 length meter
测长数显表 length-measuring numeral display meter
测长仪 length-measuring instrument
测潮标 tide ga(u)ge
测潮标杆 tide pole;tide staff
测潮表 tidal meter;tide ga(u)ge
测潮杆 tide batten;tide pole
测潮计 tidal meter;tide ga(u)ge
测潮水尺 tidal pole;tidal scale;tidal staff
测潮位标尺 staff tide ga(u)ge
测潮仪 tidal meter;tide ga(u)ge
测潮站 tide station
测车 measuring car
测尘管 dust tube
测尘计 conimeter;dust counter
测尘器 conimeter;dust counter
测尘仪 dust ga(u)ge
测尘仪器 dust measuring instrument
测程 measurement range;range;ranging
测程板 chip log
测程车 perambulator
测程法 odometry
测程轮 ambulator;odometer;perambulator
测程器 log;perambulator;veeder counter
测程索 log line
测程系数 range coefficient
测程线 log line;ranging line
测程仪【航海】 log;logometer;veeder counter
测程仪记录器 log register
测程仪绳 current line;log line
测程仪指示器 log indicator
测尺 measuring rule;measuring stick;measuring tape;staff
测尺垂度校正 sag correction
测尺寸器 size meter
测尺的标准校准 standardization correction of tape
测尺底座 <钢板垫> level(l)ing plate
测尺读数 staff reading
测尺校正 tape correction
测齿长尺 tooth caliper
测齿高千分尺 gear tooth micrometer
测齿规 bit ga(u)ge
测齿仪 gear tester
测臭法 odo(u)rimetry;olfactometry
测出荷载 measured load
测船 dingey;hydrometric(al)boat;measuring boat
测锤 bob;dip weight;plumb(bob);plummet;sounding lead
测锤测深 sounding
测锤点 plumb bob point
测锤法 plummet method
测锤结 handlead bend;swab hitch
测锤绳 lead line
测锤竖井 pendulum shaft
测磁的 magnetometric(al)
测磁法 magnetometry
测磁计 permagnag
测磁强术 magnetometry
测磁线圈 magnetic test coil
测磁学 magnetometry
测磁仪 magnetometer
测错【计】 sniffing
测大地线 geodesic
测大气压仪 air manometer;lubarometer
测大仰角用棱镜 steep-sighting prism
测带 measuring tape
测氮管 azotometer;nitrometer
测道数 number of channels measured
测得的距离 stadia distance
测得反馈 measured feedback
测得偏差 measured deviation
测得数据 measured data
测得水深 depth sounded
测得压力 measure pressure
测得值 measured value
测滴计 stactometer
测地半径 geodesic radius
测地编码地形数据库 geocoded topographic(al)data base
测地参考系统 geodetic reference system
测地参数 geodesic parameter
测地法线坐标 geodesic normal coordinate
测地基线 geodesic base line
测地计算机 desk-survey computer;electronic computer for survey
测地经纬仪 survey theodolite
测地挠率 geodesic torsion
测地平行线 geodesic parallel
测地曲率 geodesic[geodetic] curvature
测地圈 geodesic circle
测地三角形 geodesic triangle
测地摄影镜头 geodesic lens
测地天文学 geodetic astronomy
测地纬度 geodetic latitude
测地卫星 geodesic satellite
测地线 geodesic curve;geodesic line;geodetic line
测地线的 geodesic
测地线法 geodesic method;geodetic method
测地星表 catalog(ue)of geodetic stars
测地形 taking topography
测地学 geodesy
测地学的 geodesic;geodetic
测地仪 geoidmeter
测地宇宙飞船 geodesic spacecraft
测地员 surveyor
测地圆 geodesic circle;geodetic circle
测地震器 geophone
测地震设备 seismal equipment;seismic equipment
测地坐标 geodesic coordinates;geodetic coordinates
测地坐标系 geodesic coordinate system
测碲计 tellurium ga(u)ge
测点 measuring point;point;point of measurement;station(point);survey(ing)point;survey station;observation point
测点标志 marking of points
测点垂线 measuring vertical;vertical line of measuring points
测点地面高度 height from observation point to surface
测点高度的准确度 spot height accuracy
测点海拔高度 surveying point elevation
测点含沙量 sediment concentration at a measuring point
测点号 number of survey point
测点间距 station space
测点降低 cultellation
测点校正 station correction
测点精度 pointing precision
测点距离 distance between the survey(ed)points
测点流速 velocity at a point;velocity at measuring point
测点密度 density of measuring points;measuring point density;station density
测点描述 description of station point
测点深度 depth of measurement
测点索引 measuring point index
测点网 point grid;survey grid
测点误差 measuring point error;station error
测点异常 measuring point anomaly;station anomaly
测点至水面高度 height from observation point to water table
测点坐标 measuring point coordinates
测电笔 neon-electroscope
测电的 electrometric
测电量器 quantometer
测电流比计 logometer
测电起子 circuit testing screwdriver
测电器 electricity measurer
测电术 electrometry
测电位法 method of measuring potential
测电学 electrometrics;electrometry
测电阻仪 apparatus of resistance
测定 admeasure;assay;estimation;evaluation;finding;ga(u)ging;measurement;measuring;mensuration;mete;meterage;plot;presumption;rating;set(ting)out;take measure of;estimating【化】;determination
测定保水性仪器 apparatus for determining water retention
测定比重的 hydrometric(al)
测定变率电路 rate-recognition circuit
测定标高 measuring elevation;run level;take the altitude;take the elevation
测定标准 measurement standard
测定产量之前 before evaluating for yield
测定长度 measurement of length
测定车辆在直线和曲线上溜放阻力的区段 tangent and curve rolling resistance measuring section
测定尺寸 size up;sizing
测定储量 measured reserves
测定船偏角 take a drift
测定次序 sequence of measurement
测定的方法 method for measuring
测定的数据 ga(u)ged data
测定的线 setting-out line
测定的应变 measured strain
测定地质图 measured geologic(al)map
测定点位 spotting(-in)
测定电位计 measuring potentiometer
测定法 measuration;mensuration
测定范围 measurement range;measuring range
测定方法 determination method;method of determination;testing method
测定佛蒙特土壤中的活动性铝 reactive aluminium in the Vermont soil test
测定高程 heighting;measuring elevation
测定高度 measuring altitude
测定工时标准系统 predetermined motion time standards system
测定工作时间 timing
测定功率条件 rating condition
测定骨料平均粒径 aggregate averaging
测定含碳量 carbon test
测定化学特性 measuring chemical traits
测定混响电桥 reverberation bridge
测定基线 establishment of base line
测定基岩厚度及性质的浅孔钻进 testing bedrock
测定极限 detection limit
测定集料平均粒径 aggregate averaging
测定金属硬度的电子仪器 cyclograph
测定精度 measured accuracy
测定距离设备 distance measuring equipment
测定菌 test organism
测定抗拉强度的试件 tension specimen
测定累积径流 determined cumulative runoff
测定力 measured force
测定粒度范围 measuring size range
测定量 measured quantity;measurement quantity
测定耐火等级的门 fire-rated door
测定年代 dating
测定黏[粘]度 estimated viscosity
测定黏[粘]度的 viscometric

测定凝固点用温度计 congelation point thermometer
测定偏差 measured deviation
测定期 calibration period
测定气压的 barometric(al)
测定器 analyser[analyzer];determinator;recognizer;set analyser[analyzer];tester
测定牵引力 rated tractive effort
测定区段 measuring section
测定扫描频率电路 rate-recognition circuit
测定设备 sensing equipment
测定湿陷系数压力 determination of pressure of collapsibility coefficient
测定试验 measurement test
测定手段 means of determination
测定数据 determination data;measured data;tested data
测定水平高程 <房屋基础施工> line level
测定速度 finding speed
测定田间水力传导性 field determination of hydraulic conductivity
测定土粒级配仪 elutriator
测定土壤的有机磷方法 methods of estimating soil organic phosphate
测定土壤湿度 measuring soil moisture
测定土壤中有效磷 measurement of available soil phosphorus
测定位置 locate;locating;position fixing
测定物标方位 setting an object
测定物质抗磨性的器械 abraser
测定误差 evaluated error;measurement error
测定吸光度法 determination absorbance method
测定系数 coefficient of determination;determination coefficient
测定限度 determination limit;limit of determination
测定信号 measured signal
测定压力 measured pressure
测定燕尾槽专用游标卡尺 dovetail vernier caliper
测定液体方法 hydrometry
测定液位 fluid level determination
测定仪 determinator;sensor
测定应变时水准基点 bench mark
测定应变用的涂料 strain indicating lacquer
测定油舱底部水量 thieving tank
测定值 estimated value;measured value
测定终点 measurement endpoint
测定重量梁 weigh-beam
测定轴重轨道衡 axle load scale
测定资源 measured resources
测氡仪 emanator;emanometer
测动机试验 dynamometer test
测动仪 movement ga(u)ge
测读连接器 readout connector
测读连接头 readout coupling
测读能力 readability
测读系统 sensing system
测读压力与实际压力之比值 <土压力测定中的> action factor
测读装置 readout device
测度 measure
测度代数 measure algebra
测度的 metric(al)
测度的积分分解 disintegration of measure
测度函数 measure function
测度核 measure-kernel
测度空间 measure space
测度论【数】 measure theory
测段 segment of survey
测墩 observation post
测阀 side valve
测方位 take a bearing
测方向 take a bearing
测风 measurement wind
测风带 streamer
测风杆 anemometer mast
测风计 blast indicator;blast meter
测风经纬仪 balloon theodolite;balloon transit;pilot balloon theodolite;pilot balloon transit
测风雷达 radio wind;wind-detecting radar;wind-finding radar
测风气球 lost balloon;pibal;pilot balloon
测风气球观测 pibal;pilot balloon observation
测风器 anemoscope
测风球 pilot balloon
测风速法 anemometry
测风速计 wind ga(u)ge
测风速器 wind ga(u)ge
测风塔 anemometer tower
测风学 anemography
测风仪 anemograph;anemometer;anemoscope;wind dial
测缝 joint measurement
测缝规 feeler ga(u)ge
测缝计 crack ga(u)ge;crack meter;joint ga(u)ge;joint meter[metre]
测缝仪 crack meter;joint ga(u)ge;joint meter[metre]
测辐射的软片 film badge
测辐射计 pyranometer
测辐射记录器 bolograph
测辐射热标准辐照度 bolometric standard irradiance
测辐射热计 bolometer;bolometric amplitude
测辐射热计电桥 bolometer bridge
测辐射热计检验器 bolometer detector
测辐射热器 bolometer
测辐射热仪 bolograph
测干仪 drying meter
测杆 boning board;boning rod;dipstick;gad(pole);jointed rule;length rod;lining pole;measuring bar;measuring rod;measuring staff;measuring stick;pinch rod;pole;range pole;range rod;ranging rod;reference rod;rod;sight(ing) rod;skewer;staff ga(u)ge;surveying rod;surveyor's pole;surveyor's rod;vane;zigzag rule;dip stick <测量容器内液面的>
测杆测水深 rod sounding
测杆规 rod ga(u)ge
测杆铁插头 benching iron
测杆铁垫 benching iron
测杆铁座 benching iron
测竿 pole chain
测高 altimetric measurement;geometric(al) level(l)ing;height finding;height measurement;take elevation
测高标记亮度补偿 height-marker-intensity compensation
测高测距仪 height range finder
测高的 hypsographic;layer colo(u)red
测高法 altimetry;height measurement;hypsometry
测高杆 <用于带尺丈量中两尺桩间设置中间桩> boning rod
测高公式 hypsometric(al) formula
测高计 altigraph;altimeter;altitude ga(u)ge;cathetometer;elevation meter;height finder;height ga(u)ge;holometer;sonic sounder
测高计接收机 altitude receiver
测高计调整 altimeter setting
测高控制阀 level(l)ing valve
测高雷达 height-finder radar;height-finding radar
测高六分仪 height measuring sextant
测高器 altimeter;goniometer;height finder;height ga(u)ge;hypsometer
测高千分尺 height check micrometer
测高术 altimetry;hypsometry <通常通过观测液体沸点,量测空气压力而决定高程>
测高术航行 aerologation;pressure pattern flying;single heading flight
测高水准仪 altitude level
测高天线 beaver-tail
测高望远镜 catheterising telescope
测高温法 pyrometry
测高温熔锥 pyrometric cone
测高温学 pyrometry
测高误差 error in heighting;height measuring error
测高显微镜 height-finding microscope
测高学 altimetry;hypsography;hypsometry
测高仪 alidade;altimeter;altitude ga(u)ge;cathetometer;height finder;height-finding instrument;height ga(u)ge;height indicator;hypsograph;relaskop
测高仪校正 altimeter correction
测高仪调定 altimeter setting
测高装置 height measuring device
测高阻计 megger
测功 measurement of power
测功车 <牵引试验用的> power wagon
测功法 dynamometry
测功杆 dynamometer link
测功机 absorbed torque;absorption brake;dynamo-electric(al) machine;dynamometer(brake);dynamometer machine
测功计 dynamometer;ergograph;ergometer;tractometer
测功率 power scale
测功器 dynamometer;ergograph
测功试验 dynamometer check;dynamometer test
测功水力秤 hydraulic balance
测功液压计 hydraulic cell
测功制动器 dynamometer brake
测攻角机构 incidence measuring gear
测汞仪 mercury analyser[analyzer];mercury detector;mercury vapo(u)r meter
测汞仪类型 mercury analyzer type
测鼓 measuring roller
测故障点示波器 trouble-shooting oscillograph
测管厚卡尺 pipe cal(l)ipers
测管厚卡钳 pipe cal(l)ipers
测光标准 luminous standard
测光表 illumination photometer;light meter;luminance meter
测光沉淀法 photosedimentation
测光导轨 photometer bench
测光的 photometric(al)
测光读数仪 photometric(al) readout unit
测光法 photometry
测光计 luminance meter
测光计算机 photometric(al) computer
测光校准 photometric(al) calibration
测光校准镜 photo calibration mirror
测光曲线 photometric(al) curve
测光试验板 photometric(al) test plate
测光术 photometry
测光束瞄准 laser beam acquiring
测光数据 photometric(al) data
测光楔 photometric(al) wedge
测光学 photometry
测光仪 photometer
测光用标准光源 photometric(al) standard
测光用立方体 photometric(al) cube
测光值 amount of photometry
测光轴 photometer axis
测光轴计 axometer
测规 ga(u)ge
测轨道激光器 trajectory determination laser
测轨水准仪 rail level
测轨头卡钳 railhead calipers
测海深度锤 dip weight
测含沙量 sand content measuring
测含沙量断面 measuring sediment range;sediment range
测荷仪 load(ing) ga(u)ge;load meter;loadometer
测荷载计 load ga(u)ge;load indicator
测洪柱 flood measuring post
测后检定 post-calibration
测厚规 clearance ga(u)ge;feeler(ga(u)ge);finger(ga(u)ge);ga(u)ge feeler;nucleonics ga(u)ge;thickness ga(u)ge
测厚计 batoreometer;ga(u)ge meter;measuring ga(u)ge;measuring pachymeter;pachometer[pachymetre];thickness ga(u)ge;thickness indicator
测厚金属箔 paillon
测厚卡尺 mullet
测厚千分尺 measuring thickness micrometer
测厚仪 calibrater;calibrator(unit);thickness ga(u)ge;thickness meter;thickness tester;cover meter <测混凝土保护层厚度>
测候机构 climatic agencies
测候机关 weather service
测候所 meteorologic(al) station;weather station
测候网 reseau
测候站 meteorologic(al) station
测互导电桥 transconductance bridge
测花键外径的环规 outside spline ga(u)ge
测滑表 slip meter
测滑道接收机信号发生器 glide slope signal generator
测恢复压力 build-up pressure survey
测回【测】 measuring by repetition;recheck observation;pair;observation set <角度测量的>
测回差 error of re-check observation
测回法 set method;method of observation sets
测回法测角 measuring of angles in sets
测回互差 discrepancy between observation sets
测回声术 echometry
测回数 number of measurements
测绘 mapping;plotting;survey and drawing;surveying;surveying and mapping
测绘板 plot;plot table;plotting board
测绘本 field book
测绘比例尺 mapping scale
测绘标准 standard of surveying and mapping
测绘草图 field sketching
测绘成果 results of surveying and mapping
测绘处 survey department
测绘等高线 contouring
测绘飞机 air-mapping aeroplane;air-mapping plane;mapping air plane
测绘工程学报 <美国土木工程学会半年刊> Journal of Surveying Engineering

测绘工作 survey service
测绘工作基本内容 basic content of mapping work
测绘工作修正系数 additive constant
测绘规范 surveyor general's specifications
测绘局 survey bureau; survey department; survey service
测绘局长 surveyor general
测绘科 survey department
测绘雷达 mapping radar
测绘面积 mapping area
测绘器 coordinate machine; instrument of surveying and mapping; mapper; surveying and mapping instrument
测绘区范围 range of survey area
测绘设备 mapping equipment
测绘摄影机 mapping camera
测绘生产依据的主要文件 main documents of surveying
测绘数据处理 data processing of surveying and mapping
测绘缩放仪 layout machine
测绘台 tracing stand; tracing table; tracking stand
测绘图 measured drawing; property survey
测绘卫星 cartographic(al) satellite
测绘误差 laying error
测绘信息 mapping information
测绘信息处理 information processing of surveying and mapping
测绘信息获取 information acquisition of surveying and mapping
测绘学 geodesy and cartography; surveying and mapping
测绘学术讨论会 seminar on surveying and mapping
测绘仪 coordinate machine; instrument of surveying and mapping; mapper; surveying and mapping instrument
测绘仪器 mapping instrument; surveying instrument
测绘员 plot observer
测绘照相机 mapping camera
测绘种类 mapping type
测绘注记 note of surveying and mapping
测绘装置 doser; plotting board
测绘资料管理处 survey report center [centre]
测绘资料科 cataloging and compilation section
测绘资料中心 survey report center [centre]
测绘总类 generals of surveying and mapping
测火器 fire detector unit
测畸变电桥 distortion bridge
测畸形仪 diastrophometer
测记法成图 mapping by survey and record method
测剂量装置 doser
测加速度传感器 acceleration pick-up sensor
测焦距术 focometry
测焦距准直光管 foco-collimator
测焦距准直仪 foco-collimator
测角 angle measurement; angular measurement; angulation; measurement of angle
测角部件 angle unit
测角测距仪 apomecometer
测角的 goniometric(al)
测角法测角 measuring of angles in sets
测角分光光度计 goniospectrophotometer
测角辐射计 gonioradiometer
测角附件 angle attachment
测角工作 angular surveying
测角光度计 goniophotometer
测角弧 <海洋测角仪器> bearing arc
测角计 angle tester; angulometer; direction ga(u)ge; goniometer
测角计算用表 transit note
测角计头 goniometer head
测角计型测向器 goniometer type direction finder
测角交会点 intersection point with angle measurements
测角精(确)度 accuracy of angle; angular accuracy
测角镜 angle mirror
测角棱镜 angle prism
测角瞄准镜 goniometric(al) sight
测角目镜 goniometer eyepiece
测角盘 aiming circle
测角器 aiming circle; angle dekko; angle measuring device; angle meter; angular instrument; angulometer; clinometer; conimeter; goniometer; graphometer; limb; protractor; slope indicator
测角器旋钮 radio goniometer control
测角器指示镜 index glass
测角设备 angle measuring equipment
测角手簿 angle book
测角手册 angle book
测角术 goniometry
测角水准仪 <斜孔控制角度用> angle level
测角投影屏 protractor screen
测角图根锁(网) mapping control chain(net) with angle measurements
测角网 goniometric(al) network
测角系统 goniometer system
测角显微镜 goniomicroscope
测角仪 angle dekko; angular instrument; circumferenter; goniograph; goniometer
测角中误差 mean square error of angle observation
测角准确度 angular accuracy
测角组合 angle unit
测节轨运器 nodal carriage
测节器 nodal slide
测金属线裂纹或直径的电磁器 rogascope
测经规 centre cal(l)ipers
测晶学 axomometry
测井 log(ging); well log(ging); well surveying
测井成果校正 correction of log interpretation
测井成果解释 log interpretation
测井电极系数 sonde factor
测井队别 crew of logging
测井方法 logging method
测井方法名称 name of log method
测井费 logging cost
测井工程车 logging truck
测井公司 well surveying company
测井供电电流 logging current
测井记录 cal(l)iper logging; log; log of borehole; well log(ging)
测井记录对比 correlation of a well log
测井记录法 logging
测井记录器 logger
测井记录曲线 carve of logging record
测井技术条件 technical condition of logging
测井检波器 well-log geophone
测井结果解释方式 interpretation way of log
测井解释统一编号 unified number of log interpretation
测井井段深度 interval length of logging
测井卷尺 pit-depth measuring tape
测井刻度 logging calibration
测井孔 survey borehole
测井零线 log zero
测井起始深度 logging start depth
测井曲线 borehole log; log(ging); well log
测井曲线半幅值 half amplitude value of log
测井曲线对比图 comparative map of logging curve
测井曲线幅值 amplitude value of log
测井曲线横向比例尺单位 scale unit of log curve
测井曲线及成果图件 log curve and plot
测井曲线极大值 maximum value of log
测井曲线极小值 minimum value of log
测井曲线解释 interpretation of logs
测井曲线量值 log reading
测井曲线名称 curve name of well logging
测井曲线平均值 average value of log
测井曲线统一编号 unified curve number of log
测井曲线异常段深度 depth of abnormal section for well logging curve
测井取样剖面 sample log
测井日期 date of logging
测井深度 logging depth
测井升沉制动器 logging motion arrestor
测井时的手扰因素 logging disturbed factor
测井时间 logging time
测井时钻孔深度 borehole depth when logging
测井示波仪 logging oscillograph
测井探头 well-logging probe
测井通用词 log public word
测井通用设备 general apparatus of logging
测井统一编号 log unified number
测井图 borehole log; boring log
测井图件名称 name of log chart
测井温度 logging temperature
测井下流量 downhole flow rate measuring
测井相 electrofacies
测井相分析 electrofacies analysis
测井相划分 electrofacies zonation
测井仪 logger; logging instrument; log tool
测井仪标准电阻 standard resistivity of logger
测井仪电压常数 voltage constant of logger
测井仪器刻度 logging tool calibration
测井仪器名称 name of well logging equipment
测井仪器设备 log equipment
测井仪器型号 type of well logging equipment
测井质量 quality of logging
测井终止深度 logging end depth
测井装置 logging device; logging unit; well-measuring device
测井资料综合解释 log data composite interpretation
测井综合曲线图 logging synthesis curve plot
测径 cal(l)iper measure
测径尺 caliber[calibre] square
测径法 cal(l)iper measure method
测径管 ga(u)ging scraper
测径规 bow compasses; calibration bar; caliber[calibre] ga(u)ge; cal(l)iper ga(u)ge; cal(l)ipers; center cal(l)ipers
测径计 cal(l)ipers
测径记录 cal(l)iper log
测径盘 ga(u)ging disc[disk]
测径器 calibrator(unit); cal(l)ipers; ga(u)ging go-devil; ga(u)ging plate go-devil; ga(u)ging plate-(pig); ga(u)ging plate scraper
测静压 static pressure survey
测静压孔 static orifice; static pressure inlet
测距 distance finding; distance measurement; distance measuring; distance observation; range finding; range measurement; ranging; take a range
测距标杆 range rod
测距标记用尖头脉冲 range marker pip
测距补偿装置 <测量望远镜中的> compensating diaphragm
测距-测距系统 range-range system
测距差定位 hyperbolic positioning
测距成果表 distance table
测距成果组 distance sets
测距尺 line rod; range rod; ranging rod; sighting rod; surveying rod; telemeter rod
测距窗 range finder window
测距的 range-measuring
测距的选通 gating in range
测距电路 range circuit
测距电台 distance finding station
测距电位计 distance measuring potentiometer
测距电源 range power supply
测距定位系统 distance measuring system; range positioning system
测距发射机 range transmitter
测距法 telemetry
测距-方位角法定位 range-azimuth positioning
测距放大器 range amplifier; ranging amplifier
测距管 range tube
测距规 distance ga(u)ge
测距机 range finder
测距激光器 ranging laser
测距计 ambulator; bathometer; distance finder; distance ga(u)ge; distance meter; distomat; odometer; ranging unit; tach(e)ometer; telemeter
测距计算机 ranging computer
测距间隔 range interval
测距经纬仪 distance measuring theodolite; ranging theodolite; ranging transit
测距精度 accuracy ranging; distance accuracy; range accuracy; ranging accuracy
测距镜 anallatic lens; iconometer
测距雷达 range-measuring radar; range-only radar; range radar; ranging radar
测距棱镜 measuring prism; range finder prism; ranging prism
测距离 taping
测距离器 ambulator
测距滤波器 range finder filter
测距盲区 range blind hole; range hole
测距瞄准器 range finder scope
测距能力 range capability
测距器 ambulator; distance ga(u)ge; distance meter; finder; macrometer; mekometer; micrometer [micrometre]; odograph; odometer; range finder; range operator; viameter
测距器窗孔 range finder window
测距取景仪 range-viewfinder
测距设备 distance measuring equipment
测距声呐浮标 ranging sonobuoy

测距式系统 range-range system
测距术 radio telemetry;telemetry
测距数据 ranging data
测距水平仪 telemeter level
测距探视仪 range-viewfinder
测距天线 telemetry antenna
测距通道选择钮 range-channel selector
测距透镜 anallatic lens
测距网 range network
测距误差 distance error;range error
测距误差常数 telescope constant
测距系统 range(measurement) system
测距线 ranging line
测距信道 range channel
测距选通 ranging gating
测距选通门 range gate
测距仪 ambulator;apomecometer;diastimeter;distance ga(u)ge;distancemat;distance measuring equipment;distance measuring instrument;distance meter;distancer;finder;geodimeter;odograph;odometer;perambulator;range finder;range finding apparatus;range meter;ranger;range spacer;stadi(o)meter;telemeter;telescoping range finder;tellurometer
测距仪间隔 range finder interval
测距仪距离 distance by stadimeter
测距仪棱镜 measuring prism
测距仪滤光镜 range finder filter
测距仪系统 range finder system
测距仪楔形镜 measuring prism
测距仪中心棱镜 central prism of a rangefinder
测距员 range operator;rangetaker
测距站 distance finding station
测距照相机 range finder camera
测距者计划 ranger program(me)
测距振荡器 ranging oscillator
测距中误差 mean square error of distance measurement
测距装置 distance measuring equipment;range unit
测距装置存储器 distance measuring equipment memory
测距装置询问机 distance measuring equipment interrogator
测距装置应答机 distance measuring equipment transponder
测距装置指示器 distance measuring equipment indicator
测距准确度 range accuracy
测距自动导航设备 distance indicating automatic navigation equipment
测孔 ga(u)ging hole;metering orifice;sampling hole;sampling port
测孔电缆 borehole cable
测孔规 feeler plug
测孔计 poroscope
测孔器 inside cal(l)ipers;straight cal(l)ipers
测孔深设备 depth-measuring device
测孔隙仪 porosimeter
测控装置 control and measuring unit
测宽仪 width ga(u)ge
测框 focal plane frame
测力扳手 torque indicating(hand) wrench
测力板 force plate
测力表 loading indicating ga(u)ge
测力称重传感器 load and weigh cell
测力传感器 force(load) cell;force transducer;load cell
测力的 dynamometric;ergometric
测力垫板 load measuring baseplate
测力垫圈 load-indicating washer
测力法 dynamometry;ergography
测力杆 dynamometer link;proving lever
测力盒 dynamometer;load box;load cell
测力华司 load-indicating washer
测力环 calibration ring;dynamometer;proofing ring;proving ring
测力环试验架 proving frame
测力计 dynameter;dynamic(al) meter;dynamometer;ergograph;ergometer;force ga(u)ge;force(load) cell;forcemeter;load cell;load ga(u)ge;load indicator;load measuring cell;load meter;measuring cell;ranger
测力计式乘法器 dynamometer-type multiplier
测力计型仪表 dynamometer-type instrument
测力计支架 dynamometer prop
测力矩扳手 measuring spanner for force moment
测力矩台 moment table
测力器 dynamometer;ergograph;force-measuring device;load indicator;load sensor
测力试验 dynamometer check
测力试验车 dynamometer car
测力术 dynamometry
测力弹簧 dynamometer spring
测力图 dynamometer card;ergogram
测力小车 car dynamometer
测力延度 force ductility
测力仪 dynamometer
测力装置 dynamometric device
测沥青软化点的环球仪 ring-and-ball softening point apparatus
测粒术 granulometry
测链 <长 66 英尺 = 20.1168 米> land chain;surveyor's chain;chain rule;chain tape;engineer's chain;Gunter's chain;measuring chain;surveying chain
测链测量 chain survey(ing)
测链尺 chain tape
测链导线 chain traverse
测链链杆 chain link
测链数 chainage
测链误差 chaining error
测链样方 chain plot
测链员 chainman
测链丈量 chain survey(ing)
测量 admeasure;admeasurement;measurement;measuring(out);mensuration;metering;metring;run a survey;survey(ing);tabling;testing
测量班 survey crew;survey gang;survey party
测量板厚 mulleting
测量棒 measuring rod
测量报告 survey report
测量杯 receiving flask
测量泵 metering pump
测量比较仪 measuring comparator
测量比例尺 survey scale
测量臂 ga(u)ge beam
测量变换器 measuring transducer;measuring translator;transducer
测量变量 measurand;measured variable
测量变压器 measurement transformer
测量标 surveying mark(er)
测量标尺 station rod;station staff;surveying rod;surveyor's rod;surveyor's staff;wantage rod
测量标杆 over-casting staff;surveyor's pole
测量标记 blaze;surveying mark(er)
测量标石 monument survey;survey monument
测量标针 survey pin
测量标志 measuring peg;measuring plug;monument survey;survey beacon;survey(ing) mark(er)
测量标志保护 preservation of mark
测量标志恢复 recovery of station
测量标志水平面 guide horizon
测量标志委托保管书 trust deed for surveying mark
测量标桩 survey(ing) peg;survey(ing) stake;surveyor's stake;surveyor peg
测量波导管 measuring waveguide
测量波纹管 measuring bellow
测量补偿器 measuring comparator
测量不确定度 measuring uncertainty;uncertain degree of measurement;uncertainty of measurement
测量不确定性 measuring uncertainty
测量部件 measurement component;measuring unit
测量部位 measuring point
测量参考点 reference point
测量参考线 reference line
测量参考桩 reference peg
测量觇标 observation target;observation tower;observing tower;surveying signal;surveying target;survey marker;surveyor's target;survey target
测量觇标支撑 arrow point bracing
测量觇牌 survey target
测量长度 ga(u)ge length
测量长台 <电话局> wire chief's desk
测量场测量 on-site measurement
测量车 survey truck
测量成套设备 measuring set
测量程序 process of measurement;measuring programme
测量池 measuring cell
测量尺 measuring scale
测量尺度 measurement length
测量齿高 chordal addendum
测量齿轮 prototype gear
测量处 surveying office
测量触点 metering contact
测量传感器 measurement transducer;measuring transducer
测量传感器电位计 pick-up potentiometer
测量传声器 measurement microphone
测量传输桥 measuring and transmitting bridge
测量船 measuring vessel;observation boat;survey(ing) boat;survey(ing) craft;survey(ing) ship;survey(ing) vessel
测量窗 measurement window
测量打桩 milestoning
测量打桩工 stob-jobber
测量单位 measuring unit;unit of measure(ment)
测量单位制 system of measuring units
测量导线 survey traverse;traverse
测量道的幅度比 amplitude ratio of survey channel
测量道的灵敏度 sensitivity of survey channel
测量的 ga(u)ged;sight line
测量的起点 <路线> zero end of survey
测量的权 weight of a measurement
测量底座 <钢垫板> level(l)ing plate
测量地点 measuring spot;surveying spot
测量点 measurement point;measuring point;station
测量点设标 marking of surveying points
测量电荷量的电流计 quantity galvanometer
测量电极 measuring electrode;potential electrode
测量电流 measuring current
测量电流的 amperometric
测量电路 measuring channel;measuring circuit;metering circuit
测量电桥 measuring bridge;survey bridge
测量电容的电桥 capacity bridge
测量电位 measuring potential
测量电位的电流计 potential galvanometer
测量电位的检流计 potential galvanometer
测量电压 measuring voltage
测量电源 current source for measurement
测量电子管互导的电桥 transconductance bridge
测量电子管内阻的电桥 plate-resistance bridge
测量定位点 station
测量读数 survey measurements;survey reading
测量度盘 surveyor's dial
测量端子 measuring terminal
测量段 measuring section
测量断面 measuring profile;measuring section
测量队 survey(ing) crew;survey(ing) gang;survey(ing) group;survey(ing) party;survey(ing) team;surveying unit;survey talker
测量队宿营 survey camp
测量发动机增压的高度计 engine altimeter
测量发射机 measurand transmitter
测量法 measuration
测量反馈 measured feedback
测量范围 measurement category;measurement range;measuring range;range of measurement;scope of survey;surveying range
测量范围转换开关 range control switch
测量方法 measurement;measuring means;measuring method;measuring technique;method of measurement;philosophy of measurement;surveying technique
测量方位角机械底座 azimuth pedestal
测量放大镜 measuring magnifier
测量放大器 instrumentation amplifier;measurement amplifier
测量放大系数的电桥 amplification factor bridge
测量飞机 survey aircraft
测量飞行 survey flying
测量分划板 measuring reticle
测量分量 measurement component
测量分析 measuring analysis
测量浮标【水文】 surveying buoy;surveying float beacon
测量浮立标 floating beacon
测量负电阻的电桥 negative resistance bridge
测量负孔压法【岩】 suction plate method
测量杆 ga(u)ge staff;measuring rod;over-casting staff;range rod;stick ga(u)ge
测量高度 bone;measured altitude
测量格片 measuring grid
测量格网 survey grid
测量更正 measuring updating
测量工程师 geometronics engineer;survey(ing) engineer
测量工具 measuring apparatus;meas-

uring tool;surveying tool
测量工作 surveying work
测量工作规程 surveying specification
测量公差 measurement tolerance
测量公式 measure equation
测量鼓筒 measuring drum
测量管道 instrument channel; measuring duct;measuring pipe
测量管嘴 measuring nozzle
测量罐空的量尺 ullage rule
测量光度的 photometric(al)
测量光束 measuring beam
测量光楔 measuring wedge
测量规 measuring ga(u)ge
测量规范 code of surveys; specification of surveys; surveying code; surveying specification
测量过程 measuring process
测量海洋深度锤 dip weight
测量和鉴定 measurement and identification
测量很小电阻的欧姆表 ducter
测量虹吸管 measuring siphon tube
测量互感电桥 mutual inductance bridge
测量花杆 bearing picket
测量话务量 traffic metering
测量混凝土和易性 measurement of concrete flow
测量机 measuring machine; pachimeter
测量机构 measuring mechanism; mechanism of a measuring device
测量机器人 measuring robot
测量基线 measuring base
测量基线的平行备用基线 offset line
测量基准 measurement reference; measuring basis
测量基准点 ga(u)ge datum;ga(u)ge zero point
测量基准面 ga(u)ge datum; survey datum
测量及划线 surveying and laying out the line
测量极板 measuring pad
测量极距 interval between measuring electrode
测量计 meter
测量计数率 survey count rate
测量计算 surveying calculation; surveying computation
测量记录 record of measurement; surveying record;survey note
测量记录本 field book
测量记录系统 measurement-recording system
测量技术 measurement technique; measuring technique;surveying technique
测量剂量装置 dosimeter
测量角度 angular measure
测量校正 measurement correction; measurement update; measurement updating; metric (al) calibration; metric(al) updating
测量校准 metric(al) calibration
测量结 measuring junction
测量结果 measurement; measurement result;measuring result
测量结果归化 result reduction
测量结果输出值 readout
测量经纬仪 ground photogrammetric camera; ground surveying camera; surveyor's transit
测量精(确)度 accuracy in measurement; accuracy of measuring; certainty of measurement; measurement of accuracy; measuring accuracy; measuring precision; precision of measurement; survey precision; accuracy of measurement; measurement accuracy
测量井 measuring well
测量局 survey bureau; survey department; surveying office; survey service
测量距离 measurement distance
测量孔 instrument port; measured hole; measuring hole; pick-up hole
测量孔板 diaphragm; measuring diaphragm; measuring orifice
测量孔板系数 orifice coefficient
测量孔径 measuring aperture
测量孔深 string over
测量控制点 control survey point; control survey station; survey control station
测量控制网 surveying control network
测量控制系统 control system of survey
测量口径 measuring aperture
测量矿物含量 measurement mineral content
测量矿物颗粒 measurement mineral graininess
测量离合器 ga(u)ging clutch
测量理论 measure theory
测量力 measuring force
测量立体镜 measuring stereoscope
测量立体摄影机 photogrammetric-(al) stereo-camera
测量链 chain tape; measuring chain
测量链尺 chain tape
测量量程 measuring range
测量零点 ga(u)ge zero point
测量六分仪 surveying sextant
测量路线 duplicate level line
测量轮 meter wheel
测量罗盘(仪) land compass; surveying compass; surveying dial; surveyor's compass; surveyor's dial; dial compass; miner's compass
测量螺杆 measurement bolt
测量螺栓 measurement bolt
测量螺纹接管 metering nipple
测量螺旋 measuring screw
测量脉冲 measuring impulse
测量脉冲发生器 measuring impulse generator
测量面积 surveying area
测量模式 measurement mode; measurement pattern
测量木钉 surveyor peg
测量目镜 measuring eyepiece
测量能力 measurement capability
测量泥舱内水深 sounding in the hopper
测量喷嘴 ga(u)ging nozzle; metering nozzle
测量偏差 measured deviation
测量偏性 measurement bias
测量频率 measuring frequency
测量平板(仪) surveying panel; surveying plate table; surveying table; surveyor's table; surveying plane table
测量平差 adjustment of observation; adjustment of survey; measurement adjustment; survey adjustment; survey adjustment of observation
测量平面 measurement plane; measuring plane
测量平面图 survey plan
测量平台 measuring table
测量坡度标桩 reference stake
测量起爆线路的电阻计 galvanometer
测量器 counter; measurer; measuring element; survey meter; surveyor
测量器具 measuring appliance; measuring instrument
测量器示值 indication of measuring instrument
测量前轮前束装置 toe-in ga(u)ge
测量钳 measuring pliers
测量氢潜力 measuring the potential of hydrogen
测量区 surveying place
测量区间 measurement interval
测量区水位 water-level in survey area
测量区域 surveying area
测量区域法 measurement area method
测量人员 survey crew
测量日期 date of survey
测量容积单位 cubical measure
测量容量 measuring capacity
测量伞 survey umbrella
测量设备 ga(u)ge equipment; instrumentation; measurement device; measurement equipment; measuring apparatus; measuring appliance; measuring equipment; measuring installation; measuring set; metering equipment; survey equipment
测量摄影机 photogrammetric (al) camera; photographic(al) surveying camera; survey(ing) camera
测量摄影机系统 metric (al) camera system
测量摄影师 photogrammetric(al) engineer
测量摄影学 metrophotography
测量声速的脉冲法 pulse method of measuring sound velocity
测量师 surveyor
测量十字线 surveyor's cross
测量石油产品量的记录仪 pneumeractor
测量时间 ga(u)ging time; measurement time
测量实践 surveying practice
测量实习 surveying practice
测量示波器 measuring oscilloscope
测量示意图 instrumentation plan
测量室 ga(u)ging chamber; measurement chamber
测量手簿 field record(ing); surveying field book
测量术 radiometric method; surveying
测量术语 surveying team
测量数据 measured data; measurement data; metric(al) data
测量数据自动记录系统 automated data logging survey system
测量数值的指示滞后 measuring lag
测量数值指示机构 indicating organ for the surveying values
测量水槽 measuring flume
测量水平尺 surveyor's level
测量水平仪 level instrument; surveyor's level
测量水深 depth measurement; depth sounding; sounding
测量水声器 measuring hydrophone
测量水听器 measurement hydrophone
测量水准器 surveyor's level
测量水准仪 surveying level; surveyor's level
测量顺序 measuring sequence
测量所起拔管子长度 strap out of hole
测量所下管子长度 strap in
测量台 test board(desk); test(ing) position
测量探头 measuring probe
测量探针 measuring probe
测量体视镜 measuring stereoscope
测量条件 conditions of measurement; measurement condition; measuring condition
测量调制器 measuring modulator
测量艇 survey boat; survey craft; surveying vessel; survey launch
测量筒 measuring container
测量筒仓 measuring silo
测量头 anvil; ga(u)ge outfit; instrument head; measuring head
测量投影仪 measuring projector
测量图 surveying sheet; survey map
测量图板 surveying panel
测量图表 survey sheet
测量拖网 <水文测验的> surveying trawl
测量网电模拟平差器 electric(al) survey-net adjuster
测量网平差 adjustment of network; network adjustment
测量望远镜 measuring telescope
测量卫星 instrumented satellite; survey satellite
测量位置 instrumentation site; measurement point; measuring position
测量温度用的热电偶 temperature plug
测量误差 error in measurement; error of measurement; error of survey; measurement error; measuring error; metering error; surveying error; true error
测量误差配赋 <导线中配赋改正数> balance a survey
测量系数 instrumentation coefficient
测量系统 instrumentation system; measurement system; measuring system; metering system; survey system
测量细则 surveying instruction
测量显微镜 guide microscope; metrology microscope; measuring microscope
测量线 measuring line; slotted line; survey line
测量线路 measurement circuit
测量线圈 measuring coil
测量限制器 measurement chopper
测量相位畸变的电桥 phasograph
测量项目 measurement item
测量信号 measured signal; measurement signal; measuring signal
测量信息 metric(al) information
测量星号 measuring star
测量学 metrics; metrology; surveying
测量学方法 measured method
测量训练 survey training
测量压力 ga(u)ging pressure; measuring pressure
测量压力的弹簧起爆仪 capsular-spring ga(u)ge
测量压力最低值 lowest value of measured pressure
测量压强差 measurement of difference pressure
测量岩压水力囊 flat jack
测量燕尾槽专用游标卡尺 dovetail vernier caliper
测量(液体体积)罐 metering tank
测量一个地区的相对高程 run level
测量仪 admeasuring apparatus
测量仪表 ga(u)ge; instrumentation; instrument of measurement; measurer; measuring apparatus; measuring device; measuring instrument; metering equipment
测量仪表板 measuring panel
测量仪表的装配 instrumenting
测量仪表的阻尼因数 ballistic factor of measuring instrument
测量仪表符号 instrumentation symbol
测量仪表扩程器 meter multiplier
测量仪表组 measuring set
测量仪的视准线 collineation

测量仪底盘 parallel plate
测量仪器 instrumentation; measurement device; measurer; measuring apparatus; measuring appliance; measuring device; measuring instrument; metrology equipment; surveying instrument; survey (or's) instrument
测量仪器舱 measuring deck
测量仪器的标定 calibration of a measuring instrument; calibration of measuring equipment
测量仪器的微调螺旋 tangent screw
测量仪器的响应时间 response time of a measuring instrument
测量仪器的支架 Jacob's staff
测量仪器工程学 measuring instrument engineering
测量仪器及技术 measuring instrument and technique
测量仪器刻度线 ga(u)ge mark
测量仪器透镜的净孔径 clear aperture
测量仪器透镜的视准误差 collimation error
测量仪绳 log line
测量仪视线 collineation
测量英尺 survey foot
测量永久保存的正式记录 field notes
测量用饱和电抗器 measuring transductor
测量用变压器 measuring transformer; potential transformer
测量用玻璃器皿 measuring glassware
测量用垂球 surveyor's bob
测量用的 measuring
测量用电桥 measuring bridge
测量用电阻 measuring resistance
测量用二极管 measuring diode
测量用放大器 measuring amplifier
测量用浮标 survey(ing) buoy
测量用辅助器材 surveying accessory
测量用高度计 surveying altimeter
测量用光电管 measuring phototube
测量用滚柱 over-pin
测量用滑线电阻 measuring slide wire
测量用具 measuring appliance
测量用刻度 measuring scale
测量用空气压缩机 measuring compressor
测量用孔口 measuring orifice
测量用罗盘仪 surveyor's compass; surveyor's dial
测量用瞄准器 measuring viewfinder
测量用频率计 measuring frequency meter
测量用热变电阻器 measuring thermistor
测量用容器 ga(u)ging tank
测量用三脚架 surveyor's tripod
测量用湿度计 measuring hygrometer
测量用水平仪 surveyor's level
测量用筒 measuring container
测量用狭缝 measuring slit
测量用小平板 traverse table
测量用小旗 fanion
测量用选线开关 measuring selector
测量用仪表 measuring instrumentation
测量用轴瓦 ga(u)ge bush
测量用驻极体传声器 measuring electret microphone
测量用准尺 object staff
测量油罐每单位高度容量 strap of tank
测量油柜缺量 taking ullage
测量与控制系统 measurement and control system
测量阈值 threshold value of measurement
测量元件 measurer; measuring cell; measuring element; measuring sensor; measuring unit
测量元件控制调节器 self-actuated regulator
测量员 surveyor; geometer; instrument man; measurer; test man; transit man
测量员用的短尺 reglette
测量原理 measuring principle; philosophy of measurement
测量圆仓 measuring silo
测量站 instrument station
测量杖 measuring stick
测量照片 photogram
测量照相机 surveying camera
测量针 surveying pin
测量振荡器 measuring oscillator
测量值 measured value; observed reading; observed value; survey measurements
测量指南针 surveyor's compass; surveyor's dial
测量指向仪 surveying compass; surveyor's compass; surveyor's dial
测量制度 system of a measurement
测量制图 survey drawing
测量滞后 measuring lag
测量中参考点 witness mark
测量中继器 incoming trunk circuit from test position
测量中线 survey line
测量中心 rate center[centre]
测量终点 tie point
测量重复性 measurement reproducibility
测量周期 ga(u)ging period; measuring cycle; measuring period
测量轴 ga(u)ging spindle
测量转角度 turn angle
测量装置 measurement apparatus; measurement device; measurement mechanism; measurement unit; measuring apparatus; measuring device; measuring installation; measuring unit; metering device; metering equipment; survey device; survey unit
测量状态 measuring condition
测量锥体 measuring cone
测量准尺 object staff; surveying staff
测量准确度 measuring accuracy
测量资料 survey(ing) data
测量子系统 measurement subsystem
测量总误差 total measuring error
测量纵横向倾角 measuring longitudinal and lateral dip angle
测量纵距 latitude
测量组 survey (ing) crew; survey(ing) group; survey (ing) squad; survey(ing) team; survey(ing) unit
测量坐标 survey coordinates
测捩仪 twisting apparatus
测裂缝计 crack meter
测裂仪表 crack-measuring ga(u)ge
测流 current observation; discharge measurement; flow ga(u)ging; flow measurement; hydrometric(al) station; stream-flow ga(u)ging; stream-ga(u)ging
测流边界 ga(u)ging boundary
测流便桥 bridge for flow-ga(u)ging; ga(u)ging foot bridge
测流槽 measuring channel; measuring flume; meter flume; stream-ga(u)ging flume; control flume
测流层 laminar film
测流常测法 usual method of measuring discharge
测流垂线 stream vertical
测流地点 discharge site; ga(u)ging site
测流地址 discharge site; ga(u)ging site
测流电抗器 current measuring reactor
测流吊车 ga(u)ging cable car
测流段 discharge section; discharge site
测流断面 demarcated section; discharge sectional line; discharge site; ga(u)ging section; hydrometric(al) section; measurement cross-section; measuring section; metering section; streaming-ga(u)ging cross-section
测流断面数 number of determined flow cross-sections
测流断面线 discharge section line; ga(u)ge line
测流法 hydrometry
测流方法 method of discharge measurement
测流浮标 course of floats; current drogue; current float; drogue; flow measuring float; hydrometric(al) float; measuring buoy
测流浮杆 current pole; hydrometric(al) staff float
测流浮子 current drogue; current float; drogue; flow measuring float; hydrometric (al) float; measuring buoy
测流浮子走向 course of floats
测流杆 currency float; current pole; drift pole; float rod; rod float; wading rod
测流构筑物 flow measuring structure
测流管 flow tube; ga(u)ge tube; hydrometric(al) tube <测定水速的器械>
测流管嘴 metering nozzle
测流规 flow ga(u)ge
测流河段 measuring reach
测流计 current meter; stream measurer
测流记录 stream-flow record
测流架空缆道 hydrometric(al) aerial cableway; hydrometric(al) aerial ferry
测流简测法 simplified method of measuring discharge
测流建筑物 flow measuring structure; stream-flow measuring structure
测流精测法 precise method of measuring discharge
测流卡(片) <密封在测流瓶内的> drift card
测流孔 orifice meter[metre]
测流孔板 discharge orifice
测流控制断面 channel control
测流口 metering orifice
测流缆车 ga(u)ging cable car
测流量 ga(u)ging; measurement of discharge; discharge measurement
测流喷嘴 discharge nozzle
测流平面 flow survey plane
测流屏 moving screen
测流瓶 current bottle; drift bottle
测流桥 bridge for stream-ga(u)ging
测流三点法 three-point method of current ga(u)ging; three-point method of stream ga(u)ging
测流设备 current measuring device; flow measuring device
测流水槽 control flume; flow measuring flume
测流速 measurement of current velocity; velocity ga(u)ge; velocity ga(u)ging; velocity measurement
测流速浮标 velocity rod
测流速杆 velocity rod
测流速管 ga(u)ge tube; ga(u)ging pipe; ga(u)ging tube; pitometer survey
测流索 current line
测流现场 demarcated site; flow measuring site
测流小车 ga(u)ging car
测流学 rheometry
测流压 flowing-pressure survey
测流堰 flow ga(u)ging weir; ga(u)ging weir; measuring weir; stream-ga(u)ging weir
测流堰计算式 measuring weir formula
测流仪 current log; current meter
测流仪记录 stream-flow recording
测流用桥 bridge for stream-ga(u)ging
测流站 discharge site; flow ga(u)ging station; ga(u)ge station; ga(u)ging station; hydrometric (al) station; stream-flow measurement station; stream-ga(u)ging station
测流站密度 ga(u)ging station density
测流站设备 ga(u)ging station equipment
测流站网 hydrometric(al) network; stream-ga(u)ging(station) network
测流站址 demarcated site
测流装置 current device; flow measuring device
测流嘴 flow nozzle
测漏 leak hunting; loss surveying
测漏器 leak detector; leak locator
测录器 convergence recorder
测路面仪 <量测路面行驶质量用> ride meter
测轮 measuring roller; measuring wheel; reading roller
测密度法 densi(to)metry
测密(实)度平秤 <以德国物理学家命名> Jolly balance
测面(积)法 planimetry
测面(积)学 planimetry
测面压缩 edgewise compression
测面仪 planimeter; planometer; platometer
测描地面雷达 ground mapping radar
测木径规 lumber cal(l)ipers
测目镜 measuring eyepiece
测钠计 natrometer
测泥沙断面 sediment range
测泥沙剖面 sediment profile
测黏[粘]度 visco(si)metric
测黏[粘]法 visco(si)metry
测黏[粘]函数 viscometric function
测啮合深度工具 depthing tool
测扭干涉仪 torsion interferometer
测扭计 troptometer
测扭矩设备 torque measuring gear
测扭器 twist counter
测扭仪 twist counter
测膨胀法 dilatometric method
测膨胀器 expansion ga(u)ge
测皮辊机 roller measuring ga(u)ge
测偏仪 derivometer
测偏振术 polarimetry
测频电桥 frequency measuring bridge
测频计数器 frequency measuring counter
测频仪 frequency meter
测平 <检验墙身垂直度> boning; level(l)ing; level out
测平板 boning board; boning rod; master plate
测平垂球 level(l)ing plummet
测平法 planometry
测平杆 surface bar
测平镜 level transit
测平器 planometer
测平仪 planometer; profilograph; pro-

C

filometer
测平用皮尺 level(l)ing tape
测平桩【测】boning peg
测坡度计 slope level
测坡杆 grade bar
测坡器 gradient meter[metre];gradiograph;grad(i)ometer
测坡水准仪 grading instrument
测坡仪 batter level;chinometer;gradient meter[metre];gradiograph;gradiometer
测谱器 spectrum-measuring detector
测谱学 spectrometry
测旗 signal flag;surveyor's flag;fanion
测旗工 flagman
测气产量 gas production measuring
测气管 eudiometer
测气孔板差压 downstream pressure of orifice meter
测气孔板前压力 upstream pressure of orifice meter
测气孔板上分离器压力 up separator pressure of orifice meter
测气泡计 pompholygometer
测钎 chaining arrow;chain(ing) pin;mark(ing) pin;marking steel;staking pin;steel pin;surveyor's arrow;survey pin;taping arrow;taping pin
测铅 sounding lead
测铅绳 lead line;sounding line
测前检定 precalibration
测潜艇仪 asdic;sound navigation and ranging
测强仪 rebound tester
测墙壁象限仪 mural quadrant
测氢试验 hydrogen test
测倾敏感元件 tilt sensor
测倾仪 clinometer;dipmeter[dipmetre];inclinometer
测球仪 spherometer
测区 coverage;survey(ing) area;township
测区代号 code of survey area
测区地检结果图 ground check result map of survey area
测区范围 coverage of survey area
测区高场分布图 high field distribution map of survey area
测区航摄地区 area of coverage
测区交通位置图 traffic place map of survey area
测区揭露工程图 exposing engine map of survey area
测区面积 survey(ing) area
测区名称 name of survey area;title of survey area
测区平均高程面 mean height of survey area
测区图幅接图表 map splicing table of survey area
测区已有测绘资料 material of survey area
测区异常分布图 anomaly distribution map of survey area
测区异常峰形图 anomaly peak form map of survey area
测区铀含量异常图 U-content anomaly map of survey area
测区综合地质图 comprehensive geologic(al) map of the survey area
测曲面器 cyrtometer
测取读数 take reading
测热棒 heated bar
测热弹 calorimetric bomb
测热的 calorimetric
测热法 calorimetry
测热辐射器 pyroscope
测热杆 heated bar
测热计 calorimeter
测热圈 firing ring
测热熔锥 melting cone
测热试验 calorimetric test
测热筒 temperature bulb
测热仪表 thermal meter
测日罗盘仪 solar compass;sun compass
测日仪 heliometer
测容量仪器 volumetric(al) apparatus;volumetric(al) meter[metre]
测容器 <木材比重计> xylometer
测乳脂汁 lactocrit
测伞 survey umbrella
测散光镜 stenopaic-slit scope
测色 colo(u)r measurement
测色法 colo(u)rimetry
测色计 colo(u)rimeter;colo(u)r meter;metrochrome;tint(o)meter
测色浓度 colo(u)rimeter density
测色学 colo(u)rimetry
测色仪 colo(u)r photometer
测色仪器 colo(u)r measuring instrument
测色装置 colo(u)r measurement system
测沙计 silt meter
测沙仪 silt meter
测闪点杯 flash cup
测设 setting out;siting;stake out
测设导线 plot a traverse
测设点 laying point
测设法 method of laying
测设放样 laying off
测设高程控制网 establish vertical control net
测设曲线 marking out of curve
测设误差 laying error
测射计数器 shoe counter
测砷器 arsenic measuring apparatus
测砷仪 arsenic apparatus
测深 bathymetric(al) measurement;bathymetric(al) survey;depth measurement;depth sound(ing);ga(u)ge depth;hydrographic(al) cast;measurement of depth;plumbing
测深板 sounding board
测深报告图表 fair sheet
测深比例尺 fathom scale
测深辨位 fix by sounding;position estimated by sounding
测深标尺 depth scale
测深玻璃管 sounding tube
测深玻璃管铜套 sounding tube holder
测深尺 dipping rod;dipping stick;dipstick;sounding pole;sounding stick
测深船 measuring vessel;sounding boat;sounding craft
测深船位 sounding position
测深垂丝 depth-measuring vertical;sounding vertical
测深垂线 depth-measuring vertical;sounding vertical
测深垂线定位 pivot-point layout
测深锤 ga(u)ge bob;sinker;sounding lead;sounding weight
测深锤手 leadman
测深次数 density of soundings;frequency of soundings
测深点 sounding point
测深点加密区 density sounded area
测深点间距 sounding point spacing
测深点密度 density of soundings;frequency of soundings
测深点时距 sounding interval;time interval of sounding
测深订正 reduction of soundings
测深定位 sounding fix;sounding positioning
测深定线 alignment of sounding;sounding alignment
测深断面 sounding profile;sounded profile
测深断面的间距和方向 spacing and direction of sounding profiles
测深断面定位 sounding line layout
测深法 bathymetry;method of sounding;sounding method
测深方法 sounding procedure
测深附件 depth attachment
测深杆 divining rod;feeler;ga(u)ging rod;graduated rod;measuring rod;meter rod;sounding pole;sounding rod;sounding stick;wading rod;water depth rod
测深竿 divining rod;feeler;ga(u)ging rod;graduated rod;meter rod;sounding pole;sounding rod;sounding stick;wading rod;water depth rod
测深管 depth sounding pipe;hydrobarometer;sounding pipe;sounding tube
测深归算 reduction of soundings
测深规 depth ga(u)ge
测深换能器 bathymetric(al) transducer
测深机 deep-sounding machine;depth sounder;sounding machine
测深基(准)面 datum of sounding;sounding datum
测深计 bathometer;depth finder;depth sounder;fathometer
测深记录 fathogram record;sounding record
测深记录簿 fathogram record;sounding book;sounding record
测深检查线 cross lines of sounding
测深绞车 sounding winch
测深校正 correction of soundings;sounding check
测深精度 sounding accuracy;fathomed accuracy
测深链 chain ga(u)ge;chain sounding line;chain tape
测深量尺 depth ga(u)ge;sounding scale
测深量角器 sounding protractor
测深六分仪 hydrographic(al) sextant;sounding sextant
测深密度 density of soundings;frequency of soundings
测深器 bathymeter;deep-sounding apparatus;depth finder;depth measurer;depth recorder;hydrobarometer;sounding apparatus
测深铅锤 sounding lead;hand lead
测深铅锤绳 lead line
测深球 bathysphere
测深色管 colo(u)r tube
测深设备 sounding apparatus;sounding device;sounding equipment;sounding gear;water depth device
测深声呐 depth-determining sonar;depth sounding sonar
测深声速 depth sounding velocity;sounding velocity
测深绳 lead line;sounding line;sounding wire;string of bathometer
测深绳标记 leadline mark
测深绳的弯曲 curvature of the sounding line
测深绳偏斜校正 sounding line correction
测深试验 deep-sounding test
测深手 leadsman
测深手锤 hand lead
测深数据 sounding figure
测深索 lead line;sounding line;sounding wire;string of bathometer
测深索测深 wire sounding
测深台 leadsman's platform;chainwale <突出于舷侧的>
测深艇 sounding craft;sounding launch
测深图 depth chart;fathogram;plotted sounding;sounding chart
测深图板 sounding board
测深系统 bathymetric(al) sounding system
测深线 lead line;line of sounding;sounding course;sounding line
测深线定位 sounding line layout
测深线间距 line spacing
测深线偏斜角 angularity of sounding line
测深线倾斜度 angularity of sounding line
测深线透写图 tracing of sounding lines
测深学 bathymetry
测深压力表 depth manometer
测深仪 bathymeter;bottom finder;deep-sounding apparatus;depth finder;depth ga(u)ge;depth measurement meter;depth meter;depthometer;depth probe;depth sounder;echo sounder;fathometer;odometer;sounder;sounding machine;sound-measuring device;water depth device
测深仪操作员 sounder operator
测深仪测深 fathometer sounding
测深仪传感器 echo sounder transducer
测深仪读数精度 accuracy of sounder reading
测深仪发射线 transmitting line of sounder
测深仪改正 correction of sounder
测深仪回波信号 echo signal of sounder
测深仪记录器 depth finder recorder
测深仪记录纸 recording paper of sounder
测深仪校正 correction of sounder
测深仪零线 transmitting line of sounder
测深仪误差 error of echo sounder
测深员 leadsman;sounder
测深折算基点 datum for reduction of sounding
测深者 leadsman
测深重锤 sounding bob;sounding weight
测深装置 sounding apparatus;sounding gear;sounding installation
测深锥 sounding cone
测深资料 bathymetric(al) data
测深资料透明片 history overlay;sounding history over-lay
测深自记图 bathygram
测深总精度 total accuracy of sounding
测深作业 sounding operation
测渗计 lisimeter[lysimeter];percolation ga(u)ge;seepage meter[metre]
测渗仪 infiltrometer;lysimeter;percolation apparatus;percolation ga(u)ge;seepage meter[metre]
测声工作 sound(ing) measurement
测声计 acoustic(al) meter;acoustimeter[acoustometer];noise-measuring meter;phon(o) meter;sound meter
测声器 acoumeter;acousimeter;phon(o) meter;phonoscope;sound analyser[analyzer];sound detector;sound intensity meter;sound locator[locater];sound-measuring de-

vice;sound meter;tapping machine
测声仪 acoustic(al)meter;acoustimeter[acoustometer];phonemeter;sound meter
测声仪校核杆 check bar
测声装置 sound-measuring device
测绳 graduated cable;measuring line;measuring rope;pendant wire;sounding lead line;tag line
测绳标计 index tag
测绳标志 pendant mark
测绳式水位计 chain ga(u)ge
测绳水上部分偏角校正 airline correction
测绳水上部分偏移校正 airline correction
测绳调节器 measuring rope regulator
测失真用电桥 distortion bridge
测湿带 humidity strip
测湿的 hygrometric
测湿度法 hygrometry;psychrometry
测湿度计 hygrometer
测湿度学 hygrometry
测湿计 hydrosol;hygroscope;hygrostat;moisture content meter[metre];moisture meter;psychrometer
测湿片 electrolytic strip;humidity strip
测湿器 hygroscope;moisture apparatus;moisture content meter[metre]
测湿学 psychrometry
测湿仪 moisture content tester;moisture-measuring apparatus
测湿仪器 hygrometric instrument
测湿用表 wet test meter
测石板瓦用的量规 scantle
测时 time determination;time keeping;time measurement;time study;timing
测时分辨力 time measuring resolution
测时观察法 chronometry
测时机械装置 time-measuring mechanism
测时计数器 time-measuring counter
测时继电器 time measuring relay
测时器 chronometer;horometer
测时三角规 trigon
测时术 chronometry;horology
测时水位 sounding level
测时天文台 chronometric observatory
测时星 clock star
测时仪器 timekeeping instrument
测蚀计 corroscometer
测视板 sighting board
测视孔 inspection hole
测视图 flag pole
测视图案信号发生器 pattern generator
测视图电子束 test pattern beam
测视信号 flag pole
测试 checking;checkout;check test;collimation;ga(u)ging;measurement test;measuring;testing
测试按钮 test button
测试案例生成程序 test case generator
测试板 test board;test card
测试棒 prod;reference test bar;reference test rod;test prod
测试包 test kit;test pack
测试编码器 test encoder
测试变换器 measurement translator
测试变频器 test frequency converter
测试标本 testing specimen
测试标准 testing nominative;testing standard
测试表 test chart;measuring ga(u)ge <指仪表>
测试步 test step
测试步骤 testing procedure
测试操纵台 checkout console
测试操作过程 test operating procedure
测试插座 test jack
测试车 dynamometer car;test carriage;test vehicle
测试车观测(调查)法 test car technique
测试程序 check(ing)program(me);testing procedure;testing routine;test program(me)
测试程序包 test program(me)package
测试程序的数据和条件生成 test case generation
测试程序软件 test plan software
测试程序系统 test program(me)system
测试持续时间 test duration
测试床开关 test bed switchboard
测试锤 <非破损法测定混凝土强度> test hammer
测试带 test tape
测试的最大无影响浓度 highest ineffective concentration tested
测试的最小无影响浓度 lowest ineffective concentration tested
测试等待 test wait
测试地点 measurement site
测试地址 test address
测试点 checkpoint;test point
测试电键 measuring key;test key
测试电缆 checkout cable;testing cable
测试电流 measuring current;test current
测试电路 test(ing)circuit;test(ing)connection
测试电平 test(ing)level
测试电刷 private wiper
测试电压 testing voltage
测试定时器 test timer
测试端 test lead
测试端头 test cap
测试端子 calibrating terminal;test-(ing)terminal
测试法规 testing regulation
测试翻译程序 test translator
测试范围 measuring range;scope of tests;test range;test specification
测试方法标准 testing method standard
测试方法学 test methodology
测试方式 measuring type of instrument;test mode
测试放大器 test booster
测试费 testing cost
测试分辨率 measuring resolution
测试分类 classification of well testing
测试分配器 test distributor
测试封隔器 test packer
测试蜂鸣器 test buzzer
测试杆 reference test bar;reference test rod
测试工程师 test equipment
测试工程数据 data of testing project
测试工具 testing tool
测试功能 test function
测试管理程序 test supervisor program(me)
测试规范 test specification
测试规格 test specification
测试过程 debugging process
测试函数 test function
测试宏指令 test macro
测试弧电刷 exploring brush
测试护套 test shield
测试环境 testing environment
测试环路 test loop
测试环线 test loop
测试回路 test loop
测试计划 test plan
测试计时器 test timer
测试计算机 test computer
测试记录 test log;test record
测试记录表 test recording table
测试记录车 testing and recording car
测试技术 measuring and testing technique
测试继电器 testing relay
测试夹板 test fixture board
测试夹具 test fixture
测试架 test bay
测试间隔时间 test interval
测试检测操作 test detect function
测试检测例行程序 test detect routine
测试键 feeler switch;test key
测试阶段 test phase
测试接管 instrument connection
测试接收机 test receiver
测试接线柱 calibrating terminal
测试接帚 private wiper
测试结果处理器 test result processor
测试镜片箱 trial lens case
测试矩阵 test matrix
测试卡 test card
测试卡片叠 test deck
测试卡片组 test pack
测试可靠性 testing reliability
测试可重复性 test repeatability
测试空间 test space
测试孔 instrument connection;test hole
测试控制 testing control
测试库 test bed
测试量程 testing range
测试码模式 test pattern
测试码模式评估程序 test pattern evaluator
测试码模式生成 test pattern generation
测试码模式生成程序 test pattern generation program(me);test pattern generator
测试码模式序列 test pattern sequence
测试码生成程序 test generator
测试锚杆 measuring bolt
测试模块 test module
测试模拟器 test simulator
测试模型 test model
测试气球 <测验风速或气流的气球>【气】trial balloon
测试器 checker;test controller;tester;test set
测试清晰度 measuring resolution
测试情况设计 test case design
测试请求报文 test request message
测试区 test section
测试区段 <机车信号的> test track section
测试驱动程序 test driver
测试燃气 test gas
测试人 testing operator
测试人员 tester
测试任务 test assignment;test task
测试日记 test log
测试日志 test log
测试溶液 test solution
测试入口单元 test access unit
测试软件 testing software
测试塞孔 test(ing)jack
测试塞孔面板 test jack panel
测试塞绳 test cord
测试上溢条件 test over-flow condition
测试设备 analytic(al)instrumentation;checkout gear;instrumentation;test gear;testing apparatus;testing device;testing equipment;testing facility;testing plant;testing set;testing unit
测试设备传感器 instrumentation sensor
测试设备工具 test equipment tool
测试设备检验装置 test equipment tester
测试设备系统 instrumentation system
测试设备组 test equipment team
测试生成 test generation
测试生成系统 test generation system
测试师 quantity surveyor
测试时间 testing time
测试实例生成 test case generation
测试实验室 test lab(oratory)
测试实验室的认可 accreditation of testing laboratory
测试示波器 test scope
测试事件 test event
测试室 test cabinet;testing cab(in)
测试手册 test manual
测试输入带 test input tape
测试竖井 testing shaft
测试数据 measuring data;test(ing)data
测试数据产生程序 test data generator
测试数据集 test data set
测试数据生成 test data generation
测试数字的 test numeric
测试数字模块 testing digital module
测试刷 pilot brush
测试顺序 testing sequence
测试说明 test specification
测试台 test board;test desk;test floor
测试探头 test probe
测试套 testing bush
测试替代 test replacement
测试条件 analytic(al)condition;test condition
测试跳跃 test skip
测试通过 pass test
测试统计量 test statistics
测试头 measuring head
测试图案信号发生器 test pattern generator
测试图表 test card
测试图电子束 test pattern beam
测试图发生器 visalgen;visual alignment generator
测试图显像管 teletron
测试图(像) resolution chart;test chart;test pattern
测试图选择器 pattern selector
测试微处理机 test microprocessor
测试委员会 testing committee
测试位置 testing position
测试文件 test file
测试误差 measuring error
测试席 observation desk
测试系统 test system
测试线 private wire;P-wire;test wire
测试线路 test line
测试线圈 explorer;exploring coil;search coil
测试斜坡 test ramp
测试信号 measuring signal;test signal
测试信号发生器 test signal generator
测试行发生器 insertion test signal generator
测试行生成过程 test line generation procedure
测试序列 cycle test
测试压力 measuring pressure;test pressure
测试验证程序 test and verify program(me)
测试样品 testing sample
测试仪表 measuring and testing instrument;test instrumentation
测试仪表托架 instrument carriage
测试仪表系统 test instrumentation system
测试仪布置 ga(u)ge location

测试仪器 measuring apparatus; metering equipment; test equipment; testing apparatus; testing instrument
测试溢出条件 test over-flow condition
测试音调 test tone
测试引线 test lead
测试硬件 testing hardware
测试用按钮 test button
测试用单元 test cell
测试用电视接收机 videometer
测试用放大镜 test amplifier
测试用放大器 test amplifier
测试用监控程序 test supervisor program(me)
测试用平行六面参考体 reference parallelogram
测试用探棒 test prod
测试用选择器 test selector
测试用振荡器 test oscillator
测试有效性 test validity
测试雨量 test rain
测试雨温度 test rain temperature
测试语句 test(ing) statement
测试员 test controller; testing office; test man
测试运行 test run(ning)
测试运转 test run(ning)
测试振荡器 service oscillator; signal generator; test oscillator
测试支援程序 test support program(me)
测试值 test value
测试纸 test card
测试指令 test instruction
测试指令调试 test instruction debugging
测试指示器 test indicator
测试中心站 test center[centre]
测试终端 testing terminal
测试终接器 < 自动电话 > test final selector
测试终接选择器 test final selector
测试周期 test duration
测试专用线 private wire; P-wire
测试转换器 test translator
测试转速表 sounding tachygraph
测试装置 measuring and testing device; metering system; probe unit; test fixture; testing device; testing set; test(ing) unit
测试状态 test mode
测试状态输出 test status output
测试资料解释方法 data interpretation of well testing
测试子程序 test subroutine
测试字母的 test alphabetic
测试自动化 test automation
测试座席 testing position
测树 < 勘察林区的木材材积 > cruise; tree survey
测树器 dendrometer
测树学 dendrometry; forest measurement
测霜仪 < 预测降霜用 > pagoscope
测水产量 water production measuring
测水澄清浓度计 water clarity meter
测水法 aquametry
测水浮杆 hydrometric(al) staff float
测水杆 dowsing rod; water diving rod
测水管 test pipe; water ga(u)ge glass
测水管直径 diameter of water ga(u)ge glass
测水技术 water measurement
测水孔 sounding hole
测水流量 measuring water
测水平法 < 用测杆测定开挖工程的标高 > boning
测水平杆 boning board; boning rod
测水器 water finder
测水深 sounding
测水深尺 dip rod
测水深断面索 tag line
测水深机 sounding machine
测水深计 hydrobarometer
测水深器 bathometer
测水深时的潮位校正 tide correction
测水深水尺 depth ga(u)ge
测水深索 pendant wire; tag line
测水深仪 sounding machine
测水速雷达 kinemometering radar
测水站 ga(u)ging station
测水钟 water ga(u)ge bell
测丝规 micrometer ga(u)ge
测速 speed measurement; speed trial
测速板 log chip
测速标 measured distance mark; measured mile mark; speed mark; velocity measuring mark
测速标间距 measured mile
测速表 speed meter; velo(ci)meter; velocity meter[metre]
测速场 speed trial ground
测速传感器 tach(e)o-generator
测速垂线 velocity (measuring) vertical
测速锤 ground log
测速磁头 tach(e)ometer head
测速带 speed check tape
测速导出脉冲 tachoderived pulse
测速电动机 tach(e)omotor
测速电机 speed measuring motor; velocity measuring dynamo
测速电路 range-rate circuit
测速段 measuring section
测速发电机 pilot generator; speed generator; speed indicating generator; speed voltage generator; tach(e)o-generator; tach(e)ometer generator; tachodynamo; tachogenerator; tachometer generator
测速发电机反馈 tach(e)ometer feedback
测速发电机试验台 test bench for tachometer generator
测速发送机 tach(e)ometer sender
测速杆 float rod
测速杆校正 velocity rod correction
测速轨 < 铁路驼峰溜放车辆 > speed rail
测速轨道电路 time-speed measuring track circuit
测速机 tach(e)ometer
测速计 ratemeter; speedometer; tach(e)ometer; velocimeter; velocity detector; velocity meter
测速计反馈 tach(e)ometer feedback
测速计时仪 velocity measuring chronograph
测速交流发电机 tacho-alternator
测速校正 logging speed correction
测速精度 rate accuracy
测速孔板 orifice plate
测速雷达 speed measuring radar
测速雷达枪 speed measuring radar gun
测速历时 velocity measuring duration
测速轮 tach(e)ometer wheel
测速脉冲 tach(e)ometer pulse
测速幕 travel(l)ing screen
测速盘 tach(e)ometer disc[disk]
测速器 speed counter; velo(ci)meter
测速设备 speed measuring equipment
测速绳 hand log line; log line
测速绳标记 log line marks
测速同步发电机 tacho-alternator
测速陀螺仪 velocity measuring gyroscope
测速位置 speed measuring position
测速线 measured course line; measured mile course
测速信号 tach(e)ometer signal
测速仪 speedometer; tach(e)ometer; velo(ci)meter
测速用发电机 velocity measuring dynamo
测速装置 speed detector
测速准确度 rate accuracy
测酸性的一种药粉 podwer used in testing for acid
测酸仪 acidometer
测索 < 流速仪测流时的 > pendant wire; measuring rope
测索力的振动弦理论 vibrating chord (wire) theory
测锁法 dimensioning of locks
测太阳高度 take the sun's altitude
测坍落度的锥形圆筒 slump cone
测探 probing
测探设备 divining device
测探与触探 sounding and probing
测探针 proof stick
测探钻 sounding borer
测套管液面 casing liquid level detecting
测梯度仪 gradienter
测体积法 stereometry
测体积术 stereometry
测体积学 stereometry
测天 astronomic(al) sight; observation; take sight
测天表 astronomic(al) watch; chronometer watch
测天定位 celestial fixing
测天对时 celestial fixing
测天归算 sight reduction
测天计算 sight reduction
测天用秒表 second setting deck watch
测铁水高温计 ferrotemp pyrometer
测听耳机 audiometric earphone
测听计 acou(si)meter; audiometer [audiometre]
测听(技)术 acoumetry; audiometry
测听器 acoustometer; audiometer[audiometre]
测听室 audiometric laboratory
测头 ga(u)ge head; ga(u)ge tip; probe unit; stylus
测头管壳 nosepiece
测图 cartographic(al) survey(ing); mapping; mapping survey; plotting; run a survey
测图板 field sheet; field survey sheet; map board; plane table; planimetric(al) plate; plotting sheet; surveying board; surveying map board; surveying panel; surveyor's table; survey plat; survey sheet
测图比较 survey sheet comparison
测图比例尺 compilation scale; plotting scale; scale of survey(ing); survey(chart) scale
测图部门 mapping organization
测图程序 plotting program(me)
测图导线 survey traverse
测图的几何形态 geometry of mapping
测图底图 restitution base
测图点 lower order point
测图范围 range of survey; scope of survey
测图方法 mapping technique; plotting method; plotting technique
测图放大系数 coefficient of magnification of mapping
测图工具 mapping tool
测图航片 mapping strip
测图航摄胶片 mapping film
测图基线 restitution base
测图精度 mapping accuracy; plotting accuracy
测图镜头 mapping lens; plotting lens
测图镜箱 plotting camera
测图控制 mapping control
测图控制点 mapping control point; minor control point; point of minor control
测图控制网 minor framework
测图雷达 mapping radar
测图器 chartometer; map measurer
测图三角网 detail network
测图摄影机 mapping camera
测图摄影机物镜 mapping lens; mapping lens of camera
测图网 survey network
测图卫星 cartographic(al) satellite; map-making satellite; mappingsat
测图物镜 mapping objective; plotting objective
测图系统 mapping system; plotting system
测图相片数量 number of mapping photographs
测图仪 plotting apparatus; plotting machine; restitutor
测图仪滑架 plotting carriage
测图仪器 mapping instrument; plotting instrument
测图仪数字化器 plotter-digitizer
测图仪数字化器联合装置 combine plotter-digitizer
测图仪坐标仪联动比 plotter-coordinatograph ratio
测图用临时地面标志 auxiliary point
测图员 operator; plotter
测图原图 survey sheet
测图资料不全的地区 inadequately mapped areas
测推力装置 thrust-measuring device
测弯 lateral bend(ing)
测弯器 deflection indicator
测网法 net survey method
测网系统 positioning system
测望镜 protectoscope
测微比较仪 microcomparator
测微表 amesdial; micrometer[micrometre](dial); micrometer ga(u)ge
测微补偿器 micrometer compensator
测微尺 micrometer scale; micrometric(al) scale
测微的 micrometric(al)
测微读数器 micrometric(al) reader
测微法 micrometer method; micrometry; microscopic sizing
测微分计 microchronometer
测微高温计 macropyrometer
测微鼓 drum; micrometer drum; micrometer head; micrometer thimble
测微鼓读数 drum reading
测微鼓零分划 drum zero
测微鼓轮 macrodrum wheel; microdrum
测微光度计 microphotometer
测微光度计比较仪 microphotometer comparator
测微光度计扫描图 microphotometer tracing
测微规 micrometer ga(u)ge
测微滑动卡尺 micrometer slide calipers
测微机构 micrometer mechanism
测微计 microcal(l)ipers; micrometer [micrometre](ga(u)ge); minimeter
测微计度盘规 micrometer dial ga(u)ge
测微计进给 micrometer feed
测微计时表 microchronometer
测微计调整 micrometer adjustment

测微计头 micrometer head
测微计座 micrometer stand
测微经纬仪 micrometer theodolite
测微镜 microscope
测微刻度值 micrometer value
测微量杆 micrometer measuring rod
测微六分仪 micrometer sextant
测微螺钉 microscrew
测微螺杆 micrometric(al)screw
测微螺丝 measuring screw; microscrew
测微螺旋 fine measuring screw; micrometer screw; micrometer thimble; micrometric(al)screw; microscrew
测微螺旋测微器 micrometer screw cal(l)ipers
测微螺旋卡尺 micrometer screw cal(l)ipers
测微密度计 microdensitometer
测微目镜 eyepiece with micrometer; macroeyepiece; micrometer eyepiece; micrometer ocular; ocular micrometer
测微黏[粘]度仪 microvisco(si)meter
测微偏振分析仪 micropolar analyser [analyzer]
测微偏振计 micropolarimeter
测微偏振镜 micropolariscope
测微器 microcal(l)ipers; micrometer [micrometre]; micrometer ga(u)ge
测微器标尺 micrometer scale
测微器常数 micrometer constant
测微器读数 micrometer reading
测微器法 micrometer method
测微器分划误差 graduation error of micrometer
测微器经纬仪 micrometer theodolite; micrometer transit
测微器梳尺 comb in micrometer
测微器隙动差 lost motion of micrometer
测微器行差 micrometer run; run error of micrometer; run of micrometer
测微器行差改正 correction for run of micrometer
测微器行差校正 correction for run of micrometer
测微器旋转 micrometer turn
测微器支架 micrometer mount
测微器周值 micrometer turn
测微伸缩仪 dial extensimeter [extensometer]
测微时计 microchronometer
测微术 micrometry
测微数量 micrometry
测微弹性仪 macroelastometer; microelastometer
测微特性曲线 macrocharacteristic curve
测微天平 microbalance
测微头 micrometer head
测微显微镜 micrometer microscope; optic(al)indicator
测微显微镜检查 micrometer microscopy
测微显微镜经纬仪 micrometer microscope theodolite; micrometer microscope transit
测微旋扭 micrometer knob
测微压力计 micromanometer
测微液压计 micro-pressure-ga(u)ge
测微仪 amesdial; dial ga(u)ge; micrometer dial; dial indicator
测微引伸仪 dial extensimeter [extensometer]
测微荧光计 microfluorometer
测微游标度盘 micrometric(al)scale
测微张力计 microtensiometer
测微指示器 microindicator
测伪器 lie detector
测位 location; position finding
测位器 locator; position finder; position finding device; position finding instrument; spotter
测位仪 locator; position finder; position finding device; position finding instrument; spotter
测位移电桥 displacement bridge
测温 temperature measurement
测温棒 tempil stick; thermoscopic bar
测温包 thermal bulb; thermometer bulb
测温比重计 thermometric hydrometer
测温常数 thermometer microscope
测温传感器 temperature pick-up; temperature probe; temperature sensor; temperature transducer
测温的 pyrometric
测温的基准 base measuring temperature
测温滴定法 thermometric titration
测温点 point for measuring temperature
测温电阻器 measurement resistor; resistance bulb
测温法 thermometry
测温分析 thermometric analysis
测温浮标 thermometer float
测温管 temperature tube
测温环 firing ring
测温基准 measuring temperature basis
测温计 temperature tester; thermodetector
测温技术 thermometry
测温剂 tempil
测温角锥 pyramid temperature tester
测温井 temperature hole; temperature log; temperature well
测温孔 temperature measuring hole; thermometer hole
测温孔砖 block with temperature measuring hole
测温块 melting point bar
测温链 dragon's tail
测温泡 temperature bulb
测温漆 thermopaint
测温气体 thermometric gas
测温器 thermal detector; thermodetector; thermoprobe; thermoscope
测温球 <温度计的> bulbous portion
测温熔锥 pyroscope
测温塞 templug
测温三角锥 fusible cone
测温色笔 thermopile stick; colo(u)r pencil; tempil stick
测温深度 depth of temperature measurement; thermometric depth
测温式火警自动报警器 air temperature automatic fire alarm
测温试探器 prometer probe
测温术 thermography
测温探针 thermoprobe
测温筒 thermal bulb
测温涂料 thermocolo(u)r; thermopaint
测温网位仪 combination thermonetsonde
测温系统 temperature measuring system
测温性质 thermometric property
测温学 thermometry
测温液体 thermometric liquid
测温仪 thermodetector; thermometric indicator; thermoscope
测温用示色液 tempilaq
测温元件 temperature measuring element
测温纸 heat label
测温钟 temperature clock
测温装置 temperature measuring equipment
测温锥 cone pyrometer; fusible cone; fusion cone; melting cone; Orton cone; pyrocone; pyrometric cone; pyroscope; thermoscope
测温锥底座 cone plaque
测温锥号码 pyrometric cone number
测温锥耐火度 pyrometric cone equivalent
测温锥试验 cone fusion test
测温锥相当温度 cone equivalent
测温钻孔 temperature survey hole
测污器 contamination counter; contamination tester
测隙规 clearance ga(u)ge; feeler(ga(u)ge)
测隙极限 clearance limit
测隙计 clearanceometer
测隙片 feeler blade
测隙头 feeler head
测隙装置 feeler head
测线 measuring line; survey(ing) line; track line
测线闭合差 line misclosure
测线编号 number of survey line
测线布置 line layout
测线采样 traverse sampling
测线长度 line length
测线方位角 bearing of line
测线飞行 line flying
测线公里 flight line kilometers
测线号 line number
测线间距 interval of survey line; line spacing
测线交点桩号 linc cross point stake number
测线交点坐标 line cross point coordinates
测线类型 line type
测线名 line name
测线起点位置 starting position of survey line
测线起始桩号 start stake number of line
测线切割线交点误差 error between flight line and cross line
测线倾斜度 angularity of sounding line
测线位置 survey location
测线位置图 position map of survey line
测线象限角 bearing of line
测线斜度 angularity of sounding line
测线员 line(s)man
测线终点位置 stopping position of survey line
测线终止桩号 end stake number of line
测线总长 total length of survey line
测相 phase determination
测相设备 phase measuring equipment
测箱 measuring tank
测向 finding; ganiometry
测向测距系统 direction-range finding system; direction-range measurement system
测向的定边天线 sense antenna
测向定位器 goniometric(al)locator
测向范围 bearing zone
测向方位 directional bearing
测向光度仪 goniophotometer
测向机 direction finder set
测向计 direction finder; goniometer; yawmeter
测向接收机 direction finding receiver
测向距离法 direction-range method
测向灵敏度 direction finding sensitivity
测向罗盘 direction finding compass
测向器 direction finder; finder; goniometer
测向器件 sensing
测向器天线 direction finder antenna
测向设备 sensing equipment
测向术 goniometry
测向台 direction finding station
测向天线 direction finding antenna
测向天线系统 direction finding antenna system
测向网 direction finding net(work)
测向系统 direction finding system
测向线圈 pick-up coil
测向仪 azimuth finder; azimuth mirror; direction finder; direction finding apparatus
测向仪方位指示器 direction finder-bearing indicator
测向仪复示器 direction finder repeater
测向仪灵敏度 angularity of direction finder
测向仪偏差 direction finder deviation
测向仪自差 direction finder deviation
测向员 bearing operator
测向装置 direction finding device; goniometer system
测像仪器 admeasuring apparatus
测斜板 gradient board
测斜竿 batter stick
测斜机 inclinometer
测斜机构 tilt check mechanism
测斜率仪 gradienter
测斜器 batter(ing)level; batter(ing) rule; gradient meter [metre]; gradometer; inclinatorium; inclinometer; slope level; tilt(o)meter; drift indicator <钻孔>
测斜仪 angle rule; clinometer; clinophone; declinator; declinometer; deflection inclinometer; dip circle; dip needle; dip (ping) compass; drift meter; gradient board; gradient meter[metre]; gradiometer; inclination instrument; inclined instrument; inclinometer; slope indicator; slope level; tiltmeter; gradiograph <测量铺设排水管的坡度>; gradienter <工程经纬仪的附件,用来测量倾斜角的正切>
测斜仪测量 gradiometer survey
测斜仪打印器 lead bottom
测斜仪导管 inclinometer casing
测斜仪定方位角 azimuth probe orientation
测斜仪读数装置 inclinometer readout
测斜仪盒 inclinometer box; inclinometer case
测斜仪量角器 clinometer rule
测斜仪外壳 clinometer case; clinometer shell
测斜照准仪 peep-sight alidade; sightrance alidade; sight vane alidade
测斜转螺 tilt check rotating nail
测星定位 star fixing
测星基线 astrometric baseline
测星盘 astrolabe; mariner's ring
测星望远镜 star telescope
测胸围器 cyrtometer
测雪 snow survey(ing)
测雪板 snow board; snow measuring plate
测雪尺 snow scale
测雪的 nivometric
测雪的含水量天平 snow balance
测雪计 snow ga(u)ge
测雪路线 snow course
测雪器 snow ga(u)ge
测雪取样路线 snow sampling course
测雪线 snow course
测雪箱 snow bin
测雪桩 snow stake

C

测压 pressure ga(u)ging
测压表管压盖 pressure tube gland
测压弹 manometric(al)bomb
测压的 manometric(al);piezometric
测压的基准 base measuring pressure
测压点 pressure tap
测压法 manometer method;manometric(al) method; piezometric method;manometry
测压分接管 pressure tap
测压分接头 pressure tap
测压管 barometer tube; manometer tube;piezometer(tube);piezometric pipe;piezometric tube;pressure test pipe;pressure tube;standpipe
测压管读数 reading of piezometer
测压管法 manometer(tube)method
测压管高程 piezometric elevation
测压管高度 piezometric height
测压管式风速计 pressure tube anemometer
测压管水面 piezometer surface; piezometric surface; potentiometric surface
测压管水头 manometric(al)head;piezometer head;piezometric head
测压管水头比降 gradient of piezometric head
测压管水头轮廓线 piezometric profile
测压管水头上升 piezometric rise
测压管水头上升试验 piezometric rise test
测压管水头线 hydraulic grade line; piezometric head line
测压管水位 piezometric(water)level;piezometric stage
测压管水位线 piezometric line
测压管压力 piezometric pressure
测压管液面 piezometric surface;potentiometric surface; isopotential level;pressure surface
测压管液面图 potentiometric map; pressure-surface map
测压管组 piezometer nest
测压基准 measuring pressure basis
测压计 hydromanometer;load measuring cell;load meter;manograph; manometer;mercury ga(u)ge;piezometer;pressure ga(u)ge;pressure meter
测压计测头 piezometer tip
测压计的 piezometric
测压计读数 reading of piezometer
测压计瓶 manometer flask
测压计型 piezometer type
测压计压力 piezometric pressure
测压接嘴 pressure tap
测压井 piezometric well
测压孔 pick-up hole;piezometer opening; piezometer orifice; pressure hole;pressure-measuring hole;pressure port;pressure tap;pressure tap (ping)hole;static pressure tap
测压孔组 piezometric nest
测压控制器 pressure-measuring controller
测压力计 load measuring cell; pressure capsule
测压面 piezometric surface
测压泡 pressure bulb
测压坡度 piezometric slope
测压器 manograph;manometer;manometric(al)bomb
测压示波器 pressure testing oscillograph
测压试验 manometric(al)test
测压术 manometry
测压水头 manometric(al)head;piezometric head;piezometric potential
测压水头线 piezometric head line
测压水位 fluctuation of piezometric surface;piezometric level
测压水位的 piezometric
测压水位线 piezometric line
测压体 drueckelement
测压铜柱 copper cylinder
测压位能 piezometric potential
测压温度计 manometric(al)thermometer
测压效率 manometric(al)efficiency
测压液 manometric(al)liquid
测压仪 load cell;measuring cell;pressure capsule;pressure cell;pressure ga(u)ge
测压仪表 pressure instrumentation
测压元件 load cell;pressure element
测压早期资料 early pressure data; early pressure information
测压支柱 dynamometer prop
测压嘴 pressure tap
测烟仪 smokemeter[smokometer]
测延术 ductilimetry
测盐计 salinity bridge;salinity indicator;salinometer
测验 examination;quiz;testing
测验船 surveying boat
测验灯 test lamp
测验断面 measuring section
测验对象 testee
测验风速 trial balloon
测验浮标 instrumentation buoy;measuring buoy
测验接头 test splice
测验精度 accuracy of measurement
测验视力字标型 optotype
测验用终接器 <自动电话> test connector
测验与记分系统 testing and scoring system
测氧计 oxygen meter
测液面勘探(法)drawdown exploration
测移扇 lateral fan
测移晕 lateral halo
测音计 acoustometer; phonemeter; phon(o)meter
测音器 siren;sound detector
测音仪 phon(o)meter
测音诸元修正器 acoustic(al)corrector
测银比重计 argentometer
测应变电桥 strain bridge
测应力环 proving ring
测影仪 iconometer
测硬器 sclerometer;scleroscope
测油尺 ullage table
测油管液面 tubing liquid level detecting
测油孔 metering jet
测油孔塞 metering jet plug
测油探尺 garder
测雨(法)pluviometry
测雨计 rain ga(u)ge
测雨雷达 rain detection radar;weather radar
测雨学 ombrology
测原油产量 oil production measuring
测圆法 cyclometry
测圆弧器 cyclometer
测远计 range finder
测远器 apomecometer; distance ga(u)ge;macrometer;range finder
测远术 telemetry
测远仪 distance ga(u)ge; macrometer;range finder;telega(u)ge;telemeter
测云计 nephelometer
测云经纬仪 cloud theodolite
测云镜 cloud mirror; mirror nephoscope;reflecting nephoscope
测云雷达 cloud-detection radar
测云气球 ceiling balloon
测云器 cloud-projector; nephoscope <测高度、速度、方向等用的>
测云仪 cloud meter[metre]; nephoscope
测云照相机 camera for measuring cloud
测载计 load ga(u)ge;load indicator
测载器 loading ga(u)ge
测载仪 loading ga(u)ge;loadometer
测噪声标准 decibel level
测站 instrument station;measuring installation; measuring station; point of observation;position of observation;station(site);survey(ing)station
测站编号 number of station
测站标点 station mark
测站标石 observation monument;station marker
测站标志 station mark;station signal
测站标桩 station peg
测站布置 layout of station
测站觇标 station sight;station signal
测站垂线 local vertical
测站点 station point
测站方程 station equation
测站改正 station correction
测站高 height of site;height of station
测站高程 elevation of station; height of site;site height
测站高程校正 height-of-site correction
测站归心 reduction to station center [centre];station centering[centring]
测站归心改正 reduction to the centre of station
测站归心校正 reduction to the centre of station
测站基面 datum plane of ga(u)ge;ga(u)ge datum;station datum
测站校正 station correction
测站控制 station control
测站零点 datum;ga(u)ge zero
测站流率曲线 station rating curve
测站率定 rating a ga(u)ge station
测站率定曲线 station rating curve
测站密度 station density
测站描述(说明)station description
测站偏心 eccentricity of instrument
测站偏心校正 false station
测站漂移 station drift
测站平差【测】local adjustment;station adjustment
测站设计 layout of station
测站水位流量关系 station stage-discharge relationship
测站水位流量关系曲线 station rating curve
测站水准点 station benchmark
测站水准基点 ga(u)ge line pillar
测站条件 station condition; station constraint
测站图说 description of station
测站网 observation network; station network
测站位置 position of station
测站误差 station error
测站真法线 true normal at the observer
测站钟 local clock
测站重建 refining of station; refixation of station
测站装置 installation of ga(u)ging station
测站子午圈 observer meridian
测站子午线 meridian of an observer
测站自动化系统 local automation system
测站总数 sum total of station
测张器 tension indicator
测兆欧计 megger
测者 observer
测者视地平距离 distance to the horizon from height of observer; horizon distance;horizon range
测者纬度 latitude of observer; local latitude
测者误差 personal error
测者误差改正量 personal correction
测者真地平 sensible horizon
测者子圈 lower branch of the observer's meridian
测者子午圈 local meridian; meridian of an observer;observer's meridian
测针 pint ga(u)ge; staking pin; survey probe; taping pin; chaining arrow; point ga(u)ge; stake pin; surveyor's arrow;taping arrow
测针读数 ga(u)ge reading; point ga(u)ge reading
测针记号 pin marker
测针夹持器 needle holder
测针入度针 penetration needle
测真空管参数电桥 vacuum-tube bridge
测砧 ga(u)ge button;test anvil
测砧片 anvil chip
测振计 vibration ga(u)ge; vibration measurer; vibration meter; vibrometer
测振器 oscillation pickup; vibration pickup;vibrometer
测振仪 rideau-o-graph;vibration indicator;vibration meter;vibrograph
测震表 seismometer
测震法 seismometry
测震计 vibration meter
测震设备 seismic detecting equipment;seismic equipment
测震术 seismometry
测震台 seismometer station
测震学 earthquake seismology; seismometry
测震仪 vialog; viameter; vibrameter; vibration detector;vibration measurer; vibration meter; vibroscope; rideograph;ride meter <测量路面行驶质量的>;seismolog <常附有摄影设备>
测震仪图表 accelerometer chart
测震站 seismometer station
测知点 take-off spot
测制地形图 topographic(al)mapping
测重 weight sensing
测重带 weighing belt
测重轨 weigh rail
测重机 weighting rail
测重计 pachimeter;dropper <表面张力>
测重设备 weighing equipment
测重主任 weighmaster
测重装置 weight measuring device
测周器 circumferentor[circumferenter]
测轴规 axle testing ga(u)ge
测轴计 axometer
测爪 measuring jaw
测桩【测】measuring peg; measuring stake; survey(ing)peg; surveying stake;lining peg;measuring plug
测浊度的浊度单位 nephelometric turbidity unit
测浊法 turbidimetry
测走锚铅锤 drift lead
测阻 rollability measurement
测阻力仪 resistance dynamometer
测醉器 <交通安全> drunkometer

策动磁场变阻器 driving field rheostat

策动点 drive point;driving point
策动点导纳 driving point admittance
策动点函数 driving point function
策动点特性 driving point characteristic
策动点阻抗 driving point impedance
策动电路 drive(r) circuit
策动机构 operating mechanism
策动理论 hormic theory
策动力 driving force;motive force
策动脉冲 drive pulse
策动频率 driving frequency
策动器【物】driver
策动绕组 driving winding
策动信号 drive signal
策划 engineer;meditate
策划并参与 art and part
策划能力 ability to architect plans and strategies; ability to design plans and strategies
策划投资商号 originating house
策划者 concocter;trafficker
策略 policy;stratagem;strategy;tactics;trick
策略博奕理论 theory of games of strategy
策略的超优 domination of strategies
策略的容许性 admissibility of strategies
策略的实施 implementation of strategies
策略的相对值 relative value of strategies
策略的优势 dominance of strategies
策略的支配 domination of strategies
策略等价 strategic equivalence
策略等价的 strategically equivalent
策略等价的传递性 transitivity of strategic equivalence
策略等价的对称性 symmetry of strategic equivalence
策略等价的自反性 reflexivity of strategic equivalence
策略等价对策 strategically equivalent game
策略等价效用函数 strategically equivalent utility function
策略改进 strategic innovation
策略改进算法 policy improvement algorithm
策略管理 strategic management
策略规划模型 strategic planning model
策略计划 strategic plan(ning)
策略计划程序 strategic planning process
策略决定 tactical decision
策略空间 policy space;strategy space
策略灵活性 strategic flexibility
策略(上)的 tactical
策略形成 strategy formation
策略运筹法 game theory
策略值 strategy value
策略值函数 strategically value function

参差 diversity;heterogeneous;jag(ging);staggering

参差安置的电刷组 staggered brushes
参差变异 fluctuating variation
参差不齐 irregularity;jog
参差不齐的 jagged;jaggy;ragged;scraggy;uneven
参差布置 staggered arrangement
参差的 staggered;staggering
参差的半圆室 staggered apses
参差的楼层 staggered floor
参差电极 staggered electrode
参差度 stagger ratio
参差断层崖 splintered fault scarp
参差峰化 stagger-peaked
参差负荷 diversified load
参差构象 staggered conformation
参差极化系统 crossed polar system
参差接缝 breaking joint
参差紧固 zigzag fastening
参差排列 staggered arrangement
参差平行的导轨 staggered parallel runways
参差平行的滑道 staggered parallel runways
参差平行的跑道 staggered parallel runways
参差时间 stagger time
参差式 staggered form
参差调测 staggered ga(u)ging
参差调谐 staggered tuning
参差调谐电路 staggered circuit
参差调谐放大器 stagger tuning amplifier
参差调谐滤波器 stagger-tuned filter
参差调谐式电路 stagger tuning circuit
参差效益 staggering advantage
参差效应 diversity effect
参差羽状的 interruptedly pinnate
参差轧机之间的通道 staggered mill
参差状 uneven
参差状断口 uneven fracture
参错接缝瓦 brocken-joint tile

层 layer;tier;bed;stratum[复 strata]【地】;stor(e)y【建】

层斑岩 planophyre
层斑状 planophyric
层板 column of trays;plywood;veneer(sheet);scale wood <剥制的木片>
层板包扎机械 binding mechanism for multilayer
层板拱 laminated arch
层板蒙皮 plywood covering
层板取向 laminate orientation
层板压块 veneer holddown
层板原木的木芯 peeler core
层板蒸馏塔 plate column;plate tower
层边水 edge water
层编接 layer splice
层剥构造 bread-crusted structure
层剥火山弹 bread-crust bomb
层剥火山岩 bread-crusted bomb
层剥岩 bread-crusted boulder
层布贴合机 cloth doubler
层材热压机 hot-platen press
层层高的中心 rampant center[centre]
层层结冰 aufeis
层层拉土法 stratified earth pulling process
层层侵入 leaf-by-leaf intrusion
层出(现象) proliferation
层串铸法 cluster casting
层次 bedding;gradation;hierarchy;layer(ing);level;strata sequence【地】;depth【计】
层次变化 change of layer
层次表示 layering
层次的 hierarchic(al)
层次法 stratification
层次分解 hierarchic(al) decomposition
层次分明的 well-bedded
层次分析(方)法 analytic(al) hierarchy process
层次关系 hierarchic(al) relationship
层次号码 level number
层次化 layering
层次划分 hierarchic(al) division
层次集合 hierarchic(al) set
层次接口 layer interface
层次结构 hierarchic(al) structure
层次控制 hierarchic(al) control
层次路径 hierarchic(al) path
层次模型 hierarchic(al) model
层次片段 hierarchic(al) segment
层次片段定理 hierarchic(al) segment theorem
层次钎焊 step brazing
层次软钎焊 step soldering
层次设计法 hierarchic(al) design method
层次数 hierarchic(al) number
层次数据库 hierarchic(al) data base
层次数据模型 hierarchic(al) data model
层次顺序 hierarchic(al) sequence;hierarchic(al) sequential
层次顺序存取方法 hierarchic-(al) sequential access method
层次索引直接存取方法 hierarchic(al) indexed direct access method
层次梯尺 gradation scale
层次协议 layer protocol
层次型交互图形系统 hierarchic(al) interactive graphics system
层次型数据库 hierarchic(al) database
层次硬钎焊 step brazing
层次整齐的琢石圬工 block-in-course
层次直接 hierarchic(al) direct
层次直接存取方法 hierarchic(al) direct access method
层次指示符 hierarchic(al) pointer;level indicator
层错 fault
层错衬度 <半导体的> fault contrast
层错带 fault ribbon
层错岛 faulted island
层错断片 faulted segment
层错对 pair of faults
层错矢量 fault vector
层搭防雨板 cap flashing
层的交互变化 alternation of beds;alternation of strata;strata alternation
层的偶数 even number of piles
层的奇数 odd number of plies
层底 bottom of layer
层递技术 zone transfer technique
层电阻 layer resistance
层叠 couch together;lamination;stack-up;stratify
层叠安全玻璃 laminated security glass
层叠安全平板玻璃 laminated safety sheet glass
层叠玻璃 overlay glass
层叠布置 sandwich arrangement
层叠椽 laminated rafter
层叠瓷 laminated porcelain
层叠底袋 block-bottom bag
层叠拱 recessed arch;superimposed arches
层叠集成电路 stacked integrated circuit
层叠胶合安全平板玻璃 laminated safety plate glass
层叠胶合构造 glue-laminated construction
层叠胶合木拱 wood laminated arch
层叠结构 stepped construction
层叠流体 stratified fluid
层叠木板 laminated timber
层叠片材轴承 laminated bearing
层叠式舱盖装置 lift-rolling hatchcover
层叠式三铰框架系统 system with stacked up three hinged frames
层叠式柱型色谱法 layered column chromatography
层叠式组合结构 laminated composite structure
层叠碳板变阻器 carbon pile
层叠系数 lamination factor
层叠现象 stratification
层叠形成 stratification
层叠型晶体管 overlay transistor
层叠铸造 stack casting
层顶 top of layer
层顶痕 epiglyph
层垛 stack
层方解石 schiefer spar
层分辨率密度测井 layer resolution densilog;layer resolution density log
层分辨率密度测井曲线 formation densilog curve
层缝 course joint;coursing joint
层高【建】floor height;height of course;height of stor(e)y;stor(e)y height;height between stories;container stack(ing) height <集装箱在堆场内堆高的>
层隔永冻层 layered permafrost
层拱 string course
层光分割 split diopter
层硅铈钛矿 mosandrite;rinkite;rinkolite
层硅酸盐类 layered silicates
层号 class number;layer number;level number;rank;tier number <集装箱>
层合 lamination
层合板 glued board;plywood;laminated wood
层合板坐标 laminate coordinates
层合材料 laminate material
层合材料变形 distortion of laminate
层合法 laminating
层合封面纸板 split board
层合机 laminator
层合塑料 ply plastics
层合塑料板 synthetic(al) resin bonded paper sheet
层合塑料片 synthetic(al) resin bonded paper sheet
层合硬质绝热板 laminated rigid insulation board
层合云母板 micanite
层厚 coursed depth
层厚度 layer thickness;lift thickness;thickness of layer
层厚均等 layer equivalency
层厚系数 layer coefficient
层滑 sheet slide
层滑构造 bedding slip structure
层滑型介晶相 smectic phase
层化 aliquation;laminarization
层化海洋 stratified ocean
层化湖 stratified lake
层化作用 stratification
层混合气流 stratified mixture
层火山 stratovolcano
层积 laminating;stacked content
层积板 stratificated board
层积材 cord wood;glued lamination board;laminated assembly;laminated lumber;laminated timber;laminated wood;laminwood
层积单板 laminated veneer
层积堆积材 <以考得为单位出售的薪炭材、小木料等> cord wood
层积腐泥煤 laminated sapropelic coal
层积拱 laminated arch
层积拱梁 laminated arch beam;laminated beam

层积构件 assemblies
层积积云 cumulocirrostratus
层积夹木 laminated wood
层积胶合板 laminated plywood
层积立方米 Raum-meter < 德国 > ; stere < 法国木材层积单位,长、宽、高各 1 米 >
层积立方英尺 stacked cubic feet
层积毛坯料 lamination stock
层积密度 stacking density
层积木 assemblies;laminated timber
层积泥 laminated clay
层积铺面板 laminated decking
层积曲木构件 curved laminated member
层积缺陷 stacking fault
层积容积 stacked volume
层积石 abraum
层积塑料 compreg;laminated plastics
层积弯曲 laminated bending
层积盐 abraum salt;rubbish salt
层积云 cumulo-stratus;stratocumulus
层级 hierarchy
层夹砂 stratified sand
层间 interlamination; interstratification
层间变形 stor(e)y deformation
层间剥离 interlayer detachment
层间剥离强度 interlaminar erosion strength
层间不冻层 < 在永久冻土之间的 > tabetisol;talik
层间不整合 interformational unconformity
层间侧移 drift of stor(e)y
层间错动面 interlayer dislocation plane
层间的 interbedded;interformational; interlaminar; interlayer; interpass; interstratified
层间电压 voltage between layers
层间电阻 interface layer resistance; interface resistance;interlamination resistance
层间冻土 intergelisol
层间短路 layer short circuit
层间多次反射 interbed multiples
层间分离 bed separation
层间附着力 interlayer adhesion; ply adhesion
层间改正 plate correction
层间刚度 stor(e)y stiffness
层间含水层 confined aquifer
层间滑动 interformational sliding
层间滑动断裂 interlayer gliding fault;interlayer gliding fracture
层间滑动面 interlayer slip surface
层间滑痕 olistoglyph
层间混合物 interlayer mixture
层间剪力 interlaminar shear
层间剪切强度 interlaminar shear strength
层间角砾岩 interformational breccia
层间角膜移植 lamellar corneal grafting;lamellar corneal transplantation
层间接触 interface between horizons;interlayer contact
层间接触面 interface; interface between horizons
层间接缝 bed(ding) joint; lift joint; course joint < 建筑物的 >
层间接合砂浆 course joint mortar
层间接口 interlayer interface
层间结晶水 intercrystalline water
层间界面 interface of beds
层间距 interlamellar spacing;interlayer spacing
层间绝缘 layer insulation
层间绝缘试验 layer insulation test; layer test
层间空隙 bedding void
层间矿物 interstratified mineral
层间离子 interlayer ion
层间砾岩 interformational conglomerate
层间连接 interlayer bonding;interlayer continuity
层间联结 interlayer bonding
层间裂隙 interlayer crush
层间裂隙含水带 water-bearing fissure zone of interlayer
层间流 interaquifer flow; interflow; through-flow
层间面 interface between horizons
层间摩擦 interfacial friction
层间黏[粘]合强度 ply bond strength
层间黏[粘]结 interlaminar bonding
层间排列 interlayering
层间膨胀 interlayer swelling
层间劈理 interlayer cleavage
层间片麻岩 interlayered gneiss
层间偏移 interstor(e)y drift
层间破裂 interlaminar fracture
层间破碎带 interlayer crush belt
层间强度 interlaminar strength
层间侵蚀 internal erosion
层间溶液 intrastratal solution
层间双折楼梯 broken-flight stair(case); dog-legged stair(case); platform stair(case)
层间双折楼梯隔墙 newel wall
层间水 confined water; interbedded water; interfacial water; interlayer water; intermediate water; middle water;strata water
层间水流 < 不同密度的 > interfluent flow
层间脱离成穴 bed separation cavities
层间脱落 intermediate peeling
层间未焊透 incomplete inter-run penetration;lack of interpenetration
层间未熔合 lack of inter-run fusion
层间位移 stor(e)y displacement;stor(e)y drift
层间温度 interlayer temperature; interpass temperature
层间系数 < 即管涌比 > coefficient between layers
层间隙 lamellar spacing
层间信号传递 layer to layer signal transfer
层间形变 interlamellar deformation
层间岩床 interformational sill
层间应力场 interlayer stress field
层间转换 layer to layer transfer
层间浊流 interflow turbidity current
层焦 buffer coke charge;coke charge
层礁 stratigraphic(al) reef
层接面 interface between horizons
层节理 horizontal joint
层结梁 sandwich beam
层界面 < 两种液体的 > interface
层晶 layer crystal
层卷云 stratocirrus
层孔虫灰岩 stromatoporoid limestone
层孔虫目 Stromatoporoidea
层孔构造 stromatactral structure
层孔菌属 < 拉 > Fomes
层控 strata-bound
层控成矿作用 strata-binding ore-forming process
层控矿床 strata-bound(ore) deposit
层控矿田构造 strata-bounded orefield structure
层控铅锌矿床 strata-bound lead-zinc deposit
层控铅锌铁锰矿床 strata-bound lead-zinc-iron-manganese deposit
层控作用地球化学 geochemistry of strata-bound
层块构造 layer-block structure
层块构造说 layer-block tectonics hypothesis
层楞 open piling
层离 delaminate; delamination; exfoliate
层离机 ply separation machine
层理【地】 bedding; lamination; stratification;banding;cleat
层理 S 面 S-plane of stratification
层理不规则 anomaly in stratification
层理次序【地】 strata sequence
层理的 laminar
层理的法向(线)【地】 normal to the stratification
层理方向 slip direction
层理构造 laminate structure
层理面 bedding plane; stratification plane;bedding plate
层理明显的 well-bedded
层理模式 stratification mode
层列的 smectic
层列相 smectic phase
层裂 bedded fissure;lamination crack
层裂起鳞 lamination
层流 filamental flow; lamellar flow; laminal flow;laminar current;laminar motion; laminellar flow; linear flow; parallel flow; sheet flood; sheet flow; stratified flow; streamline flow; viscosity flow; viscous flow
层流边界 lamellar boundary;laminar boundary
层流边界层 boundary layer of laminar flow;laminar boundary layer
层流表层摩擦 laminar skin friction
层流表面摩擦 laminar skin friction
层流薄膜 laminar film
层流薄膜选矿法 flowing-film concentration
层流层 laminar layer
层流场 lamellar field
层流程度 laminar flow extent
层流传热 laminar heat transfer
层流次层 laminar sublayer
层流的 laminar;streamlined
层流底层 laminar sublayer; sublaminar layer
层流段长度 laminar flow extent
层流段范围 laminar flow extent
层流分离(法) laminar flow separation
层流分离现象 laminar separation
层流附面层 laminar boundary layer
层流工况 laminar condition
层流构造 linear flow structure
层流混合 laminar mixing
层流火焰 laminar flame
层流火焰稳定性 laminar flame stability
层流机制 laminar mechanism
层流洁净室 laminar flow type clean room
层流净化 clean by laminar flow
层流净化台 laminar flow station
层流净化罩 laminar flow hood
层流扩散 laminar diffusion
层流理论 laminar theory
层流流动 laminar flow
层流流量计 laminar flowmeter
层流流速 laminar velocity
层流流阻器 laminar restrictor
层流模型 laminar model
层流膜 laminar film
层流摩擦 laminar friction
层流区 laminar flow extent; laminar region;laminar zone
层流燃烧器 laminar flow burner; premix burner
层流染料激光器 laminar flow dye laser
层流衰减 laminar damping
层流速度 laminar velocity
层流速度分布 laminar velocity distribution
层流隧道 laminar flow tunnel unit
层流湍流(之间的)过渡带 laminar-turbulent transition
层流湍流(之间的)过渡段 laminar-turbulent transition
层流尾涡 laminar wake
层流紊流之间的过渡带 laminar-turbulent transition
层流亚层 laminar sublayer
层流焰 diffusion flame;laminar flame
层流翼 laminar wing
层流(运)动 laminar motion
层流中对流传热 laminar heat convection
层流中热传递 laminar heat convection
层流状结构 laminar texture
层流状态 laminar condition
层流自由对流 laminar free convection
层流阻力 laminar flow resistance
层楼 floor;stor(e)y
层滤 metafiltration
层滤机 metafilter
层滤器 metafilter
层脉复合接触带 composite contact of bed and vein
层面 bed(ding) plane; bedding surface; deck; plane of stratification; stratification surface
层面 X 射线照相术 tomography
层面擦痕 striation on bedding plane
层面常数 bedding constant
层面衬毡 underlining felt
层面冲断层 bedding glide; bedding thrust
层面断层 bedding fault;bedding plane fault;plane fault
层面断开性 bedding fissility
层面方向 bedding angle
层面附面层分离 laminar separation
层面构造 bedding surface structure
层面构造特征 structural features of bedding plane
层面滑动 bedding plane slip;bedding slip;flexural slip
层面滑动褶轴 flexure slip fold
层面滑裂 bedding glide
层面滑抹晶体 smeared out crystal on bed plane
层面滑移 bedding glide
层面夹层 interformational bed
层面间接触 interfacial contact
层面剪切 bed shear
层面角 bedding angle
层面节理 bedding joint
层面开裂性 bedding fissility
层面壳层 bedding lamellae
层面裂缝 bedding plane fracture
层面裂开性 bedding fissility
层面流 sheet surface flow
层面劈理 bedding cleavage
层面片理 bedding schistosity
层面坡度 pitch of roof
层面线 < 浇筑层的 > lift line
层面叶理 bedding foliation
层面易裂性 bedding fissility
层面之间空隙 bedding void
层面状况 bedding condition
层内的 intraformational;intralaminar; intrastratal
层内构造 internal structure
层内痕 endoglyph;exoglyph
层内混杂 intraply hybrid

层内夹层 intraformational bed
层内角砾岩 endostratic breccia; intraformational breccia
层内砾岩 intraformational conglomerate
层内流状构造 intrastratal flow structure
层内扭曲 intraformational contortion
层内破碎带 intralayer crush belt
层内侵蚀 internal erosion
层内溶解作用 intrastratal solution
层内溶液 intrastratal solution
层内揉皱 intralayer crumple
层内通信[讯] intralayer communication
层内无根褶皱 rootless intrafolial folds
层内褶皱 intrafolial fold(ing); intraformational fold(ing)
层泥岩 lutite
层黏[粘]土拱梁 laminated arch(ed) girder
层凝灰岩 tuffite
层片 layered tablet; piles; synusia
层片数 number of lamina
层片体 lamellasome
层片岩 bibliolite
层片岩砌块 coursed block(work)
层片状节理【地】laminated jointing
层铺的 coursed
层铺法 layer spread method; spreading in layers
层铺路面 coursed pavement
层砌粗琢石毛石 random ashlar
层砌的 coursed
层砌法 block in course
层砌方块 block-in-course; coursed block(work)
层砌方块毛石 coursed square rubble; random ashlar
层砌方石 coursed ashlar
层砌工程 range work
层砌块体 block-in-course; coursed block; coursed blockwork
层砌块体圬工 coursed block masonry
层砌块圬工 coursed blockwork
层砌毛石 coursed rubble
层砌毛石墙 coursed rubble wall
层砌毛石圬工 coursed rubble masonry
层砌砌筑 course work
层砌石工 range work
层砌条石 coarsed ashlar; coursed ashlar
层砌圬工 course(d) masonry(work)
层砌砖工 course brickwork
层砌琢石 course masonry; range masonry(work)
层砌琢石墙面 coursed ashlar
层圈构造 layer-sphere structure
层圈构造说 tectonosphere theory
层缺 break; stratigraphic(al) break
层群 synusia
层燃 grate firing
层燃炉 coal-bed firing combustor; grate(-fired) furnace
层绕螺线管 layer-wound solenoid
层色谱 layer chromatography
层烧炉 stoker
层深 layer depth
层石砌体 coursed masonry(work)
层蚀 exfoliation corrosion; sheet erosion
层式安装 shelf mounting
层式阀 step valve
层数 layer; level number; number of plies; numbers of layers; numbers of stratification【地】; number of floor levels; number of stories【建】; lifts <脚手架在垂直方向>; ply-rating <轮胎帘布的>; container stack(ing) height <集装箱>
层数少且不设置楼梯的楼房 low-rise
层栓 bed plug
层水 water stratum
层速度 interval velocity
层速度模型 interval velocity model
层速度平面图 interval velocity plan map
层速度剖面 internal velocity section
层速度剩余曲线 residual curve of interval velocity
层态 attitude
层脱 delaminating
层外 off-level
层外来源 extrastratal source
层网络单元 layer network element
层位 position; horizon【地】
层位闭合 layer closure
层位闭合差 layer misclosure
层位开头 floor switch; landing-switch
层位速度水平切片 horizontal slice of layer velocity
层位系数 <以筛分的顶层筛为1> deck factor
层位移表 level displacement table
层位嶂 horizon peak
层位振幅水平切片 horizontal slice of layer amplitude
层纹 laminated striation
层纹状 lamellar
层纹状白云岩 dololaminite
层纹状的【地】lamellar
层纹状砾质泥岩 laminated conglomerate mudstone
层纹状石灰岩 laminated limestone
层析X射线扫描器 tomographic scanner
层析X射线影屏照相术 tomophotography
层析X射线照片 tomogram
层析X射线照相法 tomography
层析X射线照相组合 tomosynthesis
层析成像 computerized tomography
层析成像技术 computerized tomography technique
层析(法) chromatography
层析谱 chromatogram
层析试剂 chromatographic analysis reagent
层系【地】strata sequence
层线 layer line; line of stratification
层形点阵 layer lattice
层形晶格 layer lattice
层形树脂玻璃布 glass textolite
层型 stratotype
层型相 smectic phase
层型整枝 stratified training
层性结构 laminar structure
层锈菌属 <拉> Phakopsora
层序【地】sequence of layers; sequence of strata; strata sequence; strata succession; succession of strata
层序对比 matching of successions
层序号 order of the layer
层序划分 classification of layer sequence
层序间断 lost strata
层序内部结构模式 internal sequence configuration mode
层序原理 principle of superposition
层序组 sequence; stratigraphic(al) sequence
层压 laminate
层压安全玻璃 laminated safety glass
层压板 all-paper laminate; industrial laminate(d) board; lamella mat; laminate; laminate(d) board; laminated wood; plywood
层压板材 laminated sheet; presswood
层压板面板 coversheet
层压板面防火门 laminate-faced fire door
层压板装饰贴面纸 decorative overlay
层压玻璃 laminated glass; sandwich glass
层压玻璃隔墙 laminated glass partition wall
层压箔 laminated foil
层压薄膜 laminating film; laminating sheeting
层压薄膜袋 laminated film bag
层压薄片 step-laminate
层压布 laminated cloth; laminating cloth; woven cloth for electric(al) laminate
层压材料 accumulate timber; laminate(d) material; stratified material
层压材料支承 laminated bearing
层压层 laminate ply
层压多孔金属材料 Lamipore
层压法 laminating process; laminating; lamination
层压帆布 laminated tarpaulin
层压防潮纸 asphalt-laminated paper
层压杆 laminated rod
层压钢丝网水泥 laminated ferrocement
层压隔热板 laminated insulation
层压工艺 laminate technique
层压构件 all-paper laminate
层压合成革 lamination synthetic(al) leather
层压汇流条 laminated bus plate
层压机 laminating machine; laminator; layer press
层压胶布板 textolite
层压胶合板 laminated plank; laminated wood
层压胶木轴承 lignumvitae bearing
层压接缝 laminate joint
层压接合 laminated joint
层压结构 laminated structure
层压金属 clad metal
层压梁 laminated beam
层压模塑法 laminate mo(u)lding
层压模制 laminated mo(u)lding
层压膜 laminated film
层压木板 laminated wood; laminwood; plywood
层压木材 laminated wood
层压木屑板 laminated chipboard
层压泡沫塑料 permafoam
层压喷管 laminated nozzle
层压片材 laminated sheet
层压墙板 laminated wallboard
层压热固塑料 laminated thermosetting plastics
层压伸臂梁 laminated-boom spar
层压石棉板 asbestos-based laminate
层压石棉沥青油纸板 asbestos base asphalt paper
层压树脂 laminated resin; laminating resin
层压塑法 laminated mo(u)lding
层压塑料 laminated plastics; Perma; stratified plastics
层压塑料板 laminated plastic board; laminated plastic sheet
层压塑料板侧杆 laminated plastic board side lever
层压塑料板打梭棒 laminated plastic board picking stick
层压塑料薄板 laminated plastic sheet
层压塑料门 high-pressure laminate door
层压塑料装饰面板 laminated plastic panel with decorative surface
层压铁氧体存储器 laminated ferrite memory
层压涂层 lamination coating
层压网纸板 laminated fabric
层压纤维板 laminated-fabric plate; laminated fiber[fibre] board
层压纤维墙板 laminated fiber[fibre] wallboard
层压橡胶 laminated rubber
层压压机 laminating press
层压硬板 laminated rigid board
层压用清漆 laminating varnish
层压圆细木工制品 ribbing up
层压云母板 micanite
层压纸 laminated paper
层压纸板 laminated paperboard; laminated paper sheet; paper-based laminate; papreg
层压制件 laminate
层压制模 laminate mo(u)lding
层压制品 laminate
层压制品层间开裂损坏 cleavage
层压轴承 laminated bearing
层压状态 laminated state
层岩 ledge rock
层移运动 sheet movement
层云 stratus cloud
层在纸的芯纸 core paper
层折X射线照相法 laminography; planigraphy; tomography
层指示符 level indicator
层柱累托石吸附 pillared rectorite adsorption
层砖砌体 coursed masonry(work)
层状 laminarization; layered; stratiform
层状靶 layered target
层状板 lamellated plate
层状壁 laminar wall
层状冰 telescoped ice
层状冰碛 stratified drift; washed drift
层状剥落 bed separation; scaling
层状材料 stratified material
层状长条纤维 sandwich ribbon fiber[fibre]
层状沉积 bedded deposit(ion); stratified deposit; stratified sedimentation
层状沉积平原 foliation plain
层状沉积物 stratified deposit; stratified sediment
层状沉降 zone settling
层状冲蚀 sheet erosion
层状的 banded appearance; bedded; foliate; laminar; schistose; stratified; stratiform; lamellar
层状的森林粗腐殖质 laminated mor
层状地层 bedded formation; layered stratum
层状地基 stratified foundation
层状地貌 stratified relief
层状点阵 laminar grating
层状电泳法 zone electrophoresis
层状断层 rotational fault
层状断口 laminated fracture
层状断裂面 lamellar fracture
层状堆肥 sheet composting
层状堆集 stacking of layers
层状对流 laminar convection
层状分析 stratified analysis
层状酚塑料 micarta
层状酚塑料绝缘环 Micarta insulating ring
层状腐殖质泥煤 live peat
层状复合材料 laminar composite
层状各向异性介质 layer anisotropic media
层状共晶 lamellar eutectic
层状构造 bedded[bedding] structure; lamellar structure; laminar structure; laminated structure; layer(ed) structure; sandwich; stratified structure
层状结构不平衡施工以致形成翘曲

unbalanced construction
层状构造硅酸盐矿物 phyllosilicate mineral
层状构造土 bedded soil
层状光栅干涉仪 lamellar grating interferometer
层状硅酸盐 phyllosilicate
层状含水层 bedded aquifer
层状合金复合材料 laminated-metal composite
层状化合物 lamellar compound
层状混合物 stratified mixture
层状混合岩 stromatite
层状火成岩体 layered igneous rock body
层状火山 bedded volcano; stratified volcano
层状火山角砾岩 bedded volcanic breccia
层状火山锥 stratified volcanic cone
层状基型 layer motif(pattern)
层状激光器 layered laser
层状集块岩 bedded agglomerate
层状挤压成型技术 lamellar extrusion technique
层状建造 bedded formation
层状胶片 sandwich film
层状胶束 lamellar micelles
层状礁 strome reef
层状结构 bedding structure; lamellar structure; laminar structure; laminate(d) structure; layer(ed) structure; sandwich construction; sheet structure; stratified structure; sandwich
层状结构硅酸盐 layer silicate
层状结核 layering nodule
层状介质 layered medium; stratified medium[media]
层状金属 laminated metal
层状晶格 laminar grating; layer lattice; layer winding
层状晶格结构 layer lattice structure
层状晶架矿物 layer lattice mineral
层状晶体 layer crystal
层状绝缘 laminated insulation
层状空化 laminar cavitation
层状空泡 laminar cavitation
层状矿床 bedded deposit(ion); stratiform deposit
层状矿脉 bed of vein
层状矿体 stratiform orebody
层状拉裂 lamellar tearing
层状沥青 layered bitumen
层状裂纹 laminar crack
层状裂隙水 bedded fissure water
层状菱镁矿矿床 stratiform magnesite deposit
层状流 laminar flow; stratified flow
层状流动构造 laminar flow structure
层状流速分布 laminar velocity distribution
层状脉 bed(ded) vein
层状煤 banded coal; laminated coal; slabby coal
层状面 plane foliation
层状面流 laminar surface flow
层状耐酸碱酚塑料 micarta
层状泥沙 stratified deposit; stratified sediment
层状黏[粘]土 bedded clay; laminated clay; layered clay; varied clay; varved clay
层状凝灰岩 bedded tuff
层状排列 bedding
层状坯块 laminated compact
层状片麻岩 banded gneiss; lagengneiss
层状偏析 stratified segregation
层状屏蔽 laminated shield
层状侵入 layered intrusion
层状侵入体 layered intrusion body; layered intrusive body
层状氢氧化镁铝 layered magnesium-aluminum hydroxide
层状全息干涉测量术 sandwich hologram interferometry
层状全息图 sandwich hologram
层状燃烧 layer combustion; stratified combustion
层状燃烧发动机 stratified charge engine
层状热储 strata reservoir
层状砂 blanket sand; stratified sand
层状砂层 sheet sand
层状砂岩 band sandstone; bedded sandstone; leastone; sand flag
层状烧结坯 composite sintered compact
层状生长 lamellar growth; layer growth
层状生物礁 biostrome
层状生物石灰岩 biostromal limestone
层状石棉织物 laminate asbestos fabric
层状水 stratum water
层状撕裂 lamellar tearing
层状碎裂结构 stratiform cataclastic texture
层状燧石 bedded chert
层状弹性垫座 laminated elastometric pad
层状探测器 layered shape detector
层状体 lamina[复 laminae/ laminas]
层状体系 layered system; stratified system
层状体系的沉降系数 settlement coefficient for layered system
层状体系的沉陷系数 settlement coefficient for layered system
层状铜矿床 stratiform copper deposit
层状土(壤) laminated soil; layered soil; stratified soil
层状乌云 nimbostratus
层状相 lamellar phase
层状小体 lamellar body
层状型斜长岩 layered anorthosite
层状岩石 bedded rock; foliated rock; schistose rock; stratified rock
层状岩体 bedded rock; foliated rock; schistose rock; stratified rock
层状岩系 bedded formation
层状液晶 smectic liquid crystal
层状异重流 laminar density flow
层状油藏 layered pool
层状雨云 pallium
层状云 layer cloud; sheet cloud; stratiform cloud; stratiformis
层状运动 laminar motion
层状蛭石 exfoliated vermiculite
层状珠光体 lamellar pearlite
层状自由面流 laminar free-surface flow
层状组织 lamellar structure; layer structure; schistose structure; zonal structure
层子 straton
层子模型 straton model
层组 bed set; group of layers
层组合 stratum society
层组间砾岩 interformational conglomerate
层组内的 intraformational

曾

曾用名 old name

蹭

蹭背 offsetting
蹭脏 offsetting

叉

叉 fork; tine
叉比 cross ratio
叉臂 yoke
叉柄 fork handle
叉槽 fork(lift) pocket; joint yoke
叉槽强度 strength of forklift pockets
叉槽试验 lifting from fork pocket test; lifting test by fork pockets
叉草上垛 fork hay onto a stack
叉铲车 forklift truck
叉车 forklifter; forklift(loader); fork stacker; fork truck; high lift; lift fork; lift truck; stacker truck; truck lift
叉车铲(斗) fork truck scoop
叉车串杆 loop bar
叉车的叉子伸入口 fork pocket
叉车吊高器 cherry picker
叉车工作装置 fork truck attachment
叉车加长叉 fork extension
叉车兼牵引车 tractolift
叉车接头 fork adapter
叉车举升高度 fork height
叉车最大提升高度 maximum fork height
叉乘 cross product; multiplication cross
叉齿距 spread of the fork
叉齿试验 prong test
叉齿套 fork extension; fork extension sleeve
叉锄 fork hoe; hoe-fork
叉处生的 compital
叉道 shunt
叉道式斜面升船机 forked ship incline
叉点 crunode
叉端 fork end; strap and key end
叉端立柱 <钢管支撑中的> split heads
叉端螺栓 fox bolt
叉堆法 end-racking
叉分枝 dichotomy
叉杆 beam holder; crotch; crutch; deadman; fork arm; fork(ed) lever; rod jaw; straddle pole; yoke lever; pike pole
叉杆擦痕 stick marks
叉杆控制器 deadman controller
叉杆销 rod jaw pin
叉隔 fork gap
叉根的 forked
叉钩 fork hook
叉管 branched pipe; branching pipe; single branch; wye branch; Y-branch; Y-type pipe
叉管连接的支管 double Y branch
叉管水力学 manifold hydraulics
叉规 fork ga(u)ge
叉棍 fork rod
叉河 distributary
叉河型河床 branching river-bed
叉簧 catch of hook; cradle switch; heaver; hook switch
叉簧钩键 hook switch
叉簧开关 switch hook
叉簧式台架 cradle type stand
叉簧式托架 cradle type stand
叉簧式支撑 cradle type stand
叉积 cross product; vector product
叉架 crotch; crutch; fork carriage; fork mounting; trestle
叉架铆钉机 yoke riveter
叉架起货机 forklift
叉架式运货车 forklift truck
叉架头部 fork standard
叉脚 bridge
叉接头楔销孔 fork eye
叉节 knuckle
叉筋 bar dowel
叉举 forklift
叉口 crotch
叉口环形中心岛 central island
叉口接合 crossbill joint
叉口应力 crotch stress
叉链 fork chain
叉流 crossing streams
叉流换热器 cross-flow heat exchanger
叉流式 cross-flow
叉流式热交换器 cross-flow heat exchanger
叉路 bifurcation; skip road; slip road
叉路信号 shunting sign
叉门架 mast timber
叉排的 staggered
叉起牵引两用车 tractolift
叉式 V-shape
叉式铲车 forklift hoist; fork stacker
叉式打捞工具 devil's pitchfork; devil's steel hand
叉式电池车 electric(al) fork lift
叉式电动装卸车 electric(al) fork truck
叉式杆端 split lever end
叉式港池 trident-shaped basin; trident-shaped dock
叉式给料机 bifurcating feeder
叉式挂钩 yoke type hitch
叉式绞线机 crosswise wire strander
叉式铰接 yoke joint
叉式接法 fork connection
叉式立柱 forked stanchion
叉式连杆 forked connecting rod
叉式连接法 fork connection
叉式排列 scissors type
叉式皮龙管 fork(ed) hose
叉式起重车 forklift(ing) truck; fork truck
叉式起重堆垛车 forklift stacker; forklift stacking truck; tier fork lift truck
叉式起重机 forklift hoist; fork track; lifting fork; stacking machine
叉式起重拖车 telefork
叉式钳 fork tongs
叉式切槽机 fork grooving machine
叉式擒纵机构 lever escapement
叉式软管 fork(ed) hose
叉式升降车机 forklift
叉式升降堆积车 high lift fork stacking truck
叉式升降机 forklift(er)
叉式升扬汽车 forklift truck
叉式升运机 forklift for pallets
叉式提升搬运车 forklift truck
叉式提升机 lift fork
叉式挖掘机 fork-type digger
叉式万能升降 forklift
叉式万能装卸车 forklift
叉式万向节 yoke joint
叉式洗涤机 fork-type washing machine
叉式摘穗器 header fork
叉式指针 split pointer
叉式装干草机 fork-type hay loader
叉式装卸车 forklift truck; fork load/unload car; pallet truck
叉式装卸车齿洞 hole by forklift hands and fork arms
叉式装卸车附属装置 attachments of forklift truck
叉式装卸车门架系统 mast assembly of forklift truck
叉式装卸机 forklift; high lift
叉式装载车 stacker
叉式装载机 forklift loader; fork stacker; swath(e) loader
叉式装置 forked mounting

叉式自动装卸车 fork truck; pallet truck
叉式自动装卸车附件 fork truck attachment
叉手 inverted V brace; inverted V-shaped brace
叉丝 cross hairs;cross wires
叉丝单囊壳属 <拉> Podosphaera
叉丝革菌 <拉> Vararia
叉丝壳属 <拉> Microsphaera
叉头 clevice;clevis;jaw
叉头钉 guard pin;safety finger
叉头杆 forked end lever;forked rod
叉头连杆 yoked rod
叉头连接杆 forked link
叉头螺栓 jaw bolt
叉头销 yoke pin
叉托式桌机 cradle-type set
叉托式桌上电话机 cradle-type set
叉瓦式擒纵机构 clubtooth escapement
叉瓦式擒纵轮 clubtooth escape wheel
叉瓦钻 pallet jewel;pallet stone
叉尾 fork-tail
叉尾垫块 block heel riser
叉线 <光学仪器上的> cross hairs; hair cross;reticle;hairline
叉箱垫片 fork box gasket
叉销 fork pin
叉销孔 fork eye
叉斜道 breeches chute
叉形扳手 fork(ed) spanner; fork wrench; pin spanner; straddle wrench;structural wrench;wrench fork
叉形棒 fork rod
叉形臂 forks arm
叉形不互通交叉 grade-separated fork junction
叉形槽 fork groove
叉形槽舌接 forked mortise and tenon joint
叉形长槽十字头 forked long slotted cross head
叉形传动杆 forked driving rod
叉形带销扳手 pin face wrench
叉形档 fork catch
叉形的 fork-shaped;Y-type;bifur-cate
叉形定位臂 wishbone arm
叉形端 forked end;split end;yoke end
叉形耳板 fork screwed insert
叉形杆 forked lever;forked rod;fork link;wishbone
叉形杆件 cross member;forked bar; X-member;Y-member;yoke lever
叉形杠杆头 lever fork
叉形公母接 forked mortise[mortice] and tenon joint
叉形管 bifurcated pipe;forked pipe; forked tube;offset bend;wye tube; Y-pipe;Y-tube;breeches pipe
叉形管件 wye-fitting;Y-fitting
叉形管配件 breeches fittings
叉形环 forked loop
叉形簧架 forked spring carrier arm
叉形火焰焊矩 two-flame burner
叉形激波系 forklike pattern of two shock waves
叉形夹 fork
叉形夹板 forked clamp
叉形夹钳 fork grip
叉形架 forked frame; frame center [centre] crank; prop yoke; X-frame;Y-frame
叉形件 gripping fork; offset bend; Y-piece
叉形箭头 forked head
叉形交叉(口) fork intersection; fork junction
叉形礁 prong reef
叉形铰链接合 knuckle joint
叉形接头 bifurcated joint;branching; fork connector;forked connection; forked element;fork joint;knuckle joint;Y-connection;Y-joint;forked joint
叉形金属带 forked strap
叉形卡车铲 fork truck scoop
叉形卡盘 fork chuck
叉形拉杆 forked tie;tie-rod fork
叉形拉手 <门的> fork catch
叉形拉线 forked stay
叉形立体交叉 Y-grade separation
叉形连杆 forked connecting rod; forked link;yoked connecting rod
叉形连接 fork(ed)joint;yoke joint
叉形连接杆 fork link
叉形联结装置 fork coupler
叉形梁臂 beam arm
叉形螺母扳手 adjustable face spanner;face spanner
叉形螺丝刀 forked screw driver
叉形螺纹梳刀 double point thread chaser
叉形螺旋起子 forked screw driver
叉形锚定板 forked tie
叉形门扣 fork catch
叉形木材 forked wood
叉形排泄口 yoke vent
叉形配件 breech fittings
叉形起重杆 forklift mast
叉形起重机 forklift
叉形桥台 forked abutment
叉形曲线 Y-curve
叉形三通 forked pipe; fork-shaped tee;Y-branch fitting
叉形三通管接 fork-shaped T
叉形十字头 forked(ordinary) cross-head;yoke trunnion
叉形榫 forked tenon
叉形陶管 Y-tile
叉形头 fork head;split-rag head
叉形推架 <安装在推土机前做清扫工作的> brush rake
叉形腿 knock-knee;X-leg
叉形挖掘铲 lifting prong;prong
叉形挖掘机 fork-type digger
叉形弯头 Y-bend
叉形物 skewer
叉形系铁 forked strap
叉形镶榫接 forked mortise and tenon joint
叉形销 fork pin
叉形挟钳 fork clamp
叉形卸料板 fork stripper
叉形卸料机 bifurcated discharger
叉形压板 forked clamp
叉形芽接 sprig budding
叉形眼 fork eye
叉形眼杆 forked loop bar
叉形翼 Y-wing
叉形引出线 fork terminal
叉形枕木 forked tie
叉形中间连杆 fork and blade connecting rod
叉形轴 forked axle
叉形轴颈 forked journal
叉形肘管 Y-piece
叉形抓爪 forklift attachment;gripper fork
叉形装置 fork arrangement
叉形座 forked bed
叉形座架 fork mounting
叉音调制 fork-tone modulation
叉整体式横移装置 built-in sideshift
叉指磁控管 interdigital magnetron
叉指电极 interdigital electrode
叉指慢波线 interdigital line
叉指式的 interdigital
叉指式换能器 interdigital transducer
叉指状电容器 interdigitated capacitor
叉轴 fork shaft
叉轴承 fork bearing
叉轴支座 trunnion support
叉柱 crotch;cruck;crutch
叉桩 brace pile;coupled batter pile; raked pile; raking pile; compound batter pile;compound batter piles; pair of raking piles; skew batter piles
叉状的 bifurcate; forked; prong-shaped
叉状关节 forked knuckle
叉状嫁接 fork grafting
叉状连接 fork connection
叉状脉序 dichotomous venation
叉状闪电 forked lightning
叉状生长 forked growth
叉状水系模式 dichotomic mode
叉状物 crotch;skewer
叉子 fork;prong
叉座 carriage;forked standard
叉座圈 bale band

差

差欧米加 corrected omega

差比分光光度学 differential spectrophotometry
差变导磁率 differential permeability
差别 difference; differential; disparity;distinctness;inequality;interval; odds
差别报酬 differential returns
差别报告 difference report
差别齿轮 compensating gear; differential gear
差别淬火 differential hardening
差别待遇 differential treatment; differentiated treatment; discrimination
差别的 discriminatory
差别点 differential point
差别电流 differential current
差别定价 discriminating pricing
差别对待 discrimination
差别对待的税则 discriminatory tariff
差别对待的销货 discriminatory selling
差别法 difference method
差别费率 differential tariff; discriminating rate;differentiate fare
差别浮选 differential flo(a)tation
差别感交性 differential sensitivity
差别工资 differential wages;disparity pay
差别工资率 differential rate
差别关税 differential duty; discriminating duty
差别滑轮 differential block; differential pulley;differential tackle
差别滑轮组 differential pulley block; Weston pulley block
差别汇率 discriminatory exchange rate
差别计费 differential change
差别计件工资率制度 differential piece-rate system
差别继电器 differential relay
差别加热(法) differential heating; selective heating
差别利润 differential benefit
差别亲和力 differential affinity
差别侵蚀 differential erosion
差别区段 differential segment
差别收入 differential revenue
差别收缩 differential contraction
差别水准测量 differential level(l)ing
差别税 discriminating duty
差别税率 discriminating tariff; tariff differentiation
差别税则 differential tariff
差别税制 differential taxation
差别死亡率 differential mortality
差别套汇率 discriminatory across-rate
差别相关 difference correlation
差别心理学 variational psychology
差别性 distinctiveness
差别阈限 differential limen
差别运价 discrimination of traffic
差别运价率 differential rate
差别运率 discrimination in transport rates
差别运输 discrimination of traffic
差别征税 discriminatory taxation
差别征税率 variable levy system
差并激电动机 differential shunt motor
差并励电动机 differential shunt motor
差波束分离角 separated angle of off-set beams
差错 error;mistake
差错程序 error routine
差错猝发【计】 error burst
差错存储器 error memory; error storage
差错带 error tape
差错待查 errors and omissions excepted
差错防止 fail safe
差错符号 error symbol
差错改正 error correcting
差错估计 error evaluation
差错检测码 error detection code
差错检出及排除 checking and recovery error
差错纠正 fault correct
差错控制 error control
差错控制编码器 error control encoder
差错控制过程 error control process
差错控制解码器 error control decoder
差错控制码 error control code[coding]
差错控制设备 error control equipment
差错控制系统 accuracy control system
差错漏检率 residual error rate
差错率 error rate
差错率监视器 error rate monitor
差错脉冲群 error burst
差错频率 error frequency
差错区间 error burst
差错缺件除外 errors and omissions excepted
差错文件 error file
差错中断 error interrupt
差错状态 error condition
差等路 inferior level highway
差电流 spill current
差电子的 betatopic
差动 differentiate;differentiation
差动安培表 differential ammeter
差动摆式凸轮 differential pendulum cam
差动搬运车 differential carrier
差动半轴齿轮 differential side gear
差动保护 differential protection
差动保护电缆 differential protection cable
差动保护断路器 differentially protected circuit breaker
差动保护继电器 differential protection relay
差动保护系统 differential protective system
差动保护装置 differential protective system
差动泵送 differential pumping
差动比较器 differential comparator
差动比色法 dynamic(al) differential

colo(u)rimetry
差动比色计 dynamic(al) differential colo(u)rimeter
差动变换齿轮 differential change gear
差动变压器 differential transformer
差动补偿 differential compensation
差动操纵 differential steering
差动测力计 differential dynamometer
差动测量 variate
差动齿轮 compensating gear; equalizing gear; differential gear
差动齿轮传动比 differential gear ratio
差动齿轮机构 differential gear train
差动齿轮加法器 differential gear adder
差动齿轮箱 differential case; differential gear box; differential housing
差动齿轮转差计 differential gear slipmeter
差动齿轮装置 differential gearing
差动充气 differential aeration
差动充气电池 differential aeration cell
差动抽气 differential pumping
差动抽气系统 differential pumping system
差动储压器 differential accumulator
差动传动 balance gear; differential drive; differential transmission
差动传动式转速表 differential drive tachometer
差动锤 differential hammer
差动磁强计 differential magnetometer
差动打桩机 differential acting pile hammer
差动单位 differential unit
差动弹道风 differential ballistic wind
差动的 differential
差动电磁铁 differential electromagnet
差动电动器 differential capacitor
差动电光学折射计 differential photo-electrooptic(al) refractometer
差动电离泵 differential ion pump
差动电流 difference current; differential current
差动电流保护装置 differential current protection
差动电流计 comparative indicator
差动电路 differential circuit; differentiating circuit; differentiator
差动电桥 differential bridge
差动电容器 differential capacitor; differential condenser
差动电位计 differential electrometer
差动电压 differential voltage
差动电阻式仪器 differential resistance type instrumentation
差动电阻仪 Carlson instrument(ation); Carlson meter
差动发送器 differential transmitter
差动阀 differential valve; direction changing valve
差动法 differential method
差动反馈法 differential feedback method
差动方位指示器 differential bearing indicator
差动放大器 differential amplifier; differentiating amplifier; differentiator amplifier; long tailed pair amplifier
差动分度法 differential indexing
差动分度头 differential indexing head
差动分度中心 differential indexing centre
差动分离 differential separation
差动分析 differential analysis
差动分析器 differential analyser[analyzer]
差动风 differential wind
差动复滑车 differential hoist; differential purchase
差动杆 differential lever
差动缸 cylinder with differential effect
差动光电子谱仪 differential photo-electronic spectrometer
差动光行差 differential aberration
差动过程 differential process
差动恒温器 differential thermostat
差动滑车 chain hoist; compensating gear; differential block; differential tackle; differential windlass; gin block
差动滑车轮 differential pulley; differential tackle
差动滑车组 differential chain block; differential pulley block; differential tackle
差动滑阀 differential sliding valve
差动滑轮 differential block; differential pulley
差动滑轮组 differential chain block
差动回授法 differential feedback method
差动活塞 differential piston
差动活塞泵 differential piston pump
差动活塞式压力计 differential piston ga(u)ge
差动活塞式压缩机 differential piston compressor; stepped piston compound compressor
差动机构 differential attachment; modified roll mechanism
差动机器 differential mechanism
差动激磁 differential excitation
差动激光干涉仪 differential laser interferometer
差动激光陀螺 differential laser gyro
差动激励 differential excitation
差动极化继电器 differential polarization relay
差动计数器 differential counter
差动继电器 balanced relay; balancing relay; differential relay; ratio-balance relay
差动间隙控制器 differential gap controller
差动监控器 differential monitor
差动检流计 differential galvanometer
差动检漏器 differential leak detector
差动键控 differential keying
差动绞辘 differential block; differential chain block; differential hoist; differential pulley purchase; differential purchase; differential tackle; duplex purchase; planetary hoist
差动绞盘 Chinese windlass; differential capstan; differential windlass
差动绞筒 Chinese windlass
差动接触式气动塞规 differential contact-type air plug ga(u)ge
差动接法 differential connection
差动解扣 differential trip
差动进给 differential feed
差动静电计 differential electrometer
差动卷扬机 differential winch
差动可变电容器 differential variable condenser
差动可逆可螺旋桨 Hunter's screw
差动控制 differential control
差动控制杆 differential lever
差动控制器 differential controller
差动励磁 differential excitation
差动链滑车 differential pulley block; worm chain block
差动链轮 spur-geared chain block
差动链式吊车 differential chain hoist
差动链式滑车 differential chain block
差动链式起重机 differential chain hoist
差动灵敏度 differential sensitivity
差动流量计 differential flowmeter
差动滤波器 differential filter
差动辘轳 differential windlass
差动轮 differentiator
差动轮架 differential bracket
差动螺母 differential nut
差动螺栓 differential bolt
差动螺纹 differential thread
差动螺旋 differential screw
差动螺旋传动装置 differential screw gearing
差动螺旋起重器 differential screw jack
差动螺旋千斤顶 differential screw jack
差动平衡式电流继电器 current balance type current differential relay
差动起重器 differential jack
差动气锤 differential steam rammer
差动气压机 differential air pressure type
差动汽缸 differential cylinder
差动器 differential
差动器侧面伞齿轮 crown bevel gear; crown gear; crown wheel
差动器防扣滑锁销 differential nospin
差动千斤顶 differential jack
差动曲线 non-cumulative curve
差动绕法 differential winding
差动绕组 differential winding
差动热电偶 differential thermocouple
差动热电偶电压表 differential thermocouple voltmeter
差动伞齿轮 differential bevel gear
差动筛 differential screen
差动升压机 differential booster
差动声道 <立体声系统的> difference channel
差动十字轴 differential cross
差动式 differential acting type
差动式伴感器 differential generator
差动式泵 Chinese pump; differential pump
差动式鼻坎 slotted roller bucket
差动式变送器 differential transmitter
差动式变速器套筒 differential gear shift sleeve
差动式补偿稳压器 differentially compensated regulator
差动式测量仪表 differential measuring instrument
差动式齿轮减速器 differential reduction gear
差动式传动机构 differential transmitting linkage
差动式传感器 differential generator; differential sensor; differential transducer
差动式传声器 differential microphone
差动式打桩锤 differential(-acting) pile-hammer
差动式单牙轮钻头 Zublin differential bit
差动式底槛 differentiated sill
差动式电动机 differential motor
差动式电压表 differential voltmeter
差动式发动机 differential engine
差动式伏特计 differential voltmeter
差动式干汽管阀门 differential dry-pipe valve
差动式功率计 differential dynamometer
差动式毫安计 differential milliammeter
差动式话筒 differential microphone
差动式换能器 differential transducer
差动式回动装置 differential reversing gear
差动式汇流环 differential busbar ring
差动式活塞 differential plunger pump
差动式继电器 differential type relay
差动式减速齿轮器 differential reduction gear
差动式减速器 mechanical differential
差动式检流计 differential type galvanometer
差动式鉴别器 differential discriminator
差动式鉴频器 differential discriminator
差动式进水口 differential intake
差动式卷扬机 differential hoist; differential windlass
差动式链滑车 differential chain block
差动式汽锤 differential acting steam hammer
差动式桥路 hybrid bridge circuit
差动式桥式电路 hybrid bridge circuit
差动式取水口 differential intake
差动式扫描量热仪 differential scanning calorimeter
差动式双工(电报) differential duplex
差动式调焦 differential focusing
差动式调相 differential phase modulation
差动式调压井 differential surge tank
差动式调压室 differential surge chamber
差动式调压塔 differential surge tank; differential tank
差动式调压箱 differential surge tank; Johnson regulator
差动式微压计 differential micromanometer
差动式压力表 differential pressure meter
差动式压力计 differential ga(u)ge; differential pressure ga(u)ge; pressure manometer
差动式岩石锚杆引伸仪 differential rock bolt extensometer
差动式仪表 differential instrument
差动式折射计 differential refractometer
差动式蒸汽锤 differential acting steam hammer
差动式蒸汽打桩锤 differential-acting steam
差动式柱塞泵 differential plunger pump
差动式转向 differential steering
差动式桩锤 differential acting hammer
差动式自动同步电动机 synchrodifferential generator; synchrodifferential motor
差动式钻头 differential bit
差动输入 differential input
差动输入轴 differential input shaft
差动衰竭 differential depletion
差动双工 differential duplex
差动双工电路 differential duplex circuit
差动双工制 differential duplex system
差动水泵 differential acting pump
差动水压 differential water pressure
差动四通道伽马射线能谱仪 differential four-channel gamma-ray spectrometer
差动伺服机构 differential servo
差动探测器 differential detector
差动天平 differential scale
差动调节器 differential governor; differential regulator
差动调速 differential speed regulation
差动调制 differential modulation
差动调转齿轮装置 differential epicy-

clic gearing
差动铁质测试器 differential iron tester
差动同步电动机 differential synchro motor;synchrodifferential motor
差动同步发射机 differential synchro transmitter; synchrodifferential transmitter
差动同步放大器 differential synchro amplifier
差动同步机 differential synchro;differential synchronizer
差动同步接收机 differential synchro receiver;synchrodifferential receiver
差动头 differential head
差动位移 differential displacement
差动吸收染料激光雷达 differential absorption dye laser radar
差动系数 differential coefficient
差动系统 differential system
差动线卷 differential winding
差动线圈 differential coil;hybrid coil
差动相干传输系统 differentially coherent transmission system
差动相干的 differential coherent
差动相干检测 differential coherent detection; differentially-coherent detection
差动相移 differential shift
差动相移键控技术 differential phase-shift keying
差动小伞齿轮 bevel pinion differential gear;conic(al)pinion differential gear
差动小锥齿轮 bevel pinion differential gear
差动效应 differential effect
差动信号 differential mode signal;differential wave
差动行星齿轮 differential planet gear
差动型干式阀 differential type dry pipe valve
差动修正 differential correction
差动蓄水器 differential accumulator
差动压力 differential pressure
差动压力表 differential manometer;differential pressure ga(u)ge
差动压力传感器 differential pressure transducer
差动压力计 differential manometer
差动压力式风速计 differential pressure type airspeed indicator
差动堰 differential weir
差动仪表 differential meter
差动因数 differential factor
差动影响 out-of-phase differential effect
差动油缸 differential cylinder
差动元件 differentiating element
差动运动 differential motion
差动增压器 differential supercharger
差动闸 differential brake
差动振荡器 differential generator
差动蒸汽锤 differential acting steam hammer
差动指示器 differential detector
差动制 differential system
差动制动器 differential brake
差动中继阀 differential relay valve
差动轴 differential shaft
差动轴承 differential bearing
差动轴承调整螺母 differential bearing adjusting nut
差动轴滑轮 differential sheave
差动柱塞 differential plunger
差动转电线圈 hybrid repeating coil
差动转向 differential turn
差动转向机构 differential steering device
差动装置 compensator; differential device;differential drive;differential gear; differential system; differentiator
差动装置螺钉 differential screw
差动自动同步电机 differential selsyn motor
差动自动同步机 differential generator; differential selsyn; differential synchro
差动自记测温仪 differential bathygraph
差动自整角发电机 synchro differential generator
差动自整角机 differential generator; differential selsyn
差动自整角机发送机 differential transmitting selsyn
差动总成 differential assembly
差动作用 differential action;differentiating action
差度 dispersion
差额 balance;balance amount;difference;margin
差额补偿 differential compensation
差额测试 balance test
差额成本法 cost differentials approach
差额大小 range of balance error
差额递减法 declining balance method
差额范围 range of balance error
差额购买 purchase on margin
差额利润比率 differential profit ratio
差额清算 balance account
差额式计数器 beat counter
差额收入 differential earning;differential income
差额收益 differential earning
差额税 variable levies
差额所得 differential gain
差额投资偿还期 payback period by investment difference between lines
差额移下 balance carried down
差额增量 differential increment
差额账 balance account
差方和 sum of squares of deviations
差分 difference;finite difference
差分报告 difference report
差分逼近 differential approximation;finite difference approximation
差分比较放大器 differential comparator amplifier
差分比较器 differential comparator
差分表 difference table; differential table;table of difference
差分表达式 difference expression
差分表示式 difference expression
差分并极电机 differential shunt motor
差分博弈 differential game
差分侧位偏移 differential lateral
差分测量 difference measurement
差分长度操作数 difference length operand
差分串 difference string
差分地址操作数 difference address operand
差分电路 difference channel
差分电压 differential voltage
差分二极管 difference diode
差分法 calculus of differences;calculus of finite difference; difference method;method of difference;method of finite difference
差分方程 difference equation
差分方程解法 solution of difference equation
差分放大乘法器 differential amplifier multiplier
差分放大器 difference amplifier;differential amplifier; differentiating amplifier
差分干涉 differential interference
差分干涉测量法 differential interferometry
差分干涉显微镜 differential interference microscope
差分格点 difference grid point
差分格点数 number of difference grid point
差分格式 array of difference;difference scheme;differencing scheme;finite difference scheme
差分格式频散 dispersion of difference scheme
差分公式 difference formula
差分化 differencing
差分机 difference engine
差分激励 differential excitation
差分计算 calculus of differences
差分检波 differential detection
差分检波器 difference detector
差分检流计 differential galvanometer
差分鉴别器 differential discriminator
差分交扰 differential crosstalk
差分校正 difference correction
差分校正法 difference correction method
差分结构 difference structure
差分解 finite difference solution
差分解调 differential detection
差分近似 difference approximation
差分矩阵 difference matrix
差分螺线 difference spiral
差分脉冲编码调制电路 differential pulse code modulation circuit
差分脉冲编码调制量化器 differential pulse code modulation quantizer
差分脉码 differential pulse code
差分脉码调制 differential pulse code modulation
差分模式 difference modes
差分模输入 difference-mode input
差分模信号 differential mode signal
差分内插法 difference interpolation
差分曲线 difference curve
差分全息干涉计量术 differential holographic interferometry
差分时延 differential delay
差分式全球定位系统 differential global positioning system
差分收缩 differential shrinkage
差分输入 differential input
差分四相移键控 differential quadrature phase shift keying
差分算子 difference operator; finite difference operator
差分调制 differential modulation
差分网格 difference grid
差分微分方程 difference-differential equation; differential-difference equation
差分系数 difference coefficient
差分相干检测 differential coherent detection
差分相位 differential phase
差分相移键控 differential phase-shift keying
差分信号输入 difference-mode input
差分信号增益 difference mode gain
差分型门 differential type gate
差分型信号 differential mode signal
差分修正业务 differential correction service
差分序列 difference sequence
差分学 calculus of finite difference
差分延迟 differential delay
差分演算 calculus of enlargement; calculus of finite difference
差分仪 differential analyser[analyzer]
差分移相键控 differential phase-shift keying
差分元件 differential
差分运算放大器 differential operation(al) amplifier
差分甄别器 differential discriminator
差分(直)线性 differential linearity
差分装置 differential attachment
差幅 amplitude of beat
差复激电动机 differentially compound wound motor
差复激励磁机 differentially compounded exciter
差复激绕组 decompounding winding; differential compound winding
差复励 differential compound
差复励电动机 decompounded motor; differential compound motor
差复励电机 differentially compound-wound machine
差复励发电机 differential compound generator
差复励绕组 differential compound winding
差复绕电动机 differential compound motor
差共振 difference resonance
差光谱 difference spectrum
差函数 difference function
差和定位 distance sum measurement
差厚面标志方法 differential marking system
差积 difference-product
差积曲线 differential mass curve;residual mass curve;residual mass diagram
差积线 differential mass curve
差激磁场 differential field
差激电焊发电机 differential-excited welding generator;welding generator with differential excitation
差级联 differential concatenation
差级同步 differential synchro
差级同步机 differential synchro
差级吸气泵 differential getter pump
差集(合) difference set
差集码 difference-set code
差价 agio;price difference;price gap
差价补贴 differential subsidy
差价裁决 deficiency judgement
差价对半分 split the price difference on 50% basis
差价进口税 variable import levy
差价税 variable levy
差角 declinate
差角法 angle-offset(method)
差较螺线 difference spiral
差接 differential;joining-up differentially
差接变量器 differential transformer
差接变压器 balancer-transformer;differential transformer; linear differential transformer
差接变压器换能器 differential-transformer transducer
差接变压器式车轴检测器 differential transformer axle detector
差接串励绕组 differential series winding
差接电弧灯 differential arc lamp
差接电桥 differential bridge
差接检波器 differential detector
差接可调变压器 differential regulating transformer
差接滤波器 differential filter
差接升压机 differential booster
差接双工电报 differential duplex telegraph
差接增压机 differential booster
差接自动同步机 differential synchro

C

差径活塞 differential piston
差距 gap; margin; miss-distance; offset distance
差距很大 a far cry(from)
差励 differential excitation
差励电动机 differential wound motor
差励发电机 differential-excited generator
差联电弧调节器 differential arc regulator
差量 deficiency
差量会计 differential accounting
差量系数 coefficient of variation
差量指数 index of difference
差流继电器 differential current relay
差漏磁通 differential leakage flux
差漏抗 differential leakage reactance
差漏项目 balancing item
差旅费 travel(l)ing expenses
差旅津贴 travel allowance
差率校正 differential correction
差模干扰 differential mode interference
差模增益 difference mode gain
差欧米加 differential omega
差欧米加系统 differential omega system
差拍 beat
差拍变频 heterodyning
差拍电压 beat voltage
差拍法 beat method
差拍检波器 beat frequency detector
差拍接收 beat reception
差拍信号发生器 beating generator
差频 beat frequency; difference frequency; slip frequency
差频变化 beat frequency change
差频测试计 beat frequency meter
差频测试器 beat frequency meter
差频电路 differential frequency circuit
差频发生器 difference frequency generator
差频法 beat method
差频干扰 beat interference
差频检测回路 frequency difference pickup circuit
差频接收法 beat reception
差频频率计 beat frequency meter
差频起伏 difference frequency fluctuation
差频扫描 difference frequency sweep
差频失真 difference frequency distortion
差频式计数器 beat counter
差频项 difference frequency term
差频效应 beat effect; difference frequency effect
差频信号放大器 difference amplifier
差频原理 beat principle
差频载波 beat carrier
差频振荡器 beat frequency oscillator
差频指示器 beat frequency indicator; beat indicator
差强人意的事 near miss
差倾角 decalage
差绕 differentially wound
差绕并激电动机 differential shunt motor
差绕磁场 differential wound field
差绕电动机 differentially wound motor; differential motor
差绕电铃 differentially wound bell
差绕电流计 differential galvanometer
差绕发电机 differential generator
差绕复激 differential compound
差绕复激电动机 differential compound motor
差绕复激发电机 differential compound generator
差绕继电器 differential relay
差绕铃 differentially wound bell
差绕线圈 differential coil
差热导记录仪 differential conductivity recorder
差热煅烧 differential thermal calcination
差热分析 differential(thermal) analysis; thermodifferential analysis; thermography
差热分析曲线 differential thermal analysis curve; thermogram
差热分析曲线图 differential thermal analysis thermogram
差热分析设备 differential thermal analysis apparatus; differential thermal apparatus
差热分析图 differential thermal analysis pattern
差热分析仪 differential analyser[analyzer]
差热量程 differential thermal measuring range
差热曲线 differential heating curve
差热日射计 differential thermal solarimeter
差热失重分析 differential thermogravimetric analysis
差热式阻汽器 differential trap
差热温度曲线 differential thermal curve
差热重量法 differential thermogravimetry
差热重量分析 differential thermal gravimetric analysis
差容式加速度传感器 differential capacitance acceleration transducer
差商 difference coefficient; difference quotient
差示 differential
差示 U 形管 differential U tube
差示曝光表 differential actinometer
差示比色法 differential colo(u)rimetry
差示变压器 differential transformer
差示操作 differential operation
差示测光 differential photometry
差示测量法 differential methods of measurement
差示测微计 differential micrometer
差示测压术 differential manometry
差示超声测速仪 differential ultrasonic velocimeter
差示沉降 differential sedimentation
差示滴定 differential titration
差示电导滴定 differential conductometric titration
差示电流计 differential galvanometer
差示电桥式分光计 differential bridge type spectrometer
差示电位滴定(法) differential potential titration; differential potentiotitration
差示电位溶出分析 differential potential stripping analysis
差示法 differential method
差示放大器 differential amplifier
差示沸点计 differential ebulliometer
差示分光光度法 differential spectrophotometric method; differential spectrophotometry
差示分光光度计 differential spectrophotometer
差示光度测量 differential photometry
差示光度法 differential spectrometry
差示光度计量 differential photometry
差示光谱 differential spectrum
差示光谱法 differential spectroscopy
差示光谱学 differential spectroscopy
差示光散射分析仪 differential light scattering analyser[analyzer]
差示极谱 differential polarogram
差示极谱法 differential polarography
差示检测器 differential detector
差示空气温度计 differential air thermometer
差示冷却 differential cooling
差示离心法 differential centrifugation
差示离心分离 differential centrifugation
差示量热计 differential steam calorimeter
差示量热器 differential calorimeter
差示量热术 differential calorimetry
差示灵敏度 differential sensitivity
差示流量计 differential flowmeter
差示脉冲极谱(法) differential pulse polarography
差示脉冲阳极提溶伏安法 differential pulse anodic stripping voltammetry
差示黏[粘]度 differential viscosity
差示频率计 differential frequency meter
差示器 differentiator
差示热电偶 differential thermocouple
差示热分析 differential thermal analysis
差示热分析图 differential thermogram
差示热分析仪 differential thermal analysis meter; differential thermal analyser[analyzer]
差示热解重量分析 differential thermogravimetric analysis
差示热膨胀量测法 differential dilatometry
差示热膨胀仪 differential dilatometer
差示热重分析 differential thermogravimetric analysis
差示溶解度法 differential solubility technique
差示扫描量热法 differential scanning calorimetry
差示扫描量热计 differential scanning calorimeter
差示扫描量热器 differential scanning calorimeter
差示扫描量热曲线 differential scanning calorimetric curve
差示扫描量热仪 differential scanning calorimeter
差示色谱法 differential chromatography
差示双柱 differential double column
差示水化分离 differential-hydration separation
差示通风计 differential draft ga(u)ge
差示微压计 differential micromanometer
差示温度滴定法 differential thermometric titration
差示温度计 differential thermometer
差示吸收比 differential absorption ratio
差示压力表 differential pressure ga(u)ge; differential pressure meter; draft ga(u)ge; draught ga(u)ge
差示压力计 differential manometer; differential pressure ga(u)ge; differential pressure meter; draft ga(u)ge; draught ga(u)ge
差示折光计 differential refractometer
差示折光计检测器 differential refractometer detector
差示折光检测器 differential refraction detector
差示折光率检测器 differential refractive index detector
差示折射计 differential refractometer
差示真空规 differential vacuum ga(u)ge
差示蒸汽量热器 differential steam calorimeter
差示蒸汽压力温度计 differential vapour pressure thermometer
差示装置 differentiator
差式反应器 differential reactor
差式压力表 differential pressure ga(u)ge; draft ga(u)ge; draught ga(u)ge; draught indicator
差式压力计 differential pressure ga(u)ge; differential pressure meter; draft ga(u)ge; draught ga(u)ge; draught indicator
差式液位计 differential liquid level ga(u)ge
差收标准差 standard deviation of difference
差数 difference
差速齿轮 compensating gear; differential gear
差速传动 differential transmission
差速传动齿轮止推承 differential drive gear thrust block
差速传动发动机 differentially driven engine
差速大小锥齿轮付 differential drive pinion and gear set
差速大小锥齿轮组 differential drive pinion and gear set
差速的 differential speed
差速对辊机 differential roll
差速杠杆 differential lever
差速辊 differential speed roll
差速机补正齿轮 differential compensating gear
差速机构 box of tricks; differential; differential mechanism
差速机构行量齿轮十字架 differential spider
差速机壳 differential housing
差速机十字轴 differential spider
差速机锁 differential lock
差速卷绕机 differential winder
差速开关 discrepancy switch
差速离心(分离) differential centrifugation
差速轮 spider gear
差速盘 synchronoscope disc[disk]
差速器 differential; differential mechanism; speed differential
差速器半壳 differential cap half case
差速器被动齿轮 differential side gear
差速器闭锁机构 differential lock
差速器侧齿轮 differential side gear
差速器侧面伞齿轮 differential crown wheel
差速器侧箱 differential side case
差速器传动 differential drive
差速器传动齿轮 differential drive gear
差速器传动小齿轮 differential drive pinion
差速器传动小正齿轮 differential spur drive pinion
差速器传动正齿轮 differential spur drive gear
差速器传动轴联轴节 differential drive shaft coupling
差速器大被动齿轮 differential master gear
差速器低油压警告信号 differential low oil pressure warning signal
差速器防扣滑锁销 differential nospin
差速器固定板 differential mounting plate
差速器环齿轮 differential ring gear
差速器环齿轮推力螺钉 differential drive gear thrust screw
差速器夹爪 differential locking jaw
差速器架齿轮 differential spider gear
差速器减振固定板 differential shock

mounting plate
差速器接合 differential connection
差速器壳 differential carrier; differential case
差速器壳调整工具 differential side adjusting tool
差速器壳轴承 differential side bearing
差速器空转齿轮 differential idle gear
差速器空转齿轮轴 differential idler gear shaft
差速器十字头 differential cross
差速器十字轴 differential spider
差速器输出轴 differential output shaft
差速器锁 differential lock
差速器锁玎闭踏板 differential lock-unlock pedal
差速器托架 differential carrier
差速器脱锁定信号灯 differential unlock signal light
差速器箱 case of differential; differential case
差速器箱体盖 differential housing cover
差速器小齿轮 differential pinion
差速器小齿轮十字轴 differential pinion cross; differential pinion spider
差速器小齿轮箱 differential pinion case
差速器用润滑油 differential lubricant
差速器油滤网 differential oil screen
差速器止推座销 differential thrust block pin
差速器轴 differential shaft
差速器轴承 differential bearing
差速器轴承杯 differential bearing cup
差速器主齿轮 differential master gear
差速器主动齿轮横轴 differential sliding clutch shaft shaft; differential spur drive pinion cross shaft
差速器主动齿轮轴 differential pinion shaft
差速器主动齿轮轴承锁 differential drive pinion bearing lock
差速器主动小齿轮轴承 differential drive pinion bearing
差速器主动小齿轮轴承罩 differential drive pinion bearing cage
差速器主动小齿轮座架 differential drive pinion carrier
差速器装置 differential cross pin
差速器锥形轴承 differential cone bearing
差速器锥形轴承杯 differential cone bearing cup
差速器锥形轴承盖 differential cone bearing cap
差速器座架 differential carrier
差速器座架垫密片 differential carrier gasket
差速器座架盖 differential carrier cap
差速双辊式破碎机 differential double roll crusher
差速锁 differential lock; diff-lock
差速箱 differential gear
差速行星小齿轮 differential spider pinion
差速圆盘剪切机 differential speed disk cutter
差速运动 differential motion
差速增压发动机 differential supercharged engine
差速制动器 differential brake
差速轴承 differential bearing
差速转向 differential steering
差速转向制动 differential steering brake
差速装置 differential gear
差烃源岩 poor source rock
差同步 heterochronous
差位式布置 intake-outside-outlet arrangement
差位异构体 epimer; epimeride
差温淬火 differential quenching
差温加热 differential heating
差温冷却 differential cooling
差温溶蚀 corrosion under differential temperature
差误码元 erroneous bit
差向立体异构化 epimerization
差向立体异构体 epimer
差向四环素 epitetracyclin
差向异构 epimerism
差向异构体 epimeride
差向异构作用 epimerization
差信号 difference signal
差压 differential pressure; pressure difference
差压泵 differential pump
差压变换器 differential pressure transducer
差压表 differential ga(u)ge
差压测量 differential pressure measurement
差压传感器 differential pressure cell; differential pressure pickup
差压阀 automatic valve; differential (pressure) valve
差压放大器 differential pressure amplifier
差压隔膜 differential diaphragm
差压辊 differential roll
差压缓解阀 differential release valve
差压机 differential manometer
差压计 differential ga(u)ge; differential manometer; differential meter; differential pressure ga(u)ge
差压记录控制器 differential pressure recorder controller
差压记录器 differential pressure recorder
差压开关 differential pressure switch
差压控制器 differential pressure controller
差压流量计 differential pressure flowmeter; differential pressure ga(u)ge; throttling flow meter
差压膜板 differential diaphragm
差压膜盒 differential capsule
差压旁通阀 differential relief valve
差压溶蚀 corrosion under differential pressure
差压式流量计 difference pressure flow meter; differential pressure (type) flowmeter; pressure differential meter
差压式调节水箱 differential surge tank
差压式液位计 differential pressure type level ga(u)ge; hydrostatic liquid level ga(u)ge
差压式液位检测器 differential pressure type level detector
差压式指示计 differential pressure indicator
差压式指示器 differential pressure indicator
差压式装置 differential pressure device
差压调节 differential pressure control
差压调节阀 differential pressure control valve
差压调节器 differential controller; differential pressure regulator
差压调压塔 differential surge tank
差压通风计 differential draught ga(u)ge
差压铸造 counterpressure casting
差异 contrast; difference; discrepancy [discrepance]; disparity; diversity; imparity
差异百分率 variance percentage
差异报告 variance report
差异比 diversity ratio
差异变形 differential deformation
差异表面点分布 differential surface site distribution
差异表面点分布函数 differential surface site distribution function
差异测验 variety test
差异常数 diversity constant
差异沉降 differential settlement; unequal settlement
差异成本 differential cost
差异传导 aberrant conduction
差异点占有函数 differential site occupation function
差异度 diversity factor; variability
差异法 method of difference
差异反拱 differential camber; differential hogging
差异分析 differential analysis; variance analysis; analysis of variance
差异分析法 differential analysis method
差异风化(作用) <不同程度的风化>【地】differential weathering
差异固结沉降 differential consolidation settlement
差异绞盘 differential capstan
差异聚集 differential entrapment
差异均夷作用 varigradation
差异控制 control variance
差异冷凝 differential condensation
差异冷凝器 differential condenser
差异量 measure of differences; measure of dispersion
差异量数 variability measure
差异脉码调制 differential pulse code modulation
差异挠度 differential hogging
差异膨胀 differential expansion
差异膨胀指示器 differential expansion indicator
差异翘曲 differential hogging
差异侵蚀 differential erosion
差异曲线 difference curve
差异染色性纤维 dye-variant fibre
差异溶蚀 differential corrosion
差异时距曲线 different hodograph
差异式独牙轮钻头 Zublin differential bit
差异释出 differential liberation
差异收缩 differential contraction; differential shrinkage
差异调制 differential modulation
差异位移 differential displacement
差异温度 differential temperature
差异系数 coefficient of variation; differential coefficient; discrimination factor; diversity constant; diversity factor
差异显著性 significance of difference
差异消融 differential ablation
差异性断块构造 differential block structure
差异压力 differential pressure
差异压实 differential compaction
差异压实背斜圈闭 anticlinal trap by differential compaction
差异压实作用 differential compaction
差异压头 differential head
差异因数 diversity factor
差异应力 differential stress
差异运动 differential movement
差异账户 variance account
差翼系数 diversity factor
差音 difference tone
差阈 difference limen; difference sensitivity; differential threshold
差胀 differential expansion
差胀指示器 differential expansion indicator
差值 difference; D-value
差值法 difference method
差值法伽马能谱取样 difference gamma spectrum sampling
差值法伽马取样 difference gamma sampling
差值放大器 difference amplifier
差值分析 differential analysis
差值计数器 difference counter
差值检波器 difference detector
差值矩阵 deviation matrix
差值量化器 differential quantizer
差值脉码调制电路 differential pulse code modulation circuit
差值剖面 deviation section
差值取样换算系数 difference sampling converted coefficient
差值图 differential chart
差值图像 difference image
差值消除法 differential cancellation
差值延迟 differential delay
差致的 differential
差致硬化 differential hardening
差周继电器 differential frequency relay
差轴 deviation shaft
差转接收机 secondary receiver
差转全球定位系统 differential global positioning system
差组合 subtractive combination
差作用温差电偶 differential thermocouple

插拔式继电器盘 mobile relay rack bay

插拔式配电盘 truck-type switchboard
插拔线圈 tube base coil
插板 breast board; flapper; gate; poling(board); poling plate; spile; stop log; stop plank; timber lagging; poling bar <开挖隧道的>; donkey's ear <钳口中的>
插板板桩墙(岸壁) campshed; camp sheeting; camp sheltering; campshot
插板槽 stop-log groove; stop-log guide
插板层次 board level
插板撑架 tucking frame
插板阀 insert plate valve; slide damper; sluice damper
插板法 forepoling; poling board method <开凿隧道>
插板更换 replacer of timbering
插板工法 <隧道> forepiling
插板机 timer lagging machine
插板掘进法 inserted wooden plate method
插板开凿隧道法 pole board method of turning; poling board method of tunnel(l)ing
插板临时支撑软地层法 poling
插板式侧面风口 side opening with side plate
插板式挡土墙 pile and plank retaining wall
插板式拦河坝 barrage with stop planks
插板式拦河堰 barrage with stop planks
插板式送风口 air supply opening with slide plate
插板式吸风口 air suction opening with slide plate
插板式堰 sliding panel weir; sliding timber weir
插板闸 sluice valve
插板闸门 <水闸的> sliding shuttering

插板支撑 forepoling
插板桩 interpile sheeting
插棒 plunger;poker;poking
插棒接点 plunger contact
插棒式 plunger type
插棒式按键 plunger key
插棒式磁铁 plunger magnet
插棒式挡土墙 pile and plank retaining wall
插棒式电池 plunger type cell
插棒式电磁铁 plunger electromagnet
插棒式电磁铁制动器 plunger type brake
插棒式过电流继电器 plunger overcurrent relay
插棒式继电器 plunger relay;plunger type relay
插棒式铁芯 plunger
插棒式铁芯螺线管 solenoid-and-plunger
插棒式寻线机 plunger line switch;plunger type line switch
插棒式预选机 plunger type line switch
插棒式预选器 plunger line switch
插棒式制动器 plunger type brake
插棒铁芯式仪表 plunger type instrument
插标的 at stake
插补 interpolation
插补断面 interpolated section
插补井 infill well
插补器 interpolator
插补误差 interpolation error
插槽 slot
插槽限制 slot bound
插层化合物 intercalation compound
插铲捣固 <混凝土沿模板边> spading
插承搭接 groove and tongue joint;tongue and groove joint
插承接合 bell and spigot joint;female joint;socket and spigot joint(ing);spigot and socket joint;spigot joint
插承接合管 bell and spigot pipe
插尺 measuring wedge
插齿 gear shaping;gear slotting
插齿刀 gear shaping tool;gear slotting cutter;pinion cutter;slotting cutter
插齿机 gear planer;gear shaping machine;gear slotting machine;gear shaper
插床 slotter;slotting machine;vertical planing machine;vertical shaper;vertical shaping machine;vertical slotting machine
插床冲头 slotting machine ram
插刺接合 bayonet joint
插袋机 bag applicator
插袋速度 sack application rate
插刀 downcutting tool;slotting tool
插刀式插头座 knifing socket
插刀式插座 bayonet mount
插刀式镗刀 block-type boring cutter
插捣 punning;spading
插捣混凝土立方试件 rodding concrete cubes
插点 inserting individual point;intermediate point
插点法 insert point method;method of intermediate point;point interpolation
插点观测 intermediate observation
插钉 cut lock;plug pin
插钉术 nailing
插端 spigot(end)
插端锤垫 <制造混凝土管子的> spigot pallet
插端垫衬 <制造混凝土管子的> spigot pallet
插队 jump the queue
插垛 jam
插阀 insert valve
插封 intermittent icing
插缝砖 closer;pup
插腹接 cutting side grafting
插干 truncheon
插杆 inserted link;plunger;spud rod;tommy bar
插杆手柄 slevis handle
插根法 method of false position
插管 cannula;intubation;spile;splice
插管法 intubation;tubage
插管共振式消声器 pipe-resonator muffler
插管棍 dynamite punch pricker
插管接头 spigot joint
插管器 intubator
插管钳 intubating forceps
插管式热交换器 bayonet-tube exchanger
插管支护开挖法 armo(u)r excavation method
插号 parenthesis[复 parentheses]
插花方砖 flower-brick
插花键 spline slotting
插画 iconography
插话<两电台通信[讯]中有第三者参与> break-in operation;pragment
插话键切断接收机接入发射机的电键 break-in key
插话式键控 break-in keying
插换部件 jack in unit
插换电缆 socket cable
插换感应线圈 plug-in inductor
插换式线圈 plug-in inductor
插换线圈 plug-in coil
插换制 plug-in system
插绘等高线 inserting contour
插活的树 quick set
插件 inserter;package;package card;plugboard;plug-in board;plug-in card;plug-in connector;plug-in module;plug-in unit;replaceable unit
插件拔插器 card puller
插件拔出器 card ejector
插件板 board;package board;plug-in (circuit) card;card;plugboard
插件板插拔器 board lifter;card puller
插件板代码 board code
插件板导轨 card rack
插件板电路 card circuit
插件板级 board level
插件板接点 accordion
插件板式计算机 cardboard computer
插件边缘型插头座 card edge type connector
插件布局 card placement
插件布线 card routing
插件插拔工具 card insertion and extraction tool
插件插头座 card connector
插件导轨 board guide;cardguide
插件底板 card chassis
插件地址 card address
插件电源 card power supply
插件分层 card layering
插件分配 card assignment
插件盒 card cage
插件机架 card cage;card frame cage
插件级模件 card level module
插件兼容制造厂家 plug-compatible manufacturer
插件框架 card cage
插件模件 card module
插件片 plug-in sheet
插件设计 card design
插件调试器 board debugger
插件箱 card cage
插件总线 card bus
插键 key slotting
插键槽 key seat
插脚 base pin;pin;prong
插脚兼容 pin compatible
插脚排列 pin arrangement
插脚数 pin number
插接 cuttage grafting;cutting grafting;double lap;inlaying grafting;peg graft;splicing wire;telescoped joint
插接板 control panel;pinboard;plugboard
插接板程序设计 pinboard programming
插接板计算机 pinboard machine
插接板控制图 plugboard chart;plugging chart
插接瓣 lobe
插接保险丝 bridge fuse
插接不良 plug-in trouble
插接程序 plugged program(me)
插接程序计算机 wired program(me) computer
插接触点 wedge contact
插接点 plug-in point;point insertion
插接电源 socket power
插接电源组 socket-power unit
插接法 cut-in method
插接钢筋 starter bar
插接管 socketed tube
插接兼容 plug compatible
插接兼容存储器 plug-compatible memory
插接兼容机 plug-compatible mainframe
插接接合 bell joint
插接矩阵 relay matrix
插接矩阵板 pin matrix board
插接开关 jack switch;plug switch
插接控制盘 pinboard
插接母线 bus duct;plug-in tyre busbar;wedge busbar
插接木笔 driving fid;hand fid;splicing fid
插接软琵琶头 soft eye splice
插接绳 married rope
插接式程序设计 pinboard programming
插接式程序装置 pinboard programmer
插接式计算机 pinboard computer;plugboard computer
插接式接头 bayonet joint
插接式矩阵电路 pinboard matrix
插接式衰减器 plug-connected attenuator
插接锁定 locking latch
插接套管 casing with inserted joints;insert joint casing
插接套管接头 telescope joint
插接图 plugboard chart;plugging chart
插接线板 wiring board
插接箱 jack box;plug-in box
插接元件 plug-in component
插接支柱 socketed stanchion
插筋 dowel;dowel bar;dowel bar reinforcement;joint bar;steel dowel
插筋接合 dowel(l)ed joint
插筋孔 dowel hole
插筋孔钻 spoon bit
插筋润滑油 dowel lubricant
插进 fill in;intervene;intervention;plunge;sink
插进式铣削 plunge-cut milling
插进输入条件 inserting input condition
插进性过早搏动 interpolated premature beat
插晶菱沸石 levyine;levynite
插卡 plug-in board
插卡口连接 bayonet
插靠接 cutting inarching
插孔 hub;intervening boring;jack;plug jack;plug seat;plug socket;rabbet;socket;tip jack
插孔板 female receptacle;jack base;jack board;jack field;receptacle
插孔簧片 jack strip
插孔接触 jack contact
插孔接线板 jack pad
插孔面板 jack panel
插孔排 jack strip
插孔楔 socket wedge
插口 bayonet flushed socket;plug jack;pocket;spigot;jack;socket【电】
插口板 jack board;jack panel
插口灯座 bayonet socket;current tap;plug adapter lamp holder
插口端 spigot end
插口缝 ca(u)lking space
插口管 spigot pipe
插口管子的法兰盘接头 flange adaptor
插口管座 bayonet socket
插口簧片 jack strip
插口接合 cup-and-ball joint;socket and spigot joint(ing)
插口接头 spigot joint
插口排 jack strip
插口盘 jack panel
插口式插头 blade contact
插口式灯泡 bayonet base lamp
插口式灯头 swan base
插口式灯座 bayonet base
插口线夹 jack fastener
插口罩 socket cover
插口轴承 spigot bearing
插扣 eye splice
插块 insert
插柳谷坊 check dam with willow
插蔓 layer of vine
插名片的框<门上> card-holder
插木还原 poling
插木造林 planting of slip
插泥棒 bulling bar
插盘机 pinboard machine
插片冷却器 fin shield
插片式盾构 blade shield
插片式光圈 sliding stop;step aperture
插片式冷却器 fin cooler
插瓶花 cut flower
插瓶嫁接 bottle grafting
插铺式回摆牵引架 pin type swing drawbar
插扦 scion
插钎 rodding
插嵌片 slugging
插青<青木还原除气> poling
插区 service area
插曲 episode;interlude
插取 pick-up
插热电偶的套管 thermocouple well
插热电偶的砖 thermocouple block
插入 break-in upon;build in;implant;infix;inlay;inserting;intercalate;intercalation;interjection;interline;interpolate;interpolation;interpose;interposition;intervene;intervention;intromission;pad;patch;place on;plug-in;plunge;run-in;entered-in【数】
插入臂 insert boom
插入编辑 insertion editing
插入变换 insertion transformation
插入变量 entering variable
插入表达式 infix expression
插入表示法 infix notation
插入波道 interleaved additional chan-

nel
插入部件 plug-in assembly;plug-in unit
插入操作 infix operation; insertion operation
插入测试行信号 insertion test signal
插入层 intercalated bed;introduction course
插入长度 insertion length
插入程序 patch routine;plugged program(me)
插入传感器 plug-in sensor
插入词 infix
插入单元 plug-in unit
插入导管术 catheterization
插入到穿线树 insertion into thread tree
插入到树 insertion into tree
插入到双向队列中 insertion into deque
插入到线索树 insertion into thread tree
插入的 intercalary;intercalated;interjacent; interjectional; intervenient; parenthetic(al);offering
插入的东西 cut-in
插入的绝缘子 cut-in insulator
插入点 insertion point
插入电感 injection inductance
插入电缆 plug-in cable
插入电路 insert circuit
插入电位 insertion potential
插入断裂 insertion breakage
插入阀 insert valve
插入法 bracketing approach;interpolation method;method of interpolation
插入法误差 interpolation error
插入法质量测定 bracketing method of mass measurement
插入反应 insertion reaction
插入方式 inserted mode
插入分类 insertion sort
插入风道式温湿度计 duct-insertion psychrometer
插入杆 plunger
插入杆检验 plunger proving
插入杆解锁的轨道电路 plunger release track circuit
插入杆座 plunger stand
插入工具 plug-in facility
插入管 insert tube
插入管座 home in the holder
插入光标 insert cursor
插入光缆连接器 inserting optic(al) cable connector
插入规则 insertion criterion
插入过程 in-line procedure
插入焊接头 finger-wiped joint; Taft joint
插入化合物 insertion compound
插入化学 intercalation chemistry
插入化学物 intercalation compound
插入混凝土 inserted into concrete
插入机 insertion machine
插入基点 base insertion point
插入记号 caret;infix notation
插入继电器 break-in relay; plug-in relay
插入检查器 plunger detector
插入件 insertion piece; retaining bar <转动的>
插入胶片 insert film
插入接点 inlay contact;plug-in point
插入接电线 patch
插入接头 insert sub; plug-in bond; plug tap
插入截盘 jib-in
插入浸透 penetration
插入晶 inset
插入局 cut-in station
插入句 parenthesis[复 parentheses]
插入卡 plug-in card
插入开关 insertion switch
插入控制 inserting control
插入口 break-in;build in
插入类型 insertion class
插入连接 insertion connection; plug-in connection
插入连接接头 insert fitting joint
插入龙头 plug tap
插入码 patch;patch code
插入模 spigot die
插入模件 plug-in module
插入泥芯 insert core
插入排序 insertion sort
插入片 plug-in strip
插入器 inserter; interpolater[interpolator]
插入器件 break-in device
插入区 patch area
插入曲线 patching curve
插入取样器 dip sampler
插入绕组 push-through winding
插入扫描 incorporated scanning
插入设备 insert equipment; plug-in facility
插入摄像机 inlay camera;insert camera
插入深度 depth of penetration
插入生长 insertional growth;interpolational growth
插入式 jack-in type;plug-type;interpose
插入式安装 plug-in mounting
插入式保险器 plug fuse;plug-in module;plug-in package
插入式保险丝 plug fuse; pull-out fuse;push-in fuse
插入式保险丝管 fusible plug
插入式变压器 plug-in transformer
插入式表 bayonet ga(u)ge
插入式部件 plug-in assembly;plug-in building block;plug-in component
插入式测量仪器 bayonet ga(u)ge
插入式插座 swan socket
插入式程序计算机 plugged-program(me) computer; plugged-program(me)machine
插入式抽屉 slide-in chassis
插入式存储器 plug-in type memory
插入式的 plug-in;plug-type
插入式灯座 bayonet(lamp)holder; prick-through type lampholder
插入式灯座电子管 bayonet tube
插入式电插座 plug-in socket
插入式电路 plug-in circuit
插入式电路板 plug-in board;plug-in circuit card
插入式电压表 plug-in voltage tester
插入式电子设备 plug-in electronics
插入式耳机 insert earphone
插入式阀 plug-in valve
插入式反击锤 insertable impact bar
插入式放大器 plug-in amplifier
插入式放电管 plug-in discharge tube
插入式分配器 offering distributor
插入式感应线圈 plug-in inductor
插入式高温计 dipping pyrometer
插入式供电电路 plug-in type supply circuit
插入式固定 plug-in mounting
插入式恒温计 insertion thermostat
插入式话筒 insert transmitter
插入式混合天线开关 plug-in mixed duplexer
插入式混合天线收发转换开关 plug-in mixed duplexer
插入式混凝土振捣器 concrete poker vibrator; immersible concrete vibrator;internal concrete vibrator; pervibrator; internal vibrator; vibrating poker
插入式混凝土振动器 internal concrete vibrator; poker type pendulum concrete vibrator;spud vibrator for concrete
插入式机架 plug-in chassis
插入式机械 spud machinery
插入式计量棍 bayonet ga(u)ge stick
插入式继电器 interposing relay;plug-in(type)relay
插入式继电器架 plug relay rack
插入式继电器匣 plug-in relay group
插入式继电器组 plug-in relay group
插入式继电器座 plug relay holder
插入式接口插件 plug-in interface card
插入式接头 plug-in connector
插入式接线 plug-in connection
插入式接线板 patchboard
插入式控制器 plug-in controller
插入式连接系统 plug-in connection system
插入式连接线 plug-type rail bond
插入式漏斗 insertion funnel
插入式滤波器 slip-on filter
插入式耦合变压器 plug-in coupling transformer
插入式配件 male
插入式配线导管 plug-in duct
插入式片盒摄影机 magazine loading camera
插入式器件 male
插入式切换组件 plug-in switching block
插入式绕组 pull-in winding
插入式热电偶 insertion-type thermocouple
插入式熔断器 plug fuse; pull-out fuse;socket fuse
插入式熔丝 plug-type fuse
插入式塞绳 plug-in cord
插入式湿度表 stem hygrometer
插入式榫头 plug tenon
插入式探测器 intrusion detector
插入式镗刀 block-type boring cutter
插入式套管 inserted type of screw casing
插入式套筒阀 cartridge insert valve
插入式透平流量计 insertion turbine flowmeter
插入式土壤振捣器 internal soil vibrator
插入式温度计 inserted type thermometer
插入式温度控制器 insertion temperature controller
插入式涡流变送器 insertion-type vortex flow transmitter
插入式涡轮流量计 insert-type turbine flowmeter
插入式线圈 plug-in coil;plug-in cord; plug-in inductor;tube base coil
插入式线圈管 plug-in bobbin
插入式斜撑 let-in brace
插入式选样 interposer
插入式叶轮泵 insert vane pump
插入式叶片 inserted blade
插入式叶片泵 insert vane pump
插入式应力计 insert stressmeter
插入式油面计 bayonet ga(u)ge
插入式元件 plug-in component
插入式月轴衰减器 coaxial pad insert
插入式振荡器 <混凝土> poker vibrator
插入式振捣 internal vibration;penetrating vibration
插入式振捣棒 vibrating needle
插入式振捣混凝土 internally vibrated concrete
插入式振捣机 internal vibrating machine
插入式振捣器 bar vibrator; flexible vibrator; immersion-type vibrator; immersion vibrator; insertion-type vibrator; intravibrator; needle vibrator; penetrating vibrator; pervibrator; poker vibrator; spud vibrator;vibrating needle
插入式振动棒 spud vibrator
插入式振动器 immersion(-type) vibrator; internal poker; internal vibrator; penetrating vibrator; spud vibrator
插入式支座 shoe;shoe base
插入式制表机构 plug-in tabulator
插入式制动器 inserted type brake
插入式装配 plug-in assembly
插入式装置 plug-in system
插入式子程序 on-line subroutine
插入式组匣 plug-in building block
插入收发机构 break-in device
插入手柄内部分 tang
插入数值 value for interpolation
插入双排队 insertion into deque
插入顺序 insertion sequence
插入算符 infix operator
插入损耗 insertion loss
插入损失 induction loss;insertion loss
插入锁闭杆 plunger
插入套管 inserted casing
插入突变 insertion mutation
插入图形字符 insertion picture character
插入位置 on position
插入物 cut-in; insert; embolus; impaler;implant;inlet;inserter;inset;interjection; interjector; interposition;intervenient;set in
插入系数 insertion coefficient;insertion ratio
插入线 cord;patch cord;patching curve
插入箱 male box
插入销 driven-in pin; retaining pin; sheathe
插入楔 dutchman
插入信号法 cut-in signalling
插入形式 infix form
插入型芯 insert core
插入性质 interpolating property
插入序列 insertion sequence
插入易位 insertional translocation
插入语句 intervening statement
插入元件 plug-in unit
插入增益 insertion gain
插入罩片 inlay mask
插入者 interpolator
插入直线段 straight stretch inserted between two sets of adjoining turnouts
插入纸 interleaf
插入终端 plug-in terminal; plug-in termination
插入注油器 oil inserter
插入转换制 plug-in change-over system
插入转接 interpolation transfer
插入装置 break-in device; insertion head
插入子程序 insert(ed)subroutine
插入子命令 insert subcommand
插入字 intervening word
插入字符 insertion character
插入字幕 cueing
插入阻力测定法 method of test for resistance to penetration
插入阻力试验 test for resistance to penetration
插入组件 plug-in module
插入组匣 plug-in module

插入组装 in-line assembly
插入作用 intercalation
插塞 attachment plug; bullet; cork; electric (al) connector; male contact; peg; plug adapter
插塞插口装置 plug and socket arrangement
插塞错插 misplug
插塞电键 plug key
插塞和插座 plug and socket
插塞荷载 plug load
插塞盒 plug box
插塞还原吊牌 plug-restored indicator shutter
插塞尖 plug tip; tip of plug
插塞尖端 tip
插塞接触 plug contact
插塞接点 male contact
插塞接头 bullet connector; plug connector
插塞开关 jack switch; plug key; plug switch
插塞孔 plug hole
插塞式保险器 plug cut-out
插塞式保险丝 fuse plug
插塞式电感箱 inductance box with plugs
插塞式电阻电桥 dial pattern bridge; plug-type resistance bridge
插塞式电阻器 plug-type resistor
插塞式放大器 bullet amplifier
插塞式交换机 plug commutator
插塞式交换台 plug switchboard
插塞式接合器 plug adapter
插塞式开头 plug key
插塞式离合器 bullet connection
插塞式连接 bullet connection
插塞式连接器 plug connector
插塞式面积流量计 plug-type area meter
插塞式熔断器 fusible plug
插塞式熔丝 plug fuse
插塞式凸连接 belled-and-flange joint
插塞式转换器 plug adapter
插塞式转接器 plug adapter
插塞式自动振铃 keyless ringing
插塞榫 plug tenon
插塞套 sleeve; sleeving
插塞头 plug hole
插塞凸缘接合 bullet-and-flange joint
插塞与插座 connector
插塞中环 ring
插塞装置 plug-in device
插上 keying
插式灯头 bayonet(lamp) holder
插式接头 plug connector
插式控制台 plug-in console
插式扰流片 plug-type spoiler
插式熔断器 plug fuse
插树 poling
插树篱(笆) quickset hedge; quick hedge
插闩 bayonet latch
插栓 bolt
插栓式管接头 bayonet coupling
插栓式快速联结管接头 bayonet-type quick coupling
插算 interlude
插榫 plug tenon
插榫对接 finger joint
插榫交接 combed joint
插榫接合 cogged joint; cogging; notched joint
插榫平接 filled and grooved joint
插锁 click; dummy lock; mortise[mortice] latch; mortise joint; mortise lock
插套 plug bush
插条 big slip; cutting propagation; cuttings; cutting wood; quick set; transplant a cutting
插铁 concrete insert; dowel; dowel bar reinforcement
插筒接合 dovetail fastening
插头 adapter socket; attaching plug; attachment plug; connector plug; edge board contact; electric (al) connector; male contact; male plug; plug; plug adapter; plug contact; plug-in point; pull socket; receptacle plug; socket inlet; spigot end; spigot joint; switch plug; watt plug
插头安装板 patch bay
插头扳手 spanner wrench
插头板 patchboard; patch panel; plugboard
插头板图 plugging chart
插头变换器 tap changer
插头插孔式连接器 plug-and-jack type connector
插头插座 connector; plug and socket; plug and socket connector
插头盖 bayonet cap
插头功能 pin function
插头焊接 plug-in weld; plug weld(ing)
插头护圈 plug retainer
插头兼容性 plug compatible
插头礁 plug reef
插头接点 pin contact
插头接套 plug sleeve
插头接线 plug bond
插头开关 plug switch
插头孔【电】plug hole
插头连接 connector assembly; forked connection; plug connection
插头连接的 plug-coupled
插头膨胀试验 pin expansion test
插头熔线 fusestat; socket fuse
插头(软)线 plug cord
插头式保险丝 plug fuse
插头箱 plug box
插头型 plug-type
插头与锥管 probe and drogue
插头中心钻 plug-center[centre] bit
插头砖 <宽度为标准砖的 1/2> soap
插头座 connector assembly; socket; circuit connector <电路板的>
插图 accompanying diagram; accompanying figure; accompanying map; icon; iconography; illustration; insert map; inset; pictorial diagram; pull-out map; text figure
插图本 illustrated edition
插图标题 caption
插图部分目录 illustrated parts catalog(ue)
插图词典 illustrated dictionary
插图目录 list of illustration
插图目录表 illustrated catalogue
插图室 trasour
插图数 amount of illustration
插图说明 caption; cut line <指图下文字说明>
插图位置 position pull
插图下面的说明 underline
插图印刷用纸 illustration printing paper
插图纸板 illustration board
插土深度 penetration depth
插腿式叉车 straddle arm type fork lift truck
插腿式交流电叉车 straddle alternate current power forklift
插网【测】inserting network
插网法 insert network method
插烯物 vinylog(ue)
插烯作用 vinylogy
插线 jack-ended; plug wire
插线板 plugboard
插线程序 wired program(me)
插线程序计算机 wired program(me) computer
插线灯 arm spool pin
插线盒 plug box
插线架 patch bay
插线盘 plugboard
插削 slotting
插削装置 slotting attachment
插销 baton; bayonet latch; bolt (bar); cane bolt; connector pin; cotter; cross pin; cut lock; detent; draw pin; extension bolt; insert (ed) pin; latch bolt; latch pin; latch plate; locking pin; male plug; pin; plug pin; sledge pin; sliding bolt; slip bolt; snib; spigot; plug【电】; ring latch <环形执手启闭的>
插销扳手 spanner wrench
插销板 pinboard; table tap
插销槽 key groove
插销带翼接合 bullet-and-flange joint
插销灯座 bayonet(lamp) holder
插销垫圈 stub key washer
插销杆 house lock lever
插销铰链 loose-joint hinge
插销接头 bayonet joint; bayonet lock; pin-connected joint; plug and socket connector
插销节 bayonet catch; bayonet joint; bayonet lock
插销结合 feather joint
插销口 pin clamp
插销连接 sledge pin connection
插销螺钉 handrail screw
插销螺栓 clevis bolt; cotter volt; eyebolt and key; joint bolt
插销门锁 bar lock
插销盘控制式转塔车床 plugboard controlled capstan lathe
插销式电子控制 pin electronics control
插销式管接头 bayonet coupling
插销式管靴 finger-type shoe
插销式离合器 bayonet clutch
插销式连接 plug and socket connection
插销式拖钩 pin type hitch
插销试验 implant test
插销闩 latch bolt
插销栓 bayonet lock
插销锁定 latch locking
插销锁内弹簧 latch spring
插销头 fork
插销脱出 latch out
插销座 bayonet holder
插小塞子 spile
插楔和套筒插销 wedge-and-sleeve bolt
插楔和套筒门闩 wedge-and-sleeve bolt
插楔及垫片 <一种开石工具> wedge and shims
插楔接合 feather joint
插楔开石法 plug-and-feather method
插楔开石工具 plug and feathers; wedge and shims
插楔开石孔 plug-and-feather hole
插楔子劈开漂石 plug-and-feather
插芯式空雾锥嘴 core-insert hollow-cone nozzle
插型钉 face-sprigging; sprigging
插压式接点 socket-contact
插秧 transplant
插页 insertion; interleaving
插页机 inset inserting machine; inseting machine
插在木钉两端的楔子 treenail wedge
插窄条板 drop strake
插站【测】intermediate station
插针 contact pin
插针板 pinboard
插针尺寸 contact size
插针间距 contact spacing
插针式隧道窑 pin type tunnel kiln
插振法 immersion-type vibration method
插枝 cuttings; slip; twig cutting
插枝成活 striking of cutting
插枝繁殖 cutting propagation
插值 interpolate; interpolation
插值编码区域 interpolating coding area
插值乘法器 interpolating multiplier
插值多项式 interpolation polynomial
插值法 interpolation method; method of interpolation
插值符号 plus and become symbol
插值公式 interpolation formula
插值函数 interpolating function
插值井 interpolation well
插值算法 interpolation algorithm
插值误差 error of interpolation
插置 plant
插置设备 plant
插种开沟器 seed colter
插桩 pitching pile; spile
插桩漏斗 pile plug-in funnel
插装 plug-in mounting
插装式泵 plug-in pump
插装式阀 cartridge valve; plug-in valve
插字 praglit
插座 adapter[adaptor]; adapter socket; bayonet base; bayonet catch; convenience receptacle; electric(al) connector; female plug; female receptacle; intermediate support; jack; jumper plug; plug base; plug-in; plug-in point; plug receptacle; plug seat; plug socket; rabbet; receptacle; rosette; seating; socket; socket rosette
插座板 electric(al) receptacle
插座插口 socket outlet
插座出口 receptacle outlet
插座底 socket base
插座电源 socket power
插座盖 socket cover; socket outlet box
插座环 socket ring
插座兼容性 socket-compatibility
插座接点 receptacle contact
插座接合 socket joint
插座接头 bullet connector
插座接线盒 electric (al) connector; patera[复 paterae]
插座连接 plug-in connection
插座盘 rosette disc
插座式极板 rosette plate
插座式开头 socket switch
插座式转接板 plugboard
插座输出 receptacle outlet
插座弹簧 socket spring
插座天线 socket antenna
插座头 socket head
插座型熔断丝 socket fuse
插座直接装置 unitor
插座转接器 socket adapter

查

查贝 V 形刻击试验 Charpy V-notch impact test
查贝 V 形切口 Charpy V-notch
查贝 V 形缺口试验 Charpy V-notch test
查贝冲击强度 Charpy impact strength
查贝冲击试验 Charpy-type test
查贝冲击试验机 Charpy impact tester; Charpy tester
查贝梁式冲击试验机 Charpy impact machine

查贝韧度试验 Charpy toughness test
查贝式冲击试验 Charpy impact test
查贝试验 Charpy test
查贝无缺口冲击值 Charpy unnotched impact value
查表 lockup; look-up; table lockup; table look-at; table search
查表程序 table look-up procedure
查表法 look-up table; table for look-up method; table for look-up procedure
查表技术 look-up technique; table look-up technique
查表指令 look-up instruction; table look-up instruction
查出 checkout; isolation; look-up
查出错误 isolation of blunders
查错 debug
查道车 inspection wagon; track defect indicator car; inspection trolley < 桥梁、线路的 >
查德 < 中子通量单位 > chad
查点货物 check goods
查定 assessment; time and motion study; time and movement study
查定能力 checked and adjusted capacity
查定生产能力 check-up o production capacity
查对 check up
查对表 look-up table
查对货物数量 verify quantity of goods
查对市场行情 check the market
查对用样品 arbitration sample
查对者 checker
查恩诺德方向 Charnoid direction
查尔顿褪色试验 Charlton blanching test
查尔顿陶瓷感光法 Charlton photoceramic process
查尔利-吉布斯断裂带 Charlie-Gibbs fracture zone
查尔斯敦港 < 美 > Port Charleston
查尔特隆 chaldron
查尔酮衍生物晶体 chalcone derivative crystal
查耳酮 chalcone
查法 inventory
查菲放电器 Chaffee spark-gap
查封 attachment; seal up; seize; sequester; sequestrate
查封财产 attachment
查戈斯海槽 Chagos trough
查哈里阿森规则 Zarchariasen's rule
查哈里阿森学说 Zarchariasen's theory
查号台 directory position; information desk
查号台查号 number information
查号台话务员 directory operator
查核线调查 checkline survey; screen line study
查究 probing
查勘 exploration; perambulation; reconnaissance; reconnoiter [reconnoitre]; survey
查勘报告 project performance audit report; survey report
查勘测量 reconnaissance survey
查勘程序 exploration procedure
查勘记录 scout sheet listing
查看程序 viewer
查里荷风 < 印度 4 月前后的一种猛烈南来风 > Challiho
查理定律 Charles' law
查利尔验算法 Charlier check
查漏 detection of leaks; location of leaks
查录 checkpoint
查洛特胶体磨 Charlotte colloid mill
查米尤斯绸缎 charmeuse
查明 ascertain; detect; find out
查明储量 identified reserve; measured reserves
查明故障 debugging
查明损害情况 ascertainment of damage
查明资源 identified resources
查明资源量 identified amount of resources
查尼统【地】Charnian series
查涅克成像法 Zernike's image-forming process
查涅克定理 Zernike's theorem
查涅克检验 Zernike's test
查涅克相衬法 Zernike's phase contrast method
查诺尼式门坝 Chanoine wicket dam
查诺尼式门堤 Chanoine wicket dam
查诺尼式栅孔活动坝 Chanoine wicket dam
查佩龙电阻器 Chaperon resistor
查佩龙线圈 Chaperon winding
查票员 examiner
查普曼层 Chapman layer
查普曼方程 Chapman equation
查普曼氰化法 Chapmanizing
查普曼区 Chapman region
查普曼氏试验 Chapman's test
查讫 check off
查讫符号 checking off symbol
查全率 recall ratio
查全率-错检率曲线 recall-fallout plot
查实损害 sounding in damages
查索区(域) region of search
查索指南 access guide
查特顿化合物 Chatterton's compound
查特尼图 Chiadni's figures
查问表 polling list
查问开票人 refer to drawer
查误程序 error routine
查线员 < 电线等 > patrolman
查修路轨 walk tracks
查寻 hunting
查询 enquiry; inquiry; poll(ing); query
查询表 polling list; question blank; questionnaire
查询表格 inquiry sheet; enquiry form
查询类型 query type
查询台 information board; information desk; information service; query station; duration and charge advice position < 查询通话持续时间及费用 >; information operator
查验 inspection examination
查验场地 inspection yard
查页表 page table look-up
查阅 consult; look-up
查阅功能 search-read function
查阅者 consultant
查账 auditing account; audit (ing); audit of account; check account; make a audit
查账报告 accountant's report; audit report
查账程序 audit procedure
查账费用 audit expenses
查账人 auditor
查账委员会 check committee
查账员 auditor; controller
查账员证明书 auditor's certificate
查障程序 malfunction routine
查找 finding; look-up; search (ing); seek
查找操作 search operation
查找长度 search length
查找程序 looker; search program(me)
查照表 look-up table
查照间隔 guard rail check ga(u)ge
查证请求 confirmation request
查证通函 circular for confirmation
查准率 precision ratio

茬地播种 seeding on unfallowing field

茬地播种机 stubble seeder
茬地放牧 stubble grazing
茬地覆盖层 stubble mulch(ing)
茬地犁铧 stubble share
茬地犁体 stubble bottom
茬地作物 stubble crop
茬后覆盖物 stubble mulch(ing)
茬口 crops for rotation
茬口接缝 indented joint

茶版纸 jacquard board

茶杯 tea china
茶杯板 cupboard
茶杯座 cupholder
茶藨子属 gooseberry
茶布 tea napkin
茶厂 tea factory
茶场 tea plantation
茶匙 cochleare parvum; teaspoon; teaspoonful
茶点 refection
茶点厨房 tea kitchen
茶点室 refreshment room
茶点亭 drive-in restaurant
茶点整备室 still room
茶碟 saucer
茶坊 tea plantation
茶房 tea kitchen
茶梗 tea stalk; tea stem
茶工尘肺 tea worker's lung
茶馆 tea bar; tea house
茶罐 caddy
茶褐色 drab
茶褐色的 auburn
茶褐药 TNT
茶红木 Aphloia theaformis
茶红(色) Congo red
茶壶 tea pot
茶壶效应 teapot-effect
茶灰 tea ash
茶几 side table; teapoy; tea table; end table < 沙发旁的 >; tea wagon < 有轮的 >
茶剂 species; tea
茶碱 thein(e)
茶碱胆碱 choline theophyllinate
茶碱甘氨酸钠 theophylline sodium glycinate
茶碱葡胺 theophylline meglumine
茶碱乙二胺 theophylline ethylenediamine
茶晶 citrine; tea-colo(u)red crystal
茶精玻璃 tinted glass
茶具 tea services; tea set; tea things
茶具柜 tea wagon
茶卡构造结【地】Caka tectonic knot
茶类 teas
茶滤器 tea strainer
茶绿色 Kronbergs green; tea green
茶绿(色)泥灰岩 tea-green marl
茶绿釉 tea green glaze
茶末 tea dust
茶农 tea grower
茶盘 tea tray
茶片 sifting tea
茶色 dark brown
茶色玻璃 amber-yellow glass; brown colo(u)r glass; cranberry glass; dark-brown glass
茶色的 fulvous; tawny
茶色金星玻璃 aventurin(e)
茶色米 brown rice-grain
茶色水晶 citrite
茶食推车 tea troll(e)y; tea wagon
茶室 tea bar; tea room
茶室公园 tea garden
茶树 tea plant
茶树插条繁殖 propagation of tea cuttings
茶树剪修机 tea plant pruning machine
茶树林 tea grove
茶树种植园 tea estate
茶水壶 urn
茶水间 tea room
茶水站 tea stall
茶台绝缘子 buckle insulator; shackle insulator
茶摊 tea stall
茶天牛 stem borer
茶亭 tea-booth; tea kiosk; tea stall
茶托 saucer
茶托隔电子 grooved shed insulator
茶托绝缘子 grooved shed insulator; shackle insulator
茶碗樱 siebold cherry
茶香螺酮 theaspirone
茶箱板 tea-box board
茶箱板材 tea shook
茶叶 tea
茶叶包装机 tea packaging machine; tea packing machine
茶叶袋浸泡纸 tea bag infusion paper
茶叶袋纸 tea bag paper
茶叶分选机 tea sorting machine
茶叶干燥机 tea firing machine; tea-leaf withering machine
茶叶罐 caddy; canister; tea-caddy; tea canister
茶叶加工厂 tea finish machine
茶叶加工机械 machine for process(ing) tea
茶叶加工设备 tea-processing equipment
茶叶碱钠 theophylline sodium
茶叶精制机 tea finishing machine
茶叶煤污病 sooty mold of tea
茶叶末釉 tea-dust glaze; tea-flake glaze
茶叶切断器 tea cutter
茶叶筛分机 tea sifting and grading machine
茶叶收获机 tea cropper
茶叶筒 tea-caddy; tea chest
茶叶压实机 tea-leaf rolling machine
茶叶蒸制机 tea-leaf steaming machine; tea steaming machine
茶叶枝 canker of tea tree
茶叶制袋包装机 tea pocket forming and filling machine
茶叶种植园 tea garden
茶油 tea oil; teaseed oil
茶园 tea field; tea garden; tea plantation; tea sineusis
茶站 tea station
茶砖 cake tea; tea brick
茶桌 tea table
茶桌托架 folding table bracket
茶籽饼 teaseed cake

搽剂 liniment; linimentum

搽面纸 facial tissue

察-多二氏溶液 Czapek-Dox solution

察恩杯 Zahn cup
察恩黏[粘]度杯 Zahnup
察尔毛茨阶【地】Charmouthian
察哈尔构造段【地】Qahar tectonic

C

segment
察看地形 survey the terrain
察氏琼脂 Czapek's agar
察隅地块【地】Chayu block
察隅腾冲地震构造带【地】Chayu Tengchong seismotectonic zone

碴包填埋 <碴为旧称> bakefill

碴床 body of ballast
碴床沉降 settlement of ballast
碴床断面 ballast profile
碴床阻力 ballast resistance
碴肩 ballast shoulder
碴石 break stone
碴土 muck

檫属 <拉> sassafras

汊道 branch channel

汊道出口 outlet of branched channel
汊道分流比 division ratio of bifurcated channel; division ratio of branched channel
汊道进口 entrance of branch channel; inlet of branch channel
汊道浅滩 shoal in a branching channel
汊港标志 bifurcation mark
汊河 anabranch; braided stream; distributory river; distributory stream; river branch; river fork
汊河岛 channel island
汊口 bifurcation; mouth of distributory
汊流 slough
汊流河段 braided reach; reach with divided flow
汊湾 branching bay

岔坝 spur

岔船闸 switch lock
岔道 forked road; lay-aside; shunting track; turnout【铁】; turn-off <多指从高速干道岔出的匝道>; slip road <与快车道相连的道路>
岔道分水构筑物 by-pass diversion structure
岔道渐变段 slip-road taper
岔道空轨道 empty track for shunting
岔道线【铁】turnout track; track on turnout side
岔道闸门 by-pass penstocks
岔洞 off-spur tunnel; tunnel intersection
岔段终点站 stub terminal
岔管 bifurcated pipe; branch (ing) pipe
岔管结构 furcation pipe structure
岔管闸门 bifurcation(head) gate
岔轨 switch track
岔尖【铁】point; switch blade; switch tongue; toe
岔尖位置电检测器 electric(al) point detector
岔尖位置电气表示器 electric (al) point indicator
岔节 branch knot
岔开 diverging; turn-off
岔开的 divergent
岔口 bifurcation; parting; crotch <河、路等的>
岔口遮断器 crossing gate
岔流 fork
岔路 branch road; by-path; by-road; divergent route; diverging route; forked road; side road; sideway; skip road; spur road
岔路开通示像 diverging-clear aspect
岔路示像 diverging route aspect
岔路信号(机) diverging junction signal; diverging splitting signal
岔线【铁】branch line; branch track; deviated track; diversing track; diverted track; side-track; siding; special siding; spur track; siding; upline
岔线轨道 spur track
岔线尽头 dead-end siding
岔线群 fan of sidings
岔线延展长度 extended length of siding
岔心【铁】frog
岔心尖 frog point
岔心角 frog angle
岔枕 switch sleeper; switch tie; turnout sleeper; turnout tie
岔肢形交叉口 dog-leg intersection
岔中绝缘 insulated joints within a turnout

拆安装卸与专用木架 disassembly and-assembly block

拆版 distribute; distribution; drop
拆版还字 clearing
拆包 unpack
拆包机 bale breaker
拆包器 bale breaker
拆包钳 bale hoop cutter
拆除 demolish (ing); demolishment; demolition; dismantlement; dismantling; knock down; knocking-out; pulldown; removal; strike; tearing down; dismantle <拆除房屋设备等>
拆除爆破 demolition blasting
拆除操作 dismantling operation
拆除的 removed
拆除发动机 removal of engine
拆除法令 demolition order
拆除房屋 dismantling building; wrecking building
拆除房屋工程队 wrecking crew
拆除房屋工作队 wrecking gang
拆除费用 compensation for removal; cost of removal; removal cost; demolition cost; demolition expenses
拆除工程 demolishing work; demolition work; removal work
拆除工具 wrecking tool
拆除工作用铲斗 demolition bucket
拆除公司 wrecking company
拆除拱架 arch striking; decentering; striking of arch; uncentering
拆除合同 wrecking contract
拆除混凝土 concrete cutting
拆除机 demolisher
拆除计划 clearance program(me)
拆除架楔 easing wedge; lowering wedges; striking wedges
拆除检修井 manhole removal
拆除减速机 decentering
拆除建筑物 demolish a building; level a building with the ground
拆除建筑物用铲斗 bucket for demolition
拆除脚手架 dismantling of false work; removal of scaffold (ing); remove scaffold(ing); stripping of falsework; strip the falsework; decentering
拆除脚手架的时间 striking period
拆除坑道支撑 rob
拆除楼板模板 striking of the floor form(work)
拆除率 demolition rate
拆除铆钉 unrivet(ting)
拆除模板 form(work) removal; formwork stripping; removal of sediment; remove forms; striking formwork
拆除模架 decentering; striking of centers[centres]
拆除模壳 form removal
拆除木支撑 removal of timbering
拆除棚户区 slum demolition
拆除期间 period for removal
拆除器 remover
拆除申请书 demolition report
拆除石棉制品 asbestos removal
拆除违章建筑 slum clearance
拆除现场 wrecking site
拆除楔架 striking wedges
拆除楔子 easing the wedges
拆除引信 disarm
拆除支撑 easing the wedges; removal of support; support removal
拆除支架 removing of supports; striking
拆除支架板 striking plate
拆除支柱 rob
拆除作业 dismantling operation
拆船 scrap a ship; scraping; ship recycling
拆船厂 dismantling yard; ship-breaking yard
拆船机构 wrecking firm
拆船许可证 wrecking permit
拆船业者 ship-breaker
拆船作业 shipbreaking
拆袋器 bag breaker; bag splitter
拆捣棒头 wrecking bit
拆捣工具 wrecking tool
拆掉 rip; dismantle <拆掉壳子板等>
拆叠式天线 collapsible antenna
拆钉器 nailpicker
拆断 rive
拆堆 unstack
拆堆垛机 de-stacker
拆堆机 unstacker
拆垛 break a jam; unstack(ing)
拆垛机 de-stacker; unstacker
拆房 housebreaking
拆房补助计划 demolition grant program(me)
拆房承包人 house wrecker; wrecker
拆房废料 demolition rubbish
拆房铁球 wrecking ball
拆房瓦砾 debris from demolition
拆房屋承包人的具结保证 wrecking bond
拆房重锤 breaker ball; headache ball; skull cracker; wrecking ball
拆废船 ship breaking
拆分 resolution
拆封 break seal; seal off
拆拱模 decentering[decentring]
拆焊 sealing-off; tip-off; unsolder
拆换式戽斗 detachable bucket
拆毁 breakaway; demolish (ing); demolishment; demolition; pulldown; pulling down; raze; take-down; tear(ing) down; wrecking <指拆毁船舶>
拆毁成本 demolition cost
拆毁的混凝土 demolished concrete; demolition concrete; wrecked concrete
拆毁的碎片 demolition chip(ping)s
拆毁地点 demolition site
拆毁方案 demolition project; demolition scheme
拆毁房屋 demolition of buildings; wrecking
拆毁房屋承包人 demolition contractor
拆毁房屋承包商 demolition contractor
拆毁房屋承包者 demolition contractor
拆毁房屋工程队 demolition crew
拆毁废墟 demolition rubbish
拆毁废墟砖 demolition rubbish brick
拆毁费 demolition cost; demolition expense
拆毁风镐 demolition pick(hammer)
拆毁工程 demolition project
拆毁工程承包队 demolition party
拆毁工程队 demolition gang
拆毁工程公司 demolition firm
拆毁工具 demolition tool
拆毁工作 demolition work
拆毁合同 demolition contract
拆毁后院房屋 demolition of backcourt housing
拆毁计划 demolition scheme
拆毁建筑物时的保安措施 safety during demolition
拆毁率 demolition rate
拆毁破碎锤 wrecking and breaking hammer
拆毁破碎用锤 demolition and breaking hammer
拆毁设备 demolition device
拆毁损失 demolition loss
拆毁许可(证) demolition permission
拆毁压榨机 demolition press
拆毁印刷所 demolition press
拆毁用锤 wrecking and breaking hammer
拆毁用的鹤嘴锄 demolition pick (hammer)
拆毁钻锤 wrecking and drill hammer
拆毁钻孔用锤 demolition and drill hammer
拆毁作业 demolition operation; demolition work
拆活塞环工具 piston ring remover
拆货 unstuffing
拆检 overhaul inspection; strip inspection
拆建比 demolition and construction ratio
拆建派 buldozerite
拆接 disconnect; disconnection
拆解式托盘 disposable pallet
拆解试剂 resolving agent
拆卷 decoil; unreel; unwind(ing)
拆卷机 decoiler; reeler; uncoiling reel; unwinder; unwind(ing)
拆开 apart; breakdown; break open; demount; detaching; detachment; disassemble; disassembly; disconnect (ing); disconnection; knock down; pack out; ravel (ling); striping(of coat); take to piece; unbuttoning; uncouple; uncoupling; undo; unlock; unpack; unpin; unseal
拆开对偶 depair
拆开检查 overhaul
拆开连接 disconnection
拆开挖泥浮管线 detachment of pontoon line
拆开运输 knocked down shipping
拆开者 disconnector
拆款 call money
拆链器 chain-rivet remover
拆轮器 wheel puller
拆轮胎棒 tire[tyre] iron
拆模 clearing and stripping; demo(u)ld; form removal; removal of form (work); removal of sediment; shuttering removal; strike off; stripping
拆模板 demo(u)lding; form stripping; knockout; mo(u)ld stripping;

removal of mo(u)ld; removal of shuttering; striking of shuttering
拆模板时间 time of stripping
拆模工艺 form scabbing
拆模后表面修整(加工) surface finish from formwork
拆模剂 demo(u)lding agent
拆模强度 stripping strength
拆模伤斑 form scabbing
拆模时间 striking period; striking time; stripping time
拆模时间表 stripping schedule
拆模条 <附在模板内使拆模容易的小木条> wrecking strip
拆模周期 striking period
拆模作业 striking job; stripping operation
拆棚装置 vestibule diaphragm rigging
拆迁 demolition and relocation; removal; rob
拆迁办(公室) demolishing and resetting office
拆迁补偿费 compensation for building removal; compensation for demolition
拆迁材料 demolished material
拆迁成本 removal cost
拆迁地区 clearance area
拆迁费用 compensation for removal; cost of removal
拆迁工程 removing engineering
拆迁规程 demolition order
拆迁户 household to be relocated; relocation household
拆迁户住房 replacement housing
拆迁建筑(物) alien structure; displaced structure
拆迁贫民窟 slum clearance
拆迁区 demolition area
拆迁许可证 demolition permit
拆墙工 wallman
拆桥 removable of bridge; removal of bridge
拆去 pulldown
拆去发火件 disarm
拆去屋顶 unroof
拆散 break-up; decollate; deleave; disassemble; disassembly; disjoint; dismantle; ravel; strip down; unknit
拆散合并的企业(公司) demerge
拆散器 decollator
拆纱 ravel
拆水泥袋机 cement bag opening machine
拆屋队 wrecking gang; wrecking team
拆屋镐 wrecking pick
拆屋工人 house wrecker
拆屋机构 wrecking firm
拆屋垃圾 demolition waste
拆屋现场 demolition site; wrecking site
拆屋许可证 wrecking permit
拆屋执照 demolition permit
拆屋专门设备 housebreaker
拆屋组 wrecking party
拆下 demount; detach; knock down; unfix
拆下敲直 off and fair
拆线 clearing; disconnect; disconnection; take-down connection
拆线按钮 cutting button
拆线过程 disconnect process
拆线机 unwinder
拆线寄存器 disconnection register
拆线剪 stitch scissors; suture scissors stitch scissors
拆线键 cancelling key; cutting key
拆线器 disconnector release
拆线塞孔 cut-out jack
拆线时间 disconnect time
拆线位置 splitting position
拆线信号 clearing back signal; clearing down signal; clear(ing out) signal; disconnecting signal <话终信号>
拆线指示灯 ring-off lamp
拆线指示器 clearing indicator
拆箱 devanning; stripping; unloading; unpacking; unstuffing
拆箱(报)单 <集装箱的> devanning report
拆箱分货 cargo-deconsolidation
拆卸 demount; disassemble; disassembly; disengage; dismantlement; dismantling; dismember; dismount; stripping; take apart; take-down; tearing down; unbuttoning; uncoupling; unfasten; unscrew; dismantle <拆卸机器等>
拆卸板 stripper
拆卸板回位弹簧 dismantled plate restoring spring
拆卸包装 knocked down packing
拆卸部分 disengaging section
拆卸操作 disassembling operation
拆卸场 dismantling pit
拆卸程序 disassembly procedure
拆卸的物品 knocked down article
拆卸钢轨 removed rail
拆卸工具 extracting tool; knockout; pulling tool; remover; withdrawal tool
拆卸工具的杆 replacing bar
拆卸工具夹头 puller finger
拆卸工具接头 puller adapter
拆卸工具螺帽 puller nut
拆卸工作 pulling down work
拆卸工作时间 dismounting time
拆卸拱架 decentering; uncentering
拆卸后最小高度 collapse height
拆卸画法 dismantle representation; dismounted presentation
拆卸环 stripping ring
拆卸活塞环 removing of piston ring
拆卸机(器) dismantle machine; teardown of engine; stripper; stripping machine
拆卸技能 ability to dismantle
拆卸间 dismantling bay; erection and dismantling bay
拆卸检查 dissembling inspection; teardown inspection
拆卸键 eject key
拆卸井 dismantling shaft
拆卸旧建筑物者 wrecker
拆卸空间 withdrawal space
拆卸轮胎装置 tyre stripper
拆卸轮辋 demountable rim; detachable rim
拆卸模拱 decenter
拆卸能力 ability to dismantle
拆卸扭矩 uncoupling torque
拆卸起重机 breakdown crane
拆卸器 detacher; ejector; knockout; puller detacher; stripper; stripping attachment
拆卸器控制 eject control
拆卸器械 disconnecting apparatus and disengaging gear
拆卸人数 members of take-apart
拆卸设备 disassembling equipment; dismantling equipment
拆卸时间 take-down time; teardown time
拆卸式觇标 knock down tower
拆卸式货物集装箱 demountable cargo container
拆卸式架 <觇标的> knock down tower
拆卸式脚手架 scaffolding
拆卸式造斜楔 removable type whipstock
拆卸台架 teardown stand
拆卸位置 stripping position
拆卸楔 loosening wedge
拆卸性能 ability to dismantle
拆卸修理 laid up; overhaul
拆卸移作他用 rob
拆卸与安装专用木架 disassembly and-assembly block
拆卸与置换 remove and replace
拆卸装置 relieving attachment; removing device
拆卸组 dismantling gang
拆卸钻塔 cut-down a derrick; pull a well in
拆卸钻探设备 rig down
拆卸作业 field strip; taking-down work
拆修 overhaul; repack
拆修轴承 repacking
拆移式轻便铁路 constructor's railway
拆用零(配)件 cannibalize[cannibalise]
拆缘 flanged edge
拆支撑工作班 prop-drawing shift
拆支柱工作班 prop-drawing shift
拆装 dismounting; take apart
拆装部 disassembly and assembly department
拆装的物件 knock down
拆装工具 dismantling device
拆装器 puller; replacer
拆装式货物集装箱 demountable cargo container
拆装式绞吸挖泥船 demountable cutter dredge(r)
拆装式链斗挖泥船 demountable bucket dredge(r)
拆装式桥 demountable type bridge
拆装式吸扬挖泥船 demountable suction dredge(r)
拆装五金连接件 knock down fitting
拆装箱库 container freight station; containering packing shed; stuffing and stripping shed
拆装箱能力 stuffing and stripping capacity; vanning and devanning capacity
拆装用扳手 dismantling key
拆锥套楔 center key
拆走全套模板 formwork removal

柴 brush wood; fuel wood

柴把 kid <河工用>; lop; saucisson <护岸用较长较强的>
柴把滚笼 saucisse; saucisson
柴贝彻夫法则 Tchebycheffian rule; Tchebycheff's rule
柴贝彻夫方程 Tchebycheff's equation
柴草 fag(g)ot; fire wood
柴草坝 brush dam
柴刀 firewood chopper; wood chopper
柴堤 fag(g)ot dam; fag(g)ot dike [dyke]
柴垫 mattress
柴堆 cord wood; pyre
柴机机油温及水温安全继电器 diesel oil and water temperature security relay
柴捆 bat faggot; brushwood bundle; brushwood fascine; cord wood; fag(g)ot(wood); fascine bundle; kid; wattling; wipped fascine
柴捆坝 fag(g)ot dam; fascine dam; fascine dike[dyke]
柴捆沉床 fascine mattress
柴捆船 fascine barge
柴捆挡水坝 brushwood check dam
柴捆丁坝 fascine groin
柴捆谷坊 brushwood check dam
柴捆护岸 fag(g)otting; fascine revetment; kidding
柴捆护堤 fascine dike[dyke]
柴捆护工基础 fascine protecting foundation
柴捆护舷 brushwood fender
柴捆堰坝 weir of fascines
柴捆栅栏 fascine hurdle
柴捆作业 kidding
柴笼 <护岸用> fascine(roll); wattling; wipped fascine
柴笼堤坝 fascine dike[dyke]
柴笼架 fascine choker
柴笼截流 fascine roll closure
柴炉 firewood stove
柴煤 carbonaceous coal
柴木房屋 fascine building
柴泥 bauge; clay and straw; cob walling
柴泥抹面 clay and straw plaster
柴排 bat faggot; brush matting; brush mattress; brushwood mattress; cane mattress; fag(g)ot wood; kid; lumber mattress; mat of bush; mat(ting); mattress; timber mattress; wattle; wattling; weaving mattress; willow fascine; woven lumber; woven mattress; brush wood <防冲刷用>
柴排堤坝 mat dike[dyke]
柴排垫层 fascine mattress bedding
柴排防护工程 hurdle work
柴排盖顶的 brush-topped; bush-topped
柴排工程 fascine work; wicker works
柴排护岸 fascine revetment; mattress protection; brush mattress protection <防冲刷用>
柴排护坡 brush mattress protection; brush(mattress) revetment; mattress revetment; mattress slope protection
柴排护舷 brushwood fender
柴排基础 fascine foundation; mat foundation
柴排加固边坡 brush revetment
柴排加固土路 brush corduroy
柴排加劲杆 mattress pole stiffener
柴排水沟 fag(g)ot drain
柴排席 fascine mattress
柴排压沉(筑堤) ballasting of mattress; mattress ballasting
柴排压载 ballasting of mattress
柴排压载下沉 ballasting and sinking of mattress
柴排堰 fascine weir
柴排支杆 mattress pole stiffener
柴燃油机 oil engine
柴埽 brush matting
柴束 <护岸用> bat faggot; brushwood bundle; brushwood fascine; fascine(pole)
柴束暗沟 spray drain
柴束坝 wicker dam
柴束的 wicker
柴束堤道 causeway of fascine
柴束法 fascine work
柴束格床 grillage of fascine poles
柴束工 fascine work
柴束工作 wicker works
柴束护岸 fascine revetment
柴束护岸工程 fascine revetment works
柴束路 brush-topped road; brushwood road; fascine road
柴束栅栏 fascine bundle; fascine hurdle
柴束支架 fascine trestle
柴田式车钩 shibata shiki coupler

柴薪棚 wood shed
柴窑器 Chai ware；wood-burning kiln
柴油 diesel fuel；diesel oil；fuel oil；heavy fuel；heavy fuel oil；heavy oil；mas(o)ut；derv <英>
柴油拔桩机 diesel pile extractor；diesel pile puller
柴油泵 diesel pump
柴油查道车 diesel railcar
柴油铲掘机 diesel shovel
柴油铲(土机) diesel shovel
柴油车 diesel-powered vehicle
柴油车串联压路机 diesel tandem roller
柴油车串列压路机 diesel tandem roller
柴油车辆 diesel-fuelled vehicle；diesel-powered vehicle；diesel truck
柴油初滤器 preliminary fuel filter
柴油锤 diesel hammer
柴油(打)桩锤 diesel(pile) hammer
柴油打桩机 diesel pile driver
柴油的等级 diesel fuel grades
柴油的十六烷值 cetane number of diesel oil
柴油电动铲土机 diesel-electric(al) shovel
柴油电动轨道车 diesel-electric(al) railcar
柴油电动机车 diesel-electric(al) locomotive；diesel-electric(al) railcar；diesel-electric(al) railway car
柴油电动机船 diesel-electric(al) motor ship
柴油电动卡车 diesel-electric truck
柴油电动耙吸式挖泥船 diesel-electric(al) propelled trailing suction hopper dredge(r)
柴油电动驱动装置 diesel-electric(al) drive
柴油电动挖掘机 diesel-electric(al) shovel
柴油电动挖泥船 diesel-electric(al) dredge(r)
柴油电动系统 diesel-electric(al) system
柴油电动遥控装置 diesel-electric(al) remote-control unit
柴油电机式 diesel-electric(al)
柴油电力机车 diesel-electric(al) locomotive
柴油电力机组 diesel-electric(al) power unit
柴油电力移动式电铲 diesel-electric(al) mobile power shovel
柴油电气公共汽车 diesel-electric(al) bus
柴油动车组 diesel railcar
柴油动力焊接机 diesel welding set
柴油动力机组 diesel power unit
柴油斗式挖掘机 diesel bucket excavator
柴油斗式挖土机 diesel bucket excavator
柴油发电厂 diesel power plant；diesel power station
柴油发电车 diesel-oil electric(al) generator wagon
柴油发电机 diesel alternator；diesel dynamo；diesel-electric(al) engine；diesel engine generator；diesel generator；diesel power；oil-electric(al) engine
柴油发电机冷却水泵 diesel generator cooling water pump
柴油发电机驱动电弧焊机 engine driven welding plant
柴油发电机设备 diesel-electric(al) generating equipment
柴油发电机自卸汽车 diesel-electric(al) dumper
柴油发电机组 diesel-electric(al) generator set；diesel generating set；diesel generator set；diesel power generating set；diesel power unit；diesel-oil electric(al) generator set <冷藏列车>
柴油发电起重车 diesel-electric(al) mobile crane
柴油发电汽车吊 diesel-electric(al) mobile crane
柴油发电站 diesel power plant
柴油发动的桩锤 diesel pile hammer
柴油发动机 crude oil engine；diesel motor；oil-electric(al) engine；oil engine；diesel(engine)
柴油发动机回动装置 diesel engine reversing gear
柴油发动机冷却水温继电器 diesel engine cooling water temperature relay
柴油发动机排气 diesel engine exhaust gas
柴油发动机示功图 diesel card
柴油发动机油温继电器 diesel engine fuel oil temperature relay
柴油防爆剂 dope for diesel fuels
柴油分离器 diesel oil separator
柴油航空发动机 aerodiesel
柴油货车 diesel-powered truck
柴油机 compression ignition engine；diesel engine；direct injection engine；oil engine
柴油机爆震(声) diesel knock
柴油机备件 diesel spare
柴油机操纵 diesel engine control
柴油机操纵的振动器 diesel-operated vibrator
柴油机操纵装置 engine control device
柴油机测力计 diesel engine dynamometer
柴油机叉车 diesel engine fork truck
柴油机铲 diesel shovel
柴油机超速继电器 diesel engine over-speed relay
柴油机超速脱扣机构 diesel over-speed trip
柴油机车 diesel locomotive；diesel-powered truck
柴油机车备件 diesel spare
柴油机车间 diesel shop
柴油机车辆 derv；diesel engine vehicle；diesel stock
柴油机车排气 emission from diesel vehicle
柴油机车液力制动中间腔 brake casing
柴油机传动链斗 diesel-driven chain bucket
柴油机船 diesel(engine) boat；diesel(engine) ship
柴油机锤 diesel engine pile hammer
柴油机锤打桩架 diesel hammer pile driving frame
柴油机打桩锤 diesel pile hammer；kick-atomizing pile hammer
柴油机打桩机 diesel pile-driving engine
柴油机打桩汽锤 diesel pile hammer
柴油机打桩设备 diesel pile-driving plant
柴油机带动的 diesel-powered
柴油机带动机械系统 diesel mechanical
柴油机道路车辆 diesel engine road vehicle
柴油机的工作参数 parameter of engine operation
柴油机的实际循环 actual cycle of diesel engine
柴油机的循环参数 parameter of engine cycle
柴油机电动船 diesel-electric(al) ship
柴油机电动两用履带式挖土机 convertible diesel-electric(al) caterpillar excavator
柴油机电机拖动的 diesel-electric(al)
柴油机电力传动 diesel-electric(al) drive
柴油机电力传动的 diesel-electric(al)
柴油机电力传动斗链 diesel-electric(al) driven bucket chain
柴油机电力传动列车组 diesel-electric(al) driven train-set
柴油机电力驱动 diesel-electric(al) drive
柴油机电力驱动斗链 diesel-electric(al) driven bucket chain
柴油机电气传动装置 diesel-electric(al) drive
柴油机动车 diesel car
柴油机动车组 self-propelled diesel train
柴油机动力装置 diesel power plant
柴油机发电厂 diesel-electric(al) plant；diesel-electric(al) power station
柴油机发电机 diesel plant
柴油机发电机组 diesel engine generating set；diesel generator set；diesel set
柴油机发电站 diesel generating station
柴油机发电装置 diesel-electric(al) power plant
柴油机发动的 diesel-powered
柴油机发动的叉车 diesel engine fork truck；diesel fork lift truck
柴油(机发动的)混凝土搅拌机 diesel concrete mixer
柴油机发动的履带式起重机 diesel crawler crane
柴油机发动的起重机 diesel crane
柴油机发动的运货车 diesel truck
柴油机废气 diesel exhaust；diesel scavenging air
柴油机废气消除法 abatement of diesel exhaust
柴油机功率 diesel engine power
柴油机供油系统 fuel system of diesel engine
柴油机化 dieselization[dieselisation]
柴油机化油器 carburet(t)tor engine
柴油机换气 diesel scavenging air
柴油机机械传动(装置) diesel mechanical drive
柴油机机油冷却器 lube oil cooler for diesel engine
柴油机积炭 diesel deposit
柴油机集装箱船 diesel container ship
柴油机技工 diesel mechanic
柴油机卡车 diesel truck
柴油机空载继电器 no-load diesel relay
柴油机空转置换继电器 diesel idling speed substitution relay
柴油机控制 diesel engine control
柴油机控制系统 diesel engine control system
柴油机粒子吸附器 diesel particulate traps
柴油机内的燃料燃烧 diesel combustion
柴油机排出烟气 smoke from diesel exhaust
柴油机排气标准 diesel exhaust standard
柴油机排气的臭味 odo(u)r from diesel exhaust
柴油机排气高温计 diesel engine exhaust pyrometer
柴油机配电机发动的起重机 diesel-electric(al) transmission crane
柴油机配发电机的 diesel-electric(al)
柴油机喷射泵 diesel injection pump
柴油机喷油器 diesel injector
柴油机喷油提前角 firing angle
柴油机喷油系统 injection equipment
柴油机起动燃料 diesel starting fuel
柴油机汽锤 diesel hammer
柴油机汽缸 diesel cylinder
柴油机汽缸衬套 diesel liner
柴油机汽缸衬套磨损 diesel liner wear
柴油机汽缸油 diesel cylinder oil
柴油机牵引 diesel traction
柴油机牵引力 tractive effort developed by diesel engine
柴油机前支承 front main engine support
柴油机倾斜(垃圾)车 diesel dumper
柴油机倾卸车 diesel shuttle dumper
柴油机驱动泵 diesel-driven pump
柴油机驱动车辆 diesel-powered vehicle
柴油机驱动锤 diesel engine driven hammer
柴油机驱动的 diesel-driven
柴油机驱动的船 diesel-driven ship
柴油机驱动的轨道式抓斗起重机 rail-mounted diesel-drives grabbing crane
柴油机驱动的热泵 heat pump driven by diesel engine
柴油机驱动的输送螺旋 diesel-driven auger
柴油机驱动的消防泵 diesel-driven fire pump
柴油机驱动的钻机 diesel-driven rig
柴油机驱动发电厂 diesel driving plant
柴油机(驱动)发电的 diesel-electric(al)
柴油机驱动离心泵 diesel-driven single centrifugal pump；diesel engine driven centrifugal pump
柴油机驱动离心水泵 centrifugal type；diesel-driven water pump
柴油机驱动铺轨机 diesel-driven track-laying crane
柴油机驱动人工控制双轮推土机 diesel-driven hand-guided two-wheel dozer
柴油机驱动直流弧焊机 diesel engine driven direct current arc welding machine
柴油机驱机单极离心泵 diesel-driven single stage centrifugal pump
柴油机燃料 diesel fuel；engine solar oil
柴油机燃料的残炭 diesel fuel carbon
柴油机燃料水乳化液 diesel fuel-water emulsion
柴油机燃料添加剂 diesel dope
柴油机燃料系统 diesel fuel system
柴油机燃料油 diesel engine fuel oil；derv <重型车辆用的>
柴油机润滑油 diesel lube(oil)；diesel lubricating oil
柴油机三轮压路机 diesel engine three-wheel(ed) roller
柴油机时计 diesel hour meter
柴油机式打桩机 diesel hammer pile driver
柴油机式压路机 diesel motor roller
柴油机式振动平板夯 diesel vibro plate
柴油机式振动压路机 diesel vibratory roller
柴油机试验 diesel engine test
柴油机试验车间 engine test plant
柴油机室检查火灾继电器 diesel com-

partment fire detection relay
柴油机数 numbers of diesel engine
柴油机调速器的调整 diesel governor setting
柴油机调速器试验台 engine governor testing stand
柴油机通风管工作装置 snorkel
柴油机拖动的 diesel engined
柴油机拖动发电的 diesel-electric(al)
柴油机拖轮 diesel tug
柴油机挖泥船 diesel dredge(r)
柴油机消防泵 diesel-powered fire pump
柴油机效率 efficiency of diesel engine
柴油机械式 diesel mechanical
柴油机循环 diesel cycle
柴油机压道车 diesel railcar
柴油机压缩爆燃 dieseling
柴油机烟浓度计 diesel smokometer
柴油机液压传动斗链 diesel-hydraulic-driven bucket chain
柴油机油 diesel engine oil
柴油机油添加剂 diesel engine oil additive
柴油机直接传动 diesel direct drive
柴油机直流发电机 diesel dynamo
柴油机直流发电机组 diesel dynamo aggregate
柴油机专家联合会 < 美 > Association of Diesel Specialists
柴油机转数 engine revolution
柴油机转速置换继电器 diesel speed substitution relay
柴油机自吸泵 diesel engine driven self-priming pump
柴油机组 diesel multiple unit set
柴油绞车 diesel winch
柴油净化器 diesel oil purifier
柴油酒精燃料 diesohol
柴油卷扬机 diesel winch
柴油卡车 diesel truck;diesel lorry
柴油抗爆添加剂 anti-knock dope for diesel fuel
柴油空气压缩机 diesel air compressor
柴油履带式拖拉机 diesel crawler tractor
柴油履带式抓斗起重机 caterpillar diesel-driven grab
柴油轮式拖拉机 diesel wheeled tractor
柴油锚固绞车 diesel anchor winch
柴油锚固卷扬机 diesel anchor winch
柴油煤气发动机 gas-diesel engine
柴油碾压机 diesel motor roller;diesel roller
柴油起重机 diesel crane
柴油汽车 crude oil automobile;diesel car
柴油汽车排烟浓度的测量 measurement of exhaust smoke concentration from diesel automobiles
柴油驱动叉车 forklift with diesel engine
柴油驱动发电机 diesel-driven generator
柴油驱动机具 diesel rig
柴油驱动直流焊机 diesel-driven direct current welder
柴油燃料规格 diesel fuel specification
柴油燃料中的钡添加剂 barium additives in diesel fuel
柴油射流泵 diesel injection pump
柴油输送泵 diesel oil transfer pump
柴油水泥 diesel oil cement
柴油添加剂 diesel dope; diesel fuel additives;procetane
柴油推进机 diesel propulsion engine
柴油拖拉机 diesel tractor
柴油拖拉机式汽车吊 diesel tractor crane
柴油拖拉机式压缩机 diesel tractor-compressor
柴油挖掘机 diesel shovel
柴油挖泥机 diesel dredge(r)
柴油万能挖掘机 diesel universal excavator
柴油万能压气机式拖拉机 diesel universal compressor tractor
柴油吸泥机 diesel suction dredge(r)
柴油选择裂化工艺 distillate selective cracking process
柴油循环发动机 diesel cycle engine
柴油循环机 diesel cycle
柴油压路机 diesel motor roller;diesel road roller
柴油压缩机组 diesel-compressor aggregate
柴油液压机车 diesel-hydraulic locomotive
柴油液压式 diesel hydraulic
柴油液压挖泥船 diesel hydraulic dredge(r)
柴油引擎 crude oil engine
柴油有轨自动车 diesel railcar
柴油运货车 diesel truck
柴油直接喷射器 direct infection diesel unit
柴油值 diesel number
柴油指数 diesel index
柴油中的水和沉积物 diesel fuel water and sediment
柴油装载机 diesel loader
柴油自喷泵组 diesel self-sprinkling pump set
柴油钻机 diesel rig
柴垣 dead hedge

觇板【测】 sight(ing) target; sight(ing) board;sight(ing) disc;sight(ing) vane; vane; boning board; target

觇板标尺 target staff
觇板罗盘 sight compass
觇板面积 target area
觇板水准(标)尺 target(leveling) rod;target staff
觇标【测】 beacon(scaffold);observation tower; observing tower; sighting mark; sighting target; sight rule; surveying mark(er); target; guinea;tower
觇标点 target point
觇标读数 target reading;target value
觇标高 tower height
觇标活动架 portable tower
觇标及标石完好情况 condition of target and monument
觇标架 target framework
觇标类别 type of towers
觇标内架 tripod
觇标扭转误差 twisting error of tower
觇标偏心 eccentricity of signal
觇标完好 target perfect
觇标完好情况 condition of target
觇标系统 target system
觇标已倾斜 target being tilt
觇标已损坏 target damaged
觇标中心 center[centre] of beacon
觇标坐标 target coordinates
觇尺 aiming rule;sight(ing) rule;target(leveling) rod
觇点【测】 aiming point
觇管 sight tube
觇孔 diopter[dioptre];sighting slot
觇孔辐射计 boresighted radiometer
觇孔罗盘 < 安装觇孔作为照准装置,供快速测量用 > surveying compass;surveyor's compass
觇孔瞄准器 aperture sight
觇孔照准罗盘 peep-sight compass
觇牌 target
觇视孔 < 测距仪的 > open sight
觇隙 sighting slot
觇线 aiming line
觇轴 aiming axis

掺白垩黏[粘]土砖 chalk brick

掺拌斗 blending bin
掺拌计斗 blending
掺拌加固法 admixture stabilization
掺打磨剂涂料 sanding sealer
掺大理石粉的细面抹灰灰浆 intonaco
掺大理石屑的彩色沥青地面 Trinazzo
掺铒单模光纤 erbium-doped single-mode fiber[fibre]
掺铒二氧化硅光纤放大器 erbium-doped silica fiber amplifier
掺铒氟化钇锂激光器 erbium-doped yttrium lithium fluoride laser
掺铒光纤放大器 erbium-doped optic(al) fiber[fibre] amplifier
掺铒钇铝石榴石晶体 erbium-doped yttrium aluminium garnet crystal
掺氟石英玻璃光纤 fluorine-doped silica glass fiber
掺氟石英光纤 fluorine-silica fiber
掺硅粉的水泥 brick cement
掺和 < 又称搀和 > admix;incorporation;intermix;mingle;intermingle
掺和柏油 blended tar
掺和比 blend ratio
掺和槽 blending tank
掺和池 blending basin
掺和的 blended
掺和的磨料 blending abrasives
掺和地沥青 blended asphalt
掺和骨料 blending aggregate
掺和骨料试配法 trial-and-error method of blending aggregates
掺和环氧树脂的混凝土 epoxy-containing concrete
掺和机 blender;blending machine
掺和集料 blending aggregate
掺和集料试配法 trial-and-error method of blending aggregates
掺和集料图解法 graphic(al) method of blending aggregates
掺和剂 addition agent; additive(agent);admixture;adulterant;blending(agent);aruhuesiru < 预填集料灌浆混凝土的 >;corrective
掺和焦油沥青 blended tar
掺和聚合物混凝土 polymer modified concrete
掺和矿 blend ores
掺和料 addition by mixing; additive; admixture;blend;intermixture
掺和料组成 blending composition
掺和率 addition rate
掺和煤 blended coal
掺和配合料 blending batch
掺和器 admixer;blender
掺和前辛烷值 unblended octane number
掺和燃料 blending fuel
掺和热 admixture heat
掺和物 addition;additive;admixture;crud;foreign body;foreign material;blend;joiner
掺和物稳定土(法) additive soil stabilization
掺和油 alloyed oil
掺和组分 blending compound
掺混 blending
掺混聚合物 polymer alloy; polymer blend
掺混空气 dilution air
掺混气 mixed gas
掺混物 adulterant; foreign material; intermixture
掺混性 miscibility
掺加比 adding rate
掺加方法 addition procedure
掺加活化剂的水硬性结合料 latent hydraulic binder
掺加剂名 < 地下钻井或成槽时护壁液的 > fast break
掺加料 < 混凝土的 > admixture(of concrete)
掺加率 adding rate
掺加气剂的水泥 air-entraining cement
掺加气剂水硬性水泥 air-entrained hydraulic cement
掺加(示踪剂) spiking
掺加速度 adding rate
掺加同位素 spiking isotope
掺加物 filling material
掺假 adulterate;adulteration;sophistication
掺假货 adulterated goods
掺假了的 adulterate
掺假食品 adulterated food
掺金 gold doping;doping
掺金的 Au-doped;gold-doped
掺金乳胶 Au-silicon dioxide
掺金型晶体管 gold-doped transistor
掺金锗红外探测器 gold-doped germanium infrared detector
掺金锗探测器 gold-doped germanium detector
掺金属塑料 metallized plastics
掺矿渣的抹灰灰浆 slag plaster
掺矿质填料的地沥青 mineral-filled asphalt
掺蜡混凝土 paraffin(e) mixed concrete
掺冷空气 dilution air
掺了水的 watered
掺料 intermixture;spike
掺料仓 blending bin
掺料机 tempering mixer
掺料溶液 spiked solution
掺磷二氧化硅 phosphorus doped silica
掺磷光纤 phosphorus-doped optic(al) fiber
掺硫沥青 sulphur-bitumen; sulphur extended bitumen
掺麻丝石膏 haired gypsum
掺黏[粘]结料的砾石 binding gravel
掺黏[粘]土 addition of clay
掺钕 neodymium-doped
掺钕玻璃 neodymium-doped glass
掺钕玻璃激光器 neodymium-doped glass laser
掺钕氟化物光纤 neodymium-doped fluoride fiber
掺钕光纤 neodymium-doped fiber
掺钕光纤激光器 neodymium-doped fiber laser
掺钕硅酸氧化磷灰石 neodymium-doped silicate oxyapatite
掺钕激光玻璃 neodymium-doped laser glass
掺钕铍酸镧 neodymium-doped lanthanum beryllate
掺钕钨酸钙激光器 neodymium-doped calcium tungstate laser
掺钕钇铝石榴石 neodymium-doped yttrium-aluminum garnet
掺钕钇铝石榴石棒 neodymium-doped yttrium-aluminum garnet rod
掺钕钇铝石榴石激光器 neodymium-doped yttrium aluminium garnet laser

掺配地沥青 blended asphalt
掺配水泥 blended cement
掺配图 blended chart
掺硼 boron-doping
掺硼二氧化硅 boron doped silica
掺硼镓乳胶 B-Ga-silicon dioxide forming film component
掺镨光纤放大器 praseodymium doped fibre amplifier
掺镨四硼酸铝钇单晶体 praseodymium doped yttrium alumin(i)um tetraborate single crystal
掺漆雾化水 doped atomized water
掺气 aeration;aerification;air-entrainment;entrainment
掺气泵 air blast pump
掺气槽 aeration slot
掺气层 aeration zone;zone of aeration
掺气度 aeration degree;degree of aeration
掺气法 method of aeration
掺气混凝土 aerated concrete;air-entrained concrete
掺气机 aerifier
掺气剂 aerating agent;air-entraining chemical compound
掺气量 air-entrainment concentration;amount of air-entrainment
掺气率 air rate
掺气能力 air entrap capacity
掺气泥浆 aerated mud
掺气浓度 air-entrainment concentration;concentration of entrained air
掺气浓度仪 aeration concentrator
掺气器 aerator
掺气区 aeration zone
掺气渗透仪 air-entry permeameter
掺气水 aerated water
掺气水流 aerated flow
掺气水泥 air-entrained cement;air-entraining cement
掺气水舌 aerated nappe
掺气水深 entrained air depth
掺气系数 aeration coefficient;aeration factor
掺气溢流堰 aerated weir;overfall with air admission
掺气因素 aeration factor
掺气于 aerify
掺汽空气 carburet(t)ed air
掺染的 contaminative
掺入 dope;incorporation
掺入空气 aerification;entrained air
掺入误差 error of compensation
掺软木屑涂料 cork paint
掺砂 addition of sand;sanding
掺砂粉水泥 sand cement
掺砂火漆 sanding sealer
掺砂量过多 oversanded
掺砂石膏浆 sanded plaster
掺砂石灰膏 lime plaster
掺砂水泥 sand cement
掺砂太少 undersanding
掺砂太少的 undersanded
掺砂涂料 sanding sealer
掺石封闭层 stone seal
掺石膏的灰浆 ga(u)ged stuff
掺石膏快硬石灰 selenitic lime
掺石膏水泥 selenitic cement
掺熟石膏砂浆 ga(u)ge mortar
掺水 blunge;watering
掺水搅拌 blunge
掺水酒精 alki
掺水泥的沥青乳液混合料 cement modified asphalt emulsion mixture
掺水资本 watered capital
掺塑料 plastic addition
掺钛二氧化硅 titanium doped silica
掺碳 carburizing
掺碳高硼硅酸耐热玻璃 carbon impregnated vycor glass
掺碳剂 carburizer
掺填(细)料地沥青 mineral-filled asphalt
掺透石膏作促凝剂的水泥 selenitic cement
掺土混凝土 earth concrete;soil concrete
掺土混凝土管 soil concrete conduit;soil concrete pipe
掺土水泥 soil cement
掺土水泥基层 soil-cement base
掺土水泥浆 soil-cement slurry
掺土塑性水泥 plastic soil cement
掺稀土氟化钙 rare earth doped calcium fluoride
掺稀土光纤 rare earth doped fiber
掺稀土晶体 rare earth doped crystal
掺稀土离子非线性晶体 rare earth ion-doped nonlinear crystal
掺细矿粉沥青 mineral-filled asphalt
掺纤维石灰砂浆 fibrous lime mortar
掺橡胶的改性沥青 rubber-modified bitumen
掺橡胶混凝土 latex-modified concrete
掺橡胶沥青 rubber asphalt
掺橡胶水泥浆 latex-modified cement paste
掺锌P型探测器 zinc impurity P-type detector
掺压度 degree of consolidation
掺油酪蛋白颜料 oleocasein paint
掺有大量矿渣的矿渣水泥 supermetallurgical cement
掺有砂粉混合料的水泥 sand cement
掺杂 adulterate;adulteration;doping;intermingle;sophisticate;sophistication
掺杂半导体 doped semiconductor
掺杂玻璃 doped glass
掺杂玻璃棒 doped glass rod
掺杂玻璃激光器 doped glass laser
掺杂材料 dopant material;doping material
掺杂超晶格 doping superlattice
掺杂单晶 doped single crystal
掺杂的 adulterated
掺杂的介质 doped dielectric(al)
掺杂陡度 doping gradient
掺杂度 doping level
掺杂方法 doping method
掺杂改性 doped modification
掺杂汞灯 doped mercury lamp
掺杂光电检测器 doped photoconductor detector
掺杂硅 doped silicon
掺杂过程 adulterant process
掺杂过的 doped
掺杂剂 adulterant;dopant;doped chemical;doping agent;dope
掺杂剂蒸发器 dope-vapourizer
掺杂金刚石 doped diamond
掺杂紧包黄麻 bombays
掺杂晶体 doped crystal
掺杂晶体干涉仪 doped crystal interferometer
掺杂晶体激光器 doped crystal laser
掺杂精度 doping accuracy
掺杂密度 dopant density;doping density
掺杂浓度 doping content
掺杂硼金刚石电极 boron-doped diamond electrode
掺杂剖视图 doping profile
掺杂气体 impurity gas
掺杂汽油 fuel blend
掺杂石英包层光纤 doped-silica cladded fiber;doped-silica cladded optic(al) fiber[fibre]
掺杂石英玻璃 doped silica glass
掺杂石英渐变型光纤 doped-silica graded fiber[fibre]
掺杂食物 adultered food
掺杂使假 diluting or packing of goods
掺杂物 adulterant;dope;hotch-pot-(ch);dopant;inclusion
掺杂物质 dopant
掺杂险 isomerization risk
掺杂效应 doping effect;impurity effect
掺杂氧化物扩散 doped oxide diffusion
掺杂液相 blended liquid phase
掺杂用的 adulterant
掺杂油 adulterated oil
掺杂元素 doped chemical element;doping element
掺杂原子 foreign atom
掺杂杂质 impurity
掺杂质 doping
掺杂质补偿 doping compensation
掺杂质晶体管 dope transistor
掺杂籽晶 doped seed
掺杂组分超晶体 doping compositional superlattice
掺渣粒的抹灰灰浆 slag plaster
掺渣粒灰浆 slag plaster
掺锗二氧化硅 germanium-doped silica
掺锗光学纤维 germanium-doped optic(al) fiber
掺锗石英光纤 germanium-doped silica fiber
掺锗石英芯单模光纤 germanium-doped silica core single mode fiber [fibre]
掺针绣 elaborate embroidery
掺质 admixture;dopant
掺质钆镓石榴石 doped gadolinium gallium garnet
掺质光电导晶体 allochromatic photoconductor crystal
掺质光电导体 allochromatic photoconductor
掺质色 allochromatic colo(u)r
掺质色的 allochromatic
掺质色晶体 allochromatic crystal
掺质色性 allochromatism

禅

禅房 monastic cell

缠

缠 entwist;twine;wind

缠成 coiled
缠刺网 tangle net
缠附物 hanger-on
缠挂式光缆 lashed fiber optic(al) cable
缠辊 curling round the roll
缠辊现象 collaring
缠裹钎接 wrap-and-solder splice
缠裹树干 <园林> trunk wrapping
缠结 entanglement;inosculating;intertwine;intertwist;tangle
缠结分子 entangled molecule
缠结分子网 entanglement molecule network
缠结交联 entanglement cross link
缠结链 entangled chain
缠结起来 intertwine
缠结瓦片 tile hanging
缠结网络 entanglement network
缠结形 tangled shape
缠结柱 knotted columns
缠金属丝软管 armo(u)red hose
缠卷 enwind;spooling
缠卷装置 coiler
缠绝缘带 tapping
缠乱 snarl
缠绕 circumvolute;cockling;convolve;enlace;enwind(ing);intertwist;interwine;wind-up
缠绕(包)机 wrapping machine
缠绕比 wind ratio
缠绕标度 spiral(l)ed scale
缠绕标准线 basic pattern
缠绕泊松分布 convolved Poisson's distribution
缠绕草本 voluble herb
缠绕的 winding
缠绕垫 wound gasket
缠绕垫片 spirotallic gasket
缠绕分布 convolved distribution
缠绕封头包角 displacement angle of dome
缠绕钢丝机 wire-winding machine
缠绕管 tube winding
缠绕灌木 voluble shrub
缠绕规律 principle of winding
缠绕焊接 wrap-and-solder splice
缠绕机 coiler;lapping machine;winder;winding machine
缠绕间距 winding pitch
缠绕胶管 spiral rubber hose
缠绕角 winding angle
缠绕接法 wrapping connection
缠绕接线头 wrapped joint
缠绕茎 twining stem
缠绕绝缘带机 lapping lubricant
缠绕柯西分布 convolved Cauchy distribution
缠绕玛瑙 sardonyx
缠绕喷射结合工艺 chop-hoop winding
缠绕器 wrapping head
缠绕圈数 wind ratio
缠绕式垫片 binding pad;spiral-wound gasket
缠绕式金属垫片 spiral-wound metal gasket
缠绕式模挤压机 wound-type die extrusion press
缠绕试验 wrapping test
缠绕输水管 spiral(l)ed water hose
缠绕双线 twisted-pair line
缠绕速比 winding factor
缠绕筒体进角 displacement angle at cylinder
缠绕头数 number of winding heads
缠绕物 twiner;twister
缠绕线型 winding pattern
缠绕型波导 convoluted flexible waveguide
缠绕性 prehensile
缠绕用无捻粗纱 roving for filament winding
缠绕运动 twining movement
缠绕在颈部的 accolle(e)
缠绕张力 winding tension
缠绕者 twister
缠绕正态分布 convolved normal distribution
缠绕直径 coiling diameter;loop diameter
缠绕植物 twiner;twining plant
缠绳 rope reel
缠绳速度 cable speed
缠丝 twined wire
缠丝包网过滤器 filter of twined wire and wrapped net
缠丝过滤器 wire twined filter;wire wrapped screen
缠丝机 winder;winding machine
缠丝间距 spacing of twined wires
缠丝壳体 filament-wound case
缠丝软管 armo(u)red hose
缠丝用腻子 wrapping paste
缠丝直径 diameter of twined wire

缠丝种类 type of wire twine
缠索滚筒 grooved drum
缠索轮 grooved drum;winding drum
缠索栓 belaying pin
缠索筒 load barrel
缠填材料 service stuff
缠弦 over-spun wire
缠线 kinking;kinking of a wire;spooling
缠线保护层 wound insulation
缠线带 wind tape
缠线接线法 wrapping connection
缠腰屋顶 skirt-roof
缠扎绳端 whip a rope
缠扎绳头 whipping

蝉翼纱 organdie[organdy]

蝉翼藤皮纤维 buaze fibre[fiber]

潺潺流水声 purl

蟾蜍岩【地】toadstone

巉崖 crag;klippe[复 klippen]

产表面活性剂菌 surfactant-producing bacteria

产丙烷菌 propane bacteria
产铂的 platiniferous
产草量 yield of grasses
产层有效厚度 effective pay thickness
产成品 products
产出 call into being;output
产出比率 output ratio
产出部位 producing place
产出的地层时代 occurred stratigraphic(al)age
产出法 <运输经济> yield method
产出率 output capacity;yielding capacity
产出能力 capacity output
产出投入比率 output-input ratio
产出投资比 output-investment ratio
产出系数 output coefficient
产床 obstetric delivery bed;obstetric table
产蛋 oviposition
产低热混凝土 low heat generating concrete
产地 locality;place of origin;place of production;producing area
产地标志 export mark
产地国 origin of country;state of origin
产地号印 locality mark
产地检验书 inspection certificate of origin
产地类型 type of production place
产地名称 name of place of production
产地位置 position of building material field
产地证(明)书 certificate of origin
产地证明书费 fee for certificate of origin
产地总储量 total reserves of the production area
产电量 yield power
产额 turnout
产额曲线 yield curve
产发热量 heat production
产房 delivery room
产妇病房 maternity ward
产更房地新标准 property rehabilitation standard
产供销关系 production-supply-marketing relation
产谷物地区 bread-basket
产后 postnatal
产甲烷菌 methane bacteria
产甲烷生物 methanogenic organism
产假工资 wage for maternity leave
产金属的 metalliferous
产科 obstetrical department
产科病房 maternity ward;obstetrical ward
产科医院 lying-in hospital;maternity home;maternity hospital
产科椅 lasanum;obstetric chair
产冷量 duty;rating;refrigerating capacity;refrigerating effect
产冷调节 capacity control;capacity modulation
产力 force of labor
产力异常 abnormality of force of labor
产粮区 grain producing area;granary
产量 capacity;outcome;output(capacity);outturn;production capacity;production file;production rate;production volume;productiveness;productive rate;productivity rate;productivity yield;volume(of output);volume of production;yield
产量保证 production quantity guarantee
产量表现 yield performance
产量标准 output standard
产量不足 undercapacity;underproduce;underproduction
产量测定 determination of yield
产量测量方式 mode of production measurement
产量差异 volume variance
产量成本利润分析 volume-cost-profit analysis
产量成分 yield components
产量单位 output unit;unit of production
产量单位折旧法 unit of production depreciation method
产量的加权平均压力法 production average-weighted pressure method
产量的相对值 relative value of outcome
产量等级指标 yield class indication
产量低的 under-yielding
产量递减期 decline stage of production
产量递减曲线 production-decline curve
产量调查 yield-survey
产量定额 darg;norm of output;output quota;quota of output;standard performance;standard production rate
产量反应 yield response
产量分析 volume analysis
产量估计 output estimation
产量极限 yield limit
产量计 output indicator;production indicator;production meter
产量鉴别试验 performance trial
产量控制 output control
产量密度效应 yield density effect
产量曲线 curve of production;production curve
产量曲线图 production pattern;productivity pattern
产量时间经验公式 empiric(al)rate-time equation
产量试验 yield trial
产量损失 loss in yield
产量所居位数 number of output to arrange in order
产量-投资比 output-investment ratio
产量系数 output coefficient
产量下降 decline of production
产量限制 restriction of output
产量印刷电路板 yield printed board
产量预测 yield prediction
产量增长 increase of production
产量占百分比 annual output concentration at percentage
产量折旧法 activity-based depreciation;output method of depreciation
产量指标 production indicator;target output;yield index
产量指数 output index
产量资本比 output-capital ratio
产流降水 runoff-generating precipitation;runoff producing precipitation
产流降雨 runoff-generating rain;runoff producing rain
产流量 runoff in yield
产流面积 contributing area;contributing area of run-off
产流区(域)contributing area;contributing area of run-off;contributing region of run-off;contributing region
产流天数 days of runoff producing
产流蓄水量 flowing storage
产流雨 runoff producing rain
产硫的 thiogenic
产硫化氢菌降解 hydrogen-sulfide-forming bacteria degradation
产硫菌降解 thiogenic bacteria degradation
产硫酸杆菌 thiobacilli
产率 productive rate;productivity
产率比 productivity ratio
产率试验 productivity test
产率系数 production coefficient;yield coefficient
产卵 egg-laying;oviposition
产卵场 spawning bed;spawning ground;spawning site
产卵地 spawning location
产卵洄游 spawning migration
产卵季节 spawning season
产卵期 period of spawning;spawning season
产卵期持续时间 duration of spawning season
产卵区 egg-laying area;spawning area
产卵习性 spawning habit
产麦国 wheat producing country
产麦区 wheat producing area
产煤区 coalfield;coal province
产煤区火力发电站 mine-mouth power plant
产棉地带 cotton belt
产棉区 <美国南部> cotton belt
产棉区域 cotton cultivated areas
产木地区 wooded area
产能建设期 constructive production capacity stage
产能污水处理 energy plus wastewater treatment
产泡沫物质 foam-producing matter
产棚 lambing shed
产品 article;manufactured products;producer goods;products;turnout;termination products
产品保护 product protection
产品保险 manufacturer's output insurance
产品保修书 product warranty
产品保证 warranty for goods purchased
产品编号 product identification number;product number;serial number
产品变化 model change
产品变化更新 model change
产品标签 product label(l)ing
产品标志 product mark
产品标准 product standard
产品标准编写单位 standards writing body
产品标准编写机关 standards writing body
产品测试计划 production test plan
产品差别 differentiation of production
产品差价 product price differentials
产品差异 product differentiation
产品产量 production output
产品产品关系 product-product relationship
产品阐述 product description
产品偿还方案 product-pay-back scheme
产品成本 cost of goods manufactured;output cost;product cost
产品成本比较表 comparative statement of product cost
产品成本差异 difference on cost of products;variation on product cost
产品成本计算 product costing
产品尺寸 product size
产品抽验 product sampling test
产品抽样试验 production sampling test
产品出厂编号 identification number
产品出口 products outlet
产品出口企业 enterprise with exportable products
产品储存室 holding room
产品纯度 product purity
产品从出厂到最后消费管理 life cycle management of product
产品从设计至投产间的时间 lead time
产品存储 product accumulation
产品存贮 product stored
产品单位成本 unit cost of products
产品的分离 product separation
产品的环境概貌 environmental picture of product
产品的使用方式 product usage pattern
产品等级率 graded rate of products
产品定单 production order
产品定额 output quota
产品定型 equipment registration;type approval
产品堆垛机 stacking unit
产品对路 goods suited to popular tastes
产品多样化 diversification of product;diversified product
产品发展 product development
产品返销 buy back;product buyback
产品方案 form of products
产品分布图 commodity map
产品分类 product of classification
产品分离器 product separator
产品分配 product distribution
产品分析 product analysis
产品服务系统 product support system
产品附件 accessories of a product
产品复杂程度 degree of the complexity of product
产品改进 product improvement
产品改进开发 operational development
产品改进性研制 operational development
产品概览 product summary
产品更新 model change;product update
产品工程投资 engineering investment
产品工作效率 product effectiveness
产品功能 product function

C

产品供应检查 product supply task control
产品管 product pipe
产品管道 product pipeline
产品管理标准 product management standard
产品规范 product specification
产品规格 commercial specification; product specification; product standard; size of product; specifications of the products
产品规格标准 product standard
产品国际价格 international price of products
产品国内价格 domestic price of products
产品合格率 product percent of pass
产品合格证 certification of inspection
产品和支持条件请求 product and support requirements request
产品厚薄不均 wedging
产品厚度回缩 product thickness recovery; thickness recovery
产品花色品种 product line
产品环境政策 environmental policy for product
产品回购 counter purchase
产品回修 call-back
产品会计 product accounting
产品计量单位 unit of measurement of product; units for calculating products
产品技术标准 product standard
产品价格 price of products; product charges; product price
产品价目数量单 bill quantity
产品价值 value of the product
产品间合作 interproduct cooperation
产品检查 product examination
产品检查员 inspector
产品检验 production test(ing)
产品检验记录 record of product test
产品检验试验 product verification test
产品检验台 inspection bench
产品简化 product simplex
产品鉴定试验 production evaluation test
产品鉴定证书 product appraisal certificate
产品交换 labo(u)r exchange
产品交库单 product delivery sheet
产品结构 product mix; product structure
产品金属 resultant metal
产品经济学 production economics
产品开发 product development
产品开发步骤 product development program(me)
产品开发部 product development department
产品开发计划 product development program(me)
产品控制 control of product; product control(ling)
产品垃圾成本费 product disposal charges
产品来源证明 certificate of origin
产品粒度 product size
产品流通 product flow
产品馏分 product cut
产品名称 name of mineral commodities
产品模型 production model
产品目录 catalog(ue); industrial catalog; manufacture catalog(ue); product catalog(ue); product guide; product literature; products index; product summary
产品目录主题分类表 subject category
产品浓度 product concentration
产品排出管 product line
产品牌号 code of mineral commodity
产品赔偿责任险 products liability insurance
产品批次 production batch
产品批号 batch number; lot identification mark
产品批准 product approval
产品品种 product line; range of products
产品平衡 < 工艺过程的 > reconciliation of inventory
产品评定试验 product assessment test
产品评价试验 product verification test
产品起输 product departure
产品气(体) product gas
产品缺陷记录仪 production analyser [analyzer]
产品溶液 product solution
产品溶液浓度 product solution concentration
产品设计 product design
产品设计草图 product design outline
产品设计组 drawing office
产品升级 upgrading of products
产品升级换代 upgrading and updating of product
产品生产厂 manufacturer
产品生命循环 product life cycle
产品生态平衡 product ecobalance
产品使用时间 time-oriented
产品使用说明书 manufacturer's recommendation
产品市场战略 product-market strategy
产品试验 design review; production test(ing); product test(ing)
产品试制 trial production
产品试制车间 product-design development shop
产品适应性 adaptation of product
产品寿命 product life
产品寿命的扩展 product life extension
产品寿命周期 life cycle of product; product life cycle
产品售后服务 post-sale service
产品售后技术服务 after-sale quality service; after service
产品售后支援服务 product support
产品数据 product data
产品数量表数量 bill quantity
产品水 product water
产品税 product tax; tax on product
产品说明 product description
产品说明书 commercial literature specification; commercial specification; description manual; manufacturer's specification; product data; product instruction; product literature; product specification
产品外形设计 product styling
产品系列 product line; product series
产品系列化 product seriation
产品线定价法 product-line pricing
产品销售成本 cost of goods sold
产品销售经理 product sales manager
产品销售净额 net sales
产品销售税金 tax on sales
产品销售网 distribution net(work)
产品销售总额 gross sales
产品信息 product information
产品形式试验 production-type test
产品型路面机械 production model paver
产品性能 end-use performance; product property
产品性能评价 product performance evaluation
产品性能说明书 performance specification
产品选出效率 acceptance efficiency
产品研究委员会 product research committee
产品研制 product development
产品样本 brochure; catalog(ue); product copy
产品样本规范 commercial literature specification
产品样本号 catalog(ue) number
产品业务 product service
产品盈亏平衡图 product break-even chart
产品用户 end-user
产品用途 end use
产品有效期 keeping time
产品有效寿命 < 制造商估计的 > usable life
产品运输枢纽 produce terminal
产品噪声发射标准 noise emission standards for products
产品责任 production liability
产品责任法 product liability law
产品责任法律适用公约 Convention on the Law Applicable to Products Liability
产品责任问题 product liability problem
产品蒸发气隔离层 product vapor barrier
产品证明书 certification of products
产品支持条件的请求 product and support requirements request
产品支援系统 product support system
产品指标 production data
产品制造厂 product manufacturer
产品制造商 product maker
产品制造者 product manufacturer
产品制作者 product maker
产品质量 product quality; quality control engineering
产品质量保证 product quality guarantee
产品质量保证书 product warranty
产品质量标志 product quality mark
产品质量标准 product quality standard; product standard
产品质量的光电检查 inspection photoelectric(al) quality
产品质量反应 quality information feedback
产品质量管理 production quality control; product quality management
产品质量监督检验 product quality supervision and inspection
产品质量检查 quality control
产品质量检验 production quality test; product quality inspection
产品质量控制 production quality control; quality control
产品质量认证标志 certification marking of product quality
产品质量认证程序 certification procedure of product quality
产品质量认证制度 certification system of product quality
产品质量责任制 product quality liability
产品中间贮槽 product intermediate storage tank
产品种类 range of products
产品注册 equipment registration
产品专利 production patent; product patent
产品转换率 rate of product transformation
产品转换曲线 transformation curve of production
产品装填机 production packer
产品资料 product data; product information
产品组合 product mix
产气 aerogenesis
产气层 producing formation
产气的 aerogenic; aerogenous
产气发酵 gassy fermentation
产气腐败 gaseous spoilage
产气杆菌 aerobacter aerogenes
产气菌 aerogene
产气量 gas output; gas production
产气率 gas productivity
产气轻质混凝土 gas concrete
产气圈闭 producing gas trap
产气微生物 aerogene
产气细菌 aerogenic bacteria; gas producing bacteria
产气作用 gas-forming reaction
产汽 steam raising
产汽厂 steam generation plant
产铅的 plumbiferous
产前产后服务 service before and after the production process
产前检查所 antenatal-clinic
产氢菌 hydrogen bacteria
产区 growing district; producing area
产区权益 royalty interest
产权 equity; ownership; property rights; proprietary rights
产权保险 title insurance
产权保险登记 accommodation recording
产权比率 equity ratio
产权的凝点 cloud on title
产权范围内的场地改善 on-site improvement
产权范围外的场地改善 off-site improvement
产权费 loyalty
产权分配裁决 decree of distribution
产权分散 diffusion of property
产权购买人 equity purchaser
产权归还证书 reconveyance deed
产权衡平法 equity ownership
产权划转和产权变动 the transfer of and changes in property rights of enterprises
产权会计 accounting for equities
产权技术 proprietary technique
产权率 equity ratio
产权凝点消除 action to quiet title
产权清算管理人 equity receiver
产权让渡 < 土地 > transfer of title
产权使用费 royalty
产权收益率 return on equity
产权说明书 abstract of title
产权诉讼 real action
产权所有权 equity ownership
产权投资 equity investment
产权宣誓声明书 affidavit of title
产权要求 property claim
产权摘要说明书 abstract of title
产权证 title
产权证记录 title abstract
产权证明书 affidavit of title
产权证书 certificate of title
产权值 equity value
产权转让 conveyance of property
产权转移 alienate; title transfer
产权转移与印花税 transfer and stamp taxes
产权资本 equity capital
产权租赁 proprietary lease
产热 heat development; heat generation; production of heat; thermogenesis
产热量 heat turn; heat yield
产热量的 heat producing
产热细菌 thermogenic bacteria
产色的 chromogenetic; chromogenic; chromogenous

产色物质 colo(u)ring matter
产沙 sediment production
产沙成分 sediment contribution
产沙量 sediment outflow; sediment output; sediment yield
产沙率 rate of sediment production; rate of sediment yield; sediment-production rate
产沙模数 modulus of sediment yield
产沙区 sediment contributing area; sediment distributor
产沙源 sediment contributor; sediment distributor
产沙者 sediment contributor
产沙作用 sediment contribution
产伤 birth injury; birth trauma
产勺 obstetric scoop
产生 create; devise; engender; generation; initiation; origination; produce; yielding
产生凹痕 < 木材和金属 > bruise
产生备选方案 generating alternatives
产生侧向力的操纵机构 aridextor
产生侧向力的操纵装置 aridextor
产生潮汐的力 tide-producing force
产生程序的程序 pure generator
产生臭氧的 ozoniferous
产生臭氧物质 ozone-forming species
产生的 generative
产生的标准吉布斯能量 standard Gibbs energy of formation
产生的压力 developed pressure
产生电弧 arc over
产生动力 power-making
产生毒素的 toxigenic
产生反应的 aitiogenic; aitiogenous
产生复辉现象 recalesce
产生功率 power production
产生光泽 glossing up; glossy up
产生规则 generation rule
产生痕迹 imprint
产生化学反应而改变物理性质的温度 cure temperature
产生灰尘 dust-producing
产生机理 mechanism of production
产生激光 lasing
产生挤乳 preparatum milking
产生均匀磁场的马鞍形线圈 producing homogeneous magnetic field; saddle coil
产生菌苗的 vaccinogenous
产生垃圾高潮季节 refuse production peak
产生裂缝 feather check(ing)
产生裂纹 crackle
产生率 generation rate
产生门 generator gate
产生密度法 product density method
产生摩擦层 friction-producing layer
产生耐受性的 tolerific
产生能量的 energy producing
产生泥沙的 sediment producing
产生凝集素的 agglutinogenic; agglutogenia
产生泡沫 spurging
产生泡沫的外加剂 gas forming admixture
产生破裂的最低压力 minimum burst pressure
产生气泡 inception of bubbles
产生气泡压力 bubbling pressure
产生器 generator; producer
产生强度性 strength-producing property
产生热 develop heat
产生热点 incidence of hot spots
产生热量 generate heat
产生热量的 calorific
产生乳化 emulsion-causing
产生剩余压力 overpressurization
产生时钟信号 clocking
产生式 production
产生式规则 production rule
产生式规则的先决条件 precondition of production rule
产生式树 production tree
产生式系统 production system
产生式语言 production language
产生式语言编译程序 production language compiler
产生式中的替元 alternate in a production
产生树 generation tree
产生塑性变形 scuff
产生算符 creation operator
产生弹性变形的应力 elastic stress
产生条件 mode of occurrence
产生铁的 ferriferous
产生脱机方案 off-line plan generation
产生涡流 burble
产生涡流的阻力 eddy-making resistance
产生污染的工业 pollution-causing industry
产生污染的交通条件 pollution yielding traffic condition
产生吸引表【交】P-A table
产生熄灭脉冲的光电管 blanking gate photocell
产生线 generating line
产生性的 productive
产生性元成员 productive metamember
产生旋涡料仓 burble
产生压力 develop pressure; generate pressure; pressurize
产生压力的装置 load-generating system
产生压缩空气气动元件 pneumatic components for compressed air generation
产生应力过程 process of stressing
产生影响 make a difference
产生有毒产品或废料的工业 offensive industry
产生载荷的结构 load producing structure
产生噪声材料 noise-producing material
产生者 generator
产生蒸汽 steam raising
产生蒸汽的重水反应堆 steam-generating heavy water reactor
产生脂肪的 steatogenous
产生皱褶 buckling
产石膏的 gypsiferous
产式 presentation
产树胶的 gummiferous
产树脂的 resiniferous
产水层 water yield formation
产水带 water producing zone
产水量 water produced; water production; water yield < 流域积雪或井的 >
产水率 hydraulic discharge; specific yield
产水能力 water productivity
产水汽裂隙 production fracture
产丝腺 < 蚕或其他昆虫的 > sericterium
产酸材料 acid producing material
产酸细菌 acidogenic bacteria; acid-producing bacteria
产物 offspring; outcome; outgrowth; product; result
产物名称 products name
产物抑制 product inhibition
产硒的 seleniferous
产锡的 tinny
产销平衡 coordination of production and marketing
产销条件分析 business analysis
产销衔接状况 the ratio of sale to production
产销预测 forecasting of production and marketing
产形齿面 generating flank
产盐的 salierous
产氧率 oxygen production rate
产氧能力 oxygen-producing capacity
产氧势 oxygen production potential
产业 estate; industrialization; industry
产业保险 property insurance
产业单位 establishment
产业的 industrial
产业调查 industrial census
产业废水 industrial effluent; industrial wastewater
产业革命 industrial revolution
产业工会 industrial union
产业工人 blue-collar worker[employee]; industrial worker
产业估价简表 short form appraisal report
产业关联分析 interindustry analysis
产业归公 < 无继承 > escheat
产业合伙经营 industrial partner
产业继承人 grantee
产业升级 upgrade industries
产业税参股 tax participation
产业素质 industrial quality
产业所有权 industrial property
产业停售通知 cease and desist order
产业效果 industry effect
产业政策分析 industrial policy analysis
产业转让人 granter[grantor]
产叶作物 leaf crop
产乙烷菌 ethane bacteria
产婴植树 planting tree when giving birth to a baby
产油层 pay bed; pay horizon; pay sand; pay streak; pay zone
产油层位 producing horizon
产油带 zone of production
产油国 oil-producing country; petroleum-producing country
产油量 oil production
产油率 oil productivity
产油气量 oil and gas production
产油气圈闭 producing oil and gas trap
产油区 oil producing area; pay zone
产油圈闭 producing oil trap
产雨 rain producing
产雨过程 precipitation producing process
产雨云 rain producing cloud
产院 lying-in hospital; maternity hospital
产振发动机 vibratory motor
产振马达 vibratory motor
产值 output value; value of output
产状【地】attitude; mode of occurrence; occurrence
产状测量 strike-dip survey
产状要素 elements of occurrence
产状要素观测点 observation point of attitude element
产仔栏 farrowing cage; farrowing stall
产仔临时猪舍 farrowing hut
产仔猪舍 farrowing house
产自非洲的柯巴脂 sierra Leone copal

铲 spade; clam gun; colter; grafting tool; hoe; idiot stick; Irish fan; ladle; Adam's arm < 俚语 >

铲板操纵杆 apron lever
铲板式平地机 bladder; blade grader
铲背 back-off; relief flank
铲背车床 relieving lathe
铲背角 angle of run off
铲背铣削 relief milling
铲壁 mo(u)ld board
铲臂 dipper arm; dipper handle
铲柄 handle; share shaft; shovel shaft; spade handle
铲柄卡夹 shank clamp
铲柄套 shovel shaft bearing casing
铲剥 pinch spalling
铲草皮器 turf sod cutter
铲叉定位器 fork positioner
铲叉工作系统 forklift system
铲叉间距 fork spread; forks spacing
铲叉前重面 front face(side)
铲叉提升高度 height of lift(ing)
铲叉装卸法 pallet loading
铲叉最大高度 maximum fork height
铲茬犁铧 skim share
铲车 forklift; forklift truck; lift truck; loader; setting elevator; shovel car
铲车叉套杆 fork extension
铲车式清岩机 rock shovel
铲程 shovel-run
铲齿 backing-off; form-relieved tooth; give clearance to the cutting edge; relieving; shovel teeth
铲齿车床 backing-off lathe; relieving lathe; relieving machine
铲齿刀(具) relieving tool
铲齿刀座 relieving tool holder
铲齿附件 backing-off attachment
铲齿滚刀 form-relieved hob; profile relieved hob
铲齿机 gear spade(r); relief grinder; relief grinding machine
铲齿接头 digger tooth adapter
铲齿丝锥 backed-off tap
铲齿铣刀 form relieved cutter; relieved cutter; relieving cutter; backed-off(milling) cutter
铲齿象亚科 Platybelondonidae
铲齿装置 draw-in attachment; relieving attachment; relieving device
铲出沟底松土 crump out
铲除 brushout cards; root out; spudding; subgrade off; uproot
铲除草皮 scalping
铲除的 eradicant
铲除法 eradicant eating
铲除剂 eradicant
铲除树桩 stubbing
铲除小树木 light clearing
铲除性杀菌剂 eradicant fungicide
铲除杂草 uproot weeds
铲除植被 scalping; stripping of seed
铲除作用 eradicant action
铲床 gear milling lathe
铲疵工 edge scarfer; scarfer
铲刀 blade of shovel; broad knife; chisel knife; digger blade; mo(u)ld board; perching knife; shovel blade; shovel-nose tool; stripping knife; shovel lip < 挖掘机 >
铲刀操纵 blade control
铲刀操纵杆 blade control lever
铲刀操纵杠杆 blade control lever
铲刀操纵系统 blade control system
铲刀侧移机构 blade side shift device
铲刀长度 blade length
铲刀吃土深度 depth of cut
铲刀俯仰角 pitch angle
铲刀俯仰角调节机构 blade pitch angle adjust ment device
铲刀俯仰液压缸 blade tip cylinder
铲刀负荷 blade load
铲刀工作容量 blade capacity
铲刀贯入深度 blade penetration(depth)
铲刀横移机构 blade side shift device

C

铲刀横移距离 < 平地机 > blade side shift
铲刀横移速度 blade side shift speed
铲刀后仰 < 推土机 > pitch rearward
铲刀缓冲器 blade accumulator cylinder
铲刀回转速度 blade rotating speed
铲刀角刃 side bit
铲刀掘土角 pitch angle
铲刀可调斜度的推土机 angling bulldozer
铲刀控制 blade control
铲刀控制手柄 bucket control
铲刀控制系统 blade control system
铲刀离地高度 lift above ground
铲刀片 shovel(l)ing blade
铲刀偏斜撑杆支 < 推土机 > angling strut bracket
铲刀偏移 < 平地机 > blade side shift;sideshift
铲刀切削角调节机构 blade pitch angle adjust ment device
铲刀倾斜 blade tilt
铲刀倾斜缸筒 tilt cylinder
铲刀倾斜高度 < 推土机 > tilt height
铲刀倾斜架 < 平地机 > tilt bracket
铲刀倾斜位置 < 推土机 > tilt position
铲刀倾斜液压缸 tilt cylinder
铲刀球窝接头 < 推土机 > blade swivel
铲刀刃 cutting edge
铲刀刃口 mo(u)ld board cutting edge
铲刀升降机构 blade lift device
铲刀升降液压缸 < 平地机等 > blade lift cylinder
铲刀升降油缸 blade lift cylinder
铲刀升降支架 lift frame
铲刀升降装置 < 平地机 > blade lift
铲刀式平地机 blade grader
铲刀式平路机 blade grader
铲刀水平回转操纵 < 平地机 > blade reverse control
铲刀水平回转角 blade reverse angle
铲刀水平调整角 blade position angle
铲刀速度 blade speed
铲刀提升 < 推土机 > lift position
铲刀提升高度 blade lift height
铲刀托架 blade bracket
铲刀稳定器 blade stabilizer
铲刀向前倾 < 推土机 > pitch forward
铲刀向右倾斜 < 推土机 > tilt right
铲刀向左倾斜 < 推土机 > tilt left
铲刀液压倾斜装置 hydraulic tilt
铲刀有振动特性的推土机 vibrating dozer
铲刀支座 blade maintainer
铲刀主推臂 push arm
铲刀转盘回转支承 circlet
铲刀自动控制 automatic bucket control;automatic blade control
铲刀自动控制装置 < 平地机、推土机等的 > automatic blade controller
铲刀自动调平装置 blade automatic(al) control device
铲刀自由倾斜的推土机 gyrodozer
铲刀阻力 blade drag
铲掉铆钉头 unbuttoning
铲斗 bail; blade bowl; bowl; bucket; excavating bucket; excavator bucket; hoe bucket; loading bucket; pan; pan scraper; scoop; scoop bucket; scooper; scope; scraper bucket; scraper pan; shovel bail; shovel bucket; skip bucket; scraper bowl; mucking tool < 土方工程 >; dipper; bucket
铲斗摆角 bucket pivot angle
铲斗保持水平上升 level bucket raise
铲斗背部的吊钩 bucket hook
铲斗臂 bucket arm; bucket handle; bucket stick; shipper arm; dipper stick
铲斗臂控制阀 bucket arm control valve
铲斗臂套筒 bucket stick sleeve
铲斗臂下落的时间 bucket arm lowering time
铲斗边 bowl side
铲斗边板 bucket side
铲斗柄 dipper arm; dipper handle; dipper stick; shovel shaft; stick; bucket arm
铲斗柄套 shovel shaft bearing casing
铲斗操纵 digger control
铲斗操纵动力油缸 bucket operating ram
铲斗操纵阀(门) bowl control valve
铲斗操纵缆 bowl control cable
铲斗操纵油缸 bucket operating cylinder
铲斗侧壁 < 刮土机、铲运机 > bowl sidewall
铲斗侧边刀刃 side cutting edge
铲斗侧刀片 bucket side cutter
铲斗侧刮土板 strike off side cutter
铲斗侧刃 bucket side edge;side edge
铲斗侧翼伸延 bowl side wall extension
铲斗侧组合切土板 combination side cutter
铲斗车 loader shovel; loading shovel; scoop loader; shovel (type) loader; wheel loader
铲斗齿 bucket teeth; dipper (bucket) teeth
铲斗冲锤 dipper bucket ram
铲斗传动轴 shipper shaft
铲斗传动装置 bowl jack
铲斗传送防逆阀 bowl carry-check valve
铲斗垂直于机器后部的工况 < 挖掘机 > bucket over rear
铲斗唇板 < 轮式铲运机 > apron lip
铲斗带齿的挖掘机 toothed scoop shovel excavation
铲斗挡板 bucket door
铲斗刀 dipper teeth
铲斗刀口 bucket lip
铲斗刀片 bucket blade
铲斗的滑车轮 paddock sheave
铲斗的控制杠杆 bucket control lever
铲斗底(卸)门 dipper(bucket) door
铲斗地面最大工作半径 maximum reach grade
铲斗吊杆 basket boom; bucket lift lever; dipper boom
铲斗吊环 dipper bail
铲斗吊索滑车 bucket suspension tackle
铲斗定位器插销 bucket positioner latch
铲斗定位器曲柄 bucket positioner bellcrank
铲斗定位器组(合)件 bucket positioner assembly
铲斗定位装置 bucket positioner
铲斗动力油缸 bowl ram
铲斗斗唇 dipper lip
铲斗斗门开口(大小) < 轮式铲运机的 > apron opening
铲斗斗门口径 < 轮式铲运机的 > apron opening
铲斗斗刃 bucket lip
铲斗堆尖容量 heaped capacity
铲斗堆装容量 heaped bucket capacity; heaped capacity
铲斗额定容量 bucket rating; rated bucket volume
铲斗阀 bowl valve
铲斗阀组 bowl valve group
铲斗翻动力 breakout force
铲斗翻转 rackback
铲斗翻转回位时间 rollback time
铲斗翻转角 bucket rollback; bucket rotation; bucket rotation angle
铲斗翻转控制 rackback control
铲斗翻转力 tilt force
铲斗反铲装置 dipper backing equipment
铲斗防漏板 spill plate
铲斗防溢栅 overflow guard
铲斗分选工 bowl classifier
铲斗分选机 bowl classifier
铲斗杆 dipper stick
铲斗杠杆 bucket level;bowl lever
铲斗高度调整 bowl level adjustment
铲斗工作平面 bucket level
铲斗工作液压缸 bucket cylinder; bucket operating cylinder
铲斗估计有效负荷 estimated bucket payload
铲斗刮平面以上容积 top volume
铲斗挂锁式滑轮 < 挖掘机 > padlock sheave
铲斗贯入深度 bucket penetration
铲斗规格 bucket specification
铲斗后壁 back of bucket
铲斗后翻 roll back
铲斗后翻转 tilt back
铲斗后卸式装载机 over-cast loader
铲斗滑车(轮) bucket sheave
铲斗滑车组 < 挖土机等的 > dipper sheave block
铲斗滑轮 bucket sheave; padlock
铲斗回到挖掘位置 < 挖掘机 > return-to-dig
铲斗回位拉索 < 挖掘机 > back haul; backhaul cable
铲斗回转角 bucket rotation angle
铲斗活底(门) bucket door; dipper door
铲斗活动支销 shipper shaft
铲斗机 dipper machine
铲斗机回旋装置 dipper turning gear
铲斗降落时间 lowering time
铲斗角度显示器 bucket angle indicator
铲斗角护板 corner guard system
铲斗铰销 bucket pin
铲斗净空 dipper dump clearance
铲斗掘进力 bucket penetration force
铲斗掘透力 bucket penetration force
铲斗开度 dipper opening
铲斗开合半径 opening radius
铲斗开合器 dipper trip
铲斗开合引导连杆 clam guide link
铲斗控制 bucket control
铲斗控制阀 bowl control valve; bucket control valve
铲斗控制杆 bucket control arm
铲斗控制警报器 bucket control alarm
铲斗控制停止 bucket control stop
铲斗框 slat bucket
铲斗拉杆 < 挖掘机 > dipper brace bar
铲斗拉绳 digging rope
铲斗拉绳吊杆端滑车轮 digging line boom point sheave
铲斗缆 bowl line
铲斗离合器阀(门) bowl clutch valve
铲斗连杆 bucket link(age); bowl link
铲斗连杆套筒 dipper stick sleeve
铲斗连接杆 bucket linkage
铲斗链 bucket chain; bucket line
铲斗链挖掘机 bucket chain excavator
铲斗门 dipper trip
铲斗门开头 dipper trip
铲斗碰挡 bowl stop
铲斗平斗容量 stuck capacity of bucket
铲斗平装能力 struck capacity
铲斗平装容量 struck bucket capacity
铲斗破坏力 breakout force
铲斗汽缸 bowl jack
铲斗前壁 bucket front
铲斗前部 bucket front
铲斗前刀刃 front-cutting edge
铲斗前缘 bucket lip
铲斗撬越力 breakout force
铲斗切割边 bucket cutting edge
铲斗切削宽度 bucket cutting width
铲斗切削力 breakout force
铲斗倾斜角 bucket tilt angle
铲斗倾斜控制杠杆 bucket tilt control lever
铲斗倾斜停止件 bucket dump stop
铲斗倾斜装置 bucket trip
铲斗刃 bucket cutting edge
铲斗刃口 blade of shovel; bucket cutting edge; dipper lip
铲斗容积定额 volumetric(al) rating
铲斗容积刮平面 strike(-off) plane; striking plane
铲斗容量 bucket pay load capacity; dipper capacity; scoop capacity; shovel capacity; skip capacity; bowl capacity
铲斗容量的定额 shovel capacity rating
铲斗上传递装置 bucket transfer equipment
铲斗上移动小车 bucket transfer car
铲斗伸出长度 bucket outreach
铲斗伸出时的最前点 farthest forward point
铲斗升降机 bucket elevator
铲斗升降开关 bucket lift kick-out
铲斗升降控制杠杆 bucket lift control lever
铲斗升降链 bucket line chain
铲斗升降牵索 < 挖掘机 > slackline cableway
铲斗升降索 < 挖掘机 > slackline
铲斗绳 < 轮式铲运机 > apron lines
铲斗式 scoop-type
铲斗式连续挖掘机 continuous bucket excavator
铲斗式起重机 crane with dipper attachment
铲斗式清除(泥土)机 scraper-bucket cleaner
铲斗式清通机 < 下水道的 > bucket cleaning machine
铲斗式清岩机 rock shovel
铲斗式升降机 scraper type bucket elevator
铲斗式升降机部件 bucket elevator part
铲斗式升降机吊杆 bucket elevator boom
铲斗式升降机荷载器 bucket elevator loader
铲斗式升降机皮带 bucket elevator belt
铲斗式升降机竖井 bucket elevator pit
铲斗式升降机头 bucket elevator head
铲斗式升降机橡皮带 bucket elevator rubber belt
铲斗式手泵 bucket hand-pump
铲斗式提升机 scraper type bucket elevator
铲斗式透平 bucket-type wheel
铲斗式推土机 shovel dozer; excavator type bulldozer; shovel excavator
铲斗式挖掘机 excavator type shovel
铲斗式挖泥船 dipper bucket dredge-

(r);dipper dredge(r);dipper type dredge(r);mechanical dredge(r);scoop dredge(r)
铲斗式挖土机轨道 bucket excavator track
铲斗式挖土机链 bucket excavator chain
铲斗式抓岩机 bucket rock grab
铲斗式装载机 bucket-type loader;shovel loader
铲斗式座位 bucket-type seat
铲斗收拢 shovel retract
铲斗枢销 bucket hinge pin
铲斗水力学 bucket hydraulics
铲斗顺序阀 <轮式铲运机的> apron sequence valve
铲斗碎石装置 dipper rock-breaking gear
铲斗缩回 shovel retract
铲斗塔架 loader tower
铲斗提升 bowl lift
铲斗提升臂 <轮式铲运机> apron lift arm
铲斗提升吊杆 bowl lift lever
铲斗提升钢缆 bucket wire
铲斗提升时间 raise time;raising time
铲斗提升索 bowl control lift cable
铲斗提升液压油路 lift circuit
铲斗提升用杠杆 bowl lift lever
铲斗提升用缆 bowl lift cable
铲斗提升装置 dipper hoisting gear
铲斗填土机 bucket backfiller
铲斗推铲装料 scoop crowding
铲斗推土机 shovel dozer
铲斗推压 <挖掘机> shovel crowding
铲斗推压动作 racking
铲斗推压索 <挖掘机> digging line
铲斗推压装置 dipper crowding gear
铲斗拖拉机 shovel dozer
铲斗挖沟工人 bucket trencher
铲斗挖沟机 bucket ditcher;trenchliner
铲斗挖掘机 scraper-bucket excavator;scraper excavator;dipper shovel
铲斗挖泥 dredging shovel
铲斗挖泥船 <美> dipper shovel;dipper dredger
铲斗挖泥船挖斗伸距 bucket reach of dipper dredge(r)
铲斗挖泥船舷外伸距 dipper dredge(r)'s outreach;overboard outreach of dipper dredge(r)
铲斗挖泥机 dipper dredge(r);dredging shovel
铲斗挖深调节手柄 lifter adjusting
铲斗挖土机 scooping machine;scraper-bucket excavator;scoop shovel
铲斗挖土机运行路线 bucket path
铲斗围板 bucket enclosure
铲斗位置 bucket attitude
铲斗位置显示器 bucket position indicator
铲斗下降时间 bucket lower time
铲斗卸料高度 dipper dump clearance
铲斗卸载 dipper dump clearance
铲斗悬挂铰链机构 bucket linkage
铲斗液压缸 <轮式铲运机> apron jack;bucket hydraulic cylinder
铲斗移动起重小车 bucket handling crab
铲斗易损件的模配组合法 Modulok system
铲斗油缸 bucket cylinder
铲斗有效负荷 bucket payload
铲斗有效负荷能力 bucket pay load capacity
铲斗有效荷重 bucket payload weight
铲斗有效容量 bucket pay load capacity
铲斗运行阻碍 bowl travel(l)ing lock
铲斗运载位置 carry position
铲斗运载状态 carry position
铲斗在地面翻转最大角度 maximum rollback at ground
铲斗在运输位置翻转最大角度 maximum rollback at carrying position
铲斗整斗卸载位置 full dump position
铲斗支点 bucket pivot;bucket pivot point;scoop pivot
铲斗支点离地面高度 bucket pivot height
铲斗支架 bucket supporting structure;dipper frame
铲斗支销 bucket hinge pin
铲斗制动阀 bowl brake valve
铲斗装料斗数范围 fill factor range
铲斗装满系数 bucket fill factor
铲斗装岩机 scoop loader
铲斗装岩机装岩 loading by shovel loader
铲斗装载机 bucket loader;scoop loader
铲斗装在机身后部的机器 bucket rear
铲斗状态 bucket attitude
铲斗着地时的工作半径 bucket on ground reach
铲斗自动闭锁 automatic bowl latch
铲斗自动定位器 automatic bucket positioner
铲斗自动定位装置 automatic bucket positioner
铲斗自动放平装置 bucket auto-leveler
铲斗自动回到挖掘位置 <挖掘机> automatic return-to-dig
铲斗自动起落刮土机 autolift-trip scraper
铲斗自动起落平地机 automatic lift trip scraper
铲斗自动调平装置 <斗式装载机的> automatic bucket level(ling) device
铲斗自由倾斜式推土机 gyrodozer
铲斗最大翻转角 maximum rollback
铲斗作用半径 opening radius
铲独立铲土 self-loaded
铲独立铲装 self-load
铲根并坡口 groove made by back chipping
铲工 shovelman
铲工车床 backing-off lathe
铲沟机 <用于混凝土路面上,做成小沟,使表面粗糙> fork grooving machine
铲刮 scraping
铲刮法 one-lick
铲刮工 blademan
铲刮工具 scraping tool
铲刮工作 <用铲运机进行土方工程或铲去道路表层> scraping work
铲刮机 scraping machine
铲刮搅拌机 scraping stirrer
铲刮搅拌器 scraping stirrer
铲刮器械 scraping apparatus
铲刮试验 scraping test
铲刮整平 blading and dragging
铲管 scoop tube
铲加煤机 shovel stoker
铲尖 spade point;spear;tine point
铲尖端 spade tip
铲角耐磨件 corner piece
铲具 dozing tool;spader
铲掘 spading
铲掘机重型犁 brush plough
铲拷工具 scaler
铲口 pien(d)
铲口搭接木板 shiplap
铲口缝 rabbet joint
铲口接合墙板 rabbeted siding
铲缆 <推土机的> apron cable
铲犁 shovel plough
铲力对地作用力 blade pressure
铲路机 road planer
铲煤风镐 air pile hammer
铲煤推土板 coal blade
铲门式起重机 crane with dipper attachment
铲磨 relief grinding
铲磨的 relief ground
铲磨工附件 backing-off attachment
铲泥机 slusher;scraper loader
铲片 spade plate
铲平 blading;chipping;level(l)ing ground;raze;wasting
铲平风锤 pneumatic chalking hammer
铲平工 pucking cutter
铲平岩石表面 dragged work
铲平拥包 upheaval leveling
铲平钻孔机 adzing and boring machine
铲平作业 blading work
铲坡机 sloper
铲漆凿 paint chipping chisel
铲起 shovel
铲去 subgrade off
铲去旧漆 removing old paint
铲刃 digging point;edge of shovel;shovel lip
铲入 bite into
铲软 perching
铲砂斗 sand bucket
铲深 spit
铲式超薄切片机 sledge microtome
铲式出件装置 shovel type ejector
铲式覆土器 blade coverer;shovel type cover
铲式刮板输送机 scraper chain conveyer[conveyor]
铲式接缝 <水泥路面接缝的一种> spade-type joint
铲式平地机 blade grader
铲式平路机 blade grader
铲式平土机 blade grader
铲式起重机 shovel type crane
铲式软土挖运机 shovel mucker;shovel type mucking machine
铲式推土机 bucket loader;bulldozer shovel;shovel(type)dozer
铲式推土机装置 dozer-shovel unit
铲式挖掘机 shovel type excavator
铲式挖泥船 dipper dredger
铲式挖泥船附件 shovel use
铲式挖泥机 scraper dredge(r)
铲式挖泥机附件 shovel use
铲式挖土机 shovel type excavator
铲式振捣器 spade type vibrator
铲式振动器 spade type vibrator
铲式装料机 shovel type loader
铲式装载机 shovel type loader
铲索 <推土机的> apron cable
铲头 <挖土机等的> dipper
铲头齿 bucket tooth
铲头矿物试验 van
铲头前斗角 front corner
铲土 scraping;spade;subgrade off
铲土工 shovel(l)er;shovelman
铲土工作 spade-work
铲土机 angledozer;digging shovel;draw plough;earthmoving scraper;earth scraper;scraper;scraping machine;shovel;shovel(l)ing machine;skimmer shovel;soil stripper;spading machine
铲土机推拉配置 push-pull arrangement
铲土机推拉装置 push-pull arrangement
铲土机碗 bowl
铲土宽度 width of cut
铲土耙斗 scraper bucket
铲土平地机 scraping grader
铲土深度 depth of cut
铲土升运机 elevating grader
铲土运输工程 earthmoving
铲土运输机械 combination excavator and hauler;earth-cut-removing machinery;earth mover;earthmoving equipment;earthmoving machine;earthmoving vehicle;excavating-hauling unit
铲土运输机组 excavating-hauling unit
铲土运土机 earthmoving scraper
铲土装运机 scraper loader
铲土最大高度 maximum height
铲土作业 spade-work
铲挖半径 shovel-run
铲挖材料 shovel-run material
铲挖的 shovel-run
铲挖距离 shovel-run
铲挖掘机 scope
铲隙栽植 notch planting
铲箱 shovel box
铲箱盖 shovel box cover
铲箱盖闩 shovel box coverlatch
铲箱盖托 shovel box coversupport
铲削 skim(ming)
铲削工具 skimmer equipment;spud
铲削器 skimmer
铲削器附件 skimmer attachment
铲行爬地齿 spade bug
铲形齿条 counterpart rack
铲形断层 listric fault
铲形断裂面 listric surface
铲形法兰 spade flange
铲形连接钩头 spade end fitting with hook
铲形锚爪 spade fluke
铲形耙 spading harrow
铲形耙斗 buck scraper
铲形盘调谐 spade tuning
铲形手 spade hand
铲形推土铲 shovel dozer
铲形挖土机 shovel excavator
铲形物 spade
铲形夜光针 spade radium hand
铲形钻头 spade bit;spade-type bit
铲型舵 spade rudder;underhung rudder
铲修 chipping;clip and shave
铲锈凿 scaling chisel
铲雪 snow clearing;snow removal
铲雪车 snow cleaner
铲雪斗 snow bucket
铲雪机 snow scraper
铲雪宽度 width of swath
铲扬式挖泥船 dipper dredge(r)
铲运 hauling;scraping
铲运道路 bucket path
铲运斗 carrying skip
铲运斗轮距 scraper tread
铲运斗门 apron
铲运机 bowl scraper;bull-clam shovel;carryall;carry(ing) scraper;carry load scraper;combination excavator and hauler;crane navvy;dirt scoop;dredge scraper;earthmoving scraper;earth scoop;earth scraper;excavation scraper;hauling scraper;high lift;land smoothing machine;motorized scraper;pan;power scraper machine;road scraper;scooper loader;scraper(loader);pulling scraper <牵引另一台铲运机铲土的>;tractor-drawn scraper <拖拉和牵引的>
铲运机泵 scraper pump
铲运机铲刀 scraper blade
铲运机铲斗容量 scraper capacity
铲运机铲运斗 scraper bowl
铲运机斗容量 scraper capacity
铲运机钢丝绳 scraper cable;scraper rope
铲运机挂钩 scraper hitch

铲运机牵引臂 draft arm
铲运机牵引拱架 gooseneck
铲运机设备 scraper plant
铲运机(土)斗 scraper bowl
铲运机拖车 scraper trailer
铲运机拖运 scraper haul;scraper haulage
铲运机械 earthmoving machinery
铲运机运输 transportation by load haul-dump equipment
铲运机助铲用推板 scraper pusher plate
铲运机装岩 loading by shovel-haul equipment
铲运机装载 scraper loading
铲运机组 scraper fleet
铲运结合 load-and-carry
铲运土机械 earthmoving equipment
铲运土设备 earthmoving equipment
铲运推进机 scraper pusher
铲运推土机 scarper pusher;scraper-dozer
铲运拖拉机 scraper tractor
铲运自卸车 load-and-carry dumper
铲凿 chipping chisel;spade-type bit
铲凿清理台 chipping bed
铲装车 loading shovel
铲装机 rocker shovel;shovel loader
铲装机支座 skid loader shoe
铲装角 filling angle
铲装距离 <铲土机> load distance
铲装容量 heaped capacity
铲装时间 <铲土机> load time
铲状螺栓 spade bolt
铲状手 spade hand
铲子 rabbler;shovel

闸

闸明条款 express provision

忏

忏悔室 confessional; confessionary;penitentiary <寺院中的>

颤

颤摆 shimmy

颤动 bounce; buck; chatter; flicker; flutter; jitter; quiver; shiver; trembling; vibrate; vibration; waver; wobble;wobbling;wow【电】;tremor <地震>
颤动臂 dither arm
颤动擦痕 chatter mark
颤动的 vibrant
颤动分量 flutter component
颤动回波 flutter echo
颤动回声 flutter echo;multiecho
颤动极限 flutter limit
颤动计算 flutter calculation
颤动计算机 flutter computer
颤动继电器 fluttering relay
颤动检验器 flutter checker
颤动校准线圈 flutter coil
颤动接触 microphonic contact
颤动接点 microphonic contact
颤动接点噪声 microphonic-contact noise
颤动路标 chatter-bar;jiggle bar
颤动率 flutter rate
颤动模拟计算机 flutter computer
颤动深度 flutter depth
颤动衰减 flutter fading
颤动说 oscillation theory
颤动调谐 dithering
颤动调谐磁控管 ditherable magnetron
颤动调谐器 dithering tuner
颤动调制 wobble modulation
颤动系数 wobble factor
颤动效应 flutter effect; wobbling effect
颤动信号 dither signal
颤动性 vibratility
颤动沼 quag;quagmire
颤抖 dither; judder; whipping <传动皮带>
颤幅 flutter amplitude
颤痕 chatter mark;fricative track
颤杨 quaking aspen
颤音率 warble rate
颤音器 warbler
颤噪 mush
颤噪电压 voltage of microphonic effect
颤噪故障 microphony trouble
颤噪管 microphonic tube
颤噪接头 <连接不紧> microphone joint;microphonic joint
颤噪声 microphonics; microphonic vice;microphonism;microphony
颤噪声干扰 microphony trouble
颤噪误差 mushing error
颤噪效应 microphone effect; microphonics;microphonism;microphony
颤噪效应的 microphonic
颤噪效应条纹 microphonic bar
颤噪音 microphonics
颤噪噪声 microphone noise; microphonicity noise;microphonic noise; pinging noise
颤沼 quagmire; quaking bog; trembling bog;trembling moor
颤振 buffet(ing);chatter(ing dither);flutter;oscillation
颤振不稳定性度 flutter instability
颤振发生器 flutter generator
颤振风速 flutter speed
颤振计算 flutter calculation
颤振临界风速 critical wind-speed of flutter; fluttering critical wind velocity
颤振模拟器 flutter simulator
颤振破坏 flutter failure
颤振起始风速 self-starting point
颤振速度 flutter speed
颤振特性 fluttering characteristic
颤振稳定 flutter stability
颤振响应 buffeting response
颤振抑制 flutter suppression
颤振终止风速 quench point
颤震 chattering

昌

昌杜伊风 chanduy

昌盛 prosperity

菖

菖蒲【化】 acorus aclamus;rhizoma calami

菖蒲二醇 calamendiol
菖蒲二烯 acoradiene
菖蒲苷 acorin(e)
菖蒲苦苷 acorin(e)
菖蒲属 Acorus
菖蒲酸 acoric acid
菖蒲酮 acorone
菖蒲烷 acorane
菖蒲烯酮 acorenone
菖蒲油 calamus oil
菖蒲脂 acoretin

长

长S形 long S-shape

长T形铰链 long tee hinge; long T hinge
长把火铲 slide bar
长把砍刀 slasher
长把拉剪 long handle rope cutter
长把龙头 extended shank bib
长把手 nigger
长把旋塞 extended shank bib
长把帚 besom
长白矿 changbaiite
长白石 changbaiite
长百装件 standard hundred
长摆外摆线 curtate epicycloid
长斑玄武岩 feldspar phyric basalt
长板 long slab
长板条 ledger board
长板振动器 vibrating screed
长半径 long radius;major radius;semi-major axis
长半径光栅 long radius grating
长半径曲线 long radius curve;major radius curve
长半径弯头 long radius elbow;major radius elbow
长半径系统 long radius system
长半衰期 long half-lift
长半圆滑阀 long half-round slide valve
长半圆嘴偏口钳 long half round nose side cutting pliers
长半张 long half paper
长半轴 major semi-axis; semi-major axis
长瓣三尖叶饰 long-lobed pointed trefoil
长棒状的籽粒 linear clavate
长报文 long message
长鼻状 long nose-like
长壁采矿法 longwall working
长壁法回采 longwall
长壁工作面 longwall face;coal wall;wall;long face place
长壁工作面辅助挑顶炮眼 cuckoo shot
长壁工作面截煤机 longwall coal cutter
长壁工作面开采 <采矿> longwall face mining
长壁工作面输送机 <采矿> longwall face conveyer[conveyor]
长壁工作面用截煤机 longwall undercutter
长壁后退式回采 <采矿> longwall retreating
长壁开采(法)longwall mining
长壁炉法 long wall generator(of underground gasification)
长壁前进式开采 <采矿> longwall advancing
长壁前进式全面开采法 advance workings
长壁式开采法 long wall mining method
长壁柱 pilaster strip
长臂 long arm
长臂剥离挖掘铲 long boom stripping shovel
长臂剥离挖掘机 long boom stripping shovel
长臂叉车 extension fork
长臂电铲 long-range shovel
长臂吊铲 long boom(ed)dragline
长臂丁字尺 bulkhead tee
长臂订书机 saddle gang stitcher
长臂分规 beam compasses
长臂管钳 extension tongs
长臂画圆器 radius rod
长臂镜 long arm mirror
长臂码头起重机 long boom quay crane;long boom wharf crane
长臂喷灌机 boom sprinkler
长臂千斤顶 long arm jack
长臂式装载机 long boom loader
长臂索铲 long boom(ed)dragline
长臂挖掘机 high front shovel
长臂圆规 beam compasses; beam trammel;trammel
长臂肘管 street elbow
长臂抓斗 long mount clamshell
长边方位角测量 azimuth determination over-long line; long line azimuth survey
长边面 long face
长边圆角釉面砖 long side round edge tile
长标志 long denotation
长柄拔钉钳 lever spike extractor
长柄扳钳 spud wrench
长柄扳手 spud wrench
长柄叉 pitch-fork
长柄插销 extension bolt; extension flush bolt
长柄铲 long handle shovel;slice
长柄铲锈刀 long handle rust scraper
长柄锄 shank street-hoe
长柄锤 long-handled hammer
长柄大镰刀 bush hook;scythe
长柄钢丝刷 long handle wire brush
长柄根管锉 root canal file with long handle
长柄刮板 squeezer
长柄刮耙 long hand float; long-handled float
长柄管钳 lay tongs
长柄火铲 fire slice;slice
长柄机用丝锥 long shank machine tap
长柄浇勺 socket scoop
长柄锯 polesaw
长柄阔嘴斧 broad axe
长柄梨 long stalked pear
长柄镰 hedge bill
长柄漏斗 long stem funnel
长柄螺母丝锥 long nut tap
长柄镘 long-handled float
长柄镘板 bull float;long-handled float
长柄镘板整平机 longitudinal (bull-float) finishing machine
长柄镘板整修机 bullfloat finishing machine
长柄镘刀 long handle float
长柄门插销 monkey-tail bolt
长柄抹子 long-handle(d)float
长柄木工钻 long shank auger
长柄木凿 paring chisel
长柄捻缝弯铲 boot hook
长柄捻缝凿 ca(u)lking chisel;horse iron;horsing iron
长柄耙 rabble;rake <火钩>
长柄漆刷 fitch;long arm paint brush
长柄清洁杆 cleaning rod
长柄砂春 long shaft pendulum tool
长柄砂针 long shank carborundum needle
长柄勺 dipper;ladle;piggin
长柄式砂轮 shank-mounted-abrasive wheel
长柄手勺 hand ladle
长柄树枝大剪刀 lopping shears
长柄丝锥 extension tap
长柄铁火铲 slice
长柄拖把 dust mop
长柄小铲 spaddle
长柄小锅 <英国有支脚的,美国平底的> skillet
长柄小锯 Adam's saw
长柄小刷 fitch
长柄割草铰剪 long handle grass shears
长柄油漆刷 paint striker
长并复激电机 long shunt compound machine
长并激复励发电机 long shunt compound generator
长并激绕法 long shunt winding
长并激绕组 long shunt winding
长并联绕组 long shunt winding

长波 < 波长 2000 米以上 > long wave; long rolling sea; major wave; planetary wave; swell < 深海中的 >
长波波段 long wave band
长波长半导体激光器 long wavelength semiconductor laser
长波长的红外区 long infrared
长波长光通滤波器 long wavelength pass optic(al) filter
长波长光纤 long wavelength fiber
长波长激光二极管 long wavelength laser diode
长波长激光器 long wavelength laser
长波长热探测器 long wavelength thermal detector
长波长通过滤光片 long wavelength pass filter
长波段 long wave band
长波发光二极管 long wave lighting diode
长波发射机 long-wave transmitter
长波辐射 long wave radiation
长波辐射吸收剂 absorber of long wave radiation
长波广播发射机 long wave broadcasting transmitter
长波红外波段 long wave infrared region
长波红外探测器 long wave infra red detector
长波红外远焦可调式望远镜 long wave infrared afocal zoom telescope
长波接收机 long wave receiver
长波浪钢轨磨耗 long wave undulation
长波雷达 long wave radar
长波理论 long wave theory
长波矛盾 long wave paradox
长波区 long wavelength region
长波式静噪器 Ramb's noise silencer
长波收音机 long wave radio
长波天线 long wave antenna
长波调频无线电话 long wave FM radio telephone
长波通滤光片 long wave pass filter
长波通信[讯] long wave communication
长波限 long wavelength threshold
长波紫外辐射 long wave ultraviolet radiation
长玻璃纤维 glass filament; long glass fiber[fibre]
长薄壳 long shell
长步桥 < 油船上 > long walk bridge
长埠 < 特指人工堆成,用以保护营帐者 > rideau
长材集运 long length logging
长材拖车 pole trailer
长槽 elongated slot
长槽板 slotted plate
长槽地带 grass strip
长槽平十字头 flat long slotted crosshead
长侧枝聚伞花序 anthelate
长叉 bar fork
长插接 < 绳结 > long splice
长插条 set
长插销 Cremo(r)ne bolt; monkey-tail bolt; swivel spindle; turning bolt; espagnolette bolt < 落地长窗的 >
长柴笼 long fascine
长车架平地机 long wheelbase grader
长车架自动平地机 long wheelbase motor grader
长城云台 clouds terrace
长程的 long range
长程力 long-range force
长程式成型 long lift build
长程输送 lang-range transport(ation)
长程无序 long-range disorder
长程行车能力 cross-country power
长程序 long-range order
长程应力场 long-range stress field
长程有序 long-range order
长程有序度 degree of long range order
长程制动器 long-stroke brake
长持续时间 long duration
长齿顶齿轮 long addendum gear
长齿顶高 long addendum
长齿高制 deep tooth form
长齿高制齿轮 deep tooth gear
长齿轮 spool gear
长齿石耙 long-tooth stone rake
长冲程 long stroke
长冲程泵 long-stroke pump
长冲程发动机 engine long stroke
长冲程分配 long-stroke distribution
长冲程减振支柱 long-stroke strut
长冲程铆钉锤 long-stroke riveting hammer
长冲程摩擦压(砖)机 long-stroke friction press
长冲程千斤顶 long-stroke jack
长冲程吸振器 long-stroke shock absorber
长冲程液压顶杆 long-stroke ram
长冲程液压活塞 long-stroke ram
长冲程蒸汽机 long-stroke steam engine
长除法 long division
长串沙洲 barrier chain
长窗 casement door
长窗钩 espagnolette
长春花 periwinkle
长唇双弯爪钳 double curved jaw tongs
长唇弯爪侧夹钳 curved striking tongs
长醇 dolichol
长存的 long lived
长搭钩 pike pole
长大 grow(ing); growth; grow up
长大笨重货物 long(-and)-heavy goods
长大货件 rough cargo
长大货物车 heavy-duty wagon; high-capacity wagon; special type flat wagon
长大件和重件货物 long and heavy goods
长大梁 longn
长大麻 long hemp
长大平车 long flat car
长大坡长 long steep grade
长大坡道【铁】 long steep grade
长大上坡道 long steep up-gradient; long heavy grade
长大速度 coarsening rate
长大下坡道 continuous falling gradient; heavy down gradient; long downhill grade; long heavy down grade
长大直线地段 long down grade section; long stretch of straight line
长、大、重工程实施性施工组织设计 executive construction organization design of long-term, large-size and key project
长大重件 heavy bulk(y) cargo
长袋网 tunnel net
长担 < 1 长担 = 112 磅 = 0.051 吨 > long hundredweight; long centum weight
长档线路 long span
长刀刮路机 long base broom drag; long base drag
长导线场 long wire field
长导线法 long wire method
长得过大或过快 overgrow
长的 long
长的一面 long face
长凳 bench
长凳式照明 bench lighting
长堤 catstep; causeway; long dike [dyke]
长堤段 causeway section
长堤形三角洲 levee delta
长笛 flute
长底板的铲斗 grading bucket
长底盘多刃刮路机 long base multiple-blade drag
长底盘刮路刷 long base broom drag
长底盘路刮 long base drag
长地板 continuous flooring
长地区中心局 district toll switching center[centre]
长点火管 long primer
长电极系 long spaced sonde
长垫板 < 转辙器的 > sole plate
长垫盘 < 桩的 > long dolly
长垫桩 long dolly
长吊环 extended clamp for suspension
长丁坝 long groyne
长钉 < 长 10 英寸(约 0.25 米)以上 > spike; chape; spike knot
长钉钩 espagnolette
长顶齿 long tooth
长顶堰 long crested weir
长顶桩 long dolly
长定位环 extended ring fitting
长定子带铁芯直线电机 long-stator linear motor with iron core
长定子分段 long-stator section
长定子用电缆 long-stator cable
长定子直线电机 long-stator linear motor
长洞 gallery-like cave
长陡上坡道 long steep up-gradient
长度 length; running measure
长度比 distance scale; length ratio; length scale
长度比例尺 length scale; linear scale; scale of length
长度闭合差 linear discrepancy; linear error of closure
长度变化 length change; length variation
长度变形 distance distortion; linear deformation; scale error
长度标 < 量尺的 > teller
长度标注 linear dimensioning
长度标准 standard of length
长度不齐 random length
长度操作数 size operand
长度测量 length measurement; linear measure(ment); longimetry
长度测量员 lengthsman
长度吃水比 length draft ratio
长度尺寸 length dimension
长度尺寸标注 linear dimensioning
长度错误 on size error
长度错误条件 size error condition
长度代号 length character
长度单位 length unit; plantation pole; unit(of) length; linear measure
长度的 lineal; linear
长度方程式 length equation
长度方向的半砖 split brick
长度改正 length correction
长度高差比 < 流域的 > length relief ratio
长度公差 length tolerance
长度估算 feet-run
长度规 length ga(u)ge; length scale
长度滑架 distance carriage
长度极限 length limit; limitation of length
长度计 length ga(u)ge
长度计量 linear measure(ment)
长度计量仪器 length-measuring instrument
长度计数器 footage counter
长度检验 length check
长度交会法 linear intersection(method)
长度校正 length correction
长度仅够的跑道 marginal runway
长度量测 length measurement; measure of length
长度量算 length measurement; measure of length
长度灵活的不同运输方式联运站台 flexible length intermodal platform
长度膨胀比 linear expansion ratio
长度偏差 length variation
长度平均径 length mean diameter
长度伸缩振动模式 length extension vibration mode
长度失真 distance distortion
长度说明 length specification
长度缩短 contraction in length
长度条件 length condition
长度调节板 length adjustment platform; length adjustment stop
长度调制 length modulation
长度误差 error of length; linear error; miss-distance; size error
长度系数 length coefficient; length factor
长度限制 limitation on length; restrictions on length
长度修改因子 length modifier
长度修饰语 length modifier
长度因次 linear dimension
长度与间距的铲叉 square pallet
长度元 linear element
长度增加 linear expectation
长度丈量 chaining
长度直径比 length(-to)-diameter ratio; slenderness ratio; aspect ratio < 纤维混凝土 >
长度指示仪 length indicator
长度属性 length attribute
长度子句 size clause
长度字段 length field
长短波收音机 dual range receiver
长短齿顶高齿轮系 long and short addendum system
长短辐内摆线 hypotrochoid
长短辐外摆线 epitrochoid
长短辐圆内旋轮线 hypotrochoid
长短辐圆外旋轮线 epitrochoid
长短脊瓦 long and short ridge tile
长短交替技术 long and short technique
长短交替砌石 long and short work
长短交替突角 long and short(angle) quoin
长短径曲面 apsidal surface
长短距离运输差别待遇 long-and-short-haul discrimination
长短砌合 block and start; long and short work; longs and shorts
长短日植物 long short day plant
长短腿 unequal leg
长短运输距离条款 < 美国政府为使铁路与强路竞争制定的条款 > Long-and-Short-Haul Clause
长短轴比 axial ratio; ellipticity
长短纵列双锚泊 tandem moor
长堆法 < 路拌混合料用的 > windrow method
长堆铺筑法的 windrow-type
长队 < 人或车辆排的 > cue
长对角轴 macrodiagonal
长对四芯绞线组 long pair twist quad
长吨 < 即英吨,英制质量单位,1 英吨 = 2240 磅或 1016 千克 > gross ton; long ton[lg.tn./ l.tn.]
长而宽的地带 swath(e)
长而微弯形卸扣 joggle shackle
长而下垂 long and nodding

长耳子 <金属板、带材端部缺陷> long ear
长发的 macrocomous
长筏 catamaran
长反 S 形 long reversed S-shape
长反射器 <干扰雷达用的> rope
长方瓷保险丝盒 porcelain oblong fuse box
长方点阵 rectangular lattice
长方筏 catamaran
长方格采样 rectilinear sampling
长方键 longitudinal key
长方镜 rectangular mirror
长方矩材 rectangular timber
长方孔板 oblong-punched plate
长方孔筛 lane bolter; rectangular mesh screen; slot mesh screen; slotted hole screen; slotted screen
长方孔网 oblong mesh
长方片滑石笔 oblong slice slate pencil
长方平锤 rectangular face hammer
长方石板 marchioness
长方式排水 rectangular drainage; rectangular drainage pattern
长方式水系 rectangular drainage
长方室 box chamber
长方水系型 lattice drainage pattern; rectangular drainage pattern
长方水仙盆 flower pot for narcissus
长方体 cuboid; rectangular parallelepiped(on); rectangular solid
长方体元法 cuboids-element method
长方条耐火砖 whelp
长方系 rectangular system
长方箱形结构 rectangular box structure
长方形 oblong; oblong shape; orthogon; quadrate; rectangle
长方形白铁罐 jerry can
长方形槽 box channel; rectangular slot
长方形唱诗班席位 rectangular choir
长方形出射狭缝 oblong exit slit
长方形储槽 rectangular tank
长方形窗 rectangular window
长方形大会堂 <古罗马> civic basilica
长方形单元 rectangular cell
长方形的 oblong shaped; quadrate; rectangular
长方形的穗 oblong spike
长方形地下会议厅 <古罗马> underground basilica
长方形电池 rectangular cell
长方形顶盖的观察孔 rectangular-headed loophole
长方形断面孔 rectangular aperture
长方形堆场 longitudinal bed
长方形反水槽式穹顶 trough vault
长方形房间 rectangular chamber
长方形杆 rectangular bar
长方形钢 rectangular bar of steel
长方形格子 rectangular grid
长方形拱顶间 rectangular vault bay
长方形构件 rectangular element
长方形光栅 rectangular raster
长方形会堂 <教堂的> ecclesiastical basilica
长方形会堂断面图 basilican cross-section
长方形会堂平面图 basilican(ground) plan
长方形会堂剖面图 basilican cross-section
长方形会堂式 basilican style
长方形基督教堂 Christian basilica
长方形箕斗 rectangular skip
长方形检查井 rectangular manhole
长方形建筑物 <尤指教堂> basilica
长方形交叉梁式顶棚 rectangular grid ceiling
长方形交叉梁系 rectangular grid
长方形交叉梁系楼板 rectangular grid floor
长方形交叉梁系模式 rectangular grid pattern
长方形交叉梁系挑檐底面 rectangular grid soffit
长方形教堂 basiliacal church
长方形矩阵 rectangular matrix
长方形开间 rectangular bay
长方形孔口 rectangular manway
长方形控制器 rectangular controller
长方形框架 rectangular frame
长方形量水堰 suppressed weir
长方形炉 galley
长方形轮廓 rectangular profile
长方形马赛克 rectangular mosaic
长方形面积 rectangular area
长方形面砖 rectangular tile
长方形木材 rectangular timber
长方形木块 sett
长方形耐火砖 rectangular refractory brick
长方形泡罩 tunnel-type tray cap
长方形剖面图 rectangular profile; rectangular section
长方形铺路砖 spicae tessella
长方形旗 rectangular flag
长方形前院 rectangular forecourt
长方形人孔 rectangular manway
长方形筛格 rectangular mesh grid
长方形筛孔 oblong mesh
长方形设计 rectangular design
长方形踏步 rectangular step
长方形凸窗 rectangular bay window
长方形凸室 <教堂端部的> rectangular apse
长方形图 histogram
长方形网格 rectangular mesh
长方形网格钢筋 oblong-mesh reinforcement
长方形网眼 oblong mesh
长方形小教堂 rectangular chapel
长方形小木块 <铺地用> sett
长方形压捆机 rectangular baler
长方形鱼尾板 flat bar joint; flat joint bar
长方形预均化堆场 longitudinal blending bed
长方形栅板 rectangular area grating
长方形砖 rectangular brick; straight brick
长方眼钢板 oblong-punched plate
长方眼筛板 slotted plate
长方窑 rectangular kiln
长方油石 rectangular oil stone
长方阵列 rectangular array
长方字盘 galley
长方坐标格 rectangular grid
长放电 long discharge; long spark
长废丝 frison; long silk waste
长分流复励绕组 long shunt compound winding
长分流器 long shunt
长分路绕组 long shunt winding
长峰波 long crested sea; long crested wave
长峰不规则波 long-crested random wave
长缝 side seam
长缝浇口 slot gate
长缝孔筛 slot mesh
长缝耦合器 long slot coupler
长缝筛 slot sieve
长缝式燃烧器 long slot burner
长浮点数 long floating point
长符号 long symbol
长幅内摆线 prolate hypocycloid
长幅外摆线 prolate epicycloid
长幅旋轮线 prolate cycloid
长幅圆滚线 curtate cycloid
长辐摆线 prolate cycloid
长杆档线路 long-span line
长杆浮标 pole float; staff float
长杆贯入仪 <土基等> penetration test equipment; penetration test apparatus
长杆件或管子拖车 pole trailer
长杆距线路 long-span line
长杆喷嘴 long stemmed nozzle
长杆千分尺 micrometer rods
长杆式裁切机 long beam cutting machine
长杆修树枝锯 pole pruning saw
长杆圆规 <绘图用> beam divider; beam compasses
长橄辉斑玄武岩 dunsapie basalt; feldspar olivine augite-phyric basalt
长冈系数 Nagaoka's coefficient
长钢管桩 monotube pile
长钢轨 long rail
长钢轨运输作业车 long welded rail transporting and working train
长钢丝锯 long steel wire saw
长高比 length(-to)-height ratio; length to beam ratio【船】
长高指数 length-height index
长葛绒里 wool tricot lining
长梗漏斗 funnel tube; thistle funnel; thistle tube
长工 exclusive labo(u)rer; long-term labo(u)rer
长工作面 long face place
长工作面用截煤机 longwall coal cutter
长拱 major arch
长骨料 elongated piece; long aggregate
长挂车 pole trailer
长管 <长度大于直径 3 倍的> long tube; long pipe
长管垂直降膜式蒸发器 long tube falling film evapo(u)ration
长管垂直蒸发器 long tube vertical evapo(u)rator
长管骨 long bone
长管接头 long nipple; space nipple
长管立式蒸发器 long tube vertical evapo(u)rator
长管燃烧器 long bar burner
长管竖式蒸发器 long tube vertical evapo(u)rator
长管温度计 extension thermometer
长管音调门铃 long tube chime
长管蒸发器 long tube evapo(u)rator
长管嘴 long tube nozzle
长光 linear light
长光程干涉仪 long path interferometer
长光程监控 long path monitoring
长光程空气光谱 long path air spectrum
长光栅线性位移传感器 long grating linear movement sensor
长轨 long rail
长轨节 rail string
长轨节车辆减速器 track string brake
长轨节吊架 track string lifting frame
长轨节制动器 track string brake
长轨节装配场 track string fabrication yard
长轨条 long rail string
长轨枕 switch sleeper
长轨枕栅门 crossing timber
长滚浪 long rolling sea
长滚柱轴承 cylindric(al) roller bearing with long rollers
长果枝 long fruit branch
长果种黄麻 corchorus olitorius
长航程船 long-range ship
长航程限界价格 long-run marginal cost
长号 trumbone
长合关节 ankylosis
长合页 piano hinge
长盒罗盘 box(-trough) compass
长盒罗针 trough compass
长桁 stringer
长横木撑板 <横向排列的木板> horizontal sheeting
长厚窑皮 long and heavy coating
长弧 long arc
长弧氙灯 long arc xenon lamp
长湖 finger lake
长花期 long flowering period
长划 enlarged dash; long dash
长划虚线 long dash line; long peck line
长话局 toll telephone office
长话网 toll telephone network
长环高温汽蒸机 high-temperature long loop steamer
长环高温蒸化器 high-temperature long loop ager
长环检测器 long loop detector
长环节链 long link chain
长环框式检测器 long loop detector
长环链条 long link chain
长环悬挂烘燥机 festoon drier[dryer]
长缓变化 secular change
长缓运动 secular movement
长混响播音室 live studio
长活塞式岩石钻机 long-piston tock drill
长活塞式凿岩机 long-piston tock drill
长火焰 long flame
长火焰喷嘴 flame attenuation burner
长火焰燃烧器 long flame burner
长或扁形颗粒 misshapen particle
长货挂车 pole trailer
长基线 long base
长基线水声定位系统 long base line acoustic(al) positioning system
长基线系统 long base-line system
长激浪 long surf
长脊波 long crested wave
长计数管 long counter
长记录指示器 long record indicator
长夹具 lazy-tongs
长夹直线 long tangent
长尖轨 <辙叉> long point rail
长尖头窗 lancet window
长尖削形的 long tapering
长尖嘴扁口钳 long flat nose pliers with side cutting
长尖嘴大力钳 long nose locking wrench
长尖嘴钉跟机 long nozzle heel nailing machine
长尖嘴偏口钳 long flat nose side cutting pliers
长尖嘴钳 long flat nose pliers; long nosed pliers
长间距 long spacing
长间距计数率计 long spaced count rate meter
长间距黏[粘]土 clay with long spacing
长间距探测器 long spaced detector
长间歇急闪光 quick flashing light with blinks
长茧 elongated cocoon
长剪 long pruning
长件(货) length(y) cargo
长件货加价额 lengthy charges
长件货物 long load
长江 Changjiang River; Yangtze River
长江华溪蟹 Sinopotamon yangtsekiense
长江口 Changjiang estuary
长江流域 Yangtze valley

长江三角洲 Changjiang delta
长江中下游成矿带 metallogenic belt of the middle to lower reaches of the Changjiang river
长桨 sweep
长交路 long locomotive runs; long routing
长胶合板面层 log wood; longwood
长焦距 long focus
长焦距磁透镜 long focus magnetic lens
长焦距摄影机 long focal length camera
长焦距透镜 long focal length lens; long focus lens
长焦距望远显微镜 long focal length telemicroscope
长焦距物镜 long focal length lens; long focus objective
长焦距照相机 long focal length camera
长焦距照相镜头 long focal length camera lens
长角柱形料堆 elongated tent shaped stockpile
长绞接头 < 麻绳的 > long splice
长绞辘 long tackle
长脚半圆拱 surmounted arch
长脚规 wing compasses
长脚合页 easy-clean (ing) hinge; extension hinge; offset hinge; parliament hinge
长脚虎钳 blacksmith's leg vise; leg vice
长脚铰链 easy-clean (ing) hinge; extension hinge; offset hinge; parliament hinge; surface-fixed hinge
长脚双翅昆虫 daddy-longlegs
长脚圆规 beam compasses
长铰 band and gudgeon
长铰刀 align reamer; through reamer
长铰链 continuous hinge; piano hinge
长节 mule-ear knot; slash knot; spike knot
长节疤 spike knot; splay knot
长节段晶粒 segment-long spacing crystallites
长节距绕组 long chord winding; long pitch winding
长结子花式线 stripe yarn
长截头 long butt
长进给钻车 long-feed drill jumbo
长茎 long shoot
长茎的 long stalked
长茎亚麻 flax common
长晶核 germination
长晶粒 germination
长颈玻璃容器 receiving flask
长颈漏斗 long neck funnel
长颈鹿 giraffe
长颈螺栓 necked bolt
长颈瓶 flask
长颈钳 long neck pliers
长颈烧瓶 boiling flask; Kjeldahl flask; long neck; long necked flask
长颈式流量喷嘴 throat-tap flow nozzle
长颈细口圆底烧瓶 flask with round bottom and long neck
长颈圆底烧瓶 round-bottomed flask with long neck
长径 length of a particle; major diameter
长径比 fineness ratio; length (-to) -diameter ratio; ratio of length to diameter; slenderness ratio
长径度 aspect ratio
长径规 beam compasses; trammel
长久生存 outlast
长久试验 long-term test; long test run; long-time test
长久寿命 long life
长久运转试验 long term running test
长矩形波发生器 long rectangular wave generator
长矩形脉冲发生器 long rectangular pulse generator
长距堆放 < 原木的 > long span
长距静电摄影术 long-distance xerography
长距离 long distance
长距离的 long distance; long range
长距离电缆 long-distance cable
长距电子定位系统 long-range electronic positioning system
长距离动车 long-distance rail-car
长距离供暖管线 long-distance heat supply pipeline
长距离管线 long-distance line
长距离光传输设备 long haul optic (al) transmission set
长距离光线路 long haul optic (al) link
长距离红外气体检测器 long path infrared gas detector
长距离红外系统 long path infrared system
长距离回线 long lines
长距离胶带输送机 long-distance conveyer; overhaul belt conveyer [conveyor]
长距离胶带运输机 long-distance conveyer; overhaul belt conveyer [conveyor]
长距离耐久试验 < 汽车等 > reliability trial
长距离耐力竞赛 < 汽车、摩托车、人等 > endure
长距离三角 (边长) 测量 trilateration
长距离输电 long-distance (power) transmission
长距离输电系统 long-distance transmission system
长距离输电线路 long-distance transmission line
长距离输气管线 long-distance pipeline
长距离输水管线 long-distance pipeline
长距离输送 long-distance transport; long haul (age); long-range transport
长距离铁路 long-distance line; long-distance railway
长距离通话 long-distance call
长距离通勤交通 long-distance commuting
长距离通信 [讯] long haul communication; telecommunication
长距离通信 [讯] 光缆 optic (al) telecommunication cable
长距离推土 distance dozer
长距离无线电台 long-distance radio station
长距离无线电通信 [讯] long haul radio
长距离线路 long-distance line
长距离遥控 long-distance operation; long-distance remote; long-distance remote control
长距离远摄镜头 long-distance telephoto lens
长距离运输 long-distance haulage work; long haul (age)
长距离运移 long-distance of migration
长距离载波系统 long haul carrier system
长距扫描 long-range scan; long-range sweep
长距输油管线泵站 pumping station of long distance oil transmission pipeline
长锯 long saw
长卷浪 comber
长开槽刨 long grooving plane
长考 (得) < 材长大于 4 英尺 (约 1.2192米), 直立剖面等于 32 平方英尺 (约 2.9728 平方米) 的薪材堆 > long cord
长靠椅 settee; settle
长壳 long shell
长坑 (土壤) pedon
长孔 slot; slotted hole
长孔焊 slot weld
长孔空心砖 horizontal coring brick
长孔拧接 slot screwing
长孔筛 oblong-hole screen; off-count mesh; slotted screen
长孔水封爆破采煤法 long hole infusion coal mining method
长孔水力采煤法 long hole jetting
长孔钻 slotting auger
长孔钻机 long hole drill
长口燃烧器 slit burner
长口哨 pipe
长扣套管 long thread casing
长扣套管丝扣有效长度 avail length of long casing thread
长扣套管丝扣总长度 total length of long casing thread
长跨度 long span
长跨度梁 long span beam; long beam
长跨度桥 (梁) long-span bridge
长跨距平地机 long-span land smoother
长跨梁 long beam
长宽比 (率) aspect ratio; fineness ratio; length (-to) -width ratio
长宽高 breadth; height; length
长宽高相近的立方形骨料 cubical piece (of aggregate)
长狂涌 long heavy swell; long high swell
长扩孔钻 bridge reamer
长拉杆转辙机 point machine with long lever
长廊 clear stor (e) y; gallery; long corridor; long gallery
长廊道充水系统 culvert filling system
长廊口 gallery opening
长廊炉 gallery furnace
长廊窑 halls kiln
长廊转折点 gallery break point
长浪 long rolling sea; long wave; rolling sea; swell; ground swell【地】
长棱形的 long prismatic
长历时 long duration
长砾 rod; roller
长粒料 elongated piece
长粒砂石材料 elongated sand material
长连杆式割草机 long pitman mower
长连接软管 long connecting hose
长联锥晶 longulite
长联急闪光 occulting quick flashing light
长联结销 long coupling pin
长链【测】 long chain (age); lengthened chain
长链二酸 long chain diacid
长链二羧酸 long chain dicarboxylic acid
长链分子 long chain molecule
长链高分子量偏磷酸钠 Maddrell salt
长链聚合物 long chain polymer
长链抛锚 long peak; long scope; long stay
长链条 reel chain
长链烷醇混合物 alphanol
长链正烷烃分布奇偶优势 odd-even predominance of ling-chain n-alkanes distribution
长链支化 long chain branching
长链脂肪酸 long chain fatty acid
长梁 < 砖工中砌入薄砖墙内的 > bonding timber
长梁分规 extension beam trammel dividers
长料堆 < 风干的 > windrow
长列式教堂 long church
长菱形 rhomboid
长菱形筛孔 long diamond mesh
长菱形网眼 long diamond mesh
长菱形叶 < 披针叶形 > rhomboid lanceolate
长流河 perennial river
长路堑 long cut
长绿滑石片岩 dolerine
长卵形的 ovate-oblong
长轮伐期 long-term rotation
长螺钉 long screw
长螺杆 long bolt
长螺栓 side bolt; stay bolt; tie rod; through bolt
长螺栓支撑 long bolt support
长螺丝 lag screw
长螺纹 (管) long screw
长螺纹接头 long nipple
长螺纹套筒 long screw nipple
长螺纹钟口接头 long threaded bell joint
长螺旋钻机 long auger drill
长螺旋钻孔压浆灌注桩 long auger-injected pile; Concore auger-injected pile
长码尺 long stick
长码字 long code word
长脉冲 long pulse
长脉冲激光器 long pulse laser
长脉冲雷达 long pulse radar
长脉冲染料激光器 long pulse dye laser
长镘板 long float
长镘刀 darby; long float
长毛绒地毯 chenille carpet
长毛绒织物 plush
长毛刷墙刷 distemper brush
长矛 lance
长冕玻璃 long crown glass
长面的 dolichofacial; dolichoprosopic
长秒针 sweep hand; sweep-second; sweep second hand
长明灯标 daytime light
长命 longevity; long life
长命的 long lived; long period; time-proof
长命灯 extended-service lamp; perpetual lamp
长命有毒物质 long lived toxic substance
长磨辊 full grinding roller; long card grinding roller
长抹子 long float
长木剥皮机 whole log barker
长木材 long cut wood
长木钻 auger; gimlet
长内波 long internal wave
长霓岩 fenite
长年的 perennial
长年抵押 seasoned mortgage
长年积雪区 permanent snow-field
长年泉 perennial spring
长年通航河流 continuous navigable stream
长年周期 secular cycle
长捻接 < 麻绳的 > long splice
长镊 long forceps
长纽 long vincula; vinculum longum
长排的 continuous row
长排建造式 tenement style
长刨 jointer plane; long plane; shoot-

C

ing plane; truing plane; try (ing) plane; jointer <修边用>
长刨量规 <木工用> jointer ga(u)ge
长披帽雨衣 sou'wester
长劈裂 long split
长片法 strip test
长偏移量寻址 long offset addressing
长偏转线圈 long yoke
长平头螺栓 lug bolt; strap bolt
长坡 long slope
长破折号 em rule
长剖面测线 long section line
长期 long range; long time; prospective period
长期饱和土 hydric
长期保存 long-term storage
长期保险 long-term insurance
长期暴露 long epoch environmental effect; long-term environmental effect; long-term exposure
长期闭路 permanent loop
长期变化 long period variation; long-term change; long-term variation; secular change; secular variation
长期变化引起的误差【测】 secular error
长期变化周期 secular variation period
长期变量 secular variable
长期变形 long-term deformation; long-term deflection
长期变异 secular change; secular variation
长期波动 long period fluctuation
长期不变水道 perennial water course
长期不平衡 secular disequilibrium
长期残留作用 long residual action
长期测流 long-term ga(u)ging
长期测试 long-term testing
长期产沙量 long-term sediment yield
长期偿付能力 long-term solvency
长期潮湿天气 long wet spells
长期车票 commutation ticket
长期车票公共汽车 commuter bus
长期车票客流 commuter movement
长期车票使用人 commuter
长期车票铁路 commuter railroad
长期沉积 long-term sedimentation
长期沉积库容 dead storage of sedimentation
长期沉积量 long-term sediment yield; long-time sediment yield
长期沉降 long-term settlement; long-time settlement
长期成本变化 long-run cost variation
长期承包工程 long-term construction contract
长期承包合同 long-term construction contract
长期持续荷载 long-term sustained loading
长期持续载重 long-term sustained loading
长期冲刷试验 prelonged erosion test
长期抽水试验 long-time pumping test
长期储藏 standing storage
长期储存 long-term storage
长期储蓄 permanent saving
长期磁变 secular magnetic change; secular magnetic variation
长期存储器 long-term memory
长期存放 long-term storage
长期存放稳定性 storageability
长期存款 long-term deposit; long-term saving
长期存在的 long standing
长期存在的问题 long-standing issue; long-standing problem
长期待摊费用 long-term deferred expenses
长期贷款 fixed loan; long-term credit; long-term financing; long-term loan; money at long; permanent loan
长期的 long period; long-term; chronic; long-dated; longdrawn (-out); secular
长期地面沉降图 long-term subsidence graph
长期地震预报 long-term earthquake prediction
长期订单 standing order
长期订货 secular order
长期堆存垃圾的填埋工程 junk fill
长期对策 long-term strategy
长期而缓慢的变化 secular change; secular variation
长期发展 long-term development
长期发展计划 long-range development; long-term development plan
长期发展适应 long-term genetic adaptation
长期方案 long-term project
长期方程 secular equation
长期房地产租借的贷款 definitive loan
长期废水 long-term wastewater
长期费用 long-term cost
长期分潮 long period constituent; long-term constituent
长期分析 long-run analysis
长期封闭 long period containment; long-term containment
长期封炉 <封炉至炉料完全冷却> dead banking
长期服务 career service
长期服务奖金 long-service bonnet
长期辐照 long-term irradiation
长期腐蚀试验 long-term corrosion test; prelonged corrosion test
长期负荷 long continued load(ing); long-term load (ing); long-time load(ing); permanent load(ing)
长期负载 long continued load(ing); long-term load (ing); long-time load(ing); permanent load(ing)
长期负债 long-term liability
长期复苏 long-term recovery
长期感受 long epoch environmental effect; long-term environmental effect
长期刚度 long-term stiffness
长期高产 extended high rate
长期工作的 long lived
长期工作寿命试验 long term operation life test
长期工作助推器 long burning time booster
长期供给函数 long-run supply function
长期供给价格 long period supply price
长期固定 long-term fix
长期固定区 long-term fix area
长期雇员 career employee
长期观测 long-term observation
长期观测点密度 density of long-term observation points
长期观测点数 number of long-term observation points
长期观测记录 long-term observation record; long-term record
长期观测孔 borehole of long-term observation
长期观测站 long-established station; long-term station; prelonged station
长期观察 long-term observation
长期观察孔 borehole of long-term observation
长期观点 long-term view
长期管理 long-term care
长期罐藏稳定性 prolonged can stability
长期光行差 secular aberration
长期规划 long-range plan(ning); long-range program(me); long-term plan(ning); long-term program(me); period plan; range plan
长期规划纲要 long-term outline plan
长期国债 long-term government bonds
长期合同 long-term contract; period contract
长期合作 long-term cooperation
长期和临时列车慢行命令 permanent and temporary slow orders
长期河槽趋势 long-term channel trend
长期荷载 long duration load; long-term load (ing); long-time load(ing); quiescent load
长期荷载试验 long-term loading test; long-time load(ing) test; long-time service testing
长期荷载下强度 strength under sustained load
长期荷载应力 stress due to long-term loading; stress due to long-time loading
长期荷载作用 long-term load action
长期烘箱老化 long-term oven ag(e)-ing
长期洪水预测 long-term flood predication
长期户外曝晒 long-term outdoor exposure
长期环境影响 long-term environmental effect
长期缓沉 secular sinking; secular subsidence
长期缓慢变化 secular variation
长期缓慢沉降 secular settlement; secular subsidence
长期缓慢运动 secular movement
长期缓升 secular rise; secular upheaval; secular upgradient
长期汇票 long bill; long-term bill
长期火险性 long-term fire danger
长期获利计划 long-range profit planning
长期极移 secular polar motion
长期给水系统 lasting water system; long-term water system
长期计划 long-term plan; long-term project; period plan; range plan; secular plan
长期记录项 long term item
长期记忆 long-term memory
长期加热 prolonged heating
长期加热油 prolonged heater
长期加速度 secular acceleration
长期价值 long-term value
长期监测 long-term monitoring
长期检验年份 year of grace survey
长期建筑合同会计处理 long-term construction contract accounting
长期搅动 prelonged agitation
长期接触 long epoch environmental effect; long-term environmental effect
长期节约 long-term economy
长期借款 <期限在一年以上的> funded liability; funded debt; long term debt
长期借款审计 long-term audit
长期经营 long standing business dealings
长期经营计划 long-range plan(ning)
长期径流关系 long period runoff relation
长期静力试验 long-duration static(al) test
长期静水压强度 long-term hydrostatic(al) strength
长期决策 long-term decision making; long-term policy decision
长期均衡 long-run equilibrium
长期开发计划 long-range development plan
长期抗剪强度 long-term shear strength
长期抗震滑动 long-term aseismic slip
长期可持续性 long-term sustainability
长期库存 long-term storage
长期库容 long-term storage
长期亏损的企业 enterprise incurring long run losses
长期扩展 long extension
长期老化 long-term aging; long time aging
长期利率 long-term interest rate; long-term rate of interest
长期量测 long-term measure
长期裂缝 long-term cracking
长期流量测量 long-term ga(u)ging of flow
长期留存 persistence
长期路况 long-term behavio(u)r
长期路网性能监测 long-term network monitoring
长期轮作草地 long rotational grassland
长期贸易逆差 chronic trade deficit; long-term trade gap; long-term unfavo(u)rable balance of trade
长期密封的 sealed-for-life
长期目标 long-term goal; long-term objective
长期目标与短期目标 long and short-term objectives
长期耐蚀试验 prolonged corrosion test; prolonged erosion test
长期耐受性检验 long-term tolerability test
长期挠度 long-term deflection
长期挠曲 long-term deflection
长期徘徊不前 protracted stagnation
长期漂移 long-term drift
长期票乘客班机 commuter airliner
长期票据 long bill
长期频率 long-run frequency
长期频率漂移 long-term frequency drift
长期频率稳定度 long-term frequency stability
长期平衡 long-term balance; long-term equilibrium; secular balance; secular equilibrium
长期平衡系数 long-term balance ratio
长期平均 long-term average; period average
长期平均成本 long-run average cost
长期平均降雨量 long-term average depth of rainfall
长期平均流量 long period average flow; long-term average discharge
长期曝露 long exposure
长期曝晒 prolonged exposure
长期气候趋势 long-term climatic trend
长期气候循环 long-term climatic cycle
长期气象预报 long-range meteorologic(al) forecast(ing)
长期潜力 long-term potential
长期欠款 long term debt
长期强度 long age strength; long-term strength; long-time strength
长期趋势 long-run trend; long term tendency; long-term trend; long-time trend; secular trend
长期缺乏 drought

长期燃烧油 long-time burning oil
长期任用 permanent appointment
长期任职 longevity
长期容器老化 long-term oven ag(e)ing
长期融资 long-term financing
长期蠕变 long-term creep
长期蠕变试验 long period creep test; long-term creep test; long-time creep test
长期上升 secular rise
长期设想 long-range conception
长期摄动 secular perturbation
长期摄入 long-term intake
长期生产费用表 long-run production cost schedule
长期生产能力 long-term productivity
长期生化需氧量 long-term biochemical oxygen demand
长期失真 long-term distortion
长期施加的荷载 sustained load(ing)
长期时间平均数 long-term time average
长期时效 long-term effect; secular time effect
长期使用 lifetime service; long run; long-term usage
长期使用的 long lived
长期使用的井 permanent well completion
长期使用后的特性 long-time quality
长期使用契约 long-term lease contract
长期视差 secular parallax
长期试验 long duration test; long-run test; long-term test; long-time test; permanent experiment; permanent testing; test of long duration
长期适应 long-term adaptation
长期收入 long-term income; permanent income
长期收缩 long-term shrinkage; prolonged shrinkage
长期收缩性 prolonged shrinkage
长期受益 long-term benefit
长期输出功率 permanent output
长期水库水质效果评价 evaluation of long-term reservoir water quality impact
长期岁差 secular precession
长期特殊荷载 long-term extreme load
长期特性 long-term property; long-term quality
长期提供资金 long-term financing
长期天气预报 long-range meteorologic(al) forecast(ing); long-range weather forecast(ing)
长期调节水库 long period storage reservoir
长期停泊不用的船舶 lay boat
长期停车者 day parker
长期停航 layup; long-term suspending shipping service【船】
长期停机时间 lengthy shut down periods
长期投资 long-term investment; permanent investment
长期投资决策 long-term investment decision-making
长期投资人 permanent investor
长期投资审计 long-term investment audit
长期投资项目 long-term investment projects
长期投资溢价的摊销 amortization of premium on long-term investment
长期投资者 permanent investor
长期退化 long-term deformation
长期弯环应变 long-term ring bending strain
长期维护 long-term maintenance
长期维修 long-term maintenance
长期未耗用成本 long-term unexpired cost
长期稳定度 long-term stability; long-time stability; secular stability
长期稳定阶段 long relative stability stage
长期稳定性 long-term stability; long-time stability; secular stability
长期污染 chronic contamination; chronic pollution; long-term pollution
长期污染浓度预报 long-term prediction of concentration of contaminants
长期无毒试验 long-term non-toxicity test
长期无人照管停放的车辆 dead parking
长期无息贷款 long-term interest-free loan
长期无震滑动 long-term aseismic slip
长期物资计划 long-term material plan
长期误差 secular error
长期系泊 permanent mooring
长期项 secular term
长期项系数 secular coefficient
长期效率 long-run efficiency
长期效应 long-term effect; long-time effect; secular effect; chronic effect
长期效应组合 combination for long-term action effects
长期协议 long-term agreement
长期信贷 long credit; long-term credit
长期信用证 long credit
长期性浮游生物 permanent plankton; permanent zooplankton
长期性工作性能 long-term performance
长期性故障 chronic troubles
长期性流水 permanent water flow
长期性能 long-term performance
长期性失业 chronic unemployment; long-term unemployment
长期性停滞 secular stagnation
长期性通货膨胀 secular inflation
长期性增长 secular growth
长期休闲地 long fallow land
长期需救济的失业者(或难民) hard core
长期徐变 long-term creep
长期徐变试验 long-term creep test; long-time creep test
长期许用应力 long-term allowable stress
长期蓄水 long-term storage
长期蓄水水库 long period storage reservoir
长期旋转 long running
长期循环加载 long period cyclic loading
长期压实率 specific secular compaction
长期淹没 prolonged inundation
长期延时引爆雷管 long delay blasting cap
长期演变 long-term evolution; long-term evolvement
长期演替 prolonged succession
长期验潮站 permanent tidal station
长期一揽子合同 long-term blanket contact
长期因素 secular factor
长期应变 long-term strain
长期应付款的审计 long-term dues audit
长期应付款计价的审计 long-term dues valuation audit
长期应付款会计核算的审计 long-term dues accounting audit
长期应付款真实性 long-term dues authenticity and legality audit
长期影响 long-term effect
长期有效 always open
长期有效保险单 declaration policy; floating policy; general insurance policy; running policy
长期有效的 timeless
长期有效的实用建筑 timeless functional architecture
长期淤积量 long-term sediment yield
长期雨量记录仪 long period rain recorder
长期预报 long period forecast(ing); long-range forecast(ing); long-range prediction; long-term forecast(ing); long-term prediction
长期预测 long-range forecast(ing); long-range prediction; long-range prognosis; long-term prediction
长期预测流量 long-term flow prediction; long-term prediction flow
长期预付款 long-term prepayment
长期预算 long-range budget; long-term budget
长期月球速度的增减 secular acceleration and retardation of the moon
长期允许承载力 long-term allowable bearing capacity
长期运行 extended service; long running
长期运行的卫星 long playing rocket
长期运行发热试验 heat run test
长期运转 long run
长期运转额定值 continuous rating
长期运转试验 long-term running test
长期运转数据 long life operating data
长期运转卫星 long life satellite
长期运转性能 long-term running behavio(u)r
长期运转性状 long-term running behavio(u)r
长期再现性 long-term reproducibility
长期债务 fixed liability; funded debt; long term debt; long-term indebtedness
长期债务还本付息 payments on long-term debt
长期战略 long-term strategy
长期职工 permanent staff
长期中毒 long-term poisoning
长期周期 secular cycle; secular period
长期周期性荷载 long period cyclic loading
长期资本 long lived assets; long-term capital
长期资本短缺 deficit in long-term capital
长期资本经营者 capital manager
长期资本资产销售收益 long-term capital
长期资金计划 long-range cash planning
长期资金融通 long-term financing
长期租赁 long-term lease
长期租赁预收款 deposit(e) on long-term lease
长期租用房间 permanent occupancy
长期租约 long-term lease
长期钻柱测试 extended drill stem test
长期作物 long season crop; long-term crop
长期作业 long-range operation; long-term operation
长漆铲 long scraper
长畦灌 border strip irrigation
长钎尾导轨式凿岩机 long-shanked drifter drill
长钎子 extension steel
长前臂的 dolichokerkic
长前进浪 long progressive wave
长钳 alligator pliers; battery pliers
长枪 lance
长橇方式 <沥青混合料摊铺机控制高程的一种装置> long ski system
长桥楼 long bridge; long bridge house
长桥楼船 long bridge vessel
长撬棍 peav(e)y
长切线 long tangent
长轻涌 long low swell
长球 prolate spheroid
长球波函数 prolate spheroidal wave function
长球面 prolate ellipsoid; prolate spheroid
长球面函数 prolate spheroidal function
长球面坐标 prolate spheroidal coordinates
长球体 prolate sphere
长曲棍球场 lacrosse ground
长圈 rand
长燃油灯 long-burning lamp
长燃油灯灯头 long-time burner
长热期 hot spell
长刃锥柄立铣刀 taper-shank endmill with long edge
长日照 long day
长日照短夜植物 long day short-night plant
长日照植物 long day plant
长日照作物 long day crop
长绒地毯 shag; shag carpet; shag rug
长绒石棉 long fibered asbestos
长蠕孢属 <拉> Helminthosporium
长三角旗 coach whip; long pennant; narrow pennant; narrow whip
长扫描 long scan
长沙发 couch; davenport; divan; sofa
长沙发椅 couch
长沙洲 <河口三角洲处粉细砂淤出的> silt jetty
长闪光 long flashing light
长梢捆 long fascine
长梢修剪 long cane pruning
长蛇阵 cue
长射程 long range
长射程喷灌机 long-range sprinkler
长射程喷头 long-range sprinkler
长身锅炉 telescopic(al) boiler
长深比 length depth ratio
长生树 longleaf pine
长声 long blast; prolonged blast
长绳滑车组 long tackle block
长绳临时缩结 sheep shank knot
长十字形螺铰 long cross garnet
长石 feldspar; feldspath; horses teeth; rhombic(al) quartz
长石斑脱岩 arkosic bentonite; sandy bentonite
长石斑岩 feldspar phyric rock
长石板 <木栏底下的> gravel board
长石玻璃质 maskelynite
长石床层 feldspar bed
长石床层跳汰机 feldspar jig
长石瓷 feldspar porcelain; feldspathic porcelain
长石粗砂岩 feldspar grit; feldspathic grit
长石粉 feldspar meal; feldspar powder
长石复岩屑砂屑岩 feldspathic polylitharenite
长石构成的 feldspathic

长石含量的换算 feldspar conversion
长石化作用 feldspathization
长石灰岩 arkosic limestone
长石徽斑玄武岩 feldspar-microphyric basalt
长石结构 feldspar structure
长石精陶 feldspar earthenware
长石块 feldspar in lumps
长石矿床 feldspar deposit
长石类矿物 feldspathoid
长石砾岩 arkosic conglomerate
长石千枚岩 feldspar phyllite
长石砂 feldspathic sand
长石砂屑岩 feldspathic arenite
长石砂岩 arcose[arkose];arcosic grit;arkose-sandstone;arkosic sandstone
长石砂岩的 arkosic
长石砂岩矿床 arkose deposit
长石砂岩磨料 arcosic grit
长石石英片岩 feldspar quartz schist
长石石英砂岩 feldspathic quartzitosandstone;feldspathic quartz sandstone
长石石英岩 arkose quartzite;arkosite;feldspathic quartzitite
长石石英杂屑岩 feldspathic quartz graywacke
长石陶瓷 feldspar ceramics
长石玄武 arkosic wacke;feldspathic graywacke
长石玄武岩 feldspar-basalt
长石亚岩屑砂屑岩 feldspathic sublitharenite
长石岩 feldspathic rock
长石岩类 feldspatite
长石岩屑砂岩 feldspathic lithic sandstone
长石岩屑石英砂岩 feldspathic lithic quartz sandstone
长石岩屑杂屑岩 feldspathic lithic graywacke
长石阳起石片岩 feldspathic-actinolite schist
长石页岩 feldspathic shale
长石硬岩 arkosic conglomerate
长石釉 feldspar glaze;feldspathic glaze
长石釉面 feldspar glazed finish
长石釉砖 feldspathic glaze tile
长石云英岩 feldspar-greisen
长石杂砂岩 feldspathic graywacke;high rank graywacke
长石质变斑岩 feldspathic porphyroblast
长石质玻璃 feldspathic glass
长石质的 feldspathic
长石质电瓷 feldspathic electric(al) porcelain
长石质精陶 feldspar earthenware
长石质砂岩 feldspathic sandstone
长石质玄武岩 feldspathic wacke
长石质岩屑砂屑岩 feldspathic litharenite
长石质岩屑瓦克岩 feldspathic lithwacke
长石质页岩 feldspathic shale
长石质釉 feldspathic glaze
长时荷载 long duration load
长时后效 long-term effect
长时基 long-time base
长时计 chronistor
长时计数 <运量观测中一日内连续八小时及八小时以上的计数> long-time count
长时计数站 long count station
长时间 at length
长时间曝光 long-time exposure;prelonged exposure;time exposure
长时间采样 long-term sampling
长时间操作 long run
长时间超载 sustained over-load
长时间存放 prelonged storage
长时间地震预报 long-time earthquake prediction
长时间负荷试验 long-time load(ing) test
长时间混响 long reverberation time
长时间计时器 long timer
长时间记录 non-volatile recording
长时间降雨 lasting rain
长时间扩散 long-time diffusion
长时间脉冲 long burst
长时间溶解 long-time solution
长时间稳定性 long-term stability;long-time stability
长时间系列 long-time series
长时间延时继电器 prolonged time-lag relay
长时间余辉 steady persistence
长时间照射的 long irradiated
长时间作用的电磁铁 long range electromagnet
长时期 long duration
长时期隐燃的火 hold-over fire
长时适用 obsolescence free
长时运转额定值 continuous rating
长时作用 long-term effect
长使用期润滑脂 long life grease
长使用寿命 longevity of service;long life;long service life
长、市、农电话交换机 combined toll, local and rural telephone switching system
长手的 longimanous
长手套 gauntlet
长首楼 long forecastle
长寿 longevity
长寿灯泡 long life lamp
长寿花 jonquil
长寿胶片 long-term film
长寿命道路 long life road
长寿命的 long life;long-lasting;long lived
长寿命废物 long lived waste
长寿命管 long life tube
长寿命热中子探测器 long thermal neutron detector
长寿命同位素 long lived iso tope
长寿润滑脂 long life grease
长寿命弹簧 resistant spring
长寿同位素 long life isotope
长数 long number
长水口砖 extended nozzle
长水准标尺 <可以读到 13 英尺,约 3.96米> high rod;long rod
长瞬态效应 long transient effect
长丝 close nipple;continuous filament;continuous yarn;filament;long thread;shoulder nipple
长丝玻璃布 long fiber glass cloth
长丝杠 long lead screw
长丝合成物 continuous-filament composite
长丝混合纱 blended filament yarn;filament blended yarn
长丝墨和短丝墨 long inks and short inks
长丝纱 continuous filament yarn;filament yarn
长丝束 endless tow
长丝纤维 filament fiber
长丝芯毛纱 woolfil yarn
长丝织物 filament yarn fabric
长丝制成的长线 filament yarn
长隧道窑 lehr;lier
长隧道照明 lighting of long tunnel
长穗轴节 long rachis segments length
长榫 penetrated mortise and tenon
长索浮标 long and base line buoy
长锁舌碰扣 long lip strike
长滩港 long beach harbo(u)r;Port Long Beach < 美 >
长弹簧 long tear spring
长探头法 method of long probe
长汤姆 long Tom
长套管型套筒扳手 deep socket wrench
长套筒 deep-well socket
长体字 vertical letter(ing)
长条把手 bar handle
长条板 long lath
长条的衬垫 matting strip
长条地 platband
长条房屋 strip building
长条缝送风口 linear slot diffuser
长条回填 sliver fill
长条记录纸 strip chart
长条记录纸式记录仪 strip-chart recorder
长条夹渣 slag stringer
长条校样 gallery proof
长条露空墙 slitted wall
长条木板 <筑空芯墙时用以挡住泥灰浆滴落的> cavity lath
长条泥芯 stock core
长条泡罩分馏塔盘 uniflux fractionating tray
长条片材 continuous sheet(ing)
长条切口 slit
长条软片 film strip
长条式填土 sliver fill
长条图温度记录仪 strip-chart temperature recorder
长条楔形木板 firring;furring
长条形的 continuous strip;lineal;linear
长条形堆垛 windrow stacking
长条形骨料 elongated aggregate
长条形基础 long strip footing;long strip foundation
长条形基脚 long strip footing
长条形礁石 ledge of rock
长条形坑穴 valley sink
长条形料堆 long linear pile
长条形透镜体 elongated lens
长条形炸药 elongated charge
长条压条 <筑空芯墙时用以挡住泥灰浆滴落的> cavity lath
长条砖 soap brick
长条状爆炸震源 elongated charge
长条状灯 strip light
长跳越 long skip
长铁楔 stob
长铁芯电机 long core machine
长通滤波器 long pass filter
长统胶靴 galosh;gum-boots
长统靴 boot
长筒帆布手套 canvas gauntlet gloves
长筒皮手套 leather gauntlet gloves
长筒取芯工具 core tool of long barrel
长筒形单枪彩色显像管 banana tube
长筒靴 < 美 > boot
长筒窑 continuous chamber kiln
长头钳 long nose pliers
长头式 bonnet type
长凸面起垄犁体 convex ridging body
长图记录纸 strip chart
长图式记录仪 strip-chart recorder
长图自动平衡记录仪 strip-chart autobalancing recorder
长途搬运公司 van line
长途半自动接续 semi-automatic toll dial(l)ing
长途拨号 long-distance selection;toll line dial(l)ing
长途拨号系统 distance dialing system
长途拨号音 trunk tone
长途拨号制 long-distance selection system;trunk signalling working
长途拨号中继线 toll dialing trunk
长途测量台 toll test board position
长途测试台架 toll test board bay
长途插入终接器 trunk-offering final selector
长途查询台 toll directory desk;toll enquiry position
长途出局记发器 register for outgoing trunk to toll office
长途出局中继线 toll outgoing trunk
长途出中继电路 outgoing toll trunk circuit
长途传输选择器 toll transmission selector
长途的 intertown;long distance;long line
长途登记接线合用台 combination line and recording control board
长途低频加感电缆线路 low-frequency loaded coil toll cable circuit
长途电传 long haul teletype
长途电话 long-distance call;long-distance telephone(call);long haul call;long toll call;toll call;toll telephone;trunk call
长途电话大区中心局 interprovincial toll switching center
长途电话地区中心局 district toll switching center
长途电话局 group center[centre];long-distance telephone exchange;long-distance telephone office;toll exchange;toll office;toll station;toll telephone office;trunk call office;trunk exchange;trunk line office
长途电话局查询台 trunk directory enquiry;trunk directory inquiry
长途电话省中心局 provincial toll switching center
长途电话室 long-distance telephone booth
长途电话双干线制 double-trunk system
长途电话网 toll telephone network;trunk network
长途电话中心 toll center[centre]
长途电话中心局 intermediate toll center[centre];originating toll center[centre];primary outlet;transit center[centre]
长途电话终端局 terminal trunk exchange
长途电话总局 toll center[centre]
长途电缆 long-distance cable;toll cable;trunk cable
长途电信网 telecommunication network
长途调度台 trunk dispatcher switchboard
长途对称电缆 long-distance symmetric(al)cable
长途干线 controlling trunk line;long-distance trunk
长途干线路由 main toll route
长途公共客车 motor coach
长途公共汽车 coach;long-distance bus;intercity motor bus;intertown bus;greyhound <属北美一家著名长途汽车公司>
长途公共汽车线 motor coach route
长途公共汽车站 long-distance bus station;long-distance bus stop
长途挂号电路 toll offering circuit
长途和记录台 toll and recording desk
长途呼叫 long-distance call;long trunk call;toll call;trunk call
长途话务 toll traffic
长途话务员 toll call operator;trunk operator
长途话务员拨号 operator distance di-

aling
长途话务员座席 toll position
长途环路 long-distance loop
长途回路 long-distance loop
长途汇接局 intermediate toll center
长途货车 over-the-road truck
长途货物列车 long-distance goods train
长途货物运输 long haul goods traffic
长途货运 long-distance goods traffic
长途货运汽车 long haul over-the highway truck
长途计次器 toll counter
长途计费设备 centralize automatic massage account; toll ticketing equipment
长途记(录)查(询)台 toll recording and enquiry position
长途记录电路 trunk-record circuit
长途记录台 toll recording board; trunk-record position
长途记录中继线 toll recording trunk
长途驾驶员 long-distance driver
长途交换机 toll switchboard; trunk switchboard
长途交换机中继台 trunking switchboard
长途交换台 toll switchboard; trunk-(ing) switchboard
长途交换中继线 toll switching trunk
长途接入选择器 trunk-offering selector
长途接收台 inward toll board
长途接续 trunk connection
长途接续测试器 toll train tester
长途进局电缆 toll entrance cable
长途进局台 inward toll board
长途局 toll office
长途局到市内局的中继线 toll switching trunk
长途局间中继线 intertoll trunk
长途局专线用户线 trunk subscriber's line
长途卡车运输工作 long-distance trucking
长途客车 coach;coach bus
长途客运 long-distance passenger traffic
长途客运汽车 coach
长途控制 toll control
长途(立即)接续制通信[讯] combined line and recording operation
长途路由 long haul route
长途旅客 long-distance passenger
长途旅行 long journey;long trip
长途旅行调查处 < 英 > Long-Distance Travel Survey
长途配线架 trunk distribution frame
长途票价 long haul fare
长途汽车 coach bus; motor coach; tong-distance bus;land cruiser < 城市间的 >
长途汽车竞争 long-distance bus competition
长途汽车运输公司 over-the-road common carrier
长途强拆 toll breakdown
长途强拆电路 toll breakdown circuit
长途强接电路 toll tapping circuit
长途入局中继器 toll incoming trunk
长途市内合用电话交换系统 toll and city telephone switching system
长途输电线 long-distance transmission line
长途双向中继线 bothway toll trunk circuit
长途台 toll switchboard; trunk position
长途台工作时间表 duty list
长途台话务员 line operator
长途台间中继线 intertoll trunk
长途通话 long-distance call; long-distance telephone (call); long haul call; long toll call; long trunk call
长途通话的基本时间 initial period
长途通话机键 toll train switch
长途通话试验器 toll train tester
长途通信[讯] haul communication; long-distance communication; long-distance service; long-distance traffic; range communication; telecommunication; toll communication; trunk connection
长途通信[讯]电缆 telecommunication cable; toll cable; trunk cable
长途通信[讯]电路 intercity circuit; telecommunication circuit
长途通信[讯]光缆 toll communication optic(al) cable
长途通信[讯]技术员 telecommunication mechanician
长途通信[讯]检查表 trunk service observation schedule
长途通信[讯]网 toll communication network; toll network
长途通信[讯]网汇接方案 trunk switching scheme
长途通信[讯]系统 long haul(service) system; toll service system
长途通信[讯]业务 long-distance service; long-distance traffic; toll service; trunk line service
长途通知 toll offering
长途通知信号 offer signal
长途徒步旅行 hiking
长途线 toll cable; toll line
长途线测试塞孔盘 toll test panel
长途线号灯 toll line lamp
长途线路 long-distance line; trunk circuit; trunk line; trunk line circuit; intercity line; toll line < 通信[讯]用 >
长途线路传输 long line transmission
长途线路交换 trunk switching
长途线路占线信号 trunk congestion signal
长途线塞孔 toll line jack
长途线选择器 toll offering switch
长途行车能力 cross-country power
长途选择 long-distance selection
长途选择器 toll selector
长途选择制 long-distance selection system
长途业务 teletraffic; toll service
长途业务台 toll recording and enquiry position
长途移动电话 long-distance mobile phone
长途用出租电路 lending circuit
长途运输 line haul; long-distance traffic; long-distance transport; long haul(age)
长途运输的 over-the-road
长途运输公司 van line
长途运输损失 trunking loss
长途运行 long run
长途载波电缆 long-distance carrier cable
长途载重卡车 long haul truck
长途占线 trunk busy
长途直拨 direct distance dial(l)ing
长途直飞航线 long stage airline
长途直(接)拨(号)电话 direct distance dial(l)ing
长途中继电路 trunk junction circuit
长途中继器 trunk block connector relay
长途中继线 long-distance trunk (line); toll trunk(line); trunk junction(line)
长途中间选择器 toll intermediate selector
长途中心局 group center exchange; toll center[centre]
长途终端 long-distance terminal
长途终端局 toll terminal
长途终接器 toll connector; toll final selector; trunk final selector
长途终接损耗 toll terminal loss
长途终接损失 toll terminating loss
长途专线台 private line toll switchboard; toll private line switchboard
长途专用设备 toll train
长途转话交换机 toll transit switch
长途转接方案 toll switching plan
长途字冠 prefix of toll number
长途字首 < 国内长话使用 > trunk prefix
长途自动拨号 automatic toll dial(l)ing; automatic toll selection; direct distance dial(l)ing; intercity dial(l)ing
长途自动出中继电路 outgoing trunk circuit to automatic toll exchange
长途自动电话网 automatic telephone trunk network
长途自动电话中继器 automatic toll switching repeater
长途自动接续 automatic toll dial(l)ing
长途自动人工入中继电路 incoming trunk circuit from automatic manual toll office
长途自动寻线 trunk hunting
长途自动用户电报网 long-distance automatic telex network
长推进度柱架式钻机 long-sash drill
长推进钻车 long-feed drill jumbo
长腿虎钳 leg vice
长腿火钳 staple vice
长腿框架构件 long leg frame section
长腿老虎钳 leg vise
长腿筛板 slot mesh screen
长腿室三通 long leg chamber tee
长腿室四通 long leg chamber cross
长腿型 makroskelic
长椭球面 prolate ellipsoid; prolate spheroid
长椭圆面 prolate ellipsoid
长椭圆形 long oval; oblong ovate
长椭圆形的 oblong
长椭圆形锯 bucking saw
长椭圆形穹顶 oblong dome
长袜 stocking
长外伸轴 long over-hung shaft
长弯捻缝凿 long bend calking tool
长弯头 long bend; long turn elbow
长弯头画线针 long bent point screw
长弯凿 swan-neck chisel
长网成型机 Fourdrinier machine
长网单缸造纸机 Fourdrinier Yankee machine
长网多缸造纸机 multicylinder long mesh paper machine
长网干燥机 Fourdrinier type drying machine
长网湿抄机 wet Fourdrinier board machine
长网眼金属丝布 long mesh wire cloth
长网眼金属丝织筛网 long mesh woven wire screen
长网造纸机 Fourdrinier(paper) machine
长网纸板机 Fourdrinier board machine
长望远镜 inverted telescope; long telescope
长尾楼 long poop
长尾雉 long tailed pheasant
长纹板 rift-sawed board
长污垢的 incrustant
长吸程磁铁 long pull magnet
长吸收管法 long tube absorption cell method
长系列观测资料 long-term observation record
长细比 fineness; fineness ratio; ratio of slenderness; slenderness ratio; slender proportion; slender ratio
长细比例 slenderness proportion
长细影响 slenderness effect
长峡谷 rift
长狭潮道 geo
长纤纱 continuous filament yarn
长纤维 filament; long fiber[fibre]; long staple; macrofiber
长纤维缠绕玻璃钢 filament-wound glass-reinforced plastics
长纤维的 long fibered[fibred]; long stapled
长纤维废料 filament waste
长纤维复合材料 long-fiber composite
长纤维卷绕法 filament winding
长纤维尼龙绳 filament nylon rope
长纤维润滑脂 long fiber grease
长纤维石棉 amosite; amosite asbestos
长纤维增强热塑料 long fiber reinforced thermoplastic
长纤维纸 long fibered paper
长纤维纸浆 long fibered pulp
长弦 long chord
长弦法【测】 method of long chord
长弦矢距法 long chord offset method
长线 long line
长线槽路正弦波振荡器 external sine-wave oscillator
长线电流 long line current
长线钓鱼船 long liner
长线对搓合四芯线组 long pair twist quad
长线法 < 预应力混凝土的 > long line method; long line system
长线法预应力混凝土 < 指先张法 > long line prestressed concrete; long-line method of prestressing
长线接收器 line receiver
长线理论 long line theory
长线路通信[讯]工程 long lines engineering
长线频率控制 long line frequency control
长线驱动器 line driver
长线施加预应力法 linear prestressing
长线输送机 long center conveyer [conveyor]
长线锁环路 long wire-lock loop
长线台座成型 long line platform mo-(u)lding
长线台座工艺 long-bed technique; long line process
长线天线 long wire antenna
长线系统 < 预应力混凝土的 > long line system
长线先张法 < 预应力 > long line pre-tensioning; long line method of pre-tensioning
长线效应 long line effect
长线行波天线 long line traveling-wave antenna
长线预加应力法 line production process; long line production process
长线预应力法 linear prestressing
长线预应力混凝土张拉法 long line prestressed concrete process
长线预应力先张法壁(或扶垛、台座) long line pre-tensioning banks(or-buttresses)
长线预应力张拉法 long line production process

C

长线预应力张拉法台座 long line pretensioning banks
长线张拉(预应力钢筋)混凝土 long line concrete
长镶板 standing panel
长向半砖 queen closer;scone
长向的 lengthwise
长向拉条 longitudinal tie rod
长橡胶封 long rubber seal
长销 long pin
长效的 long acting;long-lasting;long lived
长效毒性 chronic toxicity
长效防腐蚀涂料 long-term corrosion resistance coating
长效防污能力 prolonged anti-fouling power
长效放射性 long lived activity
长效肥料 controlled release fertilizer
长效化学药品 persistent chemicals
长效冷却剂 long life coolant
长效面漆 long life top coat
长效农药 persistent pesticide
长效润滑 life lubrication;lifetime lubrication
长效润滑油(脂) life grease lubrication
长效杀虫药 persistent insecticide
长效示踪物 long lived tracer
长效型防污漆 long life anti-fouling coating
长效型预涂底漆 shot primer
长效性 long residual action
长效有机氯农药 persistent organochlorine pesticide
长效原料 persistent material
长效制剂 long acting preparation
长斜方晶体白铅 rhomboidal lead spar
长斜方形 rhomboid;rhombus
长斜方形的 rhomboidal
长斜水槽 sluice
长心轨 < 辙叉 > long nose-rail;long point rail
长芯棒管材拉拔 mandrel drawing
长行程 long stroke;long trip
长行程泵 long-stroke pump
长行程发动机 undersquare engine
长行程铆钉锤 long-stroke riveting hammer
长行程千斤顶 long-stroke jack
长行程液压顶杆 long-stroke ram
长行程液压活塞 long-stroke ram
长形城市 linear city
长形的 dolichomorphic;microscler
长形帆布工具袋 kip bag
长形夯砂锤 floor rammer
长形货物 long length cargo
长形件 elongated piece
长形教堂 longitudinal church
长形结节 spike knot
长形绝缘子 long stem insulator
长形料堆 windrow
长形浅篮 flasket
长形倾斜淘金槽 long Tom
长形重锤 long weight
长型斗杆 < 挖掘机 > long stick
长型反铲斗柄 long backhoe stick
长型夯砂锤 floor rammer
长型换辊套筒 porter bar;roll balance rod
长型火花塞 long reach plug
长型漏砂计 long glass
长型末端链环 long end link;long stud link
长型椭球体 prolate ellipsoid
长型行走架 long under-carriage
长型支重轮架 long roller frame
长性玻璃 long glass; slow-setting glass;sweet glass
长锈试验 rust growth test
长虚线 long dash line
长悬式绝缘子 long suspension insulator
长悬轴式旋回破碎机 long shift suspended spindle gyratory crusher
长循环的 macrocyclic(al)
长压定 minoxidil
长牙镶榫 tusk tenon
长亚麻 long flax
长亚麻并条机 long line drawing frame
长延时引爆雷管 long delay blasting cap
长延限化石 long-range fossil
长眼 slot mesh
长眼钢丝网 long mesh fabric
长眼(圆孔)筛 slotted screen
长眼(圆孔)筛板 slot mesh plate;slot mesh screen;slotted plate
长焰 cannel coal;long flame
长焰煤 candle coal;cannel coal;flame coal; gas coal; jet coal; jet long flame coal;long flame coal
长焰烧嘴 long flame(gas) burner
长焰烟煤 flenu coal
长阳极磁控管 boot magnetron
长叶 long leaf
长叶薄荷 pulegium
长叶薄荷醇 pulegol
长叶薄荷酮 pulegone
长叶车前 ribwort
长叶片 linear leaf;long blade
长叶松(木) yellow pine;fat pine;longleaf pine
长叶松酸 palustric acid
长叶松油 longleaf pine oil
长叶酸 longifolic acid
长叶烟草 longleaf tobacco
长曳物线 prolate tractrix
长页铰链 strap hinge
长移位 long shift
长乙状结肠 dolichosigmoid
长椅 bench
长翼窗铰链 cleaning hinge
长翼合页 offset hinge
长翼箭形铲 long wing sweep
长翼铰链 butterfly hinge; easy-clean(ing) hinge;offset hinge;parliament butt; parliament hinge; shutter hinge;pew hinge < 有蛋形关节饰的 >
长翼右移的非对称褶皱 dextral fold
长英角岩 halleflinta
长英矿物 felsic;mineral
长英麻粒岩 leptite
长英片麻岩 quartz-feldspathic gneiss
长英岩 arkose quartzite;arkosite;felsite
长英云母角岩 cornubianite
长英质的 felsic
长英质角岩 felsic hornfels
长英质矿物 felsic mineral
长涌浪 ground swell;blind roller;blind sea;long rolling sea;long swell;roller; rolling swell; ground sea; long swell wave;swell wave
长涌群 rollers
长油 long oil
长油布雨衣 long oil skin
长油醇酸树脂 < 含油量 60% > long oil alkyd
长油度 long oil
长油度醇酸树脂 long oil alkyd;long oil alkyd resin
长油度清漆 body varnish;long(oil) varnish
长油度有光涂料 long oil gloss paint
长油性 long oil type
长油性清漆 body varnish;long(oil) varnish
长油嘴加油器 banjo oiler
长游标 long vernier
长余光辉 steady perpetual
长余辉 long afterglow;long fluorescent lag; long persistence; steady persistence
长余辉发光物质 long lag phosphor
长余辉磷光体 long lag phosphor
长余辉示波器 long persistence oscilloscope
长余辉同步示波器 Remscope
长余辉荧光屏 long persistence screen; slow screen
长垣 placanticline;wale
长垣聚集带 accumulation zone of placanticline
长原木 long cut wood
长圆材 < 胸径 8 ~ 12 英寸,1 英寸≈0.0254米 > high pole wood
长圆孔 oblong hole;oblong slot;slotted eye;slotted hole
长圆孔筛 slotted screen
长圆筒 long cylinder
长圆形孔眼 slotted eye
长圆形容器 obround vessel
长圆形设计 obround design
长圆柱滚子轴承 long cylindric(al) roller bearing
长圆柱铣刀 slabbing milling cutter
长圆柱形薄壳 long cylindric(al) shell
长圆柱状晶体形 long-columnar habit
长圆嘴钳 long round nose pliers
长源距密度测井 long spacing densilog;long spacing density log
长源距密度测井曲线 long spacing densilog curve
长源距声波测井仪 long spaced sonic logger
长源距中子测井 long spaced neutron log
长源距中子-中子测井曲线 long spacing neutron-neutron log curve
长远的 long run
长远的计划 far-reaching design
长远发展 long-term planning
长远观点 long-term perspective;long-term view
长远规划 long-range plan(ning); long-term planning
长远规划图 laster plan
长远货物运输计划 long-term goods transport plan
长远计划 long-range plan(ning); long-term planning
长远开拓 long extension
长远利益 long-run benefit;long-term benefit;long-term interest
长远趋势 secular trench
长远设计 long-range design
长远研究 long-term research
长云角岩 edolite
长运距 long haul(age)
长运距材料 a-haul material;long haul material
长凿 chisel jumper;jumper
长凿钢 jumper steel
长凿孔带自动发报机 beltscanner
长凿手钻 jumper
长渣 long slag
长窄的海湾 loch
长窄尖顶窗 lancet;lancet window
长窄尖头窗【建】 lancet
长沼 bayou;bayou lake
长沼河流入口 bayou lake
长折钉 spike nail
长折面桌 < 供丰收时聚餐用 > harvest table
长针松 longleaf pine
长针状晶体 long needle-like crystal
长枕 bolster
长枕木 grating cill;grating sill;long tie
长枝插 long stem cutting
长枝的 long branched
长直尺 < 砌砖抹灰工用的 > jointing rule
长直河段 long straight reach
长直(抗压)强度 prismatic(al) strength
长直线路段 long tangent
长指令 long instruction
长指令格式 long instruction format
长中涌 long moderate swell
长重货物运输车 straddle carrier
长重力波 long gravity wave
长周期 long period
长周期摆 long period pendulum
长周期崩顶破碎波 comber
长周期变化温度 long period changing temperature
长周期变量 long period variation
长周期波 long period wave
长周期波动 long period fluctuation
长周期波动对策试验 long-wave induced disaster study
长周期波峰 crest of long period wave
长周期波谷 trough of long period wave
长周期波浪荷载 long-period wave load
长周期不稳定性 long period instability
长周期超点阵 long period superlattice
长周期潮(汐) long period tide;tide of long period
长周期大波浪 big wave of long period
长周期的 long-period
长周期地层仪 long period seismograph
长周期地面运动 long period ground motion
长周期地震图 long period seismogram
长周期地震仪 long period seismograph
长周期分潮 long period constituent
长周期负荷 sustained load(ing)
长周期基线畸变 long period base line distortion
长周期假潮 long period seiche
长周期结构 long period structure
长周期静振 long period seiche
长周期脉动 long period microtremor
长周期摄动 long period perturbation
长周期生潮力 long period force;long period tide generating force
长周期试验 long period test
长周期寿命 long cycle life
长周期台阵 long period array
长周期微力震动 long period microtremor
长周期项 long period term
长周期信号的交叉口 long cycle crossing
长周期性 long periodicity
长周期性荷载 long-term cyclic(al) load
长周期引力潮 long period force
长周期涌 long period swell
长周期涌波 long period surge
长周期运动 phugoid mode of motion
长周期运动分量 long-term reference
长周期运动稳定性 long period dynamic(al) stability
长周期振荡 long period oscillation
长周期振动 long period vibration;phugoid
长周期振动曲线 phugoid curve
长周期振动阻尼 long period oscillation damping
长周期重力波 infra-gravity wave; long period gravity wave

长轴 macroaxis; major axis; prolate axis
长轴背斜 long axis anticline
长轴风机 bifurcated fan
长轴绘图 long axis plotting
长轴距轻型载重汽车 light truck with long wheel base
长轴面 macropinacoid
长轴坡面 macrodome
长轴通风机 overhung wheel type fan
长轴线 long axis
长轴旋转椭圆体 prolate spheroid
长轴与岸线方向平行 direction of long diameter parallel to coast
长轴与参考线夹角 angle between long axis and reference line
长轴与水流方向垂直 direction of long diameter perpendicular to the flow
长轴与水流方向平行 direction of long diameter parallel to the flow
长轴与水流方向斜交 direction of long diameter oblique to the flow
长轴(圆锥)破碎机 long shaft crusher
长轴柱 macroprism
长轴锥面 macropyramid
长肘板 long toggle plate
长柱 <长过 20 倍宽的柱> long column
长柱挠度的正确公式 exact formula for deflection of long columns
长柱试验机 long column testing machine
长柱(受压)作用 column action
长柱弯曲 buckling of long column
长爪锚 Danforth anchor
长转臂式装载机 long boom loader
长转移程序 long branch routine
长转移顺序 long branch sequence
长桩 long pile
长锥体 long taper
长锥体旋风除尘器 long cone cyclone
长锥形摘锭 tapered spindle
长啄桉 red stringbark
长字 long word
长棕刷 rigger
长鬃刷 rigger
长钻 jumper; jumper drill; jumping chisel; jumping drill; long borer; long borer auger; long drill
长钻套 drill press socket
长钻(头)套筒 drill socket
长嘴加油器 banjo oiler
长嘴钳 combination long roundnosed pliers; long nose pliers
长嘴油壶 banjo oiler; long nozzle oil can; long spout oil can
长作用区管 extended interaction tube
长坐标数字串 long coordinate string

肠 enteron

肠虫 helminth
肠道疾病 intestinal tract disease
肠道球菌 enterococcus[复 enterococci]
肠杆菌 enteric bacilli
肠曲构造 ptygmatic structure
肠形脉 ptygma
肠炎 enteritis
肠状贯入体 ptygmatic injection
肠状混合岩 ptygmatic migmatite
肠状侵入体 ptygmatic injection
肠状体 ptygma
肠状褶皱 ptygma; ptygmatic fold

尝到 taste

尝试 test by trial; tryout; try
尝试错法 trial-and-error method; trial-and-error procedure
尝试错法配料 trial-and-error method for proportioning
尝试错误反应 trial-and-error response
尝试错误学习 trial-and-error learning
尝试法 back-and-forth method; cut-and-trial method; cut-and-try method; cut-and-try procedure; error method; hit-and-miss method; trial-and-error method; trial-and-error procedure; trial method
尝试法检验 setting by trial and error
尝试解 trial solution
尝试解法 trial-and-error solution
尝试频率 attempt frequency
尝试误差法 trial-and-error method

偿付 payback

偿付保函 refund bond
偿付的款项 repayment
偿付方法 payback method
偿付函数 recourse function
偿付开支 meet expenses
偿付量 amount tendered
偿付能力 ability to pay; solvency
偿付品 tender
偿付期 pay period
偿付期限 payback period
偿付信用证 back-to-back (letter of) credit
偿付信用状 reimbursement credit
偿付债款 payment of debts
偿还 acquittance; atone; liquidation; payback; pay(ment); payoff; recoup; redeem; redemption; refund(ing); reimburse; reimbursement; repay(ment); satisfaction
偿还本金的期限 schedule for repayment of principal
偿还贷款 credit repayment; redemption loan; redemption of loan
偿还贷款能力 ability to repay loan
偿还贷款日期 redemption date
偿还担保书 refundment bond
偿还地租 quit rent
偿还额 service payments
偿还费 amortization cost
偿还合同 repayment contract
偿还借款 loan repayment
偿还进口借款 import loan repayment
偿还款项 item refunded
偿还率 amortization rate; rate of redemption; rate of return
偿还能力 repaying capability; solvency <企业的>
偿还能力调查 credit investigation
偿还年限 amortization period; payback period; repayment period
偿还期 payback period; redemption date; redemption period; repayment period
偿还期间 term of redemption
偿还期限 amortization period; terms of redemption
偿还任何主权人 repayable to either
偿还投资的资金 sinking fund
偿还系数 coefficient of restitution
偿还信贷 reimbursement credit
偿还议定书 creditor's composition
偿还债款 satisfaction for a debt
偿还债务 meet one's liabilities; satisfy; service debt
偿还债务支出 outlay for debt payment; outlay for loan payment
偿还资本准备基金 capital redemption reserve fund
偿还资金 amortization cost
偿清 clear off; payoff; quietus <债务等的>
偿清债务 payoff one's creditors; satisfy debt; work off a debt
偿债 clear off; debt service; meet one's engagements; payoff
偿债抵押债券 funding mortgage loan
偿债负担 burden of debt servicing
偿债基金 amortization fund; debt-service fund; extinguishment fund; redemption fund; sinking fund
偿债基金按期摊拨款 sinking fund instal(l)ment
偿债基金表 sinking fund table
偿债基金存款因子 sinking fund deposit factor
偿债基金抵押 sinking fund mortgage
偿债基金费用 sinking fund expenses
偿债基金积存款 sinking fund accumulation
偿债基金利率 sinking fund interest rate
偿债基金年金 sinking fund annuity
偿债基金平衡表 sinking fund balance sheet
偿债基金收入 sinking fund income
偿债基金收益 sinking fund income
偿债基金投资 investment of sinking fund; sinking fund investment
偿债基金现金 sinking fund cash
偿债基金因数 sinking fund factor
偿债基金因素 sinking fund factor
偿债基金因子 sinking fund factor
偿债基金银行存款 cash deposit in sinking fund
偿债基金应提额 sinking fund requirement
偿债基金债券 sinking fund bonds
偿债基金折旧 sinking fund depreciation
偿债基金折旧法 sinking fund method of depreciation
偿债基金制 sinking fund system
偿债基金准备 sinking fund reserves
偿债基金最低标准 margin of solvency
偿债能力 ability (of the subject) to pay; credit capacity; credit standing; debt paying ability; solvency
偿债能力比率 solvency ratios
偿债确定能力 solvency determination
偿债延期 forbearance
偿债证券 refunding bonds
偿债专款资产 sinking fund assets
偿债准备 extinguishment reserve
偿债资金盈余 sinking fund surplus
偿资金(分期) amortization fund

常桉【植】narrowleaf ironbark eucalyptus

常备的 standing
常备货尺寸 stock size
常备机车 stand-by engine
常备架桥机 customized gantry
常备舰队 active fleet
常备军 regular army; standing army
常备客票 standing passenger ticket
常备客票结账管理系统 hard regular card financial statement system
常备煤舱 permanent bunker
常备普通汽车 stock car
常备燃料储舱 permanent bunker
常备物料 permanent stores
常备支撑 standing support
常倍数 multiplying constant
常闭 normal close
常闭按钮开关 normally closed push button switch
常闭触点 normally closed contact; permanent closed contact
常闭的 normally closed
常闭阀(门) normal close valve; normally closed valve; normally closed gate
常闭辅助触点 normally closed auxiliary contact
常闭合的 normally closed
常闭接触器 normally closed contactor
常闭接点 break contact; normally closed contact
常闭联锁装置 normally closed interlock
常闭门 normally closed gate
常闭式 normally closed
常闭式安全把手 dead handle
常闭式保险刹车 deadman brake; deadman control
常闭式紧急停车开关 deadman abort switch
常闭式弹簧离合器 spring-loaded clutch
常闭式制动器 deadman brake; normally applied brake
常闭式自动停车把手 dead handle; deadman's handle
常闭选通电路 normally closed gate
常闭元件 normally closed control element
常闭状态 normally off
常变的市场情况 ever-varying market condition
常变向风浪 choppy sea
常波 ordinary wave
常参数线性系统 linear time-invariant system
常测法 conventional measuring method
常差 constant error
常产玻璃纤维 staple glass fiber[fibre]
常产的 staple
常产量 constant rate of production
常川交通 commuting traffic
常川潜水潜坝 continuously submerged sill
常春藤 bindwood; English ivy; ivy
常春藤毛茛 ivy buttercup
常春藤叶 ivy-leaf
常春藤属 Hedera
常导磁悬 normal conductive magnetic levitation
常导磁悬浮列车 routine conductive maglev train
常导通状态 normally on
常到 frequent
常到的地方 stamping ground
常点 fixed point
常钉抹子 devil float
常定变速流 permanent varied flow
常定刺激 constant stimulus
常定度 steadiness
常定高压区 area of permanent high pressure
常定可用性 constant availability
常定流 permanent current; permanent flow; stationary flow; steady current; steady flow
常定运动 stationary motion
常定状态 steady state
常定阻尼 Coulomb damping
常冻 permafrost
常度 constant level
常断阀 normal close
常断接点 normally open(ed) contact
常断开的 normally closed; normally open
常对称面 common plane of symmetry
常对称轴 common axis of symmetry

常对流湖 polymictic lake
常发故障 permanent fault
常方位导航 constant bearing navigation
常风 dominating wind; prevailing wind
常风向 direction of cardinal wind; direction of prevailing wind; prevailing direction of wind; prevailing wind direction
常峰态分布 mesokurtic distribution
常负荷 constant duty
常故障期 constant failure period
常关阀 normal close valve
常光(线) ordinary light; ordinary ray
常规 common practice; convention; established customs; normative usage; routine; rut
常规S形铺管驳船 conventional S-lay barge
常规安全炸药 ordinary safety explosive; ordinary sheathed explosive
常规办法 conventional way
常规包装 usual packing
常规饱和潜水 conventional saturation diving
常规保养 routine maintenance
常规暴雨水污染控制 conventional stormwater pollutant control
常规变电站 conventional substation
常规标志 conventional sign
常规标准态 conventional standard state
常规表示法 conventional expressing method
常规波道 normal cement
常规波形瓦 normal roll pan tile
常规采煤法 conventional mining
常规采样 conventional sampling; routine sampling
常规操作 normal operation
常规测定 routine determination; routine measurement
常规测定法 conventional measurement method
常规测量 basic mapping; routine measurement
常规测试 conventional test
常规测图 conventional mapping
常规超载 normal overload
常规沉淀池 conventional sedimentation tank
常规衬砌 conventional lining
常规称重 routine weighing
常规程序 conventional program(me)
常规尺寸 stock size
常规储存器 convectional memory
常规处理 conventional processing; conventional treatment
常规处理过程 conventional treatment process
常规处理剖面 normal process(ing) section
常规穿孔机 conventional punching machine
常规船 conventional ship
常规船体 conventional hull
常规磁体 normal flux magnet
常规磁头 conventional head
常规单段连续搅拌池式反应器 conventional single-phase continuously stirred-tank reactor
常规单剪试验 routine shear test
常规的 conventional; custom; groovy
常规滴滤池 conventional trickling filter
常规抵押 conventional mortgage
常规地表水处理法 conventional surface water treatment process
常规点污染源 conventional point sources
常规电厂 conventional plant
常规电话信号 normal telephone signal
常规电解 conventional electrolysis
常规电缆 conventional streamer
常规电站 conventional plant
常规调查 conventional study; regular investigation
常规定量测定 routine quantitative determination
常规氡测量 radon routine measurement
常规二进制 normal binary
常规法隧道施工 conventional tunnel(l)ing
常规反射地震 conventional reflection seismic
常规方法 conventional method; conventional process; normal procedure
常规房屋 conventional house
常规废水处理厂 conventional wastewater treatment plant
常规废水处理(法) conventional wastewater treatment
常规分层取样器 routine zone sampling apparatus
常规分类试样 routine class sample
常规分析 routine analysis
常规分析法 regulatory method of analysis; routine analysis method
常规分析方法 conventional method of analysis
常规分组 conventional grouping
常规符号 ordinary symbol
常规负荷 ordinary load(ing)
常规干化床 conventional drying bed
常规隔热 conventional insulation
常规更换 routine replacement
常规耕作 regular cultivation
常规耕作法 conventional tillage
常规工程 customer engineer
常规工业建筑 general industrial occupancy
常规工艺 normal process
常规工作 regular work; routine work
常规骨料 conventional aggregate
常规观测 conventional study; regular observation; routine observation
常规观测温度计 routine observation thermometer
常规轨道电路 conventional track circuit
常规过滤处理 conventional filtration treatment
常规焊接 normal weld(ing)
常规航空摄影 normal aerial photography
常规和立即命令 both regular and immediate command
常规荷载 conventional load(ing)
常规化 routinization; routinize
常规回收处理 conventional reclamation treatment
常规混凝土 conventional concrete
常规混凝系统 conventional coagulation system
常规活性污泥 conventional activated sludge
常规活性污泥法 conventional activated sludge process
常规活性污泥反应器 conventional activated sludge reactor
常规活性污泥系统 conventional activated sludge system
常规级 custom grade
常规级样品 routine class sample
常规极化 normal polarization
常规计算 routine calculation
常规技术 conventional technology
常规监测 routine monitoring
常规检查 normal inspection; regular inspection; routine check; routine inspection
常规结构 conventional construction
常规纠正 classic(al) rectification; conventional rectification
常规聚丙烯生物膜载体 conventional polypropylene biofilm carrier
常规决策 routing decision
常规军备 conventional armament
常规开关 conventional substation; conventional switchgear
常规勘察 routine exploration; routine investigation; routine reconnaissance
常规控制 conventional control; routine control
常规扩散曝气池 conventional diffused aeration tank
常规冷却 normal cooling
常规例外原则 law of exception to routine
常规流 normal flow
常规漫灌 ordinary flooding
常规命令 standing order
常规木材 stock lumber
常规内存 conventional memory
常规能源 conventional energy (re)-source
常规捻钢丝绳 ordinary lay cable
常规培养 routine culture
常规配筋 convectional bar reinforcement
常规批量处理 conventional lot processing
常规铺管驳船施工法 conventional lay barge method
常规曝气 conventional aeration
常规起飞降落 conventional take-off landing
常规迁移 general migration
常规潜水 conventional dive[diving]
常规潜水服 regular diving dress
常规潜水员 routine diver
常规潜水作业 conventional diving operation
常规墙体结构 conventional wall construction
常规桥梁 special bridge
常规取样 routine sampling
常规燃料 conventional fuel
常规容器 conventional vessel
常规设备 conventional equipment
常规设计 conventional design
常规设计方法 conventional design method
常规生产式概率 normal production probability
常规生物处理 conventional biologic(al) process
常规生物滤池 conventional biologic(al) filter
常规十字板试验 routine vane test
常规实验室试验 routine laboratory test
常规式钻进 conventional rotary drilling
常规试验 conventional test; normal test; routine test
常规试验的挠度 normal procedure deflection
常规试验方法 routing method of determination
常规寿命 ordinary life
常规数据 routine data
常规数据处理 routine data processing
常规数据流 normal data flow; routine data flow
常规水处理 conventional water treatment
常规水处理厂 conventional water treatment plant
常规水处理工艺 conventional water treatment process
常规水处理技术 conventional water treatment technique
常规水污染分析指标 conventional water pollution analysis index
常规速率 conventional rate
常规弹限 conventional elastic limit
常规弹性(极限) conventional elastic limit
常规填充柱 conventional packed column
常规条件 normal condition
常规铁路 conventional railway
常规通风 normal ventilation
常规通信[讯] general communication
常规土工试验 routine soil test
常规挖泥作业 routine dredging
常规外的服务 out-of-sequence services
常规维护 routine care
常规维修 routine maintenance; routine overhaul
常规稳定塘 conventional stabilization pond
常规污染物 conventional pollutant
常规污水处理 conventional type of sewage treatment; conventional wastewater treatment
常规污水处理运作 conventional wastewater treatment operation
常规无线电通信[讯] general radio communication
常规无线电业务 conventional radio service
常规物种 conventional species
常规显示 conventional display
常规响应 normal response
常规消耗池 conventional digester
常规形(式) conventional type
常规型同步加速器 conventional synchrotron
常规畜舍 conventional barn
常规芽接 conventional budding
常规研磨 conventional grinding
常规厌氧反应器 conventional anaerobic reactor
常规养护【道】routine care; routine maintenance
常规渔具 conventional gear
常规运输 <包括挖掘费> normal haul
常规运转 running at normal level
常规杂货船 conventional(break hull) ship; conventional cargo ship
常规斩波系统 conventional chopper system
常规支护 standing support
常规终身财产 convectional life estate
常规重量混凝土 normal weight concrete
常规轴悬挂电动机 conventional axle hung motor
常规转向架电动机 conventional bogie motor
常规资料整编 routine data processing
常规字符 ordinary symbol
常规组合开关 conventional switchgroup
常规作业 routine work
常规做法 accepted practice; regular practice
常轨形成车辙 rut
常果植物 ever-bearer; ever-bloomer
常合成群列 ordinary composition series of groups
常合齿轮箱 constant mesh gear box
常合式离合器 throw-out clutch

常和博弈 constant sum game
常荷载下试验 constant load test;test at constant load
常衡 <英国,1 磅=16 盎司≈28.3 克> avoirdupois
常衡盎司 avoirdupois ounce;oz av
常衡制 <英国商用质量计量制,16 英两=1 磅=453.6 克> avoirdupois system;avoirdupois weight
常衡制磅 avoirdupois pound
常化 normalize
常化炉 normalizing furnace
常化退火 normalizing annealing
常化温度 normalizing temperature
常化组织 normalized structure
常化作业线 normalizing line
常会 ordinary session;regular session
常混流湖 polymictic lake
常减压蒸馏过程 atmospheric vacuum distillation process
常减压蒸馏装置 atmospheric and vacuum distillation unit
常减压装置 atmospheric and vacuum distillation unit;crude oil unit
常见冰 ordinary ice
常见病 common ailment;common disease;commonly encountered disease
常见车速 prevailing speed
常见结构形状 common structural form
常见离子 common ion
常见联轴器 regular coupling
常见式样 garden variety
常见正常车速 crest speed;nominal speed
常角 constant angle;normal angle
常角摄影机 normal angle camera
常角投影器 normal angle projector
常角透镜 normal angle lens
常角像片 normal angle photograph
常接合式离合器 spring-type clutch
常静滞地下水 perched permanent ground water
常开 normal open
常开按钮 normally open push
常开按钮开关 normally open push button switch
常开触点 normally open contact
常开触头 normally open contact
常开的 normally open
常开阀 normally open gate;normally open valve
常开回路 normal open circuit
常开接触器 normally open contactor
常开接点 front contact;make contact;normally open contact;normal opened contact
常开节流 constant throttle
常开联锁装置 normally open interlock
常开门 hold-open door;normally open gate
常开启接点 normally open contact
常开式 normally open
常开式制动器 normally opened brake;normally open released brake
常开选通电路 normally open gate
常开元件 normally open control element
常开状态 normally open
常浪 prevailing wave
常浪常风 predominant wave
常浪向 prevailing wave direction
常礼服 morning dress
常力 constant force
常力矩轴 axis of constant moments
常例 accepted practice;common practice;rut
常例的 customary
常例折扣 customary discount
常量 constant;constant quantity;numeric(al) constant
常量沉淀 macroprecipitation
常量成分 macroconstituent
常量定性分析 macroqualitative analysis
常量分析 macroanalysis;normal analysis
常量分析的 macroanalytic(al)
常量分析天平 macroanalytic(al) balance
常量负担 normal load
常量化学 macrochemistry
常量角 constant angle
常量馈给 macrofeed
常量凝聚 macrocoacervation
常量浓度 macroconcentration
常量试样 macro-sample
常量营养元素 macronutrient
常量有机物浓度 macroorganic matter concentration
常量元素 macroelement;major element
常量字母 constant letter
常量组分 major constituent
常林钻石 Changlin diamond
常流 constant flow;permanent current
常流电池 closed circuit cell
常流电池组 close circuit battery
常流河 continuous river;continuous stream;perennial river;perennial stream;permanent river;permanent stream
常流河槽 perennial canal
常流量 constant rate of flow
常流泉 constant spring;perennial spring
常流水 perennial drainage
常流制 closed circuit system
常咯林 pyrozolin
常绿矮灌丛 evergreen bushland
常绿草本群落 sempervirentiprata
常绿草本植被 sempervirentiherbosa
常绿草本植物 evergreen herbage
常绿草甸 hygropium;sempervirentiprata
常绿的 ai(o)phyllus;evergreen;indeciduous
常绿短灌木 evergreen undershrub
常绿短灌木丛 phrygana
常绿防火林 evergreen firebreak;green break
常绿钩吻碱 sempervirine
常绿灌木 evergreen shrub;evergreen thicket
常绿灌木群落 laurifruticeta
常绿果树 evergreen cutting;evergreen fruit tree
常绿季雨林 evergreen seasonal forest
常绿阔叶丛 broad-leaved evergreen scrub
常绿阔叶林 broad evergreen forest;broad-leaved evergreen
常绿阔叶树 broad evergreen forest;broadleaf evergreen;broad-leaved evergreen
常绿栎树林 encinal
常绿林 aiphyllium;evergreen forest;evergreen silvae
常绿绿篱 evergreen hedge
常绿落叶阔叶混交林 mixed broad-lived deciduous and evergreen forest
常绿木本群落 evergreen silvae;laurilignosa
常绿乔木 aiphyllium;evergreen silva
常绿群落 aithullium;conodrymium;evergreen community
常绿森林 evergreen woodland
常绿树 evergreen(tree);sempervirine
常绿树林带 evergreen woodland
常绿下层灌木 evergreen undershrub
常绿现象 evergreeness
常绿橡树 live oak
常绿小灌木 evergreen undershrub
常绿性 evergreenness
常绿硬叶阔叶林 evergreen broad-leaved sclerophyllous forest
常绿植被 <拉> cistus maqui
常绿植丛 aithalium
常绿植物 evergreen;evergreen plant
常螺旋面 ordinary helicoid
常名 usual name
常挠度试验 constant deflection test
常年 ordinary year
常年补给 perennial recharge
常年不涸河川 year-long river;year-long stream
常年产水量 <地下水的> perennial yield
常年超采 perennial over-draft
常年潮湿沼泽地 nad
常年池沼 perennial pond
常年出水量 perennial yield
常年的 perennial
常年地下径流 perennial base flow
常年地下水位 permanent groundwater level
常年放牧 continuous grazing
常年费用 annual cost
常年封冻湖 perennially frozen lake
常年雇佣 year round employment
常年灌溉 perennial irrigation
常年过渡抽取 perennial over-draft
常年过量抽取 <地下水的> perennial over-draft
常年含水层 perennial water course
常年航线 perennial water course
常年河 perennial river;perennial stream
常年河槽 perennial canal;perennial channel
常年河流 continuous stream;continuous river;perennial river;perennial stream;permanent river;permanent stream;year-long river;year-long stream
常年洪水 annual flood(ing)
常年候的 all weather
常年候通车 all-weather service
常年湖 perennial lake;permanent lake
常年回水区 <水库的> permanent back-water region
常年积雪 perennial cover
常年积雪区 permanent snow-field
常年基流 normal base flow;perennial base flow
常年间断河 perennial interrupted stream
常年间断河流 perennial interrupted river
常年间断水流 perennial interrupted streamflow
常年径流 perennial flow;perennial runoff;perennial streamflow
常年流量 median discharge;perennial (stream) flow;permanent flow
常年流水层 permanently flowing water course
常年平均温度 <数年年平均温度的平均数> mean annual temperature
常年气候稳定性 all-weather stability
常年渠道 perennial canal
常年泉水 perennial spring
常年审计 annual audit
常年水道 perennial channel
常年水流 perennial flow;perennial streamflow;permanent flow
常年通车 all-weather service
常年通车路 all-weather road
常年通航航道 perennially navigable waterway;year-long navigable waterway
常年通行道路 all-weather road;road usable all year round
常年通行公路 road usable all year round
常年委托人 regular client
常年稳定性 all-weather stability
常年性流水 constant flow
常年性热负荷 year(-round) heat-(ing) load
常年性水源 permanent water
常年雪原 perennial snowfield
常年周期泉 perennial periodic(al) spring
常年自流水 perennial artesian water
常年总绿的树 stay green throughout the year
常啮合变速箱 constant mesh transmission
常啮合齿轮 constant mesh gear;normally engaged gear
常啮合齿轮变速器 non-clashing gear set
常啮合齿轮变速箱 constant mesh gear box
常啮合齿轮式变速箱 constant mesh type transmission
常啮合齿轮锁环 normally engaged gear lock ring
常啮合齿轮箱 constant mesh gear box
常啮合齿数 constant mesh gear
常啮合式变速器 constant mesh transmission
常啮式齿轮变速器 constant mesh transmission
常啮台变速箱 clutch-shifted transmission
常平环 gimbal ring
常平环轴 gimbal axis
常平架 gimbal;gimbal suspension
常平架方向环 gimble ring
常平架框 gimbal mounting
常平架伺服机构 gimbal servo
常平架锁定 gimbal lock
常平架误差 gimbal(ing) error
常平架轴 gimbal axis
常平架轴承 gimbal bearing
常平架转动惯量 gimbal moment of inertia
常平架自由度 gimbal freedom
常平架组 gimbal assembly
常平踏板 feathering step
常平轴 axis of the gimbal
常栖鱼 resident fish
常青树 evergreen
常青植物 evergreen;evergreen plant
常曲率 constant curvature
常曲率空间 space of constant curvature
常曲率弯曲试验 constant deflection test
常任理事 permanent member
常日平均温度 <数年中同一日日平均温度的平均数> mean daily temperature
常融作用 permelting
常设测站 long-established station
常设的 standing;stationary
常设计数站 permanent counting station
常设技术委员会 Permanent Technical Committee
常设锚泊浮筒 permanent mooring buoy
常设人工辅助照明 permanent supplementary artificial lighting
常设天幕 permanent awning

常设委员会 permanent commission; permanent committee; standing committee
常设员额 established post
常设照明 permanent lighting
常设仲裁法庭 permanent court of arbitration
常湿气候 rain forest climate; wet climate
常时关闭的线路 track normally closed
常时开放的线路 track normally open
常识 common knowledge; general knowledge
常识法 common sense method
常识理解 common sense reasoning
常识性规定 common sense rule
常识性推理 common sense reasoning
常数 constant; invariable
常数 Q 插值(法) constant Q interpolation
常数标记 constant mark
常数标志符 constant identifier
常数表 constant table
常数表登记项 constant table entry
常数部件 coefficient unit
常数差 constant difference
常数乘法器部件 constant multiplier unit
常数乘数部件 constant multiplier unit
常数池 constant pool
常数传播 constant broadcast
常数存储库 constant pool
常数存储器 constant storage
常数存储区 constant storage area
常数地址 constant address
常数定义 constant definition
常数函数 constant function
常数寄存器 literal register
常数解 constant solution
常数矩阵 constant matrix
常数块 constant block
常数类型 type of a constant
常数区(域) constant section; constant area
常数输入 constant input
常数说明部分 constant declaration section
常数说明符下标 constant declarator subscript
常数维数 constant dimension
常数误差 constant error
常数系数部件 constant multiplier coefficient unit
常数显示方式 constant display system
常数向量 constant vector
常数项 absolute term; constant term
常数消去法 elimination of constant
常数因子 constant factor; invariant
常数域 field of constants
常数值 constant value
常数指令 constant instruction
常数字 constant word
常数字段 control store literal; emit field
常数自动列表 automatic listing of constants
常数组 group of invariants
常水 common water; ordinary water
常水河床 water course bed
常水量 ordinary water discharge
常水头 constant head
常水头法 constant water level method
常水头孔口式(斗门) constant head orifice turnout
常水头孔口式配水闸 constant head orifice turnout
常水头渗透试验 constant head permeability test
常水头渗透仪 constant head permeameter
常水头试验 constant head test
常水头现场渗透试验 constant head field test
常水头注入试验 constant head injection test
常水位 mean water level; median stage; median water level; normal water level; normal water stage; ordinary water level
常水位计 normal water level ga(u)ge; ordinary water level ga(u)ge
常速 constant speed
常速度 constant velocity
常速工作 constant speed operation
常速加荷 constant rate of loading
常速加载 constant rate of loading
常速进化 horotelic evolution
常速率 constant rate
常速门 constant gate
常速驱动 constant speed drive
常速扫描 constant velocity scan
常速渗透度 moderately rapid permeability
常速作业 constant speed operation
常态 constant state; habitus; normal; normality; normal state
常态次数分布 normal frequency distribution
常态次数曲线 normal curve of frequency
常态二次曲线 proper conics
常态反应 normergic reaction
常态分布 normal distribution
常态分布曲线 normal distribution curve
常态分配曲线 normal curve of distribution
常态峰 mesokurtosis
常态概率曲线 normal probability curve
常态高斯频率曲线 normal frequency curve
常态或然率曲线 normal probability curve
常态胶着力 dry strength
常态离差 normal deviate; normal deviation
常态密度函数 normal density function
常态频率分布 normal frequency distribution
常态频率分配 normal frequency distribution
常态侵蚀 normal erosion
常态曲线 non-degenerate curve; normal curve
常态网络 proper network
常态误差定律 normal law of errors
常态误差曲线 normal curve of error
常态相关 normal correlation
常态旋回 fluvial cycle of erosion; normal cycle
常态音 proper tone
常态拥挤 recurrent congestion
常态圆 proper circle
常态噪声 normal mode noise
常态直方图 normal histogram
常态阻抗 normal impedance
常体积概念 constant volume concept
常通 normal open
常通输入 live input
常微分 ordinary differential
常微分方程 ordinary differential equation
常微分方程的阶 order of an ordinary differential equation
常为富氧而不明显分层的 oligotrophic
常为洒水系统 air washer
常位的 orthotopic
常温 atmospheric temperature; normal atmospheric temperature; normal temperature; ordinary temperature; room temperature
常温常压 normal temperature and pressure
常温常压浸出 cold atmospheric leaching
常温常压溶蚀 corrosion under ordinary temperature and pressure
常温脆性 cold shortness
常温的 cold
常温干时间 air drying time
常温干燥 air dry(ing)
常温固化 air curing; air setting; cold cure; cold set(ting); normal temperature cure; room temperature cure
常温固化(挥发性)漆 cold-setting lacquer
常温固化胶 cold-setting glue
常温固化胶粘剂 cold-setting adhesive
常温固化黏[粘]合剂 cold-setting adhesive
常温固化树脂 cold-set resin
常温固化型酚醛树脂黏[粘]合剂 room temperature setting phenolic resin adhesive
常温滚压 cold roll
常温海水 ambient temperature seawater
常温火花塞 cold spark plug
常温加工 cold processing
常温浸出 cold-leach
常温聚合 polymerization at normal temperature
常温空气 natural air
常温快干漆 quick air drying paint
常温冷脆 cold shortness
常温硫化 auto-vulcanization
常温耐压强度 cold compressive strength; cold crushing strength
常温黏[粘]结 room temperature gluing
常温凝固 air setting; cold-setting
常温凝固的 air set
常温凝固油 air set oil
常温起动 cold-starting
常温气候元件 cold climate cell
常温气流干燥机 unheated air drier [dryer]
常温清洗剂 normal temperature washing agent
常温容器 cold chamber
常温溶解清漆 cold cut varnish
常温溶液浸渍法 cronak method; cronak process
常温深度 constant temperature depth; ordinary temperature depth
常温时效 natural ag(e)ing; room temperature ag(e)ing
常温试验 cold test
常温水性涂料 cold water paint
常温下使用的 normal service
常温消化 <处理污水污泥的> cryophilic digestion
常温压制 cold compacting; cold mo(u)lding; cold press
常温验收试验 acceptance testing at ambient temperature
常温养护 <混凝土> normal temperature curing
常温液态杂酚油 cold application creosote; liquid cold-tar creosote
常温溢流染色机 atmospheric overflow dyeing machine
常温撞击声 cold slap
常温自硬 air set; cold set
常务董事 director at large; managing director; standing director
常务董事会 board of executive directors
常务董事总经理 managing director
常务理事 director at large; executive directors
常务秘书 executive secretary
常务委员会 executive committee; permanent committee; presidium [复 presidia/ presidiums]; standing committee
常务渔业委员会 standing fisheries committee
常系数 constant coefficient; proportionality constant
常系数控制系统 time-invariant system
常系数微分方程 differential equation with constant coefficient
常系数线性系统 constant parameter linear system; linear system with constant coefficient
常系数装置 <指输入输出之比为常数> scalar-multiplier coefficient unit; constant multiplier coefficient unit
常夏石竹 garden pink
常相干函数 ordinary coherence function
常相移网络 constant-phase-shifting network
常向量 constant vector
常压 constant pressure; normal atmosphere; normal pressure; ordinary pressure; standard atmosphere
常压拔顶蒸馏 atmospheric top(ping) distillation
常压舱 atmospheric chamber; atmospheric compartment; atmospheric-pressure chamber
常压常温 normal pressure and temperature
常压稠度计 atmospheric-pressure consistometer
常压稠度仪 atmospheric-pressure consistometer
常压储罐 atmospheric storage tank; atmospheric tank
常压储油罐 atmospheric storage tank
常压处理(法) non-pressure treatment
常压大气 atmosphere air
常压的 non-pressurized
常压法 non-pressure process
常压法兰 normal pressure flange
常压反应器 normal pressure reactor
常压沸点 atmospheric boiling point
常压干燥室 atmospheric compartment drier[dryer]
常压高温合成法 high-temperature synthesis under atmosphere
常压固化树脂 zero pressure setting resin
常压观察钟 atmospheric observation bell
常压管式加热炉 atmospheric still
常压管线 atmospheric pipe
常压过滤仪 atmospheric filter
常压合成 normal pressure synthesis
常压化工专用槽车 normal pressure tank car for chemical industry
常压间隔干燥室 atmospheric compartment drier[dryer]
常压节流 constant throttle
常压浸出 atmospheric-pressure leaching
常压浸注法 immersion system
常压开关 constant throttle
常压铠甲式潜水服 atmospheric armo(u)red suit
常压控制 atmospheric control

常压控制器 atmospheric controller; service controller; service governor
常压快速染色机 normal pressure rapid dyeing machine
常压冷凝器 atmospheric condenser
常压力盒 constant pressure cell
常压力系数 level pressure coefficient
常压流化床燃烧 atmospheric fluidized bed combustion
常压炉 atmospheric-pressure kiln
常压铝热法焊接 non-pressure thermit welding
常压煤气发生设备 atmosphere gas generating plant
常压面 <地下水的> normal pressure surface
常压灭菌器 Arnold steam sterilizer; atmospheric sterilizer
常压平衡蒸馏 air equilibrium distillation
常压气体发生器 atmosphere gas generator
常压汽化器 atmospheric vapo(u)rizer
常压潜水 atmospheric diving
常压潜水服 atmosphere suit; atmospheric(-pressure diving) suit
常压潜水服系统 atmospheric diving suit system
常压潜水器 atmospheric submersible; one-atmosphere vehicle
常压潜水系统 atmospheric diving system; nonbaric diving system; one-atmosphere diving system
常压潜水装具 isobaric diving equipment
常压燃烧器 atmospheric burner; normal pressure burner
常压人员转运舱 atmospheric-pressure transfer module
常压容器 vessels subjected to ambient pressure
常压闪蒸塔 atmospheric flash tower
常压烧结 pressureless sinter(ing)
常压失水仪 atmospheric filter
常压式干燥器 atmospheric compartment drier[dryer]
常压树脂 no-pressure resin; zero pressure resin
常压酸碱法 normal pressure acid-base method
常压塔 atmospheric column
常压调整器 volt(age) stabilizer <美>; constant voltage generator <英>
常压系统 self-compensating pressure system
常压养护箱 atmospheric curing chamber
常压油煮调湿法 boiling-without vacuum
常压载人水下结构 one-atmosphere manned underwater structure
常压再蒸馏 atmospheric rerun
常压渣油 atmospheric residue; reduced crude
常压真空蒸馏装置 atmospheric vacuum distillation unit
常压蒸馏 air distillation; atmospheric distillation
常压蒸汽 atmospheric steam
常压蒸汽灭菌 free flowing steam sterilization
常压蒸汽灭菌器 Arnold steam sterilizer
常压蒸汽消毒 free flowing steam sterilization
常压蒸汽养护 <混凝土> cured by atmospheric-pressure steam; atmospheric-pressure steam curing; atmospheric steam curing; steam curing at atmospheric pressure
常压蒸汽蒸馏 steam atmospheric distillation
常压重油 atmospheric residue
常压贮槽 atmospheric storage tank
常压贮柜 atmospheric storage tank
常压贮油罐 atmospheric-pressure storage tank
常液面 constant level
常义函数 proper function
常义积分 proper integral
常因子 constant factor
常应变率试验 constant-rate-of-strain test
常应变三角形 constant strain triangle
常用 common usage; service
常用泵 duty pump; service pump
常用材料 traditional material; typical material
常用铲运机 conventional scraper
常用车速 cruising speed
常用出力 continuous rated output; universal output
常用词 frequent term; general service word
常用单位制 conventional unit system
常用底数 common base
常用对数 Brigg's logarithm; Briggean system of logarithm; common logarithm; denary logarithm; ordinary logarithm
常用对数表 table of common logarithms
常用对数的十分之一 decilog
常用帆 working canvas; working sails
常用方法 commonly used method; conventional method
常用分层取样器 routine zone sampling apparatus
常用服务功率 normal service rating
常用符号 assumed symbol; conventional sign; conventional symbol; general symbol
常用符号表 legend of symbols
常用干燥室 common drying room
常用光源 primary light source
常用规格木材 stock lumber
常用海图 working chart
常用航速【船】 sea speed; service speed
常用荷载 conventional load(ing)
常用机器 machine in normal service
常用基本文件 active master file
常用基本项目 active master item
常用记数法 common scale of notation
常用技术 traditional technique
常用键 major key
常用井 permanent well completion
常用镜头 normal angle lens
常用卡片 active card
常用马力 service horsepower
常用门 conventional door
常用名词表 major terms
常用跑道 regular runway
常用皮重清单 schedule of usual tare weights
常用平均制动减速度 average service braking deceleration
常用全制动 full-service brake application
常用全制动减压量 full-service reduction
常用燃料箱 service fuel tank
常用日 natural day; solar day; tropic(al) day
常用设备 conventional equipment
常用时间 <以正午为零时> civil time
常用实用单位 usual practical
常用示波器 macrooscillograph
常用术语 common terminology
常用速度 service speed
常用通道 working gangway
常用文件 active file
常用屋面坡度 normal pitch; ordinary pitch
常用物镜 normal objective
常用溢洪道 service spillway
常用英制 common imperial scale
常用油柜 daily service tank; daily supply tank
常用油箱 day tank; oil service tank; service reservoir; service tank
常用元素 usual element
常用闸 service brake
常用照明 primary lighting
常用照相机 normal angle camera
常用值 accepted value
常用制动 normal application; ordinary brake [braking]; service brake application; service braking
常用制动减速度 service braking deceleration
常用制动减压速率 service rate
常用制动灵敏度 service application sensitiveness
常用制动器 service brake
常用制动区 service application zone
常用制动位 application position; service application position; service position
常用主文件 active master file
常用主文件项 active master item
常用资料 active file
常用子程序 ordinary subroutine
常用字体 ordinary type
常用字组 active master item
常雨灌丛 pluviifruticeta
常雨灌木群落 pluviifruticeta
常雨林 pluviisilvae
常雨木本群落 pluviilignosa
常雨乔木群落 pluviisilvae
常遇荷载 conventional load(ing); ordinary load(ing)
常遇洪水 frequency flood; frequent flood
常遇流量 ordinary flow
常遇最小洪流 ordinary minimum flood
常遇最小流量 ordinary minimum flow
常在误差 constant error
常增量 constant increment
常增整变量 constant increment integer
常振幅试验 constant amplitude test
常值故障率 constant failure rate
常值关联矩阵 constant interconnection matrix
常值函数 constant function
常值误差 constant error
常制位 application position; service position
常重 constant weight
常重混凝土 normal weight concrete
常住采购人员 resident buyer
常住居民 inhabitant; long-term residents; permanent resident; resident
常住旅店 residential hotel
常住旅客 permanent guest
常住人口 de-jure population; permanent population; registered population; resident population
常住无户籍人口 floating population
常驻 residence
常驻办事机构 resident office
常驻编译程序 resident compiler
常驻编制系统程序 resident development system program(me)
常驻程序 memory resident program(me); resident program(me)
常驻程序存储器 resident program(me) storage
常驻程序段 resident segment
常驻程序选择表 resident program(me) select list
常驻船 lay boat
常驻磁芯(内存)控制程序 core resident control program(me)
常驻代表 permanent delegate; resident representative
常驻代表机构 resident representative office
常驻代表机构登记证 Resident Representative Office Registration Certificate
常驻代表团 permanent mission
常驻的 resident
常驻地下水位以下渗透性地层 water bearing ground
常驻段 root segment
常驻工程师代表 resident engineer
常驻公使 minister resident
常驻管理程序 resident executive; resident executive program(me); resident monitor; resident supervisor
常驻管理系统 resident monitoring system
常驻核心程序 resident nucleus program(me)
常驻宏汇编程序 resident macroassembler
常驻汇编程序 resident assembler
常驻监督程序 resident monitor
常驻空穴 stationary cavity
常驻控制程序 resident control program(me)
常驻控制执行程序区 resident control executive area
常驻例行程序 resident routine
常驻联机硬件 resident on-line hardware
常驻模块 resident module
常驻内存编译程序 in-core compiler
常驻内存程序 internally stored program(me)
常驻区 resident area
常驻软件 resident software
常驻商 permanent merchant
常驻水位 standing water level
常驻文本编辑程序 resident text editor
常驻系统 resident system; system residence
常驻系统卷 system residence volume
常驻系统盘 system residence disk
常驻线路工区 resident gang
常驻执行程序 resident executive program(me)
常驻职工 sedentary staff
常驻主存程序 core resident routine
常驻主存的 core resident
常驻专家 resident expert
常驻装入模块 resident load module
常锥度的模子 tapered mold

厂

厂坝 cross dam

厂办学校 school run by the factory
厂拌 plant mix(ing)
厂拌柏油碎石 plant-mixed tar macadam
厂拌拌合[和]物 plant mix
厂拌表面处理混合料 plant-mix surfacing
厂拌材料 plant-mixed material; plant-mix(ing) material
厂拌材料铺面 plant-mix(ing) pavement
厂拌的 mill-mixed; plant-mixed; ready-mix

厂拌地沥青混合料面层 asphaltic plant-mix surface
厂拌法 central mixing method; plant-mixed process; plant-mix (ing) method; plant-mix(ing) process
厂拌和机 plant mixer
厂拌合[和]物 plant mix
厂拌混合料 plant mix; plant mixture
厂拌混合料表面处治 plant-mixed surface treatment
厂拌混合料底层 plant-mix base
厂拌混合料路面 plant-mix(ing) pavement
厂拌混凝土 centrally mixed concrete; central-mixed concrete; plant-mixed concrete; ready mixed concrete
厂拌混凝土运送车 plant-mixed truck
厂拌冷再生 cold central plant recycling
厂拌沥青混合料 bituminous plant mix; plant-mixed bituminous mix(ture)
厂拌沥青混凝土 plant-mixed bituminous concrete
厂拌沥青路面 plant-mixed bituminous surface[surfacing]
厂拌沥青路面材料 plant-mixed bituminous pavement
厂拌沥青面层 plant-mixed bituminous surface[top]
厂拌沥青碎石(路面) plant-mixed bituminous macadam; plant-mixed asphaltic macadam
厂拌密封涂层 plant-mix seal
厂拌砂浆 plant-mixed mortar
厂拌砂砾混凝土骨料 plant-mixed sandy-gravel concrete aggregate
厂拌砂砾混凝土集料 plant-mixed sandy-gravel concrete aggregate
厂拌碎石(路面) plant-mixed macadam
厂拌稳定土的方法 plant-mixed stabilization method
厂拌样品 plant sample
厂标 emblem; emblem mark
厂部 factory management; plant management
厂部办公室 head office
厂部经费 factory administrative expenses
厂场估价 plant appraisal
厂场设备 plant equipment
厂场设备分类账 plant ledger
厂场设备折旧 depreciation of plant equipment
厂场维持费 plant maintenance expenses
厂场资产 plant assets
厂场资产的估价 appraisal of plant assets
厂场资产升值 plant appreciation
厂存原料账 material-at-site account
厂地 plant location
厂地规划 plant location programming
厂定价格 factory-set price
厂发材料 stores-issued material
厂方试验 manufacturer's test
厂房 factory block; factory building; industrial building; mill building; operations building; plant building; workshop building
厂房导流 diversion through powerhouse
厂房的主柱屋架 mill bent
厂房地面 mill floor
厂房顶溢流式电站 overflow type power
厂房估价 plant appraisal
厂房和设备残值 salvage of plant and equipment
厂房和设备的处理 disposal of plant and equipment
厂房和设备的交换 exchanges of plant and equipment
厂房和设备的强制更换 involuntary conversion of plant and equipment
厂房和设备的折价物 trade-ins of plant and equipment
厂房和设备改良 improvement to plant and equipment
厂房和设备投资 plant and equipment investment
厂房桁架 workshop truss
厂房及机械设备投资 investment in plant and machinery
厂房建筑 factory building construction
厂房结构 mill construction
厂房开挖线及高程 powerhouse excavation line and elevation
厂房空气 workplace air
厂房立柱屋架 mill bent
厂房楼面 mill floor
厂房排架 mill building bent
厂房起重机 factory crane; shop crane
厂房桥吊承重梁 power-house bridge crane support beam
厂房设备更新 plant equipment renewal
厂房设施 workshop facility
厂房用白色涂料 mill white
厂管线 shop track
厂焊 shop weld
厂焊部件 shop welded parts
厂焊的 shop welded
厂焊接头 shop welded connection
厂合铆钉 shop driven rivet; shop rivet(ting)
厂级管理 management at factory level
厂级经济核算 economic calculation at the factory level; factory-level accounting
厂际运输 interplant transportation
厂际装运通知 interplant shipping notice
厂加工产品 shopwork
厂家标准 manufacturer's standard
厂家的检验 manufacturer's test
厂家发票 manufacturer's invoice
厂家工程师 factory engineer
厂家技术文件 maker's technical documents; manufacturer's technical documents
厂家软件 manufacturer's software
厂家说明书 manufacturer's instruction
厂价 mill price; price at factory
厂矿道路 factories(-and)-mines road
厂矿联络线 tape line
厂矿企业内部调车 intraplant switching
厂矿专用铁路线 industrial siding
厂矿专用运输(工具) industrial carrier
厂矿自建的连接铁路干线的联络线 tap line
厂矿自设港口 private port
厂铆 shop riveting
厂铆铆钉 shop driven rivet; shop rivet
厂名牌 name plate
厂名缩写 works initial
厂内安装 shop erection
厂内搬运 in-plant handling
厂内测定 in-plant assay
厂内处理 in-house treatment; in-plant control; in-plant treatment
厂内大路 factory main road
厂内道路 factory-in road; in-plant road
厂内电力网 plant network; station network
厂内调查 in-plant survey
厂内废料 domestic-scrap; in-plant waste
厂内废水 in-plant waste
厂内公用压气机 plant-air compressor
厂内规模经济 internal economy of scale
厂内轨道 in-plant track; operating track
厂内核算制 system of in-factory economic accounting
厂内回炉碎玻璃 domestic cullet
厂内回用 in-house recycling; in-plant recycling
厂内货币核算 in-house monetary accounting
厂内计划价格 in-house planned price
厂内技术训练计划 in-house skill training program(me)
厂内价格 in-house price
厂内检查 factory inspection
厂内搅拌机 in-plant mixer
厂内校对 house correction
厂内空气 in-plant atmosphere
厂内控制 in-plant control
厂内利用系数 in-house utilization coefficient
厂内培训计划 in-plant training program(me)
厂内拼接 shop splice
厂内钳工 shopfitter
厂内桥式起重机 shop traveler
厂内全面经济核算制 in-plant overall economic calculation system
厂内商店 tommy-shop
厂内试验 shop test(ing)
厂内试运转 factory trial; shop trial
厂内试转法 factory trial
厂内输送 in-plant handling; in-plant transport; intraplant transportation
厂内水循环 in-plant water recycling
厂内水再循环处理系统 water treatment system by recirculation within a factory
厂内送料 intershop delivery
厂内通信[讯] interplant communication
厂内网络 plant network
厂内物料搬运 in-plant material handling
厂内物料装卸机械 in-plant material handling machine
厂内系统 in-house system; in-plant system
厂内修理 shop repair
厂内循环 in-plant recycling
厂内用车 shop car
厂内油漆的 shop painted
厂内油漆涂层 shop coat
厂内预安装 shop preassembly
厂内预涂 factory primed
厂内预装 preassembly in factory
厂内运货车 shop car
厂内运输 inter-plant handling; intra-plant transportation; shop transportation
厂内运输费 yard transportation expenses
厂内杂项开支 factory overhead
厂内再用 in-plant reuse
厂内噪声 in-plant noise
厂内直接再用 direct in-plant reuse
厂内制造 shop manufacture
厂内重复使用 in-plant recycling of waste streams
厂内装配 in-plant assay
厂内装配工 shopfitter
厂内自用煤气 gas for works' use
厂内综合治理 integrated control in plant
厂内组装 shop assembly
厂牌 label; manufacture's brand
厂牌战 the battle of the brands
厂牌政策 brand policy
厂盘 price for factory; price of factory
厂前广场 station square
厂前区 administration-welfare quarter; administrative complex of a factory; area in the front of yard; station front
厂区【船】 dock land
厂区长途电话站 plant area trunk exchange
厂区大门 entrance gate
厂区电话站 plant area exchange
厂区管道 house-service gas pipe
厂区内 on-site; within site
厂区配置 factory layout
厂区气氛 factory atmosphere
厂区土地利用系数 factory land-use coefficient
厂区外 off-site
厂区占地面积 area of factory site; area of mill site; site area
厂商 company name; fabricant; firm; manufacturer; supplier
厂商标志 manufacturer mark
厂商代理人 manufacturer's agent
厂商的管理理论 managerial theories of the firm
厂商的规模分布 size distribution of firms
厂商的行为理论 behavio(u)r theories of the firm
厂商的增长理论 growth theory of the firm
厂商的执照 manufacturer's certificate
厂商的制造秘密 trade secret
厂商定额 mfr[manufacturer] rating
厂商额定质量 manufacturer's rated mass
厂商发票 factory invoice; manufacturer's invoice
厂商广告 institutional advertising
厂商规定的额定转速速度 manufacturer's specified rated speed
厂商规定的有效负荷 manufacturer's rated payload
厂商规定的有用负荷 manufacturer's rated payload
厂商价款 commercial account
厂商间差异 firm-to-firm variation
厂商间购买 institutional purchase
厂商劳动力周转率 firm labor turnover
厂商理论 theory of the firm
厂商名称 trade name
厂商目录 supplier's catalogue
厂商牌号 manufacturer's brand
厂商平衡 equilibrium of firm
厂商评核制度 vendor rating system
厂商商标 manufacturer's mark
厂商生产函数 firm production function
厂商说明书 manufacturer instructions; shop instruction
厂商投资判断 investment decision of firms
厂商外销代理商 manufacturer's export agent
厂商信誉 reputation of firm
厂商证明书 manufacturer's certificate
厂商指南 business directory
厂商自备车 private line car
厂丝等级 silk filature classification
厂丝吐 filature gum waste
厂头构筑物 plant head works
厂涂涂层管子 mill-coated pipe
厂外道路 factory-out road

厂外的 off-site
厂外工作 outwork
厂外设施 off-factory facility; off-site facility
厂外碎玻璃 foreign cullet
厂外销售成本 order-getting cost
厂外运输 external transport(ion)
厂外装饰家 outside decorator
厂务处 <主管机厂和机车库> workshop and running shed department
厂务费 factory overhead
厂箱 shop box
厂镶金刚石钻头 factory-set bit
厂修 repair in shop; shop repair; dock yard over-haul【船】
厂修的 works-reconditioned
厂修库 factory repair shed
厂用 station-service
厂用拌和机 plant mixer
厂用变差动保护 station service transformer differential protection
厂用变电所 house substation; plant substation
厂用变压器 auxiliary transformer; house transformer; station service transformer; station transformer
厂用道路 service road
厂用电 station-service
厂用电负荷 plant load demand
厂用电管理部门 station service branch
厂用电力 auxiliary power; house supply; plant electrical consumption; plant service; service power; station service power
厂用电力网 house-service network; plant network
厂用电量 own demand
厂用电路 house-service circuit
厂用电率 station service power consumption rate
厂用电设备 house-service equipment
厂用电损耗 house-service consumption
厂用电系统 electric(al) auxiliary system; station service electric (al) system
厂用电线路箱 service box
厂用电消耗 plant consumption
厂用电源 house supply; plant supply; service power; station power supply; station service supply
厂用动力 auxiliary power; plant service; service power; station service power; house supply
厂用动力损耗 house-service consumption
厂用发电机 house alternator; house generator
厂用发电机开关柜 station-service generator cubicle
厂用发电机室 plant generator room; service generator room
厂用发电机组 house generating set; plant generating set
厂用负荷 plant load; station power load
厂用公共汽车 factory bus
厂用供电 station power supply
厂用机组 house machine; service set
厂用开关盘 auxiliary switchboard
厂用率 plant use factor
厂用码头 factory-dock; factory quay; factory terminal; factory wharf; private port; private quay; private terminal
厂用配电开关 station-service distribution switch gear
厂用配电盘 auxiliary(switch) board; station distribution board
厂用配电屏 auxiliary(switch) board; station distribution board
厂用配电设备 station-service distribution switch gear
厂用配电系统 auxiliary power supply system
厂用配电装置 auxiliary switchgear
厂用起重机 shop crane
厂用汽 auxiliary steam
厂用汽轮发电机组 house-service turbo-generator
厂用事故变压器 emergency station service transformer
厂用水泵 house service pump
厂用水系统 service water system
厂用涡轮机 house turbine
厂用消耗 home consumption
厂用型 station-type
厂用蓄电池 plant battery; station battery
厂用支线 station service branch
厂造(法) shopwork
厂长 factory(managing) director; factory manager; manager; superintendent
厂长室 director's office
厂址 factory site; location of factory; plant location; plant site
厂址调查 site investigation of a factory
厂址计划 site plan
厂址选择 facility location; selection of factory site; selection of plant site; site selection; site selection of factory; the selection of plant site
厂址选择因素 factor of plant location
厂址轴线 axis of plant site
厂制穿孔管 shop-perforated pipe[tube]
厂制带孔管 shop-perforated pipe[tube]
厂制的 precast; shop-fabricated
厂制模板 shop-built forms
厂制木料 factory lumber
厂制镶边木屑板 factory-filled particle board
厂制装修品 factory finished
厂自用透平 station service turbine
厂自用涡轮机 station service turbine

场 field; park

场保护继电器 field protective relay
场崩 collapse of field
场变动 field variation
场变量 field variable
场变量的模式 field variable pattern
场变量的梯度 gradient of field variable
场变形 field deformation
场标绘图 field plot
场标志 field mark
场波 field wave
场波导 field waveguide
场不均匀性谐波 harmonic of field errors
场不连续性 field's discontinuity
场测定器 field recognizer
场颤 field flutter
场长度 field length
场畴 field domain
场磁极 field pole
场磁体 field magnet
场磁铁 field magnet
场存材 yard lumber
场存气干(木)材 yard lumber
场到场 container yard to yard; yard to yard
场到门 container yard to door
场到站 container yard to container freight station
场的节点记号 notation for field node
场的耦合 coupling between fields
场的强度 field intensity; field strength
场的区分 field recognition
场地 site
场地搬运车 internal transfer vehicle
场地保护罩 protective site clothing
场地边线 site boundary
场地表土清除 site stripping
场地布置 location layout
场地布置规划 layout; layout plan
场地测量 site survey; locate survey
场地查勘 site reconnaissance
场地抄平 land level(l)ing
场地尺寸 site dimensions
场地的最大深度 maximum depth of lot
场地灯光 area light
场地等级 site ranking
场地地貌 surface feature
场地地形 site topography
场地地震效应 seismic effect; earthquake effect
场地地质适合性 geologic(al) suitability of site
场地地质适宜性 geologic(al) suitability of site
场地地质条件 geologic(al) site condition; site geologic(al) condition
场地对交通影响的评估 site impact traffic evaluation
场地发射 field emission
场地反应 site response
场地放大作用 site amplification
场地放大作用特性 site amplification characteristic
场地费用 site cost
场地分类 category of site; classification of site
场地复原 site reinstatement
场地复杂程度 site complexity
场地复杂性 complexity of site
场地工程 site work
场地工作人员 yardsman
场地管理员 <集装箱场地或调车场> yard clerk
场地管路 yard piping
场地规划 site planning; space planning
场地基脚 pad footing
场地计划 site planning; yard plan
场地加热 space heating
场地加速度震级方法 site-acceleration-magnitude procedure
场地价值 site value
场地建设费 yard development cost
场地接缝的 yard jointed
场地截沙雨水口 yard catch basin
场地距活动断裂距离 distance between active fault and site
场地竣工后清理 clearing up
场地开发 site development
场地勘测 site surveying
场地勘察 site investigation
场地勘察程序 field exploration program(me)
场地勘探 site exploration
场地宽度 width of site
场地扩建 extension of field
场地扩音器 site megaphone
场地类别 classification of site; site category; site classification
场地利用计划 utilization plan of storage space
场地两用牵引车 truck tractor for yard
场地烈度 site intensity
场地烈度鉴定 identification of site intensity
场地滤波特性 site filtering characteristic
场地落底雨水口 yard catch basin
场地面积 site area
场地排水 area drain; field drain(age); yard drainage
场地排水工程 yard drainage works
场地排水沟 yard drain
场地排水系统 yard drainage system
场地批准 site approval
场地平均标高 mean lot elevation
场地平面图 site plan
场地平整 land level(l)ing; level(l)ing of ground; site grading; site level(l)ing
场地平整度 field flatness
场地平整作业 spreading and grading works; spreading and level works
场地起重机 yard crane
场地起重机装卸方式 yard crane system
场地强度 site intensity
场地清除 clearing of site; site-clearing
场地清除工作 cleaning work; site cleaning; site clearing work
场地清理 cleanliness of site; clearing of site; grub; land clearing; site cleaning; site clean-up; site clearance; site-clearing
场地清理工作 <建筑前> site-clearance activity
场地清理耙 land-clearing rake
场地设备 site equipment
场地设施 site facility
场地使用费 fee for using a site; fixed fee for the use of a site
场地使用权 right to the use of a site
场地水封井 yard trap
场地探测 site exploration
场地特征周期 characteristic site period
场地填筑 site reclamation
场地条件 site condition
场地条件系数 ground condition factor
场地通达度 site accessibility
场地土 site soil
场地土分类 category of site soil; classification of site soil
场地(土)结构相互作用系数 site structure interaction coefficient
场地土类别 class of site soil; soil category of site
场地挖方 oversite excavation
场地微震动测试 micro-tremor monitoring
场地位置 site location
场地稳定性 site stability
场地稳定性评价 site stability evaluation
场地系数 site coefficient; site factor
场地狭小 congestion
场地限制 site limitation
场地相关反应谱 site-specific response spectrum
场地效应 site effect
场地修整 field chipping
场地需要 space requirement
场地许可证 site licencing[licensing]
场地选择 choice of site; site selection
场地淹没 site flooding
场地要求 site requirement
场地影响 site influence
场地影响台阵 local effect array
场地影响阵列 local effect array
场地用底盘车 chassis for yard
场地与基础设施 sites and services
场地雨水口篦盖 area grating
场地员 yard clerk
场地照明 area lighting; site lighting
场地整平土方量 volume of earthwork for ground level(l)ing

场地注水 site flooding
场地准备 site preparation
场电离放射发动机 field ion emission engine
场电离源 field ionization source
场电离质谱法 field ionization mass spectrometry
场电力线 field line
场电流 field current
场电路 field circuit
场电视录像 field television video recording
场电压 field voltage
场定相 field phasing
场动态聚焦 field dynamic focus
场端安全区 overrun
场堆木材 yard lumber
场对中 field alignment
场发射电子微波管 femitron
场发射显微镜 field emission microscope
场发射源 field emission source
场方向性相对因数 field pattern-propagation factor
场房【岩】drill shack
场放大器 field amplifier
场分布 field distribution
场分布曲线 field distribution curve
场分量 field component
场分频器 field divider
场幅度 field amplitude;field height
场幅度调节 field amplitude control
场幅度调整 field amplitude adjustment
场幅度调整电路 field height control circuit
场辅助光阴极 field assisted photocathode
场干木材 yard dried lumber
场干燥变压器 field-drying transformer
场感应发光 field-induced photoemission
场合 conjuncture;instance;situation
场回描 field retrace
场会聚 field convergence
场积累方式 field integration mode
场畸变 field distortion
场畸变附加损失 field form entry loss
场激发 field excitation
场激励 field excitation
场激励电源 field power supply
场激励器 field exciter
场间差异 interfield disparity
场间联系电路 connecting circuit between yards
场间切换 interfield cut
场监视管 field monitoring tube
场建面积 area of site
场结构 field structure
场解吸(法)field desorption
场解吸质谱法 field desorption mass spectrometry
场界灯 border light
场镜 field piece;filed lens
场镜可变光栏 field lens iris
场镜面 plane of field lens
场矩阵 field matrix
场均衡磁铁 field equalizer magnet
场开关 field switch
场可变控制元件 field alterable control element
场控光致发光 electrophotoluminescence
场控加热发光 electrothermoluminescence
场控晶体管 fieldistor;field transistor
场控晶体三极管 fieldistor
场控热发光 electrothermoluminescence
场控阴极射线发光 electrocathodoluminescence
场控制棒 field control bar
场库 storage yard and ware house
场阑 field stop
场离子发射显微镜 field ion emission microscope
场离子化质谱法 field ionization mass spectrometry
场离子显微术 field ion microscopy
场离子质谱计 field ion mass spectrometer
场离子质谱学 field ion mass spectroscopy
场理论 field theory
场力线 field line
场励磁安匝 field ampere-turns
场粒子 field particle
场亮度 field brightness
场量子化 field quantization
场灵敏度 field sensitivity
场流分级法 field flow fractionation
场流调节 field adjustment
场论 field theory;theory of field
场脉冲 field pulse
场密度 density of field;field density
场面 scene;spectacle;tableau[复 tableaus/ tableaux]
场内搬运车方式 internal transfer vehicle system
场内搬运系统 internal transfer system
场内股票经纪人 stock jobber
场内集装箱专用平板车 internal transfer vehicle
场内建筑物及树木消毒用喷雾机 estate sprayer
场内交通 onsite access;internal traffic
场内起重机 yard crane
场内通信[讯]设备 intrasite communication
场内小路 <有拦路横木的> bar way
场内信号灯 home signal
场内运费 internal transportation expenses
场内运输 transportation within the project site
场内运输车 internal transfer vehicle
场内专用车 internal transfer vehicle
场内作业 yard work
场能 field energy
场能量密度 density of field energy
场逆程 field flyback
场耦合 field coupling
场偏转 field deflection
场频 field frequency;field rate;field repetition rate;vertical frequency
场频变换器 field rate converter
场频倒脉冲 inverted field pulse
场频锯齿形补偿信号 field tilt
场频率同步脉冲 field synchronizing impulse
场频锁定 field locking
场频同步 field locking
场频信号发生器 field generator
场期间 field interval
场期间噪声行 field-interval noise lines
场强 density of field;field intensity;field potential;field strength;strength of field;intensity of field
场强变化 variation of field intensity
场强标准 field strength standard
场强表 field intensity set
场强测量 field intensity measurement
场强测量仪 field intensity measuring instrument
场强电平 intensity level
场强度 field density strength of field;field intensity
场强分布 field intensity distribution
场强计 comparator;field(intensity) meter;field intensity set;field strength meter
场强计算 field strength computation
场强接收机 field strength receiver;intensity receiver
场强调节器 field regulator
场强图 field strength pattern
场强信号电平 field signal level
场强仪 field intensity indicator;field strength meter
场强跃变 field changes
场强装置 field intensity set
场桥【港】rubber-tired[tyred] gantry crane;yard crane;gantry crane
场桥司机 site operator
场区烈度 earthquake belt intensity;local earthquake intensity
场区内 on-site
场曲 field curvature
场曲率 curvature of field
场曲率校正器 field curvature corrector
场入射 field incidence
场入射隔声量 field-incidence transmission loss
场扫描 field scan(ning);field-swept;field time-base
场扫描传感器 field scanning sensor
场扫描回程 field retrace
场扫描回程熄灭 field blanking
场扫描率 field scanning rate
场扫描频率控制 field frequency control
场扫描器 field scanner
场扫描输出变压器 field output transformer
场扫描速率 field scanning rate
场扫描消隐时间 field interval
场扫描振荡器 vertical deflection oscillator;vertical oscillator
场栅电极 field mesh electrode
场射管 femitron
场射线 field ray
场深 depth of field
场声传输级 field sound transmission class
场声传输类 field sound transmission class
场声传输损失 field transmission loss
场失真 field distortion
场时间波形失真 field time waveform distortion
场时失真 field time distortion
场识别信号 field identification signal
场示管 field tube
场势 field potential
场衰减 field reduction
场顺序 field sequence
场顺序制 field-sequential system
场速率 field rate
场算符 field operator
场所 habitat;lieu;locality;location;locus;place;room;seat;site;situation;spot;station;naumachia;naumachy <古罗马人观赏海战表演的>;local(e) <现场事情发生的>
场所的利用 site utilization;utilization of site;utilization of space
场所与季节 site and season
场梯度 field gradient
场梯形失真 field keystone
场调变度 field flutter
场调管 technetron
场调整 field alignment;field control
场调制 space modulation
场通量分布 field flux distribution
场同步 field synchronization
场同步脉冲 field synchronizing impulse;vertical synchronizing impulse
场同步信号后消隐间隔 post-sync field-blanking interval
场透镜 field lens
场图 field pattern
场推动脉冲 field driving pulse
场外的 off-site
场外工程 off-site work
场外工程师 off-site engineer
场外工作 off-the-site work
场外管理费 off-site management cost
场外汇兑 curb exchange
场外价格 curb price;outside price
场外监视 off-site surveillance
场外交易 curb dealing;curb exchange;curbstone;ex-pit transaction;on the curb <交易所>
场外交易的 kerbstone
场外交易市场 over-the-counter market
场外交易证券 off-board securities;over-the-counter securities
场外经纪人 <证券市场的> curb broker
场外控制 off-site control
场外实验室 off-site laboratory
场外预制 off-site fabrication
场外债券市场 kerb market
场外证券市场 kerb market;outside market;street market
场弯曲 field bend
场弯曲度 curvature of field
场弯曲校正 field bend correction
场网 field mesh
场位移 field displacement
场位指示单 location slip
场熄灭脉冲 field blanking impulse
场显微术 field ion microscopy
场线圈 field coil
场线性 field linearity
场相位分布 phase distribution of field
场相位控制 field phase control
场相位调节 field phase control
场相位调整 field phase control
场像分割取景器 split-field finder
场消除门 field removal gate
场消隐脉冲 field blanking impulse
场消隐脉冲振荡器 vertical blanking generator
场消隐周期 field blackout period
场效应 field effect
场效应半导体激光器 field effect semiconductor laser
场效应变阻器 field effect varistor
场效应电容器 field effect capacitor
场效应二极管 field effect diode
场效应放大器 field effect amplifier
场效应负阻器件 field effect negative-resistance device
场效应高能晶体管 technetron
场效应高频功率晶体管 field effect high frequency power transistor
场效应管阈值电压 field effect transistor threshold voltage
场效应管栅偏置电阻 gate-biasing resistor
场效应光电晶体管 field effect photo electric(al) transistor;field effect phototransistor
场效应光敏晶体管 field effect phototransistor
场效应集成电路 bipolar integration circuit
场效应晶体管 fieldistor;gridistor;field effect transistor
场效应晶体管电阻器 field effect transistor resistor
场效应晶体管高放电路 field effect transistor high frequency amplifier circuit

场效应晶体管沟道 fieldistor channel
场效应晶体管混频电路 field effect transistor mixer circuit
场效应晶体管前置放大器 field effect transistor preamplifier
场效应晶体管探头放大器 field effect transistor probe amplifier
场效应控制开关 field effect controlled switch
场效应器件 field effect device
场效应区 field region
场效应四极管 field effect quadrode; field effect tetrode
场效应显示 field effect display
场效应显示(放电)器件 field effect display device
场信息 field information
场星 field stars
场形变 field deformation
场形系数 field factor
场型 field pattern
场序发送图像 field-sequential image
场序制 field-sequential system
场序制彩色电视 field-sequential colo(u)r television
场序制彩色电视摄像机 field-sequential camera
场序制成像 field-sequential image
场序制的 field-sequential
场序制电视摄像机 field-sequential camera
场序制发射机 field-sequential colo(u)r transmitter; field-sequential transmitter
场选通电路 field gating circuit
场应力张量 field stress tensor
场用变阻器 field rheostat
场用机车 yard locomotive
场院 court;farm yard;yard
场院篦栅进水口 yard gutter
场院排水 yard drainage
场院排水口 yard gull(e)y
场站 depot
场站总站 terminal
场址地震活动性 seismicity of a site
场址选择 plant location;site selection
场指数 field index
场致程序逻辑阵列 field-programmable logic array; programmable logic-(al) array
场致电离 field ionization
场致电离离子源 field ionization ion source
场致电离真空规 field ionization ga(u)ge
场致电子放射的 autoelectronic
场致发光 electrofluo-rescence; electroluminance; electroluminescence; field luminescence
场致发光板 electroluminescent cell; electroluminescent lamp; electroluminescent panel; light panel; luminescent cell
场致发光材料 electroluminescent material
场致发光彩色板 elcolo(u)r plate; electroluminescent colo(u)r plate
场致发光存储器 electroluminescent storage
场致发光单元 electroluminescent cell
场致发光的 electroluminescent
场致发光灯 electroluminescent lamp
场致发光二极管 electroluminescent diode
场致发光光电导电路 electroluminescent-photoconductor circuit
场致发光盒 electroluminescent cell
场致发光激光器 electroluminescent laser
场致发光计数元件 electroluminescent counting element
场致发光结 electroluminescence junction
场致发光显示过滤器 electroluminescent display filter
场致发光显示器 electroluminescent display
场致发光显像 electroluminescent image display
场致发光元件 electroluminescent cell
场致发射 autoelectronic; field emission; field-enhanced emission; high field emission; cold emission【电】
场致发射电流 autoelectronic current
场致发射电子显微镜 field electron microscope
场致发射管 field emission tube
场致发射光谱学 field emission spectroscopy
场致发射能量分析仪 field emission energy analyser[analyzer]
场致发射微波器件 field emission microwave device
场致发射显微镜 field emission microscope
场致放射 field emission
场致光电发射 field-induced photoemission; photo-field emission
场致光发射 field-induced photoemission
场致光学准直仪系统 field optic(al) collimator system
场致解吸显微镜 field desorption microscope
场致离子透射显微镜 field ion transmission microscope
场致离子显微镜 field ion microscope
场致退火 field annealing
场中心清晰度 central definition
场重复频率 field repetition rate
场助扩散 field-aided diffusion
场转换矩阵 field transfer matrix

敞

敞壁畜棚 open shed
敞仓货船 open barge
敞舱 tabernacle
敞舱驳(船) open barge; open lighter; scow
敞舱船 open boat; open ship
敞舱船后面旅客乘座部分 stern sheet
敞舱飞机 open cockpit airplane
敞舱口船 open hatch vessel
敞舱舢板 open-top car
敞槽法 open tank method; open tank treatment; immersion system <一种防腐方法>
敞车 open goods truck; open goods wagon; open(-top) car; open-top railway car【铁】; open-top wagon; open truck; open wagon; flat car【铁】; cradle <俚语>
敞车侧墙板 plank of a wagon side
敞车交货(价格) free on truck
敞车身 open body
敞成型技术 open mo(u)lding
敞窗单位 open-window unit
敞床植法 open bench method
敞堤 open levee
敞底井 open-bottomed bell
敞地比 open space ratio
敞顶拌和机 open-top mixer
敞顶的 open top
敞顶沟渠 open-top culvert
敞顶罐 open tank
敞顶集装箱 open-top container
敞顶搅拌机 open-top mixer
敞顶式拌和机 open-top mixer
敞顶式半拖车 open-top semi-trailer
敞顶式槽形搅拌机 open-top mixer
敞顶小货车 open top van
敞顶窑 open topped kiln
敞顶圆槽搅拌机 open-top mixer
敞斗车 open wagon
敞罐浸油处理(法) <木材防腐> open tank treatment
敞柜法 open tank process
敞海 open sea
敞海波浪 open sea wave
敞海泊位 open sea berth
敞海系船浮筒 open mooring buoy
敞海系船平台 open sea platform
敞肩拱 open-spandrel arch
敞肩拱桥 arch bridge with open spandrel; open-spandrel arch bridge
敞浇注件 open sand casting
敞角泥刀 corner trowel
敞开 divergence
敞开的 open; open-end
敞开的工棚 open-ended shed
敞开的拱腹内面 open soffit
敞开的拱肩 open-spandrel
敞开的管道 open conduit
敞开的广场 unenclosed plaza
敞开的海绵体 open spongy body
敞开的货棚 open-ended shed
敞开的脚手架 open staging
敞开的楼面管道 open floor duct
敞开的露天下部 open soffit
敞开的亭子 ramada
敞开的悬挑楼梯 open newel
敞开点滴式冷却塔 open-type drip cooling tower
敞开翻斗车身 open dump body
敞开格构式钢结构(海上)平台 <由桩支承的> open-jacket platforms
敞开工作站 open plan workstation
敞开供应 bought without any restriction; sufficient supply
敞开构造 open structure
敞开河口 <无拦门沙的> free mouth
敞开机身 open fuselage
敞开进路式矿柱回采法 open-end method
敞开炉 open furnace
敞开面 open surface
敞开式 open form; open-type
敞开式车身 open body
敞开式船坞 open basin
敞开式电动机 open motor; open-type electric(al) motor
敞开式电机 open-type electric(al) machine; open-type machine
敞开式电解槽 open cell
敞开式吊车操作的熟料储库 crane-operated open clinker storage
敞开式锻模 open die
敞开式盾构 open shield; open-type shield
敞开式翻车保护结构 open ROPS[roll-over protection structure]
敞开式飞机库 open-ended hangar
敞开式干燥床 open drying bed
敞开式感应电动机 open-type induction motor
敞开式港池 open basin
敞开式格构桥面 open grid deck
敞开式工业结构 open industrial structure
敞开式构造 open construction
敞开式管道系统 open plumbing
敞开式火焰炉 open flame furnace
敞开式机器 open machine
敞开式机械盾构 open-type mechanical shield machine
敞开式机械停车库 open mechanical parking garage
敞开式减压阀 water-wasting pressure regulator
敞开式建筑形式 open architecture form
敞开式空气输送斜槽 open-type air-slide conveyer[conveyor]
敞开式冷却塔 open water-cooling tower
敞开式料斗 open-top bin
敞开式楼梯 open stair(case)
敞开式露天水箱 open expansion tank
敞开式螺旋输送机 open-spiral worm conveyer[conveyor]
敞开式码头 open sea terminal
敞开式模具 flash mo(u)ld; open pit mo(u)ld
敞开式模壳 open shuttering
敞开式棚架 open shed
敞开式倾卸车 open hopper wagon
敞开式曲轴箱压缩机 open crankcase compressor
敞开式热交换器 open-type heat exchanger
敞开式热水供应系统 open system of hot water supply
敞开式砂滤池 open sand filter
敞开式砂型铸造 open sand casting
敞开式上层建筑 open superstructure
敞开式手挖盾构 open-type manual shield machine
敞开式售票台 open counter
敞开式隧道施工法 cut-and-cover technique
敞开式太阳能吸收制冷机 open solar absorption refrigerating machine
敞开式停车库 open newel garage
敞开式停机坪系统 open apron system
敞开式通用电动机 open general-purpose motor
敞开式推力轴承 open-type thrust bearing
敞开式往复冷冻机 open-type reciprocating refrigerating machine
敞开式卫生工程 open plumbing
敞开式舞台 open stage
敞开式系统 open-type system
敞开式消化池 open digester
敞开式销售 opening sale
敞开式芯盒 simple frame core box
敞开式循环冷却水系统 opened recirculating cooling water system; open system of recirculated cooling water
敞开式循环冷却系统 open recirculating cooling system
敞开式循环系统 open recirculating system
敞开式循环系统冷却水处理 cooling water-treatment of open circulating system
敞开式压缩机 open-type compressor
敞开式压缩机组 open-type compressor unit
敞开式叶轮 unshrouded impeller
敞开式预焙阳极电解槽 open prebaked anode type cell
敞开式载人提升机 open-type manlift
敞开式注模 benchtop injection mo(u)lding
敞开式铸造 casting-in open
敞开式组合电器 conventional switchgroup; open air combinational apparatus; open air combined electric(al) apparatus; open air constitutional electric(al) apparatus
敞开式座舱 open cabin
敞开疏浚 open dredging
敞开水膜式冷却塔 open-type water film cooling tower
敞开水域 free waters
敞开退火 open annealing
敞开文件 tub file

敞开系统 open system
敞开相连接 open interconnection
敞开泄流 ungated flow
敞开信托契据抵押 open-end trust deed mortgage
敞开型保险丝 open fuse
敞开型拉链 open fastener
敞开引道 open ramp
敞开油贮 open reservoir
敞开褶曲 open fold(ing)
敞开褶皱 open fold(ing)
敞开装配时间 open-assembly time
敞开装窑法 open setting
敞口杯式闪火点 open cup flash point
敞口驳(船) open barge; well barge; hopper barge
敞口槽 open trough
敞口吹风 unconfined blast
敞口挡板 open sheeting
敞口的 open; open-top
敞口抵押 open mortgage
敞口翻斗车 open dump body
敞口翻斗车身 open dump body
敞口反应器 open reactor
敞口钢锭模 open-top mold
敞口管灌浆 open-ended pipe grouting
敞口管桩 open-end pipe pile
敞口锅 ca(u)ldron; open pot
敞口合同 open contract
敞口混合器 open mixer
敞口混凝土浇筑块 open-end block; open-end concrete block
敞口加热器 open heater
敞口块 open-end block
敞口模 open-top mold
敞口木棚 open-ended hangar; open-end shed
敞口盘式干燥 open pan drying
敞口盘式混合器 open pan mixer
敞口盘式搅拌机 open pan mixer
敞口热水器 open heater
敞口砂型铸造 open sand casting
敞口盛料器 open-top container
敞口式出入口 open access
敞口式搅拌机 open-top mixer
敞口式锚链孔 open hawse
敞口式泥舱 open hopper
敞口式桥 open bridge
敞口式热水器 inlet-control water heater
敞口竖管式测压计 open standpipe piezometer
敞口竖井 open shaft; open well
敞口铁水罐 open-top ladle
敞口通风井 open shaft
敞口挖泥沉箱法 open dredge caisson method
敞口瓮 open vat
敞口线脚 head mo(u)ld(ing)
敞口项目 open-end(ed) project
敞口油管挤注法 open-ended tubing squeeze method
敞口铸型 open mo(u)ld
敞廊 loggia[复 loggias/ loggie]; open corridor; pastas; veranda(h)
敞肋楼板 open floor
敞亮阁楼间 <英国住房的> sollar
敞亮楼顶层 sollar
敞露部位 open space
敞露的茅屋 open-ended shed
敞露的住宅 open-ended shed
敞露海岸 open coast
敞露海岸线 open coastline
敞露甲板 exposed deck
敞露锚地 open anchorage
敞露式滤池 open filter
敞露式熔丝保险器 plain fuse cut-out
敞露式砂滤池 open sand filter
敞露水面宽 open water width
敞露舷缘 open gunwale

敞炉 hearth; open furnace; open fusing
敞滤槽 open tank filter
敞模铺放 open lay up
敞膜式扬声器 perted loudspeaker
敞配型 eurygamous
敞喷 blowing in wild; open flood; open flow; wide open flow
敞喷产量 <指石油> open flow potential
敞喷产油能力 open flow potential
敞喷井 well out of control; wild well
敞喷猛喷 wild flowing
敞喷能力 open flow capacity
敞喷气井 wild gas well
敞喷试验 open flow test
敞喷压力 open pressure
敞棚 open shed
敞棚车辆 gondola
敞棚货车 box wagon
敞棚汽车 open car
敞篷车 caravan; convertible; open freight car; open vehicle; open wagon; phaeton
敞篷车身 convertible body
敞篷车停车场 caravan park
敞篷货车 box wagon; gondola; open wagon; gondola car【铁】
敞篷吉普车 open jeep
敞篷轿车 <折叠式顶篷分作两半,可前后开合的四门轿车> landau
敞篷旅行汽车 phaeton
敞篷汽车 landau; motorised[motorized] caravan; phaeton; open car
敞篷小汽车 open car; convertible car
敞倾车身 open dump body
敞热器加水口罩 radiator cap
敞熔合金 air-melted alloy
敞示部分 <建筑物的> public view
敞式焙烧炉 open stall
敞式槽形输送机 open trough type conveyer[conveyor]
敞式车身 open body
敞式齿轮装置 open gear
敞式地下排水管 open drain
敞式格构桥面 open grid deck
敞式弧光灯 open arc lamp
敞式集装箱 gondola container
敞式进水口 low-pressure intake
敞式空气斜槽 open-type air slide
敞式矿砂焙烧炉 stall
敞式凉水塔 open water-cooling tower
敞式料仓 open bin
敞式料斗 open-top bin
敞式楼板 open-timbered roof
敞式炉 openable fire; openable furnace
敞式螺旋 open auger
敞式煤气火焰烘干装置 open gas flame dryer
敞式木结构 open-timbered; open-timbered structure
敞式汽车 phaeton
敞式圈 open shed
敞式燃烧器 openable burning appliance
敞式熔断器 open-type fuse
敞式熔烧炉 open stall
敞式砂滤器 open sand filter
敞式烧油焰炉 open flame oil furnace
敞式疏浚 open dredging
敞式输送机 open conveyer[conveyor]
敞式水冷塔 open water-cooling tower
敞式水轮机 open flume turbine
敞式铁水罐 open-top ladle
敞式尾架 open stern frame
敞式循环冷却方式 open circulation cooling system
敞式焰炉 open flame furnace
敞式叶轮 open impeller

敞式溢洪道 open spillway
敞式振子 open oscillator
敞式中间带 open median strip
敞式自动装料螺旋 drag auger
敞水试验 open water test
敞湾 open bay
敞箱造型 open sand mo(u)lding
敞泄能力 full outflow capacity
敞形结构 open structure
敞形式继电器 open relay; unenclosed relay
敞胸盾构法 open shield method
敞檐 open cornice
敞焰少无氧化加热炉 direct-fired scale-less of free heating furnace

畅

畅流 streamline flow

畅流河道 <无冰期内> free river; open stream; open river; good river
畅流河道航运 <无冰期内> open river navigation
畅流河道流量 <无冰期内> open stream discharge; open river discharge
畅流流量 open flow
畅流线形设计 free flowing alignment
畅流型方案 free flow layout
畅流循环 unthrottled cycle
畅喷产量 open flow potential
畅喷能力 open flow capacity
畅喷气井 open flow well
畅喷试验 open flow test
畅水土 well drained soil
畅通 all-clear; pass unimpeded; smooth passage
畅通的交通 free(ly) moving traffic; free traffic
畅通区 clear area
畅通无阻的 straight-way
畅通无阻的航道 free channel; free waterway
畅通无阻的交通 free traffic
畅销 active demand; brisk sales; marketability; salability
畅销的 brisk; marketable; off-the-shelf
畅销货 best seller; off-the-shelf
畅销品 best seller
畅销证券 marketable securities
畅行车流 free flowing traffic; free-moving traffic
畅行交通 free-moving traffic; free traffic; unhampered flow of traffic
畅行交通量 free-moving traffic capacity
畅行通行能力 free-moving traffic capacity
畅行运输量 free-moving traffic capacity

倡

倡导 commence; pioneering

倡议人 investor-sponsor
倡议者 sponsor

唱

唱机 gramophone; phonograph (player); player; record player

唱名表决 roll call vote
唱名登台表决 vote by roll call at the rostrum
唱片录音机 phonographic(al) recorder
唱诗班 <教堂> choir
唱诗班部位 quire bay
唱诗班的上席位 upper choir; upper quire

唱诗班高台席位 raised choir
唱诗班阁楼 quire loft
唱诗班隔屏 pulpitum
唱诗班拱廊 quire arcade
唱诗班后座 back choir
唱诗班礼拜堂 apsidal chapel; choir chapel
唱诗班楼座 quire gallery
唱诗班屏风 quire screen
唱诗班屏隔 jube
唱诗班屏栏 choir screen
唱诗班前室 antechoir; antequire
唱诗班前厅 antechair
唱诗班圣坛 angel choir
唱诗班塔楼 choir tower
唱诗班突伸席位 choir limb
唱诗班席建筑 quire architecture
唱诗班席位 choir bay; choir stall; quire stall; trascoro <西班牙教堂的>
唱诗班席位拱廊 choir arcade
唱诗班席位拱门 choir arch
唱诗班席位建筑 choir architecture
唱诗班席位走道 choir side aisle
唱诗班小教堂 quire chapel
唱诗班正折叠式座位 miserere
唱诗班主要席位 principal choir
唱诗班走廊 quire aisle
唱诗班座席 hall choir; hall quire
唱诗房 coro
唱诗台 antechoir
唱诗座旁的走道 choir aisle
唱头 sound reproducer
唱针 reproducing needle; reproducing stylus; stylus

抄

抄车号 car checking

抄钢丝辊 card stripping roller; scraper roller; stripper roller
抄关 customs revenue; customs search
抄合 vat lined
抄件 certified copy; copy; duplicate; rescript
抄近路 take a short cut
抄近路穿过 cut-through
抄近路走 short-cutting
抄录 copy; transcription
抄平【测】 level(l)ing; take elevation; take level; take sights
抄平测量【测】 take level(l)ing
抄平混凝土层 level(l)ing concrete
抄网 brailer; brail net; diddle-net; dip net
抄网痕 felt mark
抄袭倾向的 theft-prone
抄写四份的 quadruplicate
抄写者 copyist
抄鱼作业 brailing operation
抄账无误 clerical accuracy
抄针 card stripping
抄针盖板 top segment
抄针辊 stripping roller
抄针花 strippings
抄针耙 fettling comb
抄针器 stripper
抄针装置 card stripper
抄纸机 paper machine
抄纸压合 couch

钞

钞票 bank bill; banknote; darby <俚语>

钞票夹 bill fold

超

超 X 射线 Millikan ray; ultra-X ray

超 y 理论 <结合 x 理论和 y 理论权宜机变地作出决策> contingency theory

超阿贝耳群【地】 hyperabelian group
超阿尔发型钛合金 super-alpha titanium alloy
超锕系元素 super-actinides
超安定性 over-stability
超暗显微镜 ultra-paque microscope
超巴拿马型 beyond-Panamax; post-Panamax
超白 ultra-white
超白区 ultra-white region
超白水泥 super white cement
超半球透镜 hyperhemispheric(al) lens
超半影 super-penumbra
超半圆的 <指穹隆由拱心以下起拱,拱心以上为圆弧形> surmounted
超半圆拱 semi-circular stilted arch; surmounted arch
超半圆穹顶 surmounted dome
超半圆穹隆 surmounted dome
超半砖的接砖 king closer
超半砖接合砖 king closer
超饱和 supersaturation
超饱和交叉口 oversaturated intersection
超饱和设计 super-saturated design
超饱和土 oversaturation soil; hydromorphic soil
超饱和信号 oversaturated signal
超饱和延误 overflow delay; oversaturation delay
超饱和周期 cycle failure; oversaturated cycle
超保护贸易政策 super-protective trade policy; ultra-protective trade policy
超保险期使用 have several times the life
超爆 back break; overshot; overbreak
超爆破控制 overbook control; overbreak control
超贝塔晶体管 super-beta [β] transistor
超倍采样 super-commutation
超倍的 hyperploid
超倍加强的 heavily reinforced
超倍频程 super-octave
超倍体 hyperploid
超倍体状态 hyperploid state
超倍显微镜 super-microscope
超倍显微镜检验法 ultra-microscopy
超倍性 hyperploidy
超倍增强的 heavily reinforced
超笨重货物 <非船上索具所能升降的> heavy lift
超崩裂 super-disruption
超比 hypergeometric(al)
超比多项式 hypergeometric(al) polynomial
超比方程 hypergeometric (al) equation
超比分配 hypergeometric (al) distribution
超比函数 hypergeometric (al) function
超比级数 hypergeometric(al) series
超比例的 super-proportional
超比例减薄液 super-proportional reducer
超比例衰减器 super-proportional reducer
超边 hyperedge
超边际土地 supermarginal land
超便移式 ultra-portable
超变量 hypervariable
超变位 hypervariable region
超变质成矿作用 ultra-metamorphic ore-forming process
超变质的 ultra-metamorphosed
超变质岩 ultra-metamorphic rock
超变质作用 hypermetamorphism; ultra-metamorphism
超标倍数 multiples of value beyond standard
超标度 hyperscaling
超标量技术 super-scalar technology
超标率 over-limit rate; over-line rate
超标牛皮包装纸 super-standard kraft wrapping paper
超标排污费 excess discharge fee
超标区 non-attainment area
超标新闻纸 super-standard news
超标值 percentage beyond standard
超标准 overstandard; super-grade
超标准传播 super-standard propagation
超标准的 above norm; super-standard; over-proof
超波痕 para-ripple
超波深度测定器 echo depth sounding sonar
超波速流 super-wave flow
超泊松分布 hyper-Poisson distribution; super-Poisson distribution
超薄 over-thin
超薄薄膜 ultra-thin film
超薄薄膜吹塑机 blow mo(u)lding machine for extra thin film
超薄薄膜电容器 ultra-thin-film capacitor
超薄材料 ultra-thin material
超薄磁带 super thin tape
超薄醋酸纤维膜 ultra-thin cellulose acetate membrane
超薄镀锡薄钢板 ultra-thin tinplate
超薄光薄片 ultra-thin polished section
超薄激光器 ultra-thin laser
超薄冷冻切片 ultracryotomy
超薄马口铁 double-reduced tin plate
超薄膜 ultra-thin membrane
超薄片切削 flaking
超薄切片 ultra-microcut; ultra-thin section
超薄切片法 ultra-microtomy; ultra-thin sectioning
超薄切片机 <供电子显微镜观察切片用> ultra-microtome; microtome
超薄切片术 ultra-microtomy
超薄容积激发 ultra-thin volume excitation
超薄乳剂浸胶片 film with ultra-thin emulsion
超薄石棉纸 super-thin asbestos paper
超薄型玻璃板 extra thin sheet glass
超薄型的 extra thin; ultra-thin
超薄型固体硬质合金开槽锯 ultra-thin solid carbide slotting saw
超薄型箱式电扇 super-thin box fan
超薄型扬声器 super-thin speaker
超薄毡 veil
超不变子空间 hyperinvariant subspace
超步 super-ledge
超钚 transplutonium
超钚同位素 transplutonium isotope
超钚元素 transplutonium element
超采 overdevelop(ment); overdraft; overdraught; mining <地下水的>
超采原油 over-lift
超彩色透镜 super-chromatic lens
超参数元素 super-parametric(al) elements
超苍白 extra-pale
超层次结合 trans-level combination
超层序 super-sequence
超插入法 extra interpolation
超差 out-of-tolerance; over-proof; over-size; running out
超差零件 out-of-tolerance parts
超差率 percent of unpassed sample
超差品 ultra-poor products
超差样品 over-proofed sample
超差样品数 number of over-proofed sample
超产 over-fulfil a production target
超长 over-length
超长波 <频率 3~30 千赫,波长 100~10 千米> myriameter [myriametre] wave; ultra-long wave
超长波天线 very low frequency antenna
超长波通信[讯] myriametric wave communication
超长插入镊 extra-long insertion forceps
超长超重货物 long and heavy goods
超长程传输 super-long range transmission
超长尺寸 exceeding length
超长的 king-sized; over-length
超长电极距测井 ultra-long spaced electric(al) log
超长电极系 ultra-long spaced sonde
超长电极系测井 ultra-long spaced sonde log
超长费 lengthy charges; long lengths charges
超长附加费 long length additional
超长或超重列车 excess length or weight train
超长货附加费 additional on long lengths
超长货物 exceptional length freight; exceptional length goods; lengthy cargo
超长货物附加费 extracharge on long length
超长货物用的履带式拱钩 caterpillar logging arch
超长货物装载 projecting load
超长极距测井 ultra-long spacing electrical log
超长件 lengthy cargo
超长界限 limitation of over-length
超长近钻头稳定器 extra-long near-bit stabilizer
超长距电测井 ultra-long spaced electric(al) log
超长列车 exceptional length
超长期预报 extra-long range forecast(ing)
超长石砂岩 ultra-arkose
超长条 long sections
超长纤维 overcut fibre; over-length fiber[fibre]
超长线干涉测量 very long baseline interferometry
超长虚线 super-long dash line
超长油度 extra-long oil
超长指令字 very long instruction word
超长周期 ultra-long period
超长周期地震仪 ultra-long period seismograph
超长轴距 extra-long wheelbase
超长装载 over-length load
超常 above normal
超常比例 exaggerated scale
超常传导 super-normal conduction
超常的 exaggerated; hypernormal; super-normal; ultra
超常符号刺激 super-normal sign stimulus
超常规 hypernormal
超常目标 <满足各团体的目标> super-ordinate goal
超常期 exaltation phase
超常热动力学 excess thermodynamics
超常使用故障 misuse failure
超常试验 <特别不利条件下进行的> exaggerated test
超常态 hypernormal
超常态离差 hypernormal dispersion
超常温 hyperthermy
超常相 exaltation phase
超常折射 super-normal refraction
超场 super-field
超超巨星 hypergiant
超超新星 super-sunernova
超潮波 transtidal wave
超车 over-driving; over-take; overtaking
超车车道 far side traffic lane; overtaking lane; passing lane; lay-aside; lay by(e); outer lane
超车车辆 overtaking vehicle
超车道 passing track; passing zone
超车地带 passing area
超车动作 passing maneuver
超车规则 overtaking rule
超车距离 passing distance
超车率 overtaking rate
超车能见度距离 overtaking visibility distance
超车视距 overtaking sight distance; passing sight distance
超车特性 over-driving characteristic; overtaking characteristic
超车线在前面 passing line ahead
超车信号 overtaking signal
超车性能 over-driving characteristic
超沉淀作用 super-precipitation
超成熟(的) super-mature
超承压水 hyperpiestic water
超承载能力 overcapacity
超乘 override
超程 excess of stroke; overrun; over-travel
超程运费 cost of overhaul; distance freight; overhaul charges
超橙黄白 extra-orange pale
超驰 override
超驰过程控制 overriding process control
超驰控制 override[overriding] control
超驰清单 override billing
超尺寸 over-size
超尺寸的 over-dimensioned; over-dimensioning; super-dimensioned
超尺寸的模子 over-size mold
超尺寸的托运货物 over-dimensional consignment
超尺寸防尘轴承 over-size dirtproof bearing
超尺寸骨料 over-size aggregate
超尺寸焊缝 over-size weld
超尺寸货物 off-ga(u)ge goods; out of ga(u)ge cargo; over-dimension cargo
超尺寸集料 over-size aggregate
超尺码货物 off-ga(u)ge goods; out of ga(u)ge cargo; over-dimension cargo
超充分需求 overfull demand
超冲程 over-travel
超重整 hyperforming; ultra-forming
超重整法 hyperforming process
超重整反应器 hyperformer reactor
超出 exceed; forereach; go beyond; overage; overaging; overrun(ning); over-step; overtop
超出参考噪声分贝数 decibels above reference noise
超出成本 over-cost
超出尺寸范围 scale out
超出额 overflow
超出额定范围 overrange; overranging
超出额定界限 overrange; overranging
超出额定值 off-rating
超出额定值的电压 overrating voltage
超出范围的 off-limit

超出估计的量 quantity overrun
超出规定 overshoot;overswing
超出规范要求 off-specification requirement;off technical requirement
超出国家计划市场之外 outside the planned market
超出合同范围的索赔 extra-contractual claim
超出界限 beyond the mark
超出量 excess
超出量程 no to scale
超出票面价值 above par
超出平衡 overbalance
超出设计规定的 off-design
超出设计条件 off-design condition
超出弹性界限的 unfair
超出天数 overlap days
超出同步 rising out of synchronism
超出挖方的填土量 net fill
超出系数 coefficient of excess
超出一般消费者的经济能力 beyond the means of ordinary consumer
超出预算 exceed the budget; excess budget
超出正常界限 overrange
超出中心的 paracentric
超出作用距离(范围)outrange
超储 over-bought; overstock; surplus inventories
超储材料 over-stored materials
超储积压借款 loans due to over-stocking
超储积压物资 cost of over-stock and stockpile items
超储物资 over-stocked materials; over-stored materials
超传播子 super-propagator
超吹器 hypersorber
超纯的 hyperpure;ultra-pure
超纯度 ultra-purity
超纯度金属 super-pure metal; super-purity metal;ultra-pure metal
超纯级 extra-pure grade
超纯金属 super-pure metal;super-purity metal
超纯铝 super-purity alumin(i)um
超纯气体 high purity gas; hyperpure gas
超纯氢发生器 ultra-pure hydrogen generator
超纯石英玻璃 super-pure silica glass
超纯水 ultra-pure water; ultra-purified water
超纯四氯化硅 ultra-pure silicon tetrachloride
超纯物质 ultra-pure material
超磁放大器 ultra-magnifier
超次品 ultra-poor products
超粗的 ultra-coarse
超促进剂 super-accelerator; ultra-accelerator
超催速剂 ultra-accelerator
超淬火 super-quench(ing)
超存储梯度法 super-memory gradient method
超存品 excess property
超打 <桩工> over-driving;overdrive
超打桩 over-driven pile; over-driving pile;pile overdrive
超大爆炸 super-bang
超大袋 super-sack
超大规模 super-large-scale; very large scale
超大规模集成电路 grand scale integration;super-large-scale integrated circuit; super-large-scale integration; very large-scale integration; very large scale integrated circuit
超大规模集成电路计算机 fifth generation computer
超大规模计算机 super-way computer
超大货物 bulky cargo
超大货物运费 bulky cargo charges; lengthy cargo charges
超大集料 over-size aggregate
超大件 over-size
超大景深 hyperfocal distance
超大颗粒系数 < 颗粒的 > over-size factor
超大孔径物镜 ultra-rapid lens
超大跨径 ultra-long space; ultra-long span
超大陆 super-continent
超大陆解体 super-continent breakup
超大轮载 very large wheel load
超大漂浮结构 very large floating structure
超大气压力 super-atmospheric pressure
超大牵伸 super-draft;super-high draft
超大型 ultra-large type
超大型泵 mammoth pump
超大型车辆 < 超过通常尺寸的车辆 > over-size vehicle
超大型成品油船 ultra-large product carrier
超大型计算机 super(-huge) computer
超大型计算题目 very large-scale integration;very large-scale problem
超大型客轮 super-liner
超大型冷藏船 ultra-large reefer carrier
超大型汽车 over-size vehicle
超大型商场 hypermarket
超大型数据库 very large data base
超大型油轮 dragon tanker; super (-oil) tanker; ultra-large crude (oil) carrier
超大型载重汽车 over-size vehicle
超大型支线船 super feeder ship
超代数 hyperalgebra
超带 super-zone
超带电子 chargings
超带植被 extra belt vegetation
超贷 over-lending
超单的 hypersimple
超单晶 super-individual crystal
超当量吸附 super-equivalent adsorption
超导 super-conduction
超导变频器 super-conducting frequency converter
超导薄膜 super-conducting(thin) film
超导薄膜环 super-conducting thin-film ring
超导材料 super-conducting material; superconductor material
超导材料发生器 super-conducting generator
超导参量放大器 super-conducting parametric(al) amplifier
超导测辐射计 super-conducting bolometer
超导储能 super-conducting energy storage
超导磁场陀螺仪 super-conducting gyro-(scope)
超导磁浮 super-conducting magnet levitation
超导磁钢 super-isoperm
超导磁合金 super-malloy; super-mumetal
超导磁力仪 super-conducting magnetometer; super-conductive magnetometer
超导磁屏蔽 super-conducting magnetic shielding
超导磁强计 super-conducting magnetometer
超导磁实验 super-conducting magnet experiment
超导磁体 super-conducting magnet
超导磁体淬熄 super-conducting magnet quenching
超导磁铁 super-conducting magnet
超导磁铁镍钼铜合金 ultra-perm
超导磁悬浮 super-conducting magnetic levitation
超导磁悬浮列车 levitated super-conducting magnet train
超导磁重力梯度仪 super-conducting magnetic gradiometer
超导存储器 super-conducting memory;super-conductivity memory
超导存储阵列 super-conducting memory array
超导的 super-conducting; super-conductive
超导电测辐射热器 super-conductivity bolometer
超导电的 super-conductive
超导电合金 electrically super-conducting alloy
超导电机 super-conducting machine; super-conducting motor
超导电技术 super-conducting technology
超导电缆 super-conducting cable; super-conduction cable
超导电流 super-current;zero current
超导电流计 super-conducting galvanometer
超导电炉黑 extra conductive furnace black
超导电路 super-conducting circuit
超导电率 super-conductivity
超导电膜 super-conducting film
超导电体 super-conductor
超导电温度计 super-conductor thermometer
超导电性 super-conductivity
超导电性硬合金 hard super-conducting alloy
超导电状态 super-conductive state
超导电子学 cryogenic electronics
超导二极管 super-conducting diode
超导发电机 super-conducting generator
超导阀门 super-conducting valve
超导放大器 super-conducting amplifier
超导钢丝 super-conductive wire
超导合金 super-conducting alloy
超导核磁共振计 super-conducting nuclear magnetic resonance meter
超导核粒子探测器 super-conducting nuclear particle detector
超导回路 super-conducting circuit
超导混频器 super-conducting mixer
超导计算机 super-conducting computer
超导技术 super-conductivity
超导加速器 super-conducting accelerator
超导结 super-conducting junction
超导晶体 super-conducting crystal
超导链 super-conducting link
超导量子干涉磁力仪 super-conducting quantum interference magnetometer
超导量子干涉仪 super-conducting quantum interference device
超导螺旋线 super-conducting helix
超导马达 super-conducting motor
超导脉冲电源 super-conducting pulse power supply
超导膜 super-conducting film
超导腔 superconductor cavity
超导强磁场磁选机 ultra-conductor high-intensity magnetic separator
超导桥隧道结 super-conducting bridge tunnel junction
超导丝 super-conducting filament
超导隧道效应 super-conducting tunnel effect; super-conductive tunnel effect
超导态过冷 super-conducting state super-cooling
超导体 cryogenic conductor; super-conducting material
超导体测辐射热计 super-conducting bolometer
超导体电阻测温计 super-conducting bolometer
超导体辐射热测定器 super-conductor bolometer
超导体光学 optics of super-conductor
超导体合金 super-conductor alloy
超导体铌锡合金丝 super-conductive wire
超导体物理学 super-conductor physics
超导体纤维 super-conductor fibre
超导体中的磁旋涡 magnetic vortex in a super-conductor
超导天线 super-conducting antenna
超导透镜 super-conducting lens
超导陀螺仪 super-conducting gyro-(scope)
超导温度 super-conducting temperature
超导纤维 super-conducting fiber [fibre]
超导显微镜 super-conducting microscope
超导现象 super-conduction phenomenon
超导线 super-conducting line
超导线圈 super-conducting coil; supercooled coil
超导线圈低温箱 cryostat
超导线圈式蓄电器 super-conducting coil accumulator
超导性 super-conductivity
超导性金属 super-conducting metal
超导悬浮 super-conductive suspension
超导延迟线 super-conducting delay line
超导元件 super-conducting component;super-conducting element
超导跃迁 super-conducting transition;super-conductive transition
超导斩波器 super-conductive chopper
超导重力梯度仪 super-conducting gravity gradiometer
超导重力仪 super-conducting gravimeter;super-conductive gravimeter
超导转变温度 super-conducting transition temperature
超导装置 super-conducting device
超导状态 super-conducting state
超等 extra fine;of superior grade
超等级 super-grade
超等离子体 epiplasma
超等质量 extra good quality; highest quality
超低电压 < 低于 30 伏 > extra-low potential
超低共熔体 hypereutectoid
超低剂量 ultra-low volume
超低剂量喷药 ultra-low volume spray(ing)
超低甲醛树脂整理剂 resin finishing agent with super-low formaldehyde
超低空 zero altitude
超低空飞行 fly at zero
超低密度聚乙烯 ultra-low density polyethylene;very low density polyethylene
超低摩擦汽缸 ultra-low-friction cylinder

超低黏[粘]度油 ultra-low viscosity oil
超低膨胀率镜望远镜 ultra-low expansion mirror telescope
超低膨胀石英玻璃 ultra-low expansion modified fused silica glass
超低膨胀微晶玻璃 ultra-low expansion glass ceramics
超低漂移放大器 ultra-low drift amplifier
超低频 extra-low frequency; ultra-low frequency; very low frequency
超低频的 intrasonic
超低频电压表 super-low frequency voltmeter
超低频二踪示波器 ultra-low frequency dual trace oscilloscope
超低频放大器 ultra-low frequency amplifier
超低频示波器 ultra-low frequency oscilloscope
超低频移相器 ultra-low frequency phase shifter
超低频振荡器 ultra-low frequency oscillator
超低频自记测波仪 ultra-low frequency ocean wave recorder
超低容量 ultra-low volume
超低容量飞机喷药 ultra-low volume aerial application
超低容量喷药 ultra-low volume spray(ing)
超低熔合金 ultra-low-melting alloy
超低声 infra-audible sound
超低双折射光纤 ultra-low birefringence fiber
超低水泥浇筑料 ultra-low cement castable
超低损耗光纤 ultra-low-loss fiber
超低碳不锈钢 extra-low carbon stain less steel; ultra-low-carbon stainless steel
超低碳钢 dead mild steel; extreme low carbon steel; ultra-low-carbon steel
超低碳钢丝 charcoal wire
超低温 cryotemperature; ultra-low temperature
超低温保存 ultra-low temperature storage
超低温泵 ultra-low temperature pump
超低温冰箱 ultra-cold storage freezer; ultra-low temperature freezer
超低温存储元件 super-low temperature store element
超低温技术 ultra-low temperature technique
超低温胶 ultra-low temperature glue
超低温球阀 ultra-low temperature ball valve
超低温热敏电阻器 ultra-low temperature thermistor
超低温闸阀 ultra-low temperature throttle valve
超低温重力仪 cryogenic gravity meter
超低压反渗透膜 ultra-low pressure reverse osmosis membrane
超低压轮胎 doughnut tire[tyre]; extra-low pressure tire[tyre]; jumbo tire[tyre]; super-balloon tire[tyre]
超低压越野轮胎 terra tire[tyre]
超低噪声行波管 ultra-low noise travelling wave tube
超低折射率光学玻璃 ultra-low refractive index optic(al) glass
超地方性兽病的 hyperenzootic
超地面标高 above-ground elevation
超地面辐射 extraterrestrial radiation
超地平 over the horizon; transhorizon
超地平传播 transhorizon propagation
超地平线雷达 over-the-horizon radar
超地转风 super-geostrophic wind
超点群 super-lattice
超点阵 super-lattice; superstructure
超点阵材料 super-lattice material
超点阵对称性 super-lattice symmetry
超点阵结构 super-lattice structure
超点阵结构激光器 super-lattice laser
超点阵位错 super-lattice dislocation
超电导辐射热测量计 super-conducting bolometer
超电导率 super-conductivity; supraconductivity
超电导体 supraconductor
超电荷力 hypercharge
超电积扇 supratopset fan
超电极 post-climax
超电离电位 ultra-ionization potential
超电流 super-current
超电流保护 overcurrent protection
超电势 overpotential; super-potential
超电位 overpotential
超电压 overpotential; overtension; overvoltage; super-potential; super-voltage
超电压电阻 overpotential resistance
超电子 selectron
超电子倍增硅靶视像管 super-nocticon
超顶极 post-climax
超定的 over-determined
超定的线性方程组 over-determined linear equations
超定额 above norm; off-rating; overquota; overrate; overstandard
超定额储备 over-norm stock
超定额贷款 above-quota loan; loan in excess of the quota
超定额的 over-norm
超定额借款 over-quota loan
超定额试验 exaggerated test
超定额税收 recapture tax
超定额损耗 spoilage in excess of norm
超定方程 over-determined equation
超定问题 over-determined problem
超定值缴入资本 paid-in capital in excess of stated value
超动态应变仪 high dynamic(al) strain indicator
超陡度 supergradient
超毒力的 super-virulent
超度 transgression
超度分光度测定法 ultra-spectrophotometry
超度含水量 hyperhydric content
超度量 hypermetric
超短半衰期核素 ultra-short-lived nuclide
超短波 <包括甚高频波,特高频波和超高频波,波长为 10 ~ 0.01 米> ultra-short wave; tropospheric wave; very high frequency; very short wave
超短波波段 ultra-short wave band
超短波的 ultra-short
超短波发射机 ultra-short wave transmitter
超短波广播发射机 ultra-short wave broadcasting emitter transmitter
超短波接收机 ultra-short wave receiver
超短波脉冲激光器 ultra-short wave pulse laser
超短波球面绕射 spheric(al) diffraction of ultra-short radio wave
超短波示波器 ultra-oscilloscope
超短波天线 ultra-short wave antenna
超短波通信[讯] ultra-short wave communication
超短波透热 ultra-short wave diathermy
超短波透热机 ultra-short wave diathermy apparatus
超短波无线电话机 ultra-short wave wireless telephone
超短波无线电设备 ultra-short wave radio set
超短波无线电台 ultra-short wave radio station
超短波真空管电压表 ultra-short wave vacuum tube voltmeter
超短波振荡器 ultra-short wave oscillator
超短波直视距离 radio-optical line of distance
超短反馈 ultra-short feedback
超短光脉冲 ultra-short light pulse
超短光脉冲激光器 ultra-short light pulse laser
超短红外脉冲 ultra-short infrared pulse
超短基线水声定位系统 super-short base line acoustic(al) positioning system
超短基线音响定位系统 super-short base line acoustic(al) positioning system
超短激光脉冲 ultra-short laser pulse
超短距测距雷达 ultra-short-range radar
超短脉冲 ultra-short pulse
超短脉冲激光器 ultra-short pulse laser
超短腔激光器 ultra-short cavity laser
超短腔可调谐染料激光器 tunable dye laser with an ultra-short cavity
超短声波 ultra-short sound wave
超短同步激光脉冲 ultra-short synchronized laser pulse
超短型导轨 zero length rail
超短窑 <德国洪堡公司产品名> Pyrorapid
超短油度 extra short oil
超短余辉荧光粉 very short persistence phosphor
超短针状单晶 ultra-short whisker
超短周期双星 ultra-short-period binary
超断层 super-dislocation
超对策 hypergame
超对称变换 super-symmetric(al) transformation
超对称荷 super-symmetry charge
超对称性 super-symmetry
超对角矩阵 super-diagonal matrix
超钝度 super-purity; transpassivity
超钝化的 transpassive
超钝化区 transpassive region
超钝化性 transpassivity
超多面体 hyperpolyhedron
超多时格式 super-many time formalism
超多余观测 super-abundant observation
超多重结构 super-multiplex structure
超多重谱线 hypermultiplet
超多重态 hypermultiplet; super-multiplet
超多重态理论 super-multiplet theory
超多重线 super-multiplet
超多重性 super-multiplicity
超额 above quota; overage; surpass
超额保险 excess coverage; excess insurance; over-insurance
超额暴利 excess windfall profit
超额剥离量 advanced over-burden
超额补偿 surplus compensation
超额材积 overrun
超额产量 excessive yield
超额偿付 overpayment
超额偿还 excessive amortization
超额成本 excessive cost
超额赤字 excessive deficit
超额储备金 excessive reserve fund
超额贷款 over-loan
超额的负载 overage
超额电压 excessive voltage; overvoltage; supertension
超额发行 excess(ive) issue
超额费用 cost over-run
超额公司利得税 extra tax on corporate profit
超额供给 excessive supply
超额供应曲线 excess supply curve
超额股 excess share
超额雇工 featherbedding
超额函数 excess function; excess thermodynamic(al) function
超额和短缺账户 over-and-short account
超额荷载 surplus load
超额洪量 surplus flood volume
超额换现能力 excess liquidity
超额或不足 excess and deficiency
超额加速折旧 excess accelerated depreciation
超额建断面 overbuild section
超额建设 overbuild
超额奖金 bonus for topping quota
超额奖励工资制度 <隧道坑道工程中的> premium system
超额开支 excessive expenditures
超额扣缴调整 adjustment for over-withholding
超额累进税 progressive tax in excess of specific amounts
超额累进所得税 surtax
超额利得税 excess(ive) profit tax; extra tax on profits
超额利润 abnormal profit; above target profit; excess(ive) profit; exorbitant profit; extraordinary profit; extra profit; super-normal profit; super-profit; windfall profit
超额利润分成 over-and-above the assigned profit norm; retaining part of the extra profit; retain varying portions of profit; sharing extra profit
超额利润附加税 excess profit levy
超额利润扣除 excess profit credit
超额利润税 excess profit duty; excess profit tax
超额利润税贷款 excess-profit-tax credit
超额量度量 measure of excess
超额领料单 excess materials requisition
超额流入 excess inflow
超额能力 excess capacity
超额能量 excess energy
超额赔款 excess-of-loss
超额赔款保障 excess-of-loss cover
超额赔款分保费 burning cost
超额赔款分保合同 excess-of-loss reinsurance treaty; stop-loss cover; stop-loss treaty
超额赔款率合约再保险 excess-of-loss ratio reinsurance treaty; excess-of-loss ratio treaty reinsurance
超额赔款再保险 reinsurance covering excess losses
超额认购 over-subscription
超额容量 excess capacity; surcharge storage
超额熵 excess entropy
超额生产 excess production; over-fulfil; overproduce
超额生产能力 excess capacity; excess production capacity; excess productive capacity
超额剩余价值 excess surplus value; extra surplus value
超额收费 excess of rates

超额收益 excess earnings; excess income; excess profit; superior earnings
超额收益累进税 progressive tax on excess earning
超额税收抵免 excess tax credit
超额死亡率 extra mortality rate
超额损害赔偿 excessive damages
超额损失保险 excess-of-loss insurance
超额损失分保 excess-of-loss reinsurance
超额损失分保合同 excess-of-loss reinsurance treaty
超额损失率保障 excess-of-loss ratio cover
超额损失率分保 excess-of-loss ratio reinsurance
超额损失率分保合同 excess-of-loss ratio reinsurance treaty
超额所得税 excess income tax
超额摊派间接费用 over-applied over-head
超额提取折旧 over-depreciation
超额通量 over-flux
超额完成 outperform; over-fulfil
超额完成计划奖金 overfulfilment bonus
超额完成任务奖金 overfulfilment bonus
超额现金 excess cash
超额消费 excess consumption
超额需求 excess demand
超额需求函数 excess demand function
超额需求价格 excess demand price
超额需索 overcharge
超额需要 excess demand; overcharge
超额押汇 overdrawing negotiation
超额银行准备金 excess bank reserves
超额盈利 excess earnings
超额佣金 commission over-ride
超额佣金递增办法 graduated rate schedule
超额增大(发动机)功率 hop
超额征收 < 土地 > excess condemnation
超额征税 over-tax
超额征用 excessive condemnation
超额征用土地 excess condemnation
超额支付 excess disbursement; excess payment; over-paid
超额装载 overcharge; overloading
超额准备(金) excess reserve
超额资本账户 capital-excess account
超额资金 excess funds
超厄兰分布【数】hyper Erlang distribution
超二倍体 hyperdiploid
超二倍性 hyperdiploidy
超二次曲面的 hyperquadric
超发光 super-luminescence; super-radiance
超发光二极管 super-luminescent diode
超范数 hypernorm
超范围误差 scale effect
超范围修理 repair beyond the scope of repairing course
超范围值 out of range value
超方发动机 over-square engine
超方体法 hypercubes method
超方向性系数 super-directivity
超方形发动机 over-square engine
超放大器 ultra-magnifier
超分辨率 super-resolution
超分解 hyperresolution
超分子【化】supermolecule
超分子的 supramolecular
超分子方法 super-molecule approach
超分子复合物 super-molecular complex
超分子结构 super-molecular structure; supramolecular structure
超分子自安装 super-molecular self-assembly
超粉花粉管 supernumerary pollen tubes
超敷 overcoating
超辐赫斯群 hyperfuchsian group
超辐射 super-radiation
超辐射的 super-radiant
超辐射发射 super-radiant emission
超辐射发生器 super-radiance generator
超辐射激光器 super-radiant laser
超辐射器 super-radiator
超辐射损耗 super-radiance loss
超辐射摇摆互作用 super-radiant wiggler interaction
超辐射振荡 super-radiant oscillation
超腐生带 supersaprobic zone
超付 overpay(ment)
超付价值 nuisance value
超付进口税证书 over-entry certificate
超负荷 excess load; extra duty; overcapacity; over load; superimposed load(ing)
超负荷安全阀 overload relief valve
超负荷安全装置 overload protection device; overload protector
超负荷保护 overload protection
超负荷保护装置 overload protection load; overload protector
超负荷保险装置 overload protector
超负荷(粗滤)生物滤池 super-rate (roughing) biological filter
超负荷的 over-laden
超负荷电流 overload current
超负荷断电器 overload circuit breaker; contact breaker
超负荷断路器 overload cutout
超负荷阀 charge-over valve
超负荷工作状态 hard service state
超负荷河 overburden stream
超负荷继电器 overload relay
超负荷警报装置 overload alarm; overload warning device
超负荷滤池 super-rate filer
超负荷能力 overload capability; overload capacity
超负荷燃烧 overload firing
超负荷容量 overload capacity
超负荷试验 overload test
超负荷输出 overload output
超负荷调节阀 overload valve
超负荷下水道 surcharged sewer
超负荷运行 banking; operational under surcharged conditions; overload operation
超负荷运转 operate at an overload; operation under surcharged conditions; overload(ing) operation
超负荷载 superimposed load(ing)
超负荷值 overload value
超负荷指示器 overload indicator
超负载 over-stressing; surcharge load
超复激发电机 overcompound(ed) generator
超复激励 overcompound excitation
超复励 overcompound; overcompound excitation
超复绕发电机 overcompound generator
超复数 hypercomplex; hypercomplex number
超复数的 hypercomplex
超复数系统 hypercomplex system
超富灰拌和料 overrich mixture
超覆 onlap; overlap; over-step; transgression
超覆不整合【地】overlap unconformity; unconformability of overlap
超覆层序 onlap sequence
超覆断层【地】overlap fault
超覆礁 transgressive reef
超覆式分岔 overlapping splitting
超覆褶皱 overlap fold
超伽马射线 ultra-gamma ray
超概念 hypernotion
超干旱荒漠 extra arid desert
超干球湿度计 ultra-dry bulb hygrometer
超甘油化油 super-glycerinated oil
超感的 extra-sensitive; extrasensory
超感官知觉 extrasensory perception
超感光度 hypersensitivity
超感光度胶片 superspeed film
超感信息 bio-information
超感应 super-induction
超钢 super-steel
超高 banking; cant; super-elevate; super-elevation; free board < 指超出水面 >
超高倍显微镜 ultra-microscope
超高变坡段 elevation ramp
超高标 superelevation post
超高标记 super-elevation marker; super-elevation tag
超高标志 over-height mark
超高部分蓄水 freeboard storage
超高测量仪 < 装在汽车上的 > superometer
超高层大气物理学 aeronomy
超高层建筑 skyscraper; super-high-rise; super-high-rise building; super-tall building; ultra-tall building
超高场低颤回旋回速器 ultra-high-field low-flutter cyclotron
超高车辆检测 over-height vehicle detection
超高车辆检测设施 over-height vehicle detection system
超高纯 ultra-pure
超高纯度 ultra-high purity
超高纯汞 super-high purity mercury
超高纯金属 ultra-high purity metal
超高纯试剂 ultra-high purity reagent
超高纯水 ultra-high purity water
超高纯铟 super-high purity indium
超高磁导率镍铁合金 super-mumetal alloy
超高次谐波 ultra-harmonics
超高导磁率合金 super-permalloy
超高的 super-elevated; super-high
超高的路肩 < 在弯道外侧 > high shoulder
超高递变坡度 transition grade
超高电压 extra-high pressure; super-high tension; extra-high tension; extra-high voltage; ultra-high voltage; supervoltage【电】
超高电阻 ultra-high resistance
超高电阻及电阻率测试仪 ultra-high resistance and resistivity tester
超高度 cant of the super-elevation; one-way grade
超高度歧管 high-rise manifold
超高度线 super-elevation line
超高堆积作业 over-height stacking operation
超高反力护舷 super-high reaction force fender
超高房屋 super-high-rise building
超高分辨测深术 ultra-high resolution bathymetry
超高分辨辐射计 advanced very high resolution radiometer
超高分辨力摄影术 ultra-high-resolution photography
超高分辨率 ultra-high resolution
超高分子量 ultra-high molecular weight
超高分子量聚乙烯 ultra-high molecular weight polyethylene
超高峰小时系数 super-peak hours coefficient; super-peak hours factor
超高改变 change of cant
超高感光胶片 hypersensitized film
超高钢轨 canted rail
超高功率 ultra-high power
超高功率电弧炉 ultra-high power arc furnace
超高功率电极 ultra-high power electrode
超高规 super-elevation ga(u)ge; super-elevation templet
超高过渡坡 superelevation ramp
超高含砂浓度 ultra-high sand concentration
超高和加宽曲线 super-elevated and widened curve
超高横坡度 superelevation setting; super-elevation slope
超高缓和段 attainment of super-elevation; super-elevation runoff
超高货 over-height cargo
超高级环境 hyperenvironment
超高级语言【计】very-high-level language
超高加宽曲线段 super-elevated and widened curve
超高检测器 over-height detector
超高渐变段 attainment of super-elevation
超高角 bank angle
超高精度 extra accuracy; pinpoint accuracy
超高聚(合)物 super-polymer
超高空 super-altitude; ultra-high-altitude
超高空空气动力学 super-aerodynamics
超高空摄影像片 ultra-high-altitude photograph
超高空摄影照片 ultra-high-altitude photograph
超高空深冷模拟器 hyperaltitude cryogenic simulator
超高库容 < 水库 > freeboard storage; surcharge storage
超高灵敏度 hypersensitivity
超高灵敏度的 hypersensitive; hypersensitized
超高硫 ultra-high-sulfur
超高铝制烟囱 alumin(i)um skyscraper
超高率 superelevation rate; rate of exceed the flight elevation; rate of super-elevation
超高脉冲 super-high pulse
超高密度 super-high density
超高密度的等离子体 very high density plasma
超高密态 super-high density state
超高面积 area of exceed the flight elevation
超高能 super-energy; super-high energy
超高能加速器 ultra-high-energy accelerator
超高能粒子 super-high energy particle; ultra-high-energy particle
超高能粒子加速器 super-cosmotron
超高能束流分离器 ultra-high-energy beam separator
超高能物理学 physics of super-high energies
超高能宇宙线 super-high energy cosmic ray
超高能质子 super-proton

超高能质子同步加速器 super-energy proton synchrotron
超高黏[粘]度混合器 ultra-high viscosity mixer
超高频 < 300 兆赫 ~ 3 吉赫 > ultra-high frequency; extreme high frequency; hyperfrequency; hyperhigh-frequency; super-frequency
超高频保护 ultra-high frequency protection
超高频变频器 ultra-high frequency converter
超高频变压器 ultra-high frequency transformer
超高频波 < 频率 3 ~ 30 吉赫,波长 100 ~ 10 毫米 > super-high frequency wave; hyperfrequency wave
超高频波长表 ultra-high frequency wave meter
超高频波导管 hyperfrequency waveguide
超高频波段 super-high frequency wavelength; ultra-high frequency wavelength
超高频测试接收器 ultra-high frequency test receiver
超高频超导磁强计 ultra-high frequency super-conducting magnetometer
超高频超声波 ultra-high frequency ultra-sound
超高频瓷 ultra-porcelain
超高频带 ultra-high frequency band
超高频电 ultra-high frequency electricity
超高频电波 ultra-high frequency wave
超高频电磁场 ultra-high frequency electromagnetic field
超高频电桥 ultra-high frequency bridge
超高频电子调谐器 electronic UHF[ultra-high frequency] tuner
超高频多路复用电话设备 ultra-high frequency multiplex telephone facility
超高频发射机 ultra-high frequency transmitter
超高频发生器 ultra-high frequency generator
超高频发信机 ultra-high frequency transmitter
超高频放大 ultra-high frequency amplification
超高频放大器 ultra-high frequency amplifier
超高频辐射 super-high-frequency radiation
超高频辐射测量 super-high-frequency radiometry
超高频干扰器 ultra-high frequency jammer
超高频功率(测量)计 enthrakometer
超高频功率升高器 ultra-high frequency power booster
超高频功率信号发生器 ultra-high frequency power signal generator
超高频接收机 ultra-high frequency receiver
超高频量子振荡器 active maser oscillator
超高频陆地移动无线通信[讯]设备 ultra-high frequency land mobile radio communication equipment
超高频率 < 3 ~ 30 兆赫 > super-high frequency; ultra-high frequency
超高频率超声波 ultra-high frequency ultrasonic wave
超高频频谱分析仪 vectron
超高频软磁铁氧体 ferroxplana
超高频三极管 ultra-high frequency triode
超高频扫描信号分析仪 ultra-high frequency sweep signal analyser [analyzer]
超高频示波器 nanoscope
超高频试验接收机 ultra-high frequency test receiver
超高频手持式收发机 ultra-high frequency handheld transceiver
超高频四极管 ultra-high frequency tetrode
超高频探测棒 ultra-high frequency poker
超高频探测器 ultra-high frequency poker
超高频碳膜电阻器 ultra-high frequency carbon film resistor
超高频调谐器 ultra-high frequency tuner
超高频外差频率计 ultra-high frequency heterodyne wave meter
超高频无线电话机 super high frequency radiophone
超高频无线电设备 ultra-high frequency radio set
超高频相关器 ultra-high frequency correlator
超高频小型中继无线通信[讯]系统 ultra-high frequency mini-trunking radio system
超高频谐振式频率计 ultra-high frequency resonance frequency meter
超高频信号发生器 ultra-high frequency signal generator
超高频移动式收发机 ultra-high frequency mobile transceiver
超高频阴极射线管 ultra-high frequency cathode ray tube
超高频振荡器 ultra-high frequency oscillator; ultra-high frequency poker
超高频振荡三极管 dyotron
超高频转接变换器 bazooka
超高频转器 bullet transformer
超高平整粉末涂料 ultra-smooth powder coating
超高汽车检测设施 over-height vehicle detection system
超高铅黄铜 extra-high leaded brass
超高铅黄铜合金 extra-high leaded brass alloy
超高强度 super-high intensity; super-strength; ultra-high strength; ultra-strength
超高强度材料 ultra-strength material
超高强度长丝 ultra-high strength filament
超高强度钢 super-strength steel; ultra-high strength steel; ultra-strength steel
超高强度高模量纤维 ultra-high strength high-modulus fiber[fibre]
超高强度光纤 super-high-strength optic(al) fiber[fibre]
超高强度硬铝 extra-super-duralumin
超高强混凝土 ultra-high strength concrete
超高强水泥 super-high strength cement
超高桥面 super-elevated deck
超高曲线 banked curve; banking curve; super-elevated curve; raised curve < 弯道处 >
超高曲线段 super-elevated curve
超高热 ultra-hyper-pyrexia
超高摄影术 hyperaltitude photography
超高水深 < 溢流堰顶以上的 > surcharge depth
超高水位 freeboard level
超高顺坡 cant gradient; runoff super-elevation slope; super-elevation slope; cant of track super-elevation【铁】
超高顺坡率 super-elevated runoff
超高速 hyperspeed; superspeed; super-velocity; ultra-high speed; ultra-speed; hypervelocity
超高速 X 放射自显影术 ultra-high speed X-autoradiography
超高速冲撞 ultra-high velocity impact
超高速传真机 ultra-high speed facsimile
超高速磁浮系统 super-high speed magnetic levitation system
超高速存储器系统 cache system
超高速存取存储器 ultra-high access memory; zero access store
超高速存取加法 zero access addition
超高速的 super-fast; super-high speed; superspeed
超高速断续器 super-chopper
超高速纺丝 super-high-speed spinning
超高速缝纫机 ultra-high speed sewing machine
超高速复印机 extra-high speed copier; ultra-high speed copier
超高速钢 super-high steel
超高速高压规 ultra-rapid high pressure ga(u)ge
超高速公路 clearway; superhighway; thoroughfare; ultra-speed highway
超高速过滤 ultra-high rate filtration
超高速焊接 ultra-speed welding
超高速缓冲存储器 cache (buffer) memory; cache storage
超高速缓冲存储器告缺 cache storage miss
超高速缓冲存储器命中 cache storage hit
超高速缓冲存储器系统 cache memory system
超高速缓冲存储系统 memory cache
超高速缓存 cache memory
超高速火车 super-train
超高速计算机 super-high speed computer; ultra-fast computer; very high speed computer
超高速巨型计算机 giant ultra-high-speed computer; ultra-high speed computer
超高速空气动力学 hypervelocity aerodynamics; super-aerodynamics
超高速粒子 ultra-high speed particle
超高速列车 ultra-speed train
超高速脉冲再生器 ultra-high speed pulse repeater
超高速碰撞 hypervelocity impact; ultra-high velocity impact
超高速气动离心机 airfuge ultra-centrifuge
超高速切削 super-high speed cutting
超高速切削钢 super-high speed cutting steel
超高速切削合金 super-high speed alloy; super-high speed cutting alloy
超高速扫描摄影机 streak camera; ultra-high speed streak camera
超高速闪光灯 ultra-rapid flasher
超高速闪光摄影 ultra-rapid flash photography
超高速射线照相术 ultra-high speed radiography
超高速摄影机 ultra-high speed camera
超高速摄影术 ultra-high speed photography
超高速数字集成电路 super-high speed digital integrated circuit
超高速瞬态记录仪 ultra-high speed transient recorder
超高速铁路 super-high speed railway; ultra-high speed railway
超高速透镜 ultra-rapid lens
超高速图像拖尾摄像机 ultra-speed streak camera
超高速硬化水泥 super-rapid hardening cement
超高速照相器械 ultra-high speed photographic instrument
超高速照相仪器 ultra-high speed photographic instrument
超高速自由流 hypervelocity free flow; hypervelocity free stream
超高填方 extra fill
超高填土 extra-banking
超高图表 chart for super-elevation
超高弯道 banked bend; banked turn
超高碗形曲面 banked bowl
超高温 extraordinarily high temperature; hyperthermal; ultra-temperature
超高温材料 hyperthermal material
超高温的 super-duty
超高温度计 hyperthermometer
超高温合金 super-therm alloy
超高温耐火材料 extreme temperature refractory
超高温温度表 hyperthermometer
超高温温度计 hyperthermometer; ultra-thermometer
超高温压机 ultra-high temperature press
超高稳定性 ultra-stability
超高系统 ultra-high vacuum system
超高限度 cap the climax
超高箱 < 指集装箱 > over-height container
超高效空气过滤器 high efficiency particulate absolute air filter
超高性能计算机系统 high performance computer system
超高蓄水 surcharge storage
超高蓄水量 surcharge storage; surcharge storage capacity
超高压 ultra-high voltage; extremely high voltage【电】; hyperpressure; super-high pressure; supertension
超高压泵 super-pressure pump
超高压测量 ultra-high pressure measurement
超高压带 overpressured zone
超高压灯 super-pressure lamp
超高压电 extra-high voltage
超高压电场 extra-high voltage electric(al) field
超高压电缆 extra-high tension cable
超高压电缆纸 extra-high tension cable paper
超高压电力网 super-tension network
超高压电路 extra-high tension circuit
超高压电网 super-grid
超高压电源 extra-high tension supply
超高压电子发射显微镜 ultra-high voltage electron microscope
超高压发生器 extra-high voltage generator; extremely high tension generator
超高压阀 extra-high pressure valve
超高压高温技术 ultra-high pressure and high temperature technique
超高压汞灯 ultra-high pressure mercury (vapor) lamp; ultra-pressure mercury lamp
超高压锅炉 super-high pressure boiler
超高压合成金刚石压力机 super-high pressure synthetic (al) diamond press
超高压化学 super-piezochemistry

超高压混凝土泵 super-high-pressure concrete pump
超高压技术 super-high pressure technique; super-pressure technology; ultra-high pressure technique
超高压胶管 super-high-pressure hose
超高压聚乙烯反应釜 super-high pressure polyethylene reaction pot
超高压绝缘子 extra-high tension insulator
超高压宽极距静电除尘器 super-high tension and wide spacing electrostatic precipitator
超高压力 super-pressure
超高压脉冲发生器 extra-high tension pulse generator; pulse extra high-tension generator
超高压密封 super-high pressure sealing
超高压汽轮机 super-high pressure turbine
超高压容器 ultra-high pressure vessel
超高压烧结 ultra-high pressure sintering
超高压设备 extra-high tension unit; super-pressure plant
超高压输电网 super-grid
超高压水银灯 extra-high pressure mercury(vapor) lamp; mercury super-pressure lamp; super-high voltage mercury lamp
超高压缩比发动机 extra-high compression engine
超高压缩机 super-high compressor
超高压套管 extra-high voltage bushing
超高压添加剂 extreme pressure additive
超高压线路带电作业 working on live ultra-high tension power lines
超高压压缩机 super-high pressure compressor
超高压岩层 abnormal pressure formation
超高压液压机 super-high pressure hydraulic press
超高压蒸汽 extra-high pressure steam
超高压整流器 extra-high tension rectifier
超高压装置 ultra-high pressure apparatus
超高盐度热储 hypersaline reservoir
超高样板 superelevation templet
超高早强波特兰水泥 ultra-high-early-strength Portland cement
超高早强硅酸盐水泥 <即特快硬硅酸盐水泥,其强度等级按 12 小时抗压强度计算> ultra-high-early-strength Portland cement
超高折射玻璃细珠 super-high refractive index optic(al) beads
超高折射光学玻璃 extra-high refractive index optic(al) glass
超高真空 ultra-high vacuum
超高真空泵 ultra-high vacuum pump
超高真空单色仪 ultra-high vacuum monochromator
超高真空镀膜机 ultra-high vacuum coater
超高真空分离规 extractor ionization ga(u)ge
超高真空工艺学 ultra-high vacuum technology
超高真空化学气相沉积 ultra-high vacuum chemical vapo(u)r deposition
超高真空计 ultra-high vacuum meter
超高真空密封 ultra-high vacuum seal
超高质过滤 ultra-high quality filtration
超高质滤池出流物 ultra-high quality filter effluent
超高质水 ultra-high quality water
超高转变率 <超高缓和段一定长度间的坡率变化> super-elevation runoff
超高转角 super-elevated corner
超高阻比较器 high megohm resistance comparator
超高阻表 high megohmmeter
超哥德斯顿粒子 super-goldstone
超格 super-lattice; ultra-lattice
超镉 epicadmium
超镉共振积分 epicadmium resonance integral
超镉能 epicadmium energy
超镉能区 epicadmium energy region
超镉通量 epicadmium flux
超镉中子 epicadmium neutron
超镉中子裂变 epicadmium neutron fission
超个体 complex organism; perogamism
超工业时代 post-industrial era
超工作故障 hyperactive fault
超公差线材 <因辊缝加大造成的> flat rod
超功的 super-power
超功率 overpower; super-power
超功率电台 super-power station
超功率电站 super-power station
超功率管 super-power tube
超功率时快速停堆 overpower scram
超功率运载火箭 super-booster
超共轭效应 hyperconjugation
超共轭作用 hyperconjugation
超共析钢 hypereutectoid steel
超购 above-quota purchase; purchase beyond state quota
超钴钻头 super-cobalt drill
超固结比 over-consolidation ratio
超固结的 over-consolidated
超固结黏[粘]土 over-consolidated clay; over-consolidation clay
超固结土 over-consolidated soil; pre-loaded soil
超固结土层 over-consolidated soil deposit
超固结效应 effect of over-consolidation; over-consolidation effect
超固结作用 over-consolidation
超固体 super-solid
超固土结沉积物 over-consolidated soil deposit
超固相线的 super-solidus
超固相线烧结 super-solidus sintering
超故障表 super-fault list
超关键字 super-key
超灌 overfill(ing)
超光 ultraphotic
超光测仪 ultra-optimeter[optometer]
超光电摄像管 aeriscope; scenioscope; super-emitron; super-iconoscope
超光电摄像机 super-emitron camera; super-iconoscope
超光度计 ultra-microscopic; ultra-photometer
超光速 super-velocity of light
超光速粒子 super-light particle
超光速子 tachyon
超光源反射器 extra-light reflector
超光泽镀镍法 super-Gleamax
超光子 photinos; tachyon
超光子贝塔衰变 photino β-decay
超广角的 fish eye
超广角镜头 bugeye lens; ultra-wide-angle lens
超广角摄影 super-wide-angle photograph
超广角摄影机 fish-eye camera
超广角摄影术 super-wide-angle photography
超广群 hypergroupoid
超广限式调整器 extended broad range regulator
超规范 super-ga(u)ge
超规范场论 super-ga(u)ge field theory
超规范子 gaugino
超规格集装箱 over-dimension container
超规则 hyperrule
超硅靶视像管 super-sicon
超硅镁层 ultra-sima; ultra-simatic layer
超轨道速度 super-orbital velocity
超国家公司 super-national corporation; supranational corporation
超国家机构 super-national bodies; super-national institution; super-national organization
超国境污染 pollution beyond national boundary; trans-frontier pollution
超国境污染物影响 pollutant effect beyond national boundary
超过 above; dominance; enhancement; exceed; flow over; forereach; outbid; outreach; outrun; outstep; outstrip; outwards; overpass; overrun(ning); overtopping; run over; surpass; overbalance
超过报话费 excess charges
超过倍率 excess multiplication factor
超过标号容量 exceed label capacity
超过标准长度的 king size
超过标准尺寸 outsize(d)
超过标准的 over-proof
超过标准时间的宽限百分率 percentage allowance over-standard time
超过尺寸 over-size
超过尺寸范围 scale out
超过初期灭火能力的火灾 escaped fire
超过船级检验年限的船 outclass
超过磁鼓容量 exceed drum capacity
超过大气压的压力 pressure in excess of atmospheric pressure; relief pressure
超过贷款 exceed credit
超过道路范围的附加运输费 overhaul
超过的时间 <长途电话中的> overtime hours
超过的业务量 overflow traffic
超过定额 over-fulfil the quota; overrate
超过额 excess; overage; surplus
超过额定的 over-proof
超过额定界限 overrun
超过额定频率 over-frequency
超过额再保险 excess reinsurance
超过法定权限的行为 ultra-vires act
超过法定限额的银行贷款 excess loan
超过范围 exceed capacity; excess capacity; overrun
超过概率 exceedance probability; probability of exceedance
超过工作需要的人员雇佣 featherbedding
超过供应量的销售 sales made in advance of delivery
超过共同海损 excess general average
超过规定标高以下浚挖的数量 over-dredging
超过规定尺寸 over-dimensioning; overga(u)ge
超过规定的行程 overtravel
超过规定的运距 over haul
超过规定重量的 overweight
超过函数 excessive function
超过回船期 leave break
超过或不足条款 more or less clause
超过基准耦合度的分贝数 decibels above reference coupling
超过基准噪声的分贝数 decibels above reference noise
超过激励能力 over-drive capability
超过价格 exceed the price
超过价值 excess value
超过假期 break liberty; leave leave
超过监督范围 runaway
超过界线 overshooting
超过界限 transgress
超过刻度范围 scale out
超过历史最高水平 top all previous records
超过临界点 postcritical
超过滤 hyperfiltrate
超过滤处理 hyperfiltration treatment; ultra-filtration treatment
超过滤法 hyperfiltration process; ultra-filtration; ultra-filtration process
超过滤脱盐 hyperfiltration desalination
超过滤作用 hyperfiltration; ultra-filtration
超过路程单填明数量货物 excess freight
超过免费标准的运距 overhaul
超过面值 above par
超过某一特定值的频率 exceedance frequency
超过票面以上的价格 <股票> at a premium
超过票面值的证券 premium bond
超过频率 frequency of exceedance; over-frequency
超过屈服强度的应力 stress beyond yield strength
超过容许压力 exceeding the pressure
超过容许值的污染 intolerable contamination
超过上限 over-ceiling
超过设计(需要)的 over-designed
超过施工期限 time overrun
超过时间 overtime
超过时限 timing over
超过实际损失的赔偿 exemplary damages
超过数 exceedance
超过数检验 exceedance test
超过速度标准 exceed the speed limit
超过速度限度 exceed the speed limit
超过损失保险 excess insurance
超过弹性极限的损坏 elastic failure
超过提货单填明数量货物 excess cargo
超过调压 overcast
超过停泊日期数 day on demurrage
超过停车时间 excess parking period
超过现值数 excess present value
超过现值指数 excess present value index
超过限额 in excess of the quota
超过许可吃水 overdraft
超过业务量 overflow
超过一层的住宅 maisonette
超过一定尺寸的 over-size
超过约定租期 overlap
超过运送期间 exceed the transit period
超过运用资金的购买 overtrading
超过正常的电压 excess voltage
超过正常范围 overrun
超过支付能力 more than they can afford
超过指定距离的运输 overhaul
超过轴重 exceeding the permitted weight per axle
超过装卸期限的日期 day on demurrage
超过资产实质的估价 watering

超过租船合同货量的运费 over-freight
超过租赁资产已服务的价值 expiration of the service value
超函数 hyperfunction
超行 out-of-line
超行距走纸 paper slew; paper throw
超合金 super-alloy
超合金粉末加工 super-alloy power processing
超核 hypernucleus; super-nucleus
超荷 hypercharge; supercharge
超荷标志灯 overload light
超荷级 overload level
超荷交换相互作用 supercharge-exchange interaction
超荷载 overburdening; over load
超荷载因素 factor of over-capacity
超荷子质量态 charging mass state
超褐煤 metalignitous coal
超黑电平 blacker-than-black level
超痕量 extreme trace; super-trace analysis; ultra-trace
超痕量分析 ultra-trace analysis
超痕量元素 ultra-trace element
超恒常现象 superconstancy phenomenon
超恒范钢 super-Invar
超恒温器 super-thermostat
超恒星 excessive star
超红外 extreme infrared
超后气相色谱法 hyperpressure gas chromatography
超厚玻璃板 extra-thick sheet glass
超厚钢管 extra-strong pipe
超厚浆环氧沥青漆 extra-high build epoxy bituminous paint
超厚(膜)涂层 ultra-high build coating
超候选者 hyperalternative
超弧 hyperarc
超弧电流 arcing current
超化学计量的 super-stoichiometric
超环境试验系统 hyperenvironment test system
超环量 super-circulation
超环面 hypertorus; toroid; toroidal surface
超环面结构 toroid structure
超环面进口导向叶片 toroidal intake guide vanes
超环面粒子加速器 donut; doughnut
超环面母圆 generant of the toroid
超环面透镜 toroidal lens
超幻视术 hyperpseudoscopy
超幻线干扰信号 ghost signal
超幻(像)电路 super-phantom circuit
超换接 super-commutation
超换位子 hypercommutator
超黄金份额 super-gold tranche
超回路 hyperloop
超混杂复合材料 super-hybrid composite material
超活动故障 hyperactive fault
超活力突变型 super-vital mutant
超活体染色 supravital staining
超活性 super-activity
超火流星 super-bolide
超机体的 superorganic
超积 ultra-product
超基 hyperbase
超基性暗拼岩 ultra-basic appinite
超基性变质岩类 ultra-basic metamorphic rocks
超基性玻璃 ultra-basic glass
超基性的 ultra-basic
超基性火成岩 ultra-basic igneous rock
超基性熔岩 ultra-basic lava
超基性岩 ultrabasic rock
超基性岩浆 ultra-basic magma
超基性岩类 ultra-basic rocks
超基性岩铜镍面 copper-nickel deposit in ultra-basic rock
超基性岩元素 elements of ultra-basic rock
超基性杂岩体 ultra-basic complex
超激磁 overexcitation
超激发 super-excitation
超级 highest quality
超级奥氏体耐热不锈钢 super-ascoloy
超级班轮 super-liner
超级标准 super-standard; super-criterion
超级波特兰水泥 super Portland cement
超级不膨胀钢 super-non-expansion steel
超级不锈的 super-stainless
超级测微计 super-micrometer; ultra-micrometer
超级测微仪 super-micrometer; ultra-micrometer
超级长绒 extra-long staple
超级城市 mega(lo)polis; super-city
超级磁泡 super-bubble
超级大港 superport
超级大陆 super-continent
超级大学 megaversity
超级导磁钢 super-isoperm
超级道路网 super-network
超级的 super-duty
超级涤气器 super-scrubber
超级电力网 super-power system
超级电力系统 super-power system
超级电子显微镜 super-microscope
超级叠加剖面 extra stack section
超级镀膜 high grade coating
超级多孔铁铜合金 super-oilite
超级发电厂 super-power plant
超级防水加硬多涂层光学镜片 super-water proof multi-coated lens
超级分配 super-commutation
超级干散货船 super bulk carrier
超级钢 super-steel
超级港(口) super-port; super-harbo(u)r
超级高频 <300 吉赫以上> far-end infrared frequency
超级高速铁路线 superline
超级公路 <包括高速公路、快速公路及公园公路等> superhighway
超级公路快车道 motor-road super highway
超级公司 super-business; super-corporation
超级拱形橡胶护舷 super-arch rubber fender
超级鼓形橡胶护舷 super-cell rubber fender
超级管理机构 super-agency
超级灌水系统 superflooding system
超级光学计 ultra-optimeter [optometer]
超级硅酸盐水泥 super Portland cement
超级硅质耐火材料 super-duty silica refractory
超级焊机 super-welder
超级航空母舰 super-carrier
超级合金 super-alloy
超级核大国 nuclear superpower
超级恒导磁率铁镍合金 super-isoperm
超级恒温器 super-attemperator; ultra-thermostat
超级恒温水浴 thermostatic water-circulator bath
超级轰炸机 super-bomber
超级后巴拿马型(集装箱)龙门起重机 super post Panamax gantry crane
超级化学 metachemistry
超级化张量 hyperpolarizability tensor
超级环境 super-environment
超级火箭 super-rocket
超级货船 super-carrier
超级计算机 super-computer; ultra-computer
超级检验 super-check
超级减水剂 high range water-reducing admixture
超级建筑 megastructure
超级胶条 super-spacer
超级街区 superblock
超级节热器 super-miser
超级结构 hyperstructure; superstructure
超级巨轮 super-ship
超级客班轮 super-liner
超级客轮 <大型豪华的> super-liner
超级块段 superblock
超级快车 <美> super-liner
超级快凝水泥 super-fast-setting cement
超级离心机 ultra-centrifuger
超级联路 hyper link
超级链 hyper link
超级列车 super-train
超级垄断 super-monopoly
超级滤网 ultra-filter
超级路面混合材料 superpave mix
超级旅客列车 super-liner train
超级铝镁合金板 super-magaluma
超级铝锌镁合金 super-alumag
超级轮胎 super-tire[tyre]
超级媒体 hypermedia
超级镁铝(锰)合金 super-magaluma
超级名牌商品 <被世界公认和使用的商品> super-brand
超级耐火材料 super-duty refractory; super-refractory
超级耐火混凝土 super-duty refractory concrete
超级耐火砖 super-duty fireclay brick
超级耐热材料 superheat resisting material
超级耐热合金钢 super-alloy steel
超级耐蚀铜镍合金 super-nickel
超级尼尔瓦(铁镍钴)合金 super-nilvar
超级镍钴钢 super-Invar
超级镍合金 super-nickel alloy
超级镍铁磁性合金 super-malloy
超级抛光 super-polishing
超级刨床 super-surfacer
超级盆地 super-basin
超级膨胀 hyperinflation
超级坡明伐恒导磁率合金 super perminvar
超级坡莫合金 super-permalloy
超级起电机 super-generator
超级气田 super-giant gas field
超级汽车 supercar
超级汽油 super-gasoline
超级潜孔钻机 downhole super-drill
超级青铜 super-bronze
超级轻合金 ultra-light alloy
超级清漆 super-varnish
超级燃料 super-fuel
超级润滑脂 superior grease
超级散货船 super-bulk carrier
超级散货轮 superbulker
超级筛 super-sifter
超级商场 superstore
超级商店 superstore
超级商行 super-business
超级时间继电器 super-time relay
超级矢量计算机 super-vector computer
超级市场 hypermarket; self-service department(al) store; supermarket
超级市场批发商 rack jobber
超级市场子系统定义记录 supermarket subsystem definition record
超级水泥 super-cement
超级顺磁性 super-paramagnetism
超级斯通合金 super-ston
超级锁定 super-lock
超级特快列车 super-express train
超级投影仪 ultra-project meter
超级推轮 super-push
超级脱硫 ultra-sweetening
超级瓦斯矿井 super-rank gas mine
超级瓦斯煤矿 super-category gassy mine
超级瓦斯隧道 superclass gas tunnel
超级万能测长机 super-optic
超级微处理机 super-microprocessor
超级微机水分测定仪 super-microcomputer processed moisture tester
超级微(型计算)机 super-microcomputer
超级温度计 ultra-thermometer
超级文本【计】 hypertext
超级文明世界 super-civilization
超级吸湿材料 super-slurper
超级洗涤机 super-scrubber
超级系统 super-system
超级显微镜 hypermicroscope; super-micrometer; super-microscope
超级线路网 super-network
超级限 ultra-limit
超级橡胶 super-rubber
超级小型(计算)机 supermini
超级信道网络互联系统 hyper-channel network interlinked system
超级性能 super-performance
超级研光道林纸 super-calendered woodfree printing paper
超级研光封皮纸 super-calendered cover paper
超级研光纸 super-calendered paper
超级研磨 super-finish(ing)
超级殷钢 super-Invar
超级硬度 super-hardness
超级硬铝 super-dural(umin)
超级硬铝合金 extra-super-duralumin alloy
超级硬木板 super-hardboard
超级邮轮 super-liner
超级油槽车 super-tanker
超级油船 super-large tanker; super-tanker
超级油船码头 super-tanker wharf
超级油轮 megatanker; super-large tanker; super-tanker; very large crude carrier; oilberg <20 万吨级以上>
超级油轮码头 super-tanker wharf; very large crude-oil carrier terminal
超级油田 super-giant oil field
超级增塑剂 super-plasticizer; super-plasticizing additive; super-plasticizing admixture
超级增塑添加剂 super-plasticizing additive
超级轧光纸 super-calendered finish
超级辗光机 super-calender
超级战斗机用汽油 super-combat gasoline
超级针状焦 super-premium needle coke
超级制绳钢丝 extra special improved plough steel wire
超级转换堆 super-converter
超级自航挖泥船 super-hopper dredge(r)
超级自行车 superbike
超级组 super-group
超极化 hyperpolarization; super-polarization

超极化率 hyperpolarizability; superpolarizability
超急排斥 hyperacute rejection
超急性排斥反应 hyperacute rejection
超集 super-set
超集约轮换放牧 close folding grazing
超几何的 hypergeometric(al)
超几何等待时间分布 hypergeometric(al) waiting time distribution
超几何方程 hypergeometric(al) equation
超几何分布 hypergeometric(al) distribution; super-geometric(al) distribution
超几何函数 hypergeometric(al) function
超几何级数 hypergeometric(al) progression
超几何曲线 hypergeometric(al) curve
超几何微分方程 hypergeometric(al) differential equation
超几何尾区概率 hypergeometric(al) tail-area probability
超几何学 hypergeometry
超脊木瓦 combining
超计划节约 economy above the plan
超计划利润 extra plan profit
超记录 overwriting
超记时间 check time
超记忆梯度法 super-memory gradient method
超加和性 super-additivity
超加氢裂化 ultra-cracking
超加氢裂化产物 ultra-crackate
超加热 superheat(ing)
超加速器 ultra-accelerator
超加性 super-additivity
超加折射 exaltation
超甲基化 super-methylation
超价值观念 hyperquantivalent idea; over-valued idea
超尖端的 ultra-sophisticated
超碱玻璃 ultra-mafic glass
超碱的 ultra-basic
超碱海水 super-saline marine
超碱性 hyperalkalinity; super-alkalinity
超碱性的 hyperalkaline
超碱性岩 hyperalkaline rock
超碱岩类 ultra-basic rocks
超建 outbuild
超降雨历时 duration of rainfall excess
超交换 super-exchange
超交换作用 super-exchange interaction
超交联高分子吸附剂 hyper-crosslinked polymeric adsorbent
超交联树脂 hypercrosslinked resin
超胶子 gluino
超焦 hyperfocus
超焦的 hyperfocal
超焦距测定表 hyperfocal chart
超焦距(离) hyperfocal distance; hyperfocus
超阶 super-stage
超阶跃变容二级管 supercapister
超节点 super-node
超结构 superstructure
超结构线 superstructure line
超结合 hyperconjugation
超结核【地】 paramudras
超结晶格子 super-lattice
超解 super-solution
超界托运 out-of-ga(u)ge consignment
超筋的 <指钢筋混凝土> over-reinforced
超筋梁 over-reinforced beam
超筋破坏 compression failure
超筋设计 over-reinforced design
超紧 hypercompact; super-compact
超紧密堆积作用 over-packing
超近景摄影 extreme close-up photograph
超近距立体摄影 hypostereography
超近摄影测量 macrophotogrammetry; ultra-close-range photogrammetry
超近摄影镜头 macrolens
超浸辐射热测定器 hyperimmersed bolometer
超经济的行政手段 supraeconomic administrative measures
超经济控制 supraeconomic controls
超经济强制 extraeconomic coercion; supraeconomic compulsion
超经济占有 possession by supraeconomic measures
超经验的 superempirical
超晶胞 super-cell
超晶格 super-lattice
超晶格材料 super-crystal lattice material
超晶格高速开关器件 super-lattice high speed switch device
超晶格结构 super-lattice structure
超晶格量子阱 super-lattice quantum well
超晶格有序化 super-lattice ordering of defects
超晶体材料 super-crystal lattice material
超精白 super-fine white
超精表面 super-finish
超精度 extra accuracy; extra precision; ultra-precision
超精度光学比较仪 ultra-optimeter [optometer]
超精度扫描激光密度计 ultra-scan laser densitometer
超精度生产 ultra-precision manufacture
超精度投影(光学)比较仪 ultra-project meter
超精度显示器 ultra-precision display
超精加工 fine finish; microstoning; super-finish(ing)
超精加工表面 surperfinish surface
超精加工机床 super-finisher; super-finishing machine
超精加工面 super-finish surface
超精加工装置 super-finishing equipment
超精炼 super-refining; ultra-fining
超精炼过程 ultra-fining process
超精馏 super-fractionation
超精馏器 super-fractionator
超精馏柱 super-fraction column
超精馏作用 super-fraction
超精密测量 ultra-precise measurement
超精密齿轮 ultra-precision gear
超精密的 hyperfine; ultra-sophisticated; ultra-precise
超精密焊机 super-welder
超精密激光测距仪 ultra-precise laser distance measuring instrument; ultra-precise laser rangefinder
超精密位移传感器 ultra-precise displacement sensor
超精密无线电工程 micronics
超精磨 super-grinding; super-honing
超精细场 hyperfine field
超精细弛豫 hyperfine relaxation
超精细磁场 hyperfine magnetic field
超精细磁线 hyperfine magnetic line; microwire
超精细的 hyperfine
超精细共振 hyperfine resonance
超精细光谱 hyperfine spectrum
超精细结构 hyperfine structure; super-fine structure
超精细结构参数 hyperfine structure parameter
超精细结构多重线 hyperfine structure multiplet
超精细结构耦合 hyperfine coupling
超精细结构谱 hyperfine structure spectrum
超精细结构谱线 line of hyper-fine structure
超精细量子数 hyperfine quantum number
超精细显影液 ultra-fine grain developer
超精细相互作用 hyperfine interaction
超精细跃迁 hyperfine transition
超精相干性 hyperfine coherence
超精整机 super-finishing machine
超精整磨石 super-finishing stone
超净的 super-clean; ultra-clean
超净(工作)台 super-clean bench
超净化工作台 super-purgative working table
超净空系统 ultra-clean air system
超净煤 super-cleaned coal
超净试剂 super-pure reagent
超净水 super-pure water
超径 over-size; over-size of hole【岩】
超径百分数 percent coarser
超径材料 over-sized material
超径鹅卵石 <10 毫米> over-size cobble
超径骨料 over-size aggregate
超径集料 over-size aggregate
超径孔 clearing hole; over-size hole
超径砾石 over-size gravel
超径料 over-sized material
超径切削 overcut
超径岩芯 <用薄壁钻头取得的> over-size core
超静定 redundance; static indetermination
超静定次数 degree of indeterminacy; degree of indeterminates; degree of redundancy; degree of statical indeterminacy; degree of static indeterminacy
超静定的 hyperstatic; indeterminable; redundant; statically indeterminable; statically indeterminate; statically indetermined
超静定度 degree of hyperstaticity; degree of redundancy
超静定反力 redundant reaction; statically indeterminate reaction
超静定反力法 method of redundant reaction
超静定杆件 redundant; redundant member
超静定刚架 indeterminate frame
超静定构架 hyperstatic frame; indeterminate frame [framing]; redundant frame; statically indeterminate framework
超静定桁架 indeterminate truss; statically indeterminate truss
超静定结构 hyperstatic structure; indeterminate structure; kinematically determinate structure; redundant structure; statically indeterminate structure; static indeterminate structure
超静定空间 statically indeterminate frame
超静定框架 redundant frame
超静定力 redundant quantity
超静定梁 beam redundant; indeterminate beam; redundant beam; statically indeterminable beam; statically indeterminate beam; static indeterminable beam
超静定量 redundant quantity
超静定桥梁 hyperstatic bridge
超静定(体)系 hyperstatic system; statically indeterminate system
超静定系数 coefficient of redundancy
超静定系统 hyperstatic system; statically indeterminate system
超静定线性方程组 over-determined linear equations
超静定性 hyperstaticity; indeterminateness; static indeterminacy; redundancy
超静定应力 statically indeterminate stress
超静定支承 redundant support
超静孔隙水压力 excess pore water pressure
超静水压力 excess hydrostatic(al) pressure; hydrostatic excess pressure
超静水压试验 <钢管的> hydrostatic overpressure test
超静态热储 static reservoir
超锔 transcurium
超矩形 hyperrectangle
超巨大企业 megabusiness
超巨砾 very large boulder
超巨星 super-giant star
超巨型 super-giant
超巨型计算机 super-super-computer
超巨型离子 ultra-macroion
超巨型油轮 colossal tanker; ultra-large crude carrier
超距土方 overhaul yardage
超距运费 cost of overhaul; overhaul charges
超距作用 action at a distance
超距作用理论 action at a distance theory
超聚合物 super-polymer
超聚酯 super-polyester
超卷曲 super-coil; super-crimp; super-helix
超绝热 super-adiabatic; super-insulation
超绝热的 super-adiabatic
超绝热的状态 super-adiabatic state
超绝热对流 super-adiabatic convection
超绝热体 super-insulant
超绝热直减率 super-adiabatic lapse rate
超绝热状态 super-adiabatic state
超绝缘 over-insulation; super-insulation
超绝缘测试仪 high megohmmeter
超绝缘计 teraohmmeter
超绝缘体 super-insulant; super-insulator
超卡兰 ultra-calan
超开度容量 <水轮机> over-gate capacity
超抗磁 super-diamagnetic
超科 super-family
超可变密码子 hypervariable codon
超可见阈 suprathreshold visibility
超可描画图 hypertraceable graph
超可描绘图 hypotraceable graph
超可约三角代数 hyperreducible triangle algebra
超空化 super-cavitation
超空化流 super-cavitating flow
超空化水翼 super-cavitating hydrofoil
超空间 super-space
超空泡 super-cavitation
超空泡流 super-cavity flow

超空泡螺旋桨 super-cavitating propeller
超空泡水流 super-cavitating flow
超空泡水翼 super-cavitating hydrofoil
超空泡水翼船 super-cavitating craft
超空蚀 super-cavitation
超空蚀水流 super-cavitating flow
超空蚀水翼 super-cavitating hydrofoil
超空蚀水翼船 super-cavitating craft
超空元素 ultra-spatial element
超孔隙水 excess pore water
超孔隙水压力 excess pore(water) pressure
超控 override
超控刹车 overriding brake
超控选择阀 override selector valve
超控制动 overriding brake
超口径弹迫击炮 spigot mortar
超夸克 squarks;super-quark
超跨 overpass;super-span
超跨导管 super-control tube
超快 ultra-fast
超快车道 clearway
超快复元光电二极管 ultra-fast recovery photodiode
超快箍缩 ultra-fast pinch
超快连闪光 continuous ultraquick light;ultra-quick continuous flushing light
超快脉冲 ultra-fast pulse
超快凝水泥 super-fast-setting cement
超快扫描摄影机 electronic streak camera;streak camera
超快扫描照相机 streak camera
超快闪光 ultra-quick flushing light;ultra-quick light
超快速挤压 ultra-high speed extrusion
超快速冷却 ultra-fast cooling
超快现象 ultra-fast phenomenon
超快硬水泥 super-rapid hardening cement;ultra-rapid hardening cement
超快中子 ultra-fast neutron
超宽 horizontal tolerance;over-width
超宽度动态范围 ultra-wide dynamic(al) range
超宽发动机 over-square engine
超宽钢箍 super single tire[tyre]
超宽货 over-width cargo
超宽轮胎 super single tire[tyre]
超宽频带示波器 super-wide band oscilloscope
超宽频带信号发生器 ultra-wide band signal generator
超宽视场立体显微镜 extra-wide field stereo-microscope
超宽视角物镜 super-wide-angled object glass
超宽银幕 super-scope
超宽组合 super-wide array
超奎宁 ultra-quinine
超扩散 over-dispersion
超阔幅布 extra-wide cloth
超拉 overstretching;over-tensioning
超拉曼极化率 hyper Raman polarizability
超拉曼增益 hyper Raman gain
超拉伸(法) super-drawing
超浪 overwash
超老化 super-ag(e)ing
超老化混合胶 super-ag(e)ing mix
超类 superclass
超冷 super-cool
超冷冰片 subcooled flake ice
超冷磁铁 supercooled magnet
超冷空气 supercooled air
超冷线圈 super-conducting coil;supercooled coil
超冷中子 ultra-cold neutron
超离心沉积 ultra-centrifugal sedimentation
超离心法 ultra-centrifugal method
超离心机法 ultra-centrifuge method
超离心技术 ultra-centrifuging
超离心研磨机 ultra-centrifugal mill
超离心元件 ultra-centrifugal cell
超离域性 super-delocalizability
超离子导体 super-ionic conductor
超离子晶体 super-ionic crystal
超理想 ultra-ideal
超力阀 overpower valve
超立方体 hypercube
超立体 super-solid
超立体感 super-stereoscopic effect
超立体观察 hyperstereoscopic view(ing)
超立体观察法 hyperstereoscopy
超立体畸变 hyperstereoscopic distortion
超沥青 ultra-albanite
超粒化 super-granulation
超粒径材料 over-size material
超粒子 super-particle
超连通的 hyperconnected;ultra-connected
超联结 hyperconjugation
超亮 super-bright;ultra-bright
超量 overbalance;surplus
超量包裹 parcel in excess
超量曝光 over-exposure
超量播种 excess planting
超量补偿 overcompensation;super-compensation
超量程 outrange;overrange
超量冲洗 overdevelop(ment)
超量电度表 excess meter
超量法 method of excess
超量灌溉 overirradiation
超量规则 overflow rule
超量恢复 over-recovery;over-restoration
超量货物<票上填写的> overage;over-freight
超量孔隙排水通道 drainage path for excess pore water
超量砾石 excess gravel
超量配筋的 over-reinforced
超量配筋混凝土 over-reinforced concrete
超量取(地下)水 excess draft;overdevelop(ment);overdraft;overdraught;overpumping
超量水<年汲水量与补给量之差> water of cistonnage
超量水溢流堰 waste weir
超量替代 excessive substitution
超量压力 excessive pressure
超量营养法 super-alimentation
超量运送人 over carrier
超量值 out of range value
超量装药开炸 over charge blasting
超量子化 hyperquantization;super-quantization
超裂缝 super-crevice
超裂片 hyperfragment
超临界参数装置 super-critical plant
超临界抽取面积 super-critical area of extraction
超临界抽提过程 super-critical extraction process
超临界的 above-critical;epicritical;over-critical;postcritical;hypercritical;super-critical
超临界电场 over-critical electric(al) field
超临界二氧化碳萃取 super-critical carbon dioxide extraction
超临界二氧化碳技术 super-critical carbon dioxide technology
超临界反应堆 super-critical reactor
超临界含矿流体 super-critical ore fluid
超临界河流 super-critical river;super-critical stream
超临界化学反应 super-critical chemical reaction
超临界回收 super-critical recovery
超临界机翼 super-critical wing
超临界急流 super-critical flow
超临界晶核 super-critical nucleus
超临界链式核反应 super-critical nuclear chain reaction
超临界流 rapid flow;shooting flow;super-critical flow;super-critical stream
超临界流动 super-critical flow;super-critical stream
超临界流速 higher critical velocity;super-critical velocity
超临界流速河流 super-critical stream
超临界流体 super-critical fluid
超临界流体层析 super-critical fluid chromatography
超临界流体萃取 super-critical fluid extraction
超临界流体色谱法 super-critical fluid chromatography
超临界流体色谱法傅立叶变换红外光谱法联用 super-critical fluid chromatography-Fourier transform infrared spectroscopy
超临界流体色谱法-质谱法联用 super-critical fluid chromatography-mass spectrometry
超临界流体色谱仪 super-critical fluid chromatograph
超临界马赫数 beyond-critical Mach number
超临界气流 super-critical flow
超临界屈曲 postbuckling
超临界屈曲状态 postbuckling behavio(u)r
超临界湿式氧化(法) super-critical wet oxidation
超临界水 super-critical water
超临界水流 fully rough flow;super-critical flow;hypercritical flow
超临界水溶液 super-critical aqueous solution
超临界水系统 super-critical system
超临界水氧化 super-critical water oxidation
超临界水氧化法 process of super-critical oxidation
超临界水氧化反应器 super-critical water oxidation reactor
超临界水氧化反应器方法 super-critical water oxidation reactor method
超临界水氧化反应器仪表 super-critical water oxidation reactor apparatus
超临界水氧化工艺 super-critical water oxidation process
超临界水氧化技术 super-critical water oxidation technique
超临界水氧化系统 super-critical water oxidation system
超临界速度 higher critical velocity;super-critical speed
超临界体积 super-critical volume
超临界条件 super-critical condition
超临界现象 super-critical phenomenon
超临界性 super-criticality
超临界循环 super-critical cycle
超临界压降涡轮机 choked-flow turbine
超临界压力 super-critical pressure
超临界压力发电厂 super-pressure plant
超临界压力锅炉 supercharged boiler;super-critical pressure boiler
超临界压力循环 super-critical pressure cycle
超临界氧化 super-critical oxidation
超临界液固相层析 super-critical fluid-solid chromatography
超临界液固相色谱法 super-critical fluid-solid chromatography
超临界液液相层析 super-critical fluid-liquid chromatography
超临界液液相色谱法 super-critical fluid-liquid chromatography
超临界蒸汽发电厂 super-critical steam power plant
超临界蒸汽涡轮机技术 super-critical steam turbine technology
超临界蒸汽压力 super-critical steam pressure
超临界质量 super-critical mass
超临界转子 super-critical rotor
超临界状态 above-critical state;super-criticality;super-critical state
超临界阻尼 super-critical damping
超临时河流 super-critical river;super-critical stream
超灵敏氨基酸分析仪 ultra-sensitive amino-acid analyser[analyzer]
超灵敏冲击测量仪 ultra-sensitive impact measurement device
超灵敏磁强计 ultra-sensitive magnetometer
超灵敏磁倾仪 super-dip
超灵敏的 over-delicate;super-sensitive
超灵敏地震计 ultra-sensitive seismometer
超灵敏度 extra-sensitivity;super-sensitivity;ultra-sensitivity
超灵敏度的 extra-sensitive;super-sensitive
超灵敏度地震计 ultra-sensitive seismometer
超灵敏度氢检测器 ultra-sensitive hydrogen detector
超灵敏化 hypersensitization
超灵敏继电器 super-sensitive relay
超灵敏黏[粘]土 extra-sensitive clay;ultra-sensitive clay
超灵敏性 hypersensitivity;ultra-sensitiveness
超灵敏性黏(黏)土 quick clay
超龄保险费 age premium
超龄船(舶) overage vessel;overall vessel
超流 super-fluid flow
超流动的 hyperfluid
超流动临界速度 critical velocity of super-flow
超流动性 hyperfluidity;super-fluidity
超流动性判据 criterion for super-fluidity
超流氦理论 super-fluid helium theory
超流化床 hyperfluidized bed
超流回转仪 super-fluid gyroscope
超流量试验 excess flow test
超流水线 super-pipeline
超流态氦 super-fluid helium
超流体 hyperfluid;super-fluid
超流体核 super-fluid core
超流体静压力 hydrostatic excess pressure
超流体理论 super-fluidity theory
超流体密度 super-fluid density
超流体模型 super-fluid model
超流体性 hyperfluidity;super-fluidity
超流新相 new super-fluid phases
超漏 super-leak

超滤 ultra-fine filtration; hyperfiltration; ultra-filtration
超滤电去离子工艺 ultra-filtration electrondeionization technology
超滤动态膜 ultra-filtration dynamic membrane
超滤法 hyperfiltration method
超滤反应器 ultra-filtration reactor
超滤坩埚 ultra-filtration crucible
超滤机 super-filter
超滤集 ultra-filter
超滤监测器 ultra-filtration monitor
超滤经济学 hyperfiltration economy
超滤理论设计 hyperfiltration theoretic(al) consideration
超滤滤液 ultra-filtrate
超滤膜 hyperfiltration membrane; ultra-filter membrane; ultra-filtration membrane
超滤膜过滤 ultra-filtration membrane filtration
超滤膜面 ultra-filtration membrane surface
超滤膜生物反应器 ultra-filtration membrane bioreactor
超滤器 super-filter; ultra-filter; ultra-fine fibre[fiber]
超滤设备 ultra-filtration apparatus
超滤土 super-filtrol
超滤无机膜 hyperfiltration inorganic membrane; ultra-filtration inorganic membrane
超滤系统 hyperfiltration system; ultra-filtration system
超滤学论 ultra-filtration theory
超滤液 hyperfiltrate
超滤应用 hyperfiltration application
超滤子 ultra-filter
超滤作用 ultra-filtration
超率赔款再保险 stop-loss reinsurance
超螺线管 super-solenoid
超螺旋 super-coil; super-helix; super-spiral
超螺旋管 super-solenoid
超螺旋密度 super-helix density
超螺旋圈数 number of super-helical turns
超螺旋性 super-helicity
超码 super-code; super-key
超埋排水管 surcharged drain
超买 long position; over-buy
超买部位 over-bought position
超卖 over-sell; over-sold; short position
超卖持有额 over-sold position
超慢速冷却 ultra-slow cooling
超毛细的 super-capillary
超毛细管 super-capillary
超毛细管间隙 super-capillary interstices
超毛细管孔隙 super-capillary pore
超毛细管孔隙率 super-capillary porosity
超毛细管渗流 super-capillary seepage
超毛细管渗透 super-capillary percolation; super-capillary seepage
超毛细空隙 super-capillary interstices
超毛细孔隙 super-capillary interstices
超毛细渗透作用 super-capillary percolation
超毛细现象 super-capillary
超锚环 hypertorus
超媒体 hypermedia
超镁铁喷出岩类 ultra-mafic extrusive rock group
超镁铁岩 ultra-mafic rock; ultra-mafite
超镁铁岩分类图 classification of ultra-mafic rocks
超镁铁岩构造 ultra-mafic structure
超镁铁岩化学类型 chemical type of ultra-mafic rock
超镁铁岩类 ultra mafites
超镁铁质的 ultra-mafic
超镁铁质岩 ultra-mafite
超镁铁质岩类 ultra-mafic rocks
超糜棱结构 ultra-mylonitic texture
超糜棱岩化 flint crush rock; ultra-mylonite
超米粒 hypergranule super-granule
超米粒泡 super-granular cell
超米粒组织 hypergranulation; super-granulation
超密等离子体 over-dense plasma
超密度级硬质纤维板 super-hardboard
超密封型 hyperseal
超密恒星 super-dense star
超密切曲线 super-osculation curve
超密切性 hyperosculation
超密态核反应 pycnonuclear reaction
超幂 ultra-power
超幂零 hypernilpotent
超冕 super-corona
超面值缴入资本 additional paid-in capital; capital surplus; paid-in capital in excess of par value; premium on capital stock
超敏断路器 hypersensor
超敏反应 hypersensitivity
超敏感的 super-sensitive
超敏感黏(粘)土 extra-sensitive clay; super-sensitive clay
超敏感性 super-sensitivity
超敏感元件 hypersensor
超敏感作用 hypersensitization
超敏化剂 super-sensitizer
超敏化浴 hypersensitizing bath
超敏化作用 hypersensization; super-sensitization
超敏性 hypersensitivity
超模发生器 super-mode generator
超模激光器 super-mode laser
超模技术 super-mode technique
超模竞争 super-mode competition
超模型 hypermodel
超模振荡器 super-mode generator
超膜滤 ultra-membrane filtration
超目 super-order
超目标承包 contract for higher than the norm
超目标利润 profits in excess of the norm
超耐火砖 super-duty brick
超耐磨材料 ultra-wear-resistant material
超耐磨炉黑 super-abrasion furnace black
超耐热不锈钢 super-alloy
超耐热合金 super-alloy; superheat resisting alloy
超耐热镍合金 astrology
超年资制度 super-seniority
超黏(粘)的 super-plastic
超黏(粘)土粒 ultra-clay
超黏(粘)滞扩散 excess viscous dissipation
超镍钢合金 super-mumetal alloy
超柠檬白 extra-lemon pale
超凝固 super-solidification
超凝固现象 super-solidification
超扭曲液晶 super-twisted nematic liquid crystal
超浓卤水 hypersaline brine
超浓缩 hyperconcentration
超浓缩果汁 super-concentrated juice
超浓缩机 super-thickener
超浓缩无泡沫洗衣粉 super-concentrated low-sud laundry detergent
超浓缩油 extra heavy oil
超抛物体 hyperparaboloid
超配(钢)筋的<指钢筋混凝土> heavily reinforced; over-reinforced
超配筋的混凝土 heavily reinforced concrete; over-reinforced concrete
超配筋断面 over-reinforced section
超配筋混凝土梁 over-reinforced concrete beam
超配筋梁 over-reinforced beam
超膨胀黏[粘]胶纤维 super-inflate
超票面价格 premium
超票面值缴入资本 capital contributed in excess of par value
超频保护装置 over-frequency protection
超频继电器 over-frequency relay
超频率 over-frequency
超平场显微镜投影镜头 ultra-plane microscope projection lens
超平流层 super-stratosphere
超平面 hyperplane; lineoid; perplanar; planoid
超平面定理 hyperplane theorem
超平面方法 hyperplane method
超平面判定边界 hyperplane decision boundary
超平行 hyperparallels
超平行六面体 hyperparallelopiped
超平行体 parallelotope
超坡莫高透磁合金 ultra-perm
超坡莫合金 super-malloy; super-permalloy
超曝气 super aeration
超期服役机械 overaged machine
超期还船 overlap
超期用房 stayover room
超奇异粒子 hyperstrange particle
超气泡水流 super-cavitating flow
超气泡水翼 super-cavitating hydrofoil
超气泡水翼船 super-cavitating craft
超气压 excess air pressure
超气压深潜器 hyperbaric vehicle
超汽蚀 super-cavitation
超汽蚀水流 super-cavitating flow
超汽蚀水翼 super-cavitating hydrofoil
超汽蚀水翼船 super-cavitating craft
超前 advance; advancing; lead(ing); look ahead; pilot raise; preact
超前白色 leading white
超前板桩 spile
超前板桩法(掘进) spiling
超前波 advance wave
超前剥离 advance stripping
超前剥离平台 prestripped bench
超前补偿 lead compensation
超前补偿机 advancer
超前补偿器 advancer; lead compensator; phase advancer
超前超重像 leading ghost
超前成圈<俗称前吃> reverse timing; advanced timing; early timing
超前充填带 advance pack; buttress pack
超前重影 leading ghost
超前导洞 pilot heading; pilot tunnel; pilot-tunnel heading; pioneer drift; pioneer tunnel
超前导洞掘进法 pioneer tunnel method
超前导坑 pilot advance; pilot drift; pioneer heading
超前导坑法 pilot-bore method
超前等离子体 preplasma
超前电流 leading current
超前电路 lead-circuit
超前电位 advanced potential
超前电压 leading voltage
超前负载 leading load
超前工程设计 advanced engineering and design
超前工作面 advance face; advance heading; first advance; leading face; leading place
超前工作面灌浆 advance grouting
超前功率因数 leading power factor
超前沟 advance cut; key cut
超前管幕 advanced pipe-roofing
超前灌浆 pregrouting; advance grouting
超前和落后时间 lead and lag time
超前和滞后<国际收支> lead and lag
超前黑色 leading black
超前换向 early commutation; over-commutation
超前或拖后角 angle of dig or drag
超前畸变 early distortion
超前角 angle of advance; angle of lead; lead; lead(ing) angle; phase lead
超前校正 anticipatory control; lead compensation
超前紧急调速器 preemergency governor
超前进度 ahead of schedule
超前进位产生器 look-ahead carry generator
超前进位法 carry lookahead
超前进位加法器 carry look ahead adder
超前经费 advance fund
超前井 pilot shaft
超前卷绕 head wind
超前掘进 advance development
超前掘进工作面 pilot heading
超前开拓道路 advance heading
超前孔 guide hole
超前控制 advanced control; anticipatory control; lead control; look-ahead control
超前梁 advance beam; forepole
超前乱真信号 leading spurious signal
超前脉冲 prepulsing
超前煤巷 leading heading
超前炮眼 guide hole
超前平巷 advance heading; fore drift; leading heading
超前屏蔽 look ahead
超前切刀 preceding cutter
超前刃式钻头 silot
超前伸梁 forepole; forestope; Larssen's spile
超前伸梁掘进法 forepoling; spiling
超前时间 lead(ing) time
超前式 look-ahead system
超前式螺旋泵筒 worm rose shell
超前势 advanced potential
超前试验区 pilot area
超前台阶式掘进法 heading overhand bench method
超前探测 forward probe
超前探水 water-detecting in advance
超前探水孔 advance water-detecting hole
超前探水钻孔 coverhole
超前探眼 flank hole
超前套管 pilot casing; pilot pipe; pilot tube
超前同步混合型 combined leading-synchronous type
超前网络 anticipation network; lead network; phase-lead network
超前维护 advance maintenance
超前位置线 advanced line of position
超前相 leading(-in) phase
超前相角 leading phase angle
超前相位 leading phase
超前巷道 advance gallery; advance working; pilot drift; pilot working
超前项 advance item; leading-in phase
超前小平巷 advanced gallery; pioneer

tunnel
超前效应 leading effect
超前信号 anticipating signal
超前寻址 one-ahead addressing
超前预防器 anticipater[anticipator]
超前帧 advance frame
超前支撑 forepoling
超前支护 advance(d) support; forepole; leading support; spiling
超前支架 advance timbering; forepole; fore support
超前支架大梁 stepping service girder
超前支架前伸梁 forepoling arm
超前支架设备 stepping formwork equipment
超前指标 leading indicator
超前滞后 lead-lag
超前滞后补偿 lead-lag compensation
超前滞后控制 lead-lag control
超前滞后网络 lead-lag network
超前纵梁 horeshead
超前钻 probe drill
超前钻进 drilling ahead; predrilling
超前钻孔 advanced bore(hole); advanced drillhole; advancing boring; exploratory(bore)hole; guide hole; pilot drill(hole)
超前钻孔开凿开井法 drilled raise
超前钻探 advancing boring; advancing drilling; drift boring; pilot boring
超前钻头 pilot bit
超前钻眼 pilot drilling
超前作用 anticipation
超浅成相【地】super-hypabyssal facies; ultra-hypabyssal facies
超浅水波 extra shallow wave
超嵌合体 hyperchimaera
超强 X 射线 super-hard X-ray
超强包装 over-packaging
超强磁场 ultra-strong magnetic field; very high magnetic field
超强磁铁 super-magnet
超强刺激物 super-strong stimulus
超强电磁吸盘 super-power electro-magnetic
超强度 over-strength; ultra-strength
超强度材料 over-strength material; ultra-strength material
超强度的 super-strength
超强度管 extra-strength pipe
超强钢 ultra-fort steel
超强钢管 extra-strength pipe; extra-strong pipe
超强功率激光器 super-power laser
超强合成纤维 super-strong synthetic fibres
超强合成纤维筋 tendon of super-strong synthetic fibres
超强碱催化剂 super-acidic catalyst; super-basic catalyst
超强聚焦 super-strong focusing
超强力碳纤维 super-strong carbon fibre
超强力纤维 super-fiber[fibre]
超强流加速器 super-current accelerator
超强铝 super-duralumin
超强铝活塞合金 supra piston alloy
超强黏[粘]胶纤维 super-viscose fibre [fiber]
超强钕铁硼永磁合金 ultra-powerful Nd-Fe-B permanent magnetic alloy
超强束 ultra-intense beam
超强系梁【船】over-lashing
超强相互作用 super-strong interaction
超强永磁 super-power permanent magnetic
超强纸 extra-strong paper
超强中子源 very intense neutron source
超切削装置 overbook cutter
超轻便式 ultra-portable
超轻隔热夹芯板 super-light insulated sandwich panel
超轻火石玻璃 extra-light flint glass
超轻量手提式电动喷雾器 ultra-low weight portable power-driven sprayer
超轻型飞机 ultra-light aircraft
超轻型式 ultra-portable
超轻子 sleptons
超倾磁力仪 super-dip
超穷的 transfinite
超穷归纳法 transfinite induction
超球带函数 zonal hyper-spheric(al) function
超球多项式 ultra-spheric(al) polynomial
超球函数 ultra-spheric(al) function
超球面 hypersphere
超球面函数 hyperspheric(al) function
超球面几何学 hypersphere geometry
超球面坐标 hyperspheric(al) coordinates
超球体函数 hyperspheroidal function
超球外的土 extraterrestrial soil
超区 super-zone
超曲面 hypersurface
超曲面的法线 normal to hyper-surface
超曲面等直线图程序 hypersurface contour map program(me)
超曲面趋势分析 hypersurface trend analysis
超曲线 hypercurve
超屈服 excessive yielding
超全的 superwhole
超全色胶片 hyperpanchromatic film
超阈限感觉 tel(a)esthesia
超群 hypergroup; super-group
超群变换器 super-group translator
超群标识 super-group designation
超群的 dominant
超群调制解调器 super-group modem
超群多路分解器 super-group demultiplexer
超群多路复用器 super-group multiplexer
超群分配 super-group allocation
超群解调器 super-group demodulator
超群连接器 super-group connector
超群滤波器 super-group filter
超群译码器 super-group translator
超群转换设备 super-group translating equipment
超群组合 super-group assembly
超然独立 detachment type
超然科学 pataphysics
超绕杆天线 batwing aerial; super-turnstile antenna
超热 superheat
超热材料 hyperthermal material
超热的 above thermal; epithermal; hyperthermal; super-thermal
超热等离子分析仪 suprathermal plasma analyser[analyzer]
超热电离 extrathermal ionization
超热电子 suprathermal electron
超热电子尾 super-thermal electron tail
超热活性 epithermal activity
超热力学的 extrathermodynamics
超热力学法 extrathermodynamic(al) method
超热力学函数 excess thermodynamic(al) function
超热能 epithermal energy
超热能区 epithermal region
超热(能)中子 above-thermal neutron; epithermal neutron
超热区(域) epithermal region; super-heated region
超热热电偶 hyperthermocouple
超热蒸汽 superheated steam
超热质子轫致辐射 suprathermal proton bremsstrahlung
超热中子 epithermal neutron
超热中子测井 epithermal neutron log
超热中子测井器 sidewall neutron (porosity) log
超热中子反应堆 epithermal reactor
超热中子放射性 epithermal activity
超热中子俘获 epithermal capture
超热中子活化 activation of epithermal neutron; epithermal neutron activation
超热中子活化分析 epithermal neutron activation analysis
超热中子激活 epithermal activation
超热中子裂变 epithermal fission
超热中子漏失 epithermal leakage
超热中子钍反应堆 epithermal thorium reactor
超热中子吸收 epithermal absorption
超热中子吸收极限 epithermal absorption limit
超热状况 <土温的> hyperthermic condition
超人 superman
超人差测微计 impersonal micrometer
超人差测微器 impersonal micrometer
超人差等高仪 impersonal astrolabe
超人尺度 <指超过人尺度的空间尺度> super-human scale
超日冕 super-corona
超容量 overcapacity
超溶(解)度 super-solubility
超溶(解)度曲线 super-solubility curve
超熔线 hypersolvus
超乳白搪瓷 super-opaque enamel
超乳白釉 super-opaque glaze
超软 ultra-soft
超软弱黏[粘]土 ultra-soft clay
超软性 super-soft
超锐定向天线 super-directive antenna
超锐定向性 super-directivity
超弱相互作用 super-weak interaction
超弱作用力 super-weak force
超三代码 excess three code
超三极管 ultra-audion
超三极管振荡器 ultra-audion oscillator
超三角形噪声 hypertriangular noise
超扫描 super-scanning
超色 hypercolo(u)r
超色层法 ultra-chromatography
超色谱法 ultra-chromatography
超色性的 hyperchromic
超色增感 super-sensitization
超上同调 hypercohomology
超设定值投入股本 capital in excess of stated value
超设定值投入资本 paid-in capital in excess of stated value
超射 overshot
超射频率 ultra-radio frequency
超深 extra depth; over-depth; over-driving
超深冲钢 extra deep-drawing steel
超深的 ultra-deep
超深断裂 ultra-deep fracture
超深耕 trench plowing
超深耕犁 miner; mining plow
超深海底 ultra-abyssal bottom
超深花纹轮胎 extra deep tread tire; extra tread tire[tyre]
超深井 extradeep well
超深井油井水泥 super-deep well oil well cement
超深井钻杆 over-deep boring rod
超深开采 ultra-deep mining
超深勘探 ultra-deep exploration
超深孔钻进 super-deep hole drilling
超深木桩 over-driving of wood pile
超深潜水 ultra-deep dive
超深水墩 ultra-deep pier
超深稳定土搅拌机 super-deep soil stabilizer
超深渊 hadal depth
超深渊沉积作用 hadal sedimentation
超深渊带 hadal zone
超深渊海沟 <在海洋下 6000 米以下的> hadal sea channel
超深源热水 thermal water from very deep origin
超深桩 over-driven pile
超深钻 Mohole; Mohorovicic discontinuity hole; super-drill
超深钻井 Mohole drilling
超深钻孔 super-deep(drill) hole
超甚低密度采样 super-low density sampling
超渗降水量 excess precipitation; precipitation excess
超渗降雨历时 duration of rainfall excess
超渗径流 rainfall excess
超渗溶液 hyperosmotic solution
超渗融雪水 snowmelt excess
超渗雨 excess rain
超渗雨量 excess rainfall; net rainfall; rainfall excess; precipitation excess
超生长 super-grown
超生长型晶体管 super-grown transistor
超生反应 super-vital reaction
超声 supersonic; supersonic sound; super-sound
超声 Q 开关 ultrasonic Q-switch
超声 X 线断层照相术 ultrasonic tomography
超声笔感应板 ultrasonic pen table
超声变幅杆 ultrasonic amplitude transformer bar
超声波 super-audible; supersonic (wave); ultra-audio wave; ultrasonic wave; ultrasonic(sound); ultra-sound
超声波拔丝 ultrasonic wire drawing
超声波拔桩机 ultrasonic extractor
超声波比重计 ultrasonic densimeter
超声波变换器 ultrasonic converter
超声波布拉格盒 ultrasonic Bragg cell
超声波布拉格衍射 ultrasonic Bragg diffraction
超声波材料试验法 ultrasonic method of material testing
超声波材料试验仪 ultrasonic apparatus for material testing
超声波测厚 ultrasonic thickness measurement
超声波测厚计 soniga(u)ge; supersonic thickness ga(u)ge; ultrasonic thickness ga(u)ge; ultrasonic thickness meter; ultrasonic thickness tester
超声波测厚器 ultrasonic thickness indicator
超声波测厚仪 soniga(u)ge; sonizon; supersonic thickness meter; ultrasonic thickness ga(u)ge; ultrasonic thickness measuring unit; ultrasonic thickness meter; audiga(u)ge <一种移动式的>
超声波测距 ultrasonic ranging
超声波测量 ultrasonic measurement
超声波测量法 ultrasonic method of measuring

C

超声波测量高度计 ultrasonic wave height meter
超声波测量仪 ultrasonic meter
超声波测流 ultrasonic flow measurement
超声波测流法 ultrasonic ga(u)ging method
超声波测流器 ultrasonic flow detector
超声波测脑仪 sono-encephalograph
超声波测谱学 supersonic spectrometry;ultrasonic spectrometry
超声波测深(法) supersonic echo sounding;ultrasonic echo sounding
超声波测深计 ultrasonic depth finder
超声波测深器 fathometer;supersonic sounder;ultrasonic depth finder
超声波测深仪 fathometer;supersonic sounder;ultrasonic depth finder
超声波测深装置 ultrasonic echo sounding device
超声波测试 ultrasonic test(ing)
超声波测试器 ultrasonic tester
超声波测试设备 ultrasonic testing equipment
超声波测试装置 ultrasonic inspection system
超声波测水深计 supersonic type detector
超声波测速仪 ultrasonic meter
超声波测探(法) supersonic sounding
超声波测微计 ultrasonic micrometer
超声波测温法 ultrasonic temperature measurement
超声波测温仪 ultrasonic temperature measuring apparatus
超声波测验钢轨列车 ultrasonic rail-testing train
超声波测云器 ultra-high frequency sound device
超声波层析 X 射线摄影术 ultrasonic tomography
超声波查漏仪 ultrasonic leak detector
超声波常数 ultrasonic grating constant
超声波场 ultrasonic field
超声波车辆检测器 ultrasonic vehicle detector
超声波成像 ultrasonic imaging
超声波成像技术 ultrasonic imaging technique
超声波成像仪 ultrasonic imaging device
超声波成像照相机 ultrasonic image camera
超声波成型 supersonic forming;ultrasonic forming
超声波成衣机械 ultrasonic apparel machinery
超声波抽提 ultrasonic extraction
超声波抽提器 ultrasonic extractor
超声波除尘 supersonic dedusting;supersonic dust removal;ultrasonic dedusting;ultrasonic dust removal
超声波除垢器 ultrasonic cleaner;ultrasonic scaler;ultrasonic scaling apparatus
超声波除藻 ultrasonic algae removal
超声波处理 ultrasonic treatment;ultrasonic processing
超声波处理装置 ultrasonic treatment unit
超声波传播 ultrasonic propagation
超声波传播速度试验 pulse velocity test
超声波传感器 supersonic transducer;ultrasonic sensor;ultrasonic transducer
超声波传声器 ultrasonic microphone
超声波淬火 supersonic quenching
超声波萃取 ultrasonic extraction
超声波萃取器 ultrasonic extractor
超声波存储器 acoustic(al) storage;ultrasonic memory
超声波打孔 ultrasonic drilling
超声波打孔机 ultrasonic drilling machine
超声波的 hyperacoustic;supersonic;ultra-audible
超声波等温测厚仪 supersonic isothermal pachymeter
超声波等压线 supersonic isobar
超声波地震学 ultrasonic seismology
超声波点焊 ultrasonic spot welding
超声波点焊机 ultrasonic spot welder;ultrasonic spot welding machine
超声波电视 ultra-sonovision
超声波电视摄像管 ultrasonic television camera tube
超声波定位器 dodar determination of direction and range;supersonic locator
超声波定向和测距装置 dodar
超声波动测速计 ultrasonic fluctuation velocimeter
超声波段 supersonic range
超声波断层摄影诊断仪 ultrasonic tomographic apparatus
超声波断层造影法 ultrasonic degradation
超声波断层诊断仪 multiscan ultrasonic diagnostic equipment
超声波多普勒 ultra-sound Doppler's method
超声波多普勒法检测系统 ultrasonic Doppler method testing system
超声波多普勒技术 ultrasonic Doppler technique
超声波多普勒检测系统 ultrasonic Doppler testing system
超声波多普勒流量断面仪 acoustic(al) Doppler current profiler
超声波多普勒效应 ultrasonic Doppler effect
超声波多普勒诊断仪 supersonic wave Doppler diagnosing instrument
超声波多重光栅 ultrasonic multiple grating
超声波发光 ultrasonic luminescence
超声波发射换能器 ultra-sound transmitting transducer
超声波发射晶体 ultra-sound emitting crystal
超声波发射器 ultrasonic transmitter
超声波发生器 jet generator;supersonic generator;ultrasonator;ultrasonic emitter;ultrasonic frequency generator;ultrasonic generator
超声波法 <一种非破损的检验方法> couplant;supersonic method;ultrasonic method;ultrasonic process
超声波法黏[粘]度测定 ultrasonics for viscosity measurement
超声波反射法 ultrasonic reflection technique
超声波反射技术 supersonic reflection technique;ultrasonic reflection technique
超声波反射镜 supersonic reflectoscope
超声波反射试验 baffle reflection test;ultrasonic reflection test
超声波反射探伤仪 Sperry supersonic reflectoscope;supersonic reflectoscope
超声波放射照相术 sonoradiography
超声波废水处理 ultrasonic wastewater treatment
超声波分光镜 ultrasonic spectroscope
超声波分离 ultrasonic separation
超声波分散 ultrasonic dispersion
超声波分散机 ultrasonic dispersion machine
超声波分散油 supersonic dispersed oil
超声波/芬顿氧化混凝工艺 ultrasonic/Fenton oxidation-coagulation process
超声波粉碎器 ultrasonic disintegrator
超声波风洞 hypersonic wind tunnel;supersonic wind tunnel
超声波风速计 ultrasonic anemometry
超声波缝焊 ultrasonic seam welding
超声波辐射 ultrasonic radiation
超声波辐射器 ultrasonic radiator
超声波辐照 ultrasonic irradiation
超声波辐照强化降解 ultrasonic irradiation enhanced degradation
超声波腐蚀 ultrasonic erosion
超声波腐蚀测定仪 corrosion sound meter
超声波负离子发生器 ultrasonic negative-ion generator
超声波干涉计 supersonic interferometer
超声波干涉量度法 ultrasonic interferometry
超声波干涉量度学 ultrasonic interferometry
超声波干涉仪 ultrasonic interferometer
超声波感测器 ultrasonic sensor
超声波感应设备 ultrasonic sensing device;ultrasonic sensing equipment;ultrasonic sensing unit
超声波钢轨探伤 ultrasonic rail inspection
超声波钢轨探伤车 ultrasonic rail-defect detector car;ultrasonic rail inspection car
超声波钢轨探伤器 ultrasonic rail tester
超声波钢轨探伤仪 ultrasonic rail-flaw detector
超声波工程学 ultrasonic engineering
超声波功率 ultrasonic power
超声波-光催化降解 ultrasonic photocatalytic degradation
超声波光电扩散 ultrasonic photodiffusion
超声波光调制器 ultrasonic light modulator
超声波光阀 supersonic light valve;ultrasonic light valve
超声波光谱学 ultrasonic spectrometry
超声波光效应 light effect of ultrasound
超声波光栅 ultrasonic grating
超声波海流计 ultrasonic current meter[metre]
超声波焊 supersonic welding;ultrasonic bond;ultrasonic welding
超声波焊缝检查 supersonic welding inspection;ultrasonic welding inspection
超声波焊接(法) supersonic welding;ultrasonic sealing;ultrasonic soldering;ultrasonic welding;wave soldering
超声波焊接机 ultrasonic bonding machine;ultrasonic welding machine
超声波焊接装置 ultrasonic brazing unit
超声波航空油 supersonic aircraft oil
超声波厚度测定器 ultrasonic thickness indicator
超声波厚度测量 ultrasonic thickness measurement
超声波厚度计 ultrasonic thickness ga(u)ge
超声波化学 sonochemistry;ultrasonic chemistry
超声波化学工艺 ultrasonic chemical process
超声波换能器 ultrasonic transducer
超声波换能器系统 ultrasonic transducer system
超声波回波测深仪 ultrasonic echo sounder
超声波回波脉冲数字式测厚仪 ultrasonic echo-impulse digital thickness meter
超声波回波描记图 ultrasonic echogram
超声波回波脑照相术 echoencephalography
超声波回波图 echosonogram;ultrasonic echogram
超声波回火 supersonic tempering
超声波回声 ultrasonic echo
超声波回声测深器 ultrasonic echo sounder
超声波回声测深仪 echo sounder;supersonic echo sounder;supersonic echo sounding device;supersonic sounder;ultrasonic depth finder;ultrasonic echo sounder
超声波回声记录 echosonogram
超声波回声探深仪 ultrasonic depth finder
超声波混合 ultrasonic mixing
超声波混合燃料浓度检测仪 ultrasonic detector for density of mixed fuel
超声波混凝土测试仪 ultrasonic concrete tester
超声波混凝土检验 ultrasonic testing of concrete
超声波活性化 ultrasonic activation
超声波机 ultrasonic drilling machine
超声波机头 ultrasonic handpiece
超声波机械复合抛光机 ultrasonic-mechanic multiplicate polisher
超声波机械效应 mechanical effects of ultra-sound
超声波激发 ultrasonic excitation;ultra-sound excitation
超声波计 ultra-sonoscope
超声波计时器 ultrasonic ga(u)ge
超声波计数器 ultrasonic counter
超声波计算机断层摄影术 ultra-sound computerized tomography
超声波记录图 ultra-sonogram
超声波技术 ultrasonic technique
超声波继电器 supersonic relay
超声波加工 supersonic machining;supersonic processing;supersonic working;ultrasonic working;ultrasonic machining
超声波加工机 ultrasonic carver
超声波加工机床 ultrasonic machine tool
超声波加工内螺纹装置 ultrasonic internal threading unit
超声波加工设备 ultrasonic machining unit
超声波加湿器 ultrasonic humidifier
超声波加速反应 ultrasonically promoted reaction
超声波监测器 ultrasonic monitor
超声波检测 ultrasonic test(ing)
超声波检测器 supersonic detector;ultrasonic(vehicle) detector
超声波检测试验 ultrasonic test(ing)
超声波检测仪 soniscope;supersonic reflectoscope;supersonic sounding apparatus;ultrasonic detector;ultrasonic sounding apparatus;ultrasonic type detector
超声波检查 ultrasonic examination;ultrasonic inspection
超声波检查法 ultra-sonography

超声波检查仪 somascope
超声波检漏 ultrasonic leak detection
超声波检漏器 ultrasonic leak detector
超声波检验 supersonic inspection; supersonic testing; ultrasonic checking; ultrasonic inspection; ultrasonic test(ing)
超声波检验产生的大地反射 earth reflection produced by ultrasonic inspection
超声波检验车 ultrasonic inspection car
超声波检验器 supersonic type detector; ultrasonic defectoscope; ultrasonic tester
超声波检验设备 ultrasonic test equipment
超声波键合 ultrasonic bond
超声波键合器 ultrasonic bonder
超声波降解 ultra-sonotomography
超声波降解作用 ultrasonic degradation
超声波交叉光栅 ultrasonic cross grating
超声波搅拌 ultrasonic agitation
超声波接合 ultrasonic bond
超声波接收机 ultrasonic receiver
超声波洁治术 ultrasonic scaling
超声波结合强度测定计 ultrasonic bond meter
超声波截面显像仪 ultrasonic cross-sectional imaging unit
超声波解聚合作用 ultrasonic depolymerization
超声波界面变送器 supersonic boundary surface transmitter
超声波金属焊接 ultrasonic metal welding
超声波金属厚度测定器 soniga(u)ge
超声波金属检查 ultrasonic metal inspection
超声波金属探伤 ultrasonic metal inspection
超声波浸没探伤技术 ultrasonic immersion technique
超声波浸渍 ultrasonic immersing
超声波晶粒细化 supersonic grain refinement
超声波晶体 ultrasonic crystal
超声波精研机 ultrasonic lapping machine
超声波净化 ultrasonic cleaning
超声波净化处理 acoustic(al) gas purification
超声波净化器 ultrasonic cleaning set
超声波静电喷涂机 ultrasonic electrostatic sprayer
超声波静电涂漆 ultrasonic static painting
超声波聚结 ultrasonic coagulation
超声波卷筒纸断裂指示器 ultrasonic web-break detector
超声波开关 ultrasonic switch
超声波空化 ultrasonic cavitation
超声波空化现象 ultrasonic cavitation
超声波空间光栅 ultrasonic space grating
超声波空气动力学 hypersonic aerodynamics; supersonic aerodynamics; ultrasonics
超声波控制 ultrasonic control
超声波快速扇形扫描仪 ultrasonic rapid sector scanner
超声波扩压器 supersonic diffuser
超声波雷达 ultrasonic radar
超声波粒子监测器 ultrasonic particle monitor
超声波连续波光谱仪 ultrasonic continuous wave spectrometer
超声波量测量仪表 ultrasonic flow measuring instrument
超声波料面计 ultrasonic level ga(u)ge
超声波料位计 ultrasonic level meter
超声波料位指示器 ultrasonic level indicator
超声波裂缝探测仪 crack meter
超声波裂纹检测 ultrasonic crack detection
超声波裂纹探测器 supersonic crack detector
超声波零件清洗装置 ultrasonic cleaning unit
超声波流 supersonic flow; ultrasonic current
超声波流量计 supersonic flow meter; ultrasonic flow meter; U-ga(u)ge
超声波流量检查 ultrasonic flow inspection
超声波流速仪 ultrasonic current meter[metre]
超声波录像仪 ultrasonic videocorder
超声波滤波器 ultrasonic filter
超声波马达 ultrasonic motor
超声波脉冲 supersonic (sound) pulse; ultrasonic(sound) pulse
超声波脉冲测强法 ultrasonic pulse method for strength
超声波脉冲传输器 supersonic impulse transmitter
超声波脉冲发射器 ultrasonic impulse transmitter
超声波脉冲发生器 ultrasonic pulse generator
超声波脉冲法 <测混凝土强度的> supersonic pulse method; ultrasonic pulse method
超声波脉冲非破坏检验 non-destructive test by ultrasonic pulse
超声波脉冲衰减法 ultrasonic-pulse attenuation
超声波漫射器 supersonic diffuser
超声波灭菌法 ultrasonic sterilization
超声波膜厚计 ultrasonic film thickness ga(u)ge
超声波衲缝法 pinsonic quilting
超声波能 ultrasonic energy
超声波能学 hypersonics
超声波黏[粘]度计 ultrasonic visco(si)meter; ultra-visco-(si)meter
超声波黏[粘]结 ultrasonic bonding
超声波凝结 ultrasonic coagulation
超声波凝结器 ultrasonic agglomerator
超声波凝聚 ultrasonic agglomeration; ultrasonic bubble camber; ultrasonic coagulation
超声波浓度变送器 supersonic density transmitter
超声波浓度仪 ultrasonic concentrator
超声波喷雾器 supersonic atomizer
超声波喷雾吸入法 ultrasonic nebulization
超声波偏压 supersonic bias
超声波频 super-audio; supra-acoustic frequency
超声波频淬火 hyperacoustic quenching
超声波频的 super-audible
超声波频段 supersonic range
超声波频计 ultrasonic wavemeter
超声波频记录器 ultra-sonography
超声波频录像 ultra-sonograph
超声波频率 supersonic frequency; ultra-audible frequency; ultrasonic frequency
超声波频谱 supersonic spectrum
超声波频谱学 ultrasonic spectroscopy
超声波频闪观测器 ultrasonic strobolux; ultrasonic stroboscope
超声波破坏 ultrasonic destruction
超声波破解 ultrasonic disintegration
超声波破裂传播 supersonic rupture propagation
超声波破乳化 ultrasonic emulsion breaking
超声波破碎 ultrasonication
超声波谱 ultrasonic spectrum
超声波气流风速仪 supersonic flow anemometer
超声波气泡探测仪 supersonic gas bubble detector
超声波器件 ultrasonic device
超声波钎焊 ultrasonic brazing; ultrasonic soldering
超声波钎焊烙铁 ultrasonic soldering iron
超声波钎焊装置 ultrasonic brazing unit; ultrasonic soldering unit
超声波切割 ultrasonic cutting; ultrasonic dicing
超声波切面显像 ultra-sound tomogram
超声波切面诊断仪 ultrasonic tomography
超声波切片机 supersonic microtome; ultrasonic microtome
超声波清洁器 ultrasonic cleaner
超声波清理 sonic cleaning
超声波清理机 ultrasonic clearing machine
超声波清洗 supersonic cleaning; ultrasonic cleaning; ultrasonic washing
超声波清洗工艺 ultrasonic cleaning process
超声波清洗机 ultrasonic cleaner; ultrasonic washing machine; ultrasonic wave cleaner
超声波清洗器 ultrasonic cleaner; ultrasonic cleaning machine
超声波清洗箱 supersonic cleaning tank; ultrasonic cleaning tank
超声波清洗装置 ultrasonic cleaning equipment
超声波区 <不能传播声波的区域> hyperacoustic zone
超声波全息术 ultrasonic holography; ultra-sonoholography
超声波全息图 ultrasonic hologram
超声波全息照片 ultrasonic hologram
超声波全息照相法 ultrasonic holography
超声波全息照相术 ultrasonic holography
超声波热处理 supersonic heat treatment
超声波热合 ultrasonic sealing
超声波热合密封 ultrasonic sealing
超声波热效应 thermal effect of ultrasound
超声波乳化器 ultra-emulsifier
超声波乳化作用 ultrasonic emulsification; ultrasonic homogenization
超声波软(钎)焊 ultrasonic soldering
超声波扫描 supersonic scanning; ultrasonic scanning
超声波扫描成像系统 ultrasonic scanning image system
超声波扫描器 ultrasonic scanner
超声波扫描术 ultra-sonography
超声波扫描照相术 ultrasonic scanography
超声波色散 ultrasonic dispersion
超声波扇形切面诊断仪 ultrasonic wave quadrant section diagnostic meter
超声波设备 ultrasonic device
超声波射流 supersonic jet
超声波(射)束 ultrasonic beam
超声波摄像机 ultrasonic camera
超声波深度测定器 echo depth sounding sonar
超声波深度测试仪 ultrasonic depth finder
超声波深拉延 supersonic deep drawing
超声波渗氮 supersonic nitriding
超声波生物接触氧化 ultrasonic biological contact oxidation
超声波生物学 supersonic biology
超声波声化学 ultrasonic sonochemistry
超声波石英 ultrasonic quartz
超声波时效 supersonic aging
超声波示波器 ultra-oscilloscope
超声波示波诊断法 ultra-sonoscopic method
超声波式遥控 ultrasonic remote control
超声波试验 supersonic test; ultrasonic test(ing)
超声波试验法 ultrasonic testing method
超声波试验仪器 ultrasonic testing apparatus
超声波受波器 <探伤器的> receiver of ultrasonics; receiving transducer of ultrasonics
超声波输出计 ultrasonic output meter
超声波束 ultrasonic beam
超声波数字水位计 ultrasonic digital water level ga(u)ge
超声波衰减测量仪 ultrasonic attenuation measuring device
超声波水泥分析器 ultrasonic cement analyser[analyzer]
超声波水听器 ultrasonic hydrophone
超声波水位计 ultrasonic fluviograph
超声波水位仪 supersonic water level measuring equipment; ultrasonic water level measuring equipment
超声波水下探测法 asdic method
超声波水下探测器 asdic(gear)
超声波水下通信[讯] ultrasonic underwater communication
超声波水准仪 ultrasonic level ga(u)ge; ultrasonic level meter
超声波速 hypersonic speed; supersonic velocity
超声波速的 ultrasonic
超声波速飞行 supersonic flight
超声波速空气动力学 supersonic aerodynamics; supersonics
超声波速扩压器 supersonic diffuser
超声波速理论 theory of super-sonic speed
超声波速流 supersonic flow; ultrasonic flow
超声波速喷管 supersonic nozzle
超声波速喷气机 super-jet
超声波速气体动力学 supersonic aerodynamics
超声波速探伤器 supersonic detector
超声波速透喷气发动机 supersonic turbo jet
超声波速吸积 supersonic accretion
超声波塑料焊接机 ultrasonic plastic welder
超声波损伤 ultra-sound injury
超声波探测(法) supersonic sounding; ultrasonic detection; ultrasonic inspection; ultrasonic sounding
超声波探测器 supersonic detector; ultrasonic detector; ultrasonic sounder; ultrasonic type detector
超声波探测仪 soniga(u)ge; ultrasonoscope
超声波探查 supersonic inspection
超声波探伤 supersonic detection; supersonic flaw detecting; supersonic inspection; ultrasonic detection; ultrasonic examination; ultrasonic flaw detection; ultrasonic inspection
超声波探伤法 supersonic method; ul-

C

trasonic test(ing)
超声波探伤机 ultrasonic flaw-detecting machine
超声波探伤检查 ultrasonic detecting
超声波探伤器 crack meter; defectoscope; hypersonic analyser [analyzer]; supersonic crack detector; ultrasonic detectoscope; ultrasonic flaw detector; ultrasonic reflectoscope; ultrasonic test equipment
超声波探伤设备 ultrasonic test equipment
超声波探伤试验 ultrasonic test(ing)
超声波探伤条件 conditions of ultrasonic inspection
超声波探伤仪 crack meter; reflectoga(u)ge; reflectoscope; supersonic detector; supersonic flaw detector; ultrasonic crack detector; ultrasonic defect detector; ultrasonic flaw detector; ultrasonic ga(u)ge; ultrasonic inspection unit; ultra-sonoscope
超声波探头 ultrasonic probe; ultrasonic transducer
超声波探针 ultrasonic probe
超声波调光器 ultrasonic light modulator
超声波调节器 supersonic modulator; ultrasonic modulator
超声波调制器 supersonic modulator; ultrasonic modulator
超声波调制元件 ultrasonic modulation cell
超声波通信[讯] ultrasonic communication
超声波铜焊 ultrasonic brazing
超声波透镜 ultrasonic lens
超声波透热法 ultrasonic therapy; ultra-sound diathermy
超声波透热设备 ultrasonic diagnostic apparatus
超声波透入 phonophonesis
超声波图示仪 ultra-sonoscope
超声波图像 ultra-sonoscopy; ultra-sound pattern
超声波图像记录仪 ultra-sonograph
超声波图像检查 ultra-sonography
超声波图像术 ultra-sonography
超声波涂层厚度计 ultrasonic coat thickness ga(u)ge
超声波推移质测定器 ultrasonic bed-load detector
超声波推移质取样器 ultrasonic bed-load sampler
超声波脱水 ultrasonic dehydration
超声波脱水技术 ultrasonic dewatering technology
超声波脱脂 ultrasonic degreasing
超声波温度计 ultrasonic thermometer
超声波无损探伤法 ultrasonic wave nondestructive testing
超声波物理学 ultrasonic physics
超声波物位测量仪表 ultrasonic level measuring instrument
超声波物位计 ultrasonic material level meter
超声波雾化器 ultrasonic atomizer; ultrasonic atomizer apparatus; ultrasonic nebulizer
超声波吸收系数 ultrasonic absorption coefficient
超声波洗涤 ultrasonic cleaning
超声波洗涤机 sonic washing machine; ultrasonic washer
超声波洗涤器 ultrasonic washer
超声波洗净槽 ultrasonic cleaning bath
超声波洗净机 ultrasonic cleaner
超声波洗面器 ultrasonic washbasin
超声波洗手装置 ultrasonic hand-washing apparatus
超声波显示技术 ultra-sonoscopy
超声波显示装置 ultra-sonovision
超声波显微镜 ultrasonic microscope; ultra-sonomicroscope
超声波显像 ultra-sonoscopy
超声波显像法 ultrasonic imaging method; ultrasonic visualization
超声波显像探伤法 ultra-sonography; visible sound method
超声波现象 ultrasonic phenomenon
超声波像目视技术 ultrasonic image visualization technique
超声波消毒 ultrasonic disinfection; ultra-sound disinfection
超声波效应 ultrasonic effect
超声波斜角探伤试验 ultrasonic angle beam testing
超声波泄漏定位仪 ultrasonic leak locator
超声波行波 ultrasonic travelling wave
超声波型测波仪 ultra-sonic type wave ga(u)ge
超声波旋律 ultrasonication
超声波学 supersonics; ultra-phonics; ultra-acoustics; ultrasonics
超声波压力规 ultrasonic pressure ga(u)ge
超声波压气机 supersonic compressor
超声波压铸法 ultrasonic process
超声波烟道除尘 ultrasonic flue dust elimination
超声波延迟时间温度系数 ultrasonic delay time-temperature coefficient
超声波延迟线 supersonic delay-line; ultrasonic delay-line
超声波延迟线玻璃 ultrasonic deferring line glass; ultrasonic delay-line glass
超声波延迟线存储器 acoustic(al) memory; ultrasonic delay-line memory
超声波衍射显微镜 ultrasonic diffraction microscope
超声波厌氧生化法 ultrasonic anaerobic biochemical process
超声波氧化法 ultrasonic oxidation method
超声波遥焊 ultrasonic remote welding
超声波液体渗碳 supersonic liquid carburizing
超声波液体延迟线 ultrasonic tank delay-line
超声波液位计 ultrasonic level ga(u)ge; ultrasonic level meter
超声波液位开关 ultrasonic level switch
超声波液位控制器 ultrasonic level controller
超声波仪 ultra-sonoscope
超声波音动描记器 echocardiograph
超声波应力分析仪 ultrasonic stress analyser[analyzer]
超声波荧光计 supersonic fluorometer; ultrasonic fluorometer
超声波影像 ultra-sonograph
超声波硬度测试机 supersonic hardness tester
超声波诱发的氧化 ultrasonically induced oxidation
超声波浴 ultrasonic bath
超声波浴盆 ultrasonic bath basin
超声波预处理 ultrasonic pretreatment
超声波元件 ultrasonic component
超声波源 supersonic source; ultrasonic source
超声波载波 ultrasonic carrier
超声波凿岩机 ultrasonic rock drill
超声波增强 ultrasonic stimulation
超声波障碍探测器 ultrasonic obstacle detector
超声波照射 ultrasonic irradiation
超声波照相法 ultra-sonography
超声波照相机 ultra-sound camera
超声波折射检验器 ultrasonic refractoscope
超声波侦车器 ultrasonic(vehicle) detector
超声波诊断 ultrasonic diagnosis
超声波诊断法 ultrasonic diagnostic method
超声波诊断扫描仪 ultrasonic diagnostic scanner
超声波诊断仪 diasonograph; ultrasonic diagnostic apparatus
超声波振荡 supersonic oscillation; ultrasonic oscillation
超声波振荡器 supersonic generator; ultrasonic generator; ultrasonic oscillator
超声波振荡染色 ultrasonic vibration dyeing
超声波振荡水洗机 sonic washer
超声波振捣器 ultrasonic vibrator; ultrasonic vibration generator
超声波振动(法) ultrasonic vibration
超声波振动模式变换器 ultrasonic mode changer
超声波振动器 ultrasonic vibrator
超声波振动式黏[粘]度计 ultra-viscoson
超声波指示笔 ultrasonic pen pointer
超声波致光衍射 ultrasonic light diffraction
超声波助行仪 ultrasonic walking aid
超声波注浆 ultrasonic casting
超声波驻波 ultrasonic standing wave
超声波铸造 supersonic casting
超声波装置 ultrasonic device
超声波自动清洗 automatic ultrasonic cleaning
超声波自记潮位计 ultrasonic marigraph
超声波钻 ultrasonic drill
超声波钻床 ultrasonic drilling machine
超声波钻法 ultrasonic drilling
超声波钻机 ultrasonic driller
超声波钻井 supersonic wave drill
超声波钻孔 ultrasonic drilling
超声波作用 ultrasonication
超声测厚仪 ultrasonic thickness ga(u)ge
超声测深 supersonic sounding
超声测速仪 ultrasonic meter
超声测微仪 ultrasonic microscope
超声弛豫 ultrasonic relaxation
超声的 transonic; ultra-audible; ultraphonic
超声分解 sonolysis
超声分散作用 ultrasonic dispersion
超声工程 supersonic engineering; ultrasonic engineering
超声焊 ultrasonic bonding
超声焊接 ultrasonic soldering
超声-回弹综合检测仪 ultrasonic rebound combined detector
超声降解 sonolytic degradation
超声接收器 infrasound receiver
超声净化气体(法) acoustic(al) gas purification
超声空化现象 ultrasonic cavitation phenomenon
超声流 supersonic flow
超声脉冲测量仪 ultrasonic pulse velocity measurement device
超声脉冲速度 ultrasonic pulse velocity
超声膜提式环流反应器 ultrasonic airlift loop reactor
超声偏振 supersonic bias
超声频 supersonic; supra-acoustic
超声频的 super-audible
超声频电报 super acoustic telegraphy
超声频振动 supersonic vibration
超声频振动器 supersonic vibrator
超声气流 supersonic flow
超声清洗 ultrasonic cleaning
超声松弛 ultrasonic relaxation
超声速 supersonic speed
超声速冲压式喷气发动机 scramjet
超声速的 hypersonic; supersonic
超声速风洞 supersonic wind tunnel
超声速空气动力学 supersonics
超声速流 hypersonic flow
超声速喷焰 supersonic jet flame
超声速燃烧冲压式发动机 scramjet
超声探测 supersonic sounding
超声探测仪 ultrasonic detector
超声提取法 ultrasonication
超声显像探伤仪 ultra-sonoscope
超声振荡器 ultrasonator
超声振动 supersonic vibration
超声致光 sonoluminescence
超失速 super-stall
超施密特流星摄影系统 super-Schmidt meteor camera
超施密特望远镜 super-Schmidt telescope
超施密特望远镜系统 super-Schmidt telescope system
超施密特照相机 super-Schmidt camera
超石英 stipoverite; stishovite
超时 time-out; time over
超时补加费 overtime premium
超时错 time-out error
超时的 overtime
超时断开 disconnect time-out
超时费 excess time fare
超时工作 overtime work
超时过闸时限 time mode over-ride
超时火灾 extra-period fire
超时或临时加班奖金 overtime or odd shift bonus
超时计数 time-out count
超时检验 time-out check; time over-check
超时控制 time-out control
超时时间 overtime period
超时限火 extra-period fire
超时相位 override phase
超实时仿真 faster than real time simulation
超驶离合器 over-drive clutch
超示踪量 ultra-trace amount
超事业部组织 super-divisional organization
超势 super-potential
超视 ultraphotic
超视镜 super-scope; ultra-visuscope
超视距传播 beyond-the-horizon propagation
超视距传输 beyond-the-horizon transmission
超视距光学通信[讯] over-the-horizon optic(al) communication
超视距红外通信[讯] infrared over-the-horizon communication
超视距雷达 beyond visual range radar; over-the-horizon radar
超视距探测系统 over-the-horizon detection system
超视距通信[讯] beyond-the-horizon communication; over-the-horizon communication; transhorizon communication
超视觉阈 suprathreshold visibility
超视粒 amicron
超视微粒 aphantobiont
超适应 over-adaptation

超收 overcharge
超收加成收入 retained percent revenue on over-revenue
超收敛 super-convergence
超收敛传播子 super-convergent propagator
超收敛自举 super-convergent bootstrap
超收缩 super-contraction
超收缩纤维 super-contracted fibre
超收现值指数 excess present value index
超束缚粒子 super-bound particle
超数量的 supernumerary
超数学 metamathematics
超双曲线 ultra-hyperbolic
超双曲线微分方程 ultra-hyperbolic differential equation
超水力压力 excess hydraulic pressure
超水平完成 <对一般标准而言> overachieve
超水准 <指经济收入> over-privileged
超顺磁性材料 super-paramagnetic material
超瞬变电抗 subtransient reactance
超瞬变电流 subtransient current
超瞬间临界性 super-prompt criticality
超死亡 excess mortality
超死亡数 excess death number
超松弛(法) over-relaxation
超松弛因数 over-relaxation factor
超速 excessive speed; excessive velocity; overrun(ning); over-speed(ing); runaway
超速安全停机 over-speed shut-off
超速安全制动器 over-speed safety gear
超速保安器 emergency over-speed trip
超速保护 over-speed protection
超速保护装置 over-speed protection (device); safe device against over-speed
超速报警灯 over-speed warning light
超速车 <最高时速达 400 公里> transrapid
超速成长 super-normal growth
超速弛豫 ultra-fast relaxation
超速重整阀 over-speed device reset valve
超速传动 overdrive
超速传动齿轮 over-drive gear
超速传动的 over-driven
超速传动机 over-speed drive
超速传动系统 over-drive system
超速传动轴 over-drive shaft
超速传动轴轴承 over-drive shaft bearing
超速挡 overdrive; over-drive gear; overgear
超速挡装置 overtop-gear
超速道路 clearway
超速的 ultra-rapid
超速等离子体凝块 super-fast plasma bunch
超速电容器 over-drive capacitor
超速动资产 super-liquid asset
超速度 super-velocity
超速断开器 over-speed trip
超速断路器 super-chopper
超速罚款条 speeding ticket
超速防护 over-speed protection
超速防护装置 over-speed protection device
超速放大器 ultra-fast amplifier
超速放气阀 speed-sensitive release
超速复原光电二极管 ultra-fast recovery photodiode
超速干道 freeway; thoroughfare
超速干线 clearway
超速公路 superspeed road
超速功率 over-speed power
超速固定齿轮 over-drive stationary gear
超速固化 ultra-fast curing
超速光脉冲 ultra-fast light pulse
超速过滤 superspeed filtration
超速火车噪声 super-express railway noise
超速继电器 over-speed relay
超速监测设备 over-speed detection device
超速监测装置 over-speed detection unit
超速紧急脱扣 emergency over-speed trip
超速警告 over-speed alarm
超速警示灯 over-speed warning light
超速聚合 super-fast polymerization
超速空转齿轮 over-drive idler gear
超速控制 overrun control; over-speed control
超速控制器 overrun brake
超速离合器 <指当被驱动件转速超过驱动件时,离合器不起传动作用的单向离合器> over running clutch; over-drive clutch; overriding clutch
超速离合器爪回动弹簧 over-drive clutch pawl return spring
超速离心的 ultra-centrifugal
超速离心法 super-centrifugation; ultra-centrifugation
超速离心分离机 ultracentrifuge
超速离心机 super-centrifuge; ultra-speed centrifuge; ultracentrifuge
超速粒子 hypervelocity particle
超速连挂 over-speed coupling
超速联轴节 overrun coupling
超速列车 <法国> world's fastest train
超速硫化 ultra-rapid vulcanization
超速器 overdrive
超速器壳垫密片 over-drive housing gasket
超速器壳接板 over-drive housing adapter plate
超速刹车阀 overrun brake
超速闪光摄影 ultra-rapid flash photography
超速试验 excess speed test; over-speed test; over-velocity test
超速水流 ultra-rapid flow
超速索道 over-speed cableway
超速调节器 over-speed governor; runaway governor
超速跳闸 over-speed trip
超速跳闸机构 over-speed trip mechanism
超速铁路 superspeed railway
超速停车装置 over-speed shut-off
超速脱扣环 over-speed trip ring
超速脱扣销 over-speed trip pin
超速下降 over-speed lowering
超速显色剂 ultra-rapid developer
超速限制滑阀 automatic run back device
超速限制器 over-speed chopper; over-speed limiter; over-speed preventer; over-speed trip device; overspeed governor
超速相干现象 ultra-fast coherent phenomenon
超速小齿轮罩 over-drive pinion cage
超速信号 over-speed signal
超速行驶 exceed the speed limit; overdrive; speeding
超速抑制 over-drive suppression
超速运行 over-speed
超速运转 racing
超速运转扭矩 overrunning torque
超速指示器 over-speed indicator
超速制动电磁阀 over-speed braking electro-magnetic valve
超速制动阀 over-speed brake valve
超速制动器 over-speed brake gear; over-speed safety gear
超速转动 overdrive
超速状况 over-speed condition
超速自动控制器 overrunning brake
超速自行控制器 overrunning brake
超塑成型 super-plastic forming
超塑成型技术 super-plastic forming technology
超塑成型扩散焊 super-plastic forming diffusion bonding; super-plastic forming diffusion welding
超塑的 super-plastic
超塑化混凝土 super-plasticized concrete; super-plasticizing concrete
超塑化剂 super-plasticizer; super-plasticizing admixture
超塑混凝土 super-plastic concrete
超塑剂 super-plasticizer
超塑料 super-plastic
超塑性 super-plasticity
超塑性变形 super-plastic deformation
超塑性变形机制 mechanism of super-plastic deformation
超塑性材料 super-plastic material
超塑性的 super-plastic
超塑性锻造 super-plastic forging
超塑性混凝土 super-plastic [plasticized] concrete
超塑性力学 mechanics of super-plasticity
超塑性流动 super-plastic flow
超塑性黏[粘]土 extra-sensitive clay
超塑性蠕变 super-plasticity creep
超塑性陶瓷 ceramics with super-plasticity
超酸 super-acid
超酸性 super-acidity
超酸性岩(石) hyperacidite; ultra-acid(ic) rock
超随机函数 parastochastic function
超碎裂岩 ultra-cataclasite
超碎片 hyperfragment
超缩微 ultra-miniature
超缩微胶片 ultra-fiche
超缩微品 miniature
超缩微平片 ultra-fiche
超缩微像片 ultra-microfigure
超缩微照片 ultra-microfiche
超塔克斯 <一种专卖的无缝地板> Supertex
超弹性 hyperelasticity; super-elasticity
超弹性变形 hyperelastic deformation
超弹性的 hyperelastic
超弹性定律 hyperelastic law
超弹性规律 hyperelastic law
超弹性极限负荷 super-elastic load
超弹性碰撞 super-elastic collision
超弹性物体 hyperelastic body
超碳地蜡 pyroscheerite
超碳钢 super-carbon steel
超特化 overspecialization
超特性 hypercharacteristic
超梯度风 super-gradient wind
超提纯 ultra-purification
超提折旧 over-depreciation
超体积 hypervolume
超体视 appearance ratio; hyperstereoscopy
超体视全息像 hyperstereoscopic holographic(al) image
超体视像 hyperstereoscopic image
超填 extra fill; overfill; surcharge
超填挡土墙 surcharged wall
超调 overmodulation
超调边界 overshoot boundary
超调和的 ultra-harmonic
超调量 overshoot
超调现象 over-control
超铁磁性 super-ferromagnetism
超铁镁岩 ultra-mafic rock; ultra-mafite
超铁镁质的 ultra-mafic
超铁镁质结核 ultra-mafic nodule
超听的 ultra-phonic
超听觉频率 super-audibcy
超通量 over-flux
超通气 superventilation
超通气流 super-ventilated flow
超通气水翼 super-ventilated foil
超同步的 hypersynchronous; over-synchronous; super-synchronous
超同步电动机 super-synchronous motor
超同步速度 super-synchronous speed
超同步制动 hypersynchronous braking
超统一 super-unification
超透磁合金 super-alloy; super-malloy
超凸嵌线脚 reed
超突变性 hypermutability
超图 hypergraph; super-graph
超湍流 super-turbulent flow
超湍流的 super-turbulent
超脱分离型 detachment type
超脱性 unworldliness
超椭圆的 hyperellipfic
超椭圆函数 hyperelliptic(al) function
超椭圆曲线 hyperelliptic(al) curve
超椭圆体 hyperellipsoid
超挖 over-excavation; extra-dredging【疏】; back break; excess excavation; overbook; overcut(ting); over-excavate; overbreak <隧洞的>; over-dig
超挖衬砌 concrete for overbreakage; excess excavation lining
超挖地区 overbreak area
超挖度 overbreakage
超挖工具 over cutter
超挖控制 overbreak control
超挖量 extra-digging; over-excavation; overcutting; extra-dredging【疏】
超挖面积 overbreak area
超挖区 area of overbreak
超挖深度【疏】 amount of dredging; depth of extra-dredging; depth of over-dredging; extra depth
超挖树根钩 root hook
超外差的 super-heterodyne
超外差式 super-het; super-heterodyne
超外差式变频器 super-converter; super-heterodyne converter
超外差式电路 super-heterodyne circuit; tropadyne
超外差式分光计 super-heterodyne spectrometer
超外差式干扰 super-heterodyne interference
超外差式光接收机 optic(al) super-heterodyne receiver
超外差式光学 super-heterodyne optics
超外差式混频器 super-heterodyne mixer
超外差式激光接收机 laser super-heterodyne receiver
超外差式检波 super-heterodyne detection
超外差式接收(法) super-heterodyne reception
超外差式接收机 super-heterodyne radio set; super-heterodyne receiver; ultra-dyne receiver; supernegadine <其中的一种>
超外差式收音机 stenode radioset; super-heterodyne radio set
超外差式线圈 super-coil
超外差收音机 super-heterodyne

超外频外差式接收机 double detection receiver
超弯曲现象 super-flexion;surflexion
超完善井 super-complete well
超完整的 superwhole
超万能分流器 super-universal shunt
超王裁 super-royal
超网链 hypernetted-chain
超网链近似 hypernetted-chain approximation
超网络 super-network
超微波 ultra-microwave
超微波干涉仪 ultra-microwave interferometer
超微尘粒 super-dust;ultra-microscopic dust
超微处理器 super-microprocessor
超微的 ultra-micro
超微滴定器 ultra-microtitrator
超微地震 ultra-microearthquake
超微电极 ultra-microelectrode
超微分析 super-macroanalysis;ultra-microassay
超微粉尘 super-dust;ultra-microscopic dust
超微粉末 ultra-micropowder
超微粉碎机 atomizer;super-micron mill;micronizer[microniser]
超微粉碎装置 micron ultra-shifter
超微浮游动物 nannoplanktion
超微浮游生物学 super-microplanktology
超微工艺 ultra-microtechnique
超微观 ultra-microscopic view
超微观包裹体 ultra-microscopic inclusion
超微化石 nannofossil;ultra-microfossil
超微化石带 nannofossil zone
超微化石带位置 position of nannofossil
超微化石软泥 nannofossil ooze
超微化石岩 nannostone
超微机 super-minicomputer
超微计 ultra-micrometer
超微剂量学 nano-dosimetry
超微胶片 super-fiche
超微结构 ultra-microstructure;ultra-structural organization
超微结构变化 ultra-structural change
超微结构技术 ultra-structural technology
超微结晶 ultra-microcrystal
超微金属粉末 submicron metal;super-fine powder
超微晶 ultra-crystalline
超微颗粒 submicron particle
超微孔(隔)膜 microporous membrane
超微孔过滤器 submicrowater filter
超微孔(隙)ultra-micropore
超微粒 amicron;super-fine grain;ultra-fine grain
超微粒干版 high resolution plate;plate for ultra-microminiaturization
超微粒胶片 super-fine grain film
超微粒胶体磨 ultra-particle colloid grinder
超微粒空气分级 infrasizing
超微粒乳剂 ultra-fine grain emulsion
超微粒湿式旋流分级器 cyclosizer
超微粒体 ultra-microsome
超微粒银盐干版 ultra-fine silver emulsion plate
超微粒子 ultra-micron
超微量 ultra-micro
超微量采样 ultra-microsampling
超微量测定 ultra-microassay
超微量电泳 ultra-microelectrophoresis
超微量法 submacromethod;ultra-micromethod
超微量分光光度计 ultra-microspectrophotometer
超微量分析 super-macroanalysis;ultra-microanalysis
超微量化学 ultra-microchemistry
超微量化学操作 ultra-microchemical manipulation
超微量技术 ultra-microtechnique
超微量凝聚 ultra-microacervation
超微量偏振计 ultra-micropolarimeter
超微量取样 ultra-microsampling
超微量试样 submicrosample
超微量天平 ultra-microbalance
超微量吸管 ultra-micropipet
超微量荧光光度计 ultra-microfluorophotometer
超微量元素 ultra-microelement
超微料 amicron
超微裂纹 ultra-microscopic cracking
超微磨碎机 attritor;super-micron mill
超微末微粒 submicron particle
超微黏[粘]粒 ultra-clay
超微弱发光 super-weak luminescence
超微生物 ultra-microbe
超微缩照片 ultra-microfiche
超微羰基镍粉 hyperfine carbonyl nickel powder
超微体 ultra-some
超微细二氧化钛 ultra-fine titanium dioxide
超微细二氧化钛颜料 ultra-fine titanium dioxide pigment
超微细粉碎机 ultra-mizer
超微细胶体氧化锑 ultra-fine colloidal antimony oxide
超微细结构 hyperfine structure
超微细晶 ultra-microcrystal
超微细粒 submicron-sized particulate;ultra-micron
超微细碳酸钙 super-fine calcium carbonate
超微型 submicron;ultra-microscopic
超微型的 ultra-miniature
超微型电机 ultra-micromotor
超微型电脑 super-minicomputer
超微型浮游生物 picoplankton;ultra-plankton
超微型浮游植物 picophytoplankton
超微型化 subminiaturization
超微型计算机 super-microcomputer
超微型微生物 ultra-microscopic microorganism
超微型照相机 ultra-microcamera
超微型照相术 ultra-microphotography
超微型指示灯 subminiature indicator lamp
超微烟灰 ultra-fine soot
超位报警器 <水箱水位> overflow alarm
超位错 super-dislocation
超位检验栓 try cock
超位数 capacity exceeding number;infinity;out-of-range number
超喂辊 over-feed roller
超喂进纱技术 over-feeding technique
超喂拉幅机 over-feed tenter
超喂率 over-feed rate
超喂针板拉幅机 over-feed pin stenter
超温 excess temperature;over-temperature;temperature excursion
超温安全阀 safety thermal relief valve
超温差电偶 hyperthermocouple
超温极限 excess temperature limit
超温控制 over-temperature control
超温限制器 over-temperature trip device
超温植物 over-temperature plant
超温指示灯 thermal light
超文本传送协议 hypertext transfer protocol
超文角照相机 super-wide-angle camera
超紊流 super-turbulent flow
超稳定的 hyperstable;over-stable
超稳定度 ultra-stability
超稳定轨道 super-stable orbit
超稳定剂 super-stabilizer
超稳定结构 redundant structure
超稳定框架 redundant frame
超稳定器 super-stabilizer
超稳定系统 ultra-stable system
超稳定性 hyperstability;over-stability;super-stability;ultra-stability
超无菌的 ultra-sterile
超无穷远点 ultra-infinite point
超无线电频 ultra-radio frequency
超无烟煤 super-anthracite
超武尔卡诺式 ultra-vulcanian
超物质 hyperphysical
超雾粉碎机 atomizer
超吸法 hypersorption process
超吸附 hypersorption
超吸附过程 hypersorption process
超吸器 hypersorber
超稀疏 super-sparsity
超系(统) super-system;system of system
超细 super-fine
超细玻璃 super-fine glass;ultra-fine glass
超细玻璃棉 extra-fine glass wool;microfiber [microfibre];super-fine glass wool;ultra-fine glass wool
超细玻璃棉毡 extra-fine glass-wool felt
超细玻璃丝布 super-fine glass fabric;ultra-fine glass fabric
超细玻璃纤维 ultra-fine fibre glass;ultra-fine glass fibre
超细材料 ultra-fine material
超细沉淀 microprecipitation
超细的 hyperfine;ultra-fine
超细等轴晶粒 ultra-fine equiaxial grain
超细电解粉末 ultra-fine electrolytic powder
超细纺丝 microspun
超细分级机 super-fine classifier
超细粉 micropowder;superfines
超细粉尘 super-fine dust;ultra-fine dust
超细粉料 ultra-fine powder
超细粉磨 overgrind(ing);super-fine grinding;ultra-fine grinding;very fine grinding
超细粉磨工艺 ultra-fine grinding technology
超细粉磨机 ultra-fine grinding mill
超细粉末 colloidal powder;superfines;ultra-fine dust;ultra fines;ultra-fine powder
超细粉末离子交换树脂 ultra-fine ion exchange resin
超细粉末锌 ultra-fine zinc
超细粉碎 super-fine grinding;ultra-fine grinding
超细钢 extra-fine steel
超细管式热电偶 thermocoax
超细过滤器 ultra-filter
超细黑石 extra-fine black stone
超细化热处理 ultra-fining heat treatment
超细加工 super-finish
超细焦点 ultra-fine focus
超细金属粉末 submicron metal
超细晶粒 ultra-fine grain
超细晶粒度 ultra-fine grain size
超细颗粒 submicron particle;ultra-fine fraction;ultra-fine grain;ultra-fine particle;ultra fines;very fine particle
超细颗粒空气筛分 classification of ultra-fine particles by air
超细颗粒有机物 ultra-fine particulate organic matter
超细孔 ultra-fine pore
超细粒度陶瓷 ultra-fine grain ceramics
超细粒分级机 ultra-fine classifier
超细粒显影剂 ultra-fine grain developer
超细粒子 ultra-fine particle
超细料 ultra fines
超细铝粉 super-fine aluminium power
超细螺纹 extra-fine thread
超细热塑性纤维 super-fine thermoplastic fibre
超细砂 super-fine sand
超细水泥 super-fine cement
超细水泥浆液 ultra-fine cement grout
超细碳酸钙 calcium carbonate super-fine powder
超细羰基法粉末 colloidal carbonyl powder
超细陶瓷粉末 ultra-fine ceramic powder
超细锑粉 super-fine antimony power
超细微粒 ultra-fine dust
超细纹锉 supersmooth file
超细纤维 super-fine fiber[fibre];ultra-fine fiber[fibre];ultra-thin fiber[fibre]
超细纤维丛 plexus
超细牙螺纹 extra-fine thread
超细研磨 extra-fine grinding;super-finish;ultra-fine grinding
超狭孔 extra slim hole
超下同调 hyperhomology
超先 dominance
超弦 super-string
超弦理论 super-string theory
超咸水 hypersaline water;super-saline water
超显微 submicroscopic;ultra-microscopic
超显微分光光度计 ultra-microspectrophotometer
超显微构造尺度 ultra-microscopic scale
超显微结构 ultra-structure
超显微镜 dark-field microscope;ultra-microscope
超显微镜的 super-microscopic;ultra-microscopic;ultra-visible
超显微镜检查 ultra-microscopy
超显微镜看出的结构 ultra-structure
超显微镜粒 ultra-microscopic granule
超显微(镜)生物 ultra-microscopic organism
超显微术 ultra-microscopy
超显微荧光光度计 ultra-microfluorophotometer
超显微质点 submicroscopic particle
超显性 over-dominance;super-dominance
超显性假论 over-dominance hypothesis
超显性说 over-dominance hypothesis
超现代化的 ultra-modern
超现期 exceedance interval
超线 hyperline
超线性 super-linearity
超线性的 super-linear;ultra-linear
超线性放大电路 ultra-linear amplifier circuit
超线性放大器 ultra-linear amplifier
超线性可变电容换能器 super-linear variable capacitance transducer

超线性收敛 super-linear convergence
超线性振动 super-linear vibration
超限 out of ga(u)ge;overrun;transfinite
超限不完全性 transfinite incompleteness
超限差 beyond tolerance
超限差的 above-critical
超限车 wagon loaded with out-of-ga(u)ge goods
超限成本 cost over-run
超限的 off-ga(u)ge
超限等级 grade of out-of-ga(u)ge
超限电流 overriding current
超限度的 over-proof
超限额奖金税 tax on the above-norm bonus
超限分辨 super-resolution
超限灌水的要求 overfill requirement
超限灌油的要求 overfill requirement
超限归纳法 transfinite induction
超限荷载 excess load
超限货物 off-ga(u)ge goods;out-ga(u) ge goods; out-of-ga (u) ge freight;out-of-ga(u)ge goods
超限货物等级 classification of out-of ga(u)ge freight
超限货物检查架 examination rack fitted on wagon for checking out-of-ga(u)ge goods;examining rack for out-of-ga(u)ge freight
超限货物列车进路 route for out-ga(u)ge freight train
超限及限速列车 out-of-ga(u)ge cars and limited train
超限界接触器 limit treadle
超限控制 control overrun
超限列车 train hauling out-of-ga(u)-ge goods wagon
超限曲线 super-elevated curve
超限时间 overtime
超限数 transfinite numbers
超限污染 over-limit pollution
超限误差 outlier error
超限系数 excursion factor
超限抑制 prohibitive inhibition;transmarginal inhibition
超限应变 excessive strain;overstrain;supertension
超限应变的 over-strained
超限应力 excessive stress;over-stress(ing);overtension
超限应力的 over-stressed
超限运动 overrun
超限运行 overrun
超限运转 overrun
超限运转离合器 over running clutch
超限制动器 overrun brake
超限种类 category of out-of-ga(u)ge
超限重量 overweight
超限装载 out-of-ga(u)ge load
超限钻进 over-drilling
超相 super-facies
超相对论理论 ultra-relativistic theory
超相对论性电子 ultra-relativistic electron
超相对论性粒子 ultra-relativistic particle
超相对论性色散关系 ultra-relativistic dispersion relation
超相容 super-consistent
超像距 hyperfocal distance
超消解法 hyperresolution
超消色差的 super-achromatic
超消色差透镜 super-achromatic lens;ultra-achromatic lens subminiaturization
超小平片 ultra-fiche
超小型 subminiature;super-miniature
超小型的 microminiature; subminiature; super-miniature; ultra-miniature
超小型电磁旋转开关 minilot
超小型电动机 flea-size motor;subminiature motor
超小型电路 microcircuit;microminiature circuit; microminiaturized circuit
超小型电容器 subminiature capacitor;super-miniature capacitor
超小型电视机 personal television
超小型电视摄像机 ultra-portable camera
超小型电子电路 microelectronic circuit
超小型电子管 microminiature tube; microup; pencil-tube; rice grain valve;subminiature tube
超小型电子射线加速器 hypertron
超小型二极管 microminiature diode
超小型工程 subengineering;subminiature project; super-miniature engineering;super-miniature project
超小型管 microminiature tube;pencil-tube;subminiature pipe
超小型管放大器 pencil-tube amplifier
超小型管振荡器 pencil-tube oscillator
超小型化 microminiaturization;subminiaturization;super-miniaturization
超小型火箭 pencil rocket
超小型集成电路 nanocircuit
超小型计时计 subminy timer
超小型计时器 subminy timer
超小型计算机 super-minicomputer
超小型技术 microminiature technique
超小型继电器 subminiature relay
超小型加速表 subminiature accelerometer
超小型静电起电机 mouse mill
超小型抗震电子管 nuvistor
超小型抗震管 nuvistor
超小型离合器 tiny clutch
超小型零件 submin
超小型汽车 subcompact
超小型器件 micromodule
超小型容器 subminiature capacitor
超小型摄影机 submin;subminiature camera;ultra-miniature camera
超小型示波器 microoscillograph
超小型双门汽车 subcompact car
超小型水电 mini hydropower
超小型同轴电缆 subminiature coaxial cable
超小型元件 microminiature component; miniature component; subminiature
超小型直热式电子管 filamentary subminiature tube
超小型轴承 miniature bearing
超小型装配电路 microminiature packaged circuit
超小型组件 micromodule
超效耐火材料 super-refractory
超效耐熔质 super-refractory
超效浅层气浮 super-efficient shallow air-floating
超效用函数 hyperutility function
超谐共振 ultra-harmonic resonance
超谐振荡 ultra-harmonic oscillation
超谐振动 ultra-harmonic vibration
超泄闸门 over-emptying
超卸货物 overland
超心形传声器 hypercardioid microphone;super-cardioid microphone
超辛烷值燃料 super-octane number fuel
超星系天文学 super-galactic astronomy
超星系坐标 super-galactic coordinates
超行程 over-travel
超形变 super-deformation
超形变态 super-deformed states
超型车辆 over-size vehicle
超型火箭 super-rocket
超型油轮 ultra-large crude carrier;ultra-large oil carrier
超型载重汽车 over-size vehicle
超需量收费制 excess demand tariff
超序列 super-sequence
超蓄水位 surcharge level
超旋回层 hypercyclothem
超选择规则 super-selection rule
超选择性裂化法 ultra-selective cracking process
超选择转化法 ultra-selective cracking process
超循环 hypercycle;super-circulation
超循环理论 hypercycle theory
超压 overcompaction;surcharge pressure
超压安全阀 overpressure release valve;overpressure relief valve
超压保护 overpressure protection
超压保护继电器 overvoltage protecting relay
超压持续时间 duration of super-pressure
超压电极 overvoltage electrode
超压防护 protection against overpressure
超压防护管 ga(u)ging pressure pipe
超压放松阀 overpressure release valve;overpressure relief valve
超压簧箱 spring box for excess pressure head
超压力 excess pressure; hyperpressure;overpressure;super-pressure
超压力模拟器 excess pressure simulator
超压轮胎 super-pneumatic tyre
超压密 over-consolidation
超压密比 over-consolidation ratio
超压密的 over-consolidated
超压密黏[粘]土 over-consolidated clay
超压密土 over-consolidated soil
超压膜 diaphragm for excess pressure head
超压排风 exhausting with excessive pressure
超压强光灯 photoflood
超压强烈溢光灯 photoflood;photoflood lamp
超压强烈溢光灯泡 photoflood bulb;photoflood lamp bulb
超压切断 excess pressure cut-out
超压切断阀 limiting pressure closing valve
超压实黏[粘]土 overcompacted clay
超压试验 overpressure test(ing);overvoltage test(ing)
超压输送 supercharge
超压水层 geopressured aquifer
超压水轮机 overpressure turbine
超压水热系统 overpressured hydrothermal system
超压缩 super-compression
超压缩发动机 super-compression engine
超压缩机 super-compressor
超压缩器 super-compressor
超压缩性 super-compressibility
超压缩性系数 super-compressibility coefficient
超压缩因子 super-compressibility factor
超压缩装置 super-compression arrangement
超压位差 excess head
超压位防松螺母 nut for excess pressure head check
超压吸收器 surge absorber
超压箱 hyperbaric chamber
超压泄放调节器 pressure-relief governor
超压泄放调压器 pressure-relief governor
超压信号阀 sentinel relief valve
超压压力机 hypercompressor
超压压力模拟器 excess pressure simulator
超压抑制器 overvoltage suppressor
超压云室 overcompression cloud chamber
超压状态 state of super-pressure
超亚谐振荡 ultra-subharmonic oscillation
超亚植物群丛 lociation
超氩结构 transargonomic structure
超烟煤 metabituminous coal; superbituminous coal
超岩石圈断裂 translithospheric fracture
超盐度流体 hypersaline fluid
超盐基性岩 ultra-basic rock
超盐水 hyperhaline
超盐渍土 completely salified soil
超掩蔽 cross masking
超演替顶极 post-climax
超验人类学 meta-anthropology
超验社会学 meta-sociology
超仰角 super-elevation
超养化 eutrophication
超氧化钾 potassium hyper-oxide;potassium super-oxide
超氧化钠 sodium super-oxide
超氧化铅视像管 image plumbicon
超氧化物 hyperoxide;super-oxide
超氧化物离子 super-oxide ion
超氧阴离子 super-oxide anion
超样本特性 extrasample performance
超要求设计 overdesign
超曳现象 overrunning
超液晶皂 super-neat soap
超一寻址(法)one-ahead addressing
超义素结构学 hypersemotactics
超异磁力仪 cryogenic magnetometer
超抑制因子 super-suppressor
超易熔体 hypereutstoid
超益互助 synergism
超溢货物 overflow cargo
超溢效果 spillover effect
超因瓦低膨胀系数合金 super-Invar
超因子 ultra-divisor
超音 super-sound
超音波测波仪 supersonic wave meter
超音波试验 ultrasonic examination
超音频 hyperacoustic frequency;super-audiable frequency;super-audio frequency; supersonic frequency; supra-acoustic frequency;ultrasonic frequency
超音频测试 supersonic testing
超音频猝熄 hyperacoustic quenching
超音频的 silent-sound;super-audiable;supersonic
超音频电报 super-audio telegraphy
超音频电信 super-audio telegraph
超音频发生器 ultra-tone generator
超音频放大 supersonic amplification
超音频接收 supersonic reception
超音频接收机 hyperhigh-frequency receiver
超音频探伤 supersonic flaw testing;ultrasonic test(ing)
超音频外差式接收机 beat receiver;double detection receiver; supersonic heterodyne receiver
超音清化剂 ultrasonic cleaning agent
超音全息照相术 ultrasonic hologra-

phy
超音速 hypersonic speed; supersonic speed; supersonic velocity
超音速操纵 supersonic control
超音速冲压式喷气发动机 supersonic ramjet
超音速的 hypersonic; supersonic; transonic; ultra-audible; ultrasonic
超音速反舰导弹 supersonic antiship missile
超音速飞机 supersonic aircraft
超音速飞机发动机 supersonic aircraft engine
超音速工程 supersonic engineering
超音速航天飞机 hypersonic aerospace aircraft
超音速加速度 supersonic acceleration
超音速进气道 supersonic inlet
超音速空气动力学 aerodynamics of super-sonic flight; supersonic aerodynamics
超音速流(动) supersonic flow
超音速螺旋桨 supersonic airscrew; supersonic propeller
超音速黏[粘]度计 supersonic viscometer
超音速喷管 contracting-expanding nozzle; convergent-divergent nozzle; converging-diverging nozzle
超音速喷流 choked jet
超音速喷气发动机 supersonic jet
超音速喷气式飞机 super-jet
超音速喷嘴 supersonic nozzle; ventury type expansion nozzle
超音速气体动力学 supersonic aerodynamics
超音速汽车 supersonic car
超音速驱动的挤压机 ultrasonically activated extruder
超音速燃冲击式发动机 supersonic combustion ramjet
超音速燃烧冲压喷气发动机 supersonic combustion ramjet
超音速燃烧冲压式发动机 supersonic combustion ramjet
超音速射流 supersonic jet
超音速输送 supersonic transport
超音速巡航导弹 navaho
超音速压缩机 supersonic compressor
超音速翼型 supersonic airfoil
超音速运输 supersonic transport
超音速运输机 supersonic transporter; supersonic transport plane
超音速轴流压气机 supersonic axial compressor
超音吸收 supersonic absorption
超音消化剂 ultrasonic cleaning agent
超殷钢 super-Invar
超引力 super-gravity
超引力理论 super-gravity theory
超引力子 gravitino
超引力子场 gravitino field
超应变 super-strain
超应力 hyperstress; over-stress; overtension; super-stress
超应力的 over-stressed
超应力区 over-stressed area
超应力岩体 over-stressed rock mass
超荧光 super-fluorescence
超荧光的 super-fluorescent
超荧光光纤激光器 super-fluorescent fiber[fibre] laser
超营养环境 hypertrophic environment
超硬 ultra-hard
超硬板 super-hardboard
超硬包覆层 ultra-coating
超硬材料 super-hard material; ultra-hard material
超硬的 super-hard
超硬度 exceptional hardness; super-hardness
超硬钢(钎) extra hard steel
超硬高速钢立铣刀 ultra-hard high speed steel end mill
超硬工具材料 super-hard tool material
超硬合金 super-hard alloy
超硬铝 super-dural; ultra-duralumin; ultra-lumin
超硬铝板 Albondur
超硬铝合金 super-duralumin alloy
超硬熔敷面用管型焊条 Super-loy
超硬射线 ultra-hard ray
超硬涂层 super-hard coating; ultra-hard coating
超硬涂层的低压合成 low-pressure synthesis of super-hard coating
超硬型工业金刚钻 carbonado
超硬织轴 rock-hard beam
超硬质纤维板 super-hardboard; ultra hardboard
超优势木 predominant; predominant wood
超优势木平均高 predominant mean height
超优势树 predominant tree
超优势种 predominant species
超铀 transuranium
超铀废物 transuranic waste
超铀元素 super-transuranics; transuranic element; transuranium element
超有界型 ultra-bornological
超有限元 hyperfinite element
超有效性 super-efficiency
超诱变原 supra-mutagen
超诱导 super-induction
超诱导突变体 super-inducible mutant
超宇宙辐射 super-cosmic radiation
超预应力的 over-prestressed
超预应力梁 over-prestressed beam
超阈(值) above threshold; super-threshold
超阈值区 above-threshold region
超阈值运转法 above-threshold operation(al) method
超裕度设计 overdesign
超员 crush load; overman
超员率 overload rate
超原子 hyperonic atom
超原子核 hyperfragment
超圆法 hypercircle method
超圆锥 hypercone
超远程导航接收机 super-long range navigation receiver
超远程的 ultra-long range
超远程电离层雷达 over-the-horizon radar
超远程火箭 super-range rocket
超远程声的 very-long range
超远程声呐 ultra-long range sonar
超远基线干涉测量法 very long baseline interferometry
超远距测距雷达 very-long range radar
超远距费 cost of overhaul
超远距立体摄影 hyperstereography
超远心透视 hypercentric perspective
超跃度 hyperjump
超越 overpass; overreach; overriding; overrun; over-step; preact; surmount; surpass; transcend
超越常规的 transnormal
超越车道 overtaking lane
超越车辆 passing vehicle
超越道粗筛 by-pass bar screen
超越的 transcendental
超越地平线传播 beyond-the-horizon propagation
超越度 overshoot(ing)
超越方程 transcendental equation
超越概率 probability of exceedance
超越工况 overrunning condition
超越估计 transcendental estimation
超越管辖权 excess of jurisdiction
超越国界的 transnational
超越函数 transcendental function
超越函数的 transcendental
超越合同规定的索赔 ex-contractual claims
超越基 transcendental basis
超越几何级数 hypergeometric(al) series
超越角 angle of clearance; lead angle
超越进度表 ahead of schedule
超越进给 over-feed
超越空间 hyperspace
超越空气动力学 super-aerodynamics
超越控制 overriding control
超越控制开关 override switch
超越跨度 overshoot
超越宽限 excessive allowance
超越扩张域 transcendental field extension
超越离合器 freewheel device; freewheeling clutch; overrun clutch; overrun(ning) coupler; sprag clutch
超越联轴节 overrun coupling
超越某人权限 exceed one's competence
超越能见度距离 overtaking visibility distance
超越其他船舶的操纵 passing manoeuvre
超越曲面 transcendental curve; transcendental surface
超越曲线【数】 transcendental curve
超越(取代)离合器 <一般指超越自动控制,由操作者自由操纵的动作> overriding clutch
超越权限 over-step one's authority; ultra-vires
超越任务 runaway task
超越实际生产力水平 transcend the actual level of productive forces
超越数 transcendental number
超越速度 over-drive speed
超越所有列车的特权 exclusive right over all trains
超越他船 outsail; over-take
超越危险信号 overrunning of a signal at danger
超越误差 overrun error
超越线路 override circuit
超越限度 override; overrun
超越效应 skip effect
超越性 transcendence [transcendency]; transcendentality
超越一列列车 overtaking of a train
超越因数 transcendental factor
超越因素 transcendental factor
超越元素 transcendental element
超越障碍极限 obstacle clearance limit
超越制动工况 overrunning damped condition
超运 extra-lead; overhaul(ing)
超运费 overhaul charges
超运距 overhaul distance
超运距费 cost of overhaul
超运土方量 overhaul yardage
超运运费 over-freight
超甾醇 suprasterol
超载 excess freight <货物的>; excessive load; extra load; overcapacity; overlade; overload(ing); overriding; over-stress; over-take; supercharge (loading); superimposed load(ing); overburden(pressure); overcharge; superload; surcharge (load)【岩】
超载安全阀 overload relief valve
超载安全离合器 overload coupling
超载保护 overload protection
超载报警灯 overload warning lamp
超载测量计 overload meter
超载车 overloaded car
超载车辆 overweight vehicle
超载吃水 overdraft
超载串联变压器 overload series transformer
超载挡土墙 retaining wall with surcharge
超载的 over-laden
超载的换算(等效)高度 equivalent height of surcharge
超载等效高度 equivalent height of surcharge
超载地 surcharged earth
超载点 overload point
超载断路器 overload circuit breaker
超载多抓 over-digging
超载阀 overload valve
超载防护 overload protection
超载防止器 overload safeguard
超载放大器 over-driven amplifier
超载放牧 over-graze
超载工作 hard service
超载工作奖金 bonus paid for extra-heavy work
超载功率 overload power
超载规定 overload provision
超载过载 overcharging
超载河 overload river
超载荷 excess load
超载荷载 surcharged load
超载荷重 surcharged load
超载缓慢减速 lug down
超载货物 astay freight; over-freight; overloaded cargo
超载级 overload level
超载继电器 overload relay
超载减速 lug down
超载结构 distressed structure
超载裂缝 overload crack
超载摩擦离合器 overload friction clutch
超载能力 overload(ing) capacity
超载排水 drainage by surcharge
超载强度试验 overload strength test
超载容量 overload(ing) capacity
超载时打滑的离合器 slip clutch
超载式挡土墙 surcharged wall
超载试验 overload test; overload trial
超载试验条件 overload test condition
超载松脱安全器 overload release
超载松脱联结器 overload release hitch
超载探测仪 over-height detector
超载特性 overload characteristic
超载条件 overload condition
超载跳闸 overload trip
超载停车联结器 stop hitch
超载土 <高于挡土墙顶的土> surcharged earth
超载脱开装置 overload trip device
超载违约金 overloading penalty for breach of faith
超载系数 coefficient of overflow; coefficient of over-load
超载下的自重湿陷量 wet-subsidence due to overburden
超载限额 overload margin
超载限制开关 overload limit switch
超载泄放阀 overload relief valve
超载信号报警器 overload alarm mechanism
超载信号灯 overload light
超载压力 overburden pressure; surcharge pressure
超载应力 overburden stress
超载影响 effect of surcharge

超载预压 surcharge preloading
超载运行 overload operation
超载指示器 overload indicator
超载制动器 load brake
超载轴 overloaded axle
超载转矩能力 overload-torque capacity
超载转矩容量 overload-torque capacity
超载自动控制 automatic overload control
超再生 super-reaction;super-regeneration
超再生电路 ultra-audion circuit
超再生放大器 super-regenerative amplifier
超再生检波器 super-regenerative detector
超再生接收法 super-regeneration reception
超再生式检波器 super-regenerative detector
超再生式接收电路 super-regenerative receiving circuit;Armstrong circuit
超再生式接收机 super-regenerative receiver
超再生微波激射器 super-regenerative maser
超再生振荡器 super-regenerator;ultra-audion oscillator
超早强波特兰水泥 super-high early strength Portland cement
超早强硅酸盐水泥 super-high early strength Portland cement
超早强喷射混凝土 concrete-spraying with high early strength
超早强水泥 one-day cement;super-high early strength cement;ultra-high-early-strength cement
超噪比 excess noise ratio
超噪声 excess noise
超增感 hypersensitization;hypersensitizing
超增感剂 super-sensitizer
超增感作用 hypersensitization
超增色 super-gain
超增塑剂 super-plasticizer
超增益 super-gain
超增益天线 super-gain antenna
超扎法 ultra-ligation
超窄选通脉冲 narrow-narrow gate
超展宽 super-broadening
超张拉 <预应力筋> overstretching;over-tensioning
超折光差 super-refraction
超折射 super-refraction
超折射效应回波 spillover echo
超针闸刀 switch cam
超真空 ultra-vacuum
超真空阀 ultra-high vacuum valve
超真空容器 ultra-vacuum vessel
超振捣 overvibration
超振动作用 overvibration
超正常 super-normal
超正常利润 super-normal profit
超正常速度 above-normal speed
超正常损失 above-normal loss
超正常折射 super-normal refraction
超正方体 hypercube
超正流流化催化裂化过程 ultra-orthoflow fluid catalytic cracking process
超正态离差 hypernormal dispersion;super-normal dispersion
超正态性 hypernormality
超正析像管 image orthicon;image orthiconoscope;image vericon;super-orthicon
超正析像管摄像机 image-orthicon assembly;image-orthicon camera
超正析像管装置 image-orthicon assembly
超帧 super-frame
超支 cost over-run;dissaving;excessive expenditures;overdraw(ing);over-expenditures;overrun(ning);over-spend
超支费用 above-the-line expenditures
超支时间 make-up time
超支信用证金额 credit amount exceeded
超支制造间接费用 over-applied manufacturing over-head
超直线性 ultra-linearity
超值 overbalance
超值保险 over-insurance
超值电流 dash current
超值费 valuation charges
超值概率 probability of exceedance
超值向量 imputation
超指标电路 sneak circuit
超指数分布 hyperexponential distribution
超指数服务模型 hyperexponential service model
超指向传声器 ultra-directional microphone
超指向性系数 super-directivity
超制成量的混合料 over-yielding mix
超质子 super-proton
超致死剂量照射 super-a lethal dose of X-irradiation;supralethal irradiation
超致死量的 hyperlethal;super-lethal
超中心 hypercenter
超中性 super-neutrality
超中性对称 hyperneutral symmetry
超种 super-species
超重 outweigh;overbalance;over load;overweight;preponderance
超重包裹 parcel in excess
超重玻璃板 extra heavy sheet glass
超重车辆 overweight vehicle
超重次数 overweight times
超重氮 super-heavy hydrogen
超重的 extra heavy;overweight;super-heavy
超重电动机 hoisting motor
超重吨数 overweight ton
超重附加费 additional on heavy lifts;heavy lift additional;heavy lift charges
超重核 super-heavy nucleus
超重滑轮 lifting tackle
超重环境 genvironment
超重混凝土 super-heavy concrete
超重活塞杆块 hoist piston rod head block
超重活塞环 hoist piston ring
超重火石玻璃 extra dense flint glass
超重货(物) heavy lift;heavy package;overweight cargo
超重货物装卸费 heavy lift charges
超重机臂 outreach
超重机结构 crane structure
超重机(械) hoisting machine
超重机运行接触导线 crane trolley wire
超重夸克 super-heavy quark
超重离子 super-heavy ion
超重力 hypergravity;super-gravity
超重力波 ultra-gravity wave
超重粒子 super-heavy particle
超重量 excess weight
超重量级 super-heavy weight
超重量子 super-heavy quantum
超重列车 overweight train
超重泥土浆 high weight mud
超重器 mechanical jack
超重氢 heavy hydrogen;super-heavy hydrogen;tritium
超重燃料油 extra heavy fuel oil
超重(入)流 hyperpycnal inflow
超重索过绕保护装置 hoist overwind device
超重态 super-multiplet
超重行李 excess baggage;excess luggage
超重行李票 excess baggage ticket
超重行李运货收据 excess luggage voucher
超重型 super-heavy
超重型车 overweight vehicle
超重型车辆 super-heavy vehicle
超重型船 largest vessel
超重型的 super-duty
超重型圆锥动力触探 super-heavy-duty dynamic penetration test
超重型硅酸盐砖 super-duty silica brick
超重型绞车 super-heavy-duty winch
超重许可 overweight permit
超重有效荷载 overweight payload
超重元素 super-heavy element
超重元素卤化物 super-heavy element halides
超重原油 extra heavy crude oil
超重制动器 load brake
超重重量 weight in excess
超重轴 exceeding the permitted weight per axle
超周期 super-period
超周期效应 super-period effect
超轴列车 enhanced-loading train;overloaded train
超轴牵引 <指铁道> trains hauling above normal tonnage
超主群 super-master group
超主群变换设备 super-master group translating equipment
超柱体 hypercylinder
超转接 super-commutation
超转离合器 over-drive clutch
超转速 excess revolution;over-speed
超转速控制 over-speed control
超装器 supercharger
超锥的 hyperconic(al)
超锥函数 hyperconic(al)function
超锥喇叭 hyperconic(al)horn
超准噪声比 excess noise ratio
超准噪声功率 excess noise power
超准噪声温度 excess noise temperature
超子 hyperon
超子产生 hyperon production
超子对产生 hyperon pair production
超子裂片 hyperfragment
超子气 hyperon gas
超子液体 hyperon liquid
超子原子 hyperon atom
超紫外 extreme ultraviolet
超紫外辐射 extra-ultraviolet radiation
超紫外线探伤仪 black light crack detector
超字 superword
超自动传动装置 ultra-matic drive
超自动线迹 ultra-matic stitch selector
超自然 hyperphysical;transnatural
超自然的 supernatural
超自我 superego
超综合孔径 super-synthesis aperture
超总体 super-population
超阻遏空变种 super-repressed mutant
超阻尼 over-damp(ing)
超阻尼体系 overdamped system;over-damping system
超阻尼条件 overdamped condition
超阻尼系统 overdamped system;over-damping system
超阻尼型重力仪 overdamped gravity meter
超阻尼状态 overdamped condition
超钻 advanced bore(hole);outdrill;over-drilling;pilot hole;subdrilling;subgrade drilling
超钻深度 over-depth of boring
超最大值的 over-maximal

晁

晁模醇 chaulmoogric acid
晁模基 chaulmoogryl
晁模属 Jaraktogenos kurzii
晁模酸 chaulmoogryl alcohol
晁模酸乙酯 ethyl chaulmoograte
晁模烯 chaulmoogrene
晁模酰 chaulmoogroyl
晁模油 chaulmoogra oil
晁模子 chaulmugra

巢

巢础 comb foundation;foundation
巢框 bar frame;frame
巢区 home range
巢式多项选择洛吉模型【交】 nested multinomial Logit model
巢式二级减速齿轮 nested double reduction gear
巢式减速齿轮箱 nested-type reduction gear
巢水井 water drip
巢屋 tree house
巢箱 hive
巢穴 nest
巢质 cerumen
巢状附生植物 nest epiphyte
巢状火山口 nested crater
巢状火山锥 nested volcanic cone
巢状破火山口 nested caldera

朝

朝岸的 shoreward
朝北采光屋面 north-light roof
朝北窗 north light
朝北的 northward
朝北的窗 north-facing window
朝北的墙 north-facing wall
朝北立面 <建筑物> north-facing facade
朝代 dynasty
朝代次序 dynastic order
朝底地 basad
朝东 face east
朝东北的 northeastward
朝东的 eastern
朝东方向 easting
朝东偏北 east by north
朝港区陆域的一面 harbo(u)r side
朝海的 seaward
朝海方向 seaward
朝海坡度 seaward slope
朝河方向 riverward
朝陆地的 landward
朝南 south orientation
朝南窗子 south-facing window
朝南平面集热器 southerly-facing flat collector
朝南墙壁 south-facing wall
朝南阳台 south-facing balcony
朝前卸料手推车 front tipper
朝日阳台 ante-solarium
朝上的 upcast
朝上翻 upturn
朝上梁 upturned beam
朝上通气筒 upcast ventilator
朝上弯曲 upward camber
朝上折叠 fold up(wards)
朝圣船 Pilgrims ship
朝圣路 Pilgrims way

朝圣者旅途中的祭坛 pilgrimage altar
朝圣者旅途中的小教堂 pilgrimage chapel
朝圣者旅途中的住房 pilgrimage house
朝天 turn up
朝天宫 heavenly Chaotian palace
朝下卷边 roll down hem
朝下游方向 down-drift direction
朝下折叠 fold down(wards)
朝鲜 Korea
朝鲜椴 Korean linden
朝鲜海峡 Korea Strait
朝鲜辉石 Korea-augite
朝鲜蓟酸 anghirol; chophytol; cinarcaf; cynarine
朝鲜民主主义人民共和国 Democratic People's Republic of Korea
朝鲜式火坑 ondoor[ontol]
朝鲜崖柏 thuja koraiensis nakai
朝鲜圆 Korean Won
朝鲜月光石 Korean moonstone
朝鲜族建筑 architecture of the Korean nationality
朝向 building orientation; exposal; exposure; turn-on; qibla < 穆斯林礼拜的方向 >; keblah < 穆斯林礼拜时的 >
朝向东方 orientation
朝向反射 orientating reflex
朝向港口 harbo(u)rward
朝向公路的土地 highway frontage
朝向河的上游 upstream; upward the river
朝向河的下游 downstream; down the river
朝向河流上游的丁坝 groyne pointing upstream
朝向调节器 orientating accommodative apparatus
朝向头部的 headward
朝向修正率 correction factor for orientation
朝向运动 orientation movement
朝阳 solar orientation
朝阳方位 solar orientation
朝阳盆地 chaoyang basin
朝阳性 solar orientation
朝阳阳台 ante-solarium
朝永振一郎-施温格尔方程 Tomonaga-Schwinger's equation
朝正向变化 positive-going
朝着风吹方向 in the eye of the wind
朝着海岸 coastward

潮 tide

潮岸相 littoral facies
潮坝圈闭 tidal-bar trap
潮标 tidal ga(u)ge; tidal mark; tide ga(u)ge; tide mark
潮波 tidal wave; tide bulge; tide wave
潮波变形 transformation of tide wave
潮波波峰线 tidal wave crest line
潮波顶 tidal wave crest
潮波分量 tidal component
潮波峰 crest of tide wave
潮波节 node of tide
潮波进入 introduction of the tidal wave
潮波理论 tidal wave theory
潮波升高 swelling of tidal wave
潮波速度 tidal wave velocity
潮波图 tide bulge chart
潮波推进 tidal propagation
潮波系统 tidal waves system
潮波线 line of tidal wave
潮波壅高 swelling of tidal wave
潮波涌入 entering of tidal wave
潮差 range of flood and ebb; range of tide; tidal difference; tidal range; tide range
潮差比 ratio of tidal ranges
潮差段 tidal zone
潮成层理 tidal bedding
潮成池 clysotremic
潮成堤 roddon
潮成尖甲 tidal cuspate foreland
潮成平地 tidal fall; tidal flat; tide flat; wad
潮成三角洲 tidal delta
潮成沙脊 tidal sand ridge
潮成纹理 tidal lamination
潮成泻湖 tidal lagoon
潮程 tidal excursion
潮池 tidal pool; tide pool
潮迟 daily retardation of tides; retard of tide
潮船坞 < 高潮时充满海水的 > tidal basin
潮吹 < 指海蚀洞天井 > blow-hole
潮道 tidal channel
潮道分水岭 tidal divide
潮的 moist; tidal
潮的涨落 ebb and flood of tide; ebb and flow
潮灯 tidal light
潮洞 helier
潮度 moisture-holding capacity
潮阀 < 干船坞坞闸的 > tidal valve
潮泛沼泽 tidal marsh
潮风 tidal wind; salt breeze
潮峰 crest of tide
潮峰灯 crest light
潮峰线 crest line
潮幅 amplitude of tide; range of flood and ebb; range of tide; tidal amplitude; tidal range; tide amplitude; tide range
潮幅比 ratio of ranges
潮腐蚀 cargo sweat; heat and sweat damage; sweat damage
潮腐险 risk of sweat damage; ship's sweat damage
潮感电磁场 tide-induced electromagnetic field
潮港 tidal harbo(u)r
潮港池 tidal basin; wave basin
潮高 tidal height; tidal rise; height of tide
潮高比 height ratio of tide
潮高差 difference of tidal height; tidal difference
潮高基面 tide level datum
潮高基准面 tidal datum plane
潮高计算基线 hydrographic(al) datum
潮高月相不等 phase inequality of height
潮高指示器 tide indicator
潮隔 tidal rip; tide rip
潮沟 runnel; tidal channel; tidal creek
潮沟沉积 tidal creek deposit
潮河 tideway
潮河产卵鱼类 fluvial anadromous fish
潮痕 tidal mark; tide mark
潮红 flare; flush
潮洪水位测量仪 floodometer
潮候曲线 tidal curve; tide curve
潮候时 establishment; high water lunitidal interval
潮候时差 common establishment; establishment of the port; port establishment
潮候推算 tide prediction
潮化氯化钙液 oleum calcis
潮坏 sweat out
潮灰土 aquod
潮积物 tidal deposit; tidalite
潮积岩 tidalite
潮激 tide rip
潮间岸滩 foreshore
潮间冰阶 tidal platform ice foot
潮间沉积作用 intertidal sedimentation
潮间带 intertidal belt; intertidal fascia; intertidal regime; intertidal region; intertidal zone; littoral zone; tidal belt; tidal zone; inter-tidal area
潮间带沉积(物) intertidalite; littoral deposit; strand deposit
潮间带地貌单元 geomorphologic(al) unit of intertidal zone
潮间带堆积(物) littoral deposit
潮间带环境 intertidal environment
潮间带名称 name of intertidal zone
潮间带内的 mid-intertidal
潮间带生态学 intertidal zone ecology
潮间带生物 tidal zone organisms
潮间带生物学 tidal zone biology
潮间带水坑 tidal pool; tide pool
潮间带水域 intertidal waters
潮间带台状冰脚 platform ice foot; tida; tidal platform ice foot
潮间带相 littoral facies; tide zone facies
潮间带盐壳 pelagosite
潮间带以上的 mid-littoral
潮间带淤积(物) littoral deposit
潮间的 eulittoral; intertidal
潮间地 tidal land; tide land
潮间泥滩 intertidal flat; tidal mudflat
潮间平地 intertidal flat; tidal flat
潮间平原 strand plain
潮间坪 intertidal flat; strand flat
潮间坪沉积 intertidal flat deposit
潮间浅滩 middle ground
潮间浅滩沉积 intertidal shoal deposit
潮间区 drying height; intertidal zone; littoral area
潮间水域 intertidal waters
潮间台状冰脚 tidal platform ice foot
潮间相 tide zone facies
潮间沼泽地 intertidal marsh
潮解 air slacking; air slake < 岩石的 >; moisture solution; slacking; deliquesce【化】
潮解的砂浆 air-slaked mortar
潮解剂 deliquescent agent; deliquescent chemical
潮解溶化 deliquesce
潮解石灰 lime powder; powdered lime; air slaked lime
潮解物 deliquium
潮解性 deliquescence; hygroscopy
潮解性的 deliquescent
潮解性盐 deliquescence salt; deliquescent salt
潮解盐 hygroscopic salt
潮解盐类 deliquescent salts
潮解作用 deliquescent effect
潮界 limit of tide; tide limit
潮津波 tidal bore
潮浸地带 intertidal zone; littoral zone; tidal area; tidal limit; tidal waterway; tide land
潮浸区 intertidal region; intertidal zone; tide land
潮浸洼地 water tidal flat
潮警报 tidal alarm
潮菌素 humidin
潮坑 tidal pool
潮空气 humid air
潮控三角洲 tide-dominated delta
潮口 tide port
潮浪 tide bore; tide wave
潮浪冲击 tidal impulse; tide impulse
潮浪发生机构 < 水工模型用 > tide-generating mechanism
潮浪发生器 tide-generating mechanism
潮浪合成仪 tidal synthesis; tide synthesizer[synthesiser]
潮浪进入 entering of tidal wave
潮老成土 aqult
潮棱体 tidal prism
潮棱岩 tidalite
潮棱(柱体) tidal prism
潮力 power from ocean tides; tidal force; tidal power
潮力发电 tidal power generation
潮力发电站 tidal power generating station
潮力磨坊 tidal mill
潮力站 tidal mill
潮历时 tidal duration
潮量 tidal capacity
潮龄 age of tide; phase age; tide age; lag of tide
潮龄不等 age of phase inequality; age of tide inequality
潮流 periodic(al) current; power load flow; set of tide; stream; tidal current; tidal flow; tidal stream; tide; tide current; tideway; load flow < 电力方面 >
潮流搬运作用 transportation of tidal current
潮流比数 current difference
潮流表 current table; tidal current table; tidal stream table
潮流波 current rips
潮流剥蚀作用 tidal current denudation
潮流测量 tidal current survey
潮流层理 tidal bedding; tidal current bedding
潮流差 current difference
潮流产生的浪花 tide rips
潮流常数 current constant
潮流沉积(物) tidalite
潮流冲蚀 tidal current scour; tidal flush; tidal scour
潮流冲刷 tidal current scour; tidal erosion; tidal flush; tidal scour
潮流冲刷作用 tidal erosion; tidal flush
潮流冲淤过程 scour and fill
潮流方向 direction of tide
潮流分析 tidal current analysis
潮流分析仪 tidal current analyser[analyzer]
潮流观测 tidal current observation
潮流观察 tidal current observation
潮流海图 atlas of tidal stream
潮流航行计算法 < 修正风流压差 > current sailing
潮流荷载 current loading
潮流计 tide current meter
潮流技术 band wagon technique
潮流界限 limit of tidal current; tidal current limit
潮流棱形符号 tidal stream diamond
潮流力 current force
潮流力系数 current force coefficient
潮流量 tidal discharge
潮流流速时空分布 temporal-spatial distribution of tidal current velocity
潮流玫瑰图 current rose(tte); tidal-current rose
潮流模型 tidal flow model
潮流摩擦 tidal friction
潮流末期 tail of a stream
潮流能 tidal energy
潮流能力 tidal flow capacity
潮流期 interval of tidal current
潮流气 tidal air
潮流气量 tidal volume
潮流强度 flood strength
潮流曲线 tidal current curve
潮流时 current hour; tidal current hour
潮流时差 tidal difference
潮流矢符 < 指潮流方向的箭头 > tid-

al arrow
潮流式交通车道 tidal flow traffic lane
潮流数据可查表的地方 tidal stream data position
潮流顺序 sequence of current
潮流速度 tidal velocity
潮流速度差 tidal current difference; tidal velocity difference
潮流速率 rate of tidal stream
潮流特性 tidal regime
潮流通道 tidal inlet
潮流图 current chart[diagram]; hodograph; tidal current chart[diagram]
潮流图集 tidal current atlas; tidal stream atlas
潮流椭圆 current ellipse; tidal current ellipse
潮流系数 current coefficient; current factor
潮流特性 tide regime
潮流图 current diagram; single line diagram; tidal-current chart
潮流图解 tidal-current diagram
潮流信道 tideway
潮流信号 tidal current signal
潮流序列 sequence of current
潮流旋转中心 amphidromic center [centre]
潮流循环 current cycle
潮流要素 elements of the tidal stream
潮流预报 tidal current prediction
潮流预报表 tidal current prediction table
潮流运动 tidal motion; tidal movement
潮流涨落构造 ebb and flow structure
潮流(涨落潮时间和流速)预报表 current table
潮流振幅 amplitude of tidal current
潮流振幅比 velocity ratio
潮流指示浮标 tide indicating buoy
潮流周期 current cycle; tidal current cycle
潮流转向 turn of tidal current; turn of tidal stream
潮流资料 tidal stream information
潮流资料整理 reduction of tidal current
潮流总量 total tidal discharge
潮流组分 constituent of tidal current
潮流最大速度 strength of current
潮路 ebb; race; tideway
潮漫陆地 submerged lands
潮漫区 intertidal region; tide land; inter-tidal area
潮漫沙滩 sand flat
潮漫滩 beach at ebb tide; dry beach; dry harbo(u)r; flood land; flood plain; tidal flat; tidal marshland; tide flat; tide land
潮漫滩上的台地 second bottom
潮漫滩围海造地 tide-and reclamation
潮门 flap gate; tide gate
潮面 tide level
潮能 tidal energy
潮泥 wetten schlick
潮泥滩 mudflat; slik(ke)
潮喷 half-wet mix shotcreting; moisture-mix shotcreting
潮片 wetted surface
潮坪 tidal fall; tidal flat; tide flat; wad
潮坪沉积 tidal flat deposit
潮坪水道 tidal flat channel
潮坪相 tidal flat facies
潮坪泻湖 tidal flat lagoon
潮坪泻湖沉积 tidal flat lagoon deposit
潮坪原生有机质 tidal flat autochthonous organic matter
潮浦沉积 tidal flat deposit
潮浦相 tidal flat facies
潮期 duration of tide; tide epoch
潮气 damp; humidity; miasma[复 miasmata/miasmas]; moisture
潮气的吸附 moisture vapo(u)r sorption
潮气固化 moisture curing
潮气检测器 moisture monitor
潮气扩散 damp diffusion
潮气量 tidal volume
潮气泡所致的瑕疵 steam blow
潮气迁移 moisture migration
潮气侵入 ingress of moisture; humidity entry
潮气损坏 moisture damage
潮气吸收 moisture absorption
潮区 actic; estuary; tidal compartment; tidal reach; tidal stretch; tidal zone
潮区沉积物 tidal mud deposit
潮区段 tidal portion; tidal reach
潮区界(限) tidal limit; tide limit; limit of tide
潮区码头 tidal quay
潮区内的 intertidal
潮区泥地 tidal mud flat
潮区泥泞低地 tidal mud flat
潮区限 tide limit
潮区相 tide zone facies
潮区淤泥沉积 tidal mud deposit
潮区自然史料 intertidal natural history
潮区自然特性 intertidal natural history
潮驱水循环 tide driven circulation
潮群编号 group number
潮热 afternoon fever; hectic fever; tidal fever
潮热的 hectic
潮热试验设备 heat and humidity testing equipment
潮日 tide day
潮软土 aquoll
潮沙波 tidal sand wave
潮沙脊 tidal sand ridge
潮砂坝圈闭 tidal-bar trap
潮砂造型 greensand mo(u)lding
潮上沉积 supralittoral sediment
潮上带 supralittoral zone; supratidal zone
潮上带群落 supralittoral community; supratidal community
潮上的 supralittoral; supratidal; upper tidal
潮上坪 supralittoral flat; supratidal flat
潮上坪沉积 supratidal flat deposit
潮上升 supratidal flat
潮上涨的 flowing
潮升 rise of tide; tidal rise; tide rise
潮升比<两地的> ratio of rises; ratio of tide; tidal ratio
潮升 rise of tide
潮升不足 negative surge
潮升过高<由于气象原因> positive surge
潮升量 amount of tidal rise; rise amount
潮生流 tide-generated current; tide driven current
潮湿 aquosity; dampness; deluge; humidity absorption; moisture; sloppiness; wetness
潮湿变性土 aquert
潮湿表面 wetted surface
潮湿部位 damp location
潮湿程度 degree of damping; degree of dampness; degree of wetness
潮湿赤道气候 wet equatorial climate
潮湿除尘机 damp sweeper
潮湿传感器 moisture sensing probe
潮湿带 humid zone
潮湿的 damped; dampy; dank; moist; rheumy; sloppy; soggy; swampy; watery; wet; humid
潮湿的房间 damp room
潮湿的空气 humid air
潮湿地 dank; flush; tidal wetland
潮湿地面 wetland
潮湿地区 humid area; wet area
潮湿地区潜水区 moist area underground water area
潮湿度扩撒测量法 wet cup method
潮湿发霉 damp and mouldy
潮湿房间 humid room
潮湿房间防潮 humid room dampproofing
潮湿房间设施 humid room services
潮湿房间照明具 humid room luminaire(fixture)
潮湿腐蚀 aqueous corrosion
潮湿覆盖层 moisture cover
潮湿谷物 damp grain
潮湿固化的 moisture cured
潮湿滚子 moistening roller
潮湿含水率 dampness
潮湿和崎岖的 haggy
潮湿花岗岩 moist granite
潮湿灰土 aquod
潮湿季风 wet monsoon
潮湿季节 wet weather spell; wet season
潮湿间的 littoral
潮湿绝缘体 rap
潮湿空气<相对湿度超过 85%> damp air; moist air; moisture-laden air
潮湿空气比容 humid volume
潮湿空气的热动力性能图 psychrometric chart
潮湿空气养护 moist-air curing
潮湿垃圾 humid refuge; humid rubbish; humid waste
潮湿老成土 aqult
潮湿老化 humidity ag(e)ing
潮湿类型 dampness type
潮湿淋溶土 aqualf
潮湿面可固化胶粘剂 wet surface hardenable adhesive
潮湿木材 live wood
潮湿膨胀 moisture expansion
潮湿气候 filty; humid climate; wet climate; moist climate
潮湿气体流量计 humidity flowmeter; water-sealed rotary gas meter
潮湿器 damper
潮湿侵入 humidity penetration
潮湿区 humid region; wet location
潮湿区域 damp location
潮湿区植被的 hygrophilous
潮湿热带低地 humid tropical lowland
潮湿热带林 moist tropical forest
潮湿热带-亚热带 humid tropical to subtropical zone
潮湿软土 aquoll
潮湿森林 mesophylile
潮湿砂 moist sand
潮湿升高 rising damp
潮湿始成土 aquept
潮湿室防潮 damp room dampproofing
潮湿室隔墙 damp room partition (wall)
潮湿室设施 damp room services
潮湿室照明设备 damp room light fixture; damp room luminaire fixture
潮湿室照明装置 damp room light fitting
潮湿水分 moisture
潮湿损坏 humidity damage; wet damage
潮湿天气 wet weathers
潮湿天气污染 wet-weather pollution
潮湿土(壤) slowly drained soil; moist soil
潮湿微环境 humid microenvironment
潮湿温带 humid temperate zone
潮湿物覆盖 wet cover
潮湿物覆盖养护 wet cover curing
潮湿系统 moisture system
潮湿限度 moisture limit
潮湿箱 humidity cabinet; humidity cell; humidity chamber
潮湿箱试验 humidity cabinet test
潮湿新成土 aquent
潮湿亚热带热带 humid subtropical to tropical zone
潮湿亚热热带亚带 humid subtropical to tropical subzone
潮湿烟雾 damp haze
潮湿盐土 wetted saline soil
潮湿养护的 moisture cured
潮湿养护室 damp room
潮湿氧化土 aquox
潮湿引起的损坏 damage due to humidity
潮湿蒸汽 moist steam
潮湿状态容重 wet unit weight
潮湿渍 wet with moisture damp; wet with moisture
潮时 tidal hour; time of tide
潮时差 tidal difference; tide lag; time difference of tide
潮时后延 retardation of tide; tide retardation
潮时落后<每天迟约 49 分钟> lagging of the tide; lagging on the tide retardation
潮时偏差 departure of tidal hour
潮时曲线 mareogram; margigram
潮时提前 acceleration of tide; priming of tide; tide priming
潮时延后 lagging of tide; tide lagging
潮时月相不等 phase inequality of time
潮时滞后 lagging of tide; retardation of tide
潮蚀 tidal current scour; tidal erosion; tidal scour
潮式呼吸 cheyne-stokes breathing; cheyne-stokes respiration; tidal respiration
潮式引流法 tidal drainage
潮刷 tidal current scour; tidal scour
潮水 evening tide; surging water; tidal water; tide; tide water
潮水标尺 tidal pole; tidal rod; tidal staff; tide ga(u)ge
潮水冰川 tide water glacier
潮水舱 tide chamber
潮水冲刷 tidal scour
潮水冲刷作用 tidal flushing action
潮水初落 young ebb
潮水船坞<无闸门> tidal dock; impounding dock
潮水达到的最高点 tide mark
潮水倒灌 tidal influx
潮水的 tidal
潮水低落 neap tide
潮水顶托 tidal backwater; tidal lockup
潮水顶托回水 tidal backwater
潮水发电站 tidal power station
潮水泛滥 tidal inundation
潮水方向 set of tide
潮水高度<在多年平均海平面以上的> tidal rise; tidal water level
潮水观测 tidal observation; tide observation
潮水河 tidal river
潮水河(测)站 tidal river station
潮水痕迹 swash mark; tide line; tide mark
潮水计房 tide-ga(u)ge house
潮水计井 tide-ga(u)ge well

潮水进退运动 dodge
潮水浸淹带 intertidal region
潮水坑 intertidal pool;tidal pool
潮水量 tidal water volume
潮水零点 zero tide
潮水流动 tidal movement
潮水流向 set of the current
潮水猛涨 tidal surge
潮水区 tidal reach
潮水入口 tidal inlet
潮水上涨 eager[eagre];tidal bore
潮水升降 tidal undulation
潮水水位 tidal level;tidal water level
潮水塘 tidal pool
潮水调节 tidal regulation
潮水位 height of tide;tidal level;tide water level
潮水位计 tidal ga(u)ge;tide ga(u)ge;tide recorder;tide register
潮水箱 <水工模型用的> tide box
潮水消退 ending of flood
潮水楔 tidal wedge
潮水信号 tidal signal
潮水修正 tidal reduction
潮水淹没的土地 salting
潮水影像的码头铁路线 tidewater railroad
潮水涌浪 tidal bore;tidal surge
潮水站 tide-ga(u)ge station
潮水涨落 flux and reflux;tide fluctuation
潮水沼泽 tidal marsh
潮水指示器 tidal indicator;tide indicator
潮水周期性淹没地 overflowed land
潮水潴留洼地 tidal pool
潮水转向 turn of tide
潮速比 velocity ratio of the tides
潮滩 tidal bank;tidal beach;tidal flat;tidal shallow;tide beach
潮滩沉积 littoral deposit;subtidal deposit;tidal flat deposit
潮滩带 littoral zone
潮滩角砾岩 shoal breccia
潮滩平原 littoral plain
潮滩区 littoral area
潮滩相 littoral facies
潮滩岩 littoral rock
潮头卷浪 tidal rip;tide rip
潮土 meadow soil;moisture soil
潮土油 petrichor
潮退期 period of uncovering
潮位 sea level;stage of tide;tidal height;tidal level;tidal stage;tidal water level;tide height;tide level;tide water level
潮位变幅 range of tide;tidal range;tide range
潮位变化 change of tide;tidal change;tidal fluctuation;tide variation
潮位变化带 intertidal zone
潮位标尺 tide ga(u)ge;tide pole;tide shaft
潮位冰川 tide-level glacier
潮位波动 tidal fluctuation;tidal undulation
潮位不(稳)定点 amphidromic center [centre]
潮位参考面 tidal plane of reference
潮位测站 tide-ga(u)ge[ga(u)ging] station
潮位差 tidal range;tidal difference
潮位尺 tide ga(u)ge;tide level ga(u)ge
潮位订正 tidal correction;tidal reduction
潮位分带改正 correction of tidal zone
潮位分析 tidal analysis
潮位改正值 tide reducer
潮位杆 tide pole
潮位高 height of tide
潮位观测 tidal observation
潮位过程(曲)线 tidal curve;tide curve
潮位基准点 tidal bench mark
潮位基准面 datum of tidal level;tidal datum;tidal plane of reference;hydrographic(al) datum
潮位计 limnimeter;tidal ga(u)ge;tidal level hydrograph;tide ga(u)ge;tide-meter;tide recorder
潮位记录仪 tide recorder
潮位界 tide limit
潮位累积频率曲线 cumulative frequency curve of tidal level;cumulative frequency curve of tide level;total frequency curve of tidal level
潮位离差 sea level departure from normal
潮位历时曲线 duration curve of tide level
潮位零点 datum of tidal level
潮位偏差 deviation of tidal level;sea level departure from normal
潮位器 tide ga(u)ge;tide register
潮位曲线 tidal curve;tide curve
潮位曲线图 marigram
潮位升降 tidal undulation
潮位水尺 tidal ga(u)ge;tidal pole;tidal staff;tide ga(u)ge;tide pole;tide staff
潮位推算 tidal prediction
潮位相 tidal phase
潮位信号 tidal signal
潮位信号站 tidal signal station
潮位预报 tide prediction
潮位站 tidal station;tide-ga(u)ge[ga(u)ging] station;tide station
潮位指示浮标 tidal indicating buoy
潮位钟 tidal clock
潮位自记曲线 mareogram;marigram
潮坞 tidal basin
潮汐 ebb and flood tide;evening tide;flood and ebb;morning and evening tide;tidal stage;tide
潮汐岸壁式码头 tidal quay
潮汐坝 tidal power barrage
潮汐瓣阀 tidal flap valve
潮汐包线 tidal envelope
潮汐报告 tidal report
潮汐边界层 tidal boundary layer
潮汐变幅 tidal amplitude;tidal range
潮汐变化范围 tidal range;tide range
潮汐变化引起的荷载 tidal change load
潮汐变形 tidal deformation
潮汐标尺 tide mark;water mark
潮汐标记 tidal bench mark
潮汐表 current table;table of tidal information;tidal table;tide table
潮汐冰裂 tide crack
潮汐波 tidal wave;tide bulge;tide wave
潮汐波动 tidal oscillation
潮汐波谷 trough of tidal wave
潮汐补偿 tidal compensation
潮汐不等 tidal inequality
潮汐不稳定性 tidal instability
潮汐参数 parameters of tide;tidal constant
潮汐测量 tidal current survey
潮汐测站 tidal ga(u)ging station;tide station
潮汐层化 tidal lamination
潮汐层理 tidal bedding
潮汐层序 tidal sequence
潮汐常数 tidal constant
潮汐潮流资料 tidal data
潮汐沉积 tidalite
潮汐沉积层 tidal mud deposit
潮汐沉积物 tidal mud deposit;tidal sediment
潮汐沉积旋回 tidal depositional cycle
潮汐成层 tidal stratification
潮汐迟角 phase lag;tidal epoch
潮汐迟滞 lagging of tide;lagging on the tide retardation;retardation of tide;tidal lagging
潮汐尺 tide mark
潮汐冲毁的 tide-worn
潮汐冲刷 tidal scour;tide washed
潮汐出口 tidal outlet
潮汐船闸 entrance lock;guard lock;tidal lock
潮汐次要观测站 secondary port;subordinate station
潮汐带 intertidal zone;littoral zone
潮汐的 tidal
潮汐的归算 reduction of tide
潮汐的太阴时 lunar time of the tide
潮汐灯标 tidal light
潮汐地区 tidal region
潮汐电站 tidal electric(al) power station;tidal power plant;tidal power station
潮汐顶托 tidal lockup
潮汐订正 tidal correction;tidal reduction
潮汐动力理论 dynamic(al) theory of tide
潮汐段 tidal section
潮汐发电 tidal electric(al) power generation;tidal power generation
潮汐发电坝 tidal power barrage;tide power barrage
潮汐发电厂 tidal power plant
潮汐发电功率 tidal power
潮汐发电机组 tide-generating set
潮汐发电涡轮机 tidal power turbine
潮汐发电站 tidal electric(al) power plant;tidal power station
潮汐发动机 tidal generator;tide-generating machine;tide generator;tide-motor
潮汐发生器 tidal generator;tidal mechanism;tide-generating machine;tide generator
潮汐发生仪 tidal mechanism
潮汐放大 tidal amplification
潮汐非调和常数 non-harmonic constant of tide
潮汐非调和分析 non-harmonic analysis
潮汐分层 tidal lamination;tidal stratification
潮汐分类 classifications of tide
潮汐分析 tidal analysis
潮汐风 tidal wind;tide wind
潮汐幅度 amplitude of tide;range of tide
潮汐附注 tide notes
潮汐改正 tidal correction;tide correction
潮汐改正数 tidal difference
潮汐改正值 tidal difference
潮汐港池 tidal basin;tidal dock
潮汐港(湾) tidal harbo(u)r;tidal port
潮汐工程 tidework
潮汐公式 tidal formula
潮汐功率 tidal power
潮汐共振 tidal cooscillation;tidal resonance
潮汐共振说 tidal resonance theory
潮汐沟 creek
潮汐沟渠理论 theory of tidal channel
潮汐观测 tidal observation;tidal oscillation;tide observation
潮汐观测所 tidal observatory;tidal station
潮汐观测站 tidal observatory;tidal station
潮汐过程线 tidal curve
潮汐海 tidal sea
潮汐海滩 tide beach
潮汐海图 atlas of tides
潮汐航道 tidal waterway
潮汐河道 tidal river
潮汐河道和运河模型 model of tidal river and canal
潮汐河段 tidal reach
潮汐河段整治 regulation of tidal reaches
潮汐河段治理 regulation of tidal reaches
潮汐河口 tidal estuary;tidal funnel
潮汐河口潮洪 coastal flood
潮汐河口港 tidal estuary port
潮汐河口航道 tidal estuarial channel
潮汐河口浅滩 shoal at estuary;shoal of tidal estuary;shoal of tidal funnel
潮汐河流 tidal river;tidal stream
潮汐河流整治 regulation of tidal river
潮汐荷载 tidal load
潮汐环流 tidal circulation
潮汐混合 tidal mixing;tidal stirring
潮汐机 tide machine
潮汐基准面 tidal datum;tidal datum plane
潮汐计 tide-meter
潮汐记录 tidal record;tide record
潮汐加速度 tidal acceleration
潮汐假说 tidal hypothesis
潮汐间的 tidal
潮汐间隔 tidal interval
潮汐间隙 tidal interval
潮汐礁湖 tidal lagoon
潮汐校正 tidal correction;tide correction
潮汐校正值 tidal difference
潮汐节律 tidal rhythm
潮汐节制结构物 tidal-regulating structure
潮汐界限 limit of tide;tidal limit
潮汐静力理论 static theory of tide
潮汐均衡理论 equilibrium theory of tide
潮汐控制 regulation of tidal water;tidal regulation;tide control
潮汐控制相 tide-dominated facies
潮汐控制仪 tide-control apparatus
潮汐类型 tide type;type of tide
潮汐理论 tidal theory
潮汐力 tidal force;tidal power;tide power
潮汐力发电厂 tidal power station
潮汐力利用 utilization of tidal power
潮汐历时 <从高潮到低潮或从低潮到高潮> duration of tide;tide duration
潮汐立波理论 stationary wave theory of tide
潮汐裂缝(冰的) tidal crack
潮汐林 tidal forest
潮汐流 tidal flow;periodic current;tidal current;tidal stream
潮汐流槽 tideway
潮汐流限 limit of tidal current
潮汐面 tidal surface
潮汐模型 tidal model
潮汐摩擦 tidal friction
潮汐能 tidal energy;tidal power
潮汐能发电 tidal power
潮汐能连续生产 continuous tidal energy production
潮汐能量 tidal energy
潮汐泥滩 tidal mud flat
潮汐扭矩 tidal torque
潮汐盆地 tidal basin
潮汐漂流物 tidal drift
潮汐漂移 tidal drift
潮汐频率 tidal frequency

潮汐频谱 tidal spectrum
潮汐平衡理论 equilibrium theory of tide
潮汐平原 tidal plain
潮汐谱 tidal spectrum
潮汐侵蚀三角洲 tidal scour delta
潮汐情报 tidal information
潮汐情报工作 tidal information service
潮汐情况 tidal condition;tidal regime
潮汐区(域) littoral area;littoral region;tidal region;tidal zone
潮汐曲线 mareogram;tidal curve;tide curve
潮汐屈服 tidal yielding
潮汐泉 ebbing and flowing spring;intermittent spring
潮汐日 <相当 24.84 太阳时> tidal day;constituent day;lunar day
潮汐日不等现象 inequality phenomenon of daily tide
潮汐容量 tidal capacity
潮汐三角洲 tidal delta;tide delta
潮汐三角洲沉积 tidal-deltaic deposit
潮汐三角洲相 tidal-delta facies
潮汐沙脊沉积 tidal sand ridge deposit
潮汐摄动 tidal perturbation
潮汐湿地 tidal wetland
潮汐时差 time difference of tide
潮汐时间相位不均衡 phase inequality of time
潮汐实验电站 experimental tidal power plant
潮汐势(能) tidal potential
潮汐数据 tidal data;tide data
潮汐水道 tidal way;tideway
潮汐水道沉积 tidal-channel deposit
潮汐水道相 tidal-channel facies
潮汐水电站 tidal power plant
潮汐水力学 tidal hydraulics
潮汐水量 tidal water volume;tidewater volume
潮汐水流 tidal current;tidal flow
潮汐水流图集 tidal stream atlas
潮汐水面 tidal water;tide water
潮汐水能资源 tidal energy resources;tidal power resources
潮汐水位 stage of tide;tidal water level
潮汐水位曲线 tide water level curve
潮汐水域 tidal waters;tidewaters
潮汐水准点 tidal bench mark
潮汐顺序 sequence of tide
潮汐瞬间轮廓图 instantaneous profile of tide
潮汐碎屑相 clastic tidal facies
潮汐滩地 tidal flat;tide flat
潮汐特性 tidal quality;tidal regime
潮汐特征 tidal feature
潮汐特征数据 tide notes
潮汐提前 priming of the tide
潮汐调和常数 harmonic constants of tide;harmonic tidal constant
潮汐调和分析 harmonic analysis of tide;tidal harmonic analysis
潮汐调和函数 harmonic tide function
潮汐调和预报 harmonic tide prediction
潮汐调节 tidal regulation
潮汐调节构筑物 tidal-regulating structure
潮汐图 tidal atlas;tidal chart;tidal diagram
潮汐图表 tidal diagram
潮汐推迟时间 daily retardation of tides
潮汐推进波 tidal progressive wave
潮汐推算 prediction of tides;tidal prediction
潮汐推算机 tide-predicting machine;tide predictor
潮汐推移 tidal migration
潮汐椭圆 tide ellipse
潮汐位能 tidal potential
潮汐位(势) tidal potential
潮汐位相 stage of tide;tidal phase;tide phase
潮汐位相滞后 phase lag of tide
潮汐系数 coefficient of tide;tidal coefficient
潮汐现象 tidal phenomenon
潮汐线 tidal limit;tidal line;tidal shore line;tide line
潮汐相位 tidal stage
潮汐效率 tidal efficiency
潮汐效应 tidal effect
潮汐谐和分析 harmonic analysis of tide
潮汐泻湖 tidal lagoon
潮汐信标 tidal clock;tide clock;tide indicator
潮汐信号 tidal signal;tide signal
潮汐信号灯 <在港入口处指示潮汐情况的灯> tidal light
潮汐信号球 tidal ball;tide ball
潮汐信号台 tidal signal station;tide signal station
潮汐信号站 tidal signal station;tide signal station
潮汐信息 tidal information
潮汐序列 sequence of tide;tide sequence
潮汐悬移质沉积 tidal suspension deposition
潮汐旋涡 tidal eddy
潮汐学 science of tide;tidology
潮汐学说 tidal theory
潮汐压力 tidal load
潮汐延迟 tide retardation;retardation of tides
潮汐研究所 tidal institute
潮汐演化 tidal evolution
潮汐仪 tide-meter
潮汐异常 anomaly of tide
潮汐溢水道 tidal outfall
潮汐因子 tidal factor;tide factor
潮汐应变 tidal strain
潮汐应力 tidal stress
潮汐影响 tidal effect
潮汐影响的高水位 affected tidal high water
潮汐影响界限 limit of tidal influence
潮汐淤积层 tidal mud deposit
潮汐余流 tidally induced residual current
潮汐预报 tidal forecasting;tidal prediction;tide prediction
潮汐异常 anomaly of tide
潮汐预报 tidal predication;tide prediction;prediction of tides
潮汐预报机 tidal predictor;tide-predicting machine
潮汐运动 tidal movement
潮汐运动特征 motion characteristic of tide
潮汐闸门 tidal gate;tide gate
潮汐站 ga(u)ging station;tidal observatory;tidal station;tide(-ga(u)ge) station
潮汐涨落 tide fluctuation
潮汐涨落曲线 mareogram;tide fluctuation curve;marigram
潮汐沼泽 tidal slough;tidal swamp
潮汐沼泽地 tidal marsh
潮汐振荡 tidal oscillation
潮汐振动 tidal undulation;tide vibration
潮汐振幅 amplitude of tide;tidal amplitude;tide amplitude
潮汐指示灯 tidal light
潮汐滞后 lagging of tide;lag of the tide;tidal lag;tide lag
潮汐滞后时间 tidal lag(time)
潮汐钟 tide clock
潮汐钟表形信标 tidal clock beacon
潮汐种类 species of tide;tide species
潮汐重力改正 tidal gravity correction
潮汐重力仪 tidal gravimeter
潮汐重演 tide reproduction
潮汐周期 tidal cycle;tidal period;tide cycle;period of tide
潮汐周期节律 circatidal rhythm
潮汐主要观测站 control tide station
潮汐驻波理论 stationary wave theory of tide
潮汐转流 turn(ing) of tide
潮汐状交通 tidal traffic
潮汐状况 tidal regime
潮汐资料 tidal data;tidal information;tide data;tide information
潮汐自动记录仪 automatic tide-ga(u)ge record
潮汐自动推算机 tide-predicting machine
潮汐自记曲线 marigram
潮汐自记仪 mareograph;marigraph
潮汐自记纸卷 tide roll
潮汐阻力 tidal drag
潮汐组分 constituent of tides
潮汐作用 tidal action;tidal effect;tide effect
潮汐作用的 mereographic
潮系 tidal system
潮下 subtide
潮下带 sublittoral zone;subtidal zone
潮下的 subtidal
潮下坪沉积 subtidal flat deposit
潮下群落 subtidal community
潮下席状砂岩 sublittoral sheet sandstone
潮下相 subtidal facies
潮相 epoch;tidal epoch
潮相位 phase of tide;tide phase
潮向内流 tide sets in
潮向外流 tide sets out
潮啸 tidal wave
潮楔谷 tidal wedge
潮新成土 aquent
潮信表 table of tidal signal
潮型 pattern of tide;tidal pattern;tidal stencil
潮型放大 tidal amplification
潮汛 spring tide
潮汛潮落表 current table
潮汛带 littoral zone
潮汛积地 warp land
潮汛基线 base of sea mark
潮汛计算 tidal calculation
潮汛壅水 backwater
潮汛预报表 current table
潮汛涨落表 current table;tidal current table
潮汛周期 current cycle
潮压 tidal load;tidal pressure;tide pressure
潮压冰脊 tidal pressure ridge
潮淹地 overflowed land;tide land
潮淹区 tide land
潮淹沼泽 tidal swamp
潮盐土 meadow saline soil
潮盐沼 tidal-delta marsh;tidal salt marsh
潮堰 tidal weir;tide weir
潮氧化土 aquox
潮壅 tidal lockup
潮涌 tidal bore
潮缘带岩石 peritidal rock
潮缘复合体 peritidal complex
潮缘区 peritidal area
潮闸 tidal lock;tide gate;tide lock
潮涨 tidal bulge
潮涨落地带 ebb and flow zone;tide zone
潮胀 tidal elevation;tidal swelling
潮沼 tidal marsh
潮沼排水 tidal marsh drainage
潮沼泽 tidal marsh;tide marsh;tidal marshland
潮振动 tidal undulation
潮振幅 <潮差的一半> tidal amplitude;tide amplitude
潮致冰裂 tide crack
潮致凝固 moisture setting
潮滞 <河口高低潮与当地高低水位之间的滞后时间> tidal lag;tidal epoch;phase lag
潮周带群落 circalittoral community
潮状交通车道 <可根据一天中某一时间的交通需要,改变交通流向> tidal flow traffic lane
潮准线 tidal datum
潮阻 tide-bound

吵闹 noisiness;rumpus

吵闹的 noisy;vociferous

炒爆 stir-bake to cracking

炒干法 fry-dry method
炒锅法 frying-pan method
炒锅干燥 frying-pan drying
炒锅倾角 inclination of caldron
炒黄 stir-bake to yellowish
炒焦 stir-bake to brown
炒买炒卖外汇 foreign currency dealing
炒米店统【地】 Chaumitien series
炒砂法 boiling-on-grain

车把 handle bar

车把手杆 handle bar stem
车把手握柄 handle bar grip
车班 vehicle shift
车班行程 vehicle-shift kilometers[kilometres]
车班载客次数 carrying times per shift
车板 sweep;sweeping board;sweep template;turning strickle
车板安装 flap installation
车板横臂 spider arm;sweep arm
车板架 sweeping mo(u)lder's horse;sweeping tackle
车板架轴座 socket of the sweeping table
车板造型 strickle mo(u)lding;sweeping;sweep mo(u)lding;sweepwork
车板座 strickle board support
车拌法 truck mixer method;truck mixing method
车拌混凝土 <用拌和车运送拌和的混凝土> transit-mix(ed) concrete
车拌混凝土批量配料设备 transit-mixed concrete batching plant
车拌混凝土设备 transit-mixing concrete plant
车磅 wagon balance
车边 <将玻璃边缘磨出斜边> bevel(l)ing
车边玻璃 bevel(led) plate glass;splayed glass
车边机 rabbeting machine
车侧 broadside
车侧被直线碰撞 broadside collision
车侧面间隔 leeway
车侧突出架 sponson mount
车侧余地 leeway
车铲比 truck to shovel ratio

车铲容积比 volume ratio of truck to dipper
车厂 car shop
车厂运行测试 depot test run
车场 car park;coach yard;farm;landing;motor pool;yard
车场场长 yardmaster;ring marker <俚语>
车场车辆 active car
车场地界标 yard limit sign
车场地界线 yard limit sign
车场调度员 yard dispatcher
车场工作人员 yardman
车场股道号数 yard track number
车场回讲无线电装置 talk-back yard radio installation
车场间电传打字通信[讯] interyard teletype communication
车场控制系统 yard control system
车场配置 yard layout
车场容车能力 standing capacity
车场无线电联络电话 <车场对讲无线电> talk-back yard radio
车场线 yard track
车场咽喉区【铁】throat of station;throat of yard
车场作业控制 yard work control
车车通信[讯] inter-vehicle communication;vehicle to vehicle communication
车程计 hodometer;trochometer;viameter
车秤 cart balance;overhead turn scale
车齿 skiving
车齿刀 skiving cutter
车船费 fare
车船换装 rail-ship interface
车船换装作业起重机 rail-boat transshipment crane
车船间货物驳运码头 lighterage pier
车船交接 rail-ship interface
车船联运港 ferry terminal
车船流向 current of traffic
车船内显示 on-board display
车船上数字地图 on-board digital map
车船使用牌照税 tax of vehicle and ship licence [license];vehicle and vessel license tax
车船体骨架 carcase
车船停靠 berth
车船延期费 demurrage charges
车船装卸免收延期费时间 free time
车窗 car window
车窗玻璃 glass for vehicle window
车窗玻璃除霜器 defroster of vehicle window;demister(of vehicle window)
车窗玻璃破损 truck window pane broken
车窗玻璃升降槽 glass-run channel
车窗除霜用加热器 heating apparatus for defrosting window of vehicle
车窗吊簧 window sash balance
车窗刮水器 window wiper
车窗护杆 window guard
车窗卷绕器 window winder
车窗开闭调节器 window regulator
车窗上部镶条 belt mo(u)lding
车窗手柄 window sash lift
车窗枢销 sash pivot
车窗锁 window sash holder
车窗锁闩 sash bar
车窗提手 bar sash lift
车窗天线 window frame aerial;window frame antenna
车窗通风器 window ventilator
车窗握柄 window sash holder
车窗下挡风胶垫 bottom weather strip
车床 lathe;turning lathe;turning machine;turning mill
车床操作 lathe operation
车床测力计 lathe dynamometer
车床车削 lathe turning
车床撑架 stay of lathe
车床床面上加工最大直径 maximum swing diameter of work over-bed
车床床面上旋径 swing over-bed
车床床身 body of lathe bed;lathe bed
车床床座 lathe frame
车床刀杆 toolholder of lathe
车床刀夹 turner
车床刀架 lathe carriage;lathe saddle;tool carriage;tool-carrying device
车床刀架上旋径 swing over-carriage
车床刀具 lathe tool
车床的头座 stock head
车床顶尖 lathe center[centre]
车床顶尖端 lathe center point
车床顶尖孔 centre-hole of lathe
车床顶尖磨具 apparatus for lathe centers;grinding apparatus for lathe centers
车床顶针磨削机 lathe center grinder
车床对刀显微镜 lathe tool-setting microscope
车床附件 lathe accessories;lathe equipment
车床工 lathe hand;lather;turner
车床工厂 turnery
车床工具 turning tool
车床工人 lathe operator
车床工作 lathe work
车床固定中心架 fixed steady
车床过桥 lathe gap
车床花卡盘 face-plate
车床回转刀架 square turret
车床鸡心夹头 lathe carrier
车床基本内圆车削 basic internal operation(al) of lathe
车床加工 turning by lathe
车床加工接头 turned joint
车床夹盘 lathe chuck
车床夹头 lathe dog
车床架 lathe frame
车床卡盘 lathe chuck
车床靠模 carriage cam
车床控制系统 lathe control system
车床螺丝扳手 lathe spanner
车床磨削 lathe grinding
车床气动测力计 pneumatic lathe dynamometer
车床切削 lathe turning
车床切削刀具 lathe cutter;lathe cutting tool
车床设计 lathe design
车床死顶尖 Z center
车床四方转刀架 square turret
车床随行刀架 travel(l)ing steady
车床特性 lead number
车床头 lathe head;stock head
车床头座 headstock
车床拖板 lathe carriage
车床拖板箱 carriage apron
车床尾顶尖 dead center[centre];dead center of lathe;back center[centre]
车床小刀架 compound tool rest
车床心轴 lathe mandrel
车床修坯 turning
车床旋转轴 <加工件固定在轴上> mandril
车床研磨 lathe grinding;lathe lapping
车床在刀架上的最大加工直径 maximum swing diameter of work over-carriage
车床轧头 lathe dog
车床支座 lathe rest
车床重量 weight of lathe
车床轴 lathe spindle
车床转塔刀架 lathe turret
车床钻模 drill jig for lathe
车次 car-times
车次表示【铁】train number indication
车次号【铁】train number;trip number
车次自动记录器 automatic train number recorder
车挡 buffer block;buffer stop;bumping block;bumping post;bumper;car bumper;car stop;bumper post;stop buffer track bumper【铁】;stop buffer <设在轨道尽头处>
车挡标志 buffer stop indicator;car stop indicator;bumping post sign
车挡表示器 bumping post indicator;buffer stop
车挡长度 buffer stop area
车挡风玻璃破损 truck wind-screen broken
车刀 cutter;gad;lathe bit;lathe tool;machine knife;turning tool;turning wheel
车刀定角导板 protractor tool guide
车刀架 cutting-off tool rest
车刀磨床 tool grinder
车刀移动线 line of turning tool travel
车刀支架 cut-off tool holder
车道 drift way;driveway;lane;roadway;stripe;switching track;traffic lane;trafficway
车道板 running plank;treadway
车道边界线 lane line
车道变动 lane move
车道变换 lane change
车道变换行为【交】lane change behavior
车道标示 lane mark(ing)
车道标线 lane mark(ing)
车道标志设置 lane marker
车道标志线 traffic line
车道布置 lane allocation;lane arrangement
车道布置信号定相(位)系统 lane arrangement-phasing system
车道车流 lane flow
车道出租(费) <美国因施工关闭道路、车道或路肩,承包人需付给招标单位的租路费> lane rental
车道导引设置 lane guide
车道等利用度 equal lane utilization
车道方向控制信号 lane-direction control signal
车道分布 lane distribution
车道分布系数 lane distribution factor
车道分隔带 lane separator;separating strip
车道分隔设施 lane divider
车道分隔石 barrier stone
车道分隔线 barrier line
车道分界线 separated line of lane
车道分配系数 distribution factor of traffic lane
车道分线信号 lane indicating signal;traffic lane divider signal
车道关闭 <高速干道交通控制的一种方法> lane closure
车道管理信号 lane-control signal
车道荷载 lane load(ing);load on roadway;roadway load
车道划分 lane division
车道划线 lane line marking
车道划线机 lane marker
车道间的分隔段 separating strip
车道间隙 track clearance
车道渐缩段 lane taper
车道交通量分布 lane distribution in traffic volume
车道境界线 lane line in same direction
车道控制 lane control
车道控制器标志 lane controller sign
车道控制使用标志 lane-use control marking;lane-use control sign
车道控制使用路面标示 lane-use control marking
车道控制使用路面标志 lane-use control mark
车道控制信号 lane-control signal
车道宽(度) carriageway width;roadway width;width of lane;line width;lane width
车道利用比 lane utilization ratio
车道利用度 lane utilization
车道门廊 carriage porch;porte cohere
车道偏离检测 lane departure detection
车道偏移 lane shift
车道平衡 lane balance
车道上的换乘车站 on-line station
车道上某一点车速 spot speed
车道设计 roadway design
车道设计通行能力 lane design capacity
车道使用管理标志 lane-use control
车道使用控制 <如指定左转弯专用、公共汽车专用等> lane-use control
车道使用指定标志 lane-use control sign;lane-use sign
车道数量 number of lanes
车道顺序铺设法 lane-at-a-time placement
车道缩减 lane drop
车道调剂 lane balance
车道通过能力 <车辆按照某种速率行驶而无显著延滞时,每条车道的最大通行交通量> lane capacity
车道外侧线 pavement edge line
车道外的换乘车站 off-line station
车道外形 lane configuration
车道系数 coefficient of lanes;lane factor
车道线 carriageway marking;lane line;traffic lane line;traffic line;white line
车道形状 lane configuration
车道选择 lane choice
车道引导标志 lane guide
车道迂回线 lane tortuous line
车道占用率 lane occupancy;lane occupation
车道占有率 lane occupancy;lane occupation
车道折线 lane tortuous line
车道指示标志 lane guide
车道指示信号 lane indicating signal
车道指向分隔带 directional separator
车道转换 <道路建筑时的> lane change[changing];lane moving
车道纵梁 roadway stringer
车道租用合同 lane-rental contract
车道阻塞 lane blockage
车道组 <交叉口进口道上,供一种或几种行驶方向车辆使用的一组车道> lane group
车的回转圈 turning circle
车灯 car lamp;car light(ing)
车灯玻璃 lamp lens
车灯反射镜 lamp reflector
车灯接地线 lamp ground wire
车灯接通指示灯 beam indicator
车灯调压器 lamp regulator
车底【铁】train set
车底安装 underfloor installation
车底编成辆数 number of carriages in a train stock
车底地板 <冷藏车> blind floor
车底电缆槽安装 underfloor cable duct installation
车底吊门(货车) flap-door
车底发动机 underfloor engine

车底改编 passenger train stock recomposition
车底护板 bottom guard
车底架 body frame;chassis
车底架对角拉条 diagonal frame brace
车底检修 examination and repair of passenger train stock
车底净空 ground clearance
车底离地间隙 underclearance
车底炉 bogie hearth furnace
车底面积与载重量之比 ratio of floor area to load
车底配属站 subordinate station of passenger train
车底取送 taking-out and placing-in of passenger train stock
车底式电阻炉 car-bottom electric(al) furnace
车底式加热炉 car-bottom furnace
车底式炉 bogie-type furnace
车底式批生产加热炉 car-bottom batch-type furnace
车底数 number of allocated passenger train
车底水箱 lower tank
车底水箱给水装置 lower tank system water supply apparatus
车底洗刷 wash and brush of passenger train stock
车底小轮 <为推床、椅等重物在车脚上安装的> trundle
车底卸货 bottom discharge
车底卸载 bottom-dump(ing)
车底折返站 turn-back station of passenger train stock
车底整备 passenger train stock servicing
车底制动拉杆安全托 emergency support
车底制冷机组 underslung refrigeration unit
车地板下安装的发动机 underfloor engine
车地无线电系统【铁】 train-ground radio system
车地信息接收 positive train indication;train-ground information coupler
车地信息接收环路 positive train-ground indication loop
车地信息接收器 train wayside coupler
车地信息接收系统 train-earth information receiving system; train-ground information receiving system
车电乘务员 travel(l)ing train-lighting fitter
车电人员 train electrician
车电调压器 lamp regulator
车顶 car roof(ing);roof of vehicle; wagon top
车顶安全作业锁 roof work safety lock
车顶板 roof board(ing);roof sheet
车顶槽式装货口 trough hatch
车顶侧梁 roof side sill
车顶侧柱 topside arm
车顶长方形装货口 elongated hatch
车顶椽子或弯梁 carline;carling
车顶灯 dome light;roof light
车顶电缆槽 roof area cable duct
车顶电缆槽安装 roof area cable duct installation
车顶丁字接铁 roof sheet splice T
车顶防石护板 canopy rock guard rail
车顶风道 ceiling duct
车顶扶手 roof grab iron;roof hand hold
车顶高度 pitch
车顶拱 roof arch
车顶护罩 overhead guard
车顶集电弓 roof-mounted pantograph
车顶加冰 top icing
车顶加冰冷藏车 overhead bunker refrigerator car
车顶夹 top clamp;top fastener
车顶架 top holder
车顶铰接机构 top slat
车顶铰接机构杆 top-slat iron
车顶结构 roof framing
车顶绝热层 roof insulation
车顶开口棚车 opening-roof wagon
车顶可开货车 opening-roof wagon
车顶瞭望窗守车 cupolo
车顶瞭望口 lookout hatch
车顶炉罩 overhead guard
车顶木梁 ceiling furring
车顶木弯梁 timber carline
车顶水箱 roof tank
车顶水箱系统给水装置 roof tank system water supply apparatus
车顶天面 roof panel
车顶天线 top antenna
车顶条 top strap
车顶通风窗 ventilator of roof area
车顶通风口 static exhauster
车顶通风器 roof ventilator
车顶托架 top bracker;top clamping bracket;top support
车顶托梁 roof support
车顶外层包 roof cladding
车顶弯梁 ceiling truss
车顶弯梁座 top-socket
车顶线 roof line
车顶行李棚 <汽车> luggage rail on top
车顶圆形装货口 circular hatch
车顶照明 top lighting
车顶至轨面距离 height of roof above rail level
车顶中央装货口 center hatch
车顶装货口 roof loading hatch
车顶装置 roof gear
车顶纵梁 roof rail
车顶纵向梁 longitudinal roof member;purlin(e)
车顶走板 running board
车动交通管理 vehicle-actuated traffic control
车动交通控制 vehicle-actuated traffic control
车动交通信号 vehicle-actuated traffic signal
车动交通信号装置 vehicle-actuated traffic signal installation
车动控制器 traffic-actuated controller
车动速率控制器 traffic-actuated speed controller
车动信号 traffic-actuated signal
车斗 car hopper;van
车斗举地后的离地间隙 ground-body raised clearance
车渡 car ferry crossing
车端 car end
车端部缓冲装置 end-of-car cushioning
车端椽子 end carline
车端顶弯梁连接角钢 carline knee iron
车端分线盒盖 box lid
车端扶手 end grab iron
车端角架 end frame;final frame
车端立柱 collision post;end post;end stanchion
车端面 face work;radial facing
车端木梁 body end furring
车端式冰箱冷藏车 end bunker refrigerator car
车端饰带镶条 end fascia
车端填木 body end furring
车端外板 car end outside sheathing
车端外皮 car end outside sheathing
车端外墙板 end panel
车端下墙板 end panel
车端装车 end loading
车端装载 end loading
车队 caravan;cavalcade;convoy; fleet;haulage fleet;platoon;vehicle fleet;vehicle platoon;vehicular platoon
车队编组 platoon sorting
车队波状推进速率 <推进式信号联动系统控制下的> progression speed
车队长度 platoon length
车队车速变化曲线【交】 platoon and speed profiles
车队管理系统 fleet management system
车队核算 vehicle fleet accounting
车队鉴别法 platoon identification
车队控制系统 vehicle fleet control system
车队离散系数 diffusion factor; dispersion factor
车队流率【交】 platoon flow rate
车队容量 <一个公共交通车队所有车辆中乘客客位的总数> fleet capacity
车队散布 platoon diffusion; platoon dispersion; traffic diffusion; traffic dispersion
车队散布理论 platoon diffusion theory;platoon dispersion theory
车队识别方案 Plident-platoon identification scheme
车队速度 platoon speed
车队头车 platoon leader
车队系统 platooning system
车队限流 <入口匝道的一种控制方法> platoon metering
车队行驶状况 convey condition
车队驻地 caravan site
车队装卸轨道 team track
车队总标定功率 aggregate fleet rating
车队总额定功率 aggregate fleet rating
车舵效应 effect of screw and rudder
车房 barn;carriage house
车费 car fare;cartage;fare
车费计 taximeter
车费计算记录器 fare register
车费卡 farecard
车费票价区 fare zone
车分 vehicle-minute
车辐 rung;stave
车盖 hood
车杠 bumper;thill
车杠到车杠 bumper to bumper
车工 latheman; lathe operator; lathe turner; lathe work; lathe worker; turner
车工车间 turning shop
车工工艺 turnery
车工工作 lathe work
车工夹具 turning fixture
车工铅黄 Turner's yellow; Verona yellow
车工制品 turnery
车公里 vehicle-kilometer
车公里成本 vehicle-kilometer cost
车公里运价 tariff per vehicle kilometre
车钩 car body coupler; car coupler; coupler; coupling (gear); draft gear; draw gear; draw (ing) bar; jink;shackle bar
车钩闭锁位置 anti-creep and locking
车钩柄 coupler shank
车钩插塞 coupling plug
车钩大梁 coupler girder
车钩的拉伸 lengthening of coupling
车钩的伸张 stretching of coupling
车钩电器部分 electric(al) coupler
车钩对心 center[centre] coupler
车钩轭 coupler yoke
车钩复原装置 coupler centering device
车钩高度 coupler height
车钩钩舌 coupling nipple
车钩钩身 coupler shank
车钩钩头间距 length between coupler heads
车钩关节 coupler knuckle
车钩关节销 coupling knuckle pin
车钩后端 coupler butt
车钩环舌 coupling buckle
车钩缓冲器检修间 coupling buffer workshop
车钩缓冲停止器 device for stopping buffer action
车钩缓冲装置连接 central buffer coupling
车钩机械部分 mechanical couplers
车钩及缓冲器试验台 coupler and buffer test bench
车钩架 coupling bracket
车钩间长度 length over couplers
车钩间的距离 <车辆长度> distance between couplings
车钩检测仪 coupler test device;coupler tester
车钩接荀 coupling nipple
车钩开关 coupler switch
车钩开锁位置 coupler lock set
车钩开锁装置 coupler lock set
车钩空气系统 pneumatic coupler system
车钩拉杆 coupler draw bar
车钩连环 coupling chain
车钩连接 coupling link
车钩连接板 coupler plate
车钩连接点 coupler pivot point
车钩气动控制 pneumatic coupler control
车钩牵引簧托 coupler draft spring support
车钩牵引力 traction power of coupler
车钩全开位置 full knuckle throw
车钩三态作用 three states of operation
车钩舌 coupler head
车钩枢销 coupler pivot pin
车钩松开 loosening of coupling
车钩锁铁 coupling jack
车钩提杆 coupling lever; uncoupling lever;uncoupling rod
车钩提杆凹槽 uncoupling lever bracket slot
车钩提杆吊 uncoupling lever hanger
车钩提杆吊环 uncoupling lever hanger link
车钩提杆吊或座 pull rod carry iron
车钩提杆链 uncoupling chain
车钩提杆座 uncoupling lever bracket
车钩提钩装置 coupler release rigging
车钩体 coupler body
车钩跳线 coupler jumper
车钩头 coupler head
车钩突榫 coupling nipple
车钩托板 coupler carrier
车钩托座 coupler carrier
车钩外形轮廓 coupler contour
车钩尾部 coupler butt
车钩尾框 coupler yoke; draft gear yoke;yoke
车钩尾框隔板 coupler yoke partition block
车钩尾框托 coupler yoke bracket
车钩尾框尾销孔 coupler yoke key slot

C

车钩尾销 draft key;yoke key
车钩匣 coupler pocket
车钩销 coupling pin
车钩正位装置 coupler positioner
车钩中心 center of coupler
车钩中心距 distance between coupler centers[centres]
车钩中心线偏移 coupler centerline offset
车钩装置 coupling gear
车钩纵向力 drawbar force
车钩座 coupler seat;coupler support
车(构)架底梁 frame bottom rail
车(构)架螺栓 frame bolt
车轱辘 felloe
车管子螺纹 wrinkle pipe
车光 car light
车光加工的 smooth machined
车轨磐 traffic pan
车号 car number;wagon number
车号板 car identification panel
车号报告系统 car reporting system
车号表示【铁】train identification indication
车号抄录电视 checking television
车号抄录装置 car checking apparatus
车号校核通信[讯] car checking communication
车号校核装置 car checking apparatus
车号识别系统【铁】train number identification system
车号员 car accountant;car checker; checker; numberman; number taker;wagon checker;wagon recorder
车号员报导 car checker information
车号指示器【铁】train number indicator
车号自动识别系统 automatic car identification system
车号自动识别装置 automatic car identification system
车后反光器 rear-end reflector
车后红色反光器 rear red reflex reflector
车后行李架 <汽车> luggage grid at back
车后悬挂的液压式装载视 rear-mounted hydraulic loader
车后悬挂的转臂式液压装载机 rear-mounted jib-type hydraulic loader
车后轴 axle shaft
车弧形刀架 curve forming rest
车花筒机 lathe for copper roller
车滑行 coast
车滑脂 cart grease
车祸 car accident; traffic accident; traffic mishap
车祸多发地点 potentially hazardous situation
车祸死亡 death from automobile
车祸死亡率 accident involvement rate
车祸严重度指数 severity index
车迹测量 wake survey
车急停 scram
车际通信[讯] vehicle-vehicle communication
车架 car-carrier;carcase[carcass];car frame; carriage; carrier; chassis frame;frame;frame; subframe; travel(l)-ing carriage;truck frame
车架摆动量 frame oscillation
车架边梁 frame side member
车架槽钢 wagon building channel
车架叉(梁)frame fork
车架承簧板 bolster spring plank
车架承梁 body bolster;bolster;truck bolster
车架大梁 frame side member
车架导框套管 frame pedestal thimble
车架道梁 frame side member
车架顶梁 frame top rail
车架高度 <指底座离地高度> height of chassis above ground
车架构件 carriage piece;frame member;stair horse
车架横板 frame crossplate
车架横梁 frame cross beam; frame cross member;frame cross tie
车架横向加强板 frame bulkhead
车架后部垂下的拖车 cranked frame trailer;cranked trailer
车架缓冲装置 frame cushion
车架校正 frame alignment
车架校准 frame alignment
车架接合 frame joint
车架净空 ground clearance
车架拉条 frame brace
车架连接 frame splice
车架连接键 frame splice key
车架零件 frame parts
车架螺母 carriage nut
车架螺旋千斤顶 bolster screw jack
车架前端延伸梁 frame front extension
车架前梁 frame front rail
车架上梁 upper frame rail
车架式开关装置 carriage-type switchgear;truck-type switchgear
车架弹簧 carriage spring; spring of carriage;truck spring
车架弹簧吊架 truck spring hanger
车架托板 pedestal binder
车架下的 underslung
车架下梁 lower frame rail
车架下悬挂的 undermounted
车架镶接 frame splice
车架延伸梁薄板 frame front extension slab
车架验收 acceptance of the carcass
车架中点铰接 center-point frame articulation
车架中枢连接 frame pivot connection
车架中心点铰接 center-point articulation
车架轴承簧 truck bearing spring
车架轴箱导框 frame pedestal
车架纵梁 sole bar
车架纵梁联结点 main underbeam attachment point
车架纵梁伸出部分 side member extension
车架组件 chassis sub-assembly
车架坐标系【测】carriage coordinate system;stage coordinate system
车间 bay; department; hall; machine hall; operations building; shop; work place;workshop
车间安全 shop safety
车间搬运小车 dolly car
车间办公室 shop premise
车间保养工作 plant upkeep work
车间备品 shop supplies
车间编号 local name
车间变电站 department substation
车间布置 plant arrangement; plant layout
车间操作规程 workshop instruction
车间操作说明书 workshop instruction
车间成本 department cost;shop cost
车间成本核算 department cost accounting
车间储备 stock carried at shop
车间底漆 shop primer
车间地面 mill floor;shop floor
车间电源 workshop power source
车间吊车 workshop crane
车间房屋 shop block
车间废料 shop sweeping
车间费用 shop expenses;workshop overhead expenses
车间分析室 plant analysis room
车间风管 shop line
车间附属设备 mill auxiliaries
车间钢门 steel garage door
车间工长 shop foreman
车间工作卡(片)shop card
车间工作手册 workshop manual
车间工作图 shop drawing
车间供电 workshop power supply
车间供暖 plant heating
车间管理 shop management
车间管理费 shop burden
车间管理员 shop steward
车间管网 working-shop pipe system; workshop conduit system; workshop pipe[piping] system;workshop tube[tubing] system
车间焊接 workshop welding
车间焊接的 workshop-welded
车间化验室 shop laboratory
车间机动运输车 industrial car
车间加工详图 shop detail drawing
车间间接费用 department over-head
车间监控 shop control
车间建筑 shop building
车间经费 expense of workshop;shop expenses;workshop expenses
车间经济核算 shop economic accounting
车间(净)距 <前车车尾到后车车头之间的净距离> vehicular gap; headway
车间距(离)控制系统 headway control system
车间空间距 space headway
车间连接桥 inter-plant bridge
车间联系桥 inter-plant bridge
车间量规 shop ga(u)ge
车间领班 department foreman
车间领工员 shop foreman
车间铆接 shop riveting
车间铆接的 shop-riveted
车间面积 floor space
车间内弄堂 walkaround
车间内斜接 shop miter[mitre]
车间内走廊 walkaround
车间排放口治理 control for outfall of workshop
车间起重机 shop hoist
车间气氛 workroom atmosphere
车间气源 shop air
车间切割的小块胶合板 shop cutting panel
车间散热量 quantity of heat dissipation in workshop
车间散热强度 intensity of heat dissipation in workshop
车间上底漆 shop primed
车间设备 workshop appliance;workshop equipment;workshop outfit
车间设计 plant design
车间生产条件 shop producing condition
车间生产用图 shop drawing
车间时距 headway
车间时距的分布 headway distribution
车间试车 shop trial
车间试验 shop test(ing)
车间试装配 workshop trial assembly
车间守则 shop instruction
车间通信[讯] inter-vehicle communication;vehicle to vehicle communication
车间统楼层 <美> loft
车间图纸 shop drawing
车间涂刷面层 workshop coat
车间涂装面层 workshop coat
车间隙车速检测器 gap-speed detector
车间行车 shop traveler
车间悬挂支撑 support from workshop roof
车间引道 workshop approach
车间用工具 workshop tool
车间用加工图 workshop drawing
车间用具 workshop appliance
车间用起重机 shop crane;workshop crane
车间用显微器 workshop microscope
车间油漆 shop painting
车间油漆的 mill-painted
车间余热量 residual heat of workshop
车间预涂 shop coating;shop painting
车间预涂底漆 shop priming
车间预涂涂层 shop coat
车间预制的 shop-fabricated
车间预制件 shop-fabricated component
车间窄轨运料车 industrial car
车间制造 shop manufacture;workshop manufacture
车间制造工作 shopwork
车间制作组装件 shop-fabricated parts
车间(中)焊接 shop welding
车间主任 department supervisor;shop foreman;workshop manager; workshop director
车间装配 shop assembling;shop assembly;shop fabrication;workshop assembly
车间装配工 workshop fitter
车间自动化 job shop automation
车间总效率 overall plant efficiency
车间作业进度表 job shop scheduling
车匠斜边凿 coach maker's bevel edge chisel
车交通流速度 traffic-flow speed
车脚小轮 leg roller
车阶 engine step
车结的 traffic bound
车结路 traffic-bound road; traffic-compacted road
车结路面 <用车辆压实> surface bound by traffic
车结碎石(路)traffic-bound macadam
车结筑路法 traffic-bound method(of construction)
车径 swing over-carriage;swing over-compound rest
车距计 hodometer;o(e)dometer
车客渡轮 vehicle and passenger ferry
车控扫描系统 vehicle control scanning system
车库 barn; car dump; carport; car shed;garage;parking garage;shed; sheltered car place;vehicle shed
车库采暖 garage heating;garage warming
车库出空时间 dump time of garage
车库地面 garage floor(ing)(finish)
车库翻门 overhead door of garage;overhead-type garage door;swing-up garage door
车库滑动门 garage jack
车库集污槽 garage gully
车库建筑 garage construction; parking building
车库滤油阀 garage trap
车库门 garage door
车库门扉 garage door leaf
车库门槛 garage threshold
车库门开启装置 garage door operator
车库门控制器 garage door operator
车库门口 garage threshold
车库门配件 garage door furniture
车库门扇 garage door leaf
车库内部标志 interior garage sign

车库排水 garage drainage
车库前庭 garage(fore)court
车库入口 garage drive
车库设备 garaging facility
车库推拉门 sliding garage door
车库(小)院子 garage court
车库阈限 garage threshold
车况 vehicle condition
车拉床 turn-broaching machine
车拦板的管状加高部分 tubular cage extension
车缆 mountain lift
车廊 carriage porch
车里的人 occupant
车立柱 stay
车辆 automobile;car;carriage;coach;rolling stock; vehicle(actuated);wheeled vehicle
车辆摆动【铁】railcar sway
车辆绑缚 car lashing
车辆磅秤 track scale;vehicle scale
车辆饱和点 vehicle saturation point
车辆饱和状态 vehicle saturation level
车辆保险单 car insurance policy
车辆保修厂 running shed
车辆保养 vehicle maintenance
车辆保养厂 running shed
车辆保养等级 level of maintenance
车辆保养周期 vehicle protection period
车辆报废 disability of vehicle;vehicle scrapping
车辆报告端机 wagon report terminal
车辆报告端站 wagon report terminal
车辆报告网 car reporting network
车辆报告系统 car reporting system
车辆比重 < 车辆自重与载重之比 > specific vehicle weight
车辆避雷器 car lightning arrester
车辆编组 consist fo vehicle;train formation
车辆编组线 local order track;station classification track
车辆编组站 train assembly station
车辆变速区段 speed-change area
车辆标记 conventional sign;marking of a car
车辆标记载重 marked capacity of car
车辆标重 marked capacity of car
车辆标准载重 normal load
车辆标准载重能力 normal carrying capacity of vehicle;normal loading capacity
车辆波状推进 unbalanced progression
车辆不能横越的(宽阔)排水(沟) non-traversable drainage appurtenance
车辆不足 deficiency of wagon flow
车辆部门 vehicle department
车辆部门支出 cars sector expenses;vehicle department expenditures
车辆材 vehicle stock
车辆舱【船】vehicle hold
车辆操纵动态特性 vehicle control dynamics
车辆侧翻 rolling motion
车辆侧墙 car side
车辆测速器 speed checking apparatus for vehicle
车辆长度 length of wagon;vehicle length
车辆长宽高的测定 < 驼峰溜放车辆时 > car dimension measurement
车辆长期租借 < 一种购买新车的筹资方法 > long-term lease of cars
车辆常速运行(巡行)控制 vehicle's cruise control
车辆厂 carriage works;rolling stock department; rolling stock workshop;wagon works
车辆超高检测器 over-height detector
车辆超速 overdrive
车辆称重系统 load weigh scheme
车辆成队行进 platoon movement
车辆成组运行 team movement
车辆承载强度 ultimate bearing strength
车辆秤 track scale;wagon balance
车辆尺寸 vehicle dimension;vehicle size
车辆尺寸自动测定系统 automatic vehicle dimension measurement system
车辆冲击荷载 vehicular impact load
车辆冲洗 vehicle washing
车辆冲洗装置 motor flusher;motor water cap
车辆重复(调车或装卸)作业 double handling of cars
车辆出厂 roll-out
车辆出厂号 chassis nozzle
车辆出厂前跑合用的轮胎 slave tire [tyre]
车辆出发信号 starting signal
车辆出轨 off-tracking
车辆出口速度 cut release speed
车辆出入口 vehicle access;vehicle entrance;vehicular access;vehicular entrance
车辆出入门 carriage gate
车辆出线 off-tracking
车辆出行 vehicle trip
车辆出租行 livery
车辆除霜器 defroster for vehicle
车辆处 car operation and maintenance department;vehicle department
车辆触发式信号 traffic-activated signal
车辆触发信号 traffic-activated signal
车辆传感器 car sensor
车辆窗 rosace
车辆从缓行器出口速度 retarder exit speed
车辆存放指数 parking index
车辆存在检测器 presence detector
车辆大小 vehicle size
车辆大修 major overhaul
车辆大修间隔里程 kilometer interval of vehicle overhaul
车辆单位 < 中国以 11 米长的车辆为一个单位 > vehicle unit
车辆单位基本阻力 specific basic resistance of car;specific basic resistance of vehicle
车辆单位溜放阻力 specific rolling resistance
车辆单位阻力 specific car resistance;specific vehicle resistance
车辆挡泥板 dash board
车辆到达检测器 calling detector
车辆、道路和交通智能化协会 < 日本 > Vehicle Road and Traffic Intelligent Society
车辆的 vehicular(y)
车辆的编挂【铁】interposition of cars
车辆的颠簸 bump
车辆的高速行驶安全性 road-holding (of vehicle)
车辆的回送 repatriation of vehicles
车辆的加速度 vehicle acceleration
车辆的驾驶性能 road worthiness
车辆的交换 interchange of cars;interchange of rolling stock
车辆的空气动力学特性 aerodynamic(al) properties of a vehicle
车辆的牵引 vehicle propulsion
车辆的驱动 vehicle propulsion
车辆的形状系数 shape factor of vehicle
车辆的悬挂方法 suspension of vehicle
车辆的营运 car operation
车辆的重新编组 reclassification of cars
车辆的转向销作用 trailing action
车辆的纵列分布 longitudinal distribution of vehicles
车辆灯光 vehicle lighting
车辆登记 registration of vehicles;vehicle registration
车辆登记簿 vehicle register
车辆登记制 car record system
车辆等级 vehicle level
车辆底部净空 ground clearance
车辆底架 undercarriage
车辆底盘 vehicle chassis
车辆地衡 vehicle scale
车辆地隙 ground clearance;road clearance
车辆颠簸 pounding of vehicles
车辆电池 traction battery
车辆电梯 valve lift
车辆电压调节器 voltage regulator for vehicle
车辆电源装置 vehicle power-supply unit
车辆电子扫描设备 electronic vehicle scanning equipment
车辆电子收费标签 vehicle electronic tag
车辆吊具 autosling
车辆调拨 vehicle allotment
车辆调车站 switchback station
车辆调度 car scheduling
车辆调度曲线 run curve
车辆调入异线的自动报告 automatic report of wrongly shunted wagons
车辆调头处 turn place
车辆掉头 headend operation
车辆掉头处 turn place;turn space
车辆定距 bogie centers[centres];distance between bogie pivots
车辆定位器 car positioning device
车辆定位替换方法 alternative vehicle position determination
车辆定位系统 vehicle location system; vehicle-position-determining system
车辆动力学 car dynamics
车辆动态包络线 vehicle kinematic envelope
车辆动态特性 vehicle dynamic(al) behavio(u)r
车辆渡船 car ferry crossing;vehicle ferry
车辆渡轮引桥 floating bridge
车辆渡桥 vehicle bridge
车辆段 car depot;depot;rolling stock depot
车辆段出入线 access line at depot
车辆段的通号楼 signal tower in depot
车辆段负回流系统 depot negative return current system
车辆段广播系统 depot broadcasting system
车辆段监控复视系统 multiple image system for depot
车辆段控制中心 depot control center [centre]
车辆段联锁设备 interlocking equipment in depot
车辆段列车管理员 depot train controller
车辆段设备 depot workshop equipment
车辆段通用设备包 general equipment package for depot
车辆段专用设备包 special equipment package for depot
车辆(对道路)的破坏作用 destructive attack of vehicle
车辆(对路面)的有害冲击 destructive attack of vehicle
车辆额定正常挂钩牵引力 rated normal drawbar pull
车辆遏制系统 vehicle restraint system
车辆二位端 A end of car
车辆发动机 vehicle engine
车辆发动机光电点火器 vehicle engine photoelectric(al) igniter
车辆翻转装置 car roll-over device
车辆反光镜 vehicle reflector
车辆方位 orientation of car
车辆方向盘 steering wheel for vehicle
车辆方向指示器 direction indicator for vehicle
车辆防盗警报器 anti-theft alarm for vehicle
车辆防盗装置 anti-theft device for vehicle
车辆防滑缓解阀 wheel slide release valve
车辆防眩装置 anti-dazzle device for vehicle
车辆放射速度 vehicle emission rate
车辆放行延长时间 vehicle extension period
车辆废气排出 vehicle emission
车辆分布 car location
车辆分布方案 car location program(me)
车辆分类号 vehicle classification number
车辆分类计数 vehicle classification count
车辆分类显示牌 vehicle classification display panel
车辆分类线【铁】sorting siding
车辆分配 car distribution
车辆封存 vehicle storing up
车辆浮码头 vehicle pontoon
车辆负荷 carload
车辆负荷系数 car load factor
车辆负载 carload
车辆负重面长度 length of wagon floor surface for bearing goods weight
车辆附件厂【铁】railway car accessories plant;railway car parts plant
车辆复轨器 car replacer
车辆干扰动态特性 vehicle disturbance dynamics
车辆感应绿灯延长时间 vehicle sensing extension
车辆感应器 vehicle detector
车辆感应式非定时联动信号系统 vehicle-actuated flexible progressive system
车辆感应式信号控制 traffic-actuated signal control;vehicle-actuated signal control
车辆感应信号 vehicle-actuated signal
车辆感应信号控制器 vehicle-actuated signal controller
车辆感知板 < 交通调查用 > vehicle detector pad
车辆钢轨缓行器 rail brake
车辆钢轨减速器 rail brake
车辆高度检测器 vehicle height detector
车辆隔栅 vehicle barrier
车辆跟随理论 car-following theory
车辆跟踪情报 car tracing information
车辆跟踪消息 car tracing information
车辆工厂 car shop;wagon works
车辆工程 car engineering
车辆公里 car kilometrage;car kilometer
车辆共用制 carpool
车辆钩舌卡住 binding of coupler knuckles
车辆构架 car frame
车辆构造 car construction;vehicle construction
车辆购置费 vehicle cost

车辆购置附加费 vehicle purchase added fee
车辆固定索具 car stopper
车辆故障 vehicle failure
车辆挂钩 coupling of vehicles
车辆挂送费 haulage cost
车辆管理 regulation of vehicle
车辆管理信号 lane-control signal
车辆规格 vehicle size
车辆轨道动力学 vehicle track dynamics
车辆轨道模型 vehicle track model
车辆轨条缓行器 rail-retarder
车辆轨条减速器 rail-retarder
车辆滚动试验装置 roller test plant
车辆滚动特性 car rollability characteristic
车辆过桥费 bridge toll
车辆过剩 car surplus
车辆号码编纂 numeric(al) codification
车辆合用组织 carpool
车辆核对员 car checker
车辆核算 car accounting
车辆荷载 carload;car load(ing);lane load(ing);rolling load;truck load(ing);vehicle load(ing);vehicular load
车辆荷载频谱值 vehicle load spectrum
车辆恒温器 thermostat for vehicle
车辆横道 vehicle cross passage
车辆横梁 transom
车辆横向位置磁性指示系统 magnetic lateral indication system for vehicle
车辆横向摇摆力 force due to sway effect of the engine and train
车辆衡器 car weigher
车辆后灯 tail lamp;taillight
车辆后退方向 reverse direction
车辆后形后宽 rear span
车辆互通 interchange of vehicles
车辆互用 transfer of rolling stock
车辆缓行器【铁】 car retarder;wagon retarder;retarder;track brace
车辆缓行器发动机 car retarder motor
车辆缓行器机构 car retarder mechanism
车辆换算长度 converted car length
车辆换算公式 traffic conversion equation
车辆回程 back-up;turn around
车辆回送 return of vehicles
车辆回送自路标签 return home label
车辆活动能力 agility
车辆活荷载 vehicular live load
车辆或行人穿街清尾时间 clearance interval;clearance period
车辆货船 vehicle cargo ship
车辆机动性 vehicle mobility
车辆机件平均故障时间 average trouble time of vehicle mechanism
车辆积压 accumulation of wagon flow
车辆基本溜放阻力 basic rolling resistance
车辆基本阻力 basic resistance of car
车辆基本阻力能高的损耗 car rolling resistance loss
车辆基本阻力能高线 car rolling resistance line
车辆基本阻力能损失 car rolling resistance lost
车辆及配件 rolling stock and rolling stock accessories
车辆集结线 assembly track;gathering track
车辆挤在一起行驶 bunching
车辆计程仪 kilometer recorder for vehicle
车辆计数 vehicle count
车辆计数存储器 car count storage
车辆计数控制设备 wagon counting control equipment
车辆计数逻辑 car counting logic
车辆计数器 vehicle counter
车辆计数装置 car counting device
车辆计算长度【铁】 calculated length of railway vehicles
车辆记录 car record
车辆记录器 detector
车辆技术交接所 freight car technical handing-overpost
车辆加封 car seal(ing)
车辆加速 wagon acceleration
车辆加速器 car accelerator;wagon accelerator
车辆甲板 car deck;vehicle deck
车辆甲板箱体 car deck pontoon
车辆驾驶员界面(接口) vehicle-driver interface
车辆间 inter-vehicle
车辆间净距 vehicular gap
车辆间距 vehicle gap;vehicle spacing;spacing of cars
车辆间通信[讯] car-to-car communication;vehicle to vehicle communication
车辆监测 traffic supervision
车辆监测控制系统 traffic surveillance and control system
车辆监督 car monitoring
车辆监控无线电通信[讯]系统 vehicle monitoring radio communication system
车辆监视控制系统 traffic surveillance and control system
车辆减速器 retarder;track brace;wagon retarder;car retarder
车辆减速器发动机 car retarder motor
车辆减速器机构 car retarder mechanism
车辆减速设备【铁】 rail brake equipment
车辆减振器 ride-control
车辆减震 car cushioning
车辆检测 rolling stock inspection
车辆检测站 vehicle detector station
车辆检查 car inspection;vehicle inspection
车辆检查通知单<检车员填送车站> car inspection list
车辆检数板 detector pad
车辆检数器测板 detector pad
车辆检修 car repair
车辆检修车间 rolling stock maintenance shed
车辆检修调度员 cars under repair controller
车辆检修工人 carman
车辆检修率 percentage of cars under repair;ratio of cars under repair;ratio of repaired wagon
车辆检修所 car inspection and repair depot
车辆检修线 car inspecting track;car inspection track;car repair track
车辆检修站 break service
车辆检修自动化 automation of rolling stock inspection and repair;automatization of roiling stock inspection and repair
车辆简易试验装置 simple test device for rolling stock
车辆溅泥 vehicle splash
车辆鉴别与定位 vehicle identification and location
车辆交换 exchange of roiling stock
车辆交换车场 exchange yard
车辆交换点<两条铁路间> exchange point
车辆交换线<车站线群间> interchange track;exchange track
车辆交换站<两条铁路间> exchange station
车辆交接车场 exchange yard
车辆交接单 acceptance and delivery document of wagon
车辆交接线 exchange track;interchange track
车辆交接站 exchange station
车辆交通 car-traffic;vehicle traffic;vehicular traffic;wheeled traffic
车辆交通流 vehicle traffic stream
车辆交通与行人交通分隔 segregation of vehicles and pedestrians
车辆交织 weaving
车辆角部座椅 corner seat
车辆截面面积 vehicle frame section area
车辆界限 car-ga(u)ge clearance;vehicle ga(u)ge
车辆紧急通道 emergency access for vehicles
车辆紧靠装置<火车编组线> closing up device
车辆进出道 vehicle access;vehicle entrance;vehicular entrance
车辆进出通道 vehicle access
车辆进入缓行器速度 entry speed
车辆进入速度 car entry speed;entry speed
车辆进入直通干道前必须停车的街道 stop street
车辆进退两难 cornering of cars
车辆禁行区 traffic-free area;traffic-free encave;traffic-free precinct;u-free area
车辆经过缓行器的速度 buffing speed
车辆经过检测<车辆自动识别扫描器> pull-by check
车辆经济使用寿命 vehicle economic service life
车辆经历资料 car history file
车辆警报装置 cab warning(device)
车辆警告器 car alarm
车辆净化 decontamination of vehicles
车辆净距 traffic clearance
车辆静止坡度 car-resting grade
车辆就位机 car positioner
车辆均衡间隔 even spacing of cars
车辆可变荷载 vehicular live load
车辆可倾式平地机 leaning wheel grader
车辆空挡 vehicle gap
车辆空隙表示器 car space indicator
车辆控制 vehicle control
车辆控制计算机 wagon control computer
车辆控制宽度 car width
车辆控制扫描系统 vehicle control scanning system
车辆控制系统 car monitoring system
车辆拉力重量比 drag-to-weight ratio
车辆拉曳机 car puller
车辆喇叭 horn for vehicle
车辆类别码 car kind code
车辆类型 type of car
车辆里程 vehicle mileage
车辆利用率 car load factor
车辆连挂 coupling of vehicles
车辆连挂速度 coupling speed
车辆连接器 coupling for land vehicle
车辆连接装置 draw tongue
车辆联营 carpool
车辆两钩舌内侧(距离) over pulling face of couplers
车辆列 vehicle stock
车辆列队行驶状况 convoy condition
车辆溜放加速器 booster
车辆溜放速度 car rolling speed
车辆溜放特性 car rollability;car rollability characteristic;rollability
车辆溜放运行 roiling movement
车辆溜放阻力 car rolling resistance;resistance for car rolling;rolling resistance
车辆溜坡角 angle of rest of vehicle
车辆流量等级 quality of flow
车辆流量率图 flow profile
车辆流通 vehicular circulation;vehicle circulation
车辆流线 vehicle flow paths
车辆炉<木材干馏用> American oven
车辆路侧通信[讯]系统 vehicle/roadside communication system
车辆履历表 car working record
车辆轮渡 car ferry crossing;vehicle ferry
车辆轮渡船 car float
车辆轮对修理 wheel-pair repair of vehicles
车辆轮箍 railway wheel tyre
车辆轮迹带 vehicle wheel track
车辆轮距 car ga(u)ge
车辆轮廓 vehicle contour
车辆轮廓线 vehicle outline
车辆轮胎防滑装置 non-skid device for vehicle tire
车辆轮胎气门 valve for vehicle tire
车辆轮胎最大荷载 vehicle maximum load on tire[tyre]
车辆轮载 vehicle wheel load
车辆满载重量 full weight
车辆毛重 gross vehicle weight;vehicle gross weight
车辆门(道) porte cohere
车辆密度 traffic density
车辆密度控制器<交通信号用> density controller(for traffic signal)
车辆敏感器 car sensor
车辆磨耗<路面的> abrasive wear by vehicles
车辆磨耗阻力 resistance to traffic abrasion
车辆木材 wheelwright's wood
车辆内墙板 wainscot
车辆内倾 cant of vehicle
车辆内显示器 vehicle display
车辆内装饰品 upholstery for vehicle
车辆年平均使用量<公里或小时> average annual utilization
车辆黏[粘]附重量 adhesive weight of vehicle
车辆暖气调整阀 car pressure regulator
车辆暖气装置 heater for vehicle
车辆爬坡能力 climbing ability;climbing capacity
车辆排出物 vehicle emission
车辆排气 vehicle exhaust emission
车辆排气系统 vehicle exhaust system
车辆排污 vehicle emission
车辆排污的控制 vehicle emission control
车辆牌照 licence plate;number plate
车辆牌照调查法<指抄录车辆牌照或司机执照号码> license[licence] plate method
车辆牌照号码 license number
车辆牌照税 car license tax
车辆抛锚 vehicular breakdown
车辆配额制度 vehicle quota system
车辆碰撞事故 multivehicle accident
车辆偏心 offset of wheel;out of center of wheel
车辆偏倚 car deflection
车辆偏转力 wheel deflection force
车辆平衡器 wheel balancer
车辆平衡器支杆 equalizer supporting

bar
车辆平均长度【铁】 the average length of railway vehicles
车辆漆 coach paint
车辆起重机 wagon crane;wagon jack
车辆起重器 car(riage)jack;truck jack
车辆千斤顶 carriage jack
车辆千米 rolling stock kilometer
车辆牵引能力 vehicle tractive capacity
车辆牵引索 trailer hitch for vehicle
车辆前灯 headlight;vehicle headlamp
车辆前灯灯光 vehicle headlighting
车辆前端(时新)式样 front end styling
车辆前后颠簸 pitching of vehicle
车辆前后颠簸运动 nosing motion of vehicle
车辆前后壅阻 back-up
车辆前进方向 forward direction
车辆前轮转向 front-wheel steer(ing)
车辆钳工 car fitter;car mechanician
车辆遣返标签 return home label
车辆强度 rolling stock strength;strength of car
车辆倾翻试验 overturning test
车辆倾斜 inclination of vehicle
车辆倾斜度 vehicle tilt
车辆倾斜装置 car tilting device
车辆清查 cars checking
车辆清查单 <包括车数、车种、吨位等> car inventory
车辆清洗剂 car cleaner
车辆清洗装置 washing installation for vehicle
车辆情报交换所 car information clearing house
车辆情况报导 car condition information
车辆情况情报 car condition information
车辆请求绿灯 <感应信号用> vehicle recall
车辆曲线通过偏移 off-centring
车辆驱动感应式检测器 traffic actuation-induction detector
车辆驱动信号 vehicle-actuated signal
车辆取送 car placement and pulling
车辆全部载重 gross vehicle load
车辆全长 distance between buffer centres[centers]
车辆缺乏 shortage of cars
车辆容量 <一辆车内乘客客位的总数> vehicle capacity
车辆容许载货重量 permitted payload
车辆入口 carriage entrance
车辆入口竖井 vehicular access shaft
车辆入口通道 carriage entrance
车辆入列时间损耗或迟滞 queuing delay
车辆润滑油 car(t)grease
车辆润滑油加油站 lubritorium
车辆散热箱盖 vehicle radiator cap
车辆上安装的 vehicle-mounted
车辆上配备有成套附件 kit a vehicle
车辆上装载的 vehicle-mounted
车辆设备 rolling stock facility
车辆设备包 package for rolling stocks
车辆设计标准 vehicle design criterion
车辆伸出部分 vehicle overhang
车辆升降机 vehicle lift
车辆生产力 vehicle productivity
车辆湿重 <加满油、水> curb weight
车辆识别器 car identifier
车辆识别装置 car identification
车辆使用重量 <包括司机及加满油、水> road weight;operating weight
车辆驶出 pulling-out of vehicle
车辆驶出率 rate of discharge
车辆驶入 pulling-in of vehicle
车辆示廓灯 flank indicator
车辆式起重机 low truck crane
车辆事故 vehicular accident
车辆事故率 vehicle accident rate
车辆试验环道 vehicle testing circuit
车辆收音机 vehicle radio
车辆输送 carload delivery
车辆输送量 carrying capacity of vehicle
车辆数据卡片 car data card
车辆税 vehicle excise tax;vehicle tax
车辆顺序 <在列车上或在编组线上的> sequence of cars
车辆速度差 car velocity head
车辆速度能高 car velocity head;velocity head of cars
车辆速度能高的测定 velocity head rating
车辆隧道 vehicle tunnel
车辆损坏 vehicular breakdown
车辆损坏记录卡片 defect card
车辆所有权 car ownership
车辆踏脚板 vehicle running board
车辆弹簧 vehicle spring
车辆探测器 vehicle detector
车辆探测站 vehicle detection station
车辆套撞 telescoping of vehicles
车辆套撞装置 anti-climber
车辆提升机 car lift
车辆贴标签 tag-on-vehicle
车辆贴标签调查法 tag on-vehicle method
车辆停车场 hold yard
车辆停车迟延时间 stopped time delay
车辆停车(处)vehicle parking
车辆停留报告 car detention report
车辆停留场 hold yard
车辆停留时间 car detention time;stoppage of vehicle
车辆停留时间规定标准 establishment of car detention standards
车辆停留线 <等待处理命令> hold(ing)track
车辆停留站 <等待取走> holding station(to await collection)
车辆停驶 vehicle lay-off
车辆停停开开(运行)stop-and-go operation
车辆停止距离 <制动距离及制动延时距离之和> vehicle stopping distance
车辆通道 vehicle access
车辆通道入口 porte cohere
车辆通风 car ventilation
车辆通过交叉口时间 clearance time at crossing
车辆通过两号之间区段的时间 through band
车辆通过台 vestibule of car
车辆通过性 trafficability
车辆通路 driveway
车辆通行 vehicular traffic
车辆通行情况 trafficability condition
车辆通行证 vehicle pass
车辆同路侧的通信[讯] vehicle to roadside communication
车辆统计 car statistics;vehicular statistics
车辆头灯 head lamp;headlight
车辆途中延误时间 car detention time
车辆推力 vehicle thrust
车辆脱钩 detach
车辆脱钩设备 detachable wagon fittings
车辆脱轨 car derailment
车辆外侧最大宽度 maximum width of vehicle outside
车辆外形 vehicle configuration
车辆外形前宽 front span
车辆蜿蜒行驶 swan
车辆完好率 vehicle availability rate
车辆维护费用 vehicle maintenance expenses
车辆维护车间里程 kilometer interval for vehicle maintenance
车辆维护等级 level of maintenance
车辆维修车间 vehicle maintenance and repair shop
车辆维修点 vehicle service point
车辆维修费 vehicle maintenance cost
车辆维修线【铁】 maintenance siding
车辆维修性 vehicle maintainability
车辆尾灯 tail lamp;taillight
车辆尾对尾停放处 twin stall
车辆未加油水时的重量 dry weight
车辆位置查询 car location inquiry
车辆位置的连续清单 perpetual inventory for car location
车辆位置计算器 vehicle position counter
车辆位置情报 car location information
车辆位置通知 car location advice
车辆位置消息 car location message
车辆位置信息 car location information
车辆位置信息计算机 car location information computer
车辆位置信息中心 car location information center
车辆位置资料 car location file
车辆污染 vehicular pollution
车辆无人身伤亡事故 damage only accident
车辆无线电系统 mobile radio system
车辆误差 processing error
车辆误入另道的自动报告 automatic report of wrongly shunted system
车辆吸震器 car vibration damper
车辆洗净剂 car cleaner
车辆系统经济效益审计指标体系 indices system of economic efficiency audit of rolling stock system
车辆下挠度 buckling of a vehicle
车辆下坡运行跟车工 spragger
车辆现有数 vehicle stock
车辆现有数的组成 <如车型、吨位、辆数等> make-up of stock
车辆线 line of vehicles
车辆线路容量 <每小时每一方向通过一固定点的车辆最大数目> vehicle line capacity
车辆限界 car clearance;car-gage clearance;car ga(u)ge;clearance limit;clearance limit for rolling stock;vehicle clearance;vehicle ga(u)ge
车辆限制 vehicle restriction
车辆相关法 computation of wagon turnround time on the basis of correlating with number of serviceable wagons
车辆消毒线 vehicle disinfection track
车辆谐波干扰 car harmonic current interference
车辆新度系数 newness coefficient of vehicle
车辆信号相 <分配给车辆交通的信号相> vehicular phase
车辆信息符号 vehicle message sign
车辆信息与通信[讯]系统 vehicle information and communication system
车辆行程 vehicle trip
车辆行迹时间距离图 time-distance trajectories
车辆行列荷载 vehicle row load
车辆行驶净空 maneuvering space
车辆行驶时间 running time
车辆行驶速度 road speed
车辆行驶特性 ride characteristic
车辆行驶性能 riding quality;vehicle performance
车辆行驶性能曲线图 vehicle performance diagram
车辆行驶优良 road worthiness
车辆行驶中因后沉而翘头 rearing
车辆行驶卓越 road worthiness
车辆型号 model of wagon
车辆性能 car performance
车辆修理 car repair
车辆修理标签 vehicle for repair label
车辆修理厂 car repair shop;running shed;workshop wagon
车辆修理所 car repair depot
车辆修理线 vehicle repair track
车辆修理专用车 repair van
车辆需要熟推算 estimate of car requirements
车辆许可驾驶标准 vehicle licencing
车辆悬挂弹簧 vehicle suspension spring
车辆悬挂系统 vehicle suspension system
车辆悬置 <指车轴上利用弹簧等托住车身> suspension of vehicle
车辆旋转能高 car rotational head
车辆学 car engineering
车辆压条 car mo(u)lding
车辆延期费 car demurrage
车辆延误情报 car delay information
车辆摇摆 rocking of vehicle;swaying of vehicle
车辆摇枕 cradle for wagon
车辆一位端 B end of car
车辆移动小车 vehicle shunting device
车辆引起的振动 vibration due to traffic
车辆引桥 vehicle access
车辆引擎罩 hood for vehicle engine
车辆营运 vehicle operation
车辆营运费 vehicle operating cost
车辆营运模拟 simulation of vehicle operation
车辆拥挤 traffic jam
车辆拥挤度 vehicle congestion rate
车辆拥塞 congestion of traffic;pounding of vehicles
车辆拥有量 car ownership;vehicle possession
车辆用备件 machinery repair parts
车辆用电池 traction battery
车辆用电缆 car cable
车辆用缓冲弹簧 shock-absorbing spring for vehicle
车辆用金属锁 lock of metal for vehicle
车辆用空调器 air-conditioner for vehicle
车辆用面漆 vehicle finish
车辆用行李架 luggage carrier for vehicle
车辆用蓄电池 vehicle battery
车辆用悬挂式缓冲器 suspension shock absorber for vehicle
车辆用座套 seat cover for vehicle
车辆有效长度 effective length of vehicle
车辆有效载重能力 payload capacity
车辆与机具清洗设备 vehicle and implement washer
车辆允许噪声标准 allowable vehicle noise standard
车辆运动动力学 dynamics of vehicle movements
车辆运输驳船 vehicle pontoon
车辆运输船 vehicle cargo ship
车辆运输量过磅站 traffic weighing station
车辆运送 mobile conveyance

车辆运行 car-traffic;vehicle motion
车辆运行动力学 vehicle dynamics
车辆运行费 vehicle operating cost
车辆运行控制系统 mobile operation control system
车辆运行稳定性 riding stability
车辆运行性能 road-holding qualities of vehicle;road-running qualities of vehicle; running characteristics of vehicle
车辆运营费用 vehicle operating cost
车辆运用 operation of vehicles
车辆运用维修 rolling stock operation-(al) maintenance
车辆运载船 vehicle carrier
车辆运载货物 vehicular cargo
车辆运载量 cartload
车辆运载能力 diode current capacity;load-carrying capacity
车辆运转 operation of vehicles
车辆载重 carload;rolling load
车辆载重等级 car size
车辆载重极限 limit of carrying capacity of vehicle
车辆载重力的限制 limit of loading capacity of vehicle
车辆载重量 cargo capacity; loading capacity of car;vehicle capacity
车辆在道岔区进退两难 cornering at points
车辆在道岔区停留 cornering at points
车辆在工业专用线上的延误 car delay on industrial siding
车辆在公路上作业 on-highway service
车辆在列车上的隔离 isolation of vehicle
车辆在行驶中调整轮胎气压的设备 air-on-the-run system
车辆在栅形编组场停留时间 grid time
车辆在轴上的意外窜动 accidental displacement of wheel on axle
车辆暂停 standing of vehicle
车辆噪声 vehicle noise
车辆摘钩 detachment of car
车辆占用轨道检测器 presence detector
车辆占用宽度 vehicle path
车辆占用线路表示器 vehicle-on-line indicator
车辆占有量 car ownership
车辆障碍 vehicle barrier
车辆照明 car illumination; car lighting;individual lighting
车辆照明发电机 car-lighting generator
车辆照明器 lighting apparatus for vehicle
车辆罩棚轻型钩件 hoop stick
车辆折旧 vehicle depreciation
车辆折旧里程 vehicle depreciation mileage
车辆折旧率 vehicle depreciation rate
车辆振动 shaking of vehicle
车辆振动器 car shaker
车辆执照 car license
车辆执照费 vehicle license[licence] fee
车辆直通使用 through operation of cars
车辆直线行驶稳定性 directional stability
车辆制导系统 <通过电子计算中心指令车辆安全选择快速路线的系统> vehicle guidance system
车辆制动螺钉 handle set screw
车辆制动至停车时间 stopping time
车辆制造 car building; vehicle construction
车辆制造厂 car builder;car manufacturing factory;railway cars plant
车辆制造厂商 vehicle manufacturer
车辆制造工人 carman
车辆制造者 cart wright
车辆滞留费 car demurrage
车辆中转时间 car transfer time;car turnaround time
车辆中转作业 car relaying operation
车辆重量 car weight;vehicle weight
车辆重量的测定 <驼峰溜放时> weight measurement
车辆重量检测器 <溜放时> car weight detector
车辆周转 car turnover;turnaround of car;turnaround of rolling stock
车辆周转率 vehicle circulating availability
车辆周转时间 car cycle; car turnaround;cycle of car movement
车辆周转时间表 vehicle circulation schedule
车辆轴 axle for vehicle; axle shaft; wagon axle
车辆轴距 wheel-base
车辆轴系统 vehicle axis system
车辆轴箱 car box
车辆专用漆 special paint used on vehicle only
车辆转车盘 turning circle
车辆转动台 car truck
车辆转力杆 torsion bar for vehicles
车辆转盘【铁】 traverse table
车辆转弯半径 vehicle turning radius
车辆转弯面积 vehicle turning area
车辆转弯区 vehicle turning area
车辆转向点 turnaround point(of vehicle)
车辆转向架 bogie of car;car truck
车辆转向连接装置 wheel control linkage
车辆转向闪光信号 flashing direction signal
车辆装卸设备 car loading facility
车辆装运隧道窑 car tunnel kiln
车辆装载的货物 carload
车辆装载量 capacity of vehicle;loading capacity of vehicle
车辆装载能力 carrying capacity of vehicle
车辆装载重量 load weight of car
车辆撞伤行人事故 pedestrian accident
车辆锥形钢板弹簧 taper leaf spring for vehicle
车辆自动编组 automatic car classification;fully automatic car classification
车辆自动跟踪 automated car tracing
车辆自动化识别计算机 automatic car identification computer
车辆自动化识别系统 automatic car identification system
车辆自动化识别装置 automatic car identification system
车辆自动监控系统 automatic vehicle monitoring system
车辆自动鉴定 automatic car identification
车辆自动识别 automatic car identification
车辆自动识别标记 automatic car identification label
车辆自动识别扫描器 automatic car identification scanner
车辆自动识别系统 automatic vehicle identification system
车辆自动识别装置集中器 automatic car identification concentrator
车辆自动洗刷设备 automatic car washer
车辆自动选路系统 automatic car tracking system
车辆自动选择线路系统 automatic car tracking system
车辆自动摘钩 automatic uncoupling of cars
车辆自由溜放 free rolling of car
车辆自重 deadweight;lightweight; lightweight of car; vehicle curb weight
车辆自重组别 unladen weight group
车辆总保有量 <不分车类> whole vehicle population
车辆总负载 <自重在内> gross vehicle load
车辆总载重 <包括车辆自重、司机及乘客重量> laden weight
车辆总载重量 gross vehicle load
车辆总重量 gross combination weight;gross train weight;gross vehicle load;gross weight of car;gross weight of vehicle; laden weight; gross vehicle weight
车辆总重组别 weight group
车辆总装载量 gross vehicle load
车辆总阻力 total resistance of wagon;whole resistance of cars
车辆走出缓行器速度 car exit speed; car release speed
车辆租赁 car rental;vehicle leasing
车辆租赁点选址 car rental location
车辆阻力 car resistance; vehicle resistance
车辆阻力系数 coefficient of vehicle resistance
车辆阻力线 car resistance line
车辆组成 traffic composition;vehicle composition;vehicle mix
车辆最大爬升坡度 maximum rolling grade
车辆最大起动坡度 maximum starting grade
车辆最大涉水深度 maximum fordable depth
车辆最大限界 maximum moving dimension
车辆最大载重 maximum load of vehicle
车辆最大载重限度 rail load limit of car
车辆最大装载线 loadline
车辆座椅 car seat
车辆座椅头垫 head-rest for vehicle seat
车料玻璃 cut glass
车列 car row;string of cars;train stock【铁】
车列编成 consist
车列长度 car-row length
车列牵出 train-set leaded
车列牵出平均速度 average speed of train set leaded
车列转线 train set transferred
车列转线平均速度 average shunting speed in transferring the train stock
车列坐编 sitting for marshalling
车令 engine order
车流 car flow;car stream;current of traffic; moving traffic; stream of traffic;traffic flow;traffic stream; vehicle flow;vehicle stream;vehicle traffic
车流变化 variation in flow
车流表 wagon flow table
车流迟滞率 <等于车流量乘迟滞率> vehicle delay(ed) rate
车流冲突点 traffic conflicts
车流的集散道路 collector distributor
车流的交叉阻力 intersectional friction
车流方向 traffic flow
车流汇合 traffic convergence
车流交汇冲突区 conflict area
车流交汇能力 merging capacity
车流交织 weaving of traffic
车流经路 car flow routing
车流量 car flow in traffic;magnitude of traffic flow;flow of traffic
车流率 rate of flow;vehicle stream rate
车流密度 density of wagon flow
车流密度控制机 density controller
车流调节率 metering rate
车流调整 adjustment of car flow
车流调治措施 traffic flow regulation measures
车流线 traffic stream line
车流线向 flow alignment
车流性质 characteristics of wagon flow
车流预测 estimate of wagon flow
车流中断 interrupted discharge of traffic
车流组成 construction of traffic
车流组织 organization of car flow
车路 roadway
车路通信[讯] vehicle to road communication
车轮 carriage wheel; car(t) wheel; road wheel;vehicle wheel;wheel
车轮安装压力机 wheel press
车轮摆振 wheel wobble
车轮抱死 wheel lock up
车轮抱(死)闸 wheel locking
车轮编号 numbering of wheels
车轮不精确 out of true of wheel
车轮不平行 misalignment of wheels
车轮布置 wheel arrangement
车轮层数 ply-rating
车轮拆卸器 wheel drawer; wheel puller
车轮常载 prevailing wheel load
车轮厂 car wheel repair shop;wheel shop
车轮车床 car wheel lathe;railroad wheel lathe;wheel(-tyre)lathe
车轮车间 wheel shop
车轮承载能力 wheel load capacity
车轮触轨带 tread band
车轮触轨面 tread band
车轮传动 wheel drive
车轮传动装置 wheel drive
车轮传感器 wheel sensor; wheel transducer
车轮窗 marigold window;rosace; rose window;wheel window
车轮打滑 wheel sliding; wheel slippage;wheel slip(ping);wheel spin
车轮打滑保护 wheel slide protection
车轮打滑继电器 wheel slip relay
车轮单独悬挂 individual wheel suspension
车轮挡板 wheel guard
车轮挡泥板 tyre fender
车轮刀具 wheel cutter
车轮的冲击 traffic blow
车轮的铁箍 strain strake
车轮的最大转弯角度 maximum cut angle
车轮底面积 wheel-base
车轮电动机 motor-in-wheel
车轮定位 wheel align(e)ment
车轮动平衡表示器 dynamic(al) wheel demonstrator
车轮动平衡机 dynamic(al) wheel balancer
车轮动态平衡仪 wheel dynamic balancer
车轮独立承载 <不用支腿> free-off-wheel
车轮独立转向 wheel independent steer

车轮对准规 wheel alignment ga(u)ge
车轮对准器 wheel aligner; wheel alignment ga(u)ge
车轮防抱死装置 <汽车的> anti-wheel locking device
车轮防滑板 wheel lug
车轮防滑保护 wheel slip protection
车轮防滑器 wheel slip control
车轮防滑指示器 wheel slip indicator
车轮辐板 web; wheel plate
车轮辐板压弯 dishing
车轮辐板辗轧辊 web roll
车轮辐片 wheel disk[disc]
车轮辐条 vehicle wheel spoke
车轮辐条紧杆 spoke clip for wheel
车轮负外倾角 negative camber of wheel
车轮负载 wheel-borne load
车轮腹板 wheel web
车轮嘎吱嘎吱地碾过 crunching
车轮钢 wheel steel
车轮毂轴承调整螺母 wheel hub bearing adjusting nut
车轮箍 band for wheel hub
车轮固定螺帽 wheel clamp nut
车轮固定轴距 bogie wheelbase
车轮轨迹 wheel track
车轮滚动 wheel rolling
车轮滚过声 crunch
车轮和轮箍轧机 railway wheel and type mill
车轮荷载 rolling load(ing); rolling wheelload; wheel-borne load; wheel load(ing)
车轮荷载传力面 wheel load distribution
车轮荷载横向分布系数 transverse distribution factor of vehicle wheel load
车轮荷载强度 wheel load strength
车轮荷重 weight on wheels
车轮横向滑动 lateral skidding of wheels
车轮横向偏离 lateral wheel runout
车轮后束 toe-out
车轮滑动继电器 wheel slip relay
车轮滑动转向 wheel skid steer
车轮滑行 wheel sliding; wheel slip
车轮滑行控制 wheel slip control
车轮滑转 wheel spinning
车轮活转车轴 freewheeling axle
车轮迹宽度 bandwidth
车轮集电器 wheel collector
车轮集中荷载 wheel concentration load(ing)
车轮间距 wheel track
车轮检验器 wheel checker
车轮校准指示器 wheel aligner indicator
车轮接触器 wheel contactor; wheel-operated treadle
车轮接地点(围起的)面积 wheel-base
车轮接地面积 wheel-base
车轮静电干扰 wheel station
车轮静平衡试验机 static wheel balancer
车轮可倾式平地机 leaning wheel grader
车轮空转 wheel slip; wheel spin
车轮空转传感器 wheel spinning sensor
车轮空转损伤 wheel turn failure
车轮空转损失 wheel turn failure
车轮扣环 retaining ring
车轮矿 bournonite; cog-wheel ore
车轮拉力 wheel pull
车轮离轨量 wheel lift
车轮量规 wheel ga(u)ge
车轮轮辐 spoke
车轮轮辐压弯机 dishing press
车轮轮毂 hub for vehicle wheel
车轮轮箍 wheel band; wheel-tire [tyre]
车轮轮箍厂 wheels and tyres plant
车轮轮廓 wheel contour
车轮(轮胎)抓地轮箍 wheel strake
车轮螺钉 wheel screw
车轮螺母 wheel nut
车轮螺母扳手 wheel nut wrench
车轮敏感器 wheel sensor
车轮磨损自动补偿器 automatic wheel wear compensator
车轮磨削 wheel grinding
车轮磨削机 car wheel grinding machine
车轮内距 back ga(u)ge
车轮内倾角 angle of toe-in
车轮内胎 air bag; vehicle tube
车轮内向 toe-in
车轮内缘转弯半径 inner radius
车轮排列 wheel arrangement
车轮配置图 wheel configuration
车轮坯成型模锻压力机 wheel forging press
车轮平衡 wheel balance
车轮牵制器 hold-back
车轮前束 toe-in
车轮前悬挂支架 wheel front support
车轮倾斜 tilting of wheels
车轮倾斜连杆 wheel lean tie bar
车轮倾斜曲柄 wheel lean crank
车轮倾斜调节杆 wheel lean tie bar
车轮倾斜系杆 wheel lean tie bar
车轮倾斜液压缸 wheel lean cylinder
车轮清洁站 wheel cleaning station
车轮驱动 wheel drive
车轮缺损自动探测系统 automatic wheel defects detection system
车轮蠕滑 wheel creep
车轮刹车泵 wheel cylinder
车轮刹住试验 wheels-locked test-(ing)
车轮上筋条 <冷铸轮> wheel rib
车轮式房屋 bicycle wheel roof
车轮式沙眼镊 roller forceps
车轮式提升机 truck lift
车轮式屋盖 bicycle wheel roof
车轮双头螺栓 wheel stud
车轮顺利运行 trouble-free wheel motion
车轮踏板 wheel-operated treadle
车轮踏面 tire tread; tread; tread of wheel; wheel tread
车轮踏面擦伤 worn flat
车轮踏面宽度 width of wheel tread
车轮踏面量规 tread and flange contour ga(u)ge
车轮踏面轮廓 wheel tread contour
车轮踏面磨耗 hollow on worn tread
车轮踏面修整闸瓦 wheel truing brake shoe
车轮探测器 wheel detector
车轮镗床 car wheel boring machine
车轮跳动 <道路不平坦> wheel bouncing
车轮跳动理论 wheel bound theory
车轮铁箍 strake
车轮同轨迹动力转向 orbital power steering
车轮凸缘和踏面的辗轧辊 tread roll
车轮脱轨极限 derailment limit
车轮脱轨起始点 point of derailment
车轮外倾 camber; toe-out
车轮外胎 tire cover
车轮外围 felloe
车轮外形 wheel contour
车轮外缘 felloe; felly
车轮外缘转弯半径 kerb to kerb turning-radius
车轮外轴承 outer bearing of wheel
车轮位置指示器 wheel position indicator
车轮相干角 inter-wheel angle of interference angle
车轮心 wheel center[centre]
车轮行走式装岩机 wheel-mounted mucker
车轮形窗 Catherine; Catherine wheel; Catherine wheel window
车轮修理厂 car wheel repair shop
车轮旋转能量的积储 storage of energy in rotating car wheels
车轮镟床 wheel lathe; wheel turning machine
车轮压载 wheel weight
车轮压装 press mounting of car wheel; wheel mounting
车轮压装机 wheel press
车轮压装机压力表 wheel press ga(u)ge
车轮摇摆 wheel wobble
车轮液压制动分泵缸 wheel hydraulic braking cylinder
车轮与道路的接触面积 wheel contact area
车轮与地面的接触面 ground contact
车轮与轨道的附着力 track adhesion
车轮与路面的黏[粘]着力 grip of wheels
车轮圆缘 bead
车轮载荷 vehicle wheel load
车轮载重 wheel(-borne) load
车轮在钢轨接头上的跳动 kick of wheel on rail joint
车轮噪声 rumbling noise
车轮噪音 rumbling noise
车轮轧机 disc mill; railway wheel mill; wheel disk mill; wheel rolling mill
车轮轧机的立辊 wheel mill edger
车轮轧制 wheel rolling
车轮辙 track pit
车轮支承强度 wheel bearing strength
车轮直径 diameter of wheel; wheel diameter
车轮止动器 <起重机或火车的> wheel stop
车轮制动鼓 wheel brake drum
车轮制动器 wheel brake
车轮制造者 wheeler
车轮中心距 tread ga(u)ge
车轮重量 wheel weight
车轮轴 axle tree
车轮轴承 wheel bearing
车轮轴毂间隙 wheel play
车轮轴距 wheelbase
车轮转动保护电路 wheel spin protection circuit
车轮转数记录器 cyclometer
车轮转速计 trocheameter
车轮装箍 tire fastening for steel tired wheel
车轮装配压力机 wheel press
车轮灼伤 wheel burn
车轮着地面 tread
车轮自由转动 freewheeling
车轮总成 wheel and tire assist
车轮纵向滑行 longitudinal slipping of wheels
车轮阻力 wheel resistance
车轮组合 set of wheels
车轮钻床 car wheel drilling machine
车螺丝 tapping
车螺纹 chasing; cutting thread; screw cutting; threading
车螺纹车床 screw-cutting lathe
车螺纹停止器 thread-cutting stop
车螺纹指示盘 threading dial
车马大道 drove way
车马等的右面 offside
车马房 coach house
车门 car door; service door
车门把手 car door operating handle
车门操纵器 door operator
车门窗框 door sash
车门搭扣 door hasp
车门搭扣锁环 door hasp stapler
车门搭扣座 door hasp holder
车门挡板 <防止谷物漏损> grain door
车门的电动开关 car door power closer
车门风缸 door air reservoir
车门固定设备 <棚车> door fixture
车门故障指示灯 door indicator lamp "out of order"
车门关闭指示灯 door close indication light
车门关紧力 door closing force
车门横框 center door rail
车门护铁 protection strip
车门滑轮 car door sheave
车门环路截断开关 door loop cutout switch
车门缓冲器 door buffer
车门解锁 door releasing
车门解锁/开启 door release/open
车门开闭杠杆 door operation lever
车门开闭装置试验器 test machine for door open/close equipment
车门开度 door opening degree
车门开度限制皮带 checkstrap
车门开放 door opening
车门开放/解锁的可能性 door opening/releasing possibilities
车门控制 door control
车门控制电路 door control circuit
车门控制检查器 door control detector
车门立柱 door pier
车门联锁装置 door interlock; gate interlock
车门耐久性试验 door endurance
车门旁路功能 door bypass function
车门启动 door initiation
车门软垫 door bumper
车门上端装置的后视镜 door top rear view mirror
车门上横梁 top door rail
车门锁内手柄 door lock inside handle
车门踏脚板 running board
车门弹簧 door spring
车门压力试验室 pressure testing room for car doors
车门止挡 door stop
车门指示灯"开启/关闭" door indicator lamp "open/closing"
车门自动控制 automatic door control
车面仿形车削 face profiling
车面镗孔两用机床 surfacing and boring machine
车磨两用床 grinding lathe
车木机 <制木模用> sticker machine
车内 in car(unit); in-vehicle
车内标志 in-vehicle signing
车内播音 public address; public announcement
车内单元 in-vehicle unit
车内灯 body light
车内紧急解锁手柄 internal emergency unlocking handle
车内净高 interior height
车内可见信息 visual information inside vehicle
车内拉手环 supporting loop
车内情报 in-vehicle information
车内情报自动传送设备 automatic information transmitting device inside vehicle

车内人机接口(界面) in-vehicle man-machine interface
车内视觉情报 visual information inside vehicle
车内通道 interior passage
车内推算定位 in-vehicle dead-reckoning
车内显示器 vehicle display
车内信号 cab signal
车内信号照明灯 interior signal lighting
车内信息 in-vehicle information
车内信息导行系统 in-vehicle navigation system
车内信息路线导行系统 in-vehicular route guidance system
车内液体气体控制设备 tank regulator
车内噪声 in-vehicle noise
车内照明 interior lighting
车内照明场 celestial field
车内装潢 upholstery
车内作业 car(riage)shed
车牌 car label
车牌灯 number-plate lamp of car
车牌调查 license-plate survey
车牌照明灯 license plate light
车盘 hull
车盘吊钩 hull lift hook
车盘通风器 hull ventilator
车棚 car(riage)shed;car shelter
车棚顶灯 cab dome light
车棚轻型构件 hoop stick
车篷 hood(for vehicle);kitchen hood;tilt
车篷帆布 wagon cover duck
车篷防水帆布 <爱尔兰> astoli canvas
车篷弓 roof bow
车篷连杆 hood connecting rod
车坯 skiving
车坯成型 forming by turning
车皮 carhide; railway truck; railway van;railway wagon; tare car; rolling stock <俗称>
车皮拖挂器 railcar coupler
车皮振动器 car shakeout
车皮重量 tare weight
车票 ticket
车票出入机 ticket acceptance slot
车票预订系统 ticket reservation system
车平面 face cutting
车前叉调整螺丝【机】 fork expander bolt
车前铲车 front-end loader
车前窗冲洗刮水器 windshield wiper and washer
车前挡泥板 dash board
车前灯的远距离光束 high beam
车前端挂钩高度 hook height
车前胶 plantago mucilage
车前取暖器 fore warmer
车前属【植】Plantain
车前碎屑 turning scale
车前烯醇酸 plantenolic acid
车桥单独悬挂 individual axle suspension
车桥的心轴 axle shaft
车桥动荷载检测器 dynamic(al) axle weight detector
车桥和车轮总成 axle and wheel component
车桥荷载 axle weight
车桥减速器 axle gear reducer
车桥载荷 axle weight
车桥组 axle unit
车球刀架 ball forming rest;ball-turning rest
车群 bunching; cluster of vehicles; grouping;vehicle fleet
车群组成 vehicle composition
车日 car day
车日行程 daily vehicle-kilometer
车容 appearance of vehicle;vehicle appearance
车上 in-vehicle;in-car
车上补充票 in-train supplementary ticket
车上厕所 on-board toilet
车上存货 <美国铁路准许在车上存货60天> storage-on-wheels
车上单元 in-car unit
车上的 on-train
车上雇员 on board employee
车上货物搬运工人 carman
车上货物移动的整理 rectification of a displaced load
车上检票 on-train ticket checking
车上交货(价格) free on truck; free on wagon
车上搅拌混凝土 truck-mixed concrete
车上雷达(装置) vehicle on-board Radar
车上设备 on-board equipment
车上收票员 travel(l)ing ticket collector
车上天线 over-car antenna
车上调节器 train-carried regulator
车上通信[讯] on-train communication
车上图书馆 bookmobile
车上微型计算机 on-board microcomputer
车上行李空间 luggage space
车上饮食服务 catering service
车上站立的乘客 standee
车上制冷机 on-board refrigerator
车上装置 on-board equipment
车身 body of car;car body;hulk; truck body
车身保险 hull insurance
车身保险螺栓 body shear bolt
车身保险螺栓架 body shear bolt bracket
车身保修作业 bodywork
车身擦光 body polish
车身材料 body lining
车身测量整形机 body and frame measure and correct sys-tem
车身长度 length of wagon
车身车厂 body shop
车身衬里 body upholstery;skin plate
车身衬料 body lining
车身承梁 body bolster
车身底板 deck; underbody; underframe;underside
车身底面 underside
车身底座 underbody
车身地板防滑条 floor skid strip
车身电泳涂漆生产线 electrophoretic body-paint line
车身构架 framework of body
车身构造 body construction
车身骨架支柱 body truss rod
车身后部排泄孔 rear deck drain
车身加强板 body-plate stiffener
车身矫正机 body and frame straightener
车身金属构件 body hardware
车身浸浴涂漆 slipper dip
车身类型 body type
车身离地距 road clearance
车身轮廓线 body line
车身螺栓 carriage bolt
车身内部高度 headroom
车身内部装饰 appointment
车身内柱架 body truss rod bracket
车身腻子 body putty
车身抛光 car finish
车身抛光工具 body polisher
车身抛光剂 body polish
车身抛光用蜡 body wax
车身抛光油 body polish
车身平滑线 harmonious body lines
车身千斤顶 body jack
车身倾斜技术 body-tilting technique
车身清洁膏 body cleaner
车身清洗器 body cleaner
车身容量 body capacity
车身设计 body design
车身式样 body type
车身调平减振器 load-leveler shock absorber
车身凸出部分 body lip
车身涂底 body cover
车身涂料 body varnish
车身托架 body bracket; body hold down bracket
车身外壳 body shell
车身外形 body contour
车身外形式样 body style
车身外形线 body line
车身外悬量 body overhang
车身尾部 tail of the body
车身五金 body hardware
车身系数 body coefficient
车身下部结构 body understructure
车身下横梁 cross sill
车身形式 body model
车身颜色 body colo(u)r
车身支杆 body support rod
车身制造 bodywork;coach work
车身制造厂 body builder;coachbuilder;coach maker
车身制造工 coachbuilder;coach maker
车身制造商 coach maker
车身制造师 coach maker
车身中部动力输出装置 mid power-take-off
车身重量 tare
车身装配线 body line
车时 vehicle-hour
车式变压器 mobile transformer
车式测功仪 car dynamometer
车式电炉 car type furnace
车式堆垛机 car piler
车式防滑钉 wheel lug
车式干燥器 truck drier
车式锅炉 wagon boiler
车式冷却输送机 car-type cooling conveyer[conveyor]
车式千斤顶 cart jack
车式摄影机 dolly
车式提升机 truck lifter
车式无空气抛丸清理机 car-type airless shot blasting machine
车式窑 truck chamber kiln
车式摇臂钻床 movable radial drilling machine
车式装载机 rubber-tired loader
车室内器具彩色 interior trim colo(u)r
车首挡泥板 nose mudguard
车双随动桥组式底卸卡车 tandem trailing axles bottom-dump
车丝 tapping
车丝板 screw plate
车丝板牙 pipe die;thread cutter
车丝管 threaded tube
车送回家 drive home
车速 car speed;speed of car
车速波动 speed fluctuation
车速调查 survey of car speed
车速断面图 speed profile
车速及阻滞调查 speed and delay study
车速减速 wheel reduction
车速降低 speed reduction
车速距离断面图 speed-distance profile
车速控制区间终止标志 end speed zone sign
车速/流量比 speed/volume ratio
车速调匀 speed harmonization
车速限制 speed limit
车速限制区间 speed zoning
车速限制区终点标志 end speed zone sign
车速延误调查 <研究一条道路上的交通速率和延误的原因及时间> speed and delay study
车速匀化 speed harmonization
车锁 frame lock
车胎 tire[tyre]
车胎承载能力 tyre capacity
车胎充气手泵 hand pump for tyre inflation
车胎充气未满 wheel lean
车胎低气压表 balloon tire ga(u)ge
车台 scenery wagon; wagon stage; boat dock <舞台上迅速换景用的>
车台鼻轮 nose wheel
车台式输送机 car conveyer[conveyor]
车弹簧 car spring
车毯 rug
车镗接头 turned and bored joint
车体 car body;truck body
车体安全链钩 body check chain eye hook;body safety chain hook
车体安全链挂 body check chain eye; body safety chain eye
车体材料 body material
车体长度 body length
车体承载能力 capacity of body
车体冲力 vehicle momentum
车体初步加工 rough bodywork
车体底架长度 length of car body underframe
车体吊具及安放台 sling and placing bench for car body
车体动量 vehicle momentum
车体端部撑条 end body brace
车体负载 capacity of body
车体附件 car body mounting
车体构架 car body shell
车体骨架 body framework;body framing; body skeleton; framework of car body
车体横拉撑 body cross tie
车体架 body framework; body framing;framework of car body
车体角位移横向平衡杆 anti-roll bar
车体接地预埋固定管 grounding steady tube for car body;grounding steady tube for trunk body
车体结构 car body structure
车体金属墙板 metal panel(l)ing of body
车体壳 body shell
车体可倾系统 body-tilting system
车体可倾装置 body tilting device
车体宽度 width of car body
车体离地间隙高的 high-bodied
车体立柱 body post
车体内装修 car body interior decoration
车体挠曲 body deflection
车体能量吸收 car body energy absorption
车体抛光 car polish
车体千斤顶 wheel davit
车体前端外缘转弯圆周 machine clearance circle
车体倾斜 tilting of car body
车体倾斜千斤顶 tilting jack
车体倾斜装置 body-tilting equipment
车体容量 truck capacity; vehicle capacity
车体上漆 car body painting
车体受荷 truck-load

车体受力 stressing of car body
车体外缘转弯圆周 vehicular clearance turning circle
车体外缘转弯直径 vehicle clearance circle; vehicular clearance circle; vehicular clearance turning circle
车体下侧梁托 side structure carry sill bracket
车体斜撑 body brace
车体液体力倾斜 hydraulic tilting of car body
车体液压倾斜 hydraulic banking of carbody
车体载荷 deadlight load
车体振动 car body vibration
车体整修库 car body repair shed
车体支承台 car body supporting base
车体支销 body pivot pin
车体制造业 car body industry
车体转弯外缘直径 vehicle clearance diameter
车体转弯直径 vehicle turning diameter
车头 gear end;headstock
车头边灯 cowllight
车头灯 dazzle lamp;front light;head lamp;headlight;spotlight
车头灯系数 automobile heading factor
车头顶尖 live center[centre];revolving center[centre]; running center [centre]
车头间隔/车速检测器 gap/speed detector
车头间距 <前后两车相隔距离> space[spacing] headway
车头间距分布 headway distribution
车头距 headway
车头距密度控制机 headway density controller
车头散热器 nose radiator
车头时距 time headway;headway time
车头时距分布 headway distribution
车头时距密度信号控制器 headway density(signal)controller
车头显示 head-up display
车头箱 geared head;headstock;lathe head
车头箱中间轴 layshaft of geared head
车头信息显示器 <位于车内驾驶员前方的> heads-up display
车头一半拖车组合 tractor-semitrailer combination
车头罩板壳 cowl panel shell
车头罩侧板 hood side panel
车头罩顶板 hood top panel
车头罩通风器 cowl ventilator
车头罩通风器拉条 cowl ventilator brace
车拖式的 traction driven
车外板 outside sheathing
车外灯 embarkation lamp
车外皮 carhide;outside sheathing
车外信号照明灯 exterior signal lighting
车尾板 tailboard
车尾传动细纱机 off-end driven ring frame
车尾挡泥板 mud flap
车尾灯 end lamp;tail lamp;top light
车尾反光灯 reflective tail indication plate
车尾工作灯 rear work light
车尾回转半径 tail swing(ing) radius
车尾机架 side piece
车尾及停车组合灯 combination tail and stop lamp
车尾撒布器 end gate distributor;end gate spreader
车尾雾灯 fog tail light
车尾相对的停车方式 pair parking
车尾卸料槽 rear-delivery chute
车尾信号 tail signal
车尾悬挂的撒播机 end gate seeder
车尾转向指示器 rear steer indicator
车尾装卸 end loading;tailgate delivery
车位 parking space; parking stall; stall;berth【港】;dock【港】
车位长度 stall length
车位尺寸 parking stall dimension
车位渡板 dock level(l)er
车位号 number of dock
车位进深 depth of parking stall;parking stall depth
车位宽度 parking stall width;stall width;width of parking stall
车位牌 car position plate
车位牌插 car position plate holder
车位小时 space hour
车位占用调查 <指停车车位或汽车内客位> occupancy study
车位占有调查 occupancy study
车务部 operating department
车务处长 traffic manager
车务段长 traffic inspector
车务费用 traffic expense
车务稽查 traffic inspector
车务经理 traffic manager
车务人员 carman
车辖 linchpin
车下 undercar
车下电气插座 car receptacle
车下水箱 underslung water tank
车线 tramline
车线分隔 channelization
车线分隔岛 divisional island
车厢 car body;carriage;coach;truck body
车厢边拦 platform side board
车厢衬板 body liner
车厢衬里 body liner
车厢撑起杆 raised body proof
车厢尺寸 car dimensions
车厢窗洞 window aperture
车厢的二位端 car end number 2
车厢的一位端 car end number 1
车厢底板 platform floor
车厢地板 floor section
车厢顶灯 ceiling light
车厢额定容量 rated body capacity
车厢钢板 wagon plate
车厢构造 body construction
车厢后部撒肥器 end gate spreader
车厢后的折叠栏板 rear gate
车厢活动侧板 drop-side
车厢交货价 <美> FOB[free on board] cars
车厢结构 carriage body construction
车厢举地后的离地间隙 ground-body raised clearance
车厢开关控制 car-switch control
车厢连接座 coupler socket
车厢两侧活动钢板 steel dropside
车厢门洞 door aperture
车厢内衬 trim packing
车厢内控制 cage control
车厢能放下的后槽板 drop end
车厢偏距 rear body offset
车厢平准装置 elevator car leveling device
车厢倾卸机构 body dumping mechanism
车厢容积 carriage box volume capacity
车厢上升届的车体总高度 body raise overall height
车厢式干燥机 wagon-box drier[dryer];wagon-type drier[dryer]
车厢式住宅单元 railroad apartment; railroad flat
车厢通道宽度 passage width
车厢通风 car ventilation
车厢拖挂的机械 wagon-mounted machine
车厢写字 car body lettering
车厢卸货机 car unloader
车厢卸载角 body dump angle
车厢有效尺寸 usable dimensions of rear body
车厢有效面积 loading space;payload space
车厢站立面积 standing area
车厢帐篷弧形杆 platform top arc bow
车厢装料长度 length of loading body
车厢最大尺寸 maximum internal dimensional of rear body
车箱 van;wagon box
车箱螺栓 carriage bolt
车箱倾翻用上拉杆 tipping top link
车箱取暖用废气 body heating exhaust
车箱收音机 seat radio
车削 turn(ing)
车削测力仪 turning dynamometer
车削产品 turnery
车削车间 turnery
车削刀架 turning head
车削工件 turner
车削工艺 turnery
车削加工 lathe work;turning
车削加工中心 turning center[centre]
车削接头 turned joint
车削精加工 dressing by lathe
车削螺纹 cutted thread;screwing
车削面光洁度 turned finish
车削曲柄轴装置 quartering attachment
车削椭圆装置 oval-turning device
车削外圆 turning
车削削得好的 well turned
车削性能 turning ability
车削叶轮直径 impeller diameter reduction
车削轧辊用的样板 roll turning templet
车芯板 core board;core strickle;core strickle template
车行板 treadway
车行道 car lane;driveway;road tread; roadway; traffic lane; travel path; travel way; vehicle travelway; vehicular lane; vehicular travelway; vehicular travelway driveway; carriageway;travelled way
车行道板 carriageway slab; roadway deck
车行道保养 carriageway maintenance
车行道边缘标志 carriageway edge marking
车行道边(缘)线 edge line of carriageway
车行道标线 carriageway marking
车行道表面 <道路的> running surface
车行道部分改建 roadway support
车行道部分支护 roadway support
车行道的分隔 separation of roadway
车行道的路拱高度 rise of carriageway
车行道(电缆)人孔 carriageway jointing chamber
车行道断面 roadway section
车行道反光标记显示 roadway delineation
车行道拱高 rise of carriageway
车行道划线 carriageway marking
车行道接口 roadway side
车行道宽度 carriageway width; curb to curb width; roadway width; width of carriageway; width of roadway
车行道路 carriageway
车行道路基 carriageway foundation
车行道路面 carriageway pavement; riding surface
车行道路缘带 marginal strip
车行道绿化 driveway greening
车行道面板 roadway deck
车行道面层 carriageway cover
车行道上的自行车道 cycle strip on carriageway
车行道设施 <可以出入干道的> access connection
车行道弯拱 roadway arch
车行道网 roadway system
车行道系统 roadway system
车行道线 carriageway line
车行道信号灯 roadway lantern
车行道养护 roadway maintenance
车行道中(心)线 center[central] line of carriageway;lane centre line
车行净空 clearance limit for rolling stock
车行坡度 grades for trucks
车行桥 vehicular bridge
车行隧道 traffic tube;vehicle subway; vehicular subway;vehicular tunnel
车行隧管枢纽 traffic tube
车行线 carriageway marking
车行斜坡道 vehicle ramp
车行信号调制(组件)vehicle module
车行信号显示 vehicular movement phase
车行(引起的)通风 traffic-induced ventilation
车形阻力 drag resistance
车型 vehicle type
车型混合率 vehicle mix
车型输送机 car-type conveyer[conveyor]
车悬挂式绞车 linkage winch
车旋 turning
车旋陶瓷制品 engine-turned ware
车旋制木构件 spindle
车镟 turning
车巡警察 mobile police
车压的 traffic bound
车压(实)路面 traffic-bound road; traffic-compacted road
车压硬土层 traffic pan
车叶 propeller blade
车叶草 woodruff
车叶毂 propeller boss;screw boss
车叶尖空泡现象 tip cavitation
车叶尖速度 tip speed
车叶尖涡流 tip vortex
车叶尖余隙涡流 tip-clearance vortex
车叶柱 screw post
车椅 wheel chair
车引电流轨条间断表示标 current rail gap indicator sign
车英里 <一种运量单位> car mile; vehicle mile
车用变压器 car transformer
车用播音机 vehicle recorder
车用柴油机 diesel engine for automobile;vehicle diesel engine
车用机油 motor oil
车用机油试验器 mobile oil testing equipment
车用计费器 taximeter
车用扩音器 vehicle microphone
车用暖风设备 car heater
车用汽油 car gasoline;mobile oil;mogas;motor petrol;motor spirit
车用千斤顶 auto jack
车用润滑油 automobile oil;automotive oil
车用三脚架 vehicle tripod
车用散热器 car radiator
车用设备 vehicular equipment
车用弹簧 road spring

C

车用蓄电池 car battery; vehicle battery
车用野营配具 slide-in camper
车用遮阳板 car visor
车用直流电度表 vehicle direct current kilowatt-hour meter
车圆机 rounding machine
车圆锥附件 taper-turning attachment
车圆锥体装置 taper-turning attachment
车运 drayage; wheel(ing); tote <美>
车运费 cartage
车运搅拌混凝土 concrete mixing en route; transit-mixed concrete
车载 ATP/ATO 设备及软件 trainborne ATP/ATO equipment and software
车载拌和机 track mixer; truck mixer
车载变流器 on-board converter
车载测汞法 mercury survey by car
车载大锤 thumper
车载单元 car-borne unit
车载电话 car telephone
车载电力供应 on-board power supply
车载电台 vehicle radio station; vehicle station
车载吊车 jammer; truck-mounted crane; wagon crane
车载动力铲 truck-mounted power shovel
车载发电机组 vehicle-mounted generator unit
车载风钻 wagon-mounted air drill
车载干拌混凝土喷射装置 blast mixer
车载干燥器 truck drier
车载钢轨涂油器 on-board rail lubricator
车载高压射水机 road jetter; sewer jetter
车载供电网 on-board power supply network
车载夯锤 truck-mounted hammer
车载混凝土泵 truck-mounted concrete pump
车载货柜起重机 truck-mounted container crane
车载货物 carload
车载计算机 train-borne computer
车载搅拌机 truck mixer
车载量 capacity of carriage; carrying capacity
车载列车自动保护装置 ATP [automatic train protection] on-board unit
车载罗盘 vehicle compass
车载灭火机 wheeled fire extinguisher
车载泡沫系统 deck foam system
车载起重机 cherry picker; crane truck; jammer; wagon hoist; truck mounted crane; mobile crane
车载洒布机 truck-mounted distributor
车载砂浆拌和机 truck-mounted mortar mixer
车载设备 car-borne equipment; trainborne equipment【铁】
车载升降台 cherry picker
车载实验室 laboratory vehicle
车载式 truck-mounted
车载式道路平整度仪 roadmeter
车载式颠簸累积仪 vehicular bump-integrator
车载式吊车 cherry picker
车载式发电设备 mobile generating set
车载式混凝土泵 truck concrete pump
车载式配电盘 truck-type switchboard
车载式无线电设备 vehicular radio
车载速度距离传感器 speed vehicle sensor
车载索铲 truck-mounted dragline
车载探测器 carborne detector
车载桶式装载机 truck-mounted bucket loader
车载挖掘装置 truck-mounted digging attachment
车载挖土机 truck-mounted excavator
车载无线电话机 car-mount radio telephone
车载消防泵 fire engine pump
车载消防炮 deck gun; deck pipe
车载凿岩机 truck-mounted drill rig
车载诊断系统 on-board diagnostic system
车载直线移动式磁头定位驱动器 linear carriage head-positioning actuator
车载质谱仪 mass-spectrometer by car
车载终端 vehicle mounted terminal
车载装载机 truck-mounted loader
车载装置 truck-mounted attachment
车载自动列车运行故障记录【铁】error registration ATO [automatic train operation] on-board
车载钻机 truck-mounted drill (rig); wagon drill frame
车闸 brake rigging
车闸试验 brake test
车闸致动器 brake actuator
车毡 blanket robe
车站 bus stop; station (house); stopping place; depot <美>
车站班计划 station shift operating plan
车站搬运工 <俚语> red cap
车站办理车数 number of inbound and outbound car handled at station
车站本部 station proper
车站闭路电视设备 close circuit TV equipment for station
车站编号 station number
车站便餐部 station buffet
车站布局 layout of station
车站布置图 layout plan of station; station layout
车站餐厅 station restaurant
车站长度 length of station
车站长跨度屋顶 overall roof of station
车站场界房产 station premise
车站场区标志【铁】station yard post
车站车头时距 station headway
车站出入口 station entrance-exit
车站传输设备 station transmission equipment
车站大系统 station large system
车站等级 class of station
车站地面层 station floor level
车站调度员 shunting controller; station controller
车站顶盖 station roof
车站顶棚 station roof
车站端墙 station headwall
车站发出的信息 way station-originated message
车站房屋 station building
车站费率 terminal rate
车站分布 distribution of stations
车站分区 distribution of stations
车站服务半径 service radius of station
车站附近 station precinct
车站改编能力 sorting classification capacity of a station
车站工作统计 station working statistics
车站工作组织 organization of station operation
车站公告牌 station indicator
车站公共区通风系统 ventilation system for public area of station
车站公用电话室 kiosk
车站供餐业务 station catering business
车站股道配置图 layout plan of station
车站股道有效长度 effective length of station track
车站关闭 closure of station
车站管理用房 station administration rooms
车站广场 esplanade; station circus; station esplanade; station plaza; station square
车站规模 scale of station; station scale
车站合理布置 rational layout of station
车站和港口名称符号的第一个字母 code initials of stations and ports
车站和机务段分界线 bar line
车站核算集中制 centralized station accountancy
车站横轴线 <与纵轴线相对应> traversal axis
车站候车(大)厅 station hall
车站候车室 station hall
车站货源组织小组 group in charge of organizing the sources of goods traffic at station
车站集水坑泵 station sump pump
车站计算机 station computer
车站技术作业过程 station operating procedure
车站技术作业图表 station technical working diagram
车站间隔时间 time interval between two adjacence trains at station; time interval between two stations
车站间距 station spacing
车站检票口 <站台出入口> wicket
车站检票栅门 wicket gate
车站建筑(物) station building; terminal building
车站交货 station delivery
车站交通线 open line; open track
车站阶段计划 station stage operating plan
车站进路交叉 crossing of routes
车站客运通信[讯]系统 passenger traffic communication system in station
车站控制 station (master) control
车站控制室 station control room
车站控制台 station console
车站快速作业 fast operation on station; quick operation on station
车站列车运行线的指定 designation of running lines
车站旅馆 station hotel
车站旅客服务收入 receipt of station passenger service
车站旅客输送日计划 daily passenger transport plan of station
车站轮廓 outline of station
车站埋深 buried depth of station
车站内 station premise
车站内列车进站间隔时间 time interval between two trains at a station
车站内中央大厅 concourse
车站排水 station drainage
车站配线 station sidings
车站棚顶 umbrella roof
车站前广场 station plaza
车站切断 axle breakage
车站容车能力 station car capacity
车站容量 station capacity
车站设备 station equipment; station installation; station plant; terminal facility
车站设备控制系统 building automatic system
车站设备利用率 station plant factor
车站设施 station accommodation
车站市场 terminal market
车站式顶盖 station roof
车站收票员 station ticket collector
车站收入专户 bank specific deposit of station revenue
车站售卖香烟专柜 tobacconist's shop
车站书摊 station bookstall
车站隧道 station tunnel
车站隧道通风系统 ventilation system station tunnel
车站停车断面图 station stop profile
车站停车时间 duration of station stops
车站停留程序 station dwell program(me)
车站停留时间 <列车或机车车辆> station standing time
车站停站时分 dwell time at station
车站通过能力 carrying capacity of station
车站通过能力分析计算法 analytic(al) computation of carrying capacity at station
车站通过能力计算机模拟法 computer simulation computation of carrying capacity at station
车站通过能力图解计算法 graphic(al) computation of carrying capacity at station
车站位置牌 station location board
车站系统经济效益审计指标体系 indices system of economic efficiency audit of station system
车站线路 station line
车站线路布置 arrangement of station line
车站线路的灵活使用 flexible use of tracks
车站线路房屋布置图 layout of station line housing
车站线路容车数 track room
车站线路图 site plan of station; station plan
车站线路占用图 chart showing occupation of tracks
车站限界 station limit
车站限界标 station limit post
车站小吃餐室 refreshment room
车站信号 signal(l)ing at stations; station signal
车站行车交通线 thoroughfare track
车站行车日志 train register book at station
车站选择 station selection
车站选址 decided site of station; selection of station
车站巡察员 station inspector
车站询问 station interrogation
车站询问器 station interrogator
车站咽喉的平面疏解 horizontal untwining of station bottleneck
车站咽喉区 throat of station; throat of yard; station throat
车站咽喉设计 design of throat
车站咽喉通过能力 carrying capacity of station throat
车站遥控 remote control system in station
车站遥控系统 remote control system in station
车站一览表 station list
车站银行存款 station deposit
车站用品 station supplies
车站用品库 station articles storehouse
车站有效站台长度 efficient platform length
车站雨棚 station awning
车站预告牌 station announce panel

车站在途进款 station transit income
车站栅栏 station fence
车站栅形车场 station gridiron
车站站长 station master
车站站台 station platform
车站站台间地道 subway leading to platforms
车站账 station account
车站正面 facade of station; front of station
车站正线 main line
车站值班员 station operation controller; station operator; station supervisor
车站值班员室 station operator's office
车站值班站长 station master on duty
车站值班职工 station staff on duty
车站职工 station force; station staff
车站指名码 station designation code
车站中心 station center[centre]
车站周围 station precinct
车站主控制 station master control
车站主楼 station main building
车站装配【铁】station sidings
车站总长跨度 overall span of station
车站纵轴 longitudinal axis of station
车站最终通过能力 ultimate carrying capacity of station
车站作业 operation of station
车站作业计划 shunting operating plan; station operating plan; station working plan
车站作业员 station operator
车长报告 guard's report
车长乘务报单 conductor's wheel report; guard's journal
车长电台 train conductor radio telephone
车长阀 conductor's valve; emergency brake valve; guard's van valve
车长阀放风管 conductor's valve discharge pipe
车长阀风管 conductor's valve pipe
车长阀拉绳导圈 brake cord guide
车长开关 conductor's switch
车长无线电话 train conductor radio telephone
车长制动阀 guard's van valve
车照架 license bracket; license carrier
车罩宽度 house width
车罩通风器 cowl ventilator
车罩通风器调整杆 cowl ventilator adjuster link
车辙 cart rut; cart track; corrugation; furrow; groove; low spot; pot-hole; road furrow; rut; tracing rut; track pit; tread; wheel track; wheel track rutting
车辙测量仪 rut-meter
车辙成型试验 rut formation test
车辙风 rondada
车辙进展模型 rutting model
车辙裂缝 rut fissure
车辙强度 rutting strength
车辙深度 hub-deep; rut depth; wheel tracking depth
车辙深度模型 rut depth model
车辙试验 wheel rutting test; wheel tracking test
车辙形成试验 rut formation test
车辙预估 rut prediction
车辙纵横的路面 badly tracked surface
车制槽 turned groove
车制工件 turned work
车制螺纹 thread cutting; threading
车制木栏杆柱 wooden turned baluster
车制砂芯 sweeping core
车制砂型 sweeping up
车制芯 struck core
车钟 carriage clock; engine telegraph; annunciator; maneuvering telegraph【船】
车钟口令 engine order
车钟链 telegraph chain
车种限制标志 selective exclusion sign
车重 vehicle weight
车重检测器 wagon weight detector
车重种类 wagon weight category
车轴 axle(tree); car(riage) axle; vehicle axle; wagon axle
车轴草 clover; trefoil
车轴草花粉红色 cloverpink
车轴侧向加速度 lateral axle acceleration
车轴车床 axle lathe; axle turning lathe
车轴车间 axle turning shop
车轴尺寸 axle size
车轴齿轮箱 axle gear box
车轴传动的小伞齿轮 axle drive bevel pinion
车轴传动的轴 axle drive shaft
车轴传动小齿轮调整套 axle drive pinion adjusting sleeve
车轴带动的压缩机 axle-driven compressor
车轴定心车床 axle centering machine
车轴定心机 axle centering machine
车轴发电机 axle-driven generator
车轴发电机调节器 axle generator regulator
车轴发电机系统 axle generator system
车轴钢 axle shaft steel; axle steel
车轴钢粗钢筋 axle steel bar
车轴钢钢筋 axle steel reinforcing bar
车轴公里 axle-kilometer[kilometre]
车轴关节 articulation trochoid; pivot joint; trochoid
车轴焊件 axle weldment
车轴荷载 axle load(ing)
车轴横动量 end play
车轴横向游动 lateral excursion of axle
车轴横向自由度 lateral freedom of the axle
车轴护挡 axle guard
车轴护挡撑条 axle guard stay
车轴护挡支柱 strut of axle guard
车轴花键套 axle spline bushing
车轴滑脂 axle grease
车轴换装 axle changing installation
车轴计数器 axle counter; axle-counting installation
车轴计数器磁铁 axle-counting magnet
车轴计数装置 axle counter block
车轴减速齿轮箱 axle reduction gearbox
车轴减速器 axle gear reducer
车轴减阻装置 axle fairing
车轴净空 axle clearance
车轴距 axle base; wheel-base
车轴开裂 axle split
车轴壳体 axle housing
车轴裂纹探伤 detection of axle cracks
车轴螺母 axle nut
车轴扭矩 axle torque
车轴排列 axle arrangement
车轴皮带轮衬套 axle pulley bushing
车轴情况 axle behavio(u)r
车轴驱动电动机 axle-driven motor; axle-driving motor
车轴驱动发电机 axle-driven generator
车轴润滑脂 axle grease
车轴十字头 axle trunnion
车轴锁塞 axle lock ram
车轴探伤器 axle detector
车轴投影面积 vehicle area
车轴万向节 axle trunnion
车轴箱 axle-box
车轴箱装置 axle-box assembly
车轴销 linchpin[lynchpin]
车轴小齿轮 axle pinion
车轴楔 jaw wedge
车轴携带器材 on-vehicle material
车轴修理台 axle stand
车轴压力 axle pressure
车轴压力均衡梁 axle pressure equalizer
车轴油 journal oil
车轴正齿轮 axle spur wheel
车轴支承轴 axle trunnion
车轴支架式自动升降机 autolift with axle support
车轴直径尺 diameter testing ga(u)ge
车轴中心孔 central hole of the axle
车轴轴承 axle bearing; wheel bearing
车轴轴承间隙 axle bearing clearance
车轴轴端中心孔 axle center[centre]
车轴轴载限制 axle load limitation
车轴主动小齿轮轴 axle drive pinion shaft
车轴座 axle stand; running axle stand
车主 car owner
车主出租汽车 <美> owner-driver cabby
车主访问调查 owner interview survey
车主关系 car ownership
车主函询调查法 vehicle owner mail questionnaire method
车主家庭访问调查 house-interview survey
车主自行停车取车 self parking
车主自行停车取车设施 self-parking facility
车铸法 car casting
车桩 knee
车装绞车 truck-mounted hoist
车装麻花钻 truck-mounted auger
车装起重机 crane truck
车装式钻机 jumbo drill
车装水井钻机 truck-mounted water well drilling rig
车装自动沥青喷洒机 truck-mounted pressure distributor
车装钻机 automatic drilling rig; truck-mounted drill(ing rig); wagon drill
车装钻探设备 truck-mounted rig
车锥度附件 taper-turning attachment
车锥度机床 tapering machine
车锥体 taper turning
车子底盘 carriage underframe
车组 block of cars; set of cars; string of cars; wagon-set; train-group; train set【铁】
车组的分离 splitter of cuts
车组号 train-group number
车钻 wagon(-mounted) drill; wheel-mounted drill
车座 vehicle seat
车座安全带 safety belt for the seat of vehicle
车座横梁 hull cross member
车座甲板 hull armo(u)r plate
车座靠背 lazyback
车座人字形起重机 derrick wagon crane
车座踏板 lathe treadle
车做底盘的起重机 lorry-mounted crane

扯

扯不破的 tear proof
扯窗 slidable window; sliding sash window
扯窗把手 window pull
扯窗窗止 check stop
扯窗滚珠 inner bead
扯窗机构 maxlite
扯窗系统 maxlite
扯断 pull-apart
扯断力 breaking tenacity
扯断伸长率 elongation at break; elongation at failure; elongation at rupture; maximum elongation; tensile yield
扯断永久形变 set after break
扯开 avulsion; rip; tear
扯开滑轮组 fleet the block
扯离强度 pull-off strength
扯帘 draw curtain; draw drapery
扯裂 divulsion; rip; rive; slit; tear(ing rupture)
扯裂面 split face
扯裂强度 tearing strength
扯裂试验 tear(ing) test
扯裂试验机 tear tester
扯裂应变 tearing strain
扯麻机 carding willow; teaser
扯门 slide gate; slide panel; underhung door
扯门驱动装置 sliding door gear drive
扯内窗 sliding inner window
扯平汇率 break-even exchange rate
扯起 heave out; hoist
扯绳套环 <钢绳冲击钻机的> spudding shoe
扯松 garnetting
扯碎 devil; discerp; shred
扯碎机 devil; rag devil
扯下 shut-down; tear down; tearout
扯下纸带 torn tape
扯下纸带转发中心 torn-tape switching center[centre]
扯镶板 slide panel
扯檐口线 running

彻

彻底变革 radical change
彻底打扫 spring-clean
彻底的 down-to-earth; in depth; outright; throughing
彻底的研究 exhaustive research
彻底调查 thorough investigation
彻底改变 radical change
彻底干燥 through-dry
彻底毁坏 damaged beyond repair; wracking
彻底加热的 warm to the tread
彻底加温的 warm to the tread
彻底甲基化 exhaustive methylation
彻底检查 check over; check-up thoroughly; examine through (out); overhaul
彻底检修 general overhaul; overhaul; regular overhaul(ing)
彻底检修的 completely overhauled
彻底进行 prosecute
彻底硫化 tight cure
彻底审查 thorough examination
彻底实行 prosecute
彻底搜查 perquisition; rummage
彻底损坏 complete failure
彻底修理 thorough repair
彻底研究 exhaustion
彻头彻尾的 thoroughgoing
彻照器 diaphanoscope; diascope

掣

掣板 trigger
掣柄 window fastener
掣链器 anchor stopper; bow stopper; chain(cable) compressor; chain cable controller; chain stopper
掣轮器 detent; pawl
掣轮器齿板 pawl rack

掣手 click;drop pawl;pawl
掣手底盘 pawl bed;pawl limb;pawl rim;pawl ring
掣索 stopper
掣指 pawl
掣爪 latchet;paul;pawl
掣爪的防逆转机构 ratchet-and-pawl
掣子 arresting device; catch; click; dog; holding latch; jumper; latch (hook); trigger; trip latch; detent; pawl
掣子杆 catch lever
掣子弧形板 quadrant latch
掣子离合器 latch clutch
掣子弹簧 pawl spring
掣子弹簧销 pawl spring pin
掣子轮 pawl abutment
掣子销 latch pin;pawl pin
掣子钥 pawl abutment
掣子爪 catch hook

撤 rip;sparge

撤出井 extraction shaft
撤出钎杆 withdrawal
撤除 decantation;draw-off
撤除排队 dequeue
撤光效应 off-effect
撤换 dismiss and replace;recall;replace
撤回 countermand; recede; relinquish; rescind; rescission; retraction; revoke;withdrawal;withdrawing
撤回承诺 withdraw an offer
撤回发盘 withdraw an offer
撤回浮标 withdrawing buoy
撤回货物托运 withdrawal of goods
撤回诉讼 discontinuance
撤回提案 withdrawing of a proposal
撤回有效报价 offers good until withdrawn
撤回原发价 withdraw an offer
撤回支票 countermand of a cheque
撤离 evacuate;evacuation
撤离法 decantation method
撤离时间 departure time
撤离原位 move-off position
撤离中心点 decentralise[decentralize]
撤离住宅训练 exit drills in the home
撤铺式修补 spray patching
撤汽 bled steam
撤去功率【计】 dump
撤沙电阀 sanding electrovalve
撤砂阀 sander valve;sanding valve
撤砂法 <试件制备的> pluviation
撤砂器 sanding machine
撤退 fall back;recession;withdrawal; withdrawing
撤退地区 evacuation area
撤退过程 fallback procedure
撤退校正 fallback recovery
撤销 abating; abolish; abolition; recission; reversal; unmake; deactivate;repeal;scratch;waiving;withdrawal;withdrawing
撤销报价 revocation of offer
撤销登记 deregister
撤销定单 countermand an order
撤销发盘 cancel an offer
撤销费用 cancellation cost
撤销个别列车时刻表 cancellation of a separate train schedule
撤销工程 forfeiture
撤销管制规定 <价格、费用方面的> deregulation
撤销合同 cancellation of a contact
撤销合同日期 cancelling date
撤销或免除纳税义务 discharge of tax obligation
撤销禁止门的禁止信号 enable
撤销免费客票 withdrawal of free ticket
撤销免票 withdrawal of free pass
撤销起诉 quash an indictment
撤销前有效 till countermanded
撤销扫描 reverse scan
撤销诉讼 abatement of action
撤销条款 cancellation clause
撤销通知 waiving of notices
撤销通知书 notice of recall
撤销投标 withdraw a bid
撤销委任使用 cancellation of authorization to use
撤销未到期的合同 cancellation of future performance
撤销文件 scratch file
撤销信号 cancel message
撤销要约 revocation of offer
撤销一个文件 scratch a file
撤销语句 cancel statement
撤销原计划 rescission of original plan
撤销运价表 cancellation of a tariff
撤销执照 revocation of a license[licence]
撤销专利权 revocation of a patent
撤销专利许可证 revocation of a license
撤销租约 cancellation of a lease
撤职 dismiss(al);dismission
撤柱机 pole-and-chain
撤桩机 pole-and-chain
撤资 withdraw capital

尘埃 atomy;dirt;dust;mote;stratospheric(al)dust

尘埃测定器 impinger
尘埃层顶 dust horizon
尘埃沉积 dust deposit
尘埃沉着病 coniosis;dust disease
尘埃抽吸器 dust extractor
尘埃初始浓度 initial concentration of dust
尘埃传播 dust-borne transmission
尘埃传播的放射性 dust-borne transmission radioactivity
尘埃传染 dust infection
尘埃带 dust lane
尘埃堆积 dust deposit
尘埃分离器 dust separator
尘埃分析 dust analysis
尘埃分析仪 dust analyser[analyzer]
尘埃过滤机 dust filtration plant
尘埃过滤器 dust filter
尘埃计 conimeter
尘埃计数器 dust counter
尘埃计算器 coniometer; konimeter [konometer]
尘埃镜 koniscope
尘埃控制 dust control; particulate control
尘埃来源 resource of dust
尘埃密闭处理系统 dust-tight handling system
尘埃浓度 dust load
尘埃排除系统 dust exhaust system
尘埃侵入 ingress of dirt; ingress of dust
尘埃危险 dust hazard
尘埃箱 dust bin
尘埃消光量 dust extinction
尘埃学 coniology;koniology
尘埃仪 aeroscope
尘埃抑制剂 dust suppressor
尘埃抑制器 dust suppressor
尘埃逸散 dust emission
尘埃预防(法) dust preventive; dust prevention
尘暴 blowing dust;desert storm;devil; dust devil; dust-laden air; dust storm; dust whirl; palouser; sand storm
尘暴区 dust bowl
尘崩 dust avalanche
尘层 staubosphere
尘道 dust flue
尘点 dirt pits
尘点计数试验法 dust spot count test method
尘洞 <车身密封性试验用> dust tunnel
尘度计 dust counter;konimeter
尘肺 koniosis; pneumoconiosis [pneumokoniosis]
尘肺病 lithosis
尘肺结核 tuberculopneumpconiosis
尘粉飞扬 dust carryout
尘风【气】 dust wind
尘封 dust seal
尘格 shutter grate
尘垢 grime;smutch
尘垢清除器 scavenger
尘害 dust hazard;dust nuisance
尘含量 dust content
尘化作用 pulvation action
尘灰处理 ash-handling
尘积筒 dust box
尘卷(风) dust devil; dust whirl; sand spout
尘卷效应 dust-devil effect
尘坑 dirt pocket;dust well
尘粒 dust grain;dust particle
尘粒带电 particle charging
尘粒荷电 particle charging
尘粒计数 dust counting
尘粒计数器 dust counter;kern counter
尘粒镜 coniscope[koniscope]
尘粒控制 dust particulate control
尘粒控制技术 control technology of dust
尘粒密度 density of dust particles
尘粒排出 grit emission
尘粒甩落 particle dropout
尘量 dust loading;quantity of dust
尘量计 dust counter; dust meter; konimeter
尘流 dust flow
尘缕 dust plume
尘霾 dust haze
尘螨 dust of mite
尘密 dust-tight
尘末爆炸 dust explosion
尘末的黏[粘]合 dust-binding
尘末聚积 build-up of dust
尘气雾化消毒器及清毒剂 air spray disinfector and disinfectant
尘圈 konisphere;staubosphere
尘室 dust chamber
尘土 aerosol contaminant; air-borne sediment; dust; dust earth; powder; granular dust
尘土沉淀室 dust settling chamber
尘土处理设备 dust-handling equipment
尘土堆积 dust deposit
尘土分离筛 dirt screen
尘土覆盖(物) dust mulch
尘土烟云 dirt cloud
尘污 dustiness
尘污大气 lithometeor
尘污染 dust pollution
尘雾 dust cloud;dust fog
尘雾净化 fume cleaning
尘雾收集器 dust and mist collector
尘旋 dancing dervish; dancing devil; desert devil; dust whirl; sand auger; sand devil; twister; whirl of dust
尘旋风 devil
尘穴 dust well
尘雨 dust rain;dust shower
尘源 dust formation; dust source; source of dust
尘源控制 dust source control
尘云 dust cloud
尘云假说 dust-cloud hypothesis
尘罩 dust hood
尘阵 shower of ash
尘状的 dust-like
尘浊度 dust turbidity

沉边琢 sunk draft

沉变质锰矿床 sedimento-metamorphic manganese deposit
沉材 dead wood
沉柴排 sunken fascine; sunken mattress;sunk fascine
沉柴排工作 fascine work
沉柴埽 sunk(en)fascine
沉柴埽层 sunken fascine layer
沉尘 dust setting
沉船 shipwrecks;sunken vessel;sunken ship; sunken wreck; wreck; block ship <堵塞水道的>
沉船标志 wreck mark(ing)
沉船标志船 wreck-marking vessel
沉船残骸 remains of wreck; wreck remains
沉船侧打千斤洞 to excavate holes alongside the wreck for passing slings
沉船测量报告 report of wreck surveying
沉船打捞 wreck raising; wreck salvage
沉船打捞浮筒 wreck raising camel
沉船打捞工作 salvage
沉船灯标 wreck-marking light
沉船灯船 wreck vessel
沉船底千斤 lifting sling under bottom of sunken vessel
沉船防波堤 sunken ship breakwater
沉船浮标 wrecklight buoy; wreck(-marking) buoy
沉船搁浅 beaching of raised wreck
沉船荷载 sunk(en)ship load
沉船勘测 wreck surveying
沉船内除泥 removing of mud inside a wreck
沉船漂浮物 drifting wreck
沉船起浮 raising operation;wreck reflo(a)tation
沉船起捞 raising a wreck; wrecking raising
沉船水中重量 underwater weight of a wreck
沉船拖航 towing of raising wreck
沉船位置设标船 wreck-marking vessel
沉船移位 wreck-raising and shifting
沉船整体打捞 integral wreck-raising
沉船周围除泥 removing of mud around a wreck
沉床 mattress
沉床园 sunken garden
沉锤 cast anchor;sinker
沉锤黏[粘]度计 sinker visco(si)meter
沉底 precipitation;sedimentation;settling
沉底结块 hard-settling
沉底雷 bottom mine;ground mine
沉底木 sweep wood
沉底泥 glaur
沉垫式自升平台 mat supported jack-up

沉垫自升式钻探平台 mat self-elevating drilling platform
沉淀 ca(u)lking;deposition;precipitate;residuum[复 residua];settlement;settling;subside;subsidence
沉淀杯 sediment bowl; sediment bulb;sediment cup
沉淀部分 sedimentation section
沉淀仓 setting bin
沉淀槽 cut ditch;deposit(e) chamber;depositing tank;precipitating tank;sedimentary trough;sedimentation tank;settle tank;settling bath;settling box;settling tank;still pot
沉淀测量仪 deposit(e)ga(u)ge
沉淀层 beds of precipitation;precipitation bed
沉淀层面 surface of settling zone
沉淀常量 sedimentary constant
沉淀常数 sedimentary constant
沉淀池 clarification basin[bed/ tank];clarifier;clarifying tank;coagulation basin;concentration tank;decantation;depositing reservoir [tank];desilter;drain trap;flow tank;precipitation basin[tank];retention pond;sedimentary trough;sedimentation basin [pond/ pool/ reservoir/ tank];sediment basin [bowl/ pan];setting basin [pit/ tank];settlement tank[vat];settler;settling basin[chamber/ pit/ pond/ tank];stilling pool;storage pond;subsidence tank;subsider;subsiding basin[reservoir/ tank];wet pit;desilting basin;detritus chamber or pit <下水道的>
沉淀池边坡 side slope of sedimentation tank
沉淀池表面负荷 surface loading of sedimentation tank
沉淀池沉降速度 settling velocity of sedimentation tank
沉淀池出水堰负荷 effluent weir loading in sedimentation tank
沉淀池出水堰口 effluent weir of sedimentation tank
沉淀池处理 sedimentation process;tank treatment
沉淀池底纵坡 longitudinal bottom slope of sedimentation tank
沉淀池反射板 baffle board of sedimentation tank
沉淀池浮渣收集器 scum collector
沉淀池隔墙 baffle wall in sedimentation tank
沉淀池固体的机械清除 mechanical removal of solids from settling tank
沉淀池固体负荷 solid loading of sedimentation tank
沉淀池刮泥器 squeegee
沉淀池容量 pool capacity
沉淀池上泥浆槽 slush-pit launder
沉淀池水动力学 clarifier hydrodynamics
沉淀池脱水 dewatering by lagoon
沉淀池堰口负荷 weir loading in sedimentation tank
沉淀池中彩色油花 rainbow on the flush pit
沉淀池中心管 central tube of sedimentation tank
沉淀池中心管喇叭口 bell-mouth of central tube in sedimentation tank
沉淀池帚 squeegee
沉淀出来 precipitate;settling out;settle out
沉淀出来的骨质磷酸盐 precipitated bone phosphate
沉淀处理 sedimentation treatment;settling process
沉淀催化剂 precipitated catalyst;setting promoter
沉淀的 precipitated;sedimentary
沉淀的铅白 precipitated white lead
沉淀的颜料 precipitated pigment
沉淀滴定 precipitation titration
沉淀滴定法 precipitation analysis;volumetric(al)precipitation method
沉淀点 set point
沉淀动力学 kinetics of sedimentation
沉淀度 precipitability;precipitation threshold
沉淀二氧化硅 precipitated silica
沉淀法 decantation method;deposition process;method of precipitation;precipitation method;precipitation producing process;sedimentometry;settling method;settling process
沉淀(法)催干剂 precipitated drier [dryer]
沉淀法颗粒大小分析试验 sedimentation analysis
沉淀法选矿 levigation
沉淀反应 precipitation reaction
沉淀方式 settling regime
沉淀放电 precipitation discharge
沉淀废水 settled wastewater
沉淀分级 precipitation fractionation
沉淀分离 precipitation separation
沉淀分离法 decantation method;precipitation analysis;separation by precipitation
沉淀分离机 sediment separator
沉淀分离装置 precipitation equipment
沉淀分取(法) <通过沉淀并慢慢倒掉上层液体,使液体与固体沉淀分开> decantation
沉淀分取器 decanter
沉淀分析(法) <按斯托克定律分析颗粒大小> sediment(ation) analysis;precipitation analysis;settlement analysis;wet mechanical analysis;elutriation;sedimentation test
沉淀分析研究 sedimentation analysis
沉淀釜 still pot
沉淀钙的生物 calcium precipitating organism
沉淀干料 precipitated drier[dryer]
沉淀隔间 settling compartment
沉淀骨灰 precipitated bone phosphate
沉淀固体 precipitated solid;precipitating solid;settling solid
沉淀管 mud tube;sedimentary tube;settling pipe;tube for precipitation
沉淀管分析 <泥沙粒径的> settling tube analysis
沉淀罐 gun barrel;precipitating tank
沉淀柜 dirty ballast;rectifying tank;settling tank
沉淀过程 precipitation producing process;process of precipitation;sedimentation process
沉淀过磷酸钙 precipitated calcium superphosphate
沉淀后的污水 clarified sewage;settled sewage;settled wastewater
沉淀厚度 precipitation depth
沉淀湖 settling lagoon
沉淀机 settler
沉淀机理 sedimentation mechanism
沉淀极 collecting plate;receiving electrode
沉淀计 precipitometer
沉淀技术 precipitation technique
沉淀剂 precipitant;precipitating agent;precipitation reagent;precipitator;sedimentation agent;sinking agent
沉淀间断作用 elision
沉淀碱性染料蓝 precipitated basic dye blue
沉淀碱性染料紫 precipitated basic dye violet
沉淀交换树脂 precipitation exchange resin
沉淀胶溶 precipitation peptization
沉淀焦油 insoluble tar
沉淀搅拌机 precipitating agitator
沉淀结核菌素 Calmette's tuberculin;tuberculin precipitation;tuberculoidin
沉淀金属氢氧化物 precipitate metal hydroxide
沉淀井 sedimentation trap;settling chamber;settling trap;settling well
沉淀阱 sediment trap
沉淀聚合 precipitation polymerization
沉淀颗粒 settling particle
沉淀可见度 visibility of precipitates
沉淀坑 settling pit
沉淀空间 sediment space
沉淀蓝 washing blue
沉淀类型 kind of precipitation
沉淀理论 sedimentation theory
沉淀力 sedimentation force
沉淀量 amount of precipitation;precipitation capacity
沉淀磷肥 precipitated phosphate
沉淀磷酸二钙 precipitated di-calcium phosphate
沉淀磷酸钙 basic superphosphate
沉淀硫黄 precipitated sulfur
沉淀硫酸钡 basofor;blanc fix(e);constant white;precipitated barite;precipitated barium sulfate [sulphate]
沉淀率 deposition rate;efficiency of sedimentation;rate of deposition
沉淀面积 desilting area
沉淀能力 setting power;settling capacity
沉淀黏[粘]土 sedimentary clay
沉淀凝集装置 coagulator
沉淀凝结 precipitate
沉淀盆 settlement cell
沉淀平衡 sedimentation equilibrium
沉淀器 depositor;dislodger;killer;precipitation tank;precipitator;sedimentator;sediment bowl;sediment bulk;sediment separator;sediment tank;sediment trap;settler;settling apparatus;sump
沉淀强度 precipitation strength
沉淀轻质碳酸钙 precipitated light calcium carbonate
沉淀区 sedimentation compartment;sedimentation zone;settling zone
沉淀曲线 precipitation curve;sedimentation curve;settling curve
沉淀燃烧器 deposition burner
沉淀热 precipitation heat
沉淀容积 subsidence volume
沉淀软化(法) precipitation softening
沉淀色料 lake;lake colo(u)rs
沉淀色料去除剂 lake remover
沉淀色谱法 precipitation chromatography
沉淀沙池 settle sand tank
沉淀设备 sedimentation plant
沉淀摄影器 photo sedimentation apparatus
沉淀石脑油 precipitation naphtha
沉淀时间 retention period;sedimentation period;sedimentation time;settling period;settling time;time of sedimentation
沉淀实验 sedimentation experiment;settlement experiment;settling experiment
沉淀式离心机 precipitation centrifuge
沉淀试验 sedimentation test(ing);settling test
沉淀室 antechamber;clarification chamber;clarification compartment;drip chamber;mud chamber;sedimentation chamber;sedimentation compartment;settling chamber;sludge chamber
沉淀数据 precipitation data
沉淀水成岩 precipitated sedimentary rock
沉淀水池 settling reservoir
沉淀水力学 sediment hydraulics
沉淀素 precipitin
沉淀素反应 precipitin reaction
沉淀素试验 precipitin test
沉淀速度 rate of fall;rate of sedimentation;rate of settling;sedimentation velocity;settling rate;settling velocity;subsidence velocity;subsiding velocity
沉淀速度常数 precipitation velocity constant
沉淀速率 laydown rate;rate of sedimentation;rate of settlement;rate of settling;sedimentation rate;settling rate
沉淀碳酸钡 barium carbonate;precipitated barium carbonate
沉淀碳酸钙 precipitated calcium carbonate;precipitated chalk
沉淀碳酸镁 precipitated magnesium carbonate
沉淀特性 settling characteristic
沉淀铜 cement copper;precipitated copper
沉淀桶 sediment pan;settling vat
沉淀污泥 settled sludge
沉淀污泥的污水处理法 precipitation of sewage sludge
沉淀污水 settled sewage
沉淀无定形二氧化硅 precipitated amorphous silica
沉淀物 cloud;deposited material;deposition;dregginess;mud;precipitant;precipitate;sedimentary material;settlement matter;settling matter;settlings;settling solid;deposit(e);sediment
沉淀物捕集器 sediment trap
沉淀(物的)洗涤 washing of precipitate
沉淀物的移运 transportation of sediments
沉淀物含量 sediment content
沉淀物很多的水 water with most precipitate
沉淀物很少的水 water with little precipitate
沉淀物后沉淀 after-filter precipitation
沉淀物胶结 sedimentation binding
沉淀物较多的水 water with more precipitate
沉淀物较少的水 water with less precipitate
沉淀物取样器 sediment catcher
沉淀物吸收 precipitation absorption
沉淀物运移 transportation of sediments
沉淀物灼烧 ignition of precipitate
沉淀物组分 precipitate composition
沉淀物组分浓度 precipitate composition concentration
沉淀析出 cement out
沉淀系数 factor in precipitation;pre-

C

cipitation coefficient; sedimentation coefficient
沉淀细菌 precipitum
沉淀相 precipitated phase; precipitation facies【地】
沉淀箱 hog box; precipitation tank; sediment box; separating tank; separation tank; settling box; settling tank
沉淀效率 precipitation efficiency
沉淀效率指数 precipitation effectiveness index
沉淀形式 precipitation form
沉淀性 precipitability; precipitation threshold
沉淀性(乳白色)发光 milky sea
沉淀性试验 settleability test
沉淀悬浮物 sedimentary particle suspension
沉淀学 sedimentometry
沉淀氧化法 sedimentation-oxidation process
沉淀叶绿素降解产物 sedimentary chlorophyll degradation products
沉淀仪 sedimentograph; settlement device
沉淀因数 sedimentation factor
沉淀隐化池 Imhoff tank
沉淀硬化 precipitation hardening
沉淀硬化处理 precipitation heat treatment
沉淀硬化钢 precipitation hardening steel
沉淀硬化型不锈钢 precipitation-hardening stainless steel
沉淀硬化型磁铁 precipitation hardening type magnet
沉淀油柜 slop tank
沉淀浴 precipitating bath
沉淀原 precipitinogen
沉淀圆锥 precipitation cone
沉淀障 precipitation barrier
沉淀蒸发 precipitation evapo(u)ration
沉淀值 precipitation number; precipitation value
沉淀指示剂 precipitation indicator
沉淀重量 weight of precipitate
沉淀柱 column precipitator
沉淀装置 settling apparatus; settling equipment; settling plant
沉淀锥(体) settling cone
沉淀灼烧 ignition of precipitate
沉淀组构 depositional fabric
沉淀作用 precipitating action; precipitation; sedimentation
沉放 immersion; sinking and placing
沉放沉井或沉箱的临时桩基导向围栏 corral
沉放打捞浮筒 lowering salvage pontoon
沉放法 trench method
沉放闸门式水闸 drop gate sluice
沉浮 popple; ups and downs; vicissitude
沉浮比 sinkage to float rate
沉浮法测密度 sink-float technique
沉浮分离法 sink-and-float separation
沉浮箱 elevator chamber
沉钙作用 calcification
沉割 undercut
沉割车刀 undercutting turning tool
沉垢 incrustation
沉管 immersed tube; sinking pipe; submerged tube; sunk(en) tube
沉管法 <水底隧道的一种施工法> immersed tube method; pipe sinking; pipe sinking method; tube sinking method; tubing
沉管法隧遭 submerged tunnel
沉管灌注柱 vibro pipe
沉管灌注桩 caisson pile; cast-in-place pile with driven casing; driven cast-in-place pile; sinking pipe fill stake; tube-sinking cast-in-situ pile; driven cast-in-place pile
沉管基槽 immersion trench
沉管浇注桩 <钢筋混凝土管> Prestcore pile
沉管接缝 joints between tubes
沉管就位 placing of tube
沉管设计 design of tubes
沉管式隧道 immersed tube; immersion tube tunnel
沉管隧道 immersed tube tunnel; immersed tunnel; submerged tunnel; sunken tube tunnel
沉管隧道的管段沉没 tube immersing
沉管重量控制 weight control of tube
沉轨牵引式输送机 floor-flush tow conveyer[conveyor]
沉辊 fascine roll; saucisse
沉辊截流 fascine roll closure
沉航浮标 obstruction buoy
沉灰室 dust pocket
沉灰烟道 dust condensing flue
沉火山集块角砾岩 sed-pyroclastic agglomerate breccia
沉火山集块岩 sed-pyroclastic agglomerate
沉火山角砾凝灰岩 sed-pyroclastic breccia tuff
沉火山角砾岩 sed-pyroclastic breccia
沉火山碎屑岩 sed-pyroclastic rock
沉积 depositing; laid-down; lodg(e)ment; precipitation; sediment; settling; deposition; sedimentation
沉积岸 accreting bank
沉积背景 depositional setting; sedimentary setting
沉积边界 depositional boundary
沉积变质矿床 metamorphosed sedimentary ore deposit; sedimento-metamorphic deposit
沉积变质硫铁矿床 sedimentary-metamorphosed pyrite deposit
沉积变质作用 diagenism; metagenesis
沉积标志 sedimentary markers
沉积波纹 sedimentary ripple
沉积波纹管 formed bellows
沉积薄层 stringer
沉积薄层源头 stringer-head
沉积残渣 vat waste
沉积槽 depositing tank; depositional trough; dislodger settler; sedimentary tank; sedimentation tank; settler; settling tank; still pot
沉积测定仪 <测量颗粒沉降速度的> sedimentometer
沉积层 accumulation horizon; deposit(e) formation; illuvial horizon; sedimentary deposit; sedimentary layer; sedimentary stratum
沉积层的不同深浅 sedimentary bed in different levels
沉积层的顶点 apex of deposit; crown of deposit
沉积层的厚度变化 change of thickness in sedimentary beds
沉积层底部 bottom of sedimentary
沉积层过饱和水 water of dilation
沉积层厚度 sediment thickness
沉积层纹 sedimentary laminae
沉积层系 sedimentary series
沉积层序 depositional sequence; sedimentary sequence; sedimentary succession; sequence of sedimentation
沉积层在下卧岩石上滑动产生的褶皱或断层 decollement
沉积层状铅锌矿床 sedimentary stratiform lead-zinc deposit
沉积层状铜矿床 sedimentary stratiform copper deposit
沉积场所 habitat of deposition
沉积超覆 sedimentary overlap
沉积沉淀 deposition sedimentation
沉积成矿作用 sedimentary metallization; sedimentary ore-forming process
沉积成因 sedimentary origin
沉积池 depositing site; depositing tank; depositional basin; sedimentary tank; sedimentation basin; sedimentation tank; settling pond; settling tank
沉积池油 sump oil
沉积处 lodg(e)ment
沉积处理 settling process
沉积床结构 sedimentary structure
沉积垂向变化 vertical variation of sedimentation
沉积带 sedimentary band; sedimentation zone; string of deposits; zone of deposition
沉积单元 <由十字交叉地层组成的> coset; sedimentation unit
沉积的 deposited; depositional; illuvial; sedimentary; water-laid
沉积的灰尘 settled dust
沉积的颗粒物质 deposited particulate matter
沉积的块体运动 mass movement of sediment
沉积等高线 settlement contour
沉积等厚线图 sedimentary isopach map
沉积等效颗粒 sedimentation-equivalent particle
沉积堤岸 deposition bluff
沉积底板 sedimentary floor
沉积底沙 bed sediment load
沉积地层 sedimentary formation
沉积地层图 sedimentary stratigraphic(al) map
沉积地层学 sedimentary stratigraphy
沉积地形 depositional form; depositional topography
沉积地质化学 sedimentary geochemistry
沉积点 saltation point
沉积电极 receiving electrode
沉积电势 deposition potential
沉积电位 sedimentation potential
沉积丁坝 sedimentary groin
沉积断层 sedimentary fault
沉积断面图 sectional drawing of deposit
沉积堆 scroll
沉积法 precipitation method; sedimentation method; settling method; settling process
沉积反应 deposition reaction
沉积方式 deposition mode; mode of deposition; sedimentation mode
沉积分布图 settlement contour
沉积分级 settling classification
沉积分析 sedimentary analysis
沉积分异作用 sedimentary differentiation
沉积腐蚀 deposit(e) attack; deposit(e) corrosion
沉积腐殖质 sediment humus
沉积负荷 sediment load
沉积覆盖层 sediment(ary) blanket; sedimentary cover; sedimentary mantle
沉积改造水流 depositing-reworking current
沉积格架 depositional framework; sedimentary framework
沉积格局 sedimentary framework
沉积工艺过程 deposition process
沉积沟 depositional trough
沉积构成样式 depositional architecture pattern
沉积构造 deposit(e) structure; sedimentary structure
沉积构造的数学模拟 mathematic(al) simulation of sedimentary structure
沉积构造学 sedimentary tectonics
沉积构造作用 sedimentary tectonics
沉积贯入作用 sedimentary injection
沉积过程 precipitation producing process; process of deposition; process of precipitation; sedimentary process
沉积过程的数学模拟 mathematic(al) simulation of sedimentary process
沉积海岸 sedimentary coast
沉积海槽 sedimentation trough
沉积海底种群 sedimentary bottom population
沉积海面变动 sedimento-eustatism
沉积河床 sedimentary bed
沉积后沉积碎屑剩余磁化强度 post detritus depositional remanent magnetization
沉积后到固结前的 penecontemporaneous
沉积后的 post-depositional
沉积后构造 post-deformation structure
沉积后生的 aposedimentary
沉积厚度 deposition thickness; depth of deposit; precipitation depth; thickness of deposit
沉积华 geyserite
沉积环境 depositional environment; environment of sedimentation; sedimentary context; sedimentary environment
沉积混杂体 sedimentary melange
沉积火山作用 sedimentary volcanism
沉积机 gravity pouring machine; putting-down machine
沉积机理 sedimentary mechanism; sedimentation mechanism
沉积机制 sedimentary mechanism; sedimentation mechanism
沉积基准面 base level of deposition; sedimentary base level
沉积脊 depositional ridge
沉积计 deposit(e) ga(u)ge; sedimentary ga(u)ge; sedimentometer
沉积计算 settlement computation
沉积剂量 deposit(e) dose
沉积夹层 sedimentary intercalation
沉积间断 hiatus
沉积间面 depositional interface; sedimentary interface
沉积建造 sedimentary formation; sedimentary framework
沉积建造类型 type of sedimentary formation
沉积建造系列 series of sedimentary formation
沉积焦油 settled tar
沉积角砾岩 sedimentary breccia; sharpstone conglomerate
沉积接触 sedimentary contact
沉积接触海岸线 sedimentary-contact coastline; sedimentary-contact coastline shoreline
沉积节理【地】 sedimentation joint
沉积结构 deposition fabric; sedimentary texture
沉积结构面 sedimentary discontinuity
沉积界面 deposition interface; sedimentary interface
沉积界限 sedimentary boundary

沉积金属 deposited metal;plated metal
沉积阱 sediment trap
沉积距离 lag distance
沉积勘探 sedimentary exploration
沉积颗粒的滚动 rolling of sediment particle
沉积孔隙度 sedimentary porosity
沉积矿床 sedimentary deposit
沉积矿床分带 zoning of sedimentary mineral deposits
沉积矿回收值 alluvial value
沉积来源 sedimentary derivation;source of sediments
沉积类型 sedimentary type
沉积力 depositional force;sedimentary force
沉积力学 sedimentary mechanics;sedimentation mechanics
沉积量 deposition;quantity of deposit;quantity of sediment
沉积量分析 sedimentation size analysis
沉积磷 sedimentary phosphorus
沉积硫 sulphur deposition
沉积硫酸钙 annaline
沉积铝土矿矿床 sedimentary bauxite deposit
沉积率 deposition;rate of deposition;sediment(ary)rate
沉积锰矿床 sedimentary manganese deposit
沉积面 surface of deposition
沉积面积 area of deposition;sedimentary area
沉积模式 deposition mode;model of deposition
沉积模型 deposition model
沉积膜 deposited film
沉积母质 sedimentary parent materials
沉积泥沙 accumulated sediment;bottom sediment;deposited material;deposited silt;sediment bed load;sediment deposition;deposition sedimentation
沉积泥沙固结 consolidation sedimentation
沉积泥沙总量 accumulated total sediment volume
沉积泥炭 sedimentary peat
沉积泥渣 dislodged sludge
沉积年龄 deposition ages
沉积黏[粘]粒 illuvial clay
沉积黏[粘]土 depositional clay;sedimentary clay;clay deposit;alluvial clay
沉积凝灰岩 sedimentary tuff
沉积盘 sediment pan
沉积盆 basin of deposit(ion)
沉积盆地 basin of deposit(ion);depositional basin;sedimentary basin;sedimentary trough;sedimentation basin;settling basin
沉积盆地模式 sedimentary basin model
沉积盆地型 sedimentary basin type
沉积盆凝灰岩 sediment tuff
沉积膨润土 daunialite
沉积平衡 sedimentation balance;sedimentation equilibrium
沉积平原 aggradation plain;alluvial plain
沉积坡度 depositional gradient;sedimentary gradient
沉积剖面 sedimentary profile;sedimentary section
沉积期后作用 post-depositional process
沉积起源 sedimentary origin
沉积器 depositor
沉积前年龄 presedimentary ages
沉积侵入作用 sedimentary intrusion
沉积倾角 depositional dip
沉积区 area of deposition;sedimentary region;stagnation zone
沉积曲线 sedimentation curve
沉积圈闭 sedimentary trap
沉积缺失 elision of cycle stage;sedimentary gap
沉积裙 sedimentary apron
沉积沙 sand deposit
沉积剩磁 depositional remanent magnetization
沉积剩余磁化 depositional remanent magnetization
沉积剩余磁性 depositional remanent magnetism
沉积石英岩 sedimentary quartzite
沉积时间 deposition time;sedimentary time;settling period
沉积试验器 deposition tester;sedimentary tester
沉积室 antechamber;settling chamber;stilling chamber
沉积收集器 sediment collector
沉积栓 plug
沉积水 sedimentary water;sedimentation water
沉积水成岩 precipitated sedimentary rock
沉积水垢 sediment incrustation
沉积顺序 sedimentary sequence
沉积速度 deposit(e)rate;deposition speed;deposition velocity;rate of deposition;sedimentation velocity
沉积速率 deposit(e)rate;deposition(al)rate;laydown rate;rate of deposit;rate of deposition;rate of sedimentation;sedimentation rate
沉积碎屑 sedimentary debris
沉积碎屑剩余磁化强度 depositional detritus remanent magnetization
沉积炭电阻器 deposited carbon resistor
沉积碳 deposit(e)carbon
沉积碳酸钙的石材防腐法 Hemmingway
沉积塘 depositing site
沉积体 body of deposit
沉积体系 sedimentary system
沉积体系域 depositional system tract
沉积天平 sedimentation balance
沉积填充物 depositing the fill(ing)
沉积条件 deposition condition;mode of deposition;sedimentary condition;sedimentary context
沉积铁矿床 sedimentary iron deposit
沉积同生作用 sedimentational syngenesis
沉积铜 cement copper;deposited copper
沉积透镜状排列 string of deposits
沉积涂层 deposited coating
沉积土 aqueous soil;deposited soil;depositional clay;depositional soil;eluvial soil;sedimentary soil
沉积土层 earth deposit;sedimentary bed
沉积土壤 deposited soil;residual earth;sedimentary soil;sedimentation soil;warp soil
沉积团粒 sediment aggregation
沉积洼地 settling basin
沉积外弧 sedimentary outer arc
沉积尾矿 stacked tailings
沉积污泥 settled sludge
沉积污泥量负荷率 settled sludge volume loading rate
沉积物 deposit(e);deposited material;deposition;depositional material;foots;lees;lodg(e)ment;scurf;sediment;sedimentary material;settlement matter;settling matter
沉积物搬运 sedimentary transport;transportation of sedimentary
沉积物边界层 sediment boundary layer
沉积物捕留区 sedimentary trap
沉积物采样器 sediment sampler
沉积物测量 sediment measurement;sediment survey
沉积物层序研究方法 research method of sediment sequence
沉积物成分 composition of deposits
沉积物冲填的 sediment-filled
沉积物稠度 sediment consistency
沉积物的波速 sediment velocity
沉积物的聚积 deposit(e)accumulation;deposit(e)buildup
沉积物的扩散作用 sediment diffusion
沉积物的累积 deposit(e)accumulation
沉积物堆积速率 accumulation rate of sediment
沉积物分级尺寸 sediment grade size
沉积物分区 sediment division
沉积物负荷量 sediment charge
沉积物改性剂 deposit(e)modifier
沉积物共生组合 association of deposits
沉积物横向迁移 sedimentary transverse transport
沉积物横向移动 sedimentary transverse transport
沉积物厚度等值线图 sediments thickness contour map
沉积物滑动 sediment slide
沉积物结构 sediment fabric
沉积物控制 deposit(e)control;sedimentary control
沉积物控制剂 deposit(e)control agent;sedimentary control agent
沉积物矿床 precipitated deposit
沉积物扩散 sediment diffusion
沉积物来源图 sedimentary isopach map
沉积物粒度 grain-size of sediment
沉积物连续取样器 sequential deposition sampler
沉积物量 quantity deposit;sediment quantity
沉积物流动性 sediment mobility
沉积物流量 sediment discharge;sediment runoff
沉积物流速仪 sediment hydrograph
沉积物密度 sediment density
沉积物名称 name of sediments
沉积物黏[粘]性 sediment viscidity
沉积物浓度 sediment concentration
沉积物迁移 sediment(ary)drift;sediment(ary)transport(ation)
沉积物迁移曲线 sedimentary transport curve
沉积物强度 sediment strength
沉积物取样 sedimentary sampling
沉积物输送者 sediment transporter
沉积物输移 transportation of debris
沉积物水界面 sediment-water interface
沉积物水系统 sediment-water system
沉积物塌滑 sediment slide
沉积物污染 pollution by sediments
沉积物物理性质 physical property of sediments
沉积物形成 sludge formation
沉积物形成作用 sedimentogenesis
沉积物性质 properties of sediment
沉积物压实 sediment compaction
沉积物压实后孔隙度 porosity of sediment before compaction
沉积物压实后密度 density of sediment before compaction
沉积物压实后体积 volume of sediment after compaction
沉积物压实前孔隙度 porosity of sediment before compaction
沉积物压实前密度 density of sediment before compaction
沉积物压实前体积 volume of sediment before compaction
沉积物移动 sediment mobilization
沉积物诱发变形作用 sediment induced deformation
沉积物运移 sediment(ary)transport
沉积物中孢粉藻类分布图 distribution map of the spore-pollen and algae in the sediments
沉积物中化学成分柱状图 column diagram of chemical composition of the sediments
沉积物中结核 nodule in sediment
沉积物中黏[粘]土矿物含量分布图 distribution map of the clay mineral in the sediments
沉积物中碳氢化合物含量 hydrocarbon content in sediment
沉积物中有机质 organic matter in sediment
沉积物中有机质含量分布图 distribution map of organic matter in the sediments
沉积物中有孔虫、介形虫分布图 distribution map of foraminifera and ostracoda
沉积物重力流 sediment gravity flows
沉积物纵向迁移 sediment longitudinal transport
沉积物纵向移动 sediment longitudinal transport
沉积物组成 composition of deposits
沉积物组分 sediment composition
沉积相 depositional facies;precipitation facies;sedimentary context
沉积相标志 markers of sedimentary facies
沉积相类型 type of sedimentary facies
沉积相序列 succession of sedimentary facies
沉积相与岩性相 sedimentary facies and litho-facies
沉积相组 sedimentary facies group
沉积小岛 deposited island
沉积效率 deposition efficiency
沉积效应 sedimentation effect
沉积形状 sedimentary form
沉积型孔隙热储 sedimentary intergranular porosity reservoir
沉积型卤水 deposit(e)brine
沉积型镍硫化物矿床 nickel sulfide deposit of sedimentary type
沉积性海面升降运动 sedimento-eustacy[eustasy];sedimento-eustatism
沉积序列 sedimentary sequence;depositional sequence
沉积旋回 cycle of sedimentation;depositional cycle;sedimentary cycle;sedimentation cycle
沉积学 sedimentology
沉积循环 cycle of deposition;cycle of sedimentation;depositional cycle;sedimentary cycle;sedimentation cycle
沉积岩 aftermath;aqueous rock;derivative rock;katogene rock;sedimentogeneous rock;stratified rock
沉积岩包体 sedimentary enclave
沉积岩层 sedimentary bed;sedimentary formation
沉积岩层理 stratification of sedimentary rocks

沉积岩调查　survey of sedimentary rocks
沉积岩骨料 sedimentary aggregate
沉积岩集料 sedimentary aggregate
沉积岩交互出现区 provincial alternation; sedimentary petrologic provincial alternation
沉积岩结构组分 textural component of sedimentary rocks
沉积岩类 sedimentary rocks; sedimentogeneous rocks
沉积岩类型 type of sedimentary rocks
沉积岩脉 sedimentary dike[dyke]
沉积岩面积 area of sedimentary rocks
沉积岩墙 clastic dike[dyke]; exodyke; sedimentary dike[dyke]
沉积岩区　sedimentary petrologic province
沉积岩热储 sedimentary reservoir
沉积岩石 sedimentary rock
沉积岩石学的指数 index of sedimentary petrology
沉积岩时代 age of sedimentary rocks
沉积岩体积 volume of sedimentary rocks
沉积岩体积法 volumetric(al) method of sedimentary rock
沉积岩系 sedimentary rocks
沉积岩系相带异常 lithofacies gone anomaly of sedimentary rock formation
沉积岩相学 sedimentary petrography; sedimentography
沉积岩屑砂屑岩 sedarenite
沉积岩芯 sediment core
沉积岩岩石构造 structure of sedimentary rocks
沉积岩岩石结构 texture of sedimentary rocks
沉积岩岩石学 sedimentary petrology; sedimentography; sedimentology
沉积岩岩石组合 association of sedimentary rocks
沉积岩岩相类学 sedimentary petrography
沉积岩颜色 colo(u)r of sedimentary rocks
沉积岩中吸附气 absorbed gas in sedimentary rocks
沉积岩组分类型 classification of component in sedimentary rocks
沉积堰 sediment barrage
沉积仪 deposit ga(u)ge
沉积因素 deposition factor
沉积硬化 precipitation hardening
沉积有机物 sedimentary organic material
沉积有机质 sedimentary organic matter
沉积淤泥 settled sludge; sullage
沉积于黏[粘]土层面上的 deposited on top of clay layers
沉积于砂层面上的 deposited on top of sand layers
沉积与腐蚀控制 deposition and erosion control
沉积预报 settlement forecast
沉积原始倾角 depositional dip
沉积源 sedimentary origin
沉积源地 source of sediments
沉积运动 sedimentary movement
沉积韵律 sedimentary rhythm
沉积韵律法 method of sedimentary rhythm
沉积杂岩层 sedimentary complex
沉积暂停期【地】 sedimentary diastem; diastem
沉积槽 dislodger
沉积障 deposition barrier; precipitation barrier
沉积直径 sedimentation diameter
沉积指示器 sedimentation indicator
沉积滞后 sedimentary lag
沉积中心 depocenter[depocentre]; deposition centre; sedimentation centre
沉积柱 sedimentary column; sedimentary prism
沉积总量 total deposition
沉积走向 depositional strike
沉积组构 depositional fabric; sedimentary fabric
沉积组合 sedimentary association
沉积作用 deposition; laydown; sedimentary process; sedimentation
沉积作用地球化学 geochemistry of sedimentary processes
沉积作用后的 post-depositional
沉积作用迁移 sedimentation migration
沉积作用特征 sedimentation feature
沉寂室 dead room
沉降 depression; displacement; infall; precipitate; sedimentation; settlement; settling(down); subsidence
沉降岸线 depression shoreline
沉降板 settlement plate
沉降比 settlement factor; settlement ratio; settling ratio
沉降表面 precipitation surface
沉降滨线 deposition shoreline; shoreline of deposition; shoreline of depression
沉降玻璃锥 <测可沉固体用> settling glass
沉降槽 hydroseparator; precipitation basin; sedimentation tank; settler; settling tank; spin bath; subsider; thickener
沉降测点 settlement point
沉降测定计 settlement meter[metre]
沉降测定器 sedimentograph
沉降测定仪 sedimentograph; settlement ga(u)ge
沉降测定装置 settlement device
沉降测管 settling pipe
沉降测量 settlement measurement
沉降测头 settlement probe
沉降差 difference in settlement; differential settlement; settlement difference
沉降常数 constant of sedimentation; deposition constant; sedimentation constant
沉降场流动分级 sedimentation field flow fractionation
沉降池 sedimentation pit; settlement tank; settling basin; settling bowl; settling pond; subsidence tank; subsiding basin
沉降除尘器 settling box dust eliminator
沉降促进剂 setting promoter
沉降促凝剂 setting accelerator
沉降带 subsidence zone; zone of depression; zone of subsidence
沉降等值线 settle(ment) contour; settlement isoline; settling contour
沉降滴定 sedimetry
沉降地 depression
沉降地段 area of depression
沉降地块 depressed block
沉降地面 subsiding ground
沉降地区 area of depression
沉降点 settlement point
沉降电极　agglomerator; collecting plate
沉降段 settling section
沉降对流作用 settling convection
沉降法 <土粒级配的一种分析法> precipitation method; deposition process; diver method; sedimentation method; settling method; settling process
沉降法测粒度 sedimentation sizer
沉降法粒度分析 sedimentation analysis
沉降反应 erythrocyte sedimentation rate; sedimentation reaction
沉降方程 settlement equation
沉降方法 putting-down method
沉降分级 classification of sedimentation
沉降分级法　sedimentation sizing method
沉降分级机 settling classifier
沉降分离　precipitation; settlement separate
沉降分离法 separation by sedimentation
沉降分离装置 precipitation equipment
沉降分析(法) analysis by sedimentation; sedimentation analysis; settlement analysis; settling analysis
沉降粉尘 precipited dust
沉降风 fallout wind
沉降缝 breaking joint; settlement joint; settling joint; subsidence gap
沉降概念 concept of settlement
沉降缸 settling vat
沉降高度 settling height
沉降构造运动 bathygenesis
沉降谷 valley of subsidence
沉降鼓 settling drum
沉降观测 settlement measurement; settlement observation
沉降观测点 <为观测沉降而设在工程建筑物上的永久性标志> settlement observation point; settlement plug
沉降观测范围 subsidence range; settlement range
沉降观测平板 settlement plate
沉降观测平台 <用于观测填土的沉降> settlement observation platform
沉降观测时间 subsidence observation time
沉降观测值 subsidence observation content
沉降观察点 settlement observation point
沉降过程 infall process; process of setting; process of settlement; sedimentation process; settlement process
沉降过程曲线 time-subsidence curve
沉降海岸 depressed coast; depression coast; rias coast; submergence coast; subsided coast; subsiding coast; shoreline of submergence
沉降海岸线 ria shoreline; shoreline of depression
沉降海槽 trench of subsidence
沉降海沟 trench of subsidence
沉降盒 settlement cell
沉降灰 fallout
沉降灰尘 sedimentated dust
沉降机 putting-down machine
沉降基准面 settlement datum; founding level <沉箱>
沉降计 settlement cell; settlement ga(u)ge
沉降计算 settlement calculation; settlement computation
沉降计算厚度　compression zone depth
沉降计算经验系数 settlement correction factor; empirical coefficient of settlement calculation
沉降计算深度 settlement calculation depth
沉降记录 set recording; settlement record
沉降技术 sedimentation techniques
沉降剂 sedimentation agent
沉降加速器 settling acceleration; settling accelerator
沉降减小 fading of the settlements
沉降角 depression angle
沉降校正系数 settlement correction factor
沉降截面 area of depression; settling area
沉降界面 sedimentation boundary
沉降经验修正系数 settlement correction coefficient
沉降井 settling well
沉降开裂 crack due to settlement
沉降颗粒 sedimentation particle; sedimented particle
沉降坑 sedimentation pit; settlement carter; settling pit
沉降空间 settlement space
沉降理论 theory of subsidence
沉降力 setting capacity
沉降历时 duration of settlement
沉降历时曲线 settlement-time curve
沉降粒径 fall diameter; sedimentation diameter; sediment particle-diameter
沉降粒子 subside particle
沉降梁装置 sunken beam equipment
沉降量 amount of settlement; setting capacity; settlement; settlement volume; sinkage
沉降量标尺 settlement ga(u)ging pole
沉降量推算 precipitation of settlement
沉降量-压力曲线 settlement-pressure curve
沉降量-压力图 settlement-pressure plot
沉降量预估 prediction of magnitude of settlement
沉降裂缝 crack due to settlement; settlement crack
沉降磷酸铁 lac ferri
沉降流 downwelling; subsidence flow
沉降留量 allowance for settlement
沉降漏斗 settlement crater; settlement funnel
沉降漏斗长轴方向 long axle direction of settlement funnel
沉降率 percentage subsidence; rate of settling; settling rate
沉降螺旋卸料离心分离机 continuous centrifugal separator
沉降面积 settlement area; settling area
沉降模量 settlement modulus
沉降模式 subsidence model
沉降摩擦力 settlement friction
沉降盆 precipitation basin; subsidence bowl
沉降盆地 depressed basin; subsidence basin
沉降平衡 sedimentation equilibrium
沉降平衡法 sedimentation equilibrium method
沉降破坏 subsidence damage
沉降谱 sedimentation pattern
沉降期 settlement period; subsiding period
沉降起始时间 begin time of subsidence
沉降器 precipitator; sedimentation apparatus; settler; settling vessel
沉降球直径 fall diameter
沉降区 depression area; negative are-

a; settlement block; settlement zone; settling zone; sinking region
沉降区平面图 plan of subsidence area
沉降曲线 displacement curve; setting curve; settlement curve; subsidence curve
沉降容积 sedimentation volume
沉降容许高度 sediment allowance; settlement allowance
沉降时间 sedimentation time; settling period; settling time; sinking time
沉降时间曲线 settlement-time curve
沉降式浮船坞 depositing floating dock
沉降式离心泵 settling centrifugal pump
沉降式离心机 centrifugal subsider; decanter centrifuge; sedimentation-type centrifuge; settling centrifuge
沉降式离心脱水机 horizontal solid-bowl centrifuge
沉降式流液洞 dropped throat; sunken throat
沉降式螺旋卸料离心机 screw discharge sedimentation centrifuge
沉降式样 sedimentation pattern
沉降势 sedimentation potential
沉降试验 settlement test; settling test
沉降室 blowing chamber; dust chamber; gravity separator; sedimentation chamber; separating chamber; settling chamber; settling pocket; settling vessel; subsidence chamber
沉降收缩 settlement shrinkage
沉降输送机 collecting conveyer[conveyor]
沉降衰减 fading of settlement
沉降水 subsiding water
沉降速度 deposition velocity; displacement velocity; dropping velocity; fall(ing) velocity; sedimentation velocity; setting speed; setting velocity; settlement velocity; settling rate; settling speed; settling velocity; sinking velocity; subsidence velocity; subsiding speed; subsiding velocity; slip velocity <指岩屑>
沉降速度法 sedimentation velocity method
沉降速度计 sedimentometer
沉降速度相似准则 similarity criterion of settling velocity
沉降速率 rate of fall; rate of settling; rate of sinking; rate of subsidence; settling rate; rate of sedimentation; rate of settlement; sedimentation rate; settlement rate
沉降速率测试 sedimentation rate test
沉降塔 settling column
沉降探测头 settlement probe
沉降特性 settlement quality; settling property
沉降特征 settling characteristic
沉降体积 sedimentation volume; settling volume
沉降天平 sedimentation balance
沉降天平法 sedimentation balance method
沉降桶 settling vat
沉降筒 settling column; settling tube
沉降稳定标准 stable standard of subsidence
沉降稳定时间 stable time of subsidence
沉降稳定性 sedimentation stability
沉降问题 settlement problem
沉降物 atomic fallout; fallout; particle fall; radioactive fallout; sediment; settling matter
沉降物测定仪 fallout meter
沉降物测试器 fallout tester
沉降物监测 fallout monitoring
沉降物收集器 fallout collector
沉降物掩蔽所 fallout shelter
沉降物预测器 fallout predictor
沉降系数 sedimentation coefficient; settlement coefficient; settlement factor; settling coefficient; settling ratio; subsidence factor
沉降限差 settlement allowance
沉降相似 settlement similarity
沉降箱 flow tank
沉降消失 fading of the settlements
沉降效率 settling efficiency
沉降型海岸 Rias type coast
沉降性 setting quality; settleability
沉降性固体 settling solid
沉降性能 settling capability; settling performance; settling property
沉降性逆转 subsidence inversion
沉降性质 setting property
沉降仪 sedimentometer; set-meter; settlement ga(u)ge
沉降仪底板 settlement plate
沉降移动 settlement movement; subsidence
沉降引起的裂缝 crack due to settlement; settlement crack
沉降引起的应变 settlement strain
沉降引起的应力 settlement stress
沉降应力 <在基础下沉时结构物中的应力> settlement stress
沉降影响范围 influence scope of settlement; seat of settlement
沉降影响距离 distance of settlement influence
沉降影响系数 settlement of influence factor
沉降预报 forecast(ing) of settlement; prediction of settlement; settlement forecast; settlement prediction
沉降预测 forecast(ing) of settlement; prediction of settlement; settlement forecast; settlement prediction
沉降预估方法 settlement prediction technique
沉降预计 prediction of settlement
沉降运动 subsiding movement
沉降增稠剂 clarified thickener
沉降增量 increments of settlement
沉降值 sedimentation number
沉降滞后 settling lag
沉降中心位置 position of subsidence center[centre]
沉降柱 settling column
沉降锥体 settling cone
沉降作用 settlement action
沉降作用的 depositional
沉胶渣 gad
沉浸 immergence; immerse; immersion
沉浸泵 drowned pump
沉浸比率 drowning ratio
沉浸冻结 immersion freezing
沉浸法上釉 glazing by dipping
沉浸管 drowned pipe
沉浸辊 submerged roll
沉浸冷却 immersing cooling; immersion cooling
沉浸钎焊 dip brazing
沉浸式冻结装置 immersion freezer
沉浸式发生器 submerged generator
沉浸式加热器 immersing heater
沉浸式冷凝器 immersion cooler; submerged condenser
沉浸式冷却器 immersion cooler
沉浸式盘管冷凝器 submerged coil condenser
沉浸式盘管式换热器 immerged coil heat exchanger
沉浸式盘管蒸发器 submerged coil evapo(u)rator
沉浸式蛇管换热器 immerged coil heat exchanger
沉浸式蛇管冷凝器 submerged coil condenser
沉浸式酸洗装置 acid dip pickler
沉浸式制冷器 immersion freezer
沉浸压辊 dunking rolls
沉井 caisson; cofferdam; cylinder; cylinder caisson; drop shaft; drum shaft; monolith; open caisson; open-end caisson; open well caisson; shaft sinking; sinking; sink(ing) well; sunk shaft; sunk well; well sinking
沉井岸 caisson wall
沉井壁的设计 design of monolith wall
沉井表面摩阻力 skin friction of caisson
沉井承垫 supporting pad of open caisson
沉井承受的水平土压力 lateral earth pressure on caisson
沉井出交通井 access shaft of the caisson
沉井出人行井 access shaft of the caisson
沉井出入井 access shaft of the caisson
沉井法 open caisson method; shaft digging method; shaft-sinking method; sinking drum method
沉井封底圈 choker ring
沉井公司 shaft-sinking company
沉井和沉箱的贯入深度 penetration of cofferdams and caissons
沉井基础 caisson foundation; foundation by pit sinking; foundation on caisson; foundation on wells; hollow box foundation; monolith foundation; open well foundation; sunk shaft; sunk shaft foundation; sunk well foundation; well foundation
沉井间接缝 joints between monoliths
沉井脚 caisson shoe; cutting shoe
沉井码头 caisson wharf
沉井模板 well formwork
沉井培养 submerged culture
沉井平台 shaft-sinking stage; sinking platform
沉井刃脚 caisson cutting edge; cutting edge; cutting edge of a caisson
沉井施工测量 construction survey for open caisson; construction survey for well-sinking
沉井施工法 open caisson method
沉井施工人工筑岛 artificial sand island
沉井式码头 cylinder-type jetty
沉井筒脚 cutting curb
沉井筒脚刀口 cutting edge at bottom of well casing
沉井下沉的压载 caisson weights
沉井用泵 shaft-sinking pump
沉井与沉箱 open caisson and box caisson
沉井凿井法 shoe process
沉井筑岛施工法 sand island for caisson
沉井桩孔钻孔 caisson drill
沉井装置 sinking installation
沉静天线 quiescent antenna
沉坑 sink hole
沉孔 counterbore; countersink; sunk hole
沉孔螺钉 socket screw
沉块 ground weight sinker; sinker
沉捆 water fascine; wrapped fascine
沉篱 ha-ha; haw-haw; sunken fence
沉锂 <浮标等的> sinker
沉锂锚链 sinker chain
沉料 <浮选中的> sink material
沉料排出口 tramp discharge
沉笼 saucisse
沉落 precipitation; sinking
沉落幕 sinking curtain
沉落曲线 subsidence curve
沉落取样器 drop sampler
沉落时间 time of fall
沉落碎石 dropstone
沉埋 sink
沉埋法 immersed tube method; immersed tunnel(l)ing; immersed tunnel(l)ing method; immersed tunnel trench method; submerged tunnel(l)ing; trench method; tubing
沉埋管(道) immersed tube
沉埋管段 sunken tube; tunnel element; unit of sunken tube
沉埋管段基础处理 bedding for immersed tubes
沉埋管海底隧道 immersed tube tunnel
沉埋管施工法的海底隧道 submerged tube tunnel
沉埋管式(水底)隧道 immersed-tube tunnel
沉埋式基础 sunk foundation
沉埋式水底隧道 trench-type tunnel
沉埋式隧道 immersed tunnel; sinking-type tunnel; submerged tunnel
沉埋式隧洞 immersed tunnel; submerged tunnel
沉闷 tedium
沉闷的金属声 clunk
沉闷天气 oppression weather; sultry weather
沉模压力机 hobbing press
沉没 drown; founder; going down; overwhelm; sink; submerge(nce); submersion
沉没泵 immersed pump; submerged pump
沉没比 submergence ratio
沉没滨线 drowned shoreline; submerged shoreline
沉没成本 sunk cost
沉没船 doomed vessel; wreck sunk vessel
沉没的 drowning; sunk
沉没的东西 sinkage
沉没谷 submerged valley
沉没海岸 drowned coast; submerged coast; submerging coast
沉没海岸平原 coast shelf; submerged coastal plain
沉没海岸线 drowned shoreline; negative shoreline; shore of submergence; submerged shoreline
沉没海滩 submerged beach
沉没海相三角洲 submerged marine delta
沉没河谷 drowned valley; submerged valley
沉没河口 drowned estuary; drowned river mouth
沉没或失火险 stranded; sunk or burnt risk
沉没礁 drowned reef; submerged reef; sunk reef
沉没陆地 submerged land
沉没培养 submerged culture
沉没平台载驳船 sinking platform lighter aboard ship
沉没泉 drowned spring; submerged spring
沉没燃烧 submerged combustion
沉没燃烧加热器 submerged-combustion heater
沉没燃烧器 submerged-combustion burner

C

沉没燃烧蒸发器 submerged-combustion evapo(u)rator
沉没三角洲 submerged delta
沉没沙滩 submerged bank
沉没式 submerged type
沉没式泵 drowned pump;immersion pump;sinking pump
沉没式传感器 submersible transducer
沉没式河口 submerged estuary
沉没式吸入滤器 submerged suction filter
沉没式油罐 submerged storage tank
沉没样(品)sink sample
沉没作业 immersion operation
沉沫除尘器 foam dust separator
沉默的 dumb;mute;quiescent
沉木 dead wood;sinker-stock;snag;sunk-stock
沉泥 silting;slime
沉泥槽 sludge sump;basin sump
沉泥池 mud sump;mud trap;sedimentation pool;slime separator
沉泥机 mud settler
沉泥井 catch basin;dirt pocket trap;gull(e)y trap;mud trap;sewer catch basin;silt basin
沉泥井存水弯 dirt pocket trap
沉泥室 sedimentation compartment
沉泥需氧量 benthal oxygen demand
沉泥藻类 silt algae
沉溺 drown
沉溺滨线 drowned shoreline;submerged shoreline
沉溺海岸 drowned coast;irregular coast;submerged coast;submerging coast
沉溺海岸线 drowned shoreline;submerged shoreline
沉溺海脊 hermatopelago
沉溺河 drowned river;drowned stream
沉溺河槽 submerged channel
沉溺河口 drowned estuary;drowned river mouth;submerged estuary
沉溺坡立谷 canale
沉溺沙洲 drowned bar;submerged bar
沉溺式堰流 drowned over-fall
沉溺水跃 submerged hydraulic jump;submerged jump
沉溺纵向海岸 drowned longitudinal coast
沉凝灰岩 tuffite
沉凝式过滤器 precipitative filter
沉排 brush mattress;fascine mattress;mat sinking;mattress;sinking mattress;sunken(fascine)mattress;anchored tree <护岸用>
沉排坝 fascine dam
沉排驳船 sinking barge
沉排船 mat boat
沉排防波堤 mattress breakwater
沉排工程 fascine works;mat sinking works;raise works
沉排灌浆护岸 grout-rifled mattress revetment
沉排护岸 fascine revetment;mattress revetment
沉排护岸工事 fascine work
沉排护面 mattress covering
沉排基础 foundation mattress;mattress foundation
沉排加劲杆 mattress pole stiffener
沉排路堤 raise fascine road
沉排填石 fag(g)ot filling;fascine filling
沉排围护 fence of fascine
沉排作业 mat sinking operation
沉清槽 settling tank
沉球式黏[粘]度计 falling-ball viscometer;falling sphere visco(si)meter
沉入 immersion;plunge;settling down;submergence
沉入把手 sunk handle
沉入海底岩芯钻机 sinking sea floor core drill
沉入盘管式冷却器 submerged coil type cooler
沉入式电动泵 submersible electric-(al)pump
沉入式钻机 submerged drill;submerged drilling machine;submerged rig
沉入沼中 bog
沉褥 sinking mattress
沉褥基础 foundation mattress
沉沙 desanding;desilt(ing);silting;underflow
沉沙比重 specific gravity of grit
沉沙槽 grit chamber[channel/tank];sand and gravel trap;sand basin;sand sediment trap;trap
沉沙池 debris basin[chamber/tank];desilter;filter bed;grit basin[catcher/channel/tank];sand basin[collector/pool/trap];sedimentation basin[reservoir/tank];sediment detention basin;sediment pool;sediment siltation basin;sediment silting basin;sediment trap;setting basin;silt(ing)basin[pool];desilting basin <反复使用的>;grit chamber <截留粗粒无机沉渣的>;detritus tank <下水道的>;detritus chamber;detritus pit
沉沙池槽道 grit chamber channel
沉沙池出口 outlets of grit chamber
沉沙池搅拌器 grit chamber agitator
沉沙池进口 inlets of grit chamber
沉沙池颗粒 chamber detritus
沉沙池流速 velocity of flow grit chamber
沉沙池流行时间 flowing time in grit chamber
沉沙池渠道 grit chamber channel
沉沙池设计 grit chamber design
沉沙池停留时间 detention period in grit chamber;retention period of grit chamber
沉沙池有效水深 effective depth of grit chamber
沉沙冲洗 grit washing
沉沙处置 grit disposal
沉沙斗 grit hopper
沉沙段 <河流的> sand and gravel trap
沉沙工程 desilting works
沉沙管 grit duct;sand sediment pipe;sand sediment tube;sediment pipe;sediment tube
沉沙管长度 length of sand settling tube
沉沙罐 sand settling tank
沉沙井 catch basin;debris trap;sand and gravel trap;sand basin;sand box;sand sediment trap;sand trap;silt basin;trap
沉沙坑 sand box;sand trap;sediment trap;wash trap
沉沙库 depositing reservoir
沉沙扩散 sediment diffusion
沉沙砾池 grit reservoir;sand and gravel trap
沉沙面积 desilting area
沉沙畦条 desilting strip;filter strip
沉沙区 debris storage basin
沉沙渠 grit channel
沉沙容积 debris storage capacity
沉沙设施 desilting installation;desilting work
沉沙室 antechamber;grit compartment
沉沙收集机 grit collector
沉沙(数)量 quantity of grit
沉沙水库 grit reservoir;sedimentation reservoir;settling reservoir
沉沙条田 filter strip
沉沙弯管 sediment trap
沉沙箱 settling tank;silt box
沉沙质量 quality of grit
沉砂 underflow
沉砂槽 riffler
沉砂池 debris basin;desilting basin;detritus chamber;detritus pit;grit basin;grit tank;sand catcher;sand tank;separating tank;setting tank;settlement tank
沉砂底 grit channel
沉砂工程 desilting work
沉砂沟 grit gulley
沉砂井 catch pit;settling basin;shingle trap;silt basin
沉砂砾池 debris basin;stilling pond
沉砂面积 desilting area
沉砂室 grit compartment
沉砂套管 sand casing
沉砂箱 detritus chamber
沉梢捆 sunk fascine
沉石箱 sand settling tank;stone box;stone catcher;stone trap
沉实 <谷类散货> setting
沉实地层 settled ground
沉树 <将砍下的树锚碇于岸边以护岸防冲> anchored tree;snag;sunken tree
沉水材 sinker
沉水池 stilling basin
沉水根 submerged root
沉水木 sinker-stock
沉水树种 sinker
沉水植被 submerged vegetation
沉水植物 benthic plant;benthophyte;submerged plant;submergent plant;sunken plant
沉水植物阶段 submerged stage
沉思小教堂 meditation chapel
沉速 falling velocity;settling velocity;sinking velocity
沉速比例尺 falling velocity scale;sinking velocity scale
沉速分析 settling analysis
沉速公式 settling velocity formula
沉炭烟道 dust condensing flue
沉铜装置 copper precipitation unit
沉筒液面计 displacer level meter
沉头 countersunk head
沉头齿轮 sinking head gear
沉头钉 sinker nail
沉头孔 counterbore
沉头孔压形 dimpling
沉头螺钉 chamfer head screw;countersunk head screw;countersunk screw;sunk screw
沉头螺栓 countersunk bolt;countersunk headed bolt;dormant bolt
沉头螺丝 countersunk screw;sunk screw
沉头铆钉 countersunk and chipped rivet;countersunk head rivet;countersunk rivet;sunk rivet
沉头木螺丝 countersunk headed wood screw
沉头座 countersunk seat
沉污槽 detritus chamber;detritus pit;detritus tank
沉污池 wet pit
沉污井 drain trap;trash rack well
沉物 sink matter
沉物曲线 sink matter curve
沉析 settle out
沉析级配 <为了取得轻制粗粒料,浮于混凝土面上,以增强耐磨力的一种粒料级配> precipitation grading
沉下 sinking;subsidence[subsidency]
沉下深度 depth of fall
沉下时间 sinking time
沉下速度 sinking velocity
沉下速率 sinking rate;sinking speed
沉陷 cave-in;depression;downpunch(ing);downward plunging;drawdown;ebbing;gravitate;settlement;sinking;slump(failure);subsidence;sunk spot;yielding
沉陷槽 subsidence trough;subsider
沉陷测点 settlement point
沉陷测定装置 settlement device
沉陷测量 settlement measurement
沉陷测量仪 convergence ga(u)ge
沉陷处 sunk spot
沉陷带 depression area;subsidence belt
沉陷的 yielding
沉陷的可能性 capability of settlement
沉陷的预报 forecasting settlement
沉陷的预测 forecasting settlement
沉陷的预计 settlement expectancy
沉陷地 sinking field;sinking land;subsidence land
沉陷地点 subsidence site
沉陷地震 subsidence earthquake
沉陷断块 troughed block
沉陷分析 settlement analysis
沉陷俯冲作用 sag subduction
沉陷观测 observation of settlements;settlement observation;subsidence observation
沉陷海岸 coast of submergence;depressed coast;subsidence coast
沉陷灰岩坑 shack hole;shakehole
沉陷集中点 focal point of subsidence
沉陷计 settlement ga(u)ge;settlement meter[metre]
沉陷坑 settlement crater
沉陷量 sinkage
沉陷裂缝 crack due to settlement;settlement crack
沉陷率 ratio of settlement;settlement rate;subsidence rate
沉陷盆地 subsidence basin
沉陷坡度 subsidence slope
沉陷破坏 failure by sinking;settlement failure;subsidence damage
沉陷区 seat of settlement;settling area;subsided area;subsidence area
沉陷曲线图 settlement curve;subsidence curve
沉陷速度 rate of sinking;sinking velocity;subsidence rate;subsidence velocity
沉陷速率 rate of subsidence;subsidence rate
沉陷洼地 sag pond;subsidence basin
沉陷系数 settlement factor;subsidence factor
沉陷限度 limit of yielding
沉陷斜度 subsidence slope
沉陷斜坡 subsidence slope
沉陷性 yieldability
沉陷应力 settlement stress
沉陷影响范围 seat of settlement
沉陷预测 settlement prediction
沉陷增量 increments of settlement
沉陷支座 yielding seat
沉陷中心 <土壤沉陷范畴> seat of settlement
沉陷锥【地】cone of depression;cone of drawdown;cone of influence;depression cone
沉陷阻力 resistance to settlement;resistance to yield
沉香 tambac;agilawood <奇南香木>
沉香醇 linalool

沉香木 agalloch(um);agawood;aloes wood;eaglewood;fragrant wood;lignaloes
沉香木油 aloe wood oil;lignaloe oil;linaloe wood oil;Mexican linaloe oil
沉香萜醇 agacol
沉箱 box caisson;caisson;ceiling caisson;coffer;float case;sinking caisson;stranded caisson
沉箱安放 caisson placing;placement of caisson;caisson placement
沉箱岸壁 caisson(quay)wall
沉箱泵 caisson pump
沉箱壁的设计 design of caisson wall
沉箱病 aeroembolism;air bends;air embolism;caisson disease;compressed-air disease;compressed-air illness;compressed-air sickness;decompression sickness;bends <美>
沉箱长 length of caisson
沉箱沉放 sinking caisson
沉箱沉放法 caisson sinking method
沉箱出交通井 access shaft of the caisson
沉箱出人行井 access shaft of the caisson
沉箱出入井 access shaft of the caisson
沉箱挡土墙 caisson wall
沉箱的钢靴 steel cutting curb;steel drum curb
沉箱的刃脚 caisson cutting shoe
沉箱的刃口 caisson cutting edge
沉箱的眼窗隔板 eye diaphragm of caisson
沉箱的眼窗隔墙 eye diaphragm of caisson
沉箱堤 caisson mole
沉箱底层结构 boxing footing
沉箱底垫层 bedding layer(blanket) of caisson
沉箱底面 caisson soffit
沉箱顶板 top check of caisson
沉箱墩 caisson pier
沉箱墩台基础 pier foundation by box caisson
沉箱发生故障 caisson stall
沉箱法 artificial island method;caisson method;tank-sinking method
沉箱法凿井 caisson sinking;shaft-sinking by caisson method
沉箱防波堤 caisson breakwater
沉箱放气 blew out;blow of caisson;blow-off collapse due to air blow
沉箱分离器 <地基稳定液脱水用> caisson separator
沉箱分离室 caisson separator
沉箱封舱 caisson hatch covering
沉箱浮放法 caisson floating method
沉箱浮游稳定性 stability of floating caisson
沉箱干舷高度 freeboard of caisson
沉箱格仓 caisson compartment
沉箱工 sand hog
沉箱工程 caisson works;coffer works
沉箱工人 caisson worker
沉箱工作室 air working chamber;working chamber;working chamber of caisson
沉箱工作室压力 caisson working chamber pressure
沉箱工作小室 caisson working chamber
沉箱合成式防波堤 caisson composite type breakwater
沉箱后踵 caisson heel
沉箱滑道 caisson slipway
沉箱环形块段 caisson ring segment
沉箱回填 filling of caisson
沉箱混凝土封顶 caisson concrete cap;concrete cap of caisson
沉箱或墩台基础 caisson or pier foundation
沉箱基础 box caisson foundation;caisson foundation;coffered foundation;foundation on caisson;pneumatic caisson foundation
沉箱基础结构 boxing footing;caisson foundation structure
沉箱基础上的圬工 rising masonry
沉箱基座法 caisson perdu(e) system
沉箱间的接缝 joints between caisson
沉箱减压 caisson decompression;decompression
沉箱接头 joint between box caisson
沉箱结构 caisson-set;caisson structure
沉箱进水阀门 caisson stopcock
沉箱就位 founded caisson;position of caisson
沉箱掘进法 box-sinking method
沉箱抗滑桩 caisson skirt piles
沉箱类型 caisson type
沉箱码头 caisson quaywall;caisson wharf;quay wall on caissons
沉箱平台 caisson platform
沉箱气闸 air lock
沉箱前趾 caisson toe
沉箱切割刃口 cutting edge of caisson
沉箱渠 caisson basin;caisson yard
沉箱渠下水 caisson dock launching
沉箱圈梁 caisson base ring
沉箱裙板 caisson skirt
沉箱刃脚 cutting edge of caisson;cutting shoe;cutting curb;floating shoe;kerb shoe of caisson
沉箱上部结构 caisson concrete crown;concrete crown of caisson
沉箱上的岸墙 quay wall on caissons
沉箱设计 caisson design;coffer design
沉箱施工(法) caisson work
沉箱式防波堤 caisson breakwater
沉箱式合成防波堤 caisson composite type breakwater
沉箱式基墩 caisson pier
沉箱式楼板 waffle slab floor
沉箱式码头 caisson type wharf
沉箱式突堤码头 caisson pier
沉箱式完井系统 caisson completion system
沉箱式坞门 water gate
沉箱式坞闸 caisson gate
沉箱式桩 caisson-type pile
沉箱式钻探及生产平台 caisson drilling and production platform
沉箱试验 pressure chamber test
沉箱室 caisson chamber
沉箱水闸室 hatch
沉箱踏步 caisson flight
沉箱台车 troll(e)y for caisson
沉箱套 caisson-set
沉箱拖运 caisson towing;towing caisson
沉箱外壳 caisson shell
沉箱坞 caisson dock
沉箱系统 caisson system
沉箱下部结构 boxing footing
沉箱下沉 caisson sinking;sinking of caisson
沉箱下水 caisson launching;launch(ing) of caisson
沉箱下水滑道 caisson launch way;caisson slipway
沉箱胸墙 parapet wall of caisson
沉箱压载水 water ballast in caisson
沉箱眼窗 eye of caisson
沉箱医疗闸 medical lock
沉箱已就位 founded
沉箱预制厂 caisson prefabricating yard;caisson yard
沉箱预制场 caisson precasting yard;caisson yard
沉箱预制平台 caisson precast platform
沉箱载流 caisson stall
沉箱闸门 caisson gate
沉箱闸门上的小门 sluice of caisson
沉箱支承的墩 caisson-supported pier
沉箱直立堤 vertical breakwater of caissons
沉箱注水 water ballast in caisson
沉箱贮存 caisson storage
沉箱筑成的人工岛 caisson-retained island
沉箱桩 caisson pile
沉消池 silting basin
沉芯 core sag
沉阴极电池 submerged cathode cell
沉油剂 oil sinking agent
沉园 sunken garden
沉载板 settlement plate
沉渣 bottom settlings;dregs;hypostasis;sediments;settlings
沉渣池 detritus chamber;detritus tank;grit chamber;grit compartment;grit reservoir
沉渣斗 combustion chamber hopper
沉渣机 mud settler
沉渣碾碎机 slime crusher
沉渣室 baghouse;cinder pocket;slag chamber;slag pocket
沉渣载运浓度 sediment transport concentration
沉砟垫层 ballast mattress
沉砟褥 ballast mattress
沉重的 ponderous
沉重的压载物 heavy ballast
沉重构件 heavy element
沉重元件 heavy element
沉柱基础 sinking cylinder foundation
沉砖 draw bar
沉桩 pile penetration;penetrating pile;penetration of pile;pile-sinking;submerged piling
沉桩测量 piling survey(ing)
沉桩承受力 capacity of driven pile
沉桩的承载能力 capacity of driven pile
沉桩基础 sinking cylinder foundation
沉桩基线 piling baseline
沉桩就位 pile installation
沉桩锚 piled pile
沉桩偏位 piling deviation
沉桩射水器 pile water jet
沉桩应力 driving stress
沉锥 counterbore
沉锥法 <液限试验> falling cone method
沉着 composure;deposition
沉着物 deposit(e)
沉渍式保温锅 immersion furnace
沉渍式保温炉 immersion furnace

辰

辰砂 cinnabar(ite);mercuric blende;vermilion;zinnober

辰砂地蜡 curtisite;idrialine;idrialite
辰砂矿石 cinnabar ore

梣

梣属 <拉> Fraxinus

陈

陈冰 old ice

陈的混凝土 old concrete
陈废产物 staling product
陈废水 stale wastewater
陈废物质积压 staling
陈腐仓 ag(e)ing tower
陈腐的 musty;prehistoric;ready-made;stale;trite
陈腐化 fossilification;fossilization
陈腐垃圾 stale refuse
陈腐烧石膏 ag(e)ing plaster
陈腐室 ag(e)ing room;ag(e)ing silo
陈化 ag(e)ing maturing;seasoning;souring;weathering;maturing <泥料的>
陈化仓 ag(e)ing bunker;ag(e)ing silo
陈化脆性应变 age embrittlement strain
陈化阶段 ag(e)ing stage
陈化开裂 season cracking
陈化黏[粘]土 aged clay
陈化试验 ag(e)ing test
陈化熟料 aged clinker
陈化塔 ag(e)ing tower
陈化效应 ag(e)ing effect
陈画窗 picture window
陈货 old stock
陈旧 obsolescence;obsoleteness;old-fashioned outmoded;out-of-dateness;staleness
陈旧存货 obsolete stock
陈旧的 antiquated;dated;hoary;moth-eaten;outdated;out-of-date;outworn;stale;worm-eaten
陈旧观点 outmoded notion
陈旧机械 ag(e)ing unit
陈旧机组 ag(e)ing unit
陈旧技术 obsolete techniques
陈旧建筑 outworn building
陈旧码头 obsolete wharf;outworn wharf
陈旧设备 obsolete equipment;outmoded equipment
陈旧液槽 stale bath
陈旧与折旧 obsolescence and depreciation
陈旧住房 obsolete housing
陈旧资产 obsolescent property;obsolete assets;obsolete property
陈旧资料 outdated data
陈列 display;exhibition;expose;exposition;exposure;set out
陈列标本 exhibition specimen
陈列车 sample car
陈列橱 show case
陈列橱窗 cabinet window;display window
陈列窗 sample window;show case;show window
陈列的金属(薄)板 show metal sheet
陈列馆 display building;exhibition building;exhibition hall;repository <美术品>
陈列柜 china cabinet;display cabinet;display case;display stand;show case
陈列架 display rack;display stand
陈列面 display surface
陈列面积 exposition area
陈列农具室 farm tools showroom
陈列品 cabinet;exhibit
陈列品照明 display lighting
陈列瓶 show bottle
陈列区 <展览会等的> display area;court
陈列室 cabinet;display room;exhibition room;gallery;repository;show cabinet;show room
陈列书籍的架子 what-not
陈列箱 show case
陈设 display;furnish;garniture
陈设玻璃 luxury glass
陈设瓷 ornamental porcelain;porcelain for display
陈设花卉植物的大厅 green parlour
陈设品 furnishing
陈设器皿 ornamental ware
陈设图画的窗 picture window

C

陈尸所 morgue
陈石灰 stale lime
陈柿漆 ancient Japanese persimmon juice
陈柿油 ancient Japanese persimmon juice
陈柿汁 ancient Japanese persimmon juice
陈述性操作 declarative operation
陈水泥 aged cement
陈诉调查 complaint investigation
陈套的 cut and dried;cut-and-dry
陈污水 stale wastewater
陈雪 firn snow;old snow

C

晨

晨侧磁层 dawnside magnetosphere; dawnside magnetotail
晨风 matinal
晨光始 beginning of morning twilight
晨昏蒙影 twilight
晨昏蒙影时间 duration of twilight
晨昏区 twilight zone
晨昏线【天】terminator
晨角距 <恒星出地平时由东点起算的角距> morning amplitude
晨静 morning calm
晨砂 coral ore;mercury blend
晨砂地蜡 idrialite
晨雾 morning fog;pride of the morning
晨星 morning star

衬

衬 bed;line;underlay
衬巴比合金的 Babbitt-lined
衬板 adapter plate; backing block [plank/ plate/ sheet(ing)];backing;backup plate[strip]; board facing;caul;cleading;dunnage;lining panel;lining plate[sheeting];pallet; panel plate[strap];pillow;retaining board;sheathing board[plate];spear plate; welt; wood slip; scale board <镜框等的>
衬板衬砌导坑 liner-plate heading
衬板磨损 liner wear;wear of liner plate
衬板受热面温度 temperature on hot face of lining
衬板条 furring
衬板压模 backed stamper
衬背灌浆 backfill grouting
衬背龙骨 rough ground
衬背摩擦材料 backed frictional material
衬背注浆材料 backfilling materials
衬背注浆孔 grouting hole
衬背注浆率 grouting rate
衬比 contrast
衬比传递函数 contrast transfer function
衬比传递因数 contrast transmission factor
衬比传输 contrast transmission
衬比传输函数 contrast transmission function
衬比感觉 contrast perception
衬比感受性函数 contrast perceptibility
衬比灵敏度 contrast sensitivity
衬比阈 contrast threshold
衬壁 coffering;lining
衬壁钻孔 lined borehole
衬玻璃 glass lining
衬玻璃钢管 glass-lined steel pipe
衬玻璃管 glass lining pipe
衬箔 lining foil
衬布 backing fabric;interfacing;interliner;lapping cloth; padding cloth; shirt band
衬布洗涤机 blanket washing machine
衬布纸 cloth-backed paper; cloth-lined paper
衬布纸板 clothing lined board
衬材料 lining material
衬层 cushion;packing block;under-course
衬层的摩擦系数 lining coefficient of friction
衬层裂缝 crazy paving
衬带 liner band;lining belt
衬底 substrate;supporting base;underlay
衬底板 saddle-back board; underboarding
衬底材料 backing material;underlayer;underlaying material
衬底层 underlay(ment)
衬底的温度 substrate temperature
衬底光 foundation light
衬底键合面积 substrate bonding area
衬底晶体 substrate crystal
衬底晶体管 substrate transistor
衬底绝缘的单片电路 insulated substrate monolithic circuit
衬底馈电逻辑 substrate feed logic
衬底馈电逻辑电路 substrate-fed logic circuit
衬底片 substrate slice
衬底偏置 substrate bias
衬底透射率 substrate transmission
衬底物 backing material
衬底印色 background ink
衬底油毡 sheathing felt;underfelt;underlining felt
衬底釉 undercoat glaze
衬底栅 substrate gate
衬底照明 base light;bias lighting
衬底纸 foil paper;interleaving paper
衬垫 backing block; backing strap; bearing strip; clutch facing; cushion;dunnage;felted fabric backing; filling chock;gasket;gaskin;grommet;insert;insertion;laying-up;liner;lining;pack-hardening;packing; pad(ding);setting;spacer;lining; gland
衬垫板 backer board;liner plate;lining plank; padded door; sarking board
衬垫板层 sheet backing coat
衬垫板条 backing bar
衬垫薄板 underlay sheet(ing)
衬垫薄片 mat sheet(ing)
衬垫材料 cushion(ing) material;gasketing material;sarking;lining material;underlayment
衬垫层 laying;packing course;sarking
衬垫粗线 filler thread
衬垫袋 dunnage bags
衬垫的 cushioned
衬垫底 underlay
衬垫方法 bedding system
衬垫隔片 skim spacer
衬垫焊 welding with backing
衬垫基础 pad footing
衬垫麂皮装配玻璃 glazing bedded in wash-leather
衬垫间隙 buffer gap
衬垫角铁 backing angle
衬垫接头 strapped joint
衬垫螺母 packing nut
衬垫螺旋 packing screw
衬垫门 padded door
衬垫密封接头 gasket sealed
衬垫面积 mating area
衬垫片 spacer block
衬垫纱 laying in thread
衬垫纱线 inlay thread;laid-in thread; stuffer yard
衬垫砂磨机 pad sander
衬垫绳压 rope pressure on lagging
衬垫式密封垫 gasket seal gasket
衬垫式热电偶 pad-type thermocouple
衬垫物 backer;backing;insert;sark; packing piece
衬垫压盖 inserted stuffing box
衬垫用板条 slat
衬垫云母板 mica packing plate
衬垫毡 cushion-back carpet
衬垫针织物 laying in knitted fabric
衬垫之物 underlayment
衬垫织物 bottom cloth
衬垫纸 interleaving paper;underlay; underlay paper <混凝土路基下的>
衬垫纸板 packing board
衬垫轴承 pad bearing
衬垫砖 furring brick
衬垫组件 gasket sub-assembly;shim sub-assembly
衬垫作用 cushioning effect
衬锭 heck
衬度 contrast(grade)
衬度差 contrast difference
衬度减低 contrast decay
衬度降低因素 contrast reduction factor
衬度伸展 contrast stretch
衬度增强 contrast enhancement
衬钢的 steel-lined
衬钢丝绳芯的传送带 steel cord belt conveyer[conveyor]
衬隔材料 spacing material
衬管 liner(tube);lining tube;screen(ed)pipe
衬管扶正器 liner centralizer
衬管丝材 bouchon wire
衬管完井 liner completion
衬管悬挂器 liner hanger
衬合金 lining alloy
衬后压浆 backfilling grouting
衬环 backing ring;bushing ring;inspection nipple;liner ring;spring expander
衬脊纸 backlining
衬胶 line with rubber
衬胶槽车 lining rubber tanker
衬胶的 rubber-lined
衬胶的齿耙 rubber-lined rake
衬胶蝶阀 butterfly valve;lined with glue
衬胶帆布管 rubber-lined canvas hose
衬胶钢管 rubber-lined steel pipe
衬胶消防水龙带 fire hose with inside lined rubber
衬胶轴承 rubber-lined bearing
衬角 side bit
衬角材 bosom piece
衬角钢 bosom bar;bosom piece
衬角铁 angle bar strap
衬金属 lining metal
衬井 steining
衬景 back drop
衬聚四氟乙烯防腐设备 anti-corrosive equipment lined with Teflon
衬块 backup block;filler block
衬里 basque;clad;inside lining;interliner;liner;lining;shim
衬里板 lining slab;lining board
衬里薄板 lining sheet
衬里材料 backing material;liner material;lining material
衬里层 lining
衬里层胶板 back-veneer
衬里产品 lining products
衬里尺寸 lining size
衬里的 lined
衬里防腐设备 anti-corrosive equipment lined with Teflon
衬里坩埚 lined crucible
衬里革 lining leather
衬里构件 lining member
衬里合金 lining alloy
衬里混凝土 lining concrete
衬里绞车 lining winch
衬里离心泵 centrifugal pump of lining teflon
衬里磨损 lining wear
衬里片割机 gasket piece-cutting machine
衬里铺砌机 lining machine
衬里容器 clad vessel
衬里渗透水带 <具有特殊的衬里和覆盖层> percolised hose
衬里石 backing stone
衬里陶砖 furring tile
衬里橡胶 lining rubber
衬里橡皮 lining rubber
衬里织物 lining fabric;tropal
衬里砖 backup brick;lining brick
衬料 batten;brasq(ue);daubing;dunnage; interlining material; intermass;liner(material);lining mass; lining piece; packaging; packing; packing material; underlayment; wadding
衬料使用寿命 campaign
衬料寿命 lining life
衬面 facing
衬面板 veneer board
衬面陶瓷 lining stoneware
衬面闸 lining brake
衬模板 lagging
衬耐腐蚀材料的 corrosion proof lined
衬镍的 nickel-lined
衬镍冷凝器 nickel-lined condenser
衬硼的 boron-lined
衬硼计数管 boron-lined counter
衬片 facing; gasket; gland; gland bush;packing piece
衬片材料 facing material
衬片环 facing ring
衬片黏[粘]胶 gasket cement
衬片取样器 foil sampler
衬片式连接 gasket mounting
衬砌 backing-up;coffering;inwall <炉窑的>;liner;lining(-up)
衬砌安装顺序 sequence of lining placement
衬砌暗渠 lined duct
衬砌板 wearing plate;liner plate
衬砌板法 liner-plate method
衬砌板围堰 liner plate cofferdam
衬砌板桩沟槽 trench with lagging
衬砌背面 behind lining
衬砌壁 lining wall
衬砌材料 lining material
衬砌承压隧洞 line-pressure-competent tunnel
衬砌的 lined
衬砌底拱 paved invert
衬砌垫料 lining
衬砌断面 inside cross-section;lining cross-section
衬砌防护构造图 structural drawing of lining waterproofing
衬砌工作 lining of operations
衬砌拱 lining arch
衬砌管 lining pipe;lining tube
衬砌管片 liner segment
衬砌灌浆 backfill grouting
衬砌灌注法 advancing slope method
衬砌和涂抹沥青 lined and coated with bitumen
衬砌厚度 lining thickness;thickness of lining
衬砌环 lining ring
衬砌混凝土 lining concrete

衬砌检查 inspection of lining
衬砌抗力 lining resistance
衬砌空心筒柱 <通常水压下不透水> coffering
衬砌块 lining block;lining segment
衬砌块环 segmental ring
衬砌类型 lining type
衬砌料 chimney lining
衬砌面料 lining
衬砌明沟 lined canal
衬砌模 lining mo(u)ld
衬砌模板台车 lining form platform truck
衬砌模架 blow form
衬砌木板 lining plank
衬砌破损 lining split
衬砌剖面 lining section
衬砌铺砌机 lining machine
衬砌墙 lining wall
衬砌曲线 curves of liner
衬砌渠道 lined canal
衬砌设计 design of lining
衬砌渗漏洞隙 weep holes in lining
衬砌石块 lining stone
衬砌饰面 surfacing of tunnel lining
衬砌顺序 lining sequence
衬砌隧道 trimmed tunnel
衬砌隧洞 lined tunnel;trimmed tunnel
衬砌修复 repair of lining
衬砌修理 repair of lining
衬砌应力 stress in lining
衬砌应力测量 measurement of stress lining
衬砌运输和安装 transportation and erection of lining
衬砌支架 lining strutting
衬砌砖 backup(lining) brick;lining brick
衬铅 line with lead
衬铅储水器 lead-lined cistern
衬铅的 lead-lined
衬铅管 lead-lined pipe
衬铅流槽 lead-lined launder
衬铅门 lead-lined door
衬铅木箱 lead-lined wooden tank
衬铅容器 lead-lined cistern
衬墙 chemise
衬圈 backing ring;bushing ring;eye ring;follower;gasket;junk ring;liner;lining ring;ring gasket
衬裙 petticoat
衬热效应 laid-in effect
衬衫布 galatea
衬石 lining stone
衬视 synoptic(al) view
衬胎胶 tyre cement
衬毯烘干机 blanket drying machine
衬碳模 carbon-lined mold;paste mo(u)ld
衬碳模成型的制品 paste mo(u)ld ware
衬套 bush(ing);liner bushing;sleeve liner;thrust bush(ing) <涡轮钻具的>
衬套拔出器 bushing extractor
衬套拆卸工具 bushing tool
衬套冲出器 bush driver
衬套合金 bush metal
衬套环 bush ring
衬套金属 bush metal
衬套磨损 liner wear
衬套圈 bush ring
衬套室 stuffing chamber
衬套凸缘 flange of bush(ing)
衬套压机 bushing press
衬套压入机 bushing press
衬套制动螺钉 bush set screw
衬套轴承 bushing bearing
衬套装卸工具 bushing tool
衬填混凝土 <不承受荷载,常用轻集料拌制,如隔热混凝土等> filler concrete
衬条 backs;wood ground
衬头 interfacing
衬托 foil;relieving;set-off;subtend
衬托板 bearing plate;mounting
衬托光 bias light(ing)
衬托孔洞 relief hole
衬托面 bosom
衬托器 susceptor
衬托照明 contrast lighting
衬托纸 mounting
衬托装置 relieving set
衬瓦 lining tile
衬纬经编机 tricot weft insertion machine
衬锡的 tin-lined
衬锡管 tin-lined pipe
衬锡铅管 tin-lined lead pipe
衬锡箱子 tin-lined case
衬线 foil;serif
衬箱用纸 casing paper
衬橡胶阀门 rubber-lined valve
衬橡胶钢制壳体 rubber-lined steel sheet
衬橡胶管子 rubber-lined pipe
衬橡胶软管 rubber-lined hose
衬页 <书籍前后的> waste paper;endpapers
衬页地图 endpaper map
衬衣布料 shirting
衬以橡胶 line with rubber
衬有耐火材料的加热室 refractory-lined chamber
衬有橡胶的 rubber-lined
衬釉 glaze patching
衬毡 lining felt
衬值图 contrast map
衬纸 backing sheet(ing);card middle;gasket paper;lining paper;sheathing paper;sheet paper
衬纸板 mounting cardboard
衬纸机 interleaver
衬纸铝箔 alumin(i)um foil with paper lining
衬质 matrix[复 matrixes/matrices]
衬质内生的 intramatrical
衬砖 bushing block;lining tile;patching block
衬砖的 brick-lined
衬砖井壁 brick coffering

趁机 take opportunity

趁热检查 check hot

棕枋 small tie-beam

柽柳 <一种耐旱植物或固沙植物> Chinese tamarisk;tamarisk

柽柳灌丛沙堆 tamarix cone

称车机 wagon weigh(ing) machine

称出试样 weighed amount;weighed sample
称出重量 weighed amount
称船闸 <运河中称船重的闸> weighlock;weighing lock
称锤 bobweight
称袋机 bag weigh(ing) machine
称杆 weighing lever
称杆调节器 weight-lever regulator
称号 appellation;appellative;title
称呼条款 style clause
称具 weighing appliance
称量 metage;weigh(ing)
称量槽 weighing tank
称量车 scale car;track scale;weighing car;weighing lorry car
称量秤 weighing scale
称量的 weighed
称量滴定管 weighing burette
称量斗 scale bucket;scale hopper;weighing bin
称量法 weighing method
称量法干燥试验 weighing and drying test
称量方法 weighing technique
称量分度 weight graduation(mark)
称量给料斗 weighing hopper
称量给料机 gravimetric(al) feeder;scale feeder
称量给料器 weigh(er) feeder
称量管 weighing tube
称量机 weigh-bridge;weigher;weighing machine
称量计 poidometer;weigh(ing) hopper
称量加料器 weighing feeder
称量架 ga(u)ge frame
称量间 weighing room
称量校正 correction of weighing
称量进料皮带机 weigh
称量精度 weighing accuracy
称量控制器 weighing controller
称量筐 scale pocket;weighing bin
称量灵敏度 weighing sensibility;weighing sensitivity
称量皿 weighing disk
称量敏感性 weighing sensitiveness
称量配料拌和机 weighing batching mixer
称量配料斗 weigh-batching hopper
称量配料器 scale batcher;weighing batcher
称量配料装置 batch weigher
称量皮带 weighing belt
称量瓶 weighing bottle
称量器 weigh(ing) box;weighing machine
称量清单 weigh bill
称量勺 weighing scoop
称量设备 ga(u)ging equipment;weighing device;weighing equipment
称量设施 weighing installation
称量室 weighing room
称量数据记录器 weighing data recorder
称量送料器 weigh feeder
称量台 weighing bridge;weight-scale table
称量桶 check pot;weighing tank
称量托盘 large face plate
称量喂料机 batch weighing feeder;measuring feeder;weighing feeder
称量误差 weighing error
称量吸移管 weighing pipette
称量箱 ga(u)ge frame;weighing bin;ga(u)ge box
称量小推车 weigh-in buggy
称量循环负荷控制磨机喂料 mill feed control by weigh(ing) circulating load
称量移液管 weighing pipette
称量站 scale house;weigh station
称量周期 weighing cycle
称量装置 weighing apparatus;weighing appliance;weighing equipment
称量准确度 weighing accuracy
称料斗 bucket;weigh(ing) bin;weigh(ing) box;weigh(ing) bucket;weigh(ing) hopper
称料分批设备 weigh(ing) batching plant
称料给料器 feeder weigher
称料计 weighing dial
称料间 weighing room
称料漏斗 weighing hopper
称料台 weighing platform
称料箱 scale box
称名不能 anomie
称皮重 tare;taring
称气瓶 gas balloon;gas weigh(ing) balloon
称桥 weighing machine
称取的试样量 quantity weighed out for testing
称水器 water weigher
称台 weighing platform
称桶 weighing bucket
称雪器 weight snow-ga(u)ge
称蔗台 sugarcane weigh(ing) platform
称职 competence
称置带 weigh belt
称重 weigh
称重拌和联合机 combined weighing and mixing machine
称重拌台机组 combined weighing and mixing machine
称重滴管 weighing burette
称重法 <测重心的> weight-reaction method;gravimetric(al) method;weighing method
称重法细度 gravimetric(al) fineness
称重费 weight charges
称重轨道 scale track
称重机械 weighing machine
称重计 poidometer;weightometer
称重胶带卸料仓 weighing belt bin
称重控制台 weigh console
称重量 weighing
称重量程 weighing measuring range
称重料仓 weigh bin
称重料斗 weigh hopper
称重漏斗 weigh hopper
称重配料搅拌设备 weigh-batch(ing) plant
称重配料器 weighing batcher
称重平台 weighing platform
称重瓶 weighing bottle
称重气压计 weight barometer
称重器 weigh box;weigher
称重器料斗 weigher hopper
称重设备 load weighing device;weighing appliance;weighing gear;weighing installation
称重设施 weighing facility
称重石板瓦 ton slate
称重实验 experiment of weighing
称重式安全负荷指示器 weighload safe load indicator
称重式测渗仪 weighing lysimeter
称重式蒸发仪 weighing evapotranspirometer
称重台 weight batcher;weigh bridge
称重筒 weighing tank
称重系统 weighing system
称重箱 box for weights;weigh bin
称重仪 axle weight detector
称重仪表板 weigh console
称重与记装置 weighing-and-recording gear
称重装置 measuring weigh gear

撑板 backup plate;brace plate;bracing plate;fagging;poling board;shoring sheeting;stay plate;supporting plate;tucking board

撑板坝 wicket dam;wicket weir
撑板活动坝 wicket dam
撑板掘进法 poling board method
撑板开挖法 poling board method
撑板木框架 middling frame;tucking

C

frame
撑板堰 wicket weir
撑臂 arm brace; brace; shore arm; supporting arm
撑臂起子 brace screw driver
撑材 prop
撑车架 < 自行车等的 > kickstand
撑出 overhang
撑船篙 push pole
撑窗杆 adjuster for windows
撑窗棍 stay bar
撑袋口机 bag opening machine
撑挡 cover block; spacer; spreader
撑地装置 landing gear
撑垫材 cribbing
撑垫捆轧 shoring and lashing
撑筏工人 steersman
撑法 staying
撑腹拱桥 spandrel-braced arch bridge
撑杆 arm strut; backing bar; boat pole; brace bar[rod]; bracing; cross tie; distance piece; draft bar; jack post[stay]; kicking piece; legged pile [piece]; over arm support; prop stay; raker; spacer bar; spreader bar[beam]; stay bar[pole/ rod]; straight pole brace; strut leg; stub reinforcement; outlooker < 支持探出山墙房顶的 >
撑杆到中位时铲刀的提升高度 < 推土机 > struts centered lift
撑杆角钢 brace angle
撑杆角铁 brace angle
撑杆脚手架 pole scaffold(ing)
撑杆式框架 strutted frame
撑杆式屋顶 strutted roof
撑杆跳高架 pole-vault stand
撑杆座 strut socket
撑竿走道 gallery
撑杠 prop
撑篙 hitcher; quant; quanting pole < 驳船的 > barge pole
撑钩 stay hook
撑管 bracing tube; distance pipe; stay pipe; stay tube; strut tube
撑轨 strut rail
撑棍 saddle bar; saddle clip; sowdel
撑架 braced cofferdam; corbel; lateral bracing; pole bracket(cantilever); strut frame
撑架的 strut-framed
撑架工程 corbelling
撑架拱 corbel arch
撑架结构 corbelling
撑架拉线 guy with strut
撑架梁 straddle pole; strutted beam bridge
撑架木 stay log
撑架木梁桥 strutted timber beam bridge
撑架牵索桥 bridle chord bridge
撑架桥 strut-framed bridge; strutted beam bridge; strut-work bridge
撑架式 strut-framed
撑架式梁 strut-framed beam
撑架式桥 strut-framed bridge
撑架式围堰 braced cofferdam
撑架托座 gibbet
撑架悬臂板 corbel back slab
撑架状 bracket-like
撑间距 tie distance
撑肩拱 spandrel-braced arch
撑肩试验 shoulder bracing test
撑角 landing gear; supports
撑脚 arm brace; braced strut; bracing; heel; outrigger; raker; supporting leg
撑脚架 < 自行车的 > kickstand
撑脚拉线 stay with strut
撑脚千斤顶 outrigger jack
撑块 filler block
撑拉件 bracing
撑篱渡船 punt ferry
撑梁 bracing boom; wale
撑梁桥 strutted beam bridge
撑裂作用 pushing open action
撑柳 tamarisk
撑轮圈 bead-forming ring
撑轮圈机 bead building machine
撑螺距 stay bolt pitch
撑螺栓 bolt stay; pillar-bolt; stay bolt
撑螺栓丝锥 stay bolt tap
撑螺体 stay bolt body; stay bolt shank
撑帽式杆柱 expansion sleeve bolt; headed bolt
撑帽式螺栓 expansion sleeve bolt
撑帽式锚杆 headed bolt
撑帽式锚栓 expansion sleeve bolt
撑模器 expander
撑木 dead shore; deck cant; gallows timber; structuring piece
撑木回采法 stull stoping
撑木排的人 rafter
撑木条的帆 battened sail
撑木条三角帆 battened marconi sail
撑起 shore up
撑墙 attached pier; buttress
撑墙支架垫板 wall-washer
撑圈边 beading
撑榫 strut tenon
撑套 support sleeve
撑套杆 looper arm
撑套器 looper; loop lifter
撑条 batten(strip); brace; bracing; knee brace; link strip; saddle bar; stay(bar); stay-lathing
撑条垫圈 stay washer
撑条螺帽 stay nut
撑条螺母 stay nut
撑条调整器 stay adjuster
撑艇杆 boat boom; boat spar; swinging boom
撑头 small tie-beam; stay fastener < 窗的 >
撑托 bracketing
撑托梁 strut-framed beam
撑系框架 brace(d) frame[framing]; full frame
撑系框架结构 braced frame construction
撑系式肋拱 braced rib arch
撑斜面 cant
撑鞋机 stretching machine
撑压模 bulging die
撑压内形法 bulging
撑压内形试验 bulging test
撑胀器活塞环 expander type ring
撑住 leg piece; shore up; stake; underprop; dock shore < 船坞内的 >
撑柱 anchor jack; anchor post; dagger shore; leg piece; shore; spreader; stay post; underprop
撑柱垫板 shole
撑柱脚手架 pole scaffold(ing)
撑柱螺丝 brace screw
撑砖 rider brick
撑桩 strut pile
撑子 chaplet; gagger

瞠

瞠水 wade

成

成45°角斜接的 mitered[mitred]
成90°角的 rectangular
成氨菌 ammonifying bacteria
成凹坑 dishing
成疤 < 混凝土表面 > scabbing
成摆线的偏转 cycloidal deflection
成败机会相等 even-odds
成败值 success-fail value
成斑作用 mottling
成板 manufactured board
成板机 forming machine
成板状 slabbing
成板状性 slabbiness
成包成捆货物 bale cargo
成包原棉 bale cotton
成薄层的 lamellar; straticulate; stratified in thin beds
成薄片的 lamellar
成雹阶段 hail stage
成杯形 cup-shaped
成倍 multiply
成倍增加 fold increase
成本 capitalized cost; cost; cost value; final cost; net cost; outlay; prime cost; self-cost
成本保利 cost-plus
成本保利合同 cost-plus contract
成本保险费加运费(价) cost, insurance and freight
成本保险费运费加班轮条件(价) cost, insurance, freight and liner term
成本保险费运费加船舱底交货(价) cost, insurance, freight and exship's hold
成本保险费运费加关税价 cost, insurance and freight duty paid
成本保险费运费加卸货费(价) cost, insurance, freight and landed
成本保险加空运费价格 cost, insurance and freight by plane
成本报表 cost report
成本报告 cost report
成本报销合同 cost-reimbursable contract
成本比较 comparative difference in cost; cost comparison
成本比较法 cost comparison approach
成本比例 parts cost ratio
成本比率核算方法 cost-ratio method of accounting
成本编码 cost code
成本变动 cost fluctuation
成本变动率 variable rate of cost
成本标准 cost standard
成本表 cost sheet
成本表列参数 parameters of cost schedules
成本补偿合同 cost-reimbursable contract; cost reimbursement contract
成本补偿契约 cost reimbursement contract
成本部门 department of cost
成本参数 cost parameter
成本测算 cost taking
成本测算表 cost schedule
成本差异 cost variance
成本差异分配 allocation of cost variance
成本差异分析 cost variance analysis
成本产出结果 cost/yield result
成本-产量-利润分析原理 generalizations on cost-volume profit analysis
成本-产量-利润分析中的安全边际 margin of safety in cost-volume-profit analysis
成本产销量利润分析 cost-volume-profit analysis
成本偿还 cost reimbursement contract
成本超支 cost over-run; overrun on cost
成本冲击 cost impact
成本处理 cost approach
成本大于售价 negative spread
成本代收 collection cost
成本单 cost sheet
成本单价 cost unit price
成本单位 cost(ing) unit; unit of cost
成本单元 cost unit
成本的构成 component of cost
成本的增加 diseconomy
成本登记 cost keeping; cost record
成本低的 low cost
成本低的工作 economy service
成本低的作业 economy service
成本递减 decreasing cost
成本递减律 law of decreasing cost
成本递增 increasing cost
成本递增定律 law of increasing costs
成本递增规律 law of increasing costs
成本定额 cost quota
成本定率折旧 depreciation-fixed percentage of cost
成本对收益的分配 allocation of cost to revenue
成本法 law of cost
成本反馈控制 feedback control of cost
成本方程 cost equation
成本费递增律 law of increasing costs
成本费(用) break-even cost; cost price
成本费用表 cost and expense statement
成本费用范围审计 cost and fee extent audit
成本费用分类表 summary of cost and expenses classification
成本费用分析 cost and fee analysis
成本费用附表 supporting statement of cost and fee
成本费用管理审计 cost and fee management audit
成本费用管理责任制 responsibility system of cost and fee management
成本费用核算 expenditure accounting
成本费用横向指标的分解 splitting of horizontal target of cost and expenditures
成本费用开支标准和计算、分配方法审计 audit of standard calculation and distribution method of cost and fee
成本费用真实性 cost and fee authenticity audit
成本费用总表 summary statement of cost and fee
成本费用纵向指标分解 splitting of vertical target of cost and expenditures
成本分担 cost sharing
成本分解 cost breakdown; cost segregation
成本分类 classification of cost; cost breakdown; cost classification
成本分类账 cost ledger
成本分录簿 cost journal
成本分配 allocation of cost; cost distribution
成本分配的测量法 survey method of cost allocation
成本分配原则 allocation of cost principle
成本分摊 cost allocation
成本分析 anatomy of cost; breakdown of cost; cost analysis; cost investigation; cost study
成本分析技术 cost analysis technique
成本分项总和 prime cost item
成本浮动酬金合同 cost-plus-fixed-fee contract
成本浮动加酬合同 cost-plus fluctuating fee contract
成本附加报酬 cost-plus
成本附加利润 cost-plus
成本复核 cost check
成本复审 cost review

成本概念 cost concept
成本概算 budget estimate of cost; rough cost
成本概算表 rough cost book
成本工程 cost engineering
成本功能分析 cost function analysis
成本构成 cost related factor
成本估计 cost estimate[estimating]; cost evaluation; estimate [estimating] of cost
成本估计程序 cost estimating procedure
成本估计的工程法 industrial engineering method in cost estimation
成本估计技术 cost estimation technique
成本估计申请书 request for estimation
成本估价 cost estimating
成本估价法 valuation at cost
成本估算 cost estimate[estimating]; cost estimation; cost finding; estimate of cost
成本估算的高低法 high low method of cost estimation
成本估值基础 cost valuation basis
成本固定附加费合同 cost-plus-fixed-fee contract
成本管理 accounting cost control; cost control; cost engineering; cost management; management through cost
成本管理手册 manual of cost control
成本管理员 cost clerk
成本规划 cost plan(ning)
成本过程控制 process control of cost
成本函数 cost function
成本耗损 cost depletion
成本合同 prime cost contract
成本和收益估计 cost and revenue estimate
成本和收益流量 stream of cost and benefit
成本核算 cost accounting; cost keeping
成本核算标准 cost accounting standard
成本核算单位 cost unit
成本核算分析 cost accounting analysis
成本核算中心 cost accounting center [centre]
成本回收 cost recovery
成本回收期间 period of cost recovery
成本汇总簿册 cost summary record
成本或市价 cost of market
成本基础 cost base
成本及产量表 statement of cost and production
成本及生产报告 statement of cost and production
成本及预算 cost and budget
成本极高的 cost-prohibitive
成本极小化 cost minimization
成本计划 cost plan(ning)
成本计划协调技术 program(me) evaluation and review technique-cost
成本计算 calculation of costs; calculation of net cost; cost account; cost calculation; cost finding; costing; costing exercise
成本计算表 cost calculation statement; cost sheet; cost statement
成本计算的类型 type of costing
成本计算的细节与分配 costing details and allocations
成本计算法 cost approach
成本计算方法 cost system; method of cost accounting
成本计算期间 cost calculation period
成本计算手册 cost manual
成本计算书 cost statement
成本记录 cost record
成本记账员 cost clerk
成本技术分析 engineering analysis of cost
成本加百分比酬金合同 cost-plus percentage fee contract
成本加百分比合同 cost-and-percentage contract
成本加保险费 cost and insurance
成本加保险费运费和卸货费价格条件 cost, insurance, freight and landed terms
成本加保险费运费价格 cost-insurance-freight
成本加报酬的办法 cost-plus
成本加比例报酬合同 cost-plus percentage contract
成本加成 cost-plus; make-up; mark-up
成本加成本百分率合同 cost-plus percentage-of-cost contract
成本加成合同 cost-plus contract
成本加酬金合同 cost-plus award fee contract; cost-plus (-fee) contact; cost reimbursement-and-fee contracts; cost reimbursement contract
成本加酬金价格 cost-plus price
成本加酬契约 cost-plus contract
成本加费合同 cost-and-fee contracts
成本加费用 cost-plus
成本加费用合同 cost-plus-fee contact
成本加费用价格 cost-plus price
成本加费用契约 cost-plus contract
成本加费用账款 force account
成本加浮动酬金合同 cost-plus fluctuating fee contract
成本加附加费 cost-plus-a-fixed-fee
成本加附加费合同 cost-plus-a-fixed contract
成本加固定比例酬金合同 cost plus percentage contract
成本加固定酬金 cost-plus-fixed fee
成本加固定酬金合同 cost plus fixed fee contract
成本加固定费 cost-a-fixed-fee; cost-plus-fixed fee
成本加固定费合同 cost-plus-a-fixed contract
成本加固定费用合同 cost-plus-fixed-fee contract
成本加固定附加费 cost-plus(-a)-fixed-fee
成本加价 cost mark-up; cost-plus
成本加奖金合同 cost-plus incentive fee contract
成本加奖励合同 cost-plus incentive fee contract
成本加利润的 cost-plus
成本加利润的价格 cost-plus
成本加利润合同 cost-plus profit contract
成本加利润账 force account
成本加权 cost-weighted
成本加提成契约 cost-plus percentage contract
成本加一定比例费用 cost-plus percentage fee
成本加运费 cost and freight rate
成本加运费保险费价格 freight insurance
成本加运费除卸货费 cost and freight free out
成本加运费价格 cost and freight price
成本价格 cost price
成本价格暴涨 cost inflation
成本价格合同 cost-value contract
成本价格上涨 cost inflation
成本价格指数 cost-price index
成本价加利 cost-plus a profit
成本价值 cost value
成本监督 cost control; cost monitoring
成本减折旧 cost less depreciation
成本降低 cost reduction
成本降低额 amount of cost reduction; decrease quantum of cost
成本降低率 cost decreasing rate; decrease rate of cost; rate of cost reduction
成本较低的区域 lower-cost region
成本较高的区域 higher-cost region
成本节约 cost saving
成本结构 construction of cost; cost structure
成本结算方式合同 cost-reimbursable contract
成本解剖 anatomy of cost
成本进益比率 cost-effectiveness
成本经济学 cost economics
成本净额 net cost
成本具竞争力的 cost competitive
成本控制 cost control
成本控制计划 cost control planning
成本控制人 cost controller
成本控制手册 manual of cost control
成本控制数字 cost control figure
成本会计 cost accounting; costing
成本会计处 cost department
成本会计科 cost accounting division
成本会计流程图 cost accounting flow chart
成本会计师 cost accountant
成本会计员 cost accountant
成本会计制度 cost accounting system
成本会计制度的设置 installation of cost accounting system
成本会计准则 cost accounting standard
成本会计总观 cost accounting overview
成本类账户 cost account; cost accumulation accounts
成本利得对比研究 cost-benefit study
成本利得分析 cost-benefit analysis
成本利润产量分析 cost-profit-volume analysis
成本利润率 cost-profit ratio; rate of cost net profit; ratio of profit to cost
成本流动观念 cost flow concept
成本流转 flow of cost; cost flow
成本率 cost rate; cost ratio
成本敏感性 cost sensitivity
成本明细表 cost schedule
成本明细账 cost ledger
成本模式 cost mode
成本模型 cost model
成本目标合同 cost target contracts
成本膨胀 inflation of cost
成本平衡问题 problem of cost balance
成本期 cost period
成本情报 cost information
成本曲线 cost curve
成本审计 cost audit
成本-生产能力曲线 cost-capacity curve
成本实效 cost performance
成本收回 cost recovery
成本收回的可能性估计 estimating cost recoverability
成本收入分析 cost-revenue analysis
成本收益比较 cost-benefit comparison
成本收益分析 cost-benefit analysis
成本收益判别式 cost-benefit criterion
成本受益法 cost-benefit approach
成本受益分析 cost-benefit analysis
成本数据 cost data
成本、数量、利润分析 cost-volume-profit analysis
成本水平 cost level
成本索引 indexing of cost
成本弹性 cost elasticity
成本调整 cost adjustment
成本通知单 cost memo
成本统计 cost statistics
成本投入组合 input combination
成本推动 cost push
成本外加数 mark-on
成本系数 cost coefficient
成本细目 cost breakdown
成本现值 present value of cost
成本向量 cost vector
成本项目 cost center[centre]; cost item; item of cost
成本削减 cost-cutting
成本效果 cost-effectiveness
成本效果分析 cost-effectiveness analysis
成本效果分析法 cost-effectiveness analysis method
成本效率 cost-effectiveness; cost efficiency; cost performance
成本效率模式 cost-effectiveness model
成本效率容许量 cost-effectiveness allowance
成本效益 cost-effectiveness
成本-效益比 cost-benefit ratio
成本-效益比较 cost-benefit comparison
成本效益策略 cost-effective strategy
成本效益分析 cost-benefit analysis; cost-benefit evaluation; cost-effectiveness analysis
成本效益关系 cost-benefit relationship
成本效益好的 cost-effective
成本效益化 cost-benefit
成本效益研究 cost effectiveness study
成本斜率 cost slope
成本信息系统 cost management information system
成本压力 cost pressure
成本要素 cost element; elements of costs
成本意识 cost-consciousness
成本影响 cost impact
成本影响分析 cost impact analysis
成本油 cost crude
成本有效的 cost-effective
成本有效法 cost-effective means; cost-effective method
成本有效性 cost-effectiveness
成本与技术鉴定分析 cost performance analysis
成本与卖价差额研究 marginalysis
成本与收益分摊 cost-and-benefit-sharing
成本与收益分析 cost-benefit analysis
成本与售价的差额 margin
成本与账面价值差异 difference between cost and book value
成本预测 cost estimating; cost forecast; cost prediction; forecasting of cost
成本预算 cost budget(ing)
成本预先控制 advance control of cost
成本责任中心 cost responsibility center[centre]
成本增高 cost up
成本账 cost-book; cost record
成本账单 cost sheet
成本账户 cost account
成本账目 cost account
成本证明 proof of cost
成本支出 cost laid down
成本指标 cost index; index of working cost
成本指数 cost index; cost index number
成本制度 cost system
成本中心 cost center[centre]

成本资料 cost data
成本资料报表 cost information reporting
成本总额 prime cost sum
成本租金 cost rent
成比例 in ratio; proportioning; pro-rata <拉>
成比例尺 final chart scale; predetermined scale; preset scale; proper scale
成比例的 proportional; proportionate; proportioned; prorate; scaled
成比例地 proportionally
成比例范围 proportional band; proportional range
成比例模型 scaled model
成比例区段 proportional region
成比例区域 proportional area
成比例试件 <多指金属拉伸试验中标距与截面积平方根成一定比例的试件> proportional test piece
成标三重积 scalar triple product
成冰 ice formation
成冰(过程)ice formation
成冰器 ice generator
成冰作用 ice formation
成波浪形 waviness
成波纹 gof(f)er
成波阻力 wave-making resistance
成玻璃材料 glass former
成玻璃质的 vitrescent; vitrified
成玻璃状 glassing
成材 converted lumber; converted timber; dimensional lumber; lumber; sawn goods; sawn timber; sawn wood; square-sawn timber; timber wood
成材板芯胶合板 lumber-core plywood
成材板芯细木工板 lumber-core board
成材(尺寸精度)检量规 lumber ga(u)ge
成材出材率 lumber recovery
成材堆垛机 lumber elevator; lumber stacker
成材干燥 lumber drying
成材含水率 lumber moisture content
成材木 adolescent; timber tree
成材石板块 tally slate
成材树阶段 tree stage
成材台账 lumber tally
成材芯板 lumber core
成材芯板胶合板 lumber-core plywood
成槽机 trenching machine
成槽(可能)性 troughability
成槽流量 dominant formative discharge
成槽木模 chase form
成层 bedding; foliation; lamellate; lamination; layering; stratify; stratification
成层薄钢板 laminated sheet iron
成层比 stratification ratio
成层边界层 laminar boundary layer
成层冰碛 washed drift
成层剥蚀平原【地】foliation plain
成层材料 bedding material
成层场地 layered ground
成层沉淀 zone settling
成层沉积 layered sedimentation; sedimentary deposit; stratified deposit
成层沉积岩 stratified sedimentary rock
成层冲积层 stratified alluvium
成层冲积土 stratified alluvium
成层粗石砌体 coursed rubble
成层粗石圬工 coursed rubble; parpoint <厚度逐渐减小的>
成层大气 stratified atmosphere
成层的 bedded; coursed; jointy; laminal; laminar; layered; stratified; straitform; stratose
成层的土 stratified soil
成层地基 layered foundation; stratified foundation; stratified subgrade
成层电池 layer-built cell
成层断裂 lamellated fracture; laminar fracture
成层堆石 coursed rockfill
成层法 layer method; stratification
成层方块毛石(圬工)coursed square rubble
成层方毛石 coursed square rubble
成层分离 delamination
成层缝 course joint; coursing joint
成层富营养湖 stratified eutrophic lake
成层干砌块石 bedded rockfill; coursed rockfill
成层构造 layered structure
成层合成材料 composite material
成层湖 stratified lake
成层滑脂 settled grease
成层混合料 stratified mixture
成层火山(岩)composite volcano; stratified volcano; stratovolcano
成层胶 spacer gel
成层结构 laminate structure; layered structure; sheet structure
成层结晶 lamellar crystallization
成层介质 bedded media; stratified medium[复 media]
成层绝缘板 laminate insulating board
成层矿床 eutaxic deposit; stratified deposit
成层垒石 coursed rockfill
成层良好的 well-bedded
成层料堆 tiered pile
成层流 stratified current; stratified flow
成层流体 stratified fluid
成层路基 stratified subgrade
成层路面 coursed pavement; layered pavement
成层乱砌 coursed random
成层乱砌工程 coursed random work
成层乱砌蛮石圬工 coursed random rubble
成层乱砌毛石 regular coursed rubble; coursed random rubble
成层乱石墙 coursed snecked rubble
成层毛石(砌体)coursed rubble
成层毛石圬工 coursed rubble; coursed rubble masonry
成层密度流 density stratified flow
成层面 plane foliation
成层黏[粘]土 laminated clay; varve; varved clay
成层黏[粘]土质土 fibrous loam soil
成层盆地 lum; troll(e)y
成层漂积物 stratified drift
成层漂碛 stratified drift
成层铺面 coursed pavement
成层铺砌 coursed pavement
成层砌石 coursed rockfill
成层砌石块体 block-in-course block
成层砌石圬工 block-in-course masonry
成层砌体 coursed masonry(work); range masonry(work)
成层砌筑毛石 regular coursed rubble
成层砌砖 coursed brickwork
成层沙 stratified sand
成层砂矿床 coursed sand deposit; stratified sand deposit
成层石工 range masonry(work); range work
成层石圬工 coursed masonry(work)
成层式抗爆结构 multi layers blast against structure
成层水 stratified water
成层体系影响 layered effect
成层填石 bedded rockfill; coursed rockfill
成层条件 bedding condition
成层土河岸 stratified bank
成层土(壤)fibrous soil; layered soil; stratified soil
成层圬工 coursed masonry(work); range masonry(work); range work
成层现象 stratification
成层小方石路面 coursed sett paving
成层性 stratification
成层岩类 stratified rocks
成层岩(石)bedded rock; stratified rock
成层异重流 density stratified flow
成层云 stratiform cloud
成层杂乱毛石 coursed snecked rubble
成层照相机 lamina(o)graph
成层砖砌体 coursed brickwork
成层状性 slabbiness
成层状云 stratiformis
成层琢面 coursed ashlar
成层琢石 coursed ashlar; range work; regular coursed rubble
成层琢石砌体 block-in-course; coursed ashlar
成层作用 stratification
成长列的汽车 <美> motorcade
成潮力 tide-generating force; tide-producing force
成车辙 rutting
成虫 imago
成串采样 cluster sampling
成串杈架 jack string
成串湖泊 chain of lakes
成串开关 string switch
成串气泡 bubble train; gassing from the wire
成串清管器 pig train
成串蛇(形)丘 beaded escar[esker]
成串数据 string data
成串拖集 <木材> trailing
成串文件 string file; wire file
成簇 clustering
成簇处理 in-line processing
成簇的【计】in-line
成簇分析法 cluster analysis
成簇球 tuft
成簇数据编码 in-line data coding
成簇数据处理 in-line data processing
成簇数据处理系统 in-line data system
成簇诊断 in-line diagnosis
成搓板状 corrugate
成带的 etage; zonal; zonary; zonate(d)
成带铺草皮法 strip sodding
成带现象 gurtelung; zonation
成带型 zonation pattern
成带性 tapability
成袋粮食干燥台 in-sack drier platform
成袋水泥 bagged cement; sack of cement
成单色 monochromatizing
成滴的胶 mastic in drops
成滴温度 dripping temperature
成堞形的 castellated
成叠薄板 stacked sheet
成叠的 stacked
成叠切割 stack cutting
成叠退火 pack annealing
成洞 cavitation
成洞学 spel(a)eology
成端电缆 formed cable; terminating cable
成段的圆形木材 roundwood
成堆 in bulk; lump
成堆出售木料 cord wood
成堆的 piled; stacked; stockpiled
成堆法 <路拌混合料用的> windrow method
成堆干燥 volume drying
成堆混凝土 heap(ed) concrete
成堆垃圾 sweepings
成堆料的送进 gang feed
成堆木料 lumps of wood
成队 platooning
成队行进的车群 platoon
成队运行 fleet operation
成队运行列车 <如军运时> trains in fleet
成对 couple; duplex; pair(ing); twinning
成对安装 install by pairs
成对安装轴承 matched bearing
成对比较 paired comparison
成对比较法 paired comparison system
成对比较分类 comparison-of-pair sorting
成对壁柱 coupled pilasters; paired pilasters; pilaster in pairs
成对变量 paired variables
成对不均等性代码 paired disparity code
成对部件 cheek; duplex parts
成对侧板【建】cheek pieces; cheeks
成对齿轮 mated gear
成对椽子 couple-close; pair of rafters
成对串联安装轴承 tandem duplex bearing
成对窗 coupled window
成对窗间墙 twin-pier
成对窗扇的闭合梃 closing stile for paired casements
成对的 bigeminal; coupled; coupling; dualling; duo; geminate; in couples; mated; paired; sister; twin(ed); gemel
成对的东西 doublet; duad
成对的对床 swing bed
成对的杆件 balance beam
成对的阶地 matched terrace; paired terrace
成对的小柱 coupled colonnettes
成对的预应力钢绞线 prestressing wires in pairs
成对的张拉钢丝 stretching wires in pairs
成对地施加预应力的 prestressed in pairs
成对地施拉力于钢丝 tensioning wires in pairs
成对地施张力于钢丝 tensioning wires in pairs
成对点阵 paired lattice
成对电刷 paired brush
成对电子 paired electrons
成对对比 paired comparison
成对发动机 coupled engine
成对法兰 companion flange
成对房屋 twin house
成对分割表 mate table
成对分割块 mate block
成对分置 pair off
成对钩 sister hooks
成对管道 twin conduit
成对换轨方法 dual-rail renewal
成对交配 paired cross
成对角方向 arris-wise
成对角方向铺砌 arris-wise paving
成对角方向砌砖 arris-wise paving
成对角楼 pair of turrets
成对角线 cater-corner(ed)
成对叫拜楼 <伊斯兰教寺院寺院建筑的> pair of minarets
成对晶格 paired lattice

成对立模(法) coupled standing mo-(u)ld
成对脉冲 double impulse; paired pulses
成对明带线粒体 paired I-band mitochondria
成对平衡的力 forces balanced in pairs
成对起搏器 paired pace-maker
成对试验 back-to-back test
成对受拉 tensioned in pairs
成对受张 tensioned in pairs
成对双联向心推力球轴承 duplex ball bearing; face-to-face duplex ball bearing
成对双联圆锥滚子轴承 face-to-face duplex tapered roller bearing
成对双联轴承 back-to-back duplex bearing; face-to-face duplex bearing
成对物件之一 companion
成对小塔 pair of diminutive towers; pair of small towers
成对型箱 two part flask
成对选三进制的 pair-selected ternary
成对研光机 tandem calender
成对延迟 pair delay
成对样品 companion specimen
成对运行图 train diagram in pairs
成对张紧的 tensioned in pairs
成对张拉的 stretched in pairs
成对振荡假说 coupled oscillation hypothesis
成对振动打桩锤 dual vibratory pile hammer
成对振动器 dual vibrator
成对之物 duad
成对支撑 support pair
成对轴 coupled axle
成对轴承 matched bearing
成对柱 paired columns; pair of columns
成对柱双排柱 paired columns
成对转换 pair conversion
成对桩 paired pile; pair of piles; piles in pair
成对组合梁 coupled beam
成吨起吊 lumping
成筏过程 rafting
成反比的时延 inverse time-delay
成反比(例)的 inversely proportional; reciprocally proportional
成方 set prescription
成方块开挖 cut square
成方形 squarely
成分 component; constituent; element; ingredient; integrant; reactant
成分百分比 percentage composition
成分比 ratio of constituents
成分比例 proportion of ingredients
成分波 wavelet
成分不均齐的入窑生料 inhomogeneous kiln feed
成分成熟度 compositional maturity
成分的一致性 consistence[consistency] of composition
成分分布 composition profile
成分分析 composition analysis
成分分析室 component chamber
成分分析仪器 composition analysis instrument
成分极性 compositional polarity
成分式【化】 empiric(al) formula
成分熔点 congruent melting point
成分试验 component testing
成分条件 member condition
成分效应 component effect
成分岩石学 compositional petrology
成分音风 partial tone
成分之重量比 weight ratio of constituent
成分总体 composition population
成粉黏[粘]土 triturated clay
成粉状 dusting
成峰时段 peak time
成蜂窝状 combing
成蜂窝状芯 honeycombed coring
成副的 duo
成高拱顶的 high-vaulted
成格状 latticing
成格子状的 checkered
成根物 root-forming substance
成弓形的 arch form; archwise; arciform
成功 consummation; prosperity
成功查找 successful search
成功的 successful
成功的安排 successful scheduling
成功的去向区 success go-to field
成功概率 probability of success
成功呼叫 successful call
成功检索曲线 overt-retrieval plot
成功率 mission success rate; success rate
成功途径 avenue to success
成拱形或穹形 embow
成拱作用 arch(ing)(action); arching effect; bridging effect; doming
成沟 channeling; gutter
成沟点 channel point
成沟特性 channel(l)ing characteristic
成垢剂 scale forming constituent
成垢作用 boiler scaling
成股电缆 strand(of) cable
成股水流 streaming flow
成股线对 bunched pair
成灌溉水 saline irrigation water
成规 established practice
成果 outturn; payoff; positive result; product; result; achievement
成果表 table of results
成果表类别 classification of result list
成果表中编号 numbering in result list
成果调查 stock taking
成果分析 analysis of results
成果管理 results management
成果管理法 results management
成果函数 outcome function
成果价值增长率 increasing rate of result value
成果矩阵 result matrix of mapping
成果率 setting ratio
成果判读 interpretation; interpretation of results
成果评定 assessment of results
成果提交方式 presentational fashion of results
成果图 result map
成果图板 productional sheet
成果图表 achievement figure table
成果验收意见 check and accept suggestion
成果账户 result account
成果整理 interpretation of results
成海的 thalassogenic
成行的铆钉 chain riveting
成行缝 coursing joint
成行钻孔 line drilling
成合金元素 alloying element
成河过程 fluvial process
成河作用 fluviation
成核 core formation; nucleary; nucleate
成核比 nucleation ratio
成核玻璃 nucleating glass
成核场 nucleation field
成核成长转变 nucleation-and-growth transformation
成核点 nucleating point
成核过程 nucleation process
成核剂 nucleation agent; nucleator; nucleating agent
成核阶段 nucleation stage
成核理论 nucleation theory
成核临界温度 threshold of nucleation
成核密度 nucleation density
成核能 nucleation energy
成核频率 nucleation frequency
成核时间 nucleation time
成核双晶 nucleated twin
成核速率 nucleation rate; rate of nucleation
成核位置 nucleation site
成核现象 nucleation phenomenon
成核中心 nucleating center[centre]
成核作用 nucleation
成红色的 carnationed
成洪地区 flood-source area
成厚层的 stratified in thick beds
成厚膜 film build
成厚涂层性 high build
成弧作用 arcuation
成花(激)素 florigen
成化窑 Chenghua ware
成环 looping
成环胺化作用 cycloamination
成环加成 cyclic(al) addition
成环试验 ring test
成环烷化作用 cycloalkylation
成环状 circlewise
成环作用 cyclization; ring formation
成荒料率 stone block yield
成荒率 quarry-stone yield
成灰 ashing
成灰杂质 ash-forming impurity
成活率 percentage of success; rate of survival; survival percent; survival rate; survival ratio
成绩 accomplishment; result success
成绩测验站 performance testing station
成绩成本比率 performance-to-cost ratio
成绩好的 successful
成绩基准法 point of average response
成绩评定 performance rating
成绩商数 achievement quotient
成绩指标 performance index
成级的 staged
成脊 ridging
成夹层【地】 intercalate
成尖顶【建】 diminish
成碱食物 base-forming food
成碱元素 base element
成见效应 halo effect
成件 member
成件包裹货物 packed freight
成件木料建成的(房子) stick built
成建制机台【岩】 complete drilling crew
成建制钻机组 complete drilling crew
成键的 bonding
成键电子 bonding electrons
成键电子对 bond electron pair
成键轨道 bonding orbital
成键轨函 bonding orbital
成键能力 bonding power
成浆 <水结碎石路撒铺石屑后洒水碾压成型> puddling; pulping
成浆池 machine chest
成浆机 finishing beater
成浆机理 mechanism of pulping
成浆剂 grouting aid
成浆性 <石灰的> paste forming property(of lime)
成浆性质 mortar-making property
成浆性质试验 mortar-making property test
成交 bargain(ing); business done; clinch a deal; close a bargain; close a bargain; conclude a transaction; fixing; signing(of contract); strike a bargain
成交的商品 bargain
成交额 turnover; volume of business; volume of transaction
成交费用 settlement cost
成交函 fixing letter
成交后分批付定金 balloon down payment
成交价 closing cost; current rate; going rate; transaction
成交类型 fixture type
成交拍卖 knock off
成交期 fixture date
成交前 preclosing
成交确认书 sales confirmation
成交速度 transaction velocity
成交条件 bargain
成胶状 agglutination; jellied; jelly
成焦 close burning; coking
成焦煤 coking coal
成焦试验 coke test
成焦烃 coke-forming hydrocarbon
成焦性 cok(e)ability; coking property
成角 angulation
成角边接 edge joint
成角不整合 divergent unconformity
成角度 angularity
成角度安装 angulation
成角度性 angularity
成角畸形 angulation deformity
成角切削机床 mitring machine
成角透视 angular perspective
成角移位 angulation displacement
成绞 skeining
成绞机 hank reeling machine
成绞生丝 docken silk
成绞有光人造复丝 bright multifilament rayon yarn in skein
成阶段的 stepped
成井【岩】 well completion; well development
成井方法 well completion method
成井费 well cost
成井工艺 well completion technology; well drilling technology
成井液 completion fluid
成就 accomplishment; achievement; attainment; completion; consummation
成就分析 <工程进行中街道审查完成情况> achievement analysis
成就年龄 achievement age
成就商 achievement quotient
成卷 coiling
成卷薄板 coil sheet
成卷带材 coil strip
成卷带材的端头 strip end
成卷带钢 coiled steel
成卷的胶片 spool
成卷货物 cargo in coil; cargo in roll
成卷机 lap former; punch bowl
成卷麻绳 coiled hemp rope
成卷轧制 coil rolling
成卷纸袋 bag reel
成卷装置 lap former
成卷准备 volume preparation
成坎效应 cratering effect
成壳生物 shell forming organism
成坑道 pitting
成孔 pore-creating; pore-forming
成孔机械 bore tunnel(l)ing machine
成孔直径 drilling diameter
成孔桩径 diameter of forming hole of pile
成孔作用 perforating action
成块 blocking; clod; in bulk; in cake; lumpiness; lumping

成块存取 blocked access
成块的 cak(e)y; clumpy; lumped; lumpy
成块的层次访问 blocked level access
成块调动 block move
成块调页 block paging
成块记录 blocked record
成块聚合物 block polymer
成块文件 blocked file
成块作用 bulking
成矿 mineralize
成矿不利标志 negative prospecting indication
成矿带 metallogenic belt
成矿带分区 mineralization belt division
成矿的 metallogen(et)ic; minerogenic
成矿地质条件不利 geologic(al) condition of ore deposition is bad
成矿地质条件不清 unknown the geologic(al) condition of ore deposition is bad
成矿地质条件较好 geologic(al) condition of ore deposition is well
成矿地质条件有利 with good geologic(al) conditions of ore deposition
成矿断层 mineralizing fault
成矿方式 emplacement mechanism; pattern of metallogeny
成矿概率估计 estimation of minerogenetic probability
成矿构造地球化学 metallogenic tectono-geochemistry
成矿构造圈闭类型 trap type of ore-forming structures
成矿构造性质 nature of minerogenic tectonics
成矿规律图 metallogenic map
成矿后的断层 postmineral faulting
成矿后断裂 post-ore forming fracture
成矿后构造 post-ore forming structure
成矿机理 emplacement mechanism; mechanism of ore formation
成矿机制 emplacement mechanism; mechanism of ore formation
成矿假说 metallogenic hypothesis
成矿建造 metallogenic formation
成矿控制 mineralized control
成矿控制因素 factor of mineralizing control
成矿类型 mineralization type
成矿流体 ore-forming fluid
成矿流体密度 density of ore-forming fluid
成矿模拟实验 ore-forming simulating experiment
成矿模式 metallogenic model
成矿母岩 host-stone
成矿期 epoch of mineralization
成矿期断裂 syn-oreforming fracture
成矿期构造 syn-oreforming structure
成矿前的断层 premineral fault
成矿前断裂 preoreforming fracture
成矿前构造 preoreforming structure
成矿区 glebe; metallogenic province; metallographic province; mineralogenetic province
成矿区分区 mineralization region division
成矿区构造类型 tectonic types of oreforming area
成矿区域 metallogenetic region
成矿溶液 mineralization liquor; ore-forming fluid; ore solution
成矿溶液冰点的测定 determination of minerogenetic solution ice point
成矿溶液来源 source of ore-forming solution
成矿溶液浓度测定 measurement of minerogenetic solution concentration
成矿省 metallogenic province
成矿时代 metallogenic epoch; mineralogenetic epoch
成矿时期 mineralization period
成矿物质多来源 multisource of ore-forming material
成矿旋回 mineralization cycle
成矿亚带 submetallogenetic belt
成矿有利标志 positive prospecting indication
成矿预测 metallogenic prognosis
成矿预测基础 foundations of mineralization prediction
成矿预测图 metallogenic map
成矿元素 metallogenic elements; ore-forming element
成矿元素搬运形式 transported form of ore-forming elements
成矿元素沉淀原因 precipitating cause of ore-forming elements
成矿远景评价方法 evaluate method for minerogenetic prospect
成矿远景区 prospective area of mineral deposits
成矿远景区定量预测 quantitative prediction of minerogenetic prospective region
成矿远景区分区图 division map showing prospective mineralization area
成矿远景区级别分类图 classification map showing grades of prospective mineralization area
成矿远景区平面图 map showing prospective mineralization area
成矿远景区圈定 locating of mineral prospective district
成矿专属性 metallogenic specificity
成矿作用 metallization; metallogenesis; mineralization
成矿作用迁移 mineralization migration
成矿作用特征 mineralization feature
成捆材 bundle stock
成捆堆垛法 packaged stacking
成捆货物 bale cargo
成捆木材 timber bundle
成捆熟铁板条 fag(g)ot
成捆桶板材 shook
成捆退火 pack annealing
成捆拖集 chaining
成捆线材 bale wire
成捆纸袋提升机 bag bundle elevator
成缆光纤 cable optic(al) fiber
成缆机 cable-former
成立 organize
成立公司 incorporation
成沥青的 asphaltogenic
成粒 beading; nodulizing
成粒的 granulated; granulons
成粒机 granulator; pelleting machine
成粒器 granulator
成粒性 granularity
成粒用水分 granulation water
成粒渣 granulating slag
成粒状的 granulated; granulitic
成粒作用 granulation
成链状的 catenulate
成两倍 doubly
成了块的 cak(e)y
成列堆料 windrow
成列格栅 joist grillage
成列盥洗盆 range lavatory basin
成列井点 well-point in series
成列物体堆积 windrow
成林措施 formation
成林过程 establishment
成林期 establishment period
成菱形式样的 lozenge-patterned
成零【数】 vanish
成流线型 streamline
成硫化物 sulphidisation
成螺旋形 helically
成螺旋状 twist
成帽现象 capping phenomenon
成煤阶段 coal-forming stage
成煤木本沼泽 coal swamp
成煤物质 coal-forming material
成煤物质堆积方式 accumulational mode of coal-forming material
成煤作用 carbonification; coal accumulation; incoalation
成煤作用类型 coal-forming process type
成棉率 fiber[fibre] forming efficiency
成面构造 planar structure
成面和加厚两用机 surfacing and thickening machine
成苗率 planting percent
成苗期 establishment period
成膜 film building; film formation; film-forming
成膜表面活性剂 film-forming surfactant
成膜材料 film-forming material
成膜的 film-former forming; phragmoid
成膜封闭料 film-forming seal(er)
成膜氟蛋白泡沫灭火器 film-forming fluoroprotein foam fire extinguisher
成膜氟蛋白泡沫液 film-forming fluoroprotein agent
成膜化合物 film-forming compound
成膜技术 film technique
成膜剂 film former; film-forming agent; film-forming component; filmogen
成膜介质 film-forming medium
成膜金属线 film-formative wire
成膜聚合物 film-forming polymer
成膜粒 phragmosome
成膜率 yield polymer films
成膜能力 film-forming ability
成膜乳化剂 film-forming emulsifier
成膜特性 film-forming characteristics
成膜体 phragmoplast
成膜涂剂 filmogen
成膜温度 film-forming temperature
成膜物 film-forming material
成膜物质 film former; film-builder; film-forming material; film-forming matter
成膜系数 film coefficient
成膜性 film-forming
成膜养护剂 membrane-forming curing compound
成膜养护液 membrane-forming curing compound
成膜助剂 coalescent; coalescing agent
成木插条 mature cutting
成木纹的 wood-grained
成囊 encystation; sacculation
成囊过程【生】 saccular process
成囊技术 encapsulation technique
成年 adult; full age
成年滨线 aged shoreline
成年的 ripe
成年海岸 aged shore
成年海岸线 aged shoreline
成年核 adult nucleus
成年阶段 <指树木开花年龄> adult phase
成年林 adult wood
成年期 adult stage
成年期前的 preadult
成年群体 adult population
成年人口 adult population
成年种群 adult population
成拍 heterodyne
成排的汽车库房地产 estate battery garage
成排房屋 row house
成排房屋中的一幢 row house
成排家庭住宅 terrace family dwelling
成排铆钉 riveting in rows
成排设备安装 row installation
成排书架 stack
成排小方石 row of setts
成排座位 tier of seating
成盘钢筋 coiled bar; coil rod
成盘条(钢) coiled bar
成盘形 dish
成泡沫细菌 scum-forming bacteria
成泡作用 physallization
成批 batch-bulk; batching
成批拌和能力 mixed batch capacity
成批保留恢复 batch save-restore
成批报文处理程序 batch message process(ing) program(me)
成批表 batch table
成批采购 bulk purchase
成批操作系统 batch operating system
成批程序 batch program(me)
成批出售 block offer; job lot
成批出售交易 block sale
成批初启 batch initiation
成批处理 batch process(ing); disposition of lot
成批处理的 bulk processed
成批处理方式 batch process(ing) mode
成批处理监督程序 batch process(ing) monitor
成批处理系统 batch process(ing) system
成批处理中断 batch process(ing) interrupt
成批处理终端 batch process(ing) terminal; batch terminal
成批处理作业 stacked job
成批传输协议 bulk transfer protocol
成批打印 type batch
成批打印功能 batch print function
成批的 in mass
成批调度程序 batch scheduler
成批对话 batch session
成批服务【数】 bulk service
成批构件 mass element
成批号码 serial number
成批和交互式处理网 batch and interactive network
成批混合控制 batch blending control
成批货(物) lot cargo
成批加工 batch processing
成批检查 batch checking
成批建造的船舶 series built ship
成批交互式处理网 batch and interactive network
成批交易 packaged deal
成批卡阅读器 batch card reader
成批控制 batch control
成批流通量 batch traffic
成批命令 batch command
成批排队 batch queue; bulk queue
成批区域 batch area
成批生产 batch-flow production; batch production; duplicate production; lot (serial) production; mass production; production run; repetition work; serial production; series manufacture; series production; volume produce; volume production
成批生产的 commercial; mass-produced
成批生产的材料 production material
成批生产的车辆 production car
成批生产的发动机 production engine
成批生产的运输机 off-the-shelf tran-

sponder;off-the-shelf transporter
成批生产的钻头 processed bit
成批生产法 bulk method
成批生产构件 mass-produced structural units
成批生产过程 batch process
成批生产计划 grand-lot scheme
成批生产模型 production model
成批生产设备 production equipment; production run equipment
成批生产铸造厂 production foundry
成批式数据处理 batch-mode data processing
成批试验 batch test
成批首部文件 batch-header document
成批输入读出器 batch input reader
成批输入方式 batch-entry mode
成批数据处理 batch data processing
成批数据传送 bulk data transfer
成批数据交换 batch data exchange
成批数据交换服务程序 batch data exchange service
成批提问 batched question
成批通信[讯] batched communication
成批投产的机器 quantity produced machine
成批文电处理程序 batch message process(ing) program(me)
成批文件 batch file
成批系列生产 large-scale serial production;mass serial production
成批系统 batch system
成批询问 batch query
成批用户 batch user
成批远程通信[讯] batched telecommunication;botched talker
成批运行 batch execution;batch run
成批制备 preparation in quantity
成批制造 batch manufacturing
成批质问 batch query
成批终端控制器 batch terminal controller
成批总数 batch total
成批作业 batch(ed) job;job stacking
成批作业处理 batched job processing;stacked job processing
成批作业等待序列 batch job queue
成批作业前台区 batch job foreground partition
成片 foliation
成片冰原冰 continuous field ice
成片剥落 flake;flaking;peeling
成片采伐 block harvesting
成片倒木 down timber
成片的 flaky
成片的稻田 vast stretches of paddy fields
成片的住房 mass housing
成片冻融作用地形【地】 solifluction sheet
成片冻土层 continuous permafrost
成片护岸 blanket revetment
成片性 flakiness
成片性能 pelleting property
成片锈蚀 patchy corrosion
成片永冻层 continuous permafrost
成片状 slabbing
成片状流水 water sheet
成片状性 slabbiness
成品 completed products;end item; end products;finished goods;finished products;finished section;finished stock;finished work;make-up articles;ready-made articles; shop primed;turn-off
成品保管 product stored
成品玻璃 finished glass
成品布 finished fabric
成品仓库 finished goods warehouse; stocking yard;warehouse
成品侧边皮革 finished side leather
成品车间 finishing room
成品成本 cost of products
成品尺寸 finished size;finishing size; size of end products;standard size
成品出厂 ex-works
成品出口 discharge hole;product outlet
成品储库 finished storage silo
成品打印轮 stamping wheel
成品带钢 finished strip
成品袋 finished bag
成品道次 final pass
成品的 off-the-shelf
成品的使用 end use
成品的性能 end property
成品的用户 end-user
成品锭 finished ingot
成品断面 finished section
成品发运工段 shipping yard
成品发运跨 loading bay
成品放置架 stock rack
成品分析 check analysis;product analysis
成品钢 finished steel
成品钢筋直径 finishing diameter
成品钢缆 <预应力混凝土用> made-up cable
成品骨料 finished aggregate
成品冠桩 manufactured dowel
成品混凝土运送车 ready-mix(ed) truck
成品集料 finished aggregate
成品检查品 passer
成品检验 inspection after construction;product inspection
成品检验员 final examiner; spot checker
成品碱泵 caustic product pump
成品碱贮槽 caustic product storage tank
成品鉴定 end result
成品卷筒 final capstan
成品孔型 last groove
成品库 final product storage; finished-parts storage; finished product storage; product store house; shipping department;storage of finished products
成品筐架 loading cradle
成品流道 passage for product
成品率 rate of finished products;yield
成品门 factory-made door
成品磨机 finish grinding mill
成品年产值 annual values of products
成品盘存制 balance of stock system; balance-of-stores system
成品泡沫(材料) performed foam
成品前机座的轧辊 leader rolls
成品前孔 leader pass
成品前椭圆孔型 leading oval pass
成品商品 finished market product
成品生产法 bulk method
成品试验 manufacture test
成品收集筐 loading cradle
成品收集器 product collector
成品收率 product yield
成品输送机 <粉碎过筛线设备> finished grade conveyer; finished product conveyer[conveyor]
成品水 finished water
成品水泥 finished cement
成品台架 product rack
成品停留机 finished product looper
成品透镜 finished lens
成品推销费 salable expenditures of product
成品完工检验 final inspection
成品无缝冠 manufactured seamless crown
成品卸料口 product discharge door
成品用户 end-user
成品油 product oil;refined oil product
成品油罐 product tank
成品油轮 oil product carrier;oil product ship; product oil carrier; product tanker
成品油码头 oil product quay;oil product terminal
成品轧材长度 commercial stock length
成品轧材的标准长度 commercial stock length
成品质量检查 quality inspection of finished products
成品重量 finished weight
成品总产量 total products
成平行面的 plane parallel
成七的一组 hebdomad
成漆 lacquering
成漆板焦化器 panel coker
成漆板焦化试验 panel coking test
成气干酪根 generated gas kerogen
成球 balling;ball up;conglomeration; nodulizing; pelletization [pelletisation];pelletize[pelletizing];prilling
成球带 nodulizing zone
成球机 ball forming mill;ball granulator;granulator;pelletizer
成球力 ballability
成球能力 nodulizing capacity;pelletizing capacity
成球盘 balling pan; disc granulator; disc type nodulizer;dish type nodulizer;granulating pan;granulator
成球强度 nodulizing strength
成球区 nodulizing region
成球设备 nodulizing plant;pelletizing plant
成球生料 pelletized raw meal
成球水分自动控制器 automatic water control of granulator
成球筒 balling drum; cylindric(al) nodulizer;drum nodulizer;nodulizing drum;pelletizing drum
成球现象 balling
成球形 conglobate; conglomerate; globulate
成球形的 conglomerate
成球形物 glomerate
成球性 nodularity
成球作用 balling up;globulation
成区 stepping;zoning
成圈 loop forming;looping
成圈机件 loop-forming element
成群 bunching;clump;cluster;grouping
成群插入 clustered insertion
成群抽样 cluster sampling
成群丛植 group planting
成群的 clumpy
成群活动 swarm activity
成群栖所 shoaling habitat
成群迁徙的 swarming and migratory
成群取样 cluster sampling
成壤过程 soil-forming process
成壤物质 soil material
成壤作用类型 soil formation type
成人过街纠察 adult crossing guard
成人教育 adult education
成人票 adult ticket
成人书店 adult bookstore
成人死亡率 adult death rate
成人戏院 adult theater[theatre]
成人心理学 adult psychology
成熔渣的 scoriated
成乳油剂 creaming agent
成锐角的 sharp-angled
成三角形 triangularity
成三角形拉撑 triangulated bracing
成三角状系统 triangulated system
成色 fineness
成色剂 colo(u)r coupling component;colo(u)r former;coupler; coupling agent
成扇形烟缕 fanning plume
成扇状分叉 fan out
成声频率 audio frequency
成十字形 criss-cross;crosswise
成熟 come to a head;flowering;maturing;maturity <混凝土的>;ripening;sophistication
成熟不均匀 uneven ripening
成熟材 mature wood;old growth; wood of ripe age
成熟产品 mature product
成熟沉积物 mature sediment
成熟程度 degree of maturity
成熟池 maturation pool
成熟储存池 mature reservoir pool
成熟促凝剂 ripening accelerator
成熟的 mature;ripe;sophisticated
成熟的建筑设计 drawing issued for construction
成熟的判断 mature judg(e)ment
成熟点 <指熟料> clinkering point
成熟度 degree of ripeness;maturity; degree of maturation <水泥的>; degree of maturity <通常以温度与龄期的乘积表示>
成熟度测定计 maturometer
成熟度的辅助指标 secondary indicator of maturity
成熟度的主要指标 principal indicator of maturity
成熟度定律 maturity law
成熟度分布 maturity distribution
成熟度计 maturity meter
成熟度仪 <随时测得新浇混凝土的温度以计算已达到的强度> maturity meter
成熟度指数 maturity index;ripening index
成熟堆肥 matured compost
成熟伐 harvest cutting
成熟腐殖质层 mull layer
成熟个体 mature adult
成熟过程 maturation process
成熟过度的 hypermature
成熟混凝土 <经过养护硬化的混凝土> matured concrete
成熟基质 mature substrate
成熟技术 mature technology
成熟阶段 maturity stage
成熟节片 mature proglottid; mature sediment
成熟经验 ripe experience
成熟林 mature forest;old growth
成熟林分 mature forest stand
成熟棉 ripe cotton
成熟面 mature face
成熟木材 autumn wood;ripe wood
成熟配方 tested recipe
成熟期 adult age;adult stage;ag(e)ing period;autumn;date of maturity;date of ripening;mature stage; maturity period; ripening period; ripening phase
成熟期的范围 range of maturity
成熟期的环境条件 environmental conditions at time of maturity
成熟期分类 maturity classification
成熟期温度 maturing temperature
成熟期与产量的相关性 association of maturity and yield
成熟气旋 well-developed cyclone
成熟强度 <混凝土> maturity strength
成熟区 maturation zone; ripening zone;zone of maturation
成熟日期 date of maturity

成熟软件 proven software
成熟筛管成分 mature sieve tube elements
成熟生态系统 mature ecosystem
成熟时间 ripening time
成熟时期 ripening stage
成熟受阻 anacmesis;anakmesis arrest of maturation
成熟烃源岩的体积 volume of mature source rock
成熟土 mature soil
成熟土和幼年土 both mature and young soils
成熟土壤 zonal soil
成熟温度 maturing temperature
成熟温度范围 maturing range
成熟系数 maturity factor
成熟系统 mature system
成熟型大陆边缘带 matured continental margin
成熟性 maturity
成熟因子 maturation factor
成熟原始森林 old growth
成熟源岩 mature source rock
成熟枝杈 mature wood
成熟指标 maturity index
成熟指数 maturation index
成熟转折点 pubertal inflection
成熟紫胶 phunki[rhooki]
成熟作用 maturing
成束 clustering
成束丙球形芯棒 nest ball type mandrel
成束导火线爆破 bunch blasting
成束导线 bunched conductor
成束的 bunchy
成束电缆 bunched cabling
成束敷设的电缆 bunched cable;bundled cables
成束辐射 beamed radiation
成束钢筋 bundled bar
成束钢条 fag(g)ot steel
成束管 <一种高建筑结构形式> bundled tube
成束管组 bundled tube; bundle of pipes
成束缆索 bunched cable
成束熟铁块 fag(g)ot
成束筒 modular tube
成束筒结构 bundled tube structure
成束纤维 collated fibre
成束装置 beam-forming arrangement
成树脂基 resinophore groups
成数分保合同 quota share reinsurance treaty
成双 geminate;pairing
成双并置通气管 dual vent
成双抽样 double sampling
成双串联 <焊接> twin-tandem
成双导流堤 twin jetties
成双的 duplex;twined
成双的彩色旋转幻灯片 chromatrope
成双的(房屋)平面布置 duplex planning
成双的设备 twin apparatus
成双构件 accouplement
成双联轮装置 duplicate wheel arrangement
成双天线 pair of aerials
成双张紧的 tensioned in pairs
成霜剂 frosting agent
成霜洼地 frost hollow
成霜状 frosted
成水作用 hydrogenesis
成丝的 ropy
成丝机 mo(u)lding draw-wire machine;wire former
成丝通道 forming tunnel
成丝性 ropiness
成酸分裂 acid cleavage
成酸基 acid-forming group
成酸阶段 acid-formation stage
成酸食物 acid-forming food
成酸物质 acid former; acid-forming substance
成酸氧化物 acid(ic)oxide
成酸元素 acidulous element
成碎(土)块的 cloddy
成穗率 percentage of earbearing tiller
成苔作用 <蓄电池阴极生成海绵状铅> furring
成滩过程的 beach building
成碳作用 incarbonization
成套 gang;nesting;packaged;unitize
成套扳手 complete set of wrench; wrench set
成套扳牙架 die stock set
成套拌和设备 mixing unit
成套包建方式 turnkey
成套包建项目 turnkey operation; turnkey project
成套备件 set of spare parts
成套备用工具 outfit
成套备用零部件 set of spare units
成套备用配件 whole set of reserved parts
成套泵设备 unit pump
成套变电所 unit substation
成套变电站 unit substation
成套部件 kit
成套餐具 dinner service;dinner-set
成套测试设备 integrated test system
成套测验 battery of tests
成套叉形扳手 set of fork spanners
成套齿轮 gear set
成套冲模 die set
成套处理厂 package treatment plant
成套处理机插件 kit processor card
成套处理器插件板 kit processor card
成套瓷器类货 porcelain wares
成套锉刀 complete set of files
成套单据 set of bills
成套道岔设备 complete set of turnout panel
成套的 packaged;unitized
成套的浴室及盥洗室单元 bathroom and lavatory unit
成套电源 power supply kit
成套电子管 set of tubes
成套垫片 gasket kit
成套动力装置 unit power plant
成套发电机组 generator set
成套发电设备 unit power plant
成套翻修工具 rebuild kit
成套防腐设备 complete set of anticorrosive equipment
成套房间 apartment; flat; suite of rooms
成套分类 nested classification
成套分组 nested classification
成套附件 adapter kit
成套改装器材 modification kit
成套工厂 complete plant
成套工程 complete projects;projects of complete plants
成套工具 kit tools;set of tools;tool kit;tool outfit;tool set
成套工具箱 tool outfit
成套公寓 self-contained apartment
成套供冷器 self-contained cooling unit
成套供热器 unit heater
成套供应 balanced supply;supply in full set of
成套供应范围 supply range of complete set
成套管子 set of tubes
成套汇编程序 kit assembler
成套绘图仪器 drafting set
成套活性污泥处理设备 full-scale activated sludge plant
成套机架 suite of racks
成套机具 range of equipment
成套机器 unitized machine
成套机械 machine fleet
成套机用丝锥 serial machine screw tap
成套机组 integral unit;package unit; complete set
成套机组交换 exchange of complete units
成套机组重量 package weight
成套计算机 complete machine
成套技术 packaged technology
成套家具 unit furniture
成套尖头锉 needle point file set
成套检查油料仪器 oil inspection kit
成套建筑计划 packaged building program(me)
成套建筑物 packaged building
成套铰刀 reamer set
成套搅拌器 gang stirrer
成套精密绘图仪器 precision drawing instrument set
成套锯 nest of saws
成套(可移式污水)处理装置 package treatment plant
成套空调机 packaged air conditioner
成套空调机组 self-contained air conditioning unit
成套空调器 packaged air conditioner
成套空调设备 self-contained air conditioning unit
成套控制设备 complete set of control equipment
成套扩展电路板 expander board kit
成套类 nested family
成套冷冻设备 complete refrigerating equipment
成套冷却器 self-contained cooling unit
成套冷却系统 refrigerating plant
成套零部件 <修复机器用的> rebuild kit
成套零件 kit
成套六角螺丝套头 hexagon drive socket set
成套螺钉及螺帽箱 chest cover set of screw and nut
成套螺丝刀 screwdriver set
成套麻纺设备 complete jute spinning equipment
成套毛巾设备 complete towel making equipment
成套梅花扳手 double hexagon opening box socket wrench set
成套煤气表 meter installation;meter set
成套门锁 lockset
成套棉与混纺纺纱设备 complete cotton and blend spinning equipment
成套模 unit die
成套模板 gang form(work)
成套模具 die set
成套木材加工机械 complete wood working machinery
成套碾米设备 complete set of rice milling equipment
成套农机设备 complete set of farm machine
成套配件 adaptation kits;set of spare parts
成套器材短缺通知 kit shortage notice
成套器具 nest
成套器械 rig
成套钳 pliers for radio mechanics and electricians
成套潜水设备 diving complex;diving outfit
成套软件 kit software
成套缫丝设备 complete silk reeling equipment
成套筛 screen set;sieve set
成套筛子 screen nest;set of sieves
成套设备 aggregate;complete equipment;complete plant;complete set of equipment; complex of equipment;outfit;package;packaged equipment; package of equipment; package unit;range of equipment; self-contained equipment;self-contained unit
成套设备编号 identification number
成套设备承包人 plant contractor
成套设备设计 design of plant
成套设备托拉斯 equipment trust
成套设计 package(d) design; team design
成套生产设备 complete production unit
成套生产装置 complete production unit
成套实用程序 kit utility
成套式变电所 packaged substation
成套式渗透探伤仪 self-contained penetrant inspection unit
成套试验 battery of tests
成套试验器 testing set
成套手锤 hand bumping tool set
成套手用丝锥 serial hand tap
成套售价 bundled price
成套输送系统 integrated conveyor system
成套水冷却器 packaged water chiller
成套丝织设备 complete silk weaving equipment
成套丝锥 serial taps
成套丝锥与板牙 tap and die set
成套套筒扳手 socket wrench set
成套通风设备 unit ventilator
成套图 aggregate map
成套图纸 complete set of drawings
成套维修器材 maintenance kit
成套卫生瓷 closet suite
成套卫生设备 combination fixture
成套污水处理设备 package sewage-treatment plant
成套污水处理装置 package deal sewage-treatment plant
成套洗涤设备 combination fixture
成套系统 integrated system
成套项目 project in set;turnkey
成套项目投标 turnkey bid
成套(小)锉刀 complete set of needle file
成套银餐具 flat silver
成套应用设备 kit utility
成套用具 equipage;kit utility;outfit
成套油脂浸出设备 complete oil solvent extraction system
成套预制模板 ganged form
成套圆头尖头旋转锉 rotary file assortment set
成套运输设备 battery of hauling equipment;complex set of hauling equipment
成套凿子 chisel set
成套灶具 unit system
成套轧钢设备 complete set of rolling mill
成套制冷机 self-contained refrigerator
成套制砖设备 complete equipment for making bricks;unit cooler
成套主系统 major system kit
成套住房 separate flat
成套驻波比测量器 standing-wave ratio measuring kit
成套筑路机 road-making plant
成套转让 package transfer

成套装备 outfit
成套装置 aggregate;complete equipment; integrated system; outfit; packaged system; packaged unit; self-contained system;the complete sets of equipment
成套组合体 unit construction
成套组件 kit
成套钻具 assembly drill;drill steel set
成套钻探设备 packaged rig
成梯形 in echelon
成体 adult
成体配合 hologamy;macrogamy
成体系 architectonic
成体系的 architectonic;systematic
成体型 adult form
成条机 sett frame;slivering machine
成烃模式图的主要参数 principal parameter of generation hydrocarbon model scheme
成酮分解 ketonic hydrolysis
成酮水解作用 ketonic hydrolysis
成图比例尺 final chart scale;mapping scale;preset scale;required scale
成图地区 mapped area
成图方法 mapping method
成图面积 ground coverage
成图情况 coverage;ground coverage
成图情况图 distribution plan;plan of distribution
成图区域 coverage;ground coverage
成图系统 map forming system
成图状况 topographic(al) preparedness level
成土 soil-forming
成土的 pedogenic
成土方法 soil-forming process
成土过程 soil-forming process
成土母岩 soil-forming rock
成土特性 soil building property;soil-forming characteristic
成土岩石 soil-forming rock
成土因素 soil-forming factor
成土作用 pedogenesis;pedogenic process;soil-forming process
成团 agglomerate;agglomeration;cluster(ing);conglobation;conglomeration;lumping
成团的 conglobate; conglomerate; lumped
成团儿 balling up
成团反应 conglobation reaction
成团机 nodulizer
成团煤炭 cobcoal
成团煤烟微粒 agglomerated soot particle
成椭圆形 ovalization[ovalisation]
成湾 embayment
成网格状 latticing
成网机 Weber;web former
成网离子 network forming ion
成网眼 ramify
成网阳离子 network forming cation
成为典型 typify
成为定局 come to stay
成为例证的 illustrative of
成为粒状 granulate
成为前兆 presage
成为四倍 quadruple
成为沼泽的 swamped
成文法 formal law;statute law;statutory law;written law
成文合同 literal contract
成纹的 striate
成纹效应 striated effect
成问题时间 debatable time
成五倍 quintuple;quintupling
成雾 fogging
成系列生产 series manufacturing
成细粒 beading
成纤 fibering
成纤机 fibering machine
成纤黏[粘]度 fibering viscosity
成险水位 hazard-forming stage
成线法 alignment;alinement
成线束状 string model
成线性相关 linearly dependent
成像 formation of image;image formation;image-forming;imaging
成像比尺 image scale
成像变形器 anamorphoser;imaging deformer
成像部件 image-forming block
成像超声显微镜 image-forming ultrasonic microscope
成像传感器 imaging sensor
成像电子 image-forming electron
成像定律 law of imagery
成像反射镜 imaging mirror
成像方程 imaging equation
成像感光镶嵌幕 imaging mosaic
成像光束 image[imaging] beam
成像光纤 imaging fiber[fibre]
成像光学 image optics
成像过程 imaging process
成像红外 imaging infrared
成像红外系统 imaging infrared system
成像红外(线)接收机 image-forming infrared receiver; imaging infrared receiver
成像红外制导 imaging infrared guidance
成像技术 imaging technique
成像加热法 thermal image heating method
成像交联反射镜 image-combining mirror
成像焦距 imaging focal length
成像角 angle of image
成像界限 imaged edge
成像雷达 imagery radar;imaging radar;mapping radar
成像理论 imaging theory
成像亮度 brightness of image
成像面 image plane;picture plane
成像面积 image area
成像平面玻璃片 register glass
成像器 imager
成像器件 image device
成像清晰度 brightness of image
成像缺陷 image defect;picture fault
成像设备 imaging device
成像声呐 imaging sonar
成像时间 imaging time
成像探测器 imaging detector
成像条件 image-forming condition
成像透镜 imaging lens
成像透镜孔径角 aperture angle of imaging lens
成像微分方程 differential imaging equation
成像误差 image error
成像系统 image-forming system;imaging system
成像旋转棱镜 image rotation prism
成像学 photology
成像遥感器阵列 image sensing array
成像仪 mapper
成像元件 image-forming component
成像质量 imaging quality
成像质量评价 evaluation of imaging quality
成像滞后 image lag
成像装置 imaging device
成效 effect;result
成效量 take
成楔形 wedgewise
成斜角地 aslant
成斜坡 shelve;sloping
成斜坡状 aslope
成行导线 wiring harness
成行的 in-line;in tandem
成行列植 planting in rows
成行栽植 lining out
成行(砖)缝 bed joint;coursing joint;course joint
成行装配 in-line assembly
成行钻孔 line boring; line drilling; line holes;line holing
成型 <又称成形> compaction;confectioning; figuration; formation; forming;mixed rags;model(l)ing; mo(u)lding;shaping;take shape
成型半径 formative radius
成型薄钢板 profiled sheet iron
成型薄铝板 alumin(i)um profile(d) sheet
成型宝石 stone
成型扁平针织机 fashioning flat knitting machine
成型便 formed stool
成型变化 mo(u)ld change
成型波束 shape(d) beam
成型波束天线 shaped-beam antenna
成型玻璃刮刀 sleeking glass
成型部 forming section;working end
成型部工作池 working chamber
成型材料 mo(u)lding material
成型采掘面 profiled face
成型操作 forming operation;shaping operation
成型操作台 assembling table;make-up table
成型槽 tin bath
成型槽铣刀 profiled grooving cutter
成型产品 mo(u)lded product
成型铲齿 formed tooth; profile relieved tooth
成型铲斗 profiled bucket
成型车床 shaping lathe
成型车刀 formed turning tool;forming tool
成型车间 assembly room;mill
成型车削 form turn
成型撑牙 builder pick gear
成型尺寸 dressed size
成型齿 formed tooth
成型齿铣刀 constant outline teeth cutter
成型充填器 plastic-filling instrument
成型冲头 compacting punch;forming punch
成型吹板 contour plate
成型吹制台 blow table
成型淬火机 bending and quenching machine;quenching press
成型大砖 mo(u)lded block
成型刀 former;forming cutter;form-(ing)tool;pattern cutter
成型刀架 forming rest
成型刀具 formed milling cutter;forming tool;mo(u)lding cutter;profile cutter;former
成型刀削 form cutting
成型导辊 contoured roller
成型导体 formed conductor
成型的 fashioned;formative;plastic;shaped
成型的场光阑 shaped field stop
成型的衬托器 shaped susceptor
成型的管道保温绝缘层 preformed duct insulation
成型的精确度 accuracy of shape
成型的相继式 well-formed sequent
成型的作品 opus figuratum
成型电极 shaped electrode
成型电路 shaping circuit
成型端墙 front wall
成型法 forming process;shaping method
成型法非织造织物 formed fabric
成型反射器天线 shaped reflector antenna
成型泛水片 preformed flashing piece
成型方法 forming method
成型粪 formed stool
成型封头 forming head
成型干燥后易分离的接口 weakened plane joint
成型杆 curved lever;shaped bar
成型钢 fabricated steel
成型钢板 formed plate;stamped plate
成型钢模 forming die
成型钢丝 profile wire
成型工 molder
成型工段 mo(u)lding department
成型工具 forming tool
成型工序 forming process
成型工艺 mo(u)lding process
成型工作面 profiled face
成型鼓 assembly drum
成型鼓主轴 drum shaft
成型光束 shaped beam
成型轨 copping rail;shaper rail
成型辊 coiler roll;form crushing roll;forming roll(er)
成型辊轧 form rolling
成型辊轧机 forming rolls
成型过程 forming process
成型含水量 mo(u)lding moisture content;mo(u)lding water content
成型河谷 well-formed valley
成型后的厚度 thickness after forming
成型后的热处理 heat-treatment after forming
成型后收缩 after-contraction;after-shrinkage
成型环氧树脂 mo(u)lding epoxy resin
成型活性炭 pressed active carbon
成型机 fabricated shaper; former; forming machine; make-up machine; shaper; shaping machine; shaping mill
成型机件 special piece
成型机具 forming tool
成型机理 compacting mechanism
成型极限 forming limit
成型极限图 forming limit diagram
成型技术 forming technique
成型剂 form agent;plasticizer
成型加工 contour machining;forming work
成型加工的 formed
成型件 drip mo(u)ld(ing)
成型件装拆钳 drip mo(u)lding pliers
成型键槽 end-milled keyway;profiled keyway
成型胶带 formed tape
成型胶合板 formed plywood;mo(u)lded plywood;shaped plywood
成型角 forming angle
成型金属丝 plastic-metal wire
成型龟裂纹 sorted polygons
成型卡片 scored card
成型孔型 shaping groove
成型宽度 formation width
成型拉刀 form broach;profile broach;shape broach
成型冷铁 contoured chill;contoured densener
成型粒 plastid
成型零件堆焊 shape welding
成型流 forming current
成型铝板 alumin(i)um profile(d) panel; alumin(i)um profile(d) sheet
成型螺纹铣刀 formed threading tool
成型脉冲 shaped pulse
成型毛坯 mo(u)lded blank

C

成型煤 briquetted coal
成型密封带 seal profile
成型面 profile surface
成型面加工 three-dimensional profiling
成型膜法 form grinding process
成型磨床 form grinder;profile grinder
成型磨削 form grinding;plunge grinding;profile grinding
成型磨削过程 form grinding process
成型模(具) contoured die; forming die; mo(u)lding machine; section mo(u)ld;shaping die
成型模板 joint mo(u)ld
成型木材 sawn timber
成型黏[粘]着性 green tack;dry tack adhesion
成型排水管 formed drain
成型坯件 mo(u)lded blank
成型片 matrix band
成型片固定夹 matrix retainer
成型片镊 matrix pliers
成型期 formation period; period of transformation
成型器 former;shape maker;shaper
成型切刀 chamfering tool; shaping tool
成型切割 shape cutting
成型切割机 profiled cutting machine;shape-cutting machine
成型切削 form cutting;profile cutting
成型区 forming section
成型曲槽铣刀 profile(d) curved grooving cutter
成型圈层 building coil
成型缺陷 forming defect
成型绕组 formed winding;preformed winding
成型砂光机 mo(u)lding sander
成型砂轮磨齿机 gear form-grinding machine; gear grinding machine with form wheel
成型设备 former
成型湿度 mo(u)lding moisture content
成型石工 shaped stonework
成型时间 mo(u)lding time;shaping time
成型试件 mo(u)lded specimen
成型试样 mo(u)lded specimen
成型室 drawing chamber; forming chamber;working chamber
成型收缩 mo(u)ld shrinkage
成型输送带 forming conveyer[conveyor]
成型速比 collect-to-traverse speed ratio;wind ratio of cake
成型塑料 formed plastics;mo(u)lding plastics
成型隧道 forming tunnel
成型台 work bench
成型炭滤芯 pressed carbon cartridge
成型天然石料 shaped natural stone
成型填药 shaped charge
成型条件 condition of mo(u)lding
成型筒 accumulator roll
成型透气孔 mo(u)ld vent
成型凸轮 builder cam
成型外科 plastic surgery; reparative surgery
成型弯曲装置 contour bender
成型网 forming wire
成型网络 shaping network
成型温度 shaping temperature;working point
成型铣床 mo(u)lder
成型铣刀 form(ed) milling cutter; profile cutter; profile milling cutter;shaped profile milling cutter
成型铣刀磨床 contour cutter grinder
成型铣刀铣削 formed cutter milling
成型铣削 form milling;mo(u)lding
成型系数 form factor;shape factor
成型纤维板 mo(u)ld board
成型线 shaped wire
成型线圈 formed coil
成型销轴 feeding pin;forming pin
成型芯撑 contoured chaplet
成型性 briquettability; compactibility; formability; mo(u)ldability; remo(u)ldability
成型性能 forming property; processability;shaping property
成型修复 plastic repair
成型修剪 shape pruning
成型修整器 <砂轮> forming dresser
成型絮凝体 preformed floc
成型压机 compacting press
成型压力 briquetting pressure;forming pressure;mo(u)lding pressure
成型压力机 forming press
成型压模 finishing die
成型压缩量 compressed amount
成型压头 contoured squeeze board;contour squeeze
成型压头造型机 contour squeeze mo(u)lding machine
成型研磨 forming lapping
成型样板 plate-form ga(u)ge
成型用具 shaping jig
成型用聚酯树脂 laminac
成型余泥 scraps
成型预浇混凝土嵌板 profile precast concrete panel
成型预浇混凝土镶板 profile precast concrete panel
成型预压机 prefilling press; preforming press
成型圆铣刀 circular forming cutter
成型运动 building motion
成型轧钢机 shape mill
成型轧辊 contoured roll;former roll;forming rolls
成型轧制 roll forming
成型站 forming station
成型罩 forming hood
成型振动夯实机 profiling vibrotamper
成型之后厚度 thickness after forming
成型直径 form diameter
成型质充填器 platic instrument
成型铸件 mo(u)ld casting;shaped casting
成型铸造 shape(d) casting
成型砖 mo(u)ld brick
成型装配工 shape fabricator
成型装置 building motion
成型钻孔组 shaped hole
成序 ordering
成序能 ordering energy
成序效应 ordering effect
成絮细菌 floc-forming bacteria
成穴 cavitation;indention;indenture
成穴的 indenting
成穴力学 cavitation mechanics
成穴硬度 indentation hardness
成穴作用 indentation
成雪阶段 snow stage
成烟雾的烃类 smog forming hydrocarbons
成烟雾状散开 aerosolize
成岩白云岩 diagenetic dolomite;diagenetic dolostone
成岩变形 diagenetic deformation
成岩变质作用 diagenetic metamorphism
成岩初期碳酸盐胶结物 eogenetic carbonate cement
成岩次相 parafacies
成岩分异作用 diagenetic differentiation
成岩格子 petrogenetic grid
成岩过程 diagenetic process
成岩机制 mechanism of rock-forming
成岩角砾岩 diagenetic breccia
成岩结核 diagenetic concretion
成岩孔隙 lithogenesis pore
成岩矿物 digenetic mineral
成岩裂隙 diagenetic fissure;diagenetic fracture
成岩裂隙水 lithogenesis fissure water
成岩模拟实验 rock-forming simulating
成岩凝胶化作用 diagenetic gelification
成岩气 diagenetic gas
成岩气带 diagenetic gas zone
成岩圈闭 diagenetic trap
成岩水 diagenetic water
成岩亚相 parafacies
成岩早期共生石英增生物 eogenetic syntaxial quartz overgrowth
成岩早期海绿石 eogenetic glauconite
成岩早期孔隙 eogenetic porosity
成岩自形晶结构 digenetic euhedral texture
成岩作用 diagenesis;diagenism
成岩作用的 diagenetic
成岩作用阶段 diagenetic stage
成岩作用锰结核 diagenetic Mn nodule
成盐 salify
成盐蒸发器 salt grainer
成盐作用 salification
成一串 stringing
成一整体 all-in-one
成一直线 in alignment;in-line
成衣工 tailor
成衣铺 tailor's shop
成衣生产线 ready-made clothes production line
成衣业 garment industry
成因 cause of formation;genesis;origin
成因不明 <岩石> cryptogene
成因不明的 cryptogenic
成因不明的岩石 agnostogenic rock
成因不明环形体 uncertain genetic circular features
成因单位 genetic(al)unit
成因地层单位 genetic(al)stratigraphic(al)unit
成因地层格架 genetic(al)stratigraphic(al)framework
成因地质模型法 genetic(al)geologic(al)model method
成因法 genetic(al)method
成因分类 genetic(al)classification
成因分析 cause analysis;genetic(al) analysis
成因关系 genetic(al)relationship;genetic(al)type
成因矿物学 genetic(al)mineralogy
成因类型 genetic (al) type; origin type
成因区划 original division plan
成因系列 genetic(al)series
成因形式 manner of origin
成因岩石学 petrogenesis
成荫的 shady;umbrageous
成荫的小路 shady walk
成荫树木 shade tree
成音度 audibility
成永久性 come to stay
成油带 generated oil zone
成油干酪根 generated oil kerogen
成油管道 product pipeline
成油阶段产烃率 hydrocarbon productivity of genetic oil stage
成油门限温度 threshold temperature of oil generation
成油门限深度 threshold depth of oil generation
成油气 olefiant gas
成幼同型 homomorphism
成鱼 adult fish
成雨阶段 rain stage
成员 component;member(ship);tenancy
成员表 membership table
成员关系 membership
成员关系函数 membership function
成员国 member country; member state
成员记录 member record
成员条件 tenancy condition
成员资格 membership
成员资格问题 membership problem
成员组 set member
成员组织 member organization
成圆调整 circle adjustment
成圆机 roll forming machine;rolling machine;rounder
成圆器 baller
成圆形 conglobate;roundy
成圆形的 rounded
成云过程 cloud process
成云器 nepheloscope
成云物理学 cloud physics
成晕现象 halation
成渣 scorification; slag formation;slag-forming;slugging
成渣试验 sludging test
成渣性 slag ability
成毡室 mat forming chamber
成长中心 growth center[centre]
成正比(例)的 directly proportional
成正方形 quadrate
成帧 framing
成帧窗孔脉冲 framing window pulse
成帧磁铁 framing magnet
成帧错误 framing error
成帧法 method of framing
成帧时间 frame time
成帧调节 framing control
成帧阻塞 framing disable
成直角的 perpendicular; quartering;right-angle(d)
成直角的铰链 <用于箱盖和可启闭的天窗上> kneed hinge
成直线 align(ment)
成中凹状 dish
成钟形的 belled
成珠聚合(法) bead polymerization;pearl polymerization
成珠状 beading
成锥形的 coning;spired;spiry
成锥形穹顶的 conoidal vaulted
成纵列的 in tandem
成纵列进发 defile
成组 blocking;bunching;clustering;unitize;unitizing
成组按钮 group button
成组爆破 multishot firing
成组比重 percentage of unitization
成组编码记录 group coded record(ing)
成组测试 assembly testing
成组超前发送 group advance send
成组成团住宅 group-and-cluster housing
成组充电 charger in groups;charging in groups
成组充电法 charging in groups
成组抽样单位 collective sampling unit
成组处理系统 batch process(ing) system
成组穿孔 gang punching

成组传动 group driving
成组传送 block transfer;burst isochronous;burst transmission
成组传送号 block number
成组存取 block access;blocked level access
成组错误 burst error
成组打钢板桩法 panel driving method
成组打印 group printing
成组的 ganged;in block;packed
成组点火 multiple firing
成组点火起爆 firing group by group
成组迭代法 group iterative method
成组叠代法 block iterative method
成组堆垛 unitized stacking of cargo
成组吨 unitized cargo tons
成组多路传送方式 block multiplexer mode
成组多路方式 block multiplexer mode
成组多路通道 block multiplexer channel
成组多路转接方式 block multiplexer mode
成组方式 burst mode
成组访问 group addressing
成组分隔式 <医院> pavilion system
成组分离符 group separator
成组港池 grouped docks
成组工具 <货物的> unitization device;tools for unitized goods
成组工艺学 group technology
成组呼叫电键 group calling key
成组化 unitization
成组货件 shipper-packed unit;unit load(ing)
成组货物 unitized cargo;unit load cargo
成组货物量 volume of unitized cargo
成组货物装箱单 unit packing list
成组货运 unitized transport
成组记录 blocked record;group(ed) record
成组技术 group technology
成组加工技术 cross reference logy
成组检查 group check
成组交错停车 group staggered parking
成组结构 block structure
成组进位 group carry
成组控制 group control
成组立模 <生产大墙板用> battery form;battery mo(u)ld;gang form (work);group standing mo(u)ld
成组立模成型 vertical cassette form mo(u)lding
成组立模制作方式 <混凝土板> battery type
成组连接 group connection;unit connection
成组模板 gang form(work);gang model;gang mo(u)ld
成组木材 packaged lumber;packaged timber
成组排序 block sort
成组炮眼同时起爆 multiple simultaneous blasting
成组器具 battery of fixtures
成组曲线 assemblage of curves
成组三台单极电动隔离开关 triple single pole motorized isolator
成组设备 burst device
成组生产 group production
成组生产线 group line
成组施肥 unitized application
成组式数据传输 burst-oriented data transmission
成组输出 group out
成组输入输出 block input/output
成组输入输出指令 block input/output instruction
成组数据 burst data
成组数据处理法 group method of data handling
成组数字检查 group digital check
成组瞬时迟发爆破 multiple short delay blasting
成组松弛 group relaxation
成组提单 groupage bill of lading
成组调节 group regulation
成组调页 block paging
成组团 clustration
成组托架挂车 lift unit frame trailer
成组托架拖车 lift unit frame trailer
成组托架专用船 lift unit frame ship
成组无人生产系统 cellular unmanned production system
成组相联结构 set-associative organization
成组项 group item
成组寻址 group addressing
成组印刷 group printing
成组应变仪 strain gauge rosette
成组预制模板 ganged forms
成组运价 <在一定范围内,不考虑距离所制定的成组运价> group rate
成组运输 package transport;unitized goods transportation; unitized transport;unit load(ing)
成组运输法 unit load method
成组运输系统 unit load system
成组轧机 block mill
成组照明灯光 set light
成组振捣器 gang vibrator
成组住宅 group house
成组注浆 battery casting
成组装车 car loading by groups;wagon loading by groups
成组装车计划完成百分率 percent of actual wagon-group loadings to those planned
成组装卸 unitized cargo-handling
成组装运设备 unit load device
成组钻机同时钻岩 gang drill

呈

呈半圆形 semi-circular in shape

呈报(统计等)年度 report year
呈波浪形 undulate
呈波纹状 corrugation;washboarding <路面上的>
呈股流出 flow out in shape of stream
呈股涌出 pour out in shape of stream
呈灰白桃花心木颜色的硬木 <产于尼日利亚> scented guarea
呈碱性反应 react basic
呈胶体溶液搬运 transport by colloidal solution
呈肋状的 ribbed
呈粒状的 corned
呈鳞片状剥落 flake off;scale off
呈卤化物搬运 transport by haloids
呈螺旋形 twist
呈螺旋形钻孔 spiral(l)ing hole
呈络合物搬运 transport by complex
呈色 colo(u)r generation
呈色黏[粘]土 stained clay
呈色稳定性 colo(u)r stability
呈扇形展开 fanning
呈四方状 boxiness
呈送 submittal
呈送标书 submit a tender
呈酸性反应 react acid
呈文 factum[复 facta/factums];petition
呈现 emerge;exhibition;present(ation)
呈现光彩 schillerization
呈现射束 emerging beam
呈星状花纹 starring
呈漩涡形 twist
呈阴暗色泽 dull luster[lustre]
呈云雾状 cloudiness
呈真熔液搬运 transport by true solution

承

承板 carrier plate;mid-feather

承办单位 host
承办汇款单位 remitting agency
承办伙食 purveyance
承办货运 booking of cargo
承办零担运输的转运公司 firm undertaking the groupage of traffic
承办人 haulier;undertaker
承包 bid bond;by contract;contracting;undertake;undertaking
承包安装及启用 turnkey delivery
承包搬运业务 contract cartage
承包保证书 completion bond;contract bond
承包拆屋人 housebreaker
承包拆屋者 demolisher;housebreaker
承包厂商 factory contractor
承包代理人 contracting agency
承包单位 contract unit
承包担保 bid guarantee
承包订约 contract letting
承包额 contract amount;contract sum
承包范围 extent of contract
承包方 contractor
承包方案 contract program(me)
承包方式 contract style
承包方式类型 type of contract
承包负责人 package dealer
承包耕田 contract tillage
承包工 labo(u)r contractor
承包工厂 contractor
承包工程 contract construction;contract for projects;contractor's business;contractor project;contractor work;contract works
承包工程成本 contract cost
承包工程的留置金 holdback
承包工程价格 contract value
承包工程监督员 contract surveyor
承包工程交接 handover
承包工程量 contract amount
承包工程收益 contract revenue
承包工程项目 contracting engineering project;contract project
承包工程项目清单 inspection list;punch list
承包工程协议书 contract agreement
承包工程者 contractor
承包工程至投产使用 turnkey job
承包工程中机械过多 overplanted
承包工程中机械数量不足 underplanting
承包工程中争端和解 amicable settlement
承包工期 contract time
承包工业 contracting industry
承包公司 contracting company;contracting firm;contractor's corporation;maker
承包估算 contractor's estimate
承包管理 contract management
承包合同 agreement;work contract;contract
承包合同的大小项目 major and minor contract items
承包合同规定的完成工程合同的最高费用 upset price
承包合同条件 conditions of the contract
承包合同通用条件 general conditions of contract
承包合同图纸 plans
承包合同预备费 contract contingency
承包合同中的总图 project drawing
承包合约的要求 contract-bond requirement
承包价 contract price
承包建议书 bid proposal;contract proposal
承包奖金制 contract bonus system
承包截止日期 bid deadline
承包经理 contract manager
承包经理处 contracting agency
承包经营责任制 contract operating responsibility system;contractual management responsibility system
承包劳动 labo(u)r only subcontractor
承包联合 bidding combination
承包量 bidding volume
承包期限 contract time
承包企业 contracting enterprise
承包契约 contract documents
承包人 contractor;entrepreneur;labo(u)r contractor;masterbuilder;undertaker
承包人保证书 underwriter's guarantee
承包人财产安全保险 builder's risk insurance
承包人承诺声明(书) contractor's affidavit
承包人代表 contractor's agent;contractor's representative;representative of contractor
承包人的酬金 contractor's fee
承包人的担保 contractor's guarantee
承包人的风险 contractor's risks
承包人的工作人员 contractor's staff
承包人的工作者 contractor's staff
承包人的公司组织 head office organization
承包人的管理杂项开支 contractor's overhead
承包人的间接费用 contractor's indirect cost
承包人的利润 contractor's profit
承包人的利益 contractor's profit
承包人的设施 contractor's facility
承包人的图纸 contractor's drawings
承包人的选择权 contractor's option
承包人的要求 requests by contractor
承包人的义务 contractor's liability
承包人的责任 contractor's liability
承包人的最高赔偿额 contractor's total maximum liability
承包人工地办公室 contractor site office
承包人供货 supply by contractor
承包人供货和工程范围 scope of works and supply by contractor
承包人供应的设备 contractor furnished equipment
承包人供应装备的 contractor furnished and equipped
承包人监督者 contractor supervisor
承包人类型 contractors types
承包人联合体 consortium of contractors
承包人配备报告 returns of contractor's equipment
承包人配备的设备 contractors' furnished equipment
承包人设备 contractor's equipment;contractor's plant
承包人设备的撤离 removal of contractor's equipment
承包人所提供的性能 contractor furnished property
承包人提供的器材 contractor fur-

nished property
承包人违约 breach of contractor; contractor's default; default of contractor
承包人维修 maintenance by contractor; maintenance by firm
承包人宣誓书 contractors affidavit
承包人一般责任 contractor's general responsibilities
承包人义务保险 contractor's liability insurance
承包人预备费 contractor contingency
承包人责任 liability of the insurer
承包人责任保险 contractor's liability insurance
承包人招牌 contractors name plate
承包人整套工程 packaged deal
承包人钻井 contractor's hole
承包商 contracting agency; contractor; entrepreneur; labo(u)r contractor; masterbuilder; undertaker
承包商办公人员 contractor office staff
承包商保证单 builder bond
承包商保证书 underwriter's guarantee
承包商仓库 plant depot
承包商承担施工图和施工的合同 develop and construct contract
承包商串通进行投标 bid-rigging; collusion
承包商代表 contractor's agent; contractor's representative; representative of contractor
承包商带资承包合同 contractor-financed contract
承包商的 general obligation
承包商的编制计划人员 contract planner
承包商的酬金 contractor's fee
承包商的担保 contractor's guarantee
承包商的风险 contractor's risks
承包商的工作人员 contractor's staff
承包商的公司组织 head office organization
承包商的机械设备 contractor's plant
承包商的间接费用 contractor's indirect cost
承包商的监督 contractor's superintendence
承包商的利润 contractor's profit
承包商的设备 contractor's equipment
承包商的设计 contractor design
承包商的设施 contractor's facility
承包商的图纸 contractor's drawings
承包商的选择权 contractor's option
承包商的要求 requests by contractor
承包商的责任 contractor's liability
承包商法 builder's method
承包商供应的设备 contractor furnished equipment
承包商供应装备的 contractor furnished and equipped
承包商合法占用工地 possession of site
承包商类型 contractors types
承包商联合 amalgamation of contractors
承包商联合体 consortium of contractors
承包商联营体 consortium of contractors
承包商能承担的最大工程量 work capacity
承包商配备的设备 contractors' furnished equipment
承包商全险 contractor's all risk
承包商设备 contractor's equipment; contractor's plant
承包商设备保险单 contractor's equipment floater
承包商设备的撤离 removal of contractor's equipment
承包商所提供的性能 contractors' furnished property
承包商提供标价单 proposal
承包商提供的器材 contractor furnished property
承包商违约 breach of contractor; contractor's default; default of contractor
承包商维修 maintenance by contractor; maintenance by firm
承包商无作为 nonperformance
承包商协会 amalgamation of contractors; contractor's association
承包商宣誓书 contractor's affidavit
承包商一般责任 contractor's general responsibilities
承包商用工具 contractor's tool
承包商有权选择的替案 <合同中允许的> contractor's option
承包商预备费 contractor contingency
承包商在工地的正式代表 contractor's agent
承包商责任 liability of the insurer
承包商责任保险 contractor's liability insurance
承包商账户 contractor's account
承包商招牌 contractors name plate
承包商整理已有勘察资料 contractor consolidation of previous investigations
承包商整套工程 packaged deal
承包商正式占用工地日期 site possession date
承包商资格预审状况 contractor' qualification statement
承包商钻井 contractor's hole
承包设计估计及文本手册 contract design estimating and documentation manual
承包施工 contract construction
承包施工图 contract drawing
承包市场 contracting market
承包条件 conditions of contract
承包文件 contract documents; contract file; contract specification
承包系统 turnkey system
承包项目 contract works
承包形式 tendering form
承包养护 contract(-performed) maintenance
承包业 contracting business
承包业务管理 <建筑师的> contract administration
承包预付款 advance payment for contract
承包运输公司 contract carrier
承包运转 contract operation
承包责任制 contracted responsibility system
承包者 contractor; entrepreneur; farmer; labo(u)r contractor; masterbuilder; undertaker
承包者保证书 underwriter's guarantee
承包者代表 contractor's agent; contractor's representative; representative of contractor
承包者代理人 contractor's agent
承包者的酬金 contractor's fee
承包者的担保 contractor's guarantee
承包者的风险 contractor's risks
承包者的工作人员 contractor's staff
承包者的工作者 contractor's staff
承包者的公司组织 head office organization
承包者的间接费用 contractor's indirect cost
承包者的利润 contractor's profit
承包者的设施 contractor's facility
承包者的图纸 contractor's drawings
承包者的选择权 contractor's option
承包者的要求 requests by contractor
承包者的责任 contractor's liability
承包者供应的设备 contractor furnished equipment
承包者供应装备的 contractor furnished and equipped
承包者类型 contractors types
承包者联合体 consortium of contractors
承包者配备的设备 contractors' furnished equipment
承包者设备 contractor's equipment; contractor's plant
承包者设备的撤离 removal of contractor's equipment
承包者所提供的性能 contractors' furnished property
承包者提供的器材 contractor furnished property
承包者违约 breach of contractor; contractor's default; default of contractor
承包者维修 maintenance by contractor; maintenance by firm
承包者宣誓书 contractors affidavit
承包者一般责任 contractor's general responsibilities
承包者预备费 contractor contingency
承包者责任 liability of the insurer
承包者责任保险 contractor's liability insurance
承包者招牌 contractors name plate
承包者钻井 contractor's hole
承包整套工程项目 contract(ing) packaged deal projects
承包中选 win a bid
承包总额 contract lump sum
承包钻井 contract drilling
承包钻探 contract drilling
承保 underwriting
承保比率 current ratio
承保单 covernote
承保的风险 peril insured against
承保范围 risk covered
承保人 assurer; insurer
承保收据 binding receipt
承保收益 underwriting profit
承保条 open cover
承保条款 insurance clause
承保险别 coverage
承保限额 underwriting limit
承保辛迪加 underwriting syndicate
承保证明 certificate for insurance; risk note
承插 Y 形分叉管 bell and spigot wye branch
承插 Z 形管接头 Z pipe joint B & S [bell and spigot]
承插端 <管道的> bell end
承插管 bell and pipe; bell and spigot pipe; bell-mouth(ed) pipe; bell type; ben and spigot pipe; socket and spigot pipe; socket pipe; spigot and faucet pipe; spigot and socket pipe
承插焊接 socket welding
承插焊接端 socket weld ends
承插焊接法兰 socket-welding flange
承插接合 bell and spigot joint; female joint; socket and spigot joint(ing); spigot and socket connection; spigot joint
承插接口 bell socket; hub and spigot joint; joining spigot and socket
承插接头 bell and socket joint; bell and spigot joint; plug-in coupling; socket joint
承插口 bell and spigot; faucet <管子>
承插口凹缝 ca(u)lking recess
承插口的 belled
承插口接头 bell and spigot joint; spigot and socket joint
承插口连接 hub and spigot joint
承插口四通 cross bell and spigot
承插口铸铁管 bell and spigot cost-iron pipe
承插连接 house joint
承插偏心渐缩管 bell and spigot eccentric reducer
承插三通 bell and spigot; spigot and socket tee
承插式 adapting form
承插式 Y 形分叉管 bell-spigot-bell wye branch
承插式粗陶瓷接头管 bell-stoneware pipe
承插式大小头 bell and reducer; bell and spigot reducer
承插式钢筋混凝土管 reinforcement concrete pipe with bell and spigot
承插式管件 socket fittings
承插式混凝土管 spigot and socket concrete pipe
承插式接管 spigot and socket pipe; spigot and socket tube
承插式接口 bell and spigot
承插式接头 bell and spigot joint; bell joint; female joint; Matheson joint; spigot and socket joint; socket and spigot joint(ing)
承插式接头钢管 steel spigot and socket pipe
承插式接头管 spigot and socket pipe; spigot pipe
承插式陶管 spigot and socket stoneware pipe
承插式陶瓦管 stoneware spigot and socket pipe
承插式套管 casing with bell-mounted collars
承插式瓦管 bell and spigot tile
承插式弯管 bell and spigot bend
承插式乙字管 bell and spigot offset
承插式预应力混凝土管 spigot and socket prestressed concrete pipe
承插式支架 interpose type formwork
承插式铸铁管 cast-iron pipe with bell and spigot; spigot and socket cast iron pipe
承插四通 bell and spigot cross
承插缩管 socket and spigot taper
承插头 bell and spigot ends
承插弯管 bell and spigot bend; socket and spigot bend; socket bend
承插弯管接 bell and spigot bend
承插弯头 socket and spigot bend
承插铸铁管 cast-iron bell and spigot pipe
承冲护船柱 <靠船架> breasting dolphin
承冲护船桩 breasting dolphin; breasting island
承冲靠船架 breasting dolphin
承冲面 striking face
承冲系船建筑物 breasting dolphin
承冲系船结构物 breasting dolphin
承船槽式升船机 trough lift
承船(底盘)车 beaching chassis; ship-carrying chassis
承船厢 ship box; ship carrying chamber; ship reception chamber
承船厢驱动装置 ship chamber driving device
承船厢事故制动器 emergency brake of ship chamber
承船厢栓锁装置 retaining device of

ship chamber
承船箱 < 升船机的 > navigation chamber
承船小车 < 滑道或升船机平台上的 > docking cradle; launching cradle
承船斜车架 carriage
承椽板 pole plate; roof plate; wall plate
承椽槽口 rafter bearer notch
承椽枋 rafter-supporting beam
承椽梁 binding rafter
承椽木 binding rafter
承锤头 < 一种触探工具,装在钻杆上,以承受锤击 > drive head
承担 assumption; bear; undertake
承担保证书 covering note
承担槽 precipitation tank
承担产权抵押 assumption of mortgage
承担此项费用 absorb these charges
承担贷款和投资 make lending and investment commitment
承担法定责任 beam the legal liability
承担繁重交通的公路 heavy-duty highway
承担繁重交通的桥梁 heavy-duty bridge; heavy traffic bridge
承担费用 assumption fee; bear expenses
承担风险 acceptance of risks; bear risk
承担风险的投资 risk capital
承担风险人 risk insurer
承担工作量 absorb workload
承担交通 carry the traffic
承担交通量 carrying traffic
承担经济责任 beam financial responsibility; undertake financial responsibility
承担款项 obligation incurred
承担利息 bear interest
承担赔偿费用 respond in damages
承担赔偿责任 hono(u)r one's liability
承担全部保险利益 full interest admitted
承担损失 bear loss
承担损失赔偿 respond in damages
承担维修 maintenance undertaking
承担协议(书) assumption agreement
承担义务 commitment
承担责任 assume responsibility; undertake responsibility
承担债务 obligation incurred
承担债务人 expromissor
承担重量 bear weight
承德避暑山庄 Chengde Imperial Summer Resort
承垫 supporting pad
承垫车 bolster
承垫工 bolster work
承垫式钢轨接头 supported joint
承垫物 bolster
承吊把手 carrying handle
承端 socket end
承兑 acceptance; act of hono(u)r
承兑保险单 acceptance insurance slip
承兑保证 guarantee acceptance
承兑范围 acceptability limit
承兑费(用) accepting charges; acceptance charges; acceptance fee
承兑函 letter of acceptance
承兑合同 acceptance contract
承兑后交单 documents attached
承兑后交付单据 documents against acceptance
承兑后交付收据 documents against acceptance
承兑后若干日(交款) days after acceptance
承兑汇票 acceptance bill; acceptance credit; acceptance of a bill of exchange
承兑汇票手续费 acceptance commission
承兑交单 document bill; documents against acceptance
承兑交单汇票 documents against acceptance bill
承兑交货 delivery against acceptance
承兑赔偿金额 hono(u)r a claim
承兑票据 acceptance bill; acceptance draft
承兑票据到期记录 acceptance maturity record
承兑票据登记簿 acceptance register
承兑票据分类账 acceptance ledger
承兑票据公司 acceptance corporation
承兑期 acceptance period
承兑人 accepter[acceptor]
承兑日期 date of acceptance; term of acceptance
承兑商 acceptance dealer
承兑商行委员会 Accepting Houses Committee
承兑商业银行 acceptance house
承兑赊销期票 acceptance credit
承兑申报单 acceptance declaration
承兑市场 acceptance market
承兑手续费 acceptance commission
承兑所 acceptance house
承兑限额 acceptance line
承兑协议 acceptance agreement
承兑信贷 acceptance credit
承兑信用证 acceptance letter of credit
承兑信用(状) acceptance credit
承兑行 accepting bank
承兑业务 acceptance business
承兑银行 acceptance bank
承兑责任 liability of acceptance
承兑支票 hono(u)r cheque
承舵柱 outer post; rudder post
承付 acceptance; apply for remittance; promise to pay
承付贷款 loan commitment
承付款项 obligation incurred
承付赔偿要求 hono(u)r claim
承付期 acceptance period
承付人 acceptor
承付日期 date of acceptance
承付索赔 hono(u)r a claim
承付(银)行 acceptance bank
承付资金 commitment of fund
承拱墙 bench wall
承拱上的承条 < 壁炉 > stemming piece
承购 off-take
承轨【铁】 support rail
承轨槽 rail seat
承辊 runner
承辊角钢 runner angle
承荷构件 load-bearing member
承荷载的 under load
承环 carrier ring
承簧 supporting spring
承击夹持器 drive clamp
承击面 cushion face; striking surface
承架 saddle
承架支柱 gallows stanchion
承剪断面 shearing section
承剪螺栓 shear bolt
承剪能力 shear carrying capacity
承建的住宅 < 按照用户要求建造的 > custom-built home
承建人 building contractor
承建商 custom builder
承建者风险保险 builder's risk insurance
承接 trimmer
承接杯 drip cup
承接槽口 board hole
承接的 female
承接订单 accept an order
承接斗 receiving hopper
承接端 socket end
承接管 adapter [adaptor]; adapting pipe; ajutage; bell-mounted pipe; faucet pipe; receiving pipe
承接管嘴 receiving nozzle
承接混凝土拌和车倾卸混凝土的溜槽 claim chute
承接架 bridle
承接角口 birdmouth; bird's-mouth; birdsmouth joint
承接口 bird's-mouth
承接梁 bridle; trim(med) joist; trimmer(beam); trimmer joist
承接螺钉 socket screw
承接盘 catch pan
承接平台 landing stage
承接式插头 socket inlet
承接式粗陶管 bell and spigot stoneware pipe
承接式接合 bridle joint
承接式接头管 bell pipe
承接式套管 casing with bell-mounted collars
承接弯管 socket bend
承截面 loading end
承口 bell (ed mouth); bell-mouth(ed); female joint; hub; mouthing; nozzle bell; pipe socket; socket
承口保护管 bell protecting tube
承口大小头 large end bell reducer
承口端 female end
承口法兰短管 bell and flange piece
承口法兰配件 hub flange fitting
承口分叉管 hub lateral
承口管 bell joint; socket conduit; socket pipe; socket tube
承口环箍 socket hoop
承口角 < 管口扩张角 > angle of flare
承口磨光 socket grinding
承口熔接接头 socket-fused joint
承口三通管 tee-socket
承口套管 hub sleeve
承口弯管 socket bend
承口型聚氯乙烯管件 socket-type polyethylene fitting
承口型聚氯乙烯塑料管 socket-type polyvinyl chloride plastic pipe
承口型氯化聚氯乙烯塑料管 socket-type chlorinated polyvinyl chloride plastic pipe
承口型氯化聚氯乙烯塑料管件 socket-type chlorinated polyvinyl chloride plastic fittings
承框 template
承拉螺栓 tie bar; tie bolt
承揽 undertake; undertaking
承揽包工 contract for work
承揽商 bid shopper
承肋柱 vaulting shaft
承力 supporting force
承力表层式结构 stressed-skin construction
承力吊缆 carrying cable
承力吊索 messenger cable; messenger wire
承力钢索 carrier cable; carrying cable; carrying rope; carrying strand; main cable
承力隔框 heavy frame; main frame
承力构造 bearing construction
承力环 force bearing ring; heavy ring; thrust ring
承力架 heavy frame
承力结构 bearing construction; load-carrying construction; load-carrying structure
承力缆索 flying wire
承力蒙皮结构 skin stressed structure; stressed-skin structure
承力索 catenary wire; flying wire; heavy-duty rope; messenger; messenger wire
承力索弛度 catenary sag
承力索吊弦线夹 dropper clip for catenary wire; dropper clip for messenger wire
承力索滑动吊弦线夹 sliding dropper clamp for messenger wire
承力索接头线夹 messenger wire connecting clamp
承力索双线支撑线夹 catenary wire support clamp
承力索线夹 catenary wire clip
承力索线夹支持座 catenary wire clip support
承力索中心锚结线夹 mid-anchor clamp for catenary wire
承力索终端锚固线夹 terminal anchor clamp for messenger wire
承力瓦块球面座 footstep pillow
承力外伸支架 outrigger
承力载结构 load-carrying construction
承梁 bolster; carrying bar; trimmer
承梁板 beam bearing plate; bolster plate; masonry plate; roof plate; roof sheathing; wall piece; wall plate < 砌入墙内的托梁垫板 >
承梁板凸缘 circle of wall plates
承梁材 shelf
承梁侧 bearing edge
承梁垫石 padstone
承梁短板 raised piece; template < 墙中的 >
承梁拱 trimmer arch
承梁块 masonry plate
承梁拉条 sill and bolster brace
承梁木 tassel; torsel
承梁弹簧 bolster spring
承梁弹簧帽 bolster spring cap
承梁弹簧座 bolster spring seat
承梁纵材 beam shelf
承料口 receiving mouth
承料网 supporting grid
承料支撑 load support
承料座 load support
承轮梁 bogie[bog(e)y]
承买 contract for purchase
承磨表面 wearing face
承磨环 wear ring
承木 bearer
承诺 acceptance; commitment; promise; undertake
承诺费 commitment fee
承诺付款额 commitment
承诺回条 confirmation note
承诺款项总额 overall commitment
承诺期 commitment period
承诺权 commitment authority
承诺书 letter of commitment; letter of understanding; letter of undertaking
承诺文件 commitment documents
承诺信 commitment letter
承诺与授予 commitment and award
承盘 basin; retainer
承盘大小头 bell and flange reducer
承坯板 work-board
承坯架 stilliard; stilt
承片玻璃板 register plate
承片框 calibrating frame; film supporting unit; frame holder; plate holder; registration frame
承片轴 take-up spool
承片转盘 picture carrier turn table
承前页 brought forward
承墙柱 mid-wall column; mid-wall shaft

C

承桥 supporting bridge
承穹肋小柱 wall shaft
承球短节 ball catcher
承认负债 acknowledgement of a debt
承认和批准协议 recognition and approval arrangement; recognition arrangement
承认货样 acceptance sample
承认及执行外国仲裁裁决公约 Convention on the Recognition and Enforcement of Foreign Arbitration Awards
承认金 acknowledgement money
承认全部利益 full interest admitted
承认适航 admission of seaworthiness
承认(收到)钱款 acknowledgement money
承认书 acknowledgement
承认信号 acknowledgement signal
承认与合并 acknowledgement and merger
承认债务 acknowledgement of a debt; acknowledgement of an obligation
承烧痕 pin mark
承受 inheritance
承受棒 absorbing rod
承受侧向荷载桩 laterally loaded pile
承受超载能力 extra-load bearing capacity
承受抵押人 mortgagee
承受抵押者 mortgagee
承受地压块 pressure block
承受发动机的内龙骨 engine keelson
承受风暴严重危险的海岸 lee shore
承受负荷 sustained load(ing)
承受负力矩的钢筋 negative moment reinforcement
承受杆 bearing bar
承受高速冲击的钎尾 HS[high speed] shank
承受荷载 accepted load
承受荷载的 load-bearing
承受荷载的砖 bearing brick
承受快速的压力波动 subject to rapid pressure fluctuation
承受雷电冲击电压 lightning impulse withstand voltage
承受面积 receiving area
承受能力 withstanding capability
承受偏心荷载的 eccentrically loaded
承受票据的人 endorsee
承受起重机轨道的梁柱结构 craneway
承受时间 stand-up time
承受竖荷载的空间框架 vertical-load-carrying space frame
承受竖载的空间框架 space frame-vertical load-carrying
承受水平 accepter level
承受水平荷载桩 horizontally loaded pile
承受水体 receiving waters
承受水域 receiving waters
承受土压力的竖桩 soldier
承受推力结构 thrust structure
承受托运单 engagement of shipping list
承受外压的容器 vessels subjected to external pressure
承受应力 meet with stresses; understress
承受载荷 load engagement
承受住压力 pressure-resistant
承水板 float board
承水泵 drainage pump
承水槽 raggle
承水盘 drip pan; save-all
承水压接口 hydrostatic joint
承索 <即寄、即送等> on request
承台 base slab; bearing platform; cushion cap; foundation slab; pedestal; pile cap(ping); platform
承台接触压力 raft contact pressure
承台梁 apron piece
承台效应系数 pile cap coefficient; pile cap effect coefficient
承台桩 bracket pile
承弹簧力膜片 spring-loaded membrane
承提把手 carrying handle
承艇枕 boat beam; boat skid
承头 bell end
承推力壁 thrust web
承推梁 bearing beam
承推座块 thrust block
承托 angle table; bearer; fillet; splay
承托板 <陶土块、栏杆顶条> filler slab
承托部分 bearing
承托层 supporting layer
承托底层 bracketing
承托隔墙梁 partition wall beam
承托脊椽梁 dragging beam; dragon beam; dragon piece
承托架 support bracket
承托接头 supportable joint; supported joint
承托木 bolster
承托平板 slab back
承托墙壁框架 wall framing
承托墙框架 wall frame
承托区 bearing area
承托小拱 hance
承窝 socket
承窝接合 socket and spigot joint(ing); socket outlet
承袭 continuation
承袭海 patrimonial sea
承袭误差 inherited error
承销 underwriting
承销货物账簿 account sales book
承销货物总账 account sales ledger
承销品 consigned goods
承销清单 account goods
承销人 consignee
承销商 consignee
承销收据 consigned receipt
承销税 consignment tax
承泄水体 receiving body of water
承屑盘 chip pan; cuttings shoot; cutting tray; drip(ping) pan; save-all
承雪量器 ga(u)ge catch
承压 bearing
承压板 bearing plate; carrying plate; load-bearing plate; load distribution plate; jack pad <汽车起重机两侧支承下的>
承压板尺寸 dimensional of bearing plate
承压板法 bearing plate process
承压板刚度 bearing plate stiffness
承压板试验 bearing plate test
承压板下沉量 subsidence magnitude of bearing plate
承压板形状 shape of bearing plate
承压泵 bearing pump
承压变形 bearing deformation; bearing strain
承压病 compressed-air illness
承压部件 pressure-containing member
承压侧 pressure side
承压层 bearing course; bearing stratum; confined bed; confining bed
承压车轴 bearing axle
承压出水动力 artesian aquifer power
承压储油罐 pressure tank
承压带 compressed zone
承压单位应力 bearing unit stress
承压地下水 artesian groundwater; confined groundwater
承压地下水层 artesian aquifer
承压地下水水头损失 artesian loss
承压垫板 bearing pad
承压垫层 bearing course
承压分接管 pressure tap
承压缝 compression(bearing) joint
承压干管 force main
承压构件 compression member
承压管 pressure pipe; pressure tube
承压轨 carrying rail
承压辊轴 carring roller
承压滚筒 backing roll; presser; pressure bowl
承压滚轴 carrying roll(er)
承压含水层 artesian aquifer; artesian layer; artesian formation; confined aquifer; pressing aquifer; pressure aquifer
承压含水层比降 artesian slope
承压含水层建造【地】 artesian formation
承压含水层坡降 artesian slope
承压荷载及应力 bearing loads and stress
承压环 pressure ring
承压加劲肋 bearing stiffener
承压接口 hydrostatic joint
承压接头 compression bearing joint
承压结合 bearing connection
承压井 artesian well; blow-well; non-flowing artesian well
承压块 bearing block; pressure block <模具底部承受压力的垫块>
承压力 bearing force; bearing pressure; carrying capacity; bearing load <由固定件传达到结构的>
承压力分布 bearing pressure distribution; distribution of bearing pressure
承压连接 bearing connection; underpressure connection
承压率 <管子可承受的稳定水压力> pressure rating
承压螺栓连接 bearing bolt connection
承压锚固 bearing anchorage
承压蒙皮 pressure skin
承压面 area of pressure; bearing face; carrying plane; compression face; pressure-bearing surface; pressure face; thrust area
承压面积 bearing area; carrying area; pressurized area
承压面图 pressure surface map
承压能力 pressure capacity
承压盘 jack pad
承压破坏 bearing failure
承压强度 bearing resistance; bearing strength
承压墙 carrying wall
承压区 compressed zone
承压泉 artesian spring
承压热水 pressurized hot water
承压渗漏 artesian leakage
承压渗透 artesian seepage
承压式大小头 bell and spigot reducer
承压式导向架 compression lead
承压式连接 <铆钉或螺栓连接> bearing-type connection
承压水 artesian water; confined water; piestic water; pressure water
承压水层 artesian aquifer; confined beds of aquifer
承压水弹性储量的变化量 charge of confined water elastic storage
承压水等水压线图 isopiezometric level map of confined water
承压水地区 artesian area
承压水顶板等高线图 contour map of apical bed of confined aquifer
承压水顶板埋深 depth of confined water top
承压水动态 regime(n) of confined water
承压水降落曲线 depression curve of confined water
承压水降落曲线方程 depression curve equation of confined water
承压水井 artesian well; confined water well
承压水均衡方程 balance equation of confined water
承压水流 artesian flow; confined flow
承压水流出面 area of artesian flow
承压水盆地 artesian basin; confined water basin
承压水区 confined area
承压水渗漏 artesian water leakage
承压水水头 <指地下水> artesian (pressure) head; confined water head; height of confined water
承压水条件 artesian condition
承压水头 artesian water head; piezometric potential
承压水头高度 altitude of piezometric head
承压水头损失 artesian loss
承压水位 artesian level; artesian table; pressure head
承压水斜地 monoclinal strata of confined water
承压水循环 artesian water circulation
承压水压力 artesian pressure; shut in pressure
承压水源程序 source program(me) of confined water
承压损坏 bearing failure
承压弹簧 bearing spring
承压条 bearing bar
承压条件 artesian condition
承压外壳 pressure casing
承压无压井 confined-unconfined well
承压下水道 depressed sewer
承压弦杆 compression chord
承压箱 high-pressure tank
承压斜杆 compression diagonal
承压型连接 bearing-type connection
承压液 pressure fluid
承压翼缘 compression flange
承压应变 bearing strain
承压应力 bearing pressure; bearing stress
承压支承筒 compression; compression support skirt; support skirt
承压柱 compression column
承压转无压含水层 unconfined aquifer turned from confined aquifer
承压桩 bearing pile; pressure pile
承压状态 artesian condition
承押人 pledgee
承役地 dominant tenement
承印物 stock
承影尺寸 easel size
承影面 easel plane; plane of the easel; screen plane
承影幕 intercepting screen
承影倾斜 easel tilt
承油杯 dripping cup
承油孔 oil spit hole
承油盘 drip box; safe drip pan
承雨量器 rain catch; receiving funnel; ga(u)ge catch
承雨漏斗 receiving funnel
承雨器 collector
承雨筒 receiving bucket
承雨线脚【建】 water-table; canting strip; offshoot
承缘板 poling plate
承约费 commitment fee

承运 acceptance for carriage; acceptance of consignment; acceptance of conveyance; admit for carriage
承运包裹处 <不在车站> parcel office
承运包裹的车站 parcel station
承运船的选择权 ship's option
承运货物 acceptance of goods; lift cargo
承运货重 carrying load
承运记录 carrier's statement
承运批发商 drop shipper
承运人 carrier; forwarder; forwarding agent; freighter; freight forwarder; hauler; shipper
承运人保险 carrier's insurance
承运人舱单 carrier's manifest
承运人代理 agent of carrier; carrier's agent
承运人的疏忽 carrier's negligence
承运人的责任 liability of the carrier
承运人的最高限度责任 carrier's maximum liability
承运人定义条款 definition of carrier clause
承运人对货物的责任 carrier's liability to cargo
承运人规定的运价 quotations of rates by carrier
承运人号码 carrier code
承运人间的承诺 absorption
承运人接运 carrier's haulage
承运人津贴 carrier's allowance
承运人留置权 carrier's lien
承运人赔偿责任限制 package limitation of liability
承运人权责 carrier's immunity and responsibility
承运人责任 carrier's liability
承运人责任保险 carrier's liability insurance
承运人责任条款 carrier's liability clause
承运人装箱 carrier's pack
承运日期 acceptance date
承运日期表 table showing shipping dates for various specific destination
承运条件 acceptance condition; condition of carriage
承运温度 goods temperature required at the time of acceptance of conveyance
承运险 carrier's risks
承运行李、邮件和快运包裹的(车站)街面层 street level for baggage, mail and express
承运一批货物 acceptance of a consignment
承载 accepted load; bearing; carrying; load supporting
承载板 bearing plate; loading plate; settlement plate
承载板动态施荷法 dynamic(al) plate loading method
承载板加压试验 plate load(ing) test
承载板加载试验 plate load(ing) test
承载板结构 slab bearing structure
承载板墙 load-bearing(wall) panel
承载板试验 bearing plate test; load-(ing) plate test; plate bearing test
承载板试验刚度 plate test rigidity
承载板试验设计 plate-bearing-test design method
承载比 bearing ratio
承载比试验 bearing ratio test
承载变形 load metamorphism
承载变性 load metamorphism
承载变质 load metamorphism
承载表面(积) bearing surface
承载部件 carrier; load-carrying element; load-supporting component
承载槽 carrying channel
承载长度 loaded length
承载车轮 carrying wheel
承载带 load-bearing tape
承载的钟形屋顶 carrying cupola
承载底板 weight tray
承载地层 bearing bed; bearing layer; bearing stratum
承载地面砖 weight floor block
承载垫板 load pad
承载垫层 fardage
承载反滤层 loaded filter
承载刚架 weight frame
承载钢丝绳 carrying wire rope
承载钢索 bearer cable; track rope
承载拱 loading arch
承载钩 load hook
承载构架 load-bearing frame
承载构件 bearing carrier; carrying member; load-bearing member; load-carrying element; load-carrying member; load-supporting component
承载构件的设计 design of load bearing element
承载轨道 carrying rail
承载辊子 carrier roller
承载焊缝 strength weld
承载环 load-carrying ring
承载集料 load-bearing aggregate
承载加劲杆 load-bearing stiffener
承载加劲肋 load-bearing stiffener
承载架 load backrest
承载结构 load-supporting structure
承载介质 carrying agent
承载块 carrier block
承载快速瓦 load-bearing speed tile
承载缆索 carrying cable
承载力 bearing capacity; bearing force; supporting capacity
承载力大的深基础 high-capacity deep foundation
承载力极限状态 limit state of bearing capacity
承载力破坏 bearing failure
承载力系数 bearing capacity factor; bearing factor; coefficient of bearing capacity
承载力因数 bearing capacity factor
承载力因子 bearing capacity factor
承载梁 carrier bar; loaded beam; load-supporting girder
承载量 bearing capability; bearing capacity; bearing force; carrying capacity; load-bearing capacity; load-support capacity; supporting capacity; supporting load; supporting power; supporting value; bearing power
承载率 load carry duty
承载轮 carrier ilder
承载面 bearing plane; bearing(sur)-face; loading surface; supporting surface
承载面积 area of bearing; bearing area; loaded area
承载膜 carrier film
承载能力 bearing capability[capacity/force/quality/value]; carrying capacity; carrying power; load acceptance; load-bearing capability; load-carrying ability [capacity/power/property]; load(ing) capacity; load-support capacity; supportability; supporting capability[capacity/load/power/property/quality]; supporting value; weight bearing capacity; bearing power; load-bearing capacity; wheel load capacity【道】
承载能力测定仪 bearing capacity apparatus
承载能力测量仪 bearing capacity apparatus
承载能力极限 limit of bearing capacity
承载能力极限状态 ultimate limit (ing) state
承载能力试验 load capacity test
承载能力系数 coefficient of bearing capacity; bearing capacity factor
承载能力折减系数 capacity reduction factor
承载平面 loaded plane
承载砌墙瓦 load-bearing wall tile
承载器 loader
承载器架 bearer carrier; carrier bearer
承载器梁 carrier bearer
承载牵引索 carrying traction rope
承载强度 bearing strength; load-bearing strength; loading strength; supporting strength
承载桥轴置于拖车中心线的平衡式全挂拖车 balanced full trailer
承载区 loaded region
承载式车身 monocoque
承载式车体结构 stressed-skin construction of car body
承载试验 bearing test; load-bearing test
承载索 carrier cable; carrying cable; carrying rope; loading cable; main cable; payload rope; skyline; rail rope <架空索道的>; crane cable <起重机>
承载索道 track cable; track rope
承载索接头 track cable joint
承载特点 load-supporting characteristic
承载特性 load-carrying property; load-supporting characteristic
承载特征 load-supporting characteristic
承载特征曲线 load curve
承载体 supporting body
承载体系 bearing system
承载通路连接 bearer channel connection
承载土 holding ground; loading ground
承载土层 load-bearing soil; loading soil
承载位置 load position
承载系数 bearing capacity factor
承载系统 loading system
承载弦 loaded chord
承载线 lift line
承载性能 bearing property; load-bearing property; load-carrying property
承载压力 bearing pressure
承载压强 bearing pressure; bearing stress
承载岩层 bearing formation
承载业务 bearer service
承载因数 bearing factor
承载因素 bearing factor
承载应变 bearing strain
承载值 bearing value; supporting value
承载指数 loading index
承载中心 bearing center[centre]
承载重量 loaded weight
承载轴 carrying rope; carrying shaft; supporting axle
承载柱 bolster stake
承载铸件 bearing casting
承载砖 loaded brick
承载转向架 carrying bogie; load-bearing bogie
承载状态 load condition
承载阻抗 loaded impedance
承枕 bolster; bunk; corbel piece
承纸卷轴 platen
承制厂 supplier
承制者 supplier
承重 carrying; support
承重板 bearer plate; bearing plate; distributing plate
承重板簧 bearing spring
承重板墙结构 load-bearing panel construction
承重棒的中心距 bearing bar centers [centres]
承重保温材料 load-bearing structural insulating material
承重比 bearing ratio
承重比试验 beating ratio test
承重壁 bearing partition(wall)
承重臂 supporting arm
承重玻璃砖 bearing glass block; structural glass block
承重部分 supporting parts
承重部件 supporting parts
承重槽钢 carrying channel
承重层 bearing course; bearing layer; bearing stratum; carrier; supporting course; supporting layer
承重单元 load-bearing unit
承重的 bearing; load bearing
承重的建筑正面 <由预制构件组成的> cast-iron front
承重的框架 bearing frame
承重的圬工墙 bearing masonry (work)
承重的(镶)面层 load-bearing face work
承重地板预制块 supporting floor block
承重地砖 supporting floor brick
承重垫板 bearing plate
承重盖板 carrying strap
承重杆 bearing bar; bearing rod
承重钢构架 steel load-bearing skeleton
承重钢骨架 steel load-bearing skeleton
承重钢结构 steel load-bearing structure
承重钢框架 structural steel work
承重钢丝绳 track cable
承重钢索 supporting troll(e)y
承重钢桩 structural steel pile
承重隔膜 load-bearing diaphragm
承重隔墙 bearing partition (wall); load-bearing partition; supporting partition; wall-bearing partition; weight-carrying partition wall; weight partition wall
承重构架 load-bearing frame; load-bearing skeleton; supporting frame (work); weight-carrying frame
承重构件 bearing carrier; bearing member; carrier; carrying member; load-bearing member; load-carrying member; supporting member
承重骨架 load-bearing skeleton; load skeleton; structural skeleton; supporting skeleton; weight-carrying skeleton
承重骨架刚度 load-bearing skeleton rigidity
承重骨架构件 load-bearing skeleton member
承重骨架结构 load-bearing skeleton structure; weight-carrying skeleton construction
承重骨料 load-bearing aggregate
承重桁架 truss principal
承重横墙 load-bearing cross wall

C

承重横墙单元 load-bearing cross wall unit
承重环 load-bearing ring;support ring
承重混凝土 base concrete
承重机构 load-bearing mechanism; support mechanism
承重基层 supporting base
承重集料 load-bearing aggregate
承重加劲杆 bearing stiffener
承重建筑 structural construction
承重结构 bearing structure; lattice; load-bearing construction; load-bearing structure; load-carrying member; load-carrying structure; weight-carrying construction
承重结构系统 load-bearing structure system
承重结构用木板 structural board
承重金属结构 structural metalwork
承重金属龙骨 load-bearing metal stud
承重空间结构 supporting space structure
承重空心砖 load-bearing hollow brick
承重块 bearing block;bearing chair
承重块接合 bearing block connection
承重框架 bearing frame;bearing skeleton;load-bearing frame;load-bearing skeleton construction;structural frame;weight-carrying frame
承重框架构件 bearing skeleton member
承重框架构造 bearing skeleton construction
承重框架结构 bearing skeleton construction; bearing skeleton structure
承重框架系统 frame load-bearing system
承重缆索 weight cable
承重肋 bearing rib;load-bearing rib; structural rib
承重链 load chain
承重梁 carrier beam; loaded beam; spandrel girder
承重量 bearing capacity; supporting capacity; supporting load; supporting power;supporting value
承重楼板空心砖 weight-carrying floor block
承重楼板面砖 bearing floor block; bearing floor brick
承重楼板泥砖 bearing floor clay brick
承重楼板黏[粘]土砖 weight-carrying floor clay block; weight-carrying floor clay brick
承重楼板砖 weight-carrying floor brick
承重炉墙 bearing wall
承重(路)表面 load-bearing surfacing
承重路面 load-bearing pavement
承重轮 track wheel
承重面 bearing plane; bearing surface;load surface
承重面层 load-bearing facing
承重面积 load-bearing area; loading area
承重木构件 jack lagging
承重木结构 timber load-bearing structure;wooden bearing structure
承重能力 bearing capacity; bearing force; bearing power; load-bearing power; load-carrying capability; supporting load; supporting value; weight bearing power; weight capacity
承重牛腿 bearer bracket
承重配件 load-bearing fixing
承重皮带 carrying girth
承重平面 load-bearing plane
承重破坏 bearing failure
承重砌块 bearing block; supporting block
承重砌块墙 load-bearing wall of block
承重砌体 load-bearing masonry; supporting masonry(work)
承重强度 load-bearing strength
承重墙 bearing wall; carrying wall; load (-bearing) wall; structural wall;supporting wall;wall-bearing
承重墙板 load-bearing(wall) panel
承重墙板结构 bearing wall panel construction; solid walled panel structure
承重墙格间 bad-bearing wall panel
承重墙拱 scoinson arch
承重墙构造 bearing wall construction; load-bearing wall construction;supporting wall construction
承重墙建造 load-bearing wall construction
承重墙结构 bearing wall construction; bearing wall structure; load-bearing wall structure; solid wall-board structure;solid walled structure;structural wall brick;supporting wall structure; wall-bearing construction
承重墙内框结构 bearing wall and frame structure
承重墙用空心砖 structural wall tile
承重穹顶 carrying cupola
承重球杆 flyball arm
承重试验 bearing test
承重索 bearing cable; carrier cable; carrying rope; track cable; traction rope <缆索铁路和架空索道>
承重索的锚固 anchorage of carrying cables
承重索交叉 carrier cable crossing
承重体系 supporting system
承重铁 beam iron
承重挺杆 load jib
承重筒 carrying cylinder
承重托 bearing bracket
承重托架 load bearing
承重瓦 load-bearing structural tile
承重外墙 supporting out wall
承重外墙单元 load-bearing external wall unit
承重圬工 load-bearing masonry;bearing masonry work;loaded masonry work
承重圬工砌筑工作 weight-carrying masonry work
承重圬工墙 supporting masonry wall; weight-carrying masonry wall; weight masonry wall
承重系数试验 bearing ratio test
承重线 lifting-line
承重型玻璃衬垫 structural glazing gasket
承重型玻璃密封条 structural glazing gasket
承重性能 weight bearing quality
承重性质 weight bearing property
承重旋转接头 fifth wheel;fifth wheel attachment
承重碹 bearer arch
承重隅撑 bearing bracket
承重支架 load-bearing frame
承重支座 load bearing
承重柱 bearing column; heel post; king tower; load column; support(ing) pillar
承重砖 bearing brick; load-bearing brick; load-bearing tile; supporting brick
承重砖隔墙 supporting clay brick cross wall
承重砖墙 bearing brick wall; brick bearing wall
承重砖石房屋 load masonry building
承重砖石砌面工作 weight-carrying face work
承重砖石墙面圬工 weight-carrying facing masonry(work)
承重砖石饰面工作 weight-carrying face work
承重砖石镶面工作 weight-carrying face work
承重桩 bearing pile[piling];load-bearing pile;structural pile
承重桩墙 bearing pile wall
承轴 bearing journal
承轴部【机】footstock
承砖坯板 pallet board
承转 bring down
承转系数 carry-over coefficient
承转余额 balance brought down
承租承诺 commitment
承租契约 trip charter;voyage charter
承租人 leaseholder;leaser;lessee;tenant;tenantry;anchor tenant <位于商场中部或端部商店的>
承租人不受扰动的协议 non-disturbance agreement
承租人负责税金 charterer pays dues
承租人手册 tenant handbook
承租人首买权 tenant's right of first refusal
承租人添建筑 tenant's improvement
承租人预付的租金 foregift
承租人支付可能增加的财产税条款 tax stop clause
承租人租金外的支出 tenant contribution
承租条例 tenant handbook
承座 abuttal;bearing;shoe
承做转包的工作 subcontract

枨杆 suspended column

城邦 polis

城堡 barbacan[barbican];bastil(l)e; castellum; chateau; circumvallation;citadel;feudal town;fort;fortress castle;kasba;outwork;presidio;castle;kal'a <阿拉伯建筑上的>;alcazar <西班牙>
城堡大门 castle-gate
城堡大院 castle-court
城堡的大厅 hall-dungeon;hall-keep
城堡吊门 portcul(l)is
城堡吊闸 portcul(l)is
城堡高塔 keep-like tower
城堡壕沟外岸 counterscarp
城堡壕沟外护墙 counterscarp wall
城堡护城河到城门口的阶梯 pas-de-souris
城堡花园 castle garden
城堡建筑 castle architecture; castle building;fortress castle architecture
城堡建筑技艺 art of fortification
城堡建筑艺术 art of fortification
城堡教堂 castle church
城堡内场地 ward
城堡内居室 hall-keep
城堡女儿墙 <有城垛的> battlement
城堡墙 castle-wall; fortress castle wall
城堡墙上的掩蔽部 casemate wall
城堡墙上的掩蔽体 casemate wall
城堡上防御的塔 multiangular dungeon
城堡射箭孔 balistraria
城堡式教堂 fortress castle-church
城堡式礼拜堂 fortress castle-chapel
城堡式市镇 castle-like town
城堡式小教堂 fortress castle-chapel
城堡塔楼 castle-tower; fortress castle-tower
城堡外廊 zwinger
城堡外墙 bailey
城堡外庭后面的院子 base-court
城堡围墙 bawn
城堡围墙间空地 bayle
城堡下层厅堂 hall-dungeon
城堡形的 castellated
城堡形建筑 castellated house; castellation
城堡圆形主塔 round donjon
城堡之门 fortress castle-gate
城堡中木塔 brattice
城堡主 castellan
城堡主垒 keep of castle
城堡主楼 donjon; dungeon; hall-donjon
城堡主楼形塔 keep-like tower
城堡主塔 donjon;keep tower
城堡状建筑物 castellation
城齿 cops;merlon
城齿墙 castellated parapet
城垛 battlement; brandishing; castellated parapet;embattlement
城垛齿 merlon
城垛的 embattlemented;battlemented
城垛的女儿墙 embattled parapet wall
城垛的桥上护墙 embattled bridge parapet
城垛的斜面洞口 carnel
城垛式 crenel(l)ated
城垛形建筑 castellation
城轨交通 urban rail transit
城郭 bailey;city wall;zwinger
城郭形建筑 bailey form construction
城壕 moat
城濠 city moat
城河 fossa(e)
城际的 interurban
城际高速列车 <德国> Inter-City Express
城际铁道 interurban railroad[railway]
城际铁路 intercity rail; interurban railroad[railway]
城际通道 toll circuit
城建渣土 urban construction waste residue
城郊道路 peri-urban road
城郊规划 town and country planning
城郊洪水 peri-urban flood
城郊农业污染 suburban agricultural pollution
城郊区 outlaying area
城郊田园住宅区 garden suburb
城郊小屋 villa
城郊住宅区 banlieu(e); residential suburb
城楼 city gate tower;city tower;fortress castle-tower;gate house;gate tower;rostrum[复 rostra]
城楼格局 city pattern
城楼景象 city scape
城门 city gate;gate tower;porta <古罗马的>
城门洞形隧洞 D-shaped tunnel
城门楼 gate tower;rostrum[复 rostra]
城门通道 town gateway
城内衰落区 inner city
城墙 bailey;city wall;rampart;town wall;urban wall;wall
城墙堡垒 counterguard
城墙垛 battlement
城墙副壁 countermure
城墙后通道 chemin-de-ronde
城墙后通路 chemin-de-ronde
城墙门洞 street opening

城墙上人行道 rampart walk
城墙通道 rampart walk
城墙砖 city wall brick
城墙状的 embattlemented
城区测量 town-site survey
城区电力网 city network
城区电力系统 city network
城区调查 urban area survey
城区发展 urban development
城区公路 urban highway
城区规划 urban district planning; urban planning
城区环行公路 belt highway
城区扩展 urban expansion; urban sprawl
城区设计 urban design
城区系统 regional system
城区修复费 cost recovery districts
城区压力 urban stress
城区钻进 city-lot drilling; town-lot drilling
城区钻探 city-lot drilling; town-lot drilling
城塞玛瑙 fort agate
城市 abad; town
城市安全基准 urban safety minimum
城市柏油路 asphalt street
城市搬迁 urban relocation
城市暴雨径流 urban stormwater runoff
城市暴雨排水系统 urban storm drainage system
城市暴雨水 urban stormwater
城市爆炸 urban explosion
城市备用地区 urban improvement area
城市边缘 urban fringe
城市边缘地区 interstitial area
城市边缘土地 marginal land of city
城市标准统计面积 < 一个或数个县,小城市,以五万人口为标准的城市统计面积 > standard metropolitan statistic(al) area
城市别墅 urban villa
城市病理学 urban pathology
城市博物馆 municipal museum; urban museum
城市不规划发展 urban sprawl
城市布局 city layout; city pattern; urban layout
城市布局规划 distribution planning
城市财政 urban finance
城市采样区 urban sampling area
城市测量 city survey; urban survey
城市插图 city inset map; town-plan inset < 放大比例尺的 >
城市产业结构 urban industrial structure
城市车灯 dimmed illumination
城市(车辆)燃料经济试验 tests for city fuel economy
城市车站 town station; urban station
城市成长 urban growth
城市重建 urban redevelopment; urban renewal
城市重建区 urban renewal zone
城市出入口公路 city approach highway
城市出入主干道 outlet inlet main road
城市大公墓 < 古代 > necropolis
城市大会堂 civic auditorium
城市大气 community atmosphere; urban atmosphere
城市大气环境容量 environmental capacity of urban atmosphere
城市大气污染 urban atmosphere pollution
城市大容量公共有轨交通系统 mass transit railway
城市大运量交通系统 urban mass transit system
城市带 city strip
城市带形发展 ribbon development
城市单元 urban cell
城市导线【测】urban polygon
城市导线测量 city traverse survey; urban traverse surveying
城市道路 city road; gridiron; municipal highway; urban highway; urban road; urban street
城市道路单边停车 unilateral parking; unilateral waiting
城市道路等级 urban road classification
城市道路分级 city rod classification
城市道路分类 classification of urban road
城市道路及交通网模拟模型 urban road and traffic network simulation model
城市道路建设 urban road construction
城市道路开行的旋转起重机 non-slewing road crane
城市道路平面设计 alignment design; plane design of city urban road
城市道路铺面 municipal surfacing
城市道路桥 urban road bridge
城市道路体系 urban road hierarchy
城市道路网 city road network; city road system; city system; urban road network; urban road system
城市道路系统 city road network; city road system; urban road network; urban road system
城市道路用地 urban road right-of-way
城市的 municipal; urban
城市的滨水区 water front
城市的混合垃圾 mixer municipal refuse
城市的企业区 enterprise zone
城市等级 urban hierarchy
城市地表径流 surface runoff of city
城市地带 urban zone
城市地籍 urban land roll
城市地理学 urban geography
城市地面沉降 urban surface subsidence
城市地面径流 urban surface runoff
城市地区 town district; urban area; urban region; urban district
城市地区研究 urban area study
城市地铁 city metro; city subway
城市地图 urban map
城市地下隧道 tunnels under city street
城市地下铁道 urban underground railway
城市地下铁路 metro
城市地下铁路的充气轮胎列车 metro's pneumatic-tired[tyred] train
城市地下铁路的地面延长线 extension surface metro line
城市地下铁路网 metro network
城市地形测量 urban topographic(al) survey
城市地形图 topographic(al) map of urban area
城市地质经济建设区 economy construction area of urban geology
城市地质学 urban geology
城市电缆 city cable
城市电力网 urban power network
城市雕塑 urban sculpture
城市调查 civic survey; urban investigation; urban survey
城市调查分析 urban diagnosis
城市调查图 civic survey map
城市定居 urban homesteading
城市定向运输系统 city oriented transport system
城市定性理论 urban qualitative theory
城市动态 urban dynamics
城市堆肥 municipal compost
城市对抗 counter-city
城市对偶记录 city-pair record
城市对外交通 urban external communication; urban outbound traffic
城市多功能系统 urban multi-purpose system
城市发展 city development; municipal development; town development; urban development; city growth; urban growth
城市发展的总体规划 master plan for development of city
城市发展的总图 master plan for development of city
城市发展规划 city development planning; urban development planning
城市发展模式 city development pattern; urban development pattern
城市发展区 city extension zone; urban development area
城市发展趋向 trend towards urban development
城市发展实施方案 urban development action grant
城市发展委员会 municipal development committee; town development committee
城市发展战略 strategy for urban growth; urban development strategy
城市法规 municipal by law
城市繁华区 upper city
城市方位物图 < 用于飞机定向 > through way-town plan
城市防洪 urban flood defense[defence]
城市防洪堤 urban levee
城市防护带 urban shelter belt
城市防火规划 town fireproof plan
城市防火计划 town fireproof plan
城市防火条件 municipal fire protection requirement
城市防空 air defence of city
城市防灾 urban disaster prevention
城市防灾规划 calamity precaution planning; disaster planning; urban planning of disaster management
城市防噪声规划 noise control in city planning
城市防震 urban earthquake hazard protection
城市房屋 city building; civic building
城市放款公司 city loan company
城市放射性腐物管理办法 regulations on administration for radioactive wastes of cities
城市非点源污染管理模型 management of urban non-point source pollution model
城市非点源污染控制 urban non-point source pollution control
城市废料焚化炉 municipal destructor; municipal incineration plant
城市废弃物 municipal solid waste; urban solid waste
城市废水 municipal effluent; municipal wastewater; urban wastewater
城市废水处理厂 municipal wastewater treatment plant
城市废水的回收 urban wastewater reclamation
城市废水的回收和再用 urban wastewater reclamation and reuse
城市废水的回用 urban wastewater reuse
城市废物 municipal waste; town rubbish; urban district waste; urban waste
城市废物处理 municipal waste disposal; municipal waste treatment; urban waste treatment
城市废物处置 municipal waste disposal
城市废物堆肥 municipal waste compost
城市废物渗滤液 municipal waste leachate
城市废渣 municipal waste
城市分级 urban hierarchy
城市分类 city classification
城市分区 city zoning
城市分区规划 city district planning
城市分区系统 zone system
城市风 urban wind
城市风景 city appearance; city scape; civic landscape; town landscape; townscape; urban landscape
城市风景画 townscape
城市风景区 landscaping urban district; urban scenic spot
城市风貌 city scape; city style and features; townscape
城市服务设施范围 urban service boundary
城市辐射力 urban radiation force
城市复苏 urban revitalization
城市复兴 urban redevelopment; urban renewal
城市复兴工作 urban redevelopment work
城市副食品生产基地 urban non-staple food production base
城市副中心 subcivic center[centre]
城市腹地 city hinterland
城市改建 city improvement; city redevelopment; city rehabilitation; town renewal; urban reconstruction; urban redevelopment
城市改建地区开发商的公开计划报告 redeveloper's statement of public disclosure
城市改建计划 urban renewal program(me)
城市改善 town improvement
城市改造 town renewal; transformation of city; urban (re) development; urban renewal
城市干道 arterial street; city thoroughfare; urban arterial highway; urban thoroughfare
城市干道网密度 urban road network density
城市港口 city terminal; municipal port
城市港口工程 municipal harbo(u)r engineering; municipal port engineering
城市高峰时禁止停车的道路 urban clearway
城市高架快速干道 elevated urban expressway
城市高速公路 municipal expressway; urban expressway; urban freeway; urban motorway
城市高速交通 urban rapid transit
城市高速交通车辆 rapid transit vehicle
城市高速铁路 rail rapid transit; rapid transit railway
城市高速铁路运输 rail transit; urban rail transit
城市高速运输 city transit
城市高速运输区 rapid transit district
城市格局 city pattern; urban framework

城市个性 urban personality
城市更新 urban renewal
城市更新规划 urban renewal plan-(ning)
城市更新建设项目 urban renewal project
城市更新面积 urban renewal area
城市更新区域 urban renewal area
城市更新用地售价 disposition price
城市更新住房 urban renewal housing
城市工程 civic work
城市工程地质测绘 engineering geology mapping of urban
城市工程地质勘查 engineering geologic(al) exploration of city
城市工程学 municipal engineering; urban engineering
城市工矿区防污绿化 anti-pollution plantation in urban industry districts
城市工商业区 enterprise zone
城市工业废水处理 municipal industrial waste treatment
城市工业废水管理 management of urban industrial wastewater
城市工业结构 urban industrial structure
城市工业区 urban industry district
城市工业群集 urban industrial society
城市工业体系 urban industrial system
城市工业污染 urban industrial pollution
城市公共交通 city transit; municipal transport(ation); public mass transit; urban mass transportation; urban public traffic; urban public transport(ation); urban mass transit
城市公共交通标志 urban public transport sign
城市公共交通管理局 <美> Mass Transit Administration
城市公共交通规划 city mass transit planning; urban public transport planning
城市公共交通客流调查 urban public transport passenger flow survey
城市公共交通客流预测 urban public transport passenger flow forecast
城市公共交通票价制 urban public transport fare structure
城市公共交通企业 urban public transport enterprise
城市公共交通条例 Urban Mass Transportation Act
城市公共交通系统 city transit; urban mass transit system; urban public transport system
城市公共交通运行调度 urban public transport
城市公共客运 urban bus transport
城市公共绿地 urban public open space
城市公共汽车 city motor bus; municipal bus
城市公共设施 urban public services
城市公共运输 urban mass transit
城市公害 city pollution; civic nuisance; urban pollution
城市公路 municipal highway
城市公用事业 city-owned utility; city service; urban(public) utility; urban service
城市公用事业附加税 urban public utility surtax
城市公园 city park; municipal park; town garden; urban park
城市功能 urban function
城市功能恶化区 deteriorated area
城市功能分区 city function division; functional region of city; functional urban district; functional zoning for urban land use
城市功能影响区 urban effective area
城市供电系统 municipal power supply system
城市供气 town gas
城市供热 city heating; city heat supply; municipal heating; municipal heat-supply; town heating; urban heating
城市供热工程 city heat supply engineering
城市供水 city water supply; municipal water; municipal water supply; town water supply; urban water supply
城市供水管理局 municipal water department
城市供水管网 public supply main; urban water supply network
城市供水区 municipal water district
城市供水设施 municipal water facility
城市供水水源 urban water supply source
城市供水水质 urban water supply quality
城市供水水质标准 municipal water supply quality standard
城市供水系统 urban water supply system; waterworks
城市供需关系 urban supply demand relationship
城市供应干管 public supply main
城市供应干线 public supply main
城市供应管网 public supply main
城市供应网 urban supply network
城市宫 <指文化宫、少年宫等> urban palace
城市构成 urban fabric
城市构造形式 municipal configuration
城市孤儿院 municipal orphanage; urban orphanage
城市骨架 urban framework
城市固体废物 municipal solid waste
城市固体废物焚化炉 municipal solid waste incinerator
城市固体垃圾 municipal solid waste
城市固体垃圾填埋工程 municipal solid waste landfill
城市管理 administration of city; city administration; city management; city operation; urban management
城市管理机构 urban authorities
城市管线工程 urban pipeline engineering
城市广场 agora(e); city square; town square; urban square
城市规划 city layout; city planning; community planning; municipal planning; municipal program(me); town planning; urbanism; urban planning
城市规划编制程序 procedure of urban planning
城市规划测量 town planning survey
城市规划当局 town planning authority
城市规划法(规) city planning law; town planning act
城市规划工作 town planning work
城市规划管理 town planning and administration
城市规划管理部门 urban planning authority
城市规划管理局 City Planning and Administration Bureau; Town Planning and Administration Bureau
城市规划规范 urban planning norm and criterion
城市规划机构 town planning institute
城市规划技术 techniques of city planning
城市规划理论 municipal planning theory; town planning theory; urban planning theory
城市规划面积 city planning area
城市规划区(域) city planning area; township <澳大利亚>
城市规划权威 town planning authority
城市规划人员 town planer; urban planner
城市规划设计院 urban planning institute
城市规划师 city planner; urbanist
城市规划事业管理 city planning administration
城市规划条例 city planning law; municipal planning act; town planning act
城市规划图 city plan(ning map); town plan
城市规划委员会 city planning commission; urban planning commission; zoning commission
城市规划系统 municipal planning system; town planning system
城市规划限制 town planning restriction
城市规划学 urbanistics
城市规划学的 ekistical
城市规划学会 town planning institute
城市规划研究 municipal planning study; town planning study; urban planning study
城市规划研究院 municipal planning institute
城市规划语言 urban planning vocabulary
城市规划员 urbanist
城市规划者 municipal planner; town planner; urbanist; urbanologist; city planner; urban planner
城市规划中建筑物以外的地方 <包括公园、林地、草地以及其他休闲用地等> open space
城市规划专家 urbanist; urbanologist
城市规模 city size; size of city; urban scale
城市轨道交通 mass transit; urban rail transit
城市国家 city state
城市过境道路 urban through road
城市过境交通 urban transit traffic
城市过密 urban congestion
城市过载交通系统 city's overloaded traffic system
城市航空摄影测量 urban aerophotogrammetry
城市和区域系统 city and region systems
城市核心 urban core
城市洪水 urban flood
城市花园 town garden; urban garden
城市滑橇式公共交通系统 ski transit
城市化 citify; urbanization; urbanize
城市化的农村地区 subcountry
城市化的乡村地区 subtopia
城市化地区 urbanized area
城市化对水文的影响 hydrologic(al) impact of urbanization
城市化集聚区 urbanized agglomeration
城市化居民(数) urbanized population
城市化趋势 urbanization trend
城市化失控 uncontrolled urbanization
城市化水平 degree of urbanization; urbanized standard
城市化土地 urbanized land
城市化学污染 urban chemical pollution
城市化因素 urbanization factor
城市化指数 degree of urbanization
城市环境 built environment; city's environment; municipal environment; urban environment
城市环境保护 urban environmental protection
城市环境保护法令 municipal ordinance
城市环境保护条例 municipal ordinance
城市环境恶化 city's environmental decay; urban environment(al) decay
城市环境管理 urban environmental management
城市环境规划 urban environmental planning
城市环境监测 monitoring of urban environment
城市环境空气质量 urban ambient air quality
城市环境容量 urban environmental capacity
城市环境舒适 urban amenity
城市环境水文地质学 urban environmental hydrogeology
城市环境卫生 municipal sanitation; urban environmental hygiene; urban sanitation; city sanitation
城市环境卫生措施 city sanitation measures
城市环境污染 city's environmental pollution; urban environmental pollution
城市环境污染物 city's environmental pollutant
城市环境预测 urban environmental forecasting
城市环境噪声适用区 suitable regions of ambient noise of cities
城市环境质量 urban environmental quality
城市环境质量评价 urban environmental assessment
城市环境质量图 quality map of urban environment
城市环境综合整治 integrated control of urban environment
城市环境综合整治定量考核制度 system for quantitative examination on integrated control of urban environment
城市环境综合整治规划 comprehensive rehabilitation planning of urban environment; comprehensive treatment planning of urban environment
城市火警箱 master box
城市火灾警报箱 municipal fire alarm box
城市或街坊重建 remodel(l)ing; reshaping; restructuring
城市机动车辆交通 urban motor vehicle traffic
城市机动车辆噪声标准 urban motor vehicle permissible noise standard
城市机械模拟 mechanical analogy of city
城市基本地图 base map of city
城市基本功能 fundamental urban function
城市基本结构 urban basic frame
城市基础设施 urban infrastructure
城市及国家 city and state
城市及郊区规划 town and country planning
城市及周边地区规划 city and regional planning

城市疾病 urban disease
城市集合体 urban aggregate
城市集结 urban agglomeration
城市集聚 urban agglomeration
城市集团 urban agglomerates
城市给水 city water; city water supply; municipal supply; municipal water supply; town water supply; urban water supply
城市给水干线 public supply main
城市给水工程 urban water supply engineering
城市给水管网 public supply main
城市给水检验 examination of municipality water supply
城市给水设备 urban water facility
城市给水体系 municipal water system
城市给水系统 municipal water system; urban water supply system
城市计划调查 town planning survey
城市计划用地 town site
城市间 intercity
城市间拨号 intercity dial(l)ing
城市间(长途)传输网络 intercity transmission network
城市间长途汽车 land cruiser
城市间长途运输 long-distance inter-urban transport
城市间道路 interurban road
城市间的 interurban
城市间电话通信[讯] interurban telephone communication
城市间电视传输系统 intercity television system
城市间电网 intercity network
城市间货物运输 intercity freight traffic; intercity freight transportation
城市间列车 intercity train
城市间旅客运输 intercity passenger traffic; interurban passenger traffic
城市间人口迁移 interurban migration
城市间铁路 intercity rail; interurban railroad[railway]
城市间通信[讯] intercity communication
城市间通信[讯]电路 intercity circuit
城市间线路 interurban route
城市间相互作用 interurban interaction
城市间运输 intercity traffic; interurban traffic
城市间运输计划 intercity program(me)
城市间中继系统 intercity relay system
城市建成区 built-up urban area
城市建设 city construction; municipal construction; town development; urban construction
城市建设和维护费 expense for urban development and maintenance
城市建设基地 town site
城市建设计划 urban development planning
城市建设模式 urban development model
城市建设资金 municipal construction financing
城市建筑法规 urban building code
城市建筑规范 city building code
城市建筑轮廓线 skyline of(a)town
城市建筑(物)urban architecture; city architecture; civic architecture; civil architecture; municipal architecture; urban construction; urban fabric
城市建筑小品 street furniture
城市建筑艺术 civic art; civic design
城市交通 city traffic; city transport(ation); communication of city; municipal transport(ation); urban traffic; urban transit
城市交通车流 urban traffic flow
城市交通调查 city traffic survey
城市交通观测 city traffic survey; urban traffic survey
城市交通规划 city transportation planning; urban traffic planning
城市交通集成管理战略 integrate urban traffic management strategy
城市交通控制 urban traffic control
城市交通控制公共汽车优先系统 urban traffic control bus priority system
城市交通控制系统 urban traffic control system
城市交通流(动性)urban mobility
城市交通全国委员会 <美> National Committee on Urban Transportation
城市交通图 urban street map
城市交通污染 urban traffic pollution
城市交通系统 municipal transport system
城市交通运输规划 urban transportation planning
城市交通运输规划系统 urban transportation plan system
城市交通噪声 urban traffic noise
城市郊区 skirt; suburbia; urban suburb
城市教堂 urban church
城市街道 city street; urban street
城市街道交通流量控制 urban street traffic flow control
城市街道图 urban street map
城市街道网 urban network; urban street network
城市街坊 urban block
城市街区 urban block
城市节约用水管理规定 rules on administration of utilizing and saving water in city
城市结构 urban framework; urban structure
城市结构形态 urban morphology
城市截流(污水)沟管 municipal intercepting sewer
城市界线 town boundary
城市界限 town enclosure
城市近郊 peri-urban
城市近郊道路 peri-urban road
城市经济 urban economy
城市经济体系 urban economic system
城市经济效益 urban economic benefit
城市经济学 urban economics
城市经济综合平衡 overall balance of urban economy
城市景观 city appearance; city landscape[landscaping]; city panorama; city scape; city scenery; city sight; civic landscape; town landscape; townscape; urban landscape
城市景观规划 townscape plan(ning)
城市景观设计 landscape design
城市景观艺术 urban art
城市景色 urban landscape
城市径流模拟模式 urban runoff simulation model
城市径流模式 urban runoff model
城市径流水质 urban runoff quality
城市径流污染 urban runoff pollution
城市径流污染弥散管理 diffuse urban runoff pollution management
城市径流污染物 urban runoff pollutant
城市径向剪切带 radial shear zone of city
城市径向扩展 radial expansion
城市居民 citizen; city dweller; oppidan; sleeker; townsfolk; urban dweller; urban inhabitant; urban inhibitor; urbanite; urban man; urban resident
城市居民点 urban settlement
城市居民建设密度 urban residential construction density
城市居民居住面积 living space of urban population
城市居住 oppidan
城市居住空间 urban living-space
城市居住区 urban settlement
城市俱乐部 city club
城市剧院 urban theater[theatre]
城市聚集体 urban agglomeration
城市均质性 urban homogeneity
城市开发 city development; urban development
城市开发委员会 urban development committee
城市抗震规划 aseismatic planning of city; seismic planning of city
城市科学 urban science
城市客流 urban passenger flow
城市空间 urban place; urban space
城市空间分布 urban spatial distribution
城市空间决定论 urban spatial determinism
城市空气 urban air
城市空气覆盖层 urban air blanket
城市空气污染标度 urban scale of air pollution
城市空气污染模式 urban air pollution model
城市空气污染浓度 urban air pollution concentration
城市空气污染源 urban air pollution source
城市空气中的金属微粒 metal particle in urban air
城市恐惧症 urbiphobia
城市控制测量 urban control survey
城市快客运输管理局 rapid transit authority
城市快速道路 urban expressway
城市快速道路网 urban expressway net(work)
城市快速轨道交通系统 rapid transit system
城市快速交通 urban express traffic
城市快速路 urban motorway
城市快速密集交通铁路 mass rand transit railway
城市快速铁道交通线 rapid transit line
城市快速铁路 rail rapid transit
城市快速铁路系统 rapid transit railway
城市快速转运系统 urban rapid transit system
城市框架使用权 urban servitude
城市扩展 town extension; urban district sprawl; urban extension; urban sprawl
城市扩展区 urban development area
城市扩张 urban explosion; urban sprawl
城市垃圾 city refuse; municipal refuse; municipal waste; town refuse; town rubbish; town waste; urban district waste; urban refuse; urban waste
城市垃圾处理 treatment of municipal refuse
城市垃圾处置 domestic refuse disposal; municipal refuse disposal
城市垃圾的生物降解 biodegradation of municipal refuse
城市垃圾堆肥 municipal refuse compost
城市垃圾焚化 incineration of municipal refuse; municipal refuse incineration; urban refuse incineration
城市垃圾焚化炉 municipal refuse incinerator; urban refuse incinerator
城市垃圾焚烧 municipal incineration
城市垃圾焚烧炉 municipal destructor; municipal waste combustor
城市垃圾辐射处理 irradiation treatment of municipal refuse
城市垃圾气化 gasification of refuse
城市垃圾收集 urban refuse collection
城市垃圾填埋 landfill of municipal refuse
城市垃圾无害处理率 decontamination rate of urban refuse
城市垃圾压缩处理 compaction of municipal refuse
城市劳动保护 urban labo(u)r protection
城市劳动力资源 urban labo(u)r force resource
城市历史保护 urban history conservation
城市立法规划法规 legislation for city planning
城市连接地区 urban connector
城市联合体 urban unity
城市临海地段 sea front
城市流动人口 urban population flow
城市旅馆 urban hotel
城市旅行 urban travel
城市旅游 urban tourism
城市绿带 city green belt
城市绿地 urban green
城市绿地定额 city greening-area quota; urban plantation quota
城市绿地规划 green belt planning
城市绿化 city green-area; urban afforestation; urban forestry; urban green
城市绿化覆盖率 percentage of urban greenery coverage
城市绿化系统 city planting system
城市绿化协定 city green activity agreement
城市轮渡 urban ferry
城市轮廓 urban configuration; urban skeleton
城市轮廓线 skyline of(a)town
城市煤气 city gas; town gas; utility gas
城市煤气调度 city gas dispatch
城市煤气废水 wastewater from town gas plant
城市煤气公司 urban gas utility
城市煤气供热 heating by town gas
城市煤气供应 city gas supply
城市煤气门站 city gas gate station
城市煤气用于室内采暖 space heater of burning town gas
城市煤气总管 town main
城市美观 urban amenity; urban beauty
城市美观广场 aesthetic square
城市美观艺术 urban art
城市美化运动 beautification; city beautiful movement
城市美学 urban aesthetics
城市门站 city gate station; town border station
城市密度结构 density structure of city
城市密集交通铁路 mass transit railway
城市模式 model of metropolis
城市内部结构 internal structure of city
城市内部空间结构 internal spatial

structure of town
城市内部快速交通联系 fast intraurban transit link
城市内的 intramural
城市内货流 urban freight movement
城市内通信[讯] intra-city communication
城市内外围交通线调查 external-internal-cordon survey
城市内物流 urban freight movement
城市能源 urban energy
城市泥沙防治 urban sediment control
城市农庄 city farm
城市排暴雨水管理模型 urban drainage stormwater management model
城市排放污染物 municipal effluent
城市排水 city drainage; municipal drainage; municipal effluent; municipal water drainage; town drainage; urban sewerage
城市排水工程 municipal sew(er)-age; urban drainage engineering
城市排水规划 urban drainage planning
城市排水区 urban drainage district
城市排水系统 city sewage system; municipal drainage system; municipal sewerage; urban drainage system
城市排水系统管理模型 urban drainage system management model
城市排水系统设计 urban drainage design
城市排水系统实时控制 real-time control of urban drainage system
城市排污 urban discharge
城市排污量 municipal discharge amount
城市配电 city distribution
城市配水网 city water distribution net(work); municipal water distribution network; municipal water distribution system; public supply main
城市配水网密度 municipal water distribution system concentration
城市配水网设计 design of municipal water distribution system
城市配水系统 municipal water distribution system
城市膨胀 urban expansion
城市膨胀发展 rounding-off
城市贫民窟 urban slums
城市贫民区 urban slums
城市平面图 city plan
城市企业 city enterprise; urban enterprise
城市气候 city climate; urban climate
城市气候学 urban climatology
城市气质 urban personality
城市汽车道网络 network of urban motorways
城市汽车交通 urban motor vehicle traffic
城市汽车专用路 urban motorway
城市桥梁 city bridge; urban bridge
城市轻快公共交通地下铁路 <英> light rapid transit metro
城市清洁 urban clearance
城市清理 urban clearance
城市区划 tier
城市区划委员会 zoning commission
城市区域 town district; urb <美>
城市区域的分区 zoning in urban area
城市区域稳定性 urban regional stability
城市趋势 urban trend
城市全景图 city panorama
城市群 city agglomeration; city aggregate; city group; urban agglomeration; urban group
城市群众 urban mass
城市燃气 town gas
城市燃气供应 city gas supply
城市燃气门站 town border station
城市燃气输配系统 gas transmission and distribution system
城市热岛 urban heat island
城市热岛效应 urban heat island effect
城市热闹地区 downtown(area)
城市热气空气层 city air blanket
城市热水供应 city hot water supply
城市人防 civil defense
城市人防规划 civil(-air) defense[defence] planning
城市人口 city population; population of city; urban dweller; urban mass; urban population
城市人口出生率 birth rate of urban population
城市人口分布 population distribution of a city
城市人口机械变化 mechanical change of urban population
城市人口集中 urban drift
城市人口结构 urban population composition; urban population structure
城市人口就业结构 employment structure of urban population
城市人口流入 urban drift
城市人口密度 urban population density
城市人口民族构成 national structure of urban population
城市人口年龄构成 urban population age composition
城市人口平均预期寿命 average life expectancy of urban population
城市人口普查 urban population census
城市人口死亡率 death rate of urban population
城市人口文化构成 cultural structure of urban population
城市人口性别构成 sex structure of urban population
城市人口异质性 urban population differentiation
城市人口职业构成 employment structure of urban population
城市人口自然增长率 natural growth rate of urban population
城市容量 urban capacity
城市入口 city access; city gate
城市入口协议 city gate agreement
城市三角测量 city triangulation; urban triangulation surveying
城市桑拿浴室 town sauna bath
城市沙漠 urban desert
城市商务区 heart of the town
城市商业 downtown business; urban business
城市商业区 downtown(area); downtown business district; town centre
城市商业网点 downtown business spots; urban business spots
城市商业中心区 central business district
城市少数民族区 ghetto
城市设备 urban mechanics
城市设防 town fortification
城市设计 civic design; urban design
城市设计理论 theory of urban design
城市设施 municipal facility; urban facility
城市社会 urban society
城市社会规划 social planning; urban social planning
城市社会文化决定论 urban social and cultural determination
城市社会效益 urban social benefit
城市社会学 urban sociology
城市社区 urban community
城市生产关系结构 structure of urban production relations
城市生活标准 urban living standard
城市生活的 towny
城市生活方式 urban life style
城市生活垃圾管理 municipal refuse management
城市生活区 municipal living place
城市生活设施最低水平 civil minimum
城市生活污染 urban domestic pollution
城市生活污水 urban domestic sewage
城市生活污水管理 management of urban domestic sewage
城市生活用水 urban domestic water
城市生活质量 quality of urban life
城市生活中特有的习俗和社会问题 urbiculture
城市生态规划 urban ecological planning
城市生态计划 urban ecological planning
城市生态经济 urban ecological economics
城市生态评价 urban ecological assessment
城市生态适宜度 urban ecological suitability
城市生态调控 urban ecological regulation
城市生态系统 urban ecosystem
城市生态系统工程 systems engineering of urban ecological system
城市生态系统功能 function of urban ecologic(al) system
城市生态系统结构 structure of urban ecologic(al) system
城市生态效益 urban ecological benefit
城市生态学 urban ecology
城市生态预测 urban ecological forecasting
城市生长 urban growth
城市史 urban history
城(市市)区 city proper; urban area
城市市政隧道 urban utility tunnel
城市事务计划 urban affair program(me)
城市首位度 primacy ratio
城市疏散 urban dispersion
城市输电网 city transmission network
城市树林地带 urban forest zone
城市树木栽培 urban arboriculture
城市衰败 urban decay
城市水池 urban pool
城市水处理 municipal water treatment
城市水管理 urban water management
城市水耗 urban water consumption
城市水环境 urban water environment
城市水利 urban water conservancy
城市水平 town level
城市水文学 urban hydrology
城市水(系)污染 municipal water pollution; urban water pollution
城市水质标准 municipal water quality standard
城市水(资)源 urban water resources
城市顺位规模法则 rank-size rule of cities
城市死亡率 urban mortality
城市隧道 urban tunnel
城市特有的习俗 urbiculture
城市体系 urban system
城市体系规划 urban hierarchy planning
城市体型 city pattern
城市天际线 city skyline; skyline of (a) town
城市条例 city ordinance; municipal ordinance
城市铁道 metropolitan railway; rail transit
城市铁道系统 rail transit system
城市铁路 city railway; metropolitan railway; street railway; street track; urban railway
城市通路 city access
城市通衢 traffic-carrying street
城市图 city map
城市图书馆 urban library
城市图制图学 town cartography
城市土地 urban land
城市土地利用规划 city land use planning
城市土地利用系数 coefficient of urban land-use
城市土地区划管制条例 city zoning ordinance
城市土地学会 Urban Land Institute
城市土壤污染 urban soil pollution
城市退化 urban decay
城市外貌 urban configuration
城市外围 outskirt
城市外围内围警戒线 external-internal-cordon
城市外围内围两线 external-internal-cordon
城市外围区 outlaying area
城市外围线 external cordon
城市外围线(交通)调查 external-cordon survey
城市网架 city network; urban network; urban skeleton
城市网络 city network; urban network
城市危机 urban crisis
城市微气候影响 urban microclimate effect
城市围圈 town enclosure
城市萎缩 urban shrinkage
城市卫生 city health; municipal sanitary; municipal sanitation; urban health
城市卫生工程 municipal sanitary engineering
城市卫生行政管理 city health administration
城市卫星 city satellite
城市文化 city culture; urban culture
城市文明 urbanized civilization
城市文物 city culture
城市文物古迹保护 preservation of urban historic relics and sites
城市问题 urban problem
城市问题评论(家) urban critic
城市污泥 municipal sludge; urban sludge
城市污染 city contamination; city pollution; community pollution; municipal pollution; urban pollution
城市污染非点源 non-point source of urban pollution
城市污染河流 urban polluted river
城市污染河水 urban polluted river water
城市污染控制规划 urban pollution control planning
城市污染模式 urban pollution model
城市污染水体 municipal polluted waters
城市污染物 urban pollutant
城市污染源 urban pollution source
城市污水 city waste; municipal effluent; municipal sewage; municipal

wastewater; urban sewage; urban wastewater
城市污水处理 municipal sewage treatment;town sewage treatment;treatment of municipal sewage; urban sewage treatment
城市污水处理厂 municipal sewage plant; municipal wastewater plant; town sewage treatment plant;urban sewage treatment plant
城市污水处理厂出水 municipal sewage treatment plant effluent;municipal wastewater treatment plant effluent
城市污水处理发展趋势 municipal wastewater treatment trend
城市污水处理后出水 municipal wastewater effluent; urban sewage effluent
城市污水处理率 treatment rate of domestic sewage
城市污水处理设备 municipal sewage plant
城市污水处理系统 municipal sewage treatment system
城市污水工程 municipal sewerage
城市污水管 municipal sewer pipe; municipal sewer
城市污水管理 urban wastewater management
城市污水控制 metropolitan waste-(water) control
城市污水流 municipal wastewater flow
城市污水排放 urban sewage discharge
城市污水污泥 municipal wastewater sludge
城市污水物化生物处理 physico-chemico-biological treatment of municipal sewage
城市无计划发展 urban sprawl
城市物理污染 urban physical pollution
城市吸引力 urban attraction
城市系统 city system
城市系统道路 urban system road
城市系统分析 urban system analysis
城市下水道 city sewer;municipal intercepting sewer;municipal sewer;urban drainage system;urban sewer
城市下水道区 metropolitan sewer district
城市下水道设备 urban sanitation
城市下水道系统 municipal sewerage system;urban sewerage system
城市下水系统 urban sanitation
城市现代化 urban modernization
城市线路 city line
城市乡村化 urban ruralization
城市详细规划 urban detailed planning
城市消费结构 structure of urban consumption
城市消费者的消费物价指数 consumer price index for all urban consumers
城市小广场 campo
城市小教堂 urban chapel
城市小空间 small urban space
城市小气候 local climate in city
城市小区规划 urban local planning
城市新陈代谢作用 urban metabolism
城市信息系统 urban information system
城市形式 city pattern; urban form; urban pattern
城市形态 urban form;urban morphology;urban pattern
城市形态学 urban morphology
城市型工业 urban type industry
城市性 urbanism
城市性质 designated function of a city;role of a city; urban character; urban nature
城市修复 urban rehabilitation
城市需求 urban requirement
城市需水量 municipal water demand
城市选址 city siting
城市学 urbanology
城市学家 urbanologist
城市学专家 urbanologist
城市压力 urban stress
城市烟尘控制区管理办法 guidelines of management of smoke dust regions of cities
城市烟雾 city fog
城市延伸 urban extension;urban spread
城市研究 urban study
城市要求 urban requirement
城市要素 urban element
城市移动污染源 moving urban pollution source
城市移居 urban migration
城市遗迹 ghost town
城市遗址 urban site
城市艺术广场 aesthetic square
城市饮用供水 municipal drinking water supply
城市饮用水源 municipal drinking water source
城市用地 civic area;town site
城市用地评价 land-use assessment; urban land-use evaluation
城市用地选择 selection of urban land
城市用电负荷 electricity need load
城市用煤气 municipal use of gas; Dowson gas
城市用水 municipal use of water;municipal water(use);town water
城市用水量 urban water consumption
城市用水系统 municipal water distribution system
城市游泳池 municipal swimming pool; urban pool; urban swimming bath
城市有轨电车网 urban tramway network
城市有机体论 organic analogy of city
城市与区域规划的 ekistical
城市与区域规划学 ekistics
城市与区域计划学 ekistics
城市雨水管道系统 municipal rainfall pipe system
城市浴场 urban swimming bath
城市园林 town garden
城市园林保护地 urban open space
城市园林绿地 urban open space
城市原型 city archetype
城市远郊 exurbia
城市远郊的 exurban
城市远郊富裕阶层居住区 exurb
城市远郊高级住宅区 exurb
城市运货卡车 city delivery truck
城市运量调查 city traffic survey
城市运输 city transport(ation); municipal transport(ation); urban transit;urban transport(ation)
城市运输规划 urban transportation planning
城市运输经济学 urban transport economics
城市运输模式 urban transport mode
城市运输模型系统 urban transportation model(l)ing system
城市灾害 urban damage;urban disaster
城市再发展 urban redevelopment
城市再开发工作 urban redevelopment work
城市噪声 city noise;community noise;municipal noise;urban noise
城市噪声管理 urban noise management
城市噪声市结构 city noise
城市增长 urban growth
城市战略规划 urban strategy plan
城市照明 city lighting;urban lighting
城市蒸汽浴室 urban sauna bath
城市整建 urban rehabilitation
城市整容术 urban cosmetology
城市整体规划 complex town planning
城市政策 urban policy
城市之间的 intercity
城市之状况或文化特性 urbanity
城市支路 urban branch road
城市职能 urban function
城市制图 urban mapping
城市中区 midtown
城市中少数民族集中居住区 ghetto
城市中心 central city;heart of the town; town center[centre]; urban core;city center[centre]
城市中心的规划 planning of civic center[centre]
城市中心区 civic central area; core area;urban center[centre]
城市重交通 heavy rail transit
城市周边绿地带 ring green
城市周围道路 peri-urban road
城市周围地区 peri-urban area
城市周围人口 peri-urban population
城市轴线 civic axis
城市主干路 arterial street
城市住房 town house
城市住房或市政厅 <荷兰> stadhuis
城市住房修建计划 urban commitment program(me)
城市住宅 town house
城市住宅的垃圾 house urban sweeping
城市住宅区 urban residential area
城市装饰 urban decoration
城市装置 urban mechanics
城市资源承载力 bearing capacity of urban resources
城市自动化轻轨铁路快速交通线 automated light rapid transit line
城市自动化橡皮轮胎(混凝土)轨道电车 people mover
城市自动化(橡皮)轮胎式轨道电车(系统)automated guided transit
城市自发蔓延 urban sprawl
城市自来水 municipal tap water;municipal water supply system
城市自来水供应 city water supply; municipal water supply
城市自然生态决定论 urban physical and ecological determinism
城市综合开发 comprehensive urban development
城市综合体 urban complexity
城市总管 town main
城市总设计师 chief town planner
城市总体布局 urban overall layout
城市总体规划 city general planning; city master plan;master city plan; master planning; overall planning; urban overall planning
城市总体规划阶段 overall planning stage of city
城市走廊式发展模式 corridor pattern;ribbon development
城市组团 city group
城市最佳规模 optimum city size
城外的 out of town;rural
城乡 city and country
城乡边缘地带 rural-urban fringe
城乡不连续的前沿地<限制城区伸展的乡区> urban fringe
城乡差别 difference between town and country;gap between town and country
城乡电网改造 project for upgrading urban and rural power grid
城乡规划 town and country planning; urban and rural planning
城乡建设 town and country construction;urban and rural construction
城乡建设环境保护部 Ministry of Urban and Rural Construction and Environmental Protection
城乡交接地带 rural-urban fringe
城乡连续区 urban-rural continuum
城乡连续体理论 urban-rural continuum
城乡联续统一体 rural urban continuum;rurbanisation
城乡丧失自然环境趋势 subtopia
城乡维护建设税 town and country maintaining and construction taxes
城乡物资交流 flow of goods between town and country
城乡一体化(趋势)subtopia
城乡运输 urban-rural transport
城域网 metropolitan area network
城镇 bourg; Burga; cities and towns; town
城镇测量 town survey(ing)
城镇重建 urban and community redevelopment
城镇道路 town road
城镇的边缘 border of a town
城镇的大小 size of a town
城镇的防御高塔 bastil(l)e
城镇的防御要塞 zwinger
城镇的规模 size of a town
城镇登记失业率 registered unemployment rate in cities and towns
城镇等级 grade of city and town
城镇地面排水 town drainage; town surface drainage
城镇发展规划 town development planning
城镇防洪 urban flood defense[defence]
城镇防御工事 town fortification
城镇非商业区 uptown
城镇符号 town symbol
城镇改造 town renovation
城镇供电 town power supply
城镇供水 town water supply
城镇规划 town planning;urban planning
城镇规划法(规)town planning act
城镇规划条例 town planning act
城镇集聚区 conurbation; metropolitan area
城镇给水 town water supply
城镇间的 intertown
城镇间交通 intertown traffic
城镇建设工程 town engineering
城镇建筑 town architect
城镇交通 town traffic
城镇郊区<城乡中间区> rurban
城镇教堂 town church
城镇街坊 town block
城镇街区 town block
城镇结构和布置 structure and arrangement of town
城镇界 civil township line
城镇景观 townscape
城镇景色 townscape
城镇景象 townscape
城镇居民 town dweller
城镇快速道路 town expressway
城镇垃圾 town refuse[refusing]
城镇礼拜堂 town chapel
城镇里的 towny
城镇两侧石铺道路 stone two-sided

town gateway
城镇林带 town forest
城镇轮廓 town configuration
城镇煤气 city gas
城镇煤气厂废水 wastewater from town gas plant
城镇内部结构 internal structure of town
城镇排水 town drainage
城镇排水沟 town drain
城镇排水管 town drain pipe
城镇排水系统 town drainage system
城镇平面图 civil plan;town plan
城镇企业 urban enterprise
城镇区 conurbation
城镇群 city agglomeration;conurbanization;conurbation
城镇群体 urban morphology
城镇设计 town architecture
城镇图 topomap;town map
城镇土地使用税 city and town land use tax
城镇外围地区 periphery of a town
城镇外形 town configuration
城镇位置 town site
城镇污水 town sewage
城镇小教堂 town chapel
城镇用地范围 town area
城镇用地领域 town area
城镇用水量 town water demand;town water requirement
城镇制图 civil mapping
城镇中破落地区 skid-row
城镇中衰退地带 twilight zone
城镇中心 town center[centre]
城镇周边界线 periphery of a town
城镇住房 town house
城镇住宅 town house
城址 town site
城中村 villages in town

乘 multiply;product

乘常数【数】multiplication constant;multiplying constant
乘潮 ride the tide;sail with the tide
乘潮泊位 tidal berth
乘潮航行 fair tide riding
乘潮进港 tidal entry
乘潮进港船舶 tidal ship
乘潮前进 run with tide
乘潮水位 ridable tide level;riding high tide level;tide riding level;tide sail level;tide sail stage
乘潮下水 tidal launching
乘车 riding
乘车安全束护系统 occupant restraint system
乘车采购 commercial trip
乘车的人 rider
乘车率 riding rate
乘车票据 ticket pass
乘车人 rider
乘车人安全束护系统 occupant restraint system
乘车人数通知单 notice of passenger number on train;notice of the number of passengers on train
乘车时间 boarding time;riding time
乘车习惯 riding habit
乘车习性系数 <通常以城市中每人每年乘车次数表示> riding habit coefficient
乘车性眩晕 riders' vertigo
乘出租汽车 taxi;taxing
乘除程序包 multiply-divide package
乘除法 multiply-divide
乘除机 multiplying and dividing machine
乘除软件包 multiply-divide package
乘除指令 multiply-divide instruction
乘船 embark(ation)
乘船费 fare
乘船港 port of embarkation
乘船码头 place of embarkation
乘船遭难的人 castaway
乘大篷车旅游者 caravaneer
乘电车 tram;troll(e)y
乘二装置 doubler
乘法 multiplication
乘法比较器 multiplication comparator
乘法表 multiplication table
乘法操作 multiply operation
乘法操作数 multiplication operand
乘法常数 multiplication constant
乘法程序 multiplication routine
乘法单位【数】multiplicative identity
乘法的 multiplicative
乘法电路 multiplication circuit;multiplying circuit
乘法定理 multiplication theorem
乘法定则 product rule
乘法反运算 inverse of multiplication
乘法公理 multiplicative axiom
乘法规则 product rule
乘法脉冲信号 multiplying signal
乘法密码 multiplicative cipher
乘法模型 multiplicative model
乘法逆元素【数】multiplicative inverse
乘法器 multiplicator;multiplier
乘法器电势计 multiplier potentiometer
乘法器右移次数 right-shift times of multiplier
乘法器左移次数 left-shift times of multiplier
乘法区 <在存储器中的特定区域> multiplication table
乘法时间 multiplication time;multiply time
乘法算子 multiplication operator;multiplying operator
乘法信号 multiplying signal
乘法移位 multiplication shift
乘法因数 multiplication factor
乘法语句 multiply statement
乘法运算 multiply operation
乘法运算子 multiplying operator
乘法指令 multiply instruction
乘法字段 multiply field
乘方【数】involve;involution;mathematic(al) power;power;squaring
乘方公式 power formula
乘方器 squarer
乘飞机 emplane
乘风航速 fluking
乘风破浪 beat off;brave the wind and waves
乘高潮进出港的船舶 tidal boat
乘公共车辆出行 transit ride
乘公共汽车 embus
乘公共汽车旅行 bus ride
乘号 product sign;sign of multiplication;times sign
乘号点 dot
乘机 take occasion to
乘机证 boarding card
乘积 arithmetic(al) product;product
乘积变量 product variable
乘积表示 product representation
乘积测度 product measure
乘积存储 product accumulation
乘积发生器 product generator
乘积放大倍数 multiplier
乘积概率空间 product ensemble
乘积积分器 product integrator
乘积集合 product set
乘积计算电路 product calculation circuit
乘积继电器 product relay
乘积寄存器 product register
乘积检波 product detection
乘积检波器 correlator;product detector
乘积解调器 product demodulator;product detector
乘积矩阵平方和法 square sum method of product matrix
乘积矩阵主分量法 principle component method of product matrix
乘积空间 product space
乘积累加器 product accumulator
乘积码 product code
乘积模糊判决 product-fuzzy decision
乘积模型 product model
乘积区 product area
乘积调制器 product modulator
乘积形式的莫比乌斯反演 multiplicative Mobius inversion
乘积形式递归算法 product form recurrence algorithm
乘积选择器 product selector
乘积循环 product cycle
乘积阵 multiplicative array
乘积之和 sum of product
乘积字 product word
乘降量 capacity for on and off
乘降所 flag station;stop point
乘警 train police
乘客 occupant;passenger;travel(l)er;travel(l)ing public
乘客不多的停车站 minor station;minor stop
乘客操纵 passenger operation
乘客单 passenger list;waybill
乘客到达人数 number of arrival
乘客的服务时间 passenger service time
乘客地带 passenger zone
乘客电梯 passenger elevator;passenger lift
乘客电梯井 passenger lift shaft
乘客电梯门 passenger lift door
乘客定额 passenger capacity
乘客额定证书 passenger certificate
乘客服务水平【交】person level of service
乘客服务系统 passenger service system
乘客候车站台 pedestrian loading island
乘客呼叫按钮 passenger call button
乘客集散点 passenger flow collector-distribution point
乘客计数器 passenger counter
乘客交换量 <公交乘客上车和下车数> passenger exchange volume
乘客接口模块 passenger interface module
乘客量 passenger volume;people carrying capacity;ridership
乘客流通量 passenger circulation
乘客满意指标【交】customer satisfaction index
乘客名单 waybill
乘客平均乘行距离 average distance of passenger
乘客平均乘行时间 average passenger travel time
乘客平均换乘系数 average passenger change factor
乘客入口 passenger entrance
乘客上车 passenger loading
乘客上车站台 passenger loading dock
乘客上下车区域 passenger zone
乘客时间价值 <美国,把公路交通改善所节约的时间估算为一定的货币价值> value of occupants' time
乘客疏散 passenger evacuation
乘客数 ridership
乘客细目 passenger inventory
乘客下车 set-down passengers
乘客显示器 passenger display
乘客心理 passenger mentality
乘客信息显示系统 passenger information display system
乘客行程时间 passenger journey time
乘客延误费 passenger delay cost
乘客腰部安全带 pelvic restraint
乘客雨棚 passenger shelter
乘客载重 passenger loading
乘客周转量 passenger-mileage
乘客座椅 passenger seat
乘快艇 yacht
乘骑 mounting
乘骑人 rider
乘汽车旅行 auto trip
乘汽车者 motorist
乘轻便快艇 gig
乘轻便马车 gig
乘热加套 shrink on
乘人的 man-riding
乘人电梯 personnel-carrying hoist
乘人罐笼 man cage
乘人矿车 man car
乘人输送机 man-riding conveyer[conveyor]
乘人装甲车(辆) personnel armo(u)red car
乘三寄存器 times-three register
乘三轮(脚踏)车 tricycle
乘三装置 tripler
乘商【数】multiplier-quotient
乘商寄存器 multiplier-quotient register
乘上系数的荷载 factored load
乘式 multiplicator;multiplier
乘式割草机 riding mower
乘式犁 riding plow
乘式圆盘犁 sulky disk plow
乘式中耕机 riding cultivator
乘数 facient;multiple digit;multiplication factor;multiplier (digit);multiplicator
乘数词头 prefix multiplier
乘数法则 multiplier register
乘数寄存器 ier register;multiplier register;multiplier rule
乘数累加器 multiplier accumulator
乘数商数寄存器 multiplier-quotient register;quotient-multiplier register
乘数位 multiplier bit
乘数效应 multiplier effect
乘数因式 multiplier factor
乘数字 multiplier word
乘数字段 multiplier field
乘四装置 quadrupler
乘算器 multiplier
乘同余法 multiplicative congruential method
乘同余数法 congruential method
乘五装置 quintupler
乘务报单 journey report
乘务方式 working mode of locomotive crew
乘务工作 crewing
乘务工作制 conductor system
乘务人员 crew member
乘务员 attendant;crew;steward
乘务员室 <火车> porter's room;car crew's room
乘务员休息室 crew member rest room
乘务员钥匙开关功能 crew key switch function
乘务员装甲座席 armo(u)red crew seat
乘务员座椅 attendant seat
乘务制 crewing;crew rostering system

乘务组的派班 assignment of crews
乘务组公告牌 crew board
乘务组互相通信[讯]设备 crew intercommunication equipment
乘务组派班员 crew dispatcher
乘务组值勤表 crew schedule
乘行 riding
乘行时间 ride time
乘行舒适性 riding comfort
乘行速度 travel speed
乘性函数 multiplicative function
乘性信道 multiplicative channel
乘雪橇 sled;sledge
乘以……【数】multiplied by
乘以……的 n 次方 to the power n th… power
乘以变数 multiplication by variable
乘以常数 multiplication by constant
乘以荷载系数的荷载 factored load
乘以四 quadruple; quadruplication; quadrupling
乘以五 quintuplication
乘以系数法 factoring process
乘有轨车 tramming
乘员 occupant
乘员舱 crew module
乘员公寓 flat for attendant on a train
乘员连续工作时间 working duration of locomotive crew
乘员组 crew
乘晕宁 dimenhydrinate;dramamine
乘之便 take advantage of
乘直升机 helicopter
乘值符号 times and becomes symbol
乘(装)上机动车(辆)embus
乘子 multiplicator;multiplier
乘子罚函数 multiplier penalty function
乘子函数 multiplier function
乘坐平稳质量 riding quality
乘坐汽车的 carborne
乘坐式开沟犁 riding lister
乘坐室 seating accommodation
乘坐舒适度 riding comfortableness
乘坐舒适性 rideability; riding comfortability
乘坐舒适性系数 riding coefficient
乘坐特性测振仪 ride meter
乘坐性能 rideability
乘坐与划桨试验 seating and rowing test
乘坐质量 ride quality

惩

惩罚 amerce;mulct;punishment
惩罚法 penalty method
惩罚汇率 penalty exchange rate
惩罚价值 penalty cost
惩罚奖励条款 penalty-and-bonus clause
惩罚率 penalty rate
惩罚条款 penalty clause
惩罚性赔偿 exemplary damages
惩罚性赔偿费 punitive damages
惩罚性赔款 damage;punitive
惩罚性损害赔偿 vindictive damages
惩罚因子 penalty factor;punitive coefficient;punitive factor
惩戒室 disciplinary room

程

程标 milestone
程测计 multirange test meter
程差 path difference
程差方程 eikonal equation
程差系数 eikonal coefficient
程度 degree;extent;gradation;grade; level
程函方程 eikonal equation
程控 <运用电脑可以任意规定所需的顺序和时间的作业方式> program(me) control; sequential control; stored program(me) control; cell type
程控电报交换机 stored program(me) controlled electronic telegraph switching equipment
程控电话 program(me)-controlled telephone
程控电话交换机 program(me)-controlled exchanger; program(me)-controlled telephone switching
程控电话交换装置 program(me)-controlled telephone switching system
程控电源 programmable power supply
程控电子电话交换机 sequence-controlled electronic telephone switching system
程控阀 sequencing valve
程控高精度拉床 program(me)-controlled high precision broacher
程控活塞环造型机 program(me)-controlled piston ring mo(u)lding machine
程控机 program(me)-controlled sequential computer
程控机构 sequencer
程控计数器 programmable counter
程控计算机 sequence-controlled computer
程控间隔 programmed interval
程控交换机 stored program(me) controlled exchanger
程控交换机用户 private automatic branch exchange user
程控精密滚齿机 program(me) control precision hobbing machine
程控联锁 programmed interlocking
程控逻辑阵列 programmed logic array
程控器 program(me) controller
程控时分数字交换机 SPC[stored program(me) control] time division digital switching system
程控时钟 watchdog timer
程控示波器 programmable oscilloscope
程控数据处理机 programmed data processor
程控数据信号发生器 programmable data generator
程控数字电话交换机 digital switching system
程控数字交换机 SPC digital switching system
程控衰减器 programmable attenuator
程控台 program(me) board
程控系统 programmable controller system
程控硬件 program(me) control hardware
程控用户电报交换机 SPC telex exchange
程控增益放大器 gain-programmed amplifier
程控制 stored program(me) control system
程控转塔车床 program(me) control turret lathe
程控装置 sequencer
程控钻进 program(me)-controlled drilling
程式 modality
程式化 schematization; conventionalization <雕刻题材>
程式化建筑 Mannerist architecture
程式样本 systematic sample
程式样品 systematic sample
程数 number of passes
程序 ground rule;modus;program(me);scheduling
程序安排 routing;scheduling
程序安排的进路 programmed route
程序包 firm ware;procedure package; program(me) package; program(me) packing;routine package;software package;package
程序包的标准模块系统 standard modular system of package
程序包调试辅助系统 package debug aid system
程序包文件管理程序 package file management program(me)
程序保护 programmed protection
程序比较 program(me) comparison
程序比较指数 program(me) comparison index; sequential comparison index
程序编辑程序 program(me) generator
程序编辑处理中心 editing program(me) center[centre]
程序编目编辑 program(me) listing editor
程序编译 program(me) compilation; program(me) compiling
程序编译持续时间 compiling duration
程序编制 program(me) composition; program(me) development; programming
程序编制板 programming panel
程序编制机 programming device
程序编制流程图 programming flow chart
程序编制器 functional generator; program(me) compiler; program(me) generator; programmer; routine compiler
程序编制器插件 programmer card
程序编制器系统 programmer system
程序编制时间 program(me) development time
程序编制微型组件 programmer module
程序编制系统 program(me) development system
程序编制信息记录 reference record
程序编制学 programmatics
程序编制员 programmer
程序编制装置 programming system
程序编制组件 programmer module
程序变换 program(me) transformation
程序变换表 program(me) switch list
程序变量 program(me) variable
程序变流 flow programming
程序变流盘 flow programmer panel
程序变流色谱法 programmed flow (gas) chromatography
程序变溶剂 programmed solvent
程序变数 program(me) variable
程序变压力 programmed pressure; programming pressure
程序变异 program(me) mutation
程序标识 program(me) identification
程序标识符 program(me) identifier
程序标题块 program(me) header block
程序标志 routine denotation
程序标准 program(me) standard
程序表 control sheet;flow chart; program(me) chart; program(me) list; program(me) sheet; sequence chart;sequence table;sheet drift
程序表达式 program(me) expression
程序表控制块 program(me) list control block
程序补片 program(me) patch
程序不变的计算器 calculator without programmability
程序不动点理论 fix-point theory of program(me)
程序布线方式 soft wired system
程序步长 program(me) step
程序步骤 program(me) step
程序部分 program(me) part
程序簿 book
程序参考表 program(me) reference table
程序参量 program(me) parameter
程序参数 program(me) parameter
程序参照表 program(me) reference table
程序操纵 programmed control
程序操作系统 programmed operating system
程序操作员 program(me) operator
程序操作员接口 program(me) operator interface
程序测试 program(me) check(out); program(me) instrumentation; program(me) test(ing)
程序测试软件 program(me) testing software
程序测试时间 program(me) testing time
程序插孔 program(me)-suppress hub
程序查错 program(me) debug(ging)
程序拆编器【计】program(me) disassembler
程序产品 program(me) product
程序超过磁鼓容量 exceed drum capacity
程序成分 program(me) component
程序重调 reprogram(me)
程序重叠 program(me) over-lay
程序重叠段 overlay segment
程序重算 program(me) roll-back
程序重新构成 program(me) restructuring
程序重新设计 programming redesign
程序出口 program(me) exit
程序初始化 program(me) initialization
程序除法器 program(me) divider
程序处理 program(me) manipulation;program(me) process(ing)
程序处理机 program(me) processor
程序磁鼓 program(me) drum
程序次序 program(me) sequencing
程序存储 program(me) store
程序存储单元 program(me) storage unit
程序存储方式 program(me) memory system
程序存储方式计算机 stored program(me) computer
程序存储器 program(me) memory; program(me) storage; program(me) store unit
程序存储式计算机 storage program(me) computer
程序存储式控制 stored program (me) control system
程序存储位置表 program(me) location table
程序存储系统 program(me) memory system
程序存取代码 program(me) access code
程序存取键 program(me) access key
程序存取码 program(me) access code
程序错误 program(me) error; program(me) miss
程序错误控制 program(me) error control
程序错误中断 program(me) error interrupt

C

程序错误转储 program(me) error dump
程序大小 program(me) size
程序带 sequence control tape; sequencer; program(me) tape
程序带控制机床 tape-controlled machine
程序带装置 program(me) tape unit
程序单 card; routine list
程序单位 program(me) unit
程序单元 program(me) element; program(me) unit
程序单元计数器 program(me) location counter
程序单元指令 program(me) location directive
程序的编译程序 program(me) compiler
程序的初始程序 routine initializer
程序的存储引用位置 locality of program's memory reference
程序的调度程序 program(me) scheduler
程序的复核 check of procedure
程序的校读(计) proof reading of program(me)
程序的例程 program(me) routine
程序的例行程序 program(me) routine
程序的临时修改 program(me) temporary fix
程序的嵌套层次 level of nesting
程序的生成程序 program(me) generator
程序的预置程序 routine initializer
程序的再设计 programming redesign
程序的正确性 program(me) correctness
程序的终止 program(me) termination
程序的转用能力【计】 transportability
程序的装入程序 program(me) loader
程序的子例行程序 program(me) subroutine
程序地址 program(me) address
程序地址存储器 program(me) address storage
程序地址错误 program(me) address error
程序地址计数器 program(me) address counter
程序地址寄存器 program(me) address register
程序地址修改 programmed address modification
程序点焊 program(me) welding
程序电流脉冲发生器 program(me) current pulser
程序电路 program(me) circuit; sequence circuit
程序电平 program(me) level
程序电平图 program(me) level diagram
程序调度 program(me) scheduler
程序调度集中系统 <调度集中自动化系统> programmed traffic control system
程序调入 program(me) load(ing)
程序调用 routine call
程序定时矩阵 program(me) timing matrix
程序定时器 program(me) timer
程序定义语言 program(me) definition language
程序动词 program(me) verb
程序动态装入 dynamic(al) program(me) loading
程序动作 program(me) behavio(u)r
程序读出器 program(me) reader
程序读取时刻 program(me) fetch time
程序读入 program(me) read-in
程序段 program(me) segment(ation); segment(program)
程序段表 program(me) segment table
程序段长度 program(me) segment size
程序段分配 block allocation
程序段格式 block format
程序段库 phase library
程序段消除 block delete
程序堆栈 program(me) stack
程序发生器 sequence generator
程序发送机 program(me) transmitter
程序发展 program(me) development
程序发展系统 program(me) development system
程序阀门 sequence valve
程序法 adjective law; method of procedure; procedural law; programming method
程序翻译 program(me) translation
程序范围监督 program(me) limit monitoring
程序方法 program(me) technic
程序方块图 processing block
程序方框图 flow chart; flow diagram; flow sheet; flow process diagram
程序方式 program(me) mode
程序方式远程控制系统 program(me) mode remote control system
程序方式字段 program(me) mode field
程序方向 flow direction
程序仿真器 program(me) emulator
程序访问键 program(me) access key
程序放大器 processing amplifier
程序费用 programming cost
程序分段 program(me) segmentation; program(me) segmenting
程序分块 de-blocking
程序分类 class of procedures
程序分配 program(me) allocation
程序分配放大器 program-distribution amplifier
程序分析 program(me) analysis
程序分析程序 program(me) analyser [analyzer]
程序分析(方)法 program(me) analysis method
程序分析技术 program(me) analysis technique
程序分析器 program(me) analyser [analyzer]
程序分析图 procedure analysis chart
程序分析员 analyst programmer; programmer analyst
程序分页功能 program(me) paging function
程序服务 program(me) service
程序浮动 program(me) relocate; program(me) relocation
程序复杂性 program(me) complexity
程序复制 program(me) copy
程序覆盖 program(me) over-lay
程序覆盖结构 program(me) over-lay structure
程序覆盖能力 program(me) over-lay capability
程序改变控制系统 program(me) change control system
程序纲要 program(me) skeletal coding; skeletal coding
程序隔离 program(me) isolation
程序跟踪 program(me) trace; program(me) tracking
程序跟踪天线 program(me) tracking antenna
程序更换命令 program(me) change command
程序工程 process engineering
程序工程师 process engineer
程序工艺工程 process engineering
程序工作方式 job program(me) mode
程序工作记录系统 procedure work log system
程序功能键 program(me) function key
程序功效 program(me) behavio(u)r
程序功效模型 program(me) behavio(u)r model
程序共享 program(me) sharing
程序骨架编码 skeletal coding
程序骨架语言 problem structure language
程序鼓 program(me) drum
程序固有停机指令 program(me) halt
程序故障的固定和恢复 program(me) damage assessment and repair
程序故障警报 program(me) failure alarm
程序管理 program(me) management; program(me) supervision
程序管理控制表 program(me) management control table
程序管理器 program(me) manager
程序管理人员 program(me) manager
程序管理系统 program(me) management system
程序管理员 manager of programming
程序规定的速度 programmed speed
程序规定的位置 programmed position
程序规范 program(me) specification
程序规范说明书 program(me) specification
程序规格 program(me) specification
程序过程 program(me) process(ing)
程序过敏错误 program-sensitive error; program-sensitive malfunction
程序过敏故障 program-sensitive fault; program-sensitive malfunction
程序焊接 sequential welding
程序行 program(me) line
程序航迹 procedure track
程序号读出 sequence number readout
程序合法性业务 program(me) validation services
程序后编辑 program(me) post-edit
程序互换 program(me) interchange
程序花费的时间 time taken by program(me)
程序化 routinization; sequencing
程序化操作员 program(me) operator
程序化记数法 program(me) notation
程序化教学 programmed leaning
程序化决策 programmed decision
程序化文法 programmed grammar
程序环 program(me) ring
程序活动向量 program(me) activation vector
程序机 program(me) stack; programming machine; scheduler <多用于生产上的一种计算机>
程序机动 programmed maneuver
程序机构 preset mechanism; program(me) installation; program(me) mechanism; programmer
程序机构分析员 programmer analyst
程序机构信号 preset instruction
程序机上检查 program(me) checkout
程序激活向量 program(me) activation vector
程序及存储器管理程序 program(me) storage manager
程序及焊工的评定 qualification of procedure and welder
程序及数据管理部件 program(me) and data management unit
程序及数控机床 sequential and numerically controlled
程序及数字控制机器 sequential and numerically controlled machine
程序级 program(me) level
程序级修改带 program(me) level change tape
程序计时器 program(me) timer; timer programmer
程序计数存储器 program(me) counter store
程序计数寄存器 program(me) counter register
程序计数器 location counter; program(me) counter
程序计数器地址 program(me) counter address
程序计数器相关 program(me) counter relative
程序计数器寻址 program(me) counter addressing
程序计数器栈 program(me) counter stack
程序计算机 operational computer; process computer; program(med) computer
程序计算器 sequence register
程序记录控制仪 program(me) recording control instrument
程序技术 program(me) technic
程序继电器 program(me) relay; sequential relay
程序寄存器 computer control register; program(me) register
程序加工操作 bookkeeping operation; red-tape operation
程序加工技术 process technique
程序加密设备 programmed cryptographic facility
程序加热 process heating; programmed heating
程序间通信[讯] interprogram(me) communication; program(me)-to-program(me) communication
程序间通信[讯]语句 interprogram(me) communicating statement
程序兼容性 program(me) compatibility; software compatibility
程序监测器 sequence monitor
程序监督程序 program(me) monitor
程序监督的边缘校验 programmed marginal check
程序监督器 software monitor
程序监控器 program(me) monitor
程序检测误差 program(me) sensitive malfunction
程序检查 program(me) check(out); program(me) test(ing); routine test(ing)
程序检查时间 program(me) testing time
程序检查条件 program(me) checkout condition
程序检验 machine check; program(me) certification; program(med) check(out); program(me) test(ing); program(me) verification; routine test; subroutine test; test of the program(me)
程序检验操作 program(me) check run
程序检验带 program(me) test tape
程序检验时间 program(me) testing time
程序检验系统 program(me) test system
程序鉴定过程 program(me) evaluation procedure

程序鉴定和检查技术 program(me) evaluation and review technique
程序键 program(me) key
程序键盘 programmed keyboard
程序胶卷读出器 programmable film reader
程序胶片阅读系统 programmed film reader system
程序教学 programmed instruction
程序校验 program(me) check(out); programmed check(ing); program(me) test(ing); routine check
程序校验操作 program(me) check run
程序校验条件 program(me) checkout condition
程序校验中断 program(me) check interrupt
程序校验子系统 program(me) check subsystem
程序校正 correction to program(me)
程序阶段 program(me) phase
程序接点 sequence contact
程序接口 routine interface
程序结构 program(me) organization; program(me) structure; structure program(me)
程序结构设计 program(me) structure design
程序结构语句 program(me) structure statement
程序结构语言 problem structure language
程序结束 end of program(me)
程序结束标志 program(me) end flag
程序界限监督 program(me) limit monitoring
程序进路控制 program(me) route control
程序进入 program(me) entry
程序局部性 program(me) locality
程序卷回 program(me) roll-back
程序卡(片) program(me) card
程序卡片叠 program(me) deck
程序开发 program(me) development
程序开发计算机 program(me) development computer
程序开发软件 program(me) development software
程序开发时间 program(me) development time
程序开发系统 program(me) development system
程序开关 notching; program(med) switch; sequence switch
程序可控脉冲发生器 programmable pulse generator
程序可控只读存储器 programmable read-only memory
程序可寻址时钟 program(me) addressable clock
程序可移植性 program(me) portability; program(me) transferability; program(me) transportability
程序空白指令 program(me) skip
程序空间 program(me) space
程序空间计数器 program(me) space counter
程序空区 program(me) skip
程序控制 preset(ting) control; procedural control; procedure control; process control; program(me) control; sequence control; sequential control; time code control; time-dependent control; time schedule controlling; time schedule variable control
程序控制表 program(me) control sheet; program(me) control table
程序控制部件 program(me) controlling element
程序控制操作行为试验 schedule controlled behavio(u)r test
程序控制操作指令 programmed operator
程序控制触点 sequence-controlled contact
程序控制的 program(me)-controlled; sequence-controlled
程序控制的列车编组和解体 programmed formation and splitting of trains
程序控制的六角钻床 tape-controlled turret drilling machine
程序控制的容量 program(me) capacity
程序控制的软件中断 program(me)-controlled software interrupt
程序控制的时序计算机 program(me)-controlled sequential computer
程序控制的输入逻辑配置 input-programmable logic(al) configuration
程序控制的输入输出微型计算机 programmed input-output microcomputer
程序控制的学习 programmed leaning
程序控制调车操作盘 shunting program(me) operating panel
程序控制阀 sequence valve
程序控制仿型修坯机 program(me)-controlled copying trimming lathe
程序控制工厂 program-controlled plant
程序控制工程 process control engineering
程序控制供电系统 programmable power supply
程序控制机 programming machine
程序控制机床 program(me)-controlled lathe; program(me)-controlled machine; program(me) control machine tool
程序控制计数器 sequence control counter
程序控制计算机 program(me) control(led) computer; self-programming computer; sequence-controlled computer
程序控制寄存器 program(me) control register
程序控制加工 tape-controlled operating
程序控制教学 programmed instruction
程序控制卡 program(me) card
程序控制开关 process switching; program(me) control switch
程序控制快门 programmed shutter
程序控制流 program(me) control flow
程序控制逻辑 programmed logic
程序控制逻辑单元 programmed logic unit
程序控制逻辑阵列 programmed logic array
程序控制模-数转换 analog(ue)-to-digital programmed control
程序控制黏[粘]度计 process control visco(si)meter
程序控制盘 program(me) board; program(me) control board
程序控制器 program(me) controller; program(me) controlling element; programming controller; sequence controller; sequencer; cyclelog <自动化的>
程序控制设备 program-controlled plant
程序控制声呐 programmed sonar
程序控制时间间隔 programmable interval
程序控制实时时钟 program(me) control real-time clock
程序控制式的播种机 programmed drill
程序控制试验 program(me) control test
程序控制输入输出 program(me)-controlled input-output
程序控制数据 program(me) control data
程序控制数据属性 program(me) control data attribute
程序控制台 program(me) board
程序控制调定 process-control setting
程序控制调整 process-control setting
程序控制通道 programmed channel
程序控制网 stored program(me) control network
程序控制温度 programmed temperature
程序控制文法 programmed grammar
程序控制铣床 program(me) control milling machine
程序控制系统 process control system; program(me) control system
程序控制箱 sequence control kit
程序控制压铸机 program(me) control die casting machine
程序控制液相外延炉 program(me)-controlled liquidoid extensional furnace
程序控制语句 program(me) control statement
程序控制执行 program(me) control execution
程序控制指令 program(me) control instruction
程序控制中断 program(me)-controlled interrupt; program(me)-controlled interruption
程序控制钟 program(me) control clock
程序控制转储 programmed dump
程序控制转塔车床 tape-controlled turret lathe
程序控制转塔冲床 tape-controlled turret punching-machine
程序控制转塔冲压机 tape-controlled turret punching-press
程序控制转移 program(me) control transfer
程序控制装置 presetting apparatus; process controller; program(me) control device; program(me) [programming] control unit; sequencer
程序控制自动通信[讯]设备 programmed automatic communication equipment
程序控制自动轧机 automatic card programmed rolling mill
程序控制坐标镗床 program(me)-controlled coordinate boring machine
程序库 library; program(me) package; routine basin; routine basis; routine library; program(me) library
程序库版次 program(me) library release
程序库编辑程序 library editor
程序库成员 library manager
程序库程序 library program(me); library routine
程序库发行版次 program(me) library release
程序库分配程序 library allocator
程序库服务 library service
程序库更新 library update
程序库功能 library facility
程序库供应 library support
程序库管理 library management
程序库管理程序 librarian; library management
程序库和目录的维护 program(me) library and directory maintenance
程序库结构 library structure
程序库控制语句 library control statement
程序库目录 library directory
程序库生成程序 librarian
程序库维护 library maintenance
程序库维护程序 library maintenance routine
程序库尾部 library postlude
程序库文件标志符 library file designator
程序库文件描述符 library file descriptor
程序库系统 program(me) library system
程序库信息 library information
程序库信息系统 program(me) database information system
程序库序部 library prelude
程序库子程序 library subprogram(me); library subroutine
程序库自动化 library automation
程序块 block; module; procedural block; program(me) block
程序块尺寸 block size
程序块存入 program(me) block loading
程序块的开始处理 prolog(ue)
程序块地址 block address; program(me) block address
程序块访问 block access
程序块符号 block mark
程序块间隔 block gap
程序块结构 block structure
程序块结尾 block end
程序块码 block code
程序块启动 activation of blocks
程序块适配 block adaptation
程序块首部 block head(er)
程序块数 block count
程序块寻址 block addressing
程序块终端语句 block terminal statement
程序块终止 block terminal; termination of block
程序块装入 block load(ing)
程序快门 program(med) shutter
程序框架 program(me) frame
程序框图 chart; procedure chart; process chart; program(me) chart; program(me) flow chart; program(me) flow diagram; program(me) layout
程序框图符号 flowchart symbol
程序扩展 program(me) extension
程序扩展辅助设备 program(me) development aid
程序冷却 programming cool
程序理解 program(me) comprehension
程序连接 program(me) linkage; program(me) linking
程序联锁控制 program(med) interlocking control
程序链接 program(me) chaining
程序列表 program(me) listing
程序列表输出 program(me) listing output
程序临时固定 program(me) temporary fix
程序灵活性 program(me) flexibility
程序溜放部件 programming hump unit
程序溜放单元 programming hump unit
程序流程 program(me) flow

C

程序流程分析器 program(me) flow analyser[analyzer]
程序流程图 program(me) flow chart; program(me) flow diagram
程序流速 programmed flow
程序轮廓编码 skeletal coding
程序逻辑 program(me) logic
程序逻辑流图 program(me) logic flowchart
程序逻辑设计 program(me) logical design
程序逻辑阵列 program(me) logic array
程序逻辑指令 routine logical instruction
程序脉冲 program(me) pulse
程序描述 program(me) description
程序描述符 program(me) descriptor
程序名称 program(me) name
程序名字 program(me) name
程序模块 program(me) module; programming module
程序模块字典 program(me) module dictionary
程序模拟器 process simulator
程序模式化 software modularity
程序模型 procedural model; program-(me) model
程序模型化 program(me) modelling
程序内连关系 program(me) connectivity
程序排除错误 program(me) debug-(ging)
程序判定 programmed decision
程序批处理 program(me) batch process
程序评定 procedure qualification
程序评价和审查技术 program(me) evaluation and review technique
程序屏蔽 program(me) mask
程序启动方式 sequence start system
程序启用向量 program(me) activation vector
程序起动定时器 programmed starting timer
程序起动和控制设备 sequence starting and control device
程序器 programmer
程序清除 programmed dump
程序清单控制表 program(me) list control block
程序请求 program(me) request
程序请求计数 program(me) request count
程序请求凭证 program(me) required credentials
程序区 program(me) area; program-(me) region
程序区长度寄存器 program(me) region length register
程序区基址寄存器 program(me) region base register
程序区块 program(me) area block
程序取出 program(me) fetch
程序取出时间 program(me) fetch time
程序权限 program(me) authority
程序溶剂 programmed solvent
程序设备 program(me) apparatus
程序设计 preparation of programs; program(me) composition; program(me) design; programming
程序设计板 programming panel
程序设计错误 programming error
程序设计代价 programming cost
程序设计的基本指令 programming primitive
程序设计的物理层 physical level of programming
程序设计方法 programming approach; programming module
程序设计方法论 programming
程序设计方法学 programming methodology
程序设计风格 programming style
程序设计辅助程序 programming aid
程序设计工具 programming aid; programming tool
程序设计过程 programming procedure
程序设计和系统分析员 programmer analyst
程序设计环境 programming environment
程序设计计数器 programming counter
程序设计技术 programmatics; programming technique
程序设计检验 programming check
程序设计控制板 programming control panel
程序设计控制卡 programming control card
程序设计控制器 programming control panel
程序设计框图 programming flow chart
程序设计灵活性 programming flexibility
程序设计流程图 programming flow chart; programming flow diagram
程序设计逻辑级 logic(al) level of programming
程序设计模件 programming module
程序设计模块 programming module
程序设计起始地址 program(me) origin
程序设计器 programmer
程序设计器与概率分析器 programmer and probability analyser
程序设计师 programmer
程序设计实践 programming practice
程序设计手册 programming manual
程序设计数据 program(me) design data
程序设计条件 programming environment
程序设计透明性 programming transparency
程序设计文法 programmed grammar
程序设计系统 programming system
程序设计学 programmatics
程序设计样板 programming template
程序设计应用 programming utility
程序设计语句 programming statement
程序设计语言 programmed language; programming language
程序设计员 design programmer; programmer
程序设计员信息 programmer message
程序设计约定 programming convention
程序设计装置 programming device
程序设计自动化 automatic coding; automatic programming
程序设计组匣 programming module
程序设计作业 programming job
程序审定 program(me) authority; program(me) authorization
程序审定信任书 program(me) authorized credential
程序审计 procedural audit
程序升温 programmed temperature; temperature programming
程序升温操作 temperature programmed work
程序升温机件 programmed temperature works
程序升温气相色谱法 programmed temperature gas chromatography
程序升温器 temperature programmer
程序升温色谱法 programmed temperature chromatography
程序升温脱附 temperature programmed desorption
程序升温氧化 temperature programmed oxidation
程序生成参数 program(me) generated parameter
程序生成系统 program(me) generation system
程序时间 program(me) time
程序时间比例尺 programmed time scale
程序时钟 program(me) clock
程序识别码 program(me) identification code
程序识别器 procedure identifier
程序使用凭证 program(me) required credentials
程序事件 program(me) event
程序事件记录 program(me) event recording
程序试验 sequence test
程序试验器 program(me) tester
程序授权 program(me) authorization
程序输出插孔 program(me)-exit hub; program(me)-output hub
程序输入带 input program(me) tape
程序输入输出操作 programmed input-output operation
程序输入输出地址 programmed input-output address
程序输入输出命令 programmed input-output command
程序树 program(me) tree
程序数据传送 programmed data transfer
程序数据集 program(me) data set
程序数字 progressive number
程序数字逻辑 programmed digital logic
程序说明 program(me) description
程序说明块 program(me) specification block
程序说明块描述 program(me) specification block description
程序说明书 process specification; program(me) specification
程序算法 programmed algorithm
程序锁定寄存器 program(me) lock register
程序特许凭证 program(me) authorized credential
程序体 program(me) body
程序调节 time-variable control
程序调节器 time schedule controller
程序调节器的指示器 timing index
程序调试 program(me) debug(ging)
程序调试工具 program(me) debugging tool
程序调整 debug(ging); preset program(me); program-(me) debug(ging)
程序调整的压下装置 preset screwdown
程序调整器 cyclelog
程序停机 coded stop; programmed halt; programmed stop
程序停机指令 programmed stop; program(me) stop instruction
程序停止 program(me) halt; program-(me) stop
程序通道 program(me) channel
程序通风 scheduled ventilation
程序通信[讯] interprogram(me) communication
程序通信[讯]块 program(me) communication block
程序通信[讯]块特征码 program(me) communication block mask
程序通信[讯]信息块 program(me) communication block
程序同步 program(me) synchronization
程序头 program(me) header
程序头块 program(me) header block
程序透明性 programming transparency
程序凸轮 scheduled cam
程序图 procedural form; procedure chart; program(me) chart; program-(me) graph
程序图表 flow chart; process sheet; sequence chart
程序图式 program(me) scheme
程序维护 program(me) maintenance
程序维护过程 program(me) maintenance procedure
程序维护和操作 maintenance and operation(al) of program(me)
程序维修 program(me) maintenance
程序文本 program(me) text
程序文档 program(me) documentation; program(me) text
程序文法 program(me) syntax
程序文件 program(me) documents; program(me) file
程序文件编制 program(me) documentation
程序文件生成 program(me) filing
程序文字 literal
程序问题 point of order
程序误差 program(me) error
程序误差校正报告 program(me) error correction report
程序系统 program(me) system; programming system; software
程序系统测试 program(me) system testing
程序下降 let down
程序显示 program(me) display
程序相对分页 program(me) relative paging
程序相对转移 program(me) relative branch
程序相互作用 program(me) interaction
程序详细写明 program(me) write-up
程序效率 program(me) efficiency
程序写入器 programmer
程序信号电路 program(me) channel
程序信号发生器 program(me) signal generator
程序信息 program(med) information; program(me) message
程序信息(代)码 program(me) information code
程序信息块 program(me) information block
程序信息块扩充 program(me) information block extension
程序性动议 procedural motion
程序修改 correction to program-(me); modification of program-(me); program(me) modification; program(me) patch
程序修改插接板 program(me) patching plug
程序修改带 program(me) update tape
程序序列 agendum[复 agenda]; program(me) sequence
程序序列发生器 program(me) sequencer
程序选用终端 program-selected terminal
程序选择 program(me) selection
程序选择开关 program(me) selector switch
程序选择器 program(me) chooser;

program(me) selector
程序选择终端 program-selected terminal
程序学习 programmed leaning
程序循环 program(me) loop
程序压缩 program(me) compaction
程序掩码 program(me) mask
程序验证 program(me) verification
程序移植 program(me) portable
程序移植性 portability of program(me)
程序异常 program(me) exception
程序异常代码 program(me) exception code
程序异常中断 program(me) exception interrupt
程序异常终止 abnormal program(me) termination
程序因素 program(me) element
程序引爆器 sequential shot-firer
程序引起注意键 program(me) attention key
程序引用 program(me) reference
程序引用表 program(me) reference table
程序引用功效 program(me) reference behaviour
程序应用库 programmed application library
程序映象 program(me) image
程序用纸 program(me) sheet
程序优化 program(me) optimization
程序优先级 program(me) priority
程序优先中断 software priority interrupt
程序余段 program(me) stub
程序与布置手册 procedures and arrangements manual
程序语句 program(me) statement; routine statement
程序语句分析 program(me) statement analysis
程序语言 procedure language; program(me) language
程序预置指令 preset instruction
程序元素 program(me) element
程序员 coding clerk; programmer
程序员的支持程序 programmer's support
程序员定义的变量 programmer-defined variable
程序员定义的条件 programmer-defined on-conditions
程序员定义宏指令 programmer-defined macro
程序员改错 programmer error correction
程序员工具 programmer tool
程序员工作台 programmer's workbench; programmer console
程序员宏指令 programmer's macroinstruction
程序员检查 programmer check
程序员校验 programmer check
程序员控制板 programmer control panel
程序员控制台诊断 programmer's console diagnostic
程序员逻辑部件 programmer logical unit
程序员命名的条件 programmer named condition
程序员用模板 programmer's template
程序员作业 programmer job
程序原文 program(me) text
程序阅读器 program(me) reader
程序运行 program(me) run
程序运行方式 program(me) run mode
程序再定位 program(me) relocate; program(me) relocation
程序再定位性 program(me) relocatability
程序再启动点 restart point
程序再设计 reprogramming
程序再循环 program(me) recycling
程序暂时固定 program(me) temporary fix
程序增益控制 programmed gain control
程序展开 program(me) development; unwind(ing)
程序展开时间 program(me) development time
程序栈 program(me) stack
程序争用的多道程序设计 program(me) competition multiprogramming
程序正确性 program(me) correctness
程序正确性检查 program(me) validation
程序正确性证明 proof of program(me) correctness
程序证实服务程序 program(me) validation services
程序支持表示 program(me) support representative
程序执行 program(me) execution
程序执行服务(程序) program(me) execution service
程序执行过程 program(me) process(ing)
程序执行监督 program(me) execution monitor
程序执行控制 program(me) execution control
程序执行控制顺序 program(me) execution control sequence
程序执行启动卡 transfer of control card
程序执行时间 program(me) execution time
程序执行速度 program(me) execution speed
程序直线部分 linear program(me) part
程序纸 coding sheet
程序指挥计算机 program(me) directing computer
程序指令 program(med) instruction; program(me) order
程序指令地址 program(me) order address
程序指令码 program(me) indicator code
程序制导 programmed guidance
程序中的迭代法 iteration in a program(me)
程序(中的)空线 program(me) deadline
程序中的逻辑单元 box
程序中断 program(me) interrupt
程序中断出口程序 program(me) interrupt exit routine
程序中断工作区 program(me) interrupt active
程序中断控制 program(me) interrupt control
程序中断控制区 program(me) interruption control area
程序中断请求 program(me) interrupt request
程序中断请求向量 programmed interrupt request vector
程序中断条件 program(me) interrupt condition
程序中断信号 program(me) interrupt signal
程序中断信号序列 program(me) interrupt signal sequence
程序中断信息 program(me) interrupt message
程序中断元素 program(me) interruption element
程序中断转移 program(me) interrupt transfer
程序(中)闲置的线路 program(me) deadline
程序中止系统调用 program(me) abort system call
程序终端 program(me) terminal
程序终止 program(me) determination; program(me) termination
程序钟 program(me) clock
程序钟表机构 program(me) clockwork
程序周期 program(me) loop
程序主管员 program(me) manager
程序主文件更新 program(me) master-file updating
程序注解 program(me) comment
程序注意键 program(me) attention key
程序转储 programmed dump
程序转换 program(me) conversion; program(med) switching; programming transformation
程序转换盘 schedule panel
程序转接 program(me) switching
程序转接中断 program(me) switching interrupt
程序转弯 programmed turn
程序转向 procedure turn
程序转移地址 paddress
程序转辙部件 programming switching unit
程序转辙单元 programming switching unit
程序装入 program(me) load(ing)
程序装入操作 program(me) loading operation
程序装入程序 program(me) loading routine
程序装入的例程 program(me) loading routine
程序装入立即执行 load-and-go
程序装入器 program(me) loader
程序装入装置 program(me) loader
程序装置 program(me) device; program(me) installation; programmer; program(me) [programming] unit; sequencer; sequence unit
程序装置机构外围接口 programmer peripheral interface
程序状态 program(me) mode; program(me) state; program(me) status
程序状态寄存器 program(me) status register
程序状态双字 program(me) status double-word
程序状态向量 program(me) status vector
程序状态字 processor status word; program(me) status word
程序状态字寄存器 program(me) status word register
程序追踪 program(me) trace
程序准备 program(me) preparation
程序准备的工具程序 program(me) preparation aids
程序准备设备 program(me) preparation facility
程序准备用软件 program(me) preparation facility
程序子基元 subtask
程序字 program(me) word
程序自动电路测试装置 programmed automatic circuit tester
程序自动分段及控制 automatic segmentation and control
程序自动化 automatic programming; self-programming
程序自动化方法 automatic programmed tool
程序自动压力系统 programmed automatic press system
程序自修改 modification by program-self
程序综合 program(me) synthesis
程序综合算法 program(me)-synthesizing algorithm
程序总线 program(me) bus
程序组 program(me) package
程序组处理 batch processing
程序组处理中断 batch process(ing) interrupt
程序组件 module of program(me); program(me) assembly
程序组织 program(me) organization
程序组总计 batch total
程序最后加工 program(me) termination processing
程序最优化 program(me) optimization
程序最终加工 program(me) termination processing
程序作业 job
程租 voyage charter

澄出的黏[粘]土 washed clay

澄粉器 flourometer
澄清 clarificate; clarify; cleanse; cleansing; clean-up; clearing; clear up; defecate; defecation; plaining; refine; settle(ment)
澄清报告 clarification
澄清槽 decanter; defecator; separating tank; settler; settle tank; settling tank
澄清车间 clarification plant
澄清程度 degree of clarification
澄清池 clarification basin; clarification tank; clarifier(basin); clarifier-tank; clarifying basin; clarifying tank; depositing reservoir; mud sump; refining tank; retention pond; retention pool; sedimentation basin; sedimentation tank; sediment bowl; separating tank; separation tank; settling pond; solids-contact clarifier; water clarifier
澄清池上升流速 rise rate of clarifier
澄清池设计程序表 graphic(al) clarifier design procedure
澄清处理厂 settling plant
澄清床 clarification bed; settled bed
澄清带 refiner
澄清的 clarifying; plained
澄清的污水 settled sewage
澄清点 temperature of clarification
澄清度 clarity
澄清段 settling section
澄清法回收 reclaimer by gravity
澄清(法)净化 clarification
澄清废水 clarified wastewater
澄清罐 decanting tank
澄清过滤 clarifying filtration
澄清过滤器 clarifying filter
澄清机 putting-down machine
澄清剂 clarificant; clarifier; clarifying agent; clearer; clearing agent; fining agent; plaining agent; polyacrylamide clear agent
澄清井 clarification well
澄清离心器 clarifying centrifuge
澄清了的油 broken oil
澄清浓缩池 clarithickener
澄清器 clarificator; clarifier; classifi-

er;defecator;desilter;flourometer;settler
澄清区 clarification zone
澄清溶槽 clearing bath
澄清溶液 settled solution
澄清设备 clarification equipment;clarification unit
澄清时间 clearing time
澄清室 clarifying chamber
澄清室池 fining cell
澄清水 clarified water
澄清桶 settling tank
澄清污水 clarified sewage
澄清箱 settling tank
澄清效率 clarifying efficiency
澄清絮凝 clariflocculation
澄清絮凝器 clariflocculator
澄清液 clarified liquor;clarifying bath;cleaning solution;supernatant liquid
澄清液污泥消化 supernatant sludge
澄清油 broken oil;clarified oil
澄清制剂 clarification preparation
澄清装置 clarification plant
澄清作用 clarification
澄析水 elutriated water
澄析污泥 elutriated sludge
澄液 supernatant

橙虫胶 orange(shel)lac

橙钒钙石 pascoite
橙刚玉 orange sapphire;padparadsha
橙铬黄 orange chrome yellow
橙汞矿 montroydite
橙褐色 orange-brown;orange-tan
橙红尖晶石 rubicelle
橙红(色) orange red;salmon;salmon colo(u)r;salmon pink
橙红色的 salmon;titian
橙红色的浓黄土 orange-red sienna
橙红色涂料 para red
橙红砷钠石 durangite
橙红石 montroydite
橙红铀矿 masuyite
橙花醇 nerol
橙花醇乙酸酯 neryl acetate
橙花基 neryl
橙花醛 neral
橙花叔醇 nerolidol
橙花叔醇焦磷酸 nerolidyl pyrophosphate
橙花油醇 peruviol
橙黄 orange yellow
橙黄白毫 orange pekoe
橙黄灯 orange light
橙黄光 orange light
橙黄茜素色淀 orange alizarin(e) lake
橙黄色 aurantiacus;gamboge;orange colo(u)r
橙黄色的 orange yellow
橙黄色通过滤光片 orange-transmitting filter
橙黄色凸透镜 orange convex lens
橙黄色页岩砖 fletton brick
橙黄石 orangite
橙尖晶石 rubicelle
橙碱 orange base
橙浸膏 aurantine
橙檬奶酪 orange and lemon cream
橙皮 orange peel
橙皮酚 hesperetol
橙皮贰 hesperidine
橙皮酸 hesperitinic acid
橙皮烯 hesperidene
橙皮效应 alligator effect
橙皮油 orange-peel oil
橙皮油素 auraptene
橙皮状表面 pebbling
橙铅 orange lead
橙色 chestnut-chestnut;china orange;orange chestnut;orange colo(u)r
橙色斑点 <平板玻璃边缘的> red eye
橙色的 orange;orange-colo(u)red
橙色分光计 orange spectrometer
橙色滤光镜 orange filter
橙色铅 orange lead
橙色染料 orange dye
橙色色淀 orange lake
橙色素 citraurin
橙色调色剂 orange toner
橙色颜料 orange pigment
橙色氧化物 orange oxide
橙色指示灯 orange indicating light
橙色紫胶 orange lac
橙砷钠石 durangite
橙属 orange
橙水铀铅矿 vandendriesscheite
橙酮 aurones
橙玄玻璃【地】palagonite
橙叶油 petit grain oil
橙油 orange oil
橙油倍半萜 limene
橙油分离机 orange oil separator
橙游离状态 orange free state
橙汁 orangeade;orange juice
橙子油 orange-seed oil
橙紫胶 orange shellac
橙棕色 orange-brown

秤 balance;measuring balance;steelyard;weigher;weighing scale

秤船闸 weighing lock
秤锤 bob;poise(weight);weight
秤的容量 capacity of scale
秤砝码 scale weight
秤杆 arm of balance;balance arm;balance bar;balancing arm;poise beam;scale arm;scale beam;scale lever;weigh(ing) lever;weigh(ing) beam
秤杆长度 weigh-length
秤量车 larry;scale car;scale truck;track scale
秤量吊钩 scale hook
秤量精度 weighing accuracy
秤量能力 weighing capacity
秤量器 weigher
秤量设备 weighing plant
秤量式给矿机 scale feeder
秤量塔 weighing tower
秤量限度 weighing capacity
秤料给料器 weigher feeder
秤料箱 weighing box
秤盘 scale pan;weighing scale
秤桥 weigh-machine
秤台 weighting platform
秤桶 weighing box
秤砣 poise;weight
秤下漏斗 under weigher hopper
秤站 weighing station;weight station
秤重点 libration point
秤重平台 weighing platform
秤重式土壤蒸发计 weighing lysimeter
秤重雨量器 weighing rain-ga(u)ge
秤重准确度 weighing accuracy
秤轴 weigh(ing) shaft

吃饱风 drawing

吃刀 pick-up;pitching-in
吃刀量 bite
吃饭时间 meal hours;mealtime
吃浆量 acceptance of grout;grout acceptance;grout consumption;grout take;rate of grout-acceptance
吃浆率 acceptance of grout;rate of grout-acceptance
吃浆情况 acceptance of grout
吃角子老虎 <赌具> fruit machine
吃紧螺栓 cap bolt
吃力的 labo(u)red
吃木虫 gribble
吃(嫩草等) browse
吃入阻力 <钻头钻入岩层时的> penetration resistance
吃水 draft;draught【船】;sea ga(u)ge
吃水 *n* 米深 draft *n* meters of water
吃水标尺 draft mark;draft meter;draft numerals;draught mark;immersion scale
吃水标志 draught mark;water mark
吃水差 <船首尾的> draft difference;trim
吃水差调整 adjustment of trim/heel;trim correction
吃水吨数/厘米 tons per centimeter
吃水计 pneumacator draft ga(u)ge
吃水检查 draft survey
吃水率 <船舶> rate of draft
吃水面 water plane
吃水浅的 shallow draft
吃水深的 deep-draft;of great draught
吃水深的驳船 deep-draft barge
吃水深的船(舶) deep-draft vessel
吃水深度 draft;draught
吃水深度变化的浮式沉箱 ship caisson with variable draught;ship with variable draught
吃水深度标记 draught mark;Plimsoll's line;Plimsoll's mark
吃水深度固定的浮式沉箱 ship caisson with constant draught;ship with constant draught
吃水深度计 water draught ga(u)ge
吃水深度线 draft line;draught line
吃水系数 water depth/ship draft ratio
吃水线 bulk line;flo(a)tation line;line of flo(a)tation;water-level;water line
吃水线标志 draft mark;draft numerals
吃水线长 length on water line
吃水线处的侵蚀 waterline attack
吃水线面积 area of water plane
吃水线位置的船长 length along vessel's waterline
吃水线以上 overwater line
吃水线以上的 above water
吃水限度 restriction of draught
吃水限制的水道 draft-limited channel
吃水与装载监测器 draft and loading monitor
吃水与纵倾自动调节器 automatic draught and trim controller
吃水指示器 draft ga(u)ge;draft indicator;draught ga(u)ge
吃水指示仪 draft indicator;draught ga(u)ge;draft ga(u)ge
吃水自动控制器 automatic draught controller
吃油不均 inhomogeneous sizing

鸱尾【建】owl-tail ridge ornament

螭首【建】dragon-head gargoyle

弛垂弯曲 sag curve

弛存应力 katastatic stress
弛度 dip;sag
弛度计 sag ga(u)ge
弛度控制 catenary control
弛度容限 valley tolerance
弛缓 atony;relaxation;slack
弛缓的 flaccid;relaxant
弛缓剂 relaxant
弛力退火 stress-relief annealing
弛失应力 epibolic stress
弛压系统 pressure suppression
弛豫 relax;relaxation
弛豫参数 relaxation parameter
弛豫长度 relaxation length
弛豫常数 relaxation constant
弛豫法 relaxation method
弛豫非线性 relaxing nonlinearity
弛豫过程 relaxation process
弛豫加宽 relaxation broadening
弛豫率 relaxation rate
弛豫脉冲 relaxation pulse
弛豫强度 relaxation strength
弛豫色散 relaxation dispersion
弛豫时间 relaxation time
弛豫时间测量 relaxation time measurement
弛豫试验 relaxation test
弛豫项 relaxation term
弛豫性铁电体 relaxor ferroelectrics
弛豫应变 relaxation strain
弛豫跃迁 relaxation transition
弛豫振荡 relaxation oscillation
弛豫振荡器 relaxation oscillator;relaxor
弛张 relaxation
弛张的 remittent
弛张电路 astable circuit;relaxation circuit
弛张换流器 relaxation inverter
弛张极化 relaxation polarization
弛张距离 relaxation distance
弛张热 remittent fever
弛张时间 relaxation time;time of relaxation
弛张温度 remittent temperature
弛张振荡 tilting oscillation
弛张振荡器 relaxation generator;relaxation oscillator

池 cistern;pond;sump;tank

池壁 sidewall;tank wall
池壁顶丝 pressure screw for tank block
池壁冷却 cooling of tank wall
池壁上部砖 flux-line block
池壁下部砖 lower tank block
池壁压力螺钉 pressure screw for tank block
池壁砖 basin(wall) block;flux block;glass contact block;sidewall block;tank block
池壁砖拉条 tank block bracing
池底 basin floor;tank bottom
池底板 pool floor
池底边砖 curb course
池底标高 bottom level
池底玻璃 dog metal
池底玻璃液 bottom glass liquid
池底大砖 bottom block
池底面积 tank floor area
池底排水道 filter underdrain
池底铺底砖 bottom paving brick
池底铺砌 bottom paving
池底通气 bottom ventilation
池底砖 tank bottom block
池顶 top of tank wall
池端玻璃带扩展 splay
池队列 pool queue
池沸腾 pool boiling
池盖 cover of pond
池灌 basin irrigation;irrigation with sewage
池化防水 <地下部分的墙和底板全部

做防水层 > tanking
池火 pool fires
池距 spread of tank
池漏 leaking
池炉 bath;tank furnace
池炉的穿透性侵蚀 upward drilling
池炉顶 bath roof
池炉端墙内衬 headliner
池炉壳体 bath casing
池炉前墙内衬 headliner
池面浮渣 pond scum
池内喷射 jetting in basin
池墙 bay wall;tank wall
池球阀 ball cock
池容量 tankage
池入池出法 cell-in-cell-out method
池深 depth of tank
池生微胞藻 microspora stagnorum
池式反应堆 pool reactor
池式沸腾 pool boiling
池式干船坞 basin dry dock
池式配水系统 hot-water distribution basin
池式养护 curing by ponding
池式鱼道 basin fish pass
池水槽 brow
池水域 body of water
池塘 carr; dub; farm pond; lochan; mere; pond; pool; stock pond; water pan;stank <英方言>
池塘法 lagoon process
池塘加速老化 accelerated ag(e)ing of pond
池塘群落 tiphium
池塘生境 pond habitat;pool habitat
池塘生态系(统)pond ecosystem
池塘生物 pond life
池塘尾渣 pond tailings
池塘蓄水量 pondage;storage capacity of pond
池塘养鱼 pond culture
池塘养鱼法 pond pisciculture
池塘养鱼业 pond pisciculture
池塘养殖 pond culture
池体 cell body
池形船闸 basin lock
池形缓冲区 pooled buffer
池形外浇口 runner basin
池窑 tank furnace;tank kiln
池窑大砖层 tank block course
池窑单位面积产量 load per unit area
池窑的收缩部分 shoulder
池窑底部玻璃 stump
池窑法拉丝 direct-melt process
池窑工作部罩 forehearth casing
池窑加料端 batch feeding end;batch filling end;feeding end
池窑空运转热消耗 idle load heat consumption
池窑拉丝法 tank furnace process
池窑拉丝工艺 direct-melt process
池窑冷却部 equalizing section
池窑料道 forebay
池窑料道罩 forehearth casing
池窑耐火材料 tank refractory
池窑泡界线 batch melt-out line
池窑卡脖 waist
池窑前炉 forebay
池窑熔制的玻璃 tank glass
池窑投料端 feeding end
池窑液面下隔墙 submersed wall
池窑砖 tank furnace brick
池窑作业部 nose
池阴极 pool cathode
池浴 plunge bath
池沼 pan;pond;slew
池沼浮游生物 heleoplankton
池沼群落 pond community
池沼群落的 tiphic
池沼生物 helobios
池沼植物 tiphophyte
池状储仓 pool storage
池状的 cisternal
池子 basin
池子放空 draining of the basin
池子封冻 tank freeze-up
池子改装 modification of tank
池座层 orchestra level
池座前排 stall

驰道 <中国> ancient driveway (China); ancient imperial road (China)

驰名中外 win fame both at home and abroad
驰誉标商 responsible bidder
驰振 galloping oscillation

迟报率 rate of delayed report

迟爆雷管 delay cap;delay detonator
迟爆炮 cut-off shot
迟爆期 delay-action stage
迟爆引线 delay fuse
迟播 late sowing
迟差 retardation
迟潮时间 lagging of tide;phase lag;retard of tide;tidal epoch;tide lagging;tide retard
迟潮现象 retard of tide
迟纯 retardation
迟到的 belated;overdue
迟到的标书 late bids
迟的 tardy
迟点火 lag ignition;late ignition;lug ignition
迟钝 torpor
迟钝冰川 inactive glacier; passive glacier
迟钝波 inactive echo
迟钝的 dim;dull
迟钝检查 friction(al) test
迟发 hangfire
迟发爆破 delay-action firing
迟发爆破计数器 delay shot firing counter
迟发爆炸 delay blasting;delayed explosion
迟发标号 delay tag number
迟发的 delayed;tardive
迟发点火 delay firing;ignition delay;ignition lag;ignition retard
迟发电报 deferred message
迟发电雷管 electric(al) delay fuse
迟发电信管 electric(al) delay fuse
迟发反应 delayed response;late reaction
迟发辐射效应 delayed radiation effect
迟发火 hangfire
迟发雷管 delay-action detonator;delay cap;delay detonator
迟发期 <炸药的> delay-action stage
迟发起爆药包 delay primer
迟发热 delayed heat
迟发文电 deferred message
迟发显性 delayed dominance
迟发信管 delay fuse
迟付 fall to arrears
迟付贷款 deferred payment;doubtful loan
迟关进气门 lag intake
迟后给水 delayed yield
迟后滤波器 lagging filter
迟后效应 ag(e)ing effect
迟后因子 retardation factor
迟还贷款 bad loan
迟缓 slowness
迟缓的 slow
迟缓点火状态 hangfire behavio(u)r
迟缓反应物质 slow reacting [reaction/ reactive] substance
迟缓放电 slow discharge
迟缓话务员 delay operator
迟缓接续制 delay basis operation;delay connecting system;delay working
迟缓生长 retarding of growing
迟缓制 delay base
迟火花 late spark;retarding spark
迟交货 late delivery
迟交运杂费 pay sundry fees on late
迟角 <潮汐> phase lag
迟进气 lag intake
迟凝剂 retardant;retarder
迟期爆破 delay blasting
迟期提单 stale bill of lading
迟期条款 continuation clause
迟启 <用于管理大转弯交通> late start
迟燃 after burning
迟释 slow-break
迟索的赔偿 belated claims
迟索的赔款 delayed claim
迟误车流 delay-flow
迟误率 delay rate
迟误损失 damages for detention
迟显绿灯 lagging green
迟效肥料 slow-effect fertilizer
迟效凝固 delayed coagulant
迟效作用 delayed action
迟斜检测法 late slope detection
迟延 deferment;delay;lagging;retardation
迟延动作 retarding action
迟延反应 delayed reaction
迟延记录 deferred entry
迟延进入 deferred entry
迟延燃烧处理 retardant combustion treatment
迟延入口 deferred entry
迟延时间 delay time
迟延锁定环 delay-lock loop
迟延弹性 delayed elasticity
迟延系统 cold circuit
迟延装船 delayed shipment
迟疑 demur
迟滞 lag;sluggish
迟滞差 retardation
迟滞场与迟滞势 retarded field and retarded potential
迟滞电场 retarding field
迟滞反馈 lagging feedback
迟滞固结 delayed consolidation
迟滞活塞 slack piston
迟滞角 angle of lag
迟滞颗粒内扩散 retarded intraparticle diffusion
迟滞离子质谱仪 retarding ion mass spectrometer
迟滞流 slug flow
迟滞期 lag phase
迟滞曲线记录器 hysteresis curve recorder
迟滞时间 delay time;detention time
迟滞弹性 retarded elasticity
迟滞误差 lag error
迟滞误差修正 lag-error correction
迟滞现象 lag phenomenon
迟滞线圈 retardation coil
迟滞性 hysteresis
迟滞演算法 lag-and-route method
迟滞荧光 delayed fluorescence

持(测)链人 chainman

持尺员 tapeman
持灯管 lamp carrier
持钉力 nail holding
持钉器 nailset
持钢丝钳 wire holding forceps
持股公司 proprietary company;holding company <指以控制股权为目的的投资公司>
持股人 stockholder
持海绵器 sponge carrier
持海绵钳 sponge holding forceps
持恒电流 permanent current
持恒污染物 conservative pollutant
持恒蓄水(量)conservation of storage
持恒状态 hold condition
持夹镊 clip-holding forceps
持夹器 clamp holder
持键器 key holder
持久 lasting
持久比 endurance ratio
持久标本 permanent preparation;permanent specimen
持久捕获量 sustainable catch
持久的 indelible;long-lasting;long-sustained;permanent
持久毒性效应 significant toxic effect
持久度 persistence[persistency]
持久范围 endurance range
持久放射性 long lived activity
持久辐射 persistent radiation
持久辐照 persistent irradiation
持久负荷 permanent load(ing)
持久功率 life power;permanent output;sustaining power
持久供电 permanent supply
持久灌水 prolonged flooding
持久荷载 long duration load; long sustained load; long-time load(ing);sustained load(ing)
持久荷载试验 continuing load test; long sustained load test; long-time load(ing) test
持久火焰 permanent flame
持久极限 endurance limit;fatigue limit;limit of endurance
持久极限曲线 endurance limit curve
持久精度 lasting accuracy
持久径流 sustained runoff
持久状况 persistent situation
持久力 endurance;holding force;staying power
持久流 permanent current
持久流向 permanent efflux
持久内偏振 persistent internal polarization
持久挠度 long-time deflection
持久农业 sustainable agriculture
持久膨胀 permanent expansion
持久强度 creep rupture strength;endurance limit;endurance strength;long-time strength;rupture life
持久强度试验 creep rupture test
持久强度试验机 stress rupture testing machine
持久曲线 endurance curve
持久曲线法 method of persistent graph
持久燃料 delayed burning
持久染料 permanent dye
持久润滑 permanent lubrication
持久伸长 permanent elongation
持久试验 creep rupture test;duration running; long-time test; rupture test;stress rupture test
持久试验机 endurance testing machine
持久寿命 creep rupture life;rupture life
持久速率 sustained speed
持久弹性模量 sustained modulus of elasticity
持久特性 fatigue behavio(u)r;persistence characteristic; persistent

C

characteristic
持久显示器 persistron
持久限 endurance range
持久限度 endurance limit;limit of endurance
持久性 capacity to stand;permanence;staying quality;vitality
持久性毒剂 persistent toxicant
持久性毒气 persistent gas
持久性毒物 persistent toxicant; toxic persistent material
持久性毒性农药 persistent toxic pesticide
持久性毒性物质 persistent toxic substance
持久性化学物质 persistent chemicals
持久性农药 persistent pesticide
持久性强迫断电 persistent-cause forced outage
持久性试验 endurance(life)test
持久性试验极限 limit of endurance test
持久性收缩 sustained contraction
持久性污染 persistent pollution
持久性污染物 persistent pollutant
持久性物质 persistent material; persistent substance
持久性现象 endurance phenomenon
持久性形式 permanent form
持久性有机氯农药 persistent organochlorine pesticide
持久性有机污染物 persistent organic pollutant
持久性运行试验 duration running
持久性震颤 persistent tremor
持久压力 endurable pressure
持久荧光屏 delay screen
持久有机氯 persistent organochlorine
持久载荷 sustained load(ing)
持久张力试验 endurance tension test
持久状态 endurance state;permanent state; persisted state; persistent mode
持卷棉子钳 swab holding forceps
持力比 bearing ratio
持力层 bearing course;bearing layer;bearing stratum; foundation soil; founding stratum;load-bearing layer;load-bearing stratum;supporting course;supporting layer;sustaining layer;impenetrable stratum
持力层的土样试验 test samples of bearing
持力层厚度 thickness of bearing stratum
持力层埋深 depth of bearing stratum;depth of supporting course
持力面 bearing surface
持力墙 bearing wall
持力试验 bearing test
持力土层 supporting soil
持链轮 cable holder; sprocket (wheel);wildcat
持留剂量 retained dose
持留水 retained water
持螺钉能力 screwholding capacity
持螺丝钳 screw holding forceps
持面水 retained water
持票人 bearer; bill holder; holder; ticket holder
持票人证券 bearer instrument
持券人 bond holder
持砂条 sand grip
持湿剂 humectant
持水 water holding
持水当量 moisture equivalent
持水度 field water retaining capacity;specific retention; water retaining capacity;water holding capacity
持水力 retention ability; water-holding power
持水量 moisture(-holding)capacity;water retaining capacity;water retentivity
持水率 rate of retention;retention rate;specific retention
持水能力 moisture-holding capacity;retention capacity; retentive power; water handling ability; water-holding capacity;water-retention ability
持水曲线 moisture retention curve;water-retention curve
持水容量 water-holding capacity
持水时间 retention time
持水土壤 retentive soil
持水系数 retention factor
持水性 retentiveness; water-retention property
持水作用 retention effect
持效毒气 persistent war gas
持信人 bearer
持续 abide by;continuation;durative;endurance;sustain(ing)
持续摆动 sustained oscillation
持续报价 standing offer
持续暴露 chronic exposure
持续泵浦激光器 sustainer-pumped laser
持续波 sustained wave
持续不断的状态 incessancy
持续产量 sustained yield
持续长度编码 run-length coding
持续长度受限码 run-length limited code
持续超载 sustained overlay;sustained over-load
持续车速 sustained velocity
持续成本 < 与时间有关的成本 > standing cost
持续抽水量 sustained yield
持续出力 continuous output
持续的 continued; continuous; long-sustained;persistent;unremitting
持续的海上速度 sustained sea speed
持续的项目 continuing project
持续的暂时停工 prolonged suspension
持续电流 constant current; dynamic(al)current; follow(-on)current;persistent current; sustained current
持续电流存储单元 persistent current memory cell
持续定额 duty-cycle rating
持续动作 perseveration
持续陡坡 continuous heavy grade;continuous steep grade; sustained steep grade
持续短路 sustained short-circuit
持续额定电流 continuous rating current
持续发展说 sustainable developmentalism
持续发展战略 strategy of sustainable development
持续反应 sustained reaction
持续放电 continuous discharge
持续风 sustained wind
持续风速 sustained wind speed; sustained wind velocity
持续锋面雨 prolonged frontal rain
持续辐射 sustained radiation
持续辐照 chronic exposure;sustained exposure
持续负荷 continuous loading; standing load;sustained load(ing)
持续负压吸引 continuous negative pressure suction
持续负载 continuous duty;continuous load(ing);standing load
持续高峰质量荷载 sustained peak mass loading
持续工作时间 continuous working period
持续工作状态 continuous duty
持续功率 continuous power;continuous rating
持续故障 sustained fault
持续光谱烧孔 persistent spectral hole burning
持续光线 continuous beam of light
持续过程 time-continuing process
持续过电压 sustained over-voltage
持续过载 sustained over-load
持续过载系数 service factor
持续荷载 duration load(ing); sustained load(ing)
持续荷载电流 continuous load current
持续弧 sustained arc
持续活性 continuous activity
持续加速度 long acceleration; sustained acceleration
持续降雨 lasting rain;steady rain
持续搅动 prolonged agitation
持续径流 sustained runoff
持续老化 continuous ag(e)ing
持续力 continuous force; sustaining force;sustaining power
持续两年的 biennial
持续两月的 bimestrial
持续裂缝 sustained cracking
持续流量 sustained flow
持续灭菌法 continuous sterilization
持续耐热性 continuous heat resistance
持续能力 carrying capacity; sustaining power
持续黏[粘]性 dwell tack
持续盘存 perpetual inventory
持续盘存法 perpetual inventory method
持续片段 sustained segment
持续平均低流量 sustained average low flow
持续平均高峰流量 sustained average peak flow
持续坡度 steady gradient; sustained grade
持续期 extended period
持续期间 duration
持续起电盘 continuous electrophorus
持续牵引 continuous traction
持续牵引复位 reduction by continuous traction
持续牵引力 continuous tractive effort
持续曲线法 method of persistent graph
持续燃烧 sustained combustion
持续蠕变 steady creep
持续润滑 permanent lubrication
持续润滑的轴箱 permanently lubricated axle-box
持续润滑的轴箱轴承 permanently lubricated bearing axle-box
持续上升 constant grade;constant rise
持续射击速率 sustained rate of fire
持续深潜水 long duration deep dive
持续升压试验 continuous voltage rise test
持续生产力 continuous power
持续生产量 sustained production;sustained yield
持续声 sustained sound
持续时间 detention time;duration time;endurance;length of time;on time; run-on time; time of duration;time of permanency
持续时间的限制 endurance limit
持续时间范围 limit of endurance
持续时间分离器 duration selector
持续时间角色 during case
持续时间较长的 longer-lasting
持续时间-强度因素 duration-strength factor
持续时间特征 duration characteristic
持续时间响应 duration response
持续时间选择器 duration selector
持续时期 detention period
持续使用期限 extended service
持续式指向灯 continuous pilot
持续试验 protracted test
持续收获 sustained yield
持续输出 continuous output; sustained output
持续输出功率 continuous output
持续输入 sustained input
持续顺利钻进 straight-ahead drilling
持续速度 continuous speed;continuous velocity; sustained speed; sustained velocity
持续弹性模量 sustained modulus of elasticity
持续稳定增长 sustained stable growth
持续五年的 quinquennial
持续消毒 sustained disinfection
持续信号【交】 hold signal
持续型趋势 persistence tendency
持续性 durability;sustainability;unremittance;persistence
持续性客流 continuous passengertraffic
持续性逆弧 consequential arc back
持续性喷发 permanent eruption
持续性倾向 persistence tendency;tendency of persistence
持续性趋势 persistence tendency;tendency of persistence
持续性试验 continuity test
持续性污染物 persistent pollutant
持续性预报 persistence forecasting
持续性运行 endurance running
持续徐变 steady creep
持续压力试验 sustained pressure test
持续淹灌 continuous submergence
持续淹没 continuous flooding
持续一年的 year-long
持续音 sustained note
持续应力 continuous stress;duration stress;sustained stress
持续涌浪 sustained surge
持续雨 steady rain
持续运行电动机 long hour motor
持续运行电压 continuous running voltage
持续运行继电器 continuous duty relay
持续运行时间 continuous working time
持续运转标称值 continuous rating
持续运转额定容量 continuous rating;duration of runs
持续运转额定值 continuous rating
持续运转时间 duration of runs;endurance period;endurance period
持续运转水力发电厂 continuous service hydraulic power plant
持续运转速度 speed at continuous rating
持续载荷 sustained load(ing)
持续增长 secular growth;sustainable growth;sustained growth
持续照射 chronic exposure
持续振荡 continuously running oscillation; continuous oscillation; persistent oscillation;sustained oscillation;undamped oscillation
持续振荡器 sustained oscillator
持续振荡条件 conditions of sustained oscillation
持续振动 sustained vibration

持续制动 continuous brake; stretch braking
持续周之久 week-long run
持续状态 persistent state
持续自流水 perennial artesian water
持续最大功率 continuous maximum rating
持续作用电池组 closed circuit battery
持续作用接触器 continuous contactor
持续作用弹簧 duration spring
持异议 dissidence
持用财产的费用 carrying charges
持有 hold; holding
持有的房地产 real estate owned
持有股 <美> longstock
持有股本 held equity
持有皇家特许证的会计师 chartered accountant
持有权 tenure
持有人 bearer; holder
持有条款的开头语 <地契中的> have and to hold
持有许可证人 licensee
持有者 bearer; holder; possessor
持有执照人 licensee
持载试验 load retention test
持照汽车 registered automobile
持证乘客 passholder
持证的自动控制系统 automatic control system certified
持证评估员 certified assessment evaluator
持证人 permit holder; permittee
持证人签字 signature of bearer
持证者 leaseholder; licensee; runholder
持住力 preservative power
持着分析法 retention analysis
持着指数 retention index
持组织镊 tissue grasping forceps
持钻头器 bur holder

匙底形的 spoon-bottom

匙斗式挖泥船 aquamotrice; aque motrice
匙孔在球形把手内的门锁 key-in knob (door) lock
匙孔在执手中的门锁 key-in knob (door) lock
匙式挖掘机 spoon dredge(r)
匙式挖泥船 spoon dredge(r)
匙头钻 spoon bit
匙形船首 shovel bow; spoon bow
匙形船尾 spoon stern
匙形刮刀 spoon slicker
匙形桨 spoon oar
匙形螺钻 gouge auger
匙形取土器 posthole borer; posthole digger
匙形取样器 posthole auger; posthole borer; posthole digger
匙形试样 spoon auger sample
匙形洼地 exudation basin
匙形(物) spoon
匙形牙刮器 discoid dental scaler
匙形钻(头) mud bit; spoon bit; ga(u)ge auger; dredging bit <用于散粒土钻进>
匙叶栎 spoonleaf oak
匙状轮叶 spoon-shaped blade
匙状物 spoon
匙状形甲 coilonychia [koilonychia]; spoon nail

墀头【建】 gable springer; skew block; skew butt

尺·磅 foot-pound

尺标 footage number
尺(标)度变换(法) scale transformation
尺长方程式 equation of tape length
尺长改正 correction to nominal length of tape
尺寸 admeasurement; caliber; dimension; magnitude; measurement; size
尺寸比例 dimensional proportion; dimensional scale; proportion of size
尺寸变化 change in size; dimensional change; dimensional variation; scale change
尺寸标定方法 dimensional system
尺寸标示规则 dimensioning rule
尺寸标志 size marking
尺寸标注 size marking
尺寸标注变量 dimension variable
尺寸标注弧线 dimension line arc
尺寸标注类型 dimension style
尺寸标注实体 dimension
尺寸标注文字 dimension text
尺寸标注线 extension line for dimension; dimension line
尺寸标注引出线 extension line for dimension
尺寸标准 dimensional standard
尺寸标准规范 dimensional standard specification
尺寸不变 dimensional stability
尺寸不变阳极 dimensionally stable anode
尺寸不符合要求 off-size
尺寸不够 scant; undersize
尺寸不够的圆材 monkey spar; short spar
尺寸不合格(的) off-dimension; off-size; out-of-size
尺寸不准 inaccuracy in dimension; incorrect in size
尺寸不足 short measure; underga(u)ge; undersize
尺寸不足的 subsize; undersized
尺寸不足的物料 undersize material
尺寸参考系统 dimensional reference system
尺寸参数 dimensions statistics
尺寸测量法 dimensional metrology
尺寸差变 differential dimensional change
尺寸超过标准的大砖 jumbo brick
尺寸大小 size dimension
尺寸单位 dimensional unit
尺寸的 dimensional
尺寸的材料 single-sized material
尺寸的核对 checking of dimensions
尺寸的准确性 accuracy of ga(u)ge; dimensional accuracy
尺寸递减层 diminishing courses
尺寸定位 sizing
尺寸范围 dimensional range; limit of sizes; range of sizes; size range
尺寸分布分析器 size distribution analyser[analyzer]
尺寸分析 dimensional analysis
尺寸分级 fractional classification
尺寸公差 dimensional tolerance; size tolerance; tolerance of dimensions
尺寸公差带 tolerance zone
尺寸公差制度 dimension limit system
尺寸共振 dimensional resonance
尺寸关系 dimensional relationship
尺寸规格 dimensional specification; dimensions
尺寸过大 over-dimensioning; overlarge; over-size
尺寸过小 undersize
尺寸过小的 undersized
尺寸过小断面 undersize section
尺寸和类型代号 size and type code
尺寸恒定性 dimensional stability
尺寸互换性 dimensional interchangeability
尺寸划分 size division
尺寸计算 dimensioning
尺寸检查 dimensional ga(u)ging; dimensional inspection
尺寸检查报告 dimensional inspection report
尺寸检验 dimensional control; dimensional inspection
尺寸检验报告 dimensional check report
尺寸检验记录 dimensional check record
尺寸简图 dimensional sketch
尺寸减小比率 ratio of reduction
尺寸鉴别 size discrimination
尺寸校核 dimensional check
尺寸界限 limit of size
尺寸精(确)度 accuracy to size; dimensional accuracy; dimensional precision
尺寸均一的材料 single-size material
尺寸均一性 dimensional homogeneity
尺寸控制 dimensional control; size [sizing] control
尺寸(控制)量规 sizing ga(u)ge
尺寸利用系数 coefficient of gabarite efficiency
尺寸链 dimensional chain
尺寸名称 dimensional term
尺寸配合 dimensional coordination
尺寸偏差 dimensional deflection; dimensional deviation; dimensional discrepancy; dimensional variation
尺寸清单 schedule of sizes
尺寸确定 size determination
尺寸容差 dimensional tolerance; size tolerance
尺寸容许范围 limit of size
尺寸容许偏差 size tolerance
尺寸容许误差 dimensional tolerances
尺寸上的差异 dimensional discrepancy
尺寸上偏差 allowance above nominal size; over-allowance
尺寸上调整协调的 dimensionally coordinated
尺寸上限 upper limit of size
尺寸输出 dimensional output
尺寸术语 dimensional term
尺寸数据 dimensional data
尺寸数字 dimensional figure
尺寸说明 sizing specification; statement of size
尺寸缩小一半的 half-size
尺寸特性 dimensional characteristic; size characteristic
尺寸调整 size adjustment
尺寸图 dimensional chart; dimensional drawing; dimensional figure; dimensioned drawing; dimension's chart
尺寸稳定 dimensional stability
尺寸稳定材料 dimensionally stable material
尺寸稳定的 dimensionally stable
尺寸稳定胶片 dimensionally stable film; stable base film; stable film
尺寸稳定性 dimensional stability
尺寸误差 dimensional discrepancy; dimensional error
尺寸误差上限 upper permitted deviation
尺寸系统 system of dimensions
尺寸下偏差 allowance below nominal size; under allowance
尺寸下限 lower limit of size
尺寸显示装置 size finder
尺寸线 dimensional line
尺寸限制 dimensional limit(ation); dimensional restriction
尺寸相同的筛孔 equal-sized meshes
尺寸相同的网眼 equal-sized meshes
尺寸项目表 dimensional table
尺寸效应 dimensional effect; size (scale) effect
尺寸协调 dimensional coordination
尺寸选择 size select
尺寸要求 dimensional requirement
尺寸已加工的木材 cut engineered timber
尺寸因子 size factor
尺寸域 size field
尺寸匀称的颗粒 uniformly sized grains
尺寸中等的锦砖 medium sized mosaic tile
尺寸准确的 dimensionally accurate; true to size
尺寸准确的砖 ga(u)ged brick
尺寸准确度 dimensional accuracy
尺寸组成 size composition
尺垫【测】 foot of staff; foot pin; foot pin for level(l)ing rod; foot plate; level(l)ing plate; rod support; sight carrier; turning plate; turning point plate
尺度 admeasurement; dimension; linear measure; measurement; scale
尺度比 scale ratio
尺度比例 dimensional scale
尺度变换(法) scale transformation
尺度变数 scale variable
尺度变形 distortion of scale; scale deterioration; scale distortion; scale variation
尺度标尺 anale setting scale
尺度标准 yardstick standard
尺度不够 undersize
尺度参数 scale parameter
尺度常数 dimensional constant
尺度分布 size distribution
尺度分划 scale mark
尺度分析 dimensional analysis; scale analysis
尺度改变 rescaling
尺度关系 scaling relation
尺度互换性 dimensional interchangeability
尺度换算表 scale conversion table
尺度换算图表 conversion scale
尺度检定 scale checking
尺度均一性 dimensional homogeneity
尺度控制 scale control
尺度模数 scale modulus
尺度设计 scale design
尺度索 guide wire; knotted wire; measuring wire
尺度索导向器 check-wire guide
尺度索结扣 check button; check knot
尺度索卷绕轮 check-wire reel
尺度索扣拨器 checkhead; check (row) ing device
尺度索绕平装置 level-winding device
尺度索松放器 wire release
尺度图 dimensioned drawing
尺度稳定的 dimensionally stable
尺度稳定片基 stable base
尺度稳定性 dimensional stability
尺度误差 scale error
尺度线 dimensional line
尺度限制 dimensional restriction
尺度效应 scale effect
尺度效应问题 scale effect problem
尺度信息 metric(al) information

尺度因数 scale factor;size factor
尺度因子 scale factor;size factor
尺度纸 dimension(al) paper
尺端刻度 end scale
尺蛾科 <拉> Geometridae
尺杆 size stick
尺钩 <基线尺或带尺的> end swivel
尺蠖 looper
尺架 <基线测量用> tape wire buck; taping buck; tension foot; chaining buck; straining trestle; straining tripod; tension tripod
尺解图 nomogram
尺量 dipstick metering
尺量法 tape measurement
尺码 footage; measurement; yardage
尺码吨 < = 40 立方英尺 ≈1.13 立方米 > measurement ton(nage); freight ton(nage)
尺码分档 size bracket
尺码计数器 footage counter
尺码指示器 footage indicator
尺手 tapeman
尺台 foot plate
尺头 scale extension
尺型中心钻 scale-type center[centre] drill
尺烛光 foot-candle
尺桩【测】turning point pin
尺子 ruler
尺座 rod support

齿

齿 barb; claw; tine; tooth; cog <齿轮或轮牙的>

齿阿米醇 visamminol
齿板 pinion rack; toothed bar; toothed link; toothed plate
齿板拔钉 gathering pallet
齿板轨 cod rail
齿板连接件 toothed connector; toothed plate
齿板零划分 comb zero
齿板推土机 rake dozer
齿棒 rack(bar)
齿背 back of tooth
齿臂 pinion rack
齿臂板 pinion rack
齿边倒圆铣刀 tooth edge miller
齿边泥刀 serrated edge trowel
齿边檐板 denticulation corona
齿柄护板 shank protector
齿仓 gullet
齿槽 alveolar; gullet; rack; spline; tooth space; cut-off trench <截水用>
齿槽底面 bottom land
齿槽辊破碎机 kibble(r) roll-crusher
齿槽嵴 alveolar crest
齿槽角 groove angle
齿槽锯 gullet saw
齿槽空间距 tooth spacing
齿槽连接 indented joint; notch and tooth joint
齿槽联轴节 splined coupling
齿槽联轴器 splined coupling
齿槽轮辋 gear rim
齿槽脓溢 pyorrhea alveolaris
齿槽深度 gullet depth
齿槽式鼻坎 slotted bucket lip
齿槽式挑流鼻坎 slotted bucket; slotted spillway bucket
齿槽铣刀 gap cutter; gashing cutter
齿槽效应 cogging; slot effect
齿槽型轮带 splined tire[tyre]
齿侧 flank
齿侧面磨损 flank wear
齿侧隙 running clearance
齿侧修整 jointing
齿长 length of tooth
齿长度 tine length
齿车 chariot
齿车轮 rack wheel
齿刀 land; serrated knife
齿刀式耙路机 knife-tooth harrow
齿的侧面 face of tooth
齿的成型 shaping of teeth
齿的非工作面 coast side of tooth
齿的干涉 interference of tooth
齿的内端 inner end of tooth
齿的倾斜角 spiral angle
齿的弯曲强度 beam strength of tooth
齿底半径 radius of flute of tooth
齿顶 addendum[复 addenda]; crest of thread; crown of tooth; toe; tooth crest; tooth point; tooth tip; tooth top
齿顶包络面 <指螺旋齿轮的> addendum envelope
齿顶变尖 topping
齿顶承载区 addendum bearing
齿顶点 tooth end
齿顶高 face of tooth; tooth addendum; tooth head
齿顶高补遗 addendum[复 addenda]
齿顶高齿面 addendum flank
齿顶高度 outside pitch line length
齿顶高系数 addendum coefficient; addendum factor
齿顶高修正 addendum modification; addendum correction
齿顶尖 peak
齿顶间隙 crest clearance; gear tip clearance; tip clearance; top clearance of tooth
齿顶间隙面积 tip-clearance area
齿顶角 <伞齿轮的> addendum angle
齿顶接触 toe contact
齿顶棱边 tip edge
齿顶隙 top clearance
齿顶线 addendum line; face-line of teeth; top line of teeth
齿顶修边 tip easing
齿顶修整 jointing
齿顶修正系数 addendum modification coefficient
齿顶与齿根间隙 tooth clearance
齿顶圆 outside circle; point circle
齿顶圆半径 outside radius; radius of addendum; tip radius; addendum circle
齿顶缘 toothed crown
齿顶锥 addendum cone
齿斗 ripper bucket
齿斗铲土机 toothed scoop shovel excavator
齿斗式机铲 toothed scoop shovel
齿斗式挖土机 toothed scoop shovel excavator
齿端 cusp
齿端部间隙 crest clearance; top clearance
齿端倒角 end relief; longitudinal correction
齿端角 increment angle
齿端角高 <指圆锥齿轮> angle addendum
齿端修圆 end round
齿端修整 tip relief
齿耳属 <拉> Steccherinum
齿缝 gash; slot
齿缝角 <铣刀的> gash angle
齿缝开度 slot opening
齿缝宽度 slot width
齿缝面积 slot area
齿斧 tooth ax(e)
齿腹 flank
齿杆 pinion; pinion rack; rack; rack bar; ratch; toothed bar
齿杆千斤顶 rack jack
齿杆升降机 rack building hoist
齿杆式千斤顶 rack and pinion jack
齿杆式自装饲料拖车 toothed bar type self-loading forage box
齿杆式作物装载机 toothed bar type crop loader
齿杆套 rack barrel
齿高 addendum[复 addenda]; depth of tooth; height of tooth; length of tooth; tooth depth
齿高变位量 addendum correction; addendum modification
齿高修形 depth crowning
齿割面 tooth section
齿根 root of tooth
齿根半径 root radius
齿根侧面 tooth flank
齿根超环面 root toroid
齿根高 <齿轮的> dedendum[复 dedenda]; tooth dedendum
齿根高度 inside pitch line length
齿根过渡曲面 fillet; tooth fillet
齿根角 <齿轮的> dedendum angle; angle of bottom; bottom angle; decrement angle
齿根接触线 dedendum line of contact
齿根截面厚 bottom tooth thickness
齿根面 heel of tooth; root face; tooth flank
齿根切 interference of tooth
齿根线 dedendum line; root line
齿根修正 root relief
齿根应力 root stress
齿根圆 <齿轮的> dedendum circle; root(whole) circle
齿根圆弧半径 fillet radius
齿根圆角 root fillet; tooth root fillet
齿根圆角半径 tooth fillet radius
齿根圆线 bottom-line of teeth
齿根圆直径 root diameter
齿根圆柱面 root cylinder
齿根锥 outside cone; dedendum cone <圆锥齿轮啮合>; root cone <指伞齿轮的>
齿根锥角 root angle
齿跟部啮合印痕 heel contact
齿弓 dental arch
齿谷 intertooth space
齿冠 crown; tooth crown
齿冠距 top distance
齿规 tooth ga(u)ge
齿轨 cog; cogged rail; gear rail; rack; rack rail; toothed rack; toothed rail
齿轨齿 rack tooth
齿轨段 rack division
齿轨和齿轨铁路 rack and pinion railway
齿轨机车 rack locomotive
齿轨机车主动小齿轮 driving pinion
齿轨迹 tooth trace
齿轨爬山铁路 rack railway
齿轨式吹灰器 rack soot blower
齿轨铁道 Abt-rack; cog railroad[railway]; rack railroad; toothed railroad[railway]
齿轨铁路 Abt-rack; cog railroad[railway]; rack railroad; toothed railroad[railway]
齿轨铁路车 rack railroad car
齿轨铁路客车 rack railway coach
齿轨钟 rack clock
齿轨转辙器 rack switch
齿辊 discaling roll; gear roller
齿辊破碎机 cutter roller; rod-toothed crusher; tooth-roller cracker
齿辊式破碎机 toothed roll crusher
齿耗速比范围 gear range
齿合接缝 indented joint
齿合柱 joggle column; joggle piece; joggle post
齿痕钢丝 indented wire; notching wire
齿喉 throat of tooth
齿喉修整器 gummer
齿后角 angle of back of tooth
齿厚 thickness of tooth; tooth thickness
齿厚比较仪 gear tooth comparator
齿厚规 gear thickening ga(u)ge; gear thickness ga(u)ge
齿厚减薄量 reduction in tooth thickness
齿厚千分尺 gear tooth micrometer; tooth thickness micrometer
齿弧 notched segment; rack circle; sector; sector gear; tooth sector
齿花饰 crenel(l)ated mo(u)lding
齿环 alligatoring ring; rim; ring gear; stud ring; toothed ring
齿环齿轮 rim gear wheel
齿环键 circular spike
齿环接钉 toothed ring dowel
齿环连接件 gang nail
齿环连接器 toothed ring connector
齿环链 gang nail
齿黄铜 Wiegold
齿夹 tooth clamp; tooth holder
齿夹角 bottom angle
齿尖 point; tip; top of tooth
齿尖半径长的铲斗 long tip radius bucket
齿尖接触 peak contact
齿尖漏磁 tooth-tip leakage
齿尖漏磁通 tooth-tip leakage flux
齿尖倾角 tine angle
齿尖泄漏 tooth-tip leakage
齿间 intertooth space; tooth space
齿间隔 space of teeth
齿间角 angle between teeth; tooth-spacing angle
齿间漏抗 tooth-tip reactance
齿间曲线 tooth trace
齿间隙 back lash; intertooth space
齿间组合误差 tooth to tooth composite error
齿键 alligator
齿槛 dam root; dragon's tooth[复 teeth]; indented sill; notched sill; toothed sill
齿角 tooth angle
齿接合【建】toe joint; toe-jointing; toothing bond; indented joint
齿接砖 toother
齿接砖墙 toother
齿节 cogging joint; dens; tooth pitch
齿节常数 constant of pitch
齿节公差 pitch tolerance
齿节弧形板 quadrant tap bolt
齿节螺纹 pitch thread
齿节圆 pitch circle
齿节周期 pitch period
齿结合 combed joint; dapped joint connection
齿结合环 toothed connector; toothed ring connector
齿距 pitch; pitch of teeth; tooth pitch; tooth space
齿距点 pitch point
齿距规 gear ga(u)ge; gear tooth ga(u)ge
齿距卡规 gear tooth vernier
齿距千分尺 tooth space micrometer
齿距数 pitch number
齿距误差 pitch error
齿距线 pitch line
齿距指示器 tooth space indicator
齿距总误差 total error of tooth spacing
齿菌科 <拉> Hydnaceae
齿菌属 <拉> Grandinia; Hydnum
齿卡盘 jaw chuck
齿坎 notched sill

齿坎的 dental
齿槛 dentated sill
齿孔 perforation;sprocket hole
齿孔酸 eburicoic acid
齿口拉力强度 notched bar strength
齿宽 breadth of tooth;space of interval; tooth breadth; tooth width; width of tooth
齿宽角 width angle
齿廓 flank profile; profile; profile of teeth;tooth outline;tooth profile
齿廓角 profile angle
齿廓接触系数 profile contact ratio
齿廓修正 profile correction
齿廓因数 tooth-form factor
齿连接 combed joint
齿链 gear;toothed chain
齿链轮 toothed chain wheel
齿裂 breaking tooth
齿裂蒴果 denticidal capsule
齿绿松石 bone turquoise;odontolite
齿轮 chamfering hob;cog-wheel;gear;pinion;rack wheel;tooth(ed)gear;tooth(ed)wheel;wheel gear;crowd pinion <挖土机压力机件的>
齿轮摆差 gear runout
齿轮保险装置 gear lock
齿轮泵 cog-wheel pump; gear(ed)(wheel)pump;wheel pump
齿轮泵供油润滑 gear-pump-driven lubrication
齿轮泵滤网装置 gear pump strainer assembly
齿轮比 gear ratio;rating of gear;register ratio
齿轮边轴承 gear side bearing
齿轮变速 gear change; gear graduation
齿轮变速比配合 gear commensurate
齿轮变速杆 gear change lever
齿轮变速滑槽 gear shifting gate
齿轮变速机 change set
齿轮变速机构 gear shift
齿轮变速控制手柄 gear control lever
齿轮变速式发动机 geared engine
齿轮变速手柄 gear change lever;gear lever
齿轮变速图解 gear shifting diagram
齿轮变速箱 geared head; gear mission;transmission gear box
齿轮变速装置 gear change set
齿轮拨叉 gear shifter;gear shift fork;shifter fork;yoke shifter
齿轮擦伤 gear scoring
齿轮操作轴 gear operating shaft
齿轮侧隙 gear backlash
齿轮测量机 gear measuring machine
齿轮测量线 gear measuring wires
齿轮测量圆柱 gear measuring cylinder
齿轮测试机 gear testing machine
齿轮测试仪 gear testing instrument
齿轮插床 gear slotter; gear slotting machine
齿轮插刀 cam shaper cutter
齿轮拆卸器 gear puller; gear with drawer
齿轮颤动 chattering of gears
齿轮车床 gear lathe
齿轮成型加工法 gear forming
齿轮成型加工机 gear forming machine
齿轮齿 gear tooth
齿轮齿粗削铣刀 gear tooth roughing cutter;gear tooth stocking cutter
齿轮齿倒角机 gear tooth chamfering machine
齿轮齿倒棱 tooth chamfer
齿轮齿的断面 gear tooth profile
齿轮齿的接触 gear tooth contact
齿轮齿的外形 gear tooth profile
齿轮齿顶高 addendum[复 addenda]
齿轮齿根高 dedendum[复 dedenda]
齿轮齿根角 dedendum angle
齿轮齿根啮合印痕 root mesh mark
齿轮齿根圆 dedendum circle
齿轮齿卡规 gear tooth cal(l)ipers
齿轮齿面接触 gear contact
齿轮齿啮合 gear tooth engagement
齿轮齿数比 gear ratio;ratio of number of teeth
齿轮齿条 rack pinion
齿轮齿条传动压力机 rack press
齿轮齿条副 rack and pinion
齿轮齿条千斤顶 rack and pinion jack
齿轮齿条式升降机 rack and pinion hoist
齿轮齿条式转向传动机构 pinion-and-rack steering gear
齿轮齿条式转向器 rack and pinion steering-gear
齿轮齿条式转向装置 pinion-and-rack steering device
齿轮齿隙 back lash
齿轮齿形 form of gear tooth
齿轮齿轧光机 gear tooth burnishing machine
齿轮传动 gear drive;gearing in;gear power transmission;gear run;gear train assembly;gear transmission;gear wheel drive; pinion drive;toothed gear drive;tooth gear
齿轮传动背压式汽轮机 geared non-condensing turbine
齿轮传动泵 gear-driven pump;geared pump
齿轮传动比 gear ratio;ratio of gear;ratio of number of teeth
齿轮传动臂 gear-driving arm
齿轮传动柴油机 geared diesel
齿轮传动抽油机 geared pumping unit
齿轮传动的 gear-driven
齿轮传动的电动机 geared electric(al)motor
齿轮传动的浇包起重机 geared ladle-hoist
齿轮传动的轮系 gear in train
齿轮传动的限制开关 geared limit switch
齿轮传动电动机 geared motor
齿轮传动发动机 geared engine
齿轮传动防护罩 gear guard
齿轮传动固定架 gear-driven fixed mount
齿轮传动固定式曲柄压力机 geared non-inclinable crank press
齿轮传动机车 geared locomotive
齿轮传动机构 gear train
齿轮传动机械 geared-drive machine
齿轮传动给水泵 geared feed pump
齿轮传动脚踏发电机 geared foot-operated generator
齿轮传动精度 gear-driven accuracy
齿轮传动卷扬机 geared hoist
齿轮传动可倾式曲柄压力机 geared inclinable crank press
齿轮传动拉延压力机 geared reducing press
齿轮传动链 gear train
齿轮传动马达 geared motor
齿轮传动钮 gear knob
齿轮传动牵引机 geared traction machine
齿轮传动扇 gear-driven fan
齿轮传动升降机 geared elevator
齿轮传动式鼓风机 geared blower
齿轮传动式喷洒器 geared sprinkler
齿轮传动式汽轮机 geared turbine
齿轮传动式凸轮轴 gear-driven camshaft
齿轮传动手摇钻 corner brace
齿轮传动手制动机 geared brake
齿轮传动提升机 gear hoist
齿轮传动网 diagram of gears
齿轮传动系 pinion unit
齿轮传动箱 transfer gear box
齿轮传动效率 gear-driven efficiency
齿轮传动增压器 gear-driven supercharger
齿轮传动闸阀 geared gate valve
齿轮传动轴 gearing shaft
齿轮传动装置 cog-wheel gearing; gear; gear assembly; pinion unit; toothed gearing;wheel gearing
齿轮床头箱 gear head stock;gear stock
齿轮粗加工用铣刀 gear stocking cutter
齿轮粗切滚刀 high production hob
齿轮粗铣刀 gear stocking cutter
齿轮带 gear band
齿轮单面啮合检查仪 one-flank gear rolling tester
齿轮刀具 cutter gear;cutter of gear wheel; gear cutter; shaping cutter; wheel cutter
齿轮刀具变位系数 cutter change factor
齿轮刀具分度圆直径 cutter pitch diameter
齿轮刀具移距系数 cutter change factor
齿轮导程校正机 gear lead checker
齿轮倒角 gear chamfering
齿轮倒角滚刀 chamfering hob
齿轮倒角和修圆机床 gear tooth chamfering and rounding machine
齿轮倒角机 radiusing machine;tooth chamfering machine
齿轮的 gearing in
齿轮的半罩壳 half shroud
齿轮的齿 tooth
齿轮的齿根面 flank
齿轮的齿根圆 whole circle
齿轮的齿合表面 face of gear
齿轮的节距圆 pitch circle
齿轮的冷挤压 cold extrusion of gears
齿轮的轮牙 cog
齿轮的跑合 running of gear
齿轮的噪声 clashing of gear
齿轮等速 gear level
齿轮定时加速器 geared timing accelerator
齿轮定位环 gear collar
齿轮定位器 pinion stop
齿轮端面 gear face
齿轮端移动 gear side movement
齿轮蹲接 gear coupling
齿轮帆布 gear duck
齿轮返修 gear rework
齿轮范成法 gear generation; tooth generating
齿轮纺丝泵 gear spinning pump
齿轮分度 gear graduation
齿轮分度圆弦齿距 chordal pitch
齿轮分度装置 gear wheel indexing arrangement
齿轮分离 demesh
齿轮负荷 gear loading
齿轮副 gear pair;mating gear;pair of gears
齿轮钢 pinion steel
齿轮铬合金钢 chromium gear steel
齿轮给进 gear feed
齿轮根切 undercut
齿轮根圆直径 root diameter
齿轮工作面接触斑点 gear contact pattern
齿轮公差 gearing tolerance
齿轮公法线测量仪 odontometer
齿轮构件轴 gear member shaft
齿轮毂 gear hub;hub of gear
齿轮故障 gear distress
齿轮冠 gear crown;pinion rings
齿轮惯量 gear inertia
齿轮光整加工机 gear finisher
齿轮规 gear teeth ga(u)ge
齿轮辊碎机 cutter roller
齿轮滚刀 gear(cutter)hob;gear roller;generating hob;hob milling cutter
齿轮滚刀检查仪 gear hob measuring machine
齿轮滚刀用样板 worm-thread tool ga(u)ge
齿轮滚光机 gear burnishing machine
齿轮滚光轮 gear burnishing tool
齿轮滚模 gear rolling die
齿轮滚磨法 generation gear grinding
齿轮滚铣 tooth generating
齿轮滚铣刀 gear cutter hob; gear hobber;hob
齿轮滚铣法 gear generation;hobbing
齿轮滚铣机床 gear-generating machine
齿轮滚压 gear rolling
齿轮滚轧机 gear rolling machine
齿轮滚柱 gear roller
齿轮过大的齿隙 gear excessive lash
齿轮过早损坏 premature gear failure
齿轮和花键滚轧机 gear and spline rolling machine
齿轮和螺纹加工机床 gear and thread cutting machine
齿轮和螺纹磨床 gear and thread grinding machine
齿轮荷载 gear load
齿轮珩床 gear honing machine
齿轮弧线厚度 circular thickness
齿轮滑车 geared block
齿轮滑套 gear slide sleeve
齿轮环 gear ring
齿轮换挡叉 gear shifting fork
齿轮换挡杆 gear shifting lever
齿轮换挡变速机构箱架 gear shift tower
齿轮换挡叉 shifting fork
齿轮换向 gear wheel reversing
齿轮换向器 gear tumbler;tumbler
齿轮回动装置 wheel reversing gear
齿轮回转泵 gear rotary pump
齿轮机车 rack rail locomotive
齿轮机构 gear mechanism;gear unit
齿轮机构控制进给 geared feed
齿轮机架 pinion stand
齿轮机械式静力触探试验 gear mechanical static cone penetration test
齿轮机座 pinion housing
齿轮基圆 base circle;rolling circle
齿轮计量泵 gear wheel metering pump
齿轮计数器 gear counter
齿轮加工程序 gear processing
齿轮加工刀具 gear cutting tool
齿轮加工机床 gear cutting machine
齿轮加工组合铣刀 duplex gear cutter
齿轮夹头 geared chuck
齿轮间隙 gear backlash;gear clearance
齿轮减速 gear down;gear reduction
齿轮减速比 gear reduction ratio; transmission gear ratio
齿轮减速传动 gearing down;gear reduced drive
齿轮减速的轮毂 reduction hub
齿轮减速电动机 gear head motor
齿轮减速发动机 geared-down motor
齿轮减速机 reduction gear
齿轮减速机器 gear speed reducer; speed reduction gear
齿轮减速螺旋桨 geared propeller

C

齿轮减速内燃机船 geared diesel boat
齿轮减速器 auger reduction unit; gear reduction unit
齿轮减速设备 gear reduction unit; reduction gear unit
齿轮减速式柴油机 geared diesel engine
齿轮减速箱 gear box; gear reducer; speed reduction gear box
齿轮减速装置 gear reduction unit; mechanical reduction gear
齿轮检查机 gear testing machine
齿轮检查仪 gear tester; gear testing apparatus
齿轮检验器 gear checking device; gear tester
齿轮检验设备 gear checking equipment
齿轮渐开线及螺旋角测量仪 involute and helix measuring instrument
齿轮渐开线仪 involute profile tester
齿轮降速马达 gear motor
齿轮降速涡轮机 geared turbine
齿轮绞盘 geared capstan
齿轮校正器 rounding-up tool
齿轮校正仪 gear checking instruments
齿轮接触斑点 gear contact pattern
齿轮接触压力 tooth pressure
齿轮接合 cogging joint
齿轮接合器 adapter gear
齿轮节点式涡轮机 geared node turbine
齿轮节径 pitch circle diameter; pitch diameter
齿轮节距测量仪 gear pitch measuring instrument
齿轮节线 pitch curve
齿轮节圆 pitch circle
齿轮进刀 gear feed
齿轮进给 geared feed
齿轮进给机构 feed gearing mechanism
齿轮精滚机 gear roll-finishing machine
齿轮精加工机床 gear finishing machine
齿轮径节 diametral pitch
齿轮径距 diametral pitch
齿轮距检测仪 spacing instrument
齿轮卷曲机 gear crimper
齿轮孔 gear hole
齿轮控制器 gear control
齿轮跨针测量 over-pin gear measurement
齿轮块 cluster gear; gear cluster
齿轮拉出器 gear puller
齿轮拉刀 gear broach
齿轮离合器 denture clutch; disengaging gear; engagement sleeve; tooth(ed) clutch
齿轮离合器接合的常啮合齿轮 dog-engaged constant mesh gears
齿轮立刨机 gear slotting machine
齿轮连接 gear connection; gear coupling; toothing
齿轮连接涡轮机 geared turbine
齿轮联动装置 thrust gear; toothed-wheel gear
齿轮联系 gear coupling
齿轮联轴节 gear(-type) coupling; toothed coupling
齿轮联轴器 gear coupling
齿轮链系 gearing chain; wheel chain
齿轮流量计 gear meter
齿轮轮齿轧尖机 gear teeth burnishing machine
齿轮轮廓检验机 gear profile checking machine
齿轮轮缘 gear rim; rim of gear; rim of gear wheel
齿轮轮周 tooth crown
齿轮罗盘 rack compasses
齿轮洛氏硬度计 gear wheel Rockweel tester
齿轮马达 gear motor
齿轮毛坯 gear blank
齿轮面 face of gear
齿轮模数 module of gear
齿轮模型 model of gear
齿轮磨床 gear grinder; gear(tooth) grinding machine
齿轮磨削 gear grinding
齿轮啮合 catching of toothed wheels; gear engagement; gearing in; gear(ing) mesh
齿轮啮合边 engaging side of gears
齿轮啮合间隙 gear backlash
齿轮啮合节点 pitch point
齿轮啮合区 meshing zone
齿轮啮合误差测量仪 gear meshing error meter
齿轮耦合 gear coupling
齿轮排列次序 gear wheel sequence
齿轮抛光机 gear burnishing machine
齿轮刨刀 gear shaping cutter
齿轮跑合检查仪 gear running test machine
齿轮配齿条的转向装置 rack and pinion steering
齿轮坯料 gear blank
齿轮偏心检查仪 gear eccentricity tester
齿轮起重机搬运的铁水包 geared crane ladle
齿轮起重器 gear jack
齿轮切线千分尺 gear tooth tangent micrometer
齿轮切削刀具 gear cutting tool
齿轮切削工具 gear cutting tool
齿轮切削工具磨床 gear cutting tool grinding machine
齿轮切削机床 gear cutting machine; gear generator
齿轮切削最大直径 maximum diameter of gear cut
齿轮青铜 gear(ing) bronze
齿轮青铜合金 gearing bronze alloy
齿轮驱动 gear drive
齿轮驱动喷洒头 gear-driven head
齿轮驱动误差图型 gear pattern
齿轮去毛刺机 gear deburring machine
齿轮去毛刺及齿顶成型机 gear deburring and tooth pointing machine
齿轮圈 gear ring
齿轮润滑 gear lubrication
齿轮润滑剂 gear compound; gear lubricant
齿轮润滑油 gear grease
齿轮润滑油脂 gear wheel lubrication grease
齿轮润滑脂 gear grease
齿轮三爪卡盘 gear scroll chuck
齿轮扇形 toothed segment
齿轮式 gear type
齿轮式差动卷扬机 geared differential hoist
齿轮式多臂机 wheel dobby
齿轮式钢筋弯折机 geared bar-bender
齿轮式离合器 gear clutch
齿轮式流量计 gear flow meter
齿轮式平衡器 gear-type balancer
齿轮式起重机 gear hoist
齿轮式输浆泵 gear-type size pump
齿轮式弹性轴接 gearlex coupling
齿轮式弯钢筋机 geared bar-bender
齿轮式循环泵 gear-type recycling pump
齿轮式压缩机 gear compressor
齿轮式液压马达 gear-type hydraulic motor
齿轮式增压泵 gear-type boosterpump
齿轮式转向机构 pinion-type steering gear
齿轮试验机 gear tester; gear test machine
齿轮输出轴 gear output shaft
齿轮输浆泵 size delivery pump
齿轮输入轴 gear input shaft
齿轮数 number of gears
齿轮速比 gear ratio; ratio of gear
齿轮速比范围 gear range
齿轮速度变换 change-speed gear
齿轮损坏 gear distress
齿轮套 geared sleeve
齿轮体 gear mass
齿轮剃齿刀 gear wheel shaving toothed tool
齿轮剃前刀具 gear preshaving cutter; gear protuberance cutter
齿轮条 gear rack
齿轮调速装置 gear speeder
齿轮贴纸测绘法 rubble
齿轮铁路 rack railway[railroad]
齿轮停止器 pinion stop
齿轮图型 gear pattern
齿轮退出咬合 ungear
齿轮托 gear bracket
齿轮托支架 gear bracket support
齿轮脱开 demesh
齿轮外径 outside diameter of gear
齿轮外圆 top circle
齿轮辋 rim of gear; tooth wheel rim
齿轮微动调节器 vernier device
齿轮尾随齿面 coast side of(gear) tooth
齿轮误差测量仪 gear error meter
齿轮铣床 gear(wheel) milling machine
齿轮铣刀 gear cutter; gear hobber; gear milling cutter; shaping cutter
齿轮系 gearing chain; gearing in; gear system; gear train assembly; set of wheels; train of gearings; train of toothed wheels; train of wheels
齿轮系传动效率 gear train efficiency
齿轮系列值 train value
齿轮系数 tooth factor
齿轮系图解 gear train diagram
齿轮隙 gear backlash
齿轮现象 cog-wheel phenomenon; Negro's phenomenon
齿轮箱 gear box; gear case[casing]; gear compartment; gear set case; wheel box
齿轮箱车床 geared-head (engine) lathe
齿轮箱车间 gearbox workshop
齿轮箱盖 gearbox cover
齿轮箱盖衬垫 gear coverseal
齿轮箱加油口 gearbox oil filler
齿轮箱接头 gearbox adaptor
齿轮箱输出 gearbox output
齿轮箱输出轴 gearbox output shaft
齿轮箱输入功率 gearbox input
齿轮箱输入轴 gearbox input shaft
齿轮箱套筒扳手 socket spanner for gear box
齿轮箱体 gearbox casing; gearbox housing
齿轮箱填密函 gear case stuffing box
齿轮箱通气孔 gearbox breather
齿轮箱凸缘 gearbox flange
齿轮箱外壳 gearbox case; gear housing
齿轮箱泄油泵 gearbox draining pump
齿轮箱悬架 gear set case suspension
齿轮箱悬置 gearbox suspension
齿轮箱压盖 gear case gland
齿轮箱油 gearbox oil; gear case oil
齿轮箱油尺 gearbox dipstick
齿轮箱主动轴 gearbox main drive shaft
齿轮形暗销 alligator closed-ring dowel
齿轮形联合器 toothed gear type coupling
齿轮型泵 gear-type pump
齿轮修圆机床 gear tooth rounding machine
齿轮选择 gear selection
齿轮选择程序 gear selection routine
齿轮选择器 gear selector
齿轮压力角 generating angle
齿轮研磨机 gear lapping machine
齿轮咬接 scuff(ing)
齿轮液压泵 gear-type pump
齿轮液压电动机 gear-type motor
齿轮液压马达 gear hydraulic motor; gear-type motor
齿轮移锭器 geared retractor
齿轮意外啮合 accidental gear engagement
齿轮油 gear compound; gear oil; railway grease
齿轮油泵 gear oil pump; oil gear pump
齿轮油进口盖 gear oil filler cap
齿轮油马达 gear oil motor
齿轮油添加剂 gear oil additive
齿轮游标卡尺 gear tooth cal(l)ipers; gear tooth vernier calipers; gear tooth vernier ga(u)ge
齿轮与齿条 wheel and rack
齿轮元件 teeth parts
齿轮圆规 rack compasses
齿轮缘 tooth wheel rim
齿轮造型机 gear mo(u)lding machine
齿轮噪声 gear noise; grating of gears
齿轮噪声检查机 gear noise testing machine
齿轮噪声试验机 gear sound testing machine
齿轮增速 gear up
齿轮增速传动 gearing-up
齿轮增速机 gear increaser
齿轮增速式单级混流鼓风机 mix-flow type gearing-up mono-blower
齿轮增速箱 speed increaser gear box
齿轮增速装置 gear increaser
齿轮轧钢机 blooming mill; cogging mill
齿轮轧制 gear rolling
齿轮闸 gear brake
齿轮展成法 gear generation; generation gear grinding; tooth generating
齿轮展成加工法 gear generating
齿轮展宽器 wheel stretcher
齿轮罩 gear cover; gear guard
齿轮整体误差测量仪 gear integrated error tester
齿轮正确组合 correct combination of gears
齿轮支架 gear stand
齿轮直接传动 direct-geared
齿轮制型机 gear-manufacturing machine; gear wheel mo(u)lding machine; wheel mo(u)lding machine
齿轮中心 gear center[centre]
齿轮轴 gear shaft; gear wheel shaft
齿轮轴传动 gear spindle drive
齿轮轴滚柱轴承 gear shaft roller bearing
齿轮轴套 gear bush; gear shaft bush; gear shaft sleeve; gear-sleeve
齿轮柱 sprocket
齿轮转辙机 rack switch
齿轮装置 geared system; gearing in; gearing toothed-wheel gearing; gear unit; wheelwork

齿轮状强直 cog-wheel rigidity
齿轮锥 cone of gears;gear cone
齿轮综合检测仪 combination-type gear inspection instrument
齿轮总减速 total gear reduction
齿轮组 cluster gear;cluster system of gear;gear bank;gear cluster;gear set
齿轮组件 gear assembly
齿轮组-离合器组合 gear-and-clutch set
齿轮钻床 geared drill
齿轮钻机 gear wheel drilling machine
齿轮钻头 roller bit
齿轮座的齿轮轴 mill pinion
齿面 face of tooth;flank of tooth;gear face;serration;tooth face;tooth flank;tooth surface;transverse pitch
齿面剥落 case crush
齿面锤碎机 slugger type hammer
齿面干涉 flank interference
齿面辊碎机 slugging roll(er)
齿面角 face angle
齿面接触 tooth contact
齿面接触提前量 face advance
齿面宽 face width of tooth
齿面描记器 odontograph
齿面磨纹 grinding pattern
齿面抛光法 gear burnishing
齿面瓦 combed-finish tile
齿面修整 barreling
齿面修正 flank correction
齿面轧辊 discaling roll
齿内的有效磁感应 actual tooth density
齿啮合 tine contact
齿耙 tine harrow;tine rake;toothed harrow;tooth rake
齿盘 fluted disc[disk];circular spike <金属制的木材连接件>
齿盘锯 toothed disc mill
齿片 bits;dentate sclerite
齿前 front
齿钳 toothed tongs
齿墙 cut-off;cut-off wall;key wall;spur wall
齿倾角 tine angle
齿倾角调整机构 tooth-angling mechanism
齿圈 annulus[复 annuli/ annuluses];geared ring;rack circle;ring gear;toothed ring
齿圈飞轮 toothed flywheel
齿圈夹盘 gear ring chuck
齿圈拉刀 ring gear broach
齿圈螺栓 gear bolt
齿全高 whole depth
齿刃凿 claw chisel
齿扇 gear quadrant
齿扇转舵装置 gear quadrant steering gear
齿舌 radula
齿深规间隙 depth ga(u)ge clearance
齿深规整齿 depth ga(u)ge setting
齿升量 rise per tooth
齿式 dental formula
齿式翻路机 tooth scarifier
齿式翻土机 tooth scarifier
齿式夹块 toothed jaw
齿式接合 step joint
齿式接头 step joint
齿式联轴节 tooth coupling;tooth type coupling
齿式联轴器 gear coupling;tooth coupling
齿式破碎机 pick breaker
齿式松土机 tooth scarifier
齿式锁紧垫圈 toothed lock washer
齿饰【建】dentel[dentil];denticle;denticulation;indenting
齿饰带【建】dentil band
齿饰间距 interdentil
齿饰模板 dentil band
齿饰挑檐 dentil cornice
齿饰挑檐滴水板 denticulation corona
齿饰线脚 denticulated mo(u)lding;dentil band;dentil course
齿饰中两个齿间的空间 metatome;metoche
齿饰中楣 dentil frieze
齿室 gullet;throat
齿输箱操纵杆 gear lever
齿数 number of teeth
齿碎机 pin breaker
齿榫 notched talcon
齿榫接合 square cogging
齿锁紧垫圈 tooth lock washer
齿套 pocket
齿套筒 geared sleeve
齿条 pinion rack;rack;rack bar;toothed bar;toothed rack
齿条安装定位机 rack setting ga(u)ge
齿条变幅 rack and pinion luffing
齿条操纵杆 rack lever
齿条插齿机 rack shaping machine
齿条齿轮 rack and gear;rack and pinion
齿条齿轮传动 rack and gear drive;rack and pinion drive
齿条齿轮传动仪 rack and pinion meter
齿条齿轮传动装置 rack and pinion gearing;rack gear(ing)
齿条齿轮传送 rack and pinion transfer
齿条齿轮电梯 rack and pinion elevator
齿条齿轮吊车 rack and pinion hoist
齿条齿轮吊轮 rack and pinion hoist
齿条齿轮回转机构 rack and gear swing mechanism
齿条齿轮活动支座 rack and pinion bearing
齿条齿轮卷扬机rack and pinion hoist
齿条齿轮起重器 rack and gear jack;rack(-and)-pinion jack
齿条齿轮式启门机 rack and pinion gate lifting device
齿条齿轮(式)千斤顶 rack and gear jack;rack(-and)-pinion jack
齿条齿轮式闸门启闭机 rack and pinion gate lifting device
齿条齿轮式织带机 rack and pinion loom
齿条齿轮式转向器 steering gear with rack and pinion
齿条齿轮退离装置 rackback
齿条齿轮装置的阀 rack bar sluice valve
齿条传动 rack driving;rack-end pinion;rack gearbox;rack gear(ing);racking
齿条传动车床 rack driving planer
齿条传动齿轮 rack wheel
齿条传动刨床 rack driving planer
齿条传动装置 rack and pinion gear
齿条传送顶车机 rack pusher for transfer car;transfer car with rack pushing mechanism
齿条刀插齿机 rack shaper
齿条刀(具) rack cutter;rack form cutter
齿条刀剃齿 rack shaving
齿条导轨 rack carriage;rack guide
齿条导向板 guide plate of gear rack
齿条杠杆千斤顶 rack and lever jack
齿条杠杆擒纵机构 rack lever escapement
齿条给进齿筒 bar of rack and pinion jack
齿条钩 rack hook
齿条和棘爪安全系统 <滑道小车的> rake and pawl system
齿条和蜗形轮 rack and snail
齿条和小齿轮 rack and pinion
齿条和小齿轮转向 steering by rack and pinion
齿条机构 rack mechanism;rack work
齿条加工 rack work
齿条节线 pitch line
齿条进给装置 rack feed gear
齿条锯 rack saw
齿条控制 rack control
齿条控制轴 rack control shaft
齿条千斤顶 rack jack
齿条切削 rack cutting
齿条切削机 rack cutting machine
齿条升降机 rack building hoist
齿条式差动装置 rack-type differential
齿条式齿轮刀具 rack-type gear cutter
齿条式齿轮转向器 rack and pinion steering-gear
齿条式拉拔机 rack-type drawbench
齿条式冷床 notch-bar cooling bed
齿条式龙门刨床 rack driven planer
齿条式启闭机 rack bar operating machine(ry)
齿条式起重器 rack-type jack
齿条式热床 notch-bar hot bed
齿条式剃齿刀 rack-type gear shaving cutter
齿条式剃刀剃齿法 rack-type shaving
齿条式推床 toothed rack push bench
齿条式推钢机 rack-type pusher
齿条式移送机 conveyor rack
齿条式自动起落机构 rack lift
齿条套筒 rack sleeve
齿条提升机 rack building hoist
齿条铁路 rack railway[railroad]
齿条铣床 rack miller;rack milling machine
齿条铣刀 rack milling cutter;rack(-type) cutter
齿条限位器 rack limiter
齿条限制器 rack limiter
齿条小齿轮 rack pinion
齿条小齿轮传动 rack and pinion drive
齿条小齿轮传动装置 rack and pinion gearing
齿条小齿轮起重器 rack-operated jack
齿条小齿轮式启门机 rack and pinion gate lifting device
齿条行程限制器 stop piece of lath
齿条形刨齿刀 generating rack
齿条形剃齿刀 rack shaving tool
齿条罩 rack housing
齿条轴 rack shaft
齿条装垛卸载器 <混凝土块的> rack loader and unloader
齿筒 spur rack
齿头高度 <齿轮的> addendum[复 addenda]
齿凸轮 finger cam
齿突凹 dental fovea
齿突尖 apex dentis
齿外形 outline of tooth;tooth outline
齿纹 insection
齿纹波 tooth ripple
齿纹车道 <道路的> rumble strip;serrated strip
齿纹的 engrailed
齿纹钢丝 indented(steel) wire;wire of irregular shape
齿纹螺栓 indented bolt
齿纹铺面 rumble stripe surface
齿纹线脚 indented mo(u)lding;indenting
齿系 dentition
齿隙 back play;free play;gash;pitch play;playback;tooth clearance;tooth space
齿隙差 lost motion of screw
齿隙角 gash angle
齿隙式电路 backlash circuit
齿隙调整螺钉 backlash adjusting screw
齿隙调整器 backlash adjuster
齿隙误差 gash spacing error
齿隙消除器 backlash eliminator
齿隙游移 back lash
齿线的偏移量 offset of tooth trace
齿向曲线 tooth curve
齿向误差 longitudinal form error
齿销 tooth key;tooth pin;alligator <木结构用>
齿销轮 tined wheel
齿小蠹科 <拉> Ipidae
齿小蠹属 <拉> Ips
齿楔角 angle of tooth point
齿星 dental star
齿形 flank profile;gear form;profile of tooth;serrated form;shape of tooth;tooth form;tooth outline;tooth profile
齿形板 toothed plate
齿形板连接器 <用于木结构的> bulldog connector
齿形波纹 tooth ripple
齿形波纹板预热器 notched undulated preheater
齿形尺寸 tooth proportions
齿形传动带 flat-toothed belt
齿形带 cog belt
齿形待接口 toothing
齿形挡板 dental baffle
齿形刀片裁剪机 notching machine
齿形的 castellated;dentil;odontoid;serrate;jugged
齿形底槛 indented sill
齿形垫片 grooved metal gasket
齿形雕带 denticle frieze;dentil frieze
齿形钉 tusk nailing
齿形定位环 gear-type locating ring
齿形缝道 <砌筑砖墙预留的> tooting course
齿形杆强度 notched bar strength
齿形各部 tooth parts
齿形刮刀 notched scraper
齿形管鞋 tooth-shoe cutter
齿形辊 serrated roller
齿形铧 notch-edged share
齿形环销 stepped-ring dowel
齿形货棚 serrated goods shed
齿形脊 serrate ridge
齿形记录卡 profile recording chart
齿形剪断机 toothed shears
齿形检查量规 comb ga(u)ge
齿形检验 profile inspection
齿形槛 <水工消能设备> dentated sill;notched sill
齿形角 profile angle;tooth profile angle
齿形接缝 step joint
齿形接砌石块 toothing stone
齿形接渣口 toothing
齿形精度 profile accuracy
齿形矿耙 toothed scraper
齿形离合器 toothed clutch
齿形犁 tine plough
齿形联轴节 dental coupling
齿形联轴器 cog-wheel coupling;toothed coupling
齿形零件 profiled parts
齿形轮缘 tooth wheel rim
齿形螺母 borne nut;horned screw nut
齿形螺旋 cut flight spiral

齿形马铃薯挖掘机 tine potato digger
齿形镘涂 combed stucco
齿形磨光的齿 profile ground tooth
齿形耦合器 toothed coupling
齿形坯架 serrated saddle
齿形皮带 notched belt
齿形嵌合接缝 indented scarfed joint
齿形切割刀 toothed cutter
齿形三角带 notched V-belt; serrated belt
齿形沙丘 rake dune
齿形山脊 serrated topography
齿形山墙 shaped gable
齿形饰 churn mo(u)lding
齿形双耳楔型线夹 gear-type clevis end wedge-type clamp
齿形松土犁板 ripper-like plow blade
齿形挑斗式消力槛 dentated bucket lip
齿形挑砖砌层 dentil course
齿形突腰线 dentil course
齿形屋顶 profiled roof
齿形误差 profile error; tooth error
齿形线脚 notched mo(u)lding; notch ornament
齿形消力槛 dentated sill; toothed sill
齿形修缘 profile modification; tip relief
齿形修整 profile modification
齿形旋转管卡瓦 serrated rotary slip
齿形压辊 stitcher
齿形(岩芯)钻头 jagged core bit
齿形檐板 saw-tooth-like eaves plate
齿形堰 serrated weir
齿形样板 tooth block
齿形因数 tooth-form factor
齿形凿 tooth chisel
齿形镇压器 toothed roller
齿形抓斗 serrated claw bucket
齿形砖墙 toother
齿形装饰 denticle frieze; dentil; tooth(ed) ornament
齿形装饰的 denticular; denticulated
齿形装饰的挑檐 denticular cornice
齿形装饰的檐口 denticular cornice
齿形钻头 cogged bit; jagged bit
齿型连接轴 gear-type spindle
齿型心 tooth core
齿旋 tooth spiral
齿压 tooth pressure
齿压板 <电机的> clamping plate
齿咬接 racking bond
齿印钢筋 indented bar
齿缘 tip edge; tooth core
齿缘轮 toothed wheel; gear wheel
齿缘套管 jagged casing
齿缘(岩芯)钻头 jagged core bit
齿凿 jagger; tooth chisel; gradin(e) <雕刻用>
齿凿面 tooth chisel finish
齿凿石面 tooth chisel finish of stone
齿轴 gear spindle
齿轴齿顶 pinion head
齿轴丝 pinion wire
齿爪 hock
齿爪板 claw plate
齿装置 toothed gearing
齿状矮墙 castellated parapet
齿状板 toothed plate
齿状榫 tusk tenon
齿状边饰 dentil edge
齿状波纹 tooth ripple
齿状槽刨 toothing plane
齿状层 dentate layer
齿状城墙的凹口 crenel(le)
齿状传动带 toothed drive belt
齿状的 dentate; dentiform; dentoid; indented; odontoid; redented; serrate
齿状底座 serrated base
齿状地形 serrate topography
齿状管头 serrated shoe
齿状滚子 indenting roller
齿状回 dentate fascia; gyrus dentatus
齿状混凝土 dental concrete
齿状接合 indented joint
齿状接合环 toothed ring
齿状结构 dentalation
齿状结合环 toothed ring connector
齿状捞抓筒 saw-tooth barrel
齿状粒状变晶结构 serrate granoblastic texture
齿状马铃薯挖掘机 tine potato machine
齿状刨 toothing plane
齿状墙顶 embattlemented
齿状取芯钻头 borway bit
齿状式结合环 toothed connector
齿状饰 indentation; tooth ornament
齿状突起 hackle
齿状物 dentil; tooth; tusk; slugger <辊式轧碎机中的>
齿状线 dentate line; linea pectinata; linear dentata; pectinate line
齿状装饰的 denticulate
齿状钻头 basket bit; Davis bit; indented chisel; saw bit
齿座 tooth adapter; tooth base; tooth holder
齿座齿夹 tooth holder

斥

斥板 repelled plate

斥力【物】repulsion(force); repulsive force; resilience
斥水性 repellence[repellency]
斥责 denunciation; snub

赤

赤桉 blood wood; jarrah; jarred; longbeak eucalyptus; red gum

赤白蚁 <拉> Glyptotermes satsumaensis
赤潮 red current; red tide; red water; red water bloom
赤潮控制 red tide control
赤潮生物 red tide plankton
赤潮微藻 red tide microalga
赤潮异弯藻 Heterosigma akashiwo
赤潮藻 red tide alga
赤醇 erythrol
赤带 leukorrhea with bloody discharge
赤道半径 equatorial radius; equatorial semi-diameter
赤道边饰 equatorial fringe
赤道扁率 equatorial flattening
赤道波(浪) equatorial wave
赤道波理论 equatorial wave theory
赤道槽 equatorial trough; tropic(al) trough
赤道侧 equator side
赤道长半径 major equatorial radius
赤道长轴(线) major equatorial axis
赤道潮流 equatorial(tidal) current
赤道潮(汐) declinational tide; equatorial tide; equator tide
赤道沉积物增厚 equatorial sediment bulge
赤道尺度 equatorial scale
赤道大陆空气 equatorial continental air
赤道大陆气团 equatorial continental air
赤道大气动力学 equatorial atmospheric dynamics
赤道带 equatorial band; equatorial belt; equatorial zone
赤道的 subsolar
赤道低压 equatorial depression; equatorial low
赤道低压槽 equatorial low pressure trough
赤道低压带 equatorial flow region; equatorial low belt
赤道地面站 equator earth terminal
赤道地平视差 equatorial horizontal parallax
赤道地区海图 equatorial chart
赤道地区平流层风的准两年振荡 quasi-biennial oscillation
赤道电极排列 equatorial array
赤道电急流 equatorial electrojet
赤道电离层物理学 ionospheric physics of equator
赤道电射流 equatorial electrojet
赤道订正 reduction to the equator
赤道东风带 deep easterlies; deep trades; equatorial easterlies
赤道对称 equatorial symmetry
赤道多雨带 equatorial precipitation belt
赤道反气旋 equatorial anti-cyclone
赤道反射 <X 线行射图中的> equatorial reflection
赤道方位投影 azimuthal equatorial projection
赤道风 equatorial wind
赤道锋 equatorial front; intertropic(al) front
赤道辐合带 equatorial belt of convergence; equatorial convergence zone
赤道辐合区 equatorial convergence zone; intertropic(al) convergence zone
赤道改正 equator correction; equatorial correction
赤道干旱带 arid zone; equatorial dry zone
赤道高层大气物理学 equatorial aeronomy
赤道高压 equatorial high
赤道沟 equatorial gully
赤道归算 reduction to the equator
赤道轨道 equatorial orbit
赤道海区 equatorial region; equatorial zone
赤道海洋空气 equatorial maritime air
赤道海洋流体动力学 hydrodynamics of equatorial ocean
赤道环流 equatorial gyro
赤道几内亚 <非洲> Equatorial Guinea
赤道季风【气】equatorial monsoon
赤道加速度 equatorial acceleration
赤道加速现象 equatorial acceleration
赤道键 equatorial bond
赤道角 equatorial angle
赤道角值 <子午仪> equatorial angle value
赤道经纬仪 equatorial armilla; equatorial armillary sphere
赤道空气 equatorial air
赤道空气团 equatorial air mass
赤道拦获波 equatorial trapped wave
赤道量子数 equatorial quantum number
赤道流 equatorial flow
赤道隆起(部分) equatorial bulge
赤道轮廓 equatorial contour; equatorial limb
赤道萌发孔 equatorial aperture
赤道面 equatorial plane
赤道秒 equatorial second
赤道逆流 equatorial countercurrent
赤道暖流 equatorial drift
赤道偶极测深曲线 curve of equatorial dipole-dipole sounding
赤道偶极频率测深曲线 frequency sounding curve of equator dipole array
赤道抛射 equatorial ejection
赤道平(均)太阳 mean equatorial sun
赤道平面 equatorial plane
赤道平面图 diagram on the plane of the equator
赤道气候 equatorial climate
赤道气候带 equatorial climate zone
赤道气团 equatorial air(mass)
赤道潜流 equatorial undercurrent
赤道区鼓起 equatorial bulge
赤道区域图 equatorial chart
赤道圈 equatorial circle; equatorial circumference
赤道热 sodanite
赤道热带 equatorial tropical zone
赤道日 equatorial day
赤道日珥 equatorial prominence
赤道日规 equatorial sundial
赤道日晷仪 equatorial sundial
赤道上离心加速度 centrifugal acceleration of equator
赤道上每分距离 minute of the equator
赤道上升流 equatorial upwelling
赤道上引力 attraction at equator
赤道式摄影机 equatorial camera
赤道式装置 equatorial mounting; parallactic mounting
赤道视差 equatorial parallax
赤道水 equatorial water
赤道同步卫星 geostationary satellite
赤道投影(法) equatorial projection
赤道凸出物 equatorial projection
赤道望远镜 equatorial telescope
赤道纬向构造带 equator latitudinal tectonic belt
赤道卫星 equatorial satellite
赤道涡流 equatorial vortex
赤道无风带 doldrum; equatorialcalm; equatorial calm belt; equatorial doldrums
赤道西风带 equatorial westerlies
赤道西太平洋 western equatorial Pacific
赤道系统 celestial equator system of coordinates; equatorial system; equinoctial system of coordinates
赤道线 equatorial line
赤道星 equatorial star
赤道星距 equatorial interval
赤道洋流 equatorial(drift) current
赤道仪 equatorial axis; equatorial instrument; equatorial telescope
赤道仪座 equatorial mounting
赤道雨林气候 equatorial rainforest climate
赤道圆 equatorial circle; equatorial circumference
赤道缘 costa equatorialis
赤道增温 equatorial warming
赤道正切型柱式支座 tangential column supports around equator
赤道直角坐标 equatorial rectangular coordinates
赤道直径 equatorial axis; equatorial diameter
赤道中太平洋 central equatorial Pacific
赤道重力 equatorial gravity
赤道重力值 equatorial gravity value
赤道周线 equatorial circumference
赤道轴 equatorial axis
赤道装置 equatorial
赤道坐标 equatorial coordinates
赤道坐标系(统) equatorial coordinate system; equatorial system of coordinates
赤底统【地】Rotliegende

赤丁四醇 erythrite
赤豆色 russet
赤豆色的 russet
赤椴松 Sakhalin fir
赤矾 bieberite;red vitriol
赤钢铁矿 delafossite
赤海鞘 Cynthia Suberba Ritter
赤褐色 bronze;mahogany;mahogany brown;rufosity;russet;terra-cotta
赤褐色的 ferruginous; foxy; rubiginous;rufous
赤红木 black mahogany
赤黄色 helvolus
赤极 pole of the equator
赤脚 naked feet
赤脚医生 barefoot doctor
赤金 deep colo(u)red gold;karat;pure gold;solid gold
赤经 rectascension;right ascension
赤经差 ascensional difference
赤经度盘 hour circle
赤经共轭量 ascension verse
赤经圈 celestial meridian; circle of right ascension;line of right ascension;right ascension circle
赤经岁差 precession in right ascension
赤经章动 equation of the equinoxes;nutation in right ascension
赤经自行 proper motion in right ascension
赤栎 red oak
赤痢 dysentery with bloody stool;red dysentery
赤磷 red phosphorus
赤龙 menstruation;tongue
赤裸 bareness
赤裸的 naked
赤裸裸的 bald
赤麻鸭 ruddy shelduck
赤霉酸 gibberellic acid
赤面飞 allergic dermatitis
赤面网 equatorial net
赤木 lima wood;peach wood
赤泥 <一种炼铝废渣> red mud
赤泥硫酸盐水泥 red-mud sulphated cement
赤贫 abject poverty;absolute poverty;dire poverty
赤平分析 stereonet analysis
赤平极射技术 stereographic(al) technique
赤平极射投影 equatorial horizon projection; stereographic (al) projection
赤平投影图 stereogram
赤平投影网 stereonet
赤平图 stereogram
赤平网 stereographic(al) net
赤切投影 equatorial projection
赤切投影海图 equatorial chart
赤切心射标线 equatorial gnomonic graticules
赤切心射海图 equatorial gnomonic chart
赤切圆柱形投影海图 equatorial cylindric (al) orthomorphic chart;Mercator chart
赤热 red bright;red heat
赤热的 red;red hot
赤热试验 red-heat test
赤热温度 red-heat temperature
赤色 redness of the skin or complexion
赤色染料 grenadine
赤色氧化铁 ferric red oxide; purple oxide
赤石脂 Halloysitum Rubrum;Red Halloysite
赤丝 subconjunctival capillaries
赤松 red pine
赤陶 <制陶器或建筑用,上釉或无釉的> terra-cotta
赤陶花瓶 terra-cotta vase
赤陶砌块间的唇状接合 lip joint
赤陶砖(块)terra-cotta block
赤铁 iron minium
赤铁矾 botryogen(ite);botryt;palacheite
赤铁矿 anhydroferrite; bloodstone; botryite;h(a)ematite;iron glance;red hematite;red iron ore;red ocher[ochre];rhombohedral iron ore;rubric;sanguine
赤铁矿白云(石)碳酸岩 hematite rauhaugite
赤铁矿鲕状岩 hematite oolite
赤铁矿方解石碳酸岩 hematite alvikite
赤铁矿粉泥浆 hematite mud
赤铁矿黑云碳酸岩 hematite sovite
赤铁矿化 hematitization
赤铁矿胶结物 hematite cement
赤铁矿矿石 hematite ore
赤铁矿绿泥石鲕状岩 hematite-chlorite oolite
赤铁矿镁云碳酸岩 hematite beforsite
赤铁矿生铁 hematite iron
赤铁矿铁岩 hematite ironstone
赤铁矿型巨晶釉 hematite type macrocrystalline glaze
赤铁矿岩 haematite rock
赤铁矿渣 hematite slag
赤铁矿质红黏[粘]土 terra rossa
赤铁黏[粘]土 baddeckite
赤铁体 hematite
赤铁岩 hematite rock
赤铁赭石 red iron ochre
赤铜 red copper
赤铜方解石 cuprocalcite
赤铜矿 cuprite; octahedral copper ore;red copper ore;tile ore
赤酮酸 erythronic acid
赤酮酸内酯 erythronolactone
赤土 <陶瓷> terra-cotta
赤纬 declination;parallel
赤纬不等 declinational inequality
赤纬差 declination difference
赤纬潮 declinational tide
赤纬的余角 codeclination
赤纬度盘 circle of declination;declination circle
赤纬计 declinator;declinometer
赤纬临界点 critical point of declination
赤纬平行圈 celestial parallel;circle of equal declination; parallel circle of declination;parallel of declination
赤纬圈 celestial parallel; circle of declination;circle of equal declination; declination circle; declination parallel;line of declination;parallel of declination
赤纬时差图 analemma
赤纬岁差 precession in declination
赤纬仪 declinator
赤纬轴 declination axis
赤纬自行 proper motion in declination
赤系构型 erythro configuration
赤藓醇 erythritol
赤藓醇四硝酸酯 cardilate;cardiloid;erythrityl tetranitrate
赤藓红 erythrosine; tetraiodofluorescein
赤藓红钠 erythrosine sodium
赤藓红钠盐 erythrosine sodium salt
赤橡 Southern red oak
赤血盐 potash prussiate; potassium ferricyanide;red prussiate
赤杨 alder;Alnus japonica;birch;Japanese alder;red alder;red birch
赤杨花粉泥炭 fimmenite
赤杨跳像 <拉> Rhynchaenus excellens
赤杨酮 alnusenone
赤杨沼泽泥炭 alder-fen peat
赤榆腐殖酸 ulmohumic acid
赤榆树脂 ulmin
赤榆酸 geic acid;ulmic acid
赤砖 terra-cotta vase
赤浊 red turbid urine
赤字预算 deficit budget

炽白光 brilliant white; dazzling white

炽灯丝 glower
炽点 incandescent spot
炽裂 fire crac(ing)
炽热 calorescence; candescence; candescent;glowing heat;red heat
炽热的 full-hot;red hot;torrid
炽热粉尘粒子 red hot dust particles
炽热管点火器 glow coil ignitor
炽热火山云 glowing cloud; nude ardente;pelean cloud
炽热空气流 hot blast
炽热体 fire;glower
炽热窑灰粒子 red hot dust particles
炽热阴极 incandescent cathode

翅板 corbel back slab

翅瓣缘 legnum
翅膀 pinion
翅刺 aculei
翅的 alar(y)
翅底片 funditae
翅多型 pterygopolymorphosis
翅分布植物 Pterochore
翅钩 hamulus
翅管供热器 fin tube heater
翅管换热器 fined tube exchanger
翅管加热器 finned heater
翅管交换器 finned tube heat exchanger
翅管冷却器 finned tube cooler
翅管式加热器 strip tube heater
翅管式金属换热器 fin tube type metallic recuperator
翅管式热交换器 fin tube type heat exchanger
翅辊 finned roller
翅基片 squamula
翅裂钢材 fin crack steels
翅脉 nervure
翅面 finned surface
翅面电机 ribbed surface machine
翅面通风式电机 ventilated ribbed surface machine
翅片 fin;gill
翅片高度 fin height
翅片管 finned pipe; finned (strip) tube; flat stud tube; gilled pipe; plate finned tube
翅片管换热器 fin(ned)tube exchanger
翅片管加热器 fin(ned)(tube)heater
翅片管空气冷却器 air fin cooler
翅片管冷凝器 finned tube condenser
翅片管散热 fin tube radiation
翅片管散热器 finned tubular radiator
翅片换热器 finned heat exchanger
翅片加热管 fin heating tube
翅片间距 spacing of fins
翅片距 fin pitch
翅片盘管 finned coil;fin tube coil
翅片热阻 fin heat resistance;thermal resistance of fin
翅片散热管 tuberculated pipe
翅片散热器 ribbed radiator
翅片式电热器 finned strip electric heater
翅片式供热管 finned strip heating tube
翅片式换热器 finned heat exchanger
翅片式加热盘管 finned type heating coil
翅片式加热器 finned strip heater
翅片式冷却器 finned cooler
翅片式热交换器 finned type heat exchanger;fin tube heat exchanger
翅片式散热器 finned radiator; gilled radiator
翅片式蒸发器 finned evapo(u)rator
翅片效率 fin efficiency
翅片转鼓 finned drum
翅片转鼓干燥器 fin drum dryer
翅片转鼓给料机用减速机 reducer for finned drum feeder
翅扇式热交换器 fin fan exchanger
翅式散热器 fin radiator
翅室 cell
翅托 corbel;overhang bracket
翅托层 corbel course
翅托钉 corbel pin
翅托砌法 oversailing
翅托式便桶 corbel closet
翅托铁件 corbelling iron
翅形冷凝器 finned cooler
翅形冷却器 finned cooler
翅形天线 skid-fin antenna
翅榆 wahoo;wahoo elm;winged elm
翅砖 feather brick
翅状踏步 crow step

充氨胶乳 ammoniated latex

充氨瓮 ammoniating vat
充纯蒸汽计数管 pure-vapo(u)r-filled counter
充瓷陶器 biscuit ware
充磁 charge magnetism
充磁机 magnetizing apparatus
充磁器 magnet charger; magnetizing apparatus
充磁装置 magnetizer;magnetizing apparatus
充氮 nitrogen flushing
充氮保藏法 fill nitrogen preservation
充氮变压器 nitrogen-sealed transformer
充氮的 nitrogen-filled
充氮灯 nitrogen-filled lamp
充氮管 nitrogen blanketing valve
充氮压缩式压力表 compressed nitrogen manometer
充氘闸流管 deuterium thyratron
充等离子体波导管 plasmaguide
充电 battery charging;charging(-up)
充电按钮 charge button
充电保险丝 battery charging fuse
充电比 charge ratio
充电不足 undercharge
充电部分 live part
充电插头 charging plug
充电插座 charging receptacle
充电带 charge-carrying belt;charging belt
充电单元 charging unit
充电的 charged
充电电感 charging inductance
充电电缆 charging cable
充电电流 charge[charging] current
充电电流密度 density of charging current
充电电路 charge up circuit;charging circuit

C

充电电平 charging level
充电电容器 charging capacitor; reservoir capacitor; sweep capacitor
充电电压 charging voltage
充电电源 charge power supply
充电电阻 charging resistance
充电电阻器 charging resistor
充电读数装置 charger-reader
充电额 charge capacity
充电扼流圈 charging choke; charging reactor
充电发电机 charging dynamo; charging end; charging generator
充电发动机 charging generator
充电法 charge method; mise-a-la-masse
充电法测量方式 way of measurement in mise-a-la-masse
充电法电位测量 potential survey in mise-a-la-masse method
充电法电位异常曲线 potential anomaly curve of mise-a-la-masse method
充电法实际材料图 practical material figure of mise-a-la-masse
充电法梯度测量 gradient survey in mise-a-la-masse method
充电法梯度异常曲线 gradient anomaly curve of mise-a-la-masse method
充电法推断成果图 speculated result figure of mise-a-la-masse
充电法异常曲线 anomaly curve of mise-a-la-masse method
充电法综合平面图 comprehensive plan figure of mise-a-la-masse
充电法综合剖面图 comprehensive profiling figure of mise-a-la-masse
充电方法 charging method
充电放电循环 <蓄电池> operating cycle; operation cycle
充电伏安容量 charging volt-ampere
充电负载 charging load
充电工 battery charger; chargeman; charger
充电管 charging tube; charging valve
充电过度 overcharge; surcharge
充电机 battery charger; charger; charging unit
充电机组 charging set
充电计 chargometer
充电继电器 charging relay
充电架 charging rack
充电间 charging room
充电间隔 charging interval
充电阶段 charging stage
充电接触器 charging contactor
充电接头 charging connection
充电绝缘物套管 compound bushing
充电开关 charge[charging] switch
充电控制板 charging panel
充电连接电路 charging connection
充电链 charging chain
充电漏泄 charge leakage
充电率 charge rate[rating]; charging rate; rate of charge[charging]
充电马达 charge motor
充电盘 charging board; charging panel
充电配电盘 charging switch board
充电配电箱 charging distribution box
充电器 battery charger; charger; charging set; electricity charger; replenisher
充电曲线 charge pattern; charging curve
充电容量 charge capacity; storage capacity; charging capacity
充电熔断器 charging fuse
充电熔丝 charging fuse
充电设备 battery charging outfit; charger; charging device; charging equipment; charging plant
充电时间 charge[charging] time; charging interval; charging period; duration of charging; rate of charge; rate of charging
充电时间常数 charge time constant; charging rate; charging time constant; rate of charging
充电试验 charging test
充电室 accumulator plant; charger room; charging room
充电损耗 loss of charge
充电损失 loss of charge
充电特性 charge characteristic
充电涡轮发电机 charging-turbine set
充电系数 charging coefficient
充电系统 electric(al) charging system
充电线圈 charge coil
充电效率 charge[charging] efficiency
充电液 charging liquid
充电用电动机 charge motor
充电用发电机 charging machine
充电载荷 charging load
充电站 battery charging outfit; battery recharge room; charging station
充电整流管 tungar
充电整流器 charging rectifier; rectifier for charging battery; tungar rectifier
充电指示 charging indication
充电指示灯 battery control lamp; charge indicator; charge indicator lamp; charging indicator
充电指示器 charge[charging] indicator; charging ga(u)ge
充电终止电压 end-of-charge voltage
充电周期 charging period
充电转换开关 battery charging switch
充电装置 charger; charge[charging] set; charge unit; charging equipment
充电装置清洗器 charge unit cleaner
充电状态 charged state; charging state; state of charge
充电自动控制器 automatic charge control unit
充放电键 charge and discharge key; charging and discharging key
充放电配电盘 charge and discharge board
充放电箱 battery charge and discharge box
充放电钥 charge and discharge key
充放电制 charge and discharge system
充分焙烧 thorough roasting
充分必要条件 necessary and sufficient condition
充分掺气 ample aeration
充分长成风浪 fully arisen sea; fully aroused sea; fully developed sea; fully grown sea
充分冲洗 wash throughly
充分船员配备 charging manning
充分担保的 fully secured
充分的 ample; unreserved
充分的核实 adequate verification
充分发泡海绵胶 full-blown sponge rubber
充分发育河谷 old valley
充分发展的风浪 fully arisen sea; fully developed sea
充分发展的空穴 fully developed cavity
充分发展的紊流 rough turbulent flow
充分反映 adequate disclosure
充分分解腐木质体 eu-ulminite
充分分解凝胶体 eugelinite
充分分解无结构镜煤 eu-vitrain
充分分解无结构镜质体 eu-vitrinite
充分覆盖喷施 full coverage spray
充分干燥 intensive drying
充分干燥的 bone dry
充分供水量 full supply duty
充分供应的 replete
充分估计 make a full appraisal of; take full account of; sufficient estimate
充分估计量 sufficient estimator
充分估计式 sufficient estimator
充分灌溉 copious irrigation; full(-delta) irrigation
充分荷载 capacity load
充分混合 intensive mixing; perfect mixing
充分混流的河口 well-mixed estuary
充分间隙 ample clearance
充分搅拌 intensive mixing
充分接收机 sufficient receiver
充分近似法 sufficient approximation
充分就业 full employment
充分就业水平 full employment level
充分就业预算 full employment budget
充分离岸 well of shore
充分理由 adequate cause; sufficient reason
充分利用 full utilization
充分利用空间的技术 spacemanship
充分硫化 full cure; tight cure
充分满足 satiation
充分满足要求 demand saturation
充分慢化的 well-moderated
充分密实混凝土 fully compacted concrete
充分黏[粘]结的 well-bonded
充分凝结 full set
充分燃烧的 well-burned
充分润滑 sufficient lubrication
充分洒水 adequate wetted
充分生产 full-scale production
充分式离心泵 full-way centrifugal pump
充分提供资金 full funding
充分条件 sufficiency; sufficient condition
充分通风 adequate ventilation
充分统计量 sufficient statistics
充分性条件 sufficiency condition
充分异构胡得利催化重整【化】isoplus Houdriforming
充分证据 abundant proof; ample evidence
充分证明了的 well-proven; well-verified
充分准备 adequate preparation
充分足够 suffice
充粉纸 imitation art printing paper
充风 charging
充风式 plenum chamber
充风试验 charging test
充高气压密封箱 pressurized container
充高压气体的密封电动机 pressurized motor
充公 confiscation; seizure
充氦管 helium tube
充氦盒 helium-atmosphere box
充氦潜水钟 helium diving bell
充氦钟形潜水器 helium diving bell
充氦装置 helium charging unit
充茧绸 pongee
充金线 imitation gold yarn
充了氧的 oxygenated
充马尾衬 imitation haircloth; imitation horse hair lining
充满 bristle; burst with; engorgement; fill(ing) up; full of; overflow; pervade; plenum[复 plenums/plana]; suffuse; teem
充满尘埃的 dust-laden
充满的 flooded; impregnable; pregnant; replete
充满淀粉的水 starch laden water
充满度 degree of fullness; depth ratio; proportional depth
充满极细裂缝的 jointy
充满空气的孔隙 air-filled pore space
充满镧的硅胶 lanthanum-impregnated silica gel
充满煤烟的 smoke-laden
充满气体的 gassy
充满石片的 <土壤> flaggy
充满碎石的裂隙 gull
充满系数 block coefficient; coefficient of admission; coefficient of fullness; operating efficiency
充满烟灰的 fuliginous
充满盐的空气 salt laden air
充满液体 full of liquid
充满油的 oil-overflow
充满状况 fullness
充满着 charged with
充棉机 cotton-filling machine
充泥 silting
充排式反应器 fill(-and)-draw reactor
充排系统 fill and draw system
充泡沫护舷 foam-filled fender
充泡沫料的砌块 foam-filled block
充沛 exuberance; profusion
充沛的 profuse
充沛降水 ample rainfall
充沛降雨 ample rainfall
充沛雨量 ample rainfall
充皮书面布 vellum bookcloth
充皮纸 leatheret(te) paper
充气 aerate; aerification; aerify; air charging; air inflation; air input; charging; gas charge[charging]; gas-filling; gas loading; gas up; inflate; topping up
充气 U 形管 bubble flask
充气 X 射线管 gas-filled X-ray tube
充气 X 线体层照相术 pneumotomography
充气坝 <橡胶坝> inflatable dam
充气板 aerating block
充气包装 gas packing
充气保险管 gaseous protector tube
充气泵 inflator; inflator pump; topping-up pump
充气比 charge ratio
充气避雷器 gas-filled tube arrester [arrestor]
充气表 air inflation indicator
充气波导管 air-filled waveguide; gaseous guide
充气不足 <指充气不足的轮胎> under-inflation
充气部 charging portion
充气材料 aerated material
充气槽 aeration tank; aerator tank
充气层 aeration zone; zone of aeration
充气车 air servicer
充气程度 rate of aeration
充气冲程 charging stroke
充气储藏 gas storage
充气触发管 trigatron
充气船 pneumatic boat
充气磁控管 gasomagnetron
充气带 aerated zone; intermediate belt; intermediate zone; unsaturated zone; zone of aeration
充气带滞水溢出 vadose-water discharge
充气的 aerated; air-inflated; gas-charged; gas-filled
充气的钢筋混凝土 reinforced aerated concrete
充气的水 aerated water
充气灯 gas-filled lamp; vapo(u)r lamp
充气灯管 tubing lamp

充气灯泡 gas-filled bulb; gas-filled lamp; gas-filled lamp bulb; nitralamp
充气低压浮护舷 low pressure air floating pneumatic fender
充气底 aerated bottom
充气电池 oxygen cell
充气电极 gas loaded electrode
充气电缆 charge cable; gas(-filled) cable; pressure cable
充气电缆线路储气站 gas cable hut
充气电容器 gas-filled capacitor
充气电子管 gas-filled electron tube
充气电子管计数器 gas-tube counter
充气垫 inflatable mattress; inflatable package; inflatable packer
充气垫圈 inflatable gasket
充气堵漏袋 air sack
充气度 degree of inflation
充气端部加载护舷 pneumatic end loaded fender
充气二极管 gas(-filled) diode; ionized gas diode
充气二极管开关 gas-diode switch
充气阀 charge [charging] valve; gas charging valve; gas precharge valve; inflation valve
充气法 inflation process; method of aeration
充气防爆式电机 gas-filled type explosionproof machine
充气防舷材 inflatable rubber fender
充气房 air house; plenum chamber
充气房屋 aerated building; air house; inflatable building; inflatable skeleton
充气放电器 gas-discharger; gas-filled gap
充气封隔器 inflatable packer
充气浮筒 air camel; camel; caisson <打捞沉船用>
充气浮选 air flo(a)tation; pneumatic flo(a)tation
充气浮选法 pneumatic flo(a)tation method
充气感受器 inflation receptor
充气高压浮护舷 high pressure air floating pneumatic fender
充气隔板 pneumatic bulkhead
充气构架建筑 balloon framed construction
充气骨架 inflatable skeleton
充气固体 aerated solid
充气挂槽浮选机 air inlet hanged trough cell
充气管 gaseous tube; gas-filled lamp; gas(-filled) tube; gas(-filled) valve; inflation tube; inflatable tube
充气管避雷器 gas-filled tube arrester [arrestor]
充气管道 charging line
充气管开关 gas-tube switch
充气管路 charging line; loading line
充气管脉冲发生器 gas-tube pulse generator
充气管配件 aerator fitting
充气管式检测器 pneumatic tube detector
充气管稳定器 gas-filled stabilizer
充气管信号用电缆 gas-tube sign cable
充气管整流器 discharge-tube rectifier; gaseous (conduction) rectifier; gas-filled tube rectifier
充气光电池 gas cell
充气光电二极管 photion
充气光电发射元件 gas-filled photoemissive cell
充气光电管 gas cell; gas-filled photocell; gas-filled phototube; photoglow tube
充气光电管报警器 gas cell alarm
充气过度 overinflation
充气海水 aerated seawater
充气弧光灯 gas arc lamp
充气护舷 pneumatic filled fender
充气护舷部件 air-block fender unit; pneumatic fender unit
充气缓冲装置 air cushion
充气黄色灯泡 canary lamp
充气混凝土 aerated concrete; aero(con)crete; blown-out concrete; gas concrete
充气混凝土块体 aerated concrete block
充气活化层 active layer
充气机 aerator; aeration plant <向污水充气>; aerifier; inflater [inflator]; mechanical aerator
充气激光管 gas-filled laser tube
充气计数管 gas-filled counter
充气剂 aerating agent; aerating chemical
充气继电器 gas-filled relay
充气(加劲)软管 inflated-hose
充气夹板 pneumatic splint
充气夹具 inflatable gripper
充气检测器 gas-filled detector
充气建筑 air-supported building; inflatable building; pneumatic architecture
充气胶布帐篷 air-supported fabric dome
充气胶囊 inflated rubber bag
充气胶胎 pneumatic rubber tire
充气搅拌 aerating blending; aeration blending; air agitation
充气搅拌器 air agitator
充气接头 charging connector; gas charging connection
充气结构(物) air-supported structure; air-inflated structure; inflated structure; pneumatic structure; tension structure
充气进口 inflation inlet
充气浸渍电缆 gas impregnated cable
充气救生艇 inflatable life-boat
充气救生衣 air jacket; inflatable lifejacket
充气孔洗涤器 aeration vent scrubber
充气孔隙 <土壤的> aerated porosity
充气孔隙度 air-filled porosity; gas-filled porosity
充气控制管 gas control tube
充气口 charging port
充气快艇 pneumatic boat
充气冷却 charge air cooling
充气冷阴极辉光管 <录音用> aeolight
充气连接 air-filling connection
充气梁 air beam
充气量 aeration quantity; air input; overrun
充气流 aerated flow
充气漏斗形底部卸料 aerated funnel shaped bottom discharge
充气率 charging rate
充气氯丁橡胶浮筒 inflatable neoprene buoy
充气轮胎 air-filled tire[tyre]; air tire; inflatable tire; inflated tire; pneumatic tire; pneumatic wheel; tubed tire
充气轮胎车辆 pneumatic-tyred vehicle
充气轮胎的 pneumatic-tired
充气轮胎斗式装载机 pneumatic-tyred bucket(elevator) loader
充气轮胎护舷 pneumatic wheel fender
充气轮胎列车组 pneumatic tyred train-set
充气轮胎内胎 inner-tube of pneumatic tyre
充气轮胎碰垫 pneumatic wheel fender
充气轮胎起重机 pneumatic-tyred crane
充气轮胎式推土机 dozer fitted to wheel tractor
充气轮胎推土机 pneumatic-tired [tyred](bull) dozer
充气轮胎拖拉机 pneumatic-tired tractor
充气轮胎挖掘机 pneumatic-tired excavator
充气轮胎挖掘装载机 pneumatic-tired shovel loader
充气轮胎小车 pneumatically tired buggy
充气轮胎(行)车道系统 pneumatic-tired trackway system
充气轮胎悬臂起重机 pneumatic-tired slewing crane
充气轮胎压路机 pneumatic-tired roller
充气轮胎正铲 pneumatic-tired shovel
充气轮胎装载机 pneumatic-tired loader
充气轮胎钻车 pneumatic-tired drilling jumbo
充气帽型橡胶护舷 chamber type rubber fender
充气密封连接器 pressurized connector
充气面 aerated surface
充气膜盒 gas-filled bellows
充气膜吸附 gas filled membrane adsorption
充气内模 inflated inner form
充气囊 gas cell
充气囊袋 bladder
充气泥浆 adding gas mud; aerated mud; fluffy mud
充气泥浆钻进 aeration mud drilling; pneumatic mud drilling
充气泥浆钻井 aeration drilling
充气排水 drainage by air invasion
充气(抛物线)天线 paraballoon
充气膨胀 inflation
充气膨胀的 inflated
充气碰垫 pneumatic filled fender
充气歧管 manifold inflation
充气气轮胎浮碰垫 floating pneumatic wheel fender
充气气压 change pressure
充气砌块 aerated block
充气器 aerator; aerator fitting; inflator
充气潜水服 atmospheric diving suit
充气墙 pneu-bin panel
充气桥 inflated bridge
充气区 active aerating zone; aerated section; blow-up zone
充气圈 aerated ring
充气热电偶 air-filled thermocouple
充气热阴极式整流器 gas-filled hot cathode rectifier
充气乳腺造影术 aeromammography
充气软管 air hose
充气三极管 gas-filled triode; gastriode
充气三极管存储器 gastriode memory
充气铯电池 cesium-oxygen-filled cell
充气铯光电管 caesium-oxygen cell
充气纱 aerated yarn
充气设备 air charging apparatus; gas-filling equipment
充气射流 aeration jet
充气渗透仪 <测定干燥土渗透性用> air-entry permeameter
充气石膏板 foam-filled gypsum board
充气石膏砌块 foam-filled gypsum block
充气石油成分 composition of well stream
充气时间 duration of charging; filling time
充气式仓库 inflatable shed; inflatable warehouse
充气式电弧焊 controlled atmosphere arc welding
充气式顶罩 inflatable dome
充气式房屋 air-inflated building
充气式飞机 inflatable aircraft
充气式浮选槽 matless cell; mat-type cell; pneumatic flo(a)tation cell
充气式浮选机 aeration flotater[flotator]; air cell
充气式辐射计数器 gas-filled radiation counter
充气式干式潜水服 inflatable dry suit
充气式建筑 air-inflated building
充气式结构 inflatable structure
充气式救生筏 inflatable life-boat; inflatable life-raft
充气式居住舱 inflatable habitat
充气式脉冲发生管 neotron
充气式密封 inflatable seal
充气式模板 inflatable formwork
充气式橡胶坝 collapsible rubber dam
充气试验 aeration test; air test; pneumatic test(ing)
充气室 aeration chamber; plenum chamber
充气室浮选机 air cell
充气双绞丝灯泡 gas-filled dual coil lamp bulb
充气水池 aerated lagoon
充气水封 pneumatic seal
充气水泥 aerated cement
充气四极管张弛振荡器 gas-tetrode relaxation oscillator
充气塑料 aerated plastics; air-supported plastics; expandable plastics; expanded plastics
充气塑料蒸馏器 air-supported plastic still
充气塔 aeration column
充气套管 blown jack
充气套筒 inflation sleeve
充气筒 inflator pump
充气维护电缆 gas filling maintaining optic(al) cable; pressure cable
充气伪装装置 pneumatic deception device
充气位 filling position
充气位置 charge position; charging position
充气温差电偶 air-filled thermocouple
充气温度计 gas-filled thermometer; vapo(u)r-filled thermometer
充气稳压管 gas-filled stabilizer
充气钨丝灯 gas-filled tungsten filament lamp
充气系数 aeration coefficient; aeration factor; coefficient of fresh charge; gassing factor
充气箱 aerating box; aeration tank; plenum box
充气象限 aerating quadrant
充气橡胶防撞装置 air block fender; pneumatic filled fender; pneumatic rubber fender
充气橡胶护舷pneumatic rubber fender; air block fender
充气橡胶轮 air-inflated rubber wheel
充气橡胶碰垫 pneumatic rubber fender; air block fender
充气橡胶艇 gemini
充气橡皮飞机 inflatoplane
充气橡皮管 inflatable rubber tube
充气橡皮救生艇 carbon dioxide inflatable rubber boat

充气橡皮密封 inflatable rubber seal
充气橡皮艇 inflatable boat; inflatable rubber craft
充气消气剂 gas-doped getter
充气效率 charging efficiency; volumetric(al) efficiency
充气卸料 emptying by fluidization
充气芯管 inflatable tube
充气型密封 inflatable closure
充气蓄能器 accumulator of cushion hitch air-charged; air charged accumulator; airdraulic accumulator; gas loaded accumulator
充气旋转式护舷 pneumatic rolling [roller] fender
充气压力 charged pressure; charging pressure; filling pressure; inflation pressure; air entry value < 表征多孔石的粗粒度 >
充气压力强度 intensity of inflation pressure
充气压力温度计 inflation pressure thermometer
充气压力指示器 charge pressure indicator
充气压气机 charge compressor; charging compressor
充气压强 intensity of inflation pressure
充气压缩式压力表 compressed-air manometer
充气压型静电加速器 compressed gas electrostatic generator; compressed gas generator
充气盐水 air brine
充气焰 aerated flame
充气移相器 gas cell phase shifter
充气因子 aeration factor
充气饮料 carbonated beverage; fizz
充气硬橡胶球 batching sphere
充气油箱 air tank
充气于 aerify
充气原油 live crude
充气造影术 pneumography
充气造影照片 pneumoroentgenogram
充气增压 plenum[复 plenums/plana]
充气闸流管 gas-filled thyratron
充气站 gas filling station
充气帐篷 air dome; air tent
充气整流管 gas-filled rectifier tube; gas-filled rectifying tube; gas-filled tube rectifier; gas-tube rectifier
充气支腿 pneumatic pusher
充气汁泵 carbonation juice pump
充气织物 inflatable fabric
充气止浆塞 inflatable package; inflatable packer
充气纸绝缘电缆 air-space cable
充气制动锥 inflated drag cone
充气贮藏 storage in controlled atmosphere
充气转换 charging change-over
充气装置 aerating apparatus; aerating unit; aeration plant; air charging apparatus; air charging system
充气状态 aerification; over-inflated condition
充气钻进 aeration drilling
充气嘴 charging connector
充气座椅 inflatable seat
充铅接缝 lead joint
充铅接头 lead joint
充氢管 hydrogen tube
充氢闸流管 hydrogen gas-filled thyratron; hydrogen thyratron
充氢整流管 hydrogen-filled rectifier
充入压力 charged pressure
充入压缩气体的电缆 gas pressure cable
充塞 fill-up; obturation
充塞浮具打捞法 raising by inserting floats
充塞物 obturator
充纱罗 mock leno weave
充实 beef up; plenum [复 plenums/plana]
充实比 solidity ratio
充实的 beefed-up; replete; saturated
充实固体 packed solid
充实水柱 solid water column; solid water jet
充实水柱喷嘴 solid water column nozzle
充实体 filling cells
充树脂木材 resinous timber
充水 admission of water; full water; priming; water filling
充水泵 charging pump; filling pump; impounding pump
充水导管 flooding duct
充水阀 charging valve; filling valve
充水放水周期 drill and draw
充水高度 filling water level
充水管 charging pipe
充水过程线 filling curve; filling hydrograph
充水涵洞 filling culvert; impounding culvert; flooding culvert; flooding tunnel
充水和放水 filling and emptying
充水和放水系统 filling and emptying system
充水和泄水 filling and emptying
充水及泄水模型 filling-and-emptying system model
充水检漏试验 leak(age) test by filling water
充水聚酯 water-extended polyester
充水孔 filling port
充水口 filling opening; filling port
充水廊道 filling culvert; filling gallery
充水立管系统 wet standpipe system
充水轮胎 hydroflated tire[tyre]; water-ballasted tire[tyre]
充水毛细孔 water-filled capillary
充水耐压壳体 water-filled pressure hull
充水排水操作 drill and draw
充水起动 priming
充水器 < 为起动水泵而设 > water charger
充水曲线 < 船坞/船闸的 > filling curve
充水散热器 water-filled radiator
充水时间 filling time; time of filing; time of priming; flooding time
充水时重量 full water weight
充水实验 water perfusion experiment
充水式储油罐 aqua system
充水式救生筏 inflatable raft
充水式橡胶坝 collapsible rubber dam
充水式小舟 inflatable boat
充水试验 flooding test; water filling test
充水室 plenum chamber
充水室充水加整体混凝土顶板和瓷球 plenum with monolith concrete floor and porcelain spheres
充水室充水加整体混凝土顶板和喷嘴 plenum with monolith concrete floor and nozzles
充水室加多孔板 plenum with porous plates
充水室加预浇混凝土块喷嘴 plenum with precast concrete blocks nozzles
充水塑料坝 water filling plastic dam
充水塔 water column
充水通道 passage of water inundation
充水屋面 water-filled roof
充水系统 water filling system; filling system < 船闸的 >; flooding system
充水纤维素 water cellulose
充水橡胶膜法 water-filled rubber membrane method
充水泄水涵洞 filling and emptying culvert
充水泄水系统 filling and emptying system
充水循环 cycle of storage
充水压路机 water ballast roller
充水岩层 seam inundation
充水影响因素 effective factors of inundation
充水闸 lock paddle
充水闸门 filler gate
充水镇压器 water-filled roller
充水支腿 water leg
充水柱子 fluid-filled column
充水装置 filling device; water charger
充水钻眼 wash drilling
充丝 imitation silk
充丝薄棉布 silkaline
充丝绒 tuft mockado
充丝有光棉线 silkaline thread
充碳酸气 carbonation
充碳中空纤维 carbon filled hollow fibre
充填 backing; fill; filling-in; gobbing (up); load; pad; ramming; stow(ing)
充填棒 filler rod
充填泵 filling pump
充填材料 filled composite; filler; filling material; hydraulic fill (soil); mine-fill; stowing material
充填材料产生的压力 pressure exerted by the stowing material
充填材料用磨头 filling abrasive material
充填采空区 bashing
充填采矿法 filling method
充填程度 degree of filling
充填的采空区 stoved goaf
充填的干管系统 filled dry standpipe system
充填度 packing density
充填法开采 cutting and fill
充填钢丝 filler wire
充填隔板 gob lagging
充填工 stower
充填工作 filling operation
充填管 filling pipe; stowing pipe
充填混凝土 fill concrete
充填机 gob-stowing machine; stower; stowing machine
充填机械 filling machine
充填剂 filling agent
充填金属丝 filler wire
充填空间 filling space
充填孔 pack hole
充填矿床 mineral deposit by cavity filling
充填框 filler frame; filling frame
充填料 casting resin; packing filler; packing material; potting resin
充填裂隙 filled fissure
充填率 filling ratio; stowing ratio
充填脉成分 composition of filled vein
充填密度 filling density; packing density
充填泡沫护舷 foam-filled fender
充填配合剂 charging of mix
充填喷枪 stowing gun
充填气体 filling gas
充填器 backfiller; extender; filler
充填器械 filling instrument
充填区 backfilling area; filling area; filling section
充填容积 filling capacity
充填砂 backup sand
充填砂浆 < 骨料中的 > pore matrix
充填设备 stowage unit
充填石料 building stone
充填式钢丝绳 filler type wire rope
充填式沥青道床 penetrated asphalt ballast
充填式温度计 filled-system thermometer
充填输送管 fill line
充填输送机 stowage conveyer [conveyor]
充填术 plombage
充填树脂 casting resin
充填特征 filling nature of joint
充填体测力计 pack pressure dynamometer
充填体测压计 pack pressure dynamometer
充填体内压力测定器 pack pressure dynamometer
充填挖掘 fill excavation
充填物 filling material; inclusion
充填物的沾湿 wetting of packing
充填系数 charge-weight ratio
充填下沉 fill settling
充填箱 stowing gun
充填巷道 stowboard
充填型腔的阶段 cavity filling phase
充填型阻火器 filled-type arrester
充填序列 filling sequence
充填循环 filling cycle
充填压力 stowing pressure
充填岩墙 filled dyke[dike]
充填因数 packing factor
充填用水枪 slushing giant
充填运输机 stowage conveyer [conveyor]
充填砖 backing brick
充填作用 cavity filling
充土 silting
充细胞法 < 木材防腐的 > full-cell process
充隙化合物 interstitial compound
充氙气石英放电管 xenon filled quartz discharge tube
充氙闪光管 xenon-filled flashtube
充氙线性闪光灯 xenon-filled linear flash lamp
充压型静电加速器 statitron
充压油箱 pressurized reservoir
充亚麻织物 linenette
充氩 argon filling
充氩管 argon-filled tube
充氩闸流管 argon thyratron
充盐大气 salt atmosphere
充盐的空气 salt air
充盐润滑 filled salt lubrication
充羊皮纸 parchment paper
充氧 oxygenate; oxygenation; oxygenize
充氧环境 aerobic environment
充氧活性污泥法 oxygenated activated sludge process
充氧活性污泥装置 oxygenated activated sludge plant
充氧机 mechanical aerator
充氧量 oxygenation capacity; oxygen capacity
充氧能力 oxygenation capacity
充氧气 oxygenate
充氧气电池 aeration cell
充氧器 oxygenator; oxygen recharge
充氧水 oxygenated water; oxygen water
充氧水溶液 oxygenated aqueous solution
充氧速率 oxygenation rate; rate of oxygenation
充氧系统 oxygenation system
充氧效率 oxygenation efficiency

充氧站 oxygen-charging station
充氧作用 oxygenation
充要条件 necessary and sufficient condition
充液 topping up
充液泵 charging pump; topping-up pump
充液补偿阀 prefill surge valve
充液的孔隙性 liquid-filled porosity
充液阀 prefill valve; replenishing valve; surge check valve
充液隔膜压力计 liquid-filled membrane pressure ga(u)ge
充液管路 charging line
充液罐 pressure-loaded prefilling tank
充液恒温器 liquid charged thermostat
充液拉深 hydromechanical drawing
充液棱镜 liquid-filled prism
充液量 innage
充液率 filling factor
充液罗盘 liquid compass
充液声透镜 liquid-filled acoustic(al) lens
充液式 liquid charged type
充液式电动机 liquid-filled motor
充液式温度计 liquid-filled thermometer
充液纤维 liquid-filled fiber
充液行程 <锻压时> charge stroke
充液压力 supercharging pressure
充液压载 liquid ballasting
充液油箱 surge tank
充液钻杆柱 wet string
充溢系统 flooded system
充银线 imitation silver yarn
充盈期 filling phase
充盈缺损 filling defect
充盈系数 coefficient of fullness; filling coefficient; fullness coefficient
充盈压 filling pressure
充油 oil charge
充油保险丝 liquid fuse
充油操纵阀 oil filling regulator
充油衬套 oil-filled bushing
充油充炭黑胶料 gross rubber
充油的 oil-filled
充油电辐射取暖器 electric(al) oil-filled radiator
充油电抗器 liquid-immersed reactor; oil-immersed reactor
充油丁苯橡胶 oil extend; oil-extended styrene butadiene rubber; styrene-butadiene rubber
充油阀 oil charge valve
充油封闭式变压器 oil-gas seal transformer; oil-gas shielded type transformer
充油钢管电缆 oil-ostatic(al) cable
充油鼓风冷却的 oil-filled air-blast cooled
充油滑阀 slide for filler valve
充油继电器 oil filling relay
充油绝缘套管 oil insulator
充油屏蔽式变压器 oil-gas shield type transformer
充油熔断器 liquid-filled fuse unit
充油式电缆 oil-filled cable
充油套管 oil bush; oil-filled bushing
充油系统 oil-filled system; oiling system
充油橡胶 oil-extended rubber
充油压力表 oil dumped pressure ga(u)ge
充油闸 oil-filled type circuit breaker
充油支腿 oil-leg
充油自然冷却 oil-filled naturally cooling
充油自然冷却的 oil-filled naturally cooled
充有惰性气体的 inert gas-filled
充有气体的 gas-filled
充裕的生活条件 competence
充裕水量 ample flow
充原色羊毛 imitation natural wool
充晕 halation
充蒸气热电子式整流器 vapo(u)r-filled thermoelectron type rectifier
充脂材 resinous wood
充脂木材 resin-soaked wood
充注阀 charging valve
充注管 filler line
充装系数 filling ratio
充装压力 filling pressure
充装液位 filling level
充装重量 charging weight
充装作业 charging operation
充足的供应 adequate supply
充足的耐久的 competent
充足公共设施法 Adequate Public Facility Ordinance
充足空气 air rich
充足空气燃料混合比 air rich fuel-mixed ratio
充足气的(轮胎) hard-pumped
充足日照 abundant sunshine
充足样本 adequate sample

冲岸波浪 uprush

冲岸浪 uprush
冲凹口 struck notch
冲板 punching
冲板式流量计 impact plate flowmeter
冲边搭接 button punching
冲边压力机 trimming press
冲标记 punch mark
冲冰 <船闸冲水操作> ice flushing
冲冰航行 bucking
冲波面 shock front
冲波气流 shocked flow
冲薄 ironing
冲擦 scouring abrasion
冲裁 blanking
冲裁废料漏料孔 slug clearance hole
冲裁机 clicker; clicker press machine; gouging machine
冲裁间隙 blade clearance; blanking clearance; die clearance
冲裁力 blanking pressure
冲裁模 blanking die; cutting die; punching die
冲裁生产线 blanking line
冲裁压力机 dieing out press; punch press
冲采射流 impinging jet
冲槽 drain chute; neck <锻件下料时>
冲槽机 notching press
冲长方(筛)孔 oblong punching
冲程 down stroke; head reach; length of stroke; motion; stopping distance; stroke (of punch); travel; working operation; throw
冲程测量仪 strokes meter
冲程长度 length of stroke; stroke length
冲程超限 excess of stroke
冲程顶 top of stroke
冲程对缸径比 ratio of stroke to diameter
冲程缸径比 bore stroke ratio; ratio of stroke to diameter; stroke (-to)-bore ratio
冲程极限 extreme limit of travel
冲程控制 stroke control
冲程量 stroke capacity
冲程内径比 stroke-bore ratio
冲程能力 stroke capacity
冲程容积 stroke capacity; stroke volume
冲程容量 stroke capacity
冲程上限 top of stroke
冲程试验 inertia trial; stopping test; stopway test
冲程数 number of strokes
冲程死点 dead center[centre]; dead point; dead point of stroke
冲程死区 dead stroke
冲程调节 stroke control
冲程调节器 stroke adjuster
冲程调整器 stroke adjuster
冲程系数 stroke coefficient
冲程限度 limitation of length of path; limitation of length of stroke
冲程限制器 stroke limiter
冲程与直径比 ratio of stroke to diameter; stroke-bore ratio
冲程止点 death point
冲程指示器 stroke indicator
冲程自调器 automatic stroke adjuster
冲齿齿轮 impacting gear
冲齿机 tooth punching machine
冲齿摘锭 punched-barb spindle
冲出 dash out; expulsion; extrude; obtrude; outrush; sally
冲出的 jetted
冲出阀 flush-out valve
冲出口 sally port
冲出式保护放电器 expulsion protective gap
冲出式熔断器 expulsion (type) fuse (unit)
冲出式熔丝 expulsion fuse
冲出式熔丝保护放电器 expulsion gap
冲出式坐便器 washout type water closet
冲出锥 alluvial cone; debris cone
冲穿强度 puncture strength
冲穿阻力 puncture resistance
冲床 backing-out punch; dieing out press; piercer; press; puncher; punching machine; punch(ing) press
冲床安全保护器 safe protector for puncher
冲床顶出杆 backing-out punch
冲床吨位 press capacity
冲床机 punching machine
冲床台面 press bolster
冲床用成套冲模 die sets for presses
冲床自动送料装置 punching machine auto-feeder
冲锤 demolition hammer; hammer; impactor; ram; shaper; stamp hammer
冲锤体 hammer body
冲次 frequency of stroke
冲刺 long thrust
冲刺钢针 punched needle
冲打 impingement; poop
冲淡 attenuation; deliquate; deliquation; desaturation; dilute; efface; liquefaction; liquefy; sleak (ing); thin away; thinning; thin out; water
冲淡比 reduction ratio
冲淡测定法 dilution metering
冲淡度 dilution
冲淡法 bleach; glallizing
冲淡负荷 impact load (ing); shock load(ing)
冲淡灰水 ash-sluicing water
冲淡剂 attenuant; diluent; diluent material; diluting agent; reducer thinner; thinner
冲淡冷却 diluent cooling
冲淡率 dilution ratio
冲淡排放 dilution and disposal
冲淡区 diluent zone; dilution zone
冲淡热 dilution heat; heat of dilution
冲淡水 diluted water
冲淡效率 dilution efficiency
冲淡颜料 reduced pigment
冲淡液 diluent
冲刀 stamping knife
冲到岸上 wash ashore
冲灯 torch
冲底资本 charge against capital
冲抵 <会计用语> offset
冲抵分录 offsetting entry
冲垫 die(head)
冲垫铆钉 die head rivet
冲掉 flush out; overwrite; washing down; wash off; washout
冲掉改写 overwrite
冲掉芯料 punch out
冲钉 drift bolt; drift pin
冲钉器 nail puller; nail punch; nail set
冲动 actuation; impel; impulse of motion; impulsion; snatching
冲动传导 impulse conduction
冲动的 impulsive
冲动的序列 train of impulse
冲动发放 incitogram
冲动反动混合式汽轮机 combined impulse and reaction turbine
冲动反动式涡轮机 impulse-reaction turbine
冲动级 impulse type stage
冲动流量 threshold flow
冲动排放论 volley theory of nerve impulse
冲动频率论 frequency theory of nerve impulse
冲动式汽轮机 impulse type steam turbine
冲动式水轮 impulse wheel
冲动式水轮机 action turbine; impulse turbine
冲动式透平 action turbine; impulse turbine
冲动式涡轮机 action turbine; impulse turbine; tangential turbine
冲动式叶轮 impulse wheel
冲动式叶片 impulse blade
冲动式叶型叶片impulse section blade
冲动式叶栅 impulse cascade
冲动消振动器 acceleration damper
冲动行为 impulsive action
冲动状态 jogging
冲动作为 impulsive action
冲动作用 impulse action
冲斗式水轮(机) Pelton (water) wheel; impulse wheel
冲断层【地】 reverse fault; thruput; overlap fault; reverse slip fault; thrust(slip) fault
冲断层板块 thrust plate
冲断层背斜 ramp anticline
冲断层陡倾区 ramp region
冲断层面背斜 ramp anticline
冲断层型地震 thrust-type earthquake
冲断滑动 thrust slip
冲断块 thrust block
冲断面【地】 plane of thrust; thrust (fault) plane; thrust section; thrust surface
冲断推覆体 thrust nappe
冲断岩席 thrust sheet
冲锻 drop forge(d); drop forging; impact forging
冲方孔 square punching
冲锋枪 machine carbine; machine pistol; machine rifle; submachine gun
冲复作用 thrust
冲杆 drill drift; jumper bar; plunger; punch; stem of stamp; valve stem
冲杆材料 punch material
冲杆冲程 punch advance
冲杆连接器 punch adapter
冲杆前进速度 speed of punch advance
冲杆压力 plunger pressure; punch pressure

冲割 blanking
冲割压力机 blanking press
冲沟 cleft; coom(be); erosion gull(e)y; erosion valley; gulch; gull(e)y; kloof; ravine; scour depression; swash channel; water cut
冲沟控制 gull(e)y control
冲沟裂点 nickpoint in gully
冲沟排水 gull(e)y drainage
冲沟侵蚀 gull(e)y erosion; ravine erosion
冲沟型冲刷 channel(l)ized erosion; channel-type erosion
冲沟作用 gull(e)ying
冲灌针 irrigating needle
冲棍 go-devil
冲过 breakover; push through; forge over <快速冲过浅滩等>
冲焊 percussion welding; percussive welding
冲痕 debris line; swash mark; wave line; wave mark
冲洪积平原 alluvial-proluvial plain
冲洪积扇 alluvial-proluvial fan
冲洪积扇潜水分带 groundwater zoning in alluvial-pluvial fan
冲后水封 after-flush
冲后水室 after-flush(ing) compartment
冲坏 washover; washout
冲灰泵 ash water pump; sluice pump
冲灰的水力喷射器 hydroejector
冲灰沟 sluiceway
冲灰排水 ash-sluicing water
冲灰喷嘴 sluicing nozzle
冲灰器 soot blower; tube blower
冲灰水 ash transport water
冲灰水闭路循环 closed circulation of ash-sluicing water
冲回 contra-entry
冲毁 destroy by rush of water; failure due to scouring; wash away; wash off
冲毁处 washout
冲击 attack; ballistic; batter; buffeting; bump(ing); burst; collision; concussion; encounter; impact (blow); impinge(ment); impulse; lash; onset; percussion; shock; strike; surge
冲击岸(堤) outburst bank
冲击摆 ballistic pendulum; gun pendulum
冲击摆幅 ballistic throw
冲击扳钳 impact spanner; impact wrench
冲击扳手 impact wrench
冲击扳手打击二次的状态 snug tight position
冲击扳手开始动作的状态 snug position
冲击板 breaker plate; impingement plate; strike[striking] plate
冲击板法 impinge plate process
冲击棒 striking bar
冲击保持率 impact retention
冲击保护水平 impulse protection level
冲击保险丝 percussion fuse
冲击爆破 concussion burst; impact detonation
冲击泵 ram pump; surge pump
冲击比功 specific energy of shock
冲击臂 striking arm
冲击变形 blastic deformation; shock produced deformation
冲击变形组构 shock deformational fabric
冲击变质 impact metamorphism
冲击变质相 shock metamorphic facies
冲击变质效应 shock metamorphic effect
冲击变质作用 shock metamorphism
冲击表面 shock surface
冲击波 air-shock wave; blast wave; bow wave; explosion wave; explosive wave; impact wave; impulse wave; knock wave; percussion wave; shock wave; surge
冲击波泵浦激光器 shock wave-pumped laser
冲击波不连续性 shock wave discontinuity
冲击波持续时间 duration of shock pulse
冲击波抽运激光器 shock wave-pumped laser
冲击波传播 shock motion; shock wave propagation
冲击波的采石作用 quarrying action of the waves
冲击波的反射波面 reflected shock front
冲击波的交会 intersection of shock waves
冲击波电离 shock wave ionization
冲击波动力学 storm-surge dynamics
冲击波发光 shock wave luminescence
冲击波发生器 surge generator
冲击波法 <无损试验的> shock wave method
冲击波反射 shock wave reflection
冲击波防护 blast protection
冲击波高压技术 shock wave high-pressure technique
冲击波固化 shock wave solidification
冲击波过渡区 shock transition region
冲击波合成 shock synthesis
冲击波痕 shock wave shadow
冲击波后的涡痕 shock wave shadow; shock wave shade
冲击波后的涡迹 shock wave shadow
冲击波激发 impact excitation
冲击波极线图 shock polaric diagram
冲击波技术 shock wave technique
冲击波加热 shock wave heat(ing)
冲击波聚合作用 shock wave polymerization
冲击波宽度 duration of shock pulse
冲击波面 shock wave front
冲击波气体电离 shock wave gas ionization
冲击波前沿 shock wave front; surge front
冲击波试验 shock wave test; surge test
冲击波速 shock velocity
冲击波速率 shock speed
冲击波调节 surge control
冲击波调压 surge control
冲击波压力 impulsive wave pressure
冲击波阵面 shock front
冲击波阻尼线圈 surge block coil
冲击波钻进 shock wave drilling
冲击钵 diamond mortar
冲击部件 impact piece
冲击参数 impact parameter
冲击测功仪 impact work meter
冲击测量 impact measurement; impulse measurement; shock measurement
冲击层 shock ply
冲击产生的 impact transmission
冲击长度比 impulse-length ratio
冲击常数 ballistic constant
冲击成孔现场灌注桩 percussive bored pile
冲击成型 impact forging; impulse compaction
冲击乘数 impact multiplier
冲击程度 shock severity
冲击冲程 impact stroke
冲击穿透试验 impact penetration test
冲击传递率 shock transmissibility
冲击锤 bumper; impact hammer; impact rammer; impulse hammer; jar block; jar hammer; jars; jar weight; jumper bit; percussion hammer; percussive actuator
冲击锤导杆 jar staff
冲击锤导向架 jarring piece
冲击锤磨机 impact mill
冲击锤式破碎机 impact type hammer crusher
冲击锤重量 hammer weight
冲击磁强计 ballistic magnetometer
冲击磁铁 kicker; kicker magnet
冲击次数 blow count; blow frequency; number of blows
冲击刺入度测试仪 impact penetration tester
冲击脆性 impact brittleness
冲击打入的钢桩 impact-driven steel pile; steel driving pile
冲击打入的壳套桩 impact-driven shell pile
冲击打入的木桩 impact-driven wood(en) pile
冲击打眼 jump
冲击捣固器 impact tamper
冲击的 dynamic(al); impulsive; jerky
冲击灯丝 filament bombardment
冲击涤气器 impingement scrubber
冲击地 derelict land
冲击地区 alluvial district
冲击地压 bump; pressure bump; rock burst; rock pressure burst; shock bump <开矿时的现象>
冲击地震 impact earthquake
冲击地震仪 shock seismograph
冲击点焊(法) electropercussion welding; impact spot welding
冲击电动扳手 impact electric(al) wrench
冲击电焊 electropercussive welding
冲击电焊机 percussion welder
冲击电抗 impact reactance; impulse reactance
冲击电流 <通电瞬间的> dash current; impact current; impulse current; rush current; subtransient current; surge current; inrush current
冲击电流发生器 impulse current generator
冲击电流计 quantometer
冲击电路 impulse generator
冲击电势 impact potential
冲击电位 impact potential
冲击电压 impact potential; impulse voltage; surge voltage; surging
冲击电压电平 surge level
冲击电压发生器 impact voltage generator; impulse voltage generator
冲击电压试验 impulse voltage test
冲击电阻焊接 percussion resistance welding
冲击电钻 impact electric(al) drill
冲击垫箍 jar washer
冲击定理 impact law
冲击动力学 impact dynamics; shock dynamics
冲击-动量关系 impulse-momentum relationship
冲击动能 impact energy; kinetic energy of impact
冲击动能损失 loss of kinetic energy due to impact
冲击端面 striking surface
冲击断口 impact fracture; impact rupture
冲击断裂 impact break; impact fracture
冲击断裂试验 punch test
冲击发电机 impact generator; surge generators
冲击发射机 impact transmitter
冲击发射式破碎机 baffle crusher
冲击发生器 surge generator
冲击阀 dash valve
冲击法 ballistic method; impact method <夯实土用>
冲击反击式水轮机 impulse-reaction turbine
冲击反射式破碎机 baffle crusher
冲击反循环钻机 percussion reverse circulation drill
冲击防护 surge guard
冲击放电 impulsive discharge
冲击放电电压 impulse discharging voltage; impulse sparkover voltage
冲击分力 shock component
冲击分流器 impulse current shunt
冲击分压器 impulse voltage divider
冲击粉磨 impact size reduction
冲击粉碎 impact-atomizing; impact comminution; impact crushing; impact pulverizing; impact reduction
冲击峰值电流表 surge-crest ammeter
冲击辐射 impinging radiation
冲击腐蚀 impact erosion; impingement attack; impingement corrosion; impinging corrosion
冲击负荷 impact load(ing); shock load(ing); sudden load(ing)
冲击负荷加速表 shock accelerator; shock accelerometer
冲击负载 impact load(ing); shock load(ing)
冲击复合系数 impact recombination coefficient
冲击杆 jumper bar; striking bar; impeller bar <破碎机转子上的>
冲击杆损坏 put a head on a stem
冲击杆钻探 percussive rod boring
冲击钢索钻 percussion boring
冲击高度 percussion height; pulse height
冲击隔离器 shock isolator
冲击工具 impact tool; percussion tool; stud gun <将钢固定件打进混凝土的>
冲击工况 impact condition
冲击公式 impact formula
冲击功 absorbed in fracture energy; ballistic work; workdone by impact
冲击共振 shock resonance
冲击惯性 impulse inertia
冲击滚轮 impact roll
冲击过电压 impulse over-voltage
冲击海滩的巨浪 beach comber
冲击函数 impulse function
冲击焊(法) electropercussive welding; electrostatic percussing welding; percussion welding
冲击焊缝 percussion weld
冲击焊机 percussion welder; percussion welding machine
冲击焊接 percussion welding; percussive welding
冲击夯 battering ram; hammer blow tamper; shocking rammer
冲击夯打的套管桩 impact-driven cased pile
冲击夯打钢筋混凝土桩 impact-driven reinforced-concrete pile
冲击夯打就地浇注桩 impact-driven cast in-situ pile
冲击夯打预应力混凝土桩 impact-driven prestressed concrete pile
冲击荷载 dynamic(al) loading; im-

pact load(ing);impulse load(ing);impulsive load(ing);load shock;punch load;shock load(ing)
冲击荷载的预留值 allowance for impact
冲击荷载强度试验 toughness test
冲击荷载试验 scragging
冲击荷载系数 impact factor
冲击荷载应力 impact load stress
冲击荷重 impact weight
冲击壑 shock sink
冲击呼叫 call attempt
冲击互阻抗 mutual surge impedance
冲击滑轮 spudding pulley
冲击回波法 <一种混凝土和污工结构无破损试验法> impact-echo method
冲击回波(声)试验 impact-echo testing
冲击回波状况(条件)评定 impact-echo condition assessment
冲击回弹性 impact resilience
冲击回旋两用钻机 combination drill
冲击回旋钻 <钻探用> mace bit
冲击回转钻机 percussion rotary drill
冲击回转钻进 combination drilling;percussion-rotary drilling;percussion-rotation drilling;percussive-rotary drilling;pounding-rotary drilling
冲击回转钻进设备 combination drilling equipment;combination drilling outfit
冲击回转钻头 mace bit;stem bit
冲击混合机 impact mixer
冲击活环 jar coupling
冲击活塞 hammer ram;impact piston
冲击火花 shock spark
冲击火花发报机 spark impact transmitter
冲击机 impacter[impactor];jarring machine;jolt-ramming machine;shock machine
冲击机构 beater mechanism;impact mechanism;percussion arrangement
冲击机具 percussive tool
冲击机械强度 impulse mechanical strength
冲击唧筒 striker cylinder
冲击激发 shock-excitation
冲击激励 impact excitation;impulse excitation;repulse excitation;shock-excitation;shock excite
冲击激励电路 impulse excited circuit;ringing circuit
冲击激励电压 flyback voltage
冲击激励管 shock tube
冲击激励器 impulse exciter
冲击激励振荡器 impulse excited oscillator;shock-excited oscillator
冲击激声的 shock-excited
冲击极限 jerk limit
冲击挤压 impact extrusion
冲击挤压法破碎 impact compressive failure
冲击挤压机 impact extrusion[extruding] press
冲击计 impact meter[metre]
冲击记录器 impact recorder
冲击剂量 aggressive dosage
冲击继电器 pulse relay;surge relay
冲击加工 machining by repeated impact
冲击加荷 impulse load(ing);loading shock
冲击加荷状态 impact loading condition
冲击加料 shock feed
冲击加料器 shock feeder
冲击加速度 impact acceleration
冲击加速度表 impact accelerometer;shock accelerometer
冲击加速计 impact accelerometer;shock accelerometer
冲击加载 impulse load(ing)
冲击夹钳 impact clam
冲击减速 impact deceleration
冲击剪力 impact shear
冲击剪切强度 impact shear strength
冲击角 angle of attack;angle of import;angle of shock;attack angle;impact angle;impingement angle;striking angle
冲击阶地 built terrace
冲击界限 ballistic limit
冲击进动 ballistic precession
冲击静电计 ballistic electrometer
冲击开裂 cracking on impact
冲击开挖 impact excavation
冲击抗力 impact resistance
冲击刻痕 impact indentation
冲击控制问题 impulsive control problem
冲击块 impact block
冲击块油嘴 impacting block oil nozzle
冲击拉力疲劳试验 repeated impact tension test
冲击拉伸 impact tension
冲击拉伸试验 impact tension test;repeated impact tension test
冲击拉伸试验机 impact tension machine
冲击雷管 percussion fuse
冲击类风动工具 impact type pneumatic tool
冲击类工具 hammer-type tool;impact tool;percussive tool
冲击力 blowing power;force of impact;hammering energy;impact force;impacting energy;impulse force;percussive force;striking force;surging force;weight of blow;impulsive force;dynamic(al) force
冲击力矩 impact moment;moment of impulse
冲击力量测仪 impact meter
冲击励磁 impact excitation;shock-excitation;surge excitation
冲击励磁机 impact exciter;shock exciter
冲击梁 oscillating beam;sneezing bar
冲击量 current accretion
冲击裂缝 shock crack
冲击裂纹 bump check;percussion cone
冲击灵敏度 Coulomb sensitivity;quantity sensitivity;shock sensitivity
冲击流 rush current
冲击留量 impact allowance
冲击滤尘器 impinger
冲击率 impingement rate
冲击马赫数 shock Mach number
冲击脉冲 shock pulse
冲击脉冲持续时间 duration of shock pulse
冲击脉冲名义值 nominal value of shock pulse
冲击面 encounter superficial;impulse face;shock surface;thrust area
冲击面积 impingement area
冲击模 impact cast
冲击模拟器 impact simulator
冲击磨 impact grinding;Prall mill;stud mill;swing hammer pulverizer
冲击磨机 beater mill;stamp mill
冲击磨损 impact abrasion;peening wear
冲击磨损试验 impact wear test
冲击磨细 impact pulverizing
冲击耐压 impulse withstand voltage
冲击挠度 <由冲击荷载产生的挠度> dynamic(al) deflection
冲击挠曲强度 impact bending strength
冲击能(量) bombardment energy;energy of blow;impact energy;shock energy;striking energy;percussive energy;energy impact;hammering energy;impacting energy
冲击能屋 blow energy
冲击能转变曲线 impact energy transition curve
冲击能转换比 percussion energy transfer ratio
冲击黏[粘]度计 impact viscometer
冲击黏[粘]合剂 impact adhesive
冲击黏[粘]性 impact viscosity
冲击凝固 shock coagulation
冲击凝灰角砾岩 suevite
冲击扭矩 impulsive torque
冲击扭力试验 torsion impact test
冲击扭转试验 torsion impact test
冲击喷燃器 impact burner
冲击喷射 kick-atomizing
冲击喷射打桩机 kick-atomizing pile driver
冲击喷射式渗透性试验 impact spray test
冲击喷嘴 impulse nozzle
冲击疲劳试验 endurance impact test;fatigue impact test;impact endurance test;impact fatigue test;repeated impact test
冲击疲劳试验机 impact fatigue testing machine;repeated impact tester
冲击频率 blow frequency;blow rate;encounter frequency;hammering rate;impact(ing) frequency;percussion frequency;percussion rate
冲击频率式凿岩机 impact frequency rock drill
冲击破坏 impact damage;impact failure;shock failure
冲击破坏机砧盘 anvil block
冲击破裂 concussion fracture;impact erosion
冲击破碎 impact crushing;impact grinding;reduction by impact
冲击破碎兼烘干 impact crushing drying
冲击谱 shock spectrum
冲击曝气器 impingement aerator
冲击期 impact epoch
冲击起爆管 percussion cap
冲击起爆器 impact blaster
冲击起爆炸药 percussion powder
冲击起动机 impulse starter
冲击起动器 impulse starter
冲击起弧电压 shock striking voltage
冲击起水机 hydraulic ram
冲击气板机 hammer
冲击器 impacter[impactor];impact grinding mill;pulverator;shaft hammer;shocker
冲击钎子 power punch
冲击强度 dynamic(al) strength;impact strength;impulse strength;percussive force;shock severity;shock strength;strength of blow;strength under shock;surge strength
冲击强度改进剂 impact strength modifier
冲击强度落球试验 Brinell's impact test
冲击强度试验 impact strength test
冲击强度值 notch value
冲击强度指数 impact strength index
冲击强力比值 ballistic quality ratio
冲击强力试验 ballistic test
冲击强力指数 impact strength index
冲击切口脆性 notch brittleness;notch embrittlement
冲击侵蚀 impact erosion;impingement attack
冲击区(域) impact zone;shock region;shock zone
冲击曲线圈 impact diagram
冲击取芯机 shot-coring machine
冲击取芯钻 shot core drill;shot-coring machine
冲击燃烧器 impact burner
冲击韧 impact elasticity
冲击韧度 impact toughness;notch toughness
冲击韧度试验仪 impact toughness apparatus;impact toughness tester
冲击韧性 dynamic(al) ductility;energy to fracture;impact ductility;impact flexibility;impact strength;impact toughness;notch toughness;resilience;toughness of impact
冲击韧性试验机 impact toughness tester
冲击韧性值 notched bar impact strength
冲击容许量 allowance for impact;impact allowance
冲击软性(强度) absorbed in fracture energy
冲击筛 cam-throttle type screen;impact screen
冲击闪络电压 impulse sparkover voltage
冲击扇 alluvial fan
冲击伤 blast injury;impact injury
冲击设备 free falling apparatus
冲击射流 impact jet flow
冲击射流式喷头 impinging hole injector
冲击声 impact sound;impulsive sound;pulse sound
冲击声传播 impact sound transmission
冲击声传输 impact sound transmission
冲击声隔绝 impact sound insulation
冲击声隔声 impact sound insulation
冲击声级 impact insulation class
冲击声吸收器 acoustic(al) shock absorber
冲击声吸音器 acoustic(al) shock absorber
冲击声音 impact sound
冲击石化作用 shock lithification
冲击石英 stishovite
冲击石凿 rock chisel
冲击石钻机 hammer rock drill
冲击时间 attack time
冲击市场 banging the market;raid the market
冲击式 impulse type
冲击式安全阀 concussion relief valve
冲击式扳手 impact spanner;striking wrench
冲击式拌和机 impact mixer
冲击式泵 impulse pump
冲击式采煤机 coal puncher
冲击式采样器 impact sampler
冲击式采样吸收管 impinger
冲击式操纵 impulse maneuver
冲击式测量 ballistic measurement
冲击式除尘 ballistic dedusting
冲击式除尘器 impact dust collector;impingement dust collector;vortex scrubber
冲击式除锈锤 scaling hammer
冲击式除锈器 scaling hammer
冲击式粗磨机 percussion-type preliminary mill
冲击式打夯机 percussion-type tie

C

tamper;ram impact machine
冲击式打井机 percussive open well machine;water-well drill(ing machine)
冲击式打桩锤 impact hammer
冲击式打桩机 impactor;impact pile driver;percussion-type pile engine
冲击式大便器 blowout water closet
冲击式捣固机 impact tamper
冲击式电磁振动筛 hummer screen
冲击式电流计 ballistic galvanometer
冲击式钉内底机 impact type insole stapling machine
冲击式断路器 impulse switch
冲击式多头气动除锈器 multipiston air scaling hammer
冲击式放气阀 concussion relief valve
冲击式放泄弯管 impulse type drain trap
冲击式分离机 ballistic separator
冲击式分离器 impingement separator
冲击式粉磨 impact grinding
冲击式粉磨机 impact pulverizer
冲击式粉碎机 impact breaker;impact crusher;Prall mill
冲击式风动工具 percussive pneumatic tool
冲击式工具 impact tool;percussive tool
冲击式惯性振动落砂机 lash type inertia vibrating shakeout
冲击式轨道捣固机 percussion-type track tamper
冲击式夯具 impact compacter[compactor]
冲击式夯实机 rammer compacter [compactor]
冲击式缓冲器 relief piston
冲击式回转切割器 impact type rotary cutter
冲击式回转钻车 rotary percussion drill jumbo
冲击式混合机 impact mixer
冲击式机组 impulse set;impulse unit
冲击式加压 impact pressing
冲击式检流计 ballistic galvanometer
冲击式搅拌机 beater-type agitator
冲击式截煤机 coal puncher;pick mining machine
冲击式进气歧管 ram intake manifold
冲击式井壁取芯 percussion sidewall sampling
冲击式掘路机 road breaker
冲击式孔壁取芯器 percussion-type sidewall coring
冲击式流量校验器 ballistic flow prover
冲击式流速仪 impact pressure velocity meter
冲击式螺丝刀 shock driver
冲击式铆钉锤 rivet(ting)hammer
冲击式铆钉机 percussion riveting machine;rivet(ting)hammer
冲击式铆接 percussion riveting
冲击式磨机 impact grinding mill
冲击式磨碎机 impact pulverizer;impact mill
冲击式黏[粘]土切割器 percussive clay cutter
冲击式碾磨机 beater mill;impact mill
冲击式碾压机 impact roller
冲击式凝气透平 impulse condensing turbine
冲击式喷洒器 impact sprinkle
冲击式偏心钻头 offset chopping bit
冲击式破碎机 beater;impact crusher;impact breaker
冲击式曝气器 impingement aerator
冲击式气板机 impactool
冲击式气动除锈器 air scaling hammer;pneumatic scaling hammer
冲击式气动锤 pneumatic scaling hammer
冲击式气动雾化喷嘴 pneumatic impingement nozzle
冲击式气动凿岩机 percussion air machine
冲击式气动振动器 pneumatic vibrating hammer
冲击式气马达 percussive air motor
冲击式汽轮机 Curtis steam turbine;impulse(steam)turbine
冲击式钎头 percussive bit
冲击式钎子 jumper boring bar;percussion borer;percussion jumper;thrust borer
冲击式钎子钻机 thrust borer
冲击式潜孔钻机 downhole percussion drill;down-the-hole percussive drill
冲击式强力试验机 ballistic testing machine
冲击式切割 impact cutting
冲击式切割机 percussion cutting machine
冲击式切割器 impact cutter
冲击式切石凿岩机 plug drill
冲击式取土器 projectile sampler
冲击式取芯 percussion coring
冲击式取芯管 gravity core sampler
冲击式取样管 punch corer
冲击式取样器 projectile sampler
冲击式熔断丝 expulsion fuse unit
冲击式砂浆试验 ballistic mortar test
冲击式筛 impact type screen
冲击式深孔钻机 long hole percussive machine
冲击式生波机plunger type wave generator
冲击式水车 impulse water wheel
冲击式水轮 action wheel;impulse water wheel
冲击式水轮机 action turbine;impulse (water) turbine;impulse wheel (turbine);jet type impulse turbine;Pelton's turbine;scoop-type turbine;tangential turbine;tangential wheel;bucket wheel;impact wheel
冲击式碎煤机 impact coal mill
冲击式碎石机 impact breaker;impact crusher
冲击式陶管桩 impact shell pile
冲击式淘汰盘 impact buddle
冲击式套筒扳手 impact wrench
冲击式通风机 impulsion fan
冲击式透平 impulse turbine
冲击式土壤捣实设备 impact soil-compaction device
冲击式挖掘法 percussion digging method
冲击式涡轮 impact wheel
冲击式涡轮机 action turbine;impulse turbine;impulse wheel;tangential turbine;velocity turbine;blowdown turbine
冲击式铣刀 impact mill
冲击式向下凿岩机 hammer sinker
冲击式消能工 impact type energy dissipator
冲击式旋转工具 percussive-rotary drilling
冲击式压力机 impact press
冲击式压路机 impact roller
冲击式压实工具 impact compacter [compactor]
冲击式压实器 impact compactor
冲击式岩石钻 plug drill
冲击式岩石钻机 rock hammer drill
冲击式研磨机 beater mill;impact grinder
冲击式叶片 impulse blade
冲击式叶片定子 impulse stator
冲击式一字形钻头 chisel-shaped bit
冲击式仪器 ballistic instrument
冲击式砸道机 percussion-type tie tamper
冲击式錾子 drop chisel
冲击式凿岩 hammer drilling;percussion drilling;percussive drilling;plug drilling;spring-pole drilling
冲击式凿岩机 boring by percussion;hammer drill;jack hammer drill;jumper boring bar;percussion hammer;percussive actuator;piston drill;rock hammer drill;shocking jack hammer;percussion drill;percussive rock drill
冲击式凿岩器 cogged bit
冲击式凿子 drop chisel
冲击式造波机 plunger type wave generator
冲击式轧机 impact mill
冲击式振动筛 impact screen
冲击式振动桩锤 percussion-type vibratory pile hammer
冲击式抓斗 impact clam;hammer grab <用于钻孔桩内抓土>
冲击式转速计 impulse tachometer
冲击式装置 impingement-type unit
冲击式钻杆 percussion drill rod;percussion jumper;percussion stem;shrinker bar;sinker bar
冲击式钻杆的扶正器 sinker bar guide
冲击式钻机 attack drill;churn;hammer(rock)drill;impact drill;knock-boring machine;percussion borer;percussion boring rig;percussion drill;percussion rig;percussion-type boring machine;percussive drill;percussive rig
冲击式钻进 hammer drilling
冲击式钻具 spudding drill
冲击式钻具重量 percussion tool weight
冲击式钻孔机impact-grab boring machine
冲击式钻孔抓具 hammer grab
冲击式钻探 percussion boring
冲击式钻头 chisel bit;percussion drill bit;shot bit;chopping bit;percussion bit;carr bit <一字形>
冲击式钻眼 percussion drilling;percussive drilling;plug drilling;spring-pole drilling
冲击势头 impact head
冲击势位 impact potential
冲击试杆 impact bar
冲击试件 impact test specimen
冲击试片 impact test piece
冲击试验 ballistic test;blow-test;bump test;collision test;compaction test;drop test;dynamic(al) test(ing);fall(ing) weight test;fall test;impact test(ing);impulse test(ing);percussive test;shock test
冲击试验机 drop testing machine;impact tester;impact testing apparatus;impact(testing) machine;ram tester;shock tester;shock test(ing) machine
冲击试验机的撞摆 striking edge
冲击试验孔 percussion test(bore) hole
冲击试验落锤高度 drop height
冲击试验设备 impact testing apparatus;impulse testing apparatus
冲击试验台 shock table
冲击试验温度 impact test temperature
冲击试验性能 impact test property
冲击试验仪 impact tester
冲击试验用的槽口 Mesnager notch
冲击试验证明 impact test certification
冲击试验值 aggregate impact value
冲击试验装置 impact testing apparatus
冲击试样复试 impact specimen retest
冲击室尖叫声 shock-associated screech
冲击室宽频带噪声 broadband shock-associated noise
冲击室噪声 shock-associated noise
冲击输出 hammer output
冲击数 number of blows;number of strokes
冲击水轮 impulse wheel;tangential wheel
冲击水头损失 impact head loss
冲击水浴除尘器 impingement washing scrubber
冲击速度 attack rate;impact speed;impact velocity;ram speed;shock velocity;striking velocity;velocity at impact
冲击速率 attack rate;impact rate
冲击碎石机 impact breaker;impact crusher
冲击碎屑 impact erosion
冲击损坏 impact failure
冲击损失 shock load(ing);shock loss;impact loss
冲击损失水头 impact loss
冲击台 bounce table;shock table
冲击弹性 impact elasticity;shock elasticity
冲击弹性试验机 impact elasticity tester
冲击探查 impact probe
冲击探头 impact probe
冲击特性 impact property
冲击调制放大器 impact modulator amplifier
冲击调制器 impact modulator
冲击头 hammer
冲击突出 shock bump
冲击弯曲 impact bending;shock bending
冲击弯曲强度 impact bending strength;impact flexural strength
冲击弯曲试验 blow bending test;blow flexure test;impact bend(ing)test;shock bending test
冲击弯曲试验钥匙孔试样 keyhole specimen
冲击危险性 shock hazard
冲击围岩压力 percussive pressure of surroundings
冲击位移误差 ballistic deflection error
冲击温度 impact temperature
冲击误差 ballistic error
冲击雾化 impact atomization
冲击雾化打桩机 impact-atomizing pile driver
冲击雾化的 kick-atomizing
冲击雾化内燃打桩机 kick-atomizing pile driver
冲击吸收 shock absorption;snub
冲击吸收器 shock absorber;surge absorber
冲击系数 coefficient of impact;factor for impact;impact coefficient;impact factor;impact parameter;impulse ratio;shock coefficient;shock factor;dynamic(al)factor
冲击现象 impact phenomenon
冲击线圈 kicker coil
冲击响应 impulse response
冲击响应谱 shock response spectrum

冲击销 impulse pin
冲击效果 impact effect;shock effect
冲击效应 impact effect;shock effect
冲击信管 percussion fuse
冲击行程 impact stroke
冲击形成 shock formation
冲击型 impact type
冲击型扳手 impactool
冲击型工具 impactool
冲击型加荷 blast type loading
冲击型加载 blast type loading
冲击型进料器 percussion feeder
冲击型螺丝机 push-type turnaround
冲击型碎煤机 impact coal mill
冲击性贷款 impact loan
冲击性改进级 impact modified grade
冲击性过电压 voltage surge
冲击性能 impact property
冲击性喷枪 impinging jet
冲击性疲劳 impact fatigue
冲击旋转联合钻机 combination rig
冲击旋转式凿岩 percussive-rotary drilling
冲击旋转式凿岩机 shocking rotary jack hammer
冲击旋转式钻眼 percussive-rotary drilling
冲击旋转运动 impulsive rotatory motion
冲击旋转钻井 percussive-rotary drilling
冲击循环 percussion cycle
冲击压力 dynamic(al) pressure; impact pressure; impulse pressure; shock pressure;surge pressure <由于管道内流速突然改变产生的>
冲击压力测流管 impact pressure tube
冲击压力管 impact pressure tube;impact tube
冲击压力吸收器 shock pressure absorber;surge absorber
冲击压密 impact compaction
冲击压强 impact pressure
冲击压曲 impact buckling
冲击压碎值试验 impact crushing value test
冲击压缩曲线 shock compression curve
冲击压缩试验 impact compression test
冲击延性 impact ductility
冲击岩芯<反循环取芯法的> flushing-out of core
冲击岩芯钻 percussion rock drill
冲击研磨(法) impact grinding; cataracting
冲击研磨机 impact grinder; impact grinding mill;impact mill
冲击叶式风速计 impact vane anemometer
冲击仪 striker
冲击逸除 shock sink
冲击因数 impact factor
冲击因素 ballistic factor;impact factor
冲击引发应力(声)波 impact-generated stress(sound) wave
冲击应变能 strain-energy due to impact
冲击应力 blow stress;impact load stress;impact stress;shock(blow) stress; stress under impact; surge stress
冲击影响 shock effect
冲击硬度 dynamic(al) hardness; impact hardness
冲击硬度试验 impact hardness test
冲击硬度试验机 impact hardness tester;impact hardness testing machine
冲击诱导边界层 shock-induced boundary layer
冲击诱发边界层 shock-induced boundary layer
冲击与螺旋钻探 shell-and-auger boring
冲击预留量 allowance for impact
冲击源 impact source;impulse source
冲击运动 ballistic motion; ballistic movement; churning motion; hammering movement; jerking motion; shock motion
冲击载荷 impact load(ing); impulsive load(ing)
冲击凿 percussive chisel
冲击凿岩机 hammer drill;plug drill
冲击噪声 impact noise; impulsive noise;shock noise
冲击噪声传播 impact transmission
冲击噪声隔离层 impact insulation
冲击噪声率 impact noise rating
冲击凿岩 percussing drilling
冲击增量 dynamic(al) increment
冲击张力试验 impact tensile test
冲击振荡器 shock oscillator
冲击振荡图 impact oscillation graph
冲击振捣器 jolting vibrator;shock vibrator
冲击振动凿岩 percussion oscillation drilling
冲击震动 impact shock; shock vibration
冲击值 impact (resistance) value; shock value
冲击值读数 impact number
冲击中心 center[centre] of impact; impact center[centre]
冲击钟 impulse clock
冲击重量 weight of blow
冲击轴 impacting shaft
冲击抓斗 chopping bucket; hammer grab
冲击桩 impact pile
冲击装置 impact device
冲击撞力 shock bump
冲击锥 jumper bit
冲击锥印痕 percussion cone
冲击自动记录器 impact automatic register
冲击阻力 impact resistance;resistance to impact;shock resistance
冲击阻尼误差 ballistic damping error
冲击钻 anvil type percussion drill;cable drilling; churn; percussion drilling;push drill; shot bit; churn drill (er);impact drill
冲击钻扳手 cable tool wrench
冲击钻锤 percussion drill hammer
冲击钻打的竖井 shot-drilled shaft
冲击钻法 percussion boring method; percussion drilling method
冲击钻杆 jumper;sinker bar
冲击钻杆导向器 auger-sinker-bar guide;sinker bar guide
冲击钻杆颈直径 collar diameter
冲击钻杆提取器 jumper extractor
冲击钻机 chopping drill; chuck drill; churn drill outfit; churn drill rig; knob boring machine; percussion boring machine; percussion drill (rig);rock drill;thrust borer;shot drill;hammer drill;press drill
冲击钻机大轴刹车 back brake
冲击钻尖端 percussion drilling point
冲击钻进 boring by percussion;cable (tool) drilling; churn drilling; percussion boring; percussion drilling; percussive boring; percussive drilling;percussing drilling
冲击钻进爆破孔 churn drill blasting
冲击钻进爆破眼 churn drill blasting
冲击钻进法 Fablan system; percussion system of drilling
冲击钻进工具 percussion tool
冲击钻进取芯钻头 percussive coring bit
冲击钻进设备 churn drill equipment
冲击钻进司钻 churn drill(er)
冲击钻进钻具 percussion tool
冲击钻井 jump drilling; percussion drilling;punching drilling
冲击钻具 chuck drilling tools
冲击钻具紧扣装置 jack and circle
冲击钻孔 cable boring; churn drill hole; percussion (bore) hole; percussion drilled hole; percussion drilling; punch boring; shot drill hole;thrust boring;percussion boring
冲击钻孔法 percussion system;thrust boring-auger method
冲击钻孔机 jack hammer;percussion drilling machine;thrust borer
冲击钻孔器 jumper boring bar
冲击钻探 percussion boring; percussion drilling; percussive drilling; churn drilling
冲击钻探采样 percussion drilling sampling
冲击钻探法 punching method; shot drilling;shot drill method
冲击钻探机 knock-boring machine
冲击钻头 cable bit;drill hammer;impact action bit;percussive bit;percussive chisel;shot hit;straight bit; trepan chisel; hammer eye; jumper bit;percussion bit, chopping bit
冲击钻头拆卸器 jumper detacher
冲击钻头结构 percussion bit design
冲击钻头设计 percussion bit design
冲击钻头行程 drilling stroke
冲击钻头修理工具 bucking ram
冲击作用 effect of impact;hammering action;impact action;impact blow; impact effect; percussion action; percussive action;shock action
冲击座 striker;striking block;striking casting;striking plate; pocket <车钩的>;coupler pocket <机车的>
冲击座垫板 striking block seat;striking casting seat
冲击座正面 face of striker
冲积 outwash; scour and deposition; scour and fill
冲积岸 accreting bank
冲积坝 alluvial dam;debris dam
冲积冰川沉积层 alluvial-drift deposit
冲积波 constructive wave
冲积草土 alluvial meadow soil
冲积草原 alluvial meadow
冲积层【地】alluvial;alluvial deposit; alluvial horizon;alluvial layer;alluvion; alluvium [复 alluvia/alluviums]; alluvium deposit; B-horizon; suspended load; water-borne sediment;superficial stratum
冲积层地下水 alluvial groundwater
冲积层碇泊 alluvium anchor
冲积层灌浆 alluvium grouting
冲积层灌浆截水墙 grouted alluvium cut-off wall
冲积层勘探钻 banka drill
冲积层砾石 alluvial gravel
冲积层黏[粘]土 alluvial clay
冲积层式过滤器 alluvial layer filter
冲积层水 alluvial water
冲积层下岩石 shelf
冲积沉积 alluvial deposit
冲积沉积物 alluvial sediment
冲积成的新地 alluvion
冲积带群落 alluvial community
冲积岛 alluvial island
冲积的 alluvial;alluvious
冲积堤 alluvial dam;debris dam; levee;natural dike[dyke];natural levee
冲积堤脊线 levee ridge
冲积地 alluvial land; batture; derelict land;land accretion
冲积地层 alluvial formation
冲积地段 patches of alluvium
冲积分流 diversion by alluviation
冲积分选 alluvial sorting
冲积粉砂 bungum
冲积粉土名 sleech
冲积风化表层岩 alluvial mantle rock
冲积覆盖砂层 blanket sand
冲积埂 debris dam
冲积谷 alluvial valley
冲积过程 alluvial process; fluvial process
冲积海岸 alluvial coast
冲积河岸 alluvial coast
冲积河槽 alluvial channel
冲积河床 alluvial channel bed;alluvial river bed
冲积河段 alluvial reach;alluvialtract; plain tract
冲积河谷 alluvial valley
冲积河(流) aggrading river;aggrading stream; all-relay river; all-relay stream;alluvial river
冲积河流阶地 alluvial river bench
冲积河流水力学 alluvial hydraulics
冲积河曲 alluvial meander
冲积河滩<肥沃的> carse
冲积红壤 alluvial laterite
冲积红土 alluvial laterite
冲积洪积层 alluvial-pluvial deposit
冲积/洪积扇 alluvial/diluvial fan
冲积荒漠群落 alluvideserta
冲积黄土 dejective loess
冲积脊 alluvial ridge
冲积阶地 alluvial terrace; built terrace;drift terrace
冲积矿床 alluvial deposit;alluvial ore deposit;gravel deposit;placer accumulation
冲积矿床开采 alluvial mining
冲积砾石 alluvial gravel; gravel wash;run gravel
冲积落水洞 alluvial dolina
冲积漫滩 alluvial flood plain
冲积锚杆 alluvial anchor
冲积面 alluvial surface
冲积泥石堆 debris cone;dirt cone
冲积黏[粘]土 alluvial clay;secondary clay
冲积黏[粘]性土 adobe soil
冲积平地 alluvial flat
冲积平原 aggradation plain;aggraded valley plain; alluvial flat; alluvial plain; apron plain; carse; outwash plain; river flat; river plain; wash plain;waste plain
冲积平原地下水 groundwater in alluvial plain
冲积平原海岸 alluvial plain coast
冲积平原河流 alluvial stream
冲积平原河流水力学 hydraulics of alluvial streams
冲积平原水道 alluvial channel
冲积坪 alluvial apron
冲积坡 alluvial slope;slip-off slope
冲积坡岸 slip-off slope bank
冲积坡泉 alluvial slope spring;boundary spring
冲积期 alluvial epoch
冲积畦地 polder
冲积区 alluvial area;alluvial district; alluvial tract
冲积曲折河段 alluvial meander

冲积裙 alluvial apron
冲积壤土 alluvial loam
冲积软泥 <其中的一种> bungum
冲积三角洲旋回 alluvial deltaic cycle
冲积砂 <又称冲积沙> alluvial sand; blanket sand; drift sand; fluvial sand
冲积砂层 blanket sand; sandy blanket
冲积砂金 alluvial gold; alluvial placer
冲积砂矿 wash
冲积砂矿床 alluvial placer; wash deposit
冲积砂土 alluvial sandy soil
冲积砂锥 alluvial sand cone
冲积山麓堆积 alluvial talus
冲积扇【地】 alluvial cone; alluvial apron; alluvial fan; debris cone; detrital fan; dry delta; fan; fan-shaped alluvium; outfall fan; talus fan
冲积扇层序 alluvial fan sequence
冲积扇沉积 alluvial fan deposit
冲积扇沉积模式 alluvial fan sedimentation model
冲积扇顶 apex[复 apices/ apexes]; fan bay
冲积扇环境 alluvial fan environment
冲积扇阶地 fan terrace
冲积扇扇顶 fanhead of alluvial fan
冲积扇扇间洼地 interfan depression of alluvial fan
冲积扇扇前洼地 forefan depression of alluvial fan
冲积扇扇尾 fan base of alluvial fan
冲积扇扇中 mid-fan of alluvial fan
冲积扇体系 alluvial fan system
冲积扇推进层序 alluvial fan prograding sequence
冲积扇退缩层序 alluvial fan shrinking sequence
冲积扇相 alluvial facies
冲积石块 alluvial stone
冲积世 alluvial epoch
冲积式过滤器 alluvial filter
冲积台地 alluvial bench; alluvial platform; alluvial terrace
冲积滩 accretion beach; alluvial flat; leveed bank
冲积铁矾土 alluvial laterite
冲积土(壤) alluvial; alluvial land; alluvial soil; alluvium; atteration; erratic soil; fluviogenic soil; fluviosol; overburden; sedimentation soil; transported soil; alluvial deposit; inning; kewal; warp clay
冲积土(体)锚杆 alluvial anchor
冲积土演变 prochosium
冲积(弯)曲(河)流 alluvial meander
冲积物 alluvial deposit; alluvial sediment; alluvion; alluvium[复 alluvia/ alluviums]; debris deposit; drift deposit; drifted material; wash (over); alluvial material
冲积物采样 sampling of alluvial sediments
冲积物分类 sediment classification
冲积物覆盖的 alluviated
冲积物异常 alluvium anomaly
冲积系 alluvial series
冲积线 debris line; swash mark; wrack line; wave mark <波浪上冲携带碎屑沉积在海滩的上限>
冲积相 alluvial facies
冲积新成土 flurent
冲积型曲流 alluvial meander
冲积性草甸土 alluvial meadow soil
冲积性河床 alluvial channel bed
冲积性河流 alluvial stream
冲积循环 erosion cycle; geomorphic(al) cycle
冲积岩 alluvial rock
冲积圆锥体 alluvial cone
冲积锥 alluvial cone; cone delta; cone of dejection; cone of detritus; dejection cone; dry delta; hemi-cone wash; outfall fan; debris cone
冲积锥沙体圈闭 alluvial cone sand trap
冲积阻塞 alluvial dam
冲积作用 alluviation; dereliction
冲激 impulse; swash; water shock
冲激波 bow wave
冲激电流 current rush
冲激式除尘器 disintegrating scrubber
冲激现象 shock phenomenon
冲激噪声 impulse noise
冲挤 cold extrusion; impact extrusion; impulsion
冲挤冰脚 wash and strain ice foot
冲挤锻造 upend forging
冲挤压力机 impact extruding press
冲剂 medicinal granules
冲减财政收入 eat up part of state revenue
冲剪 punching shear; punning
冲剪板最大尺寸 maximum size of plate cut
冲剪成型自动机 punching and forming automatic
冲剪床 punch shears
冲剪荷载 punch load
冲剪机 nibbler; punching and shearing machine
冲剪口 mouth of shears
冲剪力 punching force; punching shear
冲剪两用机 combined punching and shearing machine; punch and shear; shearing and punching machine
冲剪两用机床 punching and shearing machine
冲剪面积 punching area; punching shear area
冲剪破坏 punched shear rupture; punching shear failure
冲剪试验 punch (ing) shear test; punching test
冲剪下斜 blanking
冲剪应力 punching shear stress
冲剪应力稳定性试验 punching shear stability test
冲溅 swash
冲溅高度 swash height
冲溅区 overwash zone
冲溅装置cascade washer; weirwasher
冲浇机 scouring machine
冲角 angle of attack; attack angle; incidence angle
冲筋 basebead; float pan; plaster ground; running screed; floating screed; screed(strip) <标志抹灰厚度的窄条>
冲筋工作 screeding
冲筋间距 screed bay
冲劲 pushfulness
冲进 <船、机车等> nose
冲净系统 purging system
冲矩 moment of impulse
冲具修整 punch trimming
冲决 avulsion; burst; outbreak; outburst
冲坑最大深度 maximum depth of scour pit
冲孔 cut-out; eyelet work; hole flush; perforate; perforation; piercing; punched hole; punch (ing); bring bottom up; jetting <钻孔的>
冲孔板 perforated plate; punched-plate
冲孔板筛 punched-plate screen
冲孔板筛网 punched-plate screen deck
冲孔标记 punch mark
冲孔成桩法 pile by percussion drill method
冲孔带 punched tape
冲孔道 perforation
冲孔的 punctured
冲孔对准器 aligning punch
冲孔翻边模 extruding tool
冲孔钢板筛分机 punched steel plate screen
冲孔钢板筛子 punched steel plate screen
冲孔钢筛板 punched screen
冲孔工具 punch(ing); punching tool; punch work
冲孔灌注桩 punching driven-in-place piles
冲孔回次 clean-up trip
冲孔机 eyelet machine; hammer-down-the-hole machine; hollow punch; perforating press; piercing press; plate-punching machine; puncheon; puncher; punching machine; punch press
冲孔机垫块 counter punch
冲孔机构 punching mechanism
冲孔机头 punched head
冲孔机油 punching oil
冲孔机支柱 punch prop
冲孔机支座 punch prop
冲孔剪割机 punch and shear; punch shears
冲孔剪切机 punch and shear; puncture and shears
冲孔金属板筛分机 punched screen
冲孔金属板筛子 punched screen
冲孔聚氨酯筛板 perforated polyurethane mesh
冲孔卡 punch card
冲孔卡片提花机构 punched-card jacquard mechanism
冲孔卡片装置 punched-card device
冲孔铆接联合机 combined riveter and punch
冲孔米筛网 rice sieve with sieve mesh
冲孔模 blanking die; perforating die; piercing die; punching die
冲孔模板 stripper
冲孔器 brad setter; hollow punch; jumper hammer; nail drift; pick punch; puncher; punching pin
冲孔器洗井 well cleaning with perforator
冲孔钳 punching nippers; punching pliers; punching tongs
冲孔筛 perforated screen; punched-hole sieve; stamped sieve
冲孔时间 circulating time
冲孔试验 drift test; punching test; puncture test
冲孔水 wash-water
冲孔提花盘 punching disc
冲孔天花板 punched acoustic(al) tile
冲孔纹样控制循环纸带 endless punched-pattern control-paper
冲孔效应 notch effect; punchingeffect
冲孔屑 punchings
冲孔型弹丸 wad cutter
冲孔压机 punching press
冲孔压力机 piercing machine; puncturing machine
冲孔眼 perforation
冲孔应力 punching stress
冲孔錾 prick punch
冲孔直径 punching hole diameter
冲孔纸板控制裁 punched-card control
冲孔桩 piles by percussion
冲孔装订两用机 punch, bind machine
冲孔装置 hole punched device
冲孔钻机 cable boring
冲口 notching
冲垮 wash-out
冲矿机 giant
冲溃 <道路、桥梁的> washout
冲溃图像 <明暗对比不清的图像> washed-out picture
冲浪 avulsion; splash
冲浪板 surf board
冲浪橇 surf ski
冲浪日珥 surge prominence
冲浪运动 surfing
冲离冷却 fling-off cooling
冲力 impact; impulse force; impulsion; impulsive force; lateral load; momentum [复 momenta]; percussive force
冲力坡度 momentum grade
冲力汽水阀 impulse trap
冲力式轮机 impulse turbine
冲力式通风机 impulse fan; impulse ventilator; impulsion fan
冲力式涡轮机 impulse turbine
冲力式蒸汽轮机 impulse steam turbine
冲力线 impulse line
冲力效应 momentum effect
冲力叶轮 impulse impeller
冲力叶片组 impulse blader
冲力作用 momentum effect
冲连皮 <锻后的> punching the wad
冲量 birr; impulse; linear momentum; stroke of punch
冲量冲击 stroke
冲量传递率 rate of momentum transport
冲量定理 theorem of impulse
冲量动量方程 impulse momentum equation
冲量法 impulse momentum method; integrating comb method; momentum transfer method
冲量法校准 impulse method calibration
冲量方程 impulse equation
冲量负荷 impulse load(ing)
冲量近似 impulse approximation
冲量矩 impulsive moment; moment of impulse
冲量理论 impulse momentum theory
冲量容积比 impulse volume ratio
冲量式流量计 impact line flowmeter; impact type flowmeter
冲量损失 impulse loss
冲量系数 impact coefficient
冲量重量比 impulse weight ratio
冲裂 slugging
冲裂割断 avulsion cut-off
冲裂作用 avulsion
冲淋装置 overflow cascade washers
冲溜法的调车 pushing off the wagons or cars
冲流 streamer; streaming flow; swash (of wave)
冲流槽 chute
冲流带 swash zone
冲流痕 swash mark
冲流量计 current meter
冲流染色 cascade dyeing
冲流沙坝 swash bar
冲流式洗涤机 cascade washer
冲流水道 <沙洲中或沙洲与岸间的> swash channel; swash(way)
冲流潭 swash pool
冲流调制器 impact modulator
冲流线 swash mark
冲毛 green cutting
冲铆钉孔 punch rivet hole[holing]
冲面 impulse face; lift surface; tup

冲模 die; former block; punch die; punching-process die; trimming die
冲模半径 draw radius
冲模裁剪机 die clicker
冲模插床 die slotting machine
冲模导向板 punch locator plate
冲模底板 die shoe
冲模垫 die pad
冲模定位架 die set
冲模堆焊 die weld(ing)
冲模钢 hubbing steel
冲模头 nose of punch; punch nose
冲模退料板 stripper plate
冲模锌合金 zinc alloy for stamping
冲模修边 punch trimming
冲模压机 dieing out press
冲模硬化剂 die block hardener
冲模组 gang die
冲泥法 wash method
冲泥管 sluice pipe[piping]; sluice tube [tubing]
冲泥管线 sluice line
冲坯料 blanking
冲片 disc punching
冲片机 sheet-punching machine
冲片胶带 developing apron
冲片绝缘 lamination insulation
冲片排列法 nesting work of strip
冲屏蔽绕组 controsurge winding
冲破 burst; outbreak; outburst; stave in
冲破经济界线 breakdown economic boundaries
冲起高度 impulsive height
冲起泥沙 sediment pickup
冲气式探测器 road tube detector
冲切 blank; die cut(ting)
冲切凹口模 notching die
冲切刀具 punch tool
冲切刀座 punch tool seat
冲切工 blanker
冲切机 beam cutter; blanking machine; cutting out press; dinking machine shear die
冲切剪力 punching shear
冲切剪切破坏 break(er)-in failure
冲切面 thrust plane
冲切破坏 punch failure
冲切式密封环 stamped packing ring
冲切折痕机 cutter-creaser; cutting and creasing press
冲去 flush away; strip away; wash-(ing) off; wash(ing)-out
冲去账 write off un-collectible account
冲缺口压力机 notching press
冲日法 method of opposability
冲入 cutting-in
冲入泥砂 inwashed sediment
冲入破坏 plunger failure; plunging failure
冲塞 extrusion
冲沙 <又称冲砂> clamp-off; sand flushing; sand sluicing; scouring away the silt; sluicing sand; washing sand out; cut-in sand; flash; sand cut; sand removal; sand wash-(ing); sand washover
冲沙暴风雨 flash
冲沙槽 scour gallery
冲沙池 scouring basin; sluicing pond
冲沙船 jet dredge(r); jet pump suction dredge(r)
冲沙道 flashway; sand-flushing canal; sand sluicing canal; scouring sluice; scour valve; scourway; sluiceway
冲沙道闸 sluiceway gate
冲沙段 sediment flushing bay
冲沙阀 sand flash valve; scouring sluice; scour valve; washout valve
冲沙沟 flushing gutter
冲沙管 scour pipe; scour tube; sluice pipe; sluice tube
冲沙管道 scour pipe
冲沙涵洞 flushing culvert; scour culvert; sluicing culvert
冲沙虹吸管 wash siphon
冲沙护坦 washing apron
冲沙坑 scour hole
冲沙孔 scour hole; scouring sluice; scour outlet; scour vent
冲沙廊道 flush gallery; scour(ing) gallery
冲沙能力 sluicing capacity
冲沙器 rammer; rammer ram
冲沙渠(道) flushing channel; sand-flushing canal; sluiceway canal; sluiceway channel; sluicing canal; wash channel; flush(ing) canal; desilting canal
冲沙设备 flushing device; scouring equipment
冲沙设施 sand-flush installation
冲沙试验 flushing test
冲沙试验机 jet abrader
冲沙室 sluicing chamber
冲沙水 flushing water
冲沙隧道 flushing tunnel; scour tunnel
冲沙隧洞 flushing tunnel; scour tunnel; sluice tunnel
冲沙效力 effectiveness of sluicing
冲沙效率 sediment flushing efficiency
冲沙泄水(渠)道 scour outlet channel; sediment escape; scour sluiceway
冲沙闸(门) desilting sluice; flush-(ing) gate; flushing sluice; outlet sluice; sand sluice; sand sluicing gate; scour gate; scouring sluice; silt-flushing sluice; silt-releasing sluice; sluicing gate; washout gate; sediment sluice; sluice gate; sand sluice; under sluice; penning gate
冲沙纸 simili paper
冲上甲板的海浪 green water
冲上交通岛 drift-over island
冲射打桩法 water-jet method of pile-driving
冲射式水轮机 breast-shot water wheel
冲绳海槽 Okinawa trough
冲绳海槽盆地 Chongsheng trough basin
冲绳海槽张裂带 Okinawa Trough extensional fracture zone
冲实堆石(体) <用高压水枪射水> sluiced rockfill
冲蚀 ablation; abrasion; erosion; scouring; washout
冲蚀岸线 retrograding shoreline
冲蚀靶 erosion target
冲蚀槽 scour channel
冲蚀点 eroded spot; erosion spot
冲蚀度 abrasivity
冲蚀发射极 washout emitter
冲蚀腐蚀 erosion corrosion
冲蚀构造 washout structure
冲蚀海湾 corrasion embayment
冲蚀河湾 corrasion embayment
冲蚀痕 erosion mark; scour mark
冲蚀急流 erosion torrent
冲蚀记录 ablative recording
冲蚀监测器 erosion pilot
冲蚀结疤 erosion scab
冲蚀井段 washed-out section
冲蚀空的 <指岸边> hollowed-out
冲蚀控制 erosion control
冲蚀控制器 erosion pilot
冲蚀力 erosional force
冲蚀流失 erosion loss
冲蚀面 erosion surface
冲蚀盆地 erosion basin
冲蚀平原 abrasion plain; corrasion plain; conoplain <围绕中心山体急速平缓的>
冲蚀坡脚 etching of slope toe
冲蚀破坏 erosion attack
冲蚀起动机箱盖 kickstarter casing cover
冲蚀砂柱 erosion sand plug
冲蚀深槽 scour depression
冲蚀水道 scour channel
冲蚀速率 erosion rate
冲蚀损失 erosion loss
冲蚀探测器 erosion probe
冲蚀探测装置 erosion device
冲蚀穴 scour hole
冲蚀循环 erosion cycle
冲蚀钻井 abrasion drilling; abrasive jet drilling; erosional drilling
冲式进气风扇 impulse fan
冲式起动器的曲柄轴承 kickstarter bearing
冲书角机 corner punching machine
冲数 number of punchings; stroke rate; strokes of pump; strokes per minute
冲刷 bed scour; erosion; flushing; outwash; rinse; scour; sluicing; splash erosion; wash(ing) away; washing down; washing-out; washout; washover; water scouring; wear down
冲刷岸坡 eroding bank
冲刷岸坡或结构物下面基土 undermine
冲刷坝 swash
冲刷搬运泥沙 wash load(ing)
冲刷搬运(物) wash load(ing)
冲刷搬运物质 wash load
冲刷保护 erosion protection
冲刷变薄尖灭 scouring pinch out
冲刷标准 scour criterion
冲刷表面 denudation level
冲刷残留脊 scour-remnant ridge
冲刷槽 scour gallery; scour trench; washing recess
冲刷常数 erodibility constant
冲刷程度 degradation degree; magnitude of degradation
冲刷池 erosion basin
冲刷带 wash zone
冲刷道 scourway
冲刷的 erosive
冲刷的动因 agents of erosion
冲刷的原动力 eroding agent
冲刷底面 scoured base
冲刷地段 washout
冲刷掉 wash down
冲刷动因 agent of erosion
冲刷段 washing bank
冲刷阀 washout valve
冲刷防护 erosion control; erosion protection; protection against erosion; scour(ing) protection; scour prevention
冲刷防治 erosion control
冲刷放出 discharge by wash
冲刷负载 wash load(ing)
冲刷沟 erosion gully; gull(e)y; scour depression; scourway; washout
冲刷过程 eroding process; erosion history; erosion process
冲刷过的 washed drown
冲刷海岸 eroding shore
冲刷河岸 concave bank; erosion bank; washing bank
冲刷河槽 degrading channel; eroding channel; scour channel
冲刷河道 degrading stream
冲刷河流中控制水流的堤坝 check dam
冲刷荷载 scour-loading
冲刷痕 erosion scar; wash(ing) mark-(ing); scour mark
冲刷基面 erosion datum
冲刷及淤积 cut(ting)-and-fill(ing); scouring and silting
冲刷及淤积计划 cut-and-fill programme(me)
冲刷极限 <河床的> limit of underwashing
冲刷计算 computation of erosion; computation of scour
冲刷界限 limit of scour(ing); limit of wash
冲刷抗力 erosion resistance
冲刷坑 eroded hole; erosion hollow; erosion pit; localized scour; scour-(ed) hole; scour pit; water cut; washout
冲刷坑最大深度 maximum depth of scour pit
冲刷孔 eroded hole; scour(ed) hole
冲刷孔穴 erosion cavity
冲刷控制 erosion control
冲刷口 swash
冲刷浪蚀 washing
冲刷力 agent of erosion; erosive force; erosive power; scouring force; scouring power
冲刷量 erosion quantity; sluicing capacity; wash load(ing)
冲刷流失 rainwash
冲刷流速 erosive velocity; scouring velocity
冲刷路径 scourway
冲刷率 scour rate
冲刷面 erosion surface; exposed surface
冲刷能力 erosive capacity; erosive power; erosivity; scouring capability; sluicing capacity
冲刷泥沙量 wash load(ing)
冲刷盆地 erosional basin; scour basin
冲刷平原 erosion plain
冲刷坡度 erosion slope
冲刷破坏 failure due to scouring
冲刷区 wash zone
冲刷曲线 gradient curve
冲刷设备 scouring equipment
冲刷深度 depth of scour; erosion depth; scour(ing) depth
冲刷试验 scouring test; washing test; washout test
冲刷输沙率 delivery rate of erosion
冲刷水沟 scour the ditch
冲刷水流 erosive current; scour-provoking current
冲刷水排出管 scouring escape
冲刷速度 eroding velocity; erosion rate; scouring speed; scour(ing) velocity
冲刷速率 eroding rate; rate of erosion; scour rate; erosion rate
冲刷滩 swash
冲刷特性 erosional characteristic
冲刷特征 erosional feature
冲刷调整作用 scour adjustment
冲刷通路 scourway
冲刷涂装法 slushing
冲刷土地 eroded field
冲刷物 down wash; erode(d) material; eroded sediment; erosion material
冲刷系数 coefficient of erosion; coefficient of scour(ing); erodibility factor
冲刷下的岩土 light ground
冲刷下来的泥沙 eroded material
冲刷线 scour lineation
冲刷限度 limit of wash
冲刷限制 limit of scour(ing)
冲刷效果 scouring effect
冲刷效力 effectiveness of sluicing

冲刷效应 scouring effect
冲刷形成的地层 eroded formation
冲刷形成的洞穴 eroded hole
冲刷形成的陡岸 cutbank
冲刷形态 pattern of scour
冲刷型 scour pattern
冲刷性 erodibility
冲刷性岸坡 erodible bank
冲刷性河槽 erodible channel; erosive channel
冲刷性河床 erodible bed; erosive bed
冲刷性河流 erodible river; erodible stream; erosive river; erosive stream
冲刷循环 erosion cycle
冲刷岩芯 flushing of core
冲刷预测 scour forecast
冲刷预防 scour forecast
冲刷源槽 scour depression
冲刷闸(门) scouring sluice; sluice gate; flush gate
冲刷找矿法 hushing
冲刷指标 degradation index
冲刷指数 erosion index
冲刷质 wash load(ing)
冲刷滞积物 scour lag
冲刷铸型 scour cast
冲刷桩 jetted pile
冲刷锥 cone of dejection; dejection cone
冲刷准则 scour criterion
冲刷作用 degradation; scouring; erosive action; scour(ing) action; scouring effect <河床等>
冲水 flush; flush water; top water; water-jet
冲水按钮 flush button
冲水泵 filling pump
冲水便桶 toilet flushing
冲水槽 flush(ing) tank; tank for flushing
冲水厕所 water closet
冲水沉实 compaction by watering
冲水池 flush(ing) tank; tank for flushing
冲水淬火 flush quenching
冲水打桩法 water-jet driving; water-jet method of pile-driving; water-jet pile-driving
冲水打桩机 water-jet driver; water-jet pile driver
冲水电热辐射器 electric(al) water-filled radiator
冲水堆石 sluiced rockfill
冲水阀 cistern valve; flash(ing) valve; flushometer(valve)
冲水法 water-jet method; water-jet process
冲水管 flush pipe; wash pipe
冲水管接头 flush pipe connection
冲水管口 flush pipe end
冲水柜台 rinsing bar
冲水机 flushing machine
冲水口 filling port
冲水流通式人粪储存箱 <装在车底板下,到达终点站后加以处理> circulation-flushing type waste storage system
冲水马桶 wash-down bowl; wash-down pan; wash-down type water closet
冲水喷头 water jet feed
冲水器 flusher
冲水铅管 lead flushing pipe
冲水强度 intensity of washwater
冲水清污系统 water-carriage system
冲水时间 <水泵> time of priming
冲水式厕所 flush toilet
冲水试验 flushing test; hose testing
冲水水箱 flushing cistern
冲水系统 water flushing system
冲水箱 flush(ing) tank
冲水凿岩 wash drilling
冲水凿岩法 water flushing
冲水渣 granulation of slag
冲水振实法 vibroflo(a)tation(method)
冲水钻井法 <软基中的> wash drilling
冲水钻孔装置 wash drill
冲水钻探 wash boring
冲碎 impact-atomizing
冲塌 wash-in
冲坍 washing-out
冲滩 beaching; run a shop aground
冲淘 sweeping; down wash
冲淘角 angle of downwash
冲天化铁炉底 cupola furnace bottom
冲天化铁炉杆 cupola furnace rod
冲天流 upright spout
冲天炉 cupola; cupola furnace; furnace cupola
冲天炉出铁槽 cupola spout
冲天炉出渣口成型砖 cupola slag hole block
冲天炉的装料吊车 cupola charging crane
冲天炉点火孔 cupola cleaning door
冲天炉点火器 cupola lighter; cupola lighting torch
冲天炉工长 cupola tender
冲天炉工作门 cupola cleaning door
冲天炉鼓风机 cupola blower
冲天炉加料 cupola charging
冲天炉加料机 cupola charger; cupola charging machine
冲天炉焦 foundry coke
冲天炉控制装置 cupola control equipment
冲天炉炉衬 cupola lining
冲天炉炉底 cupola bottom; cupola working bottom; cupola hearth
冲天炉炉缸 cupola crucible; cupola well
冲天炉炉基 cupola foundation
冲天炉炉壳 cupola shell
冲天炉炉料 cupola charge
冲天炉炉身 cupola shaft
冲天炉炉腿 cupola column; cupola leg
冲天炉炉渣 cupola slag
冲天炉灭火集尘器 cupola dust arrester; cupola fume collector; cupola spark arrester
冲天炉喷补料 cupola gun mix
冲天炉喷浆枪 cupola gun; cupola patching gun
冲天炉前炉 cupola forehearth; cupola receiver
冲天炉熔化 cupola melting
冲天炉熔化工 cupola melter
冲天炉微机自动配铁装置 computerized burden scale for cupola
冲天炉烟囱 cupola stack
冲天炉用气相色谱仪 gas chromatograph for cupola furnace
冲天炉有效高度 useful height of a cupola
冲天炉渣 blast-furnace slag
冲天炉珠滴 cupola drop
冲天炉专用除尘器 dust collector for cupola
冲天转炉 revolving cupola
冲填坝水池 hog box
冲填土 dredge(r) fill; hydraulic fill(soil); rinse fill
冲填土坝 sluicing of earth dam
冲填淤积坝 sluicing-siltation dam
冲填淤积法 sluicing-siltation method
冲头 bulb bit; drifter; drift pin; drift plug; drift punch; force plug; formed punch; hub; impact wrench; male die; piercer; piercing mandrel; plunger chip; plunger tip; punch; punching head; punch(ing) pin; ram; striking block
冲头半径 punch radius
冲头柄 punch-holder shank
冲头垫块 ram block
冲头定轴心旋钮 plunger centering knob
冲头杆 plunger rod
冲头护圈 punch retainer
冲头铰刀 drift reamer
冲头接头 plunger adaptor
冲头扩孔法钢材(可)延性试验 flaming test; drift test
冲头螺栓 drift bolt
冲头套管 feeder sleeve; feeder tube
冲头凸轮 plunger cam
冲头镶块 punch edge
冲头销 set bolt
冲头缘 edge of punch
冲头支架 plunger carrier
冲突 cannon; clash; collide; collision; conflict; contention; friction(al); impact; warfare
冲突包 colliding packet
冲突表 collision table
冲突车流 conflicting traffic
冲突点 conflict point
冲突(发生瞬间的)车速 conflict speed
冲突法 conflict of laws
冲突法律 conflict rule
冲突分解 collision table; conflict resolver
冲突分析 conflict analysis
冲突分析方法论 conflict analysis methodology
冲突管理 conflict management
冲突过程 conflict process
冲突航向 collision course
冲突回避系统 collision avoidancesystem
冲突计数 collision count
冲突计数直方图 collision count histogram
冲突计数值 collision count value
冲突计数字段 collision count field
冲突检测 collision detection
冲突检测电路 collision detection circuit
冲突交通量【交】 conflicting traffic volume
冲突解决 conflict resolution
冲突进路 conflicting route
冲突路线 collision course
冲突模型 conflict model
冲突目标 conflict objective
冲突判决方案 conflict resolution scheme
冲突区 conflict area
冲突设计 conflicting design
冲突识别 conflict recognition
冲突试验 conflicting test
冲突调节 conflict regulation
冲突调节理论 conflict regulation theory
冲突消除 conflict resolution
冲突信号 conflicting signal
冲突性作业 conflicting operation
冲突中的次优化 suboptimization by conflict
冲突总线结构 collision bus architecture
冲推面 thrust plane
冲挖 hydraulic sluicing
冲弯试验 impact bend(ing) test
冲吸挖泥船 jetting suction dredge(r)
冲息 one-shot
冲息触发电路 one-shot circuit
冲息多谐振荡器 kipp relay; one-shot multivibrator; single-shot multivibrator
冲息多谐振动器 single-shot multivibrator
冲息开关 one-shot switch
冲洗 bathing; development; eluate; elutriation; flush(ing)(out); lave; rain-out; rinse; sluice; sluicing; swill; wash(ing); washing down; wash(ing)-out
冲洗安全接头 washover safety joint
冲洗扳手 flushing lever
冲洗暴露 wash bare
冲洗泵 ash water pump; flushing pump; jetting pump; sluice pump; washer pump; washing pump; washout pump; splash washing
冲洗便盆软水管 bedpan washer hose
冲洗材料 flushing material
冲洗槽 fluidway; flush channel; flushing box; flushing canal; flushing groove; flushing gully; flush tank; rinse bath; rinse tank; rinse tub; rinsing trough; sluice trough; sluicing channel; washing tank; washing-trough
冲洗厕所 wash-down closet
冲洗场 washing plant
冲洗车 lorry wash(down)
冲洗车辆的场地 wash-down yard
冲洗池 cleaning tank; flushing basin; flushing tank; rinse tank; rinsing tank
冲洗(出入)人孔 flushing manhole
冲洗打捞筒 circulating over-shot
冲洗带 flushed zone
冲洗带电阻率 resistivity of flushed zone
冲洗带液体的电阻率 resistivity of liquid in the flushed zone
冲洗单元 washing unit
冲洗导管 flushing line
冲洗的空气 flushing air
冲洗掉 wash away; wash down
冲洗定额 leaching requirement
冲洗定量阀 flushometer valve
冲洗洞壁 cavity flushing
冲洗堆石 sluiced rockfill
冲洗阀(门) flushing gate; flushometer(valve); flush(ing) valve; scour valve; washout valve
冲洗(方)法 flushing regime; purging method; elution method; elutriation method; irrigation; lavation; wash(ing) method; flushing; rinsing
冲洗放水管 scour outlet
冲洗废水量 quantity of flushing wastewater
冲洗分级设备 washing-and-sizing tower
冲洗分析 washing analysis
冲洗分析试验 washing analysis test
冲洗风钻 water injection air hammer
冲洗敷料盒 irrigating dressing box
冲洗干管 rinsing main
冲洗杆 jetting rod
冲洗高压气 blowing air
冲洗格栅 wash rack
冲洗功能 flushing ability; flushing function; washing capability; washing capacity
冲洗沟 flushing canal
冲洗沟渠 sewer flushing
冲洗管 cleaning hose; flushing tube [tubing]; flush pipe [piping]; rinsing line; rinsing pipe; rinsing tube; scouring pipe; wash(ing) pipe [piping]; wash(ing) tube [tubing]; wash-

out pipe
冲洗管道 flushing duct;flushing line;sluice line;flushing pipe
冲洗管路 flushing line
冲洗管系 flushing system
冲洗管线 flushing circuit;flushing line
冲洗管鞋钻头 washover shoe
冲洗管柱 washover pipe; washover string
冲洗滚筒 lick roller;stamp licker
冲洗过程 washing process
冲洗过的 washed drown
冲洗过的材料 material to be washed
冲洗过的堆石(体) washed rock-fill
冲洗过的浮石 washed pumice(gravel)
冲洗过的砾石 washed gravel
冲洗过度 overdevelop(ment)
冲洗虹吸管 flushing siphon;wash siphon
冲洗回流带 swash-backwash zone
冲洗回收槽 save-rinse tank
冲洗回收池 save-rinse tank
冲洗混合器 flush mixer
冲洗混凝土 washed concrete
冲洗机 developing equipment; flushing machine;rinsing machine;wash mill;washout machine
冲洗剂 flushing agent
冲洗季节 wash season
冲洗甲板软管 deck wash hose
冲洗检查井 flushing manhole
冲洗检修井 flushing manhole
冲洗交错层理构造 swash cross bedding structure
冲洗胶卷 process film
冲洗接头 flushing head
冲洗街道用水 street washing
冲洗介质 circulating medium; flushing medium;washing medium
冲洗介质循环 circulation of flushing medium;circulation of washing medium
冲洗井 flushing manhole;flushing tank
冲洗坑道 flushing gallery
冲洗空气 flushing air
冲洗孔 blowing hole; flushing hole; flushing manhole;flushing port
冲洗口 washout gate
冲洗捞管器 washover spear
冲洗链 jetting chain
冲洗溜槽 rinsing chute
冲洗流量 washing flow
冲洗面 flushing surface
冲洗能力 washing capacity
冲洗排水槽 wash-water gutter
冲洗盘 washing tray
冲洗喷头 flooding nozzle
冲洗喷嘴 flooding nozzle
冲洗频率 frequency of washing
冲洗瓶 washing jar
冲洗气水并流 air-scour concurrent with water
冲洗气体 flushing gas
冲洗器 elutriator; flusher; irrigation syringe; irrigator; rinser; syringe; douche
冲洗枪 sluice gun
冲洗强度 backwash rate;flushing intensity;intensity of back-washing;intensity of washwater;wash-water rate
冲洗侵蚀 washing erosion
冲洗渠 sluicing channel
冲洗去污率 rate of dirty removal dy washing
冲洗容量 washing content
冲洗砂 scouring sand
冲洗筛 rinsing screen;spraying screen;washing screen
冲洗设备 flush(ing) equipment;washing plant
冲洗时间 flushing time;washing time
冲洗式 washout type
冲洗式便器 wash-down closet;water closet
冲洗式便桶 lavatory pan
冲洗式贯入(试验)仪 wash-point penetrometer
冲洗式土壤贯入仪 wash-point soil penetrometer
冲洗式坐式便桶 lavatory pan
冲洗试验 leaching test
冲洗室 flushing chamber
冲洗水 flush water; jetting water; rinse water; rinsings; scourage; sparge water;spraying water;washdown water;wash(ing) water
冲洗水泵 flush water pump; washwater pump
冲洗水槽 flushing trough; wash gutter;wash trough;water slot
冲洗水大便器 water closet pan
冲洗水管 flush(ing) pipe; wash tub pipe;wash-water pipe
冲洗水管道 wash-water piping
冲洗水罐 flushing chamber
冲洗水柜 flush(ing) tank
冲洗水流 water flush
冲洗水流量 washout flow rate
冲洗水流速 wash-water speed;washwater velocity
冲洗水排水槽 wash-water trough
冲洗水速率 wash-water rate
冲洗水塔 wash-water tower
冲洗水头 washing head; wash-water head
冲洗水系统 washing water system
冲洗水箱 flush(ing) box;flushing cistern; flushing tank; wash (ing) tank; wastewater preventer; tank for flushing; wash-water tank; waste preventer; water waste preventer <厕所用>;flush tank <沟渠的>
冲洗水循环 wash-water recirculation
冲洗速度 rinsing speed;rinsing velocity;scouring velocity; washing velocity
冲洗速率 rinsing rate
冲洗调节器 flush(ing) regulator
冲洗桶 douche can; washing tank; washing vat
冲洗网 spraying screen
冲洗污泥 rinsing sludge
冲洗系数 wash-off coefficient
冲洗系统 circulating system; washing system
冲洗显影液 washout developer
冲洗箱 sluicing channel;washing box
冲洗效果 washing effect
冲洗型可退式打捞矛 flush type releasing spear
冲洗型立式小便器 washout urinal stall
冲洗需水量 <土壤的> leaching requirement
冲洗压力 washing pressure
冲洗眼 circulating openings
冲洗氧化皮 scale sluicing
冲洗样 wash sample
冲洗液 flush(ing) fluid; flushing liquor;flushing medium; flushing water; preflush fluid; washing fluid; wash-water;drilling fluid【岩】
冲洗液比重 specific gravity of wash liquid
冲洗液稠度 viscosity of wash liquid
冲洗液管线 washover string
冲洗液含砂量 sand content of wash liquid
冲洗液量 fluid capacity;fluid volume
冲洗液流返速度 upward fluid velocity;washover velocity
冲洗液流速 fluid rate
冲洗液漏失 circulation loss; flushing water loss
冲洗液漏失深度 depth of wash liquid loss
冲洗液喷嘴 <钻头上的> flushing nozzle(of the bit)
冲洗液通道 circulation passage(way)
冲洗液突然捕失 sudden loss of wash liquid
冲洗液消耗量 consumption of rinsing liquid;consumption of wash liquid;flush fluid loss
冲洗液性能 property of fluid
冲洗液循环 return circulation; washing fluid circulation
冲洗液颜色 colo(u)r of wash liquid
冲洗因数 leaching factor
冲洗用喷枪 wash gun
冲洗用水 flushing water; rinsing water;wash-water
冲洗用油 flushing oil;purge oil
冲洗油 purge oil
冲洗油层法 washing-in method
冲洗闸(门) flush(ing) gate
冲洗者 flusher
冲洗蒸汽箱 flushing tank; washing tank;wash-water tank
冲洗滞留 after-flush
冲洗周期 flushing cycle; flushing interval; washing circle; washing cycle;washing period
冲洗装置 flusher;flusher cleaning attachment; rinse device; rinsing equipment;flushing device <凿岩机>;douche
冲洗总水管 flushing main
冲洗钻杆 wash rods
冲洗钻孔 wash boring;wash drilling
冲洗钻头 washover bit
冲洗作用 flushing action;washing action
冲向 beam down(up) on
冲消剂 counteractant
冲销 book out;charge off;contra-entry;offset;reverse an entry; write off
冲销差错 compensating error; compensatory error;offsetting error
冲销措施 sterilization operation
冲销法 write off method
冲销分录 elimination entry
冲销后账面价值 writing down value
冲销后总账 corrected total
冲销坏账 write off un-collectible account
冲销交易 wash transaction
冲销数 amounts written off
冲销误差 offsetting error
冲销账户 offset account
冲销折耗的收益 income offset by depletion
冲胁强 blow stress;shock stress
冲泄 sluicing
冲泄阀 <厕所水箱内的> flushing-out valve;flush(ing) valve
冲泄闸(门) flush(ing) gate
冲泻质 <泥沙> fine-sediment load; wash load material;wash load(ing)
冲泻质浓度 wash load concentration
冲泻质输移率 wash load discharge
冲心 center[centre] of punch
冲心錾 center [centre] punch; prick punch;staking tool
冲心凿 prick punch;staking tool
冲型剪 nibbling shear
冲型剪切机 nibbling machine
冲旋钻井 rotary-percussion drilling
冲压 die stamping;die work;extrude; force through ram pressure; forming; press (ing); punching; ram compression;ram pressure
冲压凹槽轮辋 stamped dropcenter rim
冲压比 ram ratio
冲压标志 punch mark;punch sign
冲压冰棒模 punch press for popsicle
冲压材料费用 stamping-material cost
冲压裁剪法 die cutting
冲压裁剪机 die clicker; die cutter; die-cutting machine
冲压测量管 impact pressure probe
冲压车间 pressroom;stamping room
冲压成的 rammed
冲压成的炉底 rammed bottom
冲压成品 presswork
冲压成型 drawing; punch forming; stamp mo(u)lding;stamping
冲压成型的硅砖 drop-machine silica brick
冲压成型砖 stamped brick
冲压锤 stamping hammer
冲压倒刺纺锭 pucked barbed spindle
冲压的 die-formed
冲压电路 die-stamped circuit
冲压发电机 ramjet duct
冲压发动机级 ramjet stage
冲压发动机速率 ramjet speed
冲压发动机循环 ramjet cycle
冲压方形螺母 punched square nut
冲压废料 stamping
冲压废料处理 slug disposing
冲压封头 bumped head
冲压辐车轮 spoked disc wheel
冲压工 hubber;puncher;stamper
冲压工具 press tool;stamping tool
冲压工人 pressman
冲压管 impact tube;pulse duct;ram
冲压管座 wafer socket
冲压过滤器 ram filter
冲压焊接的 stamping-welded
冲压花纹 repousse
冲压恢复 ram recovery
冲压恢复压力比 ram recovery pressure ratio
冲压机 blanking press; coining machine; hubber; piercer; punching machine; punch press; ram press; stamper; stamping machine; stamping press
冲压机吨位 press capacity
冲压机制砖 drop-machine brick
冲压机柱 punching column
冲压级别 group of drawing
冲压记号 punch mark;punch sign
冲压剪切 punching shear
冲压件 pressing;presswork
冲压接合 punch connection
冲压空气 ram-air
冲压空气管 ram-air pipe;ram pipe
冲压空气冷凝器 ram-air condenser
冲压空气冷却 ram-air cooling
冲压空气涡轮 ram-air turbine
冲压拉伸减薄量 thickness reduction due to punching stretch
冲压螺栓头 bolt head trimming
冲压密封圈 press seal
冲压模 punch;stamping die
冲压能力 press capacity
冲压排水管弯头 punched drain pipe head
冲压喷气发动机性能 ramjet performance
冲压喷气式直升机 ramjet helicopter
冲压喷气推进 ramjet propulsion
冲压片 stamping;stamping sheet

C

冲压平底封接 pressed-base seal
冲压平铜垫圈 stamping copper washer
冲压破裂面 punching failure
冲压铅字 punching type
冲压驱动机构 ram driving mechanism
冲压设计 stamping design
冲压升力 ram lift
冲压实验 shock pressure experiments
冲压式发动机 ramjet propulsion
冲压式火箭发动机 ram rocket
冲压式进气口 ram intake
冲压式空气喷气发动机 aeroduct; complete athodyd; propulsive jet; athodyd
冲压式空气喷气发动机燃烧室 athodyd combustion chamber
冲压式空气涡轮 ram turbine
冲压式空气涡轮泵 ram-air turbopump
冲压式流速仪 impact pressure velocity meter
冲压式喷气发动机 aerothermodynamic duct; ramjet engine; ramjet (propulsion)
冲压式喷气发动机排气喷管 ramjet exhaust nozzle
冲压式喷射发动机 ramjet engine
冲压式切边机 stamping trimmer
冲压式燃烧室 ramjet-type burner; straight-through combustion chamber
冲压式涡轮喷气动力装置 ramjet-turbojet power plant
冲压式压气机 ram compressor
冲压式主发动机 ramjet sustainer
冲压试验 impact compression test; percussion test; punching test
冲压水压机 hydraulic punching press
冲压塔 jack-handling tower
冲压弹簧 press-working spring
冲压填料 protruded packing
冲压外座圈滚针轴承 Torrington needle bearing
冲压弯头 punched bend
冲压碗形向心推力球 pivot type ball bearing
冲压涡轮喷气发动机组合 ramjet-turbojet combination
冲压物料 ramming material
冲压效率 ram efficiency
冲压效应 rain effect; ram effect
冲压循环 velocity-compression cycle
冲压压力恢复 ram pressure recovery
冲压压缩 ram compression
冲压压缩机 ram compressor
冲压印成电路 stamped circuit
冲压用冷轧薄板 cold-rolled drawing sheet
冲压用优质冷轧薄板 cold-rolled drawing quality sheet
冲压余料 scissel
冲压约束 ram pressure confinement
冲压云母片 punch mica
冲压运动 ramming motion
冲压折叠 pressing lap
冲压制版系统 impact plate engraving system
冲压制品 pressed part; pressing product; stamping article
冲压字模 punched matrix
冲压自动线 automated press line
冲压阻力 ram drag
冲压钻机 press drill
冲掩断块 thrust block
冲眼 dotting punch
冲眼与铁砧 punch and anvil
冲移 detrusion
冲溢(沉积) washover
冲溢三角洲 storm delta; washover; wave delta
冲溢扇 washover fan
冲溢扇沉积 washover fan deposit
冲翼艇 ground effect boat; interface vehicle; ram wing surface effect ship; winged vehicle
冲应力 blow stress; stress under impact
冲涌(破)碎浪 surging breaker
冲淤 erosion and deposition; scouring and silting; sluicing
冲淤变化 change in scour and fill
冲淤不平衡河槽 non-regime channel
冲淤程度 magnitude of scour and fill
冲淤道 sluiceway
冲淤等值线图 isograph of erosion and deposition
冲淤分析 analysis of scouring and sedimentation
冲淤幅度 amplitude of erosion and deposition; amplitude of scouring and silting; range of deposition and degradation; range of erosion and siltation
冲淤构造 cut-and-fill structure; scour and fill structure
冲淤管 sluice pipe
冲淤管线 sluice line; sluice pipeline
冲淤规律 regularity of aggradation and degradation; regularity of scour and silting
冲淤涵洞 sluicing culvert
冲淤均衡比降 graded slope
冲淤均衡的 <河床的> in regime
冲淤均衡段 graded reach
冲淤均衡河段 graded river section; graded stream section
冲淤均衡河流 graded river; graded stream
冲淤能力 sluicing capability
冲淤泥砂 bungum
冲淤盆地 scouring basin; sluicing pond
冲淤平衡 equilibrium between scour and deposition; equilibrium between transport and deposition; scour sedimentation equilibrium; in regime <河流的>
冲淤平衡比降 regime(n) gradient
冲淤平衡的稳定河槽 regime (n) channel
冲淤平衡法 regime(n) approach
冲淤平衡河槽 regime(n) channel
冲淤平衡河流 regime (n) river; regime(n) stream; river at grade; river in regime; stream at grade; stream in regime
冲淤平衡宽度 regime(n) width
冲淤平衡流量 regime(n) flow
冲淤平衡渠道 silt stable channel
冲淤平衡数值 regime(n) value
冲淤平衡水法 regime(n) method
冲淤平衡水深 regime(n) depth
冲淤平衡稳定河槽 silt stable channel
冲淤平衡纵断面 profile of equilibrium
冲淤情况图 accretion-erosion chart
冲淤趋势 scour and silting tendency; scour-fill tendency
冲淤渠道 scour outlet channel; sluicing channel
冲淤设备 scouring equipment
冲淤时间比 time scale of scour and silting
冲淤水位 scouring-silting stage
冲淤水闸 flush(ing) gate
冲淤特性 erosional and depositional behavio(u)r
冲淤箱 sluicing channel
冲淤闸门 flush (ing) gate; scouring sluice
冲淤周期 scour cycle; scour-deposition cycle
冲淤状况 erosional and depositional behavio(u)r
冲淤作用 cut-and-fill; scour-and-fill
冲盂 cup(ping)
冲运 sluicing
冲渣 flushing cinder
冲渣操作 flush practice
冲渣废水 slag washing wastewater
冲渣沟 sluice(way)
冲账 reserve an entry
冲账准备 offset reserves
冲者 poker
冲砧 impact anvil
冲震 bumping
冲震试验 bumping test
冲震运输机 bumping conveyer [conveyor]
冲正 contra-entry
冲纸机 paper processor
冲制 coining; punching; striking
冲制变压器片 transformer stamping
冲制电枢片 armature stamping
冲制垫圈 punched(bed) washer
冲制钢车架 pressed steel frame
冲制管 extruded pipe
冲制铁心片 punched lamination
冲抓斗 hammer grab
冲抓法 percussion and grabbing method
冲抓式钻孔机 Benoto piling machine; hammer-grab pile boring machine; impact-grab boring machine
冲抓式钻孔桩法 Benoto piling machine; hammer-grab pile boring; hammer-grab pile drilling
冲抓(锥)成孔机 impact-grab boring machine
冲抓钻孔 boring by churn and grab
冲抓钻孔作业 <灌注桩> hammer grab work
冲抓钻钻孔 bored by percussion drill bucket
冲转 write down
冲转公积的借项 surplus charge
冲转盈余 surplus charge
冲撞 blunder against; bump; collision; hurtle; impact; impingement; jerking motion; ram; shock
冲撞的 butted
冲撞点 point of impact
冲撞防护板 bump shield
冲撞击角 angle of impact
冲撞检测 collision detection
冲撞能量 impact energy
冲撞试验 bump(ing) test
冲撞硬度 dynamic (al) hardness; sclerometric hardness
冲子 dot punch; drift pin; pricker; punch; punch(ing) pin
冲走 flush out; sweep away; wash away
冲钻 churn bit; churn drill (ing); hammer bit; jack hammer drill; jack-percussion drill; jump drilling; jump(er)(boring) bar; percussion drill; ram chisel; sinker; sinker drill
冲钻法 percussive boring; wash drilling; water(flush) boring
冲钻杆 jumper boring bar
冲钻机 hammer drill

舂

舂杵 plunger
舂粉 comminution by impact reduction
舂粉器 impact grinding mill
舂入侧芯 ramup wing core
舂入芯 ramup core; superimposed core
舂砂 rammer the sand
舂砂器 rammer
舂砂试样筒 specimen tube
舂砂样器 specimen rammer
舂实 ramming
舂实性能 rammability
舂碎 comminution by impact reduction
舂碎机 hammer mill; swinging hammer mill
舂土 clay pounding
舂钻 churn drill(ing)
舂钻机 churn drill(er)

虫

虫 vermin; worm; bug <程序代码或逻辑上的错误>

虫白蜡 Chinese insect wax; insect wax
虫草酸 cordycepic acid
虫道 gallery; tunnel
虫的 verminal
虫毒性 entomotoxicity
虫粪 frass
虫管 scolite
虫害 blight; damage by insect; insect attack; insect damage; insect injury; insect pest
虫害的生物控制 biologic(al) control of pests
虫害防治 pest control
虫害管治制度 pest management system
虫害回升 resurgence of pest
虫害木 brood tree
虫害综合治理 integrated pest management
虫痕 eropoglyph
虫红 dried female insect
虫红色淀 kermes lake
虫黄藻 zooxanthellae
虫迹饰【建】 vermiculation
虫迹饰状粗琢石面工作 vermiculated rustic work
虫迹状雕塑 vermiculated work
虫迹状凿面的 vermiculated
虫迹状装饰 vermiculated work
虫寄生真菌 entomogenous fungi
虫寄养性 parasitoidism
虫胶 lac; lacca
虫胶醇溶液 French polish
虫胶醇酸 shellolic acid
虫胶和铅白粉 shellac and white lead
虫胶加工成套设备 complete equipment for shellac processing
虫胶结合剂 shellac bond
虫胶结合剂砂轮 shellac wheel
虫胶绝缘漆 shellac insulating paint
虫胶蜡 lac wax; shellac wax
虫胶黏[粘]合剂 shellac bond
虫胶黏[粘]结剂 shellac bond
虫胶黏[粘]结砂轮 shellac (-bond) wheel
虫胶片 flake shellac; shellac(k)
虫胶漆 French varnish; shellac (k); lac
虫胶漆打底 fadding
虫胶漆膜粉化 powdering of polishes
虫胶漆片 shellac(k)
虫胶铅白胶泥 shellac and white-lead mortar
虫胶清漆 French polishing; lac varnish; paste polish; shellac (spirit) varnish; spirit varnish
虫胶染料 lac dye
虫胶色素 shellac colo(u)r
虫胶树脂 lac resin; shellac resin
虫胶塑料 shellac plastics
虫胶酸(色素) laccaic acid
虫胶云母纸 micafolium shellac paper
虫胶酯 shellac ester
虫孔 borer hole; burrow; pin-hole; worm grub; worm hole; worm trace

虫口 insect population;larval population
虫口密度 population density
虫蜡 Chinese wax;insect wax
虫媒花 entomophilous flower
虫偶 royal pair
虫漆 lacca;shellac varnish
虫漆醋酸 lacceroic acid
虫漆酚 laccal
虫漆蜡酸 lacceroic acid
虫漆片 orange lac
虫漆染料 lac lake
虫漆脂 axin
虫上寄生的 entomogenous
虫蚀的 worm-eaten
虫蚀粉饰面 vermiculated plaster finish
虫蚀纹雕刻 vermiculated work
虫蚀纹镶工 vermiculated work
虫蚀状充盈缺损 vermiform filling defect
虫蚀状粗面(石)工 vermiculated rustic work
虫蚀状粗木房子 vermiculated rustic work
虫蚀状饰面 vermicular work;vermiculated work;vermiculation
虫蚀状图案 vermiculated pattern
虫蚀状錾琢 vermiculated dressing;worm work dressing
虫蚀状装饰 vermicular work;vermiculated work;vermiculation
虫蚀状琢面 vermiculated dressing;worm work dressing
虫室 zooecium
虫数 borer population
虫损 damaged by insects
虫体 polypide
虫体阴影 shadow of worm
虫牙 scolecodont
虫眼 <木材的> borehole;flight hole;hole eaten by insect;worm hole;insect hole
虫咬 insect bite;worm-eaten
虫瘿 cecidium;gall
虫灾 plague of insects
虫脂 lacca
虫主关系 host-parasite relationship
虫蛀 attack of insects;beetle attack;insect attack
虫蛀柏树 pecky cyp(ress)
虫蛀材 wormy
虫蛀的 worm-eaten;worm gnawed;wormy;vermiculated
虫蛀粉 worm dust
虫蛀过的 vermiculate
虫蛀了的 moth-eaten
虫蛀形的 vermiculate
虫蛀样秃发 moth-eaten alopecia
虫状的 worm-shaped
虫状金属珠 worm

重

重安排 reorder;rescheduling;reshuffle
重安装 readjust;reset
重版 added edition
重拌和 <混凝土的> remixing;retempering
重拌混凝土 retempered concrete
重瓣花 double flower;multiplicate flower
重闭继电器 reclosing relay
重壁井 double-walled well
重编 reassemble;re-edit
重编……的号码 renumber
重编报表 restatement
重编程序 reprogramming
重编接 resplicing
重编块 reassembly block
重编路由 rerouting
重编码 recodification
重编预算 rebudgeting
重标定 recalibration
重标度 rescaling
重标记 heavy label
重播 pre-recorded broadcast(ing);rebroadcast;replay
重播室 continuity suite
重搏 dicrotic pulse
重搏波 dicrotic wave
重搏切迹 dicrotic notch
重捕 recapture
重捕率 rate of recapture
重捕鱼数 number of fish recaptured
重采样 resample;resampling;subsample
重采样间隔 resampling interval
重操作 retry
重测 repeated measurement;rerun a survey;resurvey
重测法 repetition method
重测图 remap(ping)
重层 double layer
重叉生式 dichotopodium
重差法 method of double differences
重插管法 reintubation
重衬 relining
重抽汲 repumping
重筹资金 refinance;refunding
重筹资金抵押 refinancing mortgage
重出口 re-export
重出口货物费 re-export container rate
重出三叉体 dichotriaene
重出租人 underlessor
重穿程序 duplicate routine
重叠 cumulation;duplication;eclipsing;lap over;lap(ping);overlap;redouble;segistration;super(im)position
重叠百分比 percentage overlap
重叠比 overlap ratio
重叠编码 superimposed coding
重叠冰 nabivnoy ice;rafted ice
重叠波 super(im)posed wave;wave overlapped
重叠不足 underlap
重叠不整合 composite unconformity
重叠操作 overlapped operation;overlapping
重叠操作缓冲器 overlapped operation(al) buffer
重叠操作数 overlap operand
重叠层 superimposed layer
重叠层错 overlap joint
重叠程序 overlay program(me)
重叠程序段 overlap segment
重叠处理 overlap processing
重叠磁化 superposed magnetization
重叠存储器 overlapped memories
重叠存储器存取 overlapped memory access
重叠带 overlap zone
重叠倒位 overlapping inversion
重叠的 lapped;overlapped
重叠的控制范围 overlapped span of control
重叠的汽油阀 cross-over gasoline valve
重叠的输送管 cross-over line
重叠点辐射源 superimposed point sources
重叠电路 super(im)posed circuit
重叠定理 theory of superposition
重叠定义 overlay defining
重叠动作 overlap action
重叠度 overlapping degree;degree of overlapping
重叠段 overlapping segment
重叠断层 repeated fault
重叠对 overlapping contrast
重叠对比 overlapping contrast
重叠对数图尺 log-log scale
重叠法 method of superposition;overlap method;superposition method
重叠方式 overlapped mode
重叠访问 overlapped access
重叠分解 decomposition with overlapping
重叠峰 overlapping peak
重叠缝合 overlapping suture
重叠管理程序 overlay supervisor;supervisor overlay
重叠光谱 overlapping spectrum
重叠规律 rule of superposition
重叠轨道 overlapping orbitals
重叠函数 replicative function
重叠焊层沉积顺序 cascade sequence
重叠航空摄影 mosaic photography
重叠航摄 mosaic photography
重叠合法 deconvolution
重叠核 overlap kernel
重叠弧 overlapping arcs
重叠花 hose-in-hose
重叠画面 overlapping pictures
重叠绘图法 overlay drafting
重叠火山 multiple volcano
重叠积分 overlap integral
重叠畸形 overlapping distortion
重叠计税 tax pyramiding
重叠加载模件 overlay load module
重叠加载组匣 overlay load module
重叠间隔 section gap
重叠胶接 lap splice
重叠角 angular overlap;overlap(ping) angle
重叠角色组模式 overlapping-role-set-model
重叠接点 overlay contact
重叠接合 overlap joint
重叠接头 overlapping joint
重叠结点 coalescent knot
重叠结构 overlay structure
重叠进路 overlapped route
重叠距离 overlap distance
重叠控制 overlap control
重叠控制按钮 overlap control button
重叠控制棒组 overlapping rod
重叠控制程序 overlay controller
重叠控制器 overlap controller;overlay controller
重叠矿层 lap-over seam
重叠量 lap
重叠灵敏度 overlapping sensitivity
重叠流冰群 rafted pack ice
重叠路径 overlay path
重叠律 law of superposition
重叠脉冲 overlapping pulse
重叠密码 overlapping code
重叠面 faying surface;overlapping interface;overlaying surfaces
重叠面板 overlap panel
重叠面积 overlapping area
重叠能级 overlapping levels
重叠排列 overlap spread
重叠排水 superposed drainage
重叠排水系统 super(im)posed drainage
重叠配重块 double counter-weight
重叠拼接 lap splice
重叠坡度 regrading
重叠切削 overlap cut
重叠区 overlapping area;overlapping region;overlay area;overlay region;weld overlap <焊接的>
重叠区段 overlap(ping) section
重叠取指 overlap fetching
重叠取指结构 overlap fetch architecture
重叠全息图记录 overlapping hologram record
重叠全息照相法 sandwich hologram
重叠群落 overlapping community
重叠绕法 banked winding;cumulative winding
重叠绕组 cumulative winding
重叠栅 overlapping gate
重叠蛇形丘 double esker
重叠摄影 overlap
重叠摄影带 overlapping strip
重叠时间 overlapping time
重叠世代 overlapping generation
重叠式 <指混凝土沉排形式> eclipsed form;lapped type
重叠式闭塞系统 block system with overlaps
重叠式闭塞制 block system with overlaps
重叠式多重处理 overlapping multiprocessing
重叠式多重处理机 overlapping multiprocessor
重叠式构像 eclipsed conformation
重叠式过滤器 superimposed filter
重叠式两步控制器 two-step-controller with overlap
重叠式两步作用 two-level action with overlap;two-step neutral zone action
重叠式两级作用 two-level action with overlap
重叠式门架 overlapping upright mounting
重叠式皮带运输机 reunion
重叠式汽轮机 superposition turbine
重叠式扫描场交变陡度加速器 superposed type SFAG[scanning field alternative gradient] accelerator
重叠式试验 overlap test
重叠树 overlay tree
重叠树形图 overlay tree
重叠数据通道 overlapped data channel
重叠数据组 overlapping data grouping
重叠算法 doubling algorithm
重叠调整器 overlap(ping) regulator
重叠通道 overlapped channel
重叠通路 overlay path
重叠图 overlapping drawing
重叠图法 method of overlapping maps
重叠图像 overlapping image;superimposed image
重叠团体模式 overlapping-group model
重叠位错束 overlapping bundle
重叠位置 lap position
重叠纹 overlapping of strand
重叠误差 aliasing error
重叠系数 contact ratio;engagement factor;overlap coefficient
重叠线 double line
重叠线段 overlapping line
重叠线迹 double sewing line
重叠限额 override limit
重叠相位 overlap(ping) phase
重叠向内 overlapping aerial inside
重叠向外 overlapping aerial outside
重叠像 overlap image;superimposed image;superposition image
重叠像对 overlap(ping) pairs;superimposed pairs
重叠像片 overlapping photographs;superimposed picture
重叠像眼 superposition eye
重叠效果 excessive effects
重叠效应 eclipsing effect
重叠行 overline

C

重叠形 eclipsed form
重叠虚像 overlapping virtual image
重叠选择 overlap selection
重叠循环 overlap loop
重叠牙边 flots
重叠岩层 lap seam
重叠叶片 overlap blade
重叠抑制程序 overlay suppressor
重叠因子 overlap factor
重叠影像 ghosts;superimposed image
重叠涌浪 overlapping surge
重叠用户定义域控制 overlapped span of control
重叠游标 folded vernier
重叠运行 overlap movement
重叠晕 superimposed halo
重叠照片 overlapping photographs; superimposed picture
重叠褶皱 superposed fold
重叠正交排列 overlap orthogonal spread
重叠执行 overlapped execution
重叠指示器 overlap indicator
重叠趾 overlapping toes
重叠装配 pick-a-back assembly
重叠装置 overlapping device
重叠状石墨 C-type graphite
重叠作用 overlap action
重叠坐标格网 overlapping grid; superimposed grid
重订 renew;reshaping
重订尺度 rescaling
重订方案 reformulated program(me)
重订合同 reformation of contract;renew(a)contract
重订还债期限 debt rescheduling
重订契约出租 release
重订指标 reindex
重订装订 <书籍等> rebind
重订租约 renew lease
重定尺寸 resize;resizing
重定方位 reorientation
重定付款期限 rescheduling of payment
重定格式 reformat(ting)
重定路线 relocation of road;reroute; rerouting of road
重定调节 proportional-plus-floating control
重定位置 relocation
重定线 realignment
重定义 redefine
重定中心 recentralizing
重读 accentuate;reread(ing)
重缎组织 soleil weave
重对数比(例)尺 double-log scale; log-log scale
重对数变换 log-log transformation
重对数的 log-log
重对数范围 log-log range
重对数加权系数 log-log weighting coefficient
重对数图尺 log-log scale
重对数选择性 log-log selection
重对数纸 log-log graph paper
重对数坐标纸 log-log paper
重对羽状的 twin digitato
重对准 realignment
重发 reappear; repeat; retransmission;retransmit
重发辐射 re-emitted radiation
重发间隔 retransmission interval
重发频率 recurrence frequency; recurrent frequency
重发器 follower;repeater
重发声器 sound reproducer
重发特许状 recharter
重发信号 da capo;recurrent signal
重发振铃信号 rering;rering signal
重发振铃信号镇定 rering locked in
重发支票 duplicate cheque
重发执照 recharter
重反演 reinversion
重返 re-entry;return
重返大气层 re-entry atmosphere
重返大气通信[讯] re-entry communication
重返井口 regaining contact with the well
重返井口装置 <海洋钻井水下钻具> well-head reentry apparatus; wellhead retrieval apparatus
重返系统 re-entry system
重返现象 re-entry phenomenon
重返主流的支流 anabranch
重方 double recipe
重放 playback; replay; reproduction; reset
重放按钮 playback button
重放保真度 reproduction fidelity
重放逼真度 fidelity of reproduction
重放磁头 playback head; replay head;reproduce head
重放放大器 playback amplifier
重放均衡器 playback equalizer
重放控制 playback control
重放控制占空因素 playback control duty
重放声 acoustic(al)reproduction
重放通道 reproducing channel
重放通路 reproduction chain
重放头 reproducing head
重放系统 reproducing system
重放状态 playback mode
重沸炉 reboiler furnace
重沸(腾)器 reboiler
重分 subdivision
重分布应力 secondary stress
重分测量 subdivision survey
重分类成本 declassified cost
重分配 redistribute
重分配读数 redistribution reading
重分散 redispersion
重缝袋 re-seamed bag
重敷面层 resurfacing
重俘获 recapture
重复 repeat(ing); double; doubling; duplication; interactive; iterate; iteration; redouble; reduplicate; reduplication; reiteration; repetition; replication;tautology
重复 X 射线照片 diplogram
重复安全装置 redundant safety device
重复按钮 repeat knob
重复拌和 reblending
重复保险 double insurance
重复编程 over-program(me)
重复编址 repeat to address
重复变换 repeated transformation
重复变换装置 repeat change device
重复变浅 recurrent shoaling
重复变形 recurrent deformation; repeated deformation
重复拨号 repeat dialing
重复波 coincident wave; conjunction(al) wave;clapotis wave
重复波动 recurrent fluctuations
重复部分 repeating part
重复裁定 compound arbitrate
重复操作 iterative operation; repeated application; repeated operation; repetitive operation
重复操作符 repeat operator
重复测定 redundance in determination
重复测量 duplicate measurement; repeated measurement
重复测量法 repetition measurement
重复测量模型 repeated measurements model
重复测验 cyclic(al)test
重复肠梗阻 ileus duplex
重复沉积 recurrent deposition
重复程序 repetitive process; rerunroutine
重复程序编制 redundant programming
重复程序段 overlay
重复充电设备 recloser
重复冲击 bubble pulse
重复冲击拉伸试验 repeated impact tension test
重复冲击试验 repeated impact test
重复冲击试验机 repeated impact tester
重复冲击弯曲强度 repeated impact bending strength
重复抽样 duplicate sampling
重复出现 repeated emergence
重复处治 retreat(ment)
重复处治层 retread
重复传输 duplicate transmission; repeat transmission; retransmission; retransmit
重复传输方式 repeat transmission system
重复传输计数器 retransmission counter
重复传输时间 give up interval
重复传送报警 alarm-repeated transmission
重复次数 multiplicity; number of replication
重复次数计数器 repeat counter
重复淬火硬化试验 repeated quenching hardening test
重复错误 repetitive error
重复错误信息 duplicate error message
重复大地测量 repeated geodetic surveying
重复单位 recurring unit;repeating unit
重复单元 repetitive unit
重复单株小区试验 replicated treeplot experiment
重复当量 repetition equivalent
重复的 iterative; non-repetitive; redundant; reduplicate; repeated; repetitive
重复的冻融循环 repeated cycles of freezing and thawing
重复的制造程序 repetitive manufacturing process
重复登记 over-registration
重复地层【地】recurrence horizon
重复地址 repeat to address
重复点火 relight(ing)
重复电报 duplicate copy
重复电路 repeat circuit
重复定量滴管 volumette
重复定位 resetting
重复定位机构 reset mechanism
重复定址 one-ahead addressing; repetitive addressing
重复动应力试验 repeated dynamic(al)stress test
重复动作 reciprocation action; repetitive operation
重复冻结冰 refrozen ice
重复读数 duplicate reading
重复度 multiplicity
重复短脉冲 repetitive short pulse
重复断层 repetitive fault(ing)
重复对准 reregistration
重复多倍体 duplicational polyploid
重复发价 repeat offer
重复发盘 repeat offer
重复发生 multiple production
重复法 iterative method; repetition method
重复反射 repeated reflection
重复反向峰(值电)压 repetition peak-inverse voltage
重复范围 reproducibility range
重复放大 re-amplify(ing)
重复放电 reignition
重复放炮 subshot
重复放映机 repetitive projector
重复飞行 reflight
重复分程序输入输出 repeated block input-output
重复分解 <车辆> repeated sorting
重复分离 repetitive separation
重复缝 repeated seam
重复符(号)replicator
重复辐照 repetitive irradiation
重复负载 load repetition
重复覆盖 repeat coverage
重复工作 repetition work; repetitive work
重复构件 repetitive member
重复构造 repetitive construct
重复观测点 repeat station
重复观测点位置 repeat station position
重复观测设计 repeated measurement design
重复观测(值)repeated observation
重复观测周期 coverage cycle; revisit interval
重复观查 review
重复滚压 back-rolling
重复过程 repetitive process
重复函数 iterated function
重复焊接 reweld(ing)
重复号数 double number
重复荷载 fatigue load(ing); reloading; repeated load(ing); repeating load(ing); repetitive load(ing); repeatable loading
重复荷载耐久试验 life cycle test
重复荷载强度 strength of repeated loading
重复荷载三轴试验 repeated load triaxial test
重复荷载试验 recycling loading test; repeated load(ing)test; repetitive loading test
重复荷载下的间接拉伸试验 repeated load indirect tensile test
重复呼叫 call-back;recall;rering
重复击键 repeat key stroke
重复机构 repeating work
重复基本单元 repeat base unit
重复基团 recurring group
重复计时 reclocking
重复计时计次表 repeated time and zone metering
重复计数 repeat count; repetition count;replication count
重复计算 double counting
重复计算器 repetitive computer
重复记录 duplicate record
重复技术 <有限单元法的另一种演算法,总外荷重一次施加,适当调整分段的刚度> iterative technique
重复寄生 hyperparasite
重复寄生现象 hyperparasitization
重复加法 repeated addition
重复加荷 repeated load(ing)
重复加铺面层 repeated surfacing
重复加热 repetitive heating
重复加载 repeatable loading
重复加载试验 repeated load(ing)test
重复间隔 recurrence interval; recurrent interval
重复间距 repetition interval
重复剪切试验 repeated shear test; repetitive shear test
重复检查 duplication check; repeated check
重复检验 cross-checking;double check;

duplicate test;duplication check;re-inspection;retesting
重复检验制 double check system
重复件 duplicate
重复键 repeat(ing) key
重复键行程 repeat key stroke
重复搅拌机 remixer
重复校核 back check
重复校验 duplication check
重复接地 iterative earthing;multiple earthing
重复结构 repetitive structure
重复结构单元 repeating structural unit
重复结果 reproducible result
重复结晶作用 repeated crystallization
重复进出 doubling in and out
重复进给 repeat feed
重复进气 repeated admission
重复经行次数 < 对机场跑道而言 > coverage
重复精度 accuracy of repetition;repeatability precision;repeated accuracy;repetition accuracy
重复精密控制测量法 rerunning control survey
重复决策过程 repetitive decision process
重复浚挖 redredge
重复开价 repeat offer
重复课税 double taxation;duplicate taxation
重复课税减免协定 double taxation relief agreement
重复拉模 dies redrawing;redrawing die
重复拉伸试验 repeated tension test
重复拉伸应力试验 repeated direct stress test
重复劳动 duplication of labo(u)r;rehandling
重复利用 recycle;recycling;repeated utilization;reuse;reutilization
重复利用比 recycle ratio
重复利用废水 recycled wastewater
重复利用回水管 return pipe of re-usage;return pipe of re-utilization
重复利用混凝土 recycled concrete
重复利用混凝土骨料 recycled concrete aggregate
重复利用混凝土集料 recycled concrete aggregate
重复利用系统 recycling system
重复例行程序 repetitive routine
重复联合镦锻 combined forging and heading
重复联合作用力 < 多指刚性路面荷载与温度的同时作用 > repeated simultaneous force
重复链段 repeating unit
重复链接 iterated concatenation
重复溜放 re-throw
重复率 recurrence rate;repeated rate
重复码 duplication code
重复脉冲 recurrent pulse;repetition (im)pulse;repetitive pulse
重复脉冲激光器 repetitively pulsed laser
重复脉冲可调谐的 repetitively pulsed tunable
重复脉冲示波器 recurrent surge oscillograph
重复描绘 replotting
重复描述 repetitive specification
重复命令 repeated command
重复模拟计算机 repetitive analog computer
重复挠曲应力 repeated flexural stress
重复能力 reproducibility
重复碾磨 mill to death
重复扭转 repeated torsion
重复扭转疲劳试验机 endurance testing machine for torsion repeated
重复排列 permutation with repetition;repeated permutation
重复配料 rebatching;repeated dosage
重复喷漆过的车身 resprayed body
重复膨胀 re-expansion
重复频率 recurrence frequency;recurrence rate;repeat(ed) frequency;repetition rate;repetive frequency;repetition frequency
重复频率发生器 repetition rate generator
重复频率分频器 repetition rate divider
重复频率激光器 repetitive frequency laser
重复频率控制 repetition-rate control
重复剖面 coincidental section
重复铺面 repeated surfacing
重复启动开关 reset switch
重复起动按钮 relight button;reset button;reset knob
重复起动线圈 reset coil
重复签名 < 旅行支票上的 > countersign
重复侵染 superinfection
重复侵入【地】multicycle intrusions;multiple intrusions
重复求解 iterative solution;repeated solution
重复区 duplicate block
重复取样 repeated sampling;resample;resampling;sampling with repetition
重复取样法 double sampling
重复群抽样方案 repetitive group sampling plan
重复容量 duplicated capacity
重复熔化 repeated melting
重复三次(的) triplicate
重复扫描 multiple scanning;rescan
重复设计 repeat design
重复摄影 multidate photography
重复摄影资料 comparative cover
重复时间 doubling time
重复实践 repeated practice
重复使用 repeated use;reuse
重复使用的模板 moveable form;repetitive-use form(work)
重复使用(可能)性 reusability
重复使用模板 movable form(work);repetitive forms
重复式地层测试器 repeat formation tester
重复式机器人 repeatable robot
重复式投影仪 repetitive projector
重复事项处理 processing repetitive transactions
重复试呼 repeated call attempt
重复试验 duplicate test;repeated test;repeated trial;retest;revision test
重复试验概率 probability of repeated trials
重复试验序列 sequence of repeated trials
重复试样 duplicate specimen
重复收费 multifee
重复授予专利 double patent
重复梳理 recarding
重复数 multiplicity;repeat number
重复数据 repeating data
重复数字化器 double-digitizer
重复双晶 repeated twining
重复水准测量法 relevel(l)ing;repeated level(l)ing(survey);rerunning level(l)ing
重复税减免 double taxation relief
重复顺序 repetitive sequence
重复说明(部分) repetitive specification;repeat specification
重复思考 rethinking
重复四次小区 quadruplicated plot
重复速率 repetition rate
重复损伤 repeated trauma
重复套汇 compound arbitrage
重复添加 rebatching;repeated dosage
重复田间试验 replicated field test
重复调谐点 repeating point;repeating turning point
重复调制 remodulation
重复投送 double delivery
重复投资 overlapping investment
重复图案 allover;repeat design
重复图像 multiimage
重复推峰 re-hump
重复托运一批货物 reconsign a consignment
重复拖刮 repeated dragging
重复驼峰作业【铁】re-hump operation
重复弯曲 alternate bending;repeated bending
重复弯曲疲劳 repeated bending fatigue
重复弯曲疲劳试验 repeated bending fatigue test
重复弯曲下应力强度 repeated transverse stress strength
重复弯曲应力试验 repeated bending stress test
重复网络 recurrent network
重复委托 reconsign
重复文字 replicated literal
重复误差 error of repetition;error of replication;repetitive error
重复吸收 multiple absorption;epictesis【植】
重复系统 duplicated system
重复显示器 refresher display
重复现场实验 replicated field test
重复线飞行 repetition line flying
重复线异常水平错动图 anomaly horizontal displacement curve in repetition line
重复相加 over-and-over addition;repeated addition;repetitive addition
重复相位 repeat phasing
重复小区 replicated plot
重复效应 eclipsing effect
重复信号 da capo
重复信号器 repeating signal
重复信号延迟 multipath delay
重复行 duplicate row
重复型机器人 repeatable robot;repeated robot
重复型式 repeating pattern
重复性 multiplicity;repeatability;repetitiveness;reproducibility
重复性变化定律 alternation of multiplicities law
重复性当量 < 以次数计的当量值 > repetitive equivalency
重复性的幅度 repeatability range
重复性的限度 repeatability range
重复性试验 replica test
重复性损益 recurrent profit and loss
重复性误差 repeatability error
重复性住房 repetitive housing
重复性作业时间估计 repetitive time estimates
重复需求 repeat demand
重复旋回 recycle
重复选择分类 repeated selectionsort;tournament sort
重复寻址 one-ahead addressing;repetitive addressing
重复循环 recirculation;recycle;recycling;repeated cycle;repetitive cycle
重复循环泵 recirculation pump
重复循环存储器 recirculating store
重复循环计时器 repeat-cycle timer
重复循环撇沫器 recirculating skimmer
重复循环(总)次数 cycle criterion
重复循环组 iterative do-group
重复训练 repetitive training
重复压实 recompact(ion);reimpaction
重复压缩 recompression
重复压条法 compound layerage
重复押汇 double negotiation
重复芽接 cross bud grafting
重复研究 repeated study;thrash over
重复盐(碱)化 re-salinization
重复因数 duplication factor
重复因子 duplication factor;iteration factor;repetition factor;replication factor
重复引进 duplication of imports
重复印刷 repeat print
重复应力 alternate stress;alternating stress;repeated stress;repetitive stress;reversal stress;reversed stress
重复应力变化 repeated stress variation
重复应力变换 repeated stress variation
重复应力试验 repeated stress test
重复用测标 recovery peg
重复诱导 superinduce
重复语句 repeat statement;repetitive statement
重复运动 repeating motion
重复运输 repeated traffic;re-tendering for conveyance of goods unloaded
重复运送 duplicate forwardings
重复运算 iterative operation;repetitive operation
重复运算计算机 repetitive computer
重复运行 rerun
重复运行程序 rerun routine
重复运行时间 rerun time
重复再现性 reproducibility
重复造山作用 recurrent orogenesis
重复造影术 polysography
重复债务 overlapping debt
重复占位 overlay(ing)
重复占位(程序)段 overlays
重复账户 overlapped account
重复照准 repeated pointing
重复折叠 recurrent lap
重复褶皱【地】folded fold;repeated fold(ing);refolded fold
重复褶皱作用 recurrent folding;revived folding
重复振捣 revibration
重复振动 revibration
重复整形 repeated blading
重复整型 reblade;repeated blading
重复直接存储器存取 repetitive direct memory access
重复指标 repeated index
重复指令 repetition instruction
重复周期 recurrence period;repeat cycle;repetition cycle;repetition interval;repetition period;return period
重复注射 duplicate injection
重复转记 double transfer
重复准确度 repeatable accuracy;repetitive accuracy
重复字符 repeat character
重复阻抗 replica impedance
重复组 repeating group

重复组合 combination with repetition;multiple combination;repeated combination
重复组数 number of replication
重复作用 repeated action
重复作用键 repeat action key;typematic key
重赋值 reassign(ment)
重根【数】 double roots; multiple roots;repeated roots
重根数 multiplicity
重更新 de-update
重耕 backset
重供能 reenergize
重勾(灰)缝 rejoining;repoint(ing)
重勾(灰)缝圬工 repointed masonry;repointing masonry
重构 reconfiguration; reconstitution; reconstruction
重构程序 reconfiguration program(me);restructuring program(me)
重构船 full scantling vessel
重构算法 restructuring algorithm
重构图 restructuring graph
重构系统 reconfiguration system
重构象 reconstructed image
重构样 reconstructed sample
重购顾主 repeat customer
重购进股票 reacquired stock
重购进债券 reacquired bond
重购买 repurchase
重购买股票 repurchased stock
重购买价格 repurchase price
重购入股份 repurchased stock
重估 reappraisal;reassessment;revaluation
重估计 reevaluation
重估价 revaluation
重估价程序 revaluation process
重估价利益 revaluation profit
重估价升值(盈余) upward revaluation surplus
重估价税 tax on revaluation
重估价溢额 revaluation excess
重估价盈余 reappraisal surplus; revaluation surplus
重估价盈余准备 revaluation surplus reserves
重估价账户 revaluation account
重估价值 re-estimated
重估价准备金 revaluation reserves
重估盈余 surplus from revaluation
重估增值 appraisal increment
重估增值税 tax on write-up
重归一化 renormalization
重过滤 heavy filtration
重过滤器 dual filter
重过热器 resuperheater
重焊 reweld(ing)
重焊桶 drums re-soldered;drums rewelded
重行 overline
重号 ambiguous sign;double sign
重合 coincide(nce); doublication; doubling; fall-in; match together; registration;superposition
重合摆 coincidence pendulum
重合测试卡 registration chart
重合测微器 coincidence micrometer
重合单位 coincidence unit
重合单元 coincidence unit
重合的 coincidental;concurrent
重合电流选法 coincident-current selection
重合电流选择 coincident-current selection
重合电路 coincidence circuit;coincidence counter;coincidence gate
重合电路列 coincidence array
重合动作 multiple action
重合读数法 method of coincidence
重合读数装置 coincidence-readingdevice
重合度 contact ratio;engagement factor;overlap ratio
重合法 coincidence method
重合法选择系统 coincidence selection system
重合方式 coincidence system
重合放大器 coincidence amplifier
重合分析器 coincidence analyser[analyzer]
重合分析仪 coincidence analyser[analyzer]
重合公式 coincidence formula
重合估计 coincident estimation
重合光电比色计 coincidence optimeter
重合光谱 coincidence spectrum
重合弧长度 overlap length
重合计数技术 coincidence counting technique
重合计数器 coincidence counter
重合记录法 superimposed record
重合加法器 coincidence adder
重合间歇振荡器 coincidence-blocking oscillator
重合检测器 coincidence detector;coincidence sensor
重合角 overlap angle
重合校验 duplication check
重合校正 coincidence correction
重合金 heavy alloy
重合经济指标 coincident indicator
重合经济指标综合指数 composite index of coincident indicators
重合精度 registration accuracy
重合控制 registration control
重合轮齿啮合 overlapping tooth action
重合轮压机 doubling calender
重合脉冲 coincidence impulse
重合脉冲转发器 coincidence transponder
重合模 tandem die;two-step die
重合盆地 coincident basin
重合频率 coincidence frequency
重合剖面 coincide section
重合缺陷 registration fault
重合熔断器 reclosing fuse
重合失调 misregistration
重合时间 reclosing time;time of coincidence
重合式光谱术 coincidence spectroscopy
重合式继电器 recycling relay
重合式加法器 coincidence-type adder
重合式焦距仪 coincidence focometer
重合数 coincidence number
重合调节 coincidence setting
重合调谐 coincidence tuning
重合调整 coincidence adjustment
重合图 coincidence pattern
重合误差 coincidence error;registration error
重合效应 coincidence effect
重合形 coincident configuration
重合型加法器 coincidence-type adder
重合型滤波器 double type filter
重合性 repeatability
重合性度量 repeatability measure
重合性误差 coincidence error
重合选择性 coincidence selection
重合研光机 doubling calendar
重合译码 coincidence decoding
重合影像 register image
重合元件 coincidence element
重合闸 reclosing
重合闸闭锁装置 reclosing lock device
重合闸继电器 reclosing relay;service restoring relay
重合阵列 coincidence array
重合装置 coincidence arrangement; coincidence unit; reclosing device; registration arrangement
重核准 recalibration
重划用地 replotting
重画 redrawing
重换衬套 relining
重回声波 reechoed wave
重汇支流 anabranch
重绘 redesign
重机 retry
重积分 double integral;multiple integral;repeated integral
重积分测距装置 double integrating range unit
重积分法 double integration(method);multiple integration
重激活 reactivate;recondition
重汲取 repumping
重计成本 reconstructed cost
重计价程序 revaluation process
重计价盈余 revaluation surplus
重加荷载 reload
重加热 reheat(ing);resuperheating
重加弯曲 rebending
重加载 heavy load(ing)
重剪 be cut hard back;close shearing;heavy pruning
重剪机 reshear
重建 instauration; newbuild; overbuild; rebuild(ing); reconstitute; reconstruct(ion); redintegration; re-engineering; re-erect; re-establish(ment); reintegrate; remodel; renovate; restitution; restructuring; revamp;re-edify <房屋等>;rehabilitation <路面等>
重建波 reconstructing wave
重建波像差 aberration of reconstructed wave
重建的 newbuilt
重建电压 restore voltage
重建费(用) reconstruction cost;rehabilitation expenditures;replacement cost
重建工程 reconstruction works;rehabilitation works
重建光束角 reconstruction beam angle
重建规划 reconstruction plan(ning)
重建国际经济结构 restructuring the international economic framework
重建核 restitution nucleus
重建计划 reconstruction plan(ning); redevelopment plan;redevelopment scheme
重建技术 regulation technique
重建家园 re-establishment of livelihood
重建价值 reinstatement value
重建开支 rehabilitation expenditures
重建林地 restocking forest land
重建平屋顶 redecking
重建期 reconstruction phase
重建条件反射 reconditioning
重建通信[讯] re-establish communication
重建外科 reconstructive surgery
重建系统 reconstruction system
重建项目 project rehab
重建像 reconstructed image
重建效应 reconstruction effect
重建信号 resignal(l)ing
重建信号计划 resignal(l)ing scheme
重建型转变 reconstructive transformation
重建性转换 reconstructive inversion
重建样值 reconstruction sample
重建转变 reconstructive inversion
重键 multiple bond
重讲 rehashing
重交叉 retransposing
重浇 double teem(ing);repour
重浇巴氏合金 rebabbitting
重浇焦油沥青 retar
重浇煤沥青 retarring
重浇轴承铅 rebabbitting
重浇铸 re-casting
重校 recalibrate
重校准 readjustment;recalibration
重接 halve; halved joint; lap joint; reconnect(ion);rejoint;super(im)-position
重接电路 reset circuit
重接合 rejointing
重接核对 double connection check
重接继电器 reclosing relay
重结构力学 barodynamics
重结晶白云岩 recrystalline dolomite
重结晶灰岩 recrystalline limestone; recrystallized limestone
重结晶阶段 recrystallization stage
重结晶颗粒大小 grain-size of recrystallization
重结晶区 annealed zone
重结晶石墨 recrystallized graphite
重结晶替代方式 recrystallization replacement way
重结晶温度 recrystallization temperature; temperature of recrystallization
重结晶氧化铝 regular alumina
重结晶作用 recrystallization
重结晶作用方式 recrystallization way
重结线迹 tying stitch
重进入 re-entry
重进入点 re-entry point
重经组织 double fabric
重聚 rejoin;reunion
重聚合 reaggregation
重卷 rewind
重卷辊 rewinding roller
重卷机 recoiling machine; re-reeler; rewind reel
重卷绕 rebatching
重开 re-open
重开门 reopening function
重开坡口 rebevelling
重开谈判条款 reopening clause
重砍 re-adzing
重刻度 recalibration
重捆 rebind
重拉拔 redraw
重拉埋入 reinsert
重拉伸 redrawing
重拉制铅 heavy drawn lead
重冷却器 recooler
重理单 retally note
重理货 retally
重联开关 multigang switch;multiple unit switch;multiple(x) switch
重联控制阀 multiunit control
重联塞门 double heading cock
重联位 double heading position;multiunit position
重联运行 coupled running
重录(音) re-recording
重率定 recalibration
重名 binominal; duplicate name; duplication of name
重名关系 tautonymy
重命名 rename
重磨 refacing;regrind
重磨的 regrind;reground
重磨锐 resharpening
重磨锐的 resharpened
重磨水泥 re-grinding cement
重磨削 regrinding

重磨削工具 regrinding tool
重磨轧辊 recondition;redress
重磨钻头 regrind bit
重捻缝 reca(u)lking
重啮合 remesh
重凝 regelation
重凝作用 regelation
重排 derangement; rearrange; rehandle;reissue
重排催化剂 rearrangement catalyst
重排胆甾烷 diacholestane
重排反应 rearrangement reaction
重排管径 size replacement
重排离子 rearrangement ion
重排列 derangement;permutate;rearrangement
重排时间表 rescheduling
重排斜纹 rearranged twills
重排甾烷 diasterane;rearranged steranen
重排甾烷含量 rearranged sterane content
重排甾烯 diasterene
重排作用 transformation
重配玻璃 reglaze
重配料 recompounding
重配置 reshuffle
重配种 returning to service
重喷浆 regunning
重皮 curtaining;double skin;pipe;cold lap <钢锭及钢铸件表面缺陷>
重泼 retarring
重泼煤沥青 retarring
重泼油 reoiling
重铺 repave;restretch
重铺表土 <河渠库底植草防冲的> resoiling
重铺材料 relay
重铺地板 refloor(ing); reground floor
重铺轨 relaying rail;rerail
重铺块料 relaying
重铺路面 repave; repaving; replacement pavement; resurface; resurfacing
重铺路面机 repaver
重铺屋面 re-roofing
重漆 repaint(ing)
重启动例行程序 restart routine
重砌 rebricking
重砌内衬 reline
重砌窑砖 rebricking a kiln
重砌筑墙体 gravity masonry wall
重嵌灰缝 repoint(ing)
重嵌圬工 repointed masonry;repointing masonry
重嵌钻头 replacement bit;reset bit
重敲 rap
重庆长江大桥 <主孔174米,全长1120米,全宽21米,预应力混凝土T形刚构桥,建于1979年> Chongqing Yangtze River Bridge
重屈折性 character of double refraction
重取得债券 reacquired bond
重取逻辑 refetch logic
重取向 reorientation
重取向能量 reorientation energy
重取样 resampling
重取状态 refetch state
重燃 restrike
重燃电弧 restrike of arc
重燃电压 reignition voltage of arc
重燃料油 heavy fuel;heavy fuel oil
重染色 over-dye
重绕 recoil;respool;rewind;roll back
重绕电动机 rewinding motor
重绕机 recoiler;rewinder
重绕线圈 rewinding coil
重绕语句【计】rewind statement
重绕装置 rewind
重热 reboil;reheat;warming-in
重热回热气循环 reheating regenerative vapo(u)r cycle
重热炉 interheater;reheating furnace
重热气循环 reheating vapo(u)r cycle
重热器 reheater
重热式汽轮机 reheating turbine
重热循环 reheating cycle
重/容百分比 percent by weight in volume
重熔 refusion
重熔合金 remelted alloy
重熔化 remelt(ing)
重熔混合岩 anatectite;anatexite
重熔金属 secondary metal
重熔炉 remelting furnace
重熔岩浆 anatectic magma
重熔作用 anatectic process;anatexis
重入 reentrance;re-entry
重入程序 reentrant program(me); reentrant routine
重入程序设计 reentrant programming
重入(代)码 reentrant code
重入导流 re-entry system
重入的 reentrant
重入点 re-entry point; rescue point; restart point
重入点信息转储 rescue dump
重入角 reentering angle;reentrant angle
重入流 hyperpycnal inflow
重入腔 reentrant cavity
重入式电路 reentrant circuit
重入式慢波结构 reentrant slow-wave structure
重入式移位寄存器 reentrant shiftregister
重入系统 re-entry system
重入型正交场放大管 reentrant beam crossed field amplifier
重入注 reentrant beam
重入子程序 reentrant subroutine
重入子例 reentrant subroutine
重散列 rehashing
重散射 rescattering
重散射光 rescattering light
重散(装)货 heavy bulk(y) cargo
重扫描 rescanning
重色配色法 colo(u)r on colo(u)r
重烧 after burning; reburning; refiring;reheat(ing)
重烧尺寸变化 permanent change in dimensions on heating
重烧矾土熟料 dead-burned bauxite
重烧后永久线变化 permanent linear change after heating
重烧结 post-sintering
重烧苦土 magnesia clinker
重烧绿石 koppite
重烧镁 dead-burnt magnesite
重烧试验炉 reheat testing furnace
重烧线性变化 linear change of reheating
重烧永久线变化率 permanent liner change on reheating
重舌接 double tongue grafting;double whip grafting
重摄 rephotography
重申 reaffirmed; reaffirming; reiterate;reiteration;restate
重审定(资格) requalification
重审预算 rebudgeting
重生 after-growth;rebirth
重生策略 recovery strategy
重施涂料 repaint(ing)
重使饱和 resaturating
重使饱和的 resaturated
重试 retry
重试线 reag(e)ing
重输入 re-entry
重输入点 re-entry point
重数 tuple
重双羽状的 biconjugato-pinnate
重税 stiff duty
重塑 reconstruction; remodel(l)ing; remo(u)ld(ing)
重塑不排水抗剪试验 remo(u)lded undrained shear test
重塑度 degree of remo(u)lding; remo(u)lding degree
重塑肥黏[粘]土 remo(u)lded fat clay
重塑混凝土 retempered concrete
重塑减弱 remo(u)lding loss
重塑灵敏度 remo(u)lding sensitivity
重塑黏[粘]土 manipulated clay;remo(u)lded clay
重塑曲线 remo(u)lded curve
重塑扰动土样 remo(u)lded disturbed soil sample
重塑试件 remo(u)ld piece;remo(u)lded sample
重塑试件强度 remo(u)lded piece strength
重塑试验 remo(u)lding test
重塑试样 remo(u)lding sample
重塑数 remo(u)lding effort
重塑损失 remo(u)lding loss
重塑土不排水抗剪强度 remo(u)lded undrained shear strength
重塑土(壤) remo(u)lded soil;manipulated soil;remo(u)lding soil
重塑土样 remo(u)lded soil sample; remo(u)lded sample
重塑效应 remo(u)lding effect
重塑性(能) remo(u)ldability
重塑仪 remo(u)lding apparatus
重塑增强 remo(u)lding enhancement;remo(u)lding gain
重塑增益 remo(u)lding gain
重塑指数 remo(u)lding index
重塑状态 remo(u)lded state
重塑作用 remo(u)lding effort
重算 back-roll; count over; recalculate; recast; recompute; redesign; rerun roll-back;retry;roll back
重算程序 rerun routine; restart routine
重算抽点打印系统 roll-back snapshot system
重算点 rerun point;roll-back point
重算方式 roll-back system
重算寄存器 retry register
重算例行程序 rerun routine restart routine;roll-back routine
重算时间 rerun time
重算系统 roll-back system
重算增减储量 increased/decreased reserve by recalculation
重镗孔 rebore;reboring
重镗孔钻 reborer
重提纯 repurified
重填 relay
重填油丝 repacking
重调 change-over; readjustment; resetting;retuning
重调把手 reset handle
重调尺寸 reconditioning dimension
重调点火 retime ignition
重调电流 readjust current
重调动作 reset action
重调阀 reset valve
重调工作 reset operation
重调和算子 biharmonic operator
重调节 recondition;reset
重调控制程序 reset schedule
重调湿 reconditioning
重调湿室 reconditioner
重调谐 retuning
重调信号 reset signal
重调性 resettability
重调整 readjust;realignment;reset
重调整分录 readjusting entry
重调整装置 readjusting gear
重调作用 reset action
重贴现利率 rediscount rate
重投资率 reinvestment rate
重图 multigraph
重涂 recoat;refinishing
重涂前修补处理 bring forward
重涂时表面处理等级 hand cleaning
重涂用瓷漆 refinish enamel
重涂周期 repainted period
重吸收 resorb
重吸收作用 reabsorption
重显 reconstruction; rendition; representation;reproduction
重显灰度 display gamma
重显技术(图像) techniques of display
重显图像 reproduced image
重现 occurs; reappear(ance); recurrence;repetition;replication;representation; reproducing; reproduction
重现保真度 reproduction fidelity
重现比 reproduction ratio
重现波 reconstruction wave
重现波像差 aberration of reconstruction wave
重现残丘 baraboo
重现度 frequency of occurrence
重现放大器 reproducing amplifier
重现关系 recurrence relation
重现号 occurs number
重现黑子群 revival sunspot group
重现间隔 recurrence interval
重现精度 fidelity
重现率 fidelity factor; recurrence rate;repetition rate
重现频率 recurrence frequency
重现期 exceedance interval;period of reappearance; recurrence interval; re-occurrence period; return interval
重现期间 return period
重现曲线 recurrence curve
重现群落 recurrent community
重现时间 recurrence time; recurrent time
重现输出 reproducing output
重现特性 reproducing characteristic
重现误差 reproducibility error
重现相位 return phase
重现像 reconstructed image
重现性 repeatability; reproducibility; reproduction quality
重现因数 reproduction factor
重现因素 reproduction factor
重现于组织机构 re-structuralization
重现质量 quality of reproduction
重现周期 recurrence period
重现装置 reproducer
重镶 reset
重镶金刚石钻头费用 setting charges
重镶球齿 reset button
重像 double image; ghost(image); secondary image
重像模式 ghost mode
重像现象 ghost phenomenon
重像信号 ghost signal
重削磨光 refacing
重写 overwrite; rescript; rework; rewrite
重写操作 rewrite operation
重写错误 overwriting error
重写规则 rewrite rule;rewriting rule
重写误差 overwrite error
重写语句 rewrite statement;rewriting statement
重写噪声 overwrite noise;overwrit-

ten noise
重新 returning
重新……打样 reproof
重新安排 out placement; rearrange(ment); rearranging; relocate; reorder; reprogram(me)
重新安排时间 reschedule
重新安置 relocation
重新安置成本 rearrangement cost
重新安置经纬仪 reset a theodolite; reset a transit
重新安装 full install; remount; resettlement
重新安装能力 reinstallability
重新奥氏体化 reaustenitizing
重新拌和 knocking up
重新包扎 rebind
重新包装 repack(age); repacking
重新泵回 repumping
重新编 redesign
重新编队 arrangement of re-fleeting; rearrangement
重新编绘(地图) recast
重新编码 recode
重新编排工艺 reengineer
重新编译 recompilation; recompile
重新编译性 recompility
重新编组 reclassification
重新变锋利 resharpen
重新标识 reidentification
重新拨号功能 re-dialing function
重新布电线 electric(al) re-wiring
重新布设三角网 retriangulation
重新布线 rerouting of lines; rewiring【电】
重新布置 rearrange; reposition
重新部署 redeploy(ment)
重新部署的双边机构和基金 bilateral redeployment institution and fund
重新擦亮 refurbish
重新操作 re-operation; restart
重新操作程序 rerun
重新操作点 restart point
重新测定 redetermination
重新插入 reinsert
重新阐述 reformulate
重新车削 resurface
重新称量 re-weigh
重新成像 reimaging
重新程序设计 reprogramming
重新充气 reaeration
重新充氧作用 reoxygenation
重新筹集资金 refinance; refinancing
重新处理 recovery processing; rehandle; rehandling; reprocessing; retreat(ment)
重新穿进 rethread
重新磁化 remagnetize
重新代入检验 checking by resubstitution
重新登记 re-recording; reregistration
重新递盘 renew bid
重新点火 relight(ing)
重新点燃 rekindling; relume; relumine
重新调查 reinvestigation
重新调度 reschedule
重新订购 reorder
重新定出 redetermine
重新定价 resetting price
重新定居 re-occupation; resettlement
重新定时 retime
重新定时器 retimer
重新定位 relocate; relocation
重新定线 realign(ing); realignment; realinement; relocate; relocation; rerouting
重新定向 redirection; reorientation
重新定义 redefine; redefining
重新定约 recontract
重新定值 revaluation
重新定职定级 reclassification of post
重新堆垛 restow
重新对零 zero reservoir; zero reset
重新剁碎 rehash
重新发表 republication
重新发盘 renewed offer
重新发送 reforward
重新发送一批到达的货物 reforward a consignment
重新发送站 reforwarding station
重新发现 rediscover(y)
重新发行 reissue
重新翻修建筑 restored building
重新放置 reposition
重新分布 redistribution
重新分布记录 redistribution writing
重新分类 reclassification
重新分配 deallocate; distribute; real location; reapportion; relocate; repartition; redistribution; re-allotment
重新分配地址 unallocate; deallocation
重新分配电流 redistribution current
重新分配读数法 redistribution reading
重新分配位 relocation bit
重新分配住房 rehouse
重新分区 resubdivide; rezone
重新粉磨的 reground
重新粉碎 repulverize
重新封缝 joint resealing
重新赋能 reenabiling
重新覆盖 recovering
重新格式化 reformatting
重新隔开 respace
重新给定 resetting
重新工作 rework
重新巩固 reconsolidate
重新勾缝 rejointing; repoint(ing)
重新构成 reconstitute
重新构建 reconstruction
重新构思 redesign
重新估定 reestimate
重新估计 reappraisal; re-casting
重新估价 reappraisal; reassessment; reevaluate; revaluation; transvalue
重新估价合同 rerating contract
重新估价条款 <租约的> revaluation clause
重新估价租约 reappraisal lease
重新估算 recomputation
重新固定 refixation; retighten(ing)
重新固结冰川 recemented glacier
重新雇工 rehiring
重新挂银 resilver
重新归心 recenter
重新规定 redefine
重新规划 real location; rearranging; replanning; reprogramming
重新滚压 roll back
重新滚转 roll back
重新过筛 re-screen(ing)
重新过筛机械 rescreening plant
重新焊接 reweld(ing)
重新衡量 re-weigh
重新划区 redistrict
重新划入的地区 retroactive zoning
重新划线 reline; relining; repacking
重新回火 retempering
重新汇入主流的支流 anabranched river
重新活动的老滑坡 reactivated old slide
重新激励 reenergize
重新计划 replanning
重新计量 rega(u)ging
重新计时 reclocking
重新计算 recalculate; recast(ing); recomputation; recount
重新加的支撑 reshore
重新加工 remachine; remanufacture
重新加荷 load reapplication; reapplication of load
重新加气 reaeration
重新加热工 interheater
重新加压舱 recompression chamber
重新加载 load reapplication; reload(ing)
重新加载曲线 reloading curve
重新夹紧 rechuck
重新检查 recheck; reinspection
重新检验 recheck
重新鉴定 reappraisal; reidentification
重新交易 reexchange
重新浇注巴氏合金 rebabbitting
重新浇注铅铜合金 rebabbitting of lead bronze
重新浇注轴承 rebabbitting of bearing
重新浇筑 repour
重新搅拌 backmixing; reblending
重新搅拌法 knocking up
重新校准 realign(ing); recalibration
重新校准螺钉 recalibration screw
重新校准器 recalibrator
重新接纳 readmission; readmit
重新接入 reconnection; re-engage; resetting
重新接通 reclose
重新接线 rewiring
重新结冰 refreeze
重新结合 recombination; recombine
重新解释 reinterpret
重新解算 return solution
重新进货 restock
重新进行 re-open
重新进行程序 roll-back routine
重新进行三角测量 retriangulation
重新进行先进先出 re-first in first out
重新浸湿 rewetting
重新浸透 resaturating
重新浸透的 resaturated
重新聚合 anastomosing
重新卡紧 hitch over; rechuck
重新开采 reworking
重新开发区 redeveloped area
重新开放 reenabiling
重新开始 recommence; renew; reprise; restart; resume
重新开始原则 clean state principle
重新考虑 reconsider
重新考虑结 reconsideration
重新刻槽 re-texturing
重新刻度 recalibrate; recalibration
重新扩散 recatter
重新拉紧 retighten(ing)
重新拉紧的 retightened
重新拉直 restretch
重新理货费 retally charges
重新利用 recapture; recycle; reutilization
重新连接 re-engage
重新联结 rejoin
重新量度 re-measure
重新率定 recalibration
重新绿化 revegetation
重新埋石 refixation of station
重新镘光 resmoothing
重新描绘 refigure
重新瞄准 recollimate
重新命名 rename
重新磨光 refinish; refurbish
重新磨快 resharpen
重新抹灰 replastering
重新啮合 re-engage
重新拧紧 retighten(ing)
重新凝结 regelation
重新弄光 resmoothing
重新排列 realignment; rearrange(ment)
重新排序 restart sorting
重新抛光 repolishing
重新配备人员 restaff
重新配位表 relocation dictionary
重新配置 permutation; real location; rearrangement; relocation; reconfiguration
重新拼版 re-imposition
重新平差 readjustment
重新评定 reassessment
重新评估 revaluate
重新评价 reappraisal; reappraise; revaluation; revalue
重新铺轨 relaid of tracks
重新铺面 refloor; repaving
重新曝气 reaeration
重新铺砌 relaying; resetting
重新铺设 reinstalled; relay; resheet
重新铺设管线 rerouting of lines
重新铺设用钢轨 relayable rails
重新启动 restart(ing)
重新启动程序 restart routine
重新启动点 restart point
重新启动调用 restart call
重新启动功能 restart facility
重新启动过程 restart procedure
重新启动和恢复技术 restart and recovery technique
重新启动键 restart key
重新启动能力 restart capability; restarting ability
重新启动数据集 restart data set
重新起动 restart
重新起动按钮 reset button
重新起动点 rerun point
重新起票 reinvoice
重新起票的托运货物 re-invoiced consignment
重新起票运输 re-invoiced traffic
重新起票站 re-invoicing station
重新砌衬 rebricking
重新砌砖 rebricking
重新嵌缝 reca(u)lking
重新翘起 recamber
重新求逆 reinversion
重新区划 rezoning
重新区划图 rezoning plan
重新取向 reorientation
重新取样 resampling
重新确定 redetermination
重新确定方向 reorientation
重新确认 reaffirming; reconfirm
重新确认签条 revalidation sticker
重新燃起 rekindle
重新燃烧 rekindle
重新刃磨 regrind
重新溶解 resolution
重新熔化 refuse; remelt(ing)
重新入场 re-entry
重新润滑 re-lubrication
重新筛分 re-screen(ing)
重新筛分装置 re-screening provision
重新上煤 recoal
重新设定温度 temperature reset
重新设计 redesign(ing); reengineer
重新设计的 derated; redesigned
重新设计的码头 redesigned berth; redesigned quay; redesigned terminal; redesigned wharf
重新设站 re-establishment of station; refixation of station
重新设置 reset(ting)
重新摄影 retake
重新审理 rehearing
重新识别 reidentification
重新实施 reenforce
重新使用 reactivation; reclaim(ing); reuse
重新使用程序 reusable routine
重新试验 retest; retrial
重新收回呆账 bad debt recovery
重新收回的物资 repossessed goods

重新输入 re-entering;resume load
重新输入原始数据 re-entering the original data
重新塑造 refigure;remodel
重新算定的转向点 recomputed point of turn
重新谈判 renegotiation
重新谈判条款 reopener clause
重新镗孔 rebore
重新填缝 reseal(ing);resealing of joint
重新填塞 restuff
重新调节 reset
重新调节温度 thermoreregulating
重新调零 readjustment of zero;rezeroing
重新调平【测】relevel(l)ing
重新调式 readjust
重新调整 readjusting;readjustment;retrim
重新调整动作 reset action
重新贴现 rediscount
重新同步 resynchronization
重新投料 renewal charges
重新投资 reinvest;revest
重新涂(膜) recoating
重新涂漆 repaint(ing)
重新团结 reconsolidation
重新托运 reregistration;reshipment
重新挖沟 retrench
重新弯曲 rebend
重新完井 recompletion
重新委任 reappoint(ment)
重新喂料 refeed;rethread(ing)
重新稳定作用 restabilization
重新响应 refresh grant
重新协商 renegotiation
重新修补 revamp
重新修复建筑物 restored building
重新修缮 redecorate
重新修饰 <房屋重新油漆粉刷> redecorate
重新修整 redress;reshape;reshaping
重新修整小方石铺砌 redressing of setts
重新蓄水 refilling;restoration of storage;storage restoration
重新选址 relocate
重新压装的轮对 remounted wheel pair
重新研究 reinvestigation;restudy
重新研磨 regrind
重新研磨的 reground
重新移位 reshifting
重新议价 renegotiation
重新引入 reinsert
重新硬化 rehardening
重新拥有的货物 repossessed goods
重新油漆 redecorate;repacking;repaint(ing)
重新预置 reinitialize
重新运行 back-roll;reoperate;rerun;roll back
重新运行点 rerun point;rescue point;roll-back point
重新运行方式 rerun mode
重新运行(例行)程序 rerun routine;roll-back routine
重新运转 reoperate
重新运转的 re-operational
重新栽培 replant
重新再轧的 rerollable
重新造林 re(af)forestation
重新造林面积统计 reforested area statistics
重新造型 remodel(l)ing;remo(u)lding
重新占据 reoccupied
重新占有 regain
重新占有的货物 repossessed goods
重新丈量 <指用测链重新丈量> rechain
重新招标 rebid;re-tender
重新照亮 relume;relumine
重新照准 recollimate;repeated pointing
重新整定法 resetting method
重新整顿 rehandling
重新整理 rearrangement
重新整平 relevel(l)ing
重新整型 reblade;reshape
重新证实 reconfirm
重新支撑 reposting;re-shoring;retimbering
重新执行 reexecution;rerun;roll back
重新执行程序 rerun routine;roll-back routine
重新植林 reafforest
重新指定 reappoint;reassign
重新制定 reconstitute;reconstitution;reformulate
重新制造 remanufacture
重新制造木材 reconstituted wood
重新置中 recenter[recentre];recentering[recentring]
重新煮沸 reboil
重新装备 rearming;re-equip(ment);refurnish;rejig;retool
重新装舱 restow
重新装定 rearming
重新装货 reshipment
重新装配 reassemble;rebuild;reassembly;refit
重新装配玻璃 reglazing
重新装饰 redecorate;redecoration;redo
重新装饰作业 redecoration work
重新装箱 reshuffling
重新装修 refinishing
重新装修成本 cost of remodeling
重新装修费用 cost of remodeling
重新装运 reshipment
重新装载 reload;restow
重新装载机 reloader
重新着色 recolo(u)r
重新组成 reconstitution;reform(ation)
重新组合 realign(ing);realignment;reassembling;reassociation;recombination;recombine;recompose;reconfiguration;regroup;reassembly
重新组合程序 reconfiguration program(me)
重新组合的材料 recombined materials
重新组合机构 reassembling mechanism
重新组合开关 regrouping switch
重新组织 reorganization;reorganize;restructure;restructuring
重新组装 rebuild;reerection
重新钻孔 re-drilling
重兴 re-establish
重行固定的 retightened
重性 duality
重修 revamping
重修表面 resurface;resurfacing;surface renewing
重修路面 resurfacing
重修面层 pavement recapping【道】;recapping;resurfacing
重修平屋顶 redeck;redecking
重修寿命 redress life
重檐 <指两层之间加假屋檐> double eaves;multiple eaves;skirt-roof
重檐屋顶 double eaves roof;multiple eaves roof
重演 playback;recapitulation;redo
重演律 law of recapitulation
重演再生 palingenetic regeneration
重验 retest
重叶理 refoliation
重易位 retransposing
重印 overprinting
重影 double image;echo image;foldover;ghost(image);ghost marking
重影消除 echo cancellation
重影效应 ghost effect
重影效应图像 double image effect picture
重影信号 double image signals;echo signals
重影性 coincidence of projection
重影抑制 ghost suppression
重映 cutback
重原 restitution
重圆 bicircular
重栽 replanting
重凿缝 reca(u)lking
重造 rebuild
重造成本 cost of reproduction
重造成本减折旧 cost of reproduction less depreciation
重轧 regrate;rerolling
重轧钢轨 rerolled rail
重轧钢筋 rerolled bar
重轧轨 rerolled rail
重轧碎 recrushing
重折的 replicatile
重折叠器 refolder
重折光质 anisotropic(al)substance
重折率 birefringence
重折率色散方法 birefringence-dispersion method
重折射性 character of double refraction
重褶皱作用 refolding
重针网眼 Brussels quilling
重针延展机 intersecting gill spreader
重针制条机 intersecting gill set frame
重振试验 recruitment test
重蒸馏 double distillation;redistillation
重蒸馏水 aqua bidestillata;double distilled water
重蒸煮 recooking
重整 recapitalization;reconditioning;redintegration
重整催化剂 reforming catalyst
重整过程 reforming process
重整化 regularization;renormalization
重整化技术 renormalization technique
重整汇率 realignment of exchange rates
重整炉 reformer
重整炉管 reformer pipe;reforming tube
重整螺丝 chase
重整坡度 regarding;regrade
重整气 reformed gas
重整汽油 reformed gasoline
重整器 reformer
重整群方法 renormalization group methods
重整天然气 reforming natural gas
重整油 reformate
重整预处理 reformer pretreating
重整债券 reorganization bond
重整装置 reformer
重整资料 feedback information
重整作用 reforming
重正化 renormalization
重正化技术 renormalization technique
重正火 renormalization
重执 retry
重直多圆盘犁 disc tiller;poly-disc[disk]
重制 reconstitution;refashion;remake;remodel;reprocessing
重置 replace(ment);reposition;reset
重置财产 replacement property;repossessed property
重置成本 cost of replacement;replacement cost;reproduction cost
重置成本法 replacement cost approach;replacement cost method
重置成本会计 replacement cost accounting
重置成本折旧法 replacement method of depreciation
重置成本制 replacement cost basis
重置单位 replacement unit
重置法折旧 reproduction method of deprecation
重置方式 reset mode
重置费用 replacement expenses
重置副载波 reinserted subcarrier
重置或修复保险 replacement insurance
重置基金 replacement fund
重置价格法 replacement price method
重置价值 physical value;replacement value;sound value
重置价值折旧 depreciation on replacement value
重置会计 replacement accounting
重置水系 super(im)posed drainage
重置条款 replace(ment)clause
重置完全价值 <固定资产> complete replacement value
重置线路信号机【铁】relocated wayside signal
重置信息数据集 reset information data set
重置折旧 replacement depreciation
重置折旧法 depreciation-replacement method
重置准备 reserve for replacements
重置资本 replacement capital
重置资产 replacement asset;replacement capital
重煮热 reboil heat
重装 reassemble;reassembling;refit;reinstalled;reload(ing);remodel;remount;reshipment;retool
重装封锁 reassembly deadlock;reassembly lock-up
重装配 reassembling
重装潜水 hard hat diving
重装入 reload
重装新轮胎 retread
重装新通气管 revent pipe
重装叶片 reblading
重组 restructuring;retool(ing)
重组发光菌 recombinated luminescence bacteria
重组分 heavy constituent;heavy ends
重组给料 calculated feed(ing);reconstituted feed
重组过程 recombination process
重组合 recombination
重组节 recombination nodule
重组频率 recombination frequency
重组缺陷型 recombination deficient mutant
重组缺陷型测定法 rec-assay method
重组升级 realignment escalation
重组数据 reorganized data
重组体 recombinant
重组型嵌合体 recombination mosaic
重组修复 recombinative repair
重组值 recombination value
重组子 recon
重组作图法 recombinational mapping
重组作用 recombination
重钻 reboring
重钻试验 <桩的> redriving test
重作 recast;replication
重作横断面 reblade
重作面层 resurface

C

重作纹理 re-texturing
重作业 heavy work
重做 backtrack; readjust(ment); reconstitution; recreate; recreation; redo; remake
重做面层 resurface; resurfacing

宠

宠物商店 pet shop

铳

铳锡线 tinned wire

抽

抽板喂料机 reciprocating plate feeder

抽彩售货 raffle
抽舱【疏】pump-out excess water left in the hopper
抽舱阀 hopper suction valve
抽舱管 hopper suction pipe
抽查 audit by test; check by sampling; inspection at random; odd test; percentage test(ing); random check; random inspection; selective examination; spot-check; test audit; test check
抽查法 method of testing
抽查估算 spot estimate
抽查检验 snap check
抽查取样 random sampling
抽查试验 spot test
抽查竖井 pumping shaft
抽查型质量监督 sampling quality supervision
抽查账目 auditing by test and scrutiny
抽尘 dust extraction
抽尘(风)扇 dust fan
抽尘器 dust extractor
抽尘罩 suction hood
抽成真空 vacuate; vacuation; vacuum production
抽成真空的时间 pump-down time
抽出 abstract; abstraction; drawer; draw(n)-out; draw-off; force out; pumping; pump out; reel off; withdraw; withdrawal
抽出泵 drawing pump; draw-off pump; extraction pump; pick-up pump
抽出的 extractive
抽出阀 bleeder valve
抽出法 extracting method
抽出方法 extraction technique
抽出机 shedder; stripper
抽出键 eject key
抽出空气 deflate; deflation
抽出空气系统 air evacuation system
抽出缆索的工具 cable draw-off gear
抽出气体 gas bleeding
抽出器 evacuator; extractor
抽出器控制 eject control
抽出热量 heat extraction
抽出式 extraction type
抽出式断路器 draw-out breaker
抽出式继电器 draw-out relay
抽出式开关板 draw-out switchboard
抽出式设计 draw-out design
抽出式通风 exhaust ventilation
抽出式通风系统 exhaust ventilation system
抽出术 avulsion
抽出数位 extracted digit
抽出套管 withdraw the drill pipes
抽出物 aspirate; distillation; extract(ion)
抽出性软化剂 extractable softener
抽出液常压闪蒸塔 extract atmospheric flash tower
抽出液气提塔 extract stripper
抽出已污染水体 pumping polluted water body
抽出者 extractor
抽出指令 extract instruction
抽出装置 withdrawing device
抽出资金 release fund for
抽出钻孔中石屑 puff blowing
抽除 removal by suction
抽带式袋 drew-string bag
抽底爆破 bottom-ripping shot
抽点查错 snapshot debug
抽点程序 snapshot program(me)
抽点打印 snapshot; snapshot dump
抽点打印程序 snapshot program(me); snapshot routine
抽点打印调试 snapshot debugging
抽点检查程序 checkpoint routine
抽点检验 checkpoint
抽点检验电码 checkpoint code
抽点检验子程序 checkpoint subprogram(me); checkpoint subroutine
抽点转储 snapshot dump
抽调劳动力 transfer of manpower
抽锭 stripping
抽锭机 strip machine; stripper
抽动 pumping
抽动点 pumping point
抽阀开关杆 damper rigging lever
抽方 <计算工程量的步骤之一> squaring
抽放瓦斯 drawing out methane
抽风 air draft; air exhaust; extracted air
抽风泵 air pump; aspiration pump; aspiring pump
抽风带式焙烧机 down-draught grate
抽风风扇 vacuum fan; extractor fan
抽风干燥段 down-draft drying zone
抽风管 exhaust column; exhaust stack(ing); exhaust tube
抽风管道 aspiration channel
抽风柜 fume cupboard
抽风横流冷却塔 cross-flow induced draft cooling tower; induced-draft crossflow cooling tower
抽风机 air ejector fan; air exhauster; air extractor; aspiring pump; down-draught fan; draft fan; drawing fan; exhaust blower; exhauster[exhaustor]; exhaust fan; extract fan; extraction fan; extractor fan; suction fan
抽风集尘器 induced draught filter
抽风口 suction opening
抽风逆流式冷却塔 counter-current induced draft cooling tower
抽风器 aspirator; chimney aspirator; extractor; extract ventilator
抽风驱除油气法 suction fan gas freeing
抽风扇 aspirator; discharge fan; induced draught fan; vacuum fan
抽风式 draw-thru
抽风式横流冷却塔 induced draught crossflow cooling tower
抽风式机械通风冷却塔 induced-draft mechanical cooling tower
抽风式冷却机 down-draught cooler
抽风式冷却塔 extracting cooling tower; induced draught cooling tower
抽风式链篦机 down-draught grate
抽风式逆流冷却塔 induced draught counterflow cooling tower
抽风室 wind chamber
抽风通风机 induced-draft engine
抽风系统 exhausting system; extract system; induced draught system
抽风箱 exhaust chamber; wind chamber
抽风压差 draft differential
抽风罩 draft hood
抽风总管 windlass main
抽风作用 chimney draft
抽干 pump dry
抽干舱底水 pump the bilge
抽管式搅拌机 draft tube mixer
抽辊钮 pin pull
抽换钢轨 renewing rail
抽换器 bailer
抽换枕木 renewing tie; tie renewal
抽回投资 disinvestment
抽火 drawing fires
抽机 pump
抽唧的土 pumping soil
抽汲 pumping; pumping out; swabbing
抽汲次数 swabbing times
抽汲功率 pumping power
抽汲能力 pumping capacity
抽汲筒 <钻探工具> clean-out jet auger
抽汲蓄能水库 pumped-storage water
抽汲作用 pumping action
抽尖检验 checkpoint
抽尖式加感 tapered loading
抽检 casual inspection; random inspection; random test; spot-check
抽检百分比 inspection level; inspection percentage
抽降漏斗 pumping depression cone
抽降面积 pumping depression area
抽降期 <地下水的> draw period
抽紧结 tight knot
抽茎期 stooling stage
抽晶 pulled crystal
抽净 blankoff
抽看 peek
抽空 air exhaust; depression; evacuate; exhaust(ing); exhaustion; pumping down; pumping out; rarefy; short stroke; under-pressure
抽空泵 return pump
抽空灯泡 evacuated bulb
抽空度 degree of exhaustion; exhaustion degree
抽空阀 evacuation valve; pump-out valve
抽空过滤斗 vacuum filter
抽空机 vacuator
抽空能力 pumpage
抽空气 pump-down
抽空气室 extract air chamber
抽空区 depression
抽空时间 evacuated time; evacuation time up to operating pressure; pump-down time
抽空式冷却系统 evacuator cooling system
抽空系统 pumping-out system
抽空压气两用泵 vacuum and pressure air pump
抽空装置 air extraction device; degassing system; evacuator; vacuator
抽拉插座 pull socket
抽拉式毛巾杆 towel-pull-out rod
抽力 draft; draught; suction
抽力表 draft ga(u)ge
抽力隔断器 draft diverter
抽力管 draught tube
抽力计 draught ga(u)ge
抽力控制 draft control
抽力强度 intensity of draft
抽力调节器 draught regulator
抽力指示器 draft indicator; draught indicator
抽滤漏斗 Buchner('s) funnel
抽模制型机 stripping plate machine
抽泥泵 mud pump; slush pump
抽泥机 bailer; mud pump; pump dredge(r)
抽泥筒【岩】bailer[bailor]; suction bailer
抽泥筒井孔 bailer well
抽排 pump drainage
抽排井 pumped-drainage well
抽气 air bleed; air exhaust; air extracting; air extraction; air removal; air suction; bled steam; bleeding of steam; bleed-off; deaeration; deflate; deflation; gas bleed; off-gas; pumping
抽气背压式涡轮机 back-pressure extraction turbine
抽气泵 air-extracting pump; air pump; aspirating pump; aspirator pump; aspiring pump; ejector pump; extraction pump; off-gas pump; pneumatic pump; sucking pump; suction pump
抽气泵输送 suction pumping
抽气泵组 pumping set
抽气采样 extraction air sampling; sampling by pumping
抽气测汞法 mercury survey by air pump
抽气次数试验图 figure of test of air pumping number
抽气点 bleeding point
抽气度 degree of exhaustion
抽气阀 air evapo(u)ration valve; bleeder valve; evacuation valve
抽气风扇 air-ejecting fan; air ejector fan; extraction fan; vacuum fan
抽气管 aspiration piping; exhaust tube; extract duct; extraction pipe; pump line
抽气烘干 exhaust bake-out
抽气环形室 bleed-off belt
抽气回热给水加热器 bled steam feed heater
抽气机 air-ejecting fan; air exhauster; air extractor; air pump; aspirating engine; aspirator; exhaust blower; exhauster; exhausting machine; gas extractor; vacuum fan
抽气机具 air extracting apparatus
抽气机汽缸 aspirating cylinder
抽气机组 air bleed set
抽气加热器 bleeder heater
抽气加速固结法 atmospheric pressure method
抽气孔 bleeder hole
抽气控制阀 pass-out control valve
抽气口 aspirating hole; bleeding point; extraction opening
抽气量 bleed air flow; sucking rate
抽气流量 extraction flow
抽气能力 exhaust capacity
抽气逆止阀 extraction check valve
抽气凝汽式汽轮机 condensing turbine with extraction
抽气排水筒 pneumatic water barrel; vacuum tank
抽气喷燃器 suction burner system
抽气汽轮机 bleeder turbine
抽气器 air ejector; air extractor; air removal jet; aspirator; evacuator; vapo(u)r extractor
抽气筛 aspirating screen
抽气晒版机 vacuum exposure frame; vacuum printing frame
抽气晒像框 suction plate
抽气设备 air extractor; evacuating equipment; extraction unit; fume-removal equipment
抽气射流 air removal jet
抽气式高温计 suction pyrometer
抽气式汽轮发电机组 extraction turbo-generator unit
抽气式汽轮机 bleeder turbine; steam-extraction turbine; extraction tur-

bine
抽气式燃气轮机 extraction gas turbine
抽气式热电偶 gas temperature probe;suction thermocouple
抽气式探针 aspiration probe
抽气式通风管 extract ventilation pipe
抽气式通风管道 extract ventilation line
抽气式通风机 extract ventilation unit
抽气式通风机组 extract ventilation block
抽气式通风井道 extract ventilation shaft
抽气式通风砌块 extract ventilation tile
抽气式通风竖井 extract ventilation shaft
抽气式通风通道 extract ventilation duct
抽气式通风系统 Barrol system; extraction ventilation system
抽气式通风烟囱 extract ventilation chimney
抽气式透平 extraction turbine
抽气式吸风机 exhaust gas suction fan
抽气式整流阀 pumped rectifier
抽气试验 exhaustive test
抽气室 aspirating chamber
抽气送气混合系统 combined extract and impact system; combined extract and input system
抽气速度 pump speed;speed of evacuation;speed of pumping
抽气速率 pumping rate; rate of exhaust;speed of exhaust
抽气损失 pumping loss
抽气塔 exhausting tower; pumping column
抽气特性 characteristics of pump
抽气调节阀 extraction regulating valve
抽气通道 bleed-off passage
抽气通风 blow-off ventilation; drawing ventilation;induced ventilation; ventilation by extraction; exhaust ventilation; inducted draft; extract ventilation
抽气通风机 extract ventilator;induced-draft engine;induced-draft fan
抽气通风系统 extraction ventilation system
抽气透平 bleeder turbine
抽气系统 extract system
抽气限制器 air bleed restrictor
抽气箱 exhaust chamber
抽气旋塞 suction cock
抽气循环 pump-down cycle
抽气压力泵 sucking and forcing pump
抽气压平板 vacuum back
抽气压平稿图案 vacuum copy-holder
抽气摇摆滚磨筒 exhaust tumbling barrel
抽气支管 suction branch
抽气装置 air extracting apparatus; air purge unit; air-removal apparatus; evacuating equipment; exhauster; gas suction plant; updraft ventilator;vapo(u)r extraction device
抽气总管道 air extraction main
抽汽 bleeder steam; bleeding; bleed-off; extraction of steam; steam bleed(ing);steam extraction;steam tapping
抽汽背压式汽轮机 back-pressure extraction turbine
抽汽点 exhaust point
抽汽阀 extraction valve
抽汽给水加热 extraction feedwater heating
抽汽管 bleeder nozzle; extraction steam pipe
抽汽管道 extraction line
抽汽环形室 bleed-off belt
抽汽回热给水加热器 bled steam feed heater
抽汽级 extraction stage
抽汽加热 bleed heating; extraction steam heating
抽汽加热器 extraction(stage) heater
抽汽加热蒸发器 bled steam evapo(u)rator
抽汽接管 bleed steam connection
抽汽截止阀 extraction stop valve
抽汽截止逆止阀 extraction stop and non-return valve
抽汽控制阀 extraction control valve
抽汽口 extraction opening; extraction point
抽汽逆止阀 extraction check valve; extraction non-return valve
抽汽式凝汽汽轮机 extraction condensing turbine
抽汽式汽轮机 bleeding turbine; extraction (steam) turbine; pass-out turbine
抽汽式涡轮机 extraction turbine
抽汽式蒸汽机 extraction steam engine
抽汽调节 extraction steam regulation
抽汽调节阀 extraction control valve
抽汽温度 extraction temperature
抽汽旋塞 suction cock
抽汽循环 bleeding cycle
抽汽压力 extraction pressure
抽汽压力调节器 extraction pressure governor
抽签 ballot; cut lots; draw by lot; drawing of ballot; drawing of bonds;lot drawing; sortition; drawing
抽签偿还 redemption by drawing
抽签法 lottery
抽签问题 ballot problem
抽取 abstract; cramp out; draw (-off);extract;withdraw
抽取泵 draw-off pump
抽取地下水 abstraction of groundwater
抽取法 extraction method
抽取河水 river abstraction
抽取加压闪蒸塔 extract pressure flash tower
抽取精坐 cream
抽取控制器 eject control
抽取器 extractor;withdrawal device
抽取器接头 extractor sub
抽取试验 extraction test
抽取试样 drawing of sample; running sample
抽取样本 running sample
抽取指令 extract instruction; extraction instruction
抽取字 extractor
抽去 draw-off
抽去空气的 air-free
抽去式模板 <用于浇灌特种饰面混凝土> drawform
抽去油分 withdrawal of oil
抽入 pumping in
抽入油罐 tank draws in
抽砂泵 sand pump;shell pump
抽砂泵滑轮 sand pump pulley
抽砂船 barge-unloading dredger
抽砂管 shell pump
抽砂筒 <清孔用> clean-out bailer; sand bailer;bailer;hole bailer
抽砂筒滑轮 sand wheel
抽砂挖泥船 sand pump dredge(r); suction dredge(r)
抽伸捻线机 stretch-twister
抽伸性 stretchability
抽审 audited by test
抽升水头 lift head
抽式线绕电位器 extracted-head wire wound potentiator
抽试 odd test
抽数 isolate
抽水 backflowing water;lifting of water; pumping; pumping out; unwater-(ing); water extraction; water pumping
抽水泵 drainage pump; jack pump; suction pump;water pump
抽水便桶 water closet pan
抽水槽 pumping trough
抽水成本 pumpage cost; pumping cost
抽水池 draft pond;priming reservoir
抽水储存 pumped storage
抽水大便盆 wash-down pan
抽水大便器 flush toilet
抽水大便器座 lavatory seat
抽水法 pumping method
抽水费(用) pumpage cost; pumping charges;cost for pumping
抽水费用增加 increment of pumping cost
抽水高程 pumping level
抽水工程 pumping works
抽水工具 water fits; water lift(ing implement)
抽水沟 pump drain
抽水灌溉 irrigation by pumping; lift irrigation; pumping irrigation; pumped irrigation
抽水罐 draw-off tank
抽水含水层 pumping aquifer
抽水涵洞 suction culvert
抽水后的孔深 depth of borehole after pumping
抽水机 hydroexhauster; pump(er); pumping machinery; pump runner; suction pump; water lifting machine;water machine;water pump; water-raising engine; water-raising machine
抽水机成套装置 pump unit
抽水机出水管 rising pipe
抽水机出水量 capacity of water pump
抽水机出水率 capacity of pump; pump capacity
抽水机房 pumping room
抽水机工人 pumper
抽水机坑 pump pit
抽水机理 pumping mechanism
抽水机械 pumping installation; pumping machinery; water lifting machinery
抽水机组 pumping set;pumping unit; water-pumping set
抽水集水坑 pump sump
抽水减压井 pumping depression well; pumping relief well
抽水降落范围 pumping depression area
抽水降落区 area of pumping depression
抽水降落锥面 pumping depression cone
抽水降深 drawdown
抽水降深曲线 drawdown curve
抽水井 absorption well; abstraction well; draw well; extraction well; jack well; pumped well; pumping well;pump(suction) well
抽水井的布局 pumping well array
抽水井的平面布置形式 planar array pattern pumping well
抽水井水位 abstraction well-water level
抽水坑 pumping pit;pumping trench
抽水孔 abstraction borehole;pumping hole
抽水孔的水位降深 drawdown of water level in pumping well
抽水孔间距离 distance between pumping wells
抽水孔结构剖面图 profile of pumping well construction
抽水孔流量 discharge of pumping well
抽水孔流量波动值 fluctuation value of pumping discharge
抽水孔水位波动值 fluctuation value of water table
抽水孔总流量 total discharge of pumping wells
抽水孔组间距离 distance between groups of pumping well
抽水孔组流量 discharge of pumping well group
抽水历时 duration of pumping; pumping duration
抽水量 abstraction volume; delivery volume; pumpage; pump capacity; pump delivery; pump discharge; pump displacement;pumping draft; pump(ing)output;water pumpage; withdrawal
抽水量减小 decrease of pumping discharge
抽水量历时曲线 curve of pumpage-time
抽水流场 pumping flow field
抽水漏斗 pumping cone
抽水漏斗剖面图 pumping cone profile
抽水漏斗区 area of pumping depression
抽水率 pumpage rate
抽水马桶 flushing pan; flush toilet; hopper;scour-toilet;toilet(bowl); wash-down closet;wash-down type water closet; water closet; water closet pan;pedestal closet <搁在架子上的>
抽水马桶冲洗阀 valve closet
抽水马桶防止溢流的竖管 overflow tube
抽水马桶水箱 flush tank
抽水马桶桶身 water closet bowl
抽水马桶蓄水箱 after-flush cistern
抽水能力 pumpage;pumping capacity
抽水排水 pumping drainage
抽水器 hydroextractor
抽水前的孔深 depth of borehole before pumping
抽水前的天然水位 nature water level before pumping
抽水取样 sampling by pumping
抽水容量 pumping capacity
抽水设备 pumping device;pumping equipment; pumping plant; pumping unit; water-pumping device; water-pumping equipment; water-pumping instrument; water-pumping plant;water-pumping unit
抽水渗透试验 pumping-out permeability test; bailing-out permeability test <简易野外渗透试验>
抽水时间 duration of pumping; pumping duration;time of pumping
抽水试验 auger hole test; bailing experiment; bailing test; drawdown test; pumping test; trial pumping; water-pumping test; well pumping test
抽水试验段密度 segment density of pumping test
抽水试验观测线 observation line of pumping test
抽水试验孔 water-pumping test hole
抽水试验孔数 number of water pum-

ping test hole
抽水试验类型 type of pumping test
抽水试验设备 equipment of pumping test
抽水竖井 pumping shaft
抽水数量 quantity of pumping water
抽水水面降落漏斗 pumping depression cone
抽水水位 pumping level
抽水损失 pumping loss
抽水桶 <凿井用> suction water barrel
抽水头 pumping head
抽水系统 pumping-out system; pumping system
抽水下降漏斗 cone of pumping depression
抽水下降漏斗面积 area of pumping depression
抽水下降面积 area of pumping depression
抽水箱 flush(ing) tank; washing tank; wash-water tank
抽水蓄存 pumped storage
抽水蓄能 pumped storage
抽水蓄能泵站 pumped-storage pump station
抽水蓄能厂 pumped-storage plant
抽水蓄能电站 pumped-storage hydroplant; pumped-storage plant; pumped-storage power plant; pumped-storage power station; pumped-storage scheme; pumped-storage station; pump-generator plant
抽水蓄能发电 pumped-storage power generation
抽水蓄能发电厂 pumped-fed power station; pumped-storage hydro station; pumped-storage power station
抽水蓄能发电站 pumped-fed power station; pumped-storage hydro station; pumped-storage power station
抽水蓄能机组 pumped-storage aggregate; pumped-storage groups; pumped-storage set
抽水蓄能计划 pumped-storage scheme
抽水蓄能开发 pumped-storage development
抽水蓄能设备 pumped-storage hydroelectric(al) plant
抽水蓄能式水力发电厂 pumped-storage hydro-electric(al) power station
抽水蓄能水电厂 pumped-storage hydro-electric(al) plant
抽水蓄能水电站 pumped-storage hydro-electric(al) plant
抽水蓄能水库 pumped storage reservoir
抽水蓄能水力发电 pumped hydroelectric(al) storage; pumped-storage hydropower
抽水蓄能系统 pumped-storage system
抽水蓄能站 pumped-storage station
抽水扬程 pumping head; pumping lift
抽水影响半径 radius of pumping influence
抽水站 district pumping station; lift station; pumping installation; pumping plant; pump(ing) station; water-pumping station
抽水站抽水能力 pumping plant capacity
抽水贮存发电机组 pumping generating set
抽水装置 draw-off unit; pumping installation; water plug
抽水钻孔 draw-off hole

抽水作用 pumping action
抽税 levy; tax; taxation
抽税产业 rateable property
抽税过重 over-tax
抽丝 silk noil yarn; spinning; wire drawing
抽丝泵 spinning pump
抽丝机 drawing machine
抽丝现象 wire drawing
抽丝装置 spinning unit
抽送量 pumpability
抽送能力 pumpage
抽送式螺旋输送机 drawing screw conveyer[conveyor]
抽速 pumping speed; speed of pump
抽穗季节 head sprouting season
抽穗阶段 heading-stage
抽穗期 ear sprouting period; heading period
抽苔株 bolter
抽提 extract
抽提层 extract layer
抽提法 extraction method
抽提滑板 drawer slide
抽提滑道 drawer runner
抽提滑轨 drawer slide
抽提集料 <从老化的沥青路面材料中分离出的集料> extracted aggregate
抽提结晶 extractive crystallization
抽提拉手 drawer knob; drawer pull
抽提沥青 <从老化的沥青路面材料中抽提分离出来的沥青> extracted asphalt
抽提器 extracter; extraction apparatus
抽提器组 extraction battery
抽提溶剂 extraction solvent
抽提烧瓶 extraction flask
抽提试验 extraction test
抽提速度 swabbing speed
抽提锁凿子 drawer lock chisel
抽提塔 extraction tower; extractor
抽提套管 extraction thimble
抽提物分离 extract separation
抽提物脱硫(法) extract sweetening
抽提物氧化脱硫 extract and oxidation sweetening
抽提效率 extraction efficiency
抽提循环 extraction cycle
抽提液 raffinate
抽提因数 extraction factor
抽提油 extract oil
抽提有机质 extractable organic matter
抽提蒸馏 extractive distillation
抽提柱 extraction column
抽提装置 extraction plant
抽屉 locker; till
抽屉边板 plough strip; plow strip
抽屉挡 drawer stop
抽屉挡块 drawer kicker
抽屉隔板 dust panel
抽屉柜 drawer
抽屉滚柱 drawer roller
抽屉号 <虚拟存储中的> drawer number
抽屉滑板 drawer slide
抽屉滑带 drawer slip
抽屉滑道 drawer runner
抽屉滑条 cabinet drawer runner; drawer runner
抽屉机架接插件 rack and panel connector
抽屉烤箱 pull-out oven
抽屉拉出防坠装置 cabinet drawer kicker
抽屉目录 drawer directory
抽屉式 slide-in
抽屉式部件 slide-in chassis
抽屉式电瓶架 pull-out battery rack

抽屉式烘干炉 drawer type drying stove
抽屉式冷柜 locker plant
抽屉式泥门 sliding hopper door
抽屉式频道选择器 drawer tuner
抽屉式切换装置 truck-type switchboard
抽屉试验 drawer test
抽屉锁 drawer lock
抽屉推入挡块 cabinet drawer stop
抽屉燕尾榫 drawer dovetail; lapped dovetail
抽屉中心导轨 center[centre] drawer guide
抽条 sprout; slide-out of log <成捆木材>
抽筒【岩】 bailer; shoe shell; suction tube
抽筒吊绳滑轮 sand-line sheave
抽筒固定螺旋 observation tube fixing screw
抽筒绞车卷筒 bailing drum; bailing reel
抽筒卷筒摩擦离合式控制杆 sand-reel reach
抽筒绳卷筒 sand-line drum
抽筒子钩 extractor; extractor hook
抽桶 bailer
抽头 pigtail; tap(ping); wrapping off
抽头变换开关 tap switch
抽头变换器 tap changer
抽头变压器 subdivided transformer; tap(ped) transformer
抽头的 tapped
抽头点 tapping point
抽头电感 tapped inductance
抽头电缆 tapping cable
抽头电路 tapped circuit
抽头电势计式函数发生器 tapped-potentiometer function generator
抽头电位计式函数发生器 tapped-potentiometer function generator
抽头电压 tap voltage
抽头法调节 tapped control
抽头分压器式函数发生器 tapped-potentiometer function generator
抽头改变器 tap changer
抽头换接器 tap changer
抽头激磁控制 tap-field control
抽头降压 tap down
抽头接头 tap joint
抽头开关 tapping switch
抽头控制 tapping control
抽头控制器 tapped control
抽头切换 tap changing
抽头切换开关 tap changing switch; tap switch
抽头绕 split winding type synchronous motor
抽头绕组 split winding; tapped winding
抽头绕组式测向器 split winding goniometer
抽头绕组式同步电动机 split winding type synchronous motor
抽头式电热器 tapped heater
抽头式电容器 multiple unit capacitor; tapped capacitor
抽头式电位器 tap potentiometer
抽头式电阻器 tapped resistor
抽头式分压器 tapered potentiometer
抽头式函数电位计 tapped function potentiometer
抽头式焊机 welder with taps
抽头调谐电路 tapped-tuned circuit
抽头线 tap(ped) line
抽头线圈 tapped coil
抽头燕尾榫 half-blind dovetail
抽头译码电路 tap decode circuit
抽头匝数比 tapping ratio

抽头中心 tapped center[centre]
抽头转换开关 tap changer; tap changing device
抽涂 conveyer-type coating
抽涂涂层 squeegee coat
抽吸 aspiration; bailing; pump(ing); suck; suction; swabbing
抽吸泵 aspirating pump; aspiration pump; aspiring pump; dump pump; lifting pump; negative displacement pump; sucking pump; suction pump
抽吸泵站 suction plant; suction pump
抽吸部分 suction part
抽吸采样器 pumping sampler
抽吸侧 suction side
抽吸成套设备 pumping outfit
抽吸成型 suction mo(u)ld
抽吸冲洗两用管 combination suction and flushing line
抽吸导管 suction catheter; suction lead
抽吸地下水 pumping ground water
抽吸点 suction point
抽吸法 suction method
抽吸法沉埋锚桩 suction pile anchor
抽吸功 pumping works
抽吸功率 pumping power
抽吸管 aspiration piping; suction pipe; withdrawal tube
抽吸管线 suction line; suction pipeline; suction pipelining
抽吸过滤器 suction strainer
抽吸混凝土板 pumper
抽吸机 aspirating engine; suction machine
抽吸机汽缸 aspirating cylinder
抽吸极限 pumping limit
抽吸浇铸 suction casting
抽吸胶管 suction hose
抽吸接缝 pumping joint
抽吸空气 suction air
抽吸空气的 suction pneumatic
抽吸空气室 suction air chamber
抽吸力梯度 suction gradient
抽吸量 pumping draft
抽吸能力 intake capacity; suction ability; suction power
抽吸喷射器 suction jet
抽吸喷嘴 suction nozzle
抽吸器 aspirator; sucker
抽吸强度 suction intensity
抽吸清洁器 suction cleaner
抽吸清洗法 suction method of cleaning
抽吸区 suction zone
抽吸软管 suction hose
抽吸射流器 suction jet
抽吸式泵站 suction plant
抽吸式布滤除尘器 suction type cloth filter dust collector
抽吸式布滤集尘器 suction type cloth filter dust collector
抽吸式风速计 suction anemometer
抽吸式高温计 suction pyrometer
抽吸式气动输送机 vacuum pneumatic conveyer[conveyor]
抽吸式悬移质采样器 pumping-type suspension load sampler; suction type suspension load sampler
抽吸式悬移质取样器 pumping-type suspended sediment sampler
抽吸式装料机 suction loader
抽吸输送机 suction conveyer[conveyor]
抽吸树液置换处理 suction sap displacement
抽吸速度 pumping speed
抽吸特性 suction quality
抽吸提升机 pumping lift
抽吸系数 suction coefficient
抽吸效率 pumping efficiency

抽吸卸料用抽风机 extraction fan
抽吸性能 suction property
抽吸压(力)suction pressure
抽吸诱导油流 swab back into production
抽吸与处理受污染地下水的净化技术 pump and treat technique
抽吸张力 suction tension
抽吸罩 suction hood
抽吸支管 suction branch
抽吸作用 chimney effect;flue effect;pumping action;stack effect;sucking action;swab;swabbing action;swabbing effect <深井钻探>
抽稀 vacuate
抽洗过的岩心 extracted core
抽咸换淡 pumping saline water and replenish fresh
抽象表现派 tachism
抽象程序 abstract program(me)
抽象代码 abstract code
抽象代数 abstract algebra
抽象单(纯)形 abstract simplex
抽象单体 abstract individual
抽象的 abstract;ivy;transcendental
抽象度 level of abstraction
抽象对象 abstract object
抽象范数 abstract norm
抽象方案模型 abstract-alternative model
抽象符号 abstract symbol
抽象概念 abstract(ion)
抽象工具 abstraction tool
抽象观点 abstraction
抽象化 abstraction
抽象画 abstract painting
抽象机 abstract machine
抽象集 abstract set
抽象交通方式(运具)模型 abstract mode model
抽象阶段 level of abstraction
抽象结构 abstract structure
抽象空间 abstract space
抽象劳动 abstract labo(u)r
抽象量 abstract quantity
抽象码 abstract code
抽象模型 abstract model
抽象模型机构 abstract mechanism
抽象派 abstractionism;abstractionist school
抽象派风格 abstract expression
抽象派拼贴画 collage
抽象派艺术 minimal art
抽象平均数 abstract average
抽象驱力 abstract drive
抽象群 abstract group
抽象实域 abstract real field
抽象术语 abstract term
抽象数 abstract number
抽象数据 abstract data
抽象数据结构 abstract data structure
抽象数据库 database abstraction
抽象数据类型 abstract data type
抽象思维 abstract thinking
抽象图 abstract directed graph;abstract drawing
抽象推理 abstract reasoning
抽象系统 abstract system
抽象信号 abstract signal
抽象形式 abstract form
抽象艺术 abstract art
抽象语法 abstract syntax
抽象原理 abstract mechanism
抽象原则 principle of abstraction
抽象主义 nonobjectivism
抽象字段 concept field
抽象字母 abstract alphabet
抽象自动机 abstract automation
抽象自动机理论 abstract automata theory
抽芯 loose core;pulling core
抽芯合页 heave-off hinge;loose pin butt hinge;pin hinge
抽芯铰链 heave-off hinge;loose butt hinge;loose pin hinge;lift-off butt;pin hinge
抽芯接头 loose tongue joint
抽芯楼板构件 cored-out floor unit
抽芯铆钉 self-plugging rivet
抽芯斜接 miter joint with spline
抽芯轴铆钉 pull mandrel rivet
抽蓄式水力发电厂 pumped-storage hydro-electric(al)plant
抽蓄式水力发电站 pumped-storage hydro-electric(al)plant
抽血 blood bleeding
抽压机 Hytor
抽压联合通风 plenum-exhaust ventilation;supply exhaust ventilation
抽压油壶 thumb pressure oil can
抽烟机 smoke extractor
抽烟气机 flue gas exhauster
抽烟器 fume extractor
抽验 pick test;snap check <检验通话次数>
抽扬泵 lift pump
抽样 exampling;random check;random sampling;sample drawing;sampling(action);spot-check;spot sampling;test check
抽样保持开关 sample-hold switch
抽样保持桥路 sample-and-hold bridge
抽样比 sampling fraction;sampling ratio
抽样变换器 sampling switch
抽样标准离差 sample standard deviation
抽样表示法 representative method of sampling
抽样波形曲线 sampling wave form
抽样不定性 sample uncertainty
抽样参数计算 sampling parametric(al)computation
抽样测试 sample testing
抽样程序 sample program(me)
抽样齿轮 sample gear
抽样触发器 sample flip-flap
抽样单位 sampling unit;unit of sampling
抽样的 sampled
抽样点 sample point;sampling point
抽样电路 sampling circuit
抽样调查 panel study;sample survey;sampling survey;sampling investigation
抽样调查法 sampling survey method
抽样定理 sampling theorem
抽样多项式 sampling polynomial
抽样法 sample[sampling] method;sampling procedure
抽样范围 sample range
抽样方案 sampling plan
抽样方法 sampling method
抽样分布 sampling distribution
抽样分布方差 sampling variance
抽样分布论【数】theory of sampling distribution
抽样分配 sample distribution
抽样分数 sampling fraction
抽样分析 sampling analysis
抽样公差 sampling tolerance
抽样观测 sampling survey
抽样过程 sampling process
抽样函数 sample function;sampling function
抽样号码 sample number
抽样回归分配 sampling regression distribution
抽样机 sampler
抽样畸变 sampling distortion
抽样计数 sample count
抽样技术 sampling technique
抽样间隔 sample interval;sampling interval
抽样间距 sample interval
抽样检测器 sampling detector
抽样检查 curtailed inspection;pick test;sample survey;sampling inspection;sampling survey;spot-check;spot test
抽样检查方案 sampling inspection plan
抽样检查控制 control sampling inspection
抽样检查设计 sample survey design
抽样检验 pick test;sample[sampling] survey;sampling check;sampling inspection;test by sampling;verification by sampling
抽样检验方法 sampling plan
抽样检验室 sampling chamber
抽样交通调查 sample traffic survey
抽样交通检查 sample traffic survey
抽样孔 sampling aperture
抽样控制 sampling control
抽样控制器 sampling controller
抽样理论 sampling theory
抽样率 sample rate;sample ratio;sampling fraction
抽样率倒数 sampling factor
抽样脉冲 sampling pulse
抽样脉冲发生器 sampling pulse generator
抽样门 sampling gate
抽样模拟计算机 sampled analog computer
抽样模拟数据 sampled analog(ue) data
抽样频次 frequency of sampling
抽样频率 frequency of sampling
抽样器 sample drawing;sampler
抽样区间 sampling interval
抽样确定性 sample certainty
抽样射束 sampled beam
抽样时段 sampling time interval
抽样时间 sample time;sampling time
抽样时间截口 sample time aperture
抽样示波器 sampling oscilloscope;samploscope
抽样试验 extraction test;lot test;odd test;pick test;prototype test(ing);random test;sample[sampling] test
抽样输入 sample input
抽样数 sampling number
抽样数据 sampled data
抽样数据方式 sampled-data mode
抽样数据计算机 sampled-data computer
抽样数据控制 sampled-data control
抽样数据控制系统 sampled-data control system
抽样数据系统 sampled-data system;sampling data system
抽样数据转换器 box car
抽样瞬间 sampling instant
抽样伺服机构 sampling servomechanism
抽样速率 sampling rate
抽样统计 sample count
抽样统计量 sampling statistics
抽样统计学 sampling statistics
抽样头 sampling head
抽样维持电路 sample-hold circuit
抽样误差 errors of sampling;sample[sampling] error
抽样系统 sampling system
抽样相关器 sampling correlator
抽样协议 sample agreement
抽样信号 sampled signal
抽样性质 sampling property
抽样延迟 sample delay
抽样验收计划 acceptance sampling plan
抽样验证 verification by test and scrutiny
抽样因子 decimation factor
抽样噪声 sampling noise
抽样正态分布 sampling normal distribution
抽样值 sample value
抽样中位数 sample median
抽样中位值 sample median
抽样周期 period of sampling;sampling cycle;sampling period
抽样转储 snapshot dump
抽样状态 sample mode
抽样总体 population of samples;sampled population;sampling population
抽样组数 number of sets of sample
抽样最大误差 ultimate error of sampling
抽样作用 sampling action
抽引风力 suction draught
抽引通风 suction draft
抽印本 off-print
抽油 oil pumping;pumping oil;stand oil
抽油泵 defueling pump;drainage pump;oil-well pump
抽油杆 pumping rod;rod-line;sucker pole;sucker rod
抽油杆扳手 sliding iron
抽油杆打捞器 pump rod fishing socket
抽油杆大钩 sucker rod hook
抽油杆导向器 sucker rod guide
抽油杆的拉长 rod stretch
抽油杆吊环 rod-line connecting links
抽油杆接箍 pump rod joint;sucker rod joint
抽油杆接头 pump rod joint;sucker rod joint
抽油杆悬挂器 sucker rod hanger
抽油杆旋转器 rod rotor
抽油杆震击器 sucker rod jar
抽油杆柱 rod string;string of rods
抽油机 beam pumping unit;oil extractor;oil pumping unit;oil sucking machine;pumping jack;pumping unit
抽油机减速装置 pumping gear
抽油机游梁传动泵 tail pump
抽油井 pumping well;well pumping
抽油器 oil dipper
抽油枪 oil drawing gun
抽油烟机 cooker hood
抽油装置 oil jack;oil rig;pumping installation
抽运 pumping
抽运波导 pump waveguide
抽运灯 pumping lamp
抽运电路 pumping circuit
抽运反射器 pump reflector
抽运辐射 pumping radiation
抽运功率 draw power
抽运功率级 pumping power level
抽运光照明 pump lighting
抽运过程 pumping process
抽运机械 pumping machinery
抽运脉冲长度 pumping pulse length
抽运脉冲 pumping pulse
抽运能 pumping energy
抽运能级 pumped level
抽运能力 pumpage
抽运气体 pumped gas
抽运强度 pumping intensity
抽运速率 pumping rate
抽运调节 pump adjustment
抽运效率 pumping efficiency

抽运谐振腔 pump cavity
抽运信号 pumping signal
抽运阈值 pumping threshold
抽运源 pumping source
抽运周期 pumping cycle
抽渣筒 ballast bailer
抽真空 creation of vacuum;pick-up suction;vacuation;vacuum supply;evacuation
抽真空操作 vacuum pumping
抽真空度 suction
抽真空管道 vacuum lead
抽真空口 vacuum orifice
抽真空设备 vacuum extractor
抽真空时间 pump-down time
抽真空系统 pumped vacuum system;vacuum pumping system
抽真空罩 evacuated housing
抽真空装置 vacuum extractor
抽纸 paper extraction
抽柱 transfer column
抽子个数 number of swabs
抽子外径 outside diameter of swab
抽子下入深度 swabbing depth
抽子形式 type of swab

绸灯 silk lantern

绸灯罩 silk lamp shade
绸缎 drapery
绸缎店 mercery
绸缎类 mercery
绸缎悬饰 Damask-hung
绸坯 greig(e)
绸丝 bourette silk;bourette yarn
绸丝梳绵机 bourette silk card
绸纹钡地纸 baryta coated paper card;silk surface
绸纹纸 embossed paper

畴 domain

畴壁 domain boundary;domain wall
畴壁翻转 domain-wall switching
畴壁共振 domain-wall resonance
畴壁矫顽力 domain-wall coercivity
畴壁蠕移 wall creep
畴壁速度 domain-wall velocity
畴壁效应 wall effect
畴壁运动 domain wall movement
畴丛 cluster of domains
畴的生长 domain growth
畴尖 domain tip
畴尖存储器 domain-tip memory
畴尖器件 domain tip device
畴结构 domain structure
畴界 domain boundary
畴理论 domain theory
畴模式 domain mode
畴稳定性 domain stability
畴转动 domain rotation
畴状结构 domain texture

稠拌 <混凝土或灰浆的> dry consistency[consistence];stiff consistence

稠拌和 stiff consistency mix
稠拌灰浆 dry mortar
稠的 stiff
稠地沥青 heavy asphalt
稠度 consistence;degree of consistency[consistence];impending slough;mastic;stiffness stiffener;thickness
稠度杯 consistency cup
稠度比重计 areopycnometer[areopyknometer]
稠度变量 consistency variable
稠度不合适 consistency incorrect
稠度测定方法 consistence measurement method
稠度大小 consistence degree
稠度的测定 measurement of consistency
稠度范围 consistence[consistency] range
稠度分析器 consistency analyser[analyzer]
稠度改变 thickness change
稠度规 consistency ga(u)ge
稠度极限 Atterberg limit;consistence [consistency] limit;limit of consistency
稠度计 consistence[consistency] ga(u)ge;consistence meter;consistometer;needle penetrometer;penetrometer
稠度计测定值 penetrometer number
稠度检测器 consistency detector
稠度检查 consistency check
稠度界限 consistence[consistency] limit;limit of consistency
稠度控制器 consistency controller
稠度快速检验 accelerated consistency test
稠度快速试验 accelerated consistency test
稠度试验 consistence[consistency] test
稠度试验台 consistency test table;flow table;flow table test
稠度台试验 <英国对混凝土稠度的一种试验方法> flow table test
稠度探测仪 consistency probe
稠度探针 consistency probe
稠度调节器 consistency regulator;consistodyne
稠度系数 coefficient of consistency;consistence [consistency] coefficient;consistence[consistency] factor
稠度限度 consistency limit;limit of consistency
稠度要素 consistency factor
稠度仪 consistence[consistency] meter;consistency ga(u)ge;consistometer;needle penetrometer;penetrometer;plastograph <测混凝土稠度用>
稠度因素 consistence factor
稠度值 consistometric value
稠度指标 consistency index;relative consistence[consistency]
稠度指示器 consistence[consistency] indicator
稠度指数 consistence[consistency] index;relative consistence[consistency];relative plasticity index
稠度指数性质 consistency indexproperty
稠度状态 consistency state
稠非水相液体 dense non-aqueous phase liquid
稠粪肥 dense manure
稠膏 thick paste
稠合的 condensed
稠合的环烷烃 condensed cycloalkane
稠合的双环环烷烃 condensed 2-ring cycloalkane
稠合多环系 fused polycyclic system
稠合芳香烃 condensed aromatics
稠合六元环 fused six-membered rings
稠合名称 fusion name
稠合三环环烷烃 condensed 3-ring cycloalkane
稠合油 condensed oil
稠核 condensed nucleus
稠黑 dense black
稠厚的 heavy-bodied
稠厚性 body
稠厚浆料 stiff batch
稠化 bodying;densification;fatten(ing);feeding-up;live ring;multiviscosity
稠化的釉浆 slop glaze
稠化过程 densification;thickening
稠化混合剂 densifying agent
稠化剂 densifier;gelatinizer[gelatiniser];thickening agent
稠化器 densifier;thickener
稠化燃料 thickened fuel
稠化润滑油 multigraded oil
稠化时间 thickening time;thickness time
稠化松节油 fat turpentine
稠化油料 multiviscosity oil;thickened oil
稠环 condensed nucleus;condensed ring;fused ring
稠环化合物 condensed ring compound;fused ring compound
稠环烃 condensed nuclear hydrocarbon;hydrocarbon with condensed rings
稠环系 condensed ring system
稠灰浆 heavy mortar
稠混凝土 dry concrete;heavy concrete
稠活性废液 solid active waste
稠机油 non-fluid oil
稠碱槽 lye graduating tank
稠浆 heavy paste;stiff paste
稠浆拌合[和]物 rich mix(ture)
稠胶 thick glue
稠结润滑脂膏 cup grease
稠介质 dense medium
稠介质处理 dense medium treatment
稠聚合油 strong stand oil
稠梨 European bird cherry
稠沥青 heavy bitumen
稠料器 decker
稠密 compactedness;thickness
稠密沉积 compacting settling
稠密的 compact;thick-set;dense;thick
稠密的居民区 jungle
稠密的居住区通信[讯] jungly communication
稠密地区 closed space;congested area
稠密电离 dense ionization
稠密电路 jungle circuit
稠密度 consistency;degree of density
稠密度计 consistency meter;densimeter;penetrometer
稠密工厂区 jungle
稠密集 dense set
稠密建筑区 high-density development
稠密居住区 densely populated area;densely settled area;jungle
稠密矩阵 dense matrix
稠密人口 over-crowding population
稠密人流 dense crowd
稠密索引 dense index
稠密液体地基 dense liquid foundation;dense liquid subgrade
稠密液体路基 dense liquid subgrade
稠密子集 dense subset
稠密子图 dense subgraph
稠模塑料 thick mo(u)lding compound
稠泥浆 thick mud
稠泥浆洗井 thickening flushing
稠黏[粘]的 slabby
稠黏[粘]度 macroviscosity
稠黏[粘]润滑油 cup grease
稠黏[粘]土浆 puddle
稠黏[粘]液 pituita
稠黏[粘]液的 pituitary;pituitous
稠脓 cheesy pus
稠诺牌灰浆 <一种吸声灰浆> Zono
稠砂浆 heavy mortar
稠熟油 strong stand oil
稠水泥浆 cementing paste;stiff cement grout;strong cement grout;thick cement grout
稠水泥砂浆 heavy mortar
稠丝细纱机 bourette spinning machine
稠涂料 heavy-bodied paint;high build paint;viscous paint
稠污泥 heavy sludge
稠性 consistence[consistency]
稠性绝缘剂 <用于浸渍高压电缆绝缘纸> non-draining compound
稠性限度 limit of consistency
稠亚麻子油 bodied linseed oil
稠叶栅 high-solidity cascade
稠液 magma
稠液比重测定法 areometry
稠液比重计 areopycnometer[areopyknometer]
稠液过滤器 magma filter
稠液密度 magma density
稠硬混凝土 stiff concrete
稠硬油 livered thickened oil
稠油 stand oil;thick oil
稠油废水 heavy oil wastewater;thick oil wastewater
稠油润滑 viscous lubrication
稠杂环 fused heterocycle
稠渣 dry slag
稠汁 thick juice
稠汁压滤机 thick juice press
稠汁亚硫酸化 thick juice sulfitation
稠脂 consistent fat
稠脂肪 consistent fat

筹备 organize

筹备费(用) start-up cost;organization cost;preliminary charges;preliminary expenditures;preliminary expenses;preparation expenses
筹备工作 preparations;preparatory works
筹备活动 preparatory activity
筹备委员会 preparatory committee
筹备小组 preparatory group
筹备中 in preparation;on the stocks
筹备组 steering committee
筹措 raising
筹措建造资金 construction financing
筹措建筑资金 construction financing
筹措资金 financing;raise funds
筹划 block in;block out;devise;planning and preparation
筹划不周难以实现的计划 house of cards
筹划人 deviser
筹划指导委员会 <团体组织中的> steering committee
筹集长期资金 long-term financing
筹集高额资金 high-level of financing
筹集股份资本 call for share capital
筹集现金 making the cash
筹集资本 call for capital;capital financing
筹集资金 capital raising;club resource;financing;raising of founds
筹集资金债券 funding bond
筹建处 project preparation section
筹建费用 establishment charges
筹建项目 project in preparation
筹借国内外资金 mobilize domestic and foreign capital
筹款 financing;fund raising;make a raise;make-up a purse;raise;raise

funds;raise money
筹款方法 money raising method
筹款进行的投资 investment financed
筹码 counter
筹码机 counter tally
筹募基金 solicit for funds
筹资 finance;financing;fund raising;raising fund
筹资安排 financing arrangement
筹资成本 financing cost
筹资方法 financing technique;method of financing
筹资费用 cost of financing
筹资机构 financing body
筹资决策 financing decision
筹资开办 flo(a)tation
筹足(款项)lay-on the line
筹足资金 raise adequate finance

酬报 quittance

酬答 reciprocation
酬金 commission;consideration money;fee;hono(u)rarium;remuneration;reward
酬劳 remuneration(of labo(u)r)
酬劳费 fee
酬劳费账目 commission account
酬劳金 reward
酬劳薪金及津贴 emoluments;salaries and allowances
酬赏成果化 compensation by result

丑陋的特征 ugliness

丑陋的外观 ugliness

臭虫 bedbug;bug;chinch

臭椿 tree of heaven Ailanthus;tree of the Gods
臭椿属 <拉> ailanthus
臭椿属树种 ailanthus
臭葱石 scorodite
臭的 odo(u)rous
臭电处理 electrotreatment of odo(u)r
臭蒿【植】artemisia annua
臭灰岩 stinkstone;swinestone
臭迹 scent
臭沥青石灰岩 fetid bituminous limestone
臭硫 trithioozone
臭煤 stink coal
臭木 Cape walnut;stinkwood
臭气 bad smell;effluvium[复 effluvia];foul smell;malodo(u)r;odo(u)r;off-flavo(u)r;reek;sour gas;stench;stink
臭气测定装置 odo(u)r measuring device
臭气臭氧氧化法 oxidation of odo(u)r by ozone
臭气处理 odo(u)r treatment
臭气催化处理 catalytic odo(u)r treatment
臭气单位 odo(u)r unit
臭气度(指数)odo(u)r intensity index
臭气发散 odo(u)r emission
臭气防止 offensive odo(u)r control
臭气隔绝 odo(u)r barrier
臭气控制 odo(u)r control
臭气浓度 odo(u)r concentration
臭气浓度限度 threshold odo(u)r
臭气喷水处理(法)water spray treatment of odo(u)r
臭气强度 odo(u)r intensity
臭气土壤过滤器 soil filter of odo(u)r
臭气污染 odo(u)r nuisance;odo(u)r pollution;stink pollution
臭气吸收处理 absorption treatment of odo(u)r
臭气抑制剂 odo(u)r inhibitor
臭气影响 odo(u)r effect
臭气阈 odo(u)r threshold
臭气阈值浓度 odo(u)r threshold concentration
臭气源 odo(u)r source
臭气治理 odo(u)r treatment
臭气治理方法 odo(u)r treatment method
臭石 stinkstone
臭石灰 swinestone
臭树树脂 nicoulin
臭数 odo(u)r index
臭水 foul water
臭味 natal smell;odious smell;odo(u)r;odo(u)r and taste;smelling;unpleasant smell;unpleasant taste
臭味测定(法)odo(u)rimetry;olfactometry
臭味公害 odo(u)r nuisance
臭味拟制剂 odo(u)r control additive
臭味强度 odo(u)r intensity
臭味强度指数 odo(u)r intensity index
臭味试验 odo(u)r test;smell test(ing)
臭味特性 specific odo(u)r and taste
臭味特征 characteristics of odo(u)r and taste
臭味吸附 deodo(u)rization by adsorption
臭味消除 elimination of odo(u)r and taste
臭味阈值 odo(u)r threshold value
臭氧 ozone
臭氧苯 ozobenzene
臭氧变化 ozone change
臭氧测定法 ozonometry
臭氧测定术 ozonometry
臭氧测定仪 ozonometer
臭氧测量器 ozonoscope
臭氧测量站 ozone measuring station
臭氧测量装置 ozone measuring device
臭氧层【气】ozone layer;chemosphere;ozonosphere
臭氧层的厚度 thickness of the ozone layer
臭氧层的衰减 ozone layer degradation
臭氧层的消耗速率 rate of ozone layer depletion
臭氧层顶 chemopause
臭氧层耗竭 ozone layer depletion
臭氧层耗尽 depletion of ozone layer
臭氧层厚度 ozone thickness
臭氧层空洞 ozone hole
臭氧层空洞的复原 recovery of the ozone hole
臭氧层空洞的扩大 expansion of the ozone hole
臭氧层破坏 destruction of ozone layer;ozone layer destroy
臭氧层损耗 ozone layer loss
臭氧层退化 ozone layer degradation
臭氧层问题协调委员会 Coordinating Committee on the Ozone Layer
臭氧层消耗 depletion of ozone layer
臭氧层消耗潜能量 ozone layer depleting potential
臭氧层逐渐变薄 ozone thinning;thinning of the ozone layer
臭氧产生者 ozone producer
臭氧场 ozone field
臭氧处理 ozone treatment;ozonization;ozonize
臭氧处理装置 ozonization plant
臭氧单位 ozone unit;unit of ozone
臭氧的 ozonic;ozonous
臭氧的白日分布曲线 diurnal ozone profile
臭氧的垂直方向分布 ozone's vertical distribution
臭氧的催化分解循环 catalytic ozone destruction cycle
臭氧的地理分布 geographic(al) ozone distribution
臭氧的地平方向分布 ozone's horizontal distribution
臭氧的高度分布 ozone's vertical distribution
臭氧的高度分布曲线 ozone profile
臭氧的光化学 photochemistry of ozone
臭氧的空间分布 spatial ozone distribution
臭氧的平衡浓度 equilibrium ozone concentration
臭氧的气体前体 precursor gas of ozone
臭氧的铅直分布 vertical distribution of ozone
臭氧的全球输送 global ozone transport
臭氧的日分布曲线 daytime ozone profile
臭氧的上升输送 upward ozone transfer
臭氧的时空分布 time-space distribution of ozone
臭氧的水平输送 horizontal ozone transport
臭氧的稳定状态 ozone steady state
臭氧的向上输送 upward ozone transfer
臭氧灯 ozone lamp
臭氧顶层 chemopause
臭氧洞 ozone hole
臭氧毒性 ozone toxicity
臭氧二磺酸靛蓝分光光度计 ozone-indigo disulphonate spectrophotometry
臭氧发生器 air ozonizer;ozonator;ozone generator;ozone machine;ozoniser[ozonizer]
臭氧反应器 ozone reactor
臭氧反应塔 ozone reaction column
臭氧防护屏 protective ozone shield
臭氧分布图 ozone map;ozonogram
臭氧分光光度计 ozone spectrophotometer
臭氧分解 ozone decomposition;ozonolysis
臭氧分解反应 ozonlysis reaction
臭氧分压 ozone partial pressure
臭氧改性物质 ozone modifying substance
臭氧观测 ozone observation
臭氧观测记录 ozone observational record
臭氧观测站 ozone observing station
臭氧光谱学 ozone spectroscopy
臭氧规律 ozone regime
臭氧含量 ozone content
臭氧耗竭 ozone depletion
臭氧合成法 ozone synthesis
臭氧化 ozonization;ozonize
臭氧化法 ozonization method
臭氧化降解 ozonization degradation
臭氧化空气 ozonized air
臭氧化器 <地表上空 20~50 千米间的大气层> ozonizer
臭氧化前体 ozone precursor
臭氧化物 ozonide
臭氧化作用 ozonidation;ozon(iz)ation
臭氧混凝土工艺 ozone-coagulation process
臭氧活性炭法 ozone-activated carbon method
臭氧活性炭光催化工艺 ozone-activated carbon-photocatalysis process
臭氧活性炭生物膜 ozone-activated carbon biofilm
臭氧机 ozone instrument;ozone machine
臭氧计 ozone meter;ozonometer
臭氧记录 ozone record
臭氧技术 ozone technology
臭氧剂 ozonidate
臭氧监测 ozone monitoring
臭氧监测仪 ozone monitor
臭氧监测站 ozone monitoring station
臭氧减少 drop in ozone;ozone decline;ozone decrease;ozone diminution;ozone drop
臭氧检验器 ozonoscope
臭氧降解作用 ozone degradation
臭氧、降水分布 distribution of ozone, precipitation
臭氧接触器 ozone contactor
臭氧净化剂 ozone scavenger
臭氧龟裂 ozone crack;ozone-induced cracking
臭氧科学 ozone science
臭氧控制 ozone control
臭氧老化 ozone ag(e)ing
臭氧老化试验箱 ozone box
臭氧离差 ozone deviation
臭氧量测计 ozonometer
臭氧裂解反应 ozonolysis
臭氧慢速砂滤池生物膜 ozone-slow sand filtration biofilm
臭氧模型 ozone model
臭氧浓度 ozone concentration
臭氧浓度低的空气 ozone poor air
臭氧浓度高的空气 ozone rich air
臭氧浓度极小值 ozone minimum
臭氧平衡 ozone balance;ozone equilibrium;ozone steady state
臭氧平均总量 average total amount of ozone;average total ozone
臭氧屏蔽 ozone shield
臭氧破坏 ozone destruction
臭氧气柱消耗总量 total column ozone depletion
臭氧气柱总量 total ozone column
臭氧铅直分布图 height profile of ozone;vertical profile of ozone
臭氧强化生物活性炭 ozone enhanced biologically active carbon
臭氧侵蚀 ozone attack
臭氧清除剂 ozone scavenger
臭氧趋势 ozone trend
臭氧圈 ozonosphere
臭氧生产机 ozonizer
臭氧生物膜过滤 ozone-biofilm filtration
臭氧试纸 tetra paper
臭氧收支 ozone budget
臭氧输送 ozone transport
臭氧-水接触反应器 ozone-water contact reactor
臭氧-水接触反应装置 ozone-water contact reactor
臭氧损耗 ozone loss
臭氧-炭反应 ozone-carbon reaction
臭氧探测 ozone sounding
臭氧探测站 ozone sounding station
臭氧探空仪 ozonesonde
臭氧特性 behavio(u)r of ozone;ozone behavio(u)r
臭氧通风设备 ozone ventilating plant
臭氧通气设备 ozone ventilating plant
臭氧图 <电化学探空仪得出的臭氧分布> ozonagram

C

臭氧脱色 ozone decolo(u)rization
臭氧尾气处理 ozone tail gas treatment
臭氧纬向输送 zonal ozone transport
臭氧污染 ozone pollution
臭氧无机吸附剂 ozone-inorganic adsorbent
臭氧物还原分解 reductive ozonolysis
臭氧吸收 ozone absorption
臭氧吸收池 ozone sink
臭氧稀释效应 ozone dilution effect
臭氧下沉 downward ozone transport
臭氧向下移动 downward ozone transport
臭氧消毒 disinfection by ozone; ozone disinfection; ozon(iz)ation
臭氧消毒法 disinfection method by ozone; ozone disinfection
臭氧消毒副产物 ozone disinfection by-products
臭氧消毒机 ozonizer
臭氧消毒装置 ozonization plant
臭氧消耗 ozone diminution; ozone drop
臭氧消耗潜能值 ozone-depleting potential; ozone-depletion potential; ozone-destroying potential
臭氧消耗物质的消费领域 consumption area of ozone depleting substances
臭氧小洞 migratory sypminihole
臭氧循环 ozone cycle
臭氧研究管理人 ozone research manager
臭氧氧化 ozone oxidation; ozon(id)ation
臭氧氧化法 ozonation process; ozone oxidation method; ozone oxidation process; ozonidation method
臭氧氧化副产物 ozonation by-products
臭氧氧化生物活性炭 ozonation biological activated carbon
臭氧氧化生物活性炭工艺 ozonation biological activated carbon process; ozone biological activated carbon process
臭氧氧化污泥最小化技术 ozonation sludge minimization technology
臭氧异常事件 ozone episode
臭氧用量 ozone dosage
臭氧预氧化 ozone preoxidation
臭氧云 ozone cloud
臭氧增加 ozone increase
臭氧站 ozone station
臭氧值 ozone value
臭氧纸 ozone paper
臭氧指数 ozone index
臭氧制造者 ozone producer
臭氧中毒 ozone intoxication; ozone poisoning
臭氧逐渐减少 decline in ozone
臭氧资料 ozone data
臭氧总含量 total ozone content
臭氧总量绘图系统 total ozone mapping system
臭氧总量离差 total ozone deviation
臭氧总量起伏 total ozone oscillation
臭氧总值 integrated ozone value
臭氧组合工艺 ozone-coagulation process
臭氧作用后 post-ozonation
臭鼬 skunk
臭鼬油 skunk oil
臭阈值 odo(u)r threshold

出白 bare the metal; baring

出白级喷砂 bright blast
出版比例尺 publication scale
出版次数 published times
出版大楼 press building
出版单位 issuing office; publisher
出版的版权 copyright to publishing
出版合同 contract of publication
出包方式 contracted basis
出包工程应付费用 cost accrued in construction contract
出包公司 contracting company
出波 efferent echo
出布装置 cloth discharge device; outlet assembly
出材量 mill run
出材率 outturn; lumber recovery <木材成材的>
出踩 extension of bracket
出仓单【商】 warehouse book
出糙率 rate of husked rise
出层顶管道 through-roof pipe
出岔 branch off
出差错 out-of-true
出差的 outbound
出差 evection; mission assignment
出差潮 evectional tide
出差费 travel(l)ing expenses
出差津贴 mission allowance; per diem; travel(l)ing allowance
出差旅费 travel on official business
出差旅行 journey on duty
出产 afford; output; turn-off
出产的 yielding
出产量 output capacity
出产数据 outgoing data; output data
出厂 ex-store
出厂包装的 factory packed
出厂编号 identification number
出厂标准 company standard
出厂长度 completed length; factory length <一般指电缆的>
出厂钢印 <钢材> brand
出厂合格率 ex factory pass rate
出厂厚度负公差 mill under-thickness tolerance
出厂价(格) dock price; ex-factory price; factory(gate) price; mill-gate price; net back price; ex-works; shop cost
出厂检验 delivery inspection; ex-factory inspection; factory inspection
出厂控制 factory-adjusted control
出厂前验收试验 acceptance testing
出厂前油漆 shop painting
出厂前油漆的 shop painted
出厂前油漆涂层 shop coat
出厂日期 date of manufacture; date of production; release date
出厂试车 shop trial
出厂试验 ex-works test; routine factory test; shop trial
出厂税 factory tax
出厂说明书 shop instruction
出厂调整 factory-adjusted(control)
出厂调整值 factory-set value
出厂涂层 shop coat
出厂温度 discharge of temperature
出厂证明书 certificate of manufacture
出厂证(书) certificate of merchandise; delivery certificate; manufacturer's certificate; testing certificate
出厂质量 outgoing quality
出场车 pull-out vehicle
出场给料(漏)斗 <向地下输送机给料的> reclaimer; reclaim [reclaiming] hopper
出场时间 pull-out time
出场输送机 reclaiming conveyer[conveyor]
出超 excess of exports; export surplus; favo(u)rable balance of trade; overbalance of exports; trade surplus
出潮口 tidal outlet
出车 carriage-out; drawing out
出车报单 journey report
出车时间 vehicle line haul hour
出车台 landing
出车准备 dispatch delay
出尘设备 dust exhausting equipment
出成果 produce result
出成率 yield
出城 out of town
出城道路 outlet road
出城通勤交通 out-commuter
出城月票乘客 out-commuter
出处角色 source case
出处说明 credit limit
出错 error; make mistakes; malfunction; mistake
出错报警 error alarm
出错处理 error handling
出错登记程序 error logger
出错登记管理程序 error log manager
出错登记文件 error registering file
出错返回 error return
出错返回地址 error return address
出错封锁 error lock
出错复修 corrective maintenance
出错恢复 error recovery
出错记录 error log
出错记录管理程序 error log manager
出错检查 bug check
出错控制技术 error control technique
出错列表 error listing
出错率 error rate; error ratio
出错频率界限 error frequency limit
出错条件 error condition
出错维修 corrective maintenance; remedial maintenance; unscheduled maintenance
出错维修时间 corrective maintenance time; unscheduled maintenance time
出错信号 error signal
出错信息 error message
出错诊断 error diagnostics
出错指示 error indication
出错指示符 error indicator
出错中断 error interrupt
出错注释 error comment
出单公司 issuing company; issuing corporation
出等电话通信[讯]业务 medium telephone message traffic
出抵人 mortgagor
出地面管道 projection conduit
出吊臂角度 boom angle
出动 turnout
出动时间 attack time
出洞段 exit section
出洞盾构 starting shield from shaft
出度 out-degree
出端反射镜 outgoing mirror
出端剂量 exit dose
出段线【铁】 departure line from depot; line for locomotive to station yard
出队列函数 departure function
出多入少法 more-out-than-in method
出耳子 earing
出发 depart(ure); set(ting) out; starting; throw off
出发编组 outbound marshalling
出发表示器 starting indicator
出发侧线 departure siding; forwarding siding
出发场 forwarding yard; outbound yard; departure yard
出发车场 departure yard
出发道路 initial carrier
出发地点 stepping-off place
出发点 departure point; home; origin; starting point; starting post
出发调配 outbound marshalling
出发港 original port; outport; port of departure; port of origin; port of sailing; port of shipment
出发港旅客 outward passenger
出发角 angle of departure; departure angle
出发进路 departure route; exit route; outgoing route
出发距离 exit distance
出发粒子 emerging particle
出发列车 outbound train; outgoing train
出发前进 <船员俗语> sling one's hook
出发区 origin zone; zone of departure; orifice zone
出发时间 departure time; initial time; time of departure
出发竖井 starting shaft
出发台 starting platform
出发通知 departure notice
出发危险地段 departure dangerous section
出发线 line of departure; departure line; departure track; exit track; outbound track
出发线群 departure set of sidings; set of departure sidings
出发线束 departure set of sidings
出发信号 departure signal; leave[leaving] signal
出发信号示像 leave [leaving] signal aspect
出发行程 exit distance
出发与到达竖井 launch shaft and arrival shaft
出发站 despatch[dispatch] station
出发站台 departure platform; outbound platform; out-track platform
出放槽 issue slot
出粉口 meal outlet
出粉率 flour yield
出风道 exhaust passage; off-take
出风阀 delivery value; outlet valve
出风井 discharge air shaft
出风孔 exhaust vent
出风口 air outlet; air vent
出风扩散道 evase
出钢 tap off; tapping of molten steel
出钢槽 launder; steel spout; tapping spout
出钢坑 ladle pit
出钢口 steel-tapping hole; tap hole
出钢口流槽 runner trough
出钢量 tap(ping)
出钢时钢水分析 tapping analysis
出钢温度 tapping temperature
出钢样 tapping sample
出港 clear a port; departure; get under way; leave port; outgoing; outbound <机场>; undock
出港吃水 leave draft; sailing draft
出港单 clearance paper
出港的 outbound; outward bound
出港的禁止 <海上保险> restraint of princes
出港费 clearing fee; outward charges; port charges outward
出港货物 outward cargo
出港口门 port exit
出港日期 date of departure
出港申报表 bill of clearance
出港申报书 bill of clearance
出港申请书 departure report
出港时间 time of departure
出港手续 clearance
出港手续费 clearance fee; outward port charges; port charges

出港通知(书) clearance advice; clearance notice; clearing notice; notice of clearance
出港许可(证) clearance paper; clearance permit; clearing label; port clearance
出港引航费 pilotage outward
出港引水费 outward pilotage
出港证 clearance label; clearance paper; clearance permit; clearing label
出港证书 clearance certificate
出高价 bid a high price; outbid
出高价的投标人 highest bidder
出高价买 bid a high price for; offer a high price for
出格字母 kern
出公路的匝道 exit ramp of highway
出功率 output capacity
出故障处 trouble-proof spot; trouble spot
出故障的 out-of-order
出故障时自动打开 fail open
出故障时自动关闭的 fail closed
出管 exhalant; exit tube
出光矿山公司 < 日本 > Idemitsu Kosan Co. Ltd
出轨【铁】derailer; derail(ment); disorbit; getting-off the rails; jump the rails; runoff; jump; off-track(ing)
出轨地点 point of derailment
出轨防止器 derailment guard
出轨荷载 derailment load
出轨系数 derailment coefficient
出轨指示开关 derailment switch
出轨装置 derail(ment)
出国船 outward-bound ship
出国航行 outward voyage
出国航行船 outward bounder
出国津贴 expatriate allowance; expatriation allowance
出海口门 sea gate
出国劳工 expatriate labo(u)r
出国旅行 voyage aboard
出海 out at sea; put to sea; run-out to sea
出海驳船 ocean barge; sea-going barge; sea-going lighter
出海吃水 sea-going draught
出海的 ocean-going
出海顶推船队 ocean-going pusher-barge combination; sea-going push-tow unit
出海管 sea outfall
出海航行 go to the sea
出海河口 river offing
出海火车渡轮 sea train
出海机动驳船 sea-going powered barge
出海口 sea gate
出海排放管道系统 marine outfall system
出海汽艇 sea-going launch
出海权 access to sea
出海拖轮 sea-going tug
出海挖泥船 sea(-going) dredge(r)
出海准备 preparation for sea
出汗 perspiration; perspire; sweat-back; sweat(ing); sweat out < 抹灰面 >; leaker < 水压试验时产生的 >
出航 outward sailing; outward voyage; sail out
出航港 outport
出航和回航 out and home voyage
出航证 sailing permit
出河吊木机 quay crane
出河台 live deck
出河斜坡 gangway
出湖口 lake outlet
出湖口水道 lake-outlet channel
出灰 ash discharge; ash removal
出灰槽 ash shoot
出灰道 ash channel
出灰洞 ash hole
出灰管 ash pipe
出灰间 ash basement
出灰坑 soot pit
出灰孔 ash hole; kilneye
出灰口 ash hole; clean-out door; clear out door; soot door
出灰门 ashpit door; clean-out door; soot door
出灰器 ash discharging gear; ash ejector
出灰输送机 ash conveyer[conveyor]
出灰铁门 steel ash door
出灰桶 ash bin
出灰运输机 ash conveyer[conveyor]
出灰闸门 ash sluice gate
出货 deliver from godown; outloading
出货编序系统 stock locator systems
出货簿 invoice-book outwards
出货单 bill of sale; delivery order; landing order
出货期限 shipment term
出货输送机 ash conveyer[conveyor]; outloading conveyer[conveyor]
出货许可证 dock pass
出击 sally
出机口温度 < 混凝土 > mixer outlet temperature
出价 bidding; bid on; bid price; bid rate; bid upon; make a bid; make an offer; offer(a price)
出价比别人高 bid against a person
出价单 offer curve; offer sheet
出价高于别人 outbid
出价过低 underbid
出价过高 abundance of offers; over bid
出价和报价利率 bid and offered rate
出价和讨价 bid and asked
出价买 < 拍卖时 > make a bid for
出价盘进 take-over bids
出价人 bidder; offerer[offeror]
出价市场 bid market
出价收盘 close bid price
出价者 bidder
出价租金函数 bid-rent function
出价最低的投标 lowest bid; lowest tender
出价最高的投标人 highest bidder
出价最高的投标者 highest bidder
出肩筒子板 shouldered architrave
出件装置 output device
出浆口 grout outlet
出角 angle of departure
出界 bleeding; out-of-range
出借 loan
出借人 lender
出借外汇账户 lending foreign exchange account
出借者 lender
出进口比率 export-import cover ratio
出进口许可制度 export and import licensing system
出境 leave the country
出境车道 outbound lane
出境的 off bound; outbound
出境货(物) outbound cargo
出境交通 off bound traffic; outbound traffic
出境卡 embarkation card
出境旅客 outward passenger
出境坡道 off bound ramp
出境签证 exit-visa
出局传号线 outgoing order wire
出局电缆 outgoing cable
出局电路 outgoing circuit
出局干线 outgoing trunk
出局话务 outgoing telephone traffic
出局机架 outgoing frame
出局联络线 outgoing order wire
出局市话 outgoing call
出局信道 outgoing channel
出局选择器 outgoing selector
出局选组器 outgoing group selector
出局中继线 outgoing trunk
出具保函 issue guarantee
出具详细的损益计算书 make a detailed statement of profit and loss
出空 air-out
出空指示字 unload pointer
出空指针 unload pointer
出孔口 outlet hole
出口 delivery end; discharge hole; egress (road); exit; off-take; outgate; outlet (port); port outlet; vent; way out; debouch (ment); hatch; mouth; outage; outlet; roll-off; vent; ventage < 指水、气、汽、油等 >; outfall < 沟渠等的 >; export(ation) < 指货物等 >
出口安全控制警铃 exit control alarm
出口按钮 destination push button; exit button
出口包装 export package; export pack(ag)ing
出口包装费由买方负担 export packing for buyer's account
出口保兑行 confirming house
出口保险 export insurance
出口保险抵偿商业风险的 80% export insurance covers 80% of commercial risk
出口报单 application for export; declaration for exportation; export entry
出口报告书 clearing outward report; report of clearance
出口报关 enter outwards
出口报关单 bill of clearance; declaration for export; declaration outwards; export declaration
出口报关手续 customs clearing procedure for export; outward entry
出口报价 export quotation
出口比 exit ratio
出口边界 outlet boundary
出口边界条件 outlet boundary condition
出口变动补偿性贷款办法 compensation financing facility; compensation financing of export fluctuation; compensation loan for export fluctuations
出口标高 outlet elevation
出口标号 exit label
出口标记 exit marking
出口标示牌 exit indicator
出口标志 exit identification; exit sign; export mark < 指商品出口 >
出口标准包装 standard export packing
出口表 exit list
出口补偿 export indemnification; export restitution
出口补贴 export bounty; export subsidy
出口部 export department
出口参数 exit condition; outlet parameters
出口舱单 export manifest; outward manifest
出口操作温度 outlet operating temperature
出口侧 egress side; exit side; outlet side
出口测量器 pelvimeter for outlet measurement
出口测站 outlet ga(u)ge
出口岔道 exit slip road
出口产品 export products
出口产业优先政策 export-production-first policy
出口场地 exit discharge
出口车行道 exit roadway
出口成材 ship lumber
出口乘数 export multiplier
出口程序 exit procedure; exit program(me)
出口尺寸 outlet dimension; outlet size
出口抽力 outlet draft
出口处 downstream side
出口处理程序 exit handler
出口处速度 exit velocity
出口船货 outward cargo; outward freight; outward goods; outbound freight
出口船在内河先装载一部分 offshore topping-off operation
出口唇 < 虹吸管的 > lower lip; outlet bucket
出口刺激(办法) export incentives
出口促进部 export promotion department
出口大门 exit gate
出口代办行 export commission house
出口代理公司 export management company
出口代理商 export agent; export commission agent; export commission house
出口代理佣金 export commission
出口带动的增长 export-led growth
出口贷款 loan for export
出口单据 export document
出口单据押汇透支 overdraft for export bills
出口单缩四通 cross reducing on one outlet
出口单位价值指数 unit value index of exports
出口挡板 outlet damper
出口挡土墙 outlet retaining wall
出口导板 delivery guide; exit guide; outlet guide
出口导板盒 delivery guide box
出口导槽 spout guide
出口导风轮 exducer
出口导流器 exducer
出口导向 export orientation
出口导向工业 export-oriented industry
出口导向型产业结构 export-led industrial structure
出口导叶 exit guide blade; exit guide vane
出口道路 exit road
出口的 outward
出口的扩张部分 exit skirt
出口的水力比降 exit gradient
出口灯 exit light
出口地 place of export
出口地机场交货价 free on board airport
出口点 < 高速公路的 > egress point
出口订单 export order
出口端 end piece; exit end; exit point; outlet end; outlet side
出口端含水饱和度 exit-end water saturation
出口端墙 exit end wall
出口段 outlet section
出口断面 outlet section
出口断面面积 discharge area
出口多样化 diversification of export
出口垛板机 exit piler
出口额 amount of exports
出口发展公司 export development corp.

出口阀 outlet valve
出口法兰 outlet discharge flange
出口法兰直径 outlet flange diameter
出口翻钢导板 delivery twist
出口反弧段 outlet bucket;lower lip < 虹吸管的 >
出口方向标志 exit direction sign
出口费用 export charges
出口费用保险 export cost insurance
出口分析 exit analysis
出口风速 outlet air speed; outlet air velocity
出口服务处 export services division
出口钢钎 tap-out bar
出口港 egress port; port of exit; port of origin; port of export(ation)
出口港口手续费 outward port charges
出口高程 exit level
出口跟单汇票 documentary export bill; outward documentary bill
出口跟单票据 outward documentary bill
出口工程【给】 outlet engineering; outlet works; outfall works
出口供应 export supply
出口购买力指数 index of purchasing power of exports
出口管 discharge connection; exit branch; outfall pipe; outlet; outlet pipe
出口管道 outfall; outlet conduit
出口管理 export control
出口管理法 < 美 > Export Administration Act
出口管上的扩散竖管 risers on outfall
出口管施工 outfall construction
出口管线 discharge line; outlet line
出口管制 export control
出口光阑 exit aperture
出口辊 outlet roller
出口国货币 exporter's currency
出口过程 exit procedure
出口行 export house
出口航道 putward passage
出口航运费率 export rate
出口合格证 certificate for export
出口合同 export contract
出口合同管理 management of export contracts
出口和回程货物 freight out and home
出口和一头小三通 tee reducing on one run and outlet
出口核准制 export authorization
出口横径 transverse outlet
出口宏指令 exit macroinstruction
出口虹吸管 exhalant siphon
出口后融通 post export financing
出口湖 lake with outlet
出口护板 flange stripper guide
出口戽斗 < 虹吸道的 > lower lip
出口滑行道 < 飞机 > exit taxiway
出口环 discharge ring
出口换汇成本 export cost in terms of foreign exchange
出口回扣 export rebate
出口汇率 export rate
出口汇票 export bill; outward bill
出口汇票托收 export bill for collection
出口货 exports
出口货款保收业务 export factoring
出口货码头 export wharf
出口货物 outward cargo; export cargo; outbound cargo
出口货物报单 outward entry
出口货物发票 export invoice
出口货物许可证 license[licence] for the export of commodities
出口货信用担保 export credit guarantee
出口机构 exit mechanism
出口基地企业 export-oriented enterprise
出口畸形发展效应 backwash effect
出口集装箱 export container
出口继电器 exit relay
出口继线 outgoing junction
出口寄销商品 merchandise outward on consignment
出口加工免税区 export process(ing) free zone
出口加工区 export process(ing) zone; manufacture and export zone; special areas for process(ing) export products
出口加速螺线缓和段【交】 accelerating exit spiral
出口价格 export price; export value
出口价格计算表 export calculation sheet
出口价格条例 definitions of export quotations
出口价格指数 export price index; index of export price
出口间距 exit separation
出口减税 export rebate
出口检查制度 export inspection system
出口检票栅门 exit barrier
出口检验合格证明书 certificate of export inspection
出口检验合格证书 certificate for export
出口检验制度 export inspection system
出口检疫 departure quarantine inspection; export quarantine
出口建筑物 outfall structure; outlet structure; outlet works
出口渐变段 outlet transition
出口奖励金 export bounty
出口奖励制度 incentive export system
出口胶管 discharge hose
出口角度 angle of discharge; angle of outlet; discharge angle; efflux angle; exit angle; outlet angle
出口接口 discharge coupling
出口接头 outlet connection
出口节点 exit point; exit node【计】
出口节流阀 speed control muffler
出口节流式电路 meter-out circuit
出口节流式回路 meter-out circuit
出口节流调速式 metering-out control system
出口节流系统 meter-out system
出口结构 export structure
出口结关 customs clearance; port clearance
出口结关证明 clearance outward
出口结汇 bill to purchase
出口截面 outlet
出口截面面积 discharge area
出口截面直径 exit diameter
出口金融公司 export finance house
出口金属构件 exit hardware
出口津贴 bounty on exportation; export bounty; export subsidy
出口经销协议 export distribution agreement
出口井 outlet chamber
出口警报器 exit control alarm
出口警告标志 exit warning sign
出口净额 net export
出口净值 net export value
出口竞争能力 competitiveness of export; competitive power of export
出口卡特尔 export cartels
出口开关 gate out switch
出口坑 egress pit; exit pit
出口空气 outlet air
出口空气湿球温度 outlet air wet-bulb temperature
出口孔 egress aperture; egress hole; egress opening; egress orifice; exit hole; exit orifice; exit port(al); outlet aperture; outlet opening; outlet orifice; output opening
出口孔径 outlet aperture
出口控制 < 水位或流量的 > outlet control
出口控制阀 discharge control valve
出口控制警钟 exit control alarm
出口控制(式)热水器 outlet control water heater
出口控制系统 outlet control system
出口控制闸门 outlet control gate
出口宽度 egress width; exit port(al)
出口扩展 export expansion
出口扩张部 exit skirt
出口廊道 exit corridor
出口例行程序 exit routine
出口连接 exit connection
出口连接管 outlet connection
出口联结螺母 outlet union nut
出口炼(油)厂 export refinery
出口量 export quantum; export volume; volume of exports
出口量所居位数 number of export to arrange in order
出口量占百分比 annual export at percentage
出口量指数 export volume index
出口龄期分布 exit age distribution
出口流动函数 export flow function
出口流钢砖 lateral outlet brick
出口流量 outlet discharge; outlet flow rate; rate of discharge
出口流量函数 export flow function
出口流量系数 exit coefficient
出口流速 delivery speed; exit velocity; outlet velocity
出口流态 outlet flow condition
出口楼梯 exit stairway
出口路线 exit route
出口螺纹接套 outlet nipple
出口螺纹接套管 outlet union nipple
出口码头 export wharf; export jetty; export pier; export terminal; exporting dock
出口贸易 export trade
出口贸易的日常业务 business routine of export trade
出口贸易法(案) Export Trade Act
出口贸易公司 export trading company
出口贸易票据 export trade bill
出口贸易条件指数 index of terms of trade for exports
出口贸易信贷 trade credit on exports
出口煤气温度 temperature of exit gas
出口煤油 export kerosene
出口门 exit door; outlet portal
出口门廊 exit corridor
出口密集型产业 export-intensive industry
出口面 exit face
出口摩擦 discharging friction
出口能力 exit capacity; export capability
出口能量 leaving energy
出口农产品 agricultural exports
出口排水线 outlet drain line
出口排水闸 outlet sluice
出口配额 export quota; ration export
出口配额证明书 export quota certificate
出口配额制 export quota system
出口喷嘴 outlet nozzle
出口平面图 exit plan
出口坡道 exit ramp; out ramp
出口坡道标示 exit ramp marking
出口坡度 exit gradient
出口坡降 exit gradient
出口企业 export enterprise
出口气流 jet exit
出口气流参数 outflow condition; exit condition
出口砌物 outlet masonry
出口签证更正 export amendment
出口前资金融通 preexport financing
出口倾销 export dumping
出口清单 export bill; shipping bill
出口清洗装置 outfall cleaning device
出口区 outlet zone
出口区段 exit zone
出口曲线 exit curve
出口渠(道) outlet channel
出口圈 exit ring
出口全缩四通 cross reducing on both outlet
出口容量 egress capacity
出口融资 export financing; export promotion loan
出口融资保险 export finance insurance
出口乳头状突起 exitus papilla
出口软管 outlet hose
出口塞 spout plug
出口商 exporter; export merchant; export trader
出口商号 export house
出口商货款 exporter's advance
出口商品 articles of export; exportation; export commodity; exports
出口商品单位价值指数 export unit value index
出口商品的熟练劳动密集程度 skilled labor-intensiveness of export products
出口商品换汇成本 exchange-based cost for the export of products
出口商品价格管理 price control of export commodities
出口商品生产的实际成本 actual cost of producing export commodity
出口商品生产基地 bases for producing export commodities
出口商品收购计划 plan for the purchase of export commodities
出口商品通知书 advice on production for export
出口商品稳定基金 stable funds of export commodities
出口设备 exit facilities
出口设计 exit design
出口设施 exit device; exit facilities
出口射流 discharge jet
出口申报(单) export declaration
出口申请 enter outwards
出口申请书 export declaration
出口市场开发保险制 export market entry guarantee scheme
出口室 downstream chamber; outlet chamber
出口收费机 toll machine of exit
出口收汇方式 manner of collecting export proceeds
出口手钮 exit knob
出口授权书 export authorization
出口疏散 exit discharge
出口疏散距离 exit travel distance
出口输出潜力 export potential
出口数据 export data; outlet data
出口水头 outlet watershed
出口水头损失 exit(head) loss; outlet (head) loss
出口税 export duty; export tax
出口税救济 export-tax relief
出口速度 car exit speed; car release

speed; delivery speed; discharge rate; discharge velocity; exhaust gas velocity; exit speed; initial velocity; leaving speed; muzzle velocity; outlet velocity; velocity of discharge; velocity of exhaust; velocity of exit
出口速度计算 exit speed calculation
出口速度计算机 exit speed computer; exit velocity computer
出口速度三角形 discharge-velocity triangle; exit velocity triangle
出口隧道 exit tunnel
出口损耗 discharge loss
出口损失 discharge loss; outfall loss; outlet loss; exit loss
出口缩小三通 tee reducing on outlet
出口套管 outlet sleeve
出口套节 outlet socket
出口提货单 export bill of lading
出口替代 export substitution
出口条件 exit condition; outlet condition
出口条例 export regulations
出口贴补 export subsidy
出口通道 egress route; exit passageway; exit access
出口通路 exit passageway; exitway
出口通气孔 outlet-vent
出口投标防止风险期权 export tender risk avoidance
出口投资 export financing; export investment
出口推广费用 export promotion charges
出口退税 export tax rebate; tax reimbursement for export
出口托收 export collection; outward collection
出口托收申请书 application for documentary bills for collection
出口瓦管 outlet tile
出口外汇 export exchange
出口外汇保留额 export retention quota
出口外汇汇票佣金 commission on drafts sold
出口外壳 discharge case
出口往来账户 export account
出口围盘 escapement repeater
出口位置 exit position
出口温度 exit temperature; final temperature; outfall temperature; outlet temperature
出口文件 export document
出口污染 outlet pollution
出口物 exports
出口物价指数 index number of export prices
出口物资 outward cargo; outward freight
出口下缘 outlet bucket
出口限额 export quota; ration export
出口限制 export restraint; export restriction
出口箱 outward container
出口项目 export item
出口消力戽 outlet bucket
出口消能反弧段 outlet bucket
出口消声器 outlet sound absorber
出口销售部门 export sales department
出口信贷 export credit
出口信贷保函 export credit guarantee
出口信贷保险 export credit insurance; export finance insurance
出口信贷保险业务 export credit insurance facility
出口信贷保险制度 system of export credit insurance
出口信贷保证 export credit guarantee
出口信贷保证局 <英> Export Credit Guarantee Department
出口信贷担保办法 export credit guarantee facility
出口信贷公司 <荷兰> Export-Financiering-Maatschappij
出口信贷计划 export credit scheme
出口信贷君子协定 gentlemen's agreement on export credit
出口信贷利率 export credit rate
出口信贷性贷款 export credit loan
出口信用 export credit
出口信用保险 export credit insurance
出口信用保证 guarantee of export credits
出口信用担保 guarantee of export credits
出口信用担保制度 export credit guarantee scheme
出口信用证 export letter of credit
出口型炼油厂 export-oriented refinery
出口型企业 export-oriented enterprise
出口许可申请人 applicant to do exportation
出口许可条例 export licensing regulation
出口许可证 certificate of shipment; export certification; export licence [license]; export permit; licensing of export; outward clearance
出口许可证海关回联单 copy of certificate by customs
出口许可证申请书 application for export permit
出口许可证修改申请书 application for alteration of export permit
出口许可证修改证明书 certificate for alteration of export permit
出口许可证制度 export licensing system; system of export licensing
出口旋钮 exit knob
出口旋塞 outlet cock
出口学会 Institute of Export
出口压降 exit pressure drop
出口压力 delivery pressure; discharge head; discharge pressure; egress pressure; exhaust pressure; exit pressure; outlet pressure; output pressure; rear pump pressure; top-hole pressure <压气升液器的>
出口压力表 delivery ga(u)ge
出口压力水头 discharge head
出口压头 discharge head; outrush
出口押汇 bill purchased; outward documentary bill
出口押汇费 charges for negotiation of export bills
出口押汇申请书 application for negotiation of drafts under letter of credit
出口押汇未了卷 outstanding file
出口堰 exit weir
出口扬程 <水泵> outlet head
出口液流参数 outflow condition; exit condition
出口银行 export bank
出口引道 exit access
出口引管 outlet pigtail
出口优惠融资 preferential export financing
出口优势 export superiority
出口优先权 export priority
出口油库 export terminal
出口有关贷款 export-related loan
出口有利性 competitive advantages in the export
出口语句 exit statement
出口预付款 export advance; export prepayment
出口预付制 export advanced system
出口预告标志 advance exit sign
出口预收货款证明书 certificate of receipt of export prepayment
出口援外产品 items for export as part of foreign aid
出口远期汇票 export usance bill
出口运价 export rate
出口运价表 export tariff
出口运输 export traffic
出口匝道标示 exit ramp marking
出口匝道控制 exit ramp control; exit ramp metering
出口匝道限流 exit ramp metering
出口增加带动的经济增长 export-led growth
出口张紧辊 delivery tension roll
出口张紧装置 delivery bridle; exit bridle
出口招标 export tender
出口照明 exit illumination; exit light(ing)
出口折扣 export discount
出口证待领 subject to approval of export license
出口证明 proof of export
出口证明书 certificate for export; export certificate
出口支出账户 export debit account
出口支路 exit branch
出口直径 discharge diameter
出口止回阀 outlet non-return valve
出口止回球【机】 discharge check ball
出口指标制度 export target system
出口指令 exit instruction
出口指名器 exit designator
出口指示灯 exit lighting
出口指示器 exit designator; exit indicator
出口中继线 outgoing trunk
出口中间商 drop shipper; export drop shipper
出口终点 exit terminal
出口重量 export weight
出口主导型经济 export-oriented economy
出口主导型企业 export-centered enterprises
出口专项贷款 special loan for producing export goods
出口专业化 specialization of exportation
出口转内销商品 export goods withdrawn for sale on home market
出口装置 outlet device; outlet installation
出口锥管 exit cone
出口准备申请书 application to prepare for export
出口资金融通 export financing
出口自动限制 voluntary export restraint; voluntary export restriction
出口总额 gross export value
出口总管 outlet header
出口总截面压力 total pressure at exit
出口总能量 total output of energy
出口总体 export basket
出口总压力 total discharge head
出口走廊 exit lane
出口阻力 resistance to flow output
出库吨数 tons of cargo delivered
出库检验 warehouse-out inspection
出库泥沙 outflowing sediment
出库泥沙量 sediment outflow
出库(取货) retrieve
出库证书 dandy note
出矿管理 extraction ore supervision
出矿极限品位 limiting grade of ore drawn
出矿量 extracted ore tonnage
出矿配矿 exit rated ingredient ore
出矿品位 grade of crude ore
出来 turn up
出栏率 crop rate; marketing rate of fattened stock; number of animals for sale; off lake rate; slaughtering rate
出冷却空气 exhaust cooling air
出力过少 undercapacity
出力曲线 power curve
出力试验 conveying capacity test; service test
出力损失 output loss
出力损失曲线 curve of output loss
出力调节器 capacity regulator
出力图 capability diagram
出力效率 power efficiency
出力因数 output factor
出力因素 output factor
出力自动控制 automatic generation control
出立保单 issue a policy
出立证据 authenticate
出炼厂价 ex-refinery price
出链长度 chain scope
出链范围 scope of cable
出梁 pitching piece
出亮 gloss finish
出量 output
出料 discharge; discharge of effluent; ejection of compact; spouting
出料槽 blow tank; discharge duct; discharging chute; gutter; out-feed channel
出料侧 delivery part; discharge side; effluent side; exit side
出料端 delivery end; discharge end; exit side
出料端板 delivery endplate
出料端墙板 exit wall
出料端墙砌块 discharge-end block
出料阀 bleeder valve
出料阀门 kick-off valve
出料管 dip tube; discharge nozzle
出料罐 discharge tank
出料辊 discharge roller
出料机械设备 reclaiming unit
出料搅龙 emptying auger
出料坑道 reclaim(ing) tunnel <散料堆场的>; recovery tunnel <输送机>
出料坑道输送机 <散料堆场的> reclaiming tunnel conveyer[conveyor]
出料孔 orifice
出料控制 feed control
出料口 discharge gate; dischargehole; discharge opening; draw point; material outlet; out end
出料口宽度 width of discharge opening
出料口面积 discharge area
出料量 pull
出料溜槽 discharge chute
出料率 daily output ratio; flow rate; pull rate; pull ratio; throughput
出料门 discharge door; discharge gate
出料面 discharge side
出料排气 tapping emission
出料区段 <冷床的> pull-off section
出料设备 extraction equipment
出料时间 discharging time
出料输送机 discharge conveyor
出料速率 rate of discharge
出料隧道 <输送机> recovery tunnel
出料台 out-end table
出料推杆 <冷床的> kick-off arm; kickout arm
出料箱 discharge box
出料叶桨 reclaiming paddle
出料叶片 discharge blade

出料闸门悬索 discharge gate rope
出料装置 extractor
出料锥斗 displacer cone;outlet cone
出料锥体 displacer cone;outlet cone
出列 dequeue
出流 discharge flow;outflow volume
出流边界 outflow boundary
出流边界条件 outflow boundary condition
出流变化 outflow variable
出流槽 effluent trough
出流道 outflow channel
出流点 outflow point
出流断面 outlet section
出流阀 outlet valve
出流方程 < 孔口的 > efflux equation
出流管 spitter
出流过程线 outflow hydrograph
出流河 outflowing river[stream]; effluent river[stream] < 地下河 >
出流湖 drainage lake; lake with outlet; open lake
出流建筑物 terminal structure
出流角 discharge angle
出流井 outlet chamber
出流历时 flow duration
出流量 outflow rate
出流流速 outflow velocity; velocity of discharge
出流率 effluent rate;outflow rate
出流面积 area of efflux
出流浓度 outflow concentration
出流曲线图 flow out diagram
出流渠 outlet channel;tail channel
出流三通 outflowing tee; outflowing T-piece
出流室 outlet chamber
出流水 outlet water
出流水槽 outlet trough
出流水收集槽 effluent collecting trough
出流速度 discharge velocity; escape velocity; issuing velocity; velocity of discharge;velocity of escape;velocity of retreat
出流特征 effluent characteristics
出流系数 discharge coefficient
出流旋涡 outflow vortex
出流堰 effluent weir;outflow weir
出流余量 outflow margin
出流再用 effluent reuse
出流装置 outflow device
出流总量 outflow volume; total outflow
出露 basset; emergence; exposure; cropping-out【地】
出露地表 crop out;outcrop(ping)
出露地区 bare land
出露煤田 exposed coalfield
出露土层 exposed soil and rock formation
出露晕 outcropped halo
出炉 discharge;draw a charge;tap off
出炉侧 tapping side
出炉辊道 furnace delivery table
出炉温度 tapping temperature
出路 outlet(road);way out
出路窗 egress window
出路窗窗栓 egress window latch
出路设计 egress design
出轮油泵 gear-type pump
出卖 double cross
出卖产销权 franchising
出卖船上废油 slushing
出卖或转让条款 sale or transfer clause
出卖下脚料 slushing
出毛病 conk;out of action
出梅 set-out of mold rains;set-out of plum rains
出煤灰桶 ash bin
出煤灰装置 ash discharging gear
出煤立井 landing shaft
出面板 facing slab
出面的楼梯小梁 face stringer
出面接缝 face joint
出面修整 outside finish
出苗 emergence of seedlings
出苗率 germination rate; seedling population
出名人物 star
出模 mo(u)ld unloading
出没 rising and setting
出没方位幅的观测 observation of amplitude
出没方位角 amplitude
出没时幅 time amplitude
出纳 treasurer
出纳办公室 bank(ing) room
出纳备用金 cashier's funds
出纳簿 bill book;reckoning book
出纳处 cash department; cashier's desk; cashier's office; cash office; lending department;treasury office
出纳柜台 cashier's counter
出纳科 cashier's division
出纳室 cashier's office; cash office; pay office;treasury office
出纳台 cashier's desk;teller's desk
出纳员 accountable officer; cashier; pay clerk; paymaster; teller; treasurer; accountant; drive-in teller < 开车进去方便服务的 >
出纳员端机 teller terminal
出纳主管 disbursing officer
出纳主任 chief cashier
出泥管 dredge pipe(line)
出泥孔 mud hole;sludge hole
出泥筒 sand pump; shell pump; sludger
出盘 placing;sale of business
出盘公司 acquired company
出坯 compact extraction; ejection; knockout
出坯冲程 knockout stroke
出坯杆 ejector pin; ejector punch; ejector rod;stripper
出坯机构 knockout mechanism
出坯压力 ejection pressure
出坯装置 knockout mechanism
出票 draw a bill; draw draft; issue a warrant
出票后 after date;after-date of draft
出票后定期付款 payable at fixed period after date
出票后定期汇票 bill payable at a fixed period after date
出票后若干日付款汇票 bill drawn payable at a certain time after date
出票后……天 days after date
出票后……天后付款汇票 bill drawn payable at a certain time after date
出票人 check drawer;drawer;drawer of a bill;remitter
出票人联 agent's coupon
出票日 date of draft
出票日期 date of draft;date of issue
出票授权书 authority to draw
出票条款 drawn clause
出票远期承兑交单 bill draw payable at a certain time
出票远期付款交单 draw payable after date
出平面外的 out-of-plane
出圃苗 nursery stock
出期票人 maker
出齐 erupt completely; full appearance
出气 air-out; exit gas; gassiness; gassing;outgassing
出气道 gas offtake
出气阀 air outlet valve; delivery value;outlet valve
出气管 escape pipe;vent pipe
出气角 efflux angle
出气壳 air outlet housing
出气孔 air gate; bleeder hole; core vent;vent opening
出气孔型激光器 vented-bore laser
出气口 air discharge outlet;air drain; air outlet; air vent; discharge outlet; gas offtake; gas outlet; outlet; pop-off;ventage;vent port
出气量 air output;gas output
出气率 gas efficiency
出气冒口 pop-off
出气帽口 bleeded feeder; bleeded head; bleeded riser; riser runner; riser vent;whistler
出气泡 gassing
出气竖井 exit air shaft
出气尾管 outlet tail piece
出气整流锥 exit cone
出墙挑檐 margin
出勤 attendance;turnout for work
出勤工时 man-hour in attendance
出勤记录 attendance record
出勤奖(金)attendance bonus
出勤率 attendance rate; rate of attendance
出勤时间 man-hour in attendance
出勤时间记录卡 time card
出清 clearage;clearing;clear out;turnout;voidance
出清存货 clearance sale; clearing stock
出清的进路 route cleared
出清股道 clearing of tracks
出清进路 route clearing
出清警冲标 clear of fouling point
出清全部存货 clear out all the holding
出清市场 clearing the market
出清线路 clearing of tracks; clearing the line; clearing the way
出区交通 outgoing traffic
出让方 assigner; granter[grantor]; licenser[licencer];licensor;transferor
出让权 right to access
出让人 assigner; granter[grantor]; transferor
出绕整流子电机 series-wound commutator machine
出刃 < 金刚石 > exposed cutting surface;projection of diamonds
出刃尺寸 cutting size
出溶结构 exsolution texture
出溶矿物 metasome
出溶纹层 exsolution lamellae
出溶物 exsolution substance
出溶(作用) exsolution
出入 departure-returning; egress and ingress
出入舱 access chamber
出入舱口 access hatch; hatch for entry and exit
出入舱口盖 access hatch cover
出入车数和停留时间的永久记录单 perpetual yard inventory
出入道路 access street
出入段线 entrance-exit line from depot;transfer track for depot
出入港许可证 clearance paper
出入港证 clearance
出入过道地板 access floor(ing)
出入海洋 access to the sea
出入机车库 departure-returning from engine shed
出入寄存器 in-out register
出入交通量示意图 in-and-out traffic schematic drawing
出入井 access shaft
出入卡系统 card access system
出入孔 access hole;cathole
出入控制 exit and entrance control
出入口 access;access door;access opening; main access; vomitorium < 剧场或运动场 >
出入口安全监视系统 access monitoring system
出入口布置 access arrangement
出入口尺寸 access dimension
出入口扶梯 access ladder
出入口干道 access artery
出入口控制 control of access
出入口联锁 entrance-exit interlocking
出入口面积 area of passage
出入口爬梯 access ladder
出入口坡道 < 立体交叉的 > access ramp
出入口隧道 access tunnel
出入口通道 access road
出入库线 < 机车的 > entrance-exit line
出入坡道 service ramp
出入权 access right
出入人孔 access manhole
出入隧道 access
出入系统卡 < 职工进入自动记录时间 > card access system
出入小室 < 客车两端的 > vestibule
出入越阻线的交通量计数 screen count
出入闸门 access hatch;access lock
出砂 < 又称出沙 > breaking down; knockout; sand flow; sand production;shakeout;sediment outflow
出砂地层 sanding formation; sand producing formation
出砂孔 cleaning hole;clearance hole
出砂量 outflowing sediment
出砂性 knockability; knockout property
出砂油井 sand producer; sand(y) well
出山撑杆 outlooker
出射 emergent;exit;outgoing
出射波 emergent wave
出射波面法线 normal to an emergent wave surface
出射波前 emerging wavefront
出射部分的孔径 opening of the outlet part
出射窗 exit window
出射点 eye point
出射度 emittance;exitance
出射端 exit end
出射方向 exit direction
出射辐射 emergent radiation
出射功率 emergent power;outcoming power
出射光 emergent light
出射光孔 emergent pupil
出射光束 emergent light beam
出射光束的偏转 exit beam deflection
出射光瞳 emergent pupil; eye-circle; ocular circle
出射光线 emerging ray;exit ray
出射弧 incident-out arc
出射激光束 outgoing laser beam
出射几率 exit probability; outgoing probability
出射剂量 exit dose
出射剂量率 dose rate out
出射角 angle of departure;angle of emergence [emergency]; emergence angle;exit angle;take-off angle
出射介质 emergent medium
出射口 exit port(al)
出射粒子 emergent particle;outgoing particle

出射率 exitance
出射面 emergent face;emergent surface;exit plane
出射束 ejected beam
出射图 eye pattern
出射温度 exit temperature
出射狭缝 exit slit
出射线 emergency ray
出射中子 outgoing neutron
出渗 outward seepage;outwash seepage
出渗河流 diffluent river; diffluent stream; influent river; influent stream
出生 nativity
出生报告 birth reporting
出生存活率 live birth index
出生存活指数 viability index
出生的 native
出生登记 birth registration
出生地 nativity
出生地国籍 nationality by birth place
出生公民资格 citizenship by birth
出生国 country-of-birth basis
出生国籍 nationality by birth;nationality by origin
出生函数 birth function
出生和死亡的差额 balance of births and deaths
出生率 birth number;birth rate;fertility natality;natality(rate)
出生率表 natality table
出生群组分析 birth cohort analysis
出生日 natal day
出生日期 date of birthdates
出生证 certificate of birth
出绳角 elevation angle
出食 egress
出示单据 surrender of the document
出示即付汇票 bill on presentation
出事地点 accident location;position of accident;scene
出事故 have an accident
出事故的原因 culprit
出事控制对比率 < 道路条件改变前后的 > control ratio
出售 bring to market;offer;opening;vend
出售成本 cost of selling
出售的 on-sale
出售的期限 time limit of offer
出售的石灰 commercial lime
出售的石棉 commercial asbestos
出售的有效期限 term of validity of offer
出售地 land for sale
出售点心 < 服务员在列车上流动 > sale of light refreshments
出售房产前的修理费 fixing-up expenses
出售房屋 house for sale
出售公寓 < 澳大利亚 > home unit
出售后返租 sale and leaseback;sale-leaseback
出售-回租-回购 sale-leaseback-buy-back
出售火车票 rail ticket
出售收益率 yield to put
出售体重 market weight
出售投资收益 gain on sale of investment
出售投资证券 sales of investment securities
出售外汇核订单 authorization sheet for sales of exchange
出售外汇汇票佣金 commission on drafts sold
出售物 offering
出售应收账款 factoring
出售运输保险 selling transportation insurance
出售债券 offering of bonds
出售证券 sale of securities
出售证券收入 securities proceeds
出售证券协议 negotiated offering
出售专利 transference of patents
出售资产收入 avails; income from sales of assets
出售租回 sale-leaseback
出束时间 spill time
出霜器 defroster
出水 effluent;yielding water
出水边 < 叶片的 > trailing edge
出水标准 effluent standard
出水槽 effluent chamber; effluent channel; effluent trough; outflow channel;outlet channel
出水层 water producing zone;water-yielding layer; water-yielding stratum
出水层段 water exit interval
出水沉淀池 effluent settling chamber;effluent settling tank
出水沉箱 < 具有实心板面的不透水箱,浮运至预定位置,即在板面上施工,最后下沉至已平整的基床上,箱壁部分始终露出水面 > stranded caisson
出水池 delivery tank;discharge bay
出水处置 effluent disposal
出水道 tailrace;waterway
出水洞(穴) cave of debouchure;effluent cave
出水阀 discharge valve;outlet valve;running valve
出水高度 free board
出水沟 delf;dell
出水构造 outlet structure
出水股流 effluent plume
出水管 delivery pipe; discharging tube; effluent pipe; exhaust pipe; flow pipe; let-off pipe; outflow tube;outlet pipe;outlet sewer;outlet tube[tubing];runoff pipe
出水管道 effluent conduit; effluent line;flowing line;outlet conduit
出水管内衬 gargoyle lining
出水管系 discharge piping
出水管线 effluent line;flowing line
出水管直径 diameter of outflow tube
出水过滤 effluent filtration
出水海洋处置 effluent disposal in the ocean
出水涵洞 outlet culvert
出水河口处置 effluent disposal in rivers
出水湖泊处置 effluent disposal in lakes
出水回流 recycle of effluent
出水回用 effluent reuse
出水礁 emergent reef
出水角 effluent angle;emersion angle
出水井 outlet chamber;wet well
出水开采 watered out
出水孔 delivery orifice; water producer;weep hole
出水孔径 < 桥、涵的 > waterway opening
出水口 delivery gate; discharge outlet;drainage exit;drainage opening;flowing mouth;offlet;outfall;outlet port;paying out;single outlet;spit-out;water outlet;waterway
出水口控制 outlet control
出水口在海滩的冲沟 rill way
出水口闸板 outfall shutter
出水量 rate of withdrawal; water crop; water field; water production;water yield;yielding capacity;yield of water
出水量的增进 water yield improvement
出水量增加 build-up of water production
出水龙头 discharge bibcock;discharge drain cock;discharge flow-off cock;discharge purge cock
出水陆地处置 effluent disposal on land
出水率 specific yield;water discharge rate;yield factor
出水面 discharge face
出水能力 water productivity
出水平衡 equalization of discharge
出水渠 conduit drain;drain(age) conduit;exit channel;outlet channel
出水渠道 effluent channel
出水溶洞 effluent cave
出水软管 delivery hose
出水时间 exit time;surfacing time
出水使用安全性 safety of effluent use
出水竖管 rising pipe
出水数据 effluent data
出水水生植物 emerged hydrophytes;emerged plant
出水水质 effluent quality;quality of effluent
出水水质标准 effluent-quality standard;quality standard of effluent
出水水质极限值 limiting effluent-quality
出水速度 exit speed
出水碎石沟 dribble
出水通气根 pneumatophore
出水土地 reliction
出水污水道 outfall sewer
出水稀释 effluent dilution
出水系统设计 design of dischargesystem
出水楔形部分 emerged wedge
出水压力计 discharge ga(u)ge
出水压头 discharge head
出水堰 effluent weir;outlet weir
出水堰负荷 loading of effluent weir
出水再循环的单级过滤 single-stage filtration with effluent recirculation
出水支管 exit branch; water outlet branch
出水终整处理 effluent polishing
出水装置 outlet device
出水锥形口 discharge cone
出水总管 outfall sewer
出水总量 outflow volume
出死力 < 不靠机械单凭力气 > dead lift
出算符 out operator
出提单 issue bill of lading
出挑【建】 overhanging
出挑塔楼 tourelle
出挑瓦层 doubling course
出挑砖 cantilevering brick
出挑砖层 cantilever course
出跳 extension of bracket
出铁 tap a blast furnace;tap off;tapping
出铁比 productivity coefficient
出铁槽 iron notch; iron runner; lander;tapping spout
出铁场 cast house
出铁场吊车 cast house crane
出铁场工人 cast house crew
出铁程序 casting schedule
出铁次数 number of casts
出铁口 bleed hole; iron notch; iron tapping hole; nozzle; tap hole; tapping arrangement
出铁口成型砖 tap-hole block;tap-out block
出铁口泥塞 breast;tapping plug
出铁口喷火 blowing on taphole
出铁口钎 tap-out bar;tapping bar
出铁口塞棒 tap-hole rod
出铁口烧穿设备 tapping apparatus
出铁流槽 tapping launder
出铁时间表 casting schedule
出铁温度 tapping temperature
出铁物 pig bed
出铁样 tapping sample
出通道 stand out channel
出头 horn
出土 emergence of seedlings; haul-away;spoiling
出土后施用 post-emergence application
出土前施用 preemergence application
出土文物 excavation;unearthed relics
出土文物点 point of unearth relics
出土物 unearthed articles;dig
出土运程 < 土方工程 > muck haulage
出网访问 outgoing access
出纹 branching
出屋顶管道 through-roof pipe;thru-roof pipe
出屋顶烟囱 chimney above roof
出坞 float-out; leaving dock; undock(ing);docking off
出席 attendance;present
出席股东年会权 right to attend shareholder annual meetings
出席会议 attendance
出席者 attendant
出席者名单 nominator of attendant
出细裂缝 craze
出险清理 wreck clearance
出险事故通知 advice of fate
出险通知 loss advice
出现次数 frequency of occurrence; number of generations; occurrence number
出现点 appearance point; beginning point
出现点高度 appearance height;beginning height
出现电势谱 appearance potential spectroscopy
出现电位 appearance potential
出现概率 chance of occurrence;probability of occurrence; encounter probability
出现功率 emergent power;outcoming power
出现函数 outcome function
出现和消失 appearing and subsiding
出现几率 chance of occurrence; occurrence probability;probability of occurrence
出现角度 angle of arrival
出现率 occurrence rate
出现毛刺 finning
出现频率 frequency of occurrence
出现频率最高的水位 most frequency water level; most frequency water stage
出现频率最高的值 modal value
出现期 apparition;patency;patent period
出现时间 time of coming out;time of occurrence
出现时刻 time of occurrence
出现伪靶时的搜索问题 search problem in the presence of false target
出现稀疏斑点 spots appear
出现在土壤上层 15 厘米内 present in the upper 15 cm of the soil
出线 coil-out; lead wire; outgoing line;outlet;out-of-line;pinouts;tail wire
出线的 out of alignment
出线电压和回路数 voltage and number of outgoing lines

出线端 outlet terminal
出线端电压 outlet voltage
出线端净出力 net output at terminal
出线复接方式 trunk multiple
出线盒【电】lead box;outlet box;terminal box;floor box < 楼板、地板中的 >
出线回路数 number of outgoing circuits
出线夹 terminal clamp
出线控制系统 metering-out control system
出线口 outlet
出线容量 outlets capacity
出线输电变压器 outgoing feeder transformer
出线塔 take-off tower
出线套 lead collar
出线匣 outlet box
出线选试器 outlet testing block
出线走廊 transmission line corridor
出限 rising limit
出箱报告表 devanning report
出箱机 decrating machine
出屑槽 cuttings shoot; drift slot; flute;slug slot
出屑量 output in metal removal;output in stock removal
出屑率 rate of metal removal
出芯 decoring
出芯机 core knockout device; core knockout machine
出行 trip
出行半径 journey radius;trip radius
出行表 trip table
出行产生模型【交】trip generation model
出行次数 trip numbers
出行调查 trip survey
出行端点 trip end;trip endpoint
出行发生 trip generation
出行发生点 trip generator
出行发生率 generation rate
出行方式 trip mode
出行方式转移 modal shift
出行费用 trip cost
出行分布 trip distribution
出行分布预测 trip distribution prediction
出行分类 trip classification
出行分配 trip assignment
出行耗时 trip consumption of time
出行交换 trip interchange
出行交换交通工具划分模型 trip interchange modal split model
出行交换模型 trip interchange model
出行交通产生 trip production
出行交通工具划分模型 trip and modal split model
出行交通需求预测 travel demand forecasting
出行阶段 trip stage
出行矩阵 trip matrix
出行距离 trip distance
出行距离分布 trip length distribution
出行距离频率分布 trip length frequency distribution
出行链 trip chain
出行旅运行为分析 travel behavio(u)r analysis
出行密度 density of travel
出行目的 trip aim;trip purpose
出行频数 trip frequency
出行前信息系统 pre-trip information system
出行前咨询系统 pre-trip information system
出行强度 trip intensity
出行人数 person trip
出行生成 trip generation
出行时间 travel time;trip time
出行-时间分布曲线 trip-time distribution curve
出行时间估算 trip-time estimation
出行时间容限 trip-time tolerance
出行时距 trip-time space
出行速度 trip speed
出行特征 trip characteristics
出行吸引 trip attraction
出行吸引点 trip attractor
出行行为 travel behavio(u)r
出行需求管理 travel demand management
出行选择 trip choice
出行者 trip maker
出行者特征 passenger character(istic);trip maker character(istic)
出行之前 pre-trip
出行中心 centroid;trip centroid
出行终点 trip destination
出行终点模型 trip end model
出行总量 total sum of trip
出血 bleed
出血的 bleeding
出押人 mortgager[mortgagor]
出押人保险利益 mortgagor's insurable interest
出芽 spire
出烟孔 smoke (and fire) vent; vent hole;ventilation hole
出烟孔盖子 smoke door
出烟口 outlet flue
出烟速度 stack velocity
出烟罩 smoke jack
出檐 hood;kitchen hood
出檐垂饰 hood mo(u)lding
出檐石塔 < 巴利阿里群岛史前的 > talayot
出檐天花板 plancier piece; soffit board
出檐线脚 < 门窗上边的 > label mo(u)ld
出窑 kiln discharge
出窑机 kiln unloading unit
出叶 leafing
出页面 page-out
出液 effluent
出液阀 liquid-out valve
出液管部件 discharge pipe part
出逸比降 escape gradient;exit gradient
出逸点 exit point;release point < 渗流的 >
出逸坡降 exit gradient
出逸梯度 exit gradient
出油 < 油井 > kick-off
出油层 oil-yielding stratum
出油堵塞 oil outlet plug
出油阀 delivery valve
出油管 oil discharge pipe; oil outlet pipe
出油管线 lead line;flow line;production line
出油计量调节系统 metering-out control system
出油井 producing well; withdrawal well
出油口 fuel outlet;oil-out;oil outlet;output port
出油量 oil output;oil pump capacity
出油路 vent line
出油剖面 oil entry profile;oil producing profile
出游 outing
出于经济上的缘故 economic reasons
出于自然的 spontaneous
出羽 feathering
出羽快 fast feathering
出羽速度 rate of feathering
出狱 discharged from prison
出域 bleeding
出缘石 < 桥墩的 > wing coping
出缘线 label course
出缘限 label terminations
出运重量 shipping weight
出渣 disposal of spoil;flush practice;haul-away; hauling crushed rock; mucking; muck out; spoiling; spoil removal; trapping muck; mucking and haulage < 开挖隧道 >;slag tapping;tap cinder;tapping(slag) < 指炉矿渣 >
出渣槽 ash shoot; dirt-excluding groove;slag lander;slag notch;slag runner;slag spout
出渣车 muck car
出渣斗 muck bucket; muck kibble; muck sinking bucket
出渣方法 method of mucking
出渣工 teaser
出渣工具 mucking tool
出渣工人 mucker
出渣轨道 slag track
出渣机械 muck-shifting plant
出渣孔 mud hole;slag eye;slag hole;tap hole
出渣口 cinder notch;clean-out hatch;scum hole; slag hole; slag notch; slag tap; tap-hole for slag; tapping point
出渣口流槽 runner trough
出渣口凝结 hard tap
出渣路线 mucking route
出渣门 clean-out door; skimming door
出渣平台 mucking platform
出渣气体发生炉 slag tap gas producer
出渣设备 mucking equipment
出渣时间 mucking time
出渣通条手柄 tapping bar
出渣温度 tapping temperature
出渣线 dump track
出渣循环 mucking cycle
出渣运程 muck haulage
出渣杂务 rock-removal chore
出渣周期 mucking cycle
出闸机 exit gate
出闸时间 exit time
出闸速度 exit speed
出砟 ballast mucking; disposal of spoil;mucking;muck removal;tunnel muck hauling
出砟车 mucking car;skip
出砟吊桶 muck kibble
出砟钢板 slick plate
出砟机 mucker;mucking machine
出砟时间 mucking time
出砟线 dump track
出砟用吊篓 kibble cage
出砟作业 mucking out
出栈 deliver from godown
出栈凭单 delivery order
出栈凭证 delivery order
出站 ride-out
出站道岔 exit point
出站地道 exit tunnel
出站第一闭塞信号机【铁】head block signal
出站第一具自动闭塞信号机【铁】automatic head block signal
出站管线 outgoing line
出站口 station exit
出站前方信号(机)advance(d) starting signal
出站线 exit track;outlet track
出站信号的控制 starting signal control
出站信号(机)departure signal;leave [leaving] signal;starting signal;exit signal
出站信号示像 leave signal aspect;leaving signal aspect
出账 charge off;enter an item of expenditures in the accounts
出账报单 debit advice
出障碍时是安全的 fail safe
出诊箱 medical kit for home visit
出证 certification
出支路 out branch
出支票人 check drawer
出纸 paper delivery;paper out
出纸检测器 paper-out sensor
出纸口传感器 paper exit sensor
出纸口接盘 exit tray
出纸口开关致动器 exit switch actuator
出纸口延迟卡纸 outlet delay jam
出纸口滞留卡纸 outlet stationary jam
出质人 pledger
出质资产 pledge assets
出中继 out-trunk
出中继电路 outgoing trunk circuit
出中继机键 outgoing trunk switch
出中继监视信号 forward supervision signal
出中继器 outgoing trunk circuit
出中继线 outgoing junction line;outgoing trunk line
出中继线塞孔 outgoing trunk jack
出中继线束 outgoing trunk multiple
出钟 leaving bell
出砖牙 corbelling
出资 finance; financial contribution; financing
出资单位 granting agency
出资额 amount of contribution to capital; amount of investment; amount of shares; capital subscription
出资而不参与经营的合伙人 < 隐名合伙人 > dormant partner
出资方式 equity participation;forms of investment;ways of investment
出资人 promoter;sponsor
出资数额比例 ratio of the investment contributions
出资证明书 investment certificate;investment certification
出字时间【计】word time
出租 demise; farm out; freight; hire to;lease;leasing;let(ting);put out to lease;rent
出租办公楼 office building for rent; rental office building
出租保险 rent insurance
出租仓库 hiring out depot
出租车乘车点 taxi pick-up point
出租车乘客 cab-getter
出租车队 taxi-fleet
出租车接送 taxi
出租车辆 for-hire carrier
出租车牌照 medallion
出租车站禁止停车 taxi stand no parking
出租大楼 tenement block
出租的 for-hire;tenemental
出租方式 rental basis
出租房间 maisonette;rentable room;rental room; room for rent; room-to-let
出租房屋 house for rent; house-to-let; leased housing; tenant house; rental housing
出租房子 < 供食宿的 > family boarding home
出租飞机 air-taxi;taxiplane
出租公寓 rental apartment;tenement block
出租公寓房间 maisonette
出租国有企业合同 contract leasing of

governmental enterprises
出租机动三轮车 cyclo
出租机器的单位 rental unit
出租净面积 net rentable area
出租居住单元 rental living unit
出租快艇 water taxi
出租马车 hackney
出租马车处 livery stable
出租面积 rentable area;rental space
出租面积比 ratio of rentable area;rentable space ratio
出租汽车 cab;hack;hackney;motorcab; motorcars on hire; public hack;taxi cab;blackcab < 英国路边扬招服务的 >;metrocab < 英国柴油发动机的 >;minicab < 英国电话预约服务的 >
出租汽车标志 taxi sign
出租汽车(待租)区 taxicab zone
出租汽车集体 collective taxi system
出租汽车驾驶员 jehu;taxi man
出租汽车司机 cabbie;cabman;hack;hackie;hackman;jehu
出租汽车停车场 taxi parking area;taxirank;taxi stand
出租汽车停车处 cab rank;cabstand;taxirank;hackstand < 美 >
出租汽车运行速度 taxi operating speed
出租汽车站 cab rank;cabstand;taxirank;taxi stand
出租人 lessor;renter
出租人权利 lessor's interest
出租设备汇编 equipment rental compilation
出租宿舍 rooming house
出租土地 rentable space
出租小汽车 taxi(cab);taximeter car
出租运输设备 for-hire carrier
出租者 lessor
出租直升机 helicab
出租住处 rooming house
出租住房 tenant dwelling
出租住房空闲率 vacancy rate in rental housing
出租住宅 tenement house

初

初摆动 initial oscillation
初版 preliminary edition
初版地图 preliminary map
初版平面图 original plan
初保持量 initial retention
初报 preliminary study
初爆 incipient detonation
初爆破 initial blast
初编资产负债表 preliminary balance sheet
初变定 initial set
初变形 < 弹簧的 > initial set(ting)
初变形半球穹壳 almost hemispheric(al) dome
初变形筒柱面壳 almost cylindric(al) shell
初变质作用 neometamorphism
初冰 appearance of slush;cream ice;first ice;frazil ice;ice scum;young ice
初冰出现期 first ice date
初冰期 anaglacial period
初冰预报 frazil ice forecast(ing);ice appearance forecasting
初并网 initial synchronization
初波 prima;primary wave;preliminary wave
初波反射 reflection of P-waves
初卟啉 etioporphyrin
初卟啉合镁盐 etiopyllin
初布絮凝体 prefloc
初步 initiative;primer;tentative
初步安全分析报告 preliminary safety analysis report
初步报告 conception report;preliminary report;tentative report
初步爆破 initial blasting
初步焙烧 preroasting
初步变形模量 initial deformation modulus
初步表面修整 rough surface finish
初步拨款 initial appropriation
初步布置 skeleton layout
初步草图 preliminary sketch
初步测定 preliminary determination;rough determination
初步测量 preliminary survey
初步测算 initial estimate
初步查勘 preliminary investigation
初步沉淀池 preliminary sedimentation tank;primary clarifier;primary sedimentation tank;primary settling tank
初步沉降 primary settlement
初步成本会计 elementary cost accounting
初步成果 first fruit;initial result
初步澄清 preliminary clarification
初步澄清池 preliminary clarifier
初步尺寸 preliminary dimension
初步抽气泵 fore-vacuum pump
初步抽气机 rough pump
初步除气 freeing preparatory;preparatory degassing; preparatory gas freeing
初步处理 first treatment;initial processing;initial treatment;preliminary treatment;primary process;primary treatment;rough treatment
初步处理技术 preliminary disposal technique
初步处治 initial treatment
初步处置 initial disposal
初步处置技术 preliminary disposal technique
初步磁化率 initial susceptibility
初步磁化曲线 initial magnetization curve
初步措施 preliminary measure;preparatory measure;toddling step
初步打眼 primary drilling
初步得到控制 preliminarily under control
初步的 abecedarian;elementary;preliminary;preparatory;prima facies;rudimentary;tentative
初步的土壤学工作 preliminary pedological work
初步地层学 propaedeutic stratigraphy
初步地段图 preliminary plot;sketch or preliminary plat
初步电离 initial ionization;primary ionization
初步电离对 primary ion pair
初步调查 estimate survey;preliminary enquiry; preliminary examination;preliminary investigation;preliminary study;preliminary survey;rough survey
初步调查阶段 preliminary investigation stage
初步调查研究 preliminary study
初步调研 preliminary investigation and study
初步定位 preliminary location
初步定线 preliminary location;preliminary route determination
初步定向 preliminary orientation
初步读数 preliminary reading
初步煅烧区 precalcining zone
初步锻烧的 precalcined
初步对中 preliminary centering
初步对准 preliminary alignment
初步发育 initial development
初步繁荣 initial prosperity
初步反对意见 preliminary objection
初步反应 primary response
初步方案 preliminary layout;preliminary plan(ning);preliminary project;preliminary scheme
初步方案概算 initial program(me) budget proposal
初步方案设计 conceptual design
初步方案设计阶段 conceptual phase
初步方案图 test plot
初步分离 prefractionation
初步分离的容器 preliminary clarification tank
初步分馏塔 prefractionator
初步分录 preliminary entry
初步分配 predistribution
初步分析 conceptual analysis;preliminary analysis;preliminary study
初步分选的容器 preliminary clarification tank
初步粉碎 primary comminution
初步风力分筛 preliminary air classification
初步风力分选 preliminary air classification
初步辐照 preliminary irradiation
初步概念 initial concept
初步概算 initial budget estimate;initial proposal; preliminary budget estimate
初步干燥 predry(ing)
初步纲要 preliminary sketch
初步工程检验 preliminary engineering inspection
初步工序 preliminary operation
初步工作 preliminary work; virgin work
初步供暖区 preheating zone;preliminary heating zone
初步估计 general estimate;preliminary estimate;tentative valuation
初步估价 preliminary estimate;initial appraisal;preliminary appraisal;approximate estimate
初步估算 conceptual estimate;general estimate; preliminary estimate;preliminary evaluation
初步固结 < 土的 > primary consolidation;primary compression
初步刮平 preliminary screeding
初步灌浆 primary grouting
初步灌浆排浆孔 primary grout exit
初步规划 broad planning;initial plan(ning); preliminary plan(ning);preliminary schematization;preliminary scheme;rough plan
初步轨道 preliminary orbit
初步恒载 preliminary dead load
初步回采 preliminary robbing
初步火法精炼 preliminary fire refining
初步击穿 initial breakdown
初步计划 ground plan; preliminary draft;preliminary plan(ning);preliminary project; preliminary scheme;preplan(ning); rough plan; sketch plan
初步计划方案 preliminary project
初步计算 preliminary calculation;preliminary computation
初步技术发展计划 preliminary technical development plan
初步技术经济评价 preliminary evaluation of technical economics
初步加工 initial processing;preform;roughing
初步加工的 preformed
初步加热 initial heating;preheat
初步加速度 initial acceleration
初步价格 initial price
初步检查 preliminary examination;trial inspection
初步检验 initial survey; preliminary examination
初步检验估计量 preliminary test estimator
初步简图 primary simple drawing
初步鉴定 initial appraisal
初步鉴评试验 preliminary evaluation
初步交易 pro forma transaction
初步校准 preliminary calibration
初步阶段 preliminary phase
初步结论 preliminary conclusion
初步解释 preliminary interpretation
初步近似(值)first approximation
初步净化 preliminary clarification;preliminary cleaning; preliminary purification; primary cleaning;rough purification
初步勘测 preliminary survey;rough survey
初步勘查 pioneering
初步勘察 advance exploration;exploratory investigation;ground reconnaissance;pilot survey;preliminary investigation; preliminary prospecting;scouting
初步勘探 advance exploration;exploratory investigation;preliminary prospecting;scouting
初步勘探阶段 propaedeutic prospecting stage;wildcat stage
初步可行性研究 prefeasibility study
初步可选性试验 primary lest of mineral dressing ability
初步控制 primary control
初步匡算 initial budget estimate
初步立方体强度试验 preliminary cube test
初步瞄准 coarse set(ting)
初步命名 preliminary designation
初步黏[粘]合 green tack
初步碾压 initial rolling
初步排列顺序 initial ranking
初步批准 preliminary approval
初步平衡 preliminary balance;rough balance
初步平衡计算 preliminary balance computation
初步评估 preliminary appraisal;preliminary estimate;preliminary evaluation;preliminary assessment
初步评价 preliminary appreciation
初步评价试验 preevaluation test
初步破碎 initial fracturing;primary crushing
初步破碎的 preliminarily crushed;primarily crushed
初步普查 preliminary prospecting
初步普查阶段 propaedeutic survey stage
初步起爆剂 initial detonating agent
初步清除 primary cleaning
初步清洗 preliminary cleaning
初步确定的震中 preliminary determination epicentre
初步熔炼 primary smelting
初步筛选 preliminary screening
初步筛选试验 primary screening test
初步商谈 roughing-in
初步烧结 pre-sinter(ing)
初步设计 general design;initial design; initial plan(ning); outline plan;predesign;preliminary design;preliminary plan; preliminary project; preliminary sketch; primary

design; rough design; schematic design; sketch plan; sketch project
初步设计报告 preliminary design report
初步设计参数 initial design parameter; preliminary design parameter
初步设计阶段 concept phase; definition phase; design development phase; preliminary design phase; preliminary design stage; schematic design phase
初步设计模型 initial design model; maquette < 建筑、雕塑等的 >
初步设计审查 preliminary design review
初步设计图(纸) preliminary design drawing; preliminary drawing; schematic design drawing; schematic drawing
初步设计文件 schematic design documents
初步设计要点 essentials of preliminary design; preliminary design features
初步设想 preliminary concept(ion); preliminary project; tentative idea; tentative proposal
初步设想轮廓图 preliminary sketch
初步审查 preliminary study
初步审核 preliminary approval; preliminary audit survey
初步审计 initial audit; preliminary audit
初步审计鉴定 preliminary audit survey
初步时间标准 preliminary time standards
初步时间研究 preliminary time study
初步实验 initial experiment
初步市场试验 preliminary market testing
初步事故分析 preliminary hazard analysis
初步试车 preliminary trial
初步试验 blank assay; pilot test; preliminary test(ing); primary test(ing); trial test; initial trial
初步试验模型 pilot model
初步数据 preliminary data
初步水文工作者 preliminary hydrologic work
初步说明书 preliminary specification
初步酸洗 black pickling
初步锁闭 preliminary locking
初步踏勘 ground reconnaissance; preliminary reconnaissance
初步讨论 preliminary discussion
初步提纯 preliminary purification; prerefining
初步提议 pro forma transaction
初步调谐 preset tuning
初步调整 preliminary adjustment
初步投保单 provisional declaration
初步土方平整 first grading; rough grading
初步土方修整 first grading; rough grading
初步推定有损害 prima facies case of damage
初步脱水 preliminary hydro-extraction
初步吸收量 initial absorption
初步系统 rudimentary system
初步显著性检验 preliminary test of significance
初步消化 protopepsia
初步小规模生产 pilot-line production
初步协定 preliminary agreement
初步协议 preliminary agreement
初步行动 preliminaries; preliminary action
初步形成的V形谷 adolescent valley
初步修剪 transitory pruning
初步修理 first-aid repair
初步修缮 first-aid repair
初步压坯 precompaction
初步岩土工程勘察 preliminary geotechnical investigation
初步岩土工程勘探 preliminary geotechnical investigation
初步研究 preliminary investigation; preliminary study
初步验收 initial acceptance; preliminary acceptance
初步验收证(明)书 interim acceptance certificate; preliminary acceptance certificate
初步样本 preliminary sample
初步液化器 preliquefier
初步印象 first impression
初步应力 elementary stress
初步硬化 initial hardening
初步预算 preliminary budget
初步折扣 initial allowance
初步诊断 tentative diagnosis
初步蒸发 pre-evaporation
初步蒸发器 pre-evaporator
初步蒸馏 pre-distillation
初步蒸馏器 pre-evaporator
初步整理 edit
初步整平 < 土方 > rough grading
初步整型 < 路基 > rough grading
初步证据 prima facies evidence
初步钻探 preboring
初参数 initial parameter
初参数法 initial parameters method; method of initial parameter
初参数方程 initial parameter equation
初测 facts survey; initial survey; original reconnaissance; original survey; preliminary survey; provisional survey; rough survey; skeleton survey; sketch survey
初测导线 P line; preliminary line; preliminary transit line
初测阶段 primary survey stage
初测诸元 approximate data
初层 anchor coat; bond coat
初查 preliminary investigation
初查报告 preliminary prospecting report
初查储量计算范围线 boundary line of preliminarily investigated reserves
初产量 primary initial production
初产气量 initial gas production
初产水量 initial water production
初产油量 initial oil production
初长度 initial length
初潮 < 涨潮开始 > young flood; prime tide; tide prime; young tide
初潮年龄 age of menarche
初沉池 preliminary sedimentation tank
初沉池出水 primary effluent
初沉池污泥 primary sludge; sludge from primary sedimentation tank
初沉出水 primary effluent
初沉淀池 preliminary settling tank; primary settling tank
初沉污泥 primary sludge
初衬板 primary lining
初撑力 setting load; setting pressure
初成残草覆盖 fresh mulch
初成河道 young river
初成土 amorphic soil
初成型 preprofiling
初充电 initial charge
初充气 initial charge
初冲 subpunching
初冲后铰(孔) subpunching and reaming
初冲孔 subpunching
初创的 original
初创阶地 initial stage
初创阶段 pioneering stage
初创企业 newly established enterprise
初磁导率 initial permeability
初磁化 initial magnetization
初次 primary
初次摆动挤后整平装置 primary oscillating extrusion finisher
初次暴雨冲洗负荷 first flush load
初次爆破 initial blasting; initial fragmentation; preliminary blasting
初次爆破耗药比 initial explosive ratio
初次焙烧 biscuit fire
初次逼近 first approximation
初次变形 primary deformation
初次拨发 initial issue
初次补偿 primary compensation
初次采伐 seeding cutting
初次产品 first batch of newly designed products
初次产物 primary product
初次沉淀 primary sedimentation; primary settling
初次沉淀池 preliminary sedimentation tank; primary sedimentation pond; primary sedimentation tank; primary settling tank
初次沉积 preliminary sedimentation
初次沉积作用 preliminary sedimentation
初次沉降槽 primary sedimentation tank; primary settling tank
初次成型加工 primary metalworking
初次澄清 primary clarification
初次澄清池 primary clarifier; primary setting tank
初次充电 primary charging
初次重结晶 primary recrystallization
初次抽出单位 primary sampling unit
初次出流物 primary effluent
初次处理 original treatment
初次传染 primary infection
初次淬火 primary quenching
初次电晕充电装置 primary corona assembly
初次动校叠加 first normal move-out stack
初次读数 initial reading
初次镀层 primary coat(ing)
初次发病 first attack
初次费用 first cost; initial cost; initial expenses
初次分配 primary distribution of the national income
初次浮选给料 primary float feed
初次腐蚀 first bite; first etching; flat etching
初次覆盖 primary cover
初次改样 first revisal
初次感染 primary infection
初次构造单元 primary structural element
初次回收 primary recovery
初次集材 forwarding
初次计量给料装置 primary feed meter
初次剂量 priming dose
初次加工 prior processing
初次加料 initial charge
初次加液 initial charge
初次检查 initial examination
初次见岸浮标 landfall buoy
初次节流阀 primary throttle valve
初次结晶 primary crystallization
初次结晶体 primary crystal
初次解冻日 first open water
初次净化 primary cleaning; primary purification
初次净化器 primary cleaner
初次开采 primary recovery
初次开挖 primary excavation
初次勘测 original reconnaissance
初次勘查 original reconnaissance
初次勘察 original reconnaissance
初次靠岸 landfall
初次冷凝器 primary condenser
初次冷却器 primary cooler
初次冷却系统 primary cooling system
初次临界试验 initial criticality test
初次滤池 primary filter
初次旅游者 novice traveller
初次铝块 primary alumin(i)um pig
初次磨合运转 initial run-in
初次磨矿 primary grinding
初次碾压 breakdown rolling; initial rolling
初次排斥反应 first set rejection
初次排污 primary emission
初次平整 first grading
初次破碎 primary crushing; primary reduction
初次起动 initial start-up
初次情报 primary information
初次屈氏体 primary troostite
初次取样 primary sample
初次燃烧 primary combustion
初次烧结 first sintering
初次审计 first audit; initial audit
初次生产 primary production
初次石墨化 primary graphitizing
初次市场 first market; primary market
初次试车 green run
初次试验 green run; maiden trial
初次试样 primary sample
初次试用 handsel
初次试转 initial running-in
初次疏伐线 first felling-line
初次酸洗 first pickling
初次损坏的形式 first failure mode
初次缩孔 primary pipe
初次踏勘 original reconnaissance
初次调节 primary regulation
初次通过 first pass
初次投资 initial investment
初次退火 first annealing
初次弯曲应力 primary bending stress
初次完成 initial completion
初次污泥 primary sludge
初次稀释溶剂 primary diluted solvent
初次下水 initial floatation
初次消光 primary extinction
初次蓄水 first filling; initial filling; initial impoundment; priming impoundment; priming < 水库等的 >
初次循环 primary circulation
初次压轧 initial breakdown
初次氧化皮 primary scale
初次移植物反应 first set graft reaction
初次运移 primary migration
初次运移的深度 depth of primary migration
初次运移高峰深度 depth of primary migration peak
初次运移高峰时间 time of primary migration peak
初次运移时间 time of primary migration
初次整平 < 土工 > first grading
初次整型 < 路基的 > first grading
初次指示 primary prescriptive
初次主要整平行程 < 平地机的 > major grading
初次注水泥 primary cementing
初次转换中心 primary switching cen-

ter[centre]
初次钻孔 < 铆钉分两次钻 > sub-punching;small punching
初等变换 elementary transformation
初等变式 alphabetic variant
初等超越函数 elementary transcendent function
初等大地测量学 elementary geodesy;inferior geodesy
初等的 primary
初等的行与列运算 elementary row and column operation
初等对称函数 elementary symmetric(al)function
初等函数 elementary function
初等函数程序 elementary function program(me)
初等积分 elementary integral
初等几何学 elementary geometry
初等矩阵 elementary matrix
初等量 primary
初等列变换 elementary column operation
初等列运算 elementary column operation
初等流变学 elementary rheology
初等式 primary
初等树变换 elementary tree transformation
初等数论 elementary number theory;elementary theory of numbers
初等数学 elementary mathematics
初等台阵 elemental array
初等项 elemental term;elementary item;primary
初等行变换 elementary row operation
初等行运算 elementary row operation
初等因子 elementary divisor
初等有向树变换 elementary directed-tree transformation
初等运算 elementary operation
初点 initial point
初电荷 initial charge
初电流 initial current
初定偿还期 original maturity
初定尺寸 preliminary dimension
初定期 initial stability period
初定震中表 list of preliminary determination
初动 first motion;first swing;initial motion;lift-off;onset
初动方向 first-motion direction
初动量 initial momentum
初动期 initial mobility period
初动时间 onset time
初动手柄 primer handle
初动速度 threshold velocity
初动研究 first-motion studies
初动轴 primary shaft
初读数 preliminary reading
初发的 incipient;protopathetic
初发故障 incipient failure
初发情绪 protopathetic emotion
初犯 < 如违反交通规则等 > star man
初沸点 initial boiling point
初分筛 primary screen
初粉碎碾磨机 primary grinding mill
初缝 runstitching
初浮 initial floatation
初孵鱼苗 alevin;hatched fry
初辐射 primary radiation
初腐 < 木材 > dosy;dote;doty
初付费 initial payment
初负荷 initial load
初干 initial drying
初稿 preliminary draft
初稿图 abbazzo
初给阀 priming valve
初给杆 priming lever
初给器 primer;tickler【机】
初耕 early plowing;primary cultivation
初耕机具 primary tillage equipment
初攻丝锥 first-hand tap
初估值场 first guess field
初关井 initial shut-in
初灌 first watering
初轨 initial orbit;preliminary orbit;primitive orbit
初过时间 first passage time
初含量 initial content;primary content
初航 maiden trip;maiden voyage
初后斜面 initial back bevel
初呼振铃 first ringing
初混室 preliminary mixing chamber
初活性 initial activity
初积分 first integral
初基胞 primitive cell
初基平移 primary translation
初级暗区 primary dark space
初级泵 backing pump;roughing pump
初级变分 first variation
初级变态 primary metamorphosis
初级变质作用 incipient metamorphism;protometamorphism
初级补偿器 primary compensator
初级不离开 primary nondisjunction
初级侧 primary side
初级测量仪 primary meter
初级产品 primary product
初级产业部门 primary industrial sector
初级沉淀池 preliminary settling tank;primary sedimentation tank;primary settling tank
初级沉降 primary settling
初级沉降槽 primary sedimentation tank
初级成本会计 elementary cost accounting
初级城市 primate city
初级程序员 junior programmer
初级澄清 primary clarification;primary cleaning
初级澄清池 primary clarifier
初级澄清池出水 primary clarifier effluent
初级齿圈 primary annulus
初级抽气泵 backing pump
初级抽样单位 primary sample unit
初级抽样单位间的方差 variance between primary sample units
初级抽样单位内的方差 variance within primary sample units
初级抽样单元 primary sampling unit
初级除尘器 rough cleaner
初级处理 primary treatment
初级处理厂 primary treatment plant
初级处理过程 < 污水 > primary process
初级处理装置 primary treatment unit
初级穿孔操作员 junior keypuncher;junior keypunch operator
初级传入纤维 primary afferent fiber
初级串联电路 primary series circuit
初级存款 primary deposit
初级代谢产物 primary metabolite
初级单位 primary unit
初级的 lower level;preliminary;primary
初级抵押贷款市场 primary mortgage market
初级抵押市场 primary mortgage market
初级抵制 primary boycott
初级地层学 preliminary stratigraphy;prestratigraphy
初级电离 primary ionization
初级电离过程 primary ion-processes
初级电离事例 primary ionizing event
初级电流 primary current
初级电路 primary circuit;primary wire
初级电容器 primary condenser
初级电线 primary wire
初级电压 primary voltage
初级电阻 primary resistor
初级定向孔【岩】preliminary direction(al)hole
初级董事会 directors of lower echelon of the board;junior board of directors;junior boards
初级端 primary side
初级端电压 primary terminal voltage
初级断路器 primary cut-out
初级堆 primary pile
初级发射 primary emission
初级阀 roughing valve
初级放射同位素 primary radioisotope
初级飞羽 primary remix
初级废水处理厂 initiative wastewater treatment plant
初级分离 first-order segregate
初级分页装置 primary paging device
初级分组 primary grouping
初级封密 primary seal
初级辐射 primary radiation
初级辐射体 primary radiator
初级干扰反应 primary interference reaction;primary interfering reaction
初级工程技术 preengineering technology
初级工程师 junior engineer
初级工业 low-order manufacturing;primary industry
初级管理人员 first line management
初级光电效应 primary photoelectric effect
初级过程 primary process
初级过滤器 primary filter
初级滑翔机 primary glider;primary type glider
初级环流 primary circulation
初级活期存款 primary demand deposit
初级货物 primary commodity;primary goods
初级机键 primary switch
初级激发 primary excitation
初级激励器 first driver
初级集尘器 preliminary dust collector
初级集合管 primary collecting ducts
初级剂量 initial dose
初级继电器 primary relay
初级检测元件 primary control element
初级检验 elementary test
初级检验元件 primary detecting element
初级交易 primary transaction
初级接头褶 primary junctional
初级结构 primary structure
初级结晶 primary crystallization
初级金属 primary metal
初级晶胞 primary unit cell
初级聚合 first-stage polymerization
初级颗粒烧结 agglomeration of primary particles
初级空气 primary air
初级空气动力学 elementary aerodynamics
初级雷达 primary radar
初级棱锥体 protopyramid;pyramid of the first order
初级链 elementary chain
初级裂化 primary cracking
初级滤池 primary filter
初级滤清器 primary filter
初级氯化处理 simple chlorination
初级煤气循环泵 primary gas circulator
初级能量消耗 primary energy consumption
初级能源 primary energy
初级农产品 primary agricultural products
初期排水 initial pit dewatering
初级培养物 primary culture
初级皮碗 primary cup
初级皮质 primary cortex
初级屏蔽 primary shield(ing)
初级破碎机 primary breaker;primary crusher
初级请求 primary request
初级区域试验 regional preliminary trial
初级曲轴 primary crankshaft
初级圈电流 primary current
初级燃烧空气 primary combustion air
初级绕组 first winding;primary winding
初级绕组端 out-primary
初级绕组线头 out-primary
初级蠕变 < 加速阶段 > primary creep
初级入门教程 introduction course
初级软件 preliminary software
初级散射 primary scattering
初级筛 primary screen
初级商品 primary commodity
初级商品价格 commodity price
初级商品价格的指数 price index number of primary commodities
初级设计阶段 preliminary design stage
初级射束 primary beam
初级射线 primary ray
初级审计 initial audit
初级生产 basic-level production;primary production
初级生产国 primary producer country
初级生产量 primary production volume
初级生产(能)力 primary productivity
初级生产要素 primary factor of production
初级生产者 primary producer
初级市场 basic-level market;primary market
初级视泡 primary optic(al)vesicle
初级试验 orientation test;preliminary test(ing)
初级试样 primary sample
初级输出 primary output
初级输入 primary input
初级数据集组 primary data set group
初级水循环泵 primary water circulator
初级碎裂作用方式 protoclasis way
初级碎石机 scalper
初级索引块 primary index block;primary level index block
初级塔 primary tower
初级太阳齿轮 primary sun gear;primary sun wheel
初级太阳轮 primary sun wheel
初级提水机械 primary water lifting machinery
初级土壤类型 primary soil type
初级退变 primary degeneration
初级微原纤 elementary microfibril
初级卫生保健 primary health
初级污泥水解 primary sludge hydrolysis
初级污泥消化 primary sludge digestion
初级污染 primary pollution
初级污染物 primary pollutant
初级污水沉淀池 primary sewage sed-

C

imentation tank; primary sewage settling tank
初级污水处理 primary sewage treatment
初级污水处理法primary sewagetreatment method
初级污水处理能力 primary sewage treatment capacity
初级污水处理装置 primary sewage treatment plant; primary sewage treatment unit
初级污水氯气处理接触槽 primary effluent chlorine contact tank
初级系统分析员 junior systems analyst
初级线圈 primary coil;primary winding
初级线圈电感 primary impedance
初级线圈电容 primary capacitance
初级线圈漏磁通 primary leakage flux
初级线圈外端 outside primary
初级线圈阻抗 primary impedance
初级像差 primary aberration
初级像差贡献量 primary aberration contribution
初级像差系数 first-order aberration coefficient
初级消费者 primary consumer
初级消光 primary extinction
初级小结 primary nodule
初级修整 rough finish
初级学校 elementary school
初级研磨 primary grinding
初级仪表 primary instrument
初级缢痕 primary constriction
初级引出线 primary outlet
初级宇宙射线 primary cosmic ray
初级语言 low-level language
初级原料 primary raw material
初级原纤 elementary fibril
初级再结晶 primary recrystallization
初级债券 junior bonds
初级账户 primary account
初级振荡器 primary oscillator
初级蒸馏 primary distillation
初级职工 junior staff
初级职员 junior staff
初级中学 junior middle school
初级轴向像差 primary order longitudinal aberration
初级主振部分 first driver unit
初级转变 primary transition
初级转储系统 primary dump system
初级装配 first fixings
初级资本 junior capital
初级资料 primary data
初剂量 initial dose
初加工 initial handling; preliminary working;pretreating;primary fabrication
初加工的成品 preform
初加工丝锥 first tap
初加速坡 < 使前后钩车产生间隔 > initial acceleration gradient
初剪 preliminary shearing
初剪力 primary shear
初检验 original inspection
初见承压水 artesian water struck
初见灯标 landfall light;making light
初见地下水位 artesian water struck
初见陆地【航海】 land fall; make a land
初见陆地导标 landfall mark
初见陆地灯标 landfall light
初见水位 initial water level
初建费用 initial cost
初键 initial bond
初浆袢 archoplasmic loop
初浆泡 archoplasmic vesicle
初降 early decline
初校 first revisal
初校样 read proof
初阶段 primary stage
初结晶 primary crystal
初晶 primary crystal
初晶区 primary crystal field
初晶相 primary phase
初静切力(泥浆) gel initial
初聚焦 prefocus(sing)
初勘 advanced exploration; original reconnaissance; preboring; preliminary investigation
初勘报告 preliminary exploratory report
初勘阶段 first prospecting stage;preliminary phase
初刻水位 initial water level
初亏 beginning of partial eclipse;contact; eclipse beginning; first contact;first contact of umbra;ingress
初拉力 initial tension
初浪 young sea
初雷等时线 homobront;isobront
初冷器 primary cooler
初冷却 initial cooling;precooling
初力矩 initial moment
初裂 first crack;initial cracking
初裂缝 initial fissure
初裂荷载 load at first crack
初裂强度 first crack(ing) strength
初裂纹 initial crack;incipient crack
初裂应力 first crack stress; initial cracking stress
初流渣 first-run slag
初馏 forerunning
初馏点 dropping point; initial boiling point
初馏分 first runnings; starting fraction; first fraction; forerun; overhead distillate;overhead fraction
初馏分比 first cut
初馏塔 primary distillation tower; primary fractionator; primary tower;topping still
初馏物 first runnings; fore running; foreshot; head fraction; head product
初馏装置 topping plant
初滤 primary filtration
初滤池 preliminary filter;primary filter;roughing filter
初滤过的水 initial filtrated water
初滤件 primary filter element filling
初滤排水 filtrate to waste
初滤器 coarse filter; precleaner; prefilter;preliminary filter;primary filter;roughing filter
初滤失量 spurt loss volume
初滤网 prescreener
初滤芯 primary element
初落(潮汐) beginning of ebb
初落雪 freshly fallen snow
初糜棱岩 potomylonite
初模 blank mo(u)ld
初摩阻力 initial resistance
初磨 preliminary grinding; primary grinding;raw grinding
初磨机 primary mill
初挠度 initial deflection
初能量 initial energy
初黏[粘]度 tack
初年度代理权 first-year commission
初年度收益 first fruits
初捻 first twist;primary twist(ing)
初捻机 primary twister
初捻纱 primary yarn;single yarn
初碾 primary grinding;raw grinding
初凝 initial condensation; initial setting;prehardening;preset(ting);initial set < 水泥混凝土或水泥浆的 >
初凝冰 sludge ice;slush ice
初凝的开始 commencement of initial setting
初凝反应 initial setting reaction
初凝过程 initial setting process; process of initial setting
初凝海水 sludge
初凝混凝土 initial concrete
初凝阶段 initial setting period
初凝结 initial condensation
初凝结水 primary condensation
初凝晶 primary crystal
初凝力 power of initial setting
初凝能 energy of initial set(ting)
初凝能力 capacity of initial set(ting); initial setting capacity; initial setting power
初凝能量 initial setting energy
初凝期 initial setting period;period of initial setting;presetting period
初凝曲线 curve of initial set(ting); initial setting curve
初凝热 < 混凝土的 > heat of initial set(ting)
初凝热量 initial setting heat
初凝时间 initial setting time; period of initial;time of initial setting
初凝时期 presetting period
初凝收缩 initial setting shrinkage
初凝水泥砂浆 freshly set mortar
初凝速度 initial setting rate
初凝特性 < 混凝土的 > property of initial setting
初凝性质 initial setting property
初凝质量 initial setting quality;quality of initial set(ting)
初凝组元 frozen component
初排 walk-through
初排出速率 first discharge rate
初坯 cogged ingot
初偏差 initial deflect error
初评 pre-evolution; preliminary evaluation
初泼 first application
初破碎机 preliminary crusher
初期 early in its development;embryo; embryonic stage; first-stage; incipient period; incipient stage; initial period;initial stage;preliminary phase; preliminary stage; primary stage;stage of introduction
初期安全系数(提升钢丝绳) initial factor of safety
初期岸冰 newly-formed ice; newly-frozen ice;young coastal ice;young shore ice
初期坝 initial start dam
初期保险 preliminary term insurance
初期保险费 initial premium
初期边腐 marginal rot
初期变色 first discolo(u)ration
初期冰 freshly frozen ice; newly-formed ice;newly-frozen ice;slud; young ice
初期冰冻 subfreezing
初期拨款 initial appropriation
初期财务困难 initial financial difficulties
初期产量 flush production;initial output;initial production
初期沉(降) initial settlement
初期成本 first cost
初期充水 initial filling
初期冲刷 incipient scour
初期出力 primary output
初期储备 initial reserve
初期存货 initial inventory; initial stock
初期错台 < 混凝土路面的 > incipient stepping
初期贷款 < 建设项目的 > preliminary loan
初期的 embryonic; incipient; initial; nascent;primary
初期点蚀 initial pitting
初期毒素 primary toxin
初期毒性 initial toxicity
初期煅烧 incipient calcination
初期饵料 early food
初期发电 initial power generation
初期发裂 incipient crack
初期费用 first cost;initial cost
初期奋进 initial spurt
初期缝合 primary suture
初期腐败 incipient decay; incipient spoilage
初期腐烂 incipient decay;hard rot < 木材 >
初期腐(朽) incipient decay
初期腐朽阶段 incipient stage of decay
初期沟蚀 finger gull(e)y(ing); incipient gull(e)y(ing)
初期固化 initial curing
初期固结(作用) preliminary consolidation;primary consolidation
初期故障 early failure;incipient failure;initial failure
初期故障期 earlier failure period
初期管理 initial management
初期管涌 incipient piping
初期害虫 primary insect
初期灰化作用 incipient podzolization
初期灰壤化 incipient podzolization
初期混合 initial mixing
初期减压 initial vacuum; preliminary vacuum
初期建设投资 initial construction cost
初期降水 < 填注量达到满足以前的降水 > initial precipitation
初期降雨 initial rain(fall)
初期交通量 initial traffic number
初期阶段 early stage
初期结合强度 initial bond strength
初期截流工程 initial closure works
初期截流围堰 initial closure loop
初期浸透强度 initial infiltration rate
初期井 pioneer well
初期菌丝体 primary mycelium
初期开挖 primary excavation
初期勘测 preliminary investigation
初期控制 primary control
初期利润 early profit
初期裂缝 early crack; incipient crack;initial crack
初期裂纹 incipient crack;initial crack
初期绿(灯)时间 < 感应信号所规定的第一次绿灯时间,以后可以延伸 > initial portion
初期脉冲 initial impulse; preliminary pulse
初期脉动 initial tremor
初期灭火 first arrival first attack
初期内障 incipient cataract
初期耐水性 initial water-resistance
初期年龄 initial age
初期黏[粘]附力 initial adhesion
初期黏[粘]合(强)度 initial adhesive strength;initial bonding strength
初期凝结作用 preliminary consolidation
初期浓度 initial concentration
初期排水 initial dewatering
初期破坏 incipient failure; incipient rupture
初期契约 initial treaty
初期潜像 latent preimage
初期强度 early strength; initial strength

初期侵蚀平原 incipient peneplain
初期认缴金 initial subscription
初期日交通量 initial daily traffic
初期蠕变 <蠕变率随时间而降低> primary creep
初期沙洲 incipient bar
初期设计阶段 preliminary design phase
初期审计 initial audit
初期失效 incipient failure
初期湿度差 initial moisture deficiency
初期湿养护 initial moist curing; initial wet curing
初期市场占有率 initial market share
初期收缩 initial shrinkage
初期收缩裂缝 incipient contraction crack; initial contraction crack
初期水分 initial moisture (content)
初期水分差 initial moisture deficiency
初期水分缺量 initial moisture deficiency
初期水分缺失 initial moisture deficiency
初期损害 initial lesion
初期损失 initial loss; initial abstraction
初期坍岸带宽度 initial width of bank ruin of reservoir
初期特别折旧 initial special depreciation
初期条件 initial condition
初期投资 first cost; front-end investment; initial capital investment; initial investment; initial outlay; primary financing
初期突水量 quantity of water bursting in the early days
初期土壤储水量 initial soil storage
初期土壤水分 initial soil moisture
初期脱位 primitive dislocation
初期弯沉 initial deflection
初期微震 preliminary shock; preliminary tremor
初期微震最大波 maximum of regular waves occurring on the preliminary tremor
初期位置 primary position
初期污染 precontamination; prepollution
初期协议 initial treaty
初期写入 early write
初期写入周期 early write cycle
初期型号 early model
初期蓄水 early impoundment; first filling; initial filling
初期洋地黄化 initial digitalization
初期养护 <混凝土> incipient curing; initial curing; initial maintenance
初期养生 <混凝土> initial curing; initial maintenance; incipient curing
初期抑制 incipient inhibition
初期应力 early stress
初期应力状态 early state of stress
初期盈余 initial surplus
初期余额 initial balance
初期雨水冲洗影响 first-flush-effect
初期运动 incipient motion; incipient movement; initial motion; initial movement
初期栽培阶段 earliest stages of cultivation
初期渣 early slag
初期账户 opening account
初期褶皱 incipient fold
初期支出 incipient expenditures; preliminary expenditures; preliminary expenses
初期支护 initial protection; initial support; preliminary bracing; primary support
初期支护参数 preliminary support parameter
初期值 initial value
初期滞流 initial retention
初期装机 initial installation
初期状态 A-stage; early state
初期准备金 initial reserve
初期准平原 incipient peneplain
初期组 primary group
初漆色 priming colo(u)r
初起阶段 initial phase
初腔 germinal streak
初切 ingress
初切应力 initial shear stress; initial gel <指泥浆>
初切轧碎机 primary breaker
初清理 previous cleaning
初清室 primary cleaner
初染机 padding mangle
初染速率 initial rate of dy(e)ing
初溶层 exsolution lamellae
初熔 incipient melting
初熔区 fritting zone; primary melting zone; soaking area
初熔铁 fresh iron
初熔温度 initial melting temperature
初色 in-house colo(u)r
初筛机 primary screening plant; scalper; scalping screen
初烧 initial firing
初设二期 second-stage of primary design
初设模型 conceptual model
初设图纸 preliminary drawing
初设一期 first-stage of primary design
初射窗 exit window
初审法庭 court of first instance
初渗量 initial infiltration rate
初渗率 initial infiltration rate
初渗容量 initial infiltration capacity
初升 initial rise
初生 primary
初生奥氏体 primary austenite
初生贝氏体 primary bainite
初生变质的 deuteric
初生波 initial wave; primary wave; young sea; young wave
初生材 primary wood
初生层 primary layer
初生大陆边缘 nascent continental margin
初生的 juvenile; nascent; primordial
初生低压 incipient low
初生根 primary root
初生构造 primary structure
初生河流 juvenile river; synantectic river; synantectic stream
初生加厚 primary thickening
初生晶胞 primary unit cell
初生菌丝体 primary mycelium
初生空化 incipient cavitation; initial cavitation
初生空化数 inception cavitation number
初生空穴数 incipient cavitation number
初生粒子 direct particle; primary particle
初生木材 primary wood
初生木质部 primary xylem
初生喷出物 juvenile ejecta
初生气旋 nascent cyclone
初生侵染 primary infection
初生氢 nascent hydrogen
初生屈氏体 primary troostite
初生绒毡层 primary tapetal layer
初生溶胶 primary sol
初生射线 primary ray
初生渗碳体 primary cementite
初生石墨 kish graphite; primary graphite
初生石油 nascent oil
初生始阶段 incipient stage
初生水【地】 juvenile water; initial water; intratelluric water; primary water; primitive water
初生水系 juvenile drainage
初生速度 inception velocity
初生索氏体 primary sorbite
初生态 nascent state
初生态铝 nascent alumin(i)um
初生态氢 nascent hydrogen
初生态氧 nascent oxygen
初生铁素体 primary ferrite
初生烃 nascent hydrocarbon
初生土 juvenile soil
初生纹孔场 primary pit-field
初生线 neonatal line
初生相 primary phase; terminal phase
初生玄武岩 juvenile basalt
初生压力 inception pressure
初生洋盆 nascent ocean
初生氧 nascent oxygen
初生硬度钢 natural steel
初生涌浪 initial surge
初生植物体 primary plant body
初生珠光体 primary pearlite
初施预应力 initial prestress
初始 pH 值 initial pH
初始安装 initial erection
初始板块运动 primary plate movement
初始报告 inception report
初始爆破 primary blasting
初始泵 primary pump
初始闭合 initial convergence
初始闭锁机构 initial lock mechanism
初始边值问题 initial boundary value problem
初始变形 initial deformation
初始变元 original argument
初始变址 initial index
初始表 initial list; initial table(au); starting table(au)
初始表面 original surface
初始冰 new ice
初始波 primary wave
初始波函数 ab initio wave-function
初始捕获 initial acquisition
初始不完善性 initial imperfection
初始部分 initial portion
初始参考读数 initial reference reading
初始参考试验 initial reference test
初始参考试验条件 initial reference test condition
初始参数 initial parameter
初始残余应力 initial residual stress
初始操作 initial operation
初始操作系统 starter operation(al) system
初始侧限压力 initial confining pressure
初始测量 preliminary survey
初始测量网络 primary survey network
初始产量 initial output
初始常数 primary constant
初始车辆(绿灯)时间 initial vehicle interval
初始沉淀 initial precipitation
初始沉淀速度 initial settling rate
初始沉淀运动 incipient sediment motion
初始沉积 embryo deposit; initial deposit; primary deposit
初始沉降 immediate settlement; initial settlement; primary settlement
初始沉降阶段 initial sinking stage
初始沉陷 initial settlement
初始衬砌 primary lining
初始成本 original capital; initial cost
初始成岩作用 initial diagenesis
初始承载力 initial load-bearing capacity
初始程序 initializer; initial program(me); initiator program(me)
初始程序调入【计】 initial program(me) loading
初始程序装入【计】 initial program(me) loading
初始程序装入程序 initial program(me) loader
初始程序装入方式开关 initial program(me) load mode switch
初始持水量 initial detention
初始冲击谱 initial shock spectrum
初始冲量 initial impulse
初始冲刷 incipient scour; initial scour; primary scour; incipient erosion
初始稠度 original consistency
初始出水坡降 initial effluent degradation
初始处理 original treatment
初始传动 primary drive
初始垂度比 initial sag ratio
初始磁场 initial magnetic field
初始磁化 initial magnetization
初始磁化率 initial susceptibility
初始存储器地址 initial memory address
初始存取时间 initial access time
初始大圆航路 initial great-circle course
初始氘核 primary deuteron
初始道位置 position of the first trace
初始的 initial; original
初始等时线 initial isochrone
初始等压时间 initial isobaric period
初始低点 initial low point
初始地下水 native groundwater
初始地应力 initial earth stress
初始地应力场 initial ground stress field
初始地震 initial earthquake; primary earthquake
初始地址段 origin address field
初始点 initial point; point of beginning【测】
初始点燃电压 initial ignition voltage
初始电流 initial current
初始电压 initial voltage; starting voltage
初始电子 initiating electron
初始调入 initial load
初始迭代 initial iteration; primary iteration
初始顶点 initial vertex
初始定义 original definition
初始动量 initial momentum
初始读数 initial reading
初始段 initial segment; primary segment
初始断层 precursor fault
初始断面 initial section
初始对准 initial alignment
初始钝化电位 primary passive potential
初始舵角调整 initial rudder adjustment
初始发射压强 initial shot start pressure
初始发送 initialization
初始反向电压 initial inverse voltage
初始反转 initial inversion
初始反作用 primary back reaction
初始方程 initial equation
初始方式 initial mode

C

初始方向 initial direction
初始访问时间 initial access time
初始放大率 initial magnification
初始放电 initial discharge
初始非零应力状态 initial nonzero stress state
初始废水浓度 initial wastewater concentration
初始费用 initial cost; initial investment
初始分布 initial distribution
初始符号 initial symbol
初始负荷 initial load
初始负载 initial load
初始复位 initial reset
初始干缩度 <新浇混凝土试块与干燥后长度之差> initial dry(ing) shrinkage
初始干缩(率) initial dry(ing) shrinkage
初始刚度 initial stiffness; original stiffness
初始格局 initial configuration
初始各向异性 initial anisotropy
初始根焊焊接 initial run welding
初始工程(建筑)费 initial construction cost
初始工作 initialization
初始功率 initial power
初始拱曲(变形) initial hog(ging)
初始构形 initial configuration
初始构造 initial structure; primary structure
初始估计(值) initial estimate
初始固结 first consolidation; initial configuration; initial consolidation; primary consolidation
初始固结效应 primary time effect
初始固结压力 initial consolidation pressure
初始关闭压力 initial shut-in pressure
初始观测日期 initial observation date
初始管涌 incipient piping
初始光度函数 initial luminosity function
初始光线追迹 preliminary ray trace
初始光源 primary light source
初始光泽 initial gloss
初始光子密度 initial photon density
初始过程 initial procedure
初始过程名 initial process name
初始含水量 initial moisture(content)
初始函数 initial function
初始航向 initial heading
初始和 initial sum
初始核辐射 initial nuclear radiation
初始荷载 initial load
初始恒定流量 initial steady discharge
初始恒星 initial star
初始横断 initial traverse
初始化 initialization; initialize
初始化程序 initializer; initialize routine
初始化方式 initialization mode
初始化合物 precursor compound
初始化语句 initialization statement
初始化指令 initialization directive
初始环境分析 initial environmental examination
初始环境评估 initial environmental assessment
初始环路 initial loop
初始挥发率 initial volatile rate
初始辉光 preliminary glow
初始浑浊度穿透 initial turbidity breakthrough
初始混凝土 initial concrete
初始混响时间 initial reverberation time
初始机器加载 initial machine load
初始机器码 initial machine code
初始基本解 initial basic solution
初始基本可行解 initial basic feasible solution
初始畸变 initial distortion
初始激振反应 response to initial excitation
初始挤压 first squeeze
初始加荷 first weight; initial loading
初始加速度 initial acceleration
初始假设 initial assumption
初始间隔 initial gap; initial interval
初始间隙 primary clearance; primary interstice
初始剪切劲度 initial shear stiffener; initial shear stiffness
初始剪应力比 initial shear stress ratio
初始剪阻力 initial shear resistance
初始检(验) initial survey
初始建筑期 <指公共住宅区中的 1/4 可达到 95% 有住户> initial operating period
初始交接速度 initial interface velocity
初始角 initial angle
初始校正曲线 preliminary calibration curve
初始校准 initial calibration
初始阶段 initial phase; initial stage; preliminary stage; primary stage
初始节理 incipient joint
初始结点 initial node; primary node
初始结构 initial configuration
初始截留 <降水的> initial abstraction retention
初始截面 initial cross-section; initial section
初始解 initial solution; primary solution
初始介质 initial medium
初始界面沉速 initial interface velocity
初始筋拉伸破坏 primary tension failure
初始近似 first approximation; initial approximation; primary approximation
初始近似值 initial approximate value; primary approximate value
初始进程 initial process
初始进程名 initial process name
初始进料 initial charge
初始井底流压 initial bottom hole flowing pressure
初始径流损失 initial loss
初始句型 initial sentential form
初始抗剪强度 initial shear strength
初始抗碎强度 initial crushing strength
初始抗压强度 early compressive strength
初始空化 primary cavitation
初始空间分配 primary space allocation
初始空气含量 initial air content
初始空蚀 incipient cavitation
初始空隙 initial play
初始孔隙比 initial void ratio; original void ratio
初始孔隙度 initial porosity
初始孔隙含量 initial void content
初始孔隙水 initial pore water
初始孔隙水压力 initial pore water pressure
初始孔隙压力 initial pore pressure
初始控制 priming control
初始控制程序 primary control program(me)
初始库容 initial storage
初始亏水量 initial water deficiency
初始浪涌电压 initial surge voltage
初始冷却 initial cooling
初始离子对 initial ion pair
初始力 starting force
初始力矩 initial torque
初始历书数据 initial ephemeris data
初始粒子 primary particle
初始粒子数反转 initial population inversion
初始链值 initial chaining value
初始量测 initial measurement
初始裂变产物 primary fission product
初始裂缝 first crack; incipient crack; initial crack
初始裂纹 incipient crack
初始裂纹能量 energy to initiate crack
初始临界通量 initial critical flux
初始磷沉淀物 initial phosphorus precipitate
初始灵敏度 initial sensitivity
初始零方向 zero direction
初始流化床 incipient fluidized bed
初始流化速度 incipient fluidizing velocity
初始流量 initial flow
初始流量值 initial flow value
初始流压 initial flowing pressure
初始脉冲 inceptive impulse; incipient impulse; initial impulse
初始慢凝 initially slow-setting
初始慢衰减 initial slow decay
初始密度 initial density; original density
初始模量 initial modulus
初始模型 initial model
初始磨速 initial wearing rate
初始磨碎机 <垃圾的> initial crusher
初始挠度 initial deflection
初始能级 initial level
初始能量 primary energy
初始泥沙运动 incipient sediment motion
初始年龄分布 initial age distribution
初始黏[粘]度 initial viscosity
初始黏[粘]结力 origin cohesion
初始黏[粘]结强度 initial adhesive strength
初始凝结 initial condensation
初始凝聚力 original cohesion
初始扭矩 initial torque; starting duty
初始扭转 initial twist
初始浓度 initial concentration; initial strength; original concentration; primary concentration
初始浓度分布 initial concentration distribution
初始排除 initial abstraction
初始配置 initial configuration
初始喷发 initial eruption
初始偏差 initial deflection
初始偏置 initial bias
初始坡降 initial gradient; threshold gradient
初始破碎的 primarily crushed
初始期间 base line
初始启动 initial start
初始气蚀 incipient cavitation
初始汽蚀 primary cavitation
初始器 tickler
初始铅 initial lead
初始潜水位 original phreatic level
初始潜塑状态 initial plastic state
初始强度 initial strength; primary strength
初始强分量 initial strong component
初始切线刚度 initial tangent stiffness
初始切线模量 initial tangent(ial) modulus
初始侵蚀 incipient erosion
初始请求 initial request
初始区域 prime area
初始区域鉴别器 initiation area discriminator
初始曲率 initial curvature
初始曲线 initial curve; virgin curve
初始屈服荷载 initial yield load
初始屈服曲率 curvature at first yield
初始屈服值 initial yield value
初始去除 initial removal
初始缺陷 initial imperfection
初始燃料转换比 initial fuel-conversion ratio
初始扰动 initial disturbance
初始热应变 initial thermal strain
初始任务 initiating task
初始容量 initial capacity; initial containment
初始溶解需求量 initial dissolved oxygen demand
初始溶液 initial solution
初始蠕变 initial creep; primary creep
初始蠕变阶段 initial strain stage; primary strain stage
初始入射角 initial incidence angle
初始入渗量 initial infiltration rate
初始入渗容量 initial infiltration capacity
初始软化 initial softening
初始上界解 initial upper bound solution
初始设备 original equipment
初始设备制造厂家 original equipment manufacturer
初始设计阶段 initial design stage
初始深度 initial depth
初始渗毒速度 initial leaching rate
初始渗漏点 point of initial leakage
初始生化需氧量 initial biochemical oxygen demand
初始湿陷压力 initial collapse pressure
初始时间 initial period; initial time; original time
初始时间函数 function of initial time
初始矢量 initial vector
初始释毒速度 initial leaching rate
初始收敛 initial convergence
初始收缩量 initial shrinkage
初始受压破坏 primary compression failure
初始输入表 first entry table; primary input table
初始输入程序 initial input program(me)
初始输入赋值法 primary input assignment technique
初始输入例行程序 initial input routine
初始输入流 original input stream
初始输入数据 original input data
初始输入态 primary input state
初始输送能力 initial throughput
初始竖立 initial erection
初始数据 primary data; source data
初始数据库 initial data base
初始数据库描述 initial data base description
初始衰减 initial decay
初始水分 initial moisture(content)
初始水分不足量 <雨季前土壤的> initial moisture deficiency; initial water deficiency
初始水分亏缺量 initial moisture deficiency; initial water deficiency
初始水化热 initial heat of hydration
初始水力条件 initial hydraulic condition
初始水量不足 initial water deficiency
初始水平 initial level
初始水深 initial depth
初始水头高度 initial height of water

初始水位 initial water table
初始顺序 initial order
初始瞬时曲线 initial isochrone
初始瞬值 initial transient
初始速度 initial speed;initial velocity
初始速度模型 initial velocity model
初始损失 initial abstraction; initial loss
初始太阳 initial sun
初始弹性 initial elasticity
初始弹性区(域)elastic initial region
初始弹性应变 initial elastic strain
初始特性状态 initial behavio(u)r regime
初始梯度 initial gradient
初始体积 initial volume
初始填筑 initial placement
初始填筑条件 initial placement condition
初始条件 initial condition; starting condition
初始条件层次 initial condition hierarchy
初始条件方式 initial condition mode
初始条件函数发生器 producer of initial condition function
初始条件码 initial conditional code
初始条件调整 initial condition adjustment
初始条件状态 initial condition mode
初始同步 initial synchronization
初始同位素成分 initial isotope composition
初始投资 initial capital investment; initial investment;initial outlay
初始透过率 initial transmission
初始土壤水分 initial soil moisture
初始湍流 initial turbulence
初始推力 initial thrust
初始脱水 initial dehydration
初始脱水收缩 initial water-loss shrinkage
初始外过程 initial external procedure
初始弯沉 initial bending; initial deflection
初始弯矩 primary moment
初始弯曲 initial bending; initial crookedness
初始微程序装入 initial microprogram(me)loading
初始微分电容 initial differential capacitance
初始微扰 initial perturbation
初始微震 preliminary tremor
初始围压 initial confining pressure
初始围眼压力 natural flank pressure
初始位移 initial displacement
初始位置 inception;initial point;initial position; initial setting; original position
初始温度 initial temperature;original temperature
初始温度场 original field of temperature
初始文法 original grammar
初始稳定流量 initial steady discharge
初始稳定水位 initial steady level
初始稳定性 incipient stability; initial stability
初始问题 initial problem; original problem
初始污染 primary pollution
初始污染带沉降速度 initial polluted zone settling velocity
初始污染极值 preliminary pollutant limit value
初始污染物 initial pollutant; primary pollutant
初始污染物量 initial amount of pollutant;primary amount of pollutant
初始污染物质量 initial pollutant mass;primary pollutant mass
初始误差 initial error
初始吸收(渗失)量 initial abstraction
初始吸收因数primary absorption factor
初始吸收因子 primary absorption factor
初始吸水率 initial rate of absorption
初始稀释度 initial dilution
初始系统 initial system
初始下沉 initial convergence
初始下渗量 initial infiltration rate
初始下渗容量 initial infiltration capacity
初始纤维结构 initial fiber[fibre] structure
初始现时性能评级值 initial PPR [present property rate] value
初始线 initial line
初始线段 initial segment
初始相 initial phase
初始相对密度 initial relative density
初始相对渗透性 initial relative permeability
初始巷道入 initial lane insert
初始项 initial term
初始斜度 initial pitch
初始斜率 initial slope
初始信号 initialize signal
初始信号配时(方案)initial setting
初始信号装置 initial signal unit
初始信息 initial information;prior information
初始行 initial line;initial row;primary row
初始形变 initial deformation
初始形态 initial configuration
初始性能 initial performance
初始需要 initial demand
初始需(要)量 initial demand
初始徐变 initial creep;primary creep
初始旋转压实次数 initial number of gyrations
初始压力 early compression; initial pressure;first pressure;initial compressive strength
初始压力分布 initial pressure distribution
初始压曲 initial buckling
初始压屈 incipient buckling
初始压碎 first crush; first squeeze; first weight
初始压碎力 initial crushing strength
初始压缩 initial compression
初始压缩破坏 primary compression failure
初始压缩曲线 initial compression curve; preliminary compression curve;virgin compression curve
初始氩 initial argon
初始延迟 initial delay
初始摇摆 initial yaw
初始要素 preliminary element
初始叶 haplophyll
初始液化 initial liquefaction
初始抑制 initial-suppression
初始因子解 principal factor solution
初始引导程序 bootstrap loading routine
初始引液泵 primary pump
初始隐含价值 cost of prime implicant
初始应变 initial strain
初始应力 inherent stress; natural stress;primary stress;initial stress
初始应力场 primary stress field
初始应力法 initial stress method
初始应力状态 initial stress condition; initial stress state; primary state of stress
初始应用 primary application
初始应用程序 primary application program(me)
初始应用块 primary application block
初始硬度 initial hardness
初始有机物浓度 initial organic concentration
初始渔业 embryo fisheries
初始雨量 <降雨初期未形成径流的> initial rain(fall)
初始预应力 initial prestress
初始约束 initial restraint
初始约束条件 initializing constraint
初始运动 incipient motion;initial motion
初始运行 initial operation
初始运移 initial migration
初始运转 initial operation
初始载荷 initial load
初始增浓因子 initial enrichment factor
初始张力 initial tension
初始折射率 initial index of refraction
初始蒸发温度 initial vapo(u)ration temperature
初始值 initial value; original value; starter;starting value
初始值公式 starter formula
初始值系统 starter system
初始质量函数 initial mass function
初始质量浓度 initial mass concentration
初始滞后 initial lag
初始滞留 <降水时未作为径流及渗入地下的部分> initial detention
初始滞留雨量 initial abstraction retention
初始滞水量 initial detention
初始重量 initial weight
初始周期 initial period;primary period
初始轴 primitive axis
初始主序 initial main sequence
初始主序星 initial main sequence star
初始属性 initial attribute
初始装球量 <球磨机的> initial ball charge
初始装入 initial load(ing)
初始装入表 load initial table
初始装入程序 initial loader
初始状态 initial state;early state;initial appearance; initialization; original state;rest condition;virgin state
初始状态方式 initial condition mode
初始准备 initialization
初始资本 initial capital;original capital
初始字符 original character
初始自喷产量 initial potential flowing
初始自旋 initial spin
初始自由空间 initial free space
初始钻速 initial penetration rate;initial rate of penetration
初始最大污染水平 primary maximum contaminant level
初始作用 initial action
初试 handsel;preliminary test(ing)
初试钻孔 preliminary hole
初输入空气 primary input air
初霜 early frost;first frost
初税亩 initial tax on land per-mu
初速 commencing speed;first speed; starting speed;starting velocity
初速电流状态 residual current state
初速度 initial speed;initial velocity; starting velocity
初速率 initial rate;initial speed
初速修正量 velocity adjustment
初塑性流动 incipient plastic flow
初酸洗 grey scour;grey washing
初算 preliminary calculation
初碎 coarse crushing;first crushing; preliminary breaking; preliminary crushing;primary breaking;primary crushing
初碎颚式破碎机 primary jaw crusher
初碎机 preliminary breaker;preliminary crusher;primary breaker;primary crusher
初碎石膏 crushed gypsum
初态 initial stage
初态函数 initial state function
初态流形 initial state manifold
初探井 pioneer well;wildcat(well)
初探浅井 trial pit
初探区 wildcat area
初探钻孔 trial borehole;trial boring; trial drilling
初调 initial adjustment;initial setting; preset
初调节 initial regulation;primary conditioning
初调整 Committee regulation
初铁 first iron
初通时间 first passage time
初投资 initial expenditures; opening expenditures
初投资费用 first cost
初涂 render(ing)
初涂层 primary coat(ing)
初退火 black annealing; black softened
初挖 primary excavation
初萎 incipient wilting
初位 initial position
初位相 initial phase
初位移 initial displacement
初温 beginning temperature
初温差 initial temperature difference
初稳定性 initial stability
初稳心 initial metacentre
初稳心太高 bottom heavy
初吸收量 initial absorption
初析晶 primary crystal
初析晶相 primary crystalline phase
初洗 previous cleaning; rough cleaning
初洗槽 primary launder
初显 apparition
初现 apparition;peep
初现裂缝荷载 load at first crack
初相(位) initial phase; first phase; primary phase
初项 initial term
初像 primary image
初效过滤器 primary filter
初型模 blank(mo(u)ld);Parison mo(u)ld
初选 initial separation;primary cleaning
初选浮选机 primary cell
初选工程地址 tentative site
初选机 rougher
初选跳汰机 primary washbox
初学者游泳池 learner's pool
初雪 freshly fallen snow;fresh snow; new snow;young snow
初汛 <洪汛开始> young flood
初压 initial rolling
初压力 early compression; initial pressure;ga(u)ge pressure;preliminary pressure
初压汽轮机 primary turbine
初压曲线 virgin compression curve
初压实 precompaction
初压碎 initial crushing
初验 initial inspection;preliminary inspection;preshipment inspection
初样 first proof
初样概略检验 first article configuration inspection
初样图 advanced proof

初叶 primordial leaf
初应变 initial strain
初应力 inherent stress;originalstress; primary stress
初应力大小 first stress level
初用期 initial period of use
初有效应力 initial effective stress
初余子式 first minor
初预应力 initial prestress
初原生质 archoplasm
初跃压力 inshot pressure
初载 preload
初錾纹 first cut
初渣 early slag;working slag
初轧 blooming;cog(ging);preliminary crushing;primary crushing
初轧板坯 slab
初轧板坯定心辊 slab centering roller
初轧板坯堆垛机 slab piler
初轧板坯垛 slab pile
初轧板坯翻转吊车 slab turning gantry
初轧板坯剪切机 slab shears
初轧板坯齐边压力机 slab straightener
初轧板坯清理机床 slab grinder
初轧板坯推进机 slab pusher
初轧厂 rough rolling mill
初轧道次 bloom pass
初轧方板坯 re-roiling quality
初轧方坯 bloom;cogged bloom
初轧方坯仓库 bloom yard
初轧方坯推出机 bloom pusher
初轧钢 bloom steel
初轧钢锭 cogged ingot
初轧机 bloomer;blooming mill;cogging mill;primary breaker;primary crusher
初轧机机组 blooming train
初轧机机座 blooming mill stand
初轧机孔型 bloom pass
初轧机外壳 blooming mill housing
初轧机组 blooming train
初轧剪切机 slab shears
初轧坯 cogged ingot;ingot
初轧坯剪切机 cogging shears
初轧碎机 primary crusher;preliminary crusher
初轧碎石机 primary breaker;primary crusher
初轧轧槽 bloom pass
初张力 preliminary tension
初涨潮 young flood;beginning of flood
初振幅 initial amplitude
初震 primary earthquake
初整定 initial setting
初值 preliminary value;prior value;provisional value;start(ing) value
初值参数 initial parameter;initial value parameter
初值定理 initial value theorem
初值发送 initialization
初值方法 initial value method
初值分选设备 preliminary value sorting device
初值估计器 initial value estimator
初值故障率 decreasing failure rate
初值化 initialization;initialize
初值化语句 initiate statement
初值说明 initial value declaration
初值条件 initial condition
初值问题 initial value problem
初指令 first-order
初至 first arrival;first break
初至波 first-motion wave;preliminary wave
初至波的水平角 horizontal angles of first break
初至对比 first arrival correlation
初至对齐 first breaks aligned
初至互切除时间 cutting time of the first arrival
初至切除 first arrival muting
初至切除长度 cutting length of the first arrival
初至时间 first arrival time;first break time
初至拾取 picking of first arrival times
初至折射法 first break refraction method
初制动 <初始常用制动> first service;initial service
初制帽坯 hat shape
初质 archiplasm
初置 initialization;initialize
初重 initial weight;starting weight
初装费 capital investment
初装填 primary filling
初纵倾度【船】initial trim
初阻力 initial resistance
初钻 rough drill
初钻后铰(孔) subdrilling and rearming
初钻孔 subdrilling

樗

樗树 <臭椿> tree of heaven

除

除 divide out

除氨氮 ammonia nitrogen removal
除氨法 ammonia elimination process
除氨回收工艺 ammonia removal and recovery process
除氨作用 deamination
除铵 ammonium removal
除铵离子 ammonium ion removal
除斑剂 spot remover
除斑液 clearing bath
除表层 skim coat
除冰 defrost;deicing;ice clearance;ice evacuation;ice segregation;ice removal
除冰剂 deicer;deicing agent;deicing chemical;ice removal agent
除冰剂撒布机 chemical spreader
除冰块 detach ice
除冰列车 de-icing train
除冰轮 ice removing wheel
除冰器 deicer
除冰溶剂 deicing solvent
除冰设备 deicer
除冰系统 ice removal system
除冰液 deicing liquid
除冰装置 deicing apparatus;ice-ploughing device;ice-plowing device;ice removal apparatus
除波器 rejector
除波区 wave trap
除玻璃碎片器 glass remover
除不尽的 indivisible;aliquant
除残氯 residual chlorine removal
除草 control of weed;removal of weeds;weed;weed control;weed eradication;weed killing;weed removal
除草叉 weeding fork
除草铲 weed shovel
除草车 weed killing wagon
除草锄 weeding hoe
除草锄铲 weed-cutting blade
除草附加装置 weed attachment
除草覆盖附加装置 weeder-mulcher attachment
除草覆盖撒播机 weeder-mulcher broadcast planter
除草杆 cleaner rod
除草耕耘机 field cultivator
除草工具 weeder
除草机 eradicator;grass eliminator;grubber;weed cutter;weed-cutting machine;weeder;weeding machine;weed killing machine;weed mower
除草机具 weed-control equipment;weed-killing equipment
除草剂 chemical herbicide;grass killer;herbicidal chemical;herbicide;phytocide;weed-control agent;weedicide;weed killer
除草剂喷洒 weed killer spray
除草剂污染 pollution of herbicide
除草剂药害 herbicide damage
除草佳 Mapica
除草犁 trash plow
除草列车 weed-killing train
除草醚 nitrofen
除草耙 weeding harrow
除草耙子 grubbing harrow
除草喷杆 weed boom
除草喷雾车 weed killer
除草皮 screefing
除草器 weeder;weed extractor
除草溶液 weed-killing solution
除草松土机 weed and loose soil machine
除草小耙 drill-harrow
除草效力 herbicide action
除草油 weed oil
除草者 weeder
除草籽机 burr picker;deburring machine
除茬刮草铲 skim colter
除颤 defibrillation
除颤器 defibrillator
除潮 dehumidification
除潮加热器 dehumidifying heater
除潮器 moisture trap
除尘 abatement of dust(ing);ash collection;ashing;aspirating;clearing off dust;dedust(ing);dust abate;dust abatement;dust arrest(ment);dust control;dust elimination;dust exclusion;dust extraction;dust precipitation;dust removal;dust separation;lay the dust;scrubbing <气体在洗气器内的>
除尘厂 dedusting plant
除尘车间 dust collection plant
除尘程度 degree of dust removal
除尘袋 baffling for facing;dirt pocket;dust pocket;dust settling pocket
除尘点效率 dust spot efficiency
除尘度 cleanability
除尘方法 dust collection method;dusting
除尘分离器 dust separator
除尘分离设备 dust-separating equipment
除尘风机 plate fan
除尘风扇 dust exhausting fan;dust extraction fan;dust fan
除尘负荷 dust load
除尘工作 dust alleviation
除尘合成制剂 dust laying composition
除尘机 duster;dusting machine;dust shaker
除尘机组 self-contained air cleaner
除尘剂 dust preventive
除尘净化 dust separation
除尘口罩 dust respirator
除尘滤毒室 dust and poison filtering room
除尘滤器 dust removing filter
除尘率 coefficient of dust removal
除尘黏[粘]结剂 dust binding composition for sweeping
除尘器 ash catcher;ash separator;bugduster;catcher;cinder catcher;deduster;dirt catcher;dust allayer;dust arrester[arrestor];dust catcher;dust cleaner;dust-collecting fan;dust-collecting unit;dust collector;dust concentrator;dust eliminator;duster;dust exhauster;dust extractor;dust filter;dust pan;dust precipitator;dust remover;dust settler;dust trap;dust wiper;grit arrestor;particulate collector;precipitator;separator
除尘器积尘指示器 dust indicator
除尘器气体基本速度 fundamental gas velocity of dust collector
除尘器用布 cleaning cloth
除尘器组 dust separators train
除尘筛 dirt screening
除尘设备 dedusting equipment;device of dust separation;dust cleaning apparatus;dust exhausting equipment;dust exhaust plant;dust guard;dust removing plant;vacuum cleaning plant
除尘设备支架及附件 support and accessories of dust collection equipment
除尘设施 dust removal installation;soot eliminating device
除尘式砂轮机 abrasive wheel with dust remover
除尘室 dedusting box;dirt pocket;dust bin;dust cell;dust chamber;dust-collecting room;dust precipitator;dust settling chamber;dust settling compartment;feed end hood
除尘刷 dusting brush
除尘塔 gas wash tower
除尘台 clean bench
除尘套 dust wrapper
除尘通风机 dust removing fan
除尘网 dust screen
除尘洗涤器 dust collector scrubber
除尘系数 dedusting coefficient;dust collection coefficient
除尘系统 dust pelletizing system;dust-removal system;dust removing system
除尘效率 collection efficiency;dedusting efficiency;dust collection efficiency;dust efficiency;dust removal efficiency;efficiency of dust removal;efficiency of dust separation;overall efficiency of separation;retention efficiency;total separation
除尘用机械整流设备 dust-removing mechanical rectifying equipment
除尘罩 dust extraction hood;dust helmet;dust hood
除尘制剂 dust-removing preparation
除尘装置 ash-handling device;ash-handling equipment;cleaning apparatus;dust cleaning apparatus;dust collector;dust control unit;dust exhaust apparatus;dust extraction unit;dust removing plant;exhaust dust device
除虫 <消除程序代码或逻辑上的错误过程> debug
除虫剂 disinfectant
除虫菊 Dalmatian pyrethrum;pyrethrum
除虫菊属 pyrethrum
除虫菌素废水 avermectin wastewater
除臭 odo(u)r control;repelling odo(u)r
除臭材料 deodo(u)rizing material
除臭的 deodo(u)rant
除臭(肥)皂 deodo(u)rant soap
除臭膏 deodo(u)rant cream

除臭过程 deodo(u)rization
除臭机 deodo(u)rizer
除臭剂 anti-fouling agent;anti-fouling composition; anti-fouling compound;deodo(u)rant;deodo(u)rizer;deodo(u)rizing material
除臭能力 deodo(u)rizing power
除臭器 deodo(u)riser[deodo(u)rizer]
除臭涂料 odo(u)r removal coating
除臭味 removal of taste and odo(u)r;odo(u)r removal
除臭液 deodo(u)rant liquid;deodo(u)rant solution
除臭装置 odo(u)r removal plant
除臭作用 deodo(u)rization
除瓷 de-enameling
除粗粒 de-nib
除担机 land grader
除胆树脂 cholestyramine
除胆甾醇作用 decholesterinization
除蛋白橡胶 deproteinized rubber
除氮 denitrogenate;removal of nitrogen
除氮法 denitrogenation
除得尽的数 aliquot
除滴器 drip eliminator
除碘 removal of iodide
除掉木节 killing knot
除掉应力 removal of stress
除掉油脂 removal of oil and grease
除冻剂 deicing salt
除冻器 ice removal
除毒气 degassing
除毒塔 poison tower
除镀层 deplate
除堆肥以外 besides compost
除恶臭 odo(u)r destruction
除伐 cleaning cutting
除法 dividing;division
除法程序 division routine
除法的 divisional
除法电路 dividing circuit
除法检验事故 divide check exception
除法校验 divide check
除法器 divider
除法时间 divide time
除法算符 division operator
除法语句 divide statement
除法转换为乘法 division converted to multiplication
除法装置 division device
除法子程序【计】division subroutine
除非另有说明 if otherwise stated;unless otherwise mentioned; unless otherwise specified; unless otherwise stated
除废水营养物 wastewater nutrient removal
除酚 dephenolize;removal of phenol
除酚车间 dephenolizing plant
除酚法 phenol removal process
除酚工艺 phenol removal process
除酚设备 dephenolizing plant
除粉 gumming
除粉器 bugduster;gum loader;gummer;gumstower;holings loader
除粪机 dropping board scraper
除氟 fluoride waste;removal of fluorides
除氟化物 fluoride removal
除氟化物技术 fluoride removal technique
除氟离子 fluoride ion removal
除氟作用 defluoridation;defluorination
除腐剂 conserving agent
除镉离子 cadmium ions removal
除镉塔 cadmium eliminator column
除铬 dechromisation [dechromization];removal of chromium
除根 brushout;root out;stump out;uproot
除根齿耙 root rake
除根翻土机出料 rooter kick-out
除根斧 grubbing axe
除根工具 grubbing tool
除根钩 root hook
除根机 cleaning dozer;grubber;grubbing winch;grub hoe;rootdozer;rooter;rooting machine;stumper;stump puller;tree cutter;tree dozer;uprooter;stump splitter
除根机附件 rooter attachment
除根机开行路线 rooter line
除根机轮齿 rooter tooth
除根机锚杆 rooter shank
除根机械 grubbing
除根机悬挂装置 rooter bracket
除根犁 rooter;rooter plough;rooter plow
除根耙 root rake <推土机>;land-clearing rake
除根器 rake dozer;root hook;stumper;stump puller
除根索 grubber rope
除根用推土机铲刀 dozer blade for rooting work
除根作业 uprooting;grubbing
除梗的刻齿圆盘 stemmer saw
除梗滚筒 stem remover
除梗机 stemmer
除鲠器 probang
除汞 removal of mercury
除汞剂 mercury removing reagent
除垢 contaminant release; contaminant separation; defurring; descaling;removal of scale;scavenge
除垢除锈法 descaling
除垢电浮子 scale buoy
除垢机构 de-sludging mechanism
除垢剂 anti-scale;clean(s)er;deincrustant; descaling agent; detergent;scale solvent
除垢能力 detergency[detergence]
除垢器 cleaner;descaler;de-sludging separator;scale-borer;stay-furring tool
除垢清除 scavenge
除垢压力 scavenge pressure
除垢液 descaler liquid
除冠器 crown remover
除灌 bushing
除光剂 matting agent
除光样方 denuded quadrat
除硅 desilicate;desilication;removal of silica;silica removal
除锅炉中水垢及锈的凿子 boiler scale and rust chipper
除害处理 detoxify
除害防治 eliminating pests and preventing disease
除害灭病 eradication of pests and elimination of diseases;pest and disease control
除号 sign of division
除荷节理 unloading joint
除黑(氧化)皮 descaling
除化学需氧量 chemical oxygen demand removal
除化学需氧量效率 chemical oxygen demand removal efficiency
除灰 ash disposal;ash-handling;ashing;ash pumping;ash removal;deash(ing);dedust(ing);removal of ash
除灰泵 ash(-handling)pump
除灰场 ash disposal area
除灰吹管 reverse jet
除灰吊车 ash removal crane
除灰翻斗 ash dump
除灰计算 ash-free basis
除灰门 ashpan door;ashpit door
除灰器 ash collector;ash expeller;ash separator;catcher;dust extractor;dust trap;grit arrestor
除灰设备 de-ashing device
除灰系统 ash-handling system;ash removal system
除灰栅 drop grate
除灰装置 ash-handling equipment;ashing;fly-ash removal apparatus
除迹器 eradicator
除积垢剂 anti-packing chemical
除积碳器 carbon remover
除积碳清洗剂 carbon remover and cleaner
除极过程 process of depolarization
除极化 depolarization
除极期 depolarization phase
除碱旁路放风 alkali by-pass
除碱旁路系统的计算 alkali by-pass calculation
除浆器 mud cleaner
除焦 decoking
除焦机 coke knocker
除焦油 detarring;tar removal;tar separation
除焦油器 detarrer;tar extractor
除节机 knot catcher;knotter
除金属 metal removal
除尽 clean-out;exactly divisible
除浸润剂 desizing
除茎叶器 haulm separator
除荆铲刀 rake blade
除荆机 brush breaker;brush cutter;clearing rake;land cleaning[clearing] blade;land grader
除荆耙 clearing rake;blade rake <推土机的>
除荆作业用的机棚 clearing canopy
除静电 static electricity removal
除静电剂 destaticizer
除静电器 destaticizer;static eliminator
除九检验 casting-out-nine check
除九校验 casting-out-nine check
除菌 degerming
除菌过滤 aseptic filtration
除菌过滤器 bacterium filter
除菌剂 degerming agent
除菌滤器 sterilization filter
除糠机 bran duster
除壳器 scaler
除空气 deaeration
除空气机 deaerator
除矿泥 deslime
除蜡 dewax
除蜡法 deceration
除蜡剂 wax cleaner
除蜡设备 dewaxing plant
除涝 anti-water logging;water-logged control;water-logging control
除离子熔断器 de-ion fuse
除离子作用 de-ionization
除劣 rouging
除磷 dephosphorization;phosphorous removal
除磷酸根离子 phosphate ions removal
除磷酸盐 phosphorous removal
除磷效率 phosphorous removal efficiency
除鳞 descale[discale];descaling;removal of oxide scale;scale removal
除鳞机 descaler;descaling machine;descaling mill;scale breaker
除鳞机座 descaling stand
除鳞喷嘴组 descaling spray
除鳞系统 descaling system
除鳞装置 descaling unit
除另有规定外 except as otherwise herein provided
除另有说明外 unless otherwise mentioned;unless otherwise noted;unless otherwise stated
除硫 desulfidation;desulfurization;desulphurize;elimination sulfur
除氯 dechlorinate;dechlorination
除氯剂 anti-chlor;dechlorining agent
除卵石器 gravel separator
除螨酯 fenson
除芒器 awn cutter;awner;bearder;hummeler
除芒器刀辊 awner agitator
除毛刺 flash removed;remove flash
除毛的 decalvant
除毛机 defeathering machine;defeathering unit
除毛器 hair catcher
除冒口 remove feeder;remove riser
除镁 demagging
除锰(法) demanganization;manganese removal
除锰滤池 manganese removal filter
除锰站 manganese removal plant
除锰装置 manganese removal plant
除沫 defoaming
除沫板 defoaming plate
除沫法 despumation
除沫管 skimmer tube
除沫剂 anti-foaming agent;deformer agent;deforming agent;scum skimmer
除沫器 demister(of vehicle window);entrainment eliminator;scum skimmer;skimmer
除沫室 separator
除木质素 lignin(e)removal
除泥浆 mud removal
除泥孔 mud hole
除泥器 cyclone
除泥沙弯管 sediment trap
除泥设备 de-sludger
除泥罩 mud slinger
除黏[粘]菌剂 slimicide
除泡 defoam
除泡剂 defoamer agent;defrother
除泡沫 despumate;scum removal
除泡沫器 scum remover
除泡箱 defoaming tank
除胚芽机 disgerminator
除披缝 remove flash
除皮重 tare
除皮重量 tare gross
除频器 frequency eliminator
除漆 pickling;removal of coat
除漆剂 paint remover;paint stripper
除漆器 varnish remover
除漆制剂 lacquer-removing preparation
除气 air elimination;air removal;air renewal;deaerate;deaerating;deairing;degas(sing);gas emitting;gas evolving;gas freezing;gettering
除气槽 degassing-bath
除气层 deaerating layer
除气池 degassing-bath
除气的 deaerated
除气法 scavenging
除气钢 degasified steel
除气罐 air separating tank
除气辊 air removing roll
除气混凝土 <用真空法抽去气泡的混凝土> deaerated concrete
除气机 de-airing machine
除气挤压机 de-airing extruder
除气剂 air detrainment;air reducing agent;degasifier;degasifying agent;degasser
除气检验器 gas-free certificate detec-

C

tor
除气孔 outgassing hole; outgassing holing
除气扩压器 diffuser for deaeration
除气量 amount of gas evolved; gas removing capacity
除气率 degassing rate; gas evolution rate; outgassing rate
除气门机 valve remover
除气能力 gas removing capacity
除气黏[粘]土 de-aired clay
除气盘 air-separating tray
除气器 air eliminator; air skimmer; deaerator; deaerization plant; deairing machine; degasifier; degasser; gas remover
除气容量 gas removing capacity
除气熔剂 degassing flux
除气设备 degassing apparatus
除气室 deaerating chamber
除气水 air-free water
除气塔 de-airing tower
除气退火 degassing anneal
除气外加剂 air-detraining admixture; air-detraining compound
除气系统 deaeration system; degassing system; gas removal system
除气效率 gas removing efficiency
除气用空气过滤器 gas purifier; gas remover
除气用吸附式空气过滤器 absorbing type gas air filter; absorption type gas air filter
除气砖 de-aired brick
除气装置 degassing unit
除气作用 deaeration; degasification; getter action; outgassing
除铅 de-lead(ing)
除铅疗法 deleading therapy
除氢 dehydrogenation
除清 evacuate
除清漆剂 varnish remover
除去 ablation; abstract; bleed-off; clearing away; detach(ment); dislodging; dismantling; elimination; obliteration; off bear; relieve; relieve of; removal; remove; rid; strike off; subduce; work off; unpack【数】
除去表皮 despumate
除去表土 unsoil
除去沉积物 decrustation
除去臭气 deodo(u)rize
除去……的冰 deice
除去镀层 deplate
除去二氧化硅 silica removal
除去二氧化碳 decarbonate; decarbonation
除去废料 trash
除去浮渣 despumate; despumation
除去附着物 desmutting
除去覆盖物 unroof
除去盖料 uncover
除去甘油 deglycerizing
除去管理费的净值 net of administrative expenses
除去光泽 deluster(ing); delustring
除去锅垢 descaling
除去害虫 disinfest
除去荷载 removal of load; take the weight
除去积碳 carbon removal
除去空气 deaerate
除去矿泥 desliming
除去离子 de-ionizing
除去离子的水 water deionized
除去剩釉 beading
除去树液 sap
除去水 elimination of water
除去水的盐分 water desalting
除去水分 dewater
除去水中矿物质 demineralization of water; water demineralization
除去水中溶解的铁化合物 deferrization
除去水中氧气 degasification
除去水中盐分 water desalting
除去碳素 decarbonize
除去碳酸 decarbonation
除去涂层 de-coat(ing)
除去土样中石膏 removal of gypsum from soil samples
除去污泥 de-sludge
除去无价值的信息 edulcorate
除去雾沫 deentrainment
除去雾气 defog
除去楔子 unchock
除去锈垢 descaling
除去阳离子 decationize
除去液体中的气体 degasification
除去油脂 degreasing
除去游离氧 <水、空气中的> deoxygenation
除去有害动物 <如老鼠等> disinfest
除去杂物 remove debris
除去之物 cull
除去脂 weeding of grease
除却 abatement
除热 heat abstraction; heat extraction; heat removal; heat removing
除热量 heat removed
除热器 exsiccator
除热系统 heat-removal system
除溶解氧 dissolved oxygen removal
除溶解有机物 dissolved organics removal
除蠕虫的 anti-vermicular; anti-verminous
除色 colo(u)r removal; removal of colo(u)r; scumbling
除色制剂 colo(u)r-removing preparation
除砂 <又称除沙> degritting; desanding; grit removal; riffling; sand elimination; desanding; sand removal
除砂比 <沉砂池的> removal ratio
除砂操作 grit operation; grit-removal operation
除砂池 grit-removal basin; grit-removal tank
除砂工程 <如沉沙池等> desilting work
除砂机 grit dredge(r)
除砂门 sand cleaning door
除砂盘 riffler; sand table; sand trap
除砂器 desander; desanding screen; desilter; grit catcher; grit dredge(r); riffler; sand catcher; sand eliminator; sand remover
除砂设备 grit-removal eliminator; grit-removal facility; sand eliminator
除砂设施 desanding plant
除砂弯管 sediment trap
除砂效率 grit-removal efficiency
除砂装置 desanding device
除砷 arsenic removal
除砷酸根离子 arsenate ion removal
除生物 removal organism
除湿 arefaction; dehumidification; dehumidifying; desiccation; moisture-removal; xeransis
除湿的 moisture-free
除湿机 dehumidifier; dehumidity unit; dehydrator
除湿剂 dehumidifier; dehumidizer
除湿器 dehumidifier; dehumidizer; exsiccator; moisture trap
除湿设备 dehumidification plant; dehumidifying plant
除湿作用 exsiccation
除石 <用爆振法除去不稳固的岩石> bulling
除石灰的 unlimed
除石灰质作用 decalcification
除石机 derocker; rock mover; rock-over remover; stone cleaner; stone eliminator; stone extractor; stone guard; stoner
除石块机 stoner; stone stopper
除石器 rockover remover; stone remover
除石装置 stone-separating device
除鼠 deratization; deratting
除数【数】 divider; divisor
除数长度操作数 divisor length operand
除数串 divisor string
除数地址操作数 divisor address operand
除霜 defrost(ing); defrost water
除霜方法 defrosting method
除霜风扇 defroster fan
除霜鼓风机 defroster blower
除霜管 defrosting pipe
除霜集管 defrost header
除霜空气开关 defrost air switch
除霜控制 defrost control
除霜器 defroster; frost removal
除霜器电动机 defroster motor
除霜时间 defrosting time
除霜循环 defrosting cycle
除霜周期 defrosting cycle
除霜装置 defrosting device; frosting device
除水 dehydrate; dehydration; dewater(ing); water elimination; water removal
除水板 eliminator plate
除水槽 dewatering bin
除水臭 removal of odor from water
除水阀 relief valve; vapo(u)r trap; trap <冷藏车的>
除水阀体 trap body
除水垢 descaling; remove scale; scale (removal)
除水垢器 scale-borer
除水剂 deicer
除水气装置 defogger
除水器 dehydrater [dehydrator]; dewaterer; drift eliminator; drying screen; water segregator; water separator; water trap
除税净额 net of tax
除四害 exterminate the "four pests"
除酸 deacidize; deacification; disacidify
除酸器 acid separator
除酸作用 deacidification
除缩孔法 pipe elimination
除碳 decarbonize; decarburize
除碳残渣 decarbonized bottoms
除碳层 decarbonating zone
除碳带 decarbonating zone
除碳法 decarbonization; decarbur(iz)ation
除碳剂 decarbonizer
除碳区 decarbonating zone
除碳生物滤池 decarbonized biofilter
除碳酸气塔 decarbonater
除套管法 decannulation
除藤茎杆 vine separator rod
除天然有机物 natural organic matter removal
除铁 deferrize; de-ironing; elimination of iron; iron elimination; removal of iron
除铁厂 iron removal plant
除铁车间 iron removal plant
除铁接触氧化法 contact oxidation for iron; iron removal contact-oxidation
除铁鳞 scaling
除铁鳞器 scaler
除铁滤池 iron removal filter
除铁器 de-ironing separator
除铁装置 apparatus to remove iron; iron removal plant
除铁作用 deferrization; iron removal
除铜 copper removal; decopper(ing)
除铜粗铅 decopperized lead bullion
除铜反应 copper-stripping reaction
除铜剂 decoppering agent
除铜精炼锅 first-overkettle
除脱气作用 degasification
除外担保 exceptive warranty
除外风险 excepted risk
除外港口 excluded ports
除外例 salvo
除外条款 exception clause; exclusion clause; exclusionary provision
除外危险 excepted perils
除外危险条款 excepted perils clause
除外责任 exclusion
除微污染物 micropollutant removal
除味 taste removal
除味和除臭 odo(u)r and taste removal
除味去臭 taste and odo(u)r control; taste and odo(u)r removal
除污洞 plumbing clean-out
除污阀 trap valve
除污机 spotter
除污剂 anti-fouling agent; detergent
除污泥槽 skimming tank
除污器 dirt separator; mud trap; strainer
除污染 depollution
除污染淋浴 decontamination shower
除污染物 pollutant removal; remove pollutant
除污染系数 decontamination factor
除污设备 trash-removal device
除污系数 decontamination factor; pollution washoff coefficient
除污效率 decontamination efficiency
除污装置 decontaminating installation; trash-removal device
除物 displacer
除雾机 fogbroom
除雾阱 mistrap
除雾沫过滤器 deentrainment filter
除雾沫柱 deentrainment column
除雾器 defroster; demister(of vehicle window); fogbroom; mist atomizer; mist eliminator
除雾塔 deentrainment tower
除雾装置 demister(of vehicle window); mist atomizer
除锡 de-tin(ning)
除锡废边料 detinned scrap
除锡切边 detinned scrap
除锡装置 <报废的镀锡钢板和切边的> detinning apparatus
除硝酸盐 nitrate removal; removal of nitrate
除屑 fettle
除屑机 juice straining carrier; setting-out machine
除芯 decore; decoring
除芯机 core breaker; decoring device
除锌 dezincify; dezincilication; dezincing
除锌铅 dezincked lead
除锌作用 dezincification
除锈 derusting; descale; rust cleaning; rust removal; scale(removal); scaling
除锈棒 scaling bar
除锈锤 scaling hammer

除锈的 derusted
除锈等级 derusting grade
除锈钢丝刷 scaling brush
除锈工具 derusting tool; tools for cleaning rust
除锈滚筒 scale mill
除锈和涂底漆机 cleaning and priming machine
除锈机 deruster; rust cleaner; rust remover; scaling machine
除锈剂 anti-rust agent; corrosion remover; derust(ing) agent; descaler; rust remover
除锈喷砂机 sand-blaster for rust removing
除锈皮 descaling
除锈漆 rust-resisting paint
除锈气锤 pneumatic scaling hammer
除锈器 brush go-devil; brush pig; brush scraper; scaler
除锈凿(子) scaling chisel
除锈制剂 rust-removing preparation
除须器 desilker
除雪 snow clearing; snow removal
除雪标桩 marker post for snow clearing
除雪车 snow-fighting vehicle
除雪工作 snow removal operation
除雪机 flanger; hard snow remover; snow breaker; snow cleaner; snow clearing machine; snow fighter; snow-fighting vehicle; snow handling machine; snow plough; snow remover; snow shifter
除雪机刀片 snow blade
除雪机械 snow clearing machinery
除雪机叶片 snow plow blade
除雪剂 ice removal agent; ice removal salt
除雪犁 pilot plough; pilot plow
除雪器 flanger
除雪设备 snow removal equipment
除雪养护 <使路面外露的> bare pavement maintenance
除雪装置 snow plow attachment
除芽 disbudding
除烟材料 fumivorous material; smoke consuming material
除烟法 smoke prevention; smoke abatement
除烟垢器 soot blower
除烟机构 fume removal unit
除盐(法) de-ionization; demineralize; desalination; salt elimination; salt exclusion
除盐工业技术 desalting technology
除盐过程 desalting process
除盐凝结水箱 sweet condensate storage tank
除盐水 desalinated water
除盐水箱 sweet-water tank
除盐装置 demineralizer; demineralizing equipment
除盐作用 demineralization
除养化皮锤 scaling hammer
除氧 degas; degasification; deoxygenization; oxygen removal; phlogistication; removal of oxygen
除氧给水加热器 deaerating feed heater
除氧化 deaeration
除氧化皮 scaling
除氧剂 deoxidizer; oxygen eliminating agent; oxygen scavenger
除氧加热器 deaerating heater
除氧气 deaerate
除氧器 deaerator; deaerization plant; degasifier; degasser
除氧器槽 deaerator storage tank
除氧器凝水抽出泵 deaerator extraction pump
除氧热水井 deaerating hotwell
除氧室 deaerating chamber; deaeration chamber
除氧箱 deaeration tank
除氧循环 deaerating type of cycle
除氧装置 deaerating plant
除氧作用 phlogistication
除叶器 defoliator
除抑制作用 deregression
除银 deprivation of silver; desilver; desilverization
除银锅 desilverizing kettle
除银铅 desilvered lead
除营养物装置 nutrient removal plant
除硬度 hardness removal
除油 degreasing; deoil(ing); oil removal; unoil; withdrawal of oil
除油池 grease removal tank; grease separator; grease-skimming tank
除油处理 oil removal treatment
除油剂 degreaser; degreasing agent; grease remover
除油器 degreaser; deoiler; grease interceptor[intercepter]; grease separator; grease stripper; oil eliminator; oil separator
除油污 degrease
除油脂 degrease
除油脂槽 grease removal tank
除油脂罐 grease removal tank
除油脂剂 grease remover
除油脂效果 degreasing effect
除油装置 degreasing installation
除有毒有机物 toxic organics removal
除有机污染物 organic contaminant removal; organic pollutant removal
除莠 weed clearing
除莠草剂 inhibitor
除莠化学药品 herbicidal chemical
除莠剂 chemical herbicide; chemical weed killer; herbicidal chemical; herbicide; phytocide; rust remover; weedicide; weed killer
除莠剂喷雾机 herbicide sprayer
除莠剂试验 herbicide test
除莠剂中毒 herbicide poisoning
除莠器 weed destroyer
除莠油 deweeding oil
除釉 glaze removal; wiping off glaze
除余漆 detearing
除余气 outgas
除杂草残茬机 trash eliminator
除杂器 trash separator
除杂室 trash chamber
除杂输送带条杆 trash link
除脏术 evisceration; exenteration
除藻 algae removal; algal removal
除藻措施 algae control
除藻剂 algaecide; algicide
除渣 deslag(ging); de-sludge; desludging; mucking and haulage; skim; slag flow; slagging; slag-off; slag removal
除渣操作 de-sludging operation
除渣池 detritus tank; scum tank
除渣锤 slag hammer
除渣锅 dross kettle
除渣减压冒口 relief sprue
除渣井 ashpit
除渣冒口 scum riser; skim riser
除渣门 skimming door
除渣喷嘴 scum nozzle
除渣器 scummer; skim gate; slag desledger separator
除渣勺 scummer
除渣设备 cinder removal plant
除渣栅 grating screen; scum barrier
除震器 shock eliminator
除正线外 two single ended siding
除正线外只有一条会让线的会让站 plain loop
除脂 grease removal
除脂器 grease remover
除重金属 heavy metal removal
除重金属离子 heavy metal ion removal
除皱机 wrinkle chasing machine
除桩机 stump dozer
除浊 turbidity removal
除浊效率 turbidity removing efficiency
除浊装置 clarifier
除滓室 grit chamber
除渍剂 spot remover

厨边孔 contour hole

厨车 kitchen car
厨房 cooking house; cooking place; cooking room; cuisine; kitchen; culinary; cubina <古罗马住宅中的>
厨房拔气罩 hood; kitchen hood; range hood
厨房壁柜 kitchen cabinet; kitchen closet
厨房冰箱 kitchen refrigerator
厨房餐具架 kitchen rack; kitchen shelf
厨房餐具升降器 plate hoist
厨房仓库 cook's store
厨房、厕所等部分 wet module
厨房车 kitchen(ing) car
厨房橱柜 kitchen cabinet
厨房单元 kitchen building block unit
厨房废弃物 kitchen waste
厨房废(污)水 sink waste; sink water; kitchen waste(water)
厨房工具 cooking appliance
厨房集中供暖 kitchen central heating
厨房家具 kitchen furniture
厨房兼餐室 dining kitchen
厨房兼餐厅 kitchen/dining room
厨房垃圾 domestic food waste; food waste; kitchen refuse; kitchen waste
厨房垃圾堆 garbage dump
厨房垃圾管道 kitchen waste disposal shaft
厨房垃圾磨碎机 kitchen garbage grinder
厨房垃圾内脏 garbage
厨房楼层 kitchen stor(e)y
厨房炉 kitchen burning appliance
厨房炉灶 galley range; hot plate; kitchen furnace
厨房煤气灶 kitchen gas range
厨房排气系统 kitchen exhaust system
厨房排烟机 stove exhauster
厨房器具 kitchen furniture
厨房器皿 culinary ware
厨房设备 kitchen equipment; kitchen fitments; kitchen fittings; kitchen fixtures; kitchen installation; kitchen system
厨房设备布置 kitchen equipment layout
厨房设施 kitchen equipment
厨房水槽 utensil sink
厨房水盆下系统 undersink system
厨房水塔 kitchen tower
厨房台上 countertop
厨房台上倒水式装置 countertop pour-though unit
厨房台上龙头式装置 countertop faucet-attached unit
厨房天井 kitchen court
厨房通风 kitchen ventilation
厨房拖车 kitchen trailer
厨房卫生间齐全的公寓 efficient apartment
厨房洗涤盆 kitchen sink
厨房洗涤盆喷头 bib nozzle
厨房洗碗槽 kitchen sink
厨房下水道窨井 kitchen waste disposal shaft
厨房下水管 kitchen waste disposal pipe
厨房烟囱罩 Charlie Noble
厨房烟筒 galley funnel
厨房用的 culinary
厨房用具 cooking utensil; kitchen appliance; utensil; kitchen utensil; kitchenware; pyrene <金属制成的>
厨房用品 <船上的> kitchen tackle
厨房用器皿 ovenware
厨房用升降机 plate hoist
厨房与餐厅间的服务室 pantry
厨房与餐厅间递菜用的传递口 pass-through
厨房院子 kitchen yard
厨房灶具 kitchen burning appliance
厨房灶台板 stove plate
厨房中心采暖 kitchen central heating
厨房装备品 kitchen fitments
厨房桌 dressing table
厨具 cooking utensils
厨师 chef; cook; kitchener
厨师案桌 baker's table
厨台型 countertop model
厨烟抽风罩 draft hood
厨用冰箱 ice box
厨用玻璃器具 flame ware
厨用玻璃器皿 flame ware
厨用灶台板 stove plate
厨用砧板 butcher block
厨园 kitchen yard
厨灶 cooking range; kitchener; kitchen range; kitchen stove; kitchen stove range
厨灶锅炉 fire-back boiler
厨桌 galley dresser

锄草机 grass-remover; grass spader

锄铲 share
锄铲单组 hoe gang
锄铲圆盘 hoe wheel
锄车犁 hoe-trac plow
锄车镰刀排 hoe-trac sickle bar
锄车圆盘耙 hoe-trac disc harrow
锄刀 tine
锄地 hoeing
锄地和培垄农具 hoeing and ridging tool
锄幅宽度 width of swath
锄杆 hoe boom
锄根机 root cutter
锄式铲斗 hoe bucket
锄式开沟器 hoe coulter; hoe furrow opener
锄式开沟器尖 hoe point
锄头 grub axe; hoe head; hoe; patching hoe <修补路面用的>
锄头柄 hoe handle

雏地槽【地】 rudimentogeosyncline

雏地槽阶段 rudimentogeosyncline stage
雏地台 rudimentoplatform
雏地台阶段 rudimentoplatform stage
雏谷 gull(e)y; ravine
雏火山 volcanic embryo
雏晶 crystalling; crystallite; matted crystal; seed crystal
雏菊花环 daisy chian
雏菊型堰顶 daisy-shape sill

雏菊(属) daisy
雏形成矿 embryonic ore formation
雏形河漫滩 incipient flood plain
雏形火山 embryonic volcano
雏形模 blank
雏形褶皱 embryonic folding
雏型 parison
雏型期 embryonic stage

橱 cabinet;closet;hut(ch);locker

橱壁 cased wall
橱窗 display case;display cabinet <展览商品的>;shop window;show case;show window
橱窗玻璃 crystal sheet glass;glazing plate glass;heavy sheet;shop-window glass;thick sheet glass;display window
橱窗布置 window dressing
橱窗陈设 window display
橱窗窗框 storefront sash
橱窗窗台下的竖壁 stallboard riser
橱窗带一扇百叶窗 display windows with I louvered panel
橱窗灯泡 show window lamp bulb
橱窗灯罩 show window lamp shade
橱窗搁板 stallboard
橱窗勒脚 stallboard riser;stall riser
橱窗下玻璃下矮墙 bulkhead
橱窗下槛 stallboard
橱窗照明 shop-window lighting;show window lighting
橱窗装饰 window dressing
橱的正面 case front
橱隔板 <有抽提的> dust board
橱柜 cupboard;cup boarding;side board
橱柜锁 cupboard lock
橱柜旋钮 cupboard button
橱柜旋转台 lazy Susan
橱柜中梃 clap post
橱门 cabinet door
橱门钩 cabinet door hook
橱墙间垫块 cabinet filler
橱式料架 shelving
橱式发热器 cabinet heater
橱式散热器 cabinet heater
橱式托盘干燥箱 cabinet tray drier
橱式折床 Murphy bed
橱锁 wardrobe lock

杵 pestle;pounder;stamper

杵锤 tail hammer;trip-hammer
杵环杆 ball-end eye-end rod
杵架格条 ladder bracing
杵架式梁 strut-framed beam
杵架式桥 strut-framed bridge
杵臼关节 ball-and-socket joint
杵式电池 grenet cell
杵弦应力 choppy stress
杵状变 clubbing
杵座鞍子 socket end clamp
杵座双耳 ball socket
杵座楔形线夹 socket end wedge-type clamp

础石 head stone;plinth

储备 lay-aside;reservation;store up

储备仓库 reserve storage
储备槽 cushion pool
储备车道 accumulation lane;storage lane
储备车辆 additional vehicle
储备池 cushion pool;reservoir
储备待用 resources reserved to be used
储备的 stand-by
储备浮力 reserve buoyancy;reserve lifting buoyancy;safety buoyancy
储备功率 idle capacity;reserve capacity;reserve power;stand-by power
储备供电量 marginal load capacity
储备供水 reserve feed water
储备管理 backlog control
储备过多 overstock
储备耗损 stock debt depletion
储备货栈 storage warehouse
储备机车停留线【铁】 hold track for reserved locomotive
储备积蓄 saving deposit
储备基金 reserve funds
储备胶乳 preserved latex
储备金 backlog;contingency reserve fund;contingent fund;nest egg
储备经费 contingency reserve
储备库存 reserve stock
储备力 reserve
储备粮 grain reserve;standing grain
储备量 margin;reserve (capacity);reserve quantity;storage level;volume of stocks
储备料堆 stockpile
储备列车 additional train
储备率 stocking rate
储备轮缘牵引力 reserve rimpull
储备能 stored energy
储备能力 reserve capacity
储备培养 stock culture
储备品 stockpile;ship stores <船上用>
储备品库 reserve storage
储备牵引力 reserve tractive force
储备牵引能力 reserve tractive ability
储备强度 reserve strength
储备情况 stocking status
储备情况报告 stock status report
储备容量 idle capacity;power reserves;reserve capacity;stand-by capacity
储备溶液 stock solution
储备时间 storage time
储备式阴极 dispenser cathode
储备天数 days of store
储备通货 reserve currency
储备通行能力 reserve capacity;spare capacity
储备通行能力百分率 percentage spare capacity
储备通引能力 spare capacity
储备图 flat stock
储备外流 <指外汇> drain of reserve
储备物 backlog;reserve
储备系数 loading factor;reserve factor;safe(ty) coefficient;safety factor;storage factor
储备因数 reserve factor
储备银行 reserve bank
储备余额 reserve margin
储备资金 stocking capital
储备资金定额 stocking capital quota
储备组件 spare package
储冰仓 ice storage(bin)
储冰槽 cold-storage locker
储冰室盘管 bunker coil
储采比 ratio of ore reserve divided by annual output
储采均衡程度 equilibrium grade of reserve by mining
储仓 bunker;storage hopper;storage silo
储仓卡 bin card
储仓排料闸门 draw-off bin gate
储仓容量 bunkering capacity
储藏 holding;lay in;preservation;stock(ing);store(up)
储藏变量 storage disorder
储藏变质 storage disorder
储藏薄壁组织【植】 storage parenchyma
储藏不良 faulty storage
储藏仓库 storage reservoir
储藏舱 stowage compartment;storage bunker
储藏场 storage yard;store yard
储藏场所 cache;storage site;storage space;store space
储藏成本 cost of storage
储藏处 cache;storage space
储藏的 housed
储藏地窖 storage cellar
储藏斗 storage hopper
储藏费用 shelter cost
储藏腐烂 storage rot
储藏干燥 in-storage drying
储藏根块植物的窖 root cellar
储藏谷物的场所 bin
储藏罐 storage tank
储藏柜 credenza;receiver tank;storage tank
储藏盒 depository dish
储藏间 dingle;larder
储藏建筑物 storage structure
储藏窖 storage pit
储藏空间 storage space;storing space
储藏库 bunker;depot;storage garage
储藏量 reserve;storage volume;store content
储藏量守恒 conservation of resources
储藏耐久性 package stability
储藏能力 storage capacity
储藏棚 store shed
储藏期限 shelf life;storage life
储藏区 storage area
储藏容积 storage volume;store volume
储藏容量 storage capacity
储藏容器 tank
储藏乳剂 stock emulsion
储藏设施 storage facility
储藏时状况 behavio(u)r on storage
储藏式供水加热器 storage-type service water heater
储藏室 armarium;bin;closet;conditory;field house;granary;luggage store;stock room;storage cave [cell/ chamber/ closet/ compartment/ facility/ plant/ room/ vault];store chamber [closet/ house/ room/ space];storing room;warder house;wareroom
储藏寿命 shelf life;storage life
储藏所 depositary;depot;preservatory;receptacle;repertory
储藏温度 temperature of storage
储藏温度和时间 temperature and time of storage
储藏稳定性 storage stability
储藏屋 stock room
储藏物 stowage
储藏物质 reserve substance
储藏限度 filling limit
储藏箱 storage bin;storage container
储藏小室 storage cabinet
储藏性质 storage property
储藏于温室光照下 stored at room temperature in daylight
储藏装置 storage facility
储槽 bunker room;reserve tank;reservoir;storage bin;storage sump;storage tank;store tank;sump;supply tank;tank
储层 reservoir
储层边界 reservoir boundary
储层沥青 reservoir bitumen
储层流体 reservoir fluid
储层中油气变化 change of oil and gas in the reservoir
储池 storage tank
储池水道 storage drain
储池水管 storage drain
储存 depot;keep in storage;reposition;stocking;stockpile;stoppage;store;storing;stowage
储存保管费用 holding cost
储存材料周转率 turnover of material in stock
储存仓库 storage depot
储存仓库大楼 storage warehouse building
储存槽 magazine slot;storage tank
储存场地 storage space
储存陈化 mature with storage
储存池 conservancy tank;holding basin;holding tank;storage pool
储存袋 reservoir bag
储存单元 storage block;storage location
储存的 conservative
储存的材料 stockpiled material
储存的延续时间 storage life
储存电路 storage circuit
储存电容器 reservoir capacitor
储存洞穴 storage cavern
储存斗 bin
储存斗级位探测器 storage bin level detector
储存斗位面探测器 storage bin level detector
储存斗液面探测器 storage bin level detector
储存垛 storage stack;store stack
储存方法 storage procedures
储存费率 warehouse charge rate
储存高度 storage height
储存罐 hold-up tank;hold-up vessel
储存和转送 store-and-forward
储存环 storage rings
储存级位 storage level
储存级位探测器 storage level detector
储存极限 storage limit
储存加热器 storage calorifier
储存架 storage rack
储存净高 clear storage height
储存库 reservoir;silo;storage bunker;storage vault
储存量 stockpile;storage capacity;storage level;storage volume
储存量变化 variation in storage level
储存面积 storage area
储存木材 stock lumber
储存能力 capacity of storage;storage capacity;storage power
储存能量 capacity of storage;dump energy;storage capacity
储存凝结 stockhouse set;warehouse set
储存配料的料仓 batch holding bin
储存屏 storage screen
储存期 storage life;storage period
储存期间 storage period
储存期限 shelf life;staging life;storage life;storage time
储存器 accumulator;conservator;reservoir;storage bin
储存器部件 storage block
储存器级位探测器 storage bin level detector
储存器位面探测器 storage bin level detector
储存器液面探测器 storage bin level detector
储存区域 storage zone
储存容积 storage volume

储存容量 storage capacity
储存容器 hold-up vessel;storage vessel
储存设备 receiver;storage facility
储存设备底 hopper bottom
储存设施 storage facility
储存时的损失 storage loss
储存时间 shelf time;storage time
储存时损失 loss through standing
储存式供暖器 storage-type calorifier
储存式阴极射线管 storage cathode ray tube
储存式装料台 magazine type charge
储存试验 shelf test
储存室 storage room; warehouse; apotheca <藏酒用>
储存寿命 storage life;shelf life
储存熟化 mature with storage
储存衰减法 method of storage attenuation
储存水 reservation water; storage water
储存速率 memory speed
储存损耗 loss through standing
储存损失 standing loss;storage loss
储存所 depository;repository
储存塔 storage tower
储存台 storage bed
储存体 memory bank
储存条件 condition of storage; storage requirement
储存土 <填土用> banked earth
储存位面 storage level
储存位面探测器 storage level detector
储存温度 storage temperature
储存稳定性 pack(age) stability; stability in storage;storage stability
储存稳定性试验 shed storage test
储存系数 storage coefficient
储存系统 conservancy system
储存线 storage curve
储存限度 storage limit
储存箱 storage bin;storage tank
储存效应 storage effect
储存性 storage property; storing property
储存性能 shelf characteristic
储存液 stock solution
储存液面 storage level
储存液面探测器 storage level detector
储存油 oil in reserves
储存有效期 storage life
储存元件 storage element
储存原料 storage of raw materials
储存站 accumulator plant
储存蒸发损失 standing evapo(u)ration loss
储存周期 storage cycle;storage period
储存佐剂 depot forming adjuvant
储电池 storage cell
储锭场 ingot yard
储斗 hopper
储囤成本 <指存货> carrying cost
储放 seasoning
储放库 storage magazine
储放时间 pot life
储放钻杆的浅孔 rat hole
储风缸 air receiver;air reservoir
储风缸吊座 reservoir hanger
储风缸端盖板 reservoir head
储风缸排水塞 reservoir drain cock
储风缸托架 reservoir support
储风罐 pneumatic tank
储风筒 air receiver
储罐 collecting tank; container; holder;LPG distribution station <储存液化天然气用>;oil reservoir <储藏石油用>; stock reservoir; stock tank;storage tank
储罐壁板 stave sheet
储罐的安装 erection of tank
储罐浮顶 lifter roof
储罐工场 tank shop
储罐间隔 spacing of tanks
储罐壳体 shell of tank
储罐内液面控制 level control
储罐区 tank farm
储罐取样器 tank sampler
储罐容积 tank volume
储罐容量 reservoir capacity; storage capacity;tank capacity
储罐入孔 dome manhole
储罐调节器 tank regulator
储罐用白漆 tank white
储罐站 gas-holder station
储柜管接头 receiver pipe connection
储荷电极 storage target
储荷面 storage surface
储荷屏 storage screen
储荷网络 storage mesh
储户 depositor
储灰槽 ashpit
储灰斗 storage hopper
储货互济会 credit union
储积期 <冰川的> accumulation season
储集层层位 stratigraphic(al) horizon of reservoir
储集层底界面深度 boundary depth of reservoir at bottom
储集层地层厚度 stratigraphic(al) thickness of reservoir
储集层顶界埋深 buried depth of reservoir top
储集层顶界面深度 boundary depth of reservoir at top
储集层动态分析图 dynamic(al) analysis map of reservoir
储集层和盖层 reservoir and roof rock
储集层均一性 homogeneity of reservoir
储集层孔隙度 porosity of reservoir
储集层孔隙空间 reservoir pore space
储集层类型 type of reservoir
储集层密度 density of reservoir
储集层面积 area of reservoir
储集层渗透率 permeability of reservoir
储集层时代 age of reservoir
储集层特征参数分析 reservoir formation characteristic parameters analysis
储集层体积法 volumetric(al) method of reservoir rock
储集层颜色 colo(u)r of reservoir
储集层一般特征 general characteristic of reservoir
储集层有效厚度 effective thickness of reservoir
储集场 pool
储集区 gathering area
储集岩 container rock;reservoir rock
储浆槽 stock holding chest
储浆池 grout reservoir; stuff chest; storage pond
储浆器 grout reservoir
储焦斗 coke hopper
储金窟 reservoir
储卡机 card hopper;hopper;pocket
储卡箱 card hopper;hopper;pocket
储孔 hole storage
储库 bunker;storage building;storage hall
储库死角 dead storage
储矿仓 ore storage bunker
储矿场 stock yard
储矿构造【地】 ore-containing structure
储矿构造体系 structures for ore housing
储冷器 ice bank
储量 reserve; storage capacity; storage volume
储量报告编号 code of reserve-report
储量报告名称 title of reserve-report
储量报批 declaration and ratification of estimated reserves
储量报销 cancel of reserves
储量比例 ratio of reserves
储量比例不合要求 the ratio of reserves class is not conform to the rules
储量比例或布局不合理 unreasonable reserve ratio or distribution
储量变动 dynamic(al) state of reserves
储量变化 fluctuation of stock; stock fluctuation
储量的分类和分级 categories or classes of reserves
储量方程 storage equation
储量估计 estimation of reserves; reserve estimate;reserve estimation
储量估算 calculation of reserves
储量估算方法 estimation method of reserve
储量管理 reserve management
储量耗竭 ore reserves depleted
储量耗竭主要因素 principal factors of ore reserve deplete
储量耗竭率 ratio of ore reserve depleting
储量级别 classes of reserve; classification of ore reserve; gradation of ore reserves;grade of reserves
储量级别边界线 boundary between classes of reserves
储量级别界线 boundary line of reserve grades
储量计 finimeter
储量计划完成率 planned performance rate of ore reserves
储量计量单位 units for reserve calculations
储量计算 calculation of reserves
储量计算报告 report calculating reserves
储量计算边界线 boundaries for reserve calculations;boundary line of reserve grades
储量计算参数 parameters for reserve calculation
储量计算程序包 reserve estimation package
储量计算垂直投影图 vertical longitudinal projection calculating reserves
储量计算方法 calculations method of reserves; method of calculation reserves; methods for reserve calculations
储量计算基本参数 basic parameter for reserve calculation
储量计算结果 result of reserve calculations
储量计算水平投影图 horizontal projection calculating reserve
储量计算图 calculation map of reserves
储量精度 reserve accuracy
储量类别 categories of reserve
储量利用率 usable rate of reserves
储量利用系数 available factors of reserves
储量评估 rating of deposits
储量评价 rating of deposits
储量曲线 storage curve
储量审批 check and approve
储量审批单位 reserve ratifier
储量审批结果 resulting record of reserve ratification
储量审批日期 ratifying data of reserves
储量审批文据 reserve-ratifying file
储量升级 reserves lifting promotion of reserves
储量提交单位 prospector and/or explorer of reserves
储量提交日期 presenting date of reserves
储量统计日期 reserve-statistic(al) date
储量误差 reserve error
储量系数 storage coefficient
储量增长率 ratio of ore reserve depleting
储量增长主要因素 principal factors of ore reserve increase
储量注销 cancel of reserves
储料 storing
储料仓 bunker;hopper compartment; storage bin;storage bunker;storage silo; garner bin; storage hopper; surge bin;silo bin <筒仓系统的>
储料仓顶传送带 overbin conveyer [conveyor]
储料仓下输送机 underbin conveyer [conveyor]
储料槽 storage pit
储料长度 stock length
储料场 bedding plant;materials storage; storage depot; storage place; storage space;storage yard(for material);stockpile area;stockyard
储料场起重机 storage yard crane
储料橱架 storage rack
储料斗 stationary hopper; storage bin;storage hopper;storage bunker
储料堆 stock dump;stock heap;stock of materials; stockpile; stockpiling; stock yard; storage heap; storage pile
储料堆测量 stockpile measurement
储料堆进货作业 inloading
储料堆洒水系统 stockpile water spray system
储料堆索道 storage pile ropeway
储料堆装载车 stockpile loader
储料堆装载机 stockpile loader
储料囤 holding tank
储料分层 stratification
储料缸式机头吹机塑机 accumulator-head machine
储料搁架 storage rack
储料罐 storage silo;storage tank
储料辊道 magazine table
储料架 storage rack
储料间 stock room
储料进给台 magazine type charger
储料坑 accumulator; material pit; storage pit
储料库橱架 storage rack
储料漏斗 hopper bin;storage hopper
储料棚 storage shed;store shed
储料器 stocker; store holder; supply reservoir
储料容器 feed tank;magazine;storage cistern
储料室 stock room; storage closet; storage compartment; storage room;storeroom
储料索道 stockpile cableway; stockpile ropeway
储料塔 accumulator
储料桶 storage vat
储料筒仓 storage silo
储料箱 storage bin

C

储料卸出台 de-piling equipment
储鳞箱 scale bucket
储煤 coal storage; bunkering <船上煤舱>
储煤仓 coal bunker; coal store; storage bunker
储煤仓库 <不包括煤场> coal storage system
储煤场 coal heap; coal stocking area; coal storage area; storage bank; coal storage yard
储煤斗 coal hopper
储煤柜 storage bunker
储煤气柜 gas holder
储煤设备 coal storage facility
储木场 lumber storage; lumber storage yard; lumber yard; timber basin; timber depot
储木场堆料机 yarder
储木场废料 yard waste
储木场垃圾 yard rubbish
储木场木料 yard lumber
储木场小型拖拉机 yard mule
储木池 log basin; lumber basin
储能 accumulation of energy; power storage
储能材料 energy storage material; material for energy storage
储能电路 accumulator; tank; tank circuit
储能电容器 energy storage capacitor; storage capacitor
储能管 storage tube
储能函数 stored energy function
储能焊 electropercussive welding; electrostatic percussing welding; energy storage welding
储能焊机 percussion welder
储能焊接 percussion welding; percussive welding
储能合闸 store energy closing
储能量 energy content; energy storage capacity; stored energy
储能模量 storage modulus
储能摩擦焊 flywheel type friction welding; inertia welding
储能器 accumulator; power accumulator
储能器件 maintaining power
储能器液体压力 accumulator pressure
储能牵引 stored kinetic energy traction
储能桥式防震锤 stockbridge damper
储能式制动 energy storing braking
储能系统 energy storage system
储能效应 storage effect
储能因数 storage factor
储能元件 energy storage element; energy storage unit
储能装置 energy storage device
储泥池 sludge storage tank
储泥室 sludge storage compartment
储配站 distribution station; gas-holder station
储票库 tickets storage
储瓶式雨量计 storage-precipitation ga(u)ge; storage rain ga(u)ge
储漆室 paint room
储气 air storage; reserve air; supplemental air
储气层 reservoir bed; storage zone
储气车间 gas storage room
储气袋 bladder tank
储气盖 <用于污泥消化池> gas dome
储气供暖器 gas storage heater
储气罐 air chamber; air collector; air holder; air(-pressure) vessel; air receiver; air storage tank; air tank; gas container; gas holder; gas receiver; gas reservoir; gas storage; gas tank; holder; pressure reservoir; receiver vessel; storage bottle; air reservoir
储气罐导轨 guide rail of gasholder
储气罐导轮 guide roller of gasholder
储气罐导柱 guide column of gasholder frame
储气罐防冻装置 anti-freezer for gasholder
储气罐活塞 gas-holder piston
储气罐几何容积 geometric(al) volume of holder
储气罐加热器 gas storage heater
储气罐进气兼出气管井 inlet and outlet pipe of gasholder
储气罐爬梯倾角 dip of gasholder lift
储气罐气体置换 purging the holder with gas
储气罐塔节 gas-holder lift
储气罐塔节起挂 cupping of gasholder
储气罐塔节脱挂 uncupping of gasholder lift
储气罐塔节下挂圈 cup of gasholder lift
储气罐压力 pressure thrown by holder
储气罐油膜 oil film of gasholder
储气罐有效容积 useful volume of holder
储气柜 gas holder; gasometer; gas tank
储气瓶 bomb; cylinder; gas bomb; gas cylinder; gas tank; storage bottle; storage cylinder; tank
储气瓶(排)组 cylinder bank
储气瓶中的压缩气体 cylinder gas
储气器 air container; air drum; air-loaded accumulator; air receiver; air reservoir; air vessel; reservoir
储气器的钟罩 gas-holder bell
储气器装气罐 gas holder
储气容器 air vessel
储气设备和压载系统 gas storage unit and ballast system
储气试验 accumulation test
储气室 air receiver; air storage chamber; gas dome; receiver
储气桶 gas receiver
储气桶架 air reservoir carrier
储气筒 accumulator; air cylinder; air drum; air-pressure vessel; air receiver; air reservoir; air storage tank; gas cylinder; gas dome; gas holder
储气筒袋 accumulator pocket
储气筒垫片 air cylinder gasket
储气筒管 accumulator tube
储气箱 air reservoir; compressor air tank; expansion box; gas storage tank; oxygen tank; pneumatic tank
储气箱盖 gas tank cap
储气箱架 gas tank bracket
储气主室盖 main reservoir chamber cap
储气主筒放水旋塞 main reservoir drain cock
储气主筒开放旋塞 main reservoir outlet cock
储气组织 pneumatic tissue
储汽缸 air reservoir; air tank
储汽器 steam receiver
储汽器管道 reservoir steam pipe
储汽室 steam receiver
储汽筒 steam reservoir; vapo(u)r reservoir
储汽箱 air tank; steam accumulator
储器 reservoir
储燃料 bunkering
储热 heat storage capacity
储热材料 storage material
储热构造异常 anomaly of heat bearing structure
储热井 heat storage well
储热利用因数 storage utilization factor
储热能力 capacity insulation; heat retaining; heat storage capacity
储热器 heat capacitor; heat reservoir; heat storage unit
储热式热水器 storage-type heater
储热水设备 hot well
储热温度 storage temperature
储热物质 heat retaining mass
储溶剂器 solvent reservoir
储散装(石)油建筑物 petroleum bulk storage buildings
储沙能力 sediment storage capacity
储纱库 yard bank
储纱器 yarn storage device
储砂斗 sand(storage) bin; sand storage hopper
储砂间 sand house
储砂坑 sand storage pit
储砂库 debris storage basin
储砂量 sand capacity
储砂塔 sand storage tower
储砂筒仓 sand silo
储绳卷筒 rope storing drum
储水 body of water; water-logging; water storage
储水槽 aqua storage tank; hopper; receiving tank; water storage tank
储水层 reservoir bed
储水层岩石 rock of water-storing bed
储水场 storage plant
储水池 aqua storage tank; receiving basin; reception basin; reception tank; regulation tank; reservoir cistern; retention basin; service basin; service reservoir; storage pond; storage pool; storage reservoir; storage tank; water storage tank
储水池底垫块 tank bottom block
储水罐 holding tank of water; water-storage tank
储水壶 stock kettle
储水结构 water-retaining structure
储水空间 water space
储水量 moisture storage capacity; water storage; water storage capacity
储水量曲线 <水位与容量曲线> storage capacity curve
储水率 storativity
储水能力 storage capacity
储水泡 water vesicle
储水器 cistern
储水容量曲线 storage capacity curve
储水设备 water storage facility
储水式热水器 storage water heater
储水水电站 storage scheme
储水塘 storage lagoon
储水桶 water butt
储水位 storage level
储水系数 coefficient of storage; storage coefficient; storativity
储水箱 forebay; storage cistern; storage water tank; water (storage) tank
储水岩层 reservoir rock
储水堰 storage dam
储水闸 thrift lock
储水组织 aqueous tissue; water tissue
储酸罐 acid(storage) tank
储酸器 acid receiver
储酸室 acid room; acid store room
储索卷筒 dead reel
储桶 storage tank
储筒放泄塞 reservoir drain plug
储筒塞 reservoir plug
储物舱 clothing issue room; locker
储物柜 locker
储物用家具 storage furniture
储箱 oil reservoir; storage tank
储像管 image storage tube; image storing tube
储蓄 saving
储蓄保险 endowment insurance
储蓄槽 accumulator tank
储蓄存款 savings deposit
储蓄金 savings deposit
储蓄联合会保险基金 Savings Association Insurance Fund
储蓄能 accumulated energy
储蓄器 accumulator
储蓄器盖 reservoir cap
储蓄倾向 propensity to save
储蓄式热交换器 storage-type heat exchanger
储蓄水 conservation storage
储蓄所 savings bank
储蓄投资计划 saving and investment plan
储蓄投资模式 saving-investment model
储蓄系数 saving coefficient
储蓄信托 accumulation trust
储蓄银行 savings bank
储蓄雨量计 storage precipitation
储蓄债券 saving bond
储蓄账户 saving account; thrift account
储血瓶 blood preserving bottle; serum preserving bottle
储压器 accumulator; pressure reservoir
储压式铲刀缓冲器 blade accumulator cylinder
储氧钢筒 oxygen cylinder
储氧计 oxygen supply ga(u)ge
储氧囊 oxygen reservoir
储氧筒 oxygen cylinder
储氧箱 oxygen tank
储液 stock solution
储液杯 cistern
储液槽 aqua storage tank; hopper; reservoir; stationary tank; supply tank
储液槽调整器 tank regulator
储液池 reservoir
储液罐 fluid reserve; liquid storage; storage bottle
储液罐液位 reservoir fluid level
储液瓶 storage bottle
储液器 liquid receiver; liquid reservoir; receiver; reservoir
储液球罐 liquid storage sphere
储液容器 liquid storage vessel
储液筒 liquid receiver
储油 oil storage
储油驳(船) oil storage barge
储油仓库 oil store
储油槽 oil storage tank; oil sump
储油层 oil(-bearing) reservoir; petroleum pool; petroleum reservoir; reservoir bed
储油层厚度 bulk of reservoir rock
储油层温度 reservoir temperature
储油场 storage plant
储油车 tanker
储油池 fat collector; oil reservoir; oil storage reservoir; oil tank
储油船 oil storage ship
储油的地下室 oil storage cellar
储油的地下油库 oil storage cellar
储油工程 oil reservoir engineering
储油构造 oil bearing structure; oil structure
储油罐 flow tank; fuel oil tank; oil

storage tank; oil tank; receiver vessel; reserve oil tank; stock tank
储油罐压力 reservoir pressure
储油海域 oil pool waters
储油库 oil reservoir; oil storage reservoir
储油库中的气锥 gas-coning in oil reservoir
储油量 oil storage capacity
储油器 oil basin; oil bath; oil chamber; oil container; oil receiver; oil reservoir; reservoir
储油器盖 oil reservoir cap
储油器盖止动螺钉 oil reservoir cover screw
储油器滤网 oil reservoir screen
储油器内压力 oil reservoir pressure
储油器通气管过滤器 hydraulic vent filter
储油腔 oil reservoir
储油区 storage area
储油圈闭 reservoir trap
储油砂层 reservoir sand
储油砂岩 reservoir sandstone
储油室 reservoir compartment
储油箱 fuel reserve tank; oil collector; oil pocket; oil storage tank
储油压载舱 ballasting oil storage tank
储油岩层 oil reservoir rocks; reservoir bed; reservoir rock
储雨水池 rainwater cistern
储雨筒 rain ga(u)ge bucket
储运 storage and delivery; storage and transportation
储运罐 storage-transport tank
储运换耗 outage
储运机 accumulating conveyer [conveyor]
储运容器 storage; storage-transport vessel
储运设备 oil storage facility; storage and transportation equipment
储运寿命 handling life
储运损耗量 outage
储运箱 skid
储运作业 distribution activities
储渣仓 muck bin; muck hopper; ore bin
储渣罐 slag ladle
储渣料仓 slag bin
储脂 depot fat
储值 stored value
储值车票 stored value tickets
储值票 credit ticket

楮

楮树 paper mulberry

楚

楚碲铋矿 tsumoite

楚加耶夫反应 Chugaev reaction
楚勒打暴雨 churada

处

处罚 application of punishment; penalize; punishment

处罚条款 penalty term
处方 prescription; recipe
处分 impose sanctions against
处境危急 precipice
处境最困难的国家 least advantaged country
处理 disposal; dispose; farm out; handle; handling; preparation; process(ing); take in hand; transact(ion); treating; treatment
处理编码方式 process coding mode
处理标记 marks for treatment
处理标识寄存器 processor identification register
处理表 processing list
处理不当 malpractice; misconduct; mishandling
处理不足 under treatment
处理布 finished fabric
处理部件 disposal element; processing element; processing parts; processing unit; processor
处理彩色负片 processed negative film
处理彩色像片 processed colo(u)r print
处理彩色正片 processed colo(u)r positive film
处理操作员控制台 process operator console
处理槽 treating tank
处理厂 processing plant; treatment plant
处理厂出水 treatment plant effluent
处理厂单元布局 unit layouts of treatment plant
处理厂管理 administration of treatment plant
处理厂外貌 appearance of treatment plant
处理场 disposal field
处理场地 disposal area
处理车间 treating plant; treatment plant
处理成本 treatment cost
处理程度 degree of treatment
处理程序 handler; processing program(me); processor
处理程序表 processing program(me) table
处理程序的例行程序 handler routine
处理程序动词 processor verb
处理池 treatment tank
处理重叠 processing-overlap
处理存货 sell off
处理存货日期 sell off date
处理错误 mishandling
处理单位 process(ing) unit
处理单元 process(ing) unit; treatment element
处理单元存储器 processing elementary memory
处理单元组件 module treatment unit
处理的路面 treated surface
处理的面层 treated surface
处理等级 level of treatment
处理地沟 disposal trench
处理动力学 treatment kinetics
处理段 processing section
处理(法)分类 classification of treatment
处理方案 scheme of treatment
处理方法 processing method; treating process; treatment; treatment method; treatment process
处理方式 mode of operation; processing mode
处理放大器 process amplifier
处理废料的人 scrapper
处理费(用) handling expenses; treatment charges; handling rate
处理风险方法 risk methodology
处理服务 processing service
处理符号 process symbol
处理干性油 treated drying oil
处理工业废物 disposal of industrial wastes
处理工艺 treatment process; treatment technology
处理故障 handling failure; trouble shoot
处理罐 process tank; treatment tank
处理光洁的 finished
处理过程 process; treating process; treatment process
处理过程明细 flow specification
处理过程中的 in-process
处理过的城市二级废水 treated secondary municipal wastewater
处理过的防腐木杆 preserved pole
处理过的废水 treated effluent; treated wastewater
处理过的废水再用 treated effluent reuse
处理过的粪便 processed excrement; processed human excreta
处理过的工业废水 treated industrial wastewater
处理过的工业废物 treated industrial waste
处理过的合金钢 alloy treated steel
处理过的化学金属清洗废水 treated chemical metal cleaning wastewater
处理过的接缝 treated joint
处理过的木杆 treated pole
处理过的生活污水 treated domestic wastewater
处理过的数据 reduced data
处理过的水 treated water
处理过的水储存池 treated water storage
处理过的水库 treated water storage
处理过的污水 treated effluent; treated sewage; treated wastewater
处理过的污水出水 treated sewage effluent
处理过的污水排放 treated sewage discharge; treated wastewater discharge
处理过的污水深度处理 advanced treatment of treated sewage
处理过的污水污染物 treated effluent contaminant
处理过的信息 processed information
处理过的颜料 treated pigment
处理过的枕木 treated sleeper; treated tie
处理合同争议 handle contractual disputes
处理和控制单元 processing and control element
处理荷载 disposal load
处理黑白负片 processed black-and-white negative film
处理黑白像片 processed black-and-white print
处理黑白正片 processed black-and-white positive film
处理后的废水重复再利用 recycling wastewater after treatment
处理后的日数 days after treatment
处理货物 disposition of goods
处理机 handler; processing unit; processor
处理机表 processor table
处理机部件 processor element
处理机操作 processor operation
处理机测试单元 processor test unit
处理机出错中断 processor error interrupt
处理机存储器 processor storage
处理机存储器开关 processor-memory switch
处理机存储器再定位 processor storage relocation
处理机的多路传输 multiplexing of processors
处理机地址空间 processor address space
处理机调度 processor scheduling
处理机堆栈指示器 processor stack pointer
处理机多路复用 processor multiplexing
处理机多路连接 processor multiplexing
处理机多路转换机构 processor multiplexing mechanism
处理机工作 processor operation
处理机共享 processor sharing
处理机故障 processor stall
处理机管理 processor management
处理机寄存器 processor register
处理机寄存器空间 processor register space
处理机间干扰 interprocessor interference
处理机间通信[讯] interprocessor communication
处理机间通信[讯]技术 shoulder tap
处理机间中断 interprocessor interrupt
处理机接口 processor interface
处理机接口程序 processor interface routine
处理机接口模件 processor interface module
处理机控制 processor control
处理机控制卡 processor control card
处理机连线 processor link
处理机模块 processor module
处理机内部通信[讯] processor intercommunication
处理机内部中断 intraprocessor interrupt
处理机配置 processor configuration
处理机评价模块 processor evaluation module
处理机时间 processor time
处理机时钟 processor clock
处理机输入接口 processor input interface
处理机速度 processor speed
处理机现行优先级 current processor priority
处理机限制 processor-bound; processor-limited
处理机芯片 processor slice
处理机中断 processor interrupt
处理机周期 processor cycle
处理机状态长字 processor status long word
处理机状态寄存器 processor state register
处理机状态位 processor state bit
处理机状态字 processor state word; processor status word
处理机字单元 processor word cell
处理极限 processing limit
处理集合机 processing ensemble
处理计算机 process computer
处理技术 processing technic; treatment technology
处理剂 finishing agent; inorganic agent
处理剂费 treatment agent cost
处理剂加量 amount of additive treating agent
处理剂浓度 density of treating agent
处理剂配比 batch of treating agent
处理加工 processing
处理价格 disposal price
处理价值 salvage value
处理间平方和 sum of square between treatment
处理胶片 processed film
处理校验 processing check
处理界限 action limit
处理井 disposal well
处理井段厚度 interval of processing
处理井段位置 position of processed interval
处理井段最大深度 bottom of process-(ing) interval

C

处理井段最小深度 top of process(ing) interval
处理控制 processing control
处理控制单元 processing and control element
处理控制计算机系统 process control computer system
处理控制系统 process control system
处理矿石的能力 ore-handling capacity
处理垃圾 disposal of rubbish
处理量 processing load
处理流程 treatment flowsheet
处理流程的设计 design of process(ing) flow
处理模块 processing module
处理模式 treatment mode
处理模式化 processing modularity
处理目的 processing intent
处理能力 disposal capacity; handling ability; handling capacity; processing capacity
处理平台 processing platform
处理期间 period of treatment
处理器 handler; processing unit; processor; treater
处理器标识位 processor flag
处理器传送时间 processor transfer time
处理器接口组件 processor interface module
处理器内部寄存器 internal processor register
处理器评价组件 processor evaluation module
处理器特权状态 privileged processor status
处理器特权状态字 privileged processor state word
处理器限制 processor-bound
处理器状态字 processor status word
处理器组件 processor module
处理前质量 untreated quality
处理倾置场 disposal tip
处理容量 disposal capability; disposal capacity; handling capacity
处理纱 treated yarn
处理砂 conditional sand
处理砂轮 treated grinding wheel
处理设备 processing device; processing equipment; processing plant; processing unit; treatment facility; handling machinery
处理设施初步设计 <废水的> facility plan
处理失当 misconduct
处理失调 treatment maladjustment
处理失效 handling failure
处理时间 handling time; processing time; treatment time
处理时限 process limited
处理事件资料 transaction data
处理事实 fact processing
处理室 treatment room
处理数据 processing data
处理数量 handling capacity
处理水 conditioning water; treating water
处理水储存池 treated water storage
处理水量 quantity of treated water
处理顺序 processing sequence
处理速率 handling speed; processing speed; treatment rate
处理损失 treatment loss
处理索赔 settle claims
处理塔 processing tower; treating column
处理条件 treatment condition
处理铁路的责任 handling line responsibility
处理通知 advice of fate
处理图 procedure map
处理土地基 the foundation of treatment soils
处理危险物品的车辆 hazmat unit
处理温度 processing temperature
处理问题 handling problem
处理污水后出水 treatment sewage effluent
处理污水用地沟 disposal trench
处理系统 disposal system; handling system; processing system; processor; treatment system
处理系统动力学 kinetics of treatment system; mechanics of treatment system
处理瞎炮 handling of misfire
处理限制 processing limit
处理项目 processing entry
处理像片 processed print
处理效果 treating effect; treatment effect
处理效率 treating efficiency; treatment efficiency
处理序列 treatment train
处理循环 processing cycle
处理压力 treating pressure
处理样品系统 sample-handling system
处理遥测 reduced telemetry
处理业务 processing service
处理意图 processing intent
处理引起的缺陷 process-induced defect
处理邮件颜料 mail handling pigment
处理元件 processing element
处理原料风机 material handling fan
处理原则 principle of management
处理增益 processing gain
处理阵列圆片 processing array wafer
处理支持 processing support
处理支配权 disposition processing
处理中断 processing interrupt
处理中断分时 processing interrupt time sharing
处理中断请求 interrupt request handling
处理中断状态字 processing interrupt status word
处理中心 handling center
处理装置 processing unit
处女地 green belt; lay land; new soil; pristine area; undeveloped area; virgin ground; virgin land; virgin soil
处女地的建设规划 grass roots scheme
处女地工厂 grass roots plant
处女航 maiden trip; maiden voyage
处女林 backwoods; first growth; old growth; original forest
处于半击发状态的 half-cocked
处于被动 in passive position
处于不定位置 incertae sedis
处于不利地位 lose ground
处于穿堂风状态 draftiness; draft tube
处于静止状态 slumber
处于拉伸中 undertensioned
处于冷却状态的 as-cold
处于劣势 lost ground
处于平衡 in equilibrium
处于试验阶段 under test
处于预应力状态的 under-prestressed
处于凿岩工作的完备状态 ready-to-drill
处于张拉中的 understretched
处长 manager; superintendent; division chief
处治层复拌机 retread mixer
处治层路拌机 retread mixer
处治后的养护 curing after treatment
处治性养护 curative maintenance
处置 cure; disposal; disposure; treatment
处置不当 misconduct
处置界限 action limit
处置井 disposal well
处置库 repository
处置库系统 repository system
处置码 disposition code
处置器 disposer
处置权 discretion; right of disposal
处置设施 disposal facility
处置失当 mishandling; mismanagement
处置时间 out time
处置系统 disposal system

处尘装置 dust-collecting facility

处处变化 site to site variations
处处稠密 everywhere dense
处处收敛 everywhere convergent
处所 lieu

畜耕 draft anima

畜工 workday per draught animal
畜厩 animal shelter
畜栏 byre; corral
畜力 animal labo(u)r; draught power
畜力车道 cart road; cattle pass; cattle creep <铁道或公路下面的>
畜力车交通 animal drawn traffic
畜力车(辆) animal drawn traffic
畜力车路 cattle pass
畜力车运输量 animal drawn traffic
畜力工作 team work
畜力交通 animal drawn traffic
畜力驱动 horse power
畜棚 animal shelter; barn; byre; housed lot
畜棚场 barn yard
畜禽良种场 farms producing good poultry and animal strains
畜禽生产周期 production cycle of domestic fowl and livestock
畜圈 animal shelter
畜圈废水 barn wastewater
畜群 drove; herd
畜群道 <美> driveway
畜群的周转 turnover of animal herds
畜群结构 composition of livestock herds
畜舍 <古罗马> taberna
畜舍地板 floor for animal shelter
畜舍中紧靠饲料槽的柱 head post
畜生(饲养)房 building for livestock
畜生围栏 stock yard
畜疫 murrain
畜用水塘 livestock reservoir

触笔 stylus

触臂簧片 wiper spring
触变比 thixotropic(al) ratio
触变沉积物 thixotropic(al) sediment
触变的 thixotropic(al)
触变等级 thixotropic(al) level
触变分散体 thixotropic(al) dispersion
触变灌浆 thixotropic(al) injection
触变计 thixotrometer
触变剂 thixotropic(al) agent
触变浇注 thixotropic(al) casting
触变胶 thixotrope
触变胶液体 thixopectic liquid
触变可塑性 thixotropic(al) sculptural property
触变泥 thixotropic(al) mud
触变泥浆 thixotropic(al) slurry
触变黏[粘]度 thixotropic(al) viscosity
触变黏[粘]度计 thixotrometer
触变黏[粘]塑性 thixotropic(al) viscoelasticity
触变黏[粘]弹性 thixotropic(al) viscoelasticity
触变黏[粘]土 thixotropic(al) clay
触变黏[粘]土浆 thixotropic(al) fluid
触变凝胶作用 thixotropic(al) gel(ation)
触变喷气燃料 thixotropic(al) propellant
触变破坏 thixotropic(al) breakdown
触变漆 thixotropic(al) paint
触变水泥 thixotropic(al) cement
触变体 false body; thixotropy
触变系数 thixotropic(al) coefficient
触变现象 thixotropic(al) behavio(u)r
触变效应 thixotropic(al) effect
触变行为 thixotropic(al) behavio(u)r
触变型流动 thixotropic(al) flow
触变型树脂 thixotropic(al) resin
触变型涂料 thixotropic(al) coating; thixotropic(al) paint
触变型脱漆剂 thixotropic(al) type paint remover
触变性 rheopexy; thixotropy
触变性玻璃纤维浸润剂 thixotropic(al) fiberglass size
触变性瓷漆 dripless enamel
触变性的 thixotropic(al)
触变性流动 thixotropic(al) flow
触变性流体 rheopectic fluid; thixotropic(al) fluid
触变性漆 structured paint
触变性漆料 thixotropic(al) vehicle
触变性取向论 orientation theory of thixotropy
触变性涂胶 thixotropic(al) paste
触变性涂料 thixotropic(al) paint
触变性系数 coefficient of thixotropy
触变性液体 thixotropic(al) fluid; thixotropic(al) liquid
触变性液体法 thixotropic(al) liquid method
触变性质 thixotropic(al) property
触变岩 contact-altered rock
触变液体 thixotropic(al) liquefaction; thixotropic(al) liquid
触变仪 thixotrometer
触变硬化 thixotropic(al) hardening
触变再现时间 thixotropic(al) resetting time
触变指数 thixotropy index
触变周期 thixotropy period
触变铸造 thixocasting
触变转化 thixotropic(al) transformation
触变作用 thixotropic(al) action
触稠流体 rheopectic fluid
触稠性 shear thickening
触底 hit bottom; strike the bottom; touch bottom
触点 contact(block); contactor; contact point; feeler; tip
触点保护措施 contact protection
触点闭合 closing of contact
触点闭合能力 contact closing capacity
触点闭合线路 contact-closure circuit
触点插拔力 contact engaging and separating force
触点颤动 contact bounce
触点超程 contact over-travel
触点锉 point file
触点锉刀 point file
触点打开音响指示 open contact tone
触点打磨机 contact point dresser
触点的可靠性 reliability of contact
触点的切断能力 contact interrupting capacity
触点电流 contact current

触点电位 contact potential
触点电压 contact voltage
触点电压降 contact drop
触点电钟 contact-making clock
触点电阻 contact resistance
触点动作时间 contact time
触点抖动 contact chatter
触点读入 contact sensing
触点端 tip side
触点断开 break(ing) of contact;off-contact
触点断开时间 contact parting time
触点额定通电容量 contact current-carrying rating
触点额定值 contact rating
触点发热 heating of contact
触点分离 contact separation
触点负荷 contact load
触点负载 contact load
触点跟踪 contact follow
触点合金 contact alloy
触点回跳时间 contact-bounce time
触点及电刷电压计 contact points and brushes tension ga(u)ge
触点间距 contact spacing
触点间隙 breaker points clearance; contact gap
触点校准 contact alignment
触点接通时间 dwell time
触点截片 contact segment
触点金属 contact metal
触点控制 contact(or) control
触点控制器 contactor controller
触点控制系统 contactor control system
触点逻辑 contact logic
触点螺钉 contact screw
触点黏[粘]结 contact sticking; sticking of contacts
触点盘 contact panel
触点判定 contact sense
触点抛光器 contact burnishing tool
触点平面 contact plane
触点桥接 contact bridging
触点清整锉 contact file
触点柔度 contact compliance
触点烧坏 burning of contact
触点烧损 pitting
触点式插座 accessory shoe with electrical contact;hot shoe
触点式伏特计 contact-making voltmeter
触点式继电器 contact relay
触点式温度计 contact thermometer; thermometer with contacts
触点式压力计 pressure head switch
触点式(自动归算)速测仪 contact tach(e)ometer;contact tachymeter
触点水 pendular water
触点水阶段 pendular stage
触点顺从度 contact compliance
触点弹簧装置 contact spring assembly
触点调准 contact alignment
触点跳动 contact bounce
触点停留时间 dwell time
触点网络 contact network
触点污染 contact contamination
触点系统 contact system
触点隙 contact clearance
触点行程 contact travel
触点序列 contact series
触点压力 contact force;contact pressure
触点震颤 contact chatter
触点追随 contact follow; contact over-travel
触点组 contact set
触点组合 contact combination
触电 electric(al)shock;electroshock
触电防护 electric(al)shock prevention
触电死(亡) electrocution;electrothanasia
触电危险 electric(al)shock hazard
触电危险性 shock hazard
触动电流 pick-up current
触端型测量仪 end measuring instrument
触耳式耳机 against the ear type earphone
触发 activation;strike;trigger(ing)
触发按钮 trigger button
触发地雷 trap mine
触发地震 triggering earthquake
触发点火花 trigger spark
触发点闩锁 trigger point latch
触发电弧 striking
触发电极 trigger electrode
触发电流 triggering current
触发电路 excitation circuit;flip-flop; starting circuit;trigger circuit
触发电路分频器 flip-flop frequency divider
触发电平 trigger(ing)level
触发电位 evoked potential
触发电压 gate voltage;trigger voltage
触发二极管 diode trigger
触发放大器 trigger amplifier
触发峰化器 trigger sharpener
触发管 flip-flop tube; trigatron; trigger tube;trigger valve
触发过渡 flip-flop transition
触发火花 pilot spark
触发火花隙 triggered spark gap
触发机构 impact mechanism; triggering mechanism
触发机理 triggering mechanism
触发机制 triggering mechanism
触发级 flip-flop stage
触发极 flip-flop stage;igniter
触发计数 flip-flop number
触发计数管 flip-flop counter
触发计数环 flip-flop ring
触发计数器 flip-flop counter
触发继电器 trigger action relay;trigger relay
触发寄存器 trigger register
触发间断 triggering gap
触发间歇发生器 triggered blocking generator
触发间歇振荡器 trigger blocking oscillator; triggered blocking generator
触发胶化 one touch gelation
触发解码器 trigger decoder
触发晶体管 trigger transistor
触发开关 trigger switch
触发控制 trigger control
触发控制极电压 trigger gate voltage
触发灵敏度 triggering sensitivity
触发脉冲 action pulse;drive[driving] pulse; initiating pulse; starting impulse; start pulse; trigger impulse; trigger(ing)pulse;tripping impulse
触发脉冲变换器 trigger inverter
触发脉冲波形 trigger waveform
触发脉冲倒置器 trigger inverter
触发脉冲发生器 trigger generator
触发脉冲反射器 trigger reflector
触发脉冲放大器 trigger amplifier
触发脉冲鉴别器 trigger discriminator
触发脉冲宽度多谐振荡器 trigger gate width multivibrator
触发脉冲器 trigger pulser
触发脉冲锐化电路 trigger sharpener
触发脉冲输入 trigger input
触发脉冲信号 trigger pulse signal
触发脉冲形成器 trigger shaper
触发脉冲选择开关 trigger selector switch
触发脉冲延迟电路 trigger delay circuit
触发脉冲延迟多谐振荡器 trigger delay multivibrator
触发脉冲振荡器 trigger generator
触发脉冲整形器 trigger shaper
触发脉冲重复频率 trigger repetition rate
触发脉发生器 trigger generator
触发门脉冲延迟 trigger-gate delay
触发模式 trigger mode
触发能 triggering energy
触发起动器 trigger starter
触发气 trigger gas
触发器 flip-flop(generator); flop-over;igniter;toggle(circuit);toggle flip-flop; toggle switch; trigger (source);trigger unit
触发器存储器 flip-flop register;flip-flop storage
触发器单元 flip-flop element
触发器电路 flip-flop circuit
触发器电子管对 trigger pair
触发器集成电路 flip-flop integrated circuit
触发器清零端 trigger clear terminal
触发器群 flip-flop group
触发器三极管 trigger triode
触发器识别 trigger recognition
触发器式寄存器 trigger register;flip-flop register
触发器置零【计】 reset
触发器座架 trigger carrier
触发前储存 pre-trigger store
触发绕组 trigger winding
触发扫描 trigger sweep
触发设备 trigger equipment
触发声式键 touch-tone type key
触发式测头 touch trigger probe
触发式多谐振荡器 triggered multivibrator
触发式寄存器 flip-flop register
触发式间歇振荡器 trigger blocking oscillator
触发式扫描 driver sweep;slave sweep;trigger sweep
触发式扫描器 slave sweeper
触发式时基 triggered-time base
触发释放装置 trigger release
触发输入电路 trigger input circuit
触发数字记录装置 triggered numerical recording set
触发水雷 contact mine
触发系统 triggering system
触发显示器 trigger scope
触发显示系统 triggered display system
触发线路 trigger circuit
触发线圈 trigger winding
触发效应 triggering effect
触发信管 concussion fuse
触发信号 activating signal; initiating signal;triggering signal
触发信号钟 triggered-time clock
触发选通脉冲 trigger gate
触发选通脉冲电压 trigger gate voltage
触发选通脉冲延迟 trigger-gate delay
触发选择 trigger select
触发选择器 trigger selector
触发延迟 post-trigger delay; trigger delay
触发延迟电路 ger-delay circuit;trigger delay circuit
触发延时 post-trigger delay
触发阳极 ignition anode
触发移位寄存器 flip-flop shift register
触发译码器 trigger decoder
触发阴极 starter cathode
触发引信 contact fuse[fuze]; percussion fuse[fuze]
触发阈值 triggering threshold(value)
触发元件 trigger element
触发远震记录设备 triggered teleseismic recording equipment
触发闸门 trigger gate
触发值 triggering value
触发指示器 trigger indicator
触发字 trigger word
触发作用 trigger action; triggering function
触杆 bunter;feeler lever
触杆规 feeler ga(u)ge;feeler lever ga(u)ge
触感 touch
触感测量杆 tactile lever
触感传感器 tactile sensor
触感门扣 touch catch
触感元件 tentacle
触焊(法) electric(al)resistance weld(ing);touch welding
触幻觉 tactile hallucination
触簧接点 formed whisker contact
触簧开关 contact switch;spring jack
触击电镀 strike plating
触击电镀膜 strike
触击弧坑 strike
触屐 contact slipper
触键 touch key
触键选择器 key touch selector
触礁 run on rocks; strand; strike against rock;strike a reef;running aground
触角 antenna [复 antennas/ antennae];feeler;palp
触脚【动】 palping foot
触觉地图 tactual map
触力 touch
触轮 master roller;troll(e)y wheel
触轮臂 troll(e)y post
触轮杆 troll(e)y pole
触轮式电车 bow troll(e)y;troll(e)y car <美>
触轮式电力机车 troll(e)y locomotive
触轮式电气机车 troll(e)y locomotive
触轮式分批称料斗 troll(e)y batcher
触轮式推车器 <在驼峰编组推动难行车> troll(e)y car pusher
触轮托罩 troll(e)y-shield globe; troll-(e)y wheel harp
触轮线交叉 troll(e)y-frog
触毛 cirrus[复 cirri];tactile hairs;tentacle
触媒的 catalytic
触媒反应催化反应 catalytic reaction
触媒剂 activator;addition agent;catalyst;catalytic agent;catalyzer
触媒筐 basket
触媒燃烧装置 catalytic combustion system
触媒室 catalyst chamber
触媒作用 catalysis[katalysis];catalytic action
触敏温度计 thermal touch
触敏显示器 touch screen
触摸屏 touch screen
触钮 touching button
触排 bank; cross connecting field; row of contacts;terminal assembly
触排棒 bank rod
触排布线 bank wiring
触排导线 bank wire
触排端子 bank terminal
触排复接 bank multiple
触排复接盘 bank multiple
触排盖 bank cover
触排和接帚开关 bank-and-wiper switch

触排及弧刷转接器 bank-and-wiper switch
触排接点bank contact; line bank contact
触排接头 line bank contact
触排清洁器 bank cleaner
触排容量 bank capacity
触排指示器 bank indicator
触盘 tactile disk; tactile menisci
触器 tentacle
触浅【船】 feeling the bottom
触融压铸 thixocasting
触杀剂 contact insecticide
触杀作用 contact action; contact poisoning
触施 contact application
触式 touch
触滩 strike on a shoal
触探 penetrating cone; penetration sounding; probing; sounding; feeler inspection <用探针勘测>
触探杆长度校正系数 correction coefficient of length of penetrometric pole
触探杆外径 outside diameter of penetrometric pod
触探机 sounding machine
触探机类型 type of penetration sounding machine
触探器 penetrometer; soil penetrometer; sounding apparatus
触探试验 cone penetration test; penetration test; penetrometer test; sounding test
触探仪 cone penetrometer; penetrometer; soil penetrometer; sounding apparatus
触探针 sounding needle
触探装置 sounding apparatus; sounding device
触探锥 penetrating cone
触探钻机 sounding borer
触头 contact finger; contact head; contactor; contact terminal; electric-(al) contact; feeling; switch arm
触头截片 contact segment
触头金属 contact metal
触头排 bank of contacts
触头膨胀计 dilatometer; feeling dilatometer
触头膨胀仪 feeling elongation meter
触头片 contact blade
触头瓦特值 contact watt
触头行程 contact travel
触头组件 contact block
触线 troll(e)y wire
触线圈 lashing ring
触线水雷 antenna mine
触线网 troll(e)y wire network
触线网长度 length of trolley wire network
触销 contact pin; feeling pin
触须 palp
触须的 cirriform
触须绿色 cerro green
触靴 contact shoe; shoe
触压成型 contact mo(u)lding
触压胶 contact glue
触压胶粘剂 contact (-bond) adhesive; impact adhesive
触压模塑玻纤增强热固性树脂法兰盘 contact-mo(u)lded glass-fiber-reinforced thermosetting resin flange
触压模塑增强热固性层压材料 contact-mo(u)lded reinforced thermosetting plastic laminate
触压树脂 contact pressure resin
触压型胶粘剂 contact cement
触液取向胶 tactoid
触移质 contact load
触针 catwhisker; contact pin; contact tag; feeler pin; pricker; stylus; test rod
触针打印机 stylus printer
触针式打印机 stylus
触针座 stylus holder
触知觉 haptic perception; tactual perception
触止 counter stop
触止块 stop block
触指 contact finger; sensing finger
触指架 finger mount
触指行程 travel of contact finger
触指压力 finger pressure

搋

搋子 <排堵橡胶碗> force cup

揣

揣摩 conjecture

揣子【建】 force cup; plumber's friend; plumber's helper; plunger

川

川 river; ea <英国俚语>

川湖(生成)的 fluviolacustrine
川流变量 stream variable

氚

氚 diplogen; tritium

氚靶 tritium target
氚比 tritium ratio
氚标记氨基酸 tritium labeled amino-acid
氚标记的 tritium-labeled
氚标记化合物 tritiated compound; tritium-labelled compound
氚标记腺苷 tritiated adenosine
氚标记胸腺嘧啶核苷 tritiated thymidine
氚测年法 tritium dating
氚单位 tritium unit
氚发光器件 betalight
氚法 tritium method
氚氦法 tritium-helium method
氚核 triton
氚核磁共振 triton magnetic resonance
氚化 tritiate
氚化氘 deuterium-tritide
氚化的钛靶 tritiated titanium target
氚化合物 tritide
氚化精氨酸 tritiated arginine
氚化了的 tritiated
氚化氢 hydrogen tritide
氚化水 tritiated water
氚化烃 tritiated hydrocarbon
氚化物 tritiated compound; tritide
氚化作用 tritiation
氚活化 tritium labilization
氚经验估算法 empiric(al) estimation method of tritium
氚年代测定法 tritium dating
氚硼化 tritioboration
氚气污染探测器 detector of tritium contamination
氚事故控制系统 emergency tritium containment system
氚数学模型法 mathematics model of tritium
氚衰减比率法 decay ratio method of tritium
氚氧化锂 lithium tritoxide
氚增殖材料 tritium breeding materials

穿

穿板式连接器 bulkhead connector

穿爆 drilling and blasting
穿壁式超声波流量计 through-wall type ultrasonic flowmeter
穿冰测深器 through-the-ice sounder
穿冰测深仪 through-the-ice sound
穿层石门 cross-measure drift
穿插 interlude; interpenetrate; interpenetration
穿插编缆 cross braided rope; eight braided rope
穿插变晶结构 interpenetration blastic texture
穿插表 threaded list
穿插长度 length of spread
穿插枋 penetrating tie
穿插复测水准 intervening relevel(l)ing
穿插孪晶 penetration twin
穿插式升气管 pull-up riser
穿插双晶 interpenetration twin; penetration twin
穿插锁结 aggregate interlock
穿插针 needle
穿城铁道 interurban railroad[railway]
穿程 traversal; traverse
穿串装置 stringer
穿窗引入线 window lead(-in)
穿刺 paracentesis; piercing; puncturation; puncture
穿刺部位 site of puncture
穿刺冲洗法 puncture and irrigation
穿刺刀 stab knife
穿刺点 point of puncture
穿刺反应 puncture reaction
穿刺杆 puncturing lever
穿刺器械 puncture instrument
穿刺针 puncture needle
穿带机 tape punch
穿带芯板 banded core
穿带针 ribbon threader
穿戴盔甲的 armo(u)red
穿吊顺序 point tie
穿钉 drift bolt; reamed bolt; through bolt; wire dowel
穿洞 through cave
穿斗 tenon through
穿斗接头 joining with passing tenon
穿斗式构架 column and tie construction
穿缚绳 lacing line
穿鼓膜电极 transtympanic electrode
穿管导线 cellular conductor
穿过 permeate; threading; thread through; through
穿过舱壁的管道接头 through pipe piece
穿过城(市)的 crosstown
穿过城镇的 crosstown
穿过单滑车的吊索 gantline
穿过构件的回收拉杆 through tie
穿过滑车的绳索线路图 reeving diagram
穿过滑车或滚筒的绳索系统 reeving
穿过建筑物下层的高速干道 under-building freeway
穿过建筑物下层的高速街道 under-building freeway
穿过(街坊)式布置 cross block layout
穿过拉孔 rove
穿过面层开裂 cracking through surfacing
穿过桥跨 through span
穿过软土 penetrating soft soil
穿过市区的 cross-town
穿过市区的河流 intervening river
穿过式 through-type
穿过式构架 through-jointed frame
穿过式桁架 through truss
穿过式桁架桥 through truss bridge
穿过式桥跨 through span
穿过田野 across country
穿过土体或岩石的地震波 body wave
穿过斜坡坡面的滑动弧 slope circle
穿过一个地区的河流 intervening river
穿过重心 centroidal
穿焊道 string bead
穿横板的榫眼 penetrated mortise hole
穿甲的 armo(u)r-piercing
穿降水 net precipitation
穿接 cross under
穿进速率 penetration rate
穿经 drawing-in; reaching-in
穿经和筘 drawing-in and reeding
穿经机 drawing-in frame
穿经架 drawing-in frame
穿晶 intracrystalline; transcrystallization
穿晶脆化 grain embrittlement
穿晶的 transcrystalline; transgranular
穿晶断口 grain fracture; interstitial cracking; transcrystalline fracture
穿晶断裂 transcrystalline failure; transcrystalline fracture; transgranular fracture
穿晶腐蚀 transcrystalline corrosion
穿晶开裂 transcrystalline crack(ing)
穿晶粒 scorching
穿晶裂缝 transcrystalline crack(ing)
穿晶裂纹 transcrystalline crack(ing); transgranular crack
穿晶破坏 grain failure
穿晶损伤 grain damage
穿晶效应 grain effect
穿卡机 card punch(er); punch; punched-card machine
穿卡区 card field
穿空档转弯 filter turn
穿空楔 spall wedge
穿空针 hole forming pin
穿孔 broach out; countersink; hole through; holing; holing through; perforate; perforation; pierce; piercing; prick; punched hole; punch-(ing); puncture; puncturing; stave; tapping; trepanning
穿孔板 cored panel; cored plate; eye plate; perforated board; perforated grill; perforated panel; perforated plate; perforated sheet (ing); pierced panel; pierced plank; plug-board; punched bend
穿孔板顶棚 perforated(panel) ceiling
穿孔板平顶 perforated(panel) ceiling
穿孔板散流器 perforated panel air diffuser
穿孔板式平顶风口 perforated plate type ceiling diffuser
穿孔板送风口 perforated panel air outlet
穿孔板吸声结构 perforated panel sound-absorbing construction
穿孔板系统 perforated plate system
穿孔表 punch list
穿孔成花边式卡片 <无信息内容> laced card
穿孔程序 punching program(me); punching routine
穿孔冲模 perforating die
穿孔冲模法 punch-and-die process
穿孔创 perforating wound
穿孔锤 punch hammer
穿孔磁铁 punch magnet
穿孔错误 punch error
穿孔带记录器 perforated tape recorder

穿孔带控制程序 punched tape program(me)
穿孔带控制的坐标镗床 coordinate setting boring machine with tap-control
穿孔带控制铣床 tape-controlled milling machine
穿孔刀 punch knife
穿孔刀具 stinger bit
穿孔刀片 stinger bit
穿孔导轨 punching track
穿孔导体电流存取器(件) hole-conductor current access device
穿孔道 perforation;punching track
穿孔的 holed;holey;perforated
穿孔的板条 perforated lath(ing)
穿孔的衬板 perforated liner
穿孔的衬套 perforated liner
穿孔的大理石板 pierced marble slab
穿孔的底衬 perforated backing
穿孔的地板修饰 pierced floor finish
穿孔的地下(基)层 perforated substrate
穿孔的灰泥板 perforated plasterboard
穿孔的混凝土砌块护墙 pierced concrete block screen wall
穿孔的金属条 perforated metal strip
穿孔的金属瓦片 pierced metal tile
穿孔的可见底面 perforated visible soffit
穿孔的桥面 perforated deck(ing)
穿孔的石膏板 perforated plasterboard
穿孔的圬工墙 pierced masonry wall
穿孔的屋面基层 perforated roofing substrate
穿孔的屋面下层 perforated roofing substrate
穿孔的下层结构 perforated substructure
穿孔的纸张 perforated paper
穿孔底板 perforated bottom
穿孔点 punching station;tap(ing) point
穿孔电刷 punch brush
穿孔吊顶板 perforated ceiling board
穿孔顶棚 perforated ceiling
穿孔分类(法) hole sort
穿孔盖板 perforated cap
穿孔杆 core pin
穿孔钢板 pierced steel plank(ing);punched steel plate
穿孔格箅 perforating grill
穿孔格式 punch format
穿孔工具 perforating tool
穿孔管 perforated pipe;screen pipe
穿孔管布水器 perforated pipe distributor
穿孔管地下排水管 perforated underdrain pipe
穿孔管井点 perforated well point
穿孔辊 perforating roller
穿孔过载容量 punching over-capacity
穿孔海绵 boring sponge
穿孔花砖 straight-through checker
穿孔混凝土块 camboge
穿孔混凝土砌块的护墙 screen well of pierced concrete blocks
穿孔机 cork boring machine;perforating machine;perforator;piercer;piercing mill;punch(er);punching machine;receiving perforator;tapper;tapping machine;trepanner
穿孔机操作员 puncher;punch operator;key puncher
穿孔机构 punch block mechanism
穿孔机轧辊 piercer roll
穿孔集水管 perforated collector pipe
穿孔计算机 calculating punch(er)
穿孔记录 line-strip punching
穿孔夹具 punching tongs
穿孔胶合板 perforated plywood
穿孔胶卷 perforated film
穿孔校对机 verifier
穿孔校验 punch check
穿孔结束 punch off
穿孔金属板 perforated metal
穿孔金属薄板条 perforated sheet metal lath(ing)
穿孔金属筛 perforated metal screen
穿孔镜 perforated mirror
穿孔卡 punch card
穿孔开始 punch on
穿孔扩散器 perforated diffuser;sparge pipe
穿孔栏 punch column
穿孔铝板 perforated alumin(i)um plate
穿孔铝片 perforated alumin(i)um strip
穿孔率 punching rate
穿孔模板 punching templet
穿孔模式 hole pattern
穿孔抹灰 pricked rendering
穿孔女儿墙 brandishing
穿孔排水管 perforated drain pipe
穿孔盘曝气器 perforated pan aerator
穿孔偏离 punch off
穿孔曝气盘 perforated aeration disc
穿孔砌墙法 pierced bond
穿孔器 gadder;pecker;perforator;punch(er);punch press;gun perforator <油井>
穿孔墙 perforated wall;porous wall;slotted wall
穿孔区 punch block;punching field
穿孔取芯钻头 drift drill
穿孔三通 tapping tee
穿孔栅 perforated grill
穿孔设备 perforating equipment;perforator unit
穿孔石膏板 perforated gypsum panel;perforated gypsum(plaster) board
穿孔石膏板底层 gypsum lath board base
穿孔石膏吊顶板 perforated gypsum ceiling board
穿孔石膏条板 perforated gypsum lath
穿孔石膏吸声板 acoustic(al) perforated gypsum board
穿孔时间 aperture time
穿孔式的 peek-a-boo
穿孔式扶壁 pierced buttress
穿孔试验 drift(ing) test
穿孔输出 punch out
穿孔撕裂 buckle tear
穿孔速度 punching speed;punching velocity
穿孔速率 perforating rate;perforation rate;punching rate;rate of perforation
穿孔台 punching station;bolster
穿孔(探)杆 piercing staff
穿孔镗(孔) boring
穿孔套管 tapping sleeve
穿孔套合系统 punch register system
穿孔调准 drifting
穿孔通路 punch path
穿孔头靠模 perforated litho master
穿孔凸轮 punch cam
穿孔图案 perforated design;perforated pattern
穿孔图式 hole pattern
穿孔位置 codeposition;punching position;punching station
穿孔纤维板 holed fibreboard[fiberboard];perforated fiberboard
穿孔线 line of holes
穿孔象甲 shothole weevil
穿孔销 drift pin
穿孔芯棒 piercing mandrel
穿孔信号圆牌 perforated signal disc
穿孔信号圆盘 perforated signal disc
穿孔行 punch row
穿孔形式 punch format
穿孔性的 perforating
穿孔压力机 perforating press;punch press
穿孔眼(线) perforation
穿孔页面大小 perforated page size
穿孔一行 punch row
穿孔硬质纤维板 perforated hardboard
穿孔右手 core pin
穿孔员 puncher;punch operator
穿孔圆盘 apertured disc[disk]
穿孔圆盘板 perforated disc
穿孔缘 perforation rim
穿孔凿 jumper
穿孔站 punch(ing) station
穿孔针 hole forming pin;pecker;punching pin
穿孔砧板 drift pipe
穿孔纸带 perforated paper tape;punch(ed paper) tape;punching tape
穿孔纸卷 pianola roll
穿孔纸屑 chad
穿孔指示器 punch light
穿孔钟 check clock
穿孔周期 point circle;point cycle
穿孔砖 air brick;pierced brick;soaps
穿孔转向器 perforated deflecting cap
穿孔装置 punching machine
穿孔锥 bodkin
穿孔钻 drift(er) drill;piercing drill
穿筘 denting
穿筘刀 denter
穿筘机 reeding machine
穿廊 gallery
穿廊式出入口 T-shaped entrance and exit
穿廊式道路 covered road;decked road
穿廊式街道 covered street-way
穿廊式人行道 covered walkway
穿廊式通道 covered passage
穿梁 needle beam
穿料装置 pull-through machine
穿裂(缝) through check;through crack
穿流 through-flow
穿流板塔 turbogrid tower
穿流式蝶阀 through-flow butterfly valve
穿流式调速器 through type governor
穿流室 flowing-through chamber
穿流效应 draining effect
穿流栅板 turbogrid tray
穿螺栓 through bolt
穿脉坑道 cross-cut
穿模带头机 pulling-in machine
穿模装置 drawing-in device
穿破 frazzle
穿破石 through stone
穿墙布线(法) knob-and-tube wiring
穿墙出线 ground outlet
穿墙瓷套管 porcelain wall bushing
穿墙挡水板 through-wall flashing
穿墙丁头石 parpend stone;perpeyn
穿墙丁砖砌合 perpend bond
穿墙泛水 through-wall flashing
穿墙管 through-wall pipe;wall pipe [piping];wall tube[tubing]
穿墙进线绝缘导管 wall entrance insulator
穿墙绝缘管 thoroughfare insulator;wall tube insulator
穿墙绝缘子 lead in insulator;wall insulator
穿墙连接器 wall outlet connector
穿墙梁框套 beam box
穿墙披水 thru-wall flashing
穿墙石 through stone
穿墙石块 parpend(stone)
穿墙式 through-the-wall air conditioner;through-the-wall-tile
穿墙式机械手 through-the-wall handler
穿墙式空调机 wall-through type air conditioner
穿墙式通风机 wall ventilator
穿墙套管 penetration sleeve;through-wall sleeve;wall bushing;wall feed-through sleeve;wall sleeve;wall tube insulator
穿墙套筒 wall bushing
穿墙通道 wall passage
穿墙托架 wall bracket
穿切速度 penetration rate
穿入 infix;penetrate;pierce
穿入拱 threading
穿入孔 reeve
穿入式绕组 draw-in winding;pull-in winding;pull-through winding;threaded-in winding
穿入式线圈 pulled-type coil
穿入套管 threading
穿纱 threading
穿山的 trans-mountain
穿山隧道 trans-mountain tunnel
穿山隧洞 trans-mountain tunnel
穿山引水 trans-mountain diversion
穿山引水工程 trans-mountain diversion project;trans-mountain diversion works
穿上 slip on
穿绳 rope reeving;reeving
穿绳方法 reeving
穿绳工具 splicing outfit
穿绳孔 eyelet;lacing hole
穿绳入孔 reeve
穿绳套环 reeving thimble
穿绳眼环 lacing eye;lacing grommet
穿石贝 marine stone borer;pholad-(idae);pholas
穿式的 through
穿式桁架 through truss
穿式桁架桥 through girder bridge;through truss bridge
穿式结构 through structure
穿式结合 through-fixing
穿式桥 through bridge
穿束机 strand pulling machine
穿四孔 quadripuntal
穿榫 through tenon
穿榫接合 joining with passing tenon
穿榫接头 joining with passing tenon
穿梭 push-pull;shuttle
穿梭轰炸 shuttle bombing
穿梭机 lifting body
穿梭机制 shuttle mechanism
穿梭交通 shuttle service;shuttle traffic
穿梭交通车道 shuttle lane
穿梭列车 push-pull
穿梭式的 shuttle(-type)
穿梭式公共汽车 shuttle bus
穿梭式货物列车 <固定车底> shuttle freight train
穿梭式机动矿车 shuttle car
穿梭式小车 shuttle carriage
穿梭式运输机 shuttle conveyer[conveyor]
穿梭式运载列车 shuttle train
穿梭式轧机 cross-country mill
穿梭输送机 shuttle conveyer[conveyor]
穿梭台 shuttle table
穿梭运动 shuttle;shuttling
穿梭运输器 shuttle conveyer[conveyor]

C

穿梭运输油轮 shuttle tanker
穿索 reeve
穿索方式 reeving system
穿索沟 choker hole
穿索环 stay ring
穿索孔 cringle
穿索针 marline spike;stabber
穿堂 antehall; breezeway; coulisse; enterclose; entrance hall; gang; hallway; lobby; vestibule
穿堂风 draught; through-flow; through ventilation
穿堂风的 cross-ventilated
穿堂风遏止物 <防止火灾蔓延> fire stop
穿堂门 pass door
穿堂门厅 coulisse; cullis
穿堂式平面 possum-trot plan
穿堂(通)风 cross ventilation
穿条 false tongue; slip tongue; spline
穿条接合 slip-tongue joint; spline joint
穿通 breakover; canalization
穿通的 pierced
穿通电压 punch-through voltage
穿通端子 feed-through insulator; feed-through terminal
穿通击穿 punch-through breakdown
穿通接线柱 feed-through terminal
穿通码头 open jetty
穿通铆钉 thorough rivet
穿通砌合【建】 thorough bond
穿通式连接条 pass-through partition connector
穿通式桥台 spill-through abutment
穿通送进管 feed-through terminal
穿通套管 penetration sleeve
穿通套筒 penetration sleeve
穿通现象 punch through
穿通线 feed-through wire; interface connection
穿通效应 punch-through effect
穿头 penetrator
穿透 breakthrough; gimlet; impenetrate; penetrance; penetrate; penetrating; pierce; plug-in
穿透本领 penetrating power
穿透策略 penetrating strategy
穿透成分 penetrating component
穿透簇射 hard shower
穿透淬火 through heating
穿透单元 penetrative cell
穿透的 penetrant; pervious
穿透的光线 penetrating ray
穿透点 breakthrough point
穿透点状腐蚀 breakthrough pitting
穿透钉 penetration peg
穿透度 penetration
穿透度计 penetrameter[penetrometer]
穿透镀膜的小孔 plated-through hole
穿透对流 penetration convection; penetrative convection
穿透法测厚 thickness by penetration
穿透缝 seam penetration
穿透构造 penetration structure; through-going structure
穿透过梁 through lintel
穿透焊珠 penetration bead
穿透厚度剪切 shear through-the-thickness
穿透几率 penetration probability; transmission coefficient
穿透计 penetrometer
穿透技术 through-transmission technique
穿透剂 penetrant
穿透加热 through heating
穿透结构 penetration texture
穿透井 penetrating well
穿透开裂 cracking
穿透孔 body size hole; bottomless hole
穿透理论 penetration theory
穿透力 force of penetration; penetrating force; penetration
穿透裂缝 through shake
穿透裂纹 penetrated crack; split
穿透流 through-flow
穿透率 penetrating power; penetration; penetration rate; permeability; slip rate
穿透模 spigot die
穿透能力 ability to penetrate; penetrating capacity; penetrating power; penetration capacity
穿透频率 frequency of penetration; penetrating frequency; penetration frequency
穿透器 penetrator
穿透曲线 breakthrough curve
穿透容量 breakthrough capacity
穿透熔焊 penetration bead
穿透射流 hard shower
穿透深度 depth of penetration; penetration; penetration depth
穿透深度计 penetration ga(u)ge
穿透深度控制 penetration control
穿透时间 time of breakthrough
穿透式超声诊断仪 transmitted diagnostic ultra-sonoscope
穿透式电子显微镜 transmission electron microscope
穿透式二次发射 transmission secondary emission
穿透试验 penetration test
穿透数 permeability number
穿透速度 penetration rate; rate of penetration
穿透榫石 through tenon
穿透特性 through characteristic
穿透物 penetrant
穿透物质 penetration material
穿透系数 penetration coefficient
穿透小珠 penetration bead
穿透效应 penetration effect
穿透型焊接法 keyhole-mode welding
穿透性 penetrability; permeability
穿透性辐射 penetrating radiation
穿透性裂纹 through wall flaw
穿透仪 penetrometer
穿透因子 penetration factor
穿透照明 substage illumination
穿透轴套 continuous boss
穿透作用 penetrant action
穿土暗渠 mole drain
穿土雷达技术 ground penetrating radar technique
穿线 threading
穿线的树 threaded tree
穿线法 line cross(ing)
穿线挂车 stringing-up
穿线盒 pull box
穿线环 socket; thimble; wire thimble
穿线夹 wire clamp
穿线轿车点定线 setting-out the intersection point by alignment
穿线开关 feed-through switch
穿线孔缝合针 regular eye needle
穿线链接 thread link
穿线树中的表头 list head in thread tree
穿销 through pin
穿销式防爬器 wedge-type anchor anti-creeper
穿销式扣板 key clip
穿小孔 pink
穿心锤打桩 ramming
穿心锤轴 axle of drop hammer
穿心电容器 bushing-type condenser
穿心杆 core pin
穿心绝缘子 shackle; shackle insulator; window insulator
穿心孔径 diameter of perforation
穿心螺丝刀 screwdriver with through tang
穿心佩兰 agueweld; boneset; thoroughwort
穿心式电流互感器 straight-through current transformer
穿心式电容器 feed-through capacitor; through condenser
穿心式夹具 through drill device
穿心式千斤顶 center[centre] hole jack; through-bore jack
穿心套 perforation sleeve
穿心引出线绝缘 bore hole lead insulation
穿心轴 quill shaft
穿心钻 piercing drill
穿行进位 ripple through carry
穿行式钢拱模板 telescopic(al) form (work)
穿行者 permeants
穿许地点 crossing site
穿许管线 cross pipeline
穿许结构 crossing structure
穿许可证 crossing permit
穿岩桩尖 rock point
穿岩桩靴 rock shoe
穿眼的衬管 perforated liner
穿眼管柱 <在孔眼上包网状衬垫的> perforated plate column
穿眼木滑车 <接索用> dead eye
穿眼凿 slick
穿叶的 perfoliate
穿衣服 clothe
穿衣镜 full-length mirror; pier glass; cheval-glass; cheval mirror <可转动的>
穿引速度 threading speed
穿越 cross-over; threading
穿越步行道搬运车 walk-through delivery van
穿越步行道送货车 walk-through delivery van
穿越城市交通 through city traffic
穿越地点 crossing site
穿越法 traverse method
穿越法为主、追索法为辅 passing through method mainly be used tracing method be used as supplementary
穿越分隔航道 crossing a traffic lane
穿越港湾隧道 cross harbour tunnel
穿越建筑物的高速干道 through building freeway
穿越交通 crossing traffic
穿越绝缘子 thoroughfare insulator; through insulator
穿越路线 crossing route
穿越泥层挖砂机 deep sea jet-ejector dredger
穿越湿地的堤道 causeway; causey
穿越式变压器 through-type transformer
穿越通 cross ventilation
穿越图 cross chart
穿越性故障 through fault
穿云下降 descent through cloud
穿轧 pierced billet; rolling on
穿轧法 roll piercing process
穿轧机 piercing mill; roll piercing mill
穿轧芯棒 piercing mandrel
穿障扩散 <穿过多孔隔板的扩散> barrier diffusion
穿支 perforating branches
穿织结构 intercalated texture
穿制服 uniform
穿制服的看门人 commissionaire
穿质 perforated substance
穿柱 prick post
穿综 draft(ing)
穿综钩 drawing-in hook
穿综筘 looming heading

传

传爆 blasting propagation; propagated blasting; propagation of explosion
传爆道 detonation train
传爆感度 sensitivity of propagation
传爆管 auxiliary detonator; booster tube; squib; tube booster
传爆管垫片 booster disc
传爆管孔 booster well
传爆剂 booster
传爆索 primacord
传爆系统 detonation train; explosive train
传爆线 blasting fuse; detonating cord; detonating fuse
传爆线起爆(法) cap and fuse firing
传爆信管 igniting fuse
传爆药 booster explosive; lead charge
传爆药管 adapter-booster
传爆药筒 transmission cartridge
传爆药柱 booster charge
传爆元件 lead
传爆炸药 transmission explosive
传爆装药 booster charge
传病昆虫 vector
传波器 pick-up
传波速 velocity of wave propagation
传播 blaze abroad; blaze abut; carry; convey(ing); diffuse; diffusion; disperse; dispersion; disseminate; dissemination; promulgate; propaganda; propagation; spread; waftage
传播比 propagation ratio
传播波 propagating wave
传播长度 length of spread; spread length
传播常量 propagation constant
传播常数 propagation constant
传播的 travel(l)ing
传播地区 diffused area
传播法爆破 propagated blast
传播反应 propagation reaction
传播范围 areal limit
传播方式 mode of propagation; mode of transmission; propagation mode; transmission pattern
传播方向 direction of propagation
传播改正量 propagation correction
传播改正量预测 predicted propagation correction
传播功率 propagation power
传播功率损耗 propagation power loss
传播功率损失 propagation power loss
传播过程 propagation process
传播函数 propagation function; propagator
传播机理 mechanism of transmission
传播机制 mechanism of transmission
传播畸变 propagational distortion
传播计时器 transit time meter
传播介质 communication medium[复media]; propagation medium; transport medium
传播距离 distance of dissemination; propagation distance; propagation length; propagation range; transmission range
传播可靠度 propagational reliability
传播裂纹 propagating crack
传播路径 propagation path; transmission path; travel path
传播媒介 communication medium[复media]
传播媒质 transmitting medium
传播面 plane of propagation
传播模 propagating mode

传播能力 transmission capacity
传播情况 propagation condition
传播圈 diffusion circle
传播燃烧 propagating burning
传播扰动 propagation disturbance
传播声音 carry-over sound
传播失真 propagation distortion
传播时间 propagation time; time of propagation; time of transit; time of transmission; time of travel; travel time; transit time
传播时间量测 <声波等> transit time measurement
传播时间曲线 <汇流时间对水位的关系曲线> time of travel curve; travel-time curve
传播时间延迟 propagation time delay
传播矢量 propagation vector
传播衰减 transmission attenuation; transmission loss
传播速度 propagating velocity; propagation rate; propagation velocity; rate of propagation; speed of propagation; speed of transmission; spread velocity; velocity of progress; velocity of propagation; velocity of translation
传播速度计 velocity of propagation meter
传播速率 propagation rate; propagation speed
传播损耗 propagation loss
传播损失 propagation loss; transmission loss
传播特性 propagation characteristic
传播体 diaspore
传播条件 propagation condition
传播通路 propagation path
传播通知 propagation notice
传播途径 path of transmission; propagation path; route of transmission; transmission path; travel path
传播误差 propagated error; propagation error
传播系数 coefficient of transmission; propagation coefficient; transmission coefficient; transmission factor
传播向量 propagation vector
传播效应 propagation effect
传播形式 mode of propagation
传播休止期 intermittent period of transmission
传播延迟 propagation delay
传播延迟时间 propagation delay time
传播延时 propagation delay
传播延时时间 propagation delay time
传播异常 propagation anomaly
传播因数 propagation factor
传播因素 factor of transmission; propagation factor
传播预报 propagation forecasting
传播源 propagation source
传播者 middleman; propagator
传播震源 propagating source
传播滞后 propagation delay
传播中的火焰 propagating flame
传播作用 dissemination
传布速率 speed of transmission
传出曲面 efferent surface
传出神经 centrifugal nerve
传出阻滞 efferent block
传磁物 magnetizer
传达室 doorkeeper's house; doorkeeper's lodge; doorkeeper's room; gate chamber; gate house; gatekeeper's lodge; janitor's room; lodge; porter's flat; porter's lodge; reception office; ushers room
传达员 usher
传达者 transmitter
传代物 legacy
传带轮 tape wheel
传袋装置 bag carrier member
传单 bill-posting; hand-bill; leaflet
传单广告 circument
传导 conduct; heat transfer
传导爆裂测温仪 conduction decrepitation thermometer; transmit decrepitation thermometer
传导本领 conducting power
传导泵 conduction pump
传导比 conductance ratio
传导变阻器 transmitting rheostat
传导参数 conduction parameter
传导层 carrier bed; conducting coating; conducting layer; conducting shell; conductive layer
传导常数 transmission constant
传导场 conduction field
传导敞炉 conducting hearth
传导齿轮 transfer gear
传导充电 charging by conduction
传导传热 conduction heat-transfer; heat-transfer by conduction
传导传输 conductive transfer
传导带 conduction band; transmitting zone
传导滴定 conductometric titration
传导电流 conduction current
传导电桥 conductivity bridge
传导电子 conduction electron
传导电子学 conduction electronics
传导度 conductance; conductibility; conducting power; conductivity
传导干扰 conducted interference
传导各向异性 anisotropy of conductivity
传导管 carrier
传导函数系数 transfer function coefficient
传导机理 conduction mechanism
传导计 conductometer
传导加热 conduction heating
传导介质 transmitted medium; transmitting medium
传导空穴 conduction hole
传导冷却 conduction cooling
传导冷却测辐射热计 conduction cooling bolometer
传导力 conductance
传导炉底 conducting bottom
传导率 conductance; conductivity; rate of transmission; specific conductance; transmission rate
传导率理论 conductivity theory
传导面积 conduction surface
传导能力 conducting power
传导热 conductive heat; heat of conduction; heat of transmission
传导热面积 conduction heating surface
传导热阻 thermal-conduction resistance
传导散热 heat radiating by conduction
传导式结构 conductivity construction
传导试验 conduction test
传导损失测辐射热计 conduction loss bolometer
传导体 conducting band; conductor
传导物 transmitter
传导系数 coefficient of conductance; coefficient of conductivity; coefficient of transmissibility; coefficient of transmission; conductance factor; conductivity; conductivity coefficient; specific conductivity; transmission coefficient
传导系统 transmission factor
传导系统中的压力脉动 system surging
传导线 conducting wire
传导型地热系统 conductive geothermal system
传导性 conductance; conductibility; conducting power; conductivity
传导性的 conductive
传导性地面粉刷 conductive floor finish
传导性地面覆盖物 conductive floor cover(ing)
传导性地面砖 conductive floor tile
传导仪 conductograph
传导载波 conduction carrier
传导阻滞 blocking; conduction block
传导组织 conductive tissue
传道模压法 flow mo(u)lding
传递 carry-over; communicate; convection; conveyance; delivery; passing; post(ing); transference; transfer(ral); transmission
传递比 transmissibility; transmission ratio
传递闭包 transitive closure
传递边界 transmitting boundary
传递标志符 routing indicator
传递表 transition table
传递波 propagating wave; transmitted wave
传递波能 transported energy of wave
传递长度 length of transfer; transfer length; transmission length <预应力钢索端部零应力到钢索达到满应力点的>
传递常数 transfer constant
传递车 transfer car
传递迟滞 transfer lag
传递窗 delivery window; pass-through; serving hatch
传递窗口 pass-through window
传递从属性 transitive dependency
传递大梁 transfer girder
传递带式输送机 delivery belt conveyer[conveyor]
传递单位 transmission unit
传递单位数法 NTU[number of transfer units] method
传递单元高度 height of transfer unit
传递导纳 transfer admittance
传递的 transitive
传递点 annex point; carry-over point; pass point; transfer point
传递吊车 transfer crane
传递调用 call by passing
传递定律 transfer law
传递方式 mode of transfer; transmission mode; transmittal mode
传递方位角角度个数 angle number of pass azimuth
传递分配器 transmitter distributor
传递感觉的 sensorial; sensory
传递功率 transmitted power; transmitting power
传递关系 transitive relation(ship)
传递光学系统 transfer optics
传递规则 transmission rule
传递过程 transfer process
传递函数 transfer function
传递函数迭代补偿 iterative transfer function compensation
传递函数分析器 transfer function analyser
传递函数轨迹图 transfer locus
传递函数计 transferometer
传递函数曲线 transfer curve
传递函数算子 transfer function operator
传递函数系数 transfer function coefficient
传递荷载 transmitted load
传递滑槽 delivery chute
传递环节 transmission link; transmitting link
传递簧 passing spring
传递回转运动联轴节 coupling for the transmission of rotary motion
传递机 transfer machine
传递介质 transfer medium
传递矩阵法 transfer matrix method
传递颗粒效应 transparticle effect
传递力矩 carry-over moment; drive torque; early-over moment
传递力阻抗 transfer impedance
传递链(条) pass chain; rigging chain; transfer chain
传递料斗 transfer hopper
传递率 transmissibility; transport
传递面 transfer surface
传递模塑(法) transfer forming; transfer mo(u)lding
传递模塑压力 transfer mo(u)lding pressure
传递模造法 transfer moulding
传递能力 carrying capacity
传递黏[粘]结力 <混凝土和先张钢筋束间的黏[粘]结应力> transfer bond
传递器 pouch; transmitter
传递迁移率 transfer mobility
传递强度 transfer strength
传递曲线 transfer curve; transmission curve
传递热 exchanged heat; transferred heat
传递设备 transfer apparatus
传递设施 transfer facility
传递声 carry-over sound
传递绳索 pass a line
传递式模具 transfer mo(u)ld
传递式热交换器 transfer-type heat exchanger
传递式仪器 transmission type ga(u)ge
传递室 propagation rate; rate of propagation; transfer chamber
传递速度 transmission speed
传递损失 transfer loss; transmission loss
传递探询 hub polling
传递特性 transfer behavio(u)r; transfer characteristic; transmission characteristic
传递特征 transfer characteristic; transmission characteristic
传递体 carrier
传递通道效应 transchannel effect
传递通路 transmission path
传递图 transitive graph
传递弯矩 carry-over moment
传递弯矩的刚性连接 moment connection
传递系数 carry-over factor; coefficient heat transmission; coefficient of transmission; transfer coefficient; transmission coefficient; transmission factor; transmittance [transmittancy]
传递系数法 transfer coefficient method
传递系统 transfer system; transmission system
传递相关性 transitive dependency
传递效率 carry-over efficiency; efficiency of transmission; transfer efficiency; transmission efficiency
传递效应 carry-over effect
传递信息 transinformation
传递星形耦合器 transmitting star-coupler
传递性 transitivity
传递性疲劳 transmission fatigue
传递一个新条款 posting a new item

C

传递依赖 transitive dependency
传递因子 carry-over factor
传递引绳 pass a messenger
传递应力 stress at transfer
传递油缸 relay cylinder
传递预应力需要的混凝土强度 transfer strength
传递元件 transmitting element
传递增益 transmission gain
传递者 transmitter
传递质 transmitter; transmitter substance
传递柱 transfer column
传递柱效应 transcolumn effect
传递装置 transmission device; transmission equipment
传电电桥 conductivity bridge
传电夹钳 contact jaw
传动 actuation; driving motion; gearing; transfer motion; transmission; transmission of motion; transmitting motion
传动泵 power pump
传动比 drive(r) ratio; gear ratio; rating of gear; ratio of reduction; ratio of transmission; reduction gear ratio; reduction ratio; speed ratio; transmission ratio; transmitting ratio; value of train
传动比级 gear range
传动比接近的变速箱 close ratio gearbox
传动臂 driving arm; transmission arm
传动边 driving side
传动变阻器 transmitting rheostat
传动拨盘 driving chuck
传动部件 component transmission; drive component; driving part
传动操纵 traction control
传动车轴 driving axle
传动迟缓 underdrive
传动齿 driving cog
传动齿轮 drive(r) gear; driving gear; gearing wheel; transfer gear; transmission gear; transmitting gear
传动齿轮比 pinion ratio
传动齿轮调整螺母 drive pinion adjusting nut
传动齿轮盖 transmission gear cover
传动齿轮机构 drive gear mechanism
传动齿轮速比 transmission gear ratio
传动齿轮系统 gear train
传动齿轮箱 drive[driving] gear box; driving wheel box; transmission gear box
传动齿轮用润滑脂 pinion grease
传动齿轮组 set of transmission gears
传动磁铁 driving magnet
传动带 belting (leather); driving band; driving strap; transmission belt(ing); transmission strap
传动带材料 belting
传动带导轮 belt carrier
传动带的纤维织物 belting fabric
传动带帆布 belting duck
传动带反转装置 belt reversing device
传动带防滑制剂 non-slipping preparation for belt
传动带货物流动量 flow rate
传动带试验 belt experiment
传动带用布 transmission fabric
传动带用蜡 belting wax
传动带用润滑脂 grease for belt
传动带运输机 belt conveyer[conveyor]
传动带织机 belting loom
传动带装置 belting
传动挡块 driving dog
传动刀片 driving blade
传动导孔 feed hole
传动的 driven; driving
传动端 driving end
传动轭 transmission yoke
传动阀 geared valve; motorized valve
传动法兰(盘) drive flange; driving flange
传动范围 driving range; gear range
传动方法 means of driving
传动方式 drive style; driving mode; kind of drive
传动方向 driving direction
传动副轴 transmission countershaft
传动副轴齿轮 transmission countershaft gear
传动副轴低速齿轮 transmission countershaft low speed gear
传动副轴回动齿轮 transmission countershaft reverse gear
传动副轴中速齿轮 transmission countershaft second speed gear
传动杆 drive rod; driving bar; driving rod; transfer bar; transmission rod; transmission bar <阀动装置的>
传动杆架 shaft bracket
传动缸 drive cylinder
传动钢带 steel belt
传动钢丝绳 transmission rope
传动隔离 drive isolation
传动隔离开关 drive isolator
传动工程 transmission engineering
传动工具 means of driving
传动功率 horsepower of transmission; transmission power
传动功率计 transmission dynamometer
传动构件 driving member
传动毂 driving center[centre]
传动鼓轮 driving drum
传动观测线 drive sight line
传动管 transfer pipe
传动辊 drive roll; live roller
传动辊道 live-roller bed; live-roller gear; live-roll table
传动滚道 transit raceway
传动滑车 running block
传动滑动齿轮 transmission sliding gear
传动滑块 driving block
传动滑轮 drive pulley
传动回动空转轮 transmission reverse idler gear
传动活塞 drive piston
传动机 driver
传动机构 actuating mechanism; actuator; drive gear[head/ hear/ mechanism]; driving device; driving gear (assembly); driving mechanism; gear(ing in); motion works gear train; power transmission device; power transmitting mechanism; running gear; transmission gear; transmission mechanism; transmission rig
传动机皮带轮 driver pulley
传动机头 head motion
传动机匣 gear box
传动机械 drive gear; driving machinery; gearing in
传动机械装置 driving mechanism
传动机组 drive unit
传动机座 drive stand
传动唧筒 transmission ram
传动夹头 driving dog
传动架 gear frame
传动件 driving medium
传动键 driving key
传动胶带 transmission rubber belting
传动角度 driving angle; fleeting angle
传动卷筒 drive drum
传动卡盘 drive chuck
传动卡爪 feed dog
传动控制 driving control; transmission control
传动控制带 carriage control tape
传动控制反应器 transmission control governor
传动控制装置 drive control device; drive controller; drive control unit
传动冷却 transmission cooling
传动离合器 drive [driving] clutch; traction clutch; transmission clutch
传动力 driving force; driving influence
传动力矩 driving torque
传动力轴 live axle
传动联杆 drive link
传动链 chain belt; chain gear; driven chain; gearing chain; transmission chain
传动链和传动带的辨别 drive chain and belt identification
传动链痕迹 gear mark
传动链轮 auger drive wheel; driving chain sprocket
传动链末端传动齿轮 final drive gear
传动链润滑剂 chain-drive lubricant
传动链条 power drive chain; drive chain; driving chain
传动链条罩 drive chain guard
传动流体 driving fluid
传动路径 drive line; line of force; power flow
传动路线 drive line
传动率 driving ratio
传动轮 driver; driving wheel; motion work wheel
传动轮弹簧 driver spring
传动轮系 gear train
传动轮轴 power axle
传动螺杆 drive screw; power screw; transmission screw
传动螺杆轴承 leading-screw bearing
传动螺栓 drive bolt
传动螺丝杆 power screw
传动马达 drive[driving] motor; power motor
传动马力 dynamic(al) horsepower
传动摩擦盘 drive friction plate
传动盘 driving disc[disk]
传动皮带 continuous belt; drive[driving] belt; rubber belt(ing); transmission belt
传动皮带滑动 slipping of belt
传动皮带轮 driving pulley
传动皮带润滑剂 belt composition
传动皮带调节器 drive belt adjuster
传动皮带罩 belt drive cover; drive belt housing
传动器 clutch; driver
传动器装置 transmission device assembly
传动曲线 transmission curve
传动曲轴 driving crank; transmission crank
传动软轴 driving snake
传动润滑油 transmission oil
传动润滑油阀 transmission lubricating valve
传动撒布机 hydraulic spinner
传动刹车 transmission brake
传动刹车带 transmission band
传动设备 power transmission device
传动绳 transmission rope
传动式测力计 belt dynamometer; transmission dynamometer
传动式喷油车 travel(l)ing distributor
传动式退火炉 conveyor belt lehr
传动试验 transmission test
传动手段 means of driving
传动水 driving water
传动丝杠 turn-screw
传动速度比 gear ratio
传动速率 rate of driving
传动索 bull rope; driving rope; working rope
传动锁环 drive lock ring
传动锁簧 driving dog
传动塔轴 feed canal
传动套 drive socket
传动套管 drive bushing
传动套环 drive ring
传动套筒 <凿岩机> chuck driver
传动特性 drive characteristic; transfer characteristic
传动弹簧 driving spring
传动弹簧盒 drive spring pocket
传动同步机 driving synchro
传动同步接合 transmission synchromesh
传动同步配合【机】 transmission synchromesh
传动头 driving head
传动凸轮 drive cam; driving cam
传动凸缘 driving flange
传动图 transmission diagram
传动托辊 backspin rolls
传动万向节 driving universal joint
传动蜗杆螺旋 geared worm screw
传动误差 driving error
传动系 drive unit; power train; transmitting mechanism
传动系安全阀 transmission relief valve
传动系护板 power train guard
传动系护罩 power train guard
传动系控制模块 power train control module
传动系示意图 power train schematic
传动系统 actuating system; drive line; drive train; drive[driving] system; gearing in; power train; power transmission system; range transmission; running gear; train; transmission system; transmission agent
传动系统布置 drive arrangement
传动系统减速器 driveline retarder
传动系统设计 drive arrangement
传动系统图 gearing train diagram; kinematic(al) scheme
传动系原理图 power train schematic
传动系制动器 transmission brake
传动线 drive line
传动线圈 drive coil
传动箱 change-over speed gear; compound box; drive case; drive housing; driver; gear box; gear case; gear reducer; power transmission; transfer box; transfer gear; transfer gear case; transmission box; transmission case; transmission gear
传动箱齿轮壳 transfer gear housing
传动箱放油塞 transmission case drain plug
传动箱盖 transmission case cover
传动箱换挡顺序 transmission shift schedule
传动箱冷却器 transmission cooler
传动箱滤油网和滤芯 transmission screen and filter
传动箱输出功率 transmission output
传动箱油管压力 transmission line pressure
传动箱中间轴 transmission countershaft
传动销 drive pin; driver; driving pin
传动销轴 gear pin
传动小齿轮 bull pinion; drive pinion; driving cog; driving pinion; input pinion
传动小齿轮调节螺母 drive pinion ad-

justing nut
传动小齿轮壳垫密片 drive pinion housing gasket
传动小齿轮锥形轴承杯 drive pinion cone bearing cup
传动效率 transmission efficiency
传动旋转轴竖井 shaft
传动牙齿 running gear
传动延迟 distance velocity lag; transmission delay; transmission lag
传动液 power fluid
传动液压控制 transmission hydraulic control
传动用泵 pump for transmission
传动用回动空转轮 transmission reverse idler gear
传动油 shafting oil; transmission oil
传动元件 <自动配水系统的> actuating unit
传动轧辊 dummy roll; idle roll(er)
传动闸 transmission brake
传动止块 driving dog
传动指数 driving index
传动中断 breaking in transmission
传动中间齿轮 driving intermediate gear
传动轴 drive spindle; driving shaft; driving spindle; line shaft; power drive shaft; power shaft; propel; propel(ler) shaft; secondary shaft; shafting; take-off shaft; transit axis; transmission output shaft; transmission shaft; jackshaft <离合器与变速箱之间的>
传动轴安全圈 drive shaft safety strap
传动轴叉 propeller shaft yoke
传动轴衬套 drive shaft bushing
传动轴承保护圈 transmission bearing retainer
传动轴电机 driving shaft motor
传动轴吊架 drop hanger
传动轴定缝销钉 driving shaft dowel
传动轴法兰 shaft flange
传动轴法兰盘 driving shaft flange
传动轴滑动接头 propeller shaft slip joint
传动轴接轴 coupling propeller shaft
传动轴内的传动杆 quill shaft
传动轴耦合器 transmission shaft coupling
传动轴套 drive sleeve; driving sleeve
传动轴凸缘 shaft flange
传动轴万向节叉 driving shaft universal joint fork
传动轴系 line shafting
传动轴箱 driving axle box
传动轴用吊架 shafting hanger
传动轴与主轴成直角传动 right-angle shaft drive
传动轴轴套 propeller shaft tube; propeller tube
传动轴主动齿轮凸缘 propeller shaft pinion flange
传动主轴 transmission main shaft; drive main shaft
传动主轴止转楔 drive shaft spline
传动柱塞 driving ram
传动爪 driving pawl
传动转矩 driving torque
传动装配 drive assembly
传动装置 actuate; actuating device; actuator; arranger; drive gear; driv-er(gear); drive section; drive unit; driving device; driving gear; driving unit; gear; gear-drive [driving] equipment; gearing in; jack; power transmission device; transfer gear; transmission gear (ing); wheelwork; running gear; transmission power train【铁】
传动装置护板 transmission guard
传动装置护罩 transmission guard
传动装置启动 start-up in gear
传动装置驱动制动器 transmission-mounted drive line brake
传动装置润滑 gear lubrication
传动装置润滑剂 transmission lubricant
传动装置图 diagram of gears
传动装置位置 location of driving unit
传动装置效率 gear efficiency
传动子 driver
传动自动控制 automatic drive control
传动钻杆 jar rod
传粉 pollination
传杆器 cantihook
传感 sensing; transduce
传感报警器 sensor alarm
传感材料 sensing material
传感插板 sensor board
传感电极 pick-up electrode
传感电缆 sensing cable
传感电路 detection circuit; sensing circuit
传感读出 reading; sensing reading
传感放大器 sensor amplifier
传感分析联合系统 sensor analysis combination system
传感光纤 sensor fiber[fibre]
传感机构 sensing mechanism
传感尖端 sensor peen
传感开关 sensitive switch
传感拷贝 transmission copying
传感控制 sensitometric control; sensory control
传感片 vane
传感器 capsule; detecting element; detector; end instrument; end organ; feeler search; generator; measuring element; pick-off; pick-up (unit); probe; sender; sensing device; sensing element; sensing probe; sensing transducer; sensing unit; sensitive element; sensitive pick-up; sensor; transmitter; transducer <如应变片式压力盒,孔隙水压力计等>
传感器布线 sensor wiring
传感器材料 sensor material
传感器参数 sensor parameter
传感器沉放深度 depth of sensor
传感器的理想组件 ideal package of sensors
传感器电源 transducer supply
传感器化的 sensor-based
传感器活塞 pick-up piston
传感器校准 pick-up calibration
传感器接口适配器 sensor interface adaptor
传感器绝缘接柱 sender unit insulated terminal
传感器开关 sensing switch
传感器开口率 sensor aperture opening ratio
传感器壳盖 sender unit cover
传感器控制危险信号 transducer-controlled danger signal; transducer-controlled danger system
传感器灵敏度 transducer sensitivity
传感器模拟试验 sensor simulation experiment
传感器模拟系统 sensor simulation system
传感器模拟资料 sensor simulation material
传感器头 detector head
传感器系统 sensor system
传感器线圈 sensing[sensor] coil
传感器相移 transducer phase shift
传感器响应 sensor response
传感器信号 sensor signal
传感器信号拾拾线路 pick-up line
传感器信息 sensor information
传感器性能 sensor capability
传感器用计算机 sensor-based computer
传感器用系统 sensor-based system
传感器组 sensor group
传感设备 sensing equipment; sensor-based
传感式手套 sensor glove
传感探测器 sensing detector; sensing probe; sensor detector
传感头 sensing head
传感系统 sensing system
传感线圈 pick-up coil
传感信息 sensory information
传感元件 detecting element; detector; sensing element; sensing head; sensing unit; sensor; sensor element; susceptor element; transducer element
传感站 sensing station
传感阵列 sensor array
传感指示灯 sense light
传感装置 sensing device; sensing mechanism; sensing unit
传感组件 sensory package
传光生伏打的 photovoltaic
传光束 light guide bundles
传号 mark
传号和空号 mark-and-space
传号和空号脉冲 <车辆检测器> mark and space impulse
传号和空号区间 marking and spacing intervals
传号交替反转信号 alternate mark inversion signal
传号准确点 marking critical point
传荷光谱 charge transfer spectrum
传荷能力 capability of load transfer
传呼 messenger call; paging
传呼探测继电器 call detector relay
传话筒 airfone; airphone; speaking tube; voice pipe; voice tube
传火管 igniting primer
传火孔 flash hole
传火药 starting mix
传记 biography
传空号频率 mark/space frequency
传来数据 forward data
传缆手 <靠码头的> runner crew
传力 load transfer
传力长度 length of transfer; transmission length
传力杆 dowel bar; dowel rod; dowel steel
传力杆(半截)套筒 dowel sleeve
传力杆(部分)涂油 dowel lubricant
传力杆插入技术 dowel insertion technique
传力杆的模量 modulus of dowel support
传力杆定位器 load transfer assembly
传力杆反力模量 modulus of dowel bar reaction
传力杆缝 dowel(l)ed joint
传力杆荷载传递装置 dowel load-transfer unit
传力杆间距 dowel spacing
传力杆剪力 dowel shear
传力杆接缝 dowel(l)ed joint; dowel bar
传力杆裂缝 dowel crack
传力杆埋设器 dowel bar placer
传力杆帽 expansion cap
传力杆帽套 receiving cup
传力杆挠曲 <混凝土路面> dowel deflection
传力杆设置机 dowel machine
传力杆套筒 dowel socket
传力杆外套 dowel cap
传力杆弯曲 dowel deflection
传力杆效率 dowel effectiveness
传力杆支承模量 modulus of dowel bar support
传力杆支座 dowel bar chair; dowel installer; dowel-supporting assembly
传力杆组装件 dowel bar assembly
传力杆作用 dowel action
传力钢条 dowel steel
传力焊接 strength weld
传力机理 load transfer mechanism
传力接缝 load transfer joint
传力梁 transfer girder
传力螺钉 power screw
传力铆钉 stress rivet
传力黏[粘]结 transfer bond
传力强度 transfer strength
传力式接缝 <混凝土路面的> load transfer joint
传力索 carrier cable
传力系统 actuating system
传力柱 restrained post; restraint column; transfer column
传力装置 <混凝土路面的> load transfer device
传链子 chain carrier
传令兵 dog robber
传令器 messenger
传令线路 command link
传明齿轮泵 transmission gear pump
传墨 ink distribution
传墨辊 distributor roller
传墨率 percent of ink transfer
传能线密度 linear energy transfer
传票 monition; subpoena; summons
传染病 communicable disease; infection disease; infectious disease; pandemic; pestilence; plague; contagion
传染病房 contagious ward
传染病后的 postinfectious
传染病化学预防法 chemoprophylaxis
传染病垃圾 infectious waste
传染病媒介 infectious agent
传染病医院 detention hospital; infectious hospital; lazaret (to); lazar house; pest house
传染病预防 prevention of infectious disease
传染的 epidemic
传染区 contaminated district; contaminated zone
传染途径 avenue of infection; route of infection; way of infection
传染性 communicability; infectivity
传染性的 contagious
传染性腹泻 infectious diarrhea
传染性肝炎 epidemic hepatitis; infectious hepatitis
传染原因 cause of infection
传染源 origin of infection; source of infection
传染中心 center[centre] of infection; focus of infection
传热 egress of heat; heat (ing) emission; heating passage; heat (ing) transfer; heat (ing) transmission; passage of heat; thermal transmission; transmission of heat
传热(测量)头 heat-transfer head
传热翅片 thermofin
传热单元数 number of transfer units
传热导体 heat conductor
传热的 diabatic
传热的强化 heat-transfer intensification
传热的通路 heat passage

C

传热端温差 terminal temperature difference
传热方程 heat-transfer equation
传热管 heat-exchanger tube
传热过程 diabatic process; heat-transfer cycle; heat-transfer process
传热回路 heat-transfer loop
传热机 heat-transfer machine
传热机理 heat-transfer mechanism; mechanism of heat transfer
传热介质 heat(ing) transfer medium; heat-transfer material; heat transmitting medium
传热介质出口 heat-transfer medium outlet
传热介质流道 passage for heat-transfer medium
传热介质入口 heat-transfer medium inlet
传热界面层 thermal boundary layer
传热控制 heat-transfer control
传热冷负荷 cooling load from heat conduction through envelope
传热理论 heat-transfer theory
传热量 capacity of heat transmission; heat output; heat-transfer content; rate of heat transfer
传热流体 heat-transfer fluid
传热率 heat(ing) transfer rate
传热媒介 heat catalysis
传热媒质 heat-transfer fluid; heat-transfer medium
传热面 conduction heating surface; conduction surface; heat delivery surface; heat-transfer surface
传热面积 heating area; heat-transfer area
传热膜系数 surface film conductance
传热能力 capacity for heat transmission; capacity of heat transmission; heat-transfer capability; heat-transfer capacity
传热盘管 heat-transfer coil
传热器 heat carrier; heat transmitter
传热强度 heat-transfer intensity
传热熔融盐 molten heat-transfer salt
传热蛇管 heat-transfer coil
传热设备 heat-transfer equipment
传热试验 heat transmission test
传热室 heat-exchange chamber
传热水平 heat-transfer level
传热速度 heating transfer velocity
传热速率 heat-transfer rate; rate of heat transfer
传热特性 heat-transfer character
传热体 heat conductor
传热通道 heat-transfer path; passage of heat
传热推动力 driving force of heat-transfer
传热系数 coefficient of heat transfer; coefficient of (overall) heat transmission; coefficient of thermal conductivity; coefficient of thermal transmission; heating transmission coefficient; heat-transfer coefficient; heat-transfer module; heat transmission coefficient; overall heat transfer; thermal transmission; thermal transmittance
传热效率 heat transmission efficiency
传热性 diathermancy; heat-transfer property; heat transmissibility; heat transmittance
传热性能 heat (ing) transfer property; heat-transfer performance
传热循环 heat-transfer cycle
传热盐 heat-transfer salt
传热液体 heat transfer liquid
传热因数 heat-transfer factor
传热因子 heat transmission factor
传热油 heat-transfer oil
传热指数 heat-transfer index
传热周边 heat transmitting perimeter
传热装置 heat-transfer unit
传热总热阻 heating transfer resistance
传热总系数 overall coefficient of heat
传热阻 resistance of heat-transfer; transfer resistance
传入感觉器官的 organoleptic
传入期 afferent phase
传入神经 centripetal nerve
传入支 afferent limb
传入支封闭 afferent limb block
传色 colo(u)r rendering
传色的 colo(u)rific
传射 transmission
传神言者庇护所 oracle sanctuary
传神言者圣地 oracle sanctuary
传声 acoustic(al) transmission; propagation of sound; sound bearing; sound transmission; transaudient; transmission of sound
传声百分清晰度 percentage articulation
传声窗 sound hole
传声的 acoustic(al)
传声等级 sound transmission class
传声等级定额 sound transmission class rating
传声电缆 sound cable
传声管 auditory canal; voice tube
传声介质 sound intermediate
传声可懂度 intelligibility
传声廊 whiskering gallery
传声良好的电缆 sound cable
传声媒质 sound bearing medium
传声明晰器 acoustic(al) clarifier
传声膜 acoustic(al) diaphragm
传声器 acoustic(al) transducer; megaphone; microphone; mike
传声器变压器 microphone transformer
传声器放大器 microphone amplifier
传声器换能器 microphone transducer
传声器混音 microphone mixing
传声器技术 mike technique
传声器架 microphone boom; microphone holder; microphone stand
传声器灵敏度 microphone sensitivity
传声器(软)线 mike cord
传声器式蜂音器 microphone hummer
传声器炭精盒 microphone capsule
传声器响应 microphone response
传声器效应 microphonism
传声器效应引起的噪声 microphonic(ity) noise
传声器效应噪声 pinging noise
传声器啸声 microphone hiss
传声器用炭精粉 microphone carbon powder
传声器噪声 mike noise; mike stew
传声器遮声障板 gobo
传声器振鸣 microphone singing
传声器振膜 microphone diaphragm
传声器(支)架 microphone arm
传声器柱 mike boom
传声器组件 microphone assembly
传声清晰度 articulation
传声石英 acoustic(al) quartz
传声试验 sound transmission test
传声损失 sound transmission loss; transmission loss
传声筒 acoustic (al) tube; megaphone; sound duct; speaking tube; trumpet
传声温度计 thermophone
传声系数 acoustic (al) transmission coefficient; acoustic (al) transmission factor; acoustic (al) transmissivity; coefficient of acoustic (al) transmission; coefficient of sound transmission; sound transmission coefficient
传声系统 acoustic (al) transmission system
传声线 audio line
传声橡胶 sound transparent rubber
传声性 acoustic (al) conductance; acoustic(al) conductivity
传声性能 sound conductivity
传绳手 runner
传湿 moisture conductance
传湿系数 coefficient of moisture transfer; coefficient of moisture transition; coefficient of moisture transmission
传授 transfer; transference
传输 convey(ing); transfer; transmit; transport
传输保密 transmission security
传输报头 transmission header
传输标准 transmission standard
传输表 transmission table
传输波型 transmission mode; transmittal mode
传输不平衡度 transmission unbalance
传输部分 hop
传输参数 transmission parameter
传输测量器 transmission measuring set
传输测量设备 transmission measuring equipment
传输测试架 transmission test bay
传输测试线 transmission test trunk
传输测试仪 transmission measuring set
传输测试振荡器 transmission test oscillator
传输层 transport layer
传输层协议 transport layer protocol
传输差错控制 transmission error control
传输常数 propagation constant; transfer constant; transfer factor; transmission constant
传输程序通路 program(me) channel
传输齿轮 travel gear
传输窗 transmission window
传输错误 error of transmission
传输代码 transmission code
传输代码破坏 transmission code violation
传输带分类机 conveyer belt sorter
传输单位 transmission unit; unit of transfer
传输当量 transmission equivalent
传输的 transmitting
传输等级 grade of transmission
传输地址 transport address
传输电路 transmission channel; transmission circuit
传输电路的保护 protection of transmission line
传输电码 abbreviated signal code
传输电平 transmission level; transmitting level
传输电平表 transmission level meter
传输电平测试器 transmission level measuring set
传输电平监控 monitor of transmission level
传输电平图 power level diagram; transmission level diagram
传输电桥 transmission bridge
传输电压 transmission pressure
传输端 transmit side
传输多路复用器 transmultiplexer
传输多项式 transmission polynomial
传输翻译器 transfer interpreter
传输范畴 transmission category
传输范围 region of transmission; transmission range; transmission region
传输方式 transmission mode; transmittal mode
传输方式位 transmission mode bit
传输费用 transmission cost
传输服务 transmission service
传输服务剖面图 transmission service profile
传输负载 traffic load
传输复制 transmission copying
传输干管 supply main
传输干扰 interference with transmission; transmitting interference
传输格式 transformat
传输功率 throughput power; transmitted power
传输功率电平 transmitted power level
传输管线 transfer line
传输函数放大器 transfer function amplifier
传输耗损 transmission loss
传输和信息交换系统 transmission and information exchange system
传输回路损耗 transmitting loop loss
传输极限 transmission limit
传输集群 transmission trunking
传输继电器 transmission relay; transmitting relay
传输加密信息的电路 black circuit
传输监视器 transmission monitor
传输检查 transfer check
传输接口 coffret; transmission interface
传输接口数据装置 transport interface data unit
传输接口转换器 transmission interface converter
传输结束 end-of-transmission
传输结束符 end-of-transmission character
传输结束码 end-of-transmission code
传输介质 transmission medium
传输净衰耗等效值 net transmission equivalent
传输距离 length of transfer; transmission distance; transmission range; transmitting range
传输可靠性 reliability of transmission
传输控制 transmission control
传输控制层 transmission control layer
传输控制符号 transmission control character
传输控制规程 transmission control procedure
传输控制和互联网协议 transmission control protocol/internet protocol
传输控制块 transmit control block
传输控制器 transmission control unit
传输控制协议 transmission control protocol
传输控制站 transmission control station
传输控制字符 transmission control character
传输块 transmission block
传输块结束符 end-of-transmission block character
传输块字符 transmission block character
传输扩展 transmission extension
传输连接 liaison; transport connection
传输连接终端点识别器 transport connection endpoint identifier
传输链 transmission link; transmitting link

传输链路 transmission link
传输零点 transmission zero
传输流量控制 transmit flow control
传输路径 transmission path
传输路由 transmission route
传输率 transmissibility
传输码 transmission code
传输媒体 transmission medium
传输媒质 transmission medium
传输门 transmission gate
传输门电路 transmission gate circuit
传输模 transmittal mode
传输模块 transport module
传输模式 transmission mode; transport model
传输能力 transmittability; transmitting capacity
传输频带 passband; region of transmission; transmission band; transmission region
传输频带宽度 transmission frequency bandwidth
传输频率 transmission frequency; transmitting frequency
传输频率特性 transmission frequency characteristic
传输频谱调制图 modulation diagram of frequency
传输品质 transmission quality
传输前等待 wait before transmission
传输区终了字符 end-of-transmission block character
传输曲线 transmission curve
传输缺省规则 default for transmission
传输容量 transmission capacity
传输润滑系统 transmission lube system
传输设备 transmission apparatus; transmission equipment; transmission facility
传输设施 transmission facility
传输失败 bust this
传输失效 transmission failure
传输失真测量仪 transmission distortion measuring set
传输时间 duration of transmission; propagation time; transfer time; transmission time
传输时延 propagation delay time
传输式空腔频率计 transmission type cavity frequency meter
传输式频率计 transmission type frequency meter
传输事故 transmission failure
传输适配器 transmission adaptor [adapter]
传输手段 transmission media
传输数据处理 communication processing
传输数据寄存器 transmit data register
传输数据组 transmission data set; transmit data set
传输衰耗 longitudinal attenuation; sending allowance
传输衰耗等效值 transmission equivalent
传输衰减 transmission attenuation
传输说明 transport declaration
传输速度 transfer speed; transfer velocity; transmission speed
传输速率 transfer rate; transmission rate
传输损耗 transmission loss
传输损耗距离 transmission loss distance
传输损失 transmission loss
传输特性 transfer characteristic; transmission characteristic
传输特性测试仪 transmission characteristics tester
传输特性等级指数 gamma exponent
传输特性梯度 transfer gradient
传输特性线性 transfer linearity
传输特征校正 transfer characteristic correction
传输条件 transmission condition
传输调节器 transmission regulator
传输调制 transmission modulation
传输铁芯 transmitting core
传输通道 transmission path
传输通量 transmitted flux
传输通路 transmission channel
传输头标 transmission header
传输网(络) transit network; transmission network; transport network
传输网络点 transport network endpoint
传输网络控制 transport network control
传输网络数据装置 transport network data unit
传输误差 propagated error; transmission error
传输系数 transmissibility coefficient; transmission coefficient; transport factor
传输系统 transducer; transfer system; transmission channel; transmission system
传输衔接器 transmission adaptor [adapter]
传输线 transmission link; transmitting link
传输线参数 linear electric(al) parameter; line parameter; transmission line constant; transmission line parameter
传输线导纳 transmission line admittance
传输线的不均匀性 discontinuity of transmission lines
传输线电感 transmission line inductance
传输线电缆 transmission line cable
传输线电流 transmission line current
传输线电容 line capacitance
传输线电压 transmission line voltage
传输线扼流接头 transmission line choke
传输线反射系数 transmission line reflection coefficient
传输线放大器 distributed amplifier; transmission line amplifier
传输线功率 transmission line power
传输线固定器 stand-off
传输线换能器损失 transmission line transducer loss
传输线畸变 transmission line distortion
传输线计算机 transmission line calculator
传输线控制 transmission line control
传输线控制间歇振荡器 transmission line controlled blocking oscillator
传输线控制块 transmission line control block
传输线理论 transmission line theory
传输线路 transmission link; transmission line
传输线路常数 line constant
传输线路传输速率 transmission line speed
传输线路法 transmission circuit method
传输线路反射 transmission line reflection
传输线路开关 transmission line switching
传输线路噪声 transmission line noise
传输线模拟 transition line analogy
传输线模型 transmission line model
传输线耦合 transmission line coupling
传输线上的干扰 transmission line noise
传输线衰减 transmission line attenuation
传输线瞬断 transmission line hit
传输线损耗 transmission line loss
传输线特性阻抗 transmission line characteristic impedance
传输线调整 transmission line regulation
传输线调整器 transmission line regulator
传输线通话能力 transmission line traffic capacity
传输线稳频振荡器 transmission line stabilized oscillator
传输线误差 transmission line error
传输线衔接器 transmission line adapter
传输线效率 transmission line efficiency
传输线信号电平 transmission line level
传输线圆图 circular transmission line chart
传输线振荡器 transmission line oscillator
传输线阻抗 transmission line impedance
传输限度 limit of transmission; transmission limit
传输相对延迟 relative delay in transit
传输效率 efficiency of transmission; transmission efficiency; transmitted efficiency; transmitting efficiency
传输效率测量器 transmission efficiency measuring set
传输协议 host-host protocol
传输协议数据装置 transport protocol data unit
传输信息 transinformation; transmitted information
传输性能 transmission performance
传输性能曲线 transmission performance curve
传输序列 transfer sequence
传输延迟 transfer delay; transmission delay; transport delay; wait before transmission
传输延迟时间 propagation delay; propagation delay time
传输业务 transport service
传输因数 transmission factor
传输因素 transmission factor
传输因子 transmission factor
传输引线 transmit leg
传输(用的)接插件 feed-through connector
传输优先级 transmission priority
传输语句 transmission statement
传输预处理机 transmission preprocessor
传输站 transfer station; transport station
传输站标题 transport station header
传输站地址 transport station address
传输站地址空间 transport station address space
传输阵 transmission array
传输直线性 transfer linearity
传输质量 quality of transmission
传输中断 transmission interruption
传输中和器阀 transmission neutralizer valve
传输终端卡片 transmission terminal card
传输终止卡 end-of-transmission card
传输周期 transmission cycle
传输装置 transmitting set; transport unit; travel gear
传输子系统 transmission subsystem
传输子系统概述文件 transmission subsystem profile
传输子系统接口 transmission subsystem interface
传输字组 transmission block
传输阻抗 line impedance; transfer impedance
传输组 packet; transmission group
传输组标识符 transmission group identifier
传说 retail; tradition
传说的 traditional
传送 convey(ing); deliverance; farm out; feeding; transference; transferring; transmission; transmit; waftage
传送板带 transfer plate
传送泵 transfer pump
传送比 transfer ratio; transmission ratio; transmitted ratio
传送闭包 transitive closure
传送标志符 routing indicator
传送波 transmitted wave
传送部分 transfer section; translator unit
传送参数 pass a parameter
传送操作 transfer operation
传送槽 conveying trough
传送侧导板 delivery side guide
传送测力计 transmission dynamometer
传送层 transport layer
传送常数 transfer constant
传送程序 driver routine
传送磁罗经 transmitting magnetic compass
传送带 band carrier; band conveyer [conveyor]; belt conveyer; canvas belt(ing); conveyer(apron); conveyer draper; conveying belt; conveyor belt(ing); load transfer device; ribbon conveyer; strip line; take-off belt; taper transport; transfer belt; transporter; travel(l)ing apron; travel(l)ing belt
传送带超高 super-elevation of the belt
传送带秤 belt conveyer scale; conveyer scale; conveyor weigh meter
传送带的载货面 carrier side
传送带分类机 conveyer belt sorter
传送带工作线 belt workline
传送带化 conveyorize
传送带化烘箱 conveyorized oven
传送带联结卡 belt clamp
传送带流水作业法 conveyer system
传送带平板带接头 apron bolt joint
传送带上方检铁的磁铁 overband magnet
传送带式磅秤 conveyor type scale
传送带式电炉 belt conveyer type furnace
传送带式定量磅秤 conveyor type batcher scale
传送带式流水生产 belt-line production
传送带式钼电阻炉 conveyer type molybdenum resistor furnace
传送带式清洗机 apron washer
传送带式脱毛机 conveyor depilator
传送带式卸船机 belt unloader
传送带式装干草机 apron hay loader; carrier hay loader
传送带式装配 progressive assembly
传送带收紧器 belt conveyer takeup
传送带速度 line speed
传送带涂装 conveyer coating

传送带卸料高度 conveyor discharge height
传送带运料斗 conveyer bucket
传送带运输 conveyance by belt
传送带支架 conveyer bridge
传送带最大坡度 maximum belt slope
传送带最大张力 maximum belt tension
传送单位 unit of transfer
传送的 deferent
传送的圆心轨迹 deferent
传送地址 transfer address
传送电路 transfer circuit; transport circuit
传送方式 load mode; move mode; transmitted mode
传送峰值 transfer peak
传送服务访问点 transport service access point
传送格式 transformat
传送工具 means of conveyance
传送功能 transport function
传送管 communication pipe; conveyer trunk
传送管道 delivery conduit; transfer canal
传送罐 conveying pot
传送罐体 conveying vessel
传送滚轮 delivery roller
传送滚筒 conveying roller; delivery cylinder
传送机 conveyer[conveyor]; forwarder; motor carrier; transfer machine; transmitter
传送机构 connecting gear; delivery mechanism; transport mechanism
传送机输送机构 conveyer delivery mechanism
传送记录纸 transfer sheet
传送寄存器 transfer register
传送检验 transfer check; transfer test
传送键 transfer key
传送校验 transfer check
传送结束码 end-of-transmission code
传送结束识别 end-of-transmission recognition
传送结束(字)符 end-of-transmission character
传送介质 transfer medium; transmission medium
传送进料器 feeder conveyer[conveyor]
传送卡 transfer card
传送开关 transwitch
传送孔 transfer port
传送控制 transfer control; transmission control
传送控制程序 transmission control procedure
传送控制阀 transmission control valve
传送控制符 transmission control character
传送控制码 transmission control code
传送控制器 transfer control
传送控制指令 transfer-control instruction
传送控制装置 channel control unit
传送块 transmission block
传送块结束符 end-of-transmission block character
传送类型 transmission type
传送链 bull chain; conveyer[conveyor]; conveyer chain
传送链条 transfer chain
传送量 conveying capacity
传送溜槽 transfer chute
传送率 transmission rate
传送轮 delivery wheel
传送媒体 transfer medium
传送能力 conveying capacity; transmission capacity
传送能量的 energy-delivering
传送皮带 band belt; feed belt; conveyor belt(ing)
传送器 conveyer[conveyor]; forwarder; pick-up unit; sentinel; transducer; translator; transmitter
传送器皮带 conveyer[conveyor] belt(ing)
传送请求 transfer request
传送人 conveyer[conveyor]
传送容器 conveying vessel
传送失效 misfeed
传送时间 delivery time; transfer time; transmission time
传送式高温计 sentinel pyrometer
传送式升运器 conveyer elevator
传送式水尺 tape ga(u)ge
传送式装载机 elevating loader
传送数据地址 Q address
传送数据集 transmit data set
传送数据块 transmission block
传送数据组 passed data set
传送速度 conveying velocity; transmission speed; transmission velocity
传送速率 transfer rate
传送算法 transfer algorithm
传送隧道 delivery tunnel
传送损耗 transmission loss
传送托盘 delivery tray
传送网 transport network
传送物 deferent
传送系数 transfer ratio
传送系统 conveying system; transfer system
传送线 conveyer line; conveying line; power transmission sequence
传送向量存储器 transfer vector storage
传送向量地址 transfer vector address
传送小车 transfer bogie; transfer buggy
传送效率 transmission efficiency
传送协议数据单元 transport protocol data unit
传送信息 transinformation
传送信息量 transinformation content
传送信息速率 transinformation rate
传送延迟 propagation delay; transit delay
传送延迟器 delay unit; transport delay unit; transport unit
传送延时通道 propagation delay path
传送译印器 transfer interpreter
传送站 transfer station
传送者 transmitter
传送指令 move instruction; transport instruction
传送制动器 delivery end stop
传送滞后 terminal delay
传送终端功能 transport terminal function
传送终了信号 finishing sign
传送终止符 end-of-transmission character
传送终止卡 end-of-transmission card
传送转接器 transmission adaptor[adapter]
传送装入 load transfer
传送装置 channel unit; conveying device; conveying installation; delivery mechanism; forwarder; transfer system; transmitter; transporter; transport unit; transport vehicle
传送装置地址 channel unit address
传送状态钟频率 frequency of transfer state clock
传送走带机构 transport
传速器 speed transmitter
传速系数装定指令 gear ratio order
传统 heredity; heritage; tradition
传统表示法 conventional representation
传统部门 traditional sector
传统材料 orthodox material; traditional material
传统产业 conventional industries
传统车辆 conventional car
传统成本计算 traditional costing
传统瓷 traditional porcelain
传统的 classic; conventional; iconic; orthodox; traditional
传统的砂浆层法 convectional mortar-bed method
传统的施工方法 convectional construction method
传统的外廊式建筑 convectional external balcony-access type of block
传统的系统分析和设计 conventional system analysis and design
传统点污染源 traditional point sources
传统发展战略 traditional development strategy
传统法 orthodox method
传统方法 classic(al) method; conventional method; orthodox approach; traditional method; traditional technique
传统方法测定 traditional measurement
传统方式 conventional form; conventional system
传统房屋 conventional house
传统风格 traditional style
传统钢筋混凝土 orthodox reinforced concrete
传统格式 conventional form
传统耕作 conventional till
传统工艺 conventional process
传统构筑法 orthodox construction method
传统观念 traditional concept; traditional ideas
传统管理 traditional management
传统惯例 orthodox practice
传统轨下基础 conventional track support system
传统辊筒 traditional roller
传统滚筒 traditional roller
传统海洋学 traditional oceanography
传统化的 conventionalized
传统化学法 conventional chemical process
传统会计 conventional accounting
传统混凝剂 traditional coagulant
传统活性污泥法 traditional activated sludge process
传统活性污泥好氧生化处理 traditional activated sludge aerobic biochemical treatment
传统集料 conventional aggregate
传统技术 traditional technique
传统建筑 conventional construction; traditional architecture
传统建筑法 orthodox construction method
传统教堂 convectional church
传统决策理论 traditional decision theory
传统决策理论中的决策模型 decision model in traditional decision theory
传统开挖法 conventional excavation
传统空气好氧消化 conventional air aerobic digestion
传统锚 conventional anchor
传统名 traditional name
传统农业 traditional farming
传统农业生态系统 traditional agroecosystem
传统曝气(法) conventional aeration; tradition(al) aeration
传统漆 conventional paint
传统汽油发动机 conventional gasoline engine
传统设计 conventional design; traditional design
传统摄像机 conventional camera
传统生物测定 traditional bioassay
传统生物防治 traditional biologic(al) prevention and treatment
传统生物滤池 convectional trickling filter
传统施工法 conventional excavation
传统施工方法 classic(al) construction method
传统式结构 traditional construction
传统式施工 traditional construction
传统式铁路轨道 conventional railway track
传统式有接头的轨道 conventional jointed track
传统水处理 traditional water treatment
传统陶瓷 classic(al) ceramics; traditional ceramics
传统条形基础 traditional strip foundation
传统调试 traditional debugging
传统外循环流化床 traditional exterior circulation fluidized bed
传统文化 traditional culture
传统污泥干化床 traditional sludge drying bed
传统污染物 traditional pollutant
传统下流式滤池 conventional downflow filter
传统消化池 convectional digester
传统形式 traditional form
传统性微生物分析 traditional microbiological analysis
传统性渔业 traditionally established fishery
传统絮凝剂 traditional flocculant
传统压路机 traditional roller
传统医学 traditional health care; traditional medicine
传统园林建筑 traditional garden building
传统杂货船 traditional general cargo ship
传统折旧 convectional depreciation
传统制图方法 traditional cartographic(al) manner
传统终身财产 convectional life estate
传统主义 traditionalism
传统装饰 traditional decoration
传统资源 conventional resources
传温器 temperature sending device
传闻证据 hearsay evidence
传像电话 phototelephone
传像管 image conduit
传像光学纤维 facsimile optic-fibre
传像束 coherent fiber bundle; image guide; image-transmitting bundle
传像纤维 image-carrying fiber
传信设备 signal(l)ing equipment
传信信道 signal(l)ing channel
传压罐 pressure tank
传压介质 pressure medium; pressure transmission medium
传氧速率 oxygen transfer efficiency
传音电缆 program(me) cable
传音功能 sound conduction function
传音控制 acoustic(al) control
传音声桥 sound bridge
传音线路 music line
传音性 acoustics
传印 offsetting
传阅文件 circular letter

传运 phoresy
传运链式炉 chain conveyer type furnace
传真 autograph;facsimile;fax
传真照相 telephotograph
传真装置 picture unit
传质 mass transfer;mass transport
传质单元 transfer unit
传质单元高度 height of a transfer unit
传质单元数 number of mass transfer units
传质浮阀塔盘 mass transfer valve plate
传质过程 mass transport process
传质机理 mechanism of mass transfer
传质理论 mass transfer theory
传质面 transfer surface
传质速率 mass transfer rate;rate of mass transfer
传质系数 coefficient of mass transfer;mass transfer coefficient
传质效率 mass transfer efficiency
传质异向 counter-diffusion
传质阻力 mass transfer resistance;mass transport resistance

舡鱼 nautilus

船岸安全核查表 ship-shore safety check list

船岸安全距离 bank clearance
船岸传输设施 ship-shore transfer facility
船岸间三角测量 ship-shore triangulation
船岸界面 ship-shore interface
船岸距 bank clearance
船岸匹配研究 ship shore compatibility study
船岸三角测量 ship-shore triangulation
船岸三角交会法 ship-shore triangular method
船岸通信[讯]无线电台 ship-to-shore radio
船岸远距离无线电通信[讯] long-distance ship-shore radio communication
船帮材 sheathing
船备斜坡道 ship's ramp
船被波浪抬高 scend
船被风浪所阻 abide by
船被扣押 ship detained
船被拦门沙拦阻 bar bound
船边 shipside
船边撑木 breast shore;side shore;wale shore
船边顶线 topside line
船边交货 alongside delivery;delivery free along ships side;ex-ship;overside delivery;free alongside ship [vessel]
船边交货后运费买主自理 free from alongside
船边交货价(格)free alongside ship
船边交货提单 alongside bill of lading
船边交货条款 overside delivery clause
船边理货 alongside tally
船边起重机 pontoon crane
船边提货 alongside delivery;delivery from alongside the vessel;shipside delivery
船边作业 shipside operation
船标灯 marine beacon-light lantern
船表 deck watch;hack watch
船表改正量 watch correction
船波动 ship wave
船舶 marine;marine vehicle;ship;vessel;water-borne carrier;water-borne vessel;watercraft;water-dipper;water vehicle;waterway carrier;boat;floating craft;craft;ship craft <尤指小型船舶>
船舶安全结构证书 safety construction certificate
船舶班期 sailing schedule
船舶办理出口手续结关 clear a ship
船舶伴流 ship's wake
船舶保险 block insurance;ship insurance
船舶保险单 hull policy
船舶保险人 hull underwriter
船舶保证书 ship's warrant;vessel bond
船舶报废 scrap a ship
船舶报告 ship report
船舶备用天线 ship reserve antenna
船舶备用物品 list of ship's stores
船舶避让处 lay-by
船舶避让区 give-way area for ship
船舶边开舱口 side hatch
船舶编组情况 vessel mix
船舶冰封 nipping
船舶泊位 ship berth
船舶泊稳调节 tranquility conditioning;vessel mooring conditioning
船舶不可停车、转头或离开航道的点 point of no-return
船舶操纵 ship handling;ship maneuvering
船舶操纵仿真器 manoeuvring simulator
船舶操纵灵敏性 vessel manoeuvrability
船舶操纵模拟器 ship handling simulator;ship maneuvering simulator
船舶操纵模拟装置 ship handling simulator;ship maneuvering simulator
船舶操纵模型 ship handling model;ship maneuvering model
船舶操纵区 maneuvering basin
船舶操纵性能 ship handling behavio(u)r;ship maneuverability
船舶操作 naval manoeuvre
船舶操作场所 space for working the ship
船舶侧面图 sheer plan
船舶侧视图 outboard profile
船舶厕所 marine toilet
船舶测向仪 ship's direction-finder
船舶策划 ship planning
船舶产品 ship products
船舶场地调度 ship/yard dispatcher
船舶车辆及民用建筑型材 section for ship;vehicle and civil architecture
船舶沉没 craft loss
船舶称重闸 weighlock
船舶成套产品 marine complete product
船舶吃水标尺 draft mark;water marks
船舶吃水测示仪 draught indicator
船舶吃水线 water line
船舶吃水指示系统 ship draft indicating system
船舶吃水指示仪 draft ga(u)ge
船舶尺寸 ship dimension;scantling
船舶尺度 ship size;vessel dimensions
船舶冲击荷载 ship impact load
船舶冲击力 ship collision force;ship impact
船舶出港 <在英国常指离开湿坞 undocking
船舶出港操纵 departing manoeuvre;exit manoeuvre
船舶出港许可证 clearance paper for port
船舶出坞 undocking
船舶除垢 descaling
船舶触礁 ship aground
船舶传动轴轴承 line shaft bearing
船舶垂线间长(度)length between perpendicular of ship;ship length between perpendiculars
船舶垂直运动 vertical ship movement
船舶词汇 glossary of vessels
船舶从水线到最高点的距离 air draught
船舶打捞 salvaging
船舶代号 craft code;ship code;vessel code
船舶代理费 husbandage
船舶代理人 ship's husband;vessel agent;vessel husband
船舶代理商 ship's husband;vessel agent;ship's agent
船舶代理业务 ship's agency service
船舶单位长度载货量 cargo density
船舶导航 marine navigation;ship navigation;vessel navigation
船舶导航计算机 ship navigation computer
船舶导航六分仪 navigating sextant
船舶导航无线电发射机 marine beacon transmitter
船舶到达及离岸开报告 vessel arrival and departure report
船舶到港确报 final arrival notice of ship
船舶到港通知 arrival notice of ship;arrival notice of vessel;notice of vessel's arrival
船舶到港预报 advance arrival notice of ship
船舶的 nautical
船舶的国籍 registry
船舶的水线长度 wavelength of vessel
船舶的右侧 stapler hand
船舶的左侧 port hand
船舶的周转时间 turnaround of vessel
船舶登记 classification of ship;classification of vessel;shipping register;ship's register
船舶登记编号 official number
船舶登记簿 register book
船舶登记长度 ship registered length
船舶登记港 port of registry
船舶登记国 country of registration
船舶登记局 registrar general shipping;registry agency
船舶登记证 certificate of registry
船舶登记主管人 shipping register
船舶等候泊位的平均时间 average vessel waiting time;average time vessel waits for berth
船舶等候过闸水域 waiting area for lock
船舶等级 ship's class;ship's classification;ship's grade
船舶抵港时间 time of arrival;time of ship's arrival
船舶抵港通知 notice of vessel's arrival
船舶抵押法 Ship Mortgage Act
船舶抵押借款 bottomry loan
船舶抵押留置权 bottomry lien
船舶抵押契约 bottomry bond
船舶抵押权 ship mortgage
船舶抵押证书 vessel bond
船舶地球站 ship earth station
船舶地球站启用试验 commissioning test
船舶电台 ship('s radio)station
船舶吊杆 burton gear;cargo derrick
船舶吊杆中柱 kingpost
船舶吊货索具 ship's tackle
船舶调动 naval manoeuvre
船舶调度 allocation of ships;ship dispatching[despatching]
船舶掉头 turn-around of vessel
船舶掉头墩 turning dolphin
船舶掉头港池 maneuvering basin;turning basin
船舶掉头区 ship turning area;turning basin
船舶定级和检验 classification and inspection of vessel
船舶定期保险 time hull insurance
船舶定线制 ship's routing
船舶动力装置 marine power plant
船舶动态报告 vessel movement report
船舶动态报告系统 vessel movement reporting system
船舶动态报告制 vessel movement reporting system
船舶动态业务 service;ship movement service;vessel movement
船舶队形 ship formation
船舶吨 ship ton
船舶吨数 shipping tonnage;tonnage of ship
船舶吨位 shipping tonnage;tonnage of ship
船舶发电机 marine generator;vessel generator
船舶发动机 marine engine
船舶发射的水下应答标 ship launched underwater transponder
船舶方向探测器 marine direction finder
船舶防污设施 instruments of pollution prevention of vessel
船舶防污文书 documents of pollution prevention of vessel
船舶防摇器 Motora's ship stabilizer
船舶防油污染合格证更新 marpol oil renewal
船舶防油污染临时检验 marpol oil interim
船舶防油污染年检 marpol oil annual
船舶放空 ship in ballast
船舶废弃物 shipboard waste;vessel waste
船舶废水 vessel wastewater
船舶废物处理系统 shipboard waste treatment system
船舶费用附加保险 disbursement warranty
船舶分舱制 subdivision of vessel
船舶分类 classification of ship;classification of vessel
船舶粪便污水作业管理系统 administrating system for work of night-soil and sewage from boats and ships
船舶附属物比率 hull appendage ratio;hull factor
船舶改装 conversion of a vessel;refitment of a ship;refitment of a vessel;retrofit of a ship;retrofit of a vessel
船舶概况条款 preamble clause
船舶港口使用费催付通知 port charge payment advice
船舶港务费 harbo(u)r dues;port dues
船舶给水栓 ship watering hydrant
船舶工程学 marine engineering;ship engineering
船舶供电 supply to ship
船舶干舷 freeboard
船舶搁浅 ship aground
船舶工程 marine architecture
船舶供水 supply to ship
船舶供应商 ship chandler
船舶构造 naval construction;ship

construction
船舶估价条款 valuation clause
船舶观测 ship observation
船舶管理 ship handling;husbandage
船舶管理业务 ship's business
船舶惯性导航系统 ship('s) inertial navigation system; vessel inertial navigational system
船舶光纤通信[讯]系统 marine optic(al) fibre communication system
船舶规范 ship rule and regulation
船舶锅炉定期检验 periodic(al) boiler survey
船舶国籍 national character of vessel;ship's nationality
船舶国籍法 law of the flag
船舶国籍符号 nationality mark
船舶国籍证书 national paper of ships; certificate of ship's nationality
船舶过滩能力 rapids-ascending ability of ship
船舶过闸过程 lockage
船舶海事 shipping casualty
船舶航速 speed of ship
船舶航向计算机 marine course computer
船舶航行 ship traffic
船舶航行吃水校准试验 vessel squat calibration test
船舶航行附加吃水 vertical ship movement depth;vessel squat
船舶航行离岸的安全距离 bank clearance
船舶航行负责人 navigating officer; navigator
船舶航行情况 conduct of a vessel
船舶航行时伴流 deadwater
船舶航行时船尾下沉量 vessel squat
船舶航行污染 shipping pollution; shipping sailing pollution
船舶航行阻力 ship resistance; ship sailing resistance; vessel sailing resistance
船舶航运污染 shipping pollution
船舶航运执照 ship navicert
船舶和货物抵押借款 bottomry and respondentia
船舶荷载 force due to ship; ship load;stand-off and on forces
船舶荷载分布 vessel load distribution
船舶横向离开码头 breast-off
船舶横摇 rolling of ship; rolling of vessel;vessel rolling
船舶横移的锁定装置 side transfer locking device
船舶呼号 vessel's number;call sign
船舶呼救 ship's call
船舶呼救信号 save our ship; ship's distress signal
船舶晃摇动作 swaying motion
船舶回波 ship echo;ship return
船舶回旋余地 sea room
船舶回转 turn-around of vessel
船舶回转半径 radius of gyration of ship
船舶回转港池 turning basin;manoeuvring basin
船舶回转水域 manoeuvring area; turning area
船舶活动范围 activities of a vessel
船舶货物管汇 ship's cargo manifold
船舶货运员 cargo sheet clerk; ship's clerk
船舶机动性 vessel manoeuvrability
船舶机械委员会 Ship's Machinery Committee
船舶积冰 deck ice;ice accumulation on ship
船舶积载 ship stowage
船舶积载图 cargo stowage plan; stowage plan
船舶及海上平台电缆 shipboard, off shore cable
船舶急速倒车操作 crash astern manoeuvre
船舶挤靠力 ship breasting force
船舶计算 ship calculation
船舶记录 boat note
船舶加煤 coal bunkering
船舶加燃料油 oil-bunkering
船舶驾驶人员 marine navigator
船舶驾驶台侧翼 navigation bridge wing
船舶驾驶性能 ship's maneuverability
船舶驾驶员 deck officer;navigator
船舶间通话 talk between ships
船舶间无线电报 intership radio telegraph
船舶监视系统 vessel surveillance system
船舶减摇装置 ship-stabilizing gear
船舶检查 marine survey(ing)
船舶检查员 jerquer;water bailiff
船舶检验 survey of ship
船舶检验局 register of shipping
船舶检验证书 certificate of ship's inspection;ship inspection certificate
船舶检疫证书 bill of health; quarantine certificate
船舶建造 shipbuilding
船舶建造险 builder's risk
船舶建造序号 yard number; hull number
船舶交通报告系统 vessel traffic reporting system
船舶交通服务 vessel traffic service
船舶交通服务系统 vessel traffic service system
船舶交通管理 vessel traffic management
船舶交通管理系统 vessel traffic management service;vessel traffic management system
船舶交通管理中心 vessel traffic management center[centre]
船舶交通管制 marine traffic control
船舶交通管制系统 vessel traffic management system
船舶交通系统 vessel traffic system
船舶交通指挥信号台 shipping traffic control signal station
船舶交通中心 vessel traffic center [centre]
船舶胶合板 marine plywood
船舶结构 marine construction
船舶结构工程师 marine construction engineer
船舶结污控制 ship fouling control
船舶进港操纵 approach manoeuvre; entry manoeuvre
船舶进港费 groundage
船舶进坞牵引小车 ship hauling trolley
船舶进坞作业计划 docking plan
船舶进坞系统 docking system
船舶进口检疫证 entry pratique
船舶经纪人 ship broker
船舶经纪人运货单 broker's order
船舶经纪与代理协会 Association of Ship Brokers and Agents
船舶经营代理人 ship broker
船舶静水航速 ship's speed in still water
船舶救难 salvage
船舶救助 salvage service; ship salvage
船舶绝缘 marine insulation
船舶开航日期表 sailing list
船舶靠岸 landing
船舶靠泊 vessel approach to berth
船舶靠泊角 angle of approach of vessel
船舶靠泊速度指示器 parking meter
船舶靠泊系统 docking system
船舶靠码头 breast-on
船舶靠码头操作 berthing manoeuvre
船舶靠码头及系缆作业 ship docking and mooring
船舶靠码头速度 velocity of approach
船舶靠码头速度监测仪 velocity of approach monitoring equipment
船舶靠码头撞击力 ship docking impact
船舶靠码头作业 vessel berthing; breasting
船舶空气调节 marine air conditioning
船舶空载排水量 light displacement of vessel
船舶控制性能 vessel controllability
船舶控制中心 ship control centre; vessel control center[centre]
船舶宽长比 beam to length ratio
船舶捆力 heaving motion
船舶垃圾 shipboard waste; ship garbage
船舶缆索 ship's cable
船舶雷达 marine radar
船舶雷达观测员训练器 marine radar observer trainer
船舶类型 type of ship
船舶离岸距离 bank clearance
船舶离港时间 ship's departure time
船舶离开港池 undock(ing)
船舶离开码头 undock(ing)
船舶露天部分开口 opening in weather portions of the ship
船舶螺旋桨 ship screw
船舶买卖经纪人 ship broker
船舶满载 <已装货至吃水线和舱口盖> full and down
船舶满载吃水 vessel loaded draft
船舶锚泊 ship's mooring
船舶密集 shipping concentration
船舶免费使用港口设施的时间 free time of vessels
船舶模型 ship model
船舶木工 ship's carpenter
船舶能安全到达的附近地点 so near there to as she can safely get
船舶拍卖 auction of ship
船舶排出的 <洗澡等> 污水 gray water
船舶排队时间 ship queuing time
船舶排水量 displacement of ship; displacement of vessel; vessel's displacement
船舶排污标准 effluent standard for pollutant from ship
船舶碰撞 ship impact;ship collision
船舶碰撞力 ship impact force
船舶碰撞能量 ship impact energy
船舶平均吃水 mean draught of vessel
船舶平均每次在港停泊天数 time used for a day in port; time used per stay in port
船舶平均在港时间 average port time of ship
船舶平均在港艘天装卸量 average daily cargo handling rate per ship in port
船舶平均占用泊位的时间 average time vessel is at berth
船舶平均作业艘天装卸量 average daily cargo handling rate per ship in operation
船舶平稳的 even keel
船舶平面图 ship's plan
船舶铺仓 ship ceiling;vessel ceiling
船舶漆 marine coating;marine paint
船舶旗布 dress ship;ship dressing
船舶起重和起货设备试验证书 lifting appliances test record
船舶气象观测 ship meteorological observation
船舶气象仪 ship's weather instrument;shipborne weather instrument
船舶气压表 marine barometer
船舶汽轮机 marine turbine
船舶牵引系统 <船坞的> haulage system
船舶全长 extreme length;length overall;whole length
船舶全损险 total loss coverhulls
船舶燃料供应港 bunkering port
船舶燃料油 admiralty fuel oil
船舶燃油舱 oil bunker
船舶日志 ship's journal
船舶容积 internal cubic(al) capacity; tonnage of vessel
船舶容积系数 coefficient of vessel volume
船舶容积效率 volumetric(al) efficiency of vessel
船舶入港申请书 ship's entry
船舶入级 classification of ship;classification of vessel
船舶入级检查 classification survey
船舶上层建筑 marine paint for superstructure;ship's superstructure
船舶设备 ship's facility;ship's plant; ship equipment
船舶设备安全证书 safety equipment certificate of vessels
船舶设计和设备分委会 Subcommittee on Ship Design and Equipment
船舶设计师 marine architect
船舶升降机 shiplift
船舶升降平台 synchrolift
船舶声定位 acoustic(al) ship positioning
船舶失事 shipment wreck; shipwreck;wreck
船舶实载率 utilization rate of static D/W[dead weight] tonnage
船舶式液压挖掘机 ship-based hydraulic excavator
船舶试验准备情况鉴定程序 ship's test readiness evaluation procedure
船舶收发报话机 marine telegraph;receiver;telephone transmitter
船舶属具 ship's accessories;ship's fittings
船舶属具吨位 equipment tonnage
船舶属具库 fittings locker
船舶数字选呼自动操作 automatic DSC[digital selection call] operation-(al) at ship station
船舶水线带 waterline belt
船舶水线断面形心 center[centre] of flo(a)tation
船舶水线漆 marine paint for boot topping
船舶膳食供应 catering for ships
船舶上岸及下水设施 lifting and launching facility
船舶设计 ship design
船舶设计师 marine architect; naval architect
船舶施加荷载 vessel imposed load
船舶水动力学 naval hydrodynamics; ship hydrodynamics
船舶水上修理 repair work afloat
船舶水线断面的形心 center[centre] of floatation
船舶速度仪 ship's speedometer
船舶速遣 despatch[dispatch] of ship
船舶损失 craft loss
船舶所有人 ship holder;shipowner
船舶所有人承担风险 shipowner's risks
船舶所有人的义务 shipowner's liabil-

ity
船舶所有人协会 Shipowner's Association
船舶所在地时间 ship's mean time
船舶特征 ship characteristic
船舶天气报告 ship's weather report; ship synoptic(al) report
船舶天气电码 ship synoptic code
船舶停泊调度员 anchorage controller
船舶停泊条件 vessel mooring condition
船舶停泊总艘次数 total number of calls
船舶停泊总艘天数 total ship-days in port
船舶停车距离 stopping distance
船舶停港费 lay day dues
船舶停港时间 ship's port time
船舶停航 lay-by
船舶停靠码头费 wharfage
船舶通信[讯]设备试验站 shipboard communication equipment test station
船舶通信[讯]无线电接收机 talk-between-ships receiver
船舶涂料 marine coating
船舶推进器 marine propeller; ship propeller
船舶推进器产生的水流 propeller-induced current
船舶推进装置 marine propulsion
船舶委付 abandonment of ship
船舶位置 ship's position
船舶文件 ship's documents; ship's papers
船舶稳定器 ship stabilizer
船舶稳定性 stability of ship; ship stability
船舶污垢控制 ship fouling control
船舶污水 ship sewage; vessel sewage
船舶无线电发射机 marine transmitter
船舶无线电接收机 marine radio receiver
船舶无线电台 ship radio station
船舶无线电台试验准许 ship radio authorization
船舶无线电业务 ship radio service
船舶无线电助航设备 marine radio aids; ship radio aids
船舶无疫证书 a clean bill of health
船舶物料 marine store
船舶物料与设备 ship's stores and equipment
船舶物权 title of ship
船舶栖装 apparel
船舶系缆荷载平衡系统 load equalizing system
船舶系缆力 mooring force
船舶下沉量 ship sinkage
船舶下水 ship launching
船舶下水的船台面宽度 launching width
船舶下水滑道 launching cradle; launching ramp; launch(ing) way; ship launching ramp
船舶下水滑架 launching cradle
船舶下水水深 navigable depth for launching
船舶下水拖轮 launch tug
船舶下水装置 boat launch
船舶下坐现象 squat
船舶闲置时间 inactive time
船舶险 hull risk
船舶详细资料 ship's particulars
船舶消息 dock returns
船舶效能 ship performance
船舶卸货处 landing-place
船舶卸货所需时间 harbo(u)r passage time; turn about
船舶卸空期 final landing
船舶型线 ship's line
船舶性能 vessel characteristics
船舶性能分析器 ship performance analyser
船舶性能监控器 ship performance monitor
船舶性能研究委员会 Ship Characterization Board
船舶修理 ship-repair(ing)
船舶修理费 ship-repairing charges
船舶修理工程 ship-repair work
船舶修理站 ship-repairing depot; ship-repairing station
船舶修造厂 dock yard; shipyard
船舶修造场 dock yard; shipyard
船舶修造库 dock shed
船舶修造所 dock yard
船舶续航力 cruise radius; maximum range
船舶延期(等候泊位)成本 ship delay cost
船舶延期费 < 装卸船货 > ship demurrage
船舶摇摆 ship's swing
船舶业务代理人 shipping agent
船舶业务代理行 shipping agent
船舶业务员 ship clerk
船舶一切险 all risks cover hulls
船舶医生 ship's doctor
船舶移动 ship motion
船舶移动监控 ship motion monitoring
船舶引擎 engine for boat
船舶应急救捞器材系统 emergency ship salvage materials system
船舶营运成本 vessel operating cost
船舶营运吨天费用 ship's expenses per operation(al) ton-day
船舶营运方式 type of ship's employment
船舶营运费用 ship operating expenses; vessel operating expenditures
船舶营运年限 earning life of vessel
船舶营运艘天费用 ship's expenses per operation(al) day
船舶营运者 ship operator; vessel operator
船舶拥挤附加费 congestion surcharge
船舶用具 marine store
船舶用罗盘 marine's compass
船舶用漆 spar varnish
船舶油漆 ship paint
船舶油污染灾害 ship source oil pollution damage
船舶右侧 stapler hand
船舶预计抵港时间 estimated time of arrival
船舶预计离港时间 estimated time of departure
船舶遇难 maritime distress; ship in disaster; ship in distress
船舶运动 ship motion; ship movement
船舶运动传感器 ship motion sensor
船舶运动分析计算系统 ship motion analyzing computer system
船舶运动图 maneuvering board
船舶运动图手册 Maneuvering Board Manual
船舶运输 marine transport(ation); shipping
船舶运输代理人 shipping agent; ship's agent
船舶运输代理行 shipping forwarding agent
船舶运输业务 shipborne service
船舶运输组织 transport organization of ships
船舶运行组织 craft system
船舶运转试验 manoeuvring test; manoeuvring trial
船舶载重 ship load
船舶载重吃水线 loadline
船舶载重量 deadweight; deadweight of vessel; deadweight tonnage of vessel
船舶在港时间 ship's port time; ship's time in harbo(u)r; ship's time in port; turnaround of a ship
船舶在港周转效率 port turnaround efficiency
船舶在码头装卸的时间 active time
船舶在装载港等待泊位次序表 stemming list
船舶噪声 boat noise; ship noise; traffic noise; vessel noise
船舶占用泊位的平均时间 average time vessel is at berth
船舶丈量 measurement of ship
船舶振动记录器 pallograph
船舶振动记录仪 pallograph
船舶蒸汽动力装置 marine steam power plant
船舶蒸汽透平 marine steam turbine
船舶蒸汽涡轮机 marine steam turbine
船舶证件及报表 ship's papers
船舶之间富余间距 ship clearance
船舶执照 certificate of ownership
船舶制动距离 ship's stopping distance
船舶质量 ship mass; ship quality
船舶滞留期 demurrage
船舶滞延时间 demurrage of ship
船舶中垂 sagging
船舶中拱 hogging
船舶中线 center[centre] line of a ship
船舶重心 center[centre]-of-gravity of ship
船舶周转 ship turnaround; vessel turnaround
船舶周转期 turn-around of vessel
船舶周转时间 ship's turnaround time; ship turn-round time
船舶轴系 shafting of ship
船舶主要尺度 main dimensional of vessel; main dimensions of ship; ship's principal dimensions
船舶主要技术参数 principal particulars of ship
船舶主要要素 principal characteristics of ship
船舶主用天线 ship main antenna
船舶注册港 port of documentation
船舶转头地 turning basin
船舶转头(港)池 maneuvering basin; turning basin
船舶转弯半径 turning radius of ship
船舶转运系统 < 船台的 > transfer system
船舶装备 equipment of a ship; ship's fittings
船舶装货量 ship load
船舶装货清单 ship manifest; vessel's manifest
船舶装货总有效空间 stowage space
船舶装配厂 ship assembly yard
船舶装卸 stevedoring; vessel dismantling
船舶装卸承包商 contract stevedore
船舶装卸时间 lay days
船舶装卸停留天数 < 过期就征收延期费 > lay days
船舶装卸作业 stevedoring operation
船舶装卸作业时间 ship's loading and unloading time; stevedoring operation(al) time
船舶装油泵 cargo oil pump
船舶装载 shiploading
船舶装载量 ship load
船舶装载食物 victuals
船舶装置 marine installation
船舶撞击力 ship collision force; ship impact force
船舶资料 ship data
船舶自动导航系统 marine automatic navigation system
船舶自动互救系统 automated mutual-assistance vessel rescue system
船舶自动推进系统 automated marine propulsion system
船舶自主式导航系统 ship's self-contained navigation system
船舶综合惯性系统 marine aided inertial navigation system
船舶纵倾 vessel trimming
船舶总布置 general arrangement
船舶总吨数 gross tonnage of ship; shipping ton
船舶总流向 general direction of traffic flow
船舶纵摇 pitching
船舶租金 chartered hire
船舶阻力 ship resistance
船舶阻力特性 hull resistance characteristic
船舶组合模型 built-up model
船舶最大宽度 beam of ship; main beam; maximum breadth
船舶最大宽度线 main breadth line; maximum breadth line
船舶最大续航距离 maximum range of ship
船舶最佳航线 optimum track of ship routing
船舶最新位置 ship latest position
船舶作业 ship's handling; ship's operation
船舶作业时间 ship's days; ship operation(al) time
船舶作业水域 mooring basin
船舶作业(效)率 vessel productivity; ship productivity
船舶作业效能 vessel performance
船材尺度吃水 scantling draft
船材尺度定数 scantling number(al)
船材尺码编号 numeral
船舱 cab(in); chamber; hold; ship('s) hold
船舱总长 ship length overall
船舶纵倾度 vessel trim
船舶纵摇 vessel pitching
船舱 ship hold
船舱壁 bulkhead
船舱舱壁 accommodation bulkhead
船舱的顶板 overhead
船舱底交货的到岸价格 cost, insurance, freight and ex-ship's hold
船舱顶板 overhead
船舱废水 bilge wastewater
船舱汗湿 ship's sweat
船舱货物 hold cargo
船舱门钩 cabinet door hook
船舱排水泵 bilge pump
船舱漆 cabin enamel; hold paint
船舱容积吨 hold ton
船舱深度 depth of hold
船舱载货 bulk
船舱重心 centre-of-gravity for compartments
船舱装货明细表 hatch list
船舱最大长度 holds maximum length
船操纵台 ship pulpit
船侧 shipboard
船侧板 strake
船侧舱壁甲板 bulkhead deck at side
船侧及码头前沿轨道 ship side and wharf apron track
船侧开口 port; side opening

船侧靠 beam on;broadside on
船侧竖桁材 side transverse
船侧凸出部 bulge
船侧外板 side plate;side plating
船侧舷梯 accommodation ladder
船侧相向 beam on;broadside on
船侧装卸口 overside port
船侧纵板 rising
船侧纵骨 side longitudinal; side stringer
船侧钻孔 shipside boring; shipside drilling
船侧钻探 shipside boring; shipside drilling
船测 boat measurement
船长 overall length(of a ship);ship's length;length of ship
船厂 dock yard; shipbuilding yard; shipyard
船厂驳船 yard-service lighter
船厂对修造船船员的服务设施 ship services
船厂改建 reconstruction of ship-yard
船厂工程艇 dockyard craft
船厂工作艇 yard craft
船厂码头 yard harbo(u)r
船厂木工 yard carpenter
船厂设备 shipyard facility
船厂试航 builder's sea trial
船厂拖轮 shipyard tug; yard tug; dockyard service tug
船厂用单臂起重机 single boom shipyard crane
船厂用浮船坞 yard floating (dry) dock
船厂用双臂起重机 double boom shipyard crane
船厂油船 yard oiler
船厂周期 shipyard period
船车直接换装 direct ship-to-wagon working
船磁 ship's magnetism
船磁测量 shipborne magnetic survey
船磁感应 ship magnet induction
船磁记录图 signature
船磁特性 signature
船磁消失 finds herself
船搭浮桥 bridge boat
船导电流 conduction current
船导电子 conduction electron
船倒驶 sternway
船到岸 ship to shore
船到终点 bring up;destination
船道 navigation channel
船的长度 length of ship
船的场误差 ship's field error
船的车辆甲板 vehicle deck of ship
船的尺寸 ship's size
船的短纵梁 carline;carling
船的隔舱 bulkhead
船的共有人 part owner
船的航向 ship's head(ing)
船的横向 athwart
船的后退 stern board;sternway
船的驾驶 sail
船的缆索 cordage
船的前部 bow
船的倾侧 ship list
船的倾斜 heeling
船的倾斜角 heeling
船的上升运动 scend
船的水下部分 bilge
船的斜坡道 barge ramp
船的迎风面 weather side
船的载货量 ship load
船的载重线 load line
船的中部肋骨 balance frame; square frame
船的中段 breast
船的重载吃水线 Plimsoll's mark
船的周转 turnround of a ship
船的转向性能 steerage
船的装载量 burden
船的总长 ram
船的总吨数 gross ton(nage)
船的最前端 eyes of her
船灯 ship light
船底 bottom;hull bottom
船底板 bottom plating
船底板条 bilge strake
船底边 bulge
船底边夹铁 margin clip;margin lug
船底边弯曲部分 turn of bilge
船底边纵桁 < 双层底 > bottom side girder
船底测漏水位表 bilge water ga(u)ge
船底测漏用水位表 bilge water ga(u)ge
船底层舱 bottom hold
船底长桁 bilge stringer
船底长扫帚 hog
船底沉船阀 scuttle
船底衬板 bottom ceiling
船底除污剂 anti-fouling composition
船底除锈涂漆 graving
船底触沙 strike to sand
船底的清扫和涂油 graving
船底垫块 < 船坞中的 > dock(ing) block
船底阀 sea cock;bottom valve
船底防附生物系统 marine growth preventing system
船底防污剂 anti-foulant;anti-fouling compound
船底防污漆 anti-fouling bottom paint; anti-fouling composition; anti-fouling paint; ship bottom anti-fouling paint
船底防污涂料 anti-fouling coating
船底防污组分 anti-fouling composition
船底防锈漆 bottom anti-corrosive paint; ship bottom anti-corrosion paint
船底放水孔 plug hole
船底附生物 bankia spengler; hydrodis;marine growth
船底杆件 bottom member
船底搁沙 strike to sand
船底沟槽 ogee gutter
船底构架 bottom framing
船底构件 bottom member
船底刮铲 scaling bottom
船底和船侧之间的弯曲部分 bilge
船底横材 bottom transverse
船底横骨 bottom transverse
船底横向构件 bottom transverse
船底横向升角 angle of deadrise
船底横向斜度 dead rise of ship bottom
船底横斜高度 rise of floor
船底护板 bottom board
船底混凝土 bottom cement; bottom concrete
船底混凝土垫块 docking concrete block
船底计程仪 bottom log
船底寄生物 adhesion;bottom fauna
船底检查 bottom survey
船底进水口 bilge inlet
船底孔洞 bottom scuttle
船底肋板 floor
船底肋骨 bottom frame
船底冷凝器 side condenser
船底龙骨 bilge keel
船底龙骨下水深 depth under keel
船底漏水警报器 bilge water alarm
船底泥门排泥 bottom door discharge
船底排水泵 bilge pump
船底排水(旋)塞 boat plug; docking plug
船底喷水阀 bilge injection valve
船底喷水管 bilge injection pipe
船底平板 flat of bottom
船底破漏 bilge
船底破损 bottom damage
船底铺板 floor plate
船底漆 bottom paint;marine paint for bottoms
船底清漆 ship bottom varnish
船底清扫 graving
船底清扫费 graving expenses
船底塞 flood cock;plug;bottom plug
船底升高 dead rise
船底生物结污 ship bottom fouling
船底声呐导流罩 keel dome
船底式变形 boat bottom type of deformation
船底水吸口 bilge suction
船底涂层 bottom coat
船底涂料 bottom composition
船底外列板 bottom strake
船底污垢 ship bottom fouling
船底污水 bilge;bilge wastewater
船底污损 fouling of ship;marine fouling
船底污物 marine fouling
船底吸水管 bilge pipe;bilge suction
船底斜度 dead rise; rise of bottom; rise of floor
船底斜度角 angle of deadrise
船底卸泥【疏】 bottom discharge
船底须菌 garr
船底以下的水深 bed clearance; underkeel clearance
船底油漆 ship bottom composition; ship bottom paint
船底凿洞使沉 scuttle a ship
船底长满海藻 marine fouling
船底枕木 stock
船底整修 graving
船底至水底的垂直深度 vertical distance between ship bottom and channel bed
船底中桁材 centre girder of ship bottom
船底中纵桁材 center vertical keel; centre girder
船底纵骨 bottom longitudinal
船底纵向构件 bottom longitudinal
船底阻力 bottom drag
船电维修与管理 marine electrotechnical maintenance and operation
船吊 ship's(cargo) gear;ship's crane; ship's derrick
船吊杆柱 sam(p)son post
船吊桅杆 derrick mast;derrick post
船钉 barge spike;boat spike
船东 owner;ship holder;shipowner
船东代理人 shipowner's husband
船东的货物留置权 shipowner's lien on cargo
船东的有限责任 shipowner's limitation of liability
船东法定权限 shipowner's statutory power
船东航业公会 Shipowner's Association
船东互保协会 Mutual Insurance Association;Shipowner's Clubs
船东互相保护与保赔协会 Shipowner's Mutual Protection, Indemnity Association
船东互助协会 Shipowner's Mutual Association
船东提供设备 shipowner furnished equipment
船东协会 Shipowner's Association
船东有增减选择权 more or less shipowner's option
船东责任 shipowner's liability
船东责任条款 shipowner's responsibility
船东责任限制 limitation of shipowner's liability
船东证明 shipowner identification
船东自行试航 shipowner's trial
船队 fleet(mix); barge chain; bunch of ships; cavalcade; flotilla; train of barges
船队编队 fleet mix
船队船闸 barge train lock
船队基地 fleet base
船队解体作业 tow breaking operation
船队数据管理系统 fleet data management system
船队拖轮 fleet tug
船队卫星通信[讯] fleet satellite communication
船队信息网 fleet net
船队运行计划 fleet movement schedule
船队运行时间表 fleet movement schedule
船队阻力 train resistance
船对岸电台 ship-to-shore radio station
船对岸呼叫 ship-to-shore call
船对岸通信[讯] ship-to-shore communication
船对水的相对速度 relative water vessel speed
船吨 tonnage
船盾壳属 <拉> Lembosia
船帆布 boatsail drill;sail canvas
船帆星座 Vela
船帆座脉冲星 Vela pulsar
船方 shipowner; volume on board 【疏】;bin measurement【疏】
船方不承担卸货费 free out
船方不承担卸货费用 cost and freight free out
船方不承担装货费 free in
船方不承担装卸费 berth term;free in and out;gross terms;liner term
船方不负担卸货费用 free out
船方不负担装货费用 free in
船方不负担装卸费用 free in and out
船方不负担装卸及理舱费用 free in and out and stowed
船方负担税金 ship pays dues
船方支付费用 steamer pays dues
船方值班人员 ship's personnel on duty
船费 fare
船缝 awning
船幅 beam of ship;ship beam
船负荷量 capacity of vessel
船埠工人 dock labo(u)rer;dock labo(u)r
船腹 bulge
船腹边墩 bilge block
船腹边墩荷载 bilge block loading
船腹部稳船架 bilge arm
船腹肋骨 bilge frame
船腹外板 bilge strake
船腹围长 girt(h)
船港 boat harbo(u)r
船高 air draft
船格 <修船场用> gridiron
船工 boatman;junk man;waterman
船骨材 timber
船骨状的 carinate
船过闸向上游驶去 lockup
船过闸向下游驶去 lock down
船航向标志 ship heading marker
船桁体 hull girder
船后部跳板 quarter ramp
船后舱 afterhold
船后(螺旋桨)试验 behind test
船后余波 aftertossing
船滑台 boat incline

船货 bulk;freightage;lading;ship cargo;ship load
船货搬运装置 cargo-handling gear
船货保险 insurance on cargo
船货抵押借款 <在部分货物安全运到时才偿还的> respondentia
船货堆装系数 cargo stowage coefficient
船货价值 value of cargo
船货卷扬机 cargo winch
船货空间 cargo space
船货量 quantity of cargo
船货贸易 cargo trade
船货起重机 cargo crane
船货清单 shipping bill
船货容量 cargo capacity
船货升降机 cargo lift
船货体积 volume of cargo
船货装卸 cargo handling
船货装卸桥 shipping and loading bridge
船货装载空间 loading space
船机长 shipmaster
船机控制台 machinery control console
船机入级记录和检验报告 machinery classification and inspection record
船迹 wake
船迹流 wake current
船迹推算法 dead reckoning
船迹推算仪 marine autotraverse positioner
船迹问题 problem of wake
船级 classification of vessel; ship's class(ification)
船级符号 character of classification; class notation
船级检验 classification survey
船级社 classification society; registry of shipping
船级社规定 classification society rule
船级社验船师 classification society's surveyor; classification surveyor
船级社造船规则 shipbuilding rules of classification society
船级岁检 class annual survey
船级缩写记号 class initial mark
船级特检 class special survey
船级条款 classification clause
船级委员会 classification committee
船级证(明)书 class(ification) certificate
船籍 ship's nationality; ship's registry; ship list
船籍港 home port; port of registry; port of register
船籍港证书 certificate of port of registry
船籍国 country of registration; home country
船籍国法律 law of the flag
船籍证书 certificate of registry
船甲板 deck
船甲板木 ship decking
船甲板躺椅 deck chair
船甲板中央木架 gallows bit(ts)
船价 <按吨位计算> tonnage value
船价超过保价条款 excess clause
船架 building berth; careen grid; gridiron; shipway; cradle
船架模型 horse
船舰导航惯性系统 ship's inertial navigation system
船舰导航用信标 ship beacon
船舰的 marine
船舰反射信号 ship return
船舰用漆 marine varnish; spar varnish
船桨 rigged oar
船桨涡空化 propeller hull vortex cavitation
船结构稳定性 hull structural stability
船进港 ship's entry
船井 <海洋钻探船的> moonpool; center[centre] well; well slot
船九十度倾侧 on beam ends
船具 apparel; apparel and tackle; equipage; gear; ship's apparel
船具商 ship chandler
船具室 boatswain's store
船靠泊冲击力 docking impact load(ing)
船壳 hull; ship hull
船壳板 hull plating; planking; plating; shell plating; skin plating
船壳板边线 sheet line
船壳板叠接部分 soling
船壳保险 casco insurance; hull insurance; insurance of hull and appurtenances
船壳保险单 hull policy
船壳号 hull number
船壳和设备 hull and materials
船壳列板 shell strake
船壳排水量 hull displacement; shell displacement
船壳漆 hull paint; ship hull paint
船壳声呐 hull-mounted sonar
船壳水上检修 wet docking
船壳水听器 hull-mounted hydrophone
船壳损伤 hull damage
船壳效率 hull efficiency
船壳修理 hull repair
船壳属 <拉> Glonium
船壳撞损条款 contact clause
船壳纵骨 shell longitudinal
船壳阻力 hull resistance
船空灯塔 beacon
船空载 lighting load(ing)
船库 boathouse
船库输水道 lock paddle
船库引航道 lock approach
船宽 beam of ship; beam of vessel; breadth of deck; breadth of ship; ship's breadth; ship beam; ship width
船宽吃水比 breadth draught ratio
船缆 tow line
船离队 veer from the line
船列 barge train
船龄 age of vessel; ship's age; vessel age
船龄分布 age distribution
船流 current of traffic; ship flow
船流量 flow of traffic
船流密度 density of ship flow
船龙骨 bilge keel; keel
船楼 castle; erection
船楼端 erection end
船楼端舱壁 break-bulkhead
船楼端栏杆 breast rail; breast work
船楼端梁 breast beam
船楼甲板 break deck; erection deck; superstructure deck
船漏警报器 bilge water alarm
船陆两用电机 marine-land purpose motor
船路 track
船码头 berthing dock
船锚保险单 anchor policy
船锚架 cathead
船煤供应商船 coaler
船煤供应商人 coaler
船面 upper deck
船名 name of vessel; ship's name; vessel name
船名板 escutcheon; name board; name plate
船名不详 name unknown
船名号码旗 ship's number
船名呼号 call letter; call sign; ship's signal letters
船名录 ship's register
船名牌 name board; name board of ship; ship name board
船名缺点保险单 specific policy
船名未定保险单 declaration policy; open policy
船模 model ship; ship model
船模导航法 ship model guide method
船模航行试验 ship model test
船模驾驶员 ship model pilot
船模试验 ship model experiment; ship model test
船模试验池 basin; experimental model basin
船模拖曳试验槽 towing channel; towing tank; towing trough
船模拖曳试验水池 ship model test towing tank; towing tank; towing basin
船模型试验池 naval tank; ship model basin; ship model tank; towing basin; tow tank; vessel model basin; vessel model tank
船模自航点 self-propulsion point of model
船模自航试验 ship model self-propulsion test
船模阻力试验 ship model resistance test
船木工 ship carpenter; shipwright
船内安全通道 safe access
船内充塞浮具打捞法 raising a sunk vessel by inserting floats
船内的 inboard
船内浮扬打捞法 salvage by internal floatation
船内锚链端 bitter-end
船内通信[讯] intercom [intercommunication system]; intercommunication
船内通信[讯]电话 intercom telephone
船内通信[讯]电缆 intercom cable; interior communication cable
船内通信[讯]控制 loud-hailer control
船内通信[讯]控制板 intercommunication panel
船内通信[讯]设备 intercom system
船内吸泥阀 in-hull suction valve
船内吸泥管 in-hull suction pipeline; suction pipe aboard ship
船内纵剖面图 inboard profile
船排 marine (ship) railway; patent slip; railway dry dock; ship railway; slipway
船排滑道 railway slip; slipway with rail tracks
船旁保护装置 sponson
船旁舷梯 accommodation ladder
船棚 boat house
船票 passage ticket; ticket
船平行中体处肋骨 balance frame; square frame
船期 position of vessel; sailing date
船期表 list of sailings; sailing schedule; shipping schedule
船旗 bunting; flag
船旗国 flag state
船起伏 ship wave
船起重器 ship jack
船前部 forward quarter
船钳工 ship fitter
船桥 bridge
船桥集中操纵 centralized bridge control
船桥甲板 bridge deck(ing)
船桥上的防浪板 dodger
船桥以下 below bridge
船蛆 capanus; common shipworm; gribble; limnoria; marine mollusc; ship borer; ship-worm; spile worm; teredo; teredo navalis
船蛆科 Teredinidae
船渠 boat basin; boat canal; basin
船渠费 dockage
船软围裙 flexible skirt
船上 aboard; on board; shipboard
船上保留油量额 retention of oil on board
船上报时铜钟 ship bell
船上测定 shipboard measurement
船上层涂料 superstructure paint
船上乘客 passenger on board
船上厨房 galley; hearth
船上厨师 sea cook
船上传动装置 ship's gear
船上床铺 Pullman berth
船上存有 remaining on board
船上导航设备 navigational aid
船上的传染病室 lazaret(to)
船上的上层建筑 ship's island; ship superstructure
船上吊杆 cargo boom; onboard boom; ship's derrick
船上吊货设备 cargo gear; ship's gear
船上吊装机械 ship's gear
船上防火太平门 sally port
船上废物 shipboard waste
船上岗位表 on-board station
船上港务助理 ship traffic assistant
船上高架起重机 ship's gantry lift
船上公安队 anti-piracy guard
船上固定采光玻璃 dead light
船上雇员 on board employee
船上观测 ship observation
船上观测的冰情日记 ship ice log
船上广播网 tannoy
船上货物起重机 cargo crane
船上集装装卸机 ship stainer
船上假日 ship's holiday
船上检查 on-board checkout
船上检查和数据管理系统 on-board checkout and management system
船上检查设备 on-board checkout equipment
船上交换价格 free overside
船上交货 free on board; delivery on board; free from ship
船上交货包括堆装价格 free on board stowed
船上交货价 <美> free on board vessel
船上交货价格 ex-ship; free on vessel; free on board; free on ship; free on steamer
船上金砂精选厂 doodlebug
船上贸易交接系统 custody transfer system on board ship
船上排泥管 inboard discharge pipeline
船上配餐室 cuddy
船上起重机 deck crane; marine crane; ship's crane; shipboard crane; ship-mounted crane
船上起重设备 ship gear
船上起重设备间 tackle-house
船上桥式吊(运)车 shipboard gantry crane
船上燃料舱 bunker
船上人员 surface crew; surface crew on ship; surface crew on vessel
船上三角旗 burgee
船上设备 shipboard equipment; ship's gear
船上升能力 ceiling capacity
船上生活废物处置 shipboard domestic waste disposal
船上生活条件 conditions on shipboard
船上绳索杂物 raffle

C

船上事故 accident on board
船上收集垃圾污水的卫生设施 marine sanitation device
船上数据自动报告系统 on-board data automatic reporting system
船上索具 raffle
船上通信[讯]电台 on-board communication station
船上桅杆吊 ship's derrick
船上卫生设备 maritime sanitary devices
船上文娱活动 amenities of ship
船上无货 no-cargo on board
船上无线电设备 ship's radio equipment
船上小卖部 salo(o)n stores; slop chest
船上小舢板 cockboat; dinghy
船上卸货 discharge afloat; discharging afloat
船上卸下的 ex-ship
船上旋臂起重机 ship's luffing crane
船上压舱水 ship ballast
船上岩芯钻取技术 shipboard coring technique
船上燕尾旗 burgee
船上衣物杂用品箱 slop chest
船上医生 ship's doctor; surgeon
船上医务人员 ship's doctor; ship's medical officer; ship's surgeon
船上医务室 sick bay
船上用具<索具、锚等> apparel
船上用品免税单 bill of stores
船上用品税单 bill of store
船上载货吊车 shipboard cargo crane
船上与岸上(多在前方仓库外墙)联合起吊系统 house fall
船上制冷机 on-board refrigerator
船上重力测量 surface-ship gravity measurement
船上重力计 surface-ship gravity metre
船上重力仪 surface-ship gravimeter
船上装煤设备 ship coaling plant
船上装卸机械 ship's cargo gear
船上装卸设备 shipboard cargo-handling equipment; shipboard cargo-handling plant; shipboard handling equipment; shipboard handling plant; ship's gear
船上自备索具 ship's own tackle
船上自动重力仪 automated onboard gravimeter; automatic onboard gravimeter
船上综合维修计划 shipboard integrated maintenance program(me)
船上钻进 barge job
船上钻探 barge drilling
船上钻探取样技术 shipboard coring technique
船艄(凸面) buttock; counter
船蛸 argonaut
船设计纵倾 designed trim
船身 ship body; body of ship; body of vessel; hull; ship's hull; floatage<吃水部分以上的>
船身板 hull plate
船身保险 hull insurance; insurance on hull
船身的挡风面 windage
船身的对风面 windage
船身构架 hull frame
船身加长法 lengthening of ship body
船身加强板 hull reinforcement plate
船身净宽 ship clearance
船身露出海平线 hull out; hull up
船身倾斜 listing of a ship
船身上弯 hop(ping)
船身式水上飞机 flying boat
船身下沉 hull sunk
船身下沉现象 squat
船身镶板 hull batten plate
船身效率 hull efficiency
船身斜板 hull sloping plate
船身制造(工艺) bodywork
船身中部 midship
船身中间板 hull intermediate plate
船身转塔板 hull turret plate
船身(装)甲板 hull armo(u)r plate
船身总长 length overall
船深 depth; ship's depth
船时 ship hours; ship time
船时量 ship-hour rate; tons per ship-hour
船式 boat form; shipform; shiplike; vessel form
船式沉箱 ship-type caisson
船式飞机 boat-type aeroplane
船式构型 boat conformation
船式脚手架 float scaffold
船式炉 ship oven
船式起重机 barge crane; barge derrick; boat derrick
船式拖拉机 ship-type tractor
船视时 ship apparent time
船首 fore(body); head; nose
船首白浪 bone; wave foam
船首备用锚 centre anchor; stem anchor
船首倍角法 double the angle on the bow
船首泵 head pump
船首逼风但保持满帆 full and by
船首标志 heading mark; ship's heading marker; ship heading mark
船首标志调准 heading marker alignment
船首标志接触器 heading marker contact
船首标志线 heading flash; heading marker
船首标志线消失 heading line off; heading marker off
船首波 bow wave; divergent wave; diverging wave; diverting wave; stem wave; wave of displacement
船首补强肘板 breast hook
船首部冰带区 forward ice belt region
船首部分 forward
船首部外侧腰板 harpin(g)s
船首材 stem
船首舱 bow compartment; forepeak
船首侧推器 bow propeller; bow steering propeller; bow thruster; bow thrust propeller
船首侧推装置 bow thrust unit
船首侧推装置管隧 bow thrust tunnel
船首朝港内的系泊 mooring head in
船首朝港外的系泊 mooring head out
船首吃水 bow draft; draught forward; fore draft; forward draft; stem draft
船首吃水修正表 stem correction table
船首穿越距离 bow crossing range
船首穿越时间 bow crossing time
船首吹泥快速接头 bow coupling system for pumping ashore
船首垂线 forward perpendicular
船首大锚 bower anchor
船首导缆孔 bow-chock mooring pipe
船首导缆口 bow chock
船首倒缆 bow spring
船首第一斜桅 bowsprit
船首吊门 bow ramp
船首顶流摆开 flank
船首定位桩 forward spud
船首舵 bow rudder
船首帆缆装置 headgear
船首方位测探 track line
船首方向<左右45°范围内> bow; heading
船首防冰垫 quilting
船首防冰护具 bowgrace
船首防冰加强材料 ice doubling
船首分段 bow section
船首副锚 sheet anchor
船首桁 crance
船首横梁 breast beam
船首横向推进器 bow thruster; transverse bow propeller
船首虹影 sea bow
船首护材 bow fender; stem fender
船首护头板 nose plate
船首基线 lubber's line; lubber's mark
船首基线误差 lubber's line error
船首急速转向风 fly up in the wind
船首尖部 loof; luff; luff of bow
船首尖舱 forepeak tank
船首溅沫 leaper; lipper
船首角 angle of bow
船首结构 bow construction; forepart construction
船首开始反转 Answer aback
船首栏杆装置 head rail
船首缆 bowline; bow or head rope; headline; head wire
船首缆方驳 bowline scow
船首浪 bow seas
船首肋骨 bow frame
船首楼 forecastle
船首楼后端 break of forecastle
船首楼后端舱壁 forecastle break bulkhead
船首楼后梁 breast beam
船首楼甲板 forecastle deck
船首楼栏杆 forecastle
船首楼锚链孔后挡水板 manger; manger board
船首楼右边 forecastle starboard
船首楼右边房间 forecastle starboard locker
船首楼左边 forecastle port
船首楼左边房间 forecastle port locker
船首盲区 blind sector of the bow
船首锚 bow anchor; bower; bower anchor; fore anchor
船首门 bow-opening door; bow visor
船首门装卸 end loading
船首喷射侧推装置 bow jet maneuvering system
船首碰垫<拖船上的> pudding
船首偏荡角 angle of yaw
船首偏荡控制 yaw control
船首破冰板 breakhead
船首破浪材 beak; cutwater
船首旗 house flag; jack; jack flag; stem-jack
船首旗杆 jack staff; pennant staff
船首鳍 dead wood
船首前倾 pin down; trim by the bow; trim by the head; trim by the stem
船首倾度 head trim
船首三角帆 jib
船首扫冰靠码头 going alongside removing the ice with ship's deck
船首闪灯 heading flash
船首上层建筑 bow superstructure
船首上货 bow loading
船首上甲板 foremast deck
船首饰板 trail board
船首双锚泊 moor anchors ahead
船首水尺 fore draught figures
船首水面部分 prow
船首水压计程仪 bow log
船首速 speed of a ship
船首碎浪 bow feather
船首跳板 bow gang-plank; bow ramp; forward brow
船首跳板门 bow ramp
船首突出台 pulpit
船首突然下倾现象 lifting dipping; pivoting
船首突然转向 rank sheer
船首推进器 bow navigator; bow propeller; bow thruster; bow thrust unit; thruster
船首外板 bow plating
船首外飘 bow flare
船首弯曲部 luff
船首尾吃水相等 even keel
船首尾花纹装饰 acrostolion; acrostolium; acrotherium; akroter(ion)
船首尾木甲板边板 gunstocking
船首尾上翘的船型 moon sheered
船首尾水道内列板 nib strake
船首尾系泊 head and stern mooring
船首尾下垂 arching; hogging
船首尾向 fore and aft
船首系缆 head fast
船首系缆圈 bull ring
船首系缆桩 forward bitt
船首系索 head fast
船首狭窄部分 peak
船首下沉 dip
船首舷弧 sheer at stem; sheer forward
船首舷墙 buffalo; wash strake
船首线标志 heading flash; heading line; heading marker
船首线向上的平面位置指示器 heading upward plan position indicator
船首线向上的显示 heading upward presentation
船首线形图 bowline chart
船首线型板 fashion plate
船首向 ship's head(ing); heading
船首向风 haul to wind
船首向内靠岸<船首背向港口门> mooring head in
船首向上风靠近 haul her wind
船首向外靠岸<即船首背向港口门> mooring head out; mooring head down
船首向洋面抛锚 Mediterranean moor
船首斜帆 headsail
船首斜桁 bowsprit
船首斜跳板 angled stern ramp
船首斜桅垂木 dolphine striker
船首斜桅索具 bowsprit gear
船首斜桅桅端铁箍圈 crance[cranse] iron
船首斜桅桅牵槽板 bee block
船首旋花装饰 hair bracket
船首摇摆加速度计 yaw-sensing accelerometer
船首摇摆角 yawing angle
船首摇摆角陀螺仪 yaw-angle gyro
船首摇摆力偶 yawing couple
船首摇摆率控制 yaw rate control
船首迎风现象 spring
船首右大锚 best bower anchor; first bower anchor; starboard anchor
船首增索 extra-bowline
船首遮浪板 bow chock
船首中锚 center anchor; phantom stem; stem anchor
船首肘板 breast hook
船首主锚 bower anchor
船首主锚绞车 bower winch; headline main winch
船首主锚缆 bow anchor line
船首柱 stem
船首柱冠板 stem cap
船首柱倾角 angle of bow rake
船首柱倾斜 rake of the stem
船首柱与龙骨接合的角材 bearding angle
船首转向推进器 bow thruster
船首装卸 bow loading and unloading
船首纵剖线 bowline
船首纵倾 by the head; down by the head

船首左舷方向 port bow
船首座位 headsheets
船艏柱 stem post
船水相对速度 vessel-water relative velocity
船速 speed through the water <相对对水的>;ship speed
船速检验线标柱 mile post
船速校验距离 measured distance
船速校验试航 measured mile trial
船速校验线 measure distance; measured mile
船速校验线距离 trial range
船速校验线上航向 trial course
船速仪 taffrail log
船速增加 freshen the way
船损管制 damage control
船损管制部署表 damage control bill
船损管制灌注 damage control flooding
船损记录 damage records
船损检验 damage survey
船台 building berth; building slip; gridiron; ship (building) berth; shipway
船台单元安装 unit erection at berth
船台墩垫 building block
船台高架起重机 slipway gantry crane
船台号码 building berth number
船台滑道 bilge way; launching way; patent slip; railway dry dock; slipway
船台滑道垫木 bilge log
船台滑道拉曳设备 haulage facility
船台门座起重机 slipyard portal crane
船台末端 way end
船台起重机 slipway crane
船台取芯技术 shipboard coring technique
船台上船舶转运区 shunt area
船台上横移小车 transfer car
船台上横移小车<英> secondary carriage
船台上移船架 shunt carriage
船台上转向台车 shunt carriage
船台使用顺序计划 building berth schedule
船台塔式起重机 shipbuilding tower crane
船台舾装 berth fitting-out
船台小车 bogie[bog(e)y]
船台周期 building time on the stocks
船台转轨区 shunt area
船台转运车 transfer carriage
船台转运区 transfer dock
船梯 ship ladder
船体 boat body; bodywork; hull; main body; ship body; ship hull; vessel body
船体板架强度 hull grillage strength
船体保险 hull insurance
船体保险单 hull policy
船体保养 hull maintenance
船体变形 hull deformation; hull strained
船体变形船 hull-deformed vessel; hull-strained ship
船体表面摩擦力 hull surface friction
船体侧面 side of hull
船体侧面投影面积 hull side area
船体侧面图 sheer plan
船体车间 body shop; hull shop; metal shop; shipbuilding hanger
船体承受总纵弯曲的构件 ship girder
船体吃水线以上部分 floatage
船体尺度比 hull dimensional ratio
船体尺度平衡表 offsets; ship body offsets
船体磁效应 magnetic effete of shop-body
船体的水下部分 underwater hull
船体方型系数 block coefficient
船体放样 hull lofting; mo(u)ld lofting
船体放样检验 inspection of hull lofting
船体分段组装 section assembly
船体分站 <船舶线型图上的竖站> ordinates; stations
船体附件 hull appendage
船体附属体 hull appendage
船体附属物 hull appendage
船体附属物比率 hull appendage ratio; hull factor
船体刚度 hull stiffness
船体构架图 framing plan
船体构件尺寸 hull scantling; scantling
船体构件明细表 scheme of scantling
船体构造 hull construction; hullstructure
船体固有振动频率 hull natural frequency
船体横断面结构变形 wracking
船体横断面结构扭变应力 racking stress
船体横剖线 sections; square stations; vertical stations
船体横歪引起的负载 racking load
船体后部 afterbody; afterpart
船体回路系统 hull return system
船体机械 hull machinery
船体急剧变形 abrupt change of ship section
船体加工 hull fabrication
船体加工设备 hull process(ing) equipment
船体建造工艺 hull construction technology
船体结构 hull construction; hull structure; ship construction
船体结构图 framing plan
船体结构相似模拟 hull structure similar model
船体截断加长工程 jumbo work
船体肋骨 hull frame
船体肋骨线 frame lines; frame stations
船体梁振动 hull girder vibration
船体轮廓 hull line
船体每年特别检验 annual special survey of hull
船体挠度 hull deflection
船体扭转振动 hull torsional vibration
船体破损 hull damage
船体前半部 forebody
船体强度 constructional strength; hull strength
船体倾侧 alist
船体曲线 ship curve
船体曲线图 lines plan
船体入级记录和检验报告 hull classification and inspection record
船体入级证书 hull certificate of class
船体设计 boat body design; hull design; ship body design; vessel body design
船体生物结污 ship fouling
船体水平弯曲强度 hull horizontal bending strength
船体水上部分 dead works; underbody; underwater body
船体水下部分附生物 sea-crust
船体水下部分损伤 underwater damage
船体水线附近 between wind and water
船体水线下附属体 lower appendage
船体水线下附属物 lower appendage
船体水线下装置 underwater fittings
船体水线以上部分 above water
船体水线以上部分破损 above-water damage
船体说明书 hull specification
船体损伤 hull damage
船体突出部 hull projections
船体外形 hull line
船体弯矩 hull bending moment
船体弯曲处外板型模 mock
船体维修车间 hull repair shop
船体污垢 ship fouling
船体舾装 hull fitting
船体下垂 squat
船体下隐 <在水平下看不见> hull down
船体下坐 <浅水航行时> squat
船体下座 squat
船体下座值 squat of ship
船体线 hull line
船体线型 hull form; lines drawing; shipform
船体线型图 lines plan; shear plan; shipbuilder draught
船体线型值表 offsets
船体小分段车间 panel building shop of ship
船体效率 hull efficiency
船体形的 shipshape
船体形状 hull form
船体型表面 mo(u)lded hull surface
船体型放样 shiplofting
船体型线 hull form; ship's mo(u)ld line; shipline
船体型线图 curves of form; sheer draft; sheer draught; sheer drawing; sheer plan; ship's line
船体型值表 offset sheets
船体修理船 hull repair ship
船体修造工作 bodywork
船体循环特检 special periodic(al) survey of hull
船体压力 hull pressure
船体叶梢间隙 tip clearance
船体以上高度 height above the hull
船体应力 boat body stress; body stress; ship body stress; vessel body stress
船体应力测量 hull stress measurement
船体与机械设备 hull and machinery
船体运动 ship motion
船体振动 hull vibration
船体振动对数衰减率 hull vibration logarithmic decrement
船体振动性态 hull vibration behavio(u)r
船体振动阻尼 hull vibration damping
船体正面图 body plan
船体制造车间 hull fabricating shop
船体中部井孔 <海上钻探> moonpool
船体中部宽度 midship beam
船体中部肋板 midship floor
船体中部肋骨 midship frame
船体中部主甲板横梁 midship beam
船体中段 mid-body of ship; mid-body of vessel
船体中段断面积 midship sectional area
船体中段断面图 midship profile; midship section
船体中段剖面面积曲线 curves of area of midship section
船体中线 midship line
船体重量 hull weight
船体主尺度 hull principal dimension
船体主肋骨 all-round frame
船体属具 hull appurtenances
船体装配 hull assembly
船体装配车间 hull assembly shed
船体装配工 ship fitter; shipwright
船体纵骨 hull longitudinal
船体纵剖面结构图 construction profile
船体纵剖线 buttock line
船体最大宽度 beam of hull; hull beam
船跳板 gangboard
船铁磁性 ship's magnetism
船停泊处 berth
船停住 bring up
船头 bow; nose; prow
船头摆角 yaw angle
船头摆摇 yawing
船头泵 bow pump
船头波 bow wave
船头波纹 stem grain
船头触碰码头 bow collision quay
船头吹泥喷嘴 bow nozzle
船头防波栏 breadthwise water; breakwater
船头挂锚 bower
船头护木 stem knee; stemson
船头护舷 bow fender; pudding fender
船头货舱 forward cargo hold
船头缆 bow line
船头浪 bow wave; head sea
船头锚 bower; bower anchor
船头猛倾 bow flare slamming
船头偏离风向 payoff
船头坡 prow slope
船头破冰装置 breakhead
船头破浪处 cut up
船头饰纪念柱【建】 rostral column
船头索 headline
船头形饰纪念柱【建】 columnar rostrata; rostral column
船头悬伸木 knee of head
船头与船尾 fore and aft
船头正面 head-on bow
船头转向更接近风向 come round
船头装货起重机 bow charging crane
船头装饰 scroll; scroll head
船拖钩 boat hook
船外 outboard
船外的 out-board
船外浮扬打捞法 salvage by external floatation
船外腹 outward bulge; outward bulging
船外机 outboard engine
船外铁架 outrigger
船外推进器 outboard screw
船桅 mast
船桅与地面垂线的夹角 heel of a ship
船桅总称 masting
船尾 buttock; poop; stern
船尾板 oxter plate; transom board; transom plate
船尾伴流 potential wake; stern wake; streamline wake
船尾被浪击坏 poop down
船尾被抬起 tail on; tally on
船尾标志 stern marker
船尾标志船名处 escutcheon; scutcheon
船尾波 stern wave
船尾波动 aftertossing
船尾部 quarter
船尾部驾驶台 astern navigating bridge
船尾部井型座舱 corkpit; steering well
船尾材外板 hood plate
船尾舱 stern compartment
船尾操舵室 poop maneuvering room
船尾操纵部位 after conning position
船尾侧浪 quartering seas
船尾侧推器 stern thruster
船尾呈尖形的 <指水下部分> clean
船尾吃水(深) aft(er) draft; draught aft; stern draft
船尾椽材 foot rail
船尾垂线 after perpendicular
船尾导缆孔 quarter pipe; stern chock; stern pipe
船尾导缆器 quarter fairlead

C

船尾倒缆 after spring(line);quarter spring
船尾灯 stern lantern;stern light
船尾垫架 after poppet
船尾吊驳母船 landing ship dock
船尾定位桩 trailing spud
船尾端 aft(er)end
船尾端部 after run;run
船尾端长 length of run
船尾舵手座 cockpit
船尾方向舵 stern-post rudder
船尾防浪损的拱形架 turtle back;whaleback
船尾分段 aft section of hull;stern section;stern segment;stern unit
船尾风 quarter(ing)wind
船尾拱架 arch piece;bridge arch;bridge piece;propeller arch
船尾构架 stern frame;transom frame
船尾管鼓出部 bossing
船尾管压盖 stern gland;stern tube gland
船尾滚浪 roach
船尾横档 transom
船尾横缆 aft breast line;stern breast line
船尾横浪 quartering wave;transverse stern wave
船尾横翼材 wing transom
船尾后 astern
船尾滑车 stern sheave
船尾机驱动 transom drive
船尾急流 rooster-tail
船尾驾驶台甲板 docking bridge deck
船尾甲板 fantail deck;quarter deck
船尾甲板船 quarter deck vessel
船尾驾驶桥楼 stern navigating bridge
船尾驾驶台 docking bridge
船尾尖舱 after peak
船尾绞车 stern line winch
船尾绞盘 after capstan
船尾结构 stern construction
船尾救生艇 quarter boat
船尾均衡翼板 transom flap
船尾宽度 aftermost breadth
船尾框(架)stern frame
船尾栏杆 taffrail
船尾缆 after line;quarter line;stern fast;stern line;aft wire
船尾浪 aftertossing;stern wave
船尾肋材 sleeper
船尾肋骨 counter stay;counter timber
船尾梁 transom beam
船尾瞭望台 gallery
船尾龙骨肘材 sternson
船尾楼 after castle;after island poop
船尾楼舱壁 poop bulkhead
船尾楼舱室 poop cabin
船尾楼甲板天幕支柱 poop deck awning stanchion
船尾楼栏杆 poop rail
船尾楼前端 break of poop;breast beam
船尾楼前端舱壁 poop front bulkhead
船尾楼梯 quarter ladder
船尾楼围栏 fife rail
船尾锚 after anchor;stern anchor
船尾门跳板 tail-gate ramp
船尾门装卸 end loading
船尾明轮 stern wheel
船尾碰垫 pudding;pudding fender
船尾旗杆 ensign staff;poop staff
船尾旗索 ensign halyard
船尾鳍 dead wood
船尾桥楼 after bridge;docking bridge;warping bridge
船尾桥台 docking bridge
船尾倾时首尾吃水差 drag
船尾清爽 Clear astern
船尾球 stern end bulb
船尾上部 tafferel
船尾上层建筑 after island;stern superstructure
船尾水舱 after tank
船尾梯 poop ladder
船尾眺台 balcony
船尾跳板 after brow;stern gangplank;stern ramp
船尾跳台 quarter gallery
船尾突出部 counter;tuck
船尾突出部下方 tuck
船尾突出下部 lower counter
船尾系缆桩 after bitt;quarter bitt;quarter bollard
船尾下沉 backward dip;tipping
船尾下甲板 gallery beck
船尾下座 squat
船尾舷侧拖曳式计程仪 rail log
船尾舷弧 sheer aft;sheer at stern post
船尾舷梯 Mediterranean gangway;Mediterranean ladder
船尾线脚 foot rail
船尾线型 buttock line
船尾小室 round house
船尾斜引桥 angle(d)stern ramp
船尾形的 boat-tailed
船尾型线 buttock line
船尾漩涡 back eddy;dead water
船尾引道 quarter ramp;stern ramp
船尾引桥 quarter ramp;stern approach;stern ramp
船尾右舷方向 starboard quarter
船尾缘饰 stern mo(u)lding
船尾载货门<装长木材用>stern port
船尾增索 extra stern line
船尾折角列板 knuckle strake
船尾中甲板的船员室计储藏室 glory hole
船尾轴承 stern bearing
船尾轴管 stern tube
船尾轴架 axial bracket
船尾轴隧 shaft tunnel alley
船尾肘材 crutch
船尾主锚 aft main anchor
船尾柱 heelpost;stern post
船尾柱框 bridge piece
船尾柱倾角 angle of stern rake
船尾柱贴片 false stern post
船尾装卸 stern loading and unloading
船尾纵剖线 buttock line
船尾纵倾 by the stern;down by the stern
船尾纵倾度 drag of vessel;stern trim;trim by the stern
船尾左舷方向 port quarter
船尾座位 cockpit
船位 berth;position of ship;ship's position;shipping space
船位报告 position report;ship position report;vessel position report
船位测定 determining the position;position finding;ship's position finding
船位浮标 position buoy;ship position buoy
船位感应系统 position-sensing system
船位跟踪器 position tracker
船位、航向和航速 position, course and speed
船位积算 dead reckoning
船位精确度 accuracy of ship's position
船位圈 circle of position
船位三角形 triangle of position
船位通报 circular notice of ship's movement
船位推算(法)dead reckoning
船位推算分析 dead-reckoning analysis
船位推算分析指数器 dead-reckoning analyzer indicator
船位推算经度 longitude by(dead)reckoning
船位推算纬度 latitude by(dead)reckoning
船位推算位置 dead-reckoning position;reckoning fix position
船位推算误差 error in fix;error of reckoning
船位误差 position error
船位误差带 band of error;band of position
船位误差三角形 cocked hat;error triangle
船位误差圆 position circle
船位线 line of position;position line
船位线超前 advance line of position
船位线曲率误差 error of due to curvature of position circle
船位线误差 error of position line
船位线转移 running of a line of position;transfer of a position line
船位与航迹显示装置 dynamic(al)positioning and tracking system
船位圆 circle of position
船位置简单推测法 dead reckoning
船位自动绘迹仪 automatic reckoning plotter
船屋 porch chamber
船坞 dock yard;berthing dock;boat basin;closed dock;dock(basin);dock shed;dry dock;shipyard;graving(dry)dock<修船的>
船坞办公室 dock office
船坞泵 dock pump
船坞操作架 dock arm
船坞插板门 plate gate;vertical-lift gate
船坞长 dockmaster;dock superintendent
船坞长控制中心 dockmaster control center[centre]
船坞尺度 drydock size
船坞充水 dock flooring;flooding of the dock
船坞出入证 dock pass
船坞登陆舰 dock landing ship;landing ship dock
船坞的进坞导航栈桥 leading jetty
船坞的坞首墙 headwall
船坞底板 apron of a dock;dock floor
船坞(底)槛 dock sill
船坞叠梁门 stop-log gate
船坞墩木 block of dock;docking support
船坞费<包括税捐及停泊费等>dock dues and charges;dock charges;dock dues
船坞浮闸门 flood gate
船坞工程 dock engineering;dry dock engineering
船坞工程地质勘察 engineering geologic(al)investigation of shipyard
船坞工人 dock labo(u)rer;dock labo(u)r;docker;dockman;dock worker
船坞工作船 dockyard service tug
船坞工作人员 docker
船坞灌水 flooding of the dock
船坞灌水阀 flooding valve of drydock
船坞灌水涵洞 inlet culvert of drydock
船坞灌水时间 flooding time of drydock
船坞灌水系统 dock-filling system
船坞横拉门 sliding gate
船坞护坦 dock apron
船坞滑台 slipway
船坞集水坑 dock sump
船坞绞车 dock winch
船坞结构 dock structure
船坞进口 dock entrance
船坞进口航槽 dock entrance channel
船坞进口航道 dock entrance channel
船坞进口门坎 dock entrance sill
船坞进口闸 entrance lock
船坞进口闸板 dock entrance sill
船坞进口闸门 dock entrance lock
船坞净宽 clear width of the dock
船坞开发 dock development
船坞口门宽度 width of dry dock entrance
船坞扩建 dock expansion
船坞栏杆 dock cope
船坞立轴单扇旋转门 single-wing gate
船坞龙骨墩 dock block
船坞门槛 dock sill
船坞门限 dock sill
船坞内稳船垫木 docking keel block
船坞内用的一种小艇 monkey boat
船坞排水 dewatering of the dock
船坞排水泵 dewatering pump;dry dock drainage pump
船坞排水系统 dock drainage system
船坞起重机 dock(side)crane
船坞牵引机 mooring tractor
船坞墙 dock wall
船坞人字闸门 miter-type gate;mitre gate
船坞容积 dock volume
船坞容积系数 factor of dock capacity
船坞容量 docking capacity
船坞入口 dock entrance;dock gate
船坞设备 dock accommodation;dockage;dock equipment;dock facility;dock installation
船坞设施 dockage
船坞式港 dock harbo(u)r
船坞式货船 dock cargo ship
船坞室 dock chamber
船坞水泵 dock pump
船坞水深允许值 dock water allowance
船坞水头 dock head
船坞索道 shipyard cableway
船坞铁路 marine railway
船坞停泊费 dockage;dock charge
船坞拖轮 dock tug
船坞污水排射器 dock sewage ejector
船坞坞首 dock head
船坞舾装及安装 dock outfitting and installation
船坞舷侧撑柱 shore spur
船坞泄水 dock dewatering
船坞泄水出口涵洞 outlet culvert of drydock
船坞泄水时间 dewatering time of drydock
船坞形冰山 dry dock iceberg;valley iceberg
船坞营运 dock operation
船坞有效长度 effective length of dock
船坞有效宽度 effective width of the dock
船坞与港口 dock and harbo(u)r
船坞与码头管理<期刊>The Dock, Harbo(u)r Authority
船坞闸门 ship caisson;caisson;dock gate
船坞闸门槽室 caisson chamber
船坞中部门槽 intermediate groove
船坞中部闸门 intermediate caisson
船坞中部闸门门槽 intermediate caisson groove
船坞中的船底垫块 docking block
船坞轴线 dock center line
船坞主管 dockmaster

船坞总长 total length of the dock
船坞总宽 total-width of the dock
船坞纵中线 dock center line
船务代理 shipping agent
船务经纪人 ship broker
船吸 interaction of passing vessel; suction between ships
船席 berth
船下水 launch a ship; launching; ship launching
船下水滑道 barge-loading runway
船弦 board; shipboard; side of ship
船舷步道 water rail
船舷(侧)broadside
船舷侧板 bulwark; side strake; strake
船舷测波仪 shipboard wave meter
船舷触碰 beam contact
船舷顶线 topside line
船舷后部 quarter
船舷弧线的突升 flight
船舷锚 breast anchor
船舷门 hatcher
船舷排水孔 wash port of ship
船舷漆 board-side paint; marine paint for topsides; topside paint
船舷门输送机 sideport conveyer
船舷色带 ribbon
船舷上缘 gunnel; gunwale; portlast; portoise; wale
船舷水线以上部分 gunwale
船舷填角楔 bearding
船舷涂料 boat-side paint
船舷外倾 flare
船舷至船尾过渡区 tuck
船相撞 run aboard a ship
船厢 ship box
船向后退 make a stern board
船向某地航行 head for
船行波 surface wave; ship wave; ship induced wave; vessel induced wave
船行波冲刷 boat wave wash
船行波高 ship's wave height
船行道 ship(ping) lane
船行道宽度 lane width
船行流 wake current
船形 shiplike
船形沉箱 ship caisson
船形的 cymbiform; navicular
船形灯标 light float
船形浮船坞 ship-shaped floating dock
船形浮坞门 ship caisson gate; ship gate; ship-shaped caisson gate
船形焊 fillet welding in the flat position; fillet welding in downhand position fillet weld in the gravity position
船形壶 boat-shaped vase
船形角焊 fillet welding in the downhand position; flat position welding of fillet weld
船形囊壳 hysterothecium
船形器 boat-shaped object
船形器皿 boat
船形水平尺 boat level
船形尾部 boattail
船形峡谷 canoe valley
船形叶 cymbiform leaf
船型 boat pattern; ship pattern; vessel pattern; vessel size
船型沉箱 ship caisson
船型浮坞门 ship(type) floating caisson
船型浮闸门 ship(type) floating caisson
船型高度 mo(u)lded depth(of vessel)
船型基线 mo(u)lded line
船型宽度 breadth-mo(u)lded; mo(u)lded breadth(of vessel)
船型系数 coefficient of form; form coefficient; coefficient of fineness
船型限制 limitation of ship size
船型阻力 form resistance; profile drag
船修理厂 dock yard over-haul
船样 shiplike
船医助手 second doctor
船艺 deck seamanship; seamanship
船艺实习 sailorizing
船用安全阀 marine safety valve
船用保税食物报关单 victual(l)ing bill
船用备品 consumables
船用泵 marine pump
船用变速箱 marine transmission
船用变速箱体 marine gear housing
船用波浪计 shipboard wave recorder
船用测向器 marine direction finder
船用柴油 marine diesel(oil)
船用柴油发电机组 marine diesel generating set
船用柴油机 marine diesel; marine diesel engine
船用柴油机配件 marine diesel engines part
船用柴油机燃料 marine diesel fuel
船用柴油机油 marine diesel engine oil
船用产品 marine products
船用超声波测波仪 shipboard ultrasonic wave height sensor; ultrasonic shipboard wave height sensor
船用超声波高度传感器 shipboard ultrasonic wave height sensor
船用超声波高计 shipboard ultrasonic wave height sensor; ultrasonic shipboard wave height sensor
船用齿轮 marine gear
船用齿轮箱 marine gearbox
船用传动机构 marine gear
船用传动箱 marine transmission
船用单索抓斗 single-rope grab for ships
船用导航雷达 marine navigation radar
船用的 marine; naval
船用灯 marine lamp
船用灯具 marine lighting fitting
船用登陆板 inclined way for boat
船用低速柴油机 marine low speed diesel engine
船用低压电器 marine low-voltage electric(al) appliance
船用低压开关 marine low-voltage switch
船用电表 marine electric(al) meter
船用电动机 marine service motor; navymotor; shipboard-type motor; shipmotor
船用电风扇 marine electric(al) fan
船用电话 marine telephone
船用电话机 marine telephone set
船用电机 marine electric(al) machine
船用电缆 cable for ship; marine cable
船用电力电缆 ship power cable
船用电流计 marine galvanometer
船用电气设备 marine electric(al) appliance
船用电子观测和记录发送系统 shipboard synoptic(al) system
船用电子计算机系统 ship's computer system
船用电子技术装置 marine electronic technical unit
船用吊车 ship crane
船用吊索 boat sling
船用碟式离心分离机 marine disc centrifugal separator
船用端部密封式气密滑动门 marine end-sealed airtight-sliding door
船用发电机 marine generator
船用发动机 marine engine; motor for boat
船用阀门 marine valve
船用帆布 sail duck
船用反应堆 naval reactor
船用方钉 barge spike; boat spike
船用防爆三相异步电动机 marine flame-proof three phase asynchronous motor
船用防爆轴流式扇风机 marine flame-proof axial flow ventilator
船用防污涂层 anti-fouling marine coating
船用非金属电缆扎带 marine nonmetal cable tier
船用肥皂 marine soap; salt-water soap
船用分光光度计 bunker spectrophotometer
船用分离器 marine separator
船用焚烧炉 marine incinerator
船用风速表 marine anemometer
船用辐射型锅炉 marine radiant boiler
船用辅助锅炉 marine auxiliary boiler
船用辅(助)机(械) marine auxiliaries; hull auxiliaries
船用伽马辐射级仪 ship gammaradiac
船用干燥剂 ship dry
船用钢 hull steel
船用钢板 shipbuilding section; ship plate
船用钢材 ship steel
船用钢质风雨密门 ship's steel weather tight door
船用固定夹 hanging clamp
船用刮刀 marine scraper
船用惯性导航系统 ship's inertial navigation system
船用硅整流器 marine silicon rectifier
船用锅炉 marine boiler
船用锅炉燃料油 bunker fuel oil
船用海水淡化装置 marine fresh water generator
船用海洋调查系统 shipboard oceanographic(al) survey system
船用海洋观测系统 shipboard oceanographic(al) observation system
船用合金 marine alloy
船用核动力装置 atomic marine plant
船用黑焦油 black pitch
船用呼号 ship's(call) sign(al)
船用护套铠装电缆 ship sheathed-armoured cable
船用护套软缆 ship sheathed flexible cable
船用滑车 marine pulley
船用滑轮组 ship tackle
船用环扫雷达 sea scan marine radar
船用黄铜 admiralty brass; admiralty metal; naval brass
船用灰漆 marine gray[grey]; marine paint
船用回管锅炉 marine return tube boiler
船用活动滑台 boat scaffold(ing)
船用火管锅炉 marine tubular boiler
船用火警报警器 marine fire alarm
船用机械 marine machinery; seaborne machinery
船用机械锚 automatic grapnel for marine purpose
船用机油 marine engine oil
船用集装箱 seatainer
船用集装箱起重机 gantry crane on board
船用集装箱装卸桥 shiptainer
船用甲板机械 marine deck machinery
船用胶 marine glue
船用胶合板 marine plywood
船用接收机 navy receiver
船用救生器材 marine life-saving apparatus
船用聚丙烯绳 polypropylene rope for ship
船用空盒气压表 marine aneroid barometer
船用空冷压缩机 air-cooled; marine compressor
船用宽口斧 ship axe
船用雷达 marine radar; navigation radar; ship(borne) radar
船用雷达波段 marine radar band
船用离心通风机 marine centrifugal fan
船用罗经 mariner's compass; sea compass
船用罗兰有效区域 marine loran coverage
船用罗盘 mariner's compass; sea compass
船用螺旋桨 marine screw propeller
船用螺旋桨推进器 screw propellor for boat
船用锚 marine anchor
船用锚链 marine anchor chain
船用煤(炭) admiralty coal; bunker coal; marine coal; ship coal
船用锰黄铜 Turbadium
船用木材 ship timber
船用内燃机润滑油 marine diesel lube
船用抛弃式深度温度计 shipborne expendable bathythermograph
船用抛弃式温深仪 shipborne expendable bathythermograph
船用配电箱 distribution box for ships
船用品 articles for ship; naval stores; ship's stores; ship chandlery
船用品商店 marine store
船用破冰锤 icebreaking ram of vessel
船用漆 boat varnish; marine paint
船用起重机 deck crane; marine crane; ship('s) crane
船用气冷反应堆 marine gas cooling reactor
船用气瓶 marine air bottle
船用气压表 marine barometer
船用气压计 marine barometer
船用汽缸油 marine cylinder oil
船用汽轮机 marine steam turbine; marine turbine
船用汽油 marine gas oil
船用铅蓄电池 marine lead battery
船用青铜 admiralty bronze
船用轻柴油 marine light diesel oil
船用轻油 marine gas oil
船用清漆 boat varnish; ship varnish
船用晴雨表 marine barometer
船用渠线 ship-canal route
船用取芯技术 shipboard technique
船用燃料 marine fuel; ship fuel
船用燃料驳 bunker barge
船用燃料补给港 bunker(ing) port
船用燃料码头 bunkering jetty
船用燃料煤 bunker coal
船用燃料油 bunker(fuel) oil
船用燃料装船机具 bunkering machine; bunkering unit
船用燃气轮机 marine gas turbine(engine)
船用燃烧管锅炉 marine flue boiler
船用燃油码头 oil-bunkering dock; oil-bunkering wharf
船用燃油设备 oil-bunkering facility
船用润滑脂 launching grease
船用伞形堵漏器 marine umbrella type hole stopper
船用商品店 marine store; ship chandler
船用设备 sea-borne machinery
船用生活污水处理系统 shipboard domestic waste disposal system
船用声呐 shipboard sonar
船用声呐导航系统 ship's acoustic(al) navigation system

C

船用时 nautical time;ship's time
船用时钟 ship's clock
船用视听指挥系统 marine audio visual instruction system
船用数据处理机 on-board data processor
船用数字计算机控制 on-board digital computer control
船用双钩起重机 shipboard double crane
船用双筒望远镜 marine binoculars
船用水管锅炉 marine water tube boiler;yarrow boiler
船用水冷压缩机 marine compressor;water-cooler
船用水声定位仪 boat-mounted acoustic(al) locating device
船用水文测验设备 boat-mounted streamflow measuring equipment
船用四冲程柴油机 marine four strokes diesel engine
船用索具绳 ship's rigging and guy rope
船用探照灯 marine searchlight
船用陶瓷棉 marine ceramic wool
船用通道 ship channel
船用透平 marine turbine
船用推进器 marine propeller
船用微分分析器 marine differential analyser[analyzer]
船用卫生设备 marine sanitation device
船用卫星导航装置 transim
船用卫星通信[讯]系统 shipboard satellite communication system
船用涡轮机 cruising turbine; marine turbine
船用涡轮机的凝汽器 marine turbine condenser
船用污水处理装置 marine sewage treatment plant
船用无线电测向仪 marine radio direction finder
船用无线电通信[讯]波段 marine frequency band
船用无线电(助航)设备 marine radio aids
船用无油空气压缩机 oil-free marine air compressor
船用武器 ship arms;ship ordnance
船用物料 ship stores
船用物料及食品 sea stock; ship stores
船用下水润滑脂 launching grease
船用舷窗 scuttle for ships
船用斜坡道 boat ramp
船用型钢 shipbuilding section
船用蓄电池 marine storage battery
船用遥测波浪仪 wave telemetering system
船用夜视望远镜 day-and-night telescope
船用仪表和设备 ship's gear
船用仪器 marine service instruments
船用油 bunker oil
船用油轮 fuel tank of ship
船用油漆 marine coating; marine paint(ing);ship coating;ship paint(ing)
船用油水分离器 marine oil-water separator
船用原子能动力装置 atomic marine plant
船用蒸馏器 marine distiller; marine evapo(u)rator
船用蒸汽锅炉 marine steam boiler
船用直流发电机 marine type dynamo
船用制冷装置 marine refrigerating plant
船用中级柴油 marine diesel medium
船用重力仪 shipboard gravimeter
船用重油 bunker fuel oil
船用重质油 marine oil
船用轴系 marine shafting
船用主机 ship's main engine
船用装料机 shiploader
船用装卸机械 marine cargo handling gear
船用装卸桥固定装置 deck lashing for shiptainer
船用装卸输送机 hatch conveyer[conveyor]
船用装置 marine installation
船用浊度计 marine turbidimeter
船用自动电话机 marine automatic telephone set
船用自动预报系统 automated shipboard forecasting system
船用自动重力仪 automated onboard gravimeter
船用自记测波仪 shipboard wave recorder
船用综合人机系统 shipboard integrated man-machine system
船用钻 ship auger
船友 jack mate
船鱼 argonaut
船与岸电话接点 ship-to-shore telephone point
船与波的相会角 angle of encounter of a ship in waves
船与船的通信[讯]联系 ship-to-ship communication
船与船之间的间距 space between ships
船与码头间的护岸材 breasting float
船与锚之间水面部分 hawse
船员 crew;mariner;seafarer;seaman;ship's crew;shipman;tarpaulin
船员安全系统 crew safety system
船员保险证书 crew's insurance certificate
船员步桥 crew gangway;flying passage
船员餐室 crew's messroom
船员舱(室) quarters for ship's crew;crew's accommodation; crew's quarter;crew's space
船员厕所 crew's water closet
船员厨房 crew's galley
船员登陆证 crew landing permit;sailor's shore pass
船员个人物品 crew's effects
船员更动 crew replacement
船员工资 crew's wage
船员雇用合同 crew employment contract;shipping contract
船员管理处 shipping office
船员和行李 crew and effects
船员护照 seamen's passport
船员踝肿 deck ankles
船员坏血病 nautical scurvy;scorbutus nauticus;sea scurvy
船员交通艇 crew's launch
船员居住的上层建筑 crew-carrying superstructure
船员居住区 crew's quarter
船员临时办公室 dock house;wharf house
船员名册 crew's book;crew list;crew list of shipsman;shipping articles
船员名单 crew's book; crew list;shipping articles
船员培训局 Merchant Navy Training Board
船员配备管理局 Merchant Navy Establishment Administration
船员身份证明书 crew's identification paper
船员室 crew's room
船员宿舍 quarters for ship's crew
船员逃生系统 crew escape system
船员养老基金 merchant navy officers pension fund
船员椅 mate's chair
船员住宿舱 crew accommodation
船缘 shoulder
船缘方木 plank sheer
船运 shipping
船运保险 marine cargo insurance
船运编号 shipping number
船运材制材厂 cargo(saw) mill
船运的 shipped
船运管理 shipping control
船运河道 ship canal
船运交通 ship traffic
船运列车 boat train
船运热 shipping fever
船运数据 shipping data
船运油料 cargo oil
船运终点 shipping terminal
船载 on-board ship;shipborne
船载冰区航行支持系统 shipboard ice navigation support system
船载导航系统 ship self-contained navigation system
船载地面站 shipboard earth station
船载海洋调查系统 shipboard oceanographic(al) survey system
船载划艇 dinghy;whale boat
船载雷达 shipboard radar
船载雷达应答器 shipboard radar transponder
船载量 ship load
船载声呐 shipboard sonar
船载数据自动报告系统 on-board data automatic reporting system
船载跳板 vessel mounted ramp
船载小艇 ship's boat
船载运量 shipment
船载重力调查 shipboard gravity survey
船载重线 plimsoll
船载自动天气预报系统 automatic shipboard forecasting system
船在泊位装货中 loading on the berth
船在大风中横倾状态 knocked down
船在干坞中撑垫材 blocking;making-up
船在港内周转时间 turnaround;turnround period
船在浪中颠簸拍水 spank
船在陆地可见范围 land laid
船在下风岸 on a lee shore
船闸 ship lock; vessel lock; canal lock;chamber lock;lift lock;lockage facility;navigation (al) lock;water lock <内河的>;sasse <木制的>
船闸岸壁 lock wall
船闸操纵人员 lock keeper;locksman
船闸侧壁充水、放水系统 sidewall port filling and empty system
船闸长度 lock length
船闸尺寸 lock dimensions
船闸充水 lock filling
船闸充水阀 culvert valve
船闸充水阀门 culvert valve
船闸充水分总管 lock filling branch manifold
船闸充水设备 lock filling system
船闸充水时间 lock equalization time;lock filling time
船闸充水与泄水系统 lock filling and emptying system
船闸充泄水系统 lock filling and emptying system
船闸出口 lock exit
船闸储水池 side pond
船闸导航堤/墙 fender wall;guard wall
船闸导航墙 leading jetty;lock guide wall
船闸的阶梯 stairway of locks
船闸的节制闸门 lock check gate
船闸的上下游水位差 lock lift
船闸的泄水闸 lock sluice
船闸的有效长度 usable length of lock
船闸的自动化及遥控 automation and remote control of lock
船闸底 lock bottom
船闸底板 lock floor
船闸蝶形阀 butterfly valve of lock
船闸蝶形进水阀 butterfly-type of lock valve
船闸阀门 lock valve
船闸放水 emptying lock;lock emptying
船闸负责人 lock master
船闸附近的河段 bay
船闸工程 lock engineering
船闸工作人员 lock attendant; lock keeper;lockman;lock screw
船闸管理人 lock keeper;locksman;lock tender
船闸管理员 lock keeper;locksman
船闸灌水 lock filling
船闸灌水入口 lock-filling intake
船闸灌水系统 lock filling system
船闸滚筒(闸)门 rolling lock gate
船闸过船时的流量损失 loss by lockage
船闸过船时间 locking time
船闸过船作业 locking operation
船闸航标 aids-to-navigation in lock area
船闸后池 lower pool
船闸后庭墙 tail bay wall
船闸蝴碟阀 butterfly-type of lock valve
船闸护堤 lock guard wall
船闸护墙 lock guard wall
船闸会船段 lock lay-bay
船闸或水坝上游水位 pool stage
船闸或水坝上游通航水域 <美> navigation pool
船闸基础 lock foundation
船闸基坑 lock pit
船闸及开合桥自动化遥控系统 automation remote control of locks and bridges
船闸间河段 canal pond
船闸交换流 lock exchange flow
船闸节制闸闸门 lock check gate
船闸结构设计 design of lock structure
船闸进口 lock entrance
船闸进路 lock entrance
船闸进入口 entry lock
船闸进水涵 filling culvert
船闸均衡闸门 balance gate
船闸口门 lock entrance
船闸口门宽度 width at lock entrance
船闸宽度 lock width
船闸螺栓 lock bolt
船闸门槛 miter[mitre] sill
船闸门框顶梁 crop beam
船闸模型 lock model
船闸排水涵洞 lock culvert
船闸排水渠 lock culvert
船闸旁边水池 side pond
船闸旁水池 side pond
船闸旁蓄水塘 side pond
船闸平台 lock plateau;lock platform
船闸前池 forebay;upper pool
船闸前港 head bay of lock
船闸区 lock complex
船闸群 group of locks;lock group
船闸人员 lock crew
船闸人字门 mitre lock gate
船闸人字门槛 lock sill
船闸容量 capacity of lock

船闸入口 lock entry
船闸上下游水位差 lock lift;lock rise
船闸上游导航墙 upper lock guide wall
船闸上游导航墙 upper guard wall
船闸上游河段 head bay;upper lock approach
船闸上游护墙 upper lock guard wall
船闸上游水库 upper pond; upper pool
船闸上游水面 upper pool of lock
船闸上游水位 pool elevation; upper pool elevation
船闸上游水位差 lift of lock; lock drop
船闸上游水域 head bay
船闸上游引航道 upper lock approach
船闸上游闸门 fore gate; inner gate; head gate
船闸升程 lift of a lock;lock lift
船闸使用 lockage
船闸室 lock basin;lock chamber wall
船闸室墙 lock chamber
船闸室水舱 lock bay
船闸输水阀 lock paddle;lock valve
船闸输水涵洞 lock culvert
船闸输水口 lock paddle;ground paddle
船闸输水时间 lock equalization time
船闸输水系统 filling and emptying system lock
船闸水级 lock lift
船闸水深 lock depth
船闸水头 lift of a lock; lock head; lock lift
船闸水位高差 lockage
船闸水位升程 lock lift
船闸梯级 flight of locks;flights lock; lock flights
船闸提升高度 lock lift;lock rise
船闸通过能力 capacity of navigation lock;lock(ing) capacity;navigation lock capacity
船闸通航时间保证率 guaranteed rate of lock's navigable time
船闸通行费 lockage
船闸通行信号 lock traffic signal
船闸尾端 hind head of lock
船闸位置 lock site
船闸系列 group of locks
船闸系统 lockage
船闸下(游)闸门 tail gate
船闸下游导航墙 lower lock guide wall
船闸下游的护墙 lower lock guard wall
船闸下游的尾水池 tail bay
船闸下游滚筒闸门 rolling tail gate
船闸下游河段 lower pool
船闸下游建筑部分 structures aft-bay
船闸下游水池 lower pool
船闸下游水库 lower pond;lower pool
船闸下游水面 lower pool of lock
船闸下游水塘 lower pool
船闸下游水位 lower pool elevation
船闸下游水位差 fall of a lock
船闸下游引航道 lower lock approach
船闸下游闸门 lower lock gate
船闸斜接柱 miter [mitre] post (of lock)
船闸泄水 lock emptying;lock sluicing
船闸泄水波 release wave below ship lock
船闸泄水口 lock-emptying outlet
船闸泄水时间 lock equalization time
船闸泄水系统 lock emptying system
船闸信号 lock signal
船闸选址 siting of lock
船闸堰 weir with lock
船闸翼墙 wingwall of lock
船闸引航道 access channel;channel; leading fairway of lock; lock approach;lock guide;lock cut <人工开挖的>
船闸引河 lock cut
船闸引渠 lock approach channel;lock cut
船闸引水渠 lock guide
船闸用水量 lockage water
船闸有效长度 effective length of lock; useable length of lock; lock effective length
船闸有效尺度 effective dimensions of lock
船闸有效宽度 effective width of lock
船闸运河 lock canal
船闸运行 lock operation
船闸闸底 platform of sluice
船闸闸门 lock gate
船闸闸门上的放水孔 wicket
船闸闸墙 lock wall
船闸闸室 lock chamber
船闸闸室进水总管 intake main of lock chamber
船闸闸室墙 lock chamber wall
船闸闸首 gate bay;head bay of lock; lock head
船闸闸首工程 ship lock headwork
船闸闸址 lock location;lock site
船闸指挥站 hailing station
船闸轴线 axis of shiplock;lock axis
船闸注水通道 flashway
船闸自动化 lock automatization
船闸自动控制设备 automatic control equipment for lock
船闸作业 lock operation
船闸作业用水 lock operation(al) water
船闸作业周期 locking cycle time
船站控制方式 ship effect station control mode
船站识别 ship effect station identification
船站数据测试电平 ship effect station data test level
船长 captain; master mariner; sea captain;shipmaster;shipper
船长办公室 captain's public room
船长床 <下设抽屉柜> captain's bed
船长费用 master's expense
船长付给船舶管理人的佣金 husbandage
船长室 captain's room
船长提单 captain's bill of lading; ship's bill of lading
船长卧室 master bedroom
船长协会国际联合会 International Federation of Shipmaster's Association
船长椅 captain's chair
船长证书 master certificate
船长执照 master's licence
船长资金 hatch money
船照 ship's papers
船遮水板 dash board
船证 ship's papers
船只 vessel;watercraft
船只冲撞力 ship impact force
船只登记册 shipping register
船只颠簸 plunge
船只搁浅 beaching; going aground; grounding
船只航道 barge line
船只或漂流物的撞击力 impact load of ship or drift
船只结关证 port of clearance
船只进港 turnaround
船只进港、卸货、装船、离港的全过程 turnaround
船只漂移测流法 ship drift
船只倾覆 bottom up; overturning of vessel
船只失事 shipwreck
船只失事残骸 shipwreck
船只停泊区 zone of boat mooring
船只停靠港口 fitting-out port
船只运垃圾 transportation of refuse on ship board
船只噪声 ship noise
船只装配船坞 fitting-out basin
船只装配码头 fitting-out basin
船只撞击能力 impact load of ship
船志 official log book
船中冰带区 amidship ice belt region
船中部 midship
船中部吃水 draft midship;draught at midship;middle draft;midship draft
船中部横缆 breast line;waist breast; waist hawser(line)
船中部框架 midship frame
船中部剖面 midship section
船中部上层建筑 centre castle; midship superstructure
船中拱 camber of a ship
船中横断面 midship section
船中横断面饱满系数 midship section coefficient
船中横截面 midship section
船中横截面饱满系数 midship section coefficient
船中横剖面 midship section
船中计程仪 midship log
船中肋骨 amidship frame
船中露天甲板 amidship weather deck
船中平行体 dead flat body; middle body;midship bend;parallel body; square body
船中剖面处吃水 mid length draft
船中剖面面积 area of midship section;midship section area
船中剖面面积系数 midship section area coefficient
船中剖面系数 midship area coefficient
船中央 amidship;midship
船钟 ship's clock;time bell
船钟改正量 watch correction
船钟架 belfry
船钟误差 watch error
船重 weight of a ship
船重曲线 curve of weights
船主 shipowner
船主同盟 conference
船蛀虫 marine borer
船转船 transship
船转船运输 board-board-transshipment
船装 hull outfitting
船装货 cargo
船状灯浮 light float
船撞防护岛 <桥梁墩台的> ship impact protection island
船着副锚 sheet anchorage
船自重系数 coefficient of ship weight

椽 jack timber;lookout <挑出域山墙屋顶的>

椽板 rafter plate
椽撑框架式坝 rafter-and-strut framed dam
椽的布置 distribution of rafter
椽端 heel of a rafter
椽端板 raising plate
椽挂板 rafter bearer
椽横梁支墩 hammer post
椽架屋顶 coupled roof
椽间空隙填塞 rafter fill(ing)
椽脚 heel of a rafter;seat of a rafter
椽脚切口 <搁接墙顶横木> foot cut
椽接 rafter connection
椽梁间距部分 case bay part
椽梁系板 heel strap
椽梁支柱 hammer post
椽木 rafter timber
椽木垫板 pole plate
椽木钉 rafter nail
椽木基座切口 seat cut
椽木水平跨度 total run
椽木尾 rafter tail
椽木屋顶 rafter roof
椽木之间的填塞物 rafter filling
椽上封檐板条 tilting board
椽条 rafter
椽头 sally
椽头卷杀 rafter-head entasis treatment
椽托 backing of rafters
椽尾 rafter tail
椽尾锯口 tail cut
椽尾梁斜撑 hammer brace
椽尾(托)梁屋顶 hammer-beam roof
椽尾小梁 hammer beam
椽尾支柱 hammer post
椽檐底板 soffit board
椽子 rafter;spar
椽子垫木 spur beam
椽子端部斜切口 cheek cut;side cut
椽子防滑木 rafter cleat
椽子搁置口 plate cut
椽子间距 rafter interval; rafter spacing
椽子截面 rafter cross-section
椽子跨度 rafter span
椽子连接 rafter connection
椽子头 rafter end
椽子屋顶 couple roof; rafter roof; span roof
椽子系统 system of rafters; rafter system
椽子下料表 rafter table
椽子斜度 rafter slope
椽子檐端截口 plate cut;seat cut
椽座 rafter table

喘气 broken wind

喘振 <发动机> pumping;surging
喘振边界 surge limit;surging limit
喘振点 surge point
喘振极限 stall margin;surge margin
喘振线 surge line;surging line

串报 cross fire

串编程序 serial programming
串变量 string variable
串标志 string denotation
串表 string list
串表达式 string expression
串并变换器 serial to-parallel converter
串并励电动机 series parallel motor
串并联 connection in series-parallel; series multiple connection; series parallel connection
串并联T形接头 series and-shunt tee
串并联变换器 series parallel control
串并联补偿 series parallel compensation
串并联操作 series parallel operation
串并联的 series parallel;serioparallel
串并联点火 series parallel firing
串并联电池控制 series parallel battery control
串并联电动机 series parallel motor
串并联电路 series(-and)-parallel circuit
串并联电容器组 multiple series capacitor
串并联短路过渡 series parallel short-circuit transition

C

串并联短路转变 series parallel short-circuit transition
串并联短路转换 series parallel short-circuit transition
串并联分流器 series parallel shunt
串并联鼓形控制器 series parallel drum-type controller
串并联管路 series parallel pipe circuit
串并联换接起动器 series parallel starter
串并联开关 serial parallel switch
串并联控制 series parallel control
串并联控制器 series parallel controller
串并联励磁绕组控制 series parallel field control
串并联联络开关 series parallel connecting switch
串并联起动 series parallel starting
串并联桥式过渡 series-parallel bridge transition
串并联桥式转变 series-parallel bridge transition
串并联桥式转换 series-parallel bridge transition
串并联绕组 duplex winding; series parallel winding
串并联三通 series and-shunt tee
串并联式 tandem and parallel type
串并联条件 series parallel requisition
串并联网络 series parallel network; series-shunt network
串并联转换开关 parallel series switch; serial[series] parallel switch
串并联自动加速度控制器 series-parallel automatic acceleration controller
串并行变换 serial parallel conversion
串并行变换器 deserializer
串并行操作 serial parallel operation
串并行乘法 serial parallel multiplication
串并行乘法器 one-shot multiplier; serial parallel multiplier
串并行传输 serial parallel transmission
串并行的 serial parallel; serioparallel
串并行寄存器 serial parallel register
串并行加法 serial parallel addition
串并行接口 serial parallel interface
串并行控制 serial parallel control
串并行控制器 series parallel controller
串并行模/数转换器 serial parallel analog(ue)/digital converter
串并行运算方式 serial parallel arithmetic(al) mode
串并行转换 serial parallel conversion
串并行转换器 serial-(to-) parallel converter; staticizer
串-并行转换器 series to-parallel converter
串并转换 deserialize
串并转换器 deserializer; serial to-parallel converter; staticizer
串部件 string unit
串参数 string parameter
串汊锁坝 chute closure dike[dyke]
串长度 string length
串长度校验 string length check
串常数 string constant
串车 bunching
串处理 string manipulation
串道 crosstalk; intertrack crosstalk
串的处理 manipulation of string
串的连接 concatenation of string
串叠心轴 gang mandrel
串动继电器 chain relay
串动接触器 serial contactor
串断点 string break
串分类 string sort
串符号 string symbol
串赋值 string assignment
串杆 loop bar
串杆货叉 ram
串缸式涡轮机 tandem connected turbine
串沟 cross channel
串沟裁弯 chute cut-off
串沟沉积 chute deposit
串沟锁坝 chute closure dike[dyke]
串沟相 chute facies
串光 optic(al) crosstalk
串函数 string function
串行线网际协议 serial line Internet protocol
串化器 dynamicizer
串话 crosstalk; monkey chatter
串激 series excitation
串激差绕直流电动机 differential-field series motor; split-series motor
串激磁场 series field
串激的 series-wound
串激电动发电机 <合并的电动机及发电机> series dynamotor
串激电动机 series motor; series-wound motor
串激电机 series excited machine
串激发电机 series dynamo; series generator; series-wound generator
串激绕法 series winding
串激绕组分段式直流电动机 split-field motor
串激特性 series characteristic
串激特性电动机 series characteristic motor
串激推斥单相牵引电动机 series repulsion single phase traction motor
串激推斥电动机 series repulsion motor
串激线圈 series magnet coil
串激整流式交流电动机 series conduction motor
串激直流电动机 direct current series motor
串级 cascade; cascade connection tandem; concatenate
串级变换器 cascade converter; Lacour converter
串级变频器 concatenated frequency changer
串级电动机 concatenated motor; concatenation motor
串级电气传动 electric(al) drive with cascade
串级叠置法 cascade (welding) sequence
串级发电机 cascade generator
串级放大器 cascade amplifier
串级机组 cascade set
串级激光器 cascade laser
串级搅拌系统 cascade blending system
串级均化 cascade homogenization
串级控制 cascade control
串级控制系统 cascade control system
串级励磁机 cascade exciter
串级连接 chain connection
串级连接的 cascade connected
串级连接法 cascade method; cascading method
串级耦合 cascade coupling
串级屏蔽 cascade screen
串级式断电 cascade outage
串级式透平机 tandem turbine
串级式制冷系统 cascade refrigerating system
串级调节 cascade regulation
串级调节系统 cascade control system; cascade regulating system
串级调速 cascade control; concatenation; concatenation control
串级跳闸 cascade tripping
串级停电事故 cascade outage
串级系统 tandem system
串级噪声 cascade noise
串级-蒸发 cascade-evaporation
串级作用 series cascade action
串集 trail
串浆 <岩土工程施工灌浆形成的> communication; running of grout; grout leaking
串接 concatenation; connection in series; joining-up in series; tandem connection
串接变换器 cascade converter
串接变压器 series transformer
串接表 cascade list
串接表目 cascade entry
串接电动机 cascaded motor
串接方法 series-mounting
串接感应器 series ringer
串接寄存器 serial register
串接螺纹 tandem thread
串接元组 concatenated tuple
串接振铃机 series ringer
串开关 string switch
串控制字节 string control byte
串框架 string frame
串馈 cross feed
串馈稳定 series stabilization
串馈振荡器 series feed oscillator
串励 series excitation
串励(磁)场 series field
串励电动机 series dynamo; series (-wound) motor
串励电机 series(excited) machine
串励发电机 series dynamo; series generator
串励发电机同步信号 series excited generator
串励分流电阻 series shunt
串励辐射器 series excited radiator
串励换向器电动机 series commutator motor
串励绕组分段式直流电动机 split-field motor
串励特性电动机 inverse-speed motor; motor with series characteristic
串励天线 series excited radiator
串励线圈 series excitation coil
串连接合 straight series
串连接口 serial interface
串连接入 put in series
串连接触器 series contactor
串连接法 tandem-type connection
串连接口 serial port connection
串连接力提升 tandem hoisting
串连接线 series wiring
串连锚 anchors in series; successive anchors
串连式泵 tandem-type pump
串连式水轮机 tandem-type turbine
串联 arrangement in series; cascade; cascade connection; cascade connection in series; connection in series; contact in series; continuous series; install in series; mount in series; series; tandem; in tandem <轧钢机>
串联饱和电抗器 series transductor
串联爆破 consecutive firing; series shot-firing
串联泵 cascade pump; pumps in series
串联臂 series arm
串联变换器 series transformer
串联变压器 series transformer
串联并联系统 series parallel system
串联补偿 cascade compensation; serial compensation; series compensation
串联补偿放大器 series compensated amplifier
串联补偿绕组 series compensating winding
串联布设 <渗水系统的> serial distribution
串联布置 series arrangement
串联操作 serial operation
串联铲运机 tandem bowl scraper
串联车轮 tandem wheels
串联池 tanks in series
串联抽气系统 in-line exhaust system
串联处理机 tandem processor
串联处理系统 tandem system
串联触发 series triggering
串联传动 in-line drive; tandem drive
串联传动轴 tandem axles
串联传声器 transverse current microphone
串联床 bed-in-series
串联磁场线圈 series field coil
串联磁电机 series-wound dynamo
串联磁放大器 series transducer
串联磁化线圈 series magnet coil
串联次序 series sequence
串联萃取 cross-current extraction
串联导体 series conductor
串联道岔轨道电路 series fouling circuit
串联的 cascade connected; connected in series; in tandem; serial; series connected
串联的拱廊 pierced arcade
串联灯丝 series filament; series heater
串联地 in series
串联点焊 series spot welding
串联电池组 series battery
串联电动机 series excitation electromotor; series motor
串联电感 series inductance
串联电感器 series reactor
串联电弧调节器 series arc regulator
串联电弧焊接 series arc welding
串联电弧炉 series arc furnace
串联电抗器 current-limiting reactor; series reactor
串联电路 current circuit; series circuit
串联电路起爆 series circuit firing
串联电路设计 series circuit design
串联电容 series capacitance; series capacity
串联电容补偿 series capacitors compensation
串联电容器 serial capacitor; series capacitor; series condenser
串联电刷 tandem brush
串联电压 series voltage
串联电压调整器 series voltage regulator
串联电压稳定器 series voltage regulator
串联电阻 resistance in series; series resistance
串联电阻灯 series resistance lamp
串联电阻器 series resistor
串联定位翻车机 tandem positioner-dumper
串联斗式铲运机 tandem bowl scraper
串联断点开关 series break switch
串联多弧焊 tandem sequence
串联舵 tandem rudder
串联扼流圈 series choke; series reactor
串联二极管 series diode
串联二进制加法器 serial binary adder

串联发电机 series dynamo;series generator
串联法 cascade process;series process;concatenation
串联反复配置法 series multiple arrangement
串联反馈 series feedback
串联反馈放大器 series feedback amplifier
串联反射元件 reflecting elements in series
串联方式 serial mode
串联放电器 series gap
串联分布参数 series-distributed parameter
串联分支 series branch
串联粉碎机 cascade pulverizer
串联峰化 series peaking
串联缝焊 series seam welding
串联服务通道 service channel in series
串联辅助设备 series auxiliary
串联负反馈 series negative feedback
串联负荷 series load
串联负阻抗 series negative impedance
串联复合管 compound pipes in series
串联复式交换机 series (multiple switch) board
串联复式汽轮机 tandem compound turbine
串联复式透平机 tandem turbine
串联感应电动机系统 cascaded-induction motor system
串联工作 tandem operation; tandem working
串联供电 series fed; series power supply
串联共振 series resonance
串联共振电路 series resonance circuit
串联构件 series element
串联故障 series fault
串联管路 pipe in series; series circuit;series pipe
串联光栅对 tandem grating pair
串联辊涂线 tandem line
串联过程 cascade process
串联过电流继电器 series over-current relay
串联过滤器 in-line filter
串联海流计 repeating current meter
串联焊 series welding
串联和并联的 T 形接头 series and-shunt tee
串联后轴 tandem rear axle
串联弧光灯 series(-wound) arc lamp
串联弧焊 series arc welding
串联化 serialization;serialize
串联环式绕组 series ring winding
串联环形系统 series loop system
串联回路 series loop
串联回路系统 series loop system
串联回授 series feedback
串联混合 compounding in series
串联活塞 tandem piston
串联火花隙 series spark gap
串联机 cascade machine
串联机组 tandem set
串联激励式 series energizing type
串联级 series stage
串联加法器 series type adder
串联加热器 cascade heater
串联加载 series loading
串联间隙电容器 series gap condenser
串联建峰补偿 series-peaking compensation
串联键 concatenated key
串联绞辘 compound tackle
串联搅拌釜 chain of stirred tanks
串联校正 cascade compensation
串联校正网络 cascade-compensation network
串联结构 series configuration; series construction
串联截断电路 series equalizer
串联解扣线圈 series trip coil
串联进位 cascaded carry
串联晶体管电路 cascade transistor circuit
串联晶体管稳压器 series transistor regulator
串联警冲轨道电路 series fouling circuit
串联均衡器 series equalizer
串联开关 switch in series
串联空气隙电容器 series gap condenser
串联控制 cascade control
串联馈电 serial feed;series feed(ing)
串联馈电竖直天线 series feed vertical antenna
串联雷管 detonators connected in series
串联励磁 series excitation
串联连接 connect in series; series connection
串联链条驱动 tandem chain drive
串联流速仪 repeating current meter
串联轮轴 tandem axles
串联螺旋桨潜艇 tandem propeller submarine
串联锚 series anchor
串联锚泊 series anchor mooring
串联锚系碇 series anchor mooring
串联模具 tandem die
串联模式 in-tandem model
串联模型 in-tandem model
串联泥泵 serially connected dredge pumps;tandem dredge pumps
串联排队 tandem queue
串联配置的助推器 tandem-boost configuration
串联皮带轮 tandem rope pulleys
串联匹配电阻器 series matching resistor
串联瓶式采样器 series bottle sampler
串联起爆 series shot-firing
串联起电机 tandem generator
串联切断塞孔 break jack; cut-off jack;cut-out jack
串联驱动轮 tandem drive wheel
串联驱动式铲运机 tandem powered scraper
串联燃油泵 tandem fuel pump
串联绕组 series winding
串联升压机 series booster
串联升压机调节器 series booster regulator
串联生物滤池活性污泥法 series trickling-filter and activated-sludge process
串联施工(法) series construction
串联式 in tandem;tandem type
串联式布置 serial distribution
串联式船坞 tandem dock
串联式的 in-line
串联式电动机 tandem motor
串联式电话装置 series connection telephone
串联式发动机 tandem engine
串联式翻车机 tandem tipples
串联式钢轮碾压机 tandem steel-wheel roller
串联式港池 chain system of docks; series docks
串联式轨道电路 serially connected track circuit;series track circuit
串联式滚柱 tandem-type rollers
串联式加法器 serial type adder
串联式拉伸封隔器 tandem tension packer
串联式冷凝器 cascade condenser
串联式离子分析仪 tandem ion analyser[analyzer]
串联式碾压机 tandem roller
串联式配置 tandem position
串联式汽缸 tandem cylinder
串联式汽轮机 tandem turbine
串联式驱动 tandem drive
串联式三滚筒压路机 three-axle tandem roller;three-roll tandem roller
串联式三轮压路机 three-axle tandem roller;three-roll tandem roller
串联式双车翻车机 tandem rotary dumper
串联式双制动总泵 tandem master cylinder
串联式推进器后轴 pusher tandem axle
串联式推进系统 tandem propulsion system
串联式拖车 tandem trailer
串联式拖拉机 tandem tractor
串联式涡轮机 tandem connected turbine
串联式涡轮增压 series turbocharging
串联式限幅器 series type limiter
串联式相位补偿器 series type phase advancer
串联式相位超前补偿机 series type phase advancer
串联式旋转翻车机 tandem rotary car dumper
串联式压路机 tandem roller
串联式振动压路机 tandem vibrating roller
串联式振动碾 tandem vibrating roller
串联式中心收集器 cascade centerpeter
串联式助推器 in-line booster
串联数 serial number
串联数据电路 tandem data circuit
串联双翻车机 dual-car rotary dumper;tandem dumper
串联双缸式透平 tandem compound flow turbine
串联双缸式涡轮机 tandem compound flow turbine
串联双聚焦质谱计 tandem double focusing mass spectrometer
串联双轮胎 twin-tandem wheel tire
串联双拖车 tandem trailer
串联水表 series connection meter
串联水库 hinged pool; linked pool; linked reservoir; reservoir in series;serially linked reservoirs
串联顺序 series sequence
串联伺服马达 series line servomotor
串联松土推块 tandem ripping push block
串联隧道管对/电感电路 goto-pair/inductor circuit
串联特性 series characteristic
串联条件 series requisition
串联调节器 serial regulator; series controller;series regulator
串联调速 cascade control
串联调谐 series tuning;stagger tuning
串联调谐电路 series tuned circuit
串联调整 series control
串联调整率 series regulation
串联调整器 series regulator
串联调制 series modulation
串联跳闸 series tripping
串联跳闸线圈 series trip coil
串联通风 series ventilation
串联同调 stagger tuning
串联铜精炼 series copper refining
串联推斥电动机 series repulsion motor
串联推动装载 tandem push loading
串联推进器 tandem propeller
串联网络 series network
串联位置 series position
串联稳定器 tandem stabilizer
串联稳压器 series regulator; series voltage regulator
串联无线电分支 series radio tap
串联系统 cascade system; series system
串联线接头 series wire terminal
串联线圈 series coil;series winding
串联线圈磁场 series field
串联线圈解扣 series coil trip
串联线匝 series turns
串联限幅器 series limiter;series type limiter
串联相位谐振 series phase resonance
串联谐振 acceptor resonance; series resonance;voltage resonance
串联谐振电路 series resonant circuit
串联谐振频率 series resonance frequency
串联谐振陷波电路 series resonant trap
串联蓄电池组 series storage battery
串联雪橇运输 bobsledding
串联压路机 tandem
串联液压回路 series hydraulic circuit
串联液压支架推进法 Tandem support system
串联诱导叶轮 tandem bladed inducer
串联元件 series element
串联圆盘耙 tandem disc[disk] harrow
串联源电阻 series source resistance
串联运行 serial operation; series operation;series running
串联运转 serial operation; series operation
串联增压机 series booster
串联增音器 series repeater
串联闸刀开关 tandem knife switch
串联照明 series lighting
串联蒸汽碾压机 tandem steam roller
串联支路 series arm
串联制 series system
串联质谱法 tandem mass spectrometry
串联质谱计 tandem mass spectrometer
串联质谱仪 tandem mass spectrometer
串联主油缸 tandem master cylinder
串联助推器 tandem booster
串联柱 columns in series
串联装置 series arrangement
串联自吸式泵 cascade pump
串联阻抗 series impedance
串联组合 in-line combination; series combination
串链 catena[复 catenae/ catenas]
串量 string quantity
串列 tandem
串列泵 tandem pumps
串列标准具 etalons in tandem
串列铲斗式<铲土机> tandem bowl reaction
串列道岔<连续出岔的复式道岔> tandem turnout
串列的 in tandem
串列多点焊 tandem welding
串列多弧焊 tandem welding
串列复式风泵 tandem compound compressor
串列管束 series of tubes
串列滚筒 tandem roller
串列横列联合式轧机 combination mill
串列机组牵引架 tandem pull
串列交换台 series board
串列进位 series carry

串列静电加速器 tandem electrostatic accelerator
串列励磁机 tandem exciter
串列轮压路机 tandem road roller
串列轮轴 tandem axles
串列轮轴荷载 tandem axle load
串列螺旋桨 tandem propeller
串列马车 tandem
串列脉冲 train impulse
串列配置 tandem configuration
串列清管器 tandem go-devil; tandem scraper
串列式薄板轧机 tandem sheet mill
串列式布置 straight-way setup
串列式带材冷轧机 tandem cold strip mill
串列式调车场 < 即到达、编组、出发三场都是纵列的 > tandem yard
串列式镀锡薄钢板轧机 tandem tinplate mill
串列式多次拉拔机 tandem drawing-machine
串列式发电机 straight generator
串列式加速器 tandem accelerator
串列式交换机 series multiple board
串列式拉丝机 tandem drawing-machine
串列式冷轧机 tandem cold-mill
串列式连接 tandem connection
串列式捻股机 tandem stranding machine
串列式盘条轧机机组 straightaway stands
串列式喷嘴气割机 separate nozzle gas cutter
串列式平足压路机 tandem padfoot drum roller
串列式汽缸 tandem cylinder
串列式湿拉机 wet tandem drawing machine
串列式碎土镇压器 tandem pulverizer
串列式小型型钢轧机 straightaway mill
串列式叶片 tandem blade
串列式轧机 straightaway mill; tandem mill
串列式助推器 in-line booster
串列顺序 cascade sequence
串列拖带的 drawn-in tandem
串列压路机 tandem road roller
串列样板 tandem screed
串列轴驱动 tandem axle drive
串流 cross flow; series flow
串流池 series flow basin
串流式涡轮机 series flow turbine
串流式选粉机 separator in series
串脉冲 series impulse
串描述符 string descriptor
串模式 string pattern
串谋 collusion
串排复缸瓦斯发动机 tandem gas engine
串排复缸压缩机 tandem compressor
串排复缸蒸汽机 tandem compound engine
串盘式输送机 < 一般用于运送小物件 > paternoster
串桥 tandem bridge
串桥磁放大器 bridge magnetic amplifier
串球状 beads-shaped; string-beads
串球状构造 beads structure
串扰 cross fire; crosstalk; interference
串扰单位 crosstalk unit
串扰电流 cross fire
串扰耦合 crosstalk coupling
串扰抑制 crosstalk suppression
串绕磁场 series field
串绕的 series-wound
串绕电动机 series-wound motor
串绕直流电动机 series-wound direct-current motor
串任选 string option
串入并出乘法器 serial-in parallel-out multiplier
串入串出寄存器 series in-series out register
串色 colo(u)r contamination; colo(u)r migration; cross colo(u)r
串式处理符号语言 string-oriented symbolic language
串式绝缘子 link insulator
串式数据 string data
串式旋流集尘器 paracyclone dust collector
串视 in range; in transit; transit
串视方位 bearing in line; transit bearing
串视线和方位 transit and bearing
串数据 string data
串说明操作数 string specification operand
串算符 string operator
串替换规则 string replacement rule
串通投标 collusive tendering
串通舞弊 collusion
串筒 tumbling barrel
串位 bit serial
串位数字运算 serial digit operation
串文件 string file
串线 crosstalk
串线的列生 train changed to a next path
串线订 sewing; thread-stitching
串线机 thread sewing machine
串线杂音 babble
串项 string item
串像 cross view
串效率 string efficiency
串型多晶结构 shish-kebab
串型属性 string attribute
串旋回地槽 transcycle geosyncline
串烟 smoke staining
串音 babble; cross feed; cross stalk; overhearing
串运算符 string operator
串在铁叉上 broach
串指示器末端为静态 quiesce-at-end-of-chain indicator
串指针 string pointer
串置螺旋桨 tandem propeller
串中剖 mid-series
串轴驱动 tandem drive
串轴式压缩机 dual compressor; tandem compressor
串珠 bead; rosary
串珠板 beaded board
串珠雏晶 margarite
串珠焊缝受弯试验 bead bend test
串珠河 button drainage
串珠厚边 thick beaded edge
串珠湖 < 冰川谷中的 > paternoster lakes; beaded lakes
串珠花边饰【建】 roundel
串珠花饰 chaplet
串珠锯 beads string saw
串珠卷饰线脚 reel and bead
串珠绝缘 beaded insulation
串珠帘 bead curtain
串珠式洪积扇 beads-shaped pluvial fan
串珠饰【建】 bead; chaplet; pearl beading; astragal; godroom; return bead; roundel
串珠饰滚边 beadflush
串珠饰面 astragal front
串珠水系 button drainage
串珠贴面板 bead tile
串珠纹 beaded border
串珠线脚 bead(ed) mo(u)ld(ing)
串珠线条 bead(ed) mo(u)ld(ing)
串珠镶边 beadflush
串珠镶边板 bead and flush panel; beadflush panel
串珠状 pinch-and-swell shape
串珠状椽饰 beadwork
串珠状磁异常 pearl magnetic anomaly
串珠状的 catenate; catenulate; catenuliform
串珠状分布 beads-shaped distribution
串珠状构造 beads-shaped structure; paternoster structure
串珠状河流 beaded river; beaded stream
串珠状湖泊洼地 beaded lakes and depressions
串珠状花样 beading design
串珠状灰岩坑 catenulate sink hole
串珠状混合岩 paternosteric migmatite
串珠状火山口 beaded volcanoes
串珠状胶结物结构 bacillary cement texture
串珠状结核 string-beads nodule
串珠状结节 beading nodules
串珠状肋骨 beading of ribs
串珠状落水洞 catenulate sink hole
串珠状溶坑 catenulate sink hole
串珠状水系 beads-shaped drainage
串珠状通道 paternoster conduit
串珠状线脚 paternoster
串珠状陷穴 catenulate sink hole
串珠状岩体 beaded intrusions
串珠状缘饰 beading
串珠状装饰 beading
串属性 string attribute
串状薄壁组织 strand-of parenchyma; wood parenchyma strand

窗凹槽 breast of a window

窗凹墙 breast of a window
窗百叶 window sunblind
窗板 luffer board
窗板墙筋 window stud
窗半边槽 window rebate
窗半槽边 window check
窗帮 window reveal
窗帮凹槽 window recess; boxing
窗壁凹 window recess
窗壁龛拱 window niche arch
窗边半槽 window rabbet
窗边槽口 window check; window rabbet
窗边框 window style
窗边框筒子板 jamb liner; jamb plate
窗边石 mo(u)ld stone
窗边梃 sash stile; stile; window stile
窗玻璃 glazing; glazing material; window glass; window glass pane; window pane; leaded glass < 铅条镶嵌的 >
窗玻璃槽 glass-run
窗玻璃槽密封条 glass-run weatherstrip
窗玻璃导轨 window guide rail
窗玻璃垫条 window glass bumper
窗玻璃分隔 window pane separation
窗玻璃滑槽 glass-run
窗玻璃滑道 window glass run channel
窗玻璃加热器 < 融冰器 > window heater
窗玻璃框 glass rim
窗玻璃密封条 glass strip; window strip
窗玻璃片 lite; pane
窗玻璃片隔条 pane separation
窗玻璃嵌条 glass strip
窗玻璃腔 window pan
窗玻璃装配用橡胶槽道 rubber glazing channel
窗部件 window parts
窗采光 window-lighting
窗槽口 window groove
窗侧 < 外墙与门窗的间的 > reveal
窗侧壁 jamb; window jamb
窗侧壁槽 rebate
窗侧柱 window post
窗侧柱镶木 window post wood
窗层 window tier
窗插销 angle catch; sash bolt; sash pin; turn button; window bolt; window catch; window lock; casement fastener
窗铲口 window check; window rabbet
窗衬套 window lining
窗撑 window casement stay; window stay
窗撑杆 casement stay; sash fast; stay (bar)
窗撑条 stay bar
窗撑头 casement stay
窗橱玻璃 thick sheet glass
窗橱布置 window dressing
窗橱设计 window dressing
窗锤箱 boxing; sash casing; sash pocket; weight box; window box
窗搭 window eaves
窗带 ribbon window; window band
窗单元 window unit
窗挡 window stop(per)
窗挡风条 deep bead; draught bead
窗挡胶皮 window stopper rubber
窗挡托 window stop bracket; window stop support
窗导框 window guide
窗的部件 window component
窗的尺寸 window dimension
窗的定型衬垫 window structural gasket
窗的防气流性 window draught-proofing
窗的附件 window accessories
窗的拱弧 window arch
窗的密封 window sealing
窗的密封垫 window gasket
窗的模数 window module
窗的平衡锤 window weight
窗的清洗 window cleaning; window washing
窗的清洗设备 window cleaning equipment
窗的清洗台架 window cleaning cradle
窗的设计 window design
窗的施工人员 window builder
窗的填缝 window sealing
窗的填缝绳 window sealing rope
窗的通风 window ventilation
窗的透射性 window transmission
窗的位置 window location
窗的形状 window shape
窗的型号 window type
窗的型式 window type
窗的压缝条 window sealing fillet
窗的遮阳篷 window awning
窗的振荡 window oscillation
窗的振动 window vibration
窗的制造 window manufacture
窗的装配 window assembly
窗的最小尺寸 minimum window size
窗地面积比 glazing/floor area ratio
窗垫木 window template
窗吊簧 window balance spring
窗顶披水条 head weather mo(u)lding
窗洞 aperture of window; fenestra-

tion; window aperture; window opening
窗洞八字做法 fluing; splaying of window jambs
窗洞(口)尺寸 dimensions of window opening; window opening size
窗兜 window hood
窗斗 sash pocket
窗肚板 breast lining
窗肚封口板 breast lining
窗肚墙 apron facing; spandrel wall(ing)
窗肚墙的托梁 spandrel girder
窗肚墙面装饰 apron facing
窗肚墙面装修 apron facing
窗墩 window pier
窗耳【建】crossette
窗放大器 window amplifier
窗扉 casement
窗扉扣件 cockspur fastener
窗分格 window subdivision
窗风撑 casement adjuster; casement stay; door stop; stay bar
窗风钩 casement stay; sash fast(enter) < 固定窗扇用 >; sash holder; sash lock; stay bar
窗缝渗漏 window leakage
窗附件 window furniture
窗盖口条 window apron
窗钢料 steel window section
窗格 window division; window screen; window tracery
窗格鞍形嵌条 saddle bar
窗格玻璃 glass pane; pane
窗格构造 boxwork
窗格块 day
窗格栅 window grillage; window grille
窗格条 muntin bar; munting
窗格镶嵌 tracery filling
窗格镶填 tracery filling
窗格形的 clathrate
窗格子玻璃 window pane
窗工程 window engineering
窗拱 window arch
窗钩 cabin hook; catch; kep; pulldown hook; sneck head; snib; window catch
窗构造 window
窗柜及框格 sash and frame
窗柜两侧斜边 flanning
窗过梁 window lintel
窗过梁饰带 fascia[复 fa(s)ciae/ fa(s)cias]
窗合页 window hinge
窗盒围板 back boxing
窗横撑 window cross
窗横挡 transom; window rail
窗横条 window bar
窗后板 window back
窗户 < 按建筑学原理设计的 > architectural projected window
窗户安装 window erection
窗户薄膜 window film
窗户挡风条 ventilating bead
窗户挡风毡条座 window groove fastener
窗户顶部短帘 valance
窗户防退色化学品 anti-tarnishing chemical for window
窗户固定 window fixing
窗户滑槽挡风毡条 window groove felt
窗户滑槽木 window groove wood
窗户配列 fenestration
窗户扇 window fan
窗户上遮阳光的水平板 hance
窗户设置 window placement
窗户施工 construction of window
窗户手柄 window handle
窗户涂层 window coating
窗户掩蔽体 window shelter
窗户遮阳棚 window shade
窗户止风条 draft bead
窗户装修 window finishing
窗护杆 window protection rod
窗护栏 window grille; window guard
窗花格 tracery
窗花格风格 tracery pattern
窗花格格局 tracery pattern
窗花格花样 tracery pattern
窗花格图案 tracery pattern
窗花格中开的三角形小窗 angle light
窗花格装饰艺术 tracery ornamental art
窗滑轨 guide bead
窗架 sash frame; window frame
窗间半幕墙 semi-curtain wall between windows
窗间壁 pier
窗间布置 interfenestration
窗间单独空调器 air-conditioner window
窗间的 interfenestral
窗间墩 pier between two windows
窗间墩宽 interfenestration
窗间隔墙 curtain-wall between windows
窗间镜 pier glass
窗间立柱 integral mullion
窗间墙 pier; trumeau; wall between windows; wall pier; window wall; spandril < 上下层的 >
窗间墙板 window apron
窗间墙镜 pier glass
窗间墙宽度 interfenestration
窗间小柱 stanchion; stauncheon; window mullion
窗间直棂 window mullion
窗间柱 window column; window post; window stud
窗间砖石墩 pier between two windows
窗键 window lock
窗槛 parapet of window; window cill; window sill
窗槛板 cill cover
窗槛高度 cill height
窗槛花箱 window box
窗槛梁 sill head
窗槛面砖 cill tile
窗槛墙 window parapet
窗槛上挑出的脚手架 window jack (scaffold)
窗槛条块 cill block
窗槛止水槽 check throat(ing)
窗角 window corner
窗角竖杆 angle bar
窗铰链 window butt; window hinge
窗金属附件 window hardware
窗井 areaway; basement light well
窗井顶部采光窗 pavement light
窗井墙 area(way) wall
窗距布置 interfenestration
窗距离布置 interfenestration
窗开关 window opener; window regulator
窗开关调整器 adjuster for windows
窗开关联动装置 window gearing
窗开关旋钮 window button
窗龛 window niche; window recess
窗龛拱 window recess arch
窗孔 window aperture; window opening; aperture; fenestra; iris; lights; opening; orifice; machicolation < 古堡女儿墙中的 >
窗孔板 aperture board
窗孔构造 fenestral structure
窗孔卡片【计】aperture card
窗孔黏[粘]合剂 aperture adhesive
窗口 aperture(of window); hatch; opening; sash; window (aperture); window opening; crenel(le) < 四周内宽外窄的 >
窗口凹形压条 window cave moulding
窗口比较器 window comparator
窗口比例系数 window scale factor
窗口边界 window border; window boundary
窗口标识符 window identifier
窗口标题 window title
窗口表 window list
窗口材料 window material
窗口菜单按钮 window menu button
窗口菜单处理 window menu handle
窗口操作 window operation
窗口侧墙 window jamb
窗口测量 window measurement
窗口测试信号 window test signal
窗口尺寸 window opening size; window size
窗口尺度 window size
窗口大小 window opening size; window size
窗口挡尘板 window dust guard
窗口的下界 lower window edge
窗口凳 banquette
窗口定位出错 window alignment error
窗口定义块 window definition block
窗口定义块状态 window definition block status
窗口多媒体 window multimedia
窗口分类结构 window class structure
窗口分页转换 window burst transfer
窗口管理软件 window management software
窗口函数 window function
窗口横框 sash rail
窗口剪取 window clipping
窗口剪取平面图 window clipping plane
窗口脚手拉杆 reveal tie
窗口脚手销钉 reveal pin
窗口拘束焊缝抗裂试验 window type restraint weld cracking test
窗口卡片文件 window card file
窗口块 window block
窗口宽度 hole aperture
窗口框 window casing
窗口扩充 window extension
窗口亮度 brightness of window surface
窗口脉冲 window pulse
窗口模式基元 windowed pattern primitive
窗口目标 window object
窗口目录 window directory
窗口平面图 window plane
窗口式选择框 windowing
窗口饰 chambranle
窗口数据结构 window data structure
窗口挑脚手 window jack(scaffold)
窗口投交 delivery at the counter
窗口图标编辑程序 window icon editor
窗口系统 window system
窗口显示模式 window display mode
窗口斜角 window splay
窗口压条 window moulding
窗口檐板 window cornice
窗口应用程序 window application
窗口遮阳篷 window shade
窗口中柱 window pillar
窗口转换【计】window conversion
窗口坐标 window coordinates
窗口坐标系统 window coordinate system
窗框 sash frame; window(casement) frame; window sash; window surround
窗框凹槽 window recess
窗框边框 window jamb
窗框边框内侧 esconson
窗框槽沟 scuncheon
窗框槽刨 sash fillister; sash knife
窗框衬垫 window sealing gasket
窗框挡风条 window sash stripping
窗框的竖框 impost
窗框的中框 window mullion
窗框底盘 sash sill
窗框垫块 window template
窗框吊带 sash cord; sash line
窗框吊铁 sash balance
窗框防腐剂 < 主要成分为 2-氯化正苯基苯酚 > pax-tox
窗框钢 casement section steel; sash bar; sash iron; window sash section
窗框钢材 casement section
窗框横冒头 sash rail
窗框横条 window sash rail
窗框滑槽 runway
窗框滑沟 runway
窗框滑轮 frame pulley; sash roller
窗框或窗帮的凹槽 window recess
窗框或门框的半槽边 reveal
窗框架 door frame
窗框槛条 sill bead
窗框角铁 sash angle
窗框接头 jamb joint
窗框两侧空槽 window box
窗框两侧斜边 flanning; window flanning
窗框木材 sash timber
窗框内侧 esconson
窗框刨 sash plane
窗框上槛 head of casing; window head
窗框式玻璃幕墙 window wall
窗框榫凿子 sash mortise chisel
窗框提手 sash lift
窗框条 sash bar; sill course
窗框贴脸板 inside stop
窗框托 subsill
窗框镶板 window lining
窗框型钢 casement section
窗框压玻璃条 window bead
窗框压条 window bead
窗框用规格料 sash stuff
窗框用木 timber for window-frames
窗框凿 sash chisel
窗框支杆 window sash supporting rod
窗框支杆套 window sash supporting rod guide
窗框支架 sash bracket
窗框中槛 window transom
窗拉手 sash handle; sash pull; sneck head; window pull
窗栏 window lattice
窗栏杆 window parapet
窗肋柱 window post
窗帘 blind; curtain; hangings; marquisette(curtain) < 玻璃纤维的 >; sun blind; window blind; window curtain; window hanging; window shade
窗帘安全挡 blind safety stopper
窗帘按锁 window shade thumb latch
窗帘板 pelmet board; valance
窗帘棒 curtain rod
窗帘布 shade cloth; window(-blind) Holland
窗帘挡 window shade stop
窗帘导轨 curtain rail
窗帘导架 curtain guide
窗帘吊轴 window curtain roller
窗帘杆 traverse rod
窗帘钩 exterior tieback; tieback
窗帘轨 traverse rod

C

窗帘辊 curtain rod
窗帘棍支架 curtain rod arm
窗帘盒 closed cornice; cornice; curtain box; pelmet(box); valance
窗帘盒顶部泛光照明 valance lighting
窗帘滑轨 curtain runway; curtain track
窗帘架 curtain bracket; valance; window curtain bracket
窗帘卷放装置 curtain rod arm uncoupling apparatus
窗帘卷轴 blind shaft; shade roller; window shade roller
窗帘卷轴套 window rod bushing
窗帘卷轴托 blind shaft bracket
窗帘拉手 blind pinch handle
窗帘棉布 holland
窗帘内箱 blind box; curtain box
窗帘圈 curtain ring
窗帘外箱 blind box cover
窗帘匣 curtain box
窗帘匣顶泛光照明 pelmet lighting
窗帘箱 blind box cover; pelmet(box)
窗帘小五金 curtain hardware
窗帘止卡 blind stopper
窗帘止铁 blind stop bar; window-blind stop bar
窗帘纸 window drape paper
窗凉篷 window awning
窗亮度 window brightness
窗列 window tier
窗棂 division bar; glazing bar; muntin; sash bar; stanchion; window bar; window glazing bar; window mullion; window pillar
窗棂构造 mullion structure
窗棂錾 sash chisel
窗棂凿 sash chisel
窗楣 brow; eye brow; watershed; window grate; wriggle rigol; window lintel
窗楣木 window lintel wood
窗门 glass door; glazed door
窗门的竖框 mull on
窗门的直棂 mull on; munnion; mullion
窗门生产 window manufacture
窗门弹簧螺栓 window spring bolt
窗面采光率 window efficiency ratio
窗面采光效率比 window efficiency ratio
窗面积 window area; window space
窗面招牌 window area sign
窗内百叶遮阳 inner slatted blind; inside slatted blind
窗内侧壁衬砌 reveal lining
窗内侧壁销子 reveal pin
窗内侧挡条 window bead; window stop
窗捏手 sash knob
窗排列与配合法 fenestration
窗盘 window sill
窗盘线条 breast mo(u)lding
窗配玻璃 window glazing
窗配合 fenetration
窗配件 window fittings; window parts
窗片材料 window material
窗频范围 window-range
窗平衡锤箱 weight box
窗前花池 window box garden
窗嵌玻璃铅条 fretted lead
窗嵌体 inlay window
窗墙 window wall
窗墙板 window panel
窗墙式空调机 wall-through type air conditioner
窗清洗设备 window-washing equipment
窗裙墙 spandrel wall(ing)
窗扫风条 draught bead
窗扫棍 draught rod
窗扫匣 draught box
窗纱 glass curtain; insect screen; screen cloth; window screen
窗扇 casement; folding casement; window casement < 平开的 >; window sash < 英国上下开关的 >
窗扇壁龛 enestella
窗扇边框 window stile
窗扇边梃 casement frame; window stile
窗扇边窄玻璃 margin light
窗扇玻璃 windowlight
窗扇槽口 sash fillister
窗扇槽刨 sash fillister
窗扇撑杆 casement adjuster
窗扇附件 sash hardware
窗扇盖缝条 meeting strip
窗扇格框 sash
窗扇固定撑件 casement fastener
窗扇横档 sash rail
窗扇横冒头 sash rail
窗扇滑轮 sash roller
窗扇角钢 sash angle
窗扇铰链 casement hinge
窗扇开关方向 handing of window
窗扇开榫锯 sash saw
窗扇框 casement frame; window case; window frame
窗扇钳夹器 sash cramp
窗扇上横档 window top rail
窗扇上冒头 window top rail
窗扇上下扯窗平衡锤 window weight
窗扇施工疵病 defects in sash fixing; defects in sash work
窗扇闩扣 sash fastener
窗扇弹簧插销 sash spring bolt; window spring bolt
窗扇提升装置 sash lift
窗扇调整器 sash adjuster
窗扇下横档 window bottom rail
窗扇下冒头 window bottom rail; window sill
窗扇小五金 sash hardware
窗扇心轴 sash center[centre]
窗扇压条 sash bead
窗扇支撑 casement stay; peg stay; quadrant stay
窗扇中梃 window stile
窗扇转动轴 sash center[centre]
窗扇转轴板 sash plate
窗扇装配 sash fabrication
窗扇纵向滑轮 vertical loop
窗上冻结的霜花 frost work
窗上槛斜面 abatjour
窗上透雕细工花山头 window openwork gablet
窗上线脚 window cornice
窗式空调 unit air-conditioner
窗式空调机 unitary air conditioner; window air conditioning unit
窗式空调器 window air conditioner; window slot type room air conditioner; window type air conditioner
窗式空气调节器 window(air) conditioner; window unit
窗式冷却器 window cooler
窗式墙板 window type panel
窗饰 window ornament; window tracery; window trim
窗手把 window handle
窗枢轴 sash pivot
窗竖梃 window stile
窗闩 sash stop; window bar
窗闩销 window fastener
窗栓 window catch
窗税 < 按窗计税 > window tax
窗锁 sash fastener; sash lock; window fastener; window sash lock
窗锁按钮 sash lock pinch
窗锁闩 sash latch
窗锁弹簧 sash lock spring
窗锁止挡 sash lock stop
窗台 apron; cill; ledge; parapet of window; sash sill; upstart; wall sill; window cill
窗台板 elbow board; sillboard; sill head; sill plate; sole plate; stooling; window apron; window board; window cill slab; window stool; window ledge; window sill; under-window spandrel panel < 上下层窗槛之间的 >
窗台板单元 window sill unit
窗台壁饰 breast lining
窗台层 sill course
窗台滴水 check throat(ing)
窗台滴水线脚 sill-drip mo(u)ld(ing)
窗台顶面高度 sill head height
窗台度头板 elbow lining
窗台端部找平基石 stooled sill; stooling
窗台盖板 window cill cover
窗台高度 sill high
窗台花箱 window box
窗台块 window cill block
窗台栏杆 sill rail; window breast rail; window cill rail
窗台楣高 window cill head height
窗台木【建】window rail
窗台木和窗头木之间的横撑 < 窗框中 > interbrace
窗台内镶条 upper wainscot rail
窗台披水 sill-drip mo(u)ld(ing); subsill
窗台砌层 sill course
窗台砌块 sill block
窗台墙 spandrel wall(ing); window spandrel; under-window spandrel < 上下层窗槛之间的 >
窗台墙板 apron wall panel; window spandrel panel
窗台墙衬砌 apron wall lining
窗台墙衬筑 apron wall lining
窗台墙饰面 apron wall facing
窗台上部框架 valance
窗台石 stone sill of window
窗台外镶条 outer belt rail; outside window sill wood
窗台下的板 window apron
窗台下供暖 sill heating
窗台下墙板 apron wall panel
窗台下墙衬砌 apron wall lining
窗台下墙衬筑 apron wall lining
窗台下墙饰面 apron wall facing
窗台线 breast lining; window back
窗台线端部找平座 stool
窗台镶板 elbow lining; elbow piece
窗台镶木 window rail wood
窗台镶条 window sill moulding
窗台罩面板 sill cover
窗台砖 cill tile; sill tile; window cill brick; window cill tile; window sill brick
窗弹簧 sash spring; window sash spring
窗樘 window case; window casement frame
窗樘边梃 window jamb
窗樘的顶横木 window head
窗樘筒子板 outer reveal
窗樘子梃 window post
窗套 exterior window trim; window casing
窗梯 window dial
窗提手 sash holder; sash lift
窗挑脚手架 window jack(scaffold)
窗贴脸 < 又称窗头线 > window trim
窗铁栅 window guard
窗梃 montant; principal post; stile; stile of sash; window stud
窗梃加劲件 mullion stiffener
窗梃锚固件 mullion anchor
窗梃面板 mullion cover
窗通风扇 window fan
窗筒子板 window reveal
窗头 window head
窗头板 pulley head; window head; yoke
窗头线 window head mo(u)lding
窗头线饰 eye brow
窗托 backing of window
窗外帮 outer rereal
窗外花台 flora
窗外框 outside facing; outside lining; outside trim
窗帷 window hanging
窗握手 window knob
窗五金 window casement hardware; window furniture; window hardware; simplex operation < 带摩擦铰链的 >
窗五金安装疵病 defects in window hardware fixing
窗吸收 window absorption
窗下护壁板 back of a window
窗下护墙 breast lining
窗下槛 window sill; wood sill; allege; breast panel; window parapet
窗下(墙的)墙托梁 spandrel beam
窗下墙高度 breast height
窗下墙构件 breast element; spandrel element
窗下墙线脚 breast mo(u)lding
窗线脚 plain mo(u)lding; window trim
窗镶板 window panel
窗镶玻璃铅条 window lead
窗镶条 draft fillet
窗芯 window bar
窗芯横木 window glazing bar
窗芯墙 apron wall; spandrel; spandril; window parapet
窗芯墙玻璃 spandrel glass
窗芯墙防水 spandrel waterproofing
窗芯墙托梁 spandrel beam; spandrel girder
窗芯条 glazing bar
窗芯子 muntin bar; sash bar
窗形 window form; window shape
窗形壁龛 window niche
窗形计数管 window counter tube
窗形拘束抗裂试验 window type restraint weld cracking test
窗形散热器 window radiator
窗形式 window section
窗形芽接 window budding
窗型材 window profile; window section
窗眩光指数 glare index of window
窗沿侧墙砖 window reveal brick
窗檐 brow; window eaves
窗腰 breast; window back; window bossing
窗腰板衬 breast lining
窗腰隔墙 curtain-wall breast panel
窗腰栏 window breast rail
窗腰木栓 breast nogging
窗腰木砖 breast nogging
窗腰线脚 breast mo(u)lding
窗一览表 window schedule
窗用玻璃 glass for glazing; glazing glass; insulating glazing
窗用滑轮 sash pulley
窗用金属钩扣 window fastener of metal
窗用漆刷 sash tool
窗用特种透视玻璃 Nevada
窗用油灰 glass putty
窗与窗框成套件 window and frame packaged unit
窗园 window garden

窗缘饰 window trim
窗栅 window bar; window grating; window guard; window screen
窗栅栏 window grille
窗展 window display
窗罩 window hood
窗遮阳 window sunblind
窗遮阳篷 window awning blind
窗支撑 window stay
窗支杆 sash holder
窗支架 window support
窗止条 sash stop; window stop
窗止铁 sash lock plate; sash lock rack; window stop bar
窗中梃 mullion; window mullion
窗柱 window guide
窗砖砌墙 window masonry wall
窗装饰配件 window decoration fitting
窗装型温度调节器 window type air conditioner
窗状壁龛 fenestella
窗状的 fenestrated
窗子边梃 window jamb
窗子开关带 window strap
窗子形状 shape of window
窗纵剖面图 window profile
窗组合体 window unit
窗组件 window
窗座 window seat

床 bed; kip

床鞍 saddle
床鞍夹紧 saddle clamp
床鞍螺杆 lead screw for saddle
床鞍行程 saddle stroke
床板 <安置机器的> bed plate
床板珊瑚绝灭 tabulate coral extinction
床边挡板 bedside board
床边(电)插头 bed plug
床边监护器 bedside monitor
床边视野计 bed perimeter
床边桌 bedside table
床冰锚冰 bottom ice
床播 sowing in bed
床材料 bed material
床层横截面积 cross-sectional bed area
床层密度 bed density
床层式风力选矿机 bed-type pneumatic concentrator
床层式风选机 bed-type pneumatic concentrator
床层体积 bed volume
床车 wheeled litter
床单 bed sheet; sheet; spread
床单橱 linen cupboard
床单储存室 linen room
床的稳定性 bed stability
床灯 bed lamp
床垫 cushion; mattress; pad
床垫形多列天线 mattress array
床垫形天线 mattress antenna
床垫罩 mattress cover
床灌 bed irrigation
床护架 bed cage; bed cradle
床架 bed frame; bedstead; berth bent
床交换能力【化】 bed capacity
床脚 cabinet base; cabinet leg
床靠背 backrest
床宽 bed frame
床框 bed frame
床框或窗帮凹槽 window niche
床栏 bedrail
床炉 hearth furnace; pool furnace
床面 bed surface; surface of bed
床面层 bed(ding) layer
床面区 bed zone
床面扰动 bed disturbance; bed perturbation
床面沙波 bed wave
床面沙纹 bed dune
床面形态 bed form; bed form geometry
床面形态糙率 bed form roughness
床面形态判别准则 criterion for bed form
床面以上的摆度 swing over-bed
床内传热系数 in-bed heat transfer coefficient
床膨胀率 percentage of bed-expansion
床铺 <铁路、轮船、露宿等椅床两用的> sleeping bunk
床铺托 bed bracket
床沙 bed material; bed sediment; bed silt
床沙比率 specific bed load
床沙采样器拍频接收机 bed material sampler
床沙粗化 armo(u)ring of bed material
床沙粗化过程 armo(u)ring process of bed material
床沙公式 bed-load formula
床沙函数 bed-load function
床沙荷载 bed load
床沙粒径 bed material size
床沙扰动 bed disturbance; bed perturbation
床沙输沙率 bed sediment discharge
床沙输移 on-bed sediment transport
床沙输移量 bed material discharge
床沙质 bed-building material; bed material load; bed sediment load
床沙质函数 bed-load function
床上用品 bed clothes; bedding articles; bed necessaries
床上支架 bed cage; bed cradle
床身 bed piece; body; body section; column
床身导轨 <机床> bedways
床身导轨磨床 bed way grinder
床身(过桥)凹口镶块 gap piece
床身可接长的车床 sliding bed lathe
床身式铣床 bed-type milling machine
床深 bed depth
床式焙烧炉 hearth roaster
床式过滤器 bed filter
床式熔炉 hearth melting furnace
床刷 bed brush
床损失 bed loss
床体积 bed volume
床头 machine head; spindle headstock
床头板 head board
床头灯 bed lamp; bed light; bedside lamp; reading lamp
床头顶心套筒 headstock center collet
床头柜 bedside cabinet; bedside cupboard; night stand; night table
床头卡 bedside card
床头塔轮 headstock cone pulley
床头箱 headstock; selective headstock; spindle box; spindle gearing; spindle head
床头箱齿条小齿轮 headstock rack pinion
床头箱盖 headstock housing
床头(小)桌 bedside cabinet; bedside table; night table
床头锥轮 headstock cone
床帷 bed cover; bed curtain; bedskirt
床尾 loose headstock; poppet stock
床尾后顶尖座 deadhead; tailstock
床尾轴 tailstock barrel
床位(总称) <旅店、医院、宿舍等> bed space
床下储柜 bed under-locker
床型垂直式铣床 bed-type vertical miller
床型卧式铣床 bed-type milling machine
床岩 ground sill
床用振荡器 bed vibrator
床罩 bed cover; bedspread; counterpane; coverlet; cover lid; spread
床支架 bedrest
床中式热交换器 in-bed heat exchanger
床柱 bedpost

闯 过道岔 switch run through

闯红灯 red light jumping
闯红灯摄像机 red light camera

创 办 break ground; lead off; organize

创办费 establishment charges; initial cost; initial expenditures; initial expenses; initial investment; initial outlay; origination fee
创办人 originator; founder-member <团体等的>
创办时期 initial stage
创办投资 initial capital investment; initial investment
创办者 organizer
创办资本 initial capital; initial capital cost
创壁 wall of wound
创底 floor of wound
创痕 scar
创记录 make record; set a new record
创记录的洪水 record flood
创记录时间 record time
创纪录 chalk up a new record; make a new record
创见 brand-new idea; creative idea; creative view-point
创建工作 preliminary groundwork
创角 angle of wound
创举 pioneering action; pioneering undertaking; pioneering work
创刊号 inaugural issue; initial issue
创可贴 woundplast
创口 opening of wound
创口冲洗器 wound irrigation syringe
创立 flo(a)tation; promotion
创立者 institutor
创面 surface of wound
创面电灼术 brushing
创平机械 planing machine
创伤 trauma [复 traumas/traumata]; vulnus; wound
创伤药 vulnerary
创伤组织 wound tissue
创设 create; creation; plantation
创生污染源 pollution-creating source
创蚀作用 glaciation
创始 inaugurate; initiative; originate
创始成员 charter member
创始费 initial cost
创始工作 pioneering work
创始会员 founder-member
创始区 region of initiation
创始人 founder(-member); introducer
创始投入 initial input
创始者 initiator; originator
创始资金 initial fund
创收潜力 economic creation potential
创外汇 foreign exchange earning
创新 original creation; originality innovation
创新技术 innovative technology
创新能力 innovation ability
创新式建筑 avant-garde (style of) architecture
创新体系 innovation system
创新研究 innovation research
创新者 innovator; trailblazer; trail-breaker
创业 establish a business
创业成本 initial cost
创业费 initial expenditures
创业股 promoter's stock
创业家 entrepreneur
创业者 entrepreneur
创业资本 initial capital
创业资本筹借 initial financing
创业资本投资 initial capital investment
创缘 edge of wound; wound margin
创缘夹 wound clip
创缘夹拆除钳 wound clip removing forceps
创缘夹缝合镊 wound clip forceps
创缘夹联合钳 clip applying and removing forceps
创缘剪 wound edge scissors
创造 call into being; contrive; create; invention
创造才能 ingenuity
创造冲动 creative impulse
创造的 creative
创造工程学 creative engineering
创造进化论 creative evolution
创造就业机会 employment creation
创造力 creative ability; imagination; invention; originality; creativity
创造能力 genius
创造思维 productive thinking
创造问题 invention problem
创造物 creation; creature
创造想象 productive imagination
创造性 contrivance; creativeness; creativity; ingenuity; inventiveness
创造性动员方法 creativity mobilization technique
创造性工程开发计划 creative engineering program(me)
创造性设计 innovative design
创造性想象 creative imagination
创造性选择 creative selection
创造性运用技术 creativity mobilization technique
创造性智能 creative intelligence
创造者 author; builder; creator; deviser; father; former; inventor
创造作物新品种 creating new varieties of plants
创作 contrivance; create; creation; original work; origination
创作品 creation
创作者 composer; creator

吹 玻壳机 bulb-blowing machine

吹玻璃 glass blowing
吹玻璃工 glass blower
吹玻璃工肺气肿 glass blower's emphyesma
吹玻璃机 glass blower
吹玻璃用的铁棒 pontil; punty
吹彩瓷 spray decorated porcelain
吹残砂砾 lag deposit
吹尘 blowing dust; drifting dust
吹尘器 dust blower
吹尘器喷枪 air duster blow gun
吹成性 blowability
吹程 fetch; fetch length
吹出 blow-off; blowout
吹出料泡头 <人工吹制玻璃制品> blow over
吹除 ablution; blowdown; blow-off;

sweep
吹除阀 blow-off valve; blow through valve; sea chest cleaning valve
吹除阀消音器 blow-off muffler
吹除管 blow-off pipe
吹除开关 blow-off cock
吹除式附面层控制 blowing boundary-layer control
吹除压力 blowing-off pressure
吹吹成型法 blow-and-blow process
吹吹法成型机 blow-and-blow machine
吹氮处理 nitrogen flush
吹倒 blowdown
吹掉 ablution; blow-off
吹动法 blow(out) process
吹堆雪 drift snow
吹放法 blowing method
吹放塞门 blowout cock
吹粉器 powder blower
吹风 aerate; air blast; air blow; blowdown; blowing; blowout; fan
吹风电动机 blower motor
吹风冻结 air blast freezer; blast freezing
吹风洞 blowing cave; breathing cave
吹风发热试验 air calorimeter test
吹风拂尘器 air duster
吹风管 blast pipe; blower; blow pipe
吹风管连管节 blower pipe union
吹风管嘴 mouth of blast pipe; tuyere
吹风换气 blowing ventilation
吹风机 air blower; blower(fan); blowing fan; blowing machine; gas pump; windlass machine
吹风机压力 blower pressure
吹风进汽管 blower steam pipe
吹风井 blowing well
吹风净化器 cleaning blower
吹风距离 fetch length
吹风冷却 air blast cooling; ram cooling; wind chill; wind chill blower cooling
吹风冷却的 blower-cooled
吹风炉 converter
吹风期 blow-period; period of blowing
吹风器 bellows; blower; insufflator
吹风区域 fetch area
吹风式干湿球湿度表 aspiration psychrometer
吹风式暖风机 blower unit heater
吹风式盘管蒸发器 blower coil evaporator
吹风式燃烧器 blow burner
吹风室 blow chamber
吹风速冻机 blast freezer
吹风筒 tuyere
吹风系统 blower system
吹风性皮肤伤 windburn
吹风氧化炉 converting furnace
吹风样杂音 blowing murmur
吹风装置 <灰浆喷射机> air scavenging gear
吹干 commercially dry; weather
吹干污泥 commercially dry sludge
吹管 air lance; blast pipe; blow(er) pipe; blowing installation; blow lamp; blow torch; blowing tube; burner; lance; torch
吹管点火器 blowpipe igniter
吹管反应 blowpipe reaction
吹管反应分析 blowpipe analysis; blowpipe reaction analysis
吹管分析 blowpipe analysis; blowpipe assay
吹管焊(接) torch welding
吹管鉴定 blowpipe assay
吹管泡机 bulb-blowing machine
吹管试金 blowpipe assay
吹管试验 blowpipe test
吹管焰 blowpipe flame
吹管硬焊 torch brazing
吹管嘴 blast pipe nozzle; torch tip
吹过金属层上面 blow-up of the charge
吹过式通风系统 blow through fan system
吹红釉 blown red glaze
吹弧磁铁 blowout magnet
吹弧式避雷器 expulsion type surge arrestor
吹弧装置 arc blow-out
吹灰 lancing; soot blowing; soot blown
吹灰机 flue blower; soot blower
吹灰门 lance door
吹灰器 ash ejector; blower; slag blower; soot blower; soot lance; tube blower
吹灰器操纵盘 soot blower control panel
吹灰枪 ash gun; soot lance
吹灰熔炼 drip melting
吹灰设备 soot blowing equipment
吹灰系统 soot blower system
吹灰装置 ash fluidizer; soot blower
吹火筒 blow pipe
吹机压力 blower pressure
吹积 drifting
吹积的雪堆 snowdrift site
吹积雪 snow drift
吹集 drift
吹接接头 blow joint
吹接(头) blown joint
吹进 insufflation
吹净 blowdown; blowing off
吹净阀 scavenger valve
吹净器 blow cleaner; cleansing blower
吹开点 blow-off point
吹开风 offshore wind
吹开风靠码头 going alongside with offshore wind
吹坑充填圈闭 blowout-fill trap
吹口 mouthpiece
吹口哨 whistle
吹喇叭等 toot
吹冷 blast cold
吹冷风 cold blast
吹离 air separation; blow-off
吹离磨 air separator mill
吹离器 air separator
吹练 air blow; air refining; blowing
吹炼不足 young blow
吹炼法 convertible process; converting process
吹炼釜 blowing still
吹炼工 blower
吹炼过程 converting process
吹炼角 blowing angle
吹炼金属 blown metal
吹炼炉 converting furnace
吹炼期 duration of blast
吹炼位置 blowing position
吹裂 dunt
吹流 drift current; drift due to wind; wind drift; wind-induced current
吹拢风 on-berth wind; onshore wind
吹拢风靠码头 going alongside with onshore wind
吹炉 converter
吹炉加料台 converter charging platform
吹炉锍 Bessemer matte
吹炉炉料 converter charge
吹炉冶练 converting
吹氯除气精炼法 chlorination
吹落 blowdown
吹落的果实 windfall
吹落塔 stripping tower
吹毛求疵 split hairs
吹灭 blowing-out
吹模 blowing mo(u)ld
吹模法 blowing mo(u)lding
吹模机 blow mo(u)lding machine
吹膜机 inflation film manufacturing machine
吹膜挤出机 blown film extruder
吹沫虫 spittle bug
吹沫机 spray ice; spray ridge
吹泥 blow-off
吹泥船 barge-unloading suction dredge(r); blow-off barge; blow-off dredge(r); reclamation dredge(r); suction dredge barge; unloading suction dredge(r)
吹泥阀 blow-off valve
吹泥管 blow-off pipe; dredge pipe (line); shore pipe
吹泥管线 hydraulic fill pipeline
吹泥造地 land reclamation
吹泥装置 pump ashore unit
吹泡加热 bubble heating
吹泡汽通 bubble aeration
吹喷成型 blow mo(u)lding
吹喷净法 air blast
吹瓶机 bottle blowing machine
吹气 aeration; air blow(ing); blowdown gas; blowing; poling; relief gas
吹气冲尘活塞 puff blowing piston
吹气冲尘活塞式凿岩机 puff blowing piston rock drill
吹气冲尘装置 puff blowing device
吹气处理 air-blowing treatment
吹气的 blown
吹气地沥青 air-blown asphalt; blown asphalt
吹气法 air-rectification; oxidizing
吹气分离 air separation
吹气分离器 air separator
吹气分离箱 air separating tank
吹气风洞 blowdown tunnel
吹气封口 <由隔声材料做成的> air seal
吹气管 blower tube; blow pipe; gas blow pipe
吹气机 air blower; air feeder; blower
吹气救生衣 air jacket
吹气孔 gas hole
吹气炼钢 air-blown steel
吹气煤柏油脂 blown coal-tar pitch; blown pitch
吹气磨粉机 aeropulverizer
吹气期 scavenging period
吹气砂浆 air-blown mortar
吹气时间 gassing time
吹气式颗粒分析仪 air siltometer
吹气式通风混凝土砌块 extract ventilation concrete block
吹气试验 blow-test
吹气碳电弧切割 air carbon arc cutting
吹气碳电弧切割机 air carbon arc cutting machine
吹气提炼地沥青 air-rectified bitumen
吹气头 blow head
吹气屋 air house
吹气系统 scavenger system
吹气箱 acid blow case; blow case
吹气选分机 air separator
吹气压实造型机 static pressure mo(u)lding machine
吹气扬酸箱 acid blow case; blow case
吹气氧化 air-blowing oxidation
吹气氧化过程 air-blowing process
吹气氧化沥青 air-blown asphalt
吹气样呼吸音 blowing respiration; bronchial respiration
吹气硬煤沥青 blown coal-tar pitch; blown pitch
吹气造型 blow mo(u)lding
吹气装置 blowing installation
吹汽 steaming out
吹汽槽 steaming out tank
吹青 powder blue
吹青釉 blown cobalt-blue glaze
吹球机 bulb-blowing machine
吹去 blow by
吹去灰屑 puff blowing
吹入 blow(ing) in; insufflation
吹入法 insufflation
吹入剂 insufflation
吹入气体 blowing gas; gassing
吹入器 insufflator
吹入式方式 blowing ventilation mode
吹入式通风系统 combined portal-to-shaft-to-portal ventilation; combined supply air fan and exhaust fan system
吹散 blow about; blowing off; blow over; overblow; shatter; whiffle
吹扫 blowdown; blow-off; emptying; purging; sweep(ing)
吹扫阀 blowdown valve
吹扫风管 purge ducting
吹扫介质 purging medium
吹扫期 scavenge phase
吹扫气体 purge gas; sweeping gas
吹扫用的气体 purge gas
吹色法 insufflation
吹砂 blast; blowing sand; drifting sand; grit blow-off
吹砂板 blow plate
吹砂板销套 blow plate bushing
吹砂处理 grit(ting) blasting
吹砂孔 blow-hole
吹砂磨蚀作用 sand-blasting
吹砂器 air sand blower
吹砂枪 blast gun
吹砂装置 sand-aerating apparatus
吹蚀【地】 deflation; blowout
吹蚀坑 blowout
吹蚀沙丘 blowout dune
吹式比重法去石机 blower-type specific gravity stoner
吹式去石机 blowing stone-removing machine
吹送粉料 insufflation
吹送管 blow(er) pipe
吹送机轮叶片 blower blade
吹送距离 fetch length; generating distance
吹送流 wind(drift) current
吹送器 wind blower
吹送延时 wind duration
吹塑 blowing; blow mo(u)lding
吹塑薄膜 blow(n) film
吹塑薄膜挤出法 trapped air process
吹塑(成型)法 blow mo(u)lding
吹塑机 blow mo(u)lding machine
吹塑模管 blown tubing
吹塑压力 blowing pressure
吹炱器 flue blower
吹碳期 carbon blow
吹填 filling ground by pumping dredged material; hydraulic fill(soil); hydraulic reclamation; reclamation
吹填的 hydraulically filled
吹填地 built-up land; polder; reclaimed land; reclamation land
吹填法 hydraulic fill process
吹填方 reclamation volume
吹填方的测定 measurement of fill
吹填工程 reclamation project; reclamation works
吹填固堤 dike consolidation by reclamation
吹填面积 reclaimed area

吹填区 built-up area;depositing site;reclamation area;reclamation district;reclamation site;reclamation zone
吹填区围埝 spoil dike[dyke]
吹填砂 hydraulic sand filling;sand fill
吹填设备 hydraulic filling equipment
吹填输泥管 beach pipe
吹填土 barged-in fill;dredge fill;land reclamation;reclaimed earth;reclamation earth
吹填土堤 dredge(r) fill
吹填土地 reclaimed land
吹填土固结 consolidation of reclaimed earth
吹填围埂 reclamation protection bund;reclamation retention bund
吹填围垦 sand fill reclamation
吹填围埝 enclosure;reclamation dike [dyke]
吹填造地 land aggradation by reclamation;land reclamation
吹填质量 quality of reclamation
吹填筑坝 damming by reclamation
吹通 blow through
吹通阀门 blow-off through valve
吹筒法 cylinder process
吹脱 blowing off
吹脱池 blowing-off pond;stripper
吹脱法 blow-off method
吹脱塔 blowing-off tower;blow-take off tower
吹吸式空气闸 push-pull air shutter
吹吸式排风罩 push-pull hood
吹吸式通风罩 blow and exhaust hood
吹熄 blowout
吹熄断路器 air blast circuit-breaker
吹洗 air purge;blasting;blowdown;blow through;blow wash;flushing;flush out;puff blowing;purging;blow-off <锅炉的>
吹洗泵 floating pump;scavenger
吹洗高压气 blowing air
吹洗管 blow gun;blowing pipe
吹洗锅炉开关 foam cock
吹洗接管 blow-off connection
吹洗空气阀 scavenging air valve
吹洗炮眼 blowing-out
吹洗枪 blow gun;washing arm
吹洗输气管道 blow a line down
吹向大海的风 offshore wind
吹小玻璃珠清洗衣表面 glass beading
吹泄阀 blow(n)-off valve;jetting fill
吹泄室 blow(n)-off chamber
吹泄箱 blow(n)-off tank
吹泄(用的)blow-off
吹卸槽 blow-off tank
吹芯 blow core;core blowing
吹芯板 blow plate
吹芯吹砂板 core blow plate
吹芯机 blowing device;core blower;core blowing machine
吹型机 mo(u)ld blower
吹穴【地】blow-hole
吹雪 blowing snow;drifting snow
吹雪冰 snowdrift ice
吹雪冰川 catchment glacier;drift glacier;snowdrift glacier
吹雪堆 snow drift
吹雪机 snow blower
吹雪强度 drift intensity
吹压式造型机 blow squeeze mo(u)lding machine
吹烟 blown smoke
吹验法 bubble proof
吹焰器 torch
吹扬土 drifted soil
吹扬雪 blowing snow
吹氧 oxygen blowing;oxygen gas boosting;oxygen jetting
吹氧法 air-rectification;oxidizing
吹氧钢 oxygen blown steel;oxygen steel
吹氧化装置 blowing installation
吹氧机 oxygen blower
吹氧炼钢 oxygen furnace steel
吹氧炼钢法 oxygen jet steel
吹氧炼钢炉 oxygen steel furnace;oxygen steel-making furnace
吹氧器 oxygen blower
吹氧切割弧 oxyarc
吹氧转炉 oxygen-blowing converter;oxygen blown converter
吹样技术 powder blowing-in technique
吹药器 insufflator
吹液现象 blowing tower tray
吹逸 blow-off
吹音 blowing sound
吹釉 blowing glaze;glazing by insufflation;spray glaze
吹张法 inflation
吹胀 huff;inflation
吹胀比 blow-up ratio
吹胀了的 blown
吹胀器 inflator
吹胀速度 blow rate
吹制 blowing making
吹制阿根廷亚麻油 blown plate oil
吹制杯 blown tumbler
吹制波罗的海亚麻油 blown Baltic oil
吹制玻璃 blown glass;glass blowing
吹制玻璃杯 blown glass tumbler
吹制玻璃器皿 blown glassware
吹制薄片玻璃 blown sheet
吹制车花杯 blown tumbler with intaglio decoration
吹制成的 blown
吹制纯地沥青 blown asphaltic bitumen
吹制的 blast-produced
吹制的玻璃制品 blown glass
吹制的平板玻璃 blown sheet
吹制地沥青 air-blown asphalt;air-blown bitumen;blow asphalt
吹制定长纤维毡 blown staple fiber mat
吹制定油 blown stand oil
吹制动物油 blown animal oil
吹制法 air blowing;blowing method;blowing process
吹制机 blow-and-blow machine
吹制加尔各答亚麻油 blown Calcutta oil
吹制精练石油沥青 air-refined asphalt
吹制精制地沥青 air-refined asphalt
吹制坑 blow pit
吹制沥青 blown asphalt(ic bitumen);blown bitumen;mineral rubber;oxidized asphalt
吹制模具 blow mo(u)ld
吹制平板玻璃 blown flat glass
吹制热压成型 blow mo(u)lding hot stamping
吹制石油 blown petroleum
吹制石油沥青 blown petroleum
吹制筒状玻璃量器 blown cylinder glass;blown sheet
吹制纤维 blown fibre
吹制型芯 air-blown core
吹制亚麻仁油 blown linseed oil
吹制氧化沥青 blown oxidized asphalt
吹制硬沥青 blown pitch
吹制硬煤沥青 blown coal-tar pitch
吹制油 blown oil;hydroline
吹制鱼油 blown fish oil
吹制圆筒摊平玻璃 blown cylinder glass
吹制珠粒 atomizing
吹走 blow away
吹足 blown up
吹嘴 blow gun;blowing nozzle;blow-off nozzle

炊具 cooker;cooking utensils;kitchen utensil;kitchenware

炊具玻璃 oven glass
炊具储藏处 scullery
炊具架 utensil rack
炊具箱 canteen
炊事车 kitchen truck
炊事机械 cooking machinery
炊事间 kitchen
炊事用具 cooking appliance
炊事员 cook
炊用除垢器 cleaner for cooking use
炊用清洁剂 cleaner for cooking use

垂摆等高仪 pendulum astrolabe

垂摆摄影机 pendulum camera
垂臂 plumbing arm
垂边式墙帽 flapper-type rain cap
垂边式压顶 flapper-type rain cap
垂标间距 length between perpendiculars
垂标坠 plumb bob
垂冰 ice fall;icicle
垂层羊毛 apron
垂长比 sag-length ratio
垂弛 sag
垂弛张力 sag tension
垂带 drooping belt stone
垂带装饰照明 festoon lighting
垂荡 heave
垂灯 <矿山测量用灯> plummet lamp
垂滴法 drop method
垂度 bending deflection;bilge;depression angle;hogging;sag;swag;erection dip <导线>
垂度规 dip ga(u)ge
垂度和跨度比 sag ratio
垂度计 dip ga(u)ge;sag ga(u)ge;sag indicator;sight for sag
垂度计算 sag calculation
垂度校正 catenary correction;correction for sag;sag correction
垂度跨度比 sag ratio
垂度拉力 sag tension
垂度量 amount of deflection
垂度率 sag ratio
垂度曲线 sag(ging) curve
垂度试验 sag test
垂度调节 sag adjustment
垂度修正 correction for sag
垂度仪 sight(ing) for sag
垂度应力图 stress deflection chart
垂度影响 sagging effect
垂度折减 sag reduction
垂度纵剖面 sag profile
垂杆 oxter piece;plumbing bar
垂高计 cathetometer
垂拱 <拱高度小于一半跨度者> blunt arch;drop arch;depressed arch
垂挂 dip
垂挂的 pendent
垂挂链 curtain chain;vertical chain
垂挂链系统 curtain hung system
垂挂装饰 pendent
垂管 manubrium
垂规 plumb rule
垂红水帘 nappe
垂花雕饰【建】festoon
垂花机 lappet
垂花美人蕉 iris canna
垂花门 floral-pendant gate
垂花幕 festoon curtain;festoon drape
垂花曲线 festoon-shape curve
垂花饰【建】encarpus;festoon light;tassel;flower festoon;swag
垂花饰叶 swag leaf
垂花污纹 festoon staining
垂花装饰 encarpa;encarpus
垂环式钻机 pendent drill
垂极 orthopole
垂脊 diagonal ridge for hip roof;drooping ridge;vertical ridge for gable roof
垂降就位的梁 drop in beam
垂降特性弧焊电源 constant current arc welding power source
垂距 perpendicular;perpendicular offset
垂跨比 sag ratio;sag-span ratio
垂立支距 perpendicular offset
垂莲饰 inverted lotus
垂莲柱 lotus pendant
垂梁 drop beam
垂流式压机 vertical flow press
垂柳 babylon weeping willow;osier twig;Salix babylonica
垂落 curtaining
垂落门梃 falling stile
垂面 vertical
垂诺耳 <一种黄色炸药> trinol[TNT]
垂盆草 stringy stonecrop
垂片润滑器 flap lubricator
垂球 bob;lead plummet;plumb bob;plummet(body);right sphere
垂球摆动面 plane of plummet oscillation
垂球测斜面 plumb bevel
垂球定中夹 centering [centring] bracket;plumbing wire bracket
垂球方位 plumb position
垂球回动点观测 observation of reversing point of the plummet
垂球静止位置 rest position of plummet
垂球水准器 plumb-bob-level
垂球丝卷筒 drum for the plummet wire
垂球丝漂(偏)移 drift of plummet wire
垂球位置 plumb position
垂球线 plumb bob string;plumbing wire
垂球悬挂钩 plumb line hook
垂球悬挂装置 suspension of the plummet
垂球压敏式液位计 pressure-sensitive pendant type level ga(u)ge
垂曲 whip
垂曲改正 catenary correction;correction for sag;sag correction
垂曲校正 catenary correction;correction for sag;sag correction
垂曲面 catenoid
垂曲线 catenarian;catenary(curve);catenary line;curved catenary;funicular curve
垂曲修正 correction for sag
垂裙大样 details of apron
垂熔 incipient fusion
垂熔玻璃漏斗 sintered glass funnel
垂熔玻璃滤棒 sintered glass filter candle
垂熔玻璃滤器 sintered glass filter
垂熔玻璃滤球 sintered glass filter-bulb
垂塞拉特 trithilite
垂射 broadside directive
垂射天线 broadside directional antenna
垂射天线阵 broadside array

垂射天线阵列 broadside array
垂石松碱 lycocernuine
垂饰 drop ornament; hanger; hanging ornament; pendicle
垂兽【建】 drooping-ridge mounted animal ornament
垂兽饰 animal-shaped ornament
垂死的 dying
垂台钩栏 double frieze balustrade
垂陶耳 tritol
垂弯曲 sag bend
垂危 critically ill
垂下 pendency
垂下的 decumbent
垂下舵 drop rudder
垂下物 flap
垂涎 drooling; slaver; slobbering
垂线 droop line; pendulum line; pendulum wire; perpendicular line; vertical plumb
垂线变化 variation of vertical
垂线测点 measuring points of vertical line
垂线尺 plumb rule
垂线尺和铅锤 plumb rule and bob
垂线法 normal line method; perpendicular drop method
垂线方向 direction of plumb-line
垂线观测坐标仪 coordinatograph for plummet observation
垂线海棠 hall crab
垂线间 between perpendiculars
垂线间长度 length between perpendiculars
垂线间距 length between perpendiculars
垂线间距离 <双垂球法的> plummet-distance
垂线距离 between perpendiculars
垂线流速 velocity of vertical line; velocity on a vertical
垂线流速差值分布规律 velocity defect law
垂线流速分布 vertical velocity distribution
垂线流速系数 vertical velocity coefficient
垂线偏差 deflection of plumb-line; deflection of vertical; plumb line deflection; plumb line deviation; vertical deviation; station error <俚语>
垂线偏差表 deflection table of plumb-line
垂线偏差分量 deviation of plumb-line; vertical deflection component
垂线偏差改正 correction for deflection of vertical
垂线偏差间接效应 indirect effect on the deflection
垂线偏差图 map of deflection of vertical
垂线偏移 deflection of the vertical
垂线平均 mean in vertical
垂线平均含沙量 mean sediment concentration on a vertical
垂线平均流速 mean velocity of vertical line; mean velocity on a vertical; mean velocity in vertical <水文测验的>
垂线曲率 curvature of the plumb-line; curvature of vertical
垂线曲率改正 correction for plumb-line curvature
垂线曲率校正 correction for curvature of plumb-line
垂线扰动 disturbance of plumb-line; perturbation of vertical
垂线收敛 plummet convergence
垂线铊 plummet
垂线位置 plumb line position
垂线校准测向器 vertical calibration goniometer
垂线综合测流速法 integration method of velocity measurement
垂向表 vertical table
垂向补给 vertrep
垂向补给系数 vertical recharge coefficient
垂向层序 vertical facies sequence
垂向传送 vertical feed(ing)
垂向地震仪 vertical seismograph
垂向调整 adjust vertically
垂向二阶导数 second vertical derivative
垂向分布 vertical distribution
垂向干扰系数 coefficient of vertical interference
垂向环流 vertical circulator
垂向记录 perpendicular recording
垂向加积沉积 vertical accretion deposit
垂向加积作用 vertical accretion
垂向剪切作用 vertical shearing
垂向校正 orthocorrection
垂向校正位 orthocorrection digit
垂向净空 overhead; vertical clearance
垂向馈送 vertical feed(ing)
垂向码 orthocode
垂向弥散 vertical dispersion
垂向炮排距离 distance between vertical shot spread
垂向奇偶校验 vertical parity check
垂向倾斜 batter
垂向冗余码校验 vertical redundancy check
垂向扫描器 orthoscanner
垂向渗透率 vertical permeability
垂向渗透系数 vertical permeability coefficient
垂向输卡片 vertical feed(ing)
垂向位移 vertical displacement
垂向位置 vertical position
垂向稳定渗入流量 vertically steady quantity of infiltration
垂向稳定渗透系数 vertically steady permeability coefficient
垂向徐变 vertical creep
垂向压力机 vertical press
垂向一阶导数 first vertical derivative
垂向移动生物膜法 vertically moving biofilm process
垂向运动 vertical motion
垂向折流生化反应器 vertical twisty biochemistry reactor
垂向指针 vertical pointer
垂向制表键 vertical tabulator key
垂向制表字符 vertical tabulation character
垂心【数】 orthocenter[orthocentre]
垂心曲面 orthocentric surface
垂悬式按钮 pendant push
垂悬式开关 pendant switch
垂悬式系船环 hanging type of mooring ring
垂杨柳 weeping willow
垂叶饰 hanging-leave ornament; hanging leaves
垂鱼饰 vesica
垂针式测斜仪 pendulum clinometer; pendulum gradient indicator
垂针式水平仪 pendulum level
垂针式斜度仪 pendulum clinometer; pendulum gradient indicator
垂枝 hanger wood
垂枝的 weeping
垂枝山毛榉 weeping beech
垂枝树 weeping tree
垂枝云杉 weeping spruce
垂枝植物 pendulous plant
垂直 normality; perpendicular; perpendicularity; plumb(ness)
垂直安定面 fixed fin
垂直安全出口 vertical exit
垂直安装的容器 erected container
垂直安装系统 erection system
垂直岸线的冲刷 cross-shore erosion
垂直岸线的分布 cross-shore distribution
垂直岸线的结构 cross-shore structure
垂直岸线的运动 cross-shore transport
垂直凹槽接缝 dado joint
垂直百叶窗 vertical blind
垂直摆动 vertical hunting; vertical oscillation
垂直摆锻锤头 vertical forming shoe
垂直搬运 vertical handling
垂直板面方向 through-thickness direction
垂直板面延性 through thickness ductility
垂直板条门 vertical strip door
垂直板桩 vertical pile
垂直爆破 vertical blast
垂直比测器 vertical comparator
垂直比尺 height scale; vertical scale
垂直比例 height scale; vertical scale
垂直变化 vertical variation
垂直变位 vertical dislocation
垂直变形 vertical deformation
垂直标注 vertical dimensioning
垂直并联板 vertical parallel plate
垂直波形舱壁 vertically corrugated bulkhead
垂直玻璃窗 vertical glazing
垂直薄膜磁头 vertical film head
垂直补给 inflow; intake; intake recharge
垂直补给量 vertical intake recharge
垂直补给区 intake area
垂直不平衡 vertical imbalance
垂直不稳定度 vertical instability
垂直布置燃烧器 vertical burner
垂直部分 vertical component
垂直测量 vertical survey
垂直测量法 vertical measurement
垂直测试 vertical checkout
垂直测斜器 vertical declinometer
垂直测斜仪 vertical declinometer
垂直层积木 vertical laminated wood
垂直层理 vertical stratification
垂直层流 vertical laminar flow
垂直层流式洁净室 downflow clean room
垂直层流通风橱 vertical flow cupboard
垂直层面的 perpendicular to bed surface
垂直差 error of perpendicularity; perpendicular error
垂直差值图 vertical differential chart
垂直长管型蒸发器 length tube vertical evapo(u)rator
垂直场强磁力仪 vertical field balance; vertical field magnetometer; vertical force magnetometer
垂直场强图 vertical field-strength diagram
垂直撑板 vertical brace plate
垂直尺寸 vertical dimension
垂直尺度 vertical dimension; vertical scale
垂直冲洪积南轴 perpendicular to axis of alluvial-pluvial fan
垂直触簧梳 vertical contact comb
垂直穿层运移 vertical transverse migration
垂直穿插 perpendicular interpenetration
垂直穿孔块 vertical coring block
垂直传播 vertical propagation; vertical transmission
垂直窗 <护墙中的> lucarne
垂直窗格 perpendicular tracery
垂直磁差 vertical variation
垂直磁化 perpendicular magnetization; vertical magnetization
垂直磁记录 perpendicular magnetic recording; perpendicular recording; vertical(magnetic) recording
垂直磁记录头 vertical magnetic recording head
垂直磁力强度 vertical magnetic intensity; vertical magnetic strength
垂直磁力梯度仪 magnetic vertical gradiometer
垂直磁力仪 vertical balance; vertical force variometer; vertical magnetic balance; vertical magnetometer
垂直磁强 vertical intensity
垂直磁强仪 vertical intensity variometer
垂直存车 cross parking
垂直错动 vertical dislocation
垂直错位 vertical dislocation
垂直打桩导向架 plump pile-driving leader
垂直大炮眼 well hole
垂直带 belt
垂直单管采暖系统 vertical one-pipe heating system; vertical single pipe heating system
垂直单管供暖系统 vertical one-pipe heating system; vertical single pipe heating system
垂直挡板 vertical obstruction
垂直挡土板 poling board
垂直刀架 vertical cutter head; rail-head <刨床>
垂直刀片挖土机 vertical blade excavator
垂直导轨 vertical guide
垂直导井 perpendicular shaft
垂直导轮 vertical guide idlers
垂直导向板 <打桩时用的> template
垂直的 down right; vertical; normal; orthogonal; perpendicular; plumb; right-angle(d); vertical
垂直的溢流管 run-down legs
垂直蹬筋 vertical stirrup
垂直等分线 perpendicular bisector
垂直地带 vertical zone
垂直地带性 vertical zonality
垂直地面质点速度 vertical ground particle velocity
垂直地温梯度 vertical geothermal gradient
垂直地形 vertical configuration
垂直地震计 vertical seismometer
垂直地震剖面法 vertical seismic profile method
垂直地震剖面记录 vertical seismic profile record
垂直地震系数 vertical seismic coefficient
垂直地震仪 vertical motion seismograph
垂直电测法 vertical sounding
垂直电极 vertical electrode
垂直电缆 vertical rise cable
垂直电梯 lift; vertical elevator
垂直吊盖人孔 manhole with vertical hanging cover
垂直吊篮 vertical tower
垂直吊升闸门 guillotine type gate
垂直吊索 <起重机> vertical hoist line
垂直吊梯 cat ladder

垂直迭加 vertical stack
垂直迭加剖面 vertical stack section
垂直叠合(法)<木材> vertical lamination
垂直钉面 direct nailing
垂直顶撑 dead shore
垂直顶升 upthrusting
垂直定距块 vertical spacer
垂直定位法 pivot-point layout
垂直定位钩 hook end clamp
垂直定向 vertical orientation
垂直定中调节 vertical centering control
垂直锭料 vertical ingot
垂直动态会聚 vertical dynamic(al) convergence
垂直动态收敛校正 vertical dynamic(al) convergence correction
垂直斗式提升机 vertical bucket elevator
垂直度 perpendicularity; squareness; vertical deviation; verticalism; verticality
垂直度测量 plumbing survey; verticality survey
垂直度测量器 squareness ga(u)ge
垂直度盘 elevation circle; vertical circle; vertical limb
垂直度盘测微器分划值 graduation of micrometer for vertical circle
垂直度盘瞄准差 error of vertical collimation
垂直度盘水准管 vertical circle level tube
垂直度盘水准器 upper bubble
垂直度盘水准器微动螺旋 vertical index screw
垂直度盘指标 vertical index
垂直度盘指标微动螺旋 vertical index screw
垂直度盘指示差 error of vertical index; vertical index error
垂直度盘指示水准器 vertical index bubble; vertical index level; vertical circle level
垂直度误差 error of perpendicularity
垂直度盏精度 vertical accuracy
垂直段 vertical run
垂直断层 vertical fault
垂直断层 X 线机 vertical layer radiographic X-ray apparatus
垂直断错 vertical offset
垂直断距 perpendicular throw; vertical separation
垂直断眶 downcast
垂直断面 normal (cross-) section; vertical(cross-)section
垂直断面法 vertical section method
垂直断面图 vertical profile
垂直堆积 vertical stack
垂直堆积式萃取器 vertical stacked extractor
垂直对流 vertical convection
垂直对流混合作用 vertical convection[convective] mixing
垂直对中 vertical centering
垂直舵 rudder
垂直发散度 dipvergence
垂直发射 vertical launching; zero length launching
垂直发射装置 launching tower
垂直法向应力 vertical normal stress
垂直反滚轮 vertical reaction wheel
垂直反力 normal reaction; vertical reaction
垂直反射 normal reflection; vertical reflection
垂直反射率 vertical reflectivity
垂直反温差法 vertical reverse temperature gradient technique
垂直反作用分力 vertical component of reaction
垂直方式 vertical mode
垂直方向 normal direction; vertical direction
垂直方向分布 altitude distribution
垂直方向扰动力 vertical disturbing force
垂直方向速度 vertical speed
垂直方向梯度 vertical gradient
垂直方向图 height pattern
垂直方向往复运动 up-and-down motion
垂直方向线 perpendicular directional line
垂直方向性 height component; height pattern
垂直方向压力 vertical compressive force
垂直防潮层 vertical damp-proof course
垂直防漏板<传送带> skirt board
垂直防渗 vertical prevention leakage
垂直放大 vertical exaggeration
垂直放大模型 vertical exaggerated model
垂直放射 perpendicular radiation
垂直飞行陀螺仪 vertical flight gyroscope
垂直分辨力 vertical definition; vertical resolution
垂直分辨率 vertical resolution
垂直分辨率光楔 vertical resolution wedge
垂直分布 vertical distribution
垂直分布曲线 vertical distribution curve
垂直分层 vertical stratification
垂直分带 altitudinal belt; vertical zoning
垂直分带性 vertical zonality
垂直分动量 vertical momentum
垂直分画面 vertical split
垂直分解度 vertical resolution
垂直分开式 vertical segregation
垂直分离 vertical separation
垂直分力 normal component; vertical component; vertical component of force; vertical stress component
垂直分量 normal component; perpendicular component; vertical component
垂直分量地震仪 vertical component seismograph
垂直分量电磁响应值 electromagnetic response of vertical component
垂直分量记录 vertical component seismogram
垂直分型面铸型 vertically divided mold
垂直分型无箱造型 vertical parting flaskless mo(u)lding
垂直分型造型 mo(u)ld on end
垂直分压力 vertical component of pressure
垂直分应力 normal component stress; vertical component of stress
垂直分支 vertical branch
垂直风道 vertical air duct
垂直风速表 anemoclinometer
垂直风速计 anemoclinometer
垂直缝<圬工的> build
垂直缝每隔一皮保持互相垂直<砌砖法> keeping the perpends
垂直缝砌合 plumb bond
垂直缝砌合标杆 plumb bond pole
垂直敷设(电缆) vertical run
垂直服务通道 vertical service space
垂直浮心 vertical centre of buoyancy
垂直幅度 field amplitude; vertical range
垂直辅助天线 auxiliary vertical aerial
垂直负荷 vertical load(ing)
垂直负载 normal load; vertical load(ing)
垂直复接线 vertical multiple
垂直复视 vertical diplopia
垂直复位 vertical reset
垂直富水带走向 perpendicular to strike of abundant ground water zone
垂直腹杆 vertical web member
垂直覆盖 vertical cladding; vertical mulching
垂直覆盖板 vertical cladding panel
垂直干扰加速度 vertical disturbing acceleration
垂直杆件 vertical member
垂直钢箍 vertical stirrup
垂直钢筋 vertical bar; vertical reinforcement
垂直钢梯 vertical steel ladder
垂直杠杆 upright lever
垂直高程 vertical elevation
垂直高度 vertical height
垂直哥特式 perpendicular Gothic
垂直哥特式大会堂 perpendicular cathedral
垂直哥特式大教堂 perpendicular cathedral
垂直哥特式建筑 perpendicular architecture
垂直哥特式塔楼 perpendicular tower
垂直割法 orthogonal cutting
垂直割理 vertical cleat
垂直格式 vertical format
垂直格栅 vertical grid
垂直隔段 perpendicular separation
垂直根 vertical root
垂直公差 height tolerance; vertical tolerance
垂直供给 vertical feed(ing)
垂直供热的均热炉 vertically fired pit
垂直构件 upright member; vertical (structural) member
垂直挂瓦 vertical tiling
垂直管 vertical pipe
垂直管道 vertical pipeline; vertical run
垂直管理 vertical management
垂直管炉 vertical ladder furnace
垂直管式闸门 seal leg
垂直管涌 vertical piping
垂直光弧 vertical sector
垂直光照 vertical illumination
垂直辊轴泄水闸门 vertical roller sluice gate
垂直滚动条 vertical scroll bar
垂直过渡边缘 edge of vertical transition
垂直含水层走向 perpendicular to the strike of aquifer
垂直焊(接) vertical weld(ing)
垂直航空摄影 vertical aerial photography
垂直航摄照片 vertical(aerial) photograph
垂直合力 vertical resultant
垂直河谷 perpendicular to river valley
垂直河流 perpendicular to river
垂直荷载 normal load(ing); vertical load(ing)
垂直荷载增量 vertical load increment
垂直黑斑 vertical shading
垂直横波 vertical shear wave
垂直厚度 vertical thickness
垂直弧刷 vertical wiper
垂直湖流 vertical lake current
垂直护板 vertical lagging
垂直滑板 vertical slide
垂直滑动 perpendicular slip; vertical dip slip
垂直滑动百叶门 straight sliding (shutter) door
垂直滑(动)模板 vertical slip form
垂直滑动闸门 drop gate
垂直滑动组合板 vertical sliding units
垂直滑距 perpendicular slip
垂直滑轮 vertical sliding wheel
垂直滑落 vertically sliding
垂直滑升门入口 vertical slide type entrance
垂直滑移 vertical slip
垂直滑移窗扇 check rail sash
垂直划分 vertical division
垂直环 vertical ring
垂直环流 vertical circulation
垂直灰缝 head joint
垂直回管 vertical return
垂直回描 vertical retrace
垂直回描电压 vertical flyback voltage
垂直回描率 vertical retrace ratio
垂直回扫 vertical retrace
垂直洄游 depth migration; vertical migration
垂直混合河口 vertically mixed estuary
垂直混合作用 vertical mixing
垂直活动窗扇重量分隔片 parting slip
垂直活动的窗扇 vertically sliding sash window
垂直活动遮阳板 movable vertical fin shading device
垂直火道 charge shaft; feed shaft; fired pillar; fire shaft
垂直基准线 vertical reference line
垂直极化 vertical polarization
垂直极化波衰落 vertical fading
垂直急流 uprush
垂直集水布置 vertical water-collecting layout; vertical water-collection layout
垂直挤出机 vertical extruder
垂直计 vertimeter
垂直计数电路 vertical counting circuit
垂直计数加速计 vertical counting accelerometer
垂直记录 perpendicular recording
垂直寄存器 vertical register
垂直加劲条 vertical stiffener
垂直加料模塑机 vertical insert mo(u)lding machine
垂直加速 vertical acceleration
垂直加速度 normal acceleration
垂直加速计 vertical accelerometer
垂直加压法 vertical prepressure compacting
垂直间隔 vertical interval; vertical separation
垂直间距 vertical interval; vertical separation
垂直间隙 down suction; vertical clearance
垂直剪刀 normal shear
垂直剪力 vertical shear
垂直剪力撑 vertical bracing
垂直剪切 vertical shear
垂直剪切力 vertical shear
垂直剪切试验 vertical shear test
垂直剪(切)应力 vertical shear(ing) stress
垂直检验 vertical check
垂直建筑缝 vertical construction joint
垂直腱条 vertical tendon
垂直浆缝 vertical hole
垂直浆搅拌机 vertical paddle mixer
垂直交叉 square crossing; vertical crossing
垂直交叉流 rectangular cross flow
垂直交通 vertical circulation; vertical

C

traffic
垂直交通分隔 < 用不同平面分开快、慢车或车辆和行人 > vertical traffic segregation
垂直浇口 vertical gating
垂直浇注 pouring in vertically clamped mo(u)lds;vertical casting
垂直胶合木梁 vertical glued laminated timber beam
垂直角【测】upright angle; elevation angle;vertical angle;altitude angle
垂直角测定基准标记 vertical angle benchmark
垂直角的基准线 vertical reference line
垂直角法水深定位 locating sounding by vertical angle method
垂直角观测手薄 vertical angle field book
垂直绞车 capstan crab
垂直铰按车架转向 vertical articulation steering
垂直铰接 vertical articulation
垂直阶跃波 vertical step wave
垂直接缝 cross joint(ing);perpendicular joint; plumb joint; vertical joint;welted standing seam < 贴边的 >;collar joint < 圬工墙的 >
垂直接缝定位杆 < 砖的 > plumb bond pole
垂直接管 vertical nozzle
垂直接合 double square junction
垂直接帚 vertical wiper
垂直节距 normal pitch
垂直节理 vertical joint
垂直结构 vertical stratification;vertical structure
垂直截割(晶体)face perpendicular cut
垂直截距 perpendicular offset;vertical intercept;vertical offset
垂直截面 perpendicular(cross-)section;vertical(cross-)section
垂直筋 vertical bar
垂直进刀 vertical feed(ing)
垂直进料口 vertical feed opening
垂直精度因子 vertical dilution of precision
垂直井 < 坝内的 > riser
垂直净空 vertical clearance;headway < 楼梯踏步的 >
垂直径 vertical diameter
垂直径向平面 vertical radial plane
垂直静会聚磁铁 vertical static convergence magnet
垂直距离 length of perpendiculars; perpendicular distance;vertical distance;vertical interval
垂直距离测定 determination of vertical dimension
垂直锯架 log frame
垂直锯木架 log frame
垂直聚焦 vertical focusing
垂直卷动 vertical scrolling
垂直决策矩阵法 vertical decision matrix
垂直绝缘定位钩 insulated hook end clamp
垂直开启式百叶门 vertically opening shutter door
垂直开挖 vertical cut
垂直抗剪强度 vertical shear strength
垂直抗性 vertical resistance
垂直可调节挡墙 vertically adjustable end wall
垂直可调丝杠 dial of vertical adjustable screw
垂直可见度 vertical visibility
垂直刻度 vertical scale
垂直刻度盘 vertical circle
垂直坑道 vertical opening
垂直坑道系统 vertical system of exploring opening
垂直坑的挖掘 straight-wall digging
垂直坑钻结合系统 vertical system of combined exploratory opening drilling
垂直空间 vertical space
垂直空腔表面发射激光器 vertical cavity surface emitting laser
垂直空心的工程用砖 vertical coring engineering brick
垂直空心黏[粘]土砖 vertical coring clay brick
垂直空心黏[粘]土砖板 vertical coring clay brick panel
垂直空心砌块 vertical coring block
垂直空心轻质砖 vertical coring light (weight) brick
垂直孔 straight hole; vertical cell; vertical core;vertical holing
垂直孔洞 vertical cavity
垂直孔空心砖 vertical coring brick
垂直孔栏校正 vertical aperture correction
垂直控制 vertical control
垂直馈送 vertical feed(ing)
垂直扩大 vertical exaggeration
垂直扩散 vertical diffusion
垂直扩散角 vertical divergence angle
垂直拉窗 hanging sash
垂直拉杆 vertical link
垂直拉管机 up-drawing tube machine
垂直拉晶机 vertical crystal puller
垂直棱形系数 vertical prismatic coefficient
垂直力 vertical force
垂直连接系 vertical bracing
垂直(连续)引上拉制法 up-draw process
垂直联系 vertical bracing
垂直联箱 uptake header
垂直联轴器 vertical coupling
垂直链槽式提升机 en-masse elevator
垂直料仓 vertical bunker
垂直列表 vertical tabulate
垂直列表字符 vertical tabulation character
垂直裂缝 vertical fissure; vertical fracture;vertically split
垂直裂隙 vertical fissure
垂直临空面 vertical free face
垂直领导 vertical system of leadership
垂直溜槽 vertical chute
垂直溜管 < 浇混凝土用的 > drop chute
垂直流 vertical current
垂直流人工湿地 vertical flow constructed wetland
垂直流速分布图 vertical velocity distribution diagram
垂直流通 vertical circulation
垂直流向池 vertical flow tank
垂直流液槽 vertical throat canal
垂直录声 hill-and-dale recording;vertical recording
垂直录音 deep cut(ting)
垂直滤波器 vertical filter
垂直绿化 vertical greening; vertical planting
垂直螺纹齿形角 normal thread angle
垂直螺旋输送机 vertical screw type conveyer[conveyor]
垂直螺旋输送机 worm lift
垂直螺旋提升机 vertical screw elevator; worm lift; Archimedean screw elevator
垂直螺旋形弹簧 vertical helical spring
垂直螺翼式流量表 vertical helix type inferential meter
垂直落差 perpendicular throw
垂直落下 plummet
垂直脉冲 vertical pulse
垂直锚碇 vertical anchor
垂直锚杆加固 normal bolting
垂直锚腿系泊 vertical anchor leg mooring
垂直贸易 vertical trade
垂直面 normal plane;normal surface; perpendicular;perpendicular plane; vertical(face);plumb face
垂直面定线 vertical alignment
垂直面辐射图形 vertical plane radiation pattern
垂直面刨削 planing vertical surface
垂直面切割 face perpendicular cut
垂直面照度 vertical illumination
垂直瞄准线 vertical line of sight
垂直模板 vertical shuttering
垂直磨蚀 vertical corrosion
垂直磨损面 vertical wear surface
垂直木板桩 runner
垂直木纹 vertical grain
垂直木纹的 cross-grained; vertical grained
垂直木纹压力 compression perpendicular to grain
垂直能见度 vertical visibility
垂直黏[粘]结 vertical glue joint
垂直黏[粘]土芯墙堆石坝 rock-fill dam with vertical clay core
垂直扭屈 vertical deformation
垂直偶极测深曲线 curve of perpendicular dipole-dipole sounding
垂直排放 vertical outfall
垂直排放系统 perpendicular drain(age)system
垂直排料管 vertical discharge line
垂直排列 vertical arrangement
垂直排气管 stack
垂直排水 chimney drain; vertical drainage
垂直排水管 chimney drain pipe; stack;vertical drain pipe
垂直排水矿井 vertical sand drain
垂直排水砂井 sand chimney;vertical sand drain;sandwick
垂直排水系统 vertical drain system; chimney drain system < 土坝的 >
垂直排种盘式播种机 vertical plate planter
垂直刨法 vertical planimeter;vertical planing
垂直炮眼 balanced hole
垂直配光 vertical light distribution
垂直配光曲线 vertical distribution curve of light
垂直喷吹法 longitudinal blowing process;vertical blowing process
垂直披叠板 vertical siding
垂直偏差 deviation from plumb;vertical deviation;vertical missing
垂直偏差补偿斜方棱镜系统 vertically offset rhomboid system
垂直偏差量 variations from plumb
垂直偏位电极座 < 点焊用语 > vertical offset electrode holder
垂直偏移 vertical shift
垂直偏振 vertical polarization
垂直偏振波 vertically polarized wave
垂直偏振电磁波 vertically polarized electromagnetic wave
垂直偏振横波 vertical polarized shear wave
垂直偏转 vertical deflection
垂直偏转板 vertical deflector
垂直偏转板分段式示波管 sectioned Y-deflection plate oscilloscope tube
垂直偏转电极 vertical deflecting electrode
垂直偏转电流 vertical yoke current
垂直偏转电路 vertical deflection circuit
垂直偏转换向器 vertical inverter
垂直偏转镜 vertical deflection mirror
垂直偏转线圈 vertical deflector coil
垂直偏转元件 vertical deflection cell
垂直偏转振荡器 vertical deflection oscillator
垂直偏转组件 vertical deflection module
垂直平分线 midnormal;perpendicular bisector
垂直平面 vertical plane
垂直平面径向孔钻进 vertical ring drilling
垂直平行流 vertical laminar flow
垂直平叶片涡轮桨 vertical flat-blade turbine impeller
垂直屏蔽 vertical screen
垂直剖分式机壳 vertical split casing
垂直剖面 vertical section
垂直剖面图 upright projection;vertical projection;vertical profile
垂直铺面砖工作 vertical tilework
垂直奇偶检验 vertical parity check
垂直起动器 vertical starter
垂直起飞飞机 vertical-lift air-craft
垂直起降飞机 vertical takeoff landing
垂直起降机场 convertiport
垂直起落 vertical takeoff and landing
垂直起落飞机 flat riser;tail sitter; vertical takeoff and landing aircraft; vertical takeoff and landing plane;vertiplane[vertaplane]
垂直起落喷气式飞机 vertijet
垂直起升限位器 elevating stops
垂直气候带 vertical climatic belt
垂直气力输送机 vertical pneumatic conveyer[conveyor]
垂直气力提升机 vertical air elevator
垂直气流干沉淀器 vertical gas flow dry precipitator
垂直气流集尘器 vertical flow precipitator
垂直气流加速度计 vertical-gust recorder
垂直气流静电集尘器 vertical flow electrostatic precipitator
垂直气流式烘干机 vertical flow drier
垂直迁移 vertical migration
垂直潜流人工湿地 vertical subsurface flow constructed wetland
垂直强度 vertical intensity; vertical strength
垂直墙挂式电热水器 wall mounting vertical electric(al) water heater
垂直切刀刃 router bit
垂直切割 orthogonal cutting;perpendicular cut;square cutting
垂直切口 vertical incision;plumb cut < 屋架椽子下部的 >
垂直切力 vertical shear
垂直切面 elevation
垂直切面覆盖图 elevation coverage diagram
垂直切头 square end
垂直切削工艺 vertical turning technology
垂直侵蚀 vertical cut;vertical erosion
垂直倾斜 hade;vertical bank
垂直倾斜混合航空摄影机 trimetrogon
垂直倾斜混合空中照相 trimetrogon
垂直清晰度 vertical definition
垂直球 right sphere
垂直曲度 vertical curvature
垂直曲率 vertical curvature

垂直曲线 sag curve
垂直驱动 perpendicular drive
垂直驱动杆 vertical propel shaft
垂直驱动轴 vertical propel shaft
垂直取景 vertical view
垂直取岩芯 vertical coring
垂直圈 vertical
垂直燃烧 vertical firing
垂直燃烧器 calmet burner
垂直绕转 vertical spin
垂直冗余试验 vertical redundancy test
垂直冗余校验 vertical redundancy check
垂直入射 normal incidence; vertical incidence
垂直入射传输 vertical-incidence transmission
垂直入射隔声量 normal incidence transmission loss; vertical-incidence transmission loss
垂直入射吸声系数 normal incidence sound absorption coefficient; vertical-incidence sound absorption coefficient
垂直入射吸收系数 normal incident absorption coefficient
垂直褥式缝合 vertical mattress suture
垂直软铁 vertical iron; vertical soft iron
垂直软铁磁性 vertical bar magnetism
垂直软铁校正棒 Flinder's bar
垂直三维偏移剖面 vertical three-dimensional migration section
垂直扫描 perpendicular scan; vertical scanning; vertical sweep
垂直扫描插入测试信号 vertical internal test signal
垂直扫描间隔定时器 vertical interval keyer
垂直扫描频率 vertical scanning frequency
垂直扫描时间 vertical scanning interval
垂直扫描信号放大器 vertical scanning signal amplifier
垂直扫描振荡器 vertical oscillator; vertical scanning generator
垂直扫描振荡器用变压器 vertical oscillating transformer
垂直扫帚 vertical wiper
垂直砂井排水 vertical sand drain
垂直砂轮机 vertical grinder
垂直砂桩 vertical sand pile
垂直筛板 vertical sieve tray
垂直上拉管法 up-drawing tube process
垂直上升管道 uptake
垂直上下运动 vertical up-or-down movement
垂直上游面 vertical upstream face
垂直烧割 drop cut
垂直射入角 perpendicular incidence
垂直摄影 normal photography
垂直摄影机 vertical strip camera
垂直摄影像片 nadir-photograph; vertical photographic(al) image
垂直摄影照片 upright picture
垂直摄影照片转绘仪 vertical sketch master
垂直伸缩柱 telescoping column
垂直伸展 vertical stretching
垂直渗入 vertical infiltration
垂直渗透率 transmission rate
垂直渗透试验法 vertical seepage test method
垂直升船机 vertical lift; vertical-rising ship lifter; vertical ship lift
垂直升高 vertical riser
垂直升高和水平伸出 rise and run

垂直升降飞机 vertical takeoff and landing airplane
垂直升降机 vertical conveyer[conveyor]; vertical elevator; vertical lift
垂直升降机场 vertiport
垂直升降门 vertical-lift door
垂直升降桥 vertical-lift bridge
垂直升降堰 vertical-lift weir
垂直生物分带 vertical biotic zonation
垂直失调 vertical misadjustment
垂直失配 vertical misalignment
垂直施工缝 vertical construction joint
垂直时距曲线 time-depth curve
垂直式 perpendicular
垂直式拨号盘 vertical dial
垂直式布置 perpendicular layout; perpendicular scheme; vertical layout
垂直式出入口 shaft entrance and exit; vertical entrance and exit
垂直式窗花格 perpendicular tracery
垂直式的 perpendicular
垂直式电流计 upright galvanometer; vertical galvanometer
垂直式拱(圈) perpendicular arch
垂直式沟渠布置 perpendicular layout of sewers
垂直式建筑 perpendicular construction
垂直式建筑风格 perpendicular style
垂直式拉门 vertical shutter
垂直式排水系统 perpendicular drain(age) system; vertical drainage system
垂直式升船机 vertical barge lift
垂直式时代 perpendicular period
垂直式往复锯 vertical saw
垂直式下水道布置 perpendicular layout of sewers
垂直式运输机 vertical conveyer[conveyor]
垂直式照明器 vertical illuminator
垂直式组织图表 vertical organization chart
垂直视差 vertical parallax
垂直视角 vertical angle of view
垂直视界 vertical coverage
垂直视线 vertical coverage
垂直视准误差 vertical collimation
垂直试验台 vertical test stand
垂直收缩系数 coefficient of vertical contraction
垂直枢轴式门 vertical pivoted door
垂直输出变压器 vertical output transformer
垂直输出放大器 vertical output amplifier
垂直输送 vertical conveying; vertical feed(ing)
垂直输送材料的卷扬机 material lift
垂直输纸格式控制器 vertical format unit
垂直竖板 vertical riser
垂直双体拖网 vertical twin-body trawl net
垂直水尺 vertical ga(u)ge
垂直水流洗选机 vertical current washer
垂直水平串联挤出机 vertical-horizontal tandem extruder
垂直顺性 vertical compliance
垂直丝 vertical hair
垂直丝杠 down-feed screw
垂直送料 vertical feed(ing)
垂直速度 vertical velocity
垂直速度传感器 vertical velocity sensor
垂直速度分布图 vertical velocity distribution diagram

垂直速度梯度 vertical velocity gradient
垂直锁闭 vertical locking
垂直锁定弹簧 vertical locking spring
垂直探测器 vertical probe
垂直探伤法 vertical beam method
垂直掏槽 shear
垂直梯 vertical ladder
垂直梯度 lapse; vertical gradient
垂直提前量 vertical lead
垂直提升 steep lifting
垂直提升高度 vertical travel
垂直提升机 vertical elevator
垂直提升加料机 vertical skip hoist
垂直提升器 vertical lift
垂直提升(式闸)门 vertical-lift gate
垂直提升输送机 vertical rising conveyer[conveyor]
垂直提升塔架 vertical tower
垂直提升栈桥 vertical lift bridge
垂直天线 vertical antenna
垂直填料压盖 vertical stuffing box
垂直条信号发生器 vertical bar generator
垂直调平镜 vertical leveling mirror
垂直调整 vertical adjustment
垂直调直轮 vertical straightening wheel
垂直跳跃计 jumping-meter
垂直铁梯 vertical iron ladder
垂直停车 head in parking; parking at right angle
垂直停车场 cross parking; parking at right angle
垂直停准确度【机】 precision of vertical positioning
垂直通道 vertical channel
垂直通风 cross ventilation
垂直通风干管 ventilating stack
垂直通风管 stack
垂直通缝<砌体中的> straight joint
垂直通路 vertical opening
垂直同步 vertical hold; vertical synchronization
垂直同步倒相器 vertical sync inverter
垂直同步调整 vertical-hold control
垂直同步分离器 vertical sync separator
垂直同步脉冲分离器 vertical separator
垂直同步信号 vertical synchronizing signal
垂直统一管理 vertical combination
垂直投影 elevation view; front outline; up(right) projection; vertical projection; vertical transfer
垂直投影面 vertical plane of projection; vertical projection plane
垂直投影面积 area on vertical projection
垂直突风 vertical gust
垂直突风记录仪 vertical-gust recorder
垂直土摩擦力 vertical soil friction force
垂直湍流 vertical turbulent
垂直湍流扩散 vertical turbulent diffusion
垂直推拉 vertically sliding
垂直推拉窗 counterweighted window; vertically sliding(sash-) window
垂直推力 normal thrust
垂直退火炉 machine lehr; vertical lehr
垂直拖拉 vertical toe
垂直陀螺仪 stable vertical; vertical gyro; vertical gyroscope
垂直挖方支撑 vertical sheeting for excavation
垂直外模板 paling

垂直外墙挂板 vertical cladding; vertical exterior wall cladding
垂直弯曲应力 vertical bending stress
垂直弯叶片涡轮桨 vertical curved blade turbine impeller
垂直往复运动 up-and-down movement
垂直微程序设计 vertical microprogramming
垂直微动螺旋 vertical fine motion drive; vertical slow motion screw; vertical tangent screw
垂直尾翼 vertical tail
垂直位错 vertical dislocation
垂直位移 altimetric displacement; vertical displacement; vertical judder; vertical shift
垂直位移测量【岩】 settlement observation; vertical displacement measurement
垂直位移的不稳定性<帧窗上帧,显像管上图像> vertical judder
垂直位移速率 rate of vertical displacement
垂直位移限位器 elevating stops
垂直位置 upright position; vertical position
垂直温度廓线辐射仪 vertical temperature profile radiometer
垂直温度剖面辐射计 vertical temperature profile radiometer
垂直温度梯度 vertical temperature gradient
垂直温度梯度凝固法 vertical gradient freeze method
垂直文本 vertical text
垂直纹理抗压强度<木材的> crushing strength across the grin
垂直纹理压力 compression perpendicular to grain
垂直紊动 vertical turbulence
垂直紊动射流 vertical turbulent buoyant jet
垂直紊流扩散系数 vertical turbulent diffusion coefficient
垂直紊流黏[粘]滞度 vertical turbulent viscosity
垂直稳定度 vertical stability
垂直稳定性 vertical stability
垂直稳定翼 vertical stabilizer
垂直涡动扩散系数 vertical coefficient of eddy diffusion
垂直涡度 vertical vorticity
垂直涡流 vertical eddy
垂直涡流扩散系数 coefficient of vertical eddy diffusion; vertical coefficient of eddy diffusion
垂直涡流黏[粘]滞系数 vertical eddy viscosity coefficient
垂直误差 vertical error
垂直析像能力 vertical resolution
垂直熄灭 vertical blanking
垂直系统 vertical system
垂直下降 vertical depression
垂直下降速度 rate of descent
垂直下降特性电源 constant current power supply
垂直下拉管法 down-drawing tube process
垂直衔铁 vertical armature
垂直线 normal line; pedal curve; perpendicular line; plumb(ing) line; vertical line
垂直线间距离 vertical separation; vertical spacing
垂直线偏差 vertical deviation
垂直线偏振 perpendicular linear polarization
垂直线性组合 linear-vertical to dominant line array

垂直向长周期地震仪 vertical long period seismograph
垂直向分流廊道 <船闸> vertical split cross culvert
垂直向强发射 broadside fire
垂直向上管道 uptake
垂直向上力 vertical upward force
垂直向上气流 vertical up-flow
垂直向振动 vertically directed vibration
垂直像片 upright picture; vertical picture
垂直像片转绘 vertical sketching
垂直像片转绘仪 vertical sketch master
垂直像散补偿器 vertical astigmatism compensator
垂直像素畸变 scallop
垂直消隐 vertical blanketing; vertical blanking
垂直销 normal pin
垂直小牙饰 vertical denticulation
垂直小圆盘犁 harrow plough
垂直校验 vertical check
垂直校正 vertical adjustment
垂直校准测向器 vertical calibration goniometer
垂直楔形掏槽 vertical wedge cut
垂直芯墙堆石坝 vertical core rockfill dam
垂直芯头 cope and drag print
垂直信号放大器 Y-axis amplifier
垂直行程 vertical travel
垂直形变 vertical deformation
垂直型电动机 vertical shaft motor
垂直型芯 vertical core; vertical coring
垂直性 perpendicularity; verticalism; verticality
垂直悬臂部分 vertical cantilever element
垂直悬臂梁 vertical cantilever element
垂直悬吊安装支架 vertical suspension installation support
垂直悬挂 vertical suspension
垂直旋度 vertical vorticity
垂直旋转 vertical whirl
垂直旋转门 vertical pivoted door
垂直循环 vertical circulating
垂直压力 direct rolling action; normal pressure; pressure at right angles; vertical pressure
垂直压力叶滤机 vertical pressure leaf filter
垂直压缩主应力 compressive vertical principal stress
垂直压应力 vertical compressive stress
垂直崖壁 vertical cliff
垂直延伸 vertical extent
垂直岩体 bysmalith
垂直眼爆破 vertical hole blasting
垂直堰 vertical weir
垂直腰墙板 vertical dado panel
垂直摇摆振动 wagging vibration
垂直叶板风速计 normal-plate anemometer
垂直叶片 vertical blade
垂直液力阻尼 vertical hydraulic damping
垂直仪 vertical; vertical collimator
垂直移动 vertical motion; vertical movement; vertical translation
垂直移动模板 vertical travel(l)ing shuttering
垂直移距 vertical shift
垂直移位寄存器 vertical transfer register
垂直翼板构件 vertical web member
垂直阴影 vertical shading
垂直引入气流分级机 vertical introduced current air classifier
垂直引上 vertical drawing
垂直引上的平板玻璃 flat drawn
垂直引上法 up-draw process; vertical sheet process
垂直引上机 vertical drawing machine
垂直引上拉管机 up-draw machine
垂直印刷控制字符 vertical character tabulation
垂直应力 normal stress; vertical stress; meridian stress <穹中的>
垂直优惠 vertical preferences
垂直诱导式冷却塔 vertical induced draught cooling tower
垂直淤积 vertical accretion
垂直于 normal to
垂直于岸的结构 shore-perpendicular structure
垂直于岸线 cross-shore
垂直于岸线的突堤码头 right angle pier
垂直于海岸的水流 cross shore current
垂直于层理方向的 normal to the stratification
垂直于(法向)片面的 normal to the surface
垂直于工作面的炮眼 balanced hole
垂直于轨面 normal to track level
垂直于屏幕 normal to screen
垂直于墙端头的短墙 return wall
垂直于文理的压缩 compression perpendicular to grain
垂直于纹理 against to the grain
垂直于纹理方向 head grain
垂直郁闭 vertical closure
垂直圆 vertical circle
垂直圆盘犁 cylinder disk plow; harrow plow; one way disk [disc]; wheatland plow; wide level disk
垂直圆形浮射流 vertical circular buoyant jet
垂直跃迁 vertical transition
垂直运动 vertical motion; vertical movement
垂直运动地震仪 vertical motion seismograph
垂直运动模拟器 vertical motion simulator
垂直运输 vertical transportation
垂直运输机 vertical transporter
垂直运输设备 vertical transportation system
垂直运输塔 <建筑的> service tower
垂直运输系统 vertical transportation system
垂直运送系统 vertical transit system
垂直栽植 vertical planting
垂直载荷 normal load
垂直载流空气分级机 vertical carrying current air classifier
垂直闸门 vertical gate
垂直闸门堰 draw(ing) door weir; vertical-lifting weir
垂直障碍物 vertical obstacle
垂直照度 normal illumination
垂直照明 direct illumination; vertical illumination
垂直照明装置 vertical illuminator
垂直遮阳板 shading by vertical baffles; vertical sunshading board
垂直遮阳装置 vertical type shading device
垂直折光差 vertical refraction error
垂直折光系数 vertical refraction coefficient
垂直褶皱 upright fold; vertical fold
垂直枕形畸变 vertical pincushion distortion
垂直振动 vertical oscillation; vertical vibration; vertical bounce <弹簧>
垂直振动成型法 vertical vibration mo(u)lding process
垂直振动筛 kam-tap screen
垂直震动系数 vertical seismic coefficient
垂直震度 vertical seismic coefficient
垂直正面钉入 straight nailing
垂直支撑 pole shore; vertical bracing
垂直支承构件 vertical supporting member
垂直支杆 subvertical
垂直支管 branching at right angle; vertical branching
垂直支距 perpendicular offset; vertical intercept; vertical offset
垂直支柱 plumb post; upright support; vertical strut; dead shore <支撑工程中用的>
垂直支柱构架 vertical strut truss
垂直指标 vertical index
垂直制动螺旋 <经纬仪> vertical clamp
垂直制动销 normal pin
垂直致偏电极 vertical deflecting electrode
垂直致偏放大器 vertical deflection amplifier
垂直中线错觉 vertical center line illusion
垂直中心调整 vertical centering align(e)ment
垂直中心调准 vertical centering align(e)ment
垂直中心线 vertical center line
垂直重锤拉紧装置 vertical gravity take-up
垂直重心 vertical center of gravity
垂直轴 normal axis; vertical axis; vertical axle
垂直轴刀式茎秆切碎器 vertical spindle type shredder
垂直轴定理 perpendicular axis theorem
垂直轴荷载 vertical axle load
垂直轴误差 error of the vertical axis
垂直轴线 vertical axis
垂直主应力 vertical principal stress
垂直贮料斗 vertical storage hopper
垂直柱 plumb column; plumb post; vertical column
垂直铸模机 vertical injection mo(u)lding machine
垂直转动的转轮 ferris wheel
垂直桩 plumb pile
垂直装甲板 breast work
垂直装配间 vertical assembly building
垂直装饰条 batten
垂直装卸 vertical handling
垂直装卸方式 vertical handling system
垂直状态 perpendicularity; plumbness; verticality
垂直撞击记录 seismogram of vertical weight drop
垂直锥 vertical coning
垂直准拉窗扇 hung sash
垂直总应力 vertical total stress
垂直纵列线 orthostichy
垂直走向采掘 crosswork
垂直走纸格式控制器 vertical format unit
垂直阻尼 vertical damping
垂直组织机构 vertical organization structure
垂直钻 vertical drill
垂直钻进 vertical drilling
垂直钻孔 vertical coring; vertical hole
垂直钻探系统 vertical drilling system
垂直钻眼 vertical drilling
垂直作用范围 vertical-coverage pattern
垂直坐标 orthogonal coordinates; vertical coordinate
垂直坐位头靠 upright sitting position headrest
垂周壁 anticlinal wall
垂周的 anticlinal
垂周分裂 anticlinal division
垂准 plumbing
垂准点 plumbing instrument; plumb point
垂准点像 <航测垂直摄影像片的> plumb-point image
垂准法 plumbing method
垂准杆 plumbing bar; plumbing pole
垂准基线 <矿山测量中两条垂线间的水平距离> plummet-base
垂准镜 mercury pool mirror; plumbing mirror
垂准器 plumbing instrument; vertical collimator
垂准设备 plumbing equipment; plumbing plant
垂准丝 plumbing wire; plummet wire
垂准线 plumb; plumb(ing) line; plumbing wire; plummet wire
垂综 couplings
垂足【数】 foot of a perpendicular; foot point
垂足距 cortate distance
垂足面 pedal surface; pedal
垂足曲线 pedal curve
垂足三角形 pedal triangle
垂足纬度 latitude of pedal
垂足线【数】 pedal line
垂足线的 pedal

捶

捶布 beetling

捶布锤 beetle faller
捶布机 beetle; beetling machine
捶打 beetle
捶打轮压机 beetle calender
捶捣棒 beater
捶击 thrashing; thresh; thump
捶击法 knocking
捶击机 thrasher; thrashing machine
捶进 ride down

槌

槌 heavy mallet; mallet; pestle

槌布机 beetle
槌打式缩绒机 stock falling mill; stock machine
槌击捻缝 horsing
槌加工面 pitch face
槌鲸蜡油 bottle-nose whale oil
槌鲸油 bottle-nose oil
槌磨 sledge mill
槌球 croquet
槌式缩绒机 hammer stock machine
槌式洗呢机 stamp washer
槌头式桥墩 hammerhead pier
槌头凿 mallet-headed chisel
槌形插条 mallet cutting
槌形的 capitate
槌形瓶 mallet vase

锤

锤 beater; bob; driver; mallet; pestle; striker

锤把 hammer shaft
锤摆水准六分仪 pendulum sextant
锤版 repoussage
锤臂 hammerhead jib; striker arm <输送机的>
锤扁 bruise

锤柄 hammer beam; hammer handle; hammer shaft; shaft of a hammer
锤柄开口扳手 wrench hammer
锤柄孔 hardy hole
锤柄眼 hammer eye
锤薄 beating; malleate; malleation; spread; beat out
锤测 plumbing; sounding by lead
锤测深 cast
锤测台 leadsman's platform
锤程 hammer path; hammer stroke
锤出吊货法 lazy guy method
锤打 batter; hammer blow; hammering
锤打工具 hammer tool; peening tool
锤打活塞环 hammered piston ring
锤打机 pounding up machine
锤打铆接 hammer riveting
锤打轧光机 beetle calender
锤打装置 hammering device; rapping device
锤导承 hammer guide
锤导座 hammer guide
锤的顶边 pane of a hammer
锤的尖头 peen; pein
锤垫 cap block; hammer anvil; pallet; piling dolly < 打桩用 >; hammer cushion
锤垫扁铁 gasket iron
锤垫外壳 cap block shield
锤顶 pane; peen; pein
锤锻 drop-forged; drop forging; hammering; smithing; hammer forging
锤锻电阻焊 hammered resistance welding
锤锻工具 hammer tool
锤锻机 hammering machine; swager
锤锻件 hammer forging
锤锻硬化 hardening by hammering
锤锻硬化的 hammer-hardened
锤斧 hammer axe; lathing hatchet; splitting maul
锤杆 hammer stem; hammer tail
锤杆桩 hammer stud
锤杆座 hammer support
锤工 hammer man
锤焊 hammer welding
锤焊钢管 hammer welded steel pipe
锤夯 hammer tamping
锤痕玻璃 hammered glass
锤簧 hammer spring
锤回单杆吊货法 backweight method; counterweight method; deadman method
锤回绳 deadman
锤击 blow of hammer; bumping; hammer(ing); peening; pipe hammer; sledge; stamp(ing)
锤击安瓶法 method of hammer ampoule
锤击板材 hammer dressed slab
锤击布氏硬度测定法 double impression method
锤击沉桩 driving pile; hammer piling
锤击沉桩法 pile driving method by hammer
锤击触探方法 ram sounding method
锤击穿孔机 stick perforator
锤击磁铁 hammer magnet
锤击次数 blow count; number of blows; number of blows in pile driving
锤击打桩 hammer driving; impact pile driving
锤击捣碎 stamping
锤击杆 hammer lever
锤击钢印标记 hammer mark
锤击工具 fullering tool
锤击贯入测探 drop penetration sounding
锤击贯入法 hammer-driving method
锤击贯入试验 drop penetration test(ing)
锤击贯入仪 drop-impact penetrometer; impact penetrometer
锤击过度的桩 over-driven pile
锤击夯 hammer blow tamper
锤击缓冲 break slow
锤击机 impact machine; peening machine; ram(ing)(impact) machine; stamping machine
锤击计数 blow count
锤击检查 sound test
锤击金属 metal for hammering
锤击螺钉 hammer-drive screw
锤击脉动 hammer pulse
锤击铆接 hammer riveting
锤击铆接机 hammer riveting machine
锤击磨 hammer swing sledge mill
锤击磨碎机 hammer mill pulverizer
锤击能量分析仪 hammering energy analyser[analyzer]
锤击破碎机 hammer breaker
锤击强化表面 peened surface
锤击驱动 hammer driving
锤击人工破碎 cobbing
锤击韧性试验 wedge test
锤击伤痕 hammer mark
锤击设备 hammer apparatus
锤击式布氏硬度试验机 Brinell's impact hardness tester
锤击式脉冲进度检测仪 hammer-blow type pulse-velocity measuring device
锤击式磨煤机 beater mill; impact mill; impact pulverizer
锤击式破碎机 hammer crusher
锤击式碎石机 hammer crusher; hammer grinder
锤击式研磨机 hammer grinding mill
锤击式凿岩机 jack hammer
锤击式钻岩机 plugger
锤击试验 drop test; forge [forging] test; hammer(ing) test
锤击试验机 hammer machine; hammer test machine
锤击数 blow count; number of blows
锤击碎渣机 hammer-stroke slag crusher
锤击销体 hammer pin body
锤击选矿 cobbing
锤击硬化 hardening by hammer
锤击噪声 hammer blow noise
锤击桩 driven pile
锤击桩公式 pile driving formula
锤击桩施工(法) compaction pile method
锤击状花纹 hammer blow
锤击阻力 driving resistance
锤击钻进 blow drilling; hammer drilling
锤击钻岩机 jack hammer
锤机扳柄 hammer trigger
锤机阀动装置 hammer valve gear
锤机基础格层 hammer foundation grill
锤机栓架 hammer stand
锤机柱架 hammer body; hammer frame; hammer standard
锤架 hammer carrier; hammer stand
锤尖 hammer pick; peen; pein
锤角 clavicorn
锤截断 hammer off
锤鳞 hammer scale
锤落高度 height of fall
锤铆钉 hammered rivet
锤铆机 hammer riveting machine
锤帽 drive cap
锤面 flat side of a hammer; hammer face
锤面状涂层 hammer tone
锤磨 sledge mill
锤磨机 hammer mill; hammer swing mill; swing hammer crusher
锤磨器 hammer sharpener
锤磨作用 hammer milling
锤碾 breaking down
锤碾金属 bossing
锤碾铅皮成器 solid bossing
锤碾式去麸机 impact finisher
锤劈石 sledged stone
锤劈石机 scalper; sledger
锤片保持轴销 hammer retaining pin
锤片滚筒 hammer drum
锤片轴销 hammer pin
锤片转盘 hammer disc[disk]
锤平 drawdown; dub; dubbing out; hammer out
锤平器 flattener
锤敲 sledging
锤球线 plummet wire
锤驱动器 hammer driver
锤入式螺钉 hammer-drive screw
锤入桩 driven pile
锤石机 knobbling machine
锤式超重机头架 hammer crane head
锤式冲击破坏机 impact-breaker hammer
锤式冲孔机 mallet perforator
锤式冲抓斗 hammer grab
锤式打桩机 monkey driver; monkey driver engine; monkey driving engine; monkey engine
锤式粉碎机 beater grinder; beater pulverizer; beater pulverizer; beater mill; hammer blade mill; hammer grinder; hammer mill (crusher); swinging hammer mill
锤式粉碎机加工材料 hammer milling
锤式粉碎机筛片 hammer-mill sieve
锤式贯入硬度计 ram penetrometer
锤式精练机 tom-tom scouring machine
锤式可逆钻 hammer reversing drill
锤式磨 hammer mill
锤式碾碎机 bruising mill
锤式喷灌器 hammer-type sprinkler
锤式破碎机 centrifugal breaker; Gardner crusher; hammer breaker; hammer crusher; hammer mill; impact breaker; pick breaker
锤式破碎机的滑动控制 slip control for impact crusher
锤式起重机头 hammer crane head
锤式气顶 hammer-type holder-on
锤式手持风钻 hammer-type pneumatic hand-held drill
锤式碎茎机 hammer-mill type stalk shredder
锤式碎石机 hammer breaker; hammer crusher
锤式缩呢机 bumper milling machine
锤式缩绒机 kicker mill
锤式洗涤机 tom-tom washer
锤式压碎机 hammer crusher
锤式研磨工场 hammer grinding mill
锤式研磨机 beater mill; beater pulverizer; hammer grinder; hammer mill
锤式移动粉碎机 mobile hammer mill
锤式凿岩 hammer drilling
锤式轧碎机 hammer breaker; hammer crusher
锤式振捣器 hammer-type vibrator
锤式振动器 hammer-type vibrator
锤式锥型贯入计 < 测雪用 > ramsonde
锤手 lead(s)man
锤碎 hammer milling
锤碎机 beating crusher; hammer crusher; hammer grinder; hammer mill; hammer rolls; impact crusher
锤碎机篦条 hammer-mill grate
锤碎机固定筛 hammer-mill grate
锤碎机筛格 hammer-mill cage
锤碎机筛笼 hammer-mill cage
锤碎石块 blocking
锤碎铜矿石 stamp copper
锤碎纤维 hammer-milled fiber
锤体 hammer block; ram(mer); tup
锤体质量 ram mass
锤条 lead line
锤铁 iron works
锤头 beater head; hammerhead; hammer ram; indented hammer; indenting hammer; monkey; nozzling; peen; point tool; tup; fishtail < 拔钉子的 >
锤头打击圈直径 hammer circle diameter
锤头打铁 hammer peening
锤头的宽面端头 poll
锤头的小端 peen
锤头段 < 公路尽头拓宽段 > hammer-head
锤头返回活塞 ram-retraction piston
锤头缝合针 blunt point suture needle
锤头轨迹 hammer path
锤头夹持手柄 ram clamping handle
锤头螺钉 monkey bolt
锤头螺栓 hammerhead bolt
锤头内架式高速锤 ram-and-inner frame machine
锤头平面 poll
锤头式吊车 hammerhead crane
锤头式防波堤 hammerhead key
锤头式回转起重机 hammerhead slewing crane
锤头式起重船 hammerhead crane barge
锤头式起重机 hammer(head) crane
锤头式旋转起重机 hammerhead slewing crane
锤头销 hammer pin
锤头形防波堤 hammerhead groin
锤头形键 hammerheaded key
锤头循环打击圈 hammer circle
锤头凿(子) hammerhead chisel; hammer-headed chisel
锤头支架 hammerhead jib
锤头转子 hammer rotor
锤头装饰 aegricane
锤头组 hammer bank
锤凸 process of mallets; prominentia mallearis
锤纹 hammer tone; mallear stria; stria mallearis
锤纹瓷漆 hammer finish enamel; hammertone enamel
锤纹铝粉漆 hammertone silver paint
锤纹面漆 hammered finish
锤纹漆 hammer paint
锤纹漆饰面 hammer finish
锤纹漆涂装法 hammer finish
锤纹乳化漆 hammertone emulsion paint
锤纹饰面 hammertone finish
锤纹涂层 hammer coating
锤纹银粉漆 hammertone silver paint
锤纹硬纸板 hammertone hardboard
锤纹罩面漆 hammer finish
锤细机 hammering machine
锤下钢垫 tup pallet
锤线竖井 pendulum shaft
锤销式自动脱钩器 < 起重机 > automatic weight-pin unhooking device
锤形阀 hammer valve
锤形防波堤 hammerhead groin; hammerhead groyne
锤形径迹 hammer track

锤形咀嚼器 malleate trophus
锤形衔铁断路器 hammer break; hammer interrupter
锤形趾 hammer toe
锤修(整) hammer dressing
锤压式冲模 mallet handle die
锤压试验 forging test
锤硬 hammer harden
锤硬法 hammer hardening
锤圆直径 hammer circle diameter
锤凿 pitching chisel
锤凿法 hammer dressed method
锤凿混凝土 bush-hammered concrete
锤凿石面 bush-hammering
锤凿饰面 bush-hammered finish(face); chisel finish
锤造器 dental swager; swaging machine
锤造全冠 wrought full crown
锤渣 hammer slag
锤斩方石 hammer dressed ashlar
锤展韧性金 bossing stick
锤砧 anvil; hammer anvil; ram block
锤整 hammer dressing
锤整的 hammer dressed
锤整石材 hammer dressed masonry
锤直径 diameter of hammer
锤制 sledge
锤制石 sledged stone
锤重 bobweight; weight of hammer
锤重和桩重之比 ratio of hammer weight to pile weight
锤状插条 heel cutting
锤状指 hammer finger; malletfinger
锤状趾 hammer toe; mallet toe
锤琢 hammer dressing; mortar dab; scutching
锤琢瓷漆 hammertone enamel
锤琢的 hammer dressed
锤琢块石 hammer dressed quarry stone
锤琢毛石 hammer dressed quarry stone
锤琢面 hammer finish
锤琢石 hammer dressed ashlar; hammer-faced stone; hammer dressed stone
锤琢石块的圬工 block-in-course masonry
锤琢石面 hammer dressed stone; hammered finish of stone; hammer pinching
锤琢石砌体 hammer dressed ashlar masonry
锤琢石圬工 hammer dressed ashlar masonry; hammer dressed masonry; tool-faced masonry
锤琢饰面 bush-hammered finish (face); hammer (ed) finish; hammer tone
锤琢瓦面 hammered finish tile
锤琢形珐琅饰面 hammer finish
锤琢修整 hammer finish
锤子 hammer; mallet
锤组 battery
锤钻 block holer; hammer drill
锤钻轴套 chuck barrel

春暴 < 回春后第一次恶劣天气 > whip-poor-will storm

春播作物 spring crop
春材 spring timber; spring wood
春潮 spring tide
春潮的最高高水位 highest high water spring tides
春潮时间 spring tide time
春翻层 spring over-turn
春分 spring equinox
春分(大)潮 equinoctial tide
春分点 first point of Aries; spring equinox; vernal point; March equinox; vernal equinox
春分点改正 equinox correction
春分或秋分点 equinoctial point; equinox
春分或秋分时的暴风雨 equinoctial storm
春分或秋分雨季 equinoctial rains
春风 vernal breeze
春耕 spring ploughing
春耕机械 machinery for spring work
春耕休闲地 early fallow
春寒期 cold spell in spring
春洪 spring flood
春湖 < 月球 > lacus veris
春华 spring flowering
春化处理 vernalization; yarovization
春化阶段 thermostage
春化期 thermostage
春化作用 vernalization
春季闭合 < 指路面裂缝 > spring "healed"
春季冰壳 spring crust
春季补给 spring feed
春季补给河 spring fed stream
春季采伐的木材 early wood
春季臭氧层耗竭 spring ozone depletion
春季臭氧衰减 spring ozone decline
春季对流 spring over-turn
春季翻耕 spring turnover
春季翻浆 < 路面 > spring break-up
春季翻转 spring turnover
春季高峰 spring maximum
春季环流 spring circulation; vernal circulation
春季解冻 spring break
春季径流 spring runoff
春季径流量 spring runoff
春季融雪 spring snowmelt
春季生成木材 spring wood
春季相 vernal aspect
春季性植物 vernal plant
春季休闲 early fallow
春季循环 spring over-turn
春季循环期 spring circulation period
春季中耕 spring cultivation
春季作物 rabi crop
春剪 spring pruning
春耙 spring-time harrow
春秋分大潮低潮位 low water level equinoxial spring tide
春秋分大潮高潮位 high water level equinoxial spring tide
春秋分高潮 equinoctial high water
春秋分时暴风雨 equinoctial gale
春秋季供暖时期 between-season heating period
春融 spring snowmelt
春融积雪 corn snow
春融开裂 spring break-up
春纱 spring gauze
春生木 spring wood
春水蓄灌 liman irrigation
春天 spring time
春天的 vernal
春天开的 vernal
春天粒雪 corn snow; granular snow
春天溶雪 spring thaw
春天生的 vernal
春性植物 spring plant
春雪 spring snow
春汛 freshet; snow flood; snow water flood; spring freshet; spring season; spring flood < 专指由于融雪所造成的洪水 >
春汛过程线 freshet hydrograph
春汛期 freshet period
春汛水位 water-level at spring tide
春汛水文预报 hydrologic(al) forecasting of spring flood
春汛预报 forecast of spring freshet; hydrologic(al) forecast of spring flood; spring flood forecasting
春榆【植】 Japanese elm
春植 spring planting
春种性类型 springness form

椿皮 bark of tree of heaven

椿象 stink bug

纯白(的) liyy white; pure white

纯白垩 ground chalk
纯白口冷硬轧辊 clear chill roll
纯白生石膏 compact gypsum; terra alba
纯白石 pure white stone
纯白石膏 compact gypsum
纯白陶土 pure clay
纯白颜料 sterling white
纯摆动 pure oscillation
纯半导体 intrinsic (al) semiconductor; pure semiconductor
纯保险费 net premium; pure premium
纯保证凭证 naked warrant
纯苯 benzene; pure benzene; pure benzol; purified petroleum benzin
纯边际利润 net profit margin
纯编码 pure code
纯标量乘法 scalar multiplication
纯波 pure wave
纯波特兰水泥 neat Portland cement; pure Portland cement
纯玻璃料 transparent frit
纯箔 blank foil
纯不连续 properly discontinuous
纯不连续分布 purely discontinuous distribution
纯材料 pure material
纯策略 pure strategy
纯策略中的平衡 equilibrium in pure strategy
纯层流 pure laminar flow
纯柴油机 full diesel
纯产量 net output
纯产品 net product; straight product
纯产业部门表 pure industrial table
纯产值 net output value
纯产值的增长 rise in the net output value
纯超音速的 all-supersonic
纯沉淀固体 pure precipitated solid
纯沉淀物 pure precipitate
纯沉淀吸附质 pure precipitated adsorbate
纯成本 flat cost
纯持股公司 pure holding company
纯冲动透平 pure variable-pressure turbine
纯冲动涡轮机 pure variable-pressure turbine
纯冲突对策 pure conflict game
纯出勤率 net rate of attendance
纯醇酸树脂 straight alkyd resin
纯磁铁 pure magnetic iron
纯粹成本 absolute cost; flat cost; pure cost
纯粹存款 straight deposit
纯粹的 genuine; sheer
纯粹的科学 pure science
纯粹地方时 < 原子时 > pure local time
纯粹法学 pure theory of law
纯粹方案结构 pure project structure
纯粹高岭土 kaolinite
纯粹固定资本 absolute fixed capital
纯粹滚动接触 pure rolling contact
纯粹回想法 pure recall method
纯粹货币周期论 pure monetary theory of business cycle
纯粹机构学 pure mechanism
纯粹几何学 pure geometry
纯粹经济地租 pure economic rent
纯粹竞争 atomistic competition; pure competition
纯粹竞争条件 condition of pure competition
纯粹派艺术家的房屋 purist house
纯粹培养 pure culture
纯粹射影几何 pure projective geometry
纯粹数学 pure mathematics
纯粹无性系植区 solid planting of clone
纯粹协调时 pure coordinated time
纯粹心理学 pure psychology
纯粹钻石 < 100 克拉以上的 > paragon
纯大洋沉积 eupelagic deposit; eupelagic sediment
纯代码 pure code
纯代替弹性 pure substitution elasticity
纯单色光源 pure source of monochromatic light
纯氮发生器 pure nitrogen generator
纯等波幅 pure undamped wave
纯等幅度 pure undamped wave
纯地层 clean formation
纯地蜡 ceresin(e); ceresin(e) wax
纯地沥青 plain asphalt; pure asphalt; straight asphalt
纯地质侵蚀 geologic(al) norm of erosion
纯电的 electric(al)-electric(al)
纯电感 pure inductance
纯电解铜 pure electrolytic copper
纯电解质液 single electrolyte solution
纯电抗 net reactance; net resistance
纯电抗网络 pure reactance network; reactance network
纯电煤真比重 true specific gravity of pure coal
纯电阻 pure resistance
纯定油 purified stand oil
纯斗争对策 pure conflict game
纯度 degree of purity; fineness; fineness degree; percentage of purity; pureness; purity; purity of quotient; rate of purity
纯度百分率 percentage purity
纯度标准 standard of purity
纯度测定 fineness determination
纯度的控制 control of purity
纯度等级 order of purity
纯度级别 purity grade
纯度极高 < 99.999999999% > eleven nines
纯度极限 fineness limit
纯度计 purity meter
纯度检验 purity check(ing)
纯度检验印记 hall mark
纯度校核 purity check(ing)
纯度控制 purity control
纯度控制线圈 purity coil
纯度试验 purity test
纯度调整线圈 purity coil
纯度要求 purity requirement
纯度证明书 certificate of purity
纯对苯二甲酸 pure terephthalic acid
纯对苯二甲酸废水 pure terephthalic acid wastewater; purified terephthalic acid wastewater
纯对冲交易 pure swap transaction
纯多晶硅 pure silicon polycrystal
纯二进记法 pure binary notation

纯反动式汽轮机 pure reaction turbine
纯方解石 pure calcium carbonate
纯非衰减波 pure undamped wave
纯肥皂 pure mild soap
纯酚醛烘干电泳底漆 pure phenolic baking electro-deposition primer
纯酚醛树脂 pure phenolic resin; straight phenol-formaldehyde resin
纯酚醛水线船顶漆 pure phenolic boat topping paint
纯酚油 creosote pure
纯风险 pure risk
纯封闭压力 net confining pressure
纯辐射法 net radiation method
纯腐殖酸 pure humic acid
纯伽马放射性核素 pure γ radioactive nuclide
纯钙生石灰 rich quicklime
纯橄榄石 dunite
纯橄榄岩 divine rock; dunite; olivine rock
纯橄无球粒陨石 chassignite
纯钢 unalloy steel
纯杠杆式比较仪 microindicator
纯高超音速物体 all-hypersonic body
纯高岭石薄片 kaolinite flake; pure kaolinite flake
纯高岭土 kaolinite; washed kaolin
纯铬鞣 straight chrome tanning
纯跟踪方式 pure pursuit
纯工作时间 net time
纯公共物品 pure public goods
纯公共性货物与劳务 genuinely collective goods and services
纯功 net work
纯功率 pure horsepower
纯功能组织系统 pure functional organization system
纯供热锅炉 heat only boilers
纯拱 true arch
纯拱法 independent arch method
纯贡献 net contribution
纯古典建筑 severely classical architecture
纯钴钨硬质合金制品 simple tungsten carbide cobalt composition
纯固体 pure solid
纯灌溉效益 net irrigation benefit
纯灌量 net recharge
纯光谱 pure spectrum
纯光强过滤镜 net density filter
纯硅 pure silicon
纯硅酸盐水泥 neat Portland cement; pure Portland cement
纯滚动 pure rolling; true rolling
纯滚动接触 pure rolling contact
纯滚动牙轮钻头 true-rolling bit
纯国际贸易 pure international trade
纯国外投资 net foreign investment
纯国有股份公司 purely state-owned stock company
纯国有企业 purely state-owned enterprises
纯过程 pure procedure
纯海冰 blue ice
纯海水 full seawater; pure seawater
纯海洋性鱼类 true marine fishes
纯号电荷 homocharge
纯合体 homozygote
纯黑 absolute black; all black
纯黑色 atrous; solid black
纯黑石 pure black stone
纯黑印泥 black stamping pad
纯互保体制 pure mutual scheme
纯滑(动) pure slip
纯滑动摩擦 simple sliding friction
纯滑石 pure talc
纯滑移 simple slip
纯化 cleanse; cleansing; clearing; decontamination; edulcorate; purify(ing); purity; scavenging; sublimate; sublimation; sublime
纯化磁铁 purity magnet
纯化的 depurated; depurative; purified
纯化汞用漏斗 mercury purifying tunnel
纯化过程 purge process
纯化合物 pure compound
纯化剂 cleaner; decontaminant; depurant; depurator; purifying agent; refining agent; scavenger
纯化器 purifier
纯化区 zone purification; zone refining
纯化系数 decontamination factor
纯化橡胶 purified rubber
纯化学 pure chemistry
纯化学参数 purely chemical parameter
纯化学腐蚀 pure chemical corrosion
纯化学激光器 pure chemical laser
纯化装置 steam purifier
纯化作用 depuration; purification
纯换汇交易 pure swap transaction
纯黄(色) clean yellow; true yellow
纯黄铜 simple brass
纯灰浆 neat plaster
纯彗形像差 pure coma
纯混凝土 plane concrete
纯混凝土屋瓦 concrete plain tile
纯机械井底钻进时间 net time on bottom
纯基本式规则 pure literal rule
纯技术的 cold-technical
纯剂 pure substance
纯剪(力) pure shear; simple shear
纯剪强度 pure shearing strength
纯剪切 pure shear; simple shear
纯剪切仪 direct shear apparatus
纯剪试验 pure shear test; simple (direct) shear test
纯剪应变 pure shear strain
纯碱 calcined soda; carbonate of soda; pure caustic soda; soda (ash); sodium carbonate
纯碱玻璃 alkali-rich glass
纯碱飞散率 loss soda ash percentage
纯碱配制槽 soda ash compounding tank
纯碱生产 soda ash production
纯键的 homodesmic
纯键结构 homodesmic structure
纯交换 pure exchange
纯交易条件 barter terms of trade; net terms of trade
纯胶板 pure rubber sheet
纯胶浆 uncompounded cement; pure gum
纯胶胶料 gum rubber
纯胶料 gum compound; gum stock
纯胶料溶液 gum stock solutions
纯角承接屋角石块 birdsmouth quoin
纯接地面积 net contact area
纯节省数 net economic saving
纯洁 immaculacy; non-staining
纯洁冰 blue ice
纯洁的 lily-white
纯洁空气 clean air; pure air
纯洁色 clean colo(u)r
纯洁石棉 amiant(h)us
纯洁形式 pure form
纯洁主义 purism
纯解释程序 pure interpreter
纯介质 prefect dielectric
纯金 fine gold; greasy gold; proof gold; pure gold; red gold; solid gold
纯金本位制 gold bullion standard
纯金挂件 solid-gold pendant
纯金块 mint fine bar
纯金项链 solid-gold chain
纯金属 pure metal; simple metal
纯金属的 unalloyed
纯金属粉末 pure metallic powder
纯金属结晶 pure metallic crystal
纯金属氢氧化物 pure metallic hydroxide
纯金属阴极 pure metallic cathode
纯近似法 net approximate-method
纯进口量 net import
纯经济的 dollar-and-cent
纯经济利润 pure economic profit
纯经济曲线 net economy curve
纯经济学 pure economics
纯经营收益 net operating income
纯晶白云石 bitter spar
纯净 net; pureness; purity; rarefaction
纯净冰 clear ice
纯净产品 pure product; straight product
纯净超导体 clean superconductor
纯净萃 absolute extract
纯净的 clear; purified; straight; net(t) <英>
纯净浮动 clean float
纯净钢 clean steel
纯净化合物 pure compound
纯净金刚石 clear diamond
纯净金属 fine metal
纯净空气 clear air
纯净棉 meaty cotton
纯净木材 clean-cut timber
纯净黏[粘]土 clear clay
纯净柠檬醛 pure citral
纯净培养 pure culture
纯净气体 clean gas
纯净器 purifier; treater
纯净沙 clean sand
纯净式样 purity of style
纯净试验 cleanness test
纯净水 pure water
纯净水煤气 blau gas; blue gas
纯净物料 virgin material
纯净羊毛 free wool
纯净(原)材料 virgin material
纯净重 net-net weight
纯镜煤 eu-vitrain
纯酒精 absolute alcohol; straight alcohol
纯臼 clear white
纯救助 pure salvage
纯距离导航制 pure distance system
纯锯齿形 crenation
纯锯齿形的 crenate
纯聚合油 purified stand oil
纯菌性菌 pure bacterial bacteria
纯开挖 net cut
纯苛性钾 pure caustic potash
纯科学 pure science
纯可塑性黏[粘]土 potter's clay
纯空气 pure air
纯块金效应模型 pure nugget effect model
纯矿物 minal
纯亏损 net deficiency
纯扩张变形 <体积扩张,但形状不变> pure dilatational deformation
纯拉力 pure tension; simple tension
纯拉(伸) pure tension; simple tension
纯蓝 ethereal blue
纯缆索体系 pure cable system
纯劳动成本价值说 pure labor-cost theory of value
纯劳动时间 allowance; normal time
纯理论的 ivy; speculative; speculator
纯理论科学 pure science
纯理论社会学 pure sociology
纯理论研究 pure research
纯利 dear profit; pure profit; net profit
纯利分配计算书 statement of appropriation of net income
纯利润 clear profit; neat profit; net earnings; net income; net profit; net surplus; pure profit
纯利润率 net profit rate; pure interest rate
纯利息 pure interest
纯沥青 manjak; plain asphalt; pure bitumen; straight asphalt
纯沥青(含)量 total bitumen
纯沥青卷材 <用于防潮> callendrite
纯沥青填(塞)料 straight bituminous filler
纯沥青指数 bitumen index; pure bitumen index
纯粒铁 ferrite
纯连续波 pure continuous waves
纯量 net measure; scalar; scalar quantity
纯量(乘)积 scalar product
纯量函数 scalar function
纯量积矩阵 scalar product matrix
纯量矩阵 identity matrix; scalar matrix
纯量三重积 scalar triple product
纯量随机变量 scalar random variable
纯量项 scalar item
纯量协方差矩阵 scalar covariance matrix
纯量值 scalar value
纯量子数 pure quantum number
纯林 pure crop; pure forest
纯零售商业网 pure retail network
纯流通费 genuine costs of circulation
纯流通费用 pure cost of circulation
纯硫 bright sulfur
纯硫化胶 unloaded vulcanizate
纯硫酸铝 white sulfate of alumina
纯铝 fine alumin(i)um; pure alumin(i)um
纯铝板 pure alumin(i)um plate
纯铝包皮 Albondur; allautal
纯铝包皮超硬铝板 Albondur
纯铝包皮铝合金板 allautal
纯铝箔 pure alumin(i)um foil
纯铝卷片 coiled pure aluminium sheet
纯铝气焊条 pure alumin(i)um gas welding rod
纯铝线 pure alumin(i)um wire
纯绿宝石 emerald; smaragd
纯绿柱石 emerald
纯麻布 ramie fabric
纯麻球 all-jute ball
纯马尔可夫过程 pure Markov process
纯马力 pure horsepower
纯煤 pure coal; true coal
纯煤基 pure coal basis
纯煤气 scrubbed gas
纯棉 purified cotton
纯棉白坯布 cotton grey fabric
纯棉织物 pure cotton fabric
纯灭过程 pure death process
纯摩擦力 simple friction
纯木材积 net scale
纯木煤 anthraxylon
纯木质素 vinsol
纯内压试验 pure-internal pressure test
纯氖放电 pure neon discharge
纯挠 simple bearing; simple bend(ing)
纯挠曲 pure bending; simple bending; simple flexure
纯能率 net duty
纯能源输入国 net importer of energy supply
纯泥 clear clay
纯泥浆 straight clay slurry
纯泥浆搅拌机 raw slurry mixer

纯黏[粘]胶短纤维织物 one-hundred percent(100%) viscose staple fibre fabric
纯黏[粘]土 pure clay;raw clay
纯黏[粘]土沉积物 pure clay deposit
纯黏[粘]土浆 straight clay slurry
纯黏[粘]性 pure viscosity
纯黏[粘]性流动 purely viscous flow
纯黏[粘]性流体 purely viscous fluid
纯镍 pure nickel
纯镍电焊条 pure nickel welding electrode
纯镍焊条 pure nickel electrode
纯凝汽式汽轮机 straight condensing turbine

纯扭力 pure torsion
纯扭转 pure torsion
纯抛石充填 clean-dumped rockfill
纯抛填堆石 clean-dumped rockfill
纯培养分离 isolation of pure culture
纯培养(物) pure culture
纯膨胀变形 pure dilatational deformation
纯膨胀应变 pure dilatational strain
纯片流 pure laminar flow
纯偏剪力 pure deviatoric shear
纯品系 pure strain
纯平接缝 plain butt joint
纯平面剪切波 pure plane shear wave
纯气藏分布区 distribution area of pure gas pool
纯气垫车 pure ACV[air-cushion vehicle]
纯气动连接 pure aerodynamic(al) coupling
纯气体 pure gas;scrubbed gas
纯汽计数器 pure-vapo(u)r counter
纯铅 pure lead
纯铅白 China white;silver white
纯切应力 pure shearing stress
纯燃气轮机循环 pure gas turbine cycle
纯人造石 plain patent stone
纯溶蓝 pure soluble blue
纯柔性流动 pure plastic flow
纯散射 pure scattering
纯散射大气 purely scattering atmosphere
纯色 deep colo(u)r;full colo(u)ration;pure colo(u)r(ation);saturated colo(u)r
纯色的 whole-colo(u)red
纯色含量 colo(u)r content
纯色器 colo(u)r purifier
纯沙漠 erg desert;sand desert
纯沙沙漠 k(o)um;ergh;sand sea
纯砂 pure sand;sharp sand;sheer sand
纯砂层 clean sand
纯砂粒 sharp sand
纯砂岩 clean sandstone;net sandstone;pure sandstone
纯砂岩的密度 density of clean sandstone
纯砂岩的相对体积 fractional volume of clean sandstone
纯闪锌矿 cleiophane
纯扇形体系 pure fan system
纯商品表 pure commodity table
纯商业网 pure commercial network
纯射流技术 fluerics
纯生成程序 pure generator
纯生过程 pure birth process
纯生石灰 pure quicklime
纯声 pure sound
纯湿黏[粘]土 pure wet clay
纯石堆填 clean-dumped rockfill
纯石膏 pure gypsum
纯石膏灰泥 neat gypsum plaster;gypsum neat plaster
纯石灰 carbonate-free lime;neat lime;pure lime;fat lime
纯石灰灰浆 rich lime mortar
纯石灰浆 pure lime mortar
纯石灰块 pure lump lime
纯石灰黏[粘]料 pure lime paste;pure lime putty
纯石灰砂浆 unga(u)ged lime plaster
纯石块填石 clean-dumped rockfill
纯石蜡 paraffin(e) refined wax
纯石棉 raw asbestos
纯石棉纱 plain asbestos yarn
纯石英玻璃 vycor
纯石英砂 siliceous sand
纯石英纤维 pure silica fiber
纯石英纤芯单模光纤 pure silica core single-mode fiber
纯石油沥青 straight asphalt
纯石子路 plain macadam
纯时后因子 pure time-delay factor
纯时滞 dead time delay;pure time delay
纯收入 net receipt;net return;net revenue
纯收益 neat profit;net earnings;net income;net profit;net return;net utility
纯输移 simple transportation
纯熟度 fluency
纯熟油 purified stand oil
纯树脂 neat resin
纯数 cardinal number;pure number
纯数据 clear data
纯数量计量 purely quantitative measure
纯数学 pure mathematics
纯数学概率 purely mathematical probability
纯数字系统 straight numerical system
纯水 aqua pure;low conductivity water;pure water;unadulterated water
纯水电电力系统 all hydro system
纯水腐蚀 pure water attack
纯水锅炉 pure water boiler
纯水冷却器 pure water cooling unit
纯水煤气 blue gas
纯水泥 <不配添加料的水泥> neat cement;non-blended cement;one-pack cement;plain cement;straight cement
纯水泥膏 neat paste;neat plaster;neat cement paste
纯水泥灌浆料 neat cement grout
纯水泥化合物 pure cement compound
纯水泥灰浆 straight cement mortar
纯水泥灰泥 cement putty
纯水泥混凝土 <不加掺料的水泥混凝土> straight cement concrete
纯水泥浆 neat cement grout;neat cement mortar;neat(cement) paste;neat slurry;net cement grout;plain cement paste;slurry net cement
纯水泥浆体 neat cement paste
纯水泥浆涂层 pure coat
纯水泥胶浆 neat cement paste
纯水泥砂浆 <不加掺料的水泥砂浆> straight cement mortar
纯水泥熟料 pure cement clinker
纯水器 purifier;water purifier
纯水色 true colo(u)r
纯水制备 preparation of pure water
纯丝绸 pure silk
纯松木素 indulin
纯塑性弯曲 pure plastic bending
纯塑性状态 pure plastic state
纯随机过程 entirely random process;purely random process
纯随机模型 purely random model
纯随机误差 purely random error
纯随机业务量 pure chance traffic
纯碎石路 plain macadam
纯损 dead loss
纯损耗 dead loss;net loss
纯损失 dead loss;net loss
纯损益 net profit or loss
纯损益部分 net profit or loss section
纯损益计算 net profit and loss account
纯铊 pure thallium
纯态 pure state
纯态硬度 passive hardness
纯钛金属眼镜架 pure titanium spectacle frame
纯弹性体 solid elastic body
纯弹性应变 true elastic strain
纯碳 pure carbon
纯碳化钨钴制品 simple tungsten carbide cobalt composition
纯碳氢气体 air-zero gas
纯碳酸钙 pure calcium carbonate
纯锑 star antimony
纯提升时间 net hoisting time
纯填方 net fill
纯铁 malleable(cast-) iron
纯铁粉 straight iron powder
纯铁坩埚法 pure iron crucible method
纯铁体 ferrite
纯铁铜合金 plain iron copper alloy
纯烃的溶解度 solubility of pure hydrocarbon
纯铜 fine copper;pure copper
纯铜管 pure copper tube
纯铜始极片 pure copper starting sheet
纯统计估计 pure statistical estimation
纯透辉石 dekalbite
纯土 plain soil;pure clay
纯屯煤燃烧热 true coal combustion heat
纯外荷载 pure load
纯弯 pure bending;simple bearing;simple bend
纯弯曲 direct flexure;pure bending;pure flexure;simple bending
纯弯曲疲劳试验机 pure bending fatigue testing machine
纯危险性 pure risk
纯微角质暗煤 pure cuticodurite
纯微亮煤 pureclarite
纯微丝煤 purefusite
纯温度辐射 pure temperature radiation
纯圬工 plain masonry
纯钨极 pure tungsten
纯无面值股票 pure no par stock
纯无水酒精 absolute alcohol
纯物质 pure substance
纯误差 pure error
纯硒 pure selenium
纯锡 fine tin
纯锡块 block tin
纯系 clone;inbred line;pure line;pure strain
纯系群 biotype
纯系选择 line selection;pure line selection
纯现价 net present worth
纯现值 net present value;present net worth
纯陷藏策略 pure hiding strategy
纯相 pure phase
纯相关 pure correlation
纯相位滤波器 pure phase filter
纯相位全息图 phase-only hologram
纯橡胶管 pure rubber hose
纯消过程 pure death process
纯小数 pure decimal
纯效率 net efficiency
纯效益均等原理 principle of equal net advantage
纯锌锭 pure zinc ingot
纯信号 sure signal
纯信用贷款 straight loan
纯信用债券 simple debenture
纯信用证 clean credit
纯行动 pure act
纯虚数 pure imaginary;purely imaginary number
纯需求 net demand
纯旋转应变 pure rotational strain
纯循环小数 pure circulating decimal;pure repeating decimal
纯压 straight compression
纯压缩 pure compression;simple compression
纯压缩法 pure compression method;simple compression method
纯亚麻布 pure flax fabric
纯亚麻坯布 pure linen grey cloth
纯亚音速的 all-supersonic
纯氩 straight argon
纯延迟 pure delay
纯延时河流模型 pure delay river model
纯岩石 clay-free rock;clean rock
纯岩石最大孔隙度 maximum porosity in clean rock
纯衍射宽度 pure diffraction breadth
纯氧 pure oxygen
纯氧吹钢 spray steel
纯氧顶吹转炉 pure-oxygen top-blown converter
纯氧发生 generation of pure oxygen
纯氧好氧消化 pure-oxygen aerobic digestion
纯氧化钙 carbonate-free lime
纯氧化铝 pure alumina
纯氧活性污泥 oxygen-activated sludge
纯氧活性污泥法 oxygen-activated sludge process;oxygen-activated sludge system
纯氧活性污泥系统 oxygen-activated sludge system
纯氧曝气 pure-oxygen aeration
纯氧曝气池 pure-oxygen aeration tank
纯氧曝气法 pure-oxygen aeration method;unox process
纯氧曝气活性污泥法 pure-oxygen aeration activated sludge process
纯氧曝气器 purified oxygen aerator
纯氧曝气系统 pure-oxygen aeration system
纯氧助燃窑炉 oxy-fired furnace
纯样品标准法 pure-sample standard method
纯液体 pure liquid
纯液体火箭发动机配置 all-liquid engine configuration
纯乙醇 straight alcohol
纯艺术 high art
纯异方差 pure heteroscedasticity
纯易货贸易条件 net barter terms of trade
纯益 clearance
纯益比率 net profit ratio
纯益额 net profit
纯益净值比率 net profit to net worth ratio
纯益手续费 <保险> profit commission
纯益手续费清单 profit commission statement
纯益税 dividend tax
纯益销售额比率 net profit to sales ratio
纯益与股东权益百分比 percent of net income to stockholders
纯益与销货总额比率 ratio of net income to net sales
纯益与资本净值比 income to net

worth
纯音 pure sound;pure tone;simple tone
纯音调 pure pitch
纯音发生器 pure tone generator
纯音筛选测听仪 pure tone screen audiometer
纯音听力计 pure tone audiometer
纯银 fine silver; king's silver; proof silver;pure silver;sterling silver
纯银制品 sterling
纯隐藏策略 pure hiding strategy
纯应变 pure strain;simple strain
纯应力 pure stress;simple stress
纯营业收入税 net business profits tax
纯硬化沥青 glance pitch
纯用水量 net duty
纯优势 pure dominance
纯优势图 graph for pure dominance
纯油层 net pay zone
纯油分析仪 net oil analyser
纯油-可溶酚醛树脂 straight oil-soluble phenolic resin
纯油提过程 extractive process
纯有机硅聚合物 straight silicon polymer
纯有效孔隙 net effective pore
纯雨 pure rain
纯预测 pure prediction
纯预算 net budget
纯元素 pure element
纯原地生成煤 euautochthonous coal
纯圆饰 plain round mo(u)lding
纯圆锥滚动 pure conic(al)rolling
纯源化 sourcing
纯远海沉积 eupelagic deposit
纯远洋沉积 eupelagic sediment
纯远洋的 eupelagic
纯运动学 phoronomics; phoronomy; pure kinematics
纯运转时间 net operating time
纯载波网络 pure carrier network
纯皂 genuine soap
纯增加过程 pure birth process
纯炸药 straight dynamite
纯张 pure tension
纯账面价值 net book value
纯锗辐射探测器 pure germanium radiation detector
纯锗晶谱仪 pure germanium crystal spectrometer
纯真 naturalness
纯真的古典 classic(al)purity
纯振荡 pure oscillation
纯振动筛 pure shale shaker
纯振动跃迁 pure vibrational transition
纯蒸汽循环 straight steam cycle
纯整数规划 pure integer programming
纯正 purity
纯正大理石 recrystallized limestone
纯正的风格 pure style
纯正弦波 pure sine wave;pure wave
纯正弦振荡 pure sinusoidal oscillation
纯正则振型 pure normal mode
纯支出 net expenditures
纯支配 pure dominance
纯支配的图 graph for pure dominance
纯直线组织系统 pure line organization system
纯质石灰 fat lime
纯质性 homozygosis
纯中间色调原稿 half-tone-rich original
纯中子屏蔽 pure-neutron shielding
纯种牧场 pedigree farm
纯重 commercial weight
纯重力 shear gravity
纯重力滑动 plain gravity slide
纯周期性信号 regularly spaced signal
纯属临时居室 through-living room
纯铸铁 pure cast iron
纯转动跃迁 pure rotational transition
纯钻进 drilling on the bottom
纯钻进日数 net drilling days
纯钻进时间 actual drilling time; net drilling time; penetrating time; rotating hours; reciprocating time <冲击钻>
纯钻进时间利用率 availability of penetrating time
纯钻进速度 rate of net drilling

唇

唇瓣装饰 lip mo(u)ld

唇部切削半径 <钻头> face cutting radius
唇面半圆形钻头 semi-circular profile bit
唇面不均匀磨损 <钻头> uneven face wear
唇面排水 face ejection
唇面排水孔原钻头 bottom-discharge bit blank
唇面排水孔钻头 bottom-discharge bit; face discharge bit; face ejection bit
唇面排水眼原钻头 bottom-discharge bit blank
唇面排水眼钻头 bottom-discharge bit; face discharge bit; face ejection bit
唇面形状【地】 profile
唇式传声器 lip microphone
唇形结合 lipping
唇形密封 lip seal
唇形密封环 lip seal(ing) ring; lip-type seal
唇形油封 lip-type seal
唇形钻孔 lip bore
唇型密封环 lip-type bear
唇型油封 lip-type bear
唇砖 lip tile
唇状存水弯<老式的> lip trap
唇状的 labial
唇状接合 lipped joint
唇状路缘<混凝土路面上为改善排水条件及保护路肩而加厚的路缘> lip curb
唇状突出 lipping
唇状物 lip
唇状自紧油封 lip-type seal

鹑

鹑羽纹 feather figure

醇

醇胺 alcohol amine; alkylol amine; hydramine

醇胺类 alcamines
醇苯可溶性 alcohol-benzene solubility
醇比重计 alcoholometer
醇的 alcoholic; spirituous
醇的磷酸酯 alcohol phosphate
醇定量法 alcoholometry
醇定量器 alcoholi(o)meter; alcoholometer
醇毒性昏迷 alcoholic coma
醇酚 alcohol phenol
醇淦 metal alcoholate
醇含量 alcohol content
醇化物 alcoholate; alkoxide
醇化作用 alcoholization
醇基 alcohol group
醇基钠 sodium alcoholate
醇基凸板油墨 alcohol base flexo ink
醇钾 potassium alcoholate
醇假漆 alcoholic varnish
醇碱液 alcoholic lye
醇解阶段 monoglyceride stage
醇解物 alcoholysate
醇解终点 end point of alcoholysis
醇解作用 alcoholysis
醇类 alcohols
醇类中毒 alcohol poisoning
醇镁 magnesium alkoxide
醇醚 alcohol ether
醇钠 sodium alcoholate; sodium alkoxide
醇钠烯催化剂 alfin catalyst
醇钠烯聚合物 alfin polymer
醇凝胶 alcogel
醇醛 alcohol aldehyde; aldol
醇醛萘胺 nonox
醇醛树脂 aldol resin
醇醛酸 hydroxy-aldehydic acid
醇醛缩合 aldol condensation
醇溶苯胺染料 spirit colo(u)r
醇溶(低氮)硝化棉 collodion
醇溶酚醛树脂清漆 alcohol-soluble phenolic resin varnish
醇溶黑 spirit black
醇溶胶 alcosol
醇溶喹啉黄 quinoline yellow spirit-soluble
醇溶蓝 spirit blue
醇溶尼格辛 nigrosine spirit soluble
醇溶青 spirit blue
醇溶染料 alcohol stain; spirit colo(u)r; spirit dye(stuff); spirit stain
醇溶三元共聚聚酰胺 alcohol-soluble polyamide terpolymer
醇溶树脂 alcohol-sol-resin
醇溶碳纸复印法 spirit duplicating
醇溶性凡立水 spirit varnish
醇溶性聚合物 alcohol-soluble polymer
醇溶性清漆 alcohol varnish; spirit varnish
醇溶性染料 spirit-soluble dye(stuff)
醇溶性树脂 alcohol-soluble resin; spirit-soluble resin
醇溶性松香清漆 chian varnish
醇溶性着色剂 spirit stain
醇溶液 alcoholic solution
醇溶着色剂 alcohol stain
醇式羟基 alcoholic hydroxyl
醇树脂 alcohol resin
醇酸 alcoholic acid; hydroxyacid
醇酸半光瓷漆 alkyd semi-gloss enamel
醇酸保养底漆 alkyd shop primer
醇酸标志漆 alkyd marking paint
醇酸丙烯酸酯共聚物 alkyd-acrylate copolymer
醇酸玻璃漆布带 alcoholic acid varnished glass cloth tape
醇酸船舱漆 alkyd ship cabin paint
醇酸船壳漆 alkyd ship hull paint
醇酸瓷漆 alkyd(-resin) enamel; phthalic resin enamel; synthetic-(al) enamel
醇酸磁瓷漆 alcoholic enamel
醇酸改性脲醛树脂 alkyd-modified urea resin
醇酸烘干底漆 alkyd baking primer
醇酸烘干绝缘漆 alkyd baking insulating varnish
醇酸烘干抗弧漆 alkyd baking arc resistance enamel
醇酸烘干漆包线漆 alkyd baking insulating wire coating
醇酸胶液 alkyd adhesive solution
醇酸聚脂树脂 alkyd resin
醇酸绝缘漆 alkyd insulating varnish
醇酸模压混合料 alkyd mo(u)lding compound
醇酸耐油漆 alkyd oil resistance paint
醇酸腻子 alcoholic acid putty
醇酸清漆 alcoholic acid varnish; alkyd varnish
醇酸树脂 alkide resin; alkyd(resin); dulux; glycerol-phthalic resin
醇酸树脂瓷漆 alkyd-resin enamel
醇酸树脂底层 alkyd-resin base
醇酸树脂底层漆 alkyd-resin priming
醇酸树脂底漆 alkyd-resin primer; alkyd-resin undercoat(er)
醇酸树脂光泽漆 alkyd-resin gloss paint
醇酸树脂加色清漆 alkyd-resin pigmented varnish
醇酸树脂介质 alkyd-resin medium
醇酸树脂腊克 alkyd-resin lacquer
醇酸树脂模压料 alkyd mo(u)lding material
醇酸树脂黏[粘]合剂 alkyd-resin adhesive
醇酸树脂喷漆 alkyd-resin lacquer
醇酸树脂清漆 alkyd-resin(clear) varnish
醇酸树脂溶液 alkyd-resin solution
醇酸树脂乳化液 alkyd emulsion; emulsion alkyd
醇酸树脂乳剂 alkyd-resin emulsion
醇酸树脂涂料 alkyd coating; alkyd-resin paint
醇酸树脂油 alkyd oil
醇酸树脂载色剂 alkyd-resin vehicle
醇酸水砂纸清漆 alkyd varnish for water sand paper
醇酸塑料 alkyd plastics; xyptal
醇酸调和漆 alkyd ready mixed paint
醇酸涂料 alkyd paint
醇酸无光瓷漆 alkyd matte enamel
醇酸稀料 synthetic(al) thinner
醇酸油 very long oil
醇酸油漆 alkyd paint
醇酸纸云母带 alcoholic acid paper mica tape
醇酸纸云母片 alcoholic acid paper mica sheet
醇酮 alcohol ketone
醇酮缩合作用 benzois condensation
醇烯橡胶 alfin rubber
醇酰胺 alcohol amide
醇盐 alkoxide
醇值 alcohol number
醇酯 alcohol ester
醇制酊剂 alcoholic tincture
醇中毒 alcoholic poisoning; alcoholism

戳

戳穿 pierce; puncture; transpierce

戳穿试验 puncture test
戳刺试验 mullen
戳痕 prod mark
戳记 chop; counter mark; seal; stamp
戳记刻蚀 acid badging
戳孔器 dibber
戳孔器造林 dibbling
戳孔造林 peg planting
戳伤 stab(wound)
戳通 puncture
戳印机 imprinter
戳子 punch; stamp

绰

绰号 nickname

疵

疵 scab

疵斑砖 grey stock
疵病 fault
疵点 flaw; macula[复 maculae]; maculation; spot; weak spot

疵伤检验 flaw detection
疵纹<镀层面上的> diffusion streak
疵瑕 bruise
疵穴 bug hole

词

词汇表 glossary;word list

祠

祠堂 ancestral hall; ancestral temple;memorial temple

茨

茨醇基 bornyl

茨篱网 wire entanglement
茨维特法 chromatography; Tswett's method
茨文格试验 Zwenger's test
茨烯 camphane

C

瓷

瓷 porcelain

瓷把手 porcelain handle
瓷板 vitrolite
瓷保险丝盒 porcelain fuse box
瓷杯 porcelain cup
瓷便桶 china closet
瓷层 enamel layer
瓷层波纹 sagging
瓷层厚度测定 enamel thickness test
瓷层应力检验 enamel layer stress test
瓷插入式熔丝 porcelain plug fuse
瓷插头 porcelain plug
瓷插座 porcelain receptacle
瓷茶壶 china tea-pot
瓷衬 ceramic liner;porcelain lining
瓷衬底印刷电路 ceracircuit
瓷衬球磨机 porcelain mill
瓷充填 porcelain filling
瓷灯具 porcelain fixture; porcelain light fitting; porcelain luminaire (fixture)
瓷灯头 porcelain lamp holder
瓷灯罩 porcelain lamp shade
瓷电容器 porcelain condenser
瓷雕 porcelain carving; sculpture porcelain
瓷断流器 porcelain cut-out
瓷断面 porcelain fracture
瓷防水拉线开关 porcelain water proof cord switch
瓷粉充填器 porcelain plugger
瓷粉调板 porcelain slab
瓷粉调刀 porcelain cement spatula
瓷坩埚 porcelain crucible; vitrified pot;crucible<底部带微孔的>
瓷管 porcelain pipe[piping];porcelain tube[tubing]
瓷管道 porcelain duct
瓷管型油断路器 porcelain type oil circuit breaker
瓷罐 porcelain jar;porcelain pot
瓷辊 porcelain roller
瓷过滤棒 porcelain filtering stick
瓷过滤漏斗 porcelain filtering funnel
瓷过滤器 porcelain filter
瓷合金刀具 porcelain alloy cutter
瓷横担 porcelain cross arm
瓷横担肩架 cantilever for post insulator
瓷横担绝缘子 porcelain-arm insulator
瓷花金属板 plaque
瓷花瓶 china vase
瓷化瓦 vitrified tile
瓷画 encaustic painting
瓷环过滤器 porcelain ring filter
瓷火花塞 porcelain spark plug;stone plug
瓷基体 porcelain basal body
瓷夹 cleat insulator;porcelain clip
瓷夹板 cleat;porcelain cleat
瓷夹布线 cleat wiring
瓷件黏[粘]接剂 binder for porcelain paste
瓷胶 porcelain cement
瓷胶结砂轮 vitrified grinding stone
瓷接线盒 porcelain covered connector
瓷介电容器 ceramic capacitor
瓷进线套管 porcelain lead-in bushing
瓷绝缘 ceramic type insulation; porcelain insulating
瓷绝缘体 porcelain insulator
瓷绝缘物 porcelain insulator
瓷绝缘子 porcelain insulator
瓷绝缘子式断流器 porcelain clad type circuit breaker
瓷绝缘子线轴 porcelain spool insulator
瓷壳保险丝 porcelain(cartridge)fuse
瓷壳接线盒 porcelain connector
瓷蓝(颜料)ceramic cobalt blue;cobalt blue
瓷料 porcelain
瓷漏斗 Buchner(')funnel;Buchner('s) filter;porcelain funnel
瓷马桶 china closet
瓷面 porcelain facing
瓷面的弥合裂痕 tearing
瓷面具 porcelain mask
瓷面印刷 cold-colo(u)r printing
瓷面纸 porcelain paper
瓷面砖 wall tile
瓷皿 porcelain dish
瓷模 ceramic former
瓷磨 porcelain mill
瓷磨球 porcelain media
瓷泥 petun(t)se
瓷钮 porcelain knob
瓷排水管 porcelain discharge pipe; porcelain waste pipe
瓷盘电阻器 porcelain disc resistor
瓷盘绝缘子 porcelain cup
瓷配件 porcelain accessory;porcelain fitting
瓷硼钙石 bakerite
瓷坯 biscuit for ceramics
瓷片 ceramic chip
瓷平底漏斗 Buchner filter
瓷瓶 porcelain insulator
瓷瓶穿钉 insulator bolt
瓷瓶球磨机 pot mill
瓷瓶式电流互感器 porcelain clad current transformer
瓷瓶式断路器 porcelain clad circuit breaker
瓷漆 enamel;enamel lacquer;enamel paint; enamel varnish; lacquer enamel
瓷漆板刷 flat enamel brush
瓷漆包线 enamel(l)ed wire
瓷漆刷 enamel brush
瓷器 china (ware); figuline; hard paste porcelain; kaolin porcelain; porcelain (ware); true porcelain; vitreous ware;ware
瓷器餐具 porcelain dinner-ware
瓷器残片 fragment of pottery
瓷器厂废料 china clay waste
瓷器店 china shop
瓷器胶合剂 porcelain cement
瓷器结合剂 porcelain cement
瓷器室 china cabinet;china closet
瓷器透明花纹 grain of rice
瓷器用颜料 ceramic colo(u)r
瓷器制造法 china process
瓷器制造日期印记 date-letter; date mark
瓷器装饰 decoration of porcelain
瓷嵌体 porcelain inlay
瓷球 ceramic ball;porcelain ball
瓷球球磨机 pearl mill
瓷裙 porcelain petticoat
瓷燃烧管 porcelain combustion tube
瓷燃烧舟 porcelain combustion boat
瓷绕线管绝缘子 porcelain bobbin insulator
瓷三角架 porcelain triangle
瓷色料 porcelain colo(u)r
瓷砂浆 porcelain mortar
瓷砂石 porcelain sandstone
瓷勺皿 porcelain casserole
瓷身面 facing porcelain
瓷石 porcelain stone; pottery stone; amakusa<一种日本瓷石>
瓷室 porcelain chamber
瓷首饰 porcelain jewellery
瓷栓 porcelain knob
瓷塔 porcelain tower
瓷胎 porcelain body
瓷胎画珐琅 enamel painting on porcelain
瓷胎竹编 bamboo over-porcelain
瓷坛 pottery jar
瓷套冠 porcelain jacket crown
瓷套管 porcelain bushing (shell); porcelain sleeve; porcelain through insulator
瓷套管绝缘子 porcelain through insulator
瓷天线绝缘子 porcelain antenna insulator
瓷贴花印刷油墨 ceramic ink
瓷头螺钉 porcelain head screw
瓷头铜螺丝 pottery topped brass screw
瓷土 china (clay); figuline; kaolin clay;kaoline;porcelain clay;porcelain earth;raw glaze
瓷土采掘 getting clay
瓷土粉 china clay in powder; powdered kaolin
瓷土矿床 porcelain clay deposit
瓷土石 china stone
瓷土熟料 china-clay chamot(te)
瓷托 porcelain plate
瓷托托牙 porcelain base denture
瓷瓦 ceramic tile
瓷瓦泛水 tile fillet
瓷外罩 porcelain housing
瓷弯管 porcelain elbow tube
瓷屋顶瓦 porcelain roof tile
瓷相 porcelainous phase
瓷相学 ceramography
瓷芯 porcelain core
瓷旋流器 porcelain cyclone
瓷牙学 ceramodontia
瓷牙制作术 odontoceramotechny
瓷研钵 porcelain mortar
瓷眼 porcelain eye
瓷样的 porcellan(e)ous
瓷衣钩 porcelain hook
瓷仪器 porcelain utensil
瓷用色料 porcelain colo(u)r
瓷釉 ceramic glaze;enamel;porcelain glaze;quick drying enamel
瓷釉剥落 shivering
瓷釉电容器 glaze capacitor
瓷釉工艺计量 channel depth
瓷釉绝缘器 vitreous-enamel insulator
瓷釉绝缘子 vitreous-enamel insulator
瓷釉马赛克地面 faience mosaic
瓷釉涂层 enamel glazed coating; glaze coating
瓷浴盆 porcelain bath;porcelain tub
瓷圆柱体 porcelain cylinder
瓷渣 pitchers
瓷罩式变流器 porcelain clad type current transformer
瓷罩式电流互感器 porcelain clad current transformer
瓷罩式断流器 porcelain clad circuit breaker
瓷枕 porcelain pillow
瓷支持绝缘子 porcelain support insulator
瓷制多孔滤筒 bougie
瓷制门把手 door handle of porcelain
瓷制品 porcelain
瓷制球磨罐 jar mill
瓷制球磨机 porcelain ball mill
瓷制珍珠 porcelain pearl
瓷质 porcelain
瓷质大便器 china closet
瓷质纺丝头 porcelain nozzle
瓷质胶粉 porcelain cement
瓷质绝缘子 porcelain insulator
瓷质螺丝灯头 porcelain screw holder
瓷质螺丝灯座 porcelain screw socket
瓷质喷丝头 porcelain nozzle
瓷质卫生瓷 vitreous-china sanitary ware
瓷质卫生器 vitreous-china sanitary ware
瓷质悬挂隔电子 suspension porcelain
瓷舟 porcelain boat
瓷珠 knob insulator;porcelain bead
瓷珠布线 knob wiring;porcelain knob wiring
瓷珠瓷管布线 knob-and-tube wiring
瓷柱 knob insulator;porcelain knob
瓷柱布线 knob wiring
瓷柱瓷管布线 knob-and-tube wiring
瓷砖 carrelage; ceramic tile; enamel tile;glazed brick;glazed tile;porcelain brick; porcelain tile; saltern brick;salt-glazed brick;stove tile; terra-cotta; tile; tiling; vitrified brick; vitrified-clay tile; vitrified tile;vitrolite
瓷砖壁画 painted tile mural tablet
瓷砖承包人 tile contractor
瓷砖尺寸 tile size
瓷砖锤 tile hammer
瓷砖刀 tile cutter
瓷砖地 tile floor
瓷砖地面 ceramic tile floor; tiled floor; tile pavement; quarry tile floor<方形或菱形的>
瓷砖泛水 tile listing
瓷砖胶 glue for tile
瓷砖胶合剂 clay tile bonding agent
瓷砖结构 porcelain structure
瓷砖楼地面 glazed tile flooring;tiled floor;ceramic tile flooring
瓷砖面 ceramic tile finish
瓷砖面层 encaustic paving
瓷砖内衬 tile lining
瓷砖黏[粘]结剂 ceramic adhesive
瓷砖铺地面 deck paint
瓷砖铺面 paved with tiles
瓷砖嵌镶 tile fillet
瓷砖清洗剂 tile cleaner
瓷砖水尺 tile ga(u)ge
瓷砖台度 half tile(d)wall
瓷砖贴面 ceramic tile facing
瓷砖(压)机 wall tile press
瓷砖转角的凹弧形线脚 sanitary base
瓷座放大镜 magnifying mirror with ceramic foot

慈

慈姑霉 blue sapstain fungus
慈善 beneficence
慈善病院 charity hospital
慈善机构 philanthropic institution
慈善机关 charity institution
慈善事业 charity

慈善堂 house of mercy
慈善协会 benevolent association
慈善学校 charity school
慈善医院 charity hospital; philanthropic hospital

辞呈 resignation

辞去 resign
辞去职位 vacation
辞退 declining;shelve
辞退金 dismiss(al)compensation
辞退职工 dismiss workers
辞职 resign; vacate; resignation; termination

磁八极矩 magnetic octopole moment

磁摆 magnetic pendulum
磁板存储器 magnetic plate memory; magnetic plate storage
磁板叠片 lamination of pole
磁棒 axial magnet; bar magnet; magnetic bar; magnetic rod
磁棒存储器 magnetic rod memory; magnetic rod storage; rod memory
磁棒形码 magnet bar code
磁饱和 saturated magnetization
磁饱和电路 saturable magnetic circuit
磁饱和电源 saturating supply
磁饱和反应器 saturable reactor
磁饱和放大器 regulex
磁饱和启动器 magnetic saturation starter
磁饱和起动器 magnetic saturation starter
磁饱和稳压器 magnetic saturation voltage stabilizer
磁饱和阻流圈稳压器 saturated reactor voltage regulator
磁保留继电器 remanent relay
磁暴 magnetic disturbance; magnetic storm
磁暴记录器 magnetic storm monitor
磁暴区 zone of magnetic storms
磁北(方) magnetic north
磁北方线 magnetic north line
磁北极 magnetic north pole; north magnetic pole
磁泵加热 magnetic pumping heating
磁鼻 magnetic crochet
磁壁砖 glanced wall tile
磁编码格式 magnetic code format
磁编码系统 magnetic encoded system
磁变 magnetic variation
磁变管 magnistor
磁变化 magnetic change
磁变计 magnetic variometer; variometer
磁变校正 correction of magnetic variation
磁变量 magnetic variable
磁变态点 point of magnetic modification
磁变仪 compass variometer; magnetic variometer
磁变异 magnetic declination
磁变阻器 field rheostat
磁标量势 magnetic scalar potential
磁表面波 surface magnetic wave
磁表面存储器 magnetic surface memory
磁表面记录 magnetic surface recording; surface recording
磁波 magnetic wave
磁薄膜存储器 magnetic thin film storage; thin-film memory
磁补偿合金 magnetic compensating alloy
磁补偿结果示意图 schematic drawing of magnetic compensation
磁补偿器 magnetic compensator
磁捕集器 magnetic bottle
磁材湿式成型液压机 magnetic material wet forming hydraulic press
磁槽读出器 magnetic slot reader
磁槽楔 magnetic slot-wedge
磁槽阅读机 magnetic slot reader
磁测 magnetic survey
磁测百分相对误差 relative percentage error in magnetic survey
磁测定 magnetic measurement
磁测定法 magnetometry
磁测法 magnetic survey method
磁测方法 method of magnetic survey
磁测改正项目 correction items of magnetic measurement
磁测基点位置 position of magnetic base station
磁测精度 magnetic survey precision
磁测绝对误差 absolute error in magnetic survey
磁测均方误差 mean square error in magnetic survey
磁测区范围 magnetic survey area
磁测区位置 location of magnetic survey area
磁测深 magnetic sounding
磁测深仪 magnetic sounder
磁测时间 magnetic survey date
磁测图件 magnetic survey map
磁测仪器 instrument of magnetic survey
磁测站 magnetic station
磁测总基点位置 position of magnetic general base station
磁层 magnetic coating; magnetosphere
磁层冲击波 magnetospheric shockwave
磁层等离子体 magnetospheric plasma
磁层电阻 magnetic coating resistance
磁层环流 magnetospheric ring current
磁层结构 magnetospheric structure
磁层黏[粘]牢度 magnetic coating anchorage
磁层尾 magnetotail
磁层亚暴 magnetospheric substorm
磁差变量 change of variation
磁差动 magnetic differential
磁差动装置 magnetic differential unit
磁差计 declinator
磁差角 magnetic declination; magnetic deviation
磁差年变化 annual change of magnetic variation; annual variation
磁差曲线 magnetic variation curve
磁差异常 abnormal magnetic variation
磁差异常区 area of abnormal variation
磁长期变化 magnetic secular change
磁场 magnetic field
磁场安匝 field ampere-turns
磁场保护继电器 field protective relay
磁场变阻器 field rheostat
磁场变阻器的根部电阻 heel resistance of field rheostat
磁场参数 parameter of magnetic field
磁场测量 magnetic field measurement; measurement of magnetic field
磁场垂直分量 vertical component of magnetic field
磁场磁动势 field magnetomotive force
磁场磁极 field pole
磁场磁铁 field magnet
磁场淬火 magnetic field quenching
磁场倒转 field reversal
磁场电流 field current
磁场电流断路器 exciter field breaker
磁场电路 field circuit
磁场电效应 galvanomagnetic effect; magnetogalvanic effect
磁场电阻 field resistance
磁场电阻器 magnetic field resistor
磁场断路器非线性电阻 field breaker non-linear resistor
磁场反向 reversal of magnetic field
磁场放大机 <旋转式的> amplidyne generator
磁场放电 magnetic field discharge
磁场分量 magnetic field component
磁场分流变阻器 field-diverter rheostat
磁场分流继电器 field shunting relay
磁场分路 field shunting; magnetic field shunting
磁场分路继电器 field shunting relay
磁场分路接触器 field divert contactor; field shunting contactor
磁场分区图 zoned magnetic field chart
磁场分析仪 magnetic field analyser [analyzer]
磁场干扰 magnetic disturbance; magnetic field interference; magnetic storm
磁场环路跳线 field loop jumper
磁场回路接触器 field loop contactor
磁场畸变 distortion of field; magnetic distortion
磁场激发线圈 field coil
磁场激励线圈 magnetic field coil
磁场记录仪 magnetograph
磁场加强阀 field strengthening valve
磁场加速继电器 field accelerating relay
磁场加压燃烧结 magnetic field pressurization combustion sintering
磁场减弱 field weakening
磁场搅动 magnetic stirring
磁场均衡器 magnetic field equalizer
磁场可控式电动机 field control motor
磁场空间 magnetic space
磁场空间分布法 spatial distribution method of magnetic field
磁场控制 field control; magnetic field control
磁场控制管 permatron
磁场控制器 field regulator
磁场冷却 magnetic field cooling
磁场励磁 magnetic field excitation
磁场流量计 magnetic flow meter
磁场流体动力学 magnetohydrodynamics
磁场漏磁通量 field leakage flux
磁场密度 field density; magnetic density
磁场能 energy of magnetic field
磁场凝聚处理法 magnetic flocculate treatment process
磁场频谱分析仪 magnetic field spectrum analyser[analyzer]
磁场平衡 magnetic field balance
磁场平面内的方向性 magnetic plane characteristic
磁场强度 field density; field strength; intensity of magnetic field; magnetic (field) intensity; magnetic field strength; magnetic force; magnetic strength; strength of magnetic field; magnetic intensity
磁场强度传感器 magnetic field strength sensor; magnetic field strength transducer
磁场强度计 oerstedmeter[oerstedmetre]
磁场强度矢量 magnetic intensity vector
磁场强度向量 magnetic intensity vector
磁场强度增量 incremental magnetic field
磁场绕组 field winding; magnetic field winding
磁场绕组接触器 field winding contactor
磁场热处理 magnetic heat treatment
磁场失效 field failure
磁场失真 field distortion
磁场时间常数 field time constant
磁场矢量 magnetic field vector
磁场示波器 magnetofield scope
磁场式交通计数仪 magnetic field pick-up counter
磁场水平分量 horizontal component of magnetic field
磁场损耗 loss of field
磁场探测器 field detector
磁场调节 field adjustment
磁场调节减速继电器 generator field decelerating relay
磁场调节器 field regulator
磁场调谐激光器 magnetic field-tuned laser
磁场调整 field control
磁场调整换流机 field control converter
磁场调整器 field regulator
磁场铁芯 field core
磁场同能 field coenergy
磁场图 magnetic chart
磁场退火 <在强磁场中退火> magnetic(field)annealing
磁场稳定度 magnetic field stability
磁场吸持 confine(ment)
磁场线圈 field coil
磁场线圈架 field pole
磁场线圈座 field bobbin
磁场向量 magnetic field vector
磁场削弱 field weakening
磁场削弱比 magnetic field weakening ratio
磁场削弱接触器 field weakening contactor
磁场削弱控制 magnetic field weakening control
磁场削弱率 field weakening ratio
磁场形变热处理 thermomechanical magnetic treatment
磁场形式 field form
磁场形态 magnetic field configuration
磁场压制 magnetic pressing
磁场压制成型 magnetic field pressing
磁场抑制器 field suppressor
磁场约束 magnetically confined
磁场造型器 field shaper
磁场斩波器 field chopper
磁场整流器 field rectifier
磁场致偏 magnetic deflection
磁场致双折射 magnetic double refraction
磁场中和磁铁 field neutralizing magnet
磁场自动扫描 magnetic field automatic scanning
磁场自动削弱 automatic field weakening
磁陈化 magnetic ag(e)ing
磁秤 <探测用的> magnetic balance; magnetic field balance
磁秤法 magnetometer method
磁尺 magnetic scale
磁赤道 dip equator; magnetic equator
磁赤道线 aclinic line

C

磁赤铁矿 maghemite
磁抽运 magnetic pumping
磁畴 magnetic domain
磁畴壁 Bloch wall; block wall; domain wall; magnetic domain wall
磁畴材料 magnetic domain material
磁畴成核 magnetic domain nucleation
磁畴存储器 magnetic domain memory
磁畴结构 domain structure; magnetic domain structure
磁畴界壁 domain boundary
磁畴开关过程 domain-switching process
磁畴理论 magnetic domain theory
磁畴器件 magnetic domain device
磁畴丝 cluster of domains
磁畴旋转 domain rotation
磁储存器 magnet store
磁触点式继电器 magnetic contact relay
磁触发器 magnetic trigger
磁吹 magnetic arc; magnetic blow-out
磁吹避雷器 magnetic blow-out arrester[arrestor]
磁吹断路器 magnetic blast breaker; magnetic blow-out circuit breaker
磁吹阀式避雷器 magnetic blow-out valve type arrester
磁吹弧 magnetic blow-out
磁吹弧接点 magnetic blow-out contact
磁吹灭弧 magnetic quenching
磁吹灭弧断路器 magnetic blow-out circuit breaker
磁吹熔断器 magnetic blow-out fuse
磁吹式避雷器 magnetic blow-out lightning arrester
磁吹熄弧磁铁 blowout magnet
磁吹线圈 blowout coil
磁(粗)选机 magnetic cobber
磁猝灭 magnetic quenching
磁存储单元 magnetic cell
磁存储寄存器 magnetic storage register
磁存储矩阵 magnetic matrix
磁存储器 magnetic memory; magnetic storage; magnetic store
磁存储器板【计】 magnetic memory plate
磁存储器矩阵 magnetic memory matrix
磁存储系统 magnetic memory system; magnetic storage system
磁大地电流法 magnetotelluric method
磁代码 magnetic code
磁代码格式 magnetic code format
磁带 magnetic belt; magnetic (round-recording) tape
磁带标记 tape label; tape mark
磁带标签 tape label
磁带部件 magnetic tape unit
磁带长度记数器 footage counter
磁带处理机 tape handler
磁带传送装置 magnetic tape transport
磁带传真 tape facsimile
磁带磁化 tape magnetization
磁带存储器 magnetic tape storage; tape memory
磁带存储周期 grandfather cycle
磁带的传动装置 tape-drive mechanism
磁带读数器【计】 magnetic tape reader
磁带复印机 tape duplicator
磁带复制 dubbing
磁带格式 magnetic tape format
磁带盒 tape cassette
磁带缓冲器 tape reservoir
磁带机 magnetic tape handler; magnetic tape unit; tape drive; tape station; tape transport
磁带记录 tape recording
磁带记录加速度仪 magnetic tape recording accelerograph
磁带记录密度 tape-recording density
磁带记录区间隙 interblock gap
磁带记录数据 tape data
磁带记忆 tape memory
磁带卷轴 magnetic tape core
磁带库 tape library
磁带拉力 magnetic tape tension
磁带拉力自动调整装置 dancer arm
磁带录返 playback
磁带录像 video tape recording
磁带录像机 video tape recorder; video tape recording equipment
磁带录音 electric(al) recording; magnetic tape recording; tape recording
磁带录音机 audio tape recorder; blattnerphone; magnetic tape recorder; magnetic tape sound reproducer; magnetophone; tape recorder; tape-recording machine
磁单极子 magnetic monopole; monopole
磁单位 magnetic unit
磁导 flux guide; permeance; magnetic permeability <磁阻的倒数>; magnetic guidance <高架快速道路用>
磁导航 magnetic navigation
磁导计 ferrometer; permeameter(apparatus)
磁导介质 permeable medium
磁导率 magnetic capacity; magnetic conductivity; magnetic inductive capacity; magnetic inductivity; magnetic permeability; magnetic permittivity; magnetoconductivity; permeability
磁导率测量电桥 magnetic bridge
磁导率电桥 magnetic bridge; permeability bridge
磁导率计 permeability meter
磁导率减落 disaccommodation
磁导率曲线 magnetic permeability curve; permeability curve
磁导率调制 permeability modulation
磁导率增量 incremental permeability
磁导轮 magnetic tracer roller
磁导体 magnetic conductor
磁导系数 magnetic capacity; magnetic permeability; permeability; permeance factor
磁导系数调谐 permeability tuning
磁导系数指示器 permeability indicator
磁导线 magnetic wire
磁导向 magnetic steering
磁导性 magnetic conductance; magnetic permeability; magnetic permeance
磁导仪 magnetic permeameter
磁道 disc track; magnetic track; track
磁的间断性 magnetic discontinuity
磁的塞曼分裂 Zeeman split of magnetic
磁等离子体 magnetoplasma
磁等离子体动力学 magnetoplasmadynamics
磁等离子体动力装置 magnetoplasmadynamic(al) plant
磁等离子体发电机 magnetoplasmadynamic(al) generator
磁点火系统 magnetoignition system
磁电测速仪 magnetic-electric tachometer
磁电的 magnetoelectric(al)
磁电点火 magnetoignition
磁电发电机 magnetoelectric(al) generator
磁电风速计 magnetoanemometer
磁电话筒 magnetophone
磁电火花提前 magnetospark advance
磁电机 magnetoinductor; magnetor; ignition apparatus <内燃机的>
磁电机保护罩 magnetoboot
磁电机齿轮弹簧 magnetogear spring
磁电机传动 magnetodrive
磁电机导线 magnetowire
磁电机点火 ignition by magneto; magnetoignition; magnetoelectric(al) ignition
磁电机点火提前调整 magnetoadvance control
磁电机点火线 magnetowire
磁电机电路 magnetocircuit
磁电机电刷 magnetobrush
磁电机垫片 magnetogasket
磁电机定时 timing of magneto
磁电机断闭点 magnetobreaker points
磁电机断电臂 magnetobreaker arm
磁电机断电器臂接触点 magnetobreaker arm point
磁电机断路器 magnetocontact breaker
磁电机高压线 magnet(ic) wire
磁电机集电环 magnetocollector ring
磁电机架 magnetobracket
磁电机接合器 magnetocoupling member
磁电机开关 magnetoswitch
磁电机脉冲接头 magnetoimpulse coupling
磁电机耦合器 magnetocoupling
磁电机配电器 magnetodistribution; magnetodistributor
磁电机起动冲击式联轴节 magnetoimpulse coupling
磁电机球轴承 magnetoball bearing
磁电机驱动 magnetodrive
磁电机润滑脂 magnetogrease
磁电机系统 magnetosystem
磁电机线圈 magnetocoil
磁电机摇把 magnetocrank
磁电机用滚珠轴承 magnetotype ball bearing
磁电机轴 magnetoshaft
磁电机主动齿轮 magnetodrive gear
磁电机座 magnetobase; magnetoblock
磁电集电环 magnetoelectric(al) collecting ring
磁电继电器 moving-coil relay
磁电离波导 magnetoionic duct
磁电离的 magnetoionic
磁电流量计 magnetoelectric(al) flowmeter
磁电耦合器 magnetoelectric(al) coupling
磁电配电器 magnetoelectric(al) distributor
磁电器配电盘 magnetodistributor
磁电驱动 magnetoelectric(al) drive
磁电式安培计 moving-coil ammeter
磁电式电机 magnetoelectric(al) machine
磁电式继电器 magnetoelectric(al) relay
磁电式示波器 magnetoelectric(al) scope
磁电式仪表 moving-coil instrument
磁电式转速计 magnetoelectric(al) tachometer
磁电式自动同步机 magnesyn
磁电式自动预订座位系统 magnetic-electric automatic resetration system
磁电线圈 magnetoelectric(al) coil
磁电性 magnetoelectricity
磁电学 magnetoelectricity
磁电子倍增器 magnetic electron multiplier
磁电子谱仪 magnetic electron spectrometer
磁电子透镜 magnetic electron lens
磁电阻 magnetoresistor
磁垫 magnetic support
磁垫车 magnetically supported car; magnetic levitated vehicle
磁垫片 magnetic insert
磁碟 diskette
磁顶 magnetopause
磁定位标记 magnetic tell tale
磁定位传感器 magnetic position sensor
磁定向 magnetic orientation
磁东西圈 magnetic prime vertical
磁动力 magnetic motive force
磁动力的 magnetomotive
磁动力系统 magnetodynamics system
磁动力学 magnetodynamics
磁动势 magnetic motive force; magnetomotive potential
磁动势的 magnetomotive
磁读写头 magnetic read-write head
磁镀线 magnetic plated wire
磁镀线存储器 magnetic plated wire memory
磁断路续器 magnetic interrupter
磁多极 magnetic multipole
磁多极场 magnetic multipole field
磁多极辐射 magnetic multipole radiation
磁惰性 magnetic inertia; magnetic lag
磁轭 field yoke; magnetic yoke; yoke (of the magnet); rim <水轮发电机定子的>
磁轭叠片 rim lamination
磁轭堆叠 rim stacking
磁轭法 yoke(magnetizing) method
磁轭圈 yoke ring
磁发电机 magnetic generator
磁阀式避雷器 magnetic valve type surge arrester
磁法测井 magnetic log(ging)
磁法勘探 dip needle work; magnetic exploration; magnetic prospecting
磁法找矿 magnetic prospecting
磁反射器 magnetic peeler
磁反向 magnetic reversal
磁反应 magnetic response
磁反转 magnetic inversion
磁方位(角) magnetic azimuth; magnetic bearing; compass course
磁方向 magnetic direction
磁方向角 magnetic bearing
磁放大器 electric(al) transductor; magamp; magnetic amplifier; magnetrol; transductor
磁放大器调节器 transductor regulator
磁放大器控制回线 magnetic amplifier control loop
磁放大器特性曲线 magnetic amplifier characteristic
磁放声机 magnetic player
磁分辨 magnetic resolution
磁分光计 magnetic spectrometer
磁分离法 magnetic isolation method
磁分量 magnetic component
磁分裂器 magnetic splitter
磁分流器合金 magnetic shunt alloy
磁分路 divided magnetic circuit; magnetic shunt
磁分路继电器 shunt field relay
磁分路器 magnetic shunt
磁分路式继电器 shunt field relay
磁分析(法) magnetic analysis
磁分析器 analyzing magnet; magnetic analyser[analyzer]
磁分析仪 magnetic analyser[analyzer]

磁分子 magnetism molecule

磁分子说 molecular theory of magnetism

磁粉层 magnetic coating

磁粉焊剂 magnetic powder flux

磁粉检测 magnetic particle test(ing)

磁粉检查 magnetic particle inspection

磁粉检查法 magnaflux

磁粉检验 magnetic powder test

磁粉离合器 magnetic particle clutch; magnetic powder clutch

磁粉探伤 magnaflux inspection; magnetic particle examination; magnetic particle inspection; magnetic powder inspection

磁粉探伤法 magnaflux; magnetic particle method

磁粉探伤检验 magnetic powder detection

磁粉探伤试验 magnetic particle test(ing)

磁粉图案 magnetic powder pattern

磁粉图样 magnetic powder pattern

磁粉涂敷带 magnetic powder-coated tape

磁粉显示法 magnetic particle indication

磁粉液槽 magnetic powder liquid trough

磁粉指示 magnetic powder indication

磁粉指示法 magnetic particle indication

磁粉制动器 magnetic powder brake

磁浮车(辆) magnetic levitation vehicle; magnetically supported vehicle; magnetically levitated vehicle

磁浮技术 magnetic levitation technique

磁浮列车 magnetically levitated train

磁浮列车系列 maginalia systems

磁浮式 magnetic float

磁浮式高速交通 magnetic levitation high speed ground transportation

磁浮试验线 maglev test line

磁浮铁路 maglev railway; magnet-cushion railway; magnetic levitation railway

磁浮系统 magnetic levitation system

磁浮装置 magnetic levitation system

磁辐射波谱 electromagnetic radiation spectrum

磁辅助分划转轮 magnetic auxiliary division rotating wheel

磁负荷 magnetic loading

磁附着 magnetic adherence; magnetic adhesion

磁杆罗盘 bar magnetic compass

磁感检测器【道】 magnetic vehicle detector

磁感检车器<由经过车辆扰动电磁场而引动> magnetic vehicle detector

磁感式沉降标 magnetic tell tale

磁感受器 magnetic susceptor

磁感循环真空脱气法 circulation by induction degassing

磁感应 magnetic induction

磁感应泵 magnetic induction pump

磁感应测定计 gaussmeter

磁感应分量 magnetic induction component

磁感应管 tube of magnetic induction

磁感应回转仪 magnetic induction gyroscope

磁感应加速器 magnetic induction accelerator

磁感应流量表 magnetic induction flow meter

磁感应流量计 magnetic induction flow meter

磁感应率 magnetic inductivity

磁感应密度<法定单位为特(斯拉)> magnetic flux density; field density; magnetic induction density

磁感应屏蔽层 induction sheath

磁感应强度 magnetic induction intensity

磁感应式流量计 magnetic induction flowmeter

磁感应式探测器 magnetic detector

磁感应式转速计 magnetic drag tachometer

磁感应试验 magnetic susceptibility test

磁感应线 line of magnetic induction

磁感应元件 magnetic induction part

磁感应增量 incremental magnetic induction

磁刚度 magnetic rigidity

磁刚性 magnetic rigidity

磁钢 magnet(ic) steel; steel magnet

磁钢棒 magnetic link

磁钢丝 magnet wire

磁高温计 magnetic pyrometer

磁格子 magnetic grid

磁隔离物 magnetic spacer

磁各向异性能量 magnetic anisotropy energy

磁功率 magnetic power

磁功率因数 magnetic power factor

磁共振 magnetic resonance; spin resonance

磁共振波谱学 magnetic resonance spectroscopy

磁共振加速器 magnetic resonance accelerator

磁共振交流稳压器 magnetic resonance AC voltage stabilizer

磁共振扫描器 magnetic resonance scanner

磁箍缩<等离子体的> magnetic compression

磁箍缩效应 magnetic pinch effect

磁鼓 drum

磁鼓标记 drum mark

磁鼓标志 drum mark

磁鼓操作系统 drum operation(al) system

磁鼓磁头 drum head

磁鼓存储器 drum memory; drum storage; magnetic drum memory; magnetic drum storage

磁鼓存贮 drum memory

磁鼓导引装置 drum guide

磁鼓的奇偶检查 drum parity

磁鼓等待时间 drum latency time

磁鼓分类 drum sorting

磁鼓分类程序 drum sorter

磁鼓干燥器 drum drier[dryer]

磁鼓更新 drum transaction

磁鼓号(数) drum number

磁鼓缓冲器 drum buffer

磁鼓缓冲器清除 drum buffer clear

磁鼓缓冲区 drum buffer

磁鼓机 drum unit; magnetic drum unit

磁鼓计算机 drum computer

磁鼓记录 drum memory

磁鼓记录器 drum recorder

磁鼓记录终端标记 drum mark

磁鼓记忆 magnetic drum memory

磁鼓接口 drum interface

磁鼓控制器 drum(-type) controller

磁鼓脉冲脉宽调制 drum pulse

磁鼓脉冲信号 tach(e)ometer signal

磁鼓面 magnetic surface

磁鼓内容的读出或印出 drum dump

磁鼓排序 drum sorting

磁鼓奇偶错 drum parity error

磁鼓奇偶校验 drum parity

磁鼓驱动 drum drive

磁鼓驱动器 drum driver

磁鼓容量 drum capacity

磁鼓式信息收发器 drum information assembler and dispatcher

磁鼓数字道 digit path; drum digit path

磁鼓速度脉宽调制器 drum speed

磁鼓文件 file drum

磁鼓系数 susceptibility

磁鼓信息读出 drum dump

磁鼓信息收集和分配器 drum information assembler and dispatcher

磁鼓信息印出 drum dump

磁鼓装置 magnetic drum unit

磁管 porcelain pipe

磁惯性 magnetic inertia; magnetic lag

磁光半导体激光器 magneto-optic(al) semiconductor laser

磁光半导体快门 magneto-optic(al) semiconductor shutter

磁光波导 magneto-optic(al) waveguide

磁光玻璃 magneto-optic(al) glass

磁光薄膜 magneto-optic(al) thin film

磁光存储材料 magneto-optic(al) memory material

磁光存储技术 magneto-optic(al) memory technique

磁光存储器 magneto-optic(al) memory

磁光存储系统 magnet-optic(al) memory system

磁光弹性 magnetophoto-elasticity

磁光导性 magnetophoto-conductivity

磁光的 magnetooptic

磁光反射系数 magnetophoto-reflectivity

磁光隔离器 magneto-optic(al) isolator

磁光激光器 magneto-optic(al) laser

磁光开关 magneto-optic(al) shutter

磁光克尔效应 Kerr magneticoptic(al) effect; magneto-optic(al) Kerr effect

磁光快门 magneto-optic(al) shutter

磁光力效应 magneto-optic(al) effect

磁光力再现系统 magneto-optic(al) playback system

磁光盘 magnetic optic(al) disk[disc]; magneto-optic(al) disk[disc]

磁光盘编辑器 magneto-optic(al) disk editor

磁光盘驱动器 magneto-optic(al) driver

磁光泡器件 magneto-optic(al) bubble device

磁光偏转器 magneto-optic(al) deflector

磁光器件 magneto-optic(al) devices

磁光探伤法 magnaglo; magnetic optic(al) detection method

磁光调制 magneto-optic(al) modulation

磁光调制器 magneto-optic(al) modulator

磁光显示 magneto-optic(al) display

磁光现象 magneto-optic(al) phenomenon

磁光相位调制 magneto-optic(al) phase modulation

磁光效应 magnetic optic(al) effect

磁光谐振 magneto-optic(al) resonance

磁光学 magnetic optics; magnetooptics

磁光学材料 magneto-optic(al) material

磁光照相机 magneto-optic(al) camera

磁光致双折射 magneto-optic(al) birefringence

磁光字符阅读器 magnetic optical-character reader

磁轨 track

磁轨系统 magnetic tracked system

磁滚轮 magnetic pulley

磁航迹向 magnetic track

磁航向 magnetic course; magnetic heading

磁航向指示器 magnetic direction indicator

磁合式流量计 magnetic flow meter

磁荷 magnetic pole

磁荷模型 line charge model

磁哼声 magnetic hum

磁后变形 hysteresis set

磁后效(应) magnetic after effect

磁弧灯 magnetic arc lamp

磁化 bias(s)ing; magnetization; magnetize; magnetizing

磁化安匝 magnetizing ampere turns

磁化杯 magnetized drink water cup

磁化焙烧 magnetizing roast

磁化焙烧法 magnetic roasting; magnetizing roasting

磁化篦条 magnet grate

磁化变化 magnetic change

磁化采集工具 magnetic pickup tool

磁化层探查器 magnetospheric explorer

磁化冲量 magnetizing inrush

磁化处理 magnetic treatment; magnetization treatment

磁化锤 magnetic hammer

磁化磁场 magnetizing field

磁化的 magnetic; red

磁化点 magnetic point; magnetic spot; magnetized spot

磁化电感 magnetizing inductance

磁化电流 exciting current; magnetizing current

磁化电流和电抗 magnetizing current and reactance

磁化电纳 magnetizing susceptance

磁化方式 mode of magnetization

磁化方向 magnetization direction; magnetizing direction

磁化感受计 magnetic susceptometer

磁化功率 magnetizing power

磁化回线 magnetization cycle

磁化机 magnetizer

磁化机理 magnetization mechanism

磁化力 magnetizing force; magnetomotive force

磁化裂缝检测法<在表面上涂磁粉> magnetic crack detection; magnetic particle test(ing)

磁化路 magnetization cycle

磁化率 magnetisability; specific magnetism; susceptibility

磁化率测定仪 kappameter

磁化率测井 magnetic susceptibility log

磁化率测井曲线 magnetic susceptibility log curve

磁化率测井仪 magnetic susceptibility logger

磁化率测量 magnetic susceptibility survey

磁化率各向异性值 susceptibility anisotropy value

磁化率计 susceptibility meter; susceptometer

磁化率衰减 disaccommodation

磁化率椭球 susceptibility ellipse

磁化率仪 magnetic susceptibility meter

磁化螺线管 magnetizing solenoid

磁化敏感率 magnetic susceptibility

磁化能力 magnetizability

磁化器 magnetizer; magnetizing apparatus

磁化强度 intensity of induced mag-

C

netization; intensity of magnetic field; intensity of magnetization; magnetic intensity; magnetizability; magnetisation[magnetization]; magnetization intensity
磁化区域 magnetized area
磁化曲线 B-H curve; curve of magnetization; magnetization curve
磁化曲线幅值 magnetic amplitude
磁化绕组 magnetizing winding
磁化绕组法 coil magnetizing method
磁化矢量 magnetization vector
磁化试验 magnetic examination
磁化水 <一种来源于熔化岩石的岩浆水> magnetic water; magnetizer water
磁化水保健杯 magnetized-water health-protection cup
磁化水处理 magnetic water treatment; magnetized water treatment
磁化速度 magnetizing velocity
磁化损失 magnetizing loss
磁化特性(曲线) magnetization characteristic
磁化图形 magnetizing pattern
磁化系数 magnetic coefficient; magnetic susceptibility; susceptibility
磁化线 line of magnetization
磁化线圈 field coil; magnet(ic) coil; magnetizing coil
磁化线束 cluster of magnetization
磁化消毒处理 magnetic treatment on disinfection
磁化学 magnetochemistry
磁化循环 cycle of magnetization; magnetic cycle; magnetization cycle
磁化滞后 magnetic lag
磁化装置 magnetizer
磁化作用 magnetization
磁环路控制 field loop control
磁换能器 magnetic transducer
磁黄橄榄岩 alexoite
磁黄铁矿 dipyrite; kroeberite; magnetic iron pyrite; pyrrhotine [pyrrhotite]
磁黄铁矿矿石 pyrrhotine ore
磁簧式扬声器 reed loudspeaker
磁回路 magnetic circuit
磁回路系统 magnetic loop system
磁会聚 magnetic convergence
磁会聚电路 magnetic convergence circuit
磁活化等离子体 magnetoactive plasm
磁机械的 magnetic mechanical; magnetomechanical
磁机械效应 magnetomechanical effect
磁迹 magnetic stripe
磁迹边缘条带效应 edge of track banding
磁迹单元 track element
磁迹附着 track adhesion
磁迹角 magnetic track angle
磁迹时间对准 track laying
磁迹旋转器 track revolver
磁迹占空比 track duty
磁畸 magnetic anomaly
磁激发极化法 magnetic induced polarization
磁激发器 magnetic peeler
磁极 dip pole; magnetic pole; pole
磁极板 pole plate
磁极板系统 pole plate system
磁极边界 pole boundary
磁极变换 reversal of magnetism
磁极冲片 lamination of pole; lamination pole
磁极倒转反向 geomagnetic(polarity) reversal; polarity reversal
磁极倒转反转 geomagnetic(polarity) reversal; polarity reversal
磁极倒转事件 magnetic reversal
磁极叠片 lamination of pole; pole sheet
磁极对 pole pair
磁极对数 number of pole-pairs
磁极分路 pole shunting
磁极风向 magnetic wind direction
磁极感应磁电机 polar induction magneto
磁极钢板 pole plate
磁极和电枢之间的铁填片 pole shim
磁极后端 trailing pole tip
磁极弧(度) polar arc
磁极化 <磁场中极化面的旋转> magnetic polarization
磁极环 pole ring
磁极畸变 field magnet distortion
磁极间隔 pole piece spacing
磁极间空隙 magnet gap
磁极间气隙 magnetic air gap
磁极减振器 pole damper
磁极件 pole element
磁极键槽 pole-key slot
磁极接地 grounding of pole
磁极结构 field structure
磁极静噪器 pole damper
磁极距 pole pitch
磁极绝缘 pole insulation
磁极框架 field frame
磁极类型 type of magnetic pole
磁极连接 pole joint
磁极漏泄 pole leakage
磁极螺栓 pole bolt
磁极面 magnet pole face; pole face
磁极片 pole piece; pole shoe <电机的>
磁极屏蔽 shading-pole
磁极屏蔽式继电器 shading pole relay
磁极前端 leading pole tip
磁极强度 dip pole strength; magnetic pole strength; pole strength; strength of magnet; strength of pole
磁极绕组 field winding; pole winding
磁极探伤法 magnetic pole method
磁极铁芯 pole core
磁极通量 pole flux
磁极尾 dovetail
磁极位置 magnetic pole position
磁极线圈 pole coil
磁极线圈撑块 field coil bracer
磁极线圈出线端 field terminal
磁极线圈架 field bobbin
磁极线圈托板 field coil flange
磁极星轮 field spider
磁极(星轮)支架 field spider
磁极形状 pole form
磁极性 magnetic polarity
磁极性转向 magnetic polarity reversal
磁极移动曲线 curve of magnetic polar wandering
磁极支架 pole bracket(cantilever)
磁极轴线 field axis
磁极阻尼器 pole damper
磁集成电路 magnetic integrated circuit
磁计数器 magnetic counter
磁记录笔 magnetic pen
磁记录基线校正 baseline correction
磁记录介质 magnetic recording medium
磁记录器抖晃率 fluttering rate of magnetic recorder
磁记录文件 magnetic record file
磁记录系统 magnetic recording system
磁记录载体 magnetic carrier
磁记录装置 magnetic tell tale
磁记录字符识别 magnetic ink character recognition
磁记时器 magnetic chronograph
磁寂带 magnetic quiet zone
磁寄存器【计】 magnetic tell tale
磁夹版【电】 cleat
磁夹具 magnetic holding device
磁健身球 magnetic health ball
磁键 magnetic flux-linkage
磁角度 magnetic degree
磁接触器 magnetic contactor
磁接触器盘 magnetic panel
磁解体动压润滑 magnetohydrodynamic(al) lubrication
磁介电体 magnetodielectrics
磁介质 magnetic dielectric
磁经 magnetic compass
磁经纬仪 magnetic theodolite
磁晶的 magnetocrystalline
磁晶各向异性 magnetocrystalline anisotropy
磁晶各向异性常数 magnetocrystalline anisotropy constant
磁晶各向异性能 magnetocrystalline anisotropy energy
磁晶体 magnetocrystalline
磁阱 magnetic well
磁阱中心 centre of a magnetic well
磁警报器 magnetosiren
磁镜 magnetic mirror
磁镜比 mirror ratio
磁镜不稳定性 mirror instability
磁镜场 magnetic mirror field
磁镜镜比 mirror ratio
磁镜热核装置 pyrotron
磁镜形态 mirror geometry
磁镜型实验用核聚变装置 experimental fusion device of magnetic mirror type
磁镜装置 mirror machine
磁局部异常 magnetic local anomaly
磁矩 moment of magnet
磁拒斥 magnetic repulsion
磁聚焦变像管 magnetically focused image converter tube
磁聚焦激光器 magnetically confined laser
磁聚焦级联像增强器 magnetically focused cascade image intensifier
磁聚焦图像增强器 magnetic focused image intensifier
磁聚焦线圈 magnetic focusing coil
磁聚焦像增强管 magnetic focused image intensifier
磁聚焦指示管 magnetic focusing indicator tube
磁聚束电子管 magnetobeamed tube
磁绝缘 magnetic insulation
磁均衡器 magnetic compensator
磁卡 magnetic card
磁卡电话 cardphone; card telephone; magnetic card telephone
磁卡读取机 magnetic card reader
磁卡片 mag card
磁卡片存储器 card storage; magnetic card storage[memory]
磁卡片代码 magnetic card code
磁卡片机 data cell unit; magnetic card unit
磁卡片文件 magnetic card file
磁卡片信息读出器 wand reader
磁卡片照相胶片存储器 magnavue card
磁卡片装置 magnetic card device
磁卡收费机 magnetic card toll machine
磁卡通行券 magnetic card toll pass ticket
磁卡系统 magnetic card system
磁卡阅读机 strip-card reader
磁卡阅读器 magnetic card reader
磁开关 magnistor
磁开关控制器 magnetic switch controller
磁勘探法 magnetic method
磁抗 magnetic reactance
磁考勤钟 magnetic tell tale
磁壳 magnetic shell
磁刻纹头 magnetic cutter
磁空气动力学 magnetoaerodynamics
磁控等离子体开关 madistor
磁控电子管 ionic centrifuge; magnetron
磁控电子束开关管 magnetron beam switching tube
磁控电阻器 magnetic field dependent resistor; magnetoresistor [magnetoresister]
磁控放大管 <雷达用> platinotron
磁控管 axiotron; permatron
磁控管波段干扰发射机 broadloom
磁控管电源 magnetron power source
磁控管放大器 magnetron amplifier
磁控管加热器 magnetron heater
磁控管可调频率干扰发射机 broadloom
磁控管老化仪 magnetron seasoning instrument
磁控管频率 magnetron frequency
磁控管频率牵引 magnetron pulling
磁控管频率推移 magnetron pushing
磁控管腔谐振器 magnetron cavity
磁控管真空计 magnetron vacuum ga(u)ge
磁控管振荡模式 magnetron mode
磁控管振荡器 magnetron oscillator
磁控继电器 magnetic control relay
磁控溅射 magnetron sputtering
磁控溅射离子泵 magnetron sputtering ion pump
磁控离子泵 mag-ion pump
磁控型电子光学系统 magnetron optics
磁控型放大管 magnetron amplifier
磁控型行波管 magnetron type traveling wave tube
磁控振子 magnetic oscillator
磁控制装置 magnetic controller
磁控注入式电子枪 magnetic control injection electron gun
磁控注型开关管 magnetron beam switching tube
磁矿砂 magnetic sand
磁框式扬声器 magnetic armature loudspeaker
磁扩散率 magnetic diffusivity
磁喇叭 magnetic horn
磁老化 magnetic ag(e)ing
磁雷诺数 magnetic Reynolds number
磁棱镜 magnetic prism
磁棱镜谱仪 magnetic prism spectrometer
磁离子 magnetoionic
磁离子波导 magnetoionic duct
磁离子波导传播 magnetoionic duct propagation
磁离子波分量 magnetoionic wave component
磁离子光谱仪 magnetic ion spectrometer
磁离子理论 magnetoionic theory
磁篱 picket fence
磁力 force on charge; magnetic force; magnetism
磁力泵 magnetic drive pump; magnetic pump
磁力变速器 magnetic gear shift
磁力测车器 magnetic detector
磁力测定(术) magnetometry
磁力测厚仪 magnetic ga(u)ge; magnetic thickness ga(u)ge
磁力测量 magnetic measurement; magnetic observation

磁力测探 magnetic prospecting
磁力测微计 magnetic ga(u)ge; magnetic micrometer
磁力测氧计 magnetic oxygen meter
磁力测氧仪 magnetic oxygen recorder
磁力场 magnetic field of force
磁力沉降计 magnetic settlement ga(u)ge
磁力成型 magneform; magnetic forming
磁力成型法 magneforming; magnetic forming
磁力成型机 magneform machine; magnetic forming machine
磁力除尘 magnetic precipitation
磁力除尘器 magnetic dust collector
磁力除垢器 scale-borer
磁力传动 magnetic transmission
磁力传动可变孔径式流量计 magnetic transmission variable aperture flow meter
磁力打捞器 fishing magnet
磁力导向 magnetic guidance
磁力等差线 isonomalis
磁力等值线 magnetic contour
磁力低 magnetic low
磁力点 magnetic point
磁力点标志 magnetic station mark
磁力吊架 magnetic suspension
磁力调查 magnetic survey
磁力钉锤 magnetic driver
磁力定时控制器 definite magnetic time controller
磁力断续器 magnetic interrupter
磁力堆板机 magnetic sheet handler
磁力垛板机 magnetic positioner
磁力发电机 magneto(motor)
磁力阀 magnetic valve
磁力翻板坯吊车 magnet slab turning crane
磁力飞车运输 magneplane transportation
磁力分离 magnetic separation
磁力分离法 magnetic separation method
磁力分离辊 magnetic separating roll
磁力分离滚筒 magnetic pulley separator; magnetic separation pulley
磁力分离机 magnet separator
磁力分离器 magnetic separator
磁力分离设备 magnetic separating plant
磁力分析探伤 magnetic analysis inspection
磁力分选机 magnetic grader; magnetic interceptor; magnetic separator
磁力干扰式车辆检测器 magnetometer vehicle detector
磁力高 magnetic high
磁力固定模具 magnetic fixing die
磁力观测 magnetic observation
磁力辊 magnetic roll
磁力滚筒 magnetic drum; magnetic pulley
磁力过滤器 magnetic filter
磁力焊接法 magnetic force welding
磁力焊接机 machine for magnetic welding; magnetic force welding machine
磁力虎钳 magnetic vice[vise]
磁力回转罗盘 magnetogyrocompass
磁力混合器 magnetic mixer
磁力激发 magnetic excitation
磁力计 magnetometer
磁力继电器 magnetic key relay
磁力检波器 magnetic detector
磁力检测器 magnetic locator
磁力检查 magnetic inspection
磁力检铁器 <检测混进煤炭中的铁件> tramp iron detector; magnet detector
磁力检验 magnetic test
磁力键合 magnetic bonding
磁力搅拌 magnetic stirring
磁力搅拌机 magnetic stirrer
磁力搅拌器 magnetic stirrer; magnetic stirring apparatus
磁力搅棒 magnetic stirring bar
磁力金属比测仪 metal comparator
磁力进料器 magnetic feed roll
磁力矩 magnetic moment
磁力开关 magne(tic)-switch; solenoid switch
磁力开关系统 magnetic switching system
磁力开关箱 magnetic switch box
磁力勘测法 magnetic surveying
磁力勘探 magnetic exploration
磁力勘探法 magnetic method of exploration; magnetic prospecting
磁力控制 magnetic control
磁力控制器 magnetic controller
磁力冷却液分离机 magnetic coolant separator
磁力离合器 magnetic clutch; magnetic gear
磁力离合器电动机 magnetic clutch motor
磁力连接器 magnetic jack
磁力联结器 magnetic jack
磁力零平衡器 magnetic zero balance
磁力流速计 magnetic current meter
磁力流速仪 magnetic current meter
磁力流体离合器 magnetic fluid clutch
磁力脉动器 magnetic pulsator
磁力摩擦离合器 magnetic friction clutch
磁力飘浮 maglev; magnetic levitation
磁力启动器 magnetic starter
磁力起动机 starter magneto
磁力起动开关 magnetic starting switch
磁力起动器 magnetic starter
磁力起动器的控制电路 control circuit for magnetic starter
磁力起重机 lifting magnet; magnetic crane; magnetic lifter
磁力清除器 magnetic sweeper
磁力清理垃圾器 litter magnet
磁力清路机 road magnet; road sweeping magnet
磁力清扫机 magnetic sweeper
磁力清选机 magnetic cleaner
磁力驱动泵 magnetic force driving pump
磁力扫地机 magnet road sweeper
磁力扫路机 <清除铁屑用的> magnetic road sweeper
磁力式速度计 magnetic type speedometer
磁力式速率表 magnetic type speedometer
磁力式速率计 magnetic type speedometer
磁力水银断流器 magnetic mercury cut-off device
磁力送风 magnetic blow
磁力探矿仪 magnetic detector for ore deposit
磁力探伤 magnetic field test; magnetic flaw detecting; magnetic particle inspection; magnetic test(ing)
磁力探伤法 magnaflux
磁力探伤范围 extent of magnetic inspection
磁力探伤粉 magnetic inspection powder
磁力探伤糊剂 magnetic inspection paste
磁力探伤机 magna-check; magnaflux; magnetic detector; magnetic field test equipment
磁力探伤检查 magnaflux inspection; magnaflux test
磁力探伤器 magnetic crack detector; magnetic flaw detector
磁力探伤设备 magnetic inspection equipment
磁力探伤试验 magnaflux test; magnetic particle test(ing)
磁力探伤仪 electromagnetic crack detector; magnetic crack detector
磁力探伤油 magnetic inspection oil
磁力梯度车辆检测器 magnetic gradient vehicle detector
磁力梯度仪 magnetic gradiometer
磁力天平 magnetic balance
磁力调节器 magnetic regulator
磁力图 magnetogram
磁力吸盘 magnetic chuck
磁力吸铁器 lifting magnet
磁力现象 magnetism
磁力线 line of magnetic force; magnetic curve; magnetic line; magnetic lines of flux; magnetic lines of force
磁力线的剪切 shear of lines of forces; shear of magnetic field lines
磁力线冻结 frozen-in field lines
磁力线分散 dispersing flux
磁力线检验 magnetic flux test
磁力线密度 density of line of magnetic force
磁力线探伤 magnaflux inspection; magnaflux test; magnetic crack detection
磁力线探伤法 magnaflux inspection method; magnaflux test method
磁力线探伤机 magna-flux machine
磁力线图 magnetic chart; magnetic figure
磁力线重接 field line annihilation; field line reconnection; magnetic merging
磁力星形三角开关 magnetic star delta switch
磁力絮凝 magnetic flocculation
磁力悬浮车 magnetically supported car
磁力悬浮车辆 magnetically supported vehicle; magnetically suspended vehicle; magnetic levitation vehicle
磁力悬浮升降机 magnetic-levitation lift; magnetic-maglev lift
磁力悬浮系统 magnetic levitation system
磁力悬浮运输联络线 magnetic levitation transport link; magnetic maglev transport link
磁力悬挂系统 magnetic suspension system
磁力选矿 magnetic separation
磁力选矿法 magnetic separation method
磁力选矿机 magnetic concentrator; magnetic separator
磁力学 magnetics; magnetomechanics
磁力学调节 magnetomechanical tuning
磁力学效应 magnetomechanical effect
磁力扬声器 magnetic loudspeaker
磁力氧气切割机 magnetic oxygen cutting machine
磁力仪 magnetic field balance; magnetometer
磁力仪传感器 magnetometer sensor
磁力仪格值 magnetometer scale value
磁力仪精度 magnetometer precision
磁力仪类型 magnetometer type
磁力仪灵敏度 magnetometer sensitivity
磁力仪型号 magnetometer model
磁力仪组合观测 magnetometer arrays
磁力异常 magnetic force anomaly
磁力因数 magnetomechanical factor
磁力硬度 magnetic hardness
磁力元件 magnetic element
磁力运输分垛机 magnetic conveyer[conveyor]
磁力造型机 magnetic mo(u)lding machine
磁力制动器 magnetic brake
磁力轴承 magnetic bearing
磁力转数计 magnetic tachometer
磁力自动售票机 magnetic ticket vendor
磁力自卸吊车 magnet chamshell crane
磁力钻孔测深器 casing collar kick
磁力钻头打捞器 magnetic bit extractor
磁力钻头夹 magnetic bit holder
磁力作用的 magnetomotive
磁力座 magnet base
磁粒子测试机 magnetic particle testing machine
磁粒子分析仪 magnetic particle analyser[analyzer]
磁粒子离合器 magnetic particle clutch
磁链 flux linkage; magnetic linkage
磁链变化定律 change-of-linkage law
磁链不变原理 constant flux linkage theorem
磁链守恒定律 constant-linkage theorem
磁链系数 linkage coefficient
磁链轴线分量 component of flux linkage
磁量 quantity of magnetism
磁量滴定法 magnetometric(al) titration
磁量子 magnetic quantum; magnon
磁量子数 magnetic quantum number
磁流 magnetic current
磁流波 hydromagnetic wave
磁流测量计 magnetic flow meter
磁流管 flux tube
磁流量 magnetic flow
磁流量计 magnetic induction flow meter
磁流试验 magnetic flux test
磁流速计 magnetic tachometer
磁流体 magnetofluid
磁流体动力泵浦 magnetohydrodynamic(al) pumping
磁流体动力抽运 magnetohydrodynamic(al) pumping
磁流体动力的 hydromagnetic
磁流体动力电弧火箭发动机 magnetohydrodynamic(al) arc jet
磁流体动力发电机 magnetohydrodynamic(al) generator
磁流体动力发动机 hydromagnetic engine
磁流体动力冷却 magnetohydrodynamic(al) cooling
磁流体动力流【物】 magnetohydrodynamic flow
磁流体动力现象 magnetohydrodynamics
磁流体动力学 hydromagnetics; magnetic hydrodynamics; magnetofluid dynamics; magnetohydrodynamics
磁流体动力学波 hydromagnetic wave; magnetohydrodynamic(al) wave
磁流体动力学冲击波 magnetohydrodynamic(al) shock wave
磁流体动力学流动 magnetohydrodynamic(al) flow
磁流体动力循环 magnetohydrodynamic(al) cycle

磁流体动力装置 magnetohydrodynamic(al)plant
磁流体发电 magnetohydrodynamic-(al)(power)generation
磁流体发电厂 magnetic fluid power plant
磁流体发电机 magnetohydrodynamic generator
磁流体离合器 magnetic fluid clutch
磁流体力 magnetohydrodynamic(al) force
磁流体力学 hydromagnetism;magnetofluid mechanics
磁流体流 magnetohydrodynamic(al) flow
磁流体密封 magnetofluid seal
磁流体压缩波 compressional hydromagnetic wave
磁流体振荡 hydromagnetic oscillation
磁流体直流变流器 hydromagnetic DC converter
磁流体转换 magnetohydrodynamic-(al)conversion
磁流天线 magnetic current antenna
磁笼 magnetic well
磁漏 field leakage flux;flux leakage;magnetic dispersion;magnetic(flux) leakage
磁漏变压器 leakage transformer;magnetic leakage transformer
磁漏电感 leakage inductance
磁漏系数 coefficient of losses leakage;field leakage coefficient;magnetic leakage coefficient
磁漏线 leakage line
磁录放机 <电话用> dailygraph
磁录声机 magnetophone
磁录式有声电影 magnetic sound talkie
磁录音 magnetic recording;magnetic sound recording
磁录音机 mirror-phone
磁滤机 magnetic filter
磁路 magnetic path
磁路安匝数 number of ampere turn of magnetic circuit
磁路长度 length of magnetic path
磁路垫圈 magnetic circuit washer
磁路结构 magnetic structure
磁路连续性 magnetic continuity
磁路气隙 magnetic air gap
磁路铁芯部分 iron circuit
磁路系统 magnetic circuit system
磁路支持物 magnetic circuit support
磁绿泥石 berthierine
磁轮 <选矿用> magnet-wheel;pulley magnet;pulley separator
磁轮气割机 gas cutting machine with magnetic wheel
磁轮氧气切割机 oxygen cutting machine with magnetic wheel
磁罗经 earth induction compass;earth inductor compass
磁罗经复示器 magnesyn repeater
磁罗经倾斜自差 heeling error
磁罗经自差 deviation of magnetic compass
磁罗经自差曲线图 magnetic compass deviation curve
磁罗盘 direct reading compass;magnetic compass
磁罗盘航向 magnetic course
磁罗盘驾驶器 magnetic compass pilot
磁罗盘偏差表 deviation table;magnetic compass table
磁罗盘偏差记录卡片 deviation card
磁罗盘修正器 corrector of magnetic compass
磁罗盘修正陀螺仪 compass-controlled gyroscope
磁罗盘仪 magnetic compass
磁逻辑计算机 magnetic logic computer
磁螺线管 magnetic solenoid
磁麻素 apocynein
磁麻酸 cymaric acid
磁马赫数 magnetic Mach number
磁码读数杆 magnetic code reading wands
磁脉冲 magnetic pulse
磁脉冲传感器 magnetic impulser
磁脉冲汞气放电管 Hodectron
磁脉冲计数器 magnetic impulse counter
磁脉动 magnetic pulsation
磁脉动和噪声记录 pulsations and noise recorder
磁卯酉圈 magnetic prime vertical
磁玫瑰图 compass rose
磁门 flux gate;flux valve;magnetic gate
磁门扣 magnetic catch
磁密度计 magnetic densimeter
磁面存储器 magnetic surface storage
磁面碎纹 <特指屏幕显像的某种干扰> cracking
磁灭弧 magnetic blow-out
磁敏 magnetic sensing
磁敏传感器 magnetodependent sensor
磁敏电阻器 magnetoresistor
磁敏二极管 magnetodiode;magnet sensing diode
磁敏记录纸 magnetically sensitive recording paper
磁敏元件 magnetosensor
磁模拟计算机 magnetic analog computer
磁膜 magnetic thin film
磁膜存储器 magnetic film memory;magnetic film storage
磁膜单元 magnetic film unit
磁膜开关 magnetic matrix switch
磁膜逻辑器件 magnetic film logic device
磁膜线存储器 plated wire memory
磁膜组件 thin-film magnetic module
磁摩擦 magnetic friction
磁墨水字符读出器【计】magnetic ink character reader
磁南极 magnetic south pole;south magnetic pole
磁脑电描记法 magnetoencephalography
磁脑电描记器 magnetoencephalograph
磁能 magnetic energy
磁能存储 magnetic energy storage
磁能存储式点焊机 magnetic energy-storage spot welder
磁能密度 magnetic energy density
磁黏[粘]性 magnetic viscosity
磁黏[粘]性的 magnetoviscous
磁黏[粘]滞度 magnetic viscosity
磁扭矩 magnetic torque
磁扭线 twister[twistor]
磁扭线存储器装置 twistor storage
磁偶 magnetic couple
磁偶极矩 dipole moment;magnetic dipole moment;magnetic moment
磁偶极矩矩阵 magnetic dipole moment matrix
磁偶极(子)magnetic dipole;magnetic doublet
磁偶极子场 magnetic dipole field
磁偶极子辐射 magnetic dipole radiation
磁偶极子天线 magnetic dipole antenna
磁偶极子跃迁 magnetic dipole transition
磁偶矩 moment of magnetic couple
磁耦合电路 magnetically coupled circuit
磁耦合式流量表 magnetic coupling flowmeter
磁耦合水轮发电机组 magnetically combined turbine and generator
磁耦式合式流量计 magnetic coupling flowmeter
磁排斥力 magnetic repulsion
磁盘 disc;diskette;electromagnet;magnetic disc
磁盘部件 disk pack
磁盘操作系统 DOS[disk operating system]
磁盘储存格式 disk format
磁盘存储器 disc[disk] memory;disk file;disk storage;magnetic disc[disk] memory;magnetic disk storage
磁盘存取 disk access
磁盘道 disk track
磁盘地址 disc access
磁盘电阻器 porcelain disk resistor
磁盘吊车 lifting magnet crane
磁盘分类 disk sorting
磁盘分配表 disc allocation table
磁盘复制(件)diskcopy
磁盘管理系统 disc operating system
磁盘缓冲 disk cache
磁盘机 disk unit;magnetic disc unit
磁盘集合 disk pack
磁盘记录 disc record
磁盘记录格式 disk record form
磁盘记忆 magnetic disk memory
磁盘起重机 magnet(ic)crane
磁盘驱动 disk drive
磁盘驱动器 disc[disk] driver
磁盘容量 disk size
磁盘设备 disc device
磁盘数据文件 magnetic disc data file
磁盘文件【计】disk file
磁盘文件访问 disk file addressing
磁盘文件索引 disk file index
磁盘中心处理系统 disk oriented system
磁盘组(套)disk pack;disk stack
磁泡 bubble;domain tip;magnetic bubble
磁泡材料 magnetic bubble material
磁泡产生器 bubble generator
磁泡场传输 field propagation of bubble
磁泡尺寸 bubble size
磁泡畴 bubble domain;magnetic bubble domain
磁泡畴壁迁移率 domain-wall mobility of magnetic bubble
磁泡传播 bubble propagation
磁泡磁场传输 field propagation of bubble
磁泡存储卡片 bubble memory card
磁泡存储器 bubble memory(device);magnetic bubble memory;magnetic bubble storage
磁泡存储器模块 bubble memory module
磁泡导体传输 conductor propagation of bubble
磁泡导向通道 bubble guide channel
磁泡点阵器件 bubble lattice device
磁泡点阵文件存储器 bubble lattice file
磁泡电路 bubble circuit
磁泡复制器 bubble replicator
磁泡计算机 bubble computer
磁泡检测 magnetic bubble detection
磁泡简单环 simple loop of bubble
磁泡晶格 bubble lattice
磁泡空转器 bubble idler
磁泡流导向开关 bubble flow-steering switch
磁泡逻辑 bubble logic
磁泡模式过敏测试 bubble pattern sensitivity testing
磁泡盘闩 bubble disk latch
磁泡盘锁 bubble disk latch
磁泡片控制 bubble chip control
磁泡器件 bubble device;domain tip device;magnetic bubble device
磁泡器件叉形结构 fork structure of bubble device
磁泡器件容限 bubble device margin
磁泡迁移率 bubble mobility
磁泡驱动 bubble drive
磁泡软错 bubble soft error
磁泡数据 bubble data
磁泡数据模块 bubble data module
磁泡缩灭半径 collapse radius of magnetic bubble
磁泡缩灭场 collapse field;collapse field of magnetic bubble
磁泡梯结构 bubble ladder organization
磁泡梯形网络 bubble ladder
磁泡图 bubble pattern
磁泡物理学 bubble physics
磁泡系统 bubble system
磁泡隙 bubble gap
磁泡显示器 bubble display
磁泡陷阱 bubble trap
磁泡消除 bubble annihilation
磁泡消除器 bubble annihilator
磁泡芯片 bubble chip
磁泡芯片一次掩蔽工艺 bubble chip single-mask technology
磁泡信号 bubble signal
磁泡形成场 run-out field of bubble
磁泡延迟器件 bubble delay device
磁泡延伸 bubble stretch
磁泡延伸器 bubble stretcher
磁泡移位寄存器 bubble shift register
磁泡硬错率 bubble hard error
磁泡转移开关 bubble transfer switch
磁喷管 magnetic nozzle
磁疲乏 magnetic fatigue
磁片 magnetic sheet;magnetic strip(e)
磁偏 magnetic bias
磁偏变感计 declination variometer
磁偏变感仪 declination variometer
磁偏差 magnetic declination;magnetic deviation;magnetic variation
磁偏差海图 magnetic variation chart
磁偏差计 variometer
磁偏常数 declination constant
磁偏传扫描 magnetic scanning
磁偏吹 arc blow;magnetic blow
磁偏点 declinating point;declinating station
磁偏法 magnetic biasing
磁偏计 declination compass;declinator;declinometer;declinometer compass;gradient meter[metre]
磁偏角 angle of dip;compass declination;declination;declination angle;declination of compass;declination of magnetic needle;deviation angle;magnetic declination;magnetic deflection;magnetic deviation
磁偏角变化 variation of the declination
磁偏角测点 magnetic declinating point
磁偏角测定器 magnetic deflector
磁偏角改正 correction of magnetic variation
磁偏角弧 <罗盘仪上的> declination arc
磁偏角记录器 dynamogoniograph
磁偏角经纬仪 theodolite-magnetometer
磁偏角略图 magnetic declination map;

magnetic deviation map
磁偏角注记 magnetic note
磁偏图 declination chart
磁偏仪 declinator;declinometer
磁偏移 magnetic deflection
磁偏针 declination compass
磁偏指针 declination needle
磁偏转 magnetic declination;magnetic deviation
磁偏转板 magnetic deflector
磁偏转场 magnetic deflecting field
磁偏转电子束管 magnetic deflection cathode-ray tube
磁偏转分色 magnetic deflection colo(u)r selection
磁偏转管 magnetic deflection tube
磁偏转灵敏度 magnetic deflection sensitivity
磁偏转扫描 magnetic scanning
磁偏转系统 magnetic deflection system;magnet(ic)yoke
磁偏转质谱计 magnetic deflection mass spectrometer
磁漂 magnetic creeping
磁漂移 magnetic creeping
磁屏 magnetic cup;magnetic shield
磁屏蔽 anti-magnetic shield;induction sheath;magnetic screen(ing);magnetic shade[shading];magnetic shielding
磁屏蔽电子枪 magnetic shielded gun
磁屏蔽作用 magnetic screening action
磁屏幕 magnetic screen
磁瓶 magnetic bottle
磁剖面图 magnetic profile
磁谱 magnetic spectrum
磁谱计 magnetic spectrograph;magnetic spectrometer
磁谱仪 magnetic spectrometer;magnet spectrograph
磁漆 paint enamel
磁起动器 magnetic starter
磁强陡度计 gadiometer
磁强度 magnetic strength
磁强度图 magnetogram
磁强计 <以高斯或千高斯表示的> gaussmeter;magnetometer
磁强计测量 magnetometer survey
磁强计勘探法 magnetometer prospecting method
磁强记录图 magnetogram
磁强记录仪 magnetograph
磁强检测器 magnetometer detector
磁强梯度计 gadiometer
磁强图 magnetogram
磁强自动记录仪 magnetograph
磁强自记仪 magnetograph
磁桥 magnetic bridge
磁鞘 magnetosheath
磁倾感应器 dip inductor
磁倾计 clinometer;declinometer;dip ga(u)ge;dip needle;inclinometer
磁倾角 dip angle;magnetic dip(angle);magnetic inclination
磁倾角测量仪 dipmeter[dipmetre]
磁倾角曲线图 dip chart
磁倾图 declination chart
磁倾仪 declinometer;dip circle;dip needle;dipping compass;inclinometer;magnetic dip(needle)
磁倾针 <磁倾角指针> dipping needle
磁驱动电弧 magnetic driven arc
磁取向 magnetic aligning
磁圈 magnetosphere
磁全息照相存储方式 magnetoholographic memory type
磁全息照相的 magnetoholographic
磁扰 magnetic disturbance;magnetic perturbation
磁扰日变化 disturbance daily variation
磁热电 magnetothermoelectric
磁热摄影术 magnetothermography
磁热系数 magnetocaloric coefficient
磁热效应 magnetocaloric effect;magnetothermal effect
磁热效应冷却 magnetocaloric cooling
磁蠕变 magnetic creeping
磁蠕动 magnetic creep
磁塞 magnetic barrier;magnetic mirror;magnetic plug
磁塞形态 mirror geometry
磁散射 magnetic scattering
磁扫描 magnetic scanning
磁扫描放大器 magnetic sweep amplifier
磁色散 magnetic dispersion
磁筛过滤器 magnet screen filter
磁栅 magnetic grid
磁熵 magnetic entropy
磁烧杯 porcelain beaker
磁舌 armature
磁舌挡 armature stop
磁舌端 armature end
磁舌轴 armature shaft
磁摄谱仪 magnetic spectrograph
磁摄影术 magnetography
磁伸缩振子 magnetostrictor
磁声 magnetic acoustic
磁声波 magnetosonic wave
磁声道 magnetic sound track
磁声水雷 acoustic(al)magnetic mine
磁声效应 magnetoacoustic effect
磁声学 magnetoacoustics
磁石 loadstone;lodestone;magnet
磁石测速计 magnetospeed indicator
磁石电话 magnetotelephone
磁石电话机 local battery telephone set;magnetotelephone set
磁石电话交换机 local battery telephone switchboard;magnetotelephone switchboard
磁石电话交换机面板 drop-indicator panel
磁石电话局 local battery telephone station
磁石电机点火法 magnetic ignition
磁石发电机 inductor;magdynamo;magdyno;magneto(alternator);magnetoelectric(al)generator;magneto-generator;permanent-magnet alternator
磁石发电机点火法 magnetoignition system
磁石发电机呼叫 magnetocall
磁石感应器 magnetoinductor
磁石检波器 magnetodetector
磁石交换机 magnetoexchange
磁石扩音器 magnetophone
磁石落地式电话交换机 floor pattern magnetotelephone switchboard
磁石式电话 local battery telephone;magnetotelephone
磁石式电话机 local battery subset
磁石式电话区 magnetoexchange area
磁石式电话总局 magnetocentral office
磁石式电铃 magnetobell
磁石式交换机 magnetoboard;magnetoexchange;magnetoswitchboard;magnetosystem exchange
磁石式交换台 magnetoswitchboard exchange
磁石式振铃 magnetocalling;magneto ringing
磁石式振铃器 magnetoringer
磁石式振铃信号 magneto ringdown signal
磁石式制 magnetosystem
磁石听筒 magnetotelephone
磁石同步器 magnetosynchronizer
磁石温度计 magnetic thermometer
磁石植物 compass plant
磁石制 local battery system;magnetotelephone system
磁时变 magnetic temporal variation
磁矢势 magnetic vector potential
磁式电子显微镜 magnetic microscope
磁式滚珠轴承 magnetotype ball bearing
磁势 magnetomotive
磁势差 magnetic potential difference
磁势降 potential drop
磁势平衡保护系统 core-balance protective system
磁势平衡互感器 core-balance transformer
磁势调节器 magnetic potential regulator
磁收集器 magnetic trap
磁手动扫描器 magnetic hand scanner
磁束 magnaflux
磁束检伤法 <裂缝及缺陷的> magnaflux method
磁束探伤法 magnaflux method
磁数据记录纸 magnetic sheet
磁闩 magnetic lock
磁双共振谱仪 magnetic double resonance spectrometer
磁水处理(法)magnetic water treatment
磁水净化器 magnetic water cleaning device
磁水平梯度仪 aeromagnetic horizontal gradiometer
磁水器 water magnetizer
磁丝 magnetic filament
磁四极透镜 magnetic quadrupole lens
磁素 effluvium[复 effluvia]
磁损 magnetic loss
磁损失角 magnetic loss angle
磁锁 magnetic(pad)lock
磁锁闭 magnetic latching
磁锁闭控制装置 magnetic locking control device
磁锁闭器 magnetic lock
磁锁定继电器 magnetic lock relay
磁锁闩 magnetic latching
磁钛铁矿 magnetoilmenite
磁弹效应 magnetoelastic effect;magnetoelasticity
磁弹性 magnetostriction
磁弹性非线性 magnetoelasticity nonlinearity
磁弹性力学 magnetoelasticity
磁弹性耦合 magnetoelastic coupling
磁弹性谐振 magnetoelasticity resonance
磁探测 magnetic detection
磁探法 magnetic method
磁探伤仪 magnetic flaw detector
磁探头 magnetic probe
磁特性 magnetic characteristic
磁梯度 magnetic gradient
磁梯度计 gradometer
磁缇针 magnetic acupress stylus
磁体 magnet;magnetic body
磁体材料 magnetic material
磁体长度 magnetic length
磁体功率 magnet power
磁体冷却 magnetic cooling
磁天顶 magnetic zenith
磁条 magnetic strip(e)
磁条编码器 magnetic stripe encoder
磁条存储器 magnetic stripe storage;magnetic stripe store
磁条分类账记录纸 magnetic striped ledger
磁条会计(计算)机 magnetic strip accounting machine
磁条记录 magnetic stripe recording
磁条码 magnet bar code
磁条文件 magnetic strip file
磁条阅读器 magnetic stripe reader
磁调节器 magnestat
磁调滤波器 magnetic tuned filter
磁调谐 permeability tuning
磁调谐系统 magnetic tuning system
磁调制器 magnetron modulator;magnettor
磁铁 ferro-magnet;magnet;magnetic iron
磁铁北极 red
磁铁操纵的油阀 magnetooperated oil valve
磁铁打捞器 hell raiser;helraser
磁铁的 magnetic
磁铁电铃 magnetobell
磁铁分离 magnetic separation
磁铁分离器 magnetic separator
磁铁粉 magnetic iron powder;magnet powder
磁铁粉检查法 magnetic particle method of inspection
磁铁粉芯 magnetic dust core
磁铁刚玉岩 magnetite corundolite
磁铁钢带 magnetic belt
磁铁环氧预涂底漆 magnetic iron oxide epoxy precoat primer
磁铁环氧酯防锈漆 magnetic iron oxide epoxy ester antirust paint
磁铁夹 magnetic catch
磁铁架 field magnet frame;magnet frame
磁铁壳 magnet housing
磁铁孔 magnet opening
磁铁控制 magnetic control
磁铁矿 aimantine;black iron ore;loadstone;lodestone;magnetite;octahedral iron ore
磁铁矿给料器 magnetite feeder
磁铁矿骨料 magnetite aggregate
磁铁矿过滤器 Laughlin filter
磁铁矿含量 magnetite content
磁铁矿混凝土 magnetic iron ore concrete;magnetite concrete
磁铁矿混凝土骨料 magnetite concrete aggregate
磁铁矿混凝土集料 magnetite concrete aggregate
磁铁矿集料 magnetite aggregate
磁铁矿矿石 magnetite ore
磁铁矿粒硅镁石矽卡岩 magnetite chondrodite sharn
磁铁矿绿泥石鲕状岩 magnetite-chlorite oolite
磁铁矿砂 magnetic sand
磁铁矿(石)magnetic(iron)ore
磁铁矿石混凝土 magnetic ore concrete
磁铁矿型花岗岩 magnetite type granite
磁铁灭火花器 magnetic spark blowout
磁铁膜录音器 magnetophone
磁铁抹音 magnet erasing
磁铁黏[粘]结 magnetic sticking
磁铁碰头 magnetite catch
磁铁剖面 magnet profile
磁铁起重机 lifting magnet
磁铁气隙线圈 single-slot coil
磁铁千枚岩 magnetite-phyllite
磁铁铅矿 magnetoplumbite
磁铁清扫机 magnetic sweeper
磁铁石 magnetite
磁铁石英片岩 magnetite quartz schist
磁铁石英岩 magnetitic quartzite

C

磁铁式仪表 moving-vane instrument
磁铁吸金属异物术 magnet operation
磁铁吸引力 magnetic pull
磁铁线圈 magnet winding
磁铁谐振式调压器 regulator by ferroresonance
磁铁芯 <存贮器的组成部分>【计】 magnetic core
磁铁岩 kirunavaarite;magnetitite
磁铁氧 magnetic iron oxide
磁铁罩 magnet cover
磁铁制品 magnetic product
磁铁组 magnet set
磁铁座 magnetic receiver
磁通 cluster of magnetization
磁通泵 flux pump
磁通表 magnet meter
磁通波 flux wave
磁通测量 magnetic flux measurement
磁通差动 magnetic differential
磁通差动继电器 flux differential relay
磁通传感器 flux sensor
磁通导磁率曲线 induction permeability curve
磁通分布 flux distribution; magnetic flux distribution
磁通分布畸变 field distortion
磁通伏特计 flux voltmeter
磁通轨迹 flux path
磁通计 fluxmeter; magnetic flow meter; magnetic flowmeter; magnet meter; Maxwellmeter
磁通计数器 flux counter
磁通监控仪 flux monitor
磁通阱 flux trap
磁通控制器 flux guide
磁通连续性原理 principle of continuity of magnetic flux
磁通链方程式 flux-linkage equation
磁通量 <单位为韦(伯)> magnetic flux; flux of lines of force; magnaflux; magnetic flow
磁通量变化密度 density of flux change
磁通量变化周期 flux period
磁通量表 magnetic flux meter
磁通量传感器 magnetic flux sensor; magnetic flux transducer
磁通量(磁粉检查)试验 magnaflux testing
磁通量阀门罗盘 flux-gate compass
磁通量回路 magnetic return path
磁通量计 <测定地磁场强度用> flux-gate magnetometer; fluxmeter; magnetic flux meter
磁通量检测法 magnaflux method
磁通量漏泄 flux leakage
磁通量密度 induction density; magnetic flux density
磁通量条 flux bar
磁通量闸门 flux gate
磁通量闸门检测器 flux-gate detector
磁通量闸门罗盘 flux-gate compass
磁通量子 fluxon; flux quantum
磁通路线 flux path
磁通率 flux ratio
磁通门磁力仪 flux-gate magnetometer
磁通门磁强计 flux-gate magnetometer
磁通门式旋转磁力 flux-gate spinning magnetometer
磁通密度 field density; flux density; intensity of magnetic flux; magnetic flux intensity
磁通切割律 flux-cutting law
磁通曲线 flux curve
磁通势 magnetizing force; magnetomotive force
磁通探测器 magnetic flux detector
磁通调整螺钉 flux screw
磁通跳跃 flux jumping
磁通依存电阻器 magnetic flux dependent resistor
磁通仪 fluxgraph
磁通匝连数 flux linkage; linkage
磁通闸门 flux gate; flux valve
磁通闸门陀螺经 gyro flux-gate compass
磁通重合磁存储器 coincident-flux magnetic storage
磁同步 magnetic synchro
磁头 header; magnetic head
磁头臂 access arm; head arm
磁头标记 head flag
磁头标志 head marker
磁头步进稳定时间 headstep settling time
磁头材料 magnetic head material
磁头插入度 head intrusion
磁头场 head field
磁头锤 magnetic hammer
磁头存取 head access
磁头存取窗 head access window
磁头定位机构 head positioning mechanism; magnetic head positioning construction
磁头定位器 head positioner
磁头定位器逻辑 head positioner logic
磁头定位时间 head positioning time
磁头堵塞 head clogging
磁头方位角 head azimuth; magnetic head azimuth
磁头缝隙 head gap
磁头缝隙调整 head gap adjustment
磁头工作间隙 head chip
磁头工作效应 head running effect
磁头鼓 head drum
磁头灌封胶 magnetic head potting adhesive
磁头划碰 head crash
磁头加载 head load
磁头加载垫 head load pad
磁头加载机构 head loading mechanism
磁头加载螺线管 head load solenoid
磁头加载系统 head load system
磁头间隙 head gap
磁头接触 head touch
磁头空隙 head gap
磁头库 bank of heads
磁头碰撞 head crash
磁头清洁剂 head cleaner
磁头绕组 head winding
磁头上鼓 head upper drum
磁头条带效应 head banding
磁头消磁器 head demagnetizer; head eraser
磁头校准 head align(e)ment
磁头卸下 head unload
磁头芯 head core
磁头信息转储 core dump
磁头选择信号 head select signal
磁头移行器 head shifter
磁头罩 head housing
磁头支持臂 head support arm
磁头柱体 head cylinder
磁头装入 head load
磁头走向 head rotation
磁头阻抗测试仪 magnetic head impedance tester
磁头组 group of heads; magnetic head stack; yoke
磁头组件 head assembly; head stack
磁透镜 magnetic lens
磁透镜分光计 magnetic lens spectrometer
磁透镜谱仪 magnetic lens spectrometer
磁图像增强器 magnetic intensifier
磁团絮 magnetic flocculation
磁推斥 magnetic repulsion
磁推轴承 magnetic bearing
磁陀螺 magnetogyrocompass
磁瓦 magnetic shoe
磁湾 magnetic bay
磁丸造型法 magnetic mo(u)lding process
磁顽 magnetic remanence
磁尾 magnatotail
磁纬度 magnetic latitude
磁位 magnetic potential; magnetomotive potential
磁位差 magnetic difference of potential; magnetic potential difference
磁位差计 magnetic potentiometer
磁位梯度 magnetic potential gradient
磁位形 magnetic configuration
磁位移 magnetic displacement
磁位移记录器 magnetic displacement recorder
磁温度补偿合金 magnetic temperature compensating alloy
磁稳定器 magnetic stabilizer
磁稳定性 magnetic stability
磁无序 magnetic disorder
磁吸法 <校正传力杆位置的> magnetic method; pachometer method
磁吸法分离废铁机 tramp-iron separator
磁吸附 magnetic adhesion
磁吸螺刀头 magnetic bit holder
磁吸引 magnetic attachment; magnetic attraction
磁系统 magnetic system
磁隙 magnetic gap
磁衔铁 magnetic armature
磁现象 magnetic phenomenon
磁线 magnet wire
磁线存储器 magnetic wire storage; wire memory
磁线存储器矩阵 wire memory matrix
磁线圈 magnetic coil
磁相互作用 magnetic interaction
磁相互作用数 magnetic interaction number
磁相联存储器 magnetic associative memory
磁响应 magnetic response
磁向量 magnetic vector
磁向图 compass rose
磁向位 magnetic bearing
磁象限角 magnetic bearing
磁削装置 shunting control device
磁消散 magnetic dispersion
磁效应 magnetic effect
磁谐振 magnetic resonance
磁泄漏 magnetic dispersion
磁芯 memory core
磁芯板 core plane
磁芯半径 radius of the core
磁芯测试电路 core-testing circuit
磁芯常驻区【计】 corduroy resident
磁芯尺寸 core size
磁芯储存器 core memory; core storage; core store; static magnetic storage
磁芯储存器扩展 core memory expansion
磁芯存储板 core memory plane
磁芯存储地址 core address
磁芯存储读出放大器 core memory sense amplifier
磁芯存储计光度计 magnetic core memory photometer
磁芯存储寄存器 core memory register
磁芯存储器 corduroy memory; core memory; core storage; magnetic core memory; magnetic core storage; static magnetic storage; magnetic-core store
磁芯存储器常驻程序 core resident routine
磁芯存储器常驻区 core memory resident; core resident area
磁芯存储器地址 core memory address
磁芯存储器内容控制 core content control
磁芯存储器映象 core image
磁芯存储器映象库 core image library
磁芯存储器中的常驻区 core resident
磁芯存储器装置 magnetic core storage unit
磁芯存储区分配 core allocation
磁芯存储体 core memory stack
磁芯存贮器 corduroy storage
磁芯带 core tape
磁芯的翻转时间 switching time
磁芯电路 magnetic core circuit
磁芯调谐 core tuning
磁芯读出放大器 magnetic core sense amplifier
磁芯读出线 core sense line
磁芯多路编排器 magnetic core multiplexer
磁芯二极管存储矩阵 core diode storage matrix
磁芯分类 core sort
磁芯敷层 core clad
磁芯负载 core load
磁芯共享控制程序 core sharing program(me)
磁芯过滤器 magnetic filter
磁芯缓冲器 core buffer
磁芯换向电路 core-switching circuit
磁芯计算器 magnetic core counter
磁芯寄存器 magnetic core register
磁芯加热 core heating
磁芯居里温度 Curie temperature of magnetic core
磁芯矩阵 core array; core matrices; magnetic core matrix
磁芯矩阵存储器 core matrix memory
磁芯开关 magnetic core switch
磁芯开关电路 core switch circuit
磁芯开关时间 magnetic core switching time
磁芯控制电抗器 controlled magnetic core reactor
磁芯控制扼流圈 controlled magnetic core reactor
磁芯逻辑 core logic
磁芯逻辑电路 magnetic core logical circuit
磁芯逻辑开关 ferrite core logic switching
磁芯门 magnetic core gate
磁芯面 core plan
磁芯内的编译程序 in-core compiler
磁芯屏蔽 core plane; plane
磁芯清漆 core varnish
磁芯生产线 magnetic core production line
磁芯数据存取开关 magnetic core access switch
磁芯损耗 core loss; excitation loss; iron loss
磁芯体 core bank; core stack; magnetic core array; magnetic core stack; corduroy stack
磁芯天线 magnetic core antenna
磁芯线存储器 core rope storage; rope storage
磁芯信息转储 core dump
磁芯移位寄存器 magnetic core shift register(storage)
磁芯阵列 array of cores; core array; magnetic core array
磁芯转换电路 core-switching circuit

磁信号装置 magnetic tell tale
磁型铸造 magnetic mo(u)lding process
磁性 magnetic performance;magnetic property;magnetism
磁性百分表 magnetic dial ga(u)ge
磁性板 magnetic sheet
磁性半导体 magnetic semiconductor
磁性饱和 magnetic saturation
磁性保持继电器 magnetic stick relay
磁性杯 magnetic cup
磁性倍频器 magnetic frequency multiplier
磁性泵 magnetic pump
磁性变感器 magnetic variometer
磁性变化 magnetic variation
磁性变形 magnetic deformation
磁性表架 magnet stand
磁性薄膜 ferro-magnetic film;magnetic(thin)film
磁性补偿器 magnetic compensator
磁性步进电机 magnetic stepping motor
磁性部分 magnetic fraction
磁性材料 magnetic material;magnetics;magnetic substance
磁性材料磁滞常数 hysteresis constant of magnetic material
磁性材料制品液压机 hydraulic compacting press for magnetic material
磁性参数 magnetic parameter
磁性测定方法 method of magnetism measurement
磁性测高瓩 <量试件高度用> magnetic height measuring yoke
磁性测厚计 magnetic thickness ga(u)ge;Schuster ga(u)ge
磁性测绘器 ferrometer
磁性测量 magnetic measurement;magnetic surveying
磁性测量法 magnetic surveying method
磁性测量仪 instrument for magnetic property measurement
磁性测裂计 magnetic crack detector
磁性层 magnetic layer;magnetosphere
磁性车票 magnetic ticket
磁性沉降计 magnetic probe extensometer;magnetic settlement ga(u)ge
磁性沉降仪 magnetic settlement ga(u)ge
磁性陈化 magnetic ag(e)ing
磁性弛豫 magnetic relaxation
磁性持针钳 magnetic needle holders
磁性传动 magnet feed
磁性传感器 magnetic sensor
磁性瓷 magnetic ceramics
磁性淬火试验 magnetic quench test
磁性存储板 magnetic memory plate
磁性存储元件 magnetic memory
磁性带式输送机 magnetic belt type conveyer[conveyor]
磁性底座 magnetic bases
磁性地层极性单位 magnetostratigraphic polarity unit
磁性地层学 magnetostratigraphy
磁性地层学方法 magnetostratigraphy method
磁性点火电路 magnetic firing circuit
磁性定律 law of magnetism
磁性定向控制线圈 magnetic orientation control coil
磁性度盘式指示器 magnetic dial ga(u)ge
磁性(镀层厚度)测厚仪 magnetic thickness tester
磁性多粒子谱仪 magnetic multiparticle spectrometer
磁性阀 magnetic valve
磁性反转 magnetic reversal;reversal of magnetism
磁性放大 magnetic amplification
磁性放大调节器 magnetic amplifier regulator
磁性放大器 magamp
磁性分拣电桥 magnetic sorting bridge
磁性分离 magnetic separation
磁性分离器 magnetic separator
磁性粉末 magnaglo;magnetic powder
磁性浮标液面计 liquid level ga(u)ge with magnetic buoyage
磁性钢 magnetic steel
磁性钢丝 magnetic recording wire;magnet(ic)wire
磁性钢丝面罩 magnetic guard
磁性工作台 magnetic worktable
磁性轨道制动器 magnetic track brake
磁性滚筒 magnetic pulley
磁性过滤 magnetic filtration
磁性过滤器 magnetic filter
磁性焊剂 magnetic flux
磁性焊剂电弧焊 magnetic flux arc welding
磁性焊剂二氧化碳保护焊 union arc welding
磁性焊剂气体保护(电弧)焊 gas shielded magnetic flux arc welding;magnetic flux gas shielded arc welding
磁性合金 magnetic alloy;remalloy
磁性虎钳 magnetic vice[vise]
磁性滑轮 magnetic pulley
磁性滑油再生器 magnetic lubricating oil conditioner
磁性化合物 magnetic compound
磁性环【岩】magnetic datum ring
磁性环路系统 magnetic loop system
磁性黄铁矿 magnetic pyrite
磁性火花塞 magnetic spark plug
磁性基底 magnetic basement
磁性基底深度 magnetic basement depth
磁性基底深度图 magnetic basement depth map
磁性计数器 magnetic counter
磁性计算机 magnetic computer
磁性记录 magnetic recording
磁性记录带 magnetic recording tape
磁性记录器 magnetic recorder
磁性记忆材料 magnetic memory material
磁性继电器 magnetic relay
磁性继电器定时器 magnetic relay timer
磁性假捻锭子 magnetic false-twist spindle
磁性检波器 magnetic detector;magnetic wave detector
磁性检测 magnetic particle test(ing)
磁性检验液 magnetic ink
磁性搅拌棒 magnetic stirring bar
磁性搅拌器 magnetic stirrer
磁性接触面 magnetic contact interface
磁性接触线 magnetic contact boundary line
磁性接合 magnetic joint
磁性介质 magnetic medium
磁性金属 magnetic metal
磁性金属玻璃 magnetic metallic glass
磁性晶体 magnetic crystal
磁性矩阵开关 magnetic matrix switch
磁性卡盘 magnetic chuck
磁性卡盘钻 magnetic drill
磁性卡片 magnetic card
磁性卡片存储器 magnetic card storage
磁性勘探 magnetic exploration;magnetic prospecting
磁性颗粒 magnetic particle
磁性矿物 attractive mineral;magnetic mineral
磁性馈电 magnet feed
磁性老化 magnetic ag(e)ing
磁性冷却 magnetic cooling
磁性离合器 magnetic clutch
磁性离子 magnetic ion
磁性力 magnetize attraction
磁性联轴器 magnet coupling
磁性邻近检测器 magnetic proximity detector
磁性零件 magnetic parts
磁性流量计 magnetic flow meter
磁性流体 magnetic fluid
磁性流体动力学 magnetofluid dynamics
磁性流体控制仪 magnetic fluid control device
磁性录像 magnetic picture tracing
磁性滤器 magnetic strainer
磁性滤网 magnetic screen;magnetic strainer
磁性滤油器 magnetic oil filter
磁性轮 magnetic wheel;magnet pulley
磁性逻辑元件 logitron
磁性螺钉起子 magnetic driver
磁性螺堵电磁铁 magnetic plug
磁性脉冲振荡器 ratchet magnetic pulse oscillator
磁性门扎头 magnetic door holder
磁性密封 magnetic seal(ing)
磁性描图 magnetic picture tracing
磁性灭弧 magnetic blow-out
磁性灭弧器 magnetic blow-out
磁性灭弧式避雷器 magnetic blow-out arrester[arrestor];magnetic blow-out lightning rod
磁性灭弧系统 magnetic blow-out system
磁性灭弧用磁铁 blowout magnet
磁性墨水 magnetic ink
磁性墨水扫描器 magnetic ink scanner
磁性墨水字符记录器 magnetic ink character recorder
磁性墨水字符阅读器 magnetic ink character reader
磁性偶极辐射器 magnetic doublet radiator
磁性耦合 magnetic coupling
磁性排出口塞 magnetic drain plug
磁性拼学玩具 magnetic spell and learn set
磁性起动装置 magnetic trigger
磁性气体动力学 magnetogasdynamics
磁性千分表 magnetic dial ga(u)ge
磁性擒纵机构 magnetic escapement
磁性取向 magnetic orientation
磁性全息术 magnetic holography
磁性热力学 magnetothermodynamics
磁性溶剂 magnetic flux
磁性蠕变 magnetic creeping
磁性软化 magnetic softening
磁性塞 magnetic plug
磁性散射振幅 magnetic scattering amplitude
磁性筛网 magnetic strainer
磁性舌簧开关 magnet reed switch
磁性声迹尺寸 dimension of magnetic sound tracks
磁性时效 magnetic ag(e)ing
磁性拾音器 magnetic cartridge
磁性衰减器 magnetic attenuator
磁性水雷 magnetic mine
磁性水银开关 magnetic mercury switch
磁性瞬变过程记录器 magnetic transient recorder
磁性伺服放大器 magnetic servo-amplifier
磁性损失 magnetic loss
磁性探测器 magnetic detector;magnetic locator
磁性探矿 magnetic exploration
磁性探雷器 magnetic mine detector
磁性探伤 magnetic flaw detection;magnetic inspection;magnetic testing
磁性探伤法 magnetic fault find method
磁性探伤检查 magnetic examination
磁性探伤器 magnetic flaw detector
磁性探伤用铁粉 magnaflux powder
磁性探头伸缩计 magnet-probe extensometer
磁性陶瓷 magnetic ceramics
磁性陶瓷材料 <由烧结氧化铁和钡组成的> magnadur
磁性体 magnetic body;magnetic substance
磁性体长度 length of the magnetic body
磁性体等深度图 magnetic body isodepth chart
磁性体厚度 thickness of the magnetic body
磁性体宽度 width of the magnetic body
磁性体埋深 depth to the magnetic body
磁性体倾角 dip of the magnetic body
磁性体倾向 inclination of the magnetic body
磁性体上顶埋深 depth to the top of the magnetic body
磁性体视深度 apparent depth to the magnetic body
磁性体下底埋深 depth to the bottom of the magnetic body
磁性体形状 shapes of magnetic bodies
磁性体形状参数 parameters of magnetic body shapes
磁性体中心埋深 center depth to the magnetic body
磁性体走向 strike of the magnetic body
磁性体最小深度图 magnetic body minimum depth chart
磁性天线 magnetic(current)antenna
磁性调谐 mu-tuning;permeability tuning
磁性调谐可变电感线圈 permeability-tuned inductor
磁性调制 magnetic modulation
磁性调制器 magnetic modulator
磁性贴近检测器 magnetic proximity detector
磁性铁 armco magnetic iron
磁性铁粉芯 magnetic dust core;magnetic powder core
磁性铁黑 magnetite black
磁性铁矿 vignite
磁性铁氧体 magnetic ferrites
磁性铜合金 copper magnet alloy
磁性透镜 magnetic lens
磁性图 magnetic chart
磁性图示检验 magnetographic(al)inspection
磁性图示探伤 magnetographic(al)inspection
磁性涂层 magnetic coating
磁性湍流 magnetoturbulence
磁性推力轴承 magnetic thrust bearing
磁性托架 magnetic holder

磁性玩具 magnetic playset
磁性微像片 video chip
磁性位移传感器 magnetic displacement transducer
磁性位置转换器 magnetic position converter
磁性温控器 magnetic temperature controller
磁性文件 magnetics
磁性文件分类读出机 magnetic document sorter reader
磁性文件分类阅读机 magnetic document sorter reader
磁性物质 magnetic substance
磁性吸盘 magnetic chuck
磁性熄弧 magnetic blow-out; magnetic bow
磁性熄弧避雷器 magnetic blow-out arrester[arrestor]
磁性熄弧断路器 magnetic blow-out circuit breaker
磁性线圈 magnetic coil
磁性橡胶 magnetic rubber
磁性橡胶压片 magnetizing rubber sheet
磁性楔 magnetic wedge
磁性压力传感器 magnetic pressure transducer
磁性烟感器 magnetic smoke detector
磁性延迟线 magnetic delay line
磁性岩石 magnetic rock
磁性扬声器 magnetic loudspeaker
磁性阳极 magnetic anode
磁性氧化铁 magnetic iron oxide; magnetic oxide iron; martial ethiops
磁性氧化铁黑 black magnetic oxide
磁性曳力 magnetic drag
磁性液离合器 magnetic fluid clutch
磁性液体 magnetic fluid
磁性液体离合器 magnetic hydraulic clutch
磁性异向 magnetic anisotropy
磁性音频载波 magnetic sound carrier
磁性印刷油墨 magnetic printing ink
磁性荧光法检查 fluorescent magnetic particle inspection
磁性硬度比较器 magnetic hardness comparator
磁性油墨 magnetic ink
磁性油墨字符识别 magnetic ink character recognition
磁性油塞 magnetic drain plug
磁性元件 magnetic cell; magnetic; magnetic element
磁性圆二色散 magnetic circular dichroism
磁性载声体 magnetic recording medium
磁性载体 magnetic carrier
磁性再现 magnetic reproducing
磁性再现装置 magnetic reproducer
磁性正弦规 magnetic sine plate
磁性纸带 magnetic paper
磁性指示器 magnetic indicator
磁性指向力 directive force of magnetism
磁性制品 magnetic product
磁性轴承 magnetic bearing
磁性转变 magnetic transformation
磁性转变点 magnetic transformation point; point of magnetic transformation
磁性转变温度 magnetic transition temperature
磁性转印 crosstalk; magnetic printing; magnetic transfer
磁性字符处理机 magnetic ink character processor
磁性字符读出器 magnetic character reader
磁性字符分类器 magnetic document sorter reader
磁性自动操舵装置 magnetic autosteering gear
磁性自动计算器 magnetic automatic calculator
磁性总账 magnetic ledger
磁性阻尼器 magnetic damper
磁性组构 magnetic fabric
磁性作用 magnetic action
磁性座 magnet base
磁絮凝分离法 magnetic flocculation separation process
磁玄岩 arapahite
磁悬浮 magnetic levitation; magnetic suspending; magnetic suspension
磁悬浮车 magnetically suspended vehicle; magnetic levitation vehicle
磁悬浮车底盘 levitation chassis
磁悬浮车辆 maglev vehicle; magnetically levitated vehicle; magnetically supported car
磁悬浮导轨架形状 pier shape
磁悬浮导向系统 levitation guidance system
磁悬浮定子标距 levitation stator ga(u)ge
磁悬浮高速运输系统 magnetically levitated high speed transportation system
磁悬浮横向磁场线圈 lateral-flux coil
磁悬浮控制 levitation control
磁悬浮列车 maglev train; magnetically levitated train; magnetic suspension train
磁悬浮列车提升导向系统 combined levitation guidance system
磁悬浮陀螺仪 magnetically suspended gyroscope
磁悬浮维护单元 mobile maintenance unit
磁悬浮系统 maglev system
磁悬浮系统磁体 levitation magnetic
磁悬浮系统调节器 levitation regulator
磁悬浮系统定子 levitation stator
磁悬浮系统轨道 levitation rail
磁悬浮系统线圈 levitation coil
磁悬浮移动式维修车辆 mobile maintenance unit
磁悬浮引导车辆 magnetically suspended guided vehicle
磁悬浮运输 maglev transport
磁悬浮转子计 magnetic suspension spinning rotor ga(u)ge
磁悬浮转子真空计 magnetic suspension spinning rotor vacuum ga(u)ge
磁悬挂技术 magnetic suspension technique
磁悬挂转子 magnetically suspended rotor
磁悬加速计 magnetic field-supported accelerometer
磁悬区域熔炼 magnetic suspension zone-melting
磁旋管 magnetic beam-switching tube
磁旋光本领 magnetic rotatory power
磁旋转 magnetic rotation
磁选 dressing by magnetic separation; magnetic concentration; magnetic selection; magnetic separation; preparation by magnetic separation
磁选厂 magnetic ore dressing plant
磁选法 magnetic process; magnetic method
磁选分离 magnetic separating
磁选鼓 magnetic drum
磁选过滤器 magnet filter
磁选机 cobber; electromagnetic separator; magnetic cobbing machine; magnetic separator; magnetic tube concentrator
磁选精矿 magnetic concentrate
磁选矿(法) magnetic dressing
磁选器 lifting magnet; magnetic separator
磁选扫路机 <清除铁屑用> magnetic sweeper
磁选筛 magnetic strainer
磁选设备 magnetic(separating) plant
磁选通器传感器 flux-gate sensor
磁选应变器 magnetic strainer
磁靴 magnetic solid boot
磁学 magnetics; magnetism
磁学的库仑定律 Coulomb's law for magnetism
磁学各向异性 magnetic anisotropy
磁压 magnetic pressure
磁亚暴 magnetic substorm
磁延时继电器 magnetic time relay
磁要素等年变线 isopor
磁移位存储器 magnetic shift register
磁移位寄存器 magnetic shift register
磁异常 magnetic anomaly
磁异常编号 magnetic anomaly code
磁异常垂向梯度 vertical gradient of magnetic anomaly
磁异常解释 interpretation of magnetic anomaly
磁异常解释方法 interpretation method of magnetic anomalies
磁异常空间等值线图 space isoline map of magnetic anomaly
磁异常宽度 magnetic anomaly width
磁异常类型 magnetic anomaly type
磁异常名称 magnetic anomaly name
磁异常平面等值线图 plane isoline map of magnetic anomaly
磁异常平面剖面图 magnetic anomaly profile on plane
磁异常剖面图 profile of magnetic anomaly
磁异常谱 magnetic anomaly spectrum
磁异常强度 magnetic anomaly intensity
磁异常数据处理 data processing of magnetic anomaly
磁异常水平梯度 horizontal gradient of magnetic anomaly
磁异常特征 magnetic anomaly characteristic
磁异常推断解释图 magnetic anomaly interpretation chart
磁异常位置 position of magnetic anomaly
磁异常轴线图 magnetic anomaly axis chart
磁异常走向 magnetic anomaly trend
磁引力 magnetic attraction; magnetic pull
磁应变 magnetic strain
磁应变能 magnetic strain energy
磁应力 magnetic stress
磁应力张量 magnetic stress tensor
磁荧光屏 magnetic cup
磁有序 magnetic order
磁有序性材料 magnetic orderly material
磁釉 quick drying enamel
磁域 magnetic domain
磁元件 magnetic cell
磁约束 magnetic confinement
磁约束等离子体 magnetically confined plasma
磁约束激光器 magnetically confined laser
磁云室 magnetic cloud chamber
磁运算放大器 magnetic operation amplifier
磁载光催化剂 magnetic photocatalyst
磁闸 magnetic brake; magnetic gate
磁针 compass needle; magnetic needle; magnet(ized) needle
磁针摆幅 magnetic needle amplitude
磁针北端 marked end of magnetic needle
磁针变化 variation of compass
磁针等倾线 isocline
磁针电流计 needle galvanometer
磁针对坐标纵线偏角 grid magnetic angle
磁针方向 magnetic course; needle bearing
磁针极 poles of magnetic needle
磁针灵敏度 magnetic needle sensibility
磁针罗盘 magnetic needle compass
磁针偏差 aberration of needle; needle aberration
磁针偏角 compass declination; declination of magnetic needle; dip of needle; magnetic needle declination; magnetic needle inclination
磁针倾角 dip of needle; inclination of needle
磁针式拾音器 needle pick-up
磁针指北端 North pole; red end
磁针指南端 South Pole; blue end
磁针制动杆 magnetic needle release loss
磁针制动钮 magnetic needle button
磁针中央线 neutral line
磁针轴 axis of magnetic needle
磁针轴承 needle bearing
磁阵式传感器 magnetic matrix transducer
磁振荡器 magnetic oscillator
磁振动 magnetic vibration
磁振动器 magnetic vibrator
磁振给矿机 magnetic vibrating feeder
磁振子 magnon; quantized spin wave
磁振子发射 magnon emission
磁振子示波器 magnetic oscillograph
磁整波器 magnetic oscillograph
磁整流器 magnetic rectifier
磁支带 magnetic subband
磁制动器 magnetic brake
磁制冷机 magnetic refrigerator
磁质 magnetic substance
磁质谱计 magnetic mass spectrometer
磁致电阻 magnetoresistance
磁致电阻放大器 magnetoresistive amplifier
磁致电阻检测器 magnetoresistance detector
磁致电阻率 magnetoresistivity
磁致电阻位移换能器 magnetoresistance displacement transducer
磁致电阻效应 magnetoresistance effect
磁致电阻振荡器 magnetoresistance oscillator
磁致发射 magnetoemission
磁致激活快门 magnetically actuated shutter
磁致聚焦 magnetic focusing
磁致冷的 cryomagnetic
磁致冷机 magnetic refrigerator
磁致冷却 magnetic cooling
磁致冷却效应 magnetic annealing effect; magnetic cooling effect
磁致灭弧 arc blow
磁致偶极辐射器 magnetic doublet radiator
磁致偏转 magnetic deflection
磁致热处理 field annealing
磁致热的 magnetocaloric
磁致热效应 magnetocaloric effect
磁致伸长 magnetic elongation

磁致伸缩 magnetostriction
磁致伸缩棒 magnetostrictive rod
磁致伸缩材料 magnetostrictive material
磁致伸缩测量 magnetostriction measurement
磁致伸缩测深器 magnetostriction depth sounding apparatus
磁致伸缩测深仪 magnetostriction echo sounder
磁致伸缩传感器 magnetostrictive sensor;magnetostrictive transducer
磁致伸缩传声器 magnetostriction microphone; magnetostrictive microphone
磁致伸缩存储单元 magnetostrictive storage unit
磁致伸缩存储器 magnetostrictive storage(unit)
磁致伸缩的 magnetostrictive
磁致伸缩发射机 magnetostriction transmitter
磁致伸缩合金 magnetostriction alloy
磁致伸缩换能器 magnetostriction transducer
磁致伸缩回声测深器 magnetostriction echo sounder
磁致伸缩接收器 magnetostrictive receiver
磁致伸缩接收探头 magnetostrictive receiving probe
磁致伸缩滤波器 magnetostriction filter;magnetostrictive filter
磁致伸缩罗盘 magnetostriction compass
磁致伸缩逆效应 magnetostrictive reaction
磁致伸缩耦合 magnetostrictive coupling
磁致伸缩器 magnetostrictor
磁致伸缩切割机 magnetostrictive cutting machine
磁致伸缩切割器 magnetostriction cutter
磁致伸缩曲奇切割器 magnetostriction cookie cutter
磁致伸缩驱动 magnetostrictive drive
磁致伸缩声延迟线 magnetostrictive acoustic delay line
磁致伸缩式 magnetostriction type
磁致伸缩式继电器 magnetostrictive relay
磁致伸缩式收发机 magnetostrictive transceiver
磁致伸缩式扬声器 magnetostriction loudspeaker
磁致伸缩试验法 magnetostrictive testing method
磁致伸缩水听器 magnetic deformation hydrophone; magnetostrictive hydrophone
磁致伸缩体 magnetostrictor
磁致伸缩系数 magnetostriction coefficient
磁致伸缩现象 magnetostriction phenomenon
磁致伸缩效应 magnetostriction effect;magnetostrictive effect
磁致伸缩效应存储器 magnetostrictive effect storage
磁致伸缩谐振器 magnetostrictive resonator
磁致伸缩型 magnetostriction type
磁致伸缩压力计 magnetostriction pressure ga(u)ge
磁致伸缩延迟 magnetostrictive delay
磁致伸缩延迟存储器 magnetostrictive delay line storage
磁致伸缩延迟线 magnetostrictive delay line
磁致伸缩扬声器 magnetostrictive loudspeaker
磁致伸缩仪 magnetostriction device;magnetostriction apparatus
磁致伸缩应变仪 magnetostriction strain ga(u)ge
磁致伸缩应力 magnetostrictive stress
磁致伸缩振荡 magnetostrictive oscillation;magnetostrictive oscillation
磁致伸缩振荡器 magnetostriction oscillator;magnetostrictive oscillator
磁致伸缩振动发生器 magnetostrictive vibration generator
磁致伸缩振动器 magnetostrictive vibrator
磁致伸缩钻机 magnetostriction drill;magnetostrictive drill
磁致弹性 magnetoelasticity
磁致弹性的 magnetoelastic
磁致弹性能 magnetoelastic energy
磁致湍流 magnetohydrodynamic(al) turbulence;magnetoturbulence
磁致退火效应 magnetic annealing effect
磁致温差效应 Leduc effect
磁致旋光 magnetic rotation;magneto-optic(al) rotation
磁致旋光率 specific magnetic rotation
磁致旋光谱 magnetic rotation spectrum
磁致压电电阻 magnetopiezoresistance
磁致引起应力 magnetostrictive stress
磁滞 hysteresis lag; hysteretic lag; magnetic creeping; magnetic retardation
磁滞比较器 hysteresis comparator
磁滞测定计 hysteresis meter
磁滞测定器 hysteresimeter
磁滞测定仪 hysteresis meter
磁滞超前 hysteresis advance
磁滞成分 hysteresis element
磁滞电动机 magnetic hysteresis motor
磁滞放大器 hysteresis amplifier
磁滞钢 hysteresis steel
磁滞功率损耗 hysteresis power loss
磁滞合金 magnetic hysteresis alloy
磁滞后 magnetic lag
磁滞后角 hysteretic angle
磁滞回线 magnetic hysteresis cycle [loop]
磁滞回线记录仪 hysteresis(so)graph
磁滞回线图示仪 hysteresiscope
磁滞回线显示装置 hysteresis-loop displaying equipment
磁滞回线仪 hysteresiscope
磁滞回线自动记录器 automatic hysteresis loop recorder
磁滞计 hysteresis meter
磁滞角 magnetic hysteretic angle
磁滞离合器 hysteresis clutch; magnetic lag clutch
磁滞模数 hysteresis modulus
磁滞能量耗散 hysteresis energy dissipation
磁滞曲线 hysteresis curve
磁滞曲线记录器 hysteresis curve recorder
磁滞曲线记录仪 hysteresigraph
磁滞曲线面积 area of hysteresis loop
磁滞曲线图 hysteresis graph
磁滞热 hysteresis heat
磁滞失真 hysteresis distortion; hysteretic distortion
磁滞式电动机 hysteresis motor
磁滞式同步电动机 hysteresis synchronous motor
磁滞损耗 magnetic hysteresis loss
磁滞损耗等效电阻 hysteresis loss resistance
磁滞损耗电阻 hysteresis loss resistance
磁滞损耗系数 hysteresis loss coefficient
磁滞损失 hysteresis loss; magnetic hysteresis loss
磁滞损失系数 coefficient of hysteresis
磁滞特性 hysteresis characteristic
磁滞提前 hysteresis advance
磁滞同步电动机 magnet-lagging synchronized motor
磁滞误差 hysteresis error
磁滞系数 hysteresis coefficient; hysteresis constant; Steinmetz's constant
磁滞现象 hysteresis phenomenon; magnetic creeping; magnetic hysteresis
磁滞效应 hysteresis effect; magnetic hysteresis effect
磁滞形状系数 hysteresis form factor
磁滞性质 hysteresis property
磁滞循环 hysteresis cycle
磁滞有功电流 hysteresis active current
磁滞周期 hysteresis cycle
磁滞转矩 hysteresis torque
磁滞阻尼 hysteresis damping; magnetic hysteresis damping
磁滞阻尼器 hysteresis damper
磁重法 magnetic heavy method
磁周年变化 annual magnetic change; magnetic annual change
磁周年差 annual magnetic variation; magnetic annual variation
磁周日变化 magnetic daily variation; magnetic diurnal variation
磁轴 magnetic axis; magnetic needle bearing
磁轴线 axis of magnet
磁珠 bead
磁驻极体 magnetoelectret
磁砖 salt-glazed brick
磁砖压制机 tile press
磁转变居里温度 magnetic Curie temperature
磁转矩 magnetic torque
磁转偏光 magnetic rotation
磁转速计 magnetic tachometer
磁子 magneton
磁子数 magneton number
磁子午圈 magnetic meridian
磁子午线 magnetic meridian
磁字符识别 magnetic character recognition
磁自旋 magnetic spin
磁阻 magnetic drag; magnetic reluctance; magnetoresistance; reluctance
磁阻半导体 magnetic resistance semiconductor
磁阻步进电动机 reluctance stepper
磁阻磁头 magnetoresistive head
磁阻电动机 reluctance motor
磁阻电机 reluctance machine
磁阻发电机 reluctance generator
磁阻放大器 gaussistor
磁阻鉴质仪 <检查钢制品质量> reluctometer
磁阻力 reluctance force
磁阻率 magnetic reluctivity;reluctivity; specific magnetic resistance; specific reluctance;magnetic resistance
磁阻尼 magnetic damping
磁阻器 magnet resistor
磁阻拾音器 reluctance pick-up
磁阻同步电机 reluctance synchronous machine
磁阻微波功率表 magnetoresistance microwave wattmeter
磁阻系数 reluctance coefficient; reluctancy;relucitivity
磁阻效应 magnetoresistance effect; magnetoresistive effect
磁阻效应磁强计 magnetoresistive magnetometer
磁阻压力表 reluctance-type pressure ga(u)ge
磁阻压力传感器 reluctance pressure transducer
磁阻转矩 reluctance torque
磁组合开关 magnetic combinational switch
磁座 <高架快速路用> magnetic support

雌的 female

雌花 pistillate flower
雌黄 arsenblende;arsenicorange;arsenic trisulfide;auripigmentum;king's yellow;orpiment;royal yellow
雌黄含量 orpiment
雌黄黄色 Chinese yellow
雌雄(蕊)同花 perfect flower
雌雄榫 mortise and tenon;tenon and mortise;tongue and groove
雌雄榫接合 mortise-and-tenon joint; tenon and mortise joint
雌雄榫接合的销子 mortise pin
雌雄榫连接销钉 barbed dowel
雌雄同株(或体)的 monoecious
雌雄芯同花 perfect flower
雌雄异株的 dioecious
雌甾二醇 estradiol
雌甾三醇 estriol
雌甾酮 estrone
雌甾烷 estrane
雌甾烷二醇 estrane diol
雌株 female plant

此处吊挂索 sling here

此处吊起 haul; lift sling here; sling here
此处提起 heave here
此路不通 no road

次阿托 deuteroartose

次摆线 trochoid(al curve)
次摆线泵 trochoid pump
次摆线波 trochoidal wave
次摆线分析器 trochoidal analyser[analyzer]
次摆线理论 trochoidal theory
次摆线质谱(分析)仪 trochoidal mass analyser[analyzer]
次摆圆 hypocycloid
次半岛 subpeninsula
次半胶丝质次结构体 quasi-semigelifusinite-posttelinite
次半胶丝质结构体 quasi-semigelifusinite-telinite
次半胶丝质类 quasi-semigelifusinite
次半胶丝质似无结构体 quasi-semigelifusinite-precollinite
次半胶丝质无结构体 quasi-semigelifusinite-collinite
次拌随曲面 subadjoint surface
次宝石 semi-precious stone
次饱和冲刷 subsaturated erosion
次苯基 phenylene
次比 inferiority rate
次比控制 inferiority rate control

C

次比例尺减薄液 subproportional reducer
次边际土地 submarginal land
次变边【地】 kelyphytic border; kelyphytic rime
次变边结构 kelyphytic-rim texture
次标题 secondary heading
次标准仪表 substandard instrument
次表层 subsurface layer; through layer
次表层带 subsurface zone
次表层环流 subsurface circulation
次表层流 subsurface current; subsurface flow; subsurface runoff; through-flow
次表层水 subsurface water
次表层水位 subsurface level
次表层温度 subsurface temperature
次表面层 subcrust
次表面裂隙 subsurface flaw
次表面膜 subsurface film
次表面条件 subsurface condition
次表千金藤碱 hypoepistephanine
次表土 subsurface soil
次表土耕作法 subsurface tillage
次丙基 propylidyne
次波 secondary wave
次波带 secondary wave zone
次波节 partial node
次玻璃的 subvitreous
次步效应 secondary effect
次层 sublayer; sublevel
次层厚度 sublayer thickness
次层绝缘 secondary insulation
次层理 stratification with layer
次层流 sublayer laminar
次层深度 sublayer depth
次层型 hypostratotype
次长 undersecretary; vice minister
次长石砂岩 subarkose
次长石质的 subfeldspathic
次超微量法 subultramicro method
次超显微镜的 subultra-microscopic
次衬砌 secondary lining
次成分 secondary component
次成河 strike stream; subsequent river
次承压水 hypopiestic water
次承租人 subtenant
次程序状态向量 secondary program(me) status vector
次初卟啉 deutero-aetioporphyrin
次大陆 subcontinent
次大陆架的 sublittoral
次大气压力 subatmospheric(al) pressure
次大圆 secondary circle; secondary great circle
次氮基 nitrilo-
次氮基二乙酸一丙酸 nitrilodiacetic monopropionic acid
次氮基三硫酸 aminetrisulfonic acid
次氮基三乙酸 nitrilotriacetic acid
次氮基三乙酸酯 nitrilotriacetate
次导洞 secondary heading
次导坑 secondary heading
次导体 partial conductor; subconductor
次的 junior; second best; suballern
次等 inferiority
次等材料 second-quality material; seconds
次等草场 secondary range
次等出力 secondary power
次等的 low grade; low ordinary; secondary; substandard
次等港(口) secondary harbo(u)r; secondary port
次等级 inferior class
次等集料 substandard aggregate
次等结晶大理石 subcrystalline marble
次等零件 substandard parts
次等路 sublevel highway
次等商品 inferior goods
次等收益 secondary benefit
次等油 off oil
次等纸 retree
次等砖 grizzle brick
次低优先群 next lower priority group
次堤 secondary levee
次地震 secondary earthquake
次地震情况 subseismic case
次地转风 subgeostrophic wind
次碘酸 hypoiodous acid
次碘酸盐 hypoiodite
次丁基 butylidyne
次丁烯基 butenylidyne
次陡度的 subgradient
次度的 low grade
次端应用程序 secondary application program(me)
次段 secondary segment
次对话端 secondary half-session
次对角线 minor diagonal
次法距【数】 subnormal
次法线 binormal; subnormal
次法线积分 subnormal integral
次钒酸盐 hypovanadate
次范围 underrange
次房 side bay
次分集水区 subwatershed
次分类 subseries
次分配 suballocation
次分配文件 suballocated file
次分水岭 secondary ridge
次峰 secondary peak
次干道 minor arterial road; secondary trunk; secondary main road; secondary trunk road <厂内的>
次干管 submain
次干路 secondary road; subarterial (road); secondary trunk road; secondary trunk route
次干水管 submain
次钢索 secondary cable
次高级路面 subhigh type pavement
次高速公路 minor freeway
次高有效字 next most significant word
次格栅 cross runner; subjoist
次功能 secondary function
次骨料 poor aggregate
次鼓膜 secondary tympanic membrane
次固结 secondary consolidation; secondary compression
次固结沉降 secondary consolidation settlement; creep settlement
次固结沉降量 delayed settlement; secondary consolidation settlement
次固结速率 rate of secondary consolidation
次固结系数 coefficient of secondary consolidation; secondary compression coefficient; secondary consolidation coefficient
次固结压缩 delayed compression
次固结指数 secondary compression index; secondary consolidation index
次固结作用 secondary consolidation; secondary time effect
次关键字 secondary key
次惯性波 subinertial wave
次惯性流 subinertial current
次硅酸质 subsilicic
次贵金属 less noble metal
次国家边界 subnational boundaries
次航向 secondary heading
次毫米波 submillimeter wave
次毫微秒 subnanosecond
次恒磁 subpermanent magnetism
次桁架 secondary truss; subtruss
次红热 low red heat
次护面层 secondary cover layer
次化合价 secondary valence
次化学计量 hypostoichiometry
次磺酸 sulfenic acid
次磺酰胺类促进剂 sulfenamide type accelerator
次辉绿结构 subdiabasic texture
次回火 retemper
次浑圆颗粒 subrounded particle
次浑圆土粒 subrounded particle
次活动正地槽 meogeosyncline
次火山成矿作用 subvolcanic ore-forming process
次火山的 subvolcanic
次火山地热系统 subvolcanic geothermal system
次火山活动 subvolcanic activity
次火山热液矿床 subvolcanic-hydrothermal ore deposit
次火山相 subvolcanic facies
次火山岩 subvolcanic rock; subvolcanics
次火山岩体 subvolcanic body
次火山岩相 subvolcanic phase
次货 throw-out
次击穿 primary breakdown
次基层 first(sub) base
次级 economy grade; proximate grade; sublevel
次级 X 射线 secondary X-ray
次级宝石 off-colo(u)r gem
次级变态 secondary metamorphosis
次级标准 secondary standard; substandard
次级表征 secondary attribute
次级波 secondary wave
次级补偿器 secondary compensator
次级不离开 secondary nondisjunction
次级材 fall down
次级侧突 secondary lateral process
次级层理 indirect stratification; secondary stratification
次级产品 secondary product
次级产物 secondary species
次级场 secondary field
次级成本 secondary cost
次级城市 secondary city
次级程序 secondary program(me)
次级澄清器 secondary clarifier
次级处理设备 secondary unit
次级醋酯纤维 secondary acetate
次级存储器 second-level storage
次级代谢 secondary metabolism
次级道路网 secondary road network
次级的 secondary; subordinate; ungraded
次级抵押 overlying mortgage
次级电解 secondary electrolysis
次级电离 secondary ionization
次级电离常数 second ionization constant
次级电路 induced wire; secondary circuit
次级电路电流 secondary current
次级电容器 secondary capacitor
次级电压 secondary voltage
次级电子 secondary electron
次级电子倍增 secondary electron multiplication
次级电子倍增击穿 multipactor breakdown
次级电子倍增器 secondary electron multiplier
次级电子倍增限幅器 secondary electron multipactor limiter
次级电子倍增效应 multipactor
次级电子传导 secondary electron conduction
次级电子导电视像管 secondary electron conduction target vidicon
次级电子发射 secondary electron emission
次级电子发射体 secondary emitter
次级电子计数器 secondary electron counter
次级电子谐振效应 multipactor effect
次级电子注 secondary beam
次级断层 second-order fault
次级对初级线圈的匝数比 secondary-to-primary-turn ratio
次级额外反射 secondary extra reflection
次级发射 secondary emission
次级发射倍增 multipacting
次级发射倍增器 secondary emission multiplier
次级发射产额 secondary yield(ing)
次级发射管 secondary emission tube
次级发射光电管 secondary emission photocell
次级发射光量计 secondary emission quantometer
次级发射级 secondary emission stage
次级发射系数 secondary emission coefficient; secondary emission ratio
次级反应 secondary reaction
次级(反应)电池 secondary cell
次级放电 secondary discharge
次级非线性效应 secondary nonlinear effect
次级分段的磁阻电动机 segmented secondary reluctance motor
次级粉碎 intermediate crushing
次级辐射 secondary radiation
次级辐射器 secondary radiator
次级港 secondary port
次级割理 butt cleat
次级构造应力场 secondary tectonic stress field
次级管道 secondary pipeline
次级管箍 secondary coupling
次级光电流 secondary photocurrent
次级光电效应 secondary photoelectric(al) effect
次级光谱 secondary spectrum
次级光谱的双线 secondary spectrum doublet
次级滑面 secondary gliding surface
次级滑移带 secondary slip band
次级环流 secondary circulation
次级回路 secondary loop; subloop
次级极限 secondary limit
次级集合管 secondary collecting duct
次级寄存器组 secondary register set
次级焦点 sagittal focus
次级接头褶 secondary junctional fold
次级街道 secondary street
次级金刚石 flat
次级空气 secondary air
次级空气过滤器 after air filter
次级孔隙 secondary porosity
次级控制器 secondary controller
次级雷达 secondary radar
次级冷凝器 secondary condenser
次级离子探针质谱法 secondary ion microprobe mass spectrometry
次级离子质谱(法) secondary ion mass spectroscopy
次级离子质谱计 secondary ion mass spectrometer
次级离子质谱仪 secondary ion mass spectrometer
次级粒子 offspring; progeny; secondary particle
次级联合 secondary association
次级链路站 secondary link station
次级逻辑单元 secondary logical unit

次级猛炸药 secondary high explosive
次级模型 hierarchy submodel; secondary model
次级目标 subgoal
次级目录 second-level directory
次级能量 secondary energy
次级能源 secondary energy
次级劈理 butt cleat; second cleat; second cleavage
次级皮质 secondary cortex
次级品 subquality product
次级桥梁 secondary bridge
次级请求 secondary request
次级球面波 secondary spheric(al) wave
次级绕组 secondary; secondary winding
次级软煤 dant
次级色 secondary colo(u)r
次级筛 secondary screen
次级栅极发射 secondary grid emission
次级射束 secondary beam
次级射线 secondary ray
次级生产 secondary production
次级生产力 secondary productivity
次级生殖母细胞 secondary gonocyte
次级视泡 secondary optic(al) vesicle
次级适应 secondary adaptation
次级输出 secondary output
次级数据集组 secondary data set group
次级水库 secondary reservoir
次级索引数据库 secondary index data base
次级调节器 secondary controller
次级调制解调器 secondary modem
次级铜耗 secondary copper loss
次级突起 secondary process
次级退变 secondary degeneration; wallerian degeneration
次级网络控制程序 secondary network control program(me)
次级污染 secondary pollution
次级污染物 secondary pollutant
次级纤维 secondary fiber[fibre]
次级线圈 secondary coil; secondary winding
次级线圈的电感 secondary inductance
次级线圈电流 secondary current
次级线圈电阻 secondary resistance
次级线圈接地 secondary earth
次级线圈漏磁通 secondary leakage flux
次级线圈漏抗 secondary leakage reactance
次级线圈谐振 secondary resonance
次级限值 secondary limit
次级像差 second-order aberration
次级消光 secondary extinction
次级消光系数 secondary extinction coefficient
次级小结 secondary nodule
次级小叶 secondary lobule
次级效益 secondary benefit
次级效应 secondary effect
次级效应项 second-order term
次级性别 secondary sex
次级演替 secondary succession
次级样本 secondary sample; subsample
次级仪表 secondary instrument
次级阴极 secondary cathode
次级影响 secondary impact
次级宇宙射线 secondary cosmic ray
次级羽状裂隙 secondary feather fractures
次级再现光源 secondary reconstruction source
次级造山运动 secondary orogeny
次级增塑剂 secondary plasticizer
次级轧石机 secondary crusher
次级站 substation
次级账户 secondary account
次级褶皱 second-order folds
次级振荡器 secondary oscillator
次级振动器 secondary vibrator
次级中心 secondary center[centre]
次级主控制器 master-secondary controller
次级转变 secondary transition
次级资料 secondary data
次级子波 secondary wavelet
次级阻抗 secondary impedance
次级最大 secondary maximum
次寄生 secondary parasite
次甲硅基 silylidyne
次甲基 methenyl; methyne
次甲基胆色素 bilene
次甲基和多次甲基染料 methine and polymethine colo(u)ring matter
次甲基蓝 methylene blue
次甲蓝 methylene blue
次坚石 mid-hard rock
次间 next-to-central bay; subcentral bay; side bay <古建筑>
次简谐波 subharmonic wave
次简谐共振 subharmonic resonance
次简谐响应 subharmonic response
次简谐振荡 subharmonic oscillation
次碱性岩 subalkalic rock
次键 secondary bond
次键力 secondary bonding force
次降水量 precipitation at a time
次胶丝质次结构体 quasi-gelifusinite-posttelinite
次胶丝质结构体 quasi-gelifusinite-telinite
次胶丝质类 quasi-gelifusinite
次胶丝质似无结构体 quasi-gelifusinite-posttelinite
次胶丝质无结构体 quasi-gelifusinite-collinite
次焦点 secondary foci
次焦距 secondary focal point
次角 minor angle
次阶乘 subfactorial
次结构 aggregated particle structure; substruction; substructure
次结晶的 subcrystalline
次介质 medium media
次筋 secondary reinforcement
次紧的 subcompact
次经济储量 subeconomic reserves
次经济资源 subeconomic resources
次晶 paracrystal; quasi-crystal
次晶度 paracrystallinity
次晶态 paracrystalline state
次晶质 hypocrystalline
次镜<反射式望远物镜的> secondary mirror
次绝缘 minor insulation
次可加的 subadditive
次可加函数 subadditive function
次控制点 secondary control point
次控制器 submaster controller
次口径装置 subcaliber equipment
次框架 subframe
次蜡状相 subwaxy phase
次蜡状皂 subwaxy soap
次类 subclass
次棱角土粒 subangular particle
次棱角状的 subangular
次冷峰 secondary cold front
次力 secondary force
次力矩 second moment
次梁 secondary beam; secondary girder; trimmed joist
次量子数 subordinate quantum number
次料 defective material
次劣毛 cotty wool
次裂 secondary fissure
次临界的 subcritical; undercritical
次临界反应堆 subcritical assembly; subcritical reactor
次临界开采面积 subcritical area of extraction
次临界开采区 subcritical area of extraction
次临界流 subcritical flow
次临界速度 lower critical velocity
次临界态 subcritical state
次临界质量 subcritical mass
次临界转数 minor critical speed
次临界装置 subcritical assembly
次临界状态 subcritical state
次临界状态的测量 subcritical measurement
次磷钙铁矿 messelite; neomesselite
次磷基 phosphinidyne
次磷酸 hypophosphorous acid; phosphinic acid
次磷酸铵 ammonium hypophosphite
次磷酸钡 barium hypophosphite
次磷酸钙 calcium hypophosphite
次磷酸钾 potassium hypophosphite
次磷酸镁 magnesium hypophosphite
次磷酸锰 manganese hypophosphite
次磷酸钠 sodium hypophosphite
次磷酸镍 nickelous hypophosphite
次磷酸铅 lead hypophosphite
次磷酸铈 cerous hypophosphate
次磷酸铁 ferric hypophosphite
次磷酸锌 zinc hypophosphite
次磷酸亚铁 ferrous hypophosphite
次磷酸盐 hypophosphate; hypophosphite
次硫酸钠 sodium hydrosulphite
次硫酸铁溶液 ferric subsulfate solution; Monsel's solution
次硫酸铜 ketone-sulphoxylate
次硫酸盐 sulfoxylate
次龙骨 secondary joist; subjoist; subkeel
次卤酸 hypohalous
次铝 secondary alumin(i)um
次铝质岩 subaluminous rock
次绿泥石 epichlorite
次绿片岩 subgreen schist
次氯的 hypochlorous
次氯酸 hypochloric acid; hypochlorous acid
次氯酸钡 barium hypochlorite
次氯酸钙 calcium hypochlorite; hypochlorite of lime
次氯酸酐 hypochlorous anhydride
次氯酸根 hypochlorite
次氯酸甲酯 methyl hypochlorite
次氯酸钾 potassium hypochlorite
次氯酸钾消毒水 javelle water
次氯酸锂 lithium hypochlorite
次氯酸钠 sodium hypochlorite
次氯酸钠法 sodium hypochlorite process
次氯酸钠消毒 sodium hypochlorite disinfection
次氯酸钠消毒法 disinfection method by sodium-hypochlorite
次氯酸钠消毒净水物 javellization
次氯酸钠消毒液 javelle water
次氯酸钠液 sodium hypochlorite solution
次氯酸石灰 hypochlorite of lime
次氯酸苏打 hypochlorite of soda
次氯酸盐 hypochlorite
次氯酸盐法 hypochlorite method
次氯酸盐(法)脱硫 hypochlorite sweetening
次氯酸盐苔黑酚试验 hypochlorate-orcinol test
次氯酸盐消毒液 eau-de-Javelle; Javel water
次氯酸盐氧化法 hypochlorite oxidation method
次氯酸乙酯 ethyl hypochlorite
次氯酸银 silver hypochlorite
次逻辑单元键 secondary logical unit key
次脉冲 subpulse
次毛细管孔隙率 subcapillary porosity
次毛细间隙 subcapillary interstice
次毛细孔 subcapillary openings
次锰酸盐 hypomanganate
次末端氧化 subterminal oxidation
次木料 offal wood
次木质的 hypoxyloid
次目的地 secondary destination
次内摆线 hypotrochoid
次挠曲 secondary deflection
次能带 subband
次能级 sublevel
次年 ensuing year; next year
次盆地 subbasin
次片岩 semischist
次漂浮生物 hyponeuston
次品 ungraded products; bad item; defective goods; defective product; defectives; degraded products; minus material; offal; seconds; shoddy products; spoil; spoiled products; subquality products; substandard goods; substandard products; throw-out; waste products; waster
次品百分率 percentage of defective goods
次品板堆垛机 mender piler
次品标记 cancellation mark
次品标志 cancellation mark
次品材料 seconds
次品率 defective rate; fraction defective
次品轮胎 blem
次品水泥 substandard cement
次品砖 builder; sandal brick
次破碎机 recrusher
次切距 subtangent
次切线 subtangent
次热的 subthermal
次容器 secondary container
次蠕变 secondary creep
次入口点 secondary entry point
次三角洲 subdelta
次色调 secondary tint
次色滤光镜 secondary filter
次闪辉绿岩 proterobase
次设备 secondary device
次深海沉积 bathyal deposit
次深海带 continental slope
次深海底栖鱼 archibenthic fishes
次深海环境 bathyal environment
次深海相 bathyal facies
次胂酸 arsinic acid
次胂酸盐 arsenate
次生包裹体 secondary inclusion
次生孢子 secondary spore
次生壁 secondary wall
次生变化 secondary change
次生波 secondary wave
次生波动 secondary undulation
次生材 second growth
次生层理 indirect stratification; secondary bedding; secondary stratification
次生产物 secondary product
次生潮汐 secondary tide
次生潮汐波 secondary tidal wave
次生沉积 secondary deposit
次生船行波 secondary ship wave

C

次生代母树 secondary mother-tree
次生带 secondary belt;secondary zone
次生的 secondary
次生低压 secondary depression;secondary low
次生地槽 secondary geosyncline
次生地震效应 subsidiary earthquake effect
次生地质环境 secondary geologic(al) environment
次生洞穴结构 speleogen
次生断层 secondary fault
次生二氧化硅 secondary silica
次生反射波 reflected secondary wave
次生分散 secondary dispersion
次生分散模式 secondary dispersion pattern
次生分散晕 secondary dispersion halo
次生分生组织 secondary meristem
次生辐射效应 secondary radiation effect
次生腐植酸 secondary humic acid
次生富积作用【地】secondary enrichment
次生富集 secondary enrichment;supergene enrichment
次生富集带 secondary enrichment zone;zone of secondary enrichment
次生富集带矿物 mineral of secondary enrichment zone
次生富异常 anomaly of secondary enrich
次生伽马能谱测井 secondary gamma ray spectrum log
次生伽马能谱测井曲线 secondary gamma-ray spectrum log curve
次生高岭土 sedimentary kaolin
次生割理 secondary cleat
次生根 second(ary)root
次生构造【地】secondary structure
次生构造岩 secondary tectonite
次生固结 secondary consolidation
次生固溶体 intermediate solid solution;secondary solid solution
次生海岸 mature coast;secondary coast;secondary shore
次生海岸线 secondary coastline;secondary shoreline
次生害虫 secondary insect
次生河曲 submeander
次生核燃料 secondary nuclear fuel
次生红土 lateritite
次生弧 secondary arc
次生化石 derived fossil
次生环境 second(ary)environment
次生环流 secondary circulation
次生黄土 modified loess;redeposited loess;secondary loess
次生灰尘 secondary dust
次生灰化土 secondary podzolized soil
次生加大 secondary enlargement;secondary growth
次生加大胶结物结构 overgrowth cement texture
次生加厚 secondary thickening
次生夹泥 secondary intercalated clay layer
次生间隙 secondary interstice;secondary opening
次生剪切(裂)面【地】riedel shears
次生角砾岩 secondary breccia
次生节理 secondary joint
次生结构 secondary structure
次生结构面 secondary discontinuity
次生结核 pigenetic concretion;secondary concretion
次生结晶 hysterocrystalline
次生结晶作用 hysterocrystallization
次生结晶作用方式 hysterocrystallization way
次生解理【地】end cleat;second cleat
次生金属 secondary metal
次生茎 secondary shoot
次生晶 metacryst
次生菌落 secondary colony
次生菌丝体 secondary mycelium
次生颗粒 secondary particle
次生空气污染物 secondary air pollutant
次生孔口 secondary opening
次生孔隙 induced porosity;secondary pore system
次生孔隙度 secondary porosity
次生孔隙率 secondary porosity
次生矿床 aftermath;secondary(mineral)deposit
次生矿石 secondary ore
次生矿物 secondary mineral
次生矿物质 secondary mineral mater
次生扩大 secondary enlargement;secondary growth
次生利用 secondary use;secondary utilization
次生裂缝 post-cracking;secondary cracking
次生裂隙【地】secondary opening;secondary interstice
次生林 secondary forest;second growth
次生硫化带 secondary sulfide zone
次生硫化物带 secondary sulfide zone
次生裸地 secondary bare area
次生膜 second membrane
次生木 secondary wood
次生木材 second-growth timber
次生木质部 secondary wood;secondary xylem
次生囊 secondary cyst
次生黏[粘]土 redeposited clay;secondary clay
次生劈理【地】secondary cleavage
次生劈理岩 metaclase
次生皮层 secondary cortex
次生破坏 secondary destruction
次生气顶气 secondary gas cap
次生气旋 secondary cyclone
次生韧皮部 secondary phloem
次生山脉 secondary mountains
次生深度变化 secondary variation in depth
次生渗流洞 secondary seepage cave
次生生长 secondary growth
次生剩余磁化强度 secondary remanent magnetization
次生石灰岩 secondary limestone
次生石墨 secondary graphite
次生石英岩(矿)secondary quartzite
次生树脂体 secondary resinite
次生双晶 secondary twinning
次生水 secondary water
次生水流 secondary flow
次生水污染 secondary water pollution
次生梯度 subgradient
次生梯度不等式 subgradient inequality
次生同位素 second-growth isotope
次生头节 deutoscolex
次生土(壤)heterochronogenous soil;secondary soil;allochthonous soil
次生危险 secondary hazard
次生温度分层 polar temperature lamination
次生温跃层 second thermocline
次生污染 secondary pollution
次生污染物 secondary pollutant
次生污染影响 secondary pollution effect
次生吸收根 sinker
次生显微组分 secondary maceral
次生线理 secondary lineation
次生效应 secondary effect;side effect
次生形成层 secondary cambium
次生岩浆 derivative magma;secondary magma
次生岩(石)aftermath;deuterogene;secondary rock
次生岩石道路 secondary rock road
次生盐度 secondary salinity
次生盐碱化 secondary salinization
次生盐土 secondary saline soil
次生盐渍化 secondary salinization;secondary salinized soil
次生颜色 secondary colo(u)r
次生演替 secondary succession
次生演替系列 subsere
次生仰角 induced angle of attack
次生氧化皮 subscale
次生要素 secondary element
次生异常 secondary anomaly
次生异常包裹体 secondary anomalous inclusion
次生应力 induced stress
次生影响 secondary influence
次生优地槽 epieugeosyncline
次生原料 secondary raw material
次生运移 secondary migration
次生灾害 parasitic(al) infestation;secondary damage;secondary hazard
次生造山运动 secondary orogeny
次生褶皱 secondary fold
次生直立枝法 secondary vertical system
次生植被 secondary vegetation
次生重结晶 secondary recrystallization
次生周皮 secondary periderm
次生株芽 secondary bulbil
次生砖红壤 secondary laterite
次生组织 secondary tissue
次生最优化 secondary optimization
次生作用 secondary action
次声 infrasonics;infrasonic sound;infrasound;subsonic sound
次声波 infrasonic wave;subsonic wave
次声波的 infrasonic;subsonic
次声的 infra-acoustic;infrasonic;undersonic
次声对人的影响 effect of infrasound to man
次声发生器 infrasound generator
次声频的 infra-acoustic(al);subaudible
次声频电报 infra-acoustic(al) telegraphy
次声频(率)<小于 15 赫兹> infra-acoustic(al) frequency;infrasonic frequency;subsonic frequency;undersonic frequency
次声频声呐 subsonic sonar
次声频噪声级 subaudible noise level
次声频噪音级 subaudible noise level
次声速 infra-audible sound
次声速的 subaudible;subaudio;subsonic
次声学 infrasonics;subsonics
次声源 infrasound source
次声振动 infra-acoustic(al) vibration
次石灰 brown lime;small lime
次石墨 s(c)hungite;subgraphite
次时间效应 secondary time effect
次首字 duoprimed word
次数 frequency;number of times;order number;times
次数不变换 degree invariant transformation
次数分布 frequency distribution
次数分配 frequency distribution
次数记录 timesing
次数曲面 frequency surface
次数曲线 frequency curve
次数直方图 frequency histogram
次顺向河 secondary river;secondary stream;subconsequent river;subconsequent stream
次瞬变电抗 subtransient reactance
次瞬态 subtransient
次酸 hypo acid
次碎颚式破碎机 reduction jaw crusher
次碎机 recrusher;reduction crusher;secondary crusher
次梭角的 subangular
次索引 secondary index
次弹性 hypoelasticity
次弹性的 hypoelastic
次碳酸铋 basic bismuth carbonate;bismuth carbonate;bismuth oxycarbonate;bismuth subcarbonate
次碳酸镁铁矿 brugnatellite
次碳酸铅 plumbous subcarbonate
次梯度的 subgradient
次梯度风 subgradient wind
次调和 subharmonic
次调和的 subharmonic
次调和共振 subharmonic resonance
次调和函数 subharmonic function
次铁矾矿 paramontroseite
次同步层 subsynchronous layer
次同步的 hyposynchronous;subsynchronous
次同步速度 subsynchronous speed
次同步谐振 subsynchronous resonance
次桐油 Abrasin oil
次透辉石 sa(h)lite
次涂层 second coat
次椭圆的 hypoelastic
次弯矩 parasitic(al) moment;secondary moment
次网格尺度过程 subgrid scale process
次微分 subdifferential
次微胶粒 amicron
次微克 submicrogram
次微粒 subsubmicron
次微子 hypomicron;submicron
次戊基 pentylidyne
次系统误差 secondary system error
次显微构造 submicroscopic structure
次显微组织 metastructure
次线性的 sublinear
次相容 subconsistent
次像 secondary image
次硝酸 hyponitrous acid
次硝酸铋 bismuth subnitrate
次硝酸钠 sodium hyponitrite
次斜杆 subdiagonal
次谐波 fractional harmonic wave;subharmonic;subharmonic wave
次谐波发生器 subharmonic generator
次谐波共振 subharmonic resonance
次谐波响应 subharmonic response
次谐波振荡 subharmonic oscillation
次新石器时代 Aeneolithic Age
次性电池 one-shot battery
次性垃圾箱 disposable waste container
次溴酸 hypobromous acid
次溴酸化 hypobromination
次溴酸钾 potassium hypobromite
次溴酸锂 lithium hypobromite
次溴酸钠 sodium hypobromite
次溴酸盐 hypobromite
次序 hierarchy;order;rank;sequence;subsequence
次序程序 sequenced program(me)
次序改变 order modification
次序关系 ordering;order relation;partial ordering

次序函数 order-function
次序寄存器 sequence register
次序检验 sequence checking
次序决策过程 sequential decision process
次序偏差 ordering bias
次序矢量 ordering vector
次序同构的 order isomorphic
次序向量 ordering vector
次序优先 precedence
次循环 subcycle
次压 second rolling
次压力 subpressure
次压密 secondary compression
次压实指数 secondary compression index
次压缩 delayed compression;secondary compression
次压缩系数 coefficient of secondary compression
次压缩指数 secondary compression index
次亚硫酸盐 hyposulfite;hyposulphite
次亚麻(仁)油酸 linolenic acid
次烟煤 subbituminous coal
次氧化物 suboxide
次要 accessory;auxiliary
次要补体 non-dominant complement
次要部分 byway
次要参数 minor parameter
次要产品 auxiliary product;secondary product
次要潮期观测站 secondary tide station
次要潮期观察站 secondary tide station
次要潮汐观测站 subordinate tidal station
次要沉降 secondary settlement
次要成分 minor constituent
次要承重(构)件 subprincipal
次要出入口 subordinate entrance
次要道路 minor road; secondary road;second-class road
次要道路交叉口 minor road junction
次要道路枢纽 minor road junction
次要的 by(e);minor;non-essential;secondary;slave;subordinate
次要的保养 secondary maintenance
次要的承重结构 secondary bearing structure
次要的飞行着陆场 auxiliary landing ground
次要的基层基础 hypobasis;hypopodium
次要的影响 side effect
次要堤防 secondary dike[dyke];secondary levee
次要地位 back burner
次要地质细节 minor geologic(al) details
次要电路 secondary circuit
次要断层 branch fault
次要方面 byway
次要肥料 minor nutrient
次要分流道路 secondary distributor
次要辐射 collateral radiation
次要辐射(路)线 minor radial
次要辅件 non-essential auxiliaries
次要负荷 secondary load(ing)
次要附件 slight attachment
次要改进 minor betterment
次要改善 minor betterment
次要干线 secondary trunk road
次要杆件 secondary member
次要钢筋 secondary reinforcement
次要高速公路 minor freeway
次要工业部门 fringe industry
次要工作 underwork
次要公路 minor road;secondary highway
次要构件 secondary element;secondary member
次要构筑物 minor structure
次要河流 lesser river; minor river; minor stream;secondary river;secondary stream
次要河弯 minor meander
次要荷载 minor loading; secondary load(ing);subordinate load
次要荷载情况 minor loading condition
次要桁架 jack truss;secondary truss
次要桁架杆件 jack truss member; secondary truss member
次要桁架构件 secondary truss member
次要环路 subsidiary ring road
次要建筑 accessory building;secondary building
次要交叉口 minor junction
次要郊区道路 secondary rural road
次要街道 minor street; secondary street;side street
次要结构 minor structure;secondary structure
次要金属 minor metal
次要经销商 subordinate business
次要决策 minor decision
次要科目 minor
次要控制 minor control
次要控制变化 minor control change
次要控制改变 minor control change
次要控制数据 minor control data
次要矿产 second commodities
次要矿产地区 subordinate mining region
次要矿产国 subordinate mining nation
次要矿井 secondary shaft
次要矿山 subordinate mine
次要矿山事故 minor mine disaster
次要矿体 secondary orebody
次要矿物 auxiliary mineral;subordinate mineral
次要矿物储量 secondary mineral reserves
次要矿物或元素 secondary mineral or elements
次要力矩 secondary moment
次要利润 secondary benefit
次要利益 secondary benefit
次要连接点 minor junction
次要梁 junior beam
次要列车 inferior train
次要裂缝 auxiliary fracture
次要林作 subsidiary crop
次要路径 minor path;secondary path
次要路(线) secondary line
次要路由 secondary route
次要矛盾 secondary contradiction
次要木材 secondary timber
次要内生裂隙组【地】 end cleats
次要抛出物 accessory ejecta
次要坡度 minor grade
次要桥梁 secondary bridge
次要入口 secondary entrance;subsystem
次要设备 minor equipment
次要射击目标 secondary target
次要生产国 subordinate productive nation
次要生产商 subordinate productive commerce
次要市场 secondary market
次要水坝 minor dam
次要水道 secondary waterway
次要损失 minor loss
次要铁路 secondary railroad; short-line railroad
次要同位素安全监督技术 minor isotopes safeguard techniques
次要途径 minor path;secondary path
次要弯曲 secondary curvature
次要位置 back seat
次要问题 secondary problem;secondary question;side issue
次要误差 secondary error
次要系统 secondary system; subsystem
次要系统道路 secondary system road
次要细节 minor details
次要显微煤岩组分 accessory maceral
次要线【铁】 minor line; secondary line;secondary railroad
次要线路 minor line
次要乡村道路 secondary rural road
次要性能 auxiliary property;supplementary property
次要需求国 subordinate demandable nation
次要循环 subcycle;secondary cycle
次要业务 secondary service
次要应力状态 secondary state of stress
次要应用 side application
次要影响 side reaction
次要用量 minor use tonnage
次要用量占百分比 minor use of mineral commodities at percentage
次要优先权(项目) low priority
次要有用矿物 associated useful mineral
次要有用组分 associated useful component
次要元素 minor element
次要元素分析 minor element analysis
次要运输 secondary haulage
次要站港 subordinate station
次要支线 secondary branch road
次要支柱 secondary strut
次要主应力 minor principal stress
次要属件 non-essential auxiliaries
次要柱式 suborder
次要组分 minor constituent
次要作物 secondary crop
次页 following page;next page
次液 not good liquor;not ok liquor
次一级的单位 subunit
次一级构造 subfirst grade structure
次乙基 acet;ethenyl;ethylene;ethylidyne
次乙酰塑料 celite
次缢痕 secondary constriction
次音 secondary noise
次音频的 infrasonic
次音速的 subsonic
次应变 parastic strain
次应力 parasitic(al) stress; restressing;secondary stress
次应力状态 secondary state of stress
次应用块 secondary application block
次永久冻土水 subpermafrost water
次优 second best;suboptimum
次优的 suboptimal
次优方案 suboptimal design;suboptimal option
次优化 suboptimization
次优化界限 suboptimality bound
次优级生丝 classic(al) silk
次优解 suboptimal solution
次优理论 second-best theory
次优模型参考控制律 detuned model-reference law
次优设计 suboptimal design
次优胜 suboptimality
次优势的 co-dominant
次优势木 co-dominant
次优势种生物 subdominant organism
次优系统 suboptimal system
次优先程序 background program(me)
次优先处理 background processing
次优性 suboptimality
次优性指数 index of suboptimality
次优最小方差 detuned minimum variable
次于 sub
次于氧 next to oxygen
次于战争的行为 act short of war
次宇宙辐射 secondary cosmic radiation
次阈值 subthreshold
次阈值共振 subthreshold resonance
次阈值光谱 subthreshold spectrum
次阈值响应 subthreshold response
次阈值性能 subthreshold behavio(u)r
次原子粒子 subatomic particle
次圆集料 subrounded aggregate
次圆形的 subrounded
次圆形土粒 subrounded particle
次圆状 subrounded
次暂态电抗 subtransient reactance
次皂苷元 prosapogenins
次轧的 cold rolled
次轧破碎机 reduction crusher
次轧碎石机 reduction crusher; secondary crusher
次站 secondary station
次站算法 secondary station algorithm
次站应用 secondary application
次站状态 secondary status
次折射 subrefraction
次震 secondary earthquake
次正常温度 subnormal temperature
次正常压力 subnormal pressure
次正定 positive subdefinite
次值 subvalue
次质材料 second-quality material
次质木材 wrack
次致死量 sublethal dose
次中断控制块 subinterrupt control block
次中心 subcenter[subcentre]
次中心规划 subcenter[subcentre] planning
次中心质 medium centrum
次重轨 medium heavy rail
次重力 subgravity
次轴 secondary axis
次主管 submain
次主应变 minor principal strain
次主应力 minor principal stress;secondary principal stress
次砖 waster;jumbo brick <尺寸超过规定的>
次状态 next state
次子程序 subsubroutine
次自由度 one-degree-of-freedom
次总赋税 lump-sum tax
次总计 minor total
次纵梁 secondary longitudinal beam
次组分 subcomponent
次组构 subfabric
次最低波谷 second lowest trough
次最高波峰 second highest crest
次最佳 suboptimum
次最佳化 suboptimization
次最适度 suboptimum
次最优【数】 suboptimum
次最优化【数】 suboptimization
次最优控制 suboptimal control
次最优停止规则 suboptimal stopping rule
次最优指标 suboptimality index
次作业 subjob

刺

刺柏 common juniper
刺柏油 juniper berry oil

刺柏属丛木 Chinese juniper
刺孢多孔菌属 <拉> Bondarzewia
刺孢品字锈菌属 <拉> Nyssopsora
刺杯毛孢属 <拉> Dinemasporium
刺鼻的气味 penetrating smell
刺鼻气味 sharp odo(u)r
刺檗 barberry
刺出口 exit of stab wound
刺穿 impale(ment); perforated; pierce; puncture; transfix
刺穿的 piercing
刺穿底辟【地】piercement diapir
刺穿点 piercing point
刺穿构造 piercement structure
刺穿圈闭 diapir trap
刺穿小孔 pink
刺穿型盐丘 piercement-type salt dome
刺穿盐丘 piercement salt dome
刺穿油藏 diapir pool
刺穿褶皱 diapir fold; plis diapir
刺从灌木群落 maquis
刺刀 bayonet
刺刀座 bayonet base
刺点 mark a point; pinpoint; pinprick; point marking; pricking; prick point
刺点标圈 ring marker
刺点精度 pinpoint accuracy
刺点片 pick photograph; prick photograph
刺点器 marker; point marker
刺点显微镜 pricker microscope; pricking microscope
刺点像片 pinpoint photograph
刺点盐丘 salt diapir
刺点仪 point marking device
刺点针 pricking needle
刺点装置 marking device; point marking device; pricking device
刺钉 annular nail; barbed nail; toothed nail
刺度试验 penetration test
刺断 body stab
刺盾炱属 <拉> Chaetothyrium
刺蛾科 <拉> Cochlidiidae
刺耳的噪声 grating noise
刺钢丝 barbed steel wire; barbwire
刺革菌属 <拉> Hymenochaete
刺隔孢炱属 <拉> Chaetoscorias
刺骨寒风 biting wind
刺骨针 bone needle
刺辊包磨机 licker-in grinding and covering machine
刺果起绒机 gigging machine; teasel raising machine
刺痕 prick
刺花 tattooing
刺槐 acacia; bastard acacia; false acacia; locust tree; shipmast locust
刺槐类植物 locust
刺槐木 black locust; locust
刺槐树胶 gum; Kuteera gum
刺槐树脂 bassora gum
刺激反应 stimulus-response
刺激反应方程 stimulus-response equation
刺激反应论 stimulus-response theory
刺激反应心理学 stimulus-response psychology
刺激痕迹 stimulus trace
刺激机体反应 stimulus-organism-response
刺激剂 irritant; irritating agent; stimulant
刺激剂用作物 stimulant crop
刺激经济 stimulating the economy
刺激景气政策 reflation policy
刺激流入 influx of stimulus
刺激模式 stimulus modality
刺激能级 stimulus energy level
刺激能量 stimulus energy value
刺激品 stimulative; stimulator; stimulus; whetstone
刺激起晶 shock seeding
刺激物 excitant; irritant; spur; stimulant; stimulus
刺激销售(法) sales approach
刺激信号 stimulus
刺激性臭气 pungent odo(u)r
刺激性臭味 pungent odo(u)r
刺激性的 excitant; irritant; stimulant
刺激性毒物 irritant poison
刺激性化合物 irritating compound
刺激性化合物烟雾 irritating compound smog
刺激性货物 offensive goods
刺激性气体 irritant gas
刺激性污染物 irritating pollutant
刺激性物质 stimulating substance
刺激性烟雾 irritating smog
刺激因素 stimulating factor
刺激阈限 stimulus threshold
刺激源【电】stimulus
刺激障碍物 stimulus barrier
刺激作用 stimulation
刺结构 spinifex texture
刺壳炱属 <拉> Capnophaeum
刺孔 pricking; puncture
刺孔器 prick punch
刺孔针 pricker; pricking needle
刺扣 thread stab
刺篱 thorn hedge; thorny plants hedge
刺篱木 Governor's plum
刺莲花 mentzelia sop
刺毛辊 licker-in roller
刺没菌属 <拉> Heterochaete
刺玫果 rose hip
刺牡蛎 oso echinate
刺目光 glare
刺盘孢属 <拉> Colletotrichum
刺破 puncture
刺墙 key wall
刺鞘 sheath of sting
刺楸 kalopanax
刺球菌属 <拉> Chaetosphaeria
刺入口 entry of stab wound
刺入破坏 plunger failure; plunging failure; punching failure
刺伤 pricking; puncture wound; stab; stab wound; thorn damage
刺螫 sting
刺丝 barbed wire; barbwire
刺松 table mountain pine
刺胎膜导管 puncturing membrane catheter
刺铁 spur
刺铁钢筋 barbed wire reinforcement
刺铁丝 barbed wire; barbwire; bobwire
刺铁丝电极 barbed wire electrode
刺铁丝网 barbed wire entanglement
刺铁丝围栏 barbed wire fence; bobwire fence
刺铁丝围篱 barbed wire fence
刺铁丝围栅 barbed wire fence
刺通 transfixation
刺桐 East Indian coral tree; erythrina
刺桐胺 erythramine
刺桐定 erythroidine
刺桐定碱 erysodine
刺桐碱 erysovine
刺桐灵 erythraline
刺桐硫平 erysothiopine
刺桐宁 erysonine
刺桐亭 erythratine
刺桐烷 erythrinan
刺桐烯 erythrene
刺痛 sting; stitch
刺网 gill net; tangle net
刺网渔船 gill netter
刺猬式锚固 < 压力钢管的 > hedgehog spine anchorage
刺猬团 < 钢纤维混凝土搅拌不当时产生的 > hedgehog
刺梧桐树胶 karaya gum
刺吸式口器 sucking mouth parts
刺吸式口器害虫 insect with sucking mouth part; sucking pest
刺细谷 prickly sago palm
刺销钉 barbed dowel pin
刺绣 purl; stitchwork
刺绣绷子 embroidery frame
刺绣地毯 embroidered carpet
刺绣画片 embroidered picture
刺绣机 embroidery machine
刺绣机绷子 tambour for embroidery machine
刺绣毛纱 tapestry wool
刺绣毛线 leviathan wool
刺绣品 embroidery; fancy work
刺绣品加工机 tambour-making machine
刺绣纱线 embroidery cotton
刺绣十字布 congress canvas; cross-stitched canvas; net canvas
刺绣丝线 art silk; soie platte
刺绣挖剪机 embroidery clipping machine
刺绣肖像 embroidered portrait
刺绣业 needlework
刺锈画 embroidered painting; silk embroidered picture
刺眼强光 discomfort glare
刺银耳属 <拉> Tremellodon
刺扎 puncture
刺栅 zare(e)ba
刺者 poker
刺针 pricker; pricking needle; pricking pin; spike
刺针尖 pricker point; pricking needle point
刺榛 Tibetan hazel
刺棕 spiny palm
刺棕榈 thorn palm
刺座孢属 <拉> Chaetostroma

葱

葱辫 plait of onion
葱层状结构 onion structure
葱拱样板 brace mo(u)ld
葱花穹顶 ogee dome
葱花饰 brace mo(u)lding
葱绿 verdure
葱绿脆云母 clintonite
葱绿色 prase
葱绿釉 onion green glaze
葱绿玉髓 prase
葱皮纸 onion skin paper
葱素 fitoncidin
葱头式建筑 onion architecture
葱头式屋顶 imperial roof
葱头形薄壳顶 pointed shell dome
葱头形窗 ogee window
葱头形的 pointed
葱头形拱 keel arch; ogee arch; ogival arch
葱头形穹顶 ogival dome; onion dome; pointed dome
葱头形山墙 ogee gable
葱头形屋顶 ogee roof
葱头形圆顶 imperial dome
葱头桩 bulb pile
葱头状风化 onion weathering
葱形的 ogival
葱形顶盖 onion helm
葱形拱 keel arch; ogee arch; ogival arch
葱形拱的 ogee
葱形门道 ogee doorway
葱形穹顶 ogive
葱形穹顶拱 ogive
葱形曲线饰 douche
葱形山墙 ogee gable
葱形山头 ogee gable
葱形饰 accolade; gula; mo(u)lding ogee; ogive; sima
葱形饰的 ogee
葱形饰线条 talon mo(u)lding; talons
葱形塔楼 onion tower
葱形屋顶 ogee roof
葱形线脚 accolade; keel mo(u)lding; ogee mo(u)lding
葱形檐槽 ogee(roof) gutter
葱形溢洪道 ogee spillway
葱形圆顶 ogival dome; onion dome

从

从岸能望见的远方海面 offing
从岸向海吹的风 offshore wind
从板 follower; follower plate
从板托 follower plate support
从板座 draft casting; draft lug; draft plate; drawbar stop; follower lug; follower stop; side cast(ing)
从板座角钢 draft lug angle
从背面安装的 back mounted
从变量 derivative
从标签得知 to note from the label
从不同方面 cross-check
从仓库交货的 from stock
从仓库装卸 handling from storage
从舱口通过船半边的梁 half-beam
从岔线取车 taking-out of cars from sidings
从长远来看 long run
从沉船上卸货 discharge cargo form a wreck; unloading form a wreck
从承包商转移给雇主 pass from contractor to employer
从齿轮箱内放油 drain the transmission
从出口空气中除尘 dust extraction from exit air
从触发器 slave flip-flop
从(传)动的 driven
从传动方向看 viewed from the drive
从传动机侧看 when viewed from the driver end
从传感器 slave sensor
从船边的 overside
从船边装卸货物 overside
从船上卸货 unship
从船上卸下的 ex-ship
从船首到船尾的 fore and aft
从船头到船尾 fore and aft
从窗洞伸出的脚手架 window jack (scaffold)
从此吊起 heave here
从此开箱 open here
从存储器取数据 memory fetch
从大气中吸收水分的 hygroscopic
从淡橙色到暗红色的硬木 < 菲律宾产 > tindalo
从导轮车轴 carrying axle
从导线到中性点的 line-to-neutral
从灯 cluster lamp
从底部加料 underfeed
从底层加固 undergird
从地板到窗口高尺寸 sill height dimension
从地面吊起 lifting above ground
从地面提升 lifting above ground
从地面以下吊起 lifting below grade
从地面以下提升 lifting below grade
从地面引导飞机 vector the aircraft
从地址计数器中减去 unload pointer
从电线路上窃取(情报) wiretap
从顶上开动的木材框锯机 overhead

driven log frame sawing machine
从东吹来的 eastern
从东往西 east-west
从东西向轴线向南测的距离 southing
从动 slave;slave drive;trailing
从动摆 slave pendulum
从动板柱螺栓及螺母 follower stud and nut
从动部分 secondary part
从动部件 slave unit
从动操纵 follow-up control
从动侧 slave end
从动齿机 follower gear
从动齿轮 bull gear;follower cam;follower gear;driven gear
从动齿轮轴 driven gear shaft
从动船 maneuvering ship
从动导线 back wire
从动电动机 hunting motor
从动电压 slaving voltage
从动端 driven end
从动堆料系统 slave-stacking system
从动多谐振荡器 driven multivibrator
从动发射机 slave transmitter
从动阀 servo-valve
从动杆 follower lever;follower rod
从动缸 slave cylinder
从动杠杆 driven lever
从动构件 phantom element; driven member
从动辊 driven roller;tail roll
从动辊支架 idle roller arm
从动滚轮 return idler
从动(滑)轮 driven pulley;follow-up pulley
从动滑油泵 secondary lubricating pump
从动环 driven torus;follower ring
从动环及垫圈 follower ring and washer
从动环节 slave unit
从动活塞 relay piston
从动机 driven machine
从动机构 driven gear;driven mechanism; follower; follow-up mechanism
从动机械 follower
从动计算机 slave computer
从动继电器 slave relay
从动件 follower
从动空转轮 trailing idler
从动控制 servo-actuated control; slaved control
从动力 follower force
从动链轮 driven sprocket
从动轮 driven wheel;follower wheel; engaged gear;engaged in wheel;follower;trailing wheel
从动轮转速 secondary speed
从动螺杆 idler spindle
从动摩擦轮 driven pulley
从动皮带轮 driven pulley; follower pulley
从动偏心轮 follower eccentric
从动瓶 slave cylinder
从动伞齿轮 driven bevel pinion
从动扫描 slave sweep
从动设备 follow-up device
从动时钟发生器 slave clock generator
从动式 slave mode
从动式机械手 master-slave manipulator
从动事件 event-driven
从动双稳态触发器 slave flip-flop
从动台车 driven bogie
从动天线 slave antenna
从动凸轮 inverted cam
从动系统 servo-system
从动橡胶轮 driven rubber wheel
从动小齿轮 driven pinion
从动心轴 idler spindle
从动油缸 slave cylinder
从动圆盘【机】driven disk[disc]
从动运行 slave operation
从动(轧)辊 idle roll(er)
从动轧辊支架 floater roll arm
从动针 follow-up pointer
从动指针 follow-up pointer
从动制动蹄片 secondary brake shoe
从动轴 dead axle; driven shaft; motion shaft
从动轴螺母 driven shaft nut
从动轴轴承盖 driven shaft bearing cap
从动轴轴承盖垫密片 driven shaft bearing cap gasket
从动轴轴承锥 driven shaft bearing cone
从动转轴 driven spindle
从动装置 hunting gear;slave
从动作用 slaved operation
从冻结钻孔中返回的盐水 return brine
从端部装载 circus loading
从堆栈删去 deletion from stack
从二维表删去 deletion from two dimensional list
从发出警报到实际发生事情的时间 warning lead time
从阀 follower valve
从方式 slave mode
从房间墙壁散射的 room-scattered
从房屋价值评土地价值的方法 <一种土地残值评估方法> land residual technique
从废料回收能源 energy recovery from waste
从废料中提取的燃料 refuse derived fuels
从废水中除去营养物 wastewater nutrient removal
从废油脂馏出的甘油三油酸酯 distilled grease olein
从坟墓中挖出 disentomb
从缝里往里瞧 peep
从辐管 ad-radius
从高温溶液结晶 crystallization from high temperature solution
从各方面说 in every way
从公用电杆引入供电线路 service lead
从古希腊宫庭入口到柱廊的通道 thyrorion
从规定的基准面折算的高程 reduced level
从轨道上翻倒下来 overturned from track
从海水中提取的氮 marine-derived nitrogen
从航天器进行的遥感 spaceborne remote sensing
从盒 follower
从盒挡 <莫式缓冲器> follower stop
从黑到白的无彩分度 brightness
从滑车、心环上拉回(绳子)unreeve
从坏处打算 prepare for the worst
从活塞上部空间漏气 compression blow-by
从火车上卸下 disentrain
从货价运价表 ad valorem tariff
从几个地点至几个地点的运价率 blanket rate
从记录 member record;set member
从夹具取下加工件 unload a fixture
从价 ad valorem
从价法 ad valorem method
从价费率 ad valorem rate
从价课税 ad valorem taxation
从价收费 valuation charges
从价税 ad valorem duty
从价税则 ad valorem tariff
从价运费 ad valorem freight
从价运费率 ad valorem rate
从建筑物或结构向外伸的脚手架 outrigger scaffold
从搅拌筒端向另一端搅拌 end to end mixing
从结构中撤消 remove from structure
从井下发射的 silo-lunched
从旧铁上落下的铁锈层 flake of rust falling from old iron
从开孔至终孔总深度 from spud-in to total depth
从开挖工作面清渣 mucking
从开挖面挖土 mucking
从空气得到氧 oxygen from the air
从空气摄取碳 obtain carbon from the air
从孔底向孔口扩孔 <在坑道中钻仰孔时> ream back
从孔内起拔套管柱 pull a well
从块到页面变换 block-to-page mapping
从宽解释 liberal interpretation
从矿石中提取金属 win
从冷态升温 heating-up from cold
从沥青路面回收材料 reclaimed asphalt pavement
从联轴节端看转向 rotation facing coupling end
从联属企业借款 borrowing from affiliate
从两侧采光 daylighted from both sides
从量定额税 specific tax
从量收费 volume charge
从量税(率)specific duty;specific tariff
从料斗中卸料 drawing from bins
从料堆取料 reclaiming
从邻路到达的货物吨数 tonnage received from connecting carriers
从零开始的预算 zero-based budget
从炉排下面供入的空气 undergrate air
从陆冰流出的流冰 outlet glacier
从路肩到路肩 <车行道宽度> from shoulder to shoulder
从略数据 ignore data
从轮 trailing wheel
从密封返回 return from seal
从某工程抽出挖泥船参与另一工程 release dredge(r)s from a project to assist in another project
从母岩系统驱出 expulsion from source rock
从木板上截下边条 listing
从木材中脱去木质素 delignification
从木质纤维素中得到的溶解有机碳 lignocellulose derived dissolved organic carbon
从内侧钻侧孔的电钻 inside drill
从内脚手架砌外墙 overhand
从内墙砌砖 overhand
从南往北 south-north
从旁边 sideway;sidewise
从旁装料的摊铺机 side loading paver
从配极性【数】apolarity
从曝气罐流出的有机物与活性污泥的混合液 mixed liquor
从砌体表面凹进的勾缝 recessed pointing
从气相结晶 crystallization from vapo-(u)r phase
从前端删去 deletion from front
从墙角收进的扶垛 setback buttress
从切平面 rectifying plane
从穹形玻璃屋顶进入的光线 pave light
从燃料层下面供入的空气 underfire air
从熔体结晶 crystallization from melt
从上冲下来的物质 down wash
从上到下开裂 through crack
从上向下 down right
从上游透过丁坝流到下游的沙砾 under run
从上支撑的 overhand
从上自重流下充填法 mobile filling
从设备 slave
从社会借款 borrowing from the public
从施用场所的流失 runoff from feelots
从使用观点设计的 functionally designed
从事 occupy; prosecute; pursue; undertake;carry on
从事工程的 engineering-oriented
从事航海事业的 sea going
从事黑市交易 black marketing;black mart
从事贸易人员 trade team
从事生产的 manufacturing-oriented
从事危险工作的时间 exposure
从事于农业工作 to be employed in agriculture
从枢纽加开临时列车 scheduling extra trains out of terminals
从属 dependence;secondary
从属补体 subordinate complement
从属部件 dependent component; slave
从属处理机 slave processor
从属存储器 slave storage
从属单位 subsidiary unit
从属单元 slave unit
从属道路 tributary path
从属的 ancillary; appurtenant; dependent; subordinate; tributary; auxiliary;slave
从属的管辖区 subject jurisdiction
从属的建筑风格 <由装饰决定的> suborder
从属电台 slave station
从属定向 secondary orientation
从属法 subordinate law
从属方式 slave mode
从属费用 incidental charges
从属构件 affiliate member
从属故障 misjudgement failure
从属管 slave tube
从属集的覆盖 cover of a set of dependencies
从属计算机 slave computer
从属经济 dependent economy
从属控制 dependent control
从属联锁机 satellite control machine
从属设备 slave
从属失效 secondary failure
从属式停车库 dependent parking garage
从属数据终端设备 tributary data terminal equipment
从属损失 consequential damage;consequential loss
从属态 slave state
从属调制解调器 tributary modem
从属陀螺磁罗盘 slaved gyro magnetic compass
从属微计算机 slave microcomputer
从属物 appurtenance;dependency
从属系统 slave system; slaving system
从属信道 dependent channel
从属信号 dependent signal;subsidiary signal
从属信号机【铁】dependent signal; subsidiary signal
从属信号楼 dependent signal box;satellite signal box;subsidiary signal box
从属形式 subform

从属性 dependency;subservience
从属性保护 dependency preservation
从属应用 slave application
从属于步行交通 subjected to foot traffic
从属站 slave station;tributary station
从属褶皱 parasitic(al) fold;subordinate fold
从属终端 slave terminal
从属装置 slave unit
从树删去 deletion from tree
从树脂中获得的 resinaceous
从双链接表删去 deletion from doubly linked list
从双排队列删去 deletion from deque
从双向队列删去 deletion from deque
从水门流出的水 sluiceway
从水面上撇取浮油 skimming
从水中分出石油 knock down the oil
从水中取得的富里酸 water-derived fulvic acid
从塔顶取 take-overhead
从太阳获得的最大热量 maximum solar heat gain
从态 slave state
从筒仓中卸料 drawing from silos
从头到尾 fore and aft
从头到尾有通道的旅客列车<英> corridor train
从头合成 de novo synthesis
从头开始 make a fresh start;start a new;start form the very beginning
从土壁上直接铲装 loading from bank
从土表流走 run along the surface
从土地拔出 be pulled out from the ground
从土壤中淋溶出去 to be leached from the soil
从外侧向内侧 outside in
从外层空间拍得的地面像片 extraterrestrial photograph
从外地运来的砾石 shipped-on gravel
从外向内的压力作用 implosion
从维修中证实的外停机 pit-stop
从尾部堆填的 end-dumped
从未走过的路 unbeaten track
从无到有 develop form nothing;grow out of nothing
从西面来的暴风雨 wester
从下部开动的框锯机 underdriven log frame sawing machine
从下部燃烧的 underfired
从下面加热的 bottom heated
从下面支撑 underlay;underpin
从下水道清出的污泥 sewer cleaning sludge
从线性表删去 deletion from linear list
从悬挂处取下 unsling
从压气机中抽气 compressor bleed
从压气机中排出气体 compressor bleed
从亚当风格派生的<指建筑和家具> Adamesque
从岩芯管中压出岩芯用管接头 pump-out bean
从衍小茴香烯 apo-fenchene
从养护室关闭蒌鋈甿到混凝土养护结束的时间 soaking period
从业标准 standards of practice
从业资格 professional qualification
从液相结晶 crystallization from liquid
从……以下颗粒进行级配 grade down from grade
从银行取出款项 draw money out of a bank
从引种中选择出来 selections from introductions
从隐性到显性 from recessive to dominant
从优数 preferred number
从油罐放出水及沉积物 tank bleeding
从油井汲取液体的活塞 oil-well swab
从右边可微 differentiability from the right
从右舷通过 pass on the starboard side
从预算下支付 charged against the budget
从预算中取消一部分拨款 strike-off an appropriation from the budget
从源课税 tax at source
从源扣缴的所得税 income tax withheld at source
从运行到完成的工作方式 run-to-completion
从运行到完成的技术 run-to-completion technique
从栈桥上倾卸筑堤 dumping embankment from trestle
从站 passive station;secondary station;slave station
从整体观点出发 take all things together
从整体上看来 taken all in all
从制动到停止的时间 stopping time
从中线向船侧倾斜的油轮 raised tank top
从钟 slave clock
从重税率 specific duty
从轴<与动轴相对应> trailing axle;non-coupled axle;subshaft
从轴上拆下车轮 remove the wheels from an axle
从住处迁出 dislodge
从铸件上切取的试样 test coupon
从转舵到新航向的距离 distance to new course
从子程序的多个出口 multiple exits from subroutine
从子程序返回 return from subroutine
从字组中分离出 de-blocking
从总收入中减去损失 deduct losses from the total receipts
从钻孔中提出钻机的工具 drill extractor
从左往右摆放(岩芯) reverse book fashion
从左舷通过 pass on the port side

丛播法 massive seeding
丛薄 thicket
丛草 sod grass
丛草河床 over-grown bed
丛草湖泊 over-grown lake
丛草型杂种矮生性 grass-clump hybrid dwarfness
丛草原 grass-heath
丛草状的 tussocky
丛程序设计 plex programming
丛齿饰 denticle frieze;dentil frieze
丛赤壳属<拉> Nectvia
丛处理 plex processing
丛簇终端 cluster terminal
丛的程序设计 plex programming
丛灯 cluster
丛格式 plex format
丛梗孢属<拉> Monilia
丛接头 cluster joint
丛结构 plex structure
丛聚焊缝 cluster weld
丛空间 bundle space
丛块取样 cluster sampling
丛粒藻 Botryococus braunii
丛林 bush fallow;jungle;shoal;thicket;thick-set;tuft
丛林草原<南非> bushveld
丛林地 brushland;jungle land;jungle terrain
丛林地带 bushveld
丛林地区 brush country
丛林火 bush fire
丛林简易机场 jungle airstrip
丛林耙 brush harrow
丛莽 jungle
丛生 bristle;bush;clump;symphysis;treeing;tuft
丛生草原 grass-heath
丛生的 cespitose;comate
丛生的杂草 rank weeds
丛生秆 clump
丛生灌木 bush
丛生禾 tussock grass
丛生胶结 crustified cement
丛生胶结物结构 crustified cement texture
丛生嫩枝条 tufted shoot
丛生榕 cluster fig
丛生树 fascicular tree
丛生叶 cluster
丛式钻进 cluster drilling;group drilling;multiple drilling
丛式钻井 grouping of wells
丛式钻孔 cluster drill-hole;clustre(bore)hole
丛书 concept books;encyclop(a)edia
丛树 bushed tree;grove
丛烟囱 chimney stack;chimney stalk
丛映射 bundle mapping
丛枝灌木 bush
丛植播种 sowing in patches
丛桩船席 dolphin berth
丛桩缓冲设备 multiple fender piles
丛状层 plexiform layers
丛状的 bunch;plexiform
丛状根 fasciculate root
丛状文法 plex grammar
丛状栽植 bunch planting
丛状造林 bunch

枞松 spruce pine

凑成 add up
凑法 trial-and-error method
凑试法 cut-and-try procedure;trial-and-error procedure
凑整 half adjust;round off
凑整规则 rule for rounding of numbers
凑整数 rounded value
凑整误差 round-off error
凑整误差累积 accumulation of rounding errors
凑整值 rounded(-off) value

腠理以密 one's pores will be fine in texture

辏力运动 central movement

粗矮墩 squat pier
粗安玻璃 trachyandesitic glass
粗氨水 ammonia liquor;virgin ammonia liquor
粗氨液 crude ammonia liquor
粗凹面 rough sunk face
粗拔钢丝 coarse wire
粗白榴岩 italite
粗柏油 crude tar
粗柏油混凝土 coarse tar concrete
粗斑状 magnophyric
粗半圆锉 coarse half round file
粗拌料 harsh mix(ture)
粗棒 rung
粗暴的 stormy
粗暴干涉 gross interference
粗暴作业 rough handling
粗苯 benzol(e);crude benzene;crude benzol
粗笨滑车 clump block
粗壁边界层 rough wall boundary layer
粗边 burr edge
粗扁锉 coarse flat file
粗扁木锉 bastard flat(wood) rasp
粗表面 hairy surface
粗表面颗粒 rough particle
粗冰铜 raw matte
粗玻璃 crackled glass;crude glass
粗铂 platina
粗补 tinker
粗补偿 coarse compensation
粗布 coarse cloth;crash;duck;sheeting
粗布袋 sack
粗布工作服 dungarees
粗布纹装饰 crash finish
粗布帐篷 grey room
粗材 unsawn timber
粗材积 gross volume
粗材料 roughage
粗采伐剩余物 heavy slash
粗采石料 quarry material
粗采样时段 coarse sampling period
粗参数 gross parameter
粗操纵杆 coarse control rod
粗糙 crude;inelegance
粗糙凹坑 catface
粗糙凹凸板 rough tongue(d) and groove(d) boarding
粗糙斑 mat patch
粗糙背面木板 hardback
粗糙背纹面砖 plaster-base finish tile
粗糙边界 rough boundary
粗糙边缘 feathering
粗糙表面 open surface;rough(ened) surface;uneven surface;roughness;scored surface
粗糙表面成品 rough surface finish
粗糙表面氧化皮 rough surface scale
粗糙不平<黏[粘]有砂粒等> granulated rough
粗糙不平表面 hackly surface
粗糙不平的 hackly
粗糙不平的毛边 scallop
粗糙擦洗处理的混凝土表面 coarse scrubbed concrete finish;coarse scrubbed concrete surface
粗糙材料 coarse material
粗糙长度 roughness length
粗糙程度 degree of mattness;degree of roughness
粗糙处理 rough treatment
粗糙床面 rough bed
粗糙带 rough zone
粗糙但还可以用的 rough-and-ready
粗糙道面的跑道 rough surface runway
粗糙的 bastard;churlish;harsh;jagged;jaggy;protopathetic;raw;rough;rough-and-ready;rude;rugged;scabrous;unbolted;undressed;uneven;unpolished;unshaded;unsmooth;unwrought;coarse;ragged
粗糙的边缘 ragged edge
粗糙的表面 mat surface
粗糙的表皮 rough surface
粗糙的大理石 rough-hewn marble
粗糙的结构面 rough discontinuity
粗糙的砾石 raw gravel
粗糙的路面 rough riding surface
粗糙底涂层 rough coat
粗糙地面 rough floor
粗糙地取样 bulk sample
粗糙地形 bold relief

粗糙度 asperity;degree of roundness;pimpling;roughness concentration;roughness factor;rugosity;unevenness;coarseness;roughness;harshness(of concrete)
粗糙度比 asperity ratio;coarseness ratio;roughness ratio
粗糙度标定 roughness calibration
粗糙度标度 scale of roughness
粗糙度参数 roughness parameter
粗糙度测定计 profilometer
粗糙度测定器 roughness tester
粗糙度测定仪 rough(o)meter;roughness meter
粗糙度测量 roughness measurement
粗糙度测试仪 roughness tester
粗糙度的变形 distortion of roughness
粗糙度高度 roughness height
粗糙度计 roughmeter
粗糙度检查仪 Talysurf
粗糙度宽度 roughness width
粗糙度谱 roughness spectrum
粗糙度曲线 roughness curve
粗糙度系数 coefficient of rugosity;roughness value;rugosity coefficient
粗糙度仪 roughmeter;surface roughness measuring instrument
粗糙度因数 coarseness factor
粗糙度值 roughness value
粗糙度指示器 roughness indicator
粗糙度指数 roughness index
粗糙断口 rough break
粗糙断面 splintery fracture
粗糙房屋 jerry-building
粗糙分级的 gap-graded
粗糙粉末 coarse powder
粗糙粉刷 roughcast;slap dash
粗糙缝 rusticated joint
粗糙骨料 harsh aggregate
粗糙化转变 roughening transition
粗糙混合料 harsh mix(ture)
粗糙混凝土 harsh concrete;roughening concrete
粗糙混凝土表面 roughening concrete surface
粗糙搅拌混凝土 <无和易性,不均匀的> harsh mix(ture)
粗糙搅拌料 harsh mix(ture)
粗糙结构 coarse structure
粗糙界面 rough interface
粗糙界面理论 Jackson theory
粗糙巨柱 menhir
粗糙块体 rough(ness) block
粗糙雷诺数 roughness Reynolds number
粗糙粒径 roughness diameter
粗糙路面 no skid road;sandpaper surface[surfacing]
粗糙率 roughness;roughness factor
粗糙面 coarse face;rugged face;scored surface;torn fiber[fibre]
粗糙面玻璃纤维 roughened surface glass fiber[fibre]
粗糙面层 sandpaper surfacing
粗糙面接触 asperity contact
粗糙面水流 rough surface flow
粗糙明渠流 rough channel flow
粗糙木结构 framing
粗糙瓶口 dirty finish
粗糙砌块 rough block
粗糙墙面 rough wall
粗糙区流动 fully rough flow
粗糙砂 harsh sand;raw sand
粗糙筛选 coarse sizing
粗糙绳索 raw cord
粗糙石灰石 freshwater limestone
粗糙食物 roughage
粗糙数 roughness number
粗糙外层的 rough coated
粗糙纹理 rough grain
粗糙系数 coefficient of roughness;roughness coefficient;roughness factor
粗糙纤维 rough wearing fiber
粗糙镶嵌 rough mosaic
粗糙形 rough form(work);rough type
粗糙性 asperity;harshness(of concrete)
粗糙性空蚀 roughness cavitation
粗糙修琢的 coarsely dressed
粗糙因素 roughness factor
粗糙影像 harsh image
粗糙整形的 coarsely shaped
粗糙状态 raw condition
粗糙组织 rough texture
粗糙组装 loose fit
粗草丛生沙漠 spinifex desert
粗草料 roughage
粗测 bigness scale;estimate survey;full-scale;loose measure(ment);rough measurement
粗测安培计 current indicator
粗测通道 coarse channel
粗测指示器 coarse indicator
粗层砌体 coarsed masonry
粗插齿刀 roughing shaper cutter
粗插刀 roughing slotting tool
粗差 appreciable error;blunder
粗差检验 blunder detection;gross error detection
粗差剔除 bad number suppression
粗柴油 blue oil;engine solar oil;gas oil
粗长刨 adjustable iron force plane
粗车刀 roughing(turning) tool
粗车工件 rough turned piece
粗车(削) rough turn(ing)
粗车削的 rough turned
粗尘 bulldust
粗沉池 roughing tank
粗沉积物 rough deposit
粗称 rough weighing
粗成型切削 broad forming cut
粗秤重 rough weight
粗齿 bastard
粗齿半圆锉 bastard halfround file
粗齿半圆锯 half-round bastard file
粗齿半圆木锉 bastard halfround file
粗齿扁锉 flat bastard file;flat coarse file
粗齿扁平头锉 bastard equaling file
粗齿锉 bastard-cut file;bastard file;coarse file;rasping file;rough(-cut) file;straw file
粗齿单纹锉 rough single cur file
粗齿刀锉 bastard knife file
粗齿的锯片铣刀 metal saw of coarse teeth
粗齿方锉 arm file;block file
粗齿锯 coarse toothed saw;rack saw;rip blade saw;ripper;rip(ping) saw;split saw
粗齿锯片铣刀 slotting saw with coarse teeth
粗齿木锉 grater
粗齿切割刀 coarse toothed cutter
粗齿切口铣刀 slitting cutter with coarse teeth
粗齿切削刀 rough toothed cutter
粗齿套式面铣刀 sleeve surface milling cutter with coarse teeth
粗齿铣刀 coarse toothed cutter;heavy-duty milling cutter;roughing milling cutter
粗齿圆柱形铣刀 cylindric(al) milling cutter with coarse teeth
粗齿直柄立铣刀 parallel shank endmill with coarse teeth
粗齿直方锉 bastard square blunt file
粗齿直圆锉 bastard round straight file
粗齿锥柄立铣刀 rough teeth taper shank vertical milling cutter;taper end milling cutter with coarse teeth
粗冲积物 raw alluvium
粗抽真空线 roughing line
粗出生率 crude birth rate
粗除尘器 rough cleaner
粗处理 bulk processing;rasp;rough treatment;rude processing
粗窗框 blind casing
粗瓷 coarse porcelain
粗锉 coarse file;rasp-cut file;rasper;rasping file;rough file;mill file
粗锉刀 bastard file;rasp
粗锉纹 coarse cut;rasp cut
粗打麻机 breaker scutcher
粗大 beaminess;bulky
粗大的 bold;macroscopic;stout
粗大聚集料 coarse aggregate
粗大颗粒 coarse granule
粗大螺丝扳手 rough spanner
粗大气孔群 coarse porosity
粗大震颤 coarse tremor
粗袋布 crocus cloth;organburg;tat(patti)
粗袋布织物 <捷克> baras
粗刀锉 coarse knife file
粗导线 heavy ga(u)ge wire
粗到细滤料过滤 coarse to-fine filtration
粗道林纸 mill finish printing paper
粗的 butted;coarse;gross;raw;unrefined
粗等高线 thick contour
粗滴过渡 globular transfer
粗滴乳化作用 macroemulsification
粗滴乳液 coarse emulsion
粗滴乳状液 macroemulsion
粗底沙质 coarse bed load;coarse bed material
粗地板 <用于双层楼板> counter-floor;dead floor;subfloor
粗地胶 chicle
粗地蜡 ader wax
粗地面 rough floor(ing);rough ground
粗地毯 rug
粗电焊条 heavy welding electrode
粗雕 roughhew
粗丁烷 cymogene
粗锭 raw ingot
粗动 coarse drive;coarse motion
粗读(数) coarse reading;rough reading
粗度 coarseness
粗度模量 Abram's fineness modulus
粗镀 lagging cover
粗端 butt(end)
粗端部的斜角对搭接 oblique-angled halved joint with butt ends
粗端管 butted tube
粗端过薄的 thin butt
粗端斜对搭接 oblique halved joint with butt ends
粗短的 blocky
粗短钉 stub nail
粗短木头 chump
粗短榫 half tenon;stub tenon
粗短推杆 tappet
粗短支柱 stub
粗锻 dummying;hammer cog;rough forging
粗镦模 heading die
粗蒽炭黑 anthracene black
粗而短的东西 spud
粗二氧化钛 base titanium dioxide
粗帆布 burlap;canvas
粗帆布壁 canvas wall
粗帆布灰浆层 scrim or scrimp
粗帆布舞台天幕 horizon cloth
粗帆布罩 canvas wall
粗反滤层 coarse filter
粗方锉 arm file;coarse square file;packet file
粗方石 <粗琢棱角的毛石> roughly squared stone;rubble ashlar
粗方石基床 rubble bed
粗方石块 rough ashlar
粗方石圬工 rubble ashlar masonry
粗纺毛绒 woolen yard
粗纺毛线 woollen yarn
粗纺条 staple sliver
粗纺席纹呢 hopsacking
粗纺油 woolen oil
粗放剥皮 rough bark
粗放调查 extensive survey
粗放耕作 extensive cultivation;raw tilth
粗放灌水 careless application of irrigation water
粗放经营 extensive agriculture;extensive cultivation;extensive farming
粗放农业 extensive agriculture
粗放农业经营 extensive farming
粗放农作 extensive agriculture;extensive farming
粗放栽培 extensive agriculture
粗废料 top spit
粗废石 coarse waste stone
粗废水 crude wastewater
粗分 rough separation
粗分级 coarse graduation;rough classification
粗分级筛 primary classifying screen
粗分类法 broad classification
粗分类区 coarse clarification zone
粗分离 crude separation;roughing out
粗分离器 coarse separator
粗分散(体) coarse dispersion;coarse disperse
粗分选 ragging
粗分子 coarse particles
粗酚 crude carbolic acid;crude phenol
粗粉 coarse;cribble;meal;over-size material;over-size particles;reject;tailings
粗粉出口 rejects outlet;tailings outlet;tailings discharge
粗粉返回管 outlet duct for tailings
粗粉分离器 air(flow) classifier;grit separator;mill separator;tailings classifier;tailings separator
粗粉回磨 over-size return
粗粉剂 dust base
粗粉空气输送料槽 grit-flume
粗粉粒 coarse dust;coarse silt
粗粉粒度 coarsely granular particle size
粗粉溜出槽 tailing chute
粗粉溜出槽法兰 tailing chute flange
粗粉溜出槽夹紧环 tailing chute clamp ring
粗粉溜子 overflow chute;over-size chute
粗粉率 rejection efficiency
粗粉磨仓 coarse grinding chamber;pregrinding chamber
粗粉磨机 coarse grinding mill
粗粉磨室 coarse grinding chamber
粗粉末 coarse powder
粗粉砂 coarse silt
粗粉砂结构 coarse silt texture
粗粉砂屑 coarse silty clast
粗粉砂岩 coarse siltstone
粗粉刷 rough rendering
粗粉刷面 rough cast plastering
粗粉碎 coarse crushing;coarse reduc-

C

tion
粗粉体 coarse powder
粗粉土 coarse silt
粗粉循环 recirculation of over-size particles;tailings recycling
粗粉渣 bulldust
粗缝 baste; bulky joint; raw seam; tacking
粗浮选 rough(ing) flo(a)tation
粗腐熟腐殖质 coarse mull
粗腐殖土 mor
粗腐殖质 mor;raw humus
粗腐殖质层 mor layer
粗钙质砂岩 corn-mash
粗干材 bole;trunk
粗甘油 raw glycerine
粗感 harsh feeling
粗钢 <韧性硬质钢> blister steel; crude steel;raw steel
粗钢筋 bar reinforcement; concrete reinforcement bar
粗钢筋切断机 thick reinforced bar cutting machine
粗钢料 stock
粗钢砂 steel grit
粗钢梳 ripple
粗钢丝 heavy wire
粗钢丝绳 bull rope
粗割 rough cut
粗格拦污栅 coarse(trash) rack
粗格筛 bar grizzly;coarse mesh;scalping grizzly; scalping grizzly screen;scalping screen
粗格栅 coarse bar rack; coarse bar screen;rack
粗格栅井 coarse screen well
粗耕 raw tilth
粗工 unskilled labo(u)r
粗工重型冷錾 flogging chisel
粗工作 unskilled labo(u)r
粗汞华 stupp
粗拱 common arch;plain arch;rough arch
粗估 conceptual estimate;rough estimate;rough guess;approximate estimate
粗估产量 rough estimation yield
粗估法 rule-of-thumb
粗估量 rough weight
粗谷 rough rice
粗骨锉 bone rasp
粗骨粉 bone grist;skeleton soil
粗骨粒 coarse aggregate
粗骨料 coarse aggregate;harsh aggregate;open graded aggregate;rubble aggregate
粗骨料层 coarse bed
粗骨料的压碎值 crushing value of coarse aggregate
粗骨料的最小尺寸 minimum size of coarse aggregate
粗骨料混合料 open mix
粗骨料混凝土 coarse aggregate concrete;coarse concrete;large aggregate concrete
粗骨料离析 <混凝土> loose core
粗骨料沥青混凝土 coarse asphalt(ic) concrete;open-graded asphalt(ic) concrete;open-graded bituminous concrete
粗骨料吸湿 absorption of coarse aggregate
粗骨料筛分析 coarse aggregate analysis
粗骨料系数 coarse aggregate factor
粗骨料中浮粒率 ration of floating particles in coarse aggregate
粗骨砂 sandy-skeletal;skeletal sand
粗骨土 regosol(ic soil);rhogosol;skeletal soil;skeleton soil
粗固体 coarse solid
粗管 extra heavy pipe;extra-strong pipe
粗光纤 jumbo fiber[fibre];macrofiber
粗犷 rusticated
粗规格 heavy ga(u)ge
粗辊轧机 rough roller mill
粗滚压玻璃 rough rolled glass
粗过滤 coarse filtration;crude filtration
粗过滤层 coarse filter layer
粗过滤器 crude filter; primary (screen) filter;roughing filter
粗过滤网 primary screen filter
粗焊接 coarse solder
粗褐煤蜡 crude;crude montan wax;montan wax
粗黑点 heavy point
粗黑焦油 black jack
粗黑体(字) blackface;extrabold
粗黑线带 solid ribbon
粗桁条 heavy section stringer
粗横棱绒 velours cross-grain
粗横棱柔软织物 imperial ottoman
粗横棱纹织物 ottoman
粗厚帆布 biscuit duck
粗厚方平棉织物 belfry cloth
粗厚方平织物 <质地疏松,做家具装饰布、窗帘等> basket weave; abbot's cloth; bishop's cloth; mission cloth;monk's cloth
粗厚呢绒袋 duffle bag
粗厚织物生产设备 thick cloth producing equipment
粗花呢 tweed
粗化 alligatoring;coarsening;lag concentrate
粗化层 armo(u)red layer
粗化沉积 lag deposit
粗化的 armo(u)red
粗化河床 armo(u)red bed
粗化机 roughing machine
粗化砾底河段 armo(u)red gravel bed reach
粗化现象 armo(u)ring phenomenon
粗化作用 armo(u)ring effect
粗黄麻布 gunny
粗黄麻袋 gunny bag;River Plate bag
粗黄麻帆布 jute canvas
粗黄麻纤维 gunny fiber[fibre]
粗黄土层 bluff formation
粗灰 cinder;daub
粗灰层 rough coat
粗灰分 crude ash
粗灰浆 coarse stuff
粗灰浆层 parg(et)ing
粗灰墁层 plaster scratch coat
粗灰泥 daub;roughcast
粗灰泥表面 rough coating
粗灰泥层 parg(et)ing
粗灰泥墙 harl
粗挥发油 crude naphtha;naphtha
粗绘 rough draw
粗混 macromixing
粗混合物 coarse mix(ture)
粗混合油 raw blending fluid
粗活 rough work
粗活工作 unskilled work
粗级配 coarse gradation;coarse grading
粗级配的 coarse-graded
粗级配骨料 coarsely graded aggregate
粗级配集料 coarsely graded aggregate
粗级配集料沥青混凝土 coarse-graded aggregate asphaltic concrete
粗级配沥青混凝土 coarse asphalt; coarse concrete graded asphaltic concrete; coarse-graded asphaltic concrete;coarse-graded bituminous concrete
粗级向上变细现象 coarse tail grading
粗集料 harsh aggregate;open graded aggregate
粗集料层 coarse bed
粗集料的压碎值 crushing value of coarse aggregate
粗集料的最小尺寸 minimum size of coarse aggregate
粗集料混合料 open mix
粗集料混凝土 coarse aggregate concrete;coarse concrete;large aggregate concrete
粗集料简化实用规格 <美国商业部> Simplify Practice Recommendation for Coarse Aggregate
粗集料颗粒 coarse-sized aggregate particle
粗集料棱角 coarse aggregate angularity
粗集料离析 <混凝土> loose core
粗集料沥青混凝土 coarse asphalt concrete;open-graded asphalt(ic) concrete; open-graded bituminous concrete
粗集料磨去棱角 coarse aggregate attrition
粗集料筛分析 coarse aggregate analysis
粗集料式 coarse aggregate type
粗集料系数 coarse aggregate factor
粗集料中浮粒率 ration of floating particles in coarse aggregate
粗加工 peel;pretreat(ment);rough cutting;roughed-out;rough finish(ing); rough hewing; roughing; roughing cut; rough-machining; rough-making; rough working; snagging
粗加工波形刃立铣刀 roughing end mill with waveform teeth
粗加工薄钢板 raw sheet;unfinished sheet
粗加工材 converted timber
粗加工层 roughening course
粗加工车床 roughing lathe
粗加工锤 roughing hammer
粗加工道面机场 semi-improved airfield
粗加工的 roughening(by picking); rough machined;unfinished
粗加工的方石 <美> nidged ashlar
粗加工的开口 rough opening
粗加工垫圈 unfinished washer
粗加工工件 first piece
粗加工机床 billeteer
粗加工面 planer
粗加工木材 covered timber;factory lumber;factory timber;rough lumber;undressed lumber
粗加工木结构工程 rustic woodwork
粗加工木料 covered timber;factory lumber;factory timber
粗加工平面 rough-plane
粗加工石 rough stone
粗加工石拱 rough(ing)-cut arch
粗加工石块 rubble
粗加工石料 stugged
粗加工石条 strip rubble
粗加工丝锥 first tap
粗加工五金 rough hardware
粗加工铣刀 heavy-duty cutter;Strassman-type cutter
粗加工像片 bulk image;bulk process(ing) imaginary
粗加工用刀具 roughing cutter
粗加工圆坯 rough turned rounds
粗加工圆销 unfinished round pin
粗加工支托 rough bracket
粗加工制成品 roughly processed product
粗加工状态 rough turn condition
粗钾碱 potash black-ash
粗碱灰 black ash
粗建筑五金 rough builder hardware
粗胶 coarse glue
粗焦油 green tar;tar oil;crude tar
粗角粒砂岩 sandstone grit
粗铰刀 roughing reamer
粗接缝 rusticated joint
粗接合 rustic joint
粗节花线 seed yarn
粗节距 coarse pitch
粗结构 coarse texture
粗结构的 coarse-textured
粗结合层 <道路的> open binder course
粗结晶 coarse crystallization
粗金刚石 bait;rough diamond;uncut diamond
粗金刚钻压花滚刀 coarse diamond-point knurling roll
粗金钢石 brait
粗金属 crude metal;furnace metal;raw metal
粗金属锭 base bullion;bullion;bullion bar
粗金属锭熔体 molten bullion
粗筋 cold metal(drag)
粗经 coarse end
粗晶白云岩 coarse crystalline dolomite
粗晶带 coarse grain banding
粗晶锭 coarse-grained ingot
粗晶断口 coarse-grained fracture
粗晶钢 scorched steel
粗晶硅酸铁 coarse metal
粗晶灰岩 coarse crystalline limestone
粗晶结构 coarse crystalline texture; coarse-grained texture; open-grain structure
粗晶粒 coarse crystallized grain; coarse grain;macrograin
粗晶粒表面 dog skin
粗晶粒的 coarse crystallized grained; coarse-grained
粗晶粒断面 coarse-grained fracture
粗晶粒钢 coarse-grained steel;open-grained steel
粗晶粒试验 <钢筋加防锈涂层后的一种性能试验> macro-testing
粗晶粒珠光体 coarse pearlite
粗晶粒状的 macromeritic
粗晶区 coarse grain zone
粗晶生铁 coarse-grained iron;open-grained iron;open-grain pig
粗晶体 coarse crystal;granular crystal
粗晶质的 coarsely crystalline;macrocrystalline
粗晶种 coarse seed
粗晶铸锭 scorched ingot
粗晶状物质 coarse crystalline material
粗晶组织 open-grain structure
粗精度 rough grade
粗精度配合 rough fit
粗精剪冲机 coarse and fine shearing and punching machine
粗精矿 rough concentrate
粗鲸蜡 whale shot
粗净化 rough cleaning;rough purification
粗净化气体 rough gas
粗净化器 rough cleaner
粗径节齿轮 coarse-pitch gear
粗径节渐开线制 coarse-pitch involute system
粗径统一的材料 one-size material
粗径钻具 coarse-pitch drill tools

粗镜煤 provitrain
粗酒精 crude alcohol
粗酒石 arcilla;argol
粗巨木栅栏 dead wood fence
粗锯 bastard sawing; charley paddock;resawed;rough sawed
粗锯板 bastard sawed board
粗锯材 bastard sawn;rough lumber;rough-sawn timber; rough stock;rough timber
粗锯的 rough-sawn
粗锯木板 rough lumber
粗锯木料 bastard sawn
粗聚集体 coarse aggregate
粗绢筛 coarse silk
粗绢丝 galette silk
粗开石 rough opening
粗砍木材 rough-hewn timber
粗砍石 rough-hewn stone
粗砍砖 rough cutting
粗糠柴 kamala[kamela/ kamila];monkey face kamala
粗糠柴酸 kamlolenic acid
粗颗粒 coarse grain;coarse particle
粗颗粒的 chiselly; coarse granular; coarse-grained
粗颗粒骨料 coarse-grained aggregate
粗颗粒管型 coarse granular cast
粗颗粒过滤层 coarse grained filter
粗颗粒含量 coarse content
粗颗粒混合料 harsh mix(ture)
粗颗粒混凝土 <含棱角多而大中尺寸粒料超量的混凝土> harsh concrete
粗颗粒级配 coarse size grading
粗颗粒集料 coarse-grained aggregate
粗颗粒胶片 coarse-grained film
粗颗粒结构 coarse-grained texture
粗颗粒砾石 coarse-grained gravel
粗颗粒粒度 coarsely granular particle size
粗颗粒砂浆 coarse-grained mortar
粗颗粒填料 coarse-grained filler
粗颗粒土(壤)coarse-grained soil
粗颗粒有机碳 coarse particulate organic carbon
粗颗粒有机物 coarse particulate organic matter
粗刻 broach
粗刻度调制器 coarse scale modulator
粗刻磨带 roughing belt
粗孔 <指混凝土中粒径为 0.1 ~ 1 微米的孔隙> coarse pore; coarse mesh
粗孔大喉型 large throat with connecting large pore
粗孔滤网 coarse mesh screen
粗孔滤纸 cheesecloth filter paper
粗孔率 coarse porosity
粗孔筛 coarse mesh; coarse screen(ing);riddle
粗孔隙度 coarse porosity
粗孔隙性 coarse porosity
粗孔小喉型 small throat with connecting large pore
粗孔中喉型 middle throat with connecting large pore
粗控 coarse control
粗扣螺纹 quick-pitch thread
粗块破碎 coarse crushing
粗块破碎机 coarse crusher;primary crusher
粗块破碎器 <平地机> clod buster
粗块石 derrick stone;found stone
粗矿筛 coarse screen(ing); riddle; wide-mesh screen
粗矿(石)poor ore;crude ore;raff
粗矿物粒料 coarse mineral granules
粗矿渣屑 coarse slag chip(ping)s
粗拉拉丝机 rough wire drawing machine
粗拉毛粉刷【建】rough stucco
粗拉毛饰面 coarse stipple finish
粗拉毛水泥(粉刷)bastard stucco
粗拉伸丝机 breakdown drawing machine
粗蜡 slop wax
粗蓝斜纹布 dungarees
粗缆 hawser
粗牢的包装线 packthread
粗利率 flat interest charges
粗沥青 coarse asphalt;crude asphalt
粗沥青混凝土 coarse asphaltic concrete
粗砾 boulder; coarse gravel; cobble; shingle
粗砾岸 shingle bank
粗砾层 shingle layer
粗砾大卵石 cobble
粗砾地层 boulder bed
粗砾河床 boulder(river)bed
粗砾角砾岩 cobble breccia
粗砾结构 cobble texture
粗砾类的 bouldery
粗砾砾岩 cobble conglomerate
粗砾泥 boulder clay
粗砾石 quarry gravel; raw gravel; shingle-stone;coarse gravel
粗砾石岸 stony shore
粗砾石集料 coarse gravel aggregate
粗砾石面层的 coarse gravel-surfaced
粗砾滩 shingle barrier
粗砾土 boulder clay
粗砾推移质 boulder shingle
粗砾岩 cob(ble)stone
粗砾栅 shingle barrier
粗砾质土 cobbly soil
粗粒 berliner; coarse grain; granule; rough grain;seeding <漆病>
粗粒安山岩 course granular andesite
粗粒百分率 coarse fraction
粗粒变晶结构 coarse crystalloblastic texture
粗粒部分 coarse component; coarse fraction
粗粒部分分析 coarse fraction analysis
粗粒材料 coarse-grained material
粗粒草 shagreen
粗粒产物 coarse product
粗粒沉积 coarse deposit
粗粒沉积物 coarse sediment
粗粒成品 coarse product
粗粒储集层 coarse grain reservoir
粗粒磁选 magnetic cobbing
粗粒磁选机 magnetic cobbering machine
粗粒的 coarse; large grain; macrograined; megagrained; open-grained;sterny
粗粒的过渡层 coarse transition
粗粒的凝灰岩 coarse tuff
粗粒度 coarse particle size
粗粒度破碎腔室 coarse chamber
粗粒断口 field fracture;granular fracture
粗粒反滤层 coarse transition
粗粒方铅矿 potter's lead
粗粒分布 coarse-grained distribution
粗粒分级 coarse grading
粗粒分散胶体 macrodispersoid
粗粒分散(体)coarse break-up
粗粒钢 open-grained steel
粗粒革 harsh grain;shagreen
粗粒含量 coarse fraction
粗粒花岗岩 coarse-grained granite
粗粒花岗状 macromeritic
粗粒花岗状结构 coarse granitoid texture
粗粒灰岩 coarse-grained limestone
粗粒混合骨料 coarse blend(ed) aggregate
粗粒混合集料 coarse blend(ed) aggregate
粗粒混合料 coarse mix(ture)
粗粒级 coarse fraction
粗粒级的 coarse-graded;coarse-grained;coarsely graded
粗粒级分等 coarse grading
粗粒级分析 coarse fraction analysis
粗粒级骨料 coarse-graded aggregate
粗粒级集料 coarse-graded aggregate
粗粒集合体 coarse aggregate
粗粒结构 coarse granular texture
粗粒结构的 coarse-textured
粗粒结构土(壤)coarse-textured soil
粗粒结晶 macrocrystalline
粗粒结晶的 macrocrystalline
粗粒金刚石钻头 <粒度为 1 克拉 8 颗以上> big-stone bit;large-stone bit
粗粒晶盐 lump salt
粗粒精矿 coarse concentrate
粗粒径筛分 coarse grading
粗粒类土 coarse-grained soil
粗粒砾石 coarse gravel
粗粒料 coarse aggregate
粗粒料混凝土 large aggregate concrete
粗粒弥散系 coarse dispersion
粗粒面 marbled grain
粗粒面面砖 shot faced tile
粗粒模 coarse mode
粗粒泥沙 coarse sediment
粗粒黏[粘]土 coarse-grained clay
粗粒喷砂 coarse blast
粗粒膨润土 coarse bentonite
粗粒浅色侵入岩 coarse-grained colo(u)red intrusive rock
粗粒切屑 coarse chip(ping)s
粗粒曲流带沉积 coarse-grained meander belt deposit
粗粒砂 coarse(-grained) sand; top sand;torpedo sand;xalsonte
粗粒砂层 coarse layers of sediment
粗粒砂石 coarse(-grained)sandstone
粗粒砂岩 coarse (-grained) sandstone;kern-stone
粗粒砂状结构 coarse granular psamitic texture
粗粒筛 coarse screen(ing);scapling screen
粗粒石灰石 coarse limestone
粗粒石面 grained stone facing
粗粒石铺砌 coarse-grained paving
粗粒式沥青混凝土路面 coarse-graded bituminous concrete pavement
粗粒饰面 aggregate finish
粗粒水泥 bastard cement;cement grit
粗粒水泥粉刷 bastard stucco
粗粒水泥拉毛粉刷 bastard stucco
粗粒碎石 coarse broken stone
粗粒碎屑 coarse-grained clastics
粗粒炭黑 coarse black
粗粒体 macrinite;macrosome
粗粒体组 macrinoid group
粗粒填料 coarse filler
粗粒跳汰机 coarse jig
粗粒跳汰选 coarse jigging
粗粒土 coarse-grained soil
粗粒物料 coarse-grained material
粗粒物质 coarse material
粗粒锡石 grain tin
粗粒性管型 coarsely granular cast
粗粒玄武岩 dolerite
粗粒悬浮体 coarse suspension
粗粒悬沙 coarse suspended sediment
粗粒雪 coarse firn
粗粒研磨膏 coarse abrasive compound
粗粒盐 bay salt
粗粒杂质 coarse admixture
粗粒正长岩 orthosite
粗粒状的 coarse-grained;hard grained
粗粒组(分)coarse fraction
粗粒组含量 coarse fraction content
粗帘格 bar screen;rack
粗练 coarse pugging
粗链路 fat link
粗粮 coarse food grain
粗量的 macroscopic
粗料 block; coarse fraction; coarse material;over-sized material
粗料百分率曲线 percentage over-size curve
粗料出口 over-size discharge
粗料定量控制器 chain curtain
粗料定量送料器 chain curtain feeder
粗料粉刷 coarse plaster
粗料混凝土 desert concrete
粗料浆 coarse slurry
粗料滤池 coarse-grained filter
粗料破碎 coarse crushing
粗料石 roughly squared stone;rubble ashlar
粗料跳态机 bull jig
粗料选出效率 rejection efficiency
粗料整平 screed of coarse stuff
粗劣的 awkward;jerry <工程>
粗菱形滚花 coarse diamond knurl
粗硫化钡 black ash
粗馏塔 topping still
粗漏 inaccuracy
粗鲁 asperity
粗鲁的人 savage
粗滤 prefiltering; prefiltration; rough filtering; rough filtration; strain(ing)
粗滤布 cheese cloth
粗滤产物 colature
粗滤池 coarse filter;preliminary filter;primary filter;roughing filter;roughing tank;straining filter
粗滤篮 straining basket
粗滤漏斗 straining funnel
粗滤面 straining surface
粗滤片筒 strainer cartridge
粗滤器 coarse filter; coarse screen(ing);coarse strainer;first(-stage) filter;precleaner;prefilter;preliminary filter; primary filter; rough(ing) filter;stainer(filter)
粗滤器堵塞 strainer plug
粗滤器加长管 precleaner extension
粗滤器品种 strainer line
粗滤清器 cleaning strainer; coarse cleaner
粗滤室 strainer chamber; straining chamber
粗滤网 coarse strainer; primary strainer
粗铝 crude aluminium
粗铝粉 Grenaille
粗率 bluntness
粗卵石 coarse gravel
粗略成本 rough cost
粗略处理 rough handling; roughing operation
粗略传感器 coarse sensor
粗略的 ill-defined;rough;sketchy
粗略的预计 gross prediction
粗略定向 rough orientation
粗略读数 rough reading
粗略法 crude method
粗略分析 rough analysis
粗略公式 rough formula; rule-of-thumb
粗略估计 approximate estimate;crude estimate; guesstimate; rough estimate;rough guess
粗略估计面积 area take-off
粗略估算 approximate estimate;area

C

take-off;crude estimate;rough estimate;rough guess;spot estimate
粗略规划 outline plan
粗略计算 calculating roughly; crude calculation
粗略假设 gross hypothesis
粗略角误差传感器 coarse angular error sensor
粗略校核 rough check
粗略近似 rough approximation
粗略近似法 brute force approach; rough rule
粗略利用 hard usage
粗略论述 cursory treatment
粗略平均(值) rough average
粗略数值 rough figure
粗略调节 skim action
粗略调平 coarse balance;coarse level(l)ing
粗略调整 skim action
粗略削平 rough hewing
粗略找正 rough alignment
粗略总预算 general estimate method
粗罗 coarse silk
粗螺距 coarse pitch
粗螺栓 raw bolt
粗螺纹 bastard thread;coarse(-pitch) thread
粗螺纹螺钉 coarse thread screw
粗螺纹丝锥 coarse thread tap
粗螺纹系(列) coarse thread series
粗麻布 baline;burlap;hessian cloth;sack-cloth;sacking;tat;crash <铺楼梯等用的>;hessian <养护混凝土用的>
粗麻布表面处理 <混凝土的> jute hessian drag finish
粗麻布带 strap of burlap
粗麻布袋 gunny sackbag
粗麻布袋装 burlapping; hessian sacking
粗麻布的阻力 burlap drag
粗麻布底的沥青油毛毡 hessian-based bitumen sheeting
粗麻布底垫 burlap mat
粗麻布沥青防潮层 basite
粗麻布沥青油毡 hessian sheeting
粗麻布罩(养护混凝土用) hessian
粗麻袋 burlap bag; burlap sack; flax sacking; gunny bag; railway sack; hessian sacking <混凝土养护用>
粗麻帆布 jute burlap
粗麻绳 Manil(l)a hawser; Manil(l)a rope;coarse rope
粗码 coarse/acquisition code
粗镘 rough float
粗毛 shag
粗毛地毯 drugget
粗毛巾 crash-towel
粗毛滤网 hair sieve
粗毛呢 drugget
粗毛坯 rough blank
粗毛润滑脂 heavy wool grease
粗毛石 quarry run; rag rubble; snecked rubble;rough rubble
粗毛石拱 rustic arch
粗毛石基床 rubble bed
粗毛石砌体 opus antiquum
粗毛石圬工 rubble ashlar masonry; rough rubble masonry
粗锚 raw anchor
粗锚塞 rawplug anchor
粗煤 coarse coal;rough coal
粗煤溜油 crude coal tar oil
粗煤气 crude gas;raw gas
粗镁 crude magnesium
粗密度 crude density
粗棉布 dungarees
粗棉籽油 summer yellow oil
粗面 granular structure surface;mat(te) surface; rough finish; quarry face
粗面安山岩 trachy-andesite;trachyte andesite;trachytic andesite
粗面斑岩 trachyte porphyry;trachytic porphyry
粗面板 roughing slab
粗面壁板 rustic siding
粗面玻璃 trachy glass
粗面出口器皿 rough export ware
粗面粗玄岩 banakite
粗面的 quarry-faced;rough finished;rough-surfaced; rustic; trachytic; scrabbled <指圬工>
粗面方块 quarried block;rough block
粗面粉 middling;red dog
粗面粉饰 rough cast plaster;Tyrolean finish
粗面橄榄粗安岩 trachy mugearite
粗面混凝土 rough cast concrete
粗面胶合板 textured plywood
粗面结构 trachytic texture
粗面块石 rag rubble;trachyte rubble
粗面块石柱 blocked column
粗面理论 rough surface theory
粗面粒玄岩 babakite;trachy dolerite
粗面滤纸 pressing paper
粗面毛石 trachyte rubble
粗面毛石墙 rag rubble wall
粗面模板 rough-faced form board
粗面凝灰岩 terras; trachytic tuff; trass
粗面凝灰岩灰浆 bastard trass mortar
粗面凝灰岩火山土 trass
粗面皮革 grain leather
粗面砌体 rustic masonry
粗面器皿 rustic ware
粗面切角工程 rustic chamfered work
粗面切角工作 rustic chamfered work
粗面熔岩 trachytic lava
粗面石 quarry-faced stone; rock-faced stone;rough-faced stone
粗面石板 rustic slate
粗面石堆 rustic bourock
粗面石工 opus rusticum; rockery; rock works;rustication
粗面石工的 rustic
粗面石料加工 rustication
粗面石砌小庄宅 <18～19 世纪之间的> cottage orne
粗面石墙缝 rustic joint
粗面石饰 rustic
粗面水彩画纸 torchon paper
粗面水磨石 rustic terrazzo
粗面条纹砖 rough tile
粗面圬工 rustic masonry
粗面现象 alligator effect
粗面修琢 <吸声的> deadening dress-(ing)
粗面玄武玻璃 trachy basaltic glass
粗面玄武岩 trachybasalt
粗面压路机 roughing roller
粗面岩 trachite[trachyte]
粗面岩的 trachytic
粗面岩类 trachyte group
粗面与平面相互作用 asperity-surface interaction
粗面轧辊 rough roll
粗面罩面 Tyrolean finish
粗面质熔结集块岩 trachitic welded agglomerate
粗面质熔结角砾岩 trachitic welded breccia
粗面质熔结凝灰岩 trachitic welded tuff
粗面质疑灰岩 trachitic tuff
粗面重块石砌筑 blocked rustication
粗面柱 rusticated column
粗面砖 brick rubble;rough brick;rustic brick; rustics; tapestry brick; texture(d) brick
粗面砖块 brick rubble
粗面装饰板材 roughing slab
粗面状 trachytic
粗模板 rough form (work); rough shuttering
粗模板制的 rough-shuttered
粗模锻 blocking
粗模锻传动机构 blocking gear
粗模膛 blanker
粗模制工作 rough form(work)
粗磨 coarse grinding; crushing mill; pregrinding; preliminary mill; raw grinding; raw mill; rough grillage; rough grind(ing);snagging
粗磨边 ground edge; rough ground edge;rude edge-arrissing
粗磨仓 preliminary grinding chamber; preliminary grinding compartment
粗磨床 rough grinding machine;snagging grinder
粗磨锉 roughing file
粗磨的 rough ground
粗磨粉尘 raw grinding dust
粗磨工具 roughing tool; taper plug mandrel
粗磨管磨机 preliminary tube mill
粗磨滑石粉 coarsely ground talc
粗磨机 crusher; kibble; kibbling mill; pregrinding mill;preminator;primary mill;roughing machine
粗磨料 coarse (-grained) abrasive; flint abrasive
粗磨面 plucked finish;short finish
粗磨球面透镜铣磨机 curve generator
粗磨石 coarse-grained stone;primary grinding stone;rough grinding stone
粗磨室 preliminary grinding chamber; preliminary grinding compartment
粗磨水泥 cement grit; coarse(ly) ground cement
粗磨水泥粉 coarse cement flour
粗磨碎 kibble
粗磨碎机 kibbler
粗磨头 roughing heads
粗磨削加工 rough grind(ing)
粗抹 rough rendering
粗抹灰 roughing-in
粗抹灰层 rough coat
粗抹灰泥 daubing
粗抹面 daubing;sand-float finish
粗抹面层 daub
粗抹涂料 daubing
粗木板 puncheon;rough board
粗木板安装 rough timber boarding
粗木材 rough lumber
粗木材燃料 coarse fuel;heavy fuel
粗木醋液 crude pyroligneous acid
粗木锉 rasp
粗木方 <指大木> ba(u)lk
粗木工 rustic woodwork
粗木工锉 coarse carpenter file
粗木工机械 crude woodwork machinery
粗木工匠 first fixer;first mixer
粗木工凿 framing chisel
粗木护岸墙 rough-log training wall
粗木活 rough work
粗木锯 rip;rip(ping) saw
粗木料 rough lumber
粗木(门)框 buck frame
粗木纹 rough grain
粗木纹的 coarse-grained;coarse-textured;open-grained;wide-ringed
粗木小屋 cab(in)
粗木作(业) rough carpenters' work; rough carpentry;rough woodwork; rustic woodwork
粗呢 baize
粗呢绒 frieze
粗泥砂 coarse silt
粗泥炭 turf
粗黏[粘]胶纤维仿亚麻布 butcher linen
粗黏[粘]粒土 coarse clay
粗黏[粘]土 coarse clay;spavin
粗黏[粘]土砂 roughing loam
粗碾 break coarse
粗碾辊 coarse roll
粗碾滚筒 coarse roll
粗凝固 coarse set(ting)
粗排水层 coarse drainage layer
粗盘条 heavy rod
粗抛光 rough polishing
粗刨 adjustable iron force plane;broche; foreplane; jack plane; roughplane;scrub plane;force plane
粗刨刀 roughing planing tool
粗刨木料 puncheon
粗泡铜 crude blister copper
粗配合 coarse fit
粗硼砂 tincal[tinkal]
粗坯 clot;rough blank
粗劈理 rough cleavage
粗皮桉 slateyhide eucalyptus
粗品 crude product
粗平布 cheese cloth
粗平袋布 sack-cloth
粗平纹棉布 osnaburg
粗破碎 coarse comminution; coarse crushing
粗破碎机 coarse breaker
粗破碎区 coarse-breaking zone
粗气泡曝气 coarse bubble aeration
粗汽油 crude gasoline; ligroin(e); naftha; naphtha; petroleum naphtha;raw gasoline
粗砌块体 roughly set block
粗砌墙 rough wall
粗砌墙工 rough walling
粗砌石板 rustic slate
粗砌砖墙 rough work
粗器 rough piece
粗钎肩 upset collar
粗铅 lead bullion; lead matte; wet lead;work lead
粗铅除银精炼法 pattinsonization
粗铅锭 base lead bullion;pig lead
粗铅锭柱石 base bullion lead
粗铅精炼 refining of lead bullion
粗铅熔体 molten bullion
粗铅字体 full-faced type
粗錾凿 boaster;boasting chisel
粗嵌缝 bastard pointing
粗嵌灰缝 bastard tuck pointing
粗嵌隙料 coarse sweeting aggregate
粗切 roughhew
粗切车床 rough turning lathe
粗切车刀 rough turning tool
粗切齿 roughing tooth
粗切齿轮插齿刀 roughing gear shaper cutter
粗切刀 heavy-duty tool;roughing cutter;stocking tool
粗切刀盘 roughing bevel gear cutter
粗切地形 coarse-textured topography;coarse topography
粗切工具 roughing tool
粗切滚刀 roughing hob
粗切机 coarse cutter
粗切接 rough-cut joint
粗切锯面 chat-sawed finish
粗切拉刀 roughing broach
粗切区 rough zone
粗切丝锥 rougher tap
粗切削 bastard cut; first cut; lower cut;rough(ing) cut
粗燃料油 raw-feed stock

粗壤土 coarse loam
粗绒 rug
粗绒面革 hunting leather
粗绒线 double knitting wool
粗软木屑 coarsely ground cork
粗三角锉 bastard triangular file; coarse triangular file; triangular coarse file
粗扫描 coarse scan(ning)
粗涩 granulated rough
粗纱 rove;roving
粗砂 coarse sand;flinty ground;grit; grouan; harsh sand; hoggin; open sand;top sand;torpedo sand <美>
粗砂滨 coarse sand beach
粗砂底<底质> coarse sand bottom
粗砂海滩 coarse sand beach
粗砂决口扇 sand splay
粗砂砾 coarse gravel;steel grit
粗砂砾质土 gritty soil
粗砂粒 pennant grit
粗砂滤池 coarse sand filter
粗砂轮 coarse plain emery wheel; coarse wheel;snagging wheel
粗砂轮打磨 grinder buffing
粗砂砌体 coarse sand bond
粗砂壤土 coarse sandy loam
粗砂砂浆 coarse sand mortar
粗砂石 quarry-pitched stone
粗砂碎屑岩 arenite
粗砂陶 coarse sandy ware
粗砂屑 coarse sandy clast
粗砂岩 coarse grit; gretstone; grit gravel;gritrock;grit sandstone;grit-stone;rag stone;sand grit
粗砂岩储集层 gritrock reservoir
粗砂纸 flint glass paper;flint paper; grit paper;raw emery paper
粗砂质 arenaceous deposit;arenose
粗砂质的 gritty
粗筛 coarse screen;coarse sieve;crib-ble; granulating screen; primary classifying screen; scalper; scalper screen;scalping screen;trash rack; bar strainer
粗筛布 crib cloth
粗筛过 riddle
粗筛过的矿石 hurdled ore
粗筛孔 coarse mesh
粗筛孔的 wide-meshed
粗筛筛上产品 riddlings
粗筛网 riddle sifter; wide-meshed screen
粗筛屑 coarse screen(ing)
粗筛选 coarse screen(ing); preliminary sizing;rough sizing
粗筛余料 riddlings
粗筛组 nest of screens
粗砷 crude arsenic
粗绳 bull rope; hawser; thick rope; thick string
粗绳索 heavy cord
粗石 coarse rock;freestone;quarry(-faced) stone; quarry (-run) rock; rough rock; rough stone; rubble (stone);rustic stone
粗石层 layer of coarse gravel
粗石的 rubbly
粗石垫底铺砌层 coursed rubble masonry
粗石堆石堤 rubble mound
粗石粉 middling flour
粗石工 rock works;rustic masonry; rustic work
粗石工饰面 rock work dressing
粗石拱 rubble arch
粗石拱顶 quarry stone arch
粗石拱桥 rough stone arch bridge
粗石骨料 rubble aggregate
粗石护坡 rough stone pitching
粗石混凝土 rubble concrete
粗石集料 rubble aggregate
粗石巨柱<史前的> menhir
粗石块 derrick stone;scabble
粗石蜡 crude scale;paraffin(e)scale; paraffin(e) slack wax;paraffin(e) wax;scale wax
粗石料 crude rock;quarry(-run)rock
粗石路面 quarry pavement
粗石乱砌 random rubble
粗石棉 crude asbestos
粗石面 quarry face of stone; rock face;shot-sawn finish
粗石面的 rock-faced
粗石面的地下室 rusticated basement
粗石面修整 rock-faced dressing; rock-faced finish
粗石面修琢 rock-faced dressing
粗石面装修 rock-faced dressing
粗石脑油 crude naphtha
粗石铺底 rough stone pitching
粗石铺面 rubble paving
粗石铺砌 quarry pavement; rubble paving
粗石铺砌层 rough stone pitching
粗石砌合 quarry-stone bond
粗石砌块 quarried block
粗石砌墙 coursed stone pitching; rough stone pitching
粗石砌体 quarry-stone bond;quarry-stone masonry
粗石砌筑 stone rubble masonry(work)
粗石墙 ordinary rubble masonry
粗石饰面 random slate
粗石圬工 quarry-stone masonry; stone rubble masonry (work); uncoursed rubble stone masonry
粗石圬工工程 rough stone masonry work
粗石屑 coarse chip(ping)s
粗石油 base oil
粗石凿 drove;rough-cut stone chisel
粗石琢面圬工 rusticated masonry work
粗石子石岸 shingly shore;stony shore
粗实线 continuous thick line; strong line;heavy line<图表中的>
粗炻器 coarse stoneware;rough stoneware
粗蚀 mass etch;rough etch
粗示自动同步机 coarse selsyn
粗视的 macro;megascopic
粗视的纤维 macrofiber
粗视构造 gross structure
粗视结构 coarse structure
粗视剖面 macrosection
粗视条痕裂纹检验 macrostreak flaw test
粗视显微镜 megascope
粗视硬度 macrohardness
粗视组织 macrostructure
粗饰 rough dressing; rough finish-(ing);rustic dressing
粗饰面 textured finish
粗饰琢石 bastard ashlar[ashler]
粗梳废棉 carded cotton waste
粗疏水系结构 coarse drainage texture
粗疏纹理 open grain
粗刷面 sparrow peck
粗水泥 coarse cement
粗丝 thick filament;thick wire
粗丝钢丝绳 coarse wire rope
粗丝锥 coarse screw tap; roughing tap
粗死亡率 crude death rate; crude mortality
粗饲料粉碎机 roughage mill
粗饲料切碎机 roughage cutter
粗松货物 bulk freight
粗松纹理 loosened grain
粗松脂 gum of pine
粗酸洗 black pickling
粗算 rough estimate
粗碎 bulk crushing;coarse breaking; coarse size reduction; preliminary breaker; preliminary crushing; primary breaking; primary crushing; rough breaking;rough crushing
粗碎玻璃 crushed glass
粗碎车间 primary crushing plant
粗碎的 coarse crushed
粗碎颚式破碎机 coarse jaw breaker; coarse jaw crusher
粗碎机 boulder crusher; bulldozer; coarse crusher;preliminary crusher; primary breaker;primary crusher
粗碎块<直径大于2毫米的> coarse fragment
粗碎脉石中的矿石 rough cobbing
粗碎片 coarse fragment
粗碎区 coarse crushing zone
粗碎设备 primary crushing plant
粗碎石<AASHO 规定粒径为1~3英寸,1英寸=2.540厘米> coarse crushed stone; crushed broken stone
粗碎石路面 coarse macadam surface
粗碎石面层 coarse macadam surface
粗碎室<破碎机的> coarse crushing chamber
粗碎屑 coarse fragment;megaclast
粗碎屑结构 coarse clastic texture
粗碎屑土 coarse clastic soil
粗碎屑岩 rudaceous rock
粗碎圆锥破碎机 coarse reduction gyratory
粗榫 stub tenon
粗索栓牢 hawser fastening
粗索引 gross index
粗探伤 preliminary examination
粗碳酸钾 pearl ash
粗镗 heavy boring
粗镗刀柄 tool shank for rough boring tool
粗镗刀接长杆 extension arbor for roughing boring tool
粗镗孔 rough bore
粗糖 cassonade;raw sugar;crude sugar
粗糖液 crude sugar solution
粗陶 buccaro;crude pottery
粗陶瓷 stoneware
粗陶瓷管(道)stoneware duct
粗陶顶篷砖 stoneware ceiling tile
粗陶浮雕泥浆 barbotine
粗陶工业 heavy clay industry
粗陶护面 stoneware facing
粗陶排水沟 stoneware discharge gutter
粗陶排水管 stoneware discharge pipe; stoneware drain pipe
粗陶砌块 ashler
粗陶器 coarse earthenware; crude earthenware;stoneware
粗陶土 sleck;stoneware clay
粗陶土管 stoneware pipe
粗陶污水管 stoneware for sewer pipes
粗陶制品 heavy clay product;stoneware article
粗淘 coarse elutriation
粗特立尼达沥青 crude terminal
粗锑 needle antimony
粗体字 antique; black (bold) face; boldface; bold-faced character; bold-faced letter;bold-faced word; bold line
粗体字母 block letter;bold-type letter
粗填料 coarse stopper;coarse stopping;coarse stuff
粗填料基层 coarse bed
粗条灯芯绒 bold corduroy;spacious waled corduroy; wide-wale corduroy
粗条浮雕 anaglyph
粗条纹 cord;heavy cord
粗条栅 barrack
粗条子均匀度试验机 sliver evenness tester
粗调 flat-tuning;rough control;rough positioning
粗调变阻器 coarse adjusting rheostat
粗调的 jig-adjusted
粗调的平衡网络 compromise balancing network
粗调定位 coarse positioning
粗调焦 rough focusing
粗调焦旋钮 coarse focusing knob
粗调节 coarse adjustment;coarse balance;coarse control;shim control
粗调控制 coarse control
粗调小齿轮 coarse adjustment pinion
粗调谐 broad tuning;coarse tuning; flat-tuning;rough tuning
粗调整 coarse balance;coarse regulation; coarse adjusting; coarse adjustment;coarse set(ting); rough adjustment
粗调整棒 shim rod
粗调自动同步机 coarse selsyn
粗铁 crude iron;kal
粗铜 black copper;blister(copper); crude copper;raw copper
粗铜焙烧 blister roasting
粗铜锭 copper bullion;pig copper
粗铜精炼 blister refining
粗铜块 blister cake
粗铜丝绳 coarse wire rope
粗头朝下的桩 upside-down pile
粗涂 lagging cover;parget;parg(et) ing; roughcast; scratch coat; slap dash;wet dash
粗涂层 pricking-up coat;spatter dash
粗涂灰浆 parg(et)ing
粗涂灰泥 parge(t);rough rendering
粗涂灰泥层 parget coat
粗涂料 coarse stuff
粗涂密封材料 rough coat sealer
粗涂抹 pricking up
粗涂抹料 coarse stuff
粗涂抹面 slap dash
粗涂刷 ground brush
粗涂水泥 slapped cement
粗团块结构 buckshot
粗团粒 coarse granular
粗妥尔油 crude tall oil;raw tall oil; skimming
粗挖边沟 rough ditch
粗网格 coarse mesh
粗网过滤器 coarse mesh filter
粗网结构树脂 macroreticular type resin
粗网目 coarser mesh
粗尾脚螺栓 hacked bolt
粗纬 coarse pick;heavy mark
粗苇帘 big reed screen
粗纹 bastard;bastard cut;first cut
粗纹锉 coarse cut file;rough file;rubber;lower cut;rough cut
粗纹锉刀 mill file
粗纹的 coarse-grained; coarse-textured
粗纹花白色花岗岩 Cornish granite
粗纹理 coarse grain;coarse texture; open grain
粗纹理材 coarse grain wood; open-grained wood
粗纹理的 coarsely grained

粗纹理骨料 coarsely textured aggregate;textured coarse aggregate
粗纹理集料 coarsely textured aggregate;textured coarse aggregate
粗纹理煤 coarsely grained coal
粗纹理木材 coarsely grained wood; coarsely textured timber
粗纹裂面 coarsely grained fracture
粗纹螺钉 coarsely thread screw
粗纹螺栓 stage peg
粗纹木 coarse-grained wood
粗纹木材 coarsely grained timber [wood]; wide-ringed timber; coarsely ringed timber; second-growth timber
粗纹木材涂清漆后呈现的难看白条 whitening in the grain
粗纹木工具 carpenter's and joiner's tools
粗纹泥 megavarve
粗纹饰面 butt veneer
粗纹网眼织物 scrim
粗纹织物 burlap;crash
粗纹致密硅岩 bastard ganister
粗纹砖 texture brick
粗稳定调节 shim control
粗圬工 crude masonry(work)
粗五金 rough hardware
粗误差 gross error; parasitic(al) error
粗稀结构水系 coarse-textured drainage
粗铣 rough mill
粗细不均的颗粒 mixed grain
粗细度 fineness
粗细粉磨系统 coarse and fine grinding system
粗细骨料的混合级配 combined aggregate grading
粗细骨料(质量)比 ratio of coarse to fine aggregate;coarse-to-fine-aggregate ratio
粗细混合骨料 all-in aggregate
粗细级配 gradation in size
粗细集料比 coarse-to-fine-aggregate ratio
粗细均匀的麻类 true hemp
粗细均匀的纤维 true fibre
粗细控制 coarse fine control
粗细控制继电器 coarse-fine relay
粗细控制开关 coarse fine switch
粗细木工具 carpenter's and joiner's tools
粗细砂混粉土 coarse fine sand with some silt
粗细砂混黏[粘]土 coarse fine sand with some clay
粗细调节 coarse fine control
粗细线 drop(ped) line
粗细辛脑 asarite
粗夏布 coarse grass cloth
粗纤度纤维 high denier-fiber[fibre]
粗纤丝 macrofibril
粗纤维 coarse fiber[fibre];crude fiber [fibre]
粗纤维状的 coarse-fibered[fibred]
粗显构造 macrostructure
粗显示器 coarse display
粗线 bold line;coarse line;heavy ga(u)ge wire; plump line; thick(ened) line
粗线笔 detail pen
粗线刻刀 coarse feed stylus
粗线体 bold-faced letter
粗线体字 bold-faced letter
粗线条的 broad-brush
粗线亚麻梭结花边 antique lace
粗橡胶 coarse para;crude rubber
粗削工件 rough turned piece
粗削石 hewn stone;rough-hewn stone
粗削石圬工 rubble hewn stone masonry(work)
粗斜棉布 denim
粗斜纹 coarse drill
粗斜纹布 denim;fustian
粗屑的 macroclastic
粗屑粒 coarse crumb
粗屑石 hewn stone
粗屑岩 arenite; arenyte; macroclastic rock
粗心大意的驾驶员 negligent driver
粗芯插销 heavy tower bolt
粗芯光纤 large core fiber[fibre]
粗锌 crude zinc;spelter
粗形浸蚀 macroetching
粗形石块 scappled stone;scappling
粗形石面 scappling
粗型锻 blocking
粗型锻传动机构 blocking gear
粗型锻模 block swage
粗型照片 photomacrograph
粗型照相术 photomicrography
粗修表面 sangging
粗修的 rough finished
粗修石 rough-finished stone
粗修整 rough finish
粗玄结构 doleritic texture
粗玄武岩结构【地】doleritic texture
粗玄岩 dolerite; trachybasalt; whinstone
粗悬浮物 coarse suspension
粗悬浮液 coarse suspension
粗选 grab picking; rough concentration; rough dressing; roughing; rough separation
粗选槽 initial separatory cell; rougher;rougher flo(a)tation cell
粗选池 rougher
粗选车间 roughing plant
粗选磁选机 magnetic rougher
粗选浮选槽 rougher cell
粗选机 coarse classifier; precleaner; rougher(cell)
粗选机的防护罩 precleaner guard
粗选精选流程图 rougher-cleaner flowsheet
粗选扫选流程图 rougher-scavenger flowsheet
粗选尾矿 rougher tailings
粗选摇床 roughing table
粗选用浮选机 primary flo(a)tation cell
粗镟 rough turn(ing)
粗雪花石膏 crude alabaster
粗压碎 break coarse; pregrounding; preliminary crushing
粗压碎机 preliminary crusher
粗压延玻璃 rough rolled glass
粗牙 coarse thread
粗牙螺纹 coarse thread
粗牙螺纹接头 coarse thread joint
粗牙普通螺纹 coarse plain thread
粗亚麻 hurds
粗亚砂土 coarse sandy loam
粗延迟 coarse delay
粗延时 coarse time delay
粗延时度盘 coarse delay dial
粗岩 coarse rock
粗岩屑 coarse waste
粗研磨 rough lapping
粗研水泥 coarse ground cement
粗盐 coarse salt;freezing salt
粗盐浓度 large salt concentration
粗盐水 crude brine
粗盐酸 muriatic acid
粗眼筛 riddle;screen
粗眼网目 coarse mesh
粗羊毛脂 degras
粗椰壳纤维 coarse coir fibre
粗野的 rustic
粗野派建筑 brutalist architecture
粗野主义【建】Brutalism; New Brutalism
粗乙烯 crude ethylene
粗硬大镰刀 coarse grit scythe
粗硬麻布 bran
粗油滤器 coarse oil screen
粗油脂 crude grease
粗有机质土壤 raw organic soil
粗釉陶 glazed stoneware
粗预混合 coarse premix
粗原木 raw log;rough lumber
粗圆锉 coarse round file
粗圆木锉 bastard round wood rasp
粗杂材 <大头直径 7 厘米以下> brush wood
粗杂质排出筛 roughing-out sieve
粗凿 quarry-pitched;drove work
粗凿并且侧面略有倾斜的块石 pitched stone
粗凿的 butted; quarry-pitched; rough finished;rough-hewn
粗凿的木材 rough-hewn wood
粗凿方石 boasted ashlar
粗凿工程 boasted works; droved works
粗凿工作 boasted surface; boasted work;droved work
粗凿麻面方石 pointed ashlar
粗凿毛 coarse chiseled
粗凿面 boasted surface
粗凿面修整 rough-pointed finish
粗凿石 boast; chisel(l)ed ashlar; hewn stone;pitch-faced stone;rustic
粗凿石块 boasting;rustic
粗凿石面 boasted finish of stone; four-cut finish
粗凿石砌体 chisel(l)ed ashlar
粗凿石头尖角 knobbing;skiffling
粗凿石圬工 boasted ashlar;chisel(l)ed ashlar
粗凿琢石 boasted ashlar
粗皂石 potstone
粗渣状熔岩 aa
粗轧 coarse crushing;roughing(cut); rough(ing)(down)roll(ing)
粗轧成型机座 shaping stand
粗轧钢坯 bloom
粗轧辊 cogging roll
粗轧机 big mill;breaking down mill; rougher mill; roughing mill; strand of rolls
粗轧机组 intermediate rolling train; roughing mill group
粗轧机座 breakdown stand;breaking down stand; rougher; roughing stand
粗轧孔型 breakdown pass;roughing-out pass; roughing pass; shaping pass
粗轧坯 roughed bloom
粗轧破鳞机 primary scale breaker; roughing scale breaker
粗轧室<轧石机的> coarse crushing chamber
粗轧碎砂 coarse crushed sand
粗轧椭圆孔型 preoval
粗轧轧辊 breaking down roll
粗栅 coarse rack
粗斩的 rough axed
粗斩砖砌的拱 rough axed
粗辗辊轮 coarse roll
粗针 bodkin
粗针持针钳 heavy needle holder;needle holder
粗真空 coarse vacuum
粗整修的客舱 rustic cabin
粗整修的小屋 rustic cabin
粗支纱 coarse yarn
粗枝大叶的 broad-brush;slipshod
粗枝大叶作风 crude and careless style of work
粗枝捆 bat faggot
粗织平纹布 scrim
粗织物 coarse cloth
粗织物纤维灰浆层 scrim or scrimp
粗直的 blunt
粗纸板 chipboard
粗纸筋 parget
粗制 roughcast;rough out;roughhew
粗制半沉头铆钉 black oval countersunk head rivet
粗制半圆头铆钉 black snap head rivet
粗制产物 raw product
粗制沉头铆钉 black countersunk head rivet
粗制齿 rough tooth
粗制虫胶 seed lac
粗制椽 concealed rafter
粗制大垫圈 black large washer
粗制的 crude; roughed-out; rustic; slop-built
粗制地沥青 crude asphalt
粗制垫圈 black washer;rough washer
粗制方螺母 black square nut
粗制方头螺栓 black square head bolt
粗制骨料 angular aggregate
粗制化学药品 heavy chemical
粗制基座 seated property
粗制集料 angular aggregate
粗制金属网 wire net(ting)
粗制锦砖 rough mosaic
粗制滥造 bungle;cobble up;fudge
粗制滥造的工程 shoddy project
粗制滥造的工作 bungled(piece of) work
粗制六角螺母 black hexagonal nut; unfinished hex nut
粗制螺母 black nut;rough nut;unfinished nut
粗制螺栓 black bolt; black rough bolt; raw bolt; rough bolt; stove bolt;unfinished bolt
粗制螺丝 black screw;rough screw; unfinished screw
粗制马赛克 rough mosaic
粗制模型 loose pattern
粗制木材 blanked lumber;hewn timber;rough-hewn timber
粗制木焦油 crude wood tar
粗制泥浆 raw slurry
粗制凝乳酶 rennet
粗制品 coarse goods;cruse products; raw products;unfinished products
粗制平锥头铆钉 black flat taper head rivet
粗制乳液 crude emulsion
粗制砂 coarse manufactured sand
粗制石块 rough-hewn stone
粗制兽皮 green hide
粗制糖 raw sugar;unrefined sugar
粗制香叶醇 crude;crude geraniol;geraniol
粗制盐 commercial salt;crude salt
粗制样品 breadboard
粗制油 raw oil
粗制油毡 rag felt
粗制圆头铆钉 black snap head rivet
粗制毡<建筑用> rag felt;wool felt
粗制毡地毯 rag felt floor cover(ing)
粗制砖 samel brick
粗质地 coarse texture
粗质地的 coarse-textured
粗质地涂料 textured(finished)paint
粗质砂 coarse sand
粗质砂岩 dauk[dawk]
粗质土(壤) coarse soil; coarse-textured soil
粗质纸 coarse paper

粗中砾 coarse pebble
粗重方平棉布 friar's cloth
粗重斜三角锯锉 heavy triangular taper saw file
粗重直三角带锯锉 heavy triangular blunt band saw file
粗重直三角锯锉 heavy triangular blunt saw file
粗皱缩 chagrenate-corrugate
粗珠光体 coarse pearlite
粗柱型 column type
粗柱型散热器 column radiator
粗筑路基 raw foundation; raw subgrade
粗铸件 raw casting
粗铸锑 bowl metal
粗砖 rustic brick
粗砖工 rough brick work
粗砖拱 rough brick arch
粗装 rank set
粗装定机构 quick-motion movement
粗装配 loose fit; rough fitting
粗装饰 cockle finish
粗壮的人 bull
粗状表面 orange peel
粗斫 spall
粗琢 boasting; nobble; picked dressing; rustication; rustic dressing; scabbled dressing
粗琢表面 boasted surface
粗琢锤 scabbling hammer
粗琢的 quarry-pitched; rustic; rusticated; rusticating
粗琢方石 cobblestone; rusticated ashlar; squared stone; rough ashlar
粗琢缝 rusticated joint; rustic joint
粗琢镐 scabbling pick
粗琢工作 drove work
粗琢块石 half-dressed quarry stone; knobbing
粗琢毛石 scabbled rubble
粗琢面 rusticated dressing; rustic dressing; scabbled dressing; sparrow peck
粗琢面的 <指圬工> scrabbled
粗琢面石工 rock-faced masonry work
粗琢石 bastard ashlar; bastard masonry; half-dressed stone; knobbing; nigged ashlar; quarry-faced stone; quarry-pitched stone; rock-faced stone; rough-finished stone; roughly dressed ashlar; rough-pointed stone; scabbed stone; scrapple; rough dressing
粗琢石材 stone with rough-hewn face
粗琢石工 boasted ashlar; rock-faced dressing; scabbling; scabbled rubble work
粗琢石工作 scabbled rubble work
粗琢石拱 rustic arch
粗琢石块 nidg(g)ed; rigged ashlar; scabble
粗琢石料 scabbled rubble; hewn
粗琢石面 quarry face; rock-faced dressing; rock work dressing; rough-faced dressing; scabbling
粗琢石面饰 rustic plaster; picked dressing
粗琢石砌体 bastard masonry
粗琢石圬工 chisel(l)ed ashlar
粗琢石作 rustic work; rustification
粗琢石作业 scabbling
粗琢圬工 rustic masonry
粗琢转角石 rustic quoin
粗紫胶 ac; crude; seed lac
粗字体 bold-faced type
粗租酸 tsuzuic acid
粗组分的 coarse fractional
粗组构 macrofabric
粗组配骨料 coarse-graded aggregate
粗组配集料 coarse-graded aggregate
粗钻孔 preliminary hole
粗钻头 starting drill

促爆 sensitization

促爆剂 pro-knock compound
促长剂 promoting agent
促成 impel; procurement
促成温床 forcing frame
促成物 promoting agent
促动 actuation; motivation
促动的 kinetogenic; motofacient
促动杆 actuator rod
促动管 bustle pipe
促动滚子开关 actuated roller switch
促动簧 actuating spring
促动机构 actuating mechanism
促动盘 actuator disc[disk]
促动器 actuating apparatus; actuating mechanism; actuator
促动器油缸 actuator cylinder
促动压力 actuating pressure
促动因素 motivation
促动装置 actuation gear
促动作用 kinetogenesis
促干 force drying
促干剂 siccative
促集剂 collecting agent
促进 accelerate; acceleration; expedite; facilitate; facilitation; further; impetus; promote; promotion
促进大豆出口 soybean export promotion
促进的 accelerating; step up
促进黄色度 accelerating yellowness
促进剂 accelerant; accelerated agent; accelerating agent; acceleration agent; accelerator; catalyst; improver; modifier; promoter[promotor] <用于聚合物浸渍混凝土>
促进剂比率 accelerator ratio
促进剂过量 over-accelerator
促进剂硫黄体系 accelerated sulfur system
促进剂配比 accelerator ratio
促进剂溶液 bath of acceleration
促进剂双氢胺 accelerated dicyandiamide
促进剂用量 accelerator dosage
促进剂用量比率 accelerator dosage ratio
促进(经济发展)措施 expansionary action
促进烧结 acceleration of sintering
促进生长伐 acceretion
促进生物生长作用 biostimulation
促进投资 investment promotion
促进性的 promotive
促进者 promotor
促进作用 anxo-action; promoter action; promotion
促老效应 devitalizing effect
促磨剂 grinding aid
促黏[粘]剂 adhesion promoter
促凝的 coagulant
促凝固的 coagulative
促凝剂 accelerant; accelerated agent; accelerating additive; accelerating agent; accelerator; coagulant; coagulant agent; coagulator; flashing-setting agent; set-accelerating admixture; set-accelerating agent; set(ting) accelerator(additive)
促凝水泥 accelerated cement
促凝外加剂 accelerated admixture; quickening admixture; quickening agent; setting accelerator admixture)
促凝物质 agglutinant; coagulant
促凝型减水剂 accelerating and water reducing agent; reducing admixture
促凝血球蛋白 accelerator globulin
促凝压蒸试验 accelerated setting autoclave test
促凝蒸压试验 accelerated setting autoclave test
促燃剂 flame accelerator
促染剂 accelerant; accelerating agent; accentuator; fixation accelerator
促溶剂 solutizer
促溶解的 auxilytic
促升剂量 booster dose
促石墨化元素 graphitizing element
促水化作用 hydrotropic action
促销 sales promotion
促销部 sales promotion department
促硬剂 accelerator for hardening; hardening accelerating admixture; hardening accelerator(admixture)
促诱的 auxetic
促淤保滩 beach protection and accretion promotion

猝度 storming

猝发 burst out
猝发差错 burst error
猝发成火焰的 ignescent
猝发传输 burst transmission
猝发错误 burst error
猝发方式 burst mode
猝发放大控制管 burst gate tube
猝发聚合反应 flash polymerization
猝发模式 burst mode
猝发时间 burst time
猝发式数据传输 burst-oriented data transmission
猝发速率 burst rate
猝发误差 burst error
猝发误差较正 burst-error-correction
猝发现象 burst phenomenon
猝发信号发生器 burst signal generator
猝发选通管 burst gate tube
猝发噪声 burst noise
猝发振荡器 burst controlled oscillator
猝发周期 burst period
猝发状态 burst mode
猝灭 quench blanking; quenching
猝灭机理 quenching mechanism
猝灭剂 quencher; quenching agent
猝灭校正 quenching correction
猝灭截面 quenching cross-section
猝灭粒子 quenching particle
猝灭浓剂 quenching concentration agent
猝灭碰撞 quenching collision
猝灭气体 quenching gas
猝灭器 quencher
猝灭区 quenched region
猝灭时间 quench time
猝灭效应 quenching effect
猝灭选通脉冲光电管 blanking gate photocell
猝灭振荡器 quench oscillator
猝灭中心 quenching center[centre]
猝灭装置 quenching unit
猝然排出量 abrupt discharge
猝然排水(量) abrupt discharge
猝熄 quenching
猝熄电路 quenching circuit
猝熄放电器 quenched spark gap
猝熄火花 quenched spark
猝熄火花变频器 quenched spark converter
猝熄火花隙 quenched spark gap
猝熄火花隙变频器 quenched spark gap converter
猝熄距离 quenching distance
猝熄频率 quench frequency
猝熄设备 quenching unit
猝熄时刻 quenching moment
猝熄室 quenching pot
猝熄物 quencher
猝熄振荡 quenching-frequency oscillation
猝熄振荡器 quenching-frequency oscillator

酢酱草 cuckoo-flower

醋 acetum; vinegar

醋氨苯砜 acedapsone
醋氨酚 acetaminophen; paracetanol
醋胺金刚烷 tromantadine
醋胺石 acetamide
醋胺硝唑 aminitrozole
醋布洛可 acebrochol
醋椿脑染料 acedronoles
醋代萘烷 aceperinaphthane
醋的 acetous
醋地砜钠 acediasulfone sodium
醋地高辛 acetyldigoxin
醋碘苯酸 acetrizoic acid
醋碘苯酸钠 sodium acetrizoate; urokon sodium
醋丁洛尔 acebutolol
醋酐 acetic anhydride
醋黑 aceko-black
醋化 acetify
醋化剂 acetificator
醋化器 acetifier
醋己氨酸 acexamic acid
醋剂 acetum
醋甲唑胺 methazolamide
醋姜 ginger in vinegar
醋精 acetin; vinegar essence
醋卡溴脲 acecarbromal
醋栗 gooseberry
醋量计 vinegar meter
醋柳酸 aetylsalicylic acid
醋氯钙石 calclacite
醋醚 bacteria ether
醋母 mother
醋藕 vinegared lotus root
醋瓶 vinegar bottle
醋葡醛内酯 aceglatone
醋醛 acetaldehyde
醋炔诺酮 norethindrone acetate; norlutate
醋乳 vinegar milk
醋石 acetate of lime
醋酸 acetic acid; acetyl hydrate; acidum aceticum
醋酸铵 ammonium acetate
醋酸铵法 amine acetate process
醋酸胺类 amines acetate
醋酸钡 barium acetate
醋酸苯胺试纸 aniline acetate paper
醋酸苯汞 phenylmercuric acetate
醋酸苯汞乙醇铵 phenyl mercuriethanolammonium acetate
醋酸苯汞中毒 phenylmercuric acetate poisoning
醋酸苯乙酯 phenethyl acetate; phenylethyl acetate
醋酸比重测定法 acetometry
醋酸比重计 acetimeter[acetometer]
醋酸冰片酯 bornyl acetate
醋酸丙基 propyl acetate
醋酸丙酸纤维素 cellulose acetate

propionate
醋酸测定法 acetimetry
醋酸的 acetic
醋酸地衣红 aceto-orcein
醋酸淀粉 acetic starch
醋酸丁酸纤维素 cellulose acetate butyrate
醋酸丁酯 butyl acetate
醋酸定量法 acetimetry
醋酸发酵 acetic fermentation
醋酸氟卡胺 flecainide acetate
醋酸钙 calcium acetate
醋酸甘油 triacetin
醋酸甘油酯 acetoglyceride
醋酸酐 acetic anhydride;acetyl oxide
醋酸高镍 nickelic acetate
醋酸根检验 detection of acetate
醋酸汞 mercuric acetate
醋酸钴 cobalt(ous) acetate
醋酸化作用 acetification
醋酸基胶片 acetate base film
醋酸钾 potassium acetate
醋酸绝缘线 acetate wire
醋酸锂 lithium acetate
醋酸联苯胺 benzidine acetate
醋酸铝 alumin(i)um acetate
醋酸氯钙石 calclacite
醋酸镁 magnesium acetate
醋酸镁钙 calcium magnesium acerate
醋酸锰 manganese acetate
醋酸钠 sodium acetate
醋酸片基 acetate base
醋酸铅 lead acetate;lead sugar;sugar of lead
醋酸铅培养基 lead acetate medium
醋酸铅试纸 lead acetate test paper
醋酸铅中毒 lead acetate poisoning
醋酸人造丝 acetate silk
醋酸溶纤剂 oxytol acetate
醋酸十六烷酯 cetyl acetate
醋酸十一碳烯酯 undecylenyl acetate
醋酸石灰 acetate of lime
醋酸双烯醇酮 dehydropregnenolone acetate
醋酸双氧铀 uranium acetate;uranyl acetate
醋酸水解 acetolysis
醋酸丝 acetate silk
醋酸特丁酯 tert-butyl acetate
醋酸特戊酯 tert-pentyl acetate
醋酸锑 antimony acetate
醋酸萜品酯 terpinyl acetate
醋酸铁 ferric acetate
醋酸铁液 black liquor;black mordant;iron(acetate) liquor
醋酸铜 acetate of copper;copper acetate;cupric acetate
醋酸戊酯 pear oil;amyl acetate
醋酸细菌 acetic acid bacteria
醋酸纤维 acetate fiber[fibre]
醋酸纤维板 acetyl cellulose sheet
醋酸纤维薄膜 acetate film;cellulose acetate membrane
醋酸纤维布带 acetate cloth tape
醋酸纤维法 acetate process
醋酸纤维护目镜 acetate visor
醋酸纤维胶片 acetate film
醋酸纤维绝缘电缆线 acetate wire
醋酸纤维膜电泳 cellulose acetate membrane electrophoresis
醋酸纤维(片)基 acetate base
醋酸纤维软性塑胶粉 cellulose acetate mo(u)lding powder
醋酸纤维素 acetyl cellulose;acetate;cellulose acetate;Estron
醋酸纤维素薄板 cellulose acetate sheet
醋酸纤维素薄膜 cellulose acetate film
醋酸纤维素膜 acetate film
醋酸纤维素黏[粘]结剂 cellulose adhesive
醋酸纤维素片材 cellulose acetate sheet
醋酸纤维素漆 acetyl cellulose lacquer;cellulose acetate paint
醋酸纤维素清漆 cellulose acetate lacquer
醋酸纤维素丝 acetate silk
醋酸纤维素塑料 acetyl cellulose plastics;cellulose acetate plastics
醋酸纤维素纤维 cellulose acetate fibre[fiber]
醋酸纤维素橡皮胶 acetate cellulose adhesive
醋酸纤维素酯 cellulose butyrate
醋酸纤维透明片 acetate
醋酸橡胶 acetic acid rubber
醋酸锌 zinc acetate
醋酸性染料 acetate colo(u)r
醋酸亚汞 mercurous acetate
醋酸盐 acetate
醋酸盐磁基带 acetate base
醋酸盐胶片 acetate sheet
醋酸洋红 aceto-carmine
醋酸乙烯 ethyl vinyl acetate
醋酸乙烯树脂 vinyl acetate resin
醋酸乙烯酯 Nikasol;vinyl acetate;vinyl acetic ester
醋酸乙烯酯塑料 vinyl acetate plastics
醋酸乙烯酯涂面料 vinyl acetate finish
醋酸乙烯酯一顺丁烯二酸酐共聚物 co-polymers of vinyl acetate and maleic anhydride
醋酸乙酯 acetic ether;ethyl acetate
醋酸异冰片酯 isobornyl acetate
醋酸异丙烯基酯 isopropenyl acetate
醋酸异丙酯 isopropyl acetate
醋酸异辛酯 two-ethyl hexyl acetate
醋酸银 silver acetate
醋酸铀酰 uranium acetate;uranyl acetate
醋酸正丙酯 n-propyl acetate
醋酸正戊酯 n-amyl acetate
醋酸正辛酯 caprylyl acetate;n-octyl acetate
醋酸酯 acetate
醋酸酯唱片 acetate disc[disk]
醋酸酯溶纤剂 ethylene glycolmonoethyl ether acetate
醋替罗酯 acetiromate
醋酮 methylacetal
醋酮酸 acetone acid;acetonic acid
醋戊曲酯 acevaltrate
醋纤浆料 acetate fibre paste;cellulose acetate dye
醋酰胺胂 acetarsol;spirocid;stovarsol
醋酰苯胺 acetanilid(e)
醋酰纤维 acetate rayon fiber[fibre]
醋线虫 vinegar eel;vinegar worm
醋硝香豆醇 acenocoumarol
醋辛酚汞 acetomeroctol
醋乙酸苯酯 phenyl acetate
醋异丙嗪 aceprometazine
醋酯薄膜 acetophane
醋酯短纤维 acetate rayon staple;acetate staple fibre
醋酯短纤维纱 spun acetate
醋酯里子布 celanna
醋酯人造毛 acetate wool
醋酯人造丝 acetate rayon;acetate rayon filament
醋酯丝 cellestron silk
醋酯纤维 acetate cellulose fibre
醋酯纤维纺丝机 acetate spinning machine
醋酯纤维染料 acetate dye
醋酯纤维纱线 filament acetate yarn
醋酯中空长丝 acetate hollow filament
醋唑磺胺 acetazolamide;diamox

簇 bunch;clustering;variety【数】

簇表目 cluster entry
簇虫 gregarina
簇墩 clustered piers;compound pier
簇花酸模 sharp dock
簇化合物【化】 cluster
簇集结构 cluster structure
簇礁(石) cluster rock
簇晶 cluster crystal
簇控制器 cluster control unit
簇理论 cluster theory
簇磷铁矿 beraunite;eleonorite
簇流 manifold flow
簇目录表 cluster entry
簇群城市 cluster city
簇绒 tufted;tufting
簇绒地毯 stitched-on pile carpet;tufted carpet;tufted rug
簇绒法 <地毯织法> short-pile method
簇绒割绒机 cut-pile tufting machine
簇绒机 clustering wool machine;tufting machine
簇射 shower
簇射单位路程 shower unit
簇射辐射 shower radiance
簇射粒子 shower particle
簇射探测器 shower counter
簇生 tuft
簇生草 bunch grass
簇生的 tufted
簇生叶 fascicled leaves
簇形结晶 cluster crystal
簇形装饰 dart
簇叶 foliage
簇柱 bundle of columns;bundle pillar;clustered columns;clustered piers;compound pier
簇桩 clump of piles;clustered piles;cluster of piles;dolphin;stake piles
簇桩坝 pile-clump dyke[dike]
簇桩航标 dolphin beacon
簇桩结构 cluster structure
簇状播种 sowing in patches
簇状的 areatus;nest
簇桩的中心桩 king pile
簇状高积云 alto cumulus glomeratus
簇状火山群 cluster cones
簇状金刚石修整工具 cluster-type diamond dressing
簇状造林 nest

窜 动干扰信号 running rabbit

窜渡 cross-over
窜渡失真 cross-over distortion
窜改账目 manipulation of accounts
窜改者 cooker;interpolator
窜流系数 interporosity flow coefficient
窜漏 blow by
窜气 gas blowby
窜相位 jump a leg
窜槽 channel(l)ing

篡 改 sophisticate;sophistication

催 促 prompting;urgency

催促剂 accelerator
催促信息 prompting message
催单 reminder
催镀液 quickening liquid
催肥 fatten(ing)
催付 dun
催付款 ask for payment
催付通知书 reminder
催干剂 drier[dryer];siccative
催干剂降效 drier dissipation
催干剂失效 drier absorption
催告履行义务 demand performance
催挂音 <电话> howler tone
催函 reminder letter
催花 flower forcing
催化【化】 catalyze
催化氨基甲酸(乙)酯树脂 catalyzed urethane resin
催化比色 catalytic colo(u)rimetry
催化波 catalytic wave
催化部位 catalytic site
催化残基 catalytic residue
催化产物 catalysate
催化臭氧 catalytic ozone
催化臭氧氧化 catalytic ozonation;catalytic ozone oxidation;catalyzed ozonation
催化臭氧氧化法 catalytic ozonation process
催化臭氧氧化曝气生物滤池工艺 catalytic ozonation biologic(al) aerated filter process
催化臭氧转换器 catalytic ozone converter
催化触媒作用 catalytic action
催化床 catalytic bed
催化床堵塞 plugging of catalytic bed
催化吹制(地)沥青 catalytically blown asphalt
催化促进剂 catalyst accelerator;catalytic promoter
催化的 catalytic
催化滴定(法) catalimetic titration;catalytic titration
催化地 catalytically
催化电离检测器 catalytic ionization detector
催化毒物 anti-catalyst;catalytic poison;poison of catalyst
催化法 catalytic method
催化反应【化】 catalytic reaction
催化反应器 catalytic reactor
催化分光光度法 catalytic spectrophotometry
催化分解作用 catalytic decomposition
催化分析器 catalytic analyser
催化固化 catalytic cure
催化固化型漆 catalyzed lacquer
催化固化型涂层 chemically cured finish
催化过滤器 catalytic filter
催化化学氧化 catalysed chemical oxidation
催化还原 catalytic reduction
催化活度 catalytic activity
催化活力 catalytic activity
催化活性 catalytic activity
催化极谱(法) catalytic polarography
催化技术 catalysis technology;catalytic technology
催化剂 accelerant;accelerating admixture;accelerating agent;accelerator;activator;catalyser[catalyzer];catalyst(agent);catalytic agent;chemical acceleration;energizer;mediator
催化剂表面 catalyst surface
催化剂表面沉积蜡 catalyst wax
催化剂沉降器 catalyst settler
催化剂的吸附与脱附 adsorption-desorption of catalyst
催化剂点火 catalytic ignition
催化剂堆密度 catalyst bulk density

催化剂对油料比 catalyst-to-oil ratio
催化剂对原料比 catalyst-to-crude ratio
催化剂废水 catalysis wastewater
催化剂粉末带出 carry-over of catalyst fines
催化剂感受性 catalyst susceptibility
催化剂管 catalyst tube
催化剂还原器 catalyst reducer
催化剂活性 activity of catalyst;catalyst activity
催化剂空间速度 space velocity of catalyst
催化剂孔隙度 pore volume of catalyst
催化剂筐 catalyst basket
催化剂磨碎器 catalyst attritor
催化剂镍 Raney nickel
催化剂汽脱 catalyst stripping
催化剂失活 catalyst deactivation
催化剂室 catalyst case
催化剂洗涤塔 catalyst scrubber column
催化剂选择度 catalyst selectivity
催化剂选择性 catalyst selectivity
催化剂循环 catalyst circulation
催化剂氧化 catalyst oxidation
催化剂油浆 oil-catalyst slurry
催化剂载体 catalyst carrier
催化剂载体片 carrier-pellet
催化剂再生 catalyst reactivation;catalyst recovery; catalyst regeneration
催化剂中毒 catalyst damage;catalyst poisoning
催化剂注射系统 catalyst injection system
催化剂装置 catplant
催化加氢精制 hydrobon
催化加热器 catalytic heater
催化检测器 catalytic detector
催化交换反应器 catalytic exchange reactor
催化金属 catalytic metal
催化净化 catalytic cleaning;catalytic purification
催化净化器 catalytic cleaner
催化净化装置 catalytic purification equipment
催化聚合油 catalyzed oil
催化聚合重整 catalytic polyforming
催化聚合作用【化】 catalytic polymerization
催化沥青 catalytic asphalt
催化裂化 catalytic cracking; catcracking
催化裂化汽油 catalytically cracked gasoline;catalytic gasoline
催化裂化器 catalytic cracker; cat cracker
催化裂化设备 catalyst cracker
催化裂化装置 catalytic cracking unit
催化裂解 cat-cracking
催化裂解法 catalytic cracking
催化裂解气 catalytically cracked gas
催化裂解装置 cat cracker
催化逆移反应 catalytic reverse shift reaction
催化喷涂 catalyst spraying
催化破裂 catalytic cracking
催化气体转化 catalytic gas reforming
催化汽化器 catalytic vapo(u)rizer
催化氢化 catalytic hydrogenation
催化氢化器 catalytic hydrogenation apparatus
催化氢解 catalytic hydrogenolysis
催化燃烧 catalytic combustion;catalytic oxidation
催化燃烧采暖炉 catalytic space heater
催化燃烧式氧分析仪 catalytic combustion type oxygen analyser[analyzer]
催化热处理 catalytic thermal treatment
催化色谱(法) catalytic chromatography
催化湿空气过氧化氢氧化工艺 catalytic wet air hydrogen peroxide oxidation process
催化湿空气氧化 catalytic wet air oxidation
催化湿空气氧化技术 catalytic wet air oxidation technology
催化示波极谱法 catalytic oscillopolarography
催化式气体发生器 catalytic gasifier
催化式燃气发生器 catalytic gasifier
催化式燃烧室 catalytic combustor
催化式消声器 catalytic muffler
催化室 catalyst chamber
催化熟化 catalytic cure
催化铁内电解法 catalytic iron internal electrolysis; catalyzed iron internal electrolysis
催化脱硫 catalytic desulfurization
催化脱水作用 catalytic dehydration
催化瓦斯油 catalytic gas oil
催化析晶 catalytic crystallization
催化型涂料 catalyzed coating
催化循环油 catalytic cycle oil
催化亚单位 catalytic subunit
催化氧化地沥青 catalytically blown asphalt
催化氧化法 catalytic oxidation process
催化氧化还原反应 catalyze redox reaction
催化氧化沥青 catalytically oxidized asphalt
催化氧化作用 catalytic oxidation
催化一氧化碳探测仪 catalytic carbon monoxide detector
催化仪器 catalytic apparatus
催化异构化 catalytic isomerisation; iso version
催化荧光法 catalytic fluorimetry
催化用玻璃纤维 catalytic amorphous glass fiber
催化载体 catalytic carrier
催化蒸馏 catalyst distillation
催化重整 catalytic reforming; catforming
催化重整炉 catalytic reformer;catalytic reforming furnace
催化重整器 cat reformer
催化重整装置 catalytic reformer;catalytic reforming unit
催化转化法 catforming
催化转化器 catalytic converter
催化作用 catalysis[katalysis];catalytic action;organic catalysis
催交股款通知 notice of a call
催缴簿 call book
催缴款通知(单) cum call
催缴资本 call-up capital
催款单 prompt
催款收据 call receipt
催款通知 dunning notice;notice of a call
催款信 call letter
催料员 expediter
催领通知 notice of arrival of goods
催收账款 receiptable on demand
催收支账户 check for collection account
催熟 accelerating maturity
催熟剂 ripener
催速 accelerate
催速剂 accelerant;accelerator
催速剂效力 potency of accelerator
催速作用 acceleration
催提货单 undelivered cargo list
催询单 chaser
催硬剂 hardening accelerating agent
催债 press for payment of debt

摧毁 blasting;destroy;destruct;destruction;smash

摧毁试验 exhaustive test
摧毁性甲基化作用 exhaustive methylation

脆靶 fragile target

脆变 embrittle(ment)
脆冰 frazil ice
脆残油 short residuum
脆的 brash(y); breakable; brittle; crimp;crisp;crumbly;frangible;friable;pulverulent <指岩石等的>
脆点 brittle point
脆度 brittleness;fragility;frangibility
脆度检测器 embrittlement detector
脆度检验器 embrittlement detector
脆度系数 coefficient of fragility;friable particle
脆断 brittle failure
脆断强度 brittle fracture strength
脆化 embrittle
脆化点 brittle point;brittle temperature;embrittlement temperature
脆化温度 brittle temperature
脆化性 embrittlement
脆金属 brittle metal
脆块沥青 bielzite
脆沥青 <地沥青石的一种> grahamite
脆沥青岩 impsonite
脆裂 brittle failure; brittle fracture; brittle rupture; embrittle(ment); embrittling
脆性材料 brittle material
脆裂点 brittle point
脆裂强度 brittle strength; bursting strength
脆裂趋向 embrittlement tendency
脆裂温度 embrittlement temperature
脆硫铋矿 ikunolite
脆硫铋铅矿 sakharovaite
脆硫砷铅矿 sartorite
脆硫锑铅矿 jamesonite
脆硫锑铜矿 famatinite
脆硫锑银矿 owyheeite
脆硫锑银铅矿 owyheeite
脆硫铜铋矿 klaprothite
脆柳 brittle willow
脆煤 friable coal;weak coal
脆木 brash wood
脆磐 fragipan
脆磐土 fragipan soil
脆漆 quick-setting emulsion; rapid setting asphaltic emulsion
脆韧性断层 brittle-ductile fault
脆韧性转变 brittle-ductile transition
脆韧转变 brittle-ductile transition
脆弱 fragility
脆弱部件 vulnerable component
脆弱部位 vulnerable spot
脆弱的 flimsy; fragile; frail; perishable;tender;vulnerable
脆弱点 vulnerable
脆弱钢 perished steel
脆弱接合 starved joint
脆弱晶格 brittle lattice
脆弱颗粒 friable particle
脆弱(沥青)混合料 tender mix
脆弱面 plane of weakness
脆弱性 vulnerability
脆弱性骨硬化 osteopoiki losis
脆纱 tender yarn
脆砷铁矿 angelellite
脆锶硼石 strontioborite
脆碎性 brittleness;crispness;friability
脆碎性测定器 friability tester
脆碎性试验 friability test
脆穗轴 brittle rachis
脆铁 brittle iron;burned iron;short iron
脆通炸药 britonite
脆纹 short grain
脆响(纸张) rattle
脆芯材 brittle heart
脆性 brash;brittle behavio(u)r;brittlement;brittleness;fragileness;fragility;frangibility;shortness
脆性白土 gaize
脆性变形 brittle deformation
脆性表面 friable surface
脆性玻璃 brittle glass
脆性薄膜 brittle film
脆性材料 brittle material;fragile material; friable material; hard brittle material
脆性材料抗拉强度测试仪 brittle materials tensile-strength tester
脆性程度 degree of brittleness
脆性大理石 friable marble
脆性的 brashy wood;brittle;fragile
脆性点 brittle point
脆性断层 brittle fault
脆性断口 rock candy structure
脆性断裂 brittle failure; brittle fracture; brittle runway; brittle rupture;separation fraction
脆性断裂面 brittle fracture surface
脆性断裂应力 brittle fracture stress
脆性断裂作用 brittle faulting
脆性方解石 friable calcite
脆性粉末 fragile powder
脆性钢丝 crimped wire
脆性钢纤维 crimped steel fiber[fibre]
脆性固体 <此种物体在它的屈服点发生之前就破裂> brittle solid
脆性合金 brittle alloy
脆性褐煤 friable lignite
脆性环状体试验 brittle-ring test
脆性剪切破坏 brittle shear failure
脆性结持度 brittle consistency
脆性结构 brittle(-type) structure
脆性金属 brittle metal;friable metal
脆性矿物 brittle mineral
脆性连杆 <水轮机的> breaking link
脆性裂缝 brittle crack
脆性裂隙 brittle fracture
脆性模型 brittle model
脆性木材 brashy wood
脆性木料 brash;brashy wood
脆性黏[粘]结阶段 coherent-brittle stage
脆性黏[粘]土 brittle clay
脆性喷漆技术 brittle-lacquer technique
脆性疲劳 brittle failure
脆性破坏 brittle failure; brittle fracture;brittle rupture;fragile collapse
脆性破坏方式 brittle failure fashion
脆性破裂 brittle fracture;brittle rupture;non-plastic fracture
脆性漆 brittle lacquer
脆性漆涂层 stress coat
脆性清漆 brittle varnish
脆性区 brittle zone
脆性区域 brittle range
脆性蠕动 brittle creep
脆性弱结构 weak structure
脆性生铁 glazed pig
脆性石膏 earthy gypsum;friable gypsum
脆性石棉材料 friable asbestos material

脆性试验 brittleness test; fragility test; friability test
脆性塑性转变 brittle-plastic transition
脆性铁 brittle iron; short iron
脆性铁盘 friable iron pan
脆性涂层法 brittle coating method
脆性涂料 <一种在破裂前有少许伸长可能的材料,用它涂在结构材料或构件上并施加荷载,从而产生裂缝根据涂料的性质,指示应变的性质和大小> brittle lacquer; brittle coating lacquer
脆性涂料法 brittle coating method
脆性土 friable soil
脆性温度 brittleness temperature
脆性系数 coefficient of brittleness; coefficient of fragility
脆性纤维 brittle fiber[fibre]; fragile fibre
脆性延性转变 brittle-ductile transition
脆性岩层 short ground
脆性岩石 brittle rock
脆性氧化铝 friable alumina
脆性页岩 friable shale
脆性载体 fragile support
脆性支承 brittle support
脆性指数 brittle(ness) index; fragility index
脆性转变温度 brittle transition temperature; ductile-brittle transition temperature; transition temperature
脆性转折温度 brittle transition temperature
脆性状态 <钢铁的> hot shot
脆银矿 black silver; brittle silver ore; goldschmidtine; stephanite
脆硬钢 hardened steel; tempered steel
脆云母 brittle mica
脆折点 brittle point
脆折性 brashness
脆脂 crackings
脆质线 line of weakness

淬钢 quench steel

淬化剂 hardener
淬化深度 hardness penetration
淬化浴 quenching bath
淬火 chilling; dowse; harden(ing); heat hardening; quench(ing)
淬火变化图 quenching diagram
淬火变形 distortion during quenching; quenching distortion; quenching strain
淬火表面 hard(ened) surface
淬火并回火钢丝 quenched and tempered steel wire
淬火玻璃 armo(u)red glass; chilled glass; toughened glass
淬火玻璃硬度 flinty hardness
淬火不足 under hardening; underquenching
淬火槽 hardening tank; quenching bath; quenching tank; quench(ing) trough
淬火槽挤压 quench-tank extrusion
淬火常数 quenching constant
淬火车间 hardening plant; hardening shop
淬火池 hardening bath; quenching bath
淬火处理 hardening treatment
淬火导轨 hardened way
淬火的 heat-strengthened
淬火法 hardening; quenching method
淬火钢 chilled(hardened) steel; hardened steel; heat-treated steel; quenching steel
淬火钢衬套 hardened steel bushing
淬火钢导轨 hardened steel guideway
淬火钢钉 hardened steel nail
淬火钢滚轮 hardened steel roller
淬火高炉渣 quench blast furnace slag
淬火工 quencher; temperer
淬火光电流 quench photocurrent
淬火过程 process of hardening
淬火过的碎玻璃片 shredded cullet
淬火回火 Q-tempering; quenching-tempering
淬火回火处理 double treating
淬火回火过程 quench-temper process
淬火回火连续作业线 continuous quench and temper line
淬火机 hardening machine; quenching machine
淬火机机头 quench head
淬火机理 mechanism of hardening
淬火及回火 quenching and tempering
淬火剂 hardening agent; hardening compound; hardening medium; quenching agent; quenching compound; quenching medium
淬火夹具 quenching fissure
淬火截面硬度分布曲线 hardness distribution curve of hardening section; U curve
淬火介质 hardening agent; quenchant; quenching medium
淬火鲸油 whale quenching oil
淬火冷却器 quencher
淬火烈度 quenching intensity
淬火裂缝 quench crack(ing)
淬火裂纹 hardening crack(ing); hardening flaw; quenching crack; quenching fissure
淬火炉 glowing furnace; hardening furnace; quench(ing) furnace
淬火马氏体 quenched martensite
淬火马氏体轧制 marquench rolling
淬火媒介 quenching medium
淬火面 hardened face
淬火喷头 quench head
淬火器(具) quencher; quenching apparatus
淬火钎头 forged bit
淬火强度 quenching strength
淬火强化 tempering
淬火区 quenching distance
淬火曲线 hardening curve
淬火屈氏体 quenched troostite
淬火缺陷 quenching defect
淬火深度 depth of hardening; depth of quenching; hardness penetration
淬火时间 cool time
淬火时效 quenching ag(e)ing
淬火试验 quenching test
淬火室 hardening chamber
淬火水 quenching water
淬火水槽 quenching water bath
淬火索氏体 quenched sorbite
淬火弹簧钢丝 chilled spring wire
淬火退火 quenching annealing
淬火弯曲试验 quench bend test
淬火温度 hardening heat; hardening temperature; quenching temperature
淬火箱 quenching box
淬火镶嵌钢 <在卡盘上、钳上的> hardened steel inserts
淬火效应 quenching effect
淬火型材 quenched shape
淬火性 hardenability
淬火延迟 quenching delay
淬火液 hardening liquid; quench bath
淬火应变 distortion during quenching; hardening strain; quenching strain
淬火应力 hardening stress; quenching stress
淬火硬度 quenching hardness
淬火硬化 quench hardening; temper hardening
淬火硬化机 flame hardening machine
淬火硬化炉 tempering furnace
淬火油 hardening oil; quenching oil
淬火油槽 oil-quenching tank
淬火油池 oil-quenching bath
淬火油浸测量法 quench(ing)-oil-immersion thermometry
淬火盂 quenching cup
淬火与回火的 hardened and tempered
淬火浴 hardening bath
淬火指数 quench index; quench number; temper number
淬火装置 quenching arrangement; quenching unit
淬火状态 as-quenched
淬火组织 quenched structure
淬火钻头 quenched bit
淬火作用 quenching effect
淬焦 coke quenching
淬焦车 coke quenching car
淬冷篦子 quenching grate
淬冷法形成的碎玻璃 quenched cullet
淬冷风机 quench fan
淬冷高炉矿渣 granulated blast furnace slag
淬冷环 quench ring
淬冷控制台 quench instrumentation panel
淬冷率 quenching rate
淬沥过度 hot shot
淬裂 hardening crack(ing); quench crack(ing)
淬裂敏感性 quenching crack susceptibility
淬灭 extinction
淬凝水 dousing[dowsing] water
淬碎玻璃碎屑 hyaloclastic vitreous fragment
淬碎集块岩 hyaloclastic agglomerate
淬碎角砾岩 hyaloclastic breccia
淬碎凝灰岩 hyaloclastic tuff
淬碎碎屑熔岩 hyaloclastic lava
淬透 full hardening; full quenching; through quenching
淬透性 hardenability characteristic
淬透性带 hardenability band
淬透性极限 hardenability limit
淬透性曲线 depth-hardness curve
淬透性试验 hardenability test
淬透性图表 hardenability chart
淬透性直线 hardenability line
淬透性值 hardenability value
淬熄 quenching
淬熄距离 quenching distance
淬硬 hardening; harden quench(ing); quench hardening; quenching; tempering
淬硬表面 hardened(sur) face
淬硬层 quench-hardened case
淬硬层深度 depth of hardening zone
淬硬层原的 deep-hardened
淬硬导轨 hardened way
淬硬的 hardened
淬硬法 hardening
淬硬钢 chilled steel; hardened steel; quenched steel; tempered steel
淬硬钢板 hardened plate
淬硬合金钢 quench alloy steel
淬硬接头 hardened coupling
淬硬磨光蜗轮 hardened and ground worm
淬硬区 quenched zone
淬硬深度 depth of hardening; harden depth; hardness penetration; penetration of hardness
淬硬碳钢 quench carbon steel
淬硬性 hardenability
淬硬性带 hardenability band
淬硬组织 quenched structure
淬油槽 quenching oil bath
淬致裂痕 hardening crack(ing); quenching crack
淬致裂纹 hardening crack(ing); quenching crack
淬致缺陷 quenching defect

萃取 abstraction; extraction; recovery

萃取(百分)率 percentage extraction
萃取残液 raffinate
萃取残渣 extracted solid
萃取残渣出口 extracted solid discharge
萃取层 extract layer
萃取常数 extraction constant
萃取处理 extraction treatment
萃取等温线 extraction isotherm
萃取滴定(法) extraction titration; extractive titration
萃取动力学 extraction kinetics
萃取法 extraction method; extraction process
萃取分光光度法 extraction spectrophotometry
萃取分离设备 extraction and stripping apparatus
萃取光度法 extraction spectrophotometric method
萃取过程 extraction process
萃取活性污泥 extracted activated sludge
萃取火焰原子吸收法 extraction flame atomic absorption method
萃取机 extracting machine
萃取机理 extraction mechanism
萃取级 extracting stage
萃取级数 extraction stage
萃取剂 extractant(reagent); extracting agent; extraction agent; extraction solvent
萃取净化 solvent extractive purification
萃取流量 extraction flow
萃取率 extraction rate; ratio of extraction
萃取膜生物反应器 extractive membrane bioreactor
萃取能力 extracting power
萃取瓶 extraction flask
萃取器 abstractor; extraction apparatus; extractor
萃取器组 extraction battery
萃取溶剂 extracting solvent; extractive solvent
萃取设备 extraction apparatus; extraction plant; extraction unit
萃取石墨炉法 extraction graphite furnace method
萃取时间 extraction time
萃取试验 extraction test; extractive test
萃取塔 column extractor; extracting tower; extraction column; extraction tower
萃取提纯 purification by liquid extraction
萃取温度 extraction temperature
萃取物 abstract; extractant
萃取系数 extraction coefficient
萃取冶金 lyometallurgy
萃取液 liquid extract
萃取抑制 extraction suppression
萃取用材 extract wood
萃取用溶剂 extraction solvent
萃取蒸馏 extractive distillation

萃取重量法 extraction gravimetric method
萃取柱 column extractor; extraction column
萃取装置 extraction plant
萃余液 faffinate

毳幕 tabernacle

翠 jade

翠铬绿 Guignet's green
翠花 kingfisher's feather flower
翠菊 common China-aster
翠榴石 demantoid
翠绿 emerald; emerald green; jade green; Paris green; vendancy; viridity
翠绿锂辉石 hiddenite
翠绿色 fresh green; green blue
翠绿色的 virid
翠绿色颜料 viridian
翠绿砷铜矿 cornwallite; erinite
翠绿砷铜石 connwallite
翠绿亚胺 emeraldine
翠毛釉 kingfisher feather glaze
翠镍矿 emerald nickel; zaratite
翠青地黑花 black on kingfisher blue
翠雀碱 delphinine
翠雀蓝 delphinium blue
翠雀宁 delphinine
翠砷铜矿 euchroite
翠砷铜石 euchroite
翠砷铜铀矿 zeunerite
翠纹金刚钻 cotton spotted bollworm

村边杂草 aletophyte

村路 dustroad
村落 hamlet; rural settlement
村落地理学 village geography
村落规划 settlement planning
村落环境 rustic environment; village environment
村民委员会 resident's committee; villagers committee
村黏[粘]活动绿地 village green
村舍 bower; cottage; rustic cottage
村社供水国际参考资料中心 International Reference Centre for Community Water Supply
村野 rusticity
村有林 panchayat forest
村镇 agrotown; commune; wick; bourg
村镇电台 rural station
村镇委员会 county council
村周灌溉地 bara
村庄 village; pueblo <印第安人的>
村庄道路 village road
村庄广场 village green
村庄景观 village landscape

存案 on file

存板架 plate rack
存版 keep standing; standing forms
存拨电话 call-a-matic telephone
存仓 storage bin; storage bunker
存仓报单 warehouse entry
存查 on file
存查联 <备忘副本> memorandum copy
存车场 car storage park; storage pad; storage yard
存车搭乘点 park-and-pool lot
存车罚款 parking fine
存车费 parking fee
存车港 parking port
存车港湾 carport; parking port
存车管制区 parking control area
存车换乘 park-and-ride
存车换乘点 park-and-ride lot; park-and-ride site
存车换乘系统 parking and riding system
存车换乘制 park-and-ride system
存车计费表 parking meter
存车计时器 parking timer
存车间 storage garage
存车库 parking garage
存车累计调查 parking accumulation study
存车棚 carriage shed
存车平台 parking deck
存车坪 parking deck
存车设施 parking facility
存车弯 parking port
存车位 parking bay
存车线【铁】 car storage track; storage siding; storage track
存车线容量 storage track capacity
存车制动 parking brake
存储 deposits and savings; holding; inventory; recording <文件资料等的>; remembering; stockpile; storage; store memorize; storing
存储按钮 store button
存储板 memory board; memory frame; memory plane; storage plate
存储板选择 board selection
存储保护 memory guard; memory protection; store protection
存储保护功能 memory protection feature
存储保护寄存器 memory protection register
存储保护键 memory protection key; storage protection key
存储保护区 storage protection block
存储保护特性 storage protect feature
存储保护位 storage protect bit
存储保护选件 memory protection option
存储臂 access arm
存储变换表 memory-map list
存储变换赋能(位) memory mapping enable
存储变换机构 memory mapping device
存储变址 memory indexing
存储标志 storage mark
存储表 storage list
存储表面 storage surface
存储表设定 storage tab setting
存储部分【计】 storage area; storage section
存储部件 storage device; storage section
存储部件接口 memory package interface
存储材料 storage medium[复 media]; stored material
存储残片 fragmentation; storage fragmentation
存储操作 storage operation; store operation
存储操作符 store operator
存储槽 holding tank; slot
存储层 accumulation layer
存储层次 memory hierarchy; storage hierarchy
存储插入程序 memory patch
存储查找程序 memory search routine
存储成本 carrying cost; storage cost
存储程序 canned program(me); stored program(me); stored routine
存储程序单元 stored program(me) element
存储程序的 stored program(me)
存储程序方式 stored program(me) system
存储程序概念 stored program(me) concept
存储程序计算机 stored program(me) computer
存储程序控制 stored program(me) control
存储程序控制电子电报交换机 stored program(me) controlled electronic telegraph switching equipment
存储程序控制器 stored program(me) controller
存储程序逻辑 stored program(me) logic
存储程序式计算机 stored program(me) computer
存储程序数字计算机 stored program(me) digital computer
存储程序系统 stored program(me) system
存储池 holding pond; storage pool
存储冲突 memory contention
存储处理机 storage processor
存储传输电桥 store transmission bridge
存储窗 memory window
存储词 stored word
存储磁鼓 drum memory; file drum; memory drum
存储磁头 storage head
存储磁芯 memory core; storage core; store core
存储磁芯测试键控器 memory core handler
存储磁芯试验器 memory core tester
存储打印 memory print
存储打印程序 storage print program(me)
存储带符号 storage tape symbol
存储单元 storage cell; bank; cell; location; memory location; storage allocation; storage element; storage location; storage unit; store cell; store location
存储单元胞 storage cell
存储单元打印程序 storage print program(me)
存储单元的重新分配 memory relocation
存储单元分配 deallocation
存储单元计数器 location counter
存储单元区 cell area
存储单元信息 location information
存储单元选择 storage location selection
存储单元阵列 memory cell array
存储的 canned
存储的物理形式 form of the physical store
存储等高线 cache contour
存储地址计数器 memory address counter
存储地址寄存器 bank address register; store address register
存储地址监控器 control store monitor
存储地址驱动器 memory address driver
存储地址式 bank address system
存储地址有效 valid memory address
存储点 memory point
存储电荷 stored charge
存储电荷晶体管 store charge transistor
存储电荷图 stored charge pattern
存储电路 memory circuit; recording channel; storage circuit
存储电容 memory capacitor; storage capacitance
存储电容器 holding capacitor; integrating capacitor; memory capacitor; reservoir capacitor; storage capacitor
存储电阻器 memistor
存储调度 memory scheduling
存储定时产生器 memory timing generator
存储堆栈 storage stack
存储队列 storage queue
存储法 packing method
存储范围寄存器 storage limit register
存储方案 storage scheme
存储方法 storage means; storage technique
存储访问 memory reference; storage reference
存储访问故障 memory access fault
存储访问控制器 store access controller
存储访问时间 store access time
存储访问指令 memory reference order
存储费(用) carring cost; storage charges
存储费账 storage charge account
存储分段控制 memory-segmentation control
存储分配 storage allocation
存储分配程序 memory allocator
存储分配的边界标志方法 boundary tag method of storage allocation
存储分配的伙伴系统 buddy system for storage allocation
存储分配方案 storage allocation plan
存储分配器 memory allocator
存储分配图式 schematic storage map
存储分配语句 allocate statement storage
存储分配子程序 memory allocation subroutine
存储分析 inventory analysis
存储封锁 memory lockout
存储服务 store service
存储负操作 store negative operation
存储覆盖区 storage over-lay area
存储干扰 storage interference
存储格局 memory configuration
存储格式 storage format
存储格式指令 stored format instruction
存储更换 memory change
存储更新寄存器 memory refresh register
存储功能 memory function
存储管 memorytron; memory tube; memotron; storatron
存储管理 memory management; storage administration; storage management; store management
存储管理策略 memory management policy; storage management strategy
存储管理异常 memory management exception
存储管理装置 memory management unit
存储管式示波器 memoscope; monoscope
存储管显示器 storage tube display
存储规划 memory utilization
存储规则 storage rule
存储和检索系统 storage and retrieval system
存储和向前方式 store-and-forward mode
存储互换(装置) memory exchange

C

存储环路 store loop
存储环路驱动 store loop driver
存储缓冲器 memory buffer; storage buffer
存储缓冲区 memory buffer; storage buffer
存储回路 store loop
存储回路驱动器 store loop driver
存储机构 storing mechanism
存储积分器 storage integrator
存储级 storage level
存储级的表示 storage level representation
存储记录器【计】 storage register
存储继电器 memory relay; storage relay
存储寄存器 storage register; store's register
存储监控器 control store monitor
存储检查程序 memory check program(me)
存储键 storage key
存储键盘 storage keyboard
存储交叉 store interleaving
存储交叉点 storage cross-point
存储交换 memory exchange; memory swapping; storage exchange
存储接口 memory interface
存储结构 storage organization; storage structure
存储结构限定 storage structure definition
存储解码器 storage decoder
存储介质 medium; storage medium [复 media]
存储界限寄存器 memory lockout register; storage limit register
存储紧化 storage compacting
存储紧密化【计】 storage compacting
存储紧缩 memory compaction; storage compacting
存储进路 stored route
存储进位 stored carry
存储进位乘法 stored carry multiplication
存储精简 storage compacting
存储警戒 storage guard
存储矩阵 dot-blur pattern; memory matrix; storage matrix; stored matrix
存储卡【计】 memory card
存储开关 memory switch; storage switch
存储空间 dedicated space; device space; memory space; storage space
存储空间管理员 space manager
存储孔 storage hole
存储控制 presetting control; storage control; stored control
存储控制器 storage controller; storage control unit; store controller
存储控制器存储保护 store controller storage save
存储控制器存储器 store controller storage
存储控制器存储器保留 store controller storage save
存储控制器定义记录 store controller definition record
存储控制器数据 store controller data
存储控制条件 storage control condition
存储控制问题 inventory control problem
存储库 memory bank
存储库开关 bank switching
存储块 block of memory; memory block; storage block; store block
存储块分配 block allocation
存储块公用池 block pool
存储类 storage class
存储类型 storage class
存储类属性 storage class attribute
存储类属性的限制 storage class attribute restriction
存储累加器 memory accumulator; store accumulator
存储量 inventory; memory capacitance; memory capacity; memory size; memory space; size of memory; storage capacity
存储量极限 memory limit
存储率 percentage of storage
存储论【数】 theory of storage; inventory theory; stock and inventory control theory; storage theory
存储逻辑 stored logic
存储码 memory code
存储忙碌信号 memory busy signal
存储媒介 storage medium[复 media]
存储媒体 medium; storage medium [复 media]
存储密度 memory density; package density; packing density; storage density
存储密化 storage compacting
存储面 storage surface
存储面积 store area
存储模块 storage pattern
存储模式 memory module; storage mode; storage module; storage pattern
存储内容 memory content; storage content
存储内容交换 storage exchange
存储内容转储 memory contents dump
存储能力 memory capacity; memory power; memory property; storage capacity
存储排列 memory arrangement; packing arrangement
存储盘 memory disc
存储培养 stock culture
存储配置 memory layout
存储平衡 storage balance
存储瓶 holding bottle
存储期间 memory period; storage cycle period
存储奇偶校验 storage parity
存储器 accumulator; computer memory; direct memory access; filling; memorizer; memory machine; receiver; storage element; storage system; storage unit; store element; storer; store unit
存储器按钮 memory button
存储器保护 memory protection; storage protection
存储器保护错误 memory guard error
存储器保护方案 memory protection scheme
存储器备用 memory ready
存储器闭锁 memory locking; store locking
存储器编址 memory addressing
存储器变换 memory map
存储器操作 storage operation
存储器层次结构 system storage hierarchy
存储器插件板 memory card
存储器程序 memory program(me)
存储器冲突 storage interference
存储器重叠 memory over-lay; storage ripple
存储器重新配置 storage reconfiguration
存储器传送速率 memory transfer rate
存储器窗口 memory windowing
存储器-存储器操作 storage-to-storage operation
存储器存取 access to store; memory access; storage access
存储器存取保护 memory access protection
存储器存取冲突 memory access conflict; storage access conflict
存储器存取故障 memory access fault
存储器存取控制 memory access control
存储器存取口 memory access port
存储器存取宽度 storage access width
存储器存取时间 memory access time; storage access time
存储器存取速度 memory access rate
存储器错误 memory error
存储器打印程序 storage print program(me)
存储器打印输出 memory printout
存储器单元 memory cell; storage cell; storage location
存储器的池 storage pool
存储器的存取控制 memory access control
存储器的存取时间 store access time
存储器的分配 allocation of storage
存储器的结构表示 structure representation in memory
存储器的紧凑 storage compaction
存储器的可擦(除)性 erasability of storage
存储器的生成 generation of storage
存储器的重新分配 memory relocation
存储器的周期时间 store cycle time
存储器等待时间 memory latency time
存储器地址 storage address; storage location; memory address
存储器地址分配 memory address assignment
存储器地址寄存器 memory address register
存储器地址空间 memory address space
存储器地址显示灯 storage address display light
存储器地址线 memory address line
存储器地址选择器 memory address selector
存储器地址指示器 memory address pointer
存储器地址指针 memory address pointer
存储器地址总线 memory address bus
存储器调度程序 memory scheduler
存储器定相 store phasing
存储器读出 memory read
存储器读出放大器 memory sense amplifier
存储器队列 storage queue
存储器多路数据链 memory multiplex data link
存储器访问 memory access
存储器分段存储 storage fragmentation
存储器分级体系 memory hierarchy; storage hierarchy
存储器分配 memory allocation; storage allocation
存储器分配程序 storage allocation routine; storage allocator
存储器分配单元 storage allocation location
存储器分配算法 storage allocation algorithm
存储器分配图 memory assignment map
存储器分配形式 memory map
存储器分配语句 storage allocation statement
存储器封锁 memory locking
存储器俘获状态 memory trap condition
存储器覆盖 memory over-lay; storage over-lay
存储器覆盖区 storage over-lay area
存储器更新 memory update
存储器公用区 common area of memory
存储器共享 memory sharing
存储器共用系统 memory share system
存储器管理 memory management; storage management
存储器管理寄存器 memory management register
存储器管理硬件 memory management hardware
存储器管理状态 memory management status
存储器和外设控制部件 memory and device control unit
存储器宏指令 storage macroinstruction
存储器缓冲寄存器 memory buffer register
存储器缓冲器 storage buffer
存储器级别 storage level
存储器寄存器 memory register
存储器加载模块 storage load module
存储器间转移 memory-to-memory transfer
存储器检测系统软件 memory test system software
存储器检索 memory scan; memory search
存储器件 memory device
存储器交叉存取 memory interleaving
存储器交错存取方式 memory interleave system
存储器交换 memory mapping
存储器接口约定 memory interface protocol
存储器结构 memory construction; storage structure
存储器界限寄存器 memory bounds register
存储器紧致 storage compacting
存储器禁用 memory inhibit
存储器就绪 memory ready
存储器开关 storage switch
存储器空 store empty
存储器控制 storage control
存储器控制部件 memory control unit
存储器控制逻辑 memory control logic; store control logic
存储器宽度 memory width
存储器扩展 memory expansion
存储器扩展器 memory extender
存储器立即指令 memory immediate instruction
存储器描述符 storage descriptor
存储器模件 memory module
存储器模块 memory module; storage module
存储器模数 memory module
存储器内容打印 storage dump
存储器内容更新 corduroy dump
存储器配置 memory allocation; storage allocation
存储器匹配 memory match
存储器片 memory chip
存储器奇偶错 memory parity error
存储器奇偶发生器 memory parity generator
存储器奇偶性 memory parity
存储器奇偶中断 memory parity interrupt
存储器清除 corduroy dump; core dump memory clear; memory dump

存储器清除打印 memory dump
存储器清除键 memory clear key
存储器清除子程序 memory clear subroutine
存储器请求 memory request
存储器请求属性 memory request attribute
存储器取数 memory access
存储器取数时间 memory access time
存储器取数指令 memory reference instruction
存储器容量 memory capacity; memory size; storage capacity; size of memory; storage size; store capacity; memory margin
存储器入口 memory enter
存储器扫描选择 memory scan option
存储器设计 memory design
存储器深度 memory depth
存储器深度宽度比 depth over-width ratio of memory
存储器时段方式 memory time-slice method
存储器时分方式 memory time-slice method
存储器输出 storage output; store output
存储器输出总线 memory output bus
存储器输入 storage input; store input
存储器输入程序 memory loader
存储器输入输出 storage input-output
存储器输入总线 memory input bus
存储器数据寄存器 memory data register
存储器数据总线 memory data bus
存储器体积 memory size
存储器填充 memory fill; storage fill
存储器通道 storage channel
存储器透明性 memory transparency
存储器违章 memory violation
存储器位置 memory location
存储器系统 accumulator system; storage system
存储器闲置 memory idle
存储器陷阱条件 memory trap condition
存储器写入 memory write
存储器写入保护 memory write protection
存储器信息转储 storage dump
存储器选择电路 storage-selection circuit
存储器压缩 memory compaction
存储器易失性 storage volatility
存储器溢出 storage over-flow
存储器引用指令 memory reference instruction
存储器应答信号 memory acknowledge signal
存储器映象 memory mapping; storage image
存储器映象接口 memory-mapped interface
存储器映象设备 memory-mapped device
存储器硬件 memory hardware
存储器元素 memory element
存储器再生 memory refresh
存储器再生功能 memory refresh feature
存储器再组合功能 storage reconfiguration
存储器占有率 storage occupancy
存储器诊断(程序) memory diagnostic
存储器阵列 memory array
存储器直接存取 direct memory access
存储器直接存取传送 direct memory access transfer
存储器直接存取数据传送 direct memory access data transfer
存储器直接存取通道 direct memory access channel
存储器直接访问 direct memory access
存储器指令数据 memory instruction data
存储器指示灯 storage light
存储器中未用满部分 fragmentation
存储器种类属性缺省规则 default for storage class attribute
存储器周期 memory cycle; storage cycle
存储器转储 memory dump; storage dump
存储器转储程序 memory dump routine
存储器转移地址 memory reference address
存储器资源 memory resource
存储器字 memory word
存储器自动分配 automatic storage allocation
存储器自动增量操作 memory-autoincrementing operation
存储器总线 memory bus
存储器总线输出 storage bus out
存储器总线输入 storage bus in
存储器组合 memory pool
存储器组织 memory organization; storage organization
存储钳位 memory clamp
存储请求计数器 memory request counter
存储区标识符 location identifier
存储区的多用途 multiple use of storage area
存储区定界符 location delimiter
存储区分 memory partitioning
存储区分配 allocate storage
存储区建立 zone-setting
存储区未用满部分 fragment(ation)
存储区限定 storage area definition
存储区(域) area in storage; area of memory; memory area; memory block; memory zone; storage area; storage region; area in store; pool
存储全息图 stored hologram
存储热量 stored heat
存储容量 storage capability; storage capacity; store capacity
存储容量极限 memory limit
存储冗余 storage redundancy
存储扫描 memory scanning
存储上溢 overflow
存储设备 memory equipment; storage device; storage equipment; storage facility
存储摄像管 ionoscope
存储剩余空间 storage fragmentation
存储时间 memory time; storage time
存储时间常数 storage time constant
存储示波器 storage oscillograph; storage oscilloscope
存储式继电器 memory relay
存储式联锁 storage interlocking
存储式列车描述器 describer magazine train describer
存储式热水器 storage-type geyser
存储式摄像管 storage-type camera table
存储式同步示波器 memory (synchro) scope; storascope
存储式驼峰自动集中机 stored switching machine
存储室 store chamber
存储寿命 storage property
存储输入键 memory in key; memory load key
存储数 storage number
存储数据 canned data; storage data; stored data
存储数据的描述语言 stored data description language
存储数据定义语言 stored data definition language
存储数据缓冲器 store data buffer
存储数据寄存器 storage data register
存储数据库 storage database; stored data base
存储数据准备 memory data ready
存储衰落筛选程序 fading memory filter
存储水准 inventory level
存储速度 <等于从存储器存取信息时间的速度>【计】storage speed; access speed; storing velocity
存储速度补偿器 memory velocity compensator
存储速率 memory rate; storage speed
存储宿主 reservoir host
存储碎片 fragmentation; storage fragmentation
存储探测器 storage detector
存储特性 storage characteristics
存储体 bank; memory bank; memory module; memory stack; storage bank; storage medium[复 media]; storage module; storage stack; storage volume; store module
存储体控制器 bank controller
存储调整 memory tuning
存储桶【计】bucket
存储桶存取 bucket access
存储桶大小 bucket size
存储桶地址 bucket address
存储桶容量 bucket size
存储桶索引 bucket index
存储桶位置 bucket location
存储图 storage map
存储图像 memory image; storage image
存储位 bank bit; storage bit; storage level
存储位分配方案 allocation plan
存储位置 storage location; storage site
存储位置单元 storage site element
存储位置节点 storage site node
存储位置指定 storage site assignment
存储物品 stores
存储系数 <地下含水层的水文参数> coefficient of storage
存储系统 inventory system; memory system; storage system
存储系统结构 memory system architecture
存储系统设计 storage system design
存储显示管 storage display tube
存储显示器 storage display
存储显像管 storage tube
存储限制寄存器 memory limit register
存储箱 storage box
存储镶嵌 storage mosaic
存储响应 memory response
存储效率 storage efficiency
存储效应 memory effect
存储斜移方案 memory skewing scheme
存储写入速度 storage writing speed
存储信号 storage signal
存储信息 canned data; stored data
存储信息标号 storage key; store key
存储信息的最坏图样 worst pattern of stored information
存储形式 file layout
存储性能 memory property
存储修改 memory modify
存储循环 canned cycle
存储循环时间 memory cycle time; storage cycle time
存储压缩 storage compacting
存储延迟 storage delay
存储延时继电器 memory time-delay relay
存储演算器 memory exerciser
存储页 memory page
存储页面 memory page
存储仪器 memory instrument
存储移动 store shuffling
存储译码器 storage decoder
存储易失性 storage volatility
存储因数 storage factor
存储因子 packing factor
存储印刷 memory print
存储映射 storage mapping
存储映射函数 storage mapping function
存储映象 storage mapping
存储映象表 memory map; storage map
存储映象函数 storage mapping function
存储用积分器 storage integrator
存储优先(权) memory priority
存储余量 memory margin
存储与存货水准 inventory and stock level
存储与检索 storage and retrieval
存储与信息检索系统 storage and information retrieval system
存储元件 memory cell; memory element; storage cell; storage element; store element
存储元素 storage element
存储原理 storage principle
存储载体 storage carrier; storage medium[复 media]
存储在媒体上的格式 media-stored format
存储栅极 storage grid
存储栅网 storage mesh
存储栈 memory stack; stack; storage stack; store stack
存储争夺 memory contention
存储正析摄像管 storage orthicon
存储正析像管 storage orthicon
存储支持程序 store support procedure
存储指令 storage instruction; store instruction
存储指示器 storage indicator
存储制表置位 storage tab setting
存储中心 storage center[centre]
存储周期 memory period; storage cycle; storage time
存储周期时间 memory cycle time; storage cycle time
存储驻留 memory resident
存储转储 memory print; storage dump
存储转储例行程序 memory dump routine
存储转发 store-and-forward
存储转发方式 store-and-forward mode
存储转发交换 store-and-forward switching
存储转发交换中心 store-and-forward switching center[centre]
存储转发切换 store-and-forward switching
存储转移 memory transfer
存储装入模块 storage load module
存储装置 memory apparatus; memory device; memory storage; memory unit; storage device; storing device
存储状态 storage stage; store status
存储状态保留区 store-status save area
存储准备 memory ready
存储准备金 deposited reserve
存储子系统 storage subsystem

存储字 storage word
存储字符 store character
存储字节单元 memory byte location
存储字节格式 memory byte format
存储总线 memory bus
存储组件 memory block; memory module
存储组织 storage organization
存储作业法 storage method of operation
存储作用 memory action; memory function
存代理人现金 cash in hand of agent
存带箱 tape storage bin
存贷比率 deposit(e)loan ratio
存单 certificate of deposit; depository receipt; deposit receipt; deposit ticket
存档 archiving; filing; grandfather
存档备查 in file for reference; to be put in file for reference
存档(磁)带 grandfather tape
存档底图 record copy
存档文件 archived file
存档质量 archival quality
存档(周)期 grandfather cycle
存锭 stock pig
存堆 stockpile
存放 loading; lodg(e)ment; put…into circulation
存放壁 hack cap
存放仓库 store block
存放场地 parking place; storage site; parking space
存放处 depository; lodg(e)ment; lodging
存放单据 depository documents
存放地点 storage site
存放地窖 store cellar
存放方式 location mode
存放方式数据项 location mode data item
存放柜 storing compartment
存放滑车及设备仓库 ascham
存放记录 put · · · into circulation
存放架 storage rack
存放间距 storage distance
存放旧机车车辆的侧线 graveyard
存放跨 storage bay
存放面积 store area
存放期限 limitation on shelf-life; shelf time; shelf life
存放设备的小屋 equipment shanty
存放设备棚屋 equipment storage hut
存放设备小屋 equipment storage hut
存放圣餐用具的壁龛 almary[almery]
存放时间 resting period; standing time
存放试验 shelf test
存放寿命 storage life
存放温度 storage temperature
存放物 lodg(e)ment
存放有效期限 storable life
存根 checking stub; office copy; stub; counterfoil <支票等的>
存根簿 counterfoil book
存根卡片 stub card
存根纸 French folio
存罐时间 pot life
存国外现金 cash held in foreign countries
存害杂质的 deleterious
存户 depositor
存活 survival
存活比 survival ratio
存活分数 survival fraction
存活界限 <有机体对某环境因素的> tolerance range
存活率 fraction surviving; survival rate
存活曲线 survival curve; time survivor curve
存活时间 survival time
存活者 survival
存货 existing stock; goods in stock; stock (in the inventory); stock-in-trade; stock on hand; stockpile; stockpiling
存货保管 stockkeeping; storage of inventories
存货保管成本 cost of carrying inventory
存货报告单 inventory report
存货表 stock list; stock sheet
存货不足 understock
存货成本计算与管理 inventory costing and control
存货贷款 inventory credit
存货单 stock card; stock list
存货的构成 composition of inventory
存货的购置成本 acquisition cost inventory
存货的设置和管理 establishment and control of inventory
存货抵押贷款 field warehouse loans
存货跌价损失 loss on inventory valuation
存货对应收款项的比率 inventory to receivable ratio
存货费用 inventory carrying cost; stockout cost
存货丰富的 well-stocked
存货公司 stock company
存货估价 valuation of inventory
存货估价准备 inventory valuation reserves
存货管理员 stock clerk; stockman
存货管制 inventory control
存货规格 stock size
存货过多 excess stock; glut; overstock
存货过剩 overstocking
存货耗尽 inventory depletion
存货耗损 deterioration of inventory
存货计价 inventory price
存货计价方法 inventory costing method
存货价值 inventory value
存货卡 stock card
存货控制 control of inventory; inventory control; stock control
存货控制系统 inventory control system
存货控制制度 inventory control system
存货类型 stock type
存货利益 benefit of inventory
存货量 inventory
存货面积 storage floor area
存货内容 content of inventory
存货盘点 stock checking
存货清单 inventory; stock inventory
存货权 depository right
存货入库 shed
存货审计 inventory audit
存货室 stock room
存货水平 inventory level
存货水准 inventory level
存货投资周期 inventory investment cycle
存货文件 inventory file
存货销售比 inventory-sales ratio
存货余额 balance of stock
存货与生产过程 inventory and production process
存货账 inventory account; stock account
存货值 value of stock
存货指数 inventory index
存货周期 inventory cycle; stock rotation
存货周转 inventory turnover; stock turn
存货周转率 inventory turnover ratio; rate of inventory turnover; rate of stock turnover
存货周转期 inventory turnover period
存货周转天数 days to sell inventory
存货资产 inventory assets
存货资金融通 inventory financing
存机车线 track for storing locomotives
存积水 lodgment of water
存卷 filing
存库标识 stockkeeping unit
存款 consign; deposit(e); depositing
存款保险 deposit(e) insurance
存款保险法案 deposit(e) insurance act
存款簿 deposit(e) account; deposit(e) book
存款存折 deposit(e) certificate
存款单 certificate of deposit(e); deposit(e) slip; deposit(e) ticket; paid-in slip; deposit(e) receipt
存款单担保抵押贷款 certificate backed mortgage
存款单副本 duplicate deposit ticket
存款抵押保证书 collateral pledge agreement
存款放贷 warehousing
存款货币流通速度 circulating velocity of deposit money
存款机构 deposit(e) institution
存款基金 deposit(e) fund
存款利率 deposit(e) interest rate; deposit(e) rate
存款利息 deposit(e) allowance; interest on deposit
存款凭单 certificate of balance
存款凭证 deposit(e) certificate
存款人 depositor
存款收据 certificate of deposit; deposit(e) receipt; depository receipt
存款收益 yield of deposit
存款条簿 deposit(e) slip book
存款吸收 deposit(e) inducement
存款银行 bank of deposit; deposit(e) bank
存款余额 balance held on deposits; outstanding of deposits
存款与资本比率 deposit(e) capital ratio
存款账户 deposit(e) account; savings account
存款证书 certificate of deposit
存款周转 deposit(e) turnover
存款总账 deposit(e) ledger
存栏牲畜 stock cattle
存立期间 duration of existence
存量 stocking
存量管制 stock control
存量管制基准 stock control level
存量记录 stock record
存料 material stock; stock(material); stockpiling
存料半年报告 half-yearly return of stock
存料仓 bin
存料场 material yard; sorting yard
存料成本 inventory cost
存料斗 bin
存料分配表 distribution sheet of stores
存料卡 stock card; store card
存料牌 stock card; store card
存料棚 store shed
存料箱 bin
存料项目 items of stock
存料最低量 minimum quantity of stores
存留水 retained water
存留水位 retained water level
存留压力 retained water pressure
存轮场【铁】 assembly area of wheel pair
存轮线 wheel track
存麦豆投资 soybean investment; stock of wheat
存煤区 coal stocking area; coal storage area
存泥区 sludge storage zone; containment area
存泥区围埝 containment enclosure
存泥深度 depth of deposition
存票簿 ticket stock book
存气 trapped air
存气空隙 trapped air void
存取 access
存取接口 access interface
存入关栈 <保税仓库> bonding
存入关栈的货物 cargo in bond
存数 poke
存数变换 memory exchange
存数符 tally
存数互换 memory exchange
存数互换装置 memory exchanger
存水池 dew pond
存水接头 water-sealed joint
存水井 trap
存水量 water retaining capacity
存水器 trap
存水弯 disconnecting trap; drawing trap; running trap; siphon[syphon]; stench trap; stink trap; S-trap; trap; water lock; water trap; well trap; drainage tray; sewer trap <污水道截气弯管>; drain trap
存水弯充水 trap primer
存水弯出口 trap outlet
存水弯的螺丝塞 trap screw
存水弯高度 trap arm
存水弯管 trap; drain trap
存水弯螺旋栓 trap screw
存水弯水封 trap seal
存水弯头 U-trap; water-sealed joint
存水弯淹没 drum submergence
存水弯溢水面 crown weir
存水弯原有存水 trap primer
存物室 check room
存息 credit interest
存信息的 stored
存信息卷 storage volume
存衣壁柜 coat closet
存衣柜 <运动员用的小型柜> locker
存衣架 clothes locker
存衣间 clothes-locker room
存银行现金 cash in deposit
存油 trapped fuel
存油槽. oil retaining groove
存油盘 drip pan; oil disc[disk]
存油器 oil conservator
存于施工场地的批准图样 approved drawings kept at building
存在 XY 单元数 number of cells containing XY
存在闭包 existential closure
存在的问题 open question
存在地质特征 X 单元数 number of cells containing geologic(al) characteristic X
存在度 presence
存在感觉 c(o)enesthesia[k(o)enesthesia]
存在感觉减退 hypocenesthesia
存在规定规则 rule of existential specification
存在规范 existential specification
存在检测 presence detection
存在矿床 Y 单元数 number of cells containing mineral deposit Y

存在量词 existential quantifier
存在量词化变元 existentially quantified variable
存在时间 life period;life span
存在时期 life period
存在推广规则 rule of existential generalization
存在位 presence bit
存在问题 built-in problem
存在物 subsistence
存在信息 existence information
存在形式 mode of occurrence
存在型检测器 presence detector
存在性定理 existence theorem
存在因子 occupied factor
存在于动植物体内 to be formed in the bodies of animal and plant
存在于某种消化液 found in digestive juice
存在于热带和亚热带 to exist in both tropical and subtropical zones
存在于溶液中 to exist in solution
存在于时间和空间的 spatiotemporal
存在主义 existentialism
存栈提单 custody bill of lading
存折 bank book;bank savings account;deposit(e)(pass-)book;pass book;check book <英>
存纸盒 paper cassette
存贮 recording;storage
存贮池 storage pond
存贮单元【计】bank
存贮费用 carrying cost
存贮键 storage key;store key
存贮类型【计】stored pattern
存贮器 memory storage
存贮稳定的乳液 storage-stable emulsion
存贮硬化 <水泥的> warehouse setting
存贮(鱼)池 holding pond

寸动 <压力机上> adjusting microinching

寸进低速 inching control
寸镜 loup(e)

搓 entwist;knead;rub;twine;twist

搓板 wash board;rippling <一种沥青路面的病害>
搓板带 <路面的> jiggle bar;ramble strip
搓板峰脊 <路面的> crest of corrugation
搓板路 <表面形成波纹的路> corrugated road;road surface ripples;washboard(ing) road
搓板路面 ridged surface;washboarding
搓板面 ridged surface;rub plate
搓板蚀痕 washboard erosion
搓板式试验道路 washboard course
搓板现象 <路面上的> washboard effect;washboarding;corrugation
搓板状波纹 washboard-like wave
搓板状道路 washboard(ing) road
搓板状路面 ridged surface finish
搓板状饰面 ridged surface finish
搓擦 tamponing
搓擦杆式脱粒滚筒 rub-bar cylinder
搓擦滚筒 rubbing drum;sheller cylinder;shelling drum
搓擦机 rubbing machine
搓成的 twined
搓成线的 thrown
搓的 thrown
搓合 twist
搓合的禾杆 twisted straw
搓合的禾杆隔声材料 twisted straw deafening
搓花板 armboard
搓捻机 buncher;bunching machine
搓捻绳索 twisted rope
搓捏法 kneading
搓球机 baller
搓揉 kneading
搓揉机 kneading machine
搓揉能 kneading energy
搓揉式混砂机 kneader type machine;kneader type mixer;kneading machine
搓揉压实 kneading compaction
搓绳 rope spinning
搓绳机 cabling machine;laying machine;rope layer;rope laying machine;strander;twiner
搓丝 flat die thread rolling;thread rolling
搓丝板 die;flat die;screw plate;thread plate
搓丝机 flat die;screw chasing machine;screw plate;thread rolling die;thread rolling machine
搓丝模 roll die
搓条法 kneading method;thread-rolling method
搓条机 tape condenser
搓条皮圈 rubbing leather
搓条试验 ribbon test
搓涂 swabbing
搓纹 boarding
搓圆机 rolling machine

磋商 negotiation

撮斗式挖土机 bucket loader

撮取 cull

挫败 baffle;frustration

挫裂创 laceration
挫伤 bruise;contused wound
挫伤轮 contusion collar
挫折 ba(u)lk;blunt;disappointment;set-back
挫折倒退假设 frustration-regression hypothesis
挫折攻击假设 frustration-aggression hypothesis
挫折耐力 frustration tolerance
挫折容忍力 frustration tolerance
挫折失败后的结局 catastrophe

措施的执行 performance

锉 mill file

锉板 filing board
锉柄 file carrier
锉程 file stroke
锉齿【建】toothing;bite
锉齿成型刀具 file tooth forming tool
锉床 filing machine;rasper
锉锤 file hammer
锉刀 file;hand file;rasper
锉刀标志 file mark
锉刀柄 file handle;file holder
锉刀车床 filing lathe
锉刀锉纹 file cut
锉刀垫木 sabot
锉刀钢 file steel
锉刀钢丝刷 file card;file cleaner;file cleaning card
锉刀合金 file alloy
锉刀划痕试验 file scratch test
锉刀(级)硬度 file hardness
锉刀夹具 file holder
锉刀切削机床 file cutting machine
锉刀试验机 file tester
锉刀刷 file card;file cleaning card
锉刀硬度试验 file hardness test
锉掉 rasp away
锉根 tang
锉工工作台 filing table
锉工台 vice bench
锉光 file finishing
锉过 after file
锉机 filing machine
锉锯 filing
锉锯(齿)机 filing machine;saw doctor;saw grinding machine;saw sharpener;saw sharpening machine;sharpener
锉锯工 saw fitter
锉磨声 rasp
锉坯 file bank
锉式硬度试验器 hardnester
锉试硬度 file hardness
锉饰边缘 list(ing)
锉刷 file brush
锉纹 file cut
锉纹加工机 file cutting machine
锉吸口器 rasping sucking mouthparts
锉削 file finishing;filing
锉屑 file dust;filings;iron filings;limatura;raspings;rasura;scobs
锉屑检波器 filings coherer
锉修 draw filing
锉牙 stridor dentium;tooth grinding
锉用钢丝刷 file cleaner
锉圆 rounding
锉錾 file chisel
锉凿 file chisel
锉座 filing block

错报 misstatement

错报处理子系统 error process(ing) subsystem
错边量 unfitness of butt joint
错层 off-level;staggered floor
错层建筑 offset house
错层式 split-level
错层式车库 staggered floor parking garage
错层式住宅 split-level dwelling;split-level house
错插 misplug
错差 <模锻件上下部间的> mismatch
错车岔道 loop way
错车道 lay-aside;lay by(e);parting;passing bay;passing place;passing track;passing zone;turnout lane
错车道调车 switching track
错车蜷线 passing loop;passing siding
错车时间 maneuver time
错车视距 give-way sight distance
错车巷道 branch heading
错车站 midway station
错车装置 car passer
错乘【铁】taking wrong train
错齿 differential serration;interlocking tooth;side set;staggered tooth
错齿侧铣刀 staggered tooth side cutter
错齿式机头 quick-lock bayonet type head
错齿饰【建】billet mo(u)lding
错船安全间隙 passing clearance
错船系泊处 gare
错定的解释变量 misspecified explanatory variable
错定的模型 misspecified model
错动层面 faulted bedding plane
错动带 dislocation area;disturbed belt
错动的岩芯 offset core
错动方式 type of offset
错动海岸 diastrophic coast
错动和挤出 crawling and squeezing out
错动量 amount of offset
错动劈理 strain slip cleavage
错动区 dislocation area
错动线 displacement line
错读 dirty read;miss-reading
错断 bad break
错断变质作用 dislocation metamorphism
错断层面 faulted bedding plane
错断断层 dislocation fault
错断接缝 <路面的> faulted joint
错断山脊 shutter ridge
错分单倍体 misdivision haploid
错缝 break of joint;breaking joint;faulted joint;fissure of displacement;joint faulting;mismatch;offset joint;shift joint;stagger(ed) joint
错缝的 mismatched
错缝对直 keeping the perpends
错缝拱 arch with joggled joints
错缝浇筑 overlapping placement
错缝接合 breaking joint;broken joint;staggered joint;alternate joint;break joint
错缝接合瓦 broken joint tile
错缝砌法 staggered-joint bond
错缝砌体 herringbone brickwork
错缝砌筑(法) indenting;stagger laying
错缝砖 bonder brick;joint-staggering brick;staggered brick
错缝琢石砌体 broken ashlar masonry
错港货 over-carriage
错构的 hamartomatous
错归档 misfile
错过灌水机会 loss opportunity for irrigation
错号 wrong number
错号呼叫 wrong number call
错合度 disregistry
错绘 out of drawing
错检率 fallout measure;fallout ratio
错角 alternate angle;departure angle;dislocation angle
错接 alternate joint;broken joint;misconnecting;stagger(ed) joint
错接轨道电路 stagger-jointed track circuit
错接角焊 breadthwise angle;break angle
错接接头 staggered joint
错距旋压 stepped spinning
错觉 false sense;illusion
错觉的 illusional
错觉显示 phantom indication
错开 joint offsets;staggering
错开的 staggered
错开的办公时间 <以免旅客拥挤> staggered office hour
错开工作时间 staggered working hours
错开接触点 misaligned contact point
错开接缝 staggered joint;breaking joint
错开排列 stagger
错开上下班时间 stagger;staggered working hours;stagger office time

错开辙尖 < 特种道岔 > staggered point of switch
错开装配的 offset-mounted
错口 offset finish;shiplap
错口地板 shiplap flooring
错口接合 indented joint;shiplap joint
错口接头 staggered joint
错口式组合大梁 indented girder
错口式组合梁 indented beam
错口型急滩 rapids of staggered protruding point pattern; rapids of staggered protruding point type
错列 stagger(ed) arrangement; stagger(ing);alternation【数】
错列布置 staggered arrangement
错列布置管道 staggered tubes
错列布置管束 staggered band
错列布置管系 staggered band
错列层 staggered course
错列层砌石 broken range work
错列打桩 staggered piling
错列的 checkered; chequered; staggered
错列的墙筋 < 空心隔墙中的 > staggered
错列堆垛法 staggered stacking
错列多排管 staggered multiple rows of tubes
错列管 staggered pipes; staggered tubes
错列管排 staggered pipe arrangement;staggered tube arrangement
错列管束 bank of staggered pipes
错列焊缝 staggered welding
错列焊接 staggered welding
错列接缝 alternate joint; broken joint;staggered joint;breaking staggering of joints
错列接合 alternate joint; broken joint;staggered joint;breaking staggering of joints
错列接头 alternate joint; broken joint;staggered joint;breaking staggering of joints
错列结构 shifted structure
错列筋板条隔墙 staggered-stud partition
错列立筋体系 staggered stud system
错列龙骨隔墙 staggered(-stud) partition;zigzag partition
错列铆钉 staggered rivet(ing);zigzag riveting
错列铆钉排 staggered rows of rivets
错列铆接 lozenge riveting;staggered riveting; staggered rivet joint; zigzag riveted joint
错列木柱隔墙 staggered-stud partition
错列排管 bank of staggered pipes
错列式除尘器 staggered channel separator
错列式多孔板 staggered perforated plate
错列式接缝 alternate joint
错列式设计的房屋 block of staggered design
错列式设计住宅 block of staggered design
错列型集管箱 staggered header
错列砖格子 double-staggered checker
错列琢石圬工 broken range ashlar masonry;uncoursed ashlar masonry
错列座位 staggering seats
错流 cross current;cross-flow
错流核晶洗涤器 cross-flow nucleation scrubber
错流离心萃取机 cross contactor
错流式热交换器 cross-flow heat exchanger
错流塔 cross tower
错流填充洗涤器 cross-flow packed scrubber
错流吸附器 cross-flow absorber
错流吸收器 cross-flow absorber
错漏除外 errors and omissions excepted
错路标志 wrong way sign
错乱 hang-up;hogging;outer-sync
错乱铅字 pie
错乱突出砖砌工程 skintled brickwork
错落 slip fall;rock dislocation <岩石>
错落式住宅 bi-level
错码群 error burst
错排 staggered arrangement
错排管组 staggered bank of tubes
错排进路 misrouting
错排座席 staggered seating
错判 miscarriage of justice
错判率 misinterpretation rate
错配 misfit;mismatch(ing)
错配合 mismate
错配位错 misfit dislocation
错配物 tramp
错铺路 crazy paving path
错视 optic(al) illusion;parablepsia
错算 miscount
错台【道】 slab staggering;faulting of slab ends;faulted slab;step
错台测量 faultmeter
错台式建筑 split-level architecture
错台式设计 split-level design
错台式住宅 split-level house
错台仪 faultmeter
错位 disalignment; dislocation; displacement; intervening portion; malposition; misalignment; mismatch;misplacement;offset;offsetting poor alignment
错位冲孔 miss punching
错位存储器 skewed storage
错位的 out-of-position
错位法 method of false position
错位干涉仪 shearing interferometer
错位构造 dislocation structure
错位互通式立交 offset interchange
错位剪切散斑干涉法 shear speckle interferometry
错位交叉 staggered intersection
错位交叉口 dog-leg intersection; jogged intersection
错位交叉路 staggered cross road
错位角 error angle
错位桥台 displaced abutment
错位式交叉(口) staggered intersection; staggered junction; offset intersection
错位速度 velocity of dislocation
错位文件类型 wrong file type
错误 ba(u)lk;bug;dereliction;error;fault;incorrect;mistake;out-of-the-way;gross error
错误办理 wrong handling
错误保护 error protection
错误报警 false alarm
错误报文 error message
错误比特 erroneous bit
错误闭塞 false blocking
错误辨识 false identification;misidentification
错误标记 error flag;error mark
错误标记码 bug patch
错误标志 error flag
错误表 error list
错误表述 misrepresentation
错误补块 bug patch
错误捕捉 error trapping
错误不在此限 errors excepted
错误布置 misarrangement
错误猜测 error guessing
错误操作 faulty operation;mishandling;wrong operation
错误长度 incorrect length
错误程序 faulty sequence
错误出口 error exit
错误除外 error excepted
错误处理 error handling; error processing
错误处理程序 error handler; error handling routine
错误处理过程 error process(ing) procedure
错误传播 error propagation;propagation of errors
错误传播受限码 error propagation limiting code
错误串 error burst
错误猝发 error burst
错误打印 error print
错误代码诊断信息 error code diagnostic message
错误导向 misguide
错误的采购 misprocurement
错误的检测 detection of error
错误的区分 faulty separation
错误的信号 rub-out signal
错误电流 false current
错误调用 error call
错误定位 error locating; location of mistakes
错误定位测试 fault location test
错误定位多项式 error-locator polynomial
错误动作 malfunction
错误读数 misreading
错误堆码方式 < 集装箱 > wrong stacking method
错误队列 error queue
错误返回地址 error return address
错误分类 error category; false sort; misclassification
错误封锁 error lock
错误符号 error symbol
错误概率 error probability
错误概念 erroneous conceptions; erroneous picture;misconception
错误隔离方式 fault isolation mode
错误给料 erratic feed
错误关闭信号 false stopping of a signal
错误呼叫 defective ringing; error call;false call
错误恢复 error recovery
错误恢复管理程序 error recovery manager
错误恢复过程 error recovery procedure
错误回铃音 fake ring-back tone
错误激励 false energization
错误计数 miscount
错误记录 error logging;error record
错误记录程序 error logger
错误记录管理 error log manager
错误假设 false assumption
错误检测 error detecting;error detection
错误检测程序 bug monitor;error detecting program(me);error detecting routine
错误检测和补救 error detection and recovery
错误检测和反馈系统 error detecting and feedback system
错误检测例行程序 error detecting routine
错误检测码 error detecting code
错误检测码方式 error detecting code system
错误检测器 error detector
错误检测系统 error detecting system
错误检测信号 error detection signal
错误检测与校正 error checking and correction
错误检测装置 error detector element
错误检查 error check
错误检查程序 malfunction routine
错误检查和校正 error check and correction
错误检查协议 error-checking protocol
错误检验和纠正 error checking and correction
错误交货 misdelivery
错误校验 error checking
错误校验程序 error check program(me)
错误校正 error correction; error recovery
错误校正程序 error correcting routine;error recovery routine
错误校正码 error correcting code
错误解锁 false release; incorrect release
错误进路 wrong routing
错误进行故障 false-proceed failure
错误警告 false alarm
错误净值 net error
错误径路 wrong routing
错误开放故障 false-clear failure
错误开放显示 false "clear" indication
错误开放信号 wrong clearing of a signal
错误开通故障 false-clear failure
错误勘定 location of mistakes
错误控制 error control
错误控制系统 error control system
错误励磁继电器 false-energized relay
错误连接 fault connection; misconnecting
错误路径 wrong routing
错误率 error ratio
错误码 error code
错误模式发生器 error pattern generator
错误模型 error model
错误排除 false exclusion
错误判读 misidentification; misinterpretation
错误判断 misidentification; mistaken judgement
错误频率极限 error frequency limit
错误平结 granny knot;lubber's knot
错误潜伏期 error latence
错误取向 misorientation
错误取消闭塞 block falsely released
错误群 error burst
错误撒播 error seeding
错误色观察 faulty colo(u)r vision
错误示像 false aspect
错误视觉【测】 faulty vision
错误树 fault tree
错误数据 erroneous data;misdate
错误锁闭 false locking
错误添加 bug seeding
错误调整 misadjustment
错误图形模型 error graphic model
错误位置 wrong position
错误文件 error file
错误显示 false indication;wrong indication
错误限速故障 false-restrictive failure
错误信号 error signal; false signal; wrong signal
错误信息 error message
错误行为 faulty act;misconduct
错误型发生器 error pattern generator
错误形式 error pattern
错误遗漏不在此限 errors and omissions excepted

错误运算 illegal operation
错误诊断 error diagnosis; error diagnostics
错误指令 false command
错误指示码 error code
错误中断 error interrupt; malfunction(ing) interrupt
错误状态 errancy; error condition; error status
错误状态寄存器 error status register
错误状态字 error status word; status word error
错误字符 error character
错误字节 error byte
错误钻孔 untrue shot hole
错相变化 intertonguing
错箱 cross joint(ing); mismatch; mo(u)ld shift; oblique setting; shift
错向 misorientation
错向离子 misdirected ion
错向位移 lateral displacement
错芯 core shift
错牙齿轮 staggered gear
错牙接头 rail ends unevenness in line or surface
错移 offset(ting)
错译 mistranslation
错用 misuse
错油门 pilot valve
错账 errors of account
错置 staggering
错置钢轨接头 staggered rail joint
错置示像 staggered aspect
错置中间信号点 staggered intermediate signal location
错字 erroneous word
错综 anfractuosity
错综编码器 plexicoder
错综的 intricate
错综复杂 intricacy
错综复杂的 reticular; sinuous; sophisticated
错综复杂的花园设计 knot garden
错综复杂的事物 intricacies
错综性 complexity

C

D

搭板 access board; bridging slab; buffer foot plate <折棚装置>; butt strap; gangway board; landing brow; run-on-slab; spring board

搭板对接 butt and strapped joint
搭板对接焊缝 strapped weld
搭板对接合 butt-strap(ped) joint
搭板接合 strapped joint
搭板连接 strapped joint
搭板跳板 access board
搭板支座 scaffold board support
搭边 lap; scrap bridge
搭边焊接 sidelap weld(ing)
搭边捻缝 edge calking; lap calking
搭车 lift
搭车乘客 boarding passenger
搭乘公共汽车地点 embussing point
搭乘统舱 deck passage
搭乘载货汽车旅行 <英> lorry-hop
搭地线 bonding jumper; grounding jumper
搭叠 lapping; shiplap
搭叠板桩 shiplap sheet(ing) piling
搭叠壁板 shiplap board(ing); shiplap siding; shiplap lagging
搭叠材 shiplapped lumber
搭叠长度 overlap length
搭叠缝木板桩 shiplap timber-sheet-pile
搭叠连接 overlapping joint
搭叠铆接 lap riveting; riveted lap joint
搭叠木墙板 shiplap wooden siding
搭叠鱼鳞板 overlapped siding; overlapping boards
搭钉天花板 clincher built ceiling boarding
搭缝 overlaid seam
搭缝的 <屋面瓦、石板、木瓦或装饰等> imbricated
搭缝焊 lap seam weld
搭缝焊机 lap seam welder
搭浮桥用的船 bateau
搭盖 imbricate; shiplap
搭盖板 imbricated plate
搭盖护墙板 overcloak
搭盖瓦 bond tile
搭钩 picaroon
搭挂 lodge
搭管钳卡口 box tong space
搭焊 fillet welding; joint welding; lap weld(ing)
搭焊的 lap welded
搭焊缝 lap welded seam
搭焊钢管 lap welded steel pipe; lap welded steel tube
搭焊管 lap welded pipe
搭货手钩 cargo hand hook
搭架 built; put up; scaffold
搭架子 shelving
搭角焊 lap fillet welding
搭角接合 lapped corner joint
搭角梁 overlapping corner-beam
搭脚架 cripple
搭脚手架 scaffolding erection
搭脚手架工人 scaffolding erector
搭脚手架用管 scaffold pipe
搭接 bridging; covering-over; lap joint; lap over; lapped joint; lapped splice; lap(ping)(work); overlap(ping)(joint); shiplap; single lap; splice; mutual anchorage <钢筋混凝土内的钢筋的>; contact splice
搭接板 lap-jointed sheeting; lap joint sheet(ing); lapping plate; lap splice; overlapping boards; shiplap board(ing); strapping plate
搭接板壁 lap siding
搭接板上下边沿的最短距离 head lap
搭接板桩 shiplap sheet(ing) piling
搭接边 overlap edge; welted edge
搭接边缘 overcloak
搭接部分 lap(of splice); overcloak; overlap(ping part); top lap <屋面板>
搭接材 shiplapped lumber
搭接层 bonding layer
搭接插板挡土法 forepoling
搭接长度 lap of length; lap of splice; lapped length; length of splice; overlap(ping) length; passings; splice length; splicing length; top lap; head lap <屋面板之间的>
搭接椽 cripple rafter
搭接挡板 lap lagging
搭接的 imbricated; lapped
搭接的半圆饰 wrap-around astragal
搭接电阻焊 lap resistance welding
搭接叠覆 imbrication
搭接法焊接的管子 lap welded pipe
搭接法兰 lapped joint; lapped-type flange
搭接缝 coped joint; lap-over seam; lap(ping) joint; lap seam; overlapping joint; staggered joint; welded edge; welted drip; welted edge; caped joint <两个铸件的接头>; splice fished joint <木材>; shiplap joint
搭接缝焊 lap seam welding
搭接缝沥青胶结料 lap cement
搭接盖片 passings
搭接钢板接缝 lapped steel plate joint
搭接钢筋 starter bar; stub bar; splice bar
搭接工 lapworker
搭接工程 clincher works
搭接工作 clincher work
搭接焊 end lap weld; flat weld(ing); overlap welding; lap weld
搭接焊缝 lap weld(ing); lap-joint fillet weld; lapped welding joint; ledge joint(ing)
搭接焊管 lap weld pipe
搭接焊机 lap welder
搭接横缝 lapped butt
搭接厚板壁 overlapping plank sheeting
搭接夹板 lapped slice
搭接胶合料 lap cement
搭接胶泥 lap cement
搭接胶粘剂 lap cement
搭接角焊 lap fillet welding
搭接角焊缝 lap fillet weld
搭接角接头 lapped corner joint
搭接接缝 overlapping seam
搭接接合 ledge joint
搭接接头 clinch joint; joint halved; lap connection; lap(ped) joint; ledge joint; overlap joint; shiplap(ped) joint; contact splice
搭接接头连接系统 lap splice connector system
搭接节点 lapping joint
搭接鸠尾榫 lap dovetail; lapped dovetail
搭接扣接缝 pien(d) joint
搭接宽度 <屋面瓦的> lap width
搭接连接 lap butt; lap joint
搭接梁 girder with lapped joints
搭接量 amount of(over) lap
搭接铆 lap riveting
搭接铆钉 lap rivet
搭接铆接 lap(ping) riveting; riveted lap joint
搭接密封膏 lap sealant
搭接密封接缝 lap sealant joint
搭接面 faying surface
搭接面板 lap siding
搭接模 seaming die
搭接木板围墙 lapped wood fence
搭接木瓦 joint shingle
搭接木望板 overlapping plank sheeting
搭接黏[粘]着材料 lap cement material
搭接片 bonding conductor; bonding jumper; strap
搭接拼接 rebate joint
搭接钳 lap joint pliers
搭接墙板 lap siding
搭接时间 lapping time
搭接式 lapped type
搭接式壳板 clinker built
搭接榫 lapped tenon
搭接调节旋钮 overlap adjust knob
搭接头 lap joint
搭接凸缘 lap-joint flange
搭接瓦 interlocking tile; overlapping tile; shingle-lap tile
搭接外列板 overlapping strake
搭接系统【计】ledger system
搭接线 jumper; laying guide; laying line <印在卷材上的>
搭接印记 lap marking
搭接在已浇筑混凝土上的模板 lap plate
搭接褶皱 overlapping fold
搭接重叠部分 head lap
搭接纵缝 lapped seam
搭结 lap; lapping
搭口 chape
搭扣 buckle; chape; dog; hasp; hip and staple; locking buckle; turning bolt; buckle latch <安全带的>
搭扣板桩 interlocking sheeting
搭扣带 fastener tape
搭扣吊耳 dog's ear
搭扣和锁环 hasp and staple
搭扣铰链 gemel hinge
搭扣接合 clasp joint
搭扣控制的 dog-controlled
搭扣黏[粘]土瓦 interlocking clay roof(ing) tile
搭扣锁 hasp lock
搭扣瓦 interlocking tile
搭扣屋面瓦 Bark tile shake
搭扣销 hasp lock
搭牢 tailing in
搭连屋 <类似披屋,附连于其他房屋的外屋> skeeling
搭临时木架的 racked
搭马【救】clinch nail
搭卖 tie-in
搭卖合同 tying contract
搭卖品 tie-in
搭排架工程 trestle works
搭盘发盘 combined offer
搭襻 tab
搭襻铰链 link hinge
搭配 collocation; combination; compatibility; matching; mate
搭配定购 block booking
搭配售货 tie-in sale
搭配销售 tie-in sale
搭棚 <炉内> bridge
搭棚工 bamboo worker and scaffolder
搭起 rig up
搭桥焊缝 weld bridge seam
搭桥纤维 bridging fiber[fibre]
搭色 colo(u)r overlapping
搭烧窑 shared kiln
搭石 bridge stone
搭索链 stopper chain for fastening wire rope
搭锁接合 snap-on joint
搭头搭接 lap(ping) joint
搭头焊 end lap weld(ing); jam weld
搭头焊道 overlapping run
搭头焊缝 overlapped joint weld(ing)
搭头焊接钢管 overlap-welded steel pipe
搭瓦天沟 laced valley; woven valley
搭外脚手架 outside scaffold(ing)
搭载客(货)单 boarding card
搭载梯 embarkation ladder
搭载物 embarkation
搭帐篷 tabernacle work
搭帐篷盖住 pavilion
搭子 lug

达标百分数 percent of goal

达标期 compliance period
达布向量 Darboux's vector
达布总和 Darboux's sum
达产期 operation in full capacity
达成 procurement
达成交易 close a deal; conclusion of business
达成协议 come to an understanding; come to terms; conclude agreement; procure agreement
达到 accomplish; arrive at; find one's way; reach
达到标准 come up to the standard; up to the mark
达到大致控制 generally controlled
达到的范围 outreach
达到的精度 precision attained
达到的宽广度 reach range
达到的质量 qualitative performance
达到顶点 come to a climax; culminate; culmination
达到定额 hit a target
达到沸点 boil
达到高度的技术熟练程度 develop high technical proficiency
达到给定速度 at given speed; on speed
达到函数 achievement function
达到合同规定标准 measure up to the contracted standard
达到基本控制 basically controlled
达到极大 maximizer
达到极大值 maximizing
达到历史最高水平 to reach all-time high
达到目标 hit a target
达到目的 achievement of one's object; carry one's point; hit the mark; meet an objective
达到目的的手段 stepping stone
达到平均数 average out
达到设计能力和水平的审计 audit of reaching design capacity and level
达到世界先进水平 to come up to advanced world standards
达到水底 touch bottom
达到完全长成了的 reach full growth
达到限定值的 numbered
达到详细控制 detailedly controlled
达到预定压力时自动破裂的安全构件 rupture member
达到指标水平 reach targeted levels
达到重新订货水准 reorder level reached
达到最大含沙量的河流 loaded stream

达到最大值 maximization[maximisation];maximize;maximizing
达到最大值控制方式 maximizing control mode
达到最小值 minimize
达尔比定理 Dalby's theorem
达尔测流管 Dahl tube
达尔格连地极监测服务 Dahlgren polar monitoring service
达尔马提亚型海岸线 coastline of Dalmatian type
达尔马欣型海岸 Dalmation-type coast
达尔文适合度 Darwinian fitness
达尔文椭球 Darwin ellipsoid
达尔文旋转式指示器 Darwin turning indicator
达夫克拉喷气式浮选机 Davcra cell
达格尔叶纤维 dagger fiber[fibre]
达硅铝锰石 davreuxite
达赫棱镜 Dachprism
达极点 culminate
达喀尔 <塞内加尔首都> Dakar
达喀尔港 Dakar Port
达卡 <孟加拉首都> Dacca
达卡棉 Dacca cotton
达卡无捻绣花丝线 Dacca silk
达拉马黄颜料 Dalamar yellow
达朗贝尔性质 d'Alembert's characteristic
达朗贝尔原理 d'Alembert's principle
达勒姆系统 Durham system
达累斯萨拉姆港 <坦桑尼亚> Port Dar es Salaam
达里尤斯水轮机 Darrieus-type turbine
达利戴尔石 Darley Dale stone
达连湾 Datien bay
达列尔防火黏[粘]胶短纤维 Darelle
达列杰阶【地】Dalejan(stage)
达林顿放大器 Darlington amplifier
达林顿接法 Darlington connection
达令河 Darling River
达硫锑铅矿 dadsonite
达玛醇酸 dammarolic acid
达玛琥珀色树脂 dammar penak
达玛基酸 dammarylic acid
达玛胶漆 <玻璃装饰用> dammar varnish
达玛库青树脂 dammar kuching
达玛蜡 dammar wax
达玛树胶 dammar gum;gum dammar
达玛树脂 <一种天然树脂,制油漆用> dammar resin
达玛树脂清漆 dammar resin varnish;spirit varnish
达玛树脂酸 dammarolic acid
达玛西亚型岸线 coastline of Dalmatian type
达玛脂清漆 white varnish
达玛朱哈托韧皮纤维 <巴西> Corteza del damajuhato fibre[fiber]
达曼港 <沙特> Port Damman
达门炸药 dahmenite
达米埃塔港 <埃及> Port Damietta
达姆岬桥 <美> Dames-Point Bridge
达塞特铋铅锡低熔点合金 D'Arcet metal
达塞特易熔合金 D'Arcet's alloy
达式水阀 Duner flush valve
达斯阶【地】Dacian(stage)
达松伐耳传动机构 d'Arsonval movement
达松伐耳电流计 d'Arsonval galvanometer
达特阀门 <一种往复式阀门> Dart
达特穆尔花岗岩 Dartmoor granite
达瓦树胶 ghatti gum
达维安全汽油灯 Davy safety lamp
达维南金铜铝合金 Davignon
达维廷呢 davetyn
达温特曲柄式手摇泵 Downton pump
达西 <多孔介质渗透力单位> Darcy
达西标度非活性物质运移方程 Darcy scale non-reactive transport equation
达西标度活性物质运移方程 Darcy scale reactive transport equation
达西单位 Darcy's unit
达西定律 Darcy's law
达西方程 Darcy's equation
达西公式 <又称线性渗透定律,即水头损失与渗流速度成线性关系> Darcy's formula
达西近似值 Darcy's approximation
达西流态 Darcy's flow regime
达西摩擦系数 Darcy's friction factor
达西黏[粘]度 Darcy's viscosity
达西渗透速度 Darcy's percolation velocity
达西速度 Darcy's velocity
达西-威斯巴奇粗糙系数 Darcy-Weisbach roughness coefficient
达西-威斯巴奇方程 Darcy-Weisbach equation
达西-威斯巴奇公式 Darcy-Weisbach formula
达西-威斯巴奇摩擦系数 Darcy-Weisbach friction factor
达西-韦斯巴赫定律 <用于水力学> Darcy-Weisbach's law
达西-韦斯巴赫公式 <又称线性渗透定律,即水头损失与渗流速度成线性关系> Darcy-Weisbach's formula
达因 <已废除的力的单位,使1克质量产生每秒1厘米加速度的力> dyne
达因风向风速表 Dines anemometer
达因风向风速计 Dines anemometer
达因风压计 Dines pressure anemograph
达因计 dynemeter

答

答话计算器 audio response calculator
答话器 audio response unit
答话终端 audio terminal
答旗 answering pendant

鞑

鞑靼海峡 Tartary Strait
鞑靼极性带【地】Tartarian polarity zone
鞑靼极性时 Tartarian polarity chron
鞑靼极性时间带 Tartarian polarity chronzone
鞑靼阶 <晚二叠世>【地】Tartarian
鞑靼槭【植】tatarian maple

打

打凹 dint
打靶场 shooting gallery;shooting range;target range
打靶法 shooting method
打靶和演习区 firing practice, exercise area
打板桩 driving of sheet piling;pile sheathing;sheet-pile driving;sheet piling
打板桩费 cost of sheet driving
打板桩机 sheeting driver;sheet piling machine
打板桩开挖 excavation with timbering;sheeted excavation
打板桩墙 pile-planking
打板桩挖掘 excavation with sheeting piling
打板桩围堰 sheet piling enclosure
打拌子 barber chair
打包 bagging;bale;baling;package;packaging;pack up;parcelling;strapping
打包班组 packing shift
打包布 bagging
打包厂 balled plant
打包粗布 saplier
打包粗麻布 burlap;chat;pack cloth
打包带钢 baling strip;ribbon steel
打包带钢轧机 package mill
打包带生产机 strapping band making machine
打包贷款 packing loan
打包法 packer-head process
打包帆布 <黄麻制> pack duck
打包废物 packaging waste
打包钢皮带 baling strip
打包钢丝 bale tie wire;baling wire
打包工 baler;presser
打包工厂 bag-packing plant
打包工场 package plant
打包工具 strapping tool
打包工人 bundler
打包工作 packwork
打包和解包设备 packet assembler disassembler
打包环箍 baling hoop
打包机 bagging machine;bag-packing machine;bale press;baler;baling press;banding machine;compress;cuber;pack(ag)er;packaging machine;packer-head machine;packing machine;packing press;sack and bale machine;wrapping machine
打包机头式混凝土制管机 packer-head pipe-making machine
打包间 packing shed
打包垃圾 packed refuse
打包麻布 burlap cloth;hessian;packing cloth
打包木条 baling wooden strips
打包纱绳 booking yarn
打包商 packer
打包设备 baling equipment
打包绳 bale ties;pack rope
打包铁皮 baling band;baling hoop;steel baling strap
打包铁皮带 bale ties
打包线 pack thread
打包箱 packing box;packing case
打包信用证 packing letter of credit [packing L/C]
打包压榨机 bundling press
打包用粗布 <爱尔兰> gabarage
打包用带钢轧机 package mill
打包用的钢带轧机 hoop mill
打包窄钢带 baling band
打包针 bale tack;packing needle
打爆破孔 snakeholing
打边桩 side piling
打扁 beating
打扁头钉 sprig
打辫子 braid
打标记 punch mark
打标记器 marker
打标桩 staking
打标桩模 staking tool
打薄 ironing
打补钉用螺栓 patch bolt
打布包机 cloth press
打草场 clipping pasture
打草地 cutting grassland
打草绳机 hay band spinning machine;straw-rope spinning machine;straw-rope twisting machine
打草图 blockout;rough out;sketch
打侧杈 trimming(out)
打测平桩 boning in
打成箔 foliate
打成薄片 foliate
打出 knockout;type out
打出凹痕 dint
打出浮雕花纹 <在金属薄片上> snarl
打出麻面 <用钢针束琢石> scotching
打出小孔 eyeletting
打穿 arc over;blowout
打锤击 ramming
打锤机构 hammer striking mechanism
打蛋厂 egg-breaking plant
打蛋器型PDC钻头 eggbeater PDC bit
打挡土板的气锤 sheeting driver
打导洞 pilot boring;preboring
打到底 <打桩> right home
打到底的桩 home-driven pile
打到抗贯入 drive to refusal
打到应在的位置 <桩> driving home
打到止点 right home
打到止点的桩 home-driven pile
打道钉机 spike driver
打底 application of mortar <灰浆>;dubbing;picking up;planting;prime coat(ing);rendered;undercoat;bedding;primary coat(ing);priming;rendering
打底材料 prime material;priming material
打底层 backing coat;base coat;bond coat;guide coat;lac;precoating;prime coat(ing);rough coat;undercoat
打底粗灰泥 roughcast
打底的墙面砂浆层 parg(et)ing
打底的织物 base fabric
打底工作用材料 material for scratch work
打底焊 backing welding
打底焊道 backing run(weld)
打底焊条 uranami welding electrode
打底和结硬 render and set
打底灰泥层 rendering coat;scratch coat
打底混凝土浆 concrete primer
打底机 padding machine
打底及中层和罩面抹灰 render-float-and-set
打底胶浆 anchor coat
打底胶泥 clairecolle;clearcole
打底控制 priming control
打底料 coarse stuff
打底密封剂 heel bead
打底密封涂料 primer-sealer
打底面层底漆 primer surfacer
打底明胶 clairecolle;clearcole
打底腻子 bedding putty;clearcole;sanding sealer
打底漆 prime lacquer;undercoating paint
打底清漆 undercoating varnish
打底色 daub
打底砂浆层 scratch coat
打底石灰膏 fixer's bedding;coarse stuff
打底涂层 bedding coat;primer coat(ing)
打底涂料 interior primer;primer base;wash primer
打底涂料的凉置时间 open-time of primer
打底颜料 body pigment
打底用油 priming oil
打底油 open pore coating
打底油灰 back putty;bed putty
打底子 precoat;prick up;rough coating;render;roughcast

D

打底子的水泥层 scratch coat
打底子和硬化 render and set
打底子灰泥 rough cast
打底子用的灰泥 roughcast
打颠倒 vice versa
打点 dotted;spot
打点穿孔 spot punch
打点锤筒 striking weight cartridge
打点机构 striking mechanism
打点机件 striking work
打点记录 punch tape recording
打点记录式校表仪 printing rate recorder
打点绕锤辊 striking winding weight drum
打点式 dot type
打点式光存储器 discrete bit optic(al) memory
打点式记录器 dotting recorder;intermittent recorder
打点式记录仪 intermittent recorder
打点习惯 dot convention
打点周期 dot cycle
打电报 wire
打电话 phone
打掉 drive out;knock off
打掉毛口 throw up a burr
打钉 nailing
打钉杆 bucking bar
打钉机 box nailing machine
打钉子 nail
打顶 tip pruning;top pruning
打顶板孔凿岩机 roof-bolt drill
打顶板锚杆限用钻车 roof-bolting jumbo;roof-pinning jumbo
打定位桩 spudding
打锭绳机 banding machine
打丢直径 <钻探用语> drill down to a point
打洞 burrow;drifting
打洞的模式 perforation pattern
打洞的式样 perforation pattern
打洞机 earth boring;excavator;perforator
打洞记录卡 punched card
打断 break-in;break off;cut-short;cutting-in
打断键 break key
打断交通 tie-up traffic
打盹 nap
打垛机 stacker
打耳标 earmark;ear marking
打方格画法 graticulation
打房基 found
打肥皂 soap
打废井 draw a blank
打粉底 <油漆> chalking
打粉剂 powdering agent
打钢板桩 steel(sheet) piling
打钢筋混凝土桩的桩帽 <英> pile-driving cap
打钢桩 steel piling
打隔断 partitioning
打工 part-time work
打箍 banding;collar jar;hooping
打箍机 hoop-driving machine
打谷场 thrashing floor;thrashing ground
打谷场院 thrashing floor
打谷机 hand threshing machine;thrasher;thrashing machine
打谷桶 threshing bucket
打谷筒 threshing drum
打谷者 thrasher
打官司 litigation
打管法钻进 drive pipe drilling
打管桩 tube driving
打管桩设备 tube driving rig
打光 antiquing;burnishing;cutting down;glaze;polishing;silking;glassed <对大理石或花岗岩表面>;buffing
打光层次 polish layer
打光层数 polish layer
打光工人 glazer
打光机 glassing jack;glassing machine;glazing machine;scourer
打光蜡 polishing wax;wax polish
打光清漆 polishing varnish;rubbing varnish
打光压实 finish rolling
打过头的桩 over-driven pile
打过折扣的价格 discount price
打海底电报 cabling
打夯 pun(ning);ramming;tamping
打夯机 hammer tamper;machine tamper;paving beetle;plugging bar;power rammer;power tamper;ram(ming)(impact) machine;rammer compacter[compactor];ramming machine;tamping machine
打夯深度 ramming depth
打夯速度 ramming speed;tamping speed
打夯修整工 hammer tamping finisher
打号 figuring;lettering;marking;numbering
打号锤 marking hammer
打号机 marking machine
打号栏 branding race
打号器 marker
打号通道 branding race
打号员 marker
打号装置 marking unit
打横巷 cross-cutting
打滑 converter slip;creep;dragging;skid;slipping;track slip
打滑保护 slide protection
打滑的 slipped
打滑点 point of slippage
打滑发电机 slide generator
打滑感应器 skid-sensor
打滑检测 skid detection
打滑检验器 slip detector
打滑控制轴 skid-controlled axle
打滑量 slippage
打滑螺钉 slipped screw
打滑敏感继电器 slip-sensing relay
打滑损失 loss of traction
打滑探测器 slip detector
打滑指示器 slip detector
打滑转矩 breakaway torque
打环机 looper
打环装置 looper
打簧表 repeating watch
打簧机构 repeating mechanism;repeating work
打簧机件 repeating work
打灰 rendering coat
打回丝机 garnett machine;knot breaker;waste puller
打混凝土板桩 concrete sheet piling
打混凝土桩 concrete pile driving
打火 fire fighting;strike arc
打火保护电路 arc protect circuit
打火花 sparking;spark over
打火花危险 danger of sparking
打火机 cigar(ette) lighter;lighter
打火扫把 fire beater;fire swatter
打火石 fire stone;flint stone
打火营部 fire camp
打火装置 igniter
打击 bang;batting;buffet;frustration;impact;knock;striking;stroke;tat;blow <锻压时>
打击棒 blow bar
打击传动装置 striking gear
打击次数 blow count;cycles;number of blows
打击杆 buffet bar
打击工具 batting tool
打击块 striking block
打击力 hitting power
打击能量 blow energy
打击速度 blow-speed
打击效率 blow efficiency
打击形成半锥体 bulb of percussion
打击指挥仪 attack director
打击中心 center[centre] of percussion
打机械标记的 machine-imprinted
打鸡眼机 eyeletter
打基础 found;lay the foundation of
打加固板桩 pilification
打尖 nozzling;top removal
打裥 tuck
打键型操作 push-to-type operation
打浆 beating;pulping
打浆初期 initial beating-up period
打浆度测试器 freeness tester
打浆棍 roller beater;beater roll(er)
打浆机 beater;beating machine;breaking pulper;broke beater;hollander
打浆机轴 beater roll(er)
打浆浆料检测仪 beater stuff tester
打浆胶体磨 beater colloid mill
打浆精研机 beater-refiner
打浆塔 beating tower
打浇冒口 spruing
打浇冒口区 spruing station
打绞机 knotting machine
打脚号 toe-punching
打结 knotting;tie-in
打结的 knotted
打结的列表 knotted list
打结工作循环 knotting cycle
打结机 knot tying machine
打结料 stamp mass
打结炉底 daub;fettle;packed bottom;tamped bottom
打结器 knotter;knotting mechanism;knot-tying device
打结器紧绳钢杆 knotter stripper
打结器卡嘴弹簧 knotter jaw spring
打结器卡嘴小齿轮 knotter hook pinion
打结器清理风扇 knotter blower
打结器清理装置 knotter cleaner
打结器弹簧 knotter spring
打结器凸轮 knotter cam(wheel)
打结器压绳盘 knotter disk
打结器轴 knotter shaft
打结器主动齿轮 knotter drive gear
打结器总成 knotter assembly
打结强度 <钢丝绳绳芯的> knot(ting) strength
打结盛钢桶 rammed ladle
打结试验 looping test;snarl(ing) test
打结用料 ramming mix(ture)
打结嘴 knotter jaw;knotting bill
打进 beat in
打进空气 aerate
打进岩石面或穿过有漂石土层的加强桩靴 rock point
打井 dig a well;drive a well;open a well;sink a well;well drilling
打井队 gang of wells
打井方法 drilling method
打井工具 well construction tool
打井工作 well construction work
打井机 drilling rig;rig;well drill(ing rig)
打井机具 well construction rig;well-rig
打井机器 well-rig
打井设备 well construction plant;well construction rig;well-rig
打井位置 drilling point
打井钻头 well driller
打橛锤 sledge
打卡机 punched-card equipment
打开 breaking;breakout;disconnection;opening;open(up);unbolt;unclose;undo;unfold;unfurl;unlink
打开包装 unpack
打开反循环阀 open reverse circulating valve
打开分程序 open a block
打开盖子 uncap
打开接头 break the joint
打开卷材 decoil
打开码 open code
打开铅封 break a seal(ing)
打开塞 opening plug
打开试验 invasive test(ing)
打开文件 file opening;open file
打开销路的活动 sales promotion
打开信号 opening signal
打开压力 opening pressure
打开眼界的 eye-opening
打开一个文件 open a file
打开终端 opening a terminal
打开状态 open mode
打壳 crust breaking
打壳锤架 crust-breaking hammer carrier
打壳锤头 crust-breaking chisel
打壳机 crust breaker
打空车 racing of the screw
打空转 blank run
打孔 holing;perforate;perforating;perforation;punching;slotting
打孔冲头 eyelet punch
打孔抽水 tap
打孔定位销栓 register stud
打孔工 tapper
打孔机 hole-punching machine;key punch;perforating machine;pinhole plotter;punch(er);punching bear;punching machine
打孔胶片 perforated film
打孔卡片 punched card
打孔器 backing-out punch;drift punch;hole digger;perforator;pinhole plotter;punching bear
打孔钳 hole pincers
打孔眼 eyelet work
打孔用钢尺 steel perforating rule
打孔装置 perforating device;punching device
打孔钻头【岩】drill bit;grooved bit
打口 ca(u)lking joint
打口料 ca(u)lking
打垮 crumple
打捆 baling;bundling;kidding;sheaf
打捆工 bander
打捆机 bander;bundling machine;tying machine
打捆机构 binding mechanism
打捆机架 pile driver tower
打捆台 binding platform
打捆台穿针口 needle gate
打捆台禾谷输送辊 deck roller
打捆运输机 banding conveyer[conveyor]
打捆针 needle brake
打捆针传动离合器 needle clutch
打捆针导向器 needle guide
打捆针机构连杆 needle pitman
打捆针驱动臂 needle drive arm
打捆针驱动凸轮 needle drive cam
打捆针限止器 needle rest
打捆装置 binding apparatus;binding attachment;binding unit;tying device;tying mechanism
打捆装置移动杆 binder-moving lever
打捆作业 bunching
打蜡 waxing;wax polish(ing)
打蜡表面上印刷用油墨 fastopake inks

打蜡擦光 wax finishing
打蜡的 wax coating
打蜡地板 floor-through wax
打蜡机 wax-polishing machine
打蜡克 lacker work; lacquering; lacquer work
打蜡线 wax wire
打兰 <古希腊的质量单位,1 打兰 = 0.5盎司> drachm(e); dram
打篮户 the basket maker
打捞 dragging; fishing; go fishing; refloat (ing); salvage; salvaging; salve; wrecking
打捞泵 wrecking pump
打捞沉船 raising a wreck
打捞沉船浮筒 wreck-raising lighter; wreck-raising camel
打捞船 raising ship; rescue vessel; salvage boat; wrecking workboat
打捞船舶 salvaging; salvage ship
打捞队 rescue crew; salvage crew; wrecking crew; wrecking gang; wrecking team
打捞筏 catamaran
打捞费 salvage charges; salvage money
打捞浮筒 air camel; caisson; camel; salvage pontoon
打捞浮筒钢丝索环 wire sling for salvage pontoon
打捞浮筒溜缆 lowering of salvage pontoon
打捞浮筒输气管 air hose for salvage pontoon
打捞浮坞 salvage dock
打捞杆 fishing rod
打捞工 fishman
打捞工程 refloating operation
打捞工程设计 design of salvage work
打捞工具 crowfoot elevator; finger grip; fishing tool; jar knocker; lazy tongs; pickups; recovery tool; salvage appliance; tool grab; twist drill spear; bulldog【岩】; wrecking tool【船】
打捞工具船 fishing rack
打捞工具的槽 catching groove
打捞工作 fish job
打捞公司 salvage company; wrecking company; wrecking firm
打捞公锥 die nipple; fishing nipple; fishing tap; inside tap; recovering tap; recovery tap; screw grab; tapered tap
打捞公锥导向器 screw grab guide
打捞钩 bit holder; fishing hook; recovery hook; side rasp; creeper <四爪的>
打捞环 die collar
打捞活环折断部分的捞筒 jar tong socket
打捞机构 wrecking firm
打捞机器人 fishing robot
打捞价值 worthiness of wrecking
打捞监督 salvage master; wrecking master
打捞接头 die coupling
打捞颈部 fishing neck
打捞救生船 salvage lifting vessel
打捞卡套 <螺纹破坏时的> collar grab
打捞卡瓦 fishing die(s)
打捞孔内脱落钻具 engagement with the fish
打捞篮 fishing basket; basket junk
打捞落鱼 fishing operation
打捞矛 <绳索取芯的> overshot head; fishing spear; spear
打捞矛头 spearhead
打捞母锥 beche; bell screw; bell tap; biche; bitch; box tap; bulldog pin socket; die coupling; female fishing tap; fishing socket; screw bell
打捞器 bowl slip-sockets; latch jack; outside tap; overshot; salvage tool; overshot assembly <绳索取芯的>; finger grip <钻杆>
打捞钳 drill extractor
打捞人员 salvager; wrecker
打捞失败 water haul
打捞失败而报废 junked and abandoned
打捞施工计划 program(me) of salvage operation
打捞施工进度表 schedule of salvage operation
打捞施工展布图 deploying plan of salvage operation
打捞施救船 salvage vessel
打捞丝锥 fishing taper
打捞索具 fishing tackle
打捞套管 fishing for casing
打捞筒【岩】basket barrel; catching bell; catching bowl; overshot; tubing catch
打捞筒导向器 overshot guide
打捞筒油管密封分压器 overshot tubing seal divider
打捞头 fishing head; overshot head <绳索取芯的>
打捞拖轮 salvage tug; wrecking tug
打捞许可证 wrecking permit
打捞用的船坞 salvage dock
打捞用绞盘 salvage winch
打捞油管 fishing for tubing
打捞者 wrecker
打捞振动杆 fishing jar
打捞振击器 fishing jar
打捞重量 salvage weight
打捞爪 bailer grab; collar grab; basket tube <打捞小物件用>
打捞装置 fishing gear
打捞锥 outside tap
打捞组 wrecking party
打捞钻铤 fishing collar
打捞作业 refloating operation; salvage operation; salvage procedure; fishing job【岩】; fishing operation【岩】; fishing work【岩】
打捞作业船 salvage boat; salvage ship; salvage vessel
打捞作业队 fishing service
打捞作业时间 fishing time
打烙印 branding
打梁窝安装顶梁法 hitch timbering
打量 stock taking
打了折扣的 <数字等> watered-down
打了桩的 piled; spiky
打料板 knockout plate
打料横杆的撞击架 knockout bracket
打料机构带动的卸料板 knockout actuated stripper
打猎弓 hunting bow
打猎箭 hunting arrow
打猎铅弹 lead shot for hunting
打猎住处 hunting lodge
打炉 machine stop
打炉周期 cycle of drawing-chamber
打乱 derangement; disorganization
打乱航行 disruption to navigation
打乱计划 upset the apple cart
打螺钉头机 bolt heading machine
打落氧化皮 knocking
打麻 flax dressing; scutching
打麻工艺 moulin
打麻滚筒 scutching cylinder; scutching drum; scutching rotor
打麻机 ribboner; scutcher; scutching machine; swinging machine
打麻器 tow scutcher
打埋头孔 countersink
打毛 <混凝土> bush-hammering; hacking(off); roughening(by picking)
打毛刺 deburr(ing)
打毛刺机 wheel abrator
打毛塑料片 mat(te) film
打锚碇板桩 anchored sheet piling
打冒口锤 riser knock-off ram
打梅花桩 staggered piling
打煤机 coal drill
打煤钻进 coal-drilling
打面机 dough batch
打磨 abrading; dressing; grinding; polish; rubber down; sanding; scouring; snagging
打磨不匀 buff-patched appearance
打磨处理 satinizing
打磨到(漆膜)损坏 rub to attack
打磨干 dry-to-sand
打磨工具 smoothing tool
打磨过的 sanded
打磨机 abrading device; burnish machine; dresser; sander; sanding machine
打磨剂 sanding agent
打磨金属管内毛刺的机具 burring reamer
打磨轮与抛光轮 scouring wheel and buffing wheel
打磨器 sander
打磨器械 abrasor
打磨人 burnisher
打磨石料的废料 scalp rock
打磨试验 rubbing test
打磨性 rubbing property
打磨修整 abrasive finishing
打磨遗漏 sanding skip
打磨用具 abrasor
打磨用油 rubbing oil
打磨砖 rubber
打墨 ink distribution
打木板桩 plank piling; timber sheet piling
打拿管 dynatron
打拿极 dynode
打拿效应 dynatron effect
打泥底 daub
打泥芯 knockout
打腻子 butter with mastic; to putty
打腻子方法 putty method
打牌室 card room
打盘机 coil-winding machine; whipping machine; whisking machine
打炮器 exploder
打炮眼 collar in a hole; cut hole; drill a blasting hole
打皮辊花机 thread extractor
打偏斜的桩 deflected pile
打平 planishing
打平锤 planisher; planishing hammer
打平器 planisher
打破 breakdown
打破……平衡 disequilibrate
打破常规 breakaway from conventions; break the normal procedure; go off the beaten track
打破封锁 breach of blockade
打破纪录 beat the record; break the record
打破平衡 disequilibrate; upset a balance
打破世界纪录 break the world record
打破先例 break the record
打旗号表示 flag
打气 air inflating; blow in
打气泵 ejector air pump; inflating pump; inflation pump
打气不足 under-inflation
打气阀 scavenging air valve
打气煤油炉 vapo(u)rised kerosene burner
打气送风法 plenum process
打气通风 plenum ventilation
打气通风法 plenum process
打气筒 air pump; gas pump; inflating pump; inflation pump; inflator
打气钻 drill ejecting pin
打千斤顶洞 alongside the wreck to benefit passing sling; excavate holes
打浅眼冲击式钻机 <勘探用> jetting drill
打嵌头(管道) ca(u)lked joint
打敲出 knocking-out
打球场 bowl
打扰 disturb
打扰别人 trespass
打扰测试 disturbed test
打扰声 intrusion tone
打入 drive-in; hammer in; type in
打入包壳桩 driven shell pile
打入并现浇混凝土的法兰基桩 driven and cast-in-place Franki pile
打入垂直导向梁 driven vertical pilot beam
打入锤 drive hammer
打入带壳桩 driven shell pile
打入的 driven
打入的现浇钢壳混凝土桩 driven cased pile
打入地基的裙板 penetrating skirt
打入地下钢管 drive pipe
打入法下导向管 standpiping
打入钢桩 driven steel pile
打入工具 driver
打入管 drive pipe
打入管夹板 drive clamp
打入管接箍 drive collar
打入管头 drive pipe head
打入灌注桩 cast-in-place pile; driven (cast-) in-situ pile
打入过深的桩 over-driven pile
打入键 driving key; load key
打入井 driven well
打入螺钉 drive screw; drivescrew nail
打入木桩 driven timber pile; driven wood(en) pile
打入能力 driveability
打入配合 drive fit; driving fit; flush fit
打入深度 driving depth
打入施工标桩 staking out
打入市场 access to market
打入式薄壁取土器 thin-walled driven sampler
打入式沉箱 driven caisson
打入式管桩 driven tube pile
打入式贯入器 drive point penetrometer
打入式灌注桩 driving grout pile
打入式尖锥 drive point penetrometer
打入式开缝管取土器 drive-type split-tube soil-sampling device
打入式取土器 drive soil sampler; drive tube
打入式取样 drive sampling
打入式取样器 drive sampler; drive tube
打入式疏干钻孔 driving borehole for dewatering
打入式托换工程 driven underpinning
打入式托换桩 driven underpinning pile
打入式斜桩 drive oblique pile
打入式预制混凝土桩 driven precast concrete pile
打入式(造)斜楔 drive wedge
打入式钻头 drive bit
打入速度 <桩的> rate of penetration
打入套管 drive casing

D

打入现场灌注桩 driven cast-in-place pile;driven cast-in-situ pile
打入现浇混凝土桩 driven cast-in-situ pile
打入现浇桩 impact-driven cast in-situ pile
打入销 drift plug
打入心轴薄壁钢管桩 mandrel-driven thin-walled steel tube pile
打入靴 drive shoe
打入硬质地面 driving into hard ground
打入用楔 drive-in cotter
打入圆杆 driven-mandrel
打入轴心 driven-mandrel
打入桩 displacement pile;driven pile [piling]; impact-driven pile; ram down
打入桩的承载量 bearing capacity of driven pile
打入桩的承载(能)力 bearing capacity of driven pile
打入桩的底下部分 foot of a pile
打入桩速度 driving speed;driving velocity
打入桩托换 driven pile underpinning
打入阻力 driving resistance
打散 break loose;thrashing
打散工 odd job
打扫 scavenging
打扫服务 scavenging service
打扫工 scrubber
打扫灰尘 dust(ing)
打扫灰尘的人 duster
打扫街道 scavenge street
打扫者 sweeper
打砂磨光 sanding; sand polishing; sand smoothing
打砂纸 sandpapering;sanding
打砂纸用垫块 sanding block
打伤 bruise
打商标机 brander;label marking machine
打上大钉 spike
打上记号 earmark
打绳结 knotting
打绳索 strand
打湿 wet out
打石灰桩 <稳定土壤法> lime injection
打时装置 striking work
打实 <用锤等> driving fit
打试桩 test pile driving;trial piling
打手势 gesticulation
打竖井 shaft sinking
打双桩 double piles driving
打双桩用的桩帽 double helmet for piles driving
打水泥塞 spot a cementing plug
打水砣 <用手砣测深> cast the lead; heave the lead
打松 break loose
打松拌和机 pulvimixer
打算 calculation; contemplate; contemplation;intend;project;propose
打碎 beat; cob; crushing; disintegration; pounding; shatter; shiver; smash;spall
打碎机 beater;beating crusher;demolition tool;stud mill
打碎矿石 spalling
打碎石工作 beat cob work
打碎土块 break-up the clods
打榫 cog
打梭棒 picking stick
打填孔料 filling
打条板桩 batten sheet piling
打铁工 smith
打铁铺 stithy
打听 pry
打通 breakthrough;open(ing) up
打通道路 drive roadway
打筒设备 spooling equipment
打头 cathead anvil;doll head;jar collar;bumper sub <撞击被卡钻具用>
打头护帽 drive cap;drive head
打头控制 leading control
打凸纹器 snarl iron
打图样 chalk out;chalk to
打土钉 soil nailing
打土机 box willow; dust shaker; washbowl willow;willey
打瓦锤 tile hammer
打弯钉脚使固定 clinch
打碗花 Ivy glorybind
打围堰板桩 pile sheathing
打纬 beating-up
打无壳套桩 uncased piling
打系结 hitching
打箱 package;shakeout
打箱温度 shakeout temperature
打小 size degradation
打小包机 bundling press
打小孔 eyelet
打小孔机 eyeletter
打小桩 pinning
打楔 pinning up
打楔分离法 wedging separation method
打楔子 wedge driving;wedging
打斜线 hatching
打斜线部分 hatched area
打斜桩法 batter piling
打信号 give a signal;signal;signing; wig-wag signal <信号兵、火车站等>;wig-wag <摇旗或灯>
打悬臂式板桩 cantilever sheet piling
打旋 swirl
打压机 stamper
打压试验 <焊接的> bulge test
打眼 bore;broach;broche;collaring; cut hole;drilling (off);gouge;holing;perforated;perforation;trepan(ning)
打眼板 cored plate
打眼锤 drill(ing) hammer; striking hammer
打眼的人 puncher
打眼法 blast-hole method
打眼放炮 drilling and blasting
打眼放炮施工法 drill and blast construction method
打眼工 holer;puncher
打眼和铆接机 eyeletting and riveting machine
打眼机 trepan(ner);trepanning machine
打眼钳 eyelet pliers
打眼取样法 drill hole sampling
打眼设备 boring apparatus;perforating equipment;perforator unit
打眼凿 foalsfoot;hole cutter
打眼凿平石块 broach
打眼装药 drills and mountings
打眼锥 centre bit
打眼钻 bradawl; punch pliers; sprig bit
打样 draw a design;preprint;proof(ing)
打样板 proof plate
打样机 proofing machine; proofing press;proofing unit;proving press; sample making machine;test press
打样铅笔 drawing detail pencil
打样设计 preliminary design
打样油墨 proofing ink
打样纸 design paper
打一式四份 type in quadruplicate
打印标记 die-stamp marking
打硬岩 cut rock
打圆角 cavetto
打匀 breaking up
打杂的 factotum
打杂工 roustabout;rouster
打折叠板桩 shiplap sheet(ing) piling
打折扣 at a discount;discounted;discounting;give a discount;rebate
打褶 pleat
打支撑板桩 shoring sheeting
打枝 branching; lopping; trimming (out)
打枝归堆机 delimber buncher
打枝机 delimber
打枝撩边归堆机 delimber slasher buncher
打枝撩边机 delimber slasher
打枝造材机 delimber bucker
打直井 shaft sinking
打纸模机 mo(u)lding mat machine
打中心孔 centering
打中心孔工具 center[centre] drilling tool
打钟器 bell ringer
打轴 spooling
打轴机 winding apparatus
打轴设备 spooling equipment
打柱 ram
打桩 drive pile;driving(of pile);palification; paling; pile driving; pile-sinking; piling; spile; spiling; stake out;pegging out【测】
打桩拔桩机 driver(-and)-extractor
打桩拔桩两用振动(式桩)锤 driver-extractor vibratory hammer
打桩标准 driving criterion
打桩布置图 piling plan
打桩步骤 driving procedure
打桩材料 pile driving material
打桩操作 driving process
打桩车 truck-mounted hammer
打桩衬套 driving bushing
打桩承包工 piling contractor
打桩承包公司 piling contractor
打桩承包人 piling contractor
打桩承包商 piling contractor
打桩承包者 piling contractor
打桩程序 driving process
打桩船 driving vessel; floating pile driver;marine pile driver;pile driver barge; pile driving barge; pile driving boat;pile driving pontoon; pile driving vessel; piling barge; pontoon piling plant
打桩船侧打(斜桩)导向架 side-batter pile driving leader
打桩锤 beetle head; board drop hammer; drive block; driving hammer; drop pile hammer; drop weight; fistuca; pile driver hammer;pile driving hammer;pile hammer; pile monkey; piling hammer; tripped drop hammer; Dawson piling hammer <一种能降低打桩噪声的标准落锤>
打桩锤导向架 hammer cradle
打桩锤击数 blown count
打桩锤能量 hammer energy
打桩锤速度 <每分钟锤击数> hammer speed
打桩锤效率 hammer efficiency
打桩锤重量 weight of monkey; weight of pile hammer
打桩锤撞头 hammer tup
打桩达到规定的贯入度和/或者锤击数 calling the pile
打桩达到零贯入度的硬层 pile refusal
打桩到底 <打到最后贯入度> drive home;drive the piles to refusal
打桩的冲击阻力 dynamic(al) driving resistance
打桩的基础 piling foundation
打桩的极限深度 limit of driving a pile
打桩的落锤 drop pile hammer
打桩的偏心度 pile eccentricity
打桩的下沉速度 rate of penetration
打桩垫 <在打桩帽下面> pile cushion;cushion block;pile packing
打桩定位板 pile template
打桩定位导桩 range pile
打桩定线 pegging out; alignment of piles
打桩动力公式 dynamic(al) pile-driving formula
打桩动阻力 dynamic(al) pile-driving resistance
打桩对邻居的噪声和振动影响 influence of the noise and vibration to the neighbo(u)rhood in pile driving
打桩反力 pile driving reaction;piling reaction
打桩方法 drivage method; driving process; pile driving method; pile-placing method;piling method
打桩放样【测】staking out
打桩分析仪 pile driving analyser[analyzer]
打桩附件 driving attachment
打桩钢套管 pile casing
打桩工 hammer man; pile driver; stake driver;stake-man
打桩工班组 pile crew
打桩工程 pile works;piling works; driving works
打桩工具 pile driving tool
打桩工作 piling job
打桩公式 driving formula;formula of pile driving;pile(driving) formula; pile-driving equation
打桩贯入度 pile penetration
打桩机 driver;driving machine;driving plant; hammer apparatus; impactor;monkey engine;pile driver; pile driving engine;pile driving machine;pile driving plant; pile driving rig; pile hammer; pile [piling] plant;piler;pile(ram) engine;piling rig;pole press;post driver;ram engine; ram machine; stake driver; staking machine;tamp machine
打桩机测探 driver pricking; driver probing
打桩机导向架 pile driving leader
打桩机导向架顶部滑车轮 head block
打桩机导向柱 pile driver lead
打桩机导柱 leads
打桩机的打桩能力 driveability
打桩机的落锤 drop pile hammer
打桩机定位横架 spotter
打桩记录 driving log;pile log
打桩机架 driving rig;pile frame;pile driver tower
打桩机具 pile driving rig
打桩机软管 pile driver hose
打桩机网 gin
打桩机性能 driveability
打桩机桩锤 monkey of pile driver
打桩挤密法 extrusion method of pile driving
打桩记录 driven record;driving record;pile driving record
打桩驾驶员 hammer man
打桩架 casing of pile;driving frame; lead tower;pile driving frame;pile driving tower; pile [piling] frame; ram framework
打桩架长度不够 spud pile
打桩架基座 bed-frame of pile driver
打桩架拉索 backstay of pile driver

打桩架座基 bedding of pile driver

打桩胶 piling adhesive

打桩绞车 piling winch

打桩临时用套管 temporary casing of pile

打桩领班 pile foreman

打桩落锤 drop hammer;monkey

打桩帽 driving cap;pile driving helmet;anvil block;drive cap;drive head;driving head;follow block;pile helmet;rider cap

打桩每击传送功能 energy deliver by hammer per blow

打桩能量 driving energy;energy of pile driving

打桩能量消耗 energy used in driving

打桩配件 driving accessories

打桩平台 pile driving platform;piling platform

打桩起重机 monkey jack;pile driver crane;pile driving crane;stamp work's crane

打桩起重器 monkey jack

打桩汽锤 steam pile hammer

打桩器 drift;driver;pile engine;tube drift;fistuca <古代>

打桩前的对位工作 pile spotting

打桩曲线 driving curve;pile driving curve;pile driving diagram

打桩设备 driving plant;driving rig;hammer apparatus;pile driving equipment;pile driving plant;pile driving rig;piling plant;piling rig

打桩深度 driving depth;pile driving depth;piling length

打桩时贯入阻力增加 pile take-up

打桩时间 pile driving time

打桩时土壤动力和静力阻力沿桩长波动分布的分析 case pile wave analysis

打桩时一次锤击的下沉量 set of piling

打桩试验 driving test;pile driving test;piling test;test pile driving;test piling <美>

打桩顺序 piling sequence

打桩司机 hammer man

打桩速率 rate of driving

打桩损害 pile driving damage

打桩塔 pile hammer tower

打桩台 driving pile abutment;pile driving abutment;piling staging

打桩台座 pile pedestal

打桩套管 former

打桩套管内的落锤 internal (pile) hammer

打桩套筒 driven casing

打桩停止下沉 pile refusal

打桩头 driving cap;driving head

打桩效率 driving output;driving ratio;pile driving efficiency

打桩靴 pile drive shoe

打桩一次锤击的下沉量 pile set

打桩引起的损害 damage due to driving

打桩引起的应力 stress due to curving

打桩(引起的)震动 driving vibration

打桩应力 driving stress;pile driving stress;piling stress

打桩永久性套管 permanent casing of pile

打桩用汽锤 air hammer for pile driving

打桩噪声 piling noise

打桩栈桥 piling staging

打桩振动锤 pile driving vibrator

打桩执照 piling permit

打桩指导员 driving instructor

打桩桩帽 piling helmet

打桩准备工作 driving preliminaries

打桩子 spile

打桩阻力 driving resistance (of a pile);pile driving resistance;piling resistance;resistance to driving

打桩组长 pile foreman

打桩最后几击平均贯入量 average set of final several blows in pile driving

打桩最后五击平均每击贯入度 average net penetration per blow for the last five blows

打桩作业 pile driving operation

打桩做栅栏 paling

打字电报系统 type printing telegraph system

打字机桌 typewriter table

打字间 typist's room

打字室 typing pool;typing room;typist's room

打足气的 hard-pumped

打钻包工 drilling contractor

打钻能力 drilling capacity

打钻台 drilling platform

大

大M法 <线性规划的一种方法> big M method

大矮盖杯 <有把的> water mug with cover

大安国寺 Great An Guo Temple

大安乐椅 Morris chair

大凹凸式密封面 large male and female face

大鳌蜚 jassa

大澳大利亚湾 great Australia Bay

大八开图纸 <13 英寸×16 英寸> legal cap;flat foolscap

大八州变动[地] Oyashima disturbance

大八州地壳变动群 Oyashima disturbance group

大坝 large dam;major dam

大坝安全评价 dam safety assessment;dam safety evaluation

大坝变形测量 dam deformation survey

大坝变形观测 dam deformation observation

大坝测量 dam survey

大坝地质 dam geology

大坝发电站 dam power plant

大坝反弧段 bucket of dam

大坝分期加高 stage dam heightening

大坝观测仪器 apparatus for dam observation

大坝混凝土工程 dam concrete works

大坝混凝土搅拌站 large dam concrete plant

大坝基础 dam foundation

大坝检查 dam inspection;inspection of dam

大坝老化 deterioration of dam

大坝设计规范 design standard for large dams

大坝设计准则 design criteria for large dams

大坝失事 dam failure

大坝水泥 low heat cement

大坝损坏 dam damage;dam deterioration;deterioration of dam

大坝特性 behavio(u)r of dam;dam behavio(u)r

大坝泄水坡 release wave below dam;release wave below spillway

大坝用硅酸盐水泥 Portland cement for dam

大白 whiting;albarium <一种粉饰用的白石灰>

大白粉 whiting

大白浆 whitewash

大白浆罩面 whitewash finish

大白蚁属 <拉> Macrotermes

大百货公司 emporium [复 emporiums/emporia]

大百货商店 emporium;full line department store

大摆幅 long arc

大斑晶 megaphenocryst

大斑晶的 megaphyric

大斑晶状 macrophyric;macroporphyritic

大坂港 <日本> Osaka Port

大板 large building slab

大板车 large handcart

大板簧片 giant spring leaf

大板建筑 panel construction;beam panel system;building of large slabs;large panel building;large panel construction

大板建筑体系 bearing panel system;panel construction system

大板结构 large panel construction;large panel structure

大板结构体系 large panel system

大板块【地】megaplate

大板坯 sheet slab

大板墙 panel wall

大板墙体结构 large panel wall structure

大板墙体系 large panel wall system

大板式住房 panelized housing

大板体系 total system

大板外墙 external panel wall

大板住宅 block of large slabs

大板柱结构 slab-column structure

大板砖 panel brick

大板桩 sheet piling

大版字 block letter

大半 in a great measure

大半径 long radius

大半径鞍座 large-radius saddle

大半径凹进成型 dishing

大半径臂杆 radius rod

大半径曲线 large radius curve;long radius curve;long-sweeping curve;sweeping curve

大半径弯段 flat band

大半径弯管 long radius bend

大半径弯管接头 long radius fittings

大半径弯曲 long radius bend

大半径弯头 flat bend;long radius elbow

大半头 king closer

大半头砖 three-quarter bat;three-quarter brick

大半轴 major semi-axis

大磅秤 steelyard

大包 bale

大包合同 prime contract

大孢子 gynospore;megaspore

大孢子体 macrosporinite

大雹 heavy hail

大堡礁 great barrier reef

大暴风 gale

大暴雨 cloudburst;deluge;gull(e)y washer;heavy shower;heavy storm;severe storm;torrents of rain;downpour

大爆破 big blast;bulk blasting;chamber blasting;huge blast;large-scale blasting;major blasting;mammoth blast;mass blasting

大爆炸 big bang;big blast

大爆炸假说 big-bang hypothesis

大爆炸模型 big-bang model

大爆炸宇宙论 big-bang cosmology

大杯 dockglass

大背斜 geoanticline

大本营 strong hold

大崩落 bulk caving;mass avalanche;mass caving

大比降 high gradient;steep gradient;steep slope

大比降河流 steep slope river;steep slope stream

大比例 high range

大比例尺 large scale

大比例尺测量 large-scale survey

大比例尺测图 large-scale mapping;large-scale restitution;large-scale surveying map

大比例尺的【测】large scale

大比例尺底图 large-scale master sheet;master sheet

大比例尺地图 large-scale map

大比例尺地形测图 large-scale topographic(al) mapping

大比例尺地形图 large-scale topographical map[drawing];large-scale topographic(al) plan

大比例尺地质测量 large-scale geologic(al) survey

大比例尺发生学土壤图 large-scale genetic soil map

大比例尺海图 large-scale chart;large-scale map

大比例尺航空摄影 large-scale aerophotogrammetry

大比例尺军用导航图 army air style map;large-scale army air style map

大比例尺模型 extensive scale model;large-scale model

大比例尺模型试验 large-scale model test;mock-up test

大比例尺平面图 large-scale (detail) plan;property map

大比例尺区域地质调查 large-scale regional geologic(al) surveying

大比例尺设计图 large-scale design drawing

大比例尺水工模型 large-scale hydraulic model

大比例尺水工模型试验 large-scale hydraulic model test

大比例尺图 large-scale drawing

大比例尺土壤图 large-scale soil map

大比例尺系列 large-scale series

大比例尺详图 large-scale(detail) plan

大比例尺照片 large-scale photograph

大比例尺制图 large-scale cartography

大比例尺钻探网 large-scale drilling program(me)

大比例三角测(量)站 trigonometrical station

大比目鱼 halibut

大笔款 heavy money

大笔款项 bomb

大壁橱 <能双向进入的> walk-through closet;walk-in closet

大臂 boom arm;main boom

大臂井径仪 large arm caliper

大边安全帽 safety hat with broad edge

大扁圆头半空心铆钉 large oval head socket shank rivet

大扁圆头带榫螺栓 large oval head nibbed bolt

大扁圆头方颈螺栓 large oval head square neck bolt

大扁圆头铆钉 large oval head rivet

大便槽 soil pit

大便池槽 bowel urinal

大便挡水装置 toilet dam

大便器 bedpan washer;closet pan;lavatory pan;toilet bowl;W.C. pan

大便器冲洗阀 closet valve

大便器冲洗管 closet flush pipe

大便器地面连接法兰 closet floor flange

大便器排水口 closet horn
大便器水箱 closet tank
大便器陶瓷盆 water closet bowl
大变比变压器 high ratio transformer
大变动 cataclysm;catastrophe
大变动的 catastrophic
大变故的 catastrophic
大变形 large deformation
大变形率 large deformation rate
大冰暴 hail storm
大冰斗 amphitheater[amphithcatre]
大冰堆 ice cluster
大冰块 berg; glacier; iceberg; ice pack;large ice pieces
大冰盘 big floe
大冰期 great glacial epoch;Great Ice Age
大冰隙 <超过500米宽> bergschrund;large fracture
大冰原 large ice field
大病房 ward
大波 billow;high wave
大波菲棉 <巴西> Big Boffe cotton
大波幅激波 large amplitude shock wave
大波痕 megaripple
大波斯菊 cosmos
大波纹板 long pitch corrugated sheet
大玻璃杯 glass tumbler;tumbler
大玻璃片码垛机 jumbo-size sheet stacker;large-size sheet stacker
大不列颠博物馆 <1823年~1847年英国伦敦> British Museum
大不列颠的史前六居 penpit
大不列颠人 Briton
大不列颠式焊接 Britannia joint
大不列颠(锡锑铜)合金 Britannia metal
大不列颠型浮选机 Britannia cell
大不相同 a far cry(from)
大步 stride
大步长方法 large-step method
大部 in a great measure
大部的 subtotal
大部分 bulk; main part; major fractional; majority; major parts; the best part of
大部件 major unit assemblies
大部件装配 bulk assembly
大部著作 high-volume work
大材 summer tree;summer wood
大裁 foolscap
大裁图画纸 antiquarian
大残丘 unaka
大舱口 wide open hatch
大糙皮 big shellbark hickory;bottom shellbark hickory
大槽 vat
大草索 grass hawser
大草原 extensive grassland; pampa(s);prairie;savanna(h) <美国南部的>;steppe <特指东南欧或西伯利亚等处的草原>
大草原风格 Prairie style
大草原上的树丛 <美国方言> mott(e)
大侧柏 red cedar
大层序 mega sequence
大茶匙 large tea spoon
大柴笼 saucisson
大产量 large-tonnage
大铲 bricklayer's trowel;brick trowel;buttering trowel
大肠埃希氏菌 Escherichia coli
大肠产气细菌 coli-aerogenes bacteria
大肠杆菌 bacillus coli;bacteria coli;colibacillus; coliform bacteria; Colon bacillus;E.coli;intestinal bacteria
大肠杆菌测定 coli determination
大肠杆菌存活率 Eschcoli survival
大肠杆菌回复突变试验 E.coli reverse mutation test
大肠杆菌密度 coliform density
大肠杆菌群 coli-group
大肠杆菌群检验 coliform group test
大肠杆菌试验 coli test
大肠杆菌数 coliform count
大肠杆菌素 colicin(e)
大肠杆菌微生物 coliform organism
大肠杆菌值 colititre
大肠杆菌指数 coli-index;E.coli index
大肠杆菌状的 coliform
大肠菌 B-coli;intestinal bacteria
大肠菌测定 coliform determination
大肠菌快速验纸片 colitap
大肠菌类细菌 coliform bacteria
大肠菌类总数 total coliforms
大肠菌浓度 coliform concentration
大肠菌群 coliform-group bacteria;coliform group
大肠菌群指数 coli-ground index
大肠菌生物量 coliform biomass
大肠菌水平 levels of fecal coliform
大肠菌污染 coliform contamination
大肠菌值 coliform bacteria value
大肠菌指数 coliform index
大氅 cloak
大潮 flood tide;grand tide;meridional syzygy tide; primary tide; spring tide;storm tide
大潮层序 spring tidal sequence
大潮差 <强潮差> macrotidal range
大潮潮差 great tropical range;range of spring tides; spring range of tides;spring tidal range;spring tide range;tidal range at springs
大潮潮流 spring tidal current
大潮潮升 spring rise
大潮潮时 full and change (of the moon)
大潮到达河流上游界限 upstream limit of spring tide
大潮低潮持续时间 tidal window
大潮低潮面 low-water springs;spring low-water(tide)
大潮低潮位 low water springs
大潮低潮线 spring low-water line
大潮发生时间 tide epoch
大潮高潮 spring high water
大潮高潮面 high water level of spring tide;spring high water; high water spring(tide)
大潮高潮位 high water level of spring tide;spring high water; high water spring(tide)
大潮高高潮和大潮低低潮的潮高差 great tropical range; tropic (al) range
大潮高水位 high water spring tide
大潮高水位标记 spring tide mark
大潮极低水位 extremely low-water level spring tide
大潮极高水位 extremely high water level spring tide
大潮流速 spring rate;spring velocity
大潮落潮流 greater ebb;greater ebb tidal current
大潮平均半潮差 half mean spring range
大潮平均半潮幅 half mean spring range
大潮平均潮差 mean spring range
大潮平均潮升 mean spring rise
大潮平均低潮面 height of mean low-water of spring tide;low-water ordinary spring tide; mean level of spring low tide;mean low water of ordinary spring tide;mean low water springs;spring low-water
大潮平均低潮位 height of mean low-water of spring tide;low-water ordinary spring tide; mean level of spring low tide;mean low water of ordinary spring tide;mean low water springs;mean low water spring tides;spring low-water
大潮平均低低潮位 mean lower low-water springs
大潮平均高潮面 height of mean high-water of spring tide;high water level of ordinary spring tide;mean high of ordinary spring tide;mean high water springs;mean spring high water
大潮平均高潮位 height of mean high-water of spring tide; mean high of ordinary spring tide;mean high water springs;mean spring high water
大潮平均高水位 mean high water spring tide
大潮期 springs; spring season; spring tide time;syzygy
大潮升 spring rise
大潮(时的)高潮间隔 full and change high water
大潮时搁浅 beneaped;neaped
大潮水位 water-level at spring tide
大潮涨潮流 greater flood tidal current
大潮涨落潮 ebbing and flowing spring
大潮最低低潮面 lowest low water springs
大潮最低低潮位 lowest low water springs
大潮最低水位 lowest low water spring tide
大潮最高潮面 maximum high water springs
大潮最高潮位 maximum high water springs
大车 cart;dray
大车道 bridle path;bridle road;bridle track; bridleway; carriage road; cart road;cart track;cart way;drift way;drove road;drove way;mule trail
大车滑轨和滑架 carriage slide track and slide frame
大车路 bridle path;bridle road;bridle track; bridleway; carriage road; cart road;cart track;cart way;drift way;drove road;drove way
大车前 greater plantain
大车胎 jumbo tire[tyre]
大车走行机构 <起重机> carriage running mechanism
大臣 chancellery;chancellor;minister
大臣官邸 chancellery
大臣职 portfolio
大城区 conurbation
大城市 asphalt jungle;large city;large urban; macro-urban; metropolis; megacity <人口超过100万的>
大城市的 metropolitan;urbanoid
大城市的地下铁道 metrorail
大城市地区 conurbation; mega(lo)polis;metropolitan area;metropolitan region
大城市地区固定方式 <防止过大发展> method for consolidation of metropolitan area
大城市地区快速交通系统 metropolitan area rapid transit
大城市高速公路 metropolitan expressway
大城市高速输发展局 <美> Metropolitan Transit Development Board
大城市管理局协会 <英> Association of Metropolitan Authorities
大城市轨道交通系统 metropolitan rail transit system
大城市交通管理局的运输系统 MTA's [Metropolis Traffic Administration's] transportation system
大城市郊区 outskirts of metropolis; catchment area
大城市居民 large-town citizen; metropolitan
大城市连绵区 mega(lo)polis
大城市区人口 metropolitan area population
大城市区通信[讯] metropolitan area communication
大城市区域 metropolitan area;metropolitan district
大城市圈运输 <包括卫星城镇> conurbation transport
大城市市区 metropolitan area;metropolitan district
大城市市中心区 metropolitan area; metropolitan district
大城市铁路 metropolitan railway
大城市停车结构 metropolitan parking structure
大城市运输管理局 <美> Metropolitan Transportation Authority
大城市整体地下铁路 full metro
大城市中枢管理功能 central managerial function
大城市中心区 <美> corduroy city; core city
大城市周围地区 <包括卫星市镇> agglomeration
大城市周围地区的交通 agglomeration transport
大秤 heaver;large scale
大吃刀 full depth
大匙 large spoon
大尺寸 high format; high size; large format;large scale;large size;heavy ga(u)ge <板材的>
大尺寸棒形绝缘子 giant insulator
大尺寸材 junk
大尺寸测量 large-scale metrology
大尺寸的 large-size(d)
大尺寸的铺砂机机身 bulk gritter body
大尺寸地板 large-sized floor slab
大尺寸构件 large-scale element
大尺寸混凝土块 large-scale concrete block
大尺寸截面垫片 heavy cross section gasket
大尺寸绝缘集装箱 insulated large container
大尺寸木格栅 heavy joist
大尺寸土工试验 large-scale soil test
大尺寸预制件 large-scale prefabricated element
大尺寸砖 high format(clay)brick;over-size brick
大尺度 large scale;macroscale
大尺度对流 large-scale convection
大尺度结构 large-scale structure
大尺度模型 large-scale model
大尺度气象学 macrometeorology
大尺度速度场 large-scale velocity field
大尺度特征 large-scale characteristic
大尺度天气形势 large-scale weather situation
大尺度湍流 large-scale turbulence; macroturbulence
大尺度紊动 large-scale turbulence; macroturbulence
大尺度相互作用 large-scale interaction
大齿 cog
大齿白杨【植】large-toothed aspen
大齿轮 big gear wheel;bull gear;bull wheel;gear wheel;giant gear;main gear;master wheel

大齿轮齿宽 wheel face width
大齿轮传动装置 girth gear drive
大齿轮减速机 bull gear reducer
大齿轮圈 large gear ring
大齿轮转动 bull gear drive;bull wheel drive
大齿轮组 bearing set
大齿圈 gear rim;spur ring
大齿圈传动 girth ring drive
大齿形锯刀 large-toothed saw blade
大翅的 macropterous
大冲 favo(u)rable opposition
大冲程摩擦压(砖)机 long-stroke friction press
大冲击荷载 heavy shock load
大冲角 high attack angle
大冲子 large punch
大虫孔 <直径 3/8 ~ 1 米> grub hole
大稠度叶栅 high-solidity cascade
大出差分潮 larger evectional constituent(of tide)
大出力的 heavy-duty;high duty
大出水量 big yield
大厨 chief cook
大川型加速器 accelerator of Ohkawa type
大船船闸 ship lock
大椽木 common rafter;large rafter
大窗口地震试验 large aperture seismic experiment
大吹雪 blizzard
大垂直间隙的犁铧 deep suction share
大槌 claying bar;lump hammer;mash hammer
大锤 boss hammer;bumping hammer;club hammer;cross-peen sledge;double jack;hammer sledge;heavy mallet;mall;maul;mickle hammer;sledge(hammer);spalling hammer;steel beetle;steel mall;two-handed hammer;wooden hammer
大磁弯 great magnetic bight
大存储文件 mass file
大错 blunder
大错转储 disaster dump
大错转贮 disaster dump
大大加强的 heavily reinforced
大代数 advanced algebra;college algebra
大单孢属 <拉> Haplosporella
大单体 macromer
大单体乳液 macromonomer emulsion
大胆的 bold
大胆设计 bold design;bold plan
大刀 machete
大刀架 carriage;tool carriage
大刀架行程 saddle stroke
大刀阔斧地 hammer and tongs
大刀盘 <盾构切削用> cutter wheel
大导程螺纹 high lead thread;steep-lead thread
大岛附近的小岛 calf
大倒退 throwback
大道 artery;avenue;boulevard;broad walk;high road;thoroughfare
大德寺龙光院 <日本京都> Ryukoin Temple kyoto
大的 massive
大的熟石膏板 big plaster board
大灯 headlight
大灯变光开关 dimmer
大灯变光器 headlight dimmer
大灯对光屏幕 aiming screen
大灯光束锥照射角 beam spreader
大灯框 head lamp rim
大灯调光器 headlight dimmer
大堤 levee;main dike[dyke];main levee;primary dike
大堤内坡 back of levee
大底桩 big-based pile
大地 mother earth;terra firma
大地北极 geodetic north pole
大地闭合网 geodetic ring
大地槽 geosyncline
大地测距仪 geodesic distance meter;geodesic range finder
大地测量 geodetic measurement;geosurvey;land surveying;lang traverse
大地测量边值问题 geodetic boundary value problem
大地测量参考系(统) geodetic reference system
大地测量测高计 geodesic altimeter
大地测量成果表 geodetic data sheet
大地测量的 geodetic
大地测量点 geodetic survey station
大地测量队 geodetic gang;geodetic party;geodetic team
大地测量多普勒接收机 geodetic Doppler receiver
大地测量二级控制 secondary control
大地测量法 geodetic method
大地测量工程师 geodetic engineer
大地测量工作者 geodesist
大地测量轨道卫星 geodetic earth orbiting satellite
大地测量基线 geodetic base(line)
大地测量基准 geodetic benchmark;geodetic datum
大地测量计算 geodetic calculation;geodetic computation
大地测量计算机 geodetic computer
大地测量技术 geodetic measuring technique;geodetic engineering
大地测量局 geodetic survey board
大地测量卷尺 geodetic surveying tape
大地测量控制 geodetic control
大地测量控制链 geodetic control chain
大地测量控制网 geodetic survey network
大地测量平面基准 horizontal geodetic datum
大地测量器 geodetic instrument
大地测量曲线 geodetic curve
大地测量闪光卫星 flashing geodetic satellite
大地测量设备 geodetic equipment
大地测量手簿 geodetic book
大地测量数据 geodetic data
大地测量数据库 geodetic data base
大地测量水准面 geodetic sea level
大地测量水准仪 geodesic level;geodetic level
大地测量踏勘 geodetic reconnaissance
大地测量透镜 geodetic lens
大地测量网 geodetic network
大地测量卫星 geodesic satellite;geodetic satellite
大地测量系统 geodetic system
大地测量星表 catalog(ue) of geodetic stars
大地测量选点 geodetic reconnaissance
大地测量学 geodesy;geodetic survey(ing);geodetics
大地测量学的 geodesic;geodetic
大地测量仪 geodetic instrument
大地测量员 geodetic surveyor
大地测量装备 geodetic equipment
大地测量资料 geodetic data
大地测量坐标 geodetic coordinates
大地测量坐标系统 geodetic coordinate system
大地产 latifundium
大地常数 geodetic constant
大地赤道 geodetic equator
大地垂直线 geographic(al) vertical
大地磁力 telluric magnetic force
大地大气电流 earth-air current
大地导电率 ground conductivity
大地的 earthen;telluric
大地点 geodetic point;geodetic station
大地电 geoelectricity;terrestrial electricity
大地电场 telluric electricity field
大地电磁测深仪 magnetotelluric sounding instrument
大地电磁测深异常曲线 anomaly curve of magnetotelluric sounding method
大地电磁测探 magnetotelluric sounding;telluric electromagnetic sounding
大地电磁法 magnetotelluric method
大地电磁法地质断面图 interpreted geologic(al) cross section of magnetotelluric method
大地电磁法反射系数断面图 reflex coefficient cross section map of magnetotelluric method
大地电磁法构造等值线图 structural contour map of magnetotelluric method
大地电磁法曲线图 curve of magnetotelluric method
大地电导率 earth conductivity;ground conductivity
大地电流 current of the earth;earth current;ground(ing) current;telluric current;terrestrial current
大地电流(风)暴 earth current storm
大地电流测定器 electrotellurograph
大地电流场 telluric electric(al) field
大地电流场比法 telluric electric(al) field method
大地电流法 telluric current method
大地电流法勘探 telluric current prospecting
大地电容 earth capacity;ground capacity
大地电位 ground potential
大地电阻 earth resistance;ground resistance
大地电阻率 earth resistivity
大地定位 geodetic fix;geodetic location;geodetic position
大地定位三角形 geodetic triangle
大地定向 absolute orientation;geodetic orientation
大地反射 earth reflection
大地方位 geodetic bearing
大地方位角 geodesic azimuth;geodetic azimuth
大地辐射 earth radiation;terrain radiation
大地辐射平衡 terrestrial radiation balance
大地高(程) geodetic height;geoidal height;ellipsoidal height;spheroidal height
大地高低分布的 bathyorographic(al)
大地构造【地】 geotectonics;architectonics
大地构造部位 geotectonic site
大地构造槽 geotectocline
大地构造单元 geotectonic unit;tectonic unit
大地构造的 architectonic;tectonic
大地构造地球化学 geotectono-geochemistry
大地构造地质学 architectonic geology;geotectonic geology
大地构造谷 geotectonic valley
大地构造级别 geotectonic grade
大地构造类型 geotectonic type
大地构造迁移 tectonic migration
大地构造迁移类型 system of tectonic migration
大地构造迁移区 tectonic migration regions
大地构造区划 architectonic division
大地构造图 geotectonic map;tectonic map
大地构造旋回 geotectonic cycle
大地构造学 geotectology;macrotectonics;megatectonics;tectonics;geotectonics
大地构造演化阶段 geotectonic evolution stage
大地构造应力 tectonic stress
大地构造运动 geotectonic movement
大地光 earth light;earth shine
大地恒星摄影机 geodetic stellar camera
大地环境 earthly environment;terrestrial ambient
大地环境噪声 terrestrial ambient noise
大地回归电路 earth return circuit
大地回归线 earth return line
大地回流 line residual current
大地回路 ground return circuit
大地回路制 ground return system
大地基准变换 datum shift;datum transformation;geodetic shift;geodetic transformation
大地基准单点定位 single astronomic station datum orientation
大地基准的天文大地定位 astrogeodetic datum orientation
大地基准的重力定位 gravimetric(al) datum orientation
大地基准(点) geodesic datum;geodetic datum
大地基准定位参数 datum position parameter
大地基准面 geodesic level;geodetic datum;geodetic level
大地基准线 geodetic datum line
大地极坐标 geodesic polar coordinates;geodetic polar coordinates
大地交会导线 geodetic intersection traverse
大地接收机 geoceiver;georeceiver
大地结构 geotexture
大地介质 earth medium[复 media]
大地经度 geodesic longitude;geodetic longitude;topographic(al) longitude
大地经纬仪 geodesic theodolite;geodetic theodolite;geodetic transit
大地经线 geodetic longitude;geographic(al) longitude
大地距离 geodetic distance
大地科学实验室 earth science laboratory
大地空间直角坐标系 geodetic rectangular coordinates in space
大地控制测量 geodesic control survey;geodetic control survey
大地控制点 ground control point;geodetic control point
大地控制基线 geodetic base(line)
大地控制数据 geodetic control data
大地控制网 framework of geodetic control;geodesic (control) net(work);geodetic (control) net(work)
大地利用率 ratio of land use
大地联测 geodetic connection;geodetic tie
大地伦理学 land-ethics
大地脉动 earth pulsation
大地耦合 earth coupling
大地排水 land drainage
大地平行坐标 geodetic parallel coor-

dinates
大地起始数据 geodetic origin data
大地起算数据 geodetic datum
大地区 large land areas
大地曲率 geodesic curvature; geodetic curvature
大地曲线 geodesic curve
大地全息摄影术 earth holography
大地热流量 geothermal heat flow; terrestrial heat flow
大地蠕变 earth creep
大地蠕动 earth creep
大地三角测量 geodesic triangulation; geodetic triangulation
大地摄影测量学 geodetic photogrammetry
大地视电阻率 terrestrial apparent resistivity
大地视距 geographic(al) range
大地数据 geodetic datum
大地水面坡度 geoidal slope
大地水平基线 horizontal geodetic base
大地水头 geodetic head
大地水准测量 geodesic leveling; geodetic level(l)ing
大地水准断面 geoidal level section
大地水准法线 geoidal level normal
大地水准面 geodetic datum; geodetic level; geoid; geoid(al) surface
大地水准面差距 deviation of the geoid; geoid ellipsoid separation; geoid(-spheroid) separation
大地水准面等高线 geoid contour
大地水准面地平圈线 geoidal horizon
大地水准面断面 geoidal section
大地水准面(对参考椭球的)差距 geoidal distance
大地水准面法线 geoidal normal
大地水准面法线方向 geographic(al) vertical; map vertical
大地水准面高程 geoidal height
大地水准面高度 geoidal height
大地水准面高度图 geoidal height map
大地水准面距离 geoidal distance
大地水准面隆起 geoidal rise
大地水准面起伏 geoidal undulation; geoid ellipsoid separation; geoid-spheroid separation; warping of geoid
大地水准面切面 geoidal tangent plane
大地水准面倾斜度 geoidal slope
大地水准面势 geoidal potential
大地水准面图 geoidal map
大地水准面重心 center[centre]-of-gravity of geoid
大地水准仪 geodetic level
大地四边形 braced quadrilateral; geodetic quadrangle
大地四边形锁 quadrilateral chain
大地探测 acquisition of territory
大地体 geoid
大地天顶 ellipsoidal zenith; geodetic zenith
大地天文 astrogeodetic
大地天文测量 geodetic astronomy survey
大地天文学 astrogeodesy; astrogeology; geodesic astronomy; geodetic astronomy
大地望远镜 terrestrial telescope
大地纬度 geodesic latitude; geodetic latitude; geographic (al) latitude; topographic(al) latitude
大地纬圈 geodetic parallel; geographic(al) parallel
大地位 geopotential
大地位置 geodesic position; geodetic position
大地位置反算问题【测】inverse geodetic problem; inverse position problem; reverse geodetic problem
大地位置正反算 direct and inverse position computation
大地位置正算问题 direct geodetic problem
大地污染 land pollution
大地物理学 earth physics
大地吸收 ground absorption
大地线 geodesic curve; geodetic curve; geodetic line
大地线参数 geodesic parameter
大地线法线 geodesic normal
大地线改化长度 reduced length of the geodetic line
大地线归化长度 reduced length of the geodetic line
大地线挠率 geodesic torsion
大地线切线角 angle of geodetic contingence
大地线微分方程 differential equation of geodesic
大地线折算长度 reduced length of the geodetic line
大地向斜 regional syncline
大地效应 ground effect
大地形 major relief; megarelief
大地形变测量 geodesic deformation survey; geodetic deformation survey
大地型重力仪 geodetic gravity meter
大地应答器 geoponder
大地原点 geodetic(point of) origin
大地圆 geodetic circle
大地运动 terrestrial movement
大地噪声 ground noise
大地站【测】geodesic point
大地折射 terrestrial refraction
大地震 great earthquake; major earthquake; megaseism; great shock; large earthquake; large shock; violent earthquake
大地震直线迁移 linear migration of large earthquake
大地正则坐标 geodetic normal coordinates
大地重力测量计 geodetic gravimeter
大地重力测量学 geodetic gravimetry
大地重力学 geodetic gravimetry
大地重力学基本微分方程 fundamental differential equation of geodetic gravimetry
大地诸元准备 preparation of geodetic parameters
大地子午面 geodesic meridional plane; geodetic meridian plane
大地子午圈 geodetic meridian
大地子午线 geodetic meridian; geographic(al) meridian
大地子午线收敛角 geodetic convergence
大地作回线的线路 earth return line
大地坐标 geodesic coordinates; geodetic position
大地坐标系 geocentric coordinate system; geodetic coordinate system; geodetic datum
大颠簸 pitchpole
大电【船】chief electrician
大电厂 high-power station
大电灯座 mogul base
大电极型弧阻式电炉 Greaves Etchell furnace
大电流 heavy current; high current
大电流变压器 strong current transformer
大电流测定电源屏 strong current test panel
大电流等离子弧焊 high current plasma arc welding
大电流低转速发电机 heavy current slow-speed generator
大电流电弧焊 high current arc welding
大电流集成二极管 high current integrated diode
大电流接点 heavy-duty contacts; high current contact
大电流开关 high current switch
大电流量 high amperage
大电流母线 heavy current busbar
大电流切换继电器 heavy relay
大电流试验 cranking test
大电流整流器 high current rectifier
大电流注入测试仪 high current injection test set
大电容电路 high-capacity circuit
大电容校验仪 large capacitor checking instrument
大垫板 < 在尖轨下 > switch base plate
大殿 main temple hall
大吊扇 punka(h)
大吊桶 skip hoist
大调变度磁铁 high flutter magnet
大调度叶栅 high-solidity cascade
大跌价 heavy fall
大碟 platter
大钉 spike nail; tenpenny nail
大钉似的 spiky
大顶梁 crown
大定源场 large fixed loop field
大定源回线法 fixed source-loop method
大锭块 sow
大东福尔荧光增白剂 Daitophor
大动物 < 如雄象 > bull
大动作和小动作 macromotion and micro-motion
大洞 cavern
大洞穴 cavern; open
大都会 mega(lo) polis; metropolis
大都会圈 metropolitan circle
大都会首市现象 metropolitan primacy
大都市 metropolis; metropolitan city; bigalopolis < 美 >
大都市的 metropolitan; metro
大都市地方政府 metro
大都市购物中心 metropolitan shopping center[centre]
大都市郊区贫民窟 slurb(ia)
大都市快速客运系统 metro
大都市连绵区 mega(lo) polis
大都市区 metro(politan) area; metro-(politan) region
大都市区居民 regionite
大都市圈 metro(politan) area; metro-(politan) region
大都市中心区 central city
大兜 root swelling
大兜的 swell-butted
大斗 cap block; chapiter < 柱的上部 >
大陡度斜面 miter return
大豆 soy bean
大豆醇酸 soya bean alkyd
大豆蛋白胶 soybean protein glue
大豆蛋白黏[粘]合剂 soybean protein glue
大豆蛋白质 soybean protein
大豆蛋白质塑料 soybean albumin plastic; soybean protein plastic
大豆加工废水 soybean processing wastewater
大豆胶 soya(bean) glue
大豆黏[粘]结剂 soya bean adhesive
大豆油 soya bean oil; soybean oil
大端 big-end; socket end
大端齿顶高 outer addendum
大端接触 heel contact
大端孔 big end bore
大端铜瓦 big-end brass
大端弦齿厚 outer chordal thickness
大端轴承 big-end bearing
大段的铁路直线 long stretch of straight line
大断层 major fault
大断裂 major dislocation
大断裂分支与交切地段 branching and intersecting area of large fault
大断裂线 tectonic line
大断裂转折地段 bending area of large fault
大断裂作用【地】regmagenesis
大断面的 heavy ga(u) ged; heavy in section
大断面地下建筑物 cross-section underground structure
大断面焊接 heavy welding
大断面开挖 large cross section excavation
大断面隧洞 large bore tunnel
大堆薪材 pyre
大堆阵符号 heap symbol
大队长 district chief
大吨位 large-tonnage
大吨位船舶 large-tonnage ship; large-tonnage vessel
大多倍仪 double projector
大多数 bulk; large majority; majority
大多数品系 a majority of the strains
大多数情况下 in most cases
大额资金融通 wholesale financing
大鲕粒 great oolite
大鲕石 great oolite
大鲕状岩 great oolite
大发展 great expansion; immense growth
大阀 gate valve
大法官 chancellor
大翻修 general reconstruction
大反冲 big bounce
大泛滥平原 panplain; panplane
大范围 high range
大范围 pH 指示剂 universal pH indicator
大范围测试 big-bang testing
大范围的 long range; macroscopic
大范围分析【数】global analysis
大范围计数 < 运量观测 > cover count
大范围流行病 pandemic disease
大范围模型 extensive scale model
大范围偏压 long-range bias
大范围气象学 macrometeorology
大范围屈服 large region yield; large-scale yielding
大范围生境 wide range of habitat
大范围数据业务 wide area data service
大范围酸碱指示剂 universal pH indicator
大范围天气形势 large-scale weather situation
大范围微分几何 global differential geometry
大范围稳定 global stability
大范围污染 large-scale pollution
大范围预报 long-range forecast(ing)
大范围运量观测 coverage count
大范围运量观测站 coverage count station
大方驳 hulk
大方材 < 30 厘米以上见方 > large square
大方钉 cut spike
大方对边允差 tolerance on width cross flats
大方脚 footing; offset footing
大方脚埋深 depth of footing; footing depth
大方料 ba(u)lk
大方料(木)结构 colombage

大方木 <18 英寸以上见方，长 20 英尺以上的方材> big square; balk timber; ba(u)lk; die square; large square
大方木料 square log
大方坯 bloom; cogged ingot
大方坯磅秤 bloom scale
大方坯连铸机 large square bland continuous-casting machine
大方位角线 broad azimuth trace
大方向 general orientation
大防空洞 elephant dugout
大防空壕 elephant dugout
大房间 <古罗马> oecus
大放脚 brick seat; foundation
大分布模式 macrodistribution pattern
大分界线 great divide
大分裂球 macromere; megamere
大分子 macromolecule
大分子的 macromolecular
大分子分散(液) macromolecular dispersion
大分子化合物 macromolecular compound
大分子聚合物 high polymer
大分子配合物 macromolecule complex
大分子树脂网络 macromolecular resin network
大粪 night soil
大丰收 excellent harvest
大风 big wind; fresh gale; high wind; strong wind; Big Windy <美国芝加哥的俚称>; gale <蒲福风级表的 8 级风，风速 17.2 ~ 20.7 米/秒>
大风暴 heavy storm; tempest; violent storm
大风标志 gale cone
大风道 wind trunk
大风号志 gale cone
大风紧急警报 gale urgent warning
大风警报 gale warning
大风警告 gale warning
大风浪 wind bar
大风浪的海 wild sea
大风浪海洋 wild sea
大风浪天气 heavy weather
大风浪中掉头转向 turning in heavy sea
大风日 day with wind of gale force
大风扇 punka(h) louvre
大风污染 gale pollution
大风消息 gale information
大风信号 gale cone; gale signal
大风雪 blizzard; driving snow; barber <美国和加拿大地区>
大风雨 driving rain
大风雨帽 southwest cap
大风锥形号型 gale cone
大风子油 chaulmoogra oil; gynocardia oil
大风子油酸乙酯 aethylis chaulmoogras; antileprol
大风子属 chaulm(a)ugra; chaulmoogra
大枫树 sycamore
大浮冰 field ice; floating ice; floe ice; ice floe
大浮冰块 <宽 500 米 ~ 2000 米> big floe
大浮冰体 ice floe
大浮子 canvas pallet
大幅度划桨 galley stroke
大幅度贴现债券 deep discount bond
大幅度削减 drastic reduction; slash
大幅度应变 wide range strain
大幅度增长 increase by wide margin; rise by big margin; substantial increase
大幅度振动 violent oscillatory motion
大幅宽度扫描器 large-swath width scanner
大幅图纸 antiquarian
大幅照片 <装饰性的> photomural
大辐射带 great radiation belt
大府邸 <庄严的> palazzo
大负荷轮胎 high-capacity tire[tyre]
大负荷普通轴承 heavy-loaded plain bearing
大负载断续试验 heavy intermittent test
大副【船】chief mate; chief officer; first mate; first officer; mate
大副收据 mate's receipt; ship receipt
大改正 large correction
大盖篮 ark
大概 approximately; supposedly; taking one with another
大概成本 rough cost
大概的 probable
大概费用 rough cost
大概估计 approximate estimate
大概年限 <指各项设施及构筑物的服务年限，用于经济分析> probable life
大概强度 probable strength
大概稳定性 probable stability
大概误差 probable error
大干线系统 <美国铁路> Grand Trunk System
大杆秤 weigh-beam
大纲 outline(program); brief; bird's eye perspective; bird's eye view (drawing); conspectus; docket; general outline; general view; master program(me); program(me); programming; schema [复 schemata]; scheme; synopsis
大缸 vat
大缸径发动机 large bore engine
大钢铲斗 <俚语> battle ship
大钢窗 big steel window; Berner's window
大钢(锻)坯 bloom; steel bloom
大钢坯剪切机 bloom shears
大钢琴 concert piano; grand piano
大港 large port; major harbo(u)r; major port; super-port
大高度 high altitude
大歌剧院 grand opera house
大格 major division
大隔壁 macroseptum
大工程学 macroengineering
大工具箱 big tool box
大工业中心 industrial complex
大公里 <等于 1000 千米> megameter
大公墓 necropolis
大功率 ample power; heavy power; large power
大功率半导体元件 high-power semiconductor element
大功率变换器 power converter
大功率测辐射热计 high-power bolometer
大功率船舶 large-engined vessel
大功率磁控管 high-power magnetron; power magnetron
大功率的 heavy-duty; high capacity; high duty; high performance; high-power(ed); powerful; uprated
大功率低速船用柴油机 high-powered low-speed marine diesel engine
大功率电磁继电器 high-power magnetic relay
大功率电灯 high wattage lamp
大功率电动机 large power motor
大功率电动绞盘 high-power electric(al) capstan
大功率电缆 high-power cable
大功率电力驱动 high-powered drill; high-power(ed) drive
大功率电容 high-power capacity
大功率电台 high-power station
大功率电子聚束器 rebatron
大功率电子显微镜 super-microscope
大功率定向扬声器 bull-horn
大功率斗式提升机 high-capacity bucket elevator
大功率二极管 heavy-duty diode
大功率发电机 high-power generator
大功率发动机 uprated engine
大功率发射机 high-power transmitter
大功率发射能 high-power transmitter energy
大功率放大器 high-power amplifier
大功率负载 high-power load
大功率高速汽车 muscle car
大功率工程 high-power engineering
大功率管 high-power tube; high-power valve
大功率光纤 high-power optic(al) fiber
大功率环行器 high-power circulator
大功率货运机车 heavy freight locomotive
大功率机车 high horsepower unit
大功率激光器 high-power laser
大功率继电器 high-power relay
大功率减速机 high-power gear reducer
大功率接插件 high-power connector
大功率接收机 powerful receiver
大功率晶体管 giant transistor; high-power transistor; large power transistor
大功率扩音器 stentorphone
大功率脉冲发生器 high-power pulser
大功率脉冲速调管 high-power pulsed klystron
大功率密度 high-power density
大功率频闪观测器 strobolux
大功率前向波管发射机 high-power forward-wave tube transmitter
大功率燃气轮机 heavy-duty gas turbine
大功率燃烧器 power burner
大功率扫频信号发生器 high-power sweep generator
大功率设备 high-powered equipment
大功率水银整流器 mercury power rectifier
大功率探测雷达 high-power acquisition radar
大功率透平 high turbine
大功率拖拉机 big-power tractor
大功率微波管 platinotron
大功率无线电台 high-power radio station
大功率行波管 high-power travel(l)ing wave tube
大功率扬声器 supersound projector
大功率荧光灯 high output fluorescent lamp
大功率凿岩机 powerful rock drill; stronger rock drill
大功率增益 high power gain
大功率振荡器 high yield generator
大功率整流器 heavy-duty rectifier; power converter
大功率指向性扬声器 loud trailer
大功率转换设备 high-power switching device
大功率转辙机 heavy-duty switch machine
大功率钻机 powerful rock drill
大功能的 high-powered
大拱廊 grand arcade
大沟管连接井 bell-mouth chamber
大钩 drilling hook; rotary hook; shackle hook; tackle hook
大钩刺桉 <产于澳大利亚> red stringbark
大钩负荷定额 hook load rating
大钩负荷能力 hook load capacity
大钩锁销 pin of the hook
大钩最大负荷 maximum load of hook
大构造 macrotectonics; megatectonics
大沽冰期【地】Dagu glaciation
大沽零点【地】Dagu datum
大沽-庐山间冰期【地】Dagu-Lushan interglacial stage
大股东 big shareholder; senior partner
大骨料混凝土 concrete with large aggregate; large aggregate concrete
大骨料喷射混凝土 concrete-spraying with large aggregate
大故障前平均时间 mean time to catastrophic failure
大关【船】yard boom; yard derrick
大观釉 Daguan glaze
大管 bassoon
大管扳手 old maude
大管轮【船】first engineer
大管钳 braced head; braced key; breakout tongs; bull tongs; pipe wrench
大管子钳 rotary tongs
大光钡地纸 baryta coated paper; glossy; half-card; smooth
大光晒纸 ridax photo printing paper
大光像纸像片 glossy photo; glossy picture; glossy print
大光像纸照片 glossy print
大光学共振腔 large optic(al) cavity
大规格板 large format board
大规格玻璃板堆垛机 large-size sheet stacker
大规格的 large-size(d)
大规模 extensive; large format; macroscale
大规模安装工程 large-scale erection works
大规模爆发 large scale outbreak
大规模崩塌 mass avalanche
大规模崩坍 <冰雪、土石等的> mass avalanche
大规模变化 large-scale variation
大规模测绘地图 large-scale mapping
大规模重建区 area of comprehensive redevelopment
大规模的 big-scale; commercial scale; full-scale; large scale; massive; wholesale
大规模的零售商 big retailer
大规模地 broad scale; on a broad scale; on a large-scale
大规模地震 large-scale earthquake
大规模定线 large-scale setting out
大规模对流 large-scale convection
大规模放样 large-scale setting out
大规模分配 mass distribution
大规模工程现场 large-scale project site
大规模工业 large-scale industry
大规模灌注 large-scale pour
大规模过滤 large-scale filtration
大规模回填 bulk filling
大规模混合集成电路 large-scale compound integration
大规模机械化施工 large-scale mechanized construction
大规模集成 large-scale integration
大规模集成电路 large-scale integrated circuit; large scale integration circuit
大规模集成电路计算机 fourth generation computer

大规模集成电路小型计算器 naked mini
大规模计划 large-scale project
大规模计算 large-scale computation; mass computation
大规模技术 <指技术高度发达社会的大规模机械化> megatechnics
大规模建设 large-scale construction
大规模建设工程 massive construction project
大规模建设项目 large-scale project
大规模建造住宅 mass production house
大规模建筑工程 large-scale construction
大规模开挖 bulk excavation; mass production; heavy excavation; large-scale excavation; open cut
大规模利用 large-scale use; large-scale utilization
大规模模型 extensive scale model
大规模批量生产 large-scale serial production; mass serial production
大规模迁移 mass migration
大规模设计 massive design
大规模生产 commercial scale production; large-scale production; manufacture on a large-scale; mass production; mass-production-scale; plant-scale operation; production on large scale; quantity production
大规模生产法 commercial scale process
大规模施工 large-scale construction; mass construction
大规模试验 large-scale experiment; large(-scale) test
大规模疏浚 large-scale dredging
大规模土方工程 major earthwork
大规模挖方工程 bulk excavation; heavy excavation; large-scale excavation; mass production
大规模挖土 bulk excavation
大规模污染 large-scale pollution
大规模系统 large-scale system
大规模线性规划 large-scale linear programming
大规模消费 mass consumption
大规模销售 mass marketing
大规模协议 wholescale agreement
大规模移民 mass migration
大规模运输 large-scale transportation
大规模运土 bulk earthmoving
大规模栽植 commercial planting
大规模知识系统 large-scale knowledge system
大规模种植园 large-scale plantation
大规模转运 mass transfer
大规模钻探工程 large-scale drilling program(me)
大硅锌矿 willemite
大滚筒 swift
大锅 ca(u)ldron
大果黄杉 bigcone spruce
大果栎 bur(r)oak; nossy cup oak
大果榆 bigfruit elm
大果越橘 cranberry
大过电压运行 large over-voltage operation
大海 high sea; open sea
大海沟带 <日本> Fossa Magna
大海深渊地带 abyssal benthic zone
大海洋生态系统 large marine ecosystem
大寒 Great Cold
大旱 absolute drought; great drought; tuba
大航线进场 wide approach
大壕沟 elephant dugout
大号 large-diameter; large size
大号波形瓦 double-size pantile
大号粗锉 horse rasp
大号的 queen-size
大号垫圈 main washer
大号钉 heavy ga(u)ge nail; nails of heavy ga(u)ge
大号钢索端嵌环 hawser thimble
大号管基 jumbo base
大号光纤 jumbo fiber[fibre]
大号绘图纸 elephant
大号木帆船 junk
大号排吸水胶管 heavy-duty water suction and discharge hose
大号企口刨 badger
大号铅弹 buckshot
大号轻便汽车 large-capacity car
大号伸长台 large extension table
大号型材 heavy profile
大号雪犁 heavy-duty snow plough
大号椰子纤维刷 large-size coconut fibre brush
大号振动筛 heavy-duty vibrating screen
大号钻头 large-diameter bit
大和纺玻利诺高湿模黏[粘]胶纤维 Daiwabo Polyno
大和纺黏[粘]胶短纤维 Daiwabo
大河 main river; major river
大河床 major river bed
大核 macronucleus
大荷载盆式支座 high load pot bearings
大桁 spring beam
大横帆 course; main course
大横杆 ledger
大横浪 heavy beam seas
大横梁 ground bar
大横倾 heavy list
大红斑 great red spot
大红粉 pigment scarlet
大洪水 deluge; inundating flood; major flood; flood
大洪水流量 major flood flow
大洪水年 massive flood year
大厚度 heavy section; heavy ga(u)ge <板材的>
大弧 major arc
大弧拱 coved arch
大湖轮 laker; lake steamer
大湖区港口国际协会 International Association of Great Lake Ports
大虎钳 large vice
大花白石 arabescato
大花腊树 <装饰用木材> apitong
大花龙脑树 <装饰用木材> apitong
大花罗布麻 <一种固砂植物> dogbane hemp
大花盘 large face plate
大花瓶 boughpot
大花型瑰丽印花装饰布 cretonne
大花园 large garden
大化石 macrofossil; megafossil
大化学联合企业 large chemical complex
大画纸 elephant paper
大环的 macrocyclic(al)
大环硅氧烷 macrocyclic(al) siloxane
大环礁圈 atoll(on)
大环聚硅氧烷 macrocyclic(al) polysiloxane
大环聚醚 macrocyclic(al) polyether
大环内酯 macrolide
大环索 round line
大荒锉 rough-cut file
大灰尘 dust storm
大灰胶纸柏板 big plaster board
大灰抹子 laying trowel
大茴香醇 anisyl alcohol
大茴香醛 anisic aldehyde
大茴香酸对丁基苯酯 butylphenyl anisate
大会 general assembly; general meeting; plenary session; rally
大会办事处 main office
大会场 festival theatre[theater]
大会申谢 vote of thanks
大会堂 amphitheater[amphithcatre]; auditorium[复 auditoria]; cathedral; festival hall; main assembly hall; public hall; town hall <公共集会的>
大绘图板 trestle board
大毁灭 holocaust
大混乱 box-up
大混凝土坝 mass concrete dam
大混凝土顶部找平层 overhead screed
大火 campaign fire; major fire
大火风暴引起的风 fire wind
大火阶段 full fire
大火灾 conflagration
大火灾地带 conflagration zone
大火灾事故 conflagration hazard
大货驳 hoy
大货车 transformer
大集合 jamboree
大集料混凝土 <大于 4 厘米的> large aggregate concrete
大计 major summary; major total
大纪念章 medallion
大剂量分析 macroanalysis
大家公认的 well-established
大家庭 extended family; kinship family
大尖塔 bull point
大间隔炮眼群 load deck
大间隙活塞 loose-lifting piston; slack piston
大减价 radical reduction
大减压量制动 heavy brake application
大剪刀 clippers; clips; shears
大检查 major inspection
大检修 big repair; maintenance overhaul; overhaul(ing)
大件工具箱 large tools box
大件造型工 floor mo(u)lder
大件铸造 massive casting
大建筑物 edifice
大建筑物内部楼上小教堂 upper chapel
大桨叶搅拌机构 large paddle-type stirring mechanism
大讲堂 lecture hall; auditorium[复 auditoria] <美>
大奖章 medallion
大降雨 macroprecipitation
大降雨量 heavy rainfall
大交通量的 well-traveled
大蕉 cooking banana
大角度 large angle
大角度的 wide angle
大角度的锥体 large taper
大角度翻转犁壁 steep sharply turned mo(u)ld board
大角度晶间界 large-angle boundary
大角度晶粒间界 high angle grain boundary
大角度偏转 wide-angle deflection; wide-angle deflector
大角度倾斜 high oblique
大角度倾斜的航空照片 high oblique photograph
大角度扫射 high angle strafing
大角度驶靠 going alongside with large angle
大角度透镜 pantoscopic lens
大角径源 large-diameter source
大轿车 motor bus
大轿车乘车点 coach pick-up point
大教室 lyceum
大教堂 cathedral; minster; Pantheon; temple; coronation cathedral <皇帝加冕的>
大教堂玻璃 cathedral glass
大教堂藏经阁 cathedral library
大教堂藏经室 cathedral library
大教堂唱诗班 cathedral choir; cathedral quire
大教堂雕塑 cathedral sculpture
大教堂穹顶 cathedral dome
大阶段 megastage
大接地电流系统 big earth current system
大揭盖清筛机 ballast cleaning machine with removed track panels
大街 boulevard; high street; main street; major street; street; thoroughfare; avenue <美>; pike <俗称>
大街坊 superblock
大街区 superblock
大街区规划 superblock plan
大节疤 large knot
大节间结构 large panel structure
大节距 coarse pitch; wide spacing
大节距管壁 spaced tube wall
大节距螺钉 rapid screw
大结晶体的 macrocrystalline
大截面 heavy in section
大截面桁条 heavy section stringer
大介质 large media
大金属桶 tub
大进刀 roughing feed
大进给 roughing feed
大茎点菌属 <拉> Macrophoma
大晶 megacryst
大晶的 megacrystalline
大晶格 macrolattice
大晶片 wafer
大晶体 megacryst
大井 <工人可进入操作的> open well
大井法 method of big aperture well
大井计算法 open well calculation method
大井引用半径 quoted radius of big aperture well
大径材 large pole
大径基准尺寸 basic major diameter
大径节齿轮 coarse-pitch gear
大径节渐开线制 coarse-pitch involute system
大径钻孔钻凿法 large-hole drilling
大竞赛 derby
大镜头 macrolens
大鸠尾锯 carcase saw
大酒杯 bowl; hock glass; roemer; rummer
大酒瓶 jeroboam; magnum
大酒桶 butt; pipe
大居民点 major population center
大矩阵反演 inversion of large matrix
大矩阵问题 large matrix problem
大剧院楼厅观众席 grand-circle
大距 elongation; greatest elongation
大锯 bucksaw; charley paddock; cleaving saw; large saw; pit saw; two-handed saw; whip saw
大卷轮 spool wheel
大卷盘水带 double donut
大卷筒 bull wheel
大卷装卷布机 giant batch winder
大龟裂 mud cracking
大卡 grand calorie; great calorie; kilocalorie; kilogram-calorie; large calorie; major calorie; therm <英国，1 千克水由 0℃ 升高 1℃ 时所需的热量>
大卡车 autotruck; six-by <俚语>
大卡尺 beam cal(l)ipers
大卡钳 giant bow compass
大开本 large format
大开槽施工法 cut-and-cover

大开度冲击磁铁 full aperture kicker
大开度抓斗 widespread grab
大开间平面 open plan
大开空隙率 big open void ratio
大开孔 large opening
大开口易拉盖生产线 big opening easy open lid production line
大开条砖 brick with grooves
大开挖 heavy cutting; open dredging process
大开挖段 cut-and-cover section
大开挖施工 open cut
大开挖施工法 cut-and-cover technique
大开挖隧道 cut-and-cover tunnel
大开型孔隙 big open void
大看台 grandstand
大看台式座位 grandstand-type seat
大颗粒 bulky grain; large grain; macroaggregate
大颗粒沉沙池 chamber detritus; detritus chamber
大颗粒结构 coarse texture; porous open-grain structure
大颗粒金刚石 large-size diamond
大颗粒砂 big sand
大刻度 high range
大刻度盘 <自记压力仪的> large reading dial
大客车 big-bus; large-size passenger bus; mobus; motor coach; passenger bus
大客车挂车 trailer coach
大客厅 guest hall; sellary
大空地 plaza
大空洞 macroscopic void
大空间布局 open landscape layout
大空间房屋 loft building
大空心砖建筑 block of large tiles
大空穴 macrocavitation; macroscopic cavitation
大孔 autopore; large pore; macroscopic void
大孔洞 <混凝土中的> cavitation
大孔格筛 coarse screen(ing)
大孔硅胶 macroporous silica gel
大孔混凝土 hollow concrete; no fines concrete; perforated concrete
大孔混凝土的街坊房屋 popcorn concrete terrace(d) house
大孔混凝土管 perforated concrete pipe; perforated concrete tube
大孔结构 open-grain structure
大孔径 heavy caliber [calibre]; large aperture
大孔径玻璃毛细管柱 wide-bore glass capillary column
大孔径补强 reinforcement of large opening
大孔径车床 macroaperture lathe; spindle bore lathe
大孔径的 big inch
大孔径地震台阵 large aperture seismic array
大孔径干涉仪 large aperture interferometer
大孔径光径系统 large aperture optic(al) system
大孔径光束 high aperture beam
大孔径天线 wide-aperture antenna
大孔径透镜 wide-aperture lens
大孔径物镜 wide-aperture lens
大孔径系统 wide-aperture system
大孔径钻机 large-diameter drilling machine
大孔径钻进 big diameter drilling
大孔径钻孔 large(-diameter)(bore) hole; large bore(hole)
大孔径钻孔数 number of big diameter borehole
大孔径钻总进尺 total drilling footage of big diameter borehole
大孔口 large orifice
大孔口泄流 large opening flow
大孔离子交换树脂 macroporous ion exchange resin
大孔硼特效离子交换树脂 macroporous boron-specific ion-exchange resin
大孔筛 griddle; perforated metal screen; wide-meshed screen; wide-meshed sieve
大孔树脂 macroporous resin; Amberlyst <一种建材制品>
大孔吸附树脂 big-pore adsorption resin
大孔隙 macropore
大孔隙比 macrovoid ratio
大孔隙的 coarse pored; megapore; macroporous
大孔隙度 macroporosity
大孔隙过滤活性污泥法 coarse pore filtration activated sludge process
大孔隙过滤活性污泥系统 coarse pore filtration activated sludge system
大孔隙结构 macroporous structure
大孔隙率 macroporosity; open grain
大孔隙体积 macropore volume; macroporous volume
大孔隙透水性 macropermeability
大孔隙土(壤) macroporous soil
大孔隙系数 macropore coefficient
大孔隙性 open grain
大孔隙性的 open-grained
大孔型离子交换树脂 macroreticular type ion exchange resin
大孔性 macroporosity
大孔性黄土层 bluff formation
大孔性结构 macroporous structure
大孔性土 loess soil; macroporous soil
大孔选矿筛 ratter
大孔岩石钻机 big hole rock drill
大孔眼穿孔器 big hole perforator
大孔状 coarse pored
大孔钻机 <直径 24 ~ 42 英寸> big hole drill
大口保温瓶 wide mouth vacuum bottle
大口火山 aspite
大口井 dug well; large open well; wide-bore well
大口井边长 perimeter of big aperture well
大口径 heavy caliber [calibre]; large aperture
大口径的 heavy ga(u)ge; wide-bore
大口径萼状(取芯)钻 calyx drill
大口径管 wide-bore conduit; wide-bore pipe [piping]; wide-bore tube [tubing]
大口径管材 large-diameter pipe
大口径焊缝管 big diameter welded tube
大口径回转弯头 wide-bore return bend(ing)
大口径胶管 large bore hose
大口径井 open well
大口径炉 large bore furnace
大口径铆制套管 stove pipe casing
大口径取芯钻 calyx core drill
大口径三通 wide-bore tee; wide tee
大口径输油管 big inch pipe
大口径蒸发皿 large-diameter evapo(u)ration pan
大口径蒸发器 large-diameter evapo(u)ration pan
大口径钻 calyx drill
大口径钻进 large hole drilling
大口径钻孔 big diameter borehole; large-diameter borehole
大口径钻探 calyx drill boring; large-diameter boring
大口径钻探设备 large-scale drilling system
大口瓶 jar; wide neck container
大口软钢坩埚 sludge pan
大口水壶 ewer
大口桶 open head drum
大口土井 sweep well
大口衔 gag bit
大库棚 hanger; large shed
大跨度 large(r) span; wide span
大跨度薄壳 large span shell; long-span shell; wide-span shell
大跨度薄壳拱 wide-span shell vault
大跨度薄壳拱顶 large span shell vault
大跨度承重结构 large span bearing system
大跨度承重体系 wide-span (load-) bearing system
大跨度钢结构 long-span steel framing
大跨度格构大梁 wide-span latticed girder
大跨度格构梁 wide-span latticed beam
大跨度拱 long-span arch
大跨度构架 large span frame
大跨度涵管 long-span culvert
大跨度桁构大梁 wide-span trussed girder
大跨度桁构架 wide-span trussed beam
大跨度桁架梁 long-span trussed beam
大跨度桁架屋顶 large span trussed roof
大跨度结构 large span structure; long-span structure
大跨度框架 wide-span frame
大跨度肋 long-span rib; wide-span rib
大跨度梁 large span beam; wide-span beam
大跨度楼板 large span floor slab; wide-span floor slab
大跨度墙拱 wide-span wall arch
大跨度桥(梁) long-span bridge
大跨度受压构件 wide-span compressed component
大跨度隧道 long-span tunnel
大跨度屋顶 large span roof; long-span roof; wide-span roof
大跨度预应力混凝土梁 wide-span prestressed concrete beam
大跨度预制混凝土梁 wide-span precast concrete beam
大跨度预制梁 large span (pre) cast beam
大跨度装卸桥 transport crane; wide-span gantry crane
大跨钢构架 long-span steel framing
大跨拱 arc doubleau
大跨径桥 long-span bridge
大跨距的 large span
大跨水平撑 horizontal shoring
大块 block mass; bold; bulk; clod; hunch; hunk; chunk; lump; oversize piece; pile <木头等的>
大块崩落 breaking-out bulk
大块崩落采煤法 block caving coal mining method
大块冰 can ice
大块玻璃 structural glass
大块剥落岩层 big spalled-off rock mass
大块材料 massive material
大块的 blocky; massive
大块的二次破碎 breaking-up of boulders
大块地沥青 mass-asphalt
大块二次爆破 boulder blasting; splitting shot
大块防水材料 mass waterproofer
大块废料 junk
大块废物堆 boulder slope
大块浮冰(群) ice pack; pack ice
大块浮水植被 sudd
大块固体分离器 gross solid separator
大块光电导体 bulk photoconductor
大块滑动 block slide
大块混凝土 concrete-in-mass; mass(ive) concrete; monolithic concrete
大块混凝土墩 mass concrete pier
大块混凝土基础 mass concrete foundation
大块混凝土桥台 mass concrete abutment
大块混凝土水化热 heat rise in mass concrete
大块混凝土支座 mass concrete abutment
大块火成岩石 massive igneous rock
大块基础 bulk foundation; mass foundation
大块夹杂物 bulk inclusion
大块结构 lumpy structure; massive structure
大块聚合 mass polymerization
大块矿石 lump ore; ore boulder
大块卵石填砂基础 boulder foundation
大块乱石护面 large riprap
大块煤 large-sized coal
大块模板 large panel shuttering; panel form
大块模板施工法 big panel form construction
大块木材 bolt timber; brow piece <跳板似的>
大块耐火砖 quarl(e)
大块抛石 cyclopean riprap
大块抛石护坡 cyclopean riprap; large riprap
大块破碎机 chunk breaker
大块砌筑岸壁 block construction wall
大块石 block of rock; block stone; boulder; cyclopean block; derrick stone; field stone; rock block; stone plums
大块石坝 boulder dam
大块石爆破 boulder blasting
大块石底基层 Telford subbase
大块石堆 cyclopean
大块石膏 rock gypsum
大块石骨料 cyclopean aggregate
大块石混凝土 cyclopean block; cyclopean concrete
大块石基层 Telford base; Telford foundation
大块石基层碎石路面 Telford macadam
大块石基底 Telford subbase
大块石集料 cyclopean aggregate
大块石截流 boulder closure
大块石料 massive block
大块石棉水泥瓦楞屋面板 handcraft roofing
大块石抛石体 cyclopean riprap
大块石铺的路 bouldering; bowderling
大块石铺面 Telford pavement
大块石铺砌 boulder paving
大块石砌体 cyclopean masonry; megalith masonry
大块石墙 boulder wall
大块石头 bourock
大块石下落沟槽 bergfall furrow
大块石渣 large ballast
大块式基础 massive foundation
大块碎裂作用 boulder fragmentation

大块碎屑类土 coarse-fragment ground; coarse-fragment soil
大块坍落 block caving
大块体 bulk mass; monolithic block
大块体岸壁 massive quay wall
大块土体移动 mass soil movement
大块萎陷 massive collapse
大块物质 bulk matter
大块性质 bulk property
大块性质区 bulk-behavio(u)r region
大块岩石 large rock mass; massive rock
大块岩石劈开孔 lewis hole
大块氧化皮收集箱 butt box
大块样品 bulk sample
大块运动 block-schooled movement
大块砖 block brick
大块状结构 large-blocked structure
大块状马氏体 massive martensite
大宽度摊铺机 large-width paver
大矿囊 bonanza
大矿体 gulf
大捆 bale
大括号 brace; curly brackets; vinculum[复 vinculums/ vincula]
大括弧 brace
大拉力 high tension
大喇叭 tyf(h)on
大篮子 skeo
大缆 hawser; mooring hawser
大廊 nave arcade
大榔头 mash hammer; sledgehammer
大浪 heavy sea; high sea; rough sea; rough wave; surge; billow
大浪冲上船尾 pooping
大浪海况 high wave condition
大浪海面 heavy sea; rough sea
大勒缰 curb bit; gag rein
大雷雨 thunderstorm; turbonada
大类 broad heading; major sort
大冷杉 bracted(red) fir; noble fir; Oregon larch; western grand fir; western white fir
大离子 heavy ion; Langevin ion; large ion; macroion; slow ion
大离子亲石元素 large ion lithophile element
大礼拜堂 main chapel
大礼堂 state apartment
大理冰期【地】Tali glaciation
大理石 granular limestone; griotte; marble
大理石安装工具 marble setter
大理石坝 <特指印度拉贾斯坦邦阿拉瓦利山的两座坝> marble dam
大理石斑腐 marble rot
大理石板 marble plate; marble slab; marble veneer
大理石板材 marble plank
大理石板铺面 marble flag pavement
大理石板贴面 marble veneer facing; marble veneering
大理石宝座 marble throne
大理石爆破 marble shot
大理石壁龛 marble tabernacle
大理石壁炉 marble fireplace
大理石表面装饰 marmoration
大理石采石场 marble quarry
大理石采石工 marble cutter
大理石层面 dallage
大理石插屏 marble plaque
大理石长凳 marble bench
大理石衬层 marble lining
大理石窗台板 marble window sill
大理石粗粒面配料 marble grain mix(ture)
大理石的外表精修 marble decorative finish
大理石的外表抛光 marble decorative finish
大理石的外表装饰 marble decorative finish
大理石地板 marble floor(ing)
大理石地窖 marble crypt
大理石地面 dallage; marble floor(ing); marble pavement
大理石地面装饰 marble floor(ing) finish
大理石雕像 marble status
大理石分切机 marble block-cutter
大理石粉 marble dust; marble powder; powdered marble
大理石粉彩色砖 marble powder colo(u)r brick
大理石粉胶泥 marmoratum
大理石粉末 marble flour; marble powder
大理石粉石灰石膏水泥 marble powder gypsum cement with lime; Lafarge cement
大理石粉与石灰胶泥 marmoratum
大理石浮雕品 marble relief
大理石格栅 marble grill(ag)e
大理石隔板 marble dividing panel
大理石工程 marble work
大理石骨料 marble aggregate
大理石过滤砾石 marble filter gravel
大理石花瓶 marble flower vase
大理石花纹 marble pattern
大理石花纹瓦 marble tile
大理石花纹皂 marblized soap
大理石花纹纸 marble paper
大理石花纹纸板 marble board
大理石花纹(装饰)的 marbleized
大理石花园桌凳 marble garden table and stool
大理石华盖 marble balda(c)chino
大理石化 marbleization
大理石灰 albarium
大理石灰浆 marble plaster
大理石灰泥 marble plaster
大理石灰岩 marble limestone
大理石基座 marble pedestal
大理石集料 marble aggregate
大理石建筑 marble building
大理石建筑物 marble building; marbly building
大理石建筑物立面 marble facade
大理石结构 marble structure
大理石开采场 marble quarry
大理石考林斯式柱 marble Corinthian column
大理石控制台 marble pulpit
大理石块 lumps of marble; marble block
大理石块铺面 opus alexandrinum
大理石拉毛粉刷 stuccolustro
大理石拉毛粉刷的肋 stuccolustro rib
大理石廊桥 <威尼斯桥> Rialto
大理石砾石 marble gravel
大理石粒度 marble size
大理石梁 marble beam
大理石马赛克 marble mosaic
大理石马赛克瓷砖 marble mosaic tile
大理石毛粉饰 marble stucco
大理石美化 marble enrichment
大理石门 marble door
大理石面板 marble veneer; marble panel(l)ing
大理石面层 marble surface; marble veneer
大理石面洗面台 marble top washstand
大理石面预制混凝土板 marble-faced precast concrete panel
大理石模型 marble pattern
大理石炮 marble shot
大理石配电板 slab
大理石配电盘 marble switchboard
大理石坯料 marble block
大理石拼花地面 Roman mosaic
大理石平板玻璃 marble plate glass; Marmorite <一种不透明浇筑并磨光的平板玻璃>; Marmorene <一种磨光墙面平板玻璃>
大理石铺面 marble pavement
大理石砌块 marble block; marmoresina <人造的>
大理石嵌体 marble inlay
大理石墙面 marble coating
大理石切刀 marble cutter
大理石切割机 marble cutter
大理石切片 marble chip(ping)s
大理石人面狮身像 marble sphinx
大理石色皮 cutis marmorata
大理石砂 marble sand
大理石上抛光材料 marble polishing material
大理石上抛光机 marble polishing machine
大理石十字架 marble cross
大理石石板楼梯踏步 marble slab stair tread
大理石石棺 marble sarcophagus
大理石石刻品 marble carving
大理石石渣罩面水磨石 berliner
大理石试验 marble test
大理石饰带 marble frieze
大理石饰面 facing with marble; marble finish; marble(sur)facing; marmoration
大理石饰面砖 marble tile
大理石饰纹 marbling
大理石饰纹刷 marbling brush
大理石手锯 grub saw
大理石四马拖车雕饰 marble quadriga
大理石踏板 marble tread
大理石台面 marble top
大理石条石 marble set
大理石贴面 outside marble
大理石贴面板 marble veneer(panel)
大理石贴面装饰 marble intarsia
大理石图案 marbled pattern
大理石纹玻璃 marbled glass; variegated glass; vasa-murrhina glass
大理石纹理 marble texture; marble grain; marble vein
大理石(纹)木 marble wood
大理石纹饰清漆 marbling varnish
大理石纹搪瓷 marble enamel
大理石纹纹理 marbleized texture
大理石纹效果 marbleized effect
大理石纹印涂 marbling print
大理石纹釉 marbleizing glaze
大理石纹纸 marble paper
大理石纹装饰 marblized finish
大理石圬工工程 marble masonry work
大理石屋顶 marble roof
大理石屋面板 marble roof(ing) slab
大理石镶板 marble panel(l)ing
大理石镶边 marbled edge
大理石镶嵌技术 bossi work
大理石镶嵌艺术 marble mosaic
大理石镶嵌装饰 marble intarsia
大理石效果 marble effect
大理石屑 chicken grit; marble chip(ping)s
大理石形的油地毡 marbleized lino(leum)
大理石修整 marble dressing
大理石檐壁 marble frieze
大理石釉 marble glaze
大理石渣 chicken grit; marble chip(ping)s
大理石遮阳 marble sunblind
大理石制品 marble products
大理石质感镶面 marblecrete
大理石烛架 marble candelabram
大理石柱 marble column
大理石柱身 marble shaft
大理石柱子 marble pillar
大理石砖 marble tile
大理石装饰 marble decoration; marble dressing
大理石装饰的成品 marble ornamental finish
大理石装饰的抹灰工程 scagliola
大理石装饰品 marble ornament
大理石状玻璃 marbled glass
大理石状的 marmoraceous; marmoreal
大理石状断口 marble fracture
大理石状土 marble soil
大理岩 griotte; marble
大理岩化 marbleize
大理岩化(石)灰岩 marble limestone
大理岩化作用 marblization
大理岩灰岩 marble limestone
大理岩矿床 marble deposit
大力发展 re-enforcing development effort
大力钳 locking pliers; lock wrench; vise grip pliers
大力神 Hercules
大力神(多股)钢丝绳 Hercules wire rope
大力神压机 Hercules press
大立柱横插板支撑 soldier piles and lagging
大丽花 dahlia; passionflower
大砾石 clitter[clatter]
大粒金刚石钻头 big-stone bit
大粒径级配 large grading
大粒料混凝土 large aggregate concrete
大粒子 macroparticle
大连港 Port of Dalian
大联合企业 business conglomerate
大联盟 grand alliance
大镰刀 bush hook; scythe
大梁 bottom girder; cross bearer; girder(beam); jack beam; longeron; main beam(of a truss frame); main frame; main girder; principal girder; summer(beam); summer tree; side member <机车的>; sleeper <隧道内木柱支撑的>; dormant beam <支承其他小梁的>
大梁安装 girder installation
大梁材料 girder material
大梁搭接体系 girderage
大梁底部镶条 ledger strip
大梁垫板 soleplate
大梁吊杆 girder boom
大梁断面 girder section
大梁对驳打捞 raising with beams supported by pair of barges
大梁腹板 girder web; web of girder
大梁钢板 beam steel plate
大梁高度 girder depth
大梁格栅 girder grille; naked flooring
大梁构件 girder element
大梁荷载力矩 girder load moment
大梁横截面 girder cross-section
大梁横向弯曲 lateral buckling of girders
大梁护面 girder casing
大梁加劲肋 girder stiffener
大梁间隔 girder spacing
大梁间距 girder interval; girder spacing; space between girders
大梁接口 girder joint
大梁结构体系 girder structural system
大梁净跨 clear span of girder
大梁楼板 girder floor
大梁模板 girder forms; girder mo(u)ld board; girder shuttering
大梁起吊 lifting of a girder
大梁热板 girder heating plate

大梁上吊杆 girder top boom;girder upper boom
大梁上弦杆 girder top chord;girder upper chord
大梁上翼缘 girder top flange;girder upper flange;upper flange of girder
大梁设计公式 girder design formula
大梁施工建造 girder construction
大梁式结构 girder structure
大梁双吊箍 double loop for girders
大梁外壳 encasing of girders
大梁网格体系 girder grid system
大梁屋顶 girder roof
大梁下吊杆 girder bottom boom;girder lower boom
大梁下弦杆 girder bottom chord;girder lower chord
大梁下翼 lower flange of girder
大梁下翼缘 girder bottom flange;girder lower flange
大梁弦杆 girder chord
大梁型钢 girder section
大梁翼缘 girder flange
大梁在角上的连接 girder connection at an angle
大梁支承 girder bearing
大梁支柱 girder post
大梁制造 girder manufacture
大梁砖 bridge block;lintel
大梁作用 girder action
大量 bulk;flock;great number;great quantity;heap;in bulk;large quantity;large scale;mass;multitude;pile;prodigality;quantity;raff;raft;throng;wilderness
大量爆破 coyote blast(ing);coyote hole blasting
大量爆破孔同时起爆 mass shooting
大量爆炸 coyote blast(ing)
大量崩落 breaking-out bulk
大量材料处理 handling of bulk materials
大量材料装卸 handling of bulk materials
大量采购 bulk buying;heavy buy(ing)
大量残渣 mass residue
大量产品 large-tonnage product
大量沉积 bulk deposition
大量成批到达 bulk arrival
大量成批生产 high-run production;large-scale production;repetitive manufacturing
大量程 high range;wide range
大量程曝光表 wide range exposure meter
大量重复构架结构 geodesic structures
大量重复构件构造 geodesic construction
大量抽水 heavy pumping
大量抽样 bulk sampling;chunk sampling
大量出刃 proud exposure
大量储备 bulk stock;huge stock
大量处理 bulk processing
大量船货 measurement cargo
大量次生根 a large number of secondary roots
大量的 a lot of;a wealth of;in mass;massive;mickle;vast scale;volumes of
大量的流线 generous flowing lines
大量的润滑油供应 copious oil supply
大量的土方工程 heavy earthwork
大量滴下 heavy drip
大量订购 considerable order;ordering in quantities
大量订货 heavy order
大量废物 bulky waste
大量腐蚀 macrocorrosion
大量负荷 mass load(ing)
大量复制 mass reproduction;quantity reproduction
大量干线运输业务 high-volume corridor service
大量高速运输 mass and rapid transit
大量工作 extensive effort;large job
大量供应的化学品 <如纯碱、硫酸等> heavy chemicals
大量购买 bulk buying;bulk purchase;heavy buy(ing)
大量顾客 mass client
大量观测 mass observation
大量观察法 method of mass observation
大量灌溉 heavy irrigation
大量坏齿 <钻头的> broken teeth
大量混合 macromixing
大量混凝土浇注 mass concrete pouring
大量货车 raft of wagons
大量货物 bulk goods
大量货物搬运 bulk handling
大量货物装卸 bulk handling
大量积暴雨 general storm
大量积雪 heavy accumulation of snow
大量降下的东西 shower
大量降下物 shower
大量交通 mass transit;mass transportation
大量交易的市场 broad market
大量结晶 bulk crystallization;industrial crystallization;mass crystallization
大量结晶法 multicrystallizing method
大量浸水地层 heavily watered ground
大量开挖 bulk excavation
大量客运 mass transit;mass transportation
大量连续浇注 large pour
大量能量的 high energy
大量配(钢)筋 heavy reinforcement;heavily reinforcement
大量配筋的 heavily reinforced
大量平整土地 heavy grading
大量气体逸出 much gas escape
大量汽车化 mass motorization
大量倾卸 dump check
大量取试样 high-volume sampling
大量设计 massive design
大量生产 bulk production;high volume production;large-scale production;long production run;mass fabrication;mass production;mass run;production on large scale;quantity manufacture;quantity production;repetition work;series production;volume produce;volume production;wholesale manufacture
大量生产产品 bulk article;stock commodities
大量生产的 mass-produced;volume-produced
大量生产的钢筋混凝土制品 mass-produced reinforced-concrete product
大量生产的石棉水泥制品 mass-produced asbestos-cement product;mass-produced asbestos-cement ware
大量生产的预浇混凝土制品 mass-produced precast concrete ware
大量生产的制品 bulk article
大量生产法 bulk method;mass method
大量生产类同房子 tract house
大量生产时的全部产品试验 commercial test(ing)
大量生产试验 bulk trial;mass trial
大量生产数据自动记录器 commercial data recorder
大量生产制品 high volume product;large volume item
大量生长 raised growth
大量生铁熔铁 high iron metal heat
大量石灰 large quantities of lime
大量手续费 lot commission
大量数据 mass data
大量数据多道处理 mass data multiprocessing
大量数据检验 volume data test
大量数据试验 volume data test
大量顺序插入 mass sequential insertion
大量死亡 massive dead;mass mortality;mortality
大量提款 disintermediation
大量填土 bulk filling
大量停车 heavy parking
大量通信[讯] mass communication
大量投入资本的 highly capitalized
大量土方工程 heavy earthwork
大量污染物 volume of pollutant
大量削减 <经费、人员的> ax(e)[复 axes]
大量消费 heavy consumption
大量消费者 bulk consumer
大量消耗能源的工程项目 energy intensive project
大量销售店 big store
大量携沙河流 debris-laden stream;heavy sediment laden river
大量信息转储 massive dump
大量需求 keen demand
大量印行 long run
大量营养物 macronutrient
大量预制构件组合的结构 modular construction;unit construction
大量元素 macroelement;major element
大量运输 mass haul;mass transit;mass transport(ation)
大量运土 bulk earthmoving
大量运用 high volume run
大量增殖 bloom
大量支撑 heavy bracing
大量制品 bulk article
大量制造 mass manufacture
大量制作 mass fabrication
大量砖石 mass of masonry
大量转储 massive dump
大量转运 bulk transfer
大量装配 mass fabrication
大量装饰的巴洛克式建筑 Churriguéresque architecture
大量装药 heavy explosive charge
大量组分 macrocomponent
大料 major ingredient
大料仓 large bin
大料钟 lower bell
大料钟角 large bell angle
大裂缝 crevasse;open
大裂球 macromere
大裂隙 macrocrack(ing)
大灵猫 oriental civet cat
大岭石 pholerite
大菱面 major rhombohedral
大领地 latifundium
大流量 mass throughput
大流量采样器 large flow sampler
大流量计 large-capacity meter
大流量交通 heavy traffic
大流量煤气表 high-capacity meter
大流量喷洒器 large volume sprinkler
大流量飘尘采样器 high volume airborne dust sampler
大流量取样器 high-volume sampler
大流量人工降雨器 large volume sprinkler
大流量洒水车 large volume sprinkler
大流量温泉 large volume spring
大流行 mass epidemic
大流域 major drainage basin
大龙骨 main joist;main runner
大垄断钢铁企业 big steel
大楼 building(structure);mansion(house)
大楼基础设施 <包括电缆管、水管、热管、通风管、空调系统等>【建】building infrastructure
大楼类型 hall form
大楼模壳 hall form
大楼内的套间 hall closet
大楼式建筑 hall construction
大楼梯 grand stair(case)
大篓 crate
大漏抗变压器 stray transformer
大炉工 cupola melter
大炉级无烟煤 stove coal
大陆 continent;mainland <指本土>
大陆岸边台地 continental shore terrace
大陆板块 continental plate;continental slab;continent-bearing plate
大陆板块单元 continental plate element
大陆板块理论 continental block theory
大陆半球 continental hemisphere;land hemisphere
大陆边陲 continental borderland
大陆边界区 continental borderland
大陆边缘 continental edge;continental fringe;continental margin
大陆边缘冰层 shelf ice
大陆边缘沉积 continental margin deposit
大陆边缘的 epeiric
大陆边缘地 continental borderland
大陆边缘地槽 paraliageosyncline
大陆边缘弧 continental marginal arc
大陆边缘山脉 continental marginal mountains
大陆边缘相 continental-margin facies
大陆冰 land floe
大陆冰川 continental glacier;ice sheet;inlandsis;mainland ice;continental ice
大陆冰川地壳均衡过程 crustal isostatic process by continental glaciers
大陆冰川覆盖 continental glacial cover
大陆冰川作用 continental glaciation
大陆冰盖 continental ice sheet;inland ice;mainland ice
大陆冰盖出现年代 appearance age of continental ice-sheet
大陆冰盖名称 name of continental ice-sheet
大陆冰原 continental ice sheet
大陆车阀说【地】continental brake hypothesis
大陆沉积层 continental sediment;terrestrial bed
大陆沉积超覆 continental transgression
大陆沉积(物) continental sediment;continent deposit
大陆沉积作用 continental deposit;continental sedimentation
大陆成长理论 theory of continental growth
大陆初始裂谷 incipient continental rift
大陆-大陆碰撞 continent-continent collision

大陆岛 continental island
大陆的 <美国不包括阿拉斯加州和夏威夷州> stateside
大陆堤盆地 continental embankment basin
大陆地 land mass
大陆地槽 continental geosyncline
大陆地盾 continental shield
大陆地壳 continental crust
大陆地块 continental mass
大陆地台 continental platform
大陆地震 continental earthquake
大陆电力马力 continental electric(al) horsepower
大陆电码 continental code; international Morse code
大陆动物区系 continental fauna
大陆度 continentality
大陆度指数 continentality index
大陆断层活动 continental rifting
大陆断块 continental block
大陆法系 continental law system
大陆分离 continental dispersion; continental separation
大陆分裂作用 fragmenting of continents
大陆分水岭 <大写首字时, 特指北美大陆分水岭, 即落基山脉>【地】continental divide
大陆风 continental wind; land wind
大陆风化作用 continental weathering
大陆高原 continental plateau
大陆构造 continental tectonics
大陆海 continental sea; landlocked sea
大陆海岸 continental coast
大陆核 continental nucleus; nucleus of continent
大陆化作用 continentization
大陆环境 continental environment
大陆会聚 continental convergence
大陆会聚带 continental convergence belt
大陆极地气团 continental polar air mass
大陆架 conshelf; continental platform; continental shelf; marine shelf; neritic zone; precontinent; shelf
大陆架边缘 margin of continental shelf; shelf edge
大陆架边缘沉积 hemipelagic deposit
大陆架沉积物 continental shelf deposit; continental shelf sediment; shelf sediment
大陆架地貌单元 geomorphologic(al) unit of continental shelf
大陆架地形测量 continental shelf topographic(al) survey
大陆架调查 continental shelf survey
大陆架公约 Convention on the Continental Shelf
大陆架海区 epicontinental sea; offshore zone
大陆架和海洋盆地之间的深槽 oceanic trench
大陆架环境 neritic environment
大陆架矿床 continental deposit; shelf deposit
大陆架类型 type of continental shelf
大陆架名称 name of continental shelf
大陆架平原 continental shelf plain; continental shore plain
大陆架坡折水深 depth of break of continental shelf
大陆架石油 continental shelf oil; offshore oil
大陆架水域 superjacent waters
大陆架天然气 offshore gas
大陆架外斜面 continental talus
大陆架外缘 edge of continental shelf; outer continental shelf
大陆架外缘坝 bar of continental shelf outer edge
大陆架外缘坝类型 type of bar of continental shelf outer edge
大陆架外缘陡坎 shelf break
大陆架斜坡 continental shelf slope; shelf continental slope
大陆架资源 continental resources; resources of the continent
大陆架纵剖面 shelf profile
大陆间地槽 mesogeosyncline
大陆间海 intercontinental sea
大陆间碰撞 continent-continent collision
大陆间相互作用 continent-continent interference
大陆礁 continental reef
大陆阶地 continental talus; continental terrace
大陆解体 continental breakup
大陆克拉通【地】hedreocraton
大陆块 continental block; continental segment
大陆块板 continental plate
大陆块体 continental mass
大陆裂缝 chasm
大陆裂谷 continental rift
大陆裂谷成因机制 mechanism of continental rift orogenesis
大陆裂谷系 continental rift system
大陆裂谷系地震构造带 seismotectonic zone of continental rift system
大陆裂谷型膏盐红层联合 gypsum-salt red beds association of continental rift type
大陆隆起 continental rise
大陆盆地 continental basin
大陆棚 continental shelf
大陆棚内半部 inner continental shelf
大陆棚外半部 outer continental shelf
大陆碰撞 continental collision
大陆劈裂冲击 continent-splitting impact
大陆漂移【地】continental drift; continental displacement; continental migration; drift of continent
大陆漂移理论 continental block theory; continental drift theory
大陆漂移期 continental drift period
大陆漂移说 theory of the displacement of continents
大陆漂移学说 continental drift theory; displacement theory; epeirophoresis theory; theory of continental drift; theory of the displacement of continent
大陆拼合 jig-saw puzzle of continents
大陆平均地幔热流 continental mean mantle flow
大陆平均高度 mean land level
大陆平均面 mean land level
大陆平均热流 continental mean heat flow
大陆坡 continental shoulder
大陆坡沉积 continental slope deposit
大陆坡底 base of slope
大陆坡地貌单元 geomorphologic(al) unit of continental slope
大陆坡度 continental slope
大陆坡名称 name of continental slope
大陆迁移 continental displacement; continental drift; continental migration
大陆前缘 precontinent
大陆桥 continental bridge
大陆桥运输 land-bridge transport(ation)
大陆侵蚀 continental erosion
大陆区珊瑚礁 continental province coral reef
大陆裙 continental apron
大陆热带空气 continental tropical airmass
大陆热流 continental heat flow
大陆沙坝 inland dam
大陆沙丘 inland dune
大陆上升 continental rise; continental uplift
大陆生长 continental growth
大陆时代 continental period
大陆时刻表 <欧洲> Continental Timetable
大陆时期 continental period
大陆式海洋 continental ocean
大陆水 terrestrial water
大陆水(量)平衡 continental water balance
大陆水下边界 submerged margin
大陆台地 continental plateau; continental platform; continental shelf; continental terrace
大陆体系 continental system
大陆条件 continental condition; continental deposition
大陆图 continental map
大陆外加作用 continental accretion
大陆外缘部 continental margin
大陆卫星 landsat
大陆位移 continental displacement; continental drift
大陆下沉 depression of continent
大陆相 continental facies
大陆消减带 continental subduction zone
大陆效应 continental effect
大陆斜坡 continental slope
大陆形成作用 continent formation
大陆性 territoriality
大陆性冰川 continentality glacier
大陆性的 continental
大陆性反气旋 continental anticyclone
大陆性高压 continental anticyclone; continental high
大陆性气候 continental climate; mainland climate; land controlled climate
大陆性气团 continental airmass
大陆性气旋 continent cyclone
大陆性热带气团 continental tropical airmass
大陆旋转 continental rotation
大陆岩石圈 continental lithosphere
大陆盐化潜水 phreatic water of continental salinization
大陆盐化潜水带 phreatic water zone of continental salinization
大陆移动理论 theory of continental drift
大陆移迁 continental displacement
大陆永恒(说) permanence of continents
大陆缘 continental fringe; continental margin
大陆缘边地域 continental borderland
大陆增长作用 continental growth
大陆增生 continental accretion; tectonic accretion
大陆增生期 continental accretion period
大陆沼泽土 continental swamp soil
大陆震中 continental epicentre [epicenter]
大陆转换断层【地】continental transform fault
大路 artery; avenue; high road; major road; parkway; pike; public street; thoroughfare
大路货 convenience goods
大旅店 khan
大旅馆 caravansary
大旅行箱 trunk
大卵石 boulder; cobble (boulder); cobblestone; dog's head; field stone; round stone; talus
大卵石岸 boulder shore; bowlder shore
大卵石层 boulder bed
大卵石的 bouldery
大卵石基层 boulder base
大卵石间空隙填砂 filling up
大卵石路 cobblestone road
大卵石路面 cobble pavement; cobblestone pavement; cobblestone paving; pavement of cobble stones
大卵石砌筑 cobblestone masonry
大卵石墙 boulder wall
大略 summary
大略规划 outline plan
大伦丁 dilantin
大伦敦(建设)委员会 Greater London Council
大伦敦议会计划工作委员会 <英> Greater London Council Planning Committee
大轮 bull wheel
大轮缆索 messenger
大轮胎 giant; giant tire[tyre]
大螺距 coarse pitch
大螺距齿铣刀 coarse-pitch cutter
大螺距螺钉 coarse-pitch screw
大螺距螺纹 steep-pitch thread
大螺距螺纹切削装置 coarse threading attachment
大螺帽扳手 dwang
大螺母 spindle nut
大螺母扳手 construction wrench; dwang
大螺栓 king bolt; king rod
大螺丝 king screw
大螺旋 king screw
大螺旋角直柄钻头 high-helix straight shank drill
大落潮 greater ebb
大麻 Cannabis sativa; hemp; sun hemp; beng <印度>
大麻布包裹的 hemp wrapped
大麻布垫 hemp hessian mat
大麻长纤维 hemp line
大麻尘 hemp dust
大麻短纤维 hemp combings; hemp tow
大麻帆布 hessian canvas
大麻哈鱼 salmon
大麻缆 hemp cable
大麻墙纸 hemp wall covering
大麻纱 hemp yarn
大麻绳 hemp cable
大麻纤维 hemp; hemp fiber[fibre]
大麻纤维墙布 hemp wall covering
大麻织物 hemp cloth
大麻制成的毒品 haschisch; hasheesh; hasish; the hemp
大麻制品 hemp products
大麻竹 dendrocalamus giganteus
大麻属 hemp
大麻籽 hempseed
大麻(籽)油 hempseed oil
大马力船舶 high-powered vessel; large-engined vessel
大马力的 high-powered
大马力发动机 high-powered engine
大马力拖拉机 higher powered tractor
大马路 boulevard; high street
大马士革钢 Damascus steel; damask
大马士革钢刀 Damascus blade
大马士革器皿 <一种高硅质施釉陶瓷> Damascus ware
大马士革铅锡青铜 Damascus bronze
大马新磷铜 Damaxine

大麦 barley
大麦级无烟煤<2.5~5毫米> barley
大麦粒级无烟煤 barley coal; buckwheat coal
大蛮石铺面 bouldering
大蛮石铺砌 bouldering
大镘(板) bull float
大毛石<铺路用> large paving sett
大锚 bower anchor
大冒顶 mass caving
大贸易商 big trader
大帽钉 clout nail; felt nail
大帽螺栓 plate bolt
大楣梁 summer
大门 entrance door; entrance gate; entrance porch; front door; gate (house); grand entrance; main door; main portal; additus maximus <古罗马圆形剧场的>
大门传达室 gatehouse
大门电动开关 car gate power closer
大门墩柱 gate pier
大门方向 direction of gate
大门管理员 gate clerk
大门合页 band and gudgeon; band and hook; gate hinge
大门活页 band and gudgeon
大门及冷藏 gate and reefer
大门铰链 hook-and-band hinge
大门口成对建筑物 pair of gateways
大门口成对塔形建筑物 pair of pylons
大门口电话装置 front door telephone
大门口通话装置 front door telephone
大门门铰 band and gudgeon
大门门铰链 band and gudgeon hinge; band and hook hinge
大门门头饰 fronto(o)n; pediment <常由肘托、檐口、三角饰或其他楣饰组成>
大门内停车处 porch
大门旁侧的小门 side gate
大门配件 gate apparatus
大门启闭控制 gate operating control
大门启闭室 gate operating chamber
大门前庭 door yard
大门入口 entrance portal
大门入口连柱廊的通道 thyroneum
大门入口雨棚<上下车用> porte cohere
大门上的附门 wicket
大门枢轴 gate hook
大门闩 gate latch
大门栓 gate bar
大门斜撑 gate tie
大门斜拉条 gate tie
大门甬道<通向庙宇的> toran
大门罩 marquee; marquise
大门柱 portal column
大门装置 gate apparatus
大门自动化系统 smart gate system
大米草 common cordgrass; spartina
大米壳 rice hull
大棉胶 collodion cotton
大面 bedding face; large face; shiner
大面包车 big minibus
大面积 large acreage
大面积暴雨 general storm
大面积爆破 large area blasting
大面积背景 extended background
大面积测量<需要布设控制环线的大面积测量工作> area survey; regional survey; large area survey
大面积地面荷载 large area surface load
大面积地区 land mass
大面积调查 large-scale survey
大面积冻胀 mass heaving
大面积堆载 extensive accumulation
大面积腐蚀 widespread corrosion
大面积耕作 extensive cultivation
大面积拱形构造 extensive arched structure
大面积灌水入渗试验法 water infiltration test method on large area
大面积光电倍增器 large area photomultiplier
大面积洪水 large area flood
大面积护岸 blanket revetment
大面积降水 general rain; scattered shower; widespread rain; widespread shower
大面积降雨 general rain; scattered shower; widespread rain; widespread shower
大面积接触 bump contact
大面积开挖 bulk excavation
大面积砍伐森林 large clearing
大面积裂伤 extensive laceration
大面积清除 large clearing
大面积烧伤 extensive burn
大面积升降运动 extensive vertical movement
大面积水污染综合调查 comprehensive survey of wide-area water pollution; wide area comprehensive water pollution survey
大面积图像 picture of large image scale
大面积挖土 bulk excavation
大面积污染 large-scale pollution; pollution in wide areas
大面积用地开发区划 acreage zoning
大面积(运量)观测<作为控制站观测的辅助> cover count
大面积(运量)观测站 blanket-count station; cover(age) count station
大面积栽培 commercial growing
大面积整流器 large area rectifier
大面积直剪试验 large-scale direct shear test
大面积着色 large area colo(u)ring
大面铰链 full-surface hinge
大面平整度 evenness of large surface
大面斜砖 end skew on flat
大灭绝 great extinction
大模板 gang form(work); large form
大模板施工 large form construction
大模块 macromodule
大模数齿轮 large module gear
大模体系 gang form system
大模型 large-sized model; mock-up
大模型架 buck
大模型试验 full-size model test; mock-up test
大磨损 galling
大抹子 bull float
大抹子整平机 longitudinal(bullfloat) finishing machine
大木 ba(u)lk; breast summer; bressummer; heavy timber; square log; summer wood; whole timber
大木材 summer tree; summer wood
大木船 galley
大木槌 commander; gavel; mall; maul
大木锤 beetle; maul; raising hammer; wooden maul
大木钉 fid; trunnel
大木横撑<盾构工程用> kicker
大木建筑 heavy timber construction
大木节<直径大于1.5英寸的树节子> large knot
大木锯 bucksaw; log saw
大木块 block wood
大木块夹胶法 blocking
大木栏 gavel
大木料 log
大木桶 hogshead
大木瓦板 royal
大木作 carpenter's work; carpentry (work); structural carpentry; structural woodwork
大目标救捞系统 large object salvage system
大牧场 ranch(o); estancia <南美>
大牧场工人住屋 ranch(o)
大牧场(农场)经理 rancher
大牧场(农场)主 rancher
大牧场式 ranch shape
大墓地 necropolis
大幕 act curtain; act drop; front curtain; house curtain; tableau curtain <由中间向上方两侧提起的>
大幕线 curtain line
大奶桶 milk churn
大挠度 large deflection
大挠度理论 large deflection theory
大脑 giant brain
大内侧螺旋测微器 large inside micrometer cal(l)ipers
大内齿轮 big internal gear
大内径测微卡尺 large inside micrometer cal(l)ipers
大能力编组场【铁】high-capacity marshalling yard
大能力鼓风机 high-capacity blower
大能力驼峰 big capacity of hump
大鲵 giant salamander
大年 great year; Platonic year
大年轮 large annual rings
大扭矩 high pulling torque
大扭矩低转速马达 high-torque low-speed
大扭矩回转式凿岩机 high-torque rotary drill
大扭矩机械 torque machine
大农场 plantation; fazenda <巴西>; ranch(o) <美>
大农业地带<美> corn belt
大农业理论 great agricultural theory
大奴古陆【地】Great Slave old land
大欧洲榛 cobnut
大耙 brake
大排锯 gang mill
大排量泵 high-duty pump; large discharge pump
大排量泵送 high volume pumping
大盘(子) plateau [复 plateaus/ plateaux]
大刨 jack plane; shooting plane; try(ing) plane
大炮 artillery(gun); bulla; cannon
大喷嘴 giant; giant nozzle
大盆地 Great basin
大盆地高压 Great Basin high
大篷车 caravan; van
大篷车共乘 van pooling
大篷货车 van
大批 a lot of; bulk; in bulk; large amounts; large number; large quantity; legion <指书籍>; multitude
大批采购 bulk purchase
大批出国 exodus
大批出售 bulk sale
大批到达 bulk arrival
大批的 large scale; wholesale
大批订货 extensive order
大批服务 bulk service
大批货物 bulk goods
大批量 large quantity
大批量产品 typical products in mass production
大批量的 large batch; multitudinous; numerous
大批量生产 large-lot production
大批量生产的 mass-produced
大批量生产工艺 mass-production technique
大批量生产技术 mass-production technique
大批生产 extensive manufacture; high-run production; high volume production; large batch production; large-scale manufacturing; long production run
大批外出 exodus
大批销售法 bulksales act
大批制造 mass manufacture
大片 hunch; hunk
大片冰层 continuous ice sheet
大片尺 beam cal(l)ipers
大片分层 skin lamination
大片浮冰 ice floe; floe
大片湖积土 large area of lacustrine soils
大片陆地 land mass
大片漫灌 wild-flooding irrigation
大片瓦工作 shingle work
大偏差 large deviation
大偏差概率 probability of large deviation
大偏角万向节 wide-angle joint
大偏心 large eccentricity
大偏心受压 large eccentric compression
大偏移海洋地震 large offset marine seismic
大偏转角扫描器 large-angle scanner
大平板 massive plate
大平板仪 plane-table(alidade)
大平槽头螺钉 large flat head slotted screw
大平底船 ark; scow <运砂石及其他散装货物>
大平顶孤山 tafelberg
大平衡常数 large equilibrium constant
大平(黏[粘]土)瓦 shingle tile
大平台式升降机 large platform elevator
大平头螺栓 elevator bolt
大平头铆钉 mushroom-head rivet
大平原 lanura; steppe
大苹果<美国纽约市的俚称> Big Apple
大屏幕 large screen
大屏幕彩色投影灯具 colo(u)rful projective luminaire for large screen
大屏幕电视 large screen television; screen size television
大屏幕电视接收机 big-screen receiver; large screen television projector
大屏幕雷达指示器 large screen radar indicator
大屏幕投影器 large screen projector
大屏幕显示器 large screen display
大坡度 heavy grade; heavy gradient; high gradient; steep grade
大坡度倾斜 plunge
大坡度转弯 overbank; sharp bank
大坡面<指晶体> macrodome
大破坏 havoc
大破坏性地震 large destructive earthquake
大破裂 macrofracture
大剖面 heavy ga(u)ge
大铺地砖 quarry tile
大瀑布 cataract; great waterfall
大瀑布型立式转炉 Great Falls converter
大漆 Chinese lacquer; Japanese lacquer
大畦漫灌 basin flooding(irrigation)
大旗 location flag; alignment flag <道路定线时用>
大企业 big business
大企业家 big businessman
大起伏 macrorelief; megarelief
大起重机式浇包 bull ladle

大气 ambient air; atmosphere air; atmospheric gas; free air; free atmosphere; gas sphere
大气安全阀 atmospheric relief valve
大气安全门 atmosphere relief diaphragm
大气保温效应 atmospheric insulated effect
大气暴流 aerial cascade
大气暴露 exposure to atmosphere
大气暴露试验 atmospheric exposure test
大气暴露效应 exposure effect
大气暴晒试验 outdoor exposure test
大气泵 atmospheric pump
大气铋 214 放射性影响 air 214Bi influence
大气铋 214 辐射值 radiation value of air 214Bi
大气边界层 atmospheric boundary layer
大气边缘层 fringe region of the atmosphere
大气变化 atmospheric change; changing atmosphere
大气变性 atmospheric metamorphism
大气标准 atmosphere standard
大气冰核 ice nuclei in atmosphere
大气波 atmoshperic wave; atmospheric billows
大气波导层 atmospheric duct
大气波动 atmospheric fluctuation; atmospheric oscillation; atmospheric polarization
大气不透明度 atmospheric opacity
大气采样 air sampling; atmospheric sampling
大气采样器 air sampler
大气采样网 air sampling network
大气采样装置 air sampling device; air sampling rig
大气参数 atmospheric parameter
大气侧 atmospheric side
大气测量 aerometric measurement; atmospheric measurement
大气层 aerosphere; air envelope; air space; atmosphere envelope; atmosphere[atmospheric] layer
大气层爆炸 atmospheric explosion
大气层波导管 atmospheric waveguide duct
大气层次 atmospherium
大气层顶 aeropause
大气层观测 atmospheric observation
大气层核爆炸 nuclear air burst
大气层降水 meteoric water
大气层结 atmospheric stratification
大气层空气 atmospheric air; free air
大气层破坏 air breakup
大气层区 <海工建筑物在高潮位及设计波高以上地带> atmospheric zone
大气层试验 atmospheric test
大气层以外的 extra atmospheric
大气差 astronomic(al) refraction
大气潮 atmospheric tide
大气尘 atmospheric duct
大气尘埃 aerial dust; air-borne dust; atmospheric dust
大气尘埃计 konometer
大气尘粒 air-borne particle; particulates
大气尘土 aerial dust
大气沉积物 aerial sediment; atmogenic deposit; atmospheric deposit; atmospheric sediment; atmospheric fallout
大气沉积(作用) atmospheric deposition
大气沉降 atmospheric deposition; atmospheric sedimentation
大气成分 air composition; atmosphere composition; atmospheric component; atmospheric composition; atmospheric constituent; constituents of atmosphere
大气成分的变化 changing composition of the atmosphere
大气成分监测仪 atmospheric composition monitor
大气成因 atmospheric gas
大气成因水 meteoric origin water
大气冲击 air gasp
大气臭氧 atmospheric ozone
大气臭氧层 atmospheric ozone layer
大气臭氧检测仪 atmospheric ozone detector
大气臭氧气柱 atmospheric ozone column
大气传播 atmospheric propagation
大气传递 atmospheric transmission
大气传感与维护系统 atmosphere sensing and maintenance system
大气传输 atmospheric transmission
大气传输特性 characteristics of atmospheric transmission
大气窗(口) atmospheric window
大气纯度指数 index of atmospheric purity
大气簇射 air shower
大气氮 atmospheric nitrogen
大气氮的转变 transformation of atmospheric nitrogen
大气导电性 air conductivity
大气的 atmospheric
大气的次要成分 minor constituent of the atmosphere
大气的浑浊度 turbidity of atmosphere
大气的铅直结构 vertical structure of atmosphere
大气的同位素成分 isotopic composition of atmospheric gases
大气的微量组分 minor constituent of the atmosphere
大气的氧化能力 oxidizing ability of the atmosphere; oxidizing capacity of the atmosphere
大气的最高层 uppermost levels of the atmosphere
大气低层 low-level air
大气底层 surface air
大气电 atmospheric electricity
大气电场 atmospheric electric(al) field
大气电场自记曲线 electrogram
大气电弧整流器 atmospheric arc rectifier; Marx rectifier
大气电离 atmospheric ionization
大气电势梯度变化图 electrogram
大气电学 atmospheric electricity
大气电学检测 atmospheric electricity measurement
大气顶部通量 top-of-the-atmosphere fluxes
大气顶层 atmospheric top(ping)
大气顶太阳辐射 extraterrestrial radiation
大气氡子体校正值 air radon daughter corrected value
大气动力学 atmospheric dynamics
大气抖动 atmospheric agitation
大气二次污染物 secondary air pollutant
大气二氧化碳浓度 atmospheric carbon dioxide concentration
大气发射波 atmospheric radio wave
大气阀 atmos-valve
大气反馈过程 atmospheric feedback process
大气反射性 atmospheric radioactivity
大气反向散射 atmospheric backscatter
大气反应 atmospheric reaction
大气方程 barometric(al) equation
大气放电 atmospheric discharge
大气放电器 atmospheric discharger
大气放电线圈 atmospheric discharge coil
大气放射性 aeroradioactivity; atmospheric radioactivity
大气放射性测量考察 aerial radiological measurement and survey; aerial radiological measuring survey
大气放射性测量系统 aerial radiological measuring system
大气放射性监测系统 aerial radiological monitoring system
大气放射性强度 aeroradioactivity
大气放射性污染监测器 air activity monitor
大气分层 stratification of atmosphere
大气分散 atmospheric dispersion
大气粉尘监测器 air particle monitor
大气粉尘物质浓度监测仪 air-borne particle mass monitor
大气风暴 meteorologic(al) storm
大气风化 atmospheric weathering
大气锋 atmospheric front
大气浮力计 baroscope
大气浮悬尘粒 lithometeor
大气浮游生物 aeroplankton
大气辐射 atmospheric radiation
大气辐射表 pyrgeometer
大气辐射激励 airglow excitation
大气辐射强度计 pyrgeometer
大气腐蚀防护剂 atmospheric corrosion resistant
大气腐蚀试验 atmospheric corrosion test
大气腐蚀因素 atmospheric corrosion factor
大气腐蚀作用 atmospheric corrosion; corrosion effect of air pollutants
大气负压 subatmospheric(al) pressure
大气负载 atmospheric loading
大气复氧 atmospheric reaeration; reaeration by atmosphere
大气复氧系数 atmospheric aeration coefficient
大气复原时间 atmospheric recovery time
大气伽马射线次级通量 secondary flux of atmospheric γ-ray
大气改正 atmospheric correction
大气干旱 atmospheric drought
大气干扰 atmospheric disturbance; atmospherics; pherics [sferics]; tweeks
大气干扰电级 static level
大气干扰突然升高 sudden enhancement of atmospherics
大气干扰抑制器 atmospheric suppressor
大气干扰云 atmospheric cloud
大气更新剂 atmospheric regenerant
大气鼓风 atmospheric blast
大气观测 atmospheric observation
大气观测网 atmospheric observation network
大气馆 <与天文馆类似的建筑,用以模拟大气或气象现象> atmospherium
大气管理 air management
大气管理局 Atmospheric Administration
大气光化学 atmospheric photochemistry
大气光解 atmospheric photolysis
大气光解作用 atmospheric photolysis
大气光线 atmospheric light
大气光学 atmospheric optics
大气光学公式 airlight formula
大气光学现象 optic(al) meteor; photometeor
大气光学质量 optic(al) air mass
大气过程 atmospheric process
大气过电压 atmospheric overvoltage
大气过电压保护 atmospheric overvoltage protection
大气过电压试验 atmospheric overvoltage test
大气海盐 atmospheric sea salt
大气海洋边界层 air-sea boundary layer
大气海洋动力学 atmosphere-ocean dynamics
大气海洋分界面 air-sea interface
大气-海洋-陆地-冰雪体系 atmosphere-ocean-land-ice system
大气海洋系统 atmosphere-ocean system
大气海洋相互作用 air-sea interaction
大气海洋岩系 atmospheric-marine-petrology system
大气含尘量 atmospheric duct
大气含氯检测仪 atmospheric chlorine detector
大气含烃量分析仪 atmospheric hydrocarbon analyser[analyzer]
大气航空边界 aeropause
大气和太阳物理实验室 laboratory for atmospheric and solar physics
大气痕量气体 atmospheric trace gas
大气虹吸 atmospheric siphon[syphon]
大气厚度 atmospheric depth
大气候 macroclimate
大气候学 macroclimatology
大气弧整流器 atmospheric arc rectifier
大气化学 air chemistry; atmospheric chemistry; chemistry of atmosphere
大气化学动力学 atmospheric chemical kinetics
大气化学及其组成 chemistry and composition of atmosphere
大气环境 air environment; atmospheric environment; circulation of atmosphere
大气环境容量 atmospheric environmental capacity; environmental capacity of air
大气环境下的试验 ambient test
大气环境影响评价 atmospheric environmental impact assessment
大气环境质量标准 standard of ambient air quality
大气环境质量评价 atmospheric environmental quality assessment
大气环境质量图 atmospheric environmental quality map
大气环流 atmosphere circulation; atmospheric circulation; circulation of atmosphere; general circulation of atmosphere; planetary circulation
大气环流模式 atmospheric circulation pattern; circulation pattern of the atmosphere; general circulation model of atmosphere
大气环流模型 atmospheric general circulation model
大气灰尘 aerial dust
大气辉光 airglow
大气浑浊 atmosphere pollution; atmospheric pollution
大气浑浊度 atmosphere turbidity
大气混合层 atmospheric mixed-lay-

er;mixing depth;mixing layer
大气混浊度 atmospheric turbidity; turbidity of atmosphere
大气活动监测器 air activity monitor
大气活动中心 center[centre] of atmospheric action
大气活化区域 atmosphere revitalization section
大气机 atmospheric engine
大气极限 limit of the atmosphere
大气急流 aerial cascade;atmospheric cascade
大气监测 air monitoring;atmospheric monitoring; atmospheric surveillance
大气监测车 air monitoring car
大气监测规程 air monitoring procedure;air monitoring regulation
大气监测网 air monitoring network
大气监测卫星 atmosphere monitor(ing) satellite;atmospheric monitoring satellite
大气监测系统 atmospheric monitoring system
大气监测仪 air-monitoring device
大气监测仪器 air monitoring instrument
大气监测站 air monitoring station;atmospheric monitoring station
大气监测中心 air monitoring center [centre]
大气监护警报器 air monitoring instrument
大气监视 atmospheric surveillance
大气降水 atmospheric precipitation; atmospheric water;meteoric water; precipitate water; meteorologic(al) water
大气降水补给 rainfall recharge
大气降水量 atmospheric precipitation
大气降水泉 meteoric spring
大气降水渗入 infiltration of precipitation
大气降水同位素成分 meteoric-water isotope composition
大气降水污染 precipitation pollution;rainfall pollution
大气降雨 precipitated water
大气校正 atmospheric correction
大气结构 atmospheric structure
大气界 aerosphere
大气界面 atmospheric interface
大气净化 atmospheric cleansing; atmospheric purification
大气静力稳定度 static stability of atmosphere
大气静力学 atmospheric statics
大气开裂 atmospheric crack(ing)
大气科学 air science;atmosphere science;atmospheric science
大气科学家 atmospheric scientist
大气科学委员会 Commission for Atmospheric Sciences
大气颗粒物 atmospheric particulates
大气壳 atmospheric shell
大气壳层 atmospheric layer; atmospheric region;atmospheric shell
大气空间 air space
大气空间法 aerospace law
大气孔 gross blow hole;macropore
大气孔率 macroporosity
大气孔砂轮 high porosity grinding wheel
大气库 atmospheric pool
大气扩散 atmospheric diffusion; atmospheric dispersion
大气扩散方程 atmospheric diffusion equation
大气扩散检测系统 atmospheric diffusion measuring system
大气扩散模式 atmospheric diffusion model
大气扩散梯度输送理论 gradient transfer theory for atmospheric diffusion
大气扩散统计理论 statistic(al) theory for atmospheric diffusion
大气扩散相似理论 similarity theory for atmospheric diffusion
大气老化 atmospheric ag(e)ing; weathering ag(e)ing
大气老化试验机 weathering machine;weather meter
大气累积作用 atmospheric accumulation
大气冷凝管 barometric(al) condensing pipe;leg pipe
大气冷凝器 barometric(al) condenser
大气冷却率测试仪 atmospheric cooling rate tester
大气冷却器 atmospheric cooler
大气离子 air ion;atmospheric ion
大气粒子 atmospheric particles
大气粒子监测器 air particle monitor
大气连续自动监测系统 air continuous and automatic monitoring system
大气流 air stream
大气流型 flow pattern of the atmosphere
大气硫 atmospheric sulfur
大气路径 air path
大气氯 atmospheric chlorine
大气氯累积 atmospheric chlorine build-up
大气冒口 atmospheric-pressure head; atmospheric riser
大气冒口芯 pencil core
大气弥散 atmospheric dispersion
大气弥散胶体 atmospheric dispersoid
大气弥散模型 atmosphere dispersion model
大气密度 atmosphere density;atmospheric density
大气密度计 atmospheric densitometer
大气模式 model of atmosphere
大气模型 atmospheric model;model atmosphere
大气能见度 atmospheric visibility; meteorologic(al) visibility
大气逆温 atmospheric inversion
大气逆温层高度 level of atmospheric inversion
大气宁视度 atmospheric seeing
大气凝结 atmospheric condensation
大气浓度 atmospheric concentration
大气排放 atmospheric emission
大气排放标准 atmospheric emission standard
大气排气量 free air capacity
大气排泄管 barometric(al) discharge pipe
大气泡 air pocket;coarse bubble
大气泡扩散器 coarse bubble diffuser
大气泡曝气 coarse(air) bubble aeration;large(air) bubble aeration
大气泡曝气池 large bubble aerator
大气泡曝气系统 coarse bubble aeration system
大气泡系统 coarse bubble system
大气偏振 atmospheric polarization
大气平面波 plane atmospheric wave
大气谱带 telluric band
大气谱线 atmospheric line; telluric line
大气起伏 atmospheric fluctuation
大气气候 atmospheric climate
大气气流模式 atmospheric flow pattern
大气气流调节器 barometric(al) draft regulator
大气溶胶 atmospheric aerosol
大气气体 atmospheric gas
大气气体分析仪 ambient gas analyser [analyzer]
大气气相反应 atmospheric gas phase reaction
大气气压 barometric(al) pressure
大气气柱 column of atmosphere; vertical column;zenith column
大气气柱中的臭氧含量 column content of ozone
大气迁移污染 transported air pollutant
大气侵蚀 atmospheric corrosion
大气清晰度 atmosphere clearness
大气情况 atmospheric condition
大气区 atmospheric zone
大气取样 atmospheric sampling
大气圈 exosphere; aerosphere; air sphere; atmosphere; atmospheric shell
大气圈地球化学 geochemistry of atmosphere
大气圈外太阳辐射 extraterrestrial radiation
大气染色 atmospheric colo(u)ration
大气染色效应 atmospheric colo(u)ration effect
大气扰动 atmospheric disturbance; atmospheric perturbation
大气热力学 atmospheric thermodynamics
大气散射 atmospheric scattering
大气骚动 atmospheric turbulence
大气色散 atmospheric dispersion;dispersion of atmosphere
大气闪光 atmospheric scintillation
大气闪烁 atmospheric shimmer
大气上层 upper atmospherics
大气上层探测 aerologic(al) ascent; aerologic(al) sounding; upper-air sounding
大气上界 aeropause; atmospheric pause
大气深度 atmospheric depth
大气生物污染 biologic(al) pollution of atmosphere
大气生物系统 atmospheric-biologic(al) system
大气生物学 aerobiology
大气声吸收 atmospheric sound absorption;sound absorption in air
大气声学 atmospheric acoustics
大气湿度 atmospheric capacity; atmospheric humidity; atmospheric moisture(capacity)
大气湿度计 absorption hygrometer
大气湿度学 psychrometry
大气食 atmospheric eclipse
大气式冷凝器 atmospheric condenser
大气式冷却塔 atmospheric water cooling tower
大气式凉水塔 atmospheric water cooling tower
大气式燃烧器 atmospheric burner; low-pressure gas burner; natural draught burner
大气式水塔 atmospheric water cooling tower
大气式制冷剂冷凝器 atmospheric refrigerant condenser
大气受污染而产生的浓雾 fall dust
大气输入 atmospheric input
大气输送 atmospheric transport
大气输运 air-borne transport;atmospheric transport
大气输运和化学反应模型 atmospheric transport-chemistry model
大气数据 air data;atmosphere data
大气数据传感器 air data sensor
大气数据系统 air data system
大气衰减 atmospheric attenuation;atmospheric damping
大气水 atmospheric water; cosmic (al) water;meteoric water;meteorologic(al) water
大气水分 atmosphere moisture; atmospheric moisture(capacity)
大气水冷(却)器 atmospheric water cooler
大气水汽凝结物 atmosphere humidity condensate
大气水蒸气 atmospheric water vapo(u)r
大气酸沉降试验 atmospheric acid precipitation experiment
大气酸度 atmospheric acidity
大气碎屑 atmoclast
大气碎屑岩 atmoclast(ic rock)
大气探测 air sounding; atmospheric probing; atmospheric sounding; sounding of atmosphere
大气探测器 atmospheric sounder
大气碳酸计 air tester;carbacidometer
大气涛动 atmospheric oscillation
大气天电干扰场强仪 radiomaximograph
大气田 large gas field
大气条件 ambient condition; atmospheric condition
大气同化 atmospheric assimilation
大气透过率 atmospheric transmissivity
大气透明度 atmosphere[atmospheric] transparency;coefficient of atmospheric transparency; transparency of atmosphere
大气透明度系数 coefficient of atmospheric transmission
大气透明率 atmospheric transmittance
大气透射 atmospheric transmission
大气透射计 hazemeter;transmissometer;transmittance meter
大气透射率 atmospheric transmissivity;atmospheric transmittance
大气透射系数 atmospheric transmittance
大气透视 aerial perspective
大气图 aerography
大气湍流 air turbulence;atmospheric turbulence;free air turbulence
大气湍流度 gustiness
大气褪色 atmospheric fading
大气外力作用 atmospheric forcing
大气微观物理学 atmospheric microphysics
大气微粒 aerosol
大气微粒负荷 atmospheric particulate loading
大气微粒取样器 aerosol sampling device
大气微生物污染 microbiologic(al) pollution of atmosphere
大气卫生 atmospheric sanitation
大气卫生防护 air sanitary protection
大气温度 atmospheric temperature; opening temperature
大气温度传感器 atmosphere temperature transducer
大气温度垂直梯度 lapse rate
大气温度计 free air thermometer
大气温度逆增 atmospheric temperature inversion
大气紊流 air turbulence;atmospheric turbulence
大气稳定度 atmospheric stability;stability of atmosphere

D

大气涡旋 atmospheric vortex
大气污染 air-borne pollution; air pollution; atmosphere pollution; atmospheric contamination; atmospheric pollution
大气污染测定网 air monitoring network
大气污染常规分析指标 index of routine analysis for atmospheric pollution
大气污染传感器 atmospheric pollution sensor
大气污染的生态效应 ecologic(al) effects of atmospheric pollution
大气污染对健康的影响 health effects of atmospheric pollution
大气污染对植物的影响 effect of atmospheric pollution on plants
大气污染防护 atmospheric pollution control
大气污染防治 air pollution prevention
大气污染防治法 air pollution prevention and control law; atmospheric prevention and control law
大气污染防治工程 air pollution control engineering; atmospheric pollution control engineering
大气污染防治政策 air pollution control policy; atmospheric pollution policy
大气污染负荷 atmospheric contamination burden; atmospheric pollution burden
大气污染固定监测站 stationary monitoring station for atmospheric pollution
大气污染管理机构 air pollution agency; atmospheric pollution agency
大气污染化学 chemistry of air pollution; chemistry of atmospheric pollution
大气污染监测 air pollution monitoring; atmospheric pollution monitoring; monitoring of atmospheric pollution
大气污染监测车 air pollution monitoring van; atmospheric pollution monitoring van
大气污染监测记录器 air activity monitor
大气污染监测器 air monitor; atmospheric pollution monitor
大气污染监测网 air pollution monitoring network; atmospheric pollution monitoring network
大气污染监测仪 air monitoring instrument; atmospheric pollution monitoring instrument
大气污染监测站 air activity monitoring station; atmospheric pollution monitoring station
大气污染控制 air pollution control; atmospheric pollution control
大气污染控制法 Air Pollution Control Law
大气污染控制规划 air pollution control planning; atmospheric pollution control planning
大气污染控制区 air pollution control district
大气污染控制设备 atmospheric pollution control equipment
大气污染控制仪表装置 pollution control instrumentation
大气污染扩散 diffusion of atmospheric pollution
大气污染粒子 smoke shade
大气污染连续自动监测系统 continuous and automatic monitoring system for atmospheric pollution
大气污染模拟模式 atmospheric pollution simulation model
大气污染模型 atmospheric pollution model
大气污染浓度 air pollution concentration
大气污染评价 atmospheric pollution assessment
大气污染潜在性 atmospheric contamination potential; atmospheric pollution potential
大气污染区 air shed; area of air pollution
大气污染生物净化 biologic(al) purification of atmospheric pollution
大气污染生物学监测 biologic(al) monitoring of atmospheric pollution
大气污染生物学评价 biologic(al) assessment of atmospheric pollution
大气污染事件 air pollution episode; air pollution episode game
大气污染图 atmospheric pollution map
大气污染危害 damage caused by atmospheric pollution
大气污染微粒吸收器 baghouse
大气污染物 air pollutant; atmospheric contaminant; atmospheric impurity; atmospheric pollutant; atmospheric polluting material
大气污染物传感器 atmospheric contaminant sensor
大气污染物的相互作用 interaction of atmospheric contaminants; interaction of atmospheric pollutants
大气污染物分析仪 atmospheric contaminant analyser[analyzer]
大气污染物质去除 removal of atmospheric pollutants
大气污染物质去除过程 removal process of atmospheric pollutants
大气污染物滞留区 atmospheric area
大气污染系统 air pollution system; atmospheric pollution system
大气污染效应 atmospheric pollution effect
大气污染遥感 remote-sensing for atmospheric pollution
大气污染因子 air pollution agent
大气污染预报 atmospheric pollution forecasting
大气污染源 atmospheric pollution sources; sources of atmospheric pollution
大气污染指示动物 indicator animals for atmospheric pollution
大气污染指示物 indicator organisms for atmospheric pollution
大气污染指示植物 indicator plants for atmospheric pollution
大气污染指数 air pollution index; atmospheric pollution index
大气污染自动分析 automatic atmospheric-pollution analyser[analyzer]
大气污染自动监测系统 air pollution auto-monitoring system; atmospheric pollution auto-monitoring system
大气污染综合防治 integrated control of atmospheric pollution
大气无线电波 atmospheric radio wave
大气无线电窗口 atmospheric radio window
大气无线电噪声 atmospheric radio noise
大气物理学 atmospheric physics
大气物理学家 atmospheric physicist
大气物质 atmospheric substance
大气雾霾 atmospheric haze
大气吸附水 atmospheric adsorbed water
大气吸收较差 differential atmospheric absorption
大气吸收线 telluric line
大气吸收作用 atmospheric absorption
大气稀释 atmospheric dilution
大气系统 air system; atmospheric system
大气现象 atmospheric phenomenon; meteor
大气相互作用 atmospheric interaction
大气削弱 atmospheric extinction
大气消光 atmospheric extinction
大气效应 atmospheric effect
大气行星运动 atmospheric planetary motion
大气修正 atmospheric correction
大气修正值 correction value of atmosphere
大气悬浮颗粒物量 atmospheric particulate loading
大气悬浮微粒 atmospheric particulates
大气悬浮物 aerosol; air suspension
大气悬胶体 atmospheric suspensoid
大气旋涡 atmospheric vortex
大气学 aerography; aerology; atmology
大气学家 aerologist
大气循环 atmospheric circulation; atmospheric cycle; general circulation of atmosphere
大气循环式水冷却器 atmospheric circulation type water cooler
大气压 atmosphere; pressure atmosphere; atmospheric pressure
大气(压、温、湿)探测 sounding of the atmosphere
大气压测量仪 lubarometer
大气压等变化线 isallobar
大气压电子束焊接 non-vacuum electron-beam welding
大气压分布 atmospheric-pressure distribution
大气压激光器 atmosphere laser
大气压力 atm press; atmosphere pressure; atmospheric pressure; barometric(al) pressure; bar pressure
大气压力公式 barometric(al) pressure formula
大气压力计 barometer
大气压力孔 atmosphere venting
大气压力冒口 atmospheric feeder; atmospheric-pressure head; atmospheric riser; William's riser
大气压力下蒸汽养护 atmospheric pressure steam curing
大气压力线 atmospheric line
大气压力仪 lubarometer
大气压力下蒸汽养护 <混凝土> atmospheric-pressure steam curing
大气压力壅水 barometric(al) set-up
大气压力值 value of atmospheric pressure
大气压流化床 atmospheric fluidized bed
大气压流化床(煤)燃烧室 atmospheric fluidized bed(coal) combustor
大气压脉冲 pulse of air
大气压冒口 atmospheric riser
大气压冒口泥芯 William's core
大气压凝汽器 barometric(al) condenser
大气压喷射冷凝器 barometric(al) leg condenser
大气压容器 atmospheric vessel
大气压式凝水柜 atmospheric condenser
大气氩 atmospheric argon
大气氩校正 atmospheric argon correction
大气烟羽扩散模式 air fumigation plume spreading model
大气研究 atmospheric research
大气研究和遥感研究专机 atmospheric research and remote sensing plane
大气研究者 atmospheric researcher
大气氧 atmospheric oxygen
大气氧化 atmospheric oxidation
大气氧化剂 atmospheric oxidant
大气遥感 remote-sensing of atmosphere
大气液相反应 atmospheric liquid phase reaction
大气一次污染物 primary air pollutant
大气异常 atmospheric anomaly
大气因素 atmospheric agent
大气应变源 atmospheric origin of reaction
大气荧光 atmospheric fluorescence
大气影响 atmospheric effect; atmospheric influence
大气影响效应 exposure effect
大气游离基 atmospheric free radical
大气预压法 atmospheric pressure method
大气杂质 atmospheric impurity
大气噪扰 atmospherics
大气噪声 atmospheric noise
大气噪声检测 atmospheric noise measurement
大气噪声日照数学预测模型 prediction-model for atmosphere noise and sunshine
大气沾染 atmospheric contamination
大气折光 astronomic(al) refraction; atmospheric refraction
大气折光差 atmospheric refraction error
大气折光改正 refraction correction
大气折光现象 stooping
大气折射 astronomic(al) refraction; atmospheric refraction
大气折射订正 correction for atmospheric refraction; radio refraction correction
大气折射改正 atmospheric refraction correction; correction for atmospheric refraction; radio refraction correction
大气折射畸变 atmospheric refraction distortion
大气折射率 air index; atmospheric refraction index
大气折射位移 atmospheric refraction displacement
大气折射误差 atmospheric refraction error
大气振荡 atmospheric commotion; atmospheric oscillation
大气蒸发 atmospheric evapo(u)ration
大气值 free-air value
大气制动 <包括空气及真空制动> atmospheric brake[braking]
大气质量 air quality; mass of atmosphere
大气质量标准 air quality criterion; air quality standard
大气质量法 Air Quality Act
大气质量改进 atmospheric quality and modification
大气质量管理 air quality management

大气质量和排放标准 air quality and emission standard
大气质量基准 air quality criterion
大气质量监测 air quality monitoring
大气质量监测网 air quality monitoring network
大气质量监视 air quality surveillance
大气质量监视网 air quality surveillance network
大气质量检测 air quality measurement
大气质量控制区 air quality control region
大气质量弥散模型 air quality simulation model
大气质量密度 atmospheric mass density
大气质量模拟 air quality modeling
大气质量模拟模型 air quality simulation model
大气质量模式 air quality mode
大气质量模型 air quality model
大气质量评价 air quality assessment; atmospheric quality assessment
大气质量气象学 air quality meteorology
大气质量区域 air quality region
大气质量数据处理系统 air quality data handling system
大气质量显示模型 air quality display model
大气质量循环 air quality cycle
大气质量影响模型系统 air quality data handling system
大气质量预测 air quality forecast
大气质量指数 air quality index
大气质量准则 air quality criterion
大气致癌物质 atmosphere carcinogen;atmospheric carcinogen
大气中氮的浓度 nitrogen concentration in atmosphere
大气中的尘烟荷载 particulate loading
大气中的飞尘 atmospheric duct
大气中的含湿量 atmospheric moisture(capacity)
大气中的花粉 atmospheric pollen
大气中的水 atmospheric water
大气中的水汽含量 moisture content of the atmosphere
大气中的碳酸 carbonic acid in air
大气中的氧气 atmospheric oxygen
大气中的杂质 atmospheric impurity
大气中二氧化硫含量检测仪 atmospheric sulfur dioxide detector
大气中二氧化硫浓度分析仪 atmospheric sulfur dioxide analyser[analyzer]
大气中放射性 air-borne activity
大气中氟化氢浓度分析仪 atmospheric HF[hydrogen fluoride] analyser[analyzer]
大气中核爆炸散落物 air-borne debris
大气中散落物 air-borne debris
大气中试验 free air test
大气中微粒 atmospheric particulates
大气中污染物 aerosol contaminant
大气中悬浮尘土 lithometeor
大气中悬浮的 air suspended
大气中氧化性污染物 atmospheric oxidant
大气中氧浓度 oxygen concentration in atmosphere
大气中噪声传播 noise propagation in atmosphere
大气重量 weight of the atmosphere
大气助燃推动的导弹 air-breather
大气转动惯量 moment of inertia of atmosphere
大气状况 atmospheric condition
大气(状况)图表 aerography
大气状态 air-condition; atmospheric condition;atmospheric state;condition of atmosphere
大气着色 atmospheric colo(u)ration
大气着色效应 atmospheric colo(u)ration effect
大气资料 aerial information;air information;atmosphere data
大气自净作用 air self-purification;atmospheric cleanness itself
大气总环流 atmospheric general circulation;general atmospheric circulation
大气总循环 atmospheric general circulation;general atmospheric circulation
大气族射 <宇宙线> air shower;atmospheric shower
大气阻力 atmosphere drag; atmospheric drag;atmospheric resistance
大气阻力摄动 air drag perturbation
大气组成 air composition;atmospheric composition; composition of atmosphere
大气组元 atmospheric constituent
大气作用 atmospheric action;atmospheric agent;atmospheric forcing
大气作用开裂 atmospheric crack(ing)
大气作用老化 atmospheric ag(e)ing
大契约 macrocontract
大砌块 block mass; large building block
大砌块房屋 block of large blocks
大砌块建筑 block architecture
大砌块住宅 block of large blocks
大器窑 big ware kiln;kiln for large pieces
大牵引车 tugmaster
大前提 major proposition
大荨麻纤维 bichu fibre[fiber]
大钳 rotary tongs;structural wrench
大钳安置高度 tong space
大钳扭矩量测仪 tong torque ga(u)ge
大钳子 bull choker
大浅盘 plateau[复 plateaus/ plateaux];platter
大嵌条 slug
大强度 hard intensity;heavy intensity
大墙板 panel wall;stor(e)y-height panel wall
大墙板建筑 stor(e)y-height panel wall block;stor(e)y-height panel wall building
大墙板结构 stor(e)y-height panel wall structure
大墙板结构体系 stor(e)y-height panel wall system
大乔木 megaphanerophyte
大桥 big bridge;major bridge
大切断功率保险丝 hi-cap fuse;high-capacity fuse
大切片机 macrotome
大切削深度 full depth
大青 azure pigment;smalt;woad
大青玻璃粉 smalt
大青染料 pastel
大青色 enamel blue;smalt(blue)
大青盐 halite
大倾角胶带输送机 steeply inclined belt conveyer[conveyor]
大倾角偏移 large dipping angle migration
大清真寺 The Great Mosque
大秋作物 late autumn crop;late fall crop
大球鼻船 large bulb ship
大球壳 megalosphere
大区 district;macrozone
大区地形 macrorelief
大区规划 broad planning
大区域城镇规划 extensive town planning
大区域划分 macroregionalization
大区域系统 large regional system
大曲流中的小曲流 submeander
大曲率半径弯管 long sweep bend; long-sweep ell
大圈航法 globular sailing
大全 corpus[复 corpora]
大全景镜头 extreme long-shot
大泉 keld
大群 jumbo group;multitude;shoal
大群落 major community
大群迁徙 mass migratory
大绕距电感线圈 air-spaced coil
大热容量结构 thermally massive structure
大热天 dog days
大日潮差 diurnal range;great diurnal range
大日较差 diurnal range;great diurnal range
大容积存储器设备 bulk memory device
大容积沸腾 pool boiling
大容积累积雨量器 large-capacity storage(rain)ga(u)ge
大容积密闭罩 closed booth; large space enclosure
大容积汽缸 large cylinder
大容量【计】bulk memory
大容量保险丝 hi-cap fuse;high-capacity fuse
大容量采样器 high volume sampler
大容量车辆 higher occupancy vehicle
大容量车身 roomy body
大容量池 heavy-duty battery
大容量储仓 high-capacity silo
大容量处理能力 high volume processing capability
大容量传输协议 bulk transfer protocol
大容量磁芯存储器 bulk core memory;large core memory
大容量存储器 bulk storage;large-capacity memory; large-scale memory;mass storage;bulk memory
大容量存储器设备 bulk memory device
大容量存储器转贮程序 mass storage dump program(me)
大容量存储设备 bulk memory device
大容量存储文件 mass storage file
大容量存储系统【计】mass storage system
大容量存储系统通信[讯]程序 mass storage system communicator
大容量存储装置 mass storage facility
大容量的 high capacity;large capacity
大容量电厂 high-capacity power plant
大容量电缆 <多线对电缆> large-capacity cable;large-sized cable
大容量电瓶 heavy-duty battery
大容量电容器 high-capacity condenser;large value capacitor
大容量电站 high-capacity power station
大容量斗 super-capacity bucket
大容量斗式提升机 super-capacity bucket elevator
大容量发电机 heavy-duty generator
大容量防空洞 large-capacity air raid shelter
大容量沸腾 pool boiling
大容量高速电子计算机 high-capacity and high-speed electronic computer
大容量光存储器 mass optic(al) memory
大容量锅炉 heavy-duty boiler
大容量混凝土搅拌机 volume-production concrete mixer
大容量货车 hi-cube car;hy-cube car
大容量机组 high-capacity machine units;large-capacity machine units
大容量记忆设备 bulk memory device
大容量交通系统 high-capacity communication system
大容量搅拌机 large-capacity mixer
大容量矩阵存储器 large matrix store
大容量客车 high-capacity coach
大容量空气滤清器 heavy-duty air cleaner
大容量控制 mass storage control
大容量控制系统 mass storage control system
大容量冷冻离心机 large-capacity refrigerated centrifuge
大容量沥青喷洒车 bulk asphaltic bitumen distributor
大容量流量计 high volume through-tubing flowmeter
大容量煤气表 high-capacity meter
大容量喷雾机 large volume sprayer
大容量棚车 high cube box car
大容量皮带传送装置 large-capacity belt conveying plant
大容量容器 high-capacity container
大容量散热器 hi-cap radiator;high-capacity radiator
大容量数据交换机 large volume data exchanger
大容量水电站 high-capacity hydroelectric(al) plant; high-capacity hydroelectric(al) power station;high-capacity water power station
大容量水轮机 high-capacity turbine
大容量送风系统 high-capacity unit
大容量通信[讯]系统 high-capacity communication system
大容量挖掘斗 mass excavation bucket
大容量文件 large data file
大容量箱形撒石机 large-capacity stone spreader box
大容量研磨机 large-capacity grinding mill
大容量掩体 large-capacity air raid shelter
大容量油缸 large volume cylinder
大容量运行 high volume run
大容器支座刚性 support of large vessels for stiffness
大肉齿菌 Hydnum septentrionale
大塞 bull plug
大三角测量站 <陆标> great trigonometrical survey station
大三角帆 great triangular sail;spinnaker
大三角浪 pyramidal wave
大扫除 general clean-up; sweep-up; thorough cleaning
大色散度 high dispersion
大沙暴 sand storm
大沙漠 nefud
大沙洲 barrier island;grand banks
大傻瓜政策 greater fool policy
大筛 shaker screen
大筛孔的 wide-meshed
大筛眼 large-mesh
大山 mountain
大山洞 cavern
大山石 oyanalite
大商场 emporium
大商船 argosy
大射程 high range
大赦 general pardon
大身圆形针织机 circular string bor-

der machine
大深度饱和潜水 saturation deep diving
大深度潜水 deep diving;great depth diving;hyperbaric diving
大深度潜水服 great depth diving suit
大深度潜水实验 great depth diving experiment
大深度潜水事故 great depth diving accident
大深度潜水事故处理 great depth diving accident management; great depth diving accident treatment
大深度潜水作业 great depth dive work
大深度自由潜水 deep free diving
大升程 high lift
大升程板坯初轧机 high lift slabbing mill
大升程初轧机 high lift blooming mill
大生产 big-production
大生产率压力机 high production press
大生长期 grand period of growth
大生(态环)境 macrohabitat
大生态区 biome
大绳接结 carrick bend
大绳索 rag line
大石板 queens
大石板瓦 < 16 英寸 ×26 英寸 > empress slate
大石纪念碑 megalithic monument
大石块 rock block;derrick stone;killick [killock]; padding; ratchel; pitching stone <美>
大石块基层 Tolford base
大石块基层道路 Telford road
大石块基础 Telford base
大石块上钻的炮眼 block hole
大石器时代 Megalithic Age
大石台 <史前时代的> cromlech
大石炭纪 <即石炭二叠纪>【地】Anthracolithic period
大石炭系 <即石炭二叠系>【地】Anthracolithic system
大石子 plum
大食车 <耗油量大> gas guzzler
大食堂 frater house
大食物橱 armoire
大食物柜 armoire
大使馆 embassy
大使馆办事处 chancellery
大使馆的全体工作人员 chancellery
大使馆邸 ambassador's residence; chancellery
大世界 macrocosm
大市区 conurbation
大式【建】wooden frame with Dougong
大事故 major accident; major breakdown; major disaster; serious accident
大事记 memorabilia; record of events Chronicle
大视角镜头 wide-angle lens
大视界 high coverage
大视野 high coverage
大视野广角目镜 wide field-of-view eyepiece
大手锤 forehammer
大受欢迎的 booming
大舒缓穹隆【地】swell
大输出 large output
大输出转矩的摩擦积分器 ball, disk and cylinder integrator
大暑 Great Heat
大鼠洞径 size of bigger rat hole
大鼠洞深 depth of bigger rat hole
大鼠洞斜 inclination of bigger rat hole
大树节 large knot
大树移植 big tree transplanting
大树脂囊 large pitch pocket
大竖井 pozo; shaft excavation
大数 great number; large number; googol【数】; balloon <分期付款最后一笔>
大数定律【数】law of great numbers; law of large numbers
大数惰性 inertia of large numbers
大数假说 large number hypothesis
大数据组 large data-set
大数逻辑 majority logic
大衰减电缆 high attenuation cable
大霜 black frost
大水 high water; inundation
大水滴喷头 deluge sprinkler
大水罐 pitcher
大水晶 rock crystal
大水量 big yield
大水铝石 gibbsite
大水漫灌 wild-flooding irrigation
大水漫灌法 wild-flooding method
大水瓶 water pitcher
大水体 large bodies of water
大水岩溶矿床 mineral deposit of karst flooding
大水灾 deluge; disastrous flood; flood catastrophe
大司空村类型陶器 Dasikong Cun type pottery
大四开图纸 < 17 英寸 × 28 英寸 > double cap; extra-size folio; foolscap-and-half; packet folio; small double cap
大四轮车 berlin(e)
大寺院 abbey
大肆宣扬 ballyhoo
大苏打 hypo(soda); hyposulfite of soda; sodium hyposulfite; sodium hyposulphite; sodium thiosulfate
大苏打浴槽 hypo bath
大蒜 Allium sativum; garlic
大碎石沥青混合料 large stone asphalt mixture
大索 <一般周长在 6 英寸以上> hawser
大塌方 earth fall; earth slide; earth slip; landslide; landslip
大塌落度混凝土 quaking concrete
大踏步 straddle
大台 chief steward
大台服务员 cheek steward
大太阳椭圆半日分潮 larger solar elliptic(al) semidiurnal constituent
大太阴出差半日分潮 larger lunar evectional semidiurnal constituent
大太阴椭圆半日分潮 larger lunar elliptic(al) semidiurnal constituent
大太阴椭圆日分潮 larger lunar elliptic(al) diurnal constituent
大坍方 ground avalanche
大坍落度混凝土 high slump concrete; plastic concrete
大弹性变形 large elastic deformation
大特写镜头 extreme close-up
大藤椅 cane easy chair
大体的 sketchy
大体的扩建 general extension
大体方案 ground plan
大体积 bulk mass
大体积岸壁 massive quay wall
大体积包装机 bulk palletizer
大体积爆破 mass shooting
大体积冰团 ice-mass
大体积挡土墙 mass retaining wall
大体积的 large volume
大体积断面 massive section
大体积刚性结构 massive and rigid structure
大体积隔热密封养护 mass curing
大体积混凝土 bulk concrete; concrete-in-mass; mass(ive) concrete
大体积混凝土岸壁 mass concrete quaywall; mass concrete wall
大体积混凝土坝 mass(ive) concrete dam
大体积混凝土薄层施工 low-lift construction for bulk concrete; low-lift construction for mass concrete
大体积混凝土底板 <干船坞的> mass concrete invert
大体积混凝土墩 mass concrete pier
大体积混凝土防堵剂 anti-damping agent of concrete mass
大体积混凝土构筑物 concrete-in-mass structure
大体积混凝土灌注层厚度 layer thickness of mass concrete
大体积混凝土基础 mass concrete foundation
大体积混凝土建筑 mass concrete structure
大体积混凝土建筑物 bulk concrete structure
大体积混凝土浇注 mass concrete pour
大体积混凝土浇筑 mass concreting
大体积混凝土结构 bulk concrete structure; mass(ive) concrete structure
大体积混凝土块体 large volume concrete block; mass concrete block
大体积混凝土内部振捣器 petrol concrete vibrator for mass work
大体积混凝土内的热量升高 heat rise in mass concrete
大体积混凝土墙 mass concrete wall
大体积混凝土桥台 mass concrete abutment
大体积混凝土水化热 heat rise in mass concrete
大体积混凝土体积收缩 contraction of mass concrete
大体积混凝土振动法 quaking concrete
大体积混凝土支座 mass concrete abutment
大体积活荷载体系 bulk-active load bearing system
大体积货物 bulkload
大体积基础 mass foundation
大体积浇筑层 massive layer
大体积结构 mass(ive) structure
大体积开挖 bulk excavation; mass excavation
大体积垃圾 bulky waste
大体积样品 bulk sample
大体上 by and large; generally; in general; roughly
大体上看来 taking one with another
大体重 volume weight by large-size sample
大田试验 field experiment
大田栽植 field production
大田作物 field crop
大铁锤 marcus; sledge hammer; striker; aboutsledge <铁工用>
大铁钉 spike; garron <一端为平头,另一端呈玫瑰状>
大铁钳 grampus
大厅 chapterhall; grand hall; hall; lobby; salo(o)n; state apartment; state room; salle <法庭的>
大厅地毯 hall carpet
大厅供暖 hall heating
大厅或大凉台 <印度教寺院的> mandapa
大厅家具 hall furniture; parament
大厅空气调节 hall air conditioning
大厅内部分抬高的地面 haut-pass
大厅内楼座 minstrel gallery
大厅式教堂 hall-type church; Hallen Kirche
大厅通风 hall-ventilation
大厅衣帽架 hall stand; hall tree
大厅衣帽间 hall tree
大厅钟 hall clock
大厅装饰品 parament
大艇 long-boat
大通道地球站 major path satellite earth station
大通道卫星地面站 major path satellite earth station
大通孔四爪单动卡盘 four-jaw large hole chuck
大通式单辊行星轧机 Daido's planetary mill
大通银行 Chase National Bank
大铜坯加热高炉 heating furnace for blooms
大统一理论【物】grand unified theory
大桶 beck; keeve; tun; vat; kilderkin <颗粒状物容积单位>; kier <漂煮布料用>; puncheon <容量单位,容量 70 ~ 120 加仑>; hogshead <容量为 63 ~ 140 美制加仑的,美制 63 加仑,英制 52.5 加仑>
大桶子木 large pole
大头 butt
大头 T 形管 bull head
大头坝 bulkhead dam; buttressed dam; massive buttress dam; massive-head dam; mushroom-head buttress dam; round-head(ed) (type) buttressed dam; solid-head buttress dam
大头棒 bludgeon
大头撑墙坝 diamond-head buttress (ed) dam
大头承口 <大小头> large end bell
大头锤 coppering hammer
大头钉 clout(nail); door nail; hobnail; large flat head nail; large-headed nail; lead nail; scupper nail; stud (pin)
大头端 stub end
大头墩 postflare
大头杆 upset rod
大头肋墩坝 round-head buttress
大头螺钉 stud
大头螺栓 hammerhead bolt; lewis bolt; rag bolt; stud bolt; T-head bolt
大头木桩 butt end wooden pile
大头三通 bull-head(ed) tee
大头式支墩 massive-head buttress
大头鱼 big-head carp
大头圆柱桩 belled-out cylindric(al) pile
大头针 pin
大头针孔 pin-hole
大头支墩坝 mushroomed head buttress dam
大头直接浇铸巴比合金的连杆 direct-babbitted connecting rod
大头轴承 big-end bearer
大头柱 postflare
大头柱顶 flared column head
大头桩 belled-out pile; bulk pile; enlarged toe pile; express pile; pedestal pile
大图板 trestle board
大图像投射器 eidophor
大图像投射系统 eidophor projector system
大土块 large clod
大土类 main soil type
大团聚体 macroaggregate
大团粒 buckshot aggregate
大推力面 major thrust face

大推力凿岩机 high thrust drill
大腿 dewick leg
大腿骨 femur
大托架轴瓦衬 big bracket bush
大托盘 master-pallet
大拖板 saddle
大拖车 tugmaster
大拖网 sweep net
大拖网渔船 bull trawler
大椭圆弧 great elliptic(al)arc
大挖方 heavy excavation
大瓦板 shingle
大瓦板屋面 shingle roof
大瓦背衬板 shingle backer
大瓦钉 shingle nail
大瓦木材 shingle wood
大瓦条 common rafter
大瓦涂料 shingle stain
大瓦屋脊铺饰法 shingle ridge finish
大弯度 heavy camber;long bend
大弯度河 meandering river
大弯度河曲 larger curved meander
大弯度曲流 larger curved meander
大弯曲半径弯管 long radius elbow
大湾 bight
大碗 big bowl
大网格 macrolattice
大网络树脂 macroreticular type resin
大网眼 large-mesh
大网眼窗纱 cable net
大网眼粗窗帘布 mission net
大网眼的 large-mesh
大网眼过滤器 coarse filter
大网状高分子吸附剂 macroreticular polymeric adsorbent
大围谷 amphitheater[amphitheatre]
大围墙 enclosure wall;inclosure wall
大围网 seine net
大桅拉索 main stay
大桅牵条 main stay
大卫顿-佛拉歇-鲍威变尺度法 Davidon-Flecher-Powell variable metric method
大卫泰勒船舶研究与发展中心 <美> David Taylor Naval Ship Research and Development Center
大卫王之星 <犹太教的六芒星形标志> Mogen David;star of David
大位移矩阵 large-displacement matrix
大位移全息照相术 large-displacement holography
大纹理 megatexture
大蚊子 daddy-longlegs
大吻 <古代建筑屋脊上的> ridge-end ornament(dragon head)
大屋顶 imperial roof; overhanging roof; traditional Chinese curved roof
大屋顶窗 link dormer
大屋檐 crown cornice
大五金 rough hardware
大物 hunk
大雾 dense fog;heavy fog
大雾警报装置 fog alert system
大西洋 the Atlantic Ocean;the Great Lake
大西洋班轮 Atlantic liner
大西洋彼岸的 transatlantic
大西洋彼岸港口 transatlantic port
大西洋标准时间 Atlantic Standard Time
大西洋地区 Atlantic Ocean region
大西洋东岸标准时间 Atlantic Standard Time
大西洋国际地球物理年计划 Atlantic international geophysical year program(me)
大西洋海岭地震构造带 Atlantic ridge seismotectonic zone
大西洋海流 Atlantic current
大西洋航路 Atlantic route
大西洋航线 Atlantic line
大西洋航线快速定期船 Atlantic greyhound
大西洋花柏 Atlantic white cedar; southern white cedar
大西洋环流 Atlantic ocean circulation
大西洋黄连木 atlas pistacia
大西洋极锋 Atlantic arctic front; Atlantic polar front
大西洋箭石地理 boreal-Atlantic belemnite region
大西洋破裂带 Atlantic fracture zone
大西洋期 Atlantic epoch
大西洋区 Atlantic province
大西洋沙丁鱼 Atlantic sardine
大西洋商船报告系统 Atlantic Merchant Vessel Report System
大西洋深水层 Atlantic deep water
大西洋时间 Atlantic Standard Time; Atlantic time
大西洋型大陆边缘 Atlantic type continental margin
大西洋型地槽 Atlantic type geosynclines
大西洋型海岸 Atlantic type coast
大西洋型海岸线 Atlantic type coastline;coastline of Atlantic type
大西洋雪松 Atlantic cedar; Atlas cedar
大西洋鳕 cod
大西洋岩群【地】Atlantic suite
大西洋岩套 Atlantic suite
大西洋岩系 Atlantic series
大西洋岩组 Atlantic suite
大西洋沿岸地区 Atlantic coast area
大西洋沿岸各港 Atlantic ports
大西洋沿岸水道 Atlantic Intracoastal Waterway
大西洋遥测跟踪船 Atlantic tracking ship
大西洋-印度洋海盆 Atlantic Indian basin
大西洋植物地理区系 Atlantic floral realm
大西洋中脊 mid-Atlantic ridge
大西洋中央海岭 mid-Atlantic ridge
大西洋自由贸易区 Atlantic Free Trade Area
大桸桯 giant redwood
大溪文化陶器 Daxi culture pottery
大洗涤机 leviathan washer
大系统 large system; macrosystem; mega-system
大系统结构理论 structural theory for large-scale systems
大系统理论 large-scale system theory;theory for large-scale systems
大系统稳定性理论 stability theory for large-scale systems
大隙火花室 large gap spark chamber
大峡谷 grand Canyon
大峡谷统【地】grand canyon series
大夏时钟 building clock
大厦 building;edifice;large building; mansion(house);palace
大纤丝 macrofibril
大线 jug line
大线性组 large linear system
大限 major limit
大相【地】macrofacies;megafacies
大相对孔径物镜 lens of wide aperture;rapid lens;speed lens
大镶嵌 macroinsertion
大向斜 geosyncline
大向斜山脉【地】geosyncline chain
大向斜轴 geosynclinal axis
大项 maxterm
大项目 broad heading;large project
大象幅摄影 large format photography
大象路标 <国外一种提醒驾驶员勿忘用安全带的标志> elephant road sign
大像幅摄影 large format photography
大像幅摄影机 large format camera
大消费者 macroconsumer
大销 king pin
大销钉 bull pin
大小 dimension;magnitude;size
大小便 evacuate
大小便器 urinal water closet; W. C. and urinal
大小辨别 size discrimination
大小波浪混杂的海 mixed sea
大小不同方石随机砌层 random course
大小不同方石随机砌体 random ashlar
大小不相容色谱法 size exclusion chromatography
大小尺寸 size dimension
大小齿轮传动 gear and pinion drive
大小的安全性 sureness of proportions
大小的稳妥性 sureness of proportions
大小等级型 order of magnitude
大小断层交错 cross fault
大小分布 distribution of sizes; size distribution
大小估计 sizing
大小级 size class
大小颗粒分布曲线 gradation curve; grain-size distribution curve
大小颗粒混合物 aggregate mix(ture)
大小可调聚集 adjustable-size aggregate
大小控制 size control
大小连接环 step-up ring
大小梁连接 girder and beam connection
大小梁组合体系 combined system of girder and beam
大小区分率 <筛分后的> percent size
大小头 concentric(al)reducing;pipe reducer;reducer and increaser;reducing coupling
大小头承插管 reducing socket
大小头承插管接头 reducing pipe joint
大小头短节 swage nipple
大小头管 taper pipe
大小头管段 transition pipe
大小头连接管 increaser
大小头拼合 top-and-butt joint
大小头三通 bull-head(ed)tee;reducing tee[T]
大小头弯管 reducing elbow
大小头砖 angle brick;radial brick;radius brick;tapered brick
大小相当 sizable
大小因数 size factor
大小硬币分选器 coin-assorter
大小直径铣刀 large and small-diameter cutter
大小组成 size composition
大写金额 amount in words; sum in words
大写体 uppercase
大写斜体字 Italic capital
大写字体 uppercase type
大芯骨架 crab
大芯径大数值孔径光纤 large core and large numerical aperture fiber
大芯径光纤 large core fiber[fibre]
大信号 large signal
大信号电导 large-signal conductance
大信号电流增益 large-signal current gain
大信号分析(法)large-signal analysis
大信号性能 large-signal performance
大信号阻塞 strong signal blocking
大兴水利 large-scale building of water conservancy projects
大行李袋 sea bag
大行星 giant planet;major planet
大形变理论 large deformation theory
大形书写 macrography
大型 large size;macrotype
大型 X 光诊断机 large-type diagnostic X-ray machine
大型安装扳手 construction wrench
大型板材 large panel
大型板材建筑 building of large slabs
大型板材建筑物 large panel structure
大型板材模板 large panel form(work)
大型板条交替施工 alternate lane construction
大型保暖容器 marmite can
大型壁面板 wall panel
大型变形法 large deformation method
大型变形分析 large deformation analysis
大型材 heavy section
大型材料 <混凝土模壳的> fit-up
大型仓库 <英> pantechnicon
大型槽钢 channel(steel)beam
大型侧门 overside door
大型侧卸装岩机 heavy-duty side-dumping rock loader
大型测径规 giant bow compass
大型长臂挖掘机 large-sized long arm
大型长梢捆 saucisse;saucisson
大型超级市场 hypermarket
大型车辆 over-size vehicle
大型沉箱 large caisson
大型成组托架 lift unit frame
大型承包工程 large contract
大型程序 large program(me)
大型尺寸 jumbo size
大型齿轮加工机床 large gear cutting machine
大型充气轮胎 over-size pneumatic tyre[tire]
大型冲洗池 bulk processing tank
大型出租车 maxi-cab
大型出租汽车 taxi coach
大型厨房 catering;major kitchen
大型储仓 large bin
大型船尾斜吊桥 jumbo stern ramp
大型导航浮标 large navigation(al) buoy
大型岛屿河口 estuary with large-scale island
大型道具室 scenes room;sets room
大型的 big-scale; king-sized; large-size(d);major sized;large scale
大型的金属模子 bull metal mould
大型的数字计算系统 large-scale digital computing system
大型灯头 goliath cap;mogul cap
大型灯座 mogul base; mogul lampholder
大型低速电机 large low-speed machine
大型底栖生物 macrobenthos
大型地表水工程 large surface water project
大型地貌 large-scale landform
大型地下水工程 large groundwater project
大型地下水供水 large groundwater supply
大型电动机 high-capacity motor
大型电解槽 large-scale electrolytic cell;production-scale cell
大型电缆 large-sized cable
大型电脑 giant brain
大型电子管底座 mogul base

大型电子计算机 giant brain
大型电子显示器 large electronic display
大型垫圈 donut
大型调车场 large-scale yard
大型钉齿耙 heavy-duty spike tooth harrow
大型斗技场 bull-fighting arena
大型独立生产平台 large self-contained production platform
大型锻件 heavy forging
大型锻模仿型铣床 large-sized die-sinker
大型对辊破碎机 giant rolls
大型多丝锚头 HAIM anchorage
大型多(钻)头钻机 drill jumbo
大型颚式轧碎机 large primary jaw crusher
大型发电厂 big-power station
大型发电机 heavy-duty generator; high-rating generator
大型发电机转子插铣床 large-sized generator rotor slotting machine
大型发电站 super-power plant
大型反光镜 large optic(al)reflector
大型反射炉 large-size reverberatory furnace
大型方程组 large system of equations
大型防空掩蔽所 large-capacity air raid shelter
大型房屋 <斐济群岛的> bure
大型仿古制品 artifact
大型飞船 air dreadnought
大型废水处理厂 large wastewater treatment plant
大型分时系统 large-scale time sharing system
大型服务车 heavy service car
大型浮游动物 macroplankton
大型浮游动物群落 macrozooplankton community
大型浮游生物 macroplankton; pleuston megalo-plankton
大型辅助炮舰 sloop
大型感应电机 large induction motor
大型钢材 large shape
大型钢筋混凝土浮坞 cruiser dock
大型钢销钉 bull pin
大型港口 big-scale harbo(u)r; big-scale port; large-scale harbo(u)r; large-scale port
大型高级轿车 limousine
大型高级液压振动台 large-sized high frequency hydraulic vibration table
大型高速电机 large high speed machine
大型格板结构 large panel construction
大型格栅 heavy joist
大型工厂 capital plant; integrated mill
大型工程 big-scale work; heavy construction; huge project; large-scale works; major engineering works; major project
大型(工程)计划 major project
大型工程建设 large engineering project
大型工程项目 big-scale project; big-scale work; large-scale project; massive construction project
大型工地 large job
大型工具 capital equipment
大型工具制造工用显微镜 large toolmaker's microscope
大型工业 major industry
大型工业城镇 mega(lo)polis
大型工业区 large-scale industrial district
大型公共建筑 large-scale public building
大型公共汽车 large-bus
大型共享数据的关系模型 relational model of data for large shared data
大型构件组成的楼板 floor composed of large units
大型构造 macroscopic structure; macrostructure; megatectonics
大型构造尺度 macroscopic scale
大型关联处理机 large associative processor
大型观测浮标 monster buoy
大型管底 goliath base
大型管座 goliath base
大型罐车 large tank wagon
大型规划 large-scale planning; large-scale programming; large-scale project
大型滚轮钻头 <井筒钻进用> spiked roller
大型锅炉 high-capacity boiler
大型海驳 mammoth ocean barge
大型航空器 air dreadnought
大型号 large format
大型合同 macrocontract
大型滑车 bull block
大型滑坡 large landslide
大型化工厂 large chemical plant
大型化工联合企业 large chemical complex
大型化石 megafossil
大型化学公司 major chemical company
大型混汞板 apron plate
大型混凝土建筑现场 big concrete site
大型混凝土块(体) huge concrete block; large concrete block; mass concrete block
大型混凝土砌块 huge concrete block; large concrete block; mass concrete block
大型混凝土砌块墙体 mass concrete-block wall
大型混凝土生产设备 <混凝土生产厂内的> automatic batch(er)plant
大型混凝土施工现场 big concrete site
大型火箭 large rocket
大型货车 high-capacity wagon; large-capacity wagon
大型货车转向架 heavy-duty truck
大型货盘 loading scow; tray
大型货运(飞)机 cargo liner
大型货运集装箱 van container
大型货主 high-capacity wagon
大型机 main frame
大型机车的经济性 economy of large locomotives
大型机械 heavy-duty
大型机组 utility type unit
大型集装箱 van freight container
大型计算机 giant brain; large-scale computer; maxicomputer
大型夹具 bull choker
大型建设项目 big construction items
大型建筑的百叶窗 shutter for large buildings
大型建筑工程计划 major construction project
大型建筑基础工程地质条件评价 engineering geologic(al) condition evaluation for large-scale building foundation
大型建筑物 construction of magnitude; edifice; huge building; large-scale building
大型建筑砖 hourdis
大型交换 gross-austausch
大型交流三相同步电动机 large alternate current three-phase synchronous motor
大型浇包 bull ladle
大型浇池 sow
大型搅拌机 large mixer
大型轿车 salo(o)n car
大型结构试验室 large structure testing laboratory
大型结构物 large structure; macrostructure
大型精密螺纹环塞规 large-size precision thread ring and plug ga(u)ge
大型井群干扰抽水 interfering pumping from large-scale well groups
大型镜架 heavy-duty mirror bracket
大型居民点 large housing estate
大型锯机 sawmill
大型聚光灯 tener
大型菌体 large bodies
大型开沟机 bull ditcher
大型靠船墩 breasting island
大型客车 carryall; coach; large saloon; motor bus
大型客车队 bus fleet
大型客机 airbus; Big Bertha
大型客厅 sala
大型空间望远镜 large space telescope
大型空气清洁器 heavy-duty air cleaner
大型空气压缩机 large air compressor
大型块石 large rubble
大型快船 cruiser
大型快速切削盘 large fly-cutting disc
大型矿床 large-size ore deposit
大型矿山 large-tonnage mine
大型垃圾 big rubbish; bulk refuse; giant garbage
大型拉紧装置 tensioner of large type
大型缆耳 kennet
大型冷柜 reach-in refrigerator
大型冷库 reach-in refrigerator
大型犁 giant plough
大型立式铣床 extension boring and turning mill
大型立窑 high-duty shaft kiln
大型连续自焙阳极电解槽 large Soderberg cell
大型量规 heavy ga(u)ge
大型临时设施 large-scale temporary facility
大型零部件 large parts
大型楼板 floor panel; one room size floor slab
大型露天矿 glory hole
大型露天矿系统 glory-hole system
大型路面抹面机 large finisher
大型路面平整机 large road finisher
大型路面铺设整修机 large laying and finished machine
大型路面整修机 large road finisher
大型旅馆 hotel
大型履带拖拉机 traxcavator
大型履带载重卡车 giant caterpillar truck
大型履带凿岩机 quarrymaster
大型轮廓投影仪 large contour projector
大型螺旋挖坑机 posthole digger
大型毛石 large rubble
大型毛石填料 large rubble fill
大型铆机 bull riveter
大型民用焚化炉 large domestic incinerator
大型模板 large formwork; large-scale form; large-scale shuttering
大型模具 large mo(u)ld
大型模拟波浪水池 large analog(ue) wave tank
大型模型 large-scale model
大型抹子 bull float
大型木结构 heavy timber construction
大型目标营救系统 large object salvage system
大型能量设备 bulk energy facility
大型能量数字控制车床 large-capacity number control turning machine
大型泥石流 macrosolifluction
大型农村厅堂或场地 <印度集会用> cho(u)ltry
大型刨 shooting plane
大型刨床 large-size planer
大型泡沫灭火机 mobile froth apparatus
大型配套发电厂 full-blown power plant
大型喷灯 flame gun
大型喷灌装置 giant rainer
大型喷气机 jumbo jet
大型喷气式班机 jumbo air liner
大型喷气式客机 jumbo air liner
大型喷洒器 big run sprinkler
大型喷射泵 bulk injection pump
大型漂浮器 <系在船上借以渡过浅水的> saucer
大型频闪观测器 strobolux
大型平板驳船 barge carrier
大型平板车 giant flat truck; large-capacity flat car
大型平板挂车 large platform trailer
大型平底船 gondola; scow
大型平底船型挖泥船 large grab pontoon dredge(r)
大型平地机 bullgrader; land planer
大型平面铣床 slab miller
大型平土机(械) bullgrader
大型屏幕录像投影机 large screen video projector
大型破碎机 rig-mounted breaker
大型剖面 heavy section
大型企业 large-scale enterprise
大型起锚滑车 <船舶> cat block
大型起重机 <可移动的> goliath (crane); heavy lift
大型气体发动机 large gas engine
大型汽车 over-size vehicle
大型汽缸盖螺栓 tower bolt
大型汽轮发电机组 large steam turbine-generator
大型砌块 huge block; large-block; masonry panel; monolithic block
大型砌块部件 large-block unit
大型砌块防波堤 blockwork breakwater
大型砌块构造 block construction; large-blocked structure
大型砌块建筑(物) block construction; building of large blocks
大型砌块结构 block construction; large-blocked structure
大型砌块施工 building of large blocks; building of large tiles
大型砌块施工法 block construction method
大型砌块圬工 large-block masonry
大型墙板 large panel wall; large wall panel
大型墙板构造 large wall panel construction
大型墙板施工(法) large panel construction
大型侵入体穹隆内外接触带 inner and outer contact of large intrusion dome
大型缺口圆盘耙 heavy-duty cutaway disc harrow
大型热阴极二极管 kenotron
大型人工气候室 climatron
大型熔岩地貌 lava landforms of large extent

大型三角洲组合 large delta association
大型晒片机 bulk printer
大型闪烁 atmospheric shimmer;optic(al)haze;terrestrial scintillation
大型烧结机 large-type sinterer
大型设备 capital equipment;jumbo;large plant;large-scale equipment
大型设备机械化 mechanization with large equipment
大型设备资料 personnel equipment data
大型设施 large-scale facility
大型社会技术系统 large-scale sociotechnical system
大型生物 macroorganism
大型生物区系 macrobiota
大型绳索伸长器 heavy-duty stretcher
大型石油(联合)公司 integrated oil company
大型石质建筑物 < 码头防波堤 > giant mole
大型实验 large-scale experiment
大型实验厂 large-scale pilot plant
大型试验 large-scale experiment;large-scale test;large-scale trial
大型枢纽港 superhub port
大型数据库 data warehouse
大型数控电火花机床 large numerical control EDM[electric discharge machining] machine
大型数控电火花线切割机床 large numerical control wire-cut EDM machine
大型数字化转换器 large-scale digitizer
大型数字化转换仪 large-scale digitizer
大型数字计算机 large-scale digital computer
大型水库 large reservoir
大型水利工程 large hydraulic project;megahydroproject
大型水源地 large-scale water source
大型水族馆 oceanarium
大型塑料袋 heavy-duty plastic bag
大型塑料袋机 heavy-duty plastic sack machine
大型特征 large-scale feature
大型天平 heavy-duty balance
大型天文卫星 large astronomical satellite
大型铁路货车 < 常指车厢底部中央备有低陷地方或孔口,以便容纳特大货件 > well car
大型通行河流 large navigable river
大型通行运河 large navigable canal
大型通用计算机 large-general-purpose computer
大型筒仓 large silo
大型投影仪 large projector
大型突水 large-scale of bursting water
大型土工试验 large-scale soil test
大型土样试块 soil monolith
大型推土机 earth mover;large-type dozer
大型拖拉机 big tractor;large-type tractor;tread tractor
大型拖轮 large tug
大型拖网 < 双船拖曳的 > purse seine
大型挖沟机 bull ditcher
大型挖掘机 large-scale excavator;large-type excavator;mass excavator
大型挖土机 earth mover
大型弯钢板机 bench brake
大型万能机械手 O-man;overhead manipulator
大型围网 purse seiner
大型问题 large-scale problem
大型卧式金相显微镜 large-type horizontal metallurgical microscope
大型屋面板 large(panel)roof slab;precast ribbed roof slab
大型无底栖无脊椎动物 benthic macroinvertebrate
大型无脊椎动物 macroinvertebrate
大型无脊椎动物种群 macroinvertebrate population
大型洗面器 lauer
大型洗衣机 leviathan
大型系缆墩 kennet
大型线状构造 large linear structure
大型项目 big-scale project;large-scale project;umbrella project
大型小方石路面 large sett paving
大型斜嘴偏口钳 heavy-duty diagonal cutting nippers
大型型钢 heavy section steel
大型型钢轧机 heavy section mill
大型旋转式隧道挖掘机 rotary excavator
大型压力容器 large pressurized vessel
大型研究用显微镜 large research microscope
大型野外荷载试验 large-scale field loading test
大型野外试验 large-scale field test
大型曳航式远程旁测声呐测量 GLORIA survey
大型一级颚式破碎机 large primary jaw crusher
大型移位式湿饲料搅碎机 large mobile wet masher
大型乙炔发生器 heavy-duty acetylene generator
大型印像机 bulk printer
大型油船 super-tanker;king-size tanker < 3 万 ~ 4 万吨以上 >;mammoth tanker < 4 万 ~ 5 万吨以上 >
大型油缸 mill-type cylinder
大型油轮 king-size tanker;large tanker;mammoth tanker
大型游览车 large tourist car
大型游艇 barge
大型雨量计 Bradford ga(u)ge
大型浴用热水器 bath water heater;large water heater
大型预制板建筑 large panel construction;panelized construction
大型预制板施工 large panel construction
大型预制混凝土板 large cast concrete panel
大型预制件装配式建筑法 industrialized building
大型预制模板 flying form
大型圆盘耙 heavy-duty disc harrow
大型运牛车 road train
大型运输滑翔机 air hawser
大型运输机 large transport airplane;sky truck
大型载泊船 jumbo barge carrier
大型载客汽车 carryall
大型载人潜水器 large manned submersible
大型载重汽车 road train
大型凿岩机 large-type drill;muckle
大型藻类 macroalgae
大型轧钢厂 heavy steel rolling mill;heavy steel rolling plant
大型轧(钢)轧机 heavy merchant mill
大型照相显微镜 large-sized photographic microscope
大型折刀 jackknife
大型折叠木晾衣架 large-size folding wood drier[dryer]
大型折叠式集装箱 large-size collapsible container;large-size folding container
大型褶曲【地】macrofold
大型褶皱 macroscopic fold
大型真菌 macrofungi
大型真空电容器 coconut capacitor
大型振动台 large-scale shaking table
大型蒸发皿 evaporation tank
大型蒸发器 evaporation basin;evaporation tank
大型蒸汽机车 < 俚语 > hog
大型直剪试验 directed shear test with large shear box
大型直锯 log frame saw
大型直升飞机起重机 sky crane
大型植物重建 macrophyte re-establishment
大型植物区系 macroflora
大型植物(群落)macrophyte
大型制品 massive article
大型中心 large center[centre]
大型种类 macrospecies
大型助航浮标 large navigation(al) buoy
大型柱顶 bull capital
大型铸件 heavy(section)casting
大型铸造 massive casting
大型砖 high format(clay)brick;jumbo brick;large-size brick;over-size brick
大型砖结构 jumbo brick structure
大型砖块 large brickwork
大型砖块施工 building of large tiles
大型转炉 mammoth converter
大型装料斗 grand hopper
大型装载机 large-duty loader
大型资本财产 heavy capital goods
大型字体 block letter
大型自动导航浮标 large automatic navigation(al)buoy
大型自动计算机 giant robot brain
大型自动主潜水器 large autonomous submersible
大型组构 macrofabric
大型组装模板 ganged form
大型钻机 large-type drill;muckle
大型钻头 large-size drill
大熊猫 giant panda
大熊(星)座 Ursa Major
大熊座的七颗主星 Big Dipper;Great Dipper
大休息室 lounge
大修 complete overhaul;general repair;generating overhaul;gross repair;heavy repair;major overhaul;major rehabilitation;major service;master overhaul;overhaul;permanent repair;renewal;special overhaul;standard periodic inspection;thorough repair;through overhaul;through repair;top overhaul;turnover job;big repair;rebuild < 汽车等 >
大修厂 backshop;system shop
大修场 reconstruction park
大修车间 backshop
大修定额 major repair standard
大修队 capital repair brigade
大修费用 cost of major repair;cost of overhaul;overhaul fees;major repair expenditures
大修更新改造费 major repair, renewal and reconstruction expenses
大修工厂 backshop
大修工程 heavy maintenance works
大修工程费 major maintenance cost
大修工艺过程 overhaul pipeline
大修工作 general repair work
大修和修理 overhaul and repair
大修恢复 major rehabilitation
大修基金 fund for major haul;heavy repairing funds;major repair fund;overhaul repair funds;reserve fund for major repairs
大修计划 major repair plan;plan of major repair
大修计划表 overhaul schedule
大修架修库 overhaul and un-wheeling repair shed
大修间隔期 overhaul life
大修间隔(时间)times between overhauls
大修间隔英里程 overhaul mil(e)age
大修检查 overhaul(ing)check;overhaul inspection
大修理 capital repair;general overhaul;maintenance overhaul;major repair;extensive repair
大修理费 overhaul charges
大修理基金 overhaul fund
大修理基金银行存款 bank deposit of major repair fund
大修理折旧 depreciation of major repair
大修理周期 overhaul life
大修炉龄 < 二次大修之间的 > furnace campaign
大修年度费用 annual cost of heavy repair
大修平均间隔时间 mean time between overhaul
大修期 time between overhauls
大修期间隔 period between overhauls
大修期限 overhaul life
大修手册 haul manual;heavy repair manual
大修说明书 overhaul inspection
大修台 overhaul stand
大修提成 maintenance depreciation
大修须知 handbook of overhaul instruction
大修业务 heavy repair service
大修折旧 maintenance depreciation;major repair depreciation
大修折旧费 major repair depreciation expenses
大修折旧基金 major repair depreciation fund
大修折旧率 major repair depreciation rate
大修支出 major repair expenditures
大修支出自主权 decision right of main repair cost
大修指导 overhaul instruction
大修周期 overhaul life
大修准备金 reserve fund for major repairs
大修总费用 total cost of heavy repair
大旋风 hurricane
大旋回 macrocycle
大旋流 maelstrom
大旋涡 maelstrom;gyre
大碹 cap;crown;main arch
大碹支撑 bracing of crown
大碹砖 crown brick
大学 university;campus < 美 >;college < 美 >
大学本科学生 undergraduate
大学毕业典礼 commencement
大学城 campus town;university campus;university city
大学词典 collegiate dictionary
大学二年级学生 < 美 > sophomore
大学副校长 vice chairman;vice-chancellor
大学副院长 subdean
大学哥特式建筑 collegiate Gothic
大学环境教育 environmental educa-

tion in college
大学教学医院 university teaching hospital
大学礼堂 aula
大学内的 intramural
大学旁听生 <美> auditor
大学区 university zone
大学入学考试 matriculation
大学水平的学识 higher learning
大学图书馆 university library
大学校长 warden
大学校刊 college journal
大学校园 campus; college grounds; university grounds
大学学报 college journal
大学研究班 seminar
大学研究员职位 fellowship
大学一年级学生 freshman
大学肄业学生 undergraduate
大学预科 college
大学助教 teaching assistant
大雪 heavy snow
大雪警报 advisory for heavy snow
大雪橇 bobsled
大循环 general circulation; greater circulation; major cycle; systemic circulation
大汛平均高水位 high water level of ordinary spring tide
大压下量 heavy reduction
大牙轮 main driving wheel
大芽山核桃 big-bud hickory; black hickory
大烟囱 big chimney; smokestack
大烟管 flue tube
大延迟时间事件表 macrotime event list
大岩洞 cavern
大岩桐 gloxinia
大眼井 <直径 10 英寸以上套管的> big hole
大宴会中较其他桌子高的餐桌 high table
大羊角 range cleat
大阳高度角 sun altitude
大洋 ocean
大洋暗礁 ocean reef
大洋板块 oceanic plate
大洋彼岸的 transoceanic
大洋边缘 oceanic margin
大洋边缘钻探计划 ocean marginal drilling project
大洋波动 oceanic wave
大洋波浪 oceanic wave; ocean wave
大洋层 oceanic layer
大洋潮汐 oceanic tide; pelagic (al) tide
大洋沉积 oceanic deposit
大洋磁异常 ocean magnetic anomaly
大洋带 oceanic zone
大洋岛 ocean island; pelagic (al) island
大洋底 oceanic bottom
大洋地槽 oceanic geosyncline
大洋地壳 oceanic crust
大洋调查 ocean survey (ing)
大洋定位 deep ocean location
大洋断裂带 oceanic fracture
大洋对流层 oceanic troposphere
大洋辐射性 radioactivity in the ocean
大洋沟 oceanic trench
大洋海岭地震构造带 oceanic ridge seismotectonic zone
大洋航线 shipping lane
大洋航行 transoceanic navigation
大洋化作用 oceanization
大洋环流 ocean (ic) circulation
大洋环流模式 model of ocean circulation
大洋脊 ocean ridge
大洋克拉通 thalassocraton
大洋拉斑玄武岩 oceanic tholeiite
大洋冷水圈 cold water sphere; oceanic stratosphere
大洋裂谷 oceanic riff
大洋裂谷系 oceanic rift system
大洋流 oceanic current
大洋隆起 oceanic rise
大洋那边的 transoceanic
大洋盆地 ocean basin (floor)
大洋平流层 anothermic; oceanic stratosphere
大洋气候 ocean climate
大洋浅滩 ocean bank
大洋区 oceanic province; pelagic (al) region; pelagic (al) zone
大洋区珊瑚礁 oceanic province coral reef
大洋三角洲 ocean delta
大洋深度 ocean depth
大洋深度图 bathymetric (al) chart of the oceans
大洋深海底 great oceanic basin
大洋声道 sound channel in the ocean
大洋水 ocean water
大洋水深图 ocean bathymetric (al) chart; ocean sounding chart
大洋水深总图 general bathymetric (al) chart of the oceans
大洋水域 oceanic waters
大洋台地 oceanic plateau
大洋滩 oceanic bank
大洋探测 deep ocean exploration
大洋图 oceanic chart
大洋湍流 oceanic turbulence
大洋温度 deep ocean temperature
大洋系泊 deep ocean mooring
大洋型玄武岩 oceanic basalt
大洋性鱼类 pelagic (al) fishes
大洋岩 oceanite
大洋岩石圈 oceanic lithoshpere
大洋沿海国 oceanic coastal states
大洋研究和开发浮动站 floating ocean research and development station
大洋涌浪 oceanic swell
大洋之间的 interoceanic
大洋中脊 mid-oceanic ridge; mid-oceanic rise
大洋中脊裂谷 mid-oceanic rift
大洋中脊喷出气 exhalation from oceanic ridge
大洋中隆 oceanic riff
大洋中央海岭 mid-oceanic ridge
大洋洲 Australasia; Oceani (c) a <澳洲大陆及太平洋诸岛的总称>; Oceanic Islands
大洋洲的 Australasian; Oceanian
大洋洲陶器 Oceanian pottery
大洋转换断层 oceanic transform fault
大样 bulk sample; detail; lofting; sectional detail
大样本 large sample
大样本研究 study on large sample
大样法 large-sample method
大样分布 large-sample distribution
大样品 large sample
大样设计 detailing
大样设计员 detailer
大样设计者 detailer
大样图 detail (ed) drawing; enlarged detail; shop drawing
大样图设计 detailing
大样图纸 detail paper
大样详图 special detail drawing
大窑 kiln
大窑滚圈滑动 tyre creep
大瑶山隧道 Dayaoshan tunnel
大冶灰岩【地】Tyeh limestone
大业务量地区 <通信[讯]> high traffic area
大叶桉 Cumbora eucalyptus; swamp mahogany
大叶的 grandifoliate
大叶椴 broad-leaved lime; large leaf linden
大叶枫 Oregon maple
大叶合欢树 siris tree
大叶黄杨 <扶芳树> evergreen evonymus
大叶帽柱木 abura
大叶品种 large-leaved variety
大叶槭 great maple
大叶桃花心木 aguano; baywood; bigleaf mahogany
大叶杨 Chinese white poplar
大叶榆【植】common elm; Manchurian elm
大叶藻 eel grass
大叶藻填褥 quilted eelgrass
大叶钻天杨 scented poplar
大页书写纸 <12 × 15 英寸 ~ 13.5 × 17 英寸> foolscap paper
大衣 overcoat; top coat
大衣橱 armoire
大衣柜 armoire
大移动 over-travel
大异型坯 bloom-blank; bloom-block
大邑窑 Dayi kilns
大意 general idea; general tenor
大意相同 to the same effect
大应变 macrostrain
大应变幅 large strain amplitude
大应变应变计 high elongation strain ga(u)ge
大应力 gaff
大英学会 British Academy
大樱桃 large cherry
大营帐 marquee
大涌 heavy swell
大用户 large-scale user
大邮裁 large post
大油田 large oil field
大油田勘探 elephant hunt
大有效区 high coverage
大于 1 马力的电动机 integral horsepower motor
大于符合 greater-than match
大于规定值的骨料颗粒 flat piece
大于或等于 greater than or equal to
大于零指示位 high-positive indicator
大于某粒径的百分数 percent coarser
大于某筛号的材料 plus No.x material
大于某一粒径的颗粒百分数 percent coarser
大余角正断层 lag fault
大鱼卵石 great oolite
大隅石 osumilite
大宇宙 macrocosm (os)
大羽毛 quill feather
大雨 deluge; hale-hale water; heavy rain; heavy rainfall; soaker
大雨帽 sou's wester; southwester
大雨棚上的招牌 marquee sign
大雨期 great pluvial
大雨倾盆 spill
大浴场 <古建筑中的> thermae
大浴池 plunge bath
大原木 big log
大圆 equator
大圆材 <胸径 8 ~ 12 英寸> large pole; high pole (wood); large log
大圆顶 imperial cupola
大圆顶点 vertex of great circle
大圆方位 great-circle bearing; great-circle direction; orthodromic bearing
大圆方向 great-circle direction
大圆方向角 great-circle bearing
大圆改正量 angle of conversion
大圆改正量列线图 abac
大圆钢坯 cylindric (al) bloom
大圆构造带 great-circle structure belt
大圆航法 orthodromy
大圆航法图 great-circle sailing chart
大圆航海术 great-circle sailing; orthodromy
大圆航迹 great-circle track
大圆航迹计算法 great-circle track sailing
大圆航路图 great-circle track chart
大圆航线 course line of great circle; great-circle sailing; orthodrome
大圆航线分段 great-circle section
大圆航线距离 airline distance; great-circle distance
大圆航线图 great-circle sailing chart; great-circle track chart
大圆航向 great-circle course
大圆航行的经度差 great-circle differential longitude
大圆航行分点经度 great-circle differential longitude
大圆航行分段 great-circle section
大圆弧 great-circle arc; orthodrome
大圆弧海图 great-circle chart
大圆弧航向 great-circle bearing
大圆弧航行 great-circle navigation
大圆弧线 great-circle line; orthodromic line
大圆环带 great-circle girdle
大圆校正 great-circle correction
大圆路径 great-circle path
大圆卵石 cobblestone
大圆木料 large pole
大圆盘 roller table
大圆盘撒布机 large spinning disk distributor
大圆球 perisphere
大圆圈 great circle
大圆圈线 course line of great circle; great-circle sailing; orthodrome
大圆筒码头结构 large cylinder wharf structure
大圆头钉 large round-headed nail
大圆头螺钉 truss-head screw
大圆头铆钉 truss-head rivet
大圆线 great-circle line; orthodrome
大圆形船尾 heavy counter
大圆形钢坯 round bloom
大圆柱头螺钉 large slotted fillister head screw
大圆锥齿轮 large conical gear
大圆锥齿轮螺栓 large conical gear bolt
大约 about; approximately; circa; generality
大约的 approximate; approximately
大约继续进行小时 resuming about hours
大约数字 rough figure
大约四分之一 aquarter
大约在施用后天 about days after application
大云杉 narrow scale dragon spruce
大运河 <中国> Grand Canal
大运量轨道交通 mass transit railway
大运量轨道交通运输系统 mass transit rail system
大运量交通系统 mass transit system
大运量客运系统 mass transit system
大运量快速交通系统 mass rapid transit railway
大运量快速运输 mass rapid transit
大运量快运铁路 mass rapid transit railway
大韵律 mega-rhythm
大杂烩 mingle-mangle
大杂院 megafamily
大灾害 catastrophe; major disaster

大灾难 catastrophe;major disaster
大载量快速客运交通 mass rapid transit
大载重量的 over-size
大载重量汽车 over-size vehicle;overweight vehicle
大凿 flogging chisel
大增减音器 grand swell
大渣或飞灰热损失 cinder loss
大札绞棉纱 cotton yarn in skein
大闸蟹 live freshwater crab
大站 <公共车辆的> major stop
大站电气集中联锁 relay interlocking for large station;siz(e)able electric interlocking
大站电气联锁 siz(e)able electric interlocking
大张仿制屋瓦 <背衬防水压缩木的> lacotile
大张绘图纸 atlas
大张金属箔 large area foils
大涨潮流 greater flood
大涨价 heavy advance
大帐幕 marquee;marquise
大帐篷 marquee;marquise;pavilion
大折扣 heavy discount
大褶曲 macrofold;major fold
大褶皱 major fold
大针状物 macrospicule
大阵雨 heavy(passing) shower
大振幅 large amplitude
大振幅波 high amplitude wave;large amplitude wave
大振幅非线性条件 large amplitude non-linear condition
大振幅弯曲振动 large amplitude flexural vibration
大振幅循环变形 large amplitude cyclic(al) deformation
大震 macroquake;macroseism;violent earthquake
大震级地震 large magnitude earthquake
大支重架 major bogey
大枝 <树的> limb;bough
大枝松 limber pine
大直径 full diameter;major diameter;heavy ga(u)ge <线材的>
大直径标准岩芯管 <美国 4~8 英寸> large-diameter design core barrel
大直径的 large-diameter
大直径钢管桩 steel cylinder pile
大直径管 big inch;trunk main;large-diameter pipe
大直径管线 big inch line
大直径管柱带减压平台 large diameter cylinders with relieving platform
大直径管桩 large-diameter cylinder
大直径管桩钻机 caisson drill
大直径光纤 large-diameter optic(al) fiber
大直径混凝土管桩 large-diameter concrete pile
大直径聚丁烯塑料管 large-diameter polybutylene plastic pipe
大直径聚丁烯塑料管件 large-diameter polybutylene plastic fittings
大直径扩底桩 large-diameter underreamed pile
大直径全断面牙轮钻头 full hole rock bit
大直径全断面钻头 full hole size bit
大直径全直桩 all vertical pile of large diameter
大直径试样 large-diameter sample
大直径双层管 large-diameter double tube
大直径探坑 large bore
大直径挖孔桩 caisson pile
大直径挖孔桩基础 well foundation
大直径弯曲的管子配件 sweep fittings
大直径现场灌注桩 large diameter bored pile
大直径岩芯 full diameter core
大直径预应力混凝土管桩 large-diameter prestressed concrete cylinder pile
大直径圆孔 large-diameter hole
大直径圆柱体 large-diameter cylinder
大直径振捣器 large-diameter vibrator
大直径支墩 large-diameter pier
大直径支柱 large-diameter pier
大直径直桩群 group of large-diameter vertical piles
大直径钻机 large-diameter drilling machine
大直径钻进 big hole drilling
大直径钻井设备 <钻矿井井筒的> trepanner
大直径钻孔 large-diameter(drill) hole
大直径钻孔法 auger mining
大直径钻孔灌注桩 large diameter piles in prebored holes
大直径钻孔机 large-diameter hole drilling machine
大直径钻孔桩 large-diameter bored pile;bored caisson;caisson pile
大直径钻孔桩基础 well foundation
大直径钻头 large-diameter bit
大直径钻头钻凿井眼 trepan-sunk shaft
大质量支撑原理 principle of massive support
大致成层的 semi-coursed
大致成分 approximation composition
大致的尺寸形状 approximate configuration
大致的区别 broad distinction
大致平衡 approximate equilibrium
大致水平成层的粗加工块石砌体墙 rubble coursed
大致致死量 approximate lethal dose
大中型港口 large and medium-sized harbo(u)r;large and medium-sized port
大中型建设项目 large and medium-sized projects
大中型直流电动机 large and medium direct current motor
大中修对策方案 alternative rehabilitation strategy
大中修方案比选 alternative rehabilitation strategy
大中修和改建 resurfacing, recycling, reconstruction and rehabilitation
大钟平衡杆 large bell beam
大钟寺 Great bell Temple
大众安全 public safety
大众参与 popular participation
大众的 vulgar
大众化的洗涤盆 popular sink unit
大众机械 <美期刊名> Popular Mechanics
大众教育 mass education
大众捷运系统 mass rapid transit
大众科学 <美期刊名> Popular Science
大众快速交通 mass rapid transit
大众陶瓷 popular ceramics
大众天文学 popular astronomy
大众性百货店 promotional department store
大周期 major cycle
大轴 macroaxis
大轴衬面 shaft sleeve
大轴对中 alignment of shafts
大轴套 large shaft sleeve
大轴找正 alignment of shafts
大皱褶【地】macrofold
大烛台型灯头 candelabra base
大主教戴的十字架 archiepiscopal cross
大主平面 major principal plane
大主厅 chapterhall
大主应变 major principal strain
大主应力 major principal stress
大主枝 scaffold limb
大柱头螺钉 pan head screw
大柱头螺旋 pan head screw
大铸勺 bulk ladle
大铸型 sow
大抓力埋入式海锚 high holding power drag embedment anchor
大抓力锚 high holding power anchor
大专学校的教师们 college faculties
大专院校住房 college housing
大砖 block
大转报中心站 major relay center [centre]
大转变 about-face
大转角动圈式电表 cirscal meter
大转矩低速电动机 high-torque and low-speed motor
大转矩回转钻机 high-torque rotary drill
大转矩交流电动机 high-torque alternate current motor
大转轮 bull wheel
大转盘【道】roundabout crossing;roundabout way;traffic circle;bull wheel
大转盘动臂起重机 bull wheel derrick
大转盘桅杆起重机 bull wheel derrick
大转弯 gentle bank;shallow turn
大转子 greater trochanter;trochanter major
大庄园 estancia;latifundium
大桩 large pile
大装配架 buck
大装穗饰 <窗帘拉绳上的> tassel and slide
大锥度 steep
大锥度刀柄 steep taper shank
大锥角滚柱轴承 steep angle bearing
大子女分室 sex-separation for bedrooms
大子样 large sample
大字体文件 big-font files
大字形桥台 wing abutment
大自流盆地 great artesian basin
大自然 matter nature;nature
大自然的有机形态 organic forms of nature
大自然对人的制约 geocratic
大宗 aggregate
大宗采购 bulk purchase
大宗储气 <季节调峰用的> mass storage of gas
大宗废物 bulky waste
大宗供应品 mass provisioning
大宗货(物) bulk cargo;bulk commodity;lot cargo;mass freight;mass goods;predominant goods;bulkload;cargo in large amount;staple cargo;staple goods;staple products
大宗货物出口港 bulk export harbo(u)r
大宗货物基地车站 commodity-wise base station
大宗货运站 bulk goods freight station
大宗交易的折扣 quantity discount
大宗交易折扣合同 quantity discount agreement
大宗散货 bulk cargo;bulk commodity;bulk goods
大宗商品 bulk commodity
大宗物资 heavy commodity
大宗销售 bulk sale
大宗销售合同 bulk sale contract
大宗用户 bulk user
大宗运输 aggregate traffic;bulk transport
大阻尼电流计 overdamped galvanometer
大阻尼电流计地震仪 overdamped galvanometer seismograph
大阻尼伏特计 aperiodic(al) voltmeter
大组 jumbo group;super-group
大组讨论会 main session
大组装件 large(-sized) panel
大钻孔导孔 rat hole
大钻粒 buckshot;grape-shot;swan-shot
大作用区域 high coverage
大坐标 global coordinate

呆

呆扳手 solid wrench;open spanner
呆钝 stagnation
呆钝的 stagnant
呆滑轮 dummy sheave
呆料 idle stock
呆木 dead wood;rising wood;tuck plate
呆色 dead colo(u)r
呆锁 stock lock
呆液酸洗 dead pickling
呆应力 dead stress
呆账 bad account;bad debt;bad loan;dead account;doubtful account;uncollectible account;uncollectible debt
呆账备抵 allowance for bad debts
呆账和票据 doubtful notes and accounts
呆账损失 loss on bad account
呆账准备 reserve for doubtful debts
呆滞材料报告单 inactive stock report
呆滞存货 dead stock
呆滞的 dull;inert;sluggish
呆滞库存量 dead storage
呆滞料 inactive material
呆滞区 dead area
呆滞商品 dead stock;drug in the market
呆滞时间 dead time
呆滞资本 dead capital;idle capital;tie-up capital
呆滞资产 slow assets
呆滞资金 dead stock;inactive money

歹

歹徒 outlaw;vermin
歹字形构造【地】zeta-type structure
歹字形构造体系【地】eta-type structural system

傣

傣族建筑 architecture of the Dai nationality

代

代【地】era
代 B 电 B eliminator
代班人 swing man
代办 charge d'affaires
代办处 office of the charge affaires
代办短期借款经纪人 money broker
代办人 attorney
代办商 commission merchant
代办收款的邮局 collecting post
代办所 agency
代办行 commission house
代办业务支出 expense of agency business

代办银行 correspondent bank
代办佣金 overriding commission
代办助理 subagent
代笔 ghostwrite
代表部位 representation position
代表厂商 representative firm
代表成本 representative cost
代表尺寸的字母 letter size
代表处 representative office
代表的 delegate;representative
代表董事 representative director
代表房地产业主检查工程的秘书 estate clerk of works
代表符号 conventional letter
代表号码 pilot number
代表价 central price
代表流域 representative basin;representative valley
代表模拟 representative simulation
代表目前技术水平的 state-of-the-art
代表权 proxy
代表人 proxy
代表团 delegacy;delegation;mission
代表团接待部 delegation department
代表团接待科 delegation department
代表物 representative
代表性 representativeness
代表性比例尺 representative scale
代表性采样法 representative method of sampling
代表性测站 representative station
代表性抽样法 representative method of sampling
代表性点 representative point
代表性观测 representative observation
代表性河流 representative river;representative stream
代表性截面 representative section
代表性流域 representative basin
代表性剖面 representative section
代表性取样 representative sampling
代表性试验 representative test
代表性试样 representative sample
代表性特性 representative property
代表性土样 representative soil sample
代表性温度 representative temperature
代表性误差 representative error
代表性岩石标本 true sample
代表性岩芯 representative core
代表性样本 representative sample
代表性样本试验方案 testing project of representative sample
代表性样品 representative sample
代表性样品试验方案 testing project of representative sample
代表性元(素) representative element
代表性资料 typical data
代表站 representative station
代表者 exponent
代表值 central value; representative value;typical value
代表作 representative work
代丙电池 C eliminator
代铂坩埚 platinum-substitute crucible
代铂钢 platinite
代铂金 platinite
代槽炉黑 channel replacement furnace
代偿的 compensatory
代偿功能 compensation
代偿过度 overcompensation
代偿机理 compensatory mechanism
代偿机能 compensation function
代偿机能不全 broken compensation
代偿失调 decompensation
代偿性调节 compensatory adjustment
代偿性增生 compensatory hypertrophy
代偿作用 compensation
代称 designate
代达罗斯 < 希腊神话中的建筑师和雕刻师 > Daedalus
代电池组 battery eliminator
代舵桨 steering oar
代尔夫特水力学试验室 < 荷兰 > Delft Hydraulics
代尔水位探测仪 Dale water-locating instrument
代发工资 payroll credit
代伐若搅拌机 Devereaux agitator
代夫特电测锤尖侧壁阻力触探头 Delft electric (al) cone-friction sleeve
代付 pay for another
代付人 paying agent
代购处 procurement agency
代购契约 induit
代购人 purchasing agency
代购账户 indent account
代雇船舶 accommodation craft
代管 escrow
代管人 managing agent
代焊接合金 substitute soldering alloys
代号 code (identification); code name;code number;contracted notation; identification mark; mark code;test number
代号索引 number index
代换 replace(ment)
代换策略 replacement policy
代换的次数 degree of substitution
代换法 method of substitution;substitution method
代换反力 interchange reaction
代换反应 interchange reaction
代换积分法 integration by substitution
代换棱体法 < 混凝土徐变计算中的 > creep fiber method
代换率 substitution rate
代换密码 substitution cipher
代换删除和插入错误 substitution deletion and insertion errors
代换实例 substitution instance
代换系 substitution line
代换性离子 exchangeable ion
代换性钠百分数 exchangeable sodium percentage
代换性酸度 exchangeable acidity
代换性质 substitution property
代甲电池 A eliminator
代甲方职责 performing duties on our behalf
代价 cost
代价函数 cost function
代价券 scrip;token
代接电话服务(站) answering service
代金墨 bronze printing ink
代经理 acting management
代客付出款项 disbursement for customers
代客检索 delegated search(ing)
代客买卖 buying and selling on commission
代扣税款 withholding tax
代扣所得税 withholding income tax
代扣预提税 deposit(e) of withhold tax
代理 deputation; deputy; proxy; subrogate; substitution; surrogate; take the place of
代理别国办理海外贸易的国家 carrier-nation
代理厂商 factorage
代理厂商的 factorial
代理处 agency
代理处运价表 < 独立的代理处为不同运输者组织联运业务所编制的联运运价表 > agency tariff
代理的 delegate;vicarious
代理店 correspondent
代理费 agency fee;agent fee;commission fee
代理费在内的靠岸价格 free on board and commission
代理服务器 proxy server
代理公司 agency;agent firm
代理关系协定 agency agreement
代理关系终止 termination of agency relationship
代理行 agent(bank);correspondent
代理行分行 subagent
代理合同 agency agreement; agency contract;agent agreement
代理汇票 agency bill
代理机构 agency
代理基金 agency fund
代理经理 acting manager
代理经营 factoring
代理领事 pro-consul
代理贸易 commission agency; commission trade
代理贸易费 commission fee
代理贸易合同 commission contract
代理期票 agency bill
代理契约 agency contract;agent contract
代理权 attorney; attorneyship; authority of agency; power of procuration;procuration;proxy
代理权证书 certificate of agent's authority
代理人 agent; assignee; attorney (-infact); broker; commission agent; proctor; procurator; proxy; representative; straw man; substitute; succedaneum;surrogate
代理人酬金 agency fee;agent's remuneration
代理人担保买主有支付货款能力 < 拉 > del credere
代理人的 vicarious
代理人的工作人员 agent's staff
代理人留置权 agent's lien
代理人品质 proxy attribute
代理人签署 agent sign
代理人身份 attorneyship
代理人职务 attorneyship
代理融通 factoring
代理商 agent;commission agent;contracting agency;syndic;trade agency
代理商店 agency-shop
代理商欠款 due from agencies
代理商手续费 factorage
代理商行 commercial agent
代理商佣金 factorage
代理收款委托书 letter of delegation
代理手续费 agency commission
代理停车场 < 服务员代客存车取车 > attendant park(ing)
代理投票 vote by proxy
代理委托权 power of attorney
代理委托书 commission order
代理协定 agency agreement
代理协议 agency agreement
代理业 factorage
代理业务 agency service;agent service
代理银行 bank correspondent;correspondent bank
代理佣金 factorage
代理账户 agency account
代理证书 letter of attorney;power of attorney
代理职权 vicarious authority
代洛姆式屋顶构造 de Lorme
代码 cipher code;code;coded representation
代码比较 code compare
代码变换 code conversion
代码变换器 code converter
代码标志表 code notation scheme
代码表 code table
代码拨号 code dial(l)ing
代码簿 code book
代码参数 coded parameter
代码程序 coded program(me)
代码组合 code combination
代码最优化 code optimization
代名 code name;generation number
代那买特炸药 dynamite
代纳旋流分离器 Dyna whirlpool separator
代纳重介质旋流选矿法 Dyna whirlpool process
代签 signature by procuration; sign for substitute
代入 entered-in;substitute
代入点 substitute point
代入定律 law of substitution
代入法 method of substitution;substitution(method)
代入法密码 substitution cipher
代入方式 substitute mode
代入名 call by name
代入消元法【数】elimination by substitution
代入原理 principle of substitution
代入值 call by value
代森铵 Amobam;Chem-O-Bam
代森环 milneb;thiadiazin
代森锰 Dithane manganese
代森锰锌杀菌剂 Carmazine
代森钠 disodium ethylene-bisdithiocarbamate
代森锌 zinc ethylene-bisdithiocarbamate;zineb
代砂法 < 测定密实度时用 > sand replacement method
代收 collection
代收服务 factoring service
代收各种款项 collections trusted
代收公司 collecting company;factor
代收货价的一批货物 cash on delivery consignment
代收货价费 cash on delivery collection fee
代收货价运输 cash on delivery; collection on delivery
代收货款 collection of trade charges; collection on delivery
代收机构 collecting agency
代收款 cash received on behalf of third party
代收款项 collection trusted
代收票据费 charges for collection; collection fee
代收票据手续费 charges on bills for collection
代收人 collecting agent
代收手续费 collection charges
代售 consignment
代售费用 commitment fee
代售人 consignee
代售商 commission merchant
代售业务 commission trade
代数闭包 algebraic(al) closure
代数编码 algebraic(al) coding
代数编码技术 algebraic (al) coding technique
代数变换 algebraic (al) transformation
代数表达式 algebraic(al) expression
代数表达式操作语句 algebraic (al) expression manipulation statement

代数操作 algebraic(al)manipulation
代数操作语言 algebraic(al)manipulation language
代数差 algebraic(al)difference
代数处理语言 algebraic(al)processing language
代数簇 algebraic(al)variety
代数的 algebraic(al)
代数的复杂性 algebraic(al)complexity
代数等价的 algebraically equivalent
代数法配料计算 algebraic(al)method for proportioning
代数方程的结式 resultant of an algebraic(al)equation
代数方程的数值解法 numeric(al)solution of algebraic(al)equation
代数方程的因式分解 factorization of algebraic(al)equations
代数方程解算器 algebraic(al)equation solver
代数方程解算装置 polynomial equation solver
代数方程式 algebraic(al)equation
代数符号 algebraic(al)sign;algebraic(al)symbol
代数符号规定 algebraic(al)sign convention;algebraic(al)symbol conventions
代数符号语言 algorithmic language
代数符号约定 algebraic(al)sign convention
代数复型 algebraic(al)complex
代数公式的表示 representation of algebraic(al)formulas
代数公式的处理 manipulation of algebraic(al)formulas
代数构形 algebraic(al)configuration
代数规划 algebraic(al)program(me)
代数和 algebraic(al)addition;algebraic(al)sum
代数恒等式 algebraic(al)identity
代数积 algebraic(al)product
代数基本定理 fundamental theorem of algebra
代数集(合)algebraic(al)set
代数几何学 algebraic(al)geometry
代数计算机 algebraic(al)computer
代数记号 algebraic(al)notation
代数记数法 algebraic(al)notation
代数加法 algebraic(al)addition
代数加法器 algebraic(al)adder
代数简化 algebraic(al)simplification
代数结构 algebraic(al)structure
代数解 algebraic(al)solution
代数解法 algebraic(al)method
代数解码 algebraic(al)decoding
代数解析 algebraic(al)analysis
代数可展曲面 algebraic(al)developable surface
代数扩充 extension of algebra
代数黎卡提方程 algebraic(al)Riccati equation
代数流形 algebraic(al)manifold
代数逻辑计算器 calculator with algebraic logic
代数螺线 algebraic(al)spiral
代数排列语言【计】algebraic(al)oriented language
代数判据 algebraic(al)criterion
代数偏差值 algebraic(al)deviation
代数平均流 scalar mean
代数平均误差 algebraic(al)average error
代数齐式 quantic
代数曲面 algebraic(al)surface
代数曲线 algebraic(al)curve
代数数 algebraic(al)number
代数数论 algebraic(al)number theory
代数数域 algebraic(al)number field
代数特征 algebraic(al)characteristic
代数同构 algebra isomorphism;isomorphism of algebra
代数同伦 algebraic(al)homotopy
代数拓扑 algebraic(al)topology
代数微分 algebraic(al)differentiation
代数微分方程 algebraic(al)differential equation
代数无关集 algebraically independent set
代数系 algebraic(al)system
代数系统 algebra system
代数线丛 algebraic(al)complex
代数相关集 algebraically dependent set
代数相加 algebraic(al)addition
代数形式 quantic
代数型函数 algebraic(al)function
代数学 algebra
代数学因式定理 factor theorem of algebra
代数译码器 algebraic(al)decoder
代数余子式 algebraic(al)complement
代数圆柱面 algebraic(al)cylinder
代数运算 algebraic(al)operation
代数增量 algebraic(al)gain
代数整数 integral algebraic(al)number
代数值 algebraic(al)value
代诉人 proctor
代替 in lieu of;instead of;replacement;replacing;serve as a substitute;stand for;subrogate;substitute for;substitution;supersede;supersession;surrogate;take the place of
代替表 substitution list
代替别人的 vicarious
代替材料 substitute material;substituting material;substitution material
代替层参数 parameter of substitutional layer
代替船 substituted ship;substitute of vessel
代替的 commutative
代替法 alternative method;substitution method
代替反力 substitute reaction
代替方案 back-up
代替方案评价 evaluating alternative project
代替方式 substitute mode
代替防雨帽的自动排水消声器 self draining muffler
代替费用 substituted expenses
代替符号 substitute character
代替荷载 substitute load
代替桁架 substitute truss
代替化学品 replacement chemical
代替货 substituted cargo
代替矿物 metasome
代替梁 substituting beam
代替留置金的担保 retention bond
代替品 surrogate
代替人力的设想 <用自动化设备> vanishing man concept
代替人力概念 vanishing man concept
代替物 proxy;sub
代替信号 substitute signal
代替信号机【铁】substitute signal
代替性尝试错误 vicarious trial and error
代替性离子 exchangeable ion
代替序列 replacement series
代替运算 substitution operation
代替者 substitute
代替中心 substitute center[centre]
代位赔偿 subrogation of compensation
代位求偿条款 subrogation form
代位权 subrogation
代位条款 subrogation clause
代位(行使)subrogation
代销 commission sale;on-sale
代销价格 price for account
代销人 consignee;sales agent
代销商 commission agent;sales agent
代销商品预付 advance consignment-in
代写 ghostwrite
代谢呼吸 metabolic respiration
代谢疾病 metabolic disease
代谢期 metabolic stage
代谢途径分析 metabolic pathway analysis
代谢物 metabolite
代行主席职务 taking of the chair
代型 die
代乙电器 B eliminator
代用 substitution;transpose
代用标志 substitute signal
代用铂金 dumet
代用部件 replacement component
代用材料 alternate material;alternative material;ersatz material;replacement material;substitute[substituting] material;substitution material
代用参数 surrogate parameter
代用的 ersatz;just-as-good
代用舵 substitute rudder;temporary rudder
代用高速钢 substitute high speed steel
代用荷重 alternate load(ing)
代用化学品 replacement chemical
代用货币 token money
代用记号 substitution cipher
代用介质 transfer medium
代用客车 substitute wagon
代用控制 hostler's control
代用矿料 alternative mineral
代用框架 substitute frame
代用零件 replacement parts;substitute parts
代用锚 killagh;kill(i)ck
代用密码 substitution cipher
代用黏[粘]土 <塑造模型用> plasticine
代用农药 alternative to pesticide
代用票 substituting ticket
代用品 alternative products;back-up;imitant;makeshift;substitute goods;substitutor;succedaneum;surrogate;displacer <有时指代混凝土石料>
代用品的冲击 substitutional repulsion
代用品开发概率 probability of substitutional develop
代用品影响程度 affected degree of substitution
代用旗 substitute flag
代用燃料 alternate fuel;alternative fuel;substitute fuel
代用设计依据 alternate design basis
代用天然气 substitute natural gas
代用天线 random antenna
代用物 surrogate
代用纤维 substitute fibre
代用预算 alternative budget
代用振荡器 substituting oscillator
代用指标 surrogate indicator
代用制品 alternate products
代用资料 proxy data
代用资源 replacement resources
代元部分 replacement parts
代运人 forwarder
代运人收据 forwarding agent's receipt
代运通知书 forwarding agent's notice
代运业务 forwarding operation
代赭石 ruddle <一种赤铁矿>;raddle;reddle
代真码 absolute code;basic code;specific code
代字旗 repeater pennant
代座压板 disk holder

岱

岱谯 guess value

岱赭 burnt sienna

迨

迨线性 almost linear

迨周期的 almost periodic(al)
迨周期函数 almost periodic(al)function

带

带 T 形槽活塞 T-slot piston

带 V 形槽的 V-grooved
带安全断销的支柱 pin-break shank
带安全阀的耳钩 eye hook with safety latch
带安全钩的安全带 hook belt
带安全钮的手柄 deadman's handle
带安全器的铲柄 releasable shank
带安全器的犁辕 safety trip beam;trip beam
带安全装置的两用恒温器 double thermostat with safety device
带安全锥埋头钻头 double lip countersink bit
带按钮开关灯头 key switch lampholder
带按钮开关灯座 key switch lampsocket
带凹龛条槽支墩的 niche-buttressed
带凹凸分型面 offset parting surface
带凹圆线脚边墙 undercut side wall
带把斧 hatchet
带把钢叉 steel fork with handle
带把小茶杯 istikan with handle
带白色的 albescent;whitish
带百分表游标卡尺 vernier cal(l)ipers with dial indicator
带拜雷板的水冷壁 bailey wall;furnace wall
带斑的青砖 brindled brick
带扳手孔螺母 capstan nut
带板 band plate
带半合管的岩芯管 split-tube core barrel
带半合管取土器 split barrel sampler;split-tube sampler
带半合管取样器 split barrel sampler;split-tube sampler
带半合管压入式取土器 drive-type split-tube soil-sampling device
带半合管压入式取样器 drive-type split-tube soil-sampling device
带半透明光电阴极的光电管 front-effect photocell
带半拖车的牵引车 combination of vehicles
带帮卡车 <装有栅栏的卡车> stake truck
带棒接合 birdsmouthing jointing
带包绝缘层 tape covering
带包装重量 packed weight
带保持的选择 select-hold
带保温帽钢锭模 hot-topped mo(u)ld
带保温系统的自动电饭煲 automatic rice cooker with warming system
带保险丝的断路器 fusible disconnecting switch
带保险丝开关 fuse switch(unit);switch-and-fuse

D

带报价的建议书 commercial proposal;financial proposal
带背轮的塔轮接合销 bull gear clamp
带鼻防松垫圈 pawl washer
带鼻螺栓 bolt with feather; with feather bolt
带比测器 tape comparator
带比较器 tape comparator
带比例的十进算术运算 scaled decimal arithmetic
带篦缝的隔仓板 slotted diaphragm; slotted partition
带臂夹盘 lever chuck
带臂架的进料挖铲 boom scraper
带边车的摩托车 three-wheeler
带边的板玻璃 bevel(l)ed plate glass
带边管堵 beaded plug
带边管帽 beaded round cap
带边界曲面 boundary surface
带边梁板 plate work
带边流形 manifold with boundary
带边内外螺纹同径管箍 beaded equal socket, male and female
带边能量 band-edge energy
带边绳 Bourbon
带边试管 test-tube with rim
带边同径二向三通(管) beaded equal side outlet tee[T]
带边同径二向三通管接 beaded equal side outlet tee[T]
带边同径三通管接 beaded equal tee [T]
带边同径三向弯头 beaded equal side outlet elbow
带边同径四通(管) beaded equal cross;beaded equal crossing
带边同径弯头 beaded equal elbow
带边异径三通(管) beaded reducing tee[T]
带边异径三通管接 beaded reducing tee[T]
带边异径四通(管) beaded reducing cross(ing)
带边异径弯头 beaded reducing elbow
带编辑 tape edit;tape editing
带编辑程序 tape editor
带扁平肋的网眼钢板 flat rib expanded metal
带扁尾莫氏圆锥衬套 Morse taper bush with tang
带扁尾莫氏锥套接长杆 extension arbor for Morse taper bush with tang
带变矩的变速箱 torque converter transmission
带变矩器传动的变速箱 converter-driven transmission
带变速齿轮箱的电动机 geared motor
带标号的公用区 label(l)ed common
带标号结构的枚举 enumeration of labelled structure
带标号树的枚举 enumeration of labelled trees;tree enumeration of labelled
带标号有序树 label(l)ed ordered tree
带标目镜 scale eyepiece
带标签抽提拉手 druggist's drawer pull
带标识 tape identification
带表卡尺 dial calipers
带表卡规 dial snap ga(u)ge
带表内卡规 dial caliper ga(u)ge
带表盘秤 dial scale
带表千分尺 dial ga(u)ge micrometer;micrometer with dial ga(u)ge
带表示灯的按钮 lighted button
带柄半圆锉 handle gouge
带柄(半)圆凿 handle gouge
带柄插齿刀 shank pinion cutter
带柄插销 bolt-up with handle
带柄尺 rule with holder;with holder rule
带柄齿轮 stem gear
带柄齿轮刀具 shank gear cutter
带柄厨房斧 kitchen hatchet with handle
带柄大锤 sledge with handle
带柄刀具 shank tool
带柄道岔标志 switch lever with indicator
带柄的 shanked
带柄的刻刀 shank chisel
带柄的水管弯头 drop ell
带柄电锁器 electric(al) lock with handle
带柄端铣刀 shank end mill
带柄放大镜 arm microscope
带柄铰刀 shank reamer
带柄铰刀丝锥 reamer tap with handle
带柄磨尖 mounted abrasive point
带柄磨轮 mounted abrasive wheel
带柄啤酒杯 beer mug;mug
带柄气动卡规 snap hand jet
带柄式铣刀 shank type milling cutter
带柄手用油石 handstone
带柄水罐 jug
带柄套筒扳手 socket wrench with bar
带柄外径气动量规 snap hand jet
带柄铣刀 shank type fraise
带柄橡胶锤 rubber hammer with handle
带柄锥形铰刀 conic(al) shank reamer
带柄锥形扩孔钻 conic(al) shank reamer
带并联间隙避雷器 surge arrester with parallel gaps
带病体 disease carrier
带波的玻璃 glass with wavy cords
带波浪形铝带的胶条框 swiggle
带玻璃塞瓶 glass stoppered bottle
带播 belt planting
带播机 band seeder;strip seeder
带不平度 tape asperity
带布局格式 tape layout form
带布料杆的混凝土泵车 mobile concrete pump with boom
带部件 track components
带材 belt(material); strip (steel rolled stock)
带材备用量 strip storage
带材边缘定位仪 scanning recorder
带材边缘扫描器 edge-strip scanning equipment; strip-edge scanning equipment
带材边缘位置调整器 edge scanner
带材边缘自动控制器 edge-strip scanning equipment
带材表面涂层印花机 strip printer
带材表面印花机 strip printer
带材擦拭器 strip wiper
带材测厚仪 strip thickness ga(u)ge
带材测宽仪 strip width meter
带材除鳞机 strip-processing mechanism
带材粗轧机 band roughing mill;strip roughing mill
带材导板 band guide
带材的厚度差 grow-back
带材的净化脱脂过程 cleaning process
带材的连续镀锌 continuous strip galvanizing
带材的连续涂漆 continuous strip lacquering
带材的圈 strip layer
带材的皱纹 ridge buckles
带材定尺剪切作业线 cut-to-length line
带材端头嵌入 strip end engaging
带材多刀圆盘纵切剪 rotary gang slitter
带材缝合机 stitcher
带材干燥机 strip drier[dryer]
带材和焊管坯轧机 strip and skelp mill
带材厚度 X 光测微计 Measuray
带材静电涂油机 electrostatic strip-oiling apparatus
带材局部切除机 cut-out shears
带材卷 strip coil
带材卷取成卷 strip reeling
带材卷取机 coiling reel;ribbon reel; strip coiler
带材卷取装置 strip coiling apparatus
带材开卷机 strip uncoiler
带材拉断 strip breakage
带材冷轧机 cold strip mill
带材磨光作业 strip-grinding line
带材切割机 strip cutting machine
带材清净机 strip cleaning machine
带材热轧机 band hot mill; hot-strip mill
带材酸洗机 band pickling machine
带材酸洗装置 strip pickle
带材铜 sheet strip copper
带材涂漆作业线 strip-lacquering line
带材退火 strand anneal(ing); strip annealing
带材轧机 band and strip rolling mill; strip mill
带材轧制 strip-rolling
带材张紧装置 back tension bridle; drag bridle
带材张力电测仪 electric(al) strip tension detector
带材皱纹 strip ridge buckle
带材助卷机 wrapper
带材自动定心装置 strip-edge scanning equipment
带材自动平整机 automatic strip-straightening machine
带材纵切机组 strip slitting machine
带材纵切圆盘剪 strip slitter; strip slitting shears
带材纵向分切机 slitting machine
带餐室的轿车 hotel car
带餐室卧车 hotel car
带操作系统 tape operating system
带槽 score;through of belt
带槽板 slotted plate
带槽半沉头螺钉 slotted oval countersunk head screw
带槽的材料 fluting
带槽的传力杆 keyed dowel
带槽的摩擦片 grooved friction disc
带槽的弹簧底板 grooved spring base
带槽的销子 grooved pin;keyed dowel
带槽的柱塞 grooved plunger
带槽底板 through base
带槽法兰 female flange
带槽管材 fluted tube
带槽辊的对辊磨 roller mill with corrugated rollers
带槽环轴衬 chev(e)ron ring packing
带槽活塞 grooved piston
带槽角桩 rabbeted corner pile
带槽铰刀 fluted reamer
带槽卷筒 grooved drum
带槽空心型材 fluted hollow shape
带槽孔挡浪板 slotted wave screen
带槽孔轨枕垫板 slotted tie plate
带槽口楼梯斜梁 notch board
带槽口小梁 notch joist
带槽框 bezel
带槽六角螺钉 grooved hexagonal screw
带槽六角螺母 grooved hexagonal nut
带槽龙骨 hollow keel
带槽螺钉 interrupted screw
带槽螺母 castellated nut; castle(d) nut; grooved nut; slotted nut; splined nut
带槽埋头螺钉 cheese head screw
带槽面砖 grooved tile;header tile
带槽耐火砖 grooved fire brick
带槽铅条 came
带槽式电枢 slatted armature
带槽水泵活塞 grooved water piston
带槽死顶尖 grooved dead centre
带槽弹簧钢 grooved spring steel
带槽筒形砂轮 cylinder wheel with dovetail groove
带槽凸缘 female flange;notched flange
带槽纹的 fluted
带槽无头止动螺钉 slotted headless set screw
带槽销 pin with groove
带槽销钉 slot pin
带槽形接口的管 groove pipe
带槽圆螺母 grooved round nut;round nut with grooves
带槽圆盘 slotted disk[disc]
带槽圆柱形销 grooved cylindric(al) pin
带槽凿子 notched chisel
带槽轧辊 grooved roll
带槽砖 brick with grooves; pallet brick;scored-finish tile
带槽锥形销 grooved taper pin
带槽钻头 grooved bit;slotted bit
带侧板的轴承 bearing with side plate
带侧壁的推土板 sidewall dozer blade
带侧窗膜的计数器 side window counter
带侧刀片的推土铲 side dozer
带侧刀片的推土机 side dozer
带侧面刮刀取土器 solid sampler with slit inside
带侧向导板的围盘 side guard-type repeater
带侧向卸料器的带式输送机 belt conveyer with lateral discharger
带测电笔的套装螺丝刀 combination screw driver set with tester
带测试 tape test
带测试装置 tape test set
带测圆部分的塞尺 round feeler ga(u)ge
带层 band course; belt(ing) course; lacing course
带层表面涂层印花机 strip printer
带插接边的 edge connectable
带插头接点的 plug-in
带插销螺栓 eyebolt and key
带缠绕成型 tape winding
带铲刀的机械 blade machine
带铲斗的升运机 elevator-type load
带长改正 correction for tape length
带长计数器 tape footage counter
带长记录器 tape counter
带潮 zonal tide
带车长室的合造客车 brake composite coach
带衬 belt material
带衬便桶 <便桶内有吸收性衬里,当粪便倾倒后,便桶要更换衬里> goux pail
带衬管的双管 clay barrel
带衬管拼合取土器 split-barrel sampler with liner
带衬里的风道 lined duct
带衬里视镜 lined sight glass
带衬里液面计 liquid level ga(u)ge with lining
带衬料 belt material
带衬套活塞 gasket piston
带撑格栅楼面 bridge floor
带撑格栅路面 bridged floor

带承口排水管靴 drain shoe
带承压侧板的齿轮泵 gear pump with pressurized side plates
带程序库 tape library
带秤 belt scale;belt weight meter
带匙孔的后板 keyholed back plate
带尺 girt(h);measure tape;metering tape;tape line;tape measure
带尺测深计 tape(depth-)ga(u)ge
带尺潮位计 tape(depth-)ga(u)ge
带齿槽钥匙 warded key
带齿铲斗 bucket with teeth;toothed bucket;toothed scoop
带齿铲斗挖土机 toothed scoop shovel excavator
带齿的接缝 raked joint
带齿的制动板 detent plate stop
带齿钉 barbed nail;toothed nail
带齿辊碎机 toothed roll crusher
带齿环形(传力)暗销 toothed ring dowel
带齿活板 blade rake
带齿卷盘 sprocket
带齿卷盘边缘 sprocket rim
带齿卷盘衬套 sprocket hub
带齿卷盘齿圈 sprocket rim
带齿卷盘间隙 sprocket backlash
带齿卷盘绞盘 sprocket winch
带齿卷盘卷扬机 sprocket winch
带齿卷盘轴承 sprocket bearing
带齿连接板 toothed plate
带齿轮立式钻床 back-geared upright drill press
带齿盘 toothed disc
带齿刨刀 toothing plane
带齿条钻轴 drill spindle with rack
带齿推土板 rake blade
带齿小锉 pinion file
带齿压板 <破碎机用> toothed rolls
带齿圆盘耙 spike tooth disc harrow
带齿钥匙 bit key
带齿抓斗 whole tine grab;grab with teeth
带齿钻头 toothed bit
带翅波导 fin waveguide
带翅片部分管长 finned length
带翅桩 finned pile
带冲头触探仪 wash-point penetrometer
带冲洗装置视镜 sight glass with washing device
带抽头的电路 tapped circuit
带抽头线圈振荡器 tapped coil oscillator;tapped down generator
带出 cast off;dragging out;picking up <指轮胎路面材料>
带出粉尘 carry-over
带出损失 carry-over loss
带出物 carry-over
带出液 drag-out
带除放大器 rejection amplifier;rejective amplifier
带除滤波器 band-exclusion filter;band-rejection filter;band suppression filter;rejector
带除阻滤波器 band-elimination filter
带储料斗的吹送器 hopper blower
带储料斗的抛送器 hopper blower
带储水槽的抽水马桶 hopper closet
带储液瓶的自动滴定管 automatic burette with reservoir
带处理 tape handling
带处理的同时性 tape-processing simultaneity
带处理装置 tape processing unit
带穿孔机 tape perforator
带传动噪声 tape clatter
带传滑板 belt feed slide
带传送机构 tape transport mechanism
带船机集装箱船 geared container ship
带窗的双分式楼梯 double quarter-turn stair(case) with windows
带窗口的墙板 window panel
带窗帘钩的帘 tieback curtain
带窗门框 combined frame
带窗门扇 door lead with window
带窗幕墙板 window type panel
带窗墙板 wall-panel with window
带床梯及护栏的双层床 bunk bed with ladder and guard rail
带垂直百叶的侧墙送风口 sidewall register of vertical louvers and shutters
带垂直和水平百叶的侧墙送风口 sidewall register of horizontal and vertical louvers and shutters
带锤转辙杆 switch lever with counter-weight
带纯边 V 形坡口 single V groove with root face
带纯边 X 形坡口 double X groove with root face
带唇边的密封件 sealing lip
带唇边环形密封 lip packing
带唇形密封的接头 lip seal fitting
带疵板 fault plate
带瓷板干燥器 desiccator with porcelain plate
带磁铁的螺线管 plunger magnet
带次数的后根次序 postorder with degrees
带刺钢筋 barbed wire reinforcement
带刺钢丝网 wire entanglement
带刺合缝钉 barbed dowel pin
带刺夹缝钢线钉 steel wire barbed dowel pin
带刺螺栓 barb bolt
带刺铁钉 barbed wire nail
带刺铁丝 bobwire
带刺铁丝剪钳 barbed wire nippers
带刺铁丝网 barbed wire(reinforcement);barbwire
带刺铁丝围栏 barbwire fence
带刺销钉 barbed dowel pin
带催化剂的排气消声器 catalytic muffler
带存储器 tape storage
带存水弯的小便池 urinal with trap
带存水弯的小便器 urinal with trap
带锉 band file
带错误 tape error
带打捆装置的动力割草机 motor mower with binder attachment
带大理石纹的 marmorate(d)
带单圈的盲板 single blind
带单向阀的减速阀 deceleration check valve
带单元 tape cell
带弹匣的步枪 magazine rifle
带挡边外圈 outer ring with rib
带挡边轴承 lip-type bearing
带挡圈的接箍 <注水泥用> baffle collar
带刀片皮机 bandknife splitting machine
带刀切割模具 clicker die
带刀切割压力机 clicker press
带刀圆滚筒 circular roll with knife
带导框转向架 pedestal truck
带导流片扩压器 vaned diffuser
带导向槽提升器 guide lifter
带导向风叶送风口 vane-type grille
带导向管的环状卡簧岩芯提断器 shirt-type core lifter;sleeve catcher
带导向环的长接头 guide ring coupling
带导向器风机 vane control fan
带导向柱 tape guide post
带导向柱的手用铰刀 hand reamer with pilot
带导向柱异径铰刀 piloted multidiameter reamer
带导向装置 tape guide
带导柱丝锥 pilot tap
带捣杵石臼 stone mortar with pestle
带倒刺的无头钉 dowel pin
带倒刺三刺鱼叉 trident spear with barbs
带倒钩的针 barbed needle
带的分类 tape sorting
带的交替 tape alternation
带的配置定律 law of belting
带的奇偶校验 tape parity
带灯独柱桌 stick table
带灯色度计 colo(u)rimeter with lamp
带灯罩壁灯 wall light with guard
带灯座大口灯 large open lamp with stand
带底板的灯座 backplate lamp holder
带底板养护 single-stage curing
带底钢锭模 solid-bottom mo(u)ld
带底缘的 rimmed
带地耕作机组 strip processor
带地轮的旋耕机 rotary cultivator with land wheel
带电 charge;electrification;electrify;electrization
带电壁 charged wall
带电表面 charged surface
带电冰核 electrification ice nucleus
带电部件 live part
带电操作 hot-line job;hot-line work
带电操作杆 hot stick
带电操作工具 hot-line tool
带电测读数的固结仪 consolidation test device with electronic readout
带电导体 live conductor
带电导线 live conductor;live wire
带电的 charged;electrified;hot;live
带电电缆试验盖头 live cable test cap
带电电路 active circuit;energized circuit;energized line;live circuit
带电电线 hot wire;live wire
带电顶锻留量 current-on upset allowance
带电顶锻时间 upset current-on time
带电动机的混凝土振动器 external concrete vibrators with motor
带电动机的减速器 motorized reducer
带电端 live end
带电端子 live terminal
带电反渗透膜 charged reverse osmosis membrane
带电工作 hot-line job;live line work
带电荷的 charged
带电荷离子膨润土 ion-charged bentonite
带电荷喷嘴 charging nozzle
带电或带料的电缆或软管的工作卷筒 live reel
带电机壳 live chassis
带电接触 live contact
带电介子 charged meson
带电界面 charged interface
带电进(电泳)槽 live entry
带电聚合物 electropolymer
带电颗粒 charged particle
带电粒子 charged particle
带电粒子活化分析 charged particle activation analysis
带电粒子加速度计 charged particle accelerator
带电粒子加速度器 charged particle accelerator
带电粒子检测器 charged particle detector
带电粒子流 stream of charged particles
带电粒子能量分析仪 charged particle energy analyser[analyzer]
带电粒子能谱仪 charged particle energy spectrometer
带电粒子谱仪 charged particle spectrograph
带电粒子闪烁能谱仪 charged particle scintillation spectrometer
带电粒子探测器 charged particle detector
带电流相互作用 charged current interaction
带电毛细管膜 charged capillary membrane
带电膜 charged membrane
带电潜影 charged latent image
带电容焊机 welder with condenser
带电设备 live equipment
带电锁器的道岔握柄 point lever with an electric(al)lock
带电探测器 electrification detector
带电体 charged body;electrified body
带电微粒 charged corpuscle
带电微细孔膜 charged microporous membrane
带电维修 on-line maintenance
带电物种 charged species
带电吸附质 charged adsorbate
带电线 live conductor
带电线路 alive circuit
带电原子 charge atom
带电指示器 potential indicator
带电质点 charged particle
带电子计算的数字式控制机床 computer numerically control
带电阻的两级开关 resistance switch
带电阻放电蓄电池间 accumulator workshop with resistance discharge
带电作业 hot-line job;hot-line work;live line work
带垫木的岩栓 rock-bolt with timber
带垫圈的机螺钉 sems
带吊顶的楼板 double floor
带吊钩的肘管 drop elbow
带吊环的提升螺栓 lifting eye bolt
带吊索操纵器的电动链吊 electric(al)chain hoist with pendant rope control
带钉冰地防滑轮胎 steel-studded tyre[tire]
带钉痕或皱纹的压路机 spiked-or-crimping roller
带钉轮胎 studded tyre[tire]
带钉镘板 wire scratcher
带钉抹子 devil float;nail float
带顶储库 under-cover storage
带顶的人行道 roofed walk
带顶杆的造型机 push-off mo(u)lding machine
带顶钩的风动起重机 air motor hoist with top hook
带顶挂车 closed-top trailer
带顶件机构的落料模 return type blanking die
带顶铰的拱 arch with apex hinge;arch with crown hinge;arch with key hinge;arch with top hinge;arch with vertex hinge
带顶料装置的模具 jigger-pin die
带顶平台 covered terrace
带顶停车场 covered parking
带顶头轧制的 plugging
带顶月台 covered platform
带定滑车的折弯机 bending machine with fixed blocks
带定时机构的起爆器 clockwork-triggering charge
带定时装置起爆药 clockwork-triggering primer charge
带定向器的钻车 indexed jumbo
带冬季装备车辆 winterized vehicle

带动道岔 switch with follow up movement
带动滑车 band pulley;belt pulley
带动滑轮 band wheel;band pulley
带动力的控制 powered control
带动力的控制机构 powered control mechanism
带动力的土钻 power earth auger
带动力装置的人造卫星 satelloid
带动盘 driver plate;driving plate
带动皮盘 band-saw ring
带动试验 motoring ring test
带动水泵的发动机 rear engine
带动锁钮 catch knob
带动销 anchor pin; catch pin; drive block;drive pin;driving pin
带动销槽 anchor pin slot
带斗卡车 hopper truck
带斗门式起重机 hopper type portal crane
带斗门座式起重机 kangaroo crane
带斗摩托车 combination; motorcycle combination
带斗式起重机 kangaroo crane
带斗式提升机的闭路磨 closed circuit mill with bucket elevator
带读数的扳手 calibrated wrench
带读数器 tape reader
带端点检测 tape end detection
带端环转子 end-ring rotor
带端链节 strap link
带端墙平车 bulkhead flat car
带短路环转子 end-ring rotor
带多抽头线圈振荡器 tapped down generator
带多个压料块的模具 multiple pressure pad die
带多孔灌浆管的锚杆 perfobolt
带多孔灌浆管的岩石锚杆 perforockbolt
带额定有效负荷的工作重量 operating weight with rated payload
带耳的 eared
带耳式钎尾的尾杆 lugged type chuck rod
带耳小木桶 luggie
带耳止退垫片 lug washer
带耳轴环 yoke ring
带发电装置的卡车 generator truck
带发动机的模型 self-propelled model
带发动机的消防泵 fire pump with drive
带发动机的钻机 self-contained drill
带发送分配器 tape transmitter-distributor
带伐 strip cutting
带阀抽砂筒 valve bailer
带阀的管接头 insert with gate valve
带阀螺旋钻具 <钻浅井用> auger with valve
带阀门取水样器 slip water bottle
带阀取样器 stoppered bottle
带阀三通 valve tee
带阀土钻 auger with valve
带阀弯头 valve elbow
带阀油壶 can with thumb button; valve oil can
带法兰的 flanged
带法兰的半轴 half shaft
带法兰的阀门 flange valve
带法兰的管子 flange pipe
带法兰管 flanged pipe
带法兰接头的管子 flanged pipe
带法兰盘轴承 flange bearing
带帆冰橇 ice yacht
带帆驳船 sailing barge
带翻车保护结构的机棚 ROPS[roll-over protection structure] canopy
带翻车保护结构的司机室 cab plus ROPS
带反光玻璃构造 glass concrete construction
带反光镜的液位计 reflector backed level ga(u)ge
带反绕 tape back spacing
带反射层的活性区 reflected core
带反射镜弧光灯 mirror arc
带反向阀套管靴 foot shoe
带方槽的衬块 square slot bush
带方形断面尾的锉 escapement file
带方形盖板的电缆沟槽 cable trench with chequer
带防尘盖的轴承 shielded bearing
带防尘盖球轴承 ball-bearing shielded
带防护套电动机 armo(u)red motor
带防护罩的表 <测斜仪> protective cap watch
带防漏挡板的铲斗 <铲土机> sideboard bowl
带防震装置的 shock-proof
带防震装置的电缆端子 shock-proof cable terminal
带房的平底驳船 scow house
带放大镜高度尺 height ga(u)ge with magnifier
带飞边的铸件 strained casting
带飞轮的泵 flywheel pump
带飞轮的减速器 flywheel reduction gear
带飞轮减速机 flywheel-assisted reduction gear unit
带分划板的望远镜 telescope with reticule
带分划镜的望远镜 graticulated glasses
带分级结构 tape hierarchy
带分接头的变压器 subdivided transformer
带分解炉的预热器 preheater with precalciner
带分解器的回转窑 rotary kiln with calcinator
带分离式电抗器的电弧焊变压器 arc welding transformer with separate reactor
带分流器的直流电流表 direct current ammeter with shunt
带分流器仪表 shunted instrument
带分数 mixed fraction;mixed number
带分数指数 mixed exponent
带分种管的开沟器 split boot
带风口大砖的转炉底 tuyere block bottom
带风帽的厚茄克 anorak
带风扇电机 motor with combined ventilation
带扶梯回转平台 rotation platform with ladder
带浮雕的模型 blancmange mo(u)ld
带浮雕的陶瓷花盆 potter flower pot with perforated carving
带浮阀旋回阀的管锥 combination whirler flood and guide shoe
带浮护木的护舷桩 pile with camel fender
带浮子开关 infloat switch
带浮子液位计 tape float liquid-level ga(u)ge
带符号 tape symbol
带符号常数 signed constant
带符号的 signed
带符号的被乘数 signed multiplicand
带符号段 signed field
带符号二进制运算 signed binary arithmetic
带符号检验 tape character check
带符号图 signed graph
带符号信息组 signed field
带符号压缩十进制 signed packed decimal
带符号字段 signed field
带符号组 signed field
带辐射轮叶的水轮机 Hurdy-Gurdy wheel
带辐条的轮毂 spider assembly
带斧刃的拔钉锤 lath hammer
带俯仰式吊车的龙门起重机 gantry crane with level luffing crane
带负电荷的 negatively charged
带负电荷离子 negatively charged ion
带负电荷物质 negatively charged species
带负电雨 negative rain
带负荷 load thrown on;on-load(ing)
带负荷抽头变换开关 on-load tap-changer
带负荷的 loaded
带负荷起动 starting under load;starting with load
带负荷时转速 speed on load
带负荷试验 load test
带负荷调节 on-load regulation
带负荷调节器 on-load regulator
带负荷行驶的定额 <起重机> travel rating
带负荷性能 rate of loading
带负荷运行的 load carrying
带负荷自动切换开关 automatic on load tap changer
带负项的级数 series with negative terms
带负载的 on-load(ing)
带负载调节 on-load regulation
带复制器 tape reproducer
带覆盖薄膜的播种机 mulch planter
带盖板的对抵接头 butt joint with cover
带盖板的平接缝 joint with butt strap
带盖板焊缝 cup weld
带盖杯 cup with cover;seamless mug with cover
带盖的玻璃器皿 water-glass with cover
带盖仿瓷杯 porcelain imitation mug with cover
带盖缝条的平接接合 bead butt
带盖黄油碟 butter dish with cover
带盖及开关拉手水箱 cistern with cover and switch handle
带盖及拉链水箱 cistern with cover and pull chain
带盖浇(注)包 covered ladle
带盖片麻岩穹隆 mantled gneiss dome
带盖有脚碗 footed bowl with cover
带盖闸刀开关 covered knife switch
带杆集尘盒 dirt chamber with stem
带杆线 strapped bar line
带钢 band iron; band steel; band tape;flat bar;flat hoop iron;ribbon iron;ribbon steel; sheet strip; steel strap;strap iron;strap steel;strip iron;strip steel;sheet steel shape
带钢撑棍的滑雪板 ski with steel ski pole
带钢淬火法 Chesterfield's process
带钢的张力设备 strip tensioning apparatus
带钢管预应力混凝土管 embedded cylindric(al) prestressed concrete pipe
带钢加热 line heating
带钢夹持器 strip clamping device
带钢校平机 strip steel level(l)er
带钢卷缠机 strip steel coiler
带钢卷缠装置 strip steel coiler
带钢卷取机 power reels
带钢冷轧机 cold strip(steel rolling) mill
带钢前端检测器 strip front end detector
带钢切割机 strip steel cutting-off machine
带钢热轧机 hot-strip mill
带钢绳卷盘电机车 reel locomotive
带钢丝网喷浆 shotcrete with wire mesh
带钢涂油机 strip oiler
带钢压紧辊 break rolls
带钢压延机 hoop mill
带钢轧厂 strip(rolling) mill
带钢轧机 hoop rolling mill;strip(rolling) mill
带钢张力 strip tension
带钢张力计 strip tension meter
带钢张力冷轧机 cooler tension rolling mill
带钢整平机 strip steel level(l)er
带割坡刀的平地机 slope grader
带阁楼式车顶 main roof
带格筛的溜道 grizzly chute
带格式设计 tape layout
带格栅的装料斗 grid feeding hopper
带隔板端盖 <内啮合齿轮泵> head crescent
带隔离机构的引信 shuttered fuse
带工资的假日 holiday with pay
带工作台的卧式加工中心 horizontal machining center with pallet
带工作装置的拖拉机 equipped tractor;tool-carrier tractor
带拱顶讲坛 arcaded tribune
带拱廊建筑(立)面 arcaded facade
带拱廊庭院 arcaded court
带拱肋的板 groined slab
带拱木屋架 <大厅中与服务廊相隔的> spere-truss
带沟捕捉槽 channel gull(e)y
带钩 belt hook
带钩安全带 hook ladder belt;pompier belt
带钩拨杆 cant hook
带钩扳子 <螺钉钻子> hook wrench
带钩撑杆 adjustable dog hook; can hook;dog hook
带钩撑篙 boat hook
带钩尺 hook scale
带钩导线 looped wire
带钩垫板 overlapping sole plate
带钩吊车 crab with hook;hook crane
带钩短链 tail chain
带钩阀 gaff
带钩杆 deflecting bar;pike pole
带钩钢筋 bar with hooked ends
带钩钢纤维 steel hooked fiber
带钩滑车 hook block
带钩滑轮 bottom block
带钩滑轮组 snatch block
带钩环滑车 shackle block
带钩夹具 logging tongs
带钩夹子 hooked clip
带钩绞辘 hook tackle
带钩螺钉 hook screw
带钩螺钉钻子 hook wrench
带钩螺栓 hook(ed) bolt;screw hook
带钩锚固 hook anchorage
带钩锚具 hook anchorage
带钩桥式起重机 bridge crane with hook
带钩撬棒 <俚语> cant dog
带钩撬杆 cant hook
带钩绳(索) hook rope;tag line
带钩双锁链 dogs and chains
带钩梯 hook ladder
带钩形水测针 hook water ga(u)ge
带钩形水位测针 hook ga(u)ge
带钩支持器 swivel clip holder with hook
带钩钻头 trigger bit
带箍 band;strap;trim band
带箍车轮 steel-tired wheel;tired wheel

带箍的电工钳 pin tongs
带箍锻工钳 sliding tongs
带箍钳 pin tongs
带箍铁管 <高压用> banded pipe
带箍线条饰 strapwork
带箍柱 capped column;capped post
带箍桩 capped pile[piling]
带骨架油封 cased seal
带鼓 tape drum
带固定臂架的门式起重机 portal bridge crane with fixed jib
带固定盖的桶 fixed roof tank
带固定基准的调制 modulation with a fixed reference
带固定夹的金刚石刀架 diamond held with firm grid
带固定扩散环的涡轮混合器 turbine mixer with stationary diffusion ring
带固定螺钉的法兰 set-screw flange
带固接套轴承 adapter bearing
带固紧环喷嘴 eyelet nozzle
带故障馈电 fault in feed
带瓜撬棍 claw bar
带刮板沉淀池 ring belt settling tank
带刮板的混凝土振动器 screed concrete vibrator
带刮板密封圈 scraper seal
带刮板视镜 sight glass with scraping device
带刮板运输带 scraping belt
带观察窗门 narrow light door;vertical-vision-light door; vision-light door
带管鞋钻头的冲洗管柱钻进回次 washover run
带管状缺陷 <钢铁表面因夹杂非金属的> reed
带光谱 band spectrum
带光纤的复合地线 composite ground wire with optic(al) fiber
带光源 continuous light bands; strip lighting source
带轨悬臂梁 crane way extension
带辊滑台 <斜孔钻进支撑钻杆的> rolling cradle
带辊架管子 pipe dolly; push-away buggy
带滚动表面的角杆 angular lever with rolling surfaces
带滚动表面的肘节杆 angular lever with rolling surfaces
带滚轮的立柱 <大型人字闸门靠近贴接柱的> spear post
带滚轮的拉门吊架 anti-friction car door hanger
带滚轴的脚手架 rolling scaffold(ing)
带滚轮的调节器连杆 governor link with roller
带滚珠沟槽的轴承 ball-bearing with filling slot
带滚柱的支承 expansion roller
带滚柱旁承 roller side bearing
带滚子链的翻钢导板 roller chain twist guide
带滚子轴承的无摇动台转向架 roller side bearing truck
带过力矩 carry-over moment
带过滤机和余热锅炉的湿法工艺 wet-process with filter and boiler
带函数 tape function
带焊皮焊条 covered electrode
带豪华舱客轮 passenger ship with deluxe cabin
带号 reel number
带号码的术语 numbered term
带荷调节 on-load regulation
带荷自动抽头变换开关 automatic on load tap changer
带褐色的 brownish
带褐色软木 <新西兰产> miro
带黑色的 blackish;subfuscous
带横档的窗 transom window
带横的滑动螺母 rifle
带横杆的支撑 support with lateral rods;L-shore
带横向转运系统的浮船坞 floating dock with transverse transportation system
带横斜撑转向架 cross-braced bogie
带烘干仓的中卸磨机 double rotator mill
带红的 rufous
带红的黄色 sandiness
带红光的 red shade
带红色的 reddish
带红深蓝色 red ultramarine
带红相橙色 reddish orange
带红相黑色 reddish black
带红相黄色 reddish yellow
带红相蓝色 reddish blue
带红相紫色 reddish violet
带红相棕色 reddish brown
带后向刃钎头 retract bit
带弧形顶板的推土铲 bull clam
带互换衬套的实体锥柄绞刀夹头 solid shank reamer chuck with interchangeable bushings
带护板楼梯斜梁 close string
带护边心形平镘刀 safe edge heart
带护轨的轨道 track with check rail
带护环的螺旋桨 propeller with ring guard
带护刃器梁的切割器 finger-bar cutter
带护铁的刨 double plane iron
带护罩的小型压路辊 small roller with shields
带护罩的小型压路机 small roller with shields
带护锥复合中心钻 bell type; combined drill and countersink
带花键的 splined
带花饰的枭混线脚 lesbian cyma(tium)
带花纹的叶子 lace leaf
带花纹金属板 pattered sheet
带滑动接头的导线管 slip-joint conduit
带滑动枢轴的内开窗 window projecting inwards with sliding pivot
带滑键螺栓 bolt with feather
带滑块的发动机 crosshead engine
带滑块的活塞 piston with slipper
带化现象 fasciation
带环 band;tape loop
带环短绳 becket(bridle)
带环箍的钻管 collared drill pipe
带环滑轮组 snatch block
带环活塞安装套箍 piston ring guide
带环(拉)杆 eye bar
带环螺钉 collar screw
带环螺栓 eye bolt;ring bolt
带环线 eyelet wire
带环形谐振腔的磁控管 turbator
带环(眼)板 ring plate
带环状铁芯的电流互感器 toroidal-core current transformer
带缓冲层光纤 buffered fiber[fibre]
带缓冲的设备 buffered device
带缓冲的输入 buffered input
带缓冲器车辆 shock-absorbing wagon
带缓冲器的调速器 dashpot governor
带缓冲器的回转液压缸 cushioned swing cylinder
带缓冲器的压力计 damped pressure ga(u)ge
带缓冲器的站 buffered station
带缓冲器的终端 buffered terminal
带缓冲器输入输出 buffered input/output
带缓冲式推土板的推土机 cushion dozer;tractor with cushion-dozer
带缓冲柱塞的安全阀 relief valve with dashpot plunger
带换向器电枢 commutator armature
带黄淡褐色 ecru
带黄褐色的 russety
带黄色的 flavescent;xanthic;yellowy
带灰色的 grizzly
带灰色的碱式硫酸铅蓝 lead blue
带回廊的修道院 claustrum
带回廊庭院 arcaded court
带回流线的直接供电方式 direct feeding system with negative feeder; direct feeding system with return cable
带回压阀的套管接箍 float collar
带回压阀的套管柱下到钻孔中 floating in casing
带回转刷的蒸发器 evaporator with rotating brush
带混合板的喷雾器 mix plate injector
带活动的门扉 door leaf with sliding window
带活动滤心的过滤器 filter with removable filtering element
带活接支撑的垛坎 articulated buttress dam
带活接支撑的扶壁式坝 articulated buttress dam
带活口的圆钩 safety hook
带活门的陷阱 fall trap
带活塞的液压缸筒 piston-equipped cylinder
带活舌接合杆 tongue joint with movable lug
带活舌螺扣接杆 screw jaw with movable lug
带活舌偏置链节 offset link with movable lug
带活舌普通接杆 solid jaw with movable lug
带活套的捆绑钢丝绳 choker rope
带活销夹钎器 latch-type front head
带活鱼舱的渔船 well boat
带机械护墙板的平车 flat wagon with mechanical sheeting
带机械手常压观察潜水钟 atmospheric observation manipulator bell
带奇偶 tape parity
带奇偶校验 tape parity check
带基 backing tape
带基薄膜 basal film;base film
带基数 based number
带极堆焊 strip surfacing; surfacing with band-electrode
带集合臂的割捆机 binder with gathering arms
带计数的串 counted string
带计算装置的秤 computing weighing scales
带记录器 tape recorder
带记数轮印刷机 counter-wheel printer
带加标系统 tape labelling system
带加强材料的密封件 reinforced seal
带夹 band clamp; ribbon clip; strap clamp;strap holder
带夹套的釜 jacketed still
带夹套的锅 jacketed kettle
带夹套的双锥转鼓 double conical rotary vessel with jacket
带夹套的蒸发器 jacketed evapo(u)rator
带家具出租 renting with furniture
带家具房间 furnished room
带驾驶室的动车 motorcar with driver cab
带驾驶台的动车 motorcar with driving stand
带驾驶员小车的龙门起重机 gantry crane with man-trolley
带驾驶员小车的旋臂龙门起重机 gantry crane with slewing man-trolley
带驾驶座位的单滚车压路机 driver mounted single-drum
带架 tape holder
带架瓷撑 pottery bracket with support
带架绞车 waughoist
带架水枪支架 hose branch holder
带架圆镜 round mirror with handle and stand
带假色的 allochromatic;allochromatic colo(u)r
带假双壁的庙宇 false double-winged temple
带尖的支撑 <窑具> pip
带尖构件 pointed element
带尖头的 cuspidated
带尖钻 common bit;V-drill
带间 interband
带间电报通路 interband telegraph channel
带间隧道效应 band-to-band tunnelling
带间隙接头 open joint
带间跃迁 band-to-band transition
带肩的螺帽 shouldered nut
带肩垫板 shouldered tie-plate
带肩吊环 shoulder sling
带肩滑车 shoulder block
带肩螺钉 shoulder screw
带肩螺栓 shouldered tap bolt;shoulder stud
带肩钎钢 collared steel
带肩钎尾 <凿岩机> collaring shank
带肩式滑床板 shoulder slide plate
带肩轴 shouldered shaft
带减速齿轮的电动机 back-geared motor;geared motor
带减速机的提升机 geared hoist
带减速器马达 back-geared type motor;gear motor
带减震器头灯 head lamp with anti-vibration device
带减震装置的拱腹式导轨支撑 support for soffit conductor rail with damping element
带剪辑机械 tape-editing machinery
带剪销安全器的锄铲 pin-break shovel
带剪销的支柱 shear bolt shank
带碱性涂层的焊条 welding rod with alkaline coating
带键的接缝 key joint
带箭头的指向性标志 pointed directional sign
带箭头指引线 leader line
带降落伞的紧急自动发报机 crash beacon
带交换 tape swap
带交替 tape alternation
带浇口的模型 gated pattern
带胶壁板纸 prepasted wallpaper
带胶垫摆式止回阀 cushioned swing check valve
带胶皮头分裂式电刷 rubber tapped split brush
带胶圈的辊子 ring roller
带角度安装 angle mounting
带角度刮板 angle scraper
带角度刮刀 angle scraper
带角光圈 eared stop
带角刃铲刀的宽度 <推土机> blade with end bit width
带角手水准 hand level with vertical angle
带角锥形齿的辊式破碎机 pyramidal

toothed crushing roll
带绞车的电机车 electric(al)locomotive crab-reel
带绞轮 belt tightener
带脚杯 footed tumbler
带脚轮小橱 tabo(u)ret
带脚散热器 pin radiator
带铰拱涵洞 hinged culvert
带铰接底的排种筒 hinged bottom hopper
带铰接前伸臂的装卸桥 gantry crane with hinged shore side boom
带铰接拖车的卡车 articulated truck
带铰门柱 hinging post
带搅拌工具的汽车 agitator truck
带搅拌机的运输车 transit-mixer vehicle
带搅拌器的混凝土输送车 agitator conveyer[conveyor]
带搅拌器的容器 agitation vessel
带校正系数量板法 graticule method with corrected coefficient
带阶梯螺钉 step screw
带接地触点的插头 earth plug
带接合板的点焊 bridge spot welding
带接合板焊接 bridge welding
带接线片熔丝片 link fuse
带结构 band structure
带结合 strap lock
带结束 end-of-tape
带结束标记 end-of-tape marker
带结束标志 end-of-tape mark
带结束孔 end-of-tape hole
带界限图灵机 tape-bounded Turing machine
带金黄绿色的 chrysochlorous
带金属框玻璃屏 glass screen with metal frame
带金属螺旋式钢丝绳 metallic spiral core wire rope
带金属密封环的高压管接头 ferrule-type compression joint
带金属片的橡胶止水带 rubber waterstop strip with sheet metal
带筋扁钢 ribbed flat
带筋的金属板 sheet-metal stringer
带筋辐板轮 ribbed disc wheel
带筋钢 <如竹节钢、螺纹钢等> ribmet
带筋钢条 ribbed bar
带襟翼水翼船 flapped hydrofoil
带紧固套的滚动轴承 adapter-type bearing;bearing with adapter
带进来的杂草 imported weed
带进料的装卸机 conweigh belt
带进料滚筒的锤式破碎机 hammer crusher with feed rolls
带进水分 moisture pickup
带颈衬里视镜 lined sight glass with nozzle
带颈法兰 hubbed flange
带颈辊 roller with trunnions
带颈视镜 sight glass with nozzle
带颈液面计 liquid level ga(u)ge with nozzle
带镜立柜 cabinet with mirror door;mirror cabinet
带镜门壁橱 wall cabinet with mirror door
带酒吧间的客车 tavern car
带锯 band-saw;belt saw;gig saw;pad saw;panel saw;resaw;strap saw
带锯齿型刃脚的钢管沉井 montee caisson
带锯床 band-saw(ing)machine;gig saw
带锯锉齿机 band-saw filing machine
带锯的 band-sawn
带锯钢 band-saw steel
带锯机 band-saw;band-saw(ing)machine;swager;endless saw;ribbon saw
带锯机用带锯条 bands for band-sawing machine
带锯校正机 band-saw stretcher
带锯锯口松弛 loose
带锯控制器 tape controller
带锯磨齿机 band-saw sharpener
带锯片 band-saw blade;belt saw blade
带锯刃磨床 band-saw sharpening grinding machine
带锯刃磨机 band-saw sharpener;band-saw sharpening grinding machine
带锯条 band-saw blade;belt saw blade
带锯铣刀 band-saw cutter
带锯圆锯联合机 combined band and circular sawing machine
带锯制材厂 band-saw mill
带锯主锯 band head rig saw
带锯自动刃磨机 automatic band-saw sharpener
带卷 coiled stock;coil of strip;tape reel;tape volume;tape wap
带卷标签 reel label
带卷长度 coil length
带卷成批退火 gang softening
带卷秤 coil weighing machine
带卷的单垛退火 single stack coil annealing
带卷的圈 strip layer
带卷端头焊接作业线 coil build-up line
带卷垛存台架 storage rack
带卷翻转装置 coil-upender attachment
带卷防撞器 coil bumper
带卷横剪作业线 coil cut-up line
带卷回转装置 coil rotating rig
带卷结束 end of reel
带卷结束标记 end-to-reel marker
带卷捆扎机 coil banding machine;strapping machine
带卷盘 tape feed
带卷盘制动器 reel stopper
带卷升降车 coil jack
带卷升降回转台 coil lift-and-turn unit
带卷升降台 coil lifter
带卷输出台 coil delivery ramp
带卷输入储存台 coil entry ramp
带卷双路运输机 two-strand coil conveyer[conveyor]
带卷顺号 reel sequence number
带卷送进区段 entry section
带卷推出机 extractor fork
带卷推出器 coil pusher
带卷退火炉 coil annealing furnace
带卷尾 end of reel
带卷尾标志 end-of-reel marker
带卷移送车 coil transfer car
带卷移送升降机 coil transfer lifter
带卷预整装置 coil preparation unit
带卷运输机 coil conveyer[conveyor]
带卷运送车 strip handling car
带卷运送装卸车 coil transfer buggy
带卷直径检测器 coil diameter detector
带卷直头机 coil opener;tail stripper
带卷贮存跨 coil stocking bay
带卷(自动)装卸车 coil buggy
带绝缘轴的轨道车 insulated motor car
带菌的 bacteria bearing;germ-carrying
带菌体 carrier
带菌者【医】vector;germ carrier
带卡脖的池窑 constricted tank
带卡片转换器 tape card converter
带开度指示器的阀 indicator valve
带开沟器的播种机 colter seeder
带开关的插座 socket with switch
带开关的灯头 switch lampholder
带开关的灯座 switch lamp-socket
带开关的连接插座 interlocked socket with switch
带开关的墙上插座 switch plug
带开关位置指示器的阀 indicator valve
带开孔面板的直立墙结构 vertical wall structure with perforated face
带开孔面板结构 structure with perforated face
带开始标记 beginning-of-tape marker
带开式万向节的传动轴 open cardan shaft
带开尾销螺栓 split bolt
带看台体育馆 sports stadium
带看台运动场 sports stadium
带壳混凝土桩 shelled concrete pile
带壳计数器 jacketed counter
带壳咖啡豆 parchment bean
带壳密封 cased seal
带壳玉米 parchment corn
带壳桩 shell pile
带壳桩系列 West shell pilling system West
带可变鉴别器的地震仪 variable discriminator seismograph
带可拆式取土管的取土器 split-tube sampler
带可移动装置的推土机 bulldozer with removable equipment
带刻度流量计 indicating flowmeter
带刻度盘双柱数字高度计 double column type digital height ga(u)ge with dial
带刻度器皿 graduated ware
带刻度吸管 measuring pipet(te)
带刻度指示器 scale indicator
带空气夹层的墙 multiunit wall
带空气室的泵 air chamber pump
带空气室的活塞 air cell piston
带空气消声器的滤气器 combination of air silencer and filler
带空腔活动模板 loose cavity plate
带孔棒 drill rod
带孔沉箱防波堤 perforated caisson breakwater
带孔导杆 perforated bar
带孔的预制件 cased hole completion
带孔端 eye end
带孔管鞋 <注水泥用> perforated steel sleeve
带孔硅胶 silica aerogel
带孔口支管 pipe lateral with orifices
带孔炉排片 pin-hole bar
带孔螺钉 bleed screw
带孔螺帽 capstan nut;Tommy bar nut
带孔螺母 capstan nut;Tommy bar nut
带孔螺栓 eye bolt
带孔内转鼓 inner perforated bowl
带孔送泥管 <疏浚机的> window pipe
带孔压电测静力触探装置 electric(al)piezocone penetration test equipment
带孔阳极 orificed anode
带孔油毡 asphalt felt with punched holes
带孔纸 grit
带孔转鼓 perforate bowl
带控绕丝机 tape-controlled winding machine
带控伺服机构 tape guide servo
带控制打字机 tape operated typewriter
带控制点工艺流程图 piping and instrument diagram
带控制机构 tape control unit
带控制器 hypertape control unit;tape controller;tape control unit
带控制式托架 tape-controlled carriage
带控制系统 tape operating system
带扣 belt buckle;buckle;keeper
带扣箍带 locking strap
带扣榫的接合板 tabled fish plate
带扣榫的木接合板 tabled wooden fish plate
带扣榫的木鱼尾板 tabled wooden fish plate
带扣榫的鱼尾板 tabled fish plate
带扣制造机 buckle making machine
带快速辊装置的精密棒材轧机 precise bar mill with rapid roll change
带宽 bandwidth
带宽比 bandwidth ratio
带宽参数 bandwidth parameter
带宽乘积检波器 bandwidth correlator
带宽倒数 inverse bandwidth
带宽度 tape width
带宽法 bandwidth method
带宽法则 bandwidth rule
带宽分配控制协议 bandwidth assignation control protocol
带宽分析 band analysis
带宽分析器 band analyser[analyzer]
带宽环形解调电路 bandwidth correlator
带宽控制 bandwidth control
带宽滤波器 band filter
带宽调整 bandwidth control
带宽系数 bandwidth ratio
带宽限制 band-limited
带宽限制放大器 bandwidth-limiting amplifier
带宽限制开关 passband limiting switch
带宽相关器 bandwidth correlator
带宽效应 bandwidth effect
带宽选择开关 bandwidth switch
带宽压缩 compression of bandwidth
带宽优值 band merit
带宽预约 bandwidth reservation
带宽指标 band merit
带宽制约 bandwidth constraint
带宽转换机构 tape width switch unit
带宽最小化 minimization of band width
带矿粒的气泡 armo(u)red bubble;mineralized bubble
带窥孔通往客室门 door to passenger compartment with peep hole
带馈送 tape feed
带馈线 ribbon feeder
带括号算术表达式 bracketed arithmetic expression
带拉杆拱 arch with tie
带拉杆拱梁 arched girder with tie
带拉力 tape tension
带拉条的人字形屋面 close-coupled roof
带拉线塔 guyed tower
带来环境压力的因素 environmental stressor
带栏板的平板拖车 platform wagon with sides
带栏杆屋面 widow's walk
带蓝色的 blu(e)ish
带蓝曙红 Eosine bluish
带蓝头 blue shade
带缆船 line boat;linesboat
带缆单人常压潜水系统 tethered one-man atmospheric system
带缆点 anchor point
带缆浮力平台 tethered buoyant platform
带缆绞车 docking winch
带缆孔 hawser hole

带缆口令 mooring order
带缆潜水器 tethered submersible
带缆舢板费 boat charges;boat hire
带缆栓 snubbing post
带缆水手 line runner;waterman
带缆塔架 guyed tower
带缆艇 mooring boat; line-holding boat
带缆小艇费 boatage;boat hire;boatman charges
带缆摇控器 tethered remotely operated vehicle
带缆有支柱的采油平台 tethered leg platform
带缆载人潜水器 tethered manned submersible
带缆柱 bitt; bollard; mooring post; mooring spud
带缆桩 bitt; bollard; mooring post; mooring spud;snubbing post
带廊 hyphen
带雷管的导火线 capped fuse
带肋板 ribbed panel;ribbed plate
带肋板式坝 slab and buttress dam
带肋表面 ribbed surface
带肋薄壳 shell with ribs;ribbed shell
带肋采暖器 ribbed heater
带肋层压板 rib-ply
带肋长度 finned length
带肋的 ribbed
带肋断面 ribbed cross-section;ribbed profile;rib section
带肋法兰盘 rib flange
带肋钢板网 ribbed expanded metal; rib mesh
带肋钢槽瓦 ribbed steel pantile
带肋拱顶 rib(bed) vault
带肋管 rib pipe;rib tube;rifled pipe
带肋混凝土 rib concrete
带肋加热器 ribbed heater
带肋金属板墙 ribbed metal wall
带肋金属拉网 flat rib metal lath
带肋金属网格 rib mesh
带肋框架 ribbed frame
带肋梁 ribbed beam
带肋楼板 ribbed floor slab
带肋炉条 ribbed fire bar
带肋模板 ribbed form(work);rib(-span) forms
带肋暖气管 rib heating pipe
带肋皮带 <皮带运输机中> grip-face belt
带肋片的管子 gilled pipe
带肋剖面 ribbed cross-section;ribbed profile
带肋穹顶 ribbed vault;stellar vault
带肋穹隆 ribbed dome
带肋石膏墙板隔墙 gypsum ribwall wallboard partition
带肋双管 ribbed duplex tube
带肋网纹钢板 ribbed expanded metal
带肋网眼钢板 dovetail lath
带肋网眼钢皮 rib(bed) lath
带肋屋顶 rib roof
带肋屋面板 ribbed roof cladding;ribbed roof deck
带肋销钉 ribbed dowel
带肋型材 ribbed profile; ribbed section
带肋圆顶 ribbed cupola
带类 belting
带类织品 small wares
带棱板 cant board
带棱的 edgy
带棱的压延辊筒 ribbed roll
带棱角的集料 subangular aggregate
带楞胶垫 ribbed rubber matting
带楞沥青油毡 corrugated asphalt felt
带楞椭圆截面金属丝 rib oval wire
带冷板 cant board
带冷凝器的空气调节装置 self-contained air conditioning unit
带冷却水套的汽缸 jacketed cylinder
带离合器的电动机 clutch motor
带离心通风机的风冷冷凝器 air-cooled condenser with centrifugal type fan
带离心通风机的冷却塔 centrifugal fan cooling tower
带里程计的速度表 speedometer with mileometer
带理论 band theory
带历史雕像的柱头 historiated capital
带立筋的砖砌体 stud work
带连杆的曲柄 slot and crank
带连接板焊接 tie welding
带连接管的配水干管 pipe header
带连接弯管的齿轮油泵 gear oil pump with connecting bend pipe
带联结器的钢管脚手架 tube and coupler scaffold(ing)
带联结器的钢管支撑 tube-and-coupler shoring
带链 band chain
带链板式运输 drag chain conveyer [conveyor]
带链插销 chain bolt
带链传动的液压缸 chain return cylinder
带链销 chain bolt
带梁的吊索 spread beam sling
带两个单向阀的快速接头 self-sealing coupling with pull-away actuated remote disconnecting
带两个翼部的房屋 dipteral
带两披肩的房屋 two-aisle building
带量法 strapping
带料 belting
带料浆过滤机的湿法窑 wet-process kiln with slurry filter
带料进给装置 strip feeding device
带料生产 commissioning
带料型冲孔 shear-type cutting off die
带料展开 strip development
带拎环木盘 luggie
带铃壳籽棉轧花机 huller gin;husker
带铃门头线 banded architrave
带流 zonal current
带流海 stagnant sea
带流通阀的加重钻杆 mud collar
带流线形水槽的钻头 streamlined waterway bit
带硫煤尘 acid smut
带硫酸组分的煤尘 acid smut
带六角头回转铣床 turret miller
带笼状顶杆的浮标 staff and cage surmounted buoy
带漏板的造型机 plain stripper
带漏斗锥形射流式水泥搅拌机 cone-and-jet cement mixer with hopper
带滤器漏斗 funnel tube with filter
带滤水器的吸水管 suction pipe system with filter system
带滤网的玻璃油杯 glass oiler with screen
带滤网的镀铬滤栅 chrome-plated grating with filter
带路缘石的人行道 kerbed footway
带履刺履带板 grouser shoe
带绿色的 greenish; greeny; viridescent
带轮 band pulley; band wheel; belt wheel
带轮安全装置 pulley guard
带轮布景台 boat dock;scenery wagon
带轮传动装置 pulley gear
带轮大箱 castered floor container
带轮的门 wheel-mounted gate
带轮的食品输送架 dinner wagon
带轮的装备 wheeled rig
带轮动力单元 band wheel power unit
带轮货物 goods running on their own wheels
带轮集装箱 wheel container; roll-off container
带轮气垫车 wheeled ACV[air cushion vehicle]
带轮千斤顶 wheeled jack
带轮曲柄螺丝 band wheel crank screw
带轮曲柄螺丝帽 band wheel crank screw nut
带轮跳板 brow plate
带轮主头螺丝 band wheel set screw
带轮主轴 band wheel shaft
带罗马字母的字符组 Roman extension character set
带罗盘的水准仪 level with compass
带螺钉套筒夹头 cat head chuck
带螺钉钟壳形夹头 bell chuck
带螺帽镀锌瓷瓶穿钉 galvanized insulator bolt with nut
带螺帽环首螺栓 nut eyebolt
带螺帽螺栓 bolt and nut;nut bolt
带螺帽外丝接头 long nipple
带螺母的螺栓 nut bolt
带螺母外丝接头 barrel nipple; long nipple
带螺栓 strap bolt
带螺纹的 threaded
带螺纹的钢导线管 screwed steel conduit
带螺纹的三通接头 tapped tee
带螺纹的弯管接头 service elbow
带螺纹的圆筒形针织物 combined rib tubular knit
带螺纹短管 joining nipple
带螺纹锚桩 screw anchor
带螺纹钎钢 threaded steel
带螺纹钎头 threaded bit
带螺纹针阀 restriction screw
带螺线槽的手用铰刀 hand reamer with spiral flutes
带螺旋的钩 screw hook
带螺旋滚柱的轴承 roller bearing with wound(spiral) rollers
带螺旋角的螺旋齿轮 helical gear with helix angle
带螺旋形叶片的分布管 distributor with helical blades
带落物保护结构的机棚 FOPS[falling object protection structure] canopy
带码 tape code
带埋 belt float
带锚杆喷浆 shotcrete with rockbolt
带锚铺板 anchor plate
带铆接凸缘螺母 plate nut
带帽法兰 hat flange
带帽管口 end cap orifice
带帽螺栓 bolt with nut;nut bolt
带帽饰的门或窗 bonnet headed door or window
带煤气加热的整体式屋顶空调机组 unitary air conditioner for rooftop mounting with gas heating
带煤水柜的蒸汽机车 tank engine
带门厕所隔间 closed-type toilet enclosure
带密封保护的加燃油口盖 protectoseal fuel cap
带密封层光电管 barrier layer;barrier-plane;blocking layer photocell
带密封垫圈的管子 gasketed pipe
带密封圈的球轴承 ball-bearing with seals
带密码资源 locked resource
带面 zone face
带面板的橡胶护舷 rubber fender with facing panel
带面格式设计 taper layout
带瞄准器的望远镜 telescope with reticules
带明显边缘的线束 well-defined beam
带模型 band model
带磨干燥器 dobbin
带磨砂玻璃塞的曲颈甑 retort with ground-in glass stopper
带磨砂玻塞的碘瓶 iodine flask with ground-in glass stopper
带磨砂玻塞烧瓶 conic(al) flask with ground-in glass stopper
带蘑菇形柱头的无梁楼板 mushroom slab
带抹子砂浆机 mortar machine with trowel
带末端 end-of-tape
带末端标志 tape mark
带末端预告 end-of-tape warning
带墨水记录仪 ink recorder
带目录文件 catalog(ue) file
带闹钟手表 alarm watch
带内部锚固点加固的内气压系统 <充气建筑> inside pressure pneumatic system with interior anchor points
带内衬的护壁板 liner fold panel(l)ing
带内分集 inband diversity
带内过渡 intraband transition
带内频率分配 inband frequency assignment
带内容转移 tape dump
带内失真 inband distortion
带内凸肩车轴 black collar axle
带内外螺纹的弯管接头 street elbow
带内信号方式 inband signal(l)ing pattern
带内信令 inband signal(l)ing
带内行星 inner planet
带内跃迁 intraband transition
带内噪声 inband noise
带内振动器光滑轮碾压机 smooth-wheel roller with internal vibrator
带内振动器碾压机 roller with internal vibrator
带内振铃 signal(l)ing in-band
带内振铃设备 inband signal(l)ing equipment
带内制 inband system
带内锥度环形钻头 bevel-wall bit
带内锥度扩孔器 bevel reaming shell; bevel-wall core shell
带能换刀片推土机 bulldozer with removable equipment
带泥舱的挖泥船 hopper dredger
带泥舱的吸扬式挖泥船 hopper suction dredger
带逆止阀的套管接头 floating coupling
带黏[粘]土的 clayey
带黏[粘]土砾石 clayey gravel;loamy gravel
带黏[粘]土沙 clayey sand
带黏[粘]土器的卡车 earth auger truck
带啮合接头的拱 arch with
带扭斜 tape skew
带排气孔的水泥袋 bagging
带排气筒的煤气采暖器 vented gas heater
带排气罩的照明装置 air-handling luminaire
带排水沟屋顶 valley roof
带排水孔的止阀 shut-off and drain valve
带盘 tape reel
带盘电动机 reel motor
带盘交换 reel alternation;reel swap
带盘控制机构 reel control mechanism
带盘驱动式磁带机 reel-to-reel tape

D

transport
带盘心 tape hub
带盘型输入机 reel-type reader
带旁路短路的区间馈线柜 section feeder panel with bypass disconnector
带配件钻塔 derrick-and-ring
带配重的刮板取料机 counter-balanced scraper
带喷雾直流水枪的水带箱 hose box with spray-jet fire nozzle
带喷嘴支管 pipe lateral with nozzle
带棚车身 panel body
带篷车 box car
带篷顶卡车 canopy truck
带篷卡车 sheeted lorry
带膨胀节的管壳换热器 bellows shell heat exchanger
带膨胀鞋封隔器 packer with expanding shoe
带坯 made-up belt;strip plate
带坯连铸机 strip caster
带披的门式框架 portal frame with lean-to
带皮 belt leather
带皮管淋浴莲蓬头 shower head with rubber hose
带皮原木 rough wood
带片 strap
带偏斜 tape skew
带偏心扒杆的螺旋 feathering auger
带偏心夹的连接装置 vulcan jockey
带漂移 band shift
带撇号的变量 prime variable
带频率响应 frequency response of tape
带平衡锤的吊绳 cord with weight
带平衡块曲轴 counterweighted crankshaft
带平衡装置的机架 balanced housing
带平面锤和槽式格筛的磨机 mill with flat hammers and slotted grill
带平台的潜水钟 diving bell with platform
带平台直角式楼梯 half-turn stair (case) with landings
带平头扁斧 poll adze
带屏板的插座 socket with shrouded contact
带屏伽马测量 gamma-ray survey with shield
带破断强度 tape tensile strength
带普通外圆导柱的丝锥 tap with plain cylindrical pilot
带谱 spectra
带谱分析 band spectrum analysis
带旗浮标 flag buoy
带起始标记 beginning tape label
带起重机的平台车 platform truck with hoist
带起重机的抢险救援车 emergency tender with crane
带起重装置的卡车 loader truck
带气窗的门框 transom frame
带气垫的板簧 pneumatic spring
带气堵管 stoppling
带气连接 hot tapping;under-pressure connection
带气清扫 on-line pigging
带气室水准器 chambered spirit level
带汽水阀 with traps
带汽油凿岩机 gasoline rock drill
带千分表的厚度规 thickness dial ga(u)ge
带千分表的千分尺 micrometer with dial indicator
带迁移 band shift
带迁移技术 transfer tape technique
带钎肩一字形钎 collared chisel
带牵引电动机的转向架 motor truck
带牵引杆的曲柄 crank with drag link
带前后导向部的铰刀 reamer with pilot and guide
带前进 tape travel
带前炉冲天炉 receiver cupola;reservoir cupola
带前置门的放大器 pregate amplifier
带潜水盔的潜水员 hard hat diver
带嵌条的门框 casing-bead door-frame
带枪眼工事 crenel(l)ated
带切盘的圆盘耙 cutaway disk harrow
带切碎和混合器的泵 cutter mixer pump
带切碎器的泵 cutter pump
带青蓝色的 bluish
带青色的 bluish
带青铜色的 bronzy
带青紫色的透明红色玻璃 cranberry glass
带倾斜面的 with oblique surface
带清洁器 tape cleaner
带清理滚笼的切根机 root cutter with cleaning cage
带清理笼的块根切碎机 root cutter with cleaning cage
带清理器的块根切碎机 root cutter with cleaner
带清洗机 tape cleaning machine
带球齿钎共的钎杆 button steel
带球吊钩 hook ball
带球端摇把 ball crank handle
带球杆形浮标 globe buoy;staff and globe buoy
带球函数 zonal spheric(al) function
带球面衬圈的轴承 bearing with an outer aligning ring
带球形重锤的离心式调速器 flyball
带区航空摄影 flight strip region aerial photography
带曲柄链轮 chainwheel with crank
带驱动 tape drive
带驱动方头的刀柄 shank with driving square
带驱动机构 tape-drive mechanism
带驱动中断程序 tape-drive interrupt routine
带取样筒钻头 basket bit
带去 carry away
带圈 zone circle
带全齿的抓斗 whole tine grab
带权假设 weighted hypothesis
带缺口的铸锭 notched ingot
带缺口圆盘的镇压器 cutaway disk packer
带裙板地面固定件 ground-with-shirt mounting
带壤土砾石 loamy gravel
带绕扳钳 strap wrench
带绕扳手 strap wrench
带绕磁芯 bobbin core;tape-wound core
带绕电阻器 tape-wound resister
带绕绝缘 taped insulation
带绕螺旋线 tape helix
带绕绕组 strap-wound winding
带绕铁芯 ribbon-wound core;tape-wound core
带绕芯 tape-wound core
带绕组 ribbon winding
带人孔排泥分叉管 blow-off branch with manhole
带人小车 man trolley
带容器式压力计 reservoir type manometer
带入 drag-in
带入的空气 entrapped air
带入口 tape entry
带入气体 introduced gas
带软管的弥雾机 spout mist sprayer
带软喷嘴的油泵 pump oiler with flexible nozzle
带软轴的振荡器 vibrator cylinder with flexible shaft
带锐边首柱 sharp-edged stem
带塞棒的钢水包 stoppered pouring basin
带塞刻度量筒 stoppered graduated measuring glass
带塞取土器 stoppered bottle
带塞烧瓶 conic(al) flask with stopper
带塞真空瓶 vacuum jar with tap
带三个半圆室的教堂 tri-apsidal church
带三角形顶标的浮标 staff and triangle surmounted buoy
带三路活塞的滴定管 buret(te) with three-way stopcock
带散热片的空气冷却器 finned air cooler
带散热片的螺旋管 finned coil
带色的 tinge
带色节疤 colo(u)red knot
带色毛 colo(u)red defect
带色黏[粘]土 colo(u)red clay
带色熔块 colo(u)red frit
带色水 colo(u)red water
带色条丝 streak
带色条纹 dirt streak
带色同步信号 tape burst signal
带色悬浮物 colo(u)red suspended matter
带色油灰涂层 setting coat
带沙风 sand-bearing wind
带沙能力 silt carrying capacity
带纱扇窗 screened casement window
带刹车 strap brake
带砂表皮 gritty scale
带砂箱的龙骨墩 keel block with sand frame
带筛 belt screen;travel(l)ing screen;travel(l)ing sieve
带筛机 band screen;belt screen
带筛搅拌机 sieve kneader
带筛捏合机 sieve kneader
带筛网漏斗 funnel with sieve
带山墙的窗 gable window
带栅格料斗 grate hopper
带栅破碎机 grizzly crusher
带扇步的直角式楼梯 quarter-turn stair(case) with winders;half-turn stair(case) with winders
带扇步的直角转弯 quarter-turn with winders
带扇飞轮 fan flywheel
带上曲弦桁架 cambered truss
带上下桁条的梁 Vierendeel girder
带上张紧传动 belt driving over
带梢键 taper key
带舌端 tang end
带舌环螺钉 flapping screw
带舌接(合)杆 tongue joint with lug;tongue jaw
带舌螺扣接杆 screw jaw with lug
带舌普通接杆 solid jaw with lug
带舌双曲接合杆 double offset rod with tang ends
带舌锁紧垫圈 tongued lock washer
带伸臂的室外遮阳板 outside awning blind with expanding arms
带伸缩元件制动器 toggle brake
带伸缩指的运禾螺旋 retracting finger auger
带深度规钻头 brace bit with depth ga(u)ge
带深度计游标卡尺 vernier cal(l)ipers with depth ga(u)ge
带升高工作台卡车 high-lift platform truck
带升降窗的门 sash door
带升降平台的钻车 scaling rig
带升降台的载重汽车 elevating platform truck
带绳滑轮 fall block
带剩磁铁芯 remanent core
带失真度 tape distortion
带施 band application
带湿式套筒汽缸 wet-sleeve cylinder
带湿压实 wet compaction
带十字槽头的螺钉 Philips screw;plus screw
带十字槽头菲利普螺钉的螺旋插座 screwdriver socket for Phillips screw
带十字槽头菲利普螺钉的螺旋套筒 screwdriver socket for Phillips screw
带石墨反射层的 graphite reflected
带石土壤 rocky soil
带时滞的放大器 amplifier with time lag
带实腹横梁的框架 girder bent
带实心中柱的螺旋梯 solid newel stair(case)
带始端标记 tape marker;leader label
带式 draper-type
带式按钮 tape button
带式扳手 band wrench;belt-type wrench;strap wrench
带式包箍 cover band
带式包装件输送机 belt package conveyer[conveyor]
带式比重分选机 belt gravity separator
带式玻璃成型机 ribbon machine
带式播种机 belt feed planter;belt seeder
带式布置 ribbon development;striping development
带式擦拭器 strip wiper
带式掺和器 ribbon blender
带式称量机 belt weigher
带式成型组装机 taped forming and assembling machine
带式充填机 belt stowing machine
带式除杂机 band separator
带式传动 belt transmission
带式传动的 belt driven;belted
带式传声器 band microphone
带式传送机 band conveyer[conveyor];belt conveyer[conveyor]
带式传送炉 conveyer belt furnace
带式传送器 band conveyer[conveyor];belt conveyor
带式传真机 tape facsimile equipment
带式磁力分离机 band-type magnetic separator
带式磁选机 belt magnetic separator;magnet belt separator
带式打磨机 belt sander
带式打印机 belt printer;tape printer
带式刀剖皮机 bandknife machine
带式电磁分离机 belt-type electromagnetic separator
带式电缆连接器 tape cable connector
带式电梯 band elevator
带式电阻水位计 electric(al) tape ga(u)ge
带式镀膜 strip coating
带式镀银机 conveyer for silvering;silvering conveyer[conveyor]
带式堆垛机 belt conveyor stacker
带式堆料机 belt conveyor stacker
带式发射机 tape transmitter
带式发展模式 corridor pattern;ribbon development
带式房屋 ribbon building
带式分级机 belt sizer;diverging out belt grader
带式分离器 belt separator

带式分选机 band separator
带式辐射供暖 strip heating
带式副本 tape copy
带式干化机 band drier[dryer]
带式干燥机 band drier[dryer]; conveyer[conveyor] drying oven; string drier[dryer]
带式干燥器 band drier[dryer]; conveyer[conveyor] drying oven; string drier[dryer]
带式给料机 apron feeder; band feeder; belt feeder
带式给料器 apron feeder; belt feeder
带式供料器 feed apron
带式谷物输送机 belt grain conveyer [conveyor]
带式谷物输送器 belt grain conveyer [conveyor]
带式固定夹 band clamp
带式刮板 ribbon flight
带式刮土机 dragline scraper
带式刮油器 belt-type(oil) skimmer
带式管子钳 belt pipe wrench
带式轨 strap iron; strap rail
带式过滤机 band filter; belt(-type) filter; string filter
带式过滤器 band filter; belt(-type) filter; string filter
带式过滤器压力 belt filter pressure
带式过滤筛 belt filter screen
带式行打印机 band line printer
带式横挡 belt rail
带式烘干炉 belt-type dry oven
带式呼吸器 belt respirator
带式混凝土浇筑塔 belt concreting tower
带式活动人行道 belt-type moving walk
带式机床 band tool
带式挤涂 conveyer-type coating
带式挤压机 band extruder
带式计量秤 belt weigher; conveyor type weigher
带式记录机 tape-recording machine
带式加料 strip filling
带式加料机 apron feeder
带式加热器 band heater; strip heater
带式加湿器 belt humidifier
带式捡拾器 apron pickup; belt-type pickup; draper-type pickup
带式浇筑 doctor-blade casting
带式脚护挡 strap foot guard
带式铰链 strap hinge
带式进给辊筒砂光机 endless bed drum sander
带式进料机 apron-type feeder; belt feeder; feed(ing) belt
带式进料器 apron-type feeder; belt feeder
带式浸润器 belt applicator
带式静电发电机 belt generator
带式锯床 band mill; belt mill
带式控制 tape control
带式快速降落伞 ribbon parachute
带式扩音器 ribbon microphone
带式拉幅机 belt stretching machine
带式拉紧滑轮 belt tightening pulley
带式离合器 band clutch; rim clutch (coupling)
带式离心机 conveyor centrifuge
带式犁壁 belt mo(u)ld board
带式连接器 band coupling; ribbon bond
带式连续输送机 endless pocket conveyer[conveyor]
带式连铸机 belt caster; belt casting machine
带式链斗提升机 belt-bucket elevator
带式炉 band oven; belt furnace
带式滤色器 strip filter
带式铝硅铁粉磁头 ribbon sendust head
带式履带 band track
带式螺旋 band screw
带式螺旋搅拌器 ribbon stirrer
带式螺旋输送机 ribbon conveyer [conveyor]
带式落锤 belt lift hammer; strap hammer
带式磨边机 belt grinding machine
带式磨床 belt grinding machine; belt sanding machine
带式磨光 belt grinding; finishing
带式磨光机 belt grinder; belt grinding lapping machine; belt sander; belt sanding machine
带式黏[粘]度计 band visco(si)meter
带式抛光机 band polishing machine; belt polishing machine; sanding machine
带式抛料机 belt material thrower
带式配料机 belt-type batching unit
带式配料(计量)器 belt batcher
带式喷丸清理机 wheel abrator
带式漂洗机 band fulling machine
带式撇油器 strip skimmer
带式起重机 belt lifter
带式清洗机 band separator
带式热黏[粘]合机 band fusing machine
带式熔融纺丝机 band spinning machine
带式撒肥机 apron feed distributor; belt-type fertilizer distributor; conveyer feed distributor
带式散热器 ribbon type radiator
带式沙纸打磨机 band type sand papering machine
带式刹 band brake
带式砂光机 belt sander
带式砂纸打磨机 band-type papering machine
带式筛 band screen; belt screen
带式筛分机 belt screen
带式上浆装置 apron applicator; belt applicator
带式上料机 apron feeder; belt feeder
带式烧结机 belt-type sinterer; continuous pallet-type sintering machine; continuous strand sinter machine; straight-line sintering machine
带式伸长器 belt stretcher
带式升降机 band(ed) elevator; belt elevator; endless band elevator; endless band lift
带式施肥开沟器 strapping fertilizer colter
带式输送 belt conveyance
带式输送机 band conveyer[conveyor]; belt conveyer[conveyor]; ribbon conveyer[conveyor]
带式输送机桥 belt-conveyer bridge
带式输送机收紧器 belt conveyer takeup
带式输送机卸料器 belt tripper
带式输送机移动机构 shifting mechanism for belt conveyor
带式输送机转运点 belt conveyor transfer point
带式输送器 draper
带式松砂机 royer sand mixer(and aerator)
带式送话器 breast plate microphone
带式送料器 belt feeder
带式隧道干燥器 belt tunnel dryer
带式淘洗机 vanner
带式提升机 band elevator; belt(and bucket) elevator
带式条形干燥器 belt drier[dryer]
带式挖土平路机 belt loader; elevating grader
带式微音器 band microphone
带式喂料机 band feeder; belt feeder
带式喂料器 band feeder; belt feeder
带式卸船机 belt unloader
带式卸料器 belt tripper
带式压滤机 < 污泥脱水用的 > belt filter press; filter belt press
带式压滤机脱水 dewatering by belt press filter
带式扬声器 ribbon loudspeaker
带式窑 belt kiln
带式摇床精选 vanner concentration
带式移动给矿机 travel(l)ing feeder
带式原片干燥器 belt veneer drier [dryer]
带式运输机 belt conveyer; ribbon conveyer[conveyor]
带式运输机收紧器 belt conveyer takeup
带式运输机收紧装置 belt conveyer takeup
带式运输器 band conveyer; belt conveyer; ribbon conveyer[conveyor]
带式运送机 band conveyer; belt conveyer; ribbon conveyer[conveyor]
带式载体黏[粘]合剂 tape-supported adhesive
带式张紧滑轮 belt tightening pulley
带式真空过滤机 belt-type vacuum filter
带式真空过滤器 belt-type vacuum filter
带式蒸发器 strip evaporator
带式制动器 band brake; belt brake; strap brake; ribbon brake
带式制动器操纵杆 band-brake lever
带式制砖机 auger brick machine
带式注浆 tape casting
带式装船机 belt loader
带式装干草机 belt hay loader
带式装料机 belt loader
带式装饰照明 festoon lighting
带式装卸机 full-floating feeder
带式装雪机 snow loader with belt conveyer[conveyor]
带式装载机 belt(truck) loader
带式装置 belt-type apparatus
带式自动分配器 apron distributor
带式自动纸带穿孔机 reperforator; tape reperforator
带视镜人孔 manhole with sight glass
带视听设备客车 coach fitted with audio-visual equipment
带饰【建】band mo(u)lding; band course; band decoration; cordon; string course; fascia[复 fa(s)ciae/fa(s)cias]
带饰门头线 banded architrave
带饰细线条 bandlet
带饰柱 banded column
带释扭式离合器的螺母扳手 nut-runner with torque release clutch
带收尘器的碎片机 chipper with dust extractor
带收集装置的冷床 stacking bed
带收买股票权的债券 bond with stock purchase warrant
带手柄的内部振动器 needle vibrator with handle
带手持喷枪的动力喷洒(装置) power spraying with hand lance
带手轮螺旋制动 screwbrake with band wheel
带首 tape leader
带首标符的图 bullet chart
带书架阅览桌 carrel(l)
带枢轴的螺钉头 bar head
带输入 tape input
带输入输出控制 tape input-output control
带熟料兜槽的篦板 Omega grate plate; troughed plate
带熟石灰的熔凝树脂 fused colophony with lime hydrate
带熟石灰的熔凝松香 fused colophony with lime hydrate
带束叠装的水带 flaked hose
带束斜交轮胎 belted-bias tire[tyre]; bias-belted tire
带树皮或截面不完整的木料 wane
带数 band number
带数据处理系统 tape data process(ing) system
带刷刮路器 broom drag
带刷马达 brush motor
带闩打捞器 boot jack
带闩打捞筒 boot socket
带栓 strap bolt
带栓打捞钩 jack latch
带栓的搭钩 toggle hook
带栓横板 pin rail
带栓横梁 pin rail
带栓润滑器 tallow cock
带双交叉支架的电杆 double bracket pole
带双圈的盲板 spectacle blind
带双弹簧圈的铲柄 double-twin coil shank
带水 moisture pickup
带水封雨水口 trapped gull(e)y
带水(工件)浸涂漆 water dip lacquer
带水罐洒水机 water sprinkler tank
带水柜机车 tank locomotive
带水过筛的 wet-screened
带水力喷嘴的疏浚头 < 挖泥船的 > draghead with hydraulic jet
带水平面的 with horizontal surface
带水平式粗粉混合器的磨粉机 mill with horizontal meal mixer
带水筛分 wet screening
带水箱的坐式大便器 close-coupled integral water closet
带水斩毛 green cut
带丝扣套环 < 钢丝绳用 > tension sleeve
带四联杆的剪刀 combination snips
带松弛 tape loosening
带松土齿的铲斗 bucket ripper; ripper bucket
带松土器的推土机 track-type tractor with ripper
带松脱装置的铲柄 releasable standard; trip standard
带松香芯锡焊丝 cored solder wire
带送风口的整体末端装置 integral diffuser terminal
带速 tape speed
带速变化 tape speed variation
带速传感器 belt speed transducer
带速度 band speed
带速度监督的机车自动信号 automatic cab signal with speed control
带速误差 tape speed deviation
带酸味的 acidulous
带酸性涂层的焊条 welding rod with acidic coating
带穗玉米 ear corn
带榫沉头螺栓 ribbed countersunk head bolt
带榫大半圆头螺栓 ribbed large oval head bolt
带榫的拱心石 toed keystone
带榫拱石 toed voussoir
带榫螺栓 nibbed bolt
带索滑车 jigger block; tail block; tail jigger
带锁的钢板桩 lock sheet piling bar
带锁阀 lock valve
带锁封舱铁条 locking batten bar

带锁钩的吊窗拉手 sash lift and hook
带锁紧槽圆螺母 circular nut with lock; round nut with lock channel
带锁口的钢板桩 lock sheet piling bar
带锁捞筒 < 捞砂筒的 > latch jack
带锁旋塞 lock cock
带锁眼底板 keyholed back plate
带锁住装置的门挡 combined stop and lock
带台阶的导正销 shoulder pilot
带弹返安全器的犁 stump-jumper
带弹簧安全器的铲柄 spring-mounted shank
带弹簧安全器的犁辕 spring-trip beam
带弹簧螺圈的弹性柄 coil spring shank
带弹簧片的岩芯抓 basket with spring steel fingers
带弹回安全器的铲柄 spring-trip shank; spring-trip standard; trip shank
带弹回安全器的锄铲 spring-trip shovel
带弹性密封的阀 resilient seal valve
带碳的 carbon-bearing
带套鼓轮 lagged pulley
带套管的 with well
带套管的混凝土桩 cased concrete pile
带套管的钻孔灌注桩 cased(-in) pile; shelled concrete pile
带套管压力桩 cased pressure pile
带套滚珠轴承 ball-bearing with clamping sleeve
带套计数器 jacketed counter
带套温度计 armo(u)red thermometer
带套销子 cartridge pin
带套袖珍两脚规 pocket divider with sheath
带套桩 cased(-in) pile
带梯井式楼梯 staircase of open-well type
带梯卡车 ladder truck
带梯子的垂直矿井通道 ladder way
带提升刮板的提升机 lifting flights lifter
带提升器 tape lifter
带提升钳夹的起重机 hoist with lifting tongs
带天窗屋顶 monitor roof
带天沟屋顶 valley roof; roof with valley
带天沟屋面 valley roof
带填料隔离器 diving ring and packing
带填料函的管接头 packed joint
带挑口的踏步 step with nosing
带条 tape strip
带条剪方机 square bands machine
带条件的请求 conditional request
带条黏[粘]接缝 tape joint
带条切片机 ribbon granulator
带条筛 band screen
带条纹的节瘤 string knot
带条纹的砂岩 linsey
带条纹的装饰玻璃 combed glass
带条纹器皿 combed ware
带条轧碎机 ribbon crusher
带调和函数 zonal harmonic
带调节板的活动百叶风口 register with damper and grille
带调谐短截线天线 tuning-stub antenna
带调整环的溢流管 overflow pipes with adjustable rings
带调整螺钉的可调式圆板牙 adjustable round split die with adjusting screw
带贴面板的毛地板 under-veneer
带铁 band iron; strap iron
带铁扁担铰链 tee hinge
带铁锤头的凿子 hammer headed chisel
带铁箍桩 bound pile
带铁栅的窗 barred window
带庭院住宅 patio home
带停表的风速表 anemometer with stop watch
带通 band pass
带通半宽 bandpass half-width
带通变压器 bandpass transformer
带通道 tape channel
带通道的客车 vestibule coach
带通的均匀性 bandpass flatness
带通电路 acceptor circuit; bandpass circuit
带通放大器 bandpass amplifier
带通分出电路 acceptor circuit
带通风槽电极 hole armature
带通风的顶楼 ventilated attics
带通风孔的用具 vented appliance
带通过台车辆 vestibuled car
带通滤波 bandpass filtering
带通滤波电路 bandpass circuit
带通滤波器 band filter; bandpass (channel) filter
带通滤光镜 bandpass(channel) filter
带通滤光片 bandpass(channel) filter
带通匹配滤波器 bandpassed matched filter
带通频率宽度 bandpass frequency width
带通频率特性 bandpass shape
带通频率响应特性 bandpass response
带通气孔的钎座 vented chuck
带通气孔的塞子 vent plug
带通调谐 bandpass tuning
带通调谐器 bandpass tuner
带通网络 bandpass network
带通限制器 bandpass limiter
带通响应 bandpass response; flat-top response
带通信[讯]号 bandpass signal
带通选择器 bandpass selector
带通增益均匀性 bandpass flatness
带同步环同步器 blocker synchronizer
带同步器的变速器 synchronized gear transmission
带同步装置 tape synchronizer
带同心中性导线的电力电缆 neutral conductor; power cable with concentric
带桶形轧辊的穿孔机 barrel-type roll piercing mill
带筒子架的整经机 warping machine with bobbin creel
带头 tape head
带头螺钉 cap screw
带头螺栓 cap screw; tap bolt
带头式升降机 belt and bucket elevator
带头推车 hopper wagon
带头线钳 pulling-in dogs
带凸边的门窗过梁 boot lintel
带凸边过梁 boot lintel
带凸肩的钎尾 collar shank
带凸块粗磨 blocked rustication
带凸轮 strap cam
带凸台的法兰 tongued flange
带凸形齿的圆盘 disk with camlike teeth
带凸牙的瓦 rib tile
带凸缘的 flanged
带凸缘轮 flanged wheel
带凸缘闸瓦 flanged brake shoe
带突边的铲 rimmed shovel
带突缘的铺地砖 lipped floor brick
带图案镶板 figured veneer
带图解的零件的目录表 illustrated parts catalog(ue)
带涂层材料 coated material
带涂层的碳酸钙 coated calcium carbonate
带涂层制品 coated product
带涂料记录仪 ink recorder
带土包扎移植 ball transplanting
带土砾石 clayey gravel
带土苗 ball plant
带土团扦插 earth ball cutting
带土物传递 carry-over
带土小苗 seedling with soil; soil-sticked seedling
带土移栽 ball planting
带土栽植 ball-and-burlap transplanting; ball (ed) planting; planting with ball
带土柱定植 soil core planting
带土柱定植法 soil core method of transplanting; soil core technique
带土柱芽接苗 soil core budding
带推草板的集草器 push-off buck rake
带推土板的裂土机 bulldozer ripper
带推土板的松土机 bulldozer ripper
带推土铲的转弯圆周 < 推土机 > turning circle with blade
带推土铲的转弯直径 < 推土机 > turning circle with blade
带推土机的履带式拖拉机 crawler tractor with(bull) dozer
带腿料箱 skid
带退程的掣子 recoiling click
带托环炉辊 roller with supporting ring
带托架的钢管灯柱 tubular steel lighting column with bracket
带托销商品预付 advance consignment-in
带托叶鞘的 bell-mouthed
带拖车的公共汽车 trailer bus
带拖车的卡车 trace-truck
带拖车的运货汽车 lorry with trailer; truck with trailer
带拖车拖拉机 tractor with trailer
带拖斗的卡车 truck(-trailer) combination
带瓦楞钢板的轻质混凝土 lightweight concrete with corrugated steel sheeting
带外 out-off-band
带外部信息源的图灵机 Oracle Turing machine
带外齿的圆盘 disc with outer teeth
带外螺纹的喷嘴 male nozzle
带外频率分配 out-band frequency assignment
带外伸悬臂的装卸桥 cantilever gantry
带外信号方式 out-band signalling
带外信号系统 separate signalling system
带外信令 out-band signalling
带外行星 outer planet
带外圆角的顺砖 bull stretcher
带外噪声监测器 out of band noise monitor; outside band noise monitor
带外罩轴承 bearing in shell
带外振铃 signal(l)ing out-band
带外止动挡边的外圈 flanged cup
带弯钩的钢筋 hooked bar
带弯钩端头纤维 fiber with hooked ends
带弯钩钢筋 bar with hooked ends; end-anchored reinforcement; hooked bar
带弯曲度 tape curvature; tape weave
带弯曲端头纤维 fiber with bent ends
带弯叶的圆盘 disk with bent blades
带弯月面吸附水 adsorbed water with a meniscus
带万向节的半轴 universal-joint axle
带万向节的桥轴 universal-joint axle
带万向节套筒扳手 flex socket wrench
带网格的倾斜像片 gridded oblique photo
带望楼外墙的城堡 keep and bailey castle
带望远镜的方位镜 alidade; telescopic(al) alidade
带望远镜的水准仪 telescope level
带微调重型卡尺 heavy-duty type vernier caliper with fine adjustment
带尾标记 end-of-tape label
带尾柄的钎杆 shank rod
带尾程序 end-of-reel routine
带尾磁带 tape trailer
带尾滑车 tail block
带尾滑车带 tail strop
带尾绞辘 tail tackle
带尾缆抛锚 anchor with a spring
带尾纤的光电二极管 pigtailed photodiode
带未知数的条件平差 condition adjustment with unknown
带喂入器的铡草机 straw cutter with feeder
带温度补偿的流量控制阀 temperature compensated flow control valve
带温度补偿与压力补偿的流量控制阀 temperature and pressure compensated flow control valve
带文件结构的设备 file-structure device
带纹的玻璃 glass with reams
带纹构造 banded structure; ghost structure
带纹海面 slick
带纹花岗岩 banded granite
带纹螺栓 indent(ed) bolt
带纹石灰石 combined limestone
带纹石灰岩 banded limestone
带纹玉髓 chalcedonyx
带蜗杆夹箍 worm clip
带卧铺大客车 motor-coach sleeper
带卧铺的客车 coach with reclining berths
带卧式料浆蒸发机的窑 calcining kiln
带污泥过滤器 belt-type sludge filter
带物料的空气 material laden air
带雾空气 fog laden air
带吸附剂纸 adsorbent-loaded paper
带息 dividend-on
带系杆人字木 close rafter
带系杆屋盖 collar roof
带系数切线法 tangential method with coefficient
带细长翅片散热片 slit fin
带细齿的 finely toothed
带细孔的 fine-meshed
带隙 band gap
带隙能 band gap energy
带隙能(量) band gap energy
带隙收缩 band gap shrinkage
带下张紧传动 belt driving under
带现象 zoning
带线 < 木材腐朽 > zone line
带线环钢丝绳 steel wire rope with thimble
带线脚壁柱 banded pilaster
带线脚拱墩 banded impost
带线脚拱基 banded impost
带线脚拱座 banded impost
带线脚脚壁柱 band(e)let
带线脚柱顶过梁 banded architrave
带线圈支持器 coil holder
带限 band-limited
带限滤波 band-limited filtering
带限统计反褶积 band-limited statistic(al) deconvolution

带限压闷的散热器加水口盖 pressure cap
带箱座凳 box stool
带像差 zonal aberration
带橡胶垫块的护舷桩 pile with rubber block fender
带橡胶垫钎肩式钎尾 shrunk rubber collar shank
带橡胶管的压入管 <注水泥用> sleeve injection pipe; sleeve injection tube
带橡胶面的 rubber-faced
带橡胶钎肩的钎钢 rubber collar drill steel
带橡胶套的双层岩芯管 rubber-sleeve core barrel
带橡皮管的滴定管 buret(te) with rubber pipe
带消防梯的挂车 fire escape trailer
带消火阀的消防总管 fire main with fire valve
带消声滤器的进气口 silence-filter type air intake
带销U形钩 shackle
带销U形环 shackle
带销扳手 pin spanner; pin wrench
带销的榫槽结合 drawboard
带销封舱闩 hatch locking bar
带销螺母 pin nut
带销螺栓 capstan bolt; pin bolt; cotter bolt
带销螺栓头 bolt head with feather
带销锚卡环 bolt anchor shackle
带销锚栓 stock anchor
带销曲柄盘 crank disk including pin
带销子卸扣 round pin shackle
带小车的爬升式起重机 travel(l)ing-jib-climbing crane
带小孔的 narrow meshed
带小数的数 mixed decimal
带小五金的黑板框 chalkboard trim
带小针喷嘴 nozzle with spear
带楔齿轮 gear with jaw
带楔斜齿轮 helical gear with jaw
带挟喉的池窑 constricted tank
带斜边的板玻璃 bevel(l)ed plate glass
带斜撑拼板门 ledged door
带斜沟的屋面 valley roof
带斜沟屋顶 intersection roof; valley roof
带斜扣滑车 regular shackle block
带斜框架 bracing frame
带斜面焊接端的零件 weld-end fittings; weld-end parts
带斜面焊接端的配件 weld-end fittings; weld-end parts
带斜纹的木料 short grain
带谐函数 zonal harmonic
带泄水的洗涤盆 sink unit with drainer
带卸刀槽的刀柄 shank with driving slot
带卸荷板挡土墙 shelf retaining wall
带卸荷板方块码头 concrete block quay wall with relieving slab
带卸荷平台钢板桩岸壁 steel sheet pile wall with relieving platform
带卸扣滑车 regular shackle block
带卸料车的皮带输送机 tripper type conveyer[conveyor]
带卸料分选器的输送系统 conveyor distributing system with station selector
带卸料器铲斗 ejector bucket
带心板材 heart board
带心厚板 heart plank
带心土铲的铧式犁 bottom plow with subsoiler
带芯棒 cored bar
带芯杆钻头 plug-center[centre] bit
带芯股钢丝绳 Seale rope
带芯股钢索 seal construction rope
带芯焊条 cored welding rod
带芯锯材 boxed-heart timber
带芯钎焊条 cored solder
带芯铜线 core wire
带锌阳极防蚀系统 zinc anode cathodic protection system
带薪假日 holiday with pay
带薪休假 paid vacation; vacation with pay
带薪休息日 payable rest date
带信息转储 tape dump
带星号的非终结符号 starred non-terminal
带行 tape row; tape string
带行脉冲 tape H pulse
带行星轮减速的驱动转向两用车桥 drive/steer planetary axle
带行走轮的 wheeled
带形 ribbon
带形安全探测器 safety shoe; safe edge <电梯门>
带形槽 belt channel
带形城市 belt city; dynapolis; lineal town; linear city; linear town; open-line city; strip city; ribbon <美>
带形城镇 linear town
带形窗 band window; ribbon window; window band
带形刀 bandknife
带形导体 ribbon conductor
带形底脚 strap footing; strip footing
带形地区 strip area
带形电缆 ribbon cable
带形多心电缆 ribbon multiple cable
带形发展 ribbon development; string development
带形缝挤出系统 slit-tape extrusion system
带形公园 linear park; park strip; strip park
带形轨条 belt rail
带形花边 flat raised band; taenia
带形基础 strip footing
带形记录纸 continuous chart; strip chart
带形建筑(群) ribbon building; strip building
带形矩阵 band matrix; strip matrix
带形锯 scroll saw
带形犁壁犁 belt mo(u)ld board plow
带形联轴节 band coupling
带形梁 strap beam
带形螺栓 strap bolt
带形耦合器 band coupler
带形屏蔽栅 band screen
带形砌筑层 sailing course
带形切割机 band-type cutoff saw
带形切割锯 band-type cutoff saw
带形切割器 band-type cutoff saw
带形商业区 ribbon development
带形射电望远镜 tiltable plate telescope
带形丝 ribbon-like filament
带形天线 ribbon antenna
带形铁道 belt-line railroad; belt-line railway
带形铁芯 ribbon core
带形图 band chart; belt graph; strip chart
带形纹丝形装饰 braid pattern
带形屋面板 strip shingle
带形物 check row
带形线脚 band course; band mo(u)lding
带形线圈 ribbon coil
带形线条 cordon; supercilium <古罗马建筑中屋檐波状花边上部的>
带形油毡 strip felt
带形照明器 strip light lamp
带形制动器 band brake
带型边界 zonal boundary
带型分离边界 zonal discrete boundary
带型格栅 band-type screen
带型聚合物 band polymer
带型煤气燃烧器 ribbon burner
带型燃烧器 ribbon burner
带型收集器 tape assembler
带型褶劈理 zonal crenulation cleavage
带锈涂料 on rust paint; residual rust coating
带悬臂的龙门架 cantilever gantry
带悬臂的装卸桥 cantilever gantry
带悬臂吊车的龙门起重机 gantry crane with jib crane
带悬浮预热器窑 kiln with(suspension) preheater
带悬式仪表 band suspension meter
带旋槽的柱体 rifle bar
带旋风筒的循环空气选粉机 closed circuit cyclone separator
带旋转斗轮的绞吸挖泥船 cutter-suction dredge(r) with rotating bucket wheels
带旋转多孔面的V形槽气压浮选槽 rotating-mat V-type cell
带旋转筛的破碎机 rotary screen breaker
带选分器的磨机 air-separating mill
带选粉的闭路粉磨 closed circuit grinding in combination with air separation
带选粉机的单仓磨 single-chamber separator mill
带选粉机的磨机 air-separating mill; separator mill
带选粉机的双仓磨 two-chamber separator mill
带循环装置的搅拌机 circulating mixer
带压力补偿的安全阀 compensated relief valve
带压力补偿流量控制阀 compensated flow control valve
带压力计的水压机 hydraulic press with manometer
带压盘挤压机 ram mounted extrusion system
带压气体发生器 gas-pressurized generator
带压缩机的垃圾运输车 mobile packer
带牙抓斗 grab with teeth
带烟囱的煤气灶具 vented gas appliance
带烟囱的灶具 vented appliance
带延伸流槽的熔炉 extended launder furnace
带延伸率 tape elongation; tape stretch
带岩芯的钻头 plugged bit
带岩芯爪的岩芯管 basket barrel
带掩蔽罩的旋转器 screen basket spinner
带掩蔽罩旋涂器 screen basket spinner
带眼的套管 perforated casing
带眼滑车 eye block
带眼环滑车 becket block
带眼绞辘 eye tackle
带眼螺栓 eye bolt; lewis bolt; movable eye bolt; screw eye
带扬料板的隔仓板 diaphragm with lifting scoops
带氧气呼吸器的轻型潜水器 anti-drawing mask
带样品销售员 tallyman
带摇把螺旋制动 screw brake with crank handle
带摇动台车架 swing frame
带摇动台的转向架 swing motion truck
带叶冠叶片 integral blade
带叶和箭饰的枭混线脚 lesbian cyma(tium)
带叶片波导 fin waveguide
带叶片的轴 shaft with blades
带叶片的转筒 vaned drum
带叶片的转筒结晶器 vaned drum crystallizer
带叶片冷凝器 finned cooler
带叶片送风口 air outlet with vanes
带液力变扭器的变速器 torque convertor transmission
带液压行走机构的移动式破碎机设备 mobile crushing plant with hydraulic walking mechanism
带液压油缸的悬挂装置 hydraulic ram lift
带液压枕垫的板簧 hydropneumatic spring
带液压钻架的钻车 hydroboom jumbo
带一字形钎头 chisel-bit steel
带衣帽间的接待室 antechamber with built-in wardrobe
带衣帽间的前厅 antechamber with built-in wardrobe
带仪器浮标 instrumentation buoy
带移动篦子的回转窑 travel(l)ing grate rotary kiln
带翼放水塞 water relief winged cap
带翼声呐拖体 sonar towfish plus wing combination
带翼厅的长方形基督教堂 transeptal basilica
带翼缘的杆件 flange bar
带翼缘的夹板 flanged bar
带翼缘抗剪墙 flanged shear wall
带翼桩 pile with wings
带引鞋的打捞筒 overshot with bowl
带应急功能的荧光灯镇流器 fluorescent lamp ballast with emergency function
带永磁转子的电动机 stereomotor
带油槽直孔钻 recessed jewel
带油的混凝土 concrete with oil addition
带油垫轴承 pad bearing
带油继动器的调节装置 governor gear with oil relay
带游标电感比较仪 inductance comparator with vernier; Delcom vernier
带有 accompanied with; bear
带有V形柱塞的阀 V-port valve
带有安全阀的液压流量分配器 hydraulic flow proportioner with safety value
带有凹槽的肋穹隆 diamond vault
带有饱和实心铁轭的直线电机 saturation in back-iron LEM[line electric motor]
带有不完整上部结构和固定端结构的台架式集装箱 platform based container with incomplete super structure and fixed ends
带有不完整上部结构和固定角柱的台架式集装箱 platform based container with incomplete super structure and fixed corner post
带有不完整上部结构和折叠式端结构的台架式集装箱 platform based container with incomplete super structure and folding ends
带有差动控制系统的天平 differential scale
带有承船箱的升船机 trough lift

带有抽头变换器的变压器 transformer with tap changer
带有抽头的电势计 tapped potentiometer
带有抽头的电位计 tapped potentiometer
带有传动装置的雷达指示器 hayrack
带有锤子和镰刀圆形的旗帜 hammer and sickle
带有单向阀的流量控制减速阀 flow control deceleration check valve
带有挡板的 baffled
带有电报索汇条款的信用证 credit with telegraphic(al) transfer reimbursement clause
带有读数放大镜刻度尺 magnifying measuring scale
带有端面凸缘的齿轮 shrouded gear
带有断开电子管的 off-tube
带有发电器的管道清通器 pig pinger
带有翻斗的(混凝土)手推车 rocker-dump hand-cart
带有防滑链的轮胎 ground-grip tire [tyre]
带有防火检验合格标签的 label(l)ed
带有防火检验合格签条的窗 label(l)-ed window
带有防火检验合格签条的框架 label-(l)ed frame
带有防火检验合格签条的门 label(l)-ed door
带有非线性反馈的继电伺服机构 non-linear feedback relay servo-mechanism
带有腐蚀衬里层的钢板 clad plate with corrosion resistant liners
带有负号的 subtractive
带有复涨式汽缸机车 dual-cylinder locomotive
带有冠板的柱 abacus column
带有规范标记的 with code symbol
带有核推进器的 nuclear tipped
带有划线器的游标卡尺 vernier cal-(l)ipers with scriber
带有缓冲垫的推土板 cushion dozer
带有混合阀的暗装淋浴器 concealed shower with mixing valve
带有机硅填充剂的<绝缘材料> silicone bonded
带有棘轮的转数表 ratchet cyclometer
带有加热表面的部件 extended surface elements
带有加热装置的搅拌机 heater mixer
带有夹套的容器 drum with jacket
带有交叉肋的 cross-ribbed
带有角柱制模板 post pallet
带有金属整流器的机车 dry rectifier locomotive
带有可视流量 with sight flow
带有空气处理的空调系统 air-handling system
带有孔隔板的分级机 constriction-plate classifier
带有控制集合的文法 grammar with control set
带有喇叭裂口的避雷器 horn arrester
带有历史性质的 quasi-historical
带有落物保护架的司机室 FOPS[falling object protection structure] cab
带有碰热保护的自动断路器 automatic circuit-breaker with magneto-thermic protection
带有平板挂车的卡车 truck with flat-bed trailer
带有平板拖车的卡车 trailer truck
带有千分表的比较仪 dial comparator
带有千分度的比较仪 dial ga(u)ge comparator
带有钎尾 collar shank
带有切削刃的管靴<硬黏[粘]土钻进> shoe-nose shell
带有倾斜冷却管的冷却器 cated design radiator
带有穹顶的集中式教堂 domed central-plan church
带有散热片的管式加热器 gilled tube heater
带有散热片的管式暖气片 gilled tube radiator
带有散热片的管式取暖器 gilled tube heater
带有散热片的管式散热器 gilled tube radiator
带有扫气泵的发动机 scavenging engine
带有栅极的汞弧管 grid pool tube
带有栅极的汞弧整流器 grid pool tube
带有上浮条款的固定价格合同 fixed price contract with escalation
带有踏步的双直角转弯楼梯 double quarter turn
带有弹簧销的槽式活塞 slotted spring-finger plunger
带有套环的保护装置 toggle-lever grip gear
带有条件方程的间接观测平差 adjustment of indirected observation with condition equations
带有图案的玻璃器皿 crest
带有脱钩装置的犁 breakaway plow
带有椭圆形穿孔的穿孔板 perforated plate with oval perforations
带有完整上部结构的敞侧台架式集装箱 platform based container open sided with complete super structure
带有微处理器的热量表 heat meter with micro-processor
带有未知数的条件平差 adjustment of condition equation with unknowns
带有纹孔的 pitted
带有小点的 cribbled
带有斜杆和吊杆的桁架式梁 trussed beam with diagonals and suspenders
带有斜置管的冷却器 cated design radiator
带有斜置管的散热器 cated design radiator
带有行星减速器的刮刀举升机构 planetary blade lift
带有悬浮力的气体 aerosol
带有压缩空气输送槽的散装水泥拖车 air-slide bulk cement trailer
带有液压泵的压制机 self-contained press
带有圆顶的巴西利卡式教堂 domed basilica church
带有圆顶的建筑物 domed building
带有圆顶的清真寺 domed mosque
带有圆顶的小塔楼 domed diminutive tower
带有圆孔的 round-meshed
带有圆筒形闸门的活动坝 cylindric-(al) barrage
带有闸门的管子 gated pipe
带有张紧轮 with tension pulley
带有罩子的操作汽缸 hood operating cylinder
带有正负号的小数 signed decimal
带有直立防浪墙的桩基防波堤 piled breakwater with vertical screen
带有中空叶片可通水冷却的螺旋输送机 hollow flight conveyer[conveyor]
带有抓槽的空心砖 perforated brick with grip-slot
带有转向架的卡车<用以装运集装箱> truck with bogie
带有装饰线条的方形栏杆柱 square-turned baluster;square-turned newel
带有阻尼器的转子流量计 dashpot rotameter
带有坐标的文法 grammar with coordinate
带余除法 division algorithm
带余量(非标准)的尺寸 over-size
带余热锅炉的干法生产 dry process with boiler
带余热锅炉的回转窑 rotary kiln with waste heat boiler
带余热锅炉的新烧成法 new calcination with boiler
带鱼 belt fish;hairtail;silver belt fish
带预分解炉的多波尔型预热器 Dopol preheater with precalciner
带预分解炉的悬浮预热器 suspension preheater with precalciner
带预烘干装置的锤式磨 hammer-mill with predryer
带预滤器的空气滤清器 air cleaner with pre-cleaner
带预燃室的缸盖 cylinder head with antechamber
带预热的窑 preheater kiln
带预置 tape initialize
带域象差 zonal aberration
带圆环十字架 ankh
带圆角方断面钻探用钢材 quarter octagon drill rods
带缘 band edge
带缘 Z 形钢 lip Z steel
带缘空心型材 lip hollow shape
带缘螺母 flange nut
带缘帽型钢 lip hat section steel
带约束极值问题 constrained extremal problem
带云母 taeniolite
带运 accompanying passengers of parcel
带运机 belt prover
带运输机的斗式装载机 bucket loader with conveyer[conveyor]
带运转精确度 tape-running accuracy
带载电压调节 load ratio control
带载电压调整器 load ratio voltage regulator
带载电压调整装置 load ratio adjuster
带载方式 loading regime
带载机组 loading machine
带载伸缩 telescope with load
带载调节接点 on-load tap changing
带载相位 load phase
带皂托的按摩淋浴器 massage shower set with soap holder
带皂托手动淋浴器 hand-go shower set with soap holder
带增压锅炉的热循环<一种汽轮机-燃气轮机联合循环> supercharged boiler cycle
带增压器的机车 booster locomotive
带扎电缆 banded cable
带轧机 hoop mill
带闸 band brake;belt brake;contracting brake; ribbon brake; strap brake
带闸港池 enclosed dock
带闸门的管子 gated pipe
带闸皮带轮 band wheel
带炸药铆钉 explosive rivet
带窄玻璃窗的门 narrow light door
带毡底的地毯 felt-base rug
带展接收机 bandspread receiver
带站标识 band identification
带张开辊的分级机 expanding roller sizer
带张力控制 tape tension control
带张力轧制 rolling with(stock) tension
带涨环的活塞环 spring-backed
带涨圈(衬环)的活塞环 expander type piston ring
带罩的日光灯 shielded fluorescent tube
带罩棘轮 masked wheel
带罩绞刀 enclosed cutter
带罩壳砂轮 grindstone with chest
带罩切削盘 enclose cutter head
带罩切削器 enclosed cutter
带罩散热器 bonnetted radiator
带罩视镜 sight glass with covering
带罩通风器 cowl ventilator
带照准器的量角仪 protractor with alidade
带折边的球形封头 torispheric(al) head
带折边的锥形变径段 conic(al) reducer with straight flange;toriconic-(al) reducer
带折边的锥形封头 conic(al) head with straight flange; toriconic(al) head
带折叠式盖子的写字台 roll-top desk
带褶边的帐帘头 jabot
带针圆筒 pin barrel
带真空泵的燃油泵 fuel pump with vacuum pump
带真空泵的纸张平滑度测定仪 paper smoothness tester with vacuum pump
带真空过滤机 belt-type vacuum filter
带真空过滤器 belt-type vacuum filter
带砧台虎钳 bench vice with anvil
带镇压轮的播种机 roller drill
带蒸汽夹套煮锅 steam-jacked kettle
带整套支架的灯光设备 light fitting with integral mounting
带整体式旋风筒的颗粒层集尘器 granular bed filter with integral cyclone
带正齿轮的曲柄轴 crankshaft with integral timing geat
带正电的有机离子 carbonium
带正电荷超滤膜 positively charged ultrafiltration membrane
带正电荷膜滤器 positively charged membrane filter
带正文锁口的钢板桩 reverse lock sheet piling bar
带帧脉冲 tape frame pulse
带支臂的采光柱 lighting mast with arm
带支撑框架 braced frame
带支撑桩的单排板桩墙 propped single-wall
带支承辊的辊式矫直机 backed-up type roller leveller
带支承凸缘的轴瓦 flange bearing
带支管软质玻璃过滤瓶 filtering flask with side tubulature soft glass
带支管试管 test-tube with side tube
带支管硬质玻璃过滤瓶 filtering flask with side tubulature hard glass
带支架水准尺 rack level(l)ing staff
带支腿方程 spar barge
带支柱的钢拱架 strutted steel arch
带支座的聚光灯 spotlight with stand
带支座的直角弯管 rest bend
带直立管道的隔墙 stack partition
带直立烟道的隔墙 stack partition
带直路活塞的滴定管 buret(te) with straight stopcock
带植 belt planting
带止动垫圈的滚珠轴承 snap-ting ball bearing
带止逆阀接头 valve coupling
带纸夹的书写板 clip board
带指示灯 tape light

带指示灯的开关杆 switch lever with indicator
带趾梁 toe beam
带制动的继电器 biased relay
带制动的时滞装置 escapement timing
带制动机的车辆 braked vehicle
带制动盘的动力传动 disk-braked train
带中继 tape relay
带中间极发电机 interpole generator
带中间冷却器的增压柴油机 superthermal diesel
带中间喷嘴的喷射管 blast pipe with intermediate nozzles
带中间皮带的传送装置 second drive belt
带中心凹槽的砂轮 recessed wheel
带中心水眼的钻头 center hole bit
带中心锥的进气口 spike inlet
带终端标记 end-of-tape marker
带终端标志 end-of-reel mark
带终端文件记录 trailer label
带终警告 end-of-tape warning
带轴链节 pin link
带轴流风机的冷却塔 axial fan cooling tower
带轴瓦的连杆 connecting rod with bearing shell
带轴线 zone axis
带珠计数器 beaded counter
带珠结构 beaded structure
带主塔楼城堡 keep and bailey castle
带住链链 hold on the chain
带助力器的转向装置 power-assisted steering gear
带注塑模 tape injection mold
带柱销的(辊)套 studded armo(u)ring
带柱状钉头的轮胎 studded tyre[tire]
带铸铁环的活塞 piston with cast-iron ring
带抓地板轮辋 lug rim
带抓斗运砂船 sand carrier with grab bucket
带抓钩的短索 choker line
带抓卡装置的打捞工具 grappling tool
带爪板形暗销 dowel pin with claw plate
带爪的压板 finger clamp
带爪工具 claw
带爪花盘 chuck face-plate
带爪尖的撬棍 crowbar
带爪卡盘 chuck face-plate
带爪起重器 claw jack
带转换器 tape-to-tape converter
带转接 tape relay;tape switching
带转速的独立控制 independent speed control
带转台清砂机 rotary fettling table
带转向架的机车 bogie locomotive
带装肥器的撒肥车 manure spreader with mounted loader
带装入点 tape loadpoint
带装卸装置的卡车 loader truck
带装置 belting
带状 banded appearance;ribbon
带状斑岩 banded porphyry
带状板 belt course
带状保温材料 heat insulating belt
带状碧石 riband jasper
带状编织电阻 ribbon resistance
带状标准地 sample strip
带状冰 ribbon ice
带状播种 band seeding;strip cropping
带状薄壁组织 zonate parenchyma
带状布置房屋 ribbon building
带状草地 cordgrass
带状草皮 sod strip
带状测量 strip survey
带状测树计 band dendrometer
带状层 belt course; stratum zonale; string course;ribbon course
带状层理 banding bedding; ribbon banding
带状层理构造 banded bedding structure
带状沉积 banded sediment;zonal deposition
带状成长<晶体的> zonal growth
带状城市 belt-line city
带状城市建筑 string development
带状冲沟 shoestring gully
带状冲刷 shoestring washing
带状除草 strip weeding
带状处理 strip manipulation
带状触点 ribbon contact
带状传动装置 band drive
带状传输线 flat coaxial transmission line; microstrip; parallel-strip line; strip transmission line
带状窗 window band
带状磁芯 core tape
带状磁性分离器 belt magnetic separator
带状导线 ribbon conductor
带状道路 belt road
带状的 banding; bandy; belted; etage; strip shaped; zonal; zonary; zonate(d); zoned; banded
带状灯丝 ribbon filament
带状等高线地形图 strip contour map
带状滴石 bacon
带状底砂运动 striped bed load movement
带状地基 strip flooring;strip footing; strip foundation
带状地形图 belt topographic map; strip topographic(al) map
带状电极 band electrode; strip electrode
带状电缆 banded cable; flat cable; ribbon cable
带状电缆接插件 flat-cable connector
带状电缆接头 flat cable head
带状电缆接头座 band electric(al) cable connective-socket
带状电线 strap wire
带状电阻器 ribbon resistor
带状雕饰 band(e)rol(e)
带状调查 strip survey
带状对接缝焊机 tape butt-seam welding machine
带状多芯电缆 flat-sandwich multi-conductor cable
带状发展<街市沿干道外郊扩展> ribbon development
带状法 strip method
带状分布 zonal distribution
带状分异 banded differentiate
带状风 zonal wind
带状辐射板 strip radiant panel
带状覆盖物 tape covering
带状盖草 strip mulching
带状干燥器 band drier[dryer]
带状钢轨导接线 strip bonding; strip rail bond
带状格栅 band screen;belt screen
带状耕作(法) strip cropping; field strip cropping; strip cultivation
带状公路 belt(-line) highway
带状勾缝 ribbon point
带状构造 banded structure; ribbon structure; zonal structure
带状管理 strip management
带状贯入体 banded injected body
带状灌溉 border irrigation; strip irrigation; strip water
带状光缆 optic(al) fibre ribbon cable; ribbon optic(al) fiber cable
带状光缆连接器 ribbon cable connector
带状光谱 band spectrum
带状光谱分析 band spectrum analysis
带状光束 ribbon beam
带状河曲 belt meander
带状荷载 strip load(ing)
带状横杆 ribbon rail
带状红柱石/蓝晶石型片岩建造 schist formation of zonal andalusite/cyanite type
带状花岗岩 banded granite
带状花坛 belt-bedding; ribbon flower bed
带状花纹 roe figure;strip figure
带状环割 band girdling
带状环流 zonal circulation; zonal flow
带状黄铜 cap copper
带状混合作用 metataxis
带状火焰喷燃器 ribbon-flame burner
带状火药 ribbon powder
带状基础 strip footing; strip foundation
带状基线尺 base(line) measuring tape
带状记录器 continuous line recorder
带状记录纸 strip chart
带状加边矩阵 banded-bordered matrix
带状加载扩散光波导 strip-loaded diffused optical waveguide
带状渐伐作业法 shelterwood strip system
带状胶结物结构 banded cement texture
带状礁 ribbon reef
带状接触 ribbon contact
带状接头 joint strap
带状结点 joint strap
带状结构 banded structure; list structure; ribbon structure; zonal texture; zone structure
带状结晶 zonal growth
带状晶体 ribbon crystal
带状矩阵 banded matrix; band matrix; strip matrix
带状聚落 linear settlement
带状卷动标尺<把活动的卷尺装在木框内用来简化计算> tape rod
带状卷云 band cirrus
带状控制器 band inversor
带状矿 banded ore
带状矿脉 banded lode; banded vein; ribbon vein
带状馈线 ribbon feeder
带状扩建 ribbon development
带状扩展 ribbon development
带状拦污筛 belt screen
带状拦污栅 belt screen
带状离心分离技术 zonal centrifugation
带状流冰 stream of ice
带状路 ribbon road
带状螺旋输送机 ribbon type screw conveyer[conveyor]
带状螺旋叶片 ribbon flight
带状螺旋叶片输送机 ribbon conveyer[conveyor]
带状螺旋运输机 ribbon type screw conveyer[conveyor]
带状玛瑙 banded agate
带状玛脂 tape mastic
带状脉 banded vein
带状煤 banded coal
带状棉 strip wool
带状木纹 striped figure;ribbon grain
带状泥煤 banded peat
带状黏[粘]土 banded clay; bandy clay; book clay; ribbon clay; varved clay
带状排列 zonation
带状排水板 band drain
带状喷雾器 band sprayer
带状片麻岩 banded gneiss
带状谱图 band spectrum
带状畦田灌 ribbon checks irrigation
带状气流 zonal wind
带状切割 ribbon cut
带状切屑 flow chip
带状侵蚀 shoestring washing
带状清查 strip enumeration
带状区域 strip region
带状曲线图 band curve chart
带状群状渐伐作业法 strip-and-group system
带状燃烧器 ribbon burner; strip burner
带状热电偶高温计 strip thermocouple pyrometer
带状熔丝 strip fuse
带状熔线 ribbon fuse
带状入侵 strip intrusion
带状撒布机 bandspreader
带状三行条播 triple rows line seeding
带状扫描 strip scan
带状砂层 shoestring sand
带状筛 band screen; belt screen
带状闪长岩 anchorite
带状闪电 band lightning; fillet lightning; ribbon lightning
带状烧除 parallel burning; strip burning
带状摄影机<配合飞行速度连续摄影的照相机> strip camera
带状生长 ribbon growth; zonal growth
带状石板材 ribbon stock
带状石灰岩 banded limestone
带状饰线条 banded mo(u)lding
带状体【地】shoestring
带状田 stripping field
带状条板 ribbon strip
带状条播 ribbon sowing
带状条纹 ribbon grain; ribbon stripe
带状铁矿石 banded ironstone
带状铜条 strip copper
带状突起 fillet
带状图 band chart; bar chart; going map; strip chart
带状图表记录器 strip-chart recorder
带状土【地】striated ground; stripped ground; stripped soil; zonal soil
带状土地 belt of land
带状瓦层 ribbon course
带状纹理 ribbon grain
带状纹泥层<冰川湖中的沉积层> rhythmite
带状物 band(ing); belt; ribbon; strap
带状下料法 ribbon loading
带状纤维 ribbon-like fibre[fiber]
带状现象 zone phenomenon
带状线 ribbon line; strip line
带状线电路 strip-line circuit
带状线条焊法 bundle electrode welding method
带状形分布 belt-type distribution
带状岩层 ribbon rock
带状岩脉 ribbon vein
带状沿海平原 belted coastal plain
带状样板 banded pattern
带状叶片螺旋桨输送机 ribbon screw
带状异向性 zonal anisotropy
带状引出线 ribbon(-like) lead
带状应力 ligament stress
带状预制排水板 band-shaped prefabricated drain
带状云条 belt cloud system
带状云系 banded cloud
带状栽植 strip planting
带状栽荷 strip load
带状闸 ribbon brake

带状栅栏图 ribbon diagram
带状照明 continuous line lighting
带状照明单元 strip lighting element
带状整地 strip till(age)
带状植树法 strip planting
带状注 ribbon beam
带状组织 banded texture; ghost texture; zonal texture; zonal texture; zone texture
带锥孔轴承 bearing with taper bore
带锥体的流动稠度试验台 flow table with cone
带锥形接头的可卸式钎杆 tapered bit
带锥形接头的可卸式钻杆 tapered bit
带子 band; tape; belt; lace(t); ligature; ribbon
带子扣钩 belt clasp
带紫罗兰的 violescent
带紫色的 purplish
带紫头的蓝色 violetish blue
带字母图案的玻璃器皿 monogram
带字盘的黏[粘]度计 viscosity ga(u)ge
带自动挡销的筒状铰链式提引器 Fair-Mannington type elevator
带自动卷拉装置的单打手成卷机 single beater scutcher with automatic lap end
带自动升降爪的链条机构 chain-and-ducking dog mechanism
带自亮浮灯的救生艇 life buoy self-igniting light; luminous buoy; night life buoy
带纵切刀双位回转卷绕机 twin turret rolling-up machine with slitters
带纵向切口的勺形取土器 split spoon core sampler
带走 carry away; carry off; dragging
带走的气体 entrapped gas
带走的润滑油 dragged lubricant
带走的油 entrained oil
带走粉尘量 dust entrainment; entrainment of soot
带足浴盆 self-contained bathing tub
带阻 band-elimination; band stop
带阻滤波器 band-elimination filter; band-exclusion filter; band-rejection filter; bandstop filter; band suppression filter; eliminator; low and high-pass filter; rejection filter; rejector; suppression filter
带阻滤波器阻抗 rejector impedance
带阻陷波器 rejection trap
带组 set of bands
带钻粉筒螺旋钻机 bucket drill
带钻机定向器的钻车 index jumbo
带钻头的捞砂筒 combination bit and mud socket
带嘴浇包 labiate ladle
带坐标仪的测图仪 coordinatograph photoplotter
带座舱救生筏 cabin-tank lifecraft
带座多铧犁 gang plough
带座球面轴承 unit bearing assembly
带座弯头 strapple bend; strapple elbow; strapple ell
带座洗手盆 lavatory basin with pedestal
带座月弯接头 strapple bend
带座支架 stock support

待

待班台位【铁】temporary rest position

待班线 temporary rest track
待爆破的道路 road to be blasted
待避线 refuge track; relief track; side-track
待标号 future label
待泊泊位 waiting berth
待泊浮筒 waiting buoy
待泊锚地 lying anchorage
待采脂林 round timber
待采脂树 round tree
待测物 determinant
待测元素 element to be measured
待测元素含量 element content to be measured
待测元素强度值 intensity value of being measured element
待测元素铀当量 uranium-equivalent of being measured element
待产室 labo(u)r room; predelivery room
待齿接 toothing
待初凝后放气抽出 ductube
待处理的 armed
待处理的数据 raw data
待处理任务队列 inactive queue of task
待处理中断 armed interrupt
待处理中断条件 pending interrupt condition
待处理状态 armed state; clinch
待定 indetermination; undetermination
待定乘法 method of undetermined multipliers
待定大小聚集 assumed-size aggregate
待定的 indeterminate; undetermined
待定点 <两点法中的> point of certainty
待定函数 undetermined function
待定系数 indeterminate coefficient; undetermined coefficient
待定系数法 method of undetermined coefficients
待定系数确定方法 determinate method of indeterminate coefficient
待定项目清单 list of open points
待定因子 undetermined multiplier
待定用地 non-designated area; undersigned area
待定值 required value
待动开关 cocked switch
待发 clear to send; committed; due-out
待发的 primed
待发信息指示器 waiting message indicator
待发运 ready for delivery
待飞坪 <飞机场> alert platform; run-up pad
待分配利润 retained profit
待焚(秘密)文件(存放)袋 <美> burn bag
待付汇款 draft payable
待付汇票 draft payable
待岗 waiting for a job within an enterprise
待雇 ply
待雇车辆 vehicle-for-hire
待雇交通工具 vehicle-for-hire
待挂的货车 traffic for clearance
待核准的签署 signature ad referendum
待机 stand-by
待机时间 stand-by time
待机准备 stand-by redundancy
待积剂量当量 committed dose equivalent
待建地区 unbuilt area
待交订货单 back order
待搅拌混凝土 compacted concrete
待接插口 indenting
待接石 toothing of stone
待接砖墙 toothing of brick wall
待结款项未清余额 outstanding balance
待进一步审议 ad referendum
待决的点收单 open receiving tally
待决债务 doubtful debt
待开发场地 predevelopment site
待开发地区 development area
待料时间 supply delay time
待料位置 waiting position
待滤水 water to be filtered
待命 await order
待命泊位 waiting berth
待命的 armed
待命浮筒 waiting buoy
待命港 order port
待命港池 tie-up basin
待命靠泊 calling for order
待命码头 tie-up wharf
待命潜水员 stand-by diver
待命时间 stand-by time; waiting time
待命系船墩 waiting post
待命中断 armed interrupt
待命状态 armed state
待配给 on allocation
待聘 position wanted
待期放牧 deferred grazing
待清算项目 clearing house item
待清账户 clearing account
待求参数值 undetermined parameter value
待取单元 pick-up
待取列车停留线 collection track
待熔合金 processing alloy
待时 waiting
待时费 waiting charges
待时工资 stand-by pay
待时时间 waiting time
待示签字 signature ad referendum
待收 due-in
待收利息 accrued interest
待收资本 capital on call
待售 for sale
待售房屋 spec house
待送电报 message for delivery
待所有条件完成后才交付给受权者 escrow
待摊成本 unabsorbed cost
待摊费用 deferred and prepaid expenses; deferred charges; fee to be apportioned; unamortized expenses
待摊费用审计 audit of charges for amortization
待填接口 back joint
待条件完成后即交受让人的契据、证书等 escrow
待投电报 message for delivery
待完成的担保证书 escrow
待洗床单运送槽 linen chute
待洗衣物柜 linen cupboard
待销存货 stock-in-trade
待卸车 cars waiting for discharging
待行车辆 waiting vehicle
待修 awaiting repair; laid up
待修车存放线 bad order track
待修船锚地 laid-up vessel anchorage
待修的 repairable
待修机车 locomotive waiting for repair
待修品 tumble-down
待修生 bad order car
待修时间 unattended time; unused time
待选坝址 proposed site
待选场址 proposed site
待选项 constraint term
待寻元素 eka-element
待研究问题 open question
待业人口 population waiting for employment
待议事件 agendum[复 agenda]
待用 stand-by application
待用程序块 inactive block
待用的 inactive; stand-by
待用队列 inactive queue
待用节点 inactive node
待用卷 inactive volume
待用链路 inactive link
待用票价表 passive fare table
待用入口 inactive entry
待用事件变量 inactive event variable
待用文件 inactive file
待用线(路) inactive line
待用站 inactive station
待用状态 dormant state; inactive state
待遇 terms of employment <指对待、权利方面>; remuneration; wages and benefits <指物质报酬>
待援 fall back
待运 awaiting transit; awaiting transport
待运的货物 traffic for clearance
待运吨数 tons offered
待运转 ready for operation
待闸时间 waiting time for lockage
待炸毁的道路 road to be shot down
待支保留数 obligation outstanding
待执行的操作 on-unit
待执行的合同 executory contract
待执行的契约 executory contract
待转电报 message for retransmission
待装订(资料) in sheets
待装货物运输 traffic on hand to be loaded
待装码头 outfitting pier
待做工作 further work desirable

怠

怠惰的 inactive

怠工 abstention from labour; delinquency; go-slow; hanging it out; labo(u)r slowdown; lazy strike; sabotage; industrial action
怠工工时(数) man-hour in idleness
怠速 idling speed
怠速阀 idle valve
怠速副喷口 secondary idle-hole
怠速量孔 <化油器的> idling jet
怠速喷嘴 idling jet
怠速燃油损失 banking loss
怠速调整器 idle adjuster
怠速系统 idling system
怠速运转 running free; tick-over
怠速针阀 idle needle valve
怠速转速 idling speed

殆

殆周期函数 almost periodic(al) function

玳

玳瑁斑纹器皿 tortoise-shell ware

玳瑁蜡光纸 marbled glazed paper

贷

贷差 credit balance

贷出 on-lending
贷方 black ink; charge side; creditor; credit side; decrease side; lender
贷方对消 contra credit
贷方分配 credit allocation
贷方符号 credit symbol
贷方金额 amount of credit side
贷方栏 credit column
贷方税额 tax credit
贷方图像字符 credit picture character
贷方项目 credit item
贷方余额 credit balance

贷放基金 loan fund
贷款 advance; lend; make advance; raise loan; loan
贷款安排结构 structure of loan facility
贷款保收 factoring
贷款保险 loan policy
贷款保证金 stand-by fee
贷款本金偿还额 loan principal repayment
贷款编号 loan No.
贷款拨付 loan implementation
贷款部 advanced department
贷款部门 accommodator; loaner
贷款财团 loan consortium; loan syndicate
贷款参加证书 participation certificate in loan
贷款偿付 loan redemption
贷款偿还 credit repayment; repayment
贷款偿还能力 loan repay ability
贷款偿还期 loan repayment period; payback period of loan; reimbursement period of loan
贷款偿还期的延长 extension of loan
贷款承兑人 accommodation acceptor
贷款承诺 loan commitment
贷款承诺书 commitment letter
贷款筹措 loan financing
贷款处 loan office
贷款担保 security of loan; security for a loan
贷款担保计划 loan guarantee program(me)
贷款调换 conversion of a loan
贷款对象 prospective borrower
贷款额 loan amount; loan draw
贷款费用 finance charges
贷款风险估计 credit test
贷款附加费 finance fee
贷款给某人 make an advance to somebody
贷款管理机构 loan administration; loan authority
贷款规章条例 regulations on loans
贷款国 lending country
贷款互助会 credit union
贷款汇单 loan bill
贷款汇总表 summary statement of loan
贷款机构 lending institution; loader
贷款基金 loan fund
贷款计划 borrowing plan
贷款计息 loan pricing
贷款结束 loan closing
贷款结账 loan closing
贷款经纪人 loan broker
贷款经理处 loan agency
贷款净额 net credit
贷款利率 lender rate; lending rate; loan(ing)(interest) rate; price of money
贷款利息 loan interest
贷款凭单 credit memo
贷款期限 final maturity; tenor
贷款契约 loan contract
贷款权 <从国际货币基金组织获得的> credit-tranche position
贷款人 accommodator; loaner
贷款申请 loan request
贷款申请登记表 credit application
贷款申请书 loan application
贷款市场 loan market
贷款收盘 loan closing
贷款收入 loan proceed
贷款数量 amount of loan; size of loan
贷款损失 loan loss
贷款所得 proceeds of loan
贷款条件 condition for loan; credit term; terms of credit; terms of loan
贷款条款 credit terms
贷款通知单 credit advice
贷款拖欠 loan delinquency
贷款拖欠率 delinquency rate on loans
贷款委员会 loan committee
贷款文件 loan documents
贷款限额 basic credit line; ceiling on loan; credit line; line of credit
贷款协定 loan agreement
贷款协议 loan agreement
贷款信托 loan in trust
贷款信用担保 credit guarantee
贷款许可 commitment letter
贷款要求 borrowing needs
贷款业务 advance business; lending operation; loan business; loan service [servicing]; loan transaction; money-lending business
贷款业务量 loan portfolio
贷款银行 borrower's bank; lending bank
贷款佣金 loan commission
贷款有效期 commitment period
贷款与存款比率 loan-deposit ratio
贷款与价值比 loan-to-value ratio
贷款与预付 loan and advance
贷款账户 loan account
贷款支用期 drawdown period
贷款资本 loan capital
贷款资金 borrowed fund; loan fund
贷款最高限额 loan ceiling
贷项 credit entry; credit item

袋包堆垛 bag pile

袋包装 bag package
袋包装船机 sack loader
袋播 bag seeding
袋布 bagging; sacking
袋擦 <用麻布袋擦平混凝土表面> sack rub
袋擦平缝 sack joint
袋擦饰面 sack finish; sacking
袋匙式挖泥船 bag and spoon dredge(r)
袋充填封口包装机 pocket filling and sealing packager
袋虫 bag-worm moth; case moth
袋堆 bag pile
袋堆传送装置 stack transfer device
袋垛 pile of bags
袋阀 bag stopper
袋分裂器 bag splitter
袋封口机 bag sealer; bag sealing machine
袋腐 pocket rot
袋货升降机 bag elevator
袋夹 sack clamp; sack holder
袋卷自动插袋器 reel fed automatic sack applicator
袋口踏边机 pocket welting machine
袋滤尘器 bag dust filter
袋滤法 bag filter process
袋滤器 bag filter; baghouse; fabric filter
袋滤器袋布质量 quality of bag filter cloth
袋滤式集尘机 bag filter type collector
袋滤式集尘器 bag filter type collector
袋滤室 baghouse
袋模成型 bag mo(u)lding
袋囊 sac
袋皮 bag hides
袋皮破 bags cover torn
袋皮有小洞 cover with small holes
袋热合机 bag heat-sealing machine
袋砂井 bag sand well; packed sand drain
袋勺式挖泥船 bag and spoon dredge(r)
袋绳 pocket line
袋式布滤器 bag-type cloth filter
袋式采样 bag sampling
袋式采样器 bag sampler
袋式测温器 pocket thermometer
袋式除尘器 bag filter; baghouse precipitator; bag-type dust collector; bag-type duster; fabric collector; sack-duster
袋式除尘装置 bag-type dust collection system; exhaust dust device with bag
袋式存水弯 bag trap
袋式堵头 bag plug
袋式过滤 deep-bed filtration
袋式过滤除尘器 bag dust filter
袋式过滤法 bag filter process
袋式过滤器 bag filter; bag hose; baghouse; bag-type filter; breather bag; deep-bed filter; sack-type filter
袋式混汞提金器 pocket amalgamator
袋式集尘器 bag dust collector; bag-type dust collector; envelope type filter; stocking filter; tubular dust collector
袋式集尘室 baghouse; bag room
袋式集尘装置 bag filter installation; bag-type collection system
袋式集装箱 bag container
袋式挤压器 bag squeezer
袋式滤尘器 bag dust filter
袋式滤器 bag filter
袋式取样 bag sampling
袋式收尘器 bag filter; bag-type dust collector
袋式输送机 canvas sling conveyer; pocket conveyer[conveyor]
袋式输送器 canvas sling conveyer; pocket conveyer[conveyor]
袋式提升机 donalt conveyer[conveyor]; pocket elevator
袋式纤维过滤器 bag-type fabric filter
袋室除尘法 bag process
袋鼠式货车 <凹型车底平车> kangaroo(type) wagon
袋鼠式起重机 kangaroo crane
袋鼠形半挂车 <装在凹形底板的平车上> semi-trailer "Kangaroo"
袋鼠形船 kangaroo ship
袋鼠形塔式起重机 kangaroo tower crane
袋鼠装卸方式 kangaroo system
袋数计数器 sack counter
袋栓 bag plug; bag stopper
袋塑成型 bag mo(u)lding
袋索 bag rope
袋锁 bag lock
袋网 bag net
袋物 bagged cargo; sack cargo
袋物及小件货物装载机 bag and package loading plant
袋物螺旋溜槽 bag spiral slide
袋形传送带 pocket belt
袋形存水湾 bag trap
袋形地域 cod
袋形风标 wind sleeve; wind sock
袋形风向标 wind sleeve
袋形谷 pocket valley
袋形海滩 pocket beach
袋形回车场 turning pocket
袋形极板 pocket plate
袋形空气过滤器 bag filter
袋形路 blind street; dead-end street
袋形铅丝石笼 sack gabion
袋形水区 cod
袋形水团 water pocket
袋形水域 pocket cod
袋形死巷 cul-de-sac(street); curl-de-sack
袋形停车处 bus pocket
袋形线脚 bag mo(u)lding
袋形走道 dead-end corridor; pocket corridor
袋压成型 bag mo(u)lding
袋压黏[粘]接 bag bonding
袋运送器 bagged conveyer[conveyor]
袋真空包装机 vacuum packer for bag
袋植 pocket planting
袋装 pack in bags; pack in sacks
袋装保温隔声材料 insulation in bags
袋装部门 bagging department
袋装材料防波堤 bag breakwater
袋装秤 bagging scale
袋装发运 despatch in bags; despatch in sacks
袋装干拌混凝土 bagwork
袋装干混合料 packaged dry combined materials
袋装干燥法 sack-drying method
袋装谷物 bagged grain
袋装谷物平台干燥机 platform drier for bagged grain
袋装骨料 bagged aggregate
袋装刮土器 bag cutter
袋装灌浆干料 packaged grout
袋装滑运道 bagging chute
袋装混凝土 bagged concrete; concrete bagging; concrete in bag; sacked concrete
袋装混凝土堆层 bagwork
袋装混凝土干料 packaged concrete
袋装混凝土骨料 bagged concrete aggregate
袋装混凝土护岸工程 concrete bagwork; sacked concrete revetment work
袋装混凝土护坡 sacked concrete revetment
袋装混凝土集料 bagged concrete aggregate
袋装混凝土排 concrete-filled mattress
袋装混凝土倾倒器 bag splitter
袋装混凝土水下施工 bagwork for underwater concreting
袋装货 bag cargo; bags
袋装货堆垛机 bag stacker
袋装货输送带 bag conveyer[conveyor]
袋装货物 bag(ged) cargo; sack cargo; bag(ged) goods; cargo in bag; cargo in bale; cargo in sack
袋装货物滑道 gravity sack shoot
袋装货物螺旋滑板 bag spiral slide
袋装货物斜槽 gravity sack shoot
袋装货运输带 sack conveyer[conveyor]
袋装机 bag-filling machine; bagging machine
袋装集料 bagged aggregate
袋装料 bagged material; sacked material
袋装漏斗 bagging hopper
袋装螺钉 bagging screw
袋装米 rice in sack
袋装泥沙护岸 sack revetment
袋装泥土的临时挡水坝 bag dam
袋装农产品干燥 in-sack drying
袋装农产品干燥机 in-sack drier[dryer]
袋装砂浆干料 packaged dry mortar
袋装砂浆干料护岸 sand cement bag revetment
袋装砂井 fabric-enclosed sand drain; jute fibre drain; packed sand drain; sand-bag well; wick drain; sand

D

wick
袋装砂井排水法 pack drain
袋装砂土工排 sand filled mattress
袋装石膏 bagged gypsum
袋装石块 sacked riprap
袋装式螺旋钻 bag auger
袋装水稻 bagged rice
袋装水化石灰 bagged hydrated lime
袋装水泥 bagged cement; bag of cement; finished cement; sack of cement
袋装(水下)混凝土护岸 sacked concrete revetment
袋装土(壤)或混凝土筑成的坝 bag dam
袋装物防冲铺砌 sack erosion check
袋装小麦的干燥 drying of wheat in sacks
袋装盐 bagged salt
袋装蛭石声绝缘 vermiculite insulation in bags
袋装注浆 bag grouting
袋状凹湾 sac
袋状的 baggy; pockety
袋状洞 bag-like cave
袋状风化壳 pockety residuum
袋状风化囊 pockety weathered capsule
袋状腐朽 pocket rot
袋状海湾 blind lead; cul-de-sac (street); pocket
袋状河埂 pocket boom
袋状溶洞 sack-shaped cave
袋状滩 pocket beach
袋状弯 sac
袋状物 bag
袋状叶 pocket leaf
袋状织物 baggy fabric
袋子被汗渍水渍污 bags stained by sweat
袋子被内货渍污 bags stained by contents
袋子被糖汁渍污 bags stained by syrup
袋子计数器 bag counter
袋子空 bags empty
袋子漏 bags leaky
袋子破 bags torn
袋子有脏渍 bags covers dirty dirt stained
袋子转向板 bag deviator

逮

逮捕拘留条例 legging on apprehension and arrest

逮捕状 warrant

戴

戴恩颜料 Diane pigment

戴尔陶瓷插口成型法 Dyer method
戴耳罩 hearing protection
戴氟隆树脂 daiflon
戴挂式电话机 head and chest set
戴克拉姆铬钼钒钢 Dy-krome
戴克里森皇宫 < 位于南斯拉夫斯普利特的 > Diocletian's palace at Split
戴克里先宫 < 在斯帕拉托的 > Imperial Apartments
戴利(黄)铜 Dairy bronze
戴伦轧机 Daelen mill
戴洛陶瓷 Diallocs
戴洛伊硬质合金 Dialloy
戴马克接缝 Demag joint
戴码尔铬锰钨钢 Dymal
戴帽管口 end cap orifice
戴帽子 bonnet
戴梅特罗尔尼龙 Dymetrol
戴那砖 Dinas brick
戴纳泵 Dyna pump
戴纳高速高能锻压机 Dynaforge
戴纳马克薄膜磁芯材料 Dynamax
戴纳瓦(恒弹性)合金 Dynavar (alloy)
戴纳钻具 Dyna-drill
戴能曲率仪 Dehlen's curvature meter
戴碳钙石 defernite
戴头盔 helmeted
戴维宁定理 Thevenin's theorem
戴维森坐标 Davisson coordinate
戴维斯-布鲁宁比色计 Davis-Bruning colo(u)rimeter
戴维斯磁性测定仪 Davis magnetic tester
戴维斯方程 Davis equation
戴维斯方位表 Davis table
戴维斯海峡 Davis Strait
戴维斯-吉伯逊滤色器 Davis-Gibson filter
戴维斯镍青铜 Davis bronze
戴维斯排 Davis raft
戴维图 David graph
戴着面罩的 masked

丹

丹巴矿 danbaite

丹伯效应 Dember effect; photodiffusion effect
丹醇 deanol
丹得来昂轴承合金 Dandelion metal
丹顶鹤 red-crowned crane
丹多盛钢桶用砖 Dando brick
丹凤朝阳 red phoenix in morning sun
丹弗型单室浮选机 Denver unit cell
丹弗型底吹式浮选机 Denver cell; sub-A flo(a)tation cell
丹弗型搅拌机 Denver agitator
丹弗型矿浆条件箱 Denver conditioner
丹弗型水力分级机 Denver hydroclassifier
丹弗型跳汰机 Denver jig
丹弗型选矿跳汰机 Denver mineral jig
丹弗烟霾 Denver smaze
丹福尔大抓力锚 Danforth anchor of high holding power
丹克韦尔兹模型 Danckwerts model
丹麦国家道路研究实验室 National Road Research Laboratory of Denmark
丹麦海峡 Denmark Strait
丹麦建筑 Denmark architecture
丹麦克朗 < 货币名称 > Danish Kroner
丹麦式循环曳绳钓 Danish running line trolling
丹麦式中耕机 Danish cultivator
丹麦拖网 Banish seine
丹麦鱼夹 Danish tong
丹姆克尔数 Damkohler number
丹姆陶器 < 德国施铅釉 > Damm faience
丹内马拉高速钢 Dannemora
丹纳法 Danner process
丹奈伯格窑 < 环形窑 > Danneberg kiln
丹尼尔电池 Daniell cell
丹尼尔流点法 Daniell flow point (method)
丹尼尔湿度计 Daniell hygrometer
丹尼森泵 Denison pump
丹尼森发条规 Denison ga(u)ge
丹尼森取土器 Denison sampler
丹尼森(三层)岩芯管 < 取原状土样用 > Denison core barrel
丹尼森液压电动机 Denison motor
丹尼森轴向活塞泵 Denison pump
丹尼(亚)阶 < 古新世 >【地】Danian (stage)
丹宁 digallic acid; tannin
丹宁促溶剂过程 solutizer-tannin process
丹宁的 tannic
丹宁精 tannigen
丹宁凝胶 condensed-tannin gel
丹宁树脂 tannin resin
丹宁酸 digallic acid; gallotannic acid; gallotannin; tannic acid
丹宁酸当量 tannic acid equivalent
丹宁酸钠 sodium tannate
丹宁酸盐 tannate
丹宁酸值 tannic acid value
丹宁提取物 tanning extract
丹宁物质 tannic substance; tanning material
丹宁纸 tanning paper
丹诺混合肥料厂 Dano composting plant
丹帕克斯 < 一种墙面防潮漆 > Dampexe
丹铅 minium
丹容超人差棱镜等高仪 Danjion impersonal prismatic astrolabe
丹容等高仪 Danjion astrolabe
丹容棱镜等高仪 Danjion prismatic astrolabe
丹石 borax
丹斯石 d'Ansite
丹霞地貌 Danxia landform
丹霞式 Danxia type

担

< 中国和东南亚国家的一种质量单位,1 担 = 50 千克 > dan; picul

担孢子 basidiospore
担孢子梗 sterigma
担保 assurance; bail; undertake; undertaking; vouch; security
担保承包商完成合同及清偿全部债务 completion bond
担保承兑 acceptance on security; collateral acceptance
担保充分 fully secured
担保充分的负债 fully secured liabilities
担保储蓄账户抵押 pledged savings account mortgage
担保存款 security deposit
担保代理人 bonding agent
担保单独海损 assured with average
担保的最高责任(金额) penal amount
担保额 amount guaranteed
担保额度 bonding capacity
担保放款 secured loan
担保费率 bonding rate
担保费用 guarantee(d) cost
担保分期付款土地合同 < 美国加州的一种抵押贷款方式 > security installment land contract
担保付款代理人 del credere agent
担保负债 secured liability
担保公司 bonding company; guarantor company; surety company
担保函格式 form of bond
担保合同 contract of guarantee; contract of guaranty; guarantee contract; security contract; suretyship
担保还款 del credere
担保汇票 draft drawn against securities
担保金额 guarantee sum; penal sum; amount of security
担保联署者 co-maker
担保能力 bonding capacity
担保品 collateral; guarantee; guaranty; hypothecated goods; security
担保期 period of warranty; guarantee period
担保期内的裁决 warranty decision
担保期限 guarantee period
担保企业 guarantor enterprise
担保契约 deed of security; guaranty bond; hypothecation
担保权益 security interest
担保人 bond(s) man; guarantor; sponsor; underwriter; voucher; warrantor
担保人的义务 surety's obligation
担保商 bonding agent
担保书 guarantee bond; letter of guarantee; letter of undertaking; surety bond; warranty
担保所有权公司 title company
担保物 guaranty; thing pledged
担保物的转让 collateral assignment
担保系统 guarantee chain
担保协定 guarantee agreement
担保协议 guarantee agreement
担保信托债券 collateral trust bond
担保信用证 guarantee letter of credit
担保信用状 stand-by credit
担保有限公司 company limited by guarantee
担保债权 secure claims
担保债券 collateral bond; surety bond
担保债务 secured bond
担保责任 bond obligation
担风险的建造 speculative builder
担负得起 can afford to
担架 barrow; hand barrow; hand frame; litter (stretcher); stretcher
担架式喷粉机 stretcher duster
担架式喷雾器 stretcher-mounted sprayer
担梁 spreader yoke; spreader beam < 起重机吊梁 >
担任 officiate; take charge of; take on; undertake
担任代表 deputize
担任主席 taking of the chair
担体 supporter
担子 basidium[复 basidia]; burden
担子菌纲 < 拉 > Basidiomycetes

单

单 T 板 lin-Tee beam

单 T 形梁 single-Tee beam
单 T 形屋面板 single Tee roof slab
单 V 形对焊 single V-butt weld
单岸式电站 block power plant; block power station
单岸式径流式电站 block-type run-of-river power station
单岸式水电站 block power plant
单按钮操纵 one-push button operation
单按钮控制 one-push button operation; single (pushbutton) control
单按钮自动操纵 single-automatic operation
单凹槽砖 single-frogged brick
单凹接头 single notching
单凹口 single notching
单凹磨砂边显微镜载玻片 microscope slide single concave ground edges
单靶射束 simple beam
单摆 mathematic(al) pendulum; simple pendulum; single pendulum
单摆颚式破碎机 single-toggle jaw crusher
单摆横倾指示器 pendulum clinometer
单摆倾斜计 pendulum inclinometer
单摆式拖轮罗经 single pendulous gyrocompass
单班操作 one-shift operation

单班制 single shift
单班作业 one-shift operation
单板 figured veneer;veneer
单板坝 flitch dam
单板背面 loose side;slack side
单板背面裂隙 knife check
单板侧刀 veneer clippers
单板层 ply
单板层积材 laminated veneer lumber
单板道路 single plank track
单板的 single-deck
单板的紧面 tight side of veneer
单板等级 veneer grade
单板堆 flitch
单板舵 center plate rudder;flat plate rudder;single plate rudder
单板分级机 single-deck classifier
单板分级器 one-deck classifier
单板缝合机 veneer sewing machine
单板干燥机 veneer drier[dryer]
单板横接机 edge gluer
单板机 mono-plate processor
单板计算机 veneer computer; single board computer; single card computer
单板夹 board clip
单板剪裁机 veneer clippers
单板接缝机 veneer jointer
单板紧面 tight side
单板锯 veneer(cutting)saw
单板锯割法 veneer cutting method
单板类 Monoplacophora
单板料片 flitch
单板毛糙部分 patch
单板门 single-panel(led)door
单板磨刀机 veneer knife grinder
单板刨光机 veneer jointer
单板刨切机 slicer;veneer slicer
单板匹配 <胶合板> flitch matching
单板片削机 Elmendorf machine
单板拼缝机 splicer
单板墙 single plank wall
单板切断机 veneer clippers
单板切割法 veneer cutting method
单板切片机 slicer;veneer slicer
单板切削机 veneer cutter
单板饰面的胶合板 veneered plywood
单板松面 loose side;slack side
单板条层压材 parallel strand lumber
单板贴面材 wood veneered
单板贴面刨花板 particle board with a veneer overlay
单板微型机 one card microcomputer
单板微型计算机 single-board microcomputer; single card microcomputer
单板芯板 veneer core
单板芯胶合板 veneer core plywood
单板旋床 veneer lathe rotary peeling machine
单板旋切 rotary veneer cut
单板旋切机 veneer rotary lathe;peeler
单板用材 <镟旋制单板用的圆木段> veneer bolt
单板原木 veneer log
单板整边 jointing
单板整面 tight side
单板中内龙骨 single plate center keelson;single plate keelson
单板桩结构 single-wall sheet piled structure
单版画 monotype
单版画制作法 Monotype
单半结 single half hitch
单瓣 single lobe
单瓣泄水闸门 single-leaf sluice gate
单绑 single up
单包立体照片 monochromatic anaglyph
单包消息 single packet message
单包装保温固化硅橡胶 one-package thermal retardation cure silicon rubber
单孢锈菌属 <拉> Uromyces
单杯形隔电子 single cup insulator
单杯形绝缘子 single cup insulator
单贝尔(炸药)monobel
单倍长度规格化 single-length normalization
单倍长运算 single length arithmetical
单倍的 haploid
单倍精度 single precision
单本位(金属货币)制 monometallism;monometallic standard
单本位制的 monometallic
单比 simple ratio
单比例 simple proportion
单笔孤峰 mogote
单笔记录器 one-pen recorder
单笔位绘图头 single station head
单闭磁路继电器 single closed magnetic circuit relay;single shunt field relay
单闭合环路反馈 single-loop feedback
单闭路复绕组 singly reentrant winding
单壁 single wall
单壁管 monowall tube
单壁犁 single mo(u)ld board plough
单壁取土器 soil sampler of single wall
单壁支墩 single-wall buttress
单篦床冷却机 single grate cooler
单臂板信号 single arm semaphore; single-blade semaphore
单臂板信号法 one-arm signal(l)ing; one blade signal(l)ing
单臂板信号机【铁】single arm semaphore;single-blade semaphore
单臂操纵 mono-lever control
单臂操作旋压 underarm-tool spinning
单臂锤 overhanging hammer
单臂刀架 heavy-duty tool block; open-side tool block
单臂导杆 single arm guide rod
单臂捣泥机 long pug mill
单臂电桥 Wheatstone bridge
单臂吊艇柱 single arm davit
单臂舵柄 single arm tiller
单臂分度仪 single arm protractor
单臂(杠)杆 single armed lever
单臂拐肘 half crank
单臂架系统 single boom system
单臂架钻车 single boom jumbo; single boom rig
单臂掘进机 single boom roadheader
单臂犁 single mo(u)ld board plow
单臂(龙门)刨(床)open-side planer; open-side planing machine
单臂龙门(刨)铣床 open-side planer milling machine
单臂锚 one-arm anchor;one fluke anchor
单臂平衡杆 single-working beam
单臂谱仪 single arm spectrometer
单臂起重机 jib crane
单臂人字起重机 ginnywink
单臂揉捏机 long pug mill
单臂式液压机 C-frame hydraulic press
单臂受电弓 single arm pantograph
单臂铁砧 one-armed anvil
单臂线担 bracket arm
单臂旋转式前置装载机 one arm swinging front loader
单臂压力机 open-side press
单臂液压刨床 open-side hydraulic planer
单臂液压钻机 single boom hydraulic drill carriage
单臂凿岩台车 single boom drill rig
单臂砧 single arm anvil
单臂筑路机 single arm roadheader
单臂钻车 single arm rig;single boom drill rig; single boom jumbo; single boom rig
单边 one-side;single selvage
单边 V 形坡口 single-bevel groove
单边爆破 side explosion
单边齿轮驱动 single-ended drive
单边带 single sideband
单边带被抑制的载波 single sideband suppressed carrier
单边带变换器 single sideband converter
单边带长途通信[讯]设备 birdcall
单边带传输 single sideband transmission
单边带多路电话制 single sideband multiplex telephone system
单边带发射机 single sideband transmitter
单边带发送 single sideband transmission
单边带放大器 single sideband amplifier
单边带接收机 single sideband receiver
单边带解调 single sideband demodulation
单边带解调器 single sideband demodulator
单边带调节 single sideband modulation
单边带调谐 single sideband tuning
单边带调制 single sideband modulation
单边带调制器 single sideband modulator
单边带失真 single sideband distortion
单边带通信[讯] single sideband communication
单边带无线电接收机 single sideband radio set
单边带系统 single sideband system
单边带信号 single sideband signal
单边带信号发生器 single sideband signal generator
单边的 unilateral;unite
单边多极点焊 series spot welding
单边多极滚焊 series seam welding
单边多极焊接 series welding
单边多极凸焊 series projection welding
单边二级网络 unate two-level network
单边房住宅建筑 block with one wing
单边放大器 single-sided amplifier
单边钢领 single-flanged ring
单边供电 one-way feeding;unilateral contact line powering
单边刮沫充气式浮选槽 shimming cell
单边滚式送料 single-roll feed
单边函数 unate function
单边焊缝丁字接头 single-tee joint
单边剪切 one-way shear
单边角接焊缝 single fillet weld
单边阶跃结 one-sided step junction
单边截夹板机 single edge veneering machine
单边卡钳 hermaphrodite cal(l)ipers
单边看齐标准 unilaterally aligned standard
单边裂缝 single-edge crack
单边滤波器 one-sided filter
单边码头 quay pier
单边密封垫 single-sided gasket
单边密封条 single-sided gasket
单边磨损 <钻头> mule-foot
单边刨最大刨削宽度 maximum width cut by single-side planer
单边频传输 single-side-frequency transmission
单边频发送 single-side-frequency transmission
单边坡口角度 angle of bevel;bevel angle
单边坡口角接头 single-bevel corner joint
单边双电极焊缝 series seam welding
单边塔 <斜拉桥> lateral tower
单边铁鞋 single-edged skate
单边停车 unilateral parking;unilateral waiting; unilateral prohibition of waiting <英国道路>
单边停车制 unilateral system of parking
单边突变结 one-sided step junction
单边推挽放大器电路 single-edged push-pull amplifier circuit
单边协议 unilateral arrangement
单边引出线 single in line
单边支重轮 single-flange track roller; single rim bearing wheel
单边直线感应电动机 single-sided linear induction motor
单边自动焊接 one-sided automatic welding
单边最小平方反滤波器 one-sided least-square inverse filter
单边作用喷雾机 single-sided sprayer
单编结 becket bend;becket hitch;single bend
单编眼环琵琶头 becket eye
单鞭金藻属 chromulina
单变的 monophagous; monotropic; monovariant
单变度的 univariant
单变法 single variation method
单变化松弛 univariate relaxation
单变量 single argument
单变量的 monovariant;univariate
单变量分布 univariate distribution
单变量分析 univariate analysis
单变量试验 univariable experiment
单变量调节 single-variable control
单变量统计模型 one-variable statistic(al)model
单变量系统 single-variable system
单变平衡 univariant equilibrium
单变容管参量放大器 single-varactor parametric amplifier
单变体系 monovariant system
单变系 univariant system
单变系数 monotropy coefficient
单变现象 monotropy
单变性 monotropy
单变性的 monotropic
单变性转变 monotropic inversion
单变状态 monovariant state
单变状态的 monovariant
单遍程序 single-pass program(me)
单遍的 single-pass
单遍扫描 single-pass scan
单标尺法 <检验水准仪> single-staff method
单标识符 single identifier
单标志孔 single index hold
单表密码 monoalphabetic cipher
单丙胺 monopropylamine
单柄铁水包 single shank ladle
单柄四向交替开关 monolever switch
单饼滑车 single block
单饼铁滑车 cargo gin block;gin block; iron single block
单饼小滑车 dasher block;jewel block
单并联绕组 simple parallel winding
单波 simplex wave;single wave;solitary wave
单波补偿器 single-wave compensator
单波长红外分析仪 single-wavelength

infrared analyser[analyzer]
单波传波 single-wave of translation
单波道 single-channel
单波的 uniwave
单波段 single band
单波段的 single range
单波段选择器 single wavelength selector
单波峰 single-wave peak
单波绕组 simplex wave wind(ing); single-wave wind(ing)
单波束 simple wave beam; single wave beam
单波运行 single-wave operation
单波振荡器 single-wave oscillator
单玻璃焊工护目镜 single oxyacetylene welding goggles
单播 unicast
单驳船 single barge
单泊位 single berth
单泊位钢筋混凝土突码头 single berth reinforced concrete jetty
单泊位钢筋混凝土栈桥 single berth reinforced concrete trestle
单薄的 frail
单薄结构 frail construction
单步 one-step; single step
单步操作 one-shot operation; one-step operation; single-shot operation; single-step operation; step-by-step operation
单步测试 single stepping test
单步处理 single-step process
单步电路 one-shot circuit; single-shot circuit
单步法 one-step method; single-step method; single-step process
单步方法 one-step method
单步方式 single-step mode
单步计算机 single-shot computer
单步开关 single-step switch
单步梁 one-step cross beam
单步派生 one-step derivation
单步调试 single-step debug
单步图灵机 single-step Turing machine
单步微指令 monophase microinstruction
单步预测滤波器 one-step predicative filter
单步运算 single-step run
单步运行 single-step run
单步指令 single-step instruction
单材拱 outer-side bracket arm
单材料光纤 single material optic(al) fiber[fibre]
单材料纤维 single material fiber[fibre]
单裁口搭接 halved joint; halving joint
单参数 one-parameter
单参数的 one-parametric
单参数法 one-parameter method; single parameter method
单参数荷载 one-parametric loading
单参数曲线族 one-parameter family of curves
单参数群 one-parameter group
单仓泵 single-pressure vessel
单仓磨 one-compartment mill; single chamber mill; single compartment mill
单仓输送泵 single vessel conveyer [conveyor]
单舱汽艇 sedan
单舱游艇 dragon
单操作 single operation
单操作数指令 single-operand instruction
单槽 single notching
单槽齿 single step
单槽的 single groove
单槽浮选机 single-trough flo(a)tation machine
单槽集束器 single groove gathering shoe; single-track gathering shoe
单槽螺旋钻 single flute drill
单槽麻花钻 single-twist drill
单槽模 single impression die
单槽木钻头 single-flute wood drill
单槽砌块 unicell block
单槽绕组 single-slot winding
单槽下饲式炉排 single retort stoker
单槽钻 single flute drill
单槽钻床 gun drill
单槽钻头 single flute bit
单侧闭式叶轮 single-shrouded impeller
单侧壁喷管 Crocco-type nozzle
单侧采光的 naturally lighted from one side
单侧差分 one-sided difference
单侧齿轮 unilateral gear
单侧传动 unilateral transmission
单侧带对流片板式散热器 panel with single extended surface radiator
单侧单干型 one sided cordon
单侧的 one-sided; unilateral
单侧对接焊 one-side butt welding
单侧多面体 one-sided polyhedron
单侧方位 unilateral bearing
单侧复纹孔式 unilaterally compound pitting
单侧供暖辐射板 single-sided heating panel
单侧沟 hillside ditch
单侧焊接 one side weld(ing)
单侧荷载 one-side load; unilateral load
单侧横坡 one-sided transverse slope
单侧极限 one-sided limit; unilateral limit
单侧加热炉 side-fired furnace
单侧检验 one-side(d) test; one-tailed test
单侧鉴频器 single-ended discriminator
单侧交织路段 one-side weaving section
单侧截尾分布 unit laterally truncated distribution
单侧进风 single admission
单侧连通的 unilaterally connected
单侧面厚度计 unilateral thickness ga(u)ge
单侧面斜坡 monolateral fall
单侧喷管 one-sided nozzle
单侧平焊 one-side butt welding
单侧倾卸车 one-side dump box car
单侧曲面 unilateral surface
单侧上烧嘴均热炉 top one-way fired soaking pit
单侧水压力 one-side water pressure
单侧搜索 one-sided search
单侧替换 one-sided alternative
单侧停车 unilateral parking
单侧停车制 unilateral system of parking
单侧托架 cantilever bracket; half bracket
单侧托架信号柱 cantilever bracket signal post
单侧托架柱 cantilever arm post
单侧外置水幕喷漆橱 one-side wet back booth
单侧吸入泵 end suction pump
单侧吸入式叶轮 single-sided impeller
单侧系统 one-sided system
单侧向 unilateral
单侧向连续性 unilateral continuity
单侧卸料 unilateral discharge
单侧信号托架 side bracket
单侧压力 one-side filter
单侧翼状薄壁组织 unilaterally aliform parenchyma
单侧有向图 unilateral digraph
单侧闸瓦 single brake shoe
单侧站台 one-sided platform
单侧照明 unilateral illumination; unilateral lighting
单侧支 unilateral component
单侧制动 single shoe braking; single-side braking
单侧椎板拉钩 laminectomy retractor
单侧自动栏木 automatic half(gate) barrier
单侧阻抗联结器 single impedance bond
单侧作用继动器 single-acting relay
单测站预报 single observer forecast(ing); single station forecast(ing)
单层 monolayer; monostratum; one coat; one-sole course; single coat; single course; single-deck; single lift < 施工 >
单层百叶风口 single deflection grille
单层百叶型 single deflection model
单层板 < 组成胶合板的 > piles
单层板壳船 single planking system
单层表面位 surface potential of simple layer
单层波纹管 single-ply bellows
单层玻璃 single glass
单层薄壳 single-shell
单层薄膜 single-ply film
单层布置 single-level geometry
单层材料 monolayer material
单层采料工作面 single bench
单层仓库 one-floor warehouse building
单层仓库建筑 single-stor(e)y warehouse building
单层厂房 one-storied factory; single-stor(e)y factory
单层车 single-deck vehicle
单层车库 one-level garage; single-level garage
单层车辆 single-level car
单层衬里 single-layer lining
单层衬砌 single-shell lining
单层窗 single-casement window
单层粗抹灰 dinging
单层带 single belt
单层袋 single bag
单层单波型 single-layer of single corrugation
单层单(扇)窗 single window
单层道路 single-layer course
单层的 one-course; regular; single-deck; single-layer(ed); single-stor(e)y; single-storied; one-layer
单层底板 unichassis
单层地板 single floor
单层地壳模型 single-layer crust model
单层钝齿形天窗采光 single saw-toothed skylight
单层多晶硅 single-level polysilicon
单层多孔板 single-perforated plate
单层垛 stack
单层阀 single-beat valve
单层法 one-course method
单层防护 single enclosure
单层房屋 one-floor house; one-stor(e)y building; one-stor(e)y house; single-stor(e)y house
单层放射体 monolayer emitter
单层分子 monomolecular
单层粉粒 monolayer of particles
单层粉刷 one-coat brush finish; one-coat work
单层附属建筑物 single-stor(e)y annex(e)
单层盖板 single laying of plank covering
单层刚架 single-stor(e)y rigid frame
单层缸 single-shell casing; single-shell cylinder
单层钢犁铧 solid share
单层钢面板坝 single-skin steel dam
单层钢丝软管 single-wire braided hose
单层钢丝网 unit wire fabric
单层格床 single-tier grillage
单层格架 single latticing
单层格栅 single-layer grid
单层格栅撑 single bridging
单层隔仓板 single-layer diaphragm plate; single-wall partition
单层隔墙 single-layer grid; single-layer partition
单层工业厂房 single industrial building; single-stor(e)y industrial plant
单层工作面 < 采料场的 > single bench
单层公共汽车 single-deck bus
单层公寓 one-room(ed) flat
单层供热系统 single-floor heating system; single-stor(e)y heating system
单层管 monowall tube; single tube
单层含水层 single-layer aquifer
单层焊 single-layer welding
单层焊缝 one-pass weld
单层厚度 thickness of individual bed
单层灰泥 single-coat plaster
单层混凝土铺面 one-course concrete pavement; re-course concrete pavement
单层货栈 one-stor(e)y warehouse
单层及双层百叶风口 single and double deflection grille
单层甲板旅客渡轮 single-deck ferry-boat
单层建筑物 one-floor building; one-stor(e)y building; single-stor(e)y building
单层交叉 single-level intersection
单层结构 one-course construction; single course construction; single-skin structure
单层介质滤池 mono-medium filter
单层介质砂 mono-medium sand
单层金属闪光涂层 single metallics coat
单层金属闪光涂料 single metallic effect paint
单层卷材 one-layer roofing
单层卷材屋顶 single-layered roll roofing
单层绝缘材料 single insulation
单层开口沉箱 single-wall open caisson
单层铠装电缆 single armored cable; single-wire armored cable
单层烤炉 single-deck oven
单层库 single stor(e)y silo
单层跨运车 one-high straddle carrier
单层框架 one-stor(e)y frame; single frame
单层拉丝作业线 single-level fiber forming line
单层楼板 beam floor; single(-framed) floor
单层炉 one-stor(e)y furnace
单层滤器 simplex strainer
单层路槽 < 铺筑单层路面的 > one-course trench
单层路面 one-course pavement; single course pavement
单层螺线管 single-layer solenoid
单层密度介面反演 inversion of single

density interface
单层面板 single sheathing
单层面积 single-layer area
单层模板 single-tier formwork
单层模式 single-layer mode
单层模型 single-layer model
单层膜 monofilm
单层抹灰 single-coat plaster
单层抹灰的顶棚 one-coat plaster-(ed) ceiling
单层抹灰的天花板 one-coat plaster-(ed) ceiling
单层抹灰的天棚 one-coat plaster-(ed) ceiling
单层木板桩围堰 single-layer timber piling cofferdam; single-wall wooden sheet pile cofferdam
单层木地板 single timber floor
单层木面板坝 single-skin timber dam
单层木桥面板 single plank for bridge floor
单层木天花板 single timber roof floor
单层排水沟 single-layer drain
单层喷射涂层 single spray coat application
单层皮带 single belt
单层平边托盘 single-decked flat strips pallet
单层平车 < 不同运输方式联运用车 > single-platform car
单层铺设法 single coursing
单层铺土厚度 unit lift thickness
单层砌体墙 single-withe[wythe] wall
单层砌块墙加固 single-block wall reinforcing
单层前方仓库 one story transit shed
单层墙 one-tier wall; single wall
单层墙体结构 single-wall construction
单层绕组 one-layer winding; single-layer wind(ing)
单层热水供热系统 single-floor hot water heating system
单层热水加热系统 single-stor(e)y hot water heating system
单层热压机 single-layer hot press
单层容器 monolayered vessel
单层三相绕组 single-layer three phase winding
单层纱包的 single-cotton covered
单层纱包线 single cotton-covered wire
单层纱漆包线 single cotton-covered copper wire; single cotton-covered enamel wire
单层筛 single-deck screen
单层牲畜车 stock car single deck
单层施工(法) one-layer operation; single-lift construction
单层式 single-layer type one-shot type
单层式表面处理 single surface dressing; single surface treatment
单层式表面处治 single course surface dressing; single course surface treatment
单层式仓库建筑 single-floor warehouse building
单层式地沥青混凝土 single-coat asphalt concrete
单层式地沥青混凝土路面 single-coat asphalt pavement; single course asphalt pavement
单层式房屋 single-floor house
单层式封层 < 路面的 > single(-shot) seal coat
单层式压力容器 solid wall pressure vessel
单层(水泥)混凝土路面 one-course concrete pavement; single course concrete pavement
单层丝包线 single silk covered wire
单层碎料板 single-layer particle board
单层塔架正面 single-towered facade
单层弹簧垫圈 simple spring washer
单层搪瓷 single enamel(l)ing
单层淘汰盘 simplex table
单层体理论 < 柔性路面的 > one-layer theory; single-layer theory
单层天车 straight rotary crown block
单层铁线铠装电缆 single-wire armo-(u)red cable
单层托盘 single-decked(flat) pallet
单层完井 single completion
单层网络 single-layer grid; single-layer network
单层位 single-layer potential
单层屋面 single-layer roofing
单层屋面板 individual shingle; single roof cladding
单层屋面材料 one-layer roofing
单层屋面膜 single-ply roof membrane
单层屋面片材 single-ply roof membrane
单层屋面油毡 single-ply roofing asphalt felt
单层无轨电车 single-deck trolley bus
单层细胞培养 monolayer cell culture
单层线路 single-layer course
单层线圈 single-layer coil; single-layer wind(ing)
单层线圈电路 single-layer circuit
单层学校建筑 single-stor(e)y school building
单层寻线 < 自动电话交换机 > rotary search on one level; selection on one level
单层压密量 one-layer compressibility
单层岩芯管 plain core barrel; single tube core barrel
单层掩盖型 simple covered type
单层摇床 simplex table
单层一皮(砖墙) one-layer course
单层振动筛 single-deck vibrating[vibratory] screen
单层整体锻造式容器 monoblock forged vessel
单层整体墙 single-layer monolithic wall
单层整体式圬工墙 single-layered monolithic masonry wall
单层整体圬工墙 one-layered monolithic masonry wall
单层纸袋 single-wall paper bag
单层轴瓦 solid bearing liner
单层住房 rambler
单层住宅 single-stor(e)y house
单层筑路(法) one construction course construction; one-course construction; single course construction
单层砖结构 one-stor(e)y brick structure
单层砖墙 external tier
单层砖墙厚 wythe[withe]
单层砖石墙厚 masonry work wythe [withe]
单层转塔 single-level turret
单层钻头 single-layer bit
单层作业 single-level operation
单叉河口 single distributary estuary
单叉探测器 single-prong tester
单差校正码 single error correcting code
单觇标方向 single look direction
单掺杂激光器 single-doped laser
单产 single birth
单产品管线 one-product(pipe) line
单铲口门框 single-rabbet frame
单长丝 monafilament
单场雨 individual rain
单车车速 individual speed
单车单舵船 single-screw and single-rudder ship
单车道 one lane; single carriageway; single-drive way; single lane; single line
单车道操作 one-lane operation; single-lane operation
单车道单向交通 one-lane traffic; single-line traffic
单车道道路 one-lane road; single-lane road; single way; single track road
单车道公路 one-lane highway; single carriageway motorway; single-lane highway
单车道快车道 single carriageway motorway
单车道前置标志 advance single lane sign
单车道桥(梁) one-lane bridge; single-lane bridge
单车道桥梁标志 one-lane bridge sign
单车道区间前置标志 advance one lane road sign
单车道隧道 one-lane tunnel; single-lane tunnel
单车道通行能力 single-lane capacity
单车翻车机 single rotary dumper
单车临界翻车风速 critical wind-speed of overturning single car
单车驶入限流(控制) single-entry metering
单车事故 < 与其他车辆或行人碰撞无关的事故 > single vehicle accidents
单车试验器 single car testing device
单车提升井 single hoistway
单车行道 single carriageway
单掣索结 stopper hitch
单成分 one-component; single component
单成分材料 one-component material
单成分角砾岩 oligomictic breccia
单成分砾岩 monocomponent conglomerate; oligomictic conglomerate
单成分黏[粘]合剂 one-component adhesive; one-pack(bonding) adhesive
单成分黏[粘]结剂 one-component adhesive
单成分水泥 one-component cement
单成火山 monogenetic volcano; subordinate volcano
单成砾石 monogenetic gravel
单成砾岩【地】monogenetic conglomerate
单成岩 monogene rock; monogen(et)-ic rock
单成因的 monogenetic; monogenic
单承大小头 transition of single socket
单承口管 single-hub pipe
单承双盘丁字管接 bell and both ends flange T
单承弯管 bend with single hub
单承窝 single socket
单承载力偏差 simplified bearing strength derivation
单乘员车辆 single occupancy vehicle
单程 one-course; single journey; single trip
单程拌和机 single-pass mixer
单程操作 once-through operation; one-pass operation; single-pass operation
单程产量 single-pass yield
单程澄清池 one-pass clarifier
单程触发电路 one-shot trigger circuit
单程粗纱机 simplex flyer frame
单程的 once-through; one-pass; one-way; single-pass
单程电焊气体保护方法 single-pass electrogas process
单程电路 one-shot circuit
单程多谐振荡器 one-cycle multivibrator
单程粉磨 open circuit reduction
单程粉碎 reducing[reduction] in a single pass
单程改正透镜 once-through corrector plate
单程干燥器 single-pass drier[dryer]
单程管式加热器 simple pass tubular heater; single-pass tubular heater
单程焊缝 one-pass weld
单程换热器 single-pass exchanger
单程计数器 start-stop counter
单程间歇振荡器 single-shot blocking oscillator; single-swing blocking oscillator
单程客票 single journey
单程冷凝器 single-pass condenser
单程冷却 once-through cooling
单程冷却系统 once-through cooling system
单程列管加热器 simple pass tubular heater
单程裂化量 crack-per-pass
单程跑车 one-way travel
单程票 one-way ticket; single-journey ticket
单程票价 one-way fare; single trip fare
单程破碎 crushing in single pass
单程清棉机 single process scutcher
单程热交换器 single-pass exchanger
单程时间对齐 one-way time aligned
单程示波器 single-beam oscillograph
单程式 one-pass type
单程水准测量路线 single-run line
单程损耗 loss per pass
单程通过系统 once-thru system
单程土壤稳定机 single-pass stabilizer
单程系统 single-pass system
单程序的启动程序 single program-(me) initiator
单程序段 single block
单程序段结构 single segment structure
单程序重复式机器人 single programmed repeatable robot
单程油缸 one-way ram
单程运输 one-way loading transport
单程增益 single-pass gain
单程针织机 single-unit machine
单程蒸馏 simple bath distillation
单程蒸馏釜 simple bath still
单程转化 conversion per pass; once-through conversion; single-pass conversion
单程租船 single voyage charter
单程租赁 one-way lease
单程作业的稳定土搅拌机 single-pass stabilizer
单齿插齿刀 single-tooth cutter
单齿辊破碎机 single-tooth crusher
单齿裂土机 single shank ripper; single-tooth ripper
单齿履带板 single grouser shoe
单齿磨轮 single rib grinding wheel
单齿耙路机 one-type ripper; single-pointed scarifier; single tine ripper; single-tooth ripper
单齿配位 unidentate ligand
单齿平巷掘进机 single tine ripper
单齿松土机 one-type ripper; single-pointed scarifier; single shank ripper; single tine ripper; single-tooth ripper
单齿松土器 single shank ripper
单齿铣刀 single-point cutter
单冲 one-shot
单冲程 single stroke

D

单冲程泵 single-throw pump
单冲程打桩气锤 single-acting pile driver
单冲程深井泵 single-stroke deep-well pump
单冲触发电路 single-shot trigger circuit;single-trip trigger circuit
单冲多谐振荡器 one-shot multivibrator;single-kick multivibrator
单冲杆压机 single-punch press
单冲荷载 monotonic loading
单冲压片机 single-punch tablet press
单重叠绘图术法 single overlap plotting
单重灰板条 single lath
单重间接型寻址 single indirect addressing
单重绕组 simplex winding
单重尾杆多臂机 single index dobby
单重置系统 single-reset system
单抽汽非凝汽式汽轮机 single-extraction non-condensing turbine
单畴 single domain
单畴颗粒 single domain particle
单出聚伞状分枝式 uniparous branching
单出屑槽钻 drill single twist
单储能网络 one-energy-storage network
单处理机 monoprocessor;simple processor;unit processor;uniprocessor
单处理机操作系统 uniprocessor operating system
单处理机系统 uniprocessor system
单处理系统 uniprocesser system;uniprocessing system
单触点 single contact
单触点硅晶体管 silicon unijunction transistor
单触点控制器 single contact controller
单触点制 single contact system
单触发 one-shot
单触发电路 monostable circle;one-shot circuit
单触发开关 one-shot switch
单触发脉冲 ono shot pulse
单触键 one-touch key
单触线式 single trolley system
单触线制 single trolley system
单触转换开关 one touch switcher
单触自动转换开关 one touch switcher
单穿孔 simple perforation;single-column punch
单穿孔板 simple perforation plate
单穿孔导管 porous vessel
单穿孔机 unipunch
单穿孔器 unipunch
单传动 single drive
单传动轮 single capstan
单传感器多波束测深系统 swath system
单传输设备 single transfer device
单船 single vessel
单船道 single lane
单船吊杆传送法 house fall method
单船航速 single ship sailing speed
单船软扫【测】oropesa sweep
单船体 single hull
单船位船台 single slipway
单船闸 single navigation lock
单船作业 single-ship operating
单船作业计划 operation plan for a single ship
单串式 single tandem
单窗板 single-window panel
单窗换能器 single-window transducer
单窗孔 single-iris
单窗口挤出过程控制系统 single-window extrusion process control system
单窗墙板 one-window one-piece panel
单床 mono-bed
单床客房 one-bed guest room
单床离子交换器 mono-bed ion exchanger
单床铺 one-bed
单垂直边的 U 形槽 single U groove with vertical sides
单垂直键 single vertical key
单锤碎矿机 single stamp mill
单纯 simplicity
单纯背书 absolute endorsement
单纯逼近 simplicial approximation
单纯边的 V 形坡口 single-vee groove with root face
单纯薄膜应力状态 state of pure membrane stress
单纯沉淀作用 plain sedimentation
单纯承兑 absolute acceptance;clear acceptance
单纯的 inartificial;plain;simple(x);single
单纯的齿轮传动 simple gearing
单纯而可以预测的规则性任务 programmed task
单纯分解 simplicial decomposition
单纯复形 simplicial complex
单纯化 simplification
单纯混凝土桩 simplex concrete pile
单纯计件工资制 straight piece work system
单纯剪力 pure shear;simple shear
单纯矩阵语言 simple matrix language
单纯抗张应力 normal tensile stress
单纯拉力 simple tension
单纯拉伸 simple tension
单纯利用采伐 exploitation cutting;exploitation felling
单纯林 pure forest
单纯流线型舵 simplex streamlined rudder
单纯模型 naive model
单纯扭转 pure torsion
单纯平衡 homogeneous equilibrium
单纯平移滞后演算法 time offset method
单纯群 simple group
单纯认付 absolute acceptance;clean acceptance;general acceptance;unconditional acceptance
单纯日负荷曲线 single-day-load curve
单纯溶液 simple solution
单纯散光 simple astigmatism
单纯上釉 plain glazing
单纯事件 simple event
单纯受压 direct compression
单纯四边形 simple quadrilateral
单纯四线形 simple quadrilateral
单纯随机抽样 simple random sampling
单纯碳素钢 plain carbon steel
单纯提单 clean bill of lading
单纯同调 simplicial homology
单纯弯曲 direct flexure;pure bend(ing);simple bending
单纯纤维 solo fibre[fiber]
单纯形 simplex
单纯形表 simplex tableau
单纯形乘数 simplex multiplier
单纯形乘子 simplex multiplier
单纯形程序 simplex procedure
单纯形的维数 dimension of a simplex
单纯形迭代 simplex iteration
单纯形方法 simplex method
单纯形判据 simplex criterion
单纯形算法 simplex algorithm
单纯形因子 simplex multiplier
单纯型 simple form
单纯性窒息性气体 simple asphyxiant
单纯压缩 simple compression
单纯液体 simple liquid
单纯应变 pure strain;pure stress;simple strain
单纯应力 simple stress
单纯域 simple domain
单纯追击 pure pursuit
单纯追踪 pure pursuit
单唇口防尘圈 single-lip wiper
单磁道 single track
单次测量 single measurement
单次测量结果 single-measured result
单次的 single
单次动校剖面 single normal move out correction section
单次观测 single observation
单次合理检验 single reasonable check
单次计时器 one-shot timer
单次拉丝机 single-block machine;single-wire-drawing machine
单次量 single dose
单次潜水 single diving
单次潜水时间 single diving time
单次潜水水底停留时间 single diving bottom time
单次散射 single scattering
单次式钢筋拔丝机 single type wire-extruding machine
单次式铆钉铲 one-shot-rivet hammer
单次推挽 single-push-pull
单次行程 single stroke
单刺履带板 single grouser shoe
单醋酸盐 monoacetate
单存储器系统 single accumulator system
单存取机构 single access mechanism
单错误模型 single error model
单搭板铆钉对接 joint with single (butt) strap;joint with single cover plate riveting butt
单搭接焊 single-lap weld
单搭接接头 single-lap joint
单搭接式瓦 Roman tile;Spanish tile
单搭接瓦 interlocking tile
单搭接瓦屋面 single-lap roof tiling
单打锤 single blow hammer
单打手成卷机 single beater scutcher
单打蒸汽机桩锤 single-acting steam pile hammer
单代号网格 activity on node network
单代号网络计划 network plan of node
单代号网络图 precedence network diagram
单代码 unitary code
单代品系 single generation strain
单带图灵机 one-tape Turing machine
单带装置 single belting
单单线管道布置 single-line piping layout
单弹子锁 single-cylinder
单刀 single pole;single-tool
单刀单投 single-pole single-throw
单刀单掷 single-pole single-throw
单刀单掷开关 monopole single throw switch; single-pole single-throw switch
单刀架 single-tool holder
单刀剪毛机 single-cutter shearing machine
单刀开关 single-blade switch;single knife switch;single-pole switch
单刀耙路机 single tine ripper
单刀平巷掘进机 single tine ripper
单刀启闭开关 single-pole on-off switch
单刀切削车轴车床 single-tool axle lathe
单刀切纸机 single cutter
单刀式打麻机 monoblade scutching machine
单刀式电闸 single-pole(knife)switch
单刀式开关 single-pole(knife)switch
单刀双投 single-pole double throw
单刀双投开关 single-pole double throw switch
单刀双掷 single-pole double throw
单刀双掷开关 monopole double throw switch; single-pole double throw switch
单刀松土机 single tine ripper
单刀头锥齿轮刨齿机 single-head bevel gear generator
单刀旋坯机 single template jigger
单刀压坯机 single-head jigger
单刀液压立式切胶机 single-knife hydraulic rubber cutting machine
单刀钻冠 chisel bit
单导板 single bar guide
单导程螺杆 single-flighted screw
单导架升降机 mono-mast hoist
单导体 uniconductor
单导线臂板信号(机)single-wire semaphore signal
单导线的 single-wire
单导线电路 single-wire circuit
单导线系统 one-wire system;single wire system
单导线信号设备 single-wire signal(l)ing
单导线信号握柄 single-wire signal lever
单导线制 one-wire system; single wire system
单岛弧【地】single island arc
单岛式泊位 single island berth
单道岔 single turnout
单道程序操作 single program(me) operation
单道程序的 monoprogrammed;uniprogrammed
单道程序控制系统 uniprogrammed control system
单道程序系统 uniprogrammed system
单道次轧制 one-pass roller
单道搭接接头 single-bead lap joint
单道地震法调查 single-channel seismic survey
单道地震反射系统 single-channel seismic refraction system
单道反射地震 single-channel reflection seismic
单道防波堤 single breakwater
单道分析器 single-channel analyser [analyzer]
单道伽马分光仪 single-channel γ-spectrometer
单道焊 one-pass weld
单道焊缝 single-pass weld
单道焊接 one-pass welding; single-pass welding;single-run welding
单道计数 single-channel count
单道记录 one-channel record;single-channel record
单道加热式笔录记录器 single-channel heated stylus recorder
单道滤波 single trace filtering
单道能谱仪 single-channel energy spectrometer
单道平角钎焊条 one-pass fillet electrode
单道数据 ingle channel data
单道数字地震仪 single-channel digital exploration seismograph
单道拖缆 single-channel streamer
单道氧化沟 single-channel oxidation ditch
单道影像 single-channel image
单灯 single light
单灯部件 single-lamp unit

单灯单元 single-lamp unit
单灯光示像 one-light aspect
单灯光信号 one-light signal
单灯光信号机【铁】one-light signal
单灯继电器线圈 searchlight coil
单灯信号机构 searchlight signal unit
单灯照明装置 single-lamp luminaire (fixture)
单等级客船 single class passenger boat
单堤 simple dike [dyke]; single dike [dyke]
单堤式防波堤 single breakwater
单底 single bottom
单底船 open bottom vessel; single bottom ship
单底脚基础 individual footing foundation
单底开式加料斗 single-door drop-bottom bucket; single-leaf hinged bottom bucket
单底盘 unichassis
单地槽 monogeosyncline
单地域网络 single site network
单地址 one-address; single address
单地址计算机 one-address computer; single address computer
单地址码 single address code
单地址式 one-address system
单地址信息 one-address message; single address message
单地址指令 one-address instruction; single address instruction; single address order
单地址指令格式 one-address instruction format
单地址指令码 single address order code
单点 one point; single-point; mono buoy【船】
单点边界条件 one-point boundary condition
单点波长计 one-point wavemeter
单点采样 single-point sampling
单点测量 spot measurement
单点测流 spot measurement of flow
单点测流法 one-point method of stream ga(u)ging
单点测斜 single-shot survey
单点测斜仪 single-shot (directional) surveying instrument; single-shot inclinometer
单点插入法 single-point intercalation; single-point interpolation
单点抽样法 point sampling method
单点单动压力机 single-point single-acting press
单点点焊 single welding
单点吊具 single-point suspension spreader
单点定位 point position
单点定周期信号 isolated fixed cycle signal
单点法 single-point method
单点(法)剪力试验 one sample shear test
单点分布 degenerate distribution; one-point distribution; zero one distribution
单点感应控制 isolated actuated control
单点感应信号控制 isolated actuated signal control
单点固定压力机 single-point stationary press
单点挂式可调脚手架 single-point adjustable suspension scaffold
单点荷载 single-point load
单点记录器 single-point recorder
单点记录仪 point recorder; single-point recorder
单点剪切试验 repetitive shear test
单点检测 one-point sensing
单点交叉口 isolated intersection
单点交叉口控制 isolated intersection control
单点接地 single-point earth; single-point grounding
单点近似法 point approximation
单点经纬仪观测 single-theodolite observation
单点控制机 isolated controller; local controller
单点控制器 isolated controller; local controller
单点快速接头 one-shot type quick joint
单点连续法 one-point continuous method
单点量测 single-point measurement
单点落地 <飞机> one-point landing; tail first landing
单点起吊法 single-point lifting
单点取样 single-point sampling
单点取样器 point sampler
单点扫描 simple scan
单点拾音器 one-point pickup
单点水银沉降计 single-point mercury settlement ga(u)ge
单点调谐 one-spot tuning
单点污染源 single pollution source
单点系泊 mono (-buoy) mooring; one-point mooring; single buoy mooring; swing (ing) mooring; single-point mooring
单点系泊船舶随风、浪、流围绕浮筒旋转 weather vaning
单点系泊法 one-point mooring method; one-point mooring system
单点系泊浮筒 floating monobuoy; single-point mooring buoy
单点系泊浮筒下软管 underbuoy hose
单点系泊码头 mono-buoy terminal; single-point mooring berth; single-point mooring pier
单点系泊设施 single buoy mooring facility
单点系泊塔(架) single-point mooring tower
单点系泊系统 single buoy mooring system; single-point mooring system
单点悬吊可调整脚手架 single-point adjustable suspension scaffold
单点悬挂 single-point suspension
单点悬挂的 point-suspended
单点悬挂装置 one-point hitch; single-point hitch
单点压力机 one-point press; single-point press
单点样 point sample
单点雨量 point rainfall
单点支撑式 unipivot support
单电池 monocell; single battery
单电池测验表 battery cell tester
单电动机 monomotor; single motor
单电动机车 single motor car
单电动机传动的 direct-motor-driven
单电动机吊车 one motor travel(l)ing crane
单电动机转向架机车 monomotor bogie locomotive
单电感线圈 single-inductor
单电化学活度系数 single electrochemical activity coefficient
单电极电弧熔炼炉 live-bottom furnace
单电极电势 single electrode potential
单电极电位 single electrode potential
单电极反应 single electrode reaction
单电极加速器 single-terminal accelerator
单电极系统 half-cell; half element; single electrode system
单电缆制 single-cable system
单电流传输 single-current transmission
单电瓶 battery cell
单电容滤波器 single-condenser filter
单电位 unipotential; univoltage
单电位的 unipotential
单电位电子枪 unipotential gun
单电位静电透镜 unipotential electrostatic lens
单电位聚焦系统 unipotential focus system
单电位透镜 unipotential lens; univoltage lens
单电压 univoltage
单电压额定值 single-voltage rating
单电压透镜 univoltage lens
单电源点火系统 single ignition system
单电子 lone electron
单电子电荷 elemental charge
单电子管的 single valve
单电子还原 one-electron reduction
单电子键 one-electron bond; singlet
单电子晶体管 single-electron transistor
单电子枪 one-electron gun
单电子枪三色显像管 single-gun tricolo(u)r tube
单电子枪射线管 single-gun tube
单电子束 single electronic beam
单电子束电子射线管 single electron beam tube
单垫片滚珠轴承 single plate ball bearing
单吊臂 single boom
单吊窗 single-hung window
单吊杆装卸方式 one derrick boom cargo handling
单吊式 single sling
单吊索 single sling
单吊线 simple catenary
单调 drabness; tedium; uniformity
单调变换 monotonic transformation
单调变量 monotone variable
单调变数 monotonic variable
单调次序 monotone order
单调代数系 monotonic system of algebra
单调的 drab; monotone; monotonic; ; monotonous; quaker drab; unrelieved; unvaried
单调递减 monotone decreasing
单调递减函数 monotone decreasing function
单调递增 monotone increasing
单调递增函数 monotone increasing function
单调泛函 monotonic functional
单调非减函数 increasing function; monotone non-decreasing function; monotonically non-decreasing function
单调非增函数 decreasing function; monotone non-increasing function; monotonically non-increasing function
单调分析 monotonic analysis
单调关联系统 coherent system
单调光 flat light(ing)
单调函数 monotone function; monotonic function
单调加载 monotonous loading
单调减量 monotonic decreasing quantity
单调决策多维问题 monotone multiple decision problem
单调量 monotonic quantity
单调模型 monotonic model
单调上升函数 monotonically increasing function
单调收敛 monotone convergence
单调收敛定理 monotone convergence theorem
单调算子 monotonic operator
单调系统 monotone system
单调限制 monotone restriction
单调效用 monotonic utility
单调性 monotone; monotonic; monotonicity; monotony
单调序列 monotone sequence; monotonic sequence
单调运算 monotonic operation
单调增 monotone increasing
单调增加故障率 increasing failure rate
单调增量 monotonic increasing quantity
单调资料 flat file
单叠绕组 simplex lap winding; single-lap winding
单钉法 single nailing
单顶极学说 monoclimax theory
单锭无捻粗纱络纱机 single-spindle roving winder
单动 single-action
单动泵 independent pump
单动(薄板)冲压液压机 single-acting hydraulic stamping press
单动冲床 single-acting press
单动传动 single drive
单动锤 drop hammer; single-acting hammer
单动打桩锤 single-acting (pile) hammer
单动打桩机 single-acting pile driver; single-acting pile hammer
单动道岔 single-acting points; single-working switch
单动的 single-acting
单动高度控制阀 single-acting altitude control valve
单动构件 single member
单动夯 single-acting ram
单动机 single-acting engine
单动铰链 single-acting hinge
单动空压机 single-acting compressor
单动拉延 single draw
单动拉延模 single-acting drawing die
单动联动两用卡盘 combination chuck
单动模(具) single-acting die
单动盘磨机 impressafiner; raffinator
单动偏心式压力机 single-acting crankless press
单动气泵 single-acting air pump
单动气液压力机 single air hydraulic press
单动汽锤 single-acting steam hammer
单动曲柄式压力机 single-acting crank press
单动式 single-acting
单动式泵 single-acting pump; single-action pump
单动式多臂机 single-acting dobby; single-lift dobby
单动式发动机 single-acting engine; trunk engine
单动式空(气压)缩机 single-acting air compressor
单动式离心泵 single-acting centrifugal pump
单动式门 single-acting door
单动式弥雾机 single-acting atomizer
单动式喷雾机 single-acting atomizer
单动式起绒机 single-acting raising machine
单动式气动打桩锤 single-acting air

hammer
单动式汽锤 single-acting (steam) hammer;single-stroke steam hammer
单动式汽轮机 single-acting turbine; single-motion turbine
单动式压力机 single-acting press
单动式压缩机 single-acting compressor
单动式印刷装置 single-acting printer
单动式原动机 single-acting engine
单动式蒸汽打桩锤 single-acting steam hammer
单动式蒸汽机 single-acting steam engine
单动式桩锤 single-acting pile hammer; single-acting ram
单动双层取芯器 <内管不动> core barrel of double tube-swivel type; double tube swivel type core barrel;floating-tube core barrel;swivel-(-type double) tube core barrel
单动双层岩芯管 <内管不动> core barrel of double tube-swivel type; double tube swivel type core barrel;floating-tube core barrel;swivel-(-type double) tube core barrel
单动双管取芯钻具 swivel-type double tube core barrel
单动卧式挤压机 single-acting horizontal extrusion press
单动压床 single-action press
单动压缩机 single-acting compressor
单动压缩空气打桩机 single-acting compressed-air pile driver
单动压制 single-acting compression
单动圆盘式路耙 single-action disc-harrow
单动圆柱偏心轮 single-acting cylindrical cam
单动蒸汽锤 single-acting steam hammer
单动蒸汽打桩机 single-acting steam pile driver;single-acting steam pile hammer
单动执行机构 single-acting power unit
单动桩锤 single-acting ram
单动作的 one action
单动作选择器 uniselector
单动作液压剪切机 single-action shear
单栋茶室 <日本> tea-ceremony house
单洞双线断面 single-tube double-track section
单斗 monobucket;single bucket
单斗车 wheel loader
单斗电铲 scoop shovel
单斗距 slant range
单斗卷扬机 bucket hoist;single bucket hoist;single-skip hoist
单斗掘土机 power shovel
单斗式挖掘机 boom type shovel
单斗式挖泥船 spoon dredge(r)
单斗式挖泥机 spoon dredge(r)
单斗式装料机 shovel type loader
单斗式装载机 shovel loader
单斗提升机 single bucket elevator; single-skip hoist
单斗挖沟机 bucket trenching machine
单斗挖掘船 dipper bucket dredge(r)
单斗挖掘机 bucket excavation;crane shovel; monobucket excavator; power shovel; shovel; shovel dredge(r);single bucket excavator
单斗挖泥船 dipper dredge(r)
单斗挖泥机 dipper dredge(r);dredge(r) shovel;dredging shovel;shovel dredge(r)
单斗挖土机 monobucket excavator; monobucket shovel;one-bucket excavator; power shovel; shoved dredge(r);shovel (type) excavator;single bucket excavator;steam navvy
单斗装载机 monobucket loader; shovel type loader; single bucket loader; single-scoop loading machine
单读指令 single read instruction
单独 alone
单独安装 individual mounting
单独扳动(非联锁)的尖轨 independently worked switch blade
单独表决 separate vote
单独波形 independent wave form
单独补偿 separate compensation
单独不平顺 discrete irregularity
单独裁量权 sole discretion
单独采暖 individual heating
单独操纵 individual operation
单独操纵按钮 individual button
单独操纵的 separately controlled
单独操纵继电式电气集中联锁 individual lever type all-relay interlocking
单独操纵式联锁 individual setting interlocking
单独操纵式驼峰电气集中 individual lever type all-relay interlocking for a hump yard
单独操纵作业 manual operation
单独测量 independent measurement
单独成本 individual cost; separable cost
单独承包合同 single contract
单独冲洗 separate flushing
单独冲淤(道)结构 separate sluice-way structure
单独抽油井 on the beam well
单独储料场 individual storage area
单独储气器 separate gas holder
单独传动 direct gear drive;unit drive
单独传动齿轮箱 unidrive gear box
单独传动的 single drive
单独传动电动机 individual-drive motor
单独传动辊道 motor roller
单独传动机座 individually driven stand
单独传动装置 individual drive unit; singly-operated drive unit
单独道岔锁闭 individual switch locking
单独的 independent;individual;segregate; separate; singular; unilateral; single
单独的大梁部分 individual girder part
单独的公寓 maisonette
单独的火山 solitary volcano
单独的块体 individual block
单独的责任 severally liability
单独底脚基础 individual footing foundation
单独底座 separate base
单独点支承 individual support points
单独电动机 separate electric(al) motor
单独电动机传动 built-in motor drive; independent motor drive; self-contained motor drive
单独电动机驱动 built-in motor drive; independent motor drive; self-contained motor drive
单独电力系统 isolated power system
单独对讲电路 solo circuit
单独发动机传动 self-contained engine drive
单独发展 individual development
单独房间 individual room
单独房屋 individual building
单独粉磨 separate grinding
单独(个别)货车的自动化调度 automated scheduling of individual freight cars
单独给水 individual water supply
单独工区 separate gang
单独供热 independent heat supply
单独供水设备 individual water supply installation
单独供应 individual supply
单独故障 single failure
单独管孔 solitary pore
单独归路 separate return circuit
单独海损 free from particular average; particular average; without particular average
单独海损不赔偿 free from particular average;free of particular average
单独海损担保 subject to particular average
单独海损绝对不保 free from particular average absolutely
单独海损理算 adjustment of particular average
单独海损全赔 irrespective of percentage
单独海损在内 including particular average
单独海险赔偿保险 with average
单独荷载 individual load;single load
单独呼叫电键 <调度电话> individual calling key
单独缓解阀 independent release valve
单独缓解位 independent release
单独回路 separate return circuit
单独回转 <凿岩机> separate rotation
单独回转机构 independent rotation mechanism
单独机组 individual unit
单独基础 individual footing;isolated foundation; single footing; single foundation;spread footing
单独畸变 individual distortion
单独激励 independent drive; independent excitation
单独加工 individual preparation;individual processing
单独加料 separate charging
单独加油器 independent oiler
单独交叉口 isolated intersection
单独交替 single alternate
单独接触器 individual contactor
单独结构管系 single structure piping
单独截面 <低水位时和高水位时水面宽度几乎相等的河流截面> single section
单独警冲轨道电路 separate fouling circuit
单独就地处理系统 individual one-site treatment system
单独开发 individual development
单独空调房间 air-conditioner room
单独孔 individual hole; individual well
单独控制 independent control; individual control; separate control; single control
单独控制的 individual controlled
单独控制积分器 separate controlled integrator
单独离合器 individual clutch
单独立柱 pole shore;post shore
单独励磁 independent excitation
单独连接 separate connection
单独联结 separate coupling
单独联锁的道岔 independently interlocked switch
单独料罐 individual batch bucket
单独裂隙 isolated interstice
单独流域法 single-area method;single watershed method
单独轮车 monocycle
单独门框 individual portal frame
单独内装电机传动 built-in motor drive
单独排列进路按钮 individual route setting button
单独排气管 individual vent
单独配水 individual water distribution
单独配制的 individually tailored
单独驱动 independent drive;separate drive;unit drive
单独驱动离合器 unit drive clutch;unit power clutch
单独驱动马达 reduction motor
单独驱动装置 individual drive unit
单独燃烧室炉 indirect-fired furnace
单独绕组 separate winding
单独润滑器 single lubricator
单独三极管 single-ended triode
单独沙嘴 simple spit
单独烧热水 individual warm water preparation
单独设备 specific installation
单独设计的建筑物 bespoke building
单独实体 <拉> corpus separatum
单独使用 exclusive use;single occupancy
单独式称量设备 single batcher
单独式电机 separate motor
单独手柄式动力集中联锁 individual lever power interlocking
单独手柄式动力联锁 individual lever power interlocking
单独手柄式继电集中联锁 individual lever type relay interlocking
单独手柄系统 individual lever system
单独手柄制 individual lever system
单独输入 single entry
单独输送管道 individual conveying duct
单独顺炮眼 side blow
单独所有 <土地的> severalty
单独调节 independent adjustment;independent control; separate conditioning
单独调整 independent adjustment;individual adjustment
单独通风 separate ventilation
单独通风管(道) individual vent; separate vent pipe
单独通气管 individual vent; separate vent pipe
单独透气 separate vent
单独透气管 individual vent; separate vent pipe
单独握柄扳动的转辙器 <非联动道岔> switch worked by separate levers
单独污泥消化 separate sludge digestion
单独污泥消化槽 separate sludge digestion tank
单独物理化学处理 independent physical-chemical treatment
单独吸尘装置 individual dust suction installation
单独系统 individual system; isolated system;separate system
单独险标 isolated danger mark
单独像对 independent photo pair
单独像对相对定向 relative orientation of independent photo pair; swing-swing method of relative orientation; two-projector method of relative orientation
单独消化池 separate digestion tank

单独泄水(道)结构 separate sluiceway structure
单独信号传信 separate channel signal(l)ing
单独信号法 independent signal method
单独性 individuality
单独性状选择 selection of single traits
单独性状选择的预期 expected progress from selection for single traits
单独虚存系统 single virtual storage system
单独阳极 separated anode
单独移爪卡盘 independent chuck
单独溢洪道 separate spillway
单独引入线 individual lead
单独用户 individual consumer
单独运行 isolated operation
单独运转电站 isolated operation power plant;isolated plant
单独运转发电厂 isolated generating plant
单独运转发电站 isolated generating plant
单独责任 solitary obligation
单独债务 solitary obligation
单独照明 individual lighting
单独整体式 single package
单独支付 separate payment
单独制备 individual preparation
单独制动 independent brake
单独制动阀 independent brake valve
单独制图制 individual drawing system
单独制造 individual manufacture
单独中断 single-break
单独轴驱动 independent axle drive;individual axle drive
单独柱 detached column
单独柱基 single-column footing
单独桩 individual pile
单独装置 individual installation
单独装置熔断器 separately mounted fuse
单独作用 individual action
单堵墙 single-with[wythe] wall
单度盘调谐 single-span tuning
单渡线 single crossover
单渡线关节型道岔 joint single crossover turnout
单渡线可挠型道岔 flexible single crossover turnout
单端 single-terminal
单端变换器 single-ended converter
单端的 single-ended
单端放大 single-ended amplification
单端放大器 monoamplifier;single-ended amplifier;single-sided amplifier
单端固定桥 cantilever bridge;free end bridge
单端锅炉检验 single-ended boiler survey
单端环形扳钳 single-ended spanner;single-ended wrench
单端混频器 single-ended mixer
单端鉴频器 single-ended discriminator
单端控制 single-ended control
单端连接器 single-ended connector
单端面机械密封 single end face mechanical seal(ing);single mechanical end face seal(ing)
单端面密封 mechanical single seal
单端喷淋式洗瓶机 single-ended hydro washer
单端偏转 single-ended deflection
单端式镀膜(生产)线 single-ended coating line
单端输出 single-ended output
单端输出参量放大器 one-port parametric amplifier
单端输出放大器 one-port amplifier
单端输出功率放大器 single-ended output amplifier
单端输出逻辑偶电路 single-ended pair logic circuit
单端输入 single-ended input
单端同步 single-ended synchronization
单端推挽电路 single-ended push-pull circuit
单端推挽放大器 single-ended push-pull amplifier
单端推挽回路 single-ended push-pull circuit
单端洗瓶机 single-ended bottle washing machine
单端系统 single-ended system
单端引线式 single-ended type
单端用户 single-ended user
单短截线变量器 single-stub transformer
单短截线调谐器 single-stub tuner
单段浮选 single-stage flo(a)tation
单段磨矿 one-stage grinding
单段逆流气浮工艺 single-recycle counter current flo(a)tation process
单段平衡 single section balancing
单段破碎 one-stage crushing
单段气流输送干燥器 single-stage pneumatic conveyor dryer
单段曲面 single camber
单段式沸腾床设备 single bed fluidized bed reactor
单段型车速集中模型 single-regime speed-concentration model
单段型车速密度模型 single-regime speed-concentration model
单段研磨 one-stage grinding
单断层 single fault
单断点 single-break
单断接点组 single-break contacts
单断开关 single-break switch
单断口断路器 single-break circuit breaker
单对接搭板 single butt-strap
单对接搭板单行铆接 single-row single butt-strap riveting
单对流混合湖 monomictic blend lake
单对数坐标 single logarithm coordinate
单对数坐标折线图 aemilogarithmic line chart
单墩 single pier
单墩尾水管 single-pier draft tube;single-pier draught tube
单墩肘形尾水管 one-pier elbow draft tube;one-pier elbow draught tube
单钝边V形坡口 single V groove with root face
单垛式炉台 single-stack base
单垛支墩 single-wall buttress
单额定电压 single-voltage rating
单耳传声 monaural sound
单耳的 monaural
单耳机 single earpiece
单耳角形止动垫圈 single ear horn lock washer
单耳连接螺栓 eye bolt
单耳连接器 cross link(age)
单耳受话器 single head-receiver
单耳双管线夹 twin-tube clamp with eye
单耳陶罐 one-eared pottery vase
单耳止动垫圈 single ear anti-motion washer;single ear lock washer;single-wing lock washer
单二极管电路 single diode circuit
单二极三极管 single diode-triode
单发爆破 single-shot firing
单发动机 monomotor;single motor
单发动机单翼机 single-engined monoplane
单发动机的 single-engined
单发动机机车 single-engine locomotive
单发动机式 single engine reaction
单发动机式平地机 one engine grader
单发动机式挖掘机 one-power unit excavator
单发动机装置 single motor equipment
单发火 single ignition
单发临界速度 aircraft critical speed
单发起爆器 one-shot exploder
单发请求 one-shot request
单发生器 one generator
单发式轻便电动爆炸装置 single-shot exploder
单发型地震 single blast earthquake
单阀 single valve
单阀操作 single-valve operation
单阀的 single-valved
单阀接收机 one-valve receiver
单法兰搭接 single-flanged lap joint
单法兰焊接 single-flange weld(ing)
单帆布带割捆机 single-canvas binder
单帆布带机引割捆机 binder for tractor draft with single canvas
单帆布带前悬挂式割捆机 single-canvas front mounted binder
单反动轮液力变扭器 single-phase converter
单反射测角仪 simple reflection goniometer
单反射传输 single-hop transmission
单反向永久磁铁 single-reversal permanent magnet
单范围文件 single extent file
单方 single drug prescription
单方不履行债务 unilateral repudiation of a debt
单方错误 unilateral mistake
单方代理 single agency
单方概算 approximate estimate on square metre basis
单方话终拆线 first subscriber release
单方拒付 unilateral repudiation
单方面 unidirection
单方面承担义务的合同 unilateral contract
单方面承诺 unilateral undertaking
单方面的 one-sided;unilateral
单方面废除 unilateral abrogation;unilateral denunciation
单方面废止 unilateral denunciation
单方面合同 unilateral contract
单方声明 unilateral statement
单方受益的契约 gratuitous contract
单方退出 unilateral withdrawal
单方位雷达预报 single bearing radar prediction
单方向 one-course
单方向的 unidirectional
单方向坡度 one-way grade
单方向运行 single directional working
单方行为 unilateral act
单方选择 one-side selection
单方用工 labo(u)r requirements per square meter[metre]
单方用料 material requirements per square meter
单方约束合同 voidable contract
单方造价 cost per square meter
单房的 unilocular
单放机 monoplayer
单放射形的 uniradiate
单飞摆调速器 single-weight governor
单分度 one division
单分裂 single fission
单分区 single partition
单分散 monodisperse
单分散气溶胶 monodispersed aerosol
单分散污染物 monodispersed pollutant
单分散系 monodispersed system
单分散性 monodispersity
单分子 single molecule;unimolecule
单分子表面膜 monomolecular surface film
单分子层 monolayer;monomolecular film
单分子层定向表面吸附 oriented adsorption
单分子层吸附 monolayer adsorption;monomolecular adsorption
单分子层吸附容量 monolayer capacity
单分子的 unimolecular
单分子反应 monomolecular reaction;unimolecular reaction
单分子化学剂 chemical monomer
单分子膜 unimolecular film
单分子物体 monomer
单分子吸附层 monolayer;monomolecular layer
单分子消除 unimolecular elimination
单粉磨 single-stage grinding
单风道空调系统 single-duct air conditioning system
单风道系统 single-duct system
单风管空气调节系统 single-duct air conditioning system
单风嘴炉 elemental furnace
单封隔器测试 single packer test
单峰的 singlet;unimodal
单峰动态曲线 regime(n) curve of single peak
单峰反应谱 response spectrum with single peak
单峰分布 unimodel distribution
单峰过程线 simple hydrograph;single peak hydrograph;unimodal hydrograph
单峰函数 unimodal function;unimodality
单峰洪 simple event flood
单峰洪水波 single peak flood wave
单峰频率曲线 unimodel frequency curve;unimodal frequency curve
单峰条件 single peak(edness) condition
单峰驼 single-humped camel
单峰性 unimodality
单峰异常 single peak anomaly
单峰值的 single-peaked
单缝 single joint
单缝接头 single joint
单氟化苯 fluorobenzene
单氟乙酸盐 monofluoracetate
单浮标停泊 mono-buoy mooring
单浮离泊 slipping from a buoy
单浮筒 mono buoy
单浮筒储存(油)系统 single buoy storage system
单浮筒储油装置 single buoy storage
单浮筒系泊 mono-buoy mooring;single buoy mooring
单浮筒系泊系统 mono-buoy mooring system;single buoy mooring system
单浮系船浮筒 swinging mooring buoy
单浮子黏[粘]度计 single float visco(si)meter
单幅路 single carriageway road
单幅摄影机 camera for single photograph;single-shot camera
单幅式车行道 single carriageway
单幅式(道)路 single carriageway road

D

单幅双车道 two-lane single carriage
单辐车轮 single plate wheel
单釜提取 single-bath extraction
单腐化培养 monoseptic culture
单负电性原子 single electronegative atom
单复变函数 function of a complex variable
单赋值语言 single assignment language
单腹板 single web
单腹板大梁 single-stalk girder;single-webbed girder
单腹板的 single-webbed
单腹板拱形大梁 single-webbed plate arched girder
单腹板截面 single-web section
单腹板梁 single-web beam;I-girder
单腹板上弦杆 single-webbed top chord
单腹杆 single-web member
单盖板搭接接头 single-strap lap joint
单盖板对接头 single-covered butt joint
单盖板铆接 single cover plate riveting
单干的 tree shaped
单干户勘探工作者 lone-wolf prospector
单干型整枝 cordon training
单甘油酯 monoglyceride
单甘油酯法 monoglyceride process
单杆 single pole; single swinging boom;standing derrick
单杆安全阀 single-lever relief valve
单杆操纵 mono-lever control
单杆的 single shaft;single-spindle
单杆吊货法 single boom system; swinging boom system; swinging derrick system
单杆翻动器 single-rod agitator
单杆桁架 king rod truss
单杆活塞 single-rod piston
单杆井架 single mast
单杆控制 one-lever control;single-lever control
单杆木支撑 timber single-post shore
单杆起重架 gin pole
单杆伸缩仪 single-rod extensometer
单杆送料 single bar feed
单杆弹性道钉 single shafted spring spike
单杆桅 pole mast;single spar
单杆型果树 vertical cordon
单杆预应力千斤顶 single-rod prestressing jack
单杆闸 single-lever brake
单坩埚体系 single pot system
单坩埚窑 single pot furnace
单刚架 single rigid frame
单缸 one-cylinder;simplex
单缸泵 simplex pump; single(-cylinder) pump
单缸柴油机 single-cylinder diesel
单缸的 one-cylinder;single-cylinder
单缸二冲程发动机 single-cylinder two-stroke motor
单缸发动机 simple engine;single barrel engine;single-cylinder engine
单缸功率 horsepower per cylinder; power per cylinder
单缸光泽纸 machine-glazed paper
单缸活塞泵 single-cylinder piston pump
单缸马力 horsepower per cylinder
单缸泥浆泵 single-cylinder mud pump
单缸汽动泵 simplex steam pump
单缸式 single casing
单缸式复动泵 simple(x) double acting pump
单缸式双作用泵 simple(x) double acting pump
单缸试验装置 single-cylinder test stand
单缸双级空压机 single-cylinder two stage air compressor
单缸往复式泵 simplex reciprocating pump;single-cylinder reciprocating pump
单缸位复泵 simplex reciprocating pump
单缸涡轮机 single-cylinder turbine
单缸液压触探机 single-cylinder hydraulic sounding machine
单缸液压混凝土泵 single-cylinder hydraulic concrete pump; Torkret pump
单缸蒸汽机 single cylinder steam engine
单缸柱塞泵 single-cylinder plunger pump
单钢筋 single reinforcement
单杠 horizontal bar
单杠杆 simple lever;single lever
单杠梯 pole ladder
单格的 monocellular
单格子的 single latticed
单隔膜式泵 single diaphragm pump
单个 unity
单个安装 single mount
单个爆破孔的装药量 charge weight
单个波 individual wave;single wave
单个泊位的通过能力 throughput per berth
单个泊位拥有的前方仓库总容积 gross transit shed space per berth
单个车辆 single-unit vehicle
单个持续荷载 single sustained load(ing)
单个错误 single error
单个错误校正 single error correcting
单个大型组件 individual block
单个的 individualistic;partial;single
单个等离子体 individual plasma
单个点污染源 individual point source
单个发电装置 isolated plant
单个分子的 monomolecular
单个服务 single service
单个服务台 single information desk
单个各态历程 individual ergodic duration
单个构件 individual element
单个荷载 isolated load;single load
单个盒子结构 single-box construction
单个化学品 individual chemicals
单个化学物种 individual chemical species
单个混凝土拌和机 individual batcher
单个基础 individual footing
单个计数管 single counter
单个尖峰信号 count
单个接力器 individual servomotor
单个晶体体积 single crystal volume
单个颗粒 individual particle; single particle
单个目标 single target
单个请求 single request
单个任务 individual task
单个珊瑚 solitary coral;cup coral
单个式加热器 unit heater
单个式接触器控制牵引装置 individual contactor equipment
单个试验 single test
单个水质参数组图 individual water quality parameter group map
单个水质脆弱带图 individual water quality vulnerability zone map
单个说明 single declaration
单个速冻装置 individually quick freezer
单个土体 pedon
单个微观不平度 local irregularity
单个位错 single dislocation
单个位错误 single-bit error
单个污染物 individual pollutant
单个污染源 individual pollution source
单个污染源控制措施 individual source control measure
单个污水处理系统 individual sewage disposal system
单个污水处理系统法令 individual sewage disposal system act
单个物种 individual species
单个吸附质分子 individual adsorbate molecule
单个显示 isolated indication
单个小叶 individual leaflet
单个圆形格体 isolated circular cell
单个整数 individual integer
单个整数数字 digit decimal
单铬 monochrome
单根 simple root【数】;single【岩】
单根钢绞线 monostrand
单根钢筋截面积 area of individual bar
单根钢丝 single-wire
单根钢丝束 monostrand
单根管道 single conduit
单根轨枕 individual sleeper;individual tie
单根宽谱线 single wide line
单根上层钢筋的支座 individual high chair
单根预架设坡度线 single pre-erected grade wire
单根张拉预应力 non-simultaneous prestressing
单跟管道 single conduit
单工 simplex
单工帮电机 simplex repeater
单工拨号 simplex dialing
单工操作 simplex operation
单工传输 simplex transmission
单工电动机 simplex motor
单工电路 simplex circuit
单工发报 simplex transmission
单工发信 simplex transmission
单工方式 simplex mode
单工工作 simplex working
单工机 simplex unit
单工使用焊机 single operator welding machine
单工收发电台 simplex receiving station
单工双工帮电机 simplex-duplex repeater
单工双工中继器 simplex-duplex repeater
单工通报 simplex working
单工通报制 simplex operation
单工通道 simplex channel
单工通信[讯] simplex communication;simplex working
单工通信[讯]系统 simplex communication system
单工通信[讯]线路 simplex communication circuit
单工位吹瓶机 single station blow mo(u)lding machine
单工位导轨式机床 single station way type machine
单工位模 single station die
单工位型热成型机 single station type thermoforming machine
单工位压蜡机 single trip station wax injection machine
单工无线电通信[讯] simplex radio communication
单工线路 single circuit
单工信道 simplex channel
单工序冲模 simple press tool
单工序零件 single operation part
单工运用 simplex operation; single operation
单工制 simplex system
单工中继器 simplex repeater
单工作台成型机 one-table machine
单工作台压机 single table press
单弓切坯机 bow-type cutter
单弓形折流板 single segmental baffle
单功能城市 simple function city
单功能的 monofunctional; unifunctional
单功能电路 unifunctional circuit
单功能机械 single function machinery
单功能控制阀 single function control valve
单功能离子交换剂 monofunctional exchanger
单功能流水线 unifunctional pipeline
单供料热流道喷嘴 single feed hot-runner nozzle
单拱 plain arch
单拱坝 single-arch dam
单拱架 turning piece
单拱架结构的集材机 single arch configuration skidder
单拱梁 single-arch beam
单共振光参量振荡 single resonance optic(al) parameter oscillation
单共振器 single resonator
单沟钢丝绳扣 single-hook wire sling
单沟滑车 single scored block
单沟型 ascon grade
单钩 single hook
单钩活塞环 single-hook piston ring
单钩栏 single frieze balustrade
单钩提升 single-hoisting
单钩运输 single-rope haulage
单钩真空抛丸清理机 hook type airless shot blasting machine; single-hook airless shot blasting machine
单构件的斗柄 <挖掘机> one-piece stick
单构件动臂 one-piece boom
单股 unistrand
单股包芯纱 single covering
单股玻璃纱 single yarn of glass
单股导线绝缘 strand insulation
单股的 simple strand; single-stranded;unistand
单股定绳 guy strand
单股钢绞线 monostrand
单股钢缆 single-strand cable
单股钢丝 single-strand cable
单股钢丝绳 monostrand cable; one-strand rope;single-strand wire rope
单股钢丝索 monostrand cable; one-strand rope;single-strand wire rope
单股钢索 single-strand cable
单股滚链 single-strand roller chain
单股会让毡 plain loop
单股铠装电缆 single armored wire
单股捆包麻绳 binder twine
单股拉线 guy strand
单股缆索 one-part line
单股螺旋线 unifilar helix
单股纱 one-ply yarn
单股绳 one-part line;single cord
单股绳索 one-part line
单股铜线 single-strand copper conductor
单股线 single-core wire;solid wire
单股张拉设备 single-strand jacking device
单鼓的 single drum
单鼓干燥器 single-drum drier;single-shell rotary drier
单鼓筒锅炉 single-drum boiler
单鼓筒回转式干燥器 single-shell rotary drier

单固定探测系统 single stationary detector system
单拐曲轴 one-throw crankshaft; single-throw crank shaft
单拐弯拉张器 single pull-off
单关键码数据文件 single-key data file
单官能团 single functional group
单冠 leaf-comb
单冠的 single combed
单管 monotube; monotubing; one-pipe
单管测压计 single-leg manometer
单管倒相器 single-tube inverter
单管的 monosiphonous; single funnel
单管吊架 single-pipe hanger
单管顶入式封隔器 single tube top pressure type packer
单管供暖系统 one-pipe heating system
单管供热系统 one-pipe system; single-pipe heating system
单管管道工程 one-pipe plumbing
单管灌浆法 single-tube grouting method
单管锅炉 one-pipe boiler; single tube boiler
单管涵洞 single-pipe culvert
单管环路 single-pipe circuit
单管环路系统 one-pipe circuit system; one-pipe ring system
单管环行系统 one-pipe circuit system; one-piping ring system
单管回路系统 series loop system
单管加热器 one-pipe heater
单管脚手架 tube-and-coupler scaffold(ing)
单管接合管 hopper lead
单管接收机 one-tube receiver; one-valve receiver
单管卡 single-pipe clamp
单管孔 pore solitary; simple pore; solitary pore
单管跨越式供暖系统 one-pipe circuit heating system
单管梁式框架 central tube frame
单管梁式自动底盘 central tube tool carrier
单管轮胎 single tube tyre
单管煤气表 one-pipe gas meter
单管尼龙固定座 single-hose nylon fixing seat
单管暖气 single-column radiator
单管排气 one-pipe plumbing
单管排污系统 one-pipe sewerage system
单管配管系统 single piping system
单管喷射泵 one-pipe jet pump; single-pipe jet pump
单管喷射器 single-tube injector; single-tube sprayer
单管强制循环供热 one-pipe forced heating
单管强制循环系统 one-pipe forced system
单管倾斜压差计 single inclined differential barometer
单管区域供热系统 single-pipe district heating system
单管燃烧室 can burner
单管热水供暖系统 one-pipe hot water heating system; single-pipe hot water supply system; single-pipe system of hot water
单管三通反应器 simple pipe tee reactor
单管上行下给供暖系统 one-pipe drop heating system
单管上行下给系统 one-pipe drop system
单管式 one-pipe
单管式锅炉 monotube boiler
单管式压力计 single-column manometer; single-tube manometer
单管式岩芯管 single tube core barrel
单管式直流锅炉 monotube type boiler
单管受迫采暖 forced one-pipe heating
单管受迫供热 forced one-pipe heating
单管受迫循环供热 one-pipe forced heating
单管水平串联系统 single-pipe loop circuit system
单管顺序式供暖系统 one-pipe series-loop heating system
单管卫生管道系统 one-pipe plumbing system
单管系统 one-tube system; one-tubing; single-pipe system
单管下给式系统 single-pipe dropping system
单管下行上给系统 one-pipe up-feed system; single-pipe up-feed system
单管线 single lead
单管向上式系统 single-pipe up-feed system
单管向下式系统 single-pipe dropping system
单管芯钻具 single tube core barrel
单管压力计 single-cylinder manometer; single-leg manometer
单管岩芯取样器 single-core tube
单管岩芯筒 basket
单管仪表 single-pipe meter
单管振荡器 single-tube oscillator
单管蒸汽系统 one-pipe steam system
单管制动系统 single-pipe brake system
单管制蒸汽热网 one-pipe steam heat-supply network
单管重力循环供热 one-pipe gravity (type) heating
单管重力循环系统 one-pipe [piping] gravity circulation system
单管主环系统 one-pipe main ring system
单管柱 monotube column; monotube post
单管桩 monotube pile
单罐货车 single-tank wagon
单罐式气动灰浆泵 single pot mortar pump
单罐系统 one-tank system
单罐装涂料 one pot coating
单罐装系统 one pot system
单光 monochromatic light
单光灯 single light lamp
单光电发射 single photoelectron emission
单光束贝克曼气体分析仪 single-beam Beckman gas analyser[analyzer]
单光束分光光度计 single-beam spectrophotometer
单光束光电比色计 single-beam photoelectric (al) colo(u)rimeter
单光束红外线分光光度计 single-beam infrared spectrophotometer
单光束激光记录仪 single-beam laser recorder
单光束散斑干涉法 single-beam speckle interferometry
单光束色度计 single-beam colo(u)rimeter
单光束紫外可见分光光度计 single-beam ultraviolet-visible spectrophotometer
单光束紫外可见近红外分光光度计 single-beam ultraviolet-visible-near infrared spectrophotometer
单光束紫外线分光光度计 single-beam ultraviolet spectrophotometer
单光纤 single fiber[fibre]
单光纤接头机 single fiber splicer
单光纤套层 single fiber jacket
单光造纸机 Yankee paper machine
单光子湮没谱仪 single-photon decay spectrometer
单规 single ga(u)ge
单硅钙石 riversideite
单硅酸盐类 unisilcates
单轨车 gyrocar; monorail car
单轨车道 monorail-tramway
单轨车站 monorail station
单轨称量车 monorail weight car
单轨道 single track
单轨的 one-rail; one track; single ga(u)ge; single track
单轨电动滑车 monorail hoist
单轨电动绞车 monorail motor hoist
单轨电动缆车桥吊 overhead travel(l)ing crane
单轨电动起重机 monorail motor crab
单轨电动起重绞车 monorail motor crab; single rail motor hoist
单轨吊 monorail crane
单轨吊包 monorail ladle; troll(e)y ladle
单轨吊车 monorail hoist; troll(e)y hoist; overhead trolley
单轨吊车式挤奶装置 overhead rail milker
单轨吊车式牧草抓爪 hay grab with monorail troll(e)y
单轨吊秤 pendant-type monorail scale
单轨吊运器 monorail conveyer[conveyor]
单轨调度系统 monorail system
单轨独头岔道 lay by(e)
单轨堆垛起重机 monostack crane
单轨轨道电路 single rail circuit
单轨混凝土浇灌车 monorail concreting skip
单轨加料机 monorail charger
单轨架空道 runway
单轨架装输送机 scaffold monorail conveyer
单轨交通 single rail transportation
单轨快速客运交通 monorail rapid transit
单轨宽的高架桥 single-track-width viaduct
单轨矿车 monorail car
单轨链滑车 monorail chain block
单轨梁 monorail beam; runway joist
单轨平吊桥 single-track plane draw-bridge
单轨起重车 monorail crane truck
单轨起重机 monorail crane; monorail hoist; overhead trolley; single-beam crane
单轨气垫火车 aerotrain
单轨式抛砂机 bracket-type sandslinger
单轨手推车 monorail troll(e)y
单轨输入 simple rail input
单轨输送机 monorail conveyer[conveyor]
单轨甩车调车场 single-track swing parting
单轨索道 monorail
单轨条 monorail
单轨条单车缓行器 one-rail single-car retarder
单轨条轨道电路 single-track circuit
单轨条式轨道电路 monorail circuit; one-rail track circuit; single-insulated rail track circuit
单轨条式液压减速器 single rail hydraulic retarder
单轨条双车缓行器 one-rail double-car retarder
单轨条双车减速器 one-rail double-car retarder
单轨铁道 monorail way; single rail
单轨铁路 monorail railway; monorail way; single rail
单轨铁路车站 monorail station
单轨铁路桥(梁) monorail bridge
单轨铁路隧道 single-track railway tunnel
单轨推拉门 single-track sliding door
单轨线路 monorail; single railway; single track
单轨小车 hand cart; monorail troll(e)y; pony car; rail dolly; single rail troll(e)y
单轨悬吊式饲料分送车 monorail over-head feed carrier
单轨油压重力式减速器 monorail oil pressure weight type retarder
单轨运输道上的运输箱 carrying skip
单轨运输设备 monorail transport equipment
单轨运输系统 monorail transport system
单轨运送 monorail delivery
单轨抓斗起重机 monorail grab crane
单轨装料机 monorail charger
单辊颚式破碎机 roll-jaw crusher
单辊法 single-roller method
单辊混炼机 uniroller
单辊击打式破碎机 single-roll hammer crusher
单辊进料机 single-roll feeder
单辊轮振动串联式压路机 single vibration tandem roller
单辊磨 single roller; uni-grinder; uniroller
单辊平足压路机 single drum padfoot roller
单辊破碎机 single-roll breaker; single-roll crusher; sledging roller
单辊式浸润器 single-roller applicator
单辊式摘棉铃机 single-roll stripper
单辊碎饼机 single-roll cake breaker
单辊碎石机 single-roll crusher
单辊涂铸机 single-roll cast coater
单辊喂料机 single-roll feeder
单辊行星轧机 single-planetary mill
单辊压碎机 single-roll breaker; single-roll crusher; sledging roller
单辊轧粉机 single-roller mill
单辊轧碎机 single-roll breaker; single-roll crusher; sledging roller
单辊轴承 single-roller bearing
单滚轮起重绞车 single-roller crab
单滚轮羊足压路机 single-drum sheep's foot roller
单滚筒 single drum
单滚筒步行式压路机 single-roll pedestrian-controlled roller
单滚筒干燥器 single-drum drier
单滚筒破碎机 single-roll crusher
单滚筒倾斜钻机 single-drum tilt rig
单滚筒式灰浆搅拌机 single-drum type mortar mixer
单滚筒式洗涤机 single-cylinder washer
单滚筒式羊蹄压路机 single-drum sheep's foot roller
单滚筒式装干草机 single-cylinder hay loader
单滚轴支座 single roller bearing
单滚子 single roller
单滚子凸轮 single-roller cam
单碌 single drum
单锅式镀锡机组 single-sweep tinning unit
单函数的 monofunctional
单焊道 single-pass welding
单焊缝 single seam

D

单焊机 single operator set
单焊接缝 single-locked seam
单行 uniline
单行本 off-print; single-article pamphlet
单行边界植带 single boundary belt
单行栽植 planting in single-row
单行触发器 single-shot flip-flop
单行点焊 single spot welding
单行的 single row; unicursal
单行抖动式挖掘机 one-row shaker-digger
单行键 single-cycle key; single vertical key
单行矩阵 one-row matrix; row vector
单行列式 single determinant
单行铆 single-row riveting
单行铆钉 single(-row) rivet(ing)
单行铆钉搭接 single-row riveted lap joint
单行铆钉对接 single-row riveted butt joint
单行铆接 single(-line) rivet(ed) joint; single riveting; single-row riveted[riveting] joint
单行铆接的 single riveted[riveting]
单行排列 single-row layout
单行排齐封装 single-in-line package
单行配置 single-row layout
单行曲线 unicursal curve
单行索引 entry-a-line index
单行移位寄存器 single-line register
单航次 trip
单航带法【测】individual strip triangulation
单航带解析空中三角测量 analytic(al) aerotriangulation in an individual strip
单航带三角测量 individual strip triangulation
单航线 individual strip
单航线航空摄影 single-line aerial photography
单航线照片镶嵌图 <勘测用> reconnaissance strip
单航租船 single trip charter
单航租船合同 single trip charter party
单号应力 <即不改变正负号> monotonic stress
单合接点 independent contact
单合接点组 single make contact
单合子的 monozygotic
单核 mononuclear
单核铝 mononuclear aluminum
单核络合物 mononuclear complex
单荷载 point load(ing); single load(ing)
单荷载结构 single-skin structure
单恒定污染源 single conservative pollution source
单喉管燃烧器 single throat burner
单后轴 single rear axle
单呼 individual calling; particular calling; single call
单呼键 individual calling key
单弧方法 single-arc method
单弧自动电焊机 one head automatic arc welding machine
单户单元 one-family unit
单户给水量 private consumption
单户用户管 individual service pipe
单户住房 one-family dwelling
单户住宅 dwelling unit; one-family unit; single family dwelling
单花大绳接结 single carrick bend
单花大绳接头 carrick bend
单花钩结 cross hitch; single blackwall hitch
单铧开沟犁 single-furrow deep digger
单铧犁 single bottom plow; single(-furrow) plough; single-furrow plow; single-shovel plow
单滑板十字头 single guide crosshead
单滑车 single-line pulley; straight crown block
单滑轮 single block; single purchase pulley; single-sheaved block; single whip
单滑轮车 monkey wheel
单滑轮导缆器 single-roller chock
单滑轮起重机 jenny wheel
单滑轮游动滑车 single sheave travel(l)ing block
单滑片回转式压缩机 single-vane rotary compressor
单环 monocyclic(al) ring; simple ring; single ring
单环吊索 butt sling
单环芳烃 monocycloaromatic
单环芳香烃 monocyclic(al) aromatic hydrocarbon
单环钢丝绳接头 socket with pin
单环活塞杆 single eye piston rod
单环控制机 single-ring controller
单环馈电 single-ring feed
单环链卸货抓斗 single-chain-ring discharge grab
单环渗水法 method of water infiltration with single ring
单环渗透计 single-ring infiltrometer
单环式推力轴承 single-collar thrust bearing
单环式信号控制机 single-ring controller
单环伺服机构 servo-loop; single-loop servomechanism
单环提引器 single-line elevator
单环萜(烯) monocyclic(al) terpene
单环烷烃 monocycloalkane
单环温度控制器 single-loop temperature controller
单环系统 single-loop system
单环形磁铁 single-ring magnet
单环氧基环烷 monooxirane
单黄光示像 single-yellow aspect
单簧底油壶 single-spring bottom oil can
单簧管 clarinet
单簧挠曲悬挂 single-spring flexure suspension
单辉斜铅锑矿 semseyite
单回波 single echo
单回归 simple regression
单回路 single loop
单回路磁头 one-turn head
单回路的 single circuit
单回路控制器 single-loop controller
单回路绕组 single re-entrant winding
单回路伺服系统 single-loop servomechanism
单回路调节器 single-loop regulator
单回路涡轮喷气发动机 straight jet
单回路系统 single-loop system
单回路线 single circuit line
单活塞爆炸压力机 single-piston explosive press
单活塞杠杆 single plunger lever
单活塞气压液力升降机 one plunger compressed air-hydraulic lift(er)
单活塞制动缸 single-piston brake cylinder
单活性基甘油酯 monoreactive glyceride
单火锅炉 single fired boiler
单火花点火 single spark ignition
单火花发生器 unisparker
单火花塞点火 single spark-plug ignition
单火花隙 single spark gap
单火山 simple volcano
单货同行 cargo carried together with bill
单货种货物 homogeneous cargo; homogeneous goods
单击【计】click
单击触发器 single-shot flip-flop
单击电铃 single-stroke bell
单击镦锻 single blow beading
单击冷镦机 single-stroke header
单击铆锤 one-shot riveting hammer
单击铆(钉)枪 one-shot gun; one-shot (riveting) hammer
单击学说 single hit theory
单机 light engine; light locomotive; one machine; single machine
单机出力 unit power output
单机处理 uniprocessing
单机的综合负载 unit generalized load
单机附挂 light engine attaching with vehicles
单机功率 single-machine capacity
单机构信号机【铁】one-head signal; single-unit signal
单机回本段 deadheaded home
单机交流发电机 statodyne
单机净重 unit dry weight
单机可逆式轧机 single reversing mill
单机控制误差 unit control error
单机率 ratio of light engine kilometers to total engine kilometers
单机磨光 intermittent grinding and polishing
单机牵引 single engine; single-unit operation; unit draft
单机容量 power per unit; single-machine capacity; unit capacity
单机数字化器 single station digitizing table
单机四流式连铸机 single 4-strand casting machine
单机体电焊机组 one-body welding set
单机调节 unit separate regulation
单机调式 commissioning of individual equipment
单机同步电抗 per-unit synchronous reactance
单机位 light engine position
单机系统 one-of-a-kind system; single-machine system; stand-alone system
单机械手夹具 single hand grip
单机械手抓手 single hand grip
单机压缩机 single-stage compressor; single-step compressor
单机运行 isolated operation; light engine running; locomotive light running; single-unit operation
单机凿岩作业 single drill operation
单机制 single unit
单机重联 double light engines attached
单机走行 engine running light
单机走行公里 kilometrage running light; light locomotive kilometers; unit locomotive moving kilometres
单机走行率 unit locomotive moving ratio
单机组 single unit
单机组电站 one-unit(power) plant; single-unit plant
单机组水电站 single-unit hydroelectric(al) station
单机组运行 single power set running
单机钻车 single boom jumbo
单机座 single stand
单机座可逆式冷轧机 single-stand reversing cold-reduction mill
单机座轧机 single-stand mill
单奇偶校验 single-parity check
单积裂化 once-through cracking
单基本式规则 one-literal rule
单基础 single base
单基础底 simple footing
单基地雷达 monostatic radar
单基片 monocrepid
单基物 monomer
单基线法 <气压测高> single-base method; one-base method
单基座 single base
单激态 single excited state
单级 single level
单级泵 one-stage pump; single(-stage) pump
单级泵送 single-stage pumping
单级闭路粉磨 single-stage closed circuit grinding
单级闭路(粉磨)系统 single-stage closed circuit system
单级变扭器 single stage torque converter
单级别钢丝 single grade wire
单级采样器 single-stage sampler
单级澄清 single-stage clarification
单级齿轮传动 single geared drive
单级冲动式透平 De Laval turbine; single-stage impulse turbine; single-wheel impulse turbine
单级冲动式涡轮机 De Laval turbine; single-stage impulse turbine; single-wheel impulse turbine
单级船闸 lift inland lock; lift navigation lock; single(-lift) lock; single-stage lock
单级淬火法 single-stage quenching
单级存储机 single-level storage machine
单级存储器 one-level storage
单级单联喷射器 single-stage single element ejector
单级单吸离心泵 single-stage single suction volute pump
单级氮化 single-stage nitriding
单级的 one-stage; single step; single-stage
单级滴滤池 single-stage trickling filter
单级地址 single-level address
单级电磁控制阀 one-stage solenoid-operated valve
单级发动机 simple engine
单级阀 one valve
单级反应器 single-stage reactor
单级放大 unit amplification
单级放大器 one-stage amplifier; single-stage amplifier
单级分批萃取 single-batch extraction
单级浮盖厌气消化池 single-stage floating cover anaerobic digester
单级富集 single-stage enrichment
单级鼓风机 single-stage blower
单级管网系统 single-stage system
单级过程 simple process
单级过程分离系数 simple process factor
单级过程有效系数 effective simple process factor
单级过滤 single-stage filtration
单级过热器 single-bank superheater
单级海水反渗透 single-stage seawater reverse osmosis
单级烘干粉磨 single-stage drying and grinding
单级互联网络 single-stage interconnection network
单级换流器 binary converter
单级换热器 single-stage recuperator
单级火箭 one-stage rocket; single-stage rocket; single-stage vehicle
单级间歇曝气膜生物反应器 single-

stage intermittent aeration membrane bioreactor
单级减速 one stage reduction; single reduction
单级减速齿轮传动式涡轮机 single reduction geared turbine
单级减速齿轮箱 single reduction gearbox
单级减速机 single-step reduction gear unit
单级减速斜齿轮 single reduction helical gears
单级减速装置 single reduction gear
单级减压表 single-stage regulator
单级减压器 single-stage regulator
单级接缝 one-stage joint
单级井点 single stage wellpoint
单级开关 single-stage switch
单级客轮 one cabin boat
单级空气滤清器 single-stage air cleaner
单级空压机 single-stage compressor
单级馈电 single feed
单级离心泵 centrifugal pump of single-stage type; single-stage centrifugal pump
单级离心鼓风机 single-stage centrifugal blower
单级离心式压缩机 single-stage centrifugal compressor
单级离心压缩机 single-stage radial compressor
单级粒状活性炭处理 single-stage granular activated carbon treatment
单级滤波器 single section filter
单级滤池 single-stage filter
单级模 single station die
单级浓缩 single-stage enrichment
单级泡沫浮选 single-stage froth flo(a)tation
单级配置 one-stage configuration
单级膨胀蒸汽机 simple steam-engine
单级破碎 single-stage crushing
单级气冷式透平 single-stage air cooled turbine
单级汽轮机 simple turbine; single-stage steam turbine
单级牵引 single-unit traction
单级式减压器 single-stage regulator
单级式空气压缩机 single-stage air compressor; single-step air compressor
单级式汽轮机 single-level steam turbine
单级式压缩机 single-step compressor
单级双动式离心清水泵 single-stage double-acting centrifugal freshwater pump
单级双联喷射器 single-stage twin element ejector
单级双速增压器 single-stage two speed supercharger
单级水轮机 single-stage turbine
单级调节器 single-stage regulator
单级提取 single-stage extraction
单级同步发电机 homopolar alternator
单级网络 single-stage network
单级涡轮机 simple turbine; single-stage turbine
单级涡轮增压 single-stage turbocharging
单级涡轮增压器 single-stage turbocharger
单级吸收式制冷机 single-stage absorption refrigerator
单级系统 single-level system
单级显示方法 single-level indicator method
单级消化 single-stage digestion
单级消化池 single-stage digester[digestor]
单级硝化反硝化法 single-stage nitrification-denitrification process
单级谐波传动 single-stage harmonic drive
单级行星轮系 single-planetary gear train
单级悬挂 single-stage suspension
单级悬移质采样器 simple-stage suspended sediment sampler
单级旋风除尘器 single cyclone dust collector; single-stage cyclone
单级旋风分离器 single-stage cyclone separator
单级压力调节器 one-step pressure regulator
单级压气机 single-stage compressor
单级压缩 single-stage compression
单级压缩机 one-stage compressor; single-stage compressor
单级养护 <预制混凝土产品的> single-stage curing
单级叶轮 single-stage impeller
单级叶轮泵 single-stage impeller pump
单级液力变矩器 single-stage converter
单级再生 single-stage regeneration
单级再碳酸化作用 single-stage recarbonation
单级再循环 rabbit; single-state recycle
单级增压器 single-stage supercharger
单级蒸发 single-stage evapo(u)ration
单级蒸发器 one-effect evapo(u)rator; single-stage evapo(u)rator
单级制备法 single-stage process
单级轴流风扇 single-stage axial fan
单级轴流压气机 single-stage axial compressor
单级注水泥 single-stage cementing
单级装置 single-stage system
单级自吸悬臂式离心清水泵 single-stage self-priming overhang type centrifugal freshwater pump
单级自氧脱氮 one step autotrophic nitrogen removal
单级最终传动 single reduction final drive
单极 monopolar; monopole; unipole; unit pole
单极保护式负荷开关 single-pole enclosed fused switch
单极测速发电机 homopolar tachogenerator
单极场效应晶体管 unipolar field effect transit
单极传导 unipolar conduction
单极传输 neutral transmission; unipolar transmission
单极磁区 unipolar magnetic region
单极磁铁 homopolar magnet
单极磁头 single-pole-piece magnetic head
单极单投开关 single-pole single-throw switch
单极导程 unipolar lead
单极的 acyclic(al); homopolar; uni-terminal; single pole
单极电动隔离开关 single-pole motorized isolator
单极电动机 homopolar motor
单极电机 acyclic(al) machine; homopolar machine; single-pole machine; unipolar machine
单极电解槽 monopolar cell
单极电枢 unipolar armature
单极电位 single electrode potential
单极断路器 single-pole circuit breaker; single-pole cut-out
单极发电机 acyclic(al) dynamo; acyclic(al) generator; homopolar alternator; homopolar generator; monopole generator; unipolar generator; unipolar dynamo
单极法 one-pole method
单极非平衡电导 unipolar non-equilibrium conductivity
单极分路开关 single-pole distribution switch
单极分子 homopolar molecule
单极感应 unipolar induction
单极感应式继电器 monopolar induction type relay
单极黑子 unipolar sunspot
单极检波接收机 single-detection receiver
单极晶体管 unipole transistor
单极开关 one-pole switch; single switch
单极片磁头 single-pole-piece magnetic head
单极器件 unipolar device
单极群 unipolar group
单极三投开关 single-pole three-throw switch
单极式 monopolar type
单极式电解槽 monopolar cell; monopole cell
单极手动隔离开关 single-pole manual isolator
单极双回路单断开关 single-pole two-circuit single interruption switch
单极双回路双断开关 single-pole two-circuit double interruption switch
单极双路开关 single-pole two-way switch
单极水银开关 single-pole mercury switch
单极梯度曲线 curve of gradient array of single electrode
单极梯度装置 gradient array of single electrode
单极天线 monopole antenna; unipole antenna
单极尾端电池开关 one-point end cell switch
单极限量规 solid ga(u)ge
单极向 unipolar
单极型晶体管 unipolar transistor
单极性 unipolarity
单极性的 unipolar
单极性分量 homopolar component
单极性晶体管 unipolar transistor
单极性脉冲 single-polarity pulse; unipolar pulse
单极移动齿轮 single-pole travel(l)ing gear
单极闸刀开关 one-pole knife switch; single-pole knife switch
单极直流发电机 monopolar direct current dynamo
单极值连续函数 continual function with single maximum
单极质谱仪 monopole mass spectrometer
单极中间开关 single-pole intermediate switch
单极子 monopole
单极子源 monopole source
单计算机 stand-alone computer
单计算机系统 single-computer system
单记录 unirecord
单记录块 unirecord block
单记录链 single record chain
单记录速取报告 interim report
单纪念柱拱门 single monumental arch
单加热 spot heat
单加速器 monoaccelearator
单甲板船 one decker; single decker; single-deck ship; single-deck vessel
单钾芒硝 arcanite; arceite
单价 unit cost; unit price; unit rate; monovalence【化】
单价包干 comprehensive package price; unit price contract
单价比 price proportion
单价表 priced bill; schedule of rates
单价表合同 schedule of rate(s) contract
单价的【化】monovalent
单价发包 unit cost contract
单价发包合同 unit price contract
单价分析 unit price analysis
单价分析表 unit price breakdown
单价合同 unit rate contract
单价和合价 unit rates and prices
单价汇总表 <工程> abstract of bids
单价及价目表 schedule of rates and prices
单价记号 commercial at
单价键 ordinary bond; ordinary link
单价离子 monovalent
单价偏度 unit value bias
单价强度比 <多用于钢材> cost-strength ratio
单价与总价分标法 unit pricing
单价元素 monogen
单价指数 unit value index
单架劈木机 single split
单架屋顶 single-framed roof
单尖 unicuspid
单尖轨转辙器 finger switch
单尖料堆 single cone pile
单尖松土铲 single-point shovel; tooth point shovel
单间 <餐馆中与大餐厅分开的小间> separate room
单间病室 private ward
单间隔 monospace; single space
单间公寓 fleaking; one-room apartment; one-room(ed) flat
单间监狱 cell house
单间紧凑的小公寓 flatlet
单间式布局 private office layout
单间宿舍 bed-sitting flat
单间筒仓 silocell
单间卧室居住单元 one bedroomed living unit
单间卧室楼层 one bedroomed flat
单间卧室套房 one bedroomed flat
单间卧室住房单元 one bedroomed dwelling unit
单间隙加速管 single-step accelerating tube
单间小房群体 <修道士住的> laura
单间浴室 pier bath
单间住房 one-off house
单肩垫板 single shoulder tie plate
单减速齿轮 single reduction gear
单剪单行铆接 single-shear single-rivet joint
单剪刀撑 single bridging
单剪机 unishear
单剪接合 single-shear joint; unit shear joint
单剪接头 single-shear joint
单剪力 simple shear; single shear; unit shear
单剪力铆钉 rivet in single shear
单剪连接 single-shear joint
单剪螺栓 bolt in single shear; single-shear bolt; unit shear bolt
单剪铆 single-shear riveting
单剪铆钉 single-shear rivet
单剪铆接 single-shear rivet joint
单剪切铆钉 rivet in single shear

D

单剪试验 simple shear test
单剪双行铆接 single-shear double rivet joint
单剪仪 simple shear apparatus
单剪运动方向 direction of simple shear
单筒卷扬机 single-drum winch
单件 one-piece
单件包装 individual packing; unitary packing
单件产品价格 piecework price
单件成本 cost per unit; piecework cost
单件工作 single-piece work
单件或小批生产的模型 temporary pattern
单件货物 loose cargo
单件加工 single-piece machining; single-piece processing; single-piece work
单件结构 individual construction; individual structure
单件模(型) single mo(u)ld; one-piece mo(u)ld
单件生产 individual piece production; job lot production; job-work; piecework; single part production; single-piece production; single-piece work; one-off
单件生产费用 piece production cost
单件生产率 piecework rate
单件生产时间 piece rate
单件式环状燃烧器 one-piece annular combustor
单件铣 single-piece milling
单件小批生产 jobbing work
单件小批生产车间 job shop
单件重量 single weight
单件铸造的 single-casting
单键连接的 singly linked
单箭头连接 single-arrow link
单桨 single-blade
单桨混合机 single-blade mixer
单桨搅拌机 single-blade mixer
单桨捏和 single-blade kneading
单交叉 single crossing
单交叉道路 single intersection road
单交叉桁架 single-intersection truss
单交函数 simple alternating function
单交换 single crossing over
单交替联动信号系统 single alternate system
单浇口模 single gate mo(u)ld
单胶双胶纸 single-double-side offset paper
单焦点的 single-focusing
单焦透镜 unifocal lens
单角钢构件 single angle member
单角铣刀 single angle milling cutter
单角砧 single horn anvil
单绞 simple lay
单绞辘 single tackle
单绞辘绳 whip line
单绞四心线组 spiral quad
单脚 halfer
单脚高架起重机 cantilever(ed) gantry; half gantry crane; semi-portal crane
单脚规 odd-leg calipers
单脚门式起重机 semi-portal crane
单脚起重机 one legged crane
单铰 plain hinge; single hinge
单铰刚架 single-hinged rigid frame
单铰拱 arch with apex hinge; single-hinged arch; two-element arch; one-hinged arch
单铰拱大梁 single-hinged arched girder
单铰拱梁 one-pinned arch(ed) girder
单铰拱桥 one-hinged arch bridge; single-hinged arch bridge
单铰构架 single-hinged frame
单铰框架 one-hinged frame; one-pinned frame
单铰链 simple chain; single hinge
单铰抛物线形拱梁 one-pinned parabolic arched girder
单阶 single order
单阶段铅年龄 single-stage lead ages
单阶段养护 single-stage curing
单阶段预算约束 single-period budget constraint
单阶段增长曲线 single-stage growth curve
单阶荷载 step load(ing)
单阶式混凝土搅拌机 single-stage concrete mixing plant
单阶式搅拌厂 single-stage mixing plant
单接触线的简单链形悬挂 simple catenary equipment system with single contact wire
单接触线的简单悬挂滑接线 single tramway-type equipment trolley wire
单接触线简单悬挂 single tramway-type equipment
单接点 single contact
单接缝 single joint; single seam
单接杆 joint pole
单节 simple link; single knot; single node
单节插 single joint cutting
单节插条 single node cutting
单节触角 monomerous antenna
单节的 <指驻波> single-noded; uninodal
单节点网络 one-node network
单节电传动内燃机车 single-unit diesel-electric locomotive
单节仿真线 single section artificial line
单节机动有轨车 rail car
单节井管长度 length of single well pipe
单节静振 <湖面的> uninodal seiche
单节滤波器 single-mesh filter; single section filter
单节式内燃机车 single-unit diesel locomotive
单节线 single-link line
单节油漆刷 one-knot paint brush
单节主动轴 single-jointed drive shaft
单节驻波 uninodal seiche; single nodded
单结 unijunction
单结的 unifunctional
单结光敏半导体 single-junction photosensitive semiconductor
单结硅晶体管 silicon unijunction transistor
单结合点门铰链 paumelle hinge
单结晶的 monoclinic
单结晶体管 unijunction transistor
单结晶形成法 kapitza method
单结开关晶体管 unijunction switching transistor
单结扭结器 single-twist knotter
单结线系统 single-line diagram
单解关系 single-solution relation
单金属摆轮 monometallic balance
单金属本位制 monometallic standard
单金属导线 plain conductor
单金属的 monometallic
单金属烧结 sintering of monometallic systems
单筋 <钢筋混凝土中无压力钢筋> single reinforcement
单筋丁字梁 T-beam with single reinforcement
单筋截面 singly reinforced section
单筋梁 beam with central prop; beam with single reinforcement
单筋履带板 single grouser shoe
单进程有限消息机 monoprocess finite message machine
单进出光缆 single-input and single-output light cable
单进多出光缆 single-input and multioutput light cable
单进风通风机 single-inlet fan
单进口式离心泵 single(suction) centrifugal pump
单进路 single route
单进深房间 single-depth room
单晶 monocrystal(line); single crystal; unit crystal
单晶玻璃 single crystal glass
单晶长丝 monocrystalline filament
单晶超合金 single crystal superalloy
单晶的 single crystal
单晶电熔刚玉 single crystal fused alumina
单晶锭块 monocrystalline ingot; single crystal ingot
单晶矾土 monocrystalline alumina; single crystal alumina
单晶分析 monocrystalline analysis; single crystal analysis
单晶粉粒 monocrystalline particle; single crystal particle
单晶刚玉 monocrystalline fused alumina; single alundum
单晶光导体 monocrystalline photoconductor; single crystal photoconductor
单晶光电导体 single crystal photoelectric conductor
单晶光纤 monocrystal fibers; single crystal fiber[fibre]
单晶硅 monocrystalline silicon; single crystal silicon
单晶硅棒 silicon single crystal rod
单晶硅抛光剂 polishing agent for monocrystalline silicon
单晶硅研磨材料 lapping material for monocrystalline silicon
单晶镓 monocrystalline gallium
单晶结构 monocrystalline texture
单晶拉制 crystal pulling
单晶粒 single crystal; unit crystal
单晶炉 crystal growth furnace; elemental crystal furnace; monocrystalline furnace; single crystal furnace
单晶面的 pedial
单晶绕射计 single crystal diffractometer
单晶生长 crystal growth
单晶生长器 crystal grower
单晶石墨 single crystal graphite
单晶丝 single crystal filament
单晶体 monocrystal; single crystal; unit crystal
单晶体X射线衍射仪 single crystal X-ray diffractometer
单晶体单色仪 monolithic crystal monochromator
单晶体分辨率 resolution of single crystal
单晶体管 single-transistor
单晶钨丝 single crystal tungsten wire
单晶物 monomorph
单晶纤维 single crystal fiber[fibre]
单晶形 monocrystalline
单晶形的 monomorphous
单晶型 monocrystalline type
单晶衍射仪 single crystal diffractometer
单晶元件 single crystal element
单晶锗 monocrystalline germanium
单晶质的 monocrystalline
单晶铸造 single crystal casting
单精度 single precision
单精度整数 single precision integer
单精度值 single precision value
单井 single well
单井采油船 single well oil production system
单井采油强度 production intensity of simple well
单井采油系统 single-well oil production system
单井出水量 individual well capacity; specific water yield; water yield per well
单井出水能力 individual well capacity
单井道 single shaft
单井底水锥进模型 bottom water coning model of simple well
单井定向法 one-shaft orientation method
单井回灌量 recharge per single well
单井开采量 individual well yield
单井平均出水量 average yield of single well
单井平台 single-well platform
单井示踪剂稀释法 method of tracer dilution in single well
单井同位素示踪测定法 measuring method of isotope tracer in single well
单井最大出水量 maximum water yield per well
单景航空摄影机 individual camera
单径骨料 single-size(d) aggregate
单镜观测 monocular measurement; monocular observation; single-lens observation
单镜摄影机 camera for single photograph
单镜头 single(-element) lens
单镜头反光照相机 single-lens reflex camera
单镜头宽角摄影机 single-lens wide angle camera
单镜头拍摄 one-shot
单镜头摄像机 one-shot camera
单镜头摄影机 single-lens camera
单镜头摄影像片 single-lens photograph
单镜头式摄影测图仪器 monoscope photographic mapping instrument
单镜头四通多谱段摄影机 single-lens four-channel multiband camera
单镜箱航空摄影仪 single-lens photographic(al) camera
单镜仪器 monocular instrument; single-lens instrument
单厩间 loose-box
单居室公寓 <设置生活设施的> studio apartment
单局地区 single office area
单局交换 single office exchange
单局制 single office system
单局制电话局 single office exchange
单据 bill; supporting documents
单据的背书 endorsement of bill
单据副本 copy documents
单据夹 bill fold
单据填错 writing short
单据效力 status of documents
单据印花税 documentary stamp tax
单聚焦的 monofocal
单聚焦质谱计 single-focusing mass spectrometer
单聚物 mo(no)mar
单卷 monovolume
单卷边对接接头 single-flanged butt joint

单卷边角焊缝 corner flange weld
单卷变压器 autotransformer
单卷单文件 monofile monovolume
单卷垫圈 single-coil washer
单卷起动器 autostarter
单卷数据集 single volume data set
单卷筒绞车 one-drum hoist; single-drum winch; single purchase winch
单卷筒卷扬机 mono-drum winch; single-drum winch
单卷筒拉丝机 single-block machine
单卷筒起重机 single-roller crab
单卷筒提升机 one-drum hoist; single-drum winder
单卷文件 univolume file
单卷宗 single volume
单卷宗文件 single volume file
单均压环 single strap
单菌释放实验 single burst experiment
单卡 single cassette
单卡车载重量 truck-load
单卡式声码器 single card vocoder
单卡瓦打捞器 bulldog single-slip spear
单卡瓦打捞筒 single-slip casing bowl
单开槽 single notching
单开道岔【铁】single points; single switch; single turnout; spur switch; simple points; lateral turnout <左开或右开的>; simple turnout <左开或右开的>
单开渡线 single crossover
单开关节型道岔 joint single-way turnout
单开可挠型道岔 flexible single turnout
单开口扳手 single open end wrench
单开门 single (-acting) door; single swinging gate
单开小刀 pen knife
单开转辙器 single switch
单考(得) <长8英尺,宽2英尺,高4英尺的木材堆> single cord
单颗粒粉碎 single-grained comminution
单壳管 single-hub pipe
单壳焊接结构 monocoque welded fabrication
单壳机身 monocoque
单壳式 monocoque type; single-shell
单壳体车身 monocoque body
单壳旋转干燥鼓 single-shell rotary drier
单刻度 one division
单空格文本 monospaced text
单空腔缝 joint with single cavity; single cavity joint
单空位 monovacancy
单孔 haplopore; monocellular; single hole
单孔板 single orifice plate
单孔拌和机 single-hole mixer
单孔爆破 individual blasting; individual shot
单孔插座 tip jack
单孔插座出线口 single receptacle outlet
单孔沉井 unipunch pit sinking
单孔抽水泵井 single pumping log
单孔抽水试验 single-well pumping test
单孔穿孔机 spot punch
单孔的 monocular
单孔电磁波法 single borehole electromagnet wave method
单孔定向耦合器 single-hole directional coupler
单孔法 single-hole method
单孔法波速测试 down-hole method wave velocity test
单孔管道 single-duct conduit
单孔涵洞 single conduit
单孔结构(物) single-opening structure
单孔喷嘴 single-hole nozzle; single-jet nozzle
单孔砌块 unicell block
单孔桥 single-span bridge
单孔燃料注入阀 single orifice fuel injection valve
单孔塞座 pup jack
单孔式围堰 single cell-type cofferdam
单孔塑料 unicellular plastics
单孔铁芯 single-apertured core
单孔通风 individual blast
单孔透镜 single-aperture lens
单孔楔子 one-hole wedge
单孔药柱 single-perforated grain
单控接收机 single control receiver
单控式冷藏冷冻箱 single control refrigerator freezer
单控制线 single control wire
单口扳手 single (end) wrench
单口阀 single-ported valve
单口滑阀 single-ported slide valve
单口井 individual well
单口掘进 one-direction excavation
单口卡规 single ga(u)ge
单口螺丝钳 single wrench
单口网络 one-port network; one-terminal-pair network
单口作动筒 single-port actuating cylinder
单跨 single bay; single space; single spalling; single-span
单跨板 one-bay slab; single-span slab; slab of one bay
单跨大梁 girder for one bay; one-bay girder; one-span girder; single-span girder
单跨的 one-bay; single span
单跨度 one-span
单跨对称框架 single symmetric (al) frame
单跨刚构 single-bay rigid frame
单跨刚架 single-bay rigid frame; single-stalk stiff jointed frame
单跨钢构桥 rigid frame bridge
单跨构架 one-span frame; single-span frame
单跨桁 continuous girder
单跨架空运输线 single-span skyline
单跨简支梁桥 simple single-span bridge
单跨建筑物 clear span building
单跨距 one-span
单跨框架 frame of one bay; frame of one span; one-span frame
单跨梁 beam of one bay; beam of one span; one-bay beam; one-span beam; single (-span) beam
单跨楼板 single floor
单跨门架 single-bay portal
单跨门架型框架 single-bay portal frame
单跨门式刚架 single-bay portal frame
单跨桥 simple span bridge; single-span bridge
单跨人字框架 single-bay gable frame
单跨人字屋架 single-bay gable frame
单跨双铰构架 one-span two-hinged frame; single-bay two-hinged frame; single-span two-hinged frame
单跨双铰框架 one-bay two-hinged frame; one-span two-hinged frame
单跨双铰链构架 one-bay two-hinged frame
单跨简支梁桥 single-span beam bridge
单跨屋架结构 single-span trussed roof structure
单跨斜(交)板 single-span skew slab
单跨悬臂梁 single-span cantilever bridge
单跨轴 single-span shaft
单块 en-block; in block; monoblock; monolith; unit block
单块板 single-piece panel
单块材料 monolithic material
单块衬底 monolithic substrate
单块磁头 monolithic head
单块存储器 monolithic storage
单块的 monobloc; monolithic
单块电路 monolithic circuit
单块电路设计 monolithic layout
单块钢窗 one-light steel window
单块钢丝网 unit wire fabric
单块工艺 monolithic technology
单块功率 monolithic power
单块功率器件 monolithic power devices
单块光探测器 monolithic light detector
单块基础 pad foundation
单块激光器 monolithic laser
单块集成电路 monolithic integrated amplifier; monolithic integrated circle; monolithic integrated circuit
单块集成运算放大器 monolithic integrated operational amplifier
单块计算机 monolithic computer
单块结构 en-block construction
单块器件 monolithic device
单块式制动器 pivoted shoe brake; single block brake
单块瓦自补偿推力轴承 self-compensating independent pad type thrust bearing
单块轧制 one-piece roller
单块闸 single-block brake
单块振动器 single-mass vibrator
单块铸成 unit-cast
单块铸件 monobloc casting
单宽 unit width
单宽坝体重量 dynamic (al) load per unit width
单宽冲泻质输沙量 wash load discharge per unit width
单宽流量 discharge for unit width; discharge intensity; specific rate of flow; unit discharge; unit flow rate
单宽流量公式 flow rate formula per unit width
单宽流率【交】unit width flow rate
单宽渗漏量 unit width leakage
单宽输沙量 sediment discharge per unit width
单宽输沙量比例 scale of sediment discharge per unit width
单宽输沙能力 bed-load discharge per unit width
单宽推移质输沙量 bed-load discharge per unit width
单宽挟沙能力 sediment-carrying capacity per unit width
单宽悬移质输沙量 suspended load discharge per unit width
单矿 single ore
单矿车翻笼 single-tub wagon tipper
单矿沉积岩的 monomict
单矿的 nomomineralic
单矿物 monomineral
单矿物的 monomineralic
单矿物分析 monomineral analysis
单矿物化学分析 chemical analysis of single-phase mineral
单矿物黏[粘]土 monomineralic clay
单矿物黏[粘]土岩 monomineralic claystone
单矿物碎屑 monomict
单矿物碎屑的 monomineralic
单矿物碎屑角砾岩 monomict breccia; monomineralic breccia
单矿物碎屑岩 monomict rock
单矿物岩 monomineralic rock
单矿物样品 separated mineral sample
单矿物萤石矿石 simple fluorite ore
单矿岩 nomomineralic rock
单框格窗 one-sash (ed) window; single-sashed window
单框架结构物 braithwaite
单框式纪念碑 single-border-style memorial plaque
单框筒结构 framed tube structure
单馈电线 single feeder
单馈推斥式电动机 single fed repulsion motor
单馈线 unit feeder
单拉杆 simplex pull rod
单拉杆板桩岸壁 single anchor sheet pile bulkhead
单拉开式舱盖 single pull hatch cover
单拉盘式轨道衡 <运行中单个车辆所有车轮都压在轨道衡上的测定重量> single draft scale
单拉线 single stay
单拉延垫的单动压力机 single-acting press with drawing cushion
单栏牛舍 individual stall housing
单缆 monocable; single rope
单缆架空索道 monocable ropeway; single-cable suspension lines
单缆索起重机 monocable crane; single cableway
单廊式长方形会堂 corridor type basilica
单肋板 T-slab
单肋板颚式碎石机 single-toggle (type jaw) granulator
单肋式 single web
单肋式梁桥 single-web beam bridge; T-beam bridge
单类估计 single-class estimation
单累加器系统 single accumulator system
单棱镜放大立体镜 single-prism magnifying stereoscope
单棱镜立体镜 single-prism stereoscope
单棱镜摄谱仪 single-prism spectrograph
单棱石 einkanter
单冷热式后跟定型机 single cold and hot heel-shaping machine
单离心泵 single centrifugal pump
单离子活度系数 single ion activity coefficient
单离子监测 single ion monitoring
单离子检测器 single ion detector
单离子量化 single ion quantification
单力绞车 single purchase winch
单力偶模型 single couple model
单立处理机 stand-alone processor
单立方概算 approximate estimate on cubic (al) meter basis
单立管系统 single riser system; single-stack system
单立体模型 single stereomodel
单立柱 detachable column; detached column
单立柱倒三角桁架 kingpost inverted triangle truss
单立柱桁架屋顶 kingpost roof
单立柱桅杆起重机 monomast crane
单立柱下撑式大梁 kingpost girder
单立柱型有轨巷道堆垛起重机 single mast S/R [storage/retrieval] machine
单利公式 simple interest formula
单利计算法 method of sample inter-

D

est
单利(息)simple interest;single interest
单粒 simple grain
单粒播种 monoseeding;single-grained sowing
单粒播种机 monodrill; single-seed drill; single-seed planter; single-seed seeder
单粒度级 single-size fraction
单粒构造【地】single-grained structure
单粒谷物种子 single seed of grain
单粒级骨料 one-size(d)aggregate; one-stone grading aggregate
单粒级集料 one-size(d)aggregate; one-stone grading aggregate
单粒级煤 single-grained coal; singles <英国,1~1.5 英寸>
单粒结构【地】single-grained texture
单粒精密排种装置 single-seed spacing unit
单粒径骨料 single-size(d)aggregate
单粒径骨料混凝土 single size aggregate concrete
单粒径级 single-size fraction
单粒径级配 one-stone grading
单粒径集料混凝土 single size aggregate concrete
单粒菱形体排列 arrangement of rhombohedron single particle
单粒排列 single-grained arrangement
单粒排种积累式穴播机 single-kernel cumulative-drop planter
单粒排种条播机 single-seed drill
单粒四方体排列 arrangement of tetrahedral single particle
单粒体 single body
单粒条播 single-seed drilling
单粒正方体排列 arrangement of square body single particle
单粒种子的 single seeded
单粒子激光测速仪 single particle laser velocimeter
单粒子交换 one-particle exchange
单粒子模型 individual-particle model
单粒组构 single-grained fabric
单连暗开关 single flush type switch
单连岛沙坝 single tombolo
单连杆裂土器 radial ripper
单连杆松土器 radial ripper
单连活络开关箱 single adjustable switch box
单连接表 sing-linked list
单连开关板 single switchboard
单连通的 simply connected
单连通空间 simply connected space
单连通面 simply connected surface
单连通区域 simply connected region
单连通曲线 simply connected curve
单连通域 simply connected domain
单连线 hookup wire
单联泵 simplex pump
单联动自动舵 single-unit pilot
单联滑轮组 single pulley block
单联结<绳结的> single-chain knot
单联三轴试验仪 single-unit triaxial test apparatus
单链 single chain
单链传动 single-chain drive
单链定则 simple chain rule
单链斗挖泥船 single ladder dredge(r)
单链构象多态性 single-strand conformation polymorphism
单链拉拔机 single-chain-type bench
单链立式升运器 single-chain type vertical elevator
单链式草捆升运器 single-chain bale elevator
单链式多用途升运器 single-chain type multipurpose elevator
单链式悬挂 single-catenary suspension
单链卸货抓斗 single-chain unloading grab bucket
单链悬吊式抓斗式起重机抓斗 single-chain suspension grab(bing)crane bucket
单链运输机 monobar conveyer[conveyor]
单梁 monospar;tie beam
单梁冲击试验<摆锤> Charpy test
单梁吊车 single-beam crane
单梁结构 monospar structure;single-spar construction;single-spar structure
单梁楼梯 single-beam stair(case)
单梁起重机 beam crane; overhead monorail;single-beam crane;single girder crane
单梁式冲击试验 Charpy(impact)test
单梁式冲击试验机 Charpy impact machine
单梁式框架 central tube frame
单梁行车 underhung overhead-travel-(l)ing crane
单梁支腿 single beam outrigger
单梁自行式起重机 single-beam travel crane
单辆钩车 single car cut
单辆货车 single-unit truck;sutruck
单量程的 single range
单量程瓦特计 single-range wattmeter
单量程仪表 single-range instrument
单量程指示仪表 single-range indicating instrument
单量纲法 simple dimension(al)method
单量应力状态<三个主应力中两个主应力等于零> one-dimensional state of stress
单料窗玻璃<1~2 毫米厚> single thickness sheet glass
单列 monostichous;uniline
单列车流 single-file stream
单列车组织方式 single-unit train
单列的 single row;unistrand;uniseriate
单列的射线 uniseriate ray
单列短圆柱滚子轴承 single-row cylindrical roller bearing
单列分行机 single-liner
单列辐射式发动机 single-row radial engine
单列滚珠轴承 single-row ball bearing
单列滚柱轴承 single-row roller bearing
单列径向止推滚珠轴承 one-direction self-aligning ball thrust bearing
单列矩阵 one-column matrix
单列链 single-row chain
单列汽缸发动机 in-line engine
单列前进 defile
单列墙 single-tier wall
单列球轴承 single-row ball bearing
单列缺口重型圆盘耙 single chopper
单列射线 linear ray
单列深槽滚珠轴承 single-row deep groove ball bearing
单列十二单位方式 single-column pence
单列十二进制编码 single-column duodecimal coding; single-column pence coding
单列式发动机 single-bank engine;single-row engine
单列式猪舍 single-row hog house; single-row pig house
单列四分体 linear tetrad
单列碎土镇压器 single section pulverizer
单列提升机 unistrand elevator
单列调节级 single-row governing stage
单列向心短滚柱轴承 single-row radial short cylindrical roller journal bearing
单列向心滚珠轴承 single-row centripetal ball bearing;single-row radial ball bearing
单列向心球面滚子轴承 single-row spheric(al)roller
单列向心球面球轴承 single-row self-aligning bearing
单列向心球轴承 single-row radial ball bearing; single-row radial ball journal bearing
单列向心推力球轴承 single row angular contact ball bearing; single-row radial thrust ball (journal) bearing
单列向心轴承 single-row centripetal bearing
单列叶栅 single cascade
单列有罩开口环滚珠轴承 single-row snap ring ball bearing with shield
单列预热器 single stream preheater
单列圆盘耙 single-row disk harrow
单列圆锥滚柱轴承 single-row tapered roller journal bearing
单列圆锥滚子轴承 single-row tapered roller bearing
单列直插式封装 single-in-line package
单列直插式组件 single-in-line package
单列轴承 single-row bearing
单列柱的 monopteral
单列自位滚柱轴承 single-row self-aligning roller bearing
单列座小舢板 gig
单裂 simple check;simple shake
单零点 simple zero(of order 1)
单溜放 single humping
单溜放驼峰 single rolling hump
单流 single current;single-flow
单流程 single path
单流程凝汽器 single-pass condenser
单流程式汽轮机 single-pass turbine
单流传输 neutral transmission
单流道叶轮 single blade impeller;single-channel impeller
单流的 single-pass;uniflow
单流电报制 neutral direct-current telegraph system
单流阀 non-return valve
单流法 single-current method
单流管 dead leg;single-flow pipe
单流锅炉 single-pass boiler
单流换气 uniflow scavenge
单流减压阀 non-return and pressure reducing valve
单流离心压缩机 single-flow centrifugal compressor
单流连铸机 single-strand casting machine
单流莫尔斯电键 single-current Morse key
单流器 cut-out relay
单流扫气 uniflow scavenge
单流式传送 neutral transmission
单流式发动机 uniflow engine
单流式锅炉 once-through boiler;single-flow(type)boiler;uniflow boiler
单流式机械过滤器 uniflow mechanical filter
单流式冷凝器 single-pass condenser; uniflow (type) condenser; uniflux condenser
单流式凝汽器 single-pass condenser
单流式汽轮机 single-flow turbine
单流式塔盘 uniflux tray
单流式涡轮机 single-flow turbine; single-pass turbine
单流式压缩机 uniflow type compressor
单流式蒸汽机 uniflow steam engine
单流体理论 one fluid theory
单流体系统 single fluid system
单流通报 single-current signal(l)ing; single-current telegraphy
单流向泵 single-flow pump; single pump
单流向式塔板 uniflux tray
单流压缩机 uniflow compressor
单流蒸汽机 uniflow steam engine
单流制 single-current system
单硫酸盐 monosulphate
单龙头热水器 single-point heater
单龙头洗头喷水器 single faucet shampoo spray
单笼高速升降机 single-cage fast hoist
单笼卷扬机 single-cage hoist
单笼升降机 single-cage hoist
单楼 unity
单楼面 single floor
单楼座观众厅 one balcony type auditorium
单炉式焚化炉 mono-hearth refuse incinerator
单炉膛 single furnace
单炉膛锅炉 single-furnace boiler
单炉筒锅炉 Cornish boiler
单滤料滤不分层滤床 single medium unstratified filter bed
单滤料滤池 single media filter;single medium filter
单滤料滤床 single medium bed
单滤料滤分层滤床 single medium stratified filter bed
单路 one-way;single-channel
单路操作 one-way only operation
单路传输 simplex transmission
单路传真机 mono-channel facsimile
单路串列通风 series ventilation
单路磁头 single-channel head
单路单工 single-channel simplex
单路的 monophonic
单路供电 single service
单路基 single formation
单路基道路 single formation road
单路径 single path;single route
单路开关 one-way switch
单路控制 single-channel control
单路馈电 one-way feed
单路脉冲信息处理机 single-channel monopulse processor
单路排队 single queue
单路燃料喷嘴 simplex burner
单路式发动机 one-spool engine;single-spool engine
单路输电线 one-way transmission line
单路通道排队 single-channel queue
单路通信[讯] single-channel communication
单路拖运机 single-strand drag conveyer[conveyor]
单路卫星系统 one-way satellite system
单路系统 single-path system
单路遥控监测系统 one-way remote monitoring system
单路叶轮泵 single-channel impeller pump
单路载波电话制 single-channel carrier telephone system
单路载波机 single-channel carrier
单路整流器 single-way rectifier
单履带牵引装置 single crawler unit

单氯丙酸钠盐 monochloropropionic acid sodium salt
单氯酚 monochlorophenol
单轮 monowheel
单轮车 monocycle;single block
单轮的 monocyclic(al)
单轮方式 single capstan mode
单轮分段装配 one-wheel assembly
单轮钢滑车 single sheave steel block
单轮钩式滑车 single-wheel pulley
单轮荷载 single-tire[tyre] load(ing);single-wheel load(ing)
单轮荷重 <飞机的> gear load
单轮滑车 gin block;jenny;single block;single-sheaved(pulley) block
单轮滑轮 gin block;jenny
单轮脚踏车 unicycle
单轮犁 one-wheel plow
单轮摩擦尖叫声 screech of wheel
单轮起落架 monowheel chassis;one-wheel landing gear
单轮起重装置 whip hoist
单轮驱动拖拉机 monotractor
单轮式汽轮机 single-wheel turbine
单轮手推车 one-wheel barrow;single-wheeled troll(e)y;wheel barrow
单轮手推锄 one-wheel hoe
单轮胎 single tire;single tyre
单轮铁滑车 single sheave iron pulley block
单轮铁滑车组 single iron pulley block
单轮铁路车辆移动装置 single-wheel railway-wagon shifter
单轮拖车 single-wheel trailer
单轮拖车式反应类道路平整度仪 single-track RTRRMS [reaction type road regular measuring system]
单轮拖挂车 one-wheel trailer
单轮往复式割草机 single-wheel reciprocating mower
单轮旋转式开沟机 monowheel rotary ditcher
单轮压路机 one-wheel roller;single-wheeled roller
单轮振动碾 single-drum wheel driven vibrating roller
单轮振动压路机 single-drum vibratory roller;single-wheeled vibrating roller
单轮制动器 single-wheel brake
单轮装配 single-wheeled assembly
单轮撞击积算机 <测定道路现况的> single-wheel bump integrator
单轮撞击积算仪 single-wheel bump integrator
单轮着陆主架 main single-tire gear
单轮自行车 unicycle
单螺杆泵 helical rotor pump
单螺杆顶车机 single worm pusher
单螺杆挤出机 screw extruder;single-screw extruder;single-screw extrusion machine
单螺杆配料挤出机 single-screw compounding extruder
单螺杆式泵 single-screw pump
单螺杆式启闭机 single-screw open-close machine
单螺杆压缩机 monoscrew compressor
单螺杆压条机 single-screw plodder
单螺杆油泵 single-screw oil pump
单螺杆再循环挤出系统 single-screw recycling extrusion system
单螺栓并沟线夹 bolt-type parallel groove clamp
单螺栓固定(法) one-bolt fastening
单螺栓接合 single bolting
单螺栓连接 single bolting
单螺纹 single thread;single(-threaded) screw
单螺线管阀 single-solenoid valve
单螺旋泵 single-volute pump
单螺旋齿轮 single-helical gear
单螺旋的 single-screw
单螺旋灯丝 single-helical heater
单螺旋分级机 simplex spiral classifier;single-spiral classifier
单螺旋给料机 single-spiral feeder
单螺旋桨船 single-screw (propulsion) ship;single-screw vessel
单螺旋桨轮船 single-screw steamer
单螺旋桨推进器 single-screw propeller
单螺旋坡道 single-helix ramp
单螺旋起重器 single jack
单螺旋式夹具 single-screw type vise
单螺旋弹簧回流阀 single solenoid spring return valve
单螺旋弹簧回水阀 single solenoid spring return valve
单螺旋弹簧回位阀 single solenoid spring return valve
单螺旋卸载机 single-auger unloader
单螺旋柱钻机架 single-screw column drill mounting
单马达吊车 one motor travel(l)ing crane
单马达移动吊车 one motor travel(l)ing crane
单马拉双轮马车 dog-cart
单马双轮车 cabriolet
单马蹄形整枝 single U-training
单马挽具 single harness
单码 monocode
单码服务 single digit dialing
单码元 single element
单码状态分配 unicode state assignment
单脉冲 monopulse;single(im)pulse
单脉冲比较器 monopulse comparator
单脉冲触发电路 single-shot trigger
单脉冲传感器 monopulse sensor
单脉冲方式 single pulse mode;single-shot mode
单脉冲伏特计 single pulse voltmeter
单脉冲跟踪 monopulse tracking
单脉冲光接收器 monopulse optic(al) receiver
单脉冲焊机 single impulse welder
单脉冲焊接 single impulse welding
单脉冲激光器 single pulse laser
单脉冲计时器 one-shot timer
单脉冲雷达 monopulse radar;single pulse radar
单脉冲区 one pulse area
单脉冲声呐 single pulse sonar
单脉冲十进(计数)管 single pulse decatron
单脉冲时间 one pulse time
单脉冲式涡轮机 single impulse turbine
单脉冲天线 monopulse antenna
单脉冲装置 single pulse device
单脉冲自动跟踪 monopulse auto-tracking
单脉形态 form of single vein
单锚板桩码头 single-anchored sheet pile wharf
单锚泊 anchoring;lying at single anchor;riding at single anchor;single anchor
单锚碇墙 single-anchored wall
单锚停泊 lie at single anchor;swinging mooring
单锚腿储油 single anchor leg storage
单锚腿锚泊装置 single anchor leg mooring
单锚腿系泊 single anchor leg mooring
单锚系泊 mono-anchor mooring;single anchor mooring
单门 simple gate
单门板 one panel
单门电动控制装置 single-door electric(al) control device
单门葫芦 single pulley block
单门纪念性拱券 single-triumphal arch
单门家用冰箱 single-door household refrigerator
单门凯旋门 single-triumphal arch
单门气动控制装置 single-door pneumatic control device
单门扇 single-door leaf
单门叶式滚动闸门 single-leaf type rolling gate
单蒙蔽的(测试) <被测者不知道的> single blind
单醚 monoether
单密度 single density
单密度编码 single density encoding
单密度记录 single density recording
单密度(记录)格式 single density format
单密度装置 single density drive
单面 pedion;single plane;single-sided
单面 T 形焊接 single fillet welded T joint
单面 V 形对焊接 single V butt joint
单面 V 形对接 single V joint
单面 V 形对接焊缝 single V-butt weld
单面 V 形焊接 single-V weld
单面 V 形角焊接 single V corner joint
单面拔气罩 single-sided hood
单面板阀 single-sided plate valve
单面板拉桥 single-plane slab-stayed bridge
单面标志 single face sign
单面波导管 isolator
单面波纹纸板 single-faced corrugated board
单面玻璃 transparent mirror
单面布置 single layout
单面槽砂轮 single recessed wheel
单面衬垫点焊 bridge spot welding
单面承载的 single-loaded
单面齿 single cog
单面齿条 single-side rack
单面搭板点焊 bridge spot welding
单面搭焊接 single fillet welded lap joint
单面搭接 single-lap joint
单面搭接屋面瓦 single-lap roofing tile
单面带锯 single-cutting band-saw
单面刀具 single-side cutter
单面导轨 single guide
单面的 monohedral;one-sided
单面地脚 offset footing
单面地弹簧 single-acting floor spring
单面点焊 indirect spot welding;one-sided spot welding
单面缎带 single satin ribbon
单面对焊 one-side butt welding
单面多点点焊 series spot welding
单面多极滚焊 series seam welding
单面鹅卵石 einkanter
单面风口 one-side air opening
单面敷箔板 single clad board
单面浮雕饰 bossed(on) one side
单面复折屋顶 lean-to mansard roof
单面复制 simplex copying;single-sided copying
单面覆层 single-faced cladding
单面盖板对接 single-strap butt joint
单面给胶涂层法 kiss coating
单面给湿机 single face damping machine
单面光 good one side;machine glazing
单面光包装纸 single surface glazed packing paper;skip-packaging paper
单面光制 finish one side
单面焊 single welding;welding by one side;welding from one side
单面焊搭接 single welded lap joint
单面焊搭接接头 single welded butt joint;single welded lap joint
单面焊对接 single welded butt joint
单面焊缝 inconel weld;single weld seam
单面焊接 one side weld(ing);single-side welding
单面焊接合 single welded joint
单面焊接头 single welded joint
单面荷兰式砌合 single Flemish bond
单面横臂 side arm
单面烘燥机 single-side drying machine
单面滑车 cheek block;clamp
单面回转接头 single-plane swivel joint
单面活塞杆 simple piston rod
单面机架 single-sided raceway;single-side rack
单面加筋的 one-way reinforced
单面加热 unilateral heating
单面夹板接合 single-beat fish
单面剪力 single shear
单面剪力铆钉 rivet in single shear
单面剪铆钉 single-shear rivet
单面剪铆接 single-shear riveting
单面剪切 single shear
单面剪切法 single-shear method
单面接头 <不对称的> one-side(d) connection
单面紧固件 blind fastener
单面进风通风机 single-inlet fan
单面进料 single feed
单面进料的圆锥式破碎机 unified gyratory crusher
单面进气压气机 single-entry compressor
单面进气叶轮 single-entry impeller;single-inlet impeller
单面晶 pedion
单面晶体 pedion crystal
单面井底车场 one-sided bottom switchyard
单面开槽 gaining
单面开口 one-sided opening
单面可视 magic glass
单面刻槽 single notching
单面冷床 single-sided(hot) bed
单面连接 one-sided connection
单面连续焊 continuous single fillet welding;continuous single pass welding
单面量度 face measure;surface measure
单面流 uniplanar flow
单面镘灰板 single-faced pallet
单面锚定拉杆 <悬臂式模板的> single face tie
单面模板 mounted split pattern;odd-side board;oddside pattern;one-side formwork;single-sided pattern plate;split plate
单面摩擦圆盘离合器 single-friction-surface clutch
单面木工刨床 single face woodworking planer;single surface wood planer
单面木工刨机 single-side wood planer
单面木工压刨床 panel planer and thicknesser
单面木刨 single surfacer
单面啮合齿轮检查仪 one-flank gear

D

rolling tester
单面啮合检查仪 single flank meshing tester
单面牛皮纸 semi-kraft paper
单面排水 one-dimensional drainage; one-way drainage
单面抛光 one-side polishing
单面刨床 single face planer; single face planing machine
单面配筋梁 beam with single reinforcement
单面喷雾 one-sided spraying
单面劈斧 side axe
单面平衡 single-plane balancing
单面平衡试验 single-plane balance test
单面平切铲 scuffie knife; side shovel
单面平切锄铲 L-shovel
单面平针织物针织机 single jersey knitting machine
单面坡度 one-way slope
单面坡桁架 monotruss
单面坡口 single groove
单面坡口焊接头 single groove weld joint
单面坡屋顶 shed roof; monopitch roof
单面契约 one-sided contract
单面燃烧式锅炉 single-ended boiler
单面软磁盘 single-sided diskette
单面三角锉 one-side triangular file
单面散热片 single-side heat sink
单面扫描 single scan; single-sweep
单面色薄皮纸 one-side colo(u)red cover paper
单面色纸 one-side colo(u)red paper
单面山 monoclinal mountain; scarped ridge; cuesta
单面山的陡崖面 inface; scarify slope; front slope
单面山前低地 inner vale
单面山悬崖 inface
单面扇形闸门 single clam-shell gate
单面上光纸 enamel paper; one-side glazed paper
单面受剪铆钉 single-shear rivet
单面书架 single-faced stack
单面甩车调车场 one-sided swing parting
单面双极电焊 series spot welding
单面双密度软磁盘 single-sided double-density diskette
单面水准尺 single-target level(l)ing rod
单面榫舌 bare face(d) tenon
单面索 cables in simple plane
单面弹簧门 single-swing door
单面炭纸 semi-carbon paper
单面梯形活塞气环 half keystone ring
单面体 monohedron
单面涂布 single spreading
单面涂布量 single spread
单面涂层美术印刷纸 one-side coated art printing paper
单面涂层双层纸板 one-side coated duplex board
单面涂层纸 one-side coated paper
单面涂胶 single spread(ing)
单面涂胶层 kiss coating
单面托盘 single deck pallet
单面瓦楞纤维板 single face corrugated fiberboard
单面瓦楞纸板 single-faced corrugated board; single-sided corrugator
单面外罩 single-faced covering
单面吸风罩 single-side draft hood
单面线担 side arm
单面斜齿轮刀具 single-side bevel gear cutter
单面斜对焊接 single-bevel butt joint
单面斜接 single-bevel joint
单面斜纹 unequal twill
单面斜砖 edge skew
单面芯撑 stalk-pipe chaplet; stem chaplet
单面信号 <只有一个方向的信号装置> one-way signal
单面型 single side
单面型板 single-sided pattern plate
单面修整 dressed one side; one-sided dressing
单面压花玻璃 embossed glass
单面压制 single-acting compression
单面氩弧点焊机 single-sided argon arc spot welding machine
单面烟橱通风罩 single-sided draft hood
单面摇门 single-acting door; single-swing door
单面印花机 simplex printing machine
单面应变 plain strain
单面优良 good one side
单面有色玻璃 single colo(u)red glass
单面闸瓦制动 single type brake
单面粘贴黏[粘]合剂 one-way stick adhesive
单面折线形屋顶 lean-to mansard roof
单面装饰的 single measure
单面子钟 single-faced secondary clock
单面自行车架 single-sided bicycle stand
单面走廊式 single-loaded corridor type
单命令 single command
单模 monomode; single mode
单模波分多路复用器 single mode wavelength-division multiplexer
单模波分解多路复用器 single mode wavelength-division demultiplexer
单模磁控管 unimode magnetron
单模发生器 single mode generator
单模工作 single mode operation
单模光波导 monomode optic(al) waveguide; single mode optic(al) waveguide
单模光导纤维 single mode optic(al) fiber[fibre]
单模光纤 monomode fiber; monomode optic(al) fiber[fibre]; single mode optic(al) fiber[fibre]
单模光纤连接器 single mode optic(al) fiber connector
单模光纤系统 single mode fibre system
单模轨旁光纤电缆 single mode trackside fibre optic(al) cable
单模激光振荡器 single mode laser oscillator
单模矩阵 unimodular matrix
单模块 single module
单模拉拔机 single-die drawbench
单模滤光器 single mode filter
单模面抽运激光器 single mode face pumped laser
单模耦合器 monomode coupler; single mode coupler
单模束管式 monomode and light pack
单模衰减器 single mode attenuator
单模双芯跳线光纤 dual fiber[fibre] optic(al) jumper monomode
单模态 single mode
单模态函数 unimodal function
单模系统 single mode system
单模纤维 single mode fiber[fibre]
单模行波激光器 travel(l)ing-wave single mode laser
单模型 individual model; single model
单模型仪器 single model instrument
单模性能 single mode behavio(u)r
单模压机 single mo(u)ld press
单模振荡 single mode oscillation
单模振荡器 single mode oscillator
单模属 monotypic genus
单膜 monofilm
单膜片 single-iris
单母线 single bus(bar); unibus
单母线分段带母联断路器 single bus (bar) sectioned with tie circuit breaker
单母线结线 single bus(bar) connection
单母线系统 single bus(bar) system
单母线制 single bus(bar) system
单木刨 single surfacer
单目 monocular
单目标 single target
单目标工程 single-purpose project
单目标水库 simple purpose reservoir; single-purpose reservoir
单目测距仪 monocular range finder
单目分析 monocular analysis
单目观察 monocular observation
单目镜 monocular hand level
单目镜观察 monoscopic view(ing)
单目镜聚焦 individual eyepiece focus
单目摄影机 monocular camera
单目望远镜 monocular
单目显微镜 monocular microscope
单目运算 unary operation
单囊式防喷器 single annular preventer
单能的 monochromatic; monoenergetic
单能辐射 monoenergetic radiation
单能伽马射线 monoenergetic gamma ray
单能化器 monochromator; monochrometer
单能级光振公式 single-level resonance formula
单能截面 monoenergetic cross-section
单能量的 monoenergetic; monoergic
单能谱 monoenergetic spectrum
单能中子反应堆 one-velocity reactor; single-energy reactor
单能中子束 monochromatic neutron beam
单年度预算 one-year budget
单碾轮振动压路机 single-drum vibratory roller
单碾破碎机 single-roll crusher
单宁变色 tan stain
单宁酸 tannicacid
单钮话筒 single button microphone
单钮控制 single button control
单钮送话器 single button microphone
单钮调谐 one-spot tuning; single-span tuning; unicontrol; unitune; unituning
单偶氮染料 monoazo dye
单耦合 unicouple
单耦合器 unicoupler
单拍操作 single-shot operation
单拍擒纵机构 single-beat escapement
单排板(桩)墙 single-wall
单排板桩围堰 one-wall sheet-piling cofferdam
单排侧桩拱 single-row brick-on-edge arch
单排触点 level
单排档 monotriglyph
单排的 in-line; uniserial; single row
单排发动机 monoblock engine
单排钢板桩结构 single-wall sheet piled structure
单排钢板桩围堰 single wall steel sheet pile cofferdam
单排灌浆帷幕 single-line grout curtain
单排话传电报交换台 <10～15 座席> single tier equipment
单排架 single bent
单排脚手架 needle scaffold; putlog scaffold; independent scaffold
单排井孔沉井 one-way permutation pit sinking
单排孔 single-row core
单排孔漏板 single-row bushing
单排扣雨衣 single raincoat
单排立杆脚手架 single-pole scaffold
单排立柱脚手架 single-pole scaffold
单排链式联轴器 single-roller chain coupling
单排量蜗壳式透平 single spiral turbine
单排量蜗壳式涡轮机 single spiral turbine
单排炮爆破 single-row shot
单排汽缸发动机 straight-type engine
单排墙 single wall
单排绕组 simplex winding
单排式汽轮机 single-plane turbine
单排水管系统 one-pipe system
单排天线阵 tier array
单排推钢机 single pusher
单排围柱殿 peripteros
单排星形发动机 single-row radial engine
单排行星斜齿轮 epicyclic(al) single planet helical gear
单排圆孔空心砖 bottle brick
单排轴承 single row
单排轴承结构 single bearing construction
单排砖缘拱 one-row brick-on-edge arch
单排桩 single-row pile
单排桩梢料坝 single-post row brush dam
单排桩围堰 single-row pile cofferdam
单排钻进 single-row boring; single-row drilling
单盘插口弯管 flange and spigot bend
单盘的 single disc[disk]
单盘光学读数分析天平 single pan digital analytical balance
单盘簧垫圈 single-coil spring washer
单盘簧离合器制动器 single-coil clutch brake
单盘开沟器 single disc[disk] boot
单盘离合器 single-disc[disk] clutch; single plate clutch
单盘式多相计数器 single-disc polyphase meter
单盘式抹灰机 single plate trowelling machine
单盘式绕组 single-disc winding
单盘双承丁字管接 flange and both ends bell T
单盘水磨石机 single-disc terrazzo grinder
单盘天平 single balance
单盘旋转式水磨机 single-disc rotary hydrostone-flat grinder
单盘支管 single collar pipe
单盘直管 single collar pipe
单盘制动 single-disc brake
单盘制动装置 single-disc brake
单跑【建】one flight; single flight
单跑道 single plank track
单跑道机场 mono-runway aerodrome
单跑道系统 single runway system
单跑楼梯 straight flight stair(case)
单跑式楼梯 single-flight stair(case); staircase of straight flight type
单配管系统 single-main distribution system

单配位基吸附质 monodentate adsorbate
单配位体 single ligand
单喷焊炬 rat-tail burner
单喷口 single jet
单喷式气流粉碎机 jet-anvil type fluid energy mill;target type fluid energy mill
单喷嘴 in one piece nozzle;single injector;single nozzle
单喷嘴挡板阀 single(-jet) flapper valve
单喷嘴的 one-jet
单喷嘴喷枪 single spray gun
单喷嘴燃烧器 single nozzle burner
单喷嘴式水轮机 single-jet type turbine
单碰珠门扣 single-roller catch
单皮带传动 direct gear drive
单皮带轮传动 single pulley drive
单片 one chip;single chip;uniwafer
单片暗盒 single plate dark slide
单片板 single plate
单片板梁 single-web plate girder
单片玻璃门肚板 one-window one-piece panel
单片不修复式犁铧 single-piece disposable type share
单片衬底 monolithic substrate
单片处理机 monolithic processor;single chip processor;uniprocessor
单片存储器 monolithic memory;monolithic storage;on chip memory
单片的 monolithic
单片电路 monolithic circuit
单片伐树铡刀 single guillotion blade
单片干式离合器 dry single disc type;single plate dry clutch
单片钢板弹簧 single-leaf spring
单片工艺 monolithic technology
单片功率放大器 monolithic power amplifier
单片光电二极管 monolithic photodiode
单片混合电路 monobrid circuit;monolithic hybrid circuit
单片机 monolithic computer;single chip computer;single chip processor;single clip microcomputer
单片激光器 monolithic laser
单片集成电路 monolithic integrated amplifier
单片集成接收机 monolithic integrated receiver
单片计算机 monoboard computer;monolithic computer;one-chip computer;computer on slice
单片计算器 calculator chip
单片技术 monolithic technology
单片结构 single chip architecture
单片均衡弹簧 single-leaf equalizer spring
单片控制系统 monolithic control system
单片离合器 single-disk clutch;single plate clutch
单片滤波器 monolithic filter
单片摩擦离合器 single plate dry clutch
单片墙 one-leaf wall
单片式存储器 slice memory
单片式电磁离合器 single-disc electromagnetic clutch
单片式电磁制动器 single-disc electromagnetic brake
单片式集成电路 monolithic integrated circuit
单片式离合器 single plate clutch
单片式摩擦离合器 single plate friction clutch
单片式微处理机工艺 chip microprocessor process
单片式微处理器 chip microprocessor
单片式小型计算机 slice minicomputer
单片数字坐标量测仪 mono-digital comparator
单片衰减器 single-vane attenuator
单片调制解调器 modem chip
单片铁氧体系统 monolithic ferrite system
单片微处理机 chip microprocessor
单片微型电路 monolithic microcircuit
单片微型机 single-ship microcomputer
单片系统 monolithic system
单片系统工艺 monolithic system technology
单片系统技术 monolithic system technology
单片显示器 monolithic display
单片泄水闸门 single-leaf sluice gate
单片眼镜 monocle
单片运算放大器 monolithic operational amplifier
单片遮光滑板 single plate dark slide
单片振荡器 on chip oscillator
单片爪 single-sheet grab
单片状态 chip slice status
单片组件式计算机 computer on slice
单片组装 individual chip package
单片组装法 monobrid
单片坐标量测仪 monocomparator;mono coordinate comparator
单偏光镜下鉴定 single polarizing identification
单偏航飞行 single drift flight
单偏振单模光纤 single polarization single-mode fiber
单偏振光纤 single polarization fiber [fibre]
单偏振模保持光纤 single polarization mode maintaining fiber[fibre]
单偏振耦合器 single polarization coupler
单篇情报资料 information sheet
单频带 single band
单频带线圈 monoband coil
单频带制 single band system
单频(率) unifrequency;single frequency;one-frequency
单频(率)变换 single-frequency conversion
单频(率)拨号 one-frequency dial(l)ing
单频(率)长途拨号 one-frequency long-distance selection
单频(率)单工 single-frequency simplex
单频(率)道 monorail;single-channel
单频(率)的 monofrequent;unifrequent;uniwave
单频(率)多普勒系统 Doppler system with single frequency
单频(率)二氧化碳激光器 single-frequency carbon dioxide laser
单频(率)发信 single-frequency signal(l)ing
单频(率)辐射 monofrequency radiation;monofrequent radiation
单频(率)干扰 single-frequency interference
单频(率)感应器 single-frequency inductor
单频(率)共振去耦法 simple frequency resonance decoupling method
单频(率)激光二极管 single-frequency laser diode
单频(率)激光器 single-frequency laser
单频(率)率信号发生器 single-frequency signal generator
单频(率)码 single-frequency code
单频(率)脉冲 pure tone pulse
单频(率)偏振光 single-frequency polarized light
单频(率)双工 single-frequency duplex
单频(率)信号法 uniwave signal(l)ing method
单频(率)信令 single-frequency signal(l)ing
单频(率)选择制 one-frequency selection system
单频(率)音调补偿器 presence equalizer
单频(率)噪声 single-frequency noise
单频(率)振荡器 single-wave oscillator
单频(率)指示器 frequency indicator
单频(率)制 one-frequency system
单品位钢丝 single grade wire
单品种燃料燃烧 single firing;single fuel combustion
单平底船 single barge
单平开窗 simplex casement
单平面 monoplane;uniplane
单平面的 monoplanar;uniplanar
单平面灯丝 uniphanar filament
单平面绕组 one-range winding
单凭经验来做的方法 rule-of-thumb
单屏蔽导体 single-screened conductor
单屏蔽导线 single-screened conductor
单屏图形 single screen graphics
单坡 one-way gradient
单坡的 lean-to
单坡的天窗 lean-to skylight
单坡顶 lean-to;single-pitched roof
单坡防洪堤 half bank
单坡桁架 shed roof truss
单坡桁架支撑 lean-to trussed strut
单坡环形屋面 lean-to ring roof
单坡口的 single groove
单坡老虎窗 lean-to dormer;shed dormer
单坡路拱 bank(ed) crown
单坡轮 single wheel
单坡面 one-way slope
单坡棚 lean-to
单坡披屋 lean-to
单坡屋顶 feather-edged coping;half-span roof;mono-pitched roof;pent (house) roof;shed roof;simple roof;single(-pitched) roof;splayed coping;wedge coping;single-slope roof;lean-to roof <一边靠墙的>
单坡屋顶采光 single-pitched roof-light
单坡屋顶窗 lean-to dormer
单坡屋顶的小房子 lean-to
单坡屋顶覆盖层 simple roof cover(ing)
单坡屋顶桁架 lean-to roof truss;sheave roof truss;shed roof truss
单坡屋顶老虎窗 lean-to dormer
单坡屋顶瓦 lean-to roof tile
单坡屋顶支柱 lean-to roof strut
单坡屋架檩条 lean-to roof purlin(e)
单坡屋面檩条 lean-to roof purlin(e)
单铺 one-bed
单铺客房 one-bed guest room
单铺位客舱 single berth cabin
单谱线 singlet
单谱线作用 singlet interaction
单歧聚伞花序 uniparous cyme
单旗信号 one-flag signal;single flag signal
单起重装置绞车 single purchase crab winch
单气包锅炉 single drum
单气闸 single damper
单汽包锅炉 boiler with single steam space;one-drum boiler
单汽缸 single-cylinder
单汽缸发动机 single-cylinder motor
单汽缸鼓风机 single-cylinder blowing engine
单汽缸汽轮机 single-cylinder turbine
单汽缸双级空气压缩机 single-cylinder two stage air compressor
单汽缸压缩机 single-cylinder compressor
单汽缸蒸汽机 single cylinder steam engine
单汽柜阀 single steam chest valve
单砌体宽的空斗墙 single wythe wall
单枪彩色显像管 uniray
单枪三(射)束彩色显像管 trinitron
单枪栅控式彩色显像管 tricolo(u)r chromatron
单腔化油器 single barrel carburetor
单腔量子放大器 single cavity maser amplifier
单腔模具 single cavity mo(u)ld
单腔式 single cell
单腔线性电子加速器 single cavity linac
单腔液力偶合器 single-space fluid coupling
单腔轧花机 single breast gin
单腔蒸汽锅炉 boiler with single steam space
单墙沉井 single-wall open caisson
单墙围堰 single-wall cofferdam
单桥驱动式底卸卡车 single-axle drive bottom-dump
单桥探头 single-bridge probe
单桥轴 single axle
单桥轴驱动 single-axle drive
单切割长度 single cut-length
单切面 uniplanar
单切面重点 uniplanar node;unode of a surface
单倾 uniclinal
单倾斜面 single inclined plane
单倾永磁吸盘 single tilting permanent magnetic chuck
单球磨 Lampen mill
单球心轴 single-ball mandrel
单球悬铃木 lacewood
单区电除尘器 single-stage precipitator
单区温度控制器 single-zone temperature controller
单曲柄 single crank
单曲柄拱式冲床 single-crank arch press
单曲柄拱式压力机 single-crank arch press
单曲柄双动压力机 single-crank double-action press
单曲拱坝 single curvature arch dam
单曲拐的 single-throw
单曲轨组合式普通辙叉 built-up common crossing with one rail curved
单曲接合杆 single-offset joint
单曲率薄壳 shell of single curvature
单曲率拱坝 single curvature arch dam
单曲率结构 single curvature structure
单曲率壳体 single curvature shell
单曲率面 single curvature surface;single curved surface
单曲率曲面 surface curved in one plane
单曲面 single curved surface;singly

curved plane
单曲面玻璃 cylindrically curved glass;single curved glass
单曲面薄壳 simply curved shell;singly curved shell
单曲面薄壳体系 single curvature shell system
单曲面钉格板 single curved spike grid
单曲线 curve body; simple curve; simple curviline;single curvature
单曲线齿轮 single curve gear
单曲线渐开齿 single curve tooth
单曲轴压力机 single-crank press
单曲钻 single-twist drill
单驱动桥轴 single-drive axle
单渠道的 single-channel
单渠道电子倍增器 single-channel multiplier
单圈 box stall;individual pen
单圈滚刀 single position hob
单圈牛舍 individual stall barn
单圈绕组 single-turn coil
单圈弹簧 single-coil spring; spring single coil
单圈图 unicycle graph; unicyclic graph
单圈推力轴承 kingbury thrust bearing
单圈引出 single-turn deflection; single-turn extraction
单全息片 single hologram
单泉 single spring
单缺圆折流板 side-to-side baffle
单裙边绝缘子 single-shell insulator
单裙隔电子 single-shed insulator
单裙绝缘子 bell insulator
单裙形绝缘子 single-shed insulator
单群 simple group
单群理论 one-group theory
单群链路 single group link
单群模型 one-group model
单燃料柴油机 straight diesel
单燃料系统 single-fuel system
单燃烧管锅炉 one-flue boiler
单绕地段 detouring section of single line
单绕多速电动机 single-winding multispeed motor
单绕组继电器 single-winding relay
单热石 <伊利石> monothermite
单人博弈树 one-person game tree
单人舱 one-man chamber
单人舱间 one berth cabin
单人操纵 one-man operation
单人操纵的机器 one-man machine
单人操纵的平地机 one-man grader
单人操纵机 one-man machine
单人操纵搅拌机 one-man mixer
单人操作 one-man operated;one-man operation
单人操作的框锯 single operator frame saw
单人操作的司机室 single operator station
单人操作铺路机 one-man paver
单人操作摊铺机 one-man paver
单人操作作业 single-handed working
单人测试精密度 single operator precision
单人常压潜水服 one-man atmospheric diving suit; single atmospheric diving suit
单人常压潜水器 one-man atmosphere submersible; one-man atmospheric submersible
单人床 single bed
单人床客房 single bed guest room
单人打眼 one-man drilling
单人电焊机 single operator arc welding set
单人多机操作 multimachine assignment
单人房间 single room
单人公寓 one-bed flat
单人横割锯 one-man cross-cut saw
单人呼吸器的呼吸囊 inside bag
单人呼吸器具 escape lung
单人户 single-person household
单人驾驶 one-man driving
单人(驾驶的)平地机 one-man grader
单人截锯 one-man cross-cut saw
单人救生舱 one-man survival chamber
单人居住单元 one-bed dwelling unit
单人锯 one handed saw; one-man saw
单人可携带的 man-pack
单人(可做的)工作 one-man job
单人客房 single guest bedroom
单人客票 individual ticket
单人牢房 cell(room)
单人链锯机 one-man chain saw
单人马车 carriole
单人平地机 one-man grader
单人平路机 one-man grader
单人铺位 single bunk
单人潜水器 one-man diving submersible
单人全密式潜水服 one-man completely enclosed diving dress; one-man completely enclosed diving suit
单人沙发 arm-chair;easy chair
单人手扶凿岩机 one-man drilling machine
单人手扶钻机 one-man drilling machine
单人双桨赛艇 scull
单人双桨艇 double sculling
单人司机室 one-man cab
单人宿舍 bachelor's quarter;bachelor hostel
单人镗床 one-man borer
单人(通行)转门 kissing gate
单人脱险 individual escape
单人脱险呼吸器 individual escape apparatus
单人脱险设备 individual escape equipment
单人微型潜水器 individual microsubmersible
单人卧室 single bedroom
单人小餐桌 snack table
单人压力舱 individual pressure chamber
单人用厨房 bachelor kitchen
单人用五斗橱 bachelor's chest;bachelor kitchen
单人圆背低椅 <飞机或汽车上用> bucket seat
单人阅览室 carrel(1)
单人阅览小间 carrel(1)
单人凿岩 single hand drilling
单人钻机 one-man drill
单人钻进 one-man drilling
单人作业 one-man operation; one-man service;one-person operation
单人作业潜水器 individual work submersible
单人作业钻机 one-man drilling machine
单人座板 boatswain's chair
单人座椅 divided seat
单刃 single-blade
单刃锄草铲 single-edge sweep
单刃带锯 single-cutting band-saw
单刃刀(具) single cutting tool;single-edged cutting tool; single-point (cutting) tool
单刃刀具螺纹铣床 single-point tool thread cutting machine
单刃刀锯 single edge knife saw
单刃刀片 single edge blade
单刃伐木斧 single bit felling axe
单刃割槽锯 single-edge grooving saw
单刃螺纹刀具 single-point thread tool
单刃木锛 single edge adze
单刃耙路机 single tine ripper
单刃平切锄铲 angle blade; L-hoe blade
单刃平巷掘进机 single tine ripper
单刃钎头 single chisel bit
单刃松土机 single tine ripper
单刃外螺纹车刀 outside single-point thread tool
单刃小刀 single-blade pocket knife
单刃养路机 blade maintainer
单刃锥口钻 sole cutting edge countersink
单刃钻 hog nose;single-cutting drill
单刃钻头 single chisel bit;single-cutting bit
单任务 single task
单日 odd(-numbered) days
单日潮 single day tide
单日历表 datometer
单绒的 unifilar
单容罐 single containment tank
单容量系统 single-capacity system
单容器炭粒传声器 single-button carbon microphone
单容调节过程 single-capacity process
单溶质吸附等温线 single-solute sorption isotherm
单溶质吸附工艺 single-solute sorption process
单溶质运移模型 single-solute transport model
单熔锭 single-melt ingot
单软线 monocord;single cord
单塞绳 monocord
单塞绳交换机 monocord switch board
单塞绳式交换台 monochord (type) switchboard
单塞绳式中继台 monocord system trunk board
单三槽板柱间布置 monotriglyph
单三角锁【测】 single triangulation chain
单伞形花序 simple umbel
单色 monocolo(u)r;single-colo(u)ration
单色X光谱线 monochromatic X-ray line
单色X射线 homogeneous X-ray; monochromatic X-ray
单色版 achromatic edition; monochromatic edition
单色比色计 monochromatic colo(u)rimeter
单色边纹 isochromatic fringe; monochromatic fringe
单色变幅 monochromatic amplitude
单色标志 monochromatic specification
单色表示 monochromatic specification
单色波 monochromatic wave;single-colo(u)r wave
单色波段 monochrome band
单色传送 black-and-white transmission;monochrome transmission
单色打标机 one-colo(u)r marking machine
单色大理石 single-colo(u)red marble;unicolo(u)red marble
单色的 concolo(u)rous; individual colo(u)r; isochromatic; monochord; monochromatic; monogenetic;self-colo(u)red; unicolo(u)r; whole-colo(u)red;monotint
单色地图 achromatic map;monochromatic map
单色电视 black-and-white television; monochrome television
单色调 monotone
单色多余辉穿透屏 monochrome multipersistence screen
单色翻印 monochromatic print; single-colo(u)r reprint
单色分层设色表 single-colo(u)r monochrome layer tinting
单色分光计 monochromating spectrometer
单色辐射 monochromatic radiation
单色辐射能 homogeneous radiant energy
单色辐射平衡 monochromatic radiative equilibrium
单色干涉 monochromatic interference
单色高温计 monochromatic pyrometer
单色光 homogeneous light;monochromatic light
单色光变幅 monochromatic amplitude
单色光刺激 monochromatic stimulus
单色光的 monochroic
单色光镜 monochromator; monochrometer
单色光谱 monochromatic spectrum
单色光源 monochromatic source
单色光照明 monochromatic illumination;monochromation illumination
单色化 monochromatization
单色画 monochrome; monotint; single-hue drawing
单色绘画 dominant harmony; monochromic painting
单色计 monochrometer
单色监视器 monochrome monitor
单色胶卷 monochrome film
单色胶片 monochromatic film
单色胶印机 single-colo(u)r offset machine; single-colo(u)r offset press
单色接收机 monochrome receiver set
单色截面 monoenergetic cross-section
单色晶体 monochromating crystal
单色晶体谱仪 monochromating crystal spectrometer
单色刻度盘 monochromatic scale
单色离子束 monochromatic ion beam
单色立体图 monochromatic anaglyph
单色沥青瓦片 monpavet
单色灵敏度 monochromatic sensibility
单色流量 monochromatic flux
单色硫化氢分析器 monocolo(u)r H_2S analyser[analyzer]
单色滤光镜 monochromatic filter
单色滤光片 monochromatic filter
单色滤光器 monochromatic filter
单色滤色片 monochromatic filter
单色配色法 monochromatic colo(u)r scheme
单色铺面层 monpavet
单色器 monochromator
单色墙纸 plain paper
单色染料 monogenetic dye
单色日光仪 monochromatic heliograph
单色日冕 monochromatic corona
单色散污染物 monodispersed pollutant
单色色调 monochromatic scheme
单色色度计 monochromatic colo(u)r

rimeter
单色射束 monochromatic beam
单色素描 monochrome presentation
单色探测率 spectral detectivity
单色调配 dominant harmony; monochromic painting
单色透明正片 monochromatic transparency
单色图 achromatic sheet; monochromatic chart
单色图像 monochrome image; monochrome picture
单色图像信号信道 monochrome channel
单色图形 monochrome graphics
单色瓦 plain colo(u)r tile
单色温标 monochromatic temperature scale
单色吸收 monochromatic absorption
单色吸收能力 monochromatic absorptivity
单色显示 monochrome display
单色显像 monochrome presentation
单色像 filtergram; monochromatic image
单色像差 monochromatic aberration
单色像片 monochromatic photograph; monochrome photograph
单色谐调 monochromatic harmony
单色信道 monochrome channel
单色信号 monochromatic signal; monochrome signal
单色信号电压 monochrome voltage
单色信号记录 monochrome recording
单色信号载波 monochrome signal carrier
单色性 monochromaticity
单色渲染 monochromatic rendering; single-hue rendering
单色仪 monochromator; monochrometer
单色印刷 monochromatic printing; single colo(u)r printing
单色印刷机 monochrome press; single-colo(u)r press; single-colo(u)r printer
单色印样 monochromatic print; single colo(u)r print
单色影像 monochromatic photoimage
单色油地毡水泥 plain linoleum cement
单色釉 monochrome glaze; single colo(u)r glaze
单色晕渲地图 monochromatic shading map
单色晕渲法 monochromatic shading; single shading
单色照明器 monochromatic illuminator
单色照片 monochrome photograph
单色装饰 monochrome decoration
单色自动胶印机 single-colo(u)r automatic offset press; single-colo(u)r sheet-fed offset press
单沙嘴 simple sand spit
单纱 single-cotton; single-filament yarn
单纱包线 single cotton-covered wire
单纱加捻机 single-ended twisting machine
单纱漆包线 single-cotton enamel
单纱强度试验仪 tensile tester for single strand
单纱强力伸长试验机 single-ended strength and elongation tester
单纱强力试验机 single-strand strength tester; single yarn tester
单纱强力试验仪 single yarn tester
单纱双丝包线 single cotton double-silk covered wire
单筛板 simple sieve plate
单山墙式构架 single gable(d) frame
单栅电子管 one-grid valve
单闪光 single flashing light
单扇百叶扯门 one-leaf sliding shutter door
单扇百叶门 one-leaf shutter door; single-leaf shutter door
单扇窗 one-sash(ed) window; single-casement window; single-sashed window
单扇窗墙板 one-window panel
单扇窗镶板 one-window panel
单扇的 one-leaf
单扇垫板 single shoulder tie plate
单扇房门 single-leaf room door
单扇滑动卷帘门 one-leaf sliding shutter door
单扇滑动式百叶门 single-leaf sliding shutter door
单扇卷帘门 one-leaf shutter door
单扇门 one-leaf door; single(-leaf) door; single-wing door
单扇门板 <左右移动的> single-speed door panel
单扇双开弹簧门 single-double-swing door
单扇水平推拉门 single sliding door
单扇水下推拉窗 single-sashed window
单扇弹簧门框 single-swing frame
单扇推拉门 single-leaf sliding door
单扇推拉式卷帘门 one-leaf sliding shutter door
单扇摇门 single-swing door
单扇闸门 single gate
单商品流 single commodity flow
单烧 single fire
单舌接 simple whip grafting
单射 injection
单射的 injective
单射流 one-jet
单射流喷燃器 rat-tail burner
单射流喷射系统 solid-jet injection system
单射映射 injective mapping
单身 empty nester
单身公寓 apartment for the single; bachelor's dwelling unit; bachelor apartment <美>; bachelor flat <英>
单身汉 bachelor
单身户 single-person household
单身居住单元 bachelor's dwelling unit
单身旅客 individual passenger
单身宿舍 bachelor's quarter; employee dormitory; quarters for the single
单身职工宿舍 worker's barrack
单身住户 single household
单深槽 monogeosyndine
单声道 monophony; single track
单声道的 monophonic
单声道放音 monophonic reproduction; playback on mono
单声道录音 monophonic recording
单声道录音机 monophonic recorder
单声反射板 abat-voix
单声迹 single pole
单声迹磁带录音机 single-track recorder
单声源 simple sound source
单声源线列阵 linear array of simple sound source
单声子过程 one-phonon process
单声子吸收 one-phonon adsorption
单绳 single line
单绳端结 single-wall knot
单绳控缰 loose rein
单绳牵引 single-rope traction
单绳牵引力 single rope pull
单绳软百叶窗 monocord venetian blind
单绳速度 single-line speed; single rope speed
单绳芯四股绳 shroud laid
单绳悬挂抓斗 one-rope suspension grab(bing)
单绳抓斗 single-rope grab
单绳抓岩机 single-line clamshell
单石墙 perpend wall
单时间常数跟踪系统 single-time-lag servo
单时期模型 single-period model
单时期预算约束 single-period budget constraint
单式 unitary
单式 U 形槽 single U-groove
单式 V 形槽 single V-groove
单式不对称道岔【铁】unequilateral turnout; unsymmetric(al) double curve turnout
单式簿记 book by simple entry; bookkeeping by single entry; single entry bookkeeping
单式抽样 single sampling
单式道岔 single points
单式吊杆 single purchase counterweight batten
单式对称道岔【铁】equilateral turnout; symmetric(al) double curve turnout
单式对绞电缆 unit-twin cable
单式分录 single entry
单式风泵 single-stage compressor
单式风表 single-pointer air ga(u)ge
单式集管 single header
单式记账 single entry
单式交分道岔【铁】single slip points; single slip switch
单式交换机 non-multiple exchange; non-multiple switchboard
单式矩阵 unitary matrix
单式会计 single entry accounting
单式控制 single mode control
单式冷藏 simple refrigeration
单式轮系 simple geared train
单式螺旋 single auger
单式球磨机 simplex ball mill
单式山谷冰 single valley glacier
单式算子 unitary operator
单式同侧不对称道岔 unsymmetric(al) double curve turnout in the same direction
单式屋顶通气孔 unit-type vent
单式显微镜 simple microscope
单式悬链 simple catenary suspension
单式压力表 single-pointer pressure ga(u)ge
单式压碎机 simplex crusher
单式匝道菱形交叉 diamond crossing with single slip ramp
单式自由粉碎机 single type free mill
单势 unipotential
单试体剪切试验 one sample shear test
单室 single cell; single chamber
单室采暖 independent heating; separate room heating
单室船闸 single lock
单室电解槽 single cell for electrolyzation
单室焚化炉 single-chamber incinerator
单室浮选机 unit cell
单室腐化池 one-compartment septic tank
单室户公寓 single room apartment
单室户公寓单元 single-roomed apartment unit
单室化粪池 single compartment septic tank
单室居住单元 efficiency dwelling unit
单室孔隙度计 single cell porosimeter
单室炉 one-way fired furnace; single cell furnace; single-chamber furnace
单室煤气发生炉 single-chamber producer
单室磨碎机 single compartment mill
单室式机组 single-chamber unit
单室套房 single-roomed flat
单室跳汰机 single compartment jig
单室箱形梁 single cell box girder
单室窑 single compartment kiln
单室增稠器 Dorr thickener; single compartment type thickener
单收缩 monopinch
单手把坩埚 one-hand pot
单手把罐 one-hand pot
单手把壶 one-hand pot
单手把盆 one-hand pot
单手把筒 one-hand pot
单手柄 monolever
单手柄操纵 mono-lever control; single-lever control
单手柄操作 one-lever control
单手柄控制 one-lever control; single-lever control
单手柄十字形开关 monolever switch
单手车卷扬机 single-barrow hoist
单手打眼 single hand drilling
单手锯 single-handled saw
单手快速夹紧卡钳 one hand quick grip wrench
单手小钢刨 low-angled steel block plane
单手用小锤 single jack
单手钻眼 single hand drilling
单受弓工作 single pantograph working
单枢 single pivot
单枢变换机 single armature converter [convertor]
单枢变流机 single armature converter
单枢换流器 motor converter
单枢整流机 single armature converter
单枢轴的 unipivot
单枢轴型仪表 unipivot instrument
单输出开关函数 single output switch function
单输出系统 single output system
单输入单输出系统 single-input single-output system
单输入控制器 single-input controller
单鼠笼式转子 single squirrel cage rotor
单束电荷控制管 single-beam charges controlled tube
单束光头灯 single-beam head light
单束三色显像管 single-gun tricolo(u)r tube
单束示波器 single-beam oscilloscope
单竖杆桁架 king post truss
单竖管卫生设备 one-stack plumbing
单竖井式窑 single-stack kiln
单竖井双垂线投影 double plumbing of a single shaft
单竖井双重线对中 double plumbing of single shaft
单竖索面 one vertical cable plane
单数 singular(number); unity
单数辨别 oddity discrimination
单数齿数 uneven number of teeth
单数的 odd(number); singular
单数码 single-digit coding
单数页 recto
单刷洗瓶器 one-brush bottle washer
单闩锁 deadlock

单栓塞(封闭)灌浆 single packer grouting
单双板固定法 <一种木船船壳板装配法> double and single fastening
单双杠 horizontal bar, parallel bars
单双工调制解调器 simplex-duplex modems
单双管混合组成的供暖系统 one-and-two pipe combined heating system
单双管式布置 one-and-two pipe layout;single-double line layout
单双管式采暖系统 one-and-two pipe combined heating system
单双花线 reamy yarn
单双流转换器 single current/double current converter
单双弹簧铰链 single and double action spring hinge
单双柱铣床 single and double column milling machine
单水白云化石灰 monohydrate dolomitic lime
单水的 monohydrate
单水化含白云石的石灰 monohydrate dolomitic lime
单水化合物 monohydrate
单水化石灰 <所含氧化镁未水化> normal hydrated lime
单水枪 single water gun
单水氢氧化钡 barium monohydrate
单水碳钙石 monohydrocalcite
单丝 individual filament; monofilament;single-filament yarn
单丝包线 single silk-covered copper wire
单丝变感器 monofilar variometer
单丝缠绕法 filament winding(process)
单丝成粒机 strand pelletizer
单丝磁变计 unifilar variometer
单丝磁力仪 unifilar magnetometer
单丝的 unifilar
单丝隔离 encasement of individual fiber
单丝加捻 single-twisting
单丝浸润 sizing of filament
单丝浸润器 size applicator for filaments
单丝静电计 unifilar electrometer
单丝绢丝法 canete;cannette
单丝抗拉强度试验仪 tensile tester for monofilament;tensile tester for single strand
单丝壳属 <拉> Sphaerotheca
单丝冷喷 filament cooling spray
单丝涂油 sizing of filament
单丝毡 filament mat
单丝支数 end count
单丝绉线 crepe-singles
单丝锥形筒子络筒机 monofil-coner
单四线组电缆 single-quad cable
单速逼近 one-velocity approximation
单速的 one-velocity;single speed
单速电动机 single speed motor
单速度摄影机 single-speed camera
单速浮点调节系统 single-speed floating control system
单速级 single velocity stage
单速皮带轮 single-drive pulley
单速同步数据系统 single-speed synchro data system
单速无静差控制系统 single-speed floating control system
单速无静差作用 single-speed floating action
单速轴 single-speed axle
单塑模 unit mo(u)ld
单酸甘油酯 monoglyceride
单随机变量 single random variable
单隧道操作 single tunnel operation
单榫 dapping
单榫接 gaining;notching
单索 monocable;single rope
单索铲运机 single-rope scraper
单索道 monorail-tramway;single cableway;single ropeway
单索吊钩 single-line hook
单索吊具 <一头吊环,一头吊钩> single sling
单索多颚板抓斗 single-rope orange-peel grab
单索刮土机 single-rope scraper
单索花结 <绳结的一种> netting knot
单索架空索道 monocable
单索卷绕的 single-rope winding
单索卷扬机 single-cable hoist
单索缆道 inclined cableway
单索锚固 single-wire anchorage
单索面 single-cable plane;single-plane cable
单索面竖琴形密索体系 single-plane multicable harp system
单索面斜拉桥 cable-stayed bridge with single cable plane
单索桥 monocable bridge
单索式架空索道 single rope aerial
单索索道 monocable ropeway
单索悬索桥 monocable suspension bridge
单索预应力构件 single-wire prestressing unit
单索预应力千斤顶 single-wire prestressing jack
单索预应力系统 single-wire prestressing system
单索抓斗 monocable grab;single-rope grab
单索自锚悬索桥 monocable self-anchored suspension bridge
单锁 mono lock;unit lock
单锁柜 monocleid(e)
单锁双翼开合桥 single-locked bridge
单锁调整器 finger-tip control
单塔 single pylon
单塔单周期移动床【给】mono-bed and single cycle moving
单塔起重机 monotower crane;monotower derrick
单塔式架空缆车 overhead transporter;teleferic
单塔式架空缆车桥 transporter bridge
单踏步阶梯 single-cleat ladder
单踏式车床 simple treadle lathe
单台柴油机 single diesel engine
单台传动开炼机 unitized mill
单态 singlet
单态和三重态间跃迁 single-triplet transition
单滩 single rapids;single shoal
单探头操作法 single probe operation
单探针法 one-probe method
单探针扩展电阻法 method of one probe spreading resistance
单碳精盒话筒 single button microphone
单搪 one-cover coat enamel
单套阀 single sleeve valve
单套结【船】bowline hitch
单套模板 single form
单套绳 snorter
单梯段楼梯 single-flight stair(case)
单梯段式楼梯 staircase of straight flight type
单梯式挖泥船 single ladder dredge(r)
单体 en-block;free monomer;monoblock; monomer; monomeric unit; unicum;unit cell
单体泵 monoblock pump
单体表面积吸附电荷量 amount of adsorbed charge per unit surface area
单体步犁 walking single-bottom plough
单体测试 unit test
单体车辆 single body vehicle
单体船 monohull; mono-hull ship; monomaran
单体的 cellular;free;monomeric;one-piece
单体电容器 monolithic capacitor
单体阀 single damper
单体法 simplex method
单体酚 free phenol
单体风阀 single body damper
单体浮箱 <拼装式趸船的单元> uniflote
单体构件 single shank unit
单体含量 monomer content
单体滑车 single pulley
单体化合物 monomeric compound
单体活泼度 monomer reactivity
单体机 uniset
单体机控制台 uniset console
单体计算机 all-in-one computer
单体结构船 monolithic ship
单体结核 single nodule
单体近似法 one-body approximation
单体浸渍混凝土 monomer impregnated concrete
单体浸渍率 monomer loading
单体聚合活性 monomer reactivity
单体聚合物 monomer-polymer
单体犁 single plow
单体梁 single shank beam
单体硫 free sulfur
单体炉 single-unit furnace
单体模样 loose pattern
单体内径千分尺 single body inside micrometer
单体判据 simplex criterion
单体泡沫 monocellular foam
单体配比 monomer ratio
单体喷雾口 monojet
单体珊瑚 solitary coral
单体烧结 burden-fluxing sinter
单体设计 unit design
单体试验 unit test
单体锁 mono lock
单体碳 free carbon;uncombined carbon
单体微粒 individual microscopic grain
单体系(统) single-mass system
单体形态 individual morphology
单体性地质图 monomer geologic(al) map
单体氧 free oxygen
单体元素 free element
单体原子 free atom
单体增塑剂 monomeric plasticizer
单体炸药 single compound explosive
单体支架 support unit
单天线 single antenna
单条薄带退火用的连续热处理炉 continuous strand-type furnace
单条跑道机场 single runway airport
单条绕组 single-bar winding
单条直缝 single-stalk standing seam
单调节 single regulation
单调节环 chain of one regular
单调谐 single tuning
单调谐变压器耦合放大器 single-tuned transformer coupled amplifier
单调谐电路 single-tuned circuit
单调谐电路接收机 one circuit set
单调谐放大器 single-tuned amplifier
单调谐级际电路 single-tuned interstage
单调压井 single surge tank
单眺台式观众厅 one balcony type auditorium
单贴面绝热制品 single-faced insulation
单铁路线桥 single-track bridge
单烃的溶解度 solubility of individual pure hydrocarbon
单通 single-pass
单通道 single-channel
单通道单纤光缆 single-channel single fiber cable
单通道单载波 single carrier per channel
单通道的 single-pass
单通道电流测定记录仪 single-channel galvanometric recorder
单通道加密装置 single-channel encryption device
单通道扩声 monophonic sound
单通道喷煤管 single-channel burner
单通道燃烧器 single-channel burner
单通道热红外扫描仪 single-channel thermal infrared scanner
单通道扫描脉冲分析仪 single-channel scanning pulse analyser[analyzer]
单通道瞬态信号记录仪 single-channel instantaneous signal recorder
单通道调频遥测仪 single-channel frequency modulation telemeter
单通道调谐调频仪 single-channel tunable spectrometer
单通道型 single-channel type
单通电路 unilateral circuit
单通棱镜剂量计 single-pass prism dosimeter
单通棱镜仪器 single-pass prism instrument
单通路 single-channel; single path; s-path;unipath
单通路卫星 single access satellite
单通调压塔 one-way surge tank
单通系统 single-pass system
单同态 monomorphism
单同态映射 simply homomorphic
单桶式油断路器 single-tank breaker
单筒瓷套管 single-tube porcelain bushing
单筒的 monocular
单筒电动卷扬机 single barrel electric-(al) hoist
单筒多管式锅炉 single-cylinder multitubular boiler
单筒滚筒式羊足碾 single-drum sheep's foot roller
单筒烘干机 single-shell rotary drier; single-tube rotary dryer
单筒集中拌和机 single-drum central mixer
单筒集中搅拌机 single-drum central mixer
单筒绞车 single-drum hoist; single-drum winch
单筒卷扬机 single-drum hoist;single-drum winch
单筒冷却机 drum cooler; rotary clinker; rotary type cooler; simple rotary-type cooler;tubular cooler
单筒目镜 monocular tube eyepiece
单筒筛 simple trommel
单筒生物显微镜 monocular tube biologic microscope
单筒式灰浆搅拌机 single-drum type mortar mixer
单筒式汽化器 single barrel carburetor
单筒式吸嘴 single-cylinder suction nozzle
单筒式制冷机 single shell type absorption refrigerating machine
单筒手持水准仪 monocular hand level;monocular hand level

单筒望远镜 monocular;naval telescope;star telescope
单筒显微镜 monocular tube microscope
单筒斜管显微镜 monocular inclined tube microscope
单筒型溴化锂吸收式制冷机 one-shell lithium bromide absorption; refrigerating machine
单筒羊蹄式压路机 single-drum sheep's foot roller
单筒预填骨料灌浆混凝土拌和机 single-drum concrete mixer
单筒振动串联式路碾 single vibration tandem roller
单筒振动串联式压路机 single vibration tandem roller
单筒振动(路)碾 single-drum roller
单筒振动压路机 single-drum roller
单筒直管显微镜 monocular straight tube microscope
单头15°斜口扳手 single-ended 15 degree angle wrench
单头扳手 end wrench; single-end(ed) spanner; single head (engineer's) wrench; single key
单头缠绕 single winding head
单头的 single-ended
单头多头蜗杆 single-and-multistart worm
单头鳄口扳手 single end alligator type wrench
单头方形直口扳手 single-ended square straight wrench
单头轨 single-headed rail
单头锅炉 egg ended boiler
单头焊 single-run welding
单头弧刷 single-ended wiper
单头活动扳手 single-ended adjustable spanner
单头井壁封隔器 single-endwall packer
单头卡规 single-ended snap ga(u)ge
单头开关 one-way switch
单头开口扳手 single open-end spanner;single open-end wrench
单头开口爪扳手 hammering spanner; single-ended open-jawed spanner
单头拉丝机 single collet winder;single-head wire drawer; single-head wire drawing machine
单头六角直口扳手 single-ended hexagon straight wrench
单头螺杆钻具 single lobe positive displacement mud motor drill
单头螺纹 one start screw;single-start thread;single-screw thread
单头螺纹的 single-threaded
单头螺纹滚刀 single-thread hob
单头螺纹螺钉 single-threaded screw
单头螺纹蜗杆 single-start worm;single-threaded worm
单头螺纹铣刀 single-thread milling cutter
单头喷灯 single burner torch
单头平刮刀 single-head flat scraper
单头燃烧式锅炉 single-ended burning boiler
单头热水器 single-point water heater
单头塞检验器 single-head choke tester
单头纱罩汽油灯 single mantle lantern
单头砂轮机 single-wheel grinder
单头式堆装件 single male stacking fitting
单头套筒扳手 single-head box socket set
单头铁丝订书机 single-head wire stitcher
单头挖土机 backhoe loader
单头蜗杆 single-thread worm
单头洗漂机 single-head scouring-bleaching machine
单头芯撑 single-headed stud
单头燕尾榫开榫机 single-ended tenoning machine
单头鹰徽饰【建】single-headed eagle
单头鱼叉 simple fish-stick
单头直柄套筒扳手 single-ended straight socket wrench
单头直榫开榫机 single-ended straight tenoning machine
单头指针 single-headed arrow
单投的 single-throw
单投开关 single-throw switch
单投影器定向法 one-projector method; one-swing method; single projector method
单投影系统 single-projection system
单透镜 einzel lens;simple lens;single (-element) lens;singlet
单透镜色灯信号 unilens colo(u)r light signal
单透镜色灯信号机【铁】unilens colo(u)r light signal
单透镜物镜 single-lens objective
单透目镜 primitive eyepiece; simple ocular
单凸极 monosalient pole
单凸轮轴 single camshaft
单凸面圆锯 single-conic(al) saw
单凸缘滚筒 single-flange roller
单凸缘履带轮 single-flange track wheel
单凸缘轮 single-flanged wheel
单凸缘式滚轮 single flange
单突堤式防波堤 single breakwater arm
单涂层 one-pack coating
单推单溜 single humping and single rolling; single rolling on single pushing track
单腿混凝土平台 single-leg concrete platform
单腿生产平台 single-leg production platform
单腿式平台 single-leg platform; single-leg unit
单腿桅杆 single-pole mast
单腿凿岩机架 single jack bar
单腿装船机 monopod ship loader
单托 single mount
单托床回转压呢机 single bed rotary press
单拖 single tow
单拖网渔船 single trawler
单驼峰 single hump;single-track hump
单瓦特计法 one-wattmeter method; single-wattmeter method
单外廊布局 single exterior-corridor layout
单外圆角 single bull nose
单弯电极管 single bend electrode holder
单弯阀 single bend valve
单弯梁 single-arch beam
单弯气门嘴 single bend valve
单弯曲柄轴 single-throw crank shaft
单弯头水封 P-trap
单挽钩 arm cleat;thumb cleat
单网孔 single-mesh
单网孔滤波器 single-mesh filter
单围盘轧制的 singly repeated
单桅(帆)船 single sticker;sloop
单桅杆 monospar
单桅杆起重机 pole derrick
单桅纵帆船 sloop
单维的 one-dimensional
单维分析法 one-dimensional analysis
单维固结 one-dimensional consolidation
单维压缩 one-dimensional compression
单尾检验(法) one-sided test; one-tailed test
单纬帆布 single filling duck
单位 division;unit;units order;unity
单位半径 unit radius
单位保水量 specific water retention
单位暴雨 unit storm
单位被动土压力 passive unit pressure of soil
单位泵 unit pump
单位比较法 comparative unit method
单位必要劳动量 unit labor requirement
单位编制 establishment of unit
单位变换的复分解 complex resolution of the identity
单位变形 unit deformation
单位变形力 deformation pressure
单位表面 unit surface
单位表面摩擦力 unit skin friction
单位表示 unit representation
单位并矢式 unit dyadic
单位波峰宽度 unit crest width
单位步法 unity step method
单位材料成本 unit cost of material
单位材料需要量 specific material demand
单位采暖装置 unit heater
单位采样 unit sample
单位残余伸长 unit residual elongation
单位操作 unit process
单位操作循环开关 unit operating cycle
单位草场 range
单位侧面阻力 unit shaft resistance
单位侧向阻力 unit shaft resistance
单位侧压力 unit lateral pressure
单位测试 unit testing
单位层型 unit stratotype
单位掺和料量 admixture dosage
单位产量 specific duty;specific production
单位产量所需工时 man-hour requirement
单位产量折旧法 depreciation-unit of product method
单位产品成本 unit cost
单位产品成本的审计 audit of cost per product
单位产品疵点数 defects per unit
单位产品的必要劳动消耗量 man-power needed per unit of product
单位产品耗水量 water consumption per unit product
单位产品投资额 investment per unit product;unit investment quota
单位产水量 specific yield;unit yield
单位产值耗水量 water consumption per unit output value
单位产值能耗 energy consumption per unit of output value
单位长度 per-unit length;unit length
单位长度出流 effluent per unit length
单位长度的能量水头 energy head per unit length
单位长度电容 capacitance per unit length
单位长度负荷 linear load;load per unit of length
单位长度荷载 linear load;load per unit length
单位长度流量公式 flow rate formula in unit length
单位长度螺纹扣数 number of threads per unit length
单位长度螺纹圈数 number of turns per unit length
单位长度扭转角 angle of twist per unit length
单位长度排出水 effluent per unit length
单位长度排放量 emission per unit length
单位长度伸长 elongation per unit length
单位长度重量 unit weight
单位沉降量 unit settlement
单位成本 basic cost; cost per unit; cost unit price;unit cost
单位成本技术 unit cost technique
单位成本率 cost performance; cost rate per unit
单位成本折旧法 unit cost depreciation method
单位成品回收 unitary product
单位成品推销费 salable expenses by unit product
单位承载力 bearing unit capacity;unit load capacity
单位程序 unit program(me)
单位持水度 specific water retention
单位持水量 specific water retention
单位冲击功 specific energy of shock
单位冲量 unit impulse
单位冲量函数 unit impulse function
单位抽样 unit sample;unit sampling
单位出力 specific output; specific power;unit output
单位出水量 <含水层的> specific well capacity;specific(well) yield
单位储存量 specific storage
单位储量成本 cost unit ore reserve
单位储量工程量 engineering amount per unit ore reserve
单位储水量 specific storage
单位传动 unit drive
单位串 unit string
单位磁导率 unit permeance
单位磁负荷 specific magnetic loading
单位磁极 unit magnetic pole; unit pole
单位粗集料用量 unit content of coarse aggregate
单位存量 specific storage
单位当量 unit amount
单位的 single order;specific
单位的换算 conversion of unit
单位地基承载力 unit subgrade support
单位地址簿 activity address directory
单位地址代码 activity address code
单位电负荷 specific electric(al) loading
单位电耗 specific kilowatt-hour consumption;specific power consumption
单位电荷 unit charge
单位电荷功 work per unit charge
单位电离 specific ionization
单位电量 unit quantity of electricity
单位电能消耗 specific energy consumption
单位电能造价 cost per kilowatt hour
单位电容 specific capacitance
单位电势 unit potential
单位电通量 unit electric(al) flux
单位电压 specific voltage; unit voltage
单位电阻 specific resistance;unit resistance
单位定额估算法 <直接费的一种估算方法> unit rate estimating
单位端阻力 point resistance pressure
单位堆垛 unit piling
单位对象权 object weight of cell
单位法 per-unit system
单位法拉第管 unit Faraday tube

单位法线 unit normal
单位法向量 unit normal vector
单位繁殖率 specific production
单位反馈系统 unity feedback system
单位泛水量 bleeding capacity
单位方阵 unit square matrix
单位飞逸转速 unit runaway speed
单位费用 cost per unit;specific cost
单位分布 unit distribution
单位分隔 unit separation
单位分隔符 unit separator
单位分解 partition of unity; resolution of the identity
单位风载 unit wind load
单位峰值流量 unit peak discharge
单位符号 unit symbol
单位幅角 unit amplitude
单位负荷 specific load; unit load(ing)
单位负荷因数 unit loading factor
单位负荷因素 unit loading factor
单位负载 element loading;unit load(ing)
单位复抗剪函数 unit complex forcing function
单位复抗力函数 unit complex forcing function
单位复数 complex unit
单位副法线 unit binormal
单位干重 unit dry weight
单位刚度 specific stiffener; specific stiffness
单位给水量 specific yield(ing)
单位工程 individual project;unit project
单位工程概算 budgetary estimate of unit construction
单位工程概算书 rough estimate of unit project
单位工程施工工期 construction period of unit project
单位工作成本 cost of unit working
单位工作能耗 energy consumption per unit working
单位工作区间 commitment unit
单位工作容积功率 power-to-volume ratio
单位功率 power density;power rate; specific power; unit capacity; unit power
单位功率定额值的重量 weight of unit power rating
单位功率工作能力 specific duty
单位供暖机 unit heater
单位供暖器 unit heater
单位贡献 unit contribution
单位估价表 standard schedules of unit rates
单位管 unit tube
单位灌溉面积用水量 <即灌溉用水量与灌溉面积的比值> duty of water
单位灌水区 irrigating unit
单位滚动基本阻力 specific rolling resistance due to movement on level tangent track
单位过程线 unit(hydro)graph
单位过程线分析 unit hydrograph analysis
单位过程线峰值 peak unit
单位过程线峰值水流 peak unit flow
单位过程线合成 unit hydrograph synthesis
单位过程线积分曲线 S-hydrograph
单位过程线理论 theory of unit hydrograph
单位过程线历时 unit hydrograph duration
单位过程线移置 transposition of unit hydrograph
单位过程线应用 unit hydrograph application
单位过程线综合 hydrograph synthesis
单位含尘量 specific dust load
单位含水量 specific moisture content
单位含水率 unit water content
单位函数 unit function
单位函数响应 unit function response
单位焊接变压器 single operator welding transformer
单位耗量 specific consumption
单位耗能量 specific energy requirement
单位耗气量 specific gas consumption
单位耗汽量 specific steam consumption
单位耗药量 unit powder consumption
单位(河长)水力资源 specific water power potential; specific water power resources
单位荷载 load rate; specific loading; unit load(ing)
单位荷载大小 magnitude of stresses
单位荷载法 unit load method
单位荷载条件 specific loading condition
单位横截面积 unit cross-sectional area
单位横向收缩 unit lateral contraction
单位横向压力 unit lateral pressure
单位洪峰 unit peak flow
单位环氧当量 weight per epoxy equivalent
单位换算 unit conversion
单位换算比 unitary ratio
单位换算价值 unit conversion value
单位换算系数 single scale factor
单位回灌量 recharge per unit pressure head
单位回灌量费用 cost per unit recharge water volume
单位回灌水量的投资 investment per unit recharge water volume
单位活度 unit activity
单位基本阻力 specific basic resistance
单位基底 unitary basis
单位集水面积 per-unit catchment area
单位集中荷载 unit concentrated load
单位挤压力 extrusion pressure
单位计数 unit count
单位记录 unit record
单位记录程序 unit record routine
单位记录池 unit record pool
单位记录法 unit record principle
单位记录卷宗 unit record volume
单位记录容量 unit record volume
单位记录设备 unit record device
单位记录文件 unit record file
单位记录系统 unit record system
单位记录原则 unit record principle
单位记录装置 unit record equipment
单位记录组 unit record pool
单位加热面放热量 heat liberation per unit heating surface
单位加热器 unit heater
单位加速力 specific accelerating force;unit acceleration force
单位加速力曲线 unit acceleration force curve
单位价格合同 unit price contract
单位价值 unit value
单位间隔 unit gap;unit interval
单位间距 unit distance;unit spacing
单位间距代码 cyclic(al) permuted code
单位减速力 specific decelerating force
单位剪力 unit shear
单位剪切应力 unit shearing stress
单位简介 brochure
单位见方法 square foot method
单位降雨 unit rainfall
单位降雨历时 unit rainfall duration
单位角 unit angle
单位阶梯函数 unit step function
单位阶梯响应 unit step response
单位阶跃 unit step
单位阶跃导纳 indicial admittance
单位阶跃的 indicial
单位阶跃函数 unit step function
单位阶跃响应 indicial response; unit step response
单位接触器式 unit-contactor type
单位接触压力 unit contact pressure
单位金属回收 unitary metal
单位进尺的岩粉体积 volume of rock cuttings per unit of depth
单位进尺间接费 indirect cost of footage of tunneling
单位进尺折旧摊销费 depreciation and apportion charges of unit footage of tunneling
单位进尺直接成本 direct of unit footage of tunneling
单位进刀量 unit feed
单位进位 single carry
单位经营成本 unit operation cost
单位晶胞 elementary cell;unit cell
单位晶格 elementary cell;unit cell
单位晶格矢量 unit cell vector
单位晶体管 unit transistor
单位精矿回收 unitary concentrate
单位径流量 specific runoff;unit runoff
单位静储量法 specific permanent reserves
单位静电荷 unit electrostatic charge
单位矩形函数 unit rectangular function
单位矩阵 identity matrix;unit(y) matrix
单位距离 unit distance
单位距离的水温下降值 value of water temperature drop per unit distance
单位距离电码【计】unit-distance code
单位开采下降值 decrease of specific mining quantity
单位抗剪强度 unit shear resistance
单位抗拉应力 unit compressive stress;unit tensile stress
单位抗力 unit resistance
单位空间 unit space
单位空(气)调(节)器 unit(air-) conditioner
单位空气附加阻力 specific air resistance
单位空气耗量 specific air consumption
单位控制 unit control
单位会计 agency accounting
单位宽度 unit width
单位宽度流量 discharge per unit width
单位拉力 unit tension
单位拉应力 specific tension
单位劳动产值 value of output per unit of labor
单位劳动成本 unit labor cost
单位劳动量 activity rate
单位劳动系数 activity rate
单位冷却器 unit cooler
单位力 specific force;unit force
单位力矩 element moment
单位力偶 unit couple
单位立方体 unit cube
单位立体弧度的亮度 sterluminancy
单位立体角 unit solid angle
单位利润 unit profit
单位利润分配 unit profit sharing
单位利用率 specific utilization coefficient
单位亮度 unit brightness
单位量 per-unit quantity;unit quantity
单位量度 unit measurement
单位量制度 per-unit system
单位列车阻力 specific train resistance
单位灵敏度 unit sensitivity
单位流量 specific discharge; specific rate of flow; unit discharge; unit (rate of) flow
单位流量降深 specific drawdown
单位流量曲线图 unit hydrograph
单位流量水文曲线图 unit hydrograph
单位流量图 unit hydrograph
单位流水量 specific yield
单位炉床面积产量 output of hearth area
单位炉容放热量 heat liberation per unit furnace volume
单位炉膛面积鼓风量 relative blowing rate
单位炉膛容积放热率 rate of heat liberation per unit furnace volume
单位率 unit rate
单位绿地 unit green area
单位马力 unit horsepower
单位码元 unit element
单位脉冲 unit impulse;unit pulse
单位脉冲反应 unit impulse response
单位脉冲函数 unit impulse function
单位脉冲响应 unit impulse response
单位脉冲信号 unit-pulse signal
单位毛重 bulk unit weight
单位煤量 unit of coal
单位泌水量 bleeding capacity
单位面 unit plane
单位面积 elemental area;unit area
单位面积材料用量 application rate
单位面积产量 production per unit area;loading < 玻璃池窑的 >; load per unit area < 池窑 >
单位面积传导 unit surface conductance
单位面积存储量 storage capacity per unit area
单位面积的工作定额 working quota of specific area
单位面积的力学导纳 unit-area mechanical admittance
单位面积的流量 specific discharge
单位面积的应力 intensity of stress
单位面积地基压力 ground pressure per unit area;specific ground pressure
单位面积电荷数 electric(al) charge density
单位面积电容 unit-area capacitance
单位面积负荷 load per unit area
单位面积灌溉水量 irrigation module
单位面积荷载 unit-area loading;load rating
单位面积货物堆存量 standard for cargo stored per unit area
单位面积降雨流量 specific discharge of rainfall
单位面积流量 specific rate of flow
单位面积年产量 annual yield by area
单位面积强度 strength per unit area
单位面积热传导 thermal conduction per unit area
单位面积入渗补给量 infiltration recharge on unit area
单位面积上的烛光 candles per unit area
单位面积射杀量 area kill
单位面积声阻抗 specific acoustic-

(al) impedance; unit-area acoustic impedance
单位面积收费 unit-area fee
单位面积输沙率 sediment-production rate
单位面积送风量 air supply volume per unit area
单位面积土的流量 specific discharge of soil
单位面积推力 propulsion force per unit area
单位面积污染负荷 pollutant unit area load
单位面积吸气量 suction intensity
单位面积吸声能力 absorption unit
单位面积新烛光 candela per unit area
单位面积压力 pressure per unit area
单位面积应力 unit stress; stress per unit area
单位面积用水量 <计算灌溉用水> water duty per unit area
单位面积造价指标 cost rate per unit area
单位面积质量 mass area ratio
单位面积重量 weight per unit area
单位面积株数 number of plants per unit area
单位面积阻抗 unit-area impedance
单位面积钻压 bit weight per unit area
单位名 amount of substance
单位名称 name of unit
单位模的 unimodular
单位模数 unit module
单位膜 unit membrane
单位磨耗 specific wear
单位挠曲应力 buckling unit stress
单位内部汇报 in-house report
单位内部自动电话通话工作 unit automatic exchange working
单位能量 specific energy
单位能(量消)耗 specific energy consumption
单位能源消耗 unit consumption
单位黏[粘]结应力 bond unit stress
单位扭应力 twisting unit stress
单位排出量 specific discharge
单位排流容积法 volumetric (al) method of drainage flow per unit
单位配合比 unit mix
单位膨胀率 specific unit expansion
单位频带电压 voltage per unit band
单位平均成本 average cost per unit
单位平面 <建筑物平面构成的基本单位> unit plan
单位坡道附加阻力 specific train resistance on inclined track
单位坡道阻力 specific gradient resistance
单位气耗 specific air consumption
单位砌块 unit masonry
单位千瓦造价 cost per kilowatt
单位牵力 specific thrust
单位牵引力 specific thrust; specific tractive power
单位潜容量 submerged unit weight
单位强度 unit strength
单位切线 unite tangent
单位球 sphere of radius; unit ball
单位球面 unit sphere
单位区间 unit interval
单位区域价值 unit regional value
单位区域价值估计法 unit region value estimation method
单位曲线附加阻力 specific train resistance due to curves
单位渠系灌溉需水量 block irrigation requirement; unit irrigation requirement
单位取样 unit sample
单位权 unit(of) weight; weight unit
单位权中误差 mean square error of unit weight
单位权重误差 standard error of unit weight
单位热传导 unit thermal conductance
单位热耗 specific heat consumption
单位热量消耗 specific heat consumption
单位热流 heating rate
单位人工成本 unit labo(u)r cost
单位容积 unit volume
单位容积变化 unit volume change
单位容积产冷量 refrigerating effect per unit of swept volume
单位容积功率 power-to-volume ratio
单位容积含沙量 spatial concentration of sediment
单位容积吸附剂 unit volume adsorber
单位容积制冷量 volumetric (al) refrigerating capacity
单位容积重量 unit capacity weight
单位容量 specific capacity; unit capacity
单位容量安装成本 installation cost as per machine capacity
单位容重 unit weight; weight of unit volume
单位三角形 unit triangle
单位散热器 unit heater
单位熵 specific entropy
单位伸长 elongation per unit length; unit elongation; unit extension
单位深度地温差 geothermal step
单位升力 unit lift
单位生产成本 unit production cost
单位生产法 unit production method
单位生产量 specific duty; specific yield; unit production
单位生产率 specific productivity
单位湿胀应变 unit swelling strain
单位时段 unit interval; unit period
单位时间 unit time
单位时间步 unit time step
单位时间车速分布 time-speed distribution
单位时间单位面积上的降水量 amount of precipitation per unit area and time
单位时间的热容量 time rate of heat capacity
单位时间加速作用 acceleration/flow-time ratio
单位时间间隔 unit interval
单位时间降雨量 intensity of rain (fall)
单位时间内的到达数 number arriving in one unit of time
单位时间内地下水下降值 drainage modulus
单位时间强度 intensity per unit time
单位时间溶液体积 volume of solution per unit time
单位时间水化热 specific hardening heat
单位时间研究 unit time study
单位时间雨量 unit rainfall
单位时间转数 number of revolution per unit of time; revolution per unit of time
单位矢量 unit vector
单位式电缆 unit-type cable
单位式光缆 unit-type optic (al) fiber cable
单位视在能耗【铁】apparent energy consumption unit; unit apparent energy consumption
单位释水系数 specific storage
单位输出功率 specific output
单位数 single-digit; unit number
单位水力蕴藏量 specific potential power; specific water power potential
单位水力资源 specific potential power; specific water power potential
单位水量成本 cost per unit water volume
单位水量的投资 investment per unit water volume
单位水量的(作物)产量 water use efficiency
单位水泥用量 unit content of cement
单位水体中含沙量 sediment spatial concentration
单位水头曲线 specific head diagram
单位水头损失 specific loss of head; specified loss of head
单位水文过程线 unit hydrograph
单位水文过程线法 unit hydrograph method; unitary-hydrograph method
单位水文图 unit graph
单位水下容量 submerged unit weight
单位水样 <泥沙测验的> unit sample
单位税 unit tax
单位速率 unit speed
单位算子 unit operator
单位损耗 specific loss
单位损失 specific loss
单位损益计算书 unit income statement
单位体积 unit volume; volume unit
单位体积变化 unit volume change; unit volume variation
单位体积成本 volume cost
单位体积的重量 specific weight
单位体积含量 content by volume; load per unit of volume
单位体积含水量 unit water content
单位体积混凝土含水量 water content of unit volume for concrete
单位体积立方体混凝土用水量 water content per unit volume of concrete
单位体积摩尔 moles per unit volume
单位体积膨胀 unit volume expansion
单位体积平均资源量 mean resource of unit volume
单位体积热容 heat capacity per unit volume
单位体积土 unit volume soil
单位体积载尘量 dust burden
单位体积质量 voluminal mass; mass per unit volume; bulk density <含有水或空气散粒物质的>
单位体积重量 mass density; specific mass gravity; volume weight
单位天线 unit antenna
单位填料表面积 surface area per unit capacity of packing
单位铁损 iron loss per unit weight
单位通风器 unit ventilator
单位投资 specific investment; unit cost; unit investment cost
单位投资定额 unit investment quota
单位投资额 specific investment cost
单位土壤压力 unit ground pressure
单位弯矩 unit bending moment
单位弯曲应力 bending unit stress; buckling unit stress
单位弯曲直力 bending unit stress
单位位移 unit displacement
单位位移法 unit displacement method
单位文件 unit file
单位握钉值 unit nail value
单位握裹力 bond unit stress
单位污染物负荷 pollutant load per unit
单位污染物负荷率 unit pollutant loading rate
单位误差 unit error
单位吸水量 specific water absorption; unit absorption; unit water acceptance
单位系 system of units
单位系数 unit coefficient
单位系统 per-unit system
单位细集料用量 unit content of fine aggregate
单位线 unit graph; unit hydrograph; unit line
单位线段 unit segment
单位线法 unit hydrograph method
单位线设计暴雨法 unigraph design storm procedure
单位线相应的径流积分同线 S-curve
单位线压力 <压路机> line compression; linear rolling pressure
单位响应 unit response
单位向量 unit vector; vector of unit length
单位向量场分析 unit vector field analysis
单位消耗量 specific consumption
单位效益造价 cost per benefit
单位斜率 unity slope
单位信号时间 unit interval
单位形变 unit deformation
单位性状 unit character
单位虚荷载法 dummy unit load method
单位徐变 unit creep
单位徐变系数 unit creep coefficient
单位悬浮负载 specific suspended load
单位选择器开关 unit-selector switch
单位压力 pressure per unit of area; specific pressure; unit pressing; unit pressure
单位压实率 specific unit compaction
单位压缩量 relative compressibility; specific compression
单位压缩模数 modulus of specific compression
单位压应力 compressive unit stress
单位压制压力 specific mo(u)lding pressure
单位延迟算子 unit-delay operator
单位样本 unit sample
单位药耗 explosive specific charge
单位应变 unit strain
单位应力 stress intensity; unit stress
单位应力徐变 specific creep
单位营业支出 unit operating expense
单位涌水量 specific capacity; specific yield
单位涌水量降深关系曲线 curve of specific well yield-drawdown
单位用水量 unit content of water; unit water use
单位有效面积存储量 storage capacity per effective unit area
单位元 identity; unit element
单位元容量 specific capacity
单位元素 identical element; identity element; identity of a group; unit element
单位原矿回收 unitary ore
单位圆 unit circle
单位跃变 unit offset
单位运输 unit transport
单位造价 cost per unit; unit cost; unit price
单位增益 unit gain
单位增益电压倒相放大器 see-saw amplifier
单位增益放大器 unity gain amplifier
单位增益频宽 unity gain bandwidth
单位栅格 elementary cell
单位炸药消耗量 explosive factor; ex-

plosive specific charge; powder factor
单位张量 unit tensor
单位折旧 unit depreciation
单位振幅 unit amplitude
单位蒸发量 evaporation ratio
单位蒸发能力 specific evapo(u)rative capacity
单位蒸汽马力 unit boiler horsepower
单位值计算 per-unit calculation
单位制 unit system
单位制动力 specific braking force; unit breaking force
单位制度 system of units
单位质量 unit mass
单位质量的作用力 mass power
单位质量含量 load per unit of mass
单位质量内能 internal energy per unit mass
单位质量热含量 enthalpy per unit mass
单位质量热容 heat capacity per unit mass
单位质量压缩功 work per unit mass compressed
单位滞流量 specific retention
单位滞水量 specific retention
单位置板牙接合机 single station die attachment machine
单位重功率 unit weight power
单位重量 specific weight; unit weight
单位重量功率 horsepower per unit of weight; power-weight ratio
单位重量马力 unit weight horsepower
单位重量热容量 heat capacity per unit weight
单位重牵引力 unit weight haulage force
单位轴马力制冷量 refrigerating effect per brake horsepower
单位主要装置 unit essential equipment
单位主应力 principal unit stress
单位住房 organization-owned housing
单位注入指数 <钻孔> specific injectivity index
单位转角 unit rotation
单位转速 <水轮机的> unit speed
单位装机容量 unit installed capacity
单位装载运输体制 unit load system
单位纵向变形 unit longitudinal deformation
单位阻力 specific resistance; unit resistance
单位钻孔表面积 area of face per hole
单位钻压 unit bit weight
单位作用力 specific effort
单文件单卷 monofile monovolume
单文件多卷 monofile multivolume
单文件卷 unifile volume
单文件卷宗 single file volume
单文字规则 one-literal rule
单纹槽立体声 monogroove stereo
单纹粗半圆锉 single cut bastard half round file
单纹锉 single cut
单纹锉刀 float-cut file; single cut file; hand float
单纹孔 simple pit; simple pore
单纹孔对 simple pit pair
单纹理 like-grained
单纹平锉 mill file
单稳触发电器 monostable trigger circuit
单稳触发器 one-shot flip-flop; single-shot trigger
单稳电路 one-shot; single-shot circuit
单稳定的 monostable
单稳多谐振荡器 astable multivibrator; driven blocking oscillator; monostable blocking oscillator; single-shot multivibrator; start-stop multivibrator
单稳多谐振捣器 univibrator
单稳输出 one-shot output
单稳态 monostability
单稳态触发电路 monostable trigger-action circuit; single-shot trigger circuit
单稳态触发器 monostable flip-flop; monostable trigger; univibrator
单稳态的 monostable; one-shot
单稳态电路 monostable circuit; single-shot circuit; uni-stable state circuit
单稳态多谐振荡器 monomultivibrator; one-shot multivibrator; single-shot multivibrator; single-trip multivibrator; monostable multivibrator; univibrator
单稳态继电器 monostatic relay
单稳态间歇振荡器 monostable blocking oscillator; single-shot blocking oscillator
单稳态脉冲雷达 monostatic pulse radar
单稳态型极化继电器 polarized monostable type relay
单稳态阻塞振荡器 single-shot blocking oscillator
单稳线路 monostable multivibrator; one-shot multivibrator; single-shot multivibrator
单稳元件 monostable element
单涡轮式增压器 single turbocharger
单涡强度 single vortex strength
单蜗壳泵 single-volute pump
单握手低角平底刨 single grip low angle smooth bottom wood bench plane
单握手高角平底刨 single grip high angle smooth bottom wood bench plane
单握手普通平底(木)刨 single grip regular smooth bottom wood bench plane
单污泥活性污泥工艺 single sludge activated sludge process
单污泥脱氮 single sludge nitrogen removal
单坞墙式浮(船)坞 depositing floating dock; lifting dock; offshore dock
单物标三方位求航迹向 finding the course made good by three bearing of single object
单物镜双筒显微镜 mono-objective binocular microscope
单物种毒性试验 simple species toxicity test
单物种生态风险表征 single species ecological risk characterization
单吸 single inlet
单吸泵 single-entry pump; single(-inlet) pump
单吸的 single suction
单吸附质 single adsorbate
单吸附质系统 single adsorbate system
单吸口 single suction port
单吸离心泵 single centrifugal pump; single-entry centrifugal pump
单吸螺旋泵 single suction volute pump
单吸入口叶轮 single suction impeller
单吸式 single entry; single suction
单吸式泵 single suction pump
单吸式离心泵 single suction centrifugal pump
单吸式水泵 single suction pump
单吸叶轮 single-inlet impeller
单吸移液管 simple absorption pipette; single suction pipette
单烯烃 monoolefin
单锡林除草籽机 single burring machine
单席电路 multiple position circuit
单洗面台 single washstand
单铣刀 single cutter
单系 singular set
单系船柱 single bitt
单系杆 single tie rod
单系列(的) uniserial
单系列演化 monophyletic evolution
单系列预热器 one stream preheater; single-line preheater
单系统 single system
单系统费用估计 individual system costing
单系统针织机 single-system machine
单隙磁头 single gap head
单(狭长)地槽 monogeosyncline
单先导 single pilot
单纤光缆 monofiber cable; single fiber cable
单纤维 cellfiber[cellfibre]; individual filament; monofilament
单纤维强度试验仪 tensile tester for monofilament
单弦 monochord
单弦杆 monochord
单弦式桥梁 rein chord bridge
单弦体系 rein chord system
单显磁极 monosalient pole
单线 simple line; single lane; single line; singlet; uniline
单线办理人工闭塞装置 device for effecting manual block for single line
单线半自动闭塞 single-line interlocking lock and block; single-line semiautomatic block; single-track semiautomatic block
单线半自动闭塞机 single-line interlocking lock and block apparatus
单线半自动闭塞系统 single track semiautomatic block system
单线半自动闭塞制 single track semi-automatic block system
单线闭塞 single-line block
单线闭塞机 single-line block instrument; single-track (block) instrument
单线闭塞系统 single-line block system
单线闭塞制 single-line block system
单线臂板信号机【铁】single-wire operated semaphore; single-wire semaphore signal
单线边接图 single-line diagram
单线拨号 battery dial(l)ing; simplex dial(l)ing
单线操作 one-line operation
单线车道【铁】single track
单线出入线 access line for single track
单线除雪车 single track snow plough
单线处理 single threading
单线传输 single-wire transmission
单线传输线(路) single-wire transmission line
单线船闸 single-line lock
单线的 simple linear; single track; single-wire; unistand
单线电报系 earthed telegraphy
单线电路 direct wire circuit; single-wire circuit; single-wire line
单线电路图 one-line diagram
单线工作 single-line operation
单线公路 single-line highway
单线故障 single-line fault
单线管 monocoil
单线轨道 single track
单线航道 one-way channel; single-lane channel
单线回路 earthed circuit; single-wire circuit
单线继电半自动闭塞 single-track all-relay semi-automatic block system
单线夹 single lug
单线架空索道 monocable ropeway
单线交通 single-lane traffic
单线接地 single-line ground
单线接线图 single-lined diagram
单线铠装的 single-wire armo(u)red
单线铠装电缆 single-wire armo(u)red cable
单线馈电 single-wire feed
单线馈送线 single-wire feeder
单线拉丝机 single-head wire drawing machine
单线缆索 monocable
单线联络线 single-line connection
单线联锁闭塞 single-line interlocking lock and block
单线联锁闭塞机 single-line interlocking lock and block apparatus
单线螺杆 single-flighted screw
单线螺纹 single-start thread
单线螺旋(丝) single-wire helix
单线刨 single-line plane
单线皮带运输机 single-lined belt conveyer[conveyor]
单线凭证 single-line token
单线桥 single-line bridge; single-track bridge
单线区段 single-line district; single-line section; single-track district; single-track section
单线区段的区间通过能力 graphic(al) illustration of the carrying capacity in various sections on a single-track district
单线区间 single-track section
单线圈 one coil; unicoil
单线圈变压器 one coil transformer
单线圈的 monocoil; single-coil
单线圈点火 single-coil ignition
单线圈感应分流器 single inductive shunt
单线圈缓放继电器 single-coiled moderately slow release relay
单线圈继电器 one-coil relay; single-coiled relay
单线圈绕法 unicoil winding
单线圈绕组 unicoil winding
单线绕法 unifilar winding
单线绕组 unifilar winding
单线润滑系统 one-way lubricating system
单线塞绳 single cord
单线扫描 one-line scanning; single-line scanning
单线生产方式 unitary stream profile
单线示波器 single-beam oscillograph
单线式端头废料剪切机 single-strand crop and cobble shears
单线式连铸机 one-strand continuous casting machine
单线式线材轧机 single-strand mill
单线适配器 one-line adapter
单线输送机 single-strand drag conveyer[conveyor]
单线输送量 carrying capacity of line
单线双向行车 bidirectional working; both-direction working; two-way working

单线双向运行线路 single-line two-way track
单线送电大地返回电路 earth return circuit
单线隧道 single-track(ed) tunnel
单线索处理 single-thread processing
单线索道 cable-tramway of single rope;single track
单线态 singlet state
单线铁路 monorail;single(-line) railway;single-track line;single-track railway;single-way railroad;single-way railway
单线铁路信号 single track signal
单线通过能力分析机 single-track capacity analyser
单线图 line chart;line diagram;line drawing;one-line diagram;one-line graphic;single-line diagram;single-line drawing;single-line plan;skeleton diagram
单线围盘 single-strand repeater
单线蜗杆 single-thread worm
单线系统 one-wire system;single wire system
单线纤维 monofilament fiber
单线线路 single-wire line;single-wire route
单线线圈 single-rope winding
单线小路 linear path
单线信号法 single-line signal(l)ing
单线信号设备 single-line signal(l)ing;single-wire signal(l)ing
单线信号握柄 single-wire signal lever
单线信息 uniline message
单线行车 <即双向行车> single-track running
单线行驶的 one lane
单线性体控矿 ore-forming control of monolinearment
单线悬挂 unifilar suspension
单线延迟 one-line delay
单线遥控 single-wire remote control
单线英里程 single-track mile
单线用户 single-line subscriber
单线有轨电车 single-track car line
单线运行 single-line operation;single-track operation
单线运行图 train diagram for single-track
单线增音器 repeater;single line
单线轧制 one-strand roller
单线张拉 single-wire stretching
单线折边 single-locked welt
单线制 one-wire system;single wire system
单线中继器 single-line repeater
单线铸铁机 strand pig casting machine
单线自动闭塞 single-line automatic block;single-track automatic block
单线自动闭塞系统 single-track automatic block system
单线自动闭塞制 single-track automatic block system
单相半波整流器 single-phase half wave rectifier
单相半控制桥式结线 single-phase semi-controlled bridge connection
单相包裹体 single-phase inclusion
单相饱和扼流圈 single-phase saturable reactor
单相保护式分路开关 single-phase protective branch switch
单相保险插头座 single-phase safety plug with socket
单相变压器 monophase transformer;single-phase transformer
单相变质作用 monophase metamorphism
单相并励电动机 single-phase shunt motor
单相并励换向器电动机 single-phase shunt commutator motor
单相并联电动机 single-phase shunt motor
单相并联逆变器 single-phase parallel inverter
单相柴油发电机组 single-phase diesel generating unit;single-phase diesel power set
单相串激式电动机 single-phase series motor
单相串励电动机 single-phase series motor
单相串励换向器电动机 series conduction motor;single-phase series commutator motor
单相串励整流子电动机 single-phase series commutator motor
单相串联电动机 single-phase series motor
单相串绕整流子电动机 single-phase series wound commutator motor
单相吹风机 electric(al) blower single-phase
单相带零点三孔插座 single-phase with neutral wire single socket outlet
单相单速电动机 single-phase single-speed motor
单相的 monophase;one-phase;single-phase;uniphase;monophasic
单相电泵 single-phase electric(al) pump
单相电动吹风机 single-phase electric(al) blower
单相电动机 single-phase generator;single-phase motor
单相电度表 single-phase kilowatt-hour[KWH] meter
单相电弧电炉 one-phase electric(al)-arc furnace
单相电弧炉 single-phase arc furnace;single-phase electric(al)-arc furnace
单相电机 single-phase machine
单相电力机车 single-phase current locomotive;single-phase locomotive
单相电力牵引铁路 single-phase railway
单相电流 monophase current;single-phase current
单相电流机车 single-phase current locomotive
单相电炉 single-phase electric(al) furnace
单相电路 single-phase circuit
单相电容电动机 single-phase condenser motor
单相电容起动感应电动机 single-phase capacitor starting induction motor
单相电容运转异步电动机 single-phase capacitor operation asynchronous motor
单相电压互感器 single-phase potential transformer
单相电源 single-phase supply
单相定向短路继电器 single-phase directional short-circuit relay
单相短路 single-phase short-circuit
单相发电厂 single-phase power station
单相发电机 single-phase dynamo;single-phase generator
单相反射 regular reflection
单相反应 homogeneous reaction;one-phase reaction;single-phase reaction
单相放大器 uniphase amplifier
单相负荷 single-phase load
单相复绕电动机 single-phase compound motor
单相感应电动机 monocyclic(al)-start induction motor;single-phase induction motor
单相感应电压调节器 single-phase induction voltage regulator
单相感应调节器 single-phase induction regulator
单相工频 single phase industrial frequency
单相工业频率 single phase industrial frequency
单相功率 single-phase power
单相功率因数表 single-phase meter
单相供电 single-phase supply
单相关 simple correlation
单相过负荷保护 phase overload protection
单相过流保护继电器 single-phase overcurrent protective relay
单相合金 single-phase alloy
单相化学平衡 homogeneous chemical equilibrium
单相换向器电动机 single-phase commutator motor
单相黄铜 alpha brass
单相继电器 one-phase relay
单相交流电 single-phase alternative current
单相交流发电机 single-phase alternator
单相交流牵引 single-phase alternate current traction
单相交流同步发电机 single-phase alternative current synchronous generator
单相接地 single-phase earthing
单相接地保护 single-phase earth fault protection
单相结晶 homogeneous crystallization
单相结线牵引变压器 single-phase traction transformer
单相可逆式轧机 single reversing mill
单相离合器电动机 single-phase clutch motor
单相流 single-phase flow
单相密码 one-way encryption
单相逆变器 <变直流为交流> single phase inverter
单相喷嘴 single fluid nozzle;single-phase nozzle
单相平衡 homogeneous equilibrium;monophase equilibrium
单相平衡实验 single-phase equilibrium experiment
单相气体渗流模型 simple phase gas in fluent model
单相汽冷式变压器 single-phase air-cooled transformer
单相桥式整流器 single-phase bridge rectifier
单相区 monophase field
单相驱动 single-phase driving
单相全波连接 single-phase full wave connection
单相全波整流电路 single-phase full wave rectifier circuit
单相全波整流器 single-phase full wave rectifier
单相绕组 single-phase winding
单相热储 single-phase reservoir
单相三线制 single-phase three wire system
单相三线制变压器 single-phase three wire transformer
单相烧结 homogeneous sintering
单相输出 uniphase output
单相双连绝缘电钻 single-phase double insulation electric(al) drill
单相双连绝缘抛光机 single-phase double insulation buffing machine
单相双连绝缘手提砂轮机 single-phase double insulation hand grinder
单相双频发电机 single-phase double-frequency generator
单相双速电动机 single-phase double-speed motor;single-phase two-speed motor
单相钛合金 single-phase titanium alloy
单相调速电机 single-phase speed regulating motor
单相调整变压器 single-phase regulating transformer
单相同步电动机 single-phase synchronous motor
单相同步电机 single-phase synchronous machine
单相推斥电动机 single-phase repulsion motor
单相瓦特计 single-phase wattmeter
单相无刷发电机 single-phase brushless generator
单相无刷交流发电机 single-phase brushless alternator
单相系(统) monophase system;single-phase system;homogeneous system
单相显微组织 single-phase microstructure
单相线路 uniline
单相线圈 single-phase winding
单相液力变矩器 single-phase torque converter
单相异步电动机 monophase asynchronous motor
单相油浸变压器 single-phase oil immersed transformer
单相运行 single-phasing
单相造山循环 monophasic orogenic cycle
单相造山运动 monocyclic(al) orogenesis;monocyclic(al) orogeny
单相整流电力机车 single-phase commutator locomotive
单相整流器 single-phase rectifier
单相整流器电力机车 single phase rectifier locomotive
单相整流子电机 single-phase commutator machine
单相整流子感应电动机 single-phase commutator induction motor
单相整流子式电动机 single-phase commutator motor
单相直线振荡电动机 single-phase line oscillator machine
单相制 single-phase system
单相重合闸 single-phase recloser
单相转子 single-phase rotor
单相自动同步电动机 single-phase selsyn motor
单相自耦变压器 single-phase autotransformer
单厢船闸 single lock
单箱风力传输系统 single-tank pneumatic conveying system
单箱式 single box
单箱式虹吸管 single-box siphon
单箱体式起重机 monobox crane
单箱形梁龙门起重机 single-box girder gantry crane
单箱压缩空气传输系统 single-tank pneumatic conveying system
单镶板 one-piece panel
单镶口瓦 single-interlocking tile

单响地震声源 uniboom seismic sound source
单响铃 single-stroke bell
单响钟 one-stroke gong
单向 single way;unidirection
单向安全阀 non-return safety valve
单向安全装置 non-return finger
单向板 single-way slab;one-way slab
单向板系统 one-way slab system;single-way slab system
单向半导体开关 silicon unilateral switch
单向帮电机 one-action translator;one-way repeater
单向帮电器 single-action translator
单向编组场【铁】one-way classification yard;single-way marshalling yard
单向编组站【铁】single type marshalling station
单向表 one-way list
单向波导管 uniguide
单向波道 one-way channel
单向玻璃布带 unidirectional glass cloth tape
单向玻璃带 unidirectional glass tape
单向不确定栈 one-way non-deterministic stack
单向布筋 one-way reinforcement
单向布筋的 one-way reinforced
单向测距 one-way distance measuring;one-way ranging
单向测向器 unidirectional direction finder
单向层压板 unidirectional laminate
单向超群 unidirectional supergroup
单向车道 one-way lane;single carriageway
单向车流 concurrent flow;unidirectional traffic flow
单向车行道 one-way pavement
单向沉陷 unidirectional settlement
单向尺寸 one-way dimension
单向齿锉 knife reaper file
单向齿轮 ratchet
单向传导 mono-conduction
单向传导率 unidirectional conductivity;unilateral conductivity
单向传导性 unilateral conductivity
单向传递 one-way transmission
单向传动 unilateral transmission
单向传感器 unidirectional transducer;unilateral transducer
单向传热 one-dimensional heat transfer
单向传声器 cardioid microphone;unidirectional microphone
单向传输 one-dimensional transmission;one-way transmission;unidirectional transmission
单向传输线路 one-way transmission line
单向传送 one-way transmission
单向船闸 one-way lock
单向磁场 unidirectional magnetic field
单向磁化过程 irreversible magnetic process;irreversible process
单向次梁结构 one-way joist construction
单向刺果起绒机 single teasel raising machine
单向搭接 shingle lap
单向搭接瓦 single-lap tile
单向带预浸料 unidirectional tape prepreg
单向当量应力 equivalent uniaxial stress
单向导电 unilateral conduction
单向导电率 unilateral conductivity
单向导电性 unidirectional conductivity;unilateral conductivity;valve effect
单向导电性元件 asymmetric(al) circuit element
单向导电整流器 unilateral direction conduction rectifier
单向导热管 one-way heat pipe
单向导体 single conductor;unidirectional conductor;unilateral conductor
单向导通装置 one-way conducting device
单向导线 unidirectional conductor
单向道 one road way road
单向的 monodirectional;non-reciprocal;non-return;non-reversible;non-reversing;one-dimensional;one-direction;single direction;unilateral;unipolar;one-way
单向等效应力 equivalent uniaxial stress
单向地 uniaxially
单向电导率 unidirectional conductivity;unilateral conductivity
单向电缆管道 single-way cable duct
单向电缆通道 one-way cable duct
单向电流 single current;unidirectional current
单向电流传送 neutral transmission
单向电流法 single-current method
单向电路 one-way circuit;unilateral circuit
单向电容器 single-pass condenser
单向动压 directed dynamic(al) pressure
单向动圆触发器 unidirectional moving-coil trigger
单向对数周期天线 unidirectional log-periodic(al) antenna
单向二级三场混合式编组站 two-stage-three-yard unidirectional combined marshalling station
单向二级四场混合式编组站 two-stage-four-yard unidirectional combined marshalling station
单向阀 automatic back valve;back (flow)(pressure) valve;check valve;clack valve;clapped valve;clapper(valve);cone-way valve;foot valve;holding valve;inverted valve;monoreturn valve;non-return valve;one-way valve;pressure retaining valve;rebound valve;reflex valve;reflux valve;retaining valve;vacuum breaker
单向阀的钢球 check valve ball
单向阀阀套 one-way valve sleeve
单向阀杆 check valve lever
单向阀活塞 one-way valve piston
单向阀壳体 check-valve body
单向阀配流泵 seated valve pump
单向阀弹簧 one-way valve spring
单向阀体 check-valve body
单向反射 mirror reflection;regular reflection;specular reflection
单向反射比 direct reflectance
单向反射率 regular reflectance
单向反射率计 gloss(i) meter
单向反射器 specular reflector
单向反转离合器 reversible single revolution clutch
单向方位 unilateral bearing
单向放大级 unilateral amplifier stage
单向放大(率) linear magnification
单向分布 one-way distribution
单向分层总合法 one-way layer-built total-sun method
单向分岔 unilateral splitting
单向风 unidirectional wind
单向封闭的软管接头 single shutoff hose coupling
单向辐射状扩散试验 single radial diffusion test
单向复制 unidirectional replication
单向干燥器 single-pass drier[dryer]
单向钢筋 one-way reinforcement
单向钢筋的 one-way reinforced
单向钢筋混凝土板 one-way slab
单向钢筋混凝土板系统 one-way slab system
单向钢筋平板系统 one-way flat slab system
单向给水站 one-way water supply station
单向工作 one-way only operation
单向公差 unilateral tolerance
单向公差法 unilateral tolerance method
单向供水 one-way service pipe;single-way supply
单向供水系统 one-way service pipe system
单向拱 one-way arch
单向沟通 <无视觉上的沟通> one-way communication
单向构件 one-dimensional element
单向固结 one-dimensional consolidation;unidimensional consolidation
单向观测 non-reciprocal observation;one-way observation;single observation
单向滚动 single roll
单向过闸 one-way lockage;one-way transit
单向夯 single-acting ram
单向航道 one-way navigation(al) channel;single-lane channel
单向航道交通 one-way traffic
单向航行 one way ship traffic
单向合并 one-way merge
单向荷载 one-directional load(ing)
单向横断面 straight-topped section
单向横列式编组站【铁】one-stage-three-yard marshalling station;unidirectional transversed type marshalling station
单向横坡 one-way slope
单向滑行道 one-way taxiway
单向化 unilateralization
单向环流 single circular current
单向环形激光器 unidirectional ring laser
单向换能器 unidirectional transducer;unilateral transducer
单向混合式编组站【铁】two-stage-four-yard marshalling station;unidirectional combined type marshalling station
单向活动扳手 one-way revolving spanner
单向活门 check valve;non-return valve;snore piece <泵的>
单向火焰炉 one-way fired furnace
单向机械压力 uniaxial mechanical pressure
单向激光器 one-way laser
单向激振 one-directional excitation
单向极限 unilateral limit
单向集装箱 one-way container
单向继电器 unidirectional relay
单向加荷 one-directional load(ing)
单向加筋 <混凝土板的> one-way system
单向加筋板 slab with one-way reinforcement
单向加速器 one-way accelerator
单向加压 uniaxial pressing
单向加载 uniaxial pressing;unidirectional loading
单向加载多压砧式超高压装置 unidirectional loading multiple anvil ultrahigh pressure device
单向加载铰链式立方体超高压装置 unidirectional loading link type cubic(al) ultrahigh pressure device
单向加载三对斜面式立方体超高压装置 unidirectional loading three-pair sliding-face cubic (al) ultrahigh pressure device
单向加载四对斜面式立方体超高压高温装置 unidirectional loading four-pair sliding-face cubic(al) ultrahigh pressure and high temperature device
单向加载四对斜面式立方体超高压装置 unidirectional loading four-pair sliding-face cubic (al) ultrahigh pressure device
单向渐变群 cline
单向交互作用 one-way interaction
单向交流机车 one-way alternate current locomotive
单向交替交通 one-way alternate traffic
单向交通 one-way traffic;single-way traffic;unidirectional traffic
单向交通道路 one-way road;single-way road
单向交通街道 one-way street
单向交通街道规则 planning for one-way street
单向交通量 one-way volume;single-way volume
单向交通信号方案 one-direction plan
单向铰链 single-acting hinge
单向铰链阀 clock valve
单向接头 check joint
单向节流阀 one-way throttle valve;return orifice check valve
单向进给 single admission
单向进路按钮 one-way route button
单向进路握柄 one-way route lever
单向镜 <从亮室看是镜,从暗室看是玻璃> transparent mirror;one-way mirror
单向均热炉 one-way fired pit
单向卡钳 odd-leg calipers
单向开槽 gaining
单向开关 single-way switch;unidirectional switch;unilateral switch
单向开挖 excavation from one end
单向抗推力墩 one-way anti-thrust pier
单向客运能力 one-way passenger capacity
单向空气阀 one-way air valve
单向控制 unicontrol;unilateral control
单向控制板 one-way board
单向跨越 spanning in one direction
单向馈电 one-way feed
单向扩散 unilateral diffusion
单向扩散试验 single diffusion test
单向扩音器 unidirectional microphone
单向拉伸 simple tension;unidirectional tension
单向拉伸试验 uniaxial tensile test
单向拉伸应变 uniaxial tensile strain
单向离合机构 one-way clutch mechanism
单向离合器 freewheeling clutch;one-way clutch;overriding-(type) clutch;free wheel <汽车等>
单向离子变频器 cyclorectifier
单向犁 one-way plough;one-way plow;run-round plough
单向连接 one-way connection
单向连通图 unilaterally connected graph
单向连续 unilateral continuity

单向连续板 one-way continuous slab
单向联络 one-way traffic
单向联轴节 coaster;one-way clutch
单向联轴节的减速器 street reducer
单向链接 one-way linkage
单向链接表 unidirectional chained list
单向列车运行 one-direction train operation
单向流动 one-dimensional flow;one-way annual(carrying) capacity;unidirectional flow;uniflow;plug flow
单向流动池窑 uniflow tank furnace
单向流动淡水 once-through freshwater
单向流动的 direct flow;uniflow
单向流动冷却 direct flow cooling;uniflow cooling
单向流动咸水 once-through saline
单向流离心机 concurrent centrifuge
单向流通风 unidirectional flow ventilation
单向龙骨构造 one-way joist construction
单向楼板 one-way floor;pan floor
单向路 one-way road;single-way road
单向路拱 one-way crown
单向旅程 one-way trip
单向马达 non-reversible motor
单向麦克风 unidirectional microphone
单向脉冲 unidirectional pulse
单向脉幅调制 single-polarity pulse-amplitude modulation;unidirectional pulse-amplitude modulation
单向门 baffle gate;single-acting door;single-action door;single-swing door
单向密度 specular density
单向膜 one-way membrane
单向能量 directed energy
单向年通过能力 one-way annual (carrying) capacity
单向凝固 unidirectional solidification
单向耦合器 unidirectional coupler
单向排气扇 discharge fan
单向排水 single(-slope) drainage
单向排水土层 half-closed layer
单向跑道 single direction runway
单向配筋 one-way reinforcement
单向配筋板 one-way reinforced plate;one-way(reinforced) slab
单向配筋的 one-way reinforced
单向配筋连续板 one-way continuous slab
单向配筋系统 one-way (reinforcement) system
单向匹配 unilateral matching
单向平板 one-way slab
单向平地调车场 single flat yard
单向平面调车场 single flat yard
单向凭证闭塞机 unidirectional token instrument
单向凭证机 unidirectional token instrument
单向坡道 one-way ramp
单向坡度 one-way slope
单向破膜阀 unidirectional membrane rupture valve;unidirectional rupture diaphragm valve
单向起降的跑道 unidirectional runway
单向气流 unidirectional air flow
单向器 isolator
单向迁移 single direction migration
单向牵伸 one-way drawing
单向前进安装 progressive placement in one-direction
单向钳位 one-way clamp;unidirectional clamp
单向钳压电路 one-way damp circuit
单向球阀 ball non-return valve;check valve ball
单向取向 one-way orientation
单向绕法 unilateral winding
单向绕组 unilateral winding
单向热压 uniaxial hot pressing
单向蠕动 irreversible creep
单向入口 single admission
单向三级三场混合式编组站 three-stage-three-yard unidirectional combined marshalling station
单向色谱 one-way chromatogram
单向纱筛布 harp mesh cloth
单向纱网 harp mesh
单向渗透薄膜 semi-permeable membrane
单向渗透固结 one-dimensional consolidation
单向式 one-way fashion
单向式减震器 single-acting hydraulic shock absorber
单向式线条形散流器 one-way bar diffuser
单向输入 one-way input
单向输水干管 dead-end main
单向输入带 one-way input tape
单向双车道 one-way pair
单向双路电报 diplex telegraphy
单向水流 one-dimensional flow;unidirectional flow;uniflow
单向水流玫瑰图 unimodal current rose
单向水头 unidirectional water head
单向丝束预浸料 unidirectional tow prepreg
单向丝弦筛 harp type screen
单向搜索 unidirectional search
单向掏槽 single-line inclined-hole cut
单向天顶距 single zenith distance
单向天线 unidirectional antenna;unilateral antenna
单向调整 unicontrol
单向挺杆 negative tappet
单向通道 forward channel;half-duplex channel;one-way channel;simplex channel
单向通话 one-way traffic
单向通信[讯] one-way communication;simplex
单向通信[讯]系统 simplex system
单向通信[讯]业务 one-way traffic
单向通行标志 one-way (transition) sign
单向通行道 one-way street;one-way traffic lane
单向通行区 one-way restricted zone
单向通行限制区间 one-way restricted zone
单向透明玻璃镜 security mirror;spy mirror;two-way glass;see-through mirror
单向透气涂料 semi-sealing paint
单向透射 direct transmission
单向透射率 direct transmission factor
单向透视玻璃 one-way transparent glass
单向推力墩 single direction thrust pier
单向推力球轴承 one direction thrust ball journal bearing
单向推力轴承 single direction thrust bearing;single thrust bearing
单向驼峰编组场 single hump yard
单向外伸轴 single extended shaft
单向弯曲加载 unidirectional bending loading
单向网络 unilateral network
单向位移错位 unilateral moving dislocation
单向纹道 one-way channel
单向无梁板系统 one-way flat slab system
单向无捻粗纱布 unidirectional roving fabric
单向无线电测向仪 unidirectional radio direction finder
单向无线电通信[讯] one-way radio
单向无序 one-dimensional disorder
单向吸进 single-way suction
单向吸入 single-way suction
单向系统 one-way system
单向纤维 unidirectional fibre
单向纤维织物 unidirectional fabric
单向线路 one-way line
单向相等性 one-way equality
单向相位转换开关 one-way phase switcher
单向小型的 one-way miniature
单向斜桩 piles buttressed in same direction
单向信道 one-way channel;unidirectional channel
单向信息流 unidirectional flow of information
单向行车 one-way traffic;one-way travel
单向行驶 one-way traffic
单向行驶的 unidirectional
单向行驶航道 one-way traffic lane
单向行驶线段 one-way section
单向性 one-way;unidirectivity;unilateral
单向性的 unidirectional
单向性客流 unidirectional passenger traffic
单向性信号 sense signal
单向旋塞 one-way cock
单向雪犁 single-check snow plough
单向雪型 one way snow plough
单向循环 one-way circulation
单向压力 uniaxial pressure;unidirectional pressure
单向压密 unidimensional consolidation
单向压缩法 one-dimensional compression method
单向压缩试验 uniaxial compression test
单向压制 one-direction pressing;single-acting pressing
单向延伸矿体 one-dimensional extended orebody
单向焰均热炉 one-way fired soaking pit
单向一级三场混合式编组站【铁】one-stage-three-yard unidirectional combined marshalling station
单向移动错位 unilateral moving dislocation
单向移相器 one-way phase switcher
单向音频传输通路 one-way voice-frequency transmission path
单向应力 pure stress;uniaxial stress
单向应力公式 uniaxial stress formula
单向应力状态 uniaxial state of stress
单向油毡 plain linoleum
单向有穷自动机 one-way finite automata
单向右捻钻探钢丝绳 right lang lay
单向预浸机 unidirectional prepreg machine
单向元件 one-way element;unilateral element
单向圆盘犁 one-way plough
单向运动 one-way motion;one-way movement;unidirectional motion
单向运能 one-way carrying capacity
单向运输带 irreversible conveyer [conveyor]
单向运输机 irreversible conveyer [conveyor]
单向运输量 one-way traffic
单向运行 one-direction running;single running;single-track operation;unidirectional traffic
单向运行线路 unidirectional line
单向运行自动闭塞【铁】single direction automatic block
单向晕线 single ruling
单向匝道 one-way ramp
单向增音器 one-way repeater
单向轧机 unidirectional mill
单向闸刀开关 single-throw knife switch
单向栈 one-way stack
单向栈自动机 one-way stack automaton
单向阵列 unilateral array
单向整流电压 unidirectional voltage
单向整流子电动机电力机车 locomotive with commutator motors
单向直柄式螺丝刀 non-reversible straight screwdriver
单向止推滚珠轴承 one-direction thrust ball bearing;one-way thrust ball bearing
单向止推轴承 one-direction thrust bearing;one-way thrust bearing
单向纸色谱法 one-dimensional paper chromatography
单向制 unilateral system
单向制动式离合器 one-way sprag clutch
单向中继器 one-way repeater
单向中继线 one-way trunk;outgoing trunk;single-action junction;single-action trunk
单向转变 irreversible transformation;monotropic transformation
单向转动 freewheeling;unidirectional rotation
单向转发器 one-action translator;one-way repeater;single-action translator
单向转换器 unidirectional transducer;unilateral transducer
单向转弯 one-way traffic turn
单向装填 one-way pack
单向自动闭塞【铁】automatic block with single direction running;single direction automatic block
单向自动闭塞号志 automatic block signal in one-direction
单向自动闭塞设备 single direction automatic block signal(l)ing
单向自动闭塞系统 one-direction automatic block system;single direction automatic block system
单向自动闭塞信号 single direction automatic block signal(l)ing
单向自动闭塞信号机【铁】automatic block signal in one-direction
单向自动闭塞制 one-direction automatic block system;single direction automatic block system
单向自动平层装置 one-way automatic leveling device
单向自挂式软管接头 single shutoff hose coupling
单向总线 one-way bus
单向纵列式编组站【铁】three-stage-three-yard marshalling station;unidirectional longitudinal type marshalling station
单向阻抗 unilateral impedance
单向作用 single-acting;single effect;unilateral

D

单向作用发动机 single-acting engine
单向作用(汽)缸 single-acting cylinder
单向作用线路 single-acting line
单向作用压气机 single-acting compressor
单向作用压缩机 single-acting compressor
单项 single entry;uniterm
单项表现 monomial representation
单项布尔运算 monadic Boolean operation
单项参数环境评价 environmental assessment of single element
单项承包 single-item contracting
单项承包商 separate contractor
单项的 monomial;unary
单项定额 single norm
单项仿样函数 monospline
单项工程 individual item;individual project;work item
单项工程承包 job-by-job
单项工程聘任 job-by-job
单项工程设计 uniterm design
单项工程设计图 map of single engineering design
单项工程验收 receiving individual project
单项工程综合概算 composite budgetary estimate of single construction
单项工作 <提升或下放钻具> half trip
单项工作招标 single tendering
单项关系 simple correlation
单项规划 functional plan;single-purpose planning
单项合同 separate contract;unilateral contract
单项矩阵 monomial matrices
单项控制测量 single-term control survey
单项离子含量逐年上升 rising of single ion content year after year
单项判读标志 item key
单项判读样本 item key
单项设备 equipment item;equipment unit
单项生产工作费用 cost for single productive work
单项式 monomial(expression);one-shot
单项试验 subtest
单项水文地质特征图件 map of monomial hydrogeology characteristic
单项算符 unary operator
单项投资 independent investment
单项误差 individual error
单项系统 uniterm system
单项选择 simple selection
单项学科 monoscience
单项预测 item forecast
单项运算 monadic operation
单项招标 single tender
单项自动操作 single-automatic operation
单像 <立体像对中的一张像片> half image
单像彩色照相机 one-shot colo(u)r camera
单像测量 single-photograph measurement
单像测图 monoplotting;single-photograph measurement;single-photo-plotting
单像测图仪 single-photo-plotter;single-photo-plotting apparatus;single-photo-plotting device
单像测图仪器 single-photo instrument
单像幅摄影机 camera for single photograph
单像管 monoscope tube;monotron;phasmajector;monoscope <显示字符用的>
单像管定量单像摄影测量学 monoscopic quantitative monophotogrammetry
单像管设备 monoscope equipment
单像管摄像机 monoscope camera
单像纠正 single image rectification
单像雷达(图像)判读 monoscopic radar interpretation
单像量测 single-photograph measurement;single-photograph measuring;single-image measurement;single image photogrammetry
单像量测理论 theory of single-image measurement
单像量测设备 single-photograph measuring apparatus
单像摄影测量学 monophotogrammetry;single image photography;single image photogrammetry
单像摄影机 camera for single photograph;one-shot camera
单像限乘法器 one-quadrant multiplier
单像仪器 monocular instrument
单像坐标量测仪 monocomparator
单橡胶环活塞 single rubber swab
单销铰拱大梁 single-pinned arched girder
单销铰构架 single-pinned frame
单销履带 single-pin track
单销式扳手 single-pin type spanner;single-pin type wrench
单效 single-acting;single-action;single effect
单效双泵 simplex-duplex pump
单效溴化锂吸收式制冷机 single-effect lithium-bromide absorption-type refrigerating machine
单效压塑 compaction by single-acting
单效压制 single-acting compression
单效应多级闪蒸法 single-effect multistage flash
单效蒸发 one-effect evapo(u)ration;single-effect evapo(u)ration
单效蒸发器 one-effect evapo(u)rator;single-effect evapo(u)rator
单效蒸馏器 single-effect distillator
单楔补偿器 single-wedge compensator
单协议层 single protocol layer
单斜凹槽 single-skew notch
单斜半轴面 monoclinic hemipinacoid
单斜半柱面 monoclinic hemiprism
单斜槽 single-bevel groove
单斜槽接合 single-step joint
单斜层【地】unicline;monoclinal stratum;monocline layer
单斜层的 monoclonal
单斜层间储水构造 storage structure of monoclinal interlayers
单斜长石 monoclinic feldspar
单斜齿轮 single-helical gear
单斜带 monocline zone
单斜的 homoclinal;lean-to;monoclinal;monoclinic;uniclinal
单斜地层 monoclinal stratum
单斜地形 bench land
单斜点阵 monoclinic lattice
单斜顶棚 pent;penthouse
单斜断层【地】monoclinal fault
单斜断块【地】monoclinal block
单斜断块构造 monoclinal block faulting structure
单斜对称 monoclinic symmetry
单斜发沸石 clinoptilolite
单斜构造【地】uniclinal structure;monoclinal structure
单斜构造地貌 landform of monoclinal structure
单斜谷 homoclinal valley;monoclinal valley
单斜硅钙石 crestmorite
单斜硅铜矿 shattuckite
单斜海岸 monoclinal coast
单斜含氮氧化锆 monoclinic hydrous zirconium oxide
单斜河 homoclinal river;monoclinal river;monoclinal stream
单斜辉石 clinopyxene
单斜辉石橄榄岩 clinopyroxene peridotite
单斜辉石岩 clinopyroxenite
单斜脊【地】cuesta;monoclinal ridge
单斜脊崖面 inface
单斜角槽焊 single-bevel groove weld
单斜角域 monoclinic angle domain
单斜接头 single oblique junction
单斜结构 monoclinal texture;monocline
单斜结晶 monoclinic crystal
单斜晶的 monoclinic
单斜晶硫 monoclinic sulfur
单斜晶系 clinorhombic system;monoclinal system;monoclinic system
单斜晶形 monoclinic form;monoclinic form
单斜晶型铬酸铅 monoclinic lead chromate
单斜肋骨 single cant frame
单斜棱晶 monoclinic prism
单斜磷锌矿 spencerite
单斜硫砷银矿 smithite
单斜面T形接合 single-bevel T-joint
单斜面裂环连接 single-bevel split ring connector
单斜面坡口 single-bevel groove
单斜面温床 lean-to heat bed
单斜面温室 lean-to house
单斜钠长石 monalbite;monoclinal analbite
单斜钠灰石 gaylussite
单斜挠曲 monoclinal flexure
单斜挠褶 flexure;monoclinal flexure
单斜挠褶带 monoclinal flexural zone
单斜硼钙石 inyoite
单斜坡 monoclinal slope;single slope
单斜坡平整机 single slope trimmer
单斜泉 monoclinal spring
单斜山 escarpment;monoclinal mountain;scarped ridge
单斜闪石 clino-amphibole
单斜上升波 monoclinal rising wave
单斜上升洪水波 monoclinal rising flood wave
单斜砷钴矿 clinosafflorite
单斜式 single bevel
单斜水铝钙石 hydrocalumite
单斜碳镁钙硼石 borcarite
单斜屋顶 pent roof
单斜纤维蛇纹石 clino-chrysotile
单斜斜轴柱 monoclinic clinoprism
单斜崖 monoclinal scarp
单斜岩层 monoclinal stratum;monocline
单斜油藏 monocline pool
单斜油气田 monoclinal oil-gas field
单斜圆锯 single-conic(al)saw
单斜褶皱 monoclinal fold;monocline fold;uniclinal fold
单斜柱晶 monoclinic prism
单斜锥 monoclinal pyramid
单斜紫苏辉石 clinohypesthene
单斜组构 monoclinal fabric;monoclinic fabric
单谐波畸变 single harmonic distortion
单谐振荡器 single harmonic oscillator
单谐振腔激光放大器 single-resonator laser amplifier
单心 holocentric
单心的 monocardian
单心拱 one-centered arch
单心拱坝 single-centred arch dam
单心光缆 monofilament cable
单心光束 monocentric bundle
单心目镜 monocentric eyepiece;monocentric ocular
单心曲线 simple curve
单芯 PVC 电缆 single-core PVC cable
单芯变压器 through-type transformer
单芯充油电缆 single-core oil-filled cable
单芯的 single-core
单芯电缆 single conductor cable;single-core cable;single fiber cable;single lead cable
单芯电缆/PVC 套 single-core cable/PVC jacket
单芯光缆 single fiber cable
单芯光缆连接器 single fiber cable connector
单芯光学连接器 single-core optic(al)connector
单芯铅包电缆 single lead cable
单芯塑料电线 single-core plastic wire
单信道单工通信[讯] single-channel simplex
单信道的 single-channel
单信道辐射计 single-channel radiometer
单信道跟踪接收机 single-channel tracking receiver
单信道无绳电话机 single-channel cordless telephone
单信号的 mono signal;single-signal
单信号电路 one-shot circuit;single-shot circuit
单信号方法 one-signal method
单信号接收机 single-signal receiver
单信息标志 single-message sign
单星等高法测时 time by equal altitude of a star
单星蓝 monastral blue
单星绿 monastral green
单行车道桥 single-track bridge
单行车路 single-lane road
单行程拌和 single-pass mixing
单行程拌和机 single-pass mixer
单行程的 one-stroke;single-pass
单行程工作 single-pass
单行程挤压 single-lift compaction
单行程土壤稳定机 single-pass soil stabilizer
单行程压缩 single-lift compaction
单行除草机 single weeder
单行道 one-way path;one-way road;one-way street;one-way traffic
单行道路 one-way access
单行法 separate regulation
单行方程 unicoursal equation
单行规定 separate regulation
单行环 uniserial circle
单行机具 single-row machine
单行航道 one-way(navigational)channel
单行开沟器 single-row boot
单行控制航道 controlled single-way channel
单行路 one-way road
单行入口 one-way entrance
单行隧道 single tunnel
单行条例 separate regulation
单行线 one-way
单行雪犁 one way snow plough
单行趾钩 uniserial crochet
单形 monomorph;simple form;single form

单形的 monomorphic;monomorphous
单形的种类 kind of simple form
单形分割 simplicial subdivision
单形符号 symbol of simple form
单形近似 simplicial approximation
单形链 chain of simplices
单形映射 simplicial mapping
单型 monotype;single type
单型键构造 homodesmic structure
单型印刷 monotype printing
单型组合屋面材料 monoform base sheet
单性定理 unity theorem
单性非接合孢子【植】azygospore
单性花 unisexual flower
单性与两性花共存 polygamous flower
单虚线 single peck line
单畜房 box stall
单悬臂 single-cantilever
单悬臂薄壳 single-cantilever shell
单悬臂滑动门 single-cantilever slide gate
单悬臂梁桥 single-cantilever arm beam bridge
单悬臂门式起重机 gantry crane with cantilever
单悬臂起重机 single-cantilever crane
单悬臂式龙门起重机 single-cantilever gantry crane
单悬臂式铺轨机 track-laying machine with single-cantilever
单悬臂塔柱 single-cantilever pylon
单悬窗 single-hung window
单悬链线 single catenary
单悬式 single overhung
单旋电位计 single-turn potentiometer
单旋风除尘器 single cyclone dust collector
单旋回的 monocyclic(al)
单旋回地槽 monocycle geosyncline
单旋回地层 monocyclic (al) land form
单旋回山 single-cycle mountain
单旋回造山运动 monocyclic(al) orogenesis
单旋翼直升飞机 single-rotor helicopter
单旋转锁 single-turn lock
单穴模 single cavity mo(u)ld;single impression mo(u)ld
单循环 monocycle;once-through operation;one-cycle;single loop
单循环缠绕 circuit winding
单循环的 monocyclic(al);single-cycle
单循环地形 monocycle landform; monocyclic(al)land form
单循环过程 one-cycle process
单循环键 single-cycle key
单循环抗冻试验 one cycle freezing test
单循环制冷剂天然气液化工艺流程 single mixed refrigerant cycle liquefaction process
单循环作业 single-cycle operation
单压级 single-pressure stage
单压进给阀 single-pressure feed valve
单压冷凝器 single-pressure condenser
单压凝气器 single-pressure condenser
单压式汽轮机 single-pressure steam turbine
单压头式压力机 single-acting press
单压线 isochrome
单牙X射线机 single tooth X-ray apparatus
单牙轮钻头 single cone bit;Zublin bit
单亚音速喷气发动机 single subsonic jet
单烟囱铅直测量 one-stack plumbing
单烟道 single-flue
单烟道隔墙 one-withe wall
单烟道锅炉 one-flue boiler; single-flue boiler
单烟道烟囱 single-flue chimney
单烟筒式炉 single-stack furnace
单岩床 simple sill
单岩构造 monolithic structure
单岩墙【地】simple dike[dyke]
单岩碎屑沉积物 oligomictic sediment
单岩碎屑的 oligomictic
单岩芯管接头 core barrel head for single tube
单檐屋顶 single-eave roof
单掩盖式煤田 semi-covered coalfield
单眼 simple eye
单眼的 monocular
单眼复视 monodiplopia
单眼观测 monocular vision
单眼观察 monocular vision
单眼滑车 bull's eye
单眼镜 single eyeglass
单眼木饼 collar heart
单眼三角区 ocellar triangle
单眼视觉 monocular vision
单眼视觉清析度 sharpness of monocular
单眼叶 ocellar lobes
单演函数 monogenic function
单焰焊炬 single-flame blow pipe
单阳极汞池整流管 excitron
单阳极汞弧整流器 single anode mercury arc rectifier
单阳极水银整流器 single anode mercury arc rectifier
单阳极整流器 single anode rectifier
单样板 single screed
单样本测试 one-sample test
单样本检验 one-sample test
单样本问题 one-sample problem
单摇向门框 single-swing frame
单咬口 single-locked welt
单咬口立缝 single-locked standing seam
单咬口平接缝 single-locked flat seam
单咬口十字缝 single-locked cross welt
单咬口式双翼桥 single-locked bridge
单咬口瓦 single-interlocking tile
单要素环境评价 environmental assessment of single element
单要素环境质量指数 environmental quality index of single element
单要素刻图 single detail scribing
单要素应变片 single element ga(u)ge
单要素元素图 single element map
单要素资料 particular data
单叶 monochord;simple leaf
单叶泵 single-impeller pump
单叶风门 single-leaf damper
单叶函数 schlicht function
单叶回转式压缩机 rotary single-vane compressor; single-vane rotary compressor
单叶轮泵 single-impeller pump
单叶轮冲击破碎机 single-impeller impact breaker
单叶片摆动缸 single-vane actuator
单叶片式混砂机 single-shaft paddle-type mixer
单叶片旋转泵 single-vane rotary pump
单叶片叶轮 single blade impeller
单叶平旋桥 single-leaf swing bridge
单叶三角洲 unilobate delta
单叶式滚轮闸门 single-leaf type rolling gate
单叶竖旋桥 single-leaf bascule bridge
单叶双曲面 hyperboloid of one sheet;uniparted hyperboloid
单叶双曲面轮廓 concave hyperbolic contour
单叶隙节 unilacunar node
单叶线 simple folium
单页 cut form
单页插图 hooked plates
单页的 one-leaf
单页清样 page proof
单页折叠式隔断 single expanding wall;single screen expanding wall
单页折叠式隔墙 single expanding wall;single screen expanding wall
单页资料 data sheet; information sheet
单液淬火 direct quenching; single-stage quenching
单液电池 single fluid cell
单液法 < 化学灌浆的 > one-shot method; single fluid method; single fluid process
单液灌浆 single-shot(solution) grout(ing)
单液硅化加固法 single shot silification
单液化学灌浆 one-shot chemical grouting
单液化学灌浆法 single fluid process
单液化学灌注 < 用带有催化剂的胶状化合物灌入土中 > one-shot chemical grouting
单液式压力计 single liquid type manometer
单液系统注浆 single liquid system injection
单一 singleness;singlet;unity
单一安全 simple safety
单一安全系数法 single coefficient safety factor; method with single coefficient
单一包装件 single-package unit
单一标度系数 single scale factor
单一标准 single standard
单一表目 single entry
单一波列 < 波长及波周期相同的波列 > monochromatic wave
单一不饱和树脂 monounsaturate resin
单一材料称量进料器 single-material scale batcher
单一材料称量配料器 single-material scale batcher
单一材料称料器 single-material batcher
单一材料配料器 single-material batcher
单一产品工厂 single product plant
单一产品经济 single-product economy
单一成本制 single cost system
单一成分 single part
单一成分底漆 one-component primer
单一成分黏[粘]合剂 single-component adhesive
单一程序操作 single program(me) operation
单一程序启动程序 single program (me) initiator
单一尺寸的 single-sized
单一尺寸观测 single dimension observation
单一出口水道 blind lead;cul-de-sac (street)
单一处理机 single processor;uniprocessor
单一处理系统 single processing system
单一磁网络 simple magnetic network
单一磁性成分 single magnetic component
单一打包机 single packer
单一代理人代理房地产的上市和出售 in-house sale
单一到货价 uniform delivered price
单一的 monolithic;simple;singular;unitarian
单一登记法 single plan
单一地层 monostratum
单一定期作业分区 single periodic(al) block
单一动作控制装置 one-movement-only control device
单一发火器 unisparker
单一法人 corporation sole; unity of person
单一反应物 monoreactant
单一方式承运人 unimodal carrier
单一方式的 unimodal
单一方式运输 unimodal transport
单一放射线的 uniradiate
单一放射形的 uniradiate
单一肥料 straight fertilizer
单一分布 homogeneous distribution
单一服务队列 single-server queue
单一辐射段炉 single radiant section furnace
单一负荷 single load
单一负载 individual load
单一构造河 simple stream
单一估计 single estimation
单一规则 unit rule
单一海关单据 single customs document
单一合同 single bond;single contract
单一合同交易 single-contract deal
单一合用候车室 single combined waiting room
单一河槽 unichannel
单一横坡 straight crossfall
单一互换率 single exchange rate
单一滑动面 unique slip surface
单一化 simplification
单一汇率 single exchange rate;unitary exchange rate
单一货种的装运 loading overall
单一机组 single unit
单一机组类防喷装置 single-unit type blow-off preventer
单一机座 unified base
单一计数器械 unicounter machine
单一假想层 single fictitious layer
单一间隔期的 monocylic
单一角块 single corner block
单一接触操作 single contact operation
单一介质光纤 single-dielectric(al)fiber
单一金属 single metal
单一进位 single carry
单一经营 monocaltural farming;monoculture;single crop farming
单一晶体管器件 one transistor cell
单一聚合物 straight polymer
单一均质材料层 single homogeneous material layer
单一开拓法 one-development method
单一颗粒粉碎 single particle comminution
单一颗粒上的辐射能散射 single scattering
单一控制 monocontrol
单一控制按钮 one-control switch
单一控制按钮系统 one-control switch system
单一控制开关 one-control switch
单一控制开关系统 one-control switch system
单一粒度分布 monosize distribution
单一粒度骨料 single-size(d) aggregate
单一粒径的 like-grained;single-sized
单一粒径的粗集料 sole coarse aggre-

gate
单一粒径骨料 single-size(d) aggregate
单一粒径骨料混凝土 like-grained concrete; single-sized aggregate concrete
单一粒径集料 single-size(d) aggregate
单一粒径集料混凝土 single-sized aggregate concrete
单一磷光体 single-component phosphor
单一路线 uniline
单一煤层开采法 in-the-seam mining
单一门扉 single-leaf
单一民族国家 nation-state
单一目标数据资料读取 single target data read-out
单一目的 single goal
单一配对问题 single-pair problem
单一配重块 single counter-weight
单一票价 flat fare
单一品质评估 single attribute assessment
单一品种铸件 unit variety casting
单一剖视 single section view
单一谱 single spectrum
单一圈闭的油气聚集 oil and gas accumulation of single trap
单一燃料推进系统 monofuel propulsion
单一任务操作 single task operation
单一任务系统 single task system
单一溶剂 single solvent
单一溶剂提取法 single solvent process
单一扫描法 single-sweep method
单一色(磁)漆 solid colo(u)r enamel
单一砂 system sand
单一时间估计法 single time estimate
单一时钟脉冲 single clock
单一式压缩空气作用爪式送料 single air gripper feed
单一事务存取 single transaction access
单一数据集卷宗 single data set volume
单一数据延迟时间 one data delay time
单一水层湖 oligomictic lake
单一水位关系 simple ga(u)ge relation
单一水源 single water source
单一水源供水 single-source supply
单一税率 single-line tariff
单一税则 single tariff
单一税制 single tax system
单一顺序 single order
单一说明 unitary declaration
单一算符 monadic operator
单一弹性体 solid elastic body
单一特殊边界节点 single special frontier node
单一体系 unitary system
单一天性系植区 monoclone planting
单一调节 monocontrol
单一调整 unialignment
单一调整工具 unialignment tool
单一同态 monomorphism
单一土样 single soil sample
单一推进式信号系统 limited progressive(green wave) system
单一微生物群体 single population of microorganisms
单一稳定河槽 single-stable channel
单一污泥工艺模拟 simulation of single sludge process
单一污染 monocontaminate
单一误差 single error
单一误差校正 single error correction
单一误差类型 single error model
单一系统 single system
单一项目 uniterm
单一协商文本 single negotiating text
单一形式 unimodality
单一形状函数 singular shape function
单一型插头 hermaphroditic connector
单一性 unicity; uniqueness; unitarity
单一性状 single trait
单一虚拟层 single fictitious layer
单一压区压光机 single nip calender
单一烟囱铅管工程 single-stack plumbing
单一样品 single sample
单一液体 single liquid
单一因子 unique factor
单一荧光粉 single-component phosphor
单一用途 special-purpose
单一有机硅聚合物 straight silicon polymer
单一预算 single budget
单一运价率 flat rate
单一运输 homogeneous traffic
单一运输工具 single unite
单一晕 single halo
单一责任制原则 principle of single liability
单一增益放大器 unity gain amplifier
单一蒸发 single vapo(u)rization
单一正方晶格 simple tetragonal lattice
单一值 single value
单一指令多数据流扩展 streaming SIMD[single instruction multiple data] extension
单一指数评价 single factor evaluation
单一指数水质评价方法 single factor water quality assessment method
单一种类 unimodality
单一种群演替 individual population succession
单一重置系统 single-reset system
单一属性变换 single attribute transformation
单一柱灯照明 single lantern-light
单一自动的 single automatic
单一自由度 single degree of freedom
单一综合系统 single-integrated system
单一总线 unified bus
单一最大波高 individual maximum wave height
单一罪 single count
单一作物经济 one crop economy
单一作物制 one-crop system
单一作业循环 single operation cycle
单乙醇胺 monoethanol amine
单乙醇胺油酸盐 monoethanolamine oleate
单乙酸甘油酯 acetin; glycerol monoacetate; monoacetin
单乙酸间苯二酚酯 resorcinol acetate; resorcinol monoacetate
单义的 monosemantic; monosemous
单易位 simple translocation
单溢流塔板 cross-flow tray
单翼 single-blade
单翼采油树 single wing Christmas tree
单翼船台 one-swing shipbuilding berth
单翼对角式通风 ventilation of one-way and opposite angles
单翼飞机 monoplane
单翼缝 single slot
单翼工作面 unidirectional working
单翼机 monoplane
单翼建筑 one-winged building
单翼建筑物 single-winged building
单翼开采 one-way mine[mining]
单翼开合桥 single-leaf bascule bridge
单翼开挖面 unidirectional working
单翼梁 single spanner
单翼梁结构 monospar construction
单翼楼 one-wing block
单翼螺钻 single-flight type auger head
单翼木工钻(头) solid centre(auger) bit with one spur
单翼平铲 half shovel; half sweep; one-sided sweep
单翼平旋桥 single-leaf swing bridge
单翼墙 single-leaf wall
单翼切土螺钻 single-flight cutter head
单翼竖旋桥 single-leaf bascule bridge
单翼水上飞机 hydromonoplane; monoseaplane
单翼旋转泵 single-vane rotary pump
单翼仰开桥 single-leaf bascule bridge
单翼叶轮 single-vane impeller
单翼住房 one-winged building
单因次的 one-dimensional
单因素方差分析 one-factor variance analysis; one-way analysis of variance
单因素分组 one-way classification
单因素圈闭 single factor trap
单因素试验 single factor experiment
单因素优选法 single factor optimization
单因子 single factor
单因子差异 one-factor difference
单因子抛物线优选法 parabola optimization of single factor
单因子水质指数 single factor water quality index
单音 phoneme; pure tone; simple tone
单音的 monophonic
单音调 monotone
单音调键控 single-tone keying
单音调制器 tone keyer
单音记录器 monophonic recorder
单音脉冲发生器 tone-burst generator
单音信号 tone signal
单引号 single quote mark
单引擎单翼机 single-engined monoplane
单引擎轮式拖拉机牵引铲运机 single engine wheel type tractor-pulled scraper
单印版多色凹印 alapoupee
单应性 homography
单楹房屋 single-aisle building
单硬脂酸甘油酯 glycerin(e) monostearate; glycerol monostearate
单硬脂酸铝 alumin(i)um monostearate
单用户存取 single user access
单用户管 individual service pipe
单用户入口 non-shared port
单用途局部地区网络 single-purpose local-area network
单用途水库 single-purpose reservoir
单用污水管 separate sewer
单用污水系统 separate sewerage system
单用下水道 separate sewer
单用钥匙 change key
单优种顶极群落 consociation
单油缸式装载机 single-cylinder loader
单油酸甘油酯 glyceryl monooleate
单游标 single vernier
单游的 monoplanetic
单有机阳离子膨润土 single organic cation bentonite
单釉面制品 single-glazed unit
单语义解释 single semantic interpretation
单浴 mono bath
单浴法 one-bath method; single-bath method
单浴显影 mono bath
单域 single domain
单元 cell; component element; concameration; element; location; monad; unit element
单元边界 elementary boundary
单元变电所 unit substation
单元变量 element variable
单元标识符 element identifier
单元表征 cell attribute
单元布置电站 unit plant
单元操作 unit operation; unit process
单元操作设备 unit operating equipment
单元槽寿命 cell life
单元测试 unit testing
单元层 <应力分析中的> elementary layer
单元差错率 element error rate
单元常数 location constant
单元厂用变压器 unit transformer
单元车体 body unit
单元尺寸 unit size
单元出错率 element error rate
单元处理 unit operation; unitprocess; unit treatment
单元穿孔 unipunch
单元串 element string
单元词 uniterm
单元词索引 uniterm index
单元磁铁 elementary magnet
单元存储器控制 element memory control
单元大小 cell size
单元的 monobloc; monomeric; unitary; unit; cellular
单元的阵列 cellular array
单元地址 element address; unit address
单元电池 element(ary) cell
单元电荷 elementary charge
单元电缆段 elementary cable section
单元电压 cell voltage
单元调用 cell call
单元独立灭火系统 unit-independent fire extinguishing system
单元发电机 elementary generator
单元反应 unit process
单元分隔 unit separation
单元分隔符 unit separator
单元分隔字符 unit separator character
单元分解 resolution of unity
单元分离 unit separator
单元分裂 cellular splitting
单元分析 resolution of unity
单元负荷系数 unit loading factor
单元复合体 cell complex
单元干电池 unit cell
单元干燥器 unit dryer[drier]
单元刚度 element stiffness
单元刚度矩阵 element stiffness matrix
单元更换性 unit replacement type
单元工程施工进度计划 construction plan for individual project
单元工程实施性施工组织设计 executive construction organization design of unit project
单元功率 unit power
单元功率的质量 mass per unit of power
单元功率的重量 weight per unit of power
单元构造 elementary structure
单元管理系统 element management system
单元过程 unit process

单元过程线 elemental hydrograph
单元过程选择 unit process selection
单元函数 one-variable function; unit function
单元洪水演算 single routing
单元厚度 <垃圾掩埋场> cell thickness
单元互连掩模 cell interconnection mask
单元化 blocking; unitization
单元化调车场通信[讯] unitized yard communication
单元化结构 modular construction
单元化设计 modular system
单元化运输 unit load handling
单元环 ring element
单元回归分析 simple regression analysis
单元货运支出 freight transport expenses on every kilometre
单元机组 monoblock; packaged unit; unit plant
单元机组方式 unit system
单元机组解列 unit trip
单元集 singleton
单元计数器 location counter
单元计算 unit computation
单元记录 unit record
单元记录设备 unit record device
单元记录系统 unit record system
单元记录装置 unit record device
单元间 interelement
单元间的牵引 <有限单元法中> inter-element traction
单元间通信[讯] intercell communication
单元间隙 unit gap
单元件的 unary
单元件继电器 single-element relay
单元建筑 cell building
单元交界面 element interface
单元接触器式 unit-contactor type
单元接口 unit interface
单元节点力 element nodal force
单元结构 block construction; cellular construction; modular construction; monomer; subunit construction; unit construction
单元结构法 modular construction method
单元结线 generator-transformer unit connection; unit line connection
单元劲度 element stiffness
单元劲性 element stiffness
单元景观 elementary landscape
单元矩阵 cell matrix
单元绝缘子 unit insulator
单元开关 unit switch
单元开关控制 unit switch control
单元开关控制器 unit switch controller
单元客运支出 passenger transport expense on per kilometer
单元空间 unitary space
单元孔 cell orifice
单元控制 unit control
单元控制字 unit control word
单元库 cell library
单元块 cell block; monoblock; unit block
单元块系统 unit block system
单元块制 unit block system
单元类型 cell type
单元力 element force
单元立方体 cell cube
单元连接 unit connection
单元料罐 unit batch can
单元列车【铁】 unitised [unitized] train; unit train
单元列车循环运行 circuit operation of unit trains
单元列车运输 unit train traffic
单元硫化机 unit vulcanizer
单元炉缸 elemental furnace
单元逻辑 cellular logic
单元门 cell gate
单元面积 cellar area; element(ary) area
单元名 cell name; uniterm
单元拼凑式 unit-built type
单元剖分 element subdivision
单元期【生】haplophase
单元墙板 wall unit
单元桥 unit construction bridge
单元燃料 monoreactant
单元设备 unit plant
单元设计 unit design
单元生产 cellular production
单元式 unit type
单元式包装机 unit packing machine
单元式池窑 unit melter; unit tank furnace
单元式厨房 unit kitchen
单元式倒排表 cellular inverted list
单元式多目表 cellular multilist
单元式房屋 cellular-type block
单元式分区 cellular partition
单元式过滤器 cartridge filter; cellular filter
单元式加热炉 cell-type heater
单元式检索 cellular section
单元式绞合电缆 unit-stranded cable
单元式绞缆机 unit stranding machine
单元式结构 cellular structure
单元式空气过滤器 unit-type air filter
单元式空调方式 unitary air conditioning system
单元式空调机 unitary air conditioner
单元式空调器 self-contained air conditioner
单元式空调设备 unitary air conditioning system
单元式空调系统 unitary air conditioning system
单元式链 cellular chain
单元式模板 apartment formwork
单元式宿舍 apartment
单元式无线电 cellular radio
单元式制冷系统 unit(ary) refrigeration system
单元室 element cell
单元数据 cell data
单元特性 element characteristic
单元特征 element characteristic
单元体 element; cell cube; unit body; haplont【生】
单元体编号 numbering of elements
单元体个数 number of nodes
单元体间不连续的位移函数 displacement functions with discontinuity between elements
单元体间孔隙 pore of liberation separate
单元体内孔隙 pore in liberation
单元体生产场地 unit-producing yard
单元天线 element(ary) antenna
单元透镜 single-element lens
单元推进剂 monopropellant
单元外胎硫化器 unit-tyre vulcanizer
单元微结构 elementary microstructure
单元位移 element displacement
单元位置 cell position
单元文件 element file
单元稳定性 element stiffness
单元误差 unit error
单元系数 unit factor
单元系(统) cellular system; unit(ary) system
单元细目表 cellular list
单元箱形梁 single cell box girder
单元向量 element vector
单元信号周期 dot cycle
单元信息 unit information
单元形状 cell configuration
单元型集尘器 unit-type collector
单元型集水器 unit-type collector
单元型有轨巷道堆垛起重机 unit load S/R[storage/retrieval] machine
单元选通 one cell switching
单元研制表 unit development table
单元演替顶极 monoclimax
单元因子子句 unit factor clause
单元引入 cell call
单元应力 element stress
单元优先策略 unit preference strategy
单元与分单元编号 numbering of division and subdivision
单元运输 containerized transport
单元运行 unit operation
单元载荷 unit load(ing)
单元再生段 elementary regenerator section
单元找矿信息量 ore-hunting information by cell
单元阵列 cell array
单元阵列处理机 cellular array processor
单元制动机 truck-mounted brake; unit brake
单元制冷器 unit cooler
单元制作厂 unit fabricator
单元制作者 unit fabricator
单元质点 particle in cell
单元质点法 particle in cell method
单元质量矩阵 element mass matrix
单元中继段 elementary repeater section
单元主要设备 unit essential equipment
单元属性 cell attribute
单元贮存系统 unit load system
单元装运法 unit load(ing)
单元装载运输方式 unit load system
单元状态 location mode
单元字符串 element string
单元自记水位计 unit hydrograph
单元总体保护装置 overall unit protection
单元组成系统 modular system
单元组合结构 modular construction
单元组合式安装 unit-type installation
单元组合式变电站 articulated unit substation
单元组合式输送机 unit constructed conveyer[conveyor]
单元组合系统 modular system
单元组合型房屋 cellular-type building
单元组合型建筑 cellular-type building
单元组态 monostatic configuration
单元组装车间 unit assembly shop
单元作业 unit process
单员列车 one-man train; single-manned train <法国铁路直快列车>
单原子的 monoatomic
单原子金属 monoatomic metal
单原子气体 monoatomic gas
单原子探测 single-atom detection
单原子探测器 single-atom detector
单原子元素 monad
单原子元素的 monadic(al)
单圆边 one-round edge
单圆测角仪 monocircle goniometer
单圆角 single bull nose
单圆角铣刀 single circular cornering cutter
单圆角砖 bull-nose brick
单圆盘开沟器 single-disc colter
单圆盘撒布机 single spinner
单圆盘条播开沟器 single-disc drill colter
单圆片 uniwafer
单圆柱投影 simple cylindric(al) projection
单圆锥投影 simple conic(al) projection
单缘轮胎 single-bead tyre
单源的 monophyletic
单源距密度测井 single densilog
单源距密度测井曲线 single densilog curve
单约据 single bond
单运动式的 single-motion type
单匝 single turn
单匝变压器 single-turn transformer
单匝电位计 single-turn potentiometer
单匝式电流互感器 single-turn transformer
单载流子理论 single carrier theory
单增量变化 step change
单增压器 single pressurizator; single supercharger
单渣钢 single-slag steel
单闸板防喷器 single ram preventer
单闸门船闸 single gate lock
单闸片离合器 single plate clutch
单闸瓦制动 single-block braking; single type brake
单站电弧焊发动机 single operator arc welding generator
单站法 single station method
单站分析 single station analysis
单站观测预报 single observation forecast
单站焊机 single operator welder; single operator welding machine
单站焊接变压器 single operator welding transformer
单站弧焊机 single operator arc welding machine
单站降水量 point precipitation; point rainfall
单站降雨量 point precipitation; point rainfall
单站雷达 monostatic radar
单站时间视差法【测】time parallax at a single station
单站系统 single station system
单站预报 single observer forecast(ing); single station forecast(ing)
单站直流电弧发电机 single operator direct current arc generator
单站制 single station system
单站资料 point data
单张报纸 newssheet
单张薄钢板 mill pack
单张垂直摄影航空照片 single vertical aerial photograph
单张垂直摄影航片 single vertical aerial photograph
单张地图 chart sheet; map sheet; single-sheet map
单张航片 single aerial photograph
单张汇票 sole draft; sola(bill) <无副本的>
单张胶片 sheet film
单张切纸机 single sheet cutter
单张停转式凸版平台印刷机 sheet-fed stop cylinder press
单张图 flat stock
单张吸墨纸 blotter
单张像片 individual frame; single frame; single picture; single view
单张像片测量 monoscopic image measurement
单张像片观测 monocular measurement

D

单张像片量测 monoscopic measurement
单张校正像 scene-corrected image
单张轧制的板 singles
单张轧制的板材 single-rolled strip
单张照片 single view
单张纸胶印机 sheet-fed offset press
单张纸轮转凹印机 sheet-fed rotogravure
单张纸轮转胶印机 sheet-fed offset rotary press
单张纸双面单色胶印机 sheet-fed single colo(u)r perfector
单张纸双面胶印机 sheet-fed offset perfector
单张纸凸版轮转印刷机 sheet-fed rotary letterpress
单张纸印刷机 sheet-fed press
单帐篷 unlined tent
单胀式机车 simple locomotive
单胀式蒸汽机车 single-expansion steam locomotive
单罩轴承 single shield bearing
单遮断断路器 single-break circuit breaker
单折叠 single lap
单折返线【铁】single turn-back track
单折射的 monorefringent
单辙轨脱轨器 derail of single-point
单褶海岸 flexure coast
单褶崖 monoclinal fold scarp
单褶皱 simple fold
单针气压表 simplex air ga(u)ge
单针气压计 single-pointer air ga(u)ge
单针器件 single-needle device
单针延展机 open gill spreader
单针制条机 open gill set frame
单振沉桩机 single vibratory action pile driver
单振动压路机 single vibration roller
单振幅 peak-to-trough amplitude;single amplitude
单证 document
单帧模拟 single-frame simulation
单支墩 single-wall buttress
单支管 single branch pipe
单支钢管型系船桩 steel cylinder dolphin
单支光纤 single optic(al) fiber[fibre]
单支架 single-side stand
单支梁 single-supported beam
单支腿龙门起重机 half gantry crane
单支轴 unipivot
单支柱 one-mast support
单支柱桁架 kingpost rafter
单支柱脚手架 single-pole scaffold
单支柱脚手平台 single-pole scaffold
单枝靠接 inarching with a branch
单枝压条 single-layering
单织帆布 single-ply canvas
单值 monodrome;simple number;single value
单值布尔运算 monadic Boolean operation
单值操作 monadic operation
单值的 monadic (al); monotropic; one-valued;single-valued;unique
单值定向 sense finding
单值公式 monadic formula
单值函数 monodrome function; monotropic function;one-value(d) function; single-valued function; uniform function
单值化 uniformization
单值解 univalent solution
单值进位 single carry
单值曲面 single-valued surface
单值收敛 <有限单元法> monotonic convergence
单值数 one-figure number;single value
单值水流 unique flow
单值无线电定向器 sense finder
单值性 monodromy;non-ambiguity
单值性定理 monodromy theorem
单值运算 monadic operation;single-valued operation;unitary operation
单值运算符 monadic operator
单植 single planting
单址 single address
单指令 single instruction
单指令多数据 single instruction multiple data
单指令多数据流计算机 SIMD [single instruction-multiple data] computer
单指令流 single instruction stream
单指派规则 single assignment rule
单指调整器 finger-tip control
单指压板 single finger clamp
单指针 simple pointer
单指针收报机 single-needle system
单趾弹簧 rail clips
单趾弹簧扣件 single-toe rail fastener
单质 element;simple substance
单质半导体 element(al) semiconductor;monoatomic semiconductor
单质的 monatomic
单质点系统 single-mass system
单质结 homojunction
单质结结构 homojunction structure
单质晶体 elemental crystal
单质绝缘 continuous insulation
单质起爆药 single-compound primary explosive
单质气体 elementary gas
单质炸药 single chemical compound explosive
单掷 single pole
单掷接点 single-throw contact
单掷开关 single-throw switch
单置信号点 single signal location;single signal point
单中断请求 single interrupt request
单中心的复合曲线 single centered [centred] compound curve
单中心交换站 single office exchange
单中柱 haplostele
单终点连接表 single-ended list
单种生态学 autecology
单种栽培 monoculture
单种栽培系统 monoculture system
单种植被单位 consociation
单重 substance
单周多谐振荡器 one-cycle multivibrator
单周期 monocycle
单周期的 monocyclic(al);singly periodic
单周期多谐振荡器 single-shot multivibrator
单周期法 monocyclic(al) method
单周期函数 simply periodic(al) function
单周期起动感应电动机 monocyclic start induction motor
单周误差 single-cycle error
单轴 monad; monospindle; single axle;single shaft
单轴拌土机 single-shaft pug mill
单轴布置 single-shaft arrangement
单轴部件 single-axle unit
单轴侧限压缩试验 uniaxial confined compression test
单轴测斜仪 uniaxial torpedo
单轴铲运机 one-axle scraper
单轴车床 single-spindle lathe
单轴承的 single bearing
单轴传动 individual axle drive;single-axle drive
单轴锤式破碎机 single-shaft hammer crusher; single-spindle hammer crusher
单轴的 monadic(al);monoaxial;single-spindle;uniaxial
单轴底盘 single-axle travel(l)ing gear;single-axle undercarriage
单轴对称 monosymmetry
单轴对称的 monosymmetric(al)
单轴对称截面 monosymmetry cross-section
单轴多缸涡轮机 series flow turbine
单轴多锯片圆锯机 slashing saw
单轴多片圆锯机 single-gang edger; slasher
单轴发动机 single-shaft engine
单轴负荷 uniaxial load
单轴各向异性 uniaxial anisotropy
单轴各向异性材料 uniaxial anisotropic material
单轴各向异性物质 uniaxial anisotropic matter
单轴骨针 monaxon
单轴挂车 monotrailer; single-axle trailer
单轴光弹性应变计 uniaxial photoelastic strain ga(u)ge
单轴夯具 single-axle compactor
单轴荷载 single-axle load; uniaxial load
单轴花序 monopodial inflorescence
单轴混凝土拌和机 single-shaft pug mill concrete mixer
单轴机床 single-spindle machine
单轴机组 tandem unit
单轴激光陀螺仪 one-axis laser gyroscope;single-axis laser gyroscope
单轴加载 single-axle load; uniaxial load
单轴桨叶式搅拌机 single-shaft hammer paddle arm mixer
单轴搅拌机 single-shaft mixer
单轴结构 single-shaft configuration
单轴晶光率体 indicatrix of optic(al) mono-axial crystal
单轴晶(体)uniaxial crystal
单轴静力蠕变试验 uniaxial static creep test
单轴抗剪强度 uniaxial shear strength
单轴抗拉强度 uniaxial tensile strength
单轴抗拉强度试验 uniaxial tensile strength test
单轴抗压强度 uniaxial compressive strength
单轴抗压强度试验 uniaxial compressive strength test
单轴抗压试验 uniaxial compression test;uniaxial compressive test
单轴可变电容器 single-gang variable condenser
单轴控制 single-axis control
单轴拉伸试验 uniaxial tension test
单轴冷滚压成型机 single-spindle cold rolling former
单轴六角自动车床 single-spindle turret automatic lathe
单轴螺旋泵 single-shaft-screw pump
单轴抛物形拱梁 one-pinned parabolic arched girder
单轴平板车 single-axle platform car
单轴起落架 single-axle travel(l)ing gear;single-axle undercarriage
单轴汽轮机 series flow turbine
单轴牵引车 single-axle tractor
单轴强度 axial strength
单轴强制式拌和机 single-shaft compulsory mixer
单轴强制式搅拌机 single-shaft compulsory mixer
单轴驱动 individual axle drive
单轴取向 uniaxial orientation
单轴燃气轮机 single-rotor gas turbine;single-shaft gas turbine
单轴燃气轮机循环 single turbocompressor rotor cycle
单轴伸缩应变 uniaxial longitudinal strain
单轴式拌和机 single-rotor mixer;single-shaft mixer
单轴式搅拌机 single-rotor mixer;single-shaft mixer
单轴式强制搅拌器 single-shaft compulsory mixer
单轴式条播机 single-axle drill
单轴式压路机 single-axle roller
单轴试验 <一种基于路面性能的混合料试验方法,试验中圆柱试件的周长保持不变> uniaxial test
单轴手纸架 single-roll toilet paper holder
单轴受压板 plate in uniaxial compression
单轴双轮单元 two-wheel unit
单轴双排汽汽轮机 tandem double-flow turbine
单轴镗床 monospindle boring machine; single-spindle boring machine
单轴天车 in-line crown block
单轴拖车 semi-trailer; single-axle trailer
单轴拖拉机 single-axle tractor
单轴拖曳拌和机 single-axle trailer mixer
单轴拖曳挖土机 single-axle trailer excavator
单轴陀螺仪 single-axis gyroscope
单轴涡轮机 tandem compound turbine
单轴涡轮喷气发动机 single-shaft turbo-jet
单轴铣床 single-spindle milling machine
单轴向变形 uniaxial deformation
单轴向动力分析 uniaxial dynamic(al) analysis
单轴向荷载 uniaxial loading
单轴向拉伸 uniaxial tension
单轴向偏心 uniaxial eccentricity
单轴向试验 uniaxial test
单轴向压力 uniaxial compression
单轴向压缩 uniaxial compression
单轴向应变 uniaxial strain
单轴向应变试验 uniaxial strain test
单轴向应力 simple stress; uniaxial stress
单轴向应力状态 uniaxial state of stress
单轴向张力 uniaxial tension
单轴行走部件 single-axle travel(l)ing gear;single-axle undercarriage
单轴型汽轮发电机 single-shaft turbo-generator
单轴型汽轮机机组 single-shaft turbo-set
单轴性 uniaxiality
单轴悬挂装置 single-axis linkage
单轴旋转扁球体 uniaxial rotational oblate ellipsoid
单轴旋转长球体 uniaxial rotational prolate ellipsoid
单轴循环加载 uniaxial cyclic loading
单轴压力 uniaxial compressive force
单轴压缩 uniaxial compression
单轴压缩强度 uniaxial compressive strength
单轴压缩强度试验 uniaxial compressive strength test
单轴压缩蠕变试验 single-axle-compressive creep test

单轴压缩试验 uniaxial compression test;uniaxial compressive test
单轴应力场 uniaxial stress field
单轴应力量测的扁千斤顶法【岩】flat jack method of uniaxial stress measurement
单轴应力-温度循环试验 uniaxial stress and temperature cycling test
单轴应力应变曲线 uniaxial stress-strain curve
单轴振动筛 single-shaft vibrating screen
单轴支重台车 single-axle travel(l)ing gear;single-axle undercarriage
单轴转塔车床 single spindle turret lathe
单轴转向 one-axle steering
单轴转向架 radial truck;single-axle bogie;single-axle truck
单轴转向架滑座 radial truck sliding seat
单轴装置 single-axle unit
单轴自动车床 single-spindle automatic lathe
单轴自动的 single-spindle automatic
单轴自动杆式车床 single-spindle automatic bar machine
单轴自动机 single-spindle automat
单轴自动机床 Swiss-type automatic
单轴自动夹头车床 single-spindle automatic chucking machine
单轴自动卡盘车床 single-spindle automatic chucking machine
单轴自动螺纹车床 single-spindle automatic screw machine
单轴阻力 unit shaft resistance
单轴钻床 single-spindle drilling machine
单肘板 single-toggle
单肘板颚式破碎机 single-toggle jaw crusher
单株 individual plant;single plant
单株混植 admix
单株栽植 single planting
单株植物 individual plant
单主动轮 single capstan
单主管配水(系统)single-main distribution
单主寄生 ametoecism
单主梁门式起重机 single girder overhead crane
单主梁桥架 monogirder bridge
单主梁桥式起重机 single girder gantry crane
单柱 kingpost;simple column;single column;single post;monopod <指系船装置>
单柱车床 single upright machine
单柱冲床 single-column punch machine
单柱锤 single-arch hammer
单柱大梁 kingpost girder
单柱底座 single-column footing
单柱动力锤 single-frame power hammer
单柱墩式框架 single-column bent
单柱高架起重机 semi-portal crane
单柱固定台压力机 gap press with fixed bed
单柱桁构式梁 single-strut trussed beam
单柱桁架 kingpost roof;kingpost truss;king truss;simple hanging truss
单柱桁架的主柱 kingpost
单柱桁架梁 kingpost girder
单柱桁架桥 kingpost truss bridge
单柱桁架式梁 single-strut trussed beam
单柱基础 pad foundation
单柱脚手架 single-pole scaffold
单柱校正液压压力机 rectifying hydraulic press with single pole
单柱拉伸液压机 single-column hydraulic drawing press
单柱离子色谱法 single-column ion chromatography
单柱立式车床 single-column lathe;single-column vertical boring and turning lathe
单柱立式镗床 single-column vertical boring machine
单柱檩屋架 purlin(e) roof with king post;purlin(e) with king post
单柱锚泊储油装置 single anchor leg storage
单柱锚系 single anchor leg mooring
单柱木顶撑 single-post shore timber
单柱木桁架 kingpost wooden truss
单柱木桁架桥 kingpost timber truss bridge;kingpost wooden truss bridge
单柱暖气片 one-column radiator
单柱刨床 open-side(d) planer;single-column planer;single-column planing machine
单柱汽锤 overhanging-type steam hammer
单柱曲柄压力机 frame crank press
单柱热辐射器 one-column radiator
单柱塞泵 single plunger pump
单柱塞塑料注射成型机 single plunger plastic injection mo(u)lding machine
单柱塞增压器 single-ram booster;single-ram intensifier
单柱伞形屋顶 umbrella roof
单柱散热片 one-column radiator
单柱散热器 one-column radiator;single-column radiator
单柱上撑式桁架梁 single-strut trussed beam
单柱升车机 single-column lift
单柱式 open-side type;single-column type;monostyle
单柱式锤 single-frame hammer
单柱式单点系泊装置 single anchor leg mooring system
单柱式建筑 monostyle
单柱式檩支屋顶 purlin(e) roof with king post
单柱式气相色谱仪 single-column gas chromatograph
单柱式桥 single-column bridge
单柱式桥墩 single-columned pier
单柱式钻架 single jack bar
单柱台式液压机 hydraulic single column bench press
单柱托梁 kingposted beam
单柱屋顶 island station roof;kingpost roof
单柱屋架 kingpost roof;kingpost truss;king truss
单柱铣床 open-sided milling machine;simplex milling machine;single-column milling machine
单柱系缆桩 single bitt;single bollard
单柱型隔离开关 single-column disconnecting switch
单柱液压机 hydraulic single column press
单柱蒸馏塔 one-column still
单柱支撑平台 single-column supported platform
单柱支架 jack shore
单柱桩墩 single-column pile pier
单柱坐标镗床 single-column jig borer;single-column jig boring machine
单铸的 single-cast
单铸试棒 separately cast test bar
单铸试件 separate cast test bar
单爪大衣钩 single robe hook
单爪犁锚 plow anchor
单爪锚 one-arm anchor;one fluke (mooring) anchor;single armed common anchor;single fluke anchor
单爪钳 single claw tongs
单爪式送进 single gripper feed
单砖拱 flat arch;jack arch
单砖墙 one-brick wall;single brick wall;twenty-four cm brick wall;whole-brick wall
单转楼梯 one-turn stair(case);one-turn stairs
单转轮式水轮机 single-runner turbine
单转筒 single drum
单转向发动机 unidirectional engine
单转向计数器 directive meter
单转向楼梯 one-turn stair(case)
单转向涡轮机 unidirectional turbine
单转轴拌和机 single-rotor mixer;single-shaft mixer
单转轴搅拌器 single-rotor mixer;single-shaft mixer
单转子摆式陀螺罗经 single-gyro pendulous gyrocompass
单转子不可逆锤式破碎机 single-rotor irreversible hammer crusher
单转子锤式破碎机 single-rotor hammer crusher
单转子发动机 one-spool engine;single-spool engine
单转子反击式破碎机 ingle rotor impactor;single-impeller impact crusher;single-rotor impact crusher
单转子混合器 single-rotor mixer
单转子陀螺罗经 monogyro compass
单转子涡轮机 single-rotor turbine
单转子涡轮螺桨发动机 single-spool turboprop
单转子压气机 single-rotor compressor
单桩 individual pile;single pile
单桩沉降 settlement of individual pile
单桩承载力 bearing capacity of a pile;bearing capacity of single pile;pile capacity;single pile capacity
单桩承载力特征值 characteristic value of bearing capacity of single pile
单桩地基土承载力 bearing capacity of foundation soil for pile
单桩分担地基面积 tributary area
单桩荷载试验 single pile loading test
单桩基础 single pile foundation
单桩极限承载力 ultimate bearing capacity of single pile;ultimate carrying capacity of single pile
单桩静载荷试验 static loading test of single pile;pile static loading test
单桩抗拔试验 uplift test of single pile
单桩摩阻力设计 α 法 <总应力法> alpha method of pile design
单桩摩阻力设计 β 法 <有效应力法> beta method of pile design
单桩容许承载力 allowable bearing of single pile
单桩容许荷载 allowable pile bearing load
单桩设计的 API-CPT 法 <用于近海平台桩基> API-CPT method of pile design
单桩竖向承载力特征值 characteristic value of the vertical bearing capacity of a pile;characteristic value of the vertical bearing capacity of a single pile
单桩竖向极限承载力 ultimate vertical bearing capacity of a pile
单桩竖向极限承载力标准值 ultimate vertical bearing capacity of a pile
单桩竖向静载荷试验 vertical loading test of single pile
单桩竖向抗拔容许承载力 allowable vertical pull strength of single pile
单桩水平静载荷试验 horizontal loading test of single pile
单桩系船系统 single pile dolphin
单桩下沉量 subsidence magnitude of pile
单桩支承的屋架 <如车站月台上采用的> island station roof
单桩轴向极限承载力 ultimate axial bearing capacity of single pile
单装配玻璃 plain glazing
单幢住所 <学校等内部的> cottage
单锥垫密封 seal by simplex conical gasket
单锥混凝土基底 one-shaped concrete base
单锥离合器 single cone clutch
单锥密封 seal with single-cone
单锥容器密封 single cone vessel closure
单锥体料堆 single cone pile
单锥无垫密封 seal by direct contact of conical faces
单锥形 single taper
单缀 lacing;single lacing
单缀条 single lacing;single latticing
单准则 single criterion
单啄铁砧 one-beaked anvil
单籽果 one seeded fruit
单子 nucleon
单子叶树材 monocotyledonous wood
单子叶植物 monocotyledon
单字长运算【计】single word length arithmetic
单字符 single character
单自动操纵 single-automatic operation
单自由度 one-degree-of-freedom;single-degree of freedom
单自由度体系 one-degree system;single degree of freedom system;system with one degree of freedom
单自由度体系的马尔柯夫矢量法 Markov vector approach for SDF [single degree of freedom] system
单自由度陀螺(仪)【船】single-degree freedom gyro(scope)
单自由度系统 single degree of freedom system;system with one degree of freedom
单自由度悬挂 one-degree-of-freedom suspension
单踪记录仪 monotrack recorder
单总管配水系统 single-main distribution system
单总管系统 single-main system
单总线 unibus
单总线操作 single bus operation
单总线方式 unibus system
单总线选组器 unibus group selector
单纵模氩离子激光器 single-longitudinal mode argon ion laser
单纵向模激光器 single-longitudinal mode laser
单走道布局 single-corridor layout
单阻抗变换器形式 unitary impedance converter type
单阻塞 single block
单组分 one pack system;single component;single constituent;single package
单组分底漆 one-component primer
单组分反应性磷化底漆 one-component etching primer

D

单组分反应性蚀刻底漆 one-component etching primer
单组分非反应漆型聚氨酯涂料 one-package non-reactive lacquer urethane coating
单组分环氧胶粘剂 single-component epoxy adhesive
单组分胶粘剂 one-part adhesive
单组分浸蚀底漆 one-component wash primer
单组分聚氨酯瓷漆 single-component polyurethane enamel
单组分聚氨酯密封胶 single-component polyurethane sealant
单组分聚氨酯清漆 single-component polyurethane varnish
单组分聚氨酯涂料 one-can urethane coating; single-package urethane coating
单组分磷化底漆 one-component wash primer;one-package wash primer
单组分密封材料 one-part sealant
单组分密封膏 one-component sealant;one-part sealant
单组分黏[粘]合剂 one-part adhesive
单组分配方 one-package formulation;one-part formulation
单组分漆 one component paint
单组分热固化聚氨酯涂料 one-package heat cured urethane coating
单组分湿气固化聚氨酯涂料 one-package moist-cured urethane coating
单组分水泥 one-component cement
单组分塑料 single-pack plastic
单组分体系 one-component system
单组分涂层 one-component coating
单组分洗涤底漆 one-component wash primer
单组分系统 one-component system; unary system
单组分纤维 homofil;monocomponent fibre
单组分显微煤岩类型 monomaceral microlithotype
单组分样品分析 one-component samples analysis
单组分预处理底漆 one-component pretreatment primer
单组分预反应型聚氨酯涂料 one-package prereacted urethane coating
单组分预均化堆场 single-component blending bed
单组干线货物列车 single group trunk-haul freight train
单组件 unimodule
单组抗剪护舷 shear fender single-unit
单组抗剪装置 shear single-unit
单组名 cell name
单组信号 one-way signal
单组选择元 cell alternative
单组元喷嘴 single-element injector
单组重量 weight of one section
单嘴包装机 single-spout packing machine;single-tube packing machine
单嘴汽化器 single-jet carburetor
单嘴手杓 one-lip hand ladle
单作 monoculture
单作面积与间作面积比值 land equivalent ratio
单作业调度 single job scheduling
单作业区港口 single-terminal port
单作用 single-action;single function
单作用泵 single-acting pump
单作用锤 drop hammer;single-acting hammer
单作用的 single-acting
单作用高度控制阀 single-acting altitude control valve
单作用活塞泵 single-acting piston pump
单作用空气锤 airlift gravity drop hammer
单作用离合器 single-acting clutch
单作用气动桩锤 single acting pneumatic hammer
单作用十字头式发动机 single-acting cross head type engine
单作用式 single-acting
单作用式发动机 single-acting engine
单作用式活塞泵 single-acting piston pump
单作用式空气泵 single-acting air pump
单作用式空气压缩机 single-acting air compressor
单作用手摇泵 single-acting hand pump
单作用双缸泵 twin-single pump
单作用双联泵 twin-single pump
单作用筒形活塞式发动机 single-acting trunk piston type engine
单作用叶片泵 single-acting vane pump
单作用液压缸 one-way ram; single-acting hydraulic cylinder
单作用液压千斤顶 single-acting ram
单作用油缸 one-way cylinder; one-way ram;single-acting cylinder
单作用增压器 single-shot booster; single-shot intensifier
单作用增压式二冲程发动机 single-acting turbocharged two-stroke engine
单作用蒸汽桩锤 single-acting steam hammer
单作制 one course system
单座阀 single-seat valve
单座飞机 one-seater;single-seater
单座划桨 single banked boat; single banked rowing
单座架空滑车 chair lift
单座(汽)车 one-seater;single-seater
单座式 single seated
单座式机器脚踏车 solo type motor cycle
单座式均热炉 single-ingot pit
单座式主汽门 single-beat main stop valve;single seated main stop valve

耽

耽搁 tarry

耽误 <工作、通信[讯]等的> arrears
耽误的 behindhand

胆

胆胺【化】cholamine

胆茶碱 choline theophyllinate
胆矾 blue jack;blue stone;blue vitriol; chalcanthite; copper vitriol; cynaosite
胆碱 choline
胆量 hardiness
胆形瓶 gallipot
胆甾醇 cholesterol

掸

掸邦地块 Shan State massif

掸灰 dusting
掸灰刷 jamb brush
掸扫 dusting
掸刷 laying off
掸帚 duster
掸子 duster;whisk

旦

旦 <指化学纤维规定长 9 000 米,重 1 克为 1 旦> denier

旦尼尔 denier
旦尼尔天平 denier balance
旦泽格-瓦尔夫算法 Dantzing-Wolfe algorithm
旦泽橡木 Dantzing oak

但

但书 condition subsequent;proviso [复 proviso(e)s];saving clause

诞

诞生地 natal place

淡

淡白橙色 orange pale

淡白色 off-white
淡白色英斑岩 elvan
淡白图像 washed-out picture
淡钡钛石 leucosphenite
淡碧绿色 turquoise green pale
淡变放大器 fading amplifier
淡变和叠化电路 fade and lap-dissolve circuit
淡薄的 thin
淡菜金 mussel gold
淡橙黄色 orange light
淡赤黄色的 ginger
淡出 <电视图像的逐渐隐入> fade out
淡出淡入 fade over
淡出系统 fade-out system
淡的 watery
淡地表水体 fresh surface waters
淡地下水 fresh groundwater
淡度 dilution
淡而柔和的色彩 pastel
淡方钠岩 blairmorite
淡粉红色 baby pink;rose pink
淡钙铅榴石 leucogarnet
淡干油 pale drying oil
淡橄榄绿 olive green clear
淡格线 feint
淡镉黄颜料 daffodil(e)yellow
淡铬黄 primrose chrome
淡钴紫 light cobalt violet
淡硅锰石 leucophoenicite
淡海水 brackish water
淡褐色 amber brown; biscuit; drabness; ecru; fawn brown; light brown;snake wood
淡褐色的 drab;quaker drab
淡褐色厚呢 drab
淡褐色砂石 <一种产于英国约克郡的石材> park spring
淡褐色砂岩 hazel sandstone; Kenton <诺森伯兰产的>
淡褐色物质 light brown matter
淡褐色硬木 guatacre <巴西产>;petaling <印度产>
淡褐霰石 californian onyx
淡黑 more light black
淡黑液 weak black liquor
淡红的 reddish
淡红沸石 stellerite
淡红钙长石 latrobite
淡红硅钇矿 thalenite
淡红褐色的 hazel
淡红褐色花岗岩 <英国莱斯特郡产> Mount Sorrel
淡红褐色栗钙土 reddish-brown chestnut soil
淡红褐色土壤 reddish-brown(lateritic)soil
淡红辉镍铁矿 violarite
淡红蒙脱石 landevanite
淡红色 carnation;pale red;pink;faint red
淡红色草原土 reddish prairie soil
淡红色的 reddish;rosy;rubescent
淡红色底漆 pink primer
淡红色黑云母花岗岩 <美国新罕布什尔州产> Swenson Pink
淡红色红宝石 feminine ruby
淡红色厚档案袋用纸 paperold
淡红砷锰石 krautite
淡红糖色 candy pink
淡红银矿 light-red silver ore;light-ruby silver;proustite
淡红紫色 mauve pale
淡化 desalification;desalinization;desalt(ing);freshening
淡化厂 desalination plant
淡化海水 freshened sea water
淡化率 rate of dilution
淡化膜 desalination membrane
淡化器 demineralizer
淡化设备 desalination apparatus
淡化水 desalted water
淡化泻湖相 fresh lagoon facies
淡化装置 desalination plant;desalting plant
淡化作用 desalination
淡黄灯(光)amber light
淡黄褐色 fawn(brown)
淡黄褐色松木 <新西兰产> cowri
淡黄琥珀 bacalite
淡黄绿色 chartreuse;ingenue
淡黄色 amber; faint yellow; jasmine(e); jessamin(e); jonquil; lemon; light straw; light yellow; primrose; straw yellow;wax yellow
淡黄色的 amber; fallow; flaxen; wheaten;yellowish;yellowy
淡黄色化妆土 cream engobe
淡黄色金刚石 cape diamond
淡黄色滤光镜 pale yellow filter
淡黄色器皿 cream-colo(u)red ware
淡黄色砂石 <产于萨塞克斯的有褐色条纹的> Wealden
淡黄色陶瓷器(皿)yellow ware
淡黄色信号灯 amber lamp
淡黄色釉底料 cream engobe
淡黄树脂 bucaramangite;wheelerite
淡黄油 sweet butter
淡黄至灰黄色 cream buff
淡黄棕色松木 <新西兰产> cowdi pine
淡灰 grey pale;more light gray
淡灰蓝色的 glaucous
淡灰绿色冰 <指污染过的> glaucous ice
淡灰绿色的 glaucous
淡灰色 dove;dove-colo(u)r
淡灰色大理石 dove marble
淡灰色的 ash grey[gray]
淡灰色花岗岩 creetown <产于苏格兰的>;Swenson Buff Antique <美国新罕布什尔州产>;Stone Mountain granite <美国佐治亚州产>
淡积云 cumulus humilis;fair weather cumulus
淡季 dead season;dull season;off period;off-season; slack season; slow season
淡季交通 slack traffic
淡季交通期 slack traffic period
淡蓝的 light blue;mid-blue
淡蓝色 baby blue;light blue;pale blue
淡蓝色的 bluish;nattier blue
淡蓝阳片 tint blue positive film
淡栗钙土 light chestnut soil
淡栗色 light chestnut
淡磷钙铁矿 collinsite
淡磷钾铁矿 leucophosphite
淡磷钾铁石 leucophosphite
淡榴石 leucogarnet

淡绿 green pale;virescence
淡绿辉石 alalite
淡绿蓝颜料 pale greenish blue
淡绿泥石 rumpfite
淡绿色 georgia green;green tint;light green;pea-green
淡绿色玻璃 pale green glass
淡绿色的 absinthe green;pea-green;viridescent
淡玫瑰红 rose pink
淡玫瑰色 rose pale
淡漠 apathy
淡钠二长岩 perthosite
淡奶色石灰石 <英国,一种产于威尔特郡的> corsham
淡泥浆 slush
淡气味 low-odo(u)r
淡青 cerulean pale
淡青色 azure;light blue
淡秋石 depositum;urinae praeparatum
淡入 feed-in;sneak in;fade in <电视图像的逐渐显出>
淡入淡出 fade-in fade-out;fade over
淡色 light tint;pale colo(u)r;pastel colo(u)r;tinting shade;undertint;undertone
淡色的 leucocratic;light-colo(u)r(ed);lightish;pale
淡色的立面 light facade
淡色调 light shade
淡色花岗岩 yosemitite
淡色蓝宝石 female sapphire
淡色立面构件 light facade element
淡色沥青砖 light colo(u)red asphalt tile
淡色漆 light tint paint;pale paint
淡色青铜 white bronze
淡色闪长岩 leucodiorite
淡色团 hypochrome
淡色玄武岩 leucobasalt
淡色岩 leucocratic rock;leucocrate
淡色岩脉 leucocratic dike[dyke]
淡色页岩 calm
淡色油漆的 light-painted
淡石棉 mountain cork;rock cork
淡水 oligosaline water;plain water;sweet water
淡水安全 freshwater security
淡水保护 conservation of freshwater
淡水保证 freshwater security
淡水贝雕画 freshwater shell carving picture
淡水贝壳钮扣 freshwater shell button
淡水泵 freshwater pump
淡水冰 freshwater ice
淡水补充泵 freshwater makeup pump
淡水彩画 wash drawing
淡水舱 freshwater tank
淡水槽 freshwater tank
淡水草沼 freshwater marsh
淡水草沼湿地 freshwater marsh wetland
淡水沉积物 freshwater deposit;freshwater sediment
淡水成因 freshwater origin
淡水吃水(深度)freshwater draft
淡水吃水余量 freshwater allowance
淡水池 freshwater pool;freshwater tank
淡水冲出的海口区 fresh shot
淡水冲积层 freshwater alluvium
淡水抽出泵 freshwater discharge pump
淡水处理厂 freshwater plant
淡水处理装置 freshwater generator
淡水的 fluvioterrestrial;limnetic;fresh water
淡水地磁动电测流器 freshwater geomagnetic electrokinetograph
淡水动物 freshwater animal
淡水动物区系 freshwater fauna
淡水动物群 freshwater fauna
淡水恶化 freshwater degradation
淡水浮游生物 limnoplankton
淡水干弦 freshwater freeboard
淡水隔水层 freshwater barrier
淡水工厂 freshwater plant
淡水供水渠 <荷兰圩区的> Boezem
淡水供应 freshwater supply
淡水供应船 freshwater supply ship
淡水管 freshwater pipe
淡水管道 freshwater line
淡水管系 freshwater piping
淡水龟 terrapin
淡水柜 freshwater tank
淡水过滤器 freshwater filter
淡水海水混合体系 freshwater-seawater mixing system
淡水含水层 freshwater aquifers
淡水和/或雨淋损失 fresh and/or rain water damage
淡水河口 freshwater estuary
淡水河流 freshet;freshwater river;freshwater stream
淡水湖 fresh lake;freshwater lake
淡水湖泊沉积 freshwater lake deposit
淡水湖泊相 freshwater lake facies
淡水环境 freshwater environment;limno-geotic
淡水夹层 freshwater barrier
淡水监测 freshwater monitoring
淡水建造 freshwater formation
淡水径流量 freshwater runoff
淡水库 freshwater reservoir
淡水冷却泵 freshwater cooling pump
淡水冷却器 freshwater cooler
淡水林沼 freshwater swamp
淡水流 fresh water current;dialysate
淡水流量 freshwater flow
淡水面在海平面以上高度 height of freshwater table above sea level
淡水牡蛎 freshwater bivalve
淡水幕 <指注入淡水防止海水入渗> freshwater barrier
淡水泥浆 freshwater mud
淡水泥炭 freshwater peat
淡水排出泵 freshwater extraction pump
淡水排泄污水舱 freshwater drain collecting tank
淡水屏障 freshwater barrier
淡水区域 freshwater area;freshwater zone
淡水群落 freshwater community
淡水容重 unit weight of freshwater
淡水濡损 freshwater damage;rain damage
淡水砂层 freshwater sand
淡水生境 freshwater habitat
淡水生态系统 freshwater ecosystem
淡水生态系统化学-环境监测 chemical environmental monitoring of freshwater ecosystem
淡水生态系统生物净化 biologic(al) purification in freshwater ecosystem
淡水生态系统条件 freshwater ecosystem condition
淡水生态系统污染毒物评估 toxicological assessment of pollution of freshwater ecosystem
淡水生态学 freshwater ecology
淡水生物 freshwater organism
淡水生物和海洋生物 freshwater and marine organisms
淡水生物群落 freshwater community
淡水生物学 freshwater biology;limnology
淡水生物资源 freshwater biological resources
淡水湿地 freshwater wetland
淡水湿地系统 freshwater wetland system
淡水石灰石 freshwater limestone
淡水石灰岩 freshwater limestone
淡水石英岩 limnoquartzite
淡水双壳贝类 freshwater bivalve
淡水水流 <河口附近海中的> fresh shot
淡水水体 body of freshwater;freshwater body;freshwater waters
淡水水体污染 contamination of freshwater body
淡水损害 freshwater damage
淡水桶 breaker;scuttle butt;water breaker
淡水透镜(体)freshwater lens
淡水团 freshwater mass
淡水豚(类)freshwater dolphin
淡水污染 freshwater contamination;freshwater pollution
淡水污染物 freshwater contaminant;freshwater pollutant
淡水污水 weak sewage
淡水物种 freshwater species
淡水系统 freshwater system
淡水虾 freshwater shrimp
淡水险 risk of freshwater damage
淡水险条款 freshwater damage clause
淡水相 freshwater facies
淡水箱 freshwater tank
淡水泻湖 freshwater lagoon;haff <和大海之间被沙洲隔开的>
淡水性大型无脊椎动物 freshwater macro-invertebrate
淡水蓄水库 freshwater reservoir
淡水循环泵 freshwater circulating pump
淡水压力管 freshwater line pressure pipe
淡水盐度范围 limneticum
淡水养鱼 freshwater fish culture
淡水养鱼业 freshwater fishery;freshwater pisciculture
淡水养殖 freshwater aquiculture
淡水溢出带 freshwater overflow zone
淡水鱼 freshwater fish
淡水鱼场 freshwater fishery
淡水鱼类 freshwater fishes
淡水渔业 freshwater fishery
淡水雨淋险 fresh and rain water damage
淡水载重水线 freshwater load line;freshwater mark
淡水藻 freshwater alga
淡水藻类 freshwater algae
淡水藻色素 phycochrome
淡水沼泽 freshwater marsh;freshwater swamp;pantano
淡水沼泽沉积 freshwater swamp deposit
淡水珍珠 freshwater pearl
淡水蒸馏器 freshwater distiller
淡水蒸馏设备 freshwater distilling plant
淡水植物 freshwater plant
淡水植物区系 freshwater flora
淡水植物群 freshwater flora
淡水种 freshwater species
淡水资源 freshwater resources
淡水资源的开发和利用 development and use of freshwater resources
淡水资源危机 crisis freshwater resources
淡酸水 pickle
淡铁矾 leucanterite
淡铁镁闪石 philipstadite
淡土植物 glycophyte
淡歪细晶岩 bostonite
淡咸水 fresh sea water
淡咸水分界面 fresh-salt water interface
淡斜绿泥石 leuchtenbergite
淡泻湖 haff
淡盐味水 brackish water
淡颜色 delicate colo(u)r;weak colo(u)r
淡银灰色 ocean-gray[grey]
淡英斑岩 elvan
淡樱红 dull cherry-red
淡硬绿泥石 lennilenapeite
淡黝铜矿 tennantite
淡云 humilis
淡云花岗岩 aplogranite
淡云母 alurgite;leucophyllite
淡晕 hevelian halo
淡紫 mauve pale
淡紫光泽彩 lilac colo(u)r luster[lustre]
淡紫色 heliotrope;lavender;lilac;mauve colo(u)r;orchid;pale purple
淡紫色的 lilaceous
淡紫色花 pale purple flower
淡紫藤色 lilac pale
淡棕灰色 slate gray[grey]
淡棕色 brownish;maple
淡棕色的 fallow

弹拔转速 catapult rotor speed

弹板刮土机 back scraper;buck scraper
弹仓 magazine case
弹程 pitch of spring
弹齿 <耙的> elastic claw
弹齿柄 spring-tine shank
弹齿附加装置 spring-tooth attachment
弹齿挠性铲柄 spring-tooth flexing standard
弹齿耙 <附于平地机后端的> spring-tooth drag;spring-tooth rake;spring-tooth cultivator
弹齿耙犁 spring-tooth harrow plough
弹齿耙路机 spring-tooth harrow
弹齿耙组 spring-tooth harrow section
弹齿式滚筒 spring-tooth cylinder
弹齿圆盘耙 spring-tooth disk harrow
弹出 spring
弹出控制杆 eject lever
弹出式对话框 pop-up dialogue box
弹出式喷洒器 ball drive sprinkler
弹出特性 spring characteristic
弹带 bearing band
弹带扣勾 belt holding pawl
弹带式发射装置 belt feed launcher
弹挡 cartridge stop
弹道 ballistic curve;pathway;trajectory
弹道摆 ballistic pendulum;gun pendulum
弹道波 bow wave
弹道测量 ballistic measurement;trajectory measurement
弹道冲击性能 ballistic impact performance
弹道导弹 ballistic missile
弹道导弹防御委员会 ballistic missile defence committee
弹道导弹局 ballistic missile office
弹道导弹试验舰 ballistic missile test vessel
弹道的 ballistic
弹道方程 ballistic equation
弹道跟踪 path tracking

弹道轨迹线 trajectory
弹道降弧 descending branch
弹道末段 terminal phase
弹道摄影测量学 ballistic photogrammetry
弹道学 ballistics
弹道研究实验室 ballistic research laboratory
弹底引信 base fuze
弹垫 spring washer
弹动 springing
弹动杆 rock(er)arm
弹动中心 spring center[centre]
弹复 spring-go
弹弓列车 <美国铁路的一种高速列车> slingshot train
弹弓锁 rim night latch
弹弓钻杆钻进 rod and pole drilling; spring-pole drilling
弹光系数 elasto-optic(al)coefficient
弹光效应 elasto-optic(al)effect
弹黑粉线 coal powder line marking
弹痕 shothole
弹夹 cassette; collar band; clip for rainwater downpipe <用于水落管的>
弹键 bayonet latch; latch
弹键闭锁 latch lock
弹键柄销 latch handle pin
弹键螺钉 latch screw
弹键门锁 latch key
弹键栓 latch bolt
弹键锁 latch lock
弹键托螺钉 latch bracket screw
弹键装置 latch gear
弹键装置箱 latch gear casing
弹胶薄片 elastomeric sheet
弹胶衬垫支承 elastomeric pad bearing
弹胶分散体 elastomer dispersion
弹胶粉 elastomer powder
弹胶膏体 elastomer paste
弹胶接缝剂 elastomeric joint sealant
弹胶接头 elastomeric joint
弹胶密封剂 elastomer seal(ing)
弹胶体黏[粘]合剂 elastomer adhesive
弹胶箱式接头 elastomeric tank base joint
弹街路面 pitching pavement
弹卡活动套筒 latch retracting case
弹卡体 <绳索取芯工具> latch body
弹卡支座 latch support
弹壳槽线 cannelure
弹壳铜 cartridge brass
弹坑 crater; shell hole; shothole
弹孔小蠹 shot borer beetle
弹内洗出物 bomb washing
弹片穿透深度 penetration of splinters
弹体 projectile body
弹体封圈 elastic sealing ring
弹体构架 airframe
弹体平面图 body plan
弹体尾部 afterbody
弹体支承车 stage holding dolly
弹体坐标系切向力 chordwise force
弹筒打孔机 casing gun
弹筒发热量 calorific value determination in a steel bomb
弹头蛋形部曲率半径 caliber radius head
弹头灯泡 bullet
弹头式分隔带 bullet-nose(d) median
弹丸 ball; bullet; pellet; projectile; shot
弹丸槽 shot tank
弹丸高速旅客列车 bullet train
弹丸模具 bullet-die
弹丸模铸法 bullet casting
弹丸润滑 bullet lubrication
弹丸射孔器 bullet perforator
弹尾 spring tail
弹尾目 <昆虫的> collembolan
弹线 snap(ping) the line
弹线工序 snapping the line
弹限强度 proof strength
弹响 snap
弹心 elastic center[centre]
弹药 ammunition; cartridge; munition
弹药车 powder cart
弹药存放处 ammunition park
弹药库 ammunition depot; ammunition storehouse
弹药列车 ammunition train
弹药弃沉区 ammunition dumps
弹药筒 cartridge
弹药筒水胶爆破 cartridged water gel explosive
弹药箱 caisson
弹翼 missile wing
弹翼组 wing assembly
弹针仪 bouncing-pin apparatus
弹子阀 ball valve; reather valve
弹子房 billiard parlor; billiard room; billiard saloon; pool hall; pool room
弹子扣 touch catch
弹子门扣 bullet catch; bullet latch
弹子门锁 cylinder drawback lock; dead bolt lock; latch lock; rim night latch
弹子门锁的钥匙 night key
弹子门锁机件 night work
弹子盘 ball bearing
弹子锁 ball lock; cylinder latch; lever lock; warded lock
弹子锁机构 pin tumbler mechanism
弹子锁销子 pin tumbler
弹子锁芯垫圈 cylinder ring
弹子锁芯螺丝 cylinder screw
弹子锁钥匙 bit key
弹子台 billiard table; pool table

蛋

蛋白板制版 abuminal plate making
蛋白版 abuminal press plate
蛋白版法 albumen process
蛋白碧玉 jasp opal; opal jasper
蛋白氮 albuminoid nitrogen
蛋白感光版 abuminal sensitized plate
蛋白硅石 opaline silica
蛋白甲醛树脂 protein-aldehyde resin
蛋白胶 albumin adhesive; albumin(al) glue
蛋白胶体 protein colloid
蛋白兰 dried blood
蛋白兰胶粘剂 dried blood adhesive
蛋白铅英石 schroetterite
蛋白玛瑙 opal agate
蛋白黏[粘]合剂 glair(e)
蛋白凝胶 protein gel
蛋白石 opal
蛋白石化 opalization
蛋白石胶结物 opal cement
蛋白石绿 <浅灰绿色> opaline green
蛋白石乳色玻璃 opal glass
蛋白石(似)的 opaline
蛋白树脂 protein resin
蛋白涂料 protein paint
蛋白土 opoka
蛋白土胶凝材料 gaize cement
蛋白土水泥 gaize cement
蛋白物质 albuminous matter
蛋白岩 gaize; opalite
蛋白银 silver protein
蛋白质 protein
蛋白质氨 albuminoid ammonia
蛋白质薄膜 protein film
蛋白质的 albuminoid
蛋白质动物胶 protein glue
蛋白质缓凝胶 protein retarder
蛋白质胶合剂 <防潮用> casco
蛋白质胶粘剂 protein adhesive
蛋白质黏[粘]合剂 protein adhesive
蛋白质水胶 protein glue
蛋白质作物 protein crop
蛋白组分 albuminous constituent
蛋杯 egg cup
蛋巢菌属 bird's nest fungus; nidulariaceous fungus
蛋匙 egg spoon
蛋的 glair(e)
蛋分级机 egg grading machine
蛋分级器 egg grader
蛋粪石 oozuanolite
蛋黄 egg yolk; yolk
蛋黄钒铅石 vanalite
蛋黄粉 egg yolk powder
蛋黄胶水调颜料 show card colo(u)r
蛋级筛 egg screen
蛋级烟煤块 egg coal
蛋胶画 tempera
蛋壳彩画 egg-shell paint
蛋壳瓷 egg-shell china; egg-shell porcelain
蛋壳粉 egg-shell meal
蛋壳光面漆 egg-shell finish; satin finish
蛋壳光漆 egg-shell paint
蛋壳光涂料 egg-shell paint
蛋壳光泽 egg-shell gloss
蛋壳光泽面层 egg-shell finish
蛋壳厚度 shell thickness
蛋壳皮 egg-shelling
蛋壳色光泽 egg-shell gloss
蛋壳色泽的平光清漆 egg-shell flat varnish
蛋壳色泽的油漆 egg-shell paint
蛋壳陶 egg-shell pottery
蛋壳纹 egg-shelling
蛋壳形成 shell formation
蛋壳样平光 egg-shell flat
蛋壳釉 egg-shell glaze
蛋壳釉面 egg-shelling
蛋壳釉面材料 opalite
蛋壳纸 egg-shell paper
蛋壳状加工 egg-shell finish
蛋壳状釉面 <釉面缺陷> egg-shelling
蛋壳状终饰 egg-shell finish
蛋锚相间图案花饰 egg and anchor
蛋盘 incubator tray
蛋盘格 egg tray
蛋青画 egg tempera
蛋青色 egg green
蛋矢饰 egg and dart
蛋形 egg shape; ogival
蛋形杯碟 egg-shaped cup saucer
蛋形的 oval
蛋形端锅炉 egg ended boiler
蛋形格栅 egg crate
蛋形拱 egg-shaped arch
蛋形涵洞 egg-shaped culvert; oval culvert
蛋形横断面 egg-shaped section
蛋形滑车 bullet block
蛋形混凝土管 egg-shaped concrete pipe
蛋形截面 egg-shaped(cross-)section; oval(cross-)section
蛋形绝缘子 egg insulator
蛋形绝缘子串 chain of egg insulators
蛋形坑道 egg-shaped gallery
蛋形轮廓 egg-shaped profile
蛋形墁刀 egg sleeker
蛋形门拉手 ellipsoid knob
蛋形面 circle-on-circle face; circular-circular face
蛋形排(污)水管 egg-shaped sewer
蛋形升液器 montejus
蛋形头部 nose ogive
蛋形污水道 egg-shaped sewer
蛋形窑 egg-shaped kiln
蛋形与箭头装饰线脚 egg and dart mo(u)lding
蛋与簇形装饰 dart and egg

氮

氮保护电弧焊 nitrogen-shielded arc welding
氮保护气发生器 nitrogenous generator
氮保护气氛 nitrogen atmosphere
氮爆搅动 nitrogen-burst
氮苯 pyridine
氮苯染料 pyridine dye
氮不足 nitrogen hunger
氮草 chlordiazepoxide
氮测定器 nitrometer
氮测定仪 apparatus for nitrogen examination
氮迟滞 nitrogen-lag
氮充电器 nitrogen charging apparatus
氮充电装置 nitrogen charging apparatus
氮川三乙酸 nitrilotriacetic acid
氮的 nitric
氮的保存 maintenance of nitrogen
氮的分布 nitrogen distribution
氮的固定 nitrogen fixation
氮的管理 nitrogen management
氮的化合物 nitrogen compound
氮的获得和损失 nitrogen gains and losses
氮的氯化物 nitrogen chloride
氮的平衡 nitrogen budgets
氮的起源和分布 origin and distribution of nitrogen
氮的气体损失 gaseous losses of nitrogen
氮的无机形态 inorganic forms of nitrogen
氮的循环 nitrogen cycle
氮的研究 nitrogen study
氮的转移过程 nitrogen transport processes
氮蒽 acridine
氮发生器 nitrogenous generator
氮肥 nitrate fertilizer; nitrogen fertilizer; nitrogenous manure
氮肥厂 nitrogen fertilizer factory
氮肥工业废水 nitrogen fertilizer industrial wastewater
氮肥撒施机 nitrogen application
氮肥氧饱和潜水技术 nitrogen-oxygen saturation technique
氮肥液喷洒管 nitrogen solution boom
氮分析器 nitrogen analyser[analyzer]
氮腐殖质 phytocollite
氮负荷 nitrogen loading
氮负荷率 nitrogen loading rate
氮铬矿 carlsbergite
氮供应 nitrogen supply
氮汞矾 gianellaite
氮弧焊 nitrogen-arc welding
氮化 nitriding; nitridize; nitrogenhardening
氮化表面 nitrided surface
氮化层 nitration case
氮化处理 nitrogen treatment
氮化淬火 nitride hardening
氮化电炉 nitriding electric(al) furnace
氮化铥 thulium nitride
氮化对位红 fire red
氮化钒 vanadium nitride
氮化方法 nitriding process
氮化钢 nitralloy; nitrated steel; nitrided steel; nitriding steel
氮化锆 zirconium nitride

氮化铬 chromium nitride
氮化硅 silicon nitride
氮化硅薄膜 silicon nitride film
氮化硅钝化 silicon nitride passivation
氮化硅反应结合 silicon nitride reaction-bonded
氮化硅基切削工具 silicon nitride based cutting tool
氮化硅结合碳化耐火材料 silicon nitride bonded silicon carbide refractory
氮化硅结合砖 silicon nitride-bonded brick
氮化硅耐火材料 silicon nitride refractory
氮化硅陶瓷 silicon nitride ceramics
氮化铪 hafnium nitride
氮化合金 nitralloy
氮化合物 nitrogen compound
氮化剂 nitridizing agent
氮化镓 gallium nitride
氮化钪 scandium nitride
氮化磷 phosphorus nitride
氮化炉 nitriding furnace;nitrigenation oven
氮化铝 alumin(i)um nitride
氮化铝陶瓷 alumin(i)um nitride ceramics
氮化镁 magnesium nitride
氮化钼 molybdenum nitride
氮化钠 sodium nitride
氮化铌 niobium nitride
氮化硼 boron nitride
氮化硼半导体 borazone
氮化硼长丝 boron nitride filament yarn
氮化硼陶瓷 boron nitride ceramics
氮化硼涂层 boron nitride coating
氮化硼纤维 boron nitride fiber[fibre]
氮化硼油脂 boron nitride grease
氮化铍 beryllium nitride
氮化瓶 nitrogen bottle
氮化铅 lead azide
氮化热处理 malcolmising[malcomizing]
氮化钐 samarium nitride
氮化石灰 nitrogen lime
氮化铈 cerium nitride
氮化锶 strontium nitride
氮化钛 titanium nitride
氮化钛涂层 titanium nitride coating
氮化钽 tantalum nitride
氮化钽薄片型电阻 tantalum nitride resistor
氮化钽电阻器 tantalum nitride resistor
氮化铽 terbium nitride
氮化铁 nitrided iron
氮化钍 thorium nitride
氮化温度 nitriding temperature
氮化钨 tungsten nitride
氮化物 nitride
氮化物钝化法 nitride passivation
氮化物核燃料 nitride nuclear fuel
氮化物耐火材料 nitride refractory; nitride refractory product
氮化物黏[粘]结的碳化硅 nitride bonded silicon carbide
氮化物排放量低的燃烧器 low NOx burner
氮化物陶瓷 nitride ceramics;nitrogen ceramics
氮化物铀 uranium nitrate
氮化物锗 germanium nitride
氮化硒 selenium nitride
氮化箱 nitriding box
氮化硝化 azotize
氮化锌 zinc nitride
氮化性 nitriability
氮化循环 nitriding cycle
氮化压缩机 nitrogen compressor
氮化钇 yttrium nitride
氮化镱 ytterbium nitride
氮化油 nitrogenated oil
氮化铸铁 nitrided cast iron
氮化组织 nitrided structure
氮化作用 nitridation;nitrogenation
氮回火 Nitemper(ing)
氮激光器 nitrogen laser
氮甲 N-formyl sarcolysine
氮碱 nitrogenous base
氮芥 chlormethine;mustargen
氮芥盐酸盐 nitrogen mustard hydrochloride
氮蓝四唑 nitroblue tetrazolium
氮沥青 nigrite
氮量测定计 nitrometer
氮量计 azotometer;nitrometer
氮磷化合物 nitrogen and phosphorous compound
氮磷钾肥 azophoska
氮磷钾肥分 NPK nutrition
氮磷检测器 nitrogen and phosphorous detector
氮磷释放 nitrogen and phosphorous release
氮磷污染 nitrogen and phosphorous pollution
氮硫沥青 velikhovite
氮麻醉 <血液中高压氮引起的麻醉状态,深水潜水时可能发生> nitrogen narcosis
氮茂氨酸 proline
氮铭矿 carlsbergite
氮萘蓝 quinoline blue
氮萘染料 quinoline dye
氮浓度 nitrogen concentration
氮平衡 nitrogen balance; nitrogen equilibrium
氮气 nitrogen
氮气补充装置 nitrogen charging equipment
氮气测定器 nitrogen determinator
氮气测定仪 azotometer
氮气层 blanket of nitrogen; nitrogen blanket
氮气灯 nitrogen lamp
氮气垫压力 nitrogen cushion pressure
氮气发生器技术 technology of nitrogen generator
氮气阀 nitrogen valve
氮气封闭变压器 nitrogen-sealed transformer
氮气服务车 nitrogen servicing cart
氮气工厂 nitrogen factory
氮气供应 nitrogen supply
氮气固定作用 nitrogen fixation
氮气罐 nitrogen accumulator
氮气罐压力装置 nitrogen gas tank pressurizing unit
氮气冷却回路 nitrogen-cooling circuit
氮气密封变压器 nitrogen-sealed transformer
氮气密封(的) nitrogen-sealed
氮气密封阀 nitrogen gas sealed valve
氮气密封装置 nitrogen gas seal equipment
氮气浓度含量测定器 nitrograph
氮气膨胀天然气液化工艺流程 nitrogen expander cycle liquefaction process
氮气瓶 nitrogen cylinder
氮气瓶压力 nitrogen pressure
氮气容器 nitrogen gas container; nitrogen gas cylinder
氮气温度计 nitrogen gas thermometer
氮气吸附法 nitrogen absorption method
氮气压缩机 nitrogen compressor
氮气站 nitrogen station
氮气沼气 nitrogen-methane zone
氮氢化合物 hydronitrogen; nitrogen hydrogen compound
氮泉 nitrogenous spring
氮容器 nitrogen cascade
氮溶液 nitrogen solution
氮收回 nitrogen complex
氮素固定 nitrogen fixation
氮素矿化 mineralization of nitrogen
氮素矿化固定过程 nitrogen mineralization-immobilization
氮素平衡表 nitrogen balance sheet
氮素散布 nitrogen distribution
氮素释放 nitrogen liberation
氮素损失 loss of nitrogen;nitrogen loss
氮酸钠 sodium nitrate
氮碳化硅 <制造碳化硅的中间产物> fire sand
氮铁矿 siderazot
氮同化作用 nitrogen assimilation
氮同位素 nitrogen isotope
氮酮 azone
氮微量定量器 nitrogen micro-determination apparatus
氮污染 nitrogen pollution
氮吸附 nitrogen adsorption
氮星序 nitrogen sequence
氮循环 <自然界中物值守恒的一种图示> nitrogen cycle;cycle of nitrogen
氮氧饱和潜水 nitrogen-oxygen saturation diving
氮氧硅石 sinoite
氮氧化硅 silicon oxynitride
氮氧化合物 compounds of nitrogen and oxygen;oxynitride
氮氧化物 nitric oxide;nitrogen oxide; oxide of nitrogen
氮氧化物测定仪 nitrogen oxide meter
氮氧化物大气污染 nitrogen oxide air pollution
氮氧化物的浓度 concentration of nitrogen oxides
氮氧化物分析仪 analyzer for nitrogen oxides
氮氧化物含量 nitrogen oxide content
氮氧化物控制 nitrogen oxides control
氮氧化物连续分析仪 continuous analyzer of nitrogen oxides
氮氧化物污染 pollution by nitrogen oxides
氮氧化物污染控制 control of nitrogen oxides
氮氧化物吸收 nitrogen oxides sink
氮氧化物吸收库 nitrogen oxides reservoir
氮氧化物议定书 <长程越界空气污染公约的> Nitrogen Oxides Protocol
氮氧化物治理 treatment of nitrogen oxides
氮氧化物中毒 nitrogen oxides poisoning
氮氧化物自动分析仪 continuous analyzer of nitrogen oxides
氮氧潜水 nitrogen-oxygen diving
氮溢 azotorrhea
氮茚 benzazole
氮有效性 nitrogen availability
氮元素同化作用 nitrogen assimilation
氮元素转化与循环 nitrogen transformation and cycle
氮原子 nitrogen atom
氮源 nitrogen source
氮杂苯 pyridine
氮杂苯碱类 pyridine bases
氮杂苯类 azines
氮杂苯染料 azine dye
氮杂草(类)【化】azepine(s)
氮杂茂 azole
氮载体 nitrogen carrier
氮蒸汽入口 evaporated nitrogen inlet
氮贮存器 nitrogen accumulator
氮贮留 nitrogen retention
氮转化 nitrogen transformation
氮转移 nitrogen transfers

当

当班 on duty
当班工长 shift-boss
当场 extempore; locus in quo; on-scene
当场测试 spot test
当场的 extemporary;on-the-spot
当场付款 prompt cash(payment)
当场交付的 prompt
当场交货 spot delivery
当场交货商品 prompt goods
当场试测 site test
当代城市 instant city
当代建筑 period architecture
当代理想城市 contemporary city
当代文明 contemporary civilization
当地暴雨 storm in situ
当地比价 local rate
当地比率 local rate
当地标准时间 local standard time; zone standard time
当地补救方法 local remedy
当地材料 local material; local supplies;nearby material;on-site material
当地采购 local purchase;local shopping
当地参考坐标系(统) local reference coordinate system
当地拆箱 <指集装箱> local devanning
当地潮汐曲线 local curve of a tide
当地车辆 on-site vehicle
当地垂线 local vertical
当地代办所 local agency
当地代理处 local agency
当地代理人 local agency
当地代理商 local agency
当地代理行 local agency
当地单价 local rate
当地道路 land-access road
当地地平面 local horizon
当地地下水 indigenous groundwater
当地法律豁免 exemption from local law
当地费用 local charges;local cost
当地费用豁免 local cost waiver
当地分理处 local agency
当地风格 native style
当地风俗习惯 local customs
当地干扰 local interference
当地港湾 local port
当地工人 local labo(u)r
当地公共交通车乘客数 local transit rider
当地供应物 local supply
当地雇佣人员名额 local level post
当地雇用人员 local staff
当地过境道路 local through road
当地环境 immediate environment
当地货币 local currency
当地货物 local cargo
当地基准面 local base level;local datum
当地级 local level
当地级交通分输道(路) local distributor
当地寄生菌 local parasite
当地加速度 local acceleration
当地价格 local price;local rate
当地建筑 local architecture; local building
当地建筑材料 local construction material;local materials for buildings

当地建筑规范 local building code
当地降水量 local precipitation
当地交货 loco
当地交货价格 loco price;price loco
当地交货条件 local term
当地交通 local traffic
当地径流 local runoff;on-site runoff
当地径流利用 on-site runoff use;on-site water use
当地居民 local populace
当地具备 indigenous availability;local availability
当地可用材料 locally available material
当地可用土壤 locally available soil
当地控制电站 locally controlled power station
当地库存 local stock
当地来水 local inflow
当地来源 local origin
当地劳动力 local labo(u)r
当地劳工 local labo(u)r
当地理论基准面 local theoretic(al) datum
当地利息 local interest;native interest
当地料源 local supply;sources of local materials
当地零点 local base level;local datum
当地流入水量 local inflow
当地流速 local stream velocity
当地马赫数 local Mach number
当地平均海面 local mean sea level
当地平均时间 local mean time
当地汽车货运工作 local trucking
当地铅垂方向 local vertical
当地情况 local circumstance;local condition
当地燃料 indigenous fuel
当地人员 local personnel
当地筛选场 local screening plant
当地时间 local time
当地市场 local market
当地市际交通 local inter-urban traffic
当地市政机关 local municipal authorities
当地视时 local apparent time
当地视太阳时 local apparent solar time
当地水 indigenous water
当地水平面 local level
当地水准面 local level
当地诉讼 local action
当地特殊条件 site-specific condition
当地提供的设备 locally supplied equipment
当地天气预报 local forecast
当地条件 local condition
当地通货 local currency
当地纬度 local latitude
当地物质 autochthonous material
当地销售 local distribution
当地效益 on-site benefit
当地需要 local need
当地用料单位 local consuming point
当地原材料 indigenous raw material
当地运输代理商 local freight agent
当地造的 home-made
当地增长系数 local growth factor
当地征聘工作人员 locally recruited staff
当地政府 local authorities
当地政界 local politicians
当地植物 endemic plant
当地中天 local transit
当地种 endemic species;indigenous species;local species;native species
当地主要风向 reigning winds direction
当地装箱 <指集装箱> local vanning
当地子午圈 local meridian
当地最佳条件 best prevailing local conditions
当地坐标 local coordinates
当地坐标系(统) local coordinate system
当电子在静止时电荷对质量的比值 charge to mass ratio for the electronic rest
当符号 while symbol
当灰密度 equivalent neutral density
当家品种 leading variety
当家人 head of a family
当局 the authority
当量 equivalency;valent weight
当量百分法 equivalent weight per million method
当量半径 equivalent radius
当量比 equivalence ratio
当量比定律 equivalent proportion
当量比例尺 equivalent scale
当量比例定律 law of equivalent proportions
当量比油耗 equivalent specific fuel consumption
当量比值 <路面某层对其他层的> equivalency ratio
当量比重 equivalent specific weight
当量标准轴载 equivalent standard axle
当量不透明性 equivalent opacity
当量糙率系数 equivalent roughness coefficient
当量层 layer equivalency
当量层厚度 equivalent layer depth;equivalent layer thickness
当量差 equivalent difference
当量长度 equivalent length
当量尺寸 equivalent size
当量穿透裂纹尺寸 equivalent length on penetrated crack
当量传质单元高度 height equivalent to transfer unit
当量粗糙度 equivalent roughness
当量粗糙度系数 equivalent roughness coefficient
当量单轮荷载 equivalent single wheel load
当量单位 equivalent unit
当量单轴荷载 equivalent single axle load
当量导电(率) equivalent conductance
当量的 equivalent;normal
当量等熵速度比 equivalent isoentropic velocity ratio
当量点 equivalent point
当量电导率 equivalent conductivity
当量电荷 equivalent charge
当量电荷密度 equivalent charge density
当量电流 equivalent current
当量额定容量 equivalent rated capacity
当量发射率 equivalent emissivity
当量方块级联 squared-off cascade
当量分布 equivalence distribution
当量分子的 equimolar
当量风道长度 equivalent duct length
当量甘汞电极 normal calomel electrode
当量刚度 equivalent stiffness
当量功率 equivalent horsepower
当量固定波 equivalent constant wave
当量故障率 equivalent failure rate
当量管道 equivalent main;equivalent pipe;equivalent tube
当量惯性矩 equivalent moment of inertia
当量荷载 equivalent load(ing)
当量厚度 equivalent depth;equivalent thickness
当量缓和曲线 <用于多项式线性设计> equivalent clothoid
当量换算因素 factor
当量回弹模量 equivalent resilient modulus
当量混合料 equivalent mixture
当量混合物 equivalent mixture
当量击实压力 equivalent compaction pressure
当量碱度 equivalent basicity
当量交通量 equivalent traffic (volume)
当量截面 equivalent (cross-)section
当量径迹密度值 density value of equivalent trace
当量静负荷 static equivalent load
当量静水压力 equivalent hydrostatic(al) pressure
当量局部阻力系数 equivalent coefficient of local resistance
当量矩形风道 equivalent rectangular duct
当量矩阵 equivalent matrix
当量均质体 equivalent uniform solid
当量可燃物重量 equivalent combustible weight
当量克分子的 equimolal
当量空速 equivalent airspeed
当量孔隙度 equivalent porosity
当量孔隙压力 equivalent pore pressure
当量跨距 equivalent span length
当量扩散距 equivalent diffusion distance
当量拉力 equivalent tensile force
当量力 equivalent force
当量粒度 equivalent grade
当量粒径 equivalent grain size;equivalent particle diameter
当量轮载 equivalent wheel load
当量煤 coal equivalent;equivalent coal
当量面积 equivalent area
当量摩擦损失 equivalent friction loss
当量钠标准偏差图 equivalent Na standard deviation map
当量泥浆密度 equivalent mud density
当量黏[粘]聚值 equivalent cohesiometer value
当量浓度 equivalent concentration;normal concentration;normality
当量平板面积 equivalent flat plate area
当量坡度 <把含有曲线的坡道换算为同样阻力的直坡道时的坡度> equivalent grade;equivalent gradient
当量强迫停机率 equivalent forced outage rate
当量球径 equivalent spheric(al) diameter
当量球体 equivalent sphere
当量趋势线 equivalent trend line
当量缺陷 <无损探伤的> equivalent defect;substitute defect
当量缺陷直径 equivalent flaw diameter
当量热 equivalent heat
当量溶液 normal solution
当量溶液校准时之差【化】titer[titre]
当量砂径糙率 equivalent sand grain roughness
当量筛孔尺寸 equivalent opening size
当量设计流量 equivalent design flow
当量深度 equivalent depth
当量升 equivalent liter[litre]
当量式 equivalent formula
当量水压 equivalent hydrostatic(al) pressure
当量速度 equivalent velocity
当量酸 angelic acid
当量酸度 equivalent acidity
当量碎石厚度 equivalent granular thickness
当量弹簧 equivalent spring
当量弹性模量 equivalent modulus of elasticity
当量碳含量 equivalent carbon content
当量套筒炸药 equivalent sheathed explosive
当量钍标准偏差图 equivalent Th standard deviation map
当量钍彩色图 equivalent Th colo(u)red map
当量弯沉(值) equivalent deflection
当量温差 equivalent temperature difference
当量温度 equivalent temperature
当量系数 coefficient of equivalence;equivalence factor;equivalent coefficient
当量相对粗糙度 equivalent relative roughness
当量相对密度 equivalent relative density
当量小汽车 equivalent car
当量行程次数 equivalent passage
当量形变模量 equivalent modulus of deformation;equivalent modulus of elasticity
当量絮凝作用 equivalent flocculation
当量循环密度 equivalent circulating density
当量压应力 equivalent compressive stress
当量盐液 normal saline solution
当量液压 equivalent fluid pressure;equivalent liquid pressure
当量液重 equivalent liquid weight
当量异常值 equivalent anomaly value
当量铀彩色图 equivalent U colo(u)red map
当量有效半径 equivalent effective radius
当量原则 <路面厚度的> principle of equivalence
当量圆直径 diameter of equivalent circle;equivalent circle diameter
当量圆柱齿轮 virtual cylindrical gear
当量张力 equivalent tensile force
当量振动体积 equivalent vibrating volume
当量蒸发量 equivalent evapo(u)ration
当量蒸汽 equivalent steam
当量蒸汽体积 equivalent vapo(u)r volume
当量直齿轮 equivalent spur gear
当量直径 equivalent diameter
当量值 equivalent value
当量质量集中系 equivalent system for qualitative investigation
当量重量 equivalent weight;normal weight
当量轴次日交通量 equivalent axles/day
当量轴载 equivalent axle load(ing)
当面谈判 face-to-face negotiation
当面询问法 personal interview method
当面指示 instructions given in one's presence
当年冰 first year ice
当年薄冰 <厚度 30 ~ 70 厘米> thin first-year ice
当年度 current year
当年厚冰 <厚度 120 厘米以上> thick first-year ice

当年还本付息 repay principal and interest within the current year
当年价格 current year's price; price for the indicated year
当年降水量 current year precipitation
当年径流量 current year runoff
当年生长 current growth
当年生长量 current accretion; current annual increment
当年收益 current return
当年鱼 yearly fish; young of the year
当年枝 current growth
当年中冰 <厚度 70～120 厘米> medium first-year ice
当铺 hock shop; loan office; pawnshop; pop shop
当期成本 period cost
当期收入 current revenue
当期书刊 expiry issue
当期需要 current demand
当期营业收入 current revenue
当前层 current layer
当前产品 current products
当前产生式 current production
当前长度 current length
当前登记磁盘 currently logged disc
当前地址 current address
当前电子束位置 current beam position
当前动向 current trend
当前发展的最先进科学技术 state of the art
当前光标地址 current cursor address
当前活动栈 current-activity stack
当前积压 current backlog
当前记录 current record
当前阶段 current generation
当前界限 current margin
当前局势 prevailing situation
当前可获得的最佳实用控制工艺 best practicable control technology currently available
当前块号 current block number
当前连接组 current connect group
当前络类型指示符 current of set type indicator
当前母体 current parent
当前目录 current directory
当前趋势 current trend
当前任务 current task
当前任务表 current task table
当前扇面号 current sector number
当前时间段 current slot
当前事件 current event
当前释放层 current release level
当前收益率 running yield
当前输出态 current output state
当前数 current number
当前算符 current operator
当前所有权记录 title update
当前通道寄存器 current channel register
当前图形文件 currency chart file
当前图元属性值 currency primitive attribute value
当前维 leading dimension
当前位置 current location; current position
当前位置指示器 currency indicator
当前文件 current file
当前问题 live question
当前系类型指示器 current of set type indicator
当前线型 current line-type
当前形势 current situation
当前循环 current loop
当前颜色 current colo(u)r
当前页寄存器 current page register
当前用户 active user
当前展望 present outlook
当前栈框架 current stack frame
当前栈帧 current stack frame
当前值 currency; current value; occurrence; present value
当前值指示器 currency indicator
当前值指针 currency pointer
当前指令 present instruction
当前指令寄存器 current instruction register
当前指示符 current record pointer
当前指针 current pointer
当前状态 current state; current status
当切片时的合格性 acceptability when sectioned
当且仅当 if and only if
当清道夫 scavenger
当然的事情 a matter of course
当日订货 day order
当日汇率 current rate
当日交付 value today
当日交割 value today
当日来回的短途旅行 day excursion
当日来回的旅客运输 day return traffic
当日来回客票 day return ticket
当日来回廉价客运业务设备 <客车> cheap day return facility
当日来回票(价) <英> day return
当日平价 daily parity
当日有效票 day ticket
当射线照相时的合格性 acceptability when radiographed
当时记录 contemporary records
当时所知的 then known
当事方 party concerned
当事人 client; juridical person; legal person; party; person concerned
当事人各方 identification of the parties
当事人能力 capacity of party
当事人一方 the party concerned
当事人与代理人关系 principal-agent relationship
当事人之间的相互关系 privity
当事者 disputing party
当唐堡砂岩 Downton Castle Sandstone
当唐阶 <晚志留世>【地】Downtonian stage
当唐统 <晚志留世>【地】Downtownian series
当天结束旅程的旅客 <英> day-tripper
当天来回的旅行 day trip
当天天气预报 short-range forecast(ing)
当天往返旅客 day-tripper
当通手摇泵 Downton pump
当务之急 a pressing matter of the moment; a task of top priority
当限名称 qualified name
当型模式 while schema
当选所需票数 election quotient
当阳峪窑 Dangyangyu kiln; Dangyangyu ware
当月交货 current month delivery
当作相容性指南的公理 axiom as guide for consistency

挡

挡扳式絮凝器 baffle flocculator

挡板 apron (plate); back plate; back stop; baffle board; baffle plate; baffler; blocking plate; bumper (block); check apron; check board; check plate; closing board; dam-board; dampener; damper (plate); fender board; flapper; guide blade; orifice plate; repelling board; separating wall; set flashing; shallow dam; shirt plate; skirt board; splash guard; stop board; stop plate; bearing plate <穿销式防爬器用>; masonry guard <防砂浆流入的>; barometric (al) damper <减少烟道中上升气流的>
挡板变换器 baffle plate convertor
挡板材料 barrier material
挡板铲斗合一控制杆 single bowl-apron lever
挡板尺寸 lining size
挡板导向拉杆 flap actuating gear
挡板阀 flapper valve
挡板阀控制器 flapper-valve controller
挡板阀门 gate valve; slide gate; slide valve
挡板反射 baffle reflection
挡板分离 baffle plate type separation
挡板分离器 baffle plate type separator
挡板杆销 damper rigging rod pin
挡板高度 height of baffle plate
挡板混合槽 baffled mixing tank
挡板混合塔 baffle-column mixer
挡板进料加热器 baffle feed heater
挡板控制 damper control
挡板控制器 damp actuator
挡板拉耳 damper lug
挡板排列法 baffle arrangement
挡板排气量 baffle throughput
挡板喷淋塔 baffle spray tower
挡板喷雾萃取塔 baffled spray column
挡板喷雾塔 baffle spray tower
挡板喷嘴 flapper nozzle
挡板平衡锤 damper weight
挡板曝气器 baffle aerator
挡板墙 sheeting wall
挡板式沉降罐 baffled settler
挡板式澄清器 baffled settler
挡板式的 baffle type
挡板式分离器 baffle separator
挡板式火焰稳定器 baffle flame holder
挡板式进料加热器 baffle feed heater
挡板式溜眼 telegraph chute
挡板式幕墙 sheath-type curtain wall
挡板式墙帽 flapper-type rain cap
挡板式上煤机 apron feeder
挡板式收尘器 baffle type collector
挡板式洗涤器 baffle scrubber
挡板式压顶 flapper-type rain cap
挡板式再分配器 wiper redistributor
挡板室 baffle chamber
挡板塔 baffle column; baffle tower
挡板调节 baffling; damper adjustment; damper control
挡板与扶手 protector and handrail
挡板柱 baffle column
挡板装置 baffle arrangement
挡板座 apron block
挡瓣阀 flapper valve
挡边 keeping up the side; lip
挡边板 guard board
挡边导向 lip-guided
挡边导引面 rib face
挡边轮 edge stop roller
挡边磨床 shoulder grinding machine
挡边磨削 lip grinding
挡边木 <码头的> backing log
挡边输送机 conveyer belt with sides; apron conveyer
挡边引导 lip-guided
挡冰板 ice apron; ice shield; ice shutter
挡冰栅 ice boom; ice guard
挡冰柱 floating ice-boom
挡布 patch
挡草杆 grass rod
挡潮坝 tide barrage
挡潮船闸 salt-water lock; tidal lock; tide lock
挡潮堤(坝) tidal barrage; tidal barrier; tidal levee; retaining levee
挡潮阀 tidal valve; anti-flooding valve
挡潮土堤 tidal embankment
挡潮堰 tidal barrage; tidal surge barrage
挡潮闸 aboideau; tidal barrier; tidal gate; tide barrier; tidal surge barrage; guard lock; entrance lock; guard lock; tide lock; tidal sluice; tidal surge barrier; inflatable dam <风暴大潮的>
挡潮闸铰链门 tidal door
挡潮闸门 backwater gate; tidal gate; breakwater gate; ebb and flow gate; flood gate; flood tide gate; guard lock; single gate; tidal barrage; tide gate; tide lock
挡车堆 <厂矿道路上的> anti-creep heap
挡车轭 Scotch yoke
挡车槛 <码头前沿> bull rail; cap log; coping
挡车块 scotch
挡车器 car stop; car stopper; stopper
挡车柱 checking bollard
挡尘板 dust board
挡尘环 scraper ring
挡尘器 dust arrester[arrestor]
挡尘通风窗 window deflector ventilator
挡锤 holding-up hammer
挡弹扣 launch-latch
挡墩 baffle pier
挡翻板阀 flapper valve
挡风板 air damper; baffle plate; barge board; breast plate; deep bead; deep bend; rake board; shield plate; verge board; weather-board(ing); wind board; wind deflector; wind guard; wind-protection screen; windscreen; wind screening; wind shield
挡风板刮水器 windshield wiper
挡风板雨刷 windshield wiper
挡风暴潮闸门 storm tide gate
挡风暴遮板 dead door
挡风玻璃 front glass; vestibule; windscreen; windshield(glass)
挡风玻璃板的弯曲炉 glass windscreen bending furnace
挡风玻璃冲洗器 windshield washer
挡风玻璃除霜器 windshield defroster
挡风玻璃除雾器 windscreen defogging unit
挡风玻璃刮水器 windscreen wiper
挡风玻璃加热设备 windshield heating equipment
挡风玻璃清洗剂 windscreen cleaning liquid
挡风玻璃设备和信号喇叭 windshield equipment and signal horn
挡风玻璃贴通知单法 <汽车违章> windshield card method
挡风玻璃雨刷 wind held wiper equipment
挡风杆 <向内开启门窗底边的> mechanical water bar
挡风格窗 bulkhead air grill(e)
挡风胶皮 weather stripping rubber
挡风缆索 strangler cable
挡风门扉 vestibule
挡风盘 wind disk
挡风屏 windscreen; wind shield
挡风屏帘 paravent
挡风屏雨刷 screen wiper
挡风屏障 paravent

D

挡风器 barometric(al) damper; draft deflector; draught deflector
挡风墙 air stopping; bayshon; breakwind; ventilation stopping; windbreak; wind guard wall; wind shield
挡风圈 sealing ring
挡风条 wind stop; air lock strip; draught head; draught strip; weather strip; mechanical water bar < 向内开启门窗底边的 >; sweep strip < 转门上下缘的 >
挡风网 wind breaking net
挡风物 draught stop
挡风斜板 abat-vent
挡风雨墙 air stopping wall
挡风雨条 air lock; weather bar; weather strip(ping); wind stop
挡风雨贴角压条 weather fillet
挡风雨罩 weather closure
挡风毡条 weather stripping felt
挡风毡条压条 stripping fastener
挡风罩 breakwind; wind shield
挡风罩清洁剂 windshield cleaner
挡风罩上光剂 windshield polish
挡风装置 abattoir; abat-vent; wind shield
挡缝止水条 weather stripping
挡杆 bar; catch pin; gag lever post; stop lever
挡光板 baffle; light baffle
挡光隔板 light-tight compartment
挡光装置 light trap
挡洪墙 firebreak; fire bulkhead; fire wall
挡洪栅 flood fencing
挡护板 < 夏季用 > summer piece
挡环 baffle ring
挡环式链 stud type chain
挡簧 catch spring
挡灰板 splash board
挡灰器 deflector
挡灰装置 cinder deflector
挡回原位 kick back
挡火板 fire damper
挡火材料 fire-barrier material
挡火层 fire stop
挡火撑 fire stop
挡火(隔断)墙 fire bulkhead
挡火管墙 curtain wall
挡火门 fire check door
挡火幕 fire-retarding curtain
挡火屏 fire screen
挡火墙 baffle wall; bridge wall; draft stop; draught stop; fire barrier; firebreak; fire separation wall; fire stop; fire wall; flame dike[dyke]; flame shield; shadow baffle wall; flash wall; wall flash < 倒焰窑火箱部位 >
挡火网 fire screen
挡火物 draft stop; draught stop; fire cutoff; fire stop
挡火用不燃材料 safing
挡火织物 fire stop
挡货板 load backrest
挡肩 shoulder
挡溅 anti-splash
挡溅板 splash(ing) block; splash(ing) apron; splash(ing) board; splash(ing) plate
挡浆帽 grout retaining cap
挡浆墙 mortar rubble retaining wall
挡开 avert; fend off
挡坎 weir
挡空气板 shutter; stop plank
挡扣 < 门窗等 > catch
挡块 arrestor catch; backup; chock block; dog; hold-down plate; stop block; stop dog; stopper
挡块操纵的行程控制阀 detent-controlled valve
挡块触动换向杠杆 dog lever
挡块尾端 tail of dog
挡块砖 overcoat block; patch tile
挡缆 < 船闸口的 > catch cable
挡浪板 baffle; breakwater; dash plate
挡浪浮堤 floating breakwater
挡浪墙 shelter wall; wave break; wave deflector; wave screen; wave wall
挡浪栅 wave fence
挡帘 check apron; check curtain; curtain baffle; retarder
挡料板 strike plate
挡料机构 stock stop
挡料架 stopper
挡料器 stock stop
挡料圈 clinker retarding lip; dam; damming ring; feed end ring; inlet end ring; retention ring; tail ring
挡料销 pin stop; stop pin
挡料销保持器 pin retainer
挡料销轴 stop pin
挡料装置 end ga(u)ge; stop ga(u)ge
挡流坝 current retarded dam
挡炉板 fire-board
挡炉板的木板 fire-board board
挡炉板顶盖板 fire-board ceiling
挡炉板装饰 fire-board finish
挡路风 traverse wind
挡轮 catch wheel; guide roller; thrust roller
挡轮架 frame of catch wheel
挡轮槛 < 码头前沿 > backing log; bull rail; cap log; coping; curb
挡轮器 catch on wheel
挡轮头 head of catch wheel
挡帽 grout retaining cap
挡木 drag; forestick; wooden fender
挡木筏 fender beam
挡木头 bench hook
挡泥板 anti-splash guard; catch frame; dash board; dirtboard; fender(apron); fender board; fender valance; flipper; guard; mud and stone deflector; mud apron; mud baffle; mud flap; mud guard; plaster guard; screen rack; shear board; shield; splash apron; splash block; splash board; splasher; under shield; dasher; splash guard < 汽车车轮的 >; skirted fender < 汽车车轮的 >
挡泥板撑条 mudguard stay
挡泥板灯 fender lamp
挡泥板灯玻璃 mudguard lamp glass
挡泥板灯泡 mudguard lamp bulb
挡泥板灯橡皮垫 mudguard lamp rubber pad
挡泥板拉条 fender brace
挡泥胶板 mud flag
挡泥具 fender set
挡泥帘 mud flap
挡泥圈 mud guard ring
挡泥橡皮板 < 汽车翼子板上的 > fender apron
挡泥鞋罩 mud apron; mud guard
挡泥罩 < 轴流泵上的 > mud cover
挡牛板 bull bar
挡钮 catch button
挡排变速 range shift
挡起 dam up
挡气膜 diaphragm baffle
挡器 holding(-down) latch; lug-latch
挡墙 baffle wall; bank wall; barricade; breast wall; bulkhead; dead wall; retaining wall; screen wall
挡墙式小便器 slab urinal
挡去 bar off
挡圈 backup ring; check ring; distance ring; friction(al) ring; retaining ring; shield ring
挡圈钳 retainer pliers.
挡热板 baffle plate; heat baffle plate; heat deflector; heater shield; heat shield(ing); hot baffle
挡热墙 skimmer wall
挡热罩 heat shield(ing)
挡砂沟堤 ditch and bank for arresting sand; ditch and barrier of obstructing sand
挡砂条 sand strip
挡舌吊沟 latch hook
挡摄 mat(te) shot
挡石板 gravel stop; rock guard < 装石槽车的 >
挡石片 gravel stop
挡石墙 rock buttress
挡视线装置 obscuring device; visionproof barrier; visionproof device
挡鼠板 rat guard; ratproof
挡水 back astern; backwater; dam up; hold water; water check; water holding; water-retaining; water shield
挡水岸线 bulkhead line
挡水坝 check(ing) dam; hydraulic retaining structure; retaining dam; retention dam; storage dam; water-retaining dam
挡水坝芯墙 core wall of dam
挡水板 baffle plate; dash board; dasher; dash plate; droplet separator; eaves flashing; eliminating plate; eliminator plate; overcloak; flap; flashing; manger board; overcloak; shield; splash panel; splash plate; swash plate; timber lagging; overcloak < 覆盖搭接部分的 >
挡水板槽 raglan; raglet
挡水板桩 barrier sheet(ing)
挡水材料 flashing material
挡水舱壁 wash bulkhead
挡水堤 controlling ridge; retaining dike[dyke]; water-retaining dike[dyke]
挡水丁坝 repelling groin; repelling groyne
挡水方法 flashing method
挡水防波堤 repelling groyne
挡水防护体 damming shield
挡水杆 < 向内开启门窗底边的 > mechanical water bar
挡水高度 head of water to be retained
挡水工程 retaining works
挡水构筑物 obstruction; water-retaining structure
挡水建筑物 barrage; water-holding structure; water-retaining structure
挡水槛 < 坑道 > astyllen
挡水结构 retaining structure; water flood retaining structure
挡水立板 riser
挡水面板 water-retaining facing; water supporting deck
挡水面浇筑块 curb
挡水片 flashing piece
挡水坡 < 常形成回水或池塘 > backfall
挡水嵌条 check-fillet
挡水墙 abamurus; annual dam; bulkhead wall; duck board; flood wall; protecting wall; recurved parapet; retaining wall; retention wall; water (blocking) wall
挡土墙的锚定设施 anchorage of retaining wall
挡水试验 water shutoff test
挡水水工建筑物 hydraulic retaining structure
挡水水工结构 hydraulic retaining structure
挡水条 lead waterbar; water bar; weather bar; weather mo(u)lding; mechanical water bar < 向内开启门窗底边的 >
挡水条板 flashing strip
挡水围栏 coaming
挡水围墙 coaming
挡水小堰 < 沟内防止冲刷的 > canal check; channel check
挡水堰 overfall
挡水翼墙 water wing
挡水缘围 coaming
挡水闸 retaining box; retaining lock
挡水闸板 flashboard; line blind
挡水闸门 backwater gate; bulkhead gate; flashboard
挡套 spacer sleeve
挡条 blend stop; check rail; dog bar; rail guard
挡铁 stop bracket; stop iron; claw < 转炉托圈的 >
挡头墙 bulkhead; end partition wall
挡土 retaining
挡土岸壁 camp sheathing; camp shedding; camp sheeting
挡土坝 soil saving dam
挡土板 breast board; bulkhead; fagging; lagging; planking shutter; poling board < 基坑开挖用 >; retaining plank; sheathing board; sheeting plank; timber lagging
挡土板花篮撑杆 sheeting jack
挡土板及支撑 < 开挖基坑的 > planking and strutting
挡土板间隙的水平支撑 cross poling
挡土板立挡 soldier(pile)
挡土板立柱 soldier beam
挡土板桩 forepole; forepoling
挡土薄(钢)板 sheeters
挡土的 earth-retaining; soil retaining
挡土格床 retaining grillage
挡土工程 retaining works
挡土构筑物 earth-retaining structure; retaining works
挡土建筑物 earth-retaining structure; soil-retaining structure
挡土结构 earth-retaining structure; earth-supported structure; earth-supporting structure; retaining structure
挡土结构的宽度 breadth of earth-retaining structure
挡土结构物 earth retaining structure
挡土坎 retaining block; step block
挡土木桩 forepole; forepoling
挡土排板 close sheeting
挡土千斤顶 breast jack; face jack
挡土墙 abamurus; backwall; battered wall; breast wall; bulkhead building; bulkhead wall; earth-retaining wall; face wall; protected wall; protecting wall; protection wall; retaining wall; revetment; terrace wall
挡土墙变形 yielding of retaining wall
挡土墙底板后踵 heel of retaining wall
挡土墙底板前趾 toe of retaining wall
挡土墙顶以上的填土 surcharge
挡土墙顶以上填土荷载 surcharge load
挡土墙过渡段 retaining wall transition
挡土墙剪切破坏 retaining wall shear failure
挡土墙类型 type of retaining wall
挡土墙锚定设施 anchorage of retaining wall

挡土墙面顺直度 wall surface straightness
挡土墙排水 retaining wall drain
挡土墙排水管 retaining wall drain pipe
挡土墙排水孔 weep hole
挡土墙墙趾 toe of retaining
挡土轻型垂直钢板 <开挖基槽的> sheeter
挡土墙倾覆 overturning of retaining wall
挡土墙设计 design of retaining wall; retaining wall design
挡土墙(土侧)底部 heel
挡土墙托架 ripper bracket
挡土系统中的支撑桩 king pile
挡土墙泄水管 wall dowel;bleed pipe
挡土墙直立墙壁的钢筋 stem bar
挡土墙趾板 toe slab
挡土墙砖缝滴水孔 brick whistle
挡土水墙 bull head
挡土斜墙 talus wall
挡土胸墙 breast wall
挡土翼墙 retaining wing
挡土支护 earth-retaining support; trench timbering
挡土桩 breast pile
挡推力木块 head block
挡污栅 drain grating
挡雾罩 save-all
挡销 backing pin;bumper pin
挡销座 pin socket
挡眩 glare screen
挡雪 snow retention;snow ridging
挡雪板 cradling; duck board; gutter board; snow barrier; snow board; snow cradling;snow guard
挡雪架 snow cradling
挡雪栏 snow fence
挡雪木板 snow board
挡雪屏障 snow hedge
挡雪墙 snow wall
挡雪圈 snow hook
挡雪瓦 snow guard tile
挡雪瓦片 interlocking tile with snow rib
挡雪栅 snow hurdle
挡雪栅栏 snow protection hedge
挡雪装置 snow guard
挡烟板 deflecting plate; deflection plate;smoke baffle plate
挡烟壁体 smoke separation wall
挡烟垂壁 ceiling screen;drop curtain against smoke; hang wall; smoke curtain
挡烟垂幕电源切换箱 change-over box for smoke curtain
挡烟活门 damper of smoke
挡烟帘 smoke curtain
挡烟门 smoke-stop door
挡烟桥 back bridge wall;altar <反射炉的>
挡烟物 draft stop
挡堰 barrier;threshold
挡阳光的板 <窗户上的> pyroxylin(e) sheeting
挡液环 flinger ring
挡液体结构物 fluid-retaining structures
挡油板 oil baffle plate;oil deflector; oil retaining plate;oil slinger
挡油垫圈 oil baffle washer
挡油护罩 splash cover
挡油环 guard ring;oil deflector ring; oil retainer(thrower);scraper ring
挡油环油槽 retainer oil seal groove
挡油盘 oil baffle disc; oil-retaining disk
挡油片 grease baffle
挡油器 oil guard;oil interceptor
挡油墙 oil protection wall
挡油圈 oil baffle; oil-catch ring; oil deflector;oil guard;oil thrower
挡油图 oil seal
挡油罩 oil shield
挡淤帘 silt curtain
挡雨板 apron flashing;baffle;flashing board
挡雨空心橡胶带 rubber hollow weather strip
挡雨条 weather strip
挡噪屏 noise screen(ing)
挡渣 pushing off the slag;skimming
挡渣板 slag trap
挡渣棒 scum rod;skim bar;slag rod
挡渣浇口 skim(bob) gate
挡渣块 ballast curb
挡渣木 ballast curb
挡渣内浇口 ball gate
挡渣耙 damping bar
挡渣器 dirt trap;mop;slag bridge
挡渣墙 clinker dam; slag notch; ballast curb
挡渣芯 baffle core
挡渣砖 siphon brick;skimmer brick
挡罩式蒸发皿 insulated evapo(u)ration pan
挡止回阀 flapper valve
挡纸板 pressing board
挡纸侧板 paper side guide
挡指布 finger patch
挡住 backstopping; blocking out; block off;occultation;screening out
挡住集装箱的装置 stopper
挡住螺栓 catch plug
挡住凸缘 retainer flange
挡住装置 retaining device
挡柱 bumper post;bumping post
挡爪 catch detent;catch pawl
挡砖 end piece;floater guide block; shut-off;skimmer block
挡砖凹口 floater notcher
挡砖放入口 floater hole
挡砖进出口 floater door
挡砖圈 inlet end ring
挡砖凸口 floater lug
挡转螺栓 carriage bolt

党

党派 party

荡

荡桨 boat pulling;pulling an oar; row
荡漾 popple
荡釉 glazing by rinsing

档

档案 archiving; file (store); muniment;records
档案保管 archives keeping
档案保管所 <古罗马> tabularium
档案保管员 archivist
档案保险库 file vault
档案编目 cataloguing of file
档案标记 file signal
档案材料 dossier
档案储存条件 archival-storage condition
档案处理 file handling
档案存储 bulk memory
档案大楼 archives building
档案袋 file cover
档案袋纸 archival bag paper
档案房屋 archives building
档案馆 archives establishment; archives building; chancery; muniments house
档案管理 archives administration;file management;records management
档案管理员 filing clerk
档案柜 file cabinet;filing cabinet;filing case
档案盒 card index;filing box
档案记录 case record
档案夹 document file
档案胶片 archival film
档案卡 file card
档案库 archive repository;chartophylacium
档案库存储器 achieves;archival memory
档案利用 utilization of archives
档案秘书 secretary archivist
档案名 file name
档案设备 filing equipment
档案室 archives office;file room;filing cabinet;filing room;muniments room;record room
档案室玻璃 document glass
档案数据库 archival database
档案系统 filing system;record keeping system
档案箱 filing cabinet
档案纸 archival paper
档案制度 file system;filing system
档案质量 archival quality
档案资料 file data
档案资料存储器 bulk memory device
档案资料室 documentations office
档板式遮阳 screen sunshade
档差改正 <回声测深仪> correction of scale difference
档间弛度 sag of the span
档距 span
档距中间 mid-span
档木 wooden block
档排操纵杆 range change lever

刀

刀板 cutting board; knife board; knife plate;mo(u)ld board
刀板操纵轮 <平地机> blade control wheel
刀板侧切刀 blade side cutter
刀板垂直高度 blade height
刀板到地面的距离 blade ground clearance
刀板等的俯仰角调节杆 pitch brace; pitch rod
刀板俯仰角 blade pitch angle
刀板俯仰角调整座 blade pitch bracket
刀板俯仰液压缸 <平地机> blade pitch cylinder
刀板横移液压缸 <平地机> cylinder for blade sideshift
刀板横移支架 <平地机> side shift main
刀板后置平地机 rear-mounted grader
刀板角度调整范围 blade angle adjuster
刀板满载 <推土机> full blade load
刀板切削角 blade cutting angle
刀板倾斜角 blade tilt angle
刀板升降连杆 <平地机> blade lift link
刀板稳定液压缸 cylinder for blade stabilizer
刀板支臂 blade arm
刀板最大侧伸距离 <平地机> maximum shoulder reach
刀背 back;back of tool;land;side relief
刀币 knife-shaped coin
刀臂 tool arm
刀边法 knife-edge method
刀柄 colter arm; hilt; knife handle; tool holder
刀柄角 shank angle
刀铲式覆土器 knife-blade cover
刀齿 cutter tooth;cutting tooth;tooth of cutter
刀齿齿顶 cutter tooth top
刀齿滚筒 knife cylinder;knife drum
刀齿耙 acme harrow; cutter tooth harrow
刀齿支承板 tooth rest
刀齿支片 tooth rest
刀锉 hack file
刀垫 shim
刀顶距 point width
刀顶宽 blade point
刀顶宽代号 blade letter
刀锋 blade point; blade toe; cutter point;cutting point;tool point
刀锋检验 knife-edge test
刀斧工 axman
刀杆 arbor;arbour;cutter bar;cutter holder; cutter rod; knife holder; tool holder
刀杆夹具 toolbar clamp
刀杆螺母 arbor nut
刀杆调整环 adjustable cutter bush
刀杆支座 arbor holder; arm support bracket
刀高 knife height
刀割痕硬度试验 knife-scratch hardness test
刀割器 cutter and rubber
刀割试验法 knife test
刀根 tang
刀跟 heel
刀耕火种的农业 slash-and-burn agriculture
刀光高度 knife height
刀辊 cutter roller
刀辊式轧花机 knife-roller gin
刀痕 chipped grain; knife mark; tool mark
刀后面 flank face
刀夹 cutter holder;knife holder;tool(-bit) holder; tool chuck; tool clamp;tool head
刀夹滑板 toolholding slider
刀夹具 toolholding device
刀夹钥匙 tool hold key
刀夹支架 toolholder support
刀架 blade adapter;blade carrier;cutter frame; cutter head; cutter saddle;facer;finger bar;slide rest;tool block; tool carriage; tool-carrying device; tool head; tool holder; tool mounting; tool post; tool rest; tool support;tool carrier;knife rest <餐桌上的>
刀架鞍板 tool saddle
刀架扳手 tool-post wrench
刀架挡板 abutment tool block
刀架导槽 carriage guide
刀架导轨 tool guide
刀架导座 saddle guidance
刀架底板 bed slide; bottom slide of saddle
刀架方头螺丝扳手 tool-post spanner
刀架复位 carriage return
刀架固定手柄 carriage clamp
刀架横向进刀滑板 cutter-head cross-feed slide
刀架滑鞍 tool slide
刀架滑板 sliding carriage; tool rest slide
刀架滑台 tool(-head) slide;toolholder slide
刀架滑座以上的摆度 swing over-compound rest
刀架基面 rest base
刀架进给螺杆 tool-head feed screw;

D

tool-head traversing screw
刀架进退时间 machine handling time
刀架控制 saddle control
刀架螺杆 lead screw for top slide; tool-post screw
刀架螺栓 bolt for tool post
刀架螺旋 tool-post screw
刀架磨头 tool-post grinder
刀架球形垫圈 tool-post rocker
刀架圈 tool-post ring
刀架上旋径 swing over-carriage
刀架上最大加工直径 swing over-carriage
刀架式刀杆 support type tool holder
刀架丝杆 tool-post screw
刀架套圈 tool-post collar
刀架转盘 harp
刀架转速 speed of cutter head
刀架最大回转度数 maximum swivel of tool slide
刀架最大行程 maximum travel of tool slide
刀架座 carriage saddle
刀尖 cutting point; end land; nose of tool; tool nose; tool tip; chisel edge <钻头的>
刀尖半径 nose radius
刀尖角 nose angle; tool angle
刀尖距 point width
刀尖磨损 corner wear
刀尖圆弧半径 corner radius
刀尖圆角半径 blade radius
刀剪钢 shear steel
刀剑 cutlery
刀匠 bladesmith
刀具 bit tool; cutlery; cutter; cutting tool; jackbit insert; knife tool; parting tool; tool bit
刀具安装 tool-setting
刀具安装图 tool-setting diagram
刀具半径偏置 cutter radius offset
刀具柄 shank of tool
刀具补偿计算说明 cutter offset calculation declaration
刀具不锈钢 cutlery-type stainless steel
刀具不正确刃磨 incorrect grinding of tool
刀具材料 cutter material
刀具仓 tool magazine
刀具侧面 flank of tool; tool flank
刀具长度自动补偿装置 tool-length compensator
刀具厂 tool station
刀具成本 cost of sharp tool
刀具导杆 cutter pilot
刀具导轨 cutter guide
刀具定位装置 equipment for cutter positioning
刀具断屑台磨床 chip-breaker grinder
刀具锻工 toolsmith
刀具副后面 minor flank
刀具干涉 cutter interference
刀具钢 cutlery steel; shear steel
刀具工 toolman
刀具功率计 tool dynamometer
刀具工作端 business end of tool
刀具工作系统 tool-in-use system
刀具规格 tool specification
刀具规格说明 cutter specification
刀具轨迹 cutter path
刀具合金 cutting alloy
刀具横向后角 tool side clearance
刀具横向前角 side rake; tool side rake
刀具后角 tool clearance
刀具后角规 cutter clearance ga(u)ge
刀具护罩 tool guard
刀具滑板 cutter slide
刀具滑座 tool slider
刀具几何形状 tool geometry
刀具技术 cutting-tool engineering
刀具加工成本 tooling cost
刀具夹杆 cutter tool holder
刀具夹紧 toolholding
刀具架 tool frame
刀具间距 cutter spacing
刀具检查器 tool ga(u)ge
刀具角 tool angle
刀具角度 cutting-tool angle
刀具接头 cutter adapter
刀具结构 cutter structure
刀具孔数 number of holes for holding cutting tool
刀具控制程序自动编制系统 automatic programmed tool
刀具库 tool magazine
刀具廓形误差 profile error in the tool
刀具冷却润滑剂 cutting-tool lubricant
刀具量规 tool ga(u)ge
刀具溜板 cradle
刀具模数 cutter module
刀具磨床 cutter grinding machine; sharpener; tool sharpener; cutter sharpener
刀具磨耗 tool wear
刀具磨刃器 cutter sharpener
刀具磨锐 tool dressing
刀具磨损 cutting-tool wear
刀具磨削机 cutter grinding machine
刀具耐用度 tool life
刀具盘 capstan head
刀具前角 tool orthogonal rake
刀具切屑接触长度 contact length between the tool and chip
刀具刃磨 tool sharpening
刀具刃磨机 tool sharpening machine
刀具设计 tooling layout
刀具使用寿命 cutter life
刀具寿命 cuter life; cutting life
刀具送进系统 chip trawl system
刀具速度 tool speed
刀具损伤探测器 cutting-tool damage detection device
刀具弹簧套筒夹头 cutter collet
刀具调整 tool adjustment; tool-setting
刀具调整工 tool setter
刀具调整区域 tooling zone
刀具调整设备 tool presetting equipment
刀具头 cutter head
刀具推力 thrust tool
刀具位置 tool position
刀具文件 tool file
刀具系统 tooling system
刀具限位 cutter spacing
刀具详图 cutter detail
刀具斜滑板 cutter angular slide
刀具心轴 cutter arbor
刀具形状 shape of tool
刀具悬臂过长 excessive overhang of tool
刀具旋转轴机构 tool spindle mechanism
刀具研磨机 cutter finishing machine; tool-lapping machine
刀具样板 cutter ga(u)ge; tool ga(u)ge
刀具硬质合金 cutanit; tool carbide
刀具用不锈钢 cutlery stainless steel
刀具预调测量仪 tool presetting measuring instrument
刀具预调仪 tool presetter
刀具月牙洼 crater
刀具折裂 tool tear
刀具振动的痕迹 chatter mark
刀具正确刃磨 correct grinding of tool
刀具直径补偿 cutter diameter compensation
刀具制造厂 tool manufacturer
刀具轴 cutter spindle
刀具轴转速 cutter arbor speed
刀具主后面 major flank
刀具主轴箱 tool head
刀具纵向后角 tool back clearance
刀具纵向前角 tool back rake
刀具阻力 tool resistance
刀具最大截面 maximum section of cutting tools
刀具最小后角 tool base clearance
刀具座 base of tool
刀锯 knife saw
刀靠背(手刨) frog
刀口 cutting point; edge of knife; edge of tool; knife edge
刀口触点 knife-edge contact
刀口触片 male contact
刀口吊架 knife-edge suspension
刀口封接 knife seal
刀口检验 knife-edge test
刀口检验法 knife-edge method
刀口卷曲变形纱 edge-crimped yarn
刀口密封 edge seal(ing)
刀口锐利的 keen-edged
刀口式插头 blade contact
刀口式触点 blade contact
刀口式继电器 knife-edge relay
刀口系统 <天平> system of knife edges
刀口响应 edge response
刀口悬架 knife-edge suspension
刀口音叉式触点 blade-fork contact
刀口音叉式簧片 blade-fork contact
刀口支撑 bearer blade bearer; blade bearer
刀口支承 knife edge bearing
刀口支悬 knife-edge suspension
刀口支轴 knife-edge pivot
刀口支座 knife edge bearing
刀口直尺 straight-edge ruler
刀库 tool magazine
刀瘤 built-up edge
刀轮 <装金刚石的切裁玻璃用> block wheel; knife flywheel
刀轮架 chuck block
刀马人 armed horseback figure
刀面 front; knife face; tool face
刀面角 cutting angle; rake angle
刀面径向角 radial rake
刀面式支承 blade bearer
刀挠检验法 knife test
刀耙 blade harrow
刀盘 capstan; cutter head; cutting head; knife flywheel; tool pan; cutter <掘进机的>
刀盘侧摆机构 <平地机> circle sideshift device
刀盘反转 <平地机> reverse circle
刀盘横移连杆 <平地机> circle sideshift link
刀盘横移液压缸 <平地机> circle sideshift cylinder
刀盘护盖 cutter head canopy
刀盘架外缘到轮胎外缘平行间距 <平地机> shoulder reach
刀盘开口率 opening ratio
刀盘驱动机构 <平地机> circle drive mechanism
刀盘驱动装置 <平地机> circle drive device
刀盘式挖沟机 disc[disk] trencher
刀盘体 cutter body
刀盘跳动检查仪 cutter truing ga(u)ge
刀盘轴承 bearing of cutter head
刀刨 iron
刀坯 cutter blank
刀片 blade(vane); cutter blade; cutting blade; fly-bar; insert; knife blade; razor blade
刀片拌和 blade mixing
刀片侧向伸向操纵 <平地机> blade side shift control
刀片对心 sickle register
刀片钢 razor steel
刀片刮土机 blade drag
刀片横向伸出操纵 <平地机> blade side shift control
刀片滑块 blade head; knife block
刀片划痕试验 knife-scratch test
刀片角度 blade angle
刀片可调铰刀 adjustable blade reamer
刀片切割头 razor-blade cutter head
刀片式薄膜分切机 razor-blade slitter
刀片式刮路机 blade drag; knife edge
刀片式刮土机 blade drag
刀片式抹光机 blade type trowelling machine
刀片式平地机 blade grader
刀片水平回转操纵 <平地机> blade reverse control
刀片铜焊 tip brazing
刀片头 bit; nose of tool
刀片涂布 knife coating
刀片形磁畴 blade magnetic domain
刀片修理铁砧 knife-repair anvil
刀片装置角 cutter blade setting angle
刀片座 blade bearing
刀切薄片 knife-cut veneer
刀倾角 cutter tilt
刀刃 blade(point); blade toe; chisel edge; cutting chin; cutting edge; cutting point; knife edge; lip; the edge of a knife
刀刃齿 teeth of cutting edge
刀刃锋利的 sharp-edged
刀刃后角 circumferential clearance
刀刃棱面 land of cutting tool
刀刃裂隙 knife check
刀刃面黏[粘]度计 knife-edge surface visco(si)meter
刀刃磨床 knife grinder
刀刃切割机 knife-edge cutting machine
刀刃式继电器 knife-edge relay
刀刃试验 cutting-point test; knife-edge test
刀刃形针 edgewise needle
刀刃堰 knife-edge weir
刀刃状的 feather-edged
刀伤 cut
刀身 blade
刀蚀 knife-line corrosion
刀式传感器 blade type sensor
刀式覆土器 knife coverer
刀式开关 contact breaker
刀式黏[粘]土破碎机 knife type clay crusher
刀式折页机 knife folding machine
刀式转地 knife type rotary harrow
刀速 cutter speed
刀体 cutter body
刀条 solid tool; tool section
刀跳 chatter
刀头 bit(tool); cutter block; cutter head; head of cutter; tool bit; tool tip
刀头材料 tool tip material
刀头车刀 knife turning tool
刀头导向板 knife head guide
刀头跟面 heel of tool
刀头磨床 tool tip grinding machine
刀头扭矩 cutter torque; torque of cutter head
刀头刨头 knife shaping tool
刀头箱 chuck block
刀头修整 jointing

刀头转动式单板铣边机 travel(l)ing head veneer jointer
刀头转速 cutter speed;speed of cutter head
刀碗 conic(al) cutter;crushing wheel
刀位 cutter spacing
刀位指令带 cutter location tape
刀隙避雷器 knife gap lightning protector
刀线 continuous streak;knife mark
刀箱滑板 tool-box slide
刀削工具 cutting tool
刀屑坑 cuttings pit
刀形触点 knife contact
刀形触头 knife contact
刀形锉 feather-edged file;knife(reaper) file
刀形电极 knife structure electrode
刀形断路器 leaf actuator
刀形阀 knife-edge valve
刀形刮管器 knife type scraper
刀形继电器 knife-edge relay
刀形夹头 blade clip
刀形接触 blade connection
刀形开关 blade;chopper switch;contact breaker;knife(-blade) switch;knife-edge switch;plug-in strip
刀形磨石 blade type sharpening stone
刀形扫描 knife-edge scanning
刀形枢轴 knife-edge pivot
刀形衰减器 flap(-type) attenuator;guillotine attenuator
刀形随动件 knife-edge follower
刀形凿 plugging chisel
刀形支承 knife-edge bearing;knife-edge pivot;work rest blade
刀型衰减器 flap attenuator
刀翌 blade
刀翼厚度 wing thickness
刀翼宽度 wing width
刀闸 disconnecting link
刀振 chatter
刀轴 arbor;blade carrying axle;cutter shaft
刀轴套 cutter spindle sleeve
刀座 cutter block;knife file;slide rest;sliding rest;tool apron;tool post

叨

叨缝机 groover

氘

氘 heavy hydrogen;heavy isotope
氘灯 deuterium lamp
氘和氧-18 测定法 <测定重水浓度> deuterium and oxygen-18 method
氘核 deuteron;deuton;diplon
氘弧灯 deuterium arc lamp

导

导板 former bar;guard board;guidance;guide ledge;guide member;stripper plate;template;templet;wing plate
导板衬片 guide liner
导板带 guidance tape
导板盒 guide cage
导板痕 guide scratch
导板划痕 guide mark
导板划伤 guide mark
导板模 guide plate die
导板头 nose
导板抓斗 grab with guide device
导爆管 priming tube
导爆管起爆 detonating tube initiation
导爆速度 ignition rate
导爆索 blasting fuse;detonating cord;detonating fuse;detonating string;explosive train;primacord
导爆索爆速 explosion velocity of detonating cord
导爆索起爆 detonating cord initiation;detonating fuse blasting
导爆线 blasting fuse;cordtex;detcord;detonating cord;detonating fuse;electric(al) power fuse;igniter fuse
导臂 guide arm
导边 leading edge
导边间距 guide margin
导边器 door fork;edge guide;fork
导标 approach aid(s);beacon;guide post;range mark;transit marks;alignment mark;vessel approach aid【船】
导标测向仪 beacon direction finder
导标断面测深法 leading marks method
导标法 <断面测深的> leading marks method
导标高度 height of leading marks
导标角法 method of leading marks and angle
导标灵敏度 sensibility of leading marks;sensitivity of range marks
导标仰角 elevation angle of leading marks
导标要素 elements of leading marks
导标有效作用距离 useful range of leading marks
导标轴线 axis of leading marks
导标最近作用距离 minimum useful range of leading marks
导冰 drifting ice
导冰浮架 boom;floating boom
导柄轴承 guide vane bearing;stem bearing
导波 guide(d) wave
导波板 wave guiding board
导波分路器 guide wave demultiplexer
导波管 waveguide
导波器 waveguide
导波体 wave director;waveguide
导波无线电 guided-wave radio
导波系数法 method of guided wave factor
导布器 selvedge guider
导槽 conduit ferrule;guidance;guide barrel;guide channel;guide way;guiding groove;slide
导槽尺寸 guide size
导槽划线盘 guide liner
导测 wiring test
导叉 guide fork
导承 guidance;guide
导承扁栓 guide gib
导承架 guide frame
导承间隙 guide clearance
导承框 guide frame
导程 lead
导程检查仪 lead ga(u)ge;lead tester
导程角 angle of lead;angular advance;lead angle
导程角切线 tangent of lead angle
导程误差 lead error
导尺 jig
导出 derive;develop;elicitation;induce;leading-out;tapping
导出包络 derived envelope
导出表 derived table
导出常数 derived constant
导出单位 derived unit
导出的矩阵范数 induced matrix norm
导出电路 derived circuit
导出调查水平 derived investigation level
导出端 lead-out
导出阀 delivery valve
导出范数 induced norm
导出方程式 derived equation
导出关系 derived relation
导出管 delivery line
导出规则 derived rule
导出函数 derived function
导出级数 derived series
导出记录 derived record
导出剂量当量限值 derivative dose equivalent limit
导出空气污染容许浓度 derivative air permissible pollution concentration
导出量 derived quantity
导出排气 vented exhaust
导出曲线【数】derived curve
导出群列 derived series
导出声系统 derived sound system
导出式结构 derived type structure
导出树 derivation tree
导出数据项 derived data item
导出图 derived graph
导出眼 payout eye
导出液体 tapping
导出映射 induced mapping
导出阵风速度 derived gust velocity
导出装置 guiding device;let-off gear(stand);take-up gear(stand)
导出子图 induced subgraph
导椽 guiding rafter
导磁极 leading pole
导磁率 magnetic conductivity;magnetic inductivity;magnetoconductivity;permeability;permeance
导磁率测量电桥 Holden permeability bridge
导磁率磁场强度曲线 mu-H curve
导磁率调谐电感线圈 permeability-tuned inductor
导磁率曲线 permeability curve
导磁套 flux sleeve
导磁体 magnetic conductor;magnetizer
导磁系数 magnetic inductive capacity;permeability;shielding factor
导磁性 magnetic conductance;magnetic conductivity
导磁性温度系数 temperature coefficient of permeability
导达 determination of direction and range[dodar]
导带 conduction band;permitted band
导带鼓 tape guiding drum
导带辊 tape guide roller
导带轮 rotating tape guide
导带器 belt guide
导带柱 guide-tape rod
导弹 projectile;vehicle
导弹靶区 missile range
导弹弹道测量系统 missile trajectory measurement system
导弹弹体 airframe
导弹发射场 guided missile launching site;missile site
导弹发射架 launching cradle
导弹发射器 catapult
导弹核巡洋舰 nuclear powered guided missile cruiser
导弹基地 guided missile base;missile base
导弹库 missile hangar
导弹目标数据 missile target data
导弹潜水艇 missile submarine
导弹驱逐舰 guided missile armed destroyer
导弹射程 missile range
导弹摄影测量学 missile photogrammetry
导弹巡逻水翼艇 patrol hydrofoil missile ship
导弹巡洋舰 missile cruiser
导弹氧化剂废水处理车 missile oxidant waste treatment vehicle
导弹装载起重机 toter
导灯 guiding light
导灯信号 <导航用> training light signal
导堤 bell's bund;guide bank;guide jetty;guide levee;guide work;guiding wall;jetty;leading jetty;leading levee;lead in jetty;training dike[dyke];training mole;entrance pier <进港的>
导电 conductance;conduction of electricity
导电板 current-carrying plate;current-conducting plate
导电板模拟设备 conductive sheet analogue
导电棒 conducting bar;contact rod;contact spike;current-conducting rod
导电泵 conduction pump
导电比 conductance ratio
导电玻璃 conducting glass;conductive glass;conductivity glass;electrically conducting glass;electrically conductive glass;electroconductive glass
导电玻璃纤维 electric(al) conductive glass fiber[fibre]
导电部分 current-carrying part
导电材料 conducting material;conductor material
导电槽法炭黑 conducting channel black;conductive channel black
导电测定器 conductivity apparatus
导电层 conducting layer;conductive floor;conductive layer
导电场 electric(al) conduction field
导电衬板 conducting coating;conductive coating
导电衬底 conducting substrate
导电衬垫 conductive gasket
导电触头 conductive contact
导电磁铁 conducting magnetic iron
导电的 current-conducting;electric(al)
导电底漆 conductive primer
导电地面 conductive flooring
导电点代码 conductive-dot code
导电电路 conducting channel
导电度记录仪 dionic recorder
导电度仪 dionic tester
导电敷层 aquadag;aquagraph;conducting coating;conductive coating
导电钢板 steel current conducting plate
导电钢轨 conductor rail
导电高分子复合材料 conductive polymeric composite
导电弓(架) <电车顶上的> pantograph;pantograph troll(e)y
导电轨 conductor rail;contact rail;live rail;third rail
导电轨固定器 conductor-rail anchor
导电轨轨道接头 conductor-rail bond
导电轨绝缘子 conductor-rail insulator(with claw)
导电轨锚栓 conductor-rail anchor
导电轨线夹 conductor-rail clamp
导电轨销钉接合器 channel pin bond
导电轨斜面 conductor-rail ramp
导电轨罩 conductor-rail cover
导电轨罩支撑 support for conductor-rail cover
导电轨支撑 conductor-rail support
导电轨制 conductor-rail system
导电合成纤维 electroconductive synthetic fibre

导电合金 electric(al) conductivity alloy
导电糊膏 conductive paste
导电环【机】conducting ring
导电回路 galvanic circle
导电混凝土 electrically conductive concrete
导电计 conductometer
导电胶 conducting paste; conducting resin; conductive adhesive
导电胶粘剂 electric(al) conductive adhesive; electroconductive adhesive
导电角 conduction angle
导电接头 conductive contact; current connection tab
导电接头总成 current connection tab assembly
导电介质 conducting medium
导电阱 conductive well
导电聚合物 conducting polymer; electroconductive polymer
导电空穴 conduction hole
导电炉底 conducting bottom; conducting hearth
导电炉底加热炉 conducting-hearth furnace
导电炉(法炭)黑 conductive furnace black
导电铝合金 cond aluminium
导电铝线 electric(al) aluminium wire
导电率 conductivity; electric(al) conductivity; electroconductibility; electroconductivity; specific conductance; specific conduction; specific electric(al) conduction
导电率表 conductivity meter
导电率测量装置 conductivity measuring device
导电率指示器 conductivity indicator
导电面砖 conductive tile
导电膜 conducting film; electroconductive film
导电膜玻璃 electropane
导电膜层 conductive coating
导电难熔材料 conducting refractory material
导电能级 conduction level
导电片 conducting strip
导电漆 conductive paint; electric(al) conductive paint; electroconductive paint
导电气体 gaseous conductor
导电器 collector
导电迁移率 conductivity mobility
导电青铜合金 conductivity bronzes
导电清漆 conductive lacquer
导电区 zone of conductivity
导电溶液 conducting solution
导电纱 electrically conductive yarn
导电砂浆 conductive mortar
导电树脂 conducting resin; electroconductive resin
导电数据类型 derived data type
导电水 conductivity water
导电水泥 electric(al) cement
导电塑料 conductive plastics; electroconductive plastics
导电塑料电位器 conductive plastic potentiometer
导电弹性体 conductive elastomer
导电炭黑 graphitized carbon black
导电探针 conducting probe
导电陶瓷 conductive ceramics
导电体 conductive body; electric(al) conductor
导电条 bus; busbar
导电铜管 wire guide; contact tube
导电涂层 conductance coating; conducting coating; conductive coating; electroconductive coating; electroconductive paint
导电涂料 conductive coating; conductive paint; electrically conducting coating
导电涂饰剂 conductible finish
导电瓦 electrically conductive tile
导电外壳 external conductive casing
导电微区 conducting island
导电系数 coefficient of conductivity; conductivity coefficient; conductivity factor
导电系统 conductivity
导电纤维 electroconductive fibre[fiber]
导电线 conducting wire
导电橡胶 conductive rubber; electroconductive rubber
导电橡胶棒 conductive rubber stick
导电橡胶片 conductive rubber slice
导电橡胶制品 conductive rubber products
导电橡皮地板 electrically conducting rubber floor
导电芯型双组分长丝 conducting-core heterofilament
导电性 conductivity; electric(al) conductance; electric(al) conductivity; electroconductivity; electric (al) conduction
导电性检测器 electric(al) conductivity detector
导电性胶 conductive paste
导电性胶粘剂 electrically conductive adhesive
导电性黏[粘]结剂 electrically conductive gum
导电性润滑剂 conductive lubricant
导电性塑料 markite
导电性纤维 conducting fiber[fibre]; electric(al) conductivity fiber[fibre]; electrically conductive fibre
导电盐 conducting salt
导电液模拟设备 conductive liquid analog(ue)
导电液体 conducting liquid
导电仪 conductivity apparatus
导电银粉浆 conductive silver paste
导电银糊 conductive silver paste
导电引爆线 lead wire
导电印刷油墨 electroconductive printing ink
导电油墨 electrically conductive ink; conductive ink
导电釉 conduction glaze; conductive glaze; electroconductive glaze
导电织物 conductive fabric
导电纸模拟 model(l)ing with conductive paper
导电纸热电模拟装置 thermoelectro analogy apparatus with conductive paper
导电周期 conducting period
导电状态 conduction state
导电嘴 contact tip; current contact nozzle
导电嘴夹头 tip holder
导电作用 conduction of electricity
导钉 guide pin
导动凸轮 drive cam
导洞 pilot tunnel; drift heading; heading; pilot drift; pilot hole[holing]; pilot tunnel; approach adit <隧道、坑道施工的>
导洞底面 sole of heading
导洞法 pilot method; pilot-tunnel method
导洞法掘进隧道 heading method of tunneling
导洞法隧道掘进 heading method of tunneling
导洞弧形支撑 skeleton rib centering
导洞掘进 heading advance; heading driving; pilot drive
导洞掘进法 <隧洞的> drift method; heading and cut method
导洞掘进工 heading driver
导洞掘进工程 head driving
导洞掘进机 heading driver
导洞开采 drift mining
导洞开挖 gallery driving; pilot drive [driving]
导洞开挖法 pilot method of excavation
导洞开挖隧道法 pilot-tunnel method
导洞口 heading collar
导洞隧道 pilot tunnel
导洞梯段掘进法 heading and bench method
导洞梯段开挖法 heading and bench method
导洞位置 location of pilot tunnel
导洞巷道 pilot drift
导洞与层阶法 heading and bench method; heading and bench tunnel(l)ing method
导洞掌子面 pilot drift
导洞支撑 gallery frame; gallery timbering
导墩 lead-in dolphin
导耳 guide lug
导阀 master valve; pilot; pilot(-operated) valve; pilot relay valve; shift valve
导阀调节 pilot valve governing
导阀调节器 pilot valve governor
导阀罩 guide valve boot
导阀柱塞 pilot plunger
导风板 air deflector; air horn; baffle board; wind board
导风管 guide duct
导风率 vane ratio
导风轮 air guide wheel; inducer
导风器 air-stream deflector
导风叶 deflector; splitter
导风叶轮 impeller inducer
导风罩 air scoop
导风装置 air ducting
导风锥 gas deflector cone
导缝 guide slot
导盖 drive cap
导杆 control lever guide; guidance rod; guide arm; guide bar; guide pole; guide rod; guide stem; leader; lead(ing) screw; pilot; rod guide; slide bar; slide rod; slide stern; tail rod
导杆边 guiding edge
导杆传动 driving off tail rod
导杆轭 guide bar yoke
导杆防松螺栓 guide bar set bolt
导杆机构 guidance rod mechanism
导杆节点 guide point
导杆螺栓 guide bar bolt
导杆螺旋单像坐标仪 lead screw monocomparator
导杆螺旋单像比长仪 lead screw monocomparator
导杆汽锤 arch-type steam hammer
导杆式柴油打桩机 guide rod type diesel pile hammer
导杆伺服 guider servo
导杆油杯 guide bar oil cup
导杆支架 guide bar support
导杆支座 guide bar receiver
导杆组 guide bar unit
导沟 guide channel; guide way; pilot trench; stripping line <采石场中为剥除山皮而设的>
导管 aqueduct; conductor pipe; conduct pipe; conduit tube; connecting conduct; connecting tube; deferent; draught tube; duct(ing); duct way; guidance; guide tube; guiding pipe; leader; leading pipe; manifold; pipe conduit; rod; scoop tube; slug; tremie(pipe) <指灌注水下混凝土用的>
导管安装工 pipe fitter
导管保温材料 duct insulation
导管补偿器 pipe compensator
导管布线制 conduit system
导管操纵的 rod-operated
导管槽盖 capping
导管插入术 catheterization
导管拆卸器 catheter puller
导管长度 length of conductor
导管处理机 pipeline processor
导管穿孔 vessel perforation
导管导架 pipe guide
导管导轮 pipe carrier; pipe roller; rod carrier; rod roller
导管导轮架 pipe carrier stand
导管底部深入新浇混凝土内的密封深度 tremie seal
导管动作 rod action
导管动作的 rod-operated
导管段 guide section; run
导管法 <水下用导管灌注混凝土法> tremie method; tremie method of placing concrete
导管法浇制(混凝土)板 tremie slab
导管法施工 tremie construction
导管反正扣 pipe adjusting screw; pipe turnbuckle
导管防护套 protecting sleeve for pipe
导管分线匣 conduit box
导管分子 vessel element; vessel member; vessel segment; vessel unit
导管风扇 ducted fan
导管风扇式喷气发动机 ducted-fan jet engine
导管杆 leader
导管灌浆 duct grouting
导管灌浆法 tubing method of cementing
导管灌注的水下混凝土 tremie concrete
导管灌注混凝土 <用导管灌注的水下混凝土> tremie concrete
导管灌注混凝土墙 tremied concrete wall
导管环 drive pipe ring
导管及电缆定位仪 pipe and cable locator
导管架平台 template platform
导管架腿柱 jacket leg
导管浇筑法 <水下混凝土的> tremie placing
导管浇筑(水下)混凝土 tremied concrete
导管浇筑(水下)混凝土法 tremie concreting
导管浇筑水下混凝土工序 tremie process
导管浇筑水下模板 tremie tube formwork
导管接地 pipe earth
导管接合器 catheter mount; pipe adapter
导管接头 guide adapter; pipe coupling; pipe joint; rod coupling; rod joint
导管接头盒 conduit box
导管接头心铁 pipe plug
导管节 pipe union
导管节头 condulet
导管径路 pipe run
导管径路转向 change of pipe rod line; change of pipe run

导管绝缘 pipe insulation
导管绝缘接头 pipe insulated joint; rod insulated joint
导管绝缘器 rod insulator
导管冷却 ducted cooling
导管连接器 guide coupling
导管链 pore chain
导管路 pipe line;rodding
导管路传动 rodding transmission
导管路耳铁 pipeline lug
导管路松弛 slack of rodding
导管密封 <浇筑水下混凝土的> tremie seal
导管摩擦系数 coefficient of pipe friction
导管内的侵填体 tylosis
导管暖气炉 duct central heating furnace
导管配件 conduit fittings
导管腔 scoop tube chamber
导管曲线段 sweep of duct
导管施工法 tremie method
导管式搅拌装置 draught tube agitator
导管式曝气器 draft tube aerator
导管式锁闭架 locking frame for rod gear
导管式通风机 ducted fan
导管室 conduit room
导管双调整器 lazy jack
导管水下灌注 tremie injection or placement
导管损失 scoop tube loss
导管套筒 conduit bushing
导管调整螺丝 pipe adjusting screw
导管调整器 pipe compensator; rod compensator
导管凸缘 duct flange
导管弯头 conduit bend
导管系统 conduit system; duct system;pipe run;piping
导管消声器 duct silencer
导管鞋 drive pipe shoe
导管型混凝土污水管 conduit-type concrete sewer
导管型污水管 conduit-type sewer
导管型污水管工程 conduit-type sewer work
导管修理工 pipe fitter
导管支柱 roller stool
导管支座 pipe carrier
导管植物 tracheophyte
导管轴承 <钻机立轴的> quill bearing
导管注水泥法 tubing method of cementing
导管转向器 pipe deflector; rod deflector
导管装配分组法 grasshopper pipe coupling method
导管装置 pipe guide; pipe installation;tubing
导管状管胞 vascular tracheid;vesselform tracheid
导管组织 tracheal tissue
导管作用 rod action
导光棒 light guide rod;light-transmitting rod
导光灯罩架 muffled sheet
导光管 light pipe
导归天线 homing antenna
导归作用 homing action
导轨 closure rail; connecting rail; counter rail; guide member; guide rail; guide strip; guide track; guide way;lead rail;missile;running rail; slide guide; slide rail; sliding rail; sliding way
导轨表面 track surface
导轨格架结构 grid structure of guide rails
导轨夹紧器 rail bond
导轨架座 rail bearer
导轨交通 guided transit
导轨块 way block
导轨螺栓 track bolt
导轨面 guide pass; guide surface; slideway
导轨磨床 guideway grinder;slideway grinder; slideway grinding machine;way grinding machine
导轨末端 rail end
导轨抛光 track polishing
导轨牵引滑轮组 travel(l)ing block
导轨润滑剂 way lubricant
导轨式集装箱船 cellular vessel
导轨式全集装箱船 fully cellular container ship
导轨式输送机 rail conveyer[conveyor]
导轨式凿岩机 column (-mounted rock) drill; drifter (drill); drifter hammer; rail-guided type rock drill;stone drifter
导轨调整楔 guide adjusting wedge
导轨系统 guideway system
导轨镶条 slide gib
导轨型 guide type
导轨悬挂式横向移动 sideshift
导轨悬挂式液压挖掘机 hydraulic offset excavation
导轨压力 pressure on the guideway
导轨运输高架桥 transit guideway; transit guideway structure
导轨罩 way-cover
导轨支撑构件 rail backing
导辊 carrier roller;conducting roller; deflector roll; delivery roll; guide pulley;guide rod;guide roll(er); guiding rod; idler roller; running roller;sink roll
导辊螺栓 guide roller bolt
导辊装置 roller guide apron
导滚 guide roll
导海柱 spud lead
导函数 differential coefficient
导航 aim(ing); guidance; guide for navigation; homing; navigate; navigation;vector
导航安全系统 navigational safety system
导航标 leading beacon; clearing marks;leading mark
导航标灯 pathfinder beacon
导航标灯线 light line
导航标法 leading marks method
导航标杆 perch
导航标绘 navigational plot
导航标志 guidance sign;lead mark; leading beacon;vessel approach aid
导航波束 check beam
导航参数 navigational parameter
导航操纵台 navigational control console
导航测风 navigational aid in wind finding
导航传感器 navigational sensor
导航船 leading ship;guide boat
导航存取法 navigational access method
导航的 navigable
导航灯 course light;lead(ing) light; navigation(al) light(ing); range light;light beacon
导航灯标 leading beacon; leading light
导航灯设施 range light installation
导航灯塔 beacon light tower;leading beacon
导航堤 guide wall; guiding dike [dyke]; navigational dike [dyke]; guiding jetty; fender wall; leading jetty
导航地图 navigable map
导航地图匹配 navigational map-matching
导航电缆 <铺设在港道水底> leader cable
导航电子设备 electronic aid to navigation
导航叠标 clearing range marks;leading beacon
导航叠标灯 leading light
导航定位坐标转换 coordinate transformation of navigation
导航墩 <船舶进坞、泊靠码头的> lead-in dolphin
导航多普勒雷达 navigational Doppler radar
导航发射机 navigational transmitter
导航发烟浮标 navigational smoke float
导航浮标 beacon buoy;leading buoy; navigation(al) buoy
导航辅助程序 navigational aids
导航辅助设备 aids to navigation;navigational aids
导航隔流堤 guiding-diving dike[dyke]
导航海底电缆 piloting cable
导航和交通管制 navigation/traffic control
导航回声测深仪 navigational echo sounder
导航回转罗盘 navigational gyrocompass
导航火炬浮标 navigational flame float
导航机 guiding aircraft
导航计算机 navigational computer
导航计算器 navigational calculator
导航计算装置 navigational computation device; navigational computer unit
导航技术 airmanship
导航监测系统 navigational observation system
导航建筑物 guide building; guide structure;guide work
导航接收机 navigational receiver
导航精度 navigational accuracy
导航控制模拟器 navigational control simulator
导航控制站 navigational control station
导航雷达 guidance radar;navar;navigation(al) radar
导航雷达站 navigational radar station
导航雷达装置 navigational radar equipment
导航流光 pilot streamer
导航罗盘 course-setting compass
导航排架 guide jetty;guiding jetty
导航屏幕 navascreen
导航屏幕系统 navar-screen system
导航谱 navaspectrum
导航气球 pilot balloon
导航器 omniselector;pathfinder
导航墙 <船闸、进水渠> approach wall; guide wall; fender wall; leading jetty;guard and guide wall
导航区 course position
导航人造卫星 navigational satellite
导航三角形 navigational triangle
导航设备 aerial navigational equipment;approach aid(s);navascope; navigation(al) aids; navigational equipment; navigational unit; range light installation;shipping aid
导航设备图 navigational aid chart
导航设施 guide work;navigation(al) aids;navigational facility
导航射线 check beam
导航声呐 navigational sonar
导航时标 navigational time scale
导航视窗 navigational window
导航术 airmanship;navigation
导航数据 navigational data
导航数据库 navigational route database
导航数据显示装置 navigational data display unit
导航数字计算机 navigational digit computer
导航台 field localizer; guidance station; navigational station; non-directional radio beacon; platform; range station
导航台定位测量 navigational station location survey
导航天顶仪 sailing zenith telescope
导航图 direction finding chart; navigation(al) chart; navigational picture
导航图计算机 navigational map computer
导航突堤 lead-in pier
导航望远镜 navigating sight; navigating telescope
导航卫星 <多普勒导航> navigational satellite; navigation satellite; navistar;na(v)sat
导航卫星定位系统 navigational satellite position system; navistar system
导航卫星接收装置 navigational satellite receiver
导航卫星联合委员会 Joint Navigation(al) Satellite Committee
导航卫星系统 navigational satellite system
导航无线电设备 aeronautical radio
导航无线电装置 navigational radio facility
导航误差 error in navigation; navigational error
导航系统 guidance system; navigational aids; navigation(al) system; navigator;aids to navigation <岸上的>
导航显微胶卷放映机 navigational microfilm projector
导航线 leading line; leading line of navigation;navigation line
导航协会 Institute of Navigation
导航信标 guiding beacon;navigational beacon;pathfinder beacon
导航信号 navigational signal
导航信号船 boat beacon;floating beacon
导航信号发送机 transmityper
导航星 <指通常用于天文导航的金星、火星、木星和土星等四颗行星> navigational planet; nautical star; navigation (al) star; navigational system with time and range
导航星表 navigational star catalog
导航星号 navigational star number
导航星全球定位系统 navistar global positioning system
导航星系统 global positioning system [GPS]
导航行星 navigational planet
导航型 navigational route type
导航仪 avi(o)graph; navigating instrument; navigator; pilot director; pilot machine
导航仪表 navigational instrument
导航仪及船内通信[讯]设备 navigational and intercommunication equipment
导航仪器 navigational instrument

导航用测绘板 navigational plotter
导航用固定电路 aeronautical fixed circuit
导航与安全设备 navigation facility
导航与制导 navigational and guidance
导航预行计算 precomputation
导航员 navigator;pathfinder
导航站 guidance station
导航栈桥 < 船舶进坞、进入船闸、泊靠码头的 > lead-in jetty
导航指挥与控制系统 navigational command and control system
导航指示器 navigational indicator;pilot indicator
导航钟 navigational clock
导航专家 navigational specialist
导航着陆无线电信标 homing beacon
导航资料 aeronautical information;air navigation information
导航坐标 navigational coordinates;navigation coordinates
导桁架 < 架设桥梁用 > pilot truss
导滑槽 guide runner
导滑车 head block;head heave;runner
导滑轮 guide pulley
导环 carrier ring;conducting ring;gate ring;lead ring
导回滑轮 return block;return sheave
导火电桥 fuse bridge
导火管 fuse-primer
导火索 blaster;blasting fuse;detonating cord;firing cable;fuse;ignitor train;powder train;primacord
导火索燃速 burning speed of fuse
导火筒 portfire
导火头 ignition charge
导火线 blaster fuse;blasting fuse;common fuse;cordeau-detonant;detonating cord(string);detonating fuse;harness;igniter fuse;primacord fuse;primer;quill;saucisson;shot-firing cable;train of powder;wick;primacord < 一种季戊四醇四硝酸脂做的 >
导火线爆破 fuse blasting
导火线点燃器 fuse lighter
导火线盒 tinderbox
导火线留孔针 stemmer
导火线套管 blasting barrel
导火线直径 fuse diameter
导火信号 fused signal
导火药 explosive train;ignition charge;train
导火炸药 ignition charge;ignition explosive
导火纸 touch paper
导机 guide strip;guide way
导集 derived set
导夹盘 catch plate
导架 follower;guide bracket;guide casing;launching gantry;digging ladder < 多斗挖土机的 >;leads < 条桩机的 >;ladder < 挖沟机或链斗式挖泥船的 >
导架回转式打桩机 leader rotate type pile driver
导架减摇方式 guide frame system
导尖 guide nose
导剪 guiding shears
导键连接的 feathered
导焦槽 coke guide
导角 guide angle
导角保护橡胶垫圈 rubber gasket protected by lead angle
导接跳线 bonding jumper
导接线 bond;wire bond
导接线测试器 bond tester
导接线长度 bond length
导接线撤出冲头 bond extracting punch
导接线电阻 bond resistance
导接线故障 bond failure
导接线孔 bonding hole
导接线连接 bond joint
导接线塞钉 bond(ing)plug;bond pin
导进机场系统 approach system
导井 pilot shaft;pioneer well;vertical shaft
导井号 pilot shaft number
导径铰刀 pilot reamer
导距 lead
导卷架 lap guide
导卡 guide card;master card;guide bracket < 人字闸门 >
导卡片 guide card
导开装置 unwinding equipment
导抗 immittance
导抗元件 immittance element
导坑 advancing drift;base tunnel;drift heading;drift way;gallery;heading;pilot tunnel;pilot holing;pilot hole < 地质调查用 >;approach pit < 基础托换 >
导坑底板 pilot-tunnel floor
导坑底横木 sole timber
导坑垫木 sole timber
导坑断面 cross-section of heading;section of heading
导坑断面分割 division of heading section
导坑法 < 隧道开挖的一种方法 > drift method;pilot-tunnel method;pioneer drift method
导坑法隧道施工 < 德国、法国 > core method of tunnel construction
导坑范围 scope of heading
导坑防水支撑 water-tight shaft timbering
导坑辅助框架 auxiliary setting
导坑护板 protection shield;protector for heading
导坑掘进 heading advance
导坑掘进工程 head driving
导坑掘进机 heading machine
导坑开挖 adit;drift
导坑口 heading collar
导坑立柱 heading prop
导坑棚顶板 poling board
导坑平支板 breast board
导坑前端 front face of heading
导坑前沿支撑 advance timbering
导坑台阶支板 bench board
导坑巷道梯段掘进法 heading and bench method
导坑巷道梯段开挖法 heading and bench method
导坑斜撑 rafter
导坑与多台阶开挖法 heading and multiple benches method
导坑与正台阶开挖法 heading and bench method
导坑支撑 rafter timbering;support in heading
导坑支撑板 packing lath
导坑支架 rafter set
导坑支柱 heading prop
导坑主框架 advance setting
导坑主纵梁 crown bar
导孔 approach hole;carrier hole;feed hole;feed-through;guide hole;guiding hole;lead hole;pilot hole
导孔穿孔 feed punch
导孔间隔 feed pitch
导孔间距 feed pitch
导控器 director
导口 enter guide;entry guide
导块 guide block;guide shoe;link block
导矿构造 ore-conduit structure
导矿构造体系 structures as passageway for ore fluids
导框 drawing strickle guide;guide chase;hornblock;pedestal frame;sweeping guide
导框侧梁部分 wheel piece
导框衬 pedestal liner
导框处构架侧梁部分 < 客车转向架 > wheel bar
导框横撑 pedestal cross-tie
导框屐及楔 hornguide
导框口 pedestal jaw
导框拉条 axle guard bridle;axle-guide stay;pedestal brace
导框联结板 pedestal binder
导框弹簧 pedestal spring
导框腿 pedestal leg
导框托板 pedestal strap;pedestal tie bar
导框托板牵引杆 pedestal tie bar stay rod
导框镶块 pedestal thimble
导框楔螺栓 wedge bolt
导框转向架的滚子轴承固定锁键 side frame key
导来泥沙 derived silt
导蓝线 lead curve
导缆板 hawser port
导缆钩 chock;fairlead;mooring chock;open chock
导缆管 mooring pipe
导缆滚轮 fair leader
导缆滚筒 fair leader
导缆滚子 rope roller
导缆环 closed fair-leader
导缆孔 cable chock;closed chock;fairlead;fair leader;hawser port;mooring hole;mooring port
导缆孔框 fairleader rack
导缆口 chock;deck chock
导缆口滚柱 friction(al)roller
导缆轮 fairlead
导缆器 cable chock;cable guide;deck end roller;fair leader;rope guide;warping guide
导缆钳 belaying cleat;chock;cleat
导肋 guide rib
导联 lead
导链浮标 < 港内没有系泊浮筒时 > cable buoy
导链滚轮 chain cable fairlead
导链滚筒木质轴承座 wooden roller bearing-block
导链托辊 ladder roller
导梁 guide girder;launching girder;launching nose;leading beam;leading-in girder;nose girder;waling【港】
导梁法 erection with launching gantry
导梁法架桥 erection by launching girder
导梁架设法 erection by launching girder
导料板 stock guide
导料槽 baffle box;gathering sill;skirt
导料滴设备 gob guiding apparatus
导料滴旋钮 gob-guide knob
导料环 guide ring
导料漏斗 drop guide funnel
导料器 drop guide
导流 baffling;channelization;channelize;diversion(of river);fair water;flow deflection;guide way;river diversion;stream guidance;training(for discharge);water diversion;river diversion
导流岸壁 guide wall
导流坝 diversion dam;diverting dam;lead off dike[dyke];training dam;training dike[dyke];training wall;tremie dike[dyke];weir dam
导流板 baffle;deflecting vane;deflector(plate);fair water fin;fair water piece;flow deflector;flow guide;repeller;splitter plate;turning vane;guide plate;guide vane
导流壁 training wall
导流标线 directional mark(ing)
导流标准 diversion discharge frequency
导流布置 diversion layout;river diversion arrangement
导流裁弯 pilot cut-off
导流槽 guide flume;head flume
导流车道 directional lane
导流程序 diversion procedure
导流带 channel(l)ized zone
导流岛【道】channelization island
导流堤 attracting groin;dike[dyke];diversion dike[dyke];guide wall;lead-off dike;longitudinal dam;longitudinal dike[dyke];parallel dyke[dike];parallel training wall;parallel works;training dike[dyke];training embankment;training jetty;training levee;training wall;tremie dike[dyke]
导流堤岸 training bank;training mole
导流堤的横向丁坝 spur groins of jetty
导流堤堤头 jetty head
导流堤间的滩地 jetty field
导流底孔 diversion bottom outlet;diversion outlet
导流丁坝 groin of training works;training dike[dyke];training jetty;training-spur dike[dyke];vane dike[dyke]
导流洞堵头 plug of the diversion opening
导流洞工程地质纵剖面图 engineering geological section along diversion tunnel
导流渡槽 diversion aqueduct
导流断面 training cross-section
导流方案 diversion scheme
导流方法 diversion method;method of(river)diversion
导流方式 diversion procedure
导流工程 diversion construction;diversion project;diversion works;parallel works;training works
导流沟 guide trench
导流构筑物 trailing wall;training wall
导流管 < 螺旋桨的 > thrust-augmenting nozzle
导流管道 duct;honeycomb duct
导流管舵 nozzle-rudder
导流管式螺旋桨 knot nozzle propeller;shrouded propeller
导流河 abstraction of river;abstraction of stream
导流河岸 training bank
导流河槽 guide channel;pilot channel
导流护岸 guide bank
导流环 anti-vortex baffle
导流建筑物 directing works;diversion structure;diversion works;flow-guiding structure;guide structure;training structure
导流交叉口 channel(l)ized intersection
导流交通 channelizing traffic
导流交通岛 channelizing island
导流校核洪水 diversion check flood
导流阶段 river diversion phase
导流结构物 diversion structure

导流进水口 diversion intake
导流开度标么值 per-unit gate position
导流开度相对值 per-unit gate position
导流孔洞封堵 plug of the diversion opening
导流轮 inducer
导流帽 fair water cap;fair water cone
导流门 steering gate
导流明渠 open diversion channel
导流明渠封堵 diversion channel closure
导流明渠截流 diversion channel closure
导流纳 dome
导流喷射式 deflector jet
导流片 anti-vortex baffle; baffle; cylinder baffle; deflector; flow deflector; footpiece; guide rib; turning vane; guide vane
导流片扩散系统 vaned diffuser system
导流屏 diversion panel; diversion vane; flow-guiding screen
导流鳍 fair water fin
导流器 deflector; diverter; fluid director; guide vane
导流墙 guide bund; training wall; guiding wall; guide wall <地下连续墙施工>
导流曲线 training curve
导流渠 diversion canal; diversion channel
导流栅 air-fence; diffuser grid; fence
导流设备 diversing-flow system
导流设计洪水 diversion design flood
导流设施 directing works; parallel works
导流时段 diversion period
导流式喷嘴 deflector-type nozzle
导流水槽 diversion flume
导流水道 training course
导流水力学特性 diversion hydraulic characteristic
导流隧道 diversion tunnel; river diversion tunnel; water-diversion tunnel
导流隧洞 diversion tunnel; fiver diversion tunnel; water-diversion tunnel
导流台地 diversion terrace
导流套筒 fair water sleeves
导流体 baffle
导流通道 pilot channel
导流筒 flow distributor; flow guide; guide flow cylinder; guide shell
导流突堤 training jetty; training mole
导流系数 perveance
导流系统 diversing-flow system; diversion-flow system; flow-diversing system; training system
导流线 channelizing line
导流堰 diversion weir
导流堰顶 crest of diversion weir; guide crest
导流叶板 baffle; guide vane
导流叶轮 guide wheel; impeller inducer
导流叶(片) guide vane; prerotation vane; straightening vane; corner vane; guide suction vane; turning vane
导流叶栅 reactor; stator
导流翼堤 guide vane
导流闸(门) diversion gate
导流罩 airflow guide; air guide sleeve; bossing; dome; fairing; kuppe
导流砖 guide block
导流转盘 vaned rotating disk
导流装置 distributor; intake guide unit
导流锥上段 <混流式水轮机的> intermediate top plate
导滤孔 horizontal filter-well
导路 guide passage; guide way; lead
导率 conductance
导轮 fairlead roller; front truck; guide carriage; guide pulley; guide roller; jockey (wheel); leading roller; leading sheave; leading wheel; pilot wheel; reactor; roller; tail pulley
导轮侧板 <履带的> idler side plate
导轮吊架 wheel hanger
导轮毂 <履带的> idler hub
导轮轨 idler track
导轮架 roller guide; wheel frame
导轮连接管 idler jet
导轮链板 <履带的> idler tread
导轮倾斜度 <履带的> idler tilt
导轮外倾 idler toe-out
导轮芯环 guide wheel core ring
导轮叶 guide wheel blade
导轮移动距离 <履带的> idler travel
导轮缘 leading flange
导轮振荡 <履带的> idler oscillation
导轮支承梁 <履带的> idler support beam
导轮支架 wheel bracket
导轮中心突缘 <履带的> idler center flange
导轮轴 guide wheel shaft
导轮轴套 guide wheel shaft bush
导轮组 idler shaft
导轮座 wheel stand
导螺钉 guide screw
导螺杆 driving screw; guide screw; lead screw
导螺杆传动 lead screw drive
导螺杆驱动 lead screw drive
导螺杆轴承 leading screw support
导螺母 guiding nut
导螺旋 driving screw
导脉【地】leader; lead vein
导面 guide face; guide plane
导膜生长法 edge-defined film-fed growth
导木 guide post; pile wood
导目镜 guiding eyepiece
导纳 admittance; electric(al) conductance
导纳比 admittance ratio
导纳比较器 admittance comparator
导纳参数 admittance parameter
导纳测量仪 admittance measuring instrument
导纳电桥【物】admittance bridge
导纳法 node-pair method
导纳复量 complex admittance
导纳函数 admittance function
导纳继电保护装置 admittance relay
导纳继电器 admittance relay; conductance relay
导纳矩阵 admittance matrix
导纳算子 admittance operator
导纳图 admittance diagram
导纳隙 admittance gap
导纳型类比 mobility type analogy
导纳圆 admittance circle
导纳圆图 admittance circle diagram
导纳阻抗 adpedance
导偶 conductive coupling
导盘 guide disc[disk]
导片裁切器 trimming guide
导片持环 guide blade carrier
导频 pilot carrier; pilot frequency
导频波 pilot wave
导频传感器 pilot sensor
导频带通滤波器 pilot band filter
导频倒换 pilot frequency switching
导频电流 pilot current
导频电路 pilot channel; pilot circuit
导频电平 pilot level
导频电平指示器 pilot indicator
导频放大器 pilot amplifier
导频副载波 pilot subcarrier
导频告警器 pilot alarm
导频混合线圈 pilot hybrid coil
导频激励器 pilot exciter
导频继电器 pilot relay
导频接收及控制 pilot receiving and control
导频接收器 pilot receiver
导频控制 pilot control
导频控制器 pilot control device; pilot controller; pilot regulator
导频滤波器 pilot filter
导频脉冲 pilot pulse
导频频率 pilot carrier frequency
导频调节器 pilot regulator
导频通道 pilot channel
导频无人增音机 unattended repeater with regulating pilot
导频信道 pilot channel
导频信号 pilot signal
导频音 pilot tone
导频窄带滤波器 pilot narrow-band filter
导频振荡器 pilot frequency oscillator
导频指示器 pilot indicator
导频指示器盘 pilot indicator panel
导气程 valve lead
导气段 air guide section
导气管 air duct; air scoop; air trunk; air vessel; airway; gas(-guide) tube; gas outlet; vapo(u)r riser
导气孔 gas vent
导气片 stator blade
导气筒 gas cylinder
导气叶片 stator blade
导气罩盖 air horn
导汽槽 guide canal
导前 advance timing; leading
导前电流 leading current
导前角 angle lead; lead angle
导墙 longitudinal wall; marginal bund; approach wall <船闸、进水渠>; guide wall
导切部分 chamfered section
导切割装置 guided cutting apparatus
导曲柄 leading crank
导曲试验 guided bend test
导曲线 curve of turnout; first derived curve; lead curve
导曲线半径 radius of lead curve
导曲线中心 center[centre] of lead curve
导曲线中心线半径 radius of center line
导圈 guide ring
导燃喷燃器 pilot head
导燃喷头器 piloted head
导燃气烧嘴 pilot gas burner
导燃烧嘴 pilot burner
导热 heat diffusion; heat transfer(by conduction); passage of heat; thermal conduction
导热比测器 thermal comparator
导热玻璃 heat transmitting glass
导热材料 conducting material; heat-conducting material; heat conductor; thermal conductor
导热衬垫 chill bar
导热的 heat-conducting
导热的流体 heat-conducting fluid
导热抵抗力 thermal resistivity
导热垫圈 heat outlet washer
导热度 heat conductivity; permeability of heat conducting; permeability to heat; thermal conductivity
导热管 heat pipe
导热计 conductimeter[conductometer](of heat); diathermometer
导热介质 heat-conducting medium
导热孔道 heat-transfer passage
导热冷却 conduction cooling
导热冷却测辐射热计 conduction cooling bolometer
导热率 coefficient of conductance; coefficient of heat conductivity; conductance; conductivity; heat conductivity; thermal conduction rate; thermal conduction rating; thermal conductivity
导热率仪 thermal conductivity apparatus
导热面积 area of heat transfer
导热模数 thermal conduction module
导热姆(换热剂) <一种二苯及二苯氧化物的换热剂> dowtherm
导热姆热媒锅炉 dowtherm boiler
导热能力 capacity of heat transmission; heat carrying capacity; thermal conductivity
导热片 heat-conducting fin; heat-conducting strip
导热器 paper guide flap
导热速度 heat-transfer rate
导热损耗测辐射热计 conduction loss bolometer
导热损失 conduction loss
导热体 diathermanous body; heat carrier; heat conductor; thermal conductor
导热物质 thermal conductor
导热误差 conduction error
导热析气计 katharometer; thermal conductivity cell
导热系数 coefficient of heat conductivity; coefficient of heat passage; coefficient of heat transmission; coefficient of thermal conductivity; conductivity; conductivity factor; conductivity for heat; heat conductivity coefficient; thermal coefficient of conduction; thermal conductance; thermal conductivity coefficient
导热现象 heat conduction
导热性 conductivity for heat; conductivity of heat; diathermancy; diathermaneity; heat conductance; heat conduction; heat conductivity; permeability heat; permeability of heat conducting; permeability to heat; thermal conductance; thermal conduction; thermal conductivity; thermal diffusivity; thermic conductivity
导热性低的混凝土 insulating concrete
导热性能 heat-conducting property
导热压铸法 thermolator method
导热油加热装置 hot oil heater
导热油沥青熔化装置 asphalt hot oil meter
导热阻 resistance of heat conduction
导热作用 conduction of heat; heat conduction; conductivity of heat
导入 import; leading-in
导入参数 admittance parameter
导入高程 induction height
导入高程测量 induction height survey
导入管 induction pipe; ingress pipe
导入理想性状 infusion of desirable character
导入螺线 lead-in groove; leading spiral
导入喷嘴 distributing nozzle
导入器 gatherer

导入式通风 induction ventilation
导入装置 gatherer
导沙 diversion of sediment; sediment diversion; training for sediment
导沙底槛 bed-load deflecting sill
导沙护坦 bed-load deflection apron
导沙设施 sediment diverter
导纱装置 roving let-off equipment
导生岩 derivative rock
导声性 acoustic(al) conductivity
导绳 conductor rope
导绳板 twine guide plate
导绳导向 guideline
导绳器 rope guider
导绳张力器 guideline tensioner
导绳阻力 rope guiding resistance
导师的 tutorial
导式整流舵 contra guide rudder
导枢螺帽 pilot nut
导枢螺母 pilot nut
导枢帽 pilot nut
导梳 guide comb
导数【数】differential quotient; derivative; derived number
导数比值法 derivative ratio method
导数测定 derivative measurement
导数的阶 derivative order
导数分光光度法 derivative spectrophotometric
导数光谱 derivative spectrum
导数光谱学 derivative spectrometry
导数极谱(法) derivative polarography
导数矩 derivate moment
导数矩阵 Jacobian matrix
导数控制 derivative control
导数热谱法 derivatography
导数调节 derivative control; lead control
导数图 derivative map
导数温度滴定 derivative thermometric titration
导数吸收光谱法 derivative absorption spectroscopy
导数响应 rate response
导数行列式 Jacobian determinant
导数元件 derivative element
导数装置 derivator
导数作用 derivation action; derivative action
导数作用时间 derivative action time
导数作用因数 derivative action factor
导水 water guide
导水坝 diversion dam; guide dam
导水板 flashing
导水槽 guiding gutter
导水导热断裂 hydrothermal fault
导水道 raceway
导水堤 guide wall; training dike [dyke]; training levee
导水丁坝 separation groin; separation groyne
导水断层 permeable fault
导水断裂 permeable fault
导水防蚀阶地 diversion terrace
导水沟 disposal ditch; guide trench; pilot trench; guiding gutter
导水构造 permeable structure
导水管 aqueduct; conductor; leader; pipe aqueduct; water conduit
导水管下水道 aqueduct and sewer
导水机构 gate operating mechanism; guide apparatus; guide vane ring
导水机构安装高程 distributor elevation
导水机构顶盖或顶环 top of gate
导水机构内圈 inner gate barrel
导水机构外环 <贯流式水轮机的> outer gate barrel
导水井 inlet well
导水路 raceline; raceway
导水率 coefficient of hydraulic conductivity; hydraulic conductivity; specific conductivity
导水门 wicket gate
导水木管 wooden flume
导水木笼 timber guide crib
导水能力 water transmitting ability
导水器 water deflector; water director
导水墙 diverting wall; guide bund; training wall; guide wall
导水突堤 training jetty
导水系数 coefficient of hydraulic conductivity; coefficient of transmissibility; coefficient of transmission; specific conductivity; transmissibility coefficient; transmissivity; water transmissibility coefficient
导水性 hydraulic conductivity; transmissibility; water conduct; water transmissibility
导水栅门 <水工试验用> picket gate
导水锥 hub cap
导丝板 guide block
导丝辊 godet; silk guide roller
导丝轮 godet roller; godet wheel
导丝器 guide block; thread guide
导丝装置 wire guide
导索 dragline; guide rope; guide wire; leading line
导索板 fairlead; fair leader
导索滚轮 fairlead truck
导索滚轮组 fair leader
导索滑车 fairlead sheave
导索滑轮罩 fairlead sheave shroud
导索环 fair leader
导索集材拱架 fairlead logging arch
导索架 fairlead; fair leader
导索绞车 guide rope winch
导索器 fairlead; fair leader; rope guide
导索式升降机 guide rope hoist
导索柱 fair leader
导锁部分 locking portion
导套 guide pin bushing; rod gland sleeve; guide(post) bushing <模具的>; sleeve
导套的凸台 guide pin bushing boss
导套式凸模 sleeved type punch
导体【物】conducting material; conductor
导体棒 stub
导体材料 conducting material
导体的极化 polarization of medium
导体的正弦分布 sinusoidal distribution of conductor
导体电阻 resistance of conductor
导体电阻测量 conductor resistance test
导体端部 end conductor
导体放电 conductive discharge
导体间距离 distance between conductors
导体矿物 conductive body mineral
导体能受安培数 ampere-capacity
导体屏蔽 conductor screen; conductor shielding
导体特性 conductor particulars
导体同形 homology
导体元件 conductor element
导体组 group of conductors
导条 conducting bar; guide bead
导通 breakover; conduction; continuity; ducting
导通点 firing point
导通电压 breakover voltage
导通轨道 bonded track
导通角 angle of flow
导通区域 conducting region
导通试验 electric(al) continuity test
导通元件 pass element
导通状态 conducting state
导筒 guide roller
导筒冲子 guide driver
导头 top guide
导挖隧道 pilot tunnel
导瓦 guide block; guide shoe; guiding shoe
导网辊 wire roll
导桅 guide mast
导卫板 fore-plate
导卫板划痕 guide score
导卫板划伤 guide shearing
导卫轧制 guide rolling
导卫装置 guides and guards
导温率 temperature conductivity
导温系数 coefficient of temperature conductivity; coefficient of thermometric conductivity; temperature conductivity; temperature diffusivity; temperature transfer coefficient; thermal diffusivity
导污浮架 boom; floating boom
导隙 guiding clearance
导线 conducting wire; conductor; lead(ing) wire; line conductor; wire conductor; wire work; wiring【电】; guideline; polygon; polygonal course; route traverse; traverse <测量等用>
导线安装曲线 wire installation curve
导线闭合【测】close of polygon; closing of polygon; traverse closure
导线闭合比 ratio of closure of traverse
导线闭合测量 closed survey
导线闭合(误)差 closure error of traverse; error of closure of traverse; polygon misclosure; traverse error of closure; error of traverse
导线边 polygon leg; traverse leg; traverse side; traverse line
导线边偏角 deflection angle of traverse leg
导线编花 wire transmission
导线标志 traverse station mark
导线表 wire table
导线补偿 lead wire compensation
导线布设(方案) traverse layout
导线布设略图 traverse layout
导线布置 conductor configuration
导线布置测量 traverse layout
导线操纵 wire-control
导线槽 metallic channel; wiring trough
导线草图 traverse sketch
导线测距仪 geodimeter; tellurometer
导线测量 traverse survey; polygonometric(al) work; polygonometry; traverse measurement; traverse survey(ing); traversing
导线测量表 traverse table
导线测量成果 traverse measurement
导线测量法 polygonal method; polygonometric(al) method; traversing method
导线测量控制 traverse control
导线测量略图 traverse sketch
导线测量平差 traverse adjustment
导线测量网 polygonal network; polygonometric(al) network; traverse measurement network; traverse survey network; traversing network
导线测量用表 traverse tables
导线测量员 transit man; traverser
导线插头 line trap
导线觇板【测】traverse target
导线觇标【测】traverse target
导线衬管 conductor bushing
导线穿管敷设 conductor installed in conduit; conduit wiring
导线传动 wire transmission
导线传输 wire transmission
导线垂度 conductor sag
导线单位长度的总负载 conductor loading
导线导管 wire conduit
导线导轮 wire carrier
导线的端接 <在中间或终端杆上> termination of wires
导线的终端扎结 dead-end tie
导线点 polygonal point; polygonometric(al) point; traverse point; traverse station
导线点标志 traverse station mark
导线点觇标 traverse target
导线点垂距 vertical distance of traverse point
导线点位误差 position error of traverse
导线电感 lead inductance
导线电缆 leader cable
导线电容 lead capacitance
导线电阻 conductor resistance
导线动程增加轮 gainstroke wheel
导线端子 conductor terminal
导线段 traverse station
导线断开 break of conductor
导线断线 disconnection fault
导线断线锁闭器 wire breakage lock
导线法 method of traversing; polygonal method; traverse method; traversing method
导线反正扣 wire-adjusting screw; wire turnbuckle
导线分布图 conductor pattern
导线负载 conductor load
导线盖 <转辙器的> wire pull cover
导线挂冰 ice deposit on wires
导线管 conduit; electric(al) conduit; fairlead; wire conduit; conduit pipe
导线管端盖帽 wire end cap
导线荷载 conductor load
导线横向误差 lateral error of traverse
导线横坐标误差 abscissa error of traverse
导线护套 insulating sleeve
导线滑轮 wire-puller
导线环 traverse loop
导线换位 wire transmission
导线及钢轨配电系统 conductor-rail distribution system
导线加桩点 plus point; traverse plus point
导线间电压 circuit voltage
导线间距 wire pitch
导线间距不符规定 conductor conflict
导线间距离 separation
导线间隙 conductor spacing
导线交叉(法) transposition
导线交叉杆 transposition tower
导线交叉塔 transposition tower
导线交叉制式 transposition system
导线角【测】polygonal angle; angle of polygon; traverse angle
导线角度闭合差 angle-closing error of traverse; traverse angular closure
导线接触不良 poor wire connection
导线接点 wire joining
导线节 traverse segment
导线节点 traverse node point
导线结冰 conductor glaze formation; conductor sleet formation
导线结点 junction point of traverses
导线截面 conductor cross-section; cross-section of conductor

导线紧线扣 wire turnbuckle
导线径路 wire run
导线绝缘 wire insulation
导线绝缘剥除钳 wire stripper
导线孔 wire guide
导线控制网 traverse network
导线立轮 pedestal wheel; vertical wheel
导线连接 wire coupling;wire joining
导线连接器 conductor coupling
导线连接钳 mechanical connector
导线量测 traverse measurement
导线路线 course of traverse;traverse course;traverse path
导线帽式接头 wire end cap
导线配件 conductor fittings
导线平差【测】adjusting traverse;balancing the traverse; adjustment of traverse;traverse adjustment
导线平衡转接器 bazooka
导线平轮 horizontal wheel
导线平轮组 horizontal wheel assembly
导线前测边 preceding line
导线曲折系数 meandering coefficient of traverse
导线全长闭合差 total length closing error of traverse; traverse linear closure
导线式锁闭架 locking frame with wire gear
导线束 bunched conductor;bundle(d) conductor;strand;wiring harness
导线松弛 wire slackening
导线所有绝缘层的总(绝缘)强度 apparent strength of insulation
导线天线 wire antenna
导线条 < 路面上 > guiding edge strip
导线调整 traverse adjustment
导线调整螺丝 wire-adjusting screw
导线调整器 adjuster adjusting apparatus; wire adjuster; wire compensator
导线调直 wire align(e)ment
导线调制解调器 wire modem
导线铜管螺纹 electric(al) thread
导线涂料 wire enamel
导线涂色 tinting of wires
导线外皮 wire sheath
导线网 polygonal network; traverse net;traverse network;wire net
导线网扩展图 polygonal network plan; traverse net plan; traverse network plan
导线网络 hunted path network;wire network
导线网平差 adjustment of traverse network; traverse network adjustment
导线网眼 mesh of wires
导线系列 harness
导线系统 harness; wire run; wiring system
导线相对闭合差 relative length closing error of traverse
导线悬垂线夹 conductor suspension clamp
导线选择 conductor selection
导线延迟 line delay
导线遥控 wire(-remote) control
导线应力 stress of conductor
导线影响补偿器 lead wire compensator
导线用合金 alloy for conductor
导线与套压接 crimp connection
导线雨淞 conductor glaze formation; conductor sleet formation
导线站 traverse station
导线站标志 traverse station mark
导线折角 traverse angle
导线正反螺丝扣 wire turnbuckle
导线支撑盒 conductor support box
导线重叠(法)装配 wire lapping
导线转辙器拉力 wire switch pull
导线转点 turning point
导线转向器 wire deflector
导线转折角 traverse angle
导线桩 wire peg
导线装置 wire installation
导线纵向误差 longitudinal error of traverse
导线纵坐标误差 ordinate error of traverse
导线最大相对闭合差 maximum relative error of closure of traverses
导相诱导 mutual-induction
导箱 guide box;guide casing
导向 fall through;guide;guiding vane; pilot trench;steering
导向、钻进、扩孔多用钻头 combination pilot, drilling and reaming bit
导向凹面镇压轮 leading diabolo roller
导向摆杆 swing link guide
导向板 baffle plate;deflector;deflector plate;guide edge;guide strip; guide vane;guiding fin;lead shoe; shoe;steerage fin;guide plate;guide runner
导向棒装置 guide bar
导向臂 guide arm
导向边 guide edge;leading edge during driving < 打桩时 >
导向边宽度 guide margin
导向扁销 guide gib
导向标 leading beacon;range beacon
导向标线 guideline
导向标志 directory sign; guidance sign; guide sign; information (al) sign;guide marker
导向柄 guiding handle
导向玻璃棒 glass guide
导向部分 guide section
导向部间隙 guide clearance
导向槽 gathering sill;guide way;guiding slot; guide groove; guide path; guide slot
导向槽架 slot guide
导向插头 guide plug
导向场 guiding field
导向尺 work rest blade
导向齿轮 guide gear
导向冲头 pilot punch
导向传播 guided propagation
导向船 orientation boat
导向带 guidance tape
导向单元 pilot unit
导向挡板 definiting gate; deflecting gate; deflector gate; guide baffle; deflector apron
导向挡边 guide lip;guide rib
导向挡土板 guide runner
导向岛 < 道路上的 > directional island
导向道 guide way
导向的 leading
导向灯 guide lamp;guiding lamp;pilot lamp;pilot light
导向灯标 leading light;range light
导向灯设施 range light installation
导向点 guide point
导向电缆套管 pilot cable duct
导向垫 guide pad
导向垫圈 guiding collar
导向阀 director valve; guide valve; guiding valve;pilot-operated valve
导向阀滑片 guiding valve slip
导向浮标 guiding dolphin
导向附加装置 guiding attachment
导向附件 guiding attachment;lead attachment
导向盖板 deflector apron
导向盖螺栓 guide cap bolt
导向杆 direction arm; drill guide; guide bar; guide lever; guide peg; guide rod; guiding rod; steering bar;jar piece < 冲击锤的 > ;sweep arm < 大型轧机推床的 >
导向缸筒 guide cylinder
导向钢丝绳 guide wire
导向隔板 finger baffle;kicker baffle; guide plate
导向公共汽车 guided bus
导向攻击 vectored attacks
导向构架 < 打板桩或挡土板的地面以上的 > guide frame
导向构件 guide member
导向鼓 guide drum
导向管 deflection tube; drill guide; pipe run; sense line; standpipe; guide pipe
导向管件 directional flow fitting
导向轨 conductor rail;guided way
导向轨座 sliding base
导向辊 guide drum;guide roll
导向滚轮 guide roller;jockey pulley; jockey roller; jockey wheel; steering roll
导向滚筒 guide drum; guide roller; steering roll
导向滚轴 guide roller
导向滚柱 gallows roll
导向护板 guiding guard
导向护筒 < 钻孔时 > conductor pipe
导向滑板 blade fin;guiding fin;steering fin
导向滑车 guide block; guide pulley; guide runner; guide sheave; haul block; heel block; jockey pulley; lead(ing) block;single whip tackle
导向滑车眼板 leading block eyeplate
导向滑道 guiding runner
导向滑环 guide link
导向滑轮 boom sheave;end pulley; fairlead; fair leader; guide pulley; guide sheave;lead(ing) block;leading sheave
导向环 baffles;drive ring;guard ring; guide ring;reaction ring;rider ring
导向活塞 guide piston;pilot piston
导向击送轮 guiding beater
导向机构 guide mechanism
导向记录器 register guide
导向夹 guide gib
导向夹管 bracket for guiding tube bracket
导向架 leader;guide frame;leaders of piling frame < 打桩的 > ; guide base; guide body; guide holder; leading bogie;leading truck
导向尖轨 guiding tongue
导向间隙 guiding clearance
导向键 feather key; guidance key; guide key
导向箭头 directional arrow
导向交通 < 由导向道导向的公共交通方式 > guided transit
导向角 guide angle
导向角钢 side guide
导向铰刀 guide reamer
导向铰链装置 steering linkage
导向接头 guide sub
导向结构 guideway structure
导向井 drift way;heading for advancing
导向孔 lead hole;pilot hole
导向孔爆破钻头 pilot blast-hole bit
导向孔钻机 pilot drill
导向控制 alignment control;guidance control;lead control
导向控制系统 alignment control system
导向块 guide block;guide pad;leading block
导向块铜衬 guide block brass
导向块轴承 guide block bearing
导向框 guide housing
导向扩孔器 pilot reamer
导向喇叭管 bell guide
导向雷达 guided radar
导向棱 guide rib
导向力 guide force;guiding force
导向链轮 jockey sprocket
导向漏斗 bell guide;guide funnel
导向漏斗打捞器 horn socket with bowl
导向路壁 guideway wall
导向路标 guide post
导向轮 directive wheel; front idler; guide drum;guide pulley;idler(pulley);steerable wheel; track idler; training idler; guide wheel; jockey pulley; intermediate idler < 铲土机 > ;tug pulley < 钢绳冲击钻的 >
导向轮叉 track idler yoke
导向轮轮缘 guide wheel rim
导向轮盘 guide wheel disk
导向轮偏转角 wheel angle
导向轮叶 guide vane
导向轮叶片 guide wheel impeller
导向轮支架 front idler support
导向轮轴 front idler shaft;idler shaft
导向轮轴线 idler axis
导向轮装置 guiding wheels device
导向螺钉 pilot screw
导向螺帽 guide nut;spigot nut
导向螺母 guide nut;spigot nut
导向螺栓 guide bolt
导向门架式 guide mast type
导向面 guide face;track surface
导向木桩 guide plank
导向能力 guidance capability
导向捻 cross lay(ing)
导向碾轮 < 压路机 > guide roll; steering drum
导向偶极子引向器 director
导向牌 guiding board; guiding sign; indication sign
导向牌切换箱 change-over for guiding sign
导向盘 positioning disk[disc]
导向配合 pilot fit
导向皮带轮 guide pulley;mute pulley
导向平台 guide table
导向坡度 guide slope
导向气球 pilot balloon
导向器 deflector plate; fair leader; gate apparatus; guide apparatus; guider;guide strip;guide vane apparatus;centralizer < 凿岩机 >
导向器操纵杆 deflector control
导向器叶片 guide blade;stator blade
导向曲线 guide curve;lead curve
导向色灯 colo(u)red cones
导向设备 guidance equipment
导向设施 directional flow fitting
导向射束 pilot beam
导向深孔麻花钻 guide twist drill for the deep hole
导向绳 guide rope;guideline
导向绳张紧器 guideline tensioner
导向式雷达指标台 hayrack
导向式千斤顶 guide type jack
导向水平梁 guide waling
导向丝锥 guide tap;pilot tap
导向隧道 pilot tunnel
导向塔 bridle tower
导向套 bare; fairlead; rider; guide sleeve;finder < 气螺刀等 > ; front ring;intermediate part < 凿岩机的 >

D

导向套管 guide bushing; guide thimble; guide tube; pilot sleeve; sleeve guide
导向套孔 sleeve guide
导向套筒 guide sleeve; guiding bushing; pilot sleeve
导向体 guide way
导向条 gib block
导向调节 lead control
导向通道 <离心泵> guide passage
导向筒 guide cylinder
导向头 bit core
导向凸轮 guide cam
导向图表 guideline
导向托架 guide bracket
导向弯管 racecourse bend
导向弯头 racecourse bend
导向稳定器 lead stabilizer
导向无源定向偶极子 director
导向铣刀 pilot mill
导向系船墩 guiding dolphin
导向系统 guide system; guiding system
导向线 alignment guiding line; leading line
导向线夹 guide clamp
导向巷道 monkey drift
导向销 guide finger; guiding pin; loose pin; guide pin
导向销子 pilot pin
导向效用 guiding effect
导向楔 pilot wedge
导向性 guidance quality
导向延伸(部分) guide extension
导向叶 directing vane
导向叶环 guide vane ring
导向叶轮 guide vane wheel
导向叶片 corner vane; directional valve; guide blade; guide vane; guide wheel bucket; turning vane; countervane
导向叶片出口边 guide blade rim
导向叶片环 rim of the guide blading
导向叶片可调式风机 vane control fan
导向叶片式伺服发动机 guide vane servomotor
导向叶片系 airfoil cascade
导向叶片与工作叶片的间隙 impeller clearance
导向叶栅 nozzle blade cascade
导向翼板 aligning arm
导向翼板翻转机构 rotative mechanism for arm
导向翼片 guide wing
导向元件 director element
导向元素 pathfinder element
导向运输系统 guided transport system
导向闸门 flop gate
导向栈桥 <打板桩的> guide trestle
导向罩 guide housing
导向支承 direct bearing; guidance axis; guide bearing; spigot bearing
导向支架 guiding trestle; support guide
导向指令 transfer order
导向中心 guiding center[centre]
导向轴 axis of guide; axle guide; guide spindle; guiding axle
导向轴衬 guide bushing
导向轴承 direct bearing; guide bearing; line bearing; lower shoe bearing; pilot bearing; spigot bearing; anchor and collar <水轮机>
导向轴承支架 guide bearing bracket
导向轴环 guiding collar
导向轴流风机 guide vane axis fan
导向轴套 guide way
导向柱 directional post; lead; spun lead
导向柱塞 pilot plunger; pilot spool
导向桩 direction peg
导向装置 deflector; director; guidance system; guide apparatus; guide attachment; guide device; guide means; guide part; guide piece; guide system; guiding arrangement; guiding device; guiding mechanism; guiding unit; motion link; turning vane
导向锥形钻头 pilot type plug bit
导向自动焊接 guided automatic welding
导向钻杆 core barrel rod; guide drill rod; guide rod; over-size rod
导向钻孔 guide borehole; pilot borehole; pilot(drill) hole
导向钻孔 guide hole
导向钻塔 guide derrick
导向钻头 lead bit; pilot(guide) bit; pilot type bit; starter
导向作用力 force of guidance action
导向座 guide base; guide holder
导像管 conductron; image guide tube
导销 feather tongue; leader pin; pilot pin; socket pin
导销操纵的行程开关 pilot pin operating limit switch
导星 guidance; guiding
导星镜 guiding telescope
导星望远镜 guider; guiding telescope
导星误差 guiding error
导星显微镜 guiding microscope
导星装置 guiding device
导航数据库 navigational database
导形凸轮 contour cam
导压管 connecting pipe
导压系数 piezometric conductivity
导烟板 smoke shelf
导烟帽 watch cap
导言 introductory notes; isagoge; preamble; preface
导眼 pilot hole
导演 director
导演操纵台 director's console
导演控制台 producer control desk; production control desk
导焰 pilot flame
导叶 contraprop; entrance bucket; glide vane; wicket gate; guide vane; diffusion vane <水轮机的>
导叶泵 diffuser pump
导叶臂 guide blade arm; regulating crank; regulating lever
导叶臂杆 guide vane lever
导叶操纵杆 gate-actuating rod; wicket gate-actuating rod
导叶操作环 gate operating ring
导叶操作机构 gate operating mechanism
导叶持环 guide blade carrier; guide blade support ring
导叶传动机构 gate linkage
导叶传动连杆 gate linkage
导叶端面密封 wicket gate end seal
导叶舵 contra rudder
导叶分布圆 gate circle
导叶复位机构 gate restoring mechanism
导叶固定环 guide vane ring
导叶拐臂 guide vane arm
导叶环 diffusion ring
导叶接力器 blade removal opening; guide vane servomotor; main servomotor; wicket gate(-adjusting) servomotor
导叶开度 gatage; gate open(ing); guide vane opening
导叶开度操作器 gate position operator
导叶开度限制机构 gate limiting device
导叶开度限制装置 opening limiting device
导叶开度指示计 gatage indicator
导叶开度指示器 gatage indicator
导叶开口面积 gatage area
导叶控制阀 guide vane control valve
导叶连杆 wicket gate links
导叶列 guide blade row
导叶密封 gate seal
导叶密封条 <止水用的> guide vane packing
导叶片 guide blade
导叶全开时的出力 output at full gate opening
导叶全开时水轮机流量 full gate turbine discharge
导叶上环 guide vane cover
导叶式离心泵 diffuse-type centrifugal pump
导叶式叶轮泵 diffusion-vane pump
导叶式轴流风机 vane-axial fan
导叶损失 guide blade loss
导叶锁定装置 gate dogging device; gate lock
导叶调节接力器 wicket gate-adjusting servomotor
导叶通道 foil nozzle
导叶推拉杆 gate-actuating rod
导叶位置传送器 gate position transmitter
导叶限位块 gate stop
导叶限位装置 gate restraining device
导叶叶柄 guide vane stem; wicket gate stem
导叶栅 nozzle ring
导叶止水填料 guide vane packing for sealing
导叶中心分布圆 wicket gate circle at center
导叶轴 gate stem; guide vane stem; guide vane trunnion; wicket gate stem
导叶轴承 guide vane bearing; stem bearing; trunnion bearing
导叶轴颈 guide vane trunnion
导叶转臂 gate lever
导叶转动轴 wicket gate stem
导叶装置 gate rigging; vane apparatus
导叶组 guide blade segment; guide wheel
导叶组装 gate rigging
导液 drain
导液法 drainage; hydrocenosis
导液管 catheter
导移角 angle of lead
导翼 guide vane
导翼阀 wing guided valve
导翼式轴流风机 vane-axial fan
导音探测器 stethoscope
导引 derivation; lead; prolog(ue); steering
导引部分 leader
导引程序 steering program(me); steering routine
导引电弧 pilot arc
导引电缆 pilot cable
导引墩 <船舶进入港池、船坞或泊靠码头的> guide-in dolphin
导引附件 lead attachment
导引跟踪接收器 guidance tracking receiver
导引构件 guide member
导引剂 diverting agent
导引棱镜 guiding prism
导引轮 propelling sheave
导引片 fairlead
导引器 guide; introducer
导引树 homing tree
导引探子 staff
导引图 derivation graph
导引线 guideline; pilot wire; clearance line <指示车辆绕行的>
导引线保护(装置) pilot wire protection
导引轴 guidance axis
导引轴承 guide bearing
导引装置 pathfinder
导油管 oil lead
导油器 oil deflector
导游 guidebook; travel guide
导游人 cicerone
导游业 tourism
导鱼堤 leader
导鱼设备 fish guiding device
导鱼装置 fish guiding device
导缘 guide lug
导缘开缝活塞 divided skirt piston
导缘实心活塞 solid skirt piston
导源 stem
导远镜 guiding telescope
导则 guide rule
导增交通量 <从其他道路导至本路所增加的交通量> diverted traffic volume
导炸索 explosive cord
导毡辊 dancer roll
导针 guide pin
导针送纸 pin feed
导正销 pilot
导正轴定心【电】pilot shaft alignment
导脂 apron; lip
导脂铁片 tin
导纸板 paper deflector; paper guide
导纸机构 paper guide
导治 training
导治工程 training works
导治工作 training work
导治建筑物 diversion and protection structure; training structure
导治结构 river characteristic
导致 bring about; lead to
导致沉淀的 precipitating
导致放电 guided discharge; guiding discharge
导致荒谬 <拉> ad absurdum
导致物 leadup
导中器 centralizer
导种管 grain conductor
导轴 guide shaft; guide spindle; guiding axle; leading axle
导轴衬 guide liner; guiding bush; guide bush
导轴承 pilot bearing; radial bearing
导轴承隔片 pilot bearing spacer
导轴承托架 guide bearing bracket
导轴固定 axle-guide stay
导轴零件 axle-guide fitting
导轴轴承 guide spindle bearing
导柱 guide mast; guide pillar; guide pin; guide post; guide roller; nose pile
导柱轮 column wheel
导柱模 guide post typo die
导柱式冲模 guide post die
导柱式模架 pillar die set
导柱误差传感器 guide error sensor
导桩 ga(u)ge pile; guide mast; guide pile; guiding pile; king pile; leading pile; pile guide; pilot pile; range pile; guide peg【测】
导桩架 false leader; guide waling for pile driving; pile-guiding frame; pile leader
导锥 starting taper
导子 guide
导子午线 guide meridian
导字 catchword

导座 guide bracket

岛 insula

岛冰 island ice
岛埠头 detached pier
岛堤 detached breakwater; island breakwater; island mole; isolated breakwater; offshore breakwater
岛港 island harbo(u)r; island port
岛国 insular state; island country
岛海 island sea
岛海桐花 cheese-wood
岛后沙坝 tail; trailing spit
岛后沙嘴 tail
岛弧 island arc
岛弧边缘带 marginal zone of island are
岛弧大陆碰撞 island arc-continent collision
岛弧岛弧碰撞 island arc-island arc collision
岛弧海 island arc sea
岛弧海沟体系 island arc-trench system
岛弧海沟型地槽 island-trench type geosyncline
岛弧链 island arc chain
岛弧系 island arc system
岛弧型 island-type
岛弧型地槽 island-type geosyncline
岛弧重力异常 island arc gravity anomaly
岛火山 island volcano
岛基台 insular shelf
岛际航线 island line
岛架 insular shelf; island shelf
岛架波 wave of island shelf
岛间台地 inter-island platform
岛间峡谷 inter-island gap
岛礁岸 skerry coast
岛礁供电设备 reef island power supply equipment
岛津式自记沉降仪 Shimadzu sedimentograph
岛链 island chain
岛陆联测 island-mainland connection survey
岛码 island code
岛内的 intraisland
岛坡 insular shoulder; insular slope; insular talus; island slope
岛栖的 insular
岛群 island group
岛山 inselberg; island hill; island mountain; bornhardt <干旱带的>
岛上居民 islander
岛式泊位 island berth
岛式车站 island station
岛式厨房 <炉灶等布置在中央部位的厨房> island kitchen
岛式防波堤 detached breakwater; island breakwater; island mole; isolated breakwater; offshore breakwater; detached mole
岛式港(口) detached harbo(u)r; island harbo(u)r
岛式公交车站 loading island
岛式柜台 island counter
岛式候车站 island station
岛式建筑 island-type construction
岛式开挖法 island process
岛式库区 storage island
岛式料台 island platform
岛式炉灶 island-type cooking range
岛式码头 detached pier; detached wharf; island terminal; island-type wharf; offshore terminal
岛式平台 island platform; loading island
岛式平台屋顶 island platform roof
岛式上层建筑 detached superstructure; partial superstructure
岛式顺岸桩式码头 shore bridge
岛式系泊地 mooring island
岛式油船舶位 island tanker berth
岛式站台 island (station) platform; loading island
岛松 Luzon pine
岛压点短路 island short
岛压点接触 island touch
岛宇宙 island universe
岛屿 islands and islets
岛屿保护 protection of islands
岛屿残留种 island relic species
岛屿测量 island survey(ing)
岛屿的 insular
岛屿地貌 geomorphology of island
岛屿动物区系 island fauna
岛屿度 insulosity
岛屿类型 type of island
岛屿率 <即岛屿面积与总水面之比> insulosity
岛屿名称 name of island
岛屿生态 island ecology
岛屿生态系统 island ecosystem
岛屿生物地质学 island biogeology
岛屿特有种 island endemic species
岛屿图 island chart
岛屿性的 insular
岛屿性气候 insular climate
岛屿植物区系 island flora
岛园 island garden
岛洲 island continent
岛筑开挖法 island method
岛装式平台升降机 self-erecting hoist
岛状冰山 ice island iceberg
岛状地带 isle(t)
岛状冻土 island frozen soil; segregated frozen ground
岛状多年冻土 sporadic permafrost
岛状防波堤 island mole
岛状分布永久冻土 sporadic permafrost
岛状硅酸盐 nesosilicate
岛状辉绿结构 island diabasic texture
岛状基型 insular motif(pattern)
岛状结构 insular structure; island structure
岛状结构硅酸盐矿物 nesosilicate mineral
岛状平顶山 island mesa
岛状丘 island hill
岛状山 inselberg; island mountain
岛状永冻土 sporadic permafrost
岛状永冻土带 sporadic permafrost zone

倒

倒摆 inverted pendulum
倒摆地震仪 inverted pendulum seismograph
倒摆式结构 inverted pendulum structure
倒摆式截锯 swing up saw
倒摆问题 inverted pendulum problem
倒扳 tumble
倒扳开关 tumbler switch
倒班 changing shifts; work in shifts
倒班安排 shifting schedule
倒班工作制 shift work
倒班日 swing day
倒班制 rotary shifts
倒包 ladle-to-ladle
倒包浇筑 decant
倒闭 bankruptcy; closedown; crash; fold up(wards)
倒闭营业 closing business
倒边 chamfer(ing)
倒冰架 can dump; ice tip
倒冰台 ice dump table
倒舱费 cargo shifting expenses
倒槽式拱 trough vault
倒测 <一种可靠性测定方法> back projection
倒层 overturned bed; inverted stratum【地】
倒铲 backacter; back digger
倒铲式推土 angledozer
倒出 pour-out; spill; teem; tip
倒出钢丝绳 <卷筒上> stringing the line
倒出铸件和壳 knockout
倒放 up-end
倒放铅字 turned sorts
倒钢丝绳时间 stringing line time
倒拱 arch invert; counter-vault; invert(ed) arch; reverse crown; reversed arch; invert <排水渠、阴沟、隧洞、涵洞的>
倒拱板 inverted arch bar
倒拱侧砌砖 brick-on-edge inverted arch
倒拱底板 inverted arch floor
倒拱底高程 invert level
倒拱顶 inverted vault; reversed vault
倒拱基础 inverted arch foundation
倒拱路边石 inverted curb; inverted kerb
倒拱砌块 invert(ed) block; invert masonry block
倒拱式悬杆 hog chain
倒拱式悬链 hog chain
倒拱式闸门 tumble gate
倒拱形地板 cupola floor
倒拱形顶 inverted vault
倒拱形沟底 arch invert
倒拱修圆 inverted cavetto
倒拱作用 reverse arching
倒光 dulling
倒光谱项 inverted spectral term
倒换段 <微波接力通信[讯]线路的> switching section
倒换杠杆 setting lever
倒换开关 reversing switch
倒换器 inverter; negater
倒换时间 time shift
倒换中断时间 interrupted time due to switching
倒换钻具 changing drill string
倒回 reversing
倒毁变形谱 condemnation deformation spectrum
倒毁阀限地震 condemnation threshold earthquake
倒极性开关 pole-reversing key
倒角 berel edge; bevel(ling); chamfer angle; chamfering; deburr(ing); dub off; face off; fillet(ing); mo(u)lding; reversal cutting; round; undercut
倒角边 bevel(led) edge
倒角插齿刀 chamfering gear shaper cutter
倒角车刀 chamfer cutter
倒角齿 chamfered teeth
倒角锉 deburring file
倒角刀 rose reamer
倒角刀具 chamfering tool
倒角垫圈 chamfered washer
倒角滚刀 chamfering hob; tooth-rounding hob
倒角环 filler ring
倒角机 bevel(l)ing machine; chamfering machine
倒角接头 turned-down coupling
倒角六方螺母 chamfered hexagonal nut
倒角螺栓 cap bolt
倒角刨 chamfer plane
倒角砌块 chamfered block
倒角曲面 fillet surface
倒角曲线 reciprocal curve
倒角石膏板 tapered-edge plaster board
倒角铣刀 angle cutting tool; chamfer cutter
倒角形 chamfer shape
倒角形砖 chamfer stop
倒角压条 tilting piece
倒角压头 tilting fillet
倒角锥天线 inverted pyramid antenna
倒角钻头 burr bit
倒缆 back spring; spring(ing) line
倒链 chain fall; chain hoist; chain (pulley) block
倒链滑车 reversible chain block
倒轮式刹车 coaster brake
倒轮制动 coaster brake
倒卖 scalping
倒模 reverse mo(u)ld
倒模型 inverted model
倒片 backwind; rewind
倒片掣 rewinding control
倒片盒 film-return magazine
倒片控制器 film reversing controller
倒片钮 film rewinding knob
倒片器 rewinder
倒片时间 pulldown time
倒片手柄 rewind crank
倒片台 rewind bench
倒片装置 rewinder
倒频 scrambling
倒频变换器 inverting converter
倒频后的话音 inverted speech
倒频谱 cepstrum
倒频器 frequency scrambler; scrambler; speech inverter; speech scrambler
倒色温 reciprocal colo(u)r temperature
倒扇状复背斜 abnormal anticlinorium
倒摄遗忘 retrograde amnesia
倒摄抑制 retroactive inhibition
倒式测压管 inverted ga(u)ge
倒式压力计 inverted ga(u)ge
倒疏液器 inverted trap
倒树 downtree
倒数 inverse of a number; inverse value; reciprocal
倒数比 reciprocal proportion
倒数比定律 reciprocal proportion law
倒数比浓浊度 reciprocal specific turbidity
倒数差分 reciprocal difference
倒数代换 reciprocal substitution
倒数第二 last but one; next to the last
倒数第三个的 antepenultimate
倒数关系 reciprocal relation
倒数函数 reciprocal function
倒数计时 countdown
倒数计数器 reciprocal counter
倒数力多边形 Bow's polygon
倒数量 reciprocal quantity
倒数率失效 reciprocity failure
倒数器 reciprocator
倒数曲线 reciprocal curve
倒数曲线法 reciprocal curve method
倒数式 reciprocal expression
倒数相乘 reciprocal multiplication
倒数值 reciprocal value
倒数指令 invert instruction
倒闩 reverse latch
倒双柱大梁 inverted queen-post girder; reversed queen-post girder
倒双柱桁架 double-reversed truss; inverted queen-post truss; reversed queen-post truss
倒双柱梁 inverted queen-post beam;

reversed queen-post beam
倒霜 frost back
倒顺刀开关 double-throw switch; knife reversing switch
倒顺鼓形开关 reversing drum switch
倒塌 cave-in; collapse; fall; founder; toppling failure
倒塌的 ruined; tumble-down
倒塌的房屋 dilapidated building
倒塌阀限地震强度 collapse threshold earthquake intensity
倒塌房屋的瓦砾 falling debris
倒塌荷载 collapse load
倒塌机制 collapse mechanism
倒塌极限状态 collapse limit state
倒塌结构 collapse structure
倒塌裂缝 collapse fissure
倒塌率 rate of collapse
倒塌破坏 toppling failure
倒塌强度 collapse strength
倒塌时加速度 collapse acceleration
倒塌条件 collapse condition
倒塌预防 collapse prevention
倒踏脚踏板 back-pedal
倒坍 crash
倒淌河 inverted river; inverted stream
倒套 slough
倒体 reverse
倒筒机 rewinder; rewinding frame
倒位 inversion; inverted state; reverse state
倒位桥 inversion bridge
倒污泥指数 inverse sludge index
倒下 crash; drop down; fall down; let fall
倒显演替 retrogressive succession
倒线架小过线 bobbin winder tension bracket
倒线盘 reverse drum; reversing drum
倒线色散率 reciprocal linear dispersion
倒相 duophase; paraphase; phase inversion; phase reversal; reversal of phase; reversed phase
倒相保护 phase-reversal protection
倒相变压器 inverter transformer; phase-reversal transformer; phase-reversing transformer
倒相参量器件 inverting parametric device
倒相单向元件 reverse direction(al) element
倒相的 inverse
倒相电路 inverter circuit; negater circuit; phase inverter
倒相放大器 amplifier-inverter; inverted amplifier; inverter amplifier; inverting amplifier; paraphase amplifier; phase-inverting amplifier; polarity inverting amplifier; reversing amplifier
倒相放大器电路 inverted amplifier circuit
倒相关色温 reciprocal correlated colo(u)r temperature
倒相管 inverter tube
倒相缓冲器 inverter buffer
倒相极 inverter stage
倒相晶体管 inverter transistor
倒相开关 phase-reversal switch
倒相棱镜 inverting prism
倒相耦合 paraphase coupling
倒相器 inverter(unit); negater; phase inverter; polarity splitter; shifter; sign changer; sign reverser
倒相输入 inverting input
倒相输入端 inverting terminal
倒相望远镜 long telescope
倒相温度 phase inversion temperature
倒相振荡器 inverter oscillator
倒相镇流器 inverted ballast
倒相直通行 inverted direct line
倒相作用 inverting function
倒像 image inversion; inverse; inverted image; picture inversion; reversed image
倒像板 image inverter
倒像管 inverted tube
倒像检眼镜 inverted ophthalmoscope
倒像棱镜 image-inverter prism; reversing prism
倒像目镜 astronomic(al) eyepiece; inverting eyepiece
倒像器 image inverter
倒像式测距仪 invert range finder
倒像透镜 inverting lens
倒像望远镜 inverted(image) telescope; inverting(image) telescope; telescope of inverted image
倒像系统 inverting system
倒易 reciprocity
倒易的 reciprocal
倒易点阵 reciprocal lattice
倒易点阵晶格 reciprocal lattice
倒易点阵坐标 reciprocal lattice coordinates
倒易定理 reciprocal theorem
倒易定律 reciprocity law; reciprocity rule
倒易方位 reciprocal bearing
倒易格子 reciprocal lattice
倒易关系 reciprocal relation
倒易换能器 reciprocal transducer
倒易混频 reciprocal mixing
倒易混频干扰 inverse mixture interference
倒易间距 reciprocal spacing
倒易晶格 inverse lattice; reciprocal lattice
倒易空间 reciprocal space
倒易空间法 reciprocal space method
倒易理论 reciprocity theorem
倒易律 reciprocity law
倒易黏[粘]度 reciprocal viscosity
倒易平移 reciprocal translation
倒易曲线 reciprocity curve
倒易矢量 reciprocal vector
倒易矢量组 reciprocal vectors
倒易速度 reciprocal velocity
倒易条件 reversal condition
倒易向量 reciprocal vector
倒易效应 reciprocity effect
倒易性 reciprocity
倒易阵点 reciprocal lattice point
倒易轴 reciprocal axis
倒易阻抗 reciprocating impedance
倒引表 inverted list
倒账 bad debt; doubtful account
倒账损失 loss from bad debts
倒账准备 reserve for bad debts
倒正反曲线饰 inverted cyma recta
倒正换向器 tumbler gear reverse

捣 jab; pug; pun

捣板 tamping iron; tamping slab
捣拌 puddle
捣拌机 puddler
捣拌泥浆工 puddler
捣棒 beater; beetle; gandy stick; ramper; ramrod; tamping rod; tamper (bar); tamping bar; rodding dolly <检查预应力混凝土构件预留孔道尺寸及是否干净的用具>
捣棒插捣 rodding
捣成糊状 puddle
捣成浆状 puddling
捣成泥浆 puddling
捣舂人 pounder
捣杵 pestle stamp
捣锤 extrusion stamp; front hammer; pestle(mill); rammer; stamp battery; stamp hammer; steam hammer; tamping hammer; tamping weight
捣锤冲击机 ram impact machine
捣锤研碎机 stamp mortar
捣锤组 stamp battery
捣锤组的捣蹄 stamp battery shoe
捣打 ramming
捣打成型法 rammer process; ramming process
捣打成型耐火材料 ramming refractory
捣打混合物 ramming compound; ramming mix(ture)
捣打混凝土 ramming concrete
捣打机 tamping machine
捣打料 ramming mass; ramming material; refractory ramming material; tamping mass
捣打炉衬 rammed lining
捣打砖 rammed brick
捣动 shaking
捣垛 rehandling; restacking
捣粉机 masher
捣杆 stamp stem; tamping beam
捣杆平整机 tamper finisher; tamping beam finisher
捣镐 beater; packer
捣固 packing; pounding; solid tamping; spading; tamp(er); tamping; ram; consolidation
捣固白云石 ramming dolomite
捣固板 tamping blade
捣固材料 ramming mix(ture)
捣固槽底 rammed bottom
捣固成型法 jolt mo(u)lding
捣固锤 compactor; tamping hammer
捣固道砟镐 beater pick
捣固电解槽底 rammed bottom
捣固杆 packing rod; ramming bar; tamping rod
捣固镐 tamping pick
捣固镐捣固 hand packing
捣固工 tamper
捣固工具 tamping tools
捣固轨枕 tamping of sleepers
捣固过度 overtamping
捣固混凝土 tamped concrete
捣固机 consolidator; ramming machine; sand rammer; stemming machine; tamping tools
捣固机镐头 tamper head
捣固架 tamping support
捣固梁 tamper; tamping beam
捣固锚栓 tamping anchor
捣固碰伤 tamping bruise
捣固起道 boxing up
捣固器 punner; tamper
捣固试验 compaction test
捣固铁锤 stamping iron hammer
捣固掌 tamping blade
捣固整平机<混凝土> tamping-level(l)ing finisher; tamper-leveller
捣棍 tamping bar; tamping rod
捣混凝土底板 concrete blinding
捣混凝土垫层 concrete blinding
捣击镐 beater pick
捣击机 stamp
捣击阻力 bruise resistance
捣结料 stamp mass
捣臼 stamp box
捣具 pounder
捣矿厂 stamp mill
捣矿杵 stamp battery
捣矿杵的捣蹄 stamp battery shoe
捣矿机 gravity stamp; mortar mill; stamp battery; stamp box; stamper
捣矿机的锤组 stamp battery
捣矿机的臼槽 stamper box
捣矿机排矿沉淀槽 strip
捣矿机组 stamp battery
捣矿砧 die of stamp
捣烂 bruise; mash
捣烂机 potato masher
捣烂黏[粘]土 clay puddle
捣乱呼叫寻迹 malicious call trace
捣轮 beater
捣麻机 paddling-machine
捣冒口 rod feeding
捣冒口棒 feeder rod; feeding rod; pump rod
捣密 pudding; puddle
捣密工作 puddling
捣密机 puddler
捣密黏[粘]土 compacted clay; puddled clay
捣密黏[粘]土涂层 puddle clay lining
捣密实 puddling
捣密(实)钢筋混凝土道路 puddle iron road
捣密水坑 puddle
捣磨 stamp milling
捣磨机 gravity stamp battery; pounding mill; stamp mill
捣泥机 pug
捣泥浆 puddle
捣泥浆机 puddling machine
捣黏[粘]土 clay tempering
捣捏泥料 pugging
捣捏黏[粘]土 pugging
捣拍混凝土修整 spaded concrete
捣捧 ramming bar
捣平机 pounding up machine
捣塞 tamp(in); tamping
捣砂锤 plugging bar; rammer
捣实 compact; compaction (vibration); consolidation; pounding; puddling; pun; rodding; solid tamping; stamping; stemming; tamp(ing); thwack
捣实白云石 ramming dolomite
捣实不足 incomplete compaction
捣实锤 tamping bar
捣实的 rodded
捣实的白云石 rammed dolomite
捣实的钢筋混凝土道 puddled iron road
捣实的骨料 dry-rodded aggregate
捣实的混凝土 puddled concrete
捣实的接缝 rodded joint
捣实的耐火材料 rammed refractory
捣实的黏[粘]土与石灰 rammed loam and lime
捣实方法<混凝土的> tamp process
捣实杆 ramming bar
捣实工具 packing tool
捣实轨枕 tamped tie
捣实过度 overtamp
捣实回填土 compacted backfill; puddled backfill; tamped backfill
捣实混凝土 compacted concrete; compressed concrete; consolidating concrete; packing concrete; punned concrete; rammed concrete; rodded concrete; tamped concrete; tampered concrete
捣实机 plugging bar; puddler; pummel
捣实接头 rodded joint
捣实结构 puddle structure
捣实块 tamping pad
捣实密度 packing density; rodded bulk density
捣实模板 stamping form
捣实模内混凝土 packing concrete in forms
捣实黏[粘]土 pise; puddled clay;

rammed clay;ramming clay
捣实黏[粘]土衬垫 pug lining
捣实黏[粘]土防漏 clay puddle seal
捣实黏[粘]土芯墙 clay puddle core wall;puddled core
捣实器 puddler;whacker
捣实容积 tap volume
捣实容重 compact bulk density;packed density;rodded bulk density
捣实式炉衬 tamped lining
捣实速度 ramming speed
捣实体积 rodded volume
捣实土建筑 pise de terre
捣实土(壤)packed soil;pise;puddled soil;rammed earth
捣实土壤的羊足辗 dirt tamping foot
捣实型砂 ramming of the sand
捣实羊足辗 tamping foot
捣实因数 compacting factor;compaction factor
捣实因数试验 compaction factor test
捣实因数试验仪 compacting factor apparatus
捣实因素 compacting factor;compaction factor
捣实重量 tap weight
捣实装置 ramming device
捣塑黏[粘]土 pugged clay
捣碎 chop ahead;cob;crush;mash;pestling;pounding;stamp(ing)breaking;stamp crushing;triturate;trituration
捣碎材料 stamp material
捣碎锤 cracker;crushing ball;drop ball;stamping hammer
捣碎的玻璃 tamped glass
捣碎的生石灰 puddle(d)quick lime
捣碎机 demolition tool;gravity mill;gravity stamp mill;pounding machine;pulping machine;stamp;stamper;stamping machine;stamping mill;triturator
捣碎机落锤 gravity stamp shoe
捣碎砾石 stamp gravel
捣碎轮 beater
捣碎能量 size reduction energy
捣碎器 blender;comminuter;potato masher;triturator;demolition tool <混凝土路面的>
捣碎物 stamping
捣碎用研钵 mortar for pounding
捣蹄铁 tamping shoe
捣铁硪 tamping iron
捣头 ramming butt;tamping butt
捣土工作 beat cob work
捣研筛 stamp mortar screen
捣载【港】restowage
捣载作业 rehandling;restowage
捣渣机 ballast tamper;ballast tamping machine
捣渣器 skimmer
捣制钢包 rammed ladle
捣筑 tamping
捣筑的衬底 rammed bottom lining
捣筑的炉衬 rammed lining
捣筑料 tamping material
捣筑炉衬 tamped liner
捣筑炉底 rammed bottom
捣筑设备 tamping plant

祷告台 prie-dieu
祷告椅 prie-dieu

倒L 形辊压机 inverted L-type calender
倒 L 形铝板加劲板 integrally stiffened plating
倒 L 形天线 gamma-type antenna;inverted L-antenna
倒 L 形网络 inverted L-type network
倒 T 形槽 inverted T-slot
倒 T 形挡土墙 inverted T type retaining wall
倒 T 形底脚 inverted T-shaped footing
倒 T 形断面(型材)inverted T section
倒 T 形梁 inverted T beam
倒 T 形梁板 upstand T-beams slab
倒 T 形梁基础 T beam footing
倒 T 形梁连接的底脚 T-beam footing
倒 T 形轻型钢构件 cross tee
倒 T 形芽接 inverted T-formed budding
倒 T 形预制楼板 inverted T-section precast floor slab
倒 T 型梁 upstand T-beam
倒 U 形轭铁 inverted U yoke
倒 U 形卡箍 inverted U yoke
倒 U 形预制混凝土单元 inverted U-shaped precast concrete unit
倒 V 形三角布 godet
倒 V 形天线 Bruce antenna;Grecian type antenna;inverted V antenna
倒 Y 形桥塔 inverted Y-shaped pylon
倒 Y 形索塔 inverted Y tower
倒凹的 undercut
倒凹弧饰 inverted cavetto;inverted throat
倒半径 reciprocal radius
倒杯式雨量计 tipping cup rain ga(u)ge
倒潮 inverted tide;reversed tide
倒车 backing vehicle;back motion;backrun;back-up;reversal;reverse;astern running【船】;go astern【船】;stern board【船】;sternway【船】
倒车保护装置 reverse protection
倒车保险器 reverse latch;reverse stop
倒车报警器 reverse warning device
倒车标志 reverse sign
倒车齿轮 drive back gear;reverse gear
倒车齿轮总成 reverse gear assembly
倒车齿轮组 reverse gear block
倒车挡 reverse gear;reversing gear catch
倒车导板 back guide
倒车灯 backing lamp;backup lamp;backup light;reversing light
倒车舵 backing rudder;flanking rudder;reversing rudder
倒车惰性滑动距离 astern reach
倒车翻车器 kickback dump
倒车风向左转 back
倒车辅助阀 astern guardian valve
倒车功率 astern power;backing power
倒车滑动齿轮 reverse sliding gear
倒车换挡 reverse gear shift
倒车换挡叉 reverse gear shifting fork
倒车机构 reverse gear mechanism
倒车及停车试验 back and stopping trial
倒车级 astern stage
倒车警报器 backup warning alarm
倒车警号 backup alarm
倒车镜 rearview mirror
倒车开行 reverse gun
倒车轮 astern wheel
倒车轮机 astern turbine
倒车排挡 backstopping clutch
倒车皮带 back(ing)belt
倒车旗号 astern flag
倒车汽轮机 astern turbine;backing turbine;reversing turbine
倒车器 reverse warning alarm
倒车三角(轨道)<机车调头用> reversing triangle
倒车上锁 <变速杆上的> trigger
倒车试验 astern trial
倒车调挡 reverse gear shift
倒车透平 astern turbine;backing turbine;reversing turbine
倒车凸轮 astern cam
倒车尾找风 stern to wind when backing
倒车行星齿轮系 reverse epicyclic gear train
倒车叶片 back-blading
倒车用空套齿轮 reverse idler
倒车制动链 <轮船的> back chian
倒车转弯角 rebend
倒车转弯考核 rebend test
倒车转弯试验 rebend test
倒车装置 reverser
倒衬砌法 flying arch method
倒尺法 inverse gear method;inverse staff method
倒齿 paul;pawl
倒齿链 inverted tooth chain
倒冲洗 backblowing
倒吹法 counter blow
倒吹气 blowback
倒垂法 inverse plummet observation
倒垂观测 inverse plummet observation
倒垂线 inverse plummet;inverted plumb line;reversed pendulum
倒垂线法 method of inverse plummet observation
倒锤 <观测大坝挠度用的> reversed pendulum
倒锤线 inverted pendulum
倒锤形钻孔 reverse taper ream
倒磁带 rewind
倒刺钉 barbed nail;ratchet nail
倒刺纺车轴 barbed spindle
倒刺(钩)barb
倒刺式纺绽 barbed spindle
倒刺铁丝拉紧器 barbed wire strainer
倒刺铁丝围栏 barbed wire fence
倒刺针 broach
倒刺肘形钉 notched spike
倒刺状排水系统 barbed drainage pattern
倒带 tape rewind(ing)
倒带按钮 rewind button
倒带电机 rewinding motor
倒带机 rewinder
倒带轮 backturn pulley
倒带螺线管 rewind solenoid
倒带盘 reverse drum;reversing drum
倒带驱动 rewind drive
倒带时间 rewind time
倒带信号 thread out signal
倒带装置 rewinder
倒单柱大梁 inverted king post girder;reversed king post girder
倒单柱桁架 belly-rod truss;inverted king post truss;reversed king post truss;simple reversed truss
倒单柱梁 inverted king post beam;reversed king-post beam
倒挡 back shift;reverse;speed in reverse;back-up;reverse gear shift
倒挡变速叉 reversing shifting fork
倒挡操纵杆 reverse gear lever
倒挡齿轮 back(ward)gear;reverse gear
倒挡定位柱销弹簧 reverse plunger spring
倒挡换挡叉 transmission reverse speed shift fork
倒挡离合器 reversing clutch
倒挡速度 reverse speed
倒挡中间齿轮 reverse idler gear
倒挡轴 reversing shaft
倒挡转 back action
倒电容系数 elastivity coefficient
倒电容值 elastance value
倒电网络 inverse network
倒吊桶式 inverted bucket type
倒吊桶式疏水器 inverted bucket type steam trap;steam trap
倒掉 outwell
倒动 upside-down motion
倒斗 bunker
倒读 backward read
倒读数 countdown
倒堆 casting
倒堆剥离 backcast stripping
倒钝 abate
倒垛 collapse of setting;shifting
倒发券 inverted arch;reversed arch
倒翻层 upturned strata
倒翻闸门 tumble gate
倒反馈 inverse feed
倒反馈滤波器 inverse feedback filter
倒反曲线饰【建】inverted cyma reversa
倒反中心 center of inversion
倒方位 reciprocal bearing
倒方向变换 transformation by reciprocal direction
倒方锥体 inverted pyramid
倒飞筋斗 inverted loop;outside loop
倒费密 imref
倒风 down draft
倒风发生器 down draught producer
倒风炉 down-draft furnace
倒风窑 down-draft kiln
倒峰 inverted cusp;negative peak
倒缝 back stitch
倒伏 falling over;lodging;matting
倒幅度 gamnitude
倒付延期费 <铁路不及时供应车辆> reciprocal demurrage
倒杆【岩】rechuck
倒杆式吊艇架 Columbus type davit
倒竿式吊艇架 Columbus type davit
倒缸发动机 inverted engine
倒缸直列式发动机 inverted in line engine
倒钩 barb;fluke
倒钩钢丝 hog wire
倒钩螺栓 barb bolt
倒钩水系 barbed drainage
倒钩水系模式 barbed mode
倒钩支流 barbed tributary
倒钩状水系 barbed drainage pattern
倒钩状支流 barbed tributary
倒刮 back-blading
倒刮式(混凝土)摊铺机 reciprocating blade spreader;reciprocation blade spreader
倒挂龙骨 hanging keel;hanging knee;projecting keel
倒挂罗经 cabin compass;overhead compass;telltale compass
倒挂眉子 hanging latticed architrave
倒贯入(法)inverted penetration
倒贯入施工法 <一种先浇沥青后撒石料的路面施工方法> inverted penetration
倒贯入式沥青路面 stone seal
倒贯入式路面 inverted penetration pavement
倒贯入式碎石 inverted penetration macadam
倒贯入式碎石路 inverted penetration macadam
倒贯入式碎石路面 inverted penetration macadam pavement
倒灌 backflow;backing-up
倒灌的 backflushed

D

倒灌风 down draft; down draught; wind blow in
倒灌高度 static suction head
倒灌隔流阀 down-draft diverter; down-draught diverter
倒灌壶 bottom filling ewer
倒灌流程 intertank transfer process
倒灌容量 inverted capacity
倒灌入 inverted penetration
倒灌污水 backflushed waste disposal
倒灌污水处治 backflushed waste disposal
倒涵管 dive culvert
倒焊(法) face-down bonding
倒虹管 inverted siphon[syphon]; inverted tube
倒虹管出水井 outlet chamber of inverted siphon
倒虹管紧急出口 emergency outlet of inverted siphon[syphon]
倒虹管进水井 inlet chamber of inverted siphon
倒虹涵 dive culvert
倒虹式下水道 depressed sewer
倒虹吸 invert(ed) siphon[syphon]; return siphon[syphon]
倒虹吸管 anti-syphonage pipe; dive culvert; sag pipe; inverted siphon [syphon]
倒虹吸管出水井 outlet chamber of inverted siphon
倒虹吸管循环带 cycling zone of siphon
倒虹吸涵洞 culvert siphon[syphon]; inverted siphon culvert; siphon culvert
倒虹吸桶洞 inverted siphon culvert
倒虹吸污水管 depresses sewer; inverted siphon sewer
倒虹吸下水道 inverted siphon sewer
倒虹吸作用 backsiphon(age)
倒弧 inverted arc
倒弧形闸门 reversed tainer gate
倒划桨 backstroke
倒计时 countdown
倒计数 countdown
倒浆 backspill
倒浆机 pouring machine
倒桨【船】Back oars
倒焦距 focal power
倒接 reverse graft
倒截面 reciprocal cross-section
倒截水墙 negative cutoff
倒介电常数 elastivity; reciprocal dielectric(al) constant
倒金字塔形的 obpyramidal
倒晶格空间 reciprocal space
倒镜【测】face right; inverted position of telescope; reversed position of telescope; reverse telescope; telescope in reversed position; telescope reverse; circle right; face right position (of telescope); inverted state; inverted telescope; reversed position; reverse state; right circle; telescope of reverse
倒镜位置【测】reverse face
倒镜装置 reversing apparatus
倒卷 back-roll(ing)
倒卷机 film rewinder
倒开气窗 hopper light
倒开油管 tubing back-off
倒空 deplenish
倒空装置 emptier
倒口 reversal cutting
倒扣 back-off
倒扣次数 times of back out
倒扣时间 time for back-up
倒垃圾槽 trash chute
倒垃圾处 dump place
倒垃圾的斜槽 disposal chute
倒垃圾管 trash chute
倒垃圾口 drop manhole
倒拉船 back strapped
倒拉普拉斯变换 inverse Laplace's transform(action)
倒兰伯凹陷 inverted Lamb dip
倒棱 bevel(l)ing; chambered edge; chamfer; chamfered edge; mo(u)lding
倒棱板条 chamfer strip
倒棱边 eased edge
倒棱挡 chamfer stop
倒棱刀具 chamfering tool
倒棱符号 chamfering symbol
倒棱工具 chamfering tool; pointing tool
倒棱机 chamfering machine; chamfering tool
倒棱机构 chamfering mechanism
倒棱肩 chamfered shoulder
倒棱角 chamfer angle
倒棱角刷光机 chamfered edge brushing machine
倒棱刨 <带调整装置的> stop chamfer plane; chamfer plane
倒棱清理机床 chamfering unit
倒棱缘 chamfered edge
倒梨形的 obpyriform
倒立 up-end
倒立摆 inverted pendulum
倒立的 inverted
倒立卷筒 gravity block; inverted block
倒立卷筒拔丝机 gravity block wiredrawing machine
倒立器 hand-stand tool
倒立式发动机 inverted(vertical) engine
倒立像 inverted image; reversed image
倒立轴 reset chuck
倒联级式流量控制 reverse-cascaded flow control
倒梁 upstand(ing) beam
倒梁法 inverted beam method
倒量深度表 inverted depth ga(u)ge
倒量网络 inverse network
倒料 backspill; batch turning
倒料混匀 boxing
倒灵敏度 desensitivity
倒流 back draft; backflow; backset; backward flow; counter-flow; inverse flow; refluence; regorge; reversal of flow; reverse current; reverse flow
倒流的 refluent
倒流阀门 backflow valve; backwater valve
倒流防止器 backflow preventer
倒流防止设备 backflow preventer device; backflow prevention device
倒流隔汽具 inverted steam trap
倒流河 inverted river; inverted stream
倒流井 inverted well
倒流连接 backflow connection
倒流区 zone of reverse flow
倒流运输 commodity shunting
倒流制动 back dump
倒流装置 counter-flow unit
倒楼盖法 method of inverted beam and girder floor
倒滤层 filter layer; inverted choke; inverted filter layer; reverse filter layer
倒滤层反嵌料 <铺在碎石路面下的,防止路基土渗入碎石层> inverted choke
倒路拱 inverted camber; inverted crown
倒卵形的 obovoid
倒螺线 reciprocal spiral
倒脉冲 inverted impulse; inverted pulse; reverse impulse; revertive impulse
倒煤场 tipple; tripper coal yard
倒煤台 <煤矿小车将煤翻卸在煤仓内> tipple
倒泥驳船 dump barge
倒泥工地 dump site
倒泥距离 distance of dredge-dump journey
倒泥区 depositing ground; spoil ground; dump(ing) site
倒泥位置 dump location
倒逆过程 flip-over process; Umklapp process
倒逆矩阵 reciprocal inverse matrix
倒捻子 mangosteen
倒牛角浇口 reverse horn gate
倒拍 backward take
倒排 back scheduling
倒排表 inverted list
倒排表组织 inverted list organization
倒排索引 inverted index
倒排文件 inverted file
倒排文件对话结构 inverted file dialogue structure
倒抛物线 inverted parabola
倒品字锈菌属 <拉> Triphragmium
倒坡 adverse grade; adverse gradient; adverse slope; inverted slope; overhanging slope; retrogressive slope
倒坡梯田 adverse slope terrace
倒铺路面法 inverted penetration
倒铺屋面 inverted roof
倒谱 cepstrum
倒起模斜度 negative taper
倒签提单 anti-dated bill of lading; back dated bill of lading
倒倾角 inverted dip
倒倾力矩 sideway moment
倒溶解度 retrograde solubility
倒乳液 inverted emulsion
倒入 decant
倒塞曼效应 inverse Zeeman effect
倒三角尖顶 inverted cusp
倒三角算子 nabla
倒三角形 del; half-diamond indention
倒三角形桁架 inverted triangular truss
倒三角形算子 del operator; nabla
倒伞形格式穹顶 fan tracery vault
倒伞形曝气机 inverted umbrella-shaped aeration machine
倒伞形曝气器 cone aerator
倒色散系数 constringence[constringency]
倒渗井 negative well
倒石堆 talus
倒石堆角砾岩 talus breccia
倒石芽 upside-down karren
倒时 time of arrival; time of incidence
倒时数 inhour; inverse hour
倒时数公式 inhour equation
倒驶 <船的> sternway
倒驶试车 astern trial
倒速挡 reversing speed
倒梯形 inverted trapezoid
倒填日期 antedate; backdate; dating back(ward); foredate; predate
倒填日期支票 antedated check
倒推论 reasoning backward
倒推值 backup value
倒退 backrunning; backset; back slide; backward going; backward motion; fall back; reactivation; recoil; regression; retrogradation; retroversion; reversal; reverse; tailback
倒退挡 reversing shift
倒退的 reactionary; reactive; recessive; retrogressive
倒退分析 backward analysis
倒退警钟 backup alarm
倒退离合器 release clutch
倒退锚一字锚 ordinary moor; running moor; standing moor
倒退绕组 retrogressive winding
倒退信号灯 backup light
倒退演替 retrogressive succession
倒退运动 drawback movement; recoil movement
倒退运转 reverse operation
倒退装置 backward gear
倒退作用 retrogression
倒向 backward; lie
倒向齿轮轴 reversing gear spindle
倒向的 antitropous
倒向级 inverter stage
倒向开关 reversing switch
倒向离合器 reversing clutch
倒向凝固 total reversal solidification
倒向器 gun stock; reverser
倒向迁移 backward migration
倒向输入 inverting input
倒相调制 phase-reversal modulation
倒向推土 blading back of earth
倒向叶 retrorse leaf
倒向运土 <平地机> blading back(of earth)
倒向追踪 backtracking
倒向追踪法 backtracking method
倒斜板边 bevel(l)ed edge
倒斜边机 bevel(l)ing machine
倒斜角 bevel(l)ing
倒斜角机 bevel(l)ing machine
倒写 mirror writing
倒泄箱 dump box
倒卸车 ship; skip car
倒卸式起重机 skip hoist
倒卸式提升机 skip hoist
倒心 center[centre] of inversion
倒心形的 obcordate
倒行 backtrack; back-up; backward; retroact(ion); retroactivity
倒行发动机 steeple engine
倒行偏心轮 back eccentric wheel
倒形网络 potentially reciprocal network
倒型 reverse mo(u)ld
倒序检测文件 inverted file
倒序(排列) inverted order
倒悬 overhang
倒悬桁架 reversed truss
倒悬链曲线 inverted catenary
倒旋 backspin
倒牙 left-handed thread
倒崖 overhanging cliff
倒烟 down draught
倒烟炉 down-draft furnace; down-shot-type furnace
倒眼 <爆破用的一种洞穴> back hole
倒堰 inverted weir
倒焰 back-fire; down draft; down draught; inverse flame
倒焰炉 down-draft furnace; reverberating furnace
倒焰式煅烧窑 down-draught calciner; inverse flame calciner; inverse flame calcining kiln
倒焰式坩埚窑 down-draught pot furnace
倒焰窑 down-draft kiln; down-draught kiln; inverse flame kiln; reversed flame kiln; up-and-down draught kiln
倒焰圆窑 beehive kiln; round down-draft kiln
倒窑 kiln collapse; slumping

倒影 inverted image;reflection;reflex
倒影犁 reverse projection control
倒影池 mirror pool;reflecting pool;reflection pool
倒影式测距仪 invert range finder
倒圆 blending;profiled edge;round edge-arrissing;rounding
倒圆边 rounded edge
倒圆残留 round edge arrissing residue
倒圆成型车刀 rounding bit
倒圆的棱边 rounded edge
倒圆角 rounding angle
倒圆角的 round-edged
倒圆角铣刀 rounding-off milling cutter
倒圆锥体 inverted cone
倒圆锥形 turbination
倒缘放大器 paraphase amplifier
倒渣 deslagging;slagging
倒闸 back brake
倒置 bottom up;contrapose;invertsion;invert;upside-down
倒置安装 ceiling mounting
倒置串话 inverse crosstalk
倒置磁控管 inverted magnetron
倒置的 inverted
倒置的文件 inverted file
倒置地形 inverted relief
倒置发动机 inverted engine
倒置坩埚 inverted crucible
倒置拱形大梁 inverted bow and chain girder
倒置沟道 inversion channel
倒置规则 contrapositive rule
倒置虹管式排水巷道 blind level
倒置化油器 inverted carbureter[carburetor]
倒置回声测深仪 inverted echo-sounder
倒置金相显微镜 inverted metallurgic microscope
倒置矩阵 inverse matrix
倒置连接 inverted connection
倒置路缘石 inverted kerb
倒置罗经 hanging compass;inverted compass;overhead compass
倒置模具 inverted die
倒置盆形木块 dumpling
倒置平屋顶 inverted flat roof
倒置平屋面 inverted flat roof
倒置汽缸 inverted cylinder
倒置汽化器 inverted carbureter[carburetor];reversing carburetor
倒置器 inversor
倒置渗压计 inverted osmometer
倒置生物显微镜 inverted biologic microscope
倒置式传力杆 retrofit load transfer
倒置式底面混合搅拌器 bottom entering mixers agitator
倒置式路缘石 inverted curb;converted kerb
倒置式屋顶 inverted roof
倒置式屋面 inverted roof
倒置隧道模型 ground mo(u)ld
倒置网络 inverse network;reciprocal network
倒置文件方式 inverted file model
倒置屋顶 upside-down roof
倒置屋面 upside-down roof
倒置屋面膜装配体 inverted roof membrane assembly
倒置物 inversion
倒置显微镜 inverted microscope
倒置信道 inverse channel
倒置厌氧缺氧好氧活性污泥工艺 inverted anaerobic-anoxic-aerobic activated sludge process
倒置缘石 inverted curb
倒置运行 inverse operation;inversion operation
倒置杂音 frequency inverted noise
倒置直接发动机 inverted direct act engine
倒钟形电路 anti-clock circuit
倒钟形柱头 bell capital
倒轴 beaming
倒轴机 warp-rebeaming machine
倒转 back draught;backkick;back motion;backswing;change-over;complete mixing;contra-rotating;flyback;inversion;kick back;plunge;retracting stroke;reversal;reverse rotation;reverse running;run counter;turnover;upset-(ting);plunging【测】
倒转背斜 inverted anticline;overturned anticline
倒转不整合 inverted unconformity
倒转层 inversion layer;upturned bed;upturned strata
倒转层位【地】inverted position
倒转层序 overturned succession;reversed order;reversed stratigraphic(al) sequence
倒转场 reversed field
倒转垂线 inverted plumb line
倒转代换 back substitution
倒转的 inverse;inverted;overturned;reversed;upside-down
倒转地层 inverted stratum;overturned bed
倒转地形 ennoyage;inverted relief
倒转点 inversion point
倒转动作 reverse action
倒转读出 read reverse
倒转惰齿轮 idler reverse gear
倒转发动机 reversing engine
倒转方式 inversion mode
倒转构渠 upside-down channel
倒转后解松 back-off
倒转机 upender
倒转机构 reversing mechanism
倒转检验 reversal test
倒转绞盘 walk back
倒转煤层 overturned coal seam
倒转皮带 reversing belt
倒转倾伏 inverted plunge
倒转时间 return time
倒转式自记温度计 <测量深层水温的> reversing thermometer
倒转术 version
倒转水道 upside-down channel
倒转水平 invert level
倒转水系 backhand drainage
倒转位置 inverted position;reversed position
倒转向斜 inverted syncline
倒转岩层 inverted stratum;overturned bed
倒转翼 inverted flank;overturned limb;reversed limb
倒转运动 upside-down motion
倒转褶皱 inverted fold;outfold;overfold;overturned fold;overturning fold;reverse fold
倒转褶皱上翼 arch limb
倒转轴 topple axis
倒转主动轮 reverse capstan
倒转(自记)温度计 <测海中深处温度用> reversing thermometer
倒装 reload(ing);upside-down charging
倒装泵 flip pump
倒装超声焊接器 flip-chip ultrasonic bonder
倒装法 upside-down mounting
倒装焊接 face-down bonding;flip-chip bonding
倒装焊接法 flip-chip method
倒装焊接机 face-down bonder
倒装焊接器 flip-chip bonder
倒装晶片 flip chip
倒装路面结 upside down pavement structure
倒装辘轳 dock block
倒装片法 flip chip
倒装式焊接器 flip-chip bonder
倒装式接合 flip-chip bonding
倒装式路面结构 inverted pavement structure;"upside-down" pavement structure
倒装小齿轮 contravane
倒装芯片 flip chip
倒装肘板 <木船上> standard knee
倒装作业 reloading operation
倒锥 back taper
倒锥漏斗 inverted cone depression
倒锥丝锥 back taper tap
倒锥体 deores cone
倒锥形沉淀池 pyramidal sedimentation tank
倒锥形澄清池 hopper type clarifier
倒锥形格条 reverse cone grate
倒锥形铰孔 reverse taper ream
倒锥形喷嘴 reversed cone nozzle
倒锥形柱头 flaired head
倒锥形钻 inverted cone bur
倒锥形钻孔 reverse taper ream
倒锥转盘式离心脱水机 nozzle-disc [disk] centrifuge
倒坐 recoil

到岸价格 <包括货价、运费和保险费> cost, insurance and freight;coast, insurance and freight

到岸价格加班轮条件(价) cost, insurance, freight and liner terms
到岸价格加保险费 cost, insurance, freight and premium
到岸价格加报关所有手续费 cost, insurance, freight cleared
到岸价格加兵险 cost, insurance, freight and war-risk
到岸价格加兵险货到付款价 payment upon arrival, cost, insurance, freight and war-risks payment upon arrival
到岸价格加代理费 cost, insurance, freight and commission
到岸价格加代理费和汇费 cost, insurance, freight, commission and exchange
到岸价格加关税价 cost, insurance, freight and duty paid
到岸价格加汇费价 cost, insurance, freight and exchange
到岸价格加结关费用价 cost, insurance, freight and cleared
到岸价格加利息和汇费 cost, insurance, freight, interest and exchange
到岸价格加利息和佣金 cost, insurance, freight, interest and commission
到岸价格加利息价 cost, insurance, freight and interest
到岸价格加卸货费 cost, insurance, freight and landed
到岸价格加卸货费条款 cost, insurance, freight and landed terms
到岸价格加卸货价 cost, insurance, freight and landed terms
到岸价格加佣金、汇费及利息 cost, insurance, freight, commission, exchange and interest
到岸价格加佣金和利息 cost, insurance, freight, commission and interest
到岸价格加佣金(价) cost, insurance, freight and commission
到岸价格加战争险 cost, insurance, freight and war-risk
到岸价格加战争险货到付款价 payment upon arrival, cost, insurance, freight and war-risks payment upon arrival
到岸价格伦敦条款 cost, insurance and freight London terms
到岸轮船舱底交获(价) cost, insurance, freight and exship's hold
到岸品质 arrival quality
到岸品质/重量 landed quality/weight
到岸上 ashore
到岸牲口临时栏圈 lairages
到岸重量 arrived weight;landing weight
到长途局的中继线 local junction
到厂 delivered at plant
到场旅客 arriving passenger
到车率 rate of arrival
到车时刻 time of arrival
到船上工作 joint a ship
到船通知书 arrival notice
到船尾就位 lay aft
到达保管 custody of arrival
到达报告 reception report
到达比率 arrival rate
到达闭塞 receiving block
到达闭塞机 end block mechanism
到达波 arrival wave
到达侧线 arrival siding;reception sidings
到达产品 incoming product
到达场【铁】arrival yard;arriving yard;receiving yard;reception yard
到达车场 inbound yard
到达车辆 approaching vehicle
到达车辆平均等候时间 average wait per approaching
到达车流量 arrival flow
到达车流图式 inflow pattern
到达车率 arrival rate;rate of arrival
到达车数 cars arrived;cars received
到达处 place of destination
到达船 arrival ship;arrived ship
到达船旅客名单 arrival list
到达的渐近方向 asymptotic(al) direction of arrival
到达登记簿 arrival book
到达地 arrival point;place of destination
到达地放行证书 destination release
到达点 destination point;point of arrival
到达点纬度 latitude in
到达顶上的 culminant
到达吨数 tons of goods received;tons received
到达范围 coverage area
到达方式 arrival pattern
到达方位 arrival bearing
到达方向板 destination panel
到达方向标志 destination sign
到达方向轨线(编组场)缓行器 direction track brake
到达方向轨线(编组场)制动器 direction track brake
到达分布 arrival distribution
到达峰值时间 time to peak
到达付运费 freight at destination
到达干燥期限 drying-out time
到达干燥周期 drying-out period
到达港 arrival port;port of arrival;port of destination;port of entry
到达港支付 payable at destination
到达工地前预先涂绝缘层的 coated prior to arrival on site
到达国 destination country

D

到达过程 arrival process
到达火车预确报 advance and final arrival notice of train
到达货仓 inbound freight house
到达货票登记簿 arrival-invoice register
到达货物 inbound freight; incoming freight
到达货物办公室 office dealing with inward goods traffic
到达货物吨数 number of tons of freight arrived
到达货物运输 inward traffic; received traffic
到达记录簿 record of arrivals
到达继电器 arrival relay
到达间隔 arrival interval
到达间隔时间 interarrival time
到达交通 access traffic; terminating traffic
到达交通量 terminating traffic volume
到达角 angle of arrival; arrival angle
到达解体列车 inbound train for breakup
到达解体列车技术作业过程 operating procedure of inbound train
到达经度 longitude in
到达井口时间 <初至波> uphole time
到达局 arrival administration; destination administration; receiving administration
到达类型 arrival pattern
到达历时 arrival time
到达列车 arriving train; inbound train
到达列车数 trains arrived; trains received
到达列车通知单 inbound train list
到达流量 arrival flow
到达流率 arrival flow rate
到达路 destination railway
到达旅客人数 passengers arrived
到达率 arrival rate
到达模式 arrival pattern
到达目的地价格 rendu price
到达平衡时间 equilibrium time
到达曲线 arrival curve
到达日期 data of arrival
到达时差 time difference of arrival
到达时的制动检查 incoming brake test
到达时间 arriving time; time of advent; time (of) arrival; arrival time
到达时间表示器 arrival time indicator
到达时间分布 arrival time distribution
到达时间分布密度函数 <排队论> Erlang density function
到达时间间隔 interarrival time; time between arrivals
到达时净值 net arrived value
到达时刻 time of train arrival
到达时完好价值 net arrived sound value
到达时重量 arrived weight
到达枢纽 destination terminal
到达竖井 arrival shaft
到达速率 arrival rate
到达所需时间 time to go
到达铁路 destination railway
到达通知 advice of arrival; arriving notice
到达通知单 arrival note; rail advice
到达通知书 arrival notice
到达图式 arrival pattern
到达图形 arrival pattern
到达位置 in position
到达线 arrival track; inbound track; inward-bound track; receiving-departure yard; receiving track; reception sidings; reception track
到达线群 reception set of siding; set of reception siding
到达线通过能力 carrying capacity of receiving-departure track
到达信号 arrival signal; home signal
到达行李 received luggage
到达优先数 in-coming priority
到达摘要表 received abstract
到达站 arrival station; destination station; incoming station; point of destination; receiving road; receiving track; station of destination
到达站台 inbound platform
到达整车运输 inbound carload shipment
到达终点 destination terminal
到达终点站 arrival at destination
到达状态 arrival pattern
到达自动开关装置 terminal stopping device
到达最接近点的时间 time of closest point of approach
到达作业 arrival operation; arrival treatment <列车>
到达作业费 operation charges of arriving
到达作业支出 arrival operation expenditures
到底桩 home-driven pile
到地下水位的深度 depth to water table
到第一全丁砖层的高度 header-high
到顶 come to a head; upper bracket
到顶的 percurrent
到顶隔墙 full-height partition
到发场【铁】 receiving-departure yard; reception and departure yard
到发船密度 frequency of ship's arrival and departure
到发间隔定时器 departure-arrival interval timer
到发线【铁】arrival-and-departure sidings; arrival-and-departure track; receiving-departure track; arrival-departure track; up-and-down line
到发线出岔电路 protection circuit for switch lying in midway of receiving-departure track
到发线利用率 the utilization ratio of arrival and departure track
到发线路的隔开 <为铺设安全线等> isolation of tracks
到发线群 reception and departure set off sidings; set of reception and departure sidings
到发线通过能力 carrying capacity of receiving-departure track
到发线有效长 effect length of track
到付 pay on arrival
到付款日期 due
到付运费 collect freight; freight at destination; freight collect; freight forward; freight payable at destination
到港报关 inward clearance
到港报关证书 inward clearance certificate
到港吃水 arrival draft; arriving draft
到港付款条款 arrival clause
到港价格 free overboard; free overside
到港旅客 arriving passenger
到港时间有改变 alternation of ship's ETA
到港誓言 oath of arrival
到港提单 port bill of lading
到港通知 notice of arrival
到港压载 arrival ballast
到港重量条款 full out terms
到河口外再由其他船舶过驳装满的作业 offshore topping-off operation
到会人 conventioneer
到会者 turnout
到货付款 cash on delivery
到货港 delivery port
到货价格 delivered price
到货时所取货样 outturn sample
到货室主任 head of receiving office
到货收款 cash on delivery
到货通知 advice of arrival
到货通知单 rail advice
到货通知书 arrival notice; notice of arrival of goods
到货运费 freight to collect
到货终点 receiving end; receiving terminal; reception terminal
到货重量 delivered weight
到壳体上接管 nozzles to shell
到连挂点的车辆数 car count distance-to-coupling
到楼下 downstair (case)
到目标的距离 range-to-go
到期 become due; come due; expiration; fall (ing) due; maturing; maturity
到期保险费 premium due
到期本金 matured principal
到期的 due; mature
到期付款 payable at maturity
到期付款净额 net account due
到期负债 matured liability
到期股金和股息 due share capital and dividends
到期后偿付 payment after due date
到期后付款汇票 bill on maturity
到期汇票 due bill; matured bill
到期金额 due accounts
到期利息 interest due
到期年金的现值 present value of an annuity due
到期票据 bill to mature; matured note
到期期票 matured note
到期前偿付 prematurity repayment
到期前的违约 breach before performance is due
到期前付款 prematurity payment
到期日 date due; date of maturity; day of due date; day of maturity; expiring date; expiry date; maturity date
到期日付款 payment at maturity
到期日期 date due; due date
到期通知书 renewal notice
到期投资 maturing investment
到期一次清还贷款的借据 straight note
到期以后的月数 months after due date
到期应偿付债券 bonds due for payment
到期应付金 mature repayment
到期应纳税款 tax due
到期展期通知书 renewal notice
到期(之)日 due date
到期支票 matured check
到期值 maturity value
到时差 arrival time difference
到时误差 arrival time error
到市场做买卖 do one's marketing
到事故点的距离 distance to accident
到水中 overboard
到司机室顶部的车辆高度 cab height
到现在为止的原置成本 original cost to date
到(有)标称尺寸的 up to size
到站核算制 destination accounting system
到站旅客 arriving passenger
到站指示牌 destination indicator
到这里为止 thus much
到最高度 culminate

盗版 piracy

盗伐、滥伐林木罪 crime of illegally cutting down and denuding forest or other woodlands
盗窃 burglary; larceny
盗窃保险 burglary insurance
盗窃虫 Xestobium rufovillosum
盗窃及货物损失 pilferage and cargo loss
盗窃险 risk of theft and pilferage
盗窃信息者 intruder
盗窃行为 burglary
盗窃意外保险 guarantee insurance
盗窃者 intruder
盗用 embezzlement
盗用公款 defalcate; embezzle
盗贼 robber

道 tract

道班 section gang
道班房 maintenance building; section house
道班工具房 section tool house
道班工人 section hand
道班轨道车 crew motor trolley
道班养路 gang maintenance
道本顿平面 Daubenton's plane
道边 wayside
道编排 trace sequential
道变址 track index
道布莱斯棱镜 Daubresse prism
道叉键 switch lock
道岔 cross-over road【道】; parting turnover; railroad switch; switch turnout【铁】
道岔按钮 points push button; switch push button
道岔扳杆 switch column
道岔搬杆 switch column
道岔备件 spare parts for turnout
道岔闭合 closing of point
道岔编号 numbering of points; switch number
道岔标志 switch indicator; switch target
道岔标志灯 point indicator lamp; switch lamp
道岔表示 switch indication
道岔表示变压器 switch indication transformer; switch indicator transformer
道岔表示灯 point lamp; switch indication light
道岔表示灯光 switch indication light
道岔表示灯头 switch lamp burner
道岔表示电源 power source for switch indication; power supply for switch indication
道岔表示接触器 switch instrument
道岔表示控制器 switch indication controller
道岔表示器 points signal; switch indicator; switch signal; switch target; target signal
道岔表示器支座 target staff bearing
道岔布置 switch layout
道岔操纵 operation of switch
道岔操纵杆 switch operating rod
道岔操纵继电器 point setting relay
道岔操纵装置 switch operating gear

道岔侧股轨道 switch branch track
道岔侧线 branch line of turnout; branch track of turnout; turnout branch
道岔侧向区段 deflecting section
道岔测量 turnout survey
道岔长度 length of turnout
道岔存储控制 stored points control
道岔错误表示 false indication of a switch
道岔大部件锯切机 saw for heavy part of turnout
道岔单独操纵按钮 individual points button; individual switch button
道岔导程 switch lead
道岔导管路 point rodding
道岔导曲线 curve of turnout
道岔导曲线半径 radius of curve of turnout
道岔导线 point wire; switch wire
道岔捣固机 switch tamping machine
道岔的绝对控制 absolute control of the switch points
道岔点 switch location; switch point
道岔电表示器 electric(al) switch signal
道岔电操纵 electric(al) working of points
道岔电控操纵法 electropneumatic switch working
道岔电缆 switch cable
道岔电路控制器 point control switch; switch box; switch circuit controller
道岔电路控制器接点 switch circuit controller contact
道岔电热器 electric(al) switch heater
道岔垫板 bed plate; switch bed plate; switch chair; turnout plate
道岔定反位保留继电器 normal-reverse switch stick relay
道岔定反位自闭继电器 normal-reverse switch stick relay
道岔定位 normal position of points; normal switch position; point in normal position
道岔定位表示 normal switch (position) indication; switch normal indication
道岔定位复示继电器 normal switch repeater; normal switch repeater relay
道岔定位复示器 normal switch repeater
道岔定位控制继电器 normal point control relay
道岔动作电源 power source for switch operation; power supply for switch operation
道岔动作杆 point-operated stretcher; point operating stretcher
道岔端点 end of switch
道岔反位 point in reverse position; reverse position of points; reverse position of switch; reverse switch position
道岔反位表示 switch reverse indication
道岔反位表示器 reverse position of switch indicator
道岔反位控制继电器 reverse point control-relay; reverse switch control-relay
道岔返回原位 return of points
道岔防护 points protection; switch protection
道岔分岐区段 fouling section
道岔分歧区段单独轨道电路 separate fouling circuit
道岔分歧区段轨道电路 fouling rail circuit
道岔封锁 switch closed up
道岔复示继电器 switch repeater
道岔复示器 switch repeater
道岔钢材 switch plate section; switch steel section
道岔钢轨类型 type of turnout rails
道岔工班 switch gang
道岔勾锁器 point clamp
道岔钩锁 pad locking of points; pad locking of switch
道岔钩锁器 point padlock; switch padlock
道岔钩锁器钥匙 point padlock key; switch padlock key
道岔刮子 points scraper
道岔轨枕 switch sleeper; switch tie
道岔轨座 switch chair
道岔号数 turnout number
道岔和车辆进路的自动控制 automatic control switches and routing of car
道岔后部理论长度 rear part theoretical length of turnout
道岔后部实际长度 rear part actual length of turnout
道岔护轨 turnout guard rail
道岔护轮轨 point protector; switch guard rail
道岔回路管制器 switch circuit controller
道岔回路控制器接点 switch circuit controller contact
道岔机 point machine
道岔基本轨端部 stock rail end of switch
道岔极化表示法 polarized switch indication
道岔集中操纵 concentration of points
道岔集中操纵楼 switch
道岔集中控制 concentration of points
道岔加热器 switch heater
道岔尖轨 point blade; point tongue; switch blade; switch point; switch tongue; tongue rail
道岔尖轨保护器 switch point protector
道岔尖轨表示灯 switch point lamp; switch point light
道岔尖轨表示器 switch point indicator
道岔尖轨长度 switch rail length
道岔尖轨动程 movement of switch points; switch travel; throw of the (switch) points
道岔尖轨耳铁 point lug; switch lug
道岔尖轨滚轮 switch point roller
道岔尖轨行程 switch travel
道岔检查表示 point detection indication
道岔检查继电器 point detection relay
道岔检查锁闭器 detector bolt
道岔解锁【铁】switch locking release; point locking release; release of the points; release of the switch; switch unloading
道岔解锁机构 switch release gear
道岔就地操纵 local actuation of points; local switching arrangement; points operated on site
道岔就地操纵箱 local switch controller; switch column
道岔就地操纵装置 local switching arrangement
道岔绝缘段 insulated switch section
道岔绝缘区段 point insulated section; switch insulated section
道岔控制 point control
道岔控制电路 switch control circuit
道岔控制电源 power source for switch control; power supply for switch control
道岔控制继电器 switch control relay; switch operating relay; switch starting relay
道岔控制区 points control zone
道岔控制线 switch control wire
道岔拉杆 point-operated stretcher; point operating stretcher; point rod; stretcher (bar); switch rod; throw rod
道岔理论长度 <从尖轨起点至辙叉理论中心的距离> theoretic(al) length of points; theoretic(al) length of turnout rails
道岔理论导程 theoretic(al) lead of turnout; theoretic(al) length of lead rails
道岔连接杆 point bar; point rod; switch bar; switch rod
道岔联锁 interlocking of points
道岔联锁电路 point interlocking circuit
道岔路牌锁闭器 let switch lock
道岔路签锁闭器 staff switch lock
道岔密贴 closing of switch; switch closure; turnout closure
道岔密贴调整 switch adjustment
道岔密贴调整杆 adjustable switch operating rod
道岔密贴调整托架 switch adjustment bracket
道岔密贴调整装置 switch adjustment device
道岔模件 switch module
道岔木枕 timber switch sleeper
道岔配列 layout arrangement of turnout; switch layout
道岔铺设 laying in a switch
道岔起点 start of switch
道岔起动 switch starting
道岔起动继电器 switch control relay; switch operating relay; switch starting relay
道岔起重机 turnout building crane
道岔前部理论长度 front part theoretical length of turnout
道岔前部实际长度 front part actual length of turnout
道岔清扫房 switch cleaner's cabin
道岔区 <驼峰编组场> turnout zone; switch area
道岔区段 point section; switch section
道岔区段轨道电路 switch detector track circuit
道岔区坡 grade of switch area; gradient within switching area
道岔全长 total length of turnout
道岔群 group of points; group of turnouts; point group
道岔人工解锁 switch manual release
道岔融雪器 point heater; switch snow melter
道岔润滑剂 switch lubricant
道岔设计 switch design; turnout design
道岔实际长度 actual length of turnout
道岔始端 beginning of turnout
道岔手柄 point lever; switch handle; switch lever
道岔手柄表示灯 switch ever lamp
道岔手柄复示继电器 switch lever repeater relay; switch lever repeating relay
道岔手操纵 hand switch control
道岔手钮 switch knob
道岔刷 points brush
道岔双重操纵 dual point operation
道岔双重控制 dual point operation
道岔顺序启动 sequential starting of switches
道岔顺序转换 sequential operating of switches
道岔损伤迹象 switch loss of indication
道岔锁闭【铁】switch locking; point locking; turnout locking
道岔锁闭表示 switch lock-out indication
道岔锁闭杆 detector bar; point locking bar; switch locking bar
道岔锁闭回路管制器 point locking controller
道岔锁闭检查杆 switch detector bar; track slide bar
道岔锁闭检查器 bolt and point detector; point detector
道岔锁闭检查器联锁 interlocking by point detector
道岔锁闭控制器 point locking controller
道岔锁闭器 detector bolt; lock(ing) bolt; point bolt; railroad crossing lock; switch lock
道岔锁闭器导管路 locking bolt rodding
道岔锁闭器钥匙 point lock key; switch lock key
道岔锁闭条 point locking bar
道岔锁闭握柄 point locking lever
道岔锁条 switch locking bar
道岔铁帚 switch broom
道岔维护 switch attendance
道岔位置 switch location
道岔位置表示器 point position indicator; signal point indicator
道岔位置符合表示灯 switch correspondence lamp; switch correspondence light
道岔位置符合继电器 switch correspondence relay
道岔位置与控制手柄相符合 switch correspondence
道岔握柄 point lever; switch lever
道岔握柄表示灯 switch ever lamp
道岔握柄电气锁闭 electric(al) switch lever locking
道岔握柄电锁器电路 point lever lock circuit
道岔线 point wire
道岔信号灯 target lamp; target light
道岔旋钮 switch knob
道岔油灯 oil switch lamp
道岔有车 point occupancy; switch occupancy
道岔原子表示灯 atomic switch lamp
道岔圆盘信号 target signal
道岔钥匙 point key
道岔占用 point occupancy; switch occupancy
道岔辙叉号数 frog number of points
道岔枕木 points sleeper
道岔正线部分 main-line portion of turnout
道岔支线侧 branching side of points
道岔直股轨道 switch main track
道岔直尖轨 straight blade of points
道岔中途转换 switch thrown under moving cars
道岔中心 center[centre] of points; center[centre] of switch; center[centre] of turnout
道岔中心表示法 method of indicating the centerline of turnout
道岔中心距离 turnout center distance
道岔主线 main-line of turnout; main track of turnout; turnout main
道岔柱 turnout mast

道岔转换 operation of switch; point movement; point operation; point setting; point working; switch movement; switch operated; switch operation; switch setting; switch transaction
道岔转换拐肘 point operating crank
道岔转换机构 point operating gear
道岔转换继电器 point setting relay
道岔转换器 point operating apparatus
道岔转换时间 points-over time; switchover time
道岔转换锁闭 point-and-lock movement
道岔自动扳动 automatic switching of point
道岔自动返位 automatic return of points
道岔自动集中控制盘 automatic switching panel
道岔自动集中系统 automatic switching system
道岔自动集中制 automatic switching system
道岔自动控制 automatic point control; automatic switching control
道岔自动转换 automatic switching; automatic point setting; automatic point switching
道岔自动转换设备 automatic switching equipment
道岔自动转辙机 automatic switching machine
道岔阻力 switch resistance
道岔阻力能高损耗 switch resistance loss
道岔组 group of points; group of turnouts
道岔组合 combination of slip turnout and scissors crossing
道岔组匣 switch module
道尺 rail ga(u)ge(templet); templet; track ga(u)ge
道床 bed; road bed【道】; ballast bed; track bed【铁】
道床边坡 side slope of ballast
道床边坡夯实机 ballast shoulder consolidating machine
道床边坡坡度 ballast slope
道床边坡稳定性 stability of ballast slope
道床沉陷 settlement of roadbed
道床承载力 bearing strength of ballast bed
道床捣固 ballast temping
道床顶宽 width at top of roadbed
道床顶面 crown of ballast
道床断面 ballast section; cross-section of roadbed; roadbed profile; roadbed section
道床刚度 roadbed stiffness
道床夯实 ballast ramming
道床横向阻力 lateral ballast resistance
道床厚度 ballast depth; ballast thickness; depth of roadbed; roadbed depth; thickness of roadbed
道床加宽 widening of roadbed
道床肩夯拍机 ballast edge compactor
道床结构钢筋连接端子 linking terminal for roadbed structural reinforcement
道床宽度 ballast density; ballast width; roadbed width; width of ballast bed; width of roadbed
道床密实度 ballast density
道床排水沟 track bed drain
道床配砟整形 ballast distributing and trimming
道床配砟整形机 ballast distributing and regulating machine
道床坡脚 slope foot of roadbed; toe of ballast; toe of roadbed
道床破底清筛机 ballast undercutting-cleaner
道床清筛 ballast cleaning
道床清筛机 ballast cleaning machine; mechanical ballast cleaner
道床容许压力 permissible ballast pressure
道床弹性 resilience of ballast; resilience of roadbed
道床系数 ballast modulus; roadbed modulus; ballast coefficient <单位下沉量所需的压力>
道床下沉 settlement of ballast bed
道床压力自记仪 stremmatograph
道床应力 ballast stress; roadbed stress
道床脏污系数 ballast fouling index
道床渣肩 ballast shoulder; shoulder of ballast bed
道床整形 ballast trimming
道床整形机 ballast regulator machine
道床纵向阻力 longitudinal ballast resistance
道床阻力 ballast resistance; roadbed resistance
道次 <轧制> pass
道次压下量 reduction in pass
道迪型支柱 Dowty prop
道底测量 subgrade survey
道底堆积 subgrade storage
道底摩擦力 subgrade friction
道底土壤 subgrade soil
道地址 track address
道钉 dog nail; dog spike; nail spike; rail spike; spike dog; spike(nail); track spike
道钉拔出器 spike puller
道钉扳手 box spanner
道钉拔 spike drawing winch
道钉槽 spike slot
道钉锤 spike driver; spike hammer; spike maul; spiking hammer; track maul
道钉打击器 pin driver
道钉打入机 spike driver
道钉钉入器 spike driver
道钉顶头 stiletto heel
道钉浮动 dog spike floating; dog spike sleeper
道钉杆 spike shaft
道钉钢条 dog spike bar
道钉工 <铁路> spiker
道钉工作队 spiking gang
道钉毁损 spike killing
道钉机 spike driver
道钉孔木塞 wooden spike
道钉口木塞 tie plug; wooden spike
道钉起拔器 spike drawing winch
道钉器 spike puller
道钉钳 spike tongs
道钉抢 spike gun
道钉撬 spike drawer; spike puller
道钉型钢 spike rod
道顶工作面 top heading
道顿接头 <一种湿土内雨水管接头> Doulton's joint
道恩电解池 Down's cell
道恩法 Down's process
道恩公式 <一种设计柔性路面厚度的古典公式> Down's formula
道尔贝降噪系统 Dolby noise reduction system
道尔贝系统 Dolby system
道尔顿 <质量单位,氧原子质量的 1/16> dalton
道尔顿铋铅锡易熔合金 Dalton's alloy
道尔顿定律 <表示空气饱和度的定律> Dalton's law
道尔顿分压定律 Dalton's law of partial pressures
道尔顿高架颚式破碎机 Dalton's overhead eccentric type jaw crusher
道尔顿温标 Dalton's temperature scale
道尔金凹版法 Dultgen process
道尔蓄特公式 <计算涵洞等出水口面积用> Talbot's formula
道尔普特级配曲线 Talbot's grading curve
道尔式脱表面接触系统 Dolter surface-contact system
道芬律 Dauphine law
道芬双晶 Dauphine twin
道芬双晶律 Dauphine twin law
道格拉斯八级浪 precipitous sea
道格拉斯波浪等级 Douglas sea and swell scale; Douglas(wave) scale
道格拉斯二级浪 slight
道格拉斯海况和长浪尺度 Douglas sea and swell scale
道格拉斯九级浪 confused sea
道格拉斯浪涌级表级 Douglas sea and swell scale
道格拉斯量脚规 Douglas protractor
道格拉斯零级浪 calm; no swell
道格拉斯六级浪 high sea
道格拉斯气袋 Douglas bag
道格拉斯四级浪 rough sea
道格拉斯陷凹 Douglas pouch
道格拉斯一级浪 smooth
道格拉斯炸药 Douglas powder
道格特角风 <指南非沿海一种强东南风> cape doctor
道格统【地】Dogger series
道归一化 trace normalized
道轨导电接头 track rail bond
道轨受压纵向应力自记仪 stremmatograph
道轨羊角锤 rail claw hammer
道合金 Dow metal
道恢复 track recovery
道间串扰 intertrack crosstalk
道间距 channel interval; group interval; track pitch
道间均衡 trace equalization
道间相位差 phase difference between traces
道间移动时间 track-to-track moving time
道教 <中国主要宗教之一> Taoism
道教庙宇 Taoism temple; Taoist temple
道教寺院 Taoism temple
道具 prop(erty); stage property
道具室 property room; prop room
道口 crossing; grade crossing; highway grade crossing; highway-railway crossing; level crossing; railroad (grade crossing); railway crossing; railway-high way(grade) crossing; road grade crossing; road junction
道口安全 crossing safety; crossing security
道口安全装置 level-crossing safety installation
道口板 crossing plate
道口保护部件 crossing protection package
道口保护设备箱 crossing protection package
道口报警装置 level-crossing alarm device; level-crossing warning device
道口标志 crossing sign; highway crossing sign; railroad crossing sign
道口车祸 grade crossing accident
道口电铃 highway crossing bell
道口防护 crossing protection
道口防护设备【铁】railroad crossing protection device
道口防护系统 highway grade crossing protection system
道口防护制 highway grade crossing protection system
道口防护装置 level-crossing protection installation
道口封闭时间 crossing blockade time
道口轨道电路 crossing track circuit; highway crossing track circuit; island track circuit
道口混凝土板 crossing slab
道口接近区段 approach section of a highway crossing
道口解警 crossing release
道口警告标志 cross-buck sign
道口警告信号 highway crossing warning signal
道口警告信号机 highway crossing warning signal
道口警告装置 level-crossing warning installation
道口警铃 crossing bell
道口开放 crossing release
道口看守房 gatekeeper's box; gatekeeper's cabin; gatekeeper's hut; gatekeeper's lodge; gateman's box; gateman's hut; level-crossing signal box; watchman's box
道口看守员 crossing flagman; crossing keeper; crossing watcher; crossing watchman; gatekeeper; gateman; grade crossing watchman; level-crossing watchman
道口栏杆 crossing gate
道口栏木 crossing barrier; crossing gate
道口栏木机械装置 crossing gate mechanism
道口链条 barrier chain; crossing chain
道口(两侧)引道【铁】railroad crossing approach
道口平台 level section with railway crossing; platform of grade crossing
道口铺面 grade crossing pavement; paved crossing; surface of grade crossing
道口区间 mid-block
道口日夜防护设备 full-time crossing protection equipment
道口闪光灯 highway crossing flasher
道口闪光信号 highway crossing flashing signal
道口石 bridge stone; crossing stone
道口事故 crossing accident; grade crossing accident
道口事故责任 responsibility for crossing accidents
道口室外音响器 highway crossing outdoor audible device
道口通知设备 highway crossing annunciating device
道口通知信号(机) highway crossing announcing signal
道口尾续车流 <绿灯熄后红灯未亮前闯入道口的车流> build-up flow
道口限界架【道】boundary frame on crossing
道口信号 crossing signal; grade crossing signal; highway crossing signal; railroad crossing signal; road crossing signal
道口信号符号 highway crossing signal symbol
道口信号机【铁】grade crossing signal; highway crossing signal; highway crossing signal; level-crossing

(road) signal;road crossing signal
道口信号继电逻辑单元 grade crossing relay logic unit
道口信号控制盘 highway crossing signal control panel
道口信号预报器 grade crossing predictor
道口信号指示器 highway crossing signal indicator
道口行人 passer-by of road crossing
道口遥信遥测设备 remote surveillance and telemetering for highway crossing
道口引坡 crossing approach
道口有车 crossing occupancy
道口预告标 railroad crossing approach sign
道口栅门 railroad crossing gate
道口占用 crossing occupancy
道口遮断器 crossing gate
道口遮断信号 highway crossing mono-indication obstruction signal
道口折算交通量 equivalent traffic volume of grade crossing
道口撞车事故 highway crossing collision
道口自动号志 automatic highway crossing signal
道口自动信号(机) automatic railway crossing signal【铁】; automatic highway crossing signal【道】
道宽 track width
道兰方程式 Dolan equation
道里试验 < 测定骨料磨耗量的 > Dorry test
道林纸 bond paper; Dowling paper; glazed printing paper; mechanical pulp-free printing paper
道路 road(way);trafficway;avenue; passageway; path; way; agger < 古罗马帝国的 >
道路安全岛上的照明灯柱 island lighting column
道路安全分隔墙 vehicle safety barrier
道路安全改善系统 highway safety improvement system
道路安全研究 road safety research
道路安全栅栏 vehicle safety fence
道路傍山的一边 high side of road
道路保养 carriageway maintenance; road maintenance
道路比较线 route alternative
道路避车处 refuge manhole
道路边沟 road ditch;roadside ditch
道路边沟纵断面 street gutter profile
道路边坡 road banks
道路边线 bank line;boundary property line; bounding property line; road casing line
道路边线标志桩 side stake
道路边缘石 edgestone
道路边缘用地 marginal land
道路编码 road number
道路标牌 road delineator
道路标示 road mark(ing)
道路标线 delineator;road mark(ing)
道路标线材料 < 预成型的,具有自黏[粘]性 > Plastix
道路标线漆稀释剂 thinner for traffic paint
道路标线塑料 spray plastic
道路标志 leading mark; regulating sign;regulation sign;road sign;sign board;street marker
道路标志机械 street marking machine
道路标志胶 road sign adhesive
道路标柱 guide post
道路标准 road standard
道路标准黏[粘]度计 < 中、俄等国用 > standard viscometer(of highway)
道路表层 road surface
道路表面处治 road surface dressing; road surface treatment; surface dressing
道路冰冻防护措施 road ice-control
道路冰冻防护剂 road salt
道路波浪现象 road wave
道路剥落 road spall
道路补坑 road patch
道路不平坦度 road inequality
道路不平整度 road roughness
道路不平整度仪 road roughness indicator
道路布设方案 layout of roads
道路布置 layout of roads;layout road; road layout
道路财产目录 highway inventory
道路财务收入 road revenue
道路草测 road sketching
道路侧石 street curb
道路侧石的开口 curb opening
道路测量 road survey(ing)
道路测量体系 road survey system
道路测量系统 road survey system
道路测振机 road vibrating machine; road vibration machine
道路岔口 parting
道路长度 length of road
道路长度测量员 road lengthsman
道路车间时距 way headway
道路车辆 road vehicle
道路车辆秤 road vehicle scale
道路车辆发动机 road vehicle engine
道路车流量 road stream
道路车速 road speed
道路车速限制器 road-speed governor
道路车辙量 amount of rut
道路尘埃 road dust
道路衬垫 road lining
道路衬砌 road lining
道路成型宽度 formation width
道路乘车旅客 road fare
道路冲毁 washout of the way
道路重建 road reconstruction
道路重新定线 rerouting of road
道路除草机 road mower
道路催眠状态 road hypnosis
道路搓板现象 road wave
道路单边停车 unilateral parking; unilateral waiting
道路单侧停车 unilateral parking; unilateral waiting
道路的 viatic
道路的不平整性 road inequality
道路的等级 hierarchy of roads
道路的低侧 low side of roads
道路的冻胀 heaving of roads
道路的防水封面 waterproof seal(of road)
道路的港湾式停车站 bay station of roads;draw-in
道路的功能设计 functional design of road
道路的管辖权 administrative jurisdiction of roads
道路的管辖权限 administrative jurisdiction of roads
道路的使用品质 service performance of road
道路的修复 recondition of road
道路的迂回路线 crooked alignment of road
道路的直线段 straight-way
道路的中心岛地带 neutral zone
道路灯杆 road lighting mast
道路登记表 road inventory
道路等级 class of highway;road category
道路地层 road stratum
道路地皮的清理 road-ground clearing
道路电话网 roadfone[roadphone]
道路电力加热 electric(al) heating of roads
道路定价 road pricing
道路定位线 road layout
道路定线 road alignment; road layout;road location
道路董事会 Road Directorate
道路冻胀 frost heaving
道路断面 road section;roadway section
道路堆场构造表 construction chart of roads and yards
道路对车辆的 road-to-vehicle
道路发展用地界线 improvement line
道路翻浆 frost boil(ing); pumping; road frost boil
道路翻新 retreading road
道路繁忙时间 busy time of line
道路反光标志 reflecting road stud
道路反光层 traffic mirror
道路反光镜 road reflecting mirror
道路反射镜 road reflecting mirror
道路方程 path equation
道路防冻盐 road salt
道路防护物 road guard
道路防滑性质 road-skid property
道路防水衬纸 road lining paper
道路放样 road layout;road location
道路费(用) road expenditures; road cost
道路分层交汇处 grade-separated intersection
道路分叉 road fork
道路分出的自行车路 cycle track
道路分等过高 overclassification
道路分段 road section
道路分隔 separation of roadway
道路分隔带 center[centre] mall
道路分级 classification of highways and roads;road classification
道路分级过高 overclassification
道路分类 classification of road;road classification;roadway grouping
道路分离 separation of roadway
道路分流 diversion of road
道路分路岛 channel(l)ized island
道路分路台 channelizing island
道路分期改善工程 road improvement
道路分歧 turn-off
道路封闭 road closure
道路封闭层 flush coat
道路服务 road service
道路服务水平 level of service;road service level
道路符号 road symbol
道路附属设备 < 指道路标志等设备 > accessories to a road; road furniture
道路附属设施 road furniture
道路覆盖层 overlay
道路改建 reconstruction of pavement;road reconstruction
道路改建的经济效果 economic effect of road improvement
道路改建工程 road reconstruction works
道路改建路界线 improvement line
道路改良 road improvement
道路改善 road improvement
道路改线 relocation of road;reroute; rerouting of road; road diversion; road relocation;road rerouting
道路改移 diversion of a road
道路干线 trunk line
道路干线系统 hierarchy of roads
道路钢钉 < 道路交通用的 > steel roadstud
道路钢筋网 road mesh; road steel fabric
道路钢路标 steel street marker
道路/高速公路转换率 road motorway transfer rate
道路隔离绿带 centre mall
道路工程 highway construction;road building; road construction; road works
道路工程标志 road works sign
道路工程测量 road engineering survey
道路工程方案图 road project drawing
道路工程管理局 road authority
道路工程(混凝土)制品 road products
道路工程计划 road project plan
道路工程进展 road engineering progress
道路工程可行性研究 road feasibility study
道路工程师 highway engineer; road engineer
道路工程学 highway engineering; road engineering
道路弓形桥 hump-back bridge
道路公共设施 street furniture;street utilities
道路公共设施地带 street facility
道路公务员 road official
道路功能分类 roadway function class
道路构造 road formation
道路挂车 road trailer
道路管理 administration of road;road administration
道路管理员 road official
道路规划 highway planning;layout of roads; roading; road layout; road planning
道路规划调查 highway planning survey
道路规划用地线 line of right-of-way
道路过渡曲线 easement
道路夯击机 roadpacker
道路夯实机 road tamping machine
道路号 road number
道路和气候信息系统 road and weather information system
道路荷载 road load
道路横断面图 cross-section of road; profile of highway
道路横截面 profile of road
道路横向标线 < 用以标明停车线、人行横道线、停车道等 > transverse pavement line
道路红线 boundary line of street;line of right-of-way; property line of road;right-of-way line;street line
道路红线宽度 width of road property line
道路互通性立体交叉 interchange
道路护栏 road guard
道路花草边缘 platband
道路滑移 road slip
道路划线机 road line marker; road marking machine
道路划线机械 street marking machine
道路划线漆 road(line) paint; traffic paint
道路划线涂料 road paint
道路环境美化 road landscape
道路环线 road circuit
道路环形交叉 rotary intersection
道路缓和曲线 road transition curve
道路回砂车 sand sweeping equipment
道路绘图笔 road-pen
道路混凝土 highway concrete; road concrete
道路混凝土浇筑机 concrete road paver
道路混凝土用砂 highway concrete

D

sand;road concrete sand
道路机械 road machinery
道路基本通车能力 basic road way capacity
道路基本行车能力 basic road way capacity
道路基层 bottoming; road base; subgrade of highway
道路及广场面积 area of road and place
道路几何数据收集系统 geometry data acquisition system; road geometry data acquisition system
道路几何特征 roadway condition
道路几何形状 road geometry
道路计划 highway planning; road plan
道路计划调查 highway planning survey
道路计算机辅助设计 roadcad
道路记录器 road logger
道路技术标准 road technical standard;technical standard of road
道路加宽 road widening
道路加宽机 road-widener
道路监视系统 road monitoring system
道路建设 road construction; road making
道路建设的经济和社会合理性 economic and social justification for road development
道路建筑 road construction; road making
道路建筑界限 boundary of frame on road
道路建筑炼砖 clinker for road construction purpose
道路建筑物 road building;road structure
道路建筑限界 boundary line of road construction;building limit of road
道路建筑资金供给 road construction financing
道路交叉 highway intersection; at-grade intersection; road intersection;road junction
道路交叉点 road crossing;road junction
道路交叉口 intersection; junction; road crossing;road intersection
道路交叉口的辅助指路标志 supplementary direction
道路交叉口广场 crossing square
道路交叉口环行交通方式 gyratory system(of traffic)
道路交叉口信号 road crossing signal
道路交通 road traffic
道路交通安全 road safety
道路交通标线 road traffic mark(ing)
道路交通标志 road traffic sign
道路交通工程 road traffic engineering
道路交通功能 traffic function (of roads)
道路交通广播 traffic broadcast
道路交通规划 traffic planning
道路交通控制员 flagperson
道路交通量 road traffic volume
道路交通量计算单位 road vehicle unit
道路交通事故 road traffic accident
道路交通事故评估数据 evaluating road accident data
道路交通通信[讯]技术 road transport informatics
道路交通污染 vehicular pollution
道路交通信号 road traffic sign
道路交通信息系统 road traffic information system
道路交通拥挤 road congestion
道路交通运输信息技术 <欧洲> road transport telematics
道路交织段 weaving section
道路焦油乳胶 emulsion of road tar
道路接缝的圆角 arris
道路接坡加固 reinforcement of ramp
道路结构 road construction;roadway structure
道路结构物 road structure
道路界限 road boundary;road margin
道路紧急修理 instant road repair
道路进款 road revenue
道路进水口 road inlet
道路经济分析 road economical analysis
道路经济坡度 <即最适宜的坡度> economic grade
道路景观 road landscape
道路净空 road clearance
道路局 road board
道路局部加宽段 lay-by
道路卡口 traffic bottleneck
道路开挖 roadway excavation
道路宽度 road(way) width;width of road
道路扩建用地线 improvement line
道路类别 road category
道路棱块 prism light
道路里程 road mileage
道路立体交叉 cloverleaf
道路立体交叉构筑物 grade-crossing-elimination structure
道路立体交叉建筑物 grade-crossing-elimination structure
道路立体交叉结构 grade-separated structure
道路立体枢纽 grade-separated interchange;interchange
道路沥青 road asphalt;road tar
道路沥青喷洒车 road-oil distributor tanker
道路沥青喷洒机 road-oil distributor tanker
道路连接点交通流量分配率 link relationship;node-link relationship
道路连通区 path component
道路连线. road link
道路两边树木 avenue planting
道路两侧存车 bilateral parking
道路两侧建筑物界线 building line
道路两侧停车 bilateral parking
道路量测系统 road survey system
道路裂开 road spall
道路临时铺垫 temporary roadway mat
道路路边分隔带 side strip
道路路堤 road fill
道路路基整型 road subgrade grading
道路路肩及边坡除草机 highway mower
道路路面 pavement of road; traffic topping
道路路面加热 road heating
道路路面加热装置 road heating installation
道路路面接缝 road joint
道路路面结构 road structure
道路路面刻槽机 road grooving machine
道路路面磨平机 road grinder
道路路面照明 roadway lighting
道路路线 route of road
道路率 road ratio
道路绿地 road green area
道路绿地率 rate of road in green area
道路绿化 road planning
道路绿化率 rate of road in green area
道路绿域 road green area
道路略图 road sketch
道路轮廓线处理 roadway delineation treatment
道路美(化)学 road aesthetics
道路密度 road density
道路面板铰接缝 warping joint
道路面层 carpet coat;crust;road carpet; road crust; road surface; topping of road;wearing surface
道路面层剥落 surface scaling
道路面层石屑 gritty coverstone
道路面积率 road area ratio
道路面积密度 road area ratio;square density of road
道路面积指数 road area index
道路摩擦 road friction
道路磨耗 road wear
道路磨耗表层 top wearing surface
道路磨耗层 road carpet
道路模板 road form
道路目录 road inventory
道路耐久性试验 endurance road test-(ing)
道路碾压机 road roller
道路排水 road drainage
道路排水沟 road gull(e) y
道路排水沟清洁机 gully emptier
道路排水管 road drainage pipe
道路排水明沟 open road drain
道路片段 road slice
道路平交 at-grade junction
道路平面图 road plan
道路平齐层 flush coat
道路平整度测定仪 rideau-o-graph
道路平整机 smoother
道路瓶颈 bottleneck
道路坡度 road grade;road slope
道路坡度交会 intersection of grades
道路坡度桩 grade stake
道路铺面 covering of road (way); road pavement
道路铺砌 metal(l) ing of road
道路铺设 road laying;road paving
道路铺筑 road grout
道路气象信息系统 road weather information system
道路汽车列车 road train
道路汽车通信[讯]系统 <日本> road automobile communication system
道路砌块 channel
道路抢修 emergency repair of road; instant road repair
道路桥 highway bridge
道路清单 road inventory
道路清洁设备 road cleaning equipment
道路清扫车 road sweeper
道路清扫机 street cleaner;sweeper
道路清扫垃圾 street refuse
道路清扫设备 road cleaning equipment
道路清扫作业管理系统 road sweeping and clearing work administrating system
道路清扫作业系统 road sweeping and clearing work system
道路情报管理设施 administrative facility of road information
道路曲线 road curve
道路曲线段 bend of road
道路缺点 road defect
道路容量 <不停靠的车辆每小时每一方向通过一固定点能运送客位的最大数目> way capacity;capacity of road;road capacity
道路入口 road inlet
道路撒料机 road spreader
道路洒水 road watering
道路洒水车 road sprinkler
道路洒水机 road sprinkler
道路上的分车带 divisor
道路上牵引 road towing
道路上牵引装置 road towing gear
道路上水泥混凝土镶边 haunching
道路上拖曳 road towing
道路上拖曳装置 road towing gear
道路上移动式装置 road travel(l) ing gear
道路上运行的起重机 road crane
道路设备 road equipment; street equipment
道路设计 design of roads; road design;road planning
道路设计断面图 road planning section
道路设计工程师 road-design engineer
道路设施数据库 road facilities database
道路设施完善的 well-roaded
道路设置 road laying
道路伸展 trail
道路施工 construction of roads; road building;road construction
道路施工供应站 road depot
道路施工临时交通标志 road works sign
道路施工预算 road construction budget
道路石油沥青 road petroleum asphalt
道路使用 road usage
道路使用费 road user cost
道路使用年限 road life
道路使用权 right-of-way;wayleave
道路使用试验 road service test
道路使用寿命 road life
道路使用性能测定机 road rater
道路使用者 rider;road user
道路使用者费用 road user cost
道路使用者行为 road users behaviour
道路使用者自发信息服务 voluntary information service of road users
道路式拌和机 on the road mixer
道路事故状况图 combined condition collision diagram
道路试验 road test
道路试验车 road-test car
道路试验仪 road tester
道路适应度鉴定 <包括交通安全及结构强度等> highway sufficiency rating
道路收费系统 road toll system
道路收费站 toll collection station
道路枢纽 junction;road interchange; road junction
道路枢纽环道 junction roundabouts
道路输送 road delivery
道路数据库 highway data bank;road data bank
道路刷白 road white washing
道路双环平交 at-grade double mini roundabout
道路水泥 cement for road-use
道路水系平面图 plan of road and water system
道路税 toll through <过桥税>; toll charges <养路费>
道路死亡事故 fatal road accident
道路碎石(屑)片 road spall
道路隧道 road tunnel;vehicular traffic tunnel
道路毯层 road carpet
道路套色片 road filling
道路套设 road infill
道路填缝 road sealing
道路条件 roadway condition
道路通车量 road capacity
道路通行能力 capacity of road;road capacity;roadway capacity
道路通行能量 roadway capacity
道路通行权 right-of-way;wayleave

道路投资 road investment
道路图 road map；route chart；mileage chart <注明里程的>
道路土方整平 road earthwork grading
道路拖车 road trailer
道路拓宽 road widening
道路挖掘机 road shovel
道路挖掘机铲斗 road shovel bucket
道路挖掘装载机 road shovel loader
道路挖填方的轮廓图 mass profile
道路外的 off-road
道路弯沉图 deflectogram
道路弯道 bend of road；road curve
道路弯曲 bend of road
道路网 gridiron；road net(work)；road system；traffic line；street network <指城市中的>
道路网车速 network speed
道路网规划 road network planning
道路网密度 density of road network
道路网主干线 hierarchy of roads
道路危险警告灯 road hazard warning lantern
道路维护 road upkeep
道路维修 carriageway maintenance；maintenance work
道路温度 road temperature
道路稳定性 road stability
道路系数 path coefficient；road system
道路系统 approach system；road system；street system；road hierarchy
道路下水道冲洗机 sewer jetter
道路线形 road alignment；road geometry
道路限界 boundary line
道路限速丘 road hump；speed-control hump
道路斜度 banking
道路斜向交叉 scissors junction
道路辛烷值 road octane
道路新技术咨询委员会【法】Advisory Committee on Road Innovation
道路信息传送预感系统 road information transmitted aurally system
道路信息系统 road information system
道路行车单位 road vehicle unit
道路行车的交织路段 weaving section of roads
道路行车鉴定 wheeling
道路行车适应性 road-holding
道路行车条件 road condition
道路行车稳定性 road-holding
道路行车震颤 road shocks
道路行车阻力 road travel resistance
道路行驶方式 street travel pattern
道路行驶制度 street travel pattern
道路行驶阻力 road resistance
道路型集水区 <人工的> roaded catchment
道路性能 road performance
道路修补 road mending；road patch；road repair
道路修复 reconditioning of road
道路修理工 road mender
道路修理需要 road needs
道路修面机 refacing machine
道路修筑加热炉 road kettle
道路悬吊螺栓 road suspension bolt
道路旋塞 passage cock
道路选线 road location；section selecting for highway or railway；selection of highway route
道路眩光 road glare
道路巡逻 road patrol
道路巡视 road patrol
道路压实机械 road compaction machine
道路岩芯钻机 pavement core drilling machine
道路研究 road research
道路研究实验室 road research laboratory
道路研究试验室 road research laboratory
道路研究所 road research board
道路研究资料服务中心 highway research information service
道路扬尘 road dusting
道路养护 road maintenance
道路养护工 road maintainer
道路养护人 road maintenance personnel
道路样板 mule
道路引道 road approach
道路应力 road stress
道路营运 road operation；road service
道路营运规则 rule of road operation
道路硬层 crust
道路硬面 crust；road crust
道路拥挤度 congestion of road traffic；road congestion
道路拥挤系数 volume-capacity ratio
道路拥挤指标 roadway congestion index
道路用柏油 tar for road purposes
道路用地 right of way；road land
道路用地边线 land line
道路用地标 right-of-way monument
道路用地测量 right-of-way survey
道路用地范围线 right-of-way line[R/W line]
道路用地估价 right-of-way estimate
道路用地规划 right-of-way rule
道路用地界石 right-of-way monument
道路用地界线 right-of-way line
道路用地宽度 right-of-way width
道路用地评估 right-of-way appraisal
道路用地评价 right-of-way appraisal
道路用地图 right-of-way map
道路用地线 bounding property line
道路用地栅栏 right-of-way fence
道路用户缴费 road user charge
道路用乳化沥青 asphalt highway emulsion
道路用水准仪 road level
道路用微珠 road bead
道路用盐 road salt
道路用织料 road fabric
道路有障碍危险的临时警告灯 road danger lamp
道路与街道 <美期刊名> Roads and Streets
道路与桥梁工程地质勘察 engineering geologic(al) investigation of bridge and road
道路与铁路的平交叉道(口) railroad grade crossing
道路与筑路 <美期刊名> Roads and Road Construction
道路运费 road fare
道路运输 road haulage；road transport；road transportation
道路运输工具 road transportation means；road vehicle
道路运输设备 road transportation unit
道路运输网 road transport network
道路运行监视系统 highway performance monitoring system
道路运移能力 <道路容许工程机械靠自身动力行驶转场的能力> road portability
道路运营 road operation；road usage
道路运载能力 road carrying capacity
道路噪声 road noise
道路增益系数 path-gain factor
道路毡层 road carpet
道路展宽 road widening
道路展览(会) road exhibition；road show
道路占用 occupation of roads；road occupancy
道路照明 highway lighting；road lighting
道路照明布置 arrangement of lanterns
道路照明光源 road luminaire
道路照明设备 road lighting fixture
道路照明设施 lighting facilities of road
道路征地线 land line
道路整平机 level(l)ing machine；road leveller；road level(l)ing machine
道路整型 road blading
道路政策 road policy
道路支叉拓宽部分 lay by(e)
道路支承工作 road supporting work
道路直线段 road straight
道路植树 road planning；streeting planting
道路指示标志 informative(road) sign
道路指向标志 directional roadway marking
道路指向牌 finger board(of road)
道路中线 center[centre] line of road
道路中线地面标高 <黑色标高> centre line ground elevation
道路中线坡道标高 <红色标高> centre line grade elevation
道路中线坡度 centre line grade
道路中线坡度标高 center line grade elevation
道路中心标志线 centerline marking
道路中心岛地带 neutral zone of road
道路中心线 center[centre] line of road；road axis
道路中央安全地带 central street refuge
道路终点枢纽 terminal interchange
道路种类 category of roads
道路轴线 road axis
道路砖 channel
道路砖石工 street mason
道路转角的 sight line
道路转向 road turn
道路转折点 road turn
道路状况 going
道路状况图 condition diagram
道路锥形交叉口 tapered junction
道路咨询(无线)广播 highway advisory radio
道路资产 road property
道路资料 road data
道路总宽度 overall width of road
道路纵面线形 vertical alignment of road
道路纵向缝 lane joint
道路阻塞 road closure
道马矿 daomanusite
道面 <机场跑道> pavement
道面表面平整度 <机场> surface evenness of pavement
道面粗糙度 <机场> pavement roughness
道面分级号码 <机场> pavement classification number
道南电位 Donnan potential
道南膜平衡 Donnan's membrane equilibrium
道南平衡 Donnan equilibrium
道南效应 Donnan effect
道旁弃土 side cast(ing)
道旁栽树 street planting
道旁种植 avenue planting
道奇-罗明表 Dodge-Roming tables
道奇式颚式破碎机 Dodge type jaw crusher
道奇型颚式破碎机 Dodge breaker；Dodge(jaw) crusher
道奇型球磨机 Dodge pulverizer
道器布景储存室 scene dock
道琼斯运输业股票价格平均指数 Dow-Jones transportation average
道琼斯指数 Dow-Jones index
道森轴承青铜 Dawson's bronze
道施特光圈调节装置 Douthitt diaphragm control
道氏波浪等级 Douglas sea and swell scale；Douglas wave scale
道氏电子耦合振荡器 Dow oscillator
道氏腐蚀法印版 Dow-etch plates
道氏合金 Dow metal alloy
道氏化学制剂挤压过的 Dow chemical extruded
道氏金属 Dow metal
道氏静止混合器 Dow motionless mixer
道氏镁电解槽 Dow cell
道氏镁铝合金 Dow metal
道氏七级涌浪 average heavy swell
道氏青铜 Dawson's bronze
道氏移动床法 Dow moving bed process
道斯极限 Dawes' limit
道斯科联合采煤机 Dosco miner
道特氏液压组缓行器 <英> Dowty hydraulic unit retarder
道特氏液压组减速器 <英> Dowty hydraulic unit retarder
道梯液压支柱 Dowty prop
道威棱镜 Dove prism
道选择 track selection
道选择器 track selector
道牙 kerb(stone)；curb(stone)
道牙进水口 curb inlet
道牙排水口 curb outlet
道牙石 curbstone；kerb(stone)
道义上的支付 ex gratia payment
道义索赔 ex gratia claim
道砟 ballast(aggregate)；hogging；metal(l)ing；road metal；rock ballast；stone ballast；elk <道砟的别名>；track ballast
道砟板结 cemented ballast；incrusted ballast
道砟比重 ballast specific weight
道砟边坡 ballast slope
道砟材料 ballasting material
道砟槽 ballast box(ing)；ballast trough
道砟槽板 ballast channel plate；ballast slab
道砟层 body of ballast；body of masonry
道砟叉 ballast fork
道砟铲 ballast hoe
道砟车 ballast car；ballast wagon
道砟床 ballast bed；ballast body；ballast car
道砟锤 ballast hammer
道砟袋 ballast pocket
道砟捣固 ballast temping
道砟捣固机 ballast tamping machine；tamping machine
道砟道床 ballast track bed
道砟的排水性 drainability of ballast
道砟的渗水性 permeability of ballast
道砟的渗透能力 permeability of ballast
道砟的渗透性能 permeability of ballast
道砟电阻 ballast resistance
道砟垫层 ballast mat
道砟断面 ballast section
道砟分隔间 ballast compartment

D

道砟更换 ballast replacement
道砟更新 ballast renew(al)
道砟含泥量 pelitic content of road metal
道砟含泥量试验 content of pelitic of road metal test
道砟夯实机 ballast compactor; ballast tamper; ballast consolidation machine
道砟夯实机械 ballast consolidating machine; ballast consolidator
道砟厚度 depth of ballast; thickness of ballast
道砟回填机 backfilling ballast machine
道砟混凝土 ballast concrete; crushed ballast concrete
道砟混凝土板 slab in ballast concrete
道砟基床 stone bedding
道砟级配 ballast grading
道砟肩板 ballast template; ballast templet
道砟肩夯拍机 ballast edge compactor
道砟抗撞击强度 shock strength of road metal
道砟颗粒形状系数 shape factor of ballast
道砟坑 ballast pit
道砟空隙比 ballast porosity
道砟块度 ballast particle
道砟犁 ballast(ing) plough; ballast plow
道砟漏电 ballast leakage
道砟漏泄电阻 ballast impedance
道砟路 ballast road
道砟路基 ballast bed; ballast road bed
道砟路肩 ballast shoulder
道砟密度 ballast density
道砟面 surface of ballast
道砟模量值 modulus of road metal
道砟磨奉耗试验 abrasive of road metal test
道砟磨耗率 abrasive rate of road metal
道砟囊 ballast pocket
道砟碾压机 ballast-roller
道砟耙 ballast harrow; ballast rake; claw bar
道砟破底 undercutting
道砟破碎 disintegration of ballast
道砟破碎机 ballast crusher
道砟锹 railroad shovel
道砟桥面 ballast(ed) bridge floor; ballast floor; bridge ballasted floor
道砟清扫设备 ballast sweeper
道砟清筛 ballast cleaning
道砟清筛机 ballast cleaner; ballast cleaning machine
道砟清洗机 ballast cleaner; ballast cleaning machine
道砟染污 ballast fouling
道砟韧度 toughness of road metal
道砟韧度试验 toughness of road metal test
道砟容器 ballast container
道砟软弱颗粒含量 content of soft grain of road metal
道砟软弱颗粒含量试验 content of soft grain of road metal test
道砟撒铺车 ballast spreader
道砟撒铺机 ballast spreader
道砟筛 ballast screen
道砟筛分机 ballast screening machine
道砟体积 ballast volume
道砟推平机 ballast bulldozer
道砟围挡 ballast guard
道砟窝 <混凝土中的> ballast pocket
道砟陷槽 ballast sinking
道砟压力 ballast pressure
道砟压力线 ballast pressure-spread line
道砟压实机 ballast compacting machine; ballast tamper
道砟压缩 ballast compression
道砟有害矿物含量试验 content of harmful mineral of road metal test
道砟轧碎机 ballast crusher
道砟整补机 re-ballasting machine
道砟整理工作班 boxing up gang
道砟整形机 ballast regulating machine; ballast regulator
道砟装载机 ballast loader
道砟自动夯实机 automatic tamping machine
道砟自动夯实及轨道定线机 automatic tamping and lining machine
道兹密 Douzieme
道兹密卡规 Douzieme ga(u)ge
道自旋 channel spin

稻 paddy

稻草 rice grass; rice straw; straw
稻草板 compressed straw slab; strawboard; thatchboard
稻草板隔墙 strawboard partition (wall)
稻草包 straw bale
稻草编织品 straw mat(tress)
稻草的 strawy
稻草垫席 straw mat(tress); tatami
稻草粉料 straw meal
稻草杆 grass stalk
稻草黄 straw yellow
稻草灰 rice-straw ash
稻草灰釉 rice-straw ash glaze
稻草焦油 straw tar
稻草捆 straw bale
稻草泥烟囱 cat-and-clay chimney; catted chimney
稻草切碎机 straw cutter
稻草人 straw man
稻草色 straw colo(u)r
稻草色的 straw-colo(u)red
稻草屋顶 straw roof(ing); straw thatch(ing); thatch
稻草纤维板 straw fiber[fibre] board
稻草形的 strawy
稻草纸浆 yellow straw pulp
稻草纸浆废液 straw pulping wastewater
稻谷 paddy rice
稻胡麻斑病 brown spot of rice
稻糠 <作轻质填料用> rice husk
稻壳 rice hull; rice husk
稻壳粉 rice husk
稻壳骨料 rice husks aggregate
稻壳灰 rice husk ash
稻壳灰水泥 rice husk ash cement
稻壳集料 rice husks aggregate
稻粒瓦 rice grain tile
稻螟 rice borer
稻田 paddy field; rice field; biasi <秧苗初生的>
稻田谷 paddy field valley
稻田土 <砂粒含量大量 40%, 黏[粘]粒含量小于 20% 的粉性土> paddy field soil
稻田养鱼 fish cultivation in rice field; fish culture in paddy field; polyculture of fish and rice; rice-field fish cultivation; rice field fish culture
稻秧 rice shoots
稻桩 rice stub

得

得标 acceptance of the bid; acceptance of the tender; accepted bid; win a tender; winning bid
得标人 successful bidder; winning bidder
得标通知书 notice of award
得标者 successful bidder
得策 expedience[expediency]
得策的 expedient
得撤销的(法律)行为 voidable act
得到残余变形 take set
得到公认 obtain
得到控制的火灾 fire under control
得到批准 get approval
得到平均 average out
得分 score
得分变量 scored variable
得分总值系统 score sum system
得过且过的工人 stake hound
得计 expedience[expediency]
得克萨斯 <美国州名> Texas
得来木压条 driwood mo(u)lding
得零 vanish
得率 yield
得蒙平 <一种隔热玻璃> Thermopane
得热量测定 measurement of heat gain
得热量计算 heat from occupants
得胜者 champion
得失 acquisition or loss; profit and loss
得失比率 gain-loss ratio; odds ratio
得失分析 benefit-risk analysis; break-even analysis
得失计算 benefit-loss calculation
得失相当的 levelled off
得失相当的数量 break-even volume
得实惠者 beneficial owner
得斯瑞鲁集 Dextral set
得泰尔线路 Datel circuit
得体 propriety

锝

锝钌法 technetium-ruthenium method
锝系元素 technetides

德

德拜 <电偶极矩单位> Debye

德拜半径 Debye's radius
德拜比热 Debye's specific heat
德拜长度 Debye's length
德拜弛豫时间 Debye's relaxation time
德拜瓷器 Derby china
德拜单位 Debye's unit
德拜-法尔肯根效应 Debye-Falkenhagen effect
德拜方程 Debye's equation
德拜积化方程 Debye's equation for polarization
德拜-姜西散射 Debye-Jauncey scattering
德拜晶体衍射图 Debye's crystallogram; Debye's ring
德拜模型 Debye's model
德拜频率 Debye's frequency
德拜屏蔽距离 Debye's length; Debye's shielding distance
德拜球 Debye's sphere
德拜色散公式 Debye's dispersion formula
德拜势 Debye's potential
德拜图 Debye's pattern
德拜-瓦勒因数 Debye-Waller factor
德拜温度 Debye's temperature
德拜-席尔斯超声成像 Debye-Sears ultrasonic cell
德拜效应 Debye's effect
德拜-谢乐法 Debye's Scherrer method
德拜-谢乐摄影 Debye's Scherrer photograph
德拜-谢乐摄影机 Debye's Scherrer camera
德拜-谢列尔 X 射线粉末照相法 Debye-Scherrer method
德拜-谢列尔射线谱 Debye-Scherrer spectrum
德拜-休克尔方程 Debye-Hukel equation
德拜-休克尔理论 Debye-Hukel theory
德拜-休克尔模型 Debye-Hukel model
德拜学说 Debye's theory
德拜照相机 Debye's camera
德班港 <南非> Port Durban
德邦板条 <一种对接的屋面板条> Thikbut
德保式磷矿床 Debao-type phosphate deposit
德博特效应 Debot effect
德布勒-盖尔-尼卡多定理 Debreu-Gale-Nikaido theorem
德布隆-范埃克施泰因重排【化】De Brun-Van Eckstein rearrangement
德布罗意波 De Broglie's wave
德布罗意波长 De Broglie's wavelength
德布罗意方程 De Broglie's equation
德布罗意关系式 De Broglie's equation; De Broglie's relation
德布罗意理论 De Broglie's theory
德布罗意频率 De Broglie's frequency
德恩型过滤机 Dehne filter
德尔菲法 Dephi method
德尔菲法调查 <一种调查统计法,用以逐步集中意见> Delphi method
德尔菲方法 <专家调查法> Delphi method
德尔菲技术 Delphi technique
德尔菲技术法 Delphi technique method
德尔菲岩石 <一种产于英国约克郡的> delph stone
德尔菲预测法 Delphi forecast; Delphi forecasting method
德尔夫代谢模型 Delft metabolic model
德尔夫连续取土器 Delft continuous sampler
德尔夫连续取样器 Delft continuous sampler
德尔夫脱学派 <1955 年前荷兰占优势的战后建筑风格> school of Delft
德尔海石 delhayelite
德尔蒙泰柏油 Delmonte tar
德尔蒙泰焦油 Delmonte tar
德尔蒙特阶【地】Delmontian(stage)
德尔塔函数 delta function
德尔塔马克斯 <一种高导磁镍铁合金> Deltamax
德法诺克斯工艺 Dephanox process
德钒铋矿 dreyerite
德福特陶器 <乳白釉石灰陶器> Delft ware
德干玄武岩 Deccan basalt; Deccan trap
德格博侧壁阻力触探头 Degebo friction sleeve
德古阿法则 de Gua's rule
德国 R 单位 German R unit
德国巴洛克式建筑风格 German Baroque
德国标准筛 German standard sieve
德国城堡 schloss
德国船级社 Germanischer Lloyds; German Register
德国大理石水泥经矾土处理石膏 alum saturated class D(gypsum) plaster
德国度 German degree

德国哥特式花格窗 stump tracery
德国哥特式(建筑)German Gothic
德国工程师协会 Verein Deutscher Ingenieure
德国工业标准 Deutsche Industrie Normen; DIN [Deutsche Industrienorm] Standard
德国工业标准表色系统 Deutsche Industrie Normen colo(u)r system
德国工业标准色差方程式 Deutsche Industrie Normen colo(u)r difference equation
德国工业标准试验方法 Deutsche Industrie Normen test method
德国硅藻土 German kieselguhr
德国航道管理局 German Waterways Authority
德国黑颜料 Frankfort black; German black(pigment)
德国后哥特式(建筑)German Late Gothic(style)
德国黄铜 tombac[tombak]
德国灰吹法 German cupellation
德国丽斯镜头 Leitz lens
德国马克 <货币名称> German mark; Deutsche Mark
德国柔性路面设计法 German flexible pavement design method
德国市区和市郊电气铁路网 self-contained urban-cum-suburban network
德国式花纹修平刀 German pattern trowel
德国式建筑 German architecture
德国式井壁丘宾筒 German tubing
德国式披叠板 German siding
德国式墙板 German siding
德国式纹饰镘刀 German pattern trowel
德国式檐板 German siding; novelty siding
德国式砖建筑 German brick architecture
德国式装置 German mounting
德国松节油 German turpentine
德国隧道法 German method of tunnel(l)ing
德国天文学会 Astronomische Gesellschaft
德国土壤分类法 German soil classification
德国土壤力学协会 German Society for soil
德国文艺复兴时期(的建筑风格)German Renaissance
德国卧车和餐车公司 German Sleeping & Dining Car Company
德国锡 German tin
德国型背驮式运输车 German-pattern piggyback car
德国银 <锌镍铜合金> German silver; Alpaka
德国银器皿 Albata goods
德国硬度 German hardness
德国专利 Deutche Bundes patent
德哈斯-范阿耳芬效应 de Hass-Van Alphen effect
德哈斯-范阿耳芬振动 de Hass-Van Alphen oscillation
德哈斯-舒尼科夫振动 de Hass-Schubnikov oscillation
德黑兰 <伊朗首都> Teh(e)ran
德化瓷 Te-Hua ware
德化窑 Dahua ware
德怀风暴 Dwigh; Dwoy
德怀卡冰碛岩 Dwyka tillite
德怀特电压调整卡 Dwight chart
德怀特-劳埃德法 Dwight-Lloyd process
德怀特-劳埃德型焙烧炉 Dwight-Lloyd machine
德科 <一种专利的木材连接件> Teco
德可布拉铜镍锌合金 Decobra(alloy)
德可拉铬锰钼钒钢 Decora
德可素工具钢 Deco
德克尼克利脱 <一种防水防冻水泥硬化液> Technicrete
德克尼利脱构造体系 <采用预制墙和楼板> Techrete system
德克萨斯红 Texas red
德克萨斯热 Texas fever
德克萨斯三轴设计法 Texas triaxial design method
德克萨斯式塔 Texas tower
德克萨斯州浅粉红色花岗岩 <美> Texas pink granite
德寇斯托 <一种隔声、隔热材料> Decousto
德库塔 <一种薄铜屋面板> Tecuta
德拉博尔内棱镜 Delaborne prism; Dove prism
德拉博尔石板 Delabole slate
德拉菲尔德氏苏木精染剂 Delafield's hematoxylin stain
德拉格多种气体检测器 Drager multi-gas detector
德拉格特合金 Delact's alloy
德拉克导航系统 Delrac
德拉克导航制 Delrac system
德拉鲁和弥勒定律 de la Rue and Miller's law
德拉罗伯陶器 <硬质白色和光壳釉的艺术陶器> Della Robbia ware
德拉图尔法 de la Tour method
德拉瓦尔离心机 De Laval centrifuge
德拉瓦尔离心加热式蒸发器 De Laval centri-therm evapo(u)rator
德拉瓦尔喷管 De Laval nozzle
德拉瓦尔式汽轮机 De Laval turbine
德拉瓦尔式筒管丝烘干机 De Laval spool dryer
德莱克斯 <纤维单位> Drex
德莱平反应 Delepine reaction
德赖斯代尔磁导计 Drysdale permeameter
德赖斯代尔电位计 Drysdale potentiometer
德赖斯代尔交流极性电位计 Drysdale ac polar potentiometer
德兰士瓦古陆【地】Transvaal old land
德郎布尔相似式 Delambre's analogy
德郎奈轨道元素 Delaunay orbit element
德朗奈根数 Delaunay element
德朗奈理论 Delaunay theory
德朗奈要素 Delaunay element
德劳利控制电解粉末粒度法 Drouily's method
德劳振荡器 Deraup oscillator
德雷伯效应 Draper effect
德雷伯星表 Draper catalog; Draper Catalogue
德雷伏效应 Delawave effect
德雷克海路 Drake seaway
德雷克海峡 Drake passage
德雷克塞尔煤气洗涤瓶 Drexed glass-bottle
德雷克泽尔煤气洗涤器 Drechsel washer
德雷斯登瓷器 <迈森瓷器的别名> Dresden porcelain
德雷斯登绿 <陶瓷彩料> Dresden green
德雷斯勒隧道窑 <隔焰式> Dressler kiln
德雷特琥珀 delatynite
德勤华永会计师事务所 Deloitte Touché Tohmatsu Cpa Ltd. Deloitte
德里电动机 Deri motor
德里疖 Delhi boil
德里纶聚乙烯单丝 Drylene
德里绕组 Deri winding
德里斯巴赫阶【地】Dresbachian(stage)
德里推斥电动机 Deri repulsion motor
德立克吊 scotch derrick crane
德立亚式水轮机 Deriaz turbine
德利联轴节 Deli coupling
德列斯连接器 Dresser coupling
德列斯柔性接头 Dresser flexible joint
德列斯柔性联轴节 Dresser flexible coupling
德林格尔渐弱现象 Dellinger fadeout
德林格尔现象 Dellinger phenomenon
德鲁低温装置 Drew's hypothermia apparatus
德鲁克·普拉格准则 Ducker-Prager (yield) criterion
德鲁姆蓄电池 Drumm accumulator
德鲁数 Drew number
德鲁斯康牌防水糊 Truscon paste
德鲁斯康牌预制构件 Truscon precast unit
德鲁斯康式楼板 Truscon floor
德鲁塔陶器 <用珍珠云母及金属光泽装饰的陶器> Deruta ware
德鲁特传导理论 Drude's theory of conduction
德鲁特定律 Drude equation; Drude law
德律风根定向天线 Telefunken beam antenna
德律风根法 <陶瓷金属封接法的一种> Telefunken process
德伦特冰阶【地】Drenthe stade
德洛尔-普拉遮尔理想塑性模型 Drucker-Prager perfectly plastic model
德洛克氏公设 Drucker's postulate
德洛勒斯矿 doloresite
德马尔公式 De Marre formula
德马斯 <一种铺地面的乳化沥青料> Dermas
德玛库斯特 <一种木纤维板> Termacoust
德玛莱特轻质绝缘材料 <商品名> Thermalite
德么克斯 <一种绝热玻璃> Thermex
德梅拉拉深海平原 Demerara abyssal plain
德蒙卢克斯 <一种玻璃纤维夹层玻璃> thermo
德蒙皮尔 <一种音响传声材料> Thermopil
德蒙斯蒂尔 <一种绝热的钢屋面材料> Thermosteel
德蒙塔克斯 <一种绝缘板> Thermotex
德蒙太 <一种方形白色绝热瓦> Termotile
德明循环 <全面质量管理> Deming circle
德摩弗定理 De Moivre's theorem
德摩根定理 De Morgan's theorem
德摩根定律 De Morgan's laws
德摩根法则 De Morgan's rule
德摩根公式 De Morgan's formula
德摩根检验准则 De Morgan's test
德莫阶【地】Des Moinesian
德墨忒耳神庙 Temple of Demeter
德姆雅诺夫重排 Demjanov rearrangement
德奈恩铝钨钢 Denine
德诺拉电解槽 De Nora cell
德诺片 de-nol tablet
德帕尔铝合金 Depal
德佩克风 Depeq
德清窑 Deqing ware
德绍蒂法 De Sauty method
德氏安全灯 Davy lamp
德式木工钳 German type carpenter's pincers
德式石工锤 German type mason's hammer
德式摊铺沥青 Gaussasphalt
德式套装木工凿 firmer chisel set German type
德式斜边木凿 German type beveled firmer chisel
德式鱼鳞板 German feather board; German siding
德式鱼尾板 German feather board; German siding
德思里季自记流量计 Dethridge metre
德斯特阶段 Deister phase
德土古气化法 Desgu gasification method
德瓦达铜铝锌合金 Devarda's alloy
德瓦合金 Devard's alloy
德瓦特锰钼钢 Deward
德威尔立体量测仪 <商品名> Devillometer
德威风暴 Dwey
德威特关系 De Witte relation
德维达风格 Dravidian style
德维勒原理 principle of Deville
德维特罗陶瓷 Devitro ceramics
德西丝 <孟加拉> Desi silk
德西特空间 de Sitter space
德肖电解液除锈法 Deshaw process
德新体系 <一种预制单元构造体系> dexion
德行 morality
德亚金数 Deryagin number
德扬-阿克斯福德模型 Deyoung-Axford model
德意志联邦共和国 Federal Republic of Germany
德意志(联邦共和国)劳埃德船级社 Lloyd's Register of Shipping
德银 <一种镍铜锌合金> nickel-silver(metal); Spedex; white copper; copper nickel
德银锭 German silver bar
德银钎料 German silver solder
德银条 German silver bar
德银线 German silver wire
德育 moral education
德扎尔格定理 Desargue's theorem
德兹威基理论 Drzwiecki theory

的

的类型和规格 types and sizes of

灯

灯标 beacon light; coastal light; light(ed) beacon; light marker; luminous beacon

灯标、航标、浮标费 light dues
灯标表 light table; list of lights
灯标表号码 light list number
灯标程 beacon course
灯标船 beacon boat; light boat; light float; light ship; light vessel
灯标导航 light navigation
灯标费 light dues
灯标浮筒 beacon buoy
灯标及航标表 light and beacon list
灯标失明 extinguished; outage
灯标税单 light bill
灯标艇 beacon boat; gas boat
灯标位置表 light position list
灯标学 pharology
灯标站 light station
灯标主要特征 principal characteristics of navigation(al) lights
灯标注记 lettering of light
灯玻璃 lamp glass; lamp lens <汽车的>
灯玻璃护圈 light glass retainer
灯彩船 illuminating ship

D

灯彩链 festoon lighting
灯槽 broad; light slot; light trough; troffer
灯槽散流器 air diffuser for troffer
灯槽装置 trough lighting fitting
灯草玛瑙 rush agate
灯插 lamp bracket; lamp tip adapter
灯插口 lamp jack
灯插头 lamp plug
灯插座 lamp support; lamp socket
灯船 floating light; light boat; light ship
灯船船员 lightsman
灯船碇泊设备 light ship mooring
灯串照明 strip lighting
灯垂饰 cul de lampe; lamp pendant
灯的光效 luminous efficacy of a lamp
灯的间隔 lamp spacing
灯的寿命 mortality of lamps
灯电压调整器 lamp-voltage regulator
灯吊架 bank of lamps; overhead lighting batten
灯反光器 lamp reflector
灯房 lamp compartment; lamproom; lantern room
灯放体 lychnise
灯浮标 buoy light(ed); light buoy; light float
灯杆 lamp post; lighting support; light pole; light staff; light standard
灯竿 light staff
灯高 height of light
灯工 blower
灯工玻璃 lamp blown glass
灯工玻璃制品 lampblown glassware
灯工操作 lamp working
灯管 lamphole; light tube; luminous tube; strip lamp; tube
灯管反射器 lamp reflector
灯管座 tube face
灯光 candle light(ing); glim; lamp light; lighting; luminary
灯光暗淡 dim-out
灯光报警器 visual alarm unit
灯光变暗 light dimming
灯光变暗手柄 dimming handle
灯光标记 illuminated symbol
灯光标志 lighted marks
灯光表示 lamp indication
灯光表示器 lamp type indicator; light indicator
灯光捕虫器 insect-trap light; light trap
灯光不正确投射 misaim
灯光部件 light unit
灯光槽 light ditch
灯光觇标 lamp target; light target
灯光初隐距离 dipping distance
灯光单元 light unit
灯光导标 guiding light; training light signal; light beacon
灯光导航线 light line
灯光地理能见距离 geographic(al) range of light
灯光叠标 range lights
灯光度折减系数 lamp lumen depreciation factor
灯光度折减因数 lamp lumen depreciation factor
灯光渡桥 light bridge; travel(l)ing lighting gallery
灯光对准 beam alignment
灯光对准装置 light alignment device
灯光反射器 lamp reflector; light reflector
灯光浮标 light(ed) buoy; luminous buoy; floating light
灯光复示继电器 light repeater
灯光复示器 lamp repeater; lamp type indicator; light indicator; light repeater
灯光高度 height of light
灯光管制 dim-out; light control
灯光管制帽 dim-out cap
灯光管制装置 dim-out installation
灯光盒 light box
灯光加热系统 heat of light system
灯光减弱 dimming; light dimming
灯光减弱开关 dimmer switch; light-dimming switch
灯光减弱控制继电器 light-dimming control relay
灯光检验 lamp check
灯光角度 light angle
灯光节奏 flashing rhythm of light; rhythm of light
灯光进入视界 <驶到一个灯塔能见范围> raise a light
灯光警告信号 light warning
灯光警钟浮标 light and bell buoy
灯光控制 light control
灯光控制板 lighting control panel
灯光控制带 light control tape
灯光控制室 light control room; lighting booth
灯光控制台 light control-console
灯光扩散器 light diffuser
灯光亮度调节器 lamp brightness selector
灯光流明 lumen of lamp
灯光描准装置 light alignment device
灯光明暗调节器 lamp dimmer
灯光平台 light bridge; lighting platform
灯光屏蔽罩 lamp housing
灯光器具 lighting equipment
灯光球场 floodlit court; floodlit field; illuminated court
灯光设备 light fitting
灯光射程 light range; luminous range
灯光摄影 photography by artificial light
灯光失常 failure of light
灯光示像 light aspect
灯光衰减器 lamp dimmer
灯光特征 characteristics of light; light characteristic
灯光天桥 fly lighting gallery
灯光调节 light control
灯光调节开关 dimmer switch; light-dimming switch
灯光调节器 light regulator
灯光调控器 lamp dimmer
灯光调整电桥 light bridge
灯光熄灭 box out; light extinguished
灯光熄灭信号 lamp failure alarm
灯光系统 lighting system
灯光显示 lamp indication
灯光显示牌 lamp display panel
灯光线路 lamp circuit; light circuit
灯光效果 light effect
灯光效率 lamp efficiency
灯光信标 electric(al) beacon
灯光信号 lamp signal; light beacon; light signal; marker light; wig-wag signal
灯光信号灯 lamps and lanterns
灯光信号电路 light signal circuit
灯光信号发送器 light emitter
灯光信号机【铁】lamp signal; light signal
灯光信号机构 light signal head
灯光信号设备 lighting apparatus; light telegraph
灯光信号透镜 light signal lens
灯光信号显示距离测试 light signal visibility test
灯光型色彩片 lamplight colo(u)r film
灯光性质 characteristics of light; light characteristic
灯光颜色 light colo(u)r
灯光阴暗化 obstruction of lighting
灯光音响浮标 combination buoy; lighted sound buoy
灯光隐蔽控制 dimmer control; dimming control
灯光员 electrician
灯光招牌 light sign board
灯光照距 light range
灯光照明标志 illuminated sign
灯光指示器 beam indicator; light indicator
灯光中心 center[centre] of light
灯光周期 light period; period of rhythmic light
灯光转暗 blackout
灯光转移 transfer of lighting(indication)
灯光锥形射束 cone of light
灯光自动调节器 automatic light regulator
灯光组字式表示器 theatre type indicator
灯光组字式进路表示器 theatre-sign route indicator
灯柜 light box
灯盒 light box
灯黑 gas black; glass black; lamp black; satin gloss black; vegetable black
灯火 glim; lamp light
灯火管制 blackout; box out; brown-out; light control
灯火辉煌的大厅 brilliantly lit hall
灯架 lamp bracket; lamp cradle; lamp fixture; lamp hanger; lamp support; light bracket; light fixture; bracket <突出墙上的>
灯接头 lighting connection
灯井 lamphole
灯具 artistic lamp; lamp fittings; lamp fixture; lamps; light apparatus; light(ing) fitting; light(ing) fixture; luminaire; lantern
灯具店 chandlery
灯具吊链 chain pendant
灯具附件 lamp fittings
灯具间 lamp locker; lamproom; lamp store
灯具库 chandlery
灯具亮度限制曲线 luminaire limitation curve; luminance limitation curve of luminaire
灯具设备 light fitting
灯具室 lamp locker; lamproom; lamp store
灯具效率 luminaire efficiency
灯具效应 luminaire efficiency; luminaire light output ratio
灯具悬臂 mast with arm
灯具悬吊格栅 lighting grid
灯具悬伸距 overhang
灯具支距 outreach
灯卡扣 lamp latch
灯开关 lamp switch; light(ing) switch
灯开关操作十字架 lighting switch operating spider
灯开关衬套 lighting switch bushing
灯开关片 lamp switch escutcheon
灯壳 lamp body; lantern
灯孔 lantern opening; lamphole <检查下水道用的>
灯口 cap; lampholder; lamp receptacle
灯框 lamp door; lantern case
灯立标 lighted beacon
灯列信号 lamp bank signal
灯笼 cimborio; glim; lantern
灯笼齿轮 lantern gear; trundle
灯笼海棠 ear drops
灯笼环 seal cage
灯笼椒 bell pepper
灯笼蜡烛 lantern candle
灯笼式环 lantern ring
灯笼式天窗 cimborio; lantern light
灯笼式天窗屋顶 lantern roof
灯笼式天窗圆屋顶孔 lantern opening
灯笼式屋顶 lantern light roof
灯笼式屋顶天窗 lantern roof light
灯笼式小齿轮 lantern pinion
灯笼鱼 lantern fish
灯楼 <航行标灯> lighthouse
灯码识别 coded-light identification
灯帽 crown top of burner
灯墨 lamp black
灯捻 lamp wick
灯盘 lamp panel
灯泡 bulb; electric(al) bulb; filament lamp; lamp(bulb); light bulb; light globe
灯泡板 lamp panel
灯泡玻璃 bulk glass; light-bulb glass
灯泡吹制机 bulb-blowing machine; glass bulb forming machine
灯泡的变黑时间 nigrescence time of lamp
灯泡的平均寿命 lamp life
灯泡电阻 lamp resistance
灯泡电阻器 lamp resistor
灯泡断丝 filament break
灯泡额定寿命 rated life of lamp
灯泡方阵型标志 lamp-matrix sign
灯泡负荷功率计 load lamp power meter
灯泡环形安全壳 light bulb torus
灯泡机 glass bulb blowing machine
灯泡颈 bulb neck
灯泡壳颈切割机 bulb neck crack-off machine
灯泡老化层 age coating of lamp
灯泡内用耐久敷层 age coating of lamp
灯泡式机组 bulb unit
灯泡式喷头 capsule-type injector
灯泡式水力发电机组 bulb type hydraulic generating set
灯泡式水轮发电机 bulb hydraulic generator
灯泡式水轮发电机组 bulb-type hydraulic generating set
灯泡式水轮机 bulb(water) turbine; globe cased turbine
灯泡式同步指示器 lamp synchronizer
灯泡试验 lamp test
灯泡寿命 lamp life
灯泡特性曲线 lamp characteristic curve
灯泡体头部 nose of bulb
灯泡调压继电器(车电) lamp regulator relay
灯泡透镜组合 light bulb-lens combination
灯泡钨丝 osram
灯泡线 line like a bulb
灯泡形渠化交叉口 channel(l)ized-bulb intersection
灯泡型发电机 bulb-type turbogenerator
灯泡型贯流式水轮机 bulb tubular turbine
灯泡真空抽气泵 lamp bulb vacuum pump
灯泡座 tube face; outer gate barrel <贯流式水轮机的>
灯桥【电】lamp bridge
灯驱动器 lamp driver
灯热接点 lamp expander
灯塞线 lamp plug
灯伞 high hat
灯色 light colo(u)r

灯色谱 colo(u)r coding
灯色顺序 colo(u)r sequence
灯绳 lamp cord
灯示呼唤器 lamp annunciator
灯式酸碱计 lamp pH-meter
灯饰 festoon lighting;illumination
灯室 lamp house;lantern case;light-house
灯刷 lamp brush
灯丝 filament;glower;heater;lamp filament
灯丝变压器 filament transformer;heater transformer;heating transformer
灯丝变阻器 filament rheostat;lamp rheostat
灯丝并联电阻器 heater shunt resistor
灯丝材料 filament material
灯丝衬套 light cable bushing
灯丝重激活 reactivation of filament
灯丝电池 filament battery
灯丝电离真空计 hot filament ionization ga(u)ge
灯丝电流 filament current;heater current
灯丝电流调整 filament control
灯丝电流消耗 filament current consumption
灯丝电路 heater chain;heater circuit;heating current circuit
灯丝电路保险丝 filament fuse
灯丝电路参数 filament data
灯丝电位计 filament potentiometer
灯丝电压 filament voltage;heater supply voltage;heater volt
灯丝电压波动 heater supply change
灯丝电压容许公差 allowable tolerance of filament voltage
灯丝电源 A-power supply;filament supply;heater supply
灯丝电源发电机 filament generator
灯丝电源发生器 filament generator
灯丝电源绕组 filament winding
灯丝电源整流器 A eliminator
灯丝电阻 filament resistance;heater resistance
灯丝电阻器 filament resistor
灯丝断丝 filament burnout
灯丝断丝报警 alarm for burnout of filaments
灯丝断续试验 heater intermittent test
灯丝扼流圈 heater choke
灯丝发射 filament emission
灯丝放射 filament emission
灯丝分压器 filament potentiometer
灯丝伏特计 filament voltmeter;lamp voltmeter
灯丝复活 reactivation of filament
灯丝杆 stalk
灯丝功率 filament wattage;heater power
灯丝故障 filament failure
灯丝激活 activation of filament;filament activation
灯丝继电器 filament relay;light-out relay
灯丝加热器 reheater
灯丝监督电路 filament supervisory circuit
灯丝接地 filament ground
灯丝开关 filament switch
灯丝控制盘 filament control panel
灯丝炉 filament furnace
灯丝偏压 heater bias
灯丝烧坏 disintegration of filament
灯丝烧毁 disintegration of filament;filament disintegration
灯丝式阴极 filamentary cathode
灯丝寿命 burn-out life
灯丝特性 filament characteristic
灯丝调节 filament control
灯丝调节器 filament regulator
灯丝温度 filament temperature
灯丝线圈 heater winding
灯丝效率试验 filament-activity test
灯丝形状 filament form
灯丝阳极栅极组合电源 ABC power unit
灯丝阴极间漏电电流 heater-cathode leakage current
灯丝阴极间漏泄 heater-cathode leakage
灯丝引线 heater lead
灯丝隐灭式高温计 disappearing filament pyrometer
灯丝用电池供电的直流管 battery tube
灯丝蒸发 vapo(u)rization of filament
灯丝支架 filament support
灯塔 beacon(turret);beacon tower;light station;lantern tower;light-house;light list;light tower;luminous beacon;pharos;target lamp;fixed beacon <航海用>;minar <英>
灯塔标志 beacon
灯塔表 lighthouse list;light table;list of lights
灯塔表号码 light list number
灯塔补给船 lighthouse tender
灯塔的旋转灯 hoddy-doddy
灯塔灯笼 lighthouse lantern
灯塔等级 order of light(house)
灯塔二极管 lighthouse diode
灯塔费 light dues;light duty
灯塔附加费 light money
灯塔高度 height of lighthouse
灯塔供应船 lighthouse tender
灯塔管 lighthouse tube
灯塔管理处 Bureau of Lighthouse
灯塔管理员 light keeper
灯塔三极管 lighthouse tube
灯塔上的灯室 lantern
灯塔上灯室的顶 fomerell
灯塔式空腔 lighthouse cavity
灯塔式三极管 lighthouse triode
灯塔站 light station
灯台 candelabrum[复 candelabra/candelabrums];lamp socket;lamp-stand;lighthouse;sconce <钉在墙上的>
灯台叶 alstonia-leaf
灯头 bulb holder;lamp adapter;lamp base;lamp cap;lampholder;burner
灯头插脚 bayonet peg
灯头触点 cap contact
灯头盒 lamp outlet box
灯头绝缘套 socket bushing
灯头开关 lampholder switch;socket switch
灯头控制 light control
灯头螺口 screw shell
灯头名称 lamp base designation
灯头纱罩 lantern mantle
灯头缩节 reducing lamp holder
灯头外壳 socket cover
灯头线 fixture wire
灯托架 lamp bracket
灯桅 lantern tower
灯线 lamp wire
灯线衬套 light cable bushing
灯线盒 ceiling block;rugosa
灯线接头 lamp wire grommet
灯线蛇形管 ceiling coil
灯相 phase
灯芯 lamp wick;wick
灯芯布 pique;ribless corduroy
灯芯草 bulrush;rush
灯芯草沼泽 rush marsh
灯芯高程 elevation of light
灯芯剪 wick trimmer
灯芯螺旋 wick screw
灯芯绒 brush corduroy;candlewick;cord cloth;corduroy;fustian
灯芯绒饰 corduroy cloth
灯芯绒织物 corduroy fabric
灯芯绒制的 corduroy
灯芯绳排水孔 wick drain
灯芯式排水井 wick drain
灯芯式润滑器 wick lubricator
灯芯体 sans serif
灯信号 beacon;light signal
灯烟 lamp black;lampblack pigment
灯用保险丝 light fuse
灯用玻璃 lantern glass;lantern pane
灯用煤气 lighting gas;oxycoal gas
灯用煤油 lamp kerosene
灯用燃料油 burner fuel oil
灯油 burning oil;illuminating oil;kerosene;kerosene oil;lamp oil
灯站 light station
灯照度折减系数 lamp lumen depreciation factor
灯照度折减因数 lamp lumen depreciation factor
灯罩 abatjour;chimney;dimmer;globe;lamp cap;lamp cover;lamp house[housing];lamp screen;lamp-shade;light dimmer;light globe;mantle of lamp;lamp chimney <油灯的>
灯罩边饰 lampshade trim
灯罩及反射器 lamp shade and reflector
灯罩夹 shade holder
灯罩架 gallery
灯罩壳 light casing
灯罩品级 mantle-grade
灯罩座 shade holder
灯质 character(istics) of a light;light quality
灯钟 lantern clock
灯柱 lamp pole;lamp post;lamp-stand;lamp standard;lighting mast;lighting pole;lighting post;light(ing) staff;light(ing) standard;light(ing) support;staff light;light(ing) column <路灯的>
灯柱绿化 lamp-stand greening
灯桩 <上设灯标> light(ed) beacon;pile dolphin
灯阻时间 red-time delay
灯座 bulb holder;cartridge;globe holder;lamp base;lamp bracket;lamp cup;lampholder;lamp jack;lamp panel;lamp receptacle;lamp-stand;lantern holder;light bracket;socket;tube holder;light beacon
灯座插头 socket adapter
灯座接合器 socket adapter
灯座接线头 lamp socket cable contact
灯座连接器 lamp base adapter
灯座排 lamp socket strip
灯座适配器 lamp adapter

登岸处 landing place

登岸假 shore leave
登岸码头 landing pier
登岸桥 floating landing stage;landing bridge
登岸跳板 landing carriage
登巴滤池 Dumbar filter
登车扶手 ascending handle;commode handle
登车阶梯 mounting step
登车栏杆 landing bar
登车踏板 climb riser
登车踏脚板 mounting step
登乘区域 embarkation area
登船 board a ship;embarkation;get aboard
登船地点 embarkation point
登船港 port of embarkation
登船检查员 jerker
登船码头 embarkation quay
登船平台 boarding platform
登船梯 boarding ladder
登船通知书 embarkation notice
登船网 boarding net
登船舷梯 boarding ladder
登船栈桥 place of embarkation
登峰群【地】Dengfeng group
登高平台消防车 elevating platform apparatus;elevating platform truck
登革热 breakbone fever;dandy fever;dengue;h(a)emorrhagic fever
登革热病毒 dengue fever virus
登广告者 advertiser
登机 boarding
登机场所 place of embarkation
登机城市 city where you boarded
登机口 boarding gate;departure gate;gate
登机栏杆 landing bar
登机廊道 loading arcade
登机牌 boarding pass card
登机桥 <是专供飞机乘客由机场候机室直接进入飞机的桥> plane mounting bridge;aerobridge
登机室 departure lounge
登机手续办理 check-in
登吉红柳安 tangil(mahogany);tanguile
登记 check-in;enregister;enrol(l);enrollment;ledger;log-in;log on;nominate;polling;recordation;recording;register;registration;registry
登记标志 register mark
登记表 log sheet;polling list;polling table;register;registration chart
登记部门 registration authorities
登记簿 directory entry;record book;register;registry
登记长度 registered length
登记车数 car registration
登记尺寸 registered dimension
登记处 booking hall;registry
登记的地块 registered plot
登记对象 object of registration
登记吨 register ton
登记吨位【船】registered tonnage;tons registered
登记法 Registration Law;Recording Acts <契据>
登记费 official fees for registering documents;registration fee
登记国 state of registry
登记号(码) registered number;registration number
登记机 telltale
登记继电器 register relay
登记净吨 net registered ton
登记净吨位 net registered tonnage;registered net tonnage
登记卡 register card
登记宽度 registered breadth
登记马力 horsepower nominal;registered horsepower
登记码 poll code
登记品种 registered variety
登记契约 <私有货车> registration contract
登记器 logger
登记请购单 record of requisition
登记容量 marked capacity
登记深度 registered depth

登记输入口 list entry
登记数据 logger data
登记水位 registered water stage
登记税 register tax;registration due
登记通信[讯] poll
登记通信[讯]表 polling list
登记问题 registration problem
登记项 entry items
登记项簇 entry cluster
登记项名字属性 entry name attribute
登记项位置 entry position
登记员 marker; register; registrant; registrar
登记长 register length
登记证 boarding pass
登记证明书 certificate of incorporation
登记证书 certificate of registry;registered book
登记注册的业主 record owner
登记柱 post
登记装置 telltale device
登记资本 registered assets
登记总吨位 gross register(ed) ton(nage); gross tonnage; registered gross tonnage
登楼 upstairs
登陆 debark;disembark(ing);disembarkment;landing
登陆驳船 <海洋钻探联络供应用> landing craft tank
登陆舱 lander
登陆车 lander;landing vehicle
登陆处 landing placing
登陆地板 sea approach
登陆地点 landing place;landing site
登陆点灯标 strip light
登陆垫 landing mat
登陆缚柱 landing binding joist
登陆浮箱 landing floating caisson
登陆港 port of landing
登陆格栅 landing binding joist
登陆舰 landing craft;landing ship
登陆舰船首 ramp bow
登陆轮架 beaching gear
登陆码头 landing pier;land quay
登陆平台 landing platform
登陆器 lander
登陆舌门 ramp door
登陆设备 beaching accommodation
登陆设施 landing accommodation
登陆跳板 landing ramp;landing stair(case);shore board
登陆艇 amphibious vessel;commando ship; commando vessel; lander; landing barge;landing craft;landing ship
登陆艇跳板或登陆斜坡 landing craft ramp
登陆艇运输车 gilhoist
登陆屋顶架 landing ceiling joist
登陆物资运输舰 amphibious cargo ship
登陆型货船 landing type vessel
登陆用轮架 beaching gear
登陆(栈)桥 landing bridge
登陆证 landing card
登录 enrol(l); entry; log-in; post(ing)
登录不动产保有权 copyhold
登录号 accession number
登录类型表目 log type entry
登录时对话框 login dialogue box
登录用网 scramble net
登轮关员 customs boarding officer
登门调查法 home interview method
登门访问调查 house-interview survey
登门访问法 <调查统计用的> home interview method
登坡车道标志 sign for uphill traffic lanes
登坡盘道 terrace winding
登普斯脱阳离子射线分析 Dempster positive ray analysis
登入 entering
登山 hill-climbing
登山背囊 alpine sack
登山蹬道 rocky mountain path
登山法 <一种优选法>【数】hill climbing method;climbing method
登山钢锥 <形似画片挂钩> rurp
登山缆车 mountain lift
登山缆车道 peak tramway
登山软帽 <其中的一种> alpine
登山绳索 mountaineering rope
登山索道 mountain lift
登山铁道 funicular railway
登山铁路 <露天开挖系统> overburden funicular railway
登山运动 mountaineering
登上 mounting;surmount
登上进港船只检查的海关人员 tidewaiter
登司卡特镍铬合金 Denscast
登台 stage;staging
登台错误 staging error
登台盘组 staging pack
登台数据有效率 staging effective data rate
登艇灯 embarkation lamp
登艇甲板 embarkation deck
登艇甲板通道 access to embarkation
登箱顶触电警告标记 <集装箱的> details of warning sign of overhead electric(al) danger
登崖坎梯 cliff ladder
登月用光学测高计 lunar optic(al) altimeter
登载 commit to paper
登账 book;enter in a account;entering book;entry account

蹬

蹬道 stone steps

蹬(脚踏板接)上离合器 stomp clutch in
蹬筋 bridle iron;vertical binder
蹬马踏步 mounting step
蹬索 stirrup
蹬踏板转向 pedal steer(ing)
蹬梯 steel needling
蹬形阀 stirrup valve
蹬形夹 stirrup repair clamp
蹬形螺栓 stirrup bolt
蹬形踏板 stirrup type pedal
蹬形铁件 stirrup
蹬形支架 <木工用的> stirrup piece

等

等 pH 值线 isohydric

等安匝定律 law of equal ampereturns
等百分比流量特性 equal percentage flow characteristic
等百分比特性 equal percentage characteristic
等百分比雨量图 isopercental map
等百分比(雨量)线 <年雨量或月雨量与多年平均年降雨量的百分比值> isopercental
等百分数的 isopercentral
等百分数法 isopercentral method
等板高度 height equivalent to theoretic(al) plate
等半径拱坝 constant radius arch dam;single curvature arch dam
等半圆变数 equicrescent variable
等瓣的 equivalve
等饱和度 equisaturation
等饱和度程序 equisaturation program(me)
等饱和度法 equal-degree-of-saturation method
等饱和度联动信号系统 equal degree of saturation system[EQUISAT]
等饱和度配时 EQUISAT setting
等饱和度信号系统 equal degree of saturation system
等倍差 difference of magnification
等倍量的 equimultiple
等倍数的 equimultiple
等比 equal ratio;ratio of equality
等比级数 geometric(al) progression; geometric(al) series
等比例的 isometric
等比例的风险厌恶 constant proportional risk aversion
等比例减薄液 subtractive reducer
等比例纬线 <墨卡托投影的> mid latitude
等比例削减 reduction with equal proportion
等比量 same-size ratio
等比容的 isosteric
等比容面 isosteric surface;surface of equal specific volume
等比容线 isostere
等比生长 isogony
等比数列 geometric(al) series
等比通路 equal-ratio channels
等比线 isometric(al) parallel;line of constant scale;line of equal scale
等比信道 equal-ratio channels
等比值线 isomers
等比中数 geometric(al) mean(value)
等比中项【数】geometric(al) mean(value)
等比重的 isopycnal;isopycnic
等臂的 equi-arm
等臂电桥 equal arm bridge
等臂染色体 isochromosome
等臂式叉瓦 circular pallet
等臂式擒纵机构 circular pallets escapement
等臂天平 equal-arm balance
等边 equal sides
等边带 equiband
等边的 equilater(al);isosceles
等边点 equilateral points
等边多边形 equilateral polygon
等边二心拱 equilateral two-centered arch
等边际费用削减 reduction with equal marginal cost
等边角钢 angle iron with equal legs; angle(steel) equal legs; angle with equal sides; equal-angle(iron); equal-angle steel;equal corner iron; equal-leg angle(iron);equal-leg angle steel;equal-sided angle iron;equilateral angle steel; mild steel equal angle
等边角剖面 equal-leg angle section
等边角铁 equal-angle bar;equal corner iron
等边角形截面 angle section of equal legs
等边框架 equal-leg frame
等边六角形 hexagram
等边平行四边形 rhombus
等边球头角钢 equal-leg bulb-angle
等边三角形 equilateral triangle
等边三角形岸边植柳 tripod planting
等边三角形岸边种植 <新西兰用于挂淤和防洪的> tripod planting
等边三角形测风法 wind star
等边三角形的 equilateral triangular
等边三角形点 equilateral triangle point
等边十字线 equilateral cross curve
等边双曲线 equilateral hyperbola
等边四边形 isosceles quadrilateral
等边形 equilater(al)
等边圆头角钢 equal-leg bulb-angle
等变度的 isogradal;isograde
等变幅线 iso amplitude
等变负荷 uniformity varying load;uniformly varying load
等变高风 isallohypsic wind
等变高线 isallohypse
等变荷载 uniformity varying load;uniformly varying load
等变率 ramp
等变温线 isallotherm; isallothermic line;thermisopleth
等变线 isograd
等变线的 isogradal;isograde
等变形线 distortion isogram; isanamorphic line;lines of equal distortion
等变压风 isallobaric wind
等变压梯度 isallobaric gradient
等变压图 isallobaric chart
等变压线 isallobar
等变压中心 isalloharic high
等变岩 isograde rock
等变应力 uniformly varying stress
等变运动 uniform varying motion
等变质级的 isogradal;isograde
等标量的 equiscalar
等标污染负荷 pollutant loading in equivalent standard
等冰冻线 congelont;isopectic line
等冰况线 equiglacial line
等冰时线 isopectic line
等波长 equi-wavelength
等波长图 equi-wavelength pattern
等波幅 constant wave; non-attenuating wave;undamped wave
等波高线 line of equal wave height; wave height contour
等波纹逼近 equal-ripple approximation
等波纹滤波器 equal-ripple filter
等波纹通带滤波器 equal-ripple passband filter
等波纹阻带滤波器 equal-ripple stopband filter
等步长的 equi-spaced;equi-stepped
等步增长量 equal step increment
等参数 isoparametric
等参数表示 isoparametric formulation
等参数单元 isoparametric element
等参数的 isoparametric
等参数法 isoparametric method
等参数平面型(单元体) isoparametric plane-type
等参数型 isoparametric type
等参(数)元 isoparametric element
等仓长增量 equal step increment
等侧轴晶体 isodiametric crystal
等测量仪器 first-order instrument
等测压面 potentiometric surface
等测压水位的 isopiestic
等测压水位线 isopiestic line
等层厚线 isochore
等差比例尺 amount-of-change scale
等差尺度 amount-of-change scale; arithmetic(al) scale
等差的 equidifferent
等差等比级数 arithmetic(al)-geometric series
等差分纬线多圆锥投影 polyconic(al) projection with meridianal intervals on same parallel decrease away from central meridian by equal difference

等差级数 arithmetic(al) progression; arithmetic(al) range; arithmetic(al) series
等差数列 arithmetic(al) progression
等差系列 uniform gradient series
等差系列换算因子 gradient series factor
等差线 isodiff
等差中项 arithmetic(al) mean
等差作用 hybrid
等差作用变量器 hybrid coil
等差作用线圈 bridge transformer; hybrid coil
等产量曲线 curve of product curve; isoquant
等产量图 isopotential map
等产量线 isoquant
等长的 equilong
等长度编码 equal length code
等长记录 fixed-length record
等长径滚子 square roller
等长螺纹双头螺柱 stud with equally threaded ends
等长码 equal length code; even length code
等长群 isometry group
等长性收缩 isometric(al) contraction
等长性训练 isometric(al) training
等场强 equifield intensity
等场强曲线 coverage contour; equifield intensity curve
等场强线 contour
等场强线图 contour map; field strength contour map
等潮差图 cotidal and coranged chart
等潮差线 corange line
等潮的 cotidal
等潮高线 tidal loop
等潮海图 cotidal chart
等潮流(时)图 cotidal current chart
等潮流(时)线 cotidal current line
等潮时 cotidal hour; cotidal time
等潮时线 cocurrent line; cotidal line
等潮水的 tide-bound
等潮图 cotidal map
等潮线图 cotidal chart
等沉比 equal settling factor
等沉淀线 isohyet
等沉积物浓度线 line of equal sediment concentration
等沉降面 equal settlement plane; plane of equal settlement
等沉降曲线 curve of equal settlement
等沉降速度 equal settling velocity
等沉降线 line of equal settlement; line of equal subsidences; settlement contour; settlement isoline
等沉粒 equal settling particle
等沉落线 isoanabase line
等沉速粒径 hydraulically equivalent size
等沉陷面 equal settlement plane; plane of equal settlement
等沉陷曲线 curve of equal settlement
等沉陷线 isohyets (al); isohyetal line; isohyets; line of equal settlement; line of equal subsidences
等衬度棱镜的光度头 photometer head with equality of contrast prism
等成本曲线 equal cost contour; equal cost curve; isocost curve
等成本线 iso-cost line; isotim
等成分变化 congruent transformation
等成分面 isopleth
等成分线 isomarte
等承压水头线 hydroisopiestic line
等程差面 surface of equal path difference
等吃水【船】even keel
等吃水船 even-keel ship
等尺寸 equidimension
等尺寸的 equidimensional
等尺寸复制 full-size reproduction
等尺度变形 equal scale distortion
等尺度图 isometric(al) view
等齿顶高齿 equal-addendum tooth
等齿距的 equally spaced
等齿运动【机】synchronize
等赤纬圈 circle of equal declination
等重现周期 iso-return period
等稠度混凝土 concrete of one consistency
等传递动力 even flowing
等传输 equitransference
等垂距线 isobath
等垂距线图 convergence map
等垂直磁力曲线图 curves of equal vertical magnetic force
等春温线 isoeral
等纯量曲面 equiscalar
等磁变的 isoporic
等磁变线 isoporic line
等磁变线图 isoporic chart
等磁差曲线图 chart of equal variation; chart of lines of equal magnetic variation
等磁差图 isogonic chart; lines of equal magnetic variation
等磁差线 isogonic line
等磁场强度线 isogam; isogamme
等磁场线 isogramme line
等磁的 equi-magnetic; isomagnetic
等磁动力的 isodynamic(al)
等磁力 isodynamic(al)
等磁力磁选机 isodynamic(al) separator
等磁力的 isomagnetic
等磁力分离仪 isodynamic(al) (magnetic) separator
等磁力分选器 isodynamic(al) separator
等磁力曲线图 curves of total magnetic force; curves of total magnetic intensity
等磁力图 isodynam(e); isodynamic(al) chart
等磁力线 isodynam(e); isodynamic(al) line; isogam; isomagnetic line
等磁力线地图 isodynamic(al) map; isomagnetic map
等磁力线图 chart of equal magnetic force; isodynamic(al) map; isomagnetic chart
等磁偏的 isogonal; isogonic
等磁偏角轨线 isogonal trajectory
等磁偏角线图 isogonal chart; isogonic chart
等磁偏线 isoclinal line; isocline; isoclinic line; isogon; isogonic line; isomagnetic line; line of equal variations; isogonal; isogonic
等磁强线 isodynamic(al) line
等磁倾赤道 isoclinic equator
等磁倾角曲线图 chart of lines of equal magnetic dip; curves of equal magnetic dip
等磁倾纬度 magnetic latitude
等磁倾线 isoclinal line; isoclinic line; isogonic line; isocline
等磁倾线图 isoclinic chart; isogonic map
等磁势 magnetic equipotential
等磁位面 magnetic equipotential surface
等磁线 isodynamic(al) line; isomagnetic line
等磁线图 isomagnetic map
等磁效电流系 magnetic equivalent current system
等磁要素图 isomagnetic chart
等存费 fine for store up
等大<放大倍数为1> unit magnification; full-scale
等大复制 full-size reproduction; one-to-one copy; same size reproduction
等大骨料 one-size(d) aggregate
等大集料 one-size(d) aggregate
等大模型 true model
等大碎石 one-size stone
等代材料 equivalent material
等代尺寸的球体 equivalent-size sphere
等代断面 equivalent section
等代刚度 equivalent stiffness
等代荷载 equipollent load(ing)
等代横梁法 equivalent transverse beam method
等代截面 equivalent section
等代劲度矩阵<结构的> equivalent stiffness matrix
等代静载 equivalent static load
等代均布荷载 equivalent uniform distributed load; equivalent uniform load
等代抗力 equivalent resistance
等代抗扭刚度 equivalent torsion stiffness
等代抗弯刚度 equivalent bending rigidity
等代框架法 equivalent frame method
等代轮载 equivalent wheel load
等代缺陷 equivalent defect; substitute defect
等代压力 equivalent compressive force
等代赘余力 equivalent redundant force
等待作业 operational standby
等带宽 equiband
等带宽编码器 equiband coder
等带宽接收机 equiband receiver
等带宽解调器 equiband demodulator
等待 waiting
等待标 wait sign
等待表 wait(ing) list
等待程序 wait routine
等待登记队列 pending queue
等待登入排队 queued for log-on
等待点 holding point
等待定位点 holding fix
等待费用 waiting cost
等待概率 delay probability
等待呼唤 wait for call
等待呼叫 clamp-on
等待价格 price of waiting
等待接续概率 probability of delay
等待空间 waiting space
等待空域的飞机 holding aircraft
等待连接 queued for connection
等待连接排队 queued for connection
等待名单 waiting list
等待排队系统 queuing system with waiting
等待匹配部件 waiting-matching section
等待期间 cooling-off period; stand-by period; waiting time
等待起飞机坪 holding apron
等待时间 latency time; queuing time; stand-by time; time of connection delay; wait(ing) time
等待时间分布 waiting time distribution
等待时间限制 wait time limit
等待式扫描 slave sweep
等待式扫描电路 triggered-time base
等待条件 wait condition
等待位 wait bit
等待系统 stand-by system
等待线 holding line; waiting line
等待线论 waiting line theory
等待线模型 waiting line model
等待线问题 waiting line problem
等待修复时间 awaiting repair time
等待修理时间 awaiting repair time
等待循环 waiting loop
等待应答 wait acknowledge
等待制服务系统 mass service system with delay
等待制排队系统 queue system with waiting; waiting queue system
等待(制)系统 waiting system
等待注册 queued for log-on
等待状态 waiting state
等待状态程序 non-ready program(me)
等待状态位 wait state bit
等待子程序 wait subroutine
等待(作业)损失时间 time lost in waiting for
等当量点 equivalence point; equivalent point
等灯离子炬 plasma torch
等地层图 isostratification map
等地平纬度圈 circle of equal altitudes
等地温面 geoisotherm; surface of geoisotherm
等地温线 geoisotherm; geoisothermal line; isogeotherms; syngeothermal line
等地温线的 geoisothermal
等点绘图法 raplot
等电 pH isoelectric(al) pH
等电边 isoelectric(al) edge
等电沉淀作用 isoelectric(al) precipitation
等电点分离 isoelectric(al) fractionation
等电点聚焦 isoelectric(al) focusing
等电聚焦 isoelectric(al) focusing; isoelectrofocusing
等电离点 isoelectric(al) point
等电面 isoelectric(al) edge
等电区 isoelectric(al) zone
等电势 equipotential
等电势加速器 constant potential accelerator
等电势系统 equipotential system
等电势阴极 unipotential cathode
等电位 equipotentiality
等电位的 equipotential; midpotential; isoelectric(al)
等电位点 equipotential point; isopotential point; isoelectric point
等电位法 idiostatic method
等电位加热 isoelectric(al) heating
等电位加速器 constant potential accelerator
等电位结线 equipotential connection
等电位金属化 equipotential metallization
等电位连接 equipotential connection
等电位连接线 bonding wire
等电位面 electric (al) equipotential surface; equipotential plane; isopotential surface
等电位倾斜面 equipotential slope
等电位通电联结 equipotential bonding
等电位透镜 equipotential lens
等电位线 equipotential line
等电位线图 equipotential contour
等电位阴极 equipotential cathode
等电压充电机 constant voltage charger
等电压系统 constant voltage system
等电子掺杂 isoelectronic doping
等电子的 isoelectronic
等电子复合中心 isoelectronic recom-

D

bination center[centre]
等电子光谱 isoelectronic spectrum
等电子化合物 isoelectronic compound
等电子聚焦 isoelectronic focusing
等电子离子 isoelectronic ion
等电子数序 isoelectronic sequence
等电子序 isoelectronic sequence
等电阻线 resistivity contour
等定容循环 Otto cycle
等冬季线 isopag(ue)
等冬温线 isocheim
等动力采样(法) equal power sampling
等动力进样 isokinetic sample introduction
等动力聚焦法 isokinetic focusing
等动力流 isokinetic flow
等动力取样(法) isokinetic sampling
等动力深度面 surface of equal dynamic(al) depths
等动能采样(法) isokinetic sampling
等动能线 isokinetic
等动态样品 isokinetic sample
等冻结线 freezing isoline
等冻期线 isopag(ue);isopectic line
等度渐近的 equiasymptotical
等度渐近稳定性 equiasymptotical stability
等度连续函数族 equicontinuous family of function
等度连续性 equicontinuity
等度图 isometric(al) drawing
等断面渠道 uniform channel
等断面轧制 parallel rolling;straight rolling
等对比(场)光度计 equality of contrast photometer
等额分期付款 equal amount installment payment
等额分期付款制 equal instalment system
等额系列 uniform series
等额赠款 grant-equivalent
等额支付 equal payment
等发热量线 isocals
等法向应力线 isodyne
等反衬光度计 equality of contrast photometer
等反力近似法 equal-reaction approach
等反应度的设计 constant reaction design
等反应度叶片 constant reaction blade
等方差试验 test for equal variance
等方位航线 constant bearing course
等方位角 equal azimuth;isoazimuth
等方位角圈 circle of equal azimuths
等方位曲线 azimuth gleiche
等方位投影 equal azimuth projection
等方位线 curve of constant bearing;isoazimuth; isogonal; isogonic curve;isogonic line;line of constant bearing; loxodrome; loxodromic line;lozodrome;rhumb line
等方向角曲线 curve of equal bearing
等房户 house hunter
等房者 house hunter
等仿射 equiaffine
等放射线 isoradial
等放射性线 isocount
等费用曲线 isocost curve
等费用线 iso-cost line;iso-outlay line
等分 divide; division; equation; equipartition;halving;moiety
等分标尺 uniform scale
等分标尺内插 uniform scale interpolation
等分标度 uniform scale; uniform schedule
等分布 equidistribution
等分布的 equidistributed
等分布序列 equally distributed sequence
等分部分 aliquot part
等分部分的 aliquot
等分的 equant
等分度盘 uniform scale
等分角线 sectrix curve
等分卡钳 divider cal(l)ipers
等分刻度 evenly divided
等分裂化 equal cracking
等分绿(灯)信(号)比【交】equally split
等分试样 aliquot sample
等分算子 halver operator
等分线 bisector;bisectrix;mean line
等分压力 equilibrium partial pressure
等分圆周 circumference in equal parts
等分装(炸)药 equal section charge
等分子的 equimolecular
等分子扩散 equimolal diffusion;equimolecular diffusion
等分子溶液 equimolecular solution
等风 equiblast
等风冲天炉 equiblast cupola;equilibrium blast cupola;equilibrium blast furnace
等风力线 isodynam(e)
等风速线 isokinetic;isopleth of wind speed;isotachen;isotach(yl);isotach(n);isovelocity;isanemone
等峰分布 equimodal distribution
等锋等压电码 isofronts-preiso code
等敷设距离 equal lay
等幅 constant amplitude;equiamplitude;uniform amplitude
等幅摆动 continuous oscillation;persistent oscillation;self-sustained oscillation;undamped oscillation
等幅摆动周期 undamped period of oscillation
等幅波 continuous wave;non-attenuating wave; persistent wave; sustained wave; unattenuating wave; undamped wave
等幅波传送 continuous wave transmission
等幅波电报 continuous wave telegraphy
等幅波调制 modulation of continuous wave modulation
等幅波发射机 continuous wave transmitter
等幅波发生器 continuous wave generator
等幅波辐射 sustained radiation
等幅波干扰 continuous wave interference
等幅波接收机 continuous wave receiver
等幅波雷达 continuous wave radar
等幅波系统 continuous wave system
等幅波信号发生器 continuous wave signal generator
等幅波振荡器 continuous wave generator;continuous wave oscillator
等幅波中频 continuous wave intermediate frequency
等幅差拍 equal heterodyne
等幅常数 constant amplitude constant
等幅的 undamped;undiminished
等幅电报波 keyed wave; keying wave;telegraph-modulated wave
等幅电流 constant current;continuous current
等幅抖动器 constant displacement shaker
等幅交流 undamped alternating current
等幅面 equal-amplitude surface
等幅透线 isophot curve
等幅外差法 equal heterodyne
等幅系统 constant amplitude system
等幅线 amplitude contour;magnitude contour
等幅信号 equiamplitude signal
等幅应力疲劳试验 constant amplitude test
等幅载波 constant amplitude carrier
等幅振荡 continuously running oscillation; continuous oscillation; persistent oscillation;self-sustained oscillation; sustained oscillation; undamped oscillation
等幅振荡磁控管 continuous oscillation magnetron
等幅振荡周期 undamped period of oscillation
等幅正弦波 constant amplitude sinusoid
等幅正弦波列 amplitude sine-wave train
等幅正弦曲线 constant amplitude sinusoid
等负变压线 kata-isollobar
等负荷刃钻头 even-duty bit
等改正线 isodiff
等概率 equiprobability; equal probability
等概率的 equally probable
等概率曲线 equal probability curve; equiprobability curve
等概率线 equally probable contour; equal probability contour
等概率圆 circle of equal probability
等干涉法 equi-interference method
等干燥阶段 constant period of drying
等感温度 effective temperature
等高 accordance of heights; simultaneous altitude
等高剥离 contour stripping
等高层 contour level;contour plan <地貌模型的>
等高层砌石块 isodomum
等高差 equation of equal altitude
等高齿 constant depth tooth
等高齿顶齿轮 gear with equal addendum teeth
等高齿切削法 equal height tooth cutting method
等高齿圆锥齿轮 equidep gear
等高带间的凸凹地 correction strip
等高带状耕植地 strip cropping field
等高堤 contour bank;contour bund
等高度法 <求时钟差> equal-altitude method
等高度梁 beam of constant depth; constant depth girder
等高度圈 circle of equal altitudes
等高法 equal-altitude method;method of corresponding altitudes
等高格田灌溉 contour basin irrigation
等高耕种 contour cultivation;contour farming;contour plowing
等高耕作 contour cultivation;contour farming;contour ploughing;contour till;terracing
等高埂 contour bank;contour bund
等高沟 contour ditch;contour furrow
等高沟灌法 contour furrow irrigation; cross-contour-furrow irrigation
等高沟间(灌溉)田地 bay
等高沟淹灌 contour flooding; flooding from contour ditch
等高观测 equal-altitude observation
等高灌溉(法) contour irrigation
等高阶地 contour terrace
等高距 contour interval
等高开采 contour stripping
等高棱镜 contour prism
等高梁 beam of uniform depth
等高面 contour plane
等高面图 constant level chart
等高畦 contour check
等高畦灌 contour bench border-irrigation;contour check irrigation
等高起垄机 contour ridger
等高圈 almucantar;altitude circle;altitude parallel; equal-altitude circle;parallel of altitude
等高水池 contour basin
等高水道 contour race
等高台地水渠 channel terrace
等高梯田 contour terrace
等高(梯田)畦灌 contour bench border-irrigation
等高田 contour check
等高(田埂)灌溉 contour bench border-irrigation
等高条播 strip cropping
等高条植 strip cropping
等高条植地 strip cropping field
等高洼地 contour basin
等高线 contour(line); height contour;hypsographic(al) curve; hypsometric(al) curve; isobath; isocatabase; isoheight; isohypse; isoline; land contour; land line; level line; line of constant elevation; magnitude contour
等高线版 contour edition
等高线包围的面积 area of contour
等高线笔 contour instrument
等高线闭合 closeness of contours
等高线标数 contour number
等高线表示法 representation of contour(lines)
等高线表象 contour representation
等高线部分 contour segment
等高线测绘 elevation restitution
等高线测量精度 contouring accuracy
等高线程序组 contour package
等高线地图 contour chart; contour compilation map; contour (line) map; depth contour map; hypsometric(al) map;layered map
等高线地形图 hypsographic(al) map; surface contour map
等高线点分类 sorting of contour points
等高线电码 contour code
等高线叠置片 contour overlay
等高线法 contouring method;contour method; hypsography; hypsometric(al) curve method
等高线分层(法) contour slices
等高线耕作 contour tillage
等高线规格 contour specification
等高线海拔注记 contour number
等高线绘制 contour drafting;contour drawing;contouring(mapping)
等高线绘制精度 contouring accuracy
等高线加晕渲表示法 line-and-half toning
等高线间隔 contour interval
等高线间距 contour interval; elevation difference between two adjacent contour lines; separation of contour line; vertical(-grained) interval
等高线阶梯式沟渠 ridge terrace
等高线密集 closeness of contours
等高线面积 area of contour; contour area
等高线描绘 construction of contour lines;derivation of contour

等高线描绘精度 contouring accuracy
等高线内插 contour interpolation; interpolation of contour lines; interpolation of contours
等高线平距 contour horizontal distance
等高线平面轮廓 contour outline
等高线平面图 contour plan; horizontal map of heights; horizontal map with heights or with contour
等高线区划图 contour plot
等高线数值 contour value
等高线数字化 contour digitizing
等高线水平间距 horizontal equivalent spacing of contours
等高线水准测量 contour level
等高线梯田台地 ridge terrace
等高线透明片 relief overlay
等高线图 altitude chart; contour diagram; contour line map; contour plot; contour sheet; hill chart; isogram
等高线图案 contour pattern
等高线图形 contour(ing) mode; contour pattern
等高线位置 position of the contours
等高线位置标准差 standard error of position of the contours
等高线信息 contour information
等高线延长法 contour-length method
等高线仪 contourliner; quiangulator
等高线影像地图 photo-contour map
等高线原图 contour manuscript
等高线注记 contouring note; contour(ing) number; contour value; elevation number; numerics in contours
等高线注记缩放器 contour-number pantograph
等高线自动描绘器 automatic contour liner
等高线自动描绘系统 automatic contouring system
等高斜谷 contour valley
等高压分析 isallobaric analysis
等高仪 astrolabe; contour follower; equiangulator
等高栽植 contour cropping; contour farming
等高种植 contour cropping; contour cultivation; contour farming; contour planting
等高走刀曲面仿形法 contour milling
等根【数】boudle root; equal root
等功 equiponderance
等功率传动 even flowing power
等功率线 power contour
等功率运行方式 output-constant operation
等功率制动 constant power braking
等共轭的 equiconjugate
等共轭直径 equiconjugate diameters
等固定碳线 isocarb
等贯入度法 constant rate of penetration method
等贯入度试验 constant rate of penetration test
等惯性输水系统 balanced flow system; equi-inertial filling and emptying system
等光波长 isophotal wavelength
等光程 aplanat; aplanatism
等光程的 aplanatic
等光程焦点 aplanatic focus
等光程聚光镜 aplanatic condenser
等光程折射 aplanatic refraction
等光度测量 isophotometry
等光度计 isophotometer
等光度图 isophotometric atlas
等光度线记录仪 isophotometer
等光量的 isophotic
等光强 isocandela
等光强高温计 constant intensity pyrometer
等光强图 isocandela diagram
等光强线 isolux; isophote
等规丙烯膜 isotactic propylene membrane
等规的 isotactic
等规聚丙烯 isotactic polypropylene
等规聚合物 isotactic polymer
等规聚合物塑料 isotactic polymer plastics
等规立构性 isotacticity
等规性 tacticity
等过热的 <土温夏冬温差小于5℃年平均温度高于22℃> isohyperthermic
等过热线 constant super-heat line
等海深的 bathymetric(al)
等海深曲线 bathymetric(al) curve
等海深线 bathymetric(al) line; depth contour; fathom curve; isobath
等海深线图 bathometric(al) chart; bathymetric(al) chart; isobath map
等含硫值图 isosulfur map
等含氯量线 <地下水的> isochlor
等含碳量线 isocarb
等含盐量线 isohaline
等焓的 isenthalpic; iso-enthalpic
等焓过程 constant-enthalpy process; isenthalpic process
等焓加湿 adiabatic humidifying
等焓节流 isenthalpic throttling
等焓流动量 isoenthalpic flow
等焓膨胀 isenthalpic expansion
等焓线 adiabat; isenthalp(ic); iso-enthalpy
等寒的 <土温夏冬温差小于5℃,年平均温度低于8℃> isofrigid
等航线(飞行)的 isodromic
等号 equal(sign); sign of equality
等厚板 slab of constant depth
等厚边壁板 parallel siding
等厚边缘 equal-thickness fringe
等厚材料 uni-thick
等厚地质图 isopachous map
等厚度 uniform thickness
等厚度板 plate of constant depth
等厚度筏基 uniform mat
等厚度干涉 interference of equal thickness
等厚度拱 constant thickness arch
等厚度基床 uniform mat
等厚度叶轮 disk of constant thickness
等厚断面 equidepth section
等厚干涉仪 equal thickness interferometer
等厚拱 arch jack; jack arch
等厚拱坝 constant-thickness arch(ed) dam
等厚混凝土(路面)板 uniform-thickness concrete slab
等厚胶结物结构 isopachous cement texture
等厚块(体) block of uniform height
等厚路面板 uniform road slab
等厚平板 uniform-thickness slab
等厚式混凝土板 uniform-thickness concrete slab
等厚式混凝土路面板 equivalent thickness concrete slab
等厚式平板 uniform-thickness slab
等厚条纹 equal thick fringes
等厚图 isopach map
等厚微晶外壳 equant micrite crust
等厚线 isopachous line; isopachyte; isopach
等厚线图 isopach map
等厚应力条纹图 isopachic stress pattern
等厚圆形拱 circular constant-thickness arch
等厚褶皱 isopachous fold
等候 tarry; waiting
等候泊位 waiting for berth
等候泊位时间 waiting berth time
等候处 waiting area; waiting space
等候的车列或人列 queue
等候费 standby charges
等候过闸水域 lay-by basin
等候会让的车站【铁】waiting point
等候接续列车 awaiting a connection; wait for a connection
等候排队 waiting line
等候区 holding area
等候时间 waiting time
等候室 waiting room
等候条件 wait condition
等候厅 waiting hall
等候信号车辆 waiting vehicle
等候修复时间 mean time to repair
等候修理时间 waiting time to repair; waiting repair time
等滑脱推进器 unislip propeller
等化学变质作用 isochemical metamorphism; treptomorphism
等画变换 homographic(al) transformation
等环核 isocycle nucleus
等环量流型 constant circulation flow pattern
等环状的 isothrausmatic
等挥发(分)线 isovols
等辉正长岩 yogoite
等混合距离法分类 equal-compost distance classification
等活度法 isoactivity method
等积 equivalence
等积半径 authalic radius; equivalent radius
等积波 equivoluminal wave
等积赤道方位投影 azimuthal equal-area equatorial projection
等积地图投影 authalic map projection; equal-area map projection; equivalent map projection
等积多边形 equivalent polygon
等积方位投影 azimuthal equal-area projection; equivalent azimuthal projection; Lambert's azimuthal equal area projection
等积极方位投影 azimuthal equal-area polar projection
等积球体 authalic sphere
等积三角形【数】equivalent triangle
等积条件 condition of equivalency
等积投影 authalic map projection; homalographic(al) projection
等积投影地图 area-preserving map; proportional map
等积投影经度 authalic longitude
等积投影纬度 authalic projection latitude; equal-area latitude
等积投影制图 equi-area mapping
等积椭圆投影 elliptic(al) equal-area projection; equal-area elliptic(al) projection
等积斜方位投影 azimuthal equal-area oblique projection
等积形颗粒 isometric(al) grain
等积映射 equi-areal mapping
等积圆柱投影 cylindric(al) equal-area projection; cylindric(al) equivalent projection; equivalent cylindric(al) projection
等积圆锥投影 authalic conic(al) projection; conic(al) equal-area projection; conic(al) equivalent projection; equal-area conic(al) projection; equivalent conic(al) projection
等基线 isobase
等基线图 isobase contour
等基因的 isogenic
等级 bracket; category; class; degree; estate; gradation; grade; hierarchic(al) rank; magnitude; order; peg; rank; rate; rating
等级逼近法 hierarchic(al) approach
等级标志 class mark; grade mark <钢筋的>
等级材 grading of timber
等级测试 rank test
等级差 rank difference
等级次序 rank order
等级道路 <列入等级的道路> classification road; classified road
等级低的位置 back seat
等级点状符号 proportional point symbol
等级费率 differential rate
等级分类 grade classification; grade separation
等级符号 graduated sign; graduated symbol; proportional graduated symbol
等级公路 classification highway; classification road; classified highway; classified road
等级航道 classified channel; classified waterway
等级航路 classified water course
等级价格 class price
等级较低的 junior
等级结构 hierarchic(al) organization
等级控制项目 sort control item
等级品生产 class-product production
等级评定 grade estimation
等级剖析法 hierarchic(al) approach
等级式结构 hierarchic(al) structure
等级式模型 hierarchic(al) model
等级式宇宙论 hierarchic(al) cosmology
等级说明 graded description
等级索引 hierarchy index
等级调整 classification adjustment
等级网格 graded net
等级位次 rank order
等级相关 correlation from ranks; rank correlation
等级修理制 grade system of repair
等级序列 rank order
等级应答 graded response
等级应力 grade stress
等级运价表 <按货物分等规定运价> class tariff
等级运价率 class rates
等级直径 stepped diameter
等级制度 caste; hierarchy
等级资料 ranked data
等级组 class group
等极式扬声器 equipolar loudspeaker
等几率 equiprobability
等剂量记录器 isodose recorder
等剂量曲线 isodose curve
等剂量线 isodose line
等加速度 constant acceleration; steady acceleration; uniform acceleration
等加速度线 iso-acceleration contour
等加速运动 uniformly accelerated motion; uniformly increasing motion
等价 equivalence; parity value
等价变换 equivalence transformation; equivalent transformation; exchange at equal value
等价表示 equivalent representation

等价材木 < 采运成本等于木材售价 > marginal tree
等价操作 equivalence operation
等价超共轭 isovalent hyperconjugation
等价带宽 equivalent bandwidth
等价的 equipollent; equivalent; isovalent
等价的二叉树 equivalent of binary tree
等价的二进制数字 equivalent binary digit
等价的二进制因子 equivalent binary digit factor
等价递归 equivalent recursion
等价点 equivalent point
等价点电势 equivalent-point potential
等价定律 equivalent law
等价队列 equivalence queue
等价二进数 equivalent binary digit
等价二进制数位位数 number of equivalent binary digits
等价二进制数位因子 equivalent binary digit factor
等价二进制位 equivalent binary digit
等价范式法 equivalent normal form method
等价方程 equivalent concept; equivalent equation
等价方程组 equivalent system of equations
等价共轭 isovalent conjugation
等价关系 equivalence relation; equivalent relation; relation of equivalent
等价观测 equivalent observation
等价观测方程 equivalent observation equation
等价含水量 equivalent moisture
等价基 equivalent base
等价集 equivalent sets
等价集中反力 equivalent concentrated reaction
等价交换 equal exchange; equivalent exchange; exchange of equal values
等价节点力 equivalent nodal force
等价矩阵 equivalent matrix
等价类 equivalence class
等价类质同像 equivalence isomorphism
等价粒径 equivalent grain size
等价名称 equivalent name
等价目标程序 equivalent object program(me)
等价偏差 equivalent deviation
等价群 equivalence group
等价色 isovalent colo(u)r
等价收入变差 equivalent variation
等价树 equivalent tree
等价说明 equivalent statement
等价算法 equivalence algorithm
等价弹性模量 equivalent modulus of elasticity
等价条件 condition of equivalence
等价问题 equivalence problem
等价系统 equivalent system
等价线 equal cost line; isodapane; isoline
等价线配料法 < 用于石灰煤(渣)土等配料 > equal-cost line batching method
等价性说明 equivalence declaration
等价序列 equivalent sequence
等价语句 equivalence statement
等价元件 equivalence element
等价原理 equivalent principle
等价远景 equivalent future
等价整数 integral equivalent
等价值关系 equivalence relation
等价状态 equivalent state
等价自动机 equivalent automaton
等价组 equivalence group
等间隔波长法 weighted ordinate method
等间隔抽样 systematic sampling
等间隔的 equally spaced; equal-spaced; equi-spaced; uniformly spaced
等间隔量化 equal interval quantizing
等间距 at equal spacing
等间距的 equidistant; equi-spaced; uniformly spaced
等间距点 equally spaced points
等间距横隔梁 regular-spaced diaphragm
等间距基准点 equally spaced reference
等间距数据 equally spaced data
等间距条纹 equally spaced fringes; equidistant fringes
等间隙急闪光 intermittent quick flash light
等间栅栏图 isometric(al) fence diagrams
等减速运动 uniformly decreasing motion; uniformly retarded motion
等剪力线 line of equal shear
等剪应变 constant shear strain
等渐长率圆柱投影 rectangular projection
等键的 isodesmic
等降分级 classifying by equal falling
等降粒子 equal falling particles
等降水百分率图 isometric(al) rainfall map
等降水大陆度线 isepire
等降水量线 isohyet
等降水率图 isometric (al) rainfall map
等降水线 isomer
等降线 isocatabase
等降压中心 isokatabaric center[centre]
等降雨量的 isohyetal
等降雨量强度曲线 iso-intensity curve
等降雨量曲线图 rainfall map
等降雨量线 isohyet
等降雨量线图 isohyetal map
等交比曲线 equianharmonic curve
等交变波 equal-alternation wave
等交叉截面 uniform cross-section
等焦距 parfocal
等焦透镜 equivalent lens
等角 isogonism
等角变换 equiangular transformation; isogonality; isogonal transformation
等角变形 equal angular distortion
等角测深 constant angle soundings
等角的 equiangular; isogonal; isogonic; isometric; orthomorphic
等角点 equal-angle point; isocenter [isocentre]; metapole; point of zero distortion
等角点辐射三角测量 isocenter plot
等角点辐射线 isoradical line
等角点像片三角测量 isocenter triangulation
等角点照片三角测量 isocenter triangulation
等角定位格网 equiangular positioning grid
等角动量定律 law of constant angular momentum
等角度投影 equal-angle projection
等角多边形 equiangular polygon
等角多角形 equiangular polygon; isogon
等角多圆锥投影 conformal polyconic(al) projection
等角方位角 Mercator bearing; loxodromic bearing
等角方位投影 azimuthal orthomorphic(al) projection
等角分线 angular bisector
等角格网 equiangular lattice
等角拱 equilateral arch
等角共轭点 isogonal conjugate points
等角轨线 isogonal trajectory
等角航线 course of constant bearing; loxodrome; loxodromic curve; rhumb line
等角航线改正 rhumb-line correction
等角横切椭圆柱投影 equal-angle transverse projection
等角横切圆柱投影 transverse tangent cylindric(al) conformal projection
等角加速度 constant angular acceleration
等角螺线 equiangular spiral
等角螺线天线 equiangular spiral antenna
等角偏线 isogonal
等角曲线系 isogonal trajectory
等角三角形 equiangular triangle; equilateral triangle
等角三维投影图 isometric(al) three-dimensional projection
等角双曲线 equiangular hyperbola
等角速度 constant angular velocity
等角速度转动 steady rotation
等角速节 constant velocity joint
等角速万向节 constant speed universal joint; constant velocity joint
等角条件 conformal condition
等角投影 autogonal projection; isometric(al) projection
等角投影地图 conformal map; equal-angle map; identical map
等角投影法 isometric(al) projection method
等角投影海图 conformal chart
等角投影经度 conformal longitude
等角投影图 equal-angle projection; isometric(al) drawing
等角透视 isometric(al) perspective
等角图 isometric (al) drawing; isometric(al) view
等角屋顶 < 其跨度和椽子形成一等边三角形 > equilateral roof
等角系统 isometric(al) system
等角线 isogonal line
等角线规 isometrography
等角斜轴切圆柱投影 oblique tangent cylindric(al) conformal projection
等角形 equiangular figure
等角性 orthomorphism
等角映射 isogonal mapping
等角圆柱投影 conformal cylindric(al) projection
等角圆锥投影 conformal conic (al) projection
等角轴测投影 diametric (al) projection
等角轴线 isometric(al) axis
等角坐标系 orthomorphic coordinate system
等较时间 equivalent time
等接 equijoin
等节法 constant segment method
等节间 equal panel
等结构 isostructural
等结构性 isostructuralism
等结合 equijoin
等截面 constant (cross-) section; prismatic(al) section; uniform (cross-) section
等截面棒 bar of uniform cross section; prismatic(al) bar
等截面的 prismatic(al)
等截面电桥 uniform bridge
等截面杆 prismatic(al) bar; prismatic(al) member; uniform bar
等截面杆件 prismatic(al) member
等截面拱 constant cross-section (al) arch
等截面拱形梁 arched girder of constant cross-section
等截面管 constant section conduit; constant section pipe; constant section tube; uniform section conduit; uniform section pipe; uniform section tube
等截面河槽 prismatic(al) channel
等截面河床 prismatic(al) bed
等截面积 constant section area; uniform(cross-) section area
等截面梁 beam with uniform section; constant section beam; prismatic(al) beam; uniform beam
等截面梁桥 prismatic (al) beam bridge; uniform beam bridge
等截面深 beam with constant cross-sections
等截面箱梁桥 prismatic(al) box girder bridge
等截面悬臂梁 uniform cantilever beam
等截面叶片 congruent bucket; uniformly shaped blade; uniform section blade
等截面柱 column with constant cross-section; column with uniform cross-section; constant dimension column; uniform column
等截面桩 uniform cross-section pile; untapered pile
等解冻线 isotac
等经度校正线 isolong
等精度测量 equal measurement
等精度观测 equal observation
等精度曲线 contour of constant geometric (al) accuracy; equal precision curve; equiaccuracy curve
等精度(曲线)图 equiaccuracy chart
等径 median diameter
等径程发动机 square engine
等径冲程 square stroke
等径的 equant; isometric
等径对接管 butt joint
等径拱坝 constant radius arch dam
等径骨料 single-size(d) aggregate
等径管接头 butt joint
等径滚铣刀 parallel hob
等径滚柱轴承 straight rolled bearing
等径集料 single-size(d) aggregate
等径颗粒 equidimensional grain
等径孔隙度 equant-pore porosity
等径螺纹接套 equal nipple
等径三通(管) straight tee
等径伞齿轮 miter[mitre] gear; miter [mitre] wheel; mitre(bevel) wheel; wheel miter[mitre]
等径伞齿轮传动 miter[mitre] bevel gear
等径伞齿轮装置 miter[mitre] wheel gear(ing)
等径生长 constant diameter growth
等径凸轮 constant diameter cam
等径(直角)斜齿轮 miter[mitre] gear
等径(直角)锥齿轮 miter[mitre] gear
等径锥齿轮 miter[mitre] gear
等径钻孔 even-diameter hole
等静力成型 hydrostatic pressing; isopressing; isostatic forming
等静力成型法 isostatic mo(u)lding
等静力成型耐火材料 isostatic pressed refractory
等静力成型砖 isostatic pressed brick
等静力刀具加工 isostatic tooling
等静力火花烧结 spark isostatic press

sintering
等静力机 hydrostatic press; isostatic press
等静力结构 isostatic structure
等静力线 isostatic line
等静力压制 isostatic pressing
等静力氧化铬 isostatically pressed chrome oxide
等静热压法 hot-isostatic-bonding and pressing process
等静热压机 hot isostatic press(ing)
等静压 isopressing; isostatic pressing
等静压成型 isostatic compaction; isostatic mo(u)lding; isostatic pressing; hydrostatic isostatic forming; isopressing
等静压处理 isostatic pressing treatment
等静压法 static regain
等静压火花烧结 spark isostatic press sintering
等静压机 isostatic press(ing machine)
等静压力 isostatic pressure
等静压模具 isostatic tooling
等静压容器 isostatic pressure vessel
等静压烧结 isostatic sintering
等静压压电应变常数 hydrostatic piezoelectric strain constant
等静压制装置 arrangement for isostatic pressing
等矩形投影 equirectangular projection
等矩阵语言 equal matrix language
等距 isometry
等距变换 equilong transformation
等距布置的 equally spaced
等距(长)的 equilong
等距常线 isanomalous line
等距点 equally spaced point; equidistant point
等距分布的 equi-spaced
等距离 equal distance; equidistance; equidistant spacing
等距离表示 isometric(al) representation
等距离布置的 equal-spaced
等距离参数 isometric(al) parameter
等距离差曲线 difference isopleth of distances
等距离常线 isanomal
等距离赤道方位投影 equidistant equatorial azimuthal projection
等距离的 equally spaced; equidistant; equilong; isometric
等距离点 equally spaced points
等距离电杆 equidistant poles
等距离对应 isometric(al) correspondence
等距离方位投影 azimuthal equidistant projection
等距离和曲线 sum isopleth of distances
等距离画法 isometric(al) drawing
等距离绘图 isometric(al) drawing; isometric(al) plotting
等距离极方位投影 equidistant polar projection
等距离间隔机构 constant pitch spacing mechanism
等距离节点 equidistant node
等距离晶系 isometric(al) system
等距离空间 isometric(al) space; uniform space
等距离螺纹螺杆 uniform pitch screw
等距离脉冲 equidistant pulse
等距离曲面 equidistant surface; isometric(al) surface
等距离曲面系 isometric(al) system of surface
等距离曲面坐标 isometric(al) surface coordinate
等距离曲线 equidistance curve; equidistant curve
等距离曲线族 isometric(al) family of curve
等距离射影 isometric(al) projection
等距离螯尖 equidistant locking pallets
等距离锁面 equidistant locking
等距离天顶投影 zenithal equidistant projection
等距离天线阵 spaced antenna; spaced array; uniform array
等距离条件 condition of equidistance
等距离投影(法) equidistance projection; equidistant projection; isometric(al) projection
等距离投影图 isometric(al) view
等距离网格 equidistant grid
等距离纬度 equidistant isometric(al) latitude
等距离线 equidistance line; equidistant line; line of equidistance
等距离原则 equidistance principle
等距离圆弧格网 equilong circle arc grid
等距离圆柱投影 cylindric(al) equal-spaced projection; cylindric(al) equidistant projection
等距离圆锥投影 conic(al) equi-distant projection
等距离运动 equidistance motion
等距码 equidistant code
等距平 equideparture
等距平线 isanomal; isanomalous line; isanomaly; iso anomaly
等距条件 conditions of equidistance
等距图 isometric(al) view
等距线 equally spaced line
等距映射 isometric(al) mapping
等距映象 isometric(al) mapping
等距正交网 isometric(al) orthogonal net
等距直线 equidistant line
等均速 equal speed
等抗剪强度 isoshear
等颗粒的 equigranular
等壳瓣 equivalve
等可靠性抗震设计 isoreliable seismic design
等可能事件 equally likely event
等可能选择 equiprobable choice
等刻度记录纸 uniform chart
等孔隙压力比 equal pore-pressure ratio
等孔隙压力线 line of equal pore pressure
等控性 equicontrollability
等跨 equal span
等宽 constant-width; equivalent width
等宽式喷嘴 even spray nozzle
等宽凸轮 constant breadth cam
等拉力弹簧 constant force spring
等劳制 equal labo(u)r values system
等勒克斯线面 isofoot candle; isolux; isophote
等雷暴日数线 isobront; isobrontal line
等雷频率线 isoceraunic; isokeraunic
等雷雨(次数和强度)线 isoceraunic; isokeraunic
等离子泵 plasma-pump
等离子边界区域 plasma boundary region
等离子层 plasma sheath; plasmasphere
等离子点 iso-ionic point
等离子电焊机 plasmatron
等离子电弧敷层 plasma arc coating
等离子电弧焊接 plasma arc weld(ing)
等离子电弧炉 plasma arc furnace
等离子电弧切割(法) plasma arc cutting
等离子电弧切割机 plasma arc cutter; plasma arc cutting machine
等离子堆焊 plasma surfacing
等离子发电机 plasma generator
等离子发生器 plasma generator
等离子腐蚀 plasma etching
等离子工程 plasma engineering
等离子管 plasmatron
等离子光谱法 plasma spectrometry
等离子光源 plasma source
等离子焊 plasma welding
等离子焊接 plasma welding
等离子焊炬 plasma welding torch
等离子弧 plasma arc
等离子弧堆焊 plasma arc surfacing
等离子弧方法 ionarc process
等离子弧焊机 plasma arc welder
等离子弧焊接 plasma arc weld(ing)
等离子弧焊枪 plasma welding torch
等离子弧加工 plasma arc machining
等离子弧埋焊 plasma arc surfacing
等离子弧喷镀 plasma plating
等离子弧喷涂 plasma spraying
等离子弧切割 plasma arc cutting
等离子弧重熔 plasma arc remelting
等离子弧柱 plasma column
等离子化学气相沉积 plasma chemical vapo(u)r deposition
等离子火花塞 plasma plug
等离子火焰 plasma torch
等离子激活 plasma-activated
等离子极化子 plasmaron
等离子技术 plasma technology
等离子加热 plasma heating
等离子加速器 plasma accelerator
等离子金属喷涂 plasma metallizing
等离子聚合作用 plasma polymerization
等离子壳层 plasma sheath
等离子粒团 plasmoid
等离子流 plasma jet; plasma stream
等离子流发生器 plasmatron
等离子流束 current column
等离子炉 plasma arc furnace
等离子面板 plasma panel
等离子浓度 iso-ionia
等离子喷吹法 plasma blowing
等离子喷镀 plasma spray
等离子喷镀层 plasma jet coating; plasma sprayed coating
等离子喷枪 plasma gun; plasma torch
等离子喷射 plasma jet
等离子喷涂 plasma spray coating; plasma spraying
等离子喷涂氧化锆 plasma spray zirconia
等离子喷注黏[粘]着力增高系统 plasma jet adhesion boosting system
等离子片 plasma sheet
等离子气(体) plasma; plasma orifice gas
等离子气体喷嘴 plasma nozzle
等离子枪 plasma gun
等离子强化化学汽相沉积 enhanced-enhanced chemical vapo(u)r deposition
等离子切割 electron-beam cutting; plasma(jet) cutting
等离子切割机 electron-beam cutter; plasma jet cutter
等离子区 ion plasma; iso-ionic area; plasma
等离子区放电 plasma discharge
等离子区平衡 plasma balance
等离子区探测器 plasma probe
等离子去胶机 plasma degumming machine; plasma stripper
等离子热处理 plasma heat treatment
等离子热电偶 plasma thermocouple
等离子热熔喷镀 plasma flame
等离子熔化极气体保护焊 plasma MIG[metal inert gas] welding
等离子熔炼 plasma arc melting
等离子射束 plasma jet
等离子束放大器 beam-plasma amplifier
等离子态 plasma state
等离子体 plasma(body)
等离子体崩溃 plasma collapse
等离子体波 plasma wave
等离子体波导管 plasmaguide
等离子体不稳定性 plasma instability
等离子体层 plasmasphere
等离子体层顶 plasma pause
等离子体沉积(金属)陶瓷覆(盖)层 plasma deposited ceramics coating; plasma deposited cermet coating
等离子体冲击波 plasma stock wave
等离子体处理 plasma treatment
等离子体磁控管 plasma magnetron
等离子体导电率 electric(al) conductivity in a plasma
等离子体的磁流体振荡 hydromagnetic oscillations of the plasma
等离子体的导电率 plasma conductivity
等离子体的激光散射 laser light-scattering by plasma
等离子体的临界温度 critical temperature of a plasma
等离子体的热力学平衡 plasma thermodynamic(al) equilibrium
等离子体的压力张量 plasma pressure tensor
等离子体电荷 plasma charge
等离子体电弧连续波泵浦 continuous wave plasma arc pumping
等离子体电弧喷涂 arc plasma spraying
等离子体电弧枪 arc plasma gun
等离子体电子 plasma electron
等离子体动力学 plasma dynamics
等离子体二极管 plasma diode
等离子体发动机 plasma engine; plasma jet
等离子体发生器 plasma generator; plasmatron
等离子体反应 plasma reaction
等离子体反应堆 plasma reactor
等离子体分析仪 plasma analyser[analyzer]
等离子体焚烧技术 plasma incineration technique
等离子体辐射 plasma radiation
等离子体负载特性 plasma loading characteristics
等离子体复合 plasma recombination
等离子体干涉仪 plasma interferometer
等离子体箍缩 pinch compression; plasma pinch
等离子体管 plasmatron
等离子体光量计 plasma quantometer
等离子体光源 plasma light source
等离子体焊炬 plasma torch
等离子体核心 plasma core
等离子体化学 plasma chemistry
等离子体化学降解 plasma chemical degradation
等离子体化学气相沉积 plasma chemical vapo(u)r deposition
等离子体回波 plasma echo
等离子体火箭 plasma rocket
等离子体激光器 plasma laser

D

等离子体激活化学气相沉积 plasma activated chemical vapo(u)r deposition
等离子体激元 plasmon
等离子体激元模型 plasmon model
等离子体激元衰变中微子过程 plasmon decay neutrino process
等离子体挤压 plasma squeezing
等离子体记录仪 plasma printer
等离子体加热 plasma heating
等离子体加热炉 plasma furnace
等离子体加热器 plasma accelerator;plasma boiler
等离子体加速器 plasmatron
等离子体焦点 plasma focus
等离子体聚合 plasma polymerization
等离子体扩散 plasma diffusion
等离子体离子振荡 plasma ion oscillation
等离子体幔 plasma mantle
等离子体模拟 computer-simulated plasma;plasma simulation
等离子体耦合器件 plasma-coupled device
等离子体抛射 plasma ejection
等离子体喷焰 plasma jet
等离子体喷注 plasma jet
等离子体喷注激发 plasma jet excitation
等离子体片 plasma sheet
等离子体漂移 plasma drift
等离子体频率 electron plasma frequency;Langmuir's frequency;plasma frequency
等离子体频率计 plasma frequency meter
等离子体破坏 plasma collapse
等离子体气体 plasma gas
等离子体气体显示器 gas plasma display
等离子体气相色谱法 plasma gas chromatography
等离子体枪 plasma gun;plasma jet
等离子体去污机 plasma desmearer
等离子体扰动 plasma disturbance
等离子体弱非线性理论 plasma weakly non-linear theory
等离子体色谱法 plasma chromatography
等离子体色谱图 plasmagram
等离子体烧结 plasma sintering
等离子体射流 plasma jet
等离子体探测器 plasma probe
等离子体湍动反应区 plasma turbulence reactor
等离子体湍动加速 plasma turbulence acceleration
等离子体湍流 plasma turbulence
等离子体推进 plasma propulsion
等离子体吞食器 plasma eater
等离子体微观不稳定性 microinstability of plasma
等离子体尾 plasma tail
等离子体物理学 plasma physics
等离子体显示 plasma display
等离子体显示板 plasma display panel
等离子体显示屏面 plasma panel
等离子体显示器 plasma display;plasma scope
等离子体线柱 plasma filament
等离子体线柱电流 pinch current
等离子体型波导 plasma-type waveguide
等离子体焰炬 plasma torch
等离子体阴极 plasma cathode
等离子体源离子注入 plasma source ion implantation
等离子体约束 plasma confinement
等离子体云 plasma cloud
等离子体增强化学气相沉积 plasma enforced chemical vapo(u)r deposition
等离子体诊断技术 plasma diagnostic technique
等离子体诊断仪 plasma diagnostic instrument
等离子体振荡 plasma oscillation
等离子体振荡分析仪 plasma oscillation analyser[analyzer]
等离子体振子 plasmon
等离子体直读光谱仪 plasma direct reading spectrometer
等离子体直线加速器 plasma linac
等离子体质谱法 plasma mass spectrometry
等离子体中的波 waves in plasma
等离子体注入器 plasma injector
等离子体转换器 plasma converter
等离子体状态 plasmoid
等离子天体物理学 plasma astrophysics
等离子氩弧焊接机 plasma argon arc welding machine
等离子焰炬 plasma torch
等离子焰切割 plasma arc cutting
等离子诊断 plasma diagnosis
等离子状态 plasmoid
等力 equipollence;equiponderance
等力的 equipollent;isodynamic(al)
等力荷载 equipollent load
等力矩曲线 isomoment curve
等力线 equal force line;isodynamic(al) line;isodyne
等力载原理 Saint Venant principle
等利润线 isoprofit line
等粒变晶结构 equigranular blastic texture
等粒变晶状 homeoblastic
等粒的 epigranular;homeocrystalline;isogranular
等粒度的 equigranular
等粒度的加气混凝土 equigranular aerated concrete
等粒度混凝土 equigranular concrete
等粒度砂浆 equigranular mortar
等粒结构 granulitic texture;isogranular texture
等粒径骨料 one-stone grading aggregate;uniform size aggregate
等粒径集料 one-size(d) aggregate;one-stone grading aggregate;uniform size aggregate
等粒径卵石 like-grained gravel
等粒径线图 isomegathy
等粒砂状结构 equigranular psamitic texture
等粒碎屑岩 planoclastic rock
等粒状结构 equigranular texture;isometric(al) granular texture
等粒状(结构)的 equigranular;even-grained
等粒组织 equigranular texture
等涟波响应 equiripple response
等亮度 uniform brightness
等亮度(场)光度计 equality of brightness photometer;equality of luminosity photometer;equal brightness photometer;equality of luminous photometer
等亮度棱镜的光度头 photometer head with equality of brightness prism
等亮度线 brightness contour
等亮曲线 contour map of light
等量 half-and-half;par
等量曝光 equal exposure
等量比 same-size ratio
等量层 equivalent layer
等量沉降量 equal settlement
等量沉陷 equal depression;equal settlement;equal subsidence
等量导风装置 equalizing deflector
等量的 equivalent
等量点 equivalence point
等量度晕 equidimensional halo
等量法 equalizing method
等量分配 equal distribution
等量纲的 equidimensional
等量活动 equivalent activity
等量加载法 equal load increment method
等量减薄液 cutting reducer;subtractive reducer
等量交换契约 mutual space charter
等量交换制度 mutual space charter
等量径 median diameter
等量力矩 equivalent moment (of force)
等量粒径 fifty percent particle diameter
等量面积电流 area-balanced current
等量年成本标准 uniform equivalent annual cost criterion
等量扭矩 equivalent twisting moment
等量气速 equivalent airspeed
等量深度 equivalent depth
等量渗透 steady seepage
等量送风 equivalent fresh air supply
等量送风口 equivalent air opening
等量图 isometric(al) drawing;isoquant diagram
等量弯矩 equivalent bending moment
等量纬度 isometric(al) latitude
等量纬圈 isometric(al) parallel
等量吸附热 isometric(al) heat of adsorption
等量系统 isometric(al) system
等量线 isoline
等量小客车单位 equivalent passenger car unit
等量蒸发 equivalent evapo(u)ration
等量直接辐射 equivalent direct radiation
等量置换法 equivalent replacement method
等量坐标 isometric(al) coordinates
等量坐标系 isometric(al) coordinate system
等列 homotaxial
等烈度线 coseismic line;curve of equal intensity
等灵敏度组合 equal sensibility array
等零线 isosite
等零指示位 equal-zero indicator
等龄线 isochron(e) line
等流管道 equivalent pipe
等流量 fixed rate flow
等流量当量直径 flow equivalent diameter
等流量曲线 Q constant curve
等流量条件 conditions of constant mass flow
等流量线 flow contour
等流量线图 volume contour
等流时图 channel travel isochrone chart
等流时线 channel travel isochrone;contour of equal travel time;isochron(e) <水系图上的>
等流时线法 isochronal method;isochron(e) method
等流时线间面积 interisochrone area
等流时线图 isochron(e) chart
等流速 uniform flow
等流速当量直径 velocity equivalent diameter
等流速水深 neutral depth
等流速线 equivelocity contour;isotach(n);isovel;velocity contour;co-fluctual line
等流体法 equivalent fluid method
等流线 constant current contour
等六边形 hexagram
等露点线【气】isodrosotherm
等螺距 uniform pitch
等螺距锥体螺杆 constant taper screw
等落比 equal settling factor
等马力曲线 equal horsepower curve
等埋深线 hydroisobath;hydroisohypse
等脉冲线 isopulse
等脉动强度曲线 curve of equal pulsation intensity
等密的 isopycnic
等密度 equidensity;isodensity
等密度测量 equidensitometry
等密度的 isopycnal;isopycnic
等密度混合 isopycnal mixing
等密度计 isodensitometer
等密度假彩色编码 equidensity pseudocolo(u)r encoding
等密度假彩色编码图像 isodensity pseudocolo(u)r encoding image
等密度流 homopycnal flow
等密度流沉积 homopycnal flow deposit
等密度面 constant density surface;equidensen;isopycnal surface;isopycnic surface;surface of equal density
等密度描绘仪 isodensitracer
等密度曲线 equidensity curve
等密度曲线描绘 plotting of iso-density
等密度入流 homopicnal[homopycnal] inflow
等密度特性 isopycnal nature
等密度图 contour diagram;isodensity diagram
等密度线 constant density contour;isopycnal;isopycnic line;isopyknic line;isostath;line of equal density;pictoline
等密度线法 isodense process
等密度线胶片 equidensity film
等密度线图 density contours;contour diagram
等密度线影像地图 pictomap
等密度影像 equidensity image
等密度淤浆 isopycnic slurry
等密流 constant specific mass flow
等密图 contour diagram
等密线 isodense;isopycnal
等幂的【数】idempotent
等幂矩阵 idem factor
等幂心 radical center[centre]
等幂性 idempotence
等幂因子 idem factor
等面 iso-surface
等面的 equilater(al);isohedral【物】
等面分数线 isopercentil
等面积补强法 equi-area method of reinforcement
等面积布置 equal-area plot
等面积的 homalographic
等面积定律 Kepler's second law;law of equal area
等面积方位投影 azimuthal equivalent projection
等面积条件 authalic condition;equivalent condition
等面积投影 authalic projection;homolosine projection;equal-area(l) projection;equivalent projection;homolographic(al) projection
等面积投影地图 equal-area map;equivalent map;homolographic(al) map
等面积投影网 equal-area net
等面积图 equal area chart

等面积网格 <立体平面投影中的> Lambert net;equal-area net
等面积伪圆柱投影 pseudo-cylindric(al) equivalent projection
等面叶 isobitateral leaf;isolateral leaf
等敏感度曲线 isosensitivity curve
等明暗光 equal interval light; intermittent light; isophase light; occulting light
等模标本 homotype
等摩擦损失法 constant pressure loss method
等摩尔对向扩散 equimolar counter-diffusion
等摩尔溶液 equimolar solution
等摩尔系列法 equimolar series method
等摩阻法 equal friction method
等摩阻法风道计算 <送风管道的> equal friction method duct sizing
等磨损理论 equal wear theory
等磨损准则 equal wear criterion
等内的 on-grade
等内规 ligne ga(u)ge
等内聚的 equicohesive
等内聚温度 equicohesive temperature
等内能线 isenerg(e)
等挠沉线 <路面> deflection contour
等挠度 iso-deflection
等挠度图 iso-deflection diagram
等挠曲的 isowarping
等挠曲试验 constant flexible test; uniform deflection test
等挠曲线 isowarping curve
等能 isoenergetic
等能白色 equal-energy white
等能的 isodynamic(al);isoenergetic
等能光谱 equal-energy spectrum
等能加速度 isoenergetic acceleration
等能量刺激 equal-energy stimulus
等能量的 homenergic
等能量(光)谱 equal-energy spectrum;equi-energy spectrum
等能量理论 equal-energy theory
等能量配给 isocaloric ration
等能量水深 <明渠的> equal-energy depth
等能量梯度 equal-energy gradient
等能位移 isoenergetic displacement
等能稳定性 isoenergetic stability
等能荧光体 equal-energy phosphor
等能源 equal-energy source
等泥质含量线 equi-shaliness line
等年龄线 isochron(e)
等年温较差线 iseoric line; isolalantose;isoparallege;isotalant
等黏[粘]的 isorheic
等黏[粘]度的 isoviscous
等黏[粘]度温度涂布段 equiviscous temperature application range
等黏[粘]态 isoviscous state
等黏[粘]线 isokom
等黏[粘]液 isorheic
等黏[粘](滞)温度 <其时焦油标准黏[粘]滞度为 50 秒> equiviscous temperature; isoviscous temperature
等黏[粘]滞性的 equiviscous
等捻距绳索 equal lay rope
等捻缆绳 parallel lay rope
等凝集温度 equicohesive temperature
等浓度 isoconcentration
等浓度比色法 Nesslerization
等浓度点 isoconcentration point
等浓度图 isoconcentration map
等浓度线 isoconcentration line; isopleth
等浓度削减 equal concentration reduction;isoconcentration reduction
等炮检距道 equal offset traces
等配极变换 equipolarization
等膨胀接封 matched seal
等偏差线 isametral; isanomal; iso anomaly; lines of equal magnetic variation;lines of equal variation
等偏分光仪 constant diversion spectroscope
等偏好曲线 isopreference curve
等偏角的 isogonal;isogonic
等偏角线 isogen;isogonic line
等偏角线图 isogonic chart
等偏摄影 parallel-averted photography
等偏摄影像片 parallel-averted photograph
等偏摄影照片 parallel-averted photograph
等偏式 case of longitudinal tilt
等偏线 isogon
等偏线的 isogonal;isogonic
等偏线图 isogonic chart
等偏转法 equal-deflection method
等频的 isofrequent
等频率 isofrequency
等频率假彩色编码图像 isofrequency pseudocolo(u)r encoding image
等平面 isoplane
等平面的 isoplanar
等平面隔离 isoplanar isolation
等平面工艺 isoplanar process
等平面晶体管 isoplanar transistor
等平面器件 isoplanar device
等平面双极存储器 isoplanar bipolar memory
等平面注入逻辑电路 isoplanar integrated injection logic
等坡的 isograde
等坡度 uniform slope
等坡线 grade contour
等期等量支付 annuity
等齐缠度 constant twist
等齐缠度膛线 uniform pitch;uniform twist(rifling)
等齐膛线 rib rifling
等气候线 isoclimatic line
等气压的 isobaric;isobarometric
等气压较差线 isanakatabar
等气压面 isobaric surface
等气压平衡线 isothene
等气压线 constant pressure line;isobar;isobaric line
等牵引力坡度 gradient of equal traction
等强磁力线 isodynamic(al)line
等强度 constant strength; equal strength;uniform strength
等强度棒 bar of uniform strength
等强度的 equicohesive
等强度壳 shell of uniform strength
等强度梁 beam of constant strength; beam of uniform strength;fish-bellied bar;uniform strength beam
等强度设计 design of equal bearing capacity
等强度线 strength contour
等强度线图 strength contour graph
等强度叶轮 disk of constant stress
等强干涉束有效数 finesse
等强焊缝 full-strength weld
等强桁 equivalent girder
等强接头 full-strength joint
等强录音 contour recording
等强线 contour line
等强线间距 iso-strength interval
等强信号法 equal-signal method
等强信号区 bi-signal zone;equisignal sector
等强信号指示 split indication
等强信号制 equisignal system
等切变线 isoshear
等切面曲线 tractrix
等氢离子的 isohydric
等氢离子弧焊机 isohydric welder
等氢离子技术 isohydric technique
等氢离子浓度 isohydric concentration
等氢离子指示剂溶液 isohydric indicator solution
等倾的 isoclinal;isoclinic
等倾法 isocline(d) method; method of isocline
等倾干涉条纹法 Haidinger fringe technique
等倾干涉仪 equal inclination interferometer
等倾谷 isoclinal valley
等倾角法 equal inclination method
等倾角干涉 interference of equal inclination
等倾螺线 isoclinal spiral
等倾摄影 equally tilted photography
等倾条纹 equal inclination fringes
等倾魏森堡法 equi-inclination Weissenberg method
等倾魏森堡图的对称 equi-inclination Weissenberg photograph asymmetry
等倾线 line of constant dip;iso-slopes <偏振光测应力时用>【物】
等倾线顶点 hogback
等倾线法 <定流线的图解法> isoclinal method
等倾线方程 isocline equation
等倾线图 isoclinal chart
等倾向线 isoclinic line
等倾斜的 isoclinal
等倾斜线 isocline(line); isoclinic line;line of same dip
等倾斜形式 pattern of dip isogons
等秋温线 isometropal
等球粒直径 equivalent sphere diameter
等球体 equal sphere
等曲率面 surface of constant surface
等全色的 isopanchromatic
等权 equal weight;isobar
等权代替法 method of equal-weight substitution
等权的 isobaric
等权多项式 isobar polynomial
等权值 equal weight value
等热分配 equalized heat distribution
等热分配法 equalized heat distribution method
等热函线 isenthalpic
等热焓线 isenthalpic
等日光系数线 daylight contour
等日量线 isalea
等日射线 isalea
等日效应 equidiurnal effect
等日照线 isohel;isohelic line
等容比热 constant volume specific heat
等容变化 constant volume change;isochoric change
等容的 isasteric;isometry;isopycnal;isopycnic;isopyknic;isovolumetric(al)
等容过程 constant volume process;isochoric process; isometric (al) process;isovolumetric(al)process
等容积 constant volume
等容积变形 isochoric deformation
等容积采样 constant volume sampling
等容积采样器 constant volume sampler
等容积的 isometric
等容积取样 constant volume sampling
等容积试验 constant volume test
等容积纬度 equivalent isometric(al) latitude
等容粒径 diameter of soil particles;equivalent particle diameter;hydraulically equivalent size; isovolumetric(al)particle diameter
等容量调节器 constant volume governor
等容面 isasteric surface
等容平衡常数 equilibrium constant at constant volume
等容气体温度计 constant volume thermometer
等容曲线 constant volume curve
等容燃烧式燃气轮机 constant volume combustion gas turbine
等容线 isochore;isometric(al)line;isometrics; isoster; isovols; volume contour
等容线图 convergence map
等容蓄压器 constant displacement accumulator
等容循环 constant volume cycle
等容循环发动机 constant volume cycle engine;Otto(cycle)engine
等蠕变图 isometric(al)creep plot
等色 colo(u)r matching
等色边纹 isochromatic fringe
等色差三色系数 uniform chromaticity coordinates
等色差色度坐标 uniform chromaticity coordinates
等色刺激 isochromatic stimuli
等色带 isochromatic zone
等色的 homochromatic;isochromatic
等色干涉带 isochromatic interference belt
等色曲线 isochromatic curve
等色条纹法 <光弹性力学用> isochromatic fringe method
等色条纹级数 order of fringes
等色条纹图 isochromatic fringe pattern
等色图像 isochromatic photograph
等色温线 isotemperature line
等色线 isochromate; isochromatic curve; isochromatic line; isochromatics
等色线条纹 <光弹> fringe pattern
等色线条纹图形 <光弹性试验> fringe pattern
等色线图 <偏光试验> isochromatic pattern
等色线照片 isochromatic photograph
等色岩 shonkinite
等熵变化 isentropic change
等熵层 isentropic sheet
等熵的 isentropic;isoentropic
等熵功 isentropic work
等熵过程 isentropic procedure;isentropic process;isoentropic process
等熵厚度图 isentropic thickness chart;thick-thin chart
等熵流 isentropic stream
等熵流动 isentropic flow
等熵流线 isentropic streamline
等熵面 isentrope;isentropic surface
等熵面分析 isentropic analysis
等熵喷管 isoentropic nozzle
等熵膨胀 constant entropy expansion; isentropic expansion; isoentropic expansion
等熵膨胀喷管 isentropic expansion nozzle
等熵曲线图 constant entropy chart
等熵热降 isentropic heat drop
等熵速度比当量 equivalent isentropic velocity ratio
等熵条件 isentropic condition

D

等熵图 isentropic chart
等熵线 constant entropy line; isentrope(line); isentropic curve; isentropic line; isoentrope; line of constant entropy
等熵线图 isentropic chart
等熵效率 isentropic efficiency
等熵性 isentropity
等熵压缩 constant entropy compression; isentropic compression; isoentropic compression
等熵压缩率 isentropic compressibility
等熵再压缩 isentropic recompression
等熵指数 isentropic exponent; isentropic index
等熵滞止加热 isentropic stagnation heating
等熵重量图 isentropic weight chart
等上升速度线 isanabat
等少量百分率线 isodef
等伸缩剖面 plane of uniform expansion or contraction
等深的 bathymetric(al); isobathic; isobathye
等深度 equal depth; even depth
等深度图 equal depth map
等深积岩 contourite
等深距 isobath interval
等深流 contour current
等深流沉积 contour current deposit
等深流沉积物 contourite
等深流沉积相 contour current facies
等深曲线 depth curve; fathom curve <以英制单位寻计>
等深数据 bathymetric(al) data
等深线 bathymetric(al) contour; bathymetric(al) curve; bathymetric(al) line; bottom contour; depth curve; hydroisobath; hypsographic(al) curve; hypsometric(al) curve; isobathic line; isobathye line; seabed contour; sounding contour; water depth line; fathom line <以英制单位寻计>
等深线海(底地形)图 bathymetric(al) chart; contoured bathymetric(al) chart; depth contour chart; isobath chart; isobathic chart
等深线流 isobaths current
等深线图 bathymetric(al) chart; bathymetric(al) map; bottom contour chart; isobathic chart; isobath map
等深线注记 depth number
等渗的 isotonic
等渗浓度 isotonic concentration
等渗溶液 isosmotic solution; isotonic solution
等渗收缩 isotonic contraction
等渗透率图 isoperm
等渗透率线 isoperm
等渗性 isotone; isotonicity
等渗压 isometric(al) pressure; isosmotic pressure; isotonic pressure
等渗压的 isoosmotic
等渗压浓度 isotonic concentration
等渗压溶液 isosmotic solution
等渗压线 isosmotic pressure line
等升压的 isoanabaric
等升压中心 iso anabaric center[centre]
等生长季节线 isophytochrone
等生态域线 isobiochore
等声强的 isophonic
等声强线图 isacoustic chart; isoacoustic(al) chart
等声响曲线 equal loudness curve
等声指标 isophonic index
等湿度线 isohume; isohygromen; isohygrometric line
等湿加热 sensible heating
等湿冷却 sensible cooling
等湿球温度线 equi-wet bulb temperature line; iso-wet bulb temperature line
等时 equitime
等时摆动 isochronous rolling
等时测试法 isochronal test
等时差线 isochron(e); lines of constant time difference; tautochrone
等时潮 cotidal chart
等时传输 isochronous transmission
等时的 isochronal; isochronic; isochronous
等时电路 isochronous circuit
等时对应 isochronous correspondence
等时法测试 isochronal test
等时复用器 isochronous multiplexer
等时计 isochronograph
等时间层厚 equalitime-layer-thickness
等时降落轨迹 tautochrone
等时距洪峰 equal interval flood peak
等时距峰 equal interval peak
等时螺线调节器 isochronal spiral regulator
等时脉冲串 burst isochronous
等时面 equivalent time horizon; isochronous surface
等时面法 isochron surface method
等时年龄 isochron(e) age
等时切片 isochronal slices
等时切片分色叠加图 monochromatic time slices stack chart
等时切片剖面 time slice map
等时区 isochron(e); time zone <交通观测,从定点出发,在同一时间内,不同方向上所达到的距离的各点联结所构成的地区>
等时曲线 tautochrone; isochron(e) <表示土压密过程中过剩孔隙水压力的分布>
等时扫描 isochronous scanning
等时数字信号 isochronous digital signal
等时水坡线 isochron(e)
等时调制 isochronous modulation; restitution
等时图 isochronal plot; isochronograph
等时退火 isochronal annealing
等时线 isochronal line; isochron(e); isophene [isophane]; isotime line; synchrone; time line; time contour <交通分析用>
等时线间面积 interisochrone area
等时线图 isochronal map; isochron(e) chart; time contour map <表示等时到达地点>
等时线斜率 slope of isochron
等时信号畸变测试器 isochronous signal distortion tester
等时信号失真测试器 isochronous signal distortion tester
等时性 isochroneity; isochronism; tautochronism
等时性地层单位 isochronous stratigraphic(al) unit
等时性回旋加速器 isochronous cyclotron
等时性畸变 isochronous distortion
等时性误差 deviation from isochronism; isochronal error; isochronous error
等时仪 isochronograf; isochronograph; isoscript
等时振荡 isochronous oscillation
等时振动 isochronal vibration; isochronous vibration
等时值 isochroism; isochronia
等时中断 interrupt isochronous
等始花期线 isanther
等式 equality; equation
等式约束 equality constraint
等式约束条件 equality constraint condition
等式约束问题 problem with equality constraint
等式组 equality system
等势 equipotentiality
等势边界 equipotential boundary
等势测量 equipotential survey
等势层 equipotential layer
等势的 equipotential; unipotential
等势法 equipotential method
等势环 equipotential ring
等势集 equipotent sets
等势面 equipotential plane; equipotential surface; isopotential surface; level surface; potentiometric surface; surface of equal potentials
等势片 equipotential plate
等势同高线 equipotential contour
等势线 equipotential line; isopiestic line; isopotential line; iso-slopes; isotherm; isothermal line; lines of equal potential; potential line
等视差面 surface of equal parallax surface
等视差曲线 curve of equal parallax
等视差线 line of equal parallax
等视图 isometric(al) drawing
等收益线 isorevenue line
等寿命 balance life; equal life
等暑线 isotheral
等数时间 latency; wait time
等水分线 isohume
等水力半径渠道 constant hydraulic radius channel
等水平磁力曲线图 chart of lines of equal horizontal magnetic force; curves of equal horizontal magnetic force
等水色带 equal colo(u)r band (of water)
等水深线 bottom contour; hydroisobath; depth contour; hydroisohypse; isobath
等水头线 equipotential line
等水位线 contour of water table; hydroisobath; isopiestic line; potential line
等水位线图 water table contour map
等水温线 isohygrotherm; isothermobath
等水文等值线图 hydroisopleth map
等水压线 hydroisobaric line; hydroisopiestic line
等似管 equivalent pipe; equivalent tube
等似然率原理 equally likelihood principle
等速 uniform speed; constant speed; constant velocity
等速不稳定流 unsteady uniform flow
等速采样 isokinetic sampling
等速传动 constant speed drive
等速的 isodromic
等速的强制传动 positive drive
等速电动机 constant speed motor
等速电泳 isotachoelectrophoresis; isotachophoresis
等速电泳法 isotachophoresis
等速电泳分析法 analytic(al) isotachophoresis
等速电泳仪 isotachoelectrophoresis apparatus
等速度 constant speed; constant velocity; uniform velocity
等速度拔桩试验 constant rate of uplift test
等速度沉桩试验 constant rate of penetration test
等速度曲线 isotach(yl)
等速度势面 equipotential surface of velocity
等速度势线 equipotential curve of velocity
等速发育(地形)【地】uniform development
等速发展 uniform development
等速干燥 equal speed drying
等速干燥阶段 constant rate drying stage; constant rate period of drying
等速跟踪观测法 uniform tracing method; uniform tracing technique
等速贯入试验 constant rate of penetration test
等速过滤 constant rate filtration
等速过滤器 constant rate filter
等速核长度 equal velocity length
等速恒值线 equivelocity contour
等速环流润滑 constant circulating oiling
等速机构 constant speed unit
等速加荷 constant rate of loading
等速加荷固结试验 consolidation test under constant loading rate
等速间隔 constant speed interval
等速减速机 constant speed reducer
等速减压 uniform decompression
等速均匀流 steady uniform flow
等速控制 constant speed control; constant velocity control
等速控制器 isodromic controller
等速联轴器 constant speed ratio coupling
等速流 uniform current
等速流动 uniform flow
等速流方程 uniform flow equation
等速流公式 uniform flow formula
等速马达 constant speed motor
等速切削 constant speed cut
等速曲线 curve of equal velocity
等速曲线运动 uniform curvilinear motion
等速取样 equal velocity aspiration; isokinetic sampling
等速蠕变率 constant rate creep
等速扫描 constant scanning; constant velocity scan
等速上拔试验 <桩工> constant rate of uplift test
等速试桩 constant rate of penetration test
等速送丝方式 constant wire-feed mode; constant wire-feed system
等速调节 constant speed control
等速调节器 constant speed governor; constant speed regulator
等速调速器 isodrome governor
等速外伸的伸缩缸 constant extension speed telescopic cylinder
等速万向节 constant velocity cardan joint; constant velocity universal joint
等速下沉颗粒 equal falling particles
等速线 constant velocity line; isovel
等速线图 speed contour
等速型 constant speed model
等速研光机 spreading calender
等速圆周运动 uniform circular motion
等速运动 motion of uniform velocity; uniform(velocity) motion
等速运动凸轮 uniform motion cam
等速运行 running at constant speed; uniform motion
等速注入法 <一种明渠流量测定法>

constant rate of injection method; constant rate injecting method
等酸碱度线 isohydric
等损失线 loss contour
等态区 constant state region
等弹性 isoelasticity
等弹性弹簧合金 Isoelastic
等弹性的 Isoelastic
等梯度的 isogradient
等梯度固结试验 constant gradient consolidation test
等梯度试验 constant gradient test
等梯度同步加速器 constant gradient synchrotron
等梯度线 isogradient
等提前量曲线 isolead curve
等体的 isochoric
等体度线 isoster
等体积 constant volume
等体积变形 isochoric deformation
等体积波 equivoluminal wave
等体积的 equivoluminal; isometric; isopycnal; isopycnic; isopyknic; isosteric; isovolumetric(al)
等体积度面 isosteric surface
等体积概念 constant volume concept
等体积过程 isometric(al) process
等体积剪切试验 constant volume shear test
等体积颗粒 volumetric(al) grains
等体积控制 constant-volume control
等体积倾斜 equivolume inclination
等体积球的半径 radius of sphere of equal volume
等体积取样 constant volume sampling
等体积试验 constant volume test
等体积图 isometric(al) drawing
等体积系统 isometric(al) system
等体积线 constant volume line; isochore; isometrics; isovols
等体温热泉 homoeothermic spring
等体温热水 homoeothermic water
等替代性 equal substitutability
等通量 isoflux
等同 equal; equate; identification; identify
等同摆动 persistent oscillation; undamped oscillation
等同潮的 isocotidal
等同的 equated
等同定义 identity-definition
等同二进制位组 isobits
等同关系 identity relation
等同关系符 identity relator
等同接合连接器 hermaphroditic connector; sexless connector
等同结构 isostructure
等同抗弯强度 mate bending strength
等同说明 identity declaration
等同条件 condition of equivalence
等同位置 equivalent site
等同性 identity property
等同运算 identity of operation
等同周期 identical period
等同装置 equality unit
等腿角钢 angle with equal legs; angle with equal sides
等腿框架 equal-leg frame
等外 overga(u)ge; substandard
等外板 off-ga(u)ge plate
等外材 cull lumber; mill cull; rejected log; undergrade wood
等外产品 off-grade product; substandard product
等外尺寸的 overga(u)ge
等外的 off-ga(u)ge; off-grade
等外废品 substandard product
等外管 junk pipe; junk tube
等外级公路 non-graded highway
等外减量 cull
等外减量系数 cull factor
等外金属 off-grade metal
等外料 cull
等外路 substandard road
等外品 off-size; off sorts; off-specification material; seconds; shuffs; waster
等外品板 shop cutting panel
等外品尺寸 off-grade size
等外品的 off-grade
等外品纸张 bastard size paper
等外生铁 off(-grade) iron
等外树 cull tree
等外水准测量 below-order level(l)ing
等外水准点 below-order benchmark
等外铁 off-grade iron
等外延 homepitaxy
等外轧材 off-ga(u)ge material
等外砖 <未烧透的> place brick; sandal brick
等弯沉线 <路面> deflection [contour]
等弯矩理论 equal moment theory
等维的 equidimensional
等维度圈 parallel
等维航迹计算法 parallel latitude sailing
等维航线 parallel track; track along parallel
等维航向 parallel course
等维灰数递补动态预报模型 dynamic(al) forecasting model with recursive compensation by grey numbers of identical dimension
等维计算法 parallel sailing
等维圈 parallel of latitude
等维网络 equidimensional grid
等维要素 equant element
等尾的 isocercal
等尾检验 equal tails test
等尾节 isopygous
等位边界 equipotential boundary
等位层 equipotential layer
等位差的 idiostatic
等位差电路 idiostatic circuit
等位法 equipotential method
等位环 equipotential ring
等位距 equipotential pitch
等位连接 equalizing connection
等位面 equipotential plane; equipotential surface; equivalent surface
等位能面 gravity equipotential surface
等位片 equipotential plate
等位圈 circle of equal altitudes
等位势面 geopotential surface
等位势线 isopotential
等位图 coordinatograph
等位椭球 level spheroid
等位温 equipotential temperature
等位线 coordinatograph; isoline; isopotential line; equipotential line
等位线法 equipotential line method
等位线图 pattern of equipotentials
等位移 equal displacement
等位移量曲线图 equidisplacement chart
等温 constant temperature; isothermal; uniform temperature
等温闭合罩 isothermal enclosure
等温变化 isothermal change; isothermal transformation
等温变质作用 equi-temperature metamorphism
等温不可压缩性系数 isothermal incompressibility
等温参数 isothermal parameter
等温操作 isothermal operation
等温槽 isothermobath
等温层 homoiothermy; homothermy; isothermal layer; isothermal region
等温储存 isothermal storage
等温储存容器 isothermal storage vessel
等温处理 isothermal treatment
等温处理加硬化 hardening by isothermal heat treatment
等温磁化率 isothermal magnetic susceptibility
等温淬火 austempering; isothermal hardening; isothermal quenching; marquench
等温淬火表面应力 austemper stressing
等温淬火表面硬化 austemper case hardening
等温淬火前加应力 austemper stressing
等温大气层 isothermal atmosphere
等温带 isotherm ribbon; zone of constant temperature
等温的 isothermal
等温等离子体 isothermal plasma
等温等容循环 Stirling's cycle
等温等压线的 isogradal; isograde
等温电导率 isothermal conductivity
等温度 equi-temperature
等温煅烧 isothermal burning
等温锻造 isothermal forging
等温反应 isothermal reaction
等温分离 isothermal separation
等温分析 isothermal analysis
等温分析仪 isothermal analyser [analyzer]
等温刚性模量 isothermal rigidity
等温工作 isothermal operation
等温功率 isothermal horsepower
等温共轭曲线系 isothermal-conjugate system of curves
等温固化 isothermal curing
等温过程 constant temperature process; isothermal operation; isothermal procedure; isothermal process
等温焓压系数 isothermic enthalpy pressure coefficient
等温核心 isothermal core
等温回火 isothermal quenching; isothermal tempering; quench tempering
等温加热 isothermal heating
等温加湿 isothermal humidification
等温渐近曲面 isothermally asymptotic surface
等温节流系数 isothermic enthalpy pressure coefficient
等温截面 isothermal section
等温解吸 isothermal desorption
等温坑 soaking pit
等温空泡 isothermal bubble
等温扩张 isothermic expansion
等温冷却 isothermal cooling
等温冷却转变图 isothermal cooling transformation diagram
等温量热器 isothermal calorimeter
等温流动 isothermal flow
等温马力 isothermal horsepower
等温马氏体 isothermal martensite
等温面 isothermal level; isothermal surface; isothermic surface
等温喷管 isothermal nozzle
等温膨胀 constant temperature expansion; isothermal expansion
等温膨胀性 isothermal swelling; swelling isotherm
等温平衡 isothermal equilibrium
等温气泡 isothermal bubble
等温气体球 isothermal gas sphere
等温潜流 submerged isothermal current
等温腔 isothermal cavity
等温情况 isothermal condition
等温球化退火 isothermal spheroidizing
等温区 isothermal region; isothermal section
等温曲线 isothermal curve
等温热处理 isothermal heat treatment
等温热量计 isothermal calorimeter
等温烧成技术 isothermal burning technology
等温烧结 isothermal sintering
等温射流 isothermal jet
等温深度面 isobathytherm
等温深度线 isobathytherm
等温声速 isothermal sound speed
等温剩余磁化(强度) isothermal remanent magnetization
等温室 thermostable room
等温送风 isothermal air supply
等温塑性形变 isothermal plastic deformation
等温条件 even-temperature condition; isothermal condition
等温跳变 isothermal jump
等温图 isothermal chart; isothermal diagram
等温退火 isothermal annealing
等温退火的 isothermal annealed
等温纬度 isothermal latitude
等温吸附 isothermal adsorption
等温吸附线 adsorption isotherm
等温吸收 isothermal absorption
等温吸收方程 isothermal absorption equation
等温吸收模型 isothermal absorption model
等温析出 isothermal precipitation
等温线 chor(o) isotherm; constant temperature line; isopleth of temperature; isotherm; isothermal; isothermic; line of equal temperature; temperature contour; thermal isopleth; thermoisopleth
等温线的 isothermal; isothermic
等温线图 isallothermic chart; isothermal chart; isothermal phase diagram
等温线性 isothermal linearity
等温效率 isothermal efficiency
等温形变热处理 isothermal TMT; isothermal trans-stressing
等温压力 isothermal compression
等温压缩 constant temperature compression; isothermal compression
等温压缩机 isothermal compressor
等温压缩率 isothermal compressibility
等温压缩效率 isothermal compression efficiency
等温养护 isothermal curing
等温应变 isothermal strain
等温源制冷机 isothermal source refrigerator
等温运行方式 temperature-constant operation
等温蒸发量 <锅炉> equivalent evapo(u)ration
等温正火 isothermal normalizing
等温正交曲线系 isothermal orthogonal system of curves
等温转变 isothermal change; isothermal transformation; isothermic transition
等温转变表面硬化处理 isothermal transformation case hardening
等温转变曲线 isothermal transformation curve

等温转变图 isothermal transformation diagram
等温转化 isothermal conversion
等温总效率 isothermal overall efficiency
等温坐标 isothermic coordinate
等闻响应标度 equal listener response scale
等稳定设计 design of equal stability
等稳定性 equistability
等稳线 isochron(e)
等物候线 isophene [isophane]; isophene line; isophenologic(al) line; climato-isophyte
等误差线 equi-error contour; line of equal distortion
等吸光点 isoabsorptive point; isosbestic point
等析比容 refractor
等系数法 method of equal coefficient
等下沉线 isocatabase[isokatabase]
等夏温线 isothere; isothermal line
等线体 arial
等线图 isograph
等相 constant phase
等相变质作用 isophase metamorphism
等相带 equiphase zone
等相的 isophase
等相关线 isocorrelation line
等相胶质 isodispersoid
等相角线 phase contour
等相平面 equiphase plane
等相图 isofacies map
等相位的 equiphase
等相位面 equiphase surface
等相位面偏差 deviation of equiphase surface
等相位区 equiphase zone
等相位线 phase contour
等相线 isophase line
等相岩 isofacial rock
等响 isacoustic
等响度曲线 equal loudness curve; isacoustic(al) curve
等响曲线 isocoustic curve; loudness contour
等响图 loudness pattern
等响线 equal loudness; isoacoustic(al) curve
等响线的 isoacoustic
等向固结状态 isotropic(al) consolidation state
等向线 isocline; isoclinic line
等向性材料 isotropic(al) material
等向性体 isotropic(al) body
等向性应力 isotropic(al) stress
等向硬化 isotropic(al) hardening
等向硬化理论 isotropic(al) hardening theory
等效 equivalence
等效 24 小时脉波整流 equivalent twenty-four hours pulse rectify
等效摆 equivalent pendulum
等效摆长度 length of equivalent pendulum
等效半径 equivalent radius
等效饱和度 equivalent saturation
等效背景辐照度 equivalent background irradiance
等效比 equivalence ratio
等效比热 equivalent specific heat
等效比特率 equivalent bit rate
等效变化 equivalent change
等效表面直径 equivalent surface diameter
等效并联电阻 equivalent parallel resistance
等效不透明度 equivalent opacity
等效部件 equivalent unit
等效材料 equivalent material
等效采用 adopting by equivalent
等效参数 equivalent parameter
等效糙率 equivalent roughness
等效侧音 sidetone reference equivalent
等效层 equivalent layer
等效长度 compute length; equated length; equivalent length
等效常数 equivalent constant
等效车流曲线 effective flow curve
等效持续声强 equivalent duration sound level
等效持续时间 equivalent duration
等效尺寸 equivalent size
等效传导性 equivalent conductivity
等效传递函数 equivalent transfer function
等效磁电流系 magnetic equivalent current system
等效单位 equivalent unit
等效单轴荷载 equivalent single axle load
等效氮气瓶压力 equivalent nitrogen pressure
等效当量圆直径 effect-equivalent circle diameter
等效导流能力 equivalent conductivity
等效导纳 equivalent admittance
等效导热系数 equivalent heat conductivity
等效的 equifinal; equivalent
等效的地层 homotactic bed
等效的路基 homotactic bed
等效地球半径 equivalent earth's radius
等效地震荷载 equivalent seismic load
等效地震力 equivalent seismic force
等效地址 equivalent address
等效点系 equivalent point group
等效点系重复点数 repeat point number of equivalent point system
等效点源 equivalent point source
等效点坐标值 coordinate value of equivalent point
等效电池 battery eliminator
等效电导 equivalent conductance
等效电导率 equivalent conductivity
等效电感 equivalent inductance
等效电抗 equivalent reactance
等效电路 equivalent circuit; equivalent electric(al) circuit
等效电路图 equivalent circuit diagram
等效电平 equivalent level
等效电容 equivalent capacitance
等效电容器 equivalent condenser
等效电势源 equivalent potential source
等效电网络 equivalent network
等效电位 equilibrium potential
等效电压 equivalent voltage; lumped voltage
等效电源 equivalent source
等效电子 equivalent electrons
等效电子管 dummy tube; equivalent valve
等效电子密度 equivalent electron(ic) density
等效电阻 equivalent resistance
等效电阻率 equivalent resistivity
等效定理 equivalent theorem
等效断面 equivalent(cross-) section; equivalent profile
等效断面面积 equivalent cross-section area; equivalent section area
等效二极管 dummy diode
等效二进位数 binary equivalent; equivalent binary digit
等效二进制数 binary equivalent
等效二进制位 equivalent binary digit
等效二进制位数 binary equivalent
等效发电机 equivalent generator
等效发电机定理 equivalent generator theorem
等效发生器 <射流的> equivalent generator
等效发生器定理 Thevenin's theorem
等效发生器法则 equivalent generator law; Thevenin's law
等效法 method of equal effect
等效反射系数 equivalent reflectance
等效放大函数 equivalent amplification function
等效放大面积 equivalent amplification area
等效分布 equivalent distribution
等效辐射率 effective emissivity
等效负荷 dummy load; equivalent load(ing)
等效负载 dummy load; equivalent load(ing)
等效干扰电流 equivalent disturbing current
等效杆件 equivalent member
等效刚度 equivalent stiffener; equivalent stiffness
等效刚度比 equivalent stiffness ratio
等效刚度法 method of equivalent stiffness
等效刚度矩阵 effective stiffness matrix
等效高度 equivalent altitude; equivalent height
等效各向同性辐射功率 equivalent isotropic radiated power
等效功 equivalent work
等效功率 equivalent power
等效供热量 equivalent direct radiation
等效固结压力 equivalent consolidation pressure
等效观测 equivalent observation
等效观察【测】equivalent observation
等效管路 equivalent pipe
等效管线长度 length of equal effect pipeline
等效含水层 equivalent aquifer
等效夯实压力 equivalent compaction pressure
等效核 equivalent nuclei
等效荷载 dummy load; equivalent load(ing); load equivalent
等效荷载法 equivalent load method
等效荷载原理 principle of equipollent loads; principle of equivalent loads
等效荷载原则 principle of equipollent loads
等效黑体温度 equivalent blackbody temperature
等效厚度 equivalent thickness
等效厚度混凝土板 equivalent thickness concrete slab
等效换算深水波波高 equivalent deepwater wave height
等效回路电流 dummy-mesh current; equivalent mesh current
等效活荷载 equivalent live load
等效活塞 equivalent piston
等效击实压力 equivalent compaction pressure
等效基础模拟 equivalent footing analogy; footing analogy
等效基岩 equivalent bedrock
等效极限频率 equivalent limit frequency
等效集中 equivalent concentration
等效集中荷载 equivalent concentration load
等效集总体系 equivalent lumped system
等效剂量率 equivalent dose rate
等效间距 equivalent separation
等效剪切波速 equivalent shear wave velocity
等效剪切模量 equivalent shear modulus
等效检波器 equivalent detector
等效简单振子 equivalent simple oscillator
等效降雨量 equivalent rainfall
等效焦点 equivalent focus
等效焦距 equivalent focal distance; equivalent focal length; focal length equivalent
等效校正 equivalent correction
等效接触角 equivalent contact angle
等效接地 artificial ground
等效节点电压 dummy-node voltage
等效节点荷载 equivalent nodal load
等效节点力 equivalent nodal force
等效结点荷载 equivalent nodal load
等效结构 equivalent structure
等效截面 equivalent(cross-) section; representative section
等效截面半径 equivalent sectional radius
等效截止频率 equivalent limit frequency
等效解法 equal effect solution
等效介电常数 effective dielectric(al) constant
等效静荷载 equivalence static load; equivalent static load
等效静力法 equivalent static method
等效静力分析 equivalent static analysis
等效静力准则 equivalent static criterion
等效静载 equivalent load(ing); static load(ing)
等效矩形风道 equivalent rectangular duct
等效矩形应力分布 equivalent rectangular stress distribution
等效矩形应力图 equivalent rectangular stress block
等效均布荷载 equivalent uniform distributed load; equivalent uniform load
等效均布活载 equivalent uniform live load
等效均布载荷 equivalent static load
等效均质系统 equivalent homogeneous system
等效抗力 equivalent resistance
等效抗弯刚度 equivalent bending rigidity
等效颗粒直径 equivalent grain diameter
等效空间电荷 equivalent space charge
等效孔径 equivalent aperture
等效孔口面积 equivalent orifice area
等效孔隙度 equivalent porosity
等效宽度 effective width; equivalent width
等效框架 equivalent frame
等效框架法 equivalent frame method
等效拉力 equivalent tensile force
等效镭含量 equivalent radium content
等效力 equivalent force
等效力物体 Saint Venant body
等效立方体 equivalent cube
等效立方体方法 equivalent cube method
等效立方体试验 equivalent cube test
等效立方体试验夹具 jig for testing equivalent cube
等效粒级 equivalent grade

等效粒径 equivalent diameter; equivalent grain size; equivalent particle diameter; nominal diameter
等效连续 A 声级 equivalent continuous A(weighted) sound level
等效连续声压级 equivalent continuous sound pressure level
等效连续噪声级 equivalent continuous noise level
等效梁 equivalent beam
等效梁方法 equivalent beam method
等效裂纹长度 equivalent crack length
等效流量 equivalent discharge
等效流体 equivalent fluid
等效流体压力 equivalent fluid pressure
等效漏抗 equivalent leakage reactance
等效率曲线 hill diagram; hill curve <水轮机的>; isoefficiency curve; mussel diagram
等效率曲线图 efficiency hill
等效率图 efficiency hill diagram
等效率线 contour line; isoefficiency curve
等效轮载 equivalent wheel load
等效码 equivalent code
等效埋入长度 equivalent embedment length
等效埋置长度 <钢筋的> equivalent embedment length
等效脉冲数 equivalent number of pulse
等效满功率天数 equivalent full-power days
等效门电流 equivalent gate current
等效面 equivalent surface
等效面积 equivalent(collecting) area
等效内摩擦角 equivalent angle of internal friction
等效耐火性 equivalent fire endurance
等效能量参数 equivalent energy parameter
等效逆风 equivalent head wind
等效黏[粘]度 equivalent viscosity
等效黏[粘]滞性阻尼 equivalent viscous damping
等效排水面积 equivalent drainage area
等效配合法 equivalent combination
等效喷管 equivalent nozzle
等效偏心轮 equivalent eccentric wheel
等效频带宽 equivalent bandwidth
等效频率传输函数 describing function
等效平均剪应力 equivalent mean shearing stress
等效平均粒径 equivalent mean diameter
等效平面波 equivalent plane wave
等效平面波混响级 equivalent plane wave reverberation level
等效平面框架 equivalent plane frame
等效坡度 equivalent grade
等效谱曲线 equivalent spectrum curve
等效气隙 effective air gap
等效强度 equivalent intensity
等效清晰度 articulation equivalent
等效清晰度衰减 articulation reference equivalent; equivalent articulation loss
等效球 equivalent sphere
等效球面照明 equivalent sphere illumination
等效球照度 equivalent sphere illuminance
等效曲线 equivalent curve
等效全向辐射功率 effective isotropically radiated power
等效柔性系数 equivalent coefficient of elasticity
等效三角形脉冲群 equivalent triangular burst
等效散热 equivalent direct radiation
等效砂糙度 equivalent sand roughness
等效栅极电流 equivalent gate current
等效设计法 <路面的> equivalent design method
等效深度 equivalent depth
等效深水波高 equivalent deepwater wave height
等效渗透率 equivalent permeability
等效渗透系数 equivalent permeability coefficient
等效渗透性 equivalent permeability
等效生产时间 equivalent production time
等效生化需氧量 equivalent biochemical oxygen demand
等效声(压)级 equivalent sound level
等效声压级差 equivalent sound level difference
等效湿球温度 equivalent wet bulk temperature
等效实验 equivalent test
等效示像 equivalent aspect
等效试验法 equivalent test
等效室外温度 equivalent outdoor temperature; sol-air temperature
等效室外温度表 solar air temperature difference
等效输入电路 dummy input circuit
等效束宽 effective beamwidth; equivalent beamwidth
等效衰减 attenuation equivalent
等效水深 equivalent depth
等效水深波高 equivalent deepwater wave height
等效水位 equivalent water level; equivalent water stage
等效水位读数 equivalent ga(u)ge reading
等效顺风 equivalent tail wind
等效四线制 equivalent four-wire system
等效速度 equivalent velocity; velocity equivalent
等效碎石厚度 equivalent granular thickness
等效碎石厚度系数 granular base equivalency thickness factor
等效弹簧刚度 stiffness of equivalent spring
等效弹性法 equivalent elastic method
等效弹性分析 equivalent elastic analysis
等效特性 lumped characteristic
等效特性曲线 equivalent characteristic
等效体积 equivalent volume
等效体积直径 equivalent volume diameter
等效天线 antenna eliminator; dummy antenna; equivalent antenna
等效条件 condition of equivalence
等效外形 equivalent profile
等效弯矩 equivalent bending moment
等效弯曲力矩 equivalent bending moment
等效网络 identical network
等效位温 equivalent potential temperature
等效位置组 equivalent position group
等效位置组重复位置数 repeat position number of equivalent place group
等效温度 equivalent temperature
等效温度系数 temperature equivalency factor
等效稳态反应 equivalent stationary response
等效稳态运动 equivalent stationary motion
等效无杂波放大器 noise-free equivalent amplifier
等效吸声量 equivalent absorption area; equivalent sound absorption
等效吸声面积 equivalent absorption area
等效吸收 equivalent absorption
等效吸收表面 equivalent absorption surface
等效吸收面积 equivalent absorption area
等效系统 equivalent system
等效隙缝 equivalent gap
等效显热比 equivalent sensible heat ratio
等效显示 equivalent aspect
等效线路 substitutional circuit; substitutional connection
等效线性化 equivalent linearization
等效线性模型 equivalent linear model
等效相片 equivalent photograph
等效响度 equivalent loundness
等效响度级 equivalent loundness level
等效像片 equivalent photograph
等效斜撑 equivalent diagonal strut
等效信号源 dummy source
等效信息量 equivalent information content
等效星形电容 equivalent star capacitance
等效行动方案 equivalent alternative
等效性 equivalent activity
等效性能 equivalent performance
等效性原理 Einstein's equivalency principle; principle of equivalence; equivalence principle
等效循环作用次数 equivalent number of cycles
等效压力 equivalent compressive force; equivalent pressure
等效压裂 equivalent fracturing
等效压曲长度 equivalent buckling length
等效延性系数 equivalent ductility factor
等效阳极电路 equivalent anode(plate) circuit
等效应变 equivalent(effective) strain
等效应力 equivalent(effective) stress
等效应力块 equivalent stress block
等效应力屈服条件 equivalent stress yield criterion
等效用曲线 equal utility curve; equivalent utility curve
等效于 akin
等效原理 equivalent principle; principle of equal effects; principle of equivalence
等效圆 equivalent round
等效杂波 noise equivalent
等效噪声 equivalent noise
等效噪声带宽 equivalent noise bandwidth
等效噪声电导 equivalent noise conductance
等效噪声电流 equivalent noise current
等效噪声电阻 equivalent noise resistance
等效噪声级 equivalent noise level
等效噪声温度 equivalent noise temperature
等效噪声压 equivalent noise pressure
等效噪声压级 equivalent noise pressure level
等效炸药 equal-strength explosive; equivalent explosive
等效照片 equivalent photograph
等效罩纱亮度 equivalent veiling luminance
等效蒸发量 equivalent evapo(u)ration
等效正弦波 equivalent sine wave
等效正弦波强度 equivalent sine wave intensity
等效直管长度 equivalent length of straight
等效直径 equivalent diameter; equivalent round
等效值 effective diameter; equivalence ratio; equivalent value
等效指示器 dummy indicator
等效质量 equivalent mass
等效质量密度 equivalent mass density
等效质量密实度 equivalent mass concentration
等效滞变阻尼比 equivalent hysteretic damping ratio
等效中性密度 equivalent neutral density
等效重量 equivalent weight
等效周期 equivalent period
等效周期线路 equivalent periodic(al) line
等效轴杆 equivalent shaft
等效轴荷载 equivalent axle loading
等效轴线圈 equivalent axis coil
等效主距 equivalent principal distance
等效注水时间 equivalent injection time
等效柱 equivalent column
等效装置 equivalent device
等效状态 equivalent state
等效锥度 equivalent conicity
等效子波 equivalent wavelet
等效字符串 equivalent string
等效自由沉降直径 equivalent free-falling diameter
等效阻抗 equivalent impedance
等效阻尼比 equivalent damping ratio
等效阻尼常数 equivalent damping constant
等效阻止本领 equivalent stopping power
等胁强 isostress
等斜的 isoclinal; isoclinic
等斜度的格构拱道顶盖 isorapid trellis casing
等斜断层 isoclinal fault
等斜谷 isoclinal valley
等斜航线 loxodrome
等斜角 angle of isocline
等斜面线 isogonic line
等斜平面 isocline planes
等斜坡屋顶 span roof
等斜摄影 equally tilted photography
等斜屋顶 couple roof; span roof
等斜线 isocline; isoclinic line
等斜线图 isoclinal chart
等斜褶皱【地】isoclinal fold; isocline fold; closed fold
等心 equicenter
等信号 equisignal
等信号白色 equal-signal white
等信号导航台 equisignal navigator
等信号滑翔道 equisignal glide path
等信号区 beam central line; split
等信号区无线电信标 radio range
等信号区转换天线 lobing antenna
等信号式定位器 equisignal localizer

等信号无线电导航系统 equal signal system
等信号无线电台 equisignal radio station
等信号效应 equisignal effect
等信号型 equisignal type
等信号着陆信标 equisignal localizer; equisignal radio-range beacon; tone localizer
等行程发动机 square stroke engine
等行程转塔刀架车床 constant throw turret lathe
等形的 equant-shaped
等形柱 constant dimension column
等型 isotype
等型性 isotypism
等旋干涉条纹 isogyre
等旋光度 isorotation
等旋涡强度线 isocurlus
等雪厚线 isochion
等雪量的 isonival
等雪量线 isochion; isonif; isonival (line)
等雪日线 isochion
等雪深线 isochion; isonif; isonival (line)
等雪线 isochion; isonival line
等雪线高度线 isohion
等压 equipressure; isopiestic pressure
等压爆炸 contour blasting
等压比热 constant pressure specific heat
等压比热容 constant pressure specific heat capacity
等压变化 isobaric change
等压层 pressure equalizing layer
等压撑涨器 uniform pressure expander
等压程序 isobaric procedure
等压的 isobaric; isopiestic; isostatic(al)
等压点 isopiestic point
等压法 equal pressure method; isopiestic method
等压分析 isobaric analysis
等压高度线 pressure contour
等压管道 constant pressure line
等压锅炉 equipressure boiler
等压过程 isobaric procedure; isobaric process
等压互感器 one-to-one transformer
等压环 constant wall pressure ring; ring with equal pressure
等压回热循环 constant pressure regenerative cycle
等压结构 isostatic structure
等压截面 isobaric section
等压界线 constant-pressure boundary
等压空间 isobaric space
等压冷却 isobaric cooling
等压力 constant pressure; equal pressure; uniform pressure
等压力线 curve of equal pressure
等压裂隙 wave crack
等压面 equipressure surface; isobaric surface; isopiestic level; surface of equi-pressure
等压面坡度 isobaric slope; slope of an isobaric surface
等压面图 constant pressure chart; isobaric chart
等压面形势 isobaric configuration; pressure topography
等压面预报图 prognostic contour chart
等压内燃机 constant pressure motor
等压泡 pressure bulb
等压膨胀 isobaric expansion
等压膨胀比 cut-off ratio
等压气体逆向扩散 isobaric gas counter-diffusion
等压曲线 curve of equal pressure; isostatic curve
等压燃烧 isobaric combustion
等压容积比 cut-off ratio
等压式 equal pressure
等压式焊(割)炬 balanced-pressure torch
等压式水轮机 constant pressure turbine
等压调节 isobaric control
等压图 constant pressure map; isobaric chart
等压推力室 constant pressure thrust chamber
等压吸附线 adsorption isobar
等压线 constant pressure line; equal pressure curve; equipotential line; equipressure line; isobar; isobaric line; isobarometric(al) line; isopiestic line; isopleth of pressure; isostatic curve; isostatic line; isostatics; line of equal pressure; meiobar; piezometric contour; pressure contour
等压线的 isostatic
等压线辐合【气】 isobaric convergence
等压线辐散 isobaric divergence
等压线高差 piestic interval
等压线间距 isobar spacing; piestic interval
等压线情况 isobaric condition
等压线圈 circular isobar; piezometric map; pressure chart
等压线梯度 isobaric gradient
等压线通道 isobaric channel
等压线图 isobaric(line) chart; isobaric map; isopiestic map【地】
等压线圆 circular isobaric
等压性 isotone
等压性收缩 isobaric contraction
等压循环 constant-pressure cycle; equipressure cycle
等压压缩 constant pressure compression
等压油管柱 tapered tubing
等压运动 isobaric motion
等压载的 isoballast
等压载面 isobaric section
等压质量变化测定 isobaric mass-change determination
等岩【地】isolith
等岩性的 isolith
等岩性图 isolith map
等岩性线 isolith
等盐变线 isohaline
等盐度的 isohaline
等盐度图 isohaline map
等盐度线 isohaline; isosaline; isosalinity line
等盐线 isohaline
等腰的 equicrural; isosceles
等腰球面三角形 equilateral spheric(al) triangle; isoceles spheric(al) triangle
等腰三角形 isosceles triangle
等腰三角形解 isosceles triangular solution
等腰三角形锯齿 fleam-tooth
等腰梯形【数】isosceles trapezoid
等异常曲线 isoanomaly curve
等异常线 contour of anomalies; isabnormal; isanomal; isoabnormal; isoabnormal line; iso anomaly; isanomaly <通过相同异常值点的线>
等异位 isotonic
等异线 isanomaly
等因次的 equidimensional
等音程阶 equally tempered scale
等音调线 equal-pitch contour
等音感的 isophonic
等音感曲线 isophonic contour
等音强的 isophonic
等音响线 isacoustic curve
等应变 isostrain
等应变法 equal strain method
等应变固结试验 constant strain rate consolidation test
等应变剪切强度测试仪 uniform strain shearing strength tester
等应变率试验 constant rate of strain test
等应变速率固结试验 consolidation test under constant rate of strain
等应变图 isostrain diagram
等应变线 isostrain line
等应变准则 constant strain criterion
等应力 equal stress; isostress
等应力历史 isotropic(al) stress history
等应力壳体 deflection-free shell
等应力区 constant stress region
等应力线 stress isobar
等英寻线 fathom curve
等迎角机翼 aeroisoclinic wing
等影响原则 principle of equal effects
等硬度图 iso-hardness diagram
等硬度值 equal hardness value; isohardness value
等优势基因对 co-dominant gene pair
等优先曲线 isopreference curve
等油气比 isogor
等油气比图 isogor map
等于 balance with; contain; equal; equivalent to
等于零 vanishing
等于零指示器 equal-zero indicator
等余额线 isobalance line
等余隙 equal clearances
等雨累频图 isopluvial map
等雨量的 isohyetal
等雨量区域修匀 regional smoothing of isohyets
等雨量图 isopluvial chart
等雨量线 equipluve; isohyet; isohyetal line; isopleth of rainfall; isopluvial line; rainfall-depth contour
等雨量线的 isopluvial
等雨量线法 <求流域平均雨深> isohyetal method
等雨量线梯度 isohyetal gradient
等雨量线图 isohyetal map; isohyetal (line) chart; isometric (al) rainfall map; isopluvial map
等雨率线 isomer
等雨深线 rainfall-depth contour
等原子环 isocycle
等圆断面 equivalent section; ruling section
等圆弧擒纵叉 circular pallet
等圆周 equal circumference
等圆柱的 isocylindric(al)
等圆柱投影 isocylindric(al) projection
等月缘线 isolimb
等月缘线法 equal-limb line method
等云量线 isoneph; isonephelic line
等运费线 isotim
等运行时间 equal travel time
等运行时面 equal travel time surface
等灾线 <风暴的> isophotor
等载的 equally loaded
等噪线 contour of equal perceived noisiness; equal-noisiness contour
等增长解 equal-increment solution
等增荷载 equal load increment
等增加载 equal load increment
等增益分集组合 equal gain diversity combining
等增益合并 equal gain diversity combining
等增益合并器 equal gain combiner
等张比容 parachor
等张的 isotonic
等张力 isostension
等张力封头曲面 isotensoid head contour
等张力计 isoteniscope
等张力性 isotonicity
等张收缩 isotonic contraction
等张体积 parachor; parochor
等张性 isotone
等张性训练 isotonic training
等照度 isolux
等照度变换 equiluminous transform; isoluminance transform
等照度的 equiluminous; isophotic; equilux
等照度面 equiluminous surface
等照度球面 equilux sphere
等照度球体 equiluminous sphere
等照度曲线 equiluminous curve; isoluminance curve; isolux curve
等照度图 isolux diagram
等照度线 isofoot candle line; isolux curve; isolux line; isophote; isophot(ic) curve
等着不挂断 hold the line
等折比容 refrachor
等折光性 isometropia
等针入度 equipenetration
等针入度的温度 <比较各种沥青的黏[粘]度时用> equipenetration temperature
等振幅的 iso amplitude
等振幅线 iso amplitude
等震 isoseism
等震带 coseismic zone
等震度的 isoseismal; isoseismic
等震度线 isoseismal line; isoseismic line
等震害曲线 isodamage curve
等震区 coseismic zone
等震曲线 isoseismal curve
等震曲线图 isoseismal(curve) map
等震线 <连接地震强度相同的各地区的线> coseismic curve; coseismic line; isoseismal line; isoseismic line; iso-seism(al)s
等震线的 isoseismal; isoseismic
等震线图 isoseismal map
等蒸发量线 isothyme
等蒸发线 isoatmic line; isoombre
等正变压线 anisallobar
等正高面 equi-orthometric surface
等正温线 iso-orthotherm
等支出线 iso-expenditure line
等肢角钢 angle with equal legs; equal-leg angle
等直径 equal diameter; isodiameter; unidiameter
等直径的 isodiametric
等直径径向凸轮 yoke cam
等直径连接套管 unidiameter joint
等直径丝锥 parallel hand tap
等直径销 parallel pin
等直径肘管 constant diameter elbow
等值 constant value; equivalency; isobath
等值摆 equivalent pendulum
等值报酬 parity return
等值暴露面 equivalent exposure
等值表 equivalent value list
等值糙度 equivalent roughness
等值糙率 equivalent roughness
等值糙率系数 equivalent roughness coefficient
等值层法 <地基沉降> equivalent soil layer method

等值长度 equivalent length
等值超载 equivalent surcharge
等值单摆长 equivalent length of pendulum
等值单根导线 equivalent single conductor
等值的 equiscalar; equivalent; isotimic; tantamount
等值等距离 regular interval
等值电导率 equivalent conductivity
等值电路 equivalent circuit
等值电阻 substitutional resistance
等值二进数【计】equivalent binary digit
等值法 equivalent method
等值负载 equivalent load(ing)
等值干扰电流 disturbing current equivalent
等值干扰电压 disturbing voltage equivalent
等值高度 equivalent height
等值荷载 equivalent load(ing)
等值厚度 equivalent thickness
等值货币 common dollar
等值焦点 equivalent focus
等值焦距 equivalent focal length
等值接线 substitutional connection
等值接线架 equal-level patching bay
等值截面 equivalent cross-section
等值矩形应力分布 equivalent rectangular stress distribution
等值距 interval of distance
等值宽度 equivalent breadth; equivalent width
等值粒径 equivalent size
等值梁法 equivalent beam method
等值面 contour plane; contour surface; iso-surface
等值命题 biconditional proposition; equivalence proposition; equivalent proposition
等值年成本 equivalent annual cost
等值年成本法 equivalent annual cost method
等值坡度 equivalent grade
等值区域法 chorogram method
等值区域线 chorisopleth; choropleth
等值区域线图 chorisopleth map; choropleth map
等值曲线 contour curve; equivalent curve
等值声级 equivalent sound level
等值深海波高 equivalent deepwater wave height
等值时 equivalent time
等值收入 parity income
等值水位 equivalent water level
等值水位读数 equivalent ga(u)ge reading
等值条件 condition of equivalence
等值投影 isometric(al) projection
等值图 chorogram; equal-value map; isogram; isopleth map
等值土层法 equivalent soil layer method
等值网络 equivalent network
等值系数 equivalence factor
等值线 constant value line; contour (line); index line; isarithm; isarithmic line; isoline; isometric(al) line; isoneph; isopleth; isorithm; isotimic; magnitude contour
等值线程序 contouring program(me)
等值线地图 isoline map
等值线法 contour method; isoline method
等值线分析 contour analysis
等值线绘制 contouring; isopleths drawing
等值线间隔 contour interval
等值线间距 contour interval
等值线角 angle of isoline
等值线控制 contouring control
等值线平面图 plan figure of contour
等值线统计图 isopleth graph
等值线图 chor(o)isogram; chor(o)isopleth (diagram); contour chart; contour diagram; contour (line) map; isogram; isograph; isoline map
等值线图程序 contour map program(me)
等值线性法 equivalent linear method
等值小数 decimal equivalent
等值性 equivalence
等值语句 equivalence statement
等值噪声法 equivalent noise method
等值遮光力 equivalent hiding power
等值阻抗 equivalent impedance
等制器 compensating bar
等质 equisubstantial
等质化 homogenization
等质量流率 constant specific mass flow
等质性 homogeneity
等致密压坯 isodense compact
等智线 isonoet
等滞后角控制 equal delay angle control
等中心拱坝 constant centered [centred] arch dam
等中心角拱坝 constant central angle arch dam
等重 equal weight; equiponderance
等重的 equiponderant; equiponderate
等重径 median diameter
等重力势面 geopotential surface
等重力线 isogal; isogram
等重力异常图 isoperianomaly map
等重粒径 fifty percent particle diameter
等重量代替法 <粗粒土配料> equivalent weight replacement method
等重物 equiponderant
等周不等式 isoperimetric inequality
等周常数 isoperimetric constant
等周的 isoperimetric
等周多边形 isoperimetric polygon
等周期摆动 isochronous rolling
等周期定律 law of isochronism
等周期线 equivalent periodic(al) line
等周曲线 isoperimetric curve
等周数字 isoperimetric figures
等周问题 isoperimetric problem
等轴 equiaxis
等轴铋铂矿 insizwaite
等轴铋碲钯矿 michenerite
等轴铋碲铂矿 maslovite
等轴测图 isometric(al) diagram; isometric(al) drawing; isometric(al) sketch; isometric(al) view
等轴磁异常 isoaxial magnetic anomaly
等轴的 equant; equiaxed; equiaxial; equidimensional; equilater(al); isometric
等轴碲锑钯矿 testibiopalladite
等轴断块图 isometric(al) block diagram
等轴锇铱矿 osmiridium
等轴钙锆钛矿 tageranite; tazheranite
等轴结晶构造 equiaxial grain structure; equiaxled grain structure
等轴晶粒 equiaxed grain
等轴晶(体) equiaxed crystal; isometric(al) crystal
等轴晶系 cubic(al) system; equiaxed system; isometric(al) (crystal) system; regular system; tesseral system
等轴晶系的 tesseral
等轴颗粒 equant grains
等轴粒子 equiaxial grain
等轴钌锇铱矿 ruthenosmiridium
等轴硫钒铜矿 sulvanite
等轴硫砷铜矿 arsenosulvanite; lazarevicite
等轴平面 isoplane
等轴铅钯矿 zvyagintsevite
等轴砷镍矿 krutovite
等轴砷锑钯矿 isomertieite
等轴树枝状结构 equiaxed dendritic structure
等轴双曲线 rectangular hyperbola
等轴锶钛石 tausonite
等轴速流型 constant axial velocity pattern
等轴铁铂矿 isoferroplatinum
等轴铁素体晶粒 equiaxed ferritic grain
等轴锡铂矿 rustenburgite
等轴现象 isometry
等轴(直角)双曲线 equilateral hyperbola
等轴状矿体 isometric(al) orebody
等轴组织 equiaxed structure
等烛光 isocandela
等烛光线图 isocandela diagram
等主应力比固结 consolidation under constant stress ratio
等主应力线 isobar; line of equal principal stress; stress contour
等浊滴定法 equal turbidity method
等总运费线 isodapane
等阻尼节流孔 constant-deceleration orifice
等阻坡度 slope of equal resistance
等阻悬链线 catenary of equal resistance
等组成法 equi-composition method
等最优化 equally optimal
等坐标磁偏角线 isogriv

邓

邓巴滤池 <水处理中的一种老式滴滤池> Dunbar filter
邓巴吸收理论 Dunbar's absorption theory
邓弗里斯砂岩 Dumfries sandstone
邓敢铁矿石租船契约 <Dungun 为马来西亚开放港口> Dungun iron ore charter
邓卡德统【地】Dunkard Series
邓肯-张模型 Duncan-Chang model
邓禄普横向力机 Dunlop cornering force machine
邓通曲柄手摇泵 Downton pump
邓维尔石 <一种浅色细质砂石> Dunville stone

凳

凳端围屏 <教堂信徒席的> bench-end
凳饰 <教堂坐凳装饰> poppy head
凳套 bench and stool cover
凳调整 seat adjustment
凳子 stool

镫

镫筋 stirrup
镫铁 stirrup

的

的黎波里 <利比亚首都> Tripoli
的里雅斯特港 <意大利> Port Trieste
的榴拟灰岩 peperino
的确良 terylen(e); Dacron

低

低矮丛林 scrub
低矮的海滨别墅 cape cod cottage; Cape Cod house
低矮地区 low-lying land
低矮桁架 low truss
低矮建筑(群) low block; low building
低矮空间 crawl space
低矮老虎窗 eyebrow dormer
低矮穹隆 shallow-rise dome
低矮山脉 low mountain range
低矮式建筑 low-slung modernistic building; low-slung structure
低矮通道 crawlway
低矮突出式屋檐 projecting
低矮小岛 skerry-guard; skj(a)ergaard
低矮圆屋顶 shallow-rise cupola
低氨基烘漆 low amino baking enamel
低岸 flat shore; low bank; low shore
低岸线 low coastline
低昂音 warble tone
低凹 indentation
低凹平车 depressed center flat wagon
低凹深度 depth of indentation
低坝 depressed weir; low dam; weir
低板流推挽电路 quiescent push-pull circuit
低饱和状态 low in saturation
低保险驾驶人【交】underinsured motorist
低保真度 low fidelity
低保真度的(收音或录音设备) lo-fi
低报价格 underquote
低爆速炸药 low explosive
低爆炸成型 low-explosive forming
低背安乐椅 club chair
低背长椅 chesterfield
低背椅 low-back chair
低倍 low-power
低倍放大的 macroscopic
低倍检验 macroscopic examination
低倍镜 low-power lens
低倍率 low range
低倍率地震计 low-magnification seismograph
低倍率望远镜 low-power telescope
低倍率循环 low-power circulation
低倍侵蚀 macroetching
低倍摄影放大 photomacrographic magnification
低倍视野 low-power field
低倍试验 macroscopic test
低倍物镜 low-power objective
低倍显微镜 low-power microscope
低倍循环 low circulation
低倍照明 illumination at low-powers
低倍照片 macrograph
低倍照相 macrography; macrophoto
低倍照相的 macrographic; micrographic
低倍照相镜头 macrolens
低倍组织 macrostructure
低本底计数器 low-background counter
低比速 low specific speed
低比速辐向轴流式水轮机 low-specific-speed Francis turbine
低比速混流式水轮机 low-specific-speed Francis turbine
低比压的 low ground-pressure
低比压型 low aground pressure
低比重 low-gravity
低比重材料 low density material
低比重固相含量 low weight solids content
低比重泥浆 lightweight mud
低壁密度圆筒 low-wall-density cartridge
低边敞车 flat bogie wagon; flat car;

low side gondola car; low-sided open wagon <装石渣、砂石等>
低边车 low-sided car;low-sided wagon
低边多辊式磨机 low side mill
低边坡 low slope
低变质 low-grade metamorphosed
低变质烟煤 lower-grade metamorphic soft coal
低标 low bid
低标高 low-elevation;low-level
低标高的 lower level;low-lying
低标高卸荷板码头结构 deep-level relieving platform structure
低标号<沥青材料> light grade
低标号混凝土 lean concrete; low-grade concrete; weak concrete; aerocrete
低标号砂浆 lean mortar
低标号水泥 cement of low index; low-grade cement; low-mark cement; low-strength cement; non-constructive cement
低标号水泥混凝土基础 cement treated base
低标号水泥砂浆 low-grade cement mortar
低标准 lower standard; low-level; substandard
低标准房屋 low-cost housing
低标准集料 substandard aggregate
低标准修整 finished low-level
低标准住房 substandard dwelling
低标准住宅 substandard structure dwelling
低波段 low band
低波能 low wave energy
低部 lower curtate
低部杆件 lower member
低材料输入输出比 low material input-output ratio
低彩度颜色 dullness
低残留 low-residual
低残留磷铜 low-residual-phosphorous copper
低残留农药 lee-persistent pesticide; lower residual pesticide; low-persistent pesticide
低草层 low field layer
低草地群落 poium
低草原带<丘陵地中灌丛草原和热带稀树干草原间的过渡带> netherveld
低侧窗 leper window;low side window
低层差法 infradyne
低层磁极 lower flat pole
低层大气 low atmosphere
低层大气层 lower atmosphere layer
低层大气臭氧 low atmosphere ozone
低层大气臭氧污染 low atmosphere ozone pollution
低层的<指建筑物> low-rise
低层低密度 low-rise/low-density
低层地板 subfloor
低层发展 low-rise development
低层房屋 low-rise building
低层高密度 low rise/high density
低层公寓 low-rise apartment; low-rise block
低层焊条 uranami welding electrode
低层(集装箱)堆场 low elevation stacking area
低层建筑(物) building low-rise; ground-floor construction; lower building; low-rise (storied) building;low-rise structure
低层树 lower height tree
低层水 bottom water
低层天气 low atmosphere layer
低层云 low stratus cloud
低层住宅 low-rise dwelling;low stor(e)y dwelling
低插 undershoot
低差别编码 low disparity code
低差压式饱和器 low-differential saturator
低掺量矿渣(硅酸盐)水泥 low-slag cement
低产 low-yielding
低产地 low-yielding land; marginal land
低产井 idle producer; stripped well; stripper well
低产量 low (-level of) yield; short crop
低产量的 low-producing
低产品系 low-yielding types
低产品种 low-yielding variety
低产区 small production area
低产树 low-yielding tree
低产田 low-yielding land
低产土壤 low productive soil
低产油井 stripper
低产油气层 small-production oil-gas bed
低产作物 light cropper; low-yield(ing) crop; poor cropper; short crop
低颤磁铁 low-flutter magnet
低长涌 low swell long
低常的 subnormal
低场损耗 low field loss
低潮 ebb tide; low water; low tide; neap tide;falling tide
低潮岸线 low tide shoreline;low-water shoreline
低潮标记 low tide mark; low-water mark
低潮标志 low-water mark
低潮滨线 low tide shoreline
低潮不等 low-water inequality
低潮潮高 height of low-water
低潮潮间带 intertidal low water zone
低潮池<落潮时露出的池> tide pool
低潮干出渔堰 dry weir
低潮港口<浅水位时使用的小港> standing harbo(u)r
低潮高 height of low-water
低潮高程 low tide elevation
低潮高水位 higher low water
低潮海岸线长度 length of low-tide coastline
低潮基准面 low(tide) water datum
低潮间隙 interval from low-water; low-water interval
低潮阶地 low tide terrace
低潮警报器 low-water alarm
低潮拦江沙水深 bar draft
低潮露出岩 tide rock
低潮面 low tide level; low-water plane
低潮平潮 low-water stand(of tide)
低潮平流 low-water slack;low-water stand(of tide)
低潮憩流 low tide slack water; low-water slack;slack at low-water
低潮三角洲 low tide delta
低潮沙槛水深 bar draught
低潮时 time of low water
低潮时差 time difference in low-water
低潮时段 low-water interval
低潮时干出或水较浅的港 dry harbo(u)r
低潮时露出的礁石 scar
低潮时浅滩上的水深 bar draft
低潮时沙槛水深 bar draft
低潮时适淹 awash at low-water
低潮水位线 low-water line
低潮台地 low tide terrace
低潮停潮 low-water stand(of tide)
低潮位 low tide level; low tide surface;low-water level;tidal low water
低潮位轨迹 locus of low water
低潮位线 low water mark
低潮位以下 below low-water
低潮下植物带 sublittoral zone
低潮线 height of low-water;low(er) water line;low tide elevation;low-water mark;subtidal line
低潮线标志 lower water mark
低潮线痕迹 lower water mark
低潮线阶地 low tide terrace
低潮月潮间隙 low-water lunitidal interval
低车架 dropped frame;lower carriage
低车架半挂车 drop-frame semitrailer;low bed semitrailer
低车架半牵引车 low bed semitrailer
低车身盘 low-built chassis
低车身重型货车 dray
低车厢底板挂车 low load trailer
低尘低毒焊条 low-fume and harmfulness electrode
低沉 downbeat;grave;low and deep; lowering;overcast
低沉的声音 sepulchral voice
低沉降性黏[粘]土 low-set-clay
低沉噪声 thump
低成本 low cost
低成本码 low cost code
低成熟阶段 lower mature stage
低成熟凝析气 lower mature condensated gas
低成熟源岩 lower mature source rock
低成型性 poor compactibility
低承台桩基 embedded footing on piles;low capped pile foundation
低承载力地基 poor load bearing ground
低承载面的平板车<其中的一种> low bed
低翅片管 low finned tube
低冲积岛 towhead
低冲刷性材料 less erodable material
低冲洗水量马桶 low flush toilet
低抽力控制器 low-suction controller
低稠度 light body;thin consistency
低稠度灰泥 low consistency plaster
低稠度沥青混凝土 harsh mix
低稠度石膏灰 low-consistency plaster
低处 low spot
低船尾楼 monkey poop;sunken poop
低床 sunken bed
低吹尘 drifting dust
低吹沙 drifting sand
低吹雪<风吹离地面 1.8 米以内的> drifting snow
低垂 droop;vail
低纯度 low purity
低磁场 downfield
低磁带噪声的 Dolby
低磁滞钢 low hysteresis steel
低磁滞硅钢 low hysteresis silicon steel
低次 low order
低次模振动 lower mode vibration
低次疲劳 low-cycle fatigue
低淬透性钢 shallow-hardening steel; surface hardening steel
低带宽 low bandwidth
低氮碱性底吹转炉钢 LPN steel
低氮石油 low nitrogen oil
低氮天然气 natural gas with low nitrogen
低氮硝化棉 pyroxylin(e)
低氮硝化纤维 pyroxylin(e)
低氮硝化纤维素 collodion cotton
低氮氧化物排放量的燃烧器 low NOx burner
低氮氧化物燃烧技术 low NOx emission combustion technology
低档 low range; low-speed gear; underdrive
低档的 low end
低档货 inferior goods
低档货物 inferior goods
低档速度 geared-down speed
低档砖 washed stock
低导电率 low electric(al) conductivity
低导热涂层 low conductivity coating
低导热性炉料 low thermal-conductivity charge
低岛 low island
低的 low-lying
低等的 low grade
低等花岗石 shoddy work
低等级的 low grade
低等级燃料 lower-grade fuel
低等技术 low technology
低等阶层住宅区 low class residential zone
低等控制 minor control
低等控制点【测】minor control point
低等控制网 minor control framework
低等类型 low form
低等三角测量 lower order triangulation;minor triangulation
低等植物 lower plant
低低潮 lesser ebb;lower low-water
低低潮基准面 lower low-water datum
低低潮间隙 lower low-water interval
低低潮水位线 lower low-water line
低低潮位 lower low water
低堤顶防波堤 low crest breakwater
低底盘半拖车 deep drop frame semi-trailer;drop bed semi-trailer
低底盘车辆 low-floor vehicles
低底盘公共汽车 low-level bus
低底盘混凝土吊罐运输车 low boy
低底盘载重汽车 low boy
低底盘装料车 low bed loader
低地 bottom land; callow; depressed area; down land; flat country; low area; lowland; low-level ground; low-lying area; low-lying ground low-lying land;polder
低地板 low-floor
低地板式公共汽车 low-floor bus
低地草原 lowland meadow
低地沉积层 lowland deposit
低地的 lowland
低地防潮水堤坝 aboideau;aboiteau
低地国 low-lying country
低地河段 lowland zone; potamon zone
低地河流 lowland river
低地湖 lowland lake
低地面压力 low ground pressure
低地区 lowland area
低地泉 depression spring
低地势 low relief
低地下水位 phreatic low
低地沼泽 low bog; lowland moor; low-lying swamp
低地沼泽群落 hygrophorbium
低地震活动区 low seismicity region
低地植物群落 bathyphytia
低点 low point
低电导率水 low conductivity water
低电感自动同步机 low-inductance synchro
低电极 low electrode
低电抗电阻比 low reactance-resistance ratio

低电抗接地 low-reactance grounding
低电离核区 liner;low ionization nuclear emission-line region
低电离离子 low ion
低电流 low current;undercurrent
低电流保护装置 undercurrent protection
低电流断路器 undercurrent circuit breaker
低电流继电器 undercurrent relay
低电流热子 low-current heater
低电流释放 undercurrent release
低电平 low-level
低电平倍增器 low-level multiplexer
低电平参量放大器 low-level parametric amplifier
低电平放大 low-level amplification;low-level multiplexing
低电平放大器 low-level amplifier
低电平激活 active low
低电平接受器 low-level receiver
低电平逻辑 low-level logic
低电平逻辑电路 low-level logic circuit
低电平脉冲发生器 low-level pulser
低电平调制 low-level modulation;low-power modulation
低电平限幅器 low-level amplitude limiter
低电平信号检波 low-level detection
低电平信号输入塞孔 low-level input jack
低电平有效 active low
低电容 low-capacity
低电容电缆 low-capacitance cable
低电势 low potential
低电位 electronegative potential
低电位端 cold end
低电压 low(-tension) voltage
低电压保护装置 under-voltage protection
低电压不闭合释放装置 under-voltage no-close release
低电压导体 low-voltage conductor
低电压的 low-voltage;low-pressure;low-tension
低电压灯 low-voltage lamp
低电压点火 low-tension ignition
低电压断路器 under-voltage circuit breaker
低电压反相继电器 under-voltage reverse-phase relay
低电压管 low-voltage tube
低电压及低电流保护 combined low-voltage and low-current protection
低电压继电器 low-voltage relay;under-voltage relay
低电压加热 low-voltage heating
低电压聚光灯 low-voltage projection lamp
低电压聚焦 low-voltage focusing
低电压开相继电器 under-voltage open phase relay
低电压绕组 low-voltage winding
低电压释放 under-voltage release;under-voltage tripping
低电压释放装置 under-voltage release unit
低电压跳闸 under-voltage release;under-voltage tripping
低电压线 low-voltage line
低电压线圈 low-tension coil;low-voltage coil
低电压引燃 low-tension ignition
低电压运行 subnormal voltage operation
低电压照明控制 low-voltage lighting control
低电压状态 low-voltage state
低电阻 low resistance
低电阻的 low resistance
低电阻计 low ohmmeter
低电阻继电器 low resistance relay
低电阻连接 bonding
低电阻阻尼绕组 low-resistance damping winding
低吊顶 drop ceiling;furred down
低调 low key;undertone
低调的 low-key(ed);low-pitched
低调蒙片 low-key mask;shadow mask
低调图像 low-key image
低调照片 low-key photograph
低丁坝 low-level groin;low groyne
低顶棚房间 low-ceilinged room
低顶通道 crawlway
低定额 net time;substandard
低定额灌溉 under irrigation
低定额任务 low-duty
低毒的 little poisonous
低毒固化剂 low toxicity curing agent
低毒硫磷 prothiofos;tokuthon
低毒性 low toxicity
低毒性剂量 low toxic dose;toxic dose low
低毒性农药 low toxic pesticide
低毒性浓度 low toxic concentration;toxic concentration low
低读数 low scale
低度 depression;negative altitude
低度变质作用 low-rank metamorphism
低度过饱和 low supersaturation
低度接触相关 low-contact correlation
低度接触用途 low-contact use
低度稀释 low dilution
低度相关 low correlation
低度盐水 oligohaline water
低度折旧 subnormal depreciation
低度真空 low vacuum;rough vacuum
低度真空运行 low vacuum operation
低渡槽 bench flume
低端 low side
低堆垛层错能的晶体 low stacking fault energy crystal
低对比度图像 soft image;soft picture
低惰性 low dark decay
低发热量 lower calorific power;lower calorific value
低发热量煤 low-calorific value coal
低发热量气 lean gas
低发热值 low(er) heating value
低发射率 low emissivity
低发射涂料 low-emissivity coating
低发烟 low smoke
低反差 low contrast
低反差像 soft image
低反力护舷 low reaction force fender
低反力型 low reaction force
低反射 low return
低反射膜 low-reflection film
低反应性 hypoergia
低泛滥平原 bet
低芳烃石油溶剂 low aromatic white spirit
低房租公共住房 low-rent public housing
低放射性玻璃 low radioactivity glass
低放射性废料 low-level radioactive waste
低放射性废水 low-level radioactive wastewater
低放射性废物 low radioactivity waste;low-level waste
低放射性水平 low activity
低放射性物质的或非放射性的工作 cold operation
低飞逸转速 low runaway speed
低废和无废技术 low-and-nonwaste technology
低废和无废技术概要 compendium on low-and-nonwaste technologies
低废技术 low waste technology
低沸点 low boiling point
低沸点的 low boiling
低沸(点)化合物 low boiler
低沸点溶剂 low boiling point solvent
低沸点石脑油 low boiling naphtha
低沸点液体 low boiling(point) liquid
低沸剂 low boiler
低费用 least cost;low cost
低分辨率 low resolution
低分辨率分光计 low resolution spectrometer
低分辨率光谱法 low resolution spectrometry
低分辨率红外辐射计 low resolution infrared radiometer
低分辨率质谱仪 low resolution mass spectrometer
低分布电容电缆 low-capacitance cable
低分子聚合物 low(molecular) polymer
低分子量 low molecular weight
低分子量挥发性脂肪酸 low molecular weight volatile fatty acid
低分子量氯化烃 low molecular weight chlorinated hydrocarbon
低分子量烃类 lower molecular weight hydrocarbon
低分子量烃类扩散 diffusion of lower molecular weight hydrocarbon
低分子量有机液 lower-molecular weight organic solution
低分子量增塑剂 monomeric plasticizer
低分子增塑剂 simple plasticizer
低风险技术 low-risk technology
低峰期 low peak hour
低峰时间 <交通> slack hour
低峰态 platy kurtosis
低峰态分布 platykurtic distribution
低峰值 valley
低峰值流量 valley flow
低浮雕 bas-relief;low relief
低幅振动 low amplitude vibration
低辐射率玻璃 low-emissivity glass
低辐射热合机 low radiation plastic welder
低辐射天线 low altitude dish
低俯角 low depression angle
低腐生水域 oligosaprobic waters
低腐殖酸 subhumic acid
低腐殖酸煤 low humic acids coal
低负荷 part load
低负荷抽头 reduced kilovolt-ampere tap
低负荷滴滤池 low-rate trickling filter
低负荷断路器 underload circuit-breaker
低负荷过滤 low-rate filtration
低负荷滤池 low-rate filter
低负荷期 low load period
低负荷生物滤池 low-rate biological filter
低负荷生物塘 low-rate aerobic pond
低负荷效率 part-load efficiency
低负荷性能 part-load behavio(u)r
低负荷因数 lower load factor
低负荷因素 lower load factor
低负荷运行 partial load operation
低负突起 low-negative relief
低副 lower pair
低副机构 low counter gear
低钙铝酸盐耐火水泥 low lime aluminate refractory cement
低钙石灰石 low lime rock
低钙水泥 hypocalcic cement
低概率地面运动 low probability ground movement
低干舷船 low-freeboard ship
低干整枝 low-headed training
低感光度 slow emulsion
低感光度胶片 low-speed film
低感光度乳剂 low-light sensitivity emulsion
低高潮 <一个潮汐日两次潮流中的> lesser flood;lower high water
低高潮间隙 lower high water interval
低高潮位 <任何潮汐日两次高潮位中较低的高潮位> lower high water
低高程 low-elevation
低高程减压平台 low-level relieving platform
低高度车辆 low-height car
低高度的工业厂房 low bay
低高度钢板梁 shallow steel plate girder
低高度梁 low-depth girder;low height beam;shallow(depth) beam
低高度桥 low-depth bridge
低高度曲线钢板梁 shallow deck plate girder for curve line
低高度卫星 low altitude satellite
低高度箱梁 shallow box girder
低高度直线钢板梁 shallow deck plate girder for straight line
低高结 low-high junction
低高速变换 low-high speed change
低高速换挡 low-high speed change
低高营养水平 low-high plane nutrition
低割 close mowing
低割型切割器 cutterbar for low cut
低格栅 lower grid
低铬钢 low-chrome steel
低铬硅合金工具钢 low chromium-silicon tool steel
低铬合金钢 low chromium alloy steel
低铬合金工具钢 low chromium tool steel
低铬钨合金工具钢 low chromium-tungsten tool steel
低工资等级 lower paid bracket
低工资职工 low-paid worker
低工作比的脉冲管 low-duty pulsed tube
低公害车 low pollution vehicle
低功函数材料 low work function material
低功耗待命状态 static power down mode
低功率 low-power;under power
低功率保护装置 under-power protection device
低功率测量 low-power measurement
低功率的 low(er) powered
低功率电动机 fractional horsepower motor
低功率干扰发射机 pup
低功率激光测距机 low-power laser rangefinder
低功率可调等幅波磁控管 flute
低功率逻辑 low-power logic
低功率区段 low-power range
低功率石墨实验性反应堆 graphite low energy experimental pile
低功率收割机 low-powered reaper
低功率数据保持 low-power data retention
低功率调压器 low-power voltage regulator
低功率调制 low-level modulation;low-power modulation
低功率询问器 low-power interrogator
低功率因数水银灯镇流器 low-power factor mercury lamp ballast

D

低功率因数线路 low-factor line
低功率因数运转 low power factor operation
低功率因素瓦特表 low-power factor wattmeter
低功率运行 low-power run
低功率直流电磁继电器 low-power direct current electromagnetic relay
低功率直流湿式阀用电磁铁 low-power direct current wet-type electromagnet for valve
低功能密封膏 low-performance sealant
低共轭水深 lower alternate depth
低共熔 eutectic evaporate
低共熔冰 eutectic ice; frozen eutectic solution
低共熔冰盐结晶 cryohydrate
低共熔成分 eutectic composition
低共熔点【化】eutectic temperature; eutectic point
低共熔点的 eutectic
低共熔点合全焊条 eutectic welding rod
低共熔合金 eutectic alloy; eutectic metal
低共熔混合物 eutectic mixture
低共熔晶体 eutectic crystal
低共熔片 eutectic plate
低共熔态 eutectic state
低共熔体 eutectoid
低共熔体的 eutectic
低共熔体系 eutectic system
低共熔图 eutectic diagram
低共熔温度 eutectic temperature
低共熔温度线 eutectic horizontal
低共熔物 eutectic substance
低共熔性 eutexy
低共熔组成 eutectic composition
低构架的 low-built
低估 discount; extenuate; underestimate; underestimation; underrate; underreport; undervaluation; undervalue
低估价的 underestimation; undervaluation
低估价格 undervalue
低估价值 disappreciation; undervaluation
低估税 undervaluation duty
低谷负荷 nadir load
低固体分 low solid
低固相非分散性泥浆 low-solid non-dispersed mud
低固相泥浆 low solids mud
低惯性的 quick response
低灌溉率 low-duty of water
低光度恒星 underluminous star
低光级显微分光光度计 low-light level microspectrophotometer
低光洁度 rough finish
低光泽表面 egg-shell finish
低光泽加工 low finish
低光泽涂层 delustred coating
低光泽涂料 delustring coating material
低硅产品 low silicate product
低硅的 low silicon
低硅钢轨合金钢 low silicon rail steel
低硅青铜 low silicon bronze
低硅青铜合金 low silicon bronze alloy
低硅生铁 dry iron; low silicon pig iron
低硅铁合金 siliconeisen
低硅铸铁 low silicon cast iron
低轨 <曲线内轨> low rail
低轨道卫星 close-orbit satellite; low earth orbit satellite
低过量 low excess
低过量空气 low excess air
低过剩空气运行 <锅炉在减少过剩空气条件下运行> low excess air operation
低海岸 low coast
低海拔地区 lower altitudes
低海滩 foreshore
低含钢率 low steel proportion
低含量放射性废弃物 low-level radioactive waste
低含量铝红土 low-level laterite
低含铅汽油 low lead fuel
低含水量 low-water content
低含水量乳化液 low irrigated emulsion
低含碳量 low-carbon content
低含盐量冰 low-salinity ice
低焓井 low enthalpy well
低焓流体 low enthalpy fluid
低耗电缆 low-loss cable
低耗滤波器 low-loss filter
低耗能 low energy consumption
低耗能继电器 low energy relay
低耗能建筑 low energy consumption building
低耗线圈 low-loss coil
低耗油量发动机 low consumption engine
低合金 alloy of low percentage; dilute alloy; low content alloy
低合金的 low alloyed
低合金钢 common low alloy steel; lean alloy steel; low alloy (structural) steel
低合金钢板 low alloy steel plate
低合金钢敞车 low alloy steel high side wagon
低合金钢钢丝 low alloy steel wire
低合金钢管 low alloy steel pipe
低合金钢轨钢 low alloy rail steel
低合金钢焊条 low alloy steel covered arc welding electrode
低合金高强度 hi-strength steel; low alloy high tensile
低合金高强度钢 high-strength low-alloy steel; low alloy high-strength steel
低合金高强度结构钢 low alloy high-tensile structural steel
低合金高强钢 low alloy high-tensile steel
低合金工具钢 low alloy tool steel
低合金螺纹钢 low alloy threading steel
低合金马氏体 dilute-alloy martensite
低合金铸铁 low alloy cast iron
低和冷排放源问题工作队 task force on low and cold emission sources
低和数 lower sum
低和易性 low workability
低和易性混凝土 low workability concrete; harsh mix
低河漫滩 low flood plain
低桁架桥 low truss bridge
低乎式搅拌站 low-profile plant
低互导五极管 low-slope pentode
低缓磁异常 small amplitude-low gradient magnetic anomaly
低磺酸化木素 kullgren lignin
低灰分的 low-ash
低灰煤 low-ash coal
低灰燃料 low ash fuel
低挥发的 low-volatile
低挥发分煤 low-volatile coal
低挥发分燃料 low-volatility fuel
低挥发树脂 low-smoke resin
低挥发性 low-volatility
低挥发性的 low-volatile
低挥发性焦油 low-volatile tar
低挥发性燃料 low-volatility fuel
低汇倾销 low-currency dumping
低活动率数据处理 low activity data processing
低活性氧化镁 heavy-burned magnesia
低火层焚化炉 low incinerator
低火度瓷器 low-fired porcelain
低火灾隐患 low hazard contents
低或然率 remote probability
低货位 <低于地面的，卸散装货物用> depressed goods section; lower storage yard
低货位储仓 low-level storage bung
低货位堆货场 lower storage yard
低货位铁路轨道 depressed track
低基 low mound
低迹带 low-print tape
低激发功率调制器 low drive power modulator
低级 economy grade; inferiority; low-grade level
低级包 low-level packet
低级编码和连续性校验 low-level code continuity check
低级变质作用 low-rank metamorphism
低级不干燥煤 dry burning coal
低级醇 lower alcohol
低级粗毛 cowtail; curry wool
低级代码 low-level code
低级代码和连续性校验 low-level code continuity check
低级道路 lesser road; low-cost road
低级的 coarse; junior; lower (level); low grade; off-grade; low-level; low type
低级的不结块煤 dry burning coal
低级低共熔合金 hypoeutectic alloy
低级低共熔体 hypoeutectic; hypoeutectoid
低级调度 low-level scheduling
低级调度程序 low-level scheduler
低级调度与高级调度 low-level schedule and high level schedule
低级法院 <英> basse-court
低级分类单位 lower categories
低级钢 dry steel
低级公路 low-cost highway; low-cost road
低级功能 low-order function
低级构造 lower order structure
低级构造单元 low-grade tectonic unit
低级光洁度 rough finishing
低级黄铜 pot metal
低级酒吧 groggery; grogshop; low-class barroom; shebeen
低级绝缘 low insulation
低级矿(石) poor ore; low-grade ore
低级路面 low class pavement; low-cost surface; low type pavement; low type surface
低级旅店 flea; fleaking
低级旅馆 flop house
低级煤 drossy coal; fault coal; grizzle; lean coal; meagre coal
低级耐火黏[粘]土砖 low-duty fireclay brick
低级能 low-grade energy
低级品 inferior grade
低级汽油 heavy petrol
低级区域变质作用 low-grade regional metamorphism
低级燃料 low-grade fuel; low-rank fuel
低级人员 minor functionary
低级软件 low-level software
低级(软)煤 dant
低级商品 low-order goods
低级石棉 low-grade asbestos
低级水泥 low pH value cement
低级水热蚀变 low-rank hydrothermal alteration
低级酸 lower acid
低级铜 low-grade copper
低级网络 low-level network
低级无烟煤 low rank anthracite
低级物 lower member
低级西沙尔麻 <墨西哥> citamci fibre[fiber]
低级线 lower class line
低级音乐厅 penny gaff
低级印度黄麻 jangipure jute
低级优先级 low priority
低级优先权 low priority
低级运输 low-grade traffic
低级杂砂岩 low-rank graywacke
低级炸药 low explosive
低级职员 works staff
低级中断 lower level interrupt
低极间电容电子管 low-capacitance tube
低剂量处理 threshold dose treatment
低剂量接触 low-level exposure
低剂量矿渣水泥 low-slag cement
低剂量率剂量计 low-level dosimeter
低剂量抑制剂 threshold dose inhibitor
低岬 foreland
低甲板 sunken deck
低钾拉斑玄武岩 low-K tholeiite
低价 cheap price
低价标 low bid
低价公路 low-cost road
低价货 low priced goods
低价金属盐 protosalt
低价沥青路面 low-cost bituminous surface
低价路面 low-cost surface
低价式 low-cost type
低价收买 underbuy
低价位置 low-order position
低价无缝铺地板材料 <含有木屑和沥青> Ritz-plazzo
低价氧化物 low oxide; protoxide; suboxide
低价运费 distress freight
低价运费率 distress rate
低价住房 affordable housing; low-cost homes; low-cost housing; social housing
低价住宅 affordable housing; low-cost homes
低价自动化 low-cost automation
低架钢索平路机 low-gantry cable bulldozer
低架钢索推土机 low-gantry cable bulldozer
低架挂车 drop-frame trailer; low bed trailer; low load trailer
低架关节式货运装置 low-profile articulated
低架厩肥撒布机 low-down manure spreader
低架平板车 float; low bed truck
低架式 low-head
低架式半拖车 low bed semitrailer
低架双轮撒肥车 low loading two wheeled spreader
低架拖车 drop-frame trailer; low bed trailer; low deck trailer
低架载重车 dray
低架装载机 low loader
低假设 low hypothesis
低尖岬 tang
低剪切黏[粘]度 low shear viscosity
低剪切黏[粘]度计 low shear visco(si)meter
低碱波特兰水泥 low alkali Portland cement
低碱玻璃 electric(al) glass
低碱度 low alkalinity

低碱度废水 low alkalinity waste(water)
低碱度水泥 low alkali cement; low pH value cement
低碱硅酸钠 low alkali sodium silicate
低碱硅酸盐水泥 low alkali Portland cement
低碱含量水泥 low alkali cement
低碱抗硫酸盐水泥 low alkali sulphate-resisting cement
低碱硼硅酸盐玻璃纤维 low alkali borosilicate glass fiber[fibre]
低碱石英玻璃 low alkali silica glass
低碱熟料 low alkali clinker
低碱水泥 low alkali cement; NA-cement
低碱(陶)瓷 low alkali ceramics
低碱氧化铝 low-soda alumina
低降角 angle of depression
低交通量道路 light traffic road; low-volume road
低交通量公路 low-volume highway
低焦距光束 <车头的> low beam
低角 cape; low angle
低角度 low angle
低角度边界 low angle
低角度冲断层 low-angle thrust
低角度断层 low-angle fault
低角度堆垛层错面 low-angle stacking fault plane
低角度光泽 low angular sheen
低角度晶界 low-angle grain boundary
低角度逆断层 low-angle reverse fault
低角度喷洒 low-angle spray
低角度日光 low-angle sunlight
低角度式焊接 slant angle type welding
低角晶粒间界 low-angle grain boundary
低角刨 low-angle plane
低角平底钢刨 low-angle smooth bottom steel bench plane
低角摄影机 small angle camera
低阶 low order
低阶合并 low-order merge
低阶接口 low-order interface
低阶连接监控 low-order connection supervision
低阶数字 low-order digit
低阶通道开销监视 low-order path overhead monitoring
低阶通道连接 low-order path connection
低阶通道适配 low-order path adaptation
低阶通道未装载发生器 low-order path unequipped generator
低阶通道终端 low-order path termination
低阶相加线路 low-order add circuit
低阶虚容器 low-order virtual container
低接头 battered joint of rail; depressed joint; low joint
低截面梁 shallow beam
低截频率 low-cut frequency
低截频徒度 low-cut frequency slope
低介电玻璃 D-glass; dielectric(al) glass
低介电损耗玻璃 low dielectric(al) loss glass; low-loss glass
低介电损耗玻璃纤维 low dielectric(al) loss glass fiber
低筋 under-reinforced
低筋破坏 tensile failure
低筋设计 under-reinforced design
低劲度区 low stiffness region
低经纱密度 low warp
低精度测图仪 approximate plotter
低精确度 low accuracy
低净高标志 low clearance sign
低净空标志 low clearance sign
低净空粉磨车间 low-headroom grinding plant
低静电 low static
低静压式采暖装置 low-static-pressure-type unit heater
低静压式暖风机 unit heater-low-static type
低举刃式平地机 low-lift blade grader
低举升车 low-lift truck
低举式平地机 low-lift blade grader
低聚合度聚氨酯堵漏剂 low polymerized polyurethane leaking agent
低聚合物 low polymer
低聚体 oligomer
低聚物 low(molecular) polymer; oligomer
低聚烯烃 lower polyolefins
低卡值 lower calorific power; lower calorific value
低抗冲刷力度基层 low erodability subbase
低抗扰性 jamming vulnerability
低可塑性的 lean
低可塑性黏[粘]土 lean clay
低空 low altitude
低空臭氧 low-level ozone
低空的 low-level
低空帆布篷 low-level canvas cover
低空防御系统 low altitude defence system
低空飞机 low altitude aircraft
低空飞行飞机 low-flying aircraft
低空飞越 fly-by
低空航空摄影 low altitude aerial photography
低空航摄像片 low altitude aerial photograph
低空航摄照片 low altitude aerial photograph
低空摄影 low altitude aerial photography; low altitude photography; low-level photography
低空摄影像片 low altitude aerial photograph
低空探空仪 low altitude radiosonde; low-level sonde
低空指示器 low altitude indicator
低孔隙度 low-porosity
低孔隙率混凝土 concrete of low porosity
低矿化 low mineralization
低矿化度水 low salinity water
低矿渣水泥 low-slag cement
低框架车 billet car
低扩散 under-dispersion
低拉力 low-tension
低劳动成本 low labo(u)r cost
低篱 low-hedge
低利贷款 easy money
低利率 cheap money; low interest rate
低利息贷款 cheap credit
低利用率 low efficiency; poor efficiency
低利用率车道 underutilized lane; underutillised lane
低利政策 low interest policy
低廉的镀铬 hard plating
低廉价格 keen price
低亮度 low-light level
低亮度图像 low-luminosity image
低量程 lower range; low range
低量程流量计 low-range flowmeter
低量程气压表 low-range pressure ga(u)ge
低量分压器 minute volume divider
低量耐受性 low dose tolerance
低料位储仓 low-level storage bunker
低料柱 low column
低劣 adulterate; inferior; slim
低劣材料 minus material
低劣的 coarse; low grade
低劣房屋 building of poor materials and workmanship; gerry building; jerry-building
低劣货 inferior goods
低烈度 low intensity
低临界的 subcritical
低临界流速 lower critical velocity
低临界速度运转 <球磨机> cataract
低临界应力 lower critical stress
低磷 low phosphorus
低磷煤 low phosphorus coal
低磷去污垢剂 low phosphate detergent
低磷生铁 hematite pig iron; low phosphorous pig iron
低磷水处理剂 low phosphoric water treatment agent
低磷酸盐含量 low phosphate content
低磷铁矿 Bessemer ore
低磷铜 low-residual-phosphorous copper
低磷预膜 low phosphorus pre-film
低灵敏的 muting sensitive
低灵敏度 low-response; muting sensitivity
低灵敏度底片 slow plate
低灵敏度滤波器 low-cut filter
低灵敏度终端装置 low-sensitivity terminal unit
低流泵 underflow pump
低流动性 hard flow; lazy flow; low flow; stiff flow
低流量 low flow
低流量观测 low flow observation
低流量警报器 low-flow alarm
低流量喷水头 low-flow shower (head)
低流量喷嘴 low-volume nozzle
低流量频率曲线 low-flow frequency curve
低流强束 low intensity beam
低流速毕托管静水头 low-speed Pitot static head
低流速仪 low-speed current meter
低流态 lower flow regime(n)
低硫粗柴油 low sulfur heavy oil
低硫的 doctor negative; low sulfur
低硫煤 low sulfur[sulphur] coal
低硫汽油 sweet gasoline
低硫燃料 low sulphur fuel
低硫燃料油 low sulphur fuel oil
低硫生铁 low sulphur iron
低硫石脑油 sweet naphtha
低硫石油 low sulfur oil
低硫石油产品 sweet petroleum product
低硫石油焦炭 low sulphur petroleum coke
低硫水泥 undersulfated cement
低硫天然气 sweet natural gas
低硫原油 low sulphur crude oil; low sulphur crude petroleum; sweet crude oil
低硫重油 low sulphur heavy oil; sweet crude oil
低滤率滴滤池 low-rate trickling filter
低路拱 low crown
低路基 shallow fill
低路肩 low shoulder
低路堑 shallow fill
低路堑车行道 depressed road(way)
低铝黏[粘]土耐火材料 low alumina fireclay refractory
低铝水泥 low alumina cement
低掠 graze
低轮车 bummer
低轮集材车 bummer
低轮小车 low wheel car
低落 declining; drawdown; lowering; step down
低落差 low-head; low-water head
低脉冲频率 low pulse frequency
低脉动发电机 low-ripple generator
低煤化程度的煤特性试验 property test of lower coalification degree
低锰钢 low manganese steel
低锰钢轨钢 low manganese rail steel
低锰钢轨合金钢 low manganese rail steel
低锰合金 spiegel(eisen)
低锰合金钢 low manganese steel
低锰结构钢 Ducol steel; low manganese structural steel
低锰铁 spiegel(eisen); spiegel iron
低泌水性水泥 low-water-loss cement
低密度 low density
低密度板 low-density board
低密度爆破 low-density explosive
低密度材料 low density material
低密度采样 low-density sampling
低密度层 low-density layer
低密度打包 low-density packaging
低密度的 low-density
低密度发展 low-density development
低密度合金 low-density alloy
低密度花园住宅区 garden city
低密度黄色炸药 low-density dynamite
低密度混凝土 lightweight concrete; low-density concrete
低密度记录方式 low-density recording mode
低密度捡拾压捆机 low-density pick-up baler; low-pressure baler
低密度建筑用棕丝毯 coir building mat
低密度聚乙烯 low-density polyethylene
低密度均等核对码 low-density parity check code
低密度浚挖物质自动监控及排放装置 automatic light mixture overboard installation
低密度(空闲)铁路 light density railroad
低密度粒子束 low-density beam
低密度流沉积 hypopycnal flow deposit
低密度炉料 low-density charge
低密度码 low-density code
低密度木材 low-density wood
低密度刨花板 low-density particle board; low-density wood chipboard
低密度轻质非水相液体 low-density light non-aqueous phase liquid
低密度烧蚀材料 low-density ablation material
低密度数据系统 low-density data system
低密度水流入高密度水 hypopycnal inflow
低密度水泥 lightweight cement; low-density cement
低密度碎木板 low-density wood chipboard
低密度特征点 low-density point of interest
低密度填料 low-density filler
低密度纤维 low-density fiberboard
低密度纤维板 softboard
低密度压捆机 low-density press baler
低密度油井水泥 oil-well cement of low-density
低密度中等纤维板 low density medium board
低面 bottom surface

D

低面滚磨机 low side roller mill
低面亮度展源 extended low-surface brightness source
低明度 low brightness
低模量比岩石 low ratio of modulus
低模量树脂 low-modulus resin
低摩擦操作 low friction operation
低摩擦聚合物 low friction polymer
低摩擦力焊机 micro-friction welder
低摩擦力套管 low-friction sleeving
低摩擦轴承 low friction bearing
低钠长石 low albite
低钠水 low sodium water
低耐磨岩石 less abrasive rock
低能 feeblemindedness
低能泵 inefficient pump
低能超声波辅助生物反应器 low energy ultrasound assisted bioreactor
低能成分 low energy component
低能带电粒子 low energy charged particle
低能的 low energy
低能电子束监测器 low energy electron-beam monitor
低能电子显微镜 low energy electron microscopy
低能电子衍射 low energy electron diffraction
低能轨道 low energy orbital
低能海岸 low energy coast
低能耗建筑 low energy building
低能耗洗涤器 low energy scrubber
低能耗预制墙板 energy-efficient precast wall panel
低能环境 low energy environment
低能级 low(-lying) level
低能级辐射 low-level of radiation
低能见度 low visibility; poor visibility
低能离子散射谱 low energy ion scattering spectroscopy
低能量含量水泥 low energy content cement
低能量环境 low energy environment
低能量加速器 low energy accelerator
低能楼 <没有人工智能的老式办公楼> dumb building
低能膜生物反应器 low energy membrane bioreactor
低能态 lower state
低能位地热田 low energy geothermal field
低能物理学 low energy physics
低能谐振 low energy resonance
低能质子能谱仪 low energy proton spectrometer
低能终端 dumb terminal
低能组分 low energy component
低泥炭沼 low-moor
低年雨量 low annual precipitation
低黏[粘]度 low viscosity; thin consistency
低黏[粘]度层 low-viscosity layer
低黏[粘]度柴油机燃料 dribbling diesel fuel
低黏[粘]度的 low viscous
低黏[粘]度浇注法 low-viscosity casting process
低黏[粘]度燃油 low viscosity fuel oil
低黏[粘]度润滑油 low-viscosity oil
低黏[粘]度润滑脂 mobile grease
低黏[粘]度硝化棉 low-viscosity nitrocotton
低黏[粘]度硝化纤维素 low-viscosity nitrocellulose
低黏[粘]度液体 low-viscosity (mobile) liquid
低黏[粘]度油 light viscosity oil
低黏[粘]性的沥青筑路材料 bituminous primer
低黏[粘]性流 low-viscous flow
低黏[粘]性土 less-cohesive soil
低黏[粘]滞性丙烯酸树脂 low-viscosity acrylic resin
低黏[粘]滞性环氧树脂 low-viscosity epoxy resin
低黏[粘]滞性聚合物树脂 low-viscosity polyester resin
低镍氨络合物 nickelous ammine
低凝点高级润滑油 squalane
低凝固点 low-freezing; subzero
低凝液体 low-freezing liquid
低浓度 low concentration; small concentration
低浓度城市废水 low concentrated municipal wastewater
低浓度废水 low concentrated wastewater; low-strength wastewater
低浓度甲醇废水 low concentrated methanol wastewater
低浓度泥浆舷外自动排放装置 automatic light mixture overboard installation
低浓度溶性废水 low concentrated soluble wastewater
低浓度生活废水 low concentrated domestic wastewater
低浓度生活污水处理 low concentrated domestic sewage wastewater
低浓度盐质废水 low concentrated saline wastewater
低浓度油墨 soft ink
低浓度有机废水 low concentrated organic wastewater
低浓燃料循环 low enriched fuel cycle
低浓缩燃料 slight enriched fuel
低浓缩铀 low enrichment uranium
低浓缩铀反应堆 low enrichment reactor
低排档 low gear
低盘 main frame
低泡表面活性剂 low foaming surfactant
低泡的 low foaming
低泡金属清洗剂 low foam metal cleaner
低配筋比(率) under-reinforced ratio
低配筋的 under-reinforced
低配筋梁 under-reinforced beam
低配筋柱 under-reinforced column
低膨胀玻璃 low-expansion glass
低膨胀材料 low-expansion material
低膨胀钢 low-expansion steel
低膨胀合金 low-expansion alloy
低膨胀热稳定玻璃 thermal glass
低膨胀水泥 low expansive cement
低膨胀微晶玻璃 low-expansion glass-ceramics
低膨胀系数 low-expansion coefficient
低膨胀系数玻璃 low-coefficient glass
低膨胀系数材料 low-expansion material
低膨胀系数的 low-expansion
低票价剧场 penny gaff
低频 <30~300kHz> low frequency; lows
低频背景 low-frequency background
低频变压器 low-frequency transformer
低频波 <频率30~300kHz, 波长1000~10000米> low-frequency wave
低频补偿 low-frequency compensation
低频补偿器 low-frequency compensator
低频不稳定燃烧 bumping; chuffing; chugging
低频部件 low-frequency head
低频参数 low-frequency parameter
低频测向器 low-frequency direction finder
低频差拍 low-frequency beat
低频场 low-frequency field
低频传播 low-frequency propagation
低频传导 low-frequency transduction
低频磁异常 low-frequency magnetic anomaly
低频带 low-frequency band
低频导航系统 low-frequency navigation(al) system
低频道 low channel
低频道地震图 low channel seismogram
低频道天线 low channel antenna
低频电报传输 low-frequency telegraph transmission
低频电波传播 propagation of low-frequency radio wave
低频电瓷 low-frequency electric(al) porcelain
低频电磁仪 low-frequency electromagnetometer
低频电感加热炉 low-frequency induction furnace
低频电火花组合 low-frequency spark array
低频电缆 low-frequency cable
低频电流 low-frequency current
低频电炉 low-frequency electric(al) furnace
低频电气熔铁炉 low-frequency electric(al) smelting furnace
低频电阻 low-frequency resistance
低频垫整电容器 low-frequency padder
低频段 low-frequency stage
低频段补偿 low-frequency compensation
低频段响应提升 low-band boost
低频扼流圈 low-frequency choke
低频发电机 low-frequency generator
低频反音匣 bass reflex baffle
低频放大 low-frequency amplification
低频放大级 low-frequency amplification stage
低频放大器 low-frequency amplifier
低频分量 lower frequency component; low-frequency content
低频分量损失 loss of low-frequency response
低频分析器与测距声呐浮标 low-frequency analyser and ranging sonobuoy
低频干扰 glitch; low-frequency interference
低频干闪络电压 low-frequency dry-flashover voltage
低频感应电炉 low-frequency induction furnace
低频隔声 low-frequency sound insulation
低频工业示波器 low-frequency industrial oscilloscope
低频功率放大电路 low-frequency power amplifier
低频功率放大器 low-frequency power amplifier
低频管 low-frequency tube
低频光谱 low-frequency spectrum
低频回声测深仪 low frequency echo sounder
低频击穿电压 low-frequency puncture voltage
低频极限 low-frequency limit
低频继电器 low-frequency relay
低频加热 low-frequency heating
低频加速度计 low-frequency accelerometer
低频监察信号 ring-down signal(l)ing
低频检波器 low-frequency geophone
低频交流电码轨道电路 low-frequency AC coded track circuit
低频交流电阻率仪 low-frequency alternate current instrument for resistivity
低频校正 low-frequency correction
低频截止 low-frequency cutoff
低频介电分离法 low-frequency dielectric(al) separation method
低频介电分离仪 low-frequency dielectric(al) separator
低频晶体管 low-frequency transistor
低频跨导 low-frequency transconductance
低频炉 low-frequency furnace
低频滤波器 low-frequency filter
低频率 low frequency
低频率保护装置 underfrequency protection
低频率的 low frequency
低频率继电器 low-frequency relay
低频率应力 low-frequency stress
低频(率)振动 low-frequency vibration
低频(率)振动计 low-frequency vibration meter
低频起动 low-frequency start
低频起伏 low-frequency fluctuation
低频牵引试验 lock test by low-frequency
低频前置放大器 low-frequency preamplifier
低频全向作用距离 low-frequency omnidirectional range
低频筛浆机 low-frequency pulp screen
低频射电天文学 low-frequency radio astronomy
低频射电望远镜 low-frequency radio telescope
低频声 all-bottom sound
低频失真 low-frequency distortion
低频失真校正电路 tilt mixer
低频湿闪络电压 low-frequency wet-flashover voltage
低频时频发播 low-frequency time and frequency dissemination
低频示波器 low-frequency oscillograph
低频式凿岩机 low-frequency rock drill
低频输出 audio-frequency output
低频陶瓷滤波器 low-frequency ceramics filter
低频特性图示仪 low-frequency characteristic oscillograph
低频替代误差 low-frequency substitution error
低频天电 sferix
低频天线 low-frequency antenna
低频调制 low-frequency modulation
低频铁芯电感 low-frequency iron core inductance
低频通路 low-frequency channel
低频通信电缆 low-frequency communication cable
低频微调电容器 low-frequency padder
低频吸收剖面 low-frequency absorption section
低频显示 low-frequency acquisition
低频限制电路 low-frequency limit circuit
低频陷波速过滤 low-frequency notch filtering
低频响应 bass response; duration response; low-frequency response

低频响应失落 loss of low-frequency response
低频信标 low-frequency beacon
低频信道 low-frequency channel
低频信号 low-frequency signal(l)ing
低频信号发生器 low-frequency signal generator
低频信号设备 low-frequency signal(l)ing device
低频循环等荷载幅值试验 low-frequency cycle constant-load-amplitude test
低频循环等应变速率试验 low-frequency cycle constant-strain-rate test
低频循环荷载 low-frequency cycle
低频扬声器 woofer
低频仪 low-frequency ga(u)ge
低频移脉冲 low frequency shift pulse
低频抑制 low-frequency reject
低频音 rumble
低频音补偿 bass compensation
低频音控制 bass control
低频音增强电路 bass boost
低频应力波 low-frequency stress wave
低频运行 low cycle operation
低频噪声 bump;low-frequency noise;thump
低频增益 low-frequency gain
低频振荡器 low-frequency oscillator
低频振动传感器 low-frequency shock transducer
低频振动搅拌 low-frequency vibratory mixing
低频振铃器 low-frequency ringer
低频振铃装置 low-frequency signal(l)ing set
低频周期 low-frequency cycle
低频准静态动力荷载 low-frequency quasi-static dynamic(al)load
低频阻抗参数 low-frequency impedance parameter
低频阻抗校正器 low-frequency impedance corrector
低品级石灰 low-grade lime
低品位瓷土 mica clay
低品位的 low grade
低品位金属 low-grade metal
低品位金属锑 low-grade antimony metal
低品位矿床 low-grade deposit
低品位矿石 low-grade mineral; poor value
低品位矿渣棉 low-grade silicate cotton
低品位矿渣绒 low-grade silicate wool
低品位炉渣棉 low-grade silicate cotton
低品位炉渣绒 low-grade silicate wool
低品位煤 low-grade coal
低品位耐火黏[粘]土 low heat duty clay
低品位燃料 low-grade fuel
低品位石灰 low-grade lime
低品位钨矿 low-grade wolfram
低品位原料 low-grade material
低品质度 low quality
低平板挂车 low bed trailer
低平板拖车 low bed
低平顶 drop ceiling;low ceiling
低平顶房间 low-ceilinged room
低平顶房屋 low-ceiling room
低平海岸 flat(low-lying) coast; table shore;low coast
低平海滨 flat(low-lying) coast; table shore;low coast
低平湖岸 flat lake coast
低平火山口 maar
低平浅滩 flat shoal
低平式拌和厂 low-profile plant
低平台拖车 low platform trailer
低平原<绝对高度 0~200 米> low plain;flat bottom land;vega
低平原河段 lowland reach
低坡度 shallow pitch
低坡屋顶 low pitch roof; low-rise roof
低起球变性纤维 low-pilling variant
低气孔黏[粘]土砖 low porosity fired clay brick
低气温 low-level air temperature
低气压 barometric(al) depression; barometric(al) low; cyclone; depression;infrabar;low atmospheric pressure; meteorologic(al) depression;low-pressure
低气压表示灯 low air indication lamp
低气压病 hypobaropathy
低气压带 depression belt
低气压的 hypobaric
低气压浮动式护舷 low-pressure air floating fender
低气压降雨 cyclonic rain
低气压前锋 cyclonic front
低气压区 cyclone;meiobar;meteorologic(al) depression area;low-pressure area
低气压室 extract air chamber
低气压信号 depression signal
低气压性降雨 cyclonic precipitation
低气压轴 axis of low
低气压卸负荷装置 low steam pressure unloading gear
低气压中心 center[centre] of low pressure
低砌筑层灌浆<空心砌块墙> low-lift grouting
低铅 low lead
低铅玻璃 low lead crystal glass
低铅汽油 low-lead gas
低铅溶出釉 low solubility glaze
低铅锡青铜<铅低于 0.5%> leaded tin bronze
低铅(油)漆 lead-restricted paint
低潜水位 phreatic low
低浅容器 tray
低浅峡湾 fiard[fjard]
低堑车道 sunken lane
低堑道路 depressed road(way); subsurface highway; sunken highway; sunken road
低堑公路 sunken highway
低强度 low intensity; low strength; weakness
低强度白垩 lower chalk
低强度材料<在美国指抗压强度等于或低于 8272kPa 的材料> low-strength material
低强度超声波 low intensity ultrasound
低强度倒易律失效 low intensity reciprocity failure
低强度的 low intensive
低强度等级 low-grade cement
低强度等级湖南台 lean concrete
低强度等级水泥砂浆 low-grade cement mortar
低强度放射 low-level radiation
低强度放射性 low-level radioactivity
低强度放射性废物 low-level radioactive waste
低强度放射性废液 low-level radioactive liquid waste
低强度放射性浆洗废水 low-level radioactive laundry wastewater
低强度辐射 low intensity radiation
低强度钢丝 low-strength steel wire
低强度混凝土 low-grade concrete; weak concrete; low-strength concrete
低强度煤 low-strength coal
低强度全身放射性污染计数器 low-level whole body counter
低强度水泥 low-strength cement
低强度雾化器 low intensity atomizer
低强度炸药 low-strength blasting explosive
低强焦炭 soft coke
低强砂 weak sand
低乔林 low forest
低切 undercut
低切变分散 low shear dispersion
低切馏分 undercuttings
低切削性 low machinability
低氢焊条 hydrogen free electrode; low hydrogen electrode
低氢合金焊条 low hydrogen alloy rod
低氢镜质组 subhydrous vitrinite
低氢煤 subhydrous coal
低氢型电焊条 low hydrogen type electrode;low hydrogen welding electrode;low hydrogen welding rod
低氢型涂料电弧焊条 low hydrogen type covered electrode
低氢型药皮 hydrogen controlled covering
低倾度锥形顶盖 low-pitched cone roof
低倾角 low dip(angle)
低倾摄影 low oblique photography
低清晰度 low definition
低清晰度电视 low definition television
低丘陵 haugh
低丘平原 hillock plain
低球度 low sphericity
低区配水 low service
低曲率球壳结构 low-rise spheric(al) shell
低燃油位信号继电器 low fuel level relay
低热波特兰矿渣水泥 low heat Portland(blast furnace) slag cement
低热(波特兰)水泥 low heat Portland cement
低热的 low grade
低热法 low heat method
低热硅酸盐高炉矿渣水泥 low heat Portland blast furnace cement
低热硅酸盐矿渣水泥 low heat Portland(blast furnace) slag cement
低热硅酸盐水泥 low heat Portland cement
低热耗窑 low heat energy kiln
低热混凝土 low heat concrete
低热抗硫酸盐水泥 low-heat sulfate-resisting cement
低热流带 low heat flow zone
低热灭菌法 pasteurization
低热区 low-temperature area
低热水泥 low heat of hydration cement;type IV cement;low-heat cement
低热微膨胀矿渣水泥 low heat expansive slag cement
低热消毒法 pasteurization
低热油井水泥 low heat oil well cement
低热灶具 low heat appliance
低热值 low-calorific value; low heat value; net calorific value; net heating value
低热值煤气 low-calorific value gas
低热值气体 low heating value gas
低热值燃气 poor gas
低人口密度 low population density
低日照角像片 low-sun-angle photograph
低日照角照片 low-sun-angle photograph
低容积比 short volume ratio
低容量 low volume
低容量空气采样器 low-volume air sampler
低容量喷布 low-volume spray
低容量喷雾 low-gallonage spraying
低容重混凝土 low-density concrete
低溶剂含量漆 low solvent paint
低溶解力溶剂 low solvency solvent
低溶解氧 low dissolved oxygen
低溶解氧浓度活性污泥系统 low dissolved oxygen concentration activated sludge system
低熔点 low-fusing point; low-melting point
低熔点玻璃 low-melting glass
低熔点玻璃封接 frit seal
低熔点固体 low-melting-point solid
低熔点固体物质 low-melting solids
低熔点焊料 low-melting point solder
低熔点焊料玻璃 low-melting sealing frit
低熔点合金 fusible alloy;low-melting(point) alloy;low thermo metal
低熔点合金模具 low-melting point alloy die
低熔点化合物 low-melting compound
低熔点金属 low-melting point metal
低熔点金属相 low-melting metal phase
低熔点金属组分 low-melting metal ingredient
低熔点沥青混合物 asphalt cutback; cutback
低熔点炉渣 low-melting point slag
低熔点密封胶结料 low-melt point air-tight binder
低熔点黏[粘]土 low heat duty clay
低熔点铅合金 Cerrobase(alloy)
低熔点铜溶金属 low-melting copper-soluble metal
低熔点釉 low-melting glaze
低熔点重金属 low-melting heavy metal
低熔点组分 low-melting component; low-melting constituent
低熔合金 acolite;cazin
低熔合金模 die made by low-melting point alloy
低熔灰分 low-fusible ash
低熔生铁 eutectic cast iron
低熔搪瓷 low-melting enamel
低熔相 low-melting phase
低熔渣水泥 low-slag cement
低散发量材料 low-emission material
低散发设备 low-emission equipment
低散发涂料 low-emission coating
低(散发)污染生产 low-emission production
低色度的 cold
低色晶度的颜色 dullness
低色散光谱 low dispersion spectrum
低色散光学玻璃 low dispersion optic(al) glass
低山<绝对高度 500~1000 米> low mountain
低山丘陵区 hilly country with low mountains
低山区 low mountain; low-relief terrain
低闪点的 low-flash
低熵社会 society of low entropy
低熵时代 time of low entropy
低熵世界观 low entropy outlook
低熵文化 culture of low entropy
低射频 low radio frequency
低伸火力 flat trajectory fire; grazing fire
低身竖炉 low-shaft furnace
低渗的 hypotonic

低渗率层 tight formation
低渗溶液 hypotonic solution
低渗透 hyposmosis
低渗透率层 tight formation
低渗透性 low permeability
低渗土壤 soil of low permeability
低渗性 hypo-osmoticity
低升程工作平台卡车 low-lift platform truck
低升程平板式载重汽车 low-lift platform truck
低升程砌墙灌浆施工法 low-lift grouting
低升程通航坝 low-lift navigation dam
低升平台车 platform low lift-truck
低升式平地机 low-lift blade grader
低升式起重车 low-lift truck
低生浮游生物 hypoplankton
低声波聚灰器 sonic agglomerator
低声操作 whisper operation
低声打桩机 quiet piling rig
低声频反射 bass reflex
低声频振荡 motorboating
低失水水泥 low fluid loss cement
低湿草地 low swale
低湿的 callow;swampy
低湿地 carse;swamp land;swampy ground
低湿度送风 dry blast
低湿焊 soldering
低湿林 lowland forest
低十六烷值燃料 lower octane(number) fuel
低石灰法 low lime process
低石灰水泥 low-limed cement
低式 low-head
低式布置 <机电> low type layout
低式冲水厕所 low-down closet
低收入家庭的居住单元 dwelling units for low-income families
低收入水平 low-income level
低收入者住房 low-income housing
低收入者住房建设项目 low-income housing project
低收入者住房设计项目 low-income project
低收入者住宅 low-income residence
低收入住房 low housing income housing
低收缩 low shrinkage
低收缩树脂 low shrink resin
低收缩陶瓷 ceramics with low shrinkage
低收缩添加剂 low-profile additive; low shrink additive
低收缩纤维 low-shrinkage fiber [fibre]
低收缩性混凝土 low-shrinkage concrete
低首楼甲板船 monkey forecastle vessel;sunken forecastle vessel
低输出激光系统 low output laser system
低输出系统 low-power range system
低输入电压变换器 low input voltage converter
低树层 lower tree layer
低树篱 low-hedge
低数据率输入 low data-rate input
低数码字 low weight codeword
低数位 least significant position
低衰减范围 low-attenuation range
低衰减振荡电路 underdamped circuit
低双杠 low parallel bar
低双折射光纤 low birefringent fiber
低水槽 bench flume
低水草地 water meadow
低水导治 low-water training
低水道 <复合断面水道中的> low flow channel
低水分料成型 stiff-plastic making
低水分贮料 low-moisture silage
低水分砖料成型机 stiff-plastic brick-making machine
低水河槽 low-water channel
低水河道工程 low-water river work
低水护岸 low-water revetment
低水化热水泥 cement with low hydration heat;low heat of hydration cement;low hydration heat cement
低水径流 low runoff
低水控制 low-water control
低水量卫生设备 low-flow plumbing fixture
低水流量 low(-water) discharge
低水泥含量的耐火浇注料 low cement refractory castable
低水泥浇注料 low cement castable
低水泥用量 low cement content
低水凝性石灰 little hydraulic lime
低水平测量 low-level counting
低水平潮 low-water slack
低水平重复建设 low-level redundant development
低水平的 low-level
低水平放射性废物 low-level radioactive waste
低水平废物 low-level waste
低水平格条 low-level grate
低水平技术 low-level technology
低水平面 low-level
低水平目标 lower level objective
低水平排料 low(-water) discharge
低水平套房 low-level suite
低水平照射 low-level irradiation
低水平住宅 substandard housing
低水期 low-flow period; low-water season
低水期航道整治 training for depth
低水渠 <复合断面水渠中的> low flow
低水水位 low-flow-water level
低水调节库容 low-water regulation storage
低水调蓄 low-water regulation storage
低水头 low(-water) head
低水头坝 low-head dam
低水头潮汐船闸 low-lift tidal lock
低水头船闸 low(er) lift lock; low-head lock
低水头电站 low-fall installation; low-head hydroelectric(al) plant; low-head power plant; low-head scheme; run-of-water scheme
低水头发电厂 low-head power plant
低水头方案 low-head scheme
低水头工程 low-head scheme
低水头开发 low-head development
低水头离心泵 low-head centrifugal pump
低水头滤池 low-head filter
低水头枢纽 low-head hydro-junction
低水头水电厂 low-head hydroelectric(al) power plant
低水头水电站 low-head hydroelectric(al) power station; low-head water power station
低水头水力发电厂 low-head hydroelectric(al) plant
低水头水力发电设备 low-fall installation; low-head installation
低水头水轮机 low-head(water) turbine
低水头通航船闸 low-head navigation lock
低水头雨水管 low-head storm sewer
低水位 low stage; low stage of the water; low tide; low tide level; low-water level; low-water stage
低水位岸壁式码头 low-water quay
低水位保险装置 low-water cutoff; low-water cutout
低水位报警器 low-water alarm
低水位标尺 low-water mark; low-water ga(u)ge
低水位标志 low-water mark
低水位补给 low-level makeup
低水位差船闸 low-lift lock
低水位尺 lower ga(u)ge
低水位导流堤 low-water training wall
低水位电警报 electric(al) low water alarm
低水位调查 low-water survey
低水位阀 low-water valve
低水位高潮 low-water spring tide
低水位高度 height of low-water
低水位观测 low flow observation; low-water observation
低水位轨迹 locus of low water
低水位涵洞 low-water culvert
低水位河床 low-water bed
低水位基准面 low-water datum; low water reference plane
低水位警报 low-water alarm
低水位警告 low-water alarm
低水位控制 low-water control
低水位流量 low flow; low-water (stream) flow; stiff flow; low-water discharge; hard flow
低水位流量调节 regulation of low water flows
低水位流量关系曲线 low-water rating curve
低水位面 low-water plane
低水位泥沙冲刷 sediment flushing at low-water level
低水位期 period of low-water level
低水位桥 low(-water) level bridge
低水位桥梁 low-water bridge
低水位切断断路器 low-water level cut off breaker
低水位区 low-level district
低水位燃料切断器 low-water fuel cutoff
低水位时的静止水位 slack at low-water
低水位水表 low-water ga(u)ge
低水位水轮 undershot wheel
低水位水箱 low-level water tank
低水位调节 low-water regulation
低水位调节蓄水量 low-water regulation storage
低水位线 low-water line; low-water mark
低水位消落 degradation of low-water; low-water degradation
低水位以下 below low-water
低水位预报 low-water forecasting
低水位沼泽 stand moor
低水位指示器 lower-water indicator
低水箱 low flush tank; low (-level) (flushing) cistern <抽水马桶的>
低水箱冲水厕所 low-level flush toilet
低水箱抽水马桶 low-level water closet
低水箱蹲式大便器 squatting pan with low flush tank
低水预报 low-flow forecast; low-water forecast
低水整治 low-water regulation
低水治导 low-water training
低水治理 low-water regulation
低死点 bottom dead-center[centre]
低松弛钢筋 low relaxation steel
低速 low-velocity; underspeed
低速爆轰 low-velocity detonation
低速臂板 slow-speed arm
低速标 slow board
低速表面曝气系统 low-speed surface aeration system
低速波电路 slow wave circuit
低速材料 lower-velocity material
低速操作 low-speed handling
低速层 <地震波传播速度较低的风化层> low-velocity layer
低速层速度 velocity in low-velocity-layer
低速柴油机 slow-speed diesel (engine)
低速车道 crawler lane
低速车辆避车道 slower traffic use turnouts
低速车辆标志 slow moving vehicle emblem
低速齿轮 low-speed gear
低速齿轮传动 gear down
低速传动 underdrive
低速传动装置 slow-speed gear
低速传输条件 low-traffic condition
低速传震材料 <如砾石> low-velocity material
低速船 low-powered vessel
低速存储器 low-speed memory; low-speed storage; slow memory; slow storage
低速大扭矩马达 low-speed high torque
低速大扭矩涡轮钻具 low-speed high torque turbodrill
低速大扭矩液压泵 low-speed high torque hydraulic pump
低速大扭矩液压马达 low-speed high torque hydraulic motor
低速大转矩 high-torque at low-speed
低速带 low-speed band; low-velocity layer【地】
低速带静校正 low-velocity layer static correction
低速挡 lo-gear; low-speed gear; slow-speed gear; low gear; bottom gear
低速挡开关 kickdown switch
低速挡排 low range speed
低速导管 low-velocity duct
低速的 low speed; slow-speed; low rate; slow acting
低速电动机 low-speed motor; slow-speed motor
低速电码 slow coding
低速电子 low-velocity electron
低速电子扫描 low-velocity electronic scanning
低速电子束摄像管 cathode voltage stabilized camera tube; orthicon
低速动平衡 low-speed balancing
低速度 low speed; low-velocity
低速度处峰的线宽 linear width of peak at low-speed
低速度带 low-speed zone; low-velocity zone
低速度滤池 low-rate filter
低速度运转 <球磨机> cataract
低速端机 low-speed terminal
低速断油电磁阀 slow cut solenoid
低速发动机 low-speed engine; slow-speed engine
低速风道 low-velocity duct
低速风洞 low-speed wind tunnel
低速风管 low-speed duct
低速风管系统 low-velocity duct system
低速风速仪 low-speed anemometer
低速辐向轴流式水轮机 low-speed Francis turbine
低速高扭矩撕碎机 low-speed high torque shredder
低速高转矩变转器 slow-speed high-torque converter
低速高转矩传动 slow-speed high-

torque drive
低速高转矩驱动 slow-speed high-torque drive
低速跟踪 low-speed tracking
低速工具 low velocity tool
低速工作 tick-over
低速辊式破碎机 slow-speed rolls
低速过滤池 low-rate filter
低速航行功率 inching power
低速恒星齿轮 low sun gear
低速后退 ease her astern;slow astern
低速混合 low-rate mixing
低速混合器 slow-speed mixer
低速混流式水轮机 low-speed Francis turbine
低速机 low-speed machine
低速记忆装置 low-speed memory
低速继电器 slow-speed relay
低速寄存器 low-speed register
低速加力 low servo
低速渐进 inching
低速交通 slow traffic
低速搅拌 low-rate mixing
低速搅拌器 low-speed agitator
低速接近示像 slow-approach aspect
低速进行 slow clear
低速进行示像 slow-clear aspect
低速静电海流计 low-velocity electrostatic current meter
低速卷筒 low-speed drum
低速抗滑性能 low-speed skid resistance
低速空爆弹 low-speed air explosive bomb
低速空投 low-velocity drop
低速空转 low idle
低速流 low-speed flow-
低速率 low gear
低速率洒滴池 < 洒水量 1 ~ 3 立方米/平方米/日,BOD 负荷 0.3 千克/立方米/日 > low-rate trickling filter
低速率陀螺 small rate gyro
低速率银锌蓄电池 low-rate silver zinc battery
低速螺旋 slow spin
低速马达 <0 ~ 300 转/分> zero motor
低速命令 slow order
低速模拟计算机 low-speed analogue computer; slow-type analog computer
低速磨机 slow-running mill
低速磨浆机 jordan(mill)
低速排挡 bottom gear
低速喷管 slow-running jet tube
低速喷口 slow-running jet
低速曝气器 low-speed aerator
低速起动器 inching starter
低速前进 slow ahead ease her ahead
低速区 low-velocity zone
低速区段 <驼峰编组场> low-speed section
低速群集器总线 low-speed cluster bus
低速燃油切断装置 slow cut solenoid
低速扫描 slow scan sweep
低速扫描存储管 low-velocity beam scanning storage tube
低速扫描阴极射线管 low-velocity cathode ray tube
低速砂滤 low-speed sand filtration
低速射流 low-speed jet
低速摄像管 low-velocity pickup tube
低速时的扭矩 low-speed torque
低速时间分隔 slow time division
低速试验 slow-speed test
低速输入输出程序 low input/output program(me)
低速数据传输率 low-speed data rate
低速数字系统 slow-speed digital system
低速水泵 low-speed pump
低速碎矿机 low-speed mill
低速损失 idling loss
低速太阳齿轮 low sun gear
低速探测器 slow-speed detector
低速特性 low-speed characteristic
低速条件 low-speed condition
低速调节 low-speed regulation
低速调节阀 low-speed control valve
低速调节器 slow-speed governor
低速调整 low-speed adjustment
低速调整针 slow-running needle
低速通道 slow channel
低速通过 slow clear
低速同步电机 low-speed synchromotor;low-speed synchronous motor
低速透平曝气器 low-speed turbine aerator
低速拖动 slow-speed towing
低速稳定性 low-speed stability characteristic
低速涡轮曝气器 low-speed turbine aerator
低速线路 low-speed line
低速限制螺钉 low-speed limiting screw
低速信号 slow-speed signal
低速行驶机械 slow moving machinery
低速行走机械 slow moving machinery
低速巡行 cruise
低速液压马达 low-speed hydraulic motor
低速运行 low-speed running; slow-speed running
低速运转 low-speed operation
低速轧制 idling;low-speed rolling
低速闸 low brake
低速炸药 heaving explosive;low-velocity explosive
低速针阀 low-speed needle valve
低速纸带读出器 slow-speed paper tape reader
低速制动器 low brake
低速重切削 low-speed heavy cut
低速轴 low-speed shaft; slow-speed shaft
低速转储 low-speed dump
低速转动 slow running
低速转动发动机 inching engine
低速装置 low gear
低速锥形精磨机 low-speed conical refiner
低速自动程序装置 automatic program(me) unit
低速自动平衡离心机 low-speed autobalancing centrifuge
低塑性 low-plasticity
低塑性的 hungry;inductile
低塑性粉土 low-plastic silt
低塑性钢 low-ductility steel
低塑性混凝土 semi-plastic concrete
低塑性黏[粘]土 lean clay;low plastic clay;short clay;stiff clay
低塑性黏[粘]质土 low-plastic clay soil
低塑性瘦黏[粘]土 lean clay of low plasticity
低塑性有机质粉土 organic silt of low plasticity
低塑性有机质黏[粘]土 organic clay of low plasticity
低损耗波导管 low-loss waveguide
低损耗的 low loss
低损耗电介质 low-loss dielectric
低损耗电缆 low-loss cable
低损耗电力变压器 low-loss power transformer
低损耗氟化乙丙烯包层石英光纤 low-loss fluorinated ethylene propylene clad silica fiber[fibre]
低损耗光纤 low-loss fiber[fibre]; low-loss optic(al) fiber[fibre]
低损耗介电体 low-loss dielectric
低损耗介质 low-loss dielectric
低损耗石英光纤 low-loss silica fiber[fibre]
低损耗调制器 low-loss modulator
低损耗铁氧体 low-loss ferrite
低损失玻璃 low-loss glass
低缩性混凝土 low-shrinkage concrete
低塌陷度混凝土 concrete of stiff consistency[consistence]
低踏步 gradin(e)
低台拖车 drop-frame trailer
低台装料机 low floor charger
低钛钢轨 low titanium rail steel
低钛钢轨合金钢 low titanium rail steel
低坍落度的 low-slump
低坍落度混凝土 low-slump concrete;no-slump concrete
低坍落度贫混凝土 low-slump concrete lean
低弹模树脂 low-modulus resin
低弹丝 low stretch yarn
低弹性 low elasticity
低碳 low-carbon
低碳扁钢 mild steel flat
低碳薄钢板 zero carbon steel
低碳不锈钢 soft stainless steel
低碳带钢 mild-carbon steel strip
低碳的 low-carbon;poor in carbon
低碳钢 dead mild steel;dead(-soft) steel; decarbonized steel; ingot iron; low-carbon steel; mild steel; semi-steel;soft steel
低碳钢板 mild steel plate; drawing quality plate <适用控制成型的>
低碳钢薄板 mild steel sheet
低碳钢窗 mild steel window
低碳钢带 mild-carbon steel strip
低碳钢电焊条 low-carbon steel welding electrode
低碳钢电枢 soft iron armature
低碳钢锭 mild steel ingot
低碳钢钢筋 mild steel reinforcement; mild steel(reinforcing) bar
低碳钢钢丝 low carbon steel wire
低碳钢管 low-carbon steel pipe;mild steel pipe;soft steel pipe
低碳钢焊丝 mild steel welding rod
低碳钢焊条 low-carbon steel welding electrode;mild steel arc welding electrode
低碳钢空心型材 mild steel hollow section
低碳钢丝 iron wire;low-carbon wire; mild steel wire
低碳钢氧乙炔气焊 oxyacetylene welding of mild steel
低碳钢增强 mild steel reinforcing
低碳铬铁 low-carbon ferrochromium
低碳工字钢 mild steel I-beam
低碳焊接线材 low-carbon welding wires
低碳合金 dead alloy;quiet alloy
低碳合金钢 common low alloy steel
低碳焦油(沥青)low-carbon tar
低碳角钢 mild steel angle
低碳结构钢管 mild steel structural tube
低碳马氏体 low-carbon martensite
低碳马氏体钢 low-carbon martensitic steel
低碳锰铁 low-carbon ferromanganese
低碳镍铁 low-carbon ferronickel
低碳生铁 low-carbon pig iron
低碳酸钡 barium meta carbonate
低碳铁素体不锈钢 stainless iron
低碳铸钢 low-carbon cast steel
低碳铸铁 low-carbon cast iron
低碳铸铁件 semi-steel casting
低梯度 low gradient
低梯度滤波器 low-pass filter
低填土 light fill;shallow fill
低铁淡闪石 ferroedenite
低铁黑硬绿泥石 ferrostilpnomelane
低铁假板钛矿 ferro-pseudobrookite
低铁金红石 iserine
低铁菱镁矿 ferromagnesite
低铁钠闪石 ferrohastingsite
低铁闪石 ferroamphibole
低铁钽矿 ferrotantalite
低通 low-pass
低通电路 low-pass circuit
低通量反应堆 low-flux reactor
低通滤波 low-pass filtering
低通滤波器 low band filter;low-pass filter; middle-condenser circuit; upper limiting filter
低通滤波器节 low-pass filter section
低通滤光片 low-pass filter
低通滤光器 optic(al) low-pass filter
低通能量百分比剩余曲线 residual curve of energy percentage for low-frequency bandpass
低通能量剩余曲线 energy residual curve for low-frequency bandpass
低通信[讯]量条件 low-traffic condition
低通主频 low-pass main frequency
低铜钢轨合金钢 low copper rail steel
低铜镍锍阳极 low copper nickel matte anode
低铜石英玻璃 low copper silica glass
低头三锅筒锅炉 three-drum boiler low-head
低头振动筛 low-head (vibrating) screen
低透水性 low permeability;low perviousness
低凸起区 low convex area
低土壤湿度 low soil moisture
低土围堤 low earth barrier
低湍流度风洞 low turbulence wind tunnel
低湍水流 low turbulence stream
低推式窑 pushed-bat kiln
低驼峰【铁】low hump;summer hump
低洼草地 low meadow
低洼地 bottom land; depressed area; depressed zone; fenland; flat bog; low country; lowland; low-level flat;low-level land;low-lying land; low-lying area; low swale; low ground
低洼地带的沼泽地 low-lying swamp land
低洼地区 low-lying area; low-lying district;low-lying ground
低洼地沼泽森林泥炭 low moor wood peat
低洼泥沼地 low-level bog
低洼盆地 low river basin
低洼泉 depression spring
低洼湿地 low-level bog
低洼土壤 lower-lying
低洼沼泽 low-level bog; low moor; meadow bog
低洼沼泽地 low-lying marsh land; slash
低外差法 infradyne
低外差机 infradyne
低外差接收法 infradyne reception
低外差接收机 infradyne receiver
低外形设计概念 low-profile design

concept
低危险储藏建筑物 low-hazard storage buildings
低危险工业房屋 low-hazard industrial buildings
低危险工业建筑物 low-hazard industrial buildings
低微运费 distress freight
低维材料 material of low dimensions
低维系统 reduced dimensionality system
低尾气排放车辆 low-emission vehicle
低纬度 low latitude
低纬度气候 low-latitude climate
低纬度区 low-latitude region
低纬度扰动 low-latitude disturbance
低纬沙漠气候 low-latitude desert climate
低位 low order position
低位报警器 low alarm
低位穿孔 underpunch
低位存储区 low-order memory area
低位地下道 low-level subway
低位地址建立时间 low address set-up time
低位端 low-order end
低位发热量 lower heating value; net calorific power; net calorific value
低位发热值 lower heating value; net calorific value; net calorific power
低位海水吸入阀 low-suction valve
低位加法电路 low-order add circuit
低位加法器 right-hand adder
低位累加器 lower accumulator
低位泥炭 fen peat; low located peat; low moor peat
低位泥炭土 lowland moor
低位泥炭沼泽 low moor bog
低位泥炭沼泽土 fen soil; low moor soil
低位凝气器 low-level condenser
低位喷射凝气器 low-level jet condenser
低位喷射式冷凝器 low-level jet condenser
低位喷水凝气器 low-level jet condenser
低位热能用户 low-grade heat consumer
低位热值 lower calorific value
低位(设置的)拌和机 low-level mixing plant
低位(设置的)拌和站 low-level mixing plant
低位湿原 low moor
低位湿原泥炭 low moor peat
低位数(位)low-order digit
低位水槽 low tank
低位水箱 low(-down)tank; low-level cistern; low-water box
低位位置 low-order position
低位箱 low cistern
低位溢流门 low-level overflow-gate
低位沼泽 flat bog; lowland moor; low-lying swamp; low moor; valley bog
低位沼泽草地 meadow moor
低位值 low value
低位纸浆木材叉(具)low-profile pulpwood fork
低位装配钻臂 depressed boom
低位字符 low-order character
低温 hypothermy; microtherm; subzero
低温 X 射线衍射仪 low-temperature X-ray diffractometer
低温板 cryopanel
低温板抽气装置 cryopanel array
低温板组 cryoplate array
低温保存 cryopreservation; low-temperature preservation
低温泵 cold pump; cryopump; cryovacuum pump; low-temperature pump
低温泵冷凝器 cryopump condenser
低温变换 low-temperature conversion; low-temperature shift
低温变换催化剂 low-temperature conversion catalyst
低温表 cryometer; cryopedometer
低温表面 cryogenic surface
低温冰冻 cryogenic freezing
低温冰片 subcooled flake ice
低温冰箱 freezing chest; low-temperature refrigerator
低温丙烯酸烘干瓷漆 acrylic low-temperature baking enamel
低温不稠化性 resistance to cold
低温材料 cryogenic material; low-temperature material
低温材料学 cryogenics
低温残渣 mayonnaise
低温操纵盘 cryopanel
低温操作 low-temperature operation
低温槽 cryogenic bath
低温侧 low-temperature side
低温测定器 cryoscope
低温测辐射热计 cryogenic bolometer; low-temperature bolometer
低温测量 cryogenic measurement; low-temperature measurement
低温测湿法 low-temperature hygrometry
低温测温术 low-temperature thermometry
低温层 cryosphere
低温层藏法 cold stratification
低温长时灭菌法 low-temperature and long-time method; low-temperature holding
低温长焰煅烧 low-temperature long flame burning
低温超导磁铁 cryogenic magnet
低温超导输电线路 cryoresistive transmission line
低温超导体 cryogenic superconductor
低温沉积试验发动机 low-temperature deposition test engine
低温沉积物 low-temperature sludge
低温沉降汽缸油 cold-settled cylinder oil
低温成型加工法 cryoforming
低温成型件 cold-formed unit
低温澄清池 cold settler
低温澄清器 cold settler
低温充气压力 cold inflation pressure
低温冲击 low-temperature impact
低温冲击试验 low-temperature impact test
低温抽气板 cryoplate
低温抽气泵 cryogenic pump; cryopump
低温抽气装置 cryopumping array
低温抽运 cryogenic pumping
低温臭气 odo(u)r at low-temperature
低温出钢 cold melt
低温储藏 cryopreservation; low-temperature storage
低温储藏货物 <保持 2 ~ 10℃> cooler cargo
低温储藏库 deep freeze store
低温储藏系统 cryogenic storage system
低温储存 cryogenic storage
低温储罐 refrigerated storage tank
低温处理 cold treatment; cryogenic processing; low-temperature treatment; subzero treatment
低温处理温度 temperature of low-temperature treatment
低温处理装置 subzero equipment
低温吹炼 blow cold
低温瓷器 low-fired porcelain; pate tendre; soft paste porcelain
低温脆度 low-temperature brittleness
低温脆化 low-temperature fractionization
低温脆性 black shortness; cold brittleness; cold shortness; low-temperature brittleness; low-temperature embrittlement; rheotropic brittleness
低温脆性试验 low-temperature brittleness test
低温淬火 cryogenic quenching
低温存储器 cryogenic memory; cryogenic storage; cryogenic store
低温导体 cryoconductor
低温的 hypothermal; microthermal; low temperature
低温等离子技术 cold plasma technology
低温低压锅炉 low-temperature low-pressure boiler
低温低浊源水 low-temperature low-turbidity source water
低温地质学 cryogeology
低温电磁铁 cryogenic electromagnet
低温电缆 cryocable
低温电流比较仪 cryo-current comparator
低温电路 low-temperature circuit
低温电热板 low-temperature electric(al) heating panel
低温电子管 cryotron
低温电子学 cryoelectronics; cryogenic electronics; cryotronics
低温电子元件学 cryoelectronics
低温冻结 sharp freezing
低温冻结间 sharp freezer
低温冻结期 cryogenic period
低温冻结食品 deep-frozen food
低温度 low temperature
低温度的获得 low-temperature production
低温度点 downpoint
低温段 cold bay
低温煅烧 earthy fire
低温煅烧的石灰 low-temperature burnt lime
低温钝化(法)low-temperature passivation
低温钝化晶体管 low-temperature passivation transistor
低温多孔 terra-cotta
低温发电机 cryogenerator
低温发动机 cryogenic engine
低温发动机沉积物 <如积垢、积炭等> low-temperature engine deposit
低温发光 chemi(o)luminescence
低温发火 low-flash
低温发射 underheating emission
低温发生器 cryogenerator
低温阀 cryovalve
低温法 cryogenic process
低温防护 anti-freezing protection
低温防护剂 cryoprotective agent; cryoprotector
低温放热地面 slightly warm ground
低温肥沃大平原 vega
低温废水处理 low-temperature wastewater treatment
低温分离(法)separation by cryogenic refrigeration; low-temperature separation
低温分离器 cold catch pot
低温焚化炉 low-temperature incinerator
低温粉碎 cryogen; grinding at low-temperature; low-temperature crushing and grinding
低温辐射供暖 radiant heating low temperature
低温辅助起动装置 cold start aid; cold weather starting aid
低温腐蚀 cold end corrosion; low-temperature corrosion; sulfur attack
低温附谷 low-temperature appendicular valley
低温附着力 low-temperature adhesion
低温复原能力 <密封胶卸荷后的> low-temperature recovery
低温钙华泉 low-temperature travertine spring
低温干灰化 low-temperature dry ashing
低温干馏炉 low-temperature oven; low-temperature retort
低温干馏煤气 low-temperature gas
低温干式垃圾渠道 cold-dry type of refuse channel
低温干燥 baking; cold drying; cryodrying
低温干燥处理 bake; baking
低温干燥机 low-temperature drier [dryer]
低温钢 low-temperature steel
低温钢焊条 low-temperature steel electrode; steel electrode for low-temperature service
低温工程 cryogenic engineering; cryogenics
低温工艺 cryogenic technology
低温供热反应堆 low-temperature heating reactor
低温构造 low-temperature construction
低温固化 cold curing; cold set; low-temperature setting
低温固化三聚氰胺甲醛/酸树脂系统 low bake curing alkyd/melamine-formaldehyde system
低温惯性传感器 cryogenic inertial sensor
低温光电缆 low-temperature cable
低温过程 cryogenic process
低温含水层 low-temperature aquifer
低温焊边接 solder connection
低温焊机 eutectic welder
低温焊剂 soldering flux
低温焊接 eutectic welding; low-temperature welding; soldering
低温焊接连接 solder joint
低温焊料 solder
低温合成石英玻璃 low-temperature synthetic(al) silica glass
低温核供热系统 heat-supply system based upon low temperature nuclear reactor
低温核能供热堆 low-temperature nuclear heating reactor
低温褐煤焦油 low-temperature brown-coal tar; low-temperature lignite tar
低温恒温器 cryostat
低温恒温箱 low-temperature incubator
低温烘烤 low-temperature baking
低温烘烤表面处理 low-bake finish
低温烘烤面漆 low-bake finish
低温烘漆 low-temperature baking enamel
低温化学 cryochemistry; low-temperature chemistry
低温化学的 cryochemical
低温化学法 cryochemical method; cryochem process

低温还原工厂废水 cold reduction mill wastewater
低温环境 low-temperature environment
低温环境控制 low ambient control
低温环路 low-temperature circuit
低温换热器 cryogenic heat exchanger
低温灰化 low-temperature ashing
低温灰化法 low-temperature ashing method
低温回火 low-temperature tempering; low-tempering; lonnealing < 钢丝绳的 >
低温混合燃料 low-temperature propellant combination
低温混合润滑脂 cold-mixed grease
低温混凝土施工 concreting in cold-weather
低温火箭发动机 cryogenic rocket engine
低温火焰 cold flame
低温火焰罩 flame soldering
低温或低焓水系统 low-temperature or low enthalpy system
低温货 chill cargo
低温级再热器 cold(gas) reheater
低温计 cryometer; frigorimeter; kryometer
低温计算机 cryogenic computer
低温记录器 microthermograph
低温技术 cryogenics; cryogenic technique; cryogenic technology; cryonetics; cryophore
低温加热 blue heating
低温加热器 cryogenic heater
低温加热系统 low-temperature heating system
低温加速表 cryogenic accelerometer
低温加速器 cryogenic accelerator; supercooled accelerator
低温加压消毒 biorization
低温甲醇法 Rectisol process
低温钾长石 adular(ia)
低温检测器 cryogenic temperature detector; low-temperature detector
低温浇注 cast cold; cold pouring; pour cold
低温焦炭 char; coalite; low-temperature coke
低温焦油 carbocoal tar; coalite tar; low-temperature tar
低温焦油煤沥青 low-temperature coal tar
低温解调器 low-temperature demodulator
低温金相学 kyroscopy
低温堇青石 tief-cordierite
低温晶体管 cryosistor
低温精陶 soft fine pottery
低温聚合丁苯橡胶 cold rubber; cold gum
低温聚合物 low-temperature polymer
低温聚合橡胶 cold rubber; cold gum
低温聚焦 cryofocusing
低温聚结 low-temperature coalescence
低温绝热 cryoinsulation
低温绝热式量热计 low-temperature adiabatic calorimeter
低温绝缘材料 cryogenic insulation; low-temperature insulation
低温开裂 cold crack(ing)
低温开裂敏感性 low-temperature fracture susceptibility
低温抗拉应力 cryogenic cooling stress
低温烤漆 low-bake finish
低温快速冷藏 deep freeze
低温快速冷藏箱 deep freezer
低温冷藏室 carrying freezer
低温冷冻采样 low-temperature refrigeration sampling
低温冷冻设备 low-temperature freezing facility
低温冷冻箱 deep freezer
低温冷冻装置 subzero equipment
低温冷阱 cryotrap
低温冷库 freezer; low-temperature cold store
低温冷凝泵 cryocondensation pump
低温冷凝器 low-temperature condenser; subcooling condenser
低温冷却 cool at low-temperature; cryogenic cooling; low-temperature cooling; subcooling
低温冷却参量放大器 cryogenically cooled parametric amplifier
低温冷却的 subcooled
低温冷却器 subcooler; subcooling condenser
低温冷却水 subcooled water
低温冷却液 cryogenic liquid
低温离子体 cryogenic plasma
低温连接器 cryogenic coupler
低温炼焦 devolatilization of coal; semi-coke
低温炼焦炉 low-temperature carbonizing retort
低温裂纹 cold check(ing)
低温林 lowland forest
低温流动 cold flow
低温流动性 cold pour; low-temperature fluidity
低温流体 cryogen; cryogenic fluid
低温流体泵 cryogenic fluid pump
低温流体储存 cryogenic fluid storage
低温流体储存容器 cryogenic fluid storage vessel
低温流体储存系统 cryogenic fluid storage system
低温流体输送 cryogenic fluid transfer
低温流体输送系统 cryogenic fluid transfer system
低温硫化橡胶 cold rubber
低温马氏体 low-temperature martensite
低温帽 hot top
低温煤焦油 low-temperature coal tar
低温煤焦油脂 low-temperature coal tar pitch
低温煤沥青 low-temperature coal tar
低温密封 cryogenic seal
低温灭菌 low-temperature sterilization; pasteurization
低温模拟试验 simulated cold climate test
低温膜 cryogenic film
低温磨损 cold scuffing
低温泥炭焦油 low-temperature peat tar
低温黏[粘]度 low-temperature viscosity
低温黏[粘]度计 cryogenic visco(si)meter
低温黏[粘]附性 low-temperature adhesion
低温黏[粘]结试验 cold adhesion test
低温镍铬薄膜温度计 low-temperature thin film Ni-Cr thermometer
低温凝结 cryocoagulation
低温浓缩 cryoconcentration
低温排气 cryoexhausting; cryogenic pumping; cryopumping
低温疲劳试验 fatigue testing at low-temperature
低温起动 cold start(ing)
低温起动柴油发动机 cold-starting heavy-oil engine
低温起动方法 cold-weather starting
低温起动能力 cold-starting ability
低温起动试验 cold-starting test
低温起动装置 cold-starting device
低温气候 microthermal climate
低温气孔 low-temperature vapo(u)r vent
低温气味 odo(u)r of low temperature
低温气相色谱法 subambient gas chromatography
低温器件 cryogenic device; low-temperature device; super-conducting device
低温区 low-temperature area
低温燃料级 cryogenic stage
低温热电偶测温法 low-temperature thermocouple thermometry
低温热电偶测温技术 low-temperature thermocouple thermometry
低温热电器 low-temperature thermoelectric(al) unit
低温热管 low-temperature heat pipe
低温热解 low-temperature pyrolysis
低温热水 low thermal water
低温热水采暖系统 low-temperature-water heating system
低温热水储 low-temperature water reservoir
低温热液矿床 hypothermal deposit
低温韧性 low-temperature flexibility
低温容器 cryogenic vessel; low-temperature vessel
低温溶液 cryogenic fluid
低温溶液缩聚 low-temperature solution polycondensation
低温熔炼 low smelting heat; low-temperature melt
低温熔炼法 cold melt process
低温柔度 low-temperature flexibility
低温蠕变 low-temperature creep
低温蠕变特性 low-temperature creepy characteristic
低温软管 cryogenic hose
低温润滑 low-temperature lubrication
低温润滑油 subzero oil
低温色谱法 subambient chromatography
低温色釉 low-temperature colo(u)red glaze
低温杀菌清漆 pasteurizing varnish
低温闪蒸 low-flash
低温烧成 < 过低温度或过短时间烧成的 > earthy fire; easy fired
低温烧成的瓷器 semi-china
低温烧的 < 黏[粘]土砖瓦等 > soft burnt
低温烧结的 low-temperature sintering
低温烧结的复合电触头合金 low sintered composite contact metal
低温烧结黏[粘]土 soft clay
低温烧结陶瓷 low-temperature sintered ceramics
低温烧制的 soft-burned
低温设备 cryogenic equipment; low-temperature device; low-temperature equipment
低温渗碳法 disco process
低温升华阱 cryosublimation trap
低温生活污水 low-temperature domestic wastewater
低温生石膏烧结 low-temperature calcinations of raw gypsum
低温生物程控仪 biologic(al) programming controller of low temperature
低温生物技术 cryobiological technique
低温生物学 cryobiology
低温生物医学技术 cryobiomedical technique
低温省煤器 low-level(stack-gas) economizer
低温施工路面 low-temperature construction pavement
低温石英 low-temperature quartz
低温实验法 < 通常低于-100℃ > cryogenics
低温实验室 cold laboratory
低温实验站 cryogenics station
低温试验 cold test; cold-weather test
低温试验法 cryogenics; cryogeny
低温试验箱 cold box; low-temperature testing box
低温室 cold chamber; cool house; cryostat; frigidarium
低温受器 low-temperature receiver
低温水 low-temperature hot water
低温水采暖系统 low-temperature-water heating system
低温水气 low-temperature vapo(u)r
低温水箱 lower water box
低温送风 low-temperature air supply
低温素烧 biscuit firing
低温塑料 cold plastics
低温碎裂 cryogenic fragmentation
低温碎裂法 cryofragmentising
低温损坏 internal breakdown; low-temperature break-down
低温缩裂 low-temperature crack
低温炭化 low-temperature carbonization
低温探针 cold probe
低温碳化层 zone of low-temperature carbonization
低温碳化炉 low-temperature carbonization furnace
低温碳化作用 low-temperature carbonization
低温搪瓷 low firing enamel; low-temperature enamel
低温陶瓷 low-temperature earthware
低温特性 low-temperature characteristics
低温体表面 cryogenic surface
低温同位素 low-temperature isotope
低温筒仓 cooling silo
低温推进剂 cryogenic propellant
低温退火 low-temperature annealing; negative hardening; process annealing
低温退火钢丝 stress-relieved wire
低温退火炉 stress-relieving annealing furnace
低温退火温度 subcritical annealing temperature
低温陀螺(仪) cryogenic gyro(scope); super-conducting gyro(scope)
低温歪长石 analbite
低温外科室 cryosurgery room
低温弯曲性 low temperature flexibility
低温微生物 psychrophile
低温卫星望远镜 cryogenic satellite telescope
低温温度 cryogenic temperature
低温温度计 cryometer; Kata thermometer; low reading thermometer; low-temperature thermometer
低温温泉 hypothermal spring
低温温室 < 维持不结冰 > cool house
低温物理学 cryophysics; low-temperature physics
低温吸附 cryosorption
低温吸气泵 cryogetter pump
低温吸着 cryosorption
低温吸着泵 cryosorption pump
低温洗涤剂 cold water detergent
低温系数 low-temperature coefficient

低温系统 cryogenic system
低温细裂 cold check(ing)
低温细裂试验 cold check test
低温下流动迟缓的润滑油 cold sluggish lubrication
低温显微镜 cryomicroscope
低温现象的 cryergic
低温线圈 cryogenic coil
低温箱 cryogenic box; cryostat; electric(al) deep freezer; low-temperature cabinet
低温消除应力(法) low-temperature stress relieving
低温消化 cold digestion; cryophilic digestion
低温效能试验 cold performance test
低温效应 cryogenic effect
低温型变淬火 ausform(ing)
低温型变热处理 isoforming
低温型方石英 low cristobalite
低温型火花塞 soft plug
低温型 <晶体> low form
低温型吸收式热泵 low-temperature absorption heat pump
低温性能 cryogenic behavio(u)r; cryogenic property; low-temperature performance; low-temperature property
低温性质 cryogenic property
低温学 cryogeny; cryology; cryonetics
低温学的 cryogenic
低温雪崩开关 cryosar
低温循环 cold cycle
低温压碎强度 cold crushing strength
低温压缩机 cryogenic compressor
低温压制 chill-pressing
低温烟囱 low-temperature chimney
低温研磨 cryogenic grinding
低温氧化 low-temperature oxidation
低温窑 cold kiln
低温耀斑 low-temperature flare
低温液化 cryogenic liquid
低温液化氮方式 freezing with liquid nitrogen
低温液力透平 cryogenic liquid expander
低温液体 cryogenic liquid
低温液体泵 cryogenic liquid pump
低温液体槽车 cryogenic liquid tank lorry
低温液体气化器 cryogenic gas converter
低温液体蒸发 cryogenic boil-off
低温医学 cryomedicine
低温应用 cryogenic application; low-temperature application
低温荧光灯 low-temperature fluorescent lamp
低温荧光法 low-temperature fluorimetry
低温影响 low-temperature impact
低温硬化 hardening at subcritical temperature; subcritical hardening
低温硬化胶着剂 cold-setting adhesive
低温硬煤沥青 low-temperature coal tar pitch
低温用钢 cryogenic steel
低温用钢板 steel plates for low-temperature service
低温用压力容器 low-temperature pressure vessel
低温釉 low-melting glaze; low-temperature glaze
低温淤泥 low-temperature sludge
低温余热发电 low-temperature exhaust heat for power generation
低温预处理 low-temperature pretreatment
低温预烧 low-temperature presintering
低温元件 cold end element; cryogenic element; low-temperature device; low-temperature unit
低温运输 chilled transport
低温运行 cold operation
低温杂波 lower hybrid wave
低温载液罐 cold catch pot
低温再热 cold reheat
低温再热蒸汽管 low-temperature reheat pipe
低温再循环 cryogenic recycling
低温闸门 cryotron gate
低温炸药 low-freezing explosive
低温障板 cryo baffle
低温照相机 low-temperature camera
低温蒸馏 cold distillation; low-temperature distillation
低温蒸馏温度计 low distillation thermometer
低温蒸气式冷冻机 cold vapo(u)r machine; cold vapo(u)r refrigerator
低温蒸气式原子吸收法 cold vapo(u)r atomic absorption method
低温蒸汽孔 low-temperature steam vent
低温蒸汽养护 low-temperature steam curing
低温植物 microtherm
低温植物型 microthermal type
低温制剂 cryogenic preparation
低温制冷剂 cryogenic coolant
低温制冷器 cryogenic refrigerator
低温致冷 cryogenic cooling; low-temperature refrigeration
低温致冷参放 cryogenically cooled parametric amplifier
低温致冷剂 cryogenic coolant
低温致冷器 cryogenic refrigerator
低温轴承 cryogenic bearing
低温贮槽 cryogenic tank
低温砖 soft brick
低温转化 low-temperature conversion
低温装置 cryo-equipment; cryogenic device; cryogenic equipment; low-temperature device; cryogenic system
低温准备 arcticization
低温自交型黏[粘]合剂 low-temperature self-crosslinking binding agent
低温作业 low-temperature operation
低紊流度风洞 low turbulence wind tunnel
低涡流式燃烧室 microturbulence combustion chamber
低污染车辆 low pollution vehicle
低污染带 oligosaprobic zone
低污染的 oligosaprobic
低污染动力源 low pollution power source
低污染度 low pollution
低污染河流 oligosaprobic river; oligosaprobic stream
低污染技术 low pollution technique
低污染排放 low pollution emission; low emission
低污染排放技术 low-emission technology
低污染排放源 low-emission source
低污染区 oligosaprobic region
低污染燃料 low pollution fuel
低污染热机 low pollution heat engine
低污染水体 low pollution waters; oligosaprobic waters
低污染水域 low pollution waters; oligosaprobic waters
低污染涂料 low pollution coating
低污染源 low pollution source
低污水带 oligosaprobic zone
低屋顶窗 eyebrow dormer
低钨高速钢 low tungsten high speed steel
低钨合金工具钢 low tungsten tool steel
低雾 ground fog; land fog; shallow fog
低吸光度法 low absorption spectrophotometry
低析水性水泥 low-water-loss cement
低息贷款 cheap money; easy money; low-cost credit; low interest credit; low interest loan; soft loan
低息货币 cheap money; easy money
低息借款 cheap money; easy money
低息政策 cheap-money policy
低息资金 easy money; low interest fund
低锡巴氏合金 hardening Babbitt
低锡黄铜 yale brass
低锡青铜 low tin bronze; yale bronze
低锡青铜合金 low-tin bronze alloys
低狭湾 fiard[fjard]
低舷船 low-sided ship
低线脚 drop mo(u)lding
低线路 <低于地面的、用于装散装货物> depressed track
低限 lower limit
低限处理 threshold treatment
低限电流自动断路器 undercurrent cut-out
低限强度极点 lower limit of ultimate strength
低限燃烧限制器 minimum fuel limiter
低限时间 <在半自动信号交叉口,对未装置检车感应器方向所分配的最小通行时间> minimum period
低限水量 absolute duty of water
低限水质排放 minimum water quality discharge
低限效应 threshold effect
低限总热阻 minimum thermal resistance
低陷铁路 depressed track
低相电压继电器 phase-under-voltage relay
低相对湿度 low relative humidity
低响度消声器 low sound level muffler
低响应 low-response
低像差偏转系统 low aberration deflection yoke
低消耗 low consumption; underconsumption
低硝甘炸药 false dynamite
低效 low efficiency; poor efficiency
低效爆破 hanging-up of round
低效崩落 breaking short
低效的 inefficient
低效方式运行 fallback mode
低效放射性废物 cold waste
低效率 low efficiency; poor efficiency; inefficiency
低效率爆炸 low-order burst
低效率运行 fall back
低效用水率 low-duty of water
低效运行 fall back
低效运行状态 fallback state
低效炸药 low explosive
低斜坡屋顶 catslide
低辛烷值车用汽油 low bracket gasoline
低锌黄铜 Dutch brass; low brass; red brass
低锌黄铜箔 Dutch metal
低锌烷燃料 tractor fuel
低信息率码 low-rate code
低型的 low profile
低型跨式载运车 low-profile staddle carrier
低型面热熔成粒机 low-profile hot melt granular
低型烧杯 beaker in low form
低型装料机 low type charger
低性能设备 low-performance equipment
低血压 hypotension
低循环等荷载幅值试验 low-cyclic-(al) loading constant amplitude test
低循环等应变速率试验 low-cyclic-(al) loading constant strain rate test
低循环荷载 low-cyclic(al) loading
低循环疲劳 low-cycle fatigue
低循环疲劳强度计 low-cycle fatigue meter
低压 depression; slight pressure
低压安全断流器 low-pressure safety cut-out
低压安全阀 low-pressure safety valve
低压安全阀弹簧 low-pressure safety valve spring
低压安全阀总成 low-pressure safety valve assembly
低压安全切断器 low-pressure safety cut-out; suction pressure safety cut-out
低压氨储存器 low-pressure ammonia receiver
低压白炽灯 battery lamp
低压饱和蒸汽 atmospheric-pressure saturated steam; atmospheric-pressure wet steam; low-pressure saturated steam
低压保护【电】low-voltage protection
低压泵 low-lift pump; low-pressure pump; low-suction pump
低压避雷器 low-voltage arrester
低压变压器 low-tension transformer; low-voltage transformer
低压不锈钢软管 low-pressure stainless steel hose
低压部分 low-pressure section
低压采暖 low-pressure heating
低压舱 hypobasic chamber
低压槽 trough of low pressure; cold trough
低压侧 low-pressure side; low-tension side; step-down side
低压侧充注 low side charging
低压测电笔 low-tension test pencil
低压测试器 low-pressure detector
低压层合板 low-pressure laminate
低压层压板 low-pressure laminate
低压层压法 low-pressure laminating; low-pressure lamination
低压层压塑料 low-pressure laminate
低压层压用树脂 low-pressure laminating resin
低压充填氦正比计数器 low-voltage He filled proportional counter
低压抽吸衬布 low-suction backing
低压抽吸面 low-suction surface
低压储罐 low-pressure storage tank
低压储液罐 low-pressure receiver
低压储液筒 surge drum; surge header
低压传感器 low-pressure sensor
低压吹管 injector torch; low-pressure torch
低压瓷电容器 low-voltage ceramic capacitor
低压磁电机 low-tension magneto
低压粗油过滤器 low-pressure coarse oil filter
低压大轮胎 balloon tire[tyre]
低压的 low lift; low-pressure
低压灯 low-pressure lamp
低压灯泡 low-voltage bulb
低压等离子体 low-pressure plasma
低压等值线 <低于 1000 毫巴> mei-

obar
低压低产期 lower pressure and production stage
低压地层 low-pressure formation
低压电 low-tension
低压电池 low-tension battery
低压电池组 low-voltage battery
低压电瓷 low-tension electric(al) porcelain;low-voltage electric(al) porcelain
低压电瓷绝缘子 low-tension electric(al) porcelain insulator; low-tension porcelain insulator
低压电动机 low-tension motor
低压电动起动机 low-tension motor starter
低压电动转辙机 low-tension point machine;low-voltage point motor; low voltage switch machine
低压电弧 low-tension arc;low-voltage arc
低压电缆 low-tension cable; low-voltage cable
低压电缆端箱 low-voltage cable end box
低压电力配电盘 low-tension power distribution board
低压电力网 low-tension network
低压电流 low-tension current; low-voltage current
低压电路 low-tension circuit; low-voltage circuit
低压电器 low-voltage apparatus
低压电容补偿屏 low-voltage capacitance compensation panel
低压电容器 low-voltage capacitor; secondary capacitor
低压电位计 low-voltage potentiometer
低压电线 low-tension wire;low-voltage wire
低压电源 low-tension supply; low-voltage power supply
低压电子显微镜 low-voltage electron microscope
低压叠层板 low-pressure laminate
低压冻干法 lyophilization
低压冻干器 lyophile apparatus
低压端 low-pressure end
低压段 low-pressure stage
低压断电器 low-tension breaker
低压断路 <制冷机> low-pressure cutout
低压断路器 low-voltage circuit breaker;low-voltage release
低压发电机 low-voltage generator
低压发生器 low-pressure generator
低压阀门 low-pressure valve
低压法 low-pressure process
低压法兰 low-pressure flange
低压反射速调器 low-voltage reflex klystron
低压反渗透法 low-pressure reverse osmosis
低压方向 low-pressure side
低压分离器 low-pressure separator
低压风动设备 low-pressure air equipment
低压峰值 peak suction
低压浮球阀 low-pressure float valve; low side float valve
低压浮子阀 low-pressure float valve; low side float valve
低压干饱和蒸汽 dry saturated vapo(u)r
低压缸喷雾器 low-pressure casing spray
低压缸喷雾装置 low-pressure casing spray
低压高炉 low-blast furnace
低压割炬 low-pressure cutter
低压给水加热器 low-pressure feed heater
低压供暖锅炉 low-pressure heating boiler
低压供水区 low service district
低压供水系统 low-pressure water system
低压汞灯 low-pressure mercury vapo(u)r lamp; low-tension mercury vapo(u)r lamp
低压鼓风机燃烧器 fan-assisted burner
低压鼓风炉 low-blast furnace
低压鼓风燃烧器 low-pressure air burner
低压固定式喷嘴 low-pressure fixed spray nozzle
低压固化树脂 low-pressure resin
低压管道 low-pressure pipe[piping]; low-pressure tube [tubing]; low-voltage tube[tubing]
低压管线 low-pressure(pipe)line
低压灌溉 low energy irrigation
低压灌浆 low-pressure grouting
低压灌浆法 <水泥混凝土的> low-pressure grouting method
低压灌浆孔 low-pressure grout hole
低压光源 low-pressure light source
低压柜 low-voltage cabinet
低压锅炉 low-pressure boiler
低压过热器 low-pressure superheater
低压焊炬 low-pressure torch
低压合成 low-pressure synthesis
低压滑阀 low-pressure slide valve
低压化学气相沉积 low-pressure chemical vapo(u)r deposition
低压回路 low-tension loop
低压活塞 low-pressure piston
低压火花塞 low-tension spark plug
低压火焰 low-pressure flame
低压积层树脂 low-pressure laminating resin
低压级 low-pressure stage
低压极限 lower pressure limit
低压计 low-pressure ga(u)ge; vacuum meter;vacu(um)ometer
低压加强塑料 low-pressure reinforced plastic
低压加氢装置 low-pressure hydrogenation unit
低压加热 low-pressure heating
低压加热锅炉 low-pressure heating boiler
低压加热器 low-pressure heater
低压监测 under voltage supervision
低压减荷叉 low-pressure load reducing fork
低压减荷叉弹簧 low-pressure load reduction fork spring
低压减荷叉皮膜 low-pressure load reducing fork diaphragm
低压胶板 low-pressure rubber sheet
低压接头 low-pressure connector
低压结构层 low-pressure formation
低压金刚石 low-pressure diamond
低压进气 low-pressure admission
低压进水口 low-pressure intake
低压进水设备 low-pressure intake device;low-pressure intake unit
低压进水装置 low-pressure intake device;low-pressure intake unit
低压井 low-pressure well
低压聚乙烯 <即高密度聚乙烯> low-pressure polyethylene
低压聚乙烯网络 <用于软土基上,代替砂隔离层> low-pressure polyethylene net
低压聚乙烯纤维 low-pressure polyethylene fibre
低压绝缘 low-voltage insulation
低压绝缘手套 low-tension insulating gloves
低压绝缘子 low-tension insulator; low-voltage insulator
低压开关 low-tension switch(gear); low-voltage switch(gear)
低压开关板 low-tension switchboard;low-voltage switchboard
低压开关柜 low-voltage switch cabinet
低压开关室 low-voltage switchgear room
低压开关系统 low-voltage switching system
低压开关装置 low-voltage switch (gear)
低压坑道 low-pressure gallery
低压空气喷雾法 low-pressure air atomization
低压空气瓶 low-pressure air receiver
低压空气起动机 low-pressure air starter
低压空气系统 low-pressure air system
低压空气压缩机 low-pressure air compressor
低压空调设备 low-pressure air conditioning plant
低压控制 low-pressure control
低压控制点火 vacuum spark control
低压控制电缆 low-voltage control cable
低压控制器 low-pressure controller; pressostat
低压扩音器 saxophone
低压雷管 low-tension detonator
低压冷冻 low-pressure refrigeration
低压离心泵 low-pressure centrifugal pump
低压离心式鼓风机 low-pressure centrifugal blower
低压力 low-pressure;under-pressure
低压力大排量泵 low-pressure high volume pump
低压力发动机 low-pressure engine
低压力水力除灰系统 gravity sluicing system
低压流体流 low-pressure fluid flow
低压滤油器 low-pressure filter
低压轮 low-pressure disc[disk];low-pressure wheel
低压轮胎 balloon tire[tyre];doughnut tire[tyre];low-pressure tire[tyre]
低压轮胎车轮 air wheel
低压轮胎式施肥机 low-compaction applicator
低压脉冲阻垢技术 low-voltage impulse anti-scaling technology
低压煤气 atmospheric-pressure gas; low-pressure gas
低压煤气喷烧器 low-pressure gas burner
低压煤气燃烧器 gas and pressure air burner
低压煤气系统 atmospheric-pressure gas system
低压面 suction side
低压模(塑成型)low-pressure mo(u)lding
低压模塑传递法 low-pressure transfer mo(u)lding
低压模塑法 low-pressure mo(u)lding
低压钠(光)灯 low-pressure sodium lamp
低压钠汽灯 low-pressure sodium vapo(u)r lamp
低压能力 low-pressure capacity
低压凝汽式汽轮机 low-pressure condensing turbine
低压暖风喷涂机 low-pressure warm air sprayer
低压配电杆 low-voltage distribution pole
低压配电柜 low-voltage distribution cabinet
低压配电及照明系统 low-voltage distribution and lighting system
低压配电盘 low-pressure distribution lamp; low-tension distribution board; low-voltage distribution board;low-voltage switchboard
低压配电屏 low-voltage distributor
低压配电网 low-voltage network; secondary distribution network
低压配电系统 low-voltage distribution system
低压配电箱 low-tension distribution box
低压配电站 low-tension main distribution station
低压喷焊器 injector blow pipe
低压喷淋机 low-pressure sprinkler
低压喷漆 low-pressure spraying
低压喷洒 atmospheric-pressure spraying
低压喷射装置 low-pressure spraying unit
低压喷雾器 low-pressure sprayer
低压喷雾装置 low-pressure spraying unit
低压喷嘴 low-pressure nozzle
低压膨胀机 low-pressure expansion machine
低压偏心轮 low-pressure eccentric
低压平衡槽 surge drum
低压曝气池 lower layer aeration tank
低压起动补偿器 low-tension starting compensator
低压起动控制箱 low-voltage starting control box
低压气包 low-pressure drum
低压气动技术 low-pressure pneumatics
低压气动输送系统 low-pressure pneumatic conveying system
低压气缸 low-pressure cylinder
低压气体 low-pressure gas
低压气体吹洗 low-pressure purge
低压气体放电管 anode column
低压气体混合物 low-pressure combination of gases
低压气压表 low-pressure barometer
低压汽缸 low-pressure cylinder
低压汽化冷却 pressureless type evapo(u)rative cooling
低压汽轮机 low-pressure(steam)turbine
低压汽暖 low-pressure steam heating
低压强 low-pressure
低压切割器 low-pressure cutter
低压清洗 low-pressure cleaning
低压球形旋塞 low-pressure ball tap
低压区 low-pressure district; low-pressure zone; meiobar; region of low-pressure
低压区风暴 low area storm
低压区域变质相系 low-pressure regional metamorphic facies series
低压区域变质作用 low-pressure regional metamorphism
低压驱动活塞 vacuum control piston
低压燃烧器 atmospheric burner;low-pressure(gas)burner
低压燃烧室 low-pressure burner; low-pressure combustion chamber
低压燃油压力表 low-pressure fuel oil pressure ga(u)ge
低压绕组 low-tension winding; low

volt(age) winding
低压热喷涂 low-pressure hot spray
低压热水 low-pressure hot water
低压热水供暖 low-pressure hot water heating
低压热水锅炉 low-pressure hot water boiler
低压热水系统 low-pressure system
低压容器 low-pressure vessel
低压熔断器 low-tension fuse; low-voltage fuse
低压熔断器芯子 low-voltage fuse element
低压熔化 low-pressure melting
低压入口装置 low-pressure intake
低压软管 low-pressure hose
低压弱电继电器 low-voltage mini-relay
低压杀菌 understerilization
低压烧嘴 low-pressure burner
低压设备 atmospheric-pressure equipment; low-pressure equipment; low-voltage equipment; low-voltage fitting
低压深度 depth of depression
低压湿蒸汽 low-pressure wet steam
低压十字头 low-pressure cross head
低压石棉橡胶板 low-pressure asbestos rubber jointing sheet
低压实性 poor compactibility
低压式电热水器 non-pressure electric(al) water heater
低压试验 low-pressure test
低压室 low-pressure chamber; low-tension cubicle
低压释放继电器 low-voltage release relay
低压释放器 low-voltage release
低压输出 low-voltage transmission line
低压输送管 static pressure line
低压水表 low-pressure ga(u)ge
低压水力学 low-pressure hydraulics
低压水龙头 low-pressure tap
低压水银灯 low-pressure mercury lamp; low-voltage mercury arc lamp
低压水银蒸汽灯 low-pressure mercury vapo(u)r lamp
低压速调管 low-voltage klystron
低压塑成型 low-pressure transfer mo(u)lding
低压塑料印纹板 low-pressure overlay
低压隧洞 low-pressure tunnel
低压损预热器 low-pressure-drop preheater
低压缩比 low compression ratio
低压缩比高增压发动机 high supercharged engine of low compression ratio
低压缩的 low-compression
低压缩发动机 low-compression motor
低压缩性 low compressibility
低压缩性土 low compressible soil
低压调节变压器 low-tension regulating transformer
低压通风 low-pressure fan
低压通信[讯]回路 low-voltage communication circuit
低压通信[讯]绝缘子 post insulator
低压头 low-head
低压头泵 low-head pump
低压头喷灌机 low-pressure sprinkler
低压头涡轮机 low-head turbine
低压微波等离子体 low-pressure microwave plasma
低压温风喷涂机 low-pressure warm air sprayer
低压涡轮机 low-pressure turbine
低压涡轮级 low-pressure turbine stage
低压涡轮增压器 low-pressure turbocharger
低压系统 <750 伏以下电力系统> low-voltage system; low-pressure system
低压线 low-tension line; low-tension wire; low-voltage line
低压线路 low-voltage line
低压线路针式绝缘子 low-tension line pin-type insulator; pin type insulator for low-voltage line
低压线圈 low-tension coil
低压箱 low-pressure cabinet
低压橡胶软管 low-pressure rubber hose
低压消毒 understerilization
低压消防系统 lower fire fighting system
低压型燃烧器 low-pressure type burner
低压蓄力器 low-pressure accumulator
低压旋流式分离器 low-head cyclonic-type separator
低压旋涡 low-pressure bubble
低压压力表 low-pressure ga(u)ge; suction ga(u)ge
低压压气机 low-pressure compressor
低压压缩机 low-pressure compressor
低压岩层 low-pressure formation
低压氧化 low-pressure oxidation
低压液压操纵 low-pressure hydraulic control
低压液压齿轮泵 low-pressure hydraulic gear pump
低压液压管路 low-pressure hydraulic circuit
低压液压控制 low-pressure hydraulic control
低压液压挖土机 low-pressure hydraulic excavator
低压液压系统 low-pressure hydraulics
低压液压装置 low-pressure hydraulics
低压仪器 atmospheric-pressure equipment
低压乙炔 low-pressure acetylene
低压乙炔发生器 low-pressure acetylene generator
低压引爆器 low-tension detonator
低压永磁发电机 low-tension magneto
低压油枪 low-pressure gun
低压诱导器 low-pressure induction unit
低压预热器 low-pressure preheater
低压元件 low-voltage component
低压云系 cloud system of a depression
低压运转 low-pressure operation
低压增压 low-pressure charging
低压照明控制 low-voltage lighting control
低压照明系统 low-voltage lighting system
低压真空泵 roughing pump
低压真空管全波整流器 seibt rectifier
低压振荡器 low-voltage oscillator
低压蒸气采暖 vapo(u)r heating
低压蒸气供暖 vapo(u)r heating
低压蒸气供暖系统 low-pressure vapo(u)r heating system; vapo(u)r heating system
低压蒸气系统 steam vapo(u)r system
低压蒸汽 low-pressure steam; short steam
低压蒸汽保暖 atmospheric-pressure steam heating
低压蒸汽采暖 low-pressure steam heating
低压蒸汽除冰机 steam lance
低压蒸汽除冰器 steam lance
低压蒸汽发生器 low-pressure steam generator
低压蒸汽供暖 atmospheric-pressure steam heating; low-pressure steam heating
低压蒸汽供暖系统 low-pressure steam heating system
低压蒸汽供热 low-pressure steam heating
低压蒸汽管(道) atmospheric-pressure steam pipe; low-pressure steam pipe
低压蒸汽锅炉 atmospheric-pressure steam boiler; low-pressure steam boiler
低压蒸汽机 low-pressure steam engine
低压蒸汽汽轮机 low-pressure steam turbine
低压蒸汽透平 low-pressure steam turbine
低压蒸汽涡轮机 low-pressure steam turbine
低压蒸汽系统 atmospheric-pressure system; low-pressure steam system
低压蒸汽养护 <混凝土> cured by atmospheric steam; cured by low-pressure steam; low-pressure steam curing
低压蒸汽养护的 atmospheric-pressure steam cured; low-pressure steam-cured
低压整流管 low-voltage rectifier tube
低压整流器 low-tension supply; low-voltage rectifier
低压整流子 low-voltage commutator
低压直流等离子体 low-pressure direct current plasma
低压直流系统 low voltage direct current system
低压制 low-tension system
低压制模法 low-pressure mo(u)lding
低压中心 low-pressure center[centre]
低压钟罩形记录式流量计 low-pressure bell-type recording flowmeter
低压轴 axis of depression; axis of low-pressure; low-pressure shaft
低压注入模制 low-pressure injection mo(u)lding
低压注射模塑 low-pressure injection mo(u)lding
低压贮液筒 accumulator
低压铸造 casting under low-pressure; direct air die casting; low-pressure die casting
低压铸造机 air injection machine; low-pressure die-casting machine
低压转辙电动机 low-voltage point motor
低压自动空气断路器 low-voltage automatic air circuit breaker
低压阻燃电缆 low-voltage flame-retardant cable
低亚硫酸盐【化】hyposulphite
低烟无卤 low-smoke halogen free
低烟阻燃光缆 low-smoke fiber[fibre] optic(al) cable
低延性面 surface of low flame spread
低岩芯采取率 poor core recovery
低盐度的 hyposaline
低盐度热储 low salinity reservoir
低盐分水 oligohaline water
低盐湖 brackish lake
低盐水 less saline water; oligosaline water
低盐特性 low salinity characteristic
低盐渍度水 low salinity water
低堰 depressed weir; low weir
低堰式水力分级机 low-weir type classifier
低扬程 low lift; low(pump) head
低扬程泵站 low-lift pump(ing) station
低扬程离心泵 low-head centrifugal pump
低扬程水泵 low-lift pump
低仰角天线 low altitude antenna; low altitude dish
低仰角通过 low altitude passage
低氧 hypoxemia; hypoxia
低氧化氮燃烧 low NO_x combustion
低氧化钙水泥 low-limed cement
低氧化银 argentic oxide; silver suboxide
低氧量分析器 low-range oxygen analyser[analyzer]
低氧燃烧 low oxygen burning
低液面浮选机 low-level machine
低液面排矿磨碎机 low-level mill
低液位报警装置 low-level warning
低液限粉土 low liquid limit silt
低液限黏[粘]土 low liquid limit clay
低移频 low shift frequency
低异常压力 low abnormal pressure
低易燃性 low inflammability
低易融质 hypoeutectoid
低逸出功材料 low work function material
低溢流堰分级机 low-weir type classifier
低音 basetone; bass; undertone
低音补偿 bass compensation
低音的 bass
低音调 low pitch
低音反射式【计】bass reflex
低音加强号筒 hypex horn
低音加重 bassy
低音控制 bass control
低音喇叭 low-sounding horn; woofer
低音廊 whispering dome
低音频 bass
低音提升 bass boost
低音雾笛 diaphone
低音雾号 fog diaphone; reed fog signal
低音扬声器 woofer
低音音响警报 low-level audible alarm
低音增强电路 bass boosting circuit
低音增益 bass boost
低应变 low strain
低应变法 low strain integrity testing
低应答者 low responder
低应力 low stress; understressing
低应力脆断 low stress brittle fracture
低应力锻炼法 understressing
低应力磨削 low stress grinding
低营养 low nutrient
低硬度 soft-hardness
低硬度水 low hardness water
低硬度退火 quarter-hard annealing
低硬度循环冷却水系统 low hardness circulating cooling water system
低涌 low swell
低用水率 low duty of water
低优先就绪队列 low priority ready queue
低优先群 lower priority group
低优先中断 lower priority interrupt
低油度醇酸树脂 short-oil alkyd
低油度(清漆) short oil
低油位 low oil level
低油位报警器 low oil alarm

低油位警报 low oil alarm
低油位警报器 gasoline alarm; low oil alarm
低油位指示灯油量表 fuel level indicator
低油压 low oil pressure
低油压告警开关 low oil pressure alarm switch
低油压警报开关 low oil pressure alarm switch
低油压警报器 low oil pressure alarm
低有机碳废水 low organic carbon wastewater
低于<指投标或拍卖中报价的> underbid
低于饱和层顶面的压力面<地下水的> subnormal pressure surface
低于标准的 substandard; underproof
低于标准的贷款 classified loan
低于标准规格 substandard
低于大气层的 subatmospheric(al)
低于大气压的 subatmospheric(al)
低于大气压力 under-pressure
低于地面的道路 depressed road (way)
低于地面的明(开)挖 depressed open cutting
低于定额的 substandard
低于额定功率范围 subpower range
低于额定频率 underfrequency
低于额定值 undershoot
低于额定值电压 subnormal voltage
低于额定重量 underweight
低于法定标准的 substandard
低于估计的产量 underrun
低于估计的量 quantity underrun
低于海平面的等高线 below sea level contour
低于化学计量的 substoichiometric
低于浇温的金属液 cold liquid metal
低于临界的 subcritical
低于临界温度的温度 subcritical temperature
低于龙骨的垂下舵 drop rudder
低于面值 below par
低于票面价值 below par
低于票面价值的股票 below par stock
低于平均值的 subaverage
低于千吨 subkiloton
低于容量 undercapacity
低于同步的 hyposynchronous; subsynchronous; undersynchronous
低于同步制动 undersynchronous braking
低于限值的刺激 subliminal stimulus
低于雪线的 subnival
低于音频的 infrasonic
低于音频的数据 data under voice
低于原订等级 below grade
低于云层的 sub-cloud
低于正常的 subnormal
低于正常温度 subnormal temperature
低于正常压力 subnormal pressure
低于最低气象条件 below minimums
低于最低限度 subthreshold
低雨量地区 low-rainfall area
低预应力 under-prestressed beam
低原子序数元素 low-Z element
低圆拱 depressed arch
低云 inferior cloud; low(er) cloud; low-level cloud
低运费货物 low-paying cargo
低运量线路 low-traffic line
低运输密度客运线路 low-density passenger line
低运输密度铁路 light density railroad; low-density railroad
低运输密度线路 low density line; low-traffic density line
低杂波线路 low-noise line
低载继电器 minimum relay
低载频调制 low carrier modulation
低载调整装置 low-load adjuster; low load adjustment
低早期强度水泥 low-early-strength cement
低造价 least cost; low cost
低造价道路 low-cost road
低造价公路 low-cost highway
低造价路面 low-cost pavement
低造价住宅 low-cost housing
低噪声(白炽)灯 low-noise lamp
低噪声泵 boogie pump
低噪声变压器 low-noise level transformer
低噪声测量放大器 low-noise measuring amplifier
低噪声的 low-noise
低噪声电动机 quiet motor
低噪声电光缆 low-noise cable
低噪声电缆 mininoise cable
低噪声电路 low-noise circuit
低噪声发动机 quiet engine
低噪声反射器天线 low-noise reflector antenna
低噪声放大器 low-noise amplifier
低噪声飞机 quiet aircraft
低噪声飞行方式 flight operation system for noise abatement
低噪声风机 low-noise fan
低噪声高精度运算放大器 low-noise high precision calculating amplifier
低噪声管 small noise tube
低噪声光电倍增管 photomultifier with low-noise
低噪声机器 low-noise machine
低噪声接收机 low-noise receiver; noise-free receiver
低噪声晶体管 low-noise transistor
低噪声晶体振荡器 low-noise crystal oscillator
低噪声沥青路面 low-noise asphalt pavement
低噪声螺杆空气压缩机 low-noise air screw compressor
低噪声内啮合齿轮泵 quiet internal gear pump
低噪声喷口 low-noise nozzle
低噪声前置放大器 low-noise preamplifier
低噪声摄影机 silenced camera
低噪声手动进料木工圆锯机 lower noise circular saw
低噪声速调管 low-noise klystron
低噪声特性曲线 low-noise characteristic
低噪声天线 low-noise antenna
低噪声通风机 low-noise ventilator; silent fan
低噪声微波放大 mixer amplification by variable reactance
低噪声微波放大器 mavar; reactatron
低噪声线路 low-noise line
低噪声信道 low-noise channel
低噪声行波管 low-noise travel(l)ing wave tube
低噪声轴承 low-noise bearing; noise-free bearing
低噪声轴流式风机 low-noise axial fan
低噪音电动机 quiet motor
低噪音发动机 quiet engine
低增压器 low blower
低增益 low-gain
低增益通道 low-gain channel
低增益通路 low-gain channel
低斩 cutting at ground level
低站<微波接力> low station
低站台 low platform; low station
低绽边 low crack edge
低张力 low-tension
低沼 black bog; callow; low-level bog; valley moor
低沼地 callow
低沼泥炭 low moor peat
低沼气矿井 low methane mine
低沼泽地 bottom land; callow; flat bog; low swampy land; valley bog
低沼泽地带 slade
低沼泽地的泥炭土 bottom peat
低沼泽区域 backswamp area
低照度 low-light level
低照度成像 low-light-level imaging
低照度的 low light
低照度照明系统 low-level lighting system
低折射高色散玻璃 low refractive high dispersive glass
低折射率材料 low-index material
低折射率高色散光学玻璃 low refractive and high dispersion optic(al) glass
低针入度的 low-penetration
低针入度地沥青 low-penetration asphalt
低真空 black vacuum; coarse vacuum; soft vacuum
低真空保护装置 vacuum trip device
低真空度 low vacuum; rough vacuum
低真空级 fore-vacuum stage
低真空空气测微仪 low vacuum air micrometer
低真空密封 low vacuum seal
低真空脱扣 low vacuum trip
低真空卸负荷装置 low vacuum unloading gear
低振动混凝土 coarse vibrated concrete
低振动式轨道 low vibration track
低振幅 short arc
低震级地震 low magnitude earthquake
低支纱棉布 osnaburg
低脂海产品 low fat marine product
低脂油毡 malthoid; saturated bitumen felt
低脂鱼类 low fat fishes
低值的股票 low-value consumption goods
低值电流 minimum current
低值电流继电器 minimum current relay
低值电容器 low-value capacitor
低值继电器 minimum relay
低值门 low-value gate
低值模具 low-cost die
低值热 low-value heat
低值易耗的 expendable
低值易耗品 expendable supply; low priced and consumable supplies; low-value and easily worn-out articles
低值易耗品审计 low-value fragile article audit
低纸浆木材叉(具) low-profile pulpwood fork
低指示器 low indicator
低质的 low grade
低质褐煤 low-grade lignite coal
低质红砖 chuff brick; salmon brick
低质建筑砖 place brick
低质金刚石钻头 bort(z) bit
低质量 down grade; inferior quality; low quality
低质量材料 downhill
低质量的 low grade; poor in quality
低质量的平板玻璃 skylight glass
低质量干粗饲料 low quality air-dry roughages
低质煤 inferior coal; lean coal; low-grade coal
低质燃料 inferior fuel; low-grade fuel; low quality fuel; low-rank fuel
低质热源 low-grade heat source
低质原油 poor oil
低质钻石 boart
低致死浓度 lethal concentration low
低中抗拉强度 low and intermediate tensile strength
低中山<绝对高度 1000 ~ 3500 米> low-medium mountain
低中温地热系统 low-to-moderate temperature system
低重心 low center[centre] of gravity
低重心车辆 low-built car
低重心的车辆 low center
低周波的 low frequency
低周波运行 low-cycle operation
低周反复作用 low frequency cyclic action
低周疲劳 low-cycle fatigue
低周期荷载 low cycle load
低转矩测试器 low torque tester
低转矩离合器 low-torque clutch
低转速 slow-speed of revolution
低转速发动机 woolly-type engine
低桩承台 buried pile cap; deep level grillage; embedded footing on piles; low capped pile foundation; low-level(relieving) platform supported on bearing piles; pile footing
低装载车台 low loading floor
低装载等级 lower loading classification
低装载底盘 low loading floor
低浊度 low-turbidity
低浊度水 low-turbidity water
低浊度水沉淀 low-turbidity water sedimentation
低浊度原水 low-turbidity raw water
低资产净值 thin equity
低资金成本 low capital cost
低自旋态 low-spin state
低总数 lower sum
低租公共住房 low-rent public housing
低租金房屋 low-rent building; low-rent house
低租金房屋建设 low-rent housing
低租金公寓 low-rent apartment; low-rent unit
低租金公寓单元 low-rent apartment unit
低租金住房建造 low-rent housebuilding
低租金住房设计项目 low-rent project
低租金住房示范(建设)计划 low-rent demonstration program(me)
低租金住宅 low-income block
低阻 pH 玻璃电极 lower resistance pH glass electrode
低阻电焊接头 bond
低阻电位计 low-resistance potentiometer
低阻发射机 low-resistance transmitter
低阻加载放大器 low loading amplifier
低阻交点 low-resistive interesting point
低阻精密电位计 low-resistance precision potentiometer
低阻抗玻璃捕油器 low-resistance glass oil-trap
低阻抗采样示波器 low-impedance sampling oscilloscope
低阻抗测量 low-impedance measurement
低阻抗的 low-impedance
低阻抗回路 low-impedance path

低阻抗继电器 minimum impedance relay
低阻抗开关管 low-impedance switching tube
低阻抗锰铜应力计 low-impedance manganin stress ga(u)ge
低阻抗耦合 low-impedance coupling
低阻抗输出电路 low-impedance output circuit
低阻抗输出级 low output-impedance stage
低阻力 low resistance
低阻力犁体 light-draft bottom
低阻滤波器 low-cut filter
低阻尼空腔谐振器 ringing cavity
低阻尼系统 underdamped system
低阻屏蔽 low resistivity shielding
低阻屏蔽层 low-resistive shielding layer
低阻屏蔽干扰 low-resistive shielding disturbance
低阻气化器 low-resistance vapo(u)rizer
低阻通道 low-impedance path
低阻通路 low-impedance path
低阻温度测量术 low-resistance thermometry
低阻叶型 low-drag profile
低座挂车 low bed; low boy
低座小摩托车 motorscooter

堤 batardeau; dam; dike [dyke]; fill dam; levee bank; marginal bund; mound; stopbank

堤岸 bulkhead (building); earth bank; knoll; levee bank; quay wall; stopbank; embankment; bund(ing) <东南亚各国的>
堤岸凹凸部 scarcement
堤岸崩溃 bank collapse
堤岸崩坍 bank caving; bank failure
堤岸糙率 bank roughness
堤岸沉陷 subsidence of bank
堤岸冲毁 bank breaching
堤岸冲刷 bank erosion; washing away of bank
堤岸粗糙度 bank roughness
堤岸防护 bank protection; embankment protection
堤岸高度 height of embankment
堤岸工程 bunds; waterfront construction
堤岸护面 bank armo(u)ring
堤岸护坡 bank protection; bank revetment; beaching of bank
堤岸加固 bank stabilization; bank strengthening
堤岸结构 waterfront structure
堤岸决口 levee breach
堤岸溃决 bank breach; bank failure
堤岸码头 bulkhead quay(wall); bulkhead wharf; marginal(type) wharf
堤岸码头岸壁 <沿岸边线挡土墙> quay wall
堤岸码头边缘 apron
堤岸码头前沿岸墙 quay breastwork
堤岸面 quay surface; surface of esplanade
堤岸平架 scarcement
堤岸前沿岸墙 quay breast wall
堤岸墙 quaternion wall
堤岸抢修 emergency bank repair
堤岸侵蚀 river bank erosion
堤岸渗漏 bank infiltration
堤岸式码头 bulkhead wharf
堤岸水位 quay level
堤岸塌陷 bank caving
堤岸坍塌 bank sloughing; sloughing of embankment
堤岸坍陷 bank caving
堤岸填筑 levee fill
堤岸土方测量 bank measure
堤岸土料颗粒 bank particle
堤岸土体黏[粘]聚性 bank cohesiveness
堤岸外坡 waterside slope
堤岸线 bulkhead line; embankment line
堤岸线定向 bank alignment
堤岸效应 wall effect
堤岸斜坡道 levee ramp
堤岸泄洪闸 bank sluice
堤岸修复 bank reinstatement; bank renovation; bank restoration
堤岸演变 bank deformation; bank evolution
堤岸栽植 bank planting
堤岸种植 bank planting
堤岸贮水 bank storage
堤岸总高 total bank height
堤坝 dike-dam; dikes and dams; embankment dam; jetty; spoil dam; barrier; dyke; levee
堤坝背水面坡脚排水 counterdrain
堤坝边坡 slope of embankment
堤坝承水(压)面 dam face
堤坝承压面 dam face
堤坝道路 levee road
堤坝的 dyked
堤坝的顶面覆盖 topping of dike [dyke]
堤坝的黏[粘]土夹(心墙) clay-core wall of dam
堤坝防护 embankment protection; protection by dykes[dikes]
堤坝防渗墙 diaphragm wall
堤坝工程 bank construction; embankment construction
堤坝基础 embankment foundation
堤坝加高 dam heightening; heightening of dam; levee raising
堤坝加宽 levee widening
堤坝决口 dike [dyke] breach; levee breach
堤坝决口冲路 breachway
堤坝宽度 embankment dam width
堤坝裂口 dike[dyke] breach
堤坝漫顶 overdam
堤坝门洞 street opening
堤坝模型 model fill
堤坝培厚 levee widening
堤坝平面线形 alignment of levee
堤坝坡顶线形 alignment of levee
堤坝破坏 breach in dam; dyke breach; embankment failure
堤坝前防浪排桩 boulder head
堤坝前防浪墙 pierhead sea wall
堤坝前排桩 boulder head
堤坝上游面 dam face
堤坝施工 embankment dam construction
堤坝式水电站 dam type hydroelectric(al) plant; dam type hydroelectric(al) station; dam type hydropower station
堤坝填土 dike[dyke] fill
堤坝系列 series of dams
堤坝下层土 embankment dam subsoil
堤坝芯墙 core wall
堤坝芯墙下沟 core trench; corduroy trench
堤坝淹没 overdamming
堤坝溢洪道 dam spillway
堤坝溢水道 dam spillway
堤坝余裕高 levee free-board
堤坝闸门 dike[dyke] lock; levee gate
堤饱和线 levee line of saturation
堤背 back of levee; levee back; inside of levee
堤槽运河 canal on embankment
堤成池 leveed pond
堤岛 barrier bar; barrier island
堤道 <用石块或花岗岩石铺砌的> causeway(ing); causey
堤道码头 mole
堤道桥 <指穿越沼泽地或滩地的桥梁> causeway bridge
堤道线 causeway line
堤的沉降 bank settlement; levee of settlement
堤的沉陷 bank settlement; bank subsidence; subsidence of levee
堤的定线 dike alignment
堤的断面 fill section
堤的高度 dike height
堤的护面 dike facing
堤的加高 heightening of crest; heightening of fill
堤的建筑 levee construction
堤的坡度 levee grade; slope of embankment
堤的破坏 breach in dike[dyke]
堤的上游面 upstream slope
堤底 levee base
堤底淘刷 levee undermining
堤顶 crest of dam; crown of embankment; crown of levee; dam top; dike[dyke] top; dike[dyke] summit; levee crest; levee crown; crown wall; dike crest
堤顶标高 crest level
堤顶长度 crest length
堤顶超高 levee free-board
堤顶大道 promenade
堤顶大路 <防波堤上的> promenade
堤顶道路 <防波堤上的> promenade
堤顶防浪墙 crest wall
堤顶高 levee grade; crown height
堤顶高程 crest elevation; crest level; crown elevation; levee grade
堤顶构件失效 crest element fail
堤顶护面 crest armo(u)r
堤顶护面块体 cap block
堤顶混凝土块体 concrete coping block
堤顶结构 crest structure
堤顶宽(度) bank top width; crest width; crown width
堤顶墙 crest wall; cap wall; cope wall; crown wall
堤顶石 cap stone
堤顶填高 topping
堤顶胸墙 crown wall
堤顶纵坡 grade of levee crown; levee grade
堤端 terminal section
堤防 <堆土、堆石并铺上木板的> camp shedding; camp sheeting; campshot; banking; embankment; flood flanking; levee
堤防保护 levee protection
堤防保护区域 diked area
堤防背水面 back of levee; levee back
堤防边坡添土加宽 levee widening
堤防底脚 dike footing; levee footing
堤防地 diked land
堤防段 embanked reach
堤防堆土石 campshot
堤防防水 level protection
堤防工程 dike [dyke] building; embankment project; levee construction
堤防管理 dike [dyke] management; levee management; management of levee
堤防后戗 banquette
堤防护岸 levee revetment
堤防加高 levee raising
堤防加固 dyke reinforcement; levee reinforcement; levee strengthening
堤防加宽 levee widening
堤防溃决 breaking of dike[dyke]; dike [dyke] breaking; dike[dyke] burst; dike[dyke] failure
堤防临河面 front of levee
堤防平台 banket(te); banquette; berm(e)
堤防铺木板 campshot
堤防前 front of levee
堤防区 dike[dyke] area
堤防坍塌 sloughing of levee
堤防淘底 undermining of levee
堤防土工 banker
堤防维护 dike [dyke] maintenance; levee maintenance
堤防维修 dike [dyke] maintenance; levee maintenance
堤防系统 dike [dyke] system; diking system; levee system
堤防修复 levee restoration
堤防隐患探测 dike[dyke] defect detecting
堤防闸口 land lock; levee opening
堤防闸门 land lock; levee gate
堤防整修 levee restoration
堤防正面 front of levee
堤防钻探 dike[dyke] boring
堤干 <防波堤> stem of mole; trunk or main part of a breakwater; mole shaft
堤根 shore-end of breakwater
堤根段 <防波堤的> angle-end of breakwater; mole-root
堤核芯墙 levee core wall
堤后池沼 backswamp
堤后泛滥地 backland
堤后泥沙 backland deposit; backswamp deposit
堤后排水沟 delph
堤后滩地 backland
堤后土地 embanked ground
堤后淤积层 backland deposit
堤后淤积物 backland deposit
堤后淤泥 backland deposit
堤后淤沙 backland deposit
堤后沼泽 backswamp
堤基 base of levee; embankment foundation; levee foundation
堤基底【数】base of levee
堤基防渗槽 muck trench; toe trench of levee
堤基沟 muck ditch of levee
堤加高 dike heightening
堤间距 levee spacing
堤肩 shoulder of embankment
堤礁 barrier reef; encircling reef
堤脚 dike[dyke] foot; footing of embankment; levee toe; wall toe
堤脚保护工程 toe protection works
堤脚冲刷 toe scour
堤脚的护堤 toe wall
堤脚过滤层 toe filter
堤脚护坦 toe apron
堤脚棱体 toe bund
堤脚泥沟 levee muck ditch
堤脚排水沟 counterdrain; soak ditch
堤脚抛石棱体 toe mound
堤脚戗台 toe berm
堤脚设计 design of toe
堤脚施工 toe construction
堤脚压重 toe weight
堤决口 breaking of dike[dyke]; dike [dyke] burst; dike[dyke] failure
堤口 dike[dyke] opening
堤宽 bank width; dike[dyke] width; levee width
堤溃决 dike breach
堤溃破 embankment failure

堤路 levee road
堤面 coping;capping
堤面护坡 levee revetment
堤面坡度 dike slope
堤面斜坡 dike slope
堤内 landside
堤内边 inside of the levee
堤内边坡护坡道 landside banquette
堤内边坡平台 landside banquette
堤内边坡坡度 back slope; inner slope;landside slope
堤内池 landside basin
堤内低地 protected lowland
堤内低洼地 polder
堤内地 diked country; embanked ground;inland;protected inland;protected landside;protected lowland
堤内集水区 inner basin of levee
堤内区 diked country
堤内土地 embanked ground;embankment ground
堤内泽地 dyke country;polder
堤旁借土 side cutting
堤旁取土 side cutting;side sampling;taking earth from borrow pits
堤坡 dike batter;dyke slope;escarp;levee slope
堤坡冲刷 erosion of levee slope
堤坡割草机 embankment mower
堤坡加固 embankment stabilization
堤坡上增加材料形成戗台 weighting of a slope
堤前河滩 land batture
堤前护坦 apron of dike[dyke]
堤前斜坡 dike batter; dike [dyke] slope
堤前沿 front of levee
堤戗 banquette of levee
堤墙 bank wall; bund wall; embankment wall
堤桥 <连接大陆与小岛间的桥> land-bridge
堤区 dike field
堤泉 barrier spring
堤上平架 scarcement
堤上坡道 levee ramp
堤上泄水闸 levee sluice
堤身 levee body;dike body
堤身崩塌 levee sloughing
堤身崩坍 levee sloughing
堤身滑坡 levee slide
堤示 dike system
堤式船坞 jetty dock
堤损坏 dike damage
堤体 dike body;levee body
堤头 <防波堤> breakwater tip;mole head;breakwater head;jetty head;pier head
堤头段 terminal section
堤头口门 breakwater gap
堤头设计 design of breakwater head
堤头桅灯 pierhead mast and light
堤头炸穴填筑路堤法 toe-shooting
堤外 waterside
堤外边坡 waterside slope
堤外边坡护坡道 outer banquette;waterside banquette
堤外边坡平台 outer banquette; waterside banquette
堤外边坡坡度 front slope;outer slope;riverside slope;waterside slope
堤外地 foreland;riverside land
堤外滩地 land beyond dike[dyke];waterside foreland;waterside land;washland
堤外土地 land beyond dike[dyke];waterside foreland;waterside land
堤围地 diked land
堤围泽地 diked marsh;polder land
堤系 levee system
堤下水闸 core drainage lock
堤心 breakwater core;core of bank;dike core
堤心材料 core material
堤心墙 levee core wall
堤心石 core stone
堤心石的分级 grading of core material
堤心石料 core rock
堤心石设计 design of core
堤心石损失 loss of core material
堤形堆 placing in(centre) windrow
堤堰 barrage barney;burrock
堤堰式电站 barrier power station
堤堰水池 barrier basin
堤堰围成的水池 barrier basin
堤闸 dike lock;drainage lock
堤趾 downstream toe
堤趾冲刷 toe scour
堤趾失效 toe fail
堤洲 bar beach;barrier beach
堤状三角洲 levee delta
堤钻凿 embankment drilling

滴 bead;gutta[复 guttae];trickle

滴出的 oozy
滴出物 drip
滴答擒纵机构 tic-tac escapement
滴答声 tick
滴答声发音器 ticker
滴滴涕 DDT [dichloro-diphenyl-trichloroethane]
滴点 <沥青等> drop(ping) point;dripping point
滴点(高度)冲蚀 droplet erosion
滴定【化】titrate
滴定标准液 titrant
滴定测水法 aquametry
滴定池 titration cell
滴定碘法氯试验 iodometric chlorine test
滴定电量计 titration coulometer
滴定度 titer[titre]
滴定法 precipitation method;titrimetric method;titrimetry;titration
滴定法材料检验 spot-check
滴定分析(法) titration analysis;titrimetric analysis;titrimetry;volumetric(al) analysis; analysis by titration
滴定管 buret(te);measuring glass
滴定管浮标 buret(te) float
滴定管夹 buret(te) clamp
滴定管架 buret(te) stand
滴定管黏[粘]度计 buret(te) viscosi)meter
滴定管液面读镜 buret(te) meniscus reader
滴定管支架 buret(te) holder
滴定计 titrimeter
滴定剂 titrant
滴定检测器 titration detector
滴定碱度 titration alkalinity
滴定阱 titration thief
滴定率 titer[titre]
滴定率法 titer[titre] method
滴定器 titration kit;titrator
滴定曲线 titration curve
滴定式酸碱计 titroscope
滴定试验 titration test
滴定速度 rate of titration
滴定误差 titration error;volumetric(al) error
滴定液 titrating solution
滴定仪 titration apparatus;titrator;titrimeter
滴定用标准液 titrant
滴定用液 volumetric(al) solution
滴定指数 titration exponent
滴定终点 end point of titration;titration end-point
滴度 titre
滴阀 drip trap
滴干 drain;drip-dry;hydroextraction
滴干板 drainer
滴给(加药)器 drip feeder
滴给式注油器 drip feed lubricator
滴汞电极 dropping mercury electrode
滴汞电极脉冲极谱法 dropping mercury electrode pulse polarography
滴管 drip pipe; drip tube; dropper; dropping tube;plunging siphon
滴管夹(钳) dropper clamp
滴管式给药机 dropping bottle
滴灌 dribbling; drip irrigation; drip watering;irrigation by trickling;sip irrigation;trickle irrigation
滴灌和喷灌 drip irrigation and spray irrigation
滴灌技术及其配套设备 drip irrigation technique and equipment
滴灌器 drip irrigation emitter;drip irrigator;trickle irrigator
滴灌水 trickling water
滴焊连接 cast soldering
滴痕 drip impression
滴迹 <油、汽油等的> drip spot
滴剂 drop;instillation;instil(l)ment
滴剂计数器 drop counter
滴剂装瓶机 drop bottle filler
滴碱腐蚀试验 alkaline dropping corrosion resistance test
滴降式喷嘴 drop nozzle
滴降栓 drip cock
滴孔 drip hole
滴孔菌属 <拉> Piptoporus
滴馈阀 drip feed valve
滴量计 drop meter
滴料冲头 drip pin
滴料供料法 flow process; gob process;gravity process
滴料供料机 gob feeder
滴料机 gob feeder
滴料盘 drip pan
滴料热压成型法 extrusion and press process
滴料速度 gob speed
滴料位置 loading position
滴料折痕 loading mark
滴淋氢化脱硫 trickle hydrodesulfurization
滴流 dribbling;drip flow;trickle
滴流床 trickle bed
滴流床反应器 trickle bed reactor
滴流加氢脱硫(法) trickle hydrodesulfurization
滴流口 drip
滴流排水(管) trickle drain
滴流喷嘴 dribbling nozzle
滴流器 drip
滴流式反应器 trickle reactor
滴流式加氢脱硫(法) trickle flow hydrodesulfurization
滴流式脱气器 trickle deaerator
滴漏 drippage;dripping;leak through;weep
滴漏冷凝器 trickling condenser
滴漏滤池 percolating filter; trickling filter
滴漏滤速 rate of percolation
滴漏式流速仪 suspended-drop current metre
滴漏水抽水泵 drip pump
滴滤 sprinkler filtration
滴滤池 sprinkler filter;sprinkling filter;trickling filter(bed)
滴滤池冲洗 washout of trickling filter
滴滤池的接触表面 contact surface of a trickling filter
滴滤池法 trickling filter process
滴滤池固体接触工艺 trickling filter solid contact process
滴滤池渗出物 trickling filter distillate
滴滤池污塞 clogging of a trickling filter
滴滤床 clinker bed;trickling filter bed
滴滤床反应器 trickle filter bed reactor;trickling filter bed reactor
滴滤法 trickling filter process;trickling filtration(process)
滴滤过程 trickling filter process
滴滤器 trickling filter
滴滤循环 trickling filter recycle
滴滤装置 trickling filter plant
滴落 dribbling; drippage; spatter; weep(ing)
滴落动作 dribble action
滴落水 dripping moisture
滴落水头 dropping head
滴胚 embryonic droplet
滴瓶 dropper bottle;dropping glass;dropping bottle
滴谱 drop size distribution
滴燃炉 drip furnace
滴熔(法) drip melt
滴熔设备 drip melting apparatus
滴入法 drop method
滴洒机 dribble applicator
滴石 <钟乳状方解石> drop stone
滴石长度 length of dripstone
滴石类 dripstone
滴蚀 impingement attack
滴试板 spot plate
滴水 dripping water; throat; water dropping;drip(tile);eye brow【建】;weather seal channel <门上的>
滴水凹槽 drip groove
滴水板 drain(ing) board; dripping board; dropping board; ablution board <洗涤用>
滴水瓣 drip trap
滴水边缘 drip edge
滴水槽 bell cast;check throat(ing);drip channel;drip mo(u)ld(ing);drip trough;larmier;lorymer;water drip; weather check; weather mo(u)lding
滴水槽檐 drip edge
滴水层 water splash mat
滴水大气冷凝厂 bleeder type condensing plant
滴水的 dripping
滴水碟 drip tray
滴水洞 drip hole
滴水洞穴岩 dripstone
滴水斗 drip leg
滴水断层 dripping fault
滴水阀 dew valve;drip trap
滴水(腐蚀)试验 water drip test
滴水沟 dribble ditch
滴水管 dribble pipe; drip leg; pipe weep; throat; trickle tube; weep(ing) pipe
滴水环 drip loop
滴水开关 drip cock
滴水孔 drip hole;weeper;weep hole
滴水口 bleeder
滴水盘 drain pan; drip sink; water drip;drip pan
滴水盘容积 drip tray volume
滴水喷头 emitter
滴水喷嘴 drip nozzle
滴水盆 drip sink
滴水棚 dripshed
滴水器 drip;drop;water dropper
滴水器旋塞 drip cock
滴水声 dripping noise
滴水石【建】dripstone;water shoot
滴水石层 dripstone course

D

滴水石洞穴 dripstone cave
滴水石(末端)浮雕 label stop
滴水收集器 drip trap
滴水兽 gargoyle
滴水挑檐 drip cap
滴水筒 drip pot
滴水头 sprinkler head
滴水瓦 antefix(ae);dripping tile;projecting tile of eaves;verge
滴水帷幕 drip curtain;drip drapery
滴水线 check throat(ing);drip line;throating;water check groove
滴水线脚 weather mo(u)lding;drip mo(u)ld(ing)
滴水旋塞 drip cock
滴水檐 <陶立克式建筑的> stillcidium
滴水檐槽 drip edge
滴水檐口 dripping eaves;dripstone
滴水叶尖 drip tip
滴水罩端部浮雕 label stop
滴水罩端饰 label stop
滴水罩饰 hood mo(u)lding
滴水嘴 <哥特式建筑上的> gargoyle
滴水嘴装饰 <畸形怪状雕塑像> carved waterspout
滴头 dripper
滴涂机 spot coater
滴下 distil(l);drip(ping);dropping;weepage;dribble
滴下的 droppings;weeping
滴下的水 drippage
滴下物 drippings;droppings
滴形油罐 hemi-spheroid
滴形装饰 pendent
滴液 dropping liquid
滴液点火器 drip torch
滴液电极 dropping electrode
滴液聚集器 drop accumulator
滴液漏斗 dropping funnel;tap funnel
滴液培养 drip culture
滴液燃烧时间 drip flame time
滴液式注油器 drip oiler
滴液吸移管 dropping pipette
滴液箱 drip tank
滴油 dribbling;oil drippings;petrol dripping
滴油环 drip ring
滴油盘 save-all;drip pan
滴油器 drip leg;drop(feed) oiler;oil drip;sight feed oil cup
滴油圈 drip ring
滴油润滑 drip lubrication;oil drip feed;drip feed
滴油润滑点 dropping point
滴油润滑法 drop lubrication;lubrication drip;drip lubrication
滴油润滑器 drip(feed) lubricator;external drip feed;drop(feed) lubricator
滴油润滑系统 drip feed oiling system
滴油式加油器 drop feed oiler
滴油试验 drop test
滴油盅 drop lubricator
滴重法 drop weight method
滴重计 <测定表面张力> stalagmometer;stalogometer;stactometer;stagonometer
滴重器 drop weight apparatus
滴珠试验法 bead test
滴珠饰 treenail
滴注 instil(l)ment
滴注法 drip;installation
滴注器 instillator
滴注式渗碳法 drop feed carburizing
滴状 blob
滴状的 globular
滴状冷凝 drop condensation;dropwise condensation
滴状凝结 dropwise condensation
滴状装饰 gutta[复 guttae]
滴嘴 dribbling nozzle;drip nozzle
滴嘴接头 drip nozzle connection

镝

镝矿 dysprosium ores

狄

狄德金分割 Dedekind cut
狄恩数 Dean number
狄尔斯-阿德耳反应 Diels-Ader reaction
狄尔斯佩克 <一种耐燃楼板构造> Diespeker
狄法尔法 <石料磨耗试验用的> Deval procedure
狄法尔磨耗试验机 Deval abrasion tester;Deval abrasion testing machine
狄法尔磨耗机 Deval rattler
狄法尔磨损试验 Deval attrition test;Deval test
狄法尔磨损试验机 Deval attrition machine;Deval testing machine
狄法尔双筒磨耗试验 Deval abrasion test
狄法尔双筒磨耗(试验)机 Deval rattler
狄菲尔换热剂 Diphyl
狄更斯公式 <英国估算最大洪水强度的一个经验公式> Dicken's formula
狄更斯径流公式 Dickens formula for runoff
狄霍太打竖井法 Dehottay process
狄霍太冻结凿井法 Dehottay freezing method
狄加拿尔 Dykanol
狄克辐射计 Dicke's radiometer
狄克接收机 Dicke's receiver
狄克开关 Dicke's switch
狄克曼缩合作用 Dieckman condensation
狄克松环 Dixon ring
狄拉克波函数 Dirac wave function
狄拉克颤动 trembling motion;zitterbewegung
狄拉克常数 Dirac's constant
狄拉克场 Dirac fields
狄拉克磁矩 Dirac moment
狄拉克单极 Dirac monopole
狄拉克的尔塔函数 Dirac beta function;Dirac delta function
狄拉克电子理论 Dirac electron theory
狄拉克方程 Dirac equation
狄拉克伽马代数 Dirac gamma algebra
狄拉克函数 Dirac function
狄拉克矩阵 Dirac matrix;gamma matrix
狄拉克理论 Dirac theory
狄拉克粒子 Dirac particle
狄拉克量子化 Dirac quantization
狄拉克梳 Dirac comb
狄拉克梳状函数 Dirac comb function
狄拉克协变量 Dirac covariant
狄拉克-约旦宇宙论 Dirac-Jordan cosmology
狄利克雷边界条件 Dirichlet boundary condition
狄利克雷变换 Dirichlet transform
狄利克雷分布 Dirichlet distribution
狄利克雷积分 Dirichlet integral
狄利克雷级数 Dirichlet series
狄利克雷收敛判别法 Dirichlet test for convergence
狄利克雷条件 Dirichlet condition
狄利克雷问题 Dirichlet problem;first boundary volume problem of potential theory
狄龙式码头 De Long wharf
狄龙式突堤码头 De Long pier
狄龙式自升式驳 De Long barge
狄龙式自升驳船 De Long serf-elevating spud barge
狄龙式自升施工平台 De Lonng self-elevating spud barge
狄南阶【地】Dinantian stage
狄南统 <早石炭世,欧洲>【地】Dinantian series
狄萨雷【化】disacryl
狄塞尔发动机 diesel engine
狄塞尔航空发动机 aerodiesel
狄塞尔机车 diesel locomotive
狄塞尔内燃机 diesel
狄塞尔平均有效压力 diesel mean effective pressure
狄塞尔效应 diesel effect
狄塞尔循环 diesel cycle
狄赛尔高压发动机 diesel high compression engine
狄赛尔循环(发动)机 diesel cycle engine
狄赛尔压路机 diesel motor roller
狄赛尔油 diesel oil
狄舍尔法 Diescher process
狄舍尔轧管机 Diescher elongator
狄舍尔轧机 Diescher mill
狄氏剂 dieldrin;octalox
狄司潘素染料 Dispersol dye
狄思表面清洁剂 Disclean
狄特利希方程 Dieterici's equation
狄特利希物态方程 Dieterici's equation of state
狄威达克法 Dywidag method
狄威达克钢筋 <德国 Dyckerhoff und widmann A.G.公司首创高强粗钢筋> Dywidag bar
狄威达克戈维桩 <一种小直径钻孔压浆桩> Dywidag Gewi pile
狄威达克设计法 Dywidag system
狄威达克施工法 Dywidag system
狄威达克(预应力)体系 <德国 Dyckerhoff und widmann A.G.公司首创后张法预应力混凝土体系,用高强粗钢筋(作预应力筋)、特制的垫板和螺帽锚固> Dywidag system

迪

迪阿里司特镍铝钴铁合金 Diallist
迪阿蒙德铬媒染料 Diamond chrome dye
迪阿托面接触系统 Diatto surface-contact system
迪安数 Dean number
迪安-斯塔克设备 Dean and Stark apparatus
迪安-斯脱克水分测定仪 Dean and Stark apparatus
迪奥克兰汀温泉 Thermae of Dioletian
迪奥纶聚酯纤维 Diolen
迪奥斯考普硬度计 Duoskop
迪贝尔特塞沃极性超带 Debaltsevo polarity superzone
迪贝尔特塞沃极性超时间带 Debaltsevo polarity superchronzone
迪布尔恩染料 Dybln dye
迪蒂斯海姆摆轮 Ditisheim balance
迪恩丁二烯纤维 <荷兰> Dien
迪尔石 deerite
迪尔硬瓷器 Dihl porcelain
迪合金 Di-alloy
迪间蒙石 tosudite
迪卡尔铜硅合金 Dical
迪开石 dickite
迪克罗纶聚酯纤维 <阿根廷> Dicrolene
迪克索尔青铜 Dixoil bronze
迪来摩擦机 Deeley friction machine
迪朗斯合金 Dewrance's alloy
迪朗斯轴承合金 Dewrance's alloy
迪磷镁铵石 dittmarite
迪梅特线 Dimet wire
迪默焚风 dimmerfoehn
迪姆罗回流冷凝管 Dimroth condenser
迪-钼尔钼高速钢 Di-Mol
迪那里克阿尔卑斯山脉 Dinaric Alps
迪尼尔 <一种化学纤维> Dynel
迪努耶尔光电池 Dunoyer cell
迪努耶尔两级扩散泵 Dunoyer's two-stage pump
迪帕洛伊银焊料合金 Dimpalloy
迪沙无箱射压自动造型机 Disa matic mo(u)lding machine
迪斯卡弗里平顶海 Discovery tablemount
迪斯卡洛伊合金 Discaloy alloy
迪斯科灯 Disco light
迪斯科无梭织带机 Disco loom
迪斯钦格预应力法 Dischinger prestressing method
迪塔特式离心机 Dietert centrifuge
迪塔特式硬度计 Dietert tester
迪塔特试验 <确定土的击实特性的> Dietert test
迪特里希栓 Dittrich's plug
迪维达格锚固系统 thread bar anchorage
迪维尔合金 Dilver(alloy)
迪辛格概念 Dishinger concept
迪亚拜群【地】Diabaig group
迪亚曼蒂纳海沟 Diamantine trench
迪亚曼蒂纳破裂带 Diamantine fracture zone

敌

敌百虫(杀虫剂) <一种农药> Dipterex
敌草净 desmetryn
敌草隆 <一种剧毒性除草剂>【化】diuron
敌敌畏 dichlorvos;dimethyl dichlorovinyl phosphate
敌对 antagonism;hostility;rivalry;rivalship
敌对闭塞区间防护法 opposing block protection
敌对道岔 facing point
敌对调车作业 conflicting shunting movements
敌对方向 opposite direction
敌对进路 conflicting route;incompatible routes;opposite route
敌对进路手柄 conflicting route handle;conflicting route lever
敌对进路握柄 conflicting route lever
敌对联锁 dead interlocking
敌对列车运行 conflicting train movement
敌对信号(机)【铁】conflicting signal;opposing signal
敌对行动 act of hostility;hostility
敌对运行 conflicting traffic
敌菌酮 drazoxolon
敌视 hostility
敌我矛盾 contradiction between the enemy and ourselves
敌蚜胺 <一种强杀虫剂> fluoroacetamide
敌意 hostility
敌意认同 hostile identification

涤

涤尘器 dust scrubber
涤纶 dacron;polyester fiber[fibre];terylen(e)

涤纶薄膜 mylar
涤纶长丝油 polyester filament oil
涤纶带 terylen(e)tape
涤纶地毯 polyester carpet
涤纶废水 terylen(e)wastewater
涤纶缆索 dacron rope
涤纶片 polyester diapositive
涤纶纱 polyester yarn
涤纶绳 terylen(e)rope
涤纶弹力丝油 polyester elastic filament oil
涤纶梯状织物 <装百叶窗用> terylen(e)ladder web
涤气 scrub(bing)
涤气过滤器 scrubbing filter
涤气冷凝器 scrubber condenser[condensor]
涤气器 air cleaner;scrubber
涤气水 gas(washing)water
涤气塔 air scrubbing tower
涤气液 scrubber liquor
涤洗气 scrub

笛尔可莱姆分配器 Delco Remy distributor

笛管取样机 whistle-pipe sampler
笛簧 reed spring
笛簧继电器 reed relay
笛簧接点管 reed switch;reed unit
笛簧接点开关 reed switch
笛簧接点元件 reed switch;reed unit
笛簧接线器 reed matrix;reed switch
笛簧开关 reed switch
笛卡儿比重计 Cartesian hydrometer
笛卡儿乘积 Cartesian product
笛卡儿积 Cartesian product
笛卡儿基准栅板 Cartesian display
笛卡儿几何 Cartesian geometry
笛卡儿空间 Cartesian space
笛卡儿卵形线 Cartesian ovals
笛卡儿蔓叶线 leaf of Descartes
笛卡儿平面坐标 plane Cartesian coordinates
笛卡儿曲面 Cartesian surface
笛卡儿矢量 Cartesian vector
笛卡儿叶形线 folium of Descartes
笛卡儿应力 Cartesian stress
笛卡儿张量 Cartesian tensor
笛卡儿直角坐标 rectangular Cartesian coordinates;reference system
笛卡儿直角坐标系 rectangular Cartesian coordinate system; Cartesian system;coordinate system
笛卡儿轴 Cartesian axis
笛卡儿坐标 Cartesian coordinates;orthogonal axes
笛卡儿坐标控制法 Cartesian method of control
笛卡儿坐标网 Cartesian display
笛卡儿坐标系 Cartesian coordinate system;Cartesian reference system
笛卡儿坐标系统 Cartesian coordinate notation
笛卡儿坐标系向量 Cartesian vector
笛卡尔符号法则 Descartes rule of signs
笛卡尔光线 Descartes ray
笛卡尔正负号规则 Descartes rule of signs
笛片式簧 reed spring
笛形钻 flute drill

底 back end;basis;bed;sole

底板 base panel <L 形码头、岸壁或加筋土等结构的>; apron; backboard; backplane; backplate; basal plate; base plane; base plate; base slab; bearer plate; bedpiece; bed plate; blankoff plate; blank plate; bottom; bottom board; bottom floor; bottom(-layer) plate; bottom level; bottom slab; chassis base; flask board; floor level; floor plate; footing piece; foot plate; foundation plate; foundation slab; ground plate; ground sill; lying wall; main base; mo(u)ld board; mud slab; plancier; platter; resting plate; seating; sliding plate; soffit slab; sole plate; strain strake; subpanel; subplate; supporting plate; turning over board; underplate; under-slab; bottom surface <岩层的>; planceer <檐或楼梯的>; starter <檐头屋面板的>
底板安装 gasket mounted
底板边缘地带 edge of gallery floor
底板簸动运输机 ground shaker
底板充水横向涵洞 floor lateral
底板冲断层 floor thrust
底板单元 base plate element; base plate member;base plate unit
底板底埋深 buried depth of motherboard; buried depth of sole-plate bottom
底板垫塞物 base packer
底板断裂 floor breaks
底板分块 floor pack
底板高程 floor elevation; invert elevation
底板高度 floor height;loading height
底板隔水 water-resisting of bottom bed
底板隔水边界 impervious boundary of bottom layer
底板隔套 base distance bush
底板隔铁 base distance piece
底板供暖 base plate heating
底板拱 floor pressure arch
底板鼓起 breakout of bottom bed; heaving of floor
底板荷载 floor load(ing)
底板横木 plancier piece
底板横向多孔进水口 lateral manifold
底板混凝土 floor concrete
底板活门 floor trap
底板基础 bed-plate foundation; mat foundation
底板加热器 baseboard heater
底板间接进水的矿床 mineral deposit of indirect inundation from bottom layer
底板节气门 baseboard register[register]
底板开挖 <基础开挖中的一种> plate cut
底板可以开合的铲斗 drop bottom bucket
底板孔口盖 trap door
底板裂开 floor breaks
底板裂隙 floor breaks;floor crack
底板留煤的核探测器 coal-sensing probe
底板隆起 floor burst; floor heave; floor lift; floor squeeze; invert-lift; sowback
底板螺钉 bottom plate screw
底板螺旋 foot screw;plate screw
底板面积 floor area
底板逆冲断层 floor thrust
底板暖气片 base plate radiator
底板炮眼 sumper
底板坡度 floor slope
底板破坏带厚度 thickness of destructive zone of bottom bed
底板破裂 floor burst
底板切割 bottom cut
底板散热器 base plate heater; base plate radiator
底板上的沟槽 floor groove
底板上升 <采矿> floor lift
底板升起 bottom lift
底板式基础 bed-plate foundation
底板透水 water percolating of apical bed
底板透水边界 pervious boundary of bottom layer
底板突出 floor burst
底板突出部分 hogback
底板突破通道 passage of bottom layer break through
底板突起 floor burst
底板突水 bursting water from bottom bed
底板突水量 water bursting yield from bottom bed
底板瓦砖 floor tile
底板稳定作用 bottom stabilization
底板下排水泵 underfloor pump
底板下排水式坞底板 under-drained dock floor
底板下排水系统泵 underfloor drainage pump
底板压力拱 floor pressure arch
底板岩爆 floor burst
底板岩层 bottom bed
底板眼 lifter
底板与支座标高 level of base plate and support
底板载重 floor load(ing)
底板振实器 vibratory base plate compactor;vibratory base slab compactor
底板纵向多孔进水口 longitudinal manifold
底版 master
底版规矩 footstick
底帮 floor slope;foot side;foot wall;underwall
底辟【地】diapir
底辟伴生构造 associated structures of diapir
底辟分布位置 location of diapiric structure
底辟构造 diapiric structure; piercement structure
底辟构造的名称和编号 name and number of diapiric structure
底辟构造地貌 landform of diapir structure
底辟构造类型 type of diapiric structure
底辟构造特征 feature of diapiric structure
底辟核成分 composition of diapir core
底辟核顶部埋深 depth of diapir top
底辟核高度 height of diapir core
底辟核形状 shape of diapir core
底辟核直径 diameter of diapir core
底辟花岗岩 diapir granite
底辟侵入 diapiric intrusion
底辟穹丘 diapiric dome
底辟上升 diapiric uprise
底辟围岩 surrounding strata of diapir
底辟盐丘 diapiric salt; piercement salt dome
底辟褶皱 diapiric fold;plis diapir
底壁【地】foot wall;bottom wall;lower plate;lower wall
底边 bottom edge; bottom margin; lower edge;lower margin
底边半径 bilge radius
底边漆梗 fat edge
底边无缝焊 closed weld
底标高 bottom elevation;bottom level;soffit level
底标价 base offer;base proposal;base tender
底标志 bottom marker
底冰 anchor ice; basal ice; bottom ice; depth ice; frazil ice; grounded ice; ice anchor; subsoil ice; needle ice <河流或浅海中的>; ice lens <河流或浅海中的>; ground ice <指河底结冰、河面未冻>
底冰冲泄闸 anchor ice sluice
底冰碛 basal moraine
底冰融化假说 bottom melt hypothesis
底波 bottom wave
底部 back end;bottom side;butt;fundus;sole;underbody;heel <基础或挡土墙的>
底部包钢皮的 steel-shod
底部边梁 sole bar
底部玻璃泛水 bottom glazing flashing
底部不稳 whirler
底部材料撒布机 base spreader
底部材料撒布人 base spreader
底部残留物 bottoms
底部残渣 bottom sediment and water
底部残渣与水 bottom sediment(settling)and water
底部糙率型 shape of bottom roughness
底部侧撑 lower lateral
底部插头 bottom adapter
底部产品 bottom product;bottoms
底部产物 bottom product
底部朝上 bottom up;top-for-bottom
底部沉淀取样器 bottom deposit sampler
底部沉积物 basic sediment;bottoms;bottom deposit; bottom sediment; bottom settlings; clastic deposit; clastic sediment
底部沉积作用 bottom sedimentation
底部承口清洗机 cleaning machine for bottom sockets
底部充水系统(船闸) bottom filling system
底部冲刷 undermine
底部冲刷作用 undercutting;undermining
底部冲洗阀 bottom-discharge valve
底部出口 bottom outlet
底部出流 subterminal outflow
底部传递转钎头 bottom drive bit
底部传动轴 bottom drive shaft
底部打孔 bear
底部打捆器 bottom packer
底部带排水孔的金刚石钻头 diamond with bottom discharge waterways bit
底部导洞 bottom drift;bottom heading
底部导轨 bottom guide track;bottom rack
底部导孔 bottom heading
底部导流板 bottom panel
底部导向装置 bottom guide device
底部捣槽 underdrilling
底部的 basal
底部等高线 bottom contour
底部抵抗线 bottom burden;bottom resistance line
底部地 bottom land
底部地层 understratum[复 understrata]
底部地形 bottom configuration;bottom contour;bottom relief;bottom topography
底部点火 bottom priming
底部垫 floor pan
底部调查 bottom probe

D

底部断裂 bottom break
底部断面 bottom section
底部断面面积 base area
底部对接式潜水钟 bottom-mating bell
底部反射层 bottom reflector
底部反射体 bottom reflector
底部防水阀(锅炉的) bottom blow valve
底部放水管 bottom outlet pipe
底部放水孔口 bottom outlet orifice
底部放水闸门 bottom outlet gate
底部废气管道 bottom exhaust duct
底部废水管道 bottom exhaust duct
底部分流 bottom tapping
底部封闭 bottom seal
底部辐射采暖 floor panel heating; floor radiant heating
底部负荷 floor load(ing)
底部负载天线 base-loaded antenna
底部覆盖以粗麻布 burlap-drag finish
底部钢筋 bottom reinforcement bars
底部膏条 toe bead
底部给煤 under-stoke
底部供液的蒸发器 bottom-fed evapo(u)rator
底部构件 <房屋构架的> abutment piece
底部谷粒螺旋推运器 grain bottom auger
底部固定 bottom hold down
底部刮片 <混凝土拌和机> floor scraper blade
底部管梁 tubular sole
底部横材 bottom transverse
底部横坑道 bottom drift
底部横向杆 bottom lateral
底部横向(水平)支撑 bottom lateral bracing
底部横向水平支撑杆 bottom lateral
底部护板 bottom guard
底部滑板 bottom slide
底部混浊流 underflow turbidity current
底部机动镘泥刀 bottom mechanical trowel
底部基石 base stone
底部基岩 underlying bedrock
底部集水坑 bottom sump
底部记录线 bottom trace
底部加固束带 undergirdth
底部加料 bottom feed
底部加强肋 bottom stiffener
底部加楔作用 bottom wedging
底部减压 bottom pressure relief
底部剪力 base shear; bottom shear
底部剪力法 equivalent base shear method
底部铰接 bottom articulated joint
底部铰接窗扇 bottom-hinged sash
底部铰接的 bottom-hinged
底部铰接翻板闸门 bottom-hinged flap gate
底部铰接缝 bottom articulated joint
底部铰接浮力闸门 bottom-hinged buoyant gate
底部铰链气窗 bottom-hinged ventilator
底部接触 basal contact; base contact
底部接缝 base joint
底部结构 infrastructure; polycrystalline substance; substruction; substructure
底部截槽 bottom cutting; undercut
底部截面 bottom section
底部进料 underfeed(ing)
底部晶种法 bottom-seeding method
底部井眼 downhole
底部净距 bottom clearance
底部可拆的存水弯 trap with removable lower part
底部可拆开的自卸卡车 bottom-dump tipper
底部宽度 bottom width
底部框架 under-chassis
底部馈电天线 base-driven antenna
底部扩大的 under-reamed
底部扩大式基础 under-reamed foundation
底部扩大桩 enlarged-base pile
底部拦污栅 bottom(trash) rack
底部肋骨 floor frame
底部离地间隙 underclearance
底部力矩 moment at base
底部连接 base joint
底部裂缝 basal crack; bottom check
底部流出的管子 bottom-discharge pipe
底部流动 base flow
底部流水 bottom current
底部流速 bed velocity; bottom velocity
底部隆起 bottom heave
底部轮廓 bottom contour
底部煤层 underseam
底部蒙皮 bottom skin
底部摩阻力 bottom friction
底部磨削 root bed grinding
底部抹灰板 bottom mechanical float
底部泥沙 bottom sediment
底部泥沙取样器 bottom sampler
底部黏[粘]土 bottom clay
底部排出 bottom blow
底部排放管 bottom withdrawal tube
底部排料阀 bottom-discharge valve
底部排泥 bottom discharge
底部排沙 bottom-discharge of sediment; bottom flushing of sediment
底部排水 bottom-discharge of water; bottom drainage
底部排水阀 bottom drain valve
底部排水管道 underdrain tile
底部排水孔 bottom door
底部排水系统 bottom drainage system
底部排泄 bottom discharge
底部炮眼 snake hole; sumper; toe hole; lifter hole <开挖隧道导坑的>
底部配件 bottom fitting
底部喷射口 bottom bullnose
底部片滑 bottom slab slide
底部铰接平板门 tilting gate
底部平基 sill level
底部铺盖 toe blanket
底部曝气 under aeration
底部齐平面 bottom flush
底部牵引 bottom traction
底部切削 <直尖轨的> base cut
底部切应力 bottom shear stress
底部侵蚀 basal erosion
底部倾卸 belly-dumping; bottom dumping
底部倾卸的半挂车 belly discharge semi-trailer; belly-dump semi-trailer; bottom-discharge semitrailer; bottom-dump semitrailer
底部倾卸的驳船 bottom-discharge scow
底部倾卸的货车 bottom-discharge tractor-truck
底部倾卸的平底船 bottom-discharge scow; bottom-dump barge; bottom-dump scow
底部倾卸的弃土车 bottom-dumping muck-car
底部倾卸的拖挂车 bottom-discharge tractor-trailer
底部倾卸的拖拉卡车 bottom-discharge tractor-truck
底部倾卸的拖运拖车 bottom-dump hauling trailer
底部倾卸的运输车 belly-dump wagon
底部倾卸装置 bottom-dump unit
底部清除塞 bottom cleaning plug
底部驱动的 underdriven
底部扇形闸门 bottom sector gate
底部设有活动螺旋的日调节冰箱 live screw bottomed ice day tank
底部摄影机 fundus camera
底部深挖 undermining
底部渗流 underseepage
底部升高量 <航空、航海> dead rise
底部绳索 lower rope
底部式吉斯莫万能采掘机 bottom-dumping gismo
底部收缩 bottom contraction
底部输送升运器 undershot elevator
底部水 bottom water
底部水辊 bottom roller
底部水流 bedflow
底部水平 sill level
底部水箱 low-level water tank
底部水闸 deep sluice
底部水闸截面 deep sluice section
底部水闸剖面图 deep sluice section
底部水中波速 bottom water velocity
底部缩窄 bottom contraction
底部踏步 bottom station
底部掏槽 bottom(draw) cut; jad; toe cut; underhole
底部掏槽炮眼组 downcut round
底部掏捞 toe cut
底部掏蚀 basal sapping
底部淘刷 bottom cut
底部梯度电极系 later sonde at bottom
底部填料 underfilling
底部填药料 bottom charge
底部条件 bottom condition
底部通风粮箱 bottom ventilated bin
底部通风式干燥器 floor drier[dryer]
底部通气 bottom ventilation
底部透空楼板 hollow-backed flooring
底部凸缘接合板 bottom flange junction plate
底部图 underside view
底部土样 bottom soil sample
底部推进 bottom feed
底部拖运和洒布挂车 bottom-dump hauling and spreading trailer
底部挖掘 undermine
底部弯矩 base moment
底部喂料 bottom feed
底部物质 bottom material
底部锡 bottom tin; tin pickup
底部纤维 bottom fiber[fibre]
底部泄水道 under sluice
底部泄水的闸阀 sluice valve with bottom release
底部泄水坑道 bottom emptying gallery
底部泄水孔 under sluice
底部泄水廊道 bottom emptying gallery
底部泄水渠 under-sluice canal; under-sluice channel; under-sluice section
底部泄水隧洞 bottom-discharge tunnel; deep sluice; low-level outlet tunnel; under-sluice tunnel
底部泄水闸 bottom sluice; ground sluice; under sluice
底部泄水闸门 bottom sluice gate; ground-sluice gate
底部卸出的货车 bottom-discharge wagon
底部卸料 bottom discharge; bottom-dump(ing)
底部卸料车 bottom-dump car; bottom-dump truck; bottom-dump wagon; center[centre] dump car
底部卸料斗 bottom-dump bucket
底部卸料离心机 basket type centrifugal separator; basket type centrifuge
底部卸料式卡车 floor hopper truck
底部卸料拖车 bottom-dump trailer; center dump trailer
底部卸载 bottom discharge
底部卸载机 bottom unloader
底部形状 bottom configuration
底部旋窗 bottom-pivoted ventilator
底部旋滚 <水流的> ground roller
底部旋气窗 bottom-pivoted ventilator
底部压紧板 bottom clamping plate
底部压力 base pressure; under-pressure; bottom pressure
底部腰(护)板 <打桩用> bottom wale piece(of the piling)
底部摇窗 bottom-pivoted ventilator
底部咬合采样器 bottom grab
底部叶片 base leaf
底部异重流 underflow-density current
底部翼缘钢条 bottom flange bar
底部翼缘接合板 bottom flange junction plate
底部引裂条 <混凝土道路接缝处> bottom crack inducer
底部引线型 bottom lead type
底部预热 bottom heating
底部约束 bottom contraction
底部闸门 bottom gate; deep sluice; under sluice
底部照相机 fundus camera
底部蒸汽加热蒸馏釜 steam-bottom still
底部整平器 bed leveler
底部支撑 bottom sprag; ground prop
底部支承的拉门 underhung door
底部支柱 bottom shore
底部直径 bottom diameter
底部止水条封 bottom seal
底部装药 base charge; bottom charge
底部状况 bottom condition
底部纵材 bottom longitudinal
底部纵骨 bottom longitudinal
底部纵向多支廊道 longitudinal floor manifolds
底部纵向廊道充泄水系统 longitudinal floor culvert system
底部阻力 base drag; bottom drag
底部组成的单元 base component
底部钻进 snakeholing
底部钻孔 snake hole
底部钻眼 underdrilling
底材 base metal; grounds; parent metal
底材处理 substrate preparation
底彩 body paint; undertone tint
底舱 bilge; bilged compartment; bottom hold; low hold
底舱顶板 tank top
底舱货 bottom cargo
底舱人孔 sunken manhole
底槽 bottom cut; floor groove; floor recess; kerve; bottom kerf <采矿的>
底侧翻光面 pavilion
底侧内龙骨 bilge keelson
底侧支撑 bottom lateral brace
底层 basal layer; base course; base layer; basement level; bed course; bedding; bottom bed; bottom coat; bottom course; bottom layer; bottom set(bed); bottom stratum; first coat; first floor; floor lay; floor level; footing course; lower course; near-bottom layer; priming coat; seat earth; sill level; sublayer; substratum [复 substrata]; underbed; basement stor(e)y <楼的>; first stor(e)y <美楼层叫法>; setting

bed < 水磨石墙 >; grip coat < 搪瓷 >; ground floor < 英国楼层叫法 >
底层板 base sheet; backing board
底层表面处理 < 油漆的 > preparation surface for painting
底层表面集电流 undersurface collection
底层冰 bottom ice
底层冰渍土【地】basal till
底层材料 base material; laying material; prime material
底层采水样器 bottom water sampler
底层舱装货 flooring off
底层草 bottom grass
底层测试仪 low-layer tester
底层衬板 backing material
底层衬砌 primary lining
底层承载能力 subgrade bearing capacity
底层存车场 basement car park
底层的 at ground level; demersal
底层地板 ground-floor; subfloor(ing)
底层地板梁 subfloor beam
底层地板面层 ground-level floor(ing)
底层地表格栅 ground joist
底层地面构造 ground-floor construction
底层地体 bed block
底层地下室 lower basement
底层电梯平台 bottom terminal landing
底层定向拖网 beam trawl
底层定置网 bottom setting net
底层发酵 bottom fermentation
底层发展 low-rise development
底层反向流 undertow current
底层房屋 flat block
底层放牧 bottom grazing
底层粉刷 basecoat plaster
底层封闭 seat seal
底层浮标瓶 bottom bottle
底层浮游生物取样器 bottom-plankton sampler
底层覆盖 bed surround
底层钢筋 bottom bar
底层高度 ground-floor height
底层构造 ground-floor construction; infrastructure
底层焊接 backing run(weld); backing welding
底层焊条 uranami welding electrode
底层花砖 base tile
底层灰 < 在二道抹灰中 > brown coat
底层灰浆 undercoat mix(ture)
底层灰泥 backing(coat) plaster
底层混合灰泥 backing(coat) mixed plaster
底层混合料 backing mixture; basecoat mix(ture)
底层混合涂料 basecoat stuff
底层混合物 backing coat mix(ture)
底层混凝土 base course concrete; bottom course concrete
底层混凝土之下 sub-concrete
底层继电器 floor relay
底层甲板 bottom deck
底层坚固的路面 well-bottomed road
底层建筑物 flat building
底层胶 bedding compound
底层胶合板 base plywood
底层胶泥 bedding cement
底层接触式导电钢轨 under-contact conductor rail
底层接缝 bed joint; course joint
底层结构 bottom course structure; infrastructure; substruction; substructure
底层结构位移的竖井 down structure deflection of the well
底层金属 backing metal; base metal; parent metal; underlying metal
底层金属薄片 base foil
底层金属基料 parent metal
底层沥青 base asphalt(ic bitumen); base bitumen
底层菱形平面 diamond-shaped ground plan
底层流 bed current; bottom current; bottom flow; near-bottom current
底层流密度 underflow-density
底层流速计 bottom current meter
底层楼 ground stor(e)y
底层楼板 ground-floor slab
底层楼地面 above-grade subfloor
底层炉料 hearth layer
底层毛毡 base felt
底层面层两用漆 primer surfacer
底层面积 ground(floor) area
底层面砖 base brick; base tile
底层磨光 first polish
底层抹灰 base coat; basecoat floating; scratch coat
底层抹灰材料 undercoating material
底层抹灰混合砂浆 undercoat mixed plaster
底层木地板 timber ground floor; wooden sub-floor
底层内 below stair(case)
底层泥浆 bottom mud
底层逆流 undertow current
底层黏[粘]结剂 bedding compound
底层抛光 first polish
底层配筋 bedding reinforcement
底层平面尺寸 ground plan dimension
底层平面图 < 英 > ground-floor (ground) plan; ground plan
底层平面图模型 plan shape
底层平台 bed bench
底层漆 prime(r) paint; priming coat; priming paint
底层墙壁 ground-level wall
底层墙(建) base wall
底层区 bottom area; bottom region
底层取样器 bottom sampler
底层染色 bottom dyeing
底层入口 ground-floor entrance
底层上生的 epibiotic
底层设有公共建筑的住宅 apartment in clogs
底层深海的 abyssal benthic
底层生物 stratobios
底层水 bottom water
底层水流 bottom flood
底层水缺氧 bottom anoxia
底层天然排水 substratum drainage
底层填料 underfilling
底层停车场 basement car park
底层图样 ground plan
底层涂布 subbing
底层涂料 backing paint; backing stuff; filling colo(u)r; ground coat (enamel); internal primer; prime (r) base; prime(r) paint; priming paint; undercoating paint; undercoat of paint; undercoat stuff
底层土 subsoil; underlying soil; underlying ground; undersoil
底层土壤农用排水 subsoil agricultural drain
底层土(壤)排水 subsoil drainage
底层土天然排水 subsoil nature drainage
底层弯曲 bending of strata
底层为集体公寓 apartment combining shop and dwelling units
底层为商店等的公寓 apartments combining shop and dwelling units
底层为商店等的集体宿舍 apartments combining shop and dwelling units
底层温度 bottom temperature
底层吸收 background absorption
底层瑕疵透过面层显露 show-through
底层下的地下室 subbasement
底层线脚 bed mo(u)ld(ing)
底层岩石 seat rock; underlying rock
底层养殖 bottom culture
底层页岩 base slate
底层异重流 density underflow
底层油漆 paint primer; priming colo(u)r
底层油毡 base sheet; underfelt
底层有空穴的接缝 hollow bed
底层与二层的夹层楼 mezzanine
底层渣床 under ballast
底层纸 backing paper
底层终点站平台 bottom terminal landing
底层柱式结构 pole construction
底层砖石墙 ground-floor masonry wall
底层总面积 ground area
底插销 bottom bolt
底产井 stripped well
底朝天 bottom up
底车砌块 bottom segment
底彻盘仪表板 < 起重机 > carrier dash
底沉积 bottom sediment
底沉积物 bottom sediment
底衬 backlining; bottom bush; bottom liner; bottom lining; end liner; soffit lining; under blanket; undercoat(ing)
底衬板 backing board
底衬层 separating layer
底衬环 main bush
底衬屋檐 soffit lined eaves
底撑 bottom brace[bracing]; bottom shore
底撑式平台 bottom-supported platform
底承托 bracketing
底充气搅拌 agitation subaeration
底冲式 bottom-discharge type; bottom-dump; bottom-emptying
底冲式金刚石钻头 face discharge bit; face injection bit
底冲式原钻头 bottom-discharge bit blank
底冲式钻头 bottom-discharge bit; face ejection bit
底抽浇口 draw-in runner
底传动式双动拉伸压力机 underdrive-type double action drawing press
底床 bottom
底吹 bottom blowing; under blowing; undergrate blast
底吹锻铁炉 bottom blast forge
底吹法 bottom blown oxygen process; subaeration
底吹机 subaerator
底吹碱性转炉钢 bottom blow basic converter steel; Thomas steel
底吹式浮选机 subaeration machine; subaerator
底吹酸性转炉钢 Bessemer steel; bottom blow acid converter steel
底吹转炉 bottom-blowing[blown] converter[convertor]
底唇截面宽度 cut width
底唇面 < 钻头的 > inside face; bottom lip surface
底催干剂 bottom drier[dryer]
底大梁 bottom girder
底刀 dead knife; bed knife
底刀板 bed plate
底刀刀片 bed-plate knife
底刀盘 bed plate
底刀片 shear bar
底刀刃 counteredge
底刀式刮涂填孔机 bottom knife coater
底导板 bottom guide vane; bottom vane
底导洞(法) bottom heading
底导轨 < 门的 > lower guide track
底导坑(法) bottom heading
底导流叶片 bottom vane
底倒角 bottom-wear chamfer
底点读数 nadir reading
底点对点器 < 向下垂直照准的光学对点 > nadir plummet
底点辐射三角测量 nadir-point plot
底点辐射线 nadir radial line
底点角 nadir angle
底点纬度 latitude of pedal
底垫 base wad; bearing plate; foot side; foot wall; underbed; underlayer
底垫层 foot mat; subbase course
底垫件 footing piece
底吊试验 lifting test by bottom fitting; lifting the bottom test
底端固定的桩 fixed-end pile
底端馈电天线 end-fed antenna
底端(桶) bottom end
底端削尖的岩芯管钻头 biscuit cutter
底断面 bottom section
底锻模 bottom tool
底囤甲板 pontoon deck
底囤水舱 pontoon tank
底发酵 bottom fermentation
底阀 bottom valve; foot valve; outer gate
底阀橡胶圈 rubber face for valve
底阀罩 foot valve cage
底阀座 foot valve seat
底阀座垫片 packing for foot valve
底帆边索 foot rope
底泛水片 soaker
底飞边 bottom flash
底风 bottom blowing; under blowing
底封 subsealing; underseal(ing); underseal work
底封层地沥青(混凝土) asphalt underseal(ing)
底封沥青 undersealing asphalt
底封头 bottom head
底缝 base joint
底缝开裂 checked bottom joint
底浮雕 bas-relief
底负荷 bed(material) load; bottom load; dead load; quiescent load
底负载 bed(material) load; bottom load; dead load; quiescent load
底盖 base cup; bottom cap; bottom head; bottom plug; lower cap; lower head
底盖板 bottom cover plate
底干 bottom drying
底干料 bottom drier[dryer]
底杆 bottom bar; sill bar; sole bar
底高比 base-height ratio
底高求积法 base-altitude method
底稿 esquisse; manuscript
底革 butt leather
底革打光机 pendulum roller
底革辊筒机 sole leather roller
底格里斯河 Tigris River
底给棉纱头加油器 bottom feed waste oiler
底跟加固打钉机 sole heel reinforced nailing machine
底拱 inverted arch
底拱高程 invert elevation
底拱沥青铺砌的波纹管 paved-invert corrugated pipe

D

底沟 bottom channel;cunette
底沟形断面 cunette-shaped section
底钩 bottom dog
底构架 underframe
底谷 bottom glade; bottom land; inverted cusp <指旋涡>
底鼓 bottom squeeze; floor heave; floor lift; bottom heave
底臌 <隧道的> heaving of tunnel
底灌 uphill grouting
底柜 cabinet base;undershelve
底辊 bottom roll;foot roll
底滚子 bottom roller;bottom runner
底焊 back welding;weld(ing) on bottom
底焊缝 back(ing) weld
底焊焊道 backing pass
底焊焊缝 backing weld;backrun
底痕 sole mark
底桁材 bottom girder
底桁梁 cross member
底横撑 bottom lateral bracing
底横梁 bottom cross beam
底厚 base thickness
底滑道 ground ways;standing way
底画 abbozzo;bozo
底环 base ring; bottom cover; bottom lid; bottom ring; discharge rim; foundation ring; rear lid; discharge ring <混流式水轮机的>
底环上环 upper speed ring
底环下环 lower speed ring
底灰 bottom ash; underbed; back plaster; front putty; primary coat (ing); rendering coat <指油漆>
底灰刮毛板条 lath scratcher
底灰划毛 devilling;scratching
底灰煤 ash-free coal
底回波 bottom echo
底火后退 primer setback
底火雷管 primer detonator
底火漏泄 primer leak
底火帽 primer cup
底火室 cap chamber
底火座 primer seat
底或中道灰泥 floating coat
底货 ballast cargo;bedding
底货载 bottom cargo
底积层 infraglacial deposit <冰川>; bottom set (bed) <三角洲的>【地】
底积层沉积 bottom set deposit
底积粉煤灰 bottom ash
底积物 bottom material
底基 background; carrier material; floor sill;mud sill;subbottom
底基板 bed-plate bed
底基薄板 backing sheet(ing)
底基层 bottom coat; bottom course; first (sub) base; subbase course; subbase layer; underlayer; underlying course;subbase
底基层材料 subbase material
底基(层的)上层 upper subbase
底基层摩擦 subbase friction
底基层排水 subbase course drain (age)
底基层排水管 subbase drain(pipe)
底基层平整机 subbase grader
底基式移动结构 bottom founded mobile structure
底基断层 sole fault
底基架 bed-frame bed
底基木 mud sill
底基墙 base wall
底极电弧炉 electrode-hearth arc-furnace
底极发射管 emitting sole tube
底脊 bottom ridge
底甲板 bottom deck;orlop deck
底价 bottom price; floor price; hard pan;price lining;reserve price
底架 base frame; chassis; chassis frame; chassis underframe; cradle; foundation frame; pedestal; sole plate; subframe; underbed; undercarriage;under-chassis
底架带减震器的车辆 cushioned underframe car
底架端部 underframe end
底架端部盖板 platform cover plate
底架端部与双枕梁组合结构 combined platform and double body bolster
底架端部铸件 platform casting
底架端梁 headstock
底架横撑 frame cross tie;underframe cross tie
底架横梁 body transom; underframe cross-girder;underframe cross tie
底架拉条 frame brace
底架千斤顶 undercarriage jack
底架润滑剂 chassis lubricant
底架上的心盘 underframe pivot
底架下的发动机 underfloor engine
底架悬挂电动机 frame suspended motor
底架总成 chassis assembly
底尖 vertex[复 vertices/ vertexes]
底槛 base-sill; bed silt; bottom sill; foundation sill; groundsel; ground sill; sill angle; subsill; embedded ground sill
底浇口 bottom gate
底浇铸型 bottom-pour mo(u)ld
底胶 adhesion promoter;base coat
底胶料 bottom sizing
底焦 bed coke;coke bed
底焦高度 bed coke height
底焦料 coke blank
底角 base angle;basic angle
底角铁 sole bar angle
底脚 bottom settlings;footing
底脚安装式 foot-mounted
底脚材料 footing material
底脚垫块 foot block
底脚吊杆 heel boom
底脚荷载 footing load
底脚护坡 apron
底脚基础 footing foundation
底脚开挖 footing excavation
底脚块 footing piece;footpiece
底脚梁 footing beam;ting beam
底脚螺钉 stone bolt
底脚螺栓 anchor bolt; bed bolt; fang bolt; foundation bolt; hacked bolt; holding-down bolt;stone bolt
底脚螺丝 foot screw
底脚模板 footing form
底脚调整 footing adjustment
底脚调整螺丝 foot adjusting screw
底脚支承 foot bearing
底铰的 bottom-hinged
底铰内开窗 hopper window
底接 base budding
底接触导轨 under-contact rail
底接触第三轨 underrunning third rail
底接结合点 base union
底接头 bottom socket
底节理【地】bottom joint
底结 bear building-up;heel;scull
底截镶板【建】bottom panel
底金属 base metal;substrate
底径 bottom diameter
底开车 light hopper wagon
底开井 <井管底部进水的井> open-end well
底开门 <开底泥驳的> hopper door; bottom dump;bottom opening door
底开门车(辆) bottom dump wagon; bottom door;bottom drop car;drop bottom car; trap bottom wagon; hopper car;hopper wagon
底开门车身 hopper body
底开门储料仓 live bottom bin
底开门料斗 drop bottom bucket
底开门漏斗 dump hopper
底开门排泥 bottom discharge
底开门拖查 live-bottom trailer
底开门卸车作业 bottom dumping operation
底开门卸料斗 dump bucket
底开门卸料卡车 bottom-dump truck
底开门卸料坑 <卡车卸料的> live bottom pit
底开门运料斗 bucket with a drop-bottom;drop bottom bucket
底开门自卸挂车 bottom-dump trailer
底开泥舱 open hopper
底开式驳船 bottom hopper barge
底开式钢锭模 open bottom mo(u)ld
底开式混凝土摊铺机 open-bottomed concrete spreader
底开式夹叉 bottom opening jaw
底开式井 open-bottomed bell
底开式料车 bottom emptying wagon
底开式料斗 hinged bottom hopper
底开式料桶 drop bottom bucket
底开式泥舱 hopper
底壳 bottom case; drain pan; pan; sump
底坑 foundation ditch;pit
底坑法 <隧道> drift method
底空间 base space
底空楼板 hollow-backed flooring
底孔 bottom hole; bottom opening; underport
底孔导流 bottom outlet diversion
底孔管嘴 bottom-hole choke
底孔进水口拦污栅 bottom intake rack
底孔扇形面积 bottom sector gate
底孔压力 bottom-hole pressure
底孔闸门 bottom gate;ground gate
底块 sole piece;invert block <管道内的>
底宽 base width;bottom width
底款 <器皿底标记> back stamp; bottom stamp
底框 underframe
底拦栅坝引水 bottom stockade dam diversion
底肋材 floor timber
底棱 basal edge
底沥青 prime coat(ing)
底砾 anchor(age) stone
底砾岩 basal conglomerate
底链 lengthening piece
底梁 base girder; bedstone; bottom beam; bottom girder; bottom (-layer) plate;cill;collar;floor bar;floor timber; mud sill; sill (beam); sole bar;subsill;bottom sill <车身的>; cross member <集装箱>; floor bearer <集装箱>
底梁接合板 sleeper joint plate
底梁锚固件 sill anchor
底料 bed charge;bottom material
底料层 hearth layer;initial bed
底料钟 bottom bell
底裂 floor breaks <废矿的>; half-moon breaks <钢轨的>
底溜 undertow
底流 bedflow; bottom current; bottom flow; subflow; undercurrent; underflow; underrun; undertow (current);bottom flood
底流挡板 underflow baffle
底流方向 bottom current direction
底流方向计 bottom current direction meter
底流方向仪 bottom current direction meter
底流痕 underflow mark
底流排出口 apex[复 apices/apexes]
底流式桶 ladle of the bottom pour type
底流式闸门 underflow gate
底流速 bed velocity;bottom velocity
底流线 flow line
底流仪 bottom current meter
底隆 bottom heave;ground swell
底漏管 bottom withdrawal tube
底漏管法 <颗粒分析的> bottom withdrawal method
底轮 bull wheel
底轮滑车组 yard tackle
底轮滑轮组 yard tackle
底螺栓 bottom fastening bolt
底煤舱 hold bunker
底门 bottom door;drop door
底门安全链 hopper door safety chain
底门吊 bottom door winding chain belt fastener
底门吊环 bottom door hanger link
底门吊销托 bottom door hanger link pin seat
底门绞链机构 link mechanism
底门卷链轴 bottom door winding shaft
底门开闭机构 bottom door operating mechanism;drop door gear
底门开闭装置 lading discharge device
底门链 drop door chain
底门链环 drop door chain ring
底门式受泥船 mud barge with bottom door
底门摇把 bottom door operating handle
底门折页 bottom hinge
底面 back surface; basal face; basal plane; basal surface; baseplane; base plate; base surface; bottom section; lower plane; lower surface; plancier; soffit; sole; subface; subsurface; underbed; underside; undersurface; bottom surface
底面标高 bottom elevation; level of the bottom
底面采样 bottom sampling
底面层修补 subsurface repair
底面高程 level of the bottom
底面合一面漆 self-priming top coat
底面合一漆 one-coat paint
底面合一涂料 combined primer/top coat coating; primer-top coat coating
底面滑移 basal slip
底面机动抹灰板 bottom mechanical float
底面机动修平刀 bottom mechanical trowel
底面积 area of base; area of floor; basal area;floor space
底面剪力 base shear
底面接触的导轨 under-contact rail
底面解理【地】basal cleavage
底面金刚石(钻头)face stone
底面开孔水翼 base-vented hydrofoil
底面刻齿的 underserrated
底面两用面漆 self-priming top coat
底面两用漆 self-priming
底面裂缝 basal crack
底面裂抹灰 soffit finish
底面模板 soffit form;soffit shuttering
底面抹光机 bottom mechanical float
底面抹灰 soffit finish
底面排水 <钻头> face discharge
底面漆配套试验 finishing test
底面漆配套稳定性 fastness to over-

painting;fastness to recoating
底面起伏 bottom relief;bottom topography
底面切力 base shear
底面饰面 soffit finish
底面收缩缝 bottom surface dummy joint
底面双晶 Manebach twin
底面双晶律【地】Manebach twin law
底面水 bottom water
底面榫接 bed joggle
底面通过 underrun
底面通气水翼 base-vented hydrofoil
底面图 ground plan;surface plan
底面涂层 back(ing) coat(ing);bottom coat;bottom covering;priming coat
底面维放进 underside
底面误差 bottom surface error
底面镶板 bottom panel
底面印痕作用 sole marking
底模 backform;bed die;bottom die;bottom formwork;bottom frame;counter-die;die bed;die block;flask board;negative die;soffit formwork <模板的>
底模板 bottom formwork;bottom shuttering;pallet;soffit
底模板的吊拉杆 formwork hanger tie
底模可清除残杂物的活动口 clean out trap
底模千斤顶 form jack
底模砧孔 hardie-hole
底摩擦 bottom friction
底摩擦力 bottom friction
底摩擦系数 bed friction factor;coefficient of bottom friction
底摩擦值 bottom friction value
底摩阻系数 coefficient of bottom friction
底摩阻值 bottom friction value
底木 bottom timber;footpiece;ground brace;patand;sill(timber);subsill;timber sill
底泥 bed mud;benthic mud;bottom mud;bottom sediment;substrate sludge
底泥采样 sediment sampling
底泥采样器 sediment sampler
底泥成分 sediment composition
底泥毒性 sediment toxicity
底泥分析 sediment analysis
底泥富集系数 sediment enrichment factor
底泥监测 sediment monitoring
底泥可萃取磷 sediment extractable phosphorus
底泥-磷-氮模型 sediment-phosphorus-nitrogen model
底泥浓度 sediment concentration
底泥评价标准 sediment assessment standard
底泥群耗氧量 sediment community oxygen consumption
底泥上覆水 sediment overlaying water
底泥释放 BOD 系数 BOD-releasing coefficient from bottom sludge
底泥释放生化需氧量系数 biologic(al) oxygen demand-releasing coefficient from bottom sludge
底泥水界面 sediment-water interface
底泥污染 pollution by sediments;sediment contamination;sediment pollution
底泥污染点源 point source of sediment contamination
底泥污染控制 sedimentation pollution control;sediment pollution control
底泥污染控制法令 Sedimentation Pollution Control Act
底泥污染强度 severity of sediment contamination
底泥-污染物输移模型 sediment-contaminant transport model
底泥污染指数 sediment pollution index
底泥需氨量 sediment ammonia demand
底泥需氧量 benthal oxygen demand
底泥需氧率 sediment oxygen demand rate
底泥样本 sediment sample
底泥有机质含量 organic content of the sediment
底泥运移 sediment transport
底泥运移能力 sediment transport competency
底泥再悬浮 sediment resuspension
底泥质量 sediment quality
底泥质量标准 sediment quality criterion;sediment quality guideline
底黏[粘]土 coal clay;coal sear;dunstone;root clay;seat earth;thill;underearth;underclay
底黏[粘]土层 seat clay;underclay
底黏[粘]土灰岩 underclay limestone
底耙角 <金刚石钻头切削刃> back rake
底排水 subsurface drainage
底排水道 underdrain
底排水孔 bottom(outlet) door
底排水式干船坞 bottom drained drydock
底排水支管 underdrain manifold
底盘 base plate;basic machine;bed;bottom head;car-carrier;carriage;carrier;chassis mainframe;heading side;keel block;landing base;lying wall;main frame;mill bed plate;mounting;pan;pillar plate;saucer;subfascia;undercarriage;underchassis;underpan;underplate;floor
底盘测功机 chassis dynamometer
底盘车 chassis;trailer chassis
底盘车队 chassis train
底盘车队系统 chassis system
底盘车方式 chassis system
底盘车架 chassis frame
底盘车体成套结构 unit chassis-body construction
底盘车停车场 chassis yard
底盘车运输集装箱方式 chassis system
底盘尺寸规格 undercarriage length
底盘弹簧 chassis spring
底盘的发动机 <起重机> carrier engine
底盘电线 chassis wiring cable
底盘发动机 engine in situ
底盘防锈用黑色涂料 chassis black
底盘负载量 carrying capacity of chassis
底盘高度 chassis height
底盘号 chassis number;identification number
底盘号码 chassis nozzle
底盘横挡 chassis cross member
底盘后端 extreme end of chassis
底盘驾驶室 <起重机> carrier cab
底盘架 underframe
底盘接地 chassis earth;chassis ground
底盘接线柱管 chassis wiring terminal sleeve
底盘净空 ground clearance under chassis
底盘框架 carrier frame
底盘螺丝 foot screw
底盘配件 chassis fittings
底盘平台 <起重机> carrier deck
底盘全长 overall length of chassis
底盘全宽 overall width of chassis
底盘式 base type
底盘式结构 base-type construction;chassis-mounted construction
底盘式平台 template platform
底盘式铺砂车 chassis-mounted gritter
底盘式铺砂机 chassis-mounted gritter
底盘司机室 <起重机> carrier cab
底盘右梁 right-hand chassis beam
底盘振实器 vibratory base pan compactor
底盘支架 chassis frame
底盘脂 chassis grease
底盘总成 chassis assembly
底盘组装 chassis assembly
底盘座 subbase
底喷式鱼尾钻头 Appleman gumbo bit
底片 film(chip);film negative;negative(film);negative picture;negative plate;original;photographic(al) negative
底片暗盒 plate magazine
底片比例尺 plate scale
底片边缘 negative margin
底片变形 plate distortion
底片玻璃 dry plate glass
底片薄 negative album
底片常数 plate constant
底片常数法 method of plate constants
底片常数方差 plate constant variance
底片尺寸 negative plate size;plate dimension;plate size
底片重叠法 plate overlap method
底片储藏 negative storing
底片处理 film processing
底片对比率 film contrast
底片法 negative method
底片反差 negative contrast
底片方位角 negative plate azimuth
底片方位元素法 method of plate orientation elements
底片敷纸 marigold
底片幅面 negative area;negative format
底片观察盒 negatoscope
底片观察用光源 film viewer
底片号 photographic(al) plate number
底片盒 magazine chamber;negative carrier;negative holder;plate holder
底片黑度 photographic(al) density
底片记录 negative writing
底片夹 film holder;film storage album
底片架 negative rack
底片胶卷 master film
底片卷轴支架 negative spool holder
底片库 negative plate library;plate library
底片晾干 negative drying
底片晾干架 negative drying hanger
底片量度仪 plate measuring machine
底片模糊 film fogging
底片片孔 negative perforation
底片平面无倾斜纠正仪 non-tilting-negative-plane rectifier
底片平行线 plate parallel
底片清漆 negative varnish
底片上的说明文字 titling
底片套 negative album
底片图 negative map;negative pattern
底片雾 photographic(al) fog
底片修改 negative correction
底片翳雾斑 flare
底片因子 plate factor
底片浴槽 negative-bath
底片增厚剂 intensifier
底片纸 negative paper
底片中心 plate center[centre]
底片轴 negative axis;plate axis
底片注记 negative titling;titling
底片自动传输装置 automatic film advance mechanism
底拼合的倾卸门 split-bottom dump
底平面 basal plane;base plane
底坡度 base slope;bed slope;bottom slope;slope of bottom
底栖贝类 benthic mussels
底栖大型无脊椎动物 benthic macroinvertebrate
底栖带 benthic zone
底栖的 benth(on)ic;demersal
底栖动物 benthic animal;zoobenthos
底栖动物区系 benthic fauna;bottom fauna
底栖动物取样器 benthic infauna sampler
底栖动物群 benthic fauna;benthonic fauna;bottom fauna
底栖分区 benthonic domain
底栖固着生物 sessile organism
底栖硅藻 benthic diatom
底栖含氮生物耗氧速率 benthic nitrogenous oxygen consumption rate
底栖环境 benthic environment
底栖阶段 bottom living stage
底栖区 benthic zone
底栖群落 benthic population
底栖生境 benthonic realm
底栖生态系统 benthic ecosystem
底栖生态学 benthic ecology
底栖生物 abyssobenthos;benthonic organism;benthos;bottom-dwelling organism
底栖生物带 benthic biozone;benthos belt
底栖生物群落 benthic community;bottom biocenoses
底栖生物摄氧速率 benthic oxygen uptake rate
底栖生物需氧量 benthic oxygen demand
底栖生物(遗体)沉积 bentogene sediment
底栖食肉动物 demersal carnivore
底栖水表漂浮生物 benthohypo-neuston
底栖微生物 benthic microorganism;benthonic microorganism
底栖微小无脊椎动物 benthic microinvertebrate
底栖无脊椎动物 benthic invertebrate;benthonic invertebrate
底栖游移生物 vagile organism;vagrant benthos
底栖鱼 bottom living fish;dermarsal fish;ground fish
底栖鱼类 benthic fishes;bottom living fishes
底栖藻类 benthic alga[复 algae]
底栖植物(区系) benthic flora
底栖指示生物 indicator benthos
底栖种 demersal species
底栖种群 benthic population;demersal population
底漆 backing paint;back primed;basecoat of paint;base colo(u)r;base lacquer;bottom enamel;bottom layer;colo(u)r base;first coat;ground coat(enamel);inside paint;pad;paint base;paint primer;precoat(ing);prime coat(ing);prime material;prime paint(ing);primer(base);primer membrane;priming(coat);priming material;

priming paint; priming varnish; shop coat; undercoat(ing)(paint); back painting < 金属构件的 >
底漆层 base coat; inside paint coat; prime coat(ing); priming coat
底漆二道浆 primer surfacer
底漆刮刀 primer knife
底漆及木料填孔漆 primers and fillers
底漆料 priming composition
底漆腻子 base coat
底漆涂层 prime coat(ing)
底漆涂料 primer base
底漆用熟油 primer boiled oil
底启斗 < 底可以开启 > drop bottom bucket
底起爆 base initiation
底碛 < 冰川底部沉积物 > infraglacial deposit; basal till; bottom moraine; lodg(e)ment till; ground moraine
底碛冰 infraglacial deposit
底碛层 basal moraine; bottom moraine; infraglacial deposit; ground moraine; bottom set(bed)
底墙 bottom panel; bottom wall
底切 undercut(ting); undermine; undermining
底切岸坡 < 河的凹岸的 > undercut slope
底切槽 nip
底切割机 base cutter
底切焊接 undercut weld
底切河岸 undercut bank
底切滑动面 undercut bedding
底切坡 undercutting slope
底切坡岸 undercut(ting) slope bank
底切应力 bottom shear stress
底切作用 undercutting
底清漆 priming varnish
底区 base area
底圈 bottom ring; end coil; foundation ring; mud drum < 锅炉 >
底圈横梁 mud ring cross brace
底燃(烧)火炉 base burner
底刃 shear blade
底刃金刚石 kerf stone
底刃面刻齿的动刀片 underserrated section
底绒 under hair
底融 undermelting
底融沉积 undermelt deposit
底塞 bottom plug
底散云 base surge
底色 background; background colo(u)r; colo(u)r base; colo(u)r of ground; daub; flush(ed) colo(u)r; primary colo(u)r; priming colo(u)r; underpainting; undertone
底色调 ground tint
底色封闭 seal-off stain
底色钢皮的 steel-shoed
底色均匀度调整 colo(u)r shading control
底色墨水 background ink
底色漆 base coat
底色去除 under colo(u)r removal
底色染色 bottom dyeing
底色外透 < 底层油漆色彩透现在外 > grinning; grinning through
底沙 bed load; bed material(load); bed particle; bed sand; bed sediment; bed silt; bottom(bed) load; bottom sediment; bottom settlings; tractional load
底沙搬运率 rate of bed load transport
底沙采样器 bottom load sampler
底沙产生 bed production
底沙分布图 bottom sediment distribution chart
底沙分流 bed-load diversion
底沙公式 bed-load formula
底沙函数 bed-load function
底沙横向输移 bed-load sweep; transverse transport of bedload
底沙粒度 bed material size; bed particle size; bed sediment size
底沙粒径 bed material size; bed particle size; bed sediment size
底沙排射器 bed-load ejector
底沙取样 bed-load sampling
底沙取样器 bed-load sampler
底沙扰动 bed disturbance; bed perturbation
底沙输送量 bed-load discharge; bed sediment discharge; transport capacity of bed load
底沙输送率 rate of transportation of bed load
底沙输移 bed-load transport; on bed sediment transport
底沙输移量 discharge of solids
底沙输移率 rate of bed load transport; transport rate of bed load; transport rate of bed sediment
底沙输移总量 total bed sediment discharge
底沙体等厚图 isopach map of bottom sandstone body thickness
底沙推移 disloading of sediment
底沙运动 bed-load motion; bed-load movement
底沙总量 total bed load; total bed sediment
底沙组成 bed composition
底砂 floor sand
底烧炉 bottom fired heater
底烧窑 Suffolk kiln
底射式水轮 undershot water wheel; undershot wheel
底伸式后掠型搅拌器 bottom entering backswept agitator
底伸式搅拌器 bottom entering type agitator
底生藻类 benthic algae; benthos algae
底生植物 benthic plant; benthophyte
底石 bedstone; bottom level; plinth stone
底蚀活动 undermining action
底视图 backplan; bottom view; fish-eye view
底饰(线条) back mo(u)lding
底室 bottom compartment
底枢 bottom support; bottom pintle < 人字门的 >
底枢盖 pintle cap
底枢轴承 pintle bearing
底枢轴瓦 pintle bushing
底竖撑 bottom vertical brace
底数 base number; basic number
底数补数 radix complement
底水 basal water; bottom water
底水采样器 bottom water sampler
底水舱 water ballast chamber
底水灌溉 upward irrigation
底水和边水的压能 pressure energy of bottom and edge water
底水驱动 bottom water drive
底水取样器 bottom water sampler
底水水质指数 benthic quality index
底水位标 low-water mark
底水稳定 wastewater stabilization
底死点 bottom dead-center[centre]
底四边形 base quadrilateral
底速 bed velocity; bottom velocity
底宿吡丁 deserpidine
底索曲线 ellipse of distortion; Tissot's indicatrix
底塌 base failure
底台 base frame
底坍 base failure
底弹簧 bottom spring
底炭 blowing-in burden(ing)
底特律电炉 Detroit electric(al) furnace
底特律法 < 出行分布增长系数法之一,用于交通预测 >【交】Detroit method; method of Detroit
底特律港 < 美 > Port Detroit
底特律摇摆式电炉 Detroit rocking furnace
底提升机构 bottom lifter
底条 sill strip
底铁 floor iron
底停点 bottom dead-center[centre]
底筒分节式浮坞 sectional pontoon dock
底图 base chart; base drawing; base map; base sheet; basic map; basic plan; blank map; bordered separation; border sheet; cartographic(al) base; cartoon; drawing key; esquisse; first drafting; griblet; map base; master map; master sheet; mother map; parent map; traced drawing; transparent positive original; underlying graph; working map
底图图形 guide copy; guide image
底图样 dead colo(u)ring
底图纸 < 画详图用的描图纸 > detail paper
底涂 back coat(ing); back primed; base coat; bodying coat; bottom coating; daub; first coat; key rendering; primary coat(ing)
底涂柏油 < 道路 > prime coating road tar
底涂板 primer coated board
底涂层 backing coat; base coat; bed coat; bond coat; bottom coat; bottom covering; first coat; ground glaze; intermediate coat; lightweight rendering; primary coat(ing); prime coat(ing); prime membrane; primer coat(ing); priming coat(ing); rendering coat; undercoat(ing); ground coat
底涂成分 primer base
底涂珐琅 prime-coat enamel
底涂灰泥 basecoat(mixed) plaster
底涂机 basecoating machine
底涂料 basecoat stuff; ground coat (enamel); primer
底涂磨面底层 first coat in plastering work
底涂漆 body coat
底(涂)色 ground colo(u)r
底涂刷 ground brush
底涂填料 primer-filler
底涂涂料 undercoating paint
底涂颜料 priming colo(u)r
底涂油漆 ground coat paint
底土 base soil; bearing soil; bottom soil; buried soil; pan formation; subsoil; foundation soil; underearth
底土层 C-horizon; ground layer; subsoil stratum; substratum[复 substrata]
底土查勘 subsoil exploration
底土冲刷 subsoil erosion
底土处理 subsoil treatment
底土调查 subsoil study
底土防水 subsoil waterproofing
底土改良 subsoil improvement
底土灌溉 subsoil irrigation; underground watering
底土灌浆 subsoil grouting
底土勘测 subsoil study; subsoil survey
底土勘测设备 subsoil study device
底土勘察 subsoil investigation
底土控制 edaphic control
底土犁 subsoil plough; subsoil plow
底土农用排水 subsoil agricultural drain
底土排水 subsoil drainage
底土排水沟 subsoil drain
底土侵蚀 subsoil erosion
底土试样 subsoil sample
底土衰变 subsoil deterioration
底土水 subsoil water; subsurface water; subterranean water; undersoil water
底土探查 subsoil exploration
底土液化 subsoil liquefaction
底托 bracketing; collet
底托板 backing board; joist
底托架 bottom bracket
底拖 bottom tow
底拖网 bottom trawl; Danish trawler
底瓦 concave tile; tegula[复 tegulae]; under-tile
底弯肘管 shoe elbow
底桅下端接榫 heel tenon
底稳定度 bottom stability
底物 substrate
底物收率系数 substrate yield coefficient
底物循环 substrate cycle
底物抑制 substrate inhibition
底吸油芯加油器 bottom feed wick oiler
底吸自射式井点 bottom-suction self-jetting well point
底系定板 sill plate
底细 exact details; ins and outs; rock bottom
底下查勘 subsoil exploration
底下的开发路面 bottom development road
底下的门 bottom gate
底下的新鲜空气管道 bottom fresh air duct
底下护板 bottom gate leaf
底下面的支撑 subjacent support
底弦 bottom chord
底线 basic line; bottom line; bottom margin; footline; foot rule; underline; base line < 球场等 >
底线管理 < 以利润为唯一指标的管理方式 > bottom-line management
底线脚 bed mo(u)ld(ing)
底线图 base line
底箱 bottom case; bottom mo(u)lding box; mo(u)ld drag; nowel; undercasing < 铸造用 >
底销 base pin
底斜撑 bottom diagonal brace
底泄式闸门 underpour type gate
底泄水管 bottom emptying gallery
底泄水廊道 bottom emptying gallery
底卸 bottom-dump
底卸车 belly dumper; bottom-dump car; bottom-dump wagon; bottom emptying wagon; hopper bottom (freight) car; hopper car; hopper wagon
底卸混凝土罐 bottom-dump concrete bucket
底卸活门 bottom-discharge door
底卸卡车 bottom-dump truck; dump wag(g)on; dump-bottom car; gondola < 一种运送混凝土车辆 >
底卸料斗 bottom-dump bucket; drop bottom skip
底卸料斗式运货汽车 bottom-dumping(hopper body) truck
底卸门 bottom-discharge door; bottom-dump door
底卸式 bottom-discharge type; bottom-dump; bottom-emptying; drop bottom
底卸式半挂车 bottom-discharge semi-

trailer;bottom-dump semitrailer
底卸式铲斗 bottom-dump bucket
底卸式铲运机 bottom-dump scraper
底卸式车 hopper
底卸式车辆 hopper bottom car
底卸式船 bottom hopper barge
底卸式吊桶 bottom-discharge bucket
底卸式斗闸门 bucket gate
底卸式翻斗车 bottom-dumping muck-car
底卸式方驳 hopper scow
底卸式公路用自卸汽车 highway hopper
底卸式挂车 bottom-dump trailer
底卸式灰斗 ash hopper
底卸式货车 bottom-dump truck; dump-bed truck; floor hopper truck; hopper bottom freight car; truck with bottom dump body
底卸式箕斗 bottom-discharge skip; bottom-dump skip; bottom-emptying skip
底卸式吉斯莫万能采掘机 bottom-dumping gismo
底卸式集装箱 hopper container
底卸式卡车 bottom-dump; bottom-dump(ing)(hopper body) truck; hopper truck
底卸式矿车 drop bottom car;inclined bottom car; larry car; lorry car; Sanford-Day car
底卸式料仓 hopper bottomed bin
底卸式料车 bottom emptying wagon
底卸式料斗 bottom-discharge bucket; bottom-dump bucket; hopper bottomed bin
底卸式漏斗 bottom-discharge bucket
底卸式泥驳 bottom-discharge scow; hopper barge
底卸式泥驳卷绕装置 hopper barge winding gear
底卸式平底船 hopper scow
底卸式汽车 hopper bottom freight car
底卸式手推车 hopper bottom car
底卸式铁路货运车 hopper bottom rail car
底卸式拖拉机拖车 bottom-dump tractor-trailer
底卸式拖运机 bottom-dump haul-(i)er
底卸式挖斗闸门 bucket bottom gate
底卸式运货汽车 bottom-dump truck
底卸式运输车 bottom-dump haul(i)-er
底卸式运土船 bottom hopper barge
底卸式载货车 wagon hopper
底卸式闸门 bottom-discharge gate
底卸式自动倾卸汽车 bottom-dump haul(i)er
底卸式自卸挂车 bottom-dump trailer
底卸式自卸汽车 bottom dumper; floor hopper truck; bottom-dump truck
底卸拖车 bottom-dump trailer
底卸拖拉机拖车 bottom-dump tractor-trailer
底卸拖运车 bottom-dump haul(i)er
底卸运土车 bottom dumper
底卸载重汽车 belly dumper
底心格子 base-centered lattice
底心晶格 base-centered lattice
底心正交 end-centered orthorhombic
底薪 basic salary
底薪加计件工资 piecework wage plus basic salary
底形 bed form;bottom configuration
底形糙度 bed form roughness
底形叠加作用 bed form superimposition
底型 end plate
底锈 underrusting
底悬窗 bottom hung sash window
底悬内开翻窗 bottom-hinged in swinging window
底旋窗 bottom hung
底循环 bottoming cycle
底压 base pressure
底压力 bottom pressure
底压式造型机 bottom squeeze mo(u)lding machine
底压油泵 low pressure pump
底烟道 bottom flue
底岩 bed rock; bottom stone; hard seat;shelf;underlying rock
底眼 bottom shot;stope hole
底氧化物 suboxide
底样 bottom sample;ground pattern
底样采集 bottom sampling
底样采集器 bottom sampler
底叶 bottom leaf
底移质 bottom load;traction load
底翼缘 bottom flange
底翼缘板 bottom flange plate
底音 bottom
底印 <器皿标记> back stamp
底印重叠错位 back lapping
底涌 base surge;ground swell
底涌浪 ground swell sea
底涌云 base surge
底涌云沉积 base-surge deposit
底有截口的梁 kerfed beam
底釉 base coat; ground coat (enamel); ground glaze; primary coat(ing);priming coat;undercoat
底釉起绉 curtain
底渔业资源 demersal resources
底圆盘 <转动式起重机用> bull wheel
底缘 bottom edge;bottom flange;root edge
底噪声 back noise
底渣 bottom ballast; lower layer of ballast; under ballast; subballast <垫层的>
底渣层 subballast layer
底闸门活底铲斗 bottom gate skip
底炸孔 lifter hole
底张拉钢筋 bottom tension wire
底张拉钢丝 bottom tension wire
底涨力 bottom swelling
底着的 basifixed;innate
底砧 bottom anvil
底整合【地】base concordance
底正方形 base square
底支柱托盘 <挖泥船的> mud bearer
底止水 bottom water seal
底止条 bottom seal
底纸 base stock; grey paper; paper backing <砂纸的>
底质 bed-load sediment; bed material; bed sediment; bottom material; bottom matter; bottom quality; bottom soil;sediment load
底质比率 specific bed load
底质采集器 core sampler
底质采样 bed material sampling
底质采样器 bottom sampling device; bottom sampler
底质成分 bed composition
底质调查 bottom sediment investigation
底质勘察 bed material exploration
底质类型图 map of superficial sediment types
底质粒径中值 median bed material size
底质量 bottom quality
底质密度图 bed material density chart
底质取样 bed-load sampling; bottom sampling
底质取样方法 method of bottom sampling
底质取样器 bed-load sampler; bed material sampler;bottom sampler
底质去稳定作用 substrate destabilization
底质输送搬运率 rate of bed load transport
底质输送量 bed material discharge
底质输移 bed-load transport
底质输移率 bed-load discharge; bed material discharge
底质探测 detecting of bottom characteristics
底质推移 dislodging of sediment
底质推移率 rate of sediment transport; rate of transportation of bed load
底质稳定作用 substrate stabilization
底质污泥 substrate sludge
底质污染 substrate pollution
底质样(本) bottom probe; bottom sample
底质样品 bottom probe;bottom sample
底质运动 bed-load motion; bed-load movement
底质中值粒径 median bed material size;median bed sediment size
底质柱状采样管 core barrel
底重式活塞压力计 deadweight piston pressure ga(u)ge
底轴衬 bottom bush
底轴承 base bearing;foot bearing
底轴浇铸 lower pintle casting
底轴面 basal pinacoid
底注 bottom pouring; cast from the bottom; casting-in rising stream; pour from the bottom; rising pouring
底注包孔口 nozzle
底注法 bottom running
底注浇道 siphon runner
底注浇口 <内浇口向上倾斜> downpour gate; syphon runner; uphill running gate
底注盛钢桶 Bessemer ladle
底注式浇包 bottom pour ladle; stopper ladle
底注式浇口 bottom gate
底注式浇注系统 bottom gate[gating]
底柱设备 holloware
底柱式车架 subpost car frame
底铸(法) casting-in rising stream; group casting; uphill casting; bottom casting
底砖 bottom brick
底锥 base cone
底子 grounding;priming
底子灰 scratch coat
底子料 backing material
底足 <器皿的> foot
底足圈 basal ring;footring
底钻 subdrilling
底座 backing; back seat; base frame; basement; base plate; bed-plate; bottom case; bottom casting; car body; common bed; dolly bar; dolly block; footing; mounting base; pan; pedestal; plinth; seating(shoe); socle; sole piece; steadier; supporting platform; underbed; undercarriage; underframe; underplate; scamilli <抬高立柱或雕像用的>
底座安装式 foot-mounted; footmount type
底座安装型电动机 foot-mounted motor
底座凹槽 bed hook;bed recess
底座板 baseboard; bed plate; shoe plate
底座层 plinth course
底座垫圈 backseat gasket
底座对径 base diameter
底座发动机 base plate engine
底座阀门 backgate
底座灌浆 base mortar
底座基础 footing foundation
底座铰接头 base hinge
底座结构 understructure
底座块 plinth block
底座框架 bed frame
底座肋板 rib for base
底座螺钉 base screw
底座螺母 back nut
底座面 seating plane
底座模板 footing form
底座模壳 footing form
底座磨平 grinding of base
底座木块 plinth block
底座切雕工艺 flat carving
底座圈 base ring
底座石 base stone; bearing stone; footing stone
底座饰 base mo(u)lding
底座似的墙 parastas
底座调整装置 base adjuster
底座系统 mounting system
底座线脚 base mo(u)lding; base trim;pedestal mo(u)lding
底座箱 bottom casing
底座销 foot pin
底座销钉 base pin
底座悬挂型电动机 frame suspended motor
底座引线 stem lead
底座直径 base diameter
底座轴 datum axle
底座装置 mounting system

抵岸价格 landed price

抵板 follow block
抵边接合 edge butt joint
抵补 cover
抵补成本的优势 cost-offsetting advantage
抵补支付款 cover of payment
抵偿 be the forfeit of;compensation; cover;expiate
抵偿高程面 projection datum with compensation effect
抵偿金 covers
抵偿贸易 compensation trade
抵偿权 maritime lien
抵冲扣除项目 offsetting deduction
抵触 collide; collision; conflict; contradict(ion);contravention
抵触-协作关系 conflict-cooperation nexus
抵触信号 conflicting signal
抵达的岩土层 <桩、基础> founding stratum
抵达港 port of arrival;port of entry
抵达时间 time of arrival
抵达疏浚工地 to arrival at dredging site
抵付 made good
抵盖 retaining cap
抵港 port of fetching
抵焊接 butt weld
抵衡质量 counter-balancing mass
抵换价值 trade-in value
抵键 <下水滑道的> dog shore;dock shore
抵借 pledge against a loan
抵抗 counteract;counteraction;oppo-

sition; resist; withstand
抵抗变形 resistance to deformation; resistance to distortion
抵抗的 reluctant; resistant; resisting
抵抗杆件 resisting member
抵抗剂 resister
抵抗剪力 resisting shear
抵抗抗力 resistance
抵抗拉力 tension resistance
抵抗力 hardiness; resistance; resistibility; resisting power; resisting strength; resistivity
抵抗力矩 moment of resistance; resistance moment; resistance movement; resisting moment
抵抗能力 resistance capability; resistivity
抵抗破裂能 energy to fracture
抵抗侵蚀性能 resistance to aggressive influences
抵抗水、空气压力建筑物 bulkhead
抵抗弹簧 antagonistic spring
抵抗弯矩 moment of resistance; resisting bending moment
抵抗弯矩图 resistance moment diagram
抵抗弯曲的 bending-resistant
抵抗性 hardiness; repellence[repellency]; resistivity
抵抗性力 resistivity
抵抗因子 resistance factor
抵抗应力 resistance stress; resisting stress
抵抗张力 tension resistance
抵抗者 resister
抵力变向发动机 deflected-thrust engine
抵免 tax credit
抵磨力 abrasion resistance; abrasive resistance; resistance to abrasion
抵碰 collision; contact
抵税公债 tax bond
抵头接合 edge butt joint
抵消 averaging out; cancellation; counteract; counter-balance; counterweight; neutralization; neutralize; neutralizing; offset
抵消差额 offset the difference
抵消电路 bucking circuit
抵消电压 bucking voltage
抵消电阻 neutralizing resistance
抵消记入 cross-entry
抵消价值 opposing value
抵消交流声 hum bucking
抵消绕组 bucking winding
抵消网络 cancellation network
抵消温度 compensation temperature
抵消系统 bucking-out system
抵消线圈 bucking coil
抵消性误差 compensating error
抵消账 elimination ledger
抵消账户 contour account
抵消振动强度 cancellation of intensities
抵消作用 bucking effect
抵销 contra; countervail; counterweigh; redemption; set-off; standoff
抵销税 countervailing duty; countervailing levy
抵销信贷 offset credit
抵销账户 contra-account; offset account
抵压品 collateral security
抵押 hyperthecation; hypothecation; lien; mortgage; pawn; pledge; temporary cession
抵押保险 mortgage guaranty insurance
抵押保险承担 mortgage insurance commitment
抵押保险费 mortgage insurance premium
抵押背书 endorsement in pledge
抵押财产 hypothecate
抵押财产书 letter of hypothecation
抵押产业管理人条款 receiver clause
抵押承担 mortgage assumption
抵押贷款 collateral loan; guarantee loan; loan against collateral; loan on (collateral) pawn; loan on (collateral) security; loan secured; mortgage; mortgage loan; secured loan
抵押贷款表述文件 mortgage loan disclosure statement
抵押贷款承担 mortgage commitment
抵押贷款承诺 mortgage commitment
抵押贷款的分期还款额 mortgage requirement
抵押贷款的转让 assignment of mortgage
抵押贷款分期偿付计划表 mortgage amortization schedule
抵押贷款服务 mortgage servicing
抵押贷款经纪人 mortgage broker
抵押贷款经理人 mortgage banker
抵押贷款清偿数 mortgage release price
抵押贷款清还证书 satisfaction of mortgage
抵押贷款人寿保险 mortgage life insurance
抵押贷款银行 mortgage bank
抵押贷款资金融通 mortgage financing
抵押单 mortgage bond
抵押担保品 collateral security
抵押囤积 mortgage warehousing
抵押负债 mortgage debt; mortgage liability
抵押公司 mortgage company
抵押公债 mortgage bond
抵押合同 mortgage contract
抵押汇票 draft drawn against mortgage
抵押集合 pool of mortgages
抵押继电器 pressostat
抵押借款书 letter of hypothecation
抵押金 recognizance
抵押据 bill of mortgage
抵押卷宗 mortgage portofolio
抵押留置权 mortgage lien
抵押买卖 mortgage purchase
抵押票据 bill of security; mortgage note
抵押品 guaranty; hostage; hypothecated goods; pawn; pledge; security; things mortgaged
抵押品持有人 pledge holder
抵押品的价值 value in pledge; value in security
抵押品拍卖 distress sale
抵押契据 mortgage deed
抵押契约 deed of mortgage; instrument pledge; mortgage deed
抵押契约解除 mortgage relief
抵押器 pledge; security
抵押权 hypothec; lien waiver; mortgage
抵押权人 pledgee
抵押权益 security interest
抵押人 mortgager[mortgagor]; pledgor
抵押人年度报告 annual mortgagor statement
抵押收回 mortgage take-back
抵押收益债券 mortgage revenue bond
抵押提出者 originator
抵押贴现票据 bills discounted with collateral securities
抵押投资公司 mortgage investment company
抵押物 things mortgaged; things pledged
抵押信贷 mortgage credit
抵押延期 extension of mortgage
抵押延期偿付期 mortgage moratorium[复 moratoria]
抵押延期偿付权 mortgage moratorium[复 moratoria]
抵押银行 mortgage bank
抵押有价证券 pledge securities
抵押余额证明书 mortgage reduction certificate
抵押债券 mortgage bond; mortgage debenture; secured bond
抵押债务 mortgage debt
抵押账户 hypothecated account
抵押账户贷款 pledged account loan
抵押折价 mortgage discount
抵押者 mortgagor; pledger
抵押证券 bill of sale
抵押证书 certificate of mortgage; letter of hypothecation
抵押值 hypothecary value
抵押转让 mortgage assignment
抵押资产 hypothecated assets; mortgage(d) assets; pledge(d) assets
抵押资金 mortgage money
抵用票据 kite
抵制 counteract
抵制关税 compensation duty
抵住物 retainer
抵座 bulkhead; dolly; rivet holder; riveting dolly
抵座螺母 back nut

砥 礅 baffle pier

砥礅式通气器 baffle aerator
砥槛 baffle sill
砥墙 baffle wall
砥石 whetstone
砥堰 baffle weir
砥柱【地】nuclear column

地 terra

地凹 geodepression
地白垩 ground chalk
地白蚁 subterranean termite
地柏油 Dippel's oil
地板 boarding; floor (board); floor deck; floor plank; floor plate; floor slab; ground slab; planking; running plate
地板板皮料 flooring slab
地板板条 <在地板下面的> flooring batten
地板保养 floor(ing) care
地板闭锁器 floor closer
地板标准 floor standard
地板表面 top of floor
地板表面光泽 floor sheen
地板布 floor cloth
地板擦光机 electric(al) floor polisher
地板擦光器 floor polisher
地板材料 floor material; flooring
地板采暖 floor heating; underfloor heating
地板采暖板 floor heating plate
地板采暖电缆 floor heating cable
地板采暖系统 floor heating system
地板仓库 floored warehouse
地板侧向加速度 lateral deck acceleration
地板层热风采暖 floor heating by air
地板插座 floor box; flooring plug socket; floor socket outlet
地板长度 floor length
地板衬垫 floor pad
地板触点 floor contact
地板窗 floor light
地板创平机 plank floor planer
地板瓷漆 floor enamel
地板瓷砖 deck enamel
地板打光机 floor sander
地板打蜡器 floor polisher
地板打磨器 disk sander; floor sander-polisher
地板大方格块 floor panel
地板导槽 floor guide
地板的底板 rough floor
地板的底层材料 subflooring
地板的面层材料 finished flooring
地板的主梁 main floor beam
地板的作用应力 floor stress during operation
地板底层 subfloor
地板(电门)插座 floor plug
地板电热 floor warning by electricity
地板电源插座 floor plug; floor receptacle
地板垫层 floor underlayment; subfloor
地板垫木 floor chisel
地板钉 brad; floor(ing) nail; floor(ing) brad <扁头的>
地板凡立水 flooring clear varnish
地板反射系数 floor reflection factor
地板反射因数 floor reflection factor
地板防护剂 floor protection agent
地板防滑材【船】floor ribband
地板放射性监测器 floor monitor
地板辐射板采暖 floor panel heating
地板辐射供暖 floor panel heating
地板覆盖材料 floor covering material
地板覆盖层的硬纸板 floor covering hardboard
地板覆盖层油毛毡 floor covering felt
地板钢筋箍 floor stirrup
地板高程 floor level
地板革 floor covering
地板格架 floor framing
地板格栅 common joist; floor joist; sleeper joist
地板格栅板 floor grill(e)
地板格栅撑 single bridging
地板格栅支撑 floor strutting
地板格纹平板 waffle floor plate; waffle floor slab
地板格纹镶板 waffle floor panel
地板隔热 flooring insulation
地板供暖 floor heating
地板供暖系统 floor heating system
地板拱 floor arch
地板构架 floor framing
地板构件 floor member; floor unit
地板构造 deck construction; floor construction
地板函数 floor function
地板夯具 luffing ram
地板荷载 floor load(ing)
地板横截面 floor cross-section
地板横梁 floor beam; floor support; needle beam
地板横梁盖板 floor beam cover plate
地板横梁角补强钢 floor beam knee iron
地板衡 floor weigher
地板厚度 floor thickness
地板黄 floor yellow
地板活荷载 floor live load(ing)
地板基础 floor base
地板加热板 floor heating panel
地板加热的 floor-heated
地板夹 floor cramp
地板夹子 <固定在楼面上的> floor-

ing clip
地板架间 floor bay
地板胶 floor glue;flooring cement
地板胶粘剂 flooring adhesive
地板角钉 flooring brad
地板脚 base anchor
地板节间 floor panel
地板结构 floor scheme
地板净面积 net floor area;net floor space
地板锯 flooring saw
地板卷材 continuous roll flooring
地板卡 starter clip
地板开关 floor switch
地板开间 floor bay
地板壳波浪状镶嵌构造 wavy mosaic structure of the earth's crust
地板坑 floor pit
地板孔 floor trap
地板腊克 floor lacquer
地板蜡 floor(ing) wax;floor polish;mastic
地板梁 floor beam;nailing sill;nailing strip;stringer
地板梁安装铁 stringer pocket;stringer support
地板梁横梁 nailing strip cross tie
地板梁托 floor stringer;nailing strip bracket;nailing strip support
地板梁消音装置 nailing strip silencer
地板料石膏灰泥 flooring plaster
地板龙骨 floor joist <美>;common joist <英>
地板隆起 floor heave
地板炉 floor furnace;floor type heater
地板门 loophole door <舞台上的>;trapdoor <信道的>
地板门挡 floor holder;floor stop
地板门后夹 floor door catch
地板蒙布 floor covering
地板蒙皮 plastoleum
地板密封 floor seal(ing)
地板密封剂 flooring seal(er)
地板面标高 level of floor(ing)
地板面层 floor covering;flooring finish screed (topping);flooring screed material;floor layer
地板面层材料 flooring finish material
地板面层铺盖的石板 floor covering slate
地板面层塑料 flooring finish plastics
地板面层修饰用的材料 floor covering material
地板面层修饰用的塑料 floor covering plastics
地板面高程 level of floor(ing)
地板面高度 floor height
地板面积 floorage
地板模板 floor form(work);floor shuttering
地板模板输送设备 floor formwork handling rig
地板模板输送装置 floor formwork handling rig
地板模架 floor form(work)
地板模壳 floor shuttering
地板磨光机 floor grinder;floor polisher;floor sanding machine
地板磨光镘刀 flooring trowel
地板木材 floor timber;floor wood
地板木材加工修饰 flooring finish
地板木块 floor block
地板木条 wood block
地板腻子 flooring mastic
地板黏[粘]合剂 flooring(bonding) adhesive;flooring bonding agent
地板碾辊 flooring roller
地板抛光剂 flooring polish
地板刨光机 planing machine
地板喷漆 floor lacquer
地板平面 floor level
地板坡度 floor slope
地板铺垫 floor mat
地板铺盖的瓷砖 floor covering tile
地板漆 hardening floor paint;lacquer for floor
地板清洁剂 floor cleaner
地板清洁器 floor cleaner
地板清漆 flooring clear varnish;floor varnish
地板清扫器 floor polisher
地板清洗剂 floor cleaner
地板取暖器 floor furnace;floor heater
地板乳剂 flooring emulsion
地板乳胶 floor emulsion
地板软木材 floor softtimber;floor softwood
地板上的门挡 floor stop
地板上的絮状沉淀 floor flocks
地板上隔扇壁槽 floor guide
地板受钉木条 floor nailing strip
地板刷 broom brush;floor brush
地板塑料 floor plastics
地板塑料密封 flooring plastic sealing
地板弹簧铰链 floor hinge;floor spring;spring hinge <旋门的>
地板填充板 floor filler slab
地板填隙铁 floor chisel
地板通风 floor ventilation
地板涂层 floor(covering) coat(ing)
地板涂盖层 flooring coating
地板涂料 floor coating;floor finish;floor(ing) paint
地板涂漆 floor finish
地板托梁 floor joist
地板托梁支撑 floor joist bearing
地板外层 floor skin
地板万能插口 floor box
地板稳定系统 floor - stabilized system;Sta-Loc floor system
地板吸尘器 floor cleaner
地板洗净剂 floor cleaner
地板系统面层 finish floor
地板下安装在管道中的电气线路 electric(al) underfloor service carried in conduits
地板下布线工程 underfloor wiring work
地板下部 floor soffit
地板下采暖电缆 electric(al) underfloor warming cable
地板下的 underfloor
地板下的填塞物 underfloor stopping
地板下的卧式炉 underfloor horizontal furnace
地板下电缆渠 underfloor cable duct
地板下电气供暖板 electric(al) underfloor panel heating
地板下电气供热 electric(al) floor panel warming
地板下供暖 underfloor heating
地板下供热 underfloor heating
地板下面布电线 underfloor wiring
地板下面采暖 underfloor warming
地板下面的采暖系统 underfloor warming system
地板下面的采暖装置 underfloor warming installation
地板下面的电热线 underfloor heating cable
地板下面的电线插座 underfloor socket
地板下面的供热系统 underfloor heating system
地板下面的供热装置 underfloor heating installation
地板下面的填料 underfloor filler
地板下面配置的通信[讯]线路 underfloor distribution of communication cable
地板下排风管道 underfloor exhaust duct
地板下排水设施 floor drain
地板下送风管道 underfloor fresh air duct
地板下通风 underfloor ventilation
地板下通风管道 underfloor duct
地板下通风口 underfloor venthole
地板下线槽 underfloor raceway
地板下线渠 underfloor duct;underfloor raceway
地板下蓄热式采暖 hypocaust
地板镶花模式 parquetry
地板镶面 floor covering
地板橡胶 rubber sheet(ing)
地板小格栅 sleeper
地板斜槽 floor chute
地板斜钉 toe-nailing wood-strip flooring
地板修饰用的油毡 floor covering lino(leum)
地板修饰用乳胶 floor covering emulsion
地板研磨机 flooring grinder
地板硬度测定仪 flooring hardness tester
地板硬度测试仪 floor hardness tester
地板硬化剂 flooring hardener
地板用封闭底漆 floor sealer
地板用钢线钉 flooring steel wire brad
地板用木板 plank flooring
地板用木材 floor board
地板用硬木 floor hard timber;floor hardwood
地板用窄条木板 strip flooring
地板油 floor oil;mop oil
地板油灰 floor(ing) mastic
地板油毛毡 floor felt
地板油漆 floor(ing) paint
地板与墙连接处圆角砖 cove tile
地板预制块 floor block
地板毡 floor mat
地板罩面料 floor sealer
地板折接铺设 folded flooring
地板整饰材料 floor surfacing
地板支架 floor center[centre];floor stand <钻塔>
地板至窗口顶端尺寸 floor to head height dimension
地板至开口顶端尺寸 floor to head height dimension
地板致轨面距离 height of floor above rail level
地板中的拉门导槽 floor guide
地板砖 floor tile
地板砖生产线 floor tile production line
地板装的滑车 floor block
地板装饰 decorative floor cover(ing)
地板装修器 floor dresser
地板总厚度 aggregate floor depth
地板总面积 total floor space
地板总装 floor assembly
地板组合 floor assembly
地磅 bridge scale;load weigh scale;pit scale;platform scale;truck (ground) scale;wagon balance;weighing bridge <俗称>;weighbridge
地磅槽 scale pit
地磅秤 pit scale
地磅活动轨 live rail
地磅台 weighing platform;weighbridge
地堡 block house;bunker
地爆 earthed blasting;explosion in ground
地背斜 geanticline;geoanticline
地被层 ground layer;ground stor(e)y
地被(地面覆盖)ground cover
地被区系 ground flora
地被物 ground litter;soil cover(ing);ground cover
地被植物 cover plant;ground cover plant
地崩 earth fall;land fall;landslide
地边 rand
地标 geographic(al) reference;ground-line;land mark;landmark feature;terrestrial reference
地标导航 navigational by pilotage
地标航行 geonavigation
地表 earth surface;free surface of ground;grass roots;overland
地表暴雨径流 spate flow;spate runoff
地表被覆 surface cover
地表崩坍 ground fall
地表边界层 atmospheric boundary layer;friction(al) layer;ground layer;planetary boundary layer;surface boundary layer;surface layer
地表冰冻指数 <在地面表层下测定温度后求得的冰冻指数> surface freezing index
地表剥离 surface stripping
地表补给 surface inflow
地表不平度记录仪 profile recorder
地表查勘 surface exploration
地表沉积 subaerial deposit;surficial deposit;terrestrial deposition
地表沉降 subsidence of ground surface
地表沉降观测 ground settlement observation
地表沉陷 earth surface subsidence;ground subsidence;land subsidence
地表冲断层 surface thrust
地表冲刷 surface erosion;surface washoff
地表臭氧 surface ozone
地表臭氧污染 surface ozone pollution
地表储藏要素 surface storage element
地表垂向入渗条件 condition of vertical infiltration
地表垂直位移量 surface vertical displacement
地表粗糙度 surface roughness
地表的 overland;subaerial;superterranean;surficial
地表的损害赔款 location damages
地表地下水 cienega
地表地下水关系 surface-groundwater relationship
地表地质编录 surface geologic(al) documentation
地表地质勘察 surface geologic(al) investigation
地表地质图 drift map
地表地质学 surface geology;surficial geology
地表电波 surface wave
地表定向 surface orientation
地表断层 surface fault
地表断裂 surface breakage;surface faulting
地表放射线图 earth's radius chart
地表分类 terrain classification
地表分散 surficial dispersion
地表分水线 topographic(al) divide
地表分析 terrain analysis
地表风 surface wind
地表风化 surface weathering
地表盖层 ground cover
地表概要摄影术 synoptic(al) terrain photography
地表高程 altitude of terrain

D

地表高程变化 surface elevation change
地表工程 surface works
地表构造 surface structure
地表观测 surface observation
地表管 surface pipe
地表管道 above-grade line
地表灌溉 surface irrigation
地表航行 surface navigation
地表河流污染 surface stream pollution
地表恒温带深度 depth of surface constant temperature zone; surface constant temperature
地表化探 surface geochemical exploration
地表环境 earth surface environment; surficial environment
地表恢复平整 surface rehabilitation
地表火 ground fire; surface fire
地表积水 surface ponding
地表积盐 surface accumulation of salt
地表基础 surface foundation
地表基岩 surface bedrock
地表基准层 surface key bed
地表降雨量 ground rainfall
地表校正 surface correction
地表截流水量 surface retention; surface storage
地表径流 direct runoff; rainwash
地表径流处理系统 overland flow treatment
地表径流峰值 surface runoff peak
地表径流过程线 direct runoff hydrograph; overland flow hydrograph
地表径流量 direct surface runoff; flowing sheet water; flowing surface water; immediate runoff; overland flow; overland runoff; runoff water; surface flow; surface running fluid; surface runoff
地表径流率 rate of surface runoff; surface runoff rate
地表径流模图 surface runoff modulus map
地表径流排水 surface wash(ing)
地表径流深度等值线图 isobath map of surface runoff
地表径流水 running off water; surface runoff water
地表径流系数 overland runoff coefficient; surface runoff coefficient
地表径流形成期 net supply interval
地表开挖 surface excavation
地表空穴 kettle hole
地表孔 surface drill hole
地表孔隙水的天然凝聚过程 hydrogenesis
地表流 overland flow; surface current; surface flow
地表流水沉积型 surface flowing waters sedimentary type
地表流水量 surface retention
地表隆起 surface upheaval
地表露头 outcrop(ping); surface exposure; surface occurrence
地表漫灌 surface flooding irrigation
地表漫流 overland flow; overland runoff; surface overflow
地表漫流速度 velocity of overland flow
地表漫流土地处理系统 overland flow-land treatment system
地表漫流系统 overland flow system
地表密度 surface density
地表面 earth's surface; ground surface; land surface; terrain surface; terrestrial surface
地表面粗糙度 ground roughness
地表面疏干法 surface drainage
地表面压实 shallow compaction
地表模型 surface model
地表黏[粘]土 surface clay
地表浓度 concentration on ground
地表排水 surface ditch; surface drainage; surface water drain(age); top drainage; top draining
地表排水沟 surface drainage ditch; surface water drain
地表排水兼渗流排水管 surface-cum seepage drain
地表钋 210 法 ground 210Po survey method
地表坡度 surface slope
地表起伏 disfigurement of surface; surface relief
地表气压表 surface pressure chart
地表迁移 global migration
地表侵蚀 terrestrial erosion
地表曲面模型 surficial curved surface model
地表泉 subaerial spring; surface spring
地表热流 surface heat flow
地表热异常图式 surface thermal pattern
地表入流 surface inflow
地表入流量 surface inflow
地表入渗率 infiltration rate
地表入渗水 infiltration water
地表入渗系数 <入渗量与降水量之比> infiltration coefficient
地表砂砾层 sand wash
地表砂席 surface sandsheet
地表设备管线 surface connection
地表摄像机 earth terrain camera
地表渗入 infiltration; surface inflow
地表渗入率 infiltration rate
地表渗入能力 potential infiltration
地表使用权 surface rights
地表疏干 surface dewatering
地表水 open water; superficial water; surface water; surficial water; upland water
地表水保护 surface water protection
地表水补给 surface water supply
地表水处理 disposal of surface water
地表水处理规则 surface water treatment rule
地表水处理系统 surface water treatment system
地表水处理要求 surface water treatment requirement
地表水的流出量 outflow of surface water
地表水的流入量 inflow of surface water
地表水调查 surface water survey
地表水动态观测 behavio(u)r observation of surface water
地表水冻结厚度 froze thickness of surface water
地表水冻结天数 freezing days of surface water
地表水对潜水的补给量 recharge quantity of phreatic water replenished by surface water
地表水分界线 surface watershed line
地表水给水 surface water supply
地表水供应 surface water supply
地表水观测点 observation point of surface water
地表水管理 surface water management
地表水灌溉 surface water irrigation
地表水环境影响综合评价 synthetic(al) environmental impact assessment for surface water
地表水进口 surface water inlet
地表水径流 surface water runoff
地表水聚集 impoundage of surface water
地表水流 insulated stream; open water course; overland flow; surface flow
地表水流量观测 flow observation of surface water
地表水流域 surface watershed
地表水漏失 surface water leakage
地表水年鉴 Surface Water Yearbook
地表水排除 surface water drain
地表水排除管 surface water sewer
地表水排水管 surface water drain
地表水平位移量 surface horizontal displacement
地表水取水构筑物 surface water intake
地表水渗入 surface water infiltration
地表水水量 surface yield
地表水水文学 surface water hydrology
地表水水质 surface water quality; terrestrial water quality
地表水水质恶化 surface water degradation
地表水水质模型 surface water quality model
地表水水质评价 surface water quality assessment
地表水水质卫生标准 surface water quality sanitary standard
地表水水资源 surface water source
地表水体 surface water body; surface waters; terrestrial waters
地表水体的变化量 change in surface water quantity
地表水体调查 investigation of surface water body
地表水体富营养化 entrophication of surface waters
地表水体酸化 acidification of surface waters; surface water acidification
地表水体特征 characteristics of surface water body
地表水图 mapping of surface waters
地表水位变化曲线 curve of surface water level change
地表水位动态观测 behavio(u)r observation of surface water level
地表水污染 pollution of surface water; surface water pollution
地表水污染图 surface water pollution map
地表水污染治理 contamination and remediation of surface water
地表水系 surface drainage; surface pattern; surface water system
地表水型水稻土 surface water rice soil
地表水样 surface water sample
地表水影响 surface water influence
地表水诱导补给 induced recharge of surface water
地表水源 surface source
地表水质 surface water quality
地表水重金属污染 surface water heavy metal pollution
地表水资源 surface water resources
地表碎屑 surface crust
地表所有权 surface rights
地表塌陷 earth surface collapse; ground collapse; ground settlement; surface collapse
地表坍陷 surface ground fall
地表炭层 superficial charring
地表探测 surface exploration
地表特征 surface feature
地表填平复元 surface reinstatement
地表土 overlying earth; surface soil
地表土层 surface horizon
地表土壤 living soil
地表挖掘 surface digging
地表挖掘机 surface digging machine
地表外形 terrain configuration
地表微迹伽马测量 ground minute trace gamma survey
地表微迹系统 surface system
地表温差 surface temperature contrast
地表温度变化 surface temperature variation
地表温度测量 surface temperature survey
地表温度的日变化 daily variation of surface temperature
地表温度异常 surface temperature anomaly
地表圬工墙 surface masonry wall
地表下 inframundance
地表下沉 ground depression; surface subsidence
地表下沉测量 measurement of surface subsidence
地表下基岩 subsurface bedrock
地表下土壤 subsurface
地表下岩石 subsurface
地表线 terrain line
地表陷落 land subsidence
地表陷落柱 surface downcast pillar
地表形态 landform; surface configuration
地表形态线 form line; landform line
地表形态学 geomorphology
地表形状 surface geometry
地表蓄水 surface storage
地表蓄水池 storage pool on surface
地表岩层 top stratum[复 strata]
地表岩溶 surface karst
地表岩溶形态 surface karst form
地表岩石 surface rock
地表样品 surface sample
地表移动 earth movement; motion of the ground; shifting of earth; surface movement
地表移动观测 surface movement observation
地表移动观测站 surface movement observation station
地表移动曲线 surface movement curve
地表以上 above-ground
地表以下 subsurface
地表异常 surface anomaly
地表溢流 surface outflow
地表影响带 zone of affected overburden
地表预注浆 pregrouting from earth's surface
地表运动 ground motion; surface motion
地表运输 surface transportation program(me)
地表振动 surface vibration
地表震动钻机 earth surface vibration drill
地表蒸发 surface evapo(u)ration
地表植物区系 ground flora
地表滞留 surface retention
地表滞留层 layer of surface detention; layer of surface retention
地表滞水 surface retention
地表重力异常 surface gravity anomaly
地表准备 surface preparation
地表钻孔 surface borehole
地表(钻探)设备 surface rig
地冰碛 ground moraine
地冰丘冰 pingo ice
地冰学 geocryology
地波 earth wave; surface wave
地波传播 ground wave propagation; propagation of ground wave

地波辐射图 ground wave pattern
地波配合天波改正量 ground wave to sky wave correction
地波无线电信号 ground wave radio signal
地波相位修正因子 correction factor of ground wave phase
地波作用距离 ground wave operating distance
地布 ground fabric
地布沙多 dibusadol
地布酸钠 sodium dibunate
地布酸乙酯 ethyl dibunate
地布托林硫酸盐 dibutoline sulfate
地采生产勘探工程 underground mining production exploration engineering
地槽 geosyncline【地】; regional syncline【地】; underpass【道】
地槽带 geosyncline zone
地槽的类型 geosynclinal classification; type of geosyncline
地槽的演化 geosyncline evolution
地槽地台的级别 grade of geosyncline-platform
地槽地台的类型 type of geosyncline-platform
地槽地台的演化 evolution of geosyncline-platform
地槽地台叠加型 geosyncline-platform superimposition type
地槽地台学说 geosyncline-platform theory
地槽地洼改造型 geosyncline-Diwa reform type
地槽地洼再造型 geosyncline-Diwa rebuilding type
地槽封闭 geosynclinal close stage
地槽构造层 geosynclinal structural layer
地槽海 geosynclinal sea
地槽回返阶段 geosynclinal inversion stage
地槽极性 geosynclinal polarity
地槽阶段 geosynclinal stage
地槽铝土矿 geosynclinal bauxite
地槽偶 geosynclinal couple
地槽盆地 geosynclinal basin
地槽区 geosynclinal area; geosyncline province
地槽区的深断裂 geosyncline deep fracture
地槽(山)链【地】geosyncline chain
地槽式旋回 geosynclinal cycle
地槽系 geosyncline system
地槽相 geosynclinal facies
地槽型沉积建造 geosyncline type formation
地槽型成矿建造【地】metamorphic formation of geosynclinal type
地槽型岩浆建造 geosynclinal-type magmatic formation
地槽褶皱区 geosynclinal fold region
地槽褶皱作用 geosynclinal folding
地槽轴线 geosynclinal axis; geosyncline axis
地层 formation; horizon; layer; ledge; stratum[复 strata](layer); bed
地层爆破 breaking ground
地层变薄 pinch(ing) of strata; strata pinching; thinning out of strata
地层变位 heterotaxy
地层标志 stratigraphic(al) guide; stratigraphic(al) mark
地层表 table of strata
地层冰冻线 frost line
地层冰结 ground freezing
地层波 ground wave
地层补角 slope of formation
地层不整合 stratigraphic(al) unconformity
地层不整合复合圈闭 stratigraphic(al)-unconformity combination trap
地层不整合线性体 lineaments along stratigraphic(al) unconformity
地层布 geotextile
地层测深 subsurface sounding
地层测试器 formation tester
地层层次 sequence of strata; stratigraphic(al) sequence; succession of strata
地层层位 stratigraphic(al) sequence; succession of strata
地层层序 sequence of strata; stratigraphic(al) sequence; succession of strata
地层层序律 law of superposition
地层产状 attitude of stratum; formation occurrence
地层产状测井 dip log
地层产状差异 difference in attitude of beds
地层产状数据列表 data table of geodip
地层产状与工程关系 relationship between stratigraphic(al) attitude and engineering work
地层超覆 stratigraphic(al) overlap
地层沉裂 subsidence break
地层成因层序 genetic(al) sequence of strata
地层成因序列 genetic(al) sequence of strata
地层成因增量 genetic(al) increment of strata
地层重复 repetition of beds; stratigraphic(al) repetition
地层处理 ground treatment; soil treatment
地层传播 earth-layer propagation
地层磁性柱状图 columnar section of stratigraphic(al) magnetism
地层次序 strata sequence; stratigraphic(al) sequence; stratigraphic(al) succession
地层从中心向四方倾斜的 quaquaversal
地层错动测量<巷道> measurement of strata movement
地层带 chronostratigraphic(al) zone; chronozone
地层单位 stratigraphic(al) unit
地层单元 stratigraphic(al) unit; section of reservoir<指翼或鞍部等>
地层倒转 overturned bed; overturned layer; overslipping
地层的 stratigraphic(al)
地层的地层次序 stratigraphic(al) sequence of the beds
地层的电参数 electric(al) parameter of layer
地层的俘获截面 formation capture cross section
地层的几何因子 formation geometric factor
地层的连续性 continuity of a bed
地层的倾斜 dip of bed
地层的倾斜度 inclination of strata
地层的狭缩 pinch
地层的下层 understratum[复 understrata]
地层的走向 strike of bed
地层等厚图 isopach map of strata
地层等厚线 stratigraphic(al) isopach; stratoisohypse
地层地体 stratigraphic(al) terrane
地层地质图 map of stratigraphic(al) geology
地层地质学 stratigraphic(al) geology
地层电探法 electric(al) prospecting
地层电阻率 formation resistivity
地层电阻率系数 formation resistivity factor
地层电阻系数 formation resistance factor
地层调查 survey of stratigraphy
地层动力地震运动 ground seismic motion
地层动力学 stratigraphic(al) dynamics; stratum dynamics
地层断距 stratigraphic(al) separation; stratigraphic(al) throw
地层断裂 formation fracturing
地层断裂拐点 inflexion point of seismic fault
地层断面 strata section; stratigraphic(al)(cross-) section
地层断缺 stratigraphic(al) break
地层对比 stratigraphic(al) correlation; subsurface correlation
地层对比表 correlation table
地层对比方法 methods of strata correlation
地层对比图 formation correlation diagram; stratigraphic(al) comparative map; stratigraphic(al) correlation
地层对比图解 stratigraphic(al) correlation diagram
地层发育程度 stratigraphic(al) development division
地层发育特征 feature of stratigraphic(al) development
地层反褶积 stratigraphic(al) deconvolution
地层分布等高线 stratum contour; strike line
地层分层单位 stratigraphic(al) unit
地层分界线 boundary stratotype
地层分类 stratigraphic(al) classification
地层分析 stratigraphic(al) analysis
地层分析测井图 formation analysis log
地层分析法 stratigraphic(al) method
地层封堵 formation plugging; formation shut off
地层封隔器 formation packer
地层幅度 ground amplitude
地层腐蚀 layer corrosion
地层隔离石油层 stratigraphic(al) screened oil accumulation
地层拱 ground arch
地层构造 bed structure; tectonics
地层构造探测孔 structural test hole
地层规范草案 project of stratigraphic(al) code
地层含矿性评价 assessment of the productivity of horizons
地层横断面图 stratigraphic(al)(cross-) section
地层横剖面图 stratigraphic(al)(cross-) section
地层厚度 depth of stratum; stratum thickness; thickness of bed; thickness of formation; thickness of stratum
地层厚度对比 interval correlation
地层厚度估算 formation thickness estimate; bed thickness estimate
地层厚度校正 bed thickness correction
地层划分 dividing strata; stratigraphic(al) division
地层-灰浆界面 ground-grout interface
地层混合物 hotch-pot(ch)
地层基础 stratum foundation; land direct foundation
地层基准面 stratigraphic(al) datum
地层激变 upheaval
地层挤压 squeezing of ground
地层尖灭 pinch(ing) of strata; strata pinching; thinning out of strata
地层间断 strata gap; stratigraphic(al) break; stratigraphic(al) gap; stratigraphic(al) hiatus; stratigraphic(al) throw
地层间隔测试器 formation interval tester
地层间距 stratigraphic(al) separation
地层检测 logging in stratum
地层检查 stratigraphic(al) inspection
地层检查仪 stratoscope
地层鉴别 terrain interpretation
地层降水 lowering of groundwater
地层礁圈闭 stratigraphic(al) reef trap
地层接触关系 contact relation of strata
地层结构分析 stratigraphic(al) texture analysis
地层界限 stratigraphic(al) boundary
地层径流量 direct runoff rate
地层静压力<蓄水体的> reservoir static pressure
地层静止温度 static temperature of bed; static temperature of layer; static temperature of formation
地层勘探 seismic exploration
地层控制 strata control; stratigraphic(al) control
地层控制工程师 strata-control engineer
地层控制钻孔 stratigraphic(al) bore(hole)
地层离距 stratigraphic(al) separation
地层裂缝 formation fracture
地层裂隙 stratigraphic(al) fissure
地层流失导致的沉降 subsidence due to lost ground
地层流体取样器 formation fluid sampler
地层隆起 stratigraphic(al) ground heave; stratigraphic(al) heave
地层漏水 ground leak
地层露头部分 basset; cropout of bed; cropout of layer; cropout of strata
地层滤波 earth filtering
地层滤波效应 earth filtering effect
地层落差 stratigraphic(al) separation; stratigraphic(al) throw
地层锚杆 earth anchor; ground anchor
地层密度测井 formation densilog
地层密度测井曲线 formation densilog curve
地层密度测井仪 formation densilog tool; formation density log tool
地层面与水平面之间倾角 apparent dip
地层名称 formation name
地层名字 name of strata
地层命名 nomenclature of strata
地层命名法则 code of stratigraphic(al) nomenclature
地层模式 strata mode; stratigraphic(al) model
地层年代 stratigraphic(al) time unit; strata age
地层年(代)表 stratigraphic(al) time scale; stratigraphic(al) timetable
地层平面尺寸 ground plan dimension
地层平面图 ground plan
地层平铺 stratigraphic(al) heave
地层评价 formation evaluation
地层剖面 strata cross-section; strata profile; stratigraphic(al)(cross-) section; stratigraphic(al) profile

地层剖面的模拟 simulation of stratigraphic(al) section
地层剖面类型 type of stratigraphic(al) cross-section
地层剖面图 strata profile; stratigraphic(al) section
地层剖面仪 subbottom profiler
地层强度 formation strength; ground strength; strata strength
地层倾角 dip of formation; dip of strata
地层倾角测井 dip log
地层倾角测井解释成果数据列表 data table of interpretation result for dip log
地层倾角测井刻度器 dipmeter calibrator
地层倾角测井仪 dipmeter[dipmetre]
地层倾角测井仪刻度值 dipmeter calibration value
地层倾角测量仪 dipmeter[dipmetre]
地层倾角图 dip log
地层倾斜 dip of stratum; inclination of stratum; pendage; strata tilting
地层倾斜测井 dipmeter survey
地层倾斜度 inclination of stratum; strata inclination
地层倾斜方位角 azimuth of formation inclination
地层倾斜角 angle of bedding; formation dip angle
地层区分 stratigraphic(al) division; stratigraphic(al) provincialism
地层区划 stratigraphic(al) division; stratigraphic(al) provincialism
地层圈闭 porosity trap; secondary stratigraphic trap; stratigraphic(al) trap
地层泉水 strata spring
地层缺失 lacuna [复 lacunae]; lost strata; strata gap; stratigraphic(al) break; stratigraphic(al) gap; stratigraphic(al) hiatus; stratigraphic(al) omission
地层缺失离距 stratigraphic(al) break separation
地层群 strata group
地层溶解度 formation solubility
地层砂金洗选槽 ground sluice
地层深度 depth of stratum
地层渗透性 permeability of strata
地层生长层序 stratigraphic(al) growth sequence
地层时代 stratigraphic(al) age
地层时间表 chronological time scale; stratigraphic(al) time scale
地层时序表 chronological succession; chronological time scale; stratigraphic(al) time scale
地层试探钻孔 formation drilling
地层试验 formation test(ing)
地层试验操作 formation testing operations
地层试验孔 stratigraphic(al) test hole
地层试验器 drill stem tester; formation tester
地层试样 horizon sample
地层适从效应 ground compliance effect
地层适从作用 ground compliance effect
地层衰减 earth-attenuation
地层水 formation water; groundwater; stratum water
地层水产量 formation water production rate
地层水的压缩系数 compressibility of formation water
地层水等效电阻率 equivalent resistivity of formation water
地层水电阻率 formation water resistivity
地层水控制 groundwater control
地层水密度 density of formation water
地层水体积系数 volume factor of formation water
地层水中气饱和度图 map of gas saturation in formation water
地层顺序 strata sequence; stratigraphic(al) sequence; stratigraphic(al) succession
地层松动 loosening of rock mass
地层-隧道结构相互作用 ground-tunnel structure interaction
地层损耗 earth loss
地层塌落 ground subsidence
地层塌陷 ground subsidence
地层探测操作 formation testing operations
地层特性 formation characteristic
地层体积密度 bulk density of formation
地层体积系数 formation volume factor
地层天然气的压缩系数 compressibility of gas in place
地层条件 stratigraphic(al) condition
地层透射特性 earth transmission characteristic
地层图 formation map; seams plan; stratigraphic(al) map
地层弯曲 bending of strata
地层微扫描器 formation microscanner
地层温度 formation temperature
地层污染 formation contaminant
地层系 series of strata
地层系列 geologic(al) succession
地层衔接 syntaxis
地层陷落 fall of ground; ground settlement
地层相 stratigraphic(al) facies
地层相互关系 stratigraphic(al) correlation
地层相图 stratigraphic(al) facies-map
地层斜坡 slope of formation
地层型油气田 stratigraphic(al) oil-gas field
地层性质 nature of the ground
地层序列 sequence of strata; succession of strata
地层序列表 chronological succession
地层学 stratigraphic(al) geology; stratigraphy
地层学标志 stratigraphic(al) indication; stratigraphic(al) mark
地层学的 stratigraphic(al)
地层学方法 stratigraphic(al) method
地层学分类 classification of stratigraphy
地层学高分辨率地层倾角测井仪 stratigraphic(al) high resolution dipmeter tool
地层学家 stratigrapher
地层压力 earth pressure; formation pressure; ground pressure; pressure of strata
地层压力控制 control of formation pressure; formation pressure control
地层压缩系数 formation compressibility
地层岩性 formation lithology
地层岩性调查 strata and rock type investigation
地层岩性描述 description of stratum and rock type
地层岩样 formation sample
地层研究和评价 research and evaluation of stratum
地层仪 stratascope
地层移动 earth movement; earth shift; ground movement; strata displacement; strata movement; terrain movement
地层移动精密测量 precise measurement of strata movement
地层异常压力 exceptional ground pressure
地层因数 formation factor
地层因素 formation factor
地层应力状态 stress behavio(u)r in natural ground
地层油捕 stratigraphic(al) trap
地层油藏 stratigraphic(al) oil pool
地层油层 stratigraphic(al) oil field
地层油群 stratigraphic(al) oil pool
地层油田 stratigraphic(al) oil field
地层与孔隙水的电阻率比值 <地球物理学中的> formation factor
地层预告 formation predict
地层原油的压缩系数 compressibility of petroleum in place
地层运动 ground movement; strata movement; terrain movement
地层造斜率 formation deflecting rate
地层栅栏剖面 stratigraphic(al) fence section
地层遮挡 stratigraphic(al) barrier
地层折皱 strata fold; earth fold
地层真电阻率 true formation resistivity
地层振动 ground vibration
地层支撑 ground prop
地层支护 ground support
地层支护平巷 pillar drive
地层种类 kind of formation
地层注水 water injection
地层柱状对比图 correlation columnar section of strata
地层柱状剖面对比图 stratigraphic(al) correlation diagram
地层柱状剖面图 columnar section
地层柱状图 geologic(al) column; stratigraphic(al) column
地层资料 stratigraphic(al) data; stratigraphic(al) record
地层纵断面图 stratigraphic(al) column; stratigraphic(al) profile
地层纵剖面图 stratigraphic(al) column; stratigraphic(al) profile
地层走向 direction of strata; geologic(al) strike; strata strike; strike direction
地层走向角 strike angle of bedding
地产 estate; landed estate; landed property; real estate; territorial property
地产册 terrier
地产测量 property survey
地产储备 land banking
地产的 tenemental
地产的他人继承权 estate in remainder
地产的最佳使用研究 highest and best use study
地产登记费 land-register fee
地产公司 acreage estate company
地产构成的 landed
地产管理 property management
地产价格 property value
地产价值 property value
地产、建筑物邻街一面的界线长度 frontage
地产界 possessory limit; property boundary
地产界测量 property boundary survey
地产经纪人 estate agent; land jobber; property speculator
地产开发 estate development
地产面积 estate area
地产前沿界线 front property line
地产商 land agent; real estate agent
地产上的井 property well
地产税 land tax; property tax
地产投机 land speculation
地产投机商 land jobber
地产投机商人 property speculator
地产图 land ownership map; property map
地产未指定继承权 remainder estate
地产信息 property information
地产账 lot and building account
地产支配权 dominant estate
地颤动 earth(quake) tremor; earth trembler
地潮 earth tide
地沉 land subsidence; submergence of ground; subsidence of ground
地撑 ground brace
地秤 bridge scale; weigh-bridge; weigh-machine; wagon balance; truck scale <汽车>
地秤平台 scale plate
地赤道洋流 south equatorial current
地出 earthrise
地窗 <暴露的覆盖层> exposed overlying layer
地床电缆 ground bed cable
地磁 earth's geomagnetism; earth's magnetism; magnetspheric
地磁暴 geomagnetic storm
地磁北极 north geomagnetic pole
地磁北极位置 geomagnetic north pole position
地磁边界 geomagnetic boundary
地磁变 magnetic variation
地磁参数 geomagnetic parameter
地磁测量 geomagnetic measurement; geomagnetic survey; magnetometric(al) survey
地磁测量类别 categories of geomagnetic measurements
地磁查勘图 magnetic survey
地磁长期变化 magnetic secular change
地磁场 earth magnetic field; geomagnetic field; terrestrial magnetic field
地磁场变化 geomagnetic field variation
地磁场磁强计 earth-field magnetometer
地磁场倒转 reversal of geomagnetic field
地磁场定向测量法 directional survey with magnetic compass
地磁场反转 geomagnetic field reversal; reversal of geomagnetic field
地磁场构成 geomagnetic composition
地磁场极性偏移 polarity excursion of geomagnetic field
地磁场平衡器 earth magnetic field balance
地磁场西向飘移动 westward drift of geomagnetic field
地磁场影响 earth magnetic (field) effect
地磁潮 geomagnetic tide
地磁赤道 <对地磁极成 90°的地面大圈> geomagnetic equator; magnetic equator
地磁赤道线 aclinic line
地磁垂直分力 vertical force of earth magnetism
地磁磁差图 variation chart
地磁导航 earth magnetism navigation
地磁倒转 geomagnetic reversal; magnetic reversal

地磁的 geomagnetic
地磁等变线 isogrid
地磁等年变线 isopor;isoporic line
地磁等年变线图 isoporic chart
地磁等偏线 isogrid
地磁等偏线图 isogrid chart
地磁低缓带 magnetic quiet zone
地磁底点 geomagnetic nadir point
地磁地层学 <根据地层剩磁的磁极研究地层的学科> magnatostratigraphy
地磁电动(测速)仪 geomagnetic electrokinetograph
地磁动电(测流)计 geomagnetic electrokinetograph
地磁发电机理论 dynamo geomagnetic theory
地磁反向 geomagnetic reversal;magnetic reversal
地磁反转 geomagnetic reversal
地磁方向 magnetic direction
地磁感应 earth induction;geomagnetic induction
地磁感应罗盘 earth induction compass;earth inductor compass;geomagnetic inductor compass;induction compass
地磁感应器 earth inductor;geomagnetic inductor
地磁感应线圈 earth coil
地磁感应仪 earth inductor;geomagnetic inductor
地磁观测所 magnetic observatory
地磁观测台 magnetic observatory
地磁观察台 magnetic observatory
地磁活动 geomagnetic activity;magnetic activity
地磁基点 geomagnetic base point;magnetic base point;magnetic base station
地磁极 dip pole;terrestrial magnetic pole
地磁极类型 type of geomagnetic pole
地磁极位置 geomagnetic pole position
地磁极性年(代)表 geomagnetic polarity time scale
地磁计 geomagnetograph;magnetograph
地磁计程仪 true ground speed meter
地磁记录测量 geomagnetograph survey
地磁记录仪 geomagnetograph;magnetograph
地磁截止 geomagnetic cutoff
地磁截止纬度 geomagnetic cut-off latitude
地磁经度 geomagnetic longitude
地磁经纬仪 magnetic theodolite
地磁勘探方法 geomagnetic method
地磁壳层 geomagnetic shell
地磁空中测量系统 geomagnetic airborne survey system
地磁流测量 geomagnetic current measurement
地磁螺旋场 geomagnetic spiral field
地磁敏感元件 magnetic sensing element
地磁南极 south geomagnetic pole
地磁南极位置 geomagnetic south pole position
地磁南极性 red magnetism
地磁逆转 geomagnetic reversal
地磁年变量 magnetic annual change
地磁年差 magnetic annual change
地磁年代表 geomagnetic time scale
地磁年代学 geomagnetochronology
地磁偶场 magnetic dipole field of the earth
地磁偶极矩 geomagnetic dipole moment
地磁偶极子 geomagnetic dipole
地磁偏角 geomagnetic declination
地磁强测量仪 geomagnetic indicator
地磁强度记录器 geomagnetic strength recorder
地磁强度记录仪 magnetograph
地磁倾角 earth's magnetic dip angle;geomagnetic inclination
地磁扰动 geomagnetic disturbance;magnetic crotchet;magnetic disturbance;terrestrial magnetic disturbance
地磁受扰日 active day;disturbed day
地磁水平分力 horizontal component of the earth's magnetic field
地磁台 geomagnetic observatory;magnetic observatory
地磁台测量 magnetic observatory survey
地磁台位置 geomagnetic observatory position
地磁太阳日变化 geomagnetic solar daily variation;geomagnetic solar diurnal variation;magnetic solar daily variation;magnetic solar diurnal variation
地磁太阳月变化 geomagnetic solar lunar variation;magnetic solar lunar variation
地磁特性图 magnetic character figure
地磁图 geomagnetic chart;geomagnetic map;magnetic chart;magnetic map
地磁图等年变线 geomagnetic isoporic line;magnetic isoporic line
地磁微脉动 geomagnetic micropulsation
地磁尾 geomagnetic tail
地磁纬度 geomagnetic latitude
地磁纬圈 geomagnetic parallel
地磁效应 geomagnetic effect
地磁穴 geomagnetic cavity
地磁学 geomagnetism;terrestrial magnetism
地磁要素 element of the earth's field;element of the geomagnetic field;geomagnetic element;magnetic element
地磁仪 geomagnetometer;magnetometer
地磁异常 geomagnetic anomaly;magnetic anomaly
地磁异常探测 geomagnetic abnormal detection;magnetic abnormal detection
地磁异常探测器 magnetic anomaly detector
地磁异常探测仪 magnetic anomaly detector
地磁噪声 geomagnetic noise
地磁轴 geomagnetic axis;magnetic axis
地磁子午圈 geomagnetic meridian
地磁子午线 <地磁坐标系统的子午线,与磁子午线不同> geomagnetic meridian;magnetic meridian
地磁坐标 geomagnetic coordinates
地错动层面 faulted bedding plane
地带 belt;range swath;region;strip;terrain;tract;zone
地带断裂 geofracture
地带划分 zoning
地带间的 interzonal;interzone
地带内的 intrazonal
地带内植被 intrazonal vegetation
地带生物群落过渡带 zonoecotone
地带生物群系 zonobiome
地带使用现状图 curb space inventory map
地带收用 zone condemnation
地带性 zonality;zonation
地带性土(壤) regional soil;zonal soil
地带性因素 zonal factor
地带性植被 zonal vegetation
地带性指标 zonal index
地带性种植 zonal planting
地带站 <市郊线> zone station
地带征用 zone condemnation
地单斜 <地槽边缘单斜沉积> geomonocline
地导体 earthed conductor
地道 gallery;subsurface tunnel;subterranean tunnel;subway;tunnel;underground path;underground way;underpass
地道风 air through tunnel
地道桥 subway bridge;underpass bridge
地道式隧道施工法 underpass-type tunnel(l)ing method
地道型变压器 subway-type transformer
地道引道 underpass approach
地道战 tunnel warfare
地的 earthed
地等温线 geoisotherm;geotherm
地底点 ground nadir point
地底点水平面 ground reference plane
地点 local(e);locality;location;place;site;situation;situs;spot
地点编码信号 location-coded signal
地点车速 <车道上某一点车速> spot speed
地点观测 point measurement
地点角色 location case
地点评审 site evaluation
地点倾斜变换点 ground break
地点图 dot map;site plan of site;situation plan of site
地点无关方式 site-independent mode
地点系数 <=航高/总高程误差> spot factor
地点因素 locality factor
地点指标 station buoy
地点桩 <装料的> spot log
地电 earth electricity;telluric current;terrestrial electricity
地电测量 geoelectric(al) measurement;geoelectric(al) survey
地电场 earth electric(al) field;geoelectricity field
地电的 geoelectric(al)
地电电容 earth capacitance
地电断面 geoelectric(al) cross section
地电断面图 geoelectric(al) section
地电化探法 electrogeochemical method
地电回路 earth return
地电基层 geoelectric(al) basement
地电极 earth electrode;ground electrode
地电极系统 earth electrode system
地电离层波导 earth ionosphere waveguide
地电离层空腔共振 earth-ionosphere cavity resonance
地电流 natural current;stray current;terrestrial current;vagabond current;earth current
地电流测量器 earth current meter
地电流影响 influence of ground current
地电平 ground level
地电设施 ground environment
地电势 earth potential;ground potential
地电探测 geoelectric(al) measurement
地电位 earth potential
地电位差 earth potential difference
地电位的 earthy
地电学 geoelectricity
地电仪 geoelectric(al) instrument
地电异常 geoelectric(al) anomaly
地电阻率 earth resistivity
地电阻率异常 earth resistivity anomaly
地垫 ground mat
地钉 foot pin(for level(l)ing rod)
地动 earth motion;earth movement;ground movement;motion of the ground;terrestrial movement
地动持续时间 duration of ground motion
地动加速度曲线录器 accelerogram of ground motion
地动物分散 animal dispersion;geozoologic(al) dispersion
地动物学 geozoology
地动物学方法 geozoologic(al) method
地动性海面升降 deformational eustatism
地动仪 Chang's seismograph
地冻 frozen ground
地冻深度 frost line
地冻现象 frozen-ground phenomenon
地段 lot;parcel;plat;plot;reach;sector;stretch
地段变电站 area substation
地段草图 preliminary plot;sketch or preliminary plat
地段测量 mensuration of parcels
地段队长 sector boss
地段规划 block plan
地段划分 division into lot;division into parcels
地段进深 <与街道垂直深入度> depth of lot
地段(平面)图 block plan;lot plan;plat;plot plan
地段线 street line
地段限额 block limits
地段小教堂 chapel of ease
地断裂(带) geofracture;geosuture
地堆石 ground moraine
地对地 ground to ground
地对空 ground to air
地对空通信[讯] ground-to-air communication
地盾 continental nucleus;continental shield;shield
地垛 butte
地方 clime;district;site;spot;terrain;territory
地方办事处 local agency
地方变化 local variation
地方标准 provincial standard
地方标准化 provincial standardization
地方标准时 local mean time;local standard time
地方病 endemic;endemy;native disease
地方补助金 local grant-in-aid
地方材积表 local volume table
地方材料 local material
地方财政 local(public) finance
地方财政平衡补贴 grant for local finance balance
地方参考坐标系 local reference system
地方差别待遇 place discrimination
地方产木材情况 timber condition of country
地方长官 commissioner;governor
地方车流 local wagon flow
地方城市 local city

地方传递税 local transfer tax
地方船队 local carrier
地方垂线 local vertical
地方磁干扰 local attraction
地方大气折射 local refraction
地方带 teilzone
地方当局 local authority; public authority
地方当局建造的公共住房 local authority estate
地方当局建造的公寓 <英> council flat
地方当局建造的公寓单元 local authority apartment unit
地方当局建造的住宅 local authority dwelling
地方道路 county highway; county road; land-service road; local road
地方道路网 local road network
地方的 local; endemic; fresh water; vernacular
地方的特性 natural endemicity
地方堤防 local dike[dyke]
地方地层学 topostratigraphy
地方地理通名 local term
地方地平面 local horizon
地方地图基准点 local chart datum
地方地震台网 local seismic network
地方地震震级 local magnitude
地方地质图编号 local number of geologic(al) map
地方电源 local power supply
地方法 by-law
地方法官 magistrate
地方法规 by(e)-law; local code(and regulation)
地方法庭 magistrate's court
地方法院 district court; divisional court; local court
地方法则 by-law; local code(and regulation)
地方房屋建筑规范 minimum standards bylaw
地方分配税 local allocation tax
地方分配税收补贴 local allocation tax grant
地方分配指标 allocate income ratio for local
地方分区 district division
地方分权控制 decentralization
地方风格 local style
地方附加费 local surcharge
地方附加税 additional local tax; local surtax
地方改良基金 local improvement fund
地方改良准备金 local improvement reserve
地方港(口) local harbo(u)r; local port
地方港湾 local port
地方高程系 local height system
地方格网 local grid
地方工业 local industry; native industry; territorial industry
地方工艺 vernacular arts
地方公共卫生 civil affair public health
地方公立学校 provided school
地方公路 <简称县道> county highway; local highway
地方观念 localism
地方管理局 local authority
地方灌溉工程 local irrigation works
地方规定 local regulation
地方规范 local regulation; local specification
地方规划 local level plan(ning); local plan(ning); provincial planning
地方国营企业 locally administered state enterprise
地方航道 local waterway
地方航线 local airline
地方核心城市 regional hub city
地方恒星时 local sidereal time
地方恒星(正)午 local sidereal noon
地方化 localization; localize; provincialization
地方环境 local environment
地方环境规章 local rules of environment
地方货币 local currency
地方货运 local freight
地方机构 local agency
地方基准面 local datum
地方级 locality
地方间的 inter-regional
地方建筑 local architecture; vernacular architecture; vernacular construction
地方建筑材料 local building material; local construction material
地方建筑法规 local building code
地方建筑规程 local building regulation
地方建筑规范 local building code
地方交通 local traffic; local transportation; short-distance traffic
地方街道 local street
地方节日 local holidays
地方经济 localization economy; provincial economy
地方经理 district manager
地方就业条例 local employment act
地方局 regional center[centre]
地方开发城市 local development city
地方可用材料 locally available material
地方来水 local inflow
地方劳力 local labo(u)r
地方连接线 local connection
地方零售商 local retailer
地方流行性氟中毒(病) endemic fluorine
地方路线 local route
地方民用时间 local civil time
地方民政当局 board of civil authority
地方名 local script
地方能力 local capacity
地方品种 local breeding; local variety; native breed; native variety; endemic species
地方平时【天】local mean time
地方平均时间 local mean time
地方平(正)午 local mean moon
地方气候 mesoclimate; microclimate; site climate
地方气候学 microclimatology
地方汽车货运工作 local trucking
地方侵蚀基准面 local erosion base level; regional erosion base level
地方情报 local information
地方区时 local zone time
地方色彩 local colo(u)r
地方生活范围 local activity zone
地方生物志 biota
地方时间 geographic(al) local time; local time; zone time
地方时角 local hour angle; place hour angle
地方实验室台阵【地震】local laboratory array
地方视时 local apparent time
地方视(正)午 local apparent noon
地方水法 local water law
地方水泥厂 local cement plant
地方水泥工业 local cement industry
地方税 local duty; local tax; local taxation
地方税法 local tax law
地方税和国家税 rates and taxes
地方税款缴纳 local tax payment
地方所得税 local income tax
地方台网 local network of stations
地方台阵 local array
地方太阳时 local solar time
地方太阴时 local lunar time
地方特色房屋 sectional building
地方提供的设备 locally supplied equipment
地方天气报告 local weather report
地方天文时 local astronomical time
地方条例 local regulation
地方铁路 district railway; local line; local railroad; regional railway; short railway; spur line; secondary line
地方铁路运价 tariff of regional railway
地方铁路支线 local branched railroad; local branched railway
地方图 chorography; topomap
地方图编制学 chorography
地方卫生机构 local health agency
地方卫生机关 local health agency
地方污染排放标准 local pollutant discharge standards
地方无线电台 regional station
地方夏时 local true time
地方项目 local project
地方消费 local consumption
地方信贷基金 local loans fund
地方行政官 magistrate
地方性 endemicity; endemism; genius loci
地方性编组站【铁】auxiliary marshalling station; local marshalling station
地方性传染病 endemic infection disease
地方性磁干扰 local attraction; local magnetic disturbance
地方性道路 back road; local highway; local road
地方性的 endemic; parochial; regional; provincial
地方性分流道路 local distributor
地方性风 local wind
地方性风向 local wind direction
地方性服务交通 local service
地方性氟骨病 endemic bone fluorosis
地方性氟牙病 endemic dental fluorosis
地方性氟中毒 endemic fluorosis
地方性港口 subregional harbo(u)r; subregional port
地方性洪水 regional flood
地方性环境法规 local regulations of environment
地方性环流 local circulation
地方性疾病 endemic disease
地方性计划 state planning
地方性甲状腺肿 endemic goiter
地方性降水量 local precipitation
地方性交通 short-distance traffic
地方性抗震要求 local seismic requirement
地方性克汀病 endemic cretinism
地方性雷暴 local thunderstorm
地方性流感 endemic influenza
地方性流行病 endemia; endemic disease
地方性陆风 local coastal wind
地方性气候 local climate
地方性水质标准 regional standard of water quality
地方性条约 localized treaty
地方性铁路 local railway
地方性污水管 private sewer
地方性用地分区管理条例 zoning bylaw
地方性雨 local rain
地方性原料 local raw material
地方性展览 regional exhibition
地方需要 local demand
地方选择权 local optimum
地方业务费用 local operating cost; local public utility loan
地方医院 civil hospital; local hospital
地方银行 country bank
地方影响 local influence
地方拥有的港口 municipally owned port
地方预报 local forecast
地方预算 budget of local government
地方原料 localized raw materials
地方运价表 local tariff
地方运输车辆 local transit
地方运输行 local carrier
地方杂税 local miscellaneous taxes
地方增长系数 local growth factor
地方真时 local true time
地方震 local earthquake; local shock
地方震震级 local magnitude; magnitude for local shock
地方正午 local noon
地方政府 local authority; local government
地方政权 local authority
地方支路 local branch road
地方支路入口 local access
地方支线 local branch; local connection
地方支线机场 feeder-category airport
地方植被 native vegetation
地方志 annals of local history; local chronicles
地方中心 endemic center[centre]
地方主义 regionalism; sectionalism
地方住房管理机构 local housing authority
地方转移税 local transfer tax
地方状况 local condition
地方资源 local resource; local supplies
地方子午圈 local meridian
地方子午线 local meridian
地方自然资源 local natural resources
地方自治 home rule; local autonomy
地方自治的 municipal
地方自治主义 communalism
地方坐标系 local coordinate system
地枫皮 anisetree bark
地蜂 digger wasp
地缝合线 geofracture; geosuture; suture line
地伏 plinth stone
地改半径 radius of terrain correction
地改范围 terrain correction range
地割流 incised river
地格栅 ground joist
地埂 terrace
地埂槽沟 terrace channel
地埂地 terraced land
地埂耕作法 terracing
地埂坡度 terrace grade
地梗 field bund
地拱 ground arch
地沟 duct channel; graben; ground sluice; rift valley; trench; underground duct
地沟冲洗砂矿 lampan
地沟底 floor of trench
地沟管道 ground-based duct
地沟洗矿 gouging
地沟箱 trench box
地沟用输送带 tunnel conveyer[conveyor]
地沟运输机 trench conveyer[conveyor]
地固坐标系(统) body-fixed coordinate system; earth-fixed coordinate

system
地光 earth light
地规 beam compasses;trammel
地滚波 ground roll
地滚球场 bowling alley;bowling green
地核地幔边界 core-mantle boundary
地核地幔界面 core-mantle boundary
地核(心) barysphere; bathysphere; centrosphere; earth's core; earth's nucleus
地横线 ground parallel
地衡 pit scale;platform scale
地华 geocorona
地滑 block-slump; earth slip; land fall; landslide; mountain slide; mountain slip
地滑海岸 slide coast
地滑激浪 landslide surge
地滑阻塞湖 landslide lake
地回电路 earth return circuit
地回路 ground return
地回路电报 earth telegraphy
地回路电路 ground return circuit
地回路制 earth return system
地基 basement soil; base of foundation; bearing stratum; foundation (ground); foundation soil; ground base; ground bed; infrastructure; site foundation; subgrade; Winker's foundation
地基板 anchor plate;grade slab
地基保护层 formation protection layer
地基变形 foundation deformation; subbase deformation; subgrade deformation
地基变形监测 subsoil deformation monitoring
地基变形模量 foundation deformation modulus; subbase deformation modulus; subgrade deformation modulus
地基变形模数 foundation deformation modulus; subbase deformation modulus; subgrade deformation modulus
地基变形问题 problem of deformation of foundation
地基变形系数 coefficient of foundation soil deformation
地基变形验算 deformation verification of foundation
地基变形允许值 allowable subsoil deformation
地基标高 footing elevation; foundation level
地基标桩红顶 red top
地基冰冻深度 subgrade frost penetration
地基冰结过程 artificial freezing of ground
地基不规则性 formation irregularity
地基材料 subgrade material
地基查勘 foundation investigation;investigation of foundation
地基察勘 investigation of foundation
地基沉降 ground subsidence; setting of ground; settlement of ground; subsidence of the subsoil
地基沉降计算方法 computational method of foundation subsidence
地基沉降类型 type of foundation subsidence
地基沉降量 foundation settlement; settlement of foundation
地基沉陷 foundation settlement; ground subsidence; set (ting) of ground; settlement of ground; subsidence of ground
地基沉陷量 settlement of foundation
地基承压力 bearing pressure of foundation; bearing pressure on foundation; ground bearing pressure; soil pressure
地基承载沉降系数 ratio of floor loading to settlement
地基承载力 bearing capacity of foundation; bearing capacity of subsoil; bearing pressure on foundation; foundation bearing capacity; ground bearing pressure; subgrade capacity; subgrade rating
地基承载力基本容许值 foundation bearing capacity basic allowable value
地基承载力特征值 characteristic value of subsoil bearing capacity
地基承载试验 ground bearing test; subgrade test
地基承载系数 factor of foundation bearing capacity
地基承载值 subgrade bearing capacity; subgrade bearing value
地基持力层 soil stressed zone; soil supporting layer; subgrade bearing stratum
地基处理 foundation treatment; geotechnic(al) process; ground improvement; ground stabilization; ground treatment; soil improvement; soil treatment; subgrade preparation
地基大梁 footing girder; foundation girder
地基单位承载力 unit subgrade support
地基的地层次序 stratigraphic(al) sequence of the beds
地基的加压 stressing of ground
地基的受压 stressing of ground
地基的挖土换砂 changing the foundation soil for sand; foundation soil replacement by sand
地基的限制 subgrade restraint
地基的约束 subgrade restraint
地基等压力线 bulb of pressure
地基底板 bottom of foundation
地基地质调查 geologic(al) ground investigation
地基垫层 foundation bed
地基调查 foundation investigation
地基动力参数测试 determination subsoil dynamic(al) parameter
地基动刚度 dynamic stiffness of subsoil
地基冻结法 artificial freezing of ground; ground freezing method
地基冻结工艺 artificial freezing of ground
地基冻结施工法 ground freezing
地基冻胀 frost heaving of foundation
地基冻胀力 frost heaving force
地基(对混凝土板滑移)的约束或限制<即阻力> subgrade restraint
地基对桩支承力 bearing capacity of foundation soil for pile
地基反力 footing reaction; foundation reaction; subgrade reaction
地基反力动力系数 coefficient of dynamic(al) subgrade reaction; dynamic(al) coefficient subgrade reaction
地基反力分布 distribution of subgrade reaction
地基反力模量 modulus of subgrade reaction
地基反力系数 coefficient of ground reaction; foundation modulus; modulus of subgrade reaction
地基反应模量 modulus of subgrade reaction
地基反应系数 subgrade modulus
地基反作用力<基础底板下的> uplift pressure
地基防潮层 foundation damp proofing course
地基防水纸 subgrade paper
地基费用 base price; cost of land
地基改良 foundation improvement work
地基改善 ground improvement
地基刚度 stiffness of subsoil; subgrade stiffness
地基高程 formation elevation; foundation level; level of foundation
地基高度 ground height
地基高度说明 graded description
地基工程 foundation engineering; ground engineering
地基弓高 ground heave
地基鼓起 ground heave
地基固结 consolidation of foundation; foundation consolidation; ground consolidation
地基固结强度 foundation consolidation strength
地基管涌现象 boiling; foundation piping; quick condition boil
地基灌浆 foundation grouting; ground injection
地基灌涌现象 boil
地基含水量 ground dampness
地基夯实 compacting of foundation; consolidation of foundation
地基回弹 rebound of foundation soils
地基混凝土板层 oversite concrete
地基基础体系 soil-foundation system
地基及基础研究 foundation investigation
地基极限承载力 ultimate bearing capacity of foundation (soils); ultimate bearing capacity of subsoils
地基计算强度 calculated strength of subgrade
地基加固 base stabilization; foundation improvement; foundation stabilization; ground improvement; ground stabilization; ground strengthening; soil improvement
地基加荷 loading of ground
地基加强 ground reinforcement
地基减低强度设计 reduction in subgrade strength design
地基降水用的深井 deep wells for foundation dewatering
地基截水墙 foundation cut-off
地基界线 plot line
地基劲度 ground stiffness
地基均匀性 foundation uniformity
地基开裂 frost cracking of foundation
地基开挖 excavation in foundation; foundation excavation
地基开挖深度 elevation of foundation base
地基勘测钻探 foundation exploration drilling; foundation reconnaissance drilling
地基勘查 foundation investigation
地基勘察 foundation investigation; soil exploration; soil investigation; subsoil investigation
地基勘探 foundation exploration; ground exploration; soil exploration; subsoil investigation
地基抗力系数 coefficient of subgrade reaction
地基抗震承力 bearing capacity under earthquake
地基可塑性 foundation compliance
地基宽度 formation width; grade width
地基类型 footing type; foundation type
地基梁 footing beam; foundation beam; foundation bearer; grade beam; ground beam
地基临界深度 critical foundation depth
地基隆起 ground heave; base uplift
地基螺栓 anchored bolt; plate anchor
地基面 ground table
地基面高程 formation level
地基面积 area of base
地基模量 foundation modulus
地基模数 foundation modulus; subgrade modulus
地基摩擦力 subbase friction; subgrade friction
地基摩擦系数 coefficient of subgrade friction
地基排水 drainage of foundation; draining of foundation; foundation drainage; groundwater drainage; subbase drainage; subgrade drainage
地基排水孔 drainage hole of foundation; foundation drainage hole
地基排水系统 foundation drainage system; subbase drainage system
地基平整机 subgrading machine
地基坡度 ground inclination
地基破坏 base failure; foundation failure; ground failure; shear failure
地基砌块 foundation block
地基强度 formation strength; foundation strength; ground strength
地基强度衰减 decrement of foundation strength; decrement of ground strength
地基强度增长 increment of foundation strength; increment of ground strength
地基墙 footing wall; foundation wall
地基情况 formation condition; subgrade condition
地基屈服 foundation yielding
地基容许变形 allowable deformation of ground
地基容许变形量 allowable settlement
地基容许变形值 permissible deformation value of foundation
地基容许沉降差 permissible settlement difference of foundation
地基容许沉降量 permissible settlement of foundation
地基容许承载力 allowable bearing capacity of foundation (soils); allowable bearing capacity of subsoils
地基容许倾斜值 permissible dip value of foundation
地基软化 foundation softening
地基软泥侧向隆起 mud bulge
地基砂层 bedding sand
地基上浮 base uplift
地基设计 foundation design
地基深度 lot depth
地基渗漏 foundation leakage
地基失稳 foundation failure
地基失效 foundation failure; ground failure
地基实测变形值 actual survey dip of foundation
地基式电子全向卫星通信[讯]天线 ground-based electronic omnidirectional satellite communications antenna
地基试样 ground sample
地基水平反力系数 coefficient of horizontal soil reaction; coefficient of horizontal subgrade reaction
地基弹性抗力 elastic resistance of ground

地基条件 footing condition; foundation condition; ground condition
地基图 foundation drawing
地基土 subsoil; subgrade(soil)
地基土层 foundation stratum
地基土的可灌性 injectable soil
地基土的容许承载力值 allowable bearing value of foundation soil
地基土的胀缩等级 swelling grade of foundation soil
地基土的卓越周期 outstanding cycle of subgrade soil
地基土冻胀性分级 classification of frost heaving of foundation soil
地基土反力系数 coefficient of soil reaction; coefficient of subgrade reaction
地基土反应模量 <路面设计的> modulus of subgrade reaction for pavement design
地基土刚度 stiffness of foundation soil
地基土活性层 active layer
地基土极限承载力值 ultimate bearing value of foundation soil
地基土勘探 subsoil exploration
地基土排水 subsoil drainage
地基土排水管 subsoil pipe
地基土剖面图 foundation soil profile; subsoil profile
地基土壤 foundation soil
地基土壤层 foundation soil stratum
地基土壤调查 investigation of foundation condition
地基土壤样品 foundation soil sample
地基土壤液化 subsoil liquefaction
地基土弹性系数 coefficient of elastic of ground soil
地基土压力 pressure on foundation
地基土压实 subsoil compacting
地基挖掘 basement digging
地基稳定问题 problem of stability foundation
地基稳定性 foundation stability; stability of foundation
地基稳定液 foundation stable fluid
地基稳定作用 base stabilization; soil stabilization; subsoil stabilization
地基稳固化 foundation stabilization
地基系数 bedding value; coefficient of soil reaction; foundation modulus; ground coefficient; ratio of floor
地基下层土 subsoil
地基下沉 foundation settlement; ground settlement; ground subsidence; land subsidence; setting of ground; settlement of ground; surface settlement
地基限制 restraint of subgrade
地基修筑机 subgrading machine
地基压力 base pressure; pressure on ground
地基压实 ground compaction
地基压缩层 compressive substratum
地基压缩层深度 compression bed depth of foundation
地基压载的临时超填 overfill
地基岩表面容许坡度值 surface permissible gradient dip of underlying bed rock
地基岩体稳定性 stability of foundation rock mass
地基岩土层 foundation stratum
地基研究 ground research
地基验算 foundation calculation
地基液化等级 liquefaction grade
地基液化指数 liquefaction index
地基应力观测 observation of foundation stress
地基硬化 ground hardening
地基用固结灌浆加固 foundation consolidation with consolidated grouting
地基约束 restraint of subgrade
地基约束力阻力 subgrade restraint
地基胀缩 swelling and shrinkage of foundation
地基振冲法 vibro-jet
地基振捣压实法 vibroflotation
地基振动变形系数 coefficient of deformation of ground
地基整平 formation work
地基整平机 power fine grader
地基支承力 bearing capacity; load-bearing capacity; supporting strength
地基支承面 bearing surface of ground
地基支承模量 modulus of foundation support
地基中应力 ground stress
地基种类 type of foundation soil
地基准确度 subgrade accuracy
地基综合反应模量 comprehensive reaction modulus of base
地基综合回弹模量 foundation comprehensive resilient modulus
地基钻孔 formation drilling
地基钻探 foundation drilling; ground drilling
地基钻探研究 foundation investigation drilling
地极 earth poles; earth rod; terrestrial pole
地极摆动 polar wobble
地极颤动 polar sway
地极的 polar
地极迁移 polar wandering
地极投影地图 <地球的极点位于图中心> polar projection
地极移动 polar motion; motion of Earth poles
地极坐标 coordinates of the pole
地极坐标系 earth polar system of coordinates
地籍表册 cadastral list
地籍簿 cadaster[cadastre]; land register
地籍册 cadaster[cadastre]; cadastral survey; land register; terrier
地籍测绘 cadastral surveying and mapping
地籍测量 cadastral survey; cadastration; land registry survey; property survey; subdivision survey
地籍测量控制 cadastral control
地籍测量数据档案 cadastral file
地籍测量文件 cadastral file
地籍测量系统 cadastral survey system
地籍测量细则 cadastral survey manual
地籍测图 cadastral mapping
地籍测图板 subdivision plat(e)
地籍的 cadastral
地籍调查 cadastral investigation
地籍平面图 cadastral plan; subdivision plat(e)
地籍区 cadastral district
地籍图 cadaster[cadastre]; cadastral map; cadastral sheet; land capability map; land plat; land register; parcellary plan; property map; parcel plat <涉及产权的>
地籍图测图 property mapping
地籍图辑 cadastral map series
地籍图系列 cadastral map series
地籍信息系统 cadastral information system
地际表面积 ground-line area
地际处理(法) <木材防腐> ground-line treatment
地价 land cost; land value; property value
地价成本 cost of floor space
地槛 bedsill; groundsel; ground sill; patand
地角 nose; point of land; spit of land <伸入海中的狭长陆地>
地角板 foot board
地角杆 foot rod
地角基础螺栓 foundation bolt with nose
地脚 deadman; spillage; sweepings; tail
地脚板 anchor plate; base anchor; bedpiece; bed plate; sole plate
地脚板轨座 shoe of bed plate
地脚底 main base
地脚垫板 foundation washer
地脚钉 foot pin
地脚钢筋 anchoring accessories
地脚灌浆 anchor grouting
地脚货 cargo sweeping(residue)
地脚开关 feet switch
地脚框架 foundation framework
地脚梁 collar beam; periphery beam; ground beam
地脚螺钉 anchor bolt; anchor screw; foot screw; ground screw; holding-down bolt; stone screw
地脚螺杆 foot screw
地脚螺母 anchor nut
地脚螺母套 nut socket
地脚螺栓 anchor; anchor(ed) bolt; anchor rod; bay-bolt; cotter bolt; crab bolt; fang bolt; foot bolt; foot(ing) screw; foundation anchor; foundation bolt; ground bolt; hold(ing)-down bolt; hook bolt; jog bolt; lewis bolt; rag bolt; sill anchor(age); stud bolt; tie bolt; truss bolt; barb bolt <基础的>
地脚螺栓长度 anchor bolt length
地脚螺栓长孔 anchor bolt slot
地脚螺栓间距 anchor bolt pitch
地脚螺栓孔 anchor bolt hole
地脚螺栓孔间距 anchor hole pitch
地脚螺栓孔深度 anchor hole depth
地脚螺栓孔直径 diameter of anchor bolt hole
地脚螺栓螺母 anchor bolt nut
地脚螺栓模板 template for anchor bolt
地脚螺栓套管 anchoring pipe; anchoring tube
地脚螺栓套件 insert
地脚螺栓预留孔 anchor bolt box
地脚螺栓预留孔式 anchor box type
地脚螺栓中心圆直径 base centered diameter of anchor (foundation) bolts
地脚螺丝 foot screw; foundation bolt; foundation screw
地脚螺丝固定 bolt anchorage
地脚螺丝套管 anchoring pipe; anchoring tube
地脚锚栓 sill anchor
地脚锚栓孔 anchor hole
地脚帽 footing cap
地脚以上砖工 neat work
地窖 basement; cache; cellar; crypt; earth pit; hypogeum; pit; undercroft; underground cellar; underground vault
地窖顶窗 pavement light
地窖粉孢革菌 coniophora cerebella
地窖菌 cellar fungus
地窖口 hatchway
地窖门 vault door
地窖气窗 cellar window
地窖容积 cellarage
地窖湿润 cellar moistening
地窖挖掘 cellar excavation
地界 abuttal; ba(u)lk; land boundary; land net; lot boundary; lot line; parcel limits; property corner; property survey; right of way; butts and bonds <地界的宽窄长短>; divisa <农场、农田、畜牧场等的>
地界标 land mark
地界标石 property corner
地界标志 property line post
地界标柱 property line post
地界测量 boundary survey; land boundary survey; property survey
地界测图 parcellary mapping
地界交点 corner
地界角标 witness corner
地界零线 zero lot line
地界墙 lot-line wall; property line wall
地界石 right-of-way monument
地界图 land boundary map; right-of-way map
地界围墙 property line wall
地界线 plot line; property line
地界修正 rectification of boundaries
地界桩 land mark
地锦【植】humid euphorbia
地经纱 body warp
地井 underground shaft; winze
地颈 isthmus; neck; sowneck
地景艺术 earth art
地静压力 geostatic pressure; lithostatic(al) pressure; terrastatic pressure
地静应力 lithostatic(al) stress; geostatic stress
地居性白蚁 ground termite; subterranean termite
地开石 dickite
地勘费用节约额 economizing charges of exploration expenses
地勘费用节约率 economizing rate of exploration expenses
地坑 melt pit; pit; drop pit <整修机车底部的>
地坑车床 pit lathe
地坑炉 pot furnace
地坑刨床 pit planer
地坑式车轮镟床 underfloor wheel lathe
地坑式地磅 pit-type weighbridge
地坑式干燥器 hot floor drier[dryer]
地坑造型 ground mo(u)ld; mo(u)ld in the pit; pit mo(u)lding
地坑铸件 pit casting
地坑铸型 floor mo(u)ld
地坑铸造 pit casting
地空传导电流 air current; air-earth conduction current
地空的 ground air
地空电流 air-earth current; earth-air current
地空通信[讯]频率 ground air radio frequency
地空通信[讯]无线电台 ground-to-air radio station; ground-to-plane radio station
地空通信[讯]系统 beechnut
地空巡护 air-ground detection
地控导航 terrestrial navigation
地控进场最低数值 ground-controlled approach minimums
地块 block mass; land block; land mass; land parcel; lot(of ground); massif; parcel; plot
地块边界 <丈量的> metes and bounds
地块编号 parcel number

地块波浪 wave of blocks
地块剥蚀 landmass denudation
地块测量 lot measurement; lot survey; measurement of parcels; mensuration of parcels; parcel survey
地块断层 block fault(ing)
地块构造 block structure
地块规划 spot zoning
地块滑动 mass slip
地块滑坍 blockglide; block slide
地块界线测量法 <测量每条边的方位和距离来决定地块界线> metes and bounds survey
地块隆起 block upheaval
地块翘起 block tilting
地块坍塌 blockglide
地块特征文件 parcel's characteristic file
地块文件 parcel's file
地块运动 block movement
地块整理 readjustment of field plot
地拉那 <阿尔巴尼亚首都> Tirana [Tirane]
地拉齐普 dilazep
地腊 ozokerite wax; ceresin(e)(wax); fossil wax; mineral fat; mineral tallow; mineral wax; montan wax; ozocerite[ozokerite]; earth wax
地蜡焦油 montan-wax tar
地蜡矿床 ozokerite deposit
地蜡矿蒸馏得到的重质油和蜡的混合物 blue oil
地蜡制的 cereous
地牢 <仅在牢顶有出口> dungeon; oubliette
地雷 land mine; torpedo
地雷工兵 miner
地雷坑 mine
地雷扫清 mine removal
地雷探测器 mine locator
地垒 horst; lifted block
地垒隆起 horst uplifting
地垒山 horst mountain
地垒状断层 horst fault
地类界 land boundary; land net
地楞 joist
地理北 geographic(al) north
地理北极 north geographic(al) pole
地理背景 geographic(al) setting
地理比较法 method of geographic(al) comparison
地理边界 geographic(al) frontier
地理编号 geographic(al) number
地理编码 geocode; geocoding
地理编码参照系统 geocode system of referencing
地理编码系统 geographic(al) coding system
地理变形 geographic(al) variant
地理标绘 geographic(al) plot
地理不整合 geographic(al) unconformity
地理参考数据存储检索系统 geographically referenced data storage and retrieval system
地理赤道 astronomic(al) equator; geographic(al) equator
地理处理系统 geoprocessing system
地理垂线 geographic(al) vertical
地理词典 geographic(al) dictionary
地理磁极 geomagnetic pole
地理代码 geographic(al) code
地理代码数据 geocode data
地理底图 geographic(al) base; map manuscript
地理地震学 physical seismology
地理调查 geographic(al) survey
地理调查路线 geographic(al) exploration traverse
地理定标网 graticule line
地理定位 geographic(al) location
地理对象 geographic(al) object
地理方位角 geographic(al) azimuth
地理分布 geographic(al) arrangement; geographic(al) distribution
地理分工 geographic(al) division of labo(u)r
地理分析 geographic(al) analysis
地理符号 geographic(al) symbol
地理高度 geographic(al) altitude
地理隔离 geographic(al) isolation; spatial isolation
地理惯性 geographic(al) inertia
地理海里 geographic(al) nautical mile; geographic(al) sea mile
地理环境 geographic(al) condition; geographic(al) environment; geographic(al) setting
地理环境决定论 determinism; geographic(al) environment determinism
地理环境说 theory of geographic(al) environment
地理环境制图 geogram
地理基础文件 geographic(al) base file
地理基准点 geodetic datum
地理极 geographic(al) pole
地理经度 geodetic longitude; geographic(al) longitude; terrestrial longitude
地理经度线 geographic(al) longitude line; terrestrial longitude line
地理经济统计学 geo-econometrics
地理经济学 geoeconomy; geonomics
地理经线 geographic(al) meridian; terrestrial meridian
地理景观 geographic(al) landscape
地理勘察 geographic(al) exploration
地理勘察路线 geographic(al) exploration traverse
地理类 geographic(al) attributes
地理名称 geographic(al) choronym; geographic(al) name
地理名词 geographic(al) nomenclature
地理名词词典 geographic(al) dictionary
地理目标 geographic(al) object; geographic(al) target
地理南极 south geographic(al) pole
地理能见距离 geographic(al) visibility range
地理气候 physical climate
地理气候带 geographic(al) zones of climate
地理倾差 topocline
地理区划单位 unit of geographic(al) division
地理区域 geographic(al) area; geographic(al) province; geographic(al) region; physiographic(al) province; physiographic(al) region
地理区域群呼 geographic(al) area group calls
地理群落 geocoenosis; geocoenosium
地理群落生态学 geographic(al) synecology
地理/人口统计数据库 geographic(al)/demographic(al) database
地理扇形搜索 geographic(al) sector search
地理上接近 geographic(al) proximity
地理上接壤 geographic(al) propinquity
地理射程 geographic(al) range
地理生态型 geoecotype
地理视距 geographic(al) range; geographic(al) viewing distance
地理数据 geodata; geographic(al) data
地理数据格式 geographic(al) data format
地理数据库 geographic(al) data bank; geographic(al) database
地理数据文件 geographic(al) data file
地理水准面地平圈 geoidal horizon
地理搜索 geographic(al) search
地理速测 geostenography
地理速测图 geostenogram
地理特征 geographic(al) features
地理通名 generic term; geographic(al) nomenclature; terrain nomenclature
地理投影 geographic(al) projection
地理图 geographic(al) map
地理图比例尺 geographic(al) scale
地理图集 geographic(al) atlas
地理图制图 geographic(al) mapping
地理网格 geographic(al) grid; geographic(al) mesh
地理纬度 geocentric latitude; geodetic latitude; geographic(al) latitude; normal latitude; terrestrial latitude; topographic(al) latitude
地理纬度平行圈 geodetic meridian; topographic(al) parallel
地理纬圈 geographic(al) parallel
地理纬修正量 angle of the vertical
地理卫生学 geohygiene
地理位置 geodetic position; geographic(al) location; geographic(al) position
地理位置测定器 geographic(al) position locator
地理位置反算 geographic(al) inverse
地理位置反演 geographic(al) position inverse
地理位置索引 geographic(al) index
地理物种 geographic(al) species
地理物种形成 geographic(al) speciation
地理系统 geosystem
地理现象 geographic(al) phenomenon
地理线 geographic(al) line
地理相关 geographic(al) correlation
地理心理学 geosychology
地理信息计算机检索系统 computerized geographic(al) information system
地理信息系统 geographic(al) information system; geoinformation system
地理信息系统的数字格式 geographic(al) information system digital format
地理信息系统基准地图 GIS [geographic information system] base map
地理信息系统空间分析 geographic(al) information system spatial analysis
地理信息系统实验室 geographic(al) information system laboratory
地理信息系统数字技术 geographic(al) information system digital technique
地理信息系统数字系统 geographic(al) information system digital system
地理信息学 geoinformation; geomatics
地理型 geotype
地理性代替种 geographic(al) vicariad
地理学 geography
地理学的 geographic(al)
地理学工作者 geographer
地理学家 geographer
地理寻址 geographic(al) addressing
地理循环及地文期 geographic(al) cycle and physiographic(al) stage
地理要素 geographic(al) element; geographic(al) entity; geographic(al) feature
地理(英)里 <为地球大圈长度 1/1 600,大致等于 1 海里> geographic(al) mile
地理优势 geographic(al) momentum
地理正方形搜索 fixed square search; geographic(al) square search
地理政治论 geopolitics
地理政治因素 geographic(al) political elements
地理知识 geographic(al) knowledge
地理制图工作者 geocartographer
地理专名 geographically specific term
地理子午圈 geographic(al) meridian; terrestrial meridian; topographic(al) meridian
地理子午线 geographic(al) meridian; terrestrial meridian; topographic(al) meridian
地理宗 geographic(al) race
地理综合体 geocomplex
地理坐标 geographic(al) coordinates; geographic(al) location; geographic(al) position; terrestrial coordinates
地理坐标格网 geographic(al) net
地理坐标网 earth's graticule; fictitious graticule; geographic(al) graticule(grid); geographic(al) mesh; geographic(al) sheet line; graticule line; grill(e)
地理坐标网格 geographic(al) coordinate grid; geographic(al) coordinate net
地理坐标值 graticule value; values of geographic(al) coordinates
地力 capability of land; land capability; land capacity; productivity of the soil
地力保持 maintenance of soil fertility; productive land
地力分级 land capability class
地力分类 land capability classification
地力分类规划图 classification of land capability map
地力衰竭 exhaustion of soil
地力图 land capability map
地力消耗 soil fertility exhaustion
地沥青 alameda; albafite; albanite; asphalt; asphaltous bitumen; asphaltum; bitumen; bitumen of Judea; earth oil; earth pitch; ground pitch; land pitch; mineral pitch; pez; sand asphalt; asphaltic bitumen <英>
地沥青柏油 asphalt tar
地沥青板 asphaltic slab; asphalt plank; asphalt plate; asphalt slab; plate asphalt
地沥青拌制的骨料 asphalt-coated aggregate
地沥青拌制的集料 asphalt-coated aggregate
地沥青泵 asphalt pump
地沥青表面处治 asphalt surface treatment; asphalt topping
地沥青玻璃 <利用回收废瓶料的玻璃与地沥青的混合料> glasphalt
地沥青薄膜 asphalt film
地沥青材料 asphaltic material; asphalt material
地沥青掺和 asphalt addition
地沥青厂拌混合料 asphalt plant mix
地沥青沉积 asphalt deposit
地沥青衬里 asphalt lining

地沥青处治层 asphalt-treated layer
地沥青处治过的 asphalt-treated
地沥青的 asphaltic
地沥青的芳香份 aromatics of asphalt
地沥青的沥青质 asphaltene of asphalt
地沥青底子 asphaltic base
地沥青垫层 asphalt cushion course
地沥青垫层护岸 asphalt mattress revetment
地沥青防潮涂层 asphalt for damp-proof coatings
地沥青防水层 asphalt lining
地沥青防水涂料 asphalt water-proofing paint
地沥青粉 asphalt powder;powdered asphalt
地沥青封层 asphalt seal coat
地沥青缝 asphalt joint
地沥青盖层 asphalt cover(ing)
地沥青盖料 asphaltic mulch;asphalt mulch
地沥青膏 mastic asphalt
地沥青骨料混合料 asphalt-aggregate mixture
地沥青贯碎石路 asphalt penetration macadam(road)
地沥青贯碎石面层 asphalt penetration macadam surface
地沥青灌缝 asphalt joint
地沥青灌浆 asphalt grouting
地沥青灌注碎石路面 asphalt-grouted surfacing
地沥青灌注碎石面层 asphalt-grouted surfacing
地沥青含量 asphalt content
地沥青湖 asphalt lake
地沥青化合物 asphaltic compound
地沥青混合料 asphalt(ic) mixture
地沥青混合料拌和厂 asphalt mixing plant
地沥青混合料(配合比)设计方法 asphalt-mix-design method
地沥青混合料摊铺机 asphalt spreader;asphalt paver <无整修功能>
地沥青混凝土 asphalt(ic) concrete
地沥青混凝土路 asphaltic concrete paver;asphaltic concrete road
地沥青混凝土路面 asphalt concrete pavement
地沥青混凝土摊铺机 asphalt spreader
地沥青基 asphaltic base
地沥青基燃油 asphalt fuel oil
地沥青基石油 asphalt(ic) base oil;asphaltic base petroleum
地沥青基涂料 asphalt-base paste
地沥青集料混合料 asphalt-aggregate mixture
地沥青加热厂 asphalt heating plant
地沥青加热锅 asphalt cooker;asphalt heater;asphalt heating kettle
地沥青加热器 asphaltic-bitumen cooker
地沥青浇面 asphalt topping
地沥青胶 asphaltine cement
地沥青胶结的 asphalt-bonded
地沥青胶结料 asphalt(ic) cement
地沥青胶泥 asphalt grout;asphalt(ic) cement <含矿粉>
地沥青胶黏[粘]剂 asphalt adhesive compound
地沥青结合料 asphalt binder
地沥青浸润毡 asphalt-saturated felt
地沥青精的凝聚结构网架 coagulation structural grid of asphaltenes
地沥青块 asphalt(ic) block;asphalt stone
地沥青块铺砌路面 asphalt block pavement
地沥青矿 asphalt deposit
地沥青路 asphalt road
地沥青路拌混合料 asphalt road mix
地沥青路面 asphalt pavement;asphalt paving
地沥青路面的整体性结构 streamlined construction of asphalt paving
地沥青路面的整体性施工 streamlined construction of asphalt paving
地沥青路面加热器 asphalt surface heater
地沥青路面结构 asphalt-pavement structure
地沥青路面再生利用 asphalt pavement recycling
地沥青路缘石 asphalt curb
地沥青玛ɲ脂 mastic asphalt
地沥青煤 asphalt(ic) coal
地沥青煤沥青混合物 <掺入地沥青的煤沥青> asphalt tar
地沥青面层 asphalt mat;asphalt surface course
地沥青膜 asphalt membrane
地沥青黏[粘]层 asphalt tack coat
地沥青喷射泵 binder spray(ing) bar
地沥青铺料厂 asphalt paving plant
地沥青铺路 asphalt paving
地沥青铺路油 asphalt road oil
地沥青铺面的水沟 asphalt gutter
地沥青铺面混合料 asphalt paving mixture
地沥青铺砌块 asphalt paving block
地沥青漆 asphalt lac;asphalt paint
地沥青亲水(性)试验 water-asphalt preferential test;water-asphalt affinity test
地沥青溶剂 asphalt fluxing oil
地沥青熔渣 asphalt(ic) clinker
地沥青乳液 asphalt(ic) emulsion
地沥青乳液密封 asphalt emulsion slurry seal
地沥青软制油 asphalt fluxing oil
地沥青洒布机 asphalt distributor
地沥青砂 sand asphalt
地沥青砂保护层 sand asphalt protection[protective] coat
地沥青砂膏 asphalt sand mastic
地沥青砂护面 sand asphalt facing
地沥青砂混合料 asphaltic mortar;sand asphalt mixture(mortar)
地沥青砂浆 asphalt(ic) mortar;sand asphalt mixture(mortar)
地沥青砂胶 asphalt grout;asphalt(ic)(sand) mastic;mastic asphalt <旧称地沥青玛蹄脂或乳香沥青>
地沥青砂胶加热锅 mastic(asphalt) cooker
地沥青砂胶块 asphalt cake
地沥青砂胶楼面 mastic asphalt flooring
地沥青砂胶面层 mastic asphalt surfacing
地沥青砂胶磨光机 asphalt mastic finisher
地沥青砂胶铺面 asphalt mastic floor(ing);mastic asphalt surfacing
地沥青砂胶人行道 asphalt mastic sidewalk
地沥青砂路面 sand asphalt pavement;sand asphalt surface
地沥青砂面层 sand asphalt surface
地沥青砂质沥青 sand asphalt
地沥青生产过程 asphalt processing
地沥青石 asphaltite;asphalt-impregnated stone <浸染地沥青的岩石>
地沥青石灰岩 asphaltic limestone
地沥青输送管 asphalt piping
地沥青树脂 asphaltic resin
地沥青酸 asphaltic acid;asphaltous acid
地沥青酸酐 asphaltic acid anhydride;asphaltous acid anhydrite
地沥青碎石 asphaltic macadam
地沥青碎石路 asphalt(ic) macadam
地沥青碎石路面 asphalt macadam pavement
地沥青填缝料 asphalt filler
地沥青透层 asphalt(ic) primer;asphalt prime coat
地沥青涂料 asphalt paint
地沥青土 soil-asphalt
地沥青土路面 soil-asphalt road
地沥青土稳定(法) soil-asphalt stabilization
地沥青温度计 binder thermometer
地沥青稳定 asphalt stabilization
地沥青稳定法 asphalt stabilization
地沥青稳定土 asphalt stabilization
地沥青稳定土路 soil-asphalt road
地沥青屋面油毛毡 asphalt composition roofing
地沥青雾层 <极薄的表面处治层,不加撒石屑> asphalt fog coat
地沥青协会路面设计法 The Asphalt Institute Pavement Design Method
地沥青学会 <美> Asphalt Institute
地沥青学会法 <设计柔性路面厚度的一种方法,美国> Asphalt Institute Method
地沥青学会(或史密斯式)混合料配合三轴试验设计 <美> Asphalt Institute(Smith) triaxial method of mix-design
地沥青延度试验仪 asphalt ductility testing machine
地沥青岩 asphalt-impregnated stone;asphalt rock
地沥青油 asphalt oil;asphaltum oil
地沥青油灰 asphalt putty
地沥青预制块面层 asphalt block surface
地沥青再生利用 asphalt recycling
地沥青渣油 asphalt bottom
地沥青毡 asphalt felt;asphalt(ic) mattress
地沥青毡层 asphalt carpet(coat);asphalt cork surface
地沥青整修机 asphalt finisher
地沥青质 asphaltene
地沥青质焦沥青 asphaltic pyrobitumen
地沥青质石灰石 asphaltic limestone
地沥青质渣油 asphaltic residual oil
地沥青蛭石板 asphalt vermiculite plate
地沥青属性 asphalt nature
地沥青砖 asphalt tile
地沥青组成 asphalt composition
地沥青组合屋面 asphalt built-up roof(ing)
地链 bottom chain;ground chain
地梁 foundation beam;ground beam;ground plate;ground sill;dormant tree;floor timber;footpiece;patand;sleeper;sommer;summer;grade beam
地梁枕木 ground beam sleeper
地劣质煤 high inerts coal
地裂 ground fissuration;ground fracturing;ground rupture
地裂缝 earth fissure;geofracture;geosuture;ground fissure
地裂缝长度 length of cracks
地裂缝方向 orientation of cracks
地裂缝观测 geofracture observation
地裂缝宽度 width of cracks
地裂缝深度 depth of cracks
地裂缝位错量 amount of crack offset
地裂缝性质 feature of superficial cracks
地裂隙 earth fissure;geofracture;geosuture;ground fissure
地裂现象 fracture phenomenon
地裂运动 tafrogeny;taphrogeny
地瘤 geotumor
地龙 deadman(anchorage);floor closer
地龙蜂窝墙 deadman honeycombed wall
地龙墙 deadman wall;honeycomb wall;sleeper wall
地龙墙垫板 sleeper plate
地隆 ground swell
地隆起 heave of base
地垄 checking floor hinge;concealed-in-door closer
地垄墙 honeycomb(ed) wall;pigeon-holed foundation wall
地漏 floor drain
地漏箅子 waste grating
地炉 pit furnace
地绿色 Cyprian green
地绿色颜料 terre verte pigment
地轮 land wheel
地轮臂 bogie arm
地轮操纵杆 land level
地轮传动的 ground-driven
地轮传动旋转耙 ground-driven rotary harrow
地轮起落机构 field mechanism
地轮起落螺杆 lang raising screw
地轮驱动 road wheel drive
地轮驱动的干草装载机 ground wheel driven hay loader
地轮驱动的后悬挂式撒布机 land wheel driven rear mounted distributor
地轮驱动的机具 ground-wheel driven machine
地轮驱动的捡拾器 ground-driven pickup
地轮驱动的撒布机 land wheel driven spreader
地轮驱动的装草捆机 land wheel driven bale loader
地轮驱动式割草机 ground-driven mower
地轮摇臂 bogie rocker arm
地轮轴 land axle
地螺钻 earth auger
地螺钻延伸杆 earth auger extension
地埋混凝土 buried concrete
地脉动 earth tremor
地脉动测 earth microtremor measurement
地脉动计 microseismometer
地脉动仪 microseismograph
地幔 earth's mantle;mantle(of the earth)
地幔等时线 mantle isochron
地幔地震 mantle earthquake
地幔对流 mantle convection
地幔构造作用 tectonism in mantle
地幔交代作用 mantle metasomatism
地幔库 mantle reservoir
地幔流 mantle flow
地幔气 mantle gas
地幔热流 mantle heat flow
地幔热柱 mantle plume
地幔上部 outer mantle;upper mantle
地幔深部 inner mantle
地幔脱气 mantle degassing
地幔物质蠕动 creep of mantle material
地幔下部 lower mantle
地幔效应 mantle effect
地幔岩 pyrolite
地幔岩石学 mantle petrology
地幔羽 mantle plume
地幔质量 mass of mantle
地幔柱 <羽状地幔流> mantle plume

地锚 anchorage; anchor block; deadman; ground anchor; guy anchor; holdfast; land tie; earth anchor <砚标拉桩>; anchor log; ground anchorage
地锚固定 earth anchorage
地锚固定段 fixed anchor length
地锚孔 anchor hole
地锚拉杆 anchor tie; land tie; ground-anchorage tendon
地锚拉索 anchor tie; earth anchored stay cable
地锚缆绳系统 earth anchored cable system
地锚固定段长度 fixed anchor length
地锚拉杆 ground anchorage tendon
地锚(使用期内)剩余荷载 ground anchorage residual load
地锚式斜拉桥 fully anchored cable-stayed bridge
地锚式悬索体系 earth anchored suspension system
地锚体系 earth anchored system
地锚头部 anchor head
地锚预应力钢丝束 ground-anchorage tendon
地锚重块 ground block
地锚自由段长度<从固定段尾端到锚头的> free anchor length
地貌 geomorphy; ground relief; configuration of the ground; geologic(al) feature; hypsometric(al) feature; land feature; landform; land topography; lay of the land; natural feature of terrain; planimetric(al) feature; surface feature; surface relief; topographic(al) feature
地貌版 relief board
地貌背景 geomorphologic(al) setting
地貌变化 landscape change; relief variation
地貌变迁 geomorphic(al) process
地貌变形 geomorphologic(al) deformation
地貌标志 geomorphologic(al) indication; geomorphologic(al) marker
地貌表示法 geomorphic(al) representation; hypsography; relief representation; representation of ground; representation of the shape of ground; terrain representation
地貌测绘 geomorphologic(al) mapping
地貌测量 morphologic(al) survey; morphometry
地貌成分 geomorphologic(al) element; relief element
地貌成因 morphogenesis
地貌成因的 morphogenetic; morphogenic
地貌成因区 morphogenetic region
地貌成因学 geomorphogeny
地貌传感器 geomorphic(al) sensor; ground sensor
地貌单元 geomorphic(al) unit; morphologic(al) unit; landform unit
地貌单元图 terrain unit map
地貌的 geomorphic(al); geomorphologic(al)
地貌等级 geomorphic(al) grade
地貌地层单位 morphostratigraphic(al) unit
地貌地质草图 primary morphologic(al) map
地貌地质年龄 geologic(al) age of landform
地貌地质图 geomorpho-geologic(al) map
地貌地质学 geomorphic(al) geology; physical geology
地貌点 point of topography
地貌点数 number of geomorgraphy point
地貌调查 geomorphologic(al) survey (of river); survey of morphology; topographic(al) survey(ing)
地貌调查方法 method of morphologic(al) survey
地貌调查分类 type of morphologic(al) survey
地貌发生 morphogenesis
地貌发生的 morphogenetic
地貌发生力 morphogenetic force
地貌发生区 geomorphogenic region
地貌发生学 genetic(al) geomorphology; genetic(al) morphology; geomorphogeny
地貌法 geomorphologic(al) method
地貌分层设色表 orographic(al) tinting
地貌分类图 classification map of morphology
地貌分析 geomorphic(al) analysis; morphologic(al) analysis
地貌构造分析 morphotectonic analysis
地貌构造学 lineament tectonics
地貌观测点 observation point of geomorphology
地貌观测点记录表 record table of morphologic(al) observation point
地貌光影立体表示法 illuminated relief
地貌环境 geomorphologic(al) environment
地貌基本要素 basic geomorphic(al) element
地貌建筑学 geomorphic(al) architecture
地貌结构 geomorphic(al) structure; terrain configuration
地貌结构线 morphostructural line; orographic(al) characteristic line
地貌景观分带 geomorphologic(al) landscape zoning
地貌绝对年龄 absolute age of landform
地貌绝对年龄研究方法 absolute geochronometry
地貌刻图 geomorphologic(al) engraving
地貌类型 geomorphologic(al) type; physiognomic(al) type; relief type
地貌类型图 geomorphic(al) map; geomorphologic(al)(type) map; morphologic(al) map; terrain-type map
地貌力量 geomorphologic(al) agent
地貌立体表示 simulated relief
地貌轮廓线 lineament
地貌面 face; morphologic(al) unit
地貌描绘 cliff drawing; cliff work; relief drawing
地貌描述 geomorphic(al) description
地貌描述学 geomorphography
地貌模型的阶梯空间 intercontour space
地貌年龄 morphologic(al) age
地貌年龄分类 classification of geomorphic(al) age
地貌盆地 morphologic(al) basin
地貌评估 fluvial audit; geomorphologic(al) assessment
地貌破坏 geomorphic(al) disruption
地貌剖面图 geomorphic(al) profile; morphologic(al) profile
地貌切割密度 cutting density in geomorphy
地貌区 morphologic(al) area; morphologic(al) region
地貌区划系统 geomorphic(al) area classification system
地貌数据 relief data
地貌数据处理系统 geomorphic(al) data handling system; geomorphic(al) data processing system; geomorphic(al) data treatment system
地貌碎部 morphologic(al) details
地貌碎部点 elevation detail
地貌特征 geomorphic(al) feature; geomorphologic(al) setting; geomorphology; landscape character; morphologic(al) feature; relief feature; shape of the ground
地貌特征线 orographic(al) characteristic line
地貌填图 geomorphic(al) mapping
地貌条件 geomorphic(al) condition; geomorphologic(al) condition
地貌条件复杂程度 complicate degree of geomorphologic(al) condition
地貌突变 geomorphic(al) accident
地貌图 geomorphic(al) map; geomorphologic(al) map; morphologic(al) map; relief map
地貌图例 geomorphic(al) legend
地貌外形 geomorphic(al) configuration
地貌位置 geomorphic(al) location
地貌物质组成 geomorphic(al) composition
地貌系数 coefficient of topographic(al) feature
地貌细部 feature; morphologic(al) details
地貌相对年龄 relative age of landform
地貌相对年龄研究方法 relative geochronometry
地貌信息 relief information
地貌形成过程 geomorphic(al) process
地貌形成区 form(en) kreis
地貌形成圈 form(en) kreis
地貌形成作用 morphogenesis; morphogeny
地貌形态 geomorphic(al) shape; ground form; hill shape; morphologic(al) feature; topographic(al) form
地貌形态量测 morphometry
地貌形态描述 morphologic(al) description
地貌形态特征 landform feature
地貌形态图 choromorphographic(al) map
地貌形态图法 morphographic method
地貌形态图符号 landform symbol
地貌形态线 continuous form line; geomorphic(al) shaped line
地貌形态写景符号 physiographic(al) symbol
地貌叙述学 geomorphography
地貌旋回 geomorphic(al) cycle; morphologic(al) cycle
地貌学 geomorphic(al) geology; geomorphology; physical geology
地貌学的遥感技术 remote-sensing in geomorphology
地貌循环 cycle of erosion; geographic(al) cycle
地貌演化图 evolution map of morphology
地貌遥感 geomorphologic(al) remote sensing; landform remote sensing
地貌要素 geomorphologic(al) element; hypsometric(al) feature; relief element; relief feature
地貌要素名 geomorphologic(al) name
地貌异常 geomorphic(al) anomaly
地貌因素 geomorphologic(al) element; relief element; relief feature
地貌原图 relief drawing
地貌晕翁 form hachure
地貌晕翁法 hachuring; hill shading; hill toning; plastic shading; shading system
地貌晕线法 hachuring; hill shading; hill toning; plastic shading; shading system
地貌晕渲 brush shade; hillwork; relief shade; shaded relief
地貌晕渲版 shaded-relief edition
地貌晕渲表示法 shade lining
地貌晕渲图 shaded-relief map; wash-off relief map
地貌资料 morphologic(al) data; relief data; relief information
地貌自动晕渲 automatic relief shading
地貌综合 cartographic(al) generalization of relief
地貌综合剖面图 geomorphic(al) composite profile
地貌综合图 synthetic(al) map of morphology
地冕 geocorona
地面 at-grade; earth's surface; earthquake surface; ground surface; land surface; mother earth; surface of earth; terrain(surface); terrestrial surface; floor【建】
地面暗管道 underfloor duct
地面凹坑 surface cavity
地面凹陷 ground depression; surface depression; lacuna
地面扳道握柄 ground throw lever
地面板<混凝土> on-grade
地面板道座 ground throw stand
地面保养 ground keeping
地面保障设备 ground handling equipment; ground support equipment
地面暴雨径流 surface storm flow
地面暴雨流量 surface storm flow
地面爆破 surface blasting
地面爆炸 ground burst
地面被覆 ground cover
地面边界层 surface boundary layer
地面变形 ground deformation
地面变形性状 behavio(u)r of ground deformation
地面标尺读数 ground rod
地面标高 floor line; grade ground level; ground elevation; ground height; ground level; ground table; level of ground; surface elevation
地面标高铺设地板 ground-level floor(ing)
地面标高图 floor plan
地面标高以下的墙 walls below grade
地面标高以下的圬工 below-grade masonry
地面标记 land mark
地面标线 floor line
地面标志<三角点的上标石> surface mark
地面冰 ground ice; surface ice
地面波 surface wave; ground wave
地面波导 surface duct
地面波群 surface wave group
地面剥层 stripping; surface erosion
地面薄雾 ground mist
地面补加 reinforcing top soil
地面不平 out-of-level
地面布水板 surface-mounted distribution board
地面部分 above-ground portion
地面部分腐朽 ground-line decay
地面材料 flooring
地面采矿法分类 surface mining method
地面参考面 ground reference plane

地面参照物 geographic(al) reference
地面残片 surface relic
地面操纵 ground control
地面操纵单轨系统 floor controlled monorail system
地面操纵器 surface box
地面操纵桥式起重机 floor controlled overhead crane
地面操作扶手 handling rail
地面草图 ground sketch;surface sketch
地面测绘天文经纬仪 terrestrial mapping astronomical theodolite
地面测距 surface ranging;surface taping
地面测距站 ground-ranging equipment
地面测量 ground (surface) measurement;ground survey(ing);on-the-ground survey; surface measurement; surface survey; terrestrial survey
地面测量航空摄影机 topographic (al) camera
地面测量控制 ground survey control
地面测量摄影机 field camera;terrestrial photogrammetric camera; terrestrial survey camera;ground photogrammetric camera; ground surveying camera
地面测量值 ground-measured value
地面测平 ground level
地面测试设备 ground test equipment
地面测试树 surface test tree
地面测位 ground location
地面层 floor level;ground floor
地面层面积 ground floor area
地面层平面图 ichnograph
地面插座 floor plug;floor receptacle; floor socket outlet
地面插座出口线 floor receptacle outlet
地面产生的振动 ground-borne vibration
地面长距离皮带运输机 overland belt
地面厂房 ground power house
地面敞开式雨水排除 open storm drainage
地面超越控制 overriding terrestrial control
地面潮汐重力仪 surface tidemeter
地面车号识别装置 wayside identification apparatus
地面车辆 terrain vehicle;surface car <与地下及架空车辆相对而言>
地面沉积 ground deposit(ion);superficial deposit(ion)
地面沉降 depression of ground; ground setting;ground settlement; land subsidence;setting of ground; surface settlement
地面沉降范围 extent of ground subsidence
地面沉降量变化曲线 curve of surface subsidence change
地面沉降面积 area of ground subsidence
地面沉降图 ground fallout plot
地面沉降位置 position of ground subsidence
地面沉降问题 problem of ground subsidence
地面沉降因素 ground subsidence
地面沉落的 after-break
地面沉陷 ground settlement;ground subsidence;land subsidence;natural depression;surface subsidence
地面沉陷后的破坏 after-break
地面沉陷速率 rate of ground settlement
地面承压力 ground bearing pressure
地面承载能力 bearing power of ground; supporting capacity of ground
地面程序法 ground program method
地面尺寸 ground dimension
地面尺高 ground rod
地面冲断层 surface thrust
地面冲沟发育 gullied surface
地面冲积 surface wash(ing)
地面冲刷 surface scour;surface wash (ing)
地面冲洗 surface wash(ing)
地面臭氧 ground-level ozone
地面臭氧站 ground-based ozone station
地面出风口 floor register
地面出水口 floor outlet
地面出线盒 floor box
地面出线口 floor outlet
地面初始滞留量 initial detention
地面储存 surface impoundment
地面储罐 above-ground storage tank
地面储气 above-ground storage gas
地面处理 land disposal
地面处理场 land disposal site
地面处理设备 ground processing equipment
地面处置 land disposal
地面传播 ground propagation;overland propagation
地面传感器 ground transmitter
地面传输 ground-to-ground transmission
地面垂直于干线 surface rising main
地面存车场 surface car park
地面错动 ground movement
地面大地测量学 terrestrial geodesy
地面大理石 floor marble
地面大气 surface air
地面大气辐射强度计 pyrgeometer
地面大气折射 terrestrial refraction
地面带扣的空心黏土砌块 hollow clay building block with keyed underside
地面单位<集装箱> ground slot
地面导槽 floor guide
地面导航 area navigation; ground navigation; land navigation; terrestrial navigation
地面导航灯 course light
地面导航设备 ground-based navigation(al) aids
地面导航系统 ground navigation(al) aids;ground navigation(al) system
地面导索滑车 ground lead
地面导线 surface traverse
地面导线测量 ground polygonometry; surface traversing; terrestrial polygonometry
地面导向构架<基槽开挖打入挡土板的> ground frame
地面导向管 surface conductor
地面道岔 surface switch
地面道路 surface road
地面的 above-ground; at-grade; earth based; ground based; overland; superterranean;surficial;terrestrial
地面的叠层形成 stratification of the ground
地面的分层作用 stratification of the ground
地面的热 ground heat
地面等高线 surface contour
地面等角点【测】ground isocenter
地面低压 surface low
地面底板共振 earth-base plate resonance
地面地质测量 surface geologic(al) survey
地面地质学 cenology
地面点 ground point;physical surface point;surface point;terrain point
地面点辨认法 method of terrain point identification
地面点高度 spot height
地面点位坐标系(统) ground-space coordinate system
地面电波 ground wave;surface wave
地面电厂 overground plant
地面电磁法解释结果 result of interpretation of ground electromagnetic method
地面电磁法异常曲线 anomaly curve of ground electromagnetic method
地面电导率 ground conductivity
地面电光波 ground wave
地面电话出口线 floor telephone outlet
地面电缆<可以移动的电缆> land cable
地面电缆管道 ground-based cable duct
地面电力机车 ground electric(al) locomotive
地面电声波 ground wave
地面电台 earth station;ground(base) station;terrestrial station
地面电网 surface electric network
地面电源插头 ground connector
地面电源插座 ground supply socket
地面电站 above-ground power station; surface plant; surface power house;surface power station
地面电阻 earth resistance
地面电阻率测定 surface resistivity measurement
地面调查 ground geophysics prospecting;ground investigation
地面调查资料 ground truth
地面调查钻探 drilling for ground investigation
地面定时系统 ground timing system
地面定位台位置 position of ground fix station
地面定线测量 surface alignment
地面定向 ground orientation;terrain orientation
地面定向标 ground sign;visual ground sign
地面动力装置 ground power unit
地面冻结 ground freezing
地面冻结法 ground freezing method
地面冻结水 terrestrial frozen water
地面陡度 steepness of terrain
地面毒物浓度 toxic ground level concentration
地面读出计 surface readout gear
地面读出站 ground readout station
地面度量 ground surface measurement
地面堆放场 surface dump
地面多坑洼的 cuppy
地面发射机 ground transmitter
地面阀闸 surface box;tabby
地面反气旋 surface anti-cyclone
地面反射 earth return;ground reflecting; ground reflection; ground return
地面反射变化 ground swing
地面反射波 earth-reflected wave; ground clutter; ground echo; ground reflected wave;land return
地面反射的辐射阻力 earth's reflected radiation drag
地面反射辐射 reflective radiation from earth's surface
地面反射干扰 clutter
地面反射区 ground clutter area
地面反射误差 ground swing error
地面反射误差变化范围<微波测距的> range of ground swing
地面反射信号 background return
地面返回 ground return
地面泛滥 land flood(ing); surface flood(ing)
地面泛流 land flood(ing);overland flow;surface flood(ing)
地面方法 ground method
地面方位标 land mark
地面方位物 terrestrial reference
地面方向仪 ground wind indicator
地面防潮 floor damp-proofing;floor-proofing of ground
地面防潮层 floor damp-proof course; surface damp course;surface damp-proof membrane
地面防风幕 dust mulch
地面防水措施 measured of water prevention on surface
地面仿形装置 ground-contour-following device
地面废料场 orphan bank
地面废水箅 drainage grating
地面分辨力 ground resolution
地面分辨率 ground resolution
地面分布 ground location
地面分水界 drainage divide(line); orographic (al) divide; surface drainage divides;surface watershed
地面分水岭 drainage divide(line); orographic (al) divide; surface drainage divides;surface watershed
地面分系统 surface-based subsystem
地面风 ground wind;surface wind
地面锋【气】surface front
地面敷设 above-ground installation; overground installation
地面符号 ground sign
地面辐射 eradiation; ground radiation; surface radiation; terrestrial radiation;earth radiation
地面辐射计 pyrogeometer
地面辐射平衡气候学计划 surface radiation budget climatology project
地面辐射强度计 pyrgeometer
地面辐射温度表 terrestrial radiation thermometer
地面辐射仪 ground radiometer
地面俯视图 surface view plan
地面辅助设备 ground support equipment
地面腐蚀土层 surface mulch
地面腐殖质 duff
地面附着力 track adhesion
地面附着能力 ground adhesion capacity
地面复原 land restoration
地面覆盖 canopy cover;ground cover;land cover;mulching
地面覆盖层 ground coverage;overlying ground
地面覆盖范围 ground coverage
地面覆盖分析 land cover analysis
地面覆盖片材 sheet floor cover(ing)
地面覆盖物 decking;floor covering; ground cover;mulch;mulching material
地面覆生 surface rejuvenation
地面伽马能谱测量 ground gamma-ray spectrometry
地面伽马总量测量 total count ground gamma-ray survey
地面改造 remaking surface
地面干草 standing hay
地面干道 surface artery
地面干燥能力 geoclimatic drying power
地面感应器 wayside coil;wayside indicator
地面钢轨涂油器 on-track rail lubricator

地面高差 difference of ground height
地面高程 altitude of ground surface; floor level; ground(ing) elevation; grounding height; ground(ing) level; ground surface elevation; land level; level of ground; surface elevation; surface level
地面高程以上 above-grade; above-ground level
地面高度 floor level; ground height; relief height; ground level; grades for building <接近住房外墙的>
地面高速列车 ground high-speed train
地面格筛 floor(ing) grating
地面隔层填料 floor filling material
地面跟踪 ground track
地面跟踪设备 ground tracking equipment
地面工程 above works; ground engineering; surface works
地面工程沟槽 surface work trench
地面工务 ground servitude
地面工作 above-ground work; surface works
地面工作半径 <挖掘机> reach at ground level
地面工作区 landside
地面工作人员 groundman
地面功率谱 terrain power spectrum
地面供暖 floor warning
地面共振 ground resonance
地面沟槽 floor groove
地面构型 surface configuration
地面构筑物 above facility
地面估测 terrain estimation
地面固定点与流动点间的通信[讯] land mobile communication
地面固化 ground cementation; ground cementing
地面刮平机刮板 floor scraper blade
地面刮平机刮片 floor scraper blade
地面刮平器 float for land smoothing
地面关门器 floor closer
地面观测 ground-based observation; surface observation
地面观测站 ground observation station; surface-based observing station; surface observation station
地面观察卫星 ground-viewing satellite
地面观察站 ground observation post
地面管道 above-grade pipeline; above (pipe) line; projection conduit; surface duct; surface-mounted conduit; surface-mounted installation
地面管道灌溉法 surface pipe irrigation method
地面管缆架 umbilic(al) boom
地面管线 above-ground (pipe) line; surface line; surface-mounted installation
地面灌溉 broad irrigation; ground irrigation; surface irrigation
地面罐 surface storage tank
地面光学接收机 ground-based optic(al) receiver
地面光学接收器 ground-based optic(al) receiver
地面龟裂 polygonal ground
地面轨道 surface railway
地面轨迹 ground line; ground trace; ground track
地面辊压器 flooring roller
地面滚压机 flooring roller
地面海拔 well-head elevation
地面夯实机 floor rammer
地面航迹 ground track; ground trace <飞行航线或轨道在地面上的投影>
地面航迹扫描 ground track scan; ground track sweep
地面航迹指示器 earth path indicator
地面航空无线电交换机 ground aviation radio exchange
地面和植物总蒸发量 evapotranspiration loss
地面核爆炸 land surface nuclear burst; nuclear surface burst; surface nuclear burst
地面荷载 ground load
地面横坡 lateral slope of ground
地面洪水 land flood(ing); surface flood(ing)
地面护坡 sheeting planks of dam
地面花纹 surface marking
地面滑轨 <用于推拉隔断> base track
地面滑移 land-flow slide; landslide
地面环境 ground environment
地面环境调查研究 ground investigation
地面缓冲压力 ground cushion pressure
地面回波 ground echo; terrain echo
地面回波图形 ground echo pattern
地面回风口 floor grill(e)
地面回升值 ground in picking up
地面混凝土砌块成型机 on-floor placing machine
地面活动门导槽 floor guide
地面机械【铁】off-track machine
地面积霜的 hoar
地面积水 excess surface water; surface ponding; surface storage
地面积水时间 surface concentration time
地面积土 overburden layer
地面积滞水 impounded surface water
地面基地 earth base
地面基站类型 ground-based station type
地面基准导航数据 ground-referenced navigation(al) data
地面激光通信[讯]系统 earthbound laser communication system; terrestrial laser communication system
地面级别 ground class
地面集流时间 time of ground concentration
地面集水沟 flooring gulley
地面集水区 collecting area; collecting basin
地面集水时间 inlet time
地面集中荷载 surface point load
地面集中控制 centralized control on floor
地面计算机 ground-based computer
地面记录电温度计 electric(al) surface-recording thermometer
地面记录遥测站 ground recording telemetry station
地面加固 ground consolidation
地面加速度 ground surface acceleration
地面甲虫 ground beetle
地面监测器 floor monitor
地面监视雷达 ground surveillance radar
地面检测 ground acquisition
地面检查 ground check
地面检查系统 ground checkout system
地面检核 check on ground
地面建筑 surface building
地面建筑平面图 yard plan
地面建筑施工 surface construction
地面建筑物 above-ground structure
地面交通 ground communication; ground traffic
地面交通工具 surface carrier
地面交通管制雷达 radar for ground traffic
地面交通局 land transport agency
地面浇灌 surface irrigation
地面浇水泥 ground cementing
地面校正 baseline check; ground check; ground correction
地面校正室 ground check chamber
地面接触器 wayside contactor
地面接触压力 ground pressure
地面接口设备 terrestrial interface equipment
地面接收机 ground receiver; land receiver
地面接收器 ground receiver; land receiver
地面接收设备 ground receiving equipment
地面接收遥测站 ground receiving telemetering station
地面接收站 ground receiver; ground receiving station; reception point of the earth <人造卫星的无线电或电视广播>
地面接收装置 ground receiver; land receiver
地面接头 floor joint
地面街道 <以别于高层街道> surface street
地面结露 surface sweating
地面截流水量 initial detention; surface retention; surface storage
地面进水口 floor inlet
地面经度 terrestrial longitude
地面井中工作方式 surface-borehole mode
地面景物 ground scene; ground truth
地面径流 direct(surface) runoff; land run-off; overland flow; overland runoff; rainfall runoff; runoff surface; surface flow; surface runoff
地面径流过程曲线 direct runoff hydrograph; hydrograph of surface runoff
地面径流过程线 surface runoff hydrograph
地面径流及雨水的排水管 surface water drain
地面径流率 rate of surface runoff
地面径流收集 water harvest
地面径流水 surface runoff water
地面径流系数 coefficient of surface runoff; overland runoff coefficient; surface runoff coefficient
地面径流形成期间 net supply interval
地面径流总量 volume of surface runoff
地面距离 ground range; ground distance
地面距离扫描 ground range scan; ground range sweep
地面绝缘 floor insulation
地面开矿 opencast mining
地面开裂 ground surface distress
地面勘测 ground reconnaissance
地面勘查 ground investigation; ground research
地面勘察 surface reconnaissance; terrestrial reconnaissance
地面抗震缝盖板 seismic floor joint cover
地面可分辨面积 ground resolution area
地面可见度 surface visibility; ground visibility
地面刻蚀【地】earth sculpture
地面空气 surface air
地面空气温度 surface air temperature
地面空战模拟器 combat simulation on ground
地面孔 surface pore
地面控柄台 ground frame
地面控制 ground control; field control
地面控制测量 ground control survey
地面控制点【测】ground control point
地面控制点测量 ground control point survey
地面控制渐近系统 ground control approach system
地面控制进场 <飞机着陆> ground-controlled approach; talkdown
地面控制空间系统 ground-controlled space system
地面控制设备 ground control equipment
地面控制系统 ground control system
地面控制站 ground control post; ground control station
地面控制中心 ground control center [centre]
地面控制作业 ground control work
地面矿 day mineral
地面矿湖 strip mine
地面框架 ground frame
地面扩散水 diffused surface water
地面垃圾 ground refuse
地面来水量 surface inflow
地面雷达 ground-based radar
地面雷达网 home radar chain
地面雷达信标 ground-based beacon
地面类别 ground class
地面立管 surface riser
地面立体测量学 stereophotogrammetry; terrestrial stereophotogrammetry
地面立体测图仪 terrestrial stereoplotter; Technocart; Terragraph <德国蔡司厂制造>
地面立体摄影测绘 ground stereophotogrammetric survey; ground stereophotogrammetry; terrestrial stereophotogrammetry
地面立体摄影测量 ground stereophotogrammetric survey; terrestrial stereophotogrammetric survey; terrestrial stereophotogrammetry
地面立体摄影测量学 ground stereophotogrammetry
地面立体摄影机 terrestrial stereocamera
地面利用系数 terrain coefficient
地面沥青贮仓 ground asphalt storage
地面连线用户 land line subscriber
地面联测导线 ground connection traverse
地面链路 terrestrial link
地面裂缝 ground crack
地面零点 ground zero
地面流动电台 land mobile station
地面流动通信[讯] land mobile service
地面流光 ground streamer
地面流失 surface waste
地面流水 surface runoff; surface water
地面流水地质作用 geologic(al) process of surface water
地面流水运动方式 motion mode of surface runoff
地面流水运动特征 motion characteristic of flowing surface water
地面隆起 earth bulge; earth heaving; ground heave; ground swell; land upheaval; land upheave; raising of an area; surface lift
地面隆起地带 spine
地面露头 outcrop on surface; sub-

crop;surface exposure;day
地面炉料加料机 floor type furnace charger
地面绿化 ground vegetation
地面轮廓的最小半径 < 挖掘机 > minimum radius at groundline
地面轮廓线图板 profile board
地面落叶层 duff
地面脉动 ground surface pulse; microtremor;ground pulsation
地面漫灌 surface flood(ing)
地面漫流 overland flow
地面漫流长度 length of overland flow
地面漫流过程线 overland flow hydrograph
地面漫水 diffused surface water
地面门档 floor closer
地面门坎 floor sill
地面门碰头 floor stop
地面门厅 < 旅客车站 > surface vestibule
地面蒙气差 terrestrial refraction
地面面积 ground area
地面模板 floor form(work)
地面模式法 ground pattern method
地面摩擦 ground friction; surface friction
地面磨光 surface finish
地面磨光机 floor polisher
地面磨平机 floor grinder
地面磨损面 flooring wear(ing) surface
地面抹光机 floor trowelling machine;trowel(l)ing machine
地面目标 ground object;ground target;place mark
地面目标识别 ground target identification
地面目标探测 ground object detection;ground target detection
地面能见度 control tower visibility; ground visibility;surface visibility
地面逆温 ground inversion; surface inversion
地面黏[粘]土 surface clay
地面浓度 concentration of ground; concentration on ground; ground concentration
地面排水 drainage of the ground;external drainage; ground drainage; land drainage; road drainage; surface(water)drainage;floor drain
地面排水法 land draining
地面排水沟 area drain; land drain; surface drain;floor(ing)gull(e)y; ground drain; riggot; surface water drain
地面排水管 land drainage pipe
地面排水瓦管 land tile
地面排水系统 land drain
地面排水(岩)层 land-drain hook
地面排泄废气风道 vitiated air floor duct
地面炮眼钻凿 surface blast-hole drilling
地面配料点 ground dispensing point
地面配水板 surface-mounted distribution board
地面配水沟 riggot
地面喷砂打光机 floor sander
地面喷雾器 plot spraying equipment
地面喷药 ground application;ground-based spraying
地面平均高程 mean land level
地面平均高度 mean sphere level
地面平面图 surface plan
地面平整 floor finish screed(topping);surface digging;surface excavation
地面平整材料 floor finish material
地面平整度 roughness of terrain
地面平整机 surface digging machine
地面屏蔽 ground screen
地面坡度 angle of the slope of the terrain; ground-line gradient; ground slope; land slope; slope of the ground; steepness of the terrain;surface gradient; surface setting;surface slope;terrain slope
地面坡角 ground slope
地面坡向 facing of slope
地面破坏 ground failure;surface rupture
地面破坏机率图 ground failure opportunity map
地面破坏效应 failure effect of ground surface
地面破碎机 crust breaker
地面铺盖料 flooring material
地面铺砌 surfacing of areas
地面铺砌工 mason flagger
地面铺设 land spreading
地面铺设工程 floor laying work
地面铺设机 ground laying machine
地面起伏 ground relief; land wave; surface irregularity; surface relief; surface undulation; terrain morphology;terrain relief
地面起伏强度 intensity of relief
地面起伏状况 roughness condition of ground
地面起重车 floor lift truck
地面气体 ground air
地面气温 surface air temperature
地面气象观测 surface meteorologic(al)observation
地面气压 surface air pressure
地面砌体墙 surface masonry wall
地面砌筑工程 surface masonry work
地面铅锤点 ground plumb point
地面青贮堆 bunker silo;surface silo
地面倾斜 earth tilt;ground inclination
地面倾斜变换点 ground break-point
地面倾斜度测量仪 tiltmeter
地面倾斜角 ground oblique-angle
地面倾斜系数 ground slope factor
地面倾斜因素 ground slope factor
地面清理 land clearing
地面清理机(械) land-clearing machine
地面清漆 floor varnish
地面清扫机 sweeper
地面情况 surface state
地面情况模拟板 landmass simulator plate
地面区段 open area;surface area
地面曲率 curvature of ground; earth curvature of ground;ground curvature
地面曲线段 curved track open route
地面曲折点 ground break
地面泉 surface spring
地面热传导计 terrain conductivity meter
地面热流量法 surface thermal flux method
地面人为干扰发射机 ground jammer
地面人行(横)道 ground-level pedestrian
地面人员 surface personnel
地面容许浓度 allowable ground-level concentration
地面融化指数 < 在地面表层下测定温度后求得的融化指数 > surface thawing index
地面乳剂 flooring emulsion
地面入渗法 infiltration from spreading surface land
地面入水口 inlet of surface water; surface entry
地面洒水 ground sprinkling
地面三角测量 ground triangulation; terrestrial triangulation
地面三角形 ground triangle;terrestrial triangle
地面散射传播 ground scatter propagation
地面散射计 ground-based scatterometer
地面扫除器 floor sweeper
地面扫描 ground-based scanning
地面扫描系统 ground scan system
地面砂浆找平层 screed floor cover(ing)
地面闪烁 terrestrial scintillation
地面上 aground
地面上的 subaerial
地面上的残碎叶 surface trash
地面上的航向 course over the ground
地面上的每样东西 everything on the earth
地面上的砖砌构筑物 above masonry
地面上工作的建筑工人 topman
地面上管线 above-grade(pipe)line; above-ground(pipe)line
地面上给水消防龙头 above-grade hydrant
地面上给水消防栓 above-grade hydrant
地面上建筑物的防潮与防水 dampproofing and waterproofing of above-ground rising structure
地面上空速度 ground speed;speed over the ground
地面上升 ground heaving
地面上圬工 above-ground masonry
地面设备 above-ground equipment; day arrangement; ground equipment;ground facility;ground installation;roadside apparatus;roadside equipment; roadway equipment; surface equipment; surface plant; wayside equipment; ground gear < 机场 >
地面设备装置 ground equipment system
地面设施 above-ground equipment;above-ground facility;ground facility;surface facility;surface installation
地面射线 ground ray
地面摄影 ground photography
地面摄影测量 field photogrammetric survey; ground photogrammetric survey;terrestrial photogrammetric survey; terrestrial photographic(al)survey
地面摄影测量成图 terrestrial photogrammetric mapping
地面摄影测量摄影机 terrestrial photogrammetric camera
地面摄影测量外业设备 field apparatus for ground photogrammetry
地面摄影测量现场设备 field apparatus for ground photogrammetry
地面摄影测量学 field photogrammetry; ground photogrammetry; terrestrial photogrammetry
地面摄影测量仪 field apparatus for ground photogrammetry;field photogrammetric apparatus
地面摄影测量坐标系 photogrammetric(al)coordinate system
地面摄影测图 terrestrial photographic(al)mapping
地面摄影机 ground camera; photographic(al)field camera;terrestrial camera
地面摄影机型号 model of terrestrial camera
地面摄影经纬仪测量 terrestrial photo to theodolite survey
地面摄影立体测图仪 ground stereoplotter;terrestrial stereoplotter
地面摄影立体像对 terrestrial stereogram
地面摄影像片 terrestrial photograph
地面摄影站 terrestrial camera station
地面摄影照片 terrestrial photograph
地面渗漏 surface seepage
地面渗入量 quantity of percolation
地面渗透试验 percolation test
地面升起 raked floor
地面生长 aerial growth
地面施药 area spray;soil soak
地面湿度 ground humidity; surface humidity
地面石板 floor slab
地面石屑撒布机 surface dressing chip(ping)s distributor
地面石油迹象 surface oil indication
地面石油油苗 surface oil indication
地面实测数据 ground truth data
地面实测资料 ground truth
地面实况测量 ground truth measurement
地面实况调查 ground truth investigation
地面实况系统 ground truth system
地面实况资料 ground truth data
地面使用起重机 ground handling crane
地面使用权 surface easement
地面式厂房 surface power house
地面式电子全向卫星通信[讯]天线 ground-based electronic omnidirectional satellite communications antenna
地面式非移动式脚手架 on-the-ground non-travel(l)ing centering
地面式戈培提升 ground-type Koepe winding
地面式减压阀 floor type pressure relief valve
地面式双绳摩擦提升机 ground-type twin-rope friction winder
地面式消火栓 above hydrant
地面事故 ground accident;surface accident
地面视域 ground visibility
地面试验 ground experiment;ground test
地面试验设备 ground-testing plant
地面试样 surface sample
地面饰面工作 flooring finish work
地面输送带 floor conveyer[conveyor]
地面输送机 floor type conveyer
地面数据 ground data
地面数据处理系统 ground data handling system; ground data processing system
地面数据传输线路 terrestrial data line
地面数据设备 ground data equipment
地面数据系统 ground data system
地面霜 ground frost;surface frost
地面霜冻 ground frost
地面霜冻指示器 ground frost indicator
地面霜冻指示仪 ground frost indicator
地面水 day water; land waste; land-water; level water; superficial water; surface water; upland water; upper water
地面水不渗透的 impermeable to surface water; impervious to surface water
地面水道 surface-mounted conduit
地面水的可能渗灌时间 opportunity

time
地面水供应 surface water supply
地面水管灌溉法 surface pipe irrigation method
地面水灌溉 surface water irrigation
地面水环境质量标准 environmental quality standards for surface water
地面水给水 surface water supply
地面水库 ground-level reservoir
地面水连续取水 continuous draft of surface water
地面水流 surface flow;terrestrial flow
地面水流失处 water swallow
地面水流域 groundwater shed;surface watershed
地面水排水道 surface water drain
地面水排水管 surface water sewer
地面水平线 ground line
地面水入口 inlet of surface water;surface water inlet
地面水使用权 water rights
地面水水文学 surface water hydrology
地面水水源 surface water source
地面水水质卫生标准 surface water quality sanitary standard
地面水塘 upper pool
地面水图册 atlas of surface waters
地面水卫生要求和标准 health requirements and standards for surface water
地面水污染 surface water pollution
地面水消退时间 recession time
地面水源 ground water sources;surface pond;surface water sources
地面水质量标准 surface water quality standard
地面水准测量 ground-level(l)ing;surface level(l)ing
地面水资源 surface water resources
地面送风口 floor register
地面速度 ground speed
地面速率 ground speed
地面损耗系数 surface lost coefficient
地面塌陷 caving in of ground;ground movement; ground settlement;ground subsidence;surface collapse
地面塌陷洞 light hole
地面踏勘 reconnaissance in field;surface reconnaissance
地面台 ground set
地面台秤 floor bench scale
地面太阳能 earthbound solar energy
地面坍陷 cave to the surface
地面坍陷量 ground subsidence measuring
地面探测 ground acquisition;ground location;ground probe
地面探测设备 surface detection equipment
地面探测站 ground station
地面套管 surface casing
地面套筒 surface casing
地面特性 ground characteristic
地面特征 ground feature;land feature;lay of the land;surface feature;terrain feature
地面提供的导航数据 ground-derived navigation(al) data
地面天底点 ground plumb point;ground nadir
地面天气观测 surface weather observation
地面天气观测站网 surface weather observation network
地面天气雷达站 ground weather radar station
地面天气图 surface weather map;surface synoptic(al) chart;surface weather chart
地面天气形势预报 prebaratic prediction
地面天气形势预报图 prebaratic chart
地面天气要求 surface synoptic(al) requirement
地面天气站 surface synoptic(al) station
地面天然坡度 ground-line gradient
地面天然坡度线 ground line
地面天文学 ground-based astronomy
地面天线 ground(plane) antenna
地面填充砖块 floor filler tile
地面填料 floor filler(block)
地面条件 footing;ground condition
地面铁篦式回风口 floor extract grating
地面铁道 <以区别于地下铁道> ground-level railroad;surface railroad
地面铁路 surface railroad;surface railway
地面铁路线 open line;open route;open section;overground section
地面停车 surface parking
地面停车场 ground-level car park;ground-level parking lot;surface car park
地面停车处 floor parking
地面停车库 above-ground garage
地面停门器 floor door closing device
地面通信[讯] ground communication
地面通信[讯]跟踪系统 ground communication tracking system
地面通信[讯]设备 ground communication equipment
地面通信[讯]设施 ground communication facility
地面通信[讯]系统 ground communication system
地面通信[讯]站 earth communication station
地面筒仓 surface silo
地面透水性 permeability of ground surface
地面图 ground plan;ground plot;surface map;surface plan;yard plan;ichnography
地面涂料 floor coating;underfoot coating
地面土 surface soil
地面土层变动层 active layer
地面土壤 ground soil;living soil
地面湍流 surface turbulence
地面拖曳 ground skidding
地面网栅 floor grid
地面网栅平面 floor grid plane
地面望远镜 ground-based telescope;terrestrial telescope
地面微波 terrestrial microwave
地面维护设备 ground-support device;support equipment;support facility
地面维修 ground maintenance
地面纬度 terrestrial latitude
地面纬圈 ground parallel;terrestrial parallel
地面卫星站 ground satellite station;satellite depot
地面卫星终端装置 ground satellite terminal
地面位移 ground displacement
地面位置 ground location;ground position
地面位置测定 terrestrial position determination
地面位置指示器 ground position indicator
地面温度 floor temperature;ground temperature;land surface temperature;surface temperature
地面温度表 surface thermometer
地面温度测图 surface temperature mapping
地面稳定 earth stability;earth stabilization
地面稳定化 ground cementation
地面稳定性 ground stability
地面握柄 ground lever
地面圬工 surface masonry
地面圬工层 ground masonry course
地面污染 ground-level pollution
地面污染计 floor contamination meter
地面污染浓度 ground concentration of pollution
地面污染指示器 floor contamination indicator
地面无线电定向台 ground station radio direction finder
地面物体识别 ground object identification
地面雾 ground fog
地面吸风口 floor inlet
地面吸收(率) ground absorption
地面系统 ground-based system;grounding system
地面细部 terrain details
地面细孔 surface pore
地面下 subsurface
地面下标准层等高线图 subsurface contour map of the key bed
地面下层土 underearth
地面下沉 ground subsidence;ground settlement;land subsidence;setting of ground;submergence of ground;surface settlement;surface subsidence
地面下沉观测 monitoring of land subsidence
地面下的 subsurface;underfloor
地面下地质图 subsurface geologic map
地面下分界层等高线图 subsurface contour map of the key bed
地面下路缘石 kerb below ground
地面下生成的 hypogene
地面下铁路线路 subsurface line
地面下土层 underearth
地面下陷 ground loss;ground subsidence;land subsidence;surface subsidence
地面下自流井 subartesian well
地面显示 surface indications
地面显示系统 ground display system
地面现象 ground phenomenon
地面线 grade line level;ground(surface) line
地面陷落 cave to the surface;ground subsidence;land subsidence
地面相 surface phase
地面响应谱 floor response spectrum
地面像片 terrestrial photograph
地面消毒 ground disinfection
地面消防栓 above-ground hydrant;ground hydrant;standpost hydrant
地面消火栓 above-ground hydrant;ground hydrant;standpost hydrant;surface hydrant
地面硝基漆 floor lacquer
地面小距 ground fine pitch
地面小孔细流喷灌 low-level sprinkler irrigation
地面小块面积 ground patch area
地面效应 ground effect
地面效应车 ground effect vehicle
地面效应机 ground effect machine
地面效应气垫 ground cushion
地面效应气垫运载工具 ground effect vehicle
地面效应器 ground effect machine
地面信标 surface beacon
地面信号 ground signal;wayside signalling
地面信号发射器 ground signal projector
地面信号机柱 ground mast
地面信息设备 ground data equipment
地面信号示像 wayside signal aspect
地面信息 ground information
地面信息处理系统 ground information processing system
地面行驶方式 ground propulsion
地面行驶速度 ground speed
地面行走方式 ground propulsion
地面形变 ground deformation;ground movement
地面形成 morphogenesis
地面形态 land facet;planimetric(al) feature
地面修整工作 floor(ing) finish work
地面修整机械 floor finishing machine
地面修整用乳胶 floor finish emulsion
地面修整用硬纸板 floor finish hardboard
地面修整用油毡 floor finish lino(leum)
地面蓄水 ground-level storage;initial detention;surface retention;surface storage
地面蓄水池 above-ground tank
地面选点 ground reconnaissance
地面压降 pressure losses through surface equipment
地面压力 geostatic pressure;lithostatic(al) pressure;pressure applied at the surface;rock pressure;specific ground pressure;surface pressure
地面压强 geostatic pressure;ground pressure;lithostatic(al) pressure;pressure applied at the surface;rock pressure;surface pressure
地面压实 compacted earth
地面芽植物 hemi-cryptophyte
地面淹灌 broad irrigation;irrigation by surface flooding
地面验证资料 ground truth
地面扬尘 scattering dust from ground
地面遥测设备 ground telemetering equipment;terrestrial telemetric equipment
地面遥测站 ground telemetering station;terrestrial telemetric station
地面遥测装置 ground telemetering equipment;terrestrial telemetric equipment
地面遥感 ground remote sensing
地面遥感试验站 ground site of remote sensing
地面遥控 distant control on floor
地面要素 surface feature;terrain feature
地面要素编号 feature code
地面移车台 surface traverser
地面移动电台 land mobile station
地面移动通信[讯]业务 land mobile service
地面移动图 plan of ground movement
地面移动要素 element of ground movement
地面以上 above-ground
地面以上垂直挖掘范围 above-ground vertical dimension
地面以上的墙 above-grade wall
地面以上的游泳池 on ground swimming pool
地面以上高度 height above ground level;height above ground surface
地面以上挖土 digging down
地面以下 below grade;below ground
地面以下铲土角 grading angle
地面以下垂直挖掘范围 below ground vertical dimension

D

地面以下的 below grade;subsurface
地面以下的采掘 cutting below grade
地面以下的开采 cutting below grade
地面以下的圬工 below-ground masonry
地面以下最大挖掘深度 maximum digging-depth under ground
地面异常 surface anomaly
地面溢出 overflow from surface
地面影响 ground effect
地面硬化剂 floor hardener
地面硬化用含铁金属粉末 ferrous floor hardener
地面硬质面层 hard floor cover(ing)
地面硬质纤维板 flooring hardboard
地面用电力机车 ground locomotive
地面油地毡 floor lino(leum)
地面油罐 floor oil tank
地面油毛毡 flooring felt
地面油气比 <换算大气条件下的> atmospheric gas-oil ratio
地面油污染 oil pollution of the ground
地面油毡 flooring(finish)lino(leum)
地面与随动板的相对夹角 <挖掘机> angle of depression
地面雨量 ground rainfall
地面雨量资料 ground rain(fall) ga(u)ge data
地面育雏 floor brooding
地面预报图 surface forecast chart
地面元件 roadside element;roadway element;track element
地面原油比重 surface specific gravity of crude oil
地面原油黏[粘]度 surface viscosity of crude oil
地面源 ground-level source; surface source
地面运动 ground motion; ground movement;motion of ground
地面运动参数 ground motion parameter
地面运动反应 ground response
地面运动强度 ground motion intensity;ground motion strength
地面运动特征 ground motion characteristic
地面运输 ground transport(ation); land transport; overland transport; surface transport(ation)
地面运输频带 land transportation frequency bands
地面运输设备 ground means of transportation
地面运输无线电业务 land transportation radio services
地面运输系统 at-ground transport system
地面运输用集装箱 surface mode container
地面运载车辆 surface carrier
地面杂乱回波 ground clutter; ground flutter【物】; terrain echoes; ground return;land return
地面杂乱回波区 ground clutter area
地面载荷 ground-imposed load
地面造型 floor mo(u)lding
地面噪声 surface noise
地面窄轨运输 narrow-ga(u)ge surface haulage
地面站 at-grade station; earth based station; ground-level station; land station;ground station <卫星通信>
地面站场地 earth-station site
地面站地址 earth-station location
地面站可视范围 station visual zone
地面站设备 ground station equipment
地面站设计 crew station design
地面站识别码 ground station identification code
地面站委员会 Ground Station Committee
地面站问答机 ground-station interrogator
地面找平 ground level
地面照度 illuminance of ground
地面照明 territory lighting
地面照片 ground photograph; extraterrestrial photograph <从外层空间拍摄的地面像片>
地面折射 terrestrial refraction
地面真地平 sensible horizon
地面真高度 true altitude above the sensible horizon
地面真象 ground truth
地面振动 ground vibration
地面振动分析 analysis of ground vibration
地面振动荷载 ground vibration load
地面振动级 ground vibrational level
地面振动速度 ground vibration velocity
地面振幅 ground amplitude
地面蒸发 evaporation from land; evaporation of land surface; evaporation of terrain;land evapo(u)ration
地面蒸发器 surface evapo(u)ration pan
地面整理 surface management
地面整平 ground shaping
地面整平机 planer
地面整形 ground shaping
地面支承力 bearing strength
地面支承面积 area of ground contact
地面支承强度 bearing strength
地面支承条件 underfoot condition; under footing
地面支承型有轨巷道堆垛起重机 floor supported S/R[street/rail] machine
地面支承压力 bearing pressure
地面直角坐标 ground rectangular coordinates
地面直接径流 direct runoff
地面直升机场 ground-level heliport
地面直线段 tangent track of open route
地面植被 ground vegetation; ground vegetative cover
地面植被层 field stratum
地面植被群落 geophytia
地面植物勘探 geobotanical prospecting
地面植物群落 geobion
地面指挥 ground control
地面指示器 ground indicator
地面至车架底面的净空 free board
地面制导设备 ground control
地面制导系统 ground guidance system
地面制门器 floor door closing device
地面质点速度 ground-particle velocity
地面滞流 surface detention
地面滞留层 layer of surface detention
地面滞留量 surface detention
地面滞留深度 depth of surface detention
地面滞留(水量) initial detention; surface detention; surface retention; surface storage
地面终端设备 earth terminal; ground(ing) terminal; ground-based terminal
地面终端系统 ground terminal system
地面终端站 earth terminal; ground(ing)-based terminal
地面终饰 floor finishing
地面终饰层 floor finish coat
地面种类 floor type
地面周边饰条 base shoe mo(u)lding;floor mo(u)lding
地面贮水池 above tank; ground storage tank
地面柱 ground mast
地面柱式消防栓 standpost hydrant
地面铸型 ground mo(u)ld
地面专用插座 floor special purpose receptacle
地面砖 floor(ing) brick; floor(ing) tile;paving brick;paving tile
地面转发站 ground-based repeater
地面装料点 ground filling point; ground loading point
地面装饰 decorative floor cover(ing)
地面装置 above-ground plant; ground installation
地面状况 going;state of ground
地面状态 ground state
地面锥形法 <利用三个地面控制点测定像片倾斜的解析法> ground pyramid method
地面资源卫星 earth resources satellite
地面子午圈 meridian of the earth; terrestrial meridian
地面子午线 meridian of the earth; terrestrial meridian
地面子系统 surface-based subsystem
地面自动遥测站 ground site of automatic telemetry
地面自然坡度 ground-line gradient
地面自然特性 physical attributes of terrain
地面自然特征 physical attributes of terrain
地面纵断面 profile of ground surface;surface profile
地面租金 ground rent
地面阻滞 surface detention
地面钻进 surface drilling
地面钻孔 surface borehole; surface drill hole;surface drilling
地面钻探 ground drilling
地面最大振动加速度 maximum vibrating acceleration of surface
地面最后加工材料 floor finish material
地面坐标 ground coordinates; terrestrial coordinates
地面坐标系(统) ground coordinate system; terrestrial coordinate system
地灭通 <一种杀虫剂> systox
地名 geographic(al) name; place name;toponym
地名标准化 place name standardization
地名表 list of geographic(al) names
地名词典 gazetteer
地名辞典 dictionary of place name; gazetteer
地名代码 geographic(al) code
地名检索系统 geographic(al) names retrieval system
地名库 geographic(al) name bank
地名录 place name gazetteer
地名牌 place identification sign; place name sign
地名拼写准则 name-spelling authority
地名实地调查 field compilation of geographic(al) names
地名室 transcription section
地名手册 gazetteer index
地名术语 terminology of geographic(al) names
地名数据库 geographic(al) name data base; place name bank; place name data base
地名索引 gazetteer index; index of places; index to names; place name index;toponymic index
地名信号 geographic(al) section signal;geographic(al) signal
地名学 geographic(al) terminology; toponomy
地名译名规则 name form
地名译音 place name spelling
地名正字法 orthography of geographic(al) names
地名注记密度 density of geographic(al) names
地名注记选择 selection of the names
地名转写 geographic(al) name transcription
地名转写法 transcription system
地名资料处理 manipulation of name data
地名资料管理 name information management
地模 ground mo(u)ld
地模标本 topotype
地模混凝土浇注[筑] placing concrete against natural ground
地亩测量 survey of land
地木 ground brace
地内的【地】intratelluric
地内等温线 geoisotherm
地内隔热法 in ground insulation
地内密封地热系统 geopressurized geothermal system
地内排水板 geodrain
地内生成的 intratelluric
地内水 intratelluric water
地内增热率 geothermal gradient
地那铵苯甲酸盐 denatonium benzoate
地那米加速器 Dynamitron
地耐力 allowance bearing capacity of subgrade;earth bearing strength
地牛 anchorage; deadman; ground anchorage
地爬式道岔 earthing switch; grounding switch;ground point
地爬式转辙器 earthing switch; grounding switch;ground point
地盘 site;territory;drill site【岩】
地盘界线 property line;lot line
地盘图 general location sheet; location drawing; location plan; plot plan; site location; site map; site plan;situation plan of site
地盘性 territoriality
地盆 geobasin
地皮 building lot;estate;lot;plat
地皮草 carpet herb
地皮测量 lot measurement
地皮产权 right of way
地皮的前(邻街)界线 front lot line
地皮掮客 land jobber
地皮投机 land speculation
地平 terrestrial horizon
地平摆动 level hunting
地平差 level error
地平传感器 horizon sensor
地平大气折射 geodetic refraction; horizontal refraction
地平的 horizontal
地平俯角【测】apparent depression of the horizon;horizon dip;dip of the horizon
地平高度 altitude; elevation; ground level
地平迹线 horizon trace;trace horizon
地平经度 azimuth
地平经度的 azimuthal
地平经圈 azimuth circle; geographic(al) vertical; parallel of altitude; vertical circle

地平经纬望远镜 altazimuth telescope

地平经纬仪 altazimuth(instrument)；altitude and azimuth instrument；astronomic(al) theodolite；universal instrument

地平经仪 horizon circle

地平径圈【天】azimuth circle

地平镜 fixed glass；horizon glass；horizontal glass；horizontal mirror

地平刻度环 <地球仪> horizon ring

地平轮廓线 skyline

地平蒙气差 horizontal refraction

地平面 grade level；ground level；ground-line；ground plane；horizon(al) plane

地平面南点 south point of the horizon

地平面上 above-grade

地平面损耗 plane earth attenuation

地平面天线 ground plane antenna

地平面图 ground plane plot

地平面压力 ground-level pressure

地平面以上 above-ground level

地平面以下 below ground level

地平面因数 plane earth factor

地平平面图 diagram of the plane of horizon；projection on horizon

地平倾角 dip of the horizon

地平圈 horizontal circle

地平上弧 diurnal arc

地平摄谱仪 horizontal spectrograph

地平式反射镜 altazimuth reflector

地平式高速公路 ground-level freeway

地平式高速公路阵风 gusset of wind freeway

地平式日规 horizontal sundial

地平式太阳望远镜 horizontal solar telescope

地平式天顶仪 horizontal zenith telescope

地平式望远镜 altazimuth telescope

地平式中星仪 horizontal transit instrument；mirror transit instrument

地平式装置 altazimuth mounting

地平视差 horizon parallax；horizontal parallax

地平陀螺仪 flight gyro

地平望远镜 horizontal telescope

地平纬度 altitude；angular altitude；height altitude

地平纬圈 almucantar；altitude circle；circle of altitude；parallel of altitude

地平纬仪 zenith sector

地平下弧 nocturnal arc

地平线 geographic(al) horizon；horizon；ground level；ground line；ground parallel；horizon(tal) line；natural skyline；skyline；terrestrial horizon

地平线标志灯 horizon light

地平线摄影机 horizon camera

地平线下深开挖 blade drop below ground

地平线像片 horizon picture；horizont(al) photograph

地平线照片 horizon photograph

地平象限仪 azimuth quadrant

地平仪 horizon sensor

地平以上 over the horizon

地平以下的灯塔光弧 looming of the light

地平遮光镜 <定镜前的> horizon shade

地平折光差 horizontal refraction

地平装置 azimuth mounting

地平子午环 horizontal transit circle

地平坐标 horizontal coordinate

地平坐标系 horizontal coordinate system；horizontal system of coordinates

地坪 floor-on-grade；terrace

地坪标高 building ground elevation；grade level

地坪的构筑 construction of platform

地坪冻臌 frost heave

地坪冻胀 frost heave

地坪高程 ground table

地坪磨光机 floor grinder

地泼溴铵 diponium bromide

地铺 pallet；shakedown

地普喹酮 diproqualone

地栖的 geocole

地栖生物 geobiont

地漆布 <铺地用> lino(leum)

地气 earthquake gas

地气式热泵 soil-air heat pump

地契 covenant of trust；land contract；land title；title deed for land

地契保险的保险单 policy of title insurance

地契的持有条款 habendum clause

地碛连岛 dumb bell

地钱 <藓类> liverwort

地堑【地】graben；fault trough；rift (trough)；rift valley

地堑带 graben zone

地堑地垒式构造 graben-horst structure

地堑断层 graben fault

地堑谷 graben valley；rift valley

地堑海岸 fault trough coast

地堑湖 fault trough lake(sag)；graben lake；rift valley lake

地堑盆地 graben basin

地堑式地槽 taphrogeosyncline

地墙 ground wall

地壳 crust；earth's crust；earth's shell；petrosphere

地壳板块 crustal plate；tectonic plate；lithosphere plate

地壳板块运动 tectonic plate motion

地壳变动 crustal deformation；diastrophism；diastrophic eustatism <海面升降>

地壳变形 crustal deformation

地壳表层 veneer of the crust

地壳波浪 crustal wave

地壳波浪分类 classification of the crustal waves

地壳波浪系统 crustal wave system

地壳波浪运动 crustal wave movement

地壳波浪状镶嵌构造网 wavy mosaic tectonic network of earth crust

地壳薄弱带 zone of crustal weakness

地壳不均匀性散射 scattering by crust inhomogeneity

地壳侧向均衡调整 metastasy

地壳侧向移动 metastasis[复 metastases]；metastasy

地壳的沉积层 epidermis

地壳的结构构造 crustal architecture and structures

地壳低速带 crustal low-velocity zone

地壳地幔边界 crust-mantle boundary

地壳地幔混合物 crust-mantle mix；mantle-crust mix

地壳地幔界面 crust-mantle interface

地壳地幔系统 crust-mantle system

地壳地震 crustal earthquake

地壳地震波速度 crustal seismic velocity

地壳叠接消减带 accretional crustal consumption zone

地壳动力学 crustal dynamics

地壳断裂 crustal fracture

地壳对接消减带 convergent crustal consumption zone

地壳构造 crustal structure；crustal tectonic；earth crust structure

地壳构造测量仪 tectonometer

地壳构造层 tectonosphere

地壳构造的 tectonic

地壳构造结构 tectonic fabric

地壳构造上的 tectonic

地壳构造物理学 tectonophysics

地壳构造现象 tectonic crustal phenomenon

地壳构造效应 tectonic effect

地壳构造运动 tectonic movement

地壳横波 crustal transversal wave

地壳厚度 thickness of the earth's crust

地壳厚构造 thick-skinned structure

地壳缓慢升降运动 bradyseism

地壳混染作用 crustal contamination

地壳活动带 mobile crustal zone

地壳减薄 attenuation of crust

地壳结构 crustal texture

地壳均衡 equilibrium of the earth's crust；isostasy；isostatic balance；isostatic equilibrium

地壳均衡改正 isostatic reduction

地壳均衡理论 isostatic theory

地壳均衡模型 model of isostasy

地壳均衡说 hypothesis of isostasy；isostasy

地壳均衡异常 isostatic anomaly

地壳块 crustal block

地壳块体 fragments of the crust

地壳扩张 crustal spreading

地壳类型 crustal type

地壳隆起 crustal recoil；crustal uplift

地壳脉动 crust pulsation；earth crust pulsation

地壳内力 hypogene

地壳挠曲 flexure of the crust

地壳挠折 flexure fault of the crust

地壳年代 age of earth's crust

地壳起伏统计曲线 hypsographic curve

地壳翘曲 crustal warping；earth crustal warping

地壳倾斜 crustal inclination；crustal tilting

地壳热流 crustal heat flow

地壳省 crustal province

地壳弯 earth curve

地壳弯曲 earth buckling

地壳微脉动 earth micropulsation

地壳下沉 crustal subsidence

地壳下地震 subcrustal earthquake

地壳现代破裂网络 recent fracturing pattern in the crust

地壳相对稳定 relative stability of earth crust

地壳镶嵌格局 mosaic pattern of the crust

地壳形变 ground deformation

地壳形变测量 crust deformation measurement

地壳型石榴石超基性岩 crustal garneliferous ultrabasic rock

地壳延性扩张 ductile crustal spreading

地壳应变 crustal strain

地壳应力 crustal stress；earth crust stress；stress in earth crust；tectonic stress

地壳运动 crustal movement；diastrophic activity；earth movement；movement of earth's crust；diastrophism

地壳运动方式 manner of crustal move

地壳运动过程 process of crustal movement

地壳运动时期 orocratic period

地壳运动形式 pattern of crustal movement

地壳运动旋回 diastrophic cycle

地壳震动 crustal shock

地壳震动部分 nervous earth

地壳质量 mass of crust

地壳驻波 crustal standing wave

地壳纵波 crustal longitudinal wave；crustal P wave

地勤工程师 <机场> ground engineer

地勤人员 ground crew

地勤设备 ground servicing equipment

地勤职员 ground handling staff

地倾斜 earth lurch；ground tilt

地倾斜观测 earth crust dip monitor

地球 earth('s sphere)；terrestrial sphere

地球扁率 compression of the earth；earth's ellipticity；ellipticity of the earth；flattening of the earth；oblateness of the earth

地球扁球体 earth spheroid

地球表层的 epidermic

地球表面 earth's surface；earthquake surface；surface of the earth

地球表面的热环境 thermal environment of the earth's surface

地球表面法线方向 geographic(al) vertical；map vertical

地球表面辐射 terrestrial surface radiation

地球表面经纬线 graticule line of the earth

地球表土层 earth's surface

地球冰雪学 geocryology

地球波导 terrestrial waveguide

地球不规则自转 irregular rotation of the earth

地球测绘电子学 geometronics

地球长半径 earth major radius

地球场 bowling alley

地球潮汐 earth tide

地球潮汐重力仪 earth tide gravity meter

地球成因论 geogony

地球成因学 geogeny[geogony]

地球赤道 astronomic(al) equator；terrestrial equator

地球赤道面 earth equatorial plane

地球臭氧层 earth's ozone layer

地球传感器 earth sensor

地球磁层 earth magnetosphere

地球磁场 earth's magnetic field；terrestrial magnetic field

地球磁场日变化 diurnal variation of magnetic field

地球磁矩 geomagnetic moment

地球大气 earth atmosphere；terrestrial atmosphere

地球大气层最外层 <主要由氢气构成> geocorona

地球大气上层地冕 corona of the terrestrial atmosphere

地球大小 dimension of the earth；terrestrial dimension

地球带 earth zone

地球的 earthly；tellural；tellurian；telluric；terrestrial

地球的尺度和力学性质 dimensions and mechanical property of the earth

地球的尺度和形状 dimensions and figure of the earth

地球的大圈 great circle

地球的立体平画法投影图 pole diagram

地球的两极 poles of the earth

地球的圈层 sphere

地球的收缩 contracting of the earth；shrinking of the earth

地球的温度状态 earth's temperature regime

地球的形状 figure of the earth

地球的质量 mass of the earth
地球的重力 gravity of the earth
地球的自由振荡 free oscillation of the earth
地球等离子体层 earth plasma sphere
地球等位面 equigeopotential surface；geopotential surface
地球定点坐标系统 earth-fixed coordinate system
地球定向卫星 earth-oriented satellite
地球动力扁率 dynamic(al) ellipticity of the earth
地球动力测量卫星 geodynamics satellite；gedy(satellite)；geodynamic(al) satellite
地球动力现象 geodynamic(al) phenomenon
地球动力学 earth dynamics；geodynamics
地球动力学常数 geodynamic(al) constant
地球动力学的 geodynamic(al)
地球动力学法 geodynamic(al) method
地球发生论 geogenesis
地球法 terrestrial method
地球反射 earth reflection
地球反射率 albedo of the earth；earth albedo
地球反射太阳辐射 reflected global solar radiation
地球反照(光)<月面的> earth shine；earth light
地球反照率 earth albedo
地球飞船 earth spaceship
地球非热连续辐射 terrestrial nonthermal continuum radiation
地球分层 earth layering
地球分层传播电磁波 earth-layer propagation
地球辐射<包括大气辐射> earth radiation；terrestrial radiation
地球辐射平衡 earth's radiation balance；earth's radiation budget；terrestrial radiation balance
地球辐射收支 earth radiation budget
地球辐射收支试验 earth radiation budget experiment
地球感应器 earth inductor
地球公转 earth revolution；revolution of the earth
地球(公转)轨道 earth's orbit
地球构造 earth structure
地球构造圈 earth tectoshphere
地球构造学 geognosy
地球固定卫星的位置 earth-fixed satellite position
地球固定卫星的坐标 earth-fixed satellite coordinate
地球固定坐标系统 comoving coordinate system；earth-fixed coordinate system
地球观测实验系统 system of observation test
地球观测卫星 earth's survey satellite；earth observation satellite；earth observatory satellite；earth-orbiting satellite；earth survey satellite
地球观测站 ground observation post
地球观察 earthwatch
地球观察舱 earth viewing module
地球观察卫星 earth observation satellite；earth observatory satellite
地球轨道 earth-orbit
地球轨道成像 earth-orbital imagery
地球轨道内侧的内行星 inferior planet
地球轨道摄影术 earth-orbital photography
地球轨道卫星 earth-orbiting satellite
地球航天通信[讯] earth-space communication
地球核心 barysphere
地球化学 element geochemistry；geochemistry
地球化学背景 geochemical background
地球化学背景值 geochemical background value
地球化学标志 geochemical indicator；geochemical marker；markers of geochemistry
地球化学标准样 geochemical standard sample
地球化学测井 geochemical logging
地球化学测井方法 geochemical log method
地球化学的 geochemical
地球化学电价 chemical electrovalence
地球化学调查 geochemical investigation；geochemical survey
地球化学调查分类 type of geochemistry survey
地球化学法 method of geochemistry
地球化学反应 geochemical reaction
地球化学方法 geochemical method
地球化学分布 geochemical distribution
地球化学分带 geochemical zoning
地球化学分类异常图 anomaly map of geochemistry classification
地球化学分散 geochemical dispersion
地球化学分散晕 geochemical dispersion aureole
地球化学分析 earth chemical analysis；geochemical analysis
地球化学封闭体系 geochemical closed system
地球化学工作方法 geochemical operation system
地球化学工作分类图 classification map of geochemistry work
地球化学环境 geochemical environment
地球化学活动性 geochemical mobility
地球化学机制 geochemical mechanism
地球化学及化探数据库 geochemistry and geochemical prospecting data base
地球化学景观 geochemical landscape
地球化学开放体系 geochemical open system
地球化学勘探 geochemical exploration；geochemical prospecting
地球化学勘探方法 geochemical exploration method
地球化学勘探工作点 point of geochemical prospecting
地球化学勘探和测井 geochemical exploration and logging
地球化学勘探仪器 exploration instrument for geochemistry
地球化学控制因素 geochemical controls
地球化学库 geochemical reservoir
地球化学扩散 geochemical dispersion
地球化学垒 geochemical barrier
地球化学临界值 geochemical critical value
地球化学流 geochemical flow
地球化学煤化作用 geochemical coalification
地球化学模式 geochemical model；geochemical pattern
地球化学平衡 geochemical equilibrium
地球化学剖面 geochemical profile；geochemical section
地球化学普查 geochemical reconnaissance
地球化学区域划分 division of geochemistry districts
地球化学省 geochemical province；geochemistry province
地球化学数据图 geochemistry data map
地球化学水系沉积物标准样 geochemical standard stream sediment sample
地球化学水系勘查 geochemical drainage reconnaissance；geochemical drainage exploration
地球化学水系普查 geochemical drainage reconnaissance；geochemical drainage survey
地球化学踏勘 geochemistry primary prospecting
地球化学探矿 geochemical exploration；geochemical prospecting
地球化学特征 geochemical characteristic
地球化学梯度 geochemical gradient
地球化学体系 geochemical system
地球化学填图点 mapping point of geochemistry
地球化学填图路线 mapping route of geochemistry
地球化学条件 geochemical condition
地球化学图 geochemical map
地球化学图册 geochemical atlas
地球化学土壤标准样 geochemical standard soil sample
地球化学土壤测量 geochemical soil survey
地球化学相 geochemical facies
地球化学详查 geochemical detailed survey；geochemistry derail survey
地球化学效应 geochemical effect
地球化学行为 geochemical behavio(u)r
地球化学旋回 geochemical cycle
地球化学循环 geochemical cycle
地球化学岩石标准样 geochemical standard rock sample
地球化学岩石测量 geochemical rock survey
地球化学演化 geochemical evolution
地球化学氧化还原序列 geochemical redox sequence
地球化学样品 geochemical sample
地球化学异常 geochemical anomaly
地球化学异常解释推断图 interpretation and deduction map of geochemistry
地球化学异常类型 classification of geochemical anomaly
地球化学异常评价 assessment of geochemistry anomaly
地球化学异常剖面 profile of geochemistry anomaly
地球化学异常图 map of geochemistry anomaly
地球化学因素 geochemistry factor
地球化学障 geochemical barrier
地球化学找矿法 geochemical prospecting method
地球化学指标 geochemical indicators
地球化学制图 geochemical mapping
地球化学综合异常图 synthetic(al) anomaly map of geochemistry
地球化学总体 geochemical population
地球化学组分 geochemical constituent
地球环境 earthly environment；geoenvironment
地球环境日<每年4月22日> earth day
地球火星间的空间 cis-Martian space
地球基本磁场 geomagnetic field
地球基准导航 navigational by earth references
地球基准导引 terrestrial reference guidance
地球基准飞行 terrestrial reference flight
地球基准制导 terrestrial reference guidance
地球及岩相因素 stratigraphy and lithofacies factor
地球极 terrestrial pole
地球极半径 polar radius
地球极直径 polar diameter
地球技术勘查 geotechnic(al) exploration
地球监视卫星 earth-surveillance satellite
地球角速度单位 earth rate unit
地球结构 earth structure
地球进动 precession of the earth
地球经度 terrestrial longitude
地球经圈 terrestrial meridian
地球静力学 geostatics
地球静止气象卫星 geostationary meteorologic(al) satellite
地球静止卫星 geostationary satellite
地球静止业务气象卫星 geostationary operational meteorological satellite
地球居住者 tellurian
地球勘测卫星 earth exploration satellite
地球科学 earth science；geoscience；terrestrial science
地球科学家 geoscientist
地球空间 geospace
地球力学 geomechanics；geomechanism
地球力学时 terrestrial dynamic(al) time
地球力学椭率 earth dynamic(al) ellipticity
地球两极 terrestrial poles
地球脉动 pulse of the earth
地球模型 earth model
地球内部 earth interior
地球内部结构 interior structure of the earth
地球内部学 plutology
地球内部重力 gravity inside the earth
地球能量平衡 earth's energy budget
地球年龄 earth age
地球年龄测定 age determination of the earth；dating of the earth
地球膨胀理论 earth expanding theory
地球偏心率 eccentricity of the earth
地球偏转力 Coriolis force
地球平均半径 mean radius of the earth
地球平均旋转轴 earth's mean axis of rotation
地球平流层 earth stratosphere
地球平坐标系 earth's mean coordinate system
地球清洁日 earth day
地球球形度 earth's sphericity
地球曲率 curvature of the earth；earth curvature
地球曲率改正 correction for curvature of the earth；earth-curvature correction
地球曲率改正设备 correction device of earth's curvature
地球曲率和折光差改正 curvature and refraction correction
地球曲率及大气折射 curvature and refraction of the earth
地球曲率校正 curvature correction of the earth
地球曲率误差 error due to curvature

of the earth
地球曲率效应 earth curvature effect
地球曲率影响 effect of earth's curvature
地球曲率与折光差改正 correction for curvature of the earth and refraction
地球圈层 earth's layers; spheric(al) zone
地球热量平衡 earth's thermal balance; heat budget of the earth
地球热学 geothermy; geothermics
地球热状态 earth's temperature regime
地球日 earthday; the earth day
地球上的 subsolar; tellural; tellurian
地球上的风带 earth wind zone
地球上的接收站 reception points on the earth
地球上的人 terrestrial
地球射电辐射 earth radio radiation
地球摄动 terrestrial perturbation
地球摄动函数 terrestrial disturbing function
地球深带 depth zone of earth
地球生物大气层 terrestrial biosphere
地球生物圈 biosphere of planet earth; life layer
地球生物学 geobiology
地球实况 global scene
地球收缩 earth contraction
地球收缩说 contracting earth; contracting hypothesis; contracting theory
地球水分平衡 earth's water balance
地球水面 hydrosphere
地球水圈 hydrosphere
地球顺从系数 earth's compliance factor
地球瞬时坐标系 instantaneous terrestrial system
地球速率单位 earth rate unit
地球弹性 earth elasticity
地球探测火箭 geoprobe
地球体 geoid
地球天体物理学 geoastrophysics
地球通面 geoid
地球同步轨道 earth synchronous orbit; geostationary orbit
地球同步环境卫星 geostationary operational environment(al) satellite
地球同步气象卫星 geostationary meteorologic(al) satellite
地球同步人造卫星 geosynchronous satellite
地球同步卫星 earth synchronous satellite; fixed satellite; Geopause(satellite); geostationary satellite; synchronous satellite
地球同步卫星运载火箭 geostationary satellite launch vehicle
地球同步业务环境卫星 geosynchronous operational environmental satellite
地球统计分析 geostatistic(al) analysis
地球统计学 geostatistics
地球投影图形 generating globe
地球椭率 compression of the earth; ellipticity of the earth; flattening of the earth
地球椭球 spheroidal earth
地球椭球尺寸 terrestrial ellipsoid dimension
地球椭球面积 surface area of terrestrial spheroid
地球椭球偏心率 eccentricity of the earth ellipsoid
地球椭球体 earth's spheroid; spheroid of the earth; terrestrial ellipsoid; earth ellipsoid
地球椭圆扁率 flattening of the earth-ellipsoid
地球椭圆率 earth's ellipticity
地球椭圆体 earth ellipsoid; ellipsoid of the earth; terrestrial ellipsoid
地球外表 earth figure
地球外的 extraterrestrial
地球外辐射 extraterrestrial radiation
地球外环境 extraterrestrial environment
地球外生物学 exobiology
地球外土(壤) extraterrestrial soil
地球外噪声 extraterrestrial noise
地球弯曲误差 error due to curvature of earth
地球弯曲影响 terrestrial effect
地球微脉动 earth tremor
地球纬度 terrestrial latitude
地球纬度圈 terrestrial parallel
地球卫星 earth satellite; terrestrial satellite
地球卫星的环行轨道 circusearth orbit
地球卫星跟踪网 earth satellite network
地球卫星轨道像片 earth satellite orbital image
地球卫星火箭 earth satellite rocket
地球卫星上的 spaceborne
地球卫星通信[讯]线路 earth-to-satellite communication link
地球卫星图像处理 landsat image processing
地球卫星运载火箭 earth satellite vehicle rocket
地球位数 geopotential number
地球位系数 potential coefficient of the earth
地球稳定 earth's stabilization
地球物理变化 geophysical change
地球物理标志 geophysical indication; geophysical marker
地球物理测井 geophysical log(ging)
地球物理测井法<石油勘探用> geophysical(well-)log(ging)(for oil prospecting)
地球物理测量 geophysical survey(ing)
地球物理测试 geophysical test(ing)
地球物理测震法 seismic geophysical method
地球物理场 geophysical field
地球物理磁测法 magnetic geophysical(survey) method
地球物理磁强计 geophysical magnetometer
地球物理的 geophysical
地球物理地下调研 geophysical subsurface investigation
地球物理地震调查 geophysical seismic exploration; geophysical seismic investigation
地球物理地震法 seismic geophysical method
地球物理地震勘探 geophysical seismic exploration
地球物理地震探测 geophysical seismic exploration
地球物理电测法 electric(al) geophysical method
地球物理调查 geophysical investigation; geophysical survey
地球物理调查船 geophysical survey ship
地球物理调查方法 geophysical survey method
地球物理队 geophysical team
地球物理方法 geophysical method
地球物理分类 geophysical classification
地球物理工作者 geophysicist
地球物理观测卫星 geophysical observation satellite; orbital geophysical observatory satellite
地球物理记录表 record table of geophysics
地球物理技术 geophysical engineering; geophysical technique
地球物理勘测 geophysical exploration; geophysical investigation; geophysical prospecting; geophysical survey
地球物理勘探 geophysical exploration; geophysical prospecting; geophysical survey
地球物理勘探测井 geophysical prospecting well-logging
地球物理勘探车 geophysical prospecting drilling vehicle
地球物理勘探法 geophysical method of exploration; geophysical method of prospecting; magnetic method
地球物理勘探方法 geophysical exploration method; geophysical prospecting method
地球物理勘探工作点 point of geophysical prospecting
地球物理勘探和测井 geophysical exploration and logging
地球物理勘探设备 geophysical search equipment
地球物理勘探图 geophysical exploration map
地球物理勘探仪器 geophysical instrument; exploration instrument for geophysics; geophysical prospecting instrument
地球物理年 geophysical year
地球物理试验 geophysical test(ing)
地球物理探测(法) geophysical prospecting; geophysical exploration
地球物理探测自动记录仪(器) geophysical logging equipment
地球物理探矿公司 geophysical exploration company
地球物理条件 geophysical condition
地球物理图 geophysical map
地球物理卫星 geophysical satellite
地球物理现场调研 geophysical site investigation
地球物理效应 geophysical effect
地球物理学 geophysics
地球物理学的 geophysical
地球物理学工作分类图 classification map of geophysics work
地球物理学家 geophysicist
地球物理研究 geophysical investigation
地球物理异常分类图 anomaly map of geophysics
地球物理异常剖面图 profile of geophysics anomaly
地球物理异常图 map of geophysics anomaly
地球物理灾害 geophysical hazard
地球物理找矿法 geophysical prospecting method
地球物理折射波测量 geophysical refraction survey
地球物理综合异常图 synthetic(al) anomaly map of geophysics
地球物理钻孔探测仪 borehole surveying instrument
地球物质 earth-substance
地球向点 apex of earth motion
地球向角 earth's way
地球形式 terrain configuration
地球形体 figure of the earth; geoid
地球形状 earth shape; shape of the earth
地球形状的 geomorphic(al)
地球旋回 geographic(al) cycle
地球旋转椭球体 earth rotational ellipsoid
地球学 geonomy; geophysiography; geosciences
地球岩石圈 lithosphere; geosphere
地球演化 evolution of the earth
地球演化模式 earth evolution model
地球液核动力效应 dynamic(al) effect of liquid core of the earth
地球仪 globe; tellurian; tellurion; terrestrial globe
地球仪 8 字形曲线 analemma
地球仪贴面条带 globe gore
地球仪制图学 globe cartography
地球仪制作 globe making
地球以外的 extraterrestrial
地球引力 attraction of gravitation; earth attraction; gravitational attraction; terrestrial attraction; terrestrial gravitation
地球引力半径 earth attraction radius; gravitational radius of the earth; gravity radius of the earth
地球引力常数 terrestrial gravitational constant
地球引力场摄动 perturbation of earth's gravitational field
地球应变 earth strain
地球影 earth shadow
地球有关资料的<如河流土壤道路等> geo-referenced
地球有效半径<假定折射率随高程线性变化时用于大气折射改正> effective earth radius; effective radius of the earth
地球陨击坑 earth meteorite crater
地球运动 earth movement
地球运动学 geokinetics
地球运行仪 loxocosm
地球站 earth station; ground station; land station
地球站极化器 earth-station polarizer
地球站接收天线 earth-station receiving antenna
地球侦察卫星 earth-surveillance satellite
地球振荡 earth oscillation
地球正投影仪 analemma
地球之友 friends of the earth
地球植物图 geobotanical chart
地球植物学 geobotany
地球植物学家 geobotanist
地球质量调整 regularity of the earth; regularization of the earth
地球质量中心 geocenter[geocentre]
地球质心椭球 earth-centered[centred] ellipsoid
地球中存在的无机质 inorganic materials which exist in the earth
地球中心 center[centre] of earth
地球中心角 earth central angle
地球中心论 geocentricism
地球中心说 geocentricism
地球重力 terrestrial gravitation
地球重力半径 gravitational radius of the earth; gravity radius of the earth
地球重力测定 earth gravity determination
地球重力场 earth gravity field; gravity field of the earth
地球重力势 geopotential
地球重力位尺度因子 geopotential scale factor
地球重力位单位 geopotential unit
地球重力位模型 earth gravitational model; earth gravity model

D

地球重力学 earth gravimetry
地球周围的水 hydrosphere
地球转动说 earth rotation theory
地球转速 earth rotation rate
地球转速修正 earth rate correction
地球资源 earth resources
地球资源观测卫星 earth resource observation satellite; earth resource test satellite
地球资源观测卫星数据中心 earth resource observation satellite data center[centre]
地球资源观测系统 earth resource observation system
地球资源观测与信息分析系统 earth resource observation and information system
地球资源和环境小组 panel on earth resources and environment
地球资源技术卫星 earth resource technologic(al) satellite; earth resource technology satellite
地球资源技术卫星像片 earth resource technologic (al) satellite photo(graph)
地球资源试验卫星 earth resource test satellite
地球资源数据人机联系处理系统 earth resources data interactive processing system
地球资源卫星 earth resources satellite; earth resource terrestrial satellite
地球资源卫星图像 earth resource satellite image
地球资源信息 earth resource information
地球自然表面 physical surface of the earth
地球自由振动 earth free vibration
地球自转 earth's rotation; earth spin; rotation of the earth
地球自转参数 earth rotation parameter
地球自转测试仪 isotomeograph
地球自转角速度 angular velocity of the earth's rotation
地球自转偏向力 Coriolis force; deflection force of earth rotation
地球自转偏向力参数 Coriolis parameter
地球自转矢量 earth's rotation vector; earth's spin vector
地球自转速率 earth rotation rate
地球自转修正 correction for the earth rotation
地球自转轴 axis of earth rotation
地球自转综合 earth rotation aperture synthesis
地球自转综合孔径 super-synthesis aperture
地球自转综合天线阵 earth rotation synthesis array
地球坐标 earth based coordinates; terrestrial coordinates
地球坐标系 earth based coordinate system; terrestrial coordinate system
地区 area; country; district; locality; prefecture; region; section; territory; tract; zone; township <美国土地测量中的分区单位>
地区办事处 regional office; zone office
地区泵站 district pumping station
地区编制 regional chorography
地区编组场【铁】territorial yard; zone yard
地区变电所 district transformer station and distribution centre
地区标准 area(l) standard; regional standard
地区标准化 area standardization; regional standardization
地区标准化组织 regional standardization organization
地区标准时 local standard time
地区标准组织 regional standards organization
地区部门 district sector
地区草测 area reconnaissance
地区差别 regional disparity
地区差价 difference in regional price levels; price gap between different localities; regional gap; regional price difference; regional price differential
地区常数 zonal constant
地区抽样(法) area sampling; domanial sampling
地区储配站 regional depot
地区储气罐 distribution holder; district holder
地区(代)码 <直接打长途电话所需的区号> area code
地区的 areal; local; sectional
地区等温线 chor(o) isotherm
地区地图 chorograph(y); regional map
地区地图绘制术 chorography
地区电话 district telephone
地区电话局 zone station
地区电话所 local telephone office; regional telephone office
地区电话网 local telephone network
地区调查 community survey
地区调车场【铁】zone yard; territorial yard
地区调压器 district governor
地区定额减低 site derating
地区二氧化硫污染测量网络 measurement network of regional SO_2
地区发展规划 regional development planning
地区发展平面图 plot plan
地区发展政策 regional development policy
地区法规 zoning regulation
地区防洪排水系统 grapevine drainage
地区防火指挥员 fire warden
地区分布图 geographic(al) diagram
地区分段草图 subdivision layout
地区概化 regional generalization
地区隔离 spatial isolation
地区工程检查员 district surveyor
地区工程师 district engineer; division engineer
地区供热电缆 district heating cable
地区供热供冷中心 district heating and cooling center[centre]
地区共同体开发 community development
地区管库员 local storekeeper
地区管制 area control
地区规划 area planning; regional planning
地区规模 district scale
地区国家 regional nations
地区航海警告 local navigation(al) warning
地区航线 regional flight
地区化 localization; regionalization
地区基本烈度 regional seismicity
地区基础设施 regional infrastructure
地区级 regional rate
地区级分流(交通)道路 district distributor
地区集中供热 district heating
地区给水规划 regional water supply planning
地区给水区划 waterworks planning
地区计划 district plan; regional plan; state plan
地区价格 zone rate
地区间的 inter-regional
地区间的运输业务 inter-regional service
地区间调度 regional dispatching
地区间货物特别快车 inter-regional freight express train
地区间经济学 regional economics
地区简化 regional generalization
地区建筑 regional architecture
地区交换中心 local exchange center [centre]
地区交通控制 area traffic control
地区交通量观测 areawide count
地区街道 access road
地区界线 area boundary; prefecture boundary
地区经济 regional economy
地区经济社会的协调发展 coordinated regional economic and social development
地区开发 area development
地区开发阶段规划 stage development plan
地区控制雷达 area control radar
地区库存 local store
地区快运铁路 regional express railway
地区联络线 area tie line
地区流行病学分析 regional epidemicological analysis
地区命名 local nomenclature
地区内部的 intrazonal; intraregional
地区内部交换 local exchange
地区内的 inter-regional
地区排放标准 area emission standard
地区排水 area drain
地区判读样片 regional key
地区配车员 regional car distributor
地区配电所 district transformer station and distribution centre
地区频率协调者 area frequency coordinator
地区平均(降)雨量 areal mean rainfall
地区气候 local climate
地区情报中心 local information center[centre]
地区入中继线继电器组 local incoming trunk relay group
地区审查 regional adjustment
地区时 local zone time; zone time
地区时差 local time offset
地区水表 district water-meter
地区水环境质量标准 regional environmental water quality standards
地区水库给水池 service reservoir
地区水利管理局 regional water authority
地区水污染排放标准 discharge standards for regional water pollutant
地区水污染排放物标准 discharge standards for regional pollutants
地区水系 regional water system
地区随机性 spatial randomness
地区特性 regionalism
地区特征 regionalism
地区天气预报 district forecast
地区条款 local clause
地区铁路网 regional rail network
地区通信[讯] local communication
地区统一运费率 zone freight rate
地区图 areal map; plat; plot(plan); site drawing
地区图册 plat book
地区外影响 extra area effect
地区网络 local area network
地区无线电台 district wireless station
地区系数 zone coefficient
地区消隐 zone blanking
地区协调标准 regionally harmonized standard
地区协助 local assistance
地区行政大楼 community administration building
地区型 topotype
地区性 regionality; zonality
地区性沉降 regional subsidence
地区性氮的预算 regional nitrogen budgets
地区性氮获得 regional gains of nitrogen
地区性的 endemic; zonal; zonary; regional
地区性的获得和损失 regional gains and losses
地区性地下铁道 regional metro
地区性港口 regional harbo(u)r; regional port
地区性港务局 regional port authority
地区性公路 regional highway
地区性观测网 regional observation net
地区性航行通告 local notice to mariners
地区性洪水 regional flood
地区性环流 zonal circulation
地区性开发 regional development
地区性空气污染源 area air-polluted source
地区性略图 area sketch; regional sketch
地区性破坏 local destructiveness
地区性剖面 regional profile
地区性土(壤) regional soil; zonal soil
地区性卫生填地 area landfill
地区性污染 regional pollution
地区性污染源 regional pollution resources
地区性系数 regional factor
地区性修正系数 regional correction factor
地区性源 areal source
地区性运输 regional transport
地区性植物 flora
地区性植物发病 enphytotic
地区性住宅 tract house
地区修复 rehabilitation
地区选择器 district selector
地区学校 district school
地区巡逻人员 ground patrols
地区一览图 regional chorographic(al) map
地区一体化(趋势) subtopia
地区移民安置方针 regional resettlement strategy
地区影响 regional influence
地区用户终端 local user terminal
地区渔业 local fishery
地区渔业检查员 local fisheries inspector
地区语 state language
地区运输 regional transport
地区再发展条例 area redevelopment act
地区站 local station
地区账户 regional account
地区震震级 local magnitude
地区证券交易所 regional stock exchange
地区中心 district center[centre]; regional center[centre]; sectional center[centre]
地区中心局 local central office
地区主义 regionalism
地区专业化 geographic(al) specialization; regional specialization

地区专员 commissioner;prefecture
地区状态 <地势、自然构造和组织> physique
地区自动线路交换机 regional automatic circuit exchange
地区自然环境保护区 prefectural nature conservation area
地区综合 regional generalization;regional synthesis
地区综合发展图 comprehensive development area map
地区综合平衡 local comprehensive equilibrium
地区总局 sectional center[centre]
地圈 geosphere
地权线 property line
地热 earthly heat;geotherm;geothermal heat;heat of the earth's interior;internal terrestrial heat;subterrane heat;terrestrial heat
地热比降 geothermal gradient;geothermic gradient
地热变质作用 geothermal metamorphism
地热表 geothermometer
地热采暖 geothermal heating
地热测井 geothermal logging
地热测量 temperature survey
地热测温仪 geothermometer
地热场 geothermal field
地热储量 geothermal reserve;geothermal reservoir
地热储容量 geothermal reservoir capacity
地热的 geothermal;geothermic
地热等温线图 geoisothermal map
地热地带 geothermal area
地热地质图 geothermal geologic(al) map
地热地质图件 geothermal maps
地热电厂冷凝水 geothermal power plant condensate
地热电力 geothermal power
地热电站 geothermal power station;geothermoelectric(al) plant
地热调查 geothermal survey
地热调研 geothermal investigation
地热动力 geothermal power
地热对流系统 hydrothermal convection(al) systems
地热发电 geophysical electric(al) power generation;geothermal power generation
地热发电厂 geothermal power plant;geothermic electropower station;natural steam power plant
地热发电系统 geothermal power system
地热发电站 geothermal electric(al) power station;geothermal electropower station;geothermal power station;natural steam power station;geothermal power plant
地热发电装机容量 geothermal power-generating capacity
地热分带 geothermic zoning
地热腐蚀 geothermal corrosion
地热干蒸汽 geothermal dry steam
地热供暖系统 geothermal heating system
地热供热系统 heat-supply system based upon geothermal energy
地热含水层的激发 geothermal-aquifer stimulation
地热化探 geochemical exploration for geothermal field
地热级 geothermic depth
地热计 geothermometer
地热介质 geothermal media
地热经济 geothermal economics
地热井 geothermal well
地热井类别 geothermal well type
地热井水泥 geothermal well cement
地热开发 geothermal exploitation
地热开发程序 geothermal-development program(me)
地热开发利用工艺 geothermal technology
地热勘查 geothermal exploration
地热勘察 geothermal prospecting;geothermal investigation
地热勘探 geothermal exploration;geothermal prospecting
地热勘探阶段 geothermal exploration stage
地热库 geothermal reservoir
地热类型 kinds of earth heat
地热力发电站 natural steam power plant
地热裂 thermal ground crack
地热流 geothermal heat flow;geothermal stream
地热流体成因 origin of geothermal fluid
地热流体的产率 production rate of geothermal fluid
地热流体赋存状态 occurrences of geothermal fluid
地热能 geothermal energy;geothermal power
地热能成本 geothermal heat cost
地热能的热量传递 heat-transfer of geothermal energy
地热能利用系统 geothermal energy system
地热能容量 geothermal capacity
地热能吸出效率 extraction efficiency of geothermal energy
地热能源 geothermal energy resources;geothermal power
地热能转换 geothermal conversion
地热能总热值 gross calorific value of geothermal energy
地热破坏范围 geothermal damage threshold
地热普查 geothermal prospecting
地热气井水泥 geothermal steam well cement
地热区 geothermal area
地热扰动 geothermal disturbance
地热深度 geothermic depth
地热湿蒸汽 wet geothermal steam
地热事故预测 geothermal damage predication
地热水文地质调查 geothermal-hydrogeologic(al) survey
地热梯度 geothermal gradient;geothermic degree;geothermic gradient
地热梯度井 gradient hole
地热梯度图 geothermal gradient map
地热田 geothermal field
地热田分类 classify of geothermal field
地热田异常类型 type of terrestrial heat field anomaly
地热田远景评价方法 evaluating method for geothermal field prospects
地热脱盐 geothermal desalination
地热温标 geothermometer
地热温标温度 geothermometer temperature
地热温度 geotemperature;temperature of earth heat
地热温室 geothermal greenhouse
地热涡轮钻具 geothermal turbodrill
地热污染 geothermal pollution
地热系统 geothermal system
地热系统的地质循环 geologic(al) environments of geothermal system
地热系统激发 stimulation of geothermal system
地热系统类型 type of geothermal system
地热显示 geothermal manifestation
地热显示区 area of geothermal manifestation
地热显示图 map of geothermal manifestation
地热学 geothermy
地热循环系统 geothermal circulation system
地热养殖 geothermal breed
地热异常 geothermics anomaly
地热异常区 area of geothermics anomaly
地热异常种类 kind of geothermal anomaly
地热应力 geothermal stress
地热油井水泥 geothermal steam well cement
地热浴 geothermal bath
地热增加率 geothermic degree
地热增温陡度 geothermal degree;geothermal gradient;geothermic degree;geothermic gradient
地热增温级 geothermal degree;geothermal gradient;geothermic degree;geothermic gradient
地热增温率 geothermal degree;geothermal gradient;geothermic degree;geothermic gradient
地热蒸馏 geothermal distillation
地热蒸气 geothermal vapo(u)r
地热蒸汽 geothermal steam
地热蒸汽发电厂 geothermal steam plant
地热骤增蒸汽发电厂 geothermal flash steam power plant
地热资料 geothermal data
地热资源 geothermal resources
地热资源数据库 geothermal resources data base
地热钻机 geothermal drilling rig
地热钻孔 geothermal well
地热钻探 geothermal drilling
地热钻探设备 geothermal drilling rig
地融仪 magnetometer
地色 ground shade
地沙匹定 desaspidine
地沙双酮 diethadione
地上 overground
地上部分 aerial part
地上部分生长 aerial growth
地上部分生长植物 aerial growth plant
地上部分作物管理 aerial part management
地上仓库 ground storage
地上储存罐 above-ground storage tank
地上储罐 above-ground(storage) tank;land storage tank
地上存粮装载机 loader for loading ground stored grain
地上的 above-ground;overground;superterranean;terrestrial
地上的动物 terrestrial
地上地下比率 root top ratio
地上敷设 overground installation
地上杆线 pole line
地上工种 above-ground work
地上工作 above-ground work
地上管道 above-ground line
地上管线 above-grade pipeline;above-grade piping;above-ground(pipe) line;surface line
地上结构 superstructure
地上茎 aerial shoot
地上卷取机 floor reel;up-coiler
地上绝缘器 ground-supported insulator
地上绝缘子 ground-supported insulator
地上沥青储仓 ground asphalt storage
地上配管 above-grade piping
地上起动机 ground starter
地上青贮塔 above-ground silo
地上设备 ground equipment
地上设施 above-ground facility
地上生物 geodyte
地上系统 above-ground system
地上消防栓 above-ground hydrant;standpost hydrant;surface hydrant
地上消火栓 above-ground hydrant;standpost hydrant;surface hydrant
地上信道 terrestrial channel
地上旋转吹风口 floor rotating job air opening
地上巡逻 walking patrol
地上芽植物 chamaephyte
地上掩蔽体 surface shelter
地上隐蔽所 surface shelter
地上油罐 land storage tank
地上造型 pit mo(u)lding
地上装配 horizontal assembly;horizontal erection
地上装置 overground installation
地生水 intratelluric water
地生态形 geoecotype
地生态学 geoecology
地声 brontide(s);earthquake sound;earth sound
地声测听器 geophone
地声检波器 seismic geophone
地声学 geoacoustics
地声仪 geophone
地时间过程 geochron
地史年代表 chronological scale
地史时期 geologic(al) time
地史学 earth history;geochronic geology;geohistory;historic(al) geology
地史学演替系列 geosere
地势 geographic(al) features;ground relief;lay of land;lie of the land;natural feature;physiognomy;relief feature;surface relief;terrain;terrain relief
地势表现法 orography
地势分带 topographic(al) zoning
地势改正 correction for relief
地势校正 correction for relief
地势起伏 relief
地势起伏大的地区 high-relief area;strong relief area
地势起伏地区 broken terrain
地势起伏小的地区 low-relief area
地势趋向 grain
地势特征 relief feature
地势图 altimetric map;ground map;hypsographic(al) chart;hypsographic(al) map;hypsometric(al) chart;hypsometric(al) map;landform map;morphologic(al) map;orographic(al) map;physical chart;relief map;surface counter map;surface situation map
地势图制图 landform mapping
地势误差 terrain error
地势走向 grain of the country
地鼠洞式爆炸法 gopher-hole type explosion
地水层 hydrosphere
地水式热泵 soil water heat pump
地水准面 ground level
地丝菌病 geotrichosis
地斯特尔石膏板 <一种轻质纸面石膏板> Thistle board
地松鼠 ground squirrel
地速 <航空> ground speed;ground

velocity
地速计 ground speed meter
地速偏航指示器 ground drift indicator
地他铵重酒石酸盐 detajmium bitartrate
地台 platform
地台的类型 platform classification
地台的深断裂【地】platform deep fracture
地台的演化 platform evolution
地台地洼叠加型【地】platform-Diwa superimposition type
地台地洼改造型【地】platform-Diwa reform type
地台构造层 platform structural layer
地台海 platform sea
地台活化阶段 remobilized stage of platform
地台活化型沉积建造 remobilized platform type formation
地台活化作用 activization of platform
地台基底 basement of platform
地台阶段 platform stage
地台裂缝 epeiroclase
地台裂陷阶段 taphrogenic stage of platform
地台浅部 epiplatform
地台区 platform region
地台相 platform facies
地台型沉积建造 platform-type formation
地台型成矿建造 metallogenic formation platform type; platform-type metallogenic formation
地台型含磷建造 platform-type phosphorus-bearing formation
地台型含铝建造 platform-type alumin(i)um-bearing formation
地台型含煤建造 platform-type coal-bearing formation
地台型含锰建造 platform-type manganese-bearing formation
地台型含油气建造 platform-type oil and gas-bearing formation
地台型含油页岩建造 platform-type oil shale-bearing formation
地台型岩浆建造 platform-type magmatic formation
地坛 terrace
地弹簧 floor closer;floor spring
地檀香油 Gaultheria forrestii oil
地毯 carpet;floor carpet;floor covering;floor mat;floor rug;rug
地毯板条 carpet strip
地毯包边机 carpet over edge machine
地毯背底增厚线料 carpet stuffer
地毯背面接缝 back seam
地毯边盖 carpet edging cover
地毯边条 carpet edging strip
地毯厂废水 carpet factory wastewater
地毯厂废物 carpet factory waste
地毯厂生产废水 carpet manufacturing waste water
地毯衬垫 carpet cushion; carpet underlayment;underlay
地毯簇绒机 rug-overstuffing machine
地毯挡条 carpet strip
地毯垫层 carpet base; carpet cushion;carpet underlayment;underlay
地毯垫面 carpet backing
地毯割绒修整机 carpet slitting and trimming machine
地毯棍 carpet rod
地毯基层 carpet backing
地毯剪毛机 lawn mower
地毯剪平机 shearing machine
地毯检验 carpet testing
地毯结合剂 carpet bonding agent
地毯经密 carpet pitch
地毯经线 carpet warp
地毯卡槽 carpet cut
地毯卡条 tackless strip
地毯拷边机 carpet-over lock machine
地毯扣边 carpet strip
地毯量卷机 carpet rolling-and measuring machine
地毯料层 premixed carpet
地毯毛 carpet wool
地毯密度 carpet density
地毯磨损试验机 carpet wear tester
地毯黏[粘]合剂 carpet adhesive
地毯黏[粘]结剂 carpet adhesive;carpet bonding agent
地毯拍打机 carpet beating machine
地毯拍打器 carpet beater
地毯泡沫浸渍黏[粘]合剂 foamed adhesive for impregnating carpet
地毯清洁剂 carpet cleaner
地毯清扫机 carpet sweeper
地毯绒毛 carpet pile
地毯绒毛厚度 carpet pile height
地毯绒头高度 carpet pile height
地毯纱精密络筒机 carpet yarn precision winder
地毯纱线 carpet yarn
地毯上乳胶机 carpet latexing machine
地毯式花坛 carpet bed(ding)
地毯提花机 carpet jacquard
地毯托架 bull-nose bed
地毯纬密 carpet pick
地毯纬线 carpet weft
地毯吸尘器 carpet sweeper
地毯纤维 carpet fiber[fibre]
地毯压条 base shoe mo(u)lding;carpet holder
地毯用长丝 carpet filament
地毯用粗细线 carpeting yarn
地毯用钢线钉 steel wire carpet tack
地毯用纤维 carpeting fiber[fibre]
地毯用纸 flooring paper
地毯皂 carpet soap
地毯织机 carpet loom; rug weaving frame
地毯织棉 carpet brocade
地毯纸 carpet lining paper
地体 terrain;terrane
地体结构 geotexture
地体影响 terrain influence
地铁 metro; subway; underground railway;underground tube
地铁车辆 subway vehicle
地铁车站 metro-station;tube station; subway station; underground station
地铁车站地面站厅 surface hall of metro-station
地铁废弃物 metro's waste; subway waste
地铁工程 metro construction
地铁工程牵引 metro engineering traction
地铁管理 metro administration; subway administration
地铁环境 subway environment
地铁建筑 underground building
地铁隧道 metro tunnel
地铁网示意图 subway network map
地铁线路 metro route; subway line; underground line
地铁线形 metro alignment
地铁限界 metro ga(u)ge
地铁噪声 metro noise;subway noise
地铁站台 platform in an underground station
地铁中间厅 mezzanine
地铁中间站厅 medium hall of metro station
地铁总公司 metro corporation
地听器 geophone
地头沟 head drain
地图 cartograph;ichnograph;map
地图保管 map storage
地图保管人 mapper
地图逼真性 verisimilitude
地图比例(尺) map scale; scale of map
地图编号 map number
地图编绘 cartographic(al) compilation;map compilation;map composition; map construction; map drawing
地图编绘法 plotting method
地图编绘员 map compiler
地图编辑 map editing
地图编辑大纲 map edit program(me)
地图编辑工作 cartographic(al) editing;map editing
地图编辑计划 map editorial plan
地图编辑设计书 map editorial design
地图编辑员 map editor
地图编码体系 map encoding system
地图编目 map cataloguing
地图编目系统 map cataloguing system
地图编制 map compilation;map construction;map plotting
地图标定 map orientation
地图标记 ground mapping
地图标志 map sign
地图标准图 map standard
地图表示法 cartographic(al) representation;map expression;map representation;method of cartographic(al) representation
地图布 map cloth
地图彩色校样 colo(u)r proof of map
地图册 atlas
地图测绘 ground mapping
地图测绘工作 mapping work
地图测绘(摄影)飞行 mapping flight
地图测绘学 map making
地图测绘照相机 mapping camera
地图测量 map survey
地图插图 map inset
地图产品 cartographic(al) product
地图阐释 map interpretation
地图抄接边 copy and adjoin neighbo(u)ring portion of maps
地图抄接边设备 provision for plotting along the edges of adjacent map sheets simultaneously
地图成果 cartographic(al) product
地图重测 remapping
地图重合制导 map matching guidance
地图出版 map edition; map publication
地图出版社 map publishing house
地图储备 map stock;map storage
地图传输 cartographic(al) communication;map communication
地图代号 cartographic(al) symbol
地图代码 map code
地图档案 map archive;map archiving
地图点位号 map reference
地图叠合 map matching
地图叠置分析 map overlay analysis
地图定位 map controlled; map fixation
地图定向 map orientation
地图读数 map reading
地图发行 map issue
地图方格 map square
地图方格网 map grid
地图放大(法) map enlargement
地图分层 map layer
地图分幅 map partitioning; map sheeting;sheet line system
地图分幅编号系统 sheet numbering system
地图分幅系统 neatline system;sheetline system
地图分幅线 sheet line
地图分级 map classification
地图分块 map tile
地图分色片 map separation film;map separation chip
地图分析 cartographic(al) analysis
地图符号 map code;map legend;map symbol
地图负载量 amount of detail
地图复杂性 map complexity
地图复照 map copy preparation;map photography; map reproduction; map reprography
地图复照品 map duplicate;map photocopy
地图复照图 map image
地图复制 map copy (preparation); map reproduction
地图改版 map suppression
地图概括 cartographic(al) generalization
地图格网 cartographic(al) grid; map reference; map reference grid; square map grid
地图更新 map revision; map updating; up-to-date maintenance of maps
地图更新周期 cycle for map revision
地图供应 map distribution; map supply
地图供应处 map distribution point
地图供应点 map distribution point
地图供应库 detail map store; retail map store
地图光边 map trimming
地图规范 map specification
地图规格 map style
地图绘图 map drawing
地图绘制 cartographic(al) drawing; map compilation; map drawing; map making;mapping;map plotting
地图绘制法 chorograph
地图基要素 essential map element
地图基准 map reference
地图集 atlas
地图集编辑 editing of atlases
地图集地图 atlas of map
地图集更新 up-to-date maintenance of maps
地图集类型 atlas type
地图集图幅 atlas sheet
地图集图页 atlas leaf;atlas page
地图集制图学 atlas cartography
地图集装帧 binding and layout of atlas
地图检测 map test
地图接边 map adjustment; matching of sheet edges
地图接边带 match strip
地图精度 accuracy of map;map accuracy
地图精度标准 map accuracy criterion
地图精度检验 map accuracy test
地图静电复印机 map electrostatic copier
地图开幅 map format
地图拷贝 map copy
地图可靠性 map reliability
地图控制镶嵌图 map-controlled mosaic
地图库 map library
地图块 map extract
地图类型 atlas type;chart series;map series;map style;map type
地图理论尺寸 theoretic(al) size of

map
地图量测 cartometry;map measure
地图量角器 map protractor
地图量算 cartometry; map measurement
地图美学 aesthetic appreciation
地图门市部 map trade
地图描绘器 map tracer
地图名称 map title
地图模型 cartographic(al)model
地图目录 cartobiliography;map bibliography;map catalogue
地图目录卡 map catalogue card
地图内容 map content
地图内容结构 cartographic(al)organization
地图内容要素 component element of map;incoming map detail;map details
地图判读 map interpretation
地图配置 map arrangement
地图匹配 map matching
地图匹配制导 map matching guidance
地图片段 map extract;map sections
地图评价 cartographic(al)evaluation;map evaluation;map study
地图清绘 fair drawing;map delineation;map fair drawing
地图清晰性 map clarity
地图容量 load of map content
地图扫描器 map scanner
地图扫描仪 cartographic(al)scanner;map scanner
地图色标 map colo(u)r standard
地图上光 map varnishing
地图上绘出路线的装置 map tracer
地图设计 map design; preliminary layout
地图设计书 map specification
地图审校 map correction;map proof checking
地图生产 map production
地图试用图样 trial map specimen
地图收集 map collection
地图输出 map output
地图数据 cartographic(al)data;mapping data
地图数据结构 map data structure
地图数据库 cartographic(al) data bank;map(ping) data bank;map(ping)data base
地图数据库管理系统 cartographic(al)data base management system
地图数学模型 map mathematic model;mathematic(al)models of map
地图数字化 map digitizing
地图数字化扫描器 cartographic(al) digitizing scanner
地图数字模型更新 cartographic(al) digital model maintenance
地图数字数据库 cartographic(al) digitizing data bank;mapping digitizing data bank
地图数字数据文件 file of cartographic(al)digitized data
地图数字信息处理 handling of cartographic(al)data in digit;handling of map data in digit(al form)
地图说明 descriptive statement;map reading;sheet memoir
地图缩尺 chart scale
地图缩微阅读器 map-microfilm reader
地图缩小(法)map reduction
地图贴面 lamination of maps
地图贴面立体模型 map-surfaced model
地图投影 cartographic(al) projection;chart projection;map projection
地图投影变换 map projection transformation
地图投影变形 distortion of map projection
地图投影变形椭圆 indicatrix of cartography
地图投影标准子午线 standard meridian of map
地图投影法 map projection(method)
地图投影反求法 inverse solution of map projection
地图投影方程 cartographic(al)projection equation;mapping equation
地图投影分类 classification of cartographic(al) projection;classification of map projection
地图投影格网 map projection graticule;map projection grid
地图投影数学 mathematics of map projections
地图投影图表 map projection table
地图投影图集 map projection atlas
地图投影仪 map projector
地图投影坐标底线 base chart making;base construction line
地图图幅 chart sheet;map sheet
地图图幅编号 map nomenclature
地图图号 map number
地图图库装卸车台 incoming loading platform;outgoing loading platform
地图图廓尺寸的确定 determination of map size
地图图式 cartographic(al)symbol;map symbol
地图图形 cartographic(al)representation;map configuration;map pattern
地图图形产生 map generation
地图图形记录 map configuration record;map image record;map pattern record;permanent map record
地图图形数据 map image data
地图图样 map specimen
地图图影 map image
地图外观整饰 map appearance trim
地图未标出的 unmapped
地图误差 map error
地图系列 chart series;map series;series maps;sheet series
地图系列图幅编号 series designation of maps
地图显示器 map display
地图限差 map tolerance
地图项 feature
地图信息 cartographic(al)information
地图信息传递 cartographic(al)information communication
地图信息库 cartographic(al)information bank;mapping information bank
地图形裂缝<常为碱性骨料反应的结果> map crack(ing)
地图修测 map revision;map updating
地图修订 map revision
地图修整后尺寸 trim size
地图选片 map extract
地图学 cartology
地图学史 cartographic(al)history
地图样本 map specimen
地图样舌 geographic(al)tongue;lingua geographica
地图要素 cartographic-(al)feature;map content element;map feature
地图要素据库 mapping feature data bank
地图要素数据库 cartographic(al) feature data bank
地图页 map sheet
地图易读性 readability of map
地图印数 print order of map
地图印刷 map printing
地图印刷厂 lithographic(al)printing plant;map printing;map reproduction plant
地图印刷设备 map reproduction equipment
地图印刷原版 map printing master
地图永久性记录 permanent map record
地图用途 map function;map use
地图语言 cartographic(al)language
地图原版 map substitute
地图摘录 map extract
地图展览 map exhibition
地图照相图 map image
地图折叠 map folding
地图整饰 map decoration;map finish
地图纸 cart(e)paper;geography paper;map paper
地图指示格网 alphanumeric grid;atlas grid
地图制版 map printing plate making
地图制图 map making
地图制图稽度 cartographic(al)accuracy
地图制图精度 isthmus
地图制图科 cartography department
地图制图学 cartography
地图制图学会 cartographic(al)association
地图制图学课程 cartography course
地图制图学史 history of cartography
地图制图员 cartographer
地图制图自动化 automation in cartography;map automation
地图制印 cartographic(al)reproduction;map making
地图制印技术 cartographic(al)reproduction technique
地图制印技术员 cartographic(al)reproduction technologist
地图制印设备 cartographic(al)reproduction equipment
地图制作 map making;sheet making
地图种类 atlas type;map type
地图主体 map body
地图注记 cartographic(al)annotation;cartographic(al)lettering;lettering
地图注记容量 name carrying capability of a map
地图注解 cartographic(al)annotation
地图资料 cartographic(al)data;cartographic(al) documents;cartographic(al)information;cartographic(al)source;map data;map documents; map information; map record
地图资料检索系统 cartographic(al) information retrieval system
地图资料示意图 coverage diagram
地图资料室 map information room
地图自动注记 automatic lettering on map
地图坐标 map coordinates
地图坐标网 map coordinate network
地图坐标网代码 map coordinate code;map reference code
地图坐标方格 map grid
地图坐标系 map coordinate system
地图坐标值 graticule value
地洼成矿理论【地】Diwa metallogenic theory
地洼构造层 Diwa structural layer
地洼阶段 Diwa stage
地洼区 Diwa region
地洼区发展阶段 stages of development of Diwa region
地洼型成矿建造 Diwa-type metallogenic formation
地洼型含煤建造 Diwa-type coal-bearing formation
地洼型含油气建造 Diwa-type oil and gas-bearing formation
地洼型含油页岩建造 Diwa-type oil shale-bearing formation
地洼型岩浆建造 Diwa-type magmatic formation
地洼学说 Diwa theory
地外辐射 extraterrestrial radiation
地外伽马射线 extraterrestrial γ-ray
地外摄影 extraterrestrial photography
地外文明 extraterrestrial civilization
地外像片 extraterrestrial photograph
地外源 extraterrestrial source
地外智慧 extraterrestrial intelligence
地网 antenna counterpoise; capacity earth; counterpoise; earth mat; earth network; earth screen; grounded counterpoise; ground mat;ground net;ground screen
地网杆 counterpoise pole
地网中心架 central gallows for counterpoise
地尾 tail of the earth
地位 estate; position; rank; standing; status
地位的 positional
地位级 site class
地位价值 place value
地位图 site map
地位效用 place utility
地位移 earth shift
地位指数 site index
地味 earthquake smell
地温 earth temperature;geotemperature;ground temperature
地温变化 variation in earth's temperature
地温表 earth thermometer;geothermometer;ground thermometer;soil thermometer
地温测量 geothermometry;surveying of the ground temperature
地温长期变化 long period variation in earth's temperature
地温等级 geothermal step
地温调查 temperature survey
地温和热流测量 geothermal and heat flow measurement
地温计 earth thermometer;geothermometer;ground thermometer;soil thermometer
地温记录器 soil thermograph
地温季节变化 seasonal variations in earth's temperature
地温勘探 geothermal exploration
地温强度 geothermal grade
地温深度 geothermal depth;geothermic depth
地温探测器 ground sensor
地温梯度 geothermal gradient; geothermic gradient; rock gradient temperature
地温梯度测井 geothermal gradient log
地温通过无人增音机 unattended repeater with ground temperature compensation and power-passing
地温增加率 geothermic gradient
地温折返无人增音机 unattended repeater with ground temperature compensation and power-feed loop back
地温昼夜变化 diurnal variation in earth's temperature
地文参数 physiographic(al)parameter
地文单位 physiographic(al)unit
地文导航 geonavigation;ground ref-

erence navigation; terrestrial navigation
地文的 physiographic(al)
地文地形 physiographic(al)form
地文地质学 physical geology; physiographic(al)geology
地文分析 physicographic(al)analysis
地文航海(法)geonavigation
地文环境 physiographic(al) environment
地文环形体 physiographic(al) circular features
地文平衡 physiographic(al)balance
地文区 physiographic(al)province
地文区域 physiographic(al)region
地文生态学 physiographic(al)ecology
地文省 physiographic(al)province
地文特征 physiographic(al)feature
地文条件 physiographic(al)condition
地文图 physiographic(al)map
地文学 physical geography; physiography
地文学的 physiographic(al)
地文循环 physiographic(al)cycle
地文演替顶极 physiographic(al) climax
地文因素 physiographic(al)factor
地纹 ground tint
地窝 pot-hole
地物 culture; feature; geographic(al) entity; geographic (al) object; ground object; land mark; located object; physical attributes of terrain; surface feature; target; terrain feature; planimetric(al)feature <地面上天然物和人工构造物的总称>
地物版 culture plate; key plate; planimetric(al)plate
地物波谱测量方法 ground spectral measurement techniques
地物波谱数据类别 type of ground spectral data
地物波谱数值 ground spectral data value
地物波谱特性 object spectrum characteristic; spectrum character of ground feature
地物波谱研究 ground spectrum study
地物波谱研究成果 research results of ground spectrum
地物测绘 planimetric(al)compilation
地物测图 planimetric (al) plotting; topographic (al) planimeter; topographic(al)planimetry
地物错动特征 offset feature of ground object
地物点 culture point; detail point; planimetric(al)(control)point
地物反射 object reflection
地物反射波 ground clutter
地物方位误差 site error
地物符号 culture symbol
地物干扰 clutter
地物高度 object height
地物回波 background return; clutter; ground clutter; ground echo; radar clutter; terrain echo
地物空间特性 space characteristic of object
地物利用系数 terrain utility coefficient
地物亮度范围 brightness range of object
地物评价 terrain appreciation
地物坡谱测量数据 ground spectral measurement data
地物碎部 planimetric(al)detail
地物图像 cartographic(al)feature
地物文件 planimetric(al)details file
地物要素 ground feature; planimetric(al)element; planimetric(al) feature
地物阴影倍数 multiple of object shadow
地物与注记原图 culture drawing
地物原图 outline draft
地物坐标 object coordinates
地席型绝缘材料 mat-type insulant
地隙 ground clearance; road clearance
地峡 isthmus; neck of land; sowneck; strait
地峡的 isthmian; isthmic
地峡运河 Isthmian Canal
地下 subground; subsurface; underearth; underground
地下安装室 underground erection chamber
地下暗沟型地面排水 subdrain type of surface drainage
地下暗河 underground river; buried river
地下暗河动态 regime(n) of subterranean river
地下暗河流速 flow-velocity of underground river
地下暗渠 kanat
地下坝 underground dam
地下暴雨径流 subsurface storm flow
地下爆破 subsurface explosion; underground blasting; underground explosion
地下爆炸 buried explosion; subsurface burst; underground blast; underground explosion
地下爆炸测震 seismic prospecting
地下爆炸物 buried explosive
地下爆炸效力 mining effect
地下爆炸源 buried explosive source
地下避风室 cyclone cellar
地下避难室 basement shelter; dugout
地下避难所 basement shelter
地下边续墙 diaphragm wall; slurry wall
地下变电所 underground substation
地下变电站 underground station; underground substation
地下变压器 subway transformer
地下标点 subsurface mark; underground mark
地下标记 subsurface mark; underground mark
地下标石【测】underground mark
地下标志 subsurface mark; underground mark <三角点的下标石>
地下冰 crystosphene; ground ice; interstitial ice; stone ice; subsoil ice; subsurface ice; subterranean ice; underground ice
地下冰冰礁 bottom ice
地下剥蚀作用 dereption
地下补给 underfeed(ing)
地下不整合 subsurface unconformity; underground unconformity
地下布线 underground distribution; underground utility line
地下步行道 tunnel for pedestrians; walk-through
地下部分 underground portion
地下财富 subsurface riches
地下采光井 basement light well
地下采空区范围 underground working-out section area extent
地下采矿 drift mine[mining]; subsurface mine [mining]; underground mine[mining]
地下采石场 underground quarry
地下采土 underground clay mining
地下餐厅 rathskelter
地下仓库 mattamore; subterranean storage; subterranean storehouse; underground magazine; underground storehouse; underground store room
地下仓库勘察 investigation of underground storehouse
地下测量 contouring
地下测量员 underground surveyor
地下测验器 subsurface indicator
地下测震仪 downhole seismograph
地下层 basement floor; basement level; subsurface layer; subterranean layer
地下层入口 entrance to a basement
地下查勘 subsurface exploration
地下产权 mineral rights
地下厂房 underground plant; underground workshop
地下厂房勘察 investigation of underground powerhouse
地下场 hard site
地下车库 basement garage; car park basement; car silo; cellar garage; underground car park; underground garage
地下车库勘察 investigation of underground garage
地下车站 underground station
地下车站环(境)控(制) environmental control of underground station
地下成层现象 underground stratification
地下城 underground town
地下冲蚀面 buried erosion surface
地下出料 underfloor extraction
地下出流 groundwater outflow
地下储仓 underground bin
地下储藏 ground storage; subsurface storage; underground storage
地下储藏水 ground storage of water; subsurface storage of water; underground storage of water
地下储槽 buried tank
地下储存罐 underground tank
地下储水量 ground storage
地下储放池 ground storage pool
地下储罐 sunken tank; underground storage; underground(storage)tank
地下储库 buried storage
地下储量 ground storage
地下储料槽 ground bunker
地下储能 underground storage of energy
地下储气 gas underground storage
地下储(汽)油罐 gasoline storage tank
地下储水库 underground water storage
地下储水量 ground storage of water; groundwater storage
地下储水箱 underground holding tank
地下储油 underground storage of oil
地下储油仓 underground oil reservoir
地下储油池 oil storage cellar
地下储油罐 buried tank; underground storage tank
地下储油箱 underground holding tank
地下处理 subterranean disposal; underground disposal
地下处置 ground disposal; subsurface disposal; subterranean disposal; underground disposal
地下处置场 subsurface disposal field
地下处置法 subsurface disposal method
地下处置废水 subsurface absorption
地下穿洞排水 mole drainage
地下船坞 <侧壁有踏步的> altar course
地下垂线 geographic(al)vertical
地下存储核废料 underground storage of nuclear wastes
地下存储液化天然气 underground storage of LNG[liquid natural gas]
地下淡水 fresh groundwater
地下挡水墙 underground dam; water-retaining wall
地下导电轨制 conduit system
地下导体 underground conductor
地下导线 underground traverse
地下导线测量 underground traversing
地下道 pedestrian tunnel; subway; tube
地下道测量 subway survey
地下道路 subsurface highway; subsurface road; subway; vehicular subway
地下道路网 subterranean network
地下的 below ground; hypogeal; hypogene; hypogenic; phreatic; subearth; subsurface; subterraneous; subterrestrial; underground; subterranean
地下等深线图 underground contour map
地下等温线 isogeotherms
地下滴水灌溉 subsurface trickle irrigation
地下地层学 subsurface stratigraphy
地下地貌图 subsurface map
地下地质 underground geology
地下地质编录 underground geologic(al)documentation
地下地质工程师 subsurface engineer
地下地质构造图 subsurface tectonic map
地下地质探查 subearth exploration
地下地质学 subsurface geology
地下电厂 underground plant
地下电车道 subsurface tramway; tramway subway; tunnel tramway
地下电缆 buried cable; electric(al) underground cable; ground cable; subterraneous cable; underground cable
地下电缆槽 underground cable channel
地下电缆道 culvert
地下电缆故障测定设备 silvertoun testing set
地下电缆管道 culvert; subway; underfloor raceway; underfloor duct
地下电缆管沟 underfloor duct
地下电缆检修孔 cable vault
地下电缆接线盒 underground cable box
地下电缆连接室 jointing chamber
地下电缆入口 underground cable entry
地下电缆室 cable basement
地下电缆探测仪 cable detector
地下电缆位置探测器 cable detector
地下电缆位置探测仪 cable locator
地下电缆系统 underfloor wiring system
地下电缆线路 earth line
地下电线管 conduit duct
地下电信电缆管道 underground communication conduit
地下电站 buried power station; underground plant
地下调查 subsurface investigation
地下顶入法 underground thrust jacking
地下定线测量 underground alignment
地下动物 subterranean animal
地下冻结法 ground freezing method
地下洞蚀 tunnel erosion
地下洞室 subsurface opening; underground cavity; underground chamber; underground opening

地下洞室稳定问题 problem of stability underground excavation
地下洞穴 underground cavern;underground cavity
地下斗垮 underground excavation
地下段 underground section
地下发电厂 underground electric generating station; underground power house; underground power plant
地下发电站 power station chamber; underground electric generating station;underground power house; underground power plant
地下阀门箱 underground valve chamber
地下方向放线 underground directional layout
地下防空洞 buried shelter; underground (air-raid) shelter; underground shell
地下防雷线 underground drainage wire
地下防渗墙 underground diaphragm wall
地下防水 subgrade waterproofing; subsoil waterproofing; tanking; underground waterproofing
地下防水层 <墙面的> underground diaphragm
地下防水墙 subsoil waterproofing wall; underground dam; underground diaphragm
地下房屋 underground building
地下放矿漏斗开采法 underground glory-hole method; underground milling
地下放线 underground alignment
地下飞机场 underground airfield
地下废料处置 subsurface waste disposal;underground waste disposal
地下废物处置 subsurface waste disposal;underground waste disposal
地下沸腾 subsurface boiling
地下分水结 underground water parting;underground watershed
地下分水界 subterranean watershed; underground water parting; underground watershed
地下分水岭 groundwater divide;subterranean watershed; underground water parting; underground watershed
地下分水岭高程 height of groundwater parting
地下分水岭位置 position of groundwater parting
地下分水线 groundwater divide;subterranean watershed; underground watershed
地下焚烧 subsurface incineration
地下封水道 stream enclosure
地下蜂窝式墓室 beehive tomb
地下敷设 buried installation; underground installation; underground laying;underground grout
地下伏盖 subsurface coverage
地下伏盖段 subsurface coverage section
地下服务道路 basement service road
地下辅助道路 basement service road;underground service road
地下辅助服务道路 underground service road
地下腐烂 cellar rot
地下腐蚀 underground corrosion
地下干管 dry-pipe underground;submain;underground main
地下隔墙法 icos
地下隔水墙 underground impermeable wall
地下根 subterraneous root;terrestrial root;underground root
地下工厂 underground plant; underground works
地下工程 subsurface engineering; subterranean works; underground (construction) works;underground engineering;underground utility
地下工程暗挖法 mining method
地下工程采样 sampling in underground working
地下工程地质学 underground engineering geology
地下工程工人 sand hog
地下工程施工机械 underground construction machinery
地下工程项目 underground project
地下工程造价 substructure cost
地下工业 underground industry
地下公共工程建筑 underground utility construction
地下公共工程施工 underground utility construction
地下公共设施 subsurface utility;underground utility
地下公墓 underground cemetery
地下公用管道 underground conduit
地下公用管道设施 <水、电、气等的> underground utility
地下公用设施 <水、电、气等的> subsurface utility; underground (public) utility
地下公用事业 underground utility
地下公寓 basement flat
地下供电系统 underground service
地下宫殿 subterranean palace;underground palace
地下拱顶室 basement vault
地下沟渠 buried channel;underdrain
地下构造 subsurface structure
地下构造等高线图 underground structure contour map
地下构造情况 subsurface picture
地下构筑物 underground structure
地下购物中心 underground shopping center[centre]
地下观测室 underground observation laboratory
地下观测室尺寸 size of underground observation laboratory
地下观测室深度 depth of underground observation laboratory
地下管 buried pipe
地下管道 buried (pipe) line; buried piping; closed conduit; covered conduit; ground pipe; subway; sunken pipe;underground conduit; underground duct; underground pipe[piping]
地下管道车辆 underground tube vehicle
地下管道出口建筑物 outlet structure for closed drain; substructure for closed drain
地下管道工程 floor duct work; underground pipeline engineering
地下管道沥青保护层 pipe enamel
地下管道两侧混凝土支承 haunching
地下管道列车 tube-line train
地下管道内底高程 invert elevation
地下管道入口 duct entrance; underground pipe entry
地下管道探测器 pipe locator
地下管道铁路 tube railway
地下管道铁路线 tube line
地下管道网 network of underground piping; underground conduit net (work); underground pipe net (work)
地下管道系统 conduit system
地下管架系统 underground tube ties system
地下管路 subterranean line;subterranean pipeline
地下管渠系统 underground conduit system
地下管网 underground utility
地下管网系统 underground pipe system
地下管系 underground pipe system
地下管线 conduit tube; marine line; subterranean pipeline; underground (pipe) line;underground tube ties; underground utility
地下管线标示柱 marker post
地下管线测量 underground pipeline survey
地下管线连接井 jointing chamber
地下管线探测仪 underground pipeline finder;pipe detector
地下管线网 subterranean pipe network
地下管线综合设计 underground pipe comprehensive design
地下灌溉 subbing;subirrigation;subsoil irrigation; subsurface irrigation;subterranean irrigation;underground irrigation;underground watering;upward irrigation
地下灌溉管 subirrigation pipe
地下灌溉管道系统 system of irrigation pipes built under the ground
地下灌溉排水 subirrigation-drainage
地下灌溉渠道 karez
地下灌溉系统 subirrigation system
地下灌水 subsurface watering
地下灌注 subsurface soil injection
地下光缆 subterranean cable;underground cable
地下锅炉房 basement boiler room
地下过道 underpass
地下过街人行道 pedestrian road-crossing tunnel;subwalk
地下过滤 subsurface filtration;underground filtration
地下过滤场 subsurface filter field; subsurface filtration field; underground filtration field
地下过滤器 subsurface filter
地下害虫 destructive soil-inhabiting insect;soil insect
地下含水层 groundwater reservoir; groundwater zone; phreatic aquifer;underground reservoir
地下壕堑 tunnel trench
地下河 carst river; disapppearing stream;sinking creek;subterranean river course;swallet river;swallet stream; underaround river; underground stream
地下河重新流出地面之处 resurgence
地下河出口 debouchure
地下河道 buried channel;natural tunnel;subterranean river course;subterranean stream course; underground water course
地下河流 disappearing stream; estavel; incised river; subterranean river; subterranean stream; underground river;underground stream
地下河流污染 ground river pollution
地下河水系的 cryptor(h)eic
地下河消蚀作用 inlet cave
地下核爆炸 nuclear underground burst; underground nuclear explosion
地下核电站 underground nuclear power station
地下核废料封存库 underground nuclear waste storage
地下核废渣封存库 underground nuclear waste storage
地下核试验 underground nuclear test
地下恒温层 stratum of invariable temperature
地下恒温带 isothermal zone
地下横道 subway crossing
地下横木 anchor block
地下横走茎 creeping underground stem
地下湖 underground lake
地下湖积物 underground lake deposit
地下互通式立体交叉 underground interchange
地下花管排水系统 underground perforated drainpipe system
地下(化粪池污水)排水管 subsoil drain
地下还原处理 underground restoration
地下环境 underground environment
地下回罐 underground recharge
地下混凝土 buried concrete
地下火 ground fire
地下机场 subterranean aerodrome; underground aerodrome
地下机械式停车库 underground mechanical parking garage
地下基础墙 masonry wall below grade
地下基地 limp base
地下集水 underground capture
地下集水建筑物 groundwater collecting construction
地下集水面积 subterranean catchment area
地下给水 groundwater supply; subwatering
地下记录 underground recording
地下建设 infrastructure
地下建筑 hypogeal;hypogee;hypogeum; subconstruction; substruction; substructure; under construction; underground building; underground construction
地下建筑工程地质 engineering geology of underground structures
地下建筑工程地质勘察 engineering geologic(al) investigation of underground construction
地下建筑排水系统 subbuilding drainage system;subhouse drainage system
地下建筑外层抹灰 underground external plaster work
地下建筑物 buried structure;infrastructure; souterrain; underground block;underground structure
地下交叉口 subway crossing
地下交通 underground traffic
地下交通干道 underground traffic artery
地下交通枢纽 traffic underground interchange;underground interchange
地下焦贴 <地震勘探> buried focus
地下窖 basement pit
地下窖居 underground dwelling
地下阶地 buried terrace
地下阶梯形开挖 stope
地下接触 underground contact
地下接触轨集电器 underground collector
地下街道 subsurface shops; underground shopping center[centre];underground street
地下结构 infrastructure
地下结构测量 infrastructure survey(ing); underground structure survey(ing)
地下结构物 buried structure; sub-

structure; subsurface structure; underground structure; subterrane
地下结构物类型 type of underground structure
地下结果性 geocarpy
地下结合 underground junction
地下截根 undercutting
地下截流 subsurface detention
地下截流工程 interception of underground water
地下截水沟 intercepting subdrain
地下截水管 <深埋在边沟下面的> intercepting subdrain
地下截水墙 underground dam
地下界面模型 subsurface model
地下金属管线探测仪 detector of underground metal pipe and wire
地下进水道 water inlet tunnel
地下进水管 underground penstock
地下浸润 ground moistening
地下浸蚀 subsurface erosion
地下经济 underground economy
地下茎 root; underground stem
地下井水线 phreatic line; seepage line
地下净气管道 bottom fresh air duct
地下径流 groundwater runoff; interflow; runoff in depth; subsurface flow; subsurface runoff; underground runoff
地下径流过程线 base flow hydrograph; groundwater hydrograph
地下径流模数法 modulus method of groundwater runoff; subsurface runoff modulus method
地下径流模数图 underground runoff modulus map
地下径流深度等值线图 isobath map of underground runoff
地下径流时期 base period
地下径流衰竭 groundwater depletion
地下静水压力压扁薄壁打桩护筒 hydraulic collapse
地下酒吧 shebeen
地下居所 subterranean dwelling
地下剧场勘察 investigation of underground theater[theatre]
地下卷取机 down coiler
地下绝缘 cellar rubber
地下掘土机 underground shovel
地下均压箱 underground surge tank
地下开采 subsurface excavation; underground getting; underground mining; underground working
地下开采地质管理 supervision of underground mining
地下开采地质指导 geologic(al) control of underground mining
地下开采方式 type of underground mining
地下开采井巷系统图 system map of underground mining pit
地下开拓 underground development
地下开挖 subsurface excavation; underground excavation
地下开挖废渣 muck
地下开挖岩柱 pillar
地下开挖运输隧道 haulageway
地下开挖支撑 ground prop
地下勘测 subsurface exploration; subsurface reconnaissance
地下勘查 subsurface reconnaissance
地下勘查钻孔 subsurface exploration drilling; subsurface investigation drilling
地下勘察 subsurface exploration; subsurface investigation; underground exploration
地下勘探 subsurface exploration; underground exploration
地下坑道 underground pit
地下坑道爆破钻进 underground blast-hole drilling
地下坑道超前钻孔群 pilot-hole cover
地下坑洞 cellar hole
地下空洞 <地下深部爆炸形成的> camouflet
地下空间 underground space
地下空间利用 underground space usage; utilization of underground space
地下空气 ground air
地下空气管道 ground air line
地下空气缺氧 oxygen deficit in subterranean atmosphere
地下孔 underground drill-hole
地下孔洞 underground opening
地下控制中心 buried control center [centre]
地下库 underground vault
地下库房 cellar
地下跨越 underground crossing
地下快速道路 underground expressway
地下矿 subsurface mine
地下矿床 subsurface deposit; subterranean deposit
地下矿开采 mine quarrying
地下馈电电缆 underground feeder cable
地下廊道 gallery; underground gallery
地下廊道卸料门 underground tunnel gate
地下立体交叉枢纽 underground interchange
地下沥青贮仓 underground asphalt storage
地下连续墙 concrete diaphragm wall; continuous concrete wall; continuous slurry wall; diaphragm retaining wall; diaphragm walling; in-situ placed wall; peripheral wall; slurry (concrete) wall; slurry trench(ed) wall; underground diaphragm wall
地下连续墙鼻 nose of diaphragm wall
地下连续墙法 trench method
地下连续墙扶壁 diaphragm wall counterfort
地下连续墙工程 diaphragm works
地下连续墙码头岸壁 diaphragm quaywall
地下连续墙平面图 plan of diaphragm wall
地下连续墙施工法 earth wall construction method
地下连续墙式坞墙 diaphragm drydock wall
地下连续墙挖掘机 diaphragm wall excavator
地下连续墙围堰 diaphragm wall cofferdam
地下廉价商场 bargain basement
地下粮库 underground barn
地下料斗 underground hopper
地下料箱 underground hopper
地下淋溶 suffusion
地下流速 subsurface velocity
地下流域 subsurface drainage basin; underground watershed
地下流域面积 underground drainage area
地下流走的雨水 subsurface storm flow
地下楼层 basement stor(e)y
地下楼层大厅 basement concourse
地下漏斗仓 underground hopper bunker
地下露头 subcrop
地下滤场 subsurface sand filter
地下滤池 subsurface filter
地下滤水廊道 subsurface filter gallery
地下埋存 ground storage
地下埋管 buried conduit; buried pipe
地下埋设物 buried pipe and culvert
地下埋置的障碍物 buried obstruction
地下毛细水灌溉 natural subirrigation
地下锚碇装置 underground anchor; ground anchor
地下锚固 dug anchorage
地下煤斗 ground reception bunker
地下煤库 coal cellar
地下煤气管沥青涂料 pipe enamel
地下霉菌 fungus subterraneous
地下鸣 bramidos
地下墓窖 catacomb
地下墓室 burial-chamber hypogeum; conditory; hypog(a)eum[复 hypog(a)ea](tomb); underground burial chamber
地下墓穴 catacomb; catacomb grave
地下排放 subsurface disposal
地下排放污水系统 subsurface sewage disposal system
地下排流线 underground drainage wire
地下排气管道 bottom exhaust duct
地下排水 covered drain(age); ground drain; groundwater discharge; subdrainage; subsoil drainage; subsurface drain(age); subsurface draining; subterranean drainage; underdrainage; underground drainage
地下排水暗井 blind catch basin
地下排水板 geodrain
地下排水泵 groundwater drawdown pump
地下排水层 drainage layer
地下排水道 drainage level; tunnel-type discharge carrier
地下排水工程 mole drainage works
地下排水沟 blind drain; buried drain; mole channel; mole drain; subsiding drain; subsoil drain; trench drain(age); underground drain
地下排水构筑物 subdrainage structure
地下排水管 subsoil drain(age pipe); subsurface drain pipe; tile (sub) drain; underdrain (pipe); underground drain(pipe)
地下排水管道 pipe subdrain; underground drainage
地下排水管网 underdrain network; underdrain system
地下排水建筑物 subdrainage structure
地下排水节制阀 subsurface drainage check valve
地下排水节制闸 subsurface drainage check
地下排水渠 emissarium
地下排水瓦管 tile underdrain(age)
地下排水系统 subsurface drainage system; underfloor drainage system; underground drain system
地下排水系统设计 underdrain system design; underground drainage pipe system design
地下排污工程 underground engineering of waste disposal
地下排泄型地面排水 subdrain type of surface drainage
地下炮眼钻凿 underground blast-hole drilling
地下配电 underground distribution
地下配线室 underground distribution chamber
地下喷分 groundwater discharge
地下啤酒店 rathskelter
地下平衡箱 underground surge tank
地下栖留河 perched subsurface stream
地下气化煤气 ground product gas
地下气化作用 underground gasification
地下气门室 underground valve chamber
地下砌层 underground course
地下砌体 below-ground masonry
地下牵引式传送带 subflow tow-line conveyer
地下潜蚀 subsurface erosion; underground erosion
地下潜水 underground water
地下墙 underground wall; foundation wall
地下侵蚀 subsurface erosion; underground erosion
地下侵蚀破坏 failure by subsurface erosion
地下侵蚀破朔 failure by subsurface erosion
地下青贮窖 below-ground silo; underground silo
地下情况 topographic(al) feature; underground condition
地下区间通风 ventilation of underground zone
地下渠道 gallery canal; subsurface canal; underdrain; underground canal; underground channel
地下泉 underground spring
地下燃气库 underground gas storage
地下燃烧法 in-situ combustion
地下燃烧法采油 petroleum production by underground combustion
地下热 subterranean heat
地下热风炉 floor furnace; floor type heater
地下热害 geothermal hazard
地下热卤水 geothermal brine
地下热能 subterranean heat energy; geothermal energy
地下热水 hot groundwater; thermal groundwater; geothermal water
地下热水层 geothermal aquifer
地下热水赋存状态 occurrence of geothermal water
地下热水化学组分 composition of geothermal water
地下热水温度分类 temperature type of thermal groundwater
地下人行道 pedestrian underpass; subway crossing; pedestrian subway
地下人行道立体交叉 pedestrian subway interchange
地下人行过道 subway crossing
地下人员掩蔽所 underground shelter
地下溶质评估法 underground solute evaluation method
地下熔岩流 interfluent lava flow
地下入户支线 service lateral
地下散失 underground seepage loss
地下砂滤层 subsurface sand filter
地下砂滤池 subsurface sand filter
地下砂滤系统 subsurface sand filter system
地下商场 underground department store; underground market; underground shopping arcade
地下商店勘察 investigation of underground shop
地下商业街 underground mall; underground market; underground street; underground town
地下商业中心 underground commercial center [centre]; underground

shopping center[centre]
地下设备测试站 ground equipment test shop
地下设施<如电气、电信、下水道等类> underground installation; buried installation; hard site; subterranean works; subterraneous works; underground utility
地下深处爆破 muffling
地下深度 depth under ground
地下渗灌 subbing; subirrigation
地下渗流 underground leakage; underground percolation; underseepage
地下渗漏 underground leakage; underground percolation; underseepage; underground seepage
地下渗滤 subsurface infiltration
地下渗滤处理系统 subsurface infiltration treatment system
地下渗滤法 submerged filter method
地下渗滤器 submerged filter
地下渗水道 infiltration tunnel
地下渗透 subsurface filtration
地下生(长)的 hypogeal
地下生成 hypogene
地下生活 subterranean living
地下生物 terrestrial life
地下施工测量 underground construction survey
地下施工工人 sand hog
地下湿润 ground moistening
地下石棉矿 underground asbestos mining
地下石室 picts' house
地下石油储存 underground oil storage
地下实地 ground solid foundation
地下使用权 subsurface easement
地下市镇 underground town
地下式厂房 underground power house
地下式电厂 underground power station
地下式电站 underground power station
地下式水电站首部式布置 upstream station arrangement
地下式水电站尾部式布置 downstream station arrangement
地下式消防栓 sunk hydrant; underground hydrant
地下式消火栓 flush hydrant
地下试验 subsoil test
地下室 basement; cellar; dugout; hypogee; hypogeum; mattamore; silo-cell; subterrane; subterranean chamber; subterranean room; underground cellar; underground chamber; underground room; under-croft <拱形的>; outbliette <一种有凝气门入口的>
地下室壁凹 cellar recess
地下室壁龛 cellar niche
地下室采光 vault light
地下室采光井 areaway; basement areaway
地下室采光天井 cellar light well
地下室层 basement floor; basement level
地下室层面 basement stor(e)y
地下室出口 basement exit
地下室厨房 basement kitchen
地下室窗 basement window; cellar window
地下室窗采光 area light
地下室存车场 basement car park
地下室挡土墙 basement retaining wall
地下室的补给 replenishment of groundwater
地下室的户外楼梯 outdoor basement stair(case)
地下室的室外楼梯 outdoor basement stair(case)
地下室灯 vault light
地下室地板 basement floor; basement slab
地下室地面 basement floor; cellar floor
地下室顶光 pavement light; vault light
地下室防水 basement water proofing; waterproofing of basement
地下室防水层 basement tanking; tanking; waterproof lining of basement
地下室房间 basement room; cellar room
地下室干管系统 basement main system
地下室钢窗 steel basement window; steel cellar window
地下室格栅 cellar grating
地下室拱顶 cellar vault
地下室锅炉房 basement boiler room
地下室集水沟 cellar gulley
地下室结构 basement structure; cellar structure
地下室居住单元 basement dwelling unit
地下室开挖 basement excavation
地下室框架 cellar frame
地下室楼梯 basement stair(case); cellar stair(case)
地下室门 basement door; cellar door
地下室门锁 cellar door lock
地下室灭火管 cellar pipe
地下室内 below stair(case)
地下室排除集水坑的水泵 basement drainage sump pump
地下室排水 basement drain(age); cellar drain(age)
地下室排水沟泵 cellar drainage sump pump
地下室排水系统 basement drainage
地下室平面 basement plan
地下室汽车库 basement garage
地下室前凹地 area
地下室前空地 areaway
地下室前空地周围的挡土墙 area wall
地下室墙 basement wall; cellar wall
地下室墙体工程 cellar masonry work
地下室清除废物管道 waste drainage pipe in basement
地下室清除垃圾管道 waste drainage pipe in basement
地下室入口 basement entrance; cellar entrance
地下室深水泵 basement sump pump
地下室停车场 basement car park; car park basement
地下室通道 cellar wall
地下室通风(采光竖)井 basement air shaft; cellar air shaft; dry area
地下室圬工 basement masonry
地下室下的地下室 subcellar
地下室型变压器 vault-type transformer
地下室延伸部分 basement extension
地下室掩蔽处 cellar shelter
地下室饮食店 rat cellar
地下室娱乐室 rumpus
地下室照明 vault light
地下室住房 cellar dwelling
地下室砖石墙 cellar masonry wall
地下书店 underground bookstore
地下枢纽 underground terminal
地下疏干 underground dewatering
地下疏干法 underground drainage
地下输气管 underground penstock
地下输水道 stream enclosure; tunnel(l)ed aqueduct
地下输水管 underground penstock
地下输送机组<货棚内的> sub-floor conveyor system
地下输送机组用的地面小车 floor truck for sub-floor conveyor system
地下输送链 conveyor chain encased in floor
地下输油管 pipe line
地下鼠洞式排水 mole drainage
地下水 groundwater; phreatic water; soil water; subsoil water; subsurface water; subterranean water; underground water; plerotic water <低于潜水面的水>; infiltration <流入盲沟或土粒空隙中的>; Groundwater <美国双月刊>
地下水凹面 phreatic low
地下水坝 groundwater barrier; groundwater dam
地下水搬运作用 transportation of groundwater
地下水饱和带 groundwater saturation zone
地下水保持 groundwater conservation
地下水保护 conservation of groundwater; groundwater protection; groundwater conservation
地下水保护标准 groundwater protection standard
地下水保护法 groundwater protection law
地下水保护区 groundwater protection district; underground water conservation district
地下水保护政策 groundwater protection policy
地下水泵 well-point pump
地下水比降 gradient of groundwater table; groundwater table gradient
地下水编录 groundwater inventory
地下水变流装置 groundwater deflector
地下水表观流速 apparent groundwater velocity
地下水波 groundwater wave
地下水波动 groundwater table fluctuation
地下水补充 groundwater replenishing
地下水补给 groundwater feed; intake of groundwater; surface water supply
地下水补给灌溉 natural subirrigation
地下水补给河 effluent river; gaining stream; effluent stream
地下水补给湖 groundwater-fed lake
地下水补给进水 groundwater intake
地下水补给井 diffusing well; diffusion well
地下水补给量 groundwater increment; increment of groundwater; groundwater recharge; recharge of groundwater
地下水补给区 infiltration area; recharge area
地下水补给水体 effluent-impounded body
地下水补给条件 recharge condition of groundwater
地下水不稳定流 groundwater unsteady flow
地下水不足 lack for underground water
地下水采样 groundwater sampling
地下水采样点 groundwater sampling point
地下水槽 groundwater trench
地下水测量 subsurface water measurement
地下水层 groundwater layer; groundwater floor; groundwater zone; phreatic zone
地下水产水量 groundwater yield; underground yield
地下水长期持续产水量 sustained yield
地下水超采 groundwater ever development; groundwater mining; groundwater overdraft
地下水超采量 amount of groundwater
地下水超抽 groundwater overdraft
地下水超量开采 water mining (and use)
地下水沉淀 groundwater deposit
地下水沉积 groundwater deposit
地下水沉积作用 deposition of groundwater
地下水成分 groundwater component
地下水成因 groundwater origin; origin of groundwater
地下水成因类型 groundwater origin type; origin types of groundwater
地下水承压状态 artesian condition
地下水池 covered reservoir; underground tank; water cellar
地下水冲积层 accretion of groundwater
地下水重蓄 groundwater recharge; groundwater replenishment
地下水抽出控制 control of pumping up of underground water
地下水抽降 drawdown
地下水抽取 groundwater mining
地下水抽取范围 range of groundwater withdrawal
地下水抽水泵 groundwater drainage pump
地下水出口 groundwater seep
地下水出口的水坑 rise pit
地下水出流 groundwater runoff; phreatic water discharge
地下水出流量 groundwater discharge; groundwater outflow; hydraulic discharge; phreatic discharge
地下水出流区 area of groundwater discharge; groundwater discharge area
地下水出入计算 groundwater budget
地下水出渗 seep-off
地下水出水点 tapping point
地下水出水量 groundwater yield; yield of groundwater
地下水出现条件 occurrence condition of groundwater
地下水储藏量 ground storage of water; groundwater resources; groundwater storage
地下水储存 groundwater storage
地下水储存量 ground storage of water; groundwater storage
地下水储存曲线 groundwater-storage curve
地下水储存系数 storage coefficient
地下水储存要素 groundwater storage element
地下水储存资源 storage resources of groundwater
地下水储量 groundwater capacity; groundwater inventory; groundwater reserves; groundwater resources; groundwater storage; underground residue; volume of groundwater in storage; underground storage
地下水储量曲线 groundwater storage curve

D

地下水储量系数 storativity of groundwater
地下水储量盈亏估计 inventory of groundwater
地下水储水层 groundwater reservoir
地下水储水量 groundwater storage
地下水处理 groundwater treatment
地下水处理厂 groundwater treatment plant
地下水处理系统 groundwater treatment system
地下水垂直分带 groundwater vertical zoning
地下水存在形式 form of groundwater existence
地下水导水系数 groundwater transmissibility
地下水道 emissarium; mole channel; subterranean river course; underground water course
地下水道导流装置 underpass deflector
地下水道排水能力 sewer capacity
地下水道网 underground conduit net(work)
地下水的查询 subsurface water inquiry
地下水的重蓄 replenishment of groundwater
地下水的抽降期 draw period
地下水的过度抽汲 overdraft
地下水的截流 trapping of ground water
地下水的经济产量 economic groundwater yield
地下水的经济出水量 economic groundwater yield
地下水的开采强度 mining intensity of groundwater
地下水的流速 flow-velocity of subsurface water
地下水的流向 flowing direction of subsurface water
地下水的气压影响系数 atmosphere pressure affected coefficient of groundwater
地下水的区域性规律 regional regularity of groundwater
地下水的人为污染 man-made groundwater pollution
地下水的实际流速 field velocity of groundwater
地下水的水压面 piezometric surface of ground water
地下水的酸碱性 acid and alkali of groundwater
地下水的天然污染 natural groundwater pollution
地下水的消耗 depletion of groundwater
地下水的盐污染 salt pollution of groundwater
地下水的再补给 replenishment of groundwater
地下水的自然污染 natural groundwater pollution
地下水等变幅图 equal range map of groundwater level change
地下水等高线 hydroisobath; hydroisohypse; water-table isohypse
地下水等高线间距 piestic interval
地下水等矿化度图 isosalinity map of groundwater
地下水等水深线 hydroisobath
地下水等水位线 contour of groundwater table; groundwater contour; water-table contour
地下水等水位线图 contour map of groundwater; water-table map
地下水等水压线图 isopiestic contour line of groundwater
地下水等位线 groundwater isopiestic line
地下水等温线图 isothermal map of groundwater
地下水低矿化期 period of groundwater low mineralized
地下水地质化学调查 geochemical water survey
地下水地质学 geology of groundwater; groundwater geology; subsurface geology
地下水地质作用 geologic(al) process of groundwater
地下水点调查 investigation of groundwater point
地下水电厂 underground hydraulic power plant
地下水电站 underground hydraulic power station
地下水调查 groundwater investigation; groundwater survey; subterranean water enquire; survey of groundwater
地下水跌差 groundwater cascade
地下水跌流 groundwater cascade
地下水跌落 groundwater cascade
地下水动力学 groundwater dynamics
地下水动力学法 groundwater dynamics method
地下水动力学公式 groundwater dynamics formula
地下水动力学理论 theory of groundwater dynamics
地下水动态 groundwater regime(n); regime(n) of underground water
地下水动态成因类型 genetic(al) type of groundwater regime
地下水动态观测 groundwater behavio(u)r observation; underground water behavio(u)r observation
地下水动态观测工作布置 arrangement of groundwater water behavio(u)r observation
地下水动态观测数据 data of groundwater regime observation
地下水动态观测项目 item of groundwater behavio(u)r observation
地下水动态名称 name of groundwater regime
地下水动态模型 type of groundwater regime
地下水动态曲线类型 type of groundwater regime curve
地下水动态要素 groundwater regime elements
地下水动态要素综合曲线 comprehensive curve of groundwater regime element
地下水动态异常 anomaly of underground water behavio(u)rs
地下水动态影响因素 influence factor of groundwater regimes
地下水动态与均衡 regime(n) and balance of groundwater
地下水多年动态 perennial groundwater regime
地下水夺流 groundwater piracy
地下水法 groundwater law
地下水泛出区 discharge area of groundwater
地下水非稳定流 groundwater unsteady flow
地下水分布图 groundwater mapping; map of groundwater; water-table map
地下水分界 groundwater divide; phreatic divide; subterranean water parting; underground water divide
地下水分控制 <用于地下排水> subsurface moisture control
地下水分类 groundwater classification
地下水分岭 groundwater divide; subterranean water parting; underground water divide
地下水分区 groundwater province
地下水分水界 hydrologic(al) divide
地下水分水岭 groundwater divide; phreatic divide
地下水分水线 groundwater-depletion divide; groundwater ridge; phreatic divide; underground water parting
地下水分线 groundwater divide; phreatic divide; subterranean water parting; underground water divide
地下水腐蚀性 groundwater corrosivity
地下水赋存条件 groundwater reserve condition
地下水干道 groundwater artery
地下水干脉 groundwater artery
地下水岗 groundwater mound
地下水高程 groundwater elevation; groundwater level
地下水高矿化期 period of groundwater highly mineralized
地下水隔水层 groundwater barrier
地下水跟踪试验 groundwater tracer test
地下水工程 groundwater works
地下水公害 groundwater(-related) hazard
地下水供给 groundwater supply
地下水供水 groundwater supply
地下水供水井 water-table well
地下水供水量 yield of groundwater
地下水供水蕴藏量 potential groundwater yield
地下水供应 groundwater supply; underground water supply
地下水沟 groundwater trench
地下水沟道 drainage line
地下水观察管 observation stand pipe
地下水观测井 groundwater observation well; observation well of groundwater
地下水观测站 groundwater observation station
地下水管理 groundwater management; potential management
地下水管理系统 groundwater management system
地下水管理章程 Charter on Groundwater Management
地下水管探测器 pipe finder
地下水管网 drainage net(work); drainage pipework
地下水灌溉 groundwater irrigation; potential irrigation
地下水灌注 groundwater recharge
地下水过度抽取 groundwater overdraft
地下水过量开采 excessive exploitation of groundwater; overdraft of groundwater
地下水过量开采的量 water of cistonnage
地下水过量开发 groundwater overdevelopment; overdevelop(ment)
地下水过水面积 groundwater discharge area
地下水含氟浓度状况 fluoride concentration status of groundwater
地下水含水层 groundwater aquifer; phreatic aquifer
地下水耗减曲线 groundwater depletion curve
地下水耗竭 groundwater depletion
地下水耗损 groundwater depletion
地下水耗损曲线 groundwater depletion curve
地下水合理开采 rational mining of groundwater
地下水合理利用 rational utilization of groundwater
地下水化学 groundwater chemistry
地下水化学成分的形成 formation of groundwater chemical composition
地下水化学成分分类 classification of groundwater chemical composition
地下水化学类型 chemical type of groundwater type of groundwater
地下水化学图 groundwater chemistry map
地下水化学指数 groundwater chemical index
地下水化学质量 groundwater chemical quality
地下水环保 protection of groundwater environment
地下水环境 groundwater environment
地下水环境背景值 groundwater environmental background value; environmental background value of groundwater
地下水环境规划管理 programmatic management of ground water environment
地下水环境容量 carrying capacity of groundwater environment; environmental capacity of groundwater
地下水环境影响评价 environmental impact assessment of groundwater; impact assessment of groundwater environment; groundwater environmental impact assessment
地下水环境质量管理 quality management of groundwater environment
地下水环境质量评价 environmental quality assessment of groundwater; groundwater environmental quality assessment
地下水环境质量评价公式 evaluation formula of water environment quality
地下水环境质量评价图 map of environment quality evolution of groundwater
地下水环境质量指数 index of water environment quality
地下水恢复 groundwater restoration
地下水回灌 artificial recharge; recharging aquifer; groundwater artificial recharge
地下水回灌量 artificially recharged groundwater; groundwater recharge; recharge of groundwater
地下水回流 underground return flow
地下水浑浊度 groundwater turbidity
地下水混合作用 mixing of groundwater
地下水机制 groundwater regime
地下水积贮 groundwater accumulation
地下水基流过程线 groundwater hydrograph
地下水激发补给资源 stimulated recharge resources of groundwater
地下水集水管 subterranean water collector
地下水脊线 groundwater hill; groundwater ridge
地下水季节性减损 seasonal depletion
地下水监测 groundwater monitoring
地下水监测网 groundwater monitoring network
地下水监测系统 groundwater moni-

toring system
地下水监测综论 <美国季刊> Groundwater Monitoring Review
地下水监控 groundwater monitoring
地下水减少量 groundwater decrement
地下水减退 groundwater decrement
地下水降低曲线 depression curve
地下水降落曲线 drawdown curve
地下水降深 depression head
地下水交替强度 replacement intensity groundwater
地下水交替速度 replacement velocity of groundwater
地下水交替系数 replacement coefficient of groundwater
地下水窖 underground cistern
地下水阶梯状下降流动 groundwater cascade
地下水截夺 groundwater piracy
地下水截流 groundwater trapping
地下水界 subsurface divide
地下水进水口 groundwater intake
地下水浸没问题 problem of immersion of groundwater
地下水经济(产)水量 economic groundwater yield
地下水经济开采量 economic groundwater yield
地下水径流 groundwater flow; groundwater runoff
地下水径流场 runoff field of groundwater
地下水径流带 runoff zone of groundwater
地下水径流分割 separation of groundwater flow; separation of groundwater runoff
地下水径流模数 runoff modulus of groundwater
地下水径流条件 runoff condition of groundwater
地下水静水位 standing water level
地下水静水压力面图 potentiometric map; pressure-surface map
地下水(静止)水位 phreatic water surface
地下水距离 underground flow distance
地下水均衡 groundwater balance; groundwater budget
地下水均衡场 balance plot of groundwater
地下水均衡计算 groundwater balance calculation
地下水均衡类型 type of groundwater balance
地下水均衡试验 balance test of groundwater
地下水开采 groundwater exploitation; groundwater mining; mining of groundwater; water mining
地下水开采成本 mining cost of groundwater
地下水开采储量 available groundwater
地下水开采动态 regime(n) of groundwater development
地下水开采动态曲线 regime(n) curve of groundwater development
地下水开采量 groundwater yield
地下水开采数据 data of groundwater development
地下水开采条件图 condition map of groundwater development
地下水开采直方图 histogram of groundwater development
地下水开采资源 developed resources of groundwater
地下水开发 groundwater development; groundwater exploitation
地下水开发利用效益 benefit of groundwater development and utilization
地下水勘测 groundwater exploration; groundwater investigation
地下水勘查 groundwater exploration
地下水勘探 groundwater exploration
地下水坑 groundwater hole
地下水枯竭 depletion of groundwater
地下水控制 groundwater control; groundwater monitoring
地下水库 underground reservoir; underground storage
地下水库存清单 groundwater inventory
地下水库供水能力 ability of water supply from groundwater reservoir
地下水库勘察 investigation of underground reservoir
地下水库类型 type of groundwater reservoir
地下水库面积 area of groundwater reservoir
地下水库调蓄能力 capacity of groundwater reservoir regulation
地下水库总库容 total capacity of groundwater reservoir
地下水矿化 groundwater mineralization; mineralization of groundwater
地下水矿化度 degree of mineralization of groundwater; mineralization [mineralized] degree of groundwater
地下水亏耗 depletion of groundwater; groundwater depletion
地下水亏耗过程线 groundwater recession hydrograph
地下水亏耗曲线 groundwater depletion curve
地下水亏损 groundwater recession
地下水亏损模数 deficiency modulus of groundwater
地下水亏损曲线 groundwater depletion curve; groundwater recession curve
地下水匮乏 groundwater depletion
地下水来水量 inflow of ground water
地下水来源 origin of groundwater
地下水类型 type of groundwater
地下水离子等值线图 ion contour map of groundwater
地下水力发电厂 groundwater power plant
地下水力学 subsurface hydraulics
地下水利用 usage of groundwater
地下水连通试验 groundwater connectivity test; groundwater connecting test
地下水量 groundwater quantity
地下水量枯竭 groundwater depletion
地下水量平衡 groundwater balance; groundwater budget
地下水量平衡计算表 groundwater budget
地下水临界深度 critical depth of groundwater; critical depth of underground water
地下水流 phreatic water discharge; phreatic water flow; subsoil flow; subsurface flow; underflow; water-table stream; underground (water) flow <指潜水层的流动水>
地下水流出地面的泉眼 discharge point
地下水流出口 groundwater tapping; tapping of groundwater
地下水流出量 discharge of groundwater; groundwater outflow; rate of discharge of ground water
地下水流出面积 groundwater discharge area
地下水流出区 area of groundwater discharge
地下水流挡板 underflow baffle
地下水流电模拟 electric(al) analog(ue) for groundwater flow
地下水流动 groundwater flow
地下水流动示踪染色料 tracer dye
地下水流动示踪物 groundwater tracer
地下水流方向 groundwater direction
地下水流灌溉 underflowing irrigation
地下水流河 groundwater stream
地下水流扩散 dispersion of groundwater artery
地下水流量 artesian discharge; artesian flow; flow of groundwater; groundwater discharge; inflow of ground water; inflow of phreatic water; phreatic (water) discharge; subsurface runoff; underground yield; groundwater runoff; groundwater flow <河流流量中的>
地下水流率 rate of groundwater discharge; rate of groundwater flow; rating of groundwater; groundwater flow-rate; rate of discharge of ground water
地下水流入 inflow of ground water; inflow of phreatic water
地下水流入量 groundwater inflow
地下水流速 groundwater velocity; velocity of discharge of groundwater; velocity of groundwater flow
地下水流速测定 groundwater velocity measurement
地下水流速测定法 determination method of groundwater velocity
地下水流态 flow state of groundwater
地下水流通 water circulation in the ground
地下水流线 groundwater line; phreatic line
地下水流向 direction of groundwater flow
地下水流域 artesian basin; drainage basin of groundwater; groundwater basin; groundwater catchment; subsurface drainage basin; underground basin
地下水流域水力竖向截面 hydraulic profile
地下水隆起 groundwater ridge
地下水露泉 water-table spring
地下水露头(处) cropping(-out) of the groundwater; water-table outcrop; cropper out of the groundwater; groundwater outcrop
地下水落差 groundwater cascade
地下水埋藏深度 buried depth of water table; depth of groundwater occurrence
地下水埋藏条件 condition of groundwater occurrence
地下水埋深 depth of water table; groundwater depth
地下水埋深图 depth to water-table map
地下水脉 groundwater artery; groundwater vein
地下水脉探测人员 water finder
地下水毛细饱和带 capillary fringe of groundwater
地下水毛细管流 capillary movement
地下水面 groundwater plane; groundwater table; level of saturation; offshoot; phreatic surface; saturated surface; surface of underground water; underground water surface; water plane; water-table
地下水面凹陷 groundwater trenching
地下水面比降 water-table slope
地下水面波 water-table wave
地下水面波动 groundwater fluctuation; phreatic fluctuation
地下水面出露 water-table outcrop
地下水面出露泉 water-table spring
地下水面等高线图 water-table contour plan
地下水面等深线 water-table isobath
地下水面含水层 water-table aquifer
地下水面集中水流 water-table stream
地下水面降落 groundwater drawdown; groundwater lowering; water-table decline
地下水面坡度 groundwater gradient; water-table gradient
地下水面坡降 groundwater gradient; water-table gradient
地下水面剖面图 water-table profile
地下水面潜水面 underground water level
地下水面穹起 groundwater mound
地下水面上升 water-table rise
地下水面下降 water-table decline
地下水面下降漏斗 cone of water table depression
地下水面下降深度 <水井抽水时的> drawdown
地下水面下陷锥 cone of groundwater depression; water-table depression cone
地下水面斜率 water-table slope
地下水面以下潜水带 phreatic zone
地下水模拟 groundwater modelling
地下水模拟试验设备 equipment of groundwater modeling test
地下水模型 groundwater model
地下水逆流 backflooding
地下水年龄 groundwater age
地下水年龄测定 groundwater age determination
地下水年龄测定法 dating method of groundwater
地下水年龄的弥散模型 dispersion model of groundwater age
地下水年龄的数学物理模型 mathematics-physics models of groundwater age
地下水年龄计算参数 computing parameter of groundwater age
地下水年龄鉴定 groundwater dating
地下水年令测定 groundwater age measurement
地下水年内动态 annual groundwater regime
地下水农药污染 pesticide contamination of groundwater
地下水排出 groundwater discharge; groundwater drainage
地下水排出土壤量 soil discharge of ground water
地下水排除 groundwater drainage
地下水排放 discharge of groundwater
地下水排水沟 groundwater drain; groundwater waterway
地下水排水管 groundwater(-depletion) drain(pipe)
地下水排水量 hydraulic discharge
地下水排水渠 groundwater waterway
地下水排水瓦管 subdrain tile
地下水排泄 discharge of groundwater
地下水排泄量 groundwater discharge
地下水排泄区 discharge area of groundwater; groundwater discharge area
地下水排泄区面积 groundwater dis-

charge area
地下水排泄条件 drainage condition of groundwater
地下水盆地 groundwater basin; subsurface water basin
地下水平衡 groundwater balance
地下水平衡方程 groundwater equilibrium equation
地下水平均流速 average groundwater velocity; mean groundwater velocity
地下水平均年龄 average age of groundwater
地下水平面升降 fluctuation of water table
地下水平水流 subsurface horizontal water flow
地下水评价 groundwater evaluation
地下水坡降线 groundwater fall line
地下水剖面 water-table profile
地下水瀑布 ground cascade; groundwater cascade
地下水瀑布线 groundwater fall line
地下水起源 origin of groundwater
地下水气体成分分析 groundwater gas analysis
地下水潜水面 groundwater table
地下水侵入 ingression of groundwater; ingress of groundwater
地下水侵蚀 groundwater attack
地下水侵蚀性 erosion of groundwater; groundwater corrosivity
地下水情(况) groundwater regime
地下水情预报 groundwater forecast(ing)
地下水穹丘 groundwater ridge
地下水丘 groundwater hill; groundwater mound
地下水区 groundwater zone; phreatic zone
地下水区水工构筑物反滤层 inverted layers of marine structures in groundwater zone
地下水区域 groundwater province
地下水取样法 sampling method of underground water
地下水热量均衡 heat balance of groundwater
地下水热液 groundwater hydrothermal solution
地下水人工补给量 artificial recharge of ground water
地下水人工补给数据 artificial recharge data of groundwater
地下水人工补给资源 artificial recharge resources of groundwater
地下水人工分水岭 artificial divide of groundwater
地下水人工回灌 artificial recharge of ground water
地下水人工排出量 artificial discharge of groundwater
地下水人海流量 discharge of groundwater to the sea
地下水日动态 daily groundwater regime
地下水溶解 groundwater solution
地下水入口 entrance to a cellar
地下水入流 groundwater inflow
地下水上含水层 phreatic high
地下水上升 groundwater table rise; phreatic rise
地下水深度 depth of groundwater; groundwater depth
地下水渗出 subterranean outflow
地下水渗出地面处 riser of groundwater
地下水渗流 groundwater infiltration; seepage action of groundwater
地下水渗流力学 groundwater permeation fluid mechanics
地下水渗流量 groundwater infiltration
地下水渗漏 groundwater seepage
地下水渗入量 groundwater infiltration
地下水渗透 groundwater seepage
地下水渗透性 hydraulic conductivity
地下水升高 raising of ground water; underflooding
地下水湿生植物 phreatophyte
地下水实地流速 actual groundwater velocity; field groundwater velocity
地下水实际高度 actual height of groundwater
地下水实际流速 actual groundwater velocity; actual velocity of groundwater; field groundwater velocity; real velocity of pore water; true groundwater velocity
地下水实际流速测定 actual velocity measurement of groundwater
地下水实在流速 actual groundwater velocity; field groundwater velocity
地下水使土流失 internal erosion
地下水示踪剂 groundwater tracer
地下水示踪试验 groundwater tracer test
地下水收集 capture of underground water
地下水衰竭 groundwater decrement
地下水水波 groundwater wave
地下水水化学图 hydrochemical map of groundwater
地下水水脊 groundwater hill
地下水水库 groundwater reservoir
地下水水力学 groundwater hydraulics; hydraulics of groundwater
地下水水量均衡 balance of groundwater quantity
地下水水量平衡计算表 groundwater inventory
地下水水量评价 evaluation of groundwater quantity
地下水水面 groundwater level; groundwater surface; phreatic water level
地下水水平分带 groundwater horizontal zoning
地下水水丘 groundwater hill
地下水水位 groundwater elevation; groundwater(water) level; groundwater stage; phreatic (water) surface; underground water table; water-table; level of subsoil water
地下水水位比 water-table ratio
地下水水位动态曲线 regime (n) curve of groundwater level
地下水水位降低工程 groundwater lowering works
地下水水位降落 groundwater drawdown
地下水水位降深 groundwater drawdown
地下水水位下降 groundwater drawdown
地下水水位泄降 groundwater drawdown
地下水水位增高 increase in groundwater level
地下水水温动态曲线 regime (n) curve of groundwater temperature
地下水水文学 geohydrology; groundwater hydrology; hydrology of groundwater
地下水水文学家 groundwater hydrologist
地下水水源 groundwater sources
地下水水源地 well yield; groundwater source field
地下水水质 groundwater quality; quality of groundwater
地下水水质保护 groundwater quality protection
地下水水质动态曲线 regime (n) curve of groundwater quality
地下水水质恶化 degradation of groundwater quality
地下水水质分类 classification of groundwater quality
地下水水质监测 groundwater quality monitoring
地下水水质模型 groundwater quality model
地下水水质评价 evaluation of groundwater quality; quality evaluation of groundwater
地下水损耗 groundwater decrement
地下水损失 loss of underground water; underground water loss
地下水探测杆 divining rod
地下水探测器 water finder
地下水梯极 groundwater cascade
地下水提取 groundwater extraction
地下水体 groundwater body
地下水体纵截面 longitudinal section of groundwater body
地下水天然储量 natural groundwater storage
地下水天然动态 natural regime of groundwater
地下水天然分水岭 natural divide of groundwater
地下水天然资源 natural resources of groundwater
地下水同位素测定 isotope measurement of groundwater; isotope assay of groundwater
地下水同位素成分 groundwater isotopic composition
地下水图 groundwater map
地下水退水 groundwater recession
地下水退水曲线 groundwater recession curve
地下水外流 groundwater drain
地下水网 groundwater net; net of groundwater
地下水卫生保护带 sanitary protective zone of groundwater
地下水卫生保护区 sanitary protective zone of groundwater
地下水卫生防护带 groundwater sanitary protective zone
地下水卫生学 groundwater hygiene
地下水位 free water elevation; free water surface; groundwater line; groundwater table; level of ground water; level of saturation; perched water table; phreatic (water) level; phreatic water table; saturated surface; subsoil water level; surface of underground water; underground water surface; underground water table
地下水位比降 gradient of water table
地下水位变动 groundwater level fluctuation; phreatic fluctuation
地下水位变动带 fluctuation(al) belt of water table
地下水位变幅 fluctuation of groundwater level
地下水位变化 changes of water table; variations of water table
地下水位变化图 hydroisopleth map
地下水位变化周期 phreatic cycle
地下水位标高 groundwater elevation
地下水位表 piezometer
地下水位表面 groundwater surface
地下水位波动 groundwater level fluctuation; water-table fluctuation
地下水位波动(地)带 belt of phreatic fluctuation; belt of water table fluctuation
地下水位变化图 hydroisopleth map
地下水位槽陷 groundwater trench
地下水位测量工具 equipment of measuring the groundwater level
地下水位持续下降 groundwater drawdown continuously
地下水位持续下降原因 cause of groundwater continuous drawdown
地下水位的变化 changes in the water table
地下水位的降落 depression of water table
地下水位等高线 contours of groundwater table; hydroisobath; isobath of water table; water-table contour; groundwater contour
地下水位等高线图 groundwater table (contour) plan; water-table contour plan
地下水位等降深图 equal drawdown map groundwater
地下水位等深线 groundwater isobath; isobath of water table; water-table isobath
地下水位等深线间距 piestic interval
地下水位等值线 groundwater contour; hydroisobath
地下水位调查 survey for water table level
地下水位分布图 distribution map of water table
地下水位分析 analysis of underground water level
地下水位高程 altitude of groundwater level
地下水位高的土地 aquafalfa
地下水位沟槽状下降 groundwater trench
地下水位观察 water-level observation; water-table observation
地下水位过高 over-height of groundwater level
地下水位过高的 water-lodged
地下水位回升速度 velocity of water level rising again
地下水位回升值 value of water level rising again
地下水位监测 groundwater level monitoring
地下水位降低 groundwater lowering; lowering of groundwater level; lowering of the water table; phreatic decline
地下水位降落 falling of water table; recession of the groundwater level
地下水位降落曲线 drawdown curve of groundwater
地下水位截面图 profile of water table
地下水位界面 groundwater divide
地下水位漏斗线 cone of water table depression
地下水位埋(藏)深(度) buried depth to water table; buried depth of groundwater
地下水位坡度 gradient of water table; water-table slope
地下水位坡降 gradient of (ground) water table; water-table gradient
地下水位剖面图 groundwater profile; profile of water table
地下水位山脊状隆起 groundwater ridge
地下水位上升 phreatic rise; raise water table; water-table rise
地下水位上升表 raising of groundwater table

地下水位上升高度 rise of groundwater level;rise of water-table
地下水位升降 groundwater table fluctuation;water-table fluctuation
地下水位升降变化 groundwater fluctuation;phreatic fluctuation
地下水位升降带 belt of phreatic fluctuation
地下水位升降周期 phreatic cycle
地下水位抬高 groundwater surface lift
地下水位梯度 saturation gradient
地下水位图 groundwater chart;groundwater hydrograph;water-table map
地下水位下降 decline of groundwater level;decline of underground water level; decline of water table; groundwater depression; groundwater lowering; lowering groundwater table; lowering of groundwater level;groundwater recession
地下水位下降漏斗 cone of groundwater depression
地下水位下降曲线 groundwater recession curve
地下水位线 groundwater(level)line; phreatic line;saturation line
地下水位线名称 name of groundwater level line
地下水位线之上的地下水 vadose water
地下水位以上 above groundwater table
地下水位以下 underground water table
地下水位影响 influence of water table
地下水位影响漏斗 cone of groundwater influence
地下水位涨落 phreatic fluctuation
地下水位纵断面 profile of water table
地下水位纵剖面 profile of groundwater level;profile of water table
地下水温 groundwater temperature
地下水温上升 temperature rise of groundwater
地下水温下降 temperature drop of groundwater
地下水文学 subsurface hydrology
地下水紊流 groundwater turbulent flow
地下水稳定流 groundwater steady flow
地下水稳定指数 stability index of groundwater
地下水污染 groundwater contamination; groundwater pollution; pollution of groundwater; subsurface water pollution;underground water pollution
地下水污染标志 mark of groundwater pollution
地下水污染成因类型 origin map of groundwater pollution
地下水污染程度 groundwater pollution degree
地下水污染程度图 map of groundwater pollution degree
地下水污染带 groundwater plume; groundwater pollution zone
地下水污染调查 polluting investigation of groundwater
地下水污染方式 groundwater pollution fashion
地下水污染监测 groundwater pollution monitoring
地下水污染监测项目 monitoring terms of groundwater pollution
地下水污染类型 groundwater pollution type
地下水污染模型 groundwater pollution model; pollution model of groundwater
地下水污染评价 groundwater pollution assessment
地下水污染起始值 initial value of groundwater pollution; polluted groundwater initial element content
地下水污染迁移 groundwater pollution transport
地下水污染迁移的迟后现象 delayed phenomenon of groundwater pollution transport
地下水污染势 groundwater pollution potential
地下水污染图 groundwater pollution map
地下水污染途径 groundwater pollution pathway
地下水污染物输移 transport of groundwater contaminants; transport of groundwater pollutants
地下水污染物质 groundwater contaminant;groundwater pollutant
地下水污染预测 groundwater pollution forecasting
地下水污染原因 groundwater pollution cause
地下水污染源 groundwater contaminant sources; groundwater pollution sources; sources of groundwater contamination; sources of groundwater pollution
地下水污染源识别 groundwater pollution source identification
地下水污染指数 water environment quality
地下水污染治理 contamination and remediation of groundwater
地下水污染综合防治 integrated control of groundwater pollution
地下水无压水面 groundwater table
地下水物理学 groundwater physics
地下水吸水管头 well point
地下水袭夺 groundwater capture; groundwater piracy; piracy of groundwater
地下水系 lithic drainage;underground drainage
地下水系统 groundwater regime; groundwater system; underground water system
地下水下部含水层 phreatic low
地下水下降 drawdown;underground lowering
地下水下降含水层 phreatic low
地下水下降漏斗 drawdown cone; funnel of groundwater depression
地下水下降漏斗曲线 drawdown curve of groundwater
地下水下降圆锥体 drawdown cone of groundwater
地下水线 phreatic line;spring line
地下水箱 groundwater tank; underground tank
地下水消毒规则 groundwater disinfection rule
地下水消耗 groundwater depletion; groundwater recession
地下水消耗量 groundwater consumption rate
地下水消耗曲线 groundwater recession curve
地下水消落 groundwater depletion; groundwater recession; groundwater regression
地下水消落过程线 groundwater recession hydrograph
地下水消退曲线 groundwater depletion curve;groundwater recession curve
地下水小室 surface box
地下水形成条件 condition of groundwater formation
地下水蓄水 groundwater storage
地下水蓄水池 groundwater basin; groundwater reservoir
地下水蓄水库 groundwater reservoir
地下水蓄水曲线 groundwater storage curve
地下水循环 water circulation in the ground
地下水循环成矿模式 groundwater circulation metallogenic model
地下水循环系统 groundwater circulation system
地下水循环周期 cycle of groundwater circulation
地下水压力 artesian pressure;groundwater pressure
地下水压力水头 artesian pressure head;groundwater pressure head
地下水压头 groundwater pressure head;underground water head
地下水盐度 salinity and alkalinity of groundwater
地下水盐分输移观测与预测 observation and forecast of movement of groundwater and salt
地下水盐碱度 salinity and alkalinity of groundwater
地下水盐碱化 groundwater salinization
地下水盐均衡 salt balance of groundwater
地下水盐水 groundwater brine
地下水堰 groundwater dam
地下水样本 groundwater sample
地下水逸出水流 effluent stream
地下水溢出 groundwater outflow
地下水溢出带 area of groundwater discharge
地下水溢出量 groundwater discharge
地下水溢出区 groundwater discharge area
地下水盈余模数 surplus modulus of groundwater
地下水影响 underground water influence
地下水硬度 groundwater hardness
地下水壅高 groundwater mound
地下水壅高值 clogged up altitude of free water elevation
地下水涌出 phreatic water discharge
地下水涌流量 phreatic discharge(of water)
地下水涌水量 groundwater discharge
地下水有害作用调查 investigation groundwater hazard
地下水有机污染 groundwater organic contamination;groundwater organic pollution
地下水有效流速 effective groundwater velocity
地下水有效速度 effective groundwater velocity
地下水域 underground water basin
地下水源地的类型 type of groundwater sources
地下水源枯竭 exhaustion of groundwater resources
地下水源模型 groundwater resource model
地下水允许开采模数 allowable mining modulus of groundwater
地下水运动 groundwater movement; subsoil water movement; travel of underground water; groundwater motion
地下水运动测定 groundwater movement determination
地下水运动基本微分方程 governing differential equation of groundwater movement
地下水运动理论 theory of groundwater movement
地下水运动模拟试验 analogy experiment of groundwater movement
地下水蕴藏量 groundwater capacity; groundwater resources; groundwater storage
地下水(再)补充 groundwater recharge
地下水(再)补给 groundwater replenishment
地下水增补 groundwater accretion; groundwater increment; increment groundwater
地下水增长 groundwater accretion; groundwater increment; increment groundwater
地下水增加 groundwater accretion; groundwater increment; increment groundwater
地下水增量 groundwater accretion; groundwater increment; increment groundwater
地下水沾污 groundwater contamination
地下水站 groundwater station
地下水涨落循环 phreatic fluctuating cycle
地下水真流速 true groundwater velocity
地下水真速度 true groundwater velocity
地下水蒸发 evaporation of groundwater;groundwater evapo(u)ration
地下水蒸发量 evaporation rate of groundwater
地下水正常亏水曲线 normal groundwater depletion curve
地下水正常退水曲线 normal groundwater depletion curve
地下水指示器 groundwater indicator
地下水指示植物 indicating plant of groundwater
地下水指数 groundwater index
地下水质 groundwater quality
地下水质变化 groundwater quality variable
地下水质恶化 deterioration of groundwater quality; groundwater quality deterioration
地下水质管理 groundwater quality management
地下水质监测 groundwater quality monitoring
地下水质监测网 groundwater quality monitoring network
地下水质检验法 groundwater quality testing method
地下水质勘探 geologic(al) exploration for groundwater
地下水质量标准 groundwater quality standard
地下水质量评价 groundwater quality assessment
地下水质模拟 groundwater quality modeling
地下水质模型 groundwater quality model
地下水质图 groundwater quality map
地下水质预测 groundwater quality prediction
地下水滞留时间 underground retention time
地下水滞水层 perched groundwater
地下水重力作用带 gravitation zone

of groundwater
地下水状况 groundwater condition
地下水状况评价 assessment of groundwater condition
地下水准测量 underground level(l)-ing
地下水准(基)点 regional benchmark
地下水资源 groundwater resources; underground water resources
地下水资源的开发 groundwater resource development
地下水资源分布图 map of groundwater resource distribution
地下水资源管理 groundwater resource management
地下水资源管理模型 groundwater resource management model
地下水资源计算 calculation of groundwater resources
地下水资源量 groundwater source amount
地下水资源评价 groundwater resources evaluation
地下水资源评价解析法 analytic(al) method of groundwater resources evaluation
地下水资源评价精度 accuracy of groundwater resources evaluation
地下水资源评价数据采集 data of groundwater resources
地下水资源评价数值法 numeric(al) method of groundwater resources evaluation
地下水资源总表 groundwater budget;groundwater inventory
地下水总矿化度 total mineralization of groundwater
地下水阻挡层 groundwater barrier
地下水最低水位 lowest stage of groundwater table
地下水最佳开采方案 plan of optimal groundwater mining
地下水作用 attack by groundwater
地下隧道 subterranean tunnel;underground tunnel
地下隧道施工 underground tunnel(l)ing operation
地下隧洞 subterranean tunnel;underground tunnel
地下所有权 subsurface right
地下坍陷 underground collapse
地下探测 subsurface exploration;subsurface investigation
地下探测雷达 ground probing radar
地下探查 subsurface exploration;subsurface investigation
地下探查仪 seismic timer
地下天线 buried antenna; earth antenna;underground antenna
地下条件 subground condition; subsurface condition; underground condition
地下调压井 recessed surge tank
地下铁道 metro; deep-tube railway; low-level railway; subterranean railroad;subterranean railway;subway;transit tube;tube(d) railway; tube rail(road); underground railroad; underground railway; underground train; metro system <英国伦敦市区与郊区间>
地下铁道测量 underground railway survey
地下铁道车辆 metro car;subway car
地下铁道车站 subsurface station; tube station; underground railroad station;subway station
地下铁道穿越 underground undercrossing
地下铁道定线 layout of underground railway
地下铁道废弃物 metro's waste
地下铁道火车头 underground locomotive
地下铁道勘察 investigation of subway
地下铁道列车 subway train; tube-train;underground railway train
地下铁道牵引机车 underground locomotive
地下铁道隧道 subway tunnel
地下铁道隧洞 subway tunnel
地下铁道通风 ventilation of subway
地下铁道网 metro network; subway network
地下铁道线 subway line
地下铁道圆形隧道 subway tube
地下铁道噪声 metro's noise
地下铁道纵断面 underground railway profile
地下铁路 tube railroad;tube railway; underpass
地下铁路列车 subway train
地下铁路入口 subway access
地下铁路线 subway line; underground line
地下听音器 geophone
地下停车场 basement car park;basement park(ing) garage;car parking basement; underground car park; underground parking lot; underground stopping vehicle store; underground park(ing)(garage)
地下停车库 basement park(ing) garage;underground park(ing)(garage)
地下通道 croft; pedestrian tunnel; souterrain; underground free way; underpass; undercrossing; underground passage(way)
地下通道停车线 underpass park-lane
地下通风导管 conduit duct
地下通风道 underground air passage; ventiduct
地下通风管 underground ventilation pipe
地下通风管道 ground air line
地下通风机 underground ventilation plant
地下通路 underground access
地下通气竖井 basement light well
地下土 subsurface soil
地下土质查勘 subsurface earth exploration
地下土质探查 subsurface earth exploration
地下挖掘 underground digging
地下挖掘建筑工程 <闭式施工> tube construction
地下挖土铲 underground shovel
地下瓦沟 tile subdrain
地下瓦管 tile subdrain
地下外层抹灰 underground stucco
地下温度 earth pit; geotemperature; ground temperature; subsurface temperature
地下温度测量 subsurface temperature survey
地下温度探测计 moisture only depth meter
地下温室 deep greenhouse;earth pit; underground hotbed
地下圬工 below-ground masonry
地下污染 underground pollution
地下污染水扩散带范围 zone of pollutant groundwater
地下污水处理 subsurface sewage disposal
地下污水处理系统 subsurface sew(er)age disposal system
地下污水处置 subsurface sewage disposal
地下污水处置系统 subsurface sewerage disposal system
地下污水道 refuse water gallery; refuse water tunnel
地下污水渗滤 subsurface wastewater infiltration
地下污水注入 subsurface wastewater injection
地下无轨采矿 underground trackless mining
地下吸收 subsurface absorption
地下溪流 subterranean brook
地下系统 buried system;underground system
地下细菌 subterranean bacteria
地下咸水 saline groundwater
地下线 counterpoise conductor; underground conductor
地下线管 conduit pipe
地下线路 buried line; subterranean line; underground circuit; underground line
地下巷道 underground excavation; underground opening; underworking(s)
地下消防栓 underground hydrant
地下消弧线 underground arc-suppressing wire
地下消火栓 sunk hydrant; underground hydrant
地下小掩体 bunker
地下卸料 underfloor extraction
地下卸料溜子 underfloor discharge chute
地下行李房 baggage cellar
地下形成 <油、气的> underground formation
地下蓄水 underground storage(water)
地下蓄水层 aquifer
地下蓄水池 underground cistern
地下蓄水库 groundwater basin
地下蓄水量 groundwater storage
地下旋转掘进机 giant mole
地下压力 subsurface pressure
地下压力管道 buried pressure pipeline
地下压入处理 underground disposal by pressure
地下压注试验 ground injection test
地下芽 underground bud
地下芽植物 cryptophytes;geophyte
地下岩层施工 underground construction in rock
地下岩洞 underground cavern
地下岩溶 subsurface karst
地下岩溶形态 underground karst form
地下岩石洞室设计 underground rock cavern design
地下岩体 subterranean bodies
地下岩土层 subsurface
地下掩蔽部 basement area; buried shelter;dugout
地下掩蔽范围 basement area
地下掩蔽所 buried shelter; subterranean shelter
地下掩(护)体 underground shelter; underground garage
地下窑洞 cave;cavern
地下液槽 underground cistern
地下医院 underground hospital
地下仪表坑 meter pit
地下仪表箱 meter pit
地下移动 underground movement
地下蚁 subterranean termite
地下溢洪渠 <古罗马的> emissarium
地下引出线 underground service conductor
地下饮用水源 underground drinking water source; underground source of drinking water
地下应用 below-grade application
地下涌水 groundwater blow
地下涌水流量 phreatic discharge
地下用装岩机 underground loader
地下用装载机 underground loader
地下油层 oil-bearing stratum
地下油管 buried oil pipeline
地下油库 oil cellar; subterranean storage; sunken oil storage; underground oil storage
地下油库测量 underground oil depot survey
地下油库勘察 investigation of underground oil store
地下油箱 underground tank
地下原油比重 ground specific gravity of crude oil
地下原油黏[粘]度 ground viscosity of crude oil
地下运动 underground movement
地下运输 underground haulage
地下运输机 tunnel conveyer[conveyor];underground conveyer[conveyor]
地下运送 underground transportation
地下凿岩 underground drilling
地下炸药库 underground magazine
地下真相 ground truth
地下震波检测器 geophone
地下直埋电缆 buried cable; direct burial cable
地下指挥所 buried control center [centre];underground headquarter
地下滞留 subsurface detention
地下中央大厅 basement concourse; subsurface concourse <旅客车站>
地下重力水 gravity groundwater
地下住宅 basement dwelling; subterranean house
地下住宅配电系统 underground residential distribution
地下注水 underground flooding; underground injection
地下贮罐 buried tank
地下贮料仓 underground hopper
地下砖石墙 masonry walls below grade
地下装油设施 underground installation;underground loading facility
地下装油装置 underground filling device;underground installation
地下装载 below-ground loading
地下装载机 underground loader
地下装置 below-ground installation
地下资源 hidden resources
地下子叶 hypogenous cotyledon
地下综合建筑 underground complex
地下总管 submain;underground main
地下走茎 underground rhizome
地下钻机 drifter drill for underground;underground drill
地下钻进 underground drilling
地下钻探 subsurface boring; underground drilling
地下作业 underground operation; underground service
地下作业机械 underground machine
地下作业进口 underground service entry
地县税收政策 prefectural tax policy
地线 earth conductor; earthed wire; earth electrode; earth(ing) wire; earth line; ground(ed) cable; ground(ing) conductor; grounding electrode;ground wire
地线棒 earth bar

地线层 ground plane
地线导管 earthing lead
地线的抗扰性 earth-fine immunity
地线管道 ground conduit
地线盒 earth-link box
地线回路 earth return
地线回路系(统) earth return system
地线夹(头) earth clamp; ground clamp
地线夹子 earthing clip; ground clamp <电焊时用>
地线接触点 ground contact
地线接头 earth terminal
地线接线柱 earth terminal; ground-based terminal; ground clamp; ground(ing) terminal
地线连接 grounding
地线铜版 earth plate
地线铜线头 earth plate
地线弯卡 curved holder for earth wire
地线网 ground net
地线网络系统 ground net system
地线系统 earth system; grounding system
地线线夹 earth wire clamp
地线载波通信[讯] ground wire carrier communication
地线装置 earthed system; ground system
地陷 geodepression
地响应函数 earth response function
地向径向 geometric(al) vertical
地向斜 geosyncline
地向斜的 geosynclinal
地销钉 carpet pin
地效机 ground effect machine
地斜 geocline
地心 center[centre] of the earth; earth's center[centre]; earth's core; geocenter[geocentre]
地心扁率 flattening factor for the earth; oblateness of the earth
地心赤道坐标轴 geocentric equatorial coordinate axes
地心赤经 geocentric right ascension
地心赤经合 geocentric conjunction in right ascension
地心大地坐标 geocentric geodetic coordinates
地心单位球 geocentric unit sphere
地心的 geocentric
地心地平(面) geocentric horizon; rational horizon; astronomic(al) horizon
地心辐射点 geocentric radiant
地心高度 geocentric altitude; true altitude above the rational horizon
地心惯性坐标 earth-centered[centred] inertial coordinate
地心轨道 geocentric orbit
地心黄道坐标轴 geocentric ecliptic coordinate axes
地心基准 geocentric datum
地心角 geocentric angle
地心经度 geocentric longitude
地心距离 geocentric distance
地心历表 geocentric ephemeris
地心圈 barysphere; bathysphere; centrosphere
地心视差 diurnal parallax; geocentric parallax
地心视动 geocentric apparent motion
地心速度 geocentric velocity
地心体系 geocentric system
地心天顶 geocentric zenith
地心天象 geocentric astronomical phenomenon; geocentric celestial phenomenon
地心纬度 geocentric latitude
地心位置 geocentric place; geocentric position
地心吸力 attraction of gravitation; earth gravity; gravitational force; gravity force
地心吸力的 gravitational
地心向经 geocentric radius vector
地心旋转椭圆体 earth-centered[centred] ellipsoid
地心引力 attraction of gravitation; attraction of the center of the earth; earth gravity; gravitational attraction; terrestrial alternation
地心引力常数 geocentric gravitational constant; gravitational constant of center[centre] of the earth
地心引力的 gravitational
地心引力加速度 acceleration of the earth
地心余纬 geocentric colatitude
地心原点 geocentric origin
地心真地平 geocentric horizon
地心直角坐标 geocentric rectangular coordinate
地心直径 <由地心看天体直径的张角> geocentric diameter
地心制 geocentric system
地心坐标 geocentric coordinates
地心坐标系 geocentric coordinate system
地星 earthstar
地星属 <拉> Geastrum
地行揭盖吊车 cover crane
地行式铲运机 floor type carryall
地行式运输机 floor type carryall
地行式装料机 floor charging machine
地形 configuration of earth; configuration of ground; ground configuration; ground form; land configuration; landform; landscape; land topography; lay of the land; lie of the ground; natural feature; physiognomy; relief(feature); scenery; subdrift contour; surface feature; surface relief; terrain(feature); topo; topographic(al) feature; topographic(al) form; topography
地形岸线测量 topographic(al) and coastal survey
地形暴雨 orographic(al) storm
地形编码 geocoding
地形变 earth deformation
地形变测量 ground deformation measurement
地形变化 morphologic(al) change; topographic(al) change
地形变化过程 morphologic(al) process
地形变换点 point of vertical curvature; point of vertical curve
地形变异常 ground deformation anomaly
地形标尺 terrain scale; topographic(al) scale
地形表示(法) relief representation; topographic(al) expression
地形波 mountain wave
地形剥裂 form stripping
地形不规则 topographic(al) irregularity
地形不整合 topographic(al) unconformity
地形采样 terrain sampling
地形参数 terrain parameter; topographic(al) parameter
地形测绘 cartography; topographic(al) annotation; topographic(al) mapping
地形测绘法 hypsography
地形测绘学 hypsography
地形测绘仪 terrain profiler
地形测绘者 bound setter
地形测量 cartographic(al) survey(ing); contouring; earth survey; ground survey(ing); land survey; mapping survey; survey of the terrain; topographic(al) survey(ing); topographic(al) survey of the terrain; topometric survey(ing); topometric survey of the terrain; traverse survey(ing); Ordnance Survey <英>
地形测量标尺 topographic(al) staff
地形测量标志 topo beacon; topographic(al) beacon
地形测量标桩 bearing picket
地形测量的 topographic(al)
地形测量的直角坐标系统 survey grid
地形测量定位 topographic(al) position finding
地形测量队 field topographic(al) screw; field topographic(al)(survey) team; field topographic(al) unit
地形测量工程师 topographic(al) engineer
地形测量记录页 topographic(al) survey recorder
地形测量平板仪 surveying plane table
地形测量人员 topographic(al) staff
地形测量手薄 topographic(al) field book; topographic(al) note; topography note
地形测量术语 topographic(al) terms
地形测量水准线 topographic(al) level(l)ing line
地形测量图 surface contour map
地形测量学 topography; topometry
地形测量仪 topographic(al) meter
地形测量员 topographer; topographic(al) surveyor; topographist
地形测量站 topographic(al) map symbol; topographic(al) station
地形测量资料 topographic(al) data
地形测图 topographic(al) plot(ting); topographic(al) map
地形测图航空摄影 aerial cartographic(al) topography; aerial mapping photography; mapping cartographic(al) topography; cartographic(al) photography; mapping photography
地形测图航摄胶片 topographic(al) film
地形测图雷达 terrain-mapping radar
地形测图摄影 cartographic(al) topography; charting photography; survey photography
地形测斜仪 <一种有水平度盘可以测距的测斜照准仪> topometer
地形尺 topographic(al) rod; topographic(al) staff
地形垂线偏差 topographic(al) deflection
地形单位 topographic(al) unit
地形单元 geomorphic(al) unit; landform element
地形倒置 inversion of relief
地形倒置改正 Rudzki(inversion) reduction
地形倒转 inversion of relief
地形道路网 topographic(al) street system
地形的 morphologic(al); topographic(al)
地形灯标 landmark beacon
地形等高线 isarithm; topographic(al) contour
地形底图 base map of topography; topographic(al) base(map); topographic(al) basis
地形地层单位 topostratigraphic(al) unit
地形地层学 topostratigraphy
地形地壳均衡改正 topographic(al) isostatic reduction
地形地壳均衡校正 topographic(al) isostatic correction
地形地貌调查 landform and geomorphy investigation
地形地貌条件 topographic(al) and geomorphic(al) condition
地形地物标志 topographic(al) and cultural indication
地形递变 topocline
地形点 topographic(al) point; ground point
地形点间距 interval of topographic(al) point; terrain point spacing; topographic(al) point spacing
地形调查 terrain study; topographic(al) survey(ing)
地形调绘 topographic(al) annotation
地形顶极 topographic(al) climax
地形订正 topographic(al) correction
地形断面记录 terrain profiling
地形断面图 terrain profile; topographic(al) profile
地形对流 orographic(al) convection
地形躲避雷达 terrain-avoidance radar
地形发展阶段 development stage of relief
地形发展老年期 topographic(al) old age
地形分布 topographic(al) distribution
地形分界线 orographic(al) divide; topographic(al) divide
地形分类 topographic(al) classification
地形分类系统 land system
地形分水界 orographic(al) divide; topographic(al) divide
地形分水岭 orographic(al) divide; topographic(al) divide
地形分水线 orographic(al) divide; topographic(al) divide
地形分析 morphologic(al) analysis; terrain analysis
地形分析程序 program(me) of topographic(al) analysis
地形分析中形态单 morphologic(al) unit
地形浮雕 terrain emboss
地形符号 cartographic(al) symbol; map symbol; topographic(al) symbol
地形负载效应 topographic(al) loading effect
地形改造设计 topographic(al) reform design
地形改正 terrain reduction; topographic(al) correction; topographic(al) reduction
地形改正精度 accuracy of terrain correction
地形改正值 terrain correction value
地形改正总精度 total accuracy of terrain correction
地形概貌 topographic(al) forms at glance
地形概要 survey field notes
地形干扰 site noise
地形高程测量 topographic(al) level(l)ing
地形跟踪 terrain-following
地形锢囚【气】orographic(al) occlusion
地形关系 geographic(al) relationship
地形观测 field observation

地形观查 relief survey
地形回波 terrain return
地形绘图 topographic(al) drafting; topographic (al) drawing; topographic(al) mapping; topographic-(al) plotting
地形绘制 terrain rendering
地形及路面高程图 grading plan
地形渐变群 topocline
地形降水 orographic(al) precipitation
地形降雨 orographic(al) rain(fall)
地形校正 topographic(al) correction
地形静校正 terrain static correction
地形举升 <气流越过山岭时的上升> orographic(al) lifting
地形均衡垂线偏差 topographic(al) isostatic deflection
地形均衡校正 topographic(al) isostatic correction
地形开口 form window
地形勘测 topographic(al) reconnaissance
地形勘察 topographic(al) reconnaissance
地形控制测量 topographic(al) control survey(ing)
地形控制点 mapping control point; supplemental control; topographic-(al) control point
地形快速测距仪 topographic(al) tachometric telemeter
地形老年期 topographic(al) old age
地形雷雨 orographic (al) thunder shower
地形类别 topographic(al) classification
地形类型 topographic(al) pattern
地形量角器 topoangulator
地形略图 area sketch; ground sketch; sketch of terrain; topographic(al) sketch
地形轮廓 land configuration
地形面 landform plane
地形面角 angle of landform plane
地形描绘 portrayal of the terrain; topographic(al) plotting; topography
地形描述 terrain description; topography
地形模式 orographic(al) model
地形模型 orographic(al) model; relief model; terrain model; terrain pattern; topographic(al) model
地形模型板 relief model panel; terrain model panel; topographic(al) model panel
地形模型修改 terrain mo(u)ld alternation; topographic(al) mo(u)ld alternation
地形判读 terrain interpretation; terrain study; topographic(al) interpretation; topography interpretation
地形判断 terrain appreciation; topographic(al) appreciation
地形判证 topographic(al) identification
地形匹配系统 terrain-matching system
地形匹配制导胶片 topographic(al) matching guidance film
地形平面图 ground plot; topographic-(al) plan
地形评价 terrain estimation; topographic(al) estimation
地形坡度 topographic(al) slope
地形坡度测量 terrain slope measurement
地形剖面 topographic(al) profile
地形剖面摄影 terrain profile photography; topographic(al) profile photography
地形剖面图 topographic(al) profile map
地形起伏 hypsography; land wave; orographic(al) disturbance; topographic(al) relief; undulation
地形起伏比 relief ratio
地形起伏差距 relief displacement
地形起伏程度 surface roughness of the terrain; topographic(al) relief grade
地形起伏地区 intersected country
地形起伏位移 relief displacement
地形强度 relief intensity
地形青年期 topographic(al) adolescence
地形倾差 geocline
地形倾斜角 angle of site
地形情况 topographic(al) condition; topographic feature
地形扰动 orographic(al) disturbance
地形扫描 terrain scanning
地形上升 orographic(al) lifting
地形摄影 field observation
地形摄影机 terrain camera
地形数据库 topographic(al) data bank
地形数据中心 topographic(al) data center[centre]
地形数据转换器 <计算高差和断面的仪器> terrain data translator
地形数字化系统 digital topographic-(al) system
地形水文学 orohydrography
地形水准测量 topographic(al) level-(l)ing
地形碎部 detailed topography; finely dissected topography topographic-(al) details; fine texture topography; terrain details
地形踏勘 topographic(al) reconnaissance
地形抬升 orographic(al) lifting; orographic(al) uplift
地形特色 feature
地形特性 orographic(al) character; topographic(al) feature
地形特征 geologic(al) feature; orographic (al) character; relief feature; terrain configuration; topographic (al) characteristic; topographic (al) feature; topographic-(al) form
地形特征点 topographic(al) point
地形填图 surface mapping
地形条件 orographic(al) condition; terrain condition; topographic(al) condition
地形突变 geomorphic(al) accident; geomorphic(al) breaks
地形图 contour map; contour plan; geographic(al) map; geomorphologic(al) map; ground map; hypsographic(al) chart; landform map; land map; relief drawing; relief map; relief plan; slope map; survey-(ing) sheet; terrain map; topographic(al) diagram; topographic-(al) drafting; topographic (al) drawing; topomap; Ordnance map <军用地图英国陆军测绘局>
地形图比例尺 scale of topographic-(al) map; terrain scale; topographic-(al) scale
地形图编号 sheet numbering
地形图标准图幅 topographic(al) quadrangle
地形图重合比较装置 map comparison unit
地形图底稿 topographic(al) manuscript
地形图分幅 sheet system of topographic(al) map; topographic(al) map subdivision
地形图符号 topographic(al) legend; topographic(al) symbol
地形图绘制 surface mapping
地形图接边 topographic(al) adjustment
地形图解译 interpretation of topography
地形图精度 accuracy of topographic-(al) map
地形图密码格网 map code
地形图数学基础变换 mathematic transformation of topographic(al) map
地形图说 description of topography
地形图梯形图幅 topographic(al) quadrangle
地形图图标 topographic(al) map symbol
地形图图幅 terrain sheet; topographic-(al) sheet
地形图图例 topographic(al) symbol
地形图图式 cartographic(al) symbols of topographic (al) maps; topographic(al) map symbol
地形图图形 topographic(al) pattern
地形图显示板 map display
地形图修测 revision of topographic-(al) map maintenance of topographic(al) map; topographic(al) map revision
地形图修订 revision of topographic-(al) map
地形图要素 topographic(al) map content element
地形图制图学 topographic(al) cartography
地形图注记 lettering in topographic-(al) maps
地形图自动制图系统 automated cartographic(al) system of topographic(al) map
地形位移 relief displacement
地形涡度效应 topographic(al) curl effect
地形误差 terrain error
地形系列 toposequence
地形系数 topographic(al) factor
地形系数修正值 corrected value of topography factor
地形细部 topographic(al) details
地形细节 topographic(al) details
地形细图 topographic(al) details
地形显示雷达 terrain-following radar
地形线 form line; landform line; object line
地形线性体 topographic(al) lineament
地形详图 physical detail; topographic-(al) details
地形效应 topographic(al) effect
地形效应分析程序 terrain-effect-analysis program (me); terrain-effect-analysis routine
地形协会 landform association
地形信息 terrain intelligence; topographic(al) information
地形形态描术 portrayal of terrain; topographic(al) portrayal
地形形状 topographic(al) form
地形性降水 orographic(al) precipitation
地形性降雨 orographic(al) precipitation; orographic(al) rain(fall)
地形性小气候 contour microclimate
地形性状 attribute of scenery
地形修正 terrain correction; topographic(al) correction
地形旋度效应 topographic(al) curl effect
地形学 geomorphology; geomorphy; topography
地形学的 topographic(al)
地形学家 topographist
地形雪线 actual snowline; geomorphic(al) snow line
地形演变 morphologic(al) evolution; morphologic(al) process
地形演化过程 morphologic (al) process
地形演替顶极 topographic(al) climax
地形遥感 terrain remote sensing; terrain sensing
地形要素 relief element; relief feature; topographic(al) entity; topographic(al) feature
地形一览 forms at glance; topographic(al) forms at glance
地形仪 orograph; topometer
地形因素 terrain factor; topographic-(al) factor
地形影响 influence of topography; mountain effect; orographic (al) effect; orographic (al) influence; terrain effect; topographic (al) effect; topographic(al) influence
地形幼年期 topographic(al) infancy; topographic(al) youth
地形雨 local rain(fall); orographic-(al) precipitation; orographic (al) rain(fall)
地形原图 perspective of the ground; relief drawing; topographic (al) manuscript; topographic(al) original map
地形云 orographic(al) cloud
地形障碍 orographic(al) barrier; topographic(al) obstacle
地形折叠形式 type of map folding
地形指数 topographic(al) index
地形制图 mapping
地形质量 topographic(al) masses
地形质量引力 attraction of topographic(al) masses
地形重力场校正 terrain gravity field correction
地形壮年期 topographic(al) maturity
地形状况 topographic(al) condition
地形资料 topographic(al) data; topographic(al) information; topographic(al) materials
地形资料数字化器 topographic(al) data digitizer
地形资料整理 topographic(al) information processing
地形自动记录器 autographometer; terrain intelligence data
地形自动记录仪 autographometer
地形纵断面 topographic(al) profile
地形组 topography party
地性线 bone line; orographic (al) characteristic line; skeleton line; terrain line
地穴 bury; crypt; dugout; pot-hole
地穴墓 trench-grave; trench-tomb
地学 earth science; geoscience; terrestrial science
地学处理 geoprocessing
地学环境图 geogram
地压 earth pressure; rock pressure; underground pressure
地压的 geostatic; lithostatic(al)
地压地热发电 geopressed geothermal electricity generation
地压地热系统 geopressured geothermal system
地压拱 geostatic arch

地压井 geopressured well
地压控制 roof control
地压力 ground pressure
地压曲线 geostatic curve
地压型地热电站 geopressure geothermal electricity generation plant
地压型地下热水 geopressure geothermal water
地压型热储 geopressured reservoir
地压应力 lithostatic(al) stress
地压支柱尖端的压裂 burring of taper prop
地岩上测量线间的方位角 grid bearing
地杨梅 field woodrush; wood rush
地窖 bury; cache
地曳式集材机 ground yarding
地曳网 seine
地衣 lichen; moss
地衣赤染料萃 cudbear
地衣酚 orcin
地衣共生菌 fungal component; mycobiont
地衣蓝 lichen blue
地衣类荒漠 lichen desert
地衣生态学 lichen ecology
地衣酸 usn(in)ic acid
地衣苔藓监测法 monitoring method of lichen moss
地衣型纲 <拉> Lichenes
地衣学 lichenology
地衣瘿 cephalodium
地衣真菌 lichen fungus
地衣植被 lichen vegetation
地役权 <如在他人土地上通过的权利> easement; land easement; servitude
地音探测器 geophone; geotector; jug; seismic geophone
地音探测仪 earth-sound inspecting meter
地音仪 ground sonic meter
地引力势场 earth potential field
地应变 earth strain
地应变解除法 strain relief method
地应力 crustal stress; ground stress; stress in the earth's crust; terrestrial stress; geostatic stress
地应力测点数 number of ground stress determination
地应力测量 geostress survey; measurement of stresses in the earth's crust
地应力测量地区名称 location name of the ground stress measuring point
地应力测量方法 ground stress measuring method
地应力测量孔 ground stress measuring hole
地应力测量孔编号 number of the ground stress measuring hole
地应力测量孔深度 depth of the ground stress measuring hole
地应力测量孔位置 location of the ground stress measuring hole
地应力测量时间 time of the ground stress measuring
地应力测量仪器 ground stress in measurement indicator
地应力场 geostatic stress field; ground stress field; stress field in the earth's crust
地应力大小 magnitude of crustal stress
地应力方向 direction of geostress
地应力观测 natural stress observation
地应力解除法 stress recovery method; stress-relief method
地应力异常 geostress anomaly
地应力值 value of geostress
地应力状态 state of crustal stress
地影 earth's shadow
地榆 garden burnet; greater burnet root; sanguisorba
地域 region; terrain; terrain tract; terrene
地域测量 area survey
地域抽样(法) areal sampling
地域的 areal
地域分布 geographic(al) distribution; local distribution
地域分工 geographic(al) division of work; territorial division of labo(u)r
地域分区 territorial compound
地域分异 areal differentiation
地域风 local wind
地域间的 interterritorial
地域名称 name of district
地域平均雨量 areal rainfall depth
地域人口构成 composition of regional population
地缘政治学 geopolitics
地月光测距法 earth-to-moon laser ranging method
地月系统 earth-moon system
地云间放电 ground-to-cloud discharge
地噪声 earth noise; ground noise
地毡衬垫泡沫橡胶 high-density foam
地震 earthquake; convulsion of nature; earthdin; earth shock; earth trembler; earth tremor; seism(icity); seismic shock; seismos; shock; tremor; temblor <美>
地震安全度评定 seismic safety evaluation
地震安全度评价 seismic safety evaluation
地震安全联合会 Joint Committee on Seismic Safety
地震安全网 seismic safety net
地震安全委员会 Seismic Safety Commission
地震安全性评价 seismic safety assessment
地震安全支撑 earthquake bracing
地震摆 seismic pendulum
地震保护设施 earthquake protection device
地震保险 earthquake insurance
地震报告 seismic report
地震爆破 seismic blasting; seismic explosion; seismic shooting
地震背震中 compression
地震崩塌 seismic collapse
地震编译器 seismic compiler
地震变化 earthquake modification
地震标准层 seismic marker bed; seismic marker horizon
地震标准层深度 depth of seismic marker horizon
地震表 seismometer
地震表面波 seismic surface wave
地震波 earthquake wave; ground wave; seismal wave; seismic wave; wave of earthquake
地震波场 seismic wave field
地震波传播 seismic transmission
地震波传播时间 seismic travel time
地震波到时 seismic arrival time
地震波的传播 wave propagation
地震波反射 seismic wave reflection
地震波反射法 seismic reflection method
地震波及区 felt area of earthquake
地震波记录 seismic record; seismographic(al) record
地震波类型 classification of seismic wave
地震波理论 seismic wave theory
地震波路径 path of seismic waves; seismic wave path
地震波弥散 dispersion of seismic wave
地震波能量 seismic wave energy
地震波频散 dispersion of seismic wave
地震波谱 seismic spectrum
地震波曲线记录 seismal curve record
地震波曲线图 seismogram
地震波衰减 seismic wave attenuation
地震波速 seismal velocity
地震波速比 seismic velocity ratio
地震波速变化 seismic wave velocity change
地震波速度 seismic wave velocity; velocity of seismic wave
地震波速度突变面 discontinuity
地震波速异向性 anisotropy of seismic wave
地震波探查 seismal prospecting; seismic prospecting
地震波图 seismogram
地震波途径 path of seismic waves
地震波显示仪 seismoscope
地震波信道 seismic channel
地震波形 seismic wave form
地震波折射 seismic wave refraction
地震波折射法 method of seismic wave refraction; seismic refraction method
地震波走时 seismic travel time
地震不活动性 seismic inactivity
地震参考测井 seismic log
地震参考测井曲线 seismic log curve
地震参数 earthquake parameter; seismic parameter; seismologic(al) parameter
地震参与因数 earthquake participation factor
地震侧向运动 sideward motion of earthquake
地震测点数 number of seismic survey point
地震测定法 seismography
地震测绘 seismic survey(ing)
地震测井 borehole seismic logging); well shooting
地震测井记录 well shooting record
地震测量 seismal measurement; seismic measurement; seismic survey(ing)
地震测量术 seismometry
地震测量学 seismics
地震测深(法) seismic sounding
地震测线方位角 azimuth of seismic line
地震测线勘探(法) profile shooting
地震测验 seismic measurement; seismic survey(ing)
地震测验法 seismography
地震测站 earthquake station; seismic station; seismometer station; seismostation
地震层析成像法 seismic tomography method
地震查勘 seismic survey(ing)
地震产生的破坏 earthquake-induced damage
地震颤动 earthquake tremor; earthquake vibration
地震长期预报 long-time earthquake prediction
地震常数 seismic constant
地震场地烈度 seismic site intensity
地震场论 field theory of earthquake
地震成果图 map of seismic result
地震成果显示 display of seismic result
地震成因 cause of earthquake; origin of earthquake; seismic origin; seismogenesis
地震持续时间 duration of earthquake; earthquake duration
地震冲击 earthquake shock; seismic shock
地震重复间隔 earthquake recurrence interval
地震重复时间 recurrence time of earthquake
地震重复性图 earthquake recurrence map
地震重复周期 return period of earthquake
地震重现间隔 earthquake recurrence interval
地震重现期 earthquake recurrence interval; earthquake reoccurrence period; earthquake return period
地震重现周期 return period of earthquake
地震初波 primary seismic wave
地震触发 earthquake triggering; triggering of earthquake
地震触发机制 earthquake triggering mechanism
地震触发器 seismic trigger
地震传播 earthquake propagation; seismic spread
地震传感器 seismic sensor
地震传感系统 seismic sensor system
地震传声器 seismicrophone
地震垂线 seismic vertical
地震磁力积分仪 seismic magnetic integrator
地震次生灾害 seismic secondary disaster
地震次数 number of earthquake
地震错距 seismic dislocation
地震错位 earthquake dislocation
地震带 seismal belt; seismal zone; seismic area; earthquake zone
地震道 seismic channel
地震道相互影响 crosstalk
地震的 seismal; seismetric; seismic(al)
地震的摆动 seismic oscillation
地震的触发 triggering of earthquake
地震的方向性 directional feature of earthquake
地震的构造成因 tectonic origin of earthquake
地震的倾覆力矩 seismic overturning moment
地震的弹性回弹理论 elastic rebound theory of earthquake
地震的弹性回跳理论 elastic rebound theory of earthquake
地震的振动 seismic vibration
地震等 T0 平面图 plan of seismic T0 isochrone
地震等级 earthquake magnitude
地震(地)层 seismic horizon
地震地层学 seismic stratigraphy
地震地磁效果 seismomagnetic effect
地震地带 earthquake belt; earthquake zone; seismic belt; seismic zone; nervous earth
地震地基失效 earthquake induced ground failure
地震地面波 ground wave
地震地面沉降 seismic land subsidence
地震地图 seismic map; seismographic(al) map
地震地图集 seismologic(al) atlas
地震地域 seismic region
地震地质图 seismo-geological map
地震地质学 seismo-geology

地震地质灾害 earthquake induced geological disaster
地震调查 earthquake investigation; earthquake survey; seismic investigation; seismicity survey; seismic survey(ing)
地震定位 seismic location
地震动 earthquake ground motion; ground shaking; ground motion
地震动参数 seismic ground motion parameter
地震动参数区划 seismic ground motion parameter zonation
地震动参数区划图 seismic ground motion parameter zonation[zoning] map
地震动持续时间 duration of ground motion; ground motion duration
地震动反应谱特征周期 characteristic period of the seismic response spectrum
地震动峰值加速度 seismic peak ground acceleration
地震动孔隙水压力 seismic pore water pressure
地震动力荷载 seismic dynamic load
地震动力特性 earthquake ground motion characteristics
地震动强度 ground motion intensity; intensity of ground shaking
地震动水压力 earthquake hydrodynamic(al) force; earthquake dynamic water pressure
地震动水作用力 earthquake hydrodynamic(al) force
地震动态频率 frequency of ground shaking
地震动土压力 earthquake dynamic(al) earth pressure; seismic earth pressure
地震度 degree of seismicity
地震断层 earthquake fault; seismal fault; seismic fault
地震断层面 earthquake fault plane
地震断层作用 earthquake faulting
地震断裂 seismic fault
地震断裂闭锁段 shut-down part of seismic fault
地震断裂带 seismic fault belt; seismic fracture zone
地震断裂的分类 classification of seismic fault
地震断裂的构造位置 tectonic location of seismic fault
地震断裂的活动 movement of seismic fault
地震断裂端点 end point of seismic fault
地震断裂分支点 divergence point of seismic fault
地震断裂交汇点 junction point of seismic fault
地震断裂位移 displacement of earthquake fault
地震断裂组合形式 combinatory patterns of earthquake
地震队 seismic crew
地震多发地区 earthquake prone region
地震二次波 secondary seismic wave
地震发生的泊松分布 Poisson's distribution of earthquake occurrences
地震发生的点源分布 point source distribution of earthquake generation
地震发生的点源理论 point source theory of earthquake generation
地震发生概率 earthquake occurrence probability
地震发生率 rate of earthquake occurrence
地震发生频率 frequency of earthquake occurrence
地震发震机制 earthquake-generating mechanism
地震法海底测量绳 <上装有一系列的水中地震检波器> seismic sea-streamer
地震法勘探 seismic method of exploration; seismic method of prospecting
地震法原理 theory of seismic method
地震反射 seismic reflection
地震反射地层 reflection horizon
地震反射法调查 seismic reflection survey
地震反射法勘测 seismic reflection survey
地震反射放大器 seismic reflection amplifier
地震反射模式 seismic reflection mode
地震反射剖面测量 seismic reflection profiling
地震反射水平面 seismic reflection horizon
地震反演数字模型 seismic inverse mathematical model
地震反应 reaction of earthquake; seismic response; earthquake response
地震反应分析 earthquake response analysis; seismal response analysis; seismic response analysis
地震反应函数 earthquake response function
地震反应谱 earthquake response spectrum; seismal response spectrum; seismic response spectrum
地震反应曲线 seismic response curve
地震反应特性 seismic response characteristic
地震反应振型组合法 method of modal combination for seismic response
地震范围 earthquake area; seismal regime; seismic range; seismic regime
地震范围图 earthquake area map
地震方向 direction of earthquake; seismic direction
地震防治 earthquake control
地震放大器 seismic amplifier
地震分布 earthquake distribution
地震分类 classification of earthquakes
地震分区 seismic regionalization; seismic zoning; earthquake zone
地震分区图 seismic zoning map
地震分析 earthquake analysis; seismic analysis
地震负荷 earthquake load(ing)
地震概率估计 seismic probability estimation
地震干扰 seismic noise; seismographic(al) disturbance
地震干扰因子 earthquake excitation factor
地震感觉 quake-sensitivity
地震感应 seismic response
地震各向异性 seismic anisotropy
地震工程 seismic engineering
地震工程学 earthquake engineering; seismologic(al) engineering; engineering seismology
地震工程与结构动力学 <英国双月刊> Earthquake Engineering & Structural Dynamics
地震工作队 seismic crew
地震功效 seismic efficacy
地震构造 seismic structure
地震构造带 seismotectonic zone
地震构造的 seismotectonic
地震构造地球化学 seismic tectonogeochemistry
地震构造调查 seismostructure survey
地震构造区 seismotectonic province
地震构造图 seismotectonic map
地震构造线 earthquake tectonic line; seismotectonic line
地震构造学 seismotectonics
地震构造岩浆带 seismotectonic magmatic belt
地震构造源区 seismotectonic source area
地震构造运动 earthquake tectonic movement
地震构造状态 seismotectonic regime
地震鼓包 earthquake mole track; seismic bulge
地震观测 seismic measurement; seismic observation; seismographic(al) observation; seismologic(al) observation; seismometric observation
地震观测法 manual of earthquake observation; manual of seismometry
地震观测站 earthquake observatory; earthquake observing station; seismic observatory; seismographic(al) observatory; seismograph station; seismologic(al) observatory
地震惯性力 seismic inertial force
地震光 earthquake light
地震规定 seismic provision
地震滚石 seismic boulder
地震过程 earthquake process
地震海浪 earthquake sea wave; seismic sea wave
地震海啸 earthquake sea wave; seaquake; seismic sea wave; seismic surges; tsunami
地震海啸防波堤 tsunami barrier; tsunami protection breakwater
地震海啸警报系统 seismic sea wave warning system; tsunami warning system
地震海啸逆问题 inverse tsunami problem
地震荷载 earthquake load(ing); seismal load(ing); seismic force; seismic load(ing)
地震荷载分析 seismic load analysis
地震荷载剪切系数 shearing coefficient of seismic force
地震荷载空间分布 spatial distribution of seismic load
地震横波 second(ary) wave; S wave; transverse wave
地震宏观异常 seismic macroscopic anomaly
地震后 post-earthquake
地震后果 consequence of earthquake; earthquake consequence
地震后果分析 consequence analysis
地震湖泊 seismic lake
地震滑坡 earthquake slide
地震环境 seismic environment
地震回收装置 seismic play-back apparatus
地震活动 seismal activity
地震活动(程)度 degree of seismicity; seismicity
地震活动带 belt of seismic activity; seismically active belt
地震活动分布图 seismicity map; map of seismicity
地震活动构造 seismically active structure
地震活动过程 seismal event
地震活动集中 concentrating of seismic activity
地震活动空白地带 seismic gap; seismicity gap
地震活动区 earthquake prone area; seismically active area
地震活动趋势预测 prediction of seismic activity
地震活动特征 feature of seismic activity
地震活动性 earthquake activity; seismic activity; seismicity
地震活动性系数 seismically active coefficient
地震活动性演变 evolution of seismicity
地震活动性异常 seismicity anomaly
地震活动增强 strengthen of seismic activity
地震活跃期 seismic active period
地震火灾 earthquake fire
地震机理 seismic behavio(u)r
地震机制 earthquake mechanism; mechanism of earthquake
地震基本参数 basics parameters of earthquake
地震基本烈度 basic earthquake intensity; basic seismic intensity; earthquake fundamental intensity; seismal basic intensity; seismic basic intensity
地震基岩 earthquake bedrock; seismic bedrock
地震激发 earthquake excitation; earthquake stimulation; seismic excitation; seismic stimulus
地震激烈振荡 earthquake oscillation
地震激起的湖水静振波 seismic seiche
地震级别 earthquake scale
地震计 seismic apparatus; seismometer; seismoscope
地震计记录 seismoscope record
地震计时器 seismochronograph
地震计时仪 seismochronograph
地震记录 earthquake record(ing); seismic record(ing); seismologic(al) record(ing)
地震记录法 earthquake recording method; seismography
地震记录观测仪 seismic record viewer
地震记录迹线 earthquake trace; seismic trace; seismograph trace
地震记录滤波法 filtering method in seismic recording
地震记录器 seismographic(al) recorder
地震记录图 seismogram; seismographic(al) map
地震记录系统 earthquake recording system
地震记录仪 earthquake meter; seismoscope; seismograph; seismometer
地震记时器 seismochronograph
地震加速度 acceleration of earthquake; earthquake acceleration; seismal acceleration; seismic acceleration
地震加速度(记录)仪 earthquake accelerograph
地震加速度普密度 seismic acceleration spectral density
地震加速指示计 seismic acceleration indicator
地震假潮 seismic seiche
地震间断面 interface; seismic discontinuity; velocity discontinuity
地震间歇期内的平静 earthquake inactivity in intermit period
地震间歇泉 seismic geyser
地震监测 earthquake monitoring;

seismic monitoring; seismic surveillance
地震监测台网 earthquake monitoring network
地震监测台阵 array for seismic monitoring
地震监测系统 seismic monitoring system
地震监视 earthquake watch; seismic surveillance
地震监视台阵 array for seismic monitoring
地震剪力 seismic shear
地震剪力波 seismic shear wave
地震检波器 geophone; jug; seismal detector; seismal geophone; seismic detector; seismic geophone; seismic pickup; seismometer
地震检波器检流计 seismometer galvanometer
地震检测器 seismic detector; jug
地震建筑 earthquake construction
地震鉴别 seismic discrimination
地震鉴定 seismic qualification
地震接收器 seismicrophone
地震解耦 seismic decoupling
地震解释 seismic interpretation
地震界面 seismic discontinuity
地震津波 seismic sea wave; tsunami
地震警报 earthquake warning; tsunami warning
地震警报系统 earthquake warning system
地震警报装置 earthquake warning apparatus
地震勘测 seismic survey(ing)
地震勘测计划 seismic program(me)
地震勘测记录系统 seismic prospecting recording system
地震勘测技术 seismic technique
地震勘测限制 limitations of seismic investigation
地震勘探 seismic exploration; seismic survey(ing)
地震勘探法 method of seismic prospecting; seismic exploration method; seismic method of exploration; seismic method of prospecting; seismographic (al) prospecting method; seismic method; seismic prospecting
地震勘探方法 seismal methods of surveying
地震可靠度分析 seismic reliability analysis
地震空(白)区 seismic gap; seismicity gap
地震孔物探钻机 seismograph drill
地震孔用钻杆 seismograph rod
地震孔用钻机 seismic drill
地震控制 earthquake control
地震控制系统 seismal control system; seismic control system
地震扩散 seismic spread
地震类别 classification of earthquakes
地震类型 type of earthquake
地震力 earthquake force; earthquake load (ing); seismal force; seismic force; seismic load
地震力记录仪 accelerograph
地震力矩 seismic moment
地震力学 earthquake mechanics
地震历时 earthquake duration
地震烈度 <表示地面和建筑物受到地震影响的强弱程度,通用的地震烈度分为 12 度> degree of seismicity; earthquake intensity; intensity of earthquake; seismic grade; seismic intensity; seismal degree
地震烈度表 earthquake intensity scale; intensity scale; scale of earthquake intensity; scale of seismic intensity; seismal scale; seismic intensity scale
地震烈度场 seismic intensity field
地震烈度等级 scale of seismic(al) intensity
地震烈度分级 earthquake intensity scale; scale of seismic(al) intensity
地震烈度分区图 map of seismic intensity zoning
地震烈度复核 checking of seismic intensity
地震烈度估计 estimate of seismic intensity
地震烈度和地震震级关系 relation between seismic grade and seismic degree
地震烈度级 degree of seismic intensity
地震烈度计 scale of seismic (al) intensity
地震烈度鉴定 estimation of seismic intensity
地震烈度评定 estimate of seismic intensity; rating of seismic intensity
地震烈度区划 seismic intensity zoning
地震烈度小区域划分 seismal intensity microregionalization; seismal microzoning; seismic intensity microregionalization; seismic microzoning
地震烈度增量 seismic intensity increment
地震裂缝 aperture; gja [gia]; seismic fracture
地震裂隙通道 passage of earthquake fracture
地震隆起 earthquake uplift
地震滤波 earthquake filtering; seismic filtering
地震滤波器 seismic filter
地震脉冲 seismic (im) pulse; seismologic(al) (im) pulse
地震脉冲强度 seismic pulse intensity
地震面积图 earthquake area map
地震敏感元件 seismic sensor
地震模拟 seismic modeling
地震模拟分析模式 patterns of seismic model analysis
地震模拟器 earthquake simulator
地震模型 earthquake model; seismic model; seismology model
地震模型试验 seismic model experiment
地震目录 earthquake catalogue
地震目录表 earthquake list
地震能 seismal energy
地震能级 seismic level
地震能量 earthquake energy; seismic energy
地震能量耗散 earthquake energy dissipation
地震能量释放 seismic energy release
地震能量吸收 earthquake energy absorption
地震能源 source of seismic energy
地震泥石流 seismic mudflow
地震年平均发生率 average annual occurrence rate
地震喷涌 seismic shooting
地震疲劳强度 seismic fatigue intensity
地震频度 earthquake frequency; frequency of earthquake; seismic frequency
地震频度分布 frequency distribution of earthquake
地震频度预测 prediction of seismic frequency
地震频度增大 earthquake frequency increase; increasing of seismic activity
地震频率 frequency of seismicity
地震频谱 earthquake frequency spectrum; seismic frequency spectrum
地震平静期 earthquake in intermit period; seismically quiet period; seismic quiescent period; seismic quiescence
地震破坏 earthquake damage; earthquake failure; seismic damage; seismic failure
地震破坏率 earthquake damage ratio
地震破坏性 seismic destructiveness
地震破裂扩展特征 characteristics of earthquake rupture propagation
地震破裂面 earthquake rupture surface; seismic rupture
地震剖面编绘器 seismic compiler
地震剖面长度 length of seismic prospecting section
地震剖面(绘图)仪 seismic section plotter
地震剖面绘制 seismic profiling
地震剖面勘探(法) profile shooting
地震剖面类型 type of seismic section
地震剖面图 seismic (cross-) section; seismic profile
地震剖面仪 seismic profiler
地震谱 earthquake spectrum
地震气象台 earthquake observatory
地震迁移 earthquake migration; migration of earthquake; seismic migration
地震前波 seismic head wave
地震前天气 earthquake weather
地震前兆 earthquake precursor; preliminary symptom; seismal precursor; seismic precursor; premonitory symptom
地震前兆现象 earthquake premonitory phenomenon
地震强度 earthquake intensity; earthquake strength; seismic intensity; seismic strength
地震强度表 scale of seismic intensity
地震强度分级 scale of earthquake intensity; scale of seismic intensity
地震强度计 earthquake intensity scale; scale of seismic intensity; seismic intensity scale
地震强度预测 prediction of earthquake magnitude
地震情报 seismic information
地震区 seismic area; seismal region; seismic country; seismic zone; area of seismographic (al) disturbance; earthquake country; earthquake zone; earthquake area
地震区地基土的抗震处治 treatment for earthquake-proof of foundation soil at seismic region
地震区地基土类型 classification of foundation soil at seismic region
地震区划(分) seismic zonation; seismic regionalization; seismic zoning; seismologic(al) zoning
地震区划图 earthquake zoning map; seismic regionalization map
地震区建筑设计规范 building design codes for seismic area
地震区系数 seismic zone factor
地震区域 earthquake area; earthquake region; seismic area; seismic region; seismal area
地震区域划分 seismic regionalization; seismic zoning
地震区域图 earthquake region map; map of seismicity
地震曲线类型 type of seismic curve
地震全息勘探 seismic holographic exploration
地震群 earthquake swarm; seismic cluster
地震扰动 seismic disturbance; seismographic(al) disturbance
地震扰动脉冲 seismic disturbance pulse
地震蠕变 seismic creep
地震蠕动 seismic creep
地震散射 seismic scattering
地震上下震动振幅小的 successatory
地震设防区 fortified zone against earthquake
地震设计 earthquake design; seismic design
地震设计烈度 design earthquake intensity; design intensity of earthquake; seismal design intensity; seismic design intensity
地震射线 seismic ray
地震射线参数 parameter of seismic ray
地震射线理论 theory of seismic rays
地震伸缩缝 seismic expansion
地震深度 depth of shock
地震声 earthquake rattle; earthquake sound
地震声波法 seismo-acoustic (al) method
地震声波活动性 seismo-acoustic(al) activity
地震时间记录仪 seismochronograph
地震时期 earthquake period
地震时土压力 earthquake earth pressure
地震时主动土压力 active earth pressure during earthquakes
地震实迹 seismologic(al) evidence
地震实证 seismologic(al) evidence
地震史 seismic history; seismologic(al) history
地震示波 seismic wavelet
地震示波仪 seismoscope
地震事件 seismic event
地震试验 seismic experiment; seismic test
地震首波 seismic head wave
地震疏散 seismologic(al) evasion
地震疏散用地 earthquake dispersal area
地震输入 earthquake input
地震数据 seismic data
地震数据比例因子校正 seismic data ratio correction
地震数据标绘 plotting of seismic data
地震数据处理 seismic data processing
地震数据分析中心 Seismic Data Analysis Center
地震数据全息图 seismic data holography
地震数据自动处理 automatic earthquake processing
地震数字放大器 seismic digital amplifier
地震衰减 earthquake attenuation
地震水平分力仪 horizontal component seismogram
地震水平体积力 lateral seismic body force
地震水平运动 sideward motion of earthquake
地震水下探测器 seismic underwater explorer
地震瞬时脉冲 seismic transient
地震速度 seismic velocity
地震速度测井 seismic velocity logging
地震速度计 velocity seismograph

地震速度模型 seismic velocity model
地震损害 earthquake damage; seismic damage
地震损失 earthquake damage
地震损失保险 earthquake damage insurance
地震所引起的 seismal; seismic
地震台 seismostation
地震台网 seismic (station) network; seismologic(al) network
地震台站 seismic station; seismograph station; seismologic (al) station; seismostation
地震台阵 seismic array; seismograph array; seismologic(al) array
地震探测 seismal exploration; seismal survey; seismic detection; seismic exploration; seismic investigation; seismic sounding; seismic survey(ing)
地震探测船 seismic vessel
地震探测法 seismal method; seismic method
地震探测计划 seismal program; seismic program(me)
地震探测技术 seismal technique; seismic technique
地震探测器 seismic detector
地震探测设备 seismic sounding equipment
地震探测作业 seismic sounding work
地震探查 earthquake exploration; seismic exploration; seismic survey(ing)
地震探查炸药 seismic exploration explosive
地震探查装置 seismic prospecting system
地震特征 characteristics of earthquake
地震特征参数处理 seismic signature parameter processing
地震体波 bodily seismic wave
地震天气 earthquake weather
地震天文学 seismoastronomy
地震条件 seismic condition
地震条例 seismic provision
地震统计方法 seismostatistic (al) method
地震统计学 earthquake statistics
地震统计预报 earthquake statistic(al) prediction
地震统计资料 seismostatistic(al) data
地震图 seismal map; seismic figure
地震图记录线 seismogram trace
地震图解释 interpretation of seismogram
地震图形识别 seismic pattern recognition
地震土压力 earth pressure during earthquake; earthquake load(ing); seismic earth pressure
地震弯矩 seismic bending moment
地震危害 seismic risk
地震危害减轻 earthquake hazard mitigation
地震危害区划图 earthquake hazard map
地震危害图编制 seismic hazard mapping
地震危害性 earthquake disaster; earthquake hazard; seismic hazard
地震危害性分析 seismic hazard analysis
地震危害性评定 seismic hazard evaluation
地震危险 seismic hazard
地震危险分析 earthquake hazard evaluation
地震危险区 earthquake prone region; earthquake risk region
地震危险区划 earthquake risk zoning; seismic risk zoning
地震危险区划图 map of seismic risk zoning; earthquake hazard map
地震危险性 earthquake hazard; earthquake risk; seismic hazard
地震危险性分析 seismal risk analysis; seismic risk analysis; earthquake hazard evaluation
地震危险性评定 seismal risk evaluation
地震危险性区划 seismic risk regionalization
地震威协 seismic exposure
地震微区划 seismic microzonation
地震尾相 end portion earthquake
地震位错 earthquake dislocation
地震位移 earthquake displacement
地震位移场 earthquake displacement field
地震位置 earthquake location
地震稳定性 seismic stability
地震物理学 seismophysics
地震物探法 seismal geophysical method; seismic geophysical method; seismic geophysical survey
地震系列 earthquake series
地震系数 <重力加速度百分数> earthquake factor; earthquake coefficient; seismic coefficient
地震系数法 earthquake coefficient method; method of earthquake coefficient; method of seismic coefficient; seismic coefficient method
地震系统 seismic system
地震系统模型 seismic system model
地震先兆现象 earthquake precursor
地震现象 seismic phenomenon; seismism
地震线 seismic ray
地震陷落 seismic sinking
地震相定量分析 seismic facies quantitative analysis
地震相平面图 plan of seismic facies
地震响应 earthquake response; seismic response
地震响应波谱曲线 earthquake response spectrum
地震响应曲线 seismic response curve
地震小区划参数 microzonation parameter; microzoning parameter of earthquake
地震小区划 seismic microzonation, seismic microzoning
地震小区划效应 microzoning effect of earthquake
地震小区域划分 microzoning of earthquake; seismic microzonation; seismic microzoning
地震效率 seismic efficient
地震效应 earthquake effect; seismal effect; seismic effect
地震效应场 earthquake effect field; seismic effect field
地震信号 seismic signal
地震信号衰减 seismic signal attenuation
地震信息 seismic information
地震信息处理机 seismic signal processor
地震行波 travel(l)ing earthquake wave; travel(l)ing seismic wave
地震型泥石流 seismic type mudstone flow
地震形式 seismic pattern
地震性能 seismic performance
地震性质 seismic property
地震序列 earthquake sequence; sequence of earthquakes
地震学 earthquake seismology; science of seismology; seismography; seismology
地震学的 seismographic(al)
地震学方法 seismologic(al) method
地震学基础 elementary seismology
地震学家 seismologist
地震讯号 seismal signal
地震崖 earthquake scarp
地震岩席 quake sheet
地震岩性模型 seismic lithology model
地震研究 seismic investigation
地震研究应用 application to seismic study
地震摇动 ground shaking
地震遥测术 earthquake telemetry; seismic telemetry
地震遥测台网 telemetered seismic network
地震遥测系统 earthquake telemetering system
地震野外工作方法 seismic field working method
地震液化 seismic liquefaction
地震仪 seismic detector; seismic instrument; seismograph instrument
地震仪报警器 seismograph-alarm apparatus
地震仪标定 seismograph calibration
地震仪放大器 seismograph amplifier
地震仪记录 seismographic(al) record
地震仪记录轨迹 seismograph trace
地震仪监测台网 seismograph monitoring network
地震仪器 seismic apparatus
地震仪器车 seismic instrument car
地震仪器学 seismography
地震仪台网 seismograph network
地震仪野外台阵 field array of seismic sensor
地震仪阵列 arrays of seismometers
地震异常 seismic anomaly
地震引起的火灾危险 earthquake fire hazard
地震引起的假潮 seismic seiche
地震引起的应力 seismic stress; seismal stress
地震应力 earthquake stress; seismic stress
地震影响 earthquake effect
地震影响场 earthquake influence field
地震影响系数 coefficient of seismic effect; seismal coefficient; seismic coefficient of effect; seismic influence coefficient; seismic influence factor
地震有感范围 earthquake-felt area
地震有感面积 area of perceptibility; felt area
地震诱导沉陷 earthquake induced settlement
地震诱导液化 seismically induced liquefaction
地震预报 earthquake forecast(ing); earthquake prediction; forecast of earthquake; seismic prediction
地震预报阶段 stage of earthquake prediction
地震预报三要素 three-factors of earthquake prediction
地震预报网 warning seismonet
地震预报仪 seismic prospector
地震预测 earthquake forecast; earthquake prediction; forecast of earthquake; seismic prediction
地震预防 earthquake prevention
地震预兆 earthquake premonitory phenomenon; earth tremor
地震预知联络会 <日本> Coordinating Committee for Earthquake Prediction
地震裕度 earthquake allowance
地震元法 seismic element method
地震源 earthquake center[centre]; seismal center[centre]; seismal focus; seismal origin; seismic center [centre]
地震约束 seismic constraint
地震云 seismic cloud
地震运动 seismic motion; taphrogenic
地震运动的空间衍生 space derivative of earthquake motion
地震灾害 earthquake calamity; earthquake catastrophe; earthquake disaster
地震灾害减轻 earthquake hazard mitigation
地震灾情 earthquake disaster affection
地震载荷 seismic load
地震噪声 seismic noise
地震张量矩 seismic moment tensor
地震找矿 seismic prospecting
地震折射 seismal refraction; seismic refraction
地震折射法 seismal refraction method; seismic refraction method
地震折射剖面 seismic refraction profile
地震折射剖面测量 seismic refraction profiling
地震折射探测 seismic refraction survey
地震振动(勘探) vibroseis
地震震荡 earthquake oscillation
地震震动 seismic shock; ground motion
地震震害 earthquake damage; earthquake disaster; earthquake hazard; seismic calamity
地震震级 earthquake scale; magnitude of earthquake; seismal magnitude; seismic magnitude; seismal grade; seismic grade; earthquake magnitude
地震震型 earthquake oscillation mode
地震震源 centrum[复 centrums/ centra]; earthquake source; seismic focus
地震震源深 depth of seismic focus
地震震中 earthquake epicenter; epicenter of earthquake
地震征兆 premonitory symptoms
地震正演数字模型 seismic forward mathematical model
地震证据 seismologic(al) evidence
地震中长期预报 medium term and long term earthquake prediction
地震中期预报 medium term earthquake prediction
地震中心 earthquake center[centre]; epicenter [复 epicentra]; seismic center[centre]; seismologic(al) center[centre]
地震周期 earthquake cycle; earthquake period; frequency of seismicity; seismic period
地震周期性 earthquake periodicity; periodicity of earthquake
地震轴 earthquake axis
地震转换波 alternative wave
地震转换波法 seismic converted wave method
地震状况 seismic condition
地震状态 seismic status
地震资料 earthquake data; seismic data
地震资料解释 seismic data interpretation

地震子波 seismic wavelet
地震子波的主波长 dominant wavelength of seismic wavelet
地震纵波 longitudinal wave;primary wave;P wave
地震走时 travel time
地震走时差 travel-time residual
地震走时曲线 travel-time curve
地震阻抗 seismic impedance
地震钻井队 doodlebug crew;seismic drilling crew
地震作用 earthquake action; earthquake effect; seismic action; seismism
地震作用效应组合 combination of earthquake effect
地政局 cadaster [cadastre]; land board;land register
地支 terrestrial branch
地知学 geognosy
地植物调查 investigation of geobotany
地植物方法 geobotanical method
地植物勘察 geobotanical prospecting
地植物探矿 geobotanical prospecting
地植物异常 geobotanical anomaly
地址 location;address;site;siting
地址比较控制 address compare control
地址编码 address code
地址变更 address modification
地址变换 address mapping
地址变换操作 map function
地址变换物理存储器 mapped physical storage
地址表 address table
地址表排序 address table sorting
地址不详 no such address
地址部分 address component;address part;address field
地址常数 address constant
地址磁道 address track
地址存储 address storage
地址存储器【计】address storage
地址错误 error in address
地址(代)码 address code
地址道 address track
地址的 one-address
地址调查(工程) searching the site
地址调用 call by location
地址读出线 address-read wire; ARwire
地址方式 addressing mode
地址分配 address assignment;allocation
地址分配方案 allocation plan
地址分配和装入程序 allocation and loading program(me)
地址符合停机 address stop
地址格式 address format
地址更改 change of address
地址计数器 address counter;pointer
地址计算 address computation
地址寄存器 address register;location adder
地址检索 address search
地址交错 address interleaving
地址校验 address check
地址结束代码 end of address code
地址结束(符) end of address
地址勘测 site reconnaissance
地址空间 address space
地址流 address stream
地址启寻 address-enable
地址式样 address pattern
地址输出 address out
地址输出文件 address out file
地址数据存储器 address file
地址索引 allocation index
地址替换【计】address substitution
地址通路 address highway
地址无关代码 position independent code
地址误差 error in address
地址线 address wire
地址写入线 address-write wire; AW wire
地址形式 address pattern
地址修改【计】address modification
地址选择 address selection
地址选择电路【计】addressing circuit
地址选择开关 address selection switch
地址译码器 address decoder
地址映射 address mapping
地址映象 address mapping
地址终端 end of address
地址转换 address conversion
地址转换程序 address translator
地址转换器 address translator
地址字段 address field
地址总线【计】address bus
地志 description of topography; survey field note; topographic (al) note;topography note
地志学 chorography;regional geography;topology
地志学的 topologic(al)
地志学者 topographer
地志资料 field sketch;ground sketch
地质搬运 geologic(al) transportation
地质报告 geologic (al) report (s in prospecting and exploration)
地质报告名称 title of geologic(al) report
地质报告日期 filing date of geologic(al) report
地质背景 geologic(al) setting
地质边界 geologic(al) boundary
地质编录 geologic (al) documentation;geologic(al) log;geologic(al) record
地质变化度 diversity of geology
地质变量 geologic(al) variable
地质变量的变换 transformation of geologic(al) variable
地质变量的构成 construction of geologic(al) variable
地质变量的类型 type of geologic(al) variable
地质变量的取值 valuation of geologic(al) variable
地质变量的选择 selection of geologic(al) variable
地质变态 geologic(al) anomaly
地质变形 geologic(al) deformation
地质标志矿物分类 geologic(al) norm
地质标准矿物分类 geologic(al) norm
地质博物馆 geologic(al) museum
地质不连续面 geologic (al) discontinuity
地质不连续性面 geologic(al) discontinuity
地质材料 geologic (al) material; geomaterial
地质采样 geologic(al) sampling
地质参考资料 geologic (al) reference file
地质草图 geologic (al) sketch map; primary geologic(al) map
地质测绘 geologic (al) survey (ing); geologic(al) surveying and mapping
地质测绘方法 geologic (al) mapping method
地质测绘面积 geologic (al) mapping area
地质测井 geologic(al) logging
地质(测井)记录 geologic(al) log
地质测量 geologic (al) survey (ing); stratometric survey
地质测量仪 geologic (al) measuring instrument
地质测试 geologic(al) determine
地质层 geologic(al) stratum[strata]
地质层位 geologic(al) horizon
地质层组 geologic(al) formation
地质沉积 geologic (al) deposit; isotropic(al) deposit
地质成果价值 value of geologic(al) fruit
地质成果利用率 usable rate of geologic(al) report
地质成果指标 geologic (al) report target
地质成因 geologic(al) origin
地质成因分析 geologic(al) genetic analysis
地质成因杂岩 complex of geologic(al) origin
地质储量 geologic(al) reserves;oil in place;possible ore;possible reserve
地质储量保有期限 period of retention geologic(al) reserves
地质储量变动 variation of geologic(al) reserves
地质锤 bucking hammer; crack hammer;geologic(al) hammer;prospecting hammer
地质次序 geologic(al) succession
地质大循环 geologic(al) megacycle
地质单位 geologic(al) unit
地质单元 geologic(al) unit
地质底图 geologic(al) base map
地质地层 geologic (al) horizon; geologic(al) terrain
地质地层罗盘 geologic (al) stratum compass
地质地面调查 geologic (al) ground survey
地质地形平面图 geologic (al) topographic(al) planimetric(al) map
地质点 locating point;point of observation, geologic observation point
地质点测量 geologic(al) point survey
地质点地理坐标 geographic(al) coordination of geologic (al) observation point
地质点调查 investigation by geologic(al) observation point
地质点定位方法 methods of geologic(al) observation point
地质点定位误差 error of geologic(al) observation point
地质点高程 height of geologic(al) observation point
地质点记录 record of geologic (al) observation point
地质点记录方式 modes of record in geologic(al) observation point
地质点记录卡片号 record-card number of geologic (al) observation point
地质点类型 classes of geologic (al) observation point
地质点密度 density of geologic (al) observation point
地质点数 number of geologic (al) points
地质电测 geoelectric(al) survey
地质调查 geologic (al) examination; geologic (al) investigation; geologic(al) survey (ing); geologize; subsurface investigation
地质调查报告 report of geologic(al) surveying;geologic(al) report
地质调查比例尺 scale of geologic(al) surveying
地质调查程序 procedure of geologic(al) surveying
地质调查船 geologic(al) survey ship
地质调查精度 accuracy of geologic(al) surveying
地质调查所 geologic(al) survey(ing)
地质调查所埃罗斯资料中心 <美> Eros data center of geologic (al) survey, USA
地质调查图 geologic(al) survey map
地质调绘 geologic(al) annotation
地质动力学 geodynamics
地质断层 geologic(al) fault
地质断面 geologic(al) section
地质断面的电性特征 electric(al) parameter of layer
地质对比 geologic(al) correlation
地质发展史 geologic(al) history
地质法 geologic(al) method
地质分布 geologic(al) distribution
地质分类 geologic(al) classification
地质分类分析 geologic(al) classification analysis
地质分类系统 geologic(al) classification system
地质符号 geologic(al) symbols
地质复杂程度 degree of geologic(al) complexity
地质概况 general geology
地质钢管 geology steel tube
地质工程师 geologic (al) engineer; ground engineer
地质工程学 geologic(al) engineering
地质工程学的 geotechnological
地质工学 geotechnics;geotechnique
地质工艺的 geotechnical
地质工艺图 geotechnical map
地质工艺学 geotechnology
地质工作程度 degree of geologic(al) work
地质工作管理 geologic (al) working management
地质工作经济效果 economic effect of geologic(al) working
地质工作者 geologist
地质构成 geologic(al) formation
地质构造 geologic(al) formation;geologic (al) structure; geostructure; architectonics
地质构造的 architectonic;geotectonic
地质构造的勘察钻孔 structural test hole
地质构造地貌 structural landform
地质构造调查 investigation of geologic(al) structure
地质构造复杂 complex geologic(al) structure
地质构造特征 structural geologic(al) features
地质构造条件复杂程度 complicate degree of geologic (al) structure condition
地质构造图 geologic (al)-tectonic map
地质构造线 tectonic line
地质构造学 geotectonics
地质构造运动 tectonic movement
地质观测点 geologic (al) observation point
地质观察点 geologic(al) observation spot
地质观察路线 traverse of geologic(al) observation
地质过程 geologic(al) process
地质过程数学模拟 mathematic (al) simulation of geologic(al) process
地质海洋学 geologic (al) oceanography;marine geology;submarine geology
地质航空测量 geologic (al) aerosurveying
地质横剖面图 cross geologic(al) section;geologic(al) cross-section
地质厚度 geologic(al) thickness
地质化学 geochemistry;geologic(al)

chemistry
地质化学家 geochemist;mud smeller
地质环境 geologic(al) environment;geologic(al) setting
地质环境保护 geologic(al) environment protection
地质环境监测 geologic(al) environment monitoring
地质环境监督管理 geologic(al) environment supervision and management
地质环境评价 assessment of geologic(al) environment;geologic(al) environment assessment
地质环境容量 capacity of geologic(al) environment
地质环境质量 quality of geologic(al) environment
地质绘图程序库 geologic(al) plotting program(me) library
地质混杂体 chaotic geological body
地质计算程序 geologic(al) computing program(me)
地质记录 geologic(al) record
地质记录器 geolograph
地质技术 geotechnique;geotechnology
地质技术学 geotechnics
地质技术指导手册 geotechnic(al) instruction manual
地质加工流程 geologic(al) treatment flow
地质夹层 intercalary strata
地质检索和摘要程序 the geologic(al) retrieval and synopsis program-(me)
地质检验 geologic(al) examination
地质建造 geologic(al) formation
地质结构 geologic(al) structure;grain of the country
地质结构条件 geologic(al) structure condition
地质截面 geologic(al) cross section
地质解译 geologic(al) interpretation
地质界线 geologic(al) boundary
地质景观 geologic(al) feature;geologic(al) landscape
地质勘测 exploration evaluation;geologic(al) examination;geologic(al) investigation;geologic(al) research;geologic(al) survey(ing)
地质勘查 exploration evaluation;geologic(al) examination;geologic(al) survey(ing)
地质勘查工作阶段 stage of geologic(al) prospecting-exploration
地质勘查因素的事后分析 factors of prospecting and exploration ex-post analysis
地质勘查总费用 total expense of prospecting and exploration
地质勘察 geologic(al) examination;geologic(al) investigation;soil investigation
地质勘探 geological exploration;geologic(al) examination;geologic(al) prospecting;geologic(al) reconnaissance;geologic(al) survey(ing);ground investigation
地质勘探程度不够 degree of exploration is not enough
地质勘探船 geologic(al) research vessel;geologic(al) survey ship
地质勘探队 geologic(al) exploration party;geologic(al) exploration team;geologic(al) prospecting party;geologic(al) prospecting team
地质勘探工程测量 geologic(al) prospecting engineering survey
地质勘探工作战略决策 geologic(al) prospecting and exploration strategy
地质勘探工作者 explorer
地质勘探机械 geologic(al) processing machinery
地质勘探速率计 geologic(al) survey rate meter
地质勘探网测量 survey for establishing geologic(al) prospecting network
地质勘探仪器 exploration instrument in geology;geologic(al) exploration instrument
地质勘探者用的丁字镐 prospector's pick
地质勘探钻进 geologic(al) exploration drilling
地质科学理论的更新 renewal of geologic(al) theoretics
地质科学学会 Institute of Geologic(al) Science
地质控制 geologic(al) control
地质块段法 geologic(al) block method;geologic(al) oreblock method
地质矿产数据库 geologic(al) mineral data base
地质矿山辐射仪 geologic(al) mine radiation meter[metre]
地质矿业政策性调整 geologic(al) and mining for reasons of policy adjustment
地质雷达 geologic(al) radar;georadar
地质雷达法 geologic(al) radar method
地质类比误差 geologic(al) analogic(al) error
地质力学 geomechanics
地质力学法 geomechanical method;geodynamic(al) method
地质力学模型试验 geomechanical model test
地质历史分析 geologic(al) historic(al) analysis
地质历史学 earth history;geologic(al) history;geohistory
地质历史学的 geohistorical
地质露头照片数 photo number of geologic(al) outcrop
地质路线调查 geologic(al) route survey
地质路线研究 investigation of geologic(al) route
地质略图 geologic(al) scheme
地质罗盘 circumferentor[circumferenter];geologic(al) compass;geologist's compass
地质模型 geologic(al) model
地质年表 geologic(al) chronology
地质年代 geochron;geologic(al) era;geologic(al) time;geologic(al) age
地质年代表 chronological scale;chronological series;chronological table;geologic(al) time scale;stratigraphic(al) scale
地质年代测定 geologic(al) age determination;geologic(al) dating
地质年代测定法 geochronometry
地质年代测定学 geochronometry
地质年代单位 geochronological unit;time unit
地质年代单位符号 symbol of geologic(al) time unit
地质年代单元 geologic(al) time unit
地质年代的放射性测定 radiometric age dating
地质年代化学 chronogeochemistry
地质年代相似性 chronotaxis
地质年代学 geochronology;geologic(al) chronology
地质年代学及同位素地质学图表 scales and diagrams for geochronology and isotope geology
地质年历 geologic(al) calendar
地质年龄 geologic(al) age
地质年龄测定 geologic(al) age determination;geologic(al) dating
地质年龄测量方法 the determination of geologic(al) ages
地质品位 geologic(al) tenor
地质平切面 geologic(al) plan
地质破裂 geologic(al) fracture
地质剖面 strata profile
地质剖面测量 geologic(al) profile survey;geologic(al) section survey
地质剖面图 geologic(al) cross-section;geologic(al) profile;geologic(al) section(map);log sheet
地质剖面线 geologic(al) profile
地质剖面线长度 length of geologic(al) section line
地质剖面原始地质编录 initial geologic(al) logging of geologic(al) section
地质普查 geologic(al) reconnaissance
地质期 geologic(al) age
地质气候 geologic(al) climate
地质侵蚀 geologic(al) erosion
地质情况 subsurface condition
地质情况变化 change of geologic(al) condition
地质区域 geologic(al) province
地质趋势分析 geologic(al) trend analysis
地质取样器 geologic(al) sampler
地质设计 geologic(al) design
地质摄影 geophoto;photogeology
地质生态学 geoecology
地质生物学 geobiology
地质省 geologic(al) province
地质师手锤 geologist's pick
地质时标 geologic(al) time scale
地质时代 geologic(al) age;geologic(al) period;geologic(al) time;geologic(al) era
地质时代表 geologic(al) time scale
地质时间 geologic(al) time
地质时间表 geologic(al) time scale
地质时期 geologic(al) epoch;geologic(al) period;geologic(al) scale of time;geologic(al) time
地质时期间隔 geochron
地质史前的 pregeologic
地质市场经营 geologic(al) market management
地质事件 geologic(al) event
地质适合性 geologic(al) suitability
地质适宜性 geologic(al) suitability
地质数据 geologic(al) data
地质数据的补齐 complement of geologic(al) data
地质数据的类型 type of geologic(al) data
地质数据库 geologic(al) data base
地质数据库管理系统 geologic(al) data base management system
地质数据库设计 geologic(al) data base design
地质数据统计分析处理 statistic(al) analysis and processing of geologic(al) data
地质数学 geomathematics
地质数学标志 geomathematical indication
地质水文学 geohydrology
地质顺序 geologic(al) succession
地质素描 geologic(al) sketch
地质素描图 geologic(al) sketch map
地质踏勘 geologic(al) reconnaissance;geologic(al) survey(ing)
地质探测 geologic(al) exploration;geologic(al) probing
地质探测雷达 earth-probing radar
地质探测针 geologic(al) probe
地质探眼 scout boring
地质套管 geologic(al) casing(pipe)
地质特征 geologic(al) characteristic;geologic(al) feature
地质体 geologic(al) body
地质体单元 geologic(al) body cell
地质体辐射值 radiation value of geologic(al) body
地质体含矿性定量预测 quantitative prediction of ore-content of geologic(al) body
地质体数学特征 mathematic(al) characteristics of geologic(al) body
地质体应力场模拟 geologic(al) body stress field simulation
地质填图 geologic(al) mapping
地质填图观察路线 observation route of geologic(al) mapping
地质填图原始地质编录 initial geologic(al) logging in geologic(al) mapping
地质条件 geologic(al) condition;geologic(al) setting
地质铁锤 prospecting hammer
地质同时性 geologic(al) simultaneity
地质统计学 geostatistics
地质统计学程序库 geostatistic(al) program(me) library
地质统计学绘图程序 geostatistic(al) plotting program(me)
地质统计学计算程序 geostatistic(al) computing program(me)
地质图 geologic(al) drawing;geologic(al) map
地质图规格 size of geologic(al) map
地质图国际分幅 international sheet of geologic(al) map
地质图集 geologic(al) atlas
地质图例 geologic(al) legend
地质图色标 colo(u)r standard of geologic(al) map
地质图性质 quality of geologic(al) map
地质图制作 geologic(al) map-making
地质土地调查 geologic(al) ground investigation
地质土壤学 geopedology
地质推断 geologic(al) bets;geologic(al) reasoning
地质卫星 geologic(al) satellite
地质卫星轨道摄影 geologic(al) orbital photography
地质温度表 geologic(al) thermometer;geothermometer
地质温度计 geologic(al) thermometer;geothermometer
地质稳定区 geologic(al) stable area
地质物探工作的配合 geologic(al)-geophysical coordination
地质向量长度分析法 geologic(al) vector length analysis method
地质新构造 neotectonic structure
地质信息转换表 transformation table of geologic(al) information
地质旋回 geologic(al) cycle
地质学 geology
地质学会会员 <英> Fellow of Geology Society
地质学家 geologist;rocksy
地质学术语 geologic(al) term
地质循环 geologic(al) circle;geologic(al) cycle
地质压力计 geobarometer;geologic(al) barometer
地质研究 geologic(al) research
地质研究报告 geologic(al) research

D

report
地质研究程度 degree of geologic(al) study
地质研究程度不够 inadequate degree of geologic(al) investigation
地质研究程度图 map showing the degree of geologic(al) study
地质演变 geologic(al) succession; geologic(al) evolution
地质演进 geologic(al) development
地质样品 geologic(al) sample
地质遥感 geologic(al) remote sensing
地质要素 geologic(al) feature
地质野外资料 geologic(al) field data
地质野营 geologic(al) camp
地质业 geologic(al) industry
地质仪器 geologic(al) instrument
地质异常 geologic(al) anomaly
地质异常情况 geologic(al) surprises
地质因素 geologic(al) agent; geologic(al) factor
地质应用计划 gap
地质营力 geologic(al) agent
地质用锤 prospecting hammer
地质与地球物理综合调查 geologic(al) and geophysical comprehensive survey
地质预报分析 geologic(al) prediction analysis
地质预测 geologic(al) prediction
地质灾害 geologic(al) calamity; geologic(al) hazard
地质灾害分类 geologic(al) hazard categorization
地质灾害危害程度 geologic(al) hazard damage degree
地质灾害危险区 geologic(al) hazard zone
地质灾害危险性评估 geologic(al) hazard assessment
地质噪声 geologic(al) noise
地质展视图 geologic(al) development
地质障碍 geologic(al) obstacle
地质找矿 geologic(al) prospecting
地质找矿法 geologic(al) prospecting method
地质照片 geologic(al) photograph; geophoto
地质褶皱 geologic(al) fold
地质指南针 geologic(al) compass
地质制图 geologic(al) mapping
地质柱状(剖面)图 geologic(al) columnar section; geologic(al) column; boring log; geologic(al) log
地质专家系统 geologic(al) expert system
地质专家系统实例 examples of geologic(al) expert system
地质资料 geologic(al) data; geologic(al) information; geologic(al) material
地质资料更新 renewal of geologic(al) information
地质资料学 geologic(al) informatics
地质自然保护区 geologic(al) reservation
地质纵断面 geologic(al) profile
地质纵剖面图 geologic(al) longitudinal section; longitudinal geologic(al) section
地质走向 geologic(al) trend; strike
地质组 geologic(al) group
地质组成 geologic(al) formation
地质钻管 geologic(al) drill pipe
地质钻机 diamond drill; exploration drill; geologic(al) drilling rig
地质钻孔 earth bore; geologic(al) hole
地质钻探 geologic(al) drilling
地质作用 geologic(al) action; geologic(al) function; geologic(al) process
地质作用力 geologic(al) agent
地中变位测量 ground displacement measure
地中的 sunk
地中电缆盒 underground cable terminal box
地中海 Mediterranean Sea
地中海白松 Aleppo pine
地中海柏树 common evergreen cypress; Italian cypress
地中海常绿矮灌丛 garigue
地中海带 Mediterranean belt
地中海的飑或雷暴 ecnephias
地中海地槽 Mediterranean geosyncline
地中海动物区 Mediterranean faunal region
地中海锋 Mediterranean front
地中海各国锡釉陶器 gallery ware
地中海构造带 Mediterranean tectonic zone
地中海季风 <地中海东部夏天的盛行北风> etesiens
地中海建筑 Mediterranean architecture
地中海气候 Etesian climate; Mediterranean climate
地中海区清除油污中心 Mediterranean regional oil combating center [centre]
地中海生态系统 Mediterranean ecosystem
地中海式农业 Mediterranean agriculture
地中海双壳类地理区 Mediterranean bivalve province
地中海-喜马拉雅地震构造带 Mediterranean-Himalayan seismotectonic zone
地中海型地槽 Mediterranean type geosynclines
地中海岩溶 Mediterranean karst
地中海岩套 Mediterranean suite
地中海岩组 Mediterranean suite
地中海盐度危机事件 Mediterranean salinity crisis event
地中海-南亚地震带 Mediterranean-south Asian belt
地中海硬土浅滩 mattes
地中海有孔虫地理区系 Mediterranean foraminifera realm
地中衡 platform scale; road weigh bridge; weigh-bridge
地中间隔上一条栅栏 put a fence across the middle of the fields
地中渗透仪 subsurface permeameter
地中渗透仪观测法 lysimeter method
地中水 telluric water
地重力势高度 geopotential height
地轴 axis of earth; earth's axis
地轴(承)架 floor stand
地轴弄污水井 tunnel well
地轴弄应急出口 tunnel escape; tunnel trunk
地轴倾斜度 inclination of the earth's axis
地轴轴隧 screw-shaft tunnel; shaft alley; shaft passage; shaft trunk; shaft tunnel
地主 landlord
地主所有制 landlordism
地铸模 floor mo(u)ld
地爪 sidehill lug
地砖 ground tile; mosaic
地砖覆盖 tile floor cover(ing)
地砖面层 tile paved surface
地砖切割机 floor tile cutter
地砖贴面地板 tile floor(ing)
地砖压机 floor tile press
地转 geostrophy
地转的 geostrophic
地转方程 geostrophic equation
地转风 geostrophic wind
地转风风速标尺 geostrophic-wind scale
地转风高度 geostrophic-wind level; gradient wind level
地转风气流 geostrophic current
地转风区 geostrophic region
地转加速度 geostrophic acceleration
地转假定 geostrophic approximation
地转近似 geostrophic approximation; geostrophic assumption
地转距离 geostrophic distance
地转力 geostrophic force
地转流 <气、水、洋流的> geostrophic current; geostrophic flow
地转偏差 geostrophic departure; geostrophic deviation
地转水流 geostrophic flow
地转平衡 geostrophic equilibrium
地转平流 geostrophic contour current
地转速改正 earth rate correction
地转通量 geostrophic flux
地转湍流 geostrophic turbulence
地转涡度 geostrophic vorticity
地转无潮区 geostrophic amphidromic region
地转效应 geostrophic effect
地转性运动 geostrophic motion
地转影响 geostrophic effect
地状 landform
地棕垫 palm coir mat
地租 ground rent; land rent; rent; soil rent
地租税 rent charges
地阻力法 earth resistivity method
地钻 earth boring auger; ground auger; ground drill
地钻叶片 blade for earth borer
地佐辛 dezocine

帝方阶【地】Tiffanian(stage)

帝国大教堂 imperial cathedral
帝国大厦 <美纽约> Imperial Mansion; Empire State Building
帝国定价 imperial price
帝国公寓 Imperial Apartments
帝国化学工业公司 <英> Imperial Chemical Industries Ltd.
帝国特定价 imperial special price
帝国特惠价 imperial preference price
帝国新定价 imperial new price
帝国主义 imperialism
帝力 <东帝汶首都> Dili
帝特龙聚酯纤维 Teijin Tetoron
帝汶海 Timor Sea
帝汶海槽 Timor trough
帝窑 Di kiln; Di ware

递变层 graded bed

递变层理 graded bedding
递变层理构造 graded bedding structure
递变沉积 graded sediment
递变电阻电位计 potentiometer
递变电阻分压器 tapered potentiometer
递变加载 tapered loading
递变截面梁 tapered beam
递变截面柱 tapered column
递变式潮后周期层序 graded tidal-cyclic sequence
递变式平板式电容器 taper plate condenser
递变式周期层序 graded cyclic-sequence
递变型渐变折射率光纤 tapered graded index fiber[fibre]
递变悬浮液 graded suspension
递变韵律层【地】graded rhythmite
递层铺砌 laid contrary to the stratum
递差 successive difference
递次 successive
递次变换 successive transformation
递次求近法 iterative procedure
递代法 successive substitution
递动阀 graduating valve
递动杆 graduating stem
递动杆螺母 graduating stem nut
递动弹簧 graduating spring
递动弹簧套 graduating spring sleeve
递发地震 relay earthquake
递钩 sword
递归 recurrence
递归表 recursive list
递归表处理 recursive list processing
递归不可解性 recursive unsolvability
递归长度 recursion length
递归程序 recursive program(me)
递归程序模式 recursive program(me) scheme
递归程序设计 recursive programming
递归处理 recursive process
递归的 recursive
递归调入 recursive call
递归调用 recursive call
递归定理 recursion theorem
递归定义 recursive definition
递归定义变量 recursively defined variable
递归定义的序列 recursively defined sequence
递归对策 recursive game
递归法 recurrence method; recursive method
递归反褶积 recursive deconvolution
递归方式 recursive fashion
递归分析 recursive analysis
递归公式 recurrence formula; recurrent formula; recursion formula
递归估计 recursive estimation
递归估算子 recursive estimator
递归关系 recurrence relation; recursive relation
递归规则 recursive rule
递归过程 recursive procedure; recursive process
递归过程的工作单元块 temporary block in a recursive procedure
递归过程的栈 stack in recursive procedure
递归函数 recursion function; recursive function
递归函数论 recursive function theory
递归宏调用 recursive macro call
递归积分法 integration by successive reductions
递归极限 recursive limit
递归集(合) recursive set
递归结构 recursive structure
递归解法 recursive solution
递归可列举集 recursively enumerable set
递归可枚举 recursively enumerable
递归可数集合 recursively countable set
递归控制算法 recursive control algorithm
递归类型 recurrence type
递归理论 recursion theory
递归例程 recursive routine
递归列举语言 recursively enumerable language

D

递归滤波 recursive filtering
递归滤波器 recursive filter
递归码 recurrence code
递归能力 recursive facility
递归深度 depth of recursion
递归式 recursion
递归数据流 recursive data flow
递归顺序 recursive sequence
递归算法【数】recursive algorithm;recurrent algorithm
递归算术 recursive arithmetic
递归谓语 recursive predicate
递归文法 recursive grammar
递归线性滤波 recursive linear regression
递归型方程 recursive equation
递归性 recursive nature; recursiveness
递归性问题 recursiveness problem
递归序列 recursive sequence
递归于 recursive in
递归与迭代 recursion and iteration
递归语言 recursive language
递归指令 recursion instruction;recursive instruction
递归属性 recursive attribute
递归状态 recurrent state
递归子程序 recursive subroutine;recursion subroutine
递归最小二乘方 recursive least square
递耗资产 diminishing assets; wasting assets
递合式轧机 drag-over mill
递化求积分法 integration by reduction method
递回 pull-over
递回式轧机 pass-over mill; pull-over mill
递回轧辊 pull-over roll
递级 graded
递级粉末封接 graded-powder bonding
递级封接 graded seal
递级封接玻璃管 graded seal glass tubing
递加佣金 commission on a sliding scale
递价 make a bid
递价过低 underbid
递价人 bidder
递价最高的投标人 highest bidder
递减 decrease by degree; decrease progressively; degression; demultiplication; diminution; gradual decrease; phase-out; regressive; scale down
递减报酬 decreasing returns; diminishing returns
递减成本 decreasing cost
递减充电 tapered charge
递减次数 reduced degree
递减次序 decreasing order; descending order
递减的 degressive
递减的资产 diminishing assets
递减法 diminishing method
递减分摊制度 diminishing balance system
递减峰 degradation peak
递减函数 decreasing function
递减机会成本 decreasing opportunity cost
递减级数 decreasing progression; decreasing series
递减计数 countdown
递减律 reduced law
递减率 lapse rate
递减年金 decreasing annuity
递减排列 decreasing order of magnitude
递减期 period depletion
递减器 demultiplier
递减曲线 decline curve
递减失效率 decreasing failure rate
递减输出 diminishing return
递减税 regressive tax
递减税率 regressive tax rate
递减顺序 decreasing order of magnitude;descending order
递减顺序计时器 countdown sequence timer
递减特性 decline characteristics
递减线 lapse line
递减效用 decreasing utility
递减行距的石板铺设法 graduated course
递减行距瓦层 diminishing courses; graduated course
递减序列 decreasing sequence
递减压力 decreasing pressure
递减折旧 regressive depreciation
递减租金的租赁 step-down lease
递减作用 degradation
递降 degradation; degrade; descendant
递降的 descending
递降法 method of descending
递降分解产物 degradation product
递降辐射 degraded radiation
递降级 descending order
递降剪切稠化 regressive shear thickening
递降剪切稀化 regressive shear thinning
递降键 descending key
递降阶 descending order
递降率 increment of decrease;rate of decrease;rate of degradation
递降脉冲 degraded pulse
递降脉冲响应 degrading impulse response
递降顺序 descending order
递降速过滤 declining rate filtration
递降系数 degradation factor
递降因数 degradation factor
递降因子 degradation factor
递交 deliver
递交时间 time of delivery
递交投标书 submit the bid
递阶结构 hierarchic(al) structure
递阶控制 control hierarchy; hierarchic(al) control
递阶控制算法 control hierarchy algorithm
递阶模型 hierarchic(al) model
递进变形 progressive deformation
递进成矿说 progressive metallogenesis
递进燃烧药 progressive burning powder
递进制 end-on system
递开操纵杆 application graduating stem
递开阀杆 graduating valve lever
递开阀簧 graduating valve spring
递缆船 warp-transmitting boat
递料辊 drop roller
递墨辊 drop roller
递盘 bid;make an offer
递签盒 staff pouch
递确盘 firm bid
递升 ascending; aggradation <地下土层永冻深度面的>
递升次序 ascending order
递升分类 ascending sort
递升级数 ascending series
递升键 ascending key
递升路线 elevated path
递升排序 ascending sort
递实盘 firm bid
递送车 delivery wagon
递送的 carrying
递送吊杆 delivery boom
递送公文的船 dispatch boat
递送管 delivery pipe
递送货物升降机 delivery lift
递送距离 delivery distance
递送人 deliverer
递送水头 delivery head; discharged head
递送隧道 delivery tunnel
递送提升高度 delivery lift
递送桅杆 delivery boom
递送压力 delivery pressure
递体【化】carrier
递推 recurrence;recursion
递推的 recursive
递推方程 recurrence equation
递推公式 recurrence formula; recursion formula
递推公式法 recurrence formula method
递推估计 recursive estimation
递推估计器 recursive estimator
递推估计最小二乘法 recursive estimator least squares
递推关系 recurrence relation; recursion relation;recursive relation
递推过程 recursive process
递推积分法 integration by successive reductions
递推算法 recurrent algorithm
递推系统 recurrence system
递推线性滤波 recursive linear regression
递推最大拟然法 recursive maximum likelihood
递物筒 medical lock
递向渗透 reverse osmosis
递延 defer
递延保险费 deferred insurance; deferred premium
递延成本 deferred cost
递延酬金 deferred remuneration
递延贷款 deferred credit
递延的有效性 deferred availability
递延地址 deferred address
递延费用 deferred charges
递延费用账户 deferred charges account
递延负债 deferred liabilities
递延股 deferred shares
递延股息 deferred dividend
递延借款 deferred debt
递延利息 deferred interest
递延毛利 deferred gross profit
递延年金 deferred annuity
递延收入 deferred income
递延税款 deferred tax
递延所得税 deferred income tax
递延信用 deferred credit
递延修理费 deferred repairs
递延寻址 deferred addressing
递延债务 deferred liability
递延账户 deferred account
递延折旧 deferred depreciation
递延资产 deferred assets; extending assets
递延资产审计 deferred assets audit
递延资产账 deferred assets account
递演公式 recurrence formula; recursion formula
递演估计 recursive estimation
递演关系 recurrence relation; recursive relation
递演过程 recursive process
递演积分法 integration by successive reductions
递演算法 recurrent algorithm
递演线性滤波 recursive linear regression
递远递差运价表 differential scale tariff
递远递减价率表 graduated tariff
递远递减原则 tapering principle
递远递减运价表 decreasing or tapering scale; sliding scale tariff; tariff on tapering scale
递远递减运价率表 tapering scale
递远递减运价率制 tapering system
递增 increase by degrees; increase progressively; increment; scale-up; slope up
递增报酬 increasing return
递增变形 progressive deformation
递增变质 constructive metamorphism
递增偿还抵押贷款 graduated payment mortgage
递增成本 increasing cost
递增次序 ascending order
递增的电力 incremental power
递增法 incremental method
递增方式 incremental manner; incremental way
递增费用 increasing expenses
递增付款可调利率抵押贷款 graduated payment adjustable rate mortgage
递增函数 increasing function
递增荷载 increment load; progressive loading; swell load
递增荷载法 increment load method
递增滑动 progressive slide
递增级数 increasing series
递增流 incremental flow
递增螺距 increasing pitch
递增年金 increasing annuity
递增取样 incremental sampling
递增施工(法)incremental construction
递增收益 increasing return
递增速度 increasing velocity
递增性优先次序 incremental priority
递增序列 ascending series; increasing sequence
递增厌恶风险 increasing risk aversion
递增应变 progressive strain
递增褶皱作用 progressive folding
递增租金租赁 graduated rental lease
递纸辊筒 transfer cylinder

第

第 11 步接点 eleventh step contact
第 15%位地点车速 <在行驶的全部车辆中有 15%未达到地点车速用以确定高速公路上的最小限制车速> fifteen percentile speed
第 30 高峰小时(交通量)系数 thirtieth peak-hour factor
第 30 位交通量 thirtieth traffic volume
第 8 小时交通量 eighth hour volume
第 85 位(地点)车速 eighty-five percentile speed
第 n 层顶深 depth of the nth layer's top
第 n 层厚度 thickness of the nth layer
第 n 层速度 velocity of the nth layer
第 n 次谐波 nth harmonic
第 n 代集装箱码头 n-generation container terminal
第 n 代集装箱作业区 n-generation container terminal
第 n 号的 nth
第百万(个)millionth
第比利斯国际环境教育会议 United Nations Environmental Education Conference in Tbilisi

第二 E 层波 two-hop-E
第二锕系元素 super-actinides
第二板极 second plate
第二备选位置 secondary location
第二边界侧向流入量 lateral inflow of second kind boundary
第二变速齿轮 second stud gear
第二并联电路 recoil circuit
第二拨号音 second dialling tone
第二波道频率 second-channel frequency
第二波峰 secondary peak
第二步投标 stage-two bids;stage-two tenders
第二部分 <列车分部分连续运行时的> second section
第二参比燃料 secondary reference fuel secondary standard fuel
第二操作机 second operation machine
第二操作数 second operand
第二槽脊 second land
第二层背衬 secondary backing
第二层地下室 lower basement
第二层电阻率 resistivity for second layer
第二层顶深 depth of the second layer's top
第二层厚度 thickness of the second layer
第二层护面 secondary cover
第二层护面层 <防波堤或护岸的> secondary armo(u)r; secondary cover layer
第二层护面块石 <防波堤或护岸的> secondary armour rock
第二层甲板 second deck
第二层间面 second interface
第二层界面 <层状体系的> second interface
第二层绝缘 secondary insulation
第二层楼 second floor <美>; first floor <英>
第二层楼的 second-stor(e)y
第二层楼商店 furrier store
第二层平面 <英> first floor plan
第二层平面图 <美> second(ary) floor plan
第二层土壤 B-horizon
第二层中间辊 second intermediate rolls
第二茬作物 second crop
第二产业 secondary industry;secondary sector;second estate
第二车场 secondary yard
第二处理 after-treatment
第二船运费 local freight; on-board carriers freight; second carriers freight
第二次 second order
第二次陈化 second seasoning
第二次衬砌 secondary lining
第二次打击 second strike
第二次的 secondary
第二次读数 second reading
第二次反射回波 second-time-around echo;second-trip echo
第二次分离装置 secondary separator
第二次分裂分离 second division segregation
第二次风干 <木材> second seasoning
第二次封层 <即路面保护层> follow-up seal coat
第二次落叶 secondary leaf fall
第二次碾压 second rolling
第二次拍发的电报 ampliation
第二次破碎用辊式破碎机 rebreaker rolls
第二次切碎装置 recutter
第二次侵害者 secondary invader
第二次侵染 secondary infection
第二次扫描回波 second trace echo
第二次设计 second phase design
第二次申诉(权) repleader
第二次世界气候会议 Second World Climate Conference
第二次收成 second crop
第二次收获 after-crop
第二次数字化 double digitising[digitizing]
第二次挖沟 second ditch-cut
第二次显影 second development
第二次与第一次呈直角 second time at right angles to the first
第二次中天 second transit
第二次转变温度 second-order transition temperature
第二达西数 Darcy number 2
第二代 secondary generation; second generation
第二代合成纤维 second generation synthetic fibre
第二代集装箱 second generation container
第二代集装箱船 second generation container ship
第二代集装箱码头 second generation container terminal
第二代计算机 second generation computer
第二代控制系统 second generation control system
第二代农药 the second generational pesticide
第二代气冷反应堆 mark 2 gas cooled reactor
第二挡拨叉 second shifting fork
第二道底漆 second undercoat
第二道底座 scamillus
第二道粉刷 secondary(brush) coat; secondary white washing
第二道工序 second operation work
第二道抹层 float coat
第二道抹灰 <在三道抹灰中的> browning coat;secondary coat
第二道响应剖面平面图 profiling-plan figure of second channel response
第二道装修 second fixing
第二底图 master print; safety copy; second copy original
第二抵押 second mortgage
第二地址 second address
第二帝国建筑形式 Second Empire architecture
第二电压 secondary voltage
第二电压范围 <大于 30 ~ 175 伏> second voltage range
第二电源 second source
第二电子透镜 second electron lens
第二迭代 secondary iteration
第二丁苯 secondary butyl benzene
第二丁基环己烷 secondary butyl cyclohexane
第二度漆 second coat
第二段原木 second log
第二断裂面 second plane of rupture
第二方审核 second party audit
第二废热锅炉 secondary waste heat boiler
第二分量 second component
第二弗劳德数 Froude number 2
第二概率分布 second probability distribution
第二干燥室 secondary drying chamber
第二个循环 second DO
第二工作区 secondary service area
第二光源 secondary light source
第二号国际电报字母表 International Telegraph Alphabet No.2
第二后隙角 second clearance angle
第二滑动面 second plane of rupture
第二滑油泵 secondary lubricating pump
第二环境 second(ary) environment
第二活塞环槽 second-ring groove
第二级 second order;second-stage
第二级潮汐 tide of second order
第二级抽气器 second-stage ejector
第二级分枝 second-order branching
第二级混合料设计 level II-mixture-design
第二级减速小齿轮 second reduction pinion
第二级冷却器 second-stage cooler
第二级磨机 regrinding mill
第二级目录 secondary level directory
第二级破碎 intermediate size reduction
第二级曝气生物滤池 second-stage biological aerated filter
第二级生物转盘 second-stage rotating biological contactor
第二级象差 secondary aberration
第二级信息 second-level message
第二级信息成员 second-level message member
第二级寻线机 secondary line switch
第二级压风机 high stage compressor
第二级预防 secondary level of prevention
第二级预选机 <自动电话> secondary line switch
第二级蒸发器 lower boiler
第二级转变 second-order change
第二级子例行程序 second-order subroutine;second-remove subroutine
第二极小凝聚 secondary minimum coagulation
第二祭坛天盖 peristerium
第二加速极 second acceleration
第二阶段 stage two
第二阶段处理 second(ary) stage treating;secondary stage treatment
第二阶段爬升 second segment climb
第二阶段喷泥孔 second-stage blow hole
第二阶段蠕变 secondary creep
第二阶段生化需氧量 second stage BOD[biological oxygen demand]
第二阶段石墨 second-stage graphite
第二阶段石墨化 second-stage graphitization
第二阶段投标 stage-two bids
第二阶段退火 second(ary) stage annealing
第二阶段芽接 second-stage grafting
第二阶段中间加热 second-stage of reheat
第二接近区段 second approach section
第二接穗 second scion
第二节点 second nodal point
第二近似值 second approximation
第二空间矩 second spatial moment
第二馈电线 duplicate feeder
第二馈路 duplicate feeder
第二类 second kind;second species
第二类边值问题 second boundary problem
第二类变压器 class two transformer
第二类超导体 high field superconductor;type 2 superconductor
第二类程序 type 2 programming
第二类冲击误差 ballistic damping error;damping error
第二类船舶电台工作 16 小时 sixteen hour service provided by ship station of the second category
第二类错误的概率 probability of type II error
第二类导体 second-class conductor
第二类电极 second-class electrode; second kind electrode
第二类队列 queue 2
第二类杠杆 <出力点在中间的> second-class lever
第二类共轭性 conjugacy of the second kind
第二类离群值 outlier of the second kind
第二类零阶贝塞尔函数 order zero Bessel function of the 2nd kind
第二类零阶虚宗贝塞尔函数 order zero imaginary coordinate Bessel function of the 2nd kind
第二类碰撞 collision of the second kind;second kind collision
第二类批处理 type 2 batch
第二类气压沉箱病 type 2 decompression sickness
第二类椭圆积分 elliptic(al) integral of the second kind
第二类型错误 error of the second kind;type II error
第二类一阶贝塞尔函数 order one Bessel function of the 2nd kind
第二类一阶虚宗贝塞尔函数 order one imaginary coordinate Bessel function of the 2nd kind
第二类永动机 perpetual motion machine of the second kind
第二类振荡宇宙模型 oscillating model of the second kind
第二离去区段 second departure section
第二列车的轨道电路 second train circuit
第二列车电路 second train circuit
第二列车控制 second train control
第二临界胶束浓度 second critical micellar concentration
第二临界转速 critical speed of second order;second critical speed
第二流的 middling;second class;second-rate
第二滤清器 final cleaner
第二路由 secondary route
第二瞄准法 case 2 firing; case 2 pointing
第二内齿轮 secondary annulus
第二年割面 second year face
第二黏[粘]度 second viscosity;dilatational viscosity
第二黏[粘]性系数 cross-viscosity coefficient; second viscosity coefficient
第二欧拉数 Euler number 2
第二片叶宽度及长度 second leaf width and length
第二偏心率 second eccentricity
第二平衡轴 secondary balance shaft
第二破裂面 second failure surface; second plane of rupture
第二期哥德建筑放射式 secondary Gothic
第二期工程的围堰 second-stage engineering cofferdam
第二期余震 secondary after shock
第二期愈合 second intention
第二气隙 interstice
第二曲率 second curvature
第二曲率半径 second curvature radius
第二瑞利数 Rayleigh number 2
第二栅极 plate grid;second grid
第二商业区 <城市商业中心外的> subcenter[subcentre]
第二审程序 proceeding at second instance

第二声 second sound
第二手的 second-hand
第二手资料 second-hand data
第二受益人 contigent beneficiary
第二数据多路转接器 second data multiplexer
第二斯托克斯数 Stokes' number 2
第二速度 second speed
第二速度齿轮 intermediate gear; second(speed) gear
第二太阳齿轮 secondary sun wheel
第二太阳轮 secondary sun gear
第二弹性模数 secondary modulus of elasticity
第二弹性数 elasticity number 2
第二条出口 escape way; second outlet
第二条会让线 second loop
第二停车区段 second stop marker
第二通路 alternate path
第二涂层 second coat
第二韦伯数 Weber number 2
第二维里系数 second Virial coefficient
第二系弹簧悬挂 secondary suspension
第二系悬挂 secondary suspension
第二下冲杆 second lower punch
第二线 second line; second track
第二线中修 second line recovery
第二相 second-phase
第二相弥散 second-phase dispersion
第二向量 secondary vector
第二像差 secondary aberration
第二谐波 second harmonic
第二信道 second channel
第二信号 second signal
第二信号面 secondary signal face
第二信号系统 second signal system
第二信使 second messenger
第二行星小齿轮 secondary planet pinion
第二行业 <一般指制造加工及建筑业> secondary industry
第二选用路由 <其次选用路由> secondary choice route
第二选用频率 secondary frequency
第二选择器 <自动电话> second selector
第二选组器 second group selector
第二寻线机 <自动电话> second line finder; secondary line switch
第二循环 secondary circulation
第二循环管系 secondary circulating system
第二循环水管系统 secondary circulating water system
第二阳极 second anode; ultor
第二益额再保险 second surplus reinsurance
第二阴极暗区 Crookes dark space
第二应力不变量 second stress invariant
第二营养级 the second trophic level
第二宇宙速度 <克服地球吸力的速度> escape velocity; speed of escape
第二预选器 second preselector
第二越流系统 second leaky system
第二运动定律 second law of motion
第二运动发动机 second-motion engine
第二运动轴 second-motion shaft
第二运算数 second operand
第二振型 second mode; second vibration mode
第二正方柱 diametral prism; diametral pyramid
第二中隔孔 foramen ovale; ostium secundum
第二中间宿主 second intermediate host
第二中心结 second junction
第二中值定理 second mean-value theorem
第二种导体 second-class conductor
第二种碰撞 collision of the second kind; exoergic collision
第二种歧点 cusp of the second species
第二种衰减 attenuation of the second kind
第二轴 secondary shaft
第二逐稿轮 <逐稿器的> second beater
第二主应力 intermediate principal stress; minor principal stress; second principal stress
第二柱 prism of second order
第二资源 second source
第二字选择器 B-selector
第二组 second group
第勒尼安海 <地中海的一个海湾。在意大利西海岸与科西嘉岛、萨丁尼亚岛、西西里岛之间> Tyrrhenian Sea
第零的 zeroth
第零类电极 electrode of zeroth kind
第零行指针 line zero pointer
第零周期 zeroth period
第六层 <美> sixth floor
第六层顶深 depth of the sixth layer's top
第六代集装箱 sixth generation container
第六代集装箱码头 sixth generation container terminal
第纳干扰器 dina
第聂伯河 Dnieper River
第七层 <英> sixth floor
第三班 <船上值班表> blue watch; third watch
第三层顶深 depth of the third layer's top
第三层厚度 thickness of the third layer
第三层甲板 third deck
第三层绝缘 tertiary insulation
第三层楼 <英> second floor
第三层楼面 third floor
第三层平面图 <英> second floor plan
第三产业 service industry; tertiary industry; tertiary occupation; third industry; tertiary sector
第三次煅烧 third firing
第三次分布系数 ternary distribution coefficient
第三次粉刷层 third coat
第三次浮选 tertiary flo(a)tation
第三次精选 tertiary cleaning
第三次谐波 third harmonic
第三次油漆层 third coat
第三代 third generation
第三代合成纤维 third-generation synthetic fibre
第三代集装箱 third generation container
第三代集装箱码头 third generation container terminal
第三代计算机 <用集成电路的计算机> third generation computer
第三代农药 the third generational pesticide
第三代铺管驳 third-generation pipelay barge
第三代气冷反应堆 mark 3 gas cooled reactor
第三代软件 third generation software
第三代软设备 third generation software
第三代硬设备 third generation hardware
第三代子核 grand daughter
第三挡 third gear
第三挡速度 third gear
第三导线 privates
第三道油漆 setting coat(plaster)
第三道装修 third fittings; third fixing
第三等的 third order
第三点载重 third point load(ing)
第三电刷 third brush
第三电压 tertiary voltage
第三丁苯 tertiary butyl benzene
第三丁基环己烷 tertiary butyl cyclohexane
第三丁基环戊烷 tertiary butyl cyclopentane
第三度漆 third coat
第三对足 third legs
第三方 third party
第三方保险 third party insurance
第三方保险金的最低金额 minimum amount of third party insurance
第三方担保书 third party warranty
第三方对咨询人的收费 third party charges on the consultant
第三方检验 third party inspection
第三方鉴定制 third party certification system
第三方认证 third party certification
第三方审计 third party audit
第三方索赔人 third party claimant
第三方责任 third party liability
第三方责任险 third party insurance
第三份 triple copy
第三份的 triplicate
第三辐射带 third radiation belt
第三钢轨集电流 third rail collection
第三钢轨系统 third rail system
第三个槽脊 third land
第三个接帚 private wiper
第三轨 conductor rail; contact rail; third rail; 3rd rail
第三轨车辆限界 third rail clearance
第三轨导电器 third rail conductor
第三轨高度 third rail height
第三轨轨距 third rail ga(u)ge
第三轨集电 third rail pick-up
第三轨集电器 third rail current collector
第三轨集电靴 third rail supply shoe
第三轨集电靴梁 third rail shoe beam
第三轨集电靴梁弹簧 third rail shoe spring
第三轨集电靴梁端托 third rail shoe beam end bracket
第三轨集电靴梁横撑 third rail shoe beam tie bar
第三轨绝缘器 third rail insulator
第三轨馈电 third rail pick-up
第三轨受电器 conductor-rail collector
第三轨条牵引 third rail traction
第三国承运人 third flag carrier
第三国船舶 third flag carrier
第三国货币 third-country currency
第三号国际电报字母表 International Telegraph Alphabet No.3
第三积分 third integral
第三基本星表 FK3[Fundamental Katalog 3] Catalogue
第三级 tertiary
第三级处理 tertiary treatment
第三级存储器 third-level storage
第三级的 third order
第三级地址 third-level address
第三级电压范围 <大于 175 ~ 250 伏> third voltage range
第三级反硝化滤池 third-stage denitrification filter
第三级破碎 fine crushing; tertiary crushing
第三级曝气生物滤池 third-stage biological aerated filter
第三级脱氮滤池 third-stage denitrification filter
第三级线圈 tertiary coil
第三级研磨 tertiary grinding
第三级预防 tertiary level of prevention
第三级(重交通量)混合料设计 level III-mixture-design
第三纪【地】Tertiary; Tertiary period
第三纪沉积层 Tertiary deposit
第三纪沉积物 Tertiary deposit; Tertiary sediment
第三纪构造【地】Tertiary structure
第三纪后【地】post-Tertiary
第三纪火成岩 Tertiary igneous rocks
第三纪黏[粘]土 Tertiary clay
第三纪型矿床 <浅成热液矿床> Tertiary-type ore deposit
第三角法 third angle system
第三角画法 third angle drawing
第三角投影(法) third angle projection
第三角投影画法 third angle projection drawing
第三角制图法 <一种投影制图法> third angle method
第三阶段蠕变 <破坏阶段> tertiary creep
第三节炉筒 boiler barrel third course
第三镜箱投影器 automatic third camera
第三类程序 type 3 programming
第三类程序设计 type 3 programming
第三类船舶电台工作八小时 eight-hour service provided by ship station of the third category
第三类导线 third-class conductor
第三类杠杆 <受力点在中间的> third class lever; lever of the third order
第三类离群值 outlier of the third kind
第三类永动机 perpetual motion machine of third kind
第三类作业输入子系统 job entry subsystem 3
第三龙头布置 third-faucet configuration
第三龙头用水点 third-faucet point-of-use device
第三龙头装置 third-faucet unit
第三排挡 third gear
第三期 tertiary
第三期哥德火焰式 tertiary Gothic
第三期工程 third programme
第三期蠕变 <蠕变率随时间而增加> tertiary creep
第三屈服值 third yield value
第三热电性 false pyroelectricity; tertiary pyroelectricity
第三人 third party
第三人责任险 third party liability insurance
第三瑞利数 Rayleigh number 3
第三色盲 tritanopia
第三设备 tertiary device
第三世界 third world
第三刷控制 third-brush control; third-brush regulation
第三刷式电动机 third-brush dynamo
第三水俣病 third Minamata disease
第三四分位数 third quartile
第三速度 third speed
第三速度齿轮 third gear; third-speed gear
第三速率 third gear

第三梯缘 third echelon
第三投影器 third projector
第三韦伯数 Weber number 3
第三污染 third pollution
第三系【地】Tertiary system
第三弦杆 third chord
第三线 C-wire;third wire
第三线干扰 tertiary interference
第三线圈 tertiary winding
第三象限法 third angle system
第三象限投影法 America Projection;third angle projection method
第三小齿轮 third pinion
第三谐波 third harmonic
第三行业 <一般指交通运输,商业、金融、保险及服务行业> tertiary industry;third industry
第三选择器 third selector
第三选组器 third group selector
第三阳极 third anode
第三应力不变量 third stress invariant
第三营养级 the third trophic level
第三宇宙速度 hyperbolic(al) velocity;third cosmic velocity
第三越流系统 third leaky system
第三运动定律 third law of motion
第三运动轴 third motion shaft
第三者 third party
第三者保管账户 escrow account
第三者保险 third party insurance
第三者的索赔权 third part claim
第三者权利 <拉> jus tertii
第三者责任 third party liability
第三者责任险 third party insurance
第三种方法 third way
第三主应力 third principal stress
第三锥 third hand tap
第三字选择器 C-digit selector
第三组拆卸式货物集装箱 group 3 demountable cargo container
第十六的 sexadecimal
第四层顶深 depth of the fourth layer's top
第四层厚度 thickness of the fourth layer
第四产业 fourth industry;quaternary industry
第四次谐波发生器 fourth harmonic generator
第四代电视机 fourth generation television
第四代集装箱 fourth generation container
第四代集装箱泊位 fourth generation container berth
第四代集装箱码头 fourth generation container terminal
第四代计算机 fourth generation computer
第四电压范围 <大于 250~660 伏> fourth voltage range
第四范式 fourth normal form
第四副本 <除正本以外的> quintuplicate
第四公害病 fourth environmental disease
第四纪【地】Anthropogene;Quaternary period;alluvium period
第四纪冰川作用 Quaternary glaciation
第四纪冰期 Quaternary glacial stage;Quaternary ice age
第四纪层 Quarternary deposit
第四纪沉积物 Quaternary deposit;Quaternary sediment
第四纪沉积物等厚线图 isopach map of quaternary sediment
第四纪沉积作用 Quaternary sedimentation
第四纪冲积层 Quaternary alluvium
第四纪冲积物 Quaternary alluvium
第四纪的 quaternary
第四纪地层 strata of quaternary period
第四纪地层对比 stratigraphic(al) correlation of quaternary system
第四纪地层分区 district of quaternary strata
第四纪地貌地质图 quaternary geomorpho-geologic(al) map
第四纪地质测绘 Quaternary geology mapping
第四纪地质观测点 observation point of Quaternary
第四纪地质年代表 quaternary geochronologic(al) scale
第四纪地质剖面图 quaternary geologic(al) profile
第四纪地质图 Quaternary geology map
第四纪地质学 Quaternary geology
第四纪断层 Quaternary fault
第四纪堆积物 accumulations of quaternary period
第四纪分期 stage of quaternary system
第四纪海面升降运动 Quaternary eustatic movement
第四纪气候 Quaternary climate
第四接触轨 fourth rail
第四接触轨绝缘子 fourth-rail insulator
第四类程序设计 type 4 programming
第四速齿轮 fourth speed gear
第四维 fourth dimension
第四系【地】Quaternary system;Quaternary
第四系沉积类型 Quaternary sedimentary type
第四系成因类型图 genetic(al) type map of Quaternary system
第四系的 quaternary
第四系等厚图 isopach map of Quaternary system
第四系地层层序 succession of Quaternary system
第四系地质调查 survey of Quaternary system
第四系地质图 geologic(al) map of Quaternary system
第四系复盖层厚度 depth of overlying Quaternary system
第四系厚度等值线图 isopach map of Quaternary system
第四系厚度分析法 Quaternary thickness analysis
第四系剖面图 profile of Quaternary system
第四系松散堆积物 loose deposit of quaternary
第四系相分析法 Quaternary facies analysis
第四系岩性地质图 lithologic(al)-geologic(al) map of Quaternary system
第四系柱状对比图 correlation columnar section of Quaternary system
第四系柱状图 columnar section of Quaternary system
第四线 fourth wire
第四小齿轮 fourth pinion
第四行业 <指信息行业> fourth industry;quaternary industry
第四营养级 the fourth trophic level
第塔斯-波尔特方程 Dittus-Boelter equation
第瓦齐斯冶矿法 Devacchis process
第五百周年的 quicentenary
第五层顶深 depth of the fifth layer's top
第五层厚度 thickness of the fifth layer
第五代(电子)计算机 fifth generation computer
第五代集装箱 fifth generation container
第五代集装箱泊位 fifth generation container berth
第五电压范围 <大于 660V> fifth voltage range
第五轮 <车辆性能试验时的> fifth wheel
第五轮负荷 <汽车的> load capacity on fifth wheel
第五轮高度 <汽车的> height of seat of fifth wheel
第五轮偏距 <汽车的> fifth wheel load
第五轮仪 fifth wheel tester
第五位的 quinary
第五营养级 the fifth trophic level
第一 inferior to none;second to none
第一把手 leading hand
第一被加数输入门 addenedin gate
第一变分 first variation
第一变分方程 equation of first variation
第一变速齿轮 first stud gear
第一遍 first pass
第一遍分类 first-pass sorting
第一遍浇油 priming application
第一遍扩充工作码 first-pass own code
第一遍切土 <用平地机整修路面断面时> first cut
第一步投标 stage-one bids
第一部完成拷贝 first answer print
第一操作数 first operand
第一测试台 primary test board
第一层底漆 first undercoat
第一层地板 subfloor
第一层厚度 thickness of the first layer
第一层护面 primary cover
第一层护面层 primary cover layer
第一层间面 <层状体系的> first interface
第一层楼 first floor <美>;first stor(e)y <美>;ground floor <英>
第一层平面图 <美> first floor plan
第一层涂抹操作 prime coat operation
第一层中间辊 first intermediate roll
第一产业 first estate;first industry;primary industry;primary sector
第一赤道坐标 dependent equatorial coordinates
第一赤道坐标系(统) dependent equatorial coordinate system;hour angle system of coordinates
第一出动 first alarm assignment
第一出动人员 first responder
第一初期微震 first preliminary tremor
第一次标书 original bid
第一次衬砌 first-stage lining
第一次充料 initial filling
第一次导数 first-order derivative
第一次发震时间 time of first induced earthquake
第一次分裂装置 first separator
第一次国际防滑会议 First International Skid Prevention Conference
第一次浇(沥青) first application
第一次近似 first approximation
第一次近似解(值)【数】first-order of solution
第一次近似值 first-order of solution
第一次空间实验项目 first space laboratory project
第一次硫化 primary vulcanization
第一次(喷洒)工作 first run
第一次清理 first dressing
第一次燃烧空气 primary combustion air
第一次烧结 first sintering
第一次设计 first phase design
第一次世界气候会议 First World Climate Conference
第一次试切削 first trial cut
第一次数字化 initial digitizing
第一次跳越区 <短波传播的> primary skip zone
第一次投料 first charge;first filling
第一次微分 first derivative
第一次寻查 primary search
第一次压制 first pressing
第一次养护 first curing
第一次轧制 preliminary crushing
第一次枝梗 primary rachis branch
第一达西数 Darcy number 1;Darcy-Weisbach coefficient;resistance coefficient 1
第一代 first generation
第一代集装箱泊位 first generation container berth
第一代计算机 first generation computer
第一代农药 the first generational pesticide
第一代形式 first generation version
第一挡变速比 first gearing
第一挡变速小齿轮 first speed pinion
第一挡传动小齿轮 first reduction pinion
第一挡减速小齿轮 first reduction pinion
第一挡速度 first gear;first gearing
第一道侧幕背面塔架 <舞台的> tormentor tower
第一道粉刷 <檐口或线脚粉刷中> coring out
第一道抹灰 prime coat(ing)
第一道涂层 filler coat
第一道涂工 <油漆等> first coat
第一抵押 first mortgage
第一电压 primary voltage
第一电压范围 <小于或等于 30V> first voltage range
第一电子透镜 first electron lens
第一度油漆 first coat
第一段磨矿设备 primary grinding unit
第一方审核 first-party audit
第一方位角法 first azimuth method
第一非平衡状态下抽水试验公式 first non-equilibrium pumping-test formula
第一菲涅耳区 first Fresnel zone
第一废热锅炉 primary waste heat boiler
第一份复制品输出时间 first copy-out time
第一辐射常数 first radiation constant
第一副后刀面 minor first flank
第一概率分布 first probability distribution
第一高斯基本量 first Gaussian fundamental quantity
第一个闭塞区段 head block
第一个出口 primary outlet
第一个分类学上的分类 first taxonomic classification
第一个工件 first work piece;unit one
第一个管理步骤 first management step
第一(规)范式 first normal form
第一航次 maiden voyage;virgin voyage
第一号 number one
第一河底 first bottom

第一后刀面 major first flank
第一环境 first environment; primary environment
第一环路适配器 first loop feature
第一回交子代 first backcross generation
第一机架辊 first roller
第一激励器 first driver
第一级 first-order; first step; primary
第一级泵 first-stage pump
第一级变量 level-one variable
第一级侧脉 lateral vein of the first order
第一级地址 first-level address
第一级定义 first-level definition
第一级光谱 primary spectrum
第一级激励器 first driver unit
第一级集尘器 pre-collector
第一级加热器 primary heater
第一级间歇曝气膜生物反应器 first-stage intermittent aeration membrane bioreactor
第一级减速大齿轮 first reduction gear wheel
第一级减速小齿轮 first reduction gear pinion
第一级近似 first-order approximation
第一级近似理论 first-order theory
第一级盘管 primary coil
第一级曝气膜生物反应器 first-stage biological aerated filter
第一级生化需氧量 first-stage biochemical oxygen demand
第一级生物处理工艺 first-stage biological treatment process
第一级生物接触氧化 first-stage biological contact oxidation
第一级生物转盘 first-stage rotating biological contactor
第一级吸附速率常数 first-order adsorption rate constant
第一级相变 first-order phase transition
第一级像差 primary aberration
第一级寻线机 primary line switch
第一级厌氧处理 first-stage anaerobic treatment
第一级厌氧生物滤池 first-stage anaerobic biofilter
第一级氧化工艺 first-stage oxidizing process
第一级预防 primary level of prevention
第一级预选机 <自动电话> primary line switch
第一级跃迁点 first-order transition point
第一级蒸汽过热器 presuperheater
第一级支管 primary branch
第一级转变点 first-order transition point
第一级子程序 first-order subroutine; first-remove subroutine
第一加速极 first acceleration
第一减数 first meiotic division
第一检波器 first detector
第一角投影(法) first-angle projection
第一阶 first-order; primary
第一阶波散滤波器 first-order dispersive filter
第一阶段 A-stage; first-stage; stage one
第一阶段发展 first-stage development
第一阶段喷泥孔 <刚性路面的> first-stage blow hole
第一阶段蠕变 primary creep
第一阶段生化需氧量 first-stage biochemical oxygen demand
第一阶段施工 first-stage development
第一阶段石墨化 first-stage graphitization
第一阶段投标 stage-one bids
第一阶段退火 first-stage annealing
第一阶段研制工作 first generation effort
第一接近区段 first approach section
第一节锅筒 first course of boiler barrel
第一节间长度 first internode length
第一解冻日 first open water
第一近似值 first approximation
第一可数拓扑空间 first countable topological space
第一孔型 first pass
第一块铺石板 first slab
第一拉格朗日点 first Lagrangian point
第一类保险 Class I cover
第一类边值问题 Dirichlet problem; first boundary-value problem
第一类程序设计 type 1 programming
第一类冲击误差 ballistic deflection error
第一类错误 error of first kind; type I error
第一类错误的概率 probability of type I error
第一类单调宇宙模型 monotonic model of the first kind
第一类队列 queue 1
第一类杠杆 <支点在中间的> first class lever; lever of first order; lever of the first kind
第一类间断性 discontinuity of the first kind
第一类离群值 outlier of the first kind
第一类零阶贝塞尔函数 order zero Bessel function of the 1st kind
第一类零阶虚宗贝塞尔函数 zero modified Bessel function of the 1st kind
第一类流 first-class current
第一类碰撞 collision of the first kind; first kind collision
第一类批处理 type 1 batch
第一类气压沉箱病 type 1 decompression sickness
第一类完全椭圆积分 complete elliptic(al) integral of the first kind
第一类一阶贝塞尔函数 order one Bessel function of the 1st kind
第一类一阶虚宗贝塞尔函数 order one imaginary coordinate Bessel function of the 1st kind
第一类应力 stress of the first kind
第一类永动机 perpetual machine of the first kind; perpetual motion machine of the first kind
第一离去区段 first departure section
第一力矩面积法 first moment area method
第一连接杆 head rod
第一辆客车【铁】leading coach
第一流 first-water
第一流产品 top-notch product
第一流的 blue ribbon; first-class; first rate; front-rank; second to none; first grade; dandy <美>
第一流旅客列车 crack train
第一留置权 first lien
第一滤清器 first-stage filter
第一轮汽轮机 primary turbine
第一模盘 metal positive; mother
第一模型 mother
第一欧拉数 Euler number 1
第一批机组发电 first power
第一批机组发电(所需)工期 construction time to first generation
第一偏心率 first eccentricity
第一频率倍增器 first frequency doubler
第一期的 first phase; first-stage
第一期付款 down payment
第一期混凝土 first-stage concrete
第一期浇灌 first pour
第一期浇筑 <混凝土的> first pour
第一期围堰 first-stage cofferdam
第一期余震 primary aftershock
第一期装机 <电站的> first-stage installation
第一汽缸高压 high-tension wire to 1st cylinder
第一前刀面 major first face
第一曲率 first curvature
第一曲率半径 first curvature radius
第一曲率向量 first curvature vector
第一群解调器 first group demodulator
第一入口处 first access point
第一瑞利数 Rayleigh number 1
第一散射角 first-scattering angle
第一栅极 first grid
第一栅极电压 primary grid voltage
第一射频放大器 first RF[radio frequency] amplifier
第一审程序 proceeding at first instance
第一审法院 court of first instance
第一升运器 initial elevator; primary (lifting) elevator
第一使用者 <产品的> first user
第一手材料 first-hand information; first-hand material
第一手的 first hand
第一手资料 first-hand data; first-hand information; primary data
第一数据多路转接器 first data multiplexer
第一水 <钻石等的> first-water
第一水平提升高度 first-level lift
第一斯托克斯数 Stokes' number 1
第一四分位数 first quartile
第一速度齿轮 first gear
第一速率 low gear
第一台机组发电 first generation
第一弹性数 elasticity number 1
第一停车信标 first stop marker
第一韦伯数 Weber number 1
第一维里系数 first Virial coefficient
第一位臂板 top arm
第一位的 front burner; primary
第一位信号示像 top aspect
第一污染 first pollution
第一系弹簧悬挂 primary suspension
第一系悬挂 primary suspension
第一细目栏 first detail group
第一下冲模 first lower punch
第一线 front line
第一线的 first line
第一线官员 first line officer
第一线管理人员 first line manager; front line manager
第一向量 primary vector
第一象限投影法 first-angle projection
第一信号 first signal
第一信号图 primary signal face
第一信号系统 first signal system
第一行业 <一般指农、林、牧、渔及采矿等部门> first industry; primary industry
第一型插座 hermaphroditic connector
第一型共振 first mode resonance
第一选组器 discriminating selector; district selector; first group selector
第一寻线机 first line finder
第一寻线器 first line selector
第一循环管 primary circulating pipe
第一循环管系 primary circulating pipe system
第一眼井 <油田的> pioneer well
第一阳极 first anode
第一夜班 <下午 8 点至 12 点> first night watch
第一异常向量 primary exception vector
第一益额分保合同 first surplus reinsurance treaty
第一音频放大器 first AF[audio frequency] amplifier
第一应力不变量 first stress invariant
第一营养级 the first trophic level
第一预选器 first line switch; first preselector
第一越流系统 first leaky system
第一运动定律 first law of motion
第一运转车长 head guard
第一振型 first mode of vibration; first vibration mode; fundamental mode <结构振动>
第一中间宿主 first intermediate host
第一中心点 first nodal point
第一中值定理 first law of the mean; mean value theorem; Rolle's theorem
第一种错误 error of the first kind
第一种碰撞 collision of the first kind; endoergic collision
第一种歧点 cusp of the first species
第一种衰减 attenuation of the first kind
第一逐稿轮 first beater; strawwalker feeder beater
第一主平面 major principal plane
第一主应变 first principal strain; major principal strain
第一主应力 first principal stress; major principal stress
第一住户 <住房落成后的> first user
第一字选择器 A-digit selector
第一纵脉 first longitudinal vein
第一阻力系数 resistance coefficient 1
第一组拆卸式货物集装箱 group I demountable cargo container
第一组件程序 first module program(me)

棣

棣美弗公式 De Moivre's formula

缔

缔合波 associated wave
缔合常数 association constant
缔合的络合物 association complex
缔合度 degree of association
缔合反应 associated reaction
缔合分析 association analysis
缔合分子 associated molecule
缔合化学吸附 associative chemisorption
缔合聚氨酯增稠剂 associative polyurethane thickener
缔合聚合物 association polymer
缔合离子 associated ion
缔合气 associated natural gas
缔合热 heat of association
缔合水理论 hydrone theory
缔合液体 associated liquid
缔合增稠剂 associate thickener
缔合中心 associated center[centre]
缔合子 associate
缔合作用 association
缔结合约 conclude contract
缔结契约 enter contract
缔纶聚酯纤维 Teron
缔约 covenant
缔约程序 contractual procedure han-

dling;hill toning;plastic shading
缔约方 contracting party;high contracting parties
缔约各方 each of the contracting parties
缔约官员 contracting officer
缔约国 contracting party;contracting state;high contracting parties
缔约联合企业 contracting combine
缔约能力 contractual capacity
缔约双方 both contracting parties
缔约一方 contracting party
缔造 found

蒂

蒂埃尔·布劳正规化 Thiele-Burrau regularization
蒂埃尔·盖德法 Thiele-Geddes method
蒂埃尔坐标 Thiele coordinates
蒂奥克莱提宫殿金门 <古罗马> Golden gateway
蒂奥里的哈德良离宫 Hadrian's villa at Tivoil
蒂比锡里纤维 <圭亚那> Tibisirie fiber[fibre]
蒂策开拓定理 Tietze extension theorem
蒂法尼涂饰法 Tiffany finish
蒂戈膜 Tego film
蒂克赫维恩极性超带 Tikhvin polarity superzone
蒂克赫维恩极性超时 Tikhvin polarity superchron
蒂克赫维恩极性超时间带 Tikhvin polarity superchron zone
蒂克纳尔镍铁铝磁合金 Ticonal;
蒂克尼姆铸造齿合金 Ticonium
蒂姆肯 X 耐热合金 Timken X
蒂姆肯铬镍钼耐热钢 Timken
蒂姆肯膜强度 Timken film strength
蒂姆肯镍铬钼耐热钢 Timken steel
蒂尼杜尔耐热合金(钢) Tinidur
蒂尼科西尔合金 Tinicosil alloy
蒂尼特锡基含铜轴承合金 Tinite
蒂帕尔聚丙烯纺丝黏[粘]合织物 Typar
蒂普尔 <一种引气剂> Teepol
蒂羟硼钙石 tyretskite
蒂塞朗准则 Tisserand criterion
蒂塞西合金 Tissier's alloy
蒂森·埃米尔高级铸铁 Thysen-Emmel
蒂森科反应 Tischenko reaction
蒂斯科耐磨锰钢 Tisco Mn steel
蒂斯科耐磨镍锰钢 Tisco steel
蒂斯科镍铬硅耐磨耐蚀合金 Tisco alloy
蒂坦铝合金 Titanal
蒂坦纳尔铝基活塞合金 Titanal
蒂坦纳洛伊钛铜锌合金 Titanaloy
蒂坦钛钨硬质合金 titanit
蒂特迈杰硅青铜 Tetmajer
蒂图斯温泉 Thermae of Titus
蒂托阶【地】Tithonian
蒂托纶聚酯纤维 Tetoron
蒂维克纺黏[粘]型聚丙烯纤维 Tyvek
蒂沃斯的维斯太神庙 Temple of Vesta at Tivoli

碲

碲钯矿 keithconite;merenskyite
碲钯银矿 sopcheite
碲铋华 montanite
碲铋矿 hedleyite;joseite;tellurobismuthite;tetradymite
碲铋银矿 volynskite
碲铂矿 moncheite;niggliite
碲钙石 carlfriesite
碲镉汞 <由碲化汞和碲化镉组成固溶体半导体材料> mercury cadmium telluride
碲供体络合物 tellurium donor complex
碲汞钯矿 temagamite
碲汞矿 colo(u)radoite
碲汞石 magnolite
碲钴矿 mattagamite
碲化镉 cadmium telluride
碲化合物 tellurium compound
碲化氢 telluretted hydrogen
碲化物 telluret;telluride
碲金矿 calaverite
碲金银矿 petzite
碲矿 tellurium ores
碲矿床 tellurium deposit
碲硫铋矿 gruenlingite
碲锰铅石 kuranakhite
碲镍矿 melonite
碲镍青铜 tehnic bronze
碲铅铋矿 rucklidgeite
碲铅合金 relledium;tellurium lead
碲铅华 dunhamite
碲铅矿 altaite
碲铅铜金矿 bilibinskite
碲铅铜石 khinite
碲铅铀矿 moctezumite
碲青铜 tellurium bronze
碲酸 telluric acid
碲酸钠 sodium tellurate
碲酸盐 tellurate
碲酸酯 tellurate
碲锑法 tellurium-antimony method
碲锑矿 tellurantimony
碲铁矾 poughite
碲铁石 emmonsite;rodalquilarite
碲铁铜金矿 bogdanovite
碲铜金矿 bessmertnovite
碲铜矿 rickardite;vulcanite
碲铜石 teineite
碲硒铜矿 bambollaite
碲氙法 tellurium-xenon method
碲锌锰石 denninfite
碲银钯矿 telargpalite
碲银矿 hessite
碲银铜矿 henryite
碲铀矿 schmitterite

滇

滇楠 nan-mao;nanmu

颠

颠簸 buck;bump(ing);jolt;rolling;thrashing;toss;wallop;surge <指船>
颠簸的车辆 jarring vehicle
颠簸空气 bumpy air
颠簸累积式平整度仪 <拖车式> bump-integrator roughometer trailer
颠簸试验 bump test
颠簸性 bumpiness
颠簸仪 <测定路面平整度用> bumpometer
颠簸运动 <向上下或左右> jigging motion;balleting
颠簸指示标志 bump sign
颠倒 bottom up;inversion;perversion;reversal;reverse;reversion;topsy-turvy;turn upside down;upset
颠倒采水器 reversing water bottle
颠倒采样 inverse sampling
颠倒采样调查 inverse sample census(ing)
颠倒程序 reverse a procedure
颠倒次数 number of reversals
颠倒的 reverse(d);upside-down
颠倒的地 topsy-turvy
颠倒电池监督(法) reverse battery supervision
颠倒电路 reversal circuit
颠倒过来 the other way
颠倒继电器 pole changer relay;pole-changing relay
颠倒式采样器 reverse sampler
颠倒梯形数/模转换器 inverted ladder digital/analog(ue) converter
颠倒温度表 reversing thermometer
颠倒温度计 reversing thermometer
颠倒温度计法 reversing thermometer method
颠倒型热 inverse type of fever
颠倒一个链接表 invert a linked list
颠倒影像 reversed image
颠动 porpoising
颠覆 commutation failure;subversion;turnover
颠覆力矩 disturbing moment
颠覆速度 overturning speed
颠换型突变 transversion mutation
颠振式振动器 jolt vibrator
颠振振捣器 jolt vibrator;shock vibrator

巅

巅值 peak;crest value
巅值负载 peak load
巅值曲线 peaky curve
巅值限幅器 peak chopper
巅值指示器 peak indicator

典

典当 pawn
典当商 pawnbroker
典范 model;nonesuch;paragon;prototype;quintessence
典范变量 canonic(al) variate
典范分布 canonic(al) distribution
典范分解 canonic(al) decomposition
典范分配 canonic(al) distribution
典范格式 canonic(al) form
典范基 canonic(al) base;canonic(al) basis
典范结构 canonic(al) structure
典范同构 canonic(al) isomorphism
典范相关 canonic(al) correlation
典范相关分析 canonic(al) correlation analysis
典范形式 canonic(al) form;canonic(al) transformation
典范坐标 canonic(al) coordinates
典礼 celebration;ceremony;inauguration
典契 deed of mortgage
典软石蜡 soft paraffin(wax)
典型 emblem;exemplar;model;nonesuch;prototype;typical case;typical example
典型暴雨 typical storm
典型比例尺 representative scale
典型边坡 typical side slope
典型变换 canonic(al) transformation
典型变量 canonic(al) variable
典型标记树 canonically labelled tree
典型布置 typical layout
典型材料 typical material
典型参考系统 model reference system
典型草甸 typical meadow
典型成分 typical composition
典型城市 model city
典型冲刷 prototype scour
典型抽样 representative sampling
典型抽样法 representative method of sampling
典型船舶尺寸 typical ship dimensions
典型大罐笼 typical large compartment cage
典型的 canonic(al);classic;representative;typical
典型的薄壳 typical shell
典型的船舶跳板布置图 typical vessel ramp arrangement
典型的公寓建筑 typical apartment building
典型的立方块强度试验 typical cube
典型的楼层平面图 type-plan of floor
典型的上层楼平面图 typical upper floor plan
典型的式样的 modal
典型的水轮发电机机组段 typical turbine generator unit bay
典型底层平面图 type ground plan
典型地貌图 terrain-type map
典型地区 representative area;type area;type locality;type region
典型调查 case survey;cross-section survey;model study;model survey;specific sample survey;typical investigation
典型断面 sample section;typical section
典型堆料法 typical stacking method
典型对应分析 canonic(al) correspondence analysis
典型发动机 representative engine
典型法规 model code
典型反应 type reaction
典型范式 canonic(al) form
典型方程式 canonic(al) equation
典型非热源 canonic(al) non-thermal source
典型分布 canonic(al) distribution;type distribution
典型分析 cross-section analysis;typical analysis
典型腐生菌 saprophyte
典型腐殖质碳酸盐土 true humus calcareous soil
典型格式 canonic(al) form
典型工程 typical construction
典型工艺规程 works process specification
典型工作日 typical weekday
典型工作周期 representative calculating time
典型共轭量 canonic(al) conjugate
典型构造 typical construction
典型固定式滚装岸上坡道 typical fixed Ro-Ro shore ramp
典型观测 representative observation
典型轨迹 canonic(al) path
典型过程线 typical hydrograph
典型河段 representative river section;typical river reach
典型河流 model river;model stream
典型荷载 typical load(ing)
典型横断面 specified cross-section;typical cross-section
典型化 typification
典型化学元素 typochemical element
典型回归分析 canonic(al) regression analysis
典型级配 type grading;typical grading
典型级配曲线 type grading curve;typical gradation curve
典型计算工作 representative calculating operation
典型计算机 normatron
典型计算时间 representative computation time;representative computing time
典型件 typical parts
典型建筑 typical construction
典型建筑法规 model building code

典型交通调查 sample traffic survey
典型接缝 special joint;typical joint
典型接缝布置 typical joint arrangement
典型接头 special joint;typical joint
典型结构 modular design
典型截面 representative section;sample section;typical section
典型紧固件 typical standard anchor
典型矩阵 canonic(al)matrix
典型可调式滚装岸上坡道 typical adjustable Ro-Ro shore ramp
典型空间 typical space
典型控制 classic(al)control
典型拉杆 typical tie rod
典型例 typical sample
典型例证 case history
典型粒度曲线 typical gradation curve
典型流程 typical flowsheet
典型流域 representative basin
典型楼层 typical floors
典型楼层平面图 typical floor plan
典型路段 typical section of road
典型路面研究 special pavement study
典型模式 sampling pattern; typical module
典型年 typical year
典型爬梯尺寸 typical ladder dimensions
典型配方 representative formula
典型剖面 type section;typical profile
典型气味 typical odo(u)r
典型砌合 typical bond
典型墙段布置 typical panel arrangement
典型区域 representative region
典型曲线 symptomatic curve; type curve
典型趋势面分析 canonic(al) trend surface analysis
典型人格 model personality
典型设计 modular design;typical design
典型设计数据 typical design data
典型设计图 typical design drawing
典型实例 representative example
典型事例 typical case; typical instance
典型试件 representative sample; representative specimen; type specimen
典型试验 tryout in typical cases;type test;typical run;typical test
典型试样 representative sample;type sample;typical sample
典型属 type genus
典型特征 typical characteristic
典型条件 representative condition
典型通行能力 typical capacity
典型图形平差 adjustment of typical figures
典型土样 representative sample;typical sample
典型退水曲线 master recession curve
典型吞吐量 typical throughput
典型未经处理的家庭生活污水特性 typical characteristics of untreated domestic sewage
典型问题 prototype problem;typical problem
典型系缆模式 typical mooring pattern
典型系统 canonic(al)system
典型相关 canonic(al)correlation
典型相关分析 canonic(al)correlation analysis
典型相关系数 canonic(al)correlation coefficient
典型详图 typical detail
典型形式 canonic(al) form; typical form
典型性 representativeness; trueness to type;typicalness
典型性质 representative property
典型旋涡星云 typical spiral nebula
典型岩芯 representative core
典型样本 representative sample;typical sample
典型样品 representative sample;typical sample
典型样式 typical pattern;typical sample
典型样图 pilot sheet; representative pattern
典型用水量 typical rates of water use
典型圆顶 ideal dome
典型值 representative value; typical basis
典型种 canonic(al)species;character species;type species
典型住宅 model dwelling
典型砖红壤 true laterite
典型资料 representative data
典型纵剖面 typical profile
典型坐标 canonic(al)coordinates
典则表示(法) canonic(al) representation

点斑 stigma

点曝光 point exposure
点曝光显微镜 spot-exposure microscope
点变差函数 point variogram
点变换 point transformation
点变换矩阵 point transfer matrix
点标点 punctuation
点标定格网 point-designation grid
点标记 dot mark
点标记符 point marker
点标器 dotter
点表面密度 surface density of site
点表示 point representation
点波束 point beam;spot beam
点波束反射器 spot reflector
点波束鉴别 spot beam discrimination
点波束接收机 spot receiver
点波束天线 spot beam antenna
点不着火 misfire
点播 bunch planting;dropping in hill;hole sowing
点播电视 video on demand
点播器 dibber;dibble
点不重的路径 vertex-disjoint path
点采样 point sampling
点采样器 point sampler
点彩 stippling;stippling decoration
点彩画法 pointillism
点彩饰面 stippled finish
点彩饰面的 stippled
点彩饰面图形 stippled pattern
点彩刷 stippling brush
点彩涂料 stipple paint
点测 accurate pointing
点测波长计 wave-measuring point ga(u)ge
点测定方法 point measuring method
点测记录 point-to-point measurement record
点测量法 point surveying
点测流法 one-point method of stream ga(u)ging
点测头千分尺 point micrometer
点查材料报告单 stock-taking return
点查归类 enumeration
点查员 enumerator
点产出 point output
点场 field of points
点钞室 cash room
点车速 spot speed
点乘 dot product
点尺寸 spot size
点冲刷源 point erosion source
点抽样 point sampling
点抽样理论 point sampling theory
点出 prick out
点穿机 spot punching
点穿孔器 spot punch;unipunch
点传感器 point sensor
点簇 series of points
点到点 point-to-point
点到点成本计算法 computation system of point-to-point cost
点到点传输 point-to-point transmission
点到点传输协议 end-to-end protocol;transport protocol
点到点方式 point-to-point system
点到点分段 point-to-point segment
点到点控制系统 point-to-point control system
点到点连接 point-to-point connection;point-to-point link
点到点链路 point-to-point link
点到点流量控制 end-to-end flow control
点到点双向测试 end-to-end test
点到点通信[讯] point-to-point communication
点到点网络 point-to-point network
点到点线路 point-to-point line
点到点协议 < 一种传送协议,允许一台电脑通过拨号的方式联入 >【计】point-to-point protocol
点到集的映射 point-to-set mapping
点的 punctual
点的分布 scatter of points
点的分散度 scattering of the points
点的轨迹 locus of points
点的空间分布模型 spatial distribution model of point
点的邻域 neighbo(u)rhood of a point
点的散布 spread of points
点的说明 description of points; description of station
点灯 light on
点灯台 lamp stage
点灯用煤油 lamp kerosine
点滴 drib;hint;spot;sprinkling;trickle
点滴板 spot plate
点滴(定)比色法 spot colo(u)rimetry
点滴定性分析 spot quality test
点滴法 drop method;spot method
点滴反应 dropping reaction; point drip reaction
点滴分析 spot analysis
点滴管 dropper
点滴检测器检测头 drop detector head
点滴胶合法 spot gluing
点滴喷雾 dripping-drop atomization
点滴器 dropper
点滴式薄膜式淋水填料 splash film packing
点滴式充电 trickle charge; trickling charge
点滴式充电电流 trickle charging current
点滴式充电法 trickle charge
点滴式充电机 trickle charger
点滴式冷却器 drip cooler
点滴式冷却设备 drip cooling plant
点滴式淋水填料 splash packing
点滴式填料 drippoint packing;splash packing
点滴试验 droplet test;spot test;stain test
点滴试验法 spot test method
点滴试验分析 spot test analysis
点滴指示剂 spot indicator
点滴注水 drip feed
点滴注油 drip feed
点滴注油器 drip feed oil lubricator
点地址 dot address
点电荷 point charge
点迭代法 point iterative method
点迭代过程 point iterative process
点定焊 tack weld(ing)
点动 crawl;inching
点动荷载 point active load
点独立数 point independence number
点端式计数管 point counter; point counter tube
点对 dotted pair
点对称 point symmetry
点对称图 point-symmetric(al)graph
点对点 peer-to-peer;point-to-point
点对点对应 point-to-point correspondence
点对点通道 < 连接两个数据站的通信[讯]线 > point-to-point linkage
点对点无线电通信[讯] point-to-point radio communication
点对点无线电通信[讯]设备 point-to-point radio equipment
点对点运输 point-to-point transportation
点对流模型 point convective model
点对应 point correspondence
点反映 point reflection
点方式 dot method
点沸腾 nuclear boiling
点分布 one-point distribution
点分布分析法 point distribution analysis method
点分布函数 point distribution function;point spread function
点分十进制记法 dotted decimal notation
点分析 point analysis
点符号 point symbol
点辐射源 point source
点腐蚀 pit(ting)corrosion;spot corrosion;tubercular corrosion
点腐蚀试验 pitting corrosion test
点负荷 point load(ing)
点覆盖数 point covering number
点感应式列车自动控制 intermittent inductive automatic train control
点感应式列车自动停车 intermittent (automatic)inductive train stop
点感应式列车自动停车系统 intermittent inductive train stop system
点感应式列车自动停车制 intermittent inductive train stop system
点高程 spot elevation;spot level
点高程误差 spot elevation error
点格式 dot format
点格绉 checked crepe
点估计【数】point estimate[estimation]
点固 positional welding
点固焊 tack weld(ing)
点光 point light
点光灯 point source lamp
点光栅 polka-dot raster
点光栅法 polka-dot method
点光式 point light type
点光式轨道照明盘 spotlight-illuminated track diagram
点光源 point(lighting) lamp; point light(ing) source; pointolite; point source of light;spotlight
点光源灯 point source light
点光源照明 spotlight(ing)
点光指示 spotlight indication
点过程 point process;Poisson's process

点函数 point function
点焊 spot weld;arc spot welding;button spot weld; dot weld(ing); mash weld;pinpoint welding;point weld(ing);shot weld(ing);stitch weld(ing);tack weld
点焊的 spot-welding
点焊底剂 spot-welding primer
点焊底漆 spot-welding primer
点焊点 spot-welding point
点焊电极 spot-welding electrode
点焊电极夹 spot-welding electrode holder
点焊对焊两用机 spot and butt welding machine
点焊分布图 spot-welding pattern
点焊缝 spot weld
点焊焊缝 spot weld
点焊焊枪 spot-welding gun
点焊焊条 point electrode
点焊机 mash welder; point welding machine;spot welder;spot-welding machine
点焊机器人 spot-welding robot
点焊夹具 spot-welding fixture
点焊接 point welding;spot-welding
点焊接合 brazed joint;soldered joint
点焊接夹具 spot-weld fixture
点焊接头 spot weld; spot-welded joint
点焊接圆钢筋 spot-welded round bar
点焊黏[粘]结 weld-bonding
点焊钳 pliers spot welding head;spot-welding gun;spot-welding tongs
点焊枪 gun welding machine; spot-welding gun
点焊熔核 nugget;spot weld nugget
点焊设备 spot-welding installation
点焊首涂油 spot-welding primer
点焊头 spot-welding head
点焊用密封材料 spot-welding sealer
点号 point designation;point number
点号键盘 point-numbering keyboard
点荷载 point force;point load(ing); single load
点荷载法 point load(ing) method
点荷载拉伸试验 point load(ing) tensile test
点荷载强度 point load(ing) strength
点荷载强度指数 point load strength index
点荷载试验 point load(ing) test
点荷载试验数 number of dot loading test
点荷载仪 point load(ing) device
点荷载指标试验 point load index test
点弧喷射发动机 arc-jet engine
点弧区 dot's sector
点划发生器 bar-and-dot generator
点划法 dot-dash method; dot-dash mode
点划技术 dot and dash technique
点划线 chain-dot(ted) line; dash-dot-(ted) line; dot-dash line; long and short dash line
点划线记录器 chopper-bar recorder
点划信号 dot-and-dash signal
点划虚线 chain-dot line; dash(ed) and dot(ted) line;dot-and-dash line
点划虚线刻绘仪 dot-dash graver
点画 stipple
点画笔 stippler;stippling brush
点画法 stipple
点画花 brush painted decoration
点画线 phantom line
点汇 point sink
点绘曲线 curve plotting
点绘图机 point plotter
点绘图仪 point plotter
点绘仪 dotting instrument
点火 burst into flame;combustion initiation;fire up;fire[firing] lighting; flame ignition;flashover;fusing;igniting;ignition;initial firing;kindle; kindling; lighting; light (ing)-off; light the fire;priming;sparking
点火按钮 ignition button
点火扳手 ignition spanner
点火棒 fire rod;igniter stick;lighting-off torch
点火爆发型内燃机 explosive-type engine
点火爆震 spark knock
点火变压器 ignition transformer
点火不足 firing defect
点火步骤 firing process
点火材料 igniter material
点火操作 ignition performance
点火程序 ignition procedure
点火迟延时间测试器 ignition delay tester
点火冲程 firing stroke
点火磁电机 magnet for ignition
点火次序 ignition pattern;ignition sequence;firing order
点火点 priming point
点火电池【机】ignition battery
点火电荷 bare charge
点火电火花 ignition spark
点火电极 ignition electrode; keep-alive;keep-alive electrode
点火电流 firing current; initial firing current
点火电路 electric(al) firing circuit; firing circuit; igniting circuit; ignition circuit
点火电路测试仪 ignition circuit tester
点火电门 fire switch
点火电位 firing potential
点火电压 fire point;firing point;firing voltage; ignition voltage; keep-alive voltage; priming potential; striking voltage
点火定额 ignition rating
点火定时 ignition timing
点火定时器 ignition timer
点火端钮 ignition terminal
点火断电器 ignition cut-out
点火断续器 ignition interrupter
点火发动机 igniter motor
点火方法 ignition procedure
点火分电器 ignition distributor;spark spacer
点火干扰 ignition interference
点火杆 spark(-hand) lever
点火杆管 spark-hand-lever tube
点火杆扇形齿轮 spark quadrant
点火高压线 igniter high-voltage wire
点火工具 firing tools
点火拱 firing arch;ignition arch
点火管 igniter tube;ignition rectifier; ignition tube;ignitron;squib
点火规则 firing rule
点火混合剂 priming mixture
点火火花 ignition spark
点火火炬 lighting-off torch
点火火焰 igniting flame;pilot flame
点火机 bouchon; dynamo exploder; singeing machine
点火激发器 ignition promoter
点火激励器 ignition exciter unit
点火及照明永磁发电机 ignition and lighting magneto
点火极 ignition anode; ignition electrode;ignitor electrode
点火极电流 ignitor current
点火极放电 ignitor discharge
点火技术 firing technique
点火剂 fire lighter; igniter[ignitor]; primer; primer composition; priming composition
点火检测器 ignition detector
点火检查示波器 automatograph; autoscope;ignition scope
点火键 firing key
点火角 angle of ignition;firing angle
点火镜 burning glass
点火开关 ignition key;ignition lock; ignition switch
点火开关钥匙 ignition(switch) key
点火孔 fire[firing] hole;lighting hole; live hole;touch hole
点火控制杆 spark control lever
点火控制继电器 ignition control relay
点火控制系统 fire control system
点火口 lighting hole;lighting-up tuyere
点火雷管 igniter pellet
点火联动装置 spark linkage
点火炉 firing up
点火轮 spark wheel
点火螺塞 vent bushing
点火落后角 ignition retarding angle
点火脉冲 firing pulse
点火模型 fire model
点火能 ignition energy
点火喷嘴 ignition burner
点火期 firing period;heating-up period
点火起始能 firing initial energy
点火气 igniter gas
点火器 flame ignitor; flame lighter; gas poker;ignition apparatus;igniter[ignitor];lighter;pilot light;spark lighter;squib
点火器电路测试器 igniter circuit tester
点火器火花 trigger spark
点火器喷嘴 igniter nozzle
点火前的 prefiring
点火前检验 prefiring check
点火枪 burning torch
点火燃烧器 ignition burner; pilot burner;pit burner;start-up burner
点火燃烧室 ignition burner
点火塞 ignition plug; light-up plug; sparking plug
点火设备 combustion unit; ignition device;ignition unit
点火升温 firing up
点火升压器 ignition booster
点火绳 fire rope
点火失效 loss of ignition
点火时间 duration of ignition; firing hour;firing time;ignition distance; ignition time;sparking time;time of ignition
点火时间调节 ignition timing adjustment
点火时间调整 ignition setting
点火式磁电机 igniting magneto
点火试验 firing run;hot firing;firing test
点火室 hot-bulb;ignition chamber
点火闩 ignition lock
点火顺序 firing order; firing sequence; ignition order; ignition sequence
点火瞬间 moment of sparking
点火损失量 loss on ignition
点火提前 spark lead;ignition advance
点火提前角度 degree of advance
点火提前控制机构 advance control mechanism
点火调节器 ignition governor
点火调整 ignition adjustment
点火筒 igniter tube
点火凸轮 ignition cam
点火危险 danger of sparking
点火温度 firing temperature;ignition temperature
点火物 lighter
点火系故障 ignition failure
点火系统 ignition system
点火系统蓄电池 ignition battery
点火系噪声 ignition noise
点火线 igniter[ignitor] cord; ignition harness;ignition wire
点火线路 ignition circuit
点火线圈 bobbin;ignition coil;spark-(ing) coil
点火线圈低压线 ignition coil primary cable
点火线圈电阻器 ignition coil resistor
点火线圈附加电阻 ignition resistor
点火线圈高压线 ignition coil secondary cable
点火线圈试验器 ignition coil tester
点火性能 ignition performance
点火蓄电池 ignition accumulator
点火压力 igniter pressure
点火延迟 firing delay;ignition delay; ignition retard(ing)
点火阳极 ignition anode
点火药 first fire composition;ignition charge;primer charge;igniting powder;ignition powder <焊接用>
点火药包 igniter[ignitor] pad;ignition pad
点火药者 powderman
点火引线 ignition fuse
点火引信 igniter fuse
点火永磁发电机 ignition magneto
点火用燃烧器 igniting burner
点火元件 seed element
点火源 seed
点火炸药 ignition charge
点火者 firer
点火整流器 ignition rectifier
点火正时 ignition timing
点火纸 ignition paper
点火纸捻 fidibus
点火指示器 detonation indicator
点火滞后测试仪 ignition delay tester
点火转速 ignition speed
点火装置 firing installation;flame igniter;igniter body;ignition device; ignition system; ignition unit; portfire; starter; torch-igniter assembly 【机】
点火状态 fired state
点火嘴 ignition torch
点货 tally the cargo
点货员 cargo checker; checker; tally clerk;tallyman
点击 hit
点迹 point trace
点积 dot product;scalar product
点积式取样器 point-integrating sampler
点极 point pole
点集 point group;series of points;set of points;point set【数】
点集的边界 boundary of a set of points
点集的测度 measure of a point set
点集拓扑学 point set topology
点计数法 point-count method
点计数寄存器 dot count register
点记录方式 point-plot mode
点继电器 point relay
点间备用通信[讯]设备 emergency point-to-point communication facility
点间通信[讯]线路 point-to-point circuit
点检测器 point detector
点降水量 point precipitation
点降雨量 point rainfall precipitation
点交 check and hand over;hand-over

item by item
点交叉 point transposition
点浇 hole irrigation
点胶合 <木模的> spot gluing; spot-glued
点礁 point reef
点礁油气藏群 point pinnacle reef pool group
点接触 point (ed) contact; whisker contact
点接触钢丝绳 point-contact lay wire rope
点接触合金台面型晶体管 dot alloy mesa transistor
点接触胶结物结构 point-contact cement texture
点接触结 point contact junction
点接触晶体管 point-contact transistor
点接触式光电晶体管 point-contact phototransistor
点接触式列车自动控制 intermittent electrical contact train control
点接触型二极管 contact diode
点接触型晶体二极管 point-contact diode
点接触型晶体管 point-to-point transistor
点接触型晶体三极管 point-contact triode transistor
点接触整流器 point-contact rectifier
点接触轴承 spot contact bearing
点接合表面络合模型 site-binding surface complexion model
点接合相转移模型 site-binding phase transfer model
点节线 knop yarn
点结合 point-junction
点结合型晶体管 <具有一个基极及二个点接触结型电极的晶体管> point junction transistor
点金 gold pointing
点近似法 point approximation
点晶格 point lattice
点景建筑 scenic easement
点景牌楼 decorated archway; naming Pailou
点矩阵 dot matrix; point matrix
点据 point data
点据分散 scatter of points
点距 dot pitch
点聚焦单色器 point focusing monochromator
点聚图法 scattergram method
点克立格法 point Kriging
点刻 stipple; stippling
点刻刀 stippler
点刻法 stipple
点空蚀 cavitation pitting
点孔针 dotting needle
点控法 point-to-point control
点控制 isolated signal control; spot control
点控制的机器人 point-to-point controlled robot
点框架 point frame
点扩散函数 point spread function
点立视图 spot elevation
点粒子 point particle
点连接 assemblage point connection
点连式调速系统 point-continued type speed control system
点连通度 point-connectivity
点亮 lighten
点亮度计 spot meter
点料 stock taking
点列 range of points
点列对合 point involution
点流 sequential point; stream point
点流记录方式 point stream mode
点流量 point discharge
点流速 point velocity; spot velocity
点炉用的油 stove oil
点炉用火 pilot fire
点密度 density of points; dot density; point density
点面法 point-to-plane technique
点面关系曲线 point-area relationship
点描法 point representation; stipple; stipple method
点描法地图 dot map
点描孔饰面纹理 stipple perforated
点名 call the roll; point designation; point name
点名原理 roll call principle
点模式 dot pattern
点模式发生器 dot pattern generator
点磨法 spot grinding
点目标 pinpoint target; point target
点黏[粘] spotting mopping
点黏[粘]法 point adhesion method
点啮合 point gearing; point toothing
点啮合圆弧齿轮 round arc point mesh gear
点浓度 point concentration
点排放源 point emission source
点盘式制动器 disc-type brake
点炮工 shotfirer
点炮小眼 vent
点匹配 point matching
点匹配法 point matching method
点片 spot film
点票员 teller
点撇符号 prime-and-dot notation
点拼凑式印刷 mosaic printing
点拼凑式印刷机 mosaic printer
点频率 dot frequency; point frequency
点铺草皮法 spot sod method
点谱 point spectrum
点气蚀 cavitation pitting
点清 count out
点曲线 dotted curve
点取样器 point sampler
点全息图 point hologram
点缺陷 point defect
点群 point group
点群测定 point symmetry group determination
点群分析 cluster analysis; point group analysis
点群平均点 mean point of group
点燃 enkindle; ignite; ignition; kindle; kindling; lighting-up; set fire-to
点燃导火线 igniter cord; spit
点燃的 alight
点燃分配器 ignition distributor
点燃加速器 ignition accelerator
点燃角 angle of ignition
点燃调整 ignition adjustment
点燃滞 ignition delay
点燃温度 ignition temperature
点燃小火 <燃气热水器> ignition pilot
点容量 <每小时在任何方向能通过一点的车辆或客位的最大数目> point capacity
点蠕动 dot crawl
点散播函数 point spread function
点散射 point scattering
点扫描 spot scan(ning)
点扫描矢量绘图方式 vector point plotting scanning mode
点扫描仪 point scanner
点砂坝 point bar
点砂坝圈闭 point bar trap
点筛选器 point filter
点栅信号发生器 grating and dot generator
点射 spot spray
点射投影 geometric (al) projection; perspective projection
点生成 dot generation
点声源 point sound source; simple sound source <美>; simple source of sound <英>
点蚀 corrosive pitting; pit(ted) corrosion; pitting attack; pitting corrosion; pitting due to cavitation; pointed corrosion; spot corrosion; spot rusting; tubercular corrosion; contact pitting
点蚀表面 pitted surface
点蚀试验 pitting test
点蚀系数 pitting factor
点蚀性疲劳 pitting fatigue
点示图 spot map
点式 intermittent type; point mode
点式穿孔器 spot punch
点式磁性接收器 intermittent magnetic receiver
点式打印机 dot printer; wire printer
点式分光镜 dot beamsplitter
点式感应接收点 intermittent inductive receiver location
点式感应接收器 intermittent inductive receiver
点式机车信号 intermittent type cab signal(l)ing
点式机车信号区域 intermittent cab signaling territory
点式记录仪 dot recording system
点式交叉 point type disposition
点式控制 intermittent control
点式控制系统 intermittent control system
点式控制制 intermittent control system
点式连接片材屋面 intermittently attached sheet roofing
点式列车自动停车 intermittent (automatic) train stop
点式列车自动停车继电器 intermittent train stop relay
点式通风系统 intermittent ventilation system
点式调速系统 point type speed control system
点式图示 dot diagram
点式下确界 pointwise infimum
点式显示 point-mode display
点式信号 intermittent signal
点式悬挂的 point-suspended
点式印刷 matrix printing; wire printing
点式住宅 point block; point house
点饰 <用颜色小斑点衬托浮雕图形> picked out
点收 check and accept; check and receive
点收单 tally slip
点数 tally
点数单 tally sheet
点数的 enumerative
点数法 point system
点数理货 passing tally
点数配给 points rationing
点栓焊 <螺栓的> stud welding
点双曲线 lane
点水质测定 point water quality measurement
点顺序制 dot-sequential
点松弛 point relaxation
点松弛法 point relaxation method
点素几何学 point geometry
点素坐标 point coordinates
点速度 point velocity; spot speed
点算法 point method
点态不连续函数 pointwise discontinuous function
点态拉格朗日算子 pointwise Lagrangian operator
点态连接 pointwise connection
点态连通 pointwise connection
点态上确界的可微性 differentiability of a pointwise supremum
点态收敛 pointwise convergence
点滩 shoal patch
点弹性 point elasticity
点探动态特性法 point probe-dynamic (al) characteristic method
点探静态特性法 point probe-static characteristic method
点体彩色照片 anaglyph
点条状图案信号发生器 dot-bar generator
点贴短板 bedding dot
点头 nod
点头技术 nodding technique
点头振动 angular pitching; galloping; nodding
点投入 point input
点投影电子显微镜 point projector electron microscope
点投影式X射线显微镜 point projection X-ray microscope
点投影显微镜 point projection microscope; point projector microscope
点突变 point mutation
点图 null circle; point diagram; scatter diagram; spot map
点图形 dot pattern
点涂 spotting mopping
点涂法 stippling
点涂修整法 stipple
点椭圆 null ellipse
点网络 spot net
点位表示法 point representation
点位测定误差 error in point measurement
点位词典 point dictionary
点位等级 position order
点位底图 point base
点位风险评价 site risk assessment
点位精度 concrete representation; point accuracy; positional accuracy
点位控制 point-to-point
点位控制机器人 point-to-point controlled robot
点位略图 location sketch; plan sketch; site sketch
点位设计 point position design
点位数据库 point-positioning data base
点位稳定性检验 stability test of monitoring control points and deformation point
点位误差 position error
点位中误差 mean square error of point
点位坐标 position coordinates
点文件 dot file
点纹 dot
点纹花边 lazies
点涡 point unit vortex
点涡旋 point vortex
点污染 point pollution
点污染源 point (pollution) source; point source of pollution
点污染源负荷 point source load(ing)
点污染源控制 control of point sources; point source control
点污染源排放 point discharge; point source discharge
点污染源排污口 point source outfall
点污染源排污装置位置 location of point source dischargers
点污染源去毒化 point source detoxification
点污染源容许排放量 point source

discharge permit
点污染源污染 point source pollution
点污染源有毒物质排放 point source discharge of toxic
点系 point system
点系列 point series
点下对中 centering under point
点线 dot(ted) rule;pointed line
点线笔 drops pen
点线表 weight standard of dots and lines
点线表示法 point representation
点线播种 seed spacing
点线部分 points bound segment
点线打印机 wire-dot printer
点线焊 stitch-and-seam weld
点线鸭嘴笔 dotting pen
点线器 dotting instrument
点线时标 dotted line marker
点线阵印刷机 matrix(wire) printer
点线坐标 point-and-line coordinates
点像 dot image;point image
点效率 point efficiency
点斜法 point slope method
点斜式 point slope form
点写入模型 point write mode
点心叉 cake fork;luncheon fork
点心匙 desert spoon
点心刀 luncheon knife
点心店 confectaurant;kiosk
点心铺 lunch room
点心摊 refreshment stand
点信号 dot signal
点信号发生器 dot(pattern) generator;dot signal generator
点信号脉冲 dotting impulse
点形成电路 dot circuit
点形灯 spot lamp
点形悬挂 point suspension
点形悬挂的 point-suspended
点型草甸 typical meadow
点型感温火灾探测器 point type heat fire detector
点型感温探测器 point type fire detector
点型火灾探测器 spot-type fire detector
点虚线 dropped dot; pecked line; points bound segment;stipple line; dotted line
点序法 dot-sequential method
点序列 sequence of points
点序制彩色电视 dot sequential colour television
点循环 dot cycle
点压焊 mash weld
点压力 point pressure
点烟器 cigar lighter
点衍射干涉仪 point-diffraction interferometer
点眼器 eye lotion dropper
点样 spotting;point sample <舍沙量测验中的>
点样板 point template
点样本 point sample
点样采集器 point(-integrating) sampler
点样抽样法 point sampling method
点依赖域 point dependence domain
点异常 point anomaly
点异常推估 prediction of point anomalies
点异常推值 prediction value of point anomaly
点异常值 point anomaly value
点银的 silver-tipped
点银绘画(法) silver point
点引发 point initiation
点迎面火枪 back-fire torch
点迎面火(烧) back-fire
点荧光屏 dot fluorescent screen
点油灯 oil lighting
点油润滑 drip lubrication
点与点的角关联 point-point angular correlation
点雨量 point rainfall;rainfall at point
点元法 point element method
点圆 null circle;zero circle
点圆规 dotter;drop bow;drop pen
点圆刻绘仪 engraver subdivider
点圆刻图仪 engraver subdivider
点源 point source
点源场 point source field
点源分布 point source distribution
点源辐射体 point source radiator
点源核 point kernel
点源控制 point source control
点源流行 point source epidemic
点源录影灯 crater lamp
点源模型 point source model
点源排放 point source discharge
点源强度 source intensity
点源图 point source map
点源位错 point source dislocation
点源污染 point source pollution
点源耀度 point brilliance
点运动学 kinematics of point
点运算 point operation
点凿 pointing chisel
点凿加工 pointed work
点凿面 pointed finish
点凿琢面 pecked finish
点凿琢纹饰面 speckled surface finish
点阵 lattice; point group; point lattice;dot matrix
点阵变形 lattice deformation
点阵波 lattice wave
点阵不对称 lattice asymmetry
点阵不完整性 lattice imperfection
点阵参数 lattice parameter
点阵参数法 lattice parameter method
点阵参数精密测定 point group parameter precision determination
点阵常数 grating constant; lattice constant
点阵错合 lattice misfit
点阵打印机 array printer;dot matrix printer;matrix dot printer
点阵打印图像 dot matrix printer image
点阵的替位 lattice substitution
点阵点 lattice point;lattice-site
点阵动力学 crystal dynamics;lattice dynamics
点阵对称 lattice symmetry
点阵对应 lattice correspondence
点阵法 dot matrix method
点阵复容 lattice complex
点阵格式 dot matrix format
点阵构造 lattice structure
点阵绘图仪 dot matrix plotter
点阵畸变 lattice dislocation
点阵极化 lattice polarization
点阵间隔 lattice spacing
点阵间距 lattice distance
点阵键 lattice bond
点阵结构 lattice texture
点阵空位 lattice vacancy;vacant lattice site
点阵类型 lattice type
点阵理论 lattice theory
点阵力 lattice force
点阵列 lattice array
点阵模型 lattice model
点阵能 lattice energy
点阵耦合 lattice binding
点阵排列 lattice array
点阵配位数 lattice coordination number
点阵匹配 lattice matching
点阵平面 lattice plane;net plane
点阵平移 lattice translation
点阵曲率 lattice curvature
点阵取向 lattice orientation
点阵缺损 lattice defect
点阵缺陷 lattice defect;lattice imperfection;lattice irregularity
点阵缺陷散射 lattice defect scattering
点阵热容 lattice heat capacity
点阵散射 lattice scattering
点阵矢量 lattice vector
点阵式打印机 matrix printer; stylus printer;wire printer
点阵式线圈 lattice coil
点阵收缩 lattice contraction
点阵图 bit map; lattice diagram; dot chart
点阵弯曲 lattice bending
点阵位置 lattice position
点阵无序 lattice disorder
点阵吸收 lattice absorption
点阵型 matrix type
点阵异质 lattice heterogeneity
点阵应变 lattice strain
点阵杂质 lattice impurity
点阵振动 lattice vibration
点阵字符发生器 dot matrix character generator
点阵组 lattice group
点震源 point source
点之记 description of points;description of station
点支承 point bearing
点支承钢轨 rail support at discrete points
点支承理论 theory of discrete supports
点支承桩 point-bearing pile
点值法 dot method
点值估计 estimation of point; point estimation
点质量 point mass
点周 dot cycle
点周期 dot cycle;point cycle
点烛灯笼 candle lantern
点状 spotted state
点状标高 spot elevation
点状柄耙支架 dot shank harrow support
点状的 punctate
点状地物 point object
点状符号 point symbol
点状符号图形 stipple pattern
点状辐射体 point radiator
点状腐蚀 bercular corrosion;pit corrosion;pitting
点状钙化 punctate calcification
点状高程 spot elevation
点状光源 point light source; point source of light
点状花纹 <砖面> sparrow pecked; stipple
点状基础 blob foundation
点状加热 spot heating
点状胶结 spot gluing
点状亮影 dot angel
点状绿地 green spot
点状目标 point object;point target
点状黏[粘]合 spot bonding
点状黏[粘]合的 spot-bonded
点状黏[粘]结 spot bond
点状黏[粘]结固定 dot and dab fixing
点状偏析 spot segregation
点状烧除 spot burning
点状射气源 point emanation source
点状施用 spot application
点状图案信号发生器 dot signal generator
点状图表 scattergram
点状网目板 dot screen
点状阴极 point cathode
点状用火 spot burning
点撞击 point impact
点缀 intersperse;prank
点缀景色建筑物 scenic easement
点缀石 stone ornament
点着的 alight
点子分散 points scatter
点子花薄纱 dotted swiss
点子花六角网眼纱 point desprit
点子花饰 powdering
点子散布图 scatter diagram
点阻频率 point resistance frequency
点坐标 point coordinates

碘 131 辐射 radiation of 1311

碘苯十一酸乙酯 myodil;pantopaque
碘苯烯 allyl iodide
碘苯扎酸 iobenzamic acid
碘苯酯 iophendylatum; iotendylate; myodil;pantopaque
碘比色法 iodometric scale method
碘丙甘油 iodopropylidene glycerol
碘丙酮 iodoacetone
碘丙烷 iodopropane
碘丙烯 iodopropylene
碘泊酸 iopodic acid
碘泊酸钠 sodium iopodate
碘代苯 iodobenzene
碘代甲烷 iodomethane
碘代喹啉 iodoquinoline
碘代萘 iodonaphthalene
碘代十八烷 iodooctadecane
碘代烃 iodohydrocarbon
碘代烷 iodoalkane;methyl iodide
碘滴定 iodometric titration; iodometry
碘滴定的 iodimetric
碘电量计 iodine coulomb meter
碘淀粉比色法 iodine-starch colo(u)rimetry
碘丁烷 iodobutane
碘酊 tincture of iodine
碘仿 iodoform
碘仿纱布 iodoform gauze
碘芬布酸 phenobutiodil
碘芬酸 iofendylate;iophenoic acid
碘钙石 lautarite
碘甘卡酸 ioglycamic acid
碘甘油 iodine glycerin
碘铬钙石 dietzeite;iodchromate
碘汞灯 mercury iodine lamp
碘光卤石 iodcarnallite
碘化 n-乙基喹啉 quinoline ethiodide
碘化 n-乙基喹啉盐 ethylquinolinium iodide
碘化铵 ammonium iodide
碘化钯 palladium iodide
碘化铋 bismuth iodide
碘化铋钾 bismuth potassium iodide
碘化铋吐根碱 emetine bismuth iodide
碘化铂 platinous iodide;platinum diiodide;platinum iodide
碘化胆碱 choline iodide
碘化淀粉 iodized starch
碘化钙 calcium iodide
碘化镉 cadmium iodide
碘化汞 mercuric iodide
碘化汞 X 射线探测器 mercuric iodide X-ray detector
碘化汞钡 barium mercuric iodide; barium tetraiodomercurate; mercuric barium iodide
碘化汞钾 potassium mercuric iodide
碘化汞砷溶液 arsenic and mercuric iodides solution;Donovan's solution
碘化合物 iodo compounds
碘化剂 iodating agent

碘化钾 iodide of potassium; potassium iodide
碘化钾淀粉试纸 potassium iodide starch test paper
碘化钾汞 methyl mercuric iodide
碘化镧 lanthanum iodite
碘化锂 lithium iodide
碘化硫 iodine bisulfide; sulfur iodide
碘化铝 alumin(i)um iodide
碘化镁 magnesium iodide
碘化锰 manganese iodide; manganous iodide
碘化钠 iodide of sodium; natrium iodide; sodium iodide
碘化钠闪烁探测器 NaI scintillation detector
碘化钠闪烁体 sodium iodide scintillator
碘化钠探测器 NaI detector; sodium iodide detector
碘化镍 nickel(ous) iodide
碘化铅 lead iodide
碘化氢 hydrogen iodide
碘化铯 caesium iodide
碘化食盐 iodized salt
碘化树脂 < 水杀菌剂 > iodinated resin
碘化锶 strontium iodide
碘化四丁铵 tetrabutylammonium iodide
碘化四乙铵 tetraethylammonium iodide
碘化铊 thallium iodide
碘化铁 ferric iodide
碘化物 iodide; iodine compound
碘化物法 iodide process
碘化物法生产的金属 iodide process metal
碘化物引发剂 iodide booster
碘化锡 stannic iodide; tin iodide; tin tetraiodide
碘化锌 zinc iodide
碘化亚钯 palladious iodide
碘化亚汞 mercurous iodide; mercury protoiodide
碘化亚汞灯 mercurous iodine lamp
碘化亚铊 thallous iodide
碘化亚铜 cuprous iodide
碘化亚锡 stannous iodide
碘化盐 iodized salt
碘化乙酰胆碱 acetylcholine iodide
碘化银 silver iodide
碘化银胶棉法 silver iodide collodion process
碘化银相纸 silver iodide paper
碘化银纸照相法 calotype
碘化罂粟油 iodized poppy-seed oil
碘化油 iodized oil
碘化作用 iodination
碘黄粉 iodine yellow
碘加溶法 iodine solubilization method
碘甲胆碱 methylcholine iodide
碘甲磺钠 methiodal sodium
碘甲磺酸钠 sodium iodomethanesulfonate; sodium methiodal
碘酒 iodine tincture; tincture of iodine
碘矿床 iodine deposit
碘离子 iodine ion
碘量滴定法 iodimetric method; iodimetry
碘量法 iodimetry
碘硫化锑型结构 antimony iodine-sulphide type structure
碘绿 iodine green
碘氯羟基喹啉 iodochlorhydroxy-quinoline
碘氯溴化银相纸 iodo-chlorobromide paper
碘钠石 natrodine
碘瓶 iodine flask
碘普罗酸 iopronic acid
碘气监测器 iodine air monitor
碘缺乏 iodine deficiency
碘溶剂 iodine flux
碘沙酸 iodoxamic acid
碘珊氨酸 iodogorgoic acid
碘试验 iodine test
碘曙红试验 iodoeosin test; mylius test
碘水 iodine water
碘丝酸 ioseric acid
碘素灯 iodine lamp
碘酸 iodic acid
碘酸铵 ammonium iodate
碘酸胺酸 iocetamic acid
碘酸钙 calcium iodate
碘酸钾 potassium iodate
碘酸镧 lanthanum iodate
碘酸锂 lithium iodate
碘酸锂单晶体 lithium iodate single crystal
碘酸钠 sodium iodate
碘酸氢钾 potassium hydrogen diiodate
碘酸盐 iodate
碘酸盐滴淀法 iodatimetry
碘酸盐滴定 iodatimetric titration; iodatimetry
碘酸盐耗氧量 iodate oxygen demand
碘酸盐离子 iodate ion
碘酸银 silver iodate
碘酞钠 iodophthalein sodium; sodium iothalamate
碘铜矿 marshite; salesite
碘托西酸 iotroxic acid
碘沃酮 diodone
碘钨灯 iodine-tungsten lamp; tungsten-iodide lantern
碘钨灯泡 tungsten-iodide lamp bulb
碘钨弧灯 iodine-tungsten arc lamp
碘戊烷 iodopentane
碘西法酸 iosefamic acid
碘吸附值 iodine sorption value
碘消耗量 < 水质污染指标 > iodine consumed
碘消灵 iodophor
碘硝基四唑 iodonitrotetrazolium
碘溴银矿 iodobromite
碘氧化滴定 iodimetric titration; iodimetry
碘乙醇 iodoethanol
碘乙酸 iodoacetic acid
碘乙酸钠 sodium iodoacetate
碘乙烷 iodoethane
碘乙酰胺 iodoacetamide
碘银汞矿 tocornalite
碘银矿 iodargyrite
碘硬酯 iodetryl
碘油 iodipin; iodized oil
碘载体 iodophor
碘皂 iodine soap
碘值 iodine number; iodine value
碘值计算 iodine number calculating
碘值烧瓶 iodine number flask
碘值与皂化值因数 iodine number and saponification number factor
碘纸 iodized paper
碘中毒 iodism
碘中性红 neutral red iodide

电

电八极矩 electric(al) octopole moment
电扒 power scraper machine
电扒胶带输送机(的组合) electric(al) take-rubber belt conveyer[conveyor]
电摆 electric(al) pendulum
电板 electrode arm; electroplaque; electroplax
电板化强度 electric(al) polarization
电板烧毛机 electric(al)-singeing machine
电版 electrotyping
电伴热系统 electric(al) tracer heating system
电伴随加热 electric(al) heat tracing
电报房 telegraph apparatus room; telegraph office
电报挂号 cable address; code address; telegraph address; telegraphic(al) address
电报海里 < =1 地理英里 =6087 英尺 > telegraph nautical mile
电报海流计 telemetering current meter
电报及通信[讯]中心 telegraph and communications center[centre]
电报交换中心 message switching center[centre]
电暴 electric(al) storm
电爆阀 electric(al) explosion valve
电爆管 electric(al) detonator; electric(al) fuse; electric(al) squib
电爆机 blasting machine; electric(al) blasting machine
电爆破法 method of electric(al) blast
电爆器 electric(al) exploder
电爆网路 blasting circuit
电爆元件测试仪 measuring electric(al) firing element instrument
电爆炸成型 electrospark forming
电焙炉 electric(al) broiler
电泵 electro-pump; motor pump; power pump
电泵厂 motor pump works
电比拟 electric(al) analogy
电笔 electrography; electroprobe; test pen
电笔记录沉积秤 Sartorius sedimentation balance
电闭路系统 closed circuit system
电滗析 electric(al) decantation; electrodecantation
电壁炉 electric(al) fireplace
电变色 electrochromics; electrochromism
电变色行为 electrochromic behavio(u)r
电变色性能 electrochromic property
电变色装置 electrochromic device
电变送器 electric(al) transmitter
电标定装置 electric(al) calibrating[calibration] device
电标量势 electric(al) scalar potential
电标志笔 electric(al) marking pen
电标志器 electric(al) marker
电表 kilowatt-hour meter; electric(al) meter
电表板 switchboard
电表等级 grade of electric(al) meter; grade of metre[meter]
电表回路 loop meter
电表计费率 meter rate
电表箱 electric(al) meter enclosure; meter box
电表仪器 electric(al) instruments and apparatus
电表用互感器 meter transformer
电冰冻器 electric(al) freezer
电冰箱 electric(al) freezer; freezer; fridge; frigidarium; ice box; refrigerator; frigidaire < 美 >
电冰箱门突出的绝缘层 door dike[dyke]
电冰箱压缩机 compressor for refrigeration; refrigerator compressor
电波 air wave; electric(al) wave
电波场强计 field intensity meter; field strength meter
电波场强曲线 field intensity curves
电波传播改正 correction for electric(al) wave propagation
电波传播路径 wave path
电波传播时延改正 correction for time-lag of radio electric(al) wave
电波到达角 arrival angle
电波电报 electric(al) wave telegraphy
电波动 electric(al) oscillation
电波反射 hop; wave reflection
电波分离器 wave separator
电波干扰 jammer; jamming
电波计 wavemeter
电波路径 wave path
电波频率 wave frequency
电波散射 wave scattering
电波水平线 radio horizon
电波消失 radio fade-out
电剥蚀 electric(al) disintegration
电捕鱼 electric(al) fishing; electrofishing
电不稳定性 electric(al) instability
电采暖单元 electric(al) warming unit
电采暖器 electric(al) warmer; electric(al) warming appliance; electric(al) warming device
电操纵 electric(al) control
电槽路 raceway for wiring
电槽外形 cell dimension
电测波浪计 electric(al) wave recorder
电测船位 electronic fix
电测的 electrometric
电测电阻率 electric(al) log resistivity
电测定 electrometric measurement
电测定器 probolog
电测法 electrometric method; electrometry; electric(al) determination
电测风速仪 electric(al) anemometer
电测高度计 electric(al) altimeter
电测高温计 electric(al) pyrometer; electropyrometer
电测功计 electrodynamometer
电测功器 electric(al) dynamometer
电测固结试验仪 electronic consolidation test device
电测海水温度计 electric(al) seawater thermometer
电测厚计 electric(al) thickness ga(u)ge
电测厚仪 electric(al) thickness ga(u)ge
电测计 electroprobe
电测计数器 prospecting counter
电测记录 electric(al) log(ging)
电测记录曲线 electric(al) log curve
电测角计 electric(al) goniometer
电测绞车 winch for electric(al) logging
电测解释 electric(al) log interpretation
电测浸入式探测计 electric(al) dip meter[metre]
电测井 electric(al) (well) logging; electrolog
电测井段 electric(al) log interval
电测井法 electric(al) logging; electric(al) logging method
电测井记录(曲线) electric(al) log
电测井曲线 electrolog curve
电测井曲线图 electric(al) log
电测井设备 electric(al) logging equipment
电测井仪 electric(al) logging meter
电测井装置 electric(al) logging device
电测静力触探 electric(al) cone penetration test
电测距仪 electric(al) telemeter
电测卷尺 electric(al) sounding tape

电测勘探 electric(al) prospecting
电测孔径比较仪 electric(al) bore comparator ga(u)ge
电测孔隙水压力仪 electric(al) piezometer
电测力计 electrodynamic(al) instrument; electrodynamometer
电测力计式阻抗表 electrodynamometer type impedance meter
电测力器 electric(al) dynamometer; electrodynamometer
电测量学 dielectrometry
电测量仪表 electric(al) measuring instrument
电测流速仪 electric(al) current meter[metre]
电测露点湿度计 electric(al) dewpoint hygrometer
电测扭力仪 electric(al) torsiograph
电测扭振仪 electric(al) torsional vibrometer
电测剖面长度 length of electric(al) prospecting section
电测剖面(法) electric(al) profiling
电测剖面条数 number of electric(al) prospecting section
电测倾斜仪 electric(al) dip meter [metre]
电测曲线类型 type of electric(al) prospecting curve
电测燃料仪 electric(al) fuel ga(u)ge
电测伸缩仪 potentiometric extensometer
电测深 electric(al) sounding
电测深点数 logging number of electric(al) prospecting
电测深法 logging method of electric(al) prospecting; resistivity sounding
电测深法曲线 curve of electric(al) sounding
电测深法装置类型 type of configuration of electric(al) sounding
电测深工作布置图 work arrangement diagram of sounding
电测深计 electric(al) depth finder; electric(al) fathometer; electric(al) sounding machine
电测深量板 template of electric(al) sounding curve
电测深曲线的渐近线 asymptote of electric(al) sounding curve
电测深曲线等价现象 equivalent phenomenon of electric(al) sounding curve
电测深曲线定量解释方法 way of quantitive interpretation of electric(al) sounding curve
电测深曲线类型 type of electric(al) sounding curve
电测深曲线类型图 type figure of sounding curve
电测深曲线数字解释方法 way of digital interpretation of electric(al) sounding curve
电测深曲线图 diagram of sounding curve
电测深仪 electric(al) depth finder; electric(al) log; electric(al) sounder; electric(al) water sounder
电测湿度计 electric(al) moisture meter; electric(al) psychrometer; electropsychrometer
电测湿度仪 electric(al) hygrometer
电测试器 electric(al) tester
电测水深计 electric(al) sounding machine
电测水深器 electric(al) water sounder
电测水深水温记录仪 electric(al) bathythermograph
电测水位计 electric(al) fluviograph; electric(al) tape ga(u)ge; ga(u)ge with electric(al) detection; hydrotasimeter
电测水位指示器 hydrotasimeter
电测探 electric(al) sounding
电测探法 electric(al) logging
电测探计 electric(al) probe device
电测探记录 electric(al) log
电测探头装置 electric(al) probe device
电测听计 electroaudiometer
电测头 electroprobe
电测透气性试验仪 electric(al) permeater
电测土壤湿度表 electric(al) soil moisture meter
电测微计 electric(al) micrometer
电测温度表 electric(al) thermometer
电测温度计 electric(al) thermometer; resistance pyrometer
电测项目 electric(al) log item
电测削面法 method of electric(al) prospecting section
电测学 electric(al) measurement
电测压计 electric(al) manometer; electric(al) piezometer
电测压力计 electrodynamic(al) pressure ga(u)ge
电测盐度计 electric(al) salinity meter
电测仪 electric(al) logging device; electric(al) pilot
电测仪表 electric(al) measuring instrument
电测仪器 electronic testing apparatus
电测应变仪 electric(al) strain ga(u)ge
电测用电缆 logging cable
电测远器 electric(al) telemeter
电测针 electroprobe
电测装置 electric(al) probing device
电测钻井记录(曲线) electric(al) (well) log
电测钻井剖面 electric(al) well log
电插塞 electric(al) connector
电插头 electric(al) receptacle plug; receptacle plug
电插销 plug
电插座 electric(al) connector receptacle; electric(al) contact receptacle; electric(al) plug receptacle; electric(al) plug socket; receptacle
电茶壶 electric(al) tea kettle; electric(al) tea pot
电蝉 buzzer
电铲 electric(al) digger; electric(al) excavator; electric(al) power shovel; mechanical shovel; power shovel; power trowel
电铲铲斗 shovel bucket
电铲轨枕 tie for power shovel
电铲履带 excavator track
电铲勺斗 collecting bucket; excavator bucket
电铲式平路机 elevating grader
电铲索道 slackline cableway
电长度 electric(al) length
电厂 electric(al) station; electricity generating station; generating station
电厂泵房 station pumphouse
电厂厂用电需求 plant load demand
电厂废水 power plant wastewater
电厂负荷因数 plant load factor; power plant load factor
电厂附属设备 plant accessories; power plant accessories
电厂控制室 station control room
电厂控制误差 station control error
电厂联营系统 pool power system
电厂年发电量 annual plant output
电厂热污染 thermal pollution from electric(al) power plant
电厂容量 plant capacity; power plant capacity
电厂设备利用率 station plant factor
电厂升压变压器 station step-up transformer
电厂使用年限 plant life
电厂寿命 plant life
电厂输出功率 station output
电厂效率 power plant efficiency
电厂运行员 plant operator; power plant operator
电厂值班人员 power station attendant
电厂址 power site
电厂最高出力 maximum output of the power station
电场 electric(al) field
电场传感器 electric(al) field sensor
电场电荷 electric(al) charging
电场发射 electric(al) field emission
电场放射 electric(al) field emission
电场光学 electrooptics
电场混频张量 electric(al) field mixing tensor
电场力线 electrolines
电场能(量) energy of electric(al) field; field energy
电场偏转 electric(al) deflection
电场平面内的方向特性 electric(al) plane characteristic
电场强度 electric(al) field intensity; electric(al) field strength; electric(al) field stress; electric(al) force; field density; field intensity of electricity; intensity of electric(al) field; strength of electric(al) field
电场强度平均值 average field intensity
电场强度向量 electric(al) intensity vector
电场强计 electric(al) field meter
电场烧结 sintering in electric(al) field
电场渗透 penetration of electric(al) field
电场矢量 electric(al) field vector; electric(al) vector
电场梯度 electric(al) field gradient; electric(al) force gradient
电场调整误差 field alignment error
电场下降率 relative field drop
电场相位法 electric(al) phase method
电场向量 electric(al) field vector
电场效应 field effect
电场应力 electric(al) field stress
电场致双折射 electric(al) birefringence; electric(al) double refraction
电场中烧结 sintering in electric(al) field
电唱机式录音机 electric(al) phonograph recorder
电超滤作用 electroultrafiltration
电车 electric(al) cell; electric(al) troll(e)y; street car; tramcar; tramway; troll(e)y(car); troll(e)y train; troll(e)y bus <指无轨电车>
电车安全岛 street-car safety zone
电车安全区 street-car safety zone
电车触轮 troll(e)y wheel
电车触轮杆 troll(e)y pole
电车道 electric(al) railroad; electric(al) railway; tram; tram road; tramway
电车道交叉 street-car crossing; tramway crossing
电车道系统 tramway system
电车电动机 tramcar motor; troll(e)y motor
电车电线 troll(e)y wire
电车顶盖开关 canopy switch
电车费 car fare
电车轨道 car track(line); street-car track; tramcar; tram(way)(rail); tramway track
电车轨道铺砌 car track paving
电车轨道扫帚 track broom
电车滑轮轴衬 troll(e)y bush
电车驾驶员 troll(e)y man; troll(e)y pilot <美>
电车架空线 troll(e)y wire
电车检修场 troll(e)y car shed
电车尽头式终点站 tramway dead-end terminal
电车库 car barn
电车库吊架 car-shed hanger
电车缆索 troll(e)y rope
电车路 tram road
电车路线桥 tramway bridge
电车上的触轮 troll(e)y
电车绳索 troll(e)y cord
电车式辙叉 <街道电车用> tramway type frog
电车司机 troll(e)y man
电车线 contact wire; street-car line <有轨的>
电车线杆 tram pole
电车线路 carline; carling
电车线托架 contact line bracket
电车线悬挂装置 troll(e)y wire suspension
电车员 man responsible for train lighting system
电车运输系统 <英> tramway
电车站 street-car stop; tram stop
电车站点 street-car terminal
电车站台 street-car safety zone
电车侦察垫 tramway detector pad
电车终点站 <通常设回车线> tramway terminal
电掣板 electric(al) switch board
电沉淀 electroprecipitation
电沉积 electroforming; electrodeposition
电沉积被膜 electrodeposition flash
电沉积法 electrodip process; galvanic electrocoating; electrodeposition
电沉积分析 electrodeposition analysis
电沉积器 electrodepositor
电沉积涂层 electrodeposition coating
电沉积涂搪 electrodeposition enamelling
电沉积涂装 electrodeposition coating
电沉降器 electric(al) precipitator
电沉浸热水器 electro immersion hot water heating
电沉着 electrodeposition
电成型 electric(al) forming; electroforming
电成型筛 electroformed sieve
电成型用变压器 formation transformer
电乘法器 electric(al) multiplication
电秤 electric(al) balance; electric(al) weigher
电秤系统 <又称电称量系统> electric(al) weighing system
电池 cell; electric(al) cell; electric(al) element; galvanic cell
电池搬运车 accumulator car
电池保护元件 battery saver
电池保险丝 battery fuse
电池舱 battery pod
电池槽 accumulator jar; battery container; battery jar; cell bucket
电池测试器 cell tester; excel tester
电池叉车 battery fork lift truck
电池常数 cell constant

D

电池厂 battery plant
电池车 electrically operated platform truck
电池充电 battery charge
电池充电成套设备 battery charging set
电池充电发电机 battery charging generator
电池充电隔离开关 battery charging isolation switch
电池充电机 battery charger; electric(al) battery electrifier
电池充电器 battery charger
电池充电设备 battery charging set
电池充电系统 battery charging system
电池充电用低压直流电机 milking generator
电池充电用硒整流器 selenium rectifier for battery charging
电池充放电用的安时计 battery meter
电池初次充电 initial charge
电池处理 battery disposal
电池传动 battery drive
电池代用器 battery eliminator
电池电动机 battery motor; cell motor
电池电解液 battery electrolyte; battery solution
电池电流计 battery ga(u)ge
电池电路自动断路器 battery cutout
电池电能指示表 battery condition meter
电池电线束 battery and wiring harness
电池电压 cell voltage
电池电液泡 battery gassing
电池电源 battery supply
电池电阻器 battery resistor
电池断路器 battery cutout
电池发火放炮器 blasting battery machine
电池盖 battery cover
电池隔板 battery separator; diaphragm
电池功率 power of battery
电池供电 battery supply feed
电池供电的 battery-driven; battery-operated; battery powered
电池供电管 battery tube
电池供电设备 battery supply set
电池供电式三极管 battery triode
电池故障信号设备 battery failure alarm
电池观察灯 cell inspection lamp
电池轨道车 battery railcar
电池柜 battery cupboard
电池过量充电 battery over charge
电池过载继电器 battery overload relay
电池耗尽 running down of battery
电池盒 battery box; battery cell; battery pod
电池互换器 battery commutator
电池换极开关 reverting key
电池汇流排 battery bus
电池机车 accumulator loco(motive)
电池及外来电源两用式的 cordless
电池极 battery terminal
电池极板间的隔离板 accumulator separator
电池夹 battery clamp; battery clip
电池检验灯 cell inspection lamp
电池接触器 battery contactor
电池接线端 cell terminal
电池接线柱 battery terminal; cell terminal
电池节约开关 battery saver
电池井 battery cellar; battery chute; battery vault; battery well
电池绝缘子 battery insulator
电池壳 battery container
电池馈电线圈 battery supply coil
电池励磁发电机 battery excited generator; battery generator
电池连接板 cell connector
电池量表 <测量蓄电池电压的袖珍电表> battery ga(u)ge
电池耦合 battery coupling
电池盘 battery panel
电池偏压 battery bias
电池瓶 accumulator jar; battery jar; elementary jar
电池起动器 battery starter
电池汽车 battery car
电池牵引 accumulator drive
电池铅板 battery grid; lead grid; lead grill(e)
电池驱动的 battery-driven
电池驱动摄影机 battery-driven movie camera
电池容量 battery capacity; cell capacity
电池溶液 battery electrolyte; battery solution
电池生产线 production line for manufacturing battery
电池式的 cordless
电池式电子管 cell-type tube
电池式计数器 battery-operated counter
电池式接收机 barrage receiver; battery-operated receiver; battery receiver
电池式心电图仪 cell-type electrocardiograph
电池式蒸汽电熨斗 electric(al) cordless steam iron
电池试验器 battery cell tester
电池室 storage battery room
电池寿命表示器 battery life indicator
电池酸位 battery acid level
电池酸液 battery acid
电池碳棒 battery carbon
电池套管 battery cartridge
电池托架 battery bracket
电池外壳 battery case; battery jar
电池维护工 batteryman
电池无线电接收机 battery radio set
电池线护环 battery cable grommet
电池线夹 battery clip
电池线夹头 battery cable clamp
电池箱 accumulator case; battery box; battery case; battery container; cell box
电池箱盖 battery box cover
电池锌筒挤压机 cell zinc tube extruder
电池锌筒切口机 cell zinc tube pinch-trimming machine
电池型腐蚀 cell-type corrosion
电池蓄电量 charge capacity; charging capacity
电池液体比重计 battery hydrometer
电池引线 battery lead
电池用测酸计 acidimeter for battery
电池再充电 battery recharge
电池障碍报警器 battery failure alarm
电池钟 battery clock; electronic battery clock
电池转换开关 battery switch; cell switch
电池转向电闸 battery reverse switch
电池组 assembled battery; battery pack; battery section; battery unit; C-battery; group battery; series of cells; battery; electric(al) battery
电池组充电器 group charger
电池组加热 battery heating
电池组开关 battery switch
电池组容量 battery capacity
电池组升降器 battery elevator
电池组托架 battery bracket
电池作用 galvanic action
电池作用腐蚀 galvanic corrosion
电弛张 electric(al) relaxation
电尺测距仪 <一种微波测距仪,美国制造> electrotape
电冲击波管 electric(al) shock tube
电冲击成型 electric(al) impulse compacting; compacting by electric(al) impulse
电冲击处理器 electropercussive processor
电冲击焊 electropercussive welding
电重层【地】electric(al) double layer
电畴壁 electric(al) domain wall
电畴反转 domain reversal
电畴结构 domain structure
电畴运动的动力学 dynamics of domain movement
电除尘 electroprecipitation
电除尘器 Cottrell; electric(al) dust collector; electric(al) precipitator; electrofilter; electroprecipitator
电橱灶 electric(al) cooking stove
电处理稳定土壤 electric(al) stabilization of soil
电触点 electric(al) contact
电触点温度计 electric(al) contact thermometer; electric(al) control thermometer
电触点压力表 electric(al) contact point pressure ga(u)ge
电触击记录器 electric(al) touch-recording apparatus
电触轮滑触靴 troll(e)y head
电触式测微表 electricalator
电触式极限传感器 limitcator
电触式气动量仪 air switch
电触头合金 contact alloy; contact metal
电触头寿命 contact life
电传 teletype
电传报路 channel of teletype traffic
电传磁罗经 telemagnetic compass
电传打印机 teleprinter
电传打字室 telex room
电传导 conduction of electricity
电传电码机 teleprinter code
电传动 electric(al) power transmission
电传动的 electric(al)-driven
电传动接触器 powered contactor
电传动内燃机车 diesel-electric(al)
电传动汽车 automobile with electric(al) transmission
电传动器 electric(al) actuator
电传动水龙头 electroswivel
电传动装置 electric(al) actuator
电传风速表 electric(al) anemometer
电传复写机 telecopier
电传感 electric(al) sensing
电传感测压管 electric piezometer
电传感器 electric(al) transducer
电传感器输出 electric(al) sensor output
电传号码簿 telex directory
电传绘迹器 teleplotter
电传绘图器 teleplotter
电传机交换网络 teleprinter switching network
电传排字机 teletypesetter
电传时分多路复用 teletypewriter time division multiplex
电传书写机 telewriter
电传水位计 ga(u)ge with electric(al) transmission
电传通知 notices by telex
电传图 televise map
电传土壤湿度计 electric(al) soil moisture meter
电传信息系统 teletext information system
电传照相 telelectroscope
电传照相机 telectroscope; telegraphoscope
电传真 electrofax; phototelegraphy
电传真机 autotelegraph
电传真迹 facsimile broadcast(ing); facsimile transmission
电传植字样本 teletype setting layouts
电传终端机 teletypewriter terminal
电传咨询(通信[讯])网 telecommunication network operation
电床罩 electric(al) coverlet
电吹风机 electric(al) hair dryer
电炊具 electric(al) cooker
电锤 electric(al) hammer; power hammer; rotary hammer
电锤钻头 electric(al) hammer drill
电瓷 electric(al) ceramics; electric(al) porcelain; electroceramics; electroporcelain; electrotechnical porcelain
电瓷茶壶 electric(al) porcelain teapot
电瓷绝缘子 electric(al) porcelain insulator
电瓷抗剪强度试验 electric(al) porcelain shearing strength test; electric(al) torsional strength test
电瓷抗扭强度试验 electric(al) porcelain torsional strength test
电瓷瓶 porcelain bobbin insulator; porcelain insulator
电瓷套管 bushing insulator
电瓷釉 glaze for electric(al) porcelain
电磁安培 abampere
电磁安/平方厘米 abampere per square centimeter
电磁安全机构 electromagnetic safety mechanism
电磁板直机 magnetic lifting device
电磁保险门锁 electromagnetic insurance lock
电磁抱闸 solenoid brake
电磁泵 electromagnetic pump; magnetic pump
电磁泵波峰焊机 electromagnetic pump wave crest soldering machine
电磁闭合装置 solenoid-operated closing mechanism
电磁标定装置 electromagnetic calibration equipment
电磁波 electric(al) ray; electromagnetic wave; ether wave; Hertz(ian) wave
电磁波测井 electromagnetic logging
电磁波测距 electromagnetic distance measurement; electromagnetic wave distance measurement; tellurometer survey
电磁波测距标称精度 nominal accuracy of electromagnetic distance measurement
电磁波测距导线 tellurometer traverse
电磁波测距三角高程测量 electromagnetic distance measurement trigonometric level(l)ing
电磁波测距误差 error in electromagnetic distance measurement
电磁波测距仪 electromagnetic distance measuring instrument; electromagnetic distance meter[metre]; electrotape
电磁波测距仪测站 electromagnetic distance measuring equipment station
电磁波测距仪极坐标法 polar coordinate method with electromagnetic distance measurement
电磁波测距最大测程 maximum range

of electromagnetic distance measurement
电磁波测距最佳观测时间段 the most favo(u)rable time interval of electromagnetic distance measurement
电磁波层析成像 electromagnetic computerized tomography
电磁波传播 electromagnetic wave propagation
电磁波传播测井 electromagnetic rays propagation log; electromagnetic wave propagation log
电磁波传播测井曲线 electromagnetic wave propagation log curve
电磁波传播测井仪 electromagnetic wave propagation logger
电磁波传播状况情报 information of wave propagating
电磁波的极化 polarization of electromagnetic wave
电磁波反射 reflection of electromagnetic wave
电磁波反射镜 electromagnetic mirror
电磁波反射器 electromagnetic radiation reflector
电磁波辐射管制 Conelrad; control of electromagnetic radiation
电磁波辐射控制 Conelrad
电磁波干扰 electromagnetic wave interference
电磁波滤波器 electromagnetic wave filter
电磁波频谱 electromagnetic frequency spectrum
电磁波屏蔽门 electromagnetic wave shielding door
电磁波屏蔽涂料 electromagnetic wave shielding coating
电磁波谱 electromagnetic (wave) spectrum
电磁波谱段 electromagnetic wave spectral band
电磁波散射 electromagnetic wave scattering
电磁波实测场强值曲线图 electromagnetic original field intensity chart
电磁波速度 electromagnetic wave velocity; velocity of electromagnetic wave
电磁波通信[讯] electromagnetic (tele) communication
电磁波污染监测 electromagnetic wave pollution monitoring
电磁波相移 electromagnetic wave phase shift
电磁波旋转器 electromagnetic wave gyrator
电磁操纵阀 solenoid controlled valve; solenoid-operated valve
电磁操纵空气阀 solenoid-operated air valve
电磁操纵先导阀 solenoid-controlled pilot operated valve
电磁测程仪 electromagnetic log
电磁测功器 electromagnetic brake
电磁测光表 photoelectric(al) meter
电磁测厚仪 electromagnetic thickness meter; electromagnetic thickness tool
电磁测井 electromagnetic logging; electromagnetic well logging
电磁测距法 electromagnetic distance measurement
电磁测距仪 electro-magnetic distance measuring instrument
电磁测量 electromagnetic measurement
电磁测流厚度 electric(al) thickness
电磁测流器 geomagnetic electrokinetograph
电磁测深仪 electromagnetic depth sounder; electromagnetic fathometer
电磁测试仪器 electromagnetic instrument
电磁测微计 electromagnetic micrometer
电磁测斜仪 electromagnetic teleclinometer
电磁测氧仪 magnetic oxygen recorder; oxygen recorder
电磁层测厚仪 electromagnetic covermeter
电磁常数 electromagnetic constant
电磁场 electromagnetic field
电磁场边界条件 field boundary condition
电磁场的能量密度 energy density of electromagnetic field
电磁场方程 electromagnetic field equation
电磁场控制自动门 electromagnetic controlled automatic door
电磁场理论 electromagnetic field theory
电磁场强度 electromagnetic field intensity; electromagnetic force; strength of electric(al) field
电磁场探测器 magnetic field detector
电磁场张量 electromagnetic field tensor
电磁超载继电器 magnetic overload relay
电磁成型 electric(al) magnetic forming; electromagnetic forming
电磁成型压力机 electromagnetic power press
电磁秤 balance magnetometer; electromagnetic balance
电磁冲床 electromagnetic puncher
电磁冲击波 electromagnetic shock wave
电磁冲击焊 electromagnetic percussive welding
电磁除铁 electromagnetic deironing
电磁除铁器 electric(al) magnetic iron remover; electromagnetic separator
电磁储能焊 electromagnetic stored-energy welding; magnetic discharge welding
电磁储能焊接机 electromagnetic stored-energy welder
电磁储能机 electromagnetic stored-energy machine
电磁储能式电焊机 electromagnetic energy accumulation type welder
电磁穿透 electromagnetic penetration
电磁传导率 electromagnetic conductivity
电磁传动装置 electromagnetic gear
电磁传感器 electromagnetic sensor; electromagnetic transducer
电磁传声器 electromagnetic microphone; magnetic microphone; reluctance microphone; variable-reluctance microphone
电磁传输 electromagnetic transmission
电磁船速仪 electromagnetic log
电磁窗 electromagnetic window
电磁锤 electromagnetic hammer
电磁磁阻地震仪 electromagnetic reluctance seismometer
电磁打捞工具 electromagnetic fishing tool
电磁单位制 electromagnetic system of units; electromagnetic unit
电磁导轨 electromagnetic guideway
电磁导向 magnetic guidance
电磁的 electromagnet; electromagnetic
电磁滴定器 electromagnetic titration instrument
电磁地下测探 electromagnetic subsurface probing
电磁地震 electromagnetic earthquake
电磁地震计 electromagnetic seismometer
电磁地震检波器 electromagnetic seismometer
电磁地震仪 electromagnetic reluctance seismometer
电磁点火 electromagnetic ignition
电磁电子透镜 electromagnetic electron lens
电磁吊 electromagnetic lifter
电磁吊车 lifting magnet crane; magnetic crane
电磁吊盘 lifting magnet crane
电磁定门器 electromagnetic door holder
电磁定向工具 electromagnetic orienting tool
电磁动量 electromagnetic momentum
电磁断续器 electromagnetic interrupter
电磁多筒采水器 electromagnetic multitube water bottle
电磁垛板机 magnetic sheet piler
电磁轭 electromagnetic yoke
电磁发射 electromagnetic emission
电磁阀 electric(al) magnet valve; electromagnetic valve; electron valve; electropneumatic valve; electrovalve; magnet(ic) valve; radio tube; solenoid controlled valve; solenoid-operated valve; solenoid pilot actuated valve; solenoid shut-off; solenoid valve
电磁阀盒 solenoid valve box
电磁阀柱塞 magnet plunger
电磁法 electric(al) magnetic method; electromagnetic method; electromagnetics; electromagnetic geophysical exploration
电磁法测量 electric(al) magnetic survey
电磁法的磁场类型 type of magnetic field in electromagnetic method
电磁法的激励场类型 type of magnetic field in electromagnetic method
电磁法的激励场源脉冲波 pulse wave of inducing field source in electromagnetic method
电磁法勘探 electromagnetic prospecting
电磁法拉 abfarad
电磁法探测 electromagnetic prospecting
电磁反射镜 electromagnetic mirror
电磁方法 electromagnetic method
电磁防护服 electromagnetic protection suit
电磁防滑控制 magnetic slip control
电磁防蚀过滤机 magnetic corrosion-resistant filter
电磁放大器 electric(al) transductor
电磁放大透镜 electromagnetic amplifying lens
电磁放电 electromagnetic discharge
电磁非热效应 electromagnetic nonthermal effect
电磁分解器 electromagnetic resolver
电磁分离 electromagnetic separation
电磁分离法 electromagnetic separation(process)
电磁分离机 electromagnetic separator
电磁分离器 electromagnetic separator
电磁分量 electromagnetic component
电磁分选 electromagnetic separation
电磁风阀 electromagnetic air valve
电磁蜂鸣器 electric(al) magnetic buzzer
电磁伏/厘米 abvolt per centimeter [aV/cm]
电磁伏特 abvolt
电磁浮式阀 magnetic floating valve
电磁辐射 electromagnetic irrigation; electromagnetic radiation
电磁辐射安全标准 safety level of electromagnetic radiation
电磁辐射标准 electromagnetic radiation standard
电磁辐射波 electromagnetic radiation wave
电磁辐射测试器 electromagnetic radiation tester
电磁辐射磁强计 electromagnetic radiation magnetometer
电磁辐射防护 protection against electromagnetic radiation
电磁辐射防治 prevention against electromagnetic radiation
电磁辐射计测量 electromagnetometer survey
电磁辐射危害 hazards of electromagnetic radiation
电磁复制装置 electromagnetic reproducer
电磁干扰 electromagnetic disturbance; electromagnetic interference
电磁干扰安全系数 electromagnetic interference safety margin
电磁干扰屏蔽 electromagnetic interference shielding
电磁干扰源 source of electromagnetic interference
电磁杆 magnet plunger
电磁杆套 plunger sleeve
电磁感应 electromagnetic induction
电磁感应泵 induction pump
电磁感应产生的电热 electric(al) heating by electromagnetic induction
电磁感应地震计 electromagnetic inductance seismometer
电磁感应地震检波器 electromagnetic inductance seismometer
电磁感应定律 law of electromagnetic induction
电磁感应干燥 electromagnetic induction drying
电磁感应加速器 betatron
电磁感应破碎(法) electromagnetic induction breaking
电磁感应趋肤深度 electromagnetic skin depth
电磁感应圈 electromagnetic coil
电磁感应现象 induction phenomenon
电磁感应效应 electromagnetic induction effect
电磁钢材分类仪 magnetic comparator
电磁钢轨制动机 magnetic rail brake; magnetic track brake
电磁钢轨制动器 electromagnetic rail brake
电磁给料机 electromagnetic feeder
电磁给料器 electromagnetic feeder
电磁共振 electromagnetic resonance
电磁共振器 vibratron; vibrotron
电磁鼓形除铁器 electromagnetic drum separator
电磁鼓形分离器 electromagnetic drum separator
电磁关闭 electromagnetic shut-off; solenoid shut-off
电磁关闭器 shut-off electromagnet

电磁惯量 electromagnetic inertia
电磁惯性原理 principle of electromagnetic inertia
电磁光电检测器 electromagnetic photodetector
电磁光谱 electromagnetic spectrum
电磁滚筒除铁器 electromagnetic drum separator
电磁滚筒分离器 electromagnetic drum separator
电磁过滤器 electromagnetic filter
电磁海流计 electromagnetic current meter[metre]; geomagnetic electrokinetograph
电磁海流计测流 geking
电磁焊合 electromagnetic bonding
电磁亨利 abhenry
电磁厚度计 electromagnetic thickness ga(u)ge
电磁厚度指示器 electromagnetic thickness indicator
电磁弧控制器 magnetic arc controller
电磁弧稳定器 magnetic arc stabilizer
电磁滑阀 magnetic slide valve
电磁化 electromagnetization
电磁环境 electromagnetic environment
电磁环境保护 electromagnetic environment protection
电磁缓行器 electromagnetic retarder
电磁换能器 electromagnetic transducer
电磁换向阀 electromagnetic directional valve; magnetic exchange valve; solenoid directional valve
电磁回动装置 electroreversing gear
电磁火花塞 magnetic spark plug
电磁火花熄灭器 electromagnetic blow-out
电磁火箭 electromagnetic rocket
电磁机构 electromagnetic gear
电磁激励 electric(al) magnetization; electromagnetization
电磁激励法 electromagnetic exciting method
电磁激振器 electromagnetic (vibration) exciter[excitor]
电磁激子 polariton
电磁级联簇射 electromagnetic cascade shower
电磁集合体 electromagnetic complex
电磁计程仪 electromagnetic log
电磁计量器 electromagnetic counter
电磁计数器 electromagnetic counter; message register
电磁计轴器 <在铺有钢枕的线路上采用> magnetic axle counter
电磁记录 electromagnetic record; electromagnetic registration
电磁记数 electromagnetic registration
电磁加料器 electromagnetic feeder
电磁加速度计 electromagnetic accelerometer
电磁加压焊机 electromagnetic force welder
电磁夹持器 electromagnetic holder
电磁兼容性 electromagnetic compatibility
电磁兼容性容量 electromagnetic compatibility margin
电磁监测 electromagnetic monitoring
电磁减速器 electromagnetic type retarder; magnetic rail brake; magnetic track brake
电磁检波器 electromagnetic detector
电磁检波仪 magnetic wave detector
电磁检测 electromagnetic testing
电磁检测器 electromagnetic detector
电磁检车器 magnetic vehicle detector
电磁检验 electromagnetic inspection

电磁鉴别仪 Salford magnetic sorting bridge
电磁交流继电器 electromagnetic ac relay
电磁胶粘剂 electromagnetic adhesive
电磁脚踏板 electromagnetic treadle
电磁搅拌 electromagnetic mixing; electromagnetic stirring
电磁搅拌器 electromagnetic agitator; electromagnetic stirrer; magnetic stirrer
电磁搅拌式高压反应器 electromagnetic stirring autoclave
电磁接触器 electromagnetic contactor
电磁接合 electromagnetic joint
电磁接头 electromagnetic coupling
电磁解脱器 solenoid trip
电磁进料机 electromagnetic feeder
电磁进料器 electromagnetic feeder
电磁进料装置 magnetic feeder unit
电磁距离测量 electromagnetic distance measurement
电磁聚焦 electromagnetic focusing
电磁聚焦线圈 electromagnetic focal coil
电磁聚焦组件 focus-coil assembly
电磁卡盘 electric (al) magnetic chuck; electromagnetic chuck; magnechuck; magnet(ic) chuck
电磁开关 electromagnetic contactor; electromagnetic switch; magnetic cut-out; magnet(ic) switch; magnistor; solenoid switch
电磁勘探法 electromagnetic prospecting(process); electromagnetic survey(ing)
电磁勘探器 electromagnetic detector
电磁勘探直接找油技术 electraflex
电磁可见呼叫信号 <如吊牌、指示器等> magnetic visual signal
电磁空气制动器 electromagnetic air brake
电磁控制 electromagnetic control
电磁控制的内燃电力机车 diesel-electric (al) locomotive with electromagnetic control
电磁控制点火 magnetically controlled ignition
电磁控制阀 solenoid controlled valve; solenoid electric(al) valve; solenoid-operated valve
电磁控制开关 solenoid-operated switch
电磁控制离合器 solenoid-operated clutches
电磁控制盘 electromagnetic control panel
电磁控制器 electromagnetic controller
电磁控制装置 electromagnetic control device; solenoid-controlled device
电磁库厘米 abcoulomb centimeter
电磁库/立方厘米 abcoulomb per cubic centimeter
电磁库/平方厘米 abcoulomb per square centimeter
电磁块 electromagnet
电磁快门 electromagnetic shutter
电磁喇叭 actual horn; electric (al) horn
电磁离合器 dynamic (al) coupling; eddy current brake; electric (al) magnetic clutch; electromagnetic clutch; magnet(ic) clutch
电磁离合器控制开关 throw-out switch
电磁理论 electromagnetic theory
电磁力 electromagnetic force
电磁力发动机 electric (al) magnetic engine

电磁力控制 electromagnetic control
电磁力悬浮 electromagnetic suspension
电磁联轴节 electric (al) coupling; electrocoupling; electromagnetic coupling
电磁联轴器 electromagnetic coupling; magnetocoupling
电磁裂痕探测器 electromagnetic crack detector
电磁流 electromagnetic current
电磁流量计 electric(al) flowmeter; electromagnetic flow meter
电磁流量仪 electromagnetic flowmeter; electromagnetic flow ga(u)ge
电磁流速传感器 electro-magnetic flow velocity sensor
电磁流速/放射性浓度综合测量仪 integrated electromagnetic velocity/radioactive density measuring instrument
电磁流速计 electromagnetic current meter[metre]; electromagnetic flow rate meter[metre]
电磁流速仪 electromagnetic current meter [metre]; electromagnetic velocity meter[metre]
电磁流体力学 electromagnetic hydromechanics
电磁龙门吊 electromagnetic gantry crane
电磁炉 electromagnetic oven
电磁录音机 electromagnetic recorder
电磁轮闸 electromagnetic wheel brake
电磁罗盘偏差系数 coefficient of deviation for magnetic
电磁螺线管开关 electromagnetic solenoid switch
电磁螺线管制动 electromagnetic solenoid braking
电磁螺旋压力机 electromagnet screw press
电磁脉冲 electromagnetic pulse
电磁脉冲防护能力 electromagnetic pulse hardening
电磁脉冲干扰 electromagnetic pulse jamming
电磁脉冲计数器 electromagnetic impulse counter
电磁脉冲自动焊机 impulse electromagnetic automatic welding machine
电磁铆接机 electromagnetic riveting machine
电磁门保持器 electromagnetic door holder
电磁密度计 electromagnetic densitometer
电磁灭弧器 electromagnetic blow-out
电磁敏感度 electromagnetic sensibility; electromagnetic susceptibility
电磁敏感性 electromagnetic sensibility; electromagnetic susceptibility
电磁摩擦联轴器 magnetic gear
电磁姆 abmho; absiemens
电磁能量 electromagnetic energy
电磁能量密度 electromagnetic energy density
电磁能吸收涂层 electromagnetic energy absorber coating
电磁黏[粘]度计 electromagnetic visco(si) meter
电磁黏[粘]合 electromagnetic bonding
电磁欧厘米 abohm centimeter
电磁偶极法测量装置 configuration of electromagnetic double-dipole prospecting system
电磁耦合 electromagnetic coupling

电磁耦合测试器 electromagnetic coupling meter
电磁耦合器 electromagnetic coupler; magnetocoupler
电磁耦合效应 electromagnetic coupling effect
电磁耦合校正方法 way of correction to electromagnetic coupling
电磁盘式单轨吊 electromagnetic disk single-track crane
电磁皮带滚筒 electromagnetic belt pulley
电磁皮带轮 magnetic pulley
电磁偏转 electromagnetic deflection
电磁飘浮技术 electromagnetic levitation technology
电磁平台 electromagnetic platen
电磁屏蔽 electromagnetic shield(ing); electromagnetic screen
电磁屏蔽设计 electromagnetic shielding design
电磁屏蔽装置 electromagnetic shielding device
电磁剖面仪 electromagnetic profilograph
电磁铺渣机 magnetic ballasting machine
电磁谱分析 electromagnetic spectrum analysis
电磁起倒开关 solenoid tumbler
电磁起动器 electromagnetic starter
电磁起盖机 magnetic lid lifter
电磁起炉盖机 magnetic lid lifter
电磁起振器 electromagnetic vibration generator
电磁起重机 electrolifting magnet; electromagnetic lifter
电磁气流扬声器 stentorphone
电磁气闸 electromagnetic air brake
电磁器件 electromagnetic device
电磁枪法 electromagnetic gun method
电磁倾角法 electromagnetic tilt angle method
电磁驱动 magnetic drive
电磁圈式离合器 solenoid clutch
电磁扰动 electromagnetic disturbance
电磁热效应 electromagnetic thermal effect
电磁容量 electromagnetic capacity
电磁骚扰 electromagnetic disturbance
电磁色散延迟线 electromagnetic dispersive delay line
电磁刹车 electromagnetic brake
电磁筛 electromagnetic sieve; hummer screen
电磁散射 electromagnetic scattering
电磁声学仪器 electromagnetic acoustic(al) instrument
电磁声子 polariton
电磁示波器 magnetic oscillograph; soft iron oscillograph
电磁式 electromagnetic system
电磁式安培表 electromagnetic ammeter
电磁式安培计 electromagnetic ammeter
电磁式测厚仪 electromagnetic thickness ga(u)ge
电磁式测试仪表 electromagnetic instrument
电磁式地震计 electromagnetic(type) seismograph; electromagnetic type seismometer
电磁式地震检波器 electromagnetic type seismometer
电磁式地震仪 electromagnetic(type) seismograph
电磁式电子显微镜 electromagnetic electron microscope

电磁式定位器 electromagnetic positioner
电磁式耳机 magnetic earphone
电磁式伏特表 iron vane type voltmeter
电磁式毫伏安培计 electromagnetic millivolt ammeter
电磁式话筒 electromagnetic transmitter;magnetic microphone
电磁式缓行器 electromagnetic type retarder
电磁式继电器 electromagnetic(type) relay
电磁式减速器 electromagnetic rail brake
电磁式检测设备 dipping coil primary means
电磁式交流电继电器 electromagnetic alternating current relay
电磁式接触器 electromagnetic treadle
电磁式接地检测器 electromagnetic ground detector
电磁式流量计 electromagnetic type flow meter
电磁式燃油平面指示器 electromagnetic fuel ga(u)ge
电磁式筛砂机 electromagnetic sand screen
电磁式拾波器 electromagnetic pickup;magnetic pickup
电磁式拾声器 electromagnetic pickup
电磁式拾声头 electromagnetic pickup
电磁式拾音器 electromagnetic pickup;magnetic pickup
电磁式拾音头 magnetic cartridge
电磁式示波器 electromagnetic oscillograph
电磁式受话机 moving-iron receiver
电磁式受话器 electromagnetic receiver;electromagnetic telephone
电磁式水温表 electromagnetic water thermometer
电磁式送话器 electromagnetic transmitter; magnetic microphone; magnetomicrophone
电磁式踏板 electromagnetic treadle
电磁式探测器 electromagnet type detector
电磁式稳压器 magnetic voltage stabilizer
电磁式旋转存储器 electromagnetic rotating storage
电磁式仪表 electromagnetic meter; moving-iron instrument; soft iron meter
电磁式阴极射线管 electromagnetic cathode-ray tube
电磁式圆盘摩擦离合器 electromagnetic type disk friction clutch
电磁式造型机 electromagnetic mo(u)lding machine
电磁式振荡器 electromagnetic oscillator
电磁式振动发生器 electromagnetic vibration generator
电磁式振动计 electromagnetic type vibrometer
电磁式振动起振器 electromagnetic vibration generator
电磁式振动器 <作重复荷载试验用> electromagnetic vibrator
电磁式振动台 electromagnetic vibration generator
电磁式制动器 electromagnetic disc brake
电磁式质量分离器 electromagnetic mass separator
电磁式中间继电器 electromagnetic intermediate relay
电磁式种子清选机 electromagnetic seed cleaner
电磁式轴承磨损探测器 electromagnetic bearing wear detector
电磁势 electromagnetic potential
电磁适应性 electromagnetic compatibility
电磁释扭式离合器 magnetic torque-release clutch
电磁受话器 electromagnetic microphone
电磁输送装置 electromagnetic transfer device
电磁束波导系统 electromagnetic beam waveguide system
电磁数字转换器 electromagnetic digitizer
电磁衰减器 magnetic attenuator
电磁水处理 electromagnetic water treatment
电磁送话器 electronic microphone
电磁速度计 electromagnetic velocity meter[metre]
电磁速度廓线仪 electromagnetic velocity profiler
电磁锁 electromagnetic lock
电磁锁闭 electromagnetic locking
电磁探测 electromagnetic detection; electromagnetic survey(ing)
电磁探测器 electromagnetic probe
电磁探查(法) electromagnetic exploration
电磁探勘 electromagnetic exploration
电磁探伤 electromagnetic defect detection
电磁探伤机 magnetic particle detector
电磁探伤器 electromagnetic flaw detector;magnetic defect detector
电磁探伤仪 magnetic crack detector
电磁探针 electromagnetic probe
电磁套管测厚仪 electromagnetic casing-thickness logging tool
电磁体 electromagnet
电磁调节器 electric governor
电磁调速 electromagnetic speed regulation
电磁调速电动机 electric(al) magnetic speed regulation motor;electric(al) magnetic variable motor;electromagnetic adjustable speed motor; electromagnetic speed-adjustable motor
电磁铁 electric(al) magnet;electric(al) solenoid; electromagnet; magnet
电磁铁操纵的 solenoid-actuated; solenoid-controlled
电磁铁插栓 magnetic plug
电磁铁传动 electromagnet drive
电磁铁的衔铁 electromagnet armature;lifter
电磁铁功率 power of electromagnet
电磁铁滚筒 electromagnetic drum
电磁铁护罩 sheath for magnet coils
电磁铁缓吸作用 slow-speed magnet action
电磁铁螺线管 actuator
电磁铁起重机 <装卸钢材用> electromagnetic crane
电磁铁绕组 electromagnet winding; magnet winding
电磁铁塞 magnetic plug
电磁铁铁芯 electromagnet core;limb of electromagnet
电磁铁线圈 electromagnetic coil;magnet spool;solenoid coil;magnet coil
电磁铁线圈的屏蔽罩 mutual-induction protector
电磁铁芯 electromagnetic core
电磁铁组件 electromagnet assembly
电磁通量 electromagnetic flux
电磁同位素分离 electromagnetic isotope separation; electromagnetic separation of isotope
电磁同位素分离法 electromagnetic method of isotope separation
电磁同位素分离器 electromagnetic isotope separation unit;electromagnetic isotope separator
电磁同位素分离设备 electromagnetic isotope separation unit
电磁透镜 electromagnetic lens
电磁凸轮组 electromagnetic camgroup
电磁推动 electromagnetic propulsion
电磁推进 electromagnetic propulsion
电磁脱机装置 electromagnetic release
电磁瓦特 abwatt
电磁微音器 electromagnetic microphone
电磁位置测量装置 electromagnetic position measuring assembly
电磁喂料器 magnetic feeder
电磁温度计 magnetic thermometer
电磁污染 electromagnetic pollution
电磁污染源 electromagnetic pollution source
电磁吸附作用 electromagnetic absorption
电磁吸力 electromagnetic attraction
电磁吸盘 crane magnet;electric(al) magnetic chuck; electromagnetic chuck;magnechuck
电磁吸盘横梁 lifting beam with electromagnets
电磁吸盘式移动式起重机 magnetic travel(l)ing crane
电磁吸收材料 electromagnetic absorption material
电磁吸铁盘 lifting magnet
电磁吸引 electromagnetic attraction
电磁熄弧 electromagnetic blow-out
电磁系单位 electromagnetic unit
电磁系电流单位 abampere
电磁系电势单位 abvolt
电磁衔铁 electromagnet armature
电磁现象 electromagnetic phenomenon
电磁线 electromagnetic wire;magnetic wire
电磁线圈 electromagnetic coil; magnetic coil;solenoid
电磁线圈操纵阀 solenoid-operated valve
电磁线圈开关 solenoid switch
电磁线源 electromagnetic line source
电磁相互作用 electromagnetic interaction
电磁响应 PPM 值 electromagnetic response PPM value
电磁消声室 electromagnetic anechoic chamber
电磁消音器 magnetic silencer
电磁效应 electromagnetic effect;galvanomagnetic effect
电磁芯 electromagnet core
电磁型地震计 electromagnetic type seismometer
电磁型同位素分离器 calutron
电磁性能 electromagnetic property; galvanomagnetic property
电磁蓄能式熔接器 electromagnetic energy accumulation type welder
电磁悬浮 electromagnetic levitation
电磁悬浮模块导向 electromagnetic modular guidance
电磁悬挂 electromagnetic suspension
电磁选矿机 electromagnetic ore separator
电磁靴式制动器 electromagnetic shoe brake
电磁学 electromagnetics; magnetoelectricity; electromagnetism; galvano magnetism
电磁学共存 electromagnetic compatibility
电磁压力表 electromagnetic pressure ga(u)ge
电磁压力机 electromagnetic power press
电磁压力计 electromagnetic pressure ga(u)ge
电磁压缩式冰箱 electromagnetic compression refrigerator
电磁延迟线 electromagnetic delay line
电磁延时线 electromagnetic time-delay line
电磁扬声器 electromagnetic loudspeaker;magnetic(armature) loudspeaker;magnetic speaker
电磁遥测法 electromagnetic telemetry
电磁遥控 electromagnetic remote control
电磁液体分离法 electromagnetic liquid separation method
电磁液体分离仪 electromagnetic fluid separator
电磁液压阀 electromagnetic hydraulic valve
电磁液压制动器 electromagnetic hydraulic brake
电磁一致性 electromagnetic compatibility
电磁异常 electromagnetic anomaly
电磁溢流阀 electromagnetic overflow valve;electromagnetic relief valve
电磁引力 electromagnetic attraction
电磁应变仪 electromagnetic strain ga(u)ge
电磁铀同位素浓缩法 electromagnetic uranium isotope enrichment method
电磁诱导检测 magnetic induction inspection
电磁灶 electromagnetic range;induction cooker
电磁灶感应加热器 induction heater of electromagnetic cooker
电磁噪声 electromagnetic noise;radiation noise
电磁渣焊 electroslag weld(ing)
电磁闸 electromagnetic brake
电磁真空变速装置 electrovacuum gear shift
电磁振打器 solenoid trapper
电磁振荡 electromagnetic oscillation
电磁振荡频谱 electromagnetic spectrum
电磁振动 electromagnetic vibrating
电磁振动给料机 electrovibrating feeder;magnetic vibration actuated feeder; electromagnetic vibrating feeder
电磁振动激励器 electromagnetic vibration exciter
电磁振动加料机 electromagnetic vibrating feeder
电磁振动落砂机 electromagnetic vibrator knock-out machine
电磁振动器 electro-magnetic shaker
电磁振动三轴试验系统 electromagnetism dynamic (al) triaxial test system
电磁振动三轴试验装置 electromagnetism dynamic (al) triaxial test system

电磁振动筛 electromagnetic vibrating screen;hummer screen;magnetically vibrated screen
电磁振动筛砂机 electromagnetic vibration sand screen
电磁振动式冰箱 electromagnetic oscillation refrigerator
电磁振动式压缩机 electromagnetic oscillation compressor
电磁振动台 electromagnetic shaking table
电磁振动喂料机 electromagnetic vibrator feeder;electrovibrating feeder;solenoid vibrating feeder
电磁振动喂料器 electrovibrating feeder
电磁震动器 electromagnetic shaker
电磁整流器 electromagnetic rectifier
电磁直头式开卷机 magnet-type uncoiler
电磁制单位 electromagnetic system unit
电磁制导 magnetic guidance
电磁制动 electromagnetic braking [brake]
电磁制动机 electromagnetic brake
电磁制动器 electric(al) magnetic brake; magnet stopper; solenoid brake;electromagnetic brake
电磁制欧姆 abohm;true ohm
电磁制中的单位磁质量 unit magnetic mass in the electromagnetic system
电磁质量 electromagnetic mass
电磁滞 electromagnetic hysteresis
电磁中断器 electromagnetic interrupter
电磁轴承 electromagnet(ic) bearing; magnetic bearing
电磁驻波 standing electromagnetic wave
电磁转矩 electromagnetic torque
电磁转速表 magnetic tach(e)ometer
电磁资料 electromagnetic data
电磁紫外线探伤法 magnaglo
电磁自力 electromagnetic self-force
电磁阻地震计 electromagnetic reluctance seismometer
电磁阻尼 electromagnetic damping
电磁阻尼器 electromagnetic damper
电磁钻床 magnetic drill press
电磁钻粒检测仪 electromagnetic pellet detector
电磁作用式仪表 motor meter
电催化氧化法 electrocatalytic oxidation
电催化作用 electrocatalysis
电存储玻璃半导体 electric(al) memory glass semiconductor
电存储器 electric(al) storage
电单极 electric(al) monopole
电单位 electric(al) unit
电当量 electric(al) equivalent
电刀 electrotome
电导 conductance
电导泵 conduction pump
电导比 conductance ratio
电导变量法 conductance-variation method
电导测定 conductive measurement;electric(al) conductance determination
电导测定法 conductometry
电导测量 conductometric measurement
电导传感器 conductivity sensor;conductometric sensor
电导滴定 conductance titration;conductometric titration
电导滴定(分析)法 conductimetric titrimetry;conductometry
电导滴定计 conductometric titrimeter
电导电池 conducting cell
电导电桥 conducting bridge;conductivity bridge
电导度计 conductoscope
电导法 conductometric method;electroconductivity method
电导分析法 conductimetry
电导分析器 conductivity analyser[analyzer]
电导感应 conductive induction
电导计 conducting meter;conductometer;diagometer;mhometer
电导继电器 conductance relay
电导监测 conductance monitoring; conductivity monitoring
电导检测器 electric(al) conductivity detector;electroconductance detector
电导粒子计数器 conductometric particle counter
电导联结电荷耦合器件 conductivity connected charge coupled device
电导率 conductance ratio;conductivity;electric(al) conductivity;specific conductance; specific (electric) conductivity;electric(al) conductance
电导率测定 conductance measurement
电导率测定法 <测空气污染度的> conductimetric method
电导率测定用电池 conductivity cell
电导率测井曲线 conductivity log curve
电导率分析(法) conductometric analysis
电导率分析器 electric(al) conductivity analyser[analyzer]
电导率计 conductivity meter
电导率试验 electric(al) conductivity test
电导率调变 conductivity modulation
电导率调变晶体管 conductivity modulation transistor
电导率调制 conductivity modulation
电导率调制整流器 conductivity modulated rectifier
电导率仪 conductivity meter
电导率异常 conductivity anomaly
电导率张量 conductivity tensor
电导率自记仪 battery-operated conductivity recorder
电导纳测量电桥 conductance and susceptance measuring bridge
电导耦合 conductive coupling
电导耦合器 conductive coupler
电导墙围 electric(al) fence
电导式二氧化硫分析器 conductometric sulfur dioxide analyser [analyzer]
电导式火焰探测器 electric(al) conduction type flame detector
电导式流量计 conductivity type flow meter
电导式气体分析仪 electroconductive gas analyser[analyzer]
电导试验器 conductivity tester
电导水 conducting water
电导探示器 conductivity probe
电导探针 conducting probe;conductivity probe
电导体 electric(al) conductor
电导调混器 conducting salinometer
电导图 figure of conductivity
电导系数 conductivity coefficient; specific conductance;specific (electric) conductivity
电导线 electric(al) lead;electric(al) conductor
电导线管 electricity conduit
电导线管路 electric(al) conduit line
电导线管网 electric(al) conduit network
电导型温度变化率探测器 electric(al) conductivity rate-of-change detector
电导性 electric(al) conductivity;electroconductibility;electroconductivity
电导盐度表 salinometer
电导盐度计 electroconductive salinometer
电导仪 conductance meter; conductivity apparatus; conductivity gage; electric (al) conductivity meter[metre]
电导釉 conduction glaze;electroconductive glaze
电导终点滴定法 conductometric end-point titration
电的 electric(al)
电的管状加热器 electric(al) tubular heater
电的吸收 electric(al) absorption
电的正向动力控制 electric(al) positive power steer(ing)
电灯 electric(al) light; electric(al) lamp
电灯布线 electric(al) light wiring
电灯插头 lampholder plug;lamp plug
电灯插座 lamp socket; light socket; socket for electric(al) light
电灯厂 light plant
电灯的合闸电流 lamp inrush current
电灯电流 lamp current
电灯电路自动电压调整器 lamp regulator
电灯吊线 cord pendant
电灯反射镜 electric(al) lamp reflector
电灯费 electric(al) light charges
电灯负载 lamp load
电灯杆 lighting standard
电灯固定件 electric(al) fixture
电灯花线 flexible lamp cord
电灯接保险丝的常法 looping out
电灯开关 electric(al) light switch; lamp switch;light switch
电灯排 lamp bank
电灯泡 bulb; electric(al) (lamp) bulb;electric(al) light bulb;electric(al) lamp
电灯泡的灯头 cap;cap of bulb
电灯泡附件 lamp adapter
电灯泡及灯座 electric(al) bulb, lamp holder
电灯泡减光补偿 depreciation of lamp
电灯配件 electric(al) light fittings; lamp fittings;lighting fittings
电灯配线 electric(al) light wiring
电灯软线 lamp cord
电灯设备 electric(al) lighting equipment
电灯式干燥箱 electric(al) bulb oven
电灯丝 electric(al) lamp filament;filament for electric(al) lamp
电灯特性图 target diagram
电灯调节器 lamp regulator
电灯头 light outlet
电灯线 lamp cord;lighting cable
电灯线导管 electric(al) light conduit
电灯线路 lamp circuit
电灯线路体系 light system
电灯效率 lamp efficiency
电灯用户 light consumer
电灯用天线 light line antenna
电灯圆螺纹 electric(al) lamp thread
电灯装置 electric(al) light fittings
电灯组件 lamp fittings;lamp fixture; light fixture
电灯座 electric(al) lamp holder;electric(al) lamp socket
电滴定 electrotitration
电滴定法 electro-titration
电笛 electric(al) siren; electric(al) whistle;motor siren
电笛浮标 whistle-electric(al) buoy
电地磁流量计 geomagnetic electrokinetograph
电地球物理(探测)法 electric(al) geophysical method
电点焊 electric(al) point welding;electric(al) spot welding
电点火 electric(al) firing; electric(al) ignition
电点火发动机 electric(al) ignition engine
电点火开关 electric(al) firing lock
电点火器 electric(al) igniter;squib
电点火系统 electric(al) ignition system
电点火装置 electric(al) ignition device
电淀积 electrodeposition;electroposition
电调 power despatcher
电调员 power dispatcher
电定时器 electric(al) timer; electrotimer
电定形器 electrofixer
电动 electromotion
电动安全铰链 electric(al) security hinge
电动百叶门操纵器 electric(al) shutter door operator
电动摆锤 motor-driven swing hammer
电动扳钳 electric(al) wrench;power wrench
电动扳手 electric(al) wrench;power wrench;spinner
电动搬运车 electric(al) truck
电动板桩打桩机 electric(al) sheet-pile driver
电动拌和机 electric(al) mixer
电动保护开关 motor-protecting switch
电动报警器 power alarm annunciator
电动报时器 chronopher
电动曝光计数器 electric(al) exposure counter
电动倍加器 electric(al) multiplier
电动泵 electrically (driven) pump; motor(-driven) pump;power pump
电动泵调节器 electric(al) pump governor
电动泵组 motor-pump group
电动比较仪 electric(al) comparator
电动臂板电锁器联锁 interlocking by electric(al) locks with electric(al) semaphore
电动臂板信号机【铁】electric(al) signal machine; motor-driven semaphore signal;motor-operated semaphore signal;power-operated semaphore
电动臂板信号机构 electric(al) motor signal mechanism; motor-operated semaphore mechanism; signal machine
电动边门栏木 electric(al) sidewalk gate
电动编码机 electric(al) coding machine
电动变流机 motor converter
电动变流器 motor current-transformer
电动变速搅拌机 electric(al) variable speed stirrer
电动变速器 electric(al) gear shifting
电动拨号开关 electric(al) dial switch

电动簸动 hummer screen
电动补充 motor complement
电动步梯<使用于客运站> travelator
电动擦鞋器 electric(al) shoe polisher
电动裁布机 electric(al) cloth cutting machine
电动裁剪机 electric(al) cutter
电动操舵装置 electric(al) steering gear
电动操作变阻器 motor-operated rheostat
电动操作的 electrically operated
电动操作隔离开关 electric(al) operation disconnecting switch
电动操作控制阀 electrically operated control valve
电动操作器 electric(al) actuator; electronic operator
电动侧翻多功能护理床 electric(al) multifunction side-turn nursing bed
电动测程仪【船】electric(al) ship log
电动测功计 electrodynamometer
电动测功器 electric(al) dynamometer; electrodynamometer
电动测力计 electric(al) dynamometer
电动测量仪 electric(al) ga(u)ge
电动测流计 electrokinetograph
电动测深式料位机 electrolevel meter
电动测速仪 electrokinetograph
电动测微筒 electric(al) micrometer tube
电动测微仪 Elmillimess
电动测相角器 electrogeniometer
电动层压机 electric(al) lamination press
电动叉车 electric(al) fork lift; power-driven fork truck
电动叉装卸车 electric(al) fork lift truck
电动插入式振捣器 electric(al) internal vibrator
电动差压传感器 electric(al) differential pressure transmitter
电动铲 electric(al) dipper; electric(al) shovel
电动铲运机 motorized scraper; motor scraper
电动超人差测微器 electric(al) motor-driven impersonal micrometer
电动超载机车 electric(al) overburden locomotive
电动超重机 electric(al) hoist
电动车 electric(al) truck; electrically operated motor car; electric(al) power car; electrocar; electromotive; motorcar; motor-driven vehicle
电动车床 motor-drive lathe
电动车辆 driven vehicle; electric(al) vehicle; electrically driven vehicle
电动车辆缓行器 electric(al) car retarder
电动车辆减速器 electric(al) car retarder
电动车轮 electric(al) wheel; motorized wheel
电动车钟 electric(al) telegraph
电动车组 electric(al) multiple unit
电动车组组合列车 electric(al) multiple unit train
电动沉没泵 electric(al) submersible pump
电动沉没泵完井 submersible electro pumping completion
电动承包商用泵 electric(al) contractor's pump
电动冲击扳手 electric(al) impact wrench
电动冲击锤 electric(al) impact hammer
电动冲击夯 electric(al) shocking rammer
电动冲(击)钻 electric(al) percussion drill; electric(al) percussive drill
电动重卷机 electric(al) rewind reel
电动抽头变换器 motor-driven tap changer
电动出纳机 electric(al) cash-register
电动除霜器 electric(al) defroster
电动触轮式机车 electric(al) troll(e)y locomotive
电动穿孔器 electric(al) penetrator
电动传感器 electrokinetic transducer
电动传声器 moving-coil microphone
电动传送机 motor converter; power-operated conveying machine
电动传送设备 electric(al) conveyer [conveyor]
电动船 electric(al) ship
电动船舶牵引机 electric(al) boat haulage machine
电动吹风机 electric(al) blower; motor-blower
电动锤 automatic mallet; power-driven hammer
电动磁浮 electrodynamic(al) levitation
电动磁石发电机 ringing generator
电动次序 series of potentials; electromotive series
电动打包机 power-operated baling press
电动打夯机 electric(al) tamper; power rammer
电动打孔机 electric(al) perforator
电动打磨器 power sander
电动打磨砂盘 electric(al) disc sander
电动打样机 power proof press
电动打桩机 power driver
电动打桩绞车 electric(al) piling winch
电动打桩设备 electric(al) pile driving plant
电动打字机 electric(al) typewriter
电动带锯 electric(al) band-saw
电动单臂起重机 electric(al) jib crane
电动单轨葫芦 electric(al) monorail crane
电动单轨起重机 electric(al) monorail crane
电动单轨(悬挂)吊车 telpher
电动单梁吊钩起重机 single-beam electric(al) hook crane
电动单梁起重机 electric(al) single beam crane; electric(al) single girder crane; power-driven crane with single beam; single-beam electric(al) crane
电动单梁桥式起重机 electric(al) single beam bridge crane
电动单梁悬挂起重机 hanging and power-driven crane with single-beam
电动单元组合仪表 electrodynamic(al) unit combination instrument
电动导轨式凿岩机 electric(al) drifter
电动捣固机 electric(al) tamper machine; power tamper machine; power tamping machine
电动捣固机 electric(al) rammer; electric(al) tamping machine
电动道岔 motor-operated points; motor-operated switch; power-operated points
电动道岔灯 electric(al) points lamp
电动道砟夯实机 electric(al) ballast tamper
电动的 dynamo-electric(al); electrically active; electrically powered; electric(al)-operated; electric(al) power driven; electrodynamic(al); motor-driven; motor-operated; power-driven; power-operated; electrically driven
电动低水位警报器 electric(al) low water alarm
电动地毯伸展机 power carpet stretcher
电动电磁铁 motor magnet
电动电焊机 electric(al) spot welding machine
电动电缆绞车 motor-driven cable-winch
电动电梯机械 electric lift machine
电动电位 electrokinetic potential; zeta potential
电动吊车 electric(al) crane; power crane; electric(al) hoist
电动吊杆 motorized winch batten
电动吊垄 electric(al) crane; motor-operated crane
电动蝶阀 butterfly valve with electric(al) actuator; electric(al) butterfly valve; power-driven butterfly valve
电动钉钮机 electric(al) button sewing machine
电动钉箱机 electric(al) nailing machine
电动动力 motoring power
电动斗式振动机 electric(al) hopper vibrator
电动断层 X 射线机 motor-driven layer radiographic X-ray apparatus
电动断层模型 dynamic(al) fault model
电动断路器 motor-operated switch
电动断续器 motor-driven interrupter; motor interrupter
电动堆垛机 electric(al) tiering machine
电动堆积机 electric(al) stacker
电动堆集机 electric(al) piler
电动多尺寸检查仪 Elemass
电动垛板机 electric(al) piler
电动舵机 electric(al) steering engine; electric(al) steering gear; steering motor
电动发电电焊机 motor-generator welder
电动发电弧焊机 motor-generator arc welder
电动发电机 dynamo-electric(al) machine; dynamomotor; dynomo-generator; electric(al) motor generator; motor dynamo; motor generator; rotary transformer
电动发电机机车 motor-generator locomotive
电动发电机式直流弧焊机 motor-generator arc welder
电动发电机组 electric(al) motor-generator set; motor-generator set
电动发动机 genemotor
电动发动机控制板 motor-generator panel
电动阀(门) electric(al) motor operation valve; electric(al) valve; motor-operated valve; motor operational valve; electrovalve; motor valve; power-operated valve
电动阀面磨光机 electric(al) valve refacer
电动阀磨床 electric(al) valve grinder
电动阀座铣(刀) electric(al) valve seat cutter
电动阀座研磨机 electric(al) valve seat grinder
电动防逆阀 electric(al) check valve
电动放大发电机 dynamo-electric(al) amplifier generator
电动放大器 dynamo-electric(al) amplifier
电动飞剪 electrically operated flying shears
电动分级控制器 electric(al) step controller
电动分配器 motor-driven distributor
电动粪槽刮铲 electric(al) motor-drawn channel scraper
电动风挡刮板 electric(al) windscreen wiper
电动风挡刮水器 electric(al) wind shield wiper
电动风阀 electric(al) damper; motorized damper
电动风机 electrically driven fan
电动风控的 electropneumatically controlled
电动风速计 anemocinemograph
电动风速仪 electric(al) anemometer
电动缝纫机 electric(al) sewer; electric(al) sewing machine
电动扶梯 electric(al) disappearing stairway; powered access
电动浮式浮吊 electric(al) floating crane
电动浮式(水上)起重机 electric(al) floating crane
电动浮选法 electroflo(a)tation
电动辅机 electric(al) auxiliary machinery
电动附着式振动器 electric(al) formwork vibrator
电动复绕组制动机 electrodynamic(al) multiwinding brake
电动复绕组制动器 electrodynamic(al) multiwinding brake
电动复制照相机 motorized copying camera
电动改锥 electric(al) screwdriver
电动干湿泡湿度计 electric(al) wet and dry bulb hygrometer
电动感应钻机 induction drill
电动钢轨砂轮机 electric(al) rail grinder
电动钢轨钻机 electric(al) rail drill(ing machine)
电动钢筋弯曲机 electric(al) steel bar bender
电动钢卷钳 electric(al) coil tongs
电动钢丝冷镦机 electric(al) wire cold header
电动钢丝牵引器 electric(al) wire traction instrument
电动钢丝刷 motor wire brush
电动高架单轨缆车 telfer
电动高压润滑装置 electrohypress greaser
电动高音雾号 diaphragm horn; fog nautophone; nautophone
电动割草机 electric(al) mower; motor mower; power mover
电动隔离开关 motorized isolator
电动隔膜泵 electric(al) diaphragm pump; power-driven membrane pump
电动膈膜式涂料泵 electric(al) diaphragm paint pump
电动膈式呼吸 electrophrenic respiration
电动工具 electric(al)(power) tool; power(-driven) tool; ripsnorter
电动工具磨床 electric(al) tool grinder
电动工作平台 powered platform
电动弓锯机 power hack sawing machine
电动弓锯条 power hack saw blade
电动公共汽车 electric(al) bus; electric(al) omnibus; electrobus; gyrobus

电动攻丝机 electric(al) threading machine
电动供给水泵 electrically driven feed pump
电动鼓风机 electric(al) blower; motor bellows; motor (-driven) blower; motor fan
电动刮料铲 power scraper shovel
电动关门器 electric(al) door closer
电动管道割刀 electric(al) line cutter
电动管状吊车 electric(al) tubular crane
电动管状起重机 electric(al) tubular crane
电动惯性起动机 electric(al) inertia starter
电动光学存储器 electrooptic(al) memory
电动硅化法 electric(al) silicification method; electromotive silicification; electrosilicification
电动硅化现象 electrosilicification phenomenon
电动轨道夯实机 electric(al) track tamper; electromagnetic tamper
电动轨道接头刨平机 electric(al) rail joint planing machine
电动轨枕夯实器 electric(al) tie tamper
电动滚轴输送机 live-roll(er) conveyer[conveyor]
电动锅炉给水泵 motor-driven boiler-feed pump
电动焊机 electric(al)-driven welder; motor-driven welding machine
电动焊接发电机 welding motor generator
电动夯拍机 electric(al) ramming impact machine
电动夯实器 power rammer
电动夯(土机) electric(al) rammer; electric(al) tamper
电动恒温器 electric(al) thermostat
电动横织机 electric(al) transverse weaving machine
电动后卸翻斗车 electric(al) rear dump truck
电动葫芦 electric(al) block; electric(al)(wire) hoist; motor hoist
电动葫芦门式起重机 gantry crane with electric(al) hoist
电动葫芦桥式起重机 overhead travel(l)ing crane with hoist
电动滑车 electric(al) block; electric(al) hoist; electric(al) pulley (block); motor block
电动滑道 electric(al) slipway
电动滑轮 motorised hoist
电动滑翔机 motor glider
电动化学灌浆 electrochemical injection
电动缓行器 <装在编组线入口处> electrodynamic(al) retarder
电动换能器 electrodynamic(al) transducer
电动回转 motoring
电动混料机 electric(al) pugmill
电动混凝土泵 electric(al) concrete pump
电动混凝土搅拌机 electric(al) concrete mixer
电动混凝土平整机 power concrete float
电动混凝土输送泵 electric(al) concrete pump
电动火车 battery-operated train; electric(al) train
电动火药引信 electric(al) power fuse
电动货车 motor wagon
电动货车拖车 electric(al) industrial freight trailer
电动货梯 electric(al) dumbwaiter
电动机 dynamo; electric(al) motor; electromotor; motor; phonomotor <电唱机或录音机上的>
电动机扳手 motor wrench
电动机保护继电器 motor protection relay
电动机并联法 parallel connection of the motors
电动机布线 motor wiring
电动机部件 block motor
电动机操纵 motor control
电动机操纵的 electric(al) motor driven
电动机操纵的群开关 motor-operated group switch
电动机操纵的组开关 motor-operated group switch
电动机操作的电位器 motor-operated potentiometer
电动机侧 motor side
电动机长螺栓 motor frame through bolt
电动机常数 motor constant
电动机超负荷保护装置 motor overload protection unit
电动机车 electric(al) locomotive; electric(al) motor car
电动机车起重机 electric(al) locomotive crane
电动机车输电轨 third rail
电动机重新投入 remotored
电动机出力 motor-output
电动机传动 electric(al) motor drive
电动机传动型 motor-drive type
电动机传动轴和小齿轮 motor-drive shaft and pinion
电动机磁场分路 shunting-motor-field
电动机磁场故障继电器 motor-field failure relay
电动机磁场控制 motor-field control
电动机磁场调节器 motor-field regulator
电动机磁力启动器 magnetic motor starter
电动机大小 motor size
电动机带动的 motor-operated
电动机导轨 motor slide rails
电动机的频繁反复起动 jogging
电动机的组合 motor combination
电动机地脚螺栓 foundation bolt for motor
电动机电池 motor battery
电动机电缆 motor cable
电动机电缆端子 motor cable connector
电动机电缆连接器 motor cable connector
电动机电流级加法 graduation of the motor currents
电动机电气制动 electric(al) braking of motor
电动机电枢 motor-armature
电动机电枢用合金 Zam metal; zinc alloy for anti-friction metal
电动机电子控制 direct current motor control; electronic motor control; motor control
电动机定子 motor stator
电动机端子电压 motor terminal voltage
电动机发电机变换器 motor converter
电动机发电机组 dynamotor; motor dynamo; rotary converter [converter]; synchronous inverter; motor alternator; motor converter
电动机反转 reverse of motor
电动机分流电阻器 motor shunting resistor
电动机分支电路 motor branch circuit
电动机负荷 motor load
电动机负载 motor load
电动机负载控制 motor load control
电动机隔离 motor isolation
电动机功率 motor power(output); power of motor; electric(al) motor power
电动机功率计 motor dynamometer
电动机故障断路器 disabled motor switch
电动机规格 motor specification
电动机过热保护 motor protection against overheat
电动机荷载指示器 motor load indicator
电动机后端盖 motor rear end plate
电动机滑轨 slide rail of electric(al) motor
电动机换向器 commutator motor
电动机黄铜 motor brass
电动机机械特性 mechanical characteristic of motor
电动机机座 motor bed-plate
电动机基础 motor base(frame); motor foundation
电动机架 motor frame
电动机减速器 motor reducer; motor reducing gear
电动机减振器 motor damper
电动机接触器 motor contactor
电动机节距 motor pitch
电动机距 motor step
电动机开关 motor switch
电动机开关油 motor switch oil
电动机壳 motor case; motor casing (frame); motor inclosure; motor shell
电动机壳体 motor-field frame
电动机控制继电器 motor control relay
电动机控制盘 magnetic station; motor control panel
电动机控制器 electric(al) motor controller; motor controller
电动机馈电支路 motor branch circuit
电动机馈线开关 motor-circuit switch
电动机冷却 motor cooling
电动机冷却器 cooler for motor
电动机励磁 motor excitation
电动机励磁电流 motor exciting current
电动机连线 motor cable connection
电动机联轴器 motor coupling
电动机链轮 motor sprocket
电动机培训仪表 electric(al) machine teaching console
电动机配电盘 motor board; motor panel
电动机皮带轮 motor pulley; pulley motor
电动机频繁地开机关机 jogging
电动机启停开关 motor on-off switch
电动机起动 starting of motor
电动机起动变阻器 motor starting rheostat
电动机起动电流 motor starting current
电动机起动继电器 motor starting relay
电动机起动开关 motor starting switch
电动机起动控制设备 motor starting and control equipment
电动机起动器 motor starter
电动机起动转矩 starting torque of motor
电动机器人 electric(al) robot; electromotive robot
电动机牵引车辆的空气制动机 traction air brake
电动机切除开关 motor cut-out switch
电动机切断开关 motor off switch
电动机驱动 electric(al) motor drive
电动机驱动车轮 motorized wheel
电动机驱动的 electric(al) motor driven; motor-driven
电动机驱动的断续器 motor tread
电动机驱动的调谐系统 motorized tuning control
电动机驱动计时器 motor timer
电动机驱动开关 motor-driven switch
电动机驱动轴 motor-drive shaft
电动机缺陷 motor fault
电动机容量 motor capacity
电动机熔断器 motor fuse
电动机润滑油 motor oil
电动机润滑脂 electromotor grease
电动机时间常数 motor time constant
电动机式电度表 motor meter
电动机式发码器 motor-operated coder; motor type coder
电动机式激振器 electric(al) motor type vibrator
电动机式继电器 motor type relay; rotor-type relay
电动机式时间继电器 motor driving time relay
电动机式寻线机 motor selector
电动机输出功率 motor-output
电动机输入功率 motor-input
电动机刷 electric(al) motor brush; motor brush
电动机碳刷 motor carbon brush
电动机特性(曲线) motor characteristic
电动机调速 speed adjustment of motor
电动机调谐振荡器 motor-truck oscillator
电动机调整 regulation of motor
电动机停机开关 motor cut-out switch
电动机拖动 motor drive
电动机拖动的 motor-driven
电动机拖动阀 motor-driven valve
电动机拖动控制阀 motor-driven control valve
电动机拖动式焊机 motor-driven welding machine
电动机位置 motor position
电动机系列 motor line
电动机消声器 motor damper
电动机小齿轮 motor pinion
电动机效率 motor efficiency
电动机效应 motor effect
电动机械 motor(-driven) machinery
电动机械锤 electromechanical hammer
电动机械的 electric(al) mechanical; electromechanical
电动机械管子清洁器 electric(al)-driven mechanical tube cleaner
电动机械化 electromechanization
电动机械积分仪 electromechanical integrator
电动机械计数器 electric(al) mechanical counter
电动机械控制 electromechanical control
电动机械路夯 electric(al) mechanical tamper
电动机械设备 electric(al) machinery
电动机械式压力计 electromechanical ga(u)ge
电动机械学 electromechanics
电动机型号 motor type
电动机型积算表 motor meter
电动机型继电器 motor type relay
电动机型绝缘子 motor type insulator
电动机型仪表 motor meter
电动机性能 motor performance
电动机悬挂 motor suspension
电动机悬置 motor suspension
电动机压缩式冰箱 motor-compres-

sion refrigerator
电动机引出线 motor lead
电动机油 electric(al) motor oil
电动机增益 motor gain
电动机闸磁铁 motor brake magnet
电动机罩 engine casing
电动机整流子 motor commutator
电动机支承轴承 motor support bearing
电动机支座 support of motor
电动机直接传动 direct motor drive
电动机直联传动 direct coupled motor drive
电动机制动接点 motor braking contact
电动机制动力矩 stalled torque
电动机制动力矩比 stall torque ratio
电动机制造者 motor manufacturer
电动机轴 motor reel; motor shaft
电动机轴承 bearing of motor; motor bearing
电动机转矩 motor torque
电动机转速 motor speed; speed of rotation of motor
电动机转速控制 motor speed control
电动机转向架 motor bogie
电动机转子 motor rotor
电动机组 electric(al) set; motor-generator set; motor group; motor unit
电动机组件 motor sub-assembly
电动机最大转矩 maximum torque of motor
电动机座 motor base(frame)
电动机座销轴 motor base pin
电动激励 dynamic(al) drive
电动激振器 electromechanical vibrator; power vibrator
电动给水泵 electric(al) feed water pump; electrically driven feed pump; electro-feeder; motor-driven feed pump
电动计程仪 electric(al) log
电动计时器 electric(al) hourmeter
电动计算机 electric(al) computer
电动记分牌 electric(al) scoreboard
电动记录仪 electric(al) recorder
电动记账机 electric(al) accounting machine
电动继电器 dynamic(al) relay
电动加法机 electric(al) adding machine
电动加压焊机 motor-operated welder
电动加振作用 electrodynamic(al) vibration machine
电动间歇润滑装置 electric(al) interval lubrication installation
电动减速器 motorized speed reducer; electrodynamic(al) retarder <装在铁路编组线入口处>
电动剪裁机 electrocutting machine
电动剪草机 motor-driven mower
电动剪断机 electric(al) shears; power-operated shearing machine
电动剪切机 electric(al) shears; power-driven shears
电动检波器 electrodynamic(al) detector; electrodynamic(al) geophone
电动建筑用泵 electric(al) builder's pump
电动键盘 motorized keyboard
电动交流发电机组 motor alternator
电动绞车 electric(al) winch; motor-driven hoist; motor winch
电动绞盘 electric(al) capstan; power capstan
电动脚手架 electric(al) scaffolding
电动铰牙自动切断机 automatic cutter for electric(al) tapping machine
电动搅拌机 electric(al) mixer
电动搅拌器 electric(al) stirrer; motor stirrer
电动节风板 motorized volume damper
电动截止阀 electric(al) check valve
电动精密粉碎机 electric(al) precision cracker
电动精密记时计 electrochronograph
电动警报器 motor siren
电动警报系统 electric(al) alarm system
电动警笛 motor siren
电动厩肥圆形抓爪 electrically operated circular manure grab
电动局部扩胎机 electric(al) local tire spreader
电动锯轨机 electric(al) rail sawing machine
电动卷百叶 power-operated rolling shutter
电动卷门操纵器 electric(al) shutter door operator
电动卷扬机 electric(al) hoist; electric(al) winch; electric(al) winding machine; electric(al) windlass
电动掘凿器 <手持式> electric(al) digger
电动卡车 electric(al) truck
电动卡尺 electric(al) cal(l)ipers
电动卡盘 electric(al) chuck
电动开闭冷藏门 motor-driven insulated door
电动开关 motor(-operated) switch; door operator <电梯门的>
电动开孔机 electric(al) tapping machine
电动开门器 electric(al) door opener
电动开挖机 electric(-operated) mucking machine
电动刻点仪 electric(al) dotter graver
电动客车 electric(al) motor coach; motor coach
电动客车挂钩 coupling of motor vehicles
电动客车列车 motor-coach train
电动空气净化装置 electric(al) air cleaner
电动空气压(缩)机 electric(al) air compressor
电动空气制动机 electric(al) control of air brake
电动孔隙水压力盒 electric(al) pore water pressure cell
电动控制单元 power-control unit
电动控制的 electrically controlled
电动控制阀 electric(al) control valve
电动控制系统执行元件 motor-driven final controlling element
电动控制箱 electric(al)-operated control box
电动快门摄影机 electric(al) shutter camera
电动矿山铲 electric(al) mining shovel
电动捆书机 electric(al) book-bundling machine
电动垃圾磨碎排放机 disposal unit
电动喇叭 motor-operated horn
电动喇叭筒 electric(al) megaphone
电动缆车 cable telpher; telfer; telpher(age); driver trolley <有驾驶员座位的>
电动缆车索道 telpher line
电动缆车系统 telferage
电动缆车线路 telpher line
电动缆索输送机 telpher conveyer [conveyor]
电动冷镦机 electric(al) cold-header
电动冷却液泵 electric(al) coolant pump
电动离合器 electric(al) clutch
电动离心泵 electric(al) centrifugal pump
电动离心机 electric(al) centrifuge
电动离心式吹风机 electric(al) centrifugal blower
电动理发剪 electric(al) haircutting scissors
电动理发推子 electric(al) hair clipper
电动力 electromotive force; electromotive power
电动力的 electromotive
电动力漂移 electrodynamic(al) drift
电动力悬浮 electrodynamic(al) suspension
电动力学 electrodynamics; electrokine(ma)tics
电动力学的 electrodynamic(al)
电动力学现象 electrokinetic phenomenon
电动力阻尼 electrodynamic(al) damping
电动立轴式回转分料溜槽 motorized pivoted distributor
电动励磁机 motor-driven exciter
电动励磁机法 motor-driven exciter method
电动沥青泵 motor drive asphalt pump
电动连锁器 electric(al) interlocker
电动联合收获机 electrically driven combine
电动联锁机 electric(al) interlocking machine
电动联锁器 electric(al) interlocker
电动链吊 electric(al) chain hoist
电动链滑车 electric(al)-driven chain block
电动链锯 electric(al) chain saw
电动两通阀 electric(al) two-way valve; motorized 2-way valve
电动量 electrokinetic momentum
电动量仪 electric(al) micrometer
电动料斗 electrically controlled magazine
电动料斗振动器 electric(al) hopper vibrator
电动列车组 motor train set
电动流动计 electric(al) type tach(e)ometer; electrodynamometer type tach(e)ometer
电动流量计 electric(al) flowmeter
电动流速计 electric(al) current-meter
电动流速仪 electrokinetograph
电动(龙)门式起重机 electric(al) gantry crane
电动楼梯 escalator
电动路面破碎机 electric(al) paving breaker
电动辘轳 electric(al) burton; electric(al) pulley tackle; electric(al) whim
电动旅客列车 motor-coach train
电动履带起重机 electric(al) caterpillar crane
电动履带装载机 electrocrawler loader
电动轮驱动 electric(al) wheel drive
电动轮式起重机 electric(al) tyre crane
电动轮式装载机 electric(al) wheel loader
电动轮胎起重机 electric(al) tyre crane
电动轮装载机 powered wheel loader
电动螺杆张拉机 power-driven bolt rod stretching machine
电动螺丝刀 electric(al) screwdriver; power-driven screwdriver
电动螺丝起子 electric(al) screwdriver
电动螺纹机 electric(al) threading machine
电动螺旋道钉机 motor-driven sleeper screw spike drive
电动螺旋起重机组 power-driven screw-jack set
电动螺旋千斤顶 electromotive spiral hoisting jack
电动螺旋式泥浆输送机 electric(al) sludge conveyer worm type
电动螺旋式泥炮 electric(al) screw clay gun
电动螺旋钻 electric(al) screwdriver
电动螺旋钻孔 power auger boring
电动螺钻 power auger boring
电动马达 electric(al) motor; electromotor
电动马力 electric(al) horsepower
电动镘刀 electric(al) float; electric(al) trowel; power trowel
电动毛发湿度控制器 electric(al) hair type humidistat
电动锚定绞车 electric(al) anchor winch
电动铆钉机 electric(al) riveter; electric(al) riveting machine
电动铆接机 electric(al) riveter; power riveter
电动煤钻 electric(al) coal drill
电动门 motorized door; power door
电动密码机 electric(al) ciphering machine
电动模壳振动器 electric(al) formwork vibrator
电动摩托车 battery-operated motor cycle; electric(al) motor car
电动磨床 electric(al) grinder; motor-driven grinder
电动磨光机 power rotary finisher; power sander; power trowel
电动抹刀 rotary float
电动抹子 electric(al) trowel; power float
电动内插式振捣器 electric(al) internal vibrator
电动泥浆泵 electric(al) mud-slush pump; motor-driven slush pump; sludge pump
电动捏拌机 electric(al) pugmill
电动扭矩表 electric(al) torque meter
电动耦合 electrokinetic coupling
电动排灌站 power-driven drainage irrigation station
电动排气机 motor-driven exhauster
电动排气扇 louver motor
电动排气装置 motor-driven exhauster
电动排水 electric(al) drainage
电动抛光机 electric(al) polisher; electric(al) polishing machine
电动刨床 electric(al) plane; power plane
电动喷漆枪 electric(al) paint spray gun
电动膨胀阀 electric(al) explosion valve
电动偏转 dynamic(al) deflection
电动飘浮技术 electrodynamic(al) levitation technology
电动票据打日期机 electric(al) ticket date marker
电动平板大卡车 electric(al) platform truck
电动平车 electric(al) flat carriage
电动平地机 motorized grader
电动平衡 electrodynamic(al) balance
电动铺路机 motor-paver
电动启动器 motor starter
电动起道机 electric(al) track jack
电动起动机 motor(-driven) starter
电动起动器 motor(-driven) starter
电动起货机 electric(al)(cargo) winch; electronic cargo winch; mo-

tor winch
电动起锚机 electric(al) capstan; electric(al) windlass; motor windlass
电动起锚绞盘 electric(al) anchor capstan
电动起艇机 electric(al) boat winch
电动起重机 electric(al) crane; electric(al) jack; motor hoist; power crane
电动起重绞车 electric(al) crab winch; electrically driven crab
电动起重器 motor hoist
电动气锤 electropneumatic hammer
电动气动臂板信号机【铁】electropneumatic semaphore
电动气动变换器 electric(al) to pneumatic transducer; electropneumatic converter [convertor]; electropneumatic transducer
电动气动传递设备 electropneumatic transmitting equipment
电动气动的 electropneumatic
电动气动分配阀 electropneumatic distributing valve
电动气动接触器 electropneumatic contactor
电动气动结合的 electropneumatic
电动气动开关 electropneumatic switch
电动气动控制 electropneumatic operation
电动气动控制阀 electropneumatic control valve
电动气动控制器 electropneumatic controller
电动气动联锁机 electropneumatic interlocking machine
电动气动联锁装置 electropneumatic interlocking device
电动气动设备 electropneumatic plant
电动气动式的 electropneumatic
电动气动调节器 electropneumatic controller; electropneumatic regulator
电动气动调速器 electropneumatic governor
电动气动调温器 electric(al) pneumatic temperature regulator
电动气动推车器 electropneumatic pusher
电动气动推料机 electropneumatic pusher
电动气动温度控制 electropneumatic temperature control
电动气动信号机【铁】electropneumatic signal; electropneumatic signal motor
电动气动信号装置 electropneumatic signaling
电动气动遥控系统 electropneumatic remote control system
电动气动遥控制 electropneumatic remote control system
电动气动直通空气制动器 electropneumatic straight air brake
电动气动制动联结器 electropneumatic braking connector
电动气动制动器 electropneumatic brake
电动气动制动主控制器 electropneumatic master controller
电动气动致动器 electropneumatic actuator
电动气动转换开关 electropneumatic transfer switch
电动气动转辙电路控制器 electropneumatic switch circuit controller
电动气动转辙机 electropneumatic point machine; electropneumatic point motor; electropneumatic switch (operating) apparatus; electropneumatic switch machine
电动气动装置 electropneumatic actuator
电动气动钻锤 electropneumatic drilling hammer
电动气阀 electric(al) air valve
电动气控的 electropneumatically controlled
电动气流旋转器 electric(al) air circulator
电动气流扬声器 electropneumatic loudspeaker
电动气压传动 electropneumatic actuator
电动气压机 electric(al) steam ga(u)ge
电动气压开关 electropneumatic switch
电动气压连锁装置 electropneumatic interlocker
电动气压信号 electropneumatic signal
电动气闸 electropneumatic brake
电动汽车 accumulator car; battery-operated car; electric(al) automobile; electric(al) car; electromobile
电动汽车式起重机 electric(al) truck crane
电动汽笛 electromotive steam whistle
电动汽油泵 electric(al) petrol pump
电动千斤顶 electric(al) jack
电动牵引车 powered traction vehicle; electric(al) tractor
电动牵引机 electric(al) prime mover
电动潜水泵 electrically submersible pump; immersible electric(al) pump
电动墙式旋臂吊车 electric(al) wall type slewing crane
电动桥式起重机 electric(al) overhead travel(l)ing crane
电动切割机 electric(al) cutter; electric(al) cutting machine
电动切面包机 electric(al) bread-cutter
电动切碎器 electric(al) chopper
电动求积仪 electric(al) planimeter
电动求积仪法 electromotion planimeter method
电动曲线机 electric(al) collaring machine
电动驱动 dynamic(al) drive; motor drive
电动驱动的 electrically powered
电动驱动的摇头 motorized panning head
电动驱动的云台 motorized pan and tilt head
电动燃料泵 electric(al) fuel pump
电动燃料控制装置 fuel limiter
电动绕线机 electric(al) coil winder; electric(al) winding machine
电动热风机 electric(al) calorifier
电动人行道栏木 electric(al) sidewalk gate
电动日光控制百叶窗 motorized solar control blinds
电动融冰机 electric(al) defroster
电动乳脂制作器 electric(al) motor driven butter churn
电动三轮车 electrotricycle
电动三通阀 motorized three-way valve; motorized 3-way valve
电动色度计 electric(al) colo(u)rimeter
电动刹车 dynamic(al) brake
电动砂轮机 electric(al) grinder; electric(al) grinding machine
电动筛 motorized dynamic sieve
电动闪光器 electric(al) flasher
电动上紧螺帽工具 electric(al) nut tightening tool
电动设备 electric(al) machine; electric(-powered) equipment
电动射击指挥仪 electric(al) predictor
电动深井涡轮泵 electric(al) deep well turbine pump
电动升船机 electric(al) lift
电动升降机 electric(al) hoist; electric(al) lift; power elevator; power lift
电动升压机 motor-booster
电动施工平台 powered platform
电动湿度计 electric(al) moisture meter
电动石膏锯 electric(al) plaster saw
电动拾声器 dynamic(al) pickup; dynamic(al) reproducer; electrodynamic(al) pickup; moving-coil pickup
电动拾音器 moving-coil pickup
电动式 dynamic(al) type; moving-coil type
电动式安培计 electrodynamic(al) ammeter
电动式波纹收报机 motor-driven undulator
电动式乘法器 electrodynamic(al) multiplier
电动式程序控制器 electrodynamic(al) program(me) controller
电动式传声器 dynamic(al) microphone; moving-coil microphone
电动式打夯机 power rammer
电动式单相功率继电器 electrodynamic(al) type single-phase power relay
电动式的 electric(al)-powered
电动式地震计 electrodynamic(al) seismometer
电动式地震检波器 electrodynamic(al) type seismometer
电动式地震仪 electrodynamic(al) seismograph; electrodynamic(al) type seismometer
电动式电机 electrodynamic(al) machine
电动式电流计 electrodynamic(al) galvanometer
电动式电桥 electrodynamic(al) bridge
电动式定时器 electrodynamic(al) timer
电动式耳机 electrodynamic(al) receiver; moving-coil receiver; moving conductor receiver
电动式分离器 electrodynamic(al) separator
电动式伏特计 electrodynamic(al) voltmeter
电动式高速阻抗继电器 electrodynamic(al) type high speed impedance relay
电动式功率因素计 electrodynamic(al)(type) power factor meter
电动式话筒 dynamic(al) microphone; electrodynamic(al) microphone
电动式换能器 dynamic(al) transducer
电动式活动摄影机 electric(al) motor movie camera
电动式继电器 electrodynamic(al) (type) relay
电动式抹光机 electric(al) trowelling machine
电动式逆流继电器 electrodynamic(al) type reverse-current relay
电动式排钉机 electric(al) arraying-puncher
电动式三相功率继电器 electrodynamic(al) type three phase power relay
电动式三相瓦特计 electrodynamic(al) type three phase wattmeter
电动式时间继电器 motor time relay
电动式拾音器 dynamic(al) pickup; electrodynamic(al) pickup
电动式试压泵 electric(al) pressure testing pump
电动式受话器 dynamic(al) receiver; electrodynamic(al) receiver; electrodynamic(al) telephone; moving-coil receiver; moving conductor receiver
电动式听筒 electrodynamic(al) receiver
电动式瓦特计 electrodynamic(al) wattmeter; moving-coil wattmeter
电动式玩具轮船 battery-operated toy ship
电动式位移计 electric(al) displacement meter
电动式无气喷射机 electric(al) non-pneumatic paint sprayer
电动式扬声器 dynamic(al) (loud) speaker; electrodynamic(al) loudspeaker; electromagnetic loudspeaker
电动式液压计 electric(al) ga(u)ge
电动式仪表 dynamometer; dynamometer-type instrument; electrodynamic(al) instrument; electrodynamic(al) (type) meter; electrodynamometer type meter
电动式振动台 electrodynamic(al) vibration machine
电动式震动发生器 electrodynamic(al) vibration generator
电动式转速表 electrodynamometer type tach(e)ometer
电动式装修吊篮 electric(al) basket
电动式自动换挡 electromatic drive
电动式自动换排 electromatic drive
电动势 electrodynamic(al) force; electrodynamic(al) potential; electromotance; electromotive difference potential; electromotive force; generated voltage <美>
电动势单位 electromotive unit[emu]
电动势感应线圈 pick-up coil
电动势换向的电源逆变器 force-commutated current source inverter
电动势序 electromotive (force) series; galvanic series
电动势源 electromotive force source
电动试压泵 power-driven pressure test pump for pipe ways
电动手剪 electric(al) hand shears
电动手锯 saber[sabre] saw
电动手推式铲运机 electrically operated hand scraper
电动数据处理机 electrodata machine
电动双金属温度控制器 electric(al) bi-metallic thermostat
电动双梁桥式起重机 electric(al) bibeam bridge crane; electric(al) double-beam bridge crane; electric(al) two-beam bridge crane
电动双速刮水器 electric(al) two-speed wiper
电动水尺 electric(al) tape ga(u)ge
电动水流报警器 electrically operated waterflow alarm
电动水流式冷热空调系统 climate control electro-hydronic system
电动水龙头 electric(al) swivel
电动丝杠式触探机 electric(al) leading screw sounding machine
电动伺服操作 electric(al) servooperation
电动伺服机构 electric(al) servo; electroservo

电动伺服控制 electroservo control
电动送话器 electrodynamic(al) microphone
电动索道 telpher railroad
电动锁 electric(al) lock
电动台式磨床 electric(al) bench grinder
电动弹涂机 electric(al) paint catapult
电动探测式料位器 electrosounding level meter
电动探查方法 electric(al) method
电动烫金机 electric(al) gilding press; electric(al) titling machine
电动套筒扳手 electric(al) socket wrench; impact electric(al) wrench
电动提升机 electric(al) lifter; motor hoist
电动天平 current balance; electrobalance; electrodynamic(al) balance
电动调节 electric(al) control
电动调节阀 electric(al) actuator valve; electric(al) control valve; electric(al) regulating valve; power-driven valve; motorized valve
电动调节风阀 motor damper
电动调速器 electric(al) governor
电动调温器 electric(al) temperature regulator
电动调压器 electric(al) governor
电动"停车"臂板信号 electrically operated "stop" semaphores
电动停机装置 electric(al) shutdown
电动通风机 electric(al) fan
电动通用泵 electric(al) service pump
电动凸轮群 motor-operated cam group
电动凸轮式闪光焊机 motor-operated cam type flash welder
电动凸轮组 motor-operated cam group
电动土钻 power earth auger
电动托盘搬运车 electric(al) pallet truck
电动拖车 electric(al) trailer; electrocarriage
电动拖拉机 electric(al) tractor
电动拖缆绞车 electric(al) towing winch
电动脱粒机 power thresher
电动脱气器 engine degasser
电动挖槽机 electric(al) channel(l)ing machine
电动挖沟机 electric(al) digger
电动挖掘机 electric(al) excavation; electric(al) (power) shovel; power navvy
电动挖泥船 electric(al) dredge(r)
电动挖泥机 motor-driven sludge excavator
电动挖土机 electric(al) (-operated) excavator; electric(al) shovel
电动外部振捣器 electric(al) external vibrator
电动弯管机 electric(al) bending machine
电动弯折机 electric(al) bender
电动玩具 battery-operated toy; electric(al) toy
电动往复泵 electric(al) reciprocating pump
电动微量天平 electric(al) microbalance
电动微型水泵机组 motor-driven miniature pump set
电动涡轮泵 motor-driven turbine pump
电动雾笛 nautophone
电动吸尘器 electric(al) dust collector
电动吸泥船 electric(al) suction ship
电动吸泥机 electric(al) suction dredge(r)
电动吸引泵 electric(al) suction pump
电动吸引力 electrostatic attraction
电动吸引器 electric(al) suction apparatus; electric(al) suction pump
电动洗涤机 electric(al) washer; electric(al) washing machine
电动洗盘器 electric(al) dish washer
电动洗衣机 electric(al) washer; electric(al) washing machine
电动细锯 electric(al) jib saw
电动舷梯绞车 electric(al) accommodation ladder winch
电动显示 dynamic(al) indication
电动现金出纳机 electric(al) cash-register
电动现象 electrokinetic phenomenon
电动削铅笔器 electric(al) pencil sharpener
电动消防泵 electric(al) drive fire pump
电动小车 electric(al) buggy; motor-driven carrier; power buggy
电动小吊车 telpher(crane); troll(e)y hoist
电动效应 electrokinetic effect
电动楔式阀 electric(al) wedge valve
电动斜道 moving ramp
电动斜道的终端平台 moving ramp landing
电动信号(机) electric(al) signal
电动行人道系统 moving walk system
电动型通风干湿计 motor-driven psychrometer
电动性 electromobility
电动修灌木篱墙剪 electric(al) hedge shears
电动悬臂起重机 electric(al) slewing crane
电动悬挂系统 electrodynamic(al) suspension
电动旋臂起重机 electric(al) slewing crane
电动旋转锤 electric(al) rotary hammer
电动旋转钢丝刷 rotary wire brush
电动旋转接头 electroswivel
电动旋转式电焊机 welding motor generator
电动旋转式焊机 motor-driven welding machine
电动旋转式磨光机 power rotary finisher
电动旋转式挖掘机 electric(al) revolving shovel
电动旋转式挖土机 electric(al) revolving shovel
电动旋转式鱼栅 electric(al) rotary fish screen
电动旋转移动台车 motorized traverser dolly
电动旋转钻机 electric(al) rotary drilling machine
电动选择器 motor selector
电动学 electrokine(ma)tics
电动压力泵 electric(al) pressure pump
电动压力表 electric(al) manometer
电动压力机 electrically powered press; electric(al) press
电动压片机 electric(al) tablet machine
电动压气机 motor(-driven) compressor
电动压气凿岩机 electric(al) air drill
电动压缩机 electric(al) compressor; motor compressor
电动压缩机调压阀 electric(al) compressor governor
电动压缩机组 electrocompressor set; motor-compressor group
电动压缩热泵 electric(al) compression heat pump
电动压下装置 electric(al) screw down gear
电动压钻机 electrohydraulic powered rig
电动牙钻机 electromotive dental drill
电动岩芯钻 electric(al) core drill
电动扬声器 moving-coil loudspeaker
电动摇筛器 electric(al) shaker
电动遥控测距仪 electric(al) telemeter
电动遥控面板 electric(al) remote control panel
电动曳引卡车 electric(al) towing truck
电动液压舱口盖 electrohydraulic hatch cover
电动液压操舵装置 hydroelectric(al) steering engine; hydroelectric(al) steering gear
电动液压操纵系统 electrohydraulic pilot system
电动液压操纵装置 electrohydraulic control unit
电动液压成型机 electrohydraulic forming machine
电动液压传动装置 electrohydraulic telemotor
电动液压促动器 electrohydraulic actuator
电动液压的 electrohydraulic
电动液压电梯 electrohydraulic lift; electrohydraulic elevator
电动液压舵机 electrohydraulic steering gear; electric(al)-hydraulic steering gear
电动液压阀 electrohydraulic valve
电动液压阀组 electrohydraulic valve block
电动液压机 electrohydraulic press
电动液压激振器 electrohydraulic vibrator
电动液压绞车 electrohydraulic winch
电动液压举升器 electrohydraulic lift
电动液压控制 electrohydraulic control
电动液压控制阀 electrohydraulic control valve
电动液压控制器 electric(al)-hydraulic controller; electrohydraulic controller
电动液压控制系统 electrohydraulic control system
电动液压破碎机 electrohydraulic breaker; electrohydraulic crusher
电动液压起锚机 electrohydraulic windlass
电动液压起重机 electrohydraulic lifter
电动液压升降机 electrohydraulic elevator; hydroelectric(al) elevator
电动液压式带卷升降台 electrohydraulic coil lifter
电动液压式钢筋剪切机 electric(al)-hydraulic steel bar shears; electrohydraulic bar shears
电动液压式钢筋切断机 electric(al)-hydraulic bar shears; electrohydraulic bar shears
电动液压式控制器 electrohydraulic controller
电动液压伺服电动机 electrohydraulic servo motor
电动液压伺服阀 electrohydraulic servo valve
电动液压伺服机构 electrohydraulic servomechanism
电动液压伺服控制阀 electrohydraulic servo control valve
电动液压伺服马达 electrohydraulic servo motor
电动液压伺服装置 electrohydraulic servo system; electrohydraulic servo unit
电动液压调节器 electric(al) hydraulic controller; electrohydraulic governor; electrohydraulic regulator
电动液压调节装置 electrohydraulic governor
电动液压挖泥船 electrohydraulic dredge(r)
电动液压弯管机 electrohydraulic pipe bender
电动液压学 electrohydraulics
电动液压牙科椅 electric(al) and hydraulic dental chair
电动液压遥控操纵阀 electrohydraulic remote-operated valve
电动液压遥控阀 electrohydraulic remote-operated valve
电动液压凿岩机 electrohydraulic drill
电动液压轧石机 electrohydraulic breaker; electrohydraulic crusher
电动液压振动台 electrohydraulic shaking table
电动液压整体型调速控制器 electrohydraulic cabinet actuator
电动液压执行机构 electrohydraulic actuator
电动液压抓斗 electrohydraulic grab(-bucket)
电动液压作动器组 electrohydraulic actuator package
电动移动滚筒 electric(al) travel(l)ing roller
电动移动绞车 electric(al) troll(e)y hoist
电动移动起重机 travel(l)ing motor crab
电动移动式起重机 electric(al) travel(l)ing crane
电动引爆机 firing machine
电动隐梯 automatic electric(al) disappearing stair(case)
电动印刷机 power press
电动油泵 electric(al) oil pump
电动油量计 electric(al) fuel ga(u)ge
电动油压舵机 electric(al) telemotor
电动油压升降机 motor-drive oil lifter
电动有轨车 electric(al) railcar
电动有轨吊车 trail crane
电动有轨列车 electric(al) railcar train
电动有轨式起重机 electric(al) travel(l)ing crane
电动有轨卧车 electric(al) railcar sleeper
电动圆锯 electric(al) circular saw
电动运货卡车 electric(al) freight truck
电动运货汽车 electric(al) freight truck
电动运料车 mover for material
电动运渣机 electric(al)-operated mucking machine
电动砸道机 electric(al) tie tamper
电动载重车 electrotruck
电动凿岩锤 electric(al) rock hammer
电动凿岩机 electric(al) jack hammer; electric(al) (rock) drill; power drill
电动造型机 electric(al) mo(u)lding machine
电动增压泵 electric(al) booster pump; power booster pump
电动闸刀式剪切机 electric(al) guillotine shears
电动榨汁器 electric(al) juice extractor
电动张紧装置 electric(al) tensioner
电动折叠式车顶 electrically actuated convertible top
电动真空吸尘器 electric(al) vacuum cleaner
电动振捣棒 electric(al) vibrating

tamper; electric (al) vibratory tamper
电动振捣器 electric(al)vibrator
电动振动板 electric (al) vibrating plate;electric(al)vibratory plate
电动振动发生器 electrodynamic(al) vibration generator
电动振动夯 electric (al) vibrating tamper;electric(al) vibratory ramper
电动振动加料器 electrovibrating feeder
电动振动梁 electric (al) vibrating beam;electric(al)vibratory beam
电动振动器 electric(al) vibrator; electrodynamic(al) shaker; electrodynamic(al) vibration machine; electrodynamic(al) vibrator; electrovibrator; power vibrator
电动振抖装置 vibratory motor
电动振子 electrodynamic(al)shaker
电动织毯机 electric(al) motive knitting carpet machine
电动执行机构 electric(al) actuator; electric(al) executor; electric (al) operator
电动执行器 electrodynamic(al) actuator
电动直剪仪 motorized direct shear apparatus
电动直流发电焊接设备 motor-generator welding unit
电动直流发电机 motor dynamo; dynamotor
电动直流发电机组 motor dynamo unit
电动直流发动机 dynamotor; motor dynamo
电动止回阀 motorized non-return valve
电动指示器 electric(al)indicator
电动指示调节器 electric (al) indicating controller
电动制动器 electric(al)brake
电动终控元件 motor-driven final controlling element
电动钟 battery-fed clock
电动注浆 electrokinetic injection
电动注浆液法 electrokinetic injection
电动柱塞泵 power plunger pump
电动柱塞式液压泵 electric(al) plunger pump
电动抓斗 electric (al) grab; motor (-driven) grab
电动抓岩机 electric(al) grab; powered grab
电动转车装置 turning motor
电动转换器 electrodynamic(al) transducer
电动转盘 electric(al) rotary; electric(al) turntable
电动转速表 electric(al) revolution indicator; electric(al) (type) tach(e) ometer; electrodynamometer type tach(e) ometer
电动转速计 electric(al) revolution indicator; electric(al) tach(e) ometer
电动转筒记录仪 electrokymograph
电动转辙机 electric (al) point machine; electric (al) point operating mechanism; electric-(al) switcher; electric (al) switch machine; electric(al) switch mechanism; power-operated point machine; power-operated switch machine; switch machine
电动转辙机构 electric (al) motor-driven point mechanism; electric (al) motor-driven switch mechanism
电动转辙机尖轨位置检查器 switch machine point detector
电动转辙机自动开闭器 switch indication controller; switch machine controller; switch machine point detector
电动转辙器修理车间 switch machine repair shop
电动转子发动机 electric(al) slewing motor
电动装卸车 electrically operated platform truck
电动装修升降平台 electric(al) lifting platform
电动装岩机 electric(al) rock loader; electric(al) rock mucker
电动装载机 electric(al) loader
电动装载机及装载铲 power loader and shovel
电动撞钻 electric(al) percussion drill
电动自记海流计 electric(al) recording current meter
电动自记流速仪 electric(al) recording current meter
电动自升式钻塔 power-raised derrick
电动自行车 electrically assisted bicycle; electrically operated bike
电动走道 moving walk
电动走道的终端平台 moving walk landing
电动钻床 power drill
电动钻机 electric(al) drilling machine
电动钻进式井壁取样器 electrically driven rotary sidewall sampler
电动钻井机 power earth auger
电动钻具 electric (al) drill; electrodrill
电动钻取土样 electric(al) coring
电动钻探机 electric (al) boring machine
电动钻岩机 electric(al) rock drill
电动钻岩机钻头 electric (al) rock drill bit
电读出 electric(al) readout
电度 electric(al) degree
电度表 active-energy meter; ampere-hour meter; electric (al) (current) meter [metre]; energy meter; kilowatt-hour meter; watt-hour meter
电度表的常数 constant of a meter
电度表的计数器 counting mechanism of a meter
电度表的调整装置 meter adjusting device
电度表底座 meter base
电度表盖 meter cover
电度表基架 meter frame
电度表转数标准 rotating standard
电度单位 board of trade unit; price per kilowatt-hour
电度计 kilowatt-hour meter
电镀 cold galvanising [galvanizing]; electric (al) plating; electrodeposition; electrolytic plating; galvanization; galvanoplasty; plating
电镀板 electroplate; galvanograph
电镀半自动装置 semi-automatic plating unit
电镀保护 galvanic protection
电镀保护法 sacrificial protection
电镀本领 throwing power
电镀冰花工艺 ice structure electroplating technique
电镀柄白铁剪 tinman's snips chrome plated handle
电镀铂 platinum electroplating
电镀薄膜 electroplated film
电镀残渣 plating residue
电镀槽 electrobath; electroplating bath; galvanic bath; plating bath; plating tank; plating vat
电镀槽电压 bath voltage
电镀槽液 bath solution
电镀槽用金属 Bath metal
电镀槽自动断流装置 plating balance
电镀层 conversion coating; electrodeposited coating; electroplated deposit; electroplated finish; electroplated layer; galvanized coating; electrodeposition
电镀厂 electroplating factory
电镀车间 electroplating(work) shop; electroshop; galvanizing shop; plating department; plating shop
电镀车间废水 galvanizing workshop wastewater
电镀程序 galvanizing process
电镀的 electroplate
电镀钉 electroplated nail
电镀法 electrochemical plating
电镀废料 electroplating waste; plating waste
电镀废水 electroplating effluent; electroplating wastewater; plating wastewater; wastewater from plating
电镀废水处理 treatment of electroplating effluent
电镀废液 electroplating effluent
电镀封闭漆 sealing paint for electroplating
电镀腐蚀 bimetallic corrosion; couple corrosion
电镀钢包防火门 electrogalvanised steel-clad fire door
电镀隔绝涂料 stop-off lacquer
电镀镉 cadmium plating
电镀铬面 electroplated chromium finish; plated chromium finish
电镀工 galvanizer
电镀工人 plater
电镀工业 electroplating industry; plating industry
电镀工业废水 plating industry sewage; metal plating wastewater
电镀工艺污水 plating industry sewage
电镀光电晶体管 electroplated phototransistor
电镀硅整流器 silicon rectifier for electroplating
电镀黄铜 brass plating
电镀黄铜铝门 alumin(i)um door anodised in bronze
电镀混合废水 mixed electroplating wastewater
电镀活动靠背转椅 plated adjustable turning chair
电镀机 electroplating machine
电镀间 plating room
电镀剪 electroplated scissors
电镀金 electrogilding
电镀金刚石工具 plated diamond tools
电镀金刚石扩孔器 electroplated diamond reaming shell
电镀金刚石圆锯片 electroplated diamond internal circular saw
电镀金属 metal coating
电镀金属陶瓷层 plated cermet coating
电镀铑 rhodium electroplating
电镀滤器 electroplating filter
电镀马口铁 electrolytic tin plate
电镀膜机 electroplating film machine
电镀耐火金属 electrocladding refractory metal
电镀能力 covering power; throwing power
电镀镍 electronic killing
电镀品 electroplate
电镀屏蔽材料 stop-off material
电镀器 electrodepositor; galvanizer
电镀前的清洗 cleaning for electroplating
电镀前铸件表面机械抛光 fadgenising
电镀清洗废水 plating rinse wastewater
电镀清洗水 electroplating rinse water
电镀饰面 anodic coating
电镀术 electrofacing; electroplating; plating
电镀速度 rate of deposition
电镀陶瓷 electroplated pottery
电镀铜箔 electrocopper foil
电镀铜(法) electrocoppering
电镀铜镜背(保护)层 electroplated copper back
电镀头扁嘴钳 flat-nose pliers with chrome plated head
电镀涂层 electrophoretic coating; electroplated coating
电镀瓮 plating vat
电镀污泥 electroplating sludge
电镀污水 electroplating wastewater
电镀锡 electrotinning; electrotinplating
电镀锡薄钢板 electrolytic tin plate; electrotin plate
电镀锡钢板 ferrostan
电镀锡机 electrolytic tinning machine
电镀线材 galvanized wire
电镀锌 electrogalvanize
电镀锌薄钢板 electrozinc coated sheet
电镀锌法 cold galvanizing; electrogalvanizing; electroplated coating of zinc
电镀锌钢丝 bethanized wire; electrogalvanized steel wire
电镀锌钢丝网 bethanized steel fabric
电镀锌漆 cold galvanising [galvanizing] paint
电镀锌铅丝 electroplate zinc lead wire
电镀锌涂料 cold galvanising paint; cold galvanizing paint
电镀锌作业线 electrolytic zinc plating line
电镀形成的光掩模 electroformed photomask
电镀阳极 galvanic anode; sacrificial anode
电镀业 surface coating industry
电镀液 electroplate liquid; electroplating solution; plating solution
电镀仪 electroplating meter
电镀阴极防腐 galvanic cathodic protection
电镀银 electrosilvering; silver electroplating
电镀硬铬(法) durionising
电镀用的发电机 electroplating dynamo
电镀用金属 coating metal
电镀浴 electrobath; electroplating bath
电镀支架 plating rack
电镀制版术 galvanography
电镀制剂 galvanizing preparation
电镀中间抛光液 Eridite
电镀(铸)法 process with electroplated
电镀装饰 electroplated decoration
电镀作业 electroplating operation
电镀作用 galvanic action; plating action
电端子 electric(al) terminal
电断路 broken circuit
电锻 electroforge
电锻机 electric(al) forging machine
电堆 galvanic pile; pile; surge storage pile
电对称的 homopolar
电对头焊接 electric(al) butt welding

电多极 electric(al) multipole
电多极场 electric(al) multipole field
电多极辐射 electric(al) multipole radiation
电多相催化 electroheterocatalysis; electromultiphase catalysis
电舵 electric(al) steering system
电扼流 electrorefraction
电耳 electric(al) ear
电耳控制磨机喂料 mill feed control with electric(al) ear
电发光二极管 electroluminescent diode
电发光屏 electroluminescent screen
电发火 electric(al) firing; electric(al) ignition
电发火机构 electric(al) firing mechanism
电发火极 electric(al) primer
电发火器 electric(al) igniter; electric(al) primer
电发热法 electropyrexia
电阀 electrovalve
电阀执行机构 electric(al) valve actuator
电法 electric(al) method
电法测井 electric(al) log
电法测量 electric(al) surveying
电法勘测 electric(al) prospecting; electric(al) survey
电法勘探 electric(al) exploration; electric(al) prospecting; electric(al) survey(ing)
电法勘探场源类型 type of field source in electric(al) prospecting
电法勘探成果图件 result figure of electric(al) method
电法勘探的反演 inverse development in electric(al) prospecting
电法勘探的技术参数 technical parameter in DC electric(al) method
电法勘探的正反演 direct and inverse development in electric(al) prospecting
电法勘探的正演 direct development in electric(al) prospecting
电法勘探方法 electric(al) prospecting method
电法勘探基础工作 basic works of electric(al) prospecting
电法勘探野外工作 field work of electric(al) prospecting
电法勘探仪器 instrument of electric(al) prospecting
电法勘探异常 anomaly of electric(al) prospecting
电法勘探异常性质 anomaly nature of electric(al) prospecting
电法勘探正演计算方法 way of direct development of electric(al) prospecting
电法勘探正演模型 direct development model in electric(al) prospecting
电法勘探中的电场 electric(al) field in electric(al) prospecting
电法炼焦 electrocarbonization
电法探测 electric(al) exploration; electric(al) prospecting; electric(al) surveying
电法冶金 electrometallurgy
电法找矿 electric(al) prospecting
电法资料解释 electric(al) prospecting data interpretation
电法资料数据处理 electric(al) prospecting data processing
电反射比 electroreflectance
电反射辐射器 electric(al) reflector radiator
电反应 electric(al) response
电反应听力计 electric(al) response audiometer
电反应诊断法 electric(al) diagnosis; electrodiagnosis
电饭锅 electric(al) bowl; electric(al) rice cooker; electric(al) slow cooker; electronic rice cooker
电防冰装置 electric(al) deicer
电防腐 electric(al) protection
电防腐蚀 electrolytic protection
电仿真仪 electric(al) simulator
电放炮 electric(al) firing
电放热器 electric(al) radiator
电放射测量计 electroradiometer
电放射射影 electroradiography
电放射学 electroradiology
电放声 electric(al) reproduction
电费 cost of power; electric(al) charges; electric(al) cost; electric(al) expenses; electric(al) power charges; power cost; power tariff
电费率 electricity rate; power rate; tariff on electricity
电分段 sectioning
电分段装置 sectioning point
电分隔轨道电路 track circuit with electric(al) separation; track circuit with electric (al) disconnecting joints
电分解 electrodialysis
电分解作用 electrode composition; electrodispersion
电分类器 electric(al) sorting apparatus
电分离 electric(al) separation; electroparting
电分离器 electrodynamic separator
电分量 electric(al) component
电分散作用 electrodispersion
电分析 electroanalysis; electrolysis
电分析器 electroanalyser [electroanalyzer]
电芬顿氧化法 electro Fenton oxidation method
电焚化炉 electric(al) incinerator
电风 aura[复 aurae/ auras]
电风的 aural
电风扇 electric(al) fan; motor(-driven) blower
电风扇定时器 electric(al) fan timer
电风扇自动变色旋转灯 changeable colo(u)r revolving lamp for electric(al) fan
电蜂鸣器 electric(al) buzzer
电浮法 electrofloat process
电辐射 electric(al) radiation
电辐射加热 electric(al) radiant heating
电辐射加热器 electric (al) radiant heater
电辐射热 electric(al) radiant heat
电腐蚀 electric(al) corrosion; electric(al) rot; electrocorrosion; galvanic corrosion
电腐蚀机 electroerosion machine
电腐蚀加工法 electroabrasion; electroerosion process
电腐蚀试验 electrolytic corrosion test
电负荷 power loading
电负性 electronegativity
电负性的 electronegative
电负性气体 electronegative gas
电负性取代基 electronegative substituent
电负载电阻栅 electric(al) loading grid
电附着 electrodeposit; electrodeposition
电附着模板式振捣器 electric(al) formwork vibrator
电复位继电器 electric(al) reset relay
电复原 electric(al) reservoir
电赋能 electroforming
电干手器 electric(al) hand drier[dryer]
电干衣机 electric(al) clothes drier [dryer]
电干燥 electric(al) seasoning
电干燥法 electrodesiccation; fulguration
电干燥炉 electric(al) drying oven
电干燥箱 electric(al) drying chamber
电杆 electric(al) pole; fixture; mast; pole; pole brace; power pole; telegraph pole <电信用>
电杆材 telegraph-pole wood
电杆穿钉 pin on the pole
电杆底板 pole base
电杆顶部 head of the mast
电杆顶端 pole top
电杆防腐 aczoiling
电杆非常腐朽的线路 wind and water line
电杆腐朽测试器 pole prod
电杆附件 pole fittings
电杆钢模 steel mo(u)ld for electric(al) pole
电杆高度 pole height
电杆灌注车 electric(al) pole depositing car
电杆号码钉 letter nail; number nail
电杆横撑木 pole brace
电杆横担 pole-arm
电杆加固 strut of pole
电杆架 pantograph
电杆抗弯试验 bending test for pole
电杆拉线 pole brace; pole guy
电杆拉线的中断环 stay thimble
电杆离心成型机 electric(al) pole centrifugal shaper
电杆模型吊架 electric(al) pole mo(u)ld hanger
电杆喷涂 pole spraying
电杆倾放设备 pole plant
电杆倾斜度 rake of a pole
电杆上变压器 pole type transformer
电杆上拉线的终端环 stay thimble
电杆上油开关 pole mounted oil switch
电杆烧根焦化 charring
电杆试验器 pole tester
电杆线(路) pole line
电杆预拉台 electric(al) pole predrawn platform
电杆展接装置 extension fixture
电杆支撑 pole brace
电杆掷放机 pole spinning machine
电感 inductance
电感比较器及测量头 inductance comparator and measuring probe
电感比较仪 minicom
电感标准 inductance standard
电感表 Henrymeter; inductometer; secohmmeter
电感补偿电路 inductive compensated circuit
电感测定器 inductance meter
电感测量 inductance measurement
电感测量电桥 Felici balance
电感测量计 inductance meter
电感测试仪 electric(al) inductance measuring-testing instrument
电感沉降探头 inductance settlement probe
电感电路 inductive circuit
电感电桥 inductance bridge
电感电容滤波器 inductance-capacitance filter
电感电容耦合 inductance-capacitance coupling
电感电容振荡器 inductance-capacitance oscillator
电感电势计 inductive potentiometer
电感电压降 inductive drop
电感扼流圈 inductive choke coil
电感发送器 inductive sender
电感反馈 inductive feedback
电感反馈振荡器 tickler-coil oscillator
电感反应 inductive reaction
电感放电 electromagnetic discharge
电感分流器 inductive shunt
电感分路器 inductive shunt
电感分配器 inductive divider
电感负荷 inductive load
电感光纸 electrosensitive paper
电感和电容的联合耦合 complex coupling
电感环式车辆检测器 inductive loop detector for vehicles
电感回路检测器 inductive loop detector
电感回授 inductive feedback
电感回授振荡器 oscillator with transformer feedback
电感计 Henrymeter; inductometer
电感继电器 inductive relay
电感加热 dielectric(al) heating
电感加热器 induction heater; inductive heater
电感炉 electric(al) induction furnace
电感滤波器 inductance filter; inductor filter
电感耦合 inductance coupling; inductive coupling; jigger coupling; transformer coupling
电感耦合等离子体 inductively coupled plasma
电感耦合等离子体发射光谱法 inductively coupled plasma emission spectrometry
电感耦合等离子体光发射光谱法 inductively coupled plasma optical emission spectrometry
电感耦合等离子体光谱法 inductively coupled plasma spectroscopy
电感耦合等离子体光谱仪 inductively coupled plasma spectrometer
电感耦合等离子体原子发射光谱法 atomic emission spectrometry with inductively coupled plasma; inductively coupled plasma atomic emission spectrometry
电感耦合等离子体质谱法 inductively coupled plasma mass spectrometry
电感耦合放大器 inductance amplifier; inductance coupled amplifier
电感耦合器 inductive coupler
电感耦合三点振荡电路 Hartley circuit
电感耦合三点振荡器 Hartley oscillator
电感耦合三端振荡器 tapped coil oscillator
电感耦合调谐器 inductively coupled tuner
电感耦合通信[讯] inductive coupling communication
电感平衡 inductance balance; induction balance; inductive balance
电感平衡器 induction balancer
电感器 inducer; inductor
电感三点式振荡器 inductance connecting three point type oscillator
电感式车辆检测器 inductive detector
电感式传感器 inductance type transducer; inductive transducer
电感式电压调节器 induction type voltage regulator
电感式电压调整器 induction voltage regulator
电感式检测器 inductance detector;

inductive detector
电感式接近开关 inductance approach switch
电感式浪高仪 inductive wave probe
电感式液位计 inductance type liquidometer
电感式应变片 induction type strain ga(u)ge
电感式应变仪 induction type strain ga(u)ge
电感式转速计 inductor type tach(e)ometer
电感调节器 induction regulator
电感调谐 inductive tuning
电感调谐器 inductuner
电感调谐设备 inductuner
电感系数 inductance coefficient; inductance figure
电感线圈 electric(al) induction coil; inductance coil; inductive choke; inductive coil; inductive winding; inductor
电感箱 inductance box
电感效应 inductance effect
电感型衰减器 inductance attenuator
电感性 inductive character
电感性百万伏安 million volt-ampere reactive
电感性波形 inductive waveform
电感性窗口 inductive window
电感性的 inductive
电感性电纳 inductive susceptance
电感性电涌 inductive surge
电感性分量 inductive component
电感性负荷 inductive load;lagging load
电感性负载 lagging load
电感性间隔 inductive spacing
电感性接地 inductive grounding
电感性膜片 inductive iris
电感性失衡 inductance unbalance
电感性阻抗 inductive impedance
电感压力传感器 inductive pressure transducer
电感因数 inductance factor
电感应 electric(al) induction; electroinduction;inductance
电感应的 electrosensory
电感应焊 electric(al) induction welding
电感应加热 electric(al) induction heating;induction heating
电感应加热法 electric(al) induction heating process
电感应拒斥 electroinductive repulsion
电感应炉 electric(al) induction furnace
电感应强度 electrostatic flux density
电感应式流量计 bobbin flow meter
电感应式探测器 inductive detector
电感应应变计 electric(al) inductance strain ga(u)ge; inductance strain ga(u)ge
电感应应变片 electric(al) inductance strain piece
电感支路 inductive branch
电感中和 shunt neutralization
电感柱 inductive post
电高温计 electropyrometer
电高压锅 electric(al) pressure cooker
电镐 electric(al) pick
电隔离的 conductively closed
电隔离光存储器 electric(al) isolation optic(al) memory
电隔离纤维 electric(al) isolation fibre
电隔膜法 electromembrane process
电隔膜技术 electromembrane technology
电跟踪 electric(al) tracing
电工 juicer;sparks;wire man;narrow back <俚语>
电工材料 electric(al)(engineering) material
电工测量 electrotechnical measurement
电工测量的 electrometric
电工测量仪表 electric(al) instrument
电工车间 electrician's shop; electrotechnical department
电工程学 electro-engineering
电工锤 electrician's hammer
电工磁性钢 magnetic steel module
电工带 electrician's belt
电工袋 electrician's bag
电工刀 electrician's knife
电工的 electrotechnical
电工钢板 electric(al) grade sheet
电工钢板或带钢 electric(al) sheet or strip
电工钢片 electric(al) sheet; electric(al) strip
电工工艺 electrotechnics
电工规程 electric(al) code
电工规范 electric(al) code
电工硅钢片 electric(al) steel sheet
电工焊锡 electrician's solder
电工基础 fundamentals of electric(al) and electronic engineering
电工技师 electrician
电工技术 electric(al) engineering; electrotechnics; electrotechnology
电工技术的 electrotechnical
电工剪 electrician's scissors
电工绝缘 electric(al) insulation; electric(al) isolation
电工螺丝刀 electrician's screwdriver
电工螺丝起子 electrician's screwdriver
电工名词术语 electrotechnical terminology
电工钳 electrician's pliers; linemen's pliers;wire nippers
电工设备 electric(al) appliance
电工实验设备 electric(al) experimental equipment
电工试验台 electric(al) test bench
电工手册 electric (al) engineering handbook
电工手钳 cutting nippers
电工水准仪 electrician's level
电工炭 electrotechnical carbon
电工碳化硅 electric(al) silicon carbide
电工陶瓷 electric(al) porcelain; electroceramics; electrotechnical ceramics
电工陶瓷制品 electrotechnical porcelain products
电工铜箔 electrosheet copper
电工吸管 siphon pipe
电工橡皮手套 electrician's rubber gloves
电工学 electric(al) engineering; electrotechnics;electrotechnology
电工学的 electrotechnical
电工仪表 electrotechnical instrument
电工仪器 electric(al) appliance
电工用钢 electric(al) steel;stalloy
电工用焊料 electrician's solder
电工用碳素制品 electric (al) engineering carbon
电工原理 principles of electric(al) and electronic engineering
电工凿 electrician's chisel
电工助手 grunter
电工钻 electrician's drill
电功率 electric(al)(horse) power
电功率表 electric(al) power meter; electrodynamometer;power meter
电功率传感器 transducer;watt transducer
电功率计 electric(al) dynamometer; electrodynamic(al) meter; electrodynamometer
电功率转换器 transducer
电功率转送器 transducer
电共振 electric(al) resonance
电弧接通 arc starter
电故障 electricity failure
电管除尘器 electric(al) pipe precipitator
电管间 electric(al) control workshop
电光 electric(al) light
电光变换器 electric(al) optic(al) converter; electrooptic(al) converter; electrooptic(al) transducer
电光标志 electric(al) sign
电光部件 electrooptic(al) block
电光材料 electrooptic(al) material
电光测光器 electrooptic(al) light detecting apparatus
电光成像 electrooptic(al) imaging
电光池 photocell
电光处理机 electrooptic(al) processor
电光传感器 electrooptic(al) sensor
电光窗 electrooptic(al) window
电光的 electrooptic(al)
电光定向耦合器 electrooptic(al) directional coupler
电光度计 electrophotometer
电光对抗接收装置 electrooptic(al) countermeasures receiving set
电光对准装置 electrooptic(al) alignment unit
电光发送机 electrooptic(al) transmitter
电光分光镜 electrooptic(al) beam splitter
电光负荷 lamp load
电光负载 lamp load
电光光密度调制器 electrooptic(al) light intensity modulator
电光光强调制器 electrooptic(al) light intensity modulator
电光光探测器 electrooptic(al) light detecting apparatus
电光机 riffle machine
电光检测器 electrooptic(al) detector
电光晶体 electrooptic(al) crystal
电光晶体光调制器 electrooptic(al) crystal light modulator
电光晶体调光器 electrooptic(al) crystal light modulator
电光具座 electrooptic(al) bench
电光开关 electrooptic(al) switch(ing)
电光可调激光器 electrooptically tuned laser
电光克尔效应 electrooptic(al) birefringence; electrooptic(al) Kerr effect;Kerr effect
电光空间导航模拟 electrooptic(al) space navigation(al) simulation
电光控制 electrooptic(al) control
电光快门 electrooptic(al) shutter
电光敏感材料 electrophotosensitive material
电光偏振变换器 electrooptic(al) polarization converter
电光偏转电路 electrooptic(al) deflection circuit
电光偏转器 electrooptic(al) deflector
电光频谱仪 electrooptic(al) spectrograph
电光谱描记术 electrospectrography
电光谱图 electrospectrogram
电光散射效应 electrooptic(al) scattering effect
电光式标志 electric(al) illumination sign; electrooptic(al) mark
电光式道路情报显示装置 electric(al) illumination information installation(of road)
电光输入装置 electrooptic(al) input device
电光数字式偏转器 electrooptic(al) digital deflector
电光探测 electrooptic(al) detection
电光探测器 electrooptic(al) detector
电光陶瓷 electrooptic(al) ceramics
电光调幅 electrooptic(al) amplitude modulation
电光调节器 electrooptic(al) light modulator
电光调制 electrooptic(al) modulation
电光调制元件 electrooptic(al) modulating cell
电光通信[讯]工具 electrooptic(al) means of communication
电光透明玻璃 electrooptic(al) transparent glass ceramics
电光系统 electric(al) lighting system
电光相位调制器 electrooptic(al) phase modulator
电光像增强器 electrooptic(al) image intensifier
电光效应 electrooptic(al) effect
电光新闻广告 electrooptic(al) news
电光性能 electrooptic(al) property
电光性质 electrooptic(al) property
电光学现象 electrooptic(al) phenomenon
电光学信息处理 electrooptic(al) information processing
电光衍射调制器 electrooptic(al) diffraction modulator
电光硬件 electrohardware; electrooptic(al) hardware
电光元件 electrooptic(al) cell
电光源 electric(al) light source; electrooptic(al) luminaire; electrooptic(al) source
电光整理 Schreiner finish
电光纸 iridescent paper
电光纸上色料 friction(al) colo(u)r
电光转换器 electric(al) to optic(al) converter
电光转换特性 electrooptic(al) transfer characteristic
电规范说明 electric(al) specification
电锅 electric(al) saucepan
电锅炉 electric(al) boiler
电过滤器 electric(al) filter; electrofilter
电函处理系统 message handling system
电函传送代理 message transfer agent
电函数发生器 electric(al) function generator
电焊 arc welding; electric(al) solder(ing); electrowelding
电焊变压器 arc welding transformer; electric(al) welding transformer; welding transformer
电焊厂 arc welding plant; electric(al) welding plant
电焊车 welding shop truck
电焊车间 welding plant; welding shop
电焊船 welding boat
电焊锤 electric(al) welding hammer
电焊词汇 electric(al) welding terminology
电焊打火痕迹 arc striking marks
电焊刀片机 electric(al) tool tipping machine
电焊的 electrically welded
电焊地线 welding ground
电焊电极 <一种专利产品> Fleetweld

电焊电缆 welding cable
电焊顶端 top-end of pole
电焊发电机 electric(al) welding generator; welder's generator; welding generator
电焊辅助工用护目镜玻璃 electric(al) welding assistant's protecting glass
电焊钢管 electric(al) welded steel pipe
电焊钢筋网 electrically welded weave
电焊工 electric(al) arc welder; electric(al) welder; welding worker
电焊工安全眼镜 shaped goggles
电焊(工的)长手套 welder's gauntlets
电焊工的面罩 welder's face mask
电焊工的整平锤 welder's clipping hammer
电焊工具 welding tool
电焊工手套 welder's gloves
电焊工助手 <俚语> pimp
电焊管 electrically welded tube; electric(al) welded pipe; welded tube
电焊管机 electric(al) weld-pipe mill
电焊机 arc welder; arc welding machine; electric(al) welder; electric(al) welding machine; electric(al) welding set; electrowelding machine; welder; welding equipment; welding machine; electrode welding machine
电焊机电缆 welding cable
电焊机整流器 welder rectifier
电焊机组 welding set
电焊剂 electric(al) flux
电焊夹 electrode holder
电焊接 electric(al) welding
电焊接触器 welding contactor
电焊接地线 welding ground
电焊接缝 soldered joint
电焊脉冲 welding impulse
电焊锚链 electric(al) welded anchor cable
电焊帽 welding helmet
电焊面罩 face shield; electric(al) welder's helmet(head type) <头带式>
电焊片 electric(al) welding strip
电焊钳 electric(al) soldering pliers; electric(al) welding pliers; electrode holder; welding clamp
电焊枪 electric(al) torch; electrode holder
电焊软线 flexible wire for electric(al) welding
电焊筛 electrically welded weave
电焊设备 electric(al) welding equipment; welder's equipment; welding equipment
电焊手套 arc-welder's gloves
电焊丝导轨 wire guide
电焊丝导向 wire guide
电焊条 arc welding rod; electric(al) welding rod; electrode; electrode for arc welding; electrode rod; welding electrode; welding rod; electric(al) soldering iron; steel electrode
电焊条的裸头 bare terminal end of an electrode
电焊条钢丝 electrode wire
电焊条生产线 welding electrode production line
电焊条心用线材 electrode core wire
电焊条芯材 electrode core wire
电焊条药皮材料 electrode coating material
电焊条药皮成分 electrode coating ingredient
电焊条自动烘焙线 automatic drying line for welding electrode
电焊调节器 welding regulator
电焊网 electrowelding net; welded wire mesh
电焊锡丝 electric(al) soldering wire
电焊眼罩 mask welding
电焊引线 welding lead
电焊用变压器 electric(al) welding transformer
电焊用护目镜玻璃 electric(al) welding shield glass
电焊遮光罩 welding screen
电焊整流器 welding rectifier
电焊装置 electric(al) welding set; welding set
电夯 electric(al) rammer; electrorammer
电耗 current drain; power consumption; power requirement
电合成(法) electrosynthesis
电荷 electric(al) charges; electron charge; electronic charge
电荷补偿 charge compensation
电荷不足 charge deficiency
电荷不足的 charge deficient
电荷差 charge difference
电荷储存 charge storage
电荷储存加热 electric(al) storage heating
电荷存储 carrier storage
电荷存储效应 charge-storage effect
电荷滴定 charge titration
电荷电位关系 charge-potential relationship
电荷放大器 charge amplifier
电荷分布 charge distribution; distribution of electric(al) charge
电荷分布图 charge pattern
电荷改性过滤介质 charge modified filter media
电荷管 chargistor
电荷交换 charge exchange
电荷交换碰撞 charge-exchange collision
电荷控制剂 charge control agent
电荷量 <法定单位为库(仑),符号为C> quantity of electric charge; amount of charge
电荷率 chargeability
电荷密度 charge density; charging density; electric(al)(charge) density
电荷密度波 charge density wave
电荷能量 energy of a charge
电荷耦合器 charge-coupled device
电荷耦合装置 charge-coupled device
电荷平衡 charge balance; electric(al) equilibrium
电荷平衡方程 charge balance equation
电荷平衡分析 charge balance analysis
电荷迁移 charge transport
电荷守恒 conservation of charge
电荷损失 loss of charge
电荷位移 charge displacement
电荷徙动 charge migration
电荷宇称 charge parity
电荷载体 charge carrier
电荷值 charge value
电荷质点加速器 accelerator of charge particles
电荷中和 electric(al) neutrality
电荷转移复合物 charge transfer complex
电恒温器 electrothermostat
电珩磨 electrochemical honing
电烘炉 electric(al) oven
电烘箱 electric(al) drying oven; electric(al) oven
电红外(线)管干燥 infrared drying by electric lamps; infrared stoving by electric lamps
电弧 arc; electric(al) arc; power arc; voltaic arc
电弧摆动炉 electric(al) rocking furnace
电弧避雷器 arc arrester
电弧变流器 arc converter
电弧变形 arc blow
电弧变压器 arc welding transformer
电弧持续时间 arc duration
电弧触发 arc strike
电弧触发面 striking surface
电弧触发器 arc striking mechanism
电弧触头 arcing contact
电弧穿过 arc-through
电弧穿孔 piercing by electric(al) arc
电弧穿透 arc penetration
电弧吹槽 arc air gouging
电弧磁特性 arc magnetism
电弧猝熄 are-quenching
电弧的等离子区 arc plasma
电弧灯 arc lamp; electric(al) arc lamp
电弧灯碳棒 crayon
电弧等离子体 arc plasma
电弧等离子体喷枪 arc plasma gun
电弧等离子体喷涂 arc plasma spraying
电弧点焊 arc spot welding; electric(al) arc spot welding
电弧点焊机 arc-spot welder
电弧点火 arc ignition; electric(al) arc ignition
电弧电焊 arc point welding
电弧电花架 arc and spark stand
电弧电流 arc current
电弧电路 arc circuit
电弧电压 arc(ing) voltage; welding voltage
电弧电压降 arc drop
电弧电阻 arc resistance; electric(al) arc resistance
电弧动特性 dynamic(al) characteristic of arc
电弧断开 arc dissociation
电弧断流 arc break
电弧断流器 arc breaker
电弧堆焊 arc surfacing
电弧对接焊 flash butt welding
电弧对接焊器械 electric(al) butt welding apparatus
电弧遏制器 arcing-ground suppressor; arc suppressor
电弧发电机 arc dynamo
电弧发生器 arc generator
电弧法 arc process
电弧反射炉 arc-image furnace
电弧反应 electric(al) arc reaction
电弧放电 arc discharge; arcing; arc over; arc strike; flashing
电弧放电充气管 gas-filled arc tube
电弧放电电压 arc-over voltage
电弧放电管 arc discharge tube
电弧放电器 arc discharger
电弧放电热 heat from arcing
电弧放电液态阴极 pool cathode
电弧放电蒸镀装置 arc discharge coating equipment
电弧分裂器 arc-splitter
电弧缝焊 arc-seam weld
电弧腐蚀 arc erosion
电弧感应炉 electric(al) arc induction furnace
电弧隔板 air chute; arc chute
电弧沟 arc chute
电弧固氮法 Schoenherr-Hessberger process
电弧故障 arc fault
电弧光 arc light
电弧光环 aureola[aureole]
电弧光谱分析 arc spectrum analysis
电弧过渡形式 mode of arc transfer
电弧焊 arc-weld(ing); electric(al) arc weld; electrode welding; flash weld(ing)
电弧焊电源 arc welding electric(al) power supply
电弧焊法 electric(al) arc process
电弧焊护罩 arc welding mask
电弧焊机 arc welder; arc welding machine; electric(al) arc welder; electric(al) arc welding machine; flash welder; arc welding plant
电弧焊机组 arc welding set
电弧焊接 arc welding; electric(al)(arc) welding
电弧焊接的 arc welded
电弧焊接发电机 electric(al) arc welding generator
电弧焊接钢管 arc welded steel pipe
电弧焊接工艺过程 arc welding process
电弧焊接管 electric(al)-fusion-welded pipe
电弧焊接机组 arc welding set
电弧焊接用发电机 arc welding generator
电弧焊炬 arc torch
电弧焊条 arc welding electrode; electric(al) arc welding electrode; electrode for arc welding
电弧焊用焊条 arc welding electrode
电弧焊装置 arc welding set
电弧环 arc ring
电弧换流器 arc converter
电弧火光 arc light
电弧火花直读式光谱仪 arc-spark direct reading spectrometer
电弧火焰 arc flame
电弧火焰加热器 arc flame heater
电弧击穿 arc breakdown; arcing over; arc-through
电弧激励起动特性 arc drive characteristic
电弧极 arc electrode
电弧加热 arc heating; electric(al) arc heating
电弧加热炉 arc heating furnace
电弧间隙 die opening
电弧检测器 arc detector
电弧接触点 arc(ing) tip
电弧接地 arcing ground
电弧接点 arcing contact
电弧接通 arc starting
电弧径迹 arc tracking
电弧静特性 static characteristic of arc
电弧空气气刨 arc air gouging
电弧控制 arc control
电弧控制器件 arc-control device
电弧控制装置 arc-control device
电弧离解设备 arc dissociation unit
电弧离子源 arc source
电弧力 arc force
电弧联锁继电器 arc interlocking relay
电弧炼钢炉 electric(al) arc furnace
电弧裂化法 arc cracking
电弧裂解 electrocracking
电弧漏过功率 arc leakage power
电弧炉 arc furnace; electric(al) arc furnace
电弧炉变压器 arc furnace transformer
电弧炉炼钢法 arc process
电弧炉炉顶砖 roof brick for electric(al) arc furnace
电弧炉内气氛 arc atmosphere
电弧炉熔炼 arc melting
电弧率 electric(al) resistivity
电弧能量 arc-energy
电弧浓缩法 arc concentration technique
电弧刨削 arc gouging

电弧喷镀 arc spraying; electric(al) arc spraying
电弧喷镀层 arc sprayed coating
电弧喷焊器 electric(al) blowpipe
电弧喷气切割法 arc air process
电弧喷气式发动机 arc-jet engine
电弧喷枪 arc pistol
电弧喷射 arc spraying
电弧喷涂 arc spraying; electric(al) arc spraying
电弧喷涂金属系统 arc spray metallizing system
电弧偏吹 arc blow
电弧偏斜 arc blow
电弧偏转器 arc deflector
电弧漂移 wandering of an arc
电弧漂移多层焊次序 wandering block sequence
电弧屏蔽环 arcing shield
电弧起爆法 electric(al) firing
电弧气动割槽 arc air gouging
电弧气动钻孔 arc air gouging
电弧气氛 arc atmosphere
电弧气割 arc air cutting; electric(al) arc air gouging
电弧气割法 arc air gouging method
电弧气焊 arc air gouging
电弧气流 arc stream
电弧气刨 air-arc cutting; arc(air) gouging
电弧气刨法 carbon arc air process
电弧气刨枪 arc air torch
电弧气刨清理 arc air gouging clearage; carbon arc gouging
电弧气体 arcing gas
电弧器 electric(al) resistor
电弧钎焊 arc braze welding; arc brazing
电弧钎接 arc brazing
电弧腔 arc chamber
电弧切割(法) arc cutting; electric(al) arc cutting
电弧切割机 arc cutting machine; electric(al) arc cutting machine
电弧切割金属 metal arc cutting
电弧切割炬 arc gouging torch
电弧燃烧时间 arcing time
电弧熔 arc melting
电弧熔焊机 arc fusing welder
电弧熔化 arc melting
电弧熔化炉 electrometal furnace
电弧熔化用的金属 arc melting metal powder
电弧熔接的 arc welded
电弧熔接接头机 arc fusion splicing machine
电弧熔炼法 arc melting method
电弧熔炼炉 arc melting furnace; arc production furnace
电弧熔融法 electric(al) arc melting method
电弧熔铸 arc cast
电弧熔铸的金属 arc cast metal
电弧闪光焊 arc flash welding
电弧闪击 arcing; arc strike; flashover
电弧摄谱仪 arc spectrograph
电弧式发射机 arc transmitter
电弧室 arc chamber
电弧损失 arc loss
电弧探测器 arc detector
电弧碳精棒 arc carbon
电弧特性(曲线) arc characteristic
电弧调节器 arc regulator
电弧调制 arc modulation
电弧挺度 arc stiffness
电弧通信[讯]系统 arc system
电弧铜焊 arc brazing
电弧脱气器 arc degasifier
电弧温度 arc temperature
电弧稳定度 arc stiffness
电弧稳定性 arc stability; arc stiffness
电弧稳定性测定仪 arconograph
电弧吸收器 arc absorber
电弧熄灭 arc extinction; arc-quenching
电弧熄灭器 arc extinguisher
电弧陷口 arc crater
电弧心 arc core
电弧压降 arc drop
电弧焰 arc flame
电弧氧气切割 arc-oxygen cutting; oxy-arc cutting
电弧氧乙炔焊 arcogen welding
电弧抑制器 arc suppressor
电弧阴极 arc cathode
电弧引燃 striking of an arc
电弧硬焊 arc brazing
电弧再触发 restrike of an arc
电弧凿槽 arc gouging
电弧噪声 arc noise
电弧照明电机 arc-lighting dynamo
电弧真空脱气法 vacuum arc degassing process
电弧振荡器 arc oscillator; arc converter; arc generator; arc rectifier
电弧整流器 arc rectifier
电弧中心 arc core
电弧转向器 arc deflector
电弧装置 arcing device
电弧状态 conditions at the arc
电弧锥部 cone
电弧灼伤 flash burn
电弧自身调节 arc self-regulation
电弧钻 electric(al) arc drill
电弧钻进 arc drilling; electric(al) arc drilling
电葫芦 hoist; larry; motorised hoist; troll(e)y hoist
电葫芦的螺线管制动器 solenoid brake for hoist
电花 spark
电花插头【机】spark plug
电花光谱 spark spectrum
电花距离 spark distance
电花谱线 spark line
电花隙 spark gap
电花隙避雷器 triggered gaps
电花影图 spark shadow
电滑环 electric(al) slip ring
电化保护装置 electric(al) protection device; electric(al) protective device
电化常数 electrochemical constant; electroconstant
电化成型模 electroformed mo(u)ld
电化臭氧装置 electric(al) ozone installation
电化传热与控制装置 solion
电化(次)序 electrochemical series
电化当量 electrochemical equivalent; electroequivalent
电化电动势 electrochemical potential
电化电流 electrochemical current
电化镀层 electrochemical plating
电化发电 electrochemical power generation
电化阀 electrochemical valve
电化分裂 electrochemical disintegration
电化分析 electrochemical analysis
电化腐蚀 couple corrosion; electrochemical attack; electrocorrosion; electrolytic corrosion; galvanic corrosion
电化腐蚀防护器 galvanic action protector
电化腐蚀和电镀工艺 electrochemical etching and replating process
电化负荷 electrochemical load
电化工业 electrochemical industry
电化固结 electrocatalysis solidification; electrohardening
电化固结法 <地基加固方法之一> electric(al) consolidation process
电化还原 electrochemical reduction
电化还原电池 electrochemical (reduction) cell
电化积分装置 electrochemical integrating device
电化记录法 electrochemical recording
电化加工 electrochemical machining
电化价 electrovalence
电化检测器 electrochemical detector
电化教学 electric(al) audio-visual instruction
电化教育 audio-visual education program(me); education with electric(al) audio-visual aids
电化浸蚀 electrochemical etching
电化炉 electrochemical furnace
电化铝 anodised alumin(i)um
电化率 electrified rate; percentage of electric(al) sections to total route kilometers
电化磨削 electrochemical grinding
电化平衡 electrochemical equilibrium
电化漆 electric(al) paint
电化侵蚀 electrochemical attack
电化设备 electrochemical equipment
电化实验室 electrochemical laboratory
电化蚀刻 electrochemical etching
电化线路 electrified line
电化效应 electrochemical effect
电化序 electromotive series; electroseries
电化序列 electroseries; galvanic series
电化学 electric(al) chemistry; electrochemistry; galvano-chemistry
电化学保护 electrochemical protection
电化学表面处理 electrochemical finish
电化学参数 electrochemical parameter
电化学测量 electrochemical measurement
电化学测流法 electrochemical ga(u)ging
电化学测斜仪 electrochemical inclinometer
电化学常数 electrochemical constant
电化学沉淀 electrochemical deposition
电化学沉积 electrochemical deposition
电化学成型 electrochemical shaping
电化学成型加工机床 electrochemical forming machine
电化学除铁皮法 electrochemical descaling process
电化学除盐 electrochemical desalination
电化学除盐法 electrochemical desalination process; electrochemical desalting(method)
电化学处理 electrochemical process; electrochemical treatment
电化学传感器 electrochemical sensor
电化学传真纸 electrochemical telephotographic paper
电化学氮氧化物测定仪 electrochemical NO_x meter
电化学当量 electrochemical equivalent
电化学的 electrochemical
电化学滴定 electrometric titration
电化学电池 electrochemical cell
电化学电位 electrochemical potential
电化学定碳仪 electrochemical carbonometer
电化学动力学 electrochemical kinetics
电化学动力源 electrochemical power source
电化学镀法 electrochemical plating
电化学多相催化工艺 electrochemical heterogeneous catalytic process
电化学发电设施 electrochemical power generation
电化学发光 electrochemical luminescence; electrochemiluminescence
电化学法 electrochemical process
电化学法稳定土壤 electrochemical soil stabilization
电化学法硬化土壤 electrochemical hardening
电化学反应 electrochemical reaction
电化学反应器 electrochemical reactor
电化学方程 electrochemical equation
电化学方法 electrochemical method
电化学废水 electrochemical wastewater
电化学废水处理 electrochemical wastewater treatment
电化学分离法 electrochemical separation method
电化学分离仪 electrochemical separator
电化学分量 electrochemical component
电化学分散 electrochemical dispersion
电化学分析 electroanalysis; electrochemical analysis
电化学焚化 electrochemical incineration
电化学腐蚀 cathodic corrosion; electric(al) chemical corrosion; thermogalvanic corrosion; electrocatalysis corrosion; electrochemical corrosion; galvanic corrosion
电化学感应记录纸 electrochemical sensitive recording paper
电化学工程 electrochemical engineering
电化学工业 electrochemical industry
电化学固结 electrochemical consolidation; electrochemical induration; electrochemical solidification
电化学光解 electrochemical photolysis
电化学过程 electrochemical process
电化学痕迹分析仪 electrochemical trace analyser[analyzer]
电化学还原(法) electrochemical reduction
电化学换能器 electrochemical transducer
电化学活度系数 electrochemical activity coefficient
电化学活性 electrochemical activity
电化学击穿 electrochemical breakdown
电化学机构 electrochemical mechanism
电化学记录 electrochemical recording
电化学技术 electrochemical technique
电化学加工 electrochemical finish; electrochemical machining; electrochemical processing
电化学加工机床 electrochemical machine
电化学加固 electrocatalysis hardening; electrochemical consolidation; electrochemical hardening; electrochemical stabilization; electrochemical treatment; electroinjection; electrocatalysis stabilization
电化学检测器 electrochemical detec-

tor
电化学降解 electrochemical degradation
电化学聚合 electrochemical polymerization
电化学扩散集电极光晶体管 electrochemical diffused-collector phototransistor
电化学离子交换 electrochemical ion exchange
电化学理论 electrochemical theory
电化学氯量监测仪 electrochemical chlorine flux monitor
电化学磨床 electrochemical grinder
电化学能量储存 electrochemical energy storage
电化学抛光 electrochemical finish; electrochemical polish(ing); electropolishing
电化学平面磨床 electrochemical surface grinding machine
电化学气相沉积 electrochemical vapo(u)r deposition
电化学侵蚀 electrochemical attack; electrochemical corrosion
电化学清洗 electrochemical cleaning; electrolytic cleaning
电化学驱动器 electrochemical actuator
电化学去毛刺 electrochemical deburring
电化学去毛刺机 electrochemical deburring machine
电化学去锈(法) derustit
电化学热力学 electrochemical thermodynamics
电化学溶解作用 galvano-chemical solution action
电化学溶氧分析仪 electrochemical dissolved oxygen analyser[analyzer]
电化学溶氧记录仪 electrochemical dissolved oxygen recorder
电化学扫描显微镜 scanning electrochemical microscope
电化学杀菌 electrochemical disinfection
电化学射孔器 electrochemical perforator
电化学示踪测流 electrochemical tracing ga(u)ging
电化学势 electrochemical potential
电化学势能 electrochemical potential energy
电化学探头法 electrochemical probe method
电化学探针 electrochemical probe
电化学特性 electrochemical property
电化学涂层 electrochemical coating
电化学脱附 electrochemical desorption
电化学脱矿质作用 electrochemical demineralization
电化学脱硫作用 electrochemical desulfuration
电化学脱水 electrochemical dehydration
电化学脱水器 electrochemical treater
电化学脱盐 electrochemical desalting
电化学脱盐法 electrochemical desalination process
电化学脱氧 electrochemical deoxidization
电化学稳定 electrocatalysis stabilization; electrochemical stabilization
电化学铣削 electrochemical milling
电化学现象 electrocatalysis phenomenon; electrochemical phenomenon
电化学效应 electrocatalysis hardening; electrochemical effect
电化学需氧量 electrochemical oxygen demand
电化学序列 electrochemical series
电化学学会 Electrochemical Society
电化学研磨 electrochemical milling
电化学氧化 electrochemical oxidation
电化学氧化工艺 electrochemical oxidation process
电化学氧化炭纤维 electrochemical oxidized carbon fiber[fibre]
电化学氧化指数 electrochemical oxidation index
电化学硬化 electrochemical hardening
电化学原理 electrochemical principle
电化学转盘 electrochemical rotating disk[disc]
电化学自然电位 electrochemical self-potential
电化学作用 electrochemical action; electrochemical attack
电化增益器 solion
电化着色层 electrochromic coating
电化作用 galvanic action
电话 phone; telephone
电话安装 telephone installation
电话安装点 phone point
电话安装工程 telephone installation work
电话闭塞 blocking by telephone; telephone block
电话闭塞法 telephone block working
电话闭塞系统 telephone block system
电话闭塞制 telephone block system
电话测试点 telephone point
电话测试塞孔 phone-test jack
电话插接线 phonepatch
电话插口 phone jack
电话插塞 phone point; spring-loaded plunger; telephone plug
电话插座 phone point; phone socket; telephone plug; telephone socket
电话查号台 information desk
电话拆线 clearing of call
电话畅通 circuit clear
电话出线口 telephone outlet
电话橱 telephone cabinet
电话传达 phone traffic
电话传输 telephone transmission
电话传输测试 telephonic transmission test
电话传输极限 limit of telephone transmission
电话传真 telefacsimile
电话串话 telephone cross talk
电话的 telephonic(al)
电话的塞孔 pin-hole aperture
电话地下管道 telephone-tunnel
电话电报 dictated telegram
电话电报管理局 post telephone and telegraph administration
电话电键 switch key
电话电缆 telephone cable
电话电缆充气控制 gas control on telephone cables
电话电缆管道 telephone duct
电话电缆转换开关 telephone-telegraph switch
电话电平测试计 electric(al) speech level meter
电话电视 <一种收费制电视> phonevision
电话调查 telephone survey
电话订票 ticket reservation by telephone
电话耳机 biphone; telephone earphone; telephone receiver
电话方程 telephone equation
电话访问调查 telephone survey
电话放大器 telephone amplifier
电话费(率) telephone rate
电话分机 extension telephone(set)
电话分局 branch office; minor office; subexchange
电话分铃 extension ringer
电话分线盒 telephone distribution box
电话蜂鸣器 telephone buzzer
电话干扰 telephone disturbance
电话感应线圈 telephone transformer
电话隔板 telephone shelf
电话隔音室 sound-proof telephone cabinet
电话工程学 telephone engineering
电话公司 telephone company
电话固定器 telephone fixer
电话挂号 call request
电话号簿 subscriber list
电话号码 directory number; telephone number
电话号码簿 telephone book; telephone directory
电话合用线 party wire
电话呼叫 telephone call
电话呼叫公交车 dial-a-ride
电话呼约公共汽车 dial-a bus
电话话务量 intensity of traffic
电话回答 line loop
电话回声 listener's echo
电话汇接局 crossing station
电话会议 conference call; telecon; telephone conference
电话绘图器 teleplotter
电话机 phone(set); telephone set
电话机导杆 pointsman lever
电话机的附加铃 station ringer
电话机构键 telephone hook switch
电话机键室 telephone exchanger room; telephone switch room
电话机接线盒 connecting rosa; connection rose
电话机上附加的记录器 telecord
电话机匣 telephone shell
电话机衔铁 pallet
电话机噪声 telephone set noise
电话及电报 telephone and telegraph
电话集中机 concentrated telephone unit
电话集中机用户盘测试器 subscriber panel tester for concentrated telephone unit
电话集中系统 telephone concentration system
电话计费设备 telephone accounting system
电话记发器 telephone sender
电话记录机构 register mechanism
电话继电器 telephone relay
电话间 call box; phone booth; telephone call-box; telephone kiosk
电话监听塞孔 phone-test jack
电话讲课 telelecture
电话讲演 telelecture
电话交换 telephone switching; phone exchange
电话交换机 telephone switchboard
电话交换机室 telephone exchanger room; telephone switch room
电话交换记录单 ticket
电话交换局 interchange office
电话交换量 delivery value
电话交换区 exchange area
电话交换设备 telephone switching system
电话交换室 operating room
电话交换台 telephone exchange(r room); telephone switchboard; telephone switch room
电话交换系统 telephone exchanging system; telephone switching system
电话叫车服务 dial-a-ride service
电话叫车系统 dial-a-ride system
电话教学 telelecture
电话接头箱 telephone connection box
电话接线插口 telephone point
电话接线盒 phone socket
电话接线室 switchboard room
电话接线业务 telephone operation
电话接线员 central; operator; phone operator; telephone operator; telephonist
电话接续 telephone connection
电话局 telephone exchange; telephone office; telephone plant; telephone station
电话局安装容量 fitted capacity
电话局故障 exchange trouble
电话局开通 cutting-in
电话局名选拨制 code dialling system
电话局内电缆 exchange cable
电话局容量 capacity of telephone exchange; traffic-carrying capacity
电话控制盒 key cabinet
电话连接点 telephone point
电话连接时间 set-up time; time of setting up
电话联络 telephone relation
电话铃 telephone ringer
电话录音机 answering machine; dailygraph; telephonograph; telescribe
电话母线 talking bus
电话内线 intercommunication system with telephone
电话频率 telephone frequency
电话区域交换中心 zone switch(ing) center[centre]
电话塞孔 telephone jack
电话设备 telephone plant
电话设施 phone installation
电话室 call box; receiver case; telephone(call-)box
电话受话人 callee
电话术 telephony
电话听筒 receiver
电话亭 booth; call box; kiosk; phone booth; telephone booth; telephone box
电话通话 telephone relation
电话通路 telephone channel; voice channel
电话通信[讯] speech communication; telephone communication; telephone connection
电话通信[讯]业务 voice-communication service
电话通信[讯]装置 telephone communication unit
电话通知书 telephonic advice
电话投标单 telephone bid
电话网 telephone network
电话网的分区 telephone district
电话网路图 exchange area layout
电话问询系统 telephone call-in system
电话戏剧 theatrophone
电话系统 telephone system
电话线 phone line; telephone line; telephone link
电话线管道 phone duct
电话线路 telephone circuit; telephone line; voice grade channel
电话线路均衡器 telephone line equalizer
电话线调节 telephone line conditioning; telephone link conditioning
电话信道 speech channel
电话信号 telephone signal
电话型表示灯 telephone-type lamp
电话型浮筒 telephone-type buoy
电话型海底电缆 telephone-type submarine cable
电话学 telephony

D

电话扬声器 <接在电话线上放大音频的> telelecture
电话业务 phone service; telephone service; telephone traffic
电话音乐 <用电话来收听音乐> telechanson
电话应答电键 speaking key
电话应答机 telephone answering machine
电话用瓷瓶 porcelain telephone insulator
电话用户 subscriber; telephone subscriber
电话用户的落线 subscriber's drop
电话用户电缆 subscriber's telephonic cables
电话用户机 subscriber set; subset
电话用户区 telephone area
电话用户姓名 address name
电话与计算机信息服务 telephone and computer information service
电话预定座席办公室 seat reservation office by telephone
电话员 telephone operator
电话增音电路 booster telephone circuit
电话增音机 telephone amplifier; telephone repeater; telephonic repeater
电话增音站 telephone repeater station
电话振铃频选器 telering
电话支局 minor exchange; satellite exchange; subexchange
电话支援 telephonic support
电话中继拨号 subscriber trunk dial(l)ing
电话中继器 telephone repeater; telephonic repeater
电话中继站 telephone repeater station
电话中心局 central telephone exchange; central telephone office; central telephone station
电话中央局 central station
电话主机 major station
电话主交换机 principal switch board
电话装置 phone installation; telephone installation
电话桌机 table set
电话总机 central exchange; telephone exchange
电话总机室 telephone switchboard room
电话总机转换 central telephone switch
电话总交换机 central telephone switch
电话总局 central office; central telephone exchange; central telephone station; main exchange; telephone central office
电话总局交换机 exchange for telephone general office
电话总配线架 telephone main frame
电话组线箱 telephone junction box
电环化反应 electrocyc
电环境 electric(al) environment
电换能器 electric(al) transducer
电换算因数 electric(al) conversion factor
电回火 electric(al) tempering
电汇 cable draft; cable transfer; telegraphic draft; telegraphic transfer
电汇单 telegraphic(al) money order
电汇付讫 express paid by telegraph
电汇票 cable draft
电混合法 electric(al) mixing method
电混凝 electric(al) coagulation
电混凝法 electrocoagulation process
电混凝气浮 electric(al) coagulation and flo(a)tation
电混凝气浮法 electrocoagulation-flo(a)tation process
电活化粒种 electroactive species
电活性物质 electroactive substance
电火锅 electric(al) chafing dish
电火花 electric(al) arc; electric(al) spark; electrospark; spark
电火花编码震源 electric(al) spark coded source
电火花测探法 sparker survey
电火花成型机床 electric(al) spark shaping machine
电火花成型加工 electric(al) spark forming
电火花穿孔 electric(al) spark drilling
电火花淬火 spark quenching
电火花点火 spark ignition
电火花放电成型 spark discharge forming
电火花腐蚀 spark eroding
电火花感应线圈 induction spark coil; sparking coil
电火花机床 electric(al) spark machine tool
电火花机械复合工具磨床 electro-sparking and machinery tool grinding machine
电火花激发器 arcer
电火花计时器 spark timer
电火花加工 electric(al) discharge machining; electric(al) sparking; electric(al) spark machining; electric(al) spark process; electrosparking
电火花加工电极 spark machining electrode
电火花加工机床 electric(al) spark machinery
电火花检测器 electrospark detector
电火花刻模机 die sinking electric(al) spark machine
电火花刻蚀记录(法) electrosensitive recording
电火花磨削 electric(al) spark grinding
电火花抛光 electrospark polishing
电火花起爆 electric(al) initiation
电火花起爆雷管 electric(al) blasting cap
电火花器 sparker
电火花潜孔锤钻进 spark hammer drilling
电火花切割 spark cutting; spark machining
电火花塞 electric(al) (heating) plug
电火花烧结 electric(al) spark sintering
电火花数控线切割机(床) electric(al) spark computer numerical control wire-cut machine; super-computer numerical control wire cutting machine
电火花水力破碎 electrohydraulic crushing
电火花线切割 electrospark wire-electrode cutting
电火花线圈 spark coil
电火花消灭器 spark killer
电火花小孔机床 electric(al) spark small hole machine tool
电火花引爆 electric(al) blasting
电火花硬化 spark hardening
电火花震波测量 sparker survey
电火花震源 electric(al) sparking source; spark source
电火花钻进 spark drilling
电火花钻井 electric(al) spark drill
电火箭发动机 electric(al) engine; electric(al) propulsion system; electric(al) rocket
电火炉 electric(al) fire
电火试验 <检查瓷釉的针眼> spark test
电火灾警报 electric(al) fire alarm
电击 electric(al) shock; lightning stroke
电击穿 electric(al) breakdown
电击穿电压 electric(al) breakdown voltage
电击穿强度 disruptive strength
电击穿试验 breakdown test; puncture test
电击防止装置 voltage reducing device
电击事故 shock hazard
电机 electric(al) engine; electric(al) machine(ry); electric(al) motor
电机参数 parameter of electric(al) machine
电机舱 motor compartment
电机操纵开关 electric(al) motor-operated switch
电机操作工 motor man
电机槽宽 tooth ratio
电机槽内导体 electric(al) machine slot-conductor
电机常数 constant of the machine
电机厂 electric(al) machinery plant; motormaker
电机车 haulage motor
电机车架空线保护 troll(e)y wire guard
电机车运输 electric(al) haulage
电机传动辊 motorised roll
电机传动轴 motor transmission shaft
电机磁场 motor-field
电机的 electromechanical
电机的电气线端 electric(al) terminals of a machine
电机的输入功率 power input to a machine
电机的铁间空隙 entrefer
电机底板 motor base-plate
电机底座 motor base(frame)
电机电流变换器 motor current transducer
电机电势计 electromechanical potentiometer
电机电刷 motor brush
电机电位计 electromechanical potentiometer
电机电压变换器 motor voltage transducer
电机定子铁芯自动焊接机 dynamo stator core automatic welder
电机端部磁场 end-region magnetic field of electric(al) machine
电机短路测试仪 electric(al) motor short-circuit test instrument
电机额定功率 motor rated power
电机放大器 amplidyne(generator); motor amplifier; rotating amplifier
电机放大器控制部件 amplidyne control unit
电机放大器伺服机构 amplidyne servomechanism
电机放大器伺服系统 amplidyne servomechanism
电机钢 dynamo steel
电机钢板 dynamo steel sheet
电机工程 electric(al) engineering
电机工程处 electric(al) engineer's department
电机工程技术标准 electric(al) specification
电机工程师 electric(al) engineer
电机工程师学会 <英> Institute of Electric(al) Engineers
电机工程学 electric(al) engineering
电机工人 electrician
电机工业 electric(al) industry
电机功能 power of motor
电机规格 rating of machine
电机黄铜合金 motor brass alloy
电机机具 electromechanical equipment
电机及电子工程师学会 <美> Institute of Electric and Electronic Engineers
电机集中联锁 electromechanical interlocking
电机减速机 motor reducer; motor reducing gear
电机检修间 motor inspection and repair workshop
电机壳 motor casing(frame); motor enclosure; motor shell
电机控制 electric(al) machine control
电机控制器 machine controller
电机励磁控制 motor-field control
电机联锁机 electrointerlocking machine; electromechanical interlocking machine
电机铭牌值 nominal rating
电机皮带轮 pulley motor
电机偏心率 motor eccentricity
电机起动的发动机 electrically started engine
电机牵引 electric(al) haulage
电机青铜 dynamobronze
电机清洗机 cleaning machine for motor
电机驱动 motor drive
电机驱动的 motor-driven
电机驱动电梯 electric(al) elevator
电机驱动种子清选机 motor-driven seed cleaner
电机驱动转向架 motorized bogie
电机绕组 machine winding
电机上整流片接线部分 riser
电机设备 electromechanical equipment
电机设计 electric(al) machine design; engine design
电机试验台 motor test stand
电机室 motor room
电机输送 motor transport
电机数量 number of motors
电机速度传感器 motor speed sensor
电机损耗 loss of machine
电机碳刷 carbon brush for electric(al) machine; motor carbon
电机调节器 regulex
电机调整器 regulator generator
电机效率 electric(al) efficiency
电机械加工 electromechanical working
电机械模拟 electromechanical analogy
电机信号楼 electromechanical signal box
电机修理车间 electric(al) shop
电机学 electromechanics
电机仪表 motor meter
电机用薄钢片 dynamo sheet steel
电机用硅钢片 dynamo(steel) sheet
电机用油 motor oil
电机油 dynamo oil; electric(al) engine oil
电机与电子工程师联合会 Institute of Electric(al) and Electronics Engineers, Incorporated
电机员 electric(al) engineer
电机员室 electric(al) engineer's room
电机运行特性 electric(al) machine operating characteristic
电机整流器 commutator
电机制造业 electric(al) manufacturing
电机轴 motor shaft
电机轴承 motor bearing

电机轴承内套拔出装置 inner lining ring puller of motor bearings
电机转子 armature
电机转子试验仪 growler
电机转子试验装置 growler; motor rotor tester
电机转子压铸机 die-casting machine for motor rotor
电机自动继电器 motor automatic relay
电机座 motor cabinet
电机座架 motor frame
电机座位 motor cavity
电积槽 winning cell
电积层 electrodeposited coating
电积成型 electroforming
电积分(法) electric(al) integration
电积分器 current integrator
电积分仪 electric(al) integrator
电积金属 metal deposit
电积金属的熔凝 consolidation of deposit
电积金属法 electrowinning
电积镍 electrodeposited nickel
电积铜 electrodeposited copper
电激法 electrization
电激励 electric(al) excitation
电极 electric(al) arm; electric(al) pole; electrode; exciting plate; pole; terminal(post)
电极暗电流 dark current; electrode dark current
电极把手架 electrode prong
电极扳手 electrode wrench
电极板 battery lead plate; plate electrode
电极板除尘器 electric(al) plate precipitator
电极棒 electrode bar
电极臂 arm; horn
电极臂伸出长度 arm extension
电极表面电流密度 surface-current density of electrode
电极玻璃 electrode glass
电极材料 electrode material
电极残头 electrode stub
电极沉淀 electrodeposition
电极沉积 electrodeposition; galvanic deposit
电极沉积槽 electrodeposition cell
电极成型板 tamping plate
电极成型机械 electrode-forming mechanism
电极处理 electrode manipulation
电极纯度 purity of electrode
电极导纳 electrode admittance
电极的 terminal
电极的排列 arrangement of electrodes
电极电导 electrode conductance; grid conductance
电极电键 operational key
电极电抗 electrode reactance
电极电缆 electrode cable
电极电离作用 electrode ionization
电极电流 electrode current
电极电流集中系数 concentration coefficient of electrode current
电极电容 electrode capacitance
电极电容器 electrode capacitor
电极电势 electrode potential
电极电位 electrode potential; electrode voltage
电极电位测井 electrode potential log
电极电位测井曲线 electrode potential log curve
电极电位差 polarization potential difference
电极电压降 electrode drop
电极电阻 electrode resistance
电极淀积 electrodeposition
电极镀层作用 electrode plating
电极端部 electrode tip
电极端腐蚀 gape erosion
电极端清理 tip cleaning
电极对 electrode couple
电极反应 electrode reaction
电极防护罩 electrode guard
电极防蚀 electrolytic protection
电极放电 electrode discharge
电极粉料混合器 electrode mixer
电极辐射片 electrode radiator
电极干燥 pole drying
电极高低调整设施 electrode-lift regulating device
电极工作端 welding tip
电极滚轮 wheel electrode
电极耗散 electrode dissipation
电极合金 electrode metal
电极糊 carbonaceous paste; carbon paste; electrode paste
电极护管 electrode retainer
电极滑移 electrode skid; electrode slip
电极化 electropolarize
电极化的 electropolar
电极化电位 electropolarization potential
电极化度 electric(al) polarization
电极化率 electric(al) susceptibility; susceptibility
电极化强度 electric(al) polarization intensity
电极化性 electric(al) polarizability
电极环 electrode retaining collar
电极极板 electrode pad
电极极化 electrode polarization
电极几何形状 electrode geometry
电极加热锅炉 electrode heating boiler
电极加热潜水服 electrically heated undersuit
电极夹 cable holder; electrode clamp; electrode holder
电极夹持器 electrode jaw
电极夹具 electrode board
电极夹头 bushing clamp; terminal bushing; terminal clamp; electrode bushing
电极尖端 electrode tip
电极间的 interelectrode
电极间距离 distance between electrodes; electrode gap; electrode separation; electrode spacing
电极间绝缘 electrode insulation
电极间隙 electrode gap
电极间隙控制 electrode gap control
电极胶合剂 electrode cement
电极焦 electrode coke
电极接触面 electrode contact surface
电极接头 electrode connection; electrode contact
电极节省器 electrode economizer
电极距 electrode distance; electrode spacing; spacing of electrodes
电极距离调整器 electrode spacing adjuster
电极聚结面积 electrode coalescing area
电极均衡势 electrode equilibrium potential
电极孔 electrode hole
电极控制器 electrode controller
电极冷却环 electrode cooling ring
电极冷却圈 electrode cooling ring
电极力 electrode force
电极流动注射分析法 electrode flow injection analysis method
电极炉 electrode furnace; electrode oven
电极密度 electrode density
电极内缩长度 electrode setback
电极黏[粘]结剂 electrode cement
电极黏[粘]损 electrode pickup
电极黏[粘]着 electrode sticking
电极排列 electrode arrangement; electrode array; electrode configuration; electrode spread
电极偏压 electrode bias
电极平衡 electrode equilibrate
电极圈 electrode collar
电极圈直径 pitch diameter
电极溶液 electrode solution
电极栅 electrode grid
电极伸出长度 electrode extension
电极升降机 electrode positioning mechanism
电极蚀刻 electrode etching
电极式含盐量测定计 electrode type salinometer
电极式加热器 electrode humidifier
电极式热水器 electrode boiler; electrode water heater
电极式盐浴电阻炉 electrode type salt-bath resistance furnace
电极式液位计 electrode type liquid-level meter
电极试纸 pole reagent paper
电极室 electrode chamber; electrode vessel
电极寿命 electrode life
电极水冷管 electrode cooling tube
电极炭 electrode carbon
电极套 bushing clamp; electrode bushing; terminal bushing
电极特性 electrode characteristic
电极调节 electrode control
电极调节器 electrode regulator
电极调节装置 electrode regulator
电极调整装置 electrode adjusting gear
电极跳动 scorching
电极铁芯 pole core
电极筒 electrode container; electrode shell
电极头 electrode tip; insert electrode tip
电极凸出部分 pole horn
电极涂料 electrode compound
电极外伸长度 electrode extension
电极握臂 electrode arm
电极系 electrode arrangement; electrode array; electrode system; sonde
电极系结构 sonde construction
电极系类型 type of sonde
电极线 electrode wire
电极消耗比 consumption rate of electrodes
电极消耗特性 characteristics of electrode consumption
电极效应 electrode effect
电极行程 electrode stroke; electrode travel
电极型液面测量仪 electrode-type liquid-lever meter
电极性的 electropolar
电极修整器 electrode dresser
电极悬放机组 electrode holding and slipping mechanism
电极靴 pole terminal
电极学 electrodics
电极压降 electrode drop
电极压力 electrode pressure; welding force
电极盐浴电炉 electrode salt-bath electric(al) furnace
电极氧化 anodizing
电极氧化处理 anodic oxidation treatment
电极氧化铝面 anodized surface of alumin(i)um
电极氧化罩面 anodic coating
电极移动曲柄 crank for electrode
电极用玻璃 glass for electrode
电极圆 electrode circle
电极圆表面比功率 power density of electrode surface
电极振打 electrode rapping
电极支架 electrode-carrying superstructure; electrode jib
电极支柱 electrode support
电极支座 electrode holder
电极装置 electrode assembly
电极装置转换滤波系数 filter coefficient of electrode configuration transform
电极自动送进 automatic feed of electrode
电极自动装配 automatic electrode assembly
电极阻抗 electrode impedance
电极组 set of electrodes
电极座 candle; electrode tip holder
电集尘 electric(al) precipitation; electrostatic precipitation
电集尘器 electrostatic dust precipitator
电集尘室 Cottrell chamber
电计程表 electric(al) taximeter
电计时器 electric(al) clock
电记波法 electrokymography
电记波照片 electrokymogram
电记波(照相)器 electrokymograph
电记波照相术 electrokymography
电记波照相仪 electrokymograph
电记录器 electric(al) recorder; electrograph
电记录术 electrography
电记录图 electrogram
电加法器 electric(al) adder
电加工 electric(al) machining; electromachining
电加工机床 electric(al) process machine
电加固 electric(al) stabilization
电加热 direct current heating; electric(al) heating
电加热安全玻璃 electric(al) heating safety glass
电加热玻璃 electrically heated glass
电加热玻璃板 electrically heated glass panel
电加热带 electrically heated tape
电加热挡风玻璃 electrically heated windscreen; electrically heated windshield
电加热吊平顶 electrically heated hung ceiling
电加热顶棚 electrically heated ceiling
电加热段 electric(al) heater section
电加热法 electric(al) heating method
电加热干燥 electric(al) drying
电加热锅炉 electrically heated boiler
电加热混凝土 electrically heated concrete
电加热金属吊平顶 electrically heated metal suspended ceiling
电加热镜子 electrically heated mirror
电加热肋片采暖器 electric(al) finned strip heater
电加热毛毯 electric(al) heating blanket
电加热汽车后窗 electrically heated rear window
电加热汽车后灯 electrically heated backlight
电加热器 electric(al) cylinder; electric(al) heating appliance; heating resistance; electric(al) heater
电加热器安装 electric(al) heating installation

电加热钎焊 electric(al) brazing; electric(al) soldering
电加热桑拿蒸汽炉 electrically heated sauna stove
电加热筛 electrically heated tape
电加热天花板 electrically heated ceiling
电加热系统 <看不见光线的> dullrae
电加热元件 electric(al) heating unit
电加热装置 electric(al) heater unit
电加热钻井 electric(al) heating drill
电加湿器 electric(al) humidifier
电价 electric(al) valence; electricity rate; electrovalency; power rate; price of electricity
电价差值法 electrovalence difference method
电价的 electrovalent
电价化合物 electrovalent compound
电价键 electrovalency bond; electrovalent bond; heteropolar bond
电价结构 price structure of electric power
电煎锅 electric(al) firing pan
电剪刀 electric(al) clippers; electric(al) scissors; electric(al) shears
电检测 electric(al) inspection
电键 bug; key; key button; keysets; manipulator; sender; switch
电键板 key board; switchboard
电键拨号器 key sender
电键部件 key unit
电键插孔 key hole
电键插座 key socket
电键的下接头 anvil
电键电路 gate circuit; gating circuit; keyer
电键发送器 key pulser; key sender
电键发送器拨号 keysent
电键发送器座席 key sending position
电键法 key method
电键干扰 keying interference
电键隔板 key spacer
电键缓冲器 key buffer
电键火花 key spark
电键击声 key thump
电键击声消除器 key thump filter
电键架 keyframe
电键间隔 keying interval
电键间距 key space
电键接点 key contact
电键喀嗒声 key click
电键喀呖声消除滤波器 click filter
电键卡嗒声 key click
电键开关 key switch
电键浪涌脉冲滤波器 key click filter
电键厘 key box
电键排 strip of keys
电键盘 key panel; key shelf
电键匹配附加器 keyer adapter
电键频率 keying frequency
电键器 keyer
电键声响 key click
电键式计数器 electric(al) contact counter
电键式交换机 key box
电键调制 key modulation
电键箱 key cabinet
电键选路 key routing
电键选择 key-sending
电键选择器 key sender
电键油 electric(al) switch oil
电键噪声 keying interference
电键噪声消除 key click elimination
电键啁啾声 keying chirps
电键罩 switch cover
电键组 key band; key set
电角度 electric(al) angle
电接触 electric(al) contact
电接触材料 contact material
电接触淬火 electrocontact hardening
电接触点 electric(al) pickoff
电接触起动器 electric(al) contact starter
电接触器材 electric(al) contact material
电接触器材烧毁 burning of contact material
电接触烧蚀 erosion of electric(al) contacts
电接触时钟 electric(al) contact clock
电接触式表面粗度试验仪 electrocontact type surface roughness tester
电接触式测微计 electric(al) contact-making micrometer
电接触式交通计数仪 electric(al) contact counter
电接触式轮廓仪 electric(al) profilometer
电接触式日照计 electric(al) contact sunshine recorder
电接触式温度计 electric(al) contact thermometer
电接触压力表 electric(al) contact pressure ga(u)ge
电接触液位指示器 electric(al) contact liquid level indicator
电接地 grounding
电接点 electric(al) contact
电接点材料 electric(al) contact material
电接点温度计 electric(al) contact point thermometer
电接点压力表 electroconnecting pressure ga(u)ge; pressure ga(u)ge with electric(al) contact point
电接点压力式温度计 electric(al) point pressure type thermometer
电接点液位计 electric(al) contact liquid level indicator
电接合 electric(al) interlock
电接口 electric(al) interface
电接头 electric(al) connection; electric(al) hook-up; electric(al) terminal
电结构 electric(al) structure
电结晶 electrocrystallization
电解 electrolytic dissolution; electrolyzation; electrolyze; galvanolysis
电解氨气渗氮法 chapmanizing
电解凹印版 basso
电解保护法 electrolytic protection
电解避雷器 electrolytic arrester
电解变阻器 electrolytic rheostat; water rheostat
电解玻璃法 electrocopper glass method
电解槽 electric(al) tank; electrolysing cell; electrolysis bath; electrolytic bath; electrolytic cell; electrolytic tank; electrolyzer; electrolyzing cell; hydroelectric(al) bath; potential flow analyser [analyzer]; tankhouse cell
电解槽槽渣 cell mud
电解槽侧壁 cell sidewall; reduction cell sidewall
电解槽衬里 electrolytic cell lining
电解槽衬里材料 material for cell lining
电解槽导电母线 cell bus; cell busbar
电解槽导电排 cell bus
电解槽的几何形状 cell geometry
电解槽的阶梯式排列 cascade arrangement of tanks
电解槽电解液 cell bath
电解槽电压 bath voltage
电解槽沸腾 boiling of cell
电解槽供料 cell feed material
电解槽构造 construction of tanks
电解槽加料 charging of the cell
电解槽结构 cell construction
电解槽控制 bath control
电解槽模型 cell model
电解槽内衬 cell lining
电解槽配置 arrangement of the cells
电解槽气氛 cell atmosphere
电解槽气体 cell gas
电解槽容器 cell container
电解槽熔体 bath of cell
电解槽寿命 bath life; cell life
电解槽维护 cell maintenance
电解槽系列 cell line; line of cells; potline
电解槽系列电流 potline current
电解槽中的铁渣 dry dross
电解槽装置 electrolytic cell assembly
电解测井 electrolytic logging
电解产生的氧化层 electrolytic oxide layer
电解产物 product of electrolysis
电解场 electrolysis field
电解车间 cell room; electrolysis hall; potroom; tank room
电解沉淀 electric(al) plating; electrodeposit; electrodeposition; electroplate; electrowinning; galvanize [galvanise]; plating; precipitation by electrolysis
电解沉淀处理 electroprecipitation
电解沉淀用合金 Albaloy
电解沉积 electrodeposit(ing); electrodeposition; electrowinning; electrolytic deposition
电解沉积层 electrodeposited coating
电解沉积的纯铜薄片 thinly deposited copper sheet
电解成型加工 electrolytic formation machining
电解池 electrolytic bath; electrolyzer
电解充电器 electrolytic charger
电解处理(法) electrolytic treatment
电解纯铜 trough cathode
电解淬火 electrolytic quenching
电解萃取 electroextraction
电解存储器 memistor
电解导电 electrolytic conduction
电解的 electrolytic
电解滴定 electrolytic titration
电解电池 electrolysis cell; electrolytic cell
电解电导 electrolytic conductance
电解电镀 <加强金属表面硬度> metalliding
电解电离 electrolytic ionization
电解电量计 electrolytic voltameter
电解电容器 chemical capacitor; electrolysis condenser; electrolytic capacitor; oxide-film capacitor
电解电容器纸 electrolytic capacitor paper
电解电容器组 block-condenser
电解电势 electroaffinity; electrolytic potential; electrolytic tension
电解电刷整流器 liquid brush rectifier
电解电压 decomposition potential
电解淀积 electrodeposit; electrolytic deposition
电解淀积变黑 electrolytically deposited black
电解淀积物 bright plate
电解镀锡 electrolytic tinning
电解镀锌(法) electrogalvanizing; electrolytic galvanizing
电解断续器 electrolytic interrupter
电解二氧化锰 electrolytic manganese dioxide; manganese dioxide electrolytic
电解阀 electrochemical valve
电解法 electrolysis process; electrolytic method; electrolytic route; electrowinning; electrolytic process
电解法处理 electrolytic treatment
电解法防护 electrolytic protection
电解法分离 plating-out
电解法回收金刚石 electrolytic salvage of diamonds
电解反应 cell reaction; electrolytic reaction
电解反应浓度 electrolytic content
电解方法 electrolytic process
电解防蚀法 electrolytic protection
电解放电加工 electrochemical discharge machining
电解放电器 electrolytic arrester
电解分解作用 electrode composition
电解分离 electrolytic parting; electrolytic separate; electrolytic separation; electroseparation; separation by electrolysis
电解分离法 electrolytic separation method
电解分析 electroanalysis; electrolysis analysis; electrolytic analysis
电解分析器 electrolysis apparatus
电解粉末 electrolytic powder
电解浮选(法) electrolysis flo(a)tation; electrolytic flo(a)tation
电解浮选装置 electrolytic flo(a)tation unit
电解腐蚀 electrolytic corrosion; electrolytic etching
电解腐蚀加工 electrochemical corrosion machining
电解腐蚀试验 electrolytic corrosion test
电解镉 electrolytic cadmium
电解铬/氧化铬涂层的钢材 electrolytic chromium/ chromium oxide coated steel
电解工具磨床 electrolytic tool grinder
电解工业 electrolytic industry
电解钴 electrolytic cobalt
电解管 electrolysis tube
电解光电池 electrolytic photocell; photoelectrolytic cell
电解光电管 electrolytic photocell
电解过程 electrolytic process
电解海水 electrolyzed seawater
电解海水防污 electrolysis anti-fouling of sea water
电解海水防污法 anti-fouling electrolyze sea water
电解和修槽工段 electrolysis and cell renewal section
电解荷载 electrolytic loading
电解化学 electrolytics
电解还原槽 reduction cell
电解还原制铝法 Hall process
电解还原作用 electrolysis reduction; electrolytic reduction
电解换能器 electrolytic transducer
电解回收 electrolytic recovery
电解混凝 electrolytic coagulation
电解机理 mechanism of electrolysis
电解极化 electrolytic polarization
电解记录 electrolytic recording
电解记录纸 electrolytic recording paper
电解剂 electrolytic agent
电解加工 electrochemical machining; electrolytic machining
电解加工机 electrolytic machining set
电解加工机床 electrolytic machine tool
电解减轻设备 electrolysis mitigation system
电解检波器 electrolytic detector

电解检验 electrolytic assay
电解结聚法 electrolytic coagulation
电解解离 electrolytic dissociation
电解金属锰 electrolytic manganese metal
电解金属涂层的钢材 electrolytic metal coated steel
电解浸蚀 electroetching
电解浸洗 electrolytic pickling
电解晶体生长 electrolytic crystal growth
电解精炼 electrolytic refining; electrorefine
电解精炼槽 refining cell
电解精炼车间 electrolytic refining plant
电解精炼电槽 electrolytic refining bath
电解精炼法 electrolytic refining process; electrorefining process
电解精炼设备 electrolytic refining unit
电解精炼铜 electrolytic refined copper
电解净化 electrolytic purification
电解库仑计 electrolytic meter
电解离解 electrolytic dissociation
电解离子 electrolytic ion
电解炉 electrolytic furnace
电解铝 electrolytic aluminium
电解铝电容器生产线 electrolytic aluminium capacitor production line
电解氯 electrolytic chlorine
电解镁 electrolytic magnesium
电解锰 electrolytic manganese
电解模型 electrolytic model; gelatin(e) model; oil field model; potentiometric model
电解磨床 electrolytic grinder; electrolytic grinding machine
电解磨削 electrochemical grinding; electrolytic grinding
电解磨削刀具 grinding tools electrolytically
电解磨(削砂)轮 electrolytic grinding wheel
电解镍板 electrolytic nickel sheet
电解凝聚法 electrolytic coagulation; electrolytic condensation method
电解偶联二聚物 electrolytic coupled dipolymer
电解抛光 electrobrightening; electrolytic brightening; electrolytic polish(ing); electropolishing
电解抛光片 electrolytically polished slice
电解抛光氧化铝制品 iluminite
电解泡白 electrolytic bleaching
电解批料 electrolysis batch
电解铍 electrolytic beryllium
电解器 electrolyser; electrolyzer
电解铅 electrolytic lead
电解铅白 electrowhite lead
电解铅铝整流器 nodon-valve
电解侵蚀 electrolytic etching; galvanic corrosion
电解清洗 cathodic cleaning; electrolytic cleaning; grid cleaning
电解氰化法 electrolytic cyaniding
电解去垢 electrolytic cleaning
电解去毛刺 electrolytic deburring
电解韧铜 electrolytic tough pitch
电解容器 electrolytic vessel
电解溶剂 electrodissolvent
电解溶剂法 electrosolvent method
电解溶解 electrodissolution
电解溶解器 electrodissolver
电解溶液 electrolyte; electrolytic solution
电解杀菌 electrolysis disinfection
电解烧碱 electrolytic caustic soda
电解摄影复印 electrolytic photocopying
电解渗入法 dielectrolysis
电解生长 electrolytic growth
电解湿度计 electrolytic hygrometer
电解时间 electrolytic time; electrolyzation time
电解蚀刻(法) electroetching; electrolytic etching
电解蚀刻机 electric(al) etching machine
电解式避雷器 electrolytic lightening arrester
电解式测微表 electricator
电解式充电电流调节器 electrolytic battery regulator
电解式电量计 voltameter
电解式电涌放电器 electrolytic surge arrester
电解式继电器 electrolysis relay
电解式仪表 electrolytic instrument; electrolytic meter
电解水制氢设备 oxygen-producing equipment with electrolysis; water-electrolytic hydrogen making equipment
电解酸蚀 electrolytic pickling
电解酸洗 cathodic pickling; electrolytic acid cleaning; electrolytic pickling
电解锁 electric(al) lock(ing) release
电解提纯 electroextraction; electrorefining
电解提取(法) electroextraction
电解铁 electroiron; electrolytic iron
电解铁粉 electrolytic iron powder
电解铜 anode copper; cathode copper; copper cathode; electrocopper; electrolysis copper; electrolytic copper; high conductivity copper; lack copper
电解铜箔 electrolytic copper foil
电解铜精炼 electrolytic copper refining
电解铜盘条 electrolytic copper wire rods
电解铜上釉 electric(al) copper glazing
电解铜釉 electrocopper glazing
电解脱脂 electrolytic degreasing
电解脱脂槽 electrolytic degreasing bath
电解污水处理 electrolytic sewage treatment
电解物 ionogen
电解吸附湿度表 electrolytic sorption hygrometer
电解锡 electrolytic tin
电解洗涤 electroscrubbing
电解显影 electrolytic development
电解效率 electrolytic efficiency
电解效应 electrolytic effect
电解锌 electrolytic zinc
电解锌涂层的钢板 electrolytically zinc-coated sheet
电解性事故 electrolytic trouble
电解絮凝 electrolytic flocculation
电解学 electrolytic
电解研磨 electrolytic polish(ing)
电解研磨工艺 electrolapping process
电解阳极 electrolytic anode
电解氧化 electrolytic oxidation; electrooxidation
电解氧化镀层 electrolytic oxide finish
电解氧化法 electrolytic oxidation method
电解氧化膜 electrolytic oxide film
电解氧化特性 electrolytic oxidation characteristic
电解氧化物检测器 electrolytic oxidant detector
电解氧气发生器 electrolytic oxygen generator
电解氧气分析仪 electrolytic analyser [analyzer]
电解冶金法 electrowinning
电解液 bath solution; electrolysing solution; electrolysis solution; electrolyte solution
电解液泵 cell liquor pump
电解液比重计 electrolyte hydrometer
电解液成分 bath composition
电解液淬火 electrolytic quenching
电解液的循环 circulation of electrolyte
电解液电导率 electrolytic conductivity
电解液电模拟 electric(al) analogy with electrolyte
电解液电容器 liquid electrolytic capacitor; wet-electrolytic capacitor
电解液高位槽 cell liquor head tank
电解液过滤器 electrolyte filter
电解液激活蓄电池 electrolyte activated battery
电解液浸渍 bright dip
电解液净化系统 electrolyte purification system
电解液冷却器 electrolyte cooler
电解液面 bath line
电解液浓缩 electrolyte concentration
电解液配制槽 electrolyte dispensing trough
电解液伺服阀 electrolyte servo valve
电解液脱硫醇法 electrolytic mercaptan process
电解液蓄电池充电器 electrolytic battery charger
电解液压力 electrolytic solution pressure
电解液张力 electrolytic tension
电解仪器 electrolytic apparatus
电解抑制胶 electrolysis inhibiting mastic
电解印刷 electrolytic printing
电解影印 electrolytic process
电解用薄纸 electrolytic tissue
电解用发电机 electrolytic generator
电解游离 electrolytic ionization
电解再生 electrolytic regeneration
电解渣壳 electrolyte shell
电解障碍 electrolytic trouble
电解整流器 chemical rectifier; electrolytic detector; electrolytic rectifier; liquid rectifier
电解纸 electrolytic paper
电解制碱法 electrolytic soda process
电解质 electrolyte
电解质导体 electrolytic conductor
电解质的 electrolytic
电解质电容器 chemical capacitor; chemical condenser; electrochemical capacitor; wet-electrolytic condenser; electrolytic condenser
电解质电阻 bath resistance; electrolytic resistance
电解质交换树脂 electrolyte exchange resin; electrolytic exchange resin
电解质离解 electrolytic dissociation
电解质离子 electrolyte ions
电解质浓度 electrolyte concentration
电解质平衡 electrolyte balance
电解质强度 electrolyte strength
电解质溶液 electrolyte solution
电解质渗透 electrolyte osmosis
电解质试样 bath sample
电解质液中的金属浓度 metal strength of the electrolyte
电解质杂质 electrolyte impurity
电解质整流器 electrolytic rectifier
电解质主体 bulk of the electrolyte
电解质着色法 electrolytic colo(u)ring
电解注浆(法) electrolytic casting
电解装置 electrolysis unit; electrolytic apparatus; electrolyzer
电解紫铜片 electrolytic copper sheet
电解紫铜丝 electrolytic copper wire
电解作用 electrodissociation; electrolytic action; electrolysis
电介浸渍器 pyranon
电介体 dielectric
电介质 dielectric(al) medium; dielectric(al) substance; electrolyte circuit; non-conductor
电介质变形 dielectric(al) strain
电介质材料 dielectric(al) material
电介质测试器 dielectrometer
电介质常数 electric(al) medium constant
电介质处理过程 dielectric(al) process
电介质的 dielectric
电介质二极管 dielectric(al) diode
电介质放大器 dielectric(al) amplifier
电介质分选 dielectric(al) separation
电介质辐射 dielectric(al) radiation
电介质腐蚀 oxygen starvation
电介质杆天线 dielectric(al)-rod antenna
电介质击穿 dielectric(al) breakdown
电介质击穿电压 dielectric(al) breakdown voltage
电介质极化 dielectric(al) polarization
电介质极化率 dielectric(al) susceptibility
电介质加热 dielectric(al) heating
电介质晶体 dielectric(al) crystal
电介质径迹探测器 dielectric(al) track detector
电介质黏[粘]度 dielectric(al) viscosity; bath viscosity
电介质劈 dielectric(al) wedge
电介质匹配板 dielectric(al) matching plate
电介质强度 dielectric(al) strength
电介质溶液 dielectric(al) solution
电介质湿度计 dielectric(al) type moisture meter
电介质损耗 dielectric(al) loss
电介质陶瓷 dielectric(al) ceramics
电介质体 dielectric(al) body
电介质天线 dielectric(al) antenna
电介质条状线 strip line
电介质通量 dielectric(al) flux
电介质通量密度 dielectric(al) flux density
电介质透镜 dielectric(al) lens
电介质透镜天线 dielectric(al)-lens antenna
电介质吸收常数 dielectric(al) absorption constant
电介质线 dielectric(al) wire
电介质小球 dielectric(al) bead
电介质悬浮 dielectric(al) suspension
电介质应力 dielectric(al) stress
电介质罩 dielectric(al) cap
电介质滞后 dielectric(al) hysteresis
电紧张 electrotonus
电浸出 electroleaching
电浸蚀 electroerosion
电浸渍法 electrodip process
电晶体钟 electric(al) crystal clock
电精炼 electrolytic refining; electrorefining
电精饰 electric(al) finish
电精制 electrofining
电警报器 electric(al) siren
电警笛 klaxon

D

电净法 electrocleaning
电净化 electrode contamination
电镜断口照片 electron fractograph
电镜扫描法 electron microscope scanning method
电镜微量分析仪 electron microscope microanalyzer[microanalyser]
电镜自动放射照相术 electron-microscopical autoradiography
电灸 electrocautery
电矩 electric(al) moment
电距离 electric(al) distance
电锯 electric(al)(motor) saw; motor-driven saw; power saw; sawing machine
电锯心轴及导钻 electric(al) hole saw mandrel with pilot drill
电聚 voltolization
电聚过程 voltolization process; voltol process
电聚合油 voltol oil
电聚焦 electrofocussing
电聚结区 electric(al) coalescing section
电聚油 voltolized oil
电绝缘 electric(al) isolation; electric(al) insulation
电绝缘板 electric(al) insulating board
电绝缘玻璃纤维 <又称 E 型玻璃纤维> electric(al) glass fibre[fiber]
电绝缘材料 electric(al) insulating material
电绝缘处理 electric(al) insulating treatment
电绝缘带 electric(al) insulation tape
电绝缘环 electric(al) insulation ring
电绝缘胶带 insulating tape
电绝缘能力 electric(al) insulation capacity
电绝缘牛皮薄纸 kraft insulating tissue
电绝缘漆 electric(al) insulating paint; empire; insullac
电绝缘器 electric(al) insulator
电绝缘强度试验 electric(al) strength test
电绝缘清漆 electric(al) insulation varnish
电绝缘体 electric(al) insulator
电绝缘纤维 electric(al) insulating fibre
电绝缘性 electric(al) insulativity
电绝缘性能 electroinsulating property
电绝缘压缩石棉纤维 electric(al) insulating compressed asbestos fibre
电绝缘用砑光布 calendered cloth
电绝缘油 electric(al) oil
电绝缘织物 electric(al) fabric
电绝缘纸 electric(al) insulating paper
电绝缘子 electricity insulator
电掘凿器 electric(al) digger
电均热室 electric(al) heating holding chamber
电咖啡壶 electric(al) coffee maker; electric(al) coffee pot
电咖啡滤壶 electric(al) coffee percolator
电开关 electrovalve
电开关控制器 electric(al) contact controller
电开关室 switchgear room
电抗 reactance; reactive resistance
电抗保护装置 reactance protection
电抗臂 reactance arm
电抗部分 imaginary component; reaction component; reactive component; wattless component
电抗测定计 reactance meter
电抗的 reactive
电抗电路 reactance circuit; reactive circuit
电抗电桥 X-bridge
电抗电势 reactance potential
电抗电压 reactance voltage
电抗电压(下)降 reactance drop
电抗电阻比 reactance resistance ratio
电抗分量 component reactance; idle component; quadrature component; reactance component; reactive component
电抗功率 blind power
电抗管 quadrature tube; reactance tube; reactance valve
电抗管调频 reactance-tube frequency modulation
电抗管调制器 reactance-tube modulator; warbler
电抗函数 reactance function
电抗荷载 reactance load
电抗继电器 reactance relay
电抗接地 reactance grounded
电抗接地中性系统 reactor grounded neutral system
电抗均衡器 reactance equalizer; reactive equalizer
电抗控制电路 reactance-controlled circuit
电抗漏泄 reactance leakage
电抗滤波器 reactance filter
电抗耦合 reactance bond; reactance coupling; reaction coupling
电抗耦合的 reaction coupled
电抗耦合放大器 reactance amplifier
电抗频率倍增器 reactance frequency multiplier
电抗平衡 reactive balance
电抗起动电动机 reactor start motor
电抗起动器 reactance starter; reactor starter
电抗器 electric(al) reactor; reactor
电抗器电路 reactor circuit
电抗器电压 reactor voltage
电抗器电阻 reactor resistance
电抗器起动 reactor starting
电抗器组 reactor group
电抗桥法 reactance bridge method
电抗三角形 reactance triangle
电抗式倍频器 reactance frequency multiplier
电抗衰减器 reactance attenuator
电抗特性 reactance characteristic
电抗调制 reactance modulation
电抗调制器 reactance modulator
电抗铁(心) reactive iron
电抗图 reactance chart
电抗网络 reactance network
电抗稳定振荡器 reactance stabilized oscillator
电抗系数测量计 reactive factor meter
电抗线圈 impedance coil; reactance coil; reactive coil; reactor
电抗线圈起动式电动机 reactor start motor
电抗线圈中点接地系统 reactor grounded neutral system
电抗效应 reactive effect
电抗谐振指示器 reactance resonance indicator
电抗性的 reactive
电抗性电流 quadrature component; quadrature current; reactive current; wattless current
电抗性电压 reactive voltage
电抗性分量 reactive component
电抗性伏安 volt-ampere reactive
电抗性负载 imaginary load(ing); reactive load
电抗性衰减器 reactive attenuator
电抗因数 reactance factor
电抗元件 ohm unit; reactance component; reactance element; reactive element
电抗源 reactive source
电烤炉 electric(al) baking oven; electric(al) roaster(oven)
电烤面包炉 electric(al) toaster
电烤箱 electric(al) cooker; electric(al) oven; roaster
电可编程序只读存储器 electrically programmable read only memory
电可擦编程只读存储器 electrically erasable programmable read-only memory
电刻 electroetching; electrograving
电刻版 glyphograph
电刻机 electric(al) engraving machine
电刻器 electrograph
电刻筛 electroformed sieve
电刻术 electroengraving; electrography; glyphography
电刻物 electroengraving
电空臂板信号机【铁】electric(al) pneumatic semaphore signal; electropneumatic semaphore; power-operated semaphore
电空操纵 electropneumatic operation
电空操作 electropneumatic operation
电空常用制动 electropneumatic service brake
电空车辆缓行器 electropneumatic car retarder
电空车辆缓行器装置 electropneumatic car retarder installation
电空车辆减速器 electropneumatic car retarder
电空车辆减速器装置 electropneumatic car retarder installation
电空传动 electropneumatic drive
电空传送设备 electropneumatic conveyer[conveyor]
电空道岔 power-operated points; power-operated switch
电空阀 electric(al) pneumatic valve; electropneumatic valve
电空混合制动 blended electrodynamic(al) brake; blended electropneumatic brake
电空集中联锁 electropneumatic interlocking
电空集中联锁机 electropneumatic interlocking machine
电空继电器 electropneumatic relay
电空接触器 electropneumatic contactor
电空紧急制动 electropneumatic emergency brake
电空开关 electropneumatic switch
电空控制 electropneumatic control
电空联锁 electropneumatic interlocking; power signal(l)ing installation
电空联锁机 electropneumatic interlocking machine
电空气加热器 electric(al) air heater
电空气转辙机 electropneumatic switch machine
电空驱动 electropneumatic drive
电空设备 etectropneumatic plant
电空调速器 electropneumatic governor
电空凸轮组机构 electropneumatic cam-group mechanism
电空系统 electropneumatic system
电空信号机【铁】electrogas signal; electropneumatic signal
电空信号机构 electropneumatic signal motor
电空信号楼 electropneumatic signal box
电空制 electropneumatic system
电空制动 electric(al) braking; electropneumatic brake
电空制动电路 electropneumatic brake circuit
电空制动机 electropneumatic brake
电空制动联结器 electropneumatic braking connector
电空制动主控制器 electropneumatic master controller
电空转辙电路控制器 electropneumatic point circuit controller; electropneumatic switch circuit controller
电空转辙回路管制器 electropneumatic point circuit controller; electropneumatic switch circuit controller
电空转辙机 electropneumatic point machine; electropneumatic point motor; electropneumatic switch operating machine
电空转辙器 electropneumatic switch operating apparatus
电空(作业单)传送设备 electropneumatic transmitting equipment
电控报时器 chronopher
电控测距仪 electric(al) telemeter
电控电缆 electric(al) control cable
电控光散射陶瓷 electric(al) control photo-scattered ceramics
电控光散射效应 electrooptic(al) scattering effect
电控光双折射效应 electrooptic(al) birefraction effect
电控光致发光 electrophoto-fluorescence; electrophotoluminescence
电控烘干机 electric(al) control dryer
电控机械解扣装置 electrically controlled mechanical trip device
电控机械撞击装置 electrically controlled mechanical trip device
电控加热发光 electrothermoluminescence
电控卷扬机 electric(al)-controlled hoist
电控拉窗帘机 electrically operated curtain drawing device
电控雷管 electric(al) detonator
电控气压的 pneutronic
电控设备 control panel
电控双折射效应 electrooptic(al) birefringent effect
电控锁铰链 electric(al) hinge
电控停止信号机 electrically operated stop semaphores
电控图像显示 electrically-controlled image display
电控微喷射印花机 chromotronic microjet printing machine
电控箱 electric(al) cabinet; electric(al) control box
电控延迟雷管 electric(al) delay blasting cap
电控阴极 electrocathode
电控引爆器 electroexplosive
电控制 all-electric(al) control; electric(al) control
电控制的 electric(al)-controlled; electrically controlled
电控制的气闸 pneumatic brake with electric(al) control; pneumatic with electric(al) control brake
电控制盘 electric(al) control panel
电控制器 electric(al) controller
电控重力 electrogravity
电控自动方式 electromatic
电快锯 electric(al) quick saw
电矿铲用直流电机 direct current machine for electric(al) mining shovel

电矿灯 electric(al) safety lamp
电扩散 electrodiffusion
电喇叭 dynamic (al) loudspeaker; klaxon; loud-hailer
电喇叭继电器 electric (al) horn breaker; electric(al) horn relay
电喇叭装置 klaxon device
电缆 cable; cable-electrical; conductor cable; electric (al) cable; electric(al) conductor; electricity cable; power current cable; wire cable
电缆安装 installation of cable
电缆安装工程 cable installation works; cable works
电缆鞍 cable saddle
电缆暗沟 cable conduit; cable duct
电缆暗渠 cable trough
电缆拔钳 cable nippers
电缆绑结 cable stitching
电缆包编机 cable covering machine
电缆包皮 cable cover (ing); cable sheathing
电缆包皮层 cable sheath
电缆包皮压力机 cable covering press
电缆包铅皮机 lead cable press
电缆包铅压机 lead cable press
电缆包装纸 cable wrapping paper
电缆保护管 cable protection pipe
电缆保护套管 cable pipe
电缆保护系统 cable protection system
电缆编接 cable splicing
电缆标杆 cable beacon
电缆标(记) cable mark(er)
电缆标记用纸 cable marking paper
电缆标石 cable marking stake; marking stake
电缆标志 cable mark(er)
电缆标志锌线 cable tracer
电缆表面穿孔器 cable boring tool
电缆并捻 cabling
电缆布线板 cable form
电缆布线表 cable running list
电缆布线规范 cabling specification
电缆舱 cable tank
电缆槽 cable channel; cable chute; cable conduit; cable duct; cable gutter; cable pit; cable tank; cable tray; cable trench; cableway; electric(al) conduit; electric (al) cord; multiple way cable duct; trench duct; trough; underground conduit; wireway
电缆槽路 troughing
电缆测井 wire-line log
电缆测试器 cable tester; cable testing set
电缆插口 cable socket
电缆插头 amphenol plug; cable head plug; cable head receptacle
电缆插销 amphenol connector; cable connector
电缆差动保护 cable differential protection
电缆长度 drum length of cable
电缆长度变换器 cable length switch
电缆长度均衡器 cable length equalizer
电缆长度转换开关 cable length switch
电缆厂 cable factory; cable plant; cable works
电缆车 cable car; reel carriage
电缆承口 cable socket
电缆充气维护设备 cable gas-feeding equipment
电缆重编接 cable resplicing
电缆出口 cable outlet
电缆穿过管道用的润滑剂 cable pulling compound
电缆穿孔 cable puncture
电缆传送机 cable sender
电缆船 cable vessel
电缆垂度 sag of cable
电缆垂度调节开关 cable slackening switch
电缆瓷套 porcelain shell for cable
电缆刀 cable knife; stripper knife
电缆导管 cable conduit; cable duct(tube); electric(al) cable conduit
电缆导轮 cable roller
电缆导向器 cable guide
电缆导向装置 cable guiding device
电缆道 cable channel
电缆的包扎 dressing of wires
电缆(的保护)包皮 cable sheath
电缆的编织外皮 braiding
电缆的出厂长度 shipping length
电缆的电蚀 electrolysis of the cable
电缆的吊线 guy wire
电缆的管孔 cable duct
电缆的铠装 armature of cable
电缆的输入管道 cable shield
电缆的输入套管 cable shield
电缆的直流测试 direct current testing of cables
电缆登记卡 cable record
电缆底盘接插件 cable-to-chassis connector
电缆地下管道 cable subway; trench duct
电缆地下室 underground distribution chamber; cable vault
电缆电路 cable circuit
电缆电容 cable capacitance; electric(al) cable capacitance
电缆电视 cable television; community antenna television
电缆电线间隔 cable bay
电缆电影 cable film
电缆吊车 telpher
电缆吊钩 cable sling
电缆吊架 cable dropper; cable hanger; cable suspender; stay clamp
电缆吊筐 cable basket
电缆吊篮 cable basket
电缆吊绳 messenger
电缆吊索 hanger cable
电缆吊索夹板 lip
电缆吊线夹板 cantilever
电缆钉 cable pin
电缆堵头 ca(u)lking
电缆端 cut cable
电缆端不固定 ends free
电缆端固定 ends fixed
电缆端接盒 cable end connecter
电缆端接架 cable terminal raceway
电缆端套 cable pot-head
电缆端套管 cable lead
电缆端头 cable socket
电缆段 cable piece; cut cable
电缆断裂 cable breaking
电缆断路器 cable release
电缆对绞 pair
电缆对群 cable complement
电缆防电蚀用的铅条 bonding stripe
电缆房 cable house
电缆放线车 cable drum carriage; wheeled cable drum carriage
电缆放线盘 paying out drum
电缆放线轴 paying out reel
电缆分编 cable forming
电缆分布室 cable spreading room
电缆分布中心 cable distribution center
电缆分叉点 cable branching point
电缆分盒线 cable termination
电缆分接箱 cable tapping box
电缆分线 cable branch(ing)
电缆分线杆 cable pole
电缆分线盒 cable distribution box; cable distribution head; cable head; cable hut; cable terminal; splice box; splicing box
电缆分线架 cable support rack
电缆分线箱 cable branch box; cable distribution box; cable distribution head; cable dividing box; cable hut; end box; feeder box; splice[splicing] box; test hunting; transfer box
电缆分支 cable branch(ing)
电缆分支套管 lead sleeve joint
电缆封端 sealed end; sealing encoder of cable; stop end
电缆封头 gland
电缆敷设 cable laying; cable placing; cable running; installation of cable; laying of cables
电缆敷设长度 <以公里计> cable kilometer
电缆敷设车 cable laying truck; cable laying vehicle
电缆敷设船 cable layer ship; cable (laying) ship; telegraph ship
电缆敷设工 rope runner
电缆敷设机 cable layer; cable plow unit
电缆敷设架 cable shelf
电缆敷设图 cable layout; cabling diagram
电缆敷设线路 cable run line
电缆浮标 cable buoy; telegraph buoy
电缆浮力 streamer buoyancy
电缆负载 cable load
电缆干扰 cable noise
电缆杆 cable pole
电缆钢带铠装剥切刀 cable armo(u)r cutter
电缆膏 cable compound; sealing compound
电缆隔离器 cable isolator
电缆隔离用混合物 electric(al) filling compound
电缆工程 cable works
电缆工程车 cable working vehicle
电缆工程及配套材料 cable engineering and fittings
电缆功率因数 cable power factor
电缆供电 power supply through cable
电缆沟 cable chute; cable conduit; cable pit; cable trench; cable trough; cable tunnel; cableway; electric(al) conduit; electric (al) trench; trench duct; underground conduit
电缆沟壁板 tucking board
电缆沟槽 electric(al) conduit trench; electric(al) trough; cable channel
电缆沟的壁板 poling board
电缆沟盖 cable cover(ing)
电缆箍圈 cable hook
电缆故障 cable fault
电缆故障测定仪 cable fault finder
电缆故障测验桥 cable testing bridge
电缆故障定位仪 cable fault locator
电缆故障检测电感线圈 telefault
电缆故障检测器 cable fault detector; electrode cable detector
电缆故障检验器 cable tracer
电缆故障探测器 cable fault detector; electrode cable detector
电缆故障寻找器 silvertoun
电缆故障指示器 cable fault indicator
电缆挂钩 cable clamp; cable clip; cable dropper; cable hanger; cable suspender; wire hanger; cable hook
电缆管 cable channel; race track
电缆管道 cable channel; cable culvert; cable pipe; cable piping; cable subway; cable trough; cable trunk; cableway; conduit; culvert; duct line; duct run; electric(al) conduit; electric(al) duct; electric (al) raceway; troughing; cable conduit; raceway; cable duct; cableway; conductor pipe <外海钻探平台与岸之间的>
电缆管道的管孔 ways
电缆管道分岔盒 conduit box
电缆管道分岔孔 conduit box
电缆管道沟 cable and pipe trench
电缆管道连接 conduit coupling
电缆管道路线 conduit run
电缆管道清洁器 duct cleaner
电缆管道人孔 cable manhole; junction manhole; splicing chamber
电缆管道挖沟机 cable piping excavator
电缆管道挖掘机 cable trench digger
电缆管道用刷 shovel for cleaning-out pipes
电缆管块 terminal block
电缆广播 cablecast
电缆规格 cable specification
电缆滚筒 cable drum
电缆涵洞 cable duct; cable tunnel; cable culvert
电缆号码 cable number
电缆合线 cabling
电缆和干线简图 cable-and-trunk schematic
电缆和管沟 cable and pipe trench
电缆盒 cable box; cable sleeve
电缆护层 cable sheath
电缆护皮 cable sheath
电缆护套 cable cover(ing); cable jacket; cable shield; cable sheath (bond) <通地的>
电缆滑润油 cable lubricant
电缆黄麻包皮 jute
电缆黄麻包皮线 jute yarn
电缆回波 cable echo
电缆汇接室 feeder box; switch cabin
电缆击穿 cable breakdown; cable puncture
电缆基础层 cable basement
电缆及附件 cable and accessory
电缆级滑石 cable-grade talc
电缆记号探测器 cable mark detector
电缆继电器 cable relay
电缆夹 cable clamp; cable grip(per)
电缆夹层 cable interlayer
电缆夹钢丝绳锚固台 cable anchorage pier
电缆夹钢丝绳锚固支墩 cable anchorage pier
电缆夹钢丝绳锚固支柱 cable anchorage pier
电缆夹具 cable cleat
电缆夹头 cable clip; welding connector
电缆架 cable stand
电缆架线两用电机车 reel-and-cable trolley locomotive
电缆间串扰 intercable crosstalk
电缆监控器 cable monitor
电缆剪 cable cutter
电缆剪刀 cable shears
电缆检测设备 cable detecting device
电缆检查 cable check
电缆检验器 cable detector; cable tracer
电缆交换箱 distributing[distribution] box
电缆交接点 cable distribution point
电缆交接箱 cable distribution box; cable dummy section; cable joint box; cross connecting box; section box; jointing chamber <带有保险丝的>
电缆交织 interlacing of wires
电缆胶 cable gum
电缆胶漆 cable lac

电缆绞车 cable reel; cable winch
电缆绞距 cable lay
电缆绞轮 cable sheave
电缆绞盘 cable hoist; cable winding drum
电缆矫正 cable compensation
电缆校正 cable correction
电缆校正放大器 cable calibration amplifier
电缆校正装置 cable correction unit
电缆接合 wire bonding
电缆接头 amphenol connector; cable bond; cable (end) connector [connecter]; cable joint; cable splice; cable terminal; connector cable; electric (al) cable connector; thimble; cable head
电缆接头加感 splice loading
电缆接头套管 joint coupling of cable; cable sleeve
电缆接头箱 cable-joint protection box
电缆接线板 cable connection panel
电缆接线盒 bootleg; cable coupling box; joint box
电缆接线环 cable socket
电缆接线头 cable lug
电缆接线箱 cable coupling box; cable joint box; joint box; junction box
电缆接线箱端子 sealed chamber terminal
电缆接线罩 cover for cable connection
电缆接线座 cable socket
电缆结构 cable make-up; construction of cable
电缆金属包皮 metallic sheath
电缆紧固件 cable fastenings
电缆进线盒 cable entry
电缆进线室 cable vault
电缆浸渍剂 cable saturant
电缆井 cable pit
电缆卷 coil of cable
电缆卷紧装置 cable tyre
电缆卷盘架 cable drum jack
电缆卷筒 cable drum; cable jack; cable reel; winding reel
电缆卷筒挂车 cable drum trailer
电缆卷筒拖车 cable drum trailer
电缆卷扬机 cable winch
电缆卷轴架 cable reel jack
电缆绝缘 cable insulation
电缆绝缘胶 cable compound
电缆绝缘纸 cable insulating paper; cable isolating paper; cable paper
电缆均衡放大器 cable-equalizing amplifier; cable equalizer
电缆均衡器 cable equalizer
电缆卡 strain relief clamp
电缆卡钉 cable clip
电缆卡子 strain relief clamp
电缆铠层剥割刀 cable armo(u)r cutter
电缆铠甲或铅壳的连接 bonding
电缆铠装 armature; cable armo(u)r(ing); cable sheath
电缆铠装衬垫 bedding
电缆控制 cable control
电缆扣 cable grip
电缆拉力计 cable tensiometer
电缆拉入坑 draw-in pit
电缆拉入系统 draw-in system
电缆蜡 cable wax
电缆廊道 cable gallery; cable tunnel
电缆类型 cable type
电缆立管 cable riser; electric(al) cable riser
电缆连接 cable connection
电缆连接插头 cable connecting plug
电缆连接盒 cable connector
电缆连接盒盖 joint-box cover
电缆连接卡头 cable clamp collar
电缆连接器 amphenol connector; cable bond; cable connector; cable coupler; continuity cable bond
电缆连接套管 cable sleeve; coupling box
电缆连接图 cabling diagram
电缆连接箱端子 terminal of a cable linking box
电缆连接装置 cable connector cable wax
电缆连续性测试 cable continuity test
电缆联结 cable splicing
电缆联结器 cable coupler
电缆联结箱 box splice
电缆联结装置 cable coupler
电缆灵敏度 streamer sensibility
电缆硫化器 cable vulcanizer
电缆路径测试仪 cable line tester
电缆轮 cable pulley; cable reel
电缆罗盘 cable compass
电缆码 cable code
电缆埋入式顶棚系统 electric(al) radiant ceiling system
电缆埋设 cable reel car
电缆埋设机 cable layer
电缆埋设犁 cable plough
电缆埋设潜水器 cable burying vehicle
电缆锚 cable anchor
电缆密封剂 aquaseal
电缆密封接头 sealing union for cable
电缆模板 cable fan; cable form; lacing board
电缆内套 bedding sheath; cable cover(ing)
电缆扭节 knuckling
电缆扭结 knuckling
电缆盘 cable coil; cable drum; cable reel; hank of cable
电缆盘挂车 cable winding cart; reel carriage
电缆盘千斤顶 cable jack
电缆盘拖车 cable cart; reel carriage; cable trailer
电缆配件 cable fitting
电缆配件箱 cable switching box
电缆配线层 test hunting
电缆配线房 cable hut; switch cabin
电缆配线管道 distributing channel
电缆配线架 cable distributor
电缆配线卡 cable assignment record
电缆配线图 cable layout
电缆偏差均衡器 cable deviation equalizer
电缆拼接 cable splice
电缆平衡盘 cable balancing panel
电缆平衡箱 cable balancing box
电缆平面图 cable plan
电缆屏蔽 cable shielding
电缆破铅皮刀 cable cover lead cutter
电缆铺设 cable laying; cabling
电缆铺设车 reel truck
电缆漆 cable lacquer
电缆气门标石 gas valve marking stake
电缆牵引垫棍 duct rod; sweep's rod
电缆牵引线 drawing-in wire; fish wire
电缆铅包皮 lead cable sheath
电缆铅包皮压力机 lead cable press
电缆铅工 splicer
电缆铅皮 lead covering
电缆铅皮钳 cable pliers
电缆铅皮中的电流 sheath current
电缆钳 cable grip; cable nippers
电缆钳子 cable nippers
电缆切断器 cable cutter
电缆(清)漆 cable varnish
电缆圈 cable ring
电缆群 bunched cable
电缆人孔 cable chamber
电缆入口 cable entry; cable inlet
电缆软管夹托架 cable hose clamp bracket
电缆色谱 cable colo(u)r code
电缆纱线 cable yarn
电缆设计图 cable assignment record
电缆深度指示器 cable depth indicator
电缆式地层测试器 wire-line formation tester
电缆式电机车 cable reel locomotive; reel-and-cable locomotive
电缆式供电 cable supply
电缆式井壁取芯器 wire-line sidewall corer
电缆事故检查器 cable fault search set
电缆试线用触针 pricker
电缆试验 cable testing
电缆室 cable chamber
电缆释放装置 cable release
电缆收放机 cable picking and laying machine
电缆输入插头 cable input plug
电缆束 bunch of cables; cluster of electric(al) cables
电缆(竖)井 cable shaft
电缆说明书 cable record
电缆隧道 cable subway; cable tunnel
电缆隧洞 cable tunnel
电缆损耗 cable loss
电缆损伤 cable fault
电缆索 cluster of electric(al) cables
电缆索套筒 cable locking sleeve
电缆锁套筒 cable locking sleeve
电缆塔 pylon
电缆胎 cable tire[tyre]
电缆探伤仪 cable flaw detector
电缆陶套壳 clay cable cover
电缆套 cable joint box; cable shroud; cable tile; junction box; sealing box; cable jacket; cable sheath
电缆套管 cable box; cable conduit; cable end connecter; cable shoe; electric(al) cable conduit; electric(al) wire conduit; splice box
电缆套管填充剂 joint-box compound
电缆套管位置 splice position
电缆套子 cable sheathing
电缆填充线 cable filler yarn
电缆填料 cable filler; cable filling compound
电缆填料涵 <通过船体外板和隔板处的装置> cable hull fittings
电缆调制解调器【计】cable modem
电缆铁道 cable railway
电缆铁盒 iron clad
电缆铁路 telpher railroad; telpher railway
电缆铁塔 cable pylon; pylon
电缆通道 cable conduit; cable trench; cable trough; cableway; electric(al) conduit; trench duct; underground conduit
电缆通信[讯] cable communication
电缆筒 cable collector drum; cable drum; cable reel
电缆头 pot head
电缆涂层 layer of wire
电缆涂料 wire enamel
电缆托架 cable bracket; cable rack; cable tray
电缆瓦管 cable tile
电缆外包层 serving
电缆外编织层 outer screen
电缆外层 wire covering
电缆外护层胶 cable cover(ing)
电缆外壳 cable jacket
电缆外皮 cable sheath; serving of cable
电缆外皮(感应)涡流电路 sheath-circuit eddy
电缆网 cable network; cable system
电缆网路分布区 mesh of cable network
电缆网络 cable network
电缆网套 basket grip
电缆尾 cable tail
电缆系列 family of cables
电缆系统 cable system
电缆匣式护套 cable trunking
电缆线 cable conductor
电缆线股 cable strand
电缆线夹 cable clamp
电缆线卡 cable clip
电缆线路 cable line; cable run; cabling; cable way
电缆线路差动保护 differential protection for cable line
电缆线路敷设 cable installation
电缆线路勘查 survey of cable route
电缆限制器 cable restraint
电缆箱 cable box; cable tank
电缆小车 cable trolley
电缆小车钢丝绳缓冲装置 buffer of cable trolley wire
电缆芯 cable core; core of cable
电缆芯对绞 pairing
电缆芯线 cable conductor; cable core; cable wire; core wire
电缆芯线编号 numbering of cable conductors
电缆芯线对 cable pairs
电缆芯线对号 identify wires
电缆芯线束 core
电缆悬挂线 cable suspension wire
电缆悬挂装置 cable hanging unit
电缆悬线架 cable suspension wire
电缆延迟 cable delay
电缆摇荡 cable dancing
电缆引出口 breakout
电缆引导管 cable guide
电缆引导器 cage-cable-guide cable
电缆引入分线箱的管道 joint box channel
电缆引入架 cable support rack
电缆引入井 cable shaft
电缆引线 cable tail
电缆用电流互感器 cable current transformer
电缆用多管板 multitubular slab for cable
电缆油 cable compound; cable oil
电缆油膏 cable compound
电缆与架空线的汇接点 cable distribution point
电缆运输车 cable transporting truck; cable transporting vehicle
电缆运输装置 telpherage
电缆噪声 cable noise
电缆占用率 cable fill
电缆障碍检验器 electrode cable detector
电缆振动 strum
电缆支承结构 cable tray structure
电缆支架 cable bearer; cable hanger; cable holder; cable shelf; cable support
电缆支架预埋固定管 steady tube for cable support
电缆脂 cable grease
电缆直接敷设 direct laying
电缆直流测试 DC testing of canes
电缆制造 cable manufacture
电缆终端 cable lug; cable termination; cable terminal
电缆终端盒 cable head; cable terminal box
电缆终端盒瓷套 porcelain shell for

cable terminal box
电缆终端接头 cable head;tag
电缆终端器 cable terminator
电缆终端设备 cable terminating equipment; cabling termination equipment
电缆终端套管 cable lug;cable shoe; gate end box; pot head; jointing sleeve;sealing chamber
电缆终端箱 cable head;cable terminal box;cable terminal section
电缆轴 cable pulley
电缆轴摇把 cable grip
电缆柱 cable post
电缆转换箱 cable change-over box
电缆转接架 cable terminal rack
电缆转盘台 cable drum table
电缆转弯的曲率半径与平均直径之比 ratio of lay
电缆装配附件 cable fitting
电缆装配接头 cable fitting
电缆装置 cable unit
电缆锥形尾端 end bell
电缆自动测试器 automatic cable tester
电缆走线槽 cable trough
电缆走线架 cable trough;troughing
电缆组件 cable assembly
电缆坐放 electric(al)setting
电缆坐封封隔器 electric(al)line set packer
电烙 electric(al)soldering
电烙焊工具 electric(al)soldering appliance
电烙器 electrocautery; galvanocautery
电烙设备 electrocautery apparatus
电烙术 electric(al)cautery;electrocauterization; electrocautery; galvanocautery
电烙铁 copper bit;electric(al)iron; electric(al)solder(ing)bolt;soldering bolt;soldering gun
电烙铁螺杆 electric(al)soldering bolt
电烙铁头 electric(al)soldering bit
电烙装置 cautery unit
电雷管 electric(al)blasting cap;electric(al)detonation;electric(al)detonator;electric(al)exploder;electric(al) power fuse; electric(al) primer;vibrocap
电雷管导线 detonator wire
电雷管脚线长度 length of leg wire of electric(al)detonator
电雷管起爆 electric(al)detonator initiation
电雷管起爆法 electric(al)detonator firing
电冷却器 electric(al)feed cooler
电冷饮料装置 electric(al)drink cooling apparatus
电离 ionize;ionizing
电离比值 specific ionization
电离补偿法 ionization compensation method
电离测定池 ionization cell
电离测量 ionization measurement
电离层 ionisation[ionization] layer;ionized layer; ionized stratum; ionizing coating;ionosphere;ionospheric layer; layer ionization; radio atmosphere
电离层暴 ionospheric storm
电离层波 ionospheric wave
电离层不均匀体 ionospheric irregularities
电离层传播 ionospheric propagation
电离层传播突然扰动 ionospheric propagation sudden disturbance
电离层传播途径误差 ionospheric path error
电离层传播误差 ionospheric propagation error
电离层传输 ionospheric transmission
电离层电波传播 ionospheric radio propagation
电离层顶 ionopause
电离层反射 ionospheric reflection
电离层反射波 indirect wave;ionospheric wave; sky wave; indirect ray;ionospheric ray;reflected ray; reflected wave;sky ray
电离层干扰 ionospheric disturbance
电离层高度表 ion altimeter
电离层高度误差 ionospheric height error
电离层观测卫星 ionospheric sounding satellite
电离层回波效应 quick effect
电离层记录器 ionospheric recorder
电离层记录设备 ionospheric recording equipment
电离层交叉调制 ionospheric cross modulation
电离层控制点 ionospheric control points
电离层连续反射传播 hop propagation
电离层漂移 ionospheric drift
电离层区 ionospheric region
电离层扰动 ionospheric disturbance
电离层散射 ionosphere scatter(ing); ionospheric scatter(ing)
电离层散射传播 ionospheric scatter propagation
电离层散射通信[讯]系统 ionosphere scatter communication system
电离层骚扰 ionospheric disturbance; ionospheric storm
电离层闪烁 ionospheric scintillation
电离层食 ionospheric eclipse
电离层探测器 ionosonde;topside sounder
电离层探测卫星 ionospheric sounding satellite
电离层探测装置 ionosonde
电离层探针 ionospheric probe
电离层特性 ionospheric behavio(u)r
电离层突然扰动 sudden ionospheric disturbance
电离层突然骚扰 sudden ionospheric disturbance
电离层卫星 ionospheric satellite
电离层无线电传播 ionospheric radio propagation
电离层误差 ionosphere error;sky error
电离层吸收 ionospheric absorption
电离层吸收测定器 relative ionospheric opacity meter;riometer
电离层下面的大气层区域 neutrosphere
电离层相对不透明度计 relative ionospheric opacity meter;riometer
电离层效应 ionospheric effect
电离层行程误差 ionospheric path error
电离层预报 ionospheric forecast
电离层折射 ionospheric refraction
电离层折射改正 ionospheric refraction correction
电离层折射归正 ionospheric refraction correction
电离层折射校正 ionospheric refraction correction
电离层中的急流 electrojet
电离层组织 ionospheric composition
电离常数 dissociation constant;ionization constant
电离磁合器 magnetic clutch
电离的 ionized;ionogemi
电离点 ionization point
电离电极 ionization electrode;ionizing electrode
电离电流 ionization current
电离电流平均值 ionization current average value
电离电势 ionic potential;ionization potential
电离电位 ionization potential
电离电压 ionization voltage
电离度 degree of ionization;ionicity; ionizability;ionization degree
电离镀膜 ion plating film
电离反应 ionization reaction
电离放大 gas magnification
电离辐射 ionization radiation;ionizing radiation
电离辐射探测器 ionizing radiation detector
电离钙 H 线 H line
电离概率 probability of ionization
电离干扰 ionization interference
电离感烟探测器 ionization smoke detector
电离管 ionic valve
电离规管 ionization ga(u)ge
电离过程 ionization process
电离合成过程 electroionization process
电离合器 electric(al)clutch
电离核辐射测量仪 ionizing nuclear radiation meter
电离化学干扰 ionization chemical interference
电离火警警报器 ionization fire alarm
电离击穿 ionization puncture
电离级 ionization level;stage of ionization
电离计数管 ionization counter
电离计数器 ion counter; ionization counter
电离技术 ionization technique
电离技术储运 transport and storage by ion technique
电离剂 ionizer
电离继电器 gas-discharge relay
电离检测器 ionization detector
电离截面 ionization cross section
电离截面控测器 ionization cross section detector
电离解作用 electrodialysis; electrodissociation; electrolytic dissociation
电离介质 ionization medium
电离离解 ionic dissociation
电离理论 theory of electrolytic dissociation;theory of ionization
电离粒子团束外延 ionized-cluster beam epitaxy
电离裂变室 ionization fission chamber
电离率 ionization yield
电离脉冲 ionization pulse
电离密度 ionization density
电离能量 ionisation[ionization] energy;ionizing energy
电离碰撞 ionizing collision
电离平衡 ionization equilibrium
电离谱仪 ionization spectrometer
电离气体 ionized gas; electroionization gas
电离气体激光器 ionized gas laser
电离气体探测器 ionized gas detector
电离器 ionizer
电离牵引调度员 electric(al)railway controller
电离强度测量计 ionization meter
电离氢凝聚区 hydrogen ionization condensation region
电离倾向 ionization tendency
电离区域 ionization space
电离曲线 ionization curve
电离圈 ionosphere
电离热 heat of ionization;ionization heat
电离溶液 ionization solution
电离色谱测量 ionization chromatographic determination
电离闪络 ionization arc-over
电离闪现 burst of ionization
电离时间 ionization time
电离式辐射剂量计 ionization dosemeter
电离式火警探测器 ionization fire detector
电离式真空计 vacuum ionization ga(u)ge
电离室 ion chamber;ionization chamber
电离室法 ionization chamber method
电离室射气仪 ionization chamber type emanation apparatus
电离室型辐射控测器 ionization chamber detector
电离室型探测器 ion-chamber detector
电离数 number of ionization
电离速度 ionization rate
电离损失 ionization loss
电离损失比 specific ionization loss
电离态 state of ionization
电离探测器 ionization detector
电离特性曲线 ionization characteristic
电离调制 ionic modulation
电离图 ionogram
电离温度 ionization temperature
电离系数 ionization coefficient
电离隙 ionization gap
电离箱 ionic chamber;ionization chamber
电离效率 ionizing efficiency
电离效应 ionization effect; ionizing effect
电离型集尘器 ionizing precipitator
电离性 ionicity
电离序 ionization series
电离压力表 ion meter
电离压力计 ionization manometer; ion(ization)ga(u)ge
电离压力计探测器 ionization ga(u)ge detector
电离延迟 ionization delay
电离真空规 ionization vacuum ga(u)ge;thermionic ionization ga(u)ge
电离真空计 electrodissociationary vacuum-ga(u)ge;ion(ization)(vacuum) ga(u)ge
电离真空压力计 vacuum ionization manometer
电离质 ionogen
电离装置 ionization device
电离状态 ionized state
电离子透入疗法 iontophoresis
电离子性 ionicity
电离作用 electrodissociation;electroionization; electrolytic dissociation; ionization; ionizing event; ionization effect;ionizing effect
电犁 electric(al)plow
电篱笆 electric(al)fence
电力 electric(al)power;electric(al) force
电力安全开关 protective equipment
电力搬运车 accumulator car;electric(al)truck
电力保持位 <停车时容许再充气但保持制动> electric(al)holding position
电力保护 power protection
电力保护继电器 electric(al)protection relay

D

电力保护装置 electric(al) protective device
电力保险丝 power fuse
电力报装费 electric(al) power application and installation charge
电力爆破 electric(al) blasting
电力泵 electric(al) pump
电力变电所 electric(al) power station
电力变速 electric(al) gearshift
电力变压器 power transformer
电力变阻器 power rheostat
电力表 dynamometer instrument; indicating wattmeter; watt-meter; electrodynamic wattmeter
电力补胎机 electric(al) vulcanizer
电力布线 electric(al) wiring
电力部长 minister of Power
电力部件 electric(al) element
电力部门 power sector
电力操纵防火灯 power-operated fire door
电力测电流计 electrodynamometer
电力测功计 electrodynamometer
电力测功器 electric(al) dynamometer
电力测功仪 dynamometer
电力测量 electric(al) survey
电力插座 power point; power receptacle
电力插座护板 power shirting
电力查勘 electric(al) survey
电力产生 generation of electricity
电力铲 electric(al) shovel
电力厂 electric(al) power plant
电力厂工人外套 power-house overall
电力厂工作帽 power-house shop cap
电力潮流 power flow; power load flow
电力车 electric(al)-powered car
电力沉淀 electric(al) precipitation
电力沉淀器 electric(al) precipitator; electroprecipitator
电力成本 electric(al) power cost
电力除霜器壳 electric(al) defroster shield
电力除锈 electroscaling
电力传动 electric(al) drive; electric(al) power transmission; power drive; power transmission; electric(al) transmission
电力传动柴油机车 diesel-electric(al)
电力传动柴油机列车组 diesel-electric(al) train-set
电力传动机车 motored locomotive
电力除尘器 electric(al) precipitator
电力传动流量计 electric(al) transmission current meter
电力传动系统 power transmission system
电力传动蒸汽机车 steam electric(al) locomotive
电力传动装置 electric(al) actuator
电力传输 electric(al) power transmission
电力传输继电器 power transfer relay
电力传输线 power transmission line
电力导火管 electric(al) squib
电力电感 power inductance
电力电缆 electric(al) power cable; power(supply) cable
电力电缆沟槽 electricity cable duct
电力电量平衡 electric(al) power and electric(al) energy balancing
电力电路 power circuit
电力电容器 power capacitor; power condenser
电力电阻 power resistance
电力电阻器 power resistor
电力调度 power dispatch
电力调度电话 power dispatching telephone
电力动车 electric(al) motor car; motorcar; electric(al) railcar; motor coach
电力动车列车 electric(al) railcar train
电力动车卧车 electric(al) railcar sleeper
电力端 power end
电力段 < 电气化铁路 > power district
电力断续器 electric(al) interrupter
电力堆垛机 electric(al) stacker
电力堆料机 electric(al) stacker
电力多组车辆 electric(al) multiple vehicles
电力多组动车 electric(al) multiple unit railcar
电力多组动车组 electric(al) multiple unit railcar set
电力多组机动有轨车 electric(al) multiple unit railcar
电力发爆线路 electric(al) blasting circuitry
电力发电机 power generator
电力发动 electric(al) drive; electric(al) starting
电力发展远景规划 long-term power development plant
电力纺 habotai; habutae
电力放炮机 blasting unit; electric(al) blasting unit
电力费 electricity expenses; power expenses
电力费率 power rate
电力分离器 electric(al) separator
电力分配 distribution of power; electric(al)(power) distribution
电力分析器 electric(al) analyser[analyzer]
电力浮标 electric buoy
电力浮标灯 electrically lighted buoy
电力负荷 electric(al) load(ing)
电力负荷需要 < 有增加的趋势 > load demand
电力负载 electric(al) load
电力复合光缆 composite power cable with optic(al) fibre[fiber]
电力干线 feeder cable
电力高速列车 < 英 > electric(al) high-speed train
电力隔离开关 power disconnecting switch
电力耕种 electric(al) ploughing
电力工程 electric(al) power project; power engineering; power project
电力工程处 electric(al) engineer's department
电力工程师 power engineer; Electric(al) Power Engineer < 月刊 >
电力工程师协会 < 英 > Electric(al) Power Engineers' Association
电力工程学 electric(al)(power) engineering
电力工具 electric(al) power tool
电力工区 < 自动闭塞信号区段 > power section
电力工业 electric(al)(power) industry; electric(al) utility industry; power industry
电力工业用卡车拖车 electric(al) industrial truck trailer
电力工业用汽车起重机 electric(al) industrial truck crane
电力工业用运货拖(挂)车 electric(al) industrial freight trailer
电力公司 electric(al) power company; power company
电力公用事业 electric(al) utility
电力供电电缆 power supply cable
电力供应 electric(al) power supply; electric(al) supply; electricity supply; supply of power
电力供应网络 utility grid
电力购买协议 power purchase agreement
电力故障 electric(al) fault; power failure
电力管 electric(al) power pipe
电力管道沟槽 electric(al) conduit trench
电力管线 wiring conduit line
电力管线网 wiring conduit network
电力惯性起动器 electric(al) inertia starter
电力灌溉 irrigation by electric(al) power
电力规划 power planning
电力轨道车辆 electric(al) railcar
电力机车 electric(al) locomotive; electric(al) power; electromotive; power car(t)
电力机车段 electric(al) locomotive terminal
电力机车司机 motor man
电力机械 electric(al) machinery; electrics
电力机械操作的手爪 electromechanically operated fingers
电力机械传动 electric(al) gear; electromechanical transmission
电力机械连锁装置 electromechanical interlocking device
电力机械联动设备 electromechanical interlocking machine
电力机械设备 electromechanical equipment
电力积分仪 electric(al) integraph
电力计划 power project
电力继电器 power relay
电力价格 power cost
电力价目表 electric(al) rate schedule
电力绞车 electric(al) winch
电力绞盘 electric(al) capstan
电力接触器 power contactor
电力金属喷镀器 electric(al) metal pulverizator
电力金属喷镀设备 electric(al) metal pulverizating device
电力警报器 electric(al) alarm
电力局 Bureau of Electric(al) Power
电力锯 electric(al) motor saw
电力卷扬机 electric(al) winch
电力绝缘 electric(al) insulation
电力开关 power circuit breaker; power switch
电力开关盘 power switchboard
电力开关站 switching plant
电力空气调速器 electropneumatic governor
电力控制 electric(al) control
电力控制的液压机组 power-control hydraulic units
电力控制阀 electric(al) control valve
电力控制机械 electric(al) steering machine
电力馈电 power feed
电力馈电线 power feeder
电力馈送方式 power feeding system
电力馈线 power feeder
电力冷水器 electric(al) water cooler
电力利用 electricity utilization
电力连锁装置 power interlocking device
电力联动机 electric(al) power drive
电力联锁机 electric(al) interlocking machine
电力路线 car track line
电力率 electric(al) power
电力摩托列车 electric(al) railcar train
电力摩托卧车 electric(al) railcar sleeper
电力排列器 electromechanical arrangement
电力抛光机 electric(al) polisher
电力配电盘 power panel board
电力配电箱 power distributing[distribution] panel
电力配置指示 departure cell
电力企业 power sector
电力启闭器 electric(al) operator
电力起爆法 electric(al) firing
电力起爆雷管 electric(al) blasting cap
电力起爆器 electric(al) detonator; push-down machine
电力起动 electric(al) cranking; electric(al) starting; electromotion
电力起动机 electric(al) starter motor
电力起动器 electric(al) starter
电力起动系统 electric(al) starting system
电力起重机 electric(al) crane; electric(al) hoist; electric(al) power lift; motor-operated crane
电力气动控制 electropneumatic control
电力气动致动器 electropneumatic actuator
电力气压控制的内燃电力机车 diesel-electric(al) locomotive with electropneumatic control
电力千瓦表 kilowatt-meter
电力千瓦计 kilowatt-meter
电力牵引 electric(al) propulsion; electric(al) traction
电力牵引车 electric(al) towing truck; electric(al) tractor
电力牵引单元 electric(al) tractive unit
电力牵引的 electrically driven
电力牵引干扰 electric(al) traction interference
电力牵引供电系统 electric(al) traction feeding system
电力牵引供电系统电源 power supply of electric(al) traction system
电力牵引机车 electric(al) locomotive
电力牵引系统 system of electric tractions; traction generator
电力牵引远动系统 electric(al) traction telemechanical system
电力牵引组合 electric(al) tractive unit
电力区划 areal division of power
电力驱动 electric(al) drive; electric(al) propulsion; power drive
电力驱动的 electrically powered; power-actuated; power-driven
电力驱动搅拌机 electrically driven mixer
电力驱动遮阳板 powered louver
电力缺乏 power outage
电力熔断器 power fuse
电力熔化 electric(al) hook-up
电力熔焦油器 electric(al) tar catcher
电力熔丝 power fuse
电力扫除器 < 工地用 > electric(al) cleaner
电力设备 electric(al) device; electric(al) equipment; electric(al) fixture; power equipment; utilization equipment
电力升降机 electric(al) elevator; electric(al)(power) lift
电力升降设备 electric(al) crane; motor-operated crane
电力升举载重汽车 electric(al) lift truck

电力升压器 electric(al) booster
电力生产 electric(al) generation; electric(al) production; electricity production; power generation; power production
电力生产成本 cost of power production
电力绳索牵引机 electric(al) cable towed plough
电力湿度计 electric(al) capacity moisture meter[metre]
电力式脉动器 electric(al) pulsator
电力事故 electric(al) power failure
电力试验仪器 electric(al) testing instrument
电力收费率 electricity tariff
电力输出 electric(al) outlet; electricity export
电力输入 electricity input
电力输送 electric(al) power transmission; power transmission; transmission of electrical energy
电力输送功率 power transmission efficiency
电力输送故障 power transmission failure
电力输送净空 electric(al) clearance
电力输送系统 electric(al) power transmission system; power transmission system
电力输送线 power main
电力输送线路 electric(al) power transmission lines
电力水压成型机 electroshape
电力锁定 electric(al) caging
电力锁紧 electric(al) interlocking
电力探查 electric(al) exploration
电力提升机 electric(al) hoist
电力调挡 electric(al) gearshift
电力调节器 electric(al) governor
电力调速系统 electric(al) governing system
电力铁道 electric(al) railroad; electric(al) railway
电力土壤改良 electromelioration
电力推进 electric(al) propulsion
电力推进船 electrically propelled ship; electric(al) ship
电力推进快艇 electric(al) boat
电力拖拉机 electric(al) tractor
电力脱焦油沉淀器 electric(al) detarring precipitator
电力网 electric(al) network; electricity grid; grid network; mains; network; power circuit; power grid; power network; power system
电力网保护 network protection
电力网布置 network layout
电力网电压 network voltage
电力网电压差 mains pressure differential
电力网电源 network supply
电力网二次侧配电系统 network secondary distribution system
电力网供电 mains electricity; mains power supply; network supply
电力网故障 network fault; system fault
电力网继电器 network relay
电力网接触器 network contactor
电力网接地装置 grounding of network
电力网控制 network control
电力网控制盘 network control board
电力网馈线 network feeder
电力网络馈电线 network feeder
电力网频率 mains frequency; power network frequency
电力网设计 network design
电力网损失 network loss
电力网图 network map
电力网稳定度 network stability
电力网系统 electric(al) power pool
电力网一次侧配电系统 network primary distribution system
电力网周率表 frequency-meter of network
电力稳定 electric(al) power stabilization
电力系统 electric(al) (power) system; grid network; power scheme; power supply system; power system
电力系统并联运行 power system parallel operation
电力系统并网 electric(al) system pooling
电力系统材料 material for electrical systems
电力系统的统筹 electric(al) system pooling
电力系统互连 interconnection of power system
电力系统解列 power system separation
电力系统联网 electric(al) system pooling
电力系统稳定器 power system stabilizer
电力系统自动化 automatic control on electric(al) power system
电力系统总功率 super-power
电力系统总容量 super-power
电力线 line of electric force
电力线干扰 power-line interference
电力线感应 power induction
电力线感应噪音 power induction noise
电力线管 tube of force
电力线(路) electric(al) flux line; electric(al) lines of force; electric(al) power line; electrolines; lines of electric(al) force; power line
电力线配件 power-line fittings
电力线载波 power-line carrier
电力线载波通信[讯] power-line carrier communication
电力线载波通信[讯]系统 power-line carrier communication system
电力线载波增音机 power-line carrier repeater
电力线噪声 power-line noise
电力消费者 electric(al) consumer
电力消耗量 electric(al) power consumption; power consumption
电力消散 electric(al) dissipation
电力信号装置【铁】power signal(l)ing installation
电力需量 power demand
电力需求 electricity requirement
电力需要量 power demand
电力选矿法 electric(al) separation method
电力延发爆破 electric(al) delay blasting
电力延发爆破雷管 electric(al) delay blasting cap
电力研究院 <美> Electric(al) Power Research Institute
电力遥测器 electric(al) telemeter
电力遥控 electric(al) remote control
电力遥控传动装置 electric(al) remote control gear; electric(al) telemotor
电力遥远控制 electric(al) remote control
电力液压继动阀 electrohydraulic servo valve
电力液压推杆制动器 electrohydraulic thrustor brake
电力液压遥控装置 electric(al) telemotor
电力液压制动器 electrohydraulic brake
电力仪表 electric(al) ga(u)ge
电力移动式起重机 electric(al) travel(l)ing crane
电力引入线 power lead
电力用户 power consumer
电力远动系统 electric(al) traction telemechanical system
电力运行 electric(al) operation
电力载波电话机 power carrier telephone
电力载波电话终端机 power-line carrier telephone terminal
电力再生制动 electric(al) regenerative braking; regenerative braking
电力闸 electric(al) brake
电力站 electric(al) power station
电力照明 electric(al) illumination; electric(al) lighting
电力振动器 electric(al) vibrator
电力震动滑槽 electrically vibrated chute
电力蒸汽机 electrodynamic(al) steam engine
电力蒸汽式消毒器 electric(al) steam sterilizer
电力蒸煮器 electric(al) cooker
电力整流器 power rectifier
电力直线布线图 straight-line wiring diagram
电力脂 electric(al) grease
电力制动 electric(al) braking; motor braking
电力制动单元 electric(al) braking unit
电力制动机 electric(al) brake
电力制动器 electric(al) brake; electromagnetic brake; power brake
电力制动组 electric(al) braking unit
电力中断 electric(al) power failure
电力主导轴 electric(al) capstan
电力主动轮 electric(al) capstan
电力贮存 power storage
电力柱 power pole
电力转动 power running; power slewing
电力转速计 electric(al) tach(e) ometer
电力装石机 electric(al) rock loader
电力装置 power installation
电力资源 power potential
电力自动车 electromobile
电力自动控制系统 electric(al) automatic control system
电力自动同步电动机 power selsyn motor
电力自动同步机 power selsyn
电力钻孔测量 electric(al) logging
电沥滤 electroleaching
电粒 electrochondria
电粒升泳 anaphoresis
电连接 electric(al) connection
电连接器 electric(al) connector
电连接线夹 electric(al) connecting clamp; feeder clamp
电联车 electric(al) multiple unit
电联动 electric(al) shaft; electrolinking
电联动机 electric(al) interlocking machine
电联锁的 electrical-interlocked
电联轴器 electric(al) clutch
电炼铁 electric(al) iron
电量 electric(al) quantity; quantity of electricity
电量比较器 electric(al) comparator
电量标准 electric(al) standard
电量表 coulombmeter; supply meter
电量测定法 coulometric method; coulometry
电量滴定 coulometric titration
电量法 electric(al) method
电量分析 coulometric analysis
电量分析法 coulometry; electric(al) capacity analysis
电量计 argentometer; coulom(b) meter; electricity meter; volta(m) meter
电量灵敏度 quantity sensitivity
电量膜电极系统 voltammetric membrane electrode system
电量热计 electrocalorimeter
电量热器 electric(al) calorimeter; electrocalorimeter
电疗 galvanism
电疗室 electrotherapy room
电疗浴缸 electric(al) treatment bath
电料 electric(al) materials and appliances
电裂 thunder shake
电磷化处理 electrogranodising
电铃 call bell; electric(al) bell; ringer; trembler(bell); trembling bell
电铃按钮 bell button; bell press; bell push
电铃变压器 bell(ringing) transformer
电铃布线 bell wiring
电铃测验 bell test
电铃锤 bell clapper
电铃电键 bell key
电铃动力学 electrofluid dynamics
电铃符号 bell code
电铃号码牌 call bell indicator
电铃号码箱 annunciator
电铃平按钮 electric(al) bell flat push button
电铃式导通试验 bell test
电铃式通路试验 bell test
电铃碗 gong
电铃线 bell wire
电铃线圈 ring coil
电铃箱 ringer box
电铃用变压器 bell transformer
电铃指示器 bell indicator
电零点 electric(al) null; electric(al) zero
电零位 electric(al) zero
电溜子链刮式运输机 scraping conveyer[conveyor]
电流 convection current; current; current flow; electric(al) current; electricity; galvanic current; galvanism
电流包层 current sheath
电流饱和 current saturation
电流保持接点 keep-alive contact
电流保护 galvanic protection
电流保护器 current protector
电流保护装置 current protection
电流倍增 current multiplication
电流倍增型 current multiplication type
电流倍增型晶体管 current multiplication type transistor
电流比 current ratio
电流比计 logometer
电流比继电器 current ratio relay
电流比较器 current comparator
电流比较式 current comparison system
电流比较仪 current comparator
电流比率计 ratiometer
电流比自动调节器 current ratio regulator
电流变换器 inverting ballast
电流变换系数 current ratio
电流变压器 current transformer
电流表 ammeter; ampere meter; current meter; electric(al) current meter[metre]; galvanometer; electro-

D

dynamic ammeter
电流表分流器 ammeter shunt
电流表用变量器 ammeter transformer
电流波 current wave
电流波动 current fluctuation; fluctuation of current
电流波腹 current anti-node; current loop
电流波腹界面 current loop interface
电流波激光器 current-wave laser
电流波节 current node
电流波形 current waveform
电流波形扩展器 current stretcher
电流补偿式接地远距继电器 current compensational ground distance relay
电流不足 undercurrent
电流操作的 current-operated
电流测定 amperometric determination
电流测定的参数 galvanometric property
电流测定法 galvanometry
电流测定方式 galvanometric system
电流测定仪 amperometric instrument
电流测功计 eddy current dynamometer
电流测量 current measurement
电流测膛压仪 drueckelement
电流参差逻辑电路 current hogging logic circuit
电流层 current sheet
电流差动保护 current differential relay
电流差动继电器 current differential relay
电流差动继电制 current differential relaying system
电流常数 current constant; galvanometer constant
电流畅通点 electric(al) free-point
电流超前的(负)载 leading load
电流秤 current(weigher) balance; electrodynamic(al) balance
电流重合法 current coincidence system
电流重合法存储器 coincident-current memory; coincident-current storage
电流重合选择法 coincident-current selection
电流抽运 current pumping
电流触发型 current-triggered type
电流触发性能指数 current trigger capability
电流传输比 current transfer ratio
电流错乱 current hogging
电流刀 current knife
电流导引 current steering
电流导引逻辑电路 current steering logic
电流倒向开关 current reverser
电流的 galvanic; voltaic <由化学作用产生的>
电流的方向 reversal of current; sense of current
电流滴定 amperometric titration
电流滴定法 amperometric titration method
电流滴定计 amperometric titrimeter
电流滴定器 amperometric titrator
电流滴定试验 amperometric titration test
电流电极 currency electrode
电流电极结构 amperometric electrode construction
电流电路 current circuit
电流电压变换器 current and voltage converter [convertor]; current-to-voltage converter[convertor]
电流电压表 ampere-voltage meter
电流电压对偶 current-voltage dual
电流电压曲线 current-voltage curve
电流电压特性 current-voltage characteristic
电流电压特性曲线 current-voltage characteristic curve
电流电压调节器 current-voltage regulator
电流端子 current terminal
电流短路 short-circuiting
电流断路 current interruption
电流断路度 breaking circuit
电流断路器 circuit breaker
电流断续器 current interrupter
电流额定值 current rating
电流额定值的下降 current derating
电流发光 galvanoluminescence
电流发生器 current generator
电流反动 reversal of current
电流反馈 current feedback
电流反馈电路 current feedback circuit
电流反馈放大器 current feedback amplifier
电流反流 reversal of current
电流反射镜 current mirror
电流反向 current reversal
电流反应装置 current sensing device
电流范围 current range
电流方向 current direction; direction of current; sense of current
电流方向继电器 current direction relay
电流方向转换器 reversing commutator
电流放大 current amplification; current multiplication
电流放大倍数 current amplification factor
电流放大电路 current amplifier
电流放大管 current amplifier tube
电流放大率 current amplification degree
电流放大器 current amplifier
电流放大系统 current boost system
电流分布 current distribution
电流分布测量器 current distribution meter
电流分割 current slicing
电流分级 current grading
电流分解器 current resolver
电流分量 current component
电流分配 current distribution
电流分配电阻 current sharing resistors
电流分配器 distributing switch
电流分配系数 current division ratio
电流分配噪声 partition noise
电流分析(法) amperometry
电流分析仪 amperometric analyser
电流腐蚀 electrolytic corrosion; galvanic corrosion
电流负反馈 current negative feedback
电流负荷 current capacity
电流负载 current loading
电流干燥法 current drying
电流感应 induction by current
电流感应定律 law of induced current
电流跟踪器 current follower
电流功耗 power loss of electric(al) current
电流谷点 current dip
电流故障 currency failure; electric(al) current failure
电流贯通检验仪 continuity tester
电流过量 excessive current
电流过载保护 overcurrent protection
电流过载继电器 current overload relay
电流耗用 current consumption; current drain
电流互感器 ammeter transformer; current transformer
电流互感器比较仪 current transformer comparator
电流互感器瓷套 porcelain shell for current mutual inductor
电流互感器的相角差 phase angle of a current transformer
电流互感器断线保护(装置) current transformer disconnecting protection
电流互感器相角 current transformer phase angle
电流环 electric(al) current loop
电流环流 convective current
电流换向键 current reversing key
电流换向开关 current reverser; current reversing key
电流换向器 inverter[invertor]
电流换向器控制系统 invertor control system
电流回路 current circuit
电流回路断线保护(装置) current circuit break protection
电流回授 current feedback
电流积分 current integration
电流激励 current drive
电流激增 rush of current
电流极限 current limitation
电流极限控制 current limit control
电流急冲 surge
电流集中测井 current focusing log
电流计 ammeter; ampere meter; current meter; electric(al) current meter [metre]; galvanometer; mekapion; riometer
电流计常数 galvanometer constant
电流计放大器 galvanometer amplifier
电流计记录 galvanometric register
电流计偏转 galvanometer deflection
电流计式光调制器 galvanometer light modulator
电流计式记录器 galvanometer recorder
电流计式继电器 galvanometer-type relay; meter-type relay
电流记录 galvanometer record; galvanometer registration
电流记录术 galvanography
电流记录图 galvanograph
电流继电器 current relay; electric(al) current relay; power relay
电流减弱 current decay
电流检测 amperometric detection
电流检测器 rheoscope
电流检验器 rheoscope
电流渐增时间 upslope time
电流截止保护 current cutting-off protection
电流经纬仪 galvanic theodolite
电流镜电路 current mirror circuit
电流矩 current moment
电流剧变 surge
电流绝对单位 absolute unit of current
电流绝缘体 power insulator
电流开关 current breaker; current switch
电流开关扳手 breaker point wrench
电流开关逻辑 current switching mode logic
电流开关逻辑电路 current switching mode logic circuit
电流控制 current-controlled
电流控制电流源 current-controlled current source
电流控制电压源 current-controlled voltage source
电流控制开关 current-controlled switch
电流控制器 current controller
电流控制振荡器 current-controlled oscillator
电流馈电 current feed
电流馈电天线 current feed antenna
电流馈接 current feed
电流馈接天线 current feed antenna
电流扩散层 current-diffusing layer
电流浪涌 current surge
电流连续性 current continuity
电流连续性原理 principle of continuity of electric(al) current
电流量 magnitude of current
电流灵敏彩色屏 current-sensitive colo(u)r screen
电流灵敏单枪彩色管 current-sensitive single gun colo(u)r display tube
电流灵敏度 current sensitivity
电流零点 current zero
电流零值 current zero
电流漏泄 current leakage; leakage of current
电流脉冲 current impulse; current pulse
电流脉冲发生器 current pulser
电流脉冲尖峰 peak of current pulse
电流脉动 pulsation of current
电流密度 ampere density; current density; electric(al) current density
电流密集度 current concentration
电流耦合 current coupling
电流片 current sheet
电流平衡 current balance
电流平衡保护(装置) balanced current protection
电流平衡式差动电流继电器 current balance type current differential relay
电流平衡式继电器 current balance relay
电流平均 current averaging
电流起动型漏电保护器 current actuated leakage protector
电流起伏 current fluctuation
电流强度 amperage; current intensity; current rate; current strength; electric(al) current intensity; intensity of(electric) current; strength of current
电流强度变换器 rheonome
电流鞘模型 current-sheath model
电流切断 current take-off
电流驱动 current drive
电流驱动器 current driver
电流绕组 current winding
电流热作用定律 law of heating action of current
电流容积 volume of current
电流容限 current margin
电流三角形 current triangle
电流上升时间 current rise time
电流升降调节 slope control
电流时间曲线 current-time curve
电流矢量 current phasor
电流示踪模拟 electric(al) routing analogy
电流式 current type
电流式色温度计 bioptix
电流式遥测计 current-type telemeter
电流式遥测仪 current-type telemeter
电流式遥测装置 current-type telemeter
电流输出放大器 current output amplifier
电流输入 current input
电流衰减 currency decay; current attenuation; current damping
电流税率 electric(al) current tariff
电流睡眠 electric(al) sleep

电流算符 current operator
电流探测器 current detector
电流探头放大器 current probe amplifier
电流探针 current probe
电流体 electrofluid
电流体动力学 hydromagnetics
电流体转换 electric(al)-to-fluid transducer
电流调节 current regulation
电流调节器 current regulator
电流调节装置 regulating current device
电流调整器 current regulator
电流跳闸 series tripping
电流通过 current conveyance
电流通角 angle of current conduction
电流通路 current path; passage of current
电流透入深度 depth of current penetration
电流稳定 current stabilization
电流吸收逻辑 current sink logic
电流系统 electric(al) current system
电流下降 fall of current
电流下降时间 downslope time
电流线圈 current coil; current winding
电流线圈重力式起动机 coil andgravity starter
电流限制 current limitation; current-limiting; reverse-voltage limit
电流限制器 current limiter; demand limiter
电流相位 current phase
电流响应 current response
电流响应电路 current responsive circuit
电流消耗量 current consumption
电流效率 current efficiency; current yield
电流效率测定法 current efficiency determination method
电流谐振 anti-resonance; current resonance; inverse resonance; parallel resonance; syntony; tuning
电流谐振频率 anti-resonance frequency; current resonance frequency
电流信号指示器 current signal indicator
电流型开关 current mode switch
电流型逻辑 current mode logic
电流型逻辑电路 current mode logic-(al) circuit
电流型数模转换器 current mode digital-to-analog converter
电流需量 current demand
电流选择开关 current selected switch
电流一致制 current coincidence system
电流异常 current anomaly
电流与波长的关系特性 current wavelength characteristic
电流元件 current element
电流源 current source; current supply
电流源变器 current source inverter
电流源电路 current source circuit
电流源逻辑 current source logic
电流跃变平缓继电器 anti-plug relay
电流再生 recuperation of current
电流噪声 current noise
电流增益 current gain
电流增益截止 current-gain cut-off
电流照度关系式 current-illumination relation
电流照度曲线 current-illumination curve
电流镇定器 current stabilizer
电流整流器 current rectifier
电流直接加热淬火法 tension electric(al) process
电流值 amperage
电流指示器 current indicator
电流制 current system; electric(al) current system
电流滞后的负荷 lagging load
电流滞后负载 lagging load
电流中断 current interruption; outage; interruption of current
电流中断报警设备 current failure alarm
电流轴线分量 component of current
电流骤增 current rush
电流转换开关 rheotrope
电流转换器 current converter
电流状态 current regime
电流自动调整器 automatic current regulator
电流阻力 flow resistance
电流阻尼器 current damper
电流作用 galvanic action
电留声机 panotrope
电漏 electric(al) leakage; leakage conductance; leakance
电炉 electric(al) heater; electric(al) hot plate; electric(al) oven; electric(al) stove; hot plate; resistor furnace; electric(al) furnace <冶练用的>
电炉变压器 furnace transformer; transformer for electric(al) furnace
电炉衬砖 electric(al) furnace brick
电炉钢 electric(al) furnace steel; electric(al) steel; electrosteel
电炉钢炉 electric(al) furnace steel furnace
电炉钢熔炼 electric(al) furnace steel heat
电炉钢渣 electric(al) furnace slag
电炉光谱 furnace spectrum
电炉花线 heater cord
电炉加热元件 heating inset
电炉精炼 electric(al) furnace refining
电炉开关 heater switch
电炉炼钢 electric(al) steelmaking; electrosmelting of steel
电炉炼钢操作法 electric(al) steel making process
电炉炼钢法 electric(al) process for steel making
电炉炼铁法 electrometal furnace process
电炉炉管 electric(al) furnace tube
电炉炉渣 electric(al) furnace slag
电炉钎焊 electric(al) furnace brazing
电炉熔炼 electric(al) furnace smelting; electrosmelting
电炉熔炼池 electrosmelting bath
电炉熔炼设备 electrosmelting plant
电炉熔铸耐火材料 electrocast refractory
电炉生铁 electric(al) pig iron
电炉丝 electric(al) furnace heating wire; electric(al) stove wire; heating wire
电炉用变压器 furnace transformer; transformer for electric(al) furnace
电炉灶 electric(al) range
电炉渣 electroslag
电炉真空脱碳脱气法 ELO-Vac process
电录音 electric(al) recording
电滤 electrofiltration
电滤波器 electric(al) separator; electric(al) wave filter
电滤尘器 electrofilter
电滤料池 electromedia filter
电滤器 electrostatic precipitator
电滤作用 electrofiltration
电路 circuitry; delta circuit; electric(al) circuit; electrocircuit; electronic circuit; network
电路板 circuit board
电路板钻头 circuit board drill
电路保持 guard of circuit
电路保护 circuit protection
电路保护器 circuit protector
电路闭合 closing of circuit
电路闭合器 circuit closer
电路闭塞 guard of circuit
电路闭锁 circuit interlocking
电路臂 leg of circuit
电路编号 channel number
电路变换器 circuit changer
电路表示法 circuit representation
电路布线 connecting(up)
电路布线图 circuit layout card
电路布置 circuit arrangement
电路参数 circuit parameter
电路草图 circuit layout
电路测试 circuit test(ing)
电路测试器 circuit tester
电路层网络 circuit layer network
电路插件 circuit card
电路查寻 tracing of circuit
电路常数 circuit constant
电路衬底 circuit substrate
电路代数 circuit algebra
电路单元 circuit unit
电路倒换过程 switching process
电路的 hard-wired
电路的反电容 branch stiffness
电路的过载电流 overload current
电路的渐伸线 involute of circuit
电路的连接 connection of circuits
电路的一臂 leg of circuit
电路的组成部分 network component
电路电流 circuital current
电路电压 circuit voltage
电路电压降百分数 percentage line drop
电路电阻 circuitous resistance
电路断开踏板 release pedal
电路断流器 circuit interrupter
电路断路器 circuit breaker
电路断续凸轮 make-and-break cam
电路额定电压 nominal circuit voltage
电路法 circuitry
电路方程 circuit equation
电路方框图 electric(al) block diagram
电路防护 circuit protection
电路分配 circuit allocation
电路分析 circuit analysis
电路分析测试设备 circuit analyzing test set
电路分析测试仪 circuit analyzer and tester
电路分析程序 circuit analysis program(me); electric(al) circuit analysis program(me)
电路分析器 circuit analyser[analyzer]
电路符号 circuit symbol
电路负载 circuit load
电路复用 channel compression
电路高频上升 high peaking circuit
电路跟踪描图机 circuit tracing machine
电路工艺 circuit technology
电路公共端 circuit common
电路功率因数 circuit power factor
电路构成 circuit configuration
电路故障 circuit trouble
电路故障信号 circuit alarm
电路管 circuitron; eircuitron
电路号码 circuit number
电路荷载 circuit loading
电路缓冲存储器 circuit buffer
电路绘图机 circuit tracing machine
电路级别 circuit grade
电路计时器 circuit time recorder
电路记录卡(片) circuit layout record card
电路监控 circuit supervision
电路检查 checking circuit
电路检修工 wire man
电路简化 circuit simplex
电路交换 circuit switching
电路交换集中 circuit switching concentration
电路接触式检测器 electric(al) contact detector
电路接地试验 earth test
电路接通 circuit closing
电路接通按钮 close button
电路接头 electric(al) connector
电路接线 circuit connection
电路接线端 circuit terminal
电路接续 circuit switching
电路接转 circuit switching
电路结构 circuit architecture; circuit configuration; circuit organization
电路晶级 circuit grade
电路净损耗 circuit net loss
电路开关 circuit changer; circuit closer; circuit switch
电路开关连接 circuit switching connection
电路开关凸轮 make-and-break cam
电路可靠度 circuit reliability
电路控制 circuit control
电路控制继电器 circuit control relay
电路控制器 circuit controller
电路跨接 bridging
电路跨接线 circuit bonding jumper
电路馈电 line feed
电路类别 circuit grade
电路理论 circuit theory; electric(al) circuit theory
电路利用率 circuit usage; percentage of circuit utilization
电路连接装置 pick-off
电路连续性 circuit continuity
电路联锁 circuit interlocking
电路链 electric(al) chain
电路逻辑 circuit logic
电路媒介 circuit media
电路媒质 circuit media
电路描述表 circuit description table
电路模件 circuit module; circuitry module
电路模拟机 network analyser[analyzer]
电路模拟器 circuit simulator
电路模拟设计 breadboard design
电路内测试 in-circuit test
电路内仿真器 in-circuit emulator
电路能力 circuit capacity
电路耦合 circuit coupling; coupling of circuits; hookup
电路耦合接线 hookup wire
电路排布 circuit configuration
电路牌 electric(al) tablet
电路片尺寸 chip size
电路平衡 circuit balancing
电路前闸门 early gate
电路区段 circuit section
电路容量 circuit capacity
电路设计 circuit design; circuit layout; wiring design
电路设计的配置 layout of circuit design
电路识别码 circuit identification code
电路试验板 breadboard
电路试验器 circuit tester
电路是否断路的试验 continuity test
电路说明 circuit description
电路损失 circuit loss
电路所控制的 circuit-controlled
电路锁闭 circuit locking
电路调整和故障寻找用综合试验器

D

signalyzer
电路通畅指示器 traffic clearance indicator
电路通道 circuit path
电路图 circuit diagram; circuitry; electric(al) circuit diagram; electric(al) wire plan; electric(al) wiring plan; electric(al) circuit plan; schematic circuit diagram; wiring diagram
电路图设计 layout design
电路图像 circuit image
电路图形 circuit configuration; circuitous pattern
电路稳压器 circuit voltage stabilizer
电路系统 circuitry
电路效率 circuit efficiency
电路谐振曲线 circuitous resonance curve
电路性质标志信号 nature of circuit indicator
电路学 circuitry
电路引线比 circuit-to-pin ratio
电路与机架相接的障碍 fault to frame
电路元件 circuit component
电路原理 circuitous philosophy; circuitry
电路原理图 circuit schematic diagram
电路远端 far end
电路杂音引起传输质量减损 noise transmission impairment
电路载流量 circuit carrier
电路噪声 circuit noise
电路噪声测量计 circuit noise meter
电路噪声测试器 circuit noise meter
电路噪声电平 circuit noise level
电路支路 leg of circuit
电路制度 volume test
电路质量监控器 circuit quality monitor
电路中断 circuit interruption
电路中分定理 bisection theorem
电路终端架 channel terminal bay
电路周期 circuit period
电路转换开关 circuit changing switch
电路转接 circuit switch(ing)
电路转接器 electric(al) circuit shifter
电路自动重合闸 circuit recloser
电路自动分析器 automatic circuit analyser
电路自动分析器和检验器 automatic circuit analyser and verifier
电路自动开关 automatic circuit recloser
电路阻抗 circuit impedance
电路组件 circuit module; circuit unit
电路组匣 circuit module
电路组织 circuit architecture
电铝热法 electroaluminothermic process
电氯化 electro-chlorination
电孪生 electric(al) twinning
电罗经 gyrocompass; gyroscopic compass
电罗经复示器 gyrocompass repeater; gyrorepeater; gyroscopic compass repeater
电螺管控制的扰流片 solenoid-operated spoiler
电骡 <我国港口俗称铁牛> barney mule
电马达车轮传动 electromechanical wheel drive
电马达车轮驱动 electromechanical wheel drive
电码 cipher; code; telegraph; telegraphic code
电码本 code book
电码变换 code conversion
电码变换器 code converter
电码步 code step
电码长度 code length
电码传输 code transmission
电码传送 code transmission
电码传送时间 code time; code transmission time
电码存储 code storage
电码单元 code element
电码的 coded
电码电流闭塞区间 coded current block section
电码电流发送器 coded current transmitter
电码电流频率 code current frequency
电码发报机 code transmitter
电码发送率 rate of code
电码翻译 code decoding
电码分配选择 code-distribution selection
电码符号 code sign
电码梗 code bar
电码轨道电路 code track circuit
电码轨道电路电流 coded track circuit current
电码轨道电路控制 coded track control
电码轨道电路控制系统 rail-transmitted coding control system
电码轨道电路控制制 rail-transmitted coding control system
电码号 code number
电码恒定性 code invariance
电码化 codification
电码化电路闭塞 coded circuit blocking
电码化电源 code power
电码积压 code accumulation; code delay
电码畸变 code distortion
电码继电集中联锁 all-relay coded interlocking; code-controlled relay interlocking
电码继电联锁 all-relay coded interlocking; code-controlled relay interlocking
电码继电器 code relay
电码继电器架 code relay rack; light relay rack
电码继电器匣 code relay group
电码继电器组 code relay group
电码间隔 code interval; key space
电码间隔检测器 intercode detector
电码检测部件 code detecting unit
电码检测单元 code detecting unit
电码检验时间 code checking time
电码接收 code receiving; code reception
电码接收器 code receiver
电码进出选路系统 entrance-exit coded system
电码进出选路制 entrance-exit coded system
电码孔 code hole
电码控制系统 coded control system
电码控制信号法 code control signal(l)ing
电码控制制 coded control system
电码馈电 coded feed
电码连续式机车信号 coded continuous cab signal
电码脉冲 code impulse; code pulse
电码脉冲继电器 code pulse relay
电码启动按钮 code start button
电码容量 code capacity
电码失真 code distortion
电码收报机 code receiver
电码书 telegraph code book
电码输出时间 word time
电码索引 key to the code
电码条 code bar
电码脱落 code absence
电码位置 codeposition
电码文字 code letter
电码无源元件 coded inert element
电码系统 code system
电码线 code line; coding line
电码响应继电器 code responsive relay
电码信标 code beacon
电码信号 code signal
电码形式 code form
电码选择 code selection
电码延迟 code delay; coding delay
电码遥控系统 coded remote control system
电码遗漏 missing of code
电码译出 code decoding
电码优先次序 code preference
电码源 key source
电码载波控制 coded carrier control
电码载波设备 coded carrier equipment
电码值 code value
电码指向标 code beacon
电码制 code system
电码制机车自动信号 code system automatic cab signal
电码中继分割区段 code repeating cut screen
电码中继器 code repeater
电码周 code cycle
电码周期 code cycle; code period
电码转发器 code repeater
电码转换器 code translator; transcoder
电码字 code word
电码自动闭塞 automatic block with coded track circuit; coded automatic block
电码自动闭塞系统 coded automatic block system
电码自动闭塞制 coded automatic block system
电码组 code set
电码组合 code character; code combination
电脉冲 electric(al) impulse; electric(al) pulse
电脉冲刺激 electric(al) pulse stimulation
电脉冲刺激器 electric(al) pulse stimulator
电脉冲点火器 electric(al) pulse ignitor
电脉冲电动机 electric(al) pulse motor
电脉冲发动机 electric(al) pulse electropulse engine
电脉冲计数 scaling
电脉冲计数器 electric(al) pulse counter
电脉冲加工车床 electric(al) pulse processing lathe
电脉冲频率 electric(al) pulse frequency
电鳗 torpedo
电毛细电荷曲线 electrocapillary curve
电毛细管现象 electrocapillarity
电毛细极大 electrocapillary maximum
电毛细吸附 electrocapillary adsorption
电毛细现象 electrocapillary
电毛细效应 electrocapillary effect
电毛细泳 electrocapillary phoresis
电铆 electric(al) riveting; rivet weld
电铆焊 arc spot welding; plug weld(ing); rivet welding
电铆焊缝 rivet weld
电铆机 electric(al) riveting machine
电铆接头 electric(al) riveted joint
电门 electric(al) switch; switch
电门插座 switch plug
电门铃 electric(al) door bell
电门设备 switching contrivance
电门锁 electric(al) door lock
电瞄准 electronic alignment
电秒表 electric(al) second meter; electric(al) stop watch
电敏处理器 electrosensitive processor
电敏的 electrosensitive
电敏(火花刻蚀)记录(法) electrosensitive recording
电敏金属纸 electrosensitive metallic paper
电敏(起爆)雷管 electrically responsive blasting cap
电敏纸 electrosensitive paper
电敏纸电弧灯地震仪 seismograph with electric(al) sensitive paper and electric(al) arc lamp
电模拟 electric(al) analogy
电模拟边界条件图 map of boundary condition with electro analogue
电模拟测定 electric(al) analogy determination
电模拟法 electric(al) analog(ue) method
电模拟机 electric(al) analog(ue) machine
电模拟机结构 constitution of electric(al) analog(ue) machine
电模拟解法 solution by electric(al) analogy
电模拟模型 electric(al) analog(ue) model; electric(al) analogy model
电模拟器 electric(al) simulator
电模拟设备 electric(al) simulator
电模拟试验 electric(al) analogy test
电模拟指示器 electric(al) analog indicator
电模拟装置 electric(al) simulator
电模型 electric(al) model
电膜 electrolemma
电膜脱矿化 electric(al) membrane demineralization
电摩托车组 tramway motor-unit
电磨光 electropolishing
电磨机 electric(al) grinder; electric(al) grinding machine
电木 bakelite; bakelited wood; plastics
电木带 bakelite paper
电木粉 bakelite powder; phenolic mo(u)lding powder
电木膏 bakelite paste
电木夹子 plastic grip
电木模型 bakelite mo(u)lding
电木黏[粘]结砂轮 bakelite bond wheel
电木漆 bakelite varnish
电木碗 bakelite bowl
电木线圈管 bakelite bobbin
电木造型 bakelite mo(u)lding
电木纸 bakelite paper; bakelized paper; special-carte
电牧栏控制器 electric(al) fence controller
电牧栏设备 electric(al) fencing unit
电钠 admittance; susceptance
电纳标准 susceptance standard
电纳环 susceptance loop
电脑 artificial brain; brain machine; computer; electronic computer
电脑电话机 electric(al) brain telephone
电脑电视 personal computer television
电脑化 computerization
电脑化的 computerized
电脑化故障检测器 computerized troubleshooter

电脑化故障检测装置 computerized troubleshooter
电脑记事本 electronic notebook
电脑科学 computer science
电脑控制 brain control; cybernation
电脑控制电力机车 electric(al) locomotive with computer
电脑控制离心机 electronic brain driven centrifuge
电脑联机服务 on-line service
电脑时代 computer-age
电脑使用化 computerization
电脑术语 computerese
电脑通话 computalk
电脑文化 cyberculture
电脑显示器 graphoscope
电脑专家 computer scientist
电闹钟 electric(al) alarm clock
电内渗现象 electric(al) endosmosis; electroendosmosis
电能 active energy; electric(al) energy; electric(al) power; power energy
电能比耗 specific energy consumption
电能表 electric(al) energy meter
电能测量 electric(al) energy measurement
电能成本 cost of electric(al) energy
电能储能焊接 electrostatic percussing welding
电能存储 accumulation of electric(al) energy
电能分布 electric(al) power distribution
电能高峰 peak electric(al) energy
电能密度 electric(al) energy density
电能模拟及优化 energy simulation and optimization
电能生产量 energy output
电能势 zeta potential
电能输送 power transmission
电能损耗 electric(al) energy loss
电能效率 power yield
电能震源 electric(al) energy source
电拟模型试验法 reo-electric method
电黏[粘]度 electroviscosity
电黏[粘]度计 electric(al) visco(si) meter
电黏[粘]效应 < 带电粒子引起的 > electroviscous effect
电黏[粘]性 electric(al) viscosity; electroviscosity
电碾压机 electric(al) mangle
电凝法 electric(al) aggregation method; electrocoagulation
电凝聚处理 electric(al) aggregate processing
电凝钳 electric(al) coagulation forceps
电钮 button; electric(al) button; push-button
电钮控制 button control; push-button control
电暖床器 electric(al) bed warmer
电暖炉 electric(al) warming oven
电暖毛毯 electric(al) blanket
电暖器 electric(al) pad; electric(al) (room) heater; electric(al) space heater
电暖器具 electric(al) heating appliance
电暖水瓶 electric(al) thermos flask
电暖水器 electric(al) water heating tap
电偶 couple; galvanic couple
电偶层 double layer; electric(al) double layer
电偶腐蚀 galvanic corrosion
电偶极辐射 electric(al) dipole radiation
电偶极矩 electric(al) dipole moment
电偶极跃迁 electric(al) dipole transition
电偶极子 electric(al) dipole; electric(al) doublet
电耦合 electric(al) coupling; galvanic coupling
电耦合式照相机 charge-coupled device camera
电耙 dragline scraper; power scraper; scraper loader
电耙绞车 scraper loader
电耙绞车自动控制 automatic slusher control
电耙耙斗容量 scraper capacity
电耙运输车 scraper winch
电耙装岩 loading by electric(al) scraper
电排流 electric(al) drainage
电排流器 electric(al) drainager
电排水 electro-drain
电盘 distributor disk[disc]
电抛光 anode brightening; electro-brightening; electrochemical etching; electrolytic polish(ing)
电刨 electric(al) plane
电刨刀 electric(al) planer cutter
电炮 electric(al) blasting
电培养 electroculture
电配料装置 electric(al) batching unit
电喷镀金属 electrometallization
电偏压 electric(al) bias
电平 electric(al) level; power level
电平比较电路 level comparison circuit
电平比较器 level comparator
电平变化值 level change value
电平变化值间的最大差 maximum difference between level change values
电平变换 level translation
电平变换器 level converter
电平表 decibel meter; electric(al) level meter; level meter
电平表盘 level meter panel
电平补偿器 level compensator
电平不归零制 non-return-to-zero level
电平测量 level measurement
电平测量范围 level range
电平测量器 level measuring set
电平测试器 level measuring set
电平差 difference in level; difference of level; level difference
电平差测试仪 level difference meter
电平触发双稳态多谐振荡器 level triggered flip-flop
电平的稳定 stabilization of level
电平法测量 level measurement
电平分布 level distribution
电平固定 clamping; level clamp
电平固定器 level fixer
电平衡 electric(al) balance
电平记录器 level recorder
电平记录仪 level recorder; level recording instrument; level recording meter
电平间隔 level spacing
电平监控器 level monitor
电平监视装置 level supervising device
电平检测 level detection
电平检测器 level detector
电平检验 level check
电平开关 level switch
电平控制 level control
电平控制电路 level control circuit
电平逻辑电路 level logic(al) circuit
电平漂移放大器 level shift amplifier
电平平衡 balance of power level
电平器 leveler
电平箝位 clamping
电平设定 level setting
电平探测器 level detector; level sensor
电平调定 level setting
电平调节 levecon; level control; level(l)ing adjustment
电平调节器 level regulator
电平调节装置 level regulating device
电平调整 level control; level setting
电平调整衰减器 level adjusting attenuator
电平调整台 level control station
电平图 hypsogram; level diagram
电平图示仪 level graphic instrument; level tracer
电平稳定 level equalization
电平相关扫描设计法 level-sensitive scan design method
电平信号 level signal
电平信号发生器 level signal generator
电平压缩扩展器 level compander
电平仪 level meter; electrolevel < 现场观测用 >
电平移动 level shifting
电平移动二极管 level shift diode
电平振荡器 level oscillator
电平直观仪 level tracing receiver
电平指示器 level indicator; level meter; power level indicator
电平转换器 level translator
电平转移电路 level shifter
电平转移器 level translator
电平自动调节器 automatic level-regulator
电屏 electric(al) screen
电屏蔽 electric(al) screening; electric(al) shield(ing); screening; shielding
电屏蔽板 electric(al) screen
电屏蔽干扰类型 type of interference in electric(al) shield
电瓶 accumulator; battery cell; battery jar; electric(al) cell; jar; storage battery
电瓶搬运车 battery truck; electric(al) battery truck; storage battery truck
电瓶仓 battery compartment
电瓶仓通道 battery access
电瓶叉车 battery fork lift truck; electric(al) forklift
电瓶车 accumulator car; battery car; battery cart; battery truck; electric(al) battery locomotive; electric(al) (industrial) truck; electric(al) power cart; electromobile; storage battery car; battery-driven locomotive; battery-electric truck; electric(al) car
电瓶车库 battery truck garage
电瓶池 battery set
电瓶充电 battery charge
电瓶充电机 battery charger
电瓶充电调节器 battery charging regulator
电瓶充电站 battery charging station
电瓶代用器 battery eliminator
电瓶单位 < 例如 6 电压计三单位 > battery jar
电瓶的阳极 positive pole of cell
电瓶电线束 battery and wiring harness
电瓶电压 cell voltage
电瓶电液面 electrolyte level
电瓶盖 battery door; cell cover
电瓶轨道车 accumulator rail-car; battery railcar
电瓶机车 battery(-type) locomotive; storage battery locomotive
电瓶机动车 battery railcar
电瓶夹板 battery holddown
电瓶夹板盖 battery holddown cover
电瓶间 storage battery room
电瓶兼作消声器 battery muffler
电瓶交换器 battery exchanger
电瓶接线柱清洁器 battery post cleaner
电瓶壳 battery jar; cell case
电瓶码垛车 battery powered stacker
电瓶牵引车 battery tractor
电瓶拖车 storage battery trailer
电瓶箱 accumulator box
电瓶支架 battery rack
电瓶组 battery set
电破碎钻进 electric(al) disintegration drilling
电剖面法 electric(al) profile method; electric(al) profiling(method)
电剖面法曲线 curve of profiling method
电剖面法填图 electric(al) trenching
电剖面法装置类型 type of configuration on electric(al) profiling
电谱法 electrography
电漆 electric(al) varnish
电启动器 electric(al) starter
电起爆管 electric(al) primer
电起爆器 electric(al) squib
电起爆网络 electric(al) initiation network
电起爆线路 electric(al) blasting circuit
电起爆药包 electric(al) primer
电起(爆)炸药 electroexplosive
电起爆装置 electric(al) initiating device
电起动设备 electric(al) starting device
电起动装置 electric(al) start equipment
电气 electricity
电气、电子、电信联合会 < 英 > Electric(al) Electronic Telecommunication Unit
电气安全距离 electric(al) safety distance
电气安全链 electric(al) safety chain
电气安装 electric(al) fitting; electric(al) installation; electroassembly
电气安装工程 electric(al) engineering installation
电气安装图 wiring scheme
电气保护器件 electric(al) protection device; electric(al) protective device
电气保护(装置) electric(al) protection
电气报警器 electric(al) alarm
电气报警系统 electric(al) alarm system
电气闭塞 electric(al) block; electric(al) locking
电气闭塞凭证机 electric(al) (block) token instrument
电气冰箱 electric(al) refrigerator
电气布局 electric(al) layout
电气布线 electric(al) wiring
电气材料 electric(al) material
电气采暖器 electric(al) heater
电气参数 electric(al) parameter
电气操作的 electric(al)-operated
电气测波仪 electric(al) wave measuring device
电气测量 electric(al) measurement
电气测量仪器 electric(al) testing instrument
电气测湿计 electric(al) moisture meter
电气插接件 electric(al) connector

电气超低温细菌培养器 electric(al) ultra low-temperature incubator
电气车间 electric(al) shop; electric(al) workshop
电气秤重设备 electric(al) weighing equipment
电气冲击钻 electric(al) drill hammer
电气出口线 electric(al) outlet
电气出线口 electric(al) outlet
电气除冰器 electric(al) deicer
电气除尘 electric(al) smoke precipitation
电气除尘器 electric(al) dust precipitator; static precipitator; electrostatic precipitator
电气除尘室 electric(al) dust precipitation chamber
电气储存加热器 electric(al) storage heater; electric(al) storage heating appliance
电气传动 electric(al) drive; electric(al) transmission
电气传动装置 electric(al) driving installation; electric(al) gear
电气炊具 electric(al) cooker
电气磁力起重机 crane electric lifting magnet
电气淬火 electric(al) hardening
电气单盘摩擦离合器 electropneumatic single plate friction clutch
电气单线系统图 electric(al) single-line systematic diagram
电气导火管 electric(al) squib
电气的 electric(al)
电气的地板下采暖装置 electric(al) underfloor warming installation
电气电子设备火灾 electric(al) and electronic equipment fire
电气定时解锁器 electric(al) time release
电气定位器 electropneumatic positioner
电气动的 electropneumatic
电气动力经济 electric(al) power economy
电气动力制动 electrodynamic(al) brake
电气动转换器 electropneumatic converter[convertor]
电气断续器 electric(al) shutter
电气堆料机 electric(al) stacker
电气阀门定位器 electropneumatic valve positioner
电气反馈 electric(al) feedback
电气分断点 electric(al) joint
电气分离法 electric(al) separation process
电气分配器 electric(al) distributor
电气封锁 electric(al) block
电气敷线管道 duct for electric(al) wiring
电气符号 electric(al) symbol
电气辐射器 electric(al) radiator
电气辅助设备 electric(al) service equipment
电气辅助系统 electric(al) auxiliary system
电气负载 electric(al) loading
电气附件 electric(al) accessories; electric(al) attachments
电气干扰(源) electric(al) interference
电气干湿球湿度计 electric(al) wet and dry bulb hygrometer
电气钢板 electric(al) sheet
电气高炉 electric(al) blast furnace
电气隔离 electric(al) shutter
电气隔膜装置 electric(al) membrane equipment
电气工程 electric(al) works
电气工程师 electrician; electric(al) engineer
电气工程师学会 <英国月刊> Institution of Electrical Engineers
电气工程师学会会刊 <英国月刊> Proceedings of the Institution of Electric(al) Engineers
电气工程师学会杂志 <英国月刊> Journal of the Institution of Electric(al) Engineers
电气工程学 electric(al) engineering
电气工具 electric(al) power tool
电气工人 electrician
电气工作许可证 electric(al) permit to work
电气公司 electric(al) company
电气公用设施管沟 electric(al) service duct
电气功率表 electric(al) dynamometer
电气供暖地板 electric(al) floor
电气固结法 electric(al) consolidation
电气故障 electric(al) accident; electric(al) fault
电气管材间 electric(al) pipe material workshop
电气管道除尘器 electric(al) pipe precipitator
电气贯穿 electric(al) penetration
电气惯性 electric(al) inertia
电气规程 electric(al) code; electric(al) regulation
电气规范 electric(al) code
电气规范书 electric(al) specification
电气柜 electric(al) locker
电气锅炉 electric(al) boiler
电气寒暑表 telethermometer
电气焊 electrogas welding
电气和电子传感系统 electric(al) and electronic sensing system
电气荷载 electric(al) load
电气烘烤器具 electric(al) baking apparatus
电气花岗岩 tourmaline granite
电气化 electrification; electrify; electrize; electrization
电气化的 electrified
电气化的经济效果 economy of electrification
电气化干扰 electrification interference
电气化工程 electrification work
电气化和行车调度集中 centralized electrification and traffic control
电气化计划 electrification plan; electrification scheme
电气化列车 electrification train
电气化路段 electrified section
电气化区段【铁】electrified section; electrified territory
电气化区段里程占线路总里程百分率 percentage of electrified sections to total route kilometers
电气化区间 electrified section; electrified territory
电气化铁路 electric(al) railroad; electric(al) railway; electrified railway; telpher railroad; telpher railway
电气化铁路工程 electric(al) railway engineering
电气化铁路供电系统折旧费 power supply system on electrified railway depreciation expenses
电气化铁路线 electrified railway line; electrified route
电气化线路公里 route kilometers electrified
电气化线路公里里程 electrified kilometrage
电气化线路公里数 electrified kilometrage
电气化线路英里里程 electrified track mileage
电气化学工业公司 Electrified & Chemical Industry Company; Denki Kagaku Kogyo kabushiki <日本>
电气化运营 electrified operation
电气化装置 electrically energized machine
电气环境卫生焚化炉 electric(al) sanitary incinerator
电气混线 electric(al) crossing
电气火警报警器 electric(al) fire alarm
电气火灾 electric(al) fire
电气机车 electric(al) locomotive; electromotive; troll(e)y wire locomotive
电气机械 electric(al) apparatus
电气机械传动 electromechanical drive
电气机械传动机器人 electromechanical robot
电气机械锁闭 electromechanical locking
电气机械装置 electromechanical device
电气及电子工程师学会 Institution of Electrical and Electronic Engineers
电气集尘器 electric(al) dust precipitator
电气集中 all-electric(al) interlocking; electric(al) interlocking
电气集中电源屏 electric(al) interlocking power rack
电气集中联锁 all-electric(al) interlocking; electric(al) lever interlocking; electric(al) interlocking
电气集中联锁机 power interlocking machine; electric(al) interlocking machine
电气集中联锁架 electric(al) interlocking frame
电气集中联锁设备 all-electric(al) interlocking apparatus
电气集中设备 electric(al) interlocking apparatus; electric(al) interlocking plant
电气集中信号楼 electric(al) interlocking box; electric(al) interlocking cabin; electric(al) interlocking tower; signal box for electrical interlocking
电气集中装置 electric(al) interlocking installation
电气技师 electrician; master electrician
电气技术标准 electric(al) technical standard
电气技术规格 electric(al) specification
电气技术员 electrician
电气加工 electric(al) processing
电气加热板 electric(al) hot plate
电气监测 electrically supervised
电气接点 electric(al) terminal
电气接头 electric(al) connector; electric(al) joint
电气聚尘器 electric(al) dust precipitator
电气绝缘 electric(al) insulation
电气绝缘材料 electric(al) insulant material
电气绝缘腻子 electric(al) insulating putty
电气绝缘清漆 electric(al) insulating varnish
电气绝缘用油 electric(al) oil
电气绝缘油 electric(al) insulating oil
电气绝缘油灰 electric(al) insulating putty
电气绝缘子 electric(al) insulator
电气开度限制器 electric(al) opening limiter
电气开关 electric(al) shutter; electric(al) switch(ing)
电气开关盒 electricity switch box
电气开关油 motor switch oil
电气勘探仪 electric(al) exploration instrument; electric(al) prospection instrument
电气烤炉 electric(al) grill
电气控制 electric(al) control
电气控制屏 electric(al) control panel
电气控制设备 electric(al) control equipment
电气控制系统 electric(al) control system
电气控制装置 electric(al) control device; electric(al) control gear; electric(al) controller
电气喇叭 klaxon
电气连接 electric(al) continuity
电气连接插头 jumper head
电气连接的 electrically connected
电气联动火情探测器 electropneumatic fire detector
电气联动式自动化装置 electric(al) interlocking automatic device
电气联锁 all-electric(al) interlocking; power signal(l)ing installation
电气联锁电源屏 electric(al) interlocking power rack
电气联锁机 electric(al) interlocking frame; power interlocking machine
电气联锁设备 all-electric(al) interlocking apparatus; electric(al) interlocking apparatus; electric(al) interlocking plant
电气联锁信号楼 electric(al) interlocking box; electric(al) interlocking cabin; electric(al) interlocking tower
电气联锁装置 electric(al) interlocking installation
电气炼钢炉 electric(al) steel furnace
电气量热器 electric(al) calorimeter
电气列车 electric(al) train
电气列车线试验 electric(al) train line test
电气零点信号 electric(al) zero signal
电气硫化床 electrofluidized bed
电气录制 electric(al) transcription
电气路签闭塞法 blocking by electric staff or tablet
电气路牌闭塞系统 electric(al) staff block system; electric(al) tablet block system
电气路牌闭塞制 electric(al) tablet block system
电气路牌机 electric(al) tablet instrument; electric(al) tablet machine
电气路牌行车方法 electric(al) train tablet working
电气路牌制 electric(al) train tablet working
电气路签 electric(al) train staff
电气路签闭塞法 blocking by electric staff or tablet
电气路签闭塞系统 electric(al) staff block system; electric(al) tablet block system
电气路签闭塞制 electric(al) staff block system
电气路签机【铁】electric(al) staff machine; electric(al)(train) staff instrument
电气路签行车方法 electric(al) train

staff working
电气路签制 electric(al) train staff working
电气脉搏曲线记录器 electric(al) kymograph
电气模拟装置 electric(al) analog(ue) device
电气配件 electric(al) fitting
电气配线 electric(al) wiring
电气片岩 tourmaline schist
电气频闪观察仪 electric(al) stroboscope
电气平底锅 electric(al) hot plate
电气评论 <英国周刊> Electric(al) Review
电气凭证闭塞制 <如钥匙、路签、路牌> electric(al) token block system
电气凭证机 electric(al) token instrument
电气凭证行车方法 electric(al) train token working
电气凭证制 electric(al) train token working
电气企业 electric(al) works; electricity works
电气气传动 electropneumatic actuator
电气气动调速器 electropneumatic governor
电气气动控制器 electropneumatic controller
电气气动转换器 electropneumatic converter[convertor]
电气气体分析器 electric(al) gas analyser[analyzer]
电气汽车 electric(al) motor car
电气器材 electric(al) material; electric(al) product
电气钎焊 electric(al) soldering
电气牵引车 electric(al) towing trolley
电气牵引工程 electric(al) traction engineering
电气牵引机 electric(al) prime motor; electric(al) prime mover
电气强度 electric(al) strength
电气强度试验 electric(al) strength test
电气切割机 electric(al) cutter
电气溶胶分析仪 electric(al) aerosol analyser[analyzer]
电气熔缝机 electric(al) sealing machine
电气熔炼炉 electric(al) smelting furnace
电气散热器 electric(al) radiator
电气设备 all-electric(al) plant; current-using apparatus; electric(al) accessory; electric(al) apparatus; electric(al) equipment; electric(al) facility; electric(al) fixture; electric(al) installation; electric(al) plant; utilization equipment
电气设备安装图 electric(al) construction drawing
电气设备承包人 electric(al) contactor
电气设备承包商 electric(al) contactor
电气设备承包者 electric(al) contactor
电气设备分布图 electric(al) plan
电气设备高压试验 high potential test for electric(al) equipment
电气设备故障 electric(al) equipment malfunction
电气设备火灾 electric(al) equipment fire
电气设备控制板 electric(al) control panel
电气设备室 electric(al) cabinet
电气设备维护和保养 electric(al) service
电气设备线路引出端 <车站轨道上> electric(al) service outlet at station track
电气设计 electric(al) design; electric(al) layout
电气设计安装规范 code for electric(al) design and installation; criterion for electric(al) design and installation
电气生命保障设备 electric(al) life support equipment
电气施工 electric(al) construction
电气施工工具 electric(al) construction tool
电气湿度计 electropsychrometer; electric(al) hygrometer
电气石 Brazilian chrysolite; Brazilian ruby; iochroite; peridot; taltalite; verdelite; tourmalin(e)
电气石花岗岩 luxulianite [luxulyanite]; tourmaline granite
电气石化(作用) tourmalinization
电气石计 tourmaline ga(u)ge
电气石矿床 tourmaline deposit
电气石片岩 tourmaline schist
电气石石英云英岩 tourmaline quartz greisen
电气石型锡石矿石 cassiterite ore of tourmaline type
电气石英岩 messosilexite
电气石云母云英岩 tourmaline muscovite greisen
电气石云英岩 tourmaline greisen
电气时代 <月刊> Electric(al) Time
电气式伴随加热法 electric(al) trace heating
电气式变矩器 electric(al) pneumatic converter
电气式回转速度计指示器 electric(al) tach(e) ometer indicator
电气事故 electric(al) accident; electric(al) hazard
电气事业 electric(al) enterprise; electric(al) utility
电气试验 electric(al) test
电气试验车 electric(al) testing car
电气试验室 electric(al) laboratory
电气手提灯 electric(al) handlamp
电气竖井 electric(al) shaft
电气数鱼器 electric(al) fish counter
电气水冷却器 electric(al) water cooler
电气随动控制 electroservo control
电气锁(闭) electric(al) locking; electrolock
电气锁闭杆 electric(al) plunger
电气锁闭解锁 electric(al) lock(ing) release
电气踏板 electric(al) treadle
电气探测记录 <地球物理勘探> electric(al) log
电气探查 electric(al) prospecting method
电气探查记录 electric(al) logging
电气陶瓷 electric(al) ceramics
电气特性 electric(al) character; electric(al) characteristic; electric(al) parameter; electric(al) specification
电气体比重计 electroaerometer
电气体动力学 electrogas dynamics
电气体自动信号机【铁】electrogas automatic signal
电气天花板供暖 electric(al) ceiling panel heating
电气调速器 electric(al) governor
电气铁道 electric(al) railroad; electric(al) railway
电气铁路 electric(al) railroad; carline railroad
电气铁路导接线 electric(al) railway bond
电气通信[讯]实验室 electric(al) communication laboratory
电气凸版 glyphograph
电气图纸 electric(al) installation drawing
电气推拉握柄 power type slide
电气脱盐 electric(al) desalting
电气网络 electric(al) network
电气危害 electric(al) hazard
电气维修保养电梯 electric(al) service elevator; electric(al) service lift
电气温床 electric(al) hotbed
电气温度计 electric(al) thermometer
电气温度控制 electric(al) temperature control
电气握柄 electric(al) lever; power type lever
电气握柄联锁 electric(al) lever interlocking
电气吸烟点火器 electric(al) cigar lighter
电气系统 electric(al) system
电气系统图 electric(al) systematic drawing
电气线路 electric(al) circuit
电气线路的敷设 electric(al) wiring
电气线路图 electric(al) wiring diagram
电气限时解锁器 electric(al) time release
电气消毒器 electric(al) sterilizer
电气信号 electric(al) signal
电气信号法 all-electric(al) signal(l) ing
电气信号楼【铁】electrically operated signal box
电气信号器 <悬挂数灯> electrolier
电气信号设备 all-electric(al) signal(l) ing
电气信号箱【铁】electrically operated signal box
电气性能 behavio(u)r of electricity; electric(al) property; electric(al) specification
电气修理 electric(al) repair
电气修理车间 electric(al) repair shop
电气修理工程车 electric(al) repair truck
电气烟气分析器 electric(al) gas analyser[analyzer]
电气遥测温度表 electric(al) telethermometer
电气遥测压力表 electric(al) remote test pressure ga(u)ge
电气遥测转速表 electric(al) remote test tach(e)ometer
电气遥控 electric(al) remote control
电气冶炼厂 electric(al) metallurgical works
电气液面报警器 electric(al) liquid level alarm
电气液压凹模压床 electrohydraulic notching press
电气液压靠模仿型铣床 autotrace
电气液压振动器 electrohydraulic shaker
电气仪表 electric(al) instrument; electric(al) meter
电气仪器 electric(al) instrument
电气引爆器 squib
电气应变效应 electrostrain effect
电气英石岩 mesosilexite
电气用具 electric(al) appliance
电气用绝缘纱 electric(al) yarn
电气用品 electric(al) appliance
电气与电子工程师协会标准 Institute of Electric(al) electronic Engineer standards
电气与电子工程师学会 Institute of Electric(al) electronic Engineers
电气与机械工程合同条件 conditions of contract for electric(al) and mechanical works
电气预热设备 electric(al) fuel spray for preheating air
电气元件 electric(al) element
电气原理图 electric(al) schematic diagram
电气钥匙闭塞制 electric(al) key block system
电气云英岩 tourmaline greisen
电气运输设备 electric(al) transporting appliance
电气栽培 electroculture
电气载货车 electric(al) motor truck
电气载重车 electric(al) motor truck
电气照明 electric(al) illumination; electric(al) lighting; electrically lit
电气照明设备 electric(al) lighting equipment
电气照明设施 electric(al) illumination system; electric(al) lighting system
电气照明系统 electric(al) illumination system; electric(al) lighting system
电气照明装置 electric(al) luminaire fixture
电气诊断 electric(al) diagnosis
电气蒸汽散热器 electric(al) steam radiator
电气执行元件(机构) electropneumatic actuator
电气制 electric(al) system
电气制动器 electrically operated brake
电气制造工业 electric(al) manufacturing industry
电气中心 electric(al) center[centre]
电气中央供热 electric(al) central heating
电气重油加热器 electric(al) oil heater
电气主结线 main electric(al) circuit diagram
电气主结线图 main electric(al) connection diagram
电气转差率 <转子与定子间的> electric(al) slip
电气转换器 electronic pneumatic transducer
电气装配工 wire man
电气装修 electric(al) fitting
电气装置 electric(al) apparatus; electric(al) device; electric(al) installation; electric(al) plant
电气装置图 electric(al) installation drawing
电气自动闭塞系统【铁】automatic electric(al) block system
电气自动闭塞制 automatic electric(al) block system
电气自动的 electromatic
电气自动定时解锁器 electric(al) automatic time release
电气自动方式 electromatic
电气自动化 electric(al) automatization
电气自动调节 electrically controlled regulation
电气组件 electric(al) component
电气钻探 electric(al) boring
电器 electric(al) appliance; electric(al) equipment; electric(al) fitting
电器保护 electric(al) protection

电器插口 electric(al) outlet
电器插座 receptacle; socket outlet; wall socket
电器词汇 electric(al) apparatus terminology
电器瓷套 apparatus porcelain sleeve
电器电源开关 appliance mains switch
电器灌封材料 electric(al) equipment potting material
电器混线 electric(al) cross
电器检修间 electric(al) appliance workshop
电器接地 electric(al) ground
电器绝缘瓷座 hardware fitting electric(al) porcelain insulator
电器绝缘子 apparatus insulator
电器开关 electric(al) switch
电器连接 electric(al) coupling
电器连接器 electric(al) coupler
电器零件 electric(al) parts
电器设备 electric(al) installation; electric(al) apparatus
电器设备噪声 electric(al) installation noise; electric(al) equipment noise
电器试验测试设备 electric(al) apparatus measuring device
电器特性 operating characteristics of electric(al) apparatus
电器外罩 electric(al) enclosure
电器维修箱 electric(al) maintenance case
电器型面靠模车削设备 electric(al) profile copy turning equipment
电器修理工程车 electric(al) repair truck
电器元件除尘装置 electric(al) component dust collector
电器装置 electric(al) installation
电器综合试验装置 electric(al) component comprehensive test equipment
电迁移(法) electric(al) migration
电迁移率 electromobility
电强化加热 electric(al) boosting
电桥 electric(al) bridge
电桥比率臂 bridge arm; bridge ratio arm
电桥臂 bridge arm; leg of a bridge
电桥标准导线 bridge wire
电桥测量 bridge measurement
电桥测试 bridge test(ing)
电桥电流指示器 bridge current indicator
电桥电路 bridge circuit; bridge diagram; electric(al) balance
电桥电路图 bridge diagram
电桥电压 bridge voltage
电桥法 bridge method
电桥校准 bridge calibration
电桥平衡 bridge balance
电桥平衡振荡器 bridge balancing oscillator
电桥式放大器 bridge amplifier
电桥式频率计 bridge type frequency meter
电桥式温度调节器 electric(al) bridge temperature regulator
电桥式盐变仪 salinity bridge
电桥式兆欧计 bridge megger
电桥式转变 bridge transition
电桥式转换 bridge transition
电桥限幅器 bridge limiter
电桥箱 bridge box
电桥用电阻箱 ratio arm box
电桥用放大器 bridge amplifier
电撬 crowbar
电切除术 electrosection
电切刀 electric(al) knife
电切术 electrocision; electrotomy
电亲合力 electroaffinity
电亲合性 electroaffinity
电亲和势 electroaffinity
电侵蚀 electric(al) erosion
电倾析 electric(al) decantation; electrodecantation
电清洗 electrocleaning
电球强度试验 bowling-alley test
电驱动 dynamic(al) drive
电驱动的 electric(al)-driven; electrically driven; electrically operated
电驱动的轨道式抓斗起重机 rail-mounted electric(al) grabbing crane
电驱动复印机 electrically driven duplicator
电驱蚊器 electric(al) mosquito driver
电取暖器 electric(al) warmer
电去电离膜堆 membrane stack of electrodeionization
电去污 electrode contamination
电燃式 electrically fired
电扰 electric(al) disturbance
电绕钟 electrically wound clock
电热 electric(al) heat; electroheat
电热安全玻璃 electrically heated safety glass
电热板 electric(al) hot plate; electric(al) platen; hot plate; platen heater
电热棒 electric(al) bar
电热杯 electric(al) cup
电热泵 electric(al) heat pump
电热表 electrothermal meter
电热饼铛 electric(al) baking pan
电热玻璃 electric(al) heat glass; electroheated glass
电热采暖 electric(al) heating
电热采暖设备 electric(al) heating appliance
电热采暖天棚 electric(al) heating ceiling
电热采暖系统 electric(al) heating system
电热层 electric(al) heating blanket
电热缠丝机 thermoelectric(al) winding system
电热铲 electric(al) heater shovel
电热除霜器 electric(al) defrost heater
电热处理炉 electric(al) heat treating furnace
电热促熔 boost melting
电热打印机 electrothermal printer
电热带 ribbon heater
电热单元 electric(al) heating element
电热当量 electrothermal equivalent
电热道岔 electrically heated switch
电热的 electrically heated; electrothermal; electrothermic
电热灯 heat lamp
电热地板 electric(al) heating floor
电热电缆 electric(al) heating cable
电热电路 heater circuit
电热电阻器 heating resistance
电热垫 electric(al) pad; electric(al) warming pad
电热垫褥 electrically heated bedding
电热对流 electric(al) convection
电热对流器 electric(al) convector
电热镦 electric(al) upset forging
电热镦锻机 electric(al) upsetter
电热发光 electrothermoluminescence
电热发生器 electrothermal generator
电热法 electric(al) heating; electric(al) warming; electronic heater; electrothermal process; electrothermic process; electrothermics; electrothermy
电热法预加应力 prestressed by electric(al) heating; prestressing by electric(al) heating
电热法预应力张拉 thermoelectric(al) prestressing
电热(法)张拉 electric(al) heat prestressing
电热饭桌 hot food table
电热防爆干燥箱 explosion-proof and electric(al) heating drying box
电热风机 electric(al) calorifier
电热风炉 electric(al) central warm-air furnace
电热服 electric(al)-heated suit; electric(al)-heated underwear; electric(al) heating clothes
电热辐射采暖 electric(al) panel heating; electric(al) radiant heating
电热辐射采暖系统 electric(al) radiant heating system
电热辐射供暖 electric(al) panel heating; electric(al) radiant heating
电热辐射供暖系统 electric(al) radiant heating system
电热辐射炉 electric(al) radiation furnace; electrode boiler
电热辐射器 electric(al) heat radiator; electric(al) radiator
电热负荷 electrothermal load
电热干燥机 electric(al) air drier[dryer]
电热干燥器 electric(al) drying apparatus; electric(al) thermal desiccator
电热坩锅 electric(al) crucible
电热感记录纸 electrothermosensitive recording paper
电热高压消毒器 electric(al)-heated high pressure sterilizer
电热供暖 electric(al) heating
电热供暖系统 electric(al) heating system
电热谷物干燥机 all-electric(al) grain drier
电热鼓风干燥机 electric(al) heating air-blowing drier
电热鼓风干燥箱 drying box by electric(al) heated blasting; electric(al) drying oven with forced convection; electrothermal blowing dry box
电热管 electric(al) heating tube
电热辊 contact roller
电热锅 electric(al) food warmer
电热锅炉 electric(al) boiler; electric(al) hot water boiler; electrically heated boiler; electric(al) steam-boiler; electric(al) steam generator; electrode boiler
电热锅炉给水调节器 electric(al) boiler feed regulator
电热焊枪 electrically heated welding torch
电热合金 electrothermal alloy
电热恒温X线胶片干燥箱 thermostatically controlled X-ray film dryer
电热恒温干燥箱 electrothermal constant-temperature dry box
电热恒温培养箱 electroheating standing-temperature cultivator
电热恒温器 electric(al) thermostat
电热恒温式火灾报警器 electric(al) thermostat fire alarm system
电热恒温水浴锅 electric(al)-heated thermostatic water bath
电热恒温箱 electrothermostat
电热恒温浴缸 thermostatic water bath
电热烘烤 electric(al) baking
电热红外线采暖器 electric(al) infrared heater
电热计 electrothermic ga(u)ge
电热记录 electrothermal recording
电热继电器 electrothermal relay
电热交换器 electric(al) heat exchanger
电热搅拌器 electric(al) stirrer
电热接电单 heating connect order
电热接线融冰设施 ready-to-wire heating system
电热卷发器 electrically heated haircurler
电热开关 heater switch
电热量计 electrocalorimeter
电热炉 electrothermal furnace
电热轮胎切槽器 electric(al) tyre groover
电热模板 heated form
电热模拟 electricity heat analogy
电热沐浴器 electric(al) heating shower
电热能量 electrothermal energy
电热能量转化 electrothermal energy conversion
电热盘 electric(al) hot tray
电热盘管 electric(al) heating coil
电热平板压烫机 electrically heated flat bed press
电热器 electric(al) heating device; electric(al) resistor; electrotherm
电热器线圈 electric(al) heater coil
电热器用云母板 heater mica plate
电热枪 electric(al) heat gun
电热清蜡车 electrothermal paraffin vehicle
电热取尘样计 thermal precipitator
电热取暖 electric(al) heating
电热取暖设备 electric(al) comfort heating appliance
电热热水供暖 electric(al) hot water heating
电热热水锅炉 electric(al) hot water boiler
电热热水器 electric(al) thermal water heater
电热热水设备 electric(al) thermal water heating appliance
电热热压机 electric(al) hot compacting press
电热熔炼 electric(al) smelting; electrothermal smelting
电热熔炼的耐火砖 electric(al) melted refractory tile
电热融霜 electric(al) defrosting
电热融霜系统 electrothermal defrosting system
电热塞 glow plug
电热塞点火 glow-plug ignition
电热塞起动器 glow plug starter
电热烧灼器 electric(al) cautery set
电热设备 electric(al) heating installation; electrothermic equipment
电热湿治(法) electric(al) heat curing
电热炻器 electric(al) stone ware
电热式地板 electric(al) floor panel
电热式沥青加热装置 bitumen electrical heating device
电热式沥青贮仓 electric(al) heating storage
电热式墙板 electric(al) wall panel
电热式水温度 electrothermal water temperature
电热式仪表 electrothermic instrument
电热室 electric(al) heating chamber
电热水壶 electric(al) kettle
电热水瓶 electric(al) hot water bottle
电热水器 electric(al) flow heater; electric(al) hot water heater
电热丝 heating cord; heating element; heating wire
电热丝法 heating wire method
电热丝式加热器 strip heater
电热送餐车 electric(al) food conveyor
电热毯 electric(al) blanket; electric(al) heating blanket

电热碳还原装置 electrocarbothermic reduction assembly
电热套 electric(al) jacket
电热体 electric(al) heating element
电热调节器 electrohot regulator; electrothermic regulator
电热铁合金车间 electrothermic ferroalloy shop
电热铜焊 electric(al) brazing
电热推进 electrothermal propulsion
电热退火炉 electric(al) annealing furnace
电热温床 electric(al) seed bed heater
电热温水暖炉 electric(al) water heater
电热系数 electrocaloric coefficient
电热细菌培养器 electric(al) incubator for bacteria
电热先张法 electrothermal pretensioning
电热线锯 hot-wire saw
电热线圈 electric(al) heating coil
电热箱 heater case
电热效率 electrothermal efficiency
电热效应 electrocaloric effect; electrothermal effect
电热鞋 electric(al) heating shoes
电热型锻 electric(al) swaging
电热旋风炉 electric(al) cyclone furnace
电热学 electrothermics; electrothermy
电热压 hot electric(al) pressing
电热压呢机 electric(al) heating press
电热压纸板 electric(al) pressboard
电热盐浴 electric(al) salt bath
电热养护 <混凝土的> electrothermal curing; electric(al) heat curing; electrothermal maintenance
电热养护混凝土 electrically conductive concrete
电热冶金 electrothermal metallurgy
电热仪表 thermal instrument
电热硬化 <混凝土的> electrothermal hardening
电热硬钎焊 electric(al) brazing
电热浴池 electric(al) bath
电热预加应力法 electric(al) prestressing
电热元件 electric(al) heating element; electric(al) heating unit; heating element; heating unit
电热元件的比表面功率 specific surface power of electric(al) heating element
电热原子吸收光谱 electrothermal atomic absorption spectrometry
电热张拉法 electroheating tensioning method
电热罩 electric(al) mantle; electrothermal mantle
电热蒸化机 electrofixer
电热蒸馏水器 electric(al) distiller; electrically heated distilling apparatus
电热蒸浓(法) electric(al) concentration
电热蒸汽发生器 electric(al) steam generator
电热蒸汽养护 electric(al) steam curing
电热蒸煮器 electric(al) steamer
电热煮水器 electric(al) water heater
电热装置 electric(al) calorific installation; electric(al) heating apparatus
电热(紫铜)烙铁 electric(al) soldering copper
电热自动饮水器 automatic electrically heated waterer
电热钻进 electric(al) heater drilling
电韧火精铜 electric(al) tough pitch
电韧铜 electric(al) tough pitch
电容 dielectric(al) capacity; permittance; electric(al) capacitance <法定单位为法(拉),符号为 F>
电容倍增器 capacity multiplier
电容比 capacitance ratio
电容比较仪 capacitance comparator
电容避雷器 condenser arrester
电容变化 change in capacitance; change in capacity
电容变化比 ratio of varying capacitance
电容标准 capacity standard
电容表 capacitance meter
电容补偿 capacitance compensation
电容不平衡 capacity unbalance
电容操纵继电器 capacitance relay
电容测高计 electric(al) capacity altimeter
电容测量器 capacitometer
电容测量仪 capacitance measuring instrument
电容测试器 capacitance meter; capacity measuring set; capacity meter
电容测试仪 capacitance measuring tester
电容测微计 capacitance micrometer
电容测微器 capacitance micrometer
电容测向器 capacity goniometer
电容成分 capacitive component
电容充电 capacity charge
电容充电按钮 charge button
电容充电容量 capacitive charging capacity
电容储能点焊 condenser discharge spot welding
电容储能点焊机 condenser-type spot welder
电容触发器 capacitor trigger
电容传感器 capacitance transducer
电容传声器 capacitor microphone; electrostatic microphone
电容存储电路 capacitive storage circuit
电容存储器 capacitor storage; condenser storage
电容的 condensive
电容地震计 capacity seismometer
电容地震仪 capacity seismograph
电容电动机 capacitive motor; capacitor induction motor
电容电动势 capacitive electromotive force
电容电抗管 capacitance tube
电容电流 charging current
电容电路 capacitive circuit
电容电桥 capacitance bridge; capacity bridge; farad bridge
电容电位计 capacitance potential device; capacitance potentiometer
电容电位器 capacitance potentiometer
电容电压法 capacitance-voltage method
电容电阻的 capacitance-resistance
电容电阻滤波器 distributed component
电容电阻耦合 capacitance-resistance coupling
电容电阻器 capacitance-type resistor
电容读数 capacitive reading
电容惰性 capacitive lag; capacity time lag
电容法 capacitance method
电容反馈 capacitive feedback; capacity reaction
电容反馈改进型振荡器 Clapp oscillator
电容反馈振荡器 capacitance oscillator
电容放电法读出 capacity discharge reading
电容放电风速计 condenser discharge anemometer
电容放电焊接 capacitor-discharge welding
电容放电式点焊机 capacitor-discharge spot welder
电容放电式电焊机 condenser discharge welder
电容分级 capacitance grading
电容分量 capacitive component; condenser component
电容分路安培计 capacity shunt ammeter
电容分相式电动机 capacitor split-phase motor
电容分相式感应电动机 condenser shunt type induction motor
电容分压器 capacitance potential device; capacitive voltage divider; capacitor voltage divider; capacity divider; condenser divider
电容高度计 electric(al) capacity altimeter
电容汞弧管 capacitron
电容恒定度 capacitance constancy
电容换能器 capacitance transducer
电容换向器 capacitive commutator
电容回授 capacitive feedback
电容回授电路 capacitive feedback circuit
电容回授振荡器 oscillator with capacitive feedback
电容火花 condensed spark
电容积分器 capacitance integrator
电容计 capacitance meter; capacity meter
电容记录器 capacitance recorder
电容继电器 capacity relay
电容检验器 condenser checker
电容节 capacitance section
电容抗 condensive resistance
电容控制振荡器 capacitor-controlled oscillator
电容扩音器 condenser microphone
电容量 capacitance; capacitivity; capacity; electric(al) capacity
电容量变化率 rate of change of capacitance
电容滤波 capacitor filtering
电容滤波器 capacitive filter; capacitor filter; condenser filter
电容率 capacitivity; dielectric(al) capacity; dielectric(al) capacitance; dielectric(al) constant; permittivity; specific inductive capacity; specific inductivity
电容率温度系数 temperature coefficient of permittivity
电容脉波计 capacitoplethysmograph
电容敏感电路 capacity sensitive circuit
电容耦合 capacitance coupling; capacitive coupling; capacitor coupling
电容耦合测量仪 capacity coupling measuring set
电容耦合测试器 capacitive coupling meter
电容耦合测试仪 capacity coupling meter
电容耦合触发器 capacitance coupled flip-flop
电容耦合的 capacity coupled
电容耦合的箝位电路 capacity-coupled clamp
电容耦合放大器 capacitive coupling amplifier; condenser coupling amplifier
电容耦合逻辑 capacitor-coupled logic
电容耦合器 capacity coupler
电容耦合三端振荡器 tapped-condenser oscillator
电容耦合双调谐电路 capacity coupled double-tuned circuit
电容频率法 capacitance-frequency method
电容平衡 capacity balance
电容起动电动机 condenser run motor; condenser start(ed) motor
电容起动感应电动机 capacitor start induction motor; condenser start induction motor
电容起动器 capacitor starter
电容起动行驶式电动机 capacitor start and run motor
电容器 capacitance of condenser; capacitor; condensator; condenser; condensing apparatus; electric(al) capacitor; electric(al) condenser; electrostatic accumulator
电容器板 armature; condenser armature; condenser coating; condenser plate; plate
电容器焙烧炉 capacitor firing furnace
电容器玻璃 capacitor glass
电容器薄片云母 condenser sheet mica
电容器测试器 capacitor tester
电容器充电 capacitor charge; condenser charge
电容器充电按钮 charge button
电容器充电电流 charging current of condenser
电容器瓷套 porcelain shell for capacitor
电容器存储器 capacitor memory; capacitor store; capacitor storage
电容器的串联和并联 capacitor in series and parallel
电容器的电容量 capacity of condenser
电容器的电阻 condenser resistance
电容器的定片 stator of condenser
电容器电荷逐渐增多 socking in
电容器电流 condenser current
电容器电路 condenser circuit
电容器电容量 condenser capacity
电容器电压 condenser voltage
电容器定片 condenser stator; stator plate
电容器二极管存储器 capacitor diode storage; condenser diode storage
电容器放电 condenser discharge; discharge of capacitor
电容器放电按钮 discharge button
电容器放电点焊机 condenser discharge spot-welding machine
电容器放电式爆破机 battery-condenser exploder
电容器分析仪 capacitor analyser[analyzer]
电容器固定存储器 capacitor read-only storage
电容器盒 condenser block
电容器极板 capacitor plate
电容器架 condenser bracket
电容器检验器 capacity checker
电容器接线柱 condenser terminal post
电容器漏泄 condenser leakage
电容器伦琴计 condenser roentgen meter
电容器耦合 condenser coupling
电容器片 condenser plate
电容器片组 system of plates
电容器起动 capacitor start
电容器起动电动机 capacitor start motor
电容器起动和运行电动机 condenser

D

start and condenser run motor
电容器容量变化律 law of condenser
电容器色标 capacitor colo(u)r code
电容器拾音器 condenser pickup
电容器式避雷器 condenser lightning arrester
电容器式放炮器 condenser discharge blasting machine
电容器式话筒 condenser microphone
电容器式绝缘套 condenser-type bushing
电容器式验电器 condenser electroscope
电容器式扬声器 capacitor loudspeaker
电容器试验器 capacitor analyser[analyzer];capacitor tester;condensator tester;condenser tester
电容器输入滤波器 condenser input filter
电容器损耗 condenser loss
电容器陶瓷 capacitor ceramics;condenser ceramics
电容器天线 capacitor antenna;condenser antenna
电容器箱 capacitor box;condenser box
电容器永久性存储器 capacitor read-only storage
电容器油 condenser oil;electric(al) condenser oil
电容器只读存储器 capacitor read-only storage
电容器纸 capacitor paper;capacitor tissue;condenser paper;condenser tissue
电容器纸机 condenser tissue machine
电容器轴 capacitor shaft;condenser spindle
电容器轴旋转 condenser-shaft rotation
电容器组(合) capacitor bank;bank of capacitors;bank of capacity;bank of condensers;battery of capacitors;condenser bank;condenser block;gang condenser
电容桥法 capacity-bridge method
电容三点式振荡器 capacitance connecting three point type oscillator
电容湿度计 electric(al) capacity moisture meter[metre]
电容时滞 capacity lag;capacity time lag
电容拾声器 capacitor pickup
电容拾音器 electrostatic pick-up
电容式 capacitance
电容式波形记录器 ondograph
电容式测辐射热计 condenser bolometer
电容式测高计 capacitance altimeter;capacity altimeter;Gunn altimeter
电容式测微计 capacitive micrometer
电容式测微器 capacitive micrometer
电容式潮位计 electric(al) capacitance ga(u)ge
电容式潮汐计 electric(al) capacitance tide ga(u)ge
电容式传感器 capacitance-type sensor;capacitive transducer;capacity type transducer
电容式传声器 capacitor microphone;condenser microphone
电容式单相电动机 capacitor single-phase motor
电容式地震检波器 capacity seismometer
电容式电动机 condenser motor
电容式电压互感器 capacitance potential transformer;capacitive voltage transformer;capacitor voltage transformer
电容式发爆器 condenser discharge type exploder
电容式放电领示灯 capacitive discharge pilot light
电容式分压器 capacitive divider;condenser divider
电容式高度计 capacitance altimeter
电容式规律性度试验机 capacitance-type regularity tester
电容式话筒 condenser microphone;electrostatic microphone
电容式继电器 capacitance relay;capacity relay
电容式接近开关 capacitive approach switch
电容式进线套管 capacitance bushing;condenser-type bushing
电容式锯齿波发生器 capacitive sawtooth generator
电容式均匀度试验机 capacitance-type regularity tester
电容式料位计 capacitance-type level-meter
电容式料位开关 capacitive level switch
电容式料位指示器 capacitive level indicator;capacitor material level indicator;capacity level indicator;capacity material level indicator
电容式起动 capacity starting
电容式起动电动机 capacitor start motor
电容式起动和运转的电动机 capacitor start and run motor
电容式起动机 capacitor starter
电容式湿度计 dielectric(al) type moisture meter
电容式湿敏元件 capacitive moisture sensor
电容式拾音器 condenser pickup
电容式拾音头 condenser cartridge
电容式受话器 electrostatic receiver
电容式水分测定表 electric(al) capacity moisture meter[metre]
电容式水分测定仪 capacitor moisture measurer
电容式水平指示器 capacitance level indicator
电容式水位计 capacitor fluviograph
电容式水位检测器 capacitance water-level detector
电容式送话器 condenser transmitter
电容式套管 capacitor bushing;condenser bushing;condenser-type terminal
电容式听水器 capacitor hydrophone
电容式听筒 condenser receiver
电容式微音器的放大器 condenser-transmitter amplifier
电容式位置传感器 capacitive position transducer
电容式压力变送器 capacitance pressure transmitter
电容式盐度仪 capacitive salinometer
电容式验电器 capacitance-type electroscope
电容式扬声器 condenser loudspeaker
电容式液位传感器 capacitance level transducer
电容式液位计 capacitance liquid level indicator;electric(al) capacity type liquidometer
电容式液位探头 capacitance liquid level probe
电容式仪表用变压器 condenser potential device
电容式应变计 capacitance(-type) strain ga(u)ge;capacity type extensometer;capacity type strain ga(u)ge
电容式应变仪 capacitance-type strain ga(u)ge
电容式张力计 capacity tensiometer
电容式纸带输入机 capacity paper tape reader
电容式转速计 capacitor tach(e)ometer
电容试验 capacitance test
电容试验器 capacitance tester
电容输入滤波器 capacitor-input filter;capacity-input filter;condenser input filter
电容衰减器 capacity attenuator
电容水平指示仪 capacitance level indicator
电容水听器 capacitor hydrophone
电容水下测音器 capacitor hydrophone
电容水下地震检波仪 capacitor hydrophone
电容送话器 capacitor microphone;condenser transmitter
电容探测器 capacitance probe;capacitive probe;capacity probe
电容探头 capacitance probe;capacity probe
电容探针 capacitance probe
电容探针式波高仪 capacitance probe type wave recorder
电容调节器 capacity regulator
电容调谐 capacitance tuning;capacitive tuning;condenser tuning
电容调制器 capacitor modulator
电容温度计 electric(al) capacitance thermometer
电容温度系数 temperature coefficient of capacitance;temperature coefficient of capacity
电容误差分选仪 capacitance error selector
电容系数 capacitance coefficient;coefficient of capacitance
电容线规 capacitance wire ga(u)ge
电容箱 capacitance box
电容效应 capacity effect
电容泄漏电流 capacitive leakage current
电容性 capacitive character;condensive
电容性测高计 electrocapacitance altimeter
电容性窗口 capacitive window
电容性电抗 capacitive reactance
电容性电抗管 capacitive resistance tube
电容性电流 capacitance current;capacitive current;capacity current;condensance current
电容性电纳 permittance
电容性短线 capacitive stub
电容性反馈 capacitive feedback
电容性反应 capacitance reaction
电容性放电点火 capacitive discharge ignition
电容性负荷 capacitive load(ing);leading load
电容性负载 capacitive load(ing);condensive load(ing)
电容性连接 capacitive joint
电容性膜片 capacitive iris
电容性射束转换 capacitance beam switching
电容性升压电机 capacity booster
电容性天线 capacity antenna
电容性线圈 slab winding
电容性阻抗 capacitive impedance
电容蓄能接触焊机 condenser discharge resistance welder
电容压力传感器 capacitive pressure transducer
电容验电器 condensing electroscope
电容移相器 capacitor phase shifter
电容因数 capacity factor
电容应变传感器 capacitance strain transducer
电容应变计 capacitance strain ga(u)ge
电容元件 capacity cell
电容再生电路 capacity regenerative circuit
电容值 capacitance;capacity value
电容贮能点焊 condenser discharge spot welding
电容贮能点焊机 condenser-type spot welder
电容贮能接触焊机 condenser discharge resistance welder
电容转换器 capacity commutator
电容阻抗 condensance
电溶电势 electrolytic solution potential
电溶电位 electrolytic solution potential
电溶胶 electrosol
电溶解剂 electrodissolvent
电溶液 electrosol
电熔铂坩埚 bushing
电熔的 electrically melted;electrocast
电熔刚玉 electrocorundum;electromelting corundum;fused alumina;fused corundum
电熔刚玉砖 fused corundum block
电熔高铝砖 monofrax
电熔锆刚玉砖 Corhart Zac-block
电熔焊 electric(al) fusion weld(ing)
电熔焊管 electric(al) fusion-welded pipe
电熔化 electrofusion
电熔浇铸 electrocasting
电熔聚乙烯管件 electrofusion type poly ethylene fitting
电熔炼 electric(al) melting;electrosmelting;electrothermal melting
电熔炼法 electric(al) melting process
电熔炉 electric(al) melting furnace
电熔镁砂 fused magnesite
电熔镁砖 electrically fused magnesite brick;fused magnesite brick
电熔莫来石 fused mullite
电熔莫来石刚玉耐火砖 Corhart standard
电熔莫来石刚玉砖 Corhart block
电熔耐火材料 electrocast refractory
电熔石英 electroquartz
电熔式代铂拉丝炉 electrically melting type Pt substitute furnace
电熔水泥 electric(al) molten cement
电熔丝 electric(al) fuse
电熔窑 cell furnace;electric(al) furnace;electric(al) melter
电熔再结合刚玉砖 fusion rebonded corundum block
电熔再结合镁铬砖 rebonded electrically fused magnetic-chrome brick
电熔铸 electric(al) casting
电熔铸莫来石砖 electric(al) cast mullite brick
电熔铸耐火材料 electrocast refractory
电熔铸耐火砖 electrocast brick
电熔铸铁 electrocast block
电熔铸砖 electric(al)-cast brick;fusion-cast tank block
电融雪器 electric(al) snow melter
电乳浊液处理器 electric(al) emulsion treater
电三相检测 three phase sensing
电扫描 electric(al) scanning
电扫描雷达 electrically scanning radar
电扫描器 electric(al) scanner

电扫描微波辐射计 electrically scanning microwave radiometer
电扫描微波辐射仪 electrically scanning microwave radiometer
电色层分离法 electrochromatography
电色度计 electrocolo(u)rimeter
电色度学 electrocolo(u)rimetry
电色谱 electrochromatograph
电色谱法 electrochromatography
电色谱技术 electrochromatographic(al) technique
电筛 electric(al) sieve
电栅极 electric(al) grid
电闪 lightning flash
电闪灯 electric(al) flashing lamp
电扇 motor fan
电扇出线口 fan-outlet
电扇冷却 fan cooling
电扇生产线 electric(al) fan production line
电扇调速器 regulator of fan
电伤 electric(al) shock
电烧伤 electric(al) burn
电渗 cataphoresis; electric(al) drainage; electric(al) endosmosis; electroendosmosis
电渗传导系数 electroosmotic transmission of coefficient
电渗传递系数 electroosmotic transmission of coefficient
电渗法 electroosmosis method; electroosmotic method
电渗法地面加固 electroosmotic ground stabilization
电渗法疏干排水 electroosmosis for dewatering
电渗法稳定土体 soil stabilization by electroosmosis
电渗固结 consolidation by electroosmosis; electroosmotic consolidation
电渗激发器 electroosmotic driver; micropump
电渗加固 electroosmosis stabilization; electroosmotic stabilization
电渗降低地下水位 electroosmotic dewatering
电渗降水 electroosmosis dewatering; electroosmotic dewatering
电渗流动 electroosmotic flow
电渗排水 drainage by electroosmosis; electrodrainage; electroosmotic dewatering; electroosmotic drainage
电渗排水法 electroosmosis; method of electrodialysis dewatering
电渗去水 electroosmotic dewatering
电渗渗透系数 electroosmotic permeability coefficient
电渗势 electroosmotic potential
电渗透处理 electroosmosis treatment
电渗透法 electroosmosis; electroosmotic method
电渗透法污泥脱水 electroosmosis of sludge dewatering
电渗透射系数 electroosmotic transmission coefficient
电渗透势能 electroosmotic potential
电渗透系数 electroosmotic permeability coefficient
电渗透作用 electric(al) osmosis; electroosmosis
电渗土壤加固(法) electroosmosis
电渗脱水 electroosmotic dewatering
电渗稳定法 electric(al)-osmotic stabilization; electroosmotic stabilization
电渗稳定作用 electric(al)-osmotic stabilization; electroosmotic stabilization
电渗析 electrodialysis; electroosmosis
电渗析槽 electrodialysis cell
电渗析除盐 electrodialytic demineralization
电渗析处理 electrodialysis treatment; electrodialytic treatment; electroosmosis treatment
电渗析电极 electrode for electrodialysis
电渗析堆 stack
电渗析法 electrodialysis method; electrodialysis process
电渗析法淡化 desalination by electrodialysis
电渗析法废水处理 electrodialysis wastewater treatment
电渗析分离仪 electrosmosis analyser [analyzer]
电渗析过程 electrodialysis process; electrodialytic process
电渗析膜 electrodialytic membrane; membrane of electrodialysis
电渗析膜组 electrodialysis stack
电渗析器 electric(al) dialyzator; electrodialyser; electrodialysis set; electrodialyzer; stack
电渗析设备 electrodialysis equipment; electrodialysis plant
电渗析室 electrodialytic cell
电渗析脱矿器 electrodialysis demineralizer
电渗析脱水技术 electrodialysis watering technology
电渗析脱盐(法) electrodialysis desalination
电渗析仪器 electrodialysis apparatus
电渗析装置 electrodialysis apparatus
电渗系数 coefficient of electroosmosis; electroosmosis transmission coefficient; electroosmotic transmission coefficient
电渗现象 electric(al) osmosis; electroendosmosis; electroosmosis; electroosmose; phenomenon of electro-osmosis
电渗装置 electroosmosis installation
电渗作用 electric(al) osmosis; electroosmose; electroosmosis
电生理学 electrophysiology
电生物反应塔 bioelectroreaction tower
电生物学 electrobiology
电声逼真度 electroacoustic(al) fidelity
电声变压器 electroacoustic(al) transformer
电声测距(法) radio acoustic(al) position finding; radio acoustic(al) (sound) ranging; radio sound ranging
电声测量 electroacoustic(al) measure
电声传感器 electroacoustic transducer
电声磁效应 electroacoustomagnetic effect
电声的 electroacoustic(al); radioacoustic
电声法 radio acoustic(al) method
电声互易定理 electroacoustic(al) reciprocity theorem
电声互易原理 electroacoustic(al) reciprocity principle; electroacoustic(al) reciprocity theorem
电声换能器 electroacoustic(al) transducer; electric(al) sound transducer
电声继电器 electroacoustic(al) relay
电声卷尺 electric(al) sounding tape
电声类比 electroacoustic(al) analogy
电声磨机 electroacoustic(al) mill
电声耦合系数 electroacoustic(al) coupling factor
电声偏转 electroacoustic(al) deflection
电声偏转电路 electroacoustic(al) deflection circuit
电声频率计 electroacoustic(al) frequency meter
电声设备 electroacoustic(al) set up
电声调制 electroacoustic(al) modulation
电声调制器 electroacoustic(al) modulator
电声脱水 electroacoustic(al) dewatering
电声温度计 electroacoustic(al) thermometer
电声系数 electroacoustic(al) factor
电声系统 electroacoustic(al) system
电声效率 electroacoustic(al) efficiency
电声效应 electroacoustic(al) effect
电声学 electroacoustics
电声延迟线 electroacoustic(al) delay line
电声仪器 electroacoustic(al) instrument
电声音乐 electronic music; electron phonic music
电声与相关设备 electrosonic and correlation equipment
电声指数 electroacoustic(al) index
电声转换器 electroacoustic(al) transducer
电绳 cord
电湿度表 electric(al) hygrometer
电湿度计 electrohydrometer
电湿法冶金 electrohydrometallurgy
电湿法冶炼 electrohydrometallurgy
电石 calcium carbide; carbide; carbide of calcium
电石槽 carbide reservoir
电石储罐 carbide drum
电石灯 carbide lamp
电石粉 calcium carbide powder; powdered calcium carbide
电石加水式乙炔发生器 water to carbide acetylene generator
电石篮 carbide chamber
电石炉 furnace of calcium carbide
电石炉变压器 calcium carbide furnace transformer
电石墨型 electrographitic type
电石气 acetylene
电石入水式乙炔发生器 carbide to water acetylene generator; carbide to water generator
电石石灰 carbide lime
电石用灰岩 limestone for carbide
电石渣 acetylene residue; acetylene sludge; carbide mud residue; calcium carbide sludge; carbide slag
电石渣废水 acetylene slag wastewater; wastewater from acetylene slag
电石渣浆废水 carbide slag slurry wastewater
电时计 electrochronograph
电蚀 electric(al) erosion; electrochemical machining; electroetching; electrolysis; galvanic corrosion
电蚀加工 electroerosion machining
电蚀锯床 fret-sawing machine
电蚀刻 electroetching; electrograving; electrolytic etching
电蚀刻法 electric(al) etching
电蚀刻器 electric(al) etcher
电蚀器 electric(al) etcher
电矢 electric(al) vector
电世界 <刊物> Electric(al) World
电示波器 electric(al) oscillograph
电示转速计 electric(al) tach(e) ometer
电事故 electricity accident
电势 electric(al) potential; electric(al) tension; power potential
电势测定 electrometric measurement; potentiometric determination
电势测定法 potentiometry
电势测微计 potentiometric extensometer
电势差 difference of potential; electric(al) potential difference; potential difference
电势差腐蚀作用 galvanic corrosion
电势差示滴定(法) potentiometric differential titration
电势的能斯脱零值 Nernst zero of potential
电势滴定 electrometric titration; potentiometric titration; electromechanical titration
电势滴定法 potentiometric method
电势滴定装置 electrometric titration outfit
电势放大器 potentiometric amplifier
电势分布图 potential profile
电势分析 potentiometric analysis
电势分析法 potentiometry
电势恒定器 potentiostat
电势计 potentiometer
电势计轮 potentiometric wheel
电势计式计算器 potentiometer type calculator
电势计式记录器 potentiometer recorder
电势降 fall of potential; potential drop
电势均衡 balance of potential
电势能 electric(al) potential energy; energy of position
电势溶出分析 electrometric stripping analysis
电势衰减器 potential attenuator
电势酸碱度图 potential-pH diagram
电势梯度 electric(al) force gradient; electric(al) potential gradient; potential gradient
电势源 potential source
电视 photovision; radio picture; radiovision; telly <英国俚语>
电视伴音 audio-visual aids
电视伴音的 aural
电视伴音分离设备 sound-vision separator
电视伴音扬声器 background loudspeaker
电视播放室 TV[television] studio
电视播送 televise
电视彩条信号发生器 colo(u)r bar generator
电视测距系统 television ranging system
电视测试示波器 television testing oscilloscope
电视场强仪 TV[television] field strength meter
电视场相位调节 field phase control
电视场帧 television field frame
电视唱片 videodisc
电视车 mobile-unit truck; shooting brake; television car; television jeep
电视车号抄录 television car checking
电视车号核对信息 television car checking information
电视车辆检验 television car checking
电视出线口 television outlet
电视传播车 mobile television unit
电视传播的图像 televise map
电视传播线路 television chain
电视传感器 TV[television] sensor
电视传输 telecast(ing); television transmission
电视传输网 TV[television] transmission network

电视传送电影术 telecinematography
电视传真 teleview;television facsimile
电视传真报纸 telepaper
电视传真电报 ultrafax
电视传真广播 faxcasting
电视大楼 TV[television] building
电视导星器 television guider
电视的 small-screen;video
电视等级 grade
电视地图 television map
电视电传打字机 television typewriter
电视电话 face-to-face picture phone; phonovision; phototelephone; picture-phone; picture telephone; TV telephone; video-phone; video telephone; visual telephone; visual telephony
电视电话会议 video teleconference
电视电话机 picture-phone set; television telephone set
电视电话系统 video telephone system; phonovision system; photovision system
电视电缆 television cable; video cable; visible cable; vision cable
电视电影信道 telecine channel
电视电子显微镜 television electronic microscope
电视发射管 evocon
电视发射机 picture transmitter; TV [television] transmitter; televisor; video transmitter; vision transmitter; visual transmitter
电视发射塔 television torch
电视发射天线 aerial for television transmitter
电视发射圆 television torch
电视跟踪 TV[television] tracking
电视跟踪系统 television tracking system; TV tracker system
电视工程 television engineering
电视工程师 video engineer
电视管理中心 television control center[centre]
电视光纤线路 television-optical fiber link
电视广播室 television(broadcasting) room; television studio
电视广播台 telecasting station; TV [television] broadcast(ing) station
电视广播网 network television
电视广播卫星 television broadcast satellite
电视广播员 televisor
电视和红外(辐射)观测卫星 television and infrared observing[observation] satellite
电视和无线电同时播放 simulcast
电视黑电平调整 black-level setting
电视画面 fax
电视会议 video conference(ing)
电视机 TV[television] set; televisor; telly 机 <英国俚语>
电视机高频头测试仪 high-frequency head tester for TV
电视机柜 cabinet for television set
电视机上的接线端 <俚语> pecker-head
电视计算电路 television counter
电视记录片 kinescope; teletranscription
电视监控 television surveillance
电视监视 TV[television] surveillance
电视监视器 televimonitor; television monitor
电视监视生产 television monitored production
电视监视系统 television monitoring system; television observation system
电视检查监控系统 TV cheque monitoring system
电视检查装置 television monitor
电视检视器 television monitor
电视讲词提示器 teleprompter
电视交通管制系统 TV traffic control system
电视胶片录像机 recording camera
电视教程 telecourse
电视教育 distance education; educational television
电视接口 television interface
电视勘探 exploration by television set
电视控制中心 television control center[centre]
电视雷达导航 teleran; television radar navigation
电视雷达导航系统 teleran; television and radar navigation (al) system; television radar air navigation
电视雷达导航仪 teleran
电视雷达航空导航仪 television radar air navigation
电视雷达显示 TV radar display
电视录放机 videoplayer
电视录像 telerecord; telerecording; television recording
电视录像车 mobile TV recording unit
电视录像机 recording camera
电视录像圆盘 videodisc
电视录音 television recording
电视罗经 telecompass; television compass
电视拍摄 televise
电视频带 television band
电视室 television room
电视室内摄影 live pick-up
电视室内摄制 live pick-up
电视书刊 teletext
电视输入电路 incoming television circuit
电视塔 television tower; television torch
电视塔顶灯 top light
电视台 television station
电视台接力线路 television station link
电视特写 mug shot
电视天文学 television astronomy
电视天线 television aerial
电视天线电缆的匹配 matching of a television aerial cable
电视调谐器 television tuner
电视调制器 TV[television] modulator
电视通信[讯]线路 television station link
电视投影机 television projector
电视网 network
电视演播室 telestudio; teletorium; television studio
电视站 television station
电视诊断 <通过电视进行诊断> telediagnosis
电视指挥制导系统 television command guidance system
电视制式转换设备 television standard conversion equipment; television system converter
电视中继 television relay
电视中心 television(operating) center [centre]
电视钻孔照相机 television borehole camera
电试探器 electric(al) probe
电收尘车间 cottrell plant
电收尘法 electric(al) dust precipitation
电收尘器 Cottrell; cottrell treater
电收尘器烟尘 Cottrell dust
电收尘设备 electric(al) dust collection plant
电枢 armature; rotor
电枢包扎钢丝 armature binding wire
电枢槽 armature slot
电枢槽沟 armature slot
电枢测试器 armature tester
电枢齿磁漏 differential leakage
电枢冲片 armature stamping
电枢磁场 armature field
电枢磁动势 armature magnetomotive force
电枢磁通量 armature flux
电枢带 armature band
电枢导体 armature conductor
电枢导线 armature conductor
电枢的齿 armature projection
电枢电极绝缘衬套 armature terminal insulating bushing
电枢电抗 armature reactance
电枢电压控制 armature voltage control
电枢电阻 armature resistance
电枢端板 armature end plate; armature flange; armature head; core head
电枢端部接线 armature end connexion; overhang
电枢反应 armature reaction
电枢反应磁场 armature reaction magnetic field
电枢反应电抗 reactance of armature reaction
电枢反作用力 armature reaction
电枢风道 armature duct
电枢辐 armature spider
电枢辐架 armature spider
电枢辐式机架 armature spider
电枢负载 electric(al) loading
电枢感应 armature induction
电枢感应线圈 armature inductor
电枢构造 armature structure
电枢继电器 armature relay
电枢间隙 armature gap
电枢检查仪 armature detector; armature tester
电枢励磁曲线 armature excitation curve
电枢漏磁场 armature leakage field
电枢漏(磁电)抗 armature leakage reactance
电枢漏磁通 armature leakage flux
电枢平滑铁芯 armature smooth core
电枢绕组 armature coil; armature copper; armature winding
电枢绕组机 armature winding machine
电枢绕组平行电路数 number of circuits in armature
电枢绕组元件 armature loop
电枢十字架销 armature spider pin
电枢十字支架 armature spider
电枢式磁电机 armature type magneto
电枢试验仪器 armature testing apparatus
电枢束带 armature binder
电枢锁紧垫圈 armature lock washer
电枢套管轴 armature quill
电枢特性 armature characteristic
电枢特性曲线 armature characteristic curve
电枢体 armature body
电枢条 armature bar
电枢铁片 armature lamination; stamping core plate
电枢铁损 armature iron loss
电枢铁芯 armature core
电枢铁芯长度 armature core length
电枢铁芯片 armature core disc[disk]
电枢铁芯压板 armature core head
电枢铜损 armature ohmic loss
电枢衔铁 anchor
电枢线圈 armature coil; armature winding
电枢线头接柱 armature terminal stud
电枢小齿轮 armature pinion
电枢芯 armature core
电枢芯叠片 armature core lamination
电枢芯子 armature drum
电枢压板 armature head
电枢引线套管 armature lead bushing
电枢用亮漆 armlak
电枢游隙 armature play
电枢扎线 carrying rod; gird; girt(h)
电枢斩波器 armature chopper
电枢支座 armature bearing
电枢直径 armature diameter
电枢轴 armature axle; armature shaft
电枢轴承 armature bearing
电枢轴承护片 armature bearing shield
电枢轴承铜衬 armature bearing brass
电枢轴护油圈 armature shaft oil retainer
电枢轴键 armature key
电枢轴键槽 armature keyway
电枢轴套 armature sleeve
电枢转子 armature rotor
电梳 electric(al) comb
电输出 electric(al) output
电输出存储管 electric (al) output storage tube
电束 electric(al) flux
电数据处理中心 electrodata center [centre]
电刷 brush(electrode); carbon body; collector; contact brush; dynamo brush; electric(al) brush; wiper
电刷比较检验 brush compare check
电刷编码器 brush encoder
电刷表面分析器 brush surface analyser
电刷柄 brush stud
电刷柄绝缘衬套 brush holder insulating bushing
电刷测量点 brush station
电刷超前 lead of brushes
电刷触点 brush contact
电刷穿孔比较检验 brush compare check
电刷粗磨床 electric(al) brush rough grinder
电刷的交错布置 staggered brush arrangement
电刷的径向布置 diametric(al) arrangement of brushes
电刷的移位 shifting of brushes
电刷电极 brush electrode
电刷电流 brush current
电刷电压 brush voltage
电刷电阻 brush resistance
电刷电阻损耗 brush resistance loss
电刷读出 brush sensing
电刷读出位 brush station
电刷读孔头 brush station
电刷短路电流 brush short-circuit current
电刷发火花 brush spark(ing); sparking of brushes
电刷反向超前 brush backward lead
电刷放电 brush(ing) discharge; discharge of brush
电刷覆盖系数 brush covering factor
电刷后向超前 backward brush lead
电刷滑动面积 brush sliding areas
电刷簧调整器【机】brush spring adjuster
电刷火花 brush spark(ing)
电刷夹持器 brush clamp
电刷架 brush carrier
电刷接触电抗器 brush contact reactor

电刷接触电压降 brush contact drop
电刷接触电阻损耗 brush resistance loss
电刷接触面 brush contact surface
电刷接点 brush contact
电刷块 block brush
电刷宽度 brush width
电刷量具 brush ga(u)ge
电刷摩擦损失 brush friction loss
电刷磨损 wear of brush
电刷切割机 electric(al) brush cutter
电刷倾角 brush inclination
电刷倾斜角 brush angle
电刷软绳 brush cord
电刷弹簧 brush spring
电刷碳 brush carbon;electric(al) carbon
电刷调整 brush adjustment
电刷涂料 brush coat
电刷位移 brush shift
电刷握臂 brush holder(arm)
电刷线 brush wire
电刷压力 brush pressure
电刷摇杆 brush-rocker
电刷摇杆转环 brush-rocker ring
电刷摇移器 brush-rocker
电刷移动角 brush angle
电刷移动速度 brush shifting speed
电刷移动装置 brush shifting device
电刷移后角 angle of brush lag
电刷移前角 angle of brush lead
电刷引线 brush lead
电刷用涂层 brush-applied coat(ing)
电刷阅读器 brush reader
电刷站 brush station
电刷正向超前 brush forward lead
电刷支架 brush carriage
电刷中形成细孔 honeycombing of brush
电刷装置 brush gear
电刷组 brush set;set of brushes
电栓 electric(al) test
电栓焊 bolt embedded welding;stud weld(ing)
电栓焊接 stud weld(ing)
电双层 electric(al) double layer
电水锤成型 electrohydraulic forming
电水锤钻进 electrohydraulic drilling
电水位计 electric(al) fluviograph
电四极 electric(al) quadrupole
电四极矩 electric(al) quadrupole moment
电四极强度 electric(al) quadrupole strength
电四极移位 electric(al) quadrupole shift
电四极跃迁 electric(al) quadrupole transition
电伺服机构 electric(al) servomechanism
电伺服系统 electric(al) servo system
电算 zooming
电算化的 computer-based;computerized
电算化辅助设计 computer-aided design[CAD]
电算化设计 computerized design
电算整理 processing by computer
电碎石术 electrolithotripsia;electrolithotrity
电损耗 electric(al) loss
电损耗因子 electric(al) dissipation factor
电缩作用 electrostriction
电锁 electric(al) (switch) lock
电锁闭 electric(al) locking
电锁闭控制杆 itinerary lever
电锁器 electric(al) lock;electrolock
电锁器解锁 electric(al) lock(ing) release
电锁器联锁 interlocking by electric(al) locks
电锁器衔铁 electric(al) lock armature
电锁闩的 electrically latched
电锁栓的 electrically latched
电锁脱轨器 electric(al) lock derail
电台 station
电台标识 station designator
电台拨号 station dial(l)ing
电台方位 bearing of station;station bearing
电台干扰防卫度 signal to radio interference ratio
电台号 station number
电台和电信通信[讯] radio and telecommunication
电台呼号 calling sign;station call letters
电台呼叫 call(ing)-up
电台间 interstation
电台间断 station break
电台间干扰 interstation interference
电台间互扰 interstation interference
电台鉴定 station authentication
电台日志 radio office log book
电台识别 identification of station;station identification
电台识别呼号 station identification signal
电台识别信号 station identification signal
电毯 electric(al) blanket
电探 electric(al) resistivity survey;radioactivity prospecting
电探地基 electric(al) geologic(al) survey
电探针 electric(al) probe
电碳 electrocarbon
电特性 electric(al) property
电梯 cage hoist;electric(al) elevator;electric(al) lift;elevator;lift
电梯安全电闸 emergency stop switch
电梯安全装置 counterweight safety;elevator car safety
电梯安装 elevator installation;lift installation
电梯安装承包人 elevator installation contractor
电梯安装承包商 elevator installation contractor
电梯安装承包者 elevator installation contractor
电梯操纵员 lift attendant
电梯车厢 elevator cage;elevator car
电梯乘客入口 elevator landing entrance
电梯乘客上行高潮 up peak
电梯导轨 cage guide;lift guide rail
电梯导轨的支托 rail bracket
电梯底板接触器 car-floor contact
电梯地板 lift platform
电梯电动机 elevating motor;elevator motor
电梯电机 electric lift machine
电梯吊笼 lift car
电梯吊索 elevator cable
电梯额定荷载 lift rated load
电梯扶梯包 package of escalator and elevator
电梯服务员 lift attendant
电梯机房 elevator engine room;elevator machine room;elevator room;elevator tower;lift machine room
电梯机井门 elevator shaftway door
电梯机器房 pentee;penthouse
电梯机器间 penthouse
电梯机械 electric(al) lift machine;lift machine
电梯驾驶员 elevator attendant;lifter
电梯间 elevator hoistway;elevator lobby;lift lobby;elevator car
电梯减速箱 elevator gear reducer box
电梯进(口)门框 entrance frame
电梯井 elevator well;hoistway;lift shaft;lift well;shaft
电梯井道 liftway
电梯井道栅栏 elevator shaft gates
电梯井底坑 lift pit
电梯井坑 elevator pit;lift pit
电梯井门 lift well door
电梯井筒 elevator core;elevator shaft
电梯坑 elevator pit
电梯控制 electric(al) lift control;lift control
电梯控制器 electric(al) lift controller;lift controller
电梯控制装置 elevator control gear
电梯口 landing entrance;landing opening
电梯连锁装置 elevator interlock
电梯笼 lift car
电梯笼门 lift-car door
电梯楼层按钮板 floor indicator
电梯楼层显示盘 car annunciator
电梯/楼梯中心 lift/stair(case) core
电梯马达 elevator motor
电梯马达室 elevator engine room
电梯门 elevator cage;elevator door;lift door
电梯门附件 lifting door hardware
电梯门框 stile of elevator
电梯门配件 lifting door fittings
电梯门设备 lifting door furniture
电梯(门)厅 elevator lobby
电梯内控制 car-switch control
电梯配电箱 subdistribution box for elevator
电梯平台 elevator landing;lift landing
电梯平台入口 lift landing entrance
电梯起止厅 <高层建筑的> sky lobby
电梯前的大厅 lift hall
电梯(前)厅 elevator hall
电梯桥厢 elevator cab
电梯驱动主机 lift machine
电梯容量 elevator capacity;lift capacity
电梯入口 lift entrance
电梯入口平台 landing elevator
电梯入门 landing door
电梯上升 up-trip
电梯设备房 elevator equipment room;elevator machine room
电梯设备钢梁 elevator machine beam;elevator sheave beam
电梯平衡重 car counterweight
电梯升降机井门 elevator hoistway door
电梯升降时间 round-trip time
电梯(竖)井 elevator hoistway;elevator shaft
电梯速度 elevator speed
电梯塔 elevator tower
电梯厅门 hoistway door
电梯停电保护装置 elevator power-off protection device
电梯通道 elevator landing;lift shaft
电梯通道进口 hoistway entrance
电梯位置指示器 annunciator
电梯厢 cage;lift car
电梯厢平台 car platform
电梯厢上部净空 top car clearance;top clearance
电梯行程 elevator travel;travel of elevator;travel of lift
电梯行索松断保护开关 lift slack-cable-switch;slack cables switch
电梯型停车场 elevator-type car park
电梯液压机械 hydraulic lift machine
电梯用电动机 lift motor
电梯专用 elevator capture
电梯装置 lift installation
电梯自动调度装置 elevator automatic dispatching device
电梯自动平层装置 level(l)ing device
电梯自动停车器 dispatching device
电梯自动停驶开关 broken tape switch
电梯走廊 elevator landing
电梯组 elevator bank;lift bank
电梯座椅 inclinator
电踢脚板加热器 electric(al) baseboard heater
电天平 electric(al) balance
电天线 electric(al) antenna
电调节器 electric(al) regulator;electric(al) speed governor;electroregulator
电调衰减器 electrically controlled attenuator
电调速器 electric(al) speed governor
电调谐 electric(al) tuning
电调谐变容二极管 tunable varactor diode
电调谐高频头 varactor tuner
电调制 electromodulation
电通 displacement flux;electric(al) flux
电通风机 electric(al) ventilator
电通量 displacement flux;electric(al) flux
电通量密度 dielectric(al) flux density;electrostatic flux density
电通密度 dielectric(al) flux density;electric(al) displacement density;electric(al) flux density
电通信[讯] electric(al) communication
电统计机 electric(al) statistics machine
电筒 electric(al) flashlight;electric(al) torch;flashing light;torch
电透析 electrodialyse;electrodialysis
电突触 electric(al) synapse
电图 electrograph
电图分析 electrographic analysis
电图记录 electrographic recording
电图铅笔 electrographic pencil
电图摄像 electronography
电图纸 electrographic paper
电涂 electrocoating;electropainting;electrophoretic coating
电涂层 electropaint
电推子 electric(al) hair cutter
电拖车 electric(al) trailer
电拖网 electronic trawl-net
电脱附 electrodesorption
电脱水 electric(al) dehydration
电脱水器 electric(al) dehydrator;electric(al) dewaterer
电脱盐 electric(al) desalting
电脱盐法 electric(al) desalting process
电脱盐和电脱水 electric(al) desalting and electrode hydrating
电脱盐作用 electric(al) desalination
电外科 electrosurgery
电网 electrified wire netting;live wire entanglement;power line;electric(al) network
电网变压器 network transformer
电网电压 line voltage
电网电源 commercial power;network source
电网分站 grid substation
电网负荷 network load
电网供电电源 mains supply
电网规划 network planning
电网荷载 network load
电网继电器 network relay

电网尖峰负荷 system peak load
电网结构 electric(al)power network composition
电网联络线 interconnecting ties
电网络 electric(al)network
电网络倒易定理 electric(al)network reciprocity theorem
电网络分析器 electric(al)network analyser[analyzer]
电网络模拟法 analogy method of electric(al)network
电网络模型 electric(al)network model
电网损坏 grid failure
电网系统 network system
电网支路 leg of circuit
电微分 electric(al)differentiation
电微压计 <测温度变化的> tasimeter
电微子 electrino
电围栏 electric(al)fence;electrified fence
电位 electric(al)potential;electric(al)tension;potential
电位比降 electric(al)potential gradient
电位比探测法 potential-ratio method
电位波腹 potential anti-node
电位测定法 potentiometry
电位测井 potential logging
电位测量 potential measurement
电位测量参数 parameter of potential survey
电位测量模型研究 potentiometric model study
电位测量装置 potential test device
电位差 difference of potential;electric(al)potential difference;potential difference
电位差滴定计 potential titrimeter
电位差腐蚀 potential corrosion
电位差计 potential difference meter;potentiometer
电位差计法 potentiometer method
电位充电图 potential pattern
电位滴定 constant current titration;coulometric titration;potentiometric titration
电位滴定池 potentiometric cell
电位滴定法 potentiometric titration;potentiometry
电位滴定计 potentiometric titrimeter
电位滴定设备 potentiometric titration apparatus
电位滴定仪 potentiometric titrimeter
电位电极 potential electrode
电位电极系 normal sonde;potential electrode series
电位动力分析(法)potentiodynamic(al)analysis
电位放大器 potentiometric amplifier
电位分布 potential distribution
电位分布图 potential image
电位分析 potentioanalysis;potentiometric analysis
电位分析法 potentiometric analysis;potentiometry
电位分析仪 potentiometric analyser[analyzer]
电位高温计 potentiometer pyrometer
电位换能器 potentiometric transducer
电位极限 potential boundary
电位计 electrometer;potentiometer;three-wire compensator;pot <俚语>
电位计变阻器 potentiometer resistance
电位计测量法 potentiometer measurement
电位计传感器 potentiometric pick-up
电位计的 electrometric
电位计函数发生器 potentiometer function generator
电位计滑动臂 potentiometer movable arm
电位计继电器 potentiometer relay
电位计可动臂 potentiometer movable arm
电位计式变阻器 potentiometer type rheostat
电位计式乘法器 potentiometer multiplier
电位计式传感器 potentiometer pick-off
电位计式光测高温计 potentiometric optic(al)pyrometer
电位计式计算器 potentiometer type calculator
电位计式控制器 potentiometer type controller
电位计式酸碱计 potentiometric pH meter
电位计式制动器 potentiometer braking controller
电位计式主控制器 potentiometer type master controller
电位计输出 potentiometer output
电位计调节方式 potentiometer set mode
电位计调节状态 potentiometer set mode
电位计用图表 potentiometer card
电位计油 potentiometer oil
电位计组 potentiometer group
电位记录器 potentiometric recorder
电位记录仪 potentiometric recorder
电位间界 potential boundary
电位检流计 potential galvanometer
电位降 fall of potential;potential decrease;potential drop;potential fall
电位降比法 potential-drop-ratio method
电位降落 potential drop
电位降(落)法 fall-of-potential method
电位介体 potential mediator
电位经纬仪 potentiometer theodolite;potentiometer transit
电位均衡器 potential equalizer
电位可互易网络 potentially reciprocal network
电位控制器 potentiometric controller
电位轮 potential test wheel
电位能 electric(al)potential energy
电位能差 electric(al)potential difference
电位漂移 shift of potential
电位器 potential device;potentiometer;regulating resistance;regulation resistance
电位器灯泡 potentiometer lamp
电位器电路 potentiometer circuit
电位器电阻 potentiometer resistance
电位器滑臂 potentiometer slider
电位器控制器 potentiometer controller
电位器式电阻器 potentiometer type resistor
电位器制动 potentiometer braking
电位曲线剖面平面图 profiling-plan figure of potential curve
电位曲线剖面图 profiling figure of potential curve
电位溶出分析 potentiometric stripping analysis
电位升 potential rise
电位升降图 electric(al)image
电位酸碱度图 potential-pH diagram
电位探测装置 normal device
电位梯度 electric(al)potential gradient;potential gradient
电位调节器 potential regulator
电位跳变 jump in potential
电位突变 potential jump
电位图 potential diagram
电位稳定器 potential stabilizer
电位系数 coefficient of potential;potential coefficient;potential modulus
电位下降 drop of potential
电位序 contact series;electric(al)series;electromotive series;galvanic series
电位移 electric(al)displacement
电位移密度 electric(al)displacement density;electric(al)flux density
电位移通量 displacement flux
电位异常 potential anomaly
电位异常曲线 potential anomaly curve
电位跃变 jump in potential
电位整流器 potential rectifier
电温度计 potentiometer pyrometer
电文交换中心 message switching center[centre]
电吻合术 electroanastomosis
电稳的 electrocratic
电稳定法 electric(al)stabilization
电稳定和固结土壤 electric(al)stabilization
电稳定加固土壤 electric(al)curtain stabilization
电稳胶体 electrostatic colloid
电涡流测功机 electric(al)eddy current dynamometer
电涡流离合器 eddy current coupling
电务处 signal(l)ing and communication department
电务段 <通信[讯]信号段> communication and signal section;signal and communications district
电雾号 electric(al)diaphragm emitter
电雾雷 electric(al)diaphragm emitter
电吸尘器 Cottrell
电吸附 electroadsorption
电吸附技术 electroadsorption technique
电吸附容量 electroadsorption capacity
电吸附脱盐 electroadsorption desalination
电吸收式测功器 electric(al)absorption dynamometer
电吸收调制器 electroabsorption modulator
电吸引 electric(al)attraction
电线 current lead;electric(al)cable;electric(al)wire;flexible chord;power line;shoestring;wire
电线包装机 wire-coil wrapping machine
电线保护用铁管 metal raceway
电线被覆绝缘物 voltite
电线编织机 electric(al)wire braiding machine
电线布线管道 ducting for electric(al)wiring
电线布置图 electric(al)wiring plan
电线槽 wireway
电线插孔 hub
电线插头 cable plug
电线重布 electric(al)re-wiring
电线垂度 sag of line;sag of wire
电线导管 electric(al)conduit;electric(al)duct;wire duct;wire tube
电线电缆印标机 wire and cable marker
电线电路 line circuit
电线对 pair
电线分线盒 branch box
电线杆 pole;post pole;utility pole;wire pole
电线杆坑挖掘机 posthole digger
电线杆坑钻掘机 posthole drill
电线杆挖坑机 posthole auger
电线工 wireman
电线管 conduit
电线管道 wire duct;wireway;wiring conduit
电线管道封口胶 duct sealing compound
电线管道工程 conduit work
电线管井 electric(al)pipe space
电线管路 raceway for wiring
电线环状接头 wiring grommet
电线夹 wire clip
电线架设 electric(al)wiring
电线交叉 wire transmission
电线交织 interlacing of wires
电线胶布 insulating tape
电线胶垫圈 grommet
电线接头 power lug;wire terminal(clamp)
电线卷筒 reel
电线绝缘软管 wiring loom
电线绝缘用玻璃纱 glass yarn for wire insulation
电线跨越高度 wire-crossing clearance
电线连接器 wire connector
电线路控制 line wire control
电线密布景象 wirescape
电线熔融电流 wire fusing current
电线式应变计 electric(al)wire strain ga(u)ge
电线索眼 wiring grommet
电线套管 cable conduct;electric(al)wire conduit;wire protection pipe
电线调直 wire align(e)ment
电线调准 wire align(e)ment
电线铜丝 flexible cord
电线头 wire lead
电线图 electric(al)diagram
电线弯曲点 knee point
电线线路 electric(al)wiring
电线引出口 conduit outlet
电线直径 diameter of wire
电线柱 telegraph pole
电限流 electrorefraction
电相关光衰减器 electrically dependent light attenuator
电相角 electric(al)phase angle
电相移角 electric(al)phase angle
电响的 electrophonic
电响效应 electrophonic effect
电响应 electroresponse
电像 electric(al)image
电消毒器 electric(al)sterilizer
电谐波分析器 electric(al)harmonic analyser
电谐波喷涂 electric(al)harmonic spraying
电谐振 electric(al)resonance
电写 autotelegraph
电屑分离 electrohoretic separation
电信 electric(al)communication;telecom;telecommunication;telegram;telegraph;wire
电信办公 telecommuting
电信插座 telecommunication outlet
电信传递 teletransmission
电信存取法 telecommunication access method
电信大楼 telecommunication building
电信的 telegraphic
电信电缆 <弱电流电缆> communication cable;post office cable;telecommunication cable
电信电路 telecommunication circuit;telecommunication line
电信干扰 telecommunication interfer-

ence
电信港 teleport
电信工程师 telecommunications engineer
电信工程学 communication engineering;telecommunication engineering
电信公司 common carrier
电信购物 teleshopping
电信管理网 telecommunication management network
电信管线 telecommunication pipe line
电信光纤 telecommunication optic(al)fiber
电信号保真度 electric(al)fidelity
电信号逼真度 electric(al)fidelity
电信号存储管 electric(al)signal storage tube
电信号(法)electric(al)signal
电信号机【铁】electrosemaphore
电信号输出 electric(al)signal output
电信号输出探测器 electric(al)type detector
电信环境 telecommunication environment
电信会议 teleconferencing
电信会议网络 teleconferencing network
电信机 telegraph
电信激光器 telecommunication laser
电信加密 telecipher
电信经营业务 teleoperation
电信局 telecommunication bureau
电信科学协会 Institute for Telecommunication Science
电信钳 radio and electric(al)pliers
电信设备 telecommunication equipment
电信室 telegraph room
电信术语 telecommunication terms
电信塔 post office tower;telecommunication tower
电信网操作 telecommunication network operation
电信卫星 telecommunication satellite
电信线路 post office line;telecommunication line
电信业务 telecommunication traffic
电信站 telecommunication station
电信侦察 communications intelligence
电信主管机关 telecommunication authority
电信咨询委员会 Telecommunications Advisory Board
电星通信卫星 Telstar satellite
电形成 electric(al)forming
电性 electric(al)character
电性标志层 electric(al)indicator horizon
电性参数平面图 plan figure of electric(al)parameter
电性矿物 electromagnetic mineral
电性能 electric(al)property
电性柱状图 columnar section of electric(al)property
电休克 electroshock
电修车间 electric(al)workshop
电絮凝 electric(al)flocculation
电絮凝物 electric(al)floccule
电悬式陀螺仪 electrically suspended gyro(scope)
电旋凿 electric(al)screwdriver
电旋转接头 electric(al)swivel
电选 electric(al)separation
电选别机 electric(al)slot
电选别器 electric(al)slot
电选法 electric(al)concentration
电选矿 electrodressing
电穴漂移电流 hole drift current
电学 electricity
电学、光学各向异性现象 electrooptic(al)anisotropy
电学法表面加工 electric(al)finish
电学机械硬件 electromagnetism
电学家 electrician
电学滤质表 electric(al)mass filter
电学滤质器 electric(al)mass filter
电学品质因素 electric(al)quality factor
电压 electric(al)pressure;electric(al)tension;electric(al)voltage;voltage
电压摆动 voltage hunting;voltage swing
电压摆幅 voltage swing
电压饱和 voltage saturation
电压饱和效应 voltage saturation effect
电压保护装置 voltage protection
电压报警 voltage alarm
电压倍增电路 voltage-multiplying circuit
电压倍增器 voltage multiplier
电压比 control ratio;ratio-voltage;voltage ratio
电压比较编码器 voltage-comparison encoder
电压比较器 voltage comparator
电压比较仪 voltage comparator
电压比式继电器 voltage-ratio type relay
电压比值法 voltage-ratio method
电压笔 voltage pencil
电压编码器 voltage(en)coder
电压变动 variation in voltage;voltage regulation
电压变动率 voltage regulation factor
电压变化 change of voltage
电压变化调节 multivoltage control
电压变换机 voltage changer
电压变换器 voltage changer
电压标准 voltage standard
电压表 voltage meter;volt ga(u)ge;voltmeter
电压表附加电阻 reductor
电压波 voltage wave
电压波动 voltage pulsation
电压波动范围 scope range of the fluctuation of voltage
电压波腹 potential anti-node;potential loop;voltage loop
电压波节 voltage node
电压补偿 voltage compensation
电压补偿法 voltage compensation method
电压补偿器 voltage compensator
电压不足 undertension;under-voltage
电压不足的电池 weak battery
电压不足信号器 under-voltage warning device
电压参考元件 voltage reference element
电压参量 voltage parameter
电压测定分析 voltage measurement determination
电压测量 voltage measurement
电压测速发电机 speed voltage generator
电压差 voltage difference
电压差动继电器 voltage differential relay
电压常数 voltage constant
电压场 voltage field
电压冲击 voltage surge
电压抽头装置 voltage tapping device
电压触发型 voltage-triggered type
电压穿透多色管 multichrome penetration display tube
电压传输特性 voltage-transfer characteristic
电压等级 the classification of voltage;voltage class;voltage grade
电压电流变压器 potential and current transformer
电压电流表 volometer;voltammeter
电压电流表法 voltmeter-ammeter method
电压电流对偶 voltage-current dual
电压电流两用变压器 combined voltage and current transformer
电压电流两用表 voltammeter
电压电流两用互感器 combined voltage current transformer
电压电流特性(曲线)voltage-current characteristic;volt-ampere characteristic
电压电流转换器 voltage-current converter
电压电路 volt circuit
电压电平 voltage level
电压电平表 voltage and level meter
电压电平器 voltage leveller
电压电平增益 voltage level gain
电压电源 voltage source
电压电源逆变器传动(装置)voltage source inverter
电压电阻表 voltohmmeter[voltohmist]
电压叠加法 voltage addition method
电压陡变 voltage jump
电压陡度 voltage gradient
电压对比 voltage contrast
电压额定值 voltage rating
电压二倍器 voltage doubler
电压发生器 voltage generator
电压反馈 voltage feedback
电压反馈比 voltage feedback ratio
电压反馈放大器 voltage feedback amplifier
电压反射系数 voltage reflection coefficient
电压范围 voltage range
电压房 switch room
电压放大 voltage amplification;voltage magnification
电压放大率 voltage magnification
电压放大器 voltage amplifier
电压放大系数 voltage amplification coefficient
电压分布 voltage distribution
电压分接头装置 voltage tapping device
电压幅度 amplitude of voltage
电压负反馈 negative voltage feedback
电压负回授 negative voltage feedback
电压腹点 voltage loop
电压跟随器 voltage follower
电压共振 series resonance
电压规格 voltage specification
电压过低 voltage below-level
电压过高 overtension
电压互感器 inductive voltage transformer;potential transformer;pressure transformer;tension transformer;voltage mutual inductor;voltage transformer
电压互感器瓷套 porcelain shell for voltage mutual inductor
电压互感器的相角 potential transformer phase angle
电压互感器的相角差 phase angle of a voltage transformer
电压换接开关 potential switch
电压恢复<供电中断后>resurfacing of voltage;voltage recovery
电压恢复时间 voltage recovery time
电压恢复速度 voltage recovery rate
电压回路 pressure circuit;voltage circuit
电压回路断线保护(装置)voltage circuit break protection
电压回授 voltage feedback
电压回授放大器 voltage feedback amplifier
电压击穿法 voltage breakdown method
电压基准 voltage reference
电压基准放大器 voltage reference amplifier
电压基准管 voltage reference tube
电压激励 voltage drive
电压极限 voltage limit
电压计 voltmeter
电压记录表 graphic(al)voltmeter
电压继电器 potential relay;voltage(-responsive)relay
电压尖峰信号触发 voltage-spike triggering
电压监察控制导线 potential wire
电压检测器 voltage detector
电压降 fall of potential;potential fall;voltage drop
电压降测试法 fall-of-potential test
电压降测阻法 fall-of-potential method
电压降低 volt drop
电压降试验 drop test;fall-of-potential test
电压校正器 voltage corrector
电压结线 voltage connection
电压解码器 voltage decoder
电压均分电容器 voltage-sharing capacitor
电压均分电阻器 voltage-sharing resistor
电压开关 voltage switch
电压可变电容器 voltage-variable capacitor
电压可控电阻 voltage-controlled resistance
电压控制 voltage control
电压控制的 voltage-controlled
电压控制电流源 voltage-controlled current source
电压控制电压源 voltage-controlled voltage source
电压控制调谐磁控管 mitron
电压控制多色穿透屏 voltage control multichrome screen
电压控制器 voltage controller
电压控制衰减器 voltage-controlled attenuator
电压控制相移器 voltage-controlled phase shifter
电压控制雪崩管振荡器 voltage-controlled avalanche oscillator
电压控制振荡器 voltage-controlled oscillator
电压馈电 voltage feed
电压馈电天线 voltage feed antenna
电压馈接天线 voltage feed antenna
电压浪涌 voltage surge
电压力锅 electric(al)pressure cooking saucepan
电压力焊接 electric(al)and pressure welding
电压力计 electric(al)tensimeter[tensometer]
电压力指示器 electronic pressure indicator
电压量程倍增器 voltage range multiplier
电压灵敏度 voltage sensitivity
电压零点 point of zero voltage
电压脉冲 potential(im)pulse;shock voltage;tension impulse;volt(age)(im)pulse
电压脉冲重复频率变换器 voltage-to-pulse rate converter
电压脉动 mains ripple;voltage ripple

电压脉动因数 voltage pulsating factor
电压敏感继电器 voltage sensing relay
电压敏感门 voltage-sensitive gate
电压模逻辑电路 voltage-mode logic circuit
电压偏移 voltage excursion
电压漂移 voltage drift
电压频率变换器 voltage to frequency converter
电压/频率限制器 voltage/hertz limiter
电压频率转换器 voltage to frequency converter
电压平衡 balance of voltage
电压平衡继电器 voltage balance relay
电压起伏图 voltage pattern
电压箝位 voltage clamp
电压箝位法 voltage clamp method
电压求和器 voltage summer
电压绕组 voltage winding
电压塞 electric(al)heating plug
电压三倍器 voltage tripler
电压扫描 voltage scanning
电压上升速度 rate of voltage rise
电压升(高) boosting; voltage rise; voltage build-up
电压升降调节器 buck-and-boost regulator
电压升降图 voltage pattern
电压时间曲线 voltage-time curve; voltage-time graph
电压时间特性曲线 voltage-time characteristic curve
电压式遥测计 voltage type telemeter
电压试验器 potential tester
电压输出电路 voltage follower circuit
电压输出器 voltage follower
电压输出元件 voltage-output element
电压数字编码器 voltage encoder
电压数字变换器 voltage-to-digital converter
电压数字信息变换仪 voltage-to-digital converter
电压数字转换器 voltage digitizer
电压四倍器 voltage quadrupler
电压损失 loss of voltage; voltage loss
电压探针 voltage probe
电压梯度 voltage gradient
电压调节 stress adjustment; voltage control; voltage regulation
电压调节变压器 voltage-regulating transformer
电压调节电路 voltage regulator circuit
电压调节继电器 voltage-regulating relay
电压调节器 potential regulator; pressure regulator; voltage adjuster; voltage conditioner; volt(age) regulator
电压调节器附件 voltage regulator armature
电压调节器接触螺钉 voltage regulator contact screw
电压调节系数 voltage regulation coefficient
电压调节线圈 voltage regulation coil
电压调谐磁控管 voltage-tunable magnetron
电压调谐管 voltage-tunable tube
电压调整 voltage control; voltage regulation
电压调整管 regulation tube; regulator tube
电压调整继电器 voltage-regulating relay
电压调整率 voltage regulation factor
电压调整器 pressure controller; voltage adjuster; voltage-regulating equipment; voltage regulator; voltage stabilizer
电压调整器接触点托架 voltage regulator contact bracket
电压调整器面板 voltage regulator panel
电压调整曲线 regulating curve; regulation curve
电压调整设备 voltage-regulating equipment
电压调制深度 depth of voltage modulation
电压跳闸 shunt tripping
电压突变 abrupt change of voltage; voltage jump; voltage leap
电压纹波 voltage ripple
电压稳定 voltage stabilization
电压稳定的负阻 voltage stable negative resistance
电压稳定度 voltage stability
电压稳定器 automatic voltage regulator; voltage stabilizer
电压稳定系数 voltage regulation coefficient
电压稳定性 voltage stability
电压稳定元件 voltage stable element
电压稳压器 voltage regulator
电压系列 voltage series
电压系数 voltage coefficient
电压系统 electric(al) voltage system
电压下降 low-voltage
电压线 pressure-wire
电压线圈 potential coil; potential winding; pressure coil; pressure winding; voltage coil
电压限制器 voltage limitator [limiter]; voltage restraint
电压相量 voltage phasor
电压相位调整 regulation of voltage phase
电压响应 voltage response
电压响应电路 voltage-responsive circuit
电压效率 voltage efficiency
电压效应 voltage effect
电压谐振 acceptor resonance; series resonance; voltage resonance
电压型热水器 electric(al) pressure type water heater
电压序列 electromotive series; galvanic series
电压选择开关 voltage-selected switch; voltage selecting switch
电压依存电容器 voltage-dependent capacitor
电压因数 voltage factor
电压引线 voltage lead
电压影响 voltage influence
电压源 potential source
电压源变换器 voltage source inverter
电压运行的 voltage-operated
电压增长率 rate of voltage rise; voltage build-up rate
电压增益 voltage gain
电压渣废水 wastewater from acetylene slag
电压振幅 voltage amplitude
电压振幅箝位控制电路 voltage-amplitude-controlled clamp
电压整流度 degree of voltage rectification
电压值 magnitude of voltage
电压指示笔 voltage pen pointer
电压指示器 voltage indicator
电压骤降 voltage dip
电压驻波比 voltage standing wave ratio
电压驻波比指示器 voltage standing wave ratio indicator
电压自动调节 automatic voltage regulation
电压自动调节器 automatic voltage regulator
电压自动调整运行 automatic voltage regulating operation
电压组 voltage sets
电延迟线 electric(al) delay line
电研磨加工 electroabrasion
电眼 electronic eye; magic eye; tunoscope; photoelectric cell; electric(al) eye <一种显示出光电流或光电导效应的装置>
电眼摄影机 electric(al) eye camera
电氧化 electrooxidation
电氧化反应器 electrooxidation reactor
电养护 electric curing
电遥测计 electric(al) telemeter
电遥测技术 electric(al) telemetry
电遥测术 electric(al) telemetering
电遥测压力计 electric(al) telemetric pressure ga(u)ge
电遥测仪 electric(al) telemeter
电遥测转速表 electric(al) teletach(e)ometer
电遥测转速计 electric(al) teletach(e)ometer
电冶 electric(al) forming; electroforming; electrometallurgy
电冶法 electrometallurgical method
电冶负荷 electrometallurgical load
电冶工厂 electrometal plant
电冶金学 electrometallurgy
电冶炼 electric(al) smelting
电业管理局 power administration
电液 battery solution
电液比例阀 electrohydraulic proportional valve
电液比重计 electrolyte hydrometer
电液步进马达 electrohydraulic stepping motor
电液成型 electrohydraulic forming
电液搓揉压实机 electrohydraulic kneading compactor
电液的 electrohydraulic
电液动换向阀 electrohydraulic directional valve
电液化器 electric(al) liquidizer
电液换能器 electrohydraulic transducer
电液控制阀 electrohydraulic valve
电液控制器 electrohydraulic controller
电液式操舵装置 electrohydraulic steering gear; hydroelectric (al) steering gear
电液伺服阀 electrohydraulic servo valve
电液伺服回路 electrohydraulic servo loop
电液伺服控制 electrohydraulic servo control
电液伺服试验设备 electrohydraulic servo testing equipment
电液伺服系统 electrohydraulic servo system
电液调节器 electrohydraulic governor
电液调节系统 electrohydraulic control system
电液调速器 electrohydraulic governor
电液协联机构 electrohydraulic combinator
电液压 electrohydraulics
电液振动台 electrohydraulic shaking table
电液转换器 electrocontrol converter; electrohydraulic converter; electro-hydraulic transducer; electro-hydraulic transducer
电液自动找平装置 electronic hydraulic automatic leveling device
电异常 electric(al) anomaly
电异极矿 electric(al) calamine
电音响装置 electroacoustic(al) apparatus
电引爆 electric(al) firing; electric(al) ignition
电引爆雷管 electric(al) detonator
电引爆器 electric(al) detonator
电引火 electric(al) firing
电引绞车 hauling winch
电引力 electric(al) attraction
电引流钻孔 electrostream drilling
电引燃器 electric(al) fuse; electric(al) lighter
电引信 electric(al) blasting cap
电应变计 electric(al) strain ga(u)ge
电英岩 tourmalite
电荧光板 electroluminescent panel
电荧光材料 electroluminescent material
电荧光二极管 electroluminescent diode
电影 cinema; kinetogram; moving picture
电影大厦 movie palace
电影的 filmic
电影发行公司 film distribution corporation
电影放映 film projection
电影放映机 bioscope; cineprojector; duograph; film projector; kinetograph; kinetoscope
电影放映机镜头窗孔 film gate
电影放映室 motion picture house; motion picture projection room
电影宫 movie palace
电影馆 cinematheque
电影胶片厂 cinefilm studio
电影经纬仪 cinetheodolite; cine transit; kinetheodolite
电影经纬仪胶卷记录 cinetheodolite record
电影控制器 movieola
电影六分仪跟踪望远镜 cine-sextant tracking telescope
电影洗印厂 motion picture film processing plant
电影院 cinema(house); cinema theatre; kinema; kino; motion picture theater [theatre]; movie (house); movie theatre; picture drome; picture hall; picture house; picture palace; picture theatre
电影院采暖 theatre heating
电影院大楼 theatre block
电影院观众席 cinema auditorium; theatre auditorium
电影院建筑 theatre architecture; theatre building; theatre construction
电影院设备 cinema equipment
电影院调光器 theatre dimmer
电影噪声 stew
电影照明电工 gaffer
电影照相机 cyclograph
电影制片厂 film studio; movie studio; studio
电影制片废水 film studio waste
电影资料馆 film library
电泳变体 electrophoretic variant
电泳槽 electrophoresis tank
电泳槽初投涂料 initial fill material
电泳沉积(法) electrophoretic deposition
电泳成像显示器 electrophoretic image display
电泳澄清 electrophoretic clarification
电泳的 electrophoretic

电泳电流 electrophoretic current
电泳电势 migration potential
电泳电位 migration potential
电泳淀积 electrophoretic deposition
电泳法 < 分辨阴离子乳液与阳离子乳液的 > electrophoretic method
电泳分离 electrophoretic separation
电泳分析 electrophoretic analysis
电泳粉末沉积法 electrophoretic powder deposition
电泳敷层 cataphoretic coating
电泳过滤 electrophoretic filtering
电泳缓冲液 electrophoretic buffer
电泳激光器 cataphoresis laser
电泳技术 electrophoretic technique
电泳检查 electrophoretic examinations
电泳介质 electrophoretic medium
电泳精选黏[粘]土 osmosekaolin; osmoseton
电泳聚焦 electrophoretic focusing
电泳力 electrophoretic force
电泳漆 electrophoretic paint
电泳漆配槽 make-up
电泳器 electrophoresis apparatus; electrophoretic apparatus
电泳迁移率 cataphoretic mobility; electrophoretic mobility
电泳迁移速度 cataphoretic migration speed
电泳扫描器 electrophoresis scanner; electrophoretic scanner
电泳色谱 electrophoresis chromatogram; electrophoretic chromatogram
电泳试验 electrophoresis experiment; electrophoretic experiment
电泳淌度 electrophoretic mobility
电泳图 electrophoretogram
电泳图案 electrophoretic pattern
电泳涂层 electrophoretic coating
电泳涂覆法 cataphoretic coating; electrophoretic coating
电泳涂料 electrophoretic paint
电泳涂铝(法) electrophoretic alumin(i)um-coating[Elphal]
电泳涂漆 electrocoating; electrophoretic coating; electrophoretic finishing; electrophoretic painting
电泳涂漆法 electrodeposition
电泳涂搪 electrophoretic deposition
电泳涂装 electrocoating; electrophoretic coating; electrophoretic painting
电泳涂装槽 electrocoating bath
电泳显示 electrophoretic display
电泳显示器 electrophoretic display device
电泳现象 caraphoresis; phoresis; electrophoresis
电泳效应 cataphoresis effect; electrophoresis effect; electrophoretic effect
电泳性能 electrophoresis property; electrophoretic property
电泳选矿 electrophoretic separation
电泳选矿法 electrophoresis separation method; electrophoretic separation method
电泳仪 electrophoresis apparatus; electrophoretic apparatus
电泳原漆 initial fill material
电泳注浆 electrophoretic casting
电泳柱 electrophoretic column
电泳装置 electrophoresis apparatus; electrophoretic apparatus
电涌 electric(al) surge; surge
电涌保护插座 surge-protect socket
电涌保护开关 surge-protect switch
电涌导纳 surge admittance
电涌放电 surge discharge
电涌放电器 arrester[arrestor]; lightning arrester; surge arrester[arrestor]
电涌分流器 surge diverter
电涌峰值安培计 surge-crest ammeter
电涌记录器 klydonograph
电涌浪 electric(al) surge
电涌特性 surge characteristic
电涌吸收电容器 surge absorber condenser
电涌吸收器 surge absorber; surge modifier
电涌抑制电容器 surge suppressing capacitor; transient suppressing capacitor
电涌抑制器 surge suppressor; transient suppressor
电用户 electricity consumer
电用金属 electric(al) metal
电有机氧化 electroorganic oxidation
电诱导吸附(法) electrically induced adsorption
电予束扫描激光阵列 electronically steered laser array
电渔网 electric(al) seine
电预后法 electroprognosis
电预热室 electric(al) heating chamber
电源 current supply; electric(al) power; electric(al)(power) supply; electric(al) source; energy supply; main power; mains; main unit; master unit; potential source; power source; power supply; source of current; source of power; supply (main); supply power
电源板 power bay; power panel; power strip
电源保安装置 power fail safe
电源变压器 feeding transformer; mains transformer; power transformer; source transformer; supply transformer
电源变压器负载误差 burden error of power transformer
电源波动 power supply fluctuation
电源部分 power pack; power section; power unit; supply(ing) unit
电源部件 power pack; power(supply) unit; supply unit
电源侧 mains side
电源层 bus plane; power plane
电源插孔 supply hub
电源插口 appliance outlet
电源插头 attaching plug; power supply plug
电源插头座 source jack-socket
电源插座 convenience receptacle; electric(al) outlet; mains jack; mains socket; power outlet; power point; power socket; receptacle; supply socket
电源出口 power outlet
电源的交流哼声 mains hum
电源电动发电机 power supply motor-gen(erator)
电源电缆 feed cable; power cable; power supply cable
电源电流 supply current
电源电路 power circuit; power supply circuit
电源电线束 main wiring harness
电源电压 mains pressure; mains voltage; power-line voltage; source voltage; supply pressure; supply voltage
电源电压变动 supply voltage variation
电源电压表 line meter
电源电压波动 mains undulation
电源电压差 main pressure differential
电源电压脉冲 power supply flutter
电源电压输出 power voltage output
电源电压输入 power voltage input; mains input
电源电压输送线 power voltage line; supply voltage line; voltage supply line
电源电压调节器 line voltage regulator
电源电压调整率 line regulation rate
电源电压指示器 supply voltage indicator
电源电阻 source resistance
电源端子 terminals for power supply
电源断电 power fail
电源断开保护 power-failure protection
电源防雷装置 lightning arrester for power supply
电源分隔滤波器 power separating filter
电源负极 negative source
电源负极引线 negative wire
电源干扰 mains-borne disturbance; power interference
电源功率 power of source
电源供电 mains electricity
电源(供给)附属设备 electric(al) supply equipment
电源供应 power supply
电源故障 event power failure; fault power; main failure; power fail; power failure; power fault
电源故障备用设备 power down standby
电源故障重新起动 power fail restart
电源故障继电器 power-failure relay; power-off relay
电源故障指示灯 source failure lamp
电源管理机构 supply authority
电源换电 power supply changeover
电源恢复 restoration of power
电源机架 power frame
电源继电器 power relay
电源架 power bay; rack-mounted power unit; supply bay
电源监控器 power supply monitor
电源检测电路 power sense circuit
电源交流声 power supply hum
电源交流噪声 ripple noise
电源接地 power ground
电源接合 grid connection
电源接通 connection to electric(al) supply
电源接通清除 power-on clear
电源接头 power connection
电源接头转换盒 adaptor
电源接线 power-line connection; power supply wiring
电源接线端 supply terminal
电源接线设备 electric(al) outlet
电源接线柱 power-line terminal
电源结构 power supply architecture
电源开关 mains switch; power(disconnect) switch; power-on/off button
电源开关板 power switchboard
电源抗扰性 mains immunity
电源可靠性 power supply reliability
电源控制 power supply control
电源控制器 power-control unit; power supply controller
电源控制装置 power control device
电源类别 classification of electric(al) source
电源连接机构 power connection
电源滤波扼流圈 power choke coil
电源滤波器 mains filter; power supply filter
电源滤波器扼流圈 power supply filter reactor
电源脉动 power supply ripple
电源逆变器 current source inverter
电源配电板 power switchboard; power switching board
电源配电盘 power switchboard
电源频率 mains frequency; power frequency; supply frequency
电源频率指示器 mains frequency indicator
电源屏 power supply panel
电源切断 power cut; power dump
电源切断继电器 power(cut-) off relay
电源切断开关 power cut-out switch
电源切换继电器 power transfer relay
电源切换箱 change-over box of power
电源绕组 power winding
电源熔断器 power fuse unit
电源软线 line cord; mains cord; power cord; supply cord
电源软线电阻器 line-cord resistor
电源设备 current supply device; electric(al) power unit; mains connection set; power (supply) equipment; power (supply) unit; supplying unit
电源室 power supply room
电源输电线 electric(al) supply line
电源损耗 loss of power
电源调节器 power supply controller
电源同步系统 source synchronizing system
电源同步制 source synchronizing system
电源系统 electric(al) power system; power(supply) system
电源显示器 power-on light
电源线 drop wire; electric(al) feeder; main lead; power cord; power lead; power line; power main; power supply cord; supply lead
电源线挂钩 flex hook
电源线抗扰性 power-line noise immunity
电源线天线 mains antenna
电源箱 power pack; power supply box; source box
电源要求 power requirement
电源引出口 power outlet
电源优选 power source optimization; power supply optimization
电源噪声 mains noise; power supply noise
电源整流的循环转换器 < 机车用 > source-commutated cyclo-converter
电源正极 positive source
电源正极引线 positive wire
电源指示灯 power light
电源转换继电器 power transfer relay
电源转换配电器 power switching distribution unit
电源转换屏 power switching over panel
电源转接盘 power switchboard
电源装置 power supply unit; supply unit; power pack
电源总开关 service entrance switch
电源组 feeding pack; power pack(age)
电源组织 power supply architecture
电晕 corona
电晕保护环 anti-corona protection collar
电晕保护设备 corona guard
电晕测试仪 corona tester
电晕处理 corona treatment
电晕电极 corona electrode
电晕电流 corona current
电晕电流密度 corona current density

电晕电压 corona voltage
电晕发射 corona emission
电晕发射装置 corona-emitting device;corotron
电晕防护 corona protection
电晕防止 corona prevention
电晕放电 brush corona; brush discharge;corona discharge;corona emission;electric(al) corona
电晕放电电阻 corona resistant
电晕放电法 electric(al) glow discharge method
电晕放电固化(法) corona discharge curing
电晕放电激光器 corona discharge laser
电晕放电计数管 corona counter
电晕放电效应 corona effect
电晕伏特计 corona voltmeter
电晕功率密度 corona power density
电晕管 corona tube;corotron
电晕管调节器 corona tube regulator
电晕管稳压器 corona tube regulator
电晕环 anti-corona collar
电晕击穿 corona breakdown
电晕极振打 corona electrode hammering
电晕脉冲分析器 corona pulse analyser[analyzer]
电晕屏蔽设施 corona shield
电晕器 charger unit;corona unit;corotron
电晕器清洗器 corona unit cleaner
电晕区 corona zone
电晕损耗 corona loss
电晕损失 corona loss
电晕探测器 corona detector
电晕稳定器 corona stabilizer
电晕效应 corona effect
电晕装置 corona unit
电熨斗 electric(al) iron
电再生 electroregeneration
电灶 electric(al) cooker range; electric(al) cooking range; electric(al) cooking stove
电灶插座 range socket
电灶控制设备 cooker control unit
电造石英 electroquartz
电噪声 distortion noise; electric(al) noise;hash
电渣重熔 electroslag remelting
电渣堆焊 electroslag surfacing; slag pile-up welding
电渣法 electric(al) ingot process
电渣焊 electric(al) slag welding;electroslag weld(ing);slag welding
电渣焊机 electroslag welder; electroslag welding machine
电渣焊接 electroslag weld(ing)
电渣精炼 electroslag refining
电渣精炼炉 electroflux refining furnace
电渣熔炼 electroslag melting
电渣熔铸 electroslag melting casting
电渣压力焊 electroslag pressure welding
电渣冶炼法 electroslag melting process
电闸 electromechanical brake;switch
电闸盒 switch box
电闸润滑脂 switch grease
电闸线路 electric(al)-brake circuit
电闸油 switch oil
电炸锅 electric(al)(deep) fryer
电斩波器 electric(al) chopper
电站 electric(al) station; generating plant;light plant;power station
电站比较方案 alternative power plant
电站布置 layout of power station; plant layout
电站厂房 power house
电站厂房布置 layout of powerhouse
电站厂房工程地质勘察 engineering geologic(al) investigation of electric(al) station buildings
电站厂房上部结构 power-house superstructure
电站厂房下部结构 power-house substructure
电站出力 output of power station; station capacity
电站的最优尺寸 optimum size of power station
电站地上部分 power-house superstructure block
电站地下部分 power-house substructure block
电站电瓷 power station insulator
电站电瓷绝缘子 power station insulator
电站电能损失 plant loss
电站发电流量 plant discharge; power plant discharge
电站发电容量 plant generating capacity
电站负荷曲线 power station load curve
电站负荷需求 plant load demand
电站功率 station capacity
电站规划 power scheme; power station planning
电站锅炉 station boiler;utility boiler
电站过程控制设备 power station process control equipment
电站进水渠 headrace conduit
电站净热耗 net station heat rate
电站绝缘子 station insulator
电站满载泄流量 full-plant discharge
电站平均效率 average station efficiency
电站平均总效室 average overall plant efficiency
电站汽轮机 power station steam turbine;steam-turbine for power plant
电站全部停电 blackout
电站群 series of power stations
电站容量 development capacity; generating capacity;plant capacity;station capacity
电站容量因数 plant factor; plant load factor
电站设备 power station equipment
电站事故冷却系统 emergency plant cool-down system
电站输出功率 station output
电站输水道 plant waterway
电站数据采集设备 power station data acquisition equipment
电站损失 plant loss
电站梯级 chain of power plants
电站位置 plant location
电站效率 efficiency of plant; station efficiency
电站泄流量 plant discharge
电站泄水波 release wave below-power station
电站型机组 utility type unit
电站岩洞 power house
电站引水渠 head race
电站用水 water for power station
电站在高负载系数下工作 high load-factor operation
电站站址 power site
电站装机容量 installed capacity of power station; installed plant capacity
电站总功率 total power of station
电站总效率 overall plant efficiency
电站最大功力 available thermal power
电站最优规模 optimum size of power station
电张法 electric(al) tensioning process
电张拉 electric(al) stretching;electric(al) tensioning
电召出租车 <停在指定地点上供召唤的计程汽车> gypsy cab
电照明配件 electric(al) light fittings
电照明器 electric(al) lighter
电照相术 electrophotography;xeroradiography
电真空 electrovacuum
电真空玻璃 electric(al) vacuum glass;electrovacuum glass
电真空干燥箱 electric(al) vacuum drying oven
电真空工程学 electrovacuum engineering
电真空计 electric(al) vacuum-meter
电真空器件 electron tube
电真空石墨元件 carbon element for electrovacuum technique
电真空陶瓷 ceramic for vacuum tubes; electric(al) vacuum ceramics;electrovacuum ceramics
电真空吸尘器 electric(al) vacuum cleaner
电振荡 electric(al) oscillation
电振荡器 electric(al) oscillator
电振动 electric(al) vibration
电振动给料机 electric(al) vibrating feeder
电振动子 electric(al) vibrator
电振给煤机 electromagnetic feeder
电振筛 electric(al) vibrating screen
电震 commotion; electric(al) shock; electroshock;shock
电震板 trembler
电震动效应 electroseismic effect
电震发生器 defibrillator
电震极 thimbler
电蒸锅 electric(al) steamer
电正性的 electropositive
电支承式陀螺加速度计 electrically suspended gyro accelerometer
电支线 branch wire
电执行器 electric(al) actuator
电指示器 electric(al) indicator
电指向标 radio beacon
电制动(法) electric(al) braking
电制动功率 electric(al) braking power
电制动线路 electric(al)-brake circuit
电制冷 electric(al) refrigeration
电制冷库 electric(al) refrigerator
电制水泥 electrocement
电质谱仪 electric(al) mass filter
电致变色玻璃 electrochromatic glass
电致变色的 electrochromic
电致变色光谱仪 electrochromism spectrometer
电致变色显示技术 electrochromic display
电致变色显示器 electrochromic display device
电致电离激光器 electroionization laser
电致电离气体激光器 electroionization gas laser
电致发光 electrofluo-rescence; electroluminescence; electrophotoluminescence
电致发光材料 electrofluor
电致发光层 electroluminescent layer
电致发光磷光体 electroluminescent phosphor;electroluminor
电致发光体 eleetroluminor
电致发光显示器 electroluminescent display
电致发光元件 electroluminescent cell
电致辐射 electroradioscence
电致热效应 electrothermal effect
电致伸缩 electrostriction
电致伸缩材料的极化 polarization of electrostrictive material
电致伸缩的 electrostrictive
电致伸缩换能器 ceramic transducer; electrostriction transducer; electrostrictive transducer
电致伸缩继电器 capadyne; electrostrictive relay
电致伸缩顺度 electrostrictive compliance
电致伸缩陶瓷 electrostriction ceramics
电致伸缩体 electrostrictor
电致伸缩系数 electrostriction coefficient
电致伸缩效应 electrostriction effect; electrostrictive effect
电致伸缩振动器 electrostriction vibrator
电致蜕变 electrodisintegration
电致吸收 electroabsorption
电致应变效应 electrostrain effect
电致荧光 electroluminescent
电致折射 electric(al) double refraction
电滞的 electroviscous
电滞回线 ferro-electric(al) hysteresis
电滞效应 electroviscous effect
电中和 charge neutrality
电中和原理 electroneutrality principle;principle of electroneutrality
电中性 electroneutrality
电中性状况 electroneutrality condition
电钟 electric(al) clock;electroclock
电钟插座 electric(al) clock receptacle
电钟浮标 bell-electric(al) buoy
电钟同步电动机 synchronous clock motor
电钟同步器 electric(al) clock synchronizer
电钟系统 electric(al) clock system
电钟用电动机 clock motor
电重量分析 electrogravimetric analysis
电重量分析法 electrogrammetry
电轴 electric(al) axis
电轴线 electric(al) axis
电珠 torch light bulb
电烛台 electrolier
电煮沸消毒器 electric(al) boiling sterilizer
电煮锅 electric(al) caldron
电铸 electroforming;electromo(u)lding;galvanoplastics
电铸板 galvanograph;mo(u)lder
电铸板印刷品 galvanograph
电铸版 electrotype;electrotyping
电铸版壳 shell
电铸的 electrocast
电铸法 electrocasting;electrotyping
电铸机 electrocasting machine
电铸技术 galvanoplastics; galvanoplasty
电铸模 electroformed mo(u)ld
电铸术 electrotyping;electrotypy
电转子长 length of armature
电转子导线 armature conductor
电桩 battery terminal;terminal post
电锥 galvanic pile
电灼器 electric(al) cautery
电灼伤 electric(al) burn
电灼式打印机 electrosensitive printer
电灼式记录 electrosensitive recording
电灼印刷纸 electrosensitive paper
电子安全报警器 electronic safety warner
电子按钮控制 electronic fingertip control

电子八隅体 electron octet
电子摆频振荡器 electronic wobbulator
电子板 electron plate
电子半导体 electronic semi-conductor
电子半精密卷绕机 electronic semi-precision winder
电子半径 electron radius
电子半身模型 electronic dummy
电子保密措施 electronic security
电子报表【计】spread sheet
电子报警器 electronic alarm
电子报警系统 electronic warning system
电子曝光表 electronic exposure meter
电子爆震计 electronic detonation meter
电子爆震仪 electronic detonation meter
电子倍增管 electronic multiplier tube;electron multiplier
电子倍增光电管 electron-multiplier photo tube
电子倍增器 electron(ic) multiplier(tube)
电子倍增器电极 dynode
电子泵 electronic pump
电子比较仪 electronic comparator
电子比热 electronic specific heat
电子比热容 electronic specific heat capacity
电子笔 electronic pen;electronic stylus;light pen
电子编辑机 electronic editor
电子编辑器 editec
电子编码管 electronic coder;electronic coding tube
电子编组设备 electronic sorting equipment
电子变流器 <直流变交流> electronic inverter
电子变压器 electronic transformer
电子变阻器 evatron
电子辨音器 electronic unscrambler
电子标签 electronic tag
电子表 electronic meter;electronic watch
电子表单 electronic spread-sheet
电子表格控制 electronic tabulator control
电子表面光洁度测量仪 electronic profilometer
电子冰箱 electronic refrigerator
电子波 electronic plasma oscillations;electron(ic) waves
电子波长 electron(ic) wavelength
电子波磁控管 electron wave magnetron
电子波放大管 electron wave tube
电子波管 electron wave tube
电子波函数 electron wave function
电子玻璃 electronic glass
电子捕获电离探测器 electron capture ionization detector
电子捕获鉴定器 electronic catcher detector
电子捕获氧分析仪 electron capture oxygen analyser[analyzer]
电子捕获栅 catcher
电子捕集器 electronic catcher;electronic trap
电子不对称 electronic asymmetry
电子部件 electronic unit
电子材料 electronic material
电子裁判计时设备 electronic judging and timing equipment
电子彩色改正器 electronic colo(u)r corrector
电子彩色合成仪 electronic colo(u)r compositor
电子彩色扫描器 electronic colo(u)r scanner
电子参考水平 electron reference level
电子测定装置 electronic evaluation unit
电子测高仪 electronic altimeter;radio altimeter
电子测厚仪 electronic thickness ga(u)ge
电子测绘系统 electronic mapping system
电子测距 electronic distance measurement
电子测距导线 electronic traverse
电子测距法 electric(al) distance measuring; electronic distance measuring
电子测距三角高程测量 electronic distance measuring trigonometric leveling
电子测距设备 electronic distance measuring equipment
电子测距卫星 electronic ranging satellite
电子测距-测向系统 electronic range-bearing station
电子测距仪 electronic distance measuring equipment;electronic distancer; electronic range finder; electronic telemeter;ranger;distancing unit
电子测距仪器 electronic distance measuring device; electronic distance measuring instrument
电子测距装置 electrotape
电子测宽仪 electronic width ga(u)ge
电子测力计 electronic dynamometer
电子测量 electronic measurement;electronic survey(ing)
电子测量传感器 electronic survey sensor
电子测量手簿 electronic survey-data recorder
电子测量仪 electronic ga(u)ge
电子测量仪表 electronic measuring instrument
电子测时计 electronic time meter
电子测试插座 electronic test socket
电子测试设备 electronic test equipment
电子测试图发生器 electric(al) test pattern generator
电子测试仪 electronic guidance equipment
电子测试仪器 electronic instrument
电子测速仪 electronic tach(e)ometer
电子测图板 electronic plotting sheet
电子测微计 electronic ga(u)ge;electronic micrometer
电子测微仪 electronic ga(u)ge;electronic micrometer
电子测位仪 electronic position-finder
电子层 electronic shell
电子产品 electronic product
电子颤振模拟器 electronic flutter simulator
电子场频变换器 electronic field frequency converter
电子超负荷指示系统 electronic overload indicating system
电子车 <装有电子计算机操纵的车辆> electric(al) computer vehicle
电子车间 electronic shop
电子衬线管 electron-beam tube
电子称量系统 electronic weighing system
电子成像器件 electronographic device
电子成像装置 electronic imaging device
电子乘法电路 electronic multiplier circuit
电子程序 electronic program(me)
电子程序控制 electronic program(me) control
电子程序喷涂 electronic program(me) decorating spray
电子程序装置 electronic programmer
电子秤 electronic balance;electronic load(cell) scale;electronic weigher
电子秤量 electronic weighting
电子弛豫极化 electronic relaxation polarization
电子弛张极化 electronic relaxation polarization
电子出版 electronic publishing
电子除法器 electronic divider
电子处理 electronic processing
电子穿孔机 electronic punch;electronic punching machine
电子穿孔卡片机 electronic punch-card machine
电子穿孔器 electronic puncher
电子传播工具 electronic medium[复media]
电子传导 electron(ic) conduction;thermionic conductance;thermionic conduction
电子传递 electron transfer
电子传递发生器 transferred electron generator
电子传递链 electron transport chain
电子传递体系 electron transport system
电子传感器 electronic sensor
电子传声器 electronic microphone
电子传真复印纸 electrofax paper
电子传真机自动生产线 auto-production line for electronic facsimile
电子串行数字计算机 electronic serial digital computer
电子窗 electronic window
电子词典 electronic dictionary
电子辞典 personal digital assistant
电子磁矩 electron magnetic moment;magnetic moment of electron
电子磁强计 electronic magnetometer
电子磁子 electronic magneton
电子刺激器 electronic stimulator;electrostimulator
电子刺绣机 electronic embroidery machine
电子簇射 electronic shower
电子存储磁鼓 electronic memory drum
电子存储记录器 electronic memory recorder
电子存储器 electronic memory;electronic route storage; electronic storage device
电子存储设备 electronic memory device;electronic storage device
电子存储系统 electronic storage system
电子存储压力计 electronic memory pressure probe
电子存储装置 electronic storage device
电子打火红外燃气灶 infrared gas-oven with electron lighter
电子打火机 electronic lighter
电子打孔机 electronic hole opener
电子打印机 electronic printer
电子打字机 electronic typewriter
电子大功率变流器 electronic power converter
电子大容量存储 electronic bulk memory
电子大容量存储器 electronic bulk storage
电子带(光)谱 electronic band spectrum
电子单位的电荷 charge number
电子单元 electronic unit
电子导电 electronic conduction
电子导电玻璃 electronically conducting glass;electronically conductive glass;electronic conductive glass
电子导电体 electronic conductor
电子导电性 electronic conductivity
电子导航 electronic navigation(al)
电子导航法 electronic navigation(al) method
电子导航设备 electronic navigation(al) equipment
电子导航图 electronic navigation(al) chart
电子导航系统 electronic navigation(al) system
电子导航装置 electronic navigation(al) equipment
电子导纳 electronic admittance
电子导行系统 electronic guidance system
电子道路计价(收费)系统 electronic road pricing
电子的 electronic
电子的磁矩 electronic magnetic moment
电子的静止质量 <9.109×10-31 千克> rest mass of electron
电子的克分子量 mole of electron
电子灯 velocitron
电子等高线仪 electronic contour liner
电子等离子体 electron plasma
电子等离子体波 electron plasma wave
电子等离子体频率 electron plasma frequency
电子等排的 isosteric
电子等配的 isosteric
电子等配性 isosterism
电子滴定计 electric(al) titrimeter
电子滴定仪 electrotitration apparatus
电子地图 electronic map
电子地形图 electronic topographic map
电子地震测试 electronic seismic test(ing)
电子地震检测 electronic seismic check;electronic seismic detection
电子点钞机 electronic cash register
电子点火 electronic ignition;solid-state ignition;transistorized ignition
电子点火系统 electronic ignition system
电子点阵论 electron lattice theory
电子点阵相互作用 electron lattice interaction
电子电传打字电报机 electronic teleprinter
电子电传机 electronic teleprinter
电子电导率 electron(ic) conductivity
电子电动机控制器 electronic motor controller
电子电荷 charge of the electron;electron charge;electronic charge
电子电话交换机 electronic telephone exchange
电子电离 electronic ionization
电子电流 electronic current
电子电路 electronic circuit
电子电路电阻 electronic circuit resistance
电子电路分析程序 electronic circuit analysis program(me)
电子电路图 electronic circuitry
电子电路组装 electronic circuit pack-

D

aging; electronic packaging
电子电势(差)计 electronic potentiometer
电子电势仪 electronic potentiometer
电子电视 electronic television
电子电视摄影机 electronic TV camera
电子电位(差)计 electronic potentiometer
电子电压表 electronic voltmeter
电子电涌放电器 electronic surge arrester
电子电源调节器 electronic power conditioner
电子电源频率调节装置 electronic power frequency control system
电子电子韧致辐射 electron-electron bremsstrahlung
电子雕刻 electronic engraving
电子雕刻机 electronic engraving machine
电子吊秤 electronic crane scale; electronic hanging balance
电子调度电话机 electronic schedule telephone
电子调度集中 electronic centralized traffic control
电子定时器 electronic timer; electrotimer
电子定位 electronic fix
电子定位法 electronic positioning method
电子定位计算装置 electronic position calculation device
电子定位控制器 electronic register control
电子定位器 electronic positioning indicator; electronic positioning unit
电子定位系统 electronic position fixing system; electronic positioning system
电子定位显示器 electronic position equipment
电子定位线 electronic line of position
电子定位仪 electronic positioning equipment; electronic position-finder; electronic-position-fixing equipment
电子定向耦合器 electronic directional coupler
电子动量 momentum of electron
电子读出方式 electronic readout
电子读卡器 electronic chart scanner
电子读数器 figure reading electronic device
电子渡越电抗 electron transit reactance
电子渡越时间 electron transit time
电子渡越时间校正 transit time correction
电子对 duplet; electron(ic) pair
电子对的产生 electron pair production
电子对发生 electron pair creation
电子对给体 electron pair donor
电子对抗 electromagnetic countermeasure; electronic countermeasure
电子对抗测向仪 electronic countermeasure direction-finder
电子对抗干扰机 electronic countermeasure jammer
电子对抗机 countermeasures set
电子对抗计算机 electronic countermeasure computer
电子对抗接收机 electronic countermeasure receiver
电子对抗卫星 electronic countermeasures satellite
电子对抗阻力通信[讯]系统 electronic countermeasure resistant communication system
电子对谱仪 electron pair spectrometer
电子对生成衰减系数 electron pair production attenuation coefficient
电子对受体 electron pair acceptor
电子对隧道效应 Josephson effect
电子对效应 electron pair effect
电子对湮没 annihilation of electron pair
电子多重性 electron multiplicity
电子多道记录器 electronic multichannel recorder
电子发报 electronic keying
电子发射 electron(ic) emission; electronic evaporation
电子发射光谱 electronic emission spectrum
电子发射极 electron emitter
电子发射率 electron emissivity
电子发射器 electronic emitter
电子发射器定位系统 electronic emitter positioning system
电子发射体 electron(ic) emitter
电子发射调节器 emission regulator
电子发射稳定器 electron emission regulator
电子发射显微镜 electron emission microscope
电子发射源 electron(ic)-emitting[emission] source
电子发送机 electronic transmitter
电子阀 electronic valve; electrovalve
电子翻译器 electronic translator
电子翻译器机 electronic interpreter
电子翻译装置 electronic interpreter
电子翻印技术 reprographics
电子反对抗 counter-counter measures; electronic counter-countermeasure
电子反干扰措施 electronic counter-countermeasure
电子反干扰设备 equipment for electronic anti-interference
电子反馈 electron(ic) feedback
电子反馈回路 electron feedback loop
电子反流 back lash
电子反射极 electron repeller
电子反向器 electronic reverser
电子方程式 electronic equation; electronic formula
电子方位 <用电子装备测定的> electronic bearing
电子方位标记 azimuth marker; electronic azimuth marker
电子方位标志 electronic bearing marker
电子方位游标 electronic bearing cursor; electronic bearing marker
电子方位指示器 electronic bearing indicator
电子防护系统 securitron
电子防滑及空转控制 electronic slip spin control
电子防滑(控制)装置 electronic skid control
电子防务测定 electronic defense evaluation
电子放大 electronic magnification
电子放大管 telemitron
电子放大镜 hiccough
电子放大器 electron-amplifier; regulex
电子放大器滤波器 electronic amplifier-filter
电子放电 electronic discharge
电子放电管 electron discharge tube
电子放电机 electrodischarge machine
电子放电加工 electric(al) discharge machining; electric(al) spark machining; electroerosive machining; electron discharge machining; electrospark machining
电子放射 electronic emission; evaporation of electron
电子放射稳定器 electronic emission regulator; emission regulator
电子飞行时间谱仪 electron time-of-flight spectrometer
电子飞越时间校正 transit time correction
电子非定域位 electronic delocalization
电子分布 electronic distribution
电子分布曲线 electron distribution curve
电子分光仪 electron spectrometer
电子分拣机 electronic sorting machine
电子分类 electronic sorting
电子分类机 electronic sorter
电子分类器 electronic sorter
电子分类设备 electronic sorting equipment
电子分类装置 electronic sorting system
电子分离 electronic detachment; electronic separation
电子分离机 electronic separator
电子分配器 electronic divider
电子分色机 colo(u)r scanner; electron colo(u)r scanner; electronic colo(u)r analyser; electronic colo(u)r splitter
电子分色计 colo(u)r graph
电子分色校色扫描机 electronic colo(u)r correction scanner
电子分色校正 electronic colo(u)r correction
电子分色扫描机 electronic colo(u)r scanner
电子分色扫描头 electronic compressor circuit
电子分析和模拟设备 electronic analysis and analog(ue) equipment
电子分箱图 electronic bay plan
电子风速仪 electronic anemometer
电子封装 electronic packaging
电子缝纫机 electronic sewing machine; memory stitcher
电子伏欧表 electronic voltohmmeter
电子伏特 electron(ic) volt(age); equivalent volt
电子伏特计 electronic voltmeter
电子俘获 electron capture; electronic capture
电子俘获过程 electron capture process
电子俘获检测 electron capture detection
电子俘获检测高分辨率气相层析 high resolution gas chromatography with electron capture detection
电子俘获检测器 electron capture detector
电子俘获气相色谱 electron capture gas chromatography
电子俘获气液色谱 electron capture gas-liquid chromatography
电子俘获探测器 electron capture detector
电子俘获同位素 electron capture isotope
电子辐射 electron(ic) radiation; electron irradiation
电子辐射固化 electron radiation curing
电子辐射照伤 electron irradiation damage
电子辐射照相术 electronic radiography
电子辐照 electron(ic) irradiation; electron(ic) radiation
电子辅助化学气相沉积 electron aided chemical vapo(u)r deposition
电子付款机 electronic payment mechanism
电子付款系统 electronic payment system
电子负荷力矩显示装置 <起重机的> electronic load moment
电子附着 electron(ic) attachment
电子复式自动交换机 electronic multiple automatic exchange
电子复印 reprographics
电子复印法 electrophotographic marking off method
电子复印机 electronic copier
电子副驾驶员 electronic co-driver
电子干扰(措施) electronic countermeasure; electro-countermeasure; electronic counter modulation; electronic interference; electronic jamming; interference of electrons
电子干涉仪 electron interferometer
电子感生导电视像管 electron-induced conductivity vidicon
电子感应电动势像 betatron electromotive force image
电子感应回旋加速器 electron induction accelerator
电子感应加速器 betatron; betatron generator; rheotron
电子给受体 electron donor-acceptor
电子给体 electron donor
电子给体受体复合物 electron donor-acceptor complex
电子给予体 electron donor; electronic donor
电子跟踪 electronic servo; electronic tracing; electronic tracking
电子跟踪系统 minitrack
电子跟踪装置 electronic tracer
电子工程学 electronic engineering
电子工业 electronic industry
电子工业听诊器 electronic industrial stethoscope
电子工业协会 Electronic Industries Association
电子公告板 bulletin board
电子公告板系统 bulletin board system
电子公告牌 bulletin board system
电子公路 electronic highway
电子公式 electronic formula; ionic formula
电子功率管 electron power tube
电子供给基团 electron contributing group
电子供体 electron donor
电子供体掺杂剂 donor dopant
电子共有化 electron sharing
电子共振波谱仪 electronic resonance spectrometer
电子共振磁强计 electron resonance magnetometer
电子共振击穿 electron resonance breakdown
电子沟道 electron channelling
电子构型 electron(ic) configuration
电子购物 electronic shopping
电子故障检寻器 electronic tracer
电子故障指示器 electronic fault indicator
电子管 electron(ic) tube; electron(ic) valve; evacuated tube; radio tube; vacuum tube; valve; audion <旧名称>; pentatron <具有一个公共阴极和二栅极及二阳极的>
电子管安培计 vacuum-tube ammeter
电子管倍频器 vacuum-tube frequen-

cy multiplier
电子管壁 valve bulb wall
电子管避雷器 valve arrester
电子管变频器 vacuum-tube(frequency)converter
电子管并联放大器 parallel-tube amplifier
电子管波长计 vacuum-tube wavemeter
电子管玻璃 electronic tube glass
电子管参数 tube parameter;valve parameter
电子管参数电桥 vacuum-tube bridge
电子管测试器 tube checker;vacuum-tube tester;valve checker
电子管测试仪 tube tester
电子管颤噪效应 valve microphonic effect
电子管导电系数 perveance
电子管的额定负荷 vacuum-tube rating
电子管的额定值 vacuum-tube rating
电子管的管座 pin-hole aperture
电子管的老化 ag(e)ing of valve
电子管的特性曲线 valve characteristic
电子管灯丝电路 valve filament circuit
电子管灯丝效率试验 filament-activity test
电子管电导测量仪 Gm-meter
电子管电极 valve electrode
电子管电流 valve current
电子管电路 vacuum-tube circuit
电子管电压表 tube voltmeter;vacuum-tube voltmeter;valve voltmeter;vomax
电子管电压计 vacuum-tube voltmeter;valve voltmeter
电子管电压降 tube voltage drop
电子管动态常数 dynamic(al)tube constant
电子管对称放大器 balanced valve amplifier
电子管额定容量 valve nominal capacity
电子管发射机 valve transmitter
电子管发送器 vacuum-tube transmitter
电子管放大器 electronic tube amplifier;electron tube amplifier;tube amplifier;vacuum-tube amplifier;valve amplifier
电子管蜂音器 valve hummer
电子管伏安计 vacuum-tube voltammeter
电子管伏特计 electronic voltmeter;electron tube voltmeter;tube voltmeter;vacuum-tube voltmeter;valve voltmeter
电子管复活 rejuvenation of tube;tube reactivation
电子管复活器 vacuum-tube rejuvenator
电子管工程 radionics
电子管功率放大器 electron tube power amplifier
电子管功率计 vacuum-tube powermeter
电子管管底接线图 basing[base] diagram
电子管管脚 valve base pin
电子管管座 tube base;valve base
电子管管座接线 vacuum-tube socket connection
电子管管座量规 electron tube base ga(u)ge
电子管毫伏表 vacuum-tube millivoltmeter
电子管互导测量仪 Gm-meter;vacuum-tube Gm-meter
电子管积分机 valve integrator
电子管集热器 evacuated tube collector
电子管继电器 vacuum-tube relay;valve relay
电子管寄生电容 valve parasitic capacitance
电子管加热器 valve heater
电子管加速计 vacuum-tube accelerometer
电子管间耦合变压器 intervalve transformer
电子管间歇振荡器 blocking tube oscillator
电子管检波器 transrectifier;vacuum-tube detector;valve detector
电子管检流计 valve galvanometer
电子管检验器 valve checker
电子管键控发报 vacuum-tube keying
电子管交流阻抗 anode impedance
电子管接收机 vacuum-tube receiving set;valve receiver
电子管金属 valve metal
电子管静电计 tube electrometer;vacuum-tube electrometer
电子管静态特性 electron tube static characteristic
电子管控制 electronic tube control
电子管跨导计 vacuum-tube Gm-meter
电子管管理系统 electronic management system
电子管脉冲发生器 hard-tube pulser;vacuum-tube pulser
电子管密封玻璃管制造机 glazing mill
电子管命名法 valve nomenclature
电子管内的电流分配 tube current division
电子管内阻 plate impedance;tube impedance
电子管耦合 valve coupling
电子管牌号 tube marking
电子管配件 tube complement
电子管屏蔽 electronic tube shield;valve shield
电子管热扩散 valve heat dissipation
电子管热离子管 thermionic amplifier
电子管式测试仪表 electron tube instrument
电子管式测试仪器 electron tube instrument;thermionic instrument;valve-type instrument
电子管式的 valve type
电子管式电流计 electronic tube-type amperemeter
电子管式放大器 electronic amplifier
电子管式高频变换器 vacuum-tube-type high-frequency converter
电子管式功率定向继电器 electronic valve type power directional relay
电子管式频率计 electronic frequency meter
电子管式稳压器 vacuum-tube voltage regulator
电子管式心动电流描记器 valve electrocardiograph
电子管式自动电压调整器 electronic type automatic voltage regulator
电子管视频放大器 vacuum-tube video amplifier
电子管试验 valve test
电子管试验器 tube tester;valve tester
电子管试验台 electron tube rack
电子管适配器 ball adaptor;tube adapter;vacuum-tube adapter
电子管收音机 vacuum valve receiver;valve receiver
电子管输入电导 valve input conductance
电子管输入电容 valve input capacitance
电子管输入阻抗 valve input impedance
电子管松动 loosening of the tube
电子管探示器 valve probe
电子管调制器 vacuum-tube modulator
电子管特性 tube characteristic
电子管特性曲线 lamp characteristic
电子管特性图示仪 vacuum-tube curve tracer
电子管瓦特计 valve wattmeter
电子管外壳 valve envelope
电子管外形尺寸 valve dimension
电子管微安计 vacuum-tube microammeter
电子管稳定器 valve stabilizer
电子管稳压器 electronic tube stabilizer;valve voltage regulator
电子管削波电路 vacuum-tube clipping circuit
电子管效率 tube efficiency
电子管信号发生器 electronic tube generator
电子管型号 tube-type
电子管型号命名制度 valve designation system
电子管熏黑 sooting
电子管云母片 vacuum-tube mica
电子管再生 tube regeneration
电子管噪声 hiss;vacuum-tube noise;valve noise
电子管噪音 tube noise
电子管振荡发生器 electron tube generator
电子管振荡器 electronic(tube)generator;electronic tube oscillator;thermionic oscillator;tube generator;tube oscillator;vacuum-tube generator;vacuum-tube oscillator;vacuum valve oscillator;valve generator
电子管振动噪声 tube ring
电子管整流器 rectron;vacuum-tube rectifier;valve rectifier
电子管直流毫伏表 vacuum-tube direct current millivoltmeter
电子管中的辉光 blue aura
电子管中的喀啦声 mechanical noise
电子管转换开关 switch tube
电子管转接器 valve adapter
电子管组 nest of tubes;valve complement;valve set
电子管座 valve panel;valve socket
电子贯穿 electron tunneling
电子惯性 electronic inertia
电子光度计 electronic photometer
电子光谱 electronic spectrum;electron spectrum
电子光谱法 electronic spectroscopy
电子光谱学 electronic spectroscopy
电子光谱仪 electronic spectrograph
电子光栅的 electronic raster
电子光栅扫描器 electronic raster scanner
电子光生伏打电池 electronic photovoltaic cell
电子光束焊接 electronic beam welding
电子光学 electron(ic)optics;electrooptics
电子光学部件 electronic optics component;electron optic(al)component
电子光学陈列 electronic optic(al)column
电子光学控制 electronic optic(al)control
电子光学棱镜 electronic optic(al)prism
电子光学物镜 electronic optic(al)objective
电子光学系统 electronic optic(al)system
电子光学像差 electronic optic(al)aberration
电子光学仪器 electronic optic(al)instrument
电子光子簇射 electron-photon shower
电子光子级联 soft cascade
电子光子散射 electron-photon scattering
电子轨道 electron(ic)orbit
电子轨道电路 electronic track circuit
电子轨道衡 electronic track scale
电子轨道继电器 thermionic track relay
电子轨迹 electron(ic)trajectory
电子轨迹标绘器 electron(ic)trajectory plotter
电子轨迹法 electron-orbit method
电子轨迹描绘器 tracing machine
电子柜 electronic rack
电子海波记录仪 electronic sea-wave recorder
电子海底电报(发送)装置 electronic cabling unit
电子海图 electronic chart
电子海图数据库 electronic chart data base
电子海图显示 electronic chart display
电子海图显示和数据系统 electronic chart and information display system
电子海图显示和信息系统 electronic chart and information display system
电子海图显示系统 electronic chart display system
电子海图修改 electronic chart correction
电子函件 electronic mail[E-mail 或 e-mail]
电子函数发生器 electronic function generator
电子焊枪 electronic glue gun;electronic torch
电子毫秒表 electronic millisecond meter;electronic time meter
电子毫秒计 electronic millisecond meter;electronic time meter
电子核磁双共振螺旋管 electron-nuclear double resonance helix
电子核磁双共振谱学 electron-nuclear double resonance spectroscopy
电子核双共振谱术 electron-nuclear double resonance spectroscopy
电子核蜕变 electrodisintegration
电子荷质比 electron charge mass ratio
电子盒 electronic box;electronic cartridge
电子恒湿器 electronic humidistat;electronic thermostat
电子恒温热循环器 electronic therm static heat circulator
电子衡重系统 electric(al)weighing system
电子轰击 electronic bombard(ment);electronic bomb;electronic impact
电子轰击导电性 ebicon
电子轰击感生电导 electron bombardment-induced conductivity
电子轰击离子化 electron impact ionization
电子轰击炉 electron bombardment furnace;electronic impact furnace
电子轰击熔炼炉 electron bombard-

ment melting furnace
电子轰击式发动机 electron bombardment engine
电子轰击质谱法 electron bombardment mass spectrometry
电子洪水演算机 electronic flood routing machine
电子厚度计 electronic microga(u)ge
电子弧焊机 electronic arc welder
电子化合物 electron compound; Hume-Rothery compound; intermetallic compound
电子化住宅 electronic cottage
电子画板 electronic drawing board
电子话务记录机 electronic traffic-recording machine
电子话务记录器 electronic traffic-recording machine
电子环加速器 electron ring accelerator
电子环形解调电路 electronic correlator
电子换挡 electron gear shifting
电子换流器 electronic inverter
电子换能器 electronic transducer
电子回旋波 electron cyclotron wave; whistler wave
电子回旋辐射 electron gyroradiation
电子回旋共振 electron cyclotron resonance
电子回旋共振加热 electron cyclotron resonance heating
电子回旋横波器件 electron cyclotron transverse-wave device
电子回旋加热 electron cyclotron heating
电子回旋加速 betatron acceleration
电子回旋加速过程 betatron process
电子回旋加速机制 betatron mechanism
电子回旋加速频率 electron cyclotron frequency
电子回旋加速器 betatron; induction accelerator; microtron; rheotron
电子回旋加速效应 betatron effect
电子回旋频率 electron gyro-frequency
电子回旋振荡 electron cyclotron oscillation
电子会计机 electronic billing machine
电子绘图机 electronic drawing machine; electronic drawing table; electronic plotter
电子绘图仪 electronic plotter
电子混响器 electronic sound reverberator
电子活动 electron activity
电子火炬 electronic torch
电子火炬发生器 electronic torch generator
电子火焰防护装置 electronic flame safeguard
电子货币 digital money
电子击穿 electronic breakdown; electronic puncture
电子机床控制 electronic machine tool control
电子机器机器试验台 electronic machine test bench
电子机器人 electronic robot
电子机械报警系统 electromechanical alarm system
电子机械秤 electromechanical scale
电子机械传动器 electromechanical actuator
电子机械绘图机 electromechanical plotter; electronic mechanical plotter
电子机械积分仪 electromechanical integrator
电子机械扫描 electronic and mechanical scanning
电子机械型测图仪 electromechanical plotter
电子机组 electronic unit
电子积分电路 electronic integrating channel; electronic integrator
电子积分器 electronic integrator
电子积聚 electronic accumulation
电子激发 electron(ic) excitation
电子激发态 excited electronic state
电子激励 electronic agitation
电子级 electronic grade
电子级联 electronic cascade
电子极 electron pole
电子极化 electronic polarization
电子集 ensemble of electrons
电子集成电路 electronic integrated circuit
电子集电极 electron collector
电子集束 electron bunch
电子集束器 electron buncher
电子集中联锁 electronic interlocking
电子几何光学 electron geometrical optics
电子计程仪 electronic log
电子计价秤 electronic price computing scale
电子计量电路 electronic counter
电子计时器 electric(al) timer; electron chronometer
电子计时式转速表 electronic chronometric tach(e)ometer
电子计时式转速计 electronic chronometric tach(e)ometer
电子计时仪 electrochronograph
电子计数管 electron counter; electronic counter; electronic tach(e)ometer
电子计数器 electronic counter; electronic evaluation unit; electronic scaling
电子计数式频率计 electronic counter type frequency meter
电子计算 electronic calculation; electronic computation; electronic computing
电子计算尺 electronic slide rule
电子计算穿孔机 electronic calculating punch
电子计算单元 electronic computing unit
电子计算机 brain; electric(al) brain; electric(al) calculating machine; electric(al) computer; electron calculating machine; electron computer; electronic brain; electronic calculating machine; electronic computing machine; electronic calculator; electronic computer
电子计算机程控配方 computer cell formulas
电子计算机程序 electronic computer program(me)
电子计算机程序设计 computer programming
电子计算机分配 <配色> computerized dispensing
电子计算机辅助建筑设计 computer-aided architectural design
电子计算机辅助生产 computer-aided manufacturing
电子计算机工业 electronic computer industry
电子计算机化 computerization; computer-oriented
电子计算机控制 “brain” control; cybernation; electronic computer control
电子计算机控制的 electronic computer-controlled
电子计算机模拟 computer simulation
电子计算机模式 computer model
电子计算机评价 computerized evaluation
电子计算机输出数据 computer output data
电子计算机数据检索系统 computerized data retrieval system
电子计算机图形对话系统 computer graphics interactive system
电子计算机颜色控制 computerized colo(u)r control
电子计算机影响下的文化 cyberculture
电子计算机运用维修费 computer operating maintenance expenses
电子计算机制图 computer cartography
电子计算机中心 computering center [centre]
电子计算器 electron calculating machine; electronic calculator; electronic counter
电子计算射击瞄准器 electronic computing gunsight
电子计算装置 computing electronics
电子记录 electronic recording
电子记录斑点 electronic recording spot
电子记录管 electronic recording tube
电子记录器 electronic logger; electronic recorder
电子记录设备 electronic recording equipment
电子记录元件 electronic recording component
电子记录纸 electrorecording paper
电子记录注记器 electronic record annotators
电子记录装置 electronic recording equipment; electronic recording unit
电子记事本 personal digital assistant
电子记忆单元 electronic memory element
电子记忆装置 electronic memory apparatus
电子记账机 electronic accounting machine
电子技术 electronic technology
电子剂量测定 electron dosimetry
电子剂量计数器 electronic batching counter
电子继电器 electric(al) relay; electron(ic) relay; electronic switch; thermionic relay
电子继电器的电势计 electronic-relay potentiometer
电子加扰器 electronic scrambler
电子加热 electron(ic) heating
电子加速电压 electron accelerating voltage
电子加速度计 electronic accelerometer
电子加速器 electron accelerating device; electron(ic) accelerator
电子间的 interelectric(al)
电子间隙导纳 electronic gap admittance
电子监测系统 electronic monitoring system
电子监控 electronic monitoring
电子监控测系统 electronic monitoring system
电子监控紧急程度 EMS [electronic monitoring system] level
电子监控紧急等级 EMS [electronic monitoring system] level
电子监控系统 electronic monitoring system
电子监控装置 electronic monitoring device
电子监视 electronic monitoring; electronic surveillance
电子监视设备 electronic surveillance equipment
电子监视装置 <安装在列车尾部> end-of-train unit
电子监听装置 electronic listening device
电子减速仪 electronic decelerometer
电子检测 electronic inspection
电子检漏器 electronic leak detector
电子检漏仪 electronic leak detector
电子检票设备 electronic ticket apparatus
电子鉴别器 electronic discriminator
电子键控 electronic keying
电子键控器 electronic keying unit
电子键盘 electronic keyboard
电子交换 electron exchange
电子交换机 electronic exchanger; electronic interchange machine; electronic switching system
电子交换器 electronic exchanger; electronic sampling switch
电子交换设备 electronic switching; electronic switching equipment
电子交换树脂 electron exchange resin
电子交换台 electronic switch board
电子交换系统 electronic switching system
电子交换中心 electronic switching center[centre]
电子交换装置 electronic switching system
电子交流稳压器 electronic alternate current stabilizer
电子角动量 electronic angular momentum
电子教学机 electronic tutor
电子教员 electronic tutor
电子校色器 electronic colo(u)r corrector
电子校色扫描机 electronic colo(u)r correction scanner
电子校时机 electronic timing machine
电子接触器 electronic contactor
电子接触印像机 electronic contact printer
电子接触整流器 electronic contact rectifier
电子接收体 electronic acceptor
电子接受剂 electron acceptor
电子接受体 electron acceptor
电子节能灯 electronic energy-saving lamp
电子节拍器 electronic metronome
电子结构 electronic structure
电子结合能 electron binding energy
电子截面 electronic cross-section; electron section
电子金融传输系统 electronic funds transfer system
电子金融传送系统 electronic funds transfer system
电子金相学 electron metallography
电子金属探测器 electronic metal detector
电子经纬仪 electronic theodolite
电子警戒器 electronic sentry
电子净水处理 electronic water treatment
电子静止质量 electron(ic) rest mass
电子静坐标系 electron rest frame
电子镜 electron mirror
电子镜显微镜 electron mirror microscope
电子距离测量 electronic distance measurement
电子聚集 electronic collection

电子聚焦 electron focusing
电子聚群 bunching
电子聚束 bunching
电子聚束不足 underbunching
电子开闭器 electronic shutter
电子开关 electron(ic) switch; keying amplifier
电子开关管 electronic switching tube
电子开关系统 electronic switching system
电子开关作用 electronic switching
电子勘测 electronic reconnaissance
电子抗磁性 electronic diamagnetism
电子颗粒计数器 electronic particle counter
电子壳层 electronic envelope; electron(ic) shell
电子可调滤波器 electronically tunable filter
电子可调谐光学滤波器 electronically tunable optic(al) filter
电子刻版 electronic engraving; electronic etching
电子刻版机 electronic engraver; electronic engraving machine; electronic photoengraving machine; Klischograph
电子刻版线路 electronic engraving channel
电子刻图 electronic engraving
电子刻图仪 electronic engraver
电子空气过滤器 electronic air filter
电子空气净化器 electronic air cleaner
电子空气清洁器 electronic air cleaner
电子空网设备 electronic sky screen equipment
电子空位 electronic vacancy; electron vacancy; vacant electron site
电子空穴 electronic vacancy; vacant electron site
电子空穴的 electron hole
电子空穴对【物】electron hole pair
电子空穴碰撞 electron hole collision
电子空穴碰撞偶 electron hole collision pair
电子空穴心谱 electron hole center spectrum
电子空穴液滴 electron hole droplets
电子控制 electronic control
电子控制半自动绕线机 electron control semi-automatic winder
电子控制单位 electronic control unit
电子控制的 electronic controlled
电子控制的恒温器 electronic thermostat
电子控制的键盘 electronically controlled keyboard
电子控制的淋浴 electronically controlled shower
电子控制的门 electronic door
电子控制的试验设备 electronic controlled test rack
电子控制的小车 electronically controlled truck
电子控制电话交换机 electronically controlled telephone exchange
电子控制电路 electronic control circuit
电子控制机 electronic controller
电子控制间断式牵引器 electronic controlled intermittent tractor
电子控制靠模铣 electron-controlled profile milling
电子控制螺丝刀 electronically controlled screwdriver
电子控制耦合器 electronically controllable coupler
电子控制器 electronic controller
电子控制驼峰编组场 electronically controlled gravity classification yard
电子控制系统 electronic control system; electronic system
电子控制制 electronic control system
电子控制装置 electronic control device; electronic controlled installation; electronic control system
电子控制自动转换系统 electronically controlled automatic switching system
电子快门 electronic shutter
电子扩散 electronic diffusion
电子扩散常数 electronic diffusion constant
电子扩散度 electronic diffusance
电子扩音器 electronic microphone
电子拉伸试验器 electronic tensile tester
电子乐器 electrophone
电子累积器 electronic totalizer
电子冷发射 cold emission
电子冷阱 electron sink
电子冷凝水搅拌器 electronic condensed-water stirrer
电子冷却 electronic cooling
电子冷却装置 electronic cooler
电子离散 debunching
电子离散变量自动计算机 electronic discrete variable automatic computer
电子离子复合 electronic ion recombination; electron-ion recombination
电子离子收集时间 electronic ion collection time
电子篱笆 fence
电子理论 electronic theory; electron theory
电子立式长周期地震仪 electronic vertical long-period seismometer
电子立体观察 electronic stereoviewer
电子联锁 electronic interlocking
电子链路【计】electronic link
电子凉枕 electronic cool(ing) pillow
电子裂缝检查仪 electronic seam detector
电子灵敏度 electron-sensitive
电子零件 electronic part
电子流 electron(ic) current; electronic flow; electronic jet; electronic stream; rain of electrons; spray of electrons; streamer; stream of electrons; thermionic current; rain <电子流俗称>
电子流传输效率 electron-stream transmission efficiency
电子流电位 electron-stream potential
电子流动 electron flow
电子流动性 electron mobility
电子流放大器 electron-stream amplifier
电子炉 electronic oven
电子录像 electronic image storage; electronic video recording
电子录像机 electronic video recorder; vision electronic recording apparatus
电子录像器 electronic video recorder
电子录像设备 electronic image storage device
电子录像装置 electronic image storage device
电子滤波器 electronic filter
电子罗经 electronic compass
电子罗盘 electronic compass
电子逻辑电路 electronic logic circuit
电子螺丝管 helitron
电子螺旋管 helitron
电子脉冲 electronic impulse; electronic pulse
电子脉冲电离室 electronic pulse chamber
电子脉冲发生器 electronic impulser
电子脉冲计数器 electronic pulse counter
电子脉冲振幅分析器 electronic pulse height analyser[analyzer]
电子贸易 electronic commerce
电子媒介 electronic medium[复 media]
电子门电路断开硅可控整流器 gate turnoff silicon-controlled rectifier
电子门锁 electronic lock
电子密度 electronic concentration; electronic density
电子密度泛函 function of electron(ic) density
电子密度分布 electronic density distribution
电子密度分析仪 electronic density analyser
电子密度检测器 electronic density detector
电子密度检测仪 electronic density detector
电子密度探测器 electronic density measurement probe
电子密度探测仪 electronic density detector
电子密度调制 electronic density modulation
电子密度投射 electron density projection
电子密度图 electron density map; electronic density map
电子密度指数 electronic density index
电子密码机 electronic cipher machine
电子密钥发生器 electronic key generator
电子密钥装填器 electronic key loading device
电子描绘器 electronic tracer
电子描图机 electronic tracer
电子灭弧器 electronic arc-control device
电子灭菌法 electronic sterilization
电子灭蚊器 electronic mosquito killer
电子敏感的 electron-sensitive
电子敏感胶片 electronic sensitive film
电子敏感乳剂 electronic sensitive emulsion
电子敏捷雷达 electronically agile radar
电子模拟 electronic simulation; electric(al) analog(ue); electronic analog(ue); electronic analogy
电子模拟乘法器 electronic analog(ue) multiplier
电子模拟计算机 electric(al) analog(ue) computer; electronic analog(ue) computer
电子模拟相关器 electronic analog(ue) correlator
电子模拟装置 electronic simulator
电子模型 electronic model
电子模型法 electronic sculpturing
电子膜渗透仪 electronic membrane osmometer
电子摩尔电化学能 molar electrochemical energy of electrons
电子摩尔吉布斯能量 molar Gibbs energy of electrons
电子磨带机 electronic belt milling machine
电子脑 <即电子计算机> brain; electronic brain; electronic wizard
电子能带 electronic energy band
电子能量 electronic energy
电子能量级 electron energy level
电子能量损失能谱学 electronic energy loss spectroscopy
电子能量损失谱 electronic energy loss spectroscopy
电子能谱 electronic energy spectrum; electron spectrum
电子能谱法 electronic spectroscopy; electronic spectrum
电子能谱术 electronic spectroscopy
电子能谱学 electronic spectroscopy
电子能谱仪 electronic spectrometer
电子能曲线 electronic energy curve
电子逆变器 electronic inverter
电子黏[粘]着控制系统 electronic adhesion control system
电子凝聚控制器 electronic coagulation controller
电子浓度 electron(ic) concentration
电子浓度的变化 electron-content variation
电子浓度调节器 electronic consistency regulator
电子偶 duplet; electronic pair; electron pair
电子偶的产生【物】pair production
电子偶的湮没【物】pair annihilation
电子偶分光计 electron pair spectrometer; pair spectrometer
电子偶素 positronium
电子偶形成 electron pair creation
电子耦合 electron(ic) coupling
电子耦合变频器 electron(ic) coupled frequency converter
电子耦合的 electronic coupled
电子耦合电路 electron-coupled circuit
电子耦合器 Cuccia coupler; electron coupler
电子耦合器件天文光谱仪 astronomic(al) electron coupler device spectrometer
电子耦合调整 electron coupling control
电子耦合系数 coefficient of electron coupling; gap coefficient
电子耦合振荡器 electrocoupled oscillator; electron-coupled [coupling] oscillator
电子排版 electronic composition
电子排布 electronic configuration
电子排斥 electronic repelling
电子排列 electronic configuration
电子排字机 electrotypograph
电子判定装置 electronic decision maker
电子抛光机 electronic polisher
电子培训设备 electronic training device; trainer
电子膨胀仪 electronic dilatometer
电子碰撞 electron(ic) collision; electron(ic) impact
电子碰撞电离 electron impact ionization; ionization by electron impact
电子皮带称量装置 electronic belt weighing system
电子皮带秤 belted electronic balance; electronic belt scale; electronic belt weigher
电子皮革面积测量机 electronic leather area measuring machine
电子偏航测量仪 electronic driftmeter
电子漂移度 electronic driftance
电子漂移检测器 electron drift detector
电子漂移检测仪 electron drift detector
电子漂移速度 electron drift velocity; electronic drift velocity
电子漂移速度检测器 electron drift velocity detector

D

电子票据交换 electronic document exchange; electronic document interchange
电子频率计数据 electronic frequency counter
电子频谱带 electronic band
电子平板仪 electronic plane-table
电子平衡 electronic balance; electronic equilibrium
电子平衡表 electron balance table
电子平衡器 electronic balancer
电子屏蔽 electronic curtain; electronic screening
电子坡度控制器 electronic grade controller
电子剖面测定仪 electronic profile indicator
电子谱法 electronic spectrometry
电子欺骗 electronic deception; spoofing
电子气 electron(ic) gas
电子气动的 pneutronic
电子气象观测 spherics
电子汽车点火器 automobile electronic igniter
电子器件 electron(ic) device
电子器件包 electronic package
电子器具 electronic apparatus
电子迁移 electronic migration; electron transfer; transition of electron
电子迁移度 electronic mobilance
电子迁移法 electromigration
电子迁移率 electronic mobility; electron mobility
电子迁移率检测器 electron mobility detector
电子枪 cathode-ray gun; electric(al) gun; electron(ic) gun
电子枪轰击 electronic gun bombardment
电子枪密度倍增量 electron gun density multiplication
电子枪室 electronic gun chamber
电子枪调准 gun align(e)ment
电子枪阴极 gun cathode
电子枪真空密封装置 electron gun vacuum lock
电子桥 electron bridge
电子亲合力 electron affinity
电子亲合能 electron affinity energy
电子亲合势 electron affinity
电子亲合性 electron affinity
电子轻子数 electron lepton number
电子倾斜仪 electronic clinometer
电子清纱器 electronic yarn clearer
电子情报 electronic intelligence
电子情报船 elint ship
电子情报系统 electronic information system; electronic intelligence system
电子求积仪 electronic planimeter
电子曲线跟踪器 electronic curve follower
电子曲线描记仪 electronic curve tracer
电子曲线示踪器 electronic curve tracer
电子取景器 electronic viewfinder
电子取样开关 electronic sampling switch
电子取样器 electronic sampler
电子全站仪 electronic total station
电子群 packet of electrons
电子群聚 electronic bunching
电子燃料喷射装置 electronic fuel injection
电子染料 electron stain
电子染色 electron stain
电子扰乱区 electronic confusion area
电子绕射 electronic diffraction
电子热导 electronic thermal conductance
电子人 cyborg
电子日记 electronic diary
电子三边测量 electronic-trilateration
电子散斑干涉度量仪 electronic speckle pattern interferometer
电子散射 electronic diffusion; electronic scattering; scattering of electrons
电子散射连续区 electron scattering continuum
电子扫描 electronic raster scanning; electronic scanning
电子扫描读卡仪 electronic chart scanner
电子扫描多波束雷达 electronic scanned stacked beam radar
电子扫描分光仪 electronic scanning spectrometer
电子扫描复合控测器 electron scanned complex detector
电子扫描机 electronic scanner
电子扫描雷达 electronic scanning radar
电子扫描模拟液晶显示器 electronically scanned analog liquid crystal display
电子扫描器 electronic scanner
电子扫描式电视 electronic scanning television
电子扫描式瞳孔计 electron scanning pupillometer
电子扫描数字化器 electronic scanning digitizer
电子扫描系统 electronic scanning system
电子扫描显微镜 electronic scanner microscope; electron scanning microscope
电子扫描显微照片 electronic scanning micrograph
电子扫描仪 electronic scanner
电子杀虫器 electronic bug killer
电子杀菌法 electronic sterilization
电子杀蚊器 electronic mosquito killer
电子晒像控制设备 electronic printing control unit
电子闪光 electronic flash(ing); strobe
电子闪光部件 electronic flash unit
电子闪光灯 electronic flashlamp; electronic flashlight; electronic flash tube; speed flash; speed lamp; speed light
电子闪光发生器 electronic flash generator
电子闪光机制 electronic flashing mechanism
电子闪光计 electronic flash meter
电子闪光器 electronic flasher
电子闪光设备 electronic flash equipment; electronic flash plant
电子扇形扫描声呐 electronic sector-scan(ning) sonar
电子商务 e-business; electronic business; E-trade
电子熵 electronic entropy
电子设备 avionics; electronic aid; electronic device; electronic equipment; electronic installation; electronic machine
电子设备焊接装置 electronic equipment soldering set
电子设备试验场 electronic range
电子设备所定的位置线 electronic line of position
电子社区 electronic community
电子社团 electronic community
电子射线 electron ray
电子射线干燥 electron ray drying
电子射线固化 electron-beam curing
电子射线固化涂料 electron curing coating
电子射线管 cathode-ray tube; electronic ray tube; magic(tuning) eye
电子射线管荧光屏上的栅式干扰 railing
电子射线示波管 oscillotron
电子射线脱硫 electron ray desulfurization
电子摄谱仪 electron spectrograph
电子摄像机 electron camera
电子摄影 electrophotograph
电子摄影测量学 electronic photogrammetry
电子摄影机 electrofax
电子摄影术 electronic photography; electrophotography
电子伸缩绘图器 electronic pantograph
电子生物显微镜 electronic biologic microscope
电子声波 electroacoustic(al) wave
电子施主 electron(ic) donor
电子湿度计 electronic moisture meter
电子十进仪 electronic decade meter
电子时计 electronic chronometer
电子时刻表 electronic timetable
电子时器 electronic chronometer
电子拾波器 electronic pickup
电子拾音器 electronic pickup
电子世纪 electronic age
电子示波器 electron(ic) oscillograph
电子示功器 electronic indicator
电子示踪器 electronic tracer
电子式拨号交换机 electronic automatic exchange; electronic dial exchange
电子式测扭计 electronic torque meter
电子式测试器 electronic tester
电子式乘法器 electronic multiplier
电子式磁强计 electron-beam magnetometer; electronic magnetometer
电子式地震仪 electronic seismograph
电子式电话交换机 electronic controlled telephone exchange
电子式电压调节器 electronic voltage regulator
电子式分级机 electrostatic sorter
电子式分解器 electronic resolver
电子式分离器 electronic separator
电子式浮尺 teledip ga(u)ge
电子式高度计 electronic altimeter set
电子式函数发生器 electronic function generator
电子式会计机 electric(al) accounting machine
电子式计时器 electronic timer
电子式计数继电器 electronic counter relay
电子式记录仪 electronic recorder
电子式交换机 electron exchanger
电子式交换系统控制 electronic switching system control
电子式脚踏板 electronic treadle
电子式接线器 electronic switching
电子式井下压力传感器 electronic bottom hole pressure transducer
电子式井下压力计 electronic bottom hole pressure recorder
电子式局内交换 electronic cross office switching
电子式绝缘材料焊接机 electronic sewing machine
电子式流量计 electronic flowmeter
电子式脉动刺激器 electronic pulsating stimulator
电子式脉动器 electronically tined pulsator; electronic pulsator
电子式毛羽测试仪 electronic hairiness meter
电子式频率表 electronic frequency meter
电子式频率计 electronic frequency meter
电子式摄像装置 electronic image pickup device
电子式时间继电器 electronic time relay
电子式衰减器 electronic attenuator
电子式天线分配器 electronic antenna distributor
电子式调节器 electronic type regulator
电子式调速器 electronic governor
电子式图书查找程序 electronic library search
电子式万用电表 electronic multimeter
电子式温度记录器 electronic temperature recorder
电子式温控器 electronic temperature controller
电子式谐音系统 electronic chimes
电子式引擎分析器 electronic engine analyser[analyzer]
电子式轴转速传感器 electronic shaft speed pickup
电子式自动操舵 electronic autopilot
电子式自动驾驶仪 electronic autopilot
电子式自动平衡记录器 electronic automatic balancing recorder
电子式自动平衡仪 electronic automatic balance instrument
电子式自动升降机系统 autotronic system
电子式自动数字计算机 electronic automatic digital computer
电子事件 electron event
电子视距仪 electronic tach(e)ometer
电子视觉记录器 Vera[vision electronic recording apparatus]
电子视觉记录仪 vision electronic recording apparatus
电子视频记录装置 electronic video recorder
电子试验仪器 electronic test instrument
电子收费车道 electronic lane
电子收费机 electronic cash receipt register
电子收费及事务管理系统 electric(al) toll collection and transaction management
电子收费系统 electronic toll collection system
电子收费与交通管理系统 electronic toll & traffic management(system)
电子收集 collecting of electrons; electronic collection
电子收集计数管 electron-collection counter
电子收集时间 electronic collection time
电子手表 accutron; electronics watch
电子受体 electron acceptor; electronic donor
电子受体掺杂剂 counter dopant
电子受主 electronic acceptor
电子书籍 e-book
电子书写 electronic writing
电子束 beam of electron; beam pencil; bunch of electrons; bundle of electrons; cathode(-ray) beam; cathode-ray pencil; electric(al) ray; electron bundle; electronic beam; electronic bundle bundle of elec-

tions; electronic jet; electron ray; packet of electrons
电子束斑大小 electron-beam spot size
电子束斑点 electronic spot
电子束半导体放大管 electron bombarded semiconductor amplifier
电子束参放 electron-beam parametric amplifier
电子束参量放大器 electron-beam parametric amplifier
电子束抄平器 electronic beam leveling unit
电子束持续抽运激光器 electron-beam sustainer-pumped laser
电子束抽运 electron-beam pumping
电子束抽运激光器 electron-beam pumped laser
电子束抽运自由电子激光器 electron-beam-pumped free-electron laser
电子束处理 electronic beam processing
电子束磁控管 beam magnetron
电子束磁力仪 electron(ic)-beam magnetometer
电子束磁强计 electron(ic)-beam magnetometer
电子束存储复原 beam holding
电子束存储管 cathode-ray storage tube
电子束存储器 beam storage; electron-beam(-accessed) memory
电子束的 electron-beam
电子束电流 beam current; electron-(ic) beam current
电子束雕刻机 beam carving machine
电子束定位系统 beam positioning system; electronic beam positioning system
电子束定中心 beam centering[centring]; electronic beam centering
电子束对焊机 electronic beam welder
电子束发生器 electron(ic) beam generator
电子束放大器 electronic beam amplifier
电子束浮区提纯炉 electron-beam floating zone furnace
电子束辐照 electronic beam irradiation
电子束辐照烟气脱硫 desulfurization by electronic beam irradiation
电子束负荷 beam load
电子束感应导电率 electron-beam-induced conductivity
电子束功率 electronic beam power
电子束功率放大器 electronic beam power amplifier
电子束功率管 beam power tube; beam power valve; beam tetrode
电子束固化 electron-beam curing
电子束固化法 electrocure process; electrocuring; electron-beam cure process
电子束管 Braun tube; cathode-ray tube; electron-beam tube; harmodotron
电子束管内导电石墨乳 colloidal graphite for cathode tube inner coating
电子束光点 beam spot; electron-beam spot
电子束焊(接) electrobeam welding; electron(ic) beam welding; electrons leaves welding
电子束焊接机 electron-beam welder; electron-beam welding machine
电子束横截面宽度 electron-beam width of cross-section
电子束会聚 beam convergence; electronic beam convergence
电子束绘图机 electron-beam drafting machine
电子束激发 electron-beam excitation
电子束激发激光器 electron-beam excited laser
电子束激光器 electron(ic) beam laser
电子束计数管 electron-beam counter tube
电子束记录(法) electron-beam recording; beam recording
电子束记录器 electron(ic) beam recorder
电子束记录系统 electronic beam recording system
电子束记录仪 electronic beam recorder
电子束加工 electrobeam machining; electron(ic) beam machining; electronic beam processing
电子束加热器 electron-beam heater
电子束交叠点 cross-over
电子束校准 electron beam alignment
电子束截止 beam suppression
电子束精炼 electron-beam melting purification; electron-beam refining
电子束阱 beam trap
电子束控制 beam control; electron-beam control
电子束控制放电 electronic beam controlled discharge
电子束炉 electron-beam furnace
电子束录像 electron-beam recording
电子束密度 electronic beam density
电子束能量 beam energy
电子束耦合 beam coupling
电子束偏移管 beam deflection tube
电子束偏转磁铁 beam bending magnet
电子束偏转管 beam deflection valve
电子束偏转器 beam deflector
电子束平印术 electron-beam lithography
电子束枪 electron-beam gun
电子束切割 electron-beam cutting
电子束熔锭 electron-beam melted ingot
电子束熔化 electron-beam melting
电子束熔炼 electronic torch melting
电子束熔炼的材料 electron-beam melted material
电子束熔炼法 electron-beam process
电子束熔炼炉 electron-beam furnace; electronic beam furnace; electron-beam melting furnace
电子束熔炼设备 electron-beam melting system
电子束入射角 electron-beam incidence angle
电子束扫描 electron-beam scanning
电子束扫描机 electronic beam scanner
电子束扫描器 electron-beam scanner
电子束扫描系统 electron-beam scanning system
电子束扫描装置 electronic beam-steering device
电子束烧结 electron-beam sintering
电子束射击点 landing of beam
电子束探示器 electron-beam probe
电子束探针 electron-beam probe
电子束探针微量分析 electron-beam microprobe analysis
电子束调节器 electron-beam regulator
电子束图像记录器 electron(ic) beam image recorder
电子束稳定精度 electronic beam setting accuracy
电子束熄灭装置 beam blanker
电子束显微机械加工 electron-beam-activated micromachining
电子束显微探头 electron-beam microprobe
电子束效率 electron-beam efficiency
电子束形成电极 beam-forming electrode
电子束寻址存储器 electron-beam addressable memory; electron-beam addressed memory
电子束压焊 electron-beam bonding
电子束遥远录像 electron-beam telerecording
电子束引示彩色电视 beam-indexing colour television
电子束引示显像管 beam indexing tube
电子束诱导脱色工艺 electron-beam induced decolo(u)ration
电子束真空焊接 vacuum welding by electron beam
电子束真空炉 electron-beam vacuum furnace
电子束蒸发 electron-beam evapo(u)ration
电子束蒸发淀积法 electron-beam vapo(u)r deposition method
电子束蒸发器 electron-beam evapo(u)rator
电子束指引彩色显像管 beam index colo(u)r picture tube
电子束指引管 beam indexing tube
电子束注入晶体管放大器 electron-beam injected transistor amplifier
电子束踪迹 beam trace
电子束阻抗 beam impedance
电子束钻床 electron-beam drilling machine
电子束钻井 electrobeam drilling; electron-beam drilling
电子束钻孔 electron-beam drilling
电子束钻孔机 electron-beam drilling machine
电子数 electron(ic) number; ionic number
电子数据 electronic data
电子数据处理(法) electronic data processing
电子数据处理机 electronic data processing machine; electronic data processor
电子数据处理设备 electronic data processing equipment
电子数据处理系统 electronic data processing system
电子数据处理中心 computer center[centre]; electronic data processing center[centre]
电子数据处理装置 electronic data processing device; electronic data processing plant
电子数据传输通信[讯]中心 electronic data transmission communication center[centre]
电子数据传输装置 electronic data transmission set
电子数据服务 electronic data service
电子数据汇集器 electric(al) data collector
电子数据计算器 electronic data calculator
电子数据监控器 electronic data monitor
电子数据交换 electronic data exchange; electronic data interchange
电子数据交换和控制系统 electric(al) data exchange and control system; electronic data interchange and control system
电子数据交换机 electronic data exchanger; electronic data interchanger
电子数据交换中心 electronic data-switching center[centre]
电子数据收集设备 electronic data gathering equipment
电子数据文件 electronic data file
电子数据显示器 electronic data display
电子数据转接中心 electronic data-switching center[centre]
电子数显高度尺 digimatic height ga(u)ge; electronic digital display height scale
电子数显机床标尺 electronic digital display machine scale
电子数显卡尺 digimatic calipers; electronic digital display(ing) calipers
电子数显卡规 electronic digital display ga(u)ge
电子数显千分尺 electronic digital display micrometer; electronic digital readout micrometer
电子数显深度尺 digimatic depth ga(u)ge; electronic digital display depth calipers
电子数显组合机 electronic digital display combined machine
电子数字分析仪 electronic digital analyser[analyzer]
电子数字积分计算机 electronic numerical integrator and computer
电子数字计算机 electronic digital computer
电子数字接口 electronic digital interface
电子数字卡尺 electronic digital calipers
电子数字密度分析仪 electronic digital density analyser
电子数字式手表 electronic digital wristwatch
电子衰减 electronic degradation
电子双共振 electron double resonance
电子水处理器 electronic hydrotreater
电子水平仪 electrolevel
电子水养 electron water curing
电子水准测量 electronic level(l)ing
电子水准器 <格值为 1 秒的高灵敏度水准器,以电的量值表示倾斜> electronic level
电子水准仪 electronic level
电子顺磁共振 electron paramagnetic resonance; electron spin resonance; paramagnetic resonance
电子顺磁共振波谱 electron paramagnetic resonance spectrum
电子顺磁共振波谱仪 electronic paramagnetic resonance spectrometer
电子顺磁谐振 electron paramagnetic resonance
电子顺磁性 electron paramagnetism
电子顺磁性共振 electronic paramagnetic resonance
电子瞬变观察仪 electronic transient visualizer
电子说 electronic theory
电子伺服控制光电偏振计 electric(al) polarimeter
电子速测仪 electronic tach(e)ometer; electronic tachymeter
电子速测仪测图 topographic(al) mapping with electronic tach(e)ometer
电子速度 velocity of electrons
电子速度传感器 electronic speed sensor
电子速度分析器 electron velocity an-

alyser[analyzer]
电子速度计 electronic speedometer
电子速度谱仪 electron velocity spectrometer
电子速度信号 electronic speed signal
电子随动操舵仪 electronic follow-up steering apparatus
电子随动系统 electronic servo
电子随机数发生器 electronic random number generator
电子隧道 electron channelling
电子锁 electronic lock
电子锁定 electronic locking
电子台秤 electronic platform scale
电子台灯 electronic desk lamp
电子态 electronic state
电子弹性散射 electron elastic scattering
电子探测器 electron(ic) detector
电子探伤器 aniseikon; electronic crack detector
电子探伤仪 electron defectoscope; probolog
电子探针 electron(ic) probe; electroprobe; microprobe
电子探针 X 射线分析器 electron probe X-ray analyser[analyzer]
电子探针 X 射线(显)微分析仪 electroprobe-X-ray microanalysis
电子探针表面质谱分析 electron probe surface mass spectrometry
电子探针定量微区分析 quantitative electron-probe micro-analysis
电子探针分析 electron(ic) probing analysis
电子探针分析样品 sample for electron-probe analysis
电子探针分析仪 electron microprobe analyser[analyzer]
电子探针能谱图 electron probe energy spectrum pattern
电子探针微量分析 electron probe microanalysis; electroprobe microanalysis
电子探针微量分析器 electron(ic) probe microanalyzer [microanalyser]
电子探针微量分析仪 electron(ic) probe microanalyzer [microanalyser]
电子探针显微照片 electron probe micrograph
电子陶瓷 electronic ceramics
电子天平 electronic balance
电子天文钟 electronic chronometer
电子调节 electronic control; electronic regulation
电子调节器 electronic controller; electronic regulator
电子调速器 electron speed regulator
电子调谐的 electronic tuning
电子调谐范围 electronic tuning range
电子调谐灵敏度 electronic tuning sensitivity
电子调谐器 electronic tuning unit
电子调谐式柱形磁控管 mitron
电子调谐振荡器 electronically tuned oscillator
电子调谐滞后 electronic tuning hysteresis
电子调压器 electronic pressure controller
电子调整 electronic regulation
电子通报板 electronic bulletin board
电子通道 electron channel
电子通道图 electron channel map
电子通道效应 electron channel effect
电子通风机 electronic ventilator
电子通量 electron flux
电子通量密度 electron flux density
电子通量密度计 electron flux densitometer; electron flux density meter
电子通量密度指示器 electron flux density indicator
电子通信[讯] electro communication
电子通用温度计 electronic universal thermometer
电子同步加速器 electron synchrotron
电子同质异能性 electron isomerism
电子统计机 electronic statistical machine
电子投射器 electron projector
电子透过记录器 film-penetration tube
电子透镜 electron(ic) lens; lens
电子透射密度计 electronic transmission densimeter
电子透射显微镜 electron transmission microscope
电子图记录 electrographic recording
电子图摄像管 electronographic tube
电子图摄像术 electronography
电子图书馆 electronic library
电子图像 electronic image
电子图像放大器 electronic image amplifier
电子图像管 electron image tube
电子图像稳定性 electronic image stabilization
电子图像增强 electronic image enhancement; electron optic(al) image intensifier
电子陀螺罗盘 electronic gyro compass
电子外业手簿 electronic field book
电子玩具 electronic toy
电子望远镜 electron(ic) telescope
电子微电极 X 射线分析仪 electronic microelectrode X-ray analyser[analyzer]
电子微分分析机 electronic differential analyser[analyzer]
电子微分分析仪 electronic differential analyser[analyzer]
电子微分纠正 electronic differential rectification
电子微分器 electronic differentiator
电子微观扫描技术 scanning electron microscopy technic; scanning electron microscopy technique
电子微量天平 electronic micro balance
电子微秒表 electronic microsecond meter
电子微石英钟 electronic microquartz chronometer
电子微探针 electron microprobe; electron probe
电子微探针分析 electron microprobe analysis
电子微写器 electron(ic) micrograph
电子伪装 electronic camouflage
电子位级 electronic level
电子位移 electron(ic) displacement
电子位置读数器 electronic position readouts
电子位置线 electronic line of position
电子温度 electron(ic) temperature
电子温度计 electronic temperature recorder; electronic thermometer
电子温度开关控制器 electronic temperature contact controller
电子温度控制器 electronic temperature controller
电子温度探测器 electron temperature probe
电子温度调节系统 electronic temperature control system
电子文档通信[讯]系统 electronic document communication system
电子文件 electronic file
电子文件交换 electronic document interchange
电子稳定器 electronic regulator; electronic stabilizer
电子稳压器 electronic(voltage) regulator
电子污染 electronic pollution
电子物理学 electron(ic) physics; electrophysics
电子误差校正 electronic error correction
电子误差校正线路 electronic error correlation circuit
电子雾 electron fog
电子吸尘器 electronic cleaner
电子吸声器 electronic absorber
电子吸收 electron(ic) absorption
电子吸收光谱 electronic absorption spectrum
电子吸收器 electronic absorber
电子吸收系数 electronic absorption coefficient
电子析像器 electronic scanner
电子系统模拟器 electronic system simulator
电子纤度监测仪 electronic denier monitor
电子显示 electronic display; electronic present(ation)
电子显示控制器 electronic display controller
电子显示器 electronic console
电子显示器荧光屏 electronic screen
电子显微暗场像 electron-microscopical dark field image
电子显微测定法 electronic microscopy
电子显微放大器 electronic micrograph
电子显微放射自显影法 electronic microscope autoradiography
电子显微检测法 electronic microscopy
电子显微检查法 electronic microscopy
电子显微镜 electron microscope; microscope electron
电子显微镜标本聚合器 electronic microscope specimen polymerizer
电子显微镜标本渗透器 electronic microscope specimen penetrator
电子显微镜标本自动处理机 electronic microscope specimen autoprocessor
电子显微镜的 electronic microscope
电子显微镜法 electronic microscope method
电子显微镜分析 electronic microscopic analysis
电子显微镜观察 electronic microscope observation
电子显微镜检查 electronic microscopy; electron-microscopical examination
电子显微镜鉴定 electronic microscope spectroscopy
电子显微镜微分析器 electron microscope microanalyzer[microanalyser]
电子显微镜微量分析器 electronic microscope microanalyser[microanalyzer]
电子显微镜像片 electron micrograph
电子显微镜照片 electron micrograph; electronograph
电子显微明场像 electron-microscopical bright field image
电子显微射线照相术 electronic microradiography
电子显微摄影 electromicrography; electronic micrograph; electronic micrography
电子显微术 electron microscopy
电子显微探针 electron(ic) microprobe
电子显微探针 X 射线分析仪 electron microprobe X-ray analyser[analyzer]
电子显微图 electronic micrograph
电子显微图像 electron micropicture
电子显微衍射 electronic micro-diffraction
电子显微照片 electronic micrograph
电子显微照相干版 electromicrography plate
电子显像管 electronic image-tube; kinescope
电子显像机 electronograph
电子显像术 electronography
电子现金出纳机 electronic cash register
电子现金收入记录机 electronic cash register
电子线路 electronic circuit; electronics
电子线路导向系统 electronic route guidance system
电子线路分析程序语言 electronic circuit analysis program(me)
电子线路控制激光阵列 electronically steered laser array
电子线性加速器 electron(ic) accelerator
电子陷阱 electron(ic) trap
电子相关 electronic correlation
电子相关器 electronic correlator
电子相角计 electronic phase angle meter
电子相位计 electronic phase angle meter
电子箱 electronic box
电子箱系统 mailbox system
电子响应装置 electronic response unit; variable response unit
电子向日葵 electronic sunflower
电子像管 electronic image-tube
电子像片转绘仪 electronic sketch master
电子像转移级 electronic image stage
电子削刮机 electronic skiving machine
电子消毒 electronic sterilization
电子消旋天线 electronically despun antenna
电子效率 electronic efficiency
电子信函业务 electronic mail service
电子信号机【铁】electronic annunciator
电子信号器 electronic annunciator
电子信件 electronic mail
电子信息 electronic information; electronic message
电子信件地址 e-mail address
电子信息交换系统 electronic information exchange system
电子信息网络 electronic information network
电子信息系统 electronic message system
电子信息指示标志 electronic message sign
电子信箱 electronic mail; e-mail
电子行扫描 electronic line scanning
电子行扫描机 electronic line scanner
电子行扫描仪 electronic line scanner
电子绣花机 electronic embroidery machine
电子旋转黏[粘]度计 electronic rotary visco(si)meter
电子旋转扫描系统 electronically rotated scanning system
电子选纱器 electronic yarn selector
电子选择器 electronic selector
电子学 electronics; radionics

电子学说 electron theory
电子雪崩 electron(ic) avalanche
电子雪崩倍增 electron avalanche amplification
电子雪崩击穿 electron avalanche breakdown
电子寻像器 electronic viewfinder
电子压力变送器 electronic pressure transmitter
电子压力计 electronic pressure ga(u)ge
电子压力控制器 electronic pressure controller
电子压强计 electromanometer
电子压强计换能器 electromanometer transducer
电子压实计 electronic compaction meter
电子延时系统 electrodelay system
电子研究中心 electronic research center
电子衍射衬比效应 electron diffraction contrast effect
电子衍射的 electron diffraction
电子衍射调查 electronic diffraction investigation
电子衍射分析 electronic diffraction analysis
电子衍射摄像机 electronic diffraction camera
电子衍射摄影 electronic diffraction photography
电子衍射摄影机 electronic diffraction camera
电子衍射图 electron diffraction image; electronic diffraction diagram; electronogram
电子衍射图形 electronogram
电子衍射图样 electronic diffraction pattern
电子衍射仪 electron diffractograph; electronic diffraction instrument
电子衍射照相机 cathodograph; electron diffraction camera
电子衍射装置 electron diffraction apparatus
电子眼压计 electronic ophthalmotonometer; electronic tonometer
电子验瓶机 electronic bottle inspector
电子遥测术 electronic telemeter(ing)
电子遥测仪 electronic telemeter
电子遥控 electronic telecontrol
电子遥控交换设备 electronic remote switching
电子遥控转换开关 electronic remote switching
电子耀斑 electron flare
电子液压计 electromanometer
电子液压调节 electronic-hydraulic control
电子仪表 electronic instrument; electronic meter
电子仪表读数 electronic meter reading
电子仪表台 electronic console
电子仪器 electronic device; electronic machine; electronics
电子仪器测定打桩入土阻力的方法 case method; pile dynamics
电子仪器观测 electrometric observation
电子仪器化 electronize
电子仪器量测 electronic measurement
电子仪器漂移 electronic drift
电子仪器装运箱 electronic canister
电子仪器组件 electronic package
电子移动 electronic migration
电子移动效应 electromeric effect
电子移通 flow of electron
电子移位极化 electronic displacement polarization
电子移相装置 electronic phase shifting apparatus
电子异构体 electromer; electron detachment; electron removal
电子译码器 electronic translator
电子逸出 removal of electron
电子逸出功 electron work function
电子音响信号应答器 electronic aural responder
电子银行 electronic bank
电子银行业务 electronic banking
电子引燃器 electronic lighter
电子引向器 electronic director
电子引信 electronic fuse
电子印刷机 electromechanical printer; electronic printer; electronic printing machine
电子印刷(术) electronic printing
电子印刷阅读器 electronic print reader
电子印刷装置 electronic printer
电子印像 electronic printing
电子印像机 electronic printer
电子应变表 electric(al) strain ga(u)ge
电子影像相关器 electronic image correlator
电子影像转换 electronic image transfer
电子邮寄 electronic mail
电子邮寄包裹秤 electronic post parcel scale
电子邮件 electronic mail[e-mail 或 E-mail]
电子邮件地址 e-mail address
电子邮箱 electronic mailbox
电子邮箱数据输入 electronic mailbox data entry
电子油印蜡纸 electrostencil master paper
电子诱惑 electronic deception
电子元件 electronic component; electronic element
电子元件车间 electronic components workshop
电子元件基板 substructure for electric(al) device
电子元件实验室 electronic components laboratory
电子元件试验台 electronic component test bench
电子原理图 electronic scheme
电子原子韧致辐射 electron-atom bremsstrahlung
电子原子质量 electron atomic mass
电子源 electron emission source; electron-emitting source; electronic source
电子阅读机 electronic reading machine
电子阅读器 electronic reader
电子跃迁 electronic jump; electronic transition
电子跃迁时间 electron transit time
电子云 cloud of electrons; electron(ic) cloud; electron(ic) atmosphere; electronic fluid; electronic gas
电子云重排参数 nephelauxetic parameter
电子云脉冲 cloud pulse
电子匀光放大机 electronic dodging enlarger
电子匀光系统 electronic dodging system
电子匀光印像机 electronic dodging printer
电子匀光装置 electronic dodging device
电子运动轨迹 trajectory of electron motion
电子运动周期 electronic period
电子杂波 distortion noise
电子凿孔机 electronic punch
电子噪声 distortion noise
电子噪声干扰器 electronic noise jammer
电子增减 electronic replacement
电子增强 electronic enhancement
电子增强观测器 electronic enhancement viewer
电子增强装置 electronic enhancement equipment
电子斩波器 electronic chopper
电子展开图表 electronic spread-sheet
电子张力测定仪 electronic tension meter
电子照明 electronic lighting
电子照明系统 electron illuminating system
电子照片转绘仪 electronic sketch master
电子照相测光 electronographic photometry
电子照相法 electrofax
电子照相复印机 electrophotographic copier
电子照相复印纸 electrophotographic copy paper
电子照相感光纸 electrophotographic paper
电子照相管 electrographic image tube
电子照相机 electrofax; electron camera; electronographic camera
电子照相记录纸 electrophotographic recording paper
电子照相排字机 electronic phototype-setter; Fototronic
电子照相式直接记录器 electronic phototype recorder
电子照相术 electronic radiography; electrophotography
电子照相缩微胶片 electrophotographic microfilm
电子照相投影复印机 electrophotographic projector printer
电子照相仪 aniseikon
电子照相印刷机 electrophotographic printer; xerographic(al) printer
电子照相印刷纸 electrophotographic printing paper
电子照像划线法 electron photographic(al) marking-off method
电子照像划线涂料 electron photographic(al) marking-off coating
电子照像记录法 electronic photograph recording
电子侦察设备 electronic surveillance equipment
电子真空计 electron vacuum ga(u)ge
电子真空膨胀计 electronic vacuum dilatometer
电子振荡 electron(ic) oscillation
电子振荡发动机 electron oscillating engine
电子振荡器 electronic generator; electron(ic) oscillator; electrovibrator
电子振动的 vibronic
电子振动计 vibronic meter
电子振动记录器 electronic vibration recorder
电子镇流器 electron(ic) ballast
电子蒸发 electron evapo(u) ration
电子整流 electron commutation
电子整流管 valve rectifier
电子整流器 electronic rectifier
电子整流作用 electronic valve action
电子整平装置 electronic level(l) ing device
电子正电子储存环 electron-positron storage ring
电子正电子对 electron-positron pair
电子正电子对产生 electron-positron pair creation
电子正电子对淹没 electron-positron pair annihilation
电子正电子碰撞 electron-positron collision
电子正电子湮没 electron-positron annihilation
电子直升机 electronic helicopter
电子直线加速器 electronic linear accelerator
电子指示器 electronic director; electronic indicator
电子制导系统 electronic guidancesystem
电子制导装置 electronic guidance equipment
电子制动 deceleration of electrons
电子制冷器 electronic refrigerator
电子制图法 geometronics
电子质量 electron(rest) mass; mass of the electron
电子质子谱仪 electron-proton spectrometer
电子致密的 electrodense
电子致色 cathodochromism
电子致脱附 electron stimulated desorption
电子置换 electronic replacement
电子中微子 electron neutrino
电子中微子场 electron neutrino field
电子中心局 electronic central office
电子钟 electric(al) clock; electronic clock
电子钟琴 electronic carillon
电子助导 navigational by electronic aids
电子助航设备 electronic navigation(al) aids; electronics aids to navigation
电子助航仪器 electronic navigation(al) aids; electronics aids to navigation
电子助行器 electronic walk helper
电子注的平面偏移 horizontal beam deflection
电子注电导 beam conductance
电子注电位 electron-stream potential
电子注负载电导 beam loading conductance
电子注负载阻抗 beam loading impedance
电子注功率管 beam power tube
电子注管 beam pentode
电子注开关管 beam switching tube; counter tube; counting tube; cyclophon; magnetron; trochotron
电子注入 electron(ic) injection
电子注射器 electron injector
电子注相互作用 beam coupling
电子转动 electron spin
电子转换开关 electronic commutation; electronic commutator; electronic sampling switch
电子转换器 electronic commutation; electronic commutator; electronic sampling switch
电子转换设备 electronic switching equipment
电子转换系统 electronic switching system
电子转换系统控制 electronic switching system control

D

电子转换制 electronic switching system
电子转绘仪 universal analog photographic rectification system
电子转接 electronic switching
电子转接器 electronic commutator; electronic transfer unit
电子转接系统 electronic switching system
电子转速仪 electronic tach(e)ometer
电子转向器 electronic commutator
电子转移 electron transfer
电子转移反应 electron transfer reaction
电子转子 power rotor
电子装置 electronic installation; electronic device
电子撞击 electronic impact
电子撞击光谱法 electronic impact spectrometry
电子撞击炉 electronic impact furnace
电子着色剂 electron stain
电子姿态指引仪 electronic attitude director
电子资金汇兑系统 electronic funds transfer system
电子资金转移系统 electronic funds transfer system
电子字典 electronic dictionary
电子自动闭塞 electronic automatic block
电子自动补偿 electronic automatic compensation
电子自动补偿仪 automatic electron compensation instrument
电子自动导航仪 electronic automatic navigator
电子自动电话机 electronic auto telephone
电子自动电势计 speedomax
电子自动记录高差仪 electronic recording statoscope
电子自动驾驶仪 electronic pilot
电子自动交换机 electronic automatic exchange; electronic dial exchange
电子自动开关 electronic automatic switch
电子自动控制 automatic count
电子自动领航仪 electronic automatic navigator
电子自动平衡式记录仪 electronic self-balancing type recorder
电子自动售票系统 automatic electronic ticket system
电子自动调平装置 electronic autoset level(l)ing device
电子自动调速器 electronic governor
电子自动调谐 electronic automatic tuning
电子自动系统 electronic automatic system
电子自动制 electronic automatic system
电子自动装置 electronic robot
电子自记高差仪 electric(al) recording statoscope
电子自旋 electron(ic) spin
电子自旋共振 electron(ic) spin resonance
电子自旋共振测年法 electron spin resonance dating method
电子自旋共振磁力仪 electronic spin resonance magnetometer
电子自旋共振磁强计 electronic spin resonance magnetometer
电子自旋共振光谱 electronic spin resonance spectrum
电子自旋共振年代测定法 electron spin resonance dating method
电子自旋共振器 electronic spin resonator
电子自旋密度 electron spin density
电子自旋双共振 electron spin double resonance
电子阻抗 electronic impedance
电子阻止本领 electronic stopping power
电子组成部分 electronic component
电子组合件 electronic subassembly
电子组件 electronic building brick; electronic module; electronic package
电子组态 electronic configuration
电子组装 electronic packaging
电子作图 electric(al) mapping; electronic mapping
电子坐标打印机 electronic coordinate printer
电子坐标记录器 <德国制造> Ecomat
电子坐标仪和读出系统 electronic coordinatograph and read-out system
电自动面包炉 electric(al) automatic toaster
电自吸离心泵 electric(al) self priming centrifugal pump
电阻 electric(al) resistance; resistance; resistor
电阻保温炉 electric(al) resistance holding furnace
电阻比 resistance ratio
电阻比较器 resistance comparator
电阻闭合仪 <测量岩石应力用的> resistance closure meter
电阻避雷器 resistance arrester
电阻变换器 resistance converter; resistance transformer
电阻表 ohmer; ohm ga(u)ge; ohmmeter; resistance card
电阻部分 active component; energy component; power component; real component; resistance component; resistive component
电阻材料 resistance material
电阻测定 resistance measurement
电阻测辐射热计 bolometer
电阻测井装置 resistivity device
电阻测力仪 electric(al) resistance load-ga(u)ge
电阻测量 resistance measurement; thermoelectric(al) measurement
电阻测量剖面 resistivity profile
电阻测量仪 electric(al) impedance meter
电阻测试器 resistance tester
电阻测探 resistivity log(ging)
电阻测碳仪 carbohm
电阻测温包 resistor bulb
电阻测温法 resistance method of temperature determination
电阻测温器 electronic temperature tester
电阻查勘法 resistivity exploration
电阻差分器 resistance hybrid
电阻充电电路 resistance charging circuit
电阻冲击焊 resistance percussive welding
电阻传感器 electric(al) resistance sensor; resistance transducer
电阻的 electroresistivity; ohmic
电阻灯 resistance lamp
电阻点缝焊接 resistance stitch welding
电阻点焊 resistance spot weld(ing)
电阻电感时间常数 resistance inductance time constant
电阻电炉 resistance furnace; electric(al) resistance furnace
电阻电桥 conducting bridge; resistance bridge
电阻电桥箱 radio-arm box
电阻电容 resistance capacitance
电阻电容分压器 resistance-capacitance divider
电阻电容晶体管逻辑电路 resistor-capacitor-transistor logic
电阻电容耦合 resistance-capacitance coupling
电阻电容耦合的 resistance-condenser coupled
电阻电容耦合放大器 resistance-capacitance coupled amplifier; resistance-capacitor coupled amplifier
电阻电容器元件 resistor condenser elements
电阻电容时间常数 resistance capacitance time constant
电阻电容式杆状测波仪 resistance and capacitance staff recorder
电阻电容网络 resistance-capacitance network
电阻电容网络模拟法 analogy method of resistance-capacitance network
电阻电容网络模拟机 resistance-capacitance network analog(ue) machine
电阻电容箱 resistance-capacitance set
电阻电容振荡器 resistance-capacitance oscillator; resistor-capacitor oscillator
电阻电位计 resistance potentiometer
电阻电压降 resistance drop
电阻电阻网络模拟法 analogy method of resistance-resistance network
电阻电阻网络模拟机 resistance-resistance network analog(ue) machine
电阻定律 law of resistance; Ohm's law
电阻定碳仪 carbohm
电阻端接法 resistor termination
电阻锻接 resistance percussive welding
电阻对缝焊接 resistance butt-seam welding
电阻对焊 butt resistance welding; resistance butt-welding; upset butt welding
电阻对焊机 butt resistance welder; upset butt welder; upset butt welding machine
电阻对焊接 resistance butt-welding
电阻对接焊 butt resistance welding; upset(butt) weld(ing)
电阻对接焊机 butt resistance welder
电阻对接接头 resistance butt joint
电阻发热元件 resistance-heating element
电阻阀 resistance valve
电阻法 hot-wire method; resistivity exploration; electric(al) resistivity method
电阻法测井 resistivity log(ging)
电阻法测量 resistivity survey(ing)
电阻法勘测 electric(al) resistance survey
电阻反馈 resistance feedback
电阻放大 resistance amplification
电阻放大器 resistance amplifier
电阻分量 resistive component
电阻分流器 diverter
电阻分压器 resistance(voltage) divider; resistor divider
电阻缝焊 electric(al) resistance seam-welding; resistance seam welding
电阻缝焊机 electric(al) resistance seam-welding machine
电阻辐射热测定器 bolometer; thermal detector
电阻辐射热测定仪 bolograph
电阻负荷 resistance load
电阻负载 resistance load; resistive load
电阻干燥器 resistor dryer[drier]
电阻高温计 electric(al) resistance pyrometer; electropyrometer; resistance pyrometer
电阻滚动点焊 resistance roller-spot-welding
电阻滚焊 resistance seam welding
电阻焊 electric(al) resistance weld; electroslag weld(ing)
电阻焊电极 resistance welding electrode
电阻焊钢管 electric(al) resistance-welded steel pipe; resistance weld pipe
电阻焊管 resistance weld pipe
电阻焊管机 electric(al) resistance weld mill; resistance weld mill
电阻焊机 resistance welder
电阻焊接 electric(al) resistance weld(ing); resistance weld(ing)
电阻焊接管 electric(al) resistance welding tube; electric-resistance welded pipe
电阻焊接机 resistance welder; resistance welding machine
电阻焊模 resistance welding die
电阻焊条 resistance electrode
电阻焊通电时间 resistance welding time
电阻合金 chromanin; electric(al) resistance alloy; electroresistance alloy; resistance alloy; zodiac
电阻合金粉 resistance alloy-powder
电阻烘箱 resistor oven
电阻弧花压对焊 flash butt welding
电阻弧花压焊接 resistance-flash welding
电阻换向 resistance commutation
电阻混频电路 resistive mixing pad
电阻极距 resistivity-electrode spacing
电阻计 ohm ga(u)ge; resistance ga(u)ge; resistance meter; electric(al)-resistance meter
电阻继电器 ohm relay
电阻加热 resistance-heating
电阻加热电炉 resistance-heating furnace
电阻加热锻焊 hammered resistance welding
电阻加热炉 resistance-heated furnace
电阻加热器 electric(al) resistance heater; resistance heater; resistive heater
电阻加热钎焊 resistance brazing
电阻加热切割 resistance heating cutting
电阻加热硬钎焊 resistance hard soldering
电阻加热蒸镀 resistance-heated evapo(u)ration coating
电阻检验器 resistor assembly tester
电阻件 resistance unit
电阻接触焊 electric(al) butt welding
电阻接地 resistance grounding
电阻接地系统 resistance grounded system
电阻晶体管逻辑 resistor transistor logic
电阻晶体管逻辑电路 resistor-transistor logic circuit
电阻卡 resistance card
电阻勘测 resistivity reconnaissance
电阻勘探 resistivity survey(ing)
电阻勘探法 electric(al)(resistivity method of) prospecting; resistivity survey method
电阻抗 electric(al) impedance; im-

pedance
电阻抗变换频率试验 impedance change frequency test
电阻控制 resistance control
电阻控制器 resistance controller
电阻框 resistance frame
电阻力 drag force
电阻量测 electric(al) resistivity survey
电阻量热器 electric(al) resistance calorimeter
电阻流量计 resistive flowmeter
电阻炉 charger resistance furnace;electric(al) resistance furnace
电阻率 electric(al) resistivity;mass resistivity;resistivity(index);specific resistance;specific resistivity
电阻率测井 resistivity (well) logging)
电阻率测井图 resistivity log plot
电阻率测量 resistivity measurement;resistivity survey(ing)
电阻率测量装置 resistivity test device
电阻率层析成像 resistivity computerized tomography
电阻率的特征温度 characteristic temperature of resistivity
电阻率法 electric(al) resistivity method;resistivity method
电阻率法勘探 electric(al) resistivity prospecting;resistivity prospecting
电阻率分布图 resistivity profile
电阻率观测 resistivity survey(ing)
电阻率计 rhometer
电阻率剖面 resistivity profile
电阻率剖面图 resistivity profile
电阻率探测法 electric(al) resistivity method of exploration[prospecting]
电阻率探测技术 electric(al) resistivity technique
电阻率微扫描成像仪 electric(al) resistivity microscanning image tool
电阻率指数 resistivity index
电阻脉冲分压器 resistive pulsed divider
电阻耦合 resistance(-capacitance) coupling;resistive coupling
电阻耦合的 resistance coupled
电阻耦合放大器 resistance amplifier;resistance-coupled amplifier;resistance coupling amplifier
电阻耦合晶体管逻辑电路 resistor coupled transistor logic
电阻耦合五极管放大级 resistance-coupled pentode amplifier stage
电阻排 resistor chain
电阻匹配变换器 resistance-matching transformer
电阻漆 resistance paint
电阻起动电动机 resistance-start motor
电阻起动器 resistance starter
电阻器 resistor;resistor divider;resistor element
电阻器控制 resistor control;rheostatic control
电阻器盘 resistor panel
电阻器容量的计算 calculation of resistor capacity
电阻器色标 resistor colo(u)r code
电阻器涂料 resistor coating
电阻器组 bank of resistors
电阻钎焊 resistance soldering
电阻桥接岔路 resistance hybrid
电阻栅 grid;resistance grid
电阻闪光焊接 flash butt welding;resistance-flash welding
电阻湿度表 electric(al) resistance hygrometer
电阻湿度计 electric(al)(resistance) hygrometer;electric(al) resistance moisture meter;resistance hygrometer
电阻式波高计 electric(al) resistance type wave height probe
电阻式波高仪 electric(al) resistance type wave height probe
电阻式测斜仪 resistivity dipmeter
电阻式潮位计 electric(al) resistance ga(u)ge
电阻式潮汐计 electric(al) resistance tide ga(u)ge
电阻式磁强计 resistance magnetometer
电阻式高压表 resistance type high voltage meter
电阻式加湿器 electric(al) resistance humidifier
电阻式甲烷指示器 resistance methanometer
电阻式流量计 resistance(type) flowmeter
电阻式熔炉 resistance type furnace
电阻式湿度测定计 electric(al) resistance moisture meter
电阻式湿度计 electric(al) resistance moisture meter
电阻式湿敏元件 resistive moisture sensor
电阻式水分测定表 electric(al) resistance moisture meter
电阻式温度计 resistance thermometer
电阻式温度检测器 resistance(type) temperature detector
电阻式温度指示器 electric(al) resistance type temperature indicator
电阻式消声器 resistance silencer
电阻式验潮仪 resistance tide ga(u)ge
电阻式液位计 resistance type liquidometer
电阻式真空度计 resistance manometer
电阻试验 resistance test
电阻竖片 resistance lead
电阻衰减量 resistance decrement
电阻衰减器 resistance attenuator;resistance pad;resistive attenuator
电阻衰减器校正装置 calibrating set for resistance attenuator
电阻水分测定计 electric(al) resistance hygrometer
电阻水分计 electric(al) resistance moisture meter
电阻丝 resistance wire
电阻丝测波仪 resistance-wire wave ga(u)ge
电阻丝点火 hot-wire ignition
电阻丝伸长仪 resistance-wire extensometer
电阻丝式浪高仪 resistance-wire wave probe
电阻丝弹性应变计 elastic resistance-wire ga(u)ge
电阻丝引伸仪 resistance-wire extensometer
电阻丝应变片 electric(al) resistance strain ga(u)ge;wire-type strain ga(u)ge
电阻丝应变仪 resistance-wire strain ga(u)ge;wire strain ga(u)ge
电阻损耗 ohmic loss;resistance loss
电阻损失 ohmic loss;resistance loss
电阻探测法 electric(al) resisting[resistivity] method of prospecting;electroresistivity prospecting
电阻探头 electric(al) resistance probe
电阻梯度 resistance gradient
电阻调节器 electric(al) resistor
电阻调谐振荡器 resistance-tuned oscillator
电阻凸焊 resistance projection welding
电阻图 resistance card
电阻网络 resistance network;resistive network;resistor network
电阻网络模拟 resistance network analog(ue)
电阻网络模拟法 analogy method of resistance network
电阻网络模型 resistive network modeling
电阻温度表 electric(al) resistance thermometer;resistance pyrometer;resistance thermometer
电阻温度计 electric(al) resistance thermometer;resistance pyrometer;resistance temperature detector;resistance thermometer
电阻温度计探头 resistance probe
电阻温度器 resistance thermometer
电阻温度系数 resistance temperature coefficient;temperature coefficient of(electric) resistance;temperature resistance coefficient
电阻稳定振荡器 resistance-stabilized oscillator
电阻系数 coefficient of resistance[resistancy];modulus of resistance;resistance coefficient;resistivity;specific resistance;unit resistance
电阻匣 resistance box
电阻线 ohmic conductor;resistance cord
电阻线集流器 electric(al) resistance wire current collector
电阻线圈 resistance coil
电阻线弹性应变计 electric(al) resistance-wire strain ga(u)ge
电阻箱 ballast resistance;electric(al) resistance box;electric(al) rheostat;resistance box;rheostat;variable resistor
电阻箱电桥 box bridge
电阻芯子 resistor core
电阻性不平衡 resistive unbalance
电阻性负载 resistive load
电阻性媒质 resistive medium
电阻性皱纹不稳定性 resistive rippling instability
电阻性阻抗 non-reactive impedance
电阻压力表 electric(al) resistance manometer
电阻压力对焊 slow-butt welding
电阻压力计 electric(al) resistance manometer;electric(al) resistance pressure ga(u)ge;resistance manometer
电阻压效应 electroresistive effect
电阻移相方法 resistance phase shifting method
电阻印刷 electrosensitive recording
电阻应变规 electric(al) resistance strain ga(u)ge
电阻应变计 electric(al) resistance strain ga(u)ge;resistance strain ga(u)ge;resistance type electric(al) strain ga(u)ge;strain ga(u)ge;wire ga(u)ge
电阻应变计式传感器 resistance strain ga(u)ge type transducer
电阻应变片 electric(al) resistance strain ga(u)ge
电阻应变器 electric(al) resistance strain ga(u)ge
电阻应变仪 electric(al) resistance strain ga(u)ge;electric(al) wire resistance meter;resistance strain ga(u)ge;resistance strain meter;strain-ga(u)ge instrument;strain indicator;strain wire ga(u)ge
电阻元件 electric(al) resistance element;electric(al) resistant element;resistance element;resistor element
电阻正温度系数 positive temperature coefficient of resistivity
电阻直接加热处理 direct electric(al) process
电阻纸 resistance paper
电阻制动 resistance braking;rheostatic brake[braking]
电阻制动磁环路控制 field loop control
电阻制动电阻 rheostatic braking resistance
电阻制动电阻器 rheostatic braking resistance
电阻制动功率额定值 resistance braking power rating
电阻制动块 rheostatic braking block
电阻制动事故信号继电器 rheostatic braking fault signalling relay
电阻制动调节器 dynamic(al) brake regulator
电阻制动组 rheostatic braking block
电阻滞过滤作用 electroretardation filtration
电阻中和法 resistance-neutralization method
电阻自动平衡高温计 electric(al) resistance self-balancing pyrometer
电钻 circuit drill;electric(al) drill;power drill
电钻床架 electric(al) drill arbor
电钻电缆 drill cable
电钻和破碎器 motor drill and breaker
电钻架 electric(al) drill stand
电钻具 electrodrill
电钻孔 electric(al) drilling
电钻取芯 electric(al) coring;electrocoring
电钻钻进 electric(al) motor drilling
电嘴 candle;ignition plug
电作用絮凝 electric(al) flocculation

佃出 farm out

佃户 share cropper
佃户使用租地林木权 estover
佃农 tenant farmer

店号 fictitious name

店面 shop front;storefront
店面单元 storefront unit
店面房屋 shop block
店面栏板下短墙 stall riser
店面剖面图 shop front section;storefront profile;storefront section
店面修饰 storefront trim
店面装饰 shop front decorating;shop front finish
店名 trade name
店铺 shop;store
店铺橱窗照明 shop-window lighting
店铺门面 shop front
店铺门面的外形轮廓 shop front profile
店堂间 store space
店员 counter jumper;counterman;shop assistant;shopman;clerk
店主 shopkeeper;shopman;tradesman

垫 bearer;bolster;underlay

垫凹壳属 < 拉 > Thaxteriella
垫板 adapter plate;back-board;backing strip;backplate;backup plate;base plate;base slab;bearer plate;bearing plate;bed piece;bed plate;bottom plate;building quilt;carpet;caul;chair(plate);collar plate;distance piece;fill boarding;filler (plate);filler sheet;floor plate;foot board;footing waling;gasket plate;heel block;holding plate;liner;liner plate;lining board;mattress;packing plate;pad;pillow;rails tie plate;raising plate;saddle;setting plate;shim(ming) plate;sleeper plate;sole piece;sole plate;spacer plate;stay plate;stool (plate);strap washer;tie plate;underboarding;underplate;washer (plate);wearing plate;tie plate < 钢轨的 >;backing bar < 焊接用 >;backing board;sleeper slab < 接缝下 >;retaining board < 冷压机的 >;counterfloor < 楼板中的 >;lazy board < 铺管用 >;bedment < 压缩试验用 >
垫板底面 undersurface of base plate
垫板垫片 parallel
垫板法 liner-plate method
垫板割切 plate cut
垫板焊 welding with backing
垫板和薄板 boards and battens
垫板间距 liner space
垫板肩 shoulder of base-plate
垫板接缝 sill joint
垫板接合 bearing block connection;sill joint
垫板孔眼 pad eye
垫板起道法 pad insertion method of packing
垫板条 drying finger
垫板调整 packer setting
垫板斜度 inclination of tie-plate
垫板型空气过滤器 mat-type filter
垫板租费 plankage
垫版 make-ready;patching up
垫背 spaser
垫饼 bedder;plaque
垫补法 shimming
垫补条 < 装配玻璃复合体 > preshimmed tape
垫补作用 skim action
垫布 backing cloth;setting cloth;shiki silk;layered cloth;laying on cloth < 研磨玻璃用 >
垫材 dunnage
垫舱 chock;separation
垫舱板 dunnage board;dunnage plate;dunnage wood;floor dunnage < 防止货物碰撞的衬板 >
垫舱货物 dunnage cargo
垫舱料 dunnage
垫舱木板 wooden dunnage
垫舱木料 wooden dunnage
垫舱席 dunnage mat
垫舱油布 dunnage tarpaulin
垫层 base course;bed(ding) course;bedding(layer);belt(ing) course;blanket;blinding course;blinding layer;breaker strip;cushion (coat);cushion course;cushioning;cushion layer;floor lay;footing(course);mat base;matting;packing course;pad-coat;subfoundation;sublayer;underbed;undercloak;underlying course;subgrade improvement layer < 英 >
垫层材料 bedding course material;bed(ding) material;material of cushion
垫层成分 bedding composition;bedding compound
垫层尺度 sizing of under material
垫层挡水板 undercloak
垫层的 bedding plane
垫层厚度 bedding course thickness;bed hedgehopping;thickness of underlayer
垫层混合料 bedding mix
垫层混凝土 backing concrete;bedding concrete;blinding concrete;oversite concrete
垫层结合料 bedding compound
垫层块石重 weight of rock in underlayer
垫层宽度 width of cushion
垫层砾石 bedding gravel
垫层面 bedding plane
垫层配合比 bedding mix
垫层铺设 ground work
垫层气 base gas;cushion gas
垫层倾角 angle of bedding
垫层砂 bedding sand
垫层砂浆 bedding mortar
垫层设计 design of under layer
垫层水平缝 bed joint
垫层损失 bed loss
垫层橡胶 cushion rubber
垫层效应 cushioning effect
垫层应力系数 cushion stress factor
垫层用砂 bedding sand
垫层油灰 back putty
垫层支座 packing bearing;pad bearing
垫层作用 cushioning effect
垫叉 gripping fork;nipping fork
垫衬 gasket;interlay;parchment;softener < 起重设备中保护钢索用木块或半开式钢管作垫衬 >
垫衬材料 backer;gasket material
垫衬结构 bedded structure
垫衬沥青纸毡 parchment
垫衬坡度 slope of bed
垫衬套管 pipe sleeve with gasket
垫衬物 dunnage
垫出的抹灰条 cross furring
垫船块 < 造船用 > bilge block
垫船木块 keel-and-bilge block
垫椽 auxiliary rafter;cushion rafter
垫床 < 铺管道时用的 > equalizing bed
垫锤 anvil block;cushioned hammer
垫带刮涂 blanket coating
垫带式刮涂机 blanket coater
垫挡材料 < 防止货物移动的 > blocking and bulkhead material
垫挡材料的保管 < 防止货物移动 > storage for blocking and bulkhead materials
垫档驳 dummy barge
垫档趸船 bridging pontoon;link-up pontoon
垫凳 stool
垫低术 rebasing
垫底 backing
垫底薄铁皮 underlay foil
垫底材料 bedding material
垫底层 bedding course;underlayer
垫底的货架 stillage
垫底防护块体 < 防波堤 > bedding armour rock
垫底焊 underlying
垫底横木 abutment piece;cill;sill;subsill;patland < 早期英国 >
垫底货物 base cargo;bottom cargo;dunnage cargo
垫底库容 dead storage;inactive storage
垫底平砖 < 玻璃坩埚的 > jack brick
垫底石 nay stone
垫墩 stock block;stop block
垫缝焊接 stitch welding
垫付 advance;advancement
垫付价值 advanced value
垫付款人 advances
垫付水运运杂费 sundry charges incurred for water transport
垫付资本 advance(d) capital
垫高 bed hedgehopping;block up;made-up ground
垫高的场地 furring compound
垫高的院子 furring compound
垫高地坪 make-up level
垫高料 brander;furring
垫环 backing ring;base ring;doughnut;gasket ring;grommet;mantle ring;ring gasket;skim block;spacing ring;stand ring;supporting ring
垫灰条 shouldering
垫货板 dunnage board;dunnage plank;dunnage wood;skid
垫货材 dunnage;fardage
垫货木格板 dunnage gratings
垫架 puppet
垫肩 padded shoulder;shoulder pad(ding)
垫脚石 stepping stone
垫筋 padding steel reinforcement
垫筋距离 distance between padding steel reinforcement
垫筋直径 diameter of padding steel reinforcement
垫开 fend off
垫块 bearer(supporting bracket);bearing block;blockling;bracket block;cheese block;cushion (block);cushion piece;distance block;dolly;fill block;foot block;head block;heel(block);horizontal spacer;insertion piece;packing block;packing piece;pad;podium [复 podiums/podia];raiser block;raising block;roof bearer;seat pad;skids;sole piece;spacer bar;spacer block;stooling;template < 用以分散荷载 >;reinforcement spacer < 保持钢筋与模板间距的 >
垫块的劲度 < 垫块的弹性模量和垫块的原始高度之比 > stiffness of cushion block
垫块焊接 pad welding
垫块倾卸车 ingot tilter
垫块支托的管道 pipe on blocks
垫块支座 pad bearing
垫块状基础 pad footing
垫块状柱头 cushion capital
垫款 advance;advance in cash;imprest;make advance;money advanced
垫款预付 make advance
垫垒 barrier
垫垒层 potential barrier layer
垫梁 bearing beam;sleeper beam;template beam
垫梁块 beam bearing block
垫料 bedding;cushion material;dot;packing;padding;pad material;sealing bush
垫料费 dunnage charges
垫料绳 rope packing
垫料胀圈 packing expander
垫料找平基床 equalizing bed
垫料支承网 pad support
垫料纸 dunnage paper;packing paper
垫帽 driving nut;setting cap
垫密环 gasket ring
垫密片 gasket
垫模板 backing plate;ring plate;ring riser;stamping board
垫木 bearing block;bedding wood material;bed timber;bolster;caul;chock(block);cover block;crosser;cross tie;cushion piece;dwang;foot block;footpiece;kicking piece;lining;pan;skid;sleeper【铁】;softener;sole piece;sole timber;sole tree;stow wood;template;templet;wooden block;wooden sleeper;wood packing;wood pad;deck chock < 安置救生艇用 >;stemming piece < 平屋顶梁上的 >;crown piece < 墙上的 >;dragon beam < 屋顶支持戗脊的 >
垫木板 joist plate
垫木板的施工平缝 board butt joint
垫木船 keel-and-bilge block
垫木楞场 skidway
垫木租费 sleepers hire
垫盘 bedpan;dolly;saucer
垫盆 saucer
垫片 backing plate;backup plate;base sheet;carpet;clout;cover block;distance piece;dutchman;filler (piece);filling piece;gasket;jacking;jointing;liner;lining;packing sheet;panel strap;sheet packing;shim(block);spacer(strip);track shim;washer;pad;street < 钉在履带上以保护路面 >
垫片薄膜 wafer
垫片材料 gasket material
垫片材料和接触面 gasket materials and contact facings
垫片荷载 gasket load
垫片荷载作用位置处的直径 diameter at location of gasket load reaction
垫片回弹率 gasket resiliency
垫片基本密封宽度 basic sealing width of gasket
垫片几何宽度 geometric(al) gasket width;geometric(al) width of gasket
垫片接触宽度 contact gasket width
垫片密封 gasket seal
垫片渗漏 gasket leakage
垫片式绝缘同轴电缆 disc insulated coaxial cable
垫片调节 shim control
垫片弯曲试验机 filler bending tester
垫片系数 gasket factor
垫片有效密封宽度 effective sealing width of gasket
垫片纸 gasket paper
垫片组 gasket unit
垫平层 underlayment
垫平块 firring
垫平整的基底 equalizing bed
垫平铸型 get in the mo(u)ld
垫气 cushion steam
垫圈 backing ring;backup ring;bushing;ca(u)lking ring;check ring;clout;collar plate;cushion ring;filler ring;filling ring;gasket;grummet;insertion ring;orifice plate;packing collar;packing ring;packing washer;pad;seal ring;sliding plate ring;spacer;stand ring;washer
垫圈材料 washer material
垫圈冲床 washer punch
垫圈的挤压率 crushing rate of gasket
垫圈定位销 washer-locating pin
垫圈固定 clamp mounting
垫圈辊 washer roller
垫圈接头 gasketed joint
垫圈紧固螺栓 gland bolt
垫圈绝缘电缆 disc insulated cable

垫圈切割机 washer cutter
垫圈式滤清元件 washer element
垫圈形热敏电阻器 washer thermistor
垫圈装入器 gasket inserting tool
垫圈钻模 drill jig for gasket
垫圈座 gasket seat
垫褥 bedding;quilt
垫纱位置 lapping position
垫砂 kiln sand;placing sand
垫砂起道 measured shovel packing
垫石 bedder; bedding stone; bed-stone; corbel brick; cushion; pad-stone; stone template; stone templet;template;templet;pinner <砌体中支承块石材用>
垫式基础 pad foundation
垫式轮胎 cushion tire[tyre]
垫式润滑器 pad lubricator
垫式柱头 cushion cap
垫胎片 boot
垫套 washer bushing
垫条 arris fillet;dunnage batten
垫铁 distance piece; parallels; sizing block
垫土 clay blanket;stop block
垫土带 berm(e)
垫托 pad support
垫瓦 under-tile
垫瓦条 cant strip;chamfer strip
垫席 cargo mat;paunch mat
垫隙片 shim
垫现 advance in cash
垫限位器 pad keeper
垫箱板 roll-over board
垫形高塔【给】pulvinante colony
垫锈菌属 <拉> Dasturella
垫压合座 shrink fit
垫压木 compressed wood;lignostone
垫压圈 gasket(ed) holder
垫压下面的 under-laid
垫以托板 palletization[palletisation]
垫应变片用的托层 carrier
垫用原料 material advanced
垫油毡 underfelt
垫在船下面的滑板 sliding ways
垫渣 ballast mattress;ballast packing
垫渣撑 ballasting palm
垫渣装置 ballast filling device
垫账 settle other's account
垫枕 bolster
垫枕接合 bolster connection
垫枕弹簧 bolster spring
垫枕状支持物 bolster
垫整 line up;padding
垫整电容器 padder; padding capacitor;permaliner
垫支 advance
垫支资金 prepaid expenses
垫纸 backing paper
垫纸机 paper interleaving machine
垫纸卷取机 paper winder
垫纸卷筒 paper reel
垫纸装置 paper feeder
垫轴架 foot hold
垫轴台 foot step
垫住 chock
垫砖 cheese;cill tile;sill tile
垫桩 cushion pile; dolly; pile block; piled fendering;long dolly <打桩时用的>
垫状隔热材料 mat-type insulant
垫状植物 cushion plant
垫子 cushion; mat(ting); mattress; doily;seat
垫子形的 pulvinated
垫座 backer; pedestal; pillow; seating shoe
垫座角钢 seat angle

玷污 blot;speckle

淀粉 starch(powder); amylum <一般指玉米淀粉>

淀粉厂 starch factory
淀粉厂废水 wastewater from starch processing
淀粉的 amylaceous;amyloid;starchy
淀粉的糊化 pasting of starch
淀粉碘比色法 starch iodine colo(u)rimetry
淀粉碘化物 starch iodide
淀粉碘化物反应 starch iodide reaction
淀粉废水 starch waste(water)
淀粉废物微生物处理过程 sym process
淀粉分解 amylolysis
淀粉分配色谱法 starch partition chromatography
淀粉复制纸 arrowroot paper
淀粉工厂废水 wastewater from starch mill
淀粉糊精 amylodextrin
淀粉黄原酸盐 starch xanthate
淀粉混合废水 starch mixed wastewater
淀粉加工厂 amylum processing factory
淀粉糨糊 starch paste
淀粉胶 British gum; starch glue; starch gum
淀粉胶粘剂 British gum glue;starch adhesive
淀粉拦截器 starch interceptor
淀粉粒质 granulose
淀粉溶液 starch solution
淀粉试纸 starch test paper
淀粉树脂胶 starch gum glue
淀粉羧酸酯 feculose
淀粉糖 granulose
淀粉涂料 starch coating
淀粉絮凝剂 starch flocculant
淀粉衍生物絮凝剂 starch derivative flocculant
淀粉炸药 xyloidin
淀粉指示剂 starch iodide indicator
淀粉质的 amylaceous
淀粉中间收集器 starch interceptor
淀粉状的 amylaceous
淀积 sedimentation
淀积层 B-horizon; horizon B; illuvial horizon; illuvial layer; illuvium; zone of concentration
淀积带【地】zone of illuviation
淀积腐殖质 illuvial humus
淀积器【化】depositor
淀积土 illuvial soil
淀积土层 zone of illuviation
淀积物 illuvium
淀积作用 illuviation
淀晶灰岩 sparrite
淀烟腙 amyloniazid
淀杂基 precipmatrix
淀渣 mud;slime

奠尔斯电报机 Morse apparatus

奠尔圆图 circle diagram of Mohr
奠基 foundation;founding;lay a foundation;lay the foundation of
奠基典礼 foundation ceremony
奠基石 corner stone; found(ation) stone;head stone;pillar stone
奠基仪式 corner stone laying ceremony;foundation stone laying ceremony

殿 <中国> tien

靛白 indigo white

靛酚法 indophenol method
靛酚反应 indophenol reaction
靛酚蓝 indophenol blue
靛红 isatin
靛蓝 anil;indanthrone blue
靛蓝的瓮化 indigo vatting
靛蓝二磺酸二钾盐 indigo disylvine disulfonate
靛蓝法 indigo process
靛蓝粉 indigo pure powder
靛蓝还原助剂 indigo auxiliary
靛蓝类染料 indigo
靛蓝染色 indigo dyeing
靛蓝染色废水处理 indigo dyeing wastewater treatment
靛蓝色 duck blue;indigo blue
靛蓝色淀 indigo lake
靛蓝晒图纸 indigo-heliographic paper
靛蓝缩本胺 anil
靛蓝胭脂红 indigo carmine
靛类染料 indigoid dye
靛青 indigo
靛铜矿 covelline;covellite
靛瓮 indigo vat
靛玉红 indigo red
靛属染料 indigoid dye

叼口 gripper edge

叼纸规 gripper mark
叼纸牙 gripper

凋落的 passe

凋萎 wither
凋萎点 wilting point
凋萎含水量 wilting moisture content
凋萎含水量范围 wilting range moisture
凋萎(含水)率 wilting percentage
凋萎湿度 wilting point
凋萎系数 wilting coefficient
凋萎现象 wilting phenomenon
凋谢的 wizen(ed)
凋蔫点 wilting point

貂皮 kolinsky;marten

碉堡 barbacan; barbican; block house; fort; fortification; fortilage;pill-box

碉堡式城门 defensive gateway
碉楼 barbican;barrican

雕白块 rongalite

雕版 engraving
雕彩纹机 guilloching machine
雕残 wilt
雕槽螺栓 garnish bolt
雕槽柱顶盘 chamfered entablature
雕成木板 incised slab
雕成石板 incised slab
雕出 depiction
雕窗 scuttle
雕瓷 carved porcelain;engraved porcelain
雕带 frieze
雕工 carver
雕合 scribing
雕合接头 underscribe
雕花 carved pattern;fret
雕花玻璃 cut glass;engraved glass
雕花垂饰 boss;bossage
雕花格窗 tracery window
雕花工 leafwork
雕花过梁 supercilium
雕花祭台 carved altar
雕花家具 carved furniture
雕花锯 fret saw
雕花锯条 graving flower saw blade
雕花墨砚 carved ink-stone
雕花器皿 carved ware
雕花水落管 carved waterspout
雕花碗 bowl with carved designs
雕花细工 fretwork
雕花柱 sculptured pillar
雕花柱头 carved capital
雕花装饰 decoration carved on paste
雕画带 acanthus frieze
雕匠 carver
雕金 carved gilded decoration; gold carving
雕金术 toreutics
雕刻 carving; imagery; incise; incising;incision;scribe
雕刻凹版用和纸 Japan art paper
雕刻凹版油墨 plate engraving ink
雕刻凹铜板 engraved copper plate
雕刻板 engraving plate
雕刻爆破 sculpture blasting
雕刻标志 engraved sign
雕刻玻璃 cutting of glass; engraved glass
雕刻玻璃工 glass cutter
雕刻玻璃器 cut glass
雕刻布道坛 carved pulpit
雕刻成绳结饰的柱 knotted pillar
雕刻锤 chasing hammer
雕刻刀 burin;carving knife;engraving knife; engraving stylus; graver; graving tool
雕刻的 glyptic;graven;incised;sculptural;upturned
雕刻的树叶或花形饰物 carved foliage
雕刻法 method of sculpture
雕刻方法 engraving process
雕刻风格 burin;sculptural style
雕刻钢针 engraving needle
雕刻工 chaser
雕刻工具 carving instrument;carving tool;engraving tool;graver;graving tool;sculpting tool
雕刻工艺 artistic carving
雕刻工艺品 <鲸骨或者鲸牙制的> scrimshaw
雕刻工作 carved work; chasing; incised work
雕刻辊 engraved roll
雕刻红木小件 carved fancy black-wood article
雕刻花样 sculptural pattern
雕刻黄铜 Engravers brass
雕刻机 carving machine; engraving machine
雕刻级滑石 carving-grade talc
雕刻纪念柱 <印第安人的> xat
雕刻祭坛 carved altar
雕刻家 sculptor;statuary
雕刻家具 carved furniture
雕刻金属 chase
雕刻精美的石棺 sarcophagus
雕刻美化装饰 sculptural enrichment
雕刻木挂屏 carved wood(en) wall hanging
雕刻木门 carved wood(en) door
雕刻品 carved ware; carving; chip carving;graving;sculpture
雕刻师 carver;engraver;sculptor
雕刻石 carving stone
雕刻石板 incised slab

雕刻饰带 sculptured frieze
雕刻饰物 incised ornament
雕刻饰柱帽 carved capital
雕刻室 atelier
雕刻术 carving; glyptics; sculpture; engraving
雕刻塑料面板 engraved formica front plate
雕刻天花板 plafond
雕刻条板的下横挡 frieze rail
雕刻凸饰 embossed ornament; embossing
雕刻图案 carved pattern
雕刻图样 carved figure
雕刻瓦 incised tile
雕刻网目板 messograph screen
雕刻网屏 engraved glass screen; engraved halftone screen
雕刻物 carving; sculpture
雕刻细部 sculptural detail
雕刻线脚 stuck mo(u)lding
雕刻镶板 jolli panel
雕刻象牙球 carved ivory ball
雕刻小蠹 engraver beetle
雕刻形象 carved figure
雕刻型式 sculptural style
雕刻型式装饰部件 sculptural type block
雕刻压印花纹 debossed
雕刻叶饰 carved foliage; sculptured foliage
雕刻艺术 art of sculpture; sculptural art
雕刻艺术品 engraving
雕刻用具 Engraver
雕刻油墨 engraving ink
雕刻凿(刀) carving chisel
雕刻樟木箱 carved camphorwood chest
雕刻者 carver
雕刻针 engraver's needle; engraving needle
雕刻制版 engrave
雕刻主题 carved motif
雕刻砖 incised tile
雕刻砖砌体 carved brickwork
雕刻转台 banker
雕刻装潢修饰 sculptural ornamental finish
雕刻装饰 carved decoration; carved embellishment; carved enrichment; carved ornamental; incised ornament; sculptural decoration; sculptured ornament
雕刻装饰部件 sculptural block
雕刻装饰面 carved decorative finish
雕刻装饰特色 sculptural decorative feature
雕刻装饰特征 carved decorating feature; sculptural ornamental feature
雕刻作业 carved work
雕空 pierced carving
雕空的 insculptate
雕孔透光 ajour
雕蜡刀 wax carver
雕龙檀木柜 rosewood cabinet with dragon design
雕镂 chase; enchase
雕镂的 enchased
雕镂术 chasing
雕镂压延机 chasing calender
雕模 engraving
雕模铣床 die sinking machine
雕木工 sculptor; wood-carver
雕木线脚 solid mo(u)ld(ing)
雕漆 carved lacquer ware; lacquer engraving
雕漆垂饰 carved lacquer pendant
雕漆凳 carved lacquer stool
雕漆挂屏 wall hanging in carved lacquer
雕漆柜 carved lacquer cabinet
雕漆葫芦瓶 gourd-shaped carved lacquer vase
雕漆屏风 carved lacquer screen
雕漆器皿 carved lacquer ware
雕漆首饰 carved lacquer jewellery
雕漆围屏 carved lacquer folding screen
雕漆项链 carved lacquer necklace
雕漆项坠 carved lacquer pendant with tassel
雕漆衣橱 carved lacquer wardrobe
雕球饰 knob(bling); knop; nob
雕狮饰檐壁 lion frieze
雕石 stone cutting
雕蚀制版 engraving
雕饰 carving-and-engraving decoration; carving ornamentation; chip carving; statuesque
雕饰带 <英国雅各布式建筑的> nulling
雕饰的教堂讲台 carved pulpit
雕饰图式 carved motif
雕饰硬木木门 hardwood decorative carved door
雕塑 fine arts
雕塑玻璃 sculptured glass
雕塑材料 material of sculpture
雕塑瓷 statuary porcelain
雕塑的 sculptural
雕塑法 method of sculpture
雕塑风格 carved style
雕塑公园 sculpture garden; sculpture park
雕塑馆 sculpture gallery
雕塑混凝土 carved concrete
雕塑家 statuary
雕塑黏[粘]土 model(l)ing clay
雕塑品 sculptural
雕塑青铜合金 statuary bronze alloy
雕塑饰板 sculptured plaque
雕塑室 sculpture room
雕塑为人体的支柱 canephora
雕塑物 sculpture
雕塑艺术 sculptural art; statuary
雕塑用大理石 statue marble
雕塑用硅质黏[粘]土 terra sigillata
雕塑用混凝土 sculptured concrete
雕塑用石膏粉 gesso
雕塑与建筑 sculpture and architecture
雕塑装饰 carved ornamental finish
雕填 carved and filled in; incising and filling with colo(u)red lacquer
雕铜术 chalcography
雕纹杯托 base of a cup decorated with carved designs
雕纹花砖 embossed tile
雕纹机 engraving machine
雕圬工 banker mason
雕镶成型 shaping by handcraft work
雕镶器 carved and inlaid ware
雕像 carved figure; effigy; glyph; graven image; icon; sculptured effigy; statue
雕像般的 statuesque
雕像壁龛 habitacle
雕像大理石 statuary marble; statue marble
雕像馆 statue chamber
雕像揭幕仪式 unveil of a statue
雕像龛 statue niche
雕像青铜 statuary bronze
雕像术 statuary
雕像陶坯 statuary biscuit
雕像铜 statuary bronze
雕像用白大理石 Carrara marble
雕像柱 statuary column
雕像座 column socle
雕削 carving-and-scraping
雕绣 cutwork(embroidery)
雕印压榨 marking press
雕有喙形船首装饰的 rostral
雕砖饰面 carved brick facing
雕琢 nig
雕琢工 dresser; stone dresser
雕琢过的 ornate
雕琢镶嵌凹坑 pitchhole
雕琢用圆凿 scalper

吊 impend; lifting

吊案 evocation
吊板 flake; hanger plate; hanging board; lifting pad; lifting plate
吊板钩 plate grab
吊板拉线 guy with strut
吊板施工 lift-slab construction
吊板式脚手架 float scaffold
吊包 crane ladle
吊杯式水温表 bucket thermometer
吊杯式温度表 bucket thermometer
吊绷带 suspensor(y)
吊泵 suspended pump
吊臂 boom(hoist); crane arm; derrick boom; jib; lazy arm; top ladder; jib boom <起重机>; sidestow jib <起重机存放在主臂侧面的>; loading boom
吊臂闭锁装置 boom latch device
吊臂变幅索 jib luffing line
吊臂操作人 boom man
吊臂侧缆滑轮 jib side sheave
吊臂长度 jib length; boom length
吊臂长度传感器 boom length sensor; boom length transducer
吊臂长度指示系统 boom length indicating system
吊臂顶端 jib point
吊臂顶滑轮 jib point sheave
吊臂顶销 jib point pin
吊臂定线系统 boom alignment system
吊臂高度 jib height
吊臂格构 boom lattice
吊臂根 boom foot
吊臂回转 boom swing
吊臂回转角 boom swing angle
吊臂基座 boom foot
吊臂基座销子 boom foot pins
吊臂加长杆 <起重机的> jib extension
吊臂假想中心线 boom hypothesis centerline
吊臂角度 boom angle
吊臂角度传感器 boom angle sensor
吊臂角度和长度指示系统 boom angle/length indicating system
吊臂角度限位警告 boom angle limit alarm
吊臂绞车 boom hoist
吊臂绞车索 boom hoist line
吊臂脚销 jib pin
吊臂卷扬机 jib hoist; jib winch; boom hoist
吊臂拉索 jib tie
吊臂前端 boom tip
吊臂前端动作传感器 boom tip motion sensor
吊臂倾斜度 jib inclination
吊臂倾斜角 jib inclination angle
吊臂上端 boom head; jib head
吊臂伸距及安全荷载指示器 radius and safe-load indicator
吊臂伸距限位报警装置 radius limit alarm
吊臂升降机构 boom hoist mechanism
吊臂式吊车 boom hoist
吊臂式起重机 boom crane
吊臂索滚筒 jib drum
吊臂提升阀 jib lift valve
吊臂提升机止限开关 jib hoist limit switch
吊臂头 boom point
吊臂头部 boom head
吊臂头部滑车轮 boom point sheave
吊臂头部挺杆 jib mast
吊臂外伸作动筒 jib extension ram
吊臂斜杆 boom brace
吊臂悬挂装置 boom suspension
吊臂旋转角 jib swing angle
吊臂延伸段 boom extensions
吊臂移动轴 jib shipper shaft
吊臂在最低位置时吊起的重量 hoisting load when jib in the lowest position
吊臂在最高位置时吊起的重量 hoisting load when jib in the highest position
吊臂照明 boom lights
吊臂支柱 boom mast
吊臂制动器 boom stop
吊臂最大仰角 <起重机> top grade
吊冰起重机 ice hoist
吊冰桶车 ice can truck
吊冰行车 ice can crane
吊柄犁刀 hanging colter
吊材 suspender; suspension log; suspension member; suspension rod
吊仓 aerial car; suspension bunker
吊舱 bird; car; gondola; nacelle; pod
吊舱接收系统 bird-receiving system
吊舱缆 car suspension cable
吊舱索道 cabin cableway; cabin ropeway
吊铲 cable excavator; dragline excavator; dragline scraper
吊铲抓斗 dragline bucket
吊铲抓斗附件 dragline bucket attachment
吊长件货物索具 guy span; steam schooner guy
吊车 accident crane; crane; crane truck; derrick truck; hanger attachment; hoist; hoister; hoisting crane; hoisting machine; lift; sling van; suspended ceiling; suspension crane
吊车安装 crane erection
吊车臂 arm of crane; crane boom; fly jib; gib; gib arm of crane
吊车臂螺帽 flyjib nut
吊车臂倾角 angle of loading
吊车操作室 crane cab(in)
吊车超速防止装置 hoist overspeed device
吊车车间 hoisting room
吊车车轮 crane wheel
吊车秤 crane weigher
吊车大梁 crane girder
吊车道 crab runway; runway
吊车电动机 crane motor; hoist motor
吊车吊架 crane link
吊车额定 crane rating
吊车费 cranage
吊车钢轨 steel beam for crane
吊车钢丝绳 crane rope
吊车钢索平衡器 hoisting rope equalizer
吊车工 crane man
吊车工时 craneage
吊车工眼睛高度 crane operator's eye level
吊车轨(道) crane rail; crane track
吊车滚筒 hoisting barrel
吊车过头防止装置 hoist overwind device
吊车荷载 crane load
吊车衡 crane scale

吊车戽斗 troll(e)y bucket
吊车滑道 runway
吊车缓冲器 crane buffer
吊车箕斗 crane skip
吊车驾驶员 crane driver;crane operator; crane rigger; crane runner; hoister
吊车架 hoisting frame
吊车间 hoisting room
吊车间距 crane bay
吊车浇包 crane ladle
吊车跨 crane bay
吊车缆 car suspension cable
吊车缆车平衡锤 car counterweight
吊车缆车平衡重 car counterweight
吊车梁 crane beam;runaway girder; suspended girder;troll(e)y beam; suspension girder
吊车梁测量 crane beam surveying; survey of crane beam location
吊车能力 hoisting power
吊车牛腿 crane bracket
吊车平台 crane platform;swing platform
吊车起重扒杆 crane boom;gib arm of crane
吊车起重臂 gib arm
吊车起重臂平衡箱 balance box
吊车起重高度 stroke of crane
吊车起重量 crane load
吊车起重能力 carrying capacity of crane;lifting capacity of crane
吊车桥 <移动式高架起重机的> bridge overhead travel(l)ing crane
吊车上挑出的遮盖 leucomb
吊车伸出臂半径 handling radius
吊车绳索 troll(e)y cord
吊车式加料机 underslung charger
吊车式掘凿机枕木 sleeper for crane navy
吊车司机 crane runner
吊车司机助手<发信号员> bellboy
吊车索 crane fall;whip
吊车索道 tram rail;tramway
吊车台 lifting deck
吊车台面 lifting deck
吊车梯 crane ladder
吊车退回开关 hoist back-out switch
吊车修理平台 platform for crane repair
吊车悬臂 crane hoist
吊车旋转杆 swinging boom
吊车载重量 crane rating
吊车制动器过松开关 hoist slack-brake switch
吊车助手 bank(s)man
吊车柱 crane column
吊车转盘 bogie[bogey/bogy]
吊车走道 crane aisle
吊车走行机构 bogie[bogey/bogy]
吊车走行线 crane siding
吊称 steelyard
吊称湿度计 steelyard moisture meter
吊撑 hanging brace
吊撑丁字头 sling stay tee
吊撑螺栓及垫圈 sling stay bolt and washer
吊秤 crane scale
吊除余货【救】discharge cargo form a wreck
吊船 gondola
吊窗 drop window;hanging window; hung window;suspended sash;top-hung window; vertical sash; drop-light<上下滑动的>【建】
吊窗槽 groove for sash;groove sash
吊窗锤 sash weight
吊窗锤匣板 pocket piece
吊窗锤箱 pocket piece;sash pocket; window box
吊窗挡轨 stop bead;window bead
吊窗挡条 sash stop;window bead
吊窗的平衡锤 sash balance
吊窗定位销 sash fastener;sash lock
吊窗复位弹簧 sash balance
吊窗钢带 sash ribbon
吊窗格框 hanging sash
吊窗隔条 mid-feather; parting slip; wagtail
吊窗钩 sash hook
吊窗衡重 sash balance
吊窗滑车槽 pulley stile
吊窗滑轮 sash block;sash pulley
吊窗拉手 bar sash lift;sash lift;sash pull
吊窗链 sash chain
吊窗平衡锤 sash counterweight;window weight
吊窗平衡锤切口 sash pocket
吊窗平衡吊锤 sash balance
吊窗平衡重 sash counterweight;sash balance
吊窗平衡重小五金 sash-balance hardware
吊窗漆刷 sash tool
吊窗绳 sash cord;sash line;sash rope
吊窗索 sash cord
吊窗提手 sash lift;window lift
吊窗五金件 sash hardware
吊窗匣子 boxing
吊窗压条 window bead
吊床 cot;cot bed;hammock
吊床形畸变 hammock shaped distortion
吊锤 lead weight; sash weight; anvil block【岩】; drill boot【岩】; drive hammer【岩】
吊锤加长段 drive-block extension; drive-hammer extension
吊锤投影 projection by suspended plumbing; projection by suspended weight
吊锤箱中间隔板 parting slip
吊带 brace;harness;sling;strap hanger; suspension band; suspensory; webbing
吊带形悬置杆 sling-like suspension rod
吊带悬挂 strip suspension
吊袋钩 bag hook
吊灯 ceiling lamp;ceiling light;chain pendant;cord pendant lamp;hanging lamp; interpendent; pendant; pendant lamp;pendant light;pendant luminaire;suspended lamp;suspension light;swag light;droplight <上下滑动的>
吊灯槽 boat
吊灯桁 light boom
吊灯架 lamp pendant;pendant
吊灯排 hanging batten
吊灯配件 pendant light fitting
吊灯线装饰座板 rose
吊灯信号 pendant signal
吊点 hold point;hook point;suspension center[centre]
吊点距离 handling length
吊顶 ceiling;false roof;furred ceiling; hanging ceiling; hung ceiling; suspended ceiling; counter ceiling <起隔音、隔热等作用的>; suspended deck<液化天然气设备>; drop ceiling
吊顶暗藏荧光灯管反射板 egg crate
吊顶板材 ceiling floor;ceiling tile
吊顶传声 ceiling sound transmission
吊顶传声等级 ceiling sound transmission class
吊顶格栅 ceiling floor;ceiling grid
吊顶荷载 suspended ceiling load
吊顶空间 ceiling cavity;ceiling void
吊顶拉杆 sheetrock rod
吊顶拉杆上的横筋 carrying rod of ceiling
吊顶木活 cradling
吊顶(木)龙骨 ceiling joist
吊顶棚 dropped ceiling; suspended ceiling
吊顶式液化天然气罐 suspension deck liquid natural gas tank
吊顶体系 ceiling suspension system; suspended ceiling system
吊顶线脚 ceiling cornice
吊顶压条 nib grade; nib guide; nib rule
吊顶窑 kiln with movable floor
吊顶整套设备 hung ceiling incorporating services
吊顶主龙骨 main joist of suspended ceiling;main runner
吊顶砖 hanger brick;suspended roof brick
吊兜 bag net
吊斗 cableway bucket; cask(et); drop bucket;elevator bucket;hoist bucket; lift van; skip; sling van; spoon;swing(ing) hopper
吊斗缆 hoist wire
吊斗起重机 bucket crane;skip crane; swing hopper
吊斗绳索 line of buckets
吊斗式给料机 skip type feeder
吊斗式输送机 hanging-bucket conveyer [conveyor]; swing bucket conveyer[conveyor]
吊斗提升机 skip elevator;skip hoist
吊斗挖掘机 dragline cableway excavator
吊斗运送法 boom and bucket delivery
吊斗运送(混凝土) boom and bucket delivery
吊舵 hanging rudder;hinged rudder; spade rudder;underhung rudder
吊耳 bail;eye ring;lifting eye;lifting lug;shackle;shifting eye
吊耳L形块 drop ell
吊耳钩 lug hook
吊耳销 shackle bolt
吊阀 hanging valve
吊帆绳或杆 bending jackstay
吊放工作人员 launching staff
吊放回收装置 launch retrieval apparatus
吊放潜水器 launching of submersible
吊放式救生筏 davit-launched life raft
吊放式气胀式救生筏 davit launched inflatable lifecraft
吊放式声呐 dipping asdic;dipping sonar;dunking sonar
吊放式温深仪 expandable bathythermograph
吊风管口 drop vent
吊盖人孔 manhole with hanging cover
吊杆 cargo boom<船舶或桅杆吊的>; boom(hoist); boom rod; burton boom; counterpoise lift; crane boom;davit;derrick(boom);gaff; gib(crane); hanger; hanger rod; hanger wire;hanging support;king bolt;lifter;lifting bar;pike pole; pull rods hanger;sag bar;sag rod; sag tie; steeve; suspender; suspension arm; suspension bar; suspension boom;suspension chord;suspension link; suspension member; suspension post; suspension rod; swing hanger; topping boom; shadoof<埃及等地汲水用的>;hip vertical<华伦桁架端压杆顶垂下的>;monkey pole<简便起重的>; meter rod<流速仪的>;transverse member<起重机的>;denkli<一种平衡式提水工具>
吊杆安全装置 derrick rig
吊杆保护 hanger protection
吊杆变幅钢缆 luffing wire
吊杆叉头 derrick heel eye
吊杆长度 boom length
吊杆车 jib crab
吊杆承臼 boom socket
吊杆承座 derrick shoe;derrick socket
吊杆初挠度 initial deflection of derrick
吊杆灯 boom light
吊杆底导向滑车 derrick heel block
吊杆顶牵索定位绞车 hanger winch
吊杆顶圈 outer band
吊杆端箍 boom iron;wythe
吊杆端下支索 boom sheet
吊杆端舷侧支索 boom stay
吊杆防倒装置 protection device against boom overturn; protection device for boom overturn
吊杆放倒机构 boom lowering mechanism
吊杆俯仰电动机 luffing motor
吊杆俯仰钢缆 luffing wire
吊杆俯仰速度 boom hoisting speed
吊杆负荷试验 derrick test
吊杆附加弯矩 additional bending moment on derrick boom
吊杆箍 derrick band;derrick loop
吊杆和戽斗输送(法) boom and bucket delivery
吊杆滑轮组 boom tackle;hook block
吊杆极限长细比 limit slenderness ratio of boom
吊杆绞车 derrick winch
吊杆绞盘内衬套 jib winch inner bushing
吊杆脚销液压卸除器 boomfoot pin removal
吊杆跨距 outreach
吊杆拉索 boom wire
吊杆临界角 critical angle of boom
吊杆偏角 slewing angle of derrick
吊杆平衡系统 boom-balancing system
吊杆平台 boom table
吊杆起重扒杆 gib arm of crane
吊杆起重船 derrick ship
吊杆起重机 boom crane;derrick
吊杆(起重机的)臂 gibbet
吊杆牵索 davit guy
吊杆倾斜度 pitch of boom
吊杆屈折 jackknife
吊杆上眼肘板 eye bracket on derrick
吊杆石 derrick stone
吊杆式传声器 stand microphone
吊杆式起重机 derrick crane
吊杆枢 gooseneck
吊杆数【计】number of derricks
吊杆索斗铲 boom dragline
吊杆索具 boom rig;boom tackle
吊杆台 boom platform;derrick stool; derrick table
吊杆提升设施 topping lift
吊杆头 derrick head
吊杆头滑车 derrick head block
吊杆头起货滑车 derrick head cargo block
吊杆头装置 derrick cap piece;derrick head fitting
吊杆托架 boom chock;boom cradle; boom crutch;boom rest;boom saddle;derrick boom rest
吊杆挖掘机 boom excavator
吊杆挖土机 boom excavator
吊杆稳索 boom support guy;derrick guy;lazy guy
吊杆稳索绞车 derrick guy winch

D

吊杆悬臂角 angle of jib swing
吊杆旋回角 boom slewing angle
吊杆旋转角 angle of jib swing
吊杆旋转块 < 铲土机中的 > saddle block
吊杆旋转稳索 slewing guy
吊杆旋转装置 boom-revolving gear
吊杆仰角 boom topping angle
吊杆仰角与安全荷载指示器 radius-and-safe-load indicator
吊杆与吊斗(混凝土)递送法 boom and bucket delivery
吊杆与戽斗递送法 boom and bucket delivery
吊杆张力 hanger tension
吊杆支点 fulcrum of the boom
吊杆支架 crutch
吊杆支索 derrick guy
吊杆支柱 < 俗称将军柱 > boom support post;sam(p)son post
吊杆支柱底座 mast bottom
吊杆支柱型打桩机 boom support type pile driver
吊杆支座 link bracket
吊杆中部稳索 slewing guy
吊杆柱 derrick post;joggle post;king-post;queen rod;sam(p)son post
吊杆柱通风筒 derrick post ventilator
吊杆柱系杆 sam(p)son post brace
吊杆柱支撑 sam(p)son post brace
吊杆装卸 cargo-handling by derrick;derrick cargo handling
吊杆装置 derrick system
吊杆总体稳定性 integral stability of boom
吊杆最大伸距 boom reach
吊杆作业半径 jib operating radius
吊杆坐转轴 gooseneck;Pacific iron
吊杠 hanging bar
吊隔墙 hung partition(wall);suspended shadow wall
吊工具上桅的小绳 hauling line;heaving line
吊拱 hanging arch
吊钩 crane hook; drop hanger; gaff; hanger; hanging hook; hoisting hook; hook; lift(ing) hook; load hook; pipe hanger; sling dog; suspension arrangement; suspension clip; suspension hook; suspension link; cliver < 吊钻杆用 >; suspension tackle < 起重机 >
吊钩安全插销 < 起重机 > safety reverse
吊钩板 web cleat
吊钩称 crane weigher
吊钩垂直行程 < 即起升高度 > vertical hook travel
吊钩的封口闩 mousing
吊钩吊升速度 hook lifting rate
吊钩吊升速率 hook lifting rate
吊钩负荷仪 hook scale
吊钩附件 hook accessories
吊钩高度 height under hook
吊钩工作半径 hook reach
吊钩滚轮 hook roller
吊钩滚轴 hook roller
吊钩和三角形板 hook and triangular plate
吊钩痕 hook mark
吊钩横梁 lifting beam with hooks
吊钩滑轮 hook block;hook pulley
吊钩滑轮组 hook assembly
吊钩夹 crampo(o)n
吊钩夹套 lower load block
吊钩绞车 hook winch
吊钩结 blackwall hitch
吊钩梨形配重块 pearweight
吊钩离地高度 lift of hook above ground
吊钩链 sling chain
吊钩龙门吊 hook gantry crane
吊钩门式起重机 gantry crane with hook
吊钩配重球 < 起重机的 > headache ball
吊钩起升速度 hook hoist speed
吊钩升降 hook speed
吊钩式闸门 lifting hook-type gate
吊钩提升高度 < 起重机的 > hook hoisting height
吊钩位置 hook position
吊钩下降速度 hook lowering speed; lowering speed of the hook
吊钩下交货的到岸价格 cost, insurance, freight under ship's tackle
吊钩下交货条款 overside delivery clause;Sous-Palan clause
吊钩行程 hook travel
吊钩余量 hook allowance
吊钩预埋件 hanger insert
吊钩原则 tackle principle
吊钩张开宽度 hook opening width
吊钩止滑卸扣 mousing shackle
吊钩重量 hook weight
吊钩周转率 hook cycle
吊钩装置 cargo hook assembly; lift hook equipment < 起重机 >
吊钩总成 hook block
吊钩组合 hook assembly
吊钩最大高度 < 起重机 > maximum hook height
吊箍 < 梁的 > stirrup hanger
吊挂 hang(-up); suspender; suspension
吊挂带 strap hanger
吊挂的 hanging
吊挂耳轴 mounting trunnion
吊挂防漏板 hanging flashing
吊挂防雨板 hanging flashing
吊挂工 hooker
吊挂拱 catenarian arch;catenary arch
吊挂桁架 hanging truss
吊挂护板 hanging guide
吊挂护舷木 < 码头或船舶用 > suspended fender
吊挂架设 erecting by overhang;erecting overhang
吊挂件 hanger
吊挂卷轴 hanging scroll
吊挂螺栓 hanger bolt
吊挂楣子 hanging latticed architrave
吊挂式秤架 overhead scale frame
吊挂式桁架桥 hanging truss bridge
吊挂式犁 trussed beam plough
吊挂式链输送机 chain trolley conveyer[conveyor]
吊挂式流速仪 cable suspension current meter
吊挂式炉顶 suspended arch
吊挂式炉喉保护板 hanging armo(u)r jacket
吊挂式饲槽 hanging feeder
吊挂式桩架 hanging pile rig
吊挂饲槽 banging feeder
吊挂弹簧 hanger spring
吊挂围板 hinged baffle
吊挂尾管装置 extension hanger
吊挂卫板 top tackle;yield guard
吊挂箱 overhead bin
吊挂檐槽 hanging gutter
吊挂檐沟 hanging gutter
吊挂运送系统 overhead-conveying system
吊挂在中间 interpendent
吊挂栅门 hanged gate
吊挂轴承 hanging bearing
吊挂装配 balanced erection;erecting by overhang;erection by overhang
吊挂装置 erecting by overhang
吊管 swing conduit;swing line;swing pipe;swing tube
吊管带 pipe strap;strap
吊管钩 pipe hanger; pipe hook; pipe stroke of crane;piping hanger
吊管机 crawler side boom; laying tractor;pipe hoister;pipe layer(attachment);pipe-laying tractor;side boom(crane);side-boom tractor
吊管机械 pipe-laying equipment
吊管架 pipe hanger
吊管井 well with different diameters; tapping well < 打在含水层的顶部未穿含水层的井 >
吊管卡座 hanging pipe clamp anchor
吊管器 pipe hanger;piping hanger
吊管拖拉机 pipe-laying tractor
吊管装置 side-boom attachment
吊罐 elevator; hoist bucket; mobile cage;raise lift; bucket < 浇混凝土的 >
吊罐索具 bucket rig
吊轨 hanger rail;overhead rail
吊轨机 rail lifter
吊柜 hanging cabinet; hanging case; hanging wall case; wall-hung cupboard
吊盒 drop box
吊桁 hanging truss
吊桁架 hanging roof truss
吊桁索 yard rope
吊横桁的绞辘 jears;jeer
吊滑饼用法 ship and skid system;single fall and skid method
吊环 bridle ring; drop ring; elevator link;erection loop;eye ring;hanger ring; hanging hoop; hoisting eye; hoisting ring;hoist link;hook link; hook ring;lifting bail;lifting bolt; lifting eye(nut);lifting lug;lifting ring; rings; shifting eye; sling(er ring); suspension bow; suspension ring;landing collar < 吊套管用 >; cliver < 吊钻杆用 >; beam clamp < 钢梁或钢大梁的 >; clevice < 钢丝绳端的 >; supporting clamp < 暖汽联结器 >
吊环螺钉 eye bolt
吊环螺钉孔 handling hole
吊环螺母 eye nut
吊环螺栓 eye bolt; eye screw; lifting bolt;nut eyebolt
吊环预埋件 hanger insert
吊簧盒 < 车窗 > balance spring box
吊灰桶绞辘 ash whip
吊货 hoisting
吊货车机 wagon hoist
吊货短链 cargo chain
吊货帆布兜 sling canvas
吊货杆 cargo boom; cargo derrick; derrick boom;loading boom
吊货杆牵索 cargo derrick guy pendant;overboard fall;yard whip
吊货杆稳索 cargo derrick guy rope
吊货钢丝 cargo wire(rope); cargo wire runner
吊货钢丝缆 sling wire
吊货钢丝索环 cargo sling;wire sling
吊货钢索 hoisting rope
吊货钢索滑车 cargo wire block
吊货高杆 cargo mast
吊货工具 stevedore gear
吊货钩 cargo hook; hatch hook; hook;load hook
吊货滑车 cargo(hoisting) block; derrick head block; head block; load sheave
吊货滑车转环 swivels for cargo block
吊货滑轮 cargo block
吊货夹 cargo clip
吊货绞车 cargo hoist
吊货卷扬机 cargo winch
吊货框架 sling block
吊货链环 cargo sling chain
吊货辘绳 cargo hoist; cargo runner; cargo whip
吊货盘 board sling; platform sling; scow(sling);tray
吊货设备 cargo hoist
吊货绳 sling rope
吊货绳缆 cargo runner
吊货绳套 bale sling
吊货四年一次检验证 lifting appliance quadrennial certificate
吊货索 cargo fall; cargo rope; cargo runner; cargo whip; cargo wire; derrick fall;derrick pendant
吊货索环 rope sling;sling
吊货索环标志 sling mark
吊货索具 cargo purchase;cargo rig(ging)
吊货索套 cargo sling
吊货索网兜 cargo net sling;web sling
吊货套索 cargo sling
吊货铁丝网 wire cargo net;wire net sling
吊货托盘 cargo tray
吊货网(兜) cargo net;loading net;net sling
吊货桅杆 cargo mast
吊机 hoist;loop wheel machine
吊机臂 gib(bet);shear legs
吊机臂臂端 boom point
吊机臂上端 jib head
吊机臂旋转角 angle of boom swing
吊机臂转动 boom swing
吊机臂转角 angle of boom;boom angle
吊机滑车 crane trolley
吊机架 gantry
吊机绞车 crane winch
吊机木塔 timber hoist tower
吊机起重塔 hoisting tower
吊机塔 hoist tower
吊机塔中柱 king tower
吊机转动索 slew line
吊夹 suspension chord; suspension clamp
吊架 cradle;drop bracket;drop-hanger frame; dropper; drop structure; hanger(frame); hanging board; hanging bolt;hanging bracket;hanging shelf;lifting spreader;pendant; pipe hanger < 管道的 >; spreader frame; suspender; suspending bracket; suspension arrangement; suspension bracket; suspension clamp;wall shelf;wall shelve < 安装在墙上的 >
吊架板 hanger plank
吊架杆 hanger lever
吊架管卡 clamps for pipe hanger
吊架机具 cradle machine
吊架卷筒 boom drum
吊架螺栓 hanger bolt
吊架螺栓头 hanger bolt head
吊架起重机 ceiling crab
吊架起重绞车 ceiling crab
吊架铁件 rocking iron
吊架线 suspension line
吊绞刀架的龙门架 ladder gantry
吊脚楼 stilt house
吊脚铺石板 drop-point slating
吊脚手 basket
吊脚手架 cradle scaffold;flying scaffold;hung scaffold(ing);swinging scaffold
吊接 suspended joint
吊截锯 docking saw;goose saw;over-

head saw; overhead trimmer; pendulum saw; swinging cross cut saw
吊筋 hanger; suspension bar; pencil rod <悬挂式顶棚>
吊进吊出法 lift-on/lift-off system
吊景 drop scenery
吊景系统 flying system
吊救生艇的辘绳 lifeboat falls
吊救生艇杆 davit
吊具 cargo sling; come-along; hanger; sling(for lifting loads)
吊具侧移 spreader side-shifting
吊具顶吊 top lift(ing) spreader
吊具电缆 spreader cable
吊具倾斜装置 spreader incline device
吊具水平回转装置 spreader slewing device
吊具四周抓臂 <集装箱的> aligning arm
吊具位置指示器 load handling device position indicator
吊卡 clip; lift sub <起重机>
吊卡凹座 elevator recess
吊卡槽 elevator groove
吊卡卡盘 elevator spider
吊卡栓井架工 elevator latcher
吊卡提环 elevator bail
吊空测绳 air sounding line
吊空输送机 troll(e)y conveyer[conveyor]
吊孔 lifting eyelet; lifting hole; suspended space; suspension span
吊扣 lifting lug
吊筐 cauf; crate; keeve
吊拉门 overhung door
吊蓝调 blue toning
吊篮 aerial car; basket; boatswain's chair; cradle(scaffold); hanging basket; materials cage; rod basket; rod board; swinging scaffold; swinging stage; gondola <飞艇等>; swinging spider <钢绳冲击钻>
吊篮额定载荷 basket loading capacity
吊篮输送机 cable conveyer
吊篮干燥 drying on basket
吊篮脚手架 scaffold lashing
吊篮平移机构 basket travel(l)ing mechanism
吊篮式起重机 basket derrick
吊篮输送机 cable conveyer[conveyor]
吊篮水平移动边度 horizontal travel(l)ing speed
吊篮索结 basket hitch
吊篮提升范围 lifting range of basket
吊篮提升机构 basket hoisting mechanism
吊篮悬挂装置 basket hitch
吊篮运输机 mangle; overhead trolley conveyer[conveyor]
吊篮自重 deadweight of basket
吊篮作业 cradling
吊缆 hanger wire; hanging cable
吊缆索 hanger rope
吊缆线 messenger wire
吊帘 hangings
吊链 brother chain; chain block; chain grab; chain hoist; chain sling; hanging chain; lifting chain; pendant chain; rope sling; sling; sling(ing) chain; supporting chain; suspension chain; suspension link; suspension member; stop chain <阻止防火幕撞击舞台地面的>
吊链槽 slinging groove
吊链灯 chain pendant lamp
吊链锚座 <悬索桥的> chain chair
吊链输送机 overhead trolley conveyer[conveyor]
吊链天平梁 beam and sling
吊链支座 <悬索桥的> chain saddle; chain truck
吊梁 cargo beam; chain sling; drop in beam; drop in girder; drop-in unit; hanger girder; hanging beam; sling; suspended beam
吊梁钩 girder hook
吊梁钳 girder dogs
吊笼 cable car; suspension cage
吊螺栓 drop bolt; hang bolt
吊锚 a'cockbill; cat; cock-a-bill; cockbill
吊锚吊杆 anchor crane; cat davit
吊锚短索 ganger
吊锚复滑车 cat tackle
吊锚杆 anchor davit; cathead; parsing davit
吊锚工作 fish
吊锚钩 cat-hook
吊锚滑车 cat block; fish block
吊锚滑车组 anchor tackle
吊锚机 anchor crane
吊锚架 cathead; cat's head
吊锚绞辘 cat tackle
吊锚缆 anchor pendant wire; buoy rope; cat fall
吊锚链 cat chain
吊锚器 fish
吊锚圈 fish shackle
吊锚索 cat fall
吊锚卸扣 catting shackle
吊锚柱 anchor davit; cat davit
吊煤机 coal hoist
吊煤桶 bawke
吊门 bascule door; bascule gate; drop door; falling door; flap-door; flap gate; lift gate; overhang door; overhead door; overhead-type garage door; overhung door; portcul(l)is; vertical slide door; herse <城门的>
吊门逆止阱 flap trap
吊门设备 gate lifting device
吊门水闸 drop gate sluice
吊幕 drop curtain
吊牌 automatic drop
吊牌继电器 drop relay
吊牌交换机 drop equipment
吊牌式电话交换台 drop-indicator switchboard; drop type switchboard
吊牌式故障指示继电器 drop fault indicator relay
吊牌通报器 drop annunciator
吊牌指示器 <磁石电话交换机> drop indicator
吊牌指示器面板 drop-indicator panel
吊盘 hanging scaffold(ing); materials cage; pallet
吊盘秤 hanging scoop scale
吊盘钢丝绳 stage rope
吊盘输送机 pan conveyer[conveyor]; suspended tray conveyer [conveyor]; tray conveyer[conveyor]
吊盘提升机 tray elevator; tray lift
吊平臂 gibbet
吊平顶 dropped ceiling; suspended ceiling; counter ceiling <起隔热、隔声等作用的>
吊平顶窗 lay light
吊平顶格栅 ceiling joist
吊平顶龙骨 ceiling joist
吊铺 cot; hammock
吊铺捆结 hammock hitch; marine hitch
吊铺围布 waist cloth
吊起 lifting; slinging
吊起的 slung; underslung
吊钎 gibbet; drop-pin <测量用>
吊前绞车 lead drum
吊前卷筒 lead drum
吊前卷扬机 lead drum
吊钳 hang tongs
吊钳平衡锤 tong bucket
吊钳绳 tongs hanger line
吊墙 curtain wall; hanging screen; suspended wall
吊桥 bascule bridge; chain bridge; domino bridge; drawbridge; ferry bridge; hanging bridge; leaf bridge; lift(ing) bridge; pontlevis; rope bridge; rope suspension bridge; strip bridge; suspension bridge; trip bridge
吊桥安装高度 installed height of lifting bridge
吊桥长度 length of lifting(draw) bridge
吊桥的桥垮 tower span
吊桥钢缆 bridge cable; bridge wire
吊桥活动桁架 bascule
吊桥结构参数 composition parameter of drawbridge
吊桥宽度 width of lifting bridge
吊桥桥跨 <有塔架的> tower space; tower span
吊桥竖曲线半径 vertical curve radius of lifting bridge
吊桥索 bridge cable
吊桥托梁长度 length of lifting bridge beam
吊取 bail down; bail-out
吊入法施工 lift-in
吊伞索 rigging line; shroud line
吊砂 cod projection; cope down; coping-cut
吊砂钩 gagger
吊筛式摆动 hung-sifter swing
吊扇 ceiling mounted fan; ceiling(-type) fan; hanging fan; punka(h) fan
吊扇电机 ceiling-fan motor
吊上吊下操作系统 <集装箱> lift-on/lift-off system
吊上吊下垃圾箱 waste container lift-and-carry
吊上吊下散装倾卸货箱 lift-on/lift-off bulk tipping container
吊上吊下装卸系统 lift-on/lift-off system; Lo/Lo system
吊升窗 guillotine window
吊升负荷 hoist load
吊升横梁 lifting beam
吊升机械 hoist
吊升索道 hoistway
吊升限量 lift limitation
吊绳 becket; bridle rope; fall line; fall rope; hanger wire; hoisting fall; lifting rope; messenger cable; pendant cord; suspender rope; suspension rope; tracing line; bobbin <门闩上的>
吊绳冲击钻 churn drill(er)
吊石夹钳 nippers; stone tongs
吊石块用的锚具 lewis anchor
吊石螺栓 stone lifting bolt
吊石栓 lewisson bolt; stone lifting bolt
吊式分批投料机 troll(e)y batcher plant
吊式风扇 ceiling fan; punka(h) fan
吊式复照仪 overhead camera
吊式过滤器 hanging filter
吊式绝缘体 suspension type insulator
吊式矿仓 suspension bunker
吊式栏木 bascule barrier
吊式漏口 swinging chute
吊式炉顶 suspended-arch type roof
吊式输送机 telpher conveyer[conveyor]
吊式悬臂飞机库 suspended-cantilever hangar
吊式悬臂屋顶 suspended-cantilever roof
吊式闸门 tractor gate
吊式制版相机 overhead copying camera
吊饰 hanging ornament; pendant; pendent
吊栓 lift(ing) bolt
吊丝 hang spring
吊缩式吊架 expandable spreader
吊索 bearer cable; burton fall; cable suspender; carrier cable; crane cable; crowfoot[复 crowfeet]; dropper; fall(line); fall rope; hanger cable; hanger rope; hanging cable; hoist(ing) cable; hoist(ing) line; hoisting rope; holding line; holding rope; lifting cable; lifting rope; messenger; riser cable; rope sling; sling(er); sling rope; snivvey; suspended cable; suspender(cable); suspender rope; suspension cable; suspension line; suspension member; suspension rod; suspension rope; suspension wire; tackle-fall; trice; wire rope suspension; wire suspension
吊索承窝 hoist line socket
吊索导向托座 bridle guiding device; sling guiding device
吊索底吊 top lift sling
吊索顶吊 bottom lift sling
吊索钩 sling hook
吊索管套 hoist line socket
吊索滑车 sling block
吊索滑落装置 bridle-and-pulley suspension; bridle pulley device
吊索平衡器 suspension rope equalizer
吊索器 slinger
吊索损险 risk of sling damage
吊索提升速度 <起重机> line speed up
吊索脱钩 cut loose
吊索线夹 bridle wire clamp
吊索悬挂 bridle suspension
吊索眼 slinging eye
吊索与滑轮接触角 angle of sling
吊索允许拉力 line permissible pull
吊索最大拉力 maximum line pull
吊塔 head mast; suspension tower; tower gantry
吊塔墩 suspension tower pier
吊塔架 suspension pylon
吊滩 ship's stagnation at a rapid
吊梯 cat ladder; hanging ladder; suspension ladder
吊体结构基型 motif of crystal structure
吊天顶系统 ceiling suspension system
吊天花板 dropped ceiling; suspended ceiling
吊天花板系统中的主要承重构件(梁) main runner
吊艇杆 boat boom; boat davit; boat derrick; boat spar; davit; riding boom
吊艇杆跨索 davit span
吊艇杆前牵绳 bull rope
吊艇钩 boat hook
吊艇滚筒 boat fall reel
吊艇滑车 boat(fall) block
吊艇滑车索 boat fall rope
吊艇架臂 davit arm
吊艇架绞辘 davit tackle
吊艇绞车 boat hoist; boat winch; davit winch
吊艇绞车连锁装置 davit winch interlocking device
吊艇绞辘 boat tackle
吊艇辘绳 boat fall; boat tackle fall
吊艇辘绳卷筒 boat fall reel
吊艇起重机 boat crane; davit crane

D

吊艇试验 boat test
吊艇栓承座 heel socket
吊艇索 boat fall
吊艇铁杆 hoisting rod
吊艇眼板 hoisting pad
吊艇罩 fall cover
吊艇柱 boat davit;davit
吊艇柱顶环 davit spreader
吊艇柱基座 davit pedestal;davit shoe;davit socket
吊艇柱缆桩 davit bollard
吊艇柱牵索 davit guy
吊艇柱头部连动索 davit span
吊艇柱弯头 davit bend
吊艇柱挽耳 davit cleat
吊艇柱羊角 davit cleat
吊艇柱座 davit stand;pedestal socket
吊艇柱座承 davit bearing;davit bust;davit collar; davit cranse; davit keeper;davit ring
吊艇装置 boat(handling)gear
吊桶 bowk;bucket;casket;cauf;draw bucket;gig;gob bucket;hand bucket;mucking(tool);pail;skip hoist;well-bucket;kibble <凿井用>;bailing bucket
吊桶朝上 up-end
吊桶导向架 sinking bucket crosshead
吊桶导向装置 bucket guide
吊桶吊绳 bucket guide
吊桶法 bucker method
吊桶钢丝绳 kibble rope
吊桶钩 can hook;hogshead hook
吊桶钩绳 cant hook sling
吊桶钩绳环 can hooks sling
吊桶解扣 bucket trip
吊桶井 draw well
吊桶排水 bucket drainage
吊桶绳 bucket lanyard
吊桶绳环 can sling;cask sling
吊桶式水车 <古波斯的> noria
吊桶式提水设备 delu
吊桶索套 can sling;cask sling
吊桶提升 bucket winding
吊桶提升钢丝绳 kibble rope
吊桶提升机 bucket hoist;kibble hoist;kibble winder
吊桶装卸掘土机 bucket-loader excavator
吊桶装载斗 loading pan
吊桶自动放水口 dart valve
吊头 shifting eye
吊头窗 top hang window
吊拖 towing aft
吊拖船队队形 formation of towing train
吊屋面板 hanging shingling
吊物竖道 fall way
吊物竖井 fall way
吊下布景 drop scene
吊弦 dropper;hanger
吊弦鞍子 dropper saddle
吊弦保护套 protective sleeve
吊弦夹 hanger clamp
吊弦键 dropper key
吊弦套环 dropper thimble
吊弦线 dropper wire
吊弦线夹 dropper wire clamp
吊弦制作台 dropper table
吊弦装配图 dropper assembly
吊舷梯复滑车 gangway falls
吊线 plumb;stranded cable;supporting strand;supporting wire;suspending wire; suspension wire; cable messenger <电工>; catenarian; catenary <吊拉电缆用>
吊线板 ceiling plate
吊线工具 alignment tool
吊线勾架 wire-coil stripper
吊线钩 hook clip
吊线盒 ceiling rose
吊线环 bridle ring
吊线夹 messenger wire clamp
吊线缆 messenger cable
吊线缆夹 messenger clamp
吊线装置 wrap attachment
吊箱钩 <吊箱装或桶装货用> box hooks
吊箱式 box system
吊箱索环 box sling
吊箱围堰 suspension box-cofferdam
吊箱系统 box system
吊销 lifting pin
吊销驾驶执照号 revoke
吊销执照 cancellation of license[licence];decertify
吊小船上岸的设施 lifting installation for small vessels
吊楔 lewis(anchor);lewisson;lifting pin
吊楔杆 lewis bar
吊楔孔 lewis hole
吊楔螺栓 lewis bolt
吊芯 suspended core
吊芯钩 core hook
吊悬布景工法 drop scene
吊悬式护舷(木)suspended fender
吊悬屋顶 false roof
吊悬轴承 suspension bearing
吊悬装饰 drop ornament
吊碹 flying arch; hanging arch; suspended arch
吊碹砖 suspended roof brick
吊桠桅绳 bull rope
吊眼 lifting eye(bolt)
吊眼螺帽 lifting eye nut
吊唁圣堂 funerary temple
吊扬索 topping lift
吊椅 sling chair;gamming chair <大风浪中病人上下舢板用>;boatswain's chair <高空作业用的>
吊用宽翼缘工字梁 H-runner
吊鱼吊杆 fishing boom
吊运 handling;swinging
吊运车 troll(e)y car
吊运车行程 troll(e)y travel
吊运带式输送机 belt mounted conveyer[conveyor]
吊运工作方式 <起重机> pick and carry mode
吊运机 side-boom tractor
吊运及储存应力 <预制混凝土构件的> handling stress
吊运架 lift(ing)frame
吊运井 hoistway
吊运器 aerial conveyer[conveyor]
吊运设备 handling equipment; handling appliance
吊运时引起的应力 stress due to handling
吊运式输送斗 overhead carrier
吊运式输送机 troll(e)y conveyer[conveyor]
吊运式输送器 troll(e)y conveyer[conveyor]
吊运式作业 pick and carry mode
吊运小车 travel(l)ing jack
吊运型起重机 transit crane
吊运作业 <起重机> pick and carry operation
吊载 suspended load;suspension load
吊在……之上 overhanging
吊闸 herse
吊栅 suspended ceiling
吊折床壁橱 bed closet
吊折床的壁橱 bed closet
吊钟钩 bell hanger
吊钟构架 bellcote
吊钟构件 <屋顶上的> bell gable
吊钟尖塔 bell gable
吊钟柳 bell-flower;blue bell
吊钟山墙 bell gable
吊重半径 load radius;operating radius
吊重短索 <挂绞辘用> top pendant
吊重滑行车 hoist trolley
吊重机器 <起重机、绞车等> hoisting engine
吊重梁 lifting beam
吊重绳 carrying rope;carrying strand;carting rope
吊重索 load rope
吊重索具 hoisting gear
吊重行车 hoist trolley
吊轴承 hanger(bearing);suspension bearing
吊轴承组合 hanger bearing assembly
吊轴合页 pivot hinge
吊轴系 hanger shafting
吊住物体向下放的缆索 snubbing line
吊柱 hanging pillar; hanging post; pendent post
吊柱耳环 spectacle plate
吊柱桁架 hanging(post)truss
吊柱牵条 davit guy
吊桩圈 pitching ferrule
吊爪 suspension claw
吊砖 suspended block
吊桩定位 pitching
吊桩机构 pile hoist crane
吊桩就位 pile setting
吊桩绳 pile line
吊装 erection(by overhang);hoist(ing);lifting;suspension setting
吊装车 sling cart
吊装带 rigging band
吊装点 erection point
吊装垫衬 strong back
吊装钢筋 erection bar;hoisting steel bar
吊装工 slinger
吊装构造 tilt-up
吊装集装箱运货车 lift-off container truck
吊装加劲 reinforced for handling
吊装夹具 <吊装时以夹石块或砖块等> nippers;stone tongs
吊装架设法 erection by crane or derrick
吊装结构 tilt-up construction
吊装靠板 strong back
吊装孔 hoisting hole;hole for hoist
吊装框架 horsehead
吊装设备 hoisting equipment; lifting device
吊装式集装箱船 lift-on/lift-off container ship
吊装式起重机 overhang crane
吊装塔 erecting tower
吊装塔架 erection tower;hoisting tower
吊装托梁 lifting beam
吊装荧光灯带 pendant continuous row fluorescent fixture
吊装预制浴室 pod
吊装装卸方式 lift-on/lift-off system;Lo/Lo system
吊着的 suspensory;underslung
吊综杆 jacks
吊座 <闸门的> shifting eye

钓

钓竿式天线 fish-pole antenna
钓钩 jig
钓夹 angling clip
钓锚器 fish
钓绳 fishing line
钓丝 pig line
钓线架 line coiler
钓鱼岛构造结【地】Diaoyudao tectonic knot
钓鱼竿 fishing rod
钓鱼竿基布 fishing rod cloth;woven cloth for fishing rod
钓鱼具 fishing tackle
钓鱼线 fishing line
钓樟 Machilus thunbergii
钓子 <砖工> tingle

调

调Q <生产远脉冲激光用> Q-switching
调班 relay
调保计算 guaranteed calculation for regulation
调钡室 barium kitchen
调编发场 sorting-departure yard
调变系数 modulating coefficient
调标改建 aids-layout adjustment and fairing transferring
调拨 commit;transference
调拨材料 appropriated materials
调拨材料发料单 issue note of store transfer
调拨材料请求单 store transfer requisition
调拨材料申请单 store transfer requisition
调拨材料收料单 receipt of store transfers
调拨单 transfer slip
调拨发货单 issue note of store transfer
调拨发料单 issue note of store transfer
调拨计划 appropriation plan
调拨价 transfer price
调拨价格 allocated price;appropriate price
调拨配额 allocated quota
调拨申请单 requisition for transfer
调波 adjustment of aids layout;aids adjustment;modulating wave
调波间隔 harmonic separation
调波示波器 wamoscope;wave-modulated oscilloscope
调驳 transfer
调驳泵 transfer pump
调步 pacing
调槽式气压表 adjustable cistern barometer
调查 exploratory search;inquiry;inspection; prospect; research; restructure; scrutiny; search(ing);survey(ing)
调查半径 investigation radius
调查报告 finding report;investigation report;report of investigation;survey report
调查报告批准时间 date of approval investigation report
调查报告完成时间 date of finish investigation report finished
调查比利尺 surveying scale
调查表 examination table;list for investigation; questionary; questionnaire;survey table;table of investigation
调查表法 questionnaire method
调查表资料 questionnaire data
调查部门 surveying institution
调查长度 investigated length
调查成果 survey results
调查成果报告 surveying achievement report
调查成果图件 surveying achievement map
调查处 inspectorate

调查船 expeditionary ship;investigation boat; research ship; research vessel;surveying ship
调查单位 unit of survey
调查导坑 exploring drift;investigation drift
调查地区等级 grade of investigation district
调查点数 number of investigated points
调查调整自动化 automation of train regulation
调查对象小组 panel
调查范围 area of investigation; field of investigation
调查方法 investigation method;method of investigation;surveying method
调查费(用) cost of investigation;investigation charges
调查辐射水平 investigation radiation level
调查纲要 outline of investigation
调查格式 investigation form
调查个数 number of investigation
调查工作 casework
调查工作定额 working quota of investigation
调查工作方式 survey mode
调查工作进行时间 lasting date of investigation
调查工作量 amount of work of exploration
调查工作设计 investigation planning
调查工作设计完成时 date of finish investigation planning
调查工作时间 data of investigation
调查工作实际材料图 map of surveying work arrangement
调查工作项目 item of investigation
调查观测 research observation
调查国家 surveying country
调查航次 surveying cruise
调查和开发中心 research and development center[centre]
调查和特殊规划管理局 <美> Research and Special Programs Administration
调查和暂停记事表 investigation and suspension docket
调查会 fact-finding meeting; investigation meeting
调查火灾原因 establish the cause of a fire
调查计划 designing plan
调查记录 scout sheet listing
调查阶段 investigation stage
调查结论 research conclusion
调查精度 survey precision
调查局 research bureau
调查类别 surveying classification
调查目的 designing aim
调查潜水 investigation diving;investigative diving
调查区 investigation area
调查区境界线 cordon line
调查区研究程度 study level of investigation area
调查区域 surveying area
调查任务 designing task; study mission
调查时点 specified time of investigation
调查时间 surveying time
调查书 protocol
调查数据 census data;enquiry data
调查提纲 exploratory scenario
调查条数 strip number of investigation
调查团 investigation group
调查委员会 <深入持久进行审慎而系统调查的> commission of investigation;commission of inquiry <以询问方式为主并有权获得证据的>
调查项目总费用 total cost of investigation terms
调查信用 conduct credit investigation
调查研究 exploration;exploratory investigation; investigate; investigation (and study); reconnaissance; research
调查研究的 fact finding
调查研究费用 investigation cost
调查研究技术 fact-finding technique
调查研究阶段 investigation phase
调查用明信片 questionnaire post card
调查员 investigator;surveyor
调查站 interview station
调查者 fact finder; investigator; searcher
调查准则 surveying guide
调查资料 census data
调差后观测精度 measuring precision after adjustment
调差前观测精度 measuring precision before adjustment
调车【铁】shunt(ing);switching
调车按钮 shunting button
调车编组场 train make-up station
调车表示器 shunting indicator
调车表示器电路 shunting indicator circuit
调车操纵台 <在驼峰控制楼操纵信号和道岔的装置> shunting console
调车侧线 shunting siding
调车场【铁】railroad (marshalling) yard; railway (marshalling) yard; shunting yard;sorting yard;classification yard; marshalling yard; railway shunting yard; switch (ing) yard;train assembly station;yard
调车场办公室 yard office
调车场办理车数能力 yard wagon-handling capacity
调车场布置 yard layout
调车场场长 yardmaster; dinger <铁路俚语>
调车场场界牌 yard limit board
调车场传呼扬声器通信[讯] paging loudspeaker yard communication
调车场存车清单 yard inventory
调车场灯 classification light
调车场调车 yard switching
调车场调度员 yard controller
调车场对讲喇叭 two-way yard loudspeaker
调车场对讲扬声器 two-way yard loudspeaker
调车场范围 yard limit
调车场分区 shunting zone;yard zone; zoning of yard
调车场风管路设备 yard plant
调车场改编能力【铁】sorting capacity
调车场股道表示器 yard track indicator
调车场股道号 yard number
调车场进路控制器 route controller
调车场领工员 yard foreman
调车场配置图 yard layout
调车场全部控制程序 complete yard control program(me)
调车场人员 <调车机车乘务组和调车人员> yard crew
调车场容车辆数 yard standing capacity
调车场容车量 yard standing capacity
调车场入口 yard entrance
调车场试验风管路设备 yard test plant
调车场速度 yard speed
调车场通信[讯]系统 yard communication system
调车场驼峰 hump
调车场线路 yard track
调车场限界 yard limit
调车场巡察员 yard inspector
调车场站界标 yard limit board
调车场主任 <铁路俚语> dinger
调车场纵坡 profile grade of yard
调车场作业【铁】yard operation;yard working
调车场作业程序和时间表 operating schedules of yard
调车场作业的模拟 simulation of yard operations
调车场作业能力 <每日办理或出入车数>【铁】yard capacity; handling capacity
调车场作业员 <线路值班员> yard operator
调车车站【铁】shunting station
调车程 shunting trip
调车程数 number of trips
调车程序 shunting program(me)
调车冲击 shunting impact
调车道岔 shunting points
调车调度员 shunting controller;shunting dispatcher
调车定位装置 car indexer;index device
调车方法 switching method
调车房 round house;shunting cabin
调车费 shunting charges; switching charges <例如专用线>
调车工 cherry picker
调车工作 shunting operation; shunting work
调车工作的集中 concentration of marshalling or classification work
调车钩 shunting trip
调车钩车的间隔【铁】spacing of cuts
调车钩分采点 timing
调车轨道 shunt track;switching track;yard track
调车过程 shunting process
调车号志 shunting signal
调车机车 pilot engine;shunter;shunting engine;shunting locomobile[locomotive];switch engine;switcher; yard engine
调车机车工作系数 <即每小时平均编解车数> coefficient of work per shunting locomotive
调车机车公里 shunting engine kilometers
调车机车库 shed for shunting locomotive
调车机车整备线 switcher's servicing track
调车机主 switching locomotive
调车计划 shunting program(me)
调车交叉【铁】switching intersecting
调车进路 shunting access route;shunting route;switching route
调车进路表示器 shunting route indicator
调车控制台 shunting control position
调车楼 <车站调度楼> switching tower
调车路程 shunting path
调车坡度 <编组场> shunting gradient
调车牵引车 <在货场或专用线调车> shunting tractor
调车区 shunting area;shunting zone; switching area; switching district; switching zone
调车区电气集中联锁 electric(al) centralized interlocking of shunting area
调车人员 <包括调车员、制动员、扳道员等> yard(s)man
调车设备 classification facility;marshalling facility
调车时间 maneuver time;turn time; switching time【铁】
调车事故 accident in shunting operation
调车速度 shunting speed
调车梯度 shunting neck
调车铁路 <为枢纽内几条铁路服务的> switching railroad
调车系统 shunting system
调车显示 shunting indication
调车线【铁】classification track;marshalling siding; marshalling track; shunting line; shunting track; rule curve; shunting siding; switching line;switching track
调车线路表示机 shunting route indicator
调车线群 set of shunting sidings; shunting set of sidings
调车限界 limit of shunt; switching limit
调车限界标 limit-of-shunt(ing) sign; shunting limit sign
调车限界牌 limit-of-shunt board
调车限界示像 limit-of-shunt aspect
调车限界信号【铁】limit-of-shunt signal;shunting limit signal
调车限界信号机【铁】shunting limit signal
调车信号 classification signal; shunting signal;switching signal
调车信号臂板 shunt arm
调车信号机 switching signal
调车信号控制箱 shunting signal controller
调车信号示像 shunt signal aspect
调车信号圆牌 shunting signal disc
调车信号圆盘 shunting signal disc
调车行程 shunting trip
调车巡察员 shunting inspector
调车业务 shunting service; switching service
调车员 car catcher; shunter; shunting controller; switch monkey; pinner <俚语>
调车员哨子 shunter's whistle
调车运行 shunting movement
调车终止 limit of shunt
调车终止标 limit-of-shunt(ing) sign
调车终止牌 limit-of-shunt board
调车终止信号 limit-of-shunt signal
调车转辙器 shunting points
调车自动化 automatization of shunting
调车组 <由调车员、连接员、制动员等组成> shunting team;shunting gang
调车作业 marshalling operation; shunting operation; shunting service; switching operation; switching service
调车作业成本 operating cost of shunting
调车作业钩计划 shunting trip plan
调车作业计划 shunting operation plan; station operating plan
调车作业通知单 shunting list; switching list
调车作业小时成本 shunting operating cost per hour
调车作业员 shunting traffic operator
调船条款 substitution clause
调达时间 lead time
调动 mobilization;swapping
调动积极性 to bring the initiative into play;to mobilize one's enthusiasm
调动启动 shakedown run

调动器助动柱塞 governor assist plunger
调动时间【船】manoeuvre time
调度 deployment; dispatch (ing); marshal; scheduling
调度安排 dispatching arrangement
调度表 dispatching file; dispatch(ing) list; schedule
调度表示盘 traffic controller's board
调度表示设备 dispatcher's supervision equipment
调度部件 scheduler
调度部门 organization of traffic control
调度长 chief despatcher; chief dispatcher; yardmaster【铁】
调度车辆 shunting vehicle
调度程序 dispatcher; dispatching program(me); operating procedure; operating schedule; scheduler(program); scheduling program(me)
调度程序工作区 scheduler work area
调度程序工作区数据集 scheduler work area data set
调度程序控制表 dispatcher control table
调度程序模块 scheduler module
调度程序系统 scheduling system
调度尺 dispatcher's meter
调度处 traffic control department
调度处理机 scheduling processor
调度点 dispatching point
调度电话 beat telephone; control telephone; dispatching telephone; patrol telephone
调度电话办公室设备 traffic control telephone office equipment
调度电话电路 dispatcher's telephone circuit
调度电话分机 dispatching telephone subset
调度电话机 dispatching telephone set
调度电话设备 dispatching telephone equipment
调度电话系统 despatcher telephone system; dispatching telephone system
调度电话引入转换架 lead-in and change-over rack for dispatching telephone
调度电话主机 dispatching telephone control board; dispatching telephone control panel
调度电话装置 dispatcher telephone device
调度电话总机 dispatching telephone control board; traffic control telephone office equipment
调度电话总机设备 master station service system
调度电话总交换机 traffic control telephone main switchboard
调度电力机车 electric(al) switching locomotive
调度电路 dispatching circuit
调度渡线 despatching [dispatching] crossover
调度端 control end; dispatching end
调度工程师 control engineer; dispatching engineer
调度工作规程 rule of dispatching
调度工作区数据组 scheduler work area data set
调度管理显示 scheduling management display
调度规则 scheduling discipline
调度过程 scheduling process
调度集中 centralized dispatching control; centralized traffic control; central traffic control[CTC]
调度集中部件 dispatch control unit
调度集中操纵盘 centralized control panel; centre panel
调度集中操纵室 centralized traffic control operating room
调度集中操作员 central traffic controller
调度集中电码电缆 central traffic control code cable
调度集中电码线 centralized traffic control code wire
调度集中分机控制电路 field control circuit
调度集中机 centralized traffic control machine
调度集中控制的融雪器 centralized traffic controlled snow melter
调度集中控制的信号机【铁】central train control controlled signal
调度集中控制点 centralized traffic controlled point
调度集中控制盘 centralized traffic control board
调度集中控制室 central traffic control office
调度集中控制台 centralized traffic control machine; dispatcher control machine
调度集中楼 central control point; centralized control point
调度集中区始端标 begin-centralized-traffic-control sign
调度集中区域 centralized traffic control area; centralized traffic control territory
调度集中区终端标 end-centralized-traffic-control sign
调度集中设备 centralized traffic control device
调度集中试验装置 central train control tester
调度集中所 central(ized) control point
调度集中系统 centralized traffic control system; dispatcher's CTC system
调度集中线路电路 centralized traffic control line circuit
调度集中信号楼 centralized traffic control bungalow; central traffic control center; central traffic control office
调度集中遥控分机 centralized traffic control branch
调度集中遥控总机 remote controlling telephone exchange of central traffic control
调度集中制 centralized traffic control system; dispatcher's CTC system
调度集中中继器 centralized train control repeater
调度集中装置 centralized traffic control installation
调度集中总机 central traffic control center
调度计算机 dispatching computer
调度计算机化 computer-assisted dispatching
调度监督 control supervision; dispatcher's supervision
调度监督系统 dispatching supervision system
调度监督装置 <在自动闭塞区段> train traffic supervising device
调度监控计算机 scheduling monitor computer
调度交换台 dispatch switchboard
调度交通 shunting traffic
调度绞车 car hauler; car spotting hoist
调度局 dispatch station
调度卡 dispatching card
调度科 traffic division
调度空驶里程 deadhead kilometers for dispatch
调度控制 dispatcher's control; dispatching control
调度控制表 dispatcher's control table
调度控制盘 traffic controller's board
调度控制图 dispatcher's chart
调度库容 operating storage
调度理论 scheduling theory
调度楼 control tower
调度命令 dispatcher's instruction; traffic dispatching[despatching] order; traffic order
调度命令和信息的传递 transmission of dispatching orders and information
调度模型 scheduling model
调度排队 dispatcher queue; scheduling queue
调度盘 controller's switching panel; control panel; dispatcher's supervision board; traffic panel
调度器 dispatcher; scheduler
调度区段 dispatcher controlled area; train control section
调度区域 dispatcher-controlled territory
调度曲线 operating rule curve; regulating diagram; regulation diagram
调度任务 scheduler task
调度日班计划 daily and shift traffic plans
调度日志 dispatcher's log
调度设备 calling equipment; control equipment; dispatching equipment
调度室 control building; controlling office; control room; despatch room; dispatcher's office; dispatcher's room; dispatching room; dispatching station; dispatch office; dispatch room; load-dispatching center[centre]; traffic controller's office
调度顺序 dispatching sequence
调度算法 dispatch algorithm; scheduling algorithm
调度所 commanding point; control center[centre]; dispatcher's office; dispatching point; dispatching station; traffic controller's office; traffic controlling box
调度所选叫通话设备 selective calling and talking set for dispatcher's office
调度所选叫通话箱 selective calling and talking set for dispatcher's office
调度台 control cab; control console; controller's switching panel; control panel; operating cab; ticket distributing position; traffic panel
调度通信[讯] dispatching communication
调度通信[讯]电路 conference circuit
调度通信[讯]规程 rule of dispatching communication
调度图 dispatching diagram; regulation diagram; rule curve
调度网络 dispatch network
调度维护 scheduled maintenance
调度文件 schedule file
调度问题 scheduling problem
调度系统 deployment system; dispatch system
调度信号图 dispatcher's signal chart
调度性能评估技术 schedule performance evaluation and review technique
调度延迟 dispatch delay
调度页面 paging
调度意图 scheduling intent
调度意向 scheduling intent
调度用户任务 scheduling user task
调度优先级 dispatching priority; scheduling priority
调度优先(权) dispatching priority; scheduling priority
调度员 controller; coordinator; dispatch clerk; dispatcher [despatcher]; dispatch operator; traffic controller; yardman【铁】
调度员的轨道模型图 dispatcher's track model
调度员集中计算机 operator's computer
调度员控制 dispatcher control
调度员控制的动力道岔 dispatcher-controlled power switch
调度员控制的信号机【铁】dispatcher-controlled signal
调度员控制台 dispatcher's console
调度员控制站 dispatcher-controlled station
调度员任务 dispatcher's task
调度员席位集中 dispatcher position consolidation
调度员用话筒 solid-back microphone
调度员用送话器 solid-back microphone
调度员与列车间的无线电话 dispatcher-to-train radio
调度员原语 dispatcher primitive
调度原则 operating policy
调度站 commanding point; control station; dispatching point; dispatching station; dispatch station; disposition station; shunting station【铁】
调度中心 control center[centre]; coordination center[centre]; despatching[dispatching] center [centre]; disposition center[centre]
调度周期 dispatching cycle
调度作业 schedule job
调换 substitute for; substitution; transpose; transposition
调换段 replacement section
调换房屋类型 occupancy change
调换零件 replacement item; replacement parts
调换数据地址 paddress
调换位置 change-over
调换项目 replacement item
调换债务 refunding bonds
调换钻头 changing of bit
调辉电路 intensity modulation circuit
调回 repatriate
调遣 dispatch; mobilization; redeploy
调遣费 mobilization cost
调遣期间 mobilization period
调遣时间 mobilization time
调入 call(ing); repatriate; tune in
调入地址 call address
调入管理程序 supervisor call
调入管理程序的中断 supervisor call interrupt
调入河流 receiving river
调入数据保存 call data save
调入数(字) call number
调入水 imported water
调入颜料 stir-in pigment
调入语句【计】call statement
调入指向码 call directing code
调入子程序【计】call-in subroutine
调入字 call word
调水 diverting water; water diversion; water transfer
调水工程 diversion project
调水渠 transfer canal
调水渠首工程 diversion headwork
调水线路 route of water transfer
调水油 soluble oil
调头 swing round; turn about; turn-

around; turning (around); U-turn; headend operation <车辆>
调头泊位 swing berth; turning berth
调头车站 station for dead-end operation
调头处 swing place; turning area; turning place
调头寸 make-up deficit
调头港池 swing(ing) basin; turning basin
调头机 upender
调头区 <船舶> swinging area; swinging space; turning area
调头区直径 turning diameter
调头设施 turn-back
调头时间 turnaround time
调头系缆墩 swing dolphin; turning dolphin
调头直径 swing diameter; turning diameter
调头转台 turnaround table
调位 positioning; position modulated
调位装置 rack work
调向 turn about
调向车道 turn lane
调向路头 turning bay
调研船 research ship; research vessel
调用 calling; invocation; invoke
调用变元 calling argument
调用程序 calling program(me); invoked procedure
调用程序段 calling segment
调用程序库 call library
调用(程序)块 invoking block
调用处理程序 calling processor
调用错误 call error
调用的重新编址 redirection of call
调用等待 call waiting
调用地址 call address
调用点 point of invocation
调用分程序 invoking block
调用跟踪 calling trace
调用过程 invoked procedure
调用过程的返回点 return point in calling procedure
调用号 call number
调用宏 call macro
调用建立 call establishment
调用结束码 end of calling code
调用解除 call release
调用命令 call instruction
调用请求 call request
调用释放 call release
调用数字 call number
调用水量 transferring water
调用序列 calling sequence
调用栈 call stack
调用栈帧 call frame
调用执行 call executive
调用指令 call instruction
调用转移 calling branch
调用装入 load on call
调用装置 setting device
调用子程序 call subroutine; subroutine call
调用字 call word
调运仓库 distributing shed; distribution shed
调运点 point distribution
调运费用 distribution cost
调运港 distribution harbo(u)r; distribution port
调运技术 distribution technique
调运设备 distribution facility
调运系统 distribution system
调子 tune

掉

掉边 edge peeling; loose edge; shelling border
掉弹子 steel ball lost
掉底 <玻璃制品缺陷> breaking off of base
掉电 ac dump; power fail
掉电恢复系统 power-fail recovery system
掉电缆 cable lost
掉电源中断程序 power-failure interrupt program(me)
掉顶 <隧洞等的> roof fall
掉刮刀片 drag piece lost
掉角 broken corner; corner damage
掉进 plunge
掉卡瓦牙 slip teeth lost
掉炉 drawing-off; loss of machine; loss of sheet; ribbon loss
掉抡 beat about
掉落物保护钢结构 <车辆或施工机械司机座位顶上的> falling object protection structure
掉落牙齿百分比 percent of wearing-out tooth
掉牌通报器 drop annunciator
掉皮 flaking; peeling off
掉抢 beat up; come about
掉入 drop in
掉砂 clamp-off; ramaway; ramoff; sand drop
掉头 reverse end for end; swing; turn round; U-turn
掉头半径 radius of swing
掉头飞跑 double back
掉头地 turning circle
掉头港池 manoeuvering basin; turning basin
掉头(开挖)法 reversed head method
掉头区 <船舶> maneuvering area; maneuvering basin; swinging room; swinging space; turning basin; turning berth
掉头时间 reversing time
掉头水域 manoeuvring(turning) area
掉头线 reversing line
掉头向风行船 lay to
掉牙轮 gear lost
掉闸 switching-off
掉闸电弧 breaking arc
掉转 avert
掉转航向 put about
掉转向风 haul to wind
掉字 dropping character

跌

跌倒 tumble
跌价 beat down; cheapen; decline in price; depreciate; depreciation; drop in price; falling price; sell off
跌价的 depreciated
跌价分析 analysis of price decline
跌价风险 risk of price decline
跌价总额 gross declination
跌开式熔断器 fuse-link with expulsion fuse
跌落 fall down; fall(ing)
跌落冲击试验 drop impact test
跌落电压 drop-off voltage
跌落高度 drop height
跌落急水槽 drop chute
跌落检查井 tumbling bay
跌落井 back drop; drop connection; drop manhole
跌落连接 drop connection
跌落式保险熔断丝 falling type safety fuse filament
跌落式检查井 drop manhole
跌落式进水口 drop inlet
跌落式进水口涵洞 drop-inlet culvert
跌落式溜槽 drop chute
跌落式排水管(道) flight sewer
跌落式污水(管)道 flight sewer
跌落式泄水闸 falling sluice
跌落式窨井 drop manhole
跌落式阴沟 flight sewer
跌落试验 drop test
跌落试验落高 drop height
跌落水面 breaking water level
跌落水头 breaking water level; fall head(of water)
跌落水位 breaking water level
跌落损失 loss of fall
跌落物 drippings
跌落窨井 tumbling bay
跌水 cataract; drop(water); fall(of water); free drop; free overfall; head fall; hydraulic drop; linn; plunge; river fall; velocity-breaking step; water drop; waterfall
跌水槽 chute
跌水池 plunge pool
跌水陡槽 drop chute
跌水段 drop-down section
跌水构筑物 drop structure
跌水检查井 back drop; drop connection
跌水建筑物 drop structure; grade reducer <渠道上的>
跌水进口 drop inlet
跌水进口涵洞式土坝 drop-inlet dam
跌水进口式土坝 <溢洪管埋在坝中和坝下> drop-inlet dam
跌水井 drop manhole; drop pit; drop well
跌水井竖管 back drop; sewer chimney
跌水坑 drop pit; plunge pool
跌水曝气 water-dropping aeration; waterfall aeration
跌水曝气器 waterfall aerator
跌水曝气生物接触氧化工艺 water-dropping aerating-bio-contact oxidation process
跌水墙 drop wall
跌水侵蚀 waterfall erosion
跌水情况 tumbling regime
跌水曲线 drawdown curve
跌水设施 water drop facility
跌水射流冲刷 plunging jet scour
跌水式 cascade
跌水式进水口 <有截泥井的进水口> drop inlet
跌水式窨井 drop manhole
跌水式溢洪道 drop spillway; stepped spillway
跌水竖井 drop shaft
跌水水头 drop water head
跌水损失 outfall loss
跌水台阶 water drop step
跌水潭 plunge pond; plunge pool; plunge basin
跌水系数 drop number
跌水线 fall line
跌水消能 drop energy dissipation
跌水消能工 drop energy dissipator
跌水窨井 drop manhole; tumbling bay junction
跌塘式鱼道 stepped-pool fish pass
跌停板 <交易所> limit down

迭

迭弛法 relaxation method
迭弛技术 relaxation technique
迭次沉积 recurrent deposition
迭代逼近法 iterative approximation
迭代布局算法 <印制板、集成电路设计用的> iterative placement algorithm
迭代操作 iterative operation
迭代插值法 iterated interpolation method
迭代程序 iterative procedure; iterative program(me); iterative routine
迭代程序设计 iterative programming
迭代除法 iterative division
迭代次数 degree of iteration; number of iteration
迭代的 iterative
迭代电路 iterative circuit
迭代对策 iterated game
迭代法 escalator method; iteration (algorithm); iteration method; iteration process; iterative algorithm; iterative procedure; process of iteration; repetitive process
迭代法计算 calculation by iteration
迭代法求解 solution by iterative method
迭代反复 iterative repetition
迭代方法 alternative manner; iterative procedure
迭代非线性估计 iterative nonlinear estimation
迭代过程 iteration process; iterative procedure; iterative process
迭代函数 iterated function; iteration function
迭代积分 iterative integral
迭代计算 iterative calculation; iterative computation
迭代计算法 iterative calculation method; iterative computing method
迭代计算机 iterative computing method
迭代技术 <有限元计算法之一> iterative technique
迭代加法 iterative addition
迭代渐近法 iterative method
迭代结构 iterative structure
迭代解 iterative solution
迭代进化 iterative evolution
迭代矩阵环境影响评价法 alternate-matrix of environmental impact assessment
迭代例行程序 iterative routine
迭代模拟计算机 iterative analog computer
迭代内插值法 iterate-interpolation method
迭代平衡 iterative balance
迭代设计 iterative design
迭代声呐 iterative sonar
迭代时序 iterative sequence
迭代实位置 iterative reallocation
迭代搜索法 iterative search method
迭代算法 iterated algorithm; iterative technique
迭代循环 iterative loop
迭代因子 iteration factor; iterative factor; repetition factor
迭代隐式法 iterative implicit method
迭代优势法 iterative dominance
迭代语句 iterative statement
迭代噪声 iterative noise
迭代阵列 iterative array
迭代值 iterated value
迭代自组逐步聚类 iterative automatic stepwise cluster
迭代最小二乘法 iterative least square method
迭代最优法 iterative optimizing technique
迭代最优化 iterative optimization
迭对数 iterated logarithm
迭对数定律 law of iterated logarithm
迭盖铠装电缆 closed armo(u)ring cable
迭更 intersperse
迭合 congruence[congruency]

迭合结构 iterative structure
迭合梁 compound beam
迭后反演测井剖面 inverse logging section after stack
迭后反褶积 deconvolution after stack
迭后滤波处理 filtering process after stack
迭后振幅处理 amplitude process after stack
迭积分 iterated integral
迭级数 iterated series
迭加插值法 iterated interpolation method
迭加场 superposed field
迭减行距瓦层 graduated course
迭接的 iterative
迭聚体 lamina body
迭前 G-log 处理 prestack G-log processing
迭前反褶积 prestack deconvolution
迭赛尔脱盐法 Desal process
迭生层控矿床 superimposed strata bound deposit
迭生矿床 multicycle ore deposit; superimposed mineral deposit
迭生循环 iterative loop
迭生作用 telescoping
迭线图 iterated line graph
迭褶 cascade fold
迭重力异常 superposition gravity anomaly
迭锥 cone-in-cone

堞墙 castellated parapet

堞形接缝 castellated joint
堞形抗剪销 shear castellation
堞形梁 castellated beam
堞形物 castle
堞眼 machicolation
堞眼形 machicolated form

叠板 double plate; mill pack

叠板堆垛吊车 piling crane
叠板翻转机 pack tilting device
叠板刮路机 lap drag; slicker
叠板刮土机 lap plank drag
叠板焊 stack-welding
叠板簧 laminated leaf-spring; spring lamination
叠板机 palletizing machine
叠板加热炉 pack heating furnace
叠板梁 plated beam
叠板路刮 lap drag
叠板片簧 plate of a laminated spring
叠板切割 stack cutting
叠板热轧机 hot-pack mill
叠板式弹簧 laminated spring
叠板式弹簧钢板 laminated spring
叠板式喂料机 laminated feeder
叠板弹簧 bow-type spring; half elliptic(al) spring; leaf of(a laminated) spring; semi-elliptic(al) spring
叠板弹簧悬挂吊 laminated suspension spring
叠板卸垛吊车 de-piling crane
叠板轧机 pack mill
叠板轧制 pack-rolling; rolling in pack form
叠包机 bag reloading machine; palletizer
叠边机 edge folder
叠标 <导航用> transit mark; leading mark; range beacon; range mark; transit beacon
叠标导航线 leading line
叠标灯 range light
叠标方位 range bearing; transit bearing
叠标敏感度 sensitivity of a range
叠标线 range line
叠冰 rafted ice; telescoped ice
叠槽式装置 stacked tank system
叠层 callenia; lamina [复 laminae/laminas]; laminate; laminating; overlay; stromatolite; superincumbent bed; stack
叠层安全玻璃 laminated safety glass
叠层板 laminated board; laminated plate
叠层板橡胶支座 laminated rubber bearing
叠层玻璃 laminated glass
叠层玻璃布 interlayer of spun glass
叠层玻璃的油灰 putty for laminated glass
叠层玻璃纸 laminated glassing paper
叠层薄板屋面 lamella roof
叠层薄垫 laminated shim
叠层薄垫片 laminated shim
叠层薄壳屋顶 laminated shell roof
叠层薄膜 laminating film
叠层薄片 laminated shim
叠层产品 laminated products
叠层磁轭 laminated yoke
叠层磁铁 laminated magnet
叠层的 laminated; stromatolitic
叠层的网格梁 laminated lattice girder
叠层地板 laminated floor
叠层电池 laminated cell
叠层电容器 stacked capacitor
叠层垫 lamella mat
叠层垫片 laminated shim
叠层方式 stacked system
叠层防水织物 laminated water-proof fabric
叠层覆盖物 laminated overlay
叠层盖板 laminated cover(ing)
叠层钢索 sandwich cable
叠层格构梁 laminated lattice girder
叠层隔热板 laminated insulating slab
叠层隔热玻璃 laminated insulating glass
叠层隔声板 laminated insulating slab
叠层弓弦桁架 laminated bowstring truss
叠层拱 lamella arch; laminated arch
叠层构件 laminated member
叠层构造 lamella construction; laminated construction; laminating composition; multiply construction; stromatolitic structure
叠层焊接 multipass welding
叠层桁架 lamella truss; laminated truss
叠层混合岩 stromatite; stromatolith(e)
叠层集成电路 stacked integrated circuit
叠层结构 lamellar structure; laminated construction; laminated structure; laminated system
叠层聚氯乙烯覆盖 laminated polyvinyl chloride cover(ing)
叠层绝缘 laminated insulation
叠层绝缘板 laminated insulating board; laminated insulating sheet; laminate insulating board
叠层框架 laminated frame
叠层肋 laminated rib
叠层梁 laminated beam; sandwich beam
叠层滤片层地板 laminated filter
叠层煤 laminated coal
叠层门架 laminated portal frame
叠层面 stromatolith(e)
叠层模板 laminated formwork board; laminated shuttering board
叠层模壳板 laminated shuttering board
叠层木板 laminated wood
叠层木材 laminated timber; lamiwood
叠层木桁架 laminated timber truss
叠层木滑道 laminwood slide track
叠层黏[粘]合剂 plying cement
叠层黏[粘]接剂 plying cement
叠层黏[粘]结剂 plying cement
叠层盘 laminated disc
叠层坯料 blanket
叠层片材 laminating sheeting
叠层片组件 stack assembly
叠层砌法 stack(ed) bond
叠层嵌接 tabled joint
叠层墙构件 laminated wall component
叠层三聚氰胺树脂板 laminated melamine resin board
叠层栅 stack gate
叠层石 stromatolite
叠层石白云岩 stromatolitic dolomite
叠层石膏板 laminated paperboard; laminated plaster board
叠层石灰 laminated lime
叠层石灰岩 laminated limestone; stromatolitic limestone
叠层石磷块岩 stromatolitic phosphorite
叠层式干电池 layer-built dry cell
叠层式滤器 laminated filter
叠层式屋顶 lamella(r) roof
叠层式屋顶 lamellar roof
叠层刷型开关 laminated-brush switch
叠层顺序 stacking sequence
叠层塑料板 laminated plastic board
叠层弹簧 laminated spring
叠层体系 laminated system
叠层天线 <由许多层金属和介电材料组成的超短波天线> laminated antenna
叠层网格 lamella grid
叠层网络 lamella network
叠层屋顶 lamellar roof; laminated roof
叠层屋顶结构 lamella(r) roof structure
叠层屋架 lamellar truss; lamella truss
叠层屋面卷材 laminated fabric
叠层纤维壁板 laminated fiber[fibre] wallboard
叠层线圈 band wound coil
叠层镶板 laminated panel
叠层橡胶隔震 multilayered rubber isolation
叠层洋铁 laminated tin
叠层油毡屋面 built-up roof(ing)
叠层云 duplicatus cloud
叠层轧光机 cloth mellowing machine
叠层织物 laminated fabric
叠层纸 duplex paper
叠层制品 laminated article
叠层柱列 super-columniation
叠层装饰玻璃 case(d) glass
叠层状 lamination
叠层组件 stack assembly
叠差 dislocation
叠弛渐近法 relaxation method
叠次求和 repeated summation
叠代法 cut-and-try method
叠代法计算 calculation by iteration
叠代过程 iteration procedure
叠代号 iteration number
叠代机制 iteration mechanism
叠代渐近法 method of iteration
叠氮撑化合物 azimino compound
叠氮化钡 barium azide
叠氮化碘 iodazide
叠氮化合物 azido compound; triazocompound
叠氮化氯 chlorazide
叠氮化钠 sodium azide
叠氮化铅 lead azide
叠氮化铅铅雷管 lead azide alumin(i)um detonator
叠氮化氢 azoimide
叠氮化四甲基铵 tetramethyl ammonium azide
叠氮化物 azide; hydrazoates; trinitride
叠氮硫酰染料 azidosulfonyl dyes
叠氮镁 magnesium azide
叠氮铅 lead azide
叠氮染料 azidine dye
叠氮酸 azoimide; diazoimide; hydrazoic acid; hydronitric acid
叠捣 stack cast
叠灯标 range light(tower)
叠灯塔 range light tower
叠灯柱 range light column; range light post
叠叠组织 pile weave
叠斗 lap of bucket trace
叠断层 multiple faults
叠对数定律 law of double logarithm
叠放 decking; nest
叠放程序码存储器 overlay code memory
叠放数据存储器 overlay data memory
叠缝滚压机 seam roller
叠缝阴极 lap seam cathode
叠缝装置 lapped seam attachment
叠复律 law of superposition
叠覆 overlap
叠覆的 superimposed; superposed
叠覆构造 imbricated structure
叠覆律 law of superposition
叠覆扇沉积 multiple fan deposit
叠覆扇舌沉积 multiple lobe deposit
叠覆系数 coefficient of overlap
叠覆原理 principle of superposition
叠覆装饰 imbricated ornament
叠缸式复涨机车 Vauclain compound locomotive
叠钢板分离机 sheet pack separator
叠钢皮 sheet pack
叠钢片绝缘 lamination insulation
叠钩 sister hooks
叠谷 valley-in-valley
叠谷构造【地】valley-in-valley structure
叠函数 function of function
叠焊(法) stitch welding
叠合 folding; lamination; congruence【数】
叠合板 laminated wood; sandwich panel; laminated slab
叠合大梁 compound girder
叠合的 superimposed
叠合点 congruent point
叠合法 method of superposition; superposition method
叠合反应 building-up reaction
叠合分析 overlay analysis
叠合滑动门 <装在鱼道入口处的> telescopic(al) gate
叠合滑动鱼道入口门 <大坝的> telescopic(al) gate
叠合汇流排 tier bus
叠合结构 composite structure
叠合快门 capping shutter
叠合肋 built-up rib
叠合梁 built-up beam; composite beam; composite girder; compound girder; keyed beam
叠合梁桥 composite girder bridge
叠合楼面 <以环氧树脂为底的> deco-polymer flooring
叠合率 folding ratio
叠合面板 precast form deck; cast in

place composite deck
叠合铅皮 laminated lead sheet
叠合式转子 laminated rotor
叠合塑料板 laminated plastic veneer
叠合图形 congruent figures
叠合纤维板 laminated fiber[fibre] wallboard
叠合线段 congruent segment
叠合相关 coincidental correlation
叠合效应 coincidence effect
叠合油料 linseed oil stand oil
叠合原理 superposition
叠合纸板 laminated paperboard; paper laminate
叠合柱 ringed column
叠合装置 poly-unit
叠核 iterated kernel
叠桁式拱架 double-layer-truss centering[centring]
叠后偏移 post-stack migration
叠化 <电影、电视的> dissolve
叠积分 repeated integral
叠积作用 upgrading
叠基化合物 triazo-compound
叠级方尖塔 ziggurat
叠加 nestification; overlay; overprinting; push-down (stack); repeated addition; stack; superimpose; superimposing; superimposition; superpose; supraposition; push-down【计】
叠加比热 superposition specific heat
叠加变质作用 superimposed metamorphism
叠加层 superimposed layer
叠加场 superimposed field
叠加磁化 superposed magnetization
叠加磁异常 overlapping magnetic anomaly
叠加带 stack tape
叠加道数 stacked traces number
叠加道序号 sequence number of stacked trace
叠加的 overlying; overprint; superimposed; superposed
叠加电流 superimposed current
叠加电路 supercircuit; superimposed circuit
叠加电容 overlap capacitance
叠加定理 law of superposition; superposition theorem; theorem of superperposition
叠加定律 additivity law; law of superimposition; summation law; superimposed law
叠加法 additive method; method of superposition; overlay method; overlay method; stacking method; superposition method
叠加法则 superposition law
叠加峰 superposed peak
叠加公里 axiom of superposition
叠加构造 superposition structure
叠加轨道电路 overlap track circuit
叠加荷载 superimposed load(ing)
叠加画面 overlay drafting
叠加画图 overlay drawing
叠加积分 superposition integral
叠加技术 superimposing technique
叠加加色法三基色 additive trichromy by superposition
叠加胶束 admicelle
叠加解 superposition solution
叠加净荷载 superimposed dead load
叠加馈电 overlay feed
叠加理论 superposition theory
叠加链接 iterated concatenation
叠加流体 superposed fluid
叠加码 iterated code
叠加偏移 stack migration
叠加溶解作用 adsolubilization
叠加式单向阀 stacked unidirectional valve
叠加式单向节流阀 stacked double directional throttle valve; stacked unidirectional throttle valve
叠加死荷载 superposed dead load
叠加速度 stacking velocity
叠加图像 superimposed imagery
叠加误差 cumulative error; systematic error
叠加效应 additive effect; superimposed effect; synergistic effect
叠加信号 superposed; superposition
叠加性 additivity
叠加应变 superimposed strains
叠加应力 super-coated stress
叠加原理 law of superposition; principle of superposition; superposition principle; theorem of superposition
叠加载波电路 superimposed carrier circuit
叠加褶皱 cross-fold(ing); overprinting fold; superimposed fold; superposed fold
叠加振荡 superimposed oscillation
叠加振铃 superimposed ringing; superposed ringing
叠加自动机 push-down automaton
叠加组合体 accumulated assembly
叠加作用 additive action; additive effect; superposition
叠家具 stacking furniture
叠架床 bunk bed
叠架捆货法 pack and bale
叠架起重机 stacker crane
叠架系统 stackable system
叠架制 stackable system
叠接 lap(joint); splice(d)
叠接电焊 spliced pole
叠接杆 spliced pole; splicing pole
叠接钢轨 overlapping rail
叠接角缝 <木工> laminated joint
叠接列板 clinker
叠接时间 <黏[粘]接的> closed assembly time
叠接式构造法 clinker built
叠接纸袋卷盘 reel of overlapping sacks
叠锯 chain saw
叠卡机 card stacker
叠卡机构 stacking mechanism
叠卡片机 card stacker
叠卡器 card stacker; stacker
叠开门 <上下两半分别开关的门> stable door
叠框 crib
叠框式岸墩 log-crib abutment
叠垒 nest
叠垒式洪积扇 superimposed pluvial fan
叠梁 drop bar; sluice timber; stoplag; stop log
叠梁坝 needle dam
叠梁槽 recess for stop log; stop-log guide; stop-log recess; stop log slot
叠梁存放处 stop-log storage site
叠梁吊装起重机 stop-log handling equipment
叠梁吊装设备 stop-log hoisting equipment
叠梁门槽 stop-log groove
叠梁堰 needle weir; stop-log weir
叠梁闸板 stop-log plate; timber stop
叠梁闸门 flashboard; log stop; stop log(gate)
叠梁闸门槽 stop-log gate slot; stop-log groove
叠梁闸门吊车 crane for placing stop logs
叠梁闸门墩 stop log bulkhead
叠梁闸门启闭机 crane for placing stop logs
叠梁闸门起门机 crane for placing stop logs
叠梁闸门堰 stop-log weir
叠磷硅钙石 nagelschmidtite
叠流 superimposed flow
叠镁硫镍矿 haapalaite
叠木 cribling
叠木坝 bearer-type timber dam
叠木垛墩 crib pier
叠木柜 cribwork
叠木块 crib block
叠木框 crib(bing); cribwork
叠木框架 basket crib
叠木框组件 crib member
叠木笼 open crib; timber crib
叠木石笼 rock-fill timber crib
叠木填石式 rock-filled crib type
叠木铁芯 laminated core
叠木围堰 crib cofferdam
叠木支座 crib pier
叠内拱 recessed arch
叠黏[粘]木大梁 laminated girder
叠黏[粘]木曲梁 laminated curved beam
叠片 lamination; stack
叠片触点 laminated contact
叠片瓷介电容器 stacked ceramic capacitor
叠片磁轭 laminated yoke
叠片磁极 laminated pole
叠片磁铁 laminated magnet
叠片磁芯 core stack; laminated core
叠片导体 laminated conductor
叠片电枢 laminated armature
叠片电枢导体 laminated armature conductor
叠片电刷 laminated brush
叠片定子骨架 laminated frame
叠片极 laminated pole
叠片极靴 laminated pole-shoe
叠片绝缘 laminated insulation
叠片链 laminated chain
叠片纱布 gauze sponge
叠片式整流器 embedded rectifier
叠片式转子 laminated rotor
叠片刷触点开关 laminated-brush switch
叠片铁芯 laminated(iron) core
叠片铁氧体存储器 laminated ferrite memory
叠片芯子 laminated core
叠片型硒整流器 selenium stack type rectifier
叠片转动式滤油器 cuno(oil) filter
叠片组合件 stack of laminations
叠片组件 stack assembly; stacked wafer module
叠平 stack flat
叠铺法 overlay technique
叠前部分偏移 prestack partial migration
叠前倾角滤波 prestack dip-filter
叠嵌接 tabled scarf
叠嵌接合 tabled scarf joint
叠嵌接头 tabled scarf joint
叠绕 lap wound
叠绕电枢 lap wound armature
叠绕法 lap winding
叠绕线圈 bank(ed) winding(coil); bankwound coil
叠绕组 lap coil winding; lap winding
叠涩【建】corbel; corbelling; hanging over
叠涩拱 corbelled arch
叠涩砌法 corbelled coursing; corbelling
叠山 piling of rockeries
叠栅结构【地】stacked gate structure
叠上 superimpose; superpose; superposition
叠上坐标网 superimposed grid
叠生成因 diplogenesis
叠生的 diplogentic; storied; superposed
叠生分子 storied element
叠生构造 storied structure
叠生矿床 multiple ore deposit
叠生木栓 storied cork
叠生形成层 storied cambium; stratified cambium
叠生芽 superposed bud
叠生叶 overlapping leaves
叠生叶状体 stratified thallus
叠石 piling and layout of stones; stone laying
叠石庭园 stone garden
叠石筑堤工 sliced blockwork
叠式存储器 push-down storage; stac(er); push-down stack
叠式搭接焊缝管 lap welded tube
叠式焊接 lap weld(ing)
叠式卷绕 lap winding
叠式绝缘带 intercalated tapes
叠式立柜 chest-on-chest
叠式铆接 lap(ping) riveting
叠式施工 stacked job
叠式弹簧钢板 laminated spring
叠式图表 stacked graph
叠式退火 pack annealing
叠式组件 stacked wafer module
叠缩 telescoping
叠缩式连接 <指巨龙式无轨电车或公共汽车前后两节车厢的连接部分> concertina connection
叠套环状的 circular in circular
叠图 overlapping maps
叠瓦 imbricate
叠瓦断层 imbricated fault
叠瓦断层带 imbricated fault zone
叠瓦构造【地】decken structure; imbricated structure; schuppen structure; shingle structure; decked structure
叠瓦黏[粘]土 argille scagliose
叠瓦三角洲 imbricating delta
叠瓦式冲断层 imbricate thrusts
叠瓦屋顶 imbricated roof
叠瓦状 imbricate
叠瓦状断层 imbricate fault
叠瓦状构造 imbricate structure
叠瓦状结构 imbricated texture
叠瓦状矿脉 imbricate veins
叠瓦作用 shingling; imbrication【地】
叠箱浇注 stack pouring
叠箱造型法 booking
叠箱造型机 stack mo(u)lding machine
叠箱铸模 stack mo(u)ld
叠箱铸型 book mo(u)ld(ing); multiple mo(u)ld(ing); stack casting
叠箱铸造 cluster casting
叠像 foldover
叠像畸变 foldover distortion
叠压板 clad laminate
叠压机 press
叠岩床 multiple laccolith
叠印 overprint; superimposition; surprint
叠印的底色 underpainting
叠印效果 trapping
叠影 foldover; ghost image; ghosts; multiple image
叠影式摄影机 view camera
叠晕染法 colo(u)r-gradation technique
叠载 surcharge
叠轧 pair(ing); ply rolling
叠轧板材 mill pack

叠轧薄板 pack-rolled sheet
叠轧的 pack-rolled
叠轧钢板 pack-rolled sheet
叠轧钢板板材 mill pack
叠轧铁板 double double iron sheet
叠褶＜重力滑曲褶皱＞ cascade fold
叠针装置＜凿岩机＞ steel handling device
叠置 overriding; superimposition; superpose; superposition
叠置滨线 contraposed shoreline
叠置冰 superimposed ice
叠置波 superimposed wave
叠置波痕 compound ripple mark; superposed ripple mark
叠置次序 block sequence
叠置地层 superimposed stratum
叠置电路 superimposed circuit
叠置法 method of superposition; superposition method
叠置谷地 superimposed valley
叠置海岸 contraposed coast
叠置海岸线 contraposed coastline; contraposed shoreline
叠置焊道 beading bead
叠置焊上焊道 beading
叠置河(流) epigenetic river; superimposed stream; superinduced stream; superposed stream
叠置模片 superimposed template
叠置片 overlay; oversheet
叠置片法 overlay method; superimposed method
叠置全息图 superimposed hologram
叠置沙垄 imbricated dune
叠置沙丘 imbricated dune
叠置舢板 nested boats; spoon fashion
叠置扇 superimposed fan
叠置式多缸汽轮机 vertical compound turbine
叠置式汽轮机 steeple-compound turbine
叠置水系 epigenetic drainage; superimposed drainage; superposed drainage
叠置顺向 superposed consequent system
叠置图 superposed graph
叠置桩 overlapping pile
叠珠焊缝 bead(ing) weld(ing)
叠柱 superimposed orders
叠装 stack mounting
叠装集装箱车 double stack(ed) container car
叠装时间＜黏[粘]接的＞ closed assembly time
叠锥【地】cone-in-cone
叠锥构造 cone-in-cone structure

碟阀 disc valve

碟轮平面磨床 disk surface grinder
碟式 dished design
碟式测绘仪 disc-clinometer
碟式流限仪 Cassagrande liquid limit apparatus
碟式曝气 dish aeration
碟式曝气器 dish aerator
碟式刷洗机 disk brushing machine
碟式液限仪 Cassagrande disc; dish type liquid limit machine
碟式仪液限试验 Cassagrande(disc) liquid limit method
碟式圆锯 concave circular saw; concave saw
碟式真空吸滤机 dish vacuum filter
碟刷 dish brush
碟形 phialiform
碟形扒渣器 dish skimmer
碟形板 dish plate
碟形半径 crown radius
碟形边 skirt plate; lip plate＜座环的＞
碟形沉降 bowl-shaped settlement
碟形弹簧 Belleville spring; disc[disk] spring; spring disc[disk]
碟形底板式锅炉 dished end plate boiler
碟形底盖 disked bottom
碟形地面 flooring dish
碟形垫圈 saucer washer
碟形端板 dished end
碟形多孔板 dished perforated plate
碟形阀 poppet valve
碟形封头 dished end; disked bottom; disked closure; torispheric(al) head
碟形覆板 cup escutcheon
碟形钢板 dished steel plate
碟形管板 dish tubesheet
碟形环形山 saucer crater
碟形铰链 butterfly hinge
碟形坑 dish-shaped depression
碟形潜水器 diving saucer
碟形墙拉结筋 butterfly wall tie
碟形穹顶 saucer-shaped dome
碟形穹隆的顶窗 domed roof-light
碟形曲面的超高弯道 dished turn
碟形撒布轮 dished spinner
碟形砂轮 dish emery wheel; dish type grinding wheel; dish wheel disc wheel; saucer(-shaped) wheel
碟形天线 dish
碟形洼地 pod
碟形屋顶 saucer-shaped dome
碟形橡胶防舷材 circle type rubber fender
碟形压机 dishing press
碟形圆盘 dished disk
碟形贮槽 dished tank
碟形钻头凿岩机 plate-shaped drill
碟柱构造 dish and pillar structure
碟状沉陷 dishing settlement
碟状构造 dish structure
碟状坑 saucer-shaped pit
碟状流痕 saucer-like flow mark
碟状密封圆盘 saucer-type disc sealer
碟状体的 acetabular
碟锥形弹簧 cone disc spring

蝶鞍 sella turcica

蝶鞍内的 intrasellar
蝶鞍上的 suprasellar
蝶点 sphenion
蝶顶指数 sphenoparietal index
蝶阀 butterfly damper; butterfly gate; butterfly valve
蝶粉花 butterfly flower
蝶骨 sphenoid bone
蝶骨的 sphenoid
蝶铰 cardinal
蝶铰韧带 hinge ligament
蝶铰线 hinge line
蝶筛骨 sphenethmoid
蝶筛隐窝 recessus sphenoethmoidalis
蝶式铰链 butterfly hinge
蝶式孔型轧制法 bending up method
蝶式离心机 De Laval centrifuge
蝶式螺帽 fly screw nut
蝶式棉块 butterfly
蝶式调谐器 butterfly tuner
蝶式谐振器 butterfly resonator
蝶形 butterfly
蝶形板 butterfly
蝶形瓣 butterfly civilization; butterfly clack
蝶形闸板 butterfly damper
蝶形船闸进水阀 butterfly-type of lock valve
蝶形的 castellated
蝶形电路 butterfly circuit
蝶形电路式频率计 butterfly circuit type frequency meter
蝶形电容器 butterfly capacitor
蝶形阀(门) butterfly damper; butterfly valve
蝶形阀罩子 butterfly valve body
蝶形风门 butterfly throttle
蝶形合页 butterfly hinge
蝶形花冠 papilionaceous corolla
蝶形花幻灯片 slide of papilionaceous flower
蝶形混合器 butterfly mixer
蝶形活门 butterfly civilization; butterfly clack
蝶形加固件 butterfly reinforcement
蝶形铰链 butterfly hinge
蝶形搅拌器 butterfly agitator; butterfly mixer
蝶形接缝 butterfly seam
蝶形节流阀 butterfly throttle(valve); butterfly throttling valve; throttling butterfly valve
蝶形孔型系统设计 flared flange method
蝶形孔型轧制法 bending method; butterfly method
蝶形扣件 butterfly fastener
蝶形立交 cloverleaf grade separation; cloverleaf interchange; cloverleaf intersection
蝶形龙头 butterfly cock
蝶形孪晶 butterfly twin
蝶形螺钉 wing screw; thumbscrew
蝶形螺帽 butterfly nut; thumb nut; wing nut
蝶形螺母 butterfly nut; castellated screw nut; castle nut; fly nut; hand nut; thumb nut; wing nut
蝶形螺塞 plug thumb screw
蝶形螺栓 butterfly bolt; wing bolt
蝶形螺(丝)钉 butterfly screw; thumb screw
蝶形木楔 butterfly wedge
蝶形坡地板 bowled floor
蝶形气流调节器 butterfly damper
蝶形桥梁护栏 castellated bridge parapet
蝶形穹顶 saucer dome
蝶形纱锭 butterfly spindle
蝶形双晶 butterfly twin
蝶形双悬臂壳体 twin cantilever shell
蝶形弹簧 butterfly spring
蝶形弹簧垫圈 saucer washer
蝶形调风阀 butterfly-type damper
蝶形调谐式频率计 butterfly tuner type frequency meter
蝶形头螺钉 fly-headed screw
蝶形尾部 butterfly tail
蝶形屋顶 butterfly(shaped) roof; double lean-to roof; V-roof
蝶形物 butterfly
蝶形系墙铁 butterfly wall tie
蝶形楔 butterfly wedge
蝶形旋塞 butterfly cock
蝶形闸门 butterfly gate
蝶形闸门坝 butterfly dam
蝶形折叠桌 butterfly table
蝶形振荡器 butterfly oscillator
蝶形装置 butterfly
蝶形自闭阀 butterfly self-close[closing] damper
蝶形自闭门 butterfly self-close[closing] damper
蝶形自闭闸门 butterfly self-closing gate
蝶性螺母 lamb
蝶岩裂 fissura sphenopetrosa
蝶闸坝 butterfly dam
蝶枕缝 spheno-occipital suture
蝶状地图投影 butterfly map projection

丁氨 butanamine

丁氨二酸 aspartic acid
丁胺 butylamine
丁坝 bankhead; cross dyke; croy; groin(e); groyne; pier dam; spur (dam); spur dike[dyke]; spur jetty; T-dike [dyke]; transverse dike [dyke]; wing dam; wing dike[dyke]; wing levee
丁坝坝体 groin body
丁坝坝田 groin field
丁坝坝头 groin[groyne] head; head of groin[groyne]; head of spur-dike [dyke]
丁坝长度 groyne length
丁坝场 groin field; groyne field
丁坝的横向分枝 spurs of groyne
丁坝的上游面 updrift side of groin
丁坝顶部 groyne crest
丁坝端部 nose of groin[groyne]
丁坝端坡 groin end slope
丁坝端头 head of groin[groyne]
丁坝方向 direction of groin[groyne]
丁坝防波堤间水区 basin of groin
丁坝高度 groyne height
丁坝根部 groin[groyne] root; root of groin[groyne]
丁坝工程 groin[groyne] engineering; groin[groyne] work
丁坝间坝田 basin of the groin
丁坝间距 distance between groin; groin[groyne] spacing; spacer of groin; spacing of groin; dike spacing; spacing of spur dike
丁坝间水区 basin of groin; groin [groyne] basin
丁坝脚 groin[groyne] root
丁坝接岸段 land end of groyne; root end of groyne
丁坝前端 nose of groin
丁坝取向 orientation of groin
丁坝群 groin system
丁坝群的末端丁坝 terminal groyne
丁坝设施 groin works
丁坝田 groyne field
丁坝填筑 filling for groin[groyne]
丁坝头 groyne head
丁坝头部坡度 end slope of groin[groyne]
丁坝系统 groin system
丁坝壅水高度 height of dammed water due to spur dike[dyke]
丁坝整治 groin training
丁坝纵剖面 groyne profile
丁坝纵向轮廓线 groyne profile
丁苯 butylbenzene; tetraphene
丁苯 S3 橡胶 buna-S3
丁苯吡橡胶 butadiene-styrene-vinyl pyridine rubber
丁苯碘胺 bufeniode
丁苯共聚物 butadiene-styrene copolymer
丁苯柳胺 butylphenamide
丁苯那嗪 tetrabenazine
丁苯羟酸 bufexamac
丁苯乳胶 butadiene-styrene latex
丁苯树脂乳液 styrene-butadiene resin emulsion
丁苯树脂涂料 styrene-butadiene resin coating
丁苯涂层 styrene-butadiene coating
丁苯涂料 styrene-butadiene coating
丁苯橡胶 buna rubber; buna-S; butadiene-styrene rubber
丁苯橡胶改性沥青 styrene-butadiene

rubber modified asphalt
丁苯橡胶密封膏 styrene-butadiene rubber sealant
丁苯橡胶乳胶 styrene-butadiene rubber latex
丁苯乙烯涂层 styrene-butadiene coating
丁苯唑酸 bufezolac
丁吡橡胶 butadiene-vinyl-pyridine rubber
丁边砌法 orthostat
丁槽活塞 T-slot piston
丁草胺 butachlor
丁层 D-horizon
丁撑氧 butylene oxide; tetrahydrofuran
丁醇 butanol; butyl alcohol
丁醇醚化脲醛树脂 butylated urea resin
丁醇醚化羟甲基三聚氰胺 butylated methyl melamine
丁醇醚化三聚氰胺 butylated melamine
丁醇醚化三聚氰胺甲醛树脂 butylated melamine-formaldehyde resin
丁醇醚化三聚氰胺树脂 butyl etherified melamine resin
丁醇醚化树脂 butoxy resin; butylated resin
丁醇钠 sodium butoxide
丁醇细菌 butyl alcohol bacteria
丁达尔现象 Tyndall phenomenon
丁达尔效应 Tyndall effect
丁当声 <金属、玻璃等的> clink
丁堤 spur
丁碘桂酸 bunamiodyl
丁二胺 butane diamine; dibutyl amine
丁二醇 butanediol; butylene glycol; tetramethylene glycol
丁二醇单苄醚 benzyl cellosolve
丁二环氧树脂 butadiene epoxy resin
丁二腈 butanedinitrile
丁二醛 butanedial; succindialdehyde; succinic aldehyde
丁二炔 butadiyne
丁二酸 butane (dioic) acid; succinic acid
丁二酸-2 succinic acid 2
丁二酸二甲酯 dimethyl succinate
丁二酸二乙酯 diethyl succinate
丁二酸二(异)辛酯磺酸钠 dioctyl sodium sulphosuccinate
丁二酸酐 succinic anhydride
丁二酸镉 <杀菌剂> cadminate
丁二酸环己烷二甲醇酯 cyclohexane dimethanol succinate
丁二酸钾 potassium succinate
丁二酸钠 sodium succinate
丁二酸氢盐 bisuccinate
丁二酸盐 succinate
丁二酸乙酯 ethyl succinate
丁二酸酯 succinate
丁二酮 butanedione; dimethyl diketone
丁二酮肟 diacetyldioxime; dimethyl glyoxime
丁二酮肟分光光度法 diacetyldioxime spectrophotometry; dimethyl glyoxime spectrophotometry
丁二肟 butanedioxime
丁二烯 bivinyl (vinylethylene); butadiene <制造人造橡胶的气体>
丁二烯苯乙烯共聚物 styrene copolymer
丁二烯苯乙烯合成橡胶 butadiene-styrene synthetic rubber
丁二烯苯乙烯胶乳 butadiene-styrene latex
丁二烯苯乙烯乳胶 styrene latex
丁二烯苯乙烯橡胶 butadiene-styrene rubber
丁二烯丙烯腈共聚物 butadiene-acrylonitrile copolymer
丁二烯丙烯腈共聚橡胶 nitrile-butadiene rubber
丁二烯丙烯腈橡胶 butadiene-acrylonitrile rubber
丁二烯二聚物 butadiene dimer
丁二烯胶乳 butadiene latex
丁二烯聚合物 butadiene polymer
丁二烯钠(聚)橡胶 buna
丁二烯橡胶 butadiene rubber; divinyl rubber
丁二烯-乙烯-吡啶橡胶 butadiene-vinyl-pyridine rubber
丁二酰 succinyl
丁二酰胺 succinamide
丁二酰胆硷 succinylcholine
丁二酰磺胺塞唑 succinylsulfathiazole; sulfasuxidine
丁二酰氯 succinyl chloride
丁二酰亚胺 succinimide
丁酚胺 bamethan
丁古斑岩 tinguaite porphyry
丁古岩 tinguaite
丁硅烷 silico butane
丁基 butyl group
丁基苯 butylbenzene
丁基苯粉 butyl phenol
丁基苯肼 butyl phenylhydrazine
丁基二甘醇碳酸酯 butyl diglycol carbonate
丁基汞 butyl mercury
丁基合成橡胶板 butyl synthetic rubber sheeting
丁基环己烷 butyl cyclohexane
丁基环戊烷 butyl cyclopentane
丁基甲硅烷三异氰酸酯 butyl silicon triisocyanate
丁基胶黏[粘]剂 application butyl
丁基卡必醇 butyl carbitol; diethylene glycol monobutyl ether
丁基密封垫物 butyl sealing gasket
丁基氰 valeronitrile
丁基溶纤剂 butyl cellosolve; ethylene glycol monobutyl ether
丁基纤维素 butyl cellulose
丁基橡胶 bivinyl rubber; butene rubber; butyl rubber
丁基橡胶弹性体 butyl rubber elastomer
丁基橡胶底座 butyl rubber base
丁基橡胶密封膏 butyl rubber sealant
丁基橡胶泡沫 butyl rubber foam
丁基橡胶嵌缝 elastomeric butyl ca(u)lk
丁基橡胶涂层织物 butyl coated fabric
丁基乙二醇 butyl glycol
丁基硬脂酸盐 butyl stearate
丁间醇醛 acetaldol; aldol; beta-hydroxyb utyraldehyde
丁间酮酸 acetoacetic acid
丁腈 butyronitrile
丁腈酚醛树脂黏[粘]合剂 nitrile phenolic adhesive
丁腈橡胶 acrylonitrile-butadiene rubber; Buna-N; butadiene-acrylonitrile rubber; chemigum; nitrile-butadiene rubber; nitrile rubber; paracril; thiakol rubber; perbunan <一种人造橡胶>
丁腈橡胶粘剂 nitrile rubber adhesive
丁卡因 pontocaine; teracainum; tetracaine
丁类功率放大器 class D power amplifier
丁膦酸二丁酯 dibutyl butyl phosphonate
丁硫醇 butanethiol; butyl mercaptan
丁硫醚 dibutyl sulphide
丁硫酸 butyl hydrogen sulphate
丁硫妥钠 buthalital sodium
丁咯地尔 buflomedil
丁氯柳胺 buclosamide
丁螺环酮 buspirone
丁面砖 end face
丁内酯 butyrolactone
丁钠橡胶 buna rubber; sodium butadiene rubber
丁尿胺 bumetanide
丁硼烷 diborane
丁砌 course bond; header
丁砌的砖 rolock; rowlock
丁砌砌层 header course; heading course
丁氰合成橡胶 thiakol rubber
丁氰胶 nitrile rubber
丁氰橡胶 Buna-N
丁氰酯 bucrilate
丁醛 butyraldehyde
丁醛树脂 butyral resin
丁醛肟 butylaldoxime; butyraldehyde oxime
丁炔二醇 butynediol
丁炔酮 3-butyn-2-one
丁三醇 butanetriol
丁省 naphthacene; rubene; tetracene
丁石 bonding header
丁石边框 inbond rybat
丁双胍 buformin
丁顺坝 spur-training dike[dyke]
丁顺隔皮砌法 English bond
丁顺交叉砖砌合 block and cross bond
丁顺交界层立砖砌法 all-rowlock
丁顺砌合 block and cross bond
丁顺竖向交错砖砌合 in-and-out bond
丁顺砖交叉砌合 block and cross bond
丁顺砖交错砌筑面 single Flemish bond
丁顺砖逐层交替的砌合法 in-and-out bond
丁斯磁力分离器 Dings magnetic separator
丁四醇 butantetraol; erythritol
丁四硝酯 erythrityl tetranitrate
丁酸 butyric acid; ethyl acetic acid; propylformic acid; butanoic acid
丁酸苯乙酯 phenylethyl butyrate
丁酸苄酯 benzyl butyrate
丁酸丙酸氢可的松 hydrocortisone butyrate propionate
丁酸丙酯 propyl butyrate
丁酸的 butanoic
丁酸丁酯 butyl butyrate
丁酸发酵 butyric (acid) fermentation
丁酸钙 calcium butyrate
丁酸甘油酯 glycerol monobutyralte
丁酸杆菌属 Butyribacterium
丁酸酐 butyric anhydride
丁酸弧菌属 Butyrivibrio
丁酸甲酯 methyl butyrate
丁酸钠 sodium butyrate
丁酸香叶酯 geranyl butyrate
丁酸锌 zinc butyrate
丁酸盐 butyrate
丁酸乙烯酯 vinyl butyrate
丁酸乙酯 butyric ether; ethyl butyrate
丁酸异丙酯 isopropyl butyrate
丁酸异戊酯 isoamyl butyrate
丁酸酯 butyrate; butyric ester
丁酸酯树脂 butyrate resin
丁缩醛 butyral
丁缩醛树脂 butyral resin
丁酮 butanone; methyl ethyl ketone
丁酮肟 diacetylmonoxime
丁头 inband
丁头擦痕 nail-head scratch
丁头层 header course
丁头格栅 header joist
丁头接缝砌块 header block
丁头砌合 in bond
丁头石 bond header; heading stone; stone header; header stone
丁头镶边 border in headers
丁头行 header course
丁头与面成直角的门 square-edge door
丁头砖 bonder brick; header brick
丁头砖层 bonder course
丁头砖面 rolock; rowlock
丁头砖砌合 header bond
丁烷 butane
丁烷的溶解度 solubility of butane
丁烷丁烯馏分 butane-butylene fraction
丁烷发动机 butane burning engine
丁烷火焰瓦斯检定器 butane flame methanometer; sigma recording methanometer
丁烷空气掺混装置 butane-air plant
丁烷空气混合气 butane-air mixture
丁烷馏除 debutanization
丁烷馏除器 debutanizer
丁烷喷灯 butane blowlamp
丁烷气 butagas
丁烷气管 butane fuel gas tube
丁烷汽相异构化 butane vapo(u)r phase isomerization
丁烷碳稳定同位素组成 stable carbon isotopic composition of butane
丁烷脱氢 butane dehydrogenation
丁烷异构法 Butamer process
丁烷贮藏 butane storage
丁戊烷碳同位素值间距 separation of butane pentane carbon isotope value
丁烯 butylenes; butene
丁烯-1 a-butylene; butene-1; ethylethylene
丁烯比妥 crotarbital
丁烯醇 butenol
丁烯二醇 butene diol
丁烯二酸 butene dioic acid
丁烯合成橡胶 butene synthesizing rubber
丁烯腈 crotonicnitrile
丁烯磷 ciodrin; crotoxyphos
丁烯醛 butenal; butenoic aldehyde; butylenealdehyde
丁烯炔 monovinyl acetylene
丁烯塑料 butylene plastics
丁烯酸 butenoic acid; crotonic acid
丁烯酸内酯 butenolide
丁烯酮 vinylmethylketone
丁烯橡胶 bivinyl rubber
丁烯烟肼 crotoniazid
丁酰苯胺 butyranilide
丁香 clove
丁香酚 eugenol
丁香花 clove; lilac
丁香花蕾油 clove bud oil
丁香橄球 clove flavoured olive; clove trio-pack olive
丁香李 clove plum
丁香罗勒油 basil oil; eugenol type basil oil
丁香树棕色 clove brown
丁香酸 syringic acid
丁香油 caryophyllus oil; clove oil; oil of cloves
丁香油黏[粘]固粉 clove oil cement
丁香紫兰 heliotrope-carnation
丁香紫玉 lilac jade
丁形凹沟 J-groove
丁形槽 single T groove
丁形槽铣削 T-slot milling cutting
丁形灯光风标 wind tee
丁形(电缆的)终端接续套管 crotch
丁形管 T-bend; tee pipe; T-pipe
丁形接头 J-joint; tee joint

D

丁形连接 T-connection;T-jointing
丁形(首部)码头 T-head pier
丁形套管 T-socket
丁形终端连接套管 <电缆> crutch
丁氧基树脂 butoxy resin
丁氧基钛 titanium butoxidel
丁氧基乙醇酯 butoxyethanol ester
丁酯磷 butonate
丁砖 bonder(header);brick bonder;brick bonding header;brick bondstone;header(tile);inbond brick
丁砖层 binder course;bonder course;bonding header course;course of headers;header bond;header course;heading course
丁砖层高 header high
丁砖层砌合 course bond
丁砖层与顺砖层交叉或隔层砌合 block bonding
丁砖层与顺砖层竖向交错砌合 in-and-out bond
丁砖缝 header joint
丁砖铺地 paving brick on headers
丁砖砌层 header course
丁砖砌合 header joint;heading bond;header bond
丁砖砌体 header bond
丁砖砌砖法 bull header
丁砖镶边 brick on header for border
丁砖与顺砖交叉或隔层砌合 block bond;bock bond
丁字把尺 engineer's square;T-square(ruler)
丁字把杆 dutchman
丁字把手 T-wrench
丁字坝 spur dike[dyke]
丁字柄灯头螺丝攻 burner tap with T handle
丁字柄活动套筒扳手 T-handle swinging socket wrench
丁字柄四方固定套筒扳手 T-handle square fixed socket wrench
丁字柄套筒扳手 T-wrench
丁字柄五角固定套筒扳手 T-handle pentagonal fixed socket wrench
丁字柄锥形铰刀 T-handle taper reamer
丁字槽铣刀 T-slot cutter
丁字尺 square ruler;tee rule;tee ruler;tee square;T-ruler;T-square(ruler);tool of know ledge <俚语>
丁字尺可调头 adjustable head T-square
丁字尺身 blade of T-square
丁字(大)梁 T-girder
丁字带 T bandage
丁字点焊 tee spot welding
丁字对接(焊缝) butt joint
丁字对接头 T butt joint
丁字对头焊 butt junction
丁字风向标 landing tee;wind tee
丁字斧 gurlet;hack;pick ax(e)
丁字钢 tee(bar);tee iron;tee profile;tee section;tee steel;T-iron;T-steel
丁字钢棒 T-bar
丁字镐 mandrel
丁字管 tee conduit;tee piece;tee pipe;tee tube;T-tube
丁字管接 tee piece
丁字管节 pipe tee;T-pipe
丁字焊 tee welding
丁字焊缝 butt joint
丁字脊屋顶 T-ridge roof
丁字架 T-beam;tee beam
丁字交叉口 intercepted cross road
丁字交汇 T-type intersection
丁字铰接 T-hinge strap
丁字铰链 butt and strap hinge;garnet hinge
丁字接头 tee;tee joint
丁字接头焊缝 T-weld
丁字接头角焊缝 T-fillet weld
丁字街 T-crossing;T-shaped road junction;T-shaped street
丁字进站线 derivation wire
丁字连接 butt joint
丁字梁 T-beam;tee beam;tee piece;T-section girder
丁字梁箍筋 T-beam stirrup
丁字梁截面 T-beam cross-section
丁字梁楼板 T-beam floor
丁字梁楼节间 T-beam floor panel
丁字梁桥 T-beam bridge
丁字路口 T-intersection;T-junction
丁字螺栓 tee bolt
丁字墙板 T-panel
丁字式账 T-account
丁字榫接 forked tenon
丁字铁 T-bar;tee;T-iron
丁字铁板 three-way strap
丁字铁角 three-way strap
丁字头 crosshead;cross head(ing);nigger head;T-head
丁字头螺栓 hook bolt;tee-head bolt;T-head bolt
丁字凸缘 flange tee
丁字(突)堤 T-dike[dyke]
丁字镶板 T-panel
丁字形 tee;T-shaped
丁字形把子 T-handle
丁字形板 T-plate
丁字形槽 tee-slot
丁字形大梁 tee girder
丁字形挡土墙 T-shaped retaining wall
丁字形刀架 hand tool rest;tee rest
丁字形堤基凸部 tail wall
丁字形蝶铰 cross garnet
丁字形丁坝 T-groin
丁字形防波堤 T-headed jetty
丁字形辐 T-headed spoke
丁字形钢 tee bar;T-section steel
丁字形钢轨 Vignole's rail
丁字形管 T-pipe
丁字形焊 jump welding
丁字形夹具 T-fixture
丁字形夹头 T-clamp
丁字形交叉(口) T(-type) intersection;T-junction
丁字形角焊 T-filled weld
丁字形铰链 T-hinge
丁字形接头 tee junction
丁字形截面 T-section
丁字形立交 T-grade separation
丁字形梁 T-beam;tee beam
丁字形梁楼板节间 T-beam floor panel
丁字形螺母 T-nut
丁字形螺栓 T(slot) bolt
丁字形码头 T-head pier
丁字形气管接头 steam pipe T connection
丁字形手把 T-handle
丁字形弹簧吊架 tee hanger
丁字形铁件 tee iron
丁字形突堤码头 T-headed jetty
丁字形支撑 T-shore
丁字形支撑柱 T-head
丁字形支墩坝 T-headed buttress dam
丁字形支柱 T-post
丁字形柱 T-head post
丁字形柱头 T-head
丁字着生的 versatile
丁字砧 beakiron;beckern;bickern;bick-iron;single arm anvil
丁字砖 header
丁组分 B-B fraction

叮

叮哨声 chink

钉

钉 nailing;peg
钉 U 形钉的弹簧枪 staple gun
钉暗钉 backnailing
钉板 nail plate
钉板刮路机 nail drag
钉板刮路器 spike drag;nail drag <刮除土路表面杂草用>
钉板函数 nail-bed function
钉板梁 nailed plate girder
钉板梁木桥 nailed wooden girder bridge
钉板梁桥 nail-connected girder bridge;pin-connected plywood girder bridge
钉板条 battening;brander;fixing strip;furring;lath(ing);lathwork;nailing batten;strapping;stripping
钉板条锤 lathing hammer
钉板条的支柱 battened strut
钉板条斧 lath hammer
钉板瓦的铜钉 <英> composition nail
钉板组合梁 sheathed compound beam
钉绊 holdfast
钉病的 nail sick
钉槽 nailing channel
钉齿辊 spike(d) roller;toothed roller
钉齿滚筒式块根切碎机 spiked-drum type root cutter
钉齿活动耙 spike-tooth flexible harrow
钉齿校正棒 T-type tooth collect bar
钉齿链耙 spiked link harrow
钉齿路犁 spike tooth plough
钉齿碾 spike-tooth roller
钉齿耙 spike-tooth harrow;tined harrow;toothed harrow
钉齿耙保养 toothed harrow maintenance
钉齿耙部件 parts of toothed harrow
钉齿耙路机 spike(d-tooth) harrow
钉齿耙使用说明书 instruction book of spike tooth harrow
钉齿耙制造厂 spike-tooth harrow maker
钉齿皮带 finger belt
钉齿式凹板 spike-tooth concave;toothed concave
钉齿式滚筒 drum with pins
钉齿式脱粒滚筒 peg-tooth drum;spike-tooth cylinder
钉齿式逐稿轮 spiked beater;toothed beater
钉齿网状耙 spiked chain harrow
钉齿压路机 spike-tooth roller
钉冲 solid punch
钉冲头 nail punch
钉冲压机 nail punch
钉床 nailing channel
钉锤 claw hammer;lath hammer;nail hammer;spike driver
钉刺轮胎 spiked tyre[tire]
钉的冲子 backing-out punch
钉的钝端 blunt nail point
钉底板 nailing base
钉雕 nail carving
钉端部 head nailing
钉钢丝网 metal lathing
钉格板 <一种木结构接合件> spike grid
钉格凸板 double curved spike grid
钉跟机 heel nailing machine
钉固定 nail fixing
钉固桁梁 nailed truss
钉固接头 nailed joint
钉固连接 nailed connection
钉固木板架 nailed wooden plateau
钉固鱼尾板 fishing
钉刮样板 scratch template
钉挂瓦条 nailing batten
钉焊 quilting weld
钉合 stitching
钉合法 stitching
钉合木板梁 nailed wooden(plate) girder
钉合实腹梁 composite nailed beam
钉合屋架 nailed trussed rafter
钉和箍设置 spike-and-ferrule installation
钉灰板条 wood lathing
钉基底 nailing base
钉基纤维板衬 nail-base fiberboard sheathing
钉尖 nail point
钉脚痕 spur mark
钉接板 nail plate
钉接板梁桥 nail-connected girder bridge
钉接处渗漏 nail sick
钉接帆布运输带 stitched canvas belt
钉接合 nailed joint
钉接合构造法 nailed construction method
钉接桁架 nailed truss
钉接机 nailing machine
钉接胶合 glue nailed
钉接木板梁 nailed wooden plate girder
钉接头 nailed joint
钉接屋顶 nailed roof
钉接纤维夹衬板 nail-base fiberboard sheathing
钉结合 nailed connection;nailed joint
钉结(合)板梁 nailed wooden girder;nail plate girder
钉结(合)桁架 nailed truss
钉结木结构 nailed timber structure
钉金属薄板条 metal furring
钉金属肋板条 metal lathing
钉具 brad punch;brad set
钉距 pitch of nails
钉孔 clearing hole;nail hole
钉孔漏 nail sick
钉孔钻 gimlet for nail
钉扣 nail catcher
钉扣机 button attaching machine;button-sewing machine
钉连接 nailed joint
钉梁 nailed beam
钉龙门桩 staking out
钉螺 oncomelania snail
钉马掌 Farriery
钉镘板 devil float;wire scratcher
钉铆钉 rivet
钉铆钉的 toed
钉帽 nail head
钉模 dolly set
钉抹 devil float
钉抹灰板条 wood lathing
钉抹灰板条用锤 lath(ing) hammer
钉抹灰板条用的横垫条 brandering
钉抹子 nail float
钉钳 nail nippers
钉嵌体 pinlay
钉枪钉 spit nail
钉墙板条 stoothing
钉茹属 <拉> Gomphus
钉入 spike
钉入锚件 <将门框固定于板墙筋的> nailing anchor
钉入墙内的管钩 pipehook for wall mounting
钉伤 prick
钉商标机 label attaching machine
钉式粉磨机 pin type mill
钉书机 stitcher
钉栓 spike dowel
钉栓岩石 rock pinning
钉松 nails started loose
钉碎机 spike mill
钉条 nailing block;nailing plug;nail-

ing strip
钉条地板梁托 nailing strip bracket
钉头 head nail; nail head; pin fin
钉头痕迹 dimple
钉头笼式打浆器 studded-cage beater
钉头模凿 nail smiths chisel
钉头切除机 buster
钉头切断机 buster
钉头石 nail-head spar
钉头式焊 nail-headed bond(ing)
钉头式焊接 nail-head type welding
钉头式接合(法) nail-headed bond-(ing)
钉头式接合器 nail-head bonder
钉头饰 gutta[复 guttae]
钉头线脚 diamond mo(u)lding; nail-head(ed) mo(u)lding
钉头形的 nail-headed
钉头形饰 nail head(ed mo(u)lding)
钉头型模 heading tool
钉头装饰线脚 nail-head(ed) mo(u)lding
钉头状锈蚀 nail-headed rusting
钉头状装饰 nail head
钉凸 nail popping
钉位 impale
钉握裹力 nail-holding force
钉屋面板条 lathing of roof
钉系固 staple fastening
钉狭板 nailing batten
钉销机 pin driver
钉楔条 firring
钉形冲头 nail punch
钉压黏[粘]固法 adhesive nail-on method
钉眼 nail eye; nail hole
钉眼漏水的 nail sick
钉眼松动 nail sick
钉扎 flux pining; pining; anchoring <位错的>
钉罩面板条 furring strip
钉爪 tack claw
钉桩 dowel pile
钉状关节 gomphosis
钉状花纹轮胎 spike tire[tyre]
钉状节 slash knot
钉状轮胎 spike tire[tyre]
钉状螺钉 hammer-drive screw
钉状螺丝 drive screw
钉状牙 peg-shaped tooth
钉状柱脚 spike heel
钉子 fid; nail; sprig
钉子传声器 spike microphone
钉子袋 budget
钉子的拔拉强度 pull-out strength of nails
钉子挤出 popping
钉子桶夹 nails barrel clamp
钉子退出原位 nail pop

町步 chingbo <朝鲜土地面积单位,1 町步 = 9920 平方米>; cho-bu <日本土地面积单位,1 町步 = 9920 平方米>

町绿矾 ihleite

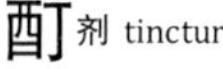
酊剂 tincture

顶 vertex[复 vertices/vertexes]

顶岸掉头 butt turning
顶把 holder-on; hold on; riveting dolly
顶板 capping; carrier plate; covering timber; crest slab; crown plate; hanging wall; head lagging; head lining; head plate; roof(ing sheet); roof panel; top lagging; top plate; top slab; upper plate; roof sheet <集装箱的>; hanging side <矿体>; ceiling slab <隧道式沉箱作业室的>; apical plate <岩层的>; abacus[复 abaci/abacuses] <圆柱顶部的>; head board <支承于地上设在隧道导坑或导洞的>
顶板背板 head lagging; roof lagging
顶板崩落 collapse of gallery roof; roof failure; top failure
顶板边沿部 edge of tunnel roof
顶板表层 ceiling finishes
顶板剥落 roof spalling
顶板材料 panel material
顶板层 roof bed; upper confined bed <含水层的>
顶板撑 crown stay
顶板冲断层 roof thrust
顶板初次来压 first weight
顶板大块松石 detached block in the roof
顶板点 roof-point
顶板吊撑 crown sling stay
顶板断裂 roof break
顶板盾构 roof shield
顶板法 lip block
顶板防护网 roof wire guard
顶板风扇 ceiling fan
顶板覆土 overburden on top slab
顶板杆柱支护 back bolting
顶板高程控制 roof control
顶板隔水 water-resisting of apical bed
顶板隔水边界 impervious boundary of apical layer
顶板供暖 ceiling panel heating
顶板沟道 ceiling channel
顶板管理 roof control; strata control
顶板管理工程师 strata-control engineer
顶板横梁端卡楔 head board
顶板火箱 crownsheet
顶板间接进水的矿床 mineral deposit of indirect inundation from apical layer
顶板阶梯 roof step
顶板接头 ceiling joint
顶板结构 ceiling structure
顶板开裂 <隧道> roof break
顶板控制 roof control; strata control
顶板块 lip block
顶板连接 panel connection; roof joint
顶板裂缝 roof break; roof crack; roof fissure
顶板裂隙 roof break
顶板螺钉 top-plate screw
顶板螺旋千斤顶 roof jack
顶板锚杆 roof bolt
顶板锚杆机 roof-bolter; roof-bolting machine
顶板锚杆支撑 roof bolt; roof bolt supporting
顶板锚杆支护 roof bolting
顶板锚栓安装机 roof-bolting machine
顶板锚栓孔钻机 roof-bolting stopper; roof control drill
顶板锚栓用钻车 roof-pinning jumbo
顶板锚栓支护 roof bolting
顶板锚栓钻机 roof-bolt drill
顶板锚头 roof-bolt head
顶板冒落 collapse of apical bed
顶板冒落通道 passage of apical layer collapse
顶板面积支护率 percentage support
顶板逆冲断层 roof thrust
顶板炮孔 roof hole
顶板炮眼 back hole
顶板破裂 roof break
顶板破裂声 crump
顶板铺杆钻孔机 roof-bolting stopper
顶板上光剂 <其中之一种> challenge
顶板栓锚(眼)用钻车 roof-bolting jumbo
顶板坍落 caving-in
顶板贴补 <集装箱> patching flat panel roof
顶板通风器 ceiling fan
顶板透水 water percolation of apical bed
顶板透水边界 pervious boundary of apical layer
顶板突出岩石 balk
顶板突水 bursting water from apical bed
顶板突水量 water bursting yield from apical bed
顶板稳定度 roof stabilization
顶板下薄煤夹层 batt
顶板下沉 crush; roof convergence <隧洞或洞室的>
顶板下沉测量锚杆 sag bolt
顶板陷落 cave-in of roof; roof caving; roof fall
顶板压力 roof pressure; underground pressure
顶板压力拱 roof pressure arch
顶板岩层 top cover
顶板岩层微震听测仪 microseismic instrument
顶板岩石 balnstone; roof rock
顶板应变仪 <测矿井坑道用> roof strain indicator
顶板应变指示器 roof strain indicator
顶板圆穹 saddle-back
顶板凿岩 overhead drilling
顶板凿岩机 roof drill
顶板支护 back timbering
顶板支架 roof support
顶板支梁 half balk
顶板周期垮落 roof periodic(al) caving
顶板钻头 roof bit
顶背板 backing deal
顶背排气管 <虹吸管的> back vent
顶壁 hanging wall; roof; upper plate; upper wall; coping
顶壁构造 roof and wall structure
顶边 head flashing; top margin; upper margin
顶边舱 topside tank; top wing tank
顶边船材尺度 topside scantlings
顶边锤 pane hammer
顶边肋骨 topside frame
顶边列板 top plating; topside plate
顶标浮标 buoy with topmark; topmark buoy
顶标志 top mark
顶波 top wave
顶薄褶皱 suprateneus fold
顶部 crest segment; crown; distal end; roof; upper apex; top
顶部按钮 ceiling button
顶部暗藏式闭门器 overhead concealed closer
顶部爆破 <隧洞> explosion along tunnel roof
顶部边缘高程 <岸壁、坞壁、闸墙等的> cope level
顶部标志 top mark
顶部采光 overhead lighting; top daylighting; top lighting
顶部侧光 topside lighting
顶部长度 crown length; crest length <堤坝等>
顶部敞开的铁路货车 open-top railway car
顶部敞口电弧炉 open-top arc furnace
顶部池墙 roof side wall
顶部冲刷 top erosion
顶部出料 top discharge
顶部窗格 top sash
顶部窗扇 top sash
顶部吹气 top steam
顶部吹氧法炼钢 oxygen top blowing
顶部垂度 crest sag
顶部导洞 <隧道的> top heading
顶部导坑 top heading
顶部倒棱剃齿刀 semi-topping cutter
顶部吊撑眼铆钉 crown sling stay eye rivet
顶部钉固 top nailing
顶部对流式管式炉 overhead convection(al) type pipe still
顶部盾构 roof shield
顶部防水材料 top sealer
顶部分支 top branch
顶部封闭的 closed-top
顶部覆盖高度 <涵洞或管道的> height of cover
顶部钢板桩压进开挖法 Messer method
顶部钢筋 top reinforcement
顶部高程 cope level; crest elevation; crest level; crown elevation; crown level
顶部格子板 top grating
顶部拱曲 top hog
顶部构件 crown member
顶部构造 crown structure; overhead structure
顶部焊道 top pass
顶部合拢 <隧道> top closing
顶部荷载 load of roof
顶部桁材 roof rail; side roof rail; upper side rail
顶部横撑 <支柱的> shore head
顶部横肋 rib across the head
顶部横剖面 crown cross-section
顶部横向支撑 top lateral bracing
顶部护盖 roof shield
顶部滑板 slide top; top slide
顶部滑车组 head machinery
顶部滑轮 crown block
顶部滑轮组 top sheave
顶部环板 top annular plate
顶部加筋结构 top hat structure
顶部加劲结构 top hat structure
顶部加料 top feed
顶部加料炉 top-feed furnace
顶部加料式过滤机 top-loading filter
顶部加料式双滚筒干燥器 double-drum dryer with top-feed
顶部加热 roof-heating; top firing
顶部加载竖直天线 top-loaded vertical antenna
顶部间隙 top clearance; crest clearance <螺杆螺纹的>
顶部浇筑块 crest block
顶部铰接的混凝土卸料斗 high-discharge skid dumper
顶部铰接翻板闸门 top-hinged flap gate
顶部接触轨 top-contact rail
顶部接缝 overhead joint
顶部接头 hump joint; top joint
顶部节点 apex joint
顶部结构 crown structure; overhead structure; top structure; crest structure <常指斜坡式防波堤等>
顶部截槽 top cut
顶部截断 top cut
顶部进风道 top inlet
顶部进气道 top inlet
顶部进气的空气过滤器 uploading air cleaner
顶部进气的空气滤清器 uploading air cleaner
顶部净空 head clearance
顶部开槽螺母 castle nut
顶部开口 open-top; box caisson【港】
顶部开挖法 top-cut method

D

顶部空间 free head room; headroom; head space
顶部宽度 crest length; crown width; crest width <防波堤等>
顶部拉杆 top tie
顶部拉索塔 <伸臂塔吊的> cathead
顶部廊道 crest gallery
顶部连接 butted
顶部漏气 tip leak(age)
顶部滤板支撑 overhead plate support
顶部密封 top seal
顶部模板 top form(work)
顶部磨成圆形的宝石 cabochon
顶部挠度 crest sag
顶部挠曲 top hog
顶部喷发 terminal eruption
顶部披水 head weather mo(u)lding
顶部平衡器 <窗扇的> overhead balance
顶部平台 top platform
顶部铺盖的屋檐 top lined eaves
顶部气窗 clerestor(e)y window
顶部前沿线 <岸壁、坞壁、闸墙等的> cope line
顶部墙板 <圆形结构的> curb plate
顶部切槽 back cut
顶部切削 top cut
顶部清洗 top washing
顶部驱动离心机 top-driven centrifuge
顶部取样 top sample
顶部上釉 top glazed
顶部设有三瓣卧式闸门的熊阱坝 three leaved bear-trap dam
顶部收缩 top contraction
顶部水 top water
顶部锁紧销钉 top locking pintle
顶部掏槽 inverted draw cut
顶部梯度电极系 later sonde at top
顶部天然气 <油层的> braden gas
顶部挑檐 principal cornice
顶部通风 continuous waste and vent
顶部通气窗 clerestor(e)y
顶部望远镜 top telescope
顶部物 head piece
顶部系统 top tight
顶部下沉 crown sag
顶部下沉测量 crown settle measurement
顶部下垂 crown sag; top sag
顶部限界 overhead clearance; upper clearance
顶部销钉 top pintle
顶部泄漏流量 tip-leakage flow
顶部泄水坝 tilting dam
顶部泻水线脚 <门窗的> head weather mo(u)lding
顶部旋滚 top roll
顶部压紧板 top clamping plate
顶部压力 top pressure
顶部岩石 rock crown
顶部液面 top liquid level
顶部异常 apical anomaly
顶部溢洪道 overflow spillway
顶部溢流的导流堤 weir jetty
顶部用砖 top brick
顶部余隙 overhead clearance; upper clearance
顶部与底部接管法兰至切线的高度 height of top and bottom nozzles flanges from tangential line
顶部预应力筋 cap tendon
顶部照明 overhead illumination; overhead lighting; top illumination; top lighting
顶部罩 main header casing
顶部支管 top pipe branch
顶部支护 top shield
顶部支柱 roof jack
顶部装配图 top assembly drawing
顶部装饰线脚 <孔口的> head mo(u)ld(ing)
顶部装饰线条 head mo(u)ld(ing)
顶部装药 top-loading of explosive
顶部装置 roof gear
顶部锥口孔 head counterbore
顶部钻孔 roof hole
顶部钻孔机 head driller
顶槽 <采矿> inverted draw cut; top kerf
顶槽磨损 top groove wear
顶侧倾角 topside rake
顶层 crown course; supercrust; top bed; top compartment; top layer; top story; top tier; top stratum[复 strata]【地】; cope; coping; tablet【建】; attika <古典建筑>; cockloft; overstor(e)y; helm roof; top floor <指楼房>; top coat <指油漆涂料等>
顶层操作 topcoat operation
顶层电梯平台 top terminal landing
顶层房间 <英国住房的> sollar; top story
顶层覆盖物 top mulch
顶层构架 top frame
顶层滑动断层 bedding slip fault
顶层环境 top-level environment
顶层混凝土 top concrete
顶层加劲的高层框架 top hat structure
顶层间壁墙 knee wall
顶层角柱式 attic order
顶层绝热 loft insulation
顶层粒面 top grain
顶层瞭望所 watching loft
顶层楼 garret floor
顶层楼座 gallery
顶层铺砌 top course
顶层石 capstone; topstone
顶层实面混凝土砌块 solid top block
顶层水 top water
顶层探测器 topside sounder
顶层瓦 top course tile
顶层文件 top documents
顶层屋盖板 promenade deck
顶层柱式 attic order
顶层砖 platting
顶叉 fork; ground fork
顶叉焊接件 head fork weldment
顶插 tip cutting
顶插棒 top mounted rod; vertical contact pin
顶长 <坝、堰的> crest length
顶超 top lap
顶潮航行 stem the tide
顶潮流锚泊 tide rode
顶车垫板 jacking plate
顶车垫块 jacking block
顶车机 pusher
顶撑 backshore; crown stay; jack shore; rance; scaffold pole; shore; strut; tom; top bracing; top heading; underprop
顶撑法 top heading method
顶撑杆 shore
顶撑工程 shoring; shoring work
顶撑及平台法 top heading and bench method
顶承格栅 dropped girder
顶承梁 dropped girt
顶齿 apical tooth
顶冲点 current-rushing point
顶冲孔冲头 passing punch
顶冲面 stoss face; stoss side
顶出 push-out
顶出板 liftout plate
顶出杆 knockout pin
顶出机构 knockout mechanism
顶出力 ejecting force
顶出螺栓 liftout bolt
顶出器 backing-out punch; ejector; knockout
顶出系统 ejection system
顶出装置 liftout attachment
顶传动的 top driven
顶船头波 bow wave
顶椽 top rafter
顶椽纤维 top fiber[fibre]
顶窗 lantern light; monitor roof; monitor top
顶吹 top blast
顶吹法 top-blowing
顶吹氧 top-blowing oxygen
顶吹氧精炼 top-blast refining
顶吹氧气转炉 top-blower oxygen convertor; top-feed oxygen Bessemer converter; top-feed oxygen Bessemer furnace
顶吹氧转炉钢 oxygen converter steel
顶吹转炉 top-blown(rotary) converter; upper blown converter
顶垂 roof pendant
顶垂线 altitude
顶锤-缸式 anvil-cylinder type
顶带 apical string
顶导洞 top heading
顶导坑及平台法 top heading and bench method
顶灯 ceiling lamp; ceiling light; dome lamp; dome light; overhead light; strip light lamp
顶灯附件 ceiling lamp fitting
顶灯散光罩 ceiling light diffuser
顶底板闭合测示仪 convergence indicator
顶底板会合 check off; roof-to-floor convergence
顶底板破坏分带 destruction zoning of apical or bottom bed
顶底板破坏现象 destructive phenomenon of apical or bottom bed
顶底炼镍法 top and bottom process
顶地址 top address
顶点 acme; acnode; apex[复 apices/apexes]; apex point; apsis[复 apsides]; capstone; climax; crest point; crown; culminating point; culmination; full; grand climax; maximum[复 maximums/maxima]; noon; overhead mark; sharp peak; sticking place; sticking point; sublime; summit(vertex); upper limit; vertex[复 vertices/vertexes]; zenith; pivot point <三角洲的>
顶点的 vertical
顶点的入度 in-degree of vertex
顶点电感器 apex inductor
顶点度 degree of vertex
顶点对点器 zenith plummet
顶点方程 vertex equation
顶点荷载 apex load
顶点铰 apex hinge
顶点节点 <有限单元法> nodal point
顶点经度 longitude of vertex
顶点隆起 apex hog
顶点速度 vertex velocity
顶点纬度 latitude of vertex
顶点下垂 apex sag
顶点线 vertex-line
顶点载重 apex load
顶点中心 centre of vertex
顶点阻力 point resistance
顶吊打捞法 end and shear legs lifting
顶吊架 top handling attachment
顶吊框架 top lift frame
顶吊试验 lifting from the top test; lifting test by up to fitting
顶丁砖层 course of bonding headers
顶端 apiculus; head; jack end; top end; topping
顶端变黄 apical yellowing
顶端标准 end standard
顶端部件 apex piece
顶端插入 top entry
顶端淬火 end quench(ing); gradient quenching
顶端淬火法 end hardening
顶端淬火距离 Jominy distance
顶端淬火曲线 Jominy curve
顶端淬火试验 end quench hardenability test; Jominy test
顶端淬透性试验 Jominy end quench test
顶端带槽螺塞 head slotted plug
顶端的 apical
顶端电容 header-terminal capacitance
顶端钢筋 header bar
顶端滚柱 top roller
顶端花饰 bouquet
顶端角钢 <钢梁上部设置的> top angle
顶端铰链 vertex hinge
顶端接头 vertex joint
顶端节点 top node
顶端节间实心 solid top internode
顶端开口的砌块 open-end block
顶端开张的砌块 open-end block
顶端空间 head space
顶端锚固的挡土墙 fixed retaining wall
顶端排队检索 top-rank retrieval
顶端膨大 ultimate swelling
顶端砌块 vertex block
顶端墙 stopped end
顶端山墙饰物 end acroterion
顶端深底图形 high low graph
顶端生长 apical growth
顶端石 ridge stone
顶端饰 finial
顶端竖截 <椽木> top cut
顶端铁箍 peak band
顶端弯拱 vertex hog
顶端弯矩 moment at head
顶端望远镜 top telescope
顶端下垂 vertex sag
顶端优势度 apical dominance
顶端直径调整 end sizing
顶端阻力 point resistance
顶段 <格构起重机臂的> head section
顶段压力 upset pressure
顶锻 heading; up-end(ed); upset; upsetting
顶锻变形量 <摩擦焊时产生的> forge length
顶锻变形速度 forge rate
顶锻机 header; upsetter; upsetting machine
顶锻机构 upsetting device
顶锻检验 jump test
顶锻力 upset(ting) force
顶锻留量 upset allowance
顶锻模 upsetting die
顶锻器具 upsetting device
顶锻(时)电流 upset current
顶锻时间 upset time; upsetting time
顶锻试验 dump test; jump test; knock down test
顶锻速度 upset speed
顶锻温度 setting-up temperature; upsetting temperature
顶锻压力 setting-up pressure; upsetting pressure
顶锻应力 upsetting stress
顶锻装置 upsetting machine
顶对椽子 close couple
顶对顶 nose-to-nose
顶镦活塞 upsetting piston
顶镦凸轮 upsetting cam

顶发酵 top fermentation
顶阀 overhead valve
顶阀吹管 jumper-top blast pipe
顶阀鼓风管 jumper-top blast pipe
顶阀消防栓 wet head
顶肥 top dressing compound
顶风 adverse wind;against the wind
顶风的 upwind
顶风帆 back sailing;flapping of a sail
顶风或顶流前进 stem
顶风浪前进 thrash[thresh]
顶风浪停船 heave to
顶风流锚泊 riding lee tide
顶风锚泊 wind rode
顶风漂泊 heave to;hove to
顶风驶船 back sailing
顶风停泊 ride the wind
顶封 over seal
顶封头 cover head
顶峰 climax; peak; pinnacle; sharp peak;summit
顶峰带 acme-zone
顶峰光泽度 full gloss
顶峰阶段 crest stage
顶峰流量 peak discharge
顶峰喷口 hydrothermal summit crater
顶峰期 acme
顶峰水热喷发 summit hydrothermal eruption
顶缝开关 ceiling switch
顶腐 top rot
顶副镜 top telescope
顶盖 canopy; cape hood; closure; cope; coping; cover; crown tap; header; head shaft; helmet; outer head cover; over cap; overhead; overroof; runner end cover; top cover; top head; top lid; topping; upper guide vane ring; upper cover;head cover <水轮机的>;runner end lid <转轮的>
顶盖板 top cover
顶盖垫片 top cover gasket
顶盖顶 roof
顶盖轭架 cover yoke
顶盖固定螺栓 bonnet bolt
顶盖灌浆法 cap grouting
顶盖祭坛 ciborium altar
顶盖接头 coped joint
顶盖开关 canopy switch
顶盖锚缆 <预应力混凝土联结用的> cap cable
顶盖石 capped stone
顶盖瓦 cope tile;copping tile
顶盖岩 caprock;roof rock
顶盖罩 dome
顶杆 carrier rod;charging bar;crown bar; drill ejecting pin; ejector (pin);knockout pin;mandril;pin-lift;post rod;push(ing)rod;ram; roof bar; stripping post; throttle plunger;throw-out;top material
顶杆叉 pushing fork
顶杆撑 roof bar stay
顶杆导轨 lifter guide
顶杆动程 ejector stroke
顶杆胶套 push rod rubber sheath
顶杆框 ejector box
顶杆力 ejector force
顶杆联杆销 crown bar link pin
顶杆链节 crown bar link
顶杆起模 draw on pins;pin lifting
顶杆起模装置 pin-lift pattern stripping arrangement
顶杆式起模机构 pin-lift stripper
顶杆式起模造型机 pin-lift mo(u)lding machine
顶杆托架 crown bar bracket
顶杆系条托架 crown bar link bracket
顶杆销 crown bar pin
顶杆行程 lift rod stroke
顶杆行程限位器 mandrel stroke limiter
顶杆压痕 ejector mark
顶杆装置 pin-lift arrangement
顶杠 hydraulic prop
顶高 crest elevation;crown elevation
顶镐式千斤顶 jacking pick
顶格排版 set flush
顶拱 crown;crown hog
顶拱灌浆锚杆 cemented roof-bolt
顶拱曲墙衬砌 arch lining with curved wall
顶拱直墙衬砌 arch lining with straight wall
顶钩 top dog;top hook
顶骨架 top frame
顶管 ceiling grid;ceiling lattice work; pipe pushing; pipe thrust(ing); push(ing)pipe
顶管测量 pipe-jacking survey;underground pipe-driving survey
顶管穿孔机 thrust boring machine
顶管顶进应力 jacking stress
顶管顶进支杆 jacking strut
顶管顶进周期 jacking cycle
顶管顶梁 jacking beam
顶管顶铁 jacking block
顶管顶推基座 jacking base
顶管顶推力 jacking force
顶管顶推系统 pipe-jacking system
顶管法 conduit jacking; pipe jacking (and thrust boring method); pipe-jacking method; pipe pushing; pipe thrusting method; thrust boring; jacking of a pipe tunnel
顶管法导管 lead pipe
顶管法进行管道施工 jacking conduit
顶管法施工盾构 jacking shield
顶管法施工站 jacking station
顶管法隧道 uni-tunnel
顶管法推力坑 thrust pit
顶管法中途(增加推力)站 intermediate jacking station
顶管法钻进 thrust boring
顶管法钻孔机 thrust borer
顶管机 pipe-forcing system; pipe-jacking system; push bench; tube push bench
顶管机用毛管 hollow forging
顶管接头 top pipe junction
顶管进口 top pipe inlet
顶管掘进机 pipe-jacking tunnel(l)ing machine
顶管坑 jacking pit;launch pit;thrust pit
顶管坑后墙 thrust wall
顶管连接处 top pipe junction
顶管模 ring die
顶管千斤顶座孔 jacking pocket
顶管入口 top pipe inlet
顶管设备 jacking device
顶管施工 jacking;pipe jacking
顶管(施工方)法 <地下管道的> jacking
顶管隧道 pipe-jacking tunnel
顶管托架 jacking frame
顶管系统 jacking system
顶管现场 pushing site
顶管用千斤顶 pipe pushing unit
顶管装置 conduit jacking
顶管作业 conduit jacking;jacking operation;pipe jacking
顶管作业用管 jacking pipe
顶光 border light;top light
顶轨 <推拉隔断上的> head track; top track
顶焊 overhead position weld(ing)
顶焊接 butt weld
顶荷载试验 jacking load test
顶桁 top boom
顶横撑 top lateral brace
顶横杆 top rail
顶横支撑 top lateral bracing
顶厚 top thickness
顶厚褶皱 crest-thicken fold
顶花 acroterion
顶花饰 poppy;poppy head
顶华 knop
顶滑车 <吊杆的> crown block;top block
顶滑车组 top burton
顶滑轮 top block
顶画 tablature
顶环 top cover;top hat;top lid;upper guide vane ring <导水机构的>; stay ring <水轮机的>
顶簧片 top leaf of spring
顶活塞环槽 top-ring groove
顶活塞压环 top piston ring
顶击板 knockout plate
顶积层 <三角洲的> topset bed
顶积层沉积 topset deposit
顶积坡 topset slope
顶级 upstage
顶极 climax
顶极复合体 climax complex
顶极高草原 climax prairie
顶极森林 climax forest
顶极森林类型 climax forest type
顶极生活型 climax-life form
顶极生物群落 climax biotic community
顶极土壤 climax soil
顶极植被 climax vegetation
顶极种 climax species
顶挤器 extruder
顶甲板 flying deck;top deck
顶架 cabane; extractor; headframe; jacking frame;overhead rack;roof truss;upper frame
顶架室 head-house
顶尖 apex[复 apices/apexes]; center [centre]; core clamper; fastigium <屋脊、人字山头、山墙顶端等>
顶尖操作 centre operation
顶尖车床 center[centre] lathe
顶尖车工 plain turning
顶尖的 apical
顶尖高度 pitch of centers
顶尖架 center rest
顶尖间车削端面 facing between centers
顶尖间距 center-to-center[centre-to-centre] distance
顶尖间直车削 straight turning between centers
顶尖角 top angle
顶尖精研机 centre lapping machine
顶尖距 center[centre] distance; distance between centers[centres]
顶尖孔 centre hole
顶尖孔机床 centering machine
顶尖缺口 relief
顶尖套 center sleeve
顶尖头 center[centre] head
顶尖研具 centre-hole lap
顶尖造型 apex mo(u)ld
顶尖中心 centre of apex
顶尖轴 tail spindle
顶尖装饰 fleche
顶尖座 deadhead;foot block;tall block
顶尖座板 tailstock base
顶尖座夹紧螺栓 tailstock clamp-bolt
顶尖座跨度 tail setover
顶尖座套筒 tailstock sleeve
顶件器 ejector
顶件油缸 knockout cylinder
顶件运输 replacement traffic
顶交 inbred-variety cross;top cross
顶交测验 top cross test
顶交法 method of inbred-variety cross
顶交结果 results of inbred variety cross
顶浇 downhill casting;top-pour(ing)
顶浇浇口 top gate
顶浇雨淋式内浇道 top pouring through pencil gates
顶角 apex angle; apical angle; corner angle; cusp; derivation angle; point angle; vertex angle; vertical angle; drift angle【岩】
顶角测量 zenithal angle measurement
顶角测量仪 drift angle indicator
顶角弯曲强度 drift deviation intensity
顶铰 apex hinge; crown hinge; top hinge
顶铰链的拱 arch with apex hinge; arch with crown hinge; arch with top hinge
顶接 apical grafting; tee joint <焊接的>
顶接触导轨 top-contact rail
顶接触第三轨 overrunning third rail
顶接接头 tee connection
顶节点 apex joint
顶截面 crown section;top section
顶紧螺栓 puller bolt
顶进 propulsion; shove; jacking <顶管操作的>
顶进法 jacking;pipe jacking;push and pull method
顶进管接头 joint for jacked pipe
顶进桥涵 jacked-in bridge or culvert
顶进设备 jacking device
顶进施工法 <隧道、管道等的> construction by pipe jacking method; jacking
顶进应力 jacking stress
顶进支撑 lacking strut
顶进支杆 jacking strut
顶进周期 jacking cycle
顶进桩 jacking pile
顶进撞锤 ram for propulsion
顶举螺栓 jacking bolt
顶距 apex distance;zenith distance
顶开侧卸混凝土运输设备 open-top side-dump concrete hauling unit
顶开的货主 wagon with opening roof
顶开关 top switch
顶开集装箱 top-openable container
顶开口式轧机 open-top mill
顶开螺钉 press-off bolt
顶开门式冰箱 chest type refrigerator
顶开式 top open type
顶开式夹叉 top opening jaw
顶靠泊位 end loading berth
顶空(法)head space
顶空分析 headspace analysis
顶空进样 headspace sampling
顶空气相层析 headspace gas chromatograph
顶空气相色谱法 headspace gas chromatography
顶孔 apical pore;top hole;top opening
顶孔矢状缝交点 obelion
顶孔钻凿 top-hole drilling
顶口 <炉灶上的> cove or coving
顶口剪钳 end cutting nippers
顶枯病 dieback
顶跨钢索 wire span
顶块 crest block;jacking block
顶宽 crown width;top width
顶框 top frame;upper frame
顶框脱模 frame lifting
顶馈线性天线阵 saxophone
顶馈直线性天线列 saxophone
顶拉钢筋 top bar
顶拉条 top bracing

D

顶拉应力 jacking stress
顶篮女像柱 canephoros
顶浪 heading into wave
顶浪航行 steaming head to sea
顶浪停船 heave aback
顶肋材 top-timber
顶连接 top joint
顶梁 back timber; brow post; capping beam; capping piece; carrying bar; ceiling beam; ceiling girder; cross-bar; cross beam; crown bar; header; head(ing) beam; head piece; jacking beam; roof bar; roof bow; set collar; stull; top beam; upper beam; stull <巷道的>
顶梁板 raising plate; reasonpiece
顶梁短支柱 bobby prop
顶梁法 crown bar method
顶梁矫正 <集装箱> straighten roof bows
顶梁内压条 deck inside cornice
顶梁(托)座 jointing shoe
顶梁屋顶 top beam roof
顶梁支护法 bar timbering
顶料杆 ejector beam
顶料销 jigger pin
顶料钟 top bell
顶裂凿岩 contour drilling
顶流 against current; against the stream; superfluence
顶流的 superfluent
顶流靠泊 alongside against the tide; going alongside against the current; going alongside against the tide
顶流锚泊 tide rode
顶流熔岩流 superfluent
顶留接缝钢筋 starter bar
顶留跨缝钢筋 starter bar
顶馏分 tops
顶楼 attic stor(e)y; cockloft; half stor(e)y; loft; attic
顶楼层 garret floor; loft
顶楼窗 garret window
顶楼楼梯 attic stair(case)
顶滤器 catch tank
顶轮闸门 fixed roller gate
顶螺栓 top fastening bolt
顶芒 tip awn
顶芒品种 tip-awned variety
顶铆杠 holding-on bar
顶铆具 club dolly
顶冒口 top feeder head; top riser
顶玫板 apical rosette
顶门小石块 sneck
顶面 crown(sur)face; superface; table; top surface
顶面标高 top elevation; top level
顶面采样 roof sampling
顶面层 top coat
顶面淬火钢轨 surface hardening rail
顶面导架 top frame
顶面钢筋 top bar
顶面高程 top level
顶面加工 <混凝土试件的> capping
顶面假接头 top surface dummy joint
顶面接触式导电钢轨 top-contact conductor rail
顶面面积 top area; top surface
顶面磨耗 top wear
顶面平卧焊 flat position welding
顶面切平的金刚石 table diamond
顶面掏槽 top cut; top kerf
顶面涂饰 topcoating
顶面误差 top surface error
顶面硬化钢轨 surface hardening rail
顶面整平 screened top surface
顶模 backform; top form
顶模板 top form(work); apex mo(u)ld
顶模速度 stripping speed

顶末底初回次岩芯缺失量 core-loss on upper and lower bounds footage
顶木 heading collar; jack rafter; jack timber
顶木架 beeling boom
顶木梁 top-timber
顶木托块 head tree
顶排管 ceiling grid
顶盘 hanging; top wall; plate support 【矿】
顶盘管 ceiling coil; overhead coil
顶喷式喷灌机 overhead sprinkler
顶棚 ceiling; floor soffit; hover; platfond; tabulatum; camp ceiling <斜的或凸圆的>
顶棚安装槽 ceiling mounting channel
顶棚安装电路 ceiling mounting channel
顶棚板 ceiling floor; ceiling board
顶棚板面供暖 ceiling panel heating
顶棚板墙筋 ceiling track
顶棚板条 ceiling strap; ceiling strip
顶棚保温 ceiling insulation; thermal insulation of ceiling
顶棚薄钢板 roofing iron
顶棚材料 ceiling material
顶棚采光 ceiling light; lay light; lying light
顶棚衬 ceiling lining
顶棚传声 ceiling sound transmission
顶棚窗 deck sash; deck ventilator; deck window; lay light; roof light
顶棚窗棘轮止铁 deck sash ratchet catch
顶棚窗拉手 deck sash pull
顶棚窗扇形板 deck sash quadrant
顶棚窗销接板 deck sash pivot plate
顶棚大梁 ceiling beam
顶棚导线管 ceiling wiring conduit
顶棚灯 ceiling jack; ceiling lamp; ceiling light
顶棚灯具(配件) ceiling light fittings
顶棚灯线孔盖 ceiling rose
顶棚电线头 ceiling outlet
顶棚吊杆 ceiling hanger
顶棚吊架 ceiling floor
顶棚吊扇 punka(h)
顶棚顶灯 ceiling dome light
顶棚端梁 body end plate; end plate
顶棚短吊杆 ashler
顶棚对流加热器 ceiling convector
顶棚反射系数 ceiling reflection factor
顶棚防护条 ceiling guard
顶棚防火板 draft stop
顶棚防火层 ceiling protection
顶棚风道 ceiling duct
顶棚风机 attic fan
顶棚风扇 ceiling fan; ceiling ventilator
顶棚辐射采暖 ceiling panel heating
顶棚辐射供暖 ceiling panel heating
顶棚覆板 ceiling boarding
顶棚高度 ceiling height
顶棚格栅 butted bridging joist; ceiling rafter; furring channel
顶棚格子 ceiling grid; ceiling lattice work
顶棚(隔)块 ceiling block
顶棚供暖盘管 ceiling coil for heating; ceiling mounted heating coil
顶棚供热盘管 ceiling coil
顶棚荷载 ceiling load
顶棚护板 roof guard
顶棚护栅 roof guard
顶棚花格 ceiling grille
顶棚花叶圆饰 ceiling block
顶棚画 ceiling fresco
顶棚回风口 ceiling return inlet
顶棚绘画 ceiling picture
顶棚检查孔 ceiling inspection hole; ceiling manhole; inspection hole of ceiling

顶棚胶粘剂 ceiling adhesive
顶棚接缝 ceiling joint
顶棚结构 ceiling framing
顶棚空气扩散器 ceiling diffuser
顶棚空气散流器 ceiling air diffuser
顶棚孔盖 ceiling flange
顶棚拉线开关 ceiling(pull) switch
顶棚冷却 ceiling cooling
顶棚梁 deck beam; floor boarding joist
顶棚面磨光机 ceiling grinder
顶棚面涂层 ceiling coat
顶棚抹灰 ceiling plastering
顶棚抹灰板条 ceiling lath; ceiling plaster lath(ing)
顶棚内管道 ceiling conduit
顶棚(喷口型)送风口 ceiling outlet
顶棚喷水器 overhead spray
顶棚平面图 ceiling plan
顶棚气隙 ceiling plenum
顶棚嵌板 ceiling plate; coffer
顶棚软木板 corkboard for ceiling
顶棚散流器 ceiling(mounted air) diffuser
顶棚上的隔墙龙骨 ceiling runner track
顶棚式船台 roofed berth
顶棚饰面 ceiling facing
顶棚送风口 ceiling(air) diffuser; ceiling mounted air outlet
顶棚体系 ceiling system
顶棚天线 loft antenna
顶棚通风窗 deck ventilator
顶棚通风管 ceiling duct
顶棚通风系统 ceiling plenum
顶棚投光器 ceiling light project
顶棚涂料 ceiling paint
顶棚外端梁 end arch rail
顶棚外端梁支柱 end arch rail brace
顶棚温度 ceiling temperature
顶棚下测板 deck soffit board
顶棚下垂体 pendant; roof pendant
顶棚下垂物 roof pendant
顶棚下皮 ceiling soffit
顶棚线脚 ceiling mo(u)lding
顶棚镶板 caisson; ceiling panel; ceiling plate
顶棚镶嵌板 lacuna[复 lacunae]
顶棚小型隐蔽式灯 downlight
顶棚形状 ceiling profile
顶棚悬吊 ceiling suspension
顶棚悬吊体系 ceiling suspension system
顶棚悬挂体 pendant
顶棚悬挂物 ceiling hanger
顶棚夜间灯 ceiling night light
顶棚引出线 <灯头用> ceiling outlet; ceiling point
顶棚用软木板 cork slab for ceilings
顶棚圆花饰 ceiling rosette
顶棚照明 ceiling area lighting; ceiling illumination; ceiling lighting
顶棚照明设备 ceiling luminaire(fixture)
顶棚照明系统 illuminated ceiling system
顶棚支撑 ceiling strut
顶棚直燃式采暖机组 ceiling-type direct-fired unit heaters
顶棚纸板 ceiling paper
顶棚周边的压条 ceiling rail
顶棚周边送风口 ceiling perimeter diffuser
顶棚(周围檐口式)线脚 ceiling cornice
顶棚柱 deck post
顶棚装饰 ceiling enrichment; ceiling ornament
顶棚装修 ceiling finish; ceiling fitting

顶棚纵向梁 ceiling rail; ceiling sill; deck rail; deck sill
顶篷 ceiling; roof board(ing); top
顶篷灯 ceiling lamp; roof light
顶篷灯木座 ceiling lamp seat
顶篷格栅 ceiling joist
顶篷花饰 ceiling flourish
顶篷梁 ceiling beam
顶篷裂 broom
顶篷装饰 canopy ceiling
顶劈接 terminal cleft grafting
顶霹式标准振筛机 top tapping standard riddling machine
顶片角 top-plate angle
顶片锯切角 top-plate cutting angle
顶坡 <三角洲的> topset
顶坡河床 topset bed
顶破强度 breaking force
顶起 <用千斤顶> jacking(up)
顶起来 jack-up
顶起螺钉 jacking screw
顶起设备 jacking device
顶起式打桩机 jack-up pile driver
顶起系统 jacking system
顶砌层 header course
顶器 apical organ
顶墙 cope wall; crown wall; topping wall
顶切剥皮器 end cutting stripper
顶切剥线钳 end wire strippers
顶切角 apical angle
顶切钳 end cutter nippers; end cutting pliers
顶穹 crown hog
顶曲线 summit curve
顶圈 top ring
顶燃式隧道窑 top burning(tunnel) kiln
顶熔岩流 superfluent lava flow
顶入 sinking jacking
顶入法 jack-in method; pipe-jacking method
顶入式钻孔桩 jacked-in caisson
顶入桩 jacked(-in) pile; jack(ing) pile; jack-in pile
顶栅窗 deck sash
顶栅纵向梁 deck bottom rail
顶上 top
顶上车道管理信号 overhead lane control signal
顶上的 overhead
顶上较暖层 <湖水垫层化作用下的> epillimnion
顶上净空 <跨线桥的> overhead clearance
顶上平的 table-topped
顶上望远镜 <地下测量用> top telescope
顶上桅 royal mast; royal pole
顶上叶 top leaf
顶上照明 overhead illumination
顶梢枯死 dieback
顶烧 tipburn
顶烧式炉 down-fired furnace
顶烧窑 top-fired kiln
顶伸入 top entry
顶伸式搅拌器 top entering(type) agitator
顶伸式螺旋桨搅拌器 top entering propeller agitator
顶伸柱 top extension
顶升 jack-up
顶升板 raising plate
顶升板结构 lift-slab structure
顶升板跨度 lift-slab span
顶升板屋面 lift-slab roof
顶升法 jacking method; lift-up method; slabjacking
顶升杆 lifting pin
顶升钢筋 jacking rod

顶升隔墙 jack-up partition
顶升构件法 jack block
顶升机构 climbing mechanism
顶升机具 jacking equipment
顶升架 builder's staging
顶升就位 jack to position
顶升力 jacking force
顶升楼板 lift-floor;lift slab
顶升楼板的柱 lift-slab column
顶升模板 jack-up form; lift jacking form;raising form
顶升设备 jacking device
顶升施工法 jack block construction
顶升式楼板 lift slab
顶升式楼板施工法 lift slab construction
顶升调节器 jackscrew
顶升卸模的压模机 press mo(u)lding machine with lift-off
顶升装置 jacking assembly; jacking device;jack-up rig
顶生植物 acrogens
顶石 apex arch;apex block;keystone; topstone; crowning stone; saddle stone <山墙的>
顶蚀作用 stoping
顶式冷凝器 roof condenser
顶视 top view
顶视图 overhead view;plan view;top drawing;top(side) view
顶饰 cornice;end ornament
顶室 top compartment
顶枢 <闸门的> top pintle
顶枢轴 upper gudgeon
顶束毛榈油 mokaya oil
顶竖撑 top vertical brace
顶栓 roof bolt
顶死 dieback
顶索 toplift;topping lift
顶塔 cupola;head tower
顶踏步 top step
顶踏级 top step
顶踏脚 top step
顶踏阶 top step
顶提式型箱 slip flask
顶体系统 acrosomic system
顶替 reinstall;replace
顶替色谱法 displacement chromatography
顶替液 displacement fluid
顶替(展开)法 displacement development
顶条 upper fascia
顶铁 jacking block;pressure iron bar
顶铁块 jacking block
顶铁螺栓 <弹簧叉> stop bolt
顶头波 head wave
顶头掉头 turning by pushing the bow
顶头风 foul wind;head(-on) wind; wind ahead;opposing wind
顶头盖 back
顶头沟 head ditch
顶头激波 bow wave
顶头接 heading joint
顶头接缝砌块 header block
顶头接合 head bond
顶头靠泊【船】head on approach
顶头靠近【船】head on approach
顶头扩孔钻 head counterbore
顶头浪 head(-on) sea;head seas
顶头连接 butt joint
顶头石 header(stone)
顶凸轮 overhead cam
顶涂层 top coat;top mop
顶推 pushtowing
顶推板 <平地机> push plate
顶推驳(船) butty boat; push(ed) barge; pusher barge; tug-barge pushing fleet
顶推驳船队 push-barge unit; pushed convey; pushed tow; pusher barge tows; pusher tow unit; pusher-tug unit; pushtow train; train of pusher barges; tug-barge combination
顶推驳船队队形 tow formation
顶推驳船航行 pusher barge navigation
顶推驳运法 pusher barge system
顶推驳运方式 pusher barge system
顶推船 push boat; pushed tow; pusher; pushing vessel; sea mule
顶推船队 pusher train; push fleet; push sets
顶推船队船首灯 stem light of push-train
顶推船队队形 formation of pusher train
顶推船首 pusher bow
顶推导轨 thrust rail
顶推导梁 launch(ing) nose
顶推垫板 jacking plate
顶推垫块 thrust block;thrust pad
顶推法 jack-in method; push-out method;successive launching method; incremental launching method <预应力连续梁施工>
顶推杆 propulsion arm
顶推杆方法埋设管道 rod pushing
顶推航行 pushtow navigation; push-tow vessel;push towing
顶推后座墙 backwall in jack-in method;thrust wall
顶推机 pusher
顶推机车 train-pushing engine
顶推基座 jacking base
顶推架 rear push frame; towing knee;push frame
顶推块 push block
顶推力 jacking force
顶推梁 thrust beam
顶推轮 push boat; pusher tug; push(ing) tug
顶推器 ejector;pusher
顶推设备 push equipment;thrust system;tow equipment
顶推式 push mode
顶推水冲法 jacking jetting process
顶推凸轮 push-cam
顶推拖轮 pusher tug;towboat
顶推行程 jacking stroke
顶推液压缸 ramming cylinder
顶推运输方式 pushing system
顶推轴承 throw-out bearing
顶推装置 thruster
顶推钻进 thrust boring
顶推座 push block <铲运机的>; cushioned push block <缓冲式>
顶托 jacking;lockup
顶托补给 upward leakage recharge
顶托储水构造 storage structure of perched
顶托幅度 amplitude of setup; set-up amplitude
顶托架 jacking frame
顶托力 jacking force
顶托设备 jacking device
顶托试验 jacking test
顶托应力 jacking stress
顶托用凹槽 jacking recess
顶挖槽 top cut
顶瓦 crown tile
顶外探测 topside sounding
顶弯梁 top bow;top iron
顶弯梁架 top-bow rest
顶弯梁桥 preflex beam bridge
顶弯梁柱 top-bow separator
顶弯梁座 top-bow socket
顶桅 topgallant mast;topmast
顶桅帆 royal yard
顶喂捡拾压捆机 top-feed baler
顶喂式捡拾压捆机 top opening baler
顶隙 top clearance
顶隙测定计 headspace tester
顶下喷发 subterminal eruption
顶下叶 lobulus parietalis inferior
顶弦 top boom;top chord
顶弦板 top chord plate
顶弦力 top chord force
顶线 cap line; crest line; mean line; terminal line
顶相 top phase
顶香剂 peak odo(u)r
顶箱机构 pin-lifting device
顶箱式造型机 lift pin stripper mo(u)lding machine;pin-lift mo(u)lding machine;pin push-off machine
顶箱微振压实造型机 stripper shockless jolt squeeze mo(u)lding machine
顶箱压实式造型机 jolt-ram pattern draw machine;squeeze stripper mo(u)lding machine
顶箱振实造型机 jolt stripper mo(u)lding machine
顶箱振压式造型机 jolt-squeeze stripper mo(u)lding machine; jolt-squeezer stripper
顶镶板 <有五块或更多镶板门的> frieze panel
顶销 crown pin; ejector pin; knock pin;push pin
顶销孔 knock hole
顶销提臂 top lock lift
顶销提臂孔盖 top lock-lift hole cap
顶小穗 apical spikelet
顶斜撑 top diagonal brace
顶斜翻光面 crown
顶斜角 top bevel angle
顶斜面 top bevel
顶悬 top hung
顶悬内开撑窗 top-hinged in swinging window
顶悬外开撑窗 top-hinged out swinging window
顶压 top pressure
顶压板 bearing disc[disk]
顶压活塞 ramming piston
顶压力 upsetting force
顶压锚固 tension clamping
顶压条 tip layering
顶压头 ramming head
顶压下管 running against pressure; running under pressure
顶压桩 jacked pile;jacking pile
顶压装置 jacking unit
顶芽 tip die
顶岩 rimrock
顶眼 back hole
顶样器 extruder;extrusion jack
顶窑砖 ceiling brick
顶叶 lobus parietalis
顶溢式节制闸门 overpour type check gate
顶溢式首部闸门 overpour head gate
顶溢式闸门 overpour gate
顶翼 arch limb;roof limb
顶翼帆 royal studding-sail
顶有扩大托座的尖细空心混凝土柱 morning-glory column
顶圆 tip circle
顶圆帽 flat cap
顶圆直径 outside diameter circle
顶约束 crest contraction
顶张拉钢丝 top tension wire
顶罩 overhead guard; top boot; top dust hood
顶罩气门室罩 upper valve gear housing
顶遮光板 top sun louver
顶针 <裁缝用> thimble
顶针车床 center[centre] lathe
顶针孔 center[centre] hole
顶针套 tailstock barrel
顶针座 tailstock
顶针座套筒 sleeve of tail stock
顶支撑 top timbering
顶枝 height shoot;leader;telome
顶止水 top water seal
顶置吊挂气门工具 valve-in-head tool
顶置阀 head valve
顶置阀扫气 valve-in-head scavenging
顶置气门 overhead valve; valve-in-head
顶置气门发动机 overhead valve engine;valve-in-head engine
顶置气门汽缸 I-head cylinder
顶置式气门 overhead valve
顶置凸轮轴 overhead camshaft
顶置凸轮轴发动机 overhead camshaft engine
顶置油箱 overhead reservoir
顶重杠杆 jack lever
顶重器 lifting jack
顶轴 apical axis
顶轴箱用千斤顶 journal box jack
顶轴油 jacking oil
顶轴油泵 jacking oil pump; jacking pump for bearings
顶住点 sticking place;sticking point
顶住风暴 riding out a gale
顶注 cast from the top
顶注式浇注系统 top gating
顶柱 abutment; jacking strut; jack prop;roof column;shore;upright
顶柱加厚托板 dropped panel
顶柱珊瑚科 Lophophyllidudae
顶铸 direct casting;top casting
顶砖 backing brick; bonder(brick); dome brick;header(clay)brick
顶砖层 header course
顶砖砌法 header bond
顶砖砌合 full bond(ing); heading bond
顶桩 pile block
顶装法 load on top
顶装开合杠杆 top lever
顶装料桶 <电炉> charging basket
顶装式洗涤机 top-loading washer
顶装窑 <由窑顶部装坯> top-loading kiln
顶撞 buck(ing)
顶锥 tip cone;top cone
顶锥角 tip angle
顶锥线脚 double cone mo(u)lding
顶着风浪停船 heave aback
顶组件 ceiling sub-assembly
顶钻 crown(ed)drill
顶钻钻尖 crowned drill point
顶座 footstock;head rest;rootstock

鼎 tripod

鼎州窑 Dingzhou kiln

订

订舱 booking(cargo space); forward booking
订舱簿 booking book
订舱单 application for shipment; application for space;application slip; berth note; booking list; booking menu;booking note;shipping application
订舱清单 booking list
订舱营业所 booking office
订舱票 booking
订单 indenting;order form
订单成本 job order cost

订单额度 order of magnitude
订单格式 order form
订单号(数)order number
订单积压 backlog
订单控制 order control
订单农业 contract farming
订单确认书 confirmation of order
订单输入应用 order entry application
订购 subscription
订购单 purchase order; subscription warrant
订购点 ordering point
订购户 subscriber
订购货物 on order
订购卡 order action card
订购量 on-order quantity
订购量报表 order quantity report
订购量分析 order quantity analysis
订购零件 ordered pairs
订购数量 lot size;quantity ordered
订购须知 ordering information
订合同 conclude a bargain; draw up an agreement; enter into contract; make contract
订合同图纸 contracted drawing
订户 constituency
订货 bespeak; book; contract for goods; indent for; order goods; ordering; place an order for goods; place order
订货部门代号 card No. of the user
订货成本 cost procurement; ordering cost
订货承诺书 confirmation of order
订货处 <英> bespoke department
订货单 order blank; order form; order list; order sheet; order slip; purchase list; purchase order; indent
订货单号 indent number; order number
订货单涌至 influx of order
订货点 order-point
订货点控制系统 order-point control system
订货范围 level of orders
订货方 buyer
订货费用 ordering cost
订货付款 cash with order
订货付现(金) cash in order; cash with order
订货规格 customer specification
订货过多 oversubscribe
订货号 job number
订货合同 goods ordering; ordering contract; purchase contract
订货量 level of orders; order quantity; order size; quantity of order; volume of order
订货确认书 confirmation of order
订货人 orderer
订货人在场的试验 witness test
订货时付款 cash with order; cash with order
订货时机 ordering opportunity
订货时价格 price at the time of order
订货通知单 order slip
订货图纸 drawing for order
订货须知 ordering instruction
订货与交货间隔 lead time
订货至交货时间 lead time
订货周期 order cycle
订口 binding edge
订立合同 conclude contract; settle a bargain; let a contract; make a contract
订立合约 conclude a contract
订立契约 make a contract
订立制度者 systematist
订料单 order bill; order for material
订旅馆 hotel reservation
订买卖契约 bind a bargain
订盟约 covenant
订明 stipulate; with the understanding that
订票 booking
订票费 order ticket charges
订票问题 reservation problem
订入 incorporated
订商标机 pinning machine
订书钉 wire staple
订书机 staple hammer; stapler; stapling machine
订条约 conclude a treaty
订协议 draw up an agreement
订约 come to terms; conclude a bargain; contraction; enter into agreement; make an appointment; make an arrangement; settle a bargain; sign
订约服务 contractual service; subscription service
订约能力 capacity to contract
订约人 contractor; labo(u)r contractor; promisor; stipulator
订约授权 contract authorization
订约双方当事人 contracting parties
订约一方 counterparty
订约运输(工具) contract carriage
订约资格 capacity to contract
订阅费 subscription
订载单 booking note
订正 amendment; correcting; correction; mending; rectification; revision
订正版 corrected edition
订正表 discrepancy sheet; errata
订正拨款 revised appropriation
订正单 amendment sheet; correction sheet; inaccuracy sheet
订正的三角点成果表 revision point list
订正费用 amend a charge; correcting a charge
订正概算 revised estimate
订正号 bug patch
订正票价 correcting a fare
订正数据 specified data
订正死亡率 adjusted death rate
订正通知单 error note
订正温度 reduced temperature
订正系数 correction coefficient
订正资料 adjusted data
订制模块 evoke module
订座情况 status

钉

钉薄片用的铁钉 nail for reed
钉不进的 non-nailable
钉成的构架工程 nailed roof truss
钉成的关节 nailed joint
钉成的桁梁 nailed girder
钉成的桁条 nailed beam
钉成的横梁 nailed beam; nailed girder
钉成的建筑物 nailed construction
钉成的接头 nailed joint
钉成的结构 nailed construction
钉成的梁 nailed beam
钉成的屋顶桁架 nailed roof truss
钉成的组件 nailed joint
钉道钉 spiking
钉道钉的护路工【铁】 spiker
钉道钉队 spiking gang
钉道工 back-spiker; spiker
钉钉板 nailer
钉钉机 brad setter; nailing machine
钉钉器 brad punch; brad set
钉紧定位 stay tacking
钉牢 clench (nailing); clinch; nail down; nail up
钉牢的底座 nailable base
钉牢的地基 nailable base
钉牢的基础 nailable base
钉木板的大钉 plenishing nail
钉木板条 lathing board; wood(en) furring
钉木钉 peg
钉木橛 driving of stakes; staking
钉木塞 nailing plug
钉木条 furring
钉木楔 driving of plugs; plugging
钉钮机 button-sewing machine
钉皮板 board for stretching leather
钉皮机 leather nailing machine
钉上 nail
钉上板子的 boarded up
钉施工标桩 pegging out
钉石膏板的平头钉 plaster-base nail
钉挑檐板 cornice boarding
钉铜钉 copper-nailing
钉铜钉的 copper-nailed
钉箱钉 carton staple
钉箱滚道 box nailing roll train
钉斜钉 slant nailing
钉斜钉的 toed
钉斜钉的材料 toed material
钉有木条的钢格栅 nailer joist; nailing joist
钉于樘子上的止窗条 laid-on stop
钉于樘子上的止门条 laid-on stop
钉在椽头顶部的楔形木块 cocking piece
钉在椽头顶的楔形木块 sprocket piece
钉在门框上的压条 stop bead
钉在墙的刨光木砖 wrought grounds
钉在墙上的东西 pin-up
钉纸盒机 box stapling machine; carton stapler
钉纸箱机 carton stitching machine
钉住 clench; clinch; fastening; nail down; peg; transfix
钉住末端 end nailing

定

定K式滤波器 constant K filter
定案设计工作 final engineering
定白 ding white ware
定班公共汽车 regular bus
定班航船 regular steamship service
定班航机 regular air service
定班货轮 regular cargo ship
定班客轮 regular passenger ship
定比 constant proportion; definite proportion; fixed proportion; fixed ratio
定比变频器 constant ratio frequency changer
定比传输码 fixed ratio transmission code
定比(代)码 constant ratio code
定比定律 law of constant proportion; law of definite composition; law of definite proportion
定比化合物 stoichiometric(al) compound
定比混合法 constant ratio mixing method; fixed proportion mixing method
定比减压阀 proportional pressure reducing valve
定比例 scaling
定比例常数 scaling constant
定臂式起重机 fixed boom crane
定臂转柱起重机 revolving mast-type jib crane
定边 sense (determination); sense finding; sensing
定边带 deckle strap
定边坡 benching
定边天线 sense antenna
定变数 <在整套特定频率或概率的各数值中取定的某一数值> variate
定标 calibrate; calibration; decision of planning order; award of contract; decision on award <指投标>; picketage; scaling
定标操作 scale of operation; scale operation
定标点 scaling point
定标电路 scaling circuit
定标法 scaling method
定标法则 scaling rule
定标高 take altitude
定标记间隔码 constant mark space code
定标量 reference object
定标脉冲 scaled pulse
定标器 calibrator (unit); counter; scaler; scaling circuit
定标曲线 calibration curve
定标式指示器 scaler-type indicator
定标误差 calibration error; scale error
定标系统 scaling system
定标星 calibration star; reference star
定标因数 scale factor; scaling factor; scaling ratio
定标因素 scale factor; scaling factor
定标源 reference source
定标装置 robot scaling equipment
定波 clapotis; standing wave; stationary wave
定波形发生器 waveform generator
定泊点 anchor station
定泊浮标站 anchored buoy station
定泊水道测量站 anchor hydrographic(al) station
定泊水文测站 anchor hydrographic(al) station
定泊水文(观测)站 anchor hydrographic(al) station
定泊站 anchor station
定泊自记(海洋水文)测站 anchored recording station
定步 pacing
定步速者 pacemaker; pacer; pacesetter
定步速者定计 pacesetter
定步响应 pacing response
定步组 pacing group
定步组大小 pacing group size
定簿籍邮寄目录单 route books mailing list
定裁账 arbitrage account
定槽气压表 Kew barometer
定槽式气压表 kew-pattern barometer
定槽水银气压表 fixed groove mercury barometer
定测 completion survey; final location; final survey; setting out
定测阶段 definitive survey stage
定测数据 data of location survey
定测站 stationing
定测资料 data of location survey
定策 definite scheme
定层动物 stationary animal
定差减压阀 uniform pressure drop valve
定拆线 orientation line
定长 fixed-length
定长摆 invariable pendulum; invariant pendulum
定长编码 block coding
定长变量 fixed-length variable
定长玻璃纤维 discontinuous fibre; spun yarn; staple glass fiber[fibre]
定长玻璃纤维纺织布 glass staple fibre woven fabric
定长玻璃纤维纱 glass staple fibre woven fabric; glass staple yarn
定长玻璃纤维毡 staple mat

定长玻璃纤维织品 textile glass staple fibre product
定长串 fixed-length string
定长单元 fixed-size location
定长电缆 cable piece
定长吊架 fixed-length spreader
定长迭代 stationary iteration
定长短纤维 staple fiber[fibre]
定长分布 regular distribution
定长符号 fixed-length symbol
定长记录 fixed-length record; fixed-size record
定长记录系统 fixed-length record system
定长剪切 cut-to-length
定长节点 fixed-size node
定长块 fixed-length block
定长块结构设备 fixed block architecture device
定长冷轧钢条 cold-rolled strip in cut lengths
定长链 fixed-length chain
定长切断机 cut-to-length sizes machine
定长数据 fixed-length data
定长数据区 fixed-length data area
定长水准管 constant level tube
定长条目 fixed-length entry
定长文件 fixed-length file
定长文件记录 fixed-length file record
定长纤维 staple fiber[fibre]
定长纤维薄毡 staple tissue
定长纤维布 staple fiber cloth; woven staple fiber fabric
定长纤维粗纱 staple roving
定长纤维合股纱 cabled staple fiber yarn; folded staple fiber yarn
定长纤维毛条 staple sliver
定长纤维纱 staple yarn
定长纤维无捻粗纱 spun roving
定长信息组 fixed-length field
定长移位法 constant length shift method
定长域 fixed-length field
定长装置 preselected length apparatus
定长子链 fixed-length subchain
定长字 fixed-length word
定长字段 fixed-length field
定长钻臂 fixed-length boom
定常波 stationary wave
定常传热 steady-state heat transfer
定常的 steady
定常分布 steady distribution
定常风 steady wind
定常轨道 stationary orbit
定常海流 permanent current
定常加速度 steady-state acceleration
定常空泡 steady cavity
定常流 constant current; constant flow; stable current; steady motion of a fluid; steady-state flow
定常流动 steady flow
定常流模式 steady flow model
定常流气体动力学 steady gas dynamics
定常区 steady zone
定常水跃 steady hydraulic jump
定常速度 balancing speed; free running speed
定常效应模型 constant-effect model
定常压力 steady pressure
定常压力阀 steady pressure valve
定常应答 steady response
定常迎角 steady-state incidence
定常运动 steady motion
定常运动条件 steady-state condition
定常振动 steady-state vibration
定常转动 steady rotation
定常状态 standing state; stationary state; steady condition
定常状态保持时间 steady-state residence time
定常状态模型 steady-state model
定场所 emplacement
定程挡块 running ga(u)ge
定程器 course setter
定程租船 trip charter; voyage charter; voycharter
定尺长度 cut length; specified lengths
定尺寸 sizing; dimensioning
定尺度 dimensioning
定尺机 shear ga(u)ge
定尺剪切挡板 length shear ga(u)ge
定尺剪切机组 cut-to-length line
定尺锯 dimension saw
定尺商品钢材 linear products
定尺指示器 indicator scale; shear-ga(u)ge length indicator
定齿节 constant pitch
定充量耦合器 coupling of definite amount of filling
定出断面 design of section
定出航向 shape a course
定出口截面喷嘴 fixed exit nozzle
定出清单的总价 price out
定船位 ascertaining a ship's position; fixing of position
定船移机装卸作业 cargo-handling operation with movable machinery and fixing ship
定床 fixed bed; immovable bed; rigid bed; solid bed
定床航道模型 fixed-bed navigation model
定床河道模型 fixed bed river model; immovable bed river model; rigid bed river model
定床河工模型 fixed bed river engineering model; immovable bed river engineering model; rigid bed river engineering model
定床流 stationary bed flow
定床模型 fixed bed model; immovable bed model; rigid bed model; rigid model
定床模型试验 fixed bed model test; immovable bed model testing
定床水工模型 fixed bed hydraulic model; rigid-bed hydraulic model
定床水流模型试验 fixed bed flow test; immovable bed flow model testing
定床淤积模型 fixed bed sedimentation model; immovable bed sedimentation model; rigid-bed sedimentation model
定垂线尺 plummet level
定次序 systematize
定错程序 malfunction(ing) routine
定单 order(blank); order for goods; purchase
定单成本法 job order cost system; specific order cost system
定单登记簿 order register
定单号码 order number
定单滑车组 single whip; whip
定单绞辘串联单双复绞辘 runner tackle
定单铁绞辘 whip gin
定单与定单复绞辘 single Spanish burton; Spanish burton; whip on whip
定氮球管 nitrogen bulb
定氮仪 nitrogen determination apparatus; azotometer <测定空气中或其他混合气体中的氮含量>
定氮装置 nitrogen apparatus
定刀片 cutter stator
定导线网 traversing
定道路竖向线 vertical alignment of road
定等级的 graded
定低价格 under price
定点 fixing point
定点标度 set point scale
定点表达形式 fixed-point representation
定点表示法 fixed-point notation; fixed-point representation
定点表示制 fixed-point representation system
定点波长计 one-point wavemeter
定点播种装置 seed placing device
定点部分 fixed-point part; mantissa
定点操作 fixed-point operation
定点测量 spotted survey
定点测流 anchored position observation of current
定点觇标系统 fixed-point target system
定点常数 fixed-point constant
定点抽查 spot test; spot testing
定点处理 placement treatment
定点代谢 summit metabolism
定点定线列车 shuttle train
定点二进制 fixed binary; fixed-point binary
定点二进制常数 fixed-point binary constant
定点法 rigorous method
定点方法 fixed-point method; method of fixed points; method of plotting position; selecting point method
定点仿真 fixed-point simulation
定点放大镜 centrescope
定点分层观测 serial observation
定点风 spot wind
定点浮点转换 fixed to floating point conversion
定点格式 constant point format
定点供应 direct supply at fixed location
定点观测 fixed-point observation; ocean weather station observation
定点观测站 hydrographic(al) station; serial station
定点海上观测站 fixed oceanographic(al) station
定点缓冲剂 fixed-point buffer
定点计算 fixed-point calculation
定点计算机 fixed-point computer
定点计位数 fixed-point number
定点记数法 fixed-point notation
定点勘测 point reconnaissance
定点控制 spotting control
定点连续 series observation in place
定点连续观测 series observation at fixed point
定点频率 spot frequency
定点取样 fixed-point sampling; static sampling
定点日期 date of locating point
定点摄影 spot photography
定点施药 herbicide placement
定点施用 spot application
定点十进制 fixed decimal
定点数据 fixed-point data
定点数据传输线 point-to-point data link
定点数据转换 integer conversion
定点数学 fixed-point mathematics
定点双字长运算 fixed-point double word-length arithmetic
定点停车 programmed stop; stopping at a target point
定点停车控制 spotting control
定点透视 station-point perspective
定点系统 fixed-point system
定点小数 fractional fixed point
定点信息系统 roadside information system
定点修理制 spot system
定点悬停 spot hover
定点循环列车 block train; unitrain; merry-go-round train <英>
定点压强 local pressure
定点验潮站 fixed-point tidal station
定点溢出 fixed overflow
定点运算 fixed-point arithmetic; fixed-point calculation; fixed-point computation; fixed-point mathematics; fixed-point operation
定点展开方形搜索 fixed square search; geographic(al) square search
定点展开扇形搜索 geographic(al) sector search
定点者 worker
定点侦察 point reconnaissance
定点支撑的 point-supported
定点支承的 point-supported
定点支付的期票据 domiciled bill
定点值 fixed-point value
定点制格式 fixed-pointer format
定点制数的表示法【计】fixed-point representation of a number
定点资料 point data
定点作业 stationary operation
定碘量分析 iodimetric analysis
定电流充电 constant current charge
定电压电动机 constant voltage motor
定电压电流滴定 amperometric titration at constant voltage
定电压发电机 constant voltage generator
定电压送电 constant voltage transmission
定电压调制 constant voltage modulation
定电压装置 constant voltage device
定调式线圈检测器 fixed-tuned loop detector
定调子 set the tone
定度 titer[titre]
定端 fixed end; standing part
定端大梁 fixed girder
定端刚度 fixed-end stiffener; fixed-end stiffness
定端拱 fixed-end arch
定端绞辘 gantline; girtline
定端力矩 fixed-end moment; moment of fixed end
定端力矩校正 correction to fixed-end moment
定端梁 fixed-end beam; fixed girder
定端弯矩 moment at fixed end; moment of fixed end
定端弯力矩 fixed-end moment
定端稳定 fixed-end fixity
定额 code of practice; fixed number; norm; par; quantity; quantum[复 quanta]; quota; rating; standing rate; standing rating; task
定额包工 fixing work according to quotas
定额备用法 impress method
定额备用金 impress fund; petty cash fund
定额备用金的补充 impress replenishment
定额备用金申请单 impress fund application
定额备用金数量 impress level
定额备用金银行账户 impress bank account
定额备用金账户 impress(cash) account
定额备用金制度 impress fund system
定额备用现金 impress cash
定额表 rating chart; rating form

定额拨款 definite appropriation
定额查完 standardizing
定额产量 nominal output; rated capacity
定额超产计件工资 piecework wage on a quota plus overfulfilment basis
定额成本 norm cost
定额成本差异 variation from norm cost
定额抽样 quota sampling
定额储备金账户 imprest account
定额的 rated
定额抵押 closed-end mortgage
定额法 system of rating
定额费用 definite appropriation
定额分配 quota allocation
定额分配依据 quota foundation
定额分配制 quota system; rationing system
定额付款(制度) measurement and payment
定额负载 normed liability
定额负债 normed liability; standardized liability
定额工时 standardized working hour; working hours quota
定额工资制 quota wage system
定额工作 stint
定额管理 norm management; quota management; quota management with contract for different part of job
定额管理制度 norm management system; quota management system
定额过高 overrate; overrating
定额基础数据 norm basic data
定额记工 work-point credited on norm
定额降低 derating
定额津贴 flat rate allowance
定额客票的 valued ticket
定额利润 quota profit
定额领料单 normed requisition
定额流动资产 normed current assets; standardized current assets
定额流动资产周转天数 quota current asset days outstanding
定额流动资金 circulation funds at fixed quota; normed current funds; standardized current capital
定额流动资金单项储备 stock of single item of standardized current capital
定额流动资金计划表 planned statement of standardized current capital
定额流动资金考核周转天数 quota current funds checked days outstanding
定额流动资金周转率 turnover rate of standard current funds
定额率 rated capacity; rating
定额牌 rating plate
定额票 quota ticket
定额时间 standard time; task time
定额收费表 fixed payment tariff
定额数 amount of norm
定额投资基金 closed-end investment fund
定额消耗 rated consumption
定额小时 norm-hour
定额信用证 marginal credit
定额序列复利因子 uniform series compound amount factor
定额序列现值因子 uniform series present worth factor
定额以上的 above norm
定额员 rate fixer; rate-setter
定额制度 rating system; system of fixed quota; system of rating
定额贮量 ration storage
定额装备 complement
定额资本 given capital
定二次型分布 definite quadratic form distribution
定法向齿厚 normal thickness on constant chord
定反位锁闭 locked normal and reverse; normal and reverse locking
定方位 azimuthal orientation; orientate; take bearing
定费率 rate-making
定分度 calibrate
定粉 lead white
定风计 weather cock; weather vane
定风量 constant volume
定风量变温系统 constant volume-variable temperature system
定风量方式 constant air volume system
定风量空气调节系统 constant volume air conditioning system
定风量系统 constant air volume system
定风针 weather cock; weather vane
定缝钉 cotter
定缝钉接合 dowel joint
定缝钉销钉 dowel pin; trenail
定缝螺钉 screw(ed) dowel; spiral dowel
定缝销 joint dowel
定缝销钉 dowel pin
定缝销钉孔 dowel hole
定浮比重计 hydrometer of constant immersion
定符界【计】character boundary
定幅筘 <在玻璃纤维分条整经机上> grade bar
定幅凸轮 yoke cam
定付预金 down payment
定负载 constant load
定负载发动机 constant duty engine
定岗位 assigned; assignment; commissioned
定缸曲柄气锤 crank hammer with fixed cylinder
定高度 take the altitude to
定高气球 constant height balloon; constant level balloon
定高线 orientation line
定稿 finalize[finalise]; final text; final version
定根 normal root
定根值记数法 fixed radix notation
定购 order(goods); purchase by order
定购材料分类账 stores ordered ledger
定购单 buying order; purchase order
定购货物 stock on order
定光(灯) fixed light
定光光强 fixed light intensity
定光夹群闪光 fixed and group flashing light
定光夹闪光 fixed and flashing light
定规尺寸 dead size
定航线-不定航线两用船 tramp-liner
定航向 lay a course; set course
定和数据 fixed sum data
定荷电阻器 constant load resistor
定荷载 constant load
定荷载破坏试验 constant load rupture test
定荷载试验 test at constant load
定荷载限止器 constant load limiter
定桁架 determinate truss
定厚刮尺 doctor bar
定厚刮刀 doctor bar
定厚机 cal(l)iper machine; thicknessing machine
定滑车 fast pulley; fixed block; fixed pulley(block); immobile block; single whip tackle; standing block; standing pulley; stationary block
定滑轮 crown block; dead pulley; fast pulley; fixed block; fixed pulley; set-pulley; standing block
定灰线柱 stake a line
定灰线桩 stakea line; staking a line
定货 orders
定货簿 order-book
定货长度 order length
定货单 order bill; ordered-form; order for goods; order sheet; purchase order
定货单差错 purchase order deviation
定货单处理 order processing
定货单项目 purchase order item
定货点 reorder point
定货点方式 ordering point system
定货费用 ordering cost
定货(付)款 cash with order
定货付现 cash with order
定货量 order quantity
定货清单 order list
定货确认 book confirmation
定货通知 order notify
定货图样 order drawing
定货图纸 order drawing
定货与收货登记簿 order and receiving register
定货者 orderer
定货制作 job-work
定货资料 ordering information
定机移船装卸作业 cargo-handling operation with fixed machinery and moving ship
定积分 boundary integral; definite integral
定积分解法 solution by definite integral
定积试验 constant volume test
定积土 indigenous soil; in-situ soil; sedentary soil
定基 fixed base
定基比 relative ratio with fixed base
定基线自动归算视距仪 base reducing tach(e)ometer[tachymeter]; base reducing tachymeter
定基指数 fixed base index number
定激励整流式电动机 constant field commutator motor
定级曲线 rating curve
定级系数 class-determining factor
定级制度 system of rating
定极面积仪 polar planimeter
定极求积仪 polar planimeter
定极限尺寸法 limit dimensioning method
定极性充电 polarity changing
定给水干管大小 sizing water main
定计划 finalize[finalise]
定价 fix the price; list price; making price; measure of value; nominal (ized) price; pricing (practice); valuation
定价表 price catalog(ue); price(d) current; tariff
定价部门 pricing department
定价过高 overprice
定价合同 fixed-price contract; price(d) contract
定价金 initial payment; option money; purchase money
定间隔时钟控制方式 fixed clock time control
定检 program(me) inspection
定建的 custom-built
定桨工况 fixed blade operating condition; propeller operating condition
定桨式水轮 fixed blade propeller type wheel
定桨式水轮机 fixed blade propeller type turbine; fixed blade turbine; fixed vane turbine; Nagler turbine
定降深抽水井公式 formula of pumping well with fixed drawdown
定降深抽水试验 constant drawdown pumping test
定降深试验 constant-discharge test
定焦灯 prefocus lamp
定焦灯头 prefocus cap
定焦点透镜 fixed-focus lens
定焦距 focalize
定焦(距)摄影机 fixed-focus camera
定焦(距)照相机 fixed-focus camera
定角测量法 <视距测量> even angle method
定角拱坝 constant angle arch dam
定角规 miter[mitre] ga(u)ge
定角位销 angle guide pin
定角圆弧格网 equiangular circular arc network(lattice) for locating
定绞辘 standing tackle
定铰 fixed hinge
定接点 fixed contact; stationary contact
定接点座 fixed contact base; fixed contact stand
定解 finite solution
定界 boundary determination; definition; delimit; delimitation; peep out; pegged out; peg(ging) out; peg to
定界点 peg point
定界符 delimiter
定界符行 delimiter line
定界宏指令 delimiter macro
定界线 boundary marking
定界字符 delimiting character
定金 bargain money; caution money; down payment; down stroke; earnest money; front money; good faith money; hand money; handsel; initial payment; purpose money; layaway <预购时先付的>
定金承保 full coverage
定金收据 deposit(e) receipt
定进给量珩磨 feed expansion honing
定进路 route
定经机 sizing mill
定井边刃 <钻头> ga(u)ge edge
定井位 location of(the) well
定径 calibration
定径不匀 uneven sizing
定径带 <拉模的> calibrating strap
定径辊 size rolls
定径机 sizer; sizing(rolling) mill; sizing stand
定径(校准)孔 metering hole
定径喷嘴 metering nozzle
定径销 metering pin
定径心轴 fixed mandrel; plug mandrel
定径旋铣作用 gouging-scrapping action
定径压力机 sizing press
定径轧辊 sizing roll
定径轧机 precision mill; sizing rolling mill
定静压 constant static pressure
定镜 fixed mirror; horizontal glass <六分仪>; side glass <六分仪>
定镜差 <六分仪> side error
定镜水准仪 builder's level; dumpy level
定居【生】domicile; ecesis anomaly
定居的 sedentary
定居底栖生物 sedentary benthos
定居点 settlement
定居动物 stationary animal
定居耕种 homesteading
定居群 sedentary herd

定居人口 registered population; sedentary population
定居学 ekistics
定局 foregone conclusion
定距 spacing
定距标杆 going rod
定距侧刀 <冲切侧边缺口的凸模> pilot punch
定距衬套 distance bush(ing)
定距撑 spacing support
定距撑条 distance bar
定距尺 spacing rule
定距冲头 spacing punch
定距垫块 <试模的> displacer
定距垫圈 distance washer
定距耳 separating lug
定距法则 definite range law
定距隔板 distance plate
定距隔块 distance block; distance piece; separator
定距隔片 separator
定距管 distance sink tube; pipe spacer; spacer tube; spacing tube
定距环 circular spacer; distance block; distance collar; distance piece; distance ring; ring spacer; spacing collar
定距块 distance strap
定距离 set a distance
定距链节 distance link
定距螺桨 fix-pitch airscrew; fix-pitch propeller
定距螺栓 distance bolt
定距螺旋桨 constant pitch airscrew
定距泡 spacing bubble
定距片 distance piece; rubber distance piece; spacer; spacing piece; spacing strip
定距片轴 arbor for spacing piece
定距偏差 spacing deviation
定距梳形管夹 side spacer
定距系紧螺栓 distance tie bolt
定距轴环 distance collar
定距轴环支承板 distance collar receiving plate
定距柱 spacing column
定菌磷 pyrazophos
定孔器 <凿岩机> centralizer
定孔式排种器 stationary-opening seed metering device
定孔位【岩】location of borehole; location of boring
定孔位日期 date of location
定宽度修整器 fixed width finisher
定捆杆 trip arm
定理【数】proposition
定理的机器证明 mechanical theorem proving
定理证明 theorem proving
定理证明程序 theorem prover
定联明暗光 fixed and group occulting light
定联闪光 fixed and group flashing light
定联闪互光 alternating fixed and group flashing
定量 calibrate; calibration; definite quantity; dosing; fixed quantity; proportioning; quantification; quantity; quantum[复 quanta]; quota; ration; stint
定量 X 射线衍射 quantitative X-ray diffraction
定量泵 constant-delivery pump; dosing pump; metering pump; proportional pump; proportioning (feed) pump; pump of constant delivery type; volume pump; fixed displacement
定量变量 quantitative variable
定量标准 quantitative criterion
定量采集 quantitative collection
定量参数 quantitative parameter
定量测定 quantitative determination; quantitative examination; quantitative measurement; quantitative measuring; quantitative test(ing)
定量测量 quantitative measurement; quantity measurement
定量测试器 quantitative tester
定量沉淀试验 quantitative precipitation test
定量沉积学 quantitative sedimentology
定量冲洗阀 batch-plush valve
定量的 mensurable; quantitative
定量的斗容量 graduated hopper-charging
定量地层解释 quantitative layer interpretation
定量地层学 quantitative stratigraphy
定量地貌学 quantitative geomorphology
定量地热温标 quantitative geothermometer
定量地震活动分布图 quantitative seismicity map
定量电视显微镜 Quantimet; quantitative television microscope
定量定额 output norm
定量斗 measure hopper; measuring hopper
定量反馈理论 quantitative feedback theory; quantization feedback theory
定量反应 quantitative reaction
定量方法 quantitative method
定量分布 quantitative distribution
定量分类 quantitative classification
定量分类法 classification of the quantitative system
定量分类系统 quantitative classification system
定量分配 ration
定量分析 quantitative analysis; quantitative study
定量分析方法 method of quantitative analysis; quantitative analysis method
定量分析值 number of quantitative analysis
定量分析中最小二乘法 least square method in quantitative analysis
定量分组 quantitative classification
定量浮游生物采样器 quantitative plankton sampler
定量浮游生物估算 quantitative estimation of plankton
定量给矿机 constant tonnage feeder
定量给料秤 constant feed weigher
定量给料斗 proportioner
定量给料机 constant(weight) feeder
定量给料器 batchmeter[batchmetre]; constant tonnage feeder; doser; hopper; measuring apparatus; metering device; proportioner
定量给砂机 constant weight feeder
定量供料秤 constant feed weigher
定量供料器 calibrated feeder
定量供料与混合 weigh feeding and blending
定量供应 fixed supply; rationing
定量供应本 ration book
定量构效关系法 quantitative structure activity relationship
定量估算 quantitative estimation
定量古生态学 quantitative paleoecology
定量关系 quantitative relation(ship)
定量观测 quantitative observation
定量观察 quantitative observation
定量光谱分类 quantitative spectral classification
定量化 quantification; quantization; quantize
定量化学分析 quantitative chemical analysis
定量混凝土 metered concrete
定量计数器 batching counter
定量计算 quantitative evaluation
定量技术 quantitative technique
定量加料 dosing
定量加料斗 batch hopper
定量加料器 doser
定量加料装置 dosing unit
定量加氯机 portion chlorinator
定量监测 quantitative monitoring
定量监控 quantitative monitoring
定量检查 quantitative check; quantitative examination
定量检验 quantitative examination
定量浇包 meter ladle
定量结构活性关系 quantitative structure activity relationship
定量结构与生物降解性关系 quantitative structure-biodegradability relationship
定量结构与性质相关关系 quantitative structure-property relationship
定量结果 quantitative result
定量解释 quantitative interpretation
定量解译 quantitative interpretation
定量界限 quantitative limit
定量金相雪 quantitative metallography
定量进给装置 weigh feeder
定量进料 computed feed(ing)
定量进料器 proportioning feeder
定量浸注法 empty-cell process
定量经济预测 quantitative economic forecast
定量决策分析 quantitative decision analysis
定量库存管理制度 management system of ration stock
定量矿床学 quantitative metallogeny
定量理论 quantification theory; quantitative theory
定量流 stationary flow; steady current; steady flow
定量流变学 quantitative rheology
定量流动 fixed rate flow
定量滤纸 quantitative filter paper; quantitative paper
定量马达 constant displacement motor; fixed(-displacement) motor
定量模拟 quantitative modeling
定量模型 quantitative model
定量目标 quantitative objective
定量凝胶扩散试验 quantitative gel diffusion test
定量判读 quantitative interpretation
定量判断 quantitative judg(e)ment
定量判据 quantitative criterion
定量配额 volume quota
定量配给 rationing
定量配给限额 rationing
定量配料仓 batching silo; proportioning silo
定量配料设备 rationing equipment
定量偏光显微镜 quantitative polarizing microscope
定量评价 quantification; quantitative assessment; quantitative evaluation
定量评价标准 quantitative evaluation standard
定量器 batcher; dosing[dozing] plant; proportioner
定量取样仪 quantitative sampling equipment
定量生态控制法 quantitative methods of ecological control
定量失真 quantization distortion
定量实验 quantitative experiment
定量示踪(法) quantitative tracing
定量示踪器 quantitative tracer
定量试验 quantitative test(ing); quantity test
定量收集 quantitative collection
定量输送泵 constant-delivery pump; quantitative delivery pump
定量数据 quantitative data
定量(数)值 <多用于路线评价等> quantitative value
定量水 <拌和水泥时的规定量用水> ga(u)ge water; ga(u)ging water
定量水表 fixed quantity water meter
定量水流 steady flow
定量水生生态学 quantitative hydroecology
定量水文学 quantitative hydrology
定量(送料)泵 constant displacement pump
定量特性 quantitative characteristic
定量调节 batching; quantitative regulation
定量调节器 metering control
定量贴现 quantity discount
定量图像分析仪 quantitative image analyser[analyzer]
定量喂料机 constant weight feeder
定量吸附 quantitative adsorption
定量吸收 quantitative absorption
定量稀释剂 quantitative dilution
定量系统分析 quantified system analysis
定量下料器 fixed quantity feeder
定量显微镜 quantitative microscope
定量限 limit of quantitation
定量相互关系 quantitative correlation
定量相似 quantitative similarity
定量效应 quantitative effect
定量心理学 quantitative psychology
定量信息 quantitative information
定量形态学 quantitative morphology
定量型控制器 batch-type controller
定量研究 quantitative investigation; quantitative study
定量叶片泵 constant flow paddle pump
定量叶片式液压马达 rational vane hydraulic motor
定量用水 <拌和水泥时的规定量用水> ga(u)ging water
定量预报 quantitative forecast(ing); quantitative prediction
定量预测 quantitative prediction
定量元素分析 quantitative elemental analysis
定量振动 quantitative shock
定量指数 a quantitative index
定量注射 calibrated shot; measured shot
定量装矿器 measuring bin
定量装料仓 batcher hopper
定量装填机 volumetric(al) filler
定量装卸器 loading cart
定量装载器 loading cartridge
定量装置 dosing device; measuring apparatus; module; proportioner
定量准则 quantitative criterion
定量资料 quantitative data; quantitative information
定量自动秤 quantitative automatic balance
定量自动浇注 liquimetric autopour
定量自体放射照相术 quantitative autoradiography
定量作业管理 task management
定料单 order bill

定零点 zeroing;zero setting
定零位装置 zero checker
定零装置 balancing
定流 steady flow
定流充电 constant current charge
定流电动机 constant current motor
定流发电机 constant current dynamo(tor);constant current generator
定流放电 discharge at constant current
定流控制 constant current control
定流量 constant flow
定流量抽水试验 constant-discharge pumping test
定流配电 constant-current distribution
定流式 constant current type
定流速 constant velocity
定流调整器 constant current regulator
定流调制 constant current modulation
定流油嘴 metering nozzle
定流制 constant current system
定路线 routing
定律 cannon;law
定率 fixed rate
定率递减法 fixed percentage of a declining method
定率递减余额 fixed percentage of a declining balance
定率递减折旧法 fixed-percentage-on-declining balance depreciation method
定率减值折旧 depreciation-fixed percentage of diminishing value
定率税 rated tax
定率折旧法 fixed percentage depreciation method
定轮 fixed pulley
定轮轨道 roller path
定轮(平板)闸门 fixed roller gate
定轮小车 <平板闸门的> rolling truck
定轮叶式水轮机 fixed blade turbine
定轮叶旋桨式水轮 fixed blade propeller wheel
定轮叶旋桨式水轮机 fixed blade propeller(type)turbine
定轮闸门 coaster gate; fixed axle gate; fixed roller gate; fixed wheel gate;roller gate;wheeled gate
定螺距螺旋桨 fixed pitch propeller; true screw
定螺栓 set bolt
定落差水位-流量关系 constant-fall rating
定门器 door holder
定名 disignation;naming
定名的 appellative
定名法规 name policy
定名规则 name policy
定名者 names authority
定名支票 order cheque
定模 <压铸用> cover half;fixed die half
定模板 solid plate
定模拟比例因子 analog(ue) scaling factor
定牧 set grazing;set stocking
定牧畜群 set stock
定挠率曲线 curve of constant torsion
定闹盘 locking plate
定年龄 dating
定捻器 twist setter
定扭矩式 torque control
定浓度法 steady dilution method
定排量泵 constant flow pump
定排量变压力泵 fixed-displacement-variable pressure pump
定排量液压马达 constant displacement hydraulic motor; fixed-displacement motor
定喷 direction jet grouting
定喷灌浆法 directional jet grouting
定喷注浆 direction jet grouting
定膨胀合金 controlled expansion coefficient alloy
定皮重 taring
定片 stator
定片式弹簧 lock washer type spring
定坡 bring to grade
定坡板 <其宽度与突沿突出距相等> margin temple
定坡度 grade(d);grading;level
定坡度钢钎 grade pin
定坡线 grade reference
定坡河川 grade stream
定破碎板 stationary crushing
定期 at fixed period; fixed due date; fixed term
定期按指数调整的规定 <工资、物价等> escalator
定期班船 shuttle ship
定期班机 regular air service; scheduled aircraft
定期班轮 line post; liner; regular liner; liner ship
定期班轮专用泊位 accommodation berth
定期保险 fixed term insurance; term insurance; time insurance
定期保险单 time policy
定期保续收获 sustained annual yield working
定期报表 periodic(al) statement
定期报告 periodic(al) report
定期标定试验 periodic(al) calibration test
定期补沙护滩 periodic nourishment
定期补助(金) regular aid
定期不定期两用船 tramp-liner
定期采伐量 period cut
定期采样 periodic(al) sampling; routine sampling
定期操作器 routineer
定期测定 periodic(al) measurement; routine measurement
定期测量 periodic(al) measurement; routine measurement
定期测试器 routineer; routine test set
定期测试日程表 schedule of periodic(al) tests
定期测试塞孔 routine test jack
定期测试时间表 schedule of periodic(al) tests
定期测试装置 routineer; routiner
定期查账 periodic(al) audit
定期偿还的债务 serial bond; time-payment debts
定期称重 routine weighing
定期成本计算 regular cost computation
定期重建路面 periodic(al) renewal pavement
定期重新估价租约 revaluation lease
定期除灰 intermittent dust removal; periodic(al) dust dislodging
定期船 liner boat; regular ship
定期船舶交通 line traffic
定期船港 liner port
定期船运输 scheduled service
定期船租 time charter
定期存款 dated deposit; deposit(e) account; fixed account; fixed (term) deposit; periodic(al) deposit; savings account; term deposit; time deposit
定期存款票据 time certificate
定期存入等量数目款项到期后的未来价值比 future worth of one per period
定期大修 periodic(al) overhaul; periodic(al) renewal; scheduled overhaul
定期贷款 term loan; time loan; time mean speed
定期单位支出计算 periodic(al) calculation of unit expenditures
定期的 fixed; periodic; terminal
定期的期刊 periodic
定期抵押 term mortgage
定期调查 periodic(al) investigation
定期订费 terminal subscription
定期订货系统 periodic(al) ordering system
定期定单 time order
定期定额付租租契 flat lease; straight lease
定期飞机 aerial liner
定期分析 periodic(al) analysis
定期风 anniversary wind
定期付 on term
定期付费的用户 flat rate subscriber
定期付款 payable at a definite time; payable at a fixed date; payable at a fixed time; payment on terms; periodic(al) payment; scheduled payment; time payment; terminal payment
定期付款计划 periodic(al) payment plans
定期付款票据 bill payable at fixed date
定期复查 periodic(al) review
定期隔离沟 phased isolation ditch
定期更换 age replacement
定期更新 periodic(al) renewal
定期工作报告 periodic(al) performance report
定期公债 serial bond
定期固定收入 determined periodic(al) income
定期观测 periodic(al) observation; routine observation
定期观测时间 term of hour
定期观察 periodic(al) observation; routine observation
定期航班 scheduled flight
定期航空(公司) air line
定期航线 regular line; regular service; regular sailing
定期航行 regular service; regular voyage
定期航运 line shipping
定期航运业务 regular linear service
定期合同 fixed term bill of exchange; fixed term contract; terminal contract
定期换水 refreshing the water periodically
定期汇票 date draft; periodic(al) bill; time bill
定期会计核算 periodic(al) accounting
定期会议 periodic(al) meeting
定期货船 cargo liner
定期货款 time money
定期货轮 cargo liner
定期货运 time freight
定期货运班轮 cargo liner
定期集市 fair; kermis; market
定期加租 <按通胀率> graded lease
定期监测 periodic(al) monitoring
定期检测 periodic(al) examination
定期检查 calendar inspection; periodic(al) check; periodic(al) inspection; periodic(al) survey; regular check(ing); regular inspection; routine inspection
定期检查报告 periodic(al) inspection report
定期检修 periodic(al) inspection and repair; periodic(al) maintenance; periodic(al) repair; prophylactic repair; regular maintenance; regular overhaul(ing); routine maintenance; standard periodic inspection
定期检修的部件 time change component
定期检验 periodic(al) inspection; periodic(al) survey; regular inspect
定期见票即付票据 bill payable at sight after a fixed period
定期健康检查 periodic(al) health examination
定期交付 delivery on term
定期交付的租金 <英> gale
定期交货 delivery on term; fixed-date delivery; forward delivery
定期交款 payment at regular fixed time
定期交易合同 time contract
定期校准 periodic(al) calibration
定期校准试验 periodic(al) calibration test
定期接受防火检查的 fire bossed
定期警惕测试 periodic(al) acknowledg(e)ment test
定期开航 regular sailing
定期开启闸门电路 time gate
定期刊物 journal; periodic; period press
定期客船 passenger liner
定期客船队 passenger-liner fleet
定期客货轮 combination liner
定期(客货)轮船 liner
定期客轮 liner; passenger boat; passenger liner
定期客票 periodic(al) ticket
定期控制 cycle control
定期库存管理制度 management system of regular stock
定期快轮 <专载旅客和邮件> express liner
定期快速交通 regular service
定期快速列车 liner train
定期列车 liner
定期列车延误 12 小时限制 <美国,逾限就按列车命令运行> twelve hour limit
定期林分疏伐量 periodic(al) stand depletion
定期零担车 regular cartload wagon
定期旅行乘车船证 travel pass
定期轮船 line post
定期轮灌计划时间表 periodically rotation(al) irrigation schedule
定期轮灌制 roster system
定期贸易 time bargain
定期民航机 aerial liner
定期木材生长率 basic wood increment
定期排水 periodic drainage
定期排污 intermittent blowdown; periodic(al) blowdown; periodic(al) discharge; periodic(al) drainage
定期排污管 periodic(al) blow of pipe; periodic(al) drainage pipe
定期排污监测报告 periodic(al) discharge monitoring report; periodic(al) drainage monitoring report
定期盘存 periodic(al) inventory
定期盘点 periodic(al) inventory; periodic(al) review
定期漂移 periodic(al) drift
定期票 periodic(al) ticket; season-ticket
定期票据 day bill; fixed bill; fixture note; time draft

定期票旅客 commuter
定期平均年生长量 periodic(al) mean annual increment
定期平均年疏伐量 periodic(al) mean annual intermediate yield
定期弃行合同 instalment contract
定期清查额定载量 <根据桥上资用应力或其原始设计载重> usual inventory rating
定期清洁维修 period cleaning serving inspection
定期清理 periodic(al) cleaning
定期清洗 scheduled cleaning
定期取油样化验 scheduled oil sampling
定期人寿保险 term life insurance
定期任用 fixed term appointment
定期润滑 periodic(al) lubrication
定期润滑的轴箱 periodically lubricated axle-box
定期润滑的轴箱轴承 periodically lubricated bearing axle-box
定期扫描 periodic(al) scanning
定期审查 periodic(al) review
定期升租租契 step-up lease
定期生长量 periodic(al) increment
定期生活津贴 stipend
定期试验 periodic(al) test; routine test
定期试验表 routine test schedule
定期收获量 periodic(al) yield
定期收入 income
定期涛扫 scheduled cleaning
定期体格检查 periodic(al) physical examination
定期调整 periodic(al) adjustment; periodic(al) regulation; routine adjustment
定期停歇时间 regular down time
定期往返班船 shuttle ship
定期维护 maintenance routine; periodic(al) maintenance; routine maintenance; scheduled maintenance
定期维修 periodic(al) maintenance; routine maintenance; scheduled maintenance
定期维修时间 scheduled maintenance time
定期维修作业 periodic(al) maintenance operation
定期坞检 periodic(al) docking survey
定期吸收式空气调节 absorption cycle air conditioning
定期下工地 periodic(al) visit to the site
定期小修 repair work; simplified periodical
定期信用贷款 fixed loan unsecured
定期修测 cyclic(al) revision; repair on schedule
定期修理 periodic(al) overhaul; preven(ta)tive maintenance; preventive overhaul; scheduled repair; periodic(al) repair
定期修缮制 system of periodic(al) maintenance
定期养护 periodic(al) maintenance
定期养护制 system of periodic(al) maintenance
定期养老金 term annuity
定期银行存款账户 regular bank account
定期邮船 mail liner; mail packet
定期预报 regular forecast(ing)
定期预算 periodic(al) budget; time budget
定期预算的编制 periodic(al) budgeting
定期远洋船 ocean liner
定期运行 periodic(al) operation; regular service
定期运行列车时刻表 regular service timetable; scheduled timetable
定期增加的年金 increasing annuity
定期债券 fixed bond; term bond
定期支付 payment in term; time payment
定期支付票据 bill payable on fixed date
定期支票 time check
定期直达列车 freight liner
定期直达列车运输 freightliner service
定期住宅普查 census of housing
定期装运 time shipment
定期租车契约 time charter
定期租船 time charter; time freight
定期租船雇佣 time charter hire
定期租船合同 time charter(party)
定期租船契约 charter by time; time charter(card)
定期租船租金 time charter hire
定期租赁 periodic(al) tenancy; term lease
定期租税 gavel
定期作业分区 periodic(al) block
定钱 deposit money; earnest
定亲回归 constant parent regression
定倾半径 metacentric radius
定倾中心 metacenter[metacentre]
定倾中心高度 metacentric height
定区放牧法 set-stock grazing
定曲线 curve setting
定圈式指示器 fixed coil indicator
定权码 constant weight code
定群研究 cohort study
定人定时呼叫 appointment call
定人呼叫 person-to-person call
定日镜 heliostat
定容 constant volume
定容比热 constant volume specific heat; specific heat at constant volume
定容采样 constant volume sampling
定容的 isovolumetric(al)
定容回热循环 constant volume regenerative cycle
定容混合器 volumetric(al) blender
定容积瞬时提水(或注水)试验 slug test
定容量泵 fixed delivery pump
定容量马达 fixed-displacement motor
定容平衡常数 equilibrium constant at constant volume
定容气体温度计 constant volume gas thermometer
定容取样器 constant volume sampler
定容燃烧 constant volume burning; constant volume combustion
定容式鼓风机 constant volume blower
定容式冷凝器 fixed condenser
定容循环 constant volume cycle
定塞器 stopper fastener
定色剂 fixative; fixer
定色料 colo(u)r fixing
定色液 fixative
定砂栅 sand arresting hedge
定筛箕淘机 fixed-sieve jig
定筛跳汰机 buddle jig; fixed-sieve jig
定闪光 fixed and flashing light; undulating light
定闪互光 alternating fixed and flashing
定深度锯 ga(u)ge saw
定深浮游生物采集器 discrete depth plankton sampler
定深取样 constant depth sampling
定深取样器 constant depth sampler
定深扫海测量 sweeping at definite depth
定深水槽 constant depth flume
定湿计 psychrometer
定施工标桩 construction stakeout
定时 clocking; definite time
定时班车 shuttle
定时保险丝 time fuse
定时报文 timing telegram
定时曝光 time exposure
定时曝光操纵法 time exposure technique
定时曝光控制计 intervalometer
定时曝光控制器 intervalometer
定时爆破 timed explosion
定时爆破控制 timing and firing control
定时爆炸 time break
定时泵制 timed pump system
定时闭合接点 time closing contact
定时标灯 timing lamp
定时标记 fixed timing mark
定时标志 time mark; timing index; timing mark
定时标志检验 timing mark check
定时表 timing indicator
定时波放大器 timing-wave amplifier
定时播发 broadcasting on schedule
定时泊车 disc parking
定时采购的样品 grab sampler
定时(采集的)试样 grab sample
定时采样 timing sampling
定时操作 fixed cycle operation; in-time operation
定时测定方式 fixed-time testing plan
定时车站 timed stop
定时程序 timing routine
定时程序控制 timing and sequencing control
定时秤料装置 batch timing device
定时齿轮 timing gear; time gear
定时齿轮盖 timing-gear cover
定时齿轮壳 timing-gear housing
定时齿轮室 timing-gear chamber; timing plate
定时齿轮系 time gears; timing gears; timing-gear train
定时齿轮箱 timing-gear box; timing-gear case
定时齿轮箱盖 timing-gear-case cover
定时齿轮装置 timing gear
定时冲洗 periodic(al) flushing
定时抽取 timing extraction
定时触发脉冲 trigger-timing pulse
定时磁盘 timing disc[disk]
定时淬火 time quenching
定时错误 timing error
定时单向通行标志 periodic(al) one-way sign
定时单元 timer unit
定时导火线 time fuse
定时的 delayed action; fixed time; pretimed; timed; timing
定时的信号控制 fixed-time signal control
定时点火 delay firing; ignition timing
定时电动机 timing motor
定时电雷管 electric(al) delay blasting cap
定时电流开关 timing current switch
定时电路 timing circuit
定时电容 timing capacitor
定时电压 timing voltage
定时垫圈 timing washer
定时定温显影 time and temperature development
定时抖动 timing jitter
定时断电 breaker timing
定时断开 time cut-out; time opening
定时断开接点 time opening contact
定时断路 time cut-out
定时断路器 timed breaker
定时多路传输 time multiplex
定时多路发送 timer multitransmission
定时发火变化角 timing angle
定时发生器 timing generator
定时阀 tarry valve; timing valve
定时阀制 timed valve system
定时方案 timing plan
定时放电率 time-discharge rate
定时放行式 fixed-time greenlight mode
定时分隔 timed separation
定时分析 timing analysis
定时分析程序 timing analyser[analyzer]
定时分析器 timing analyser[analyzer]
定时分享安排 time-sharing arrangement
定时风缸 timing reservoir
定时浮标 timing buoy; timing float
定时杆 timing lever
定时杆柱螺栓 timer lever stud
定时高温计 telepyrometer
定时工资 straight time wage
定时供暖 discontinuous heating
定时供应热水 timed hot water supply; timing hot water supply
定时(关闭)锁 subsequent lock
定时观测 measurement at fixed hours; observation at fixed hours; regular observation; standard observation; timed observation
定时观测时(间) term hour
定时广播 fixed-time broadcast
定时轨道电路 timing track circuit
定时荷载 intermittent load(ing)
定时虹吸 time(d) siphon[syphon]
定时呼叫 fixed-time call
定时花的 horological
定时恢复 time recovery; timing recovery
定时回扬 timing back-pumping
定时火花放电装置 timed spark system
定时货运 time freight
定时机构 timing mechanism
定时机构起动器 time element starter
定时计 intervalometer; timing ga(u)ge
定时计算电路 timer counter circuit
定时记号 timing mark
定时记录器 time recorder
定时继电器 electrotimer; timed-relay; time(element) relay; timing relay
定时寄存器 timing register
定时加速度 timed acceleration
定时间距摄影 <测车速用> time-lapse photo
定时检查 regular check
定时检验 fixed-time testing
定时交通信号 fixed-time traffic signal; pretimed traffic signal; time-controlled traffic signal
定时接触器 timing contactor
定时解锁 definite time limit release
定时解锁电路 time release scheme
定时解锁继电器 time release relay
定时解锁器 time release
定时解锁图 time release scheme
定时浸水灌溉 timely ponding irrigation
定时距摄影机 <交通观测用> time-lapse camera
定时开闭花 equinoctial flower
定时开放的无线电通信[讯]业务 scheduled radio communication service
定时开关 switching on clock; time break; time release; time switch;

D

timing switch
定时开启门电路 time gate
定时孔 < 测斜仪 > timing hole; time port
定时控制 fixed clock time control; time control; timing-control
定时控制的 time-controlled
定时控制器 clock controller; timing controller
定时控制托架 timer control bracket
定时控制字 timer control word
定时雷管 delay-action cap; delay-action exploder; delay cap; delay detonator
定时链 timing chain
定时链连杆 timing-chain connecting link
定时链锁节 timing-chain lock
定时链条 timing chain
定时流量控制 time flow control
定时螺母 timing nut
定时螺丝 timing bolt
定时脉冲 commutator pulse; position pulse; time control pulse; timing (im) pulse
定时脉冲发生器 timing pulse generator
定时脉冲分配器 timing pulse distributor
定时脉冲继电器 time pulse relay
定时脉冲形成器 timing pulse shaper
定时门 time gate
定时命令 timer command
定时模拟 fixed clock time control
定时霓虹灯测验器 neon timing light tester
定时盘 timing disc[disk]
定时配电盘 timer distributor
定时频率 timing frequency
定时启门电路 time gate
定时器 intervalometer; keyer; time clock; timer; timing controller; timing device; timer advance < 提前发火 >
定时器定时脉冲 timer timing pulse
定时器记录脉冲 timer recording pulse
定时器接点 timer contact
定时器控制停车 timer cut-off
定时器时钟 timer clock
定时器轴 timer shaft
定时箝位 keyed clamp(ing)
定时切断道口信号的轨道电路 timed cut-out track circuit
定时切断继电器 time cut-off relay
定时曲线 timing curve
定时取集的样品 grab sample
定时取(集水)样 grab sample
定时取样 grab sampling; timing sampling
定时扫描 regular time scanning
定时设备 timing device; timing equipment
定时生长的品种 time-bound variety
定时失效 timing out
定时湿度 fixed-time humidity
定时时钟 time clock; timing clock
定时式主线控制 pretimed mainline control
定时试验 fixed-time testing
定时试验方案 fixed-time testing plan
定时试验计划 fixed-time testing plan
定时试样 grab sample
定时寿命试验 fixed-time test
定时算法 timing algorithm
定时锁 chronometer lock
定时锁闭 time locking
定时锁闭器 time lock
定时调整 timing adjustment
定时调整轴 timing adjusting shaft
定时停车 time cut-out
定时停灯 time cut-out
定时停机 time cut-out
定时通话 fixed-time call
定时凸轮 timing cam
定时图 timing diagram
定时推进式混合法联动信号系统 combined method of fixed-time progressions
定时推进式区间变换法联动信号系统 transit of fixed-time progressions
定时网络 timing network
定时温度 fixed-time temperature
定时误差 timing error
定时系统 timing system
定时显示 timing display
定时显微电影技术 time-lapse microcinematography
定时显影 time development
定时限 constant time-lag; definite time-lag; fixed-time-lag; independent time-lag
定时限保护 independent time lag protection
定时限反时限继电器 inverse time definite-time relay
定时限继电器 definite time relay; independent time lag relay
定时限控制 time element control; time limit control
定时限流法 pretimed metering mode
定时限流控制法 pretimed metering mode
定时限远距继电器 definite time limit distance relay
定时限周率继电器 definite time frequency relay
定时箱 timing case
定时信管 influence fuse; time fuse
定时信号 pretimed signal; timing signal; fixed-time signal
定时信号发生器 signal generator; timing (signal) generator; timing-wave generator; wave generator
定时信号控制机 timing controller
定时信号控制器 timing controller
定时信号振荡器 time base oscillator; timing generator; timing oscillator
定时信线 time fuse
定时循环 timing cycle
定时循环控制器 time cycle controller
定时延迟 fixed-time delay
定时延期炸药 time delay powder
定时仪 timer
定时仪表 timing device
定时已过 timing out
定时引爆 clockwork fuse; time fire; time fuse
定时(引爆)雷管 delay-action detonator
定时引信 time fuse
定时元件 delay element; time element; timing element
定时载荷 intermittent load(ing)
定时再生 timing regeneration
定时炸弹 time bomb
定时涨落的 tidal
定时针 time pin
定时振荡器 timing oscillator
定时指针 timing pointer
定时滞后 constant time-lag; definite time delay; definite time-lag; fixed-time-lag
定时中断 timer interruption
定时钟 timing clock
定时主控 timing master
定时转鼓 timing drum
定时转鼓的阀钮装置 timing-drum button setting
定时转筒 timing drum
定时装置 time limit attachment; timer; timer equipment; timer set; timing device; timing system; timing unit
定时自动开闭给料机 automatic timed gate feeder
定时作用 time action
定式火花式 timed spark system
定式决算表 pro forma statement
定势 einstellung; set
定收 fixed receiver
定收费标准 tariff
定束流中心 beam centering[centring]
定数法 deterministic approach
定数感应 quorum sensing
定数基础 deterministic base
定数计划试验 fixed number testing plan
定数检验 fixed number testing
定数论 determinism
定数论的 deterministic
定数试验 fixed number testing
定数振动 determination vibration
定水 bursting water
定水头 constant head
定水头渗透仪 constant head permeameter
定水位 constant(water) level
定水位井 flowing well
定水位滤池 constant level filter
定税率 tariff
定丝 fixed thread
定速 constant speed; pacing; constant velocity
定速步骤 rate-determining step
定速电动机 constant speed motor
定速过滤 filtration with fixed rate; filtration with fixed velocity
定速驾驶 constant speed steering
定速流动 fixed rate flow
定速录音 constant velocity recording
定速率干燥期 constant rate period of drying
定速螺(旋)桨 constant speed airscrew; constant speed propeller
定速器 speed setter
定速上坡能力 grade-speed ability
定速时钟 pacer clock
定速调速器 constant speed governor
定速万向节 constant velocity universal joint
定速应变试验装置 strain pacer
定速运送器 creeper
定速运行 constant speed running
定速运转 constant speed drive
定速装置 pacemaker; pacer
定酸量的 acidotic
定隧道标高 fixing the tunnel levels
定隧道高程 fixing the tunnel levels
定隧道直线 giving of line
定隧道准线 giving of line
定榫头的尺寸 dimensioning of joint(s)
定索 standing line; standing rigging
定态 stationary state; steady state
定态方程 steady-state equation
定态河口 steady-state estuary
定态模拟 steady-state simulation
定态特性 steady-state characteristic
定态运动 steady motion
定碳比 carbon ratio; ratio of non-volatile carbon to total organic carbon
定碳比较仪 carbon comparison meter
定碳比理论 carbon theory
定碳率 ratio of carbon
定碳仪 caranalyser[caranalyzer]; carbometer; carbon analyser; carbon determinator
定题情报检索 selective information retrieval
定题情报提供 selective dissemination of information
定体积比分量系统 pipet(te) system
定体积给料器 volumetric(al) feeder
定天镜 coelostat
定条件 conditioning
定通道 routing
定筒 safety barrel
定腿三角架 fixed leg tripod; solid-leg tripod
定腿三脚架 straight-leg tripod
定腿式人字起重机 stiffleg derrick crane
定位 finding; localization; locate; locating; location; orientation; position determination; position finding; position fix(ing); positioning; position-keeping; position reference; position-setting; range out; referencing; registration; rough positioning; siting
定位X射线照射装置 local X-ray apparatus
定位凹槽 detent
定位板 alignment plate; batter board; ga(u)ge plate; locating back; locating plate; location-plate; retaining plate; spacing board; stiffback; strong back
定位板条 leading frame
定位爆破 locating blasting
定位臂 access arm
定位标记 locating mark; positioning mark
定位标志 positional notation
定位表示 normal indication
定位表示灯 normal indication lamp; normal lamp
定位表示继电器 normal indication relay
定位表示器 normal position indicator
定位表示位置 normal indication position
定位表示线 normal indication wire
定位不当 misorient
定位布置 location layout
定位参数 locational parameter; positional parameter
定位操纵 fixed control; positioning control
定位槽 constant head tank; locating slot
定位测产 assessment of yield capacity
定位测定 position finding
定位测量 location survey; measure of location
定位测微镜 register glass; register tube < 镶嵌用 >
定位插头 polarized plug
定位程序 finder; locator
定位尺 counter bar; position bar; set rule
定位尺寸 location dimension
定位触点 set feeler
定位穿孔 positional punch
定位传感器 alignment sensor
定位船 positioning vessel; alignment boat
定位搭焊工 tacker
定位打孔器 pilot punch
定位单环 drop bracket
定位弹带 positioning band
定位挡 positioning stop
定位道 sprocket channel; sprocket track
定位道岔 normal points; normal switch; points in normal position
定位的 banking
定位地址数据 location address data
定位点 anchor point; fix(ed) point; locating point
定位点焊 tack weld

定位电极 keeper electrode
定位垫块 distance block; doughnut; distance piece
定位垫片 locating shim
定位垫座 soffit spacer
定位吊线环 dropper eye clamp
定位钉 dowel pin; guide pin; pilot nail
定位定向无线电信号发射机 localizer (beam) radio transmitter
定位动作接点 normal operating contact
定位抖动 alignment jitter
定位度盘 setting circle
定位短节 location sub
定位耳 chucking lug
定位阀 normal valve
定位阀座总成 locating valve seat assembly
定位法 localization method; method of plotting position
定位反馈 position feedback
定位范围 bearing zone
定位方式 locate mode; locating system; location mode
定位方式数据项 location mode data item
定位放大器 <镶嵌用> peeper
定位分析 locational analysis
定位浮标 location buoy; station buoy
定位(符)变量 locator variable
定位符号 position mark; setting mark
定位(辅助)设备 fixing aid
定位复示继电器 normal position repeating relay
定位杆 back stay; locating rod; registration arm; stop lever
定位缸 positional cylinder
定位钢筋 location reinforcement; spacer; spacer bar; stay
定位钢球 locking ball
定位钢桩【疏】spud
定位高程 setting-out level
定位格架 grid spacer
定位格式项 positioning format item
定位工艺孔冲头 ga(u)ge punch
定位工作 fixing work
定位工作台 positioning table
定位公差 alignment tolerance
定位功能 locate function
定位钩 hook end fitting
定位构件 setting-out element
定位管 locating bush; radar tube; registration arm; steady tube
定位管卡子 holder for tube
定位管支撑 tube support
定位光纤束 aligned bundle
定位规 alignment ga(u)ge; posting square; set(ting) ga(u)ge
定位规律 rule on orientation
定位焊 positioned weld; tack(ing); tack weld(ing)
定位焊点 tacked spot; tack weld
定位焊缝 tack weld
定位焊管法 welding of pipe in fixed position
定位焊机 tack welder
定位焊接 fixed-position welding; position(ed) weld(ing); tack welding; welding; positional welding
定位和半反位锁闭系统 normal and half-reverse lock system
定位和半反位锁闭制 normal and half-reverse lock system
定位和定向系统 position and azimuth determining system
定位和加固装置 <货物或集装箱装车后的> locating and securing device
定位滑道 locator slide
定位滑杆 locating slide rod
定位环 circlip; holding ring; landing ring; locating ring; retaining ring; set collar; set hoop; spacer ring
定位环套 distance ring
定位环线夹 cross-span wire clamp; eye end clamp for strands
定位活版盘 register galley
定位计数器 location counter
定位记号 alignment mark
定位剂 location reagent; setting compound
定位继电器 positioning relay
定位寄存器 location register
定位夹具 positioning fixture
定位间距 positioning space
定位监测器 fixed site monitor
定位检视器 register observation device
定位检索 retrieval by window
定位件 keeper; locations; positioning element; spacer
定位建筑物 positioning structure
定位键 alignment key; key bar; positioning key
定位交叉点 running fix
定位角 fixing angle; orientation angle
定位接点 normal contact
定位精度 bearing accuracy; holding position accuracy; positioning accuracy; setting accuracy
定位绝缘器 anchorage insulator
定位卡 locator card
定位开关 seat switch
定位刻线 ga(u)ge mark
定位孔 ga(u)ge hole; index hole; locating hole; location hole; pilot hole; spacing hole; sprocket hole
定位控制 positioning control; static control
定位控制器 positioning controller; register control
定位控制系统 positioning control system
定位控制线 normal control wire
定位块 distance holder; distance plate; locating block; locating piece; position block; set piece; setting block; spacer
定位框架 leading frame
定位缆索 retaining cable
定位连接 set-on connection
定位连接器 alignment connector
定位联锁 normal interlocking
定位量测 fixation measuring
定位量测放大镜 fixation measuring microscope
定位临时焊接 tack weld
定位轮箍 stationary tyre[tire]
定位罗盘 bearing compass
定位螺钉 attachment screw; dog screw; fixing screw; headless set screw; keeper; locating screw; pilot screw; positioning screw; retention screw; screw dowel; seat screw; set (ting) screw
定位螺母 set nut
定位螺扦 retention rod
定位螺栓 distance sink bolt; holding-down bolt; jack bolt; lock bolt; positioning bolt; screw dowel; set bolt; tack bolt
定位螺丝 attachment screw; locating screw; set screw
定位螺旋 set(ting) screw
定位码 alignment code; position code
定位脉冲 position pulse; sprocket pulse
定位锚 positioning anchor
定位铆 tacking
定位铆钉 dummy rivet; quilting rivet; tack(ing) rivet
定位面 locating surface
定位面公差 registering surface tolerance
定位模板 starter frame
定位木 spacing timber
定位木块 timber spacer
定位木条 fir fixed
定位能力 spotting ability
定位黏[粘]土砖 setting clay brick
定位盘附着系统 locating disc attachment system
定位配合 location fit
定位片 spacer
定位偏差 location deviation
定位旗 location flag
定位器 detent mechanism; fixture; hold-off arm; localizator; localizer; locator; positioner; range finder; restrictor; retainer; setter; spacer; spotter; steady arm
定位器臂架 positioner arm
定位器插头 locator pins
定位器管 steady arm heel
定位器连接环 link for steady arm
定位器联板 yoke for steady arm
定位器天线 localizer antenna
定位器限定 locator qualification
定位器销钉 pin for steady arm
定位器信标 locator beacon
定位铅锤 posting plumb
定位铅条 lead tack
定位曲线 setting-out curve
定位圈 locating ring; set collar
定位圈致动器 nest actuator
定位塞套 locating plug
定位三角 orientation triangle
定位三角形 astronomic(al) triangle; pole-zenith-star triangle; triangle of position
定位设备 locator device; position determining equipment
定位设备的操作方式 locator mode
定位设备状态 locator device state
定位摄影 <摄影时用无线电空中断面仪测高> positional camera photography
定位摄影机 positioning camera
定位声呐 fixed sonar
定位时间 positioning time
定位视线 visual line of position
定位试验 location test
定位数 location number
定位数据 locator data
定位数控 positioning numerical control
定位栓 pilot pin
定位栓塞 positioning spigot
定位双环 twin bracket
定位双头螺栓 locating stud
定位水泥沟渠工程 locating cement channeling
定位伺服机构 positioning servo
定位松土机 fixed scarifying attachment
定位隧道 localized tunnel
定位索 stay cable; cross-span wire【铁】; registration wire
定位索底座 bracket for head-span wire
定位索定位支座 cross-span drop bracket
定位锁闭 locked normal; normal locking
定位锁闭电磁铁 normal lock magnet
定位锁簧 normal dog
定位锁弹簧 click spring
定位塔 alignment tower; direction tower; sighting tower
定位台 laying-out bench
定位套 distance sleeve; locating sleeve
定位套管 dowel bush
定位条 stop
定位条件 local condition; location condition
定位条件锁闭 normal conditional locking
定位调节器 adjusting screw
定位调整器 positioning controller
定位铁 lug
定位投影器 positioning projector; spotting projector <绘图桌上用>
定位图 location drawing; location map; location of line; orientation diagram
定位网 network for location
定位网络 alignment network; fixer network; fixer system
定位位 sprocket bit
定位文件 locating file
定位文件结构 indexed file structure
定位稳定性 positional stability
定位问题 location problem
定位窝 dimple
定位物 keeper
定位误差 location error; positional error; positioning error
定位吸管式挖泥船 stationary suction dredger
定位系统 locating system; location referencing system; position fixing system; position(ing) system
定位系统图表法 locating method by statistic(al) graph
定位线 alignment wire; grade line; ground wire; holding line; line of position; orientation line; position (ing) line; range line; ranging line; setting-out line
定位线夹 contact wire clip; registration clamp; steady clamp
定位限定符 locator qualifier
定位销 adjusting pin; anchor pin; dowel(pin); fix stopper; guide pin; holding latch; index pin; knock pin; locating dowel; locating pin; locating stud; locating tab; locking pin; nest pin; plunger; positioning corn; positioning dowel; positioning key; positioning pin; register pin; set pin; steady arm; stop pin; steady brace
定位销钉 grooved stud; joggle; spacer lug; stop bolt; tommy; treenail; drift pin
定位销孔 dowel hole; knock hole
定位销总成 locating tab assembly
定位(楔形)片 spacer shim
定位心轴 spotting spindle
定位信标 localizator; localizer; location beacon
定位信号 framing signal; locating signal; positioning signal
定位信息 positioning information
定位修饰符 locator qualifier
定位悬臂 positioning boom
定位旋塞阀 positioned plug valve
定位选址 fixed-position addressing
定位要素 elements of fix
定位液压缸 positioning cylinder
定位仪 alignment ga(u)ge; locator; orientator; position indicator
定位仪系统 locator system
定位因素 location factor
定位与导航系统 position fixing and navigation(al) system
定位语句 locate statement
定位域 locator field
定位元件 setting element
定位元素 element of fix; fixed element

定位圆 position circle;setting circle
定位钥匙 normal key
定位运动 positioning movement;setting movement
定位针 pilot pin;register pin
定位值 setting-out value
定位指 setting finger
定位指示浮标 position buoy;positioning buoy
定位指示器 normal position indicator;positioning indicator;register guide
定位指针 positioning pointer
定位置 allocation
定位中误差 mean square error of a point
定位中心 center[centre] of location;location center[centre]
定位中心冲头 locating center punch
定位中心线 location center line
定位中心站 start drill
定位轴 locating shaft
定位轴承 guide bearing;location bearing
定位轴环 set collar
定位轴线 locating axis
定位柱 pivot post;reference column;registration mast
定位柱的定心作用 pivot action of the spuds
定位柱群 pivot post group
定位柱支架 pivot post bearing
定位爪 locating detent
定位桩 alignment pile;alignment stake;ga(u)ge pile;grouser;guide pile;guiding pile;king pile;leading pile;nose pile;pivot post;setting-out peg;spud(pile)【疏】
定位桩操作杆 spud lever
定位桩的定心作用 pivot action of the spuds
定位桩吊架 spud gantry
定位桩固定装置 <挖泥船的> spud keeper
定位桩架 spud frame
定位桩井筒 spud well
定位桩缆 spud cable;spud rope
定位桩倾放基座 spud-tilting seat
定位桩倾放装置 spud-tilting installation
定位桩群 pivot post group
定位桩升降滑轮 spud-hoisting sheaves
定位桩式趸船 spudded pontoon
定位桩索 spud cable;spud line
定位桩台车 spud carriage
定位桩台车滑槽 spud carriage slideway
定位桩台车行走轮 spud carriage travel(l)ing wheel
定位桩台车印刷电路板 printed board for spud carriage
定位桩台车自动控制装置 automatic controller for spud carriage
定位桩提升装置 spud hoist
定位桩挖泥船 spud dredge(r)
定位桩线 spud line
定位桩液压柱塞 hydraulic ram for spud
定位桩支架 pivot post bearing
定位桩作业 spudding
定位装置 aligning guide;detent;holding device;locating device;polarizing means;positioner;positioning device;registration device;setting device
定位装置行程 ga(u)ge travel
定位状态数据项目 location mode data item
定位锥 locating cone;position cone
定位子 locator
定位自变数 locator argument
定位钻 spotting drill
定位钻孔 layer position hole
定位作业方式 stationary way of operation
定位作业纸 position plotting sheet
定位作用 orientating function;positioning action
定位坐标 elements of a fix
定温 constant temperature
定温处理 temperature treatment
定温动物 homoiothermic animal;warm-blooded animal
定温控制 constant temperature control
定温室 temperature control chamber
定温探测器 fixed temperature detector
定温箱 incubater[incubator];temperature cabinet
定温箱温度 incubative temperature
定温自动报警 alarm thermostat
定温自动报警器 alarm thermometer;thermostatic alarm
定纹 weave setting
定纹工艺 coronising[coronizing]
定吸装舱挖泥船 stationary hopper dredge(r)
定息 fixed rate of interest
定息递增偿付抵押贷款 growing equity mortgage
定息债券 fixed interest security
定弦器 tuning hammer
定显液 stop bath
定显影 fixing development
定线 setting out;alignment;aline;establish line;large-scale setting out;laying out;lay of line;layout location;line location;localization;locate;locating;location(of line);location survey;marking out;peep out;peg(ging) out;peg to;plot a line;positioner of a line;range out a line;ranging(of line);route location;routing;run a line;set out(in line);set out line;siting;stake off;stake out;stake-setting;staking (out)
定线、定辆数、定车种的配空列车工作安排 arrangement for despatching empty wagon trains by specified train paths and number and types of wagons
定线标杆 aligning pole
定线驳船 captive barge
定线不准 disalignment;misalignment
定线测量 aligning;final survey;layout survey;location survey;route location survey;setting-out survey;center-line survey
定线测针 locating pin
定线程序 layout program(me);location procedure
定线打孔针 aligning punch
定线(大)旗 alignment flag
定线点 reference point
定线方法 routing method
定线方形的 squaring
定线放牧 trail herding
定线费 cost of location
定线分析 locational analysis
定线改正 alignment correction;correction for alignment
定线概尺 laying-out wire
定线杆 setting-out rod;setting rod
定线钢丝 alignment wire
定线工程师 locating engineer;location engineer
定线工作 setting-out work
定线公共汽车 fixing route bus
定线观测 fixed line observation
定线交通船 passage boat
定线校正 alignment correction;correction for alignment
定线可能性【道】location opportunity
定线目标 located object
定线坡度 locating grade
定线旗 location flag
定线起重机 captive crane
定线器 <测量用> back square;aligner;line ranger
定线曲线 <椭球面上的曲线,其上每一点至两端点的方位角相差 180°> curve of alignment;alignment curve
定线设计 alignment design
定线栓 pilot pin
定线调整 adjustment of alignment;rectification of alignment
定线图 alignment chart;alignment diagram;alignment map;layout plan;location map
定线图式 layout configuration
定线望远镜 aligning telescope
定线误差 alignment error;error of alignment;laying error
定线限制 alignment constraint
定线详图 setting-out detail
定线修正 alignment correction;correction for alignment
定线样板 screed guide;template
定线仪 layout machine
定线仪器 alignment instrument
定线用高强钢丝 piano wire
定线运行 fixed line operation
定线柱 staking pin
定线桩 alignment pole;alignment stake;setting-out peg;setting-out rod;setting stake;staking pin
定限电流 marginal current
定限继电器 marginal relay
定限雨量器 limit ga(u)ge
定相 phasing
定相变换器 phasing commutator
定相标记 phaseable mark
定相的 phased
定相灯 phasing lamp
定相电容器 phasing capacitor
定相互换器 phasing commutator
定相环 phasing ring
定相交换器 phasing commutator
定相脉冲 phase pulse;phasing pulse
定相器 phasing device
定相输出 uniphase output
定相调整 phase adjustment;phasing adjustment
定相调准 phase adjustment;phasing adjustment
定相位 <用二进位记录 0°或 180°> phase bit
定相位关系 phasing
定相线 phasing line
定相信号 phasing signal
定相序列 phasing sequence
定相装置 phasing unit
定相自动同步机 phasing synchro
定向 direction finding;orient;orientate;orientation;ranging;sense of orientation;take a drift
定向搬运车 directional carrier
定向爆破 blast-oriented;directional blasting;directional explosion;oriented blast(ing)
定向爆破截流 directional blasting closure;directional shooting closure
定向爆破筑坝 directional blasting damming
定向爆破筑堤 directional blasting damming
定向爆破装药 shaped charge
定向爆炸 directional explosion;directional shooting
定向爆炸回声测距 directional explosive echo-ranging
定向边 directed edge
定向编辑传输 edit-directed transmission
定向编辑传输格式 format of edit-directed transmission
定向编辑流 edit-directed stream
定向变量 orientation variable
定向变异 determinate variation;directed variation;directional variation
定向标 leading beacon
定向标本 directional specimen;oriented specimen
定向表面吸附 oriented adsorption
定向拨收 directive reception
定向波束 directed beam;directional beam
定向薄膜 oriented film
定向不变性 orientational invariance
定向参数 orientation parameter
定向槽 guide slot
定向测量 directional measurement;orientation(al) measurement;oriented survey
定向测深系统 positioning-sounding system
定向测雨器 vector ga(u)ge
定向插座 guide socket
定向超声束 direct ultrasonic beam
定向车道 bound lane
定向沉积 orientated deposition
定向程度 degree of orientation
定向程度指数 fabric index
定向传声器 directional microphone
定向传输 beam transmission;directional transmission
定向传输线路 beam transmission link
定向错误 misorient
定向带 oriented tape
定向单形 oriented simplex
定向导标 direction(al) beacon
定向导水率 directional hydraulic conductivity
定向导水性 directional hydraulic conductivity
定向的 directed;directional;directive;oriented
定向的对偶性原理 directional duality principle
定向的缩 directional shrinkage
定向的胀 directional swell
定向灯(标) directional light
定向灯塔 orientation light
定向等色线 oriented isochromatic
定向地雷 fougasse
定向地址 vectoring address
定向点 orientational point
定向电波 electrically oriented wave
定向电磁阀 direct selenoid operated valve
定向电视广播 fixed point-to-point television service
定向发射 beam transmission
定向发射机 beam transmitter;directional transmitter
定向发射装置 aimed launcher
定向发送 directive sending;directive transmission
定向阀 directional valve
定向法兰装置 orientation flange assembly
定向法则 orientation rule
定向反光板 <交通控制用> retroreflective sheeting
定向反光标志 retro-reflecting sign;retro-reflective sign

定向反光材料 < 向光源定向反光 > retro-reflecting material
定向反光路钮 retroreflector; retroreflector
定向反光片 retro-reflecting sheet
定向反射 directional reflection; direct reflection; orienting reflex; retro-reflection; specular reflection
定向反射光密度 specular density
定向反射镜 directional mirror
定向反射率 directional reflectance
定向反射面 specular surface
定向反应 orientation reaction; orienting response
定向方式 orientation(al) mode
定向方位 preferred orientation
定向方位图 preferred orientations diagram
定向放行式 fixed-time mode
定向分布 direction(al) distribution
定向分析 orientation analysis
定向浮子 directional float; direction float
定向辐射 beamed radiation; directed radiation; direction radiation
定向辅助设备 directional aids
定向伽马能谱取样 oriented gamma spectrum sampling
定向伽马取样 oriented gamma sampling
定向改良 orderly improvement
定向改正 orientation correction
定向干扰自动发射机 rottor
定向杆 directional pole; orientation lever; oriented rod
定向高频天线 directional high frequency antenna
定向公差 orientation tolerance
定向公共汽车 guided bus
定向功率 directive power
定向功率计 directional power meter
定向功率继电器 directional power relay
定向共晶高温合金 directionally-solidified eutectic superalloy
定向构造 aligned current structure; directional structure
定向固定格栅 directional fixed grill(e)
定向光栅 blazed grating
定向光束 directed beam; directional beam
定向光源 directional light source
定向广播 directional broadcast(ing)
定向归航 directional homing
定向过流继电器 directional overcurrent relay
定向海流计 directional current meter [metre]
定向航标 directional aids
定向航空摄影 directed aerial photography
定向和测距(装置) determination of direction and range[dodar]
定向恒星 orientation star
定向滑块 bearing block
定向回路 oriented circuit
定向回声测深(法) directional echo sounding
定向积淀 directional deposition
定向基准数据 orientation reference data
定向极化 dipole polarization; orientation polarization
定向计数器 directional counter
定向技术 directional technique
定向继电器 direction(al) relay; directive relay
定向减数分裂 oriented meiotic division
定向剪力盒 directional shear cell
定向剪切盒 directional shear cell
定向检(探)测器 directional detector
定向交叉(口) directional cross; directional intersection
定向交通 direction(al) traffic
定向角 angle of orientation; orientation angle
定向接地继电器 directional ground relay
定向接收 beam reception; directional reception
定向接收调谐 tuning for radio-beam
定向接头 direction sub; directive joint; oriented coupling
定向结构 directive structure
定向结晶 crystallographic(al) orientation; directional crystal; directional solidification; oriented crystallization
定向金刚石 oriented diamond
定向金刚石钻头 oriented diamond bit
定向近井点 near shaft point for orientation
定向井 controlled by directional well; deflected well; directional well
定向井测量 directional well surveying
定向井注水泥 directional well cementing
定向矩阵 orientation matrix; oriented matrix
定向距离继电器 directional distance relay
定向聚合 stereotactic polymerization
定向聚合物松套光纤 oriented polymer loose tube fiber
定向聚焦测氦仪 oriental focusing helium detector
定向聚氯乙烯压力管 oriented polyvinyl chloride pressure pipe
定向开关 sense-finding switch
定向颗粒纸 particle-oriented paper
定向可变耦合器 transvar coupler
定向可控天线 limited steerable antenna
定向孔 controlled by directional hole
定向孔测量 orienting well survey
定向控制 directional control
定向控制阀 directional control valve
定向控制凿岩 controlled directional drilling
定向馈电 directive feed
定向扩散 directional diffusion
定向冷却 directional cooling
定向离合器 direction(al) clutch
定向力 directive force
定向力障碍 disorientation
定向立体交叉 directional interchange
定向历元 epoch of orientation
定向连接测量 orientation connection survey
定向连接点 connection point for orientation
定向灵敏度 alignment sensitivity; directional selectivity
定向流速仪 directional current meter [metre]
定向滤波 directional filtering
定向滤波器 directional filter
定向滤光器 optic(al) directional filter
定向罗盘 direction(al) compass; orientation compass
定向马氏体 unidirectional martensite
定向漫反射 directional diffuse reflection
定向膜 directional film; oriented film
定向目标的 object-oriented
定向凝固 controlled directional solidification; directional solidification; orientated solidification; unidirectional solidification
定向凝固的共晶体复合材料 in-situ composite
定向凝固设备 apparatus for directional solidification
定向偶极子 directed dipole; director
定向耦合器 directional coupler; directive feed
定向抛掷 directional throw
定向抛掷爆破 directional pin-point blasting
定向刨花板 oriented strand board
定向培养 directed education
定向喷管 orientation nozzle
定向喷射式燃烧室 directed spray type combustion chamber
定向喷雾 directed spraying
定向屏蔽 baffle
定向起重机 pylon
定向器 azimuth mirror; direction(al) finder; direction meter; director; finder; orientator; oriented device; orienting device
定向器材 directional aids
定向迁移 directional migration
定向嵌段 stereo-block
定向切片 oriented section
定向侵蚀 direction erosion; directive erosion
定向渠化 directional channelization
定向取芯 orientating coring; orientation coring
定向取芯筒 orienting core barrel
定向取样补偿值 oriented sampling compensation value
定向取样灵敏度 prepare channel sensitivity of oriented sampling
定向取样主道灵敏度 main channel sensitivity of oriented sampling
定向扫描 directional scanning
定向栅格 guide grid
定向设备 orientation equipment
定向设备进近 direction finding facility approach
定向设计小时交通量 direction(al) design-hour volume
定向射束 directional beam
定向射线 directed beam; directed ray
定向渗透率 direction permeability
定向生长 orientated growth
定向声呐浮标 directional-listening sonobuoy
定向时间 directional time; orientation time
定向式立(体)交(叉) directional crossing; directional interchange
定向式匝道 directional ramp
定向试样 oriented sample; oriented specimen
定向收集器 directional collector
定向树【数】 directed tree; bearing tree; oriented tree
定向树形(网络) directed tree
定向数据输出格式 format of data directed output
定向数字 orientation figure
定向衰减器 directional attenuator
定向双联晶 oriented bicrystals
定向水 ordered water; oriented water
定向水听器 directional hydrophone
定向思维 directed thinking
定向搜索 beam search
定向塔 direction tower
定向台 direction finding station
定向探测器 directional detector
定向特征 directional characteristic
定向天线 beam(ed) antenna; directed antenna; directional antenna; directive antenna; gain antenna; spray antenna
定向天线馈电线 beam antenna feeder
定向天线系统 beam aerial system; beam antenna system
定向天线元件 tier
定向天线阵 beam array; tier array
定向调幅 directional amplitude modulation
定向调节 orientation adjustment
定向调频 directional frequency modulation
定向调制 directional modulation
定向挺杆 traffic lever
定向通风控制 oriented ventilation control
定向通信[讯] beam communication
定向通信[讯]系统 beam system
定向统计学 orientation statistics
定向投影 orientation projection
定向图 beam pattern; orientation diagram; oriented graph
定向推力发动机 orienting thrust motor
定向陀螺(仪) directional gyro(scope); directive gyro(scope)
定向瓦特表 directional wattmeter
定向弯头 guide elbow
定向微观结构微晶玻璃 orientated microstructure glass-ceramics
定向未知数 orientation unknown
定向无环图式 oriented loopless graph
定向无线电 beam wireless; directional radio
定向无线电报学 directional radiotelegraphy
定向无线电传送 point-to-point
定向无线电传真 beamcast
定向无线电导航信号台 course beacon; directional radio navigational beacon
定向无线电叠标 directional radio range
定向无线电发射 radio beam transmitting
定向无线电发送 radio beam transmitting
定向无线电航标 directional beam beacon
定向无线电射束 radio vector
定向无线电台 directive radio station
定向无线电信标 directional radio beacon
定向无线电信号 directional radio signal
定向无线电信号台 directional radio station
定向无线电指向标 directional radio beacon; directive radio beacon
定向无线电装置 directional wireless installation
定向误差 directional error; orientation error
定向系数 directive factor; directivity factor
定向系统 orientation system
定向纤维 aligned fiber
定向纤维板 oriented strand board
定向纤维预成型设备 directed fiber preforming equipment
定向线 direct(ed) line
定向线路 guide way
定向线圈 directional coil
定向相位转换器 directional phase changer
定向像片 oriented photograph; oriented picture
定向消息 direct message
定向效率 directive efficiency
定向效应 directional effect; orienta-

tion effect
定向楔装置 orienting member
定向芯头 core print with register
定向信标 directional beacon
定向信号接收机 directional receiver
定向行车道标 directional carriage-way marking
定向行为 orientation behavio(u)r
定向型互通立交 directional-type interchange
定向型立体交叉 directional interchange
定向型三牙轮钻头 directional-type tricone bit
定向性 directing property;directional property; direction-sense; stereotaxis
定向性受益 directional gain
定向性效应 directionality effect
定向性运动 direction sense movement
定向絮凝 oriented coagulation
定向选择 directional selection;orthoselection
定向靴【岩】mule shoe
定向循环 constant circulation;orientation cycle
定向压力 directed pressure; directional pressure
定向压模 direction load cast
定向烟 direct smoke
定向岩芯 oriented core
定向岩芯管 oriented core barrel
定向研究 directed research
定向扬声器 directional loudspeaker
定向仪 apparatus for orientation;azimuth finder; coelostat; direction-(al) finder; orientation device; orientator
定向移相器 directional phase shifter
定向翼缘装置 orientation flange assembly
定向银幕 directional screen
定向引导 alignment guidance
定向有机玻璃板 orientated acrylic sheet
定向雨量计 vector rain ga(u)ge
定向语句 directive statement
定向元素 orientation element
定向孕镶金刚石钻头 oriented-impregnated bit
定向运动 orientational movement
定向匝道 direct ramp
定向凿岩 directional drilling
定向增益 directive gain
定向炸药包 directive charge
定向照明 directional lighting; spotlighting
定向照片 oriented photograph;oriented print
定向振动 directional vibration
定向织构 orientational texture
定向直流继电器 directional direct current relay
定向指令声呐浮标系统 directional command activated sonobuoy system
定向指数 directivity factor;directivity index
定向酯交换 directed interesterification
定向制 <无线电等> beam system
定向中断 vectored interrupt
定向中继 directional relay
定向中心 oriented core
定向注射 direct injection
定向柱状晶铸造 directional casting
定向转换开关 bearing-sense switch
定向装置 bearing unit;orienting device
定向阻抗继电器 directional impedance relay
定向钻杆 directional pipe;directional rod;oriented pipe;oriented rod
定向钻机 directional drill rig
定向钻进 angled drilling; controlled (angle) drilling; directed drilling; directional drilling; prevention of deviation drilling;cable-tool drilling
定向钻进技术 directed drilling technique
定向钻进器具 directional drilling tool
定向钻进作用的回转器 directional drilling head
定向钻井 directed drilling;directional drilling
定向钻具 directional tool; directive tool
定向钻孔 angle hole;directional drilling;directional hole
定向钻孔方位测量 orienting hole survey
定向钻探系统 directional boring system
定向钻头 directional bit;lead bit;pilot bit
定向作用 directional action;directive action
定斜尺 battering rule
定斜度板 batter board
定斜度规 batter rule
定斜法感光度 gradient speed
定斜规 batter(ing) ga(u)ge;battering rule;batter templet
定斜器 batter rule
定斜样板 batter template;batter templet
定斜桩 batter peg
定心 alignment; centre; dotter; mark with the center[centre];spotting
定心棒 aligning bar;aligning stud
定心标 centering mark
定心部 bourrelet
定心冲压机 center[centre] punch
定心带 bourrelet
定心丹 cardiotonic tablet
定心电位器 centering potentiometer;centring potentiometer
定心规 center ga(u)ge
定心环 centering[centring] ring
定心机 centering[centring] machine
定心机构 centring device
定心夹具 centralizer
定心尖 cutter point
定心卡具 centering[centring] tongs
定心卡爪 centering jaw
定心孔 internal point
定心孔塞 center[centre] bridge
定心螺钉 central screw
定心器 centering apparatus;centering guide;centralizer;plumbing fork
定心栅格 centered[centred] lattice
定心弹簧 centering spring
定心套 adapter sleeve;centring sleeve
定心调整 centering adjustment
定心凸出物 centring spigot; spigot edge
定心凸轮 centring jaw
定心线圈 frame coil
定心销 centering pin
定心圆锥 centring cone
定心圆锥式开卷机 cone-type feed reel; cone-type payoff reel; cone-type uncoiler
定心造型机 centring mo(u)lding machine
定心装置 centering device;centering piece; centralizer; centre fixture; centring device
定心钻 pilot drill;spot drilling;spotter
定心座 footstock;rootstock
定信号相位 phase
定星镜 coelostat;sidereostat
定星式齿轮减速 epicyclic(al) reduction gear of star type
定星式周转齿轮减速 epicyclic(al) reduction gear star type
定形 crystallization;crystallizer;fixed form;formalization;shaping
定形材料工作机 section working machine
定形尺寸 form dimension
定形的 figurate(d);section shaped
定形隔热制品 shaped insulating product
定形河道 shaped channel
定形机 setting machine
定形及上光 setting and lustering[lustring]
定形靠模 form tracer
定形块 former block
定形拉刀 form broach;shape broach
定形磨轮 shaped grinding wheel
定形耐火材料 shaped refractory
定形配件 shaped piece
定形切向刀 skiving tool
定形试验 type approval test
定形弯曲试验 guided bend test
定形性 shape-retentiveness
定形氧割机 shape-cutting machine
定形叶 <涡轮的> profiled blade
定形整理 stabilised finish
定形制件 shaped goods
定型 maturity;sophistication;stereotype;typical model;typification
定型编码 fixed form coding
定型标准化 type standardization
定型布置锚杆护拱 system-anchored arch
定型布置锚杆系统 system anchor
定型部件 bought(-out) component;fashion parts
定型(部件组合)设计 modular design
定型产品 approved product;finalized product; standardized products; stock product
定型长度 modular length
定型城市 mature city
定型程序 modular program(me)
定型尺度 modular length
定型齿铣刀 constant outline teeth cutter
定型的 in stock;standardized
定型的交通分流 modal split
定型的整套装置 typical complete equipment
定型底板 solid flat plate
定型电子组件 modular electronic component
定型房屋 type house;typical house
定型房屋单元 standardized building unit
定型房屋构件 modular housing part
定型工作 shaped work
定型构件 standard element;standardized component;typical element
定型构造 modular construction
定型海堤壁 shaped sea wall
定型航线 pattern
定型化 standardization
定型机 boarding machine; forming machine
定型检查 type-approval inspection
定型交通分流 model split
定型接收机 modularized receiver
定型结构 modular construction
定型绝缘材料 mo(u)lded insulation
定型例行程序 canned routine
定型流(动)established flow;modular flow
定型硫化 primary vulcanization
定型锚杆 pattern bolt
定型门 patent door
定型密封材料 preformed sealing material
定型密封带 preformed sealing tape
定型模 stock mo(u)ld
定型模板 typical form; typicallized form;typified form
定型模制卫生设备 mo(u)lded plumbing unit
定型摩丝 styling mousse
定型配件 bought(-out) component;shape(d) piece
定型剖面 type section
定型器 former
定型设备 modular measure system;off-the-shelf equipment; prototype equipment
定型设计 finalized design; standardized design;type design;typical design
定型设计法 modular design method
定型设计房屋 type house
定型设计图 standard drawing
定型式样 permanent form
定型试验 type test
定型图 typical drawing;typified drawing
定型图图纸目录 catalog(ue) of typified drawing
定型详图 typical detail(drawing)
定型悬墙 modular curtain wall
定型叶 mature leaf
定型硬件 off-the-shelf hardware
定型自动化集装箱装卸系统 modular automated container handling system
定性 characterization
定性变量 qualitative variable
定性采集 qualitative collection
定性参数 qualitative parameter
定性测定 qualitative determination;qualitative examination; qualitative test
定性测量 observational measurement
定性的 qualitative
定性地层解释 qualitative layer interpretation
定性地热温标 qualitative geothermometer
定性地温计 qualitative geothermometer
定性反应 qualitative reaction
定性方法 qualitative method
定性分类法 classification of the qualitative system
定性分析 qualitative analysis;qualitative assay;qualitative examination;qualitative investigation;qualitative study
定性分析法 way of qualitative analysis
定性估算 definitive estimate
定性关系 qualitative relationship
定性观测 qualitative observation
定性观察 qualitative observation
定性假说 qualitative hypothesis
定性检查 qualitative examination
定性检验 qualitative examination
定性鉴定 qualitative identification
定性解释 qualitative interpretation
定性经济预测 qualitative economic forecast
定性抉择 qualitative choice
定性滤纸 qualitative filter paper
定性论据 qualitative fact
定性模拟 deterministic simulation
定性判读 qualitative interpretation

定性判断 qualitative judg(e)ment
定性评价标准 qualitative evaluation standard
定性取样器 qualitative sampler;qualitative sampling equipment
定性摄影地质学 qualitative photogeology
定性实验 qualitative experiment
定性试验 qualitative determination;qualitative test;quality test(ing)
定性术语 qualitative term
定性数据 qualitative data
定性碳钢 qualitative carbon steel
定性特性 qualitative characteristic
定性调节 qualitative regulation
定性图像 qualitative picture
定性温度 qualitative temperature
定性系统分类 classification of quantitative system
定性相似 qualitative similarity
定性信息 qualitative information
定性研究 qualitative investigation
定性预报 qualitative forecast(ing)
定性预测 qualitative prediction
定性准则 qualitative criterion
定性资料 qualitative data
定修 periodic(al)repair
定修库 fixed repair shed;shed for periodic(al) maintenance
定序 ordering;sequence;sequencing
定序步数 sequence step number
定序程序 sequencer
定序寄存器 sequence register
定序键 sequencing key
定序器 sequencer;sorter
定序设备 sequencing equipment
定序信号相 fixed sequence phasing
定压 constant pressure; given pressure;level pressure;set(ting) pressure
定压泵 constant pressure pump
定压比热 constant pressure specific heat;specific heat at constant pressure
定压比热容 constant pressure specific heat capacity
定压变压器 constant potential transformer
定压充电 constant voltage charge
定压充电机 constant voltage charger
定压点 constant pressure point;pressurization point
定压电动机 constant voltage motor
定压定速燃烧 plateau burning
定压发电机 constant potential generator; constant voltage generator; constant voltage dynamo
定压发动机 constant pressure engine
定压阀 pressure sequence (-controlled) valve; pressure-sustaining valve;priority valve
定压方式 pressurization method
定压珩磨 free expansion honing
定压回热循环 constant pressure regenerative cycle
定压降 constant pressure drop
定压量热计 constant pressure calorimeter
定压量热器 constant pressure calorimeter
定压流量调节器 constant pressure flow controller
定压喷射 constant pressure injection
定压膨胀阀 constant pressure expansion valve;pressure limiting expansion valve
定压气体温度计 constant pressure gas thermometer
定压燃气轮机 constant pressure gas turbine
定压燃烧 neutral combustion
定压燃烧式燃气轮机 constant pressure combustion gas turbine
定压燃烧室 constant pressure combustor
定压式爆炸探测器 constant pressure detector;fixed pressure detector
定压式循环内燃机 constant pressure cycle engine
定压调制 constant potential modulation
定压推杆式导料装置 constant pressure pusher-type stock guide
定压循环 constant-pressure cycle
定压运行 fixed pressure operation
定压增压系统 constant pressure charging system
定压直流发电机 constant voltage DC dynamo
定压制 constant potential system
定压装置 constant pressure arrangement;constant pressure unit;pressure limiting device;pressurization installation
定芽 constant pressure;difinite bud;normal bud
定样钻眼(法) pattern drilling
定窑器 Ding ware
定窑系 Dingyao-type
定叶片 dead leaf;fixed vane
定叶式水轮机 fixed vane turbine
定义 circumscription; define; definition
定义变量 defined variable
定义标量 defining scalar
定义表 define table;definition table
定义部分 definitional part
定义常数 defining constant
定义常数语句 define constant statement
定义除(法) definite division
定义词 defined terms
定义带文件命令 define tape file command
定义对应 correspondence defining
定义多项式 defining polynomial
定义范围 define area;defining range;range of definition
定义方程 defining equation; definite equation
定义方式 definition mode
定义符 delimiter
定义公设 defining postulate
定义关系 defining relation
定义和分类 definition and classification
定义环境 definition environment
定义记录 defining record
定义(阶)段 definition phase
定义数据命令 define data command
定义数组 defined array
定义外部符号 defined external symbol
定义文件 defined file
定义文件指令 define-the-file
定义问题 problem definition
定义系统 define system
定义性出现 defining occurrence
定义性模块 definition module
定义用语 wording of definition
定义语句 definition statement
定义域 definition domain; domain of definition;field of definitions;range of definition
定义指令 defined instruction; definitive instruction
定义属性 defined attribute
定义状态 definition status
定义字 defined word
定义字节 define byte
定音 attune
定音鼓 kettledrum
定音鼓架 kettledrum frame
定影 fixation; fixing; fusing; photographic(al) fixing;stabilization
定影斑点 hypo stain
定影槽 fixing bath
定影法 fixing process
定影粉 fixing powder
定影灌 hypo tank
定影后显影 past fixation development
定影级别 fixing level;fusing level
定影剂 fixer;fixing agent;fixing salt
定影螺丝 focusing screw
定影盘 fixing tray
定影器 fuser
定影时间 fixation time
定影水平 fixing level;fusing level
定影液 fixative;fixer;fixing bath;fixing solution
定影液指示剂 hypo indicator
定影助剂 fixing aid
定油 stand oil
定油面 constant level
定油面飞溅润滑系 constant level splash system
定域 localization
定域等面积圆锥投影 conic(al) projection with equal-area in definite region
定域态 localized state
定域误差 localized error
定员 complement;fixed membership;manning level;manpower;quota
定员标准 standard of fixed number of labo(u)r;standard quota of staff
定员表 quota of staff
定员管理 manpower authorization
定员水平 level of fixed number of labo(u)r
定员载客 fixed number of persons
定员制度 system of quota of staff
定圆心 centering[centring]
定源场 fixed source field
定约价 striking price
定约销售 contract of sales
定运价 rate-making
定载荷破坏试验 constant load rupture test
定载伸长 elongation at constant load
定载试验 constant load test
定则 rule
定张力绞车 constant tension winch
定张力控制 constant tension control
定真空汽化器 constant vacuum carburet(t)or
定直线 boning out
定值 constant value; definite value; determinateness;fixed value
定值保险单 valued policy
定值初置 indeterminate initialization
定值低的 undervalued
定值动力反应分析 deterministic dynamic(al) response analysis
定值分析 deterministic analysis
定值估计方法 deterministic evaluation
定值函数 deterministic function
定值控制 constant value control
定值控制电子秤 electronic batching weigher
定值粒度 threshold size
定值美元 constant dollar
定值器 programmer;set point adjuster
定值强度函数 deterministic intensity function
定值全曲率的曲面 surface of constant total curvature
定值设备操作方式 valuator mode
定值设计法 deterministic design method
定值输出 deterministic output
定值数据 deterministic data
定值探测器 detector with fixed value
定值调节 constant value control;fixed set-point control
定值调节器 set point adjuster
定值性出现 generation occurrence
定植 field planting; field setting; fix planting;permanent planting
定植浇水 setting-in watering
定植密度 plantation density
定植苗 nursery stock;planting stock
定植穴 planting pit
定址【计】addressing
定址级 addressing level
定址级数 level of addressing
定制 built to order; customize; custom-tailor;made-to-order
定制的 custom-built; custom-made; purpose-made;tailor-made
定制的遮阳棚 custom-made shade
定制等级 custom grade
定制电路 custom circuit
定制过程 customization procedure
定制模板 custom-built form(work); custom-made form(work)
定制木作 millwork;prefabricated joinery
定制品 custom-made
定制商店 custom shop
定制涂料 custom coating
定制型材 custom section
定制映象 customized image
定质的 qualitative
定质量因素 qualitative factor
定置机 stationary machine
定置试验 static-state test
定中螺旋箍 center-spiral
定中心 center punch;centralize;centring[centering];spotting
定中心棒 centring bar
定中心的缆索 centering rope
定中心点 center[centre] mark;prick punch mark
定中心杆 centering rod
定中心工具 centering tool; spotting tool
定中心夹头 centring chuck
定中心螺钉 centring screw
定中心螺旋 <孔内套管> coaxial spiral
定中心误差 centering error
定中心楔 centring wedge
定中心凿 centring chisel
定中心装置 centraliser[centralizer]
定中心钻 spotter
定周期操作 fixed cycle operation
定周期(交通)信号 fixed cycle signal;precycle signal
定周期交通信号灯控制设备 pretimed controller unit
定周期信号控制 pre-cycle control
定周期运算 fixed cycle operation
定轴 dead axle
定轴齿轮系 ordinary gear train
定轴平板闸门 fixed axle gate
定轴式回旋碎矿机 fixed-spindle gyratory crusher;gyratory fixed-spindle crusher;gyratory pillar shaft crusher
定轴性 gyroscopic inertia
定主寄生物 specific parasite
定柱式回转支承 slewing ring with fixed column
定柱旋臂起重机 fixed pillar slewing crane; stationary slewing crane; swinging pillar jib crane
定柱转臂起重机 swinging pillar jib

crane
定转矩控制 constant torque control
定桩 staking out
定准砌块 spacer block
定着冰 landfast ice
定子 cam ring; determinant; stator; carcase < 电机的 >
定子安匝数 stator ampere-turn
定子薄钢片 stator sheet
定子槽 stator slot
定子槽沟 stator slot
定子齿 stator tooth
定子冲槽机 stator-slot puncher
定子电流 stator current
定子电流限制器 stator current limiter
定子电枢 stator armature
定子电压 stator voltage
定子叠片 stator lamination
定子叠片组 stator-plate assembly
定子端板 stator end plate
定子发电机 statodyne
定子环 track ring
定子回路时间 stator circuit time constant
定子机座 stator frame
定子机座车镗床 stator frame turning & boring machine
定子极靴 stationary pole-piece
定子架 stator frame
定子接触器 stator contactor
定子壳 stator casing
定子馈电式并激电动机 stator-feed-type shunt motor
定子馈电式多相并激电动机 stator-feed-type poly-phase shunt motor
定子频率 stator frequency
定子绕组 stator winding
定子瞬变电流 transient armature current
定子铁芯 stator core
定子铁芯堆叠 piling of the stator cores
定子外壳 stator case[casing]; stator housing
定子线圈 stator coil
定子芯 stator core
定子叶片 stator blade;stator vane
定子叶片泵 sine pump
定子移动框架 cradle base; cradle frame
定子罩 stator case
定子转子间的空气隙 stator-to-rotor air gap
定子转子起动器 stator-rotor starter
定子转子组 stator-rotor unit
定子阻抗 stator impedance
定纵断面工作 grading work
定纵坡度 grading
定阻抗电路 constant impedance circuit
定阻抗调节器 constant impedance regulator
定坐标 position fixing
定座 reservation
定座票架 reserved-seat ticket frame
定座凭证 seat reservation voucher
定做 customize;custom-tailor
定做的 bespoke; custom-built; custom-made;shop-made;tailor-made
定做的加工件 custom millwork
定做的柱填充物 tailor-made column packing
定做木活 architectural millwork;custom millwork
定做型计算机 customized computer
定做钻车 custom-designed drill rig

碇

碇泊 ride
碇泊处 mooring point;roadstead
碇泊灯 anchor light
碇泊地 anchorage
碇泊浮标 mooring buoy
碇泊区 berthing area;docking area
碇泊式吸泥船 stationary suction dredge(r)
碇泊装置 mooring ground tackle
碇栓 mooring cleat
碇系块 anchoring block
碇系型树脂 anchoring resin
碇桩 bank seat
碇子 stator

锭

锭 ingot;pig
锭边偏析 L segregate
锭表面 ingot surface
锭车 ingot car
锭秤 ingot weigher
锭带 spindle tape
锭底 ingot butt
锭钢 ingot steel
锭剂 lozenge;scone
锭角鬼线 corner ghost
锭截头 ingot crop end
锭金 ingot gold
锭壳 flyer
锭块顶推机 ingot ejector
锭块堆垛机 ingot piler
锭块起重机 ingot crane
锭块牵引机 ingot drawing machine
锭块压碎机 ingot crusher
锭块轧断机 ingot breaker
锭块转运车 ingot transfer car
锭料夹头 ingot clamp
锭料冷却室 ingot cooling chamber
锭料形状 charger shape
锭模 ingot mo(u)ld;pig mo(u)ld
锭模吹氧铸造法 quasi-Bessemerizing
锭坯 ingot(blank)
锭坯清理台 conditioning bed
锭坯修整台 conditioning bed
锭皮 ingot skin
锭钳 ingot dogs;ingot stirrup
锭绳 spindle band
锭绳拉伸机 spindle band stretching machine
锭铜 ingot copper
锭头 head of ingot;ingot stub
锭形 ingot shape
锭型 ingot case;ingot mo(u)ld
锭状生铁 pig iron
锭子 bobbin;spindle
锭子传动带 < 俗称龙带 > apron belt
锭子加油器 spindle oiler
锭子进给 spindle feed
锭子清洗加油器 spindle clean-oiler
锭子润滑油 spindle lubricant
锭子水平仪 spindle level
锭子油 bobbin oil; spindle oil; straw oil
锭子制动器 spindle brake
锭座回转式送锭车 rocking buggy

丢

丢出窗外 defenestration
丢番图方程 Diophantine equation
丢弃的泥炭 driftwood peat
丢弃废物的地方 limbo
丢弃货物 jettison
丢失或破损货物的赔偿处理 disposal of claims for consignments lost or damaged
丢失货物说明书 statement of missing goods;statement of shorts
丢失记录 loss experience
丢失赔偿 compensation for loss
丢失事故 loss accident
丢失通知书 advice of loss
丢失信息 dropout information
丢失修改 lost update
丢失状态 lost condition
丢失总数 dropout count
丢炸弹 bomb

铥

铥矿 thulium ore

东

东澳大利亚海流 East Australian current
东澳大利亚区系 East Australian realm
东半球 eastern hemisphere
东北 northeast[NE]
东北产瓷器 Mondarine china
东北赤杨 Alnus maritima
东北大风 northeaster
东北的 northeastern
东北地带 < 指美国东北沿海人口稠密工业发达的各州 > Northeast corridor
东北东 east northeast
东北方向 northeastward
东北风 n'aschi;northeaster
东北风暴 northeast storm
东北季风 northeast monsoon
东北季风海流 northeast monsoon current
东北季风暖流 northeast monsoon current
东北贸易风 northeast trades
东北偏北 northeast by north
东北偏东 northeast by east
东北漂流 northeast drift current
东北太平洋 northeast pacific ocean
东北太平洋双壳类地理亚区 northern Pacific bivalve subprovince
东北西 west-northeast[WNE]
东北信风 northeaster;northeast trade (wind)
东北信风吹流 northeast trade drift
东北亚航运中心 shipping hub of northeast Asia
东北走廊地带铁路 < 美 > Northeast Corridor Railroad
东北走向断层 northeast trending fault
东部 east
东部标准时间 eastern standard time
东部的 eastern
东部海域 east sea area
东部夏令时间 eastern daylight time
东大距 eastern(greatest) elongation; greatest eastern elongation
东倒西歪 lurching
东道缔约方 host party
东道国 host country
东德尔斯简约眼 Donders reduced eye
东的 eastern
东地中海双壳类地理亚区 east Mediterranean bivalve subprovince
东帝汶 East Timor
东点 east point
东东北 east northeast
东东南 east southeast
东端 east end
东方沉香油 agar attar;aloe wood oil; oriental linaloe
东方瓷器 oriental porcelain
东方的 eastern;oriental
东方的半圆形露天建筑 eastern exedra
东方的开敞式座谈间 eastern exedra
东方地毯 oriental rug
东方港 < 俄罗斯 > Vostochy Port
东方拱顶 oriental cupola
东方冠 antique crown
东方贵橄榄石 Oriental chrysolite
东方国家的 oriental
东方红杉 eastern red cedar
东方黄宝石 oriental topaz
东方交叉塔楼 eastern crossing tower
东方教会歌唱队 eastern quire
东方教会歌唱队塔楼 eastern quire tower
东方教堂唱诗班 eastern choir
东方教堂唱诗班塔楼 eastern choir tower
东方教堂的中央尖塔 eastern crossing tower
东方教堂尖塔 eastern church tower
东方教堂式建筑 eastern choir; eastern church;eastern quire
东方跨式便盆 eastern W.C. pan
东方毛毯 oriental rug
东方民族特征 orientalism
东方砌砖法 pick and dip; Eastern method < 一种英国式砌砖法 >
东方人 eastern;oriental < 尤指中国人和日本人 >
东方人特有的 oriental
东方山墙上的檐饰 eastern pediment
东方式便器 eastern closet
东方式海湾 eastern bay
东方式建筑 oriental architecture
东方式圆顶 oriental dome
东方水蓝宝石 oriental aquamarine
东方位标 east cardinal mark
东方小教堂 eastern chapel
东方小礼拜堂 eastern chapel
东方圆顶 oriental cupola
东方照 eastern quadrature
东方珍珠 oriental pearl
东方主义 easternism
东方紫水晶 oriental Amethyst
东方祖母绿 oriental emerald
东非地堑【地】East African Graben
东非经向构造带 East African Meridian tectonic belt
东非珂巴树脂 East African copal
东非裂谷 East African Rift Valley
东非裂谷地震构造带 East African rift seismotetonic zone
东非裂谷系 East African rift system
东非双壳类地理区 East African bivalve province
东非沿岸海流 East Africa coast current;Somali current
东风 east(ly) wind
东风波 easterly wave;wave in easterlies
东风带 easterlies
东风红杉木 aromatic cedar
东风急流 easterly jet
东风流 easterly current
东风飘流 east wind drift
东风气候 easterity weather; easterly climate
东风气象中心 meteorologic(al) service centre-east
东戈壁盆地 East Gobi basin
东格陵兰海槽 East Greenland marine trough
东格陵兰海流 East Greenland current
东古拉革 Dongola leather
东海岸 east coast
东海岸磁异常 east coast magnetic anomaly
东海岸煤港 east coast coal port
东海交通事故控制中心 < 日本 > Tokai Accident Control Center
东海陆架边缘隆起带 upwarping zone of East China sea shelf margin
东海-南海地块带 < 中国 > Donghai-Nanhai block-zone
东海西部坳陷地带 Western East China Sea depression region

东海中部-钓鱼岛隆起地带 Central East China Sea-Diaoyudao uplift region
东航 easting
东横坐标 < 由纵坐标轴向东的直线距离 > easting
东加罗林海槽 east Caroline trough
东加罗林海盆 east Caroline basin
东郊 eastern suburbs
东京大地基准面 Tokyo datum
东京多准则控制方法 Tokyo multi-criterion control method
东京港 < 日本 > Port Tokyo
东京型烟雾 Tokyo type smog
东经 east longitude (of Greenwich); east of Greenwich; longitude east
东经度数 east longitude degree
东经九十度海岭 ninety-east ridge
东距角 east(ern) elongation
东立面图 east elevation
东陵 < 清朝 > Eastern Tomb
东满古陆 east Manchuria old land
东贸易风 easterly trade wind
东美拉尼西亚海沟 east Melanesian trench
东美区系 eastern American realm
东美洲腕足动物地理区系 East American brachiopod realm
东盟 ASEAN
东面 eastside
东南 southeast[SE]
东南半干旱-半潮湿亚热-热带亚带 < 中国 > southeast China semiarid to semihumid subtropical to tropical subzone
东南滨浅海 < 中国 > southeast China littoral-shallow sea
东南大风 sou'easter; sou's easter; southeaster
东南的 southeastern
东南地洼区 SE Diwa region
东南东 east southeast
东南风 southeaster; southeasterly; southeast wind
东南海槽 < 中国 > southeast China marine trough
东南冷风 southeaster
东南陆缘火山盆地区 < 中国 > southeast China epicontinental volcanic basin region
东南盆地区 < 中国 > southeast China basin region
东南偏东 southeast by east
东南偏南 southeast by south
东南漂流 southeast drift current
东南浅海 < 中国 > southeast China shallow sea
东南丘陵 < 中国 > southeast China hills
东南区 < 中国 > southeast China province
东南山地 < 中国 > southeast China mountains
东南山间盆地区 < 中国 > southeast China intermountain basin region
东南塔里木盆地坳陷区 southeast Tarim downwarping region
东南西 east-southwest[ESW]
东南信风 southeast trades; southeast trade wind
东南信风海流 southeast trade drift
东南亚国家协会 Association of South East Asia Nations
东南沿海构造带 Southeast coastland tectonic zone
东南沿海深断裂系 Southeast coast deep fracture zone
东南沿海褶皱系 South-Eastern coat fold system
东欧板块 East European plate
东欧地台 Eastern European platform
东欧地台海浸 East European platform transgression
东欧箭石地理大区 East European belemnite region
东欧珊瑚地理大区 East European coral region
东欧窑 East European ware
东欧植物地理大区 East European floral region
东偏北 east by north
东偏南 east by south
东时角 easterly hour angle
东太平洋 east Pacific ocean
东太平洋板块 east Pacific plate
东太平洋地热金属成矿调查 geothermal metallogenesis east pacific
东太平洋海岭 east Pacific ridge
东太平洋海隆 east Pacific rise
东太平洋海盆 east Pacific basin
东太平洋海盆巨地块 east Pacific ocean basin block
东太平洋隆起 east Pacific rise
东太平洋软体动物地理区系 east Pacific molluscan realm
东太平洋洋隆海底成矿作用 submarine mineralization on the east Pacific Rise
东图廓 easterly limit; right-hand border
东西 article
东西伯利亚海 east Siberian Sea
东西不对称性 east-west asymmetry
东西方中心 < 美 > East-West Center
东西分量 east-west component
东西构造带 east-west structural zone
东西构造系 east-west tectonic system
东西距 departure; easting
东西圈 prime vertical circle
东西圈高度 altitude of the prime vertical
东西线 east-west line; township line
东西向 east-west direction
东西向位置线 latitude line
东西效应 east-west effect
东西星等高测时法 double star equal altitude method; method of time determination by Zinger star-pair
东西星等高法 equal-altitude method with east and west stars
东喜马拉亚构造段 eastern Himalaya tectonic segment
东向 east orientation; easting
东向磁力 east magnetic component
东向分量 eastward component
东行 eastbound
东行航程 easting
东行列车 eastbound train
东亚 East Asia
东亚岛弧 island arc in East Asia
东亚构造和资源研究 studies of east Asian tectonics and resources
东亚镜像反映中轴(带) East Asian reflectional axis
东阳木刻 Dongyang wood carving
东洋动物地理区 Oriental zoo-geographic(al) region
东洋区 oriental region
东移假定值 < 指横坐标,用来避免横坐标出现负值 > false easting
东印度椴木 Ceylon satinwood; East Indian satinwood
东印度黑 black East India
东印度吉纳树胶 East Indian kino
东印度柿木 coromandel
东印度树胶 East Indian gum
东印度水手 lascar
东印度洋 East Indian ocean
东印度月桂树 East Indian laurel
东瀛珊瑚 Japanese aukuba
东云杉 eastern spruce
东张西望地造成注意力分散 side distraction
东芝 < 日本公司 > TOSHIBA
东芝非线性电阻器 Toshiba non-linear resistor

冬半年 winter half year

冬半球 winter hemisphere
冬播 winter sowing
冬播作物 winter crop; winterness plant
冬大麦 winter plankton
冬堤 winter dike[dyke]
冬干寒冷气候 cold climate with moist winter
冬干梢 winter drying
冬港 winter port
冬灌 winter irrigation
冬灌夏用 recharge in winter and utilizing in summer
冬海风暴 barber
冬害 freezing injury; winter damage; winter injury
冬害防治 winder injury control
冬害防治研究 study on controlling of winter injury
冬旱季节 winter dry season
冬候鸟 winter resident
冬化油 winterized oil
冬回水湖 monomictic lake
冬季 winter(months)
冬季北大西洋载重线标志 winter North Atlantic load line mark
冬季表层的 chimopelagic
冬季不落叶 don't lose leaves in winter time
冬季藏艇坞 winter quarters
冬季草场 winter range
冬季场圃 winter nurseries
冬季车辆止动能力 winter stopping ability
冬季车轴油 winter axle oil
冬季吃水 winter draft; winter draught
冬季齿轮油 winter compound oil
冬季储藏 winter storage
冬季大气 winter atmosphere
冬季的 hibernal; winter
冬季的损害 winter damage
冬季灯标 winter light
冬季等温(平均)线 isocheim
冬季堤 winter dike[dyke]
冬季发动机启动泵 cold-weather engine primer pump
冬季防冰雪设施 winter service
冬季防雪设施【道】winter service
冬季房屋建造 winter building construction
冬季飞行用喷嘴 winter jet
冬季峰值 winter peak
冬季浮标 winter buoy; winter marker
冬季浮游生物 winter plankton
冬季覆盖作物 winter cover crops
冬季干旱 winter drying
冬季干旱期 winter dry season
冬季干舷 winter freeboard
冬季港 winter harbo(u)r
冬季工程 winter working
冬季工作 winter work
冬季谷物 winter cereals
冬季关闭 winter shutdown
冬季灌溉 winter irrigation
冬季灌筑的混凝土 winter-placed concrete
冬季寒潮 surazo
冬季旱害 winter drought injury
冬季航海标志 winter seamark
冬季耗氧速率 winter oxygen depletion rate
冬季河床 winter bed
冬季洪水 winter flood
冬季湖 < 夏天干枯 > blind lake
冬季混凝土拌和厂 winterized concrete plant
冬季混凝土工厂 winterized concrete plant
冬季混凝土浇灌 concreting in cold-weather; winter concreting
冬季混凝土浇注 concreting in cold-weather; winter concreting
冬季混凝土浇筑 concreting in cold-weather; winter concreting
冬季混凝土施工 concreting in cold-weather; concreting in freezing weather; winter concreting
冬季级汽油 winter-grade gasoline
冬季季风海流 winter monsoon current
冬季季风气候 winter monsoon climate
冬季季(节)风 winter monsoon
冬季建筑施工 winter building construction
冬季降水量 winter precipitation
冬季浇捣的混凝土 winter-placed concrete
冬季浇灌混凝土 cold-weather concreting; concreting in freezing weather; winter concreting
冬季浇灌混凝土的养护 cold-weather curing
冬季浇注混凝土 cold-weather concreting; concreting in freezing weather; winter concreting
冬季浇注混凝土的养护 cold-weather curing
冬季浇筑混凝土 cold-weather concreting
冬季径流 winter flow; winter runoff
冬季空调 winter air-conditioning
冬季空调设备 winter air-conditioning installation
冬季空气调节 winter air-conditioning
冬季空气调节室外计算温度 outdoor design temperature for winter air conditioning
冬季空气调节室外计算相对湿度 outdoor design relative humidity for winter air conditioning
冬季枯水径流量 winter runoff low
冬季垃圾 winter refuse
冬季流量 winter discharge
冬季模式 winter mode
冬季木材载重线 winter timber load line
冬季盆栽试验 pod test in green house
冬季品种 winter breed; winter variety
冬季平均风速 mean wind velocity in winter
冬季平均日交通量施工 winter average daily traffic
冬季平均水位 average winter level; mean winter level
冬季平均温度 mean winter temperature
冬季剖面 winter profile
冬季铺砂机 winter grit spreader; winter gritting machine
冬季泉水溢流表面结成的冰层 crystocrene
冬季日灼病 winter sunscald
冬季容量 winter capacity
冬季润滑 cold-weather lubrication
冬季撒沙 winter spreading for road-ice control
冬季设计温度 winter design temperature
冬季施工 cold-weather construction; construction in freezing weather;

construction work in freezing weather; winter building; winter construction; winter work(ing)
冬季施工的混凝土 cold-weather concrete
冬季施工费 winter work cost
冬季施工设备 winter construction equipment
冬季施工增加费 construction expense added in winter
冬季时 winter time
冬季室外平均大气压 outside mean atmospheric pressure in winter
冬季双层窗 winter window
冬季水位变化 winter fluctuation
冬季调节水库 winter balancing reservoir; winter reservoir; winter storage
冬季停工 lay-off in winter; winter shutdown
冬季停航 winter standstill; winter stop
冬季停滞 winter stagnation
冬季通风室外计算温度 outdoor design temperature for winter ventilation; outside calculating temperature for ventilation in winter
冬季驼峰 winter hump
冬季为喀斯特湖的夏季沼泽 blato
冬季围护结构室外计算温度 outdoor design temperature for calculated envelope in winter
冬季温室 winter season greenhouse
冬季相 hiemal aspect
冬季休耕 winter fallow
冬季休眠 winter dormancy
冬季休息或睡眠 restor sleep during winter
冬季修补工作 winter patching
冬季修理工作 winter patching
冬季芽接 winter budding
冬季引航补贴金 mitten money
冬季用发电厂 winter power plant
冬季用房屋 winter building
冬季用能量 winter energy
冬季用乳化液 winter emulsion
冬季用润滑油 winter oil
冬季用水龙头 winter hydrant
冬季用消防栓 winter hydrant
冬季有水间歇河 winter bourne
冬季运行 winter operation
冬季运行试验 winterization
冬季运行图和时刻表 winter train working diagram and timetable
冬季运行准备 winterization
冬季载货吃水线 winter load line
冬季载重线 winter load line
冬季载重线标志 winter load line mark
冬季整枝 winter pruning
冬季轴油 winter axle oil
冬季专用件 winterization took kit
冬季最小日照数 minimum insolation hours in winter
冬季作业 winter operation
冬景花园 winter garden
冬栎 vate oak
冬留鸟 winter resident
冬绿树 teaberry
冬绿植物群 winter green plants
冬煤津贴 winter coal allowance
冬眠 hibernation; winter rest
冬眠场所 <越冬巢> hibernaculum
冬眠两栖动物 hibernant amphibious animal
冬末春初的 vernal
冬青 Chinese ilex; evergreen
冬青木雕 chicken ilex wood carving
冬青树 teaberry
冬青叶栎 scrub oak
冬青油 winter green oil
冬青属 <拉> Llex
冬青属植物 holly
冬生等片藻 Diatoma hiemale
冬态 winter condition
冬天 winter time
冬天的 wintery
冬雾 winter fog
冬夏至 solstice
冬小麦 fall wheat; winter wheat
冬性谷类物 winter cereals
冬性一年生植物 hibernal annual; winter annual
冬性一年生植物分类 classification for winter annual
冬性作物 winterness crop; winterness plant
冬汛 winter flood
冬芽 hibernaculum; winter bud
冬芽生长 winter bud growth
冬岩屑堆脊 nivation ridge; winter-talus ridge
冬用油 winter oil
冬用油品级 winter oil grade
冬园 winter garden
冬至 midwinter; the Winter Solstice
冬至潮 solstitial tide
冬至点 December solstice; winter solstice; first point of Capricornus; winter solstitial point
冬至日 winter solstice
冬至线 Tropic(al) of Capricorn
冬种性类型 winterness form

氡

氡 222 含量 content of Rn222

氡测法 <用氡测定水中镭含量> radon method
氡计数率频率 frequency of radon counting rate
氡雷水异常 anomaly of Rn-Ra water
氡镭水 radon-radium water
氡累积频率值 accumulating frequency of radon
氡浓度 radon consistence
氡气 radon gas
氡气测量法 radon measurement method
氡热水 radon thermal water
氡水 radon water
氡析出 radon emanation
氡逸出校正值 corrected value of radon escape
氡增长率 increase rate of radon
氡值对数概率图 logistic probability figure of radon value
氡值累积频率图 accumulation frequency figure of radon value
氡纵断面等值图 contour map of vertical cross-section of radon

董

董事 director; directorate

董事会 board of administration; board of directors; board of trusters; council of directors; court; directorate; director board; directory <美>
董事会报告 director's report
董事会董事长 chairman of board of directors
董事会议 board meeting
董事会会议(记)录 board minutes
董事会会议室 board room
董事会决议 resolution of board
董事会主席 board chairman
董事室 board room; director's room
董事长 chairman (of board of directors); executive head
董事职责 director liability
董窑 Dong ware

懂

懂多种语言 multilingual

懂机械的 mechanically minded

动

动摆测力器 pendulum dynamometer

动板 <重力除水阀> baffle plate
动板式文件复制机 moving platen document copying machine
动瓣 moving vane
动臂 lift arm; movable arm; shear legs
动臂摆动半径 swinging radius
动臂摆角 boom pivot angle
动臂变幅 <起重机> radius arms steering
动臂变幅图 <起重机> range diagram
动臂变幅系统 <起重机> derricking system
动臂长度 boom length; telescopic(al) extension
动臂长度/角度指示器 <起重机> boom length/angle indicator
动臂长度指示器 <起重机> boom length indicator
动臂灯 boom light
动臂底段 base(boom) section
动臂端部 boom head
动臂阀杆 movable arm valve stem
动臂负载时角度 loaded boom angle
动臂根部 base boom section
动臂根部支点 boom foot pivot
动臂工作液压缸 boom cylinder
动臂横向倾斜角 <挖掘机> boom tilt angle
动臂回转半径 swinging radius
动臂回转角 angle of boom
动臂回转脚闸 foot control swing brake
动臂回转立轴 pintle
动臂回转中心 boom's center of rotation
动臂或清沟履带板离地面高度 <挖掘机> boom/trench cleaner shoe height
动臂基础臂节 boom base section
动臂(剪形)起重机 shear-leg crane
动臂角度指示器 <起重机> boom angle indicator
动臂脚销 boom foot pin
动臂挠曲 boom deflection
动臂起重船 floating derrick
动臂起重机 A-derrick; angle crane; boom derrick crane; derrick(car); derrick crab; derrick crane; jib crane; shear-leg crane; whip crane; whip hoist; luffing crane
动臂起重架 shear legs
动臂起重能力 boom capacity
动臂起重装置 crane boom equipment; derrick <可变幅和回转的>
动臂前端臂节 foreboom
动臂倾角 boom angle; pitch of boom
动臂上的固定装置 fixed boom attachment
动臂伸出过度 overstretch
动臂伸缩臂节 boom telescope section
动臂伸缩量 <起重机> telescopic(al) extension
动臂伸缩行程 telescoping travel
动臂伸缩液压泵 <起重机> boom telescope pump
动臂伸缩液压缸 <起重机> telescope cylinder
动臂伸缩液压油路 <起重机> boom extend circuit
动臂升程定位器 lift kick-out
动臂升降索 boom hoist rope
动臂升降系统 derricking system
动臂升降液压泵 <起重机> boom hoist pump
动臂升降液压缸 <起重机> boom hoist cylinder
动臂升降液压油路 <起重机> boom hoist circuit
动臂式人字形起重机 guyed derrick crane
动臂式挖沟机 power arm ditcher
动臂式桅杆起重机 guyed derrick crane
动臂式凿岩机 boom-mounted drifter; boom-mounted plugger
动臂式装油设备 movable arm loading unit
动臂塔式起重机 luffing jib tower crane
动臂停靠在后端 <起重机> boom over rear
动臂推拉钢索 <起重机> push-pull cable
动臂推压油缸 boom crowd ram
动臂位于侧面 boom over side
动臂相对沟渠中心的偏距 boom offset
动臂向前 <起重机> boom over front
动臂信号机【铁】semaphore
动臂液压缸 boom hydraulic lift cylinder; lift cylinder
动臂与地面夹角 boom angle
动臂与吊臂组合 <起重机> boom/jib combination
动臂与后端中心线夹角 <起重机> arc over attachment
动臂在后端回摆 <起重机> tailings
动臂正对后端中心 <起重机> boom-centered over rear
动臂支点 boom pivot
动臂支点到挖掘机最外点间隙 <挖掘机> wall clearance
动臂轴向压力 axial compression in boom
动臂转轴 movable arm rotating shaft
动臂装卸机 cherry picker
动臂装载机 cherry picker
动臂装置 pantograph
动臂最大仰角 <起重机> top grade
动边界 moving boundary
动标三面形 moving trihedral
动泊松比 dynamic(al) Poisson's ratio
动泊松系数 dynamic(al) coefficient of Poisson
动采样分析仪 automatic sampler analyser[analyzer]
动参数识别 dynamic(al) parameter identification
动槽水银气压表 moving cistern mercurial barometer
动侧土压力 dynamic(al) lateral force of soil
动测 <动力监测> dynamic(al) monitoring; dynamic(al) test(ing)
动差 moment
动差比色计 dynamic(al) differential colo(u)rimeter
动差法 method of moments
动差热量计 dynamic(al) differential calorimeter
动差系数 moment coefficient
动产 active assets; ambulatory chattel; chattel personal; chattels; chose transitory; circulating real capital; mobile property; movable estate; movable property; personal effects; personal estate; personal property; personalty; personnel property; thing personal; moveable <尤指家

具>
动产保险 movable insurance
动产贷款 personal property loan
动产的 moveable
动产抵押 chattels mortgage;pledge of movable
动产抵押公司债 collateral bond
动产抵押融通 chattel mortgage financing
动产抵押债券 chattel mortgage bond
动产经纪人 personal property broker
动产净额 net personalty
动产扣押 distraint
动产扣押令 chattel charging order
动产税 movable property
动产信用 credit based on personal property
动产租用费 rent on movable estate
动车 motorcar;motor coach;powered truck;rail(motor)car
动车队 fleet of motor-vehicles
动车队组成 fleet of motor-vehicles
动车列车 motor-coach train;multiple unit train
动车列车组 motor train set
动车重联运行<每车由一位司机操纵> pair running of motor vehicles
动车组 motor(train)unit;railcar set
动承载力 dynamic(al)bearing capacity
动程 migration distance;movement;range of movement;stroke
动程序 dynamic(al)program(me)
动齿条 carry-over bar
动冲量 impetus
动储量 dynamic(al)reserve;positive reserves;service storage;active reserve<地下水>
动触点 movable contact;moving contact
动触点组 moving contact assembly
动触探点数 number of dynamic(al) penetration test
动触头 moving contact
动触头端子 moving contact piece terminal
动船测流量 moving boat discharge measurement
动船法 moving boat method
动窗法 moving window technique
动窗分析 moving window analysis
动窗傅立叶谱 moving window Fourier spectrum
动窗户 sliding window
动床 erodible bed;mobile bed;mobile channel;movable bed;moving bed;shift(ing)bed;unstable channel
动床冲刷 live-bed scour
动床过滤器 moving bed filter
动床河工模型 erodible bed engineer model; mobile bed engineering model; movable-bed engineering model;movable-bed model of river engineering; movable-bed river model; river engineering model in movable bed
动床河流 erodible bed stream;mobile bed river;mobile bed stream;movable-bed stream; river of movable bed;stream with movable bed
动床绘图仪 movable-bed plotter
动床滤器 moving bed filter
动床模拟 mobile bed similitude
动床模型 erodible bed model;mobile bed model; model of mobile bed; movable-bed model
动床模型试验 mobile bed model test(ing);movable-bed model test
动床泥沙沉积模型 movable-bed sedimentation model
动床泥沙模型律 law of mobile bed sediment model
动床水工模型 mobile bed hydraulic model; mobile-bed hydraulic model;movable bed hydraulic model
动床水工试验模型 mobile-bed hydraulic model
动床水力学试验模型 mobile bed hydraulic model
动床演算 movable-bed routing
动垂线 apparent vertical; dynamic(al)vertical
动磁场 moving field
动磁导率 differential permeability; dynamic(al)permeability
动磁感应 dynamic(al) magnetic induction
动磁工检流计 moving-magnet galvanometer
动磁式磁强计 moving-magnet magnetometer
动磁式电流计 moving-magnet galvanometer
动磁式检流计 moving-magnet galvanometer
动磁铁 moving-magnet
动磁铁式 moving-magnetic type
动磁铁式电压表 moving-magnet voltmeter
动磁铁式仪表 moving-magnet(type) instrument
动带接触器 moving belt contactor
动单剪试验 dynamic(al)simple shear test
动单绞辘 runner; single whip reversed
动单绞辘串联单双复绞辘 runner and tackle
动单绞辘串联定单复绞辘 runner and whip
动荡 turbulence;unrest;upheaval
动荡不稳的 unsettled
动荡水域 moving waters
动刀架 movable support
动刀片 knife section
动刀片组 set of knives
动导体传声器 moving-conductor microphone;ribbon microphone
动导体的 moving-conductor
动导体地震仪 moving-conductor seismograph
动导体电磁摆地震仪 moving-conductor electromagnetic pendulum seismograph
动导体电磁地震仪 moving-conductor electromagnetic seismograph
动导体换能器地震仪 moving-conductor transducer seismograph
动导体送话器 moving-conductor microphone
动导体扬声器 magnetostriction loudspeaker; moving-conductor loudspeaker
动的 dynamic(al);kinetic;motional
动的比率 dynamic(al)ratio
动点 moving point;shifting point
动电 dynamic(al)electricity;galvanic electricity;voltaic electricity
动电测流计 electrokinetograph
动电产生静电的 dynamostatic
动电超滤分析 electrokinetic filtration analysis
动电电流 galvanic current
动电电位【化】electrokinetic potential
动电感应 electrodynamic(al)induction;electromotive induction
动电弧触头 moving arcing contact
动电计 electrokinetograph
动电式放大器 dynamo-electric(al) amplifier
动电势 dynamic(al)potential; electrokinetic potential;zeta potential
动电势分量 electrokinetic component
动电位法 potential dynamic(al)method;potentiodynamic(al)method
动电学 dynamic(al)electricity; electrokine(ma)tics;galvanic electricity
动电学的 electrokinetic
动电学效应 electrokinetic effect
动电阳极 galvanic anode
动端 running part
动断触点 break contact; normally closed contact
动反馈电路 motional feedback circuit
动反作用 kinetic reaction
动分布系统 dynamic(al) system of distribution
动浮力 dynamic(al)buoy
动浮托力 dynamic(al)lift
动负载 dynamic(al)load
动复原力臂 dynamic(al)righting lever
动杆 walking beam
动刚度 displacement impedance;dynamic(al)rigidity
动钢索 running wire
动工 begin construction;break ground; construction works; construction work starting;start building
动工仪式 ground-breaking ceremony
动工造船 keel laid
动观 in-motion viewing
动贯入阻力 penetration resistance
动光弹 dynamic(al)photo-elasticity
动光点 moving light spot
动辊 action roller;active roller
动合触点 make contact;normally open contact
动合接点 front contact;make contact; making contact;normally open(ed) contact
动合子 ookinete
动核 kinetonucleus
动荷 live load
动荷系数 dynamic(al)load coefficient
动荷载 impulsive load(ing);kinetic load;live load;travel(l)ing load; movable load;moving load;dynamic load(ing)
动荷载试验 dynamic(al)loading test
动荷载应力 dynamic(al)stress
动荷载组合 combination of dynamic(al)load
动荷重被覆量 dynamic(al)load lining
动横倾角 dynamic(al)heeling angle
动滑车 mobile block;movable pulley; movable (pulley) block; moving block;running block;travel(l)ing block
动滑车组 travel(l)ing block
动滑道 sliding way
动滑动区 active slide area
动滑轮 driving pulley;fall block;mobile block;movable block;movable pulley;swivel pulley;travel(l)ing block
动化器 dynamicizer;serializer<把并行数据变成串行数据的寄存器>
动画 animation
动画地图 animated map
动画交通仿真 animate traffic simulation
动画控制器 animation controller
动画模式 animated
动画片 animated film;cameracature; cartoon
动画显示 display animation
动画制作系统 animation system
动环 rotor ring;seal head
动环传动套 seal drive sleeve
动环传动销 seal driving pin
动环境容量 dynamic(al)environmental capacity
动环座 rotating seat
动簧片 movable contact spring
动回弹性 dynamic(al)resilience
动火许可证 fire permit
动机 motif; motion; motivation; motive
动机的形成 motivation
动机分析 motivation research
动机模式 motivational pattern; motive pattern
动机迁移 motivation transfer
动机享乐说 hedonic theory of motivation
动机(心理)的冲突 psychological conflict
动机心理学 motivational psychology
动机性行为 motivated behavio(u)r
动机研究 motivation research
动机争胜性行为 agonistic behavio(u)r
动基床反力 dynamic(al)subgrade reaction
动基床反力系数 coefficient of dynamic(al)subgrade reaction
动基床系数 dynamic(al)elastic modulus
动基导航设备 moving-based navigation(al)aids
动畸变 dynamic(al)distortion
动剪力模量 dynamic(al) modulus of shear;dynamic(al)shear modulus
动剪切模量 dynamic(al) modulus of shear;dynamic(al)shear modulus
动剪应力 dynamic(al)shearing stress
动焦点 dynamic(al)focus
动绞辘 moving tackle
动校正 normal moveout correction
动接触 travel(l)ing contact
动接点 heel contact; movable contact;moving contact
动接点部件 moving contact member
动接点块 movable contact block
动接点片 contact finger;moving contact piece
动接点弹簧片 movable contact spring
动接点组件 movable contact assembly
动界 arena
动景错觉 stroboscopic illusion
动景器 stroboscope
动径 radius vector
动静法 kinetostatics
动静间隙 running clearance
动静平衡 static and dynamic equilibrium
动静态万能试验机 dynamic(al) and static universal testing machine
动静压同轴皮托管 Pitot-static tube
动静载弯拉应力比 impact factor
动镜 index mirror;movable reflector; index glass<六分仪的>
动镜滤光片<六分仪部件> index shade
动镜色片 index shade
动距 haul distance
动觉 kin(a)esthesis;kinesthetic perception;okin(a)esthesia
动开接点 normally closed contact
动抗剪强度 dynamic (al) shear strength; dynamic (al) strength of shearing
动抗拉强度 dynamic(al)strength of tensile
动可容速度场 kinematically admissible velocity field

动孔隙水压力 dynamic(al) water pressure
动库容 backwater storage; prismatic(al) storage; slope storage
动跨导 dynamic(al) transconductance
动块 motion block
动块调谐 slug tuning
动块调谐器 slug tuner
动筐式跳汰机 basket jig
动棱镜 index prism
动力 dynamic(al) force; motive force; motive power; moving force; power; vector
动力扒矿机 power scraper machine
动力摆动耙 power-driven reciprocating harrow
动力扳手 power wrench
动力搬运车 power truck
动力拌和机 power mixer
动力苯 motor benzene
动力泵 kinetic pump; power pump
动力比拟 dynamic(al) similarity
动力臂 hitch arm; power arm
动力臂式挖沟机 power arm ditcher
动力边界条件 dynamic(al) boundary condition; kinetic boundary condition
动力变量 dynamic(al) variable; kinematic variable
动力变速 power shift(ing)
动力变速传动 power shifted transmission
动力变速箱 power shift transmission case
动力变形 dynamic(al) deformation
动力变压器 power transformer
动力变质岩 dynamo-metamorphic rock
动力变质作用【地】dynamic(al) metamorphism; dynamometamorphism; kinetic metamorphism; mechanical metamorphism
动力波 dynamic(al) wave; kinematic wave
动力不平衡 dynamic(al) unbalance; dynamic(al) unequilibrium
动力不稳定性 dynamic(al) instability
动力不正常现象 energetic disturbance
动力不足 power shortage; under power
动力部分 power section
动力参数 dynamic(al) parameter; kinetic parameter
动力操舵装置 power steering gear
动力操纵 power control
动力操纵部件 power-operated unit
动力操纵道岔 power-operated switch; power-thrown switch
动力操纵的 power-controlled; power-operated
动力操纵的编组场 power-operated classification yard
动力操纵的渡线 power-operated crossover
动力操纵的起重机 power-operated crane
动力操纵电路控制器 power-operated controller
动力操纵杆 power-control rod
动力操纵回路管制器 power-operated controller
动力操纵机构 power-operated unit
动力操纵门 power-assisted door; power-operated door
动力操纵挖掘机 power-operated trenching machine
动力操纵系统 power-operated control system
动力操纵转辙器 power-operated switch; power-thrown switch
动力操作的 power-operated
动力操作的臂板信号机【铁】power-operated semaphore
动力操作的门 power-operated door
动力操作的弯筋机 power-operated bar-bender
动力操作挖沟机 power-operated trenching machine
动力糙度 dynamic(al) roughness
动力槽 dynamic(al) trough; lee trough
动力侧向刚度 dynamic(al) lateral stiffness
动力测定车 dynamometer car
动力测量装置 dynamometric(measuring) apparatus[appliance]
动力测深 dynamic(al) sounding
动力测验法 dynamoscopy
动力测验器 dynamoscope
动力测桩 dynamic(al) pile test
动力插头 power plug
动力产生 power generation
动力铲 power shovel
动力铲运机 power scraper(machine)
动力铲运挖掘机 power scraper excavator
动力铲运挖掘装置 power scraper excavator
动力厂 electric(al) power plant; power generating plant; power house; power station; power unit
动力厂装置 power plant unit
动力车 engine car; moto-bug; motor vehicle; power cart; power vehicle; power wagon
动力车的输出功率 output power of a motor vehicle
动力车队 traction fleet
动力车间 power house; power room; power(supply) plant
动力车间成本 power plant cost
动力车间费用 power plant expenses
动力车辆 power car
动力扯裂试验 dynamic(al) tear test
动力沉淀器 dynamic(al) precipitator
动力沉积【地】mechanical
动力沉积物 dynamic(al) sediment; mechanical deposit
动力成本 power cost
动力齿轮系 power train
动力冲程 power stroke
动力冲刷 mechanical erosion
动力冲温 dynamic(al) heating
动力重整 powerforming
动力除尘器 dynamic(al) precipitator; rotoclone collector; Theisen disintegrator; Theisen gas cleaner; Theisen gas scrubber
动力除去 power removal
动力锄 mechanical hoe
动力储备 power reserves
动力触探 dynamic(al) sounding; dynamic(al) penetration
动力触探锤击 blow of dynamic(al) sounding
动力触探杆 driving rod; dynamic(al) sounding
动力触探试验 dynamic(al) penetration test; dynamic(al) probing test; drop penetration test
动力触探仪 dynamic(al) penetrating meter; dynamic(al) sounding apparatus
动力触探种类 type of dynamic(al) sounding
动力传递 power transmission
动力传递损耗 slippage
动力传递系数 dynamic(al) exchange coefficient; momentum exchange coefficient; momentum transfer coefficient
动力传递液 power transmission fluid
动力传动的 power-actuated; power-drawn; power-driven
动力传动的刀片 power blade
动力传动的刮刀 power blade
动力传动轮系 power train
动力传动螺杆 power transmission screw
动力传动系 power train
动力传动系统 power transmission system
动力传动线路 drive line
动力传动轴 power transmission shaft
动力传动装置 actuating unit
动力传输 dynamic(al) transmission; power transmission
动力传输系统 dynamic(al) transfer system; power transmission sequence
动力传输效率 power transmission efficiency
动力传送 power transmission
动力传送装置 power transmission
动力锤 double-action hammer; power hammer
动力错位模型 dynamic(al) dislocation model
动力打桩 dynamic(al) pile-driving
动力打桩公式 dynamic(al) pile-driving formula
动力大地测量学 dynamic(al) geodesy
动力大钳 power tongs
动力单位 dynamic(al) unit; power unit
动力单元 drive unit; motive power unit; power pack; power unit
动力单元总成 dower pack
动力单元装置 power pack
动力单元组 dower pack
动力道岔 power-operated points; power switch
动力道岔控制电路 power points circuit; power switch circuit
动力的 kinetic
动力的机械传送 mechanical transmission of power
动力地层学 dynamic(al) stratigraphy
动力地貌学 dynamic(al) geomorphology
动力地下触探 dynamic(al) subsurface sounding
动力地形测量学 dynamic(al) topography
动力地质学 dynamic(al) geology
动力电费 electric(al) power expenses
动力电缆 power cable(line)
动力电路 motor circuit
动力电输入端 power intake
动力电输入站 power intake station
动力电网 power circuit
动力电消耗量 utility consumption
动力吊车 power crane; power hoist
动力顶尖座 power tail stock
动力定额 ability rating
动力定位 dynamically positioning; dynamic(al) position
动力定位半潜式平台 dynamically positioning semi-submersible platform
动力定位技术 dynamic(al) positioning technique
动力定位精度 dynamic(al) positioning accuracy
动力定位系统 dynamic(al) positioning system; dynamic(al) stationing system
动力定位钻井船 dynamically positioned drilling ship
动力定位钻井平台 dynamically positioning rig
动力定位钻探船 dynamically positioned drilling ship
动力定位钻探平台 dynamically positioning rig
动力定型 dynamic(al) stereotype
动力端 power end
动力断层模型 dynamic(al) fault model
动力断裂力学 dynamic(al) fracture mechanics
动力吨位 power tonnage
动力发电厂 power plant
动力发生器 power generator; power producer
动力阀 dynamic(al) valve; power valve
动力法 dynamic(al) method
动力法测定相对渗透率 dynamic(al) method of relative permeability determination
动力反气旋 dynamic(al) anti-cyclone
动力反向 power reverse
动力反向输出 power reversing transmission
动力反应 dynamic(al) response; modal response
动力反应堆 power reactor
动力反应法 dynamic(al) response approach
动力反应分析 dynamic(al) response analysis
动力反应谱仪 reaction-kinetic spectrometer
动力反转 power reversing
动力反作用 dynamic(al) reaction
动力方案 power scheme
动力方程 dynamic(al) equation; equation of dynamics
动力房 power house
动力放大 dynamic(al) magnification
动力放大(过程)曲线 dynamic(al) amplification(duration) curve
动力放大系数 amplifying coefficient of dynamic(al) force; dynamic(al) amplification factor; dynamic(al) magnification coefficient; dynamic(al) magnification factor
动力放大因数 dynamic(al) magnification factor
动力放大因素 dynamic(al) magnification factor
动力飞机 motorplane
动力飞行 powered flight
动力非线性分析 dynamic(al) non-linear analysis
动力费(用) expenditure on power; power charges; power cost; power rate; power expenses
动力分布 power distribution
动力分出 power takeoff
动力分量 dynamic(al) component
动力分路传动 power splitting transmission
动力分配 power distribution; power transfer
动力分配系统 power distribution system
动力分配装置 power distribution unit; power transfer
动力分析 dynamic(al) analysis; kinematic(al) analysis; kinetic analysis
动力分支传动 power splitting transmission
动力风化 dynamic(al) weathering; mechanical weathering
动力风扇 power fan
动力俯冲 power-dive
动力负荷 dynamic(al) load; kinetic load; motive power load; power load(ing); live load
动力负载 motive power load; power loading; live load

动力干草压捆机 power hay press
动力干线 power main
动力感 kinaesthetic
动力刚度 dynamic(al)stiffness
动力刚性 dynamic(al)rigidity
动力缸 power cylinder
动力钢筋弯曲机 power bar bender
动力钢索集材 powered cable logging
动力高 dynamic(al)elevation
动力高度 dynamic(al)elevation; dynamic(al)height; geodynamic(al) height
动力高度偏差 anomaly of geopotential difference; dynamic(al)-height anomaly
动力高校正 dynamic(al)elevation correction
动力高数 dynamic(al)elevation number
动力高系统 dynamic(al)elevation system
动力割草机的谷物收割附加装置 reaping attachment for motormower
动力割草机的链指式侧向搂草器 chain-type side-rake for motor mower
动力割草机的铺条装置 windrowing attachment for motormower
动力割刀附加装置 power scythe attachment
动力格筛 power grizzly
动力耕作机 power tiller
动力工程 power engineering; power project
动力工程师 motive power engineer
动力工程学 dynamic(al)engineering
动力工具 power tool
动力工业 power industry
动力弓锯 power hack saw
动力公式 kinetic equation; pile driving formula
动力供应 power feed; power supply; supply of supply
动力供应系统 power supply system
动力共轭梁 dynamic(al)conjugated beam
动力估计 powering
动力箍缩效应 dynamic(al)pinch effect
动力固结(法) dynamic(al)compaction; dynamic(al)consolidation
动力固结仪 dynamic(al)oedometer
动力故障 power outage
动力关门的门 power-closed door
动力关门的闸门 power-closed gate
动力管道 power conduit; power pipe [piping]; power tube [tubing]; service line
动力管网图 plan of steam and gas piping
动力管系 power pipeline
动力贯入试验 <试验土壤密实度等> drop penetration test(ing); dynamic(al)penetration test(ing)
动力光测弹性力学 dynamic(al)photo-elasticity
动力光弹性试验 dynamic(al)photoelastic test
动力柜 power supply cabinet
动力锅炉 power boiler
动力过载 dynamic(al)overlay; dynamic(al)overload
动力海洋学 dynamic(al)oceanography
动力夯 leapfrog; power rammer; power tamper
动力夯实(法) dynamic(al)compaction; dynamic(al)consolidation
动力号笛 powered whistle
动力耗尽 exhaustion
动力耗散 dynamic(al)dissipation
动力河床 dynamic(al)bottom
动力荷载 dynamic(al)load(ing); energy load
动力荷载系数 dynamic(al)load factor
动力荷载线 dynamic(al)load line
动力厚度 dynamic(al)thickness
动力互换 dynamic(al)reciprocity
动力化学变质 dynamo-chemical metamorphism
动力环境 dynamic(al)environment
动力换挡变速箱 power shifted transmission
动力换挡 power shift
动力换挡变速器 power shift transmission
动力换挡变速箱 power gearbox shift; power shift transmission
动力换能器 dynamic(al)energy converter
动力换向变速箱 power reversing
动力换向装置 power reverser
动力回摆和倾斜 <推土机> power angle and tilt; power angle tilt
动力回春作用 dynamic(al)rejuvenation
动力回动机构 power reverse gear
动力回动装置 power reserves gear
动力回路 power circuit
动力回弹能 dynamic(al)resilience
动力回旋 power traverse
动力活塞 power piston
动力机 driving engine; mover; power machine
动力机车不足 shortage of power
动力机的枢格式底座 pony sill
动力机构 actuating unit
动力机器制造工业 power machine-building industry
动力机械 motive power machine; power generating machine; power machinery; power plant
动力机组 motive power unit; power package; power unit; unit power plant
动力机组系统 power pack system
动力肌 dynamic(al)muscle
动力集材 yarding
动力集材区 setting
动力集中联锁机 power interlocking machine
动力集中联锁架 power interlocking frame
动力计环 dynamometer ring
动力计量 dynamic(al)measurement
动力计算 dynamic(al)calculation
动力技术 dynamic(al)technique
动力加热 dynamic(al)heating; kinetic heating
动力加载 dynamic(al)loading
动力间 power house
动力减速器 dynamic(al)retarder
动力减振锤器 dynamic(al)vibration damper
动力减振器 dynamic(al)absorber; dynamic(al)damper; dynamic(al) vibration absorber
动力减震 dynamic(al)damping
动力减震器 dynamic(al)damper; dynamic(al)detuner; dynamic(al)vibration absorber
动力剪变模量 dynamic shear modulus
动力剪草机 power lawn mower
动力剪力模量 dynamic(al)shear modulus
动力剪切机 power shears
动力建筑工程 road construction work
动力建筑设计 road construction project
动力降落<飞机> engine-on landing
动力交换 dynamometric exchange
动力角砾岩 dynamic(al)breccia
动力绞车 power drum winch
动力绞盘 motor capstan; power(-driven)capstan
动力搅拌机 power mixer
动力校正 dynamic(al)correction
动力结构 dynamic(al)structure
动力结构分析 dynamic(al)structural analysis
动力进给 power feed
动力经济 power economy
动力晶粒细化法 dynamic(al)grain refinement
动力精度 dynamic(al)accuracy
动力精细平路机 power fine grader
动力矩 kinetic moment
动力矩阵 dynamic(al)matrix
动力锯 motor saw; power sawing
动力锯床 power saw
动力卷筒 power drum
动力卷扬机 power drum winch
动力均衡 dynamic(al)balance
动力卡盘用缸及阀 cylinder and valve for power chuck
动力卡瓦 power slips
动力开发 power development
动力开关 power switch
动力开关车门<客车> powered door operation
动力开启的自闭门 power-opened self-closing door
动力开支 power cost
动力可靠度 dynamic(al)reliability
动力可靠性 dynamic(al)reliability
动力空气泵 kinetic air pump
动力空气选粉机 dynamic(al)air separator
动力空气/真空 kinetic air/vacuum
动力控制 dynamic(al)control; power control
动力控制单元 power-control unit
动力控制的驱动轴 power-control drive shaft
动力控制电动机 power-control motor
动力控制阀 power-control valve
动力控制杆 power-control lever
动力控制架 power-control housing
动力控制壳 power-control housing
动力控制蜗杆传动(装置) power-control shaft worm gear
动力控制箱 power-control box; power-control housing
动力控制装置 power-control unit
动力馈料 power feed
动力扩大倍数 dynamic(al)magnification
动力扩大率 dynamic(al)magnification
动力扩大系数 dynamic(al)magnification
动力扩容作用 dynamic(al)dilatation
动力扩散 dynamic(al)diffusion
动力廊道 power channel; power gallery
动力冷却 dynamic(al)cooling
动力利用的拦水坝 power dam
动力联合 power link
动力联锁 power interlocking
动力联锁机 power interlocking machine
动力联锁架 power interlocking frame
动力链 power transmission chain
动力链锯 power chain saw
动力列车 power train
动力流 dynamic(al)flow; dynamic(al)stream; power flow
动力流动的 dynamofluidal
动力流度 dynamic(al)fluidity
动力流体的 dynamafluidal
动力流线 power flow
动力流状结构 dynamofluidal texture
动力轮 power wheel
动力论 dynamism
动力论方程 kinetic equation
动力螺旋钻 augering by power
动力落球冲击试验法 dynamic(al) ball-impact test method
动力镘板 power float
动力毛管压力 dynamic(al)capillary pressure
动力煤 steam coal
动力煤气 gas for motor fuel; power gas
动力煤油 power kerosene
动力弥雾机 motor atomizer
动力米 dynamic(al)meter; geodynamic(al)meter
动力密封垫 dynamic(al)packing
动力模量 dynamic(al)modulus; resonance modulus
动力模拟 dynamic(al)analogy; kinetic analogy; represent dynamically; kinematic similitude
动力模拟模型 dynamic(al)simulation model
动力模拟器 dynamic(al)simulator
动力模式 dynamic(al)model
动力模型 dynamic(al)mock-up; kinematic(al)model
动力膜 dynamic(al)membrane
动力摩擦系数 kinetic coefficient of friction
动力磨砂机 power sander
动力磨砂装置 power sander
动力耐久试验 dynamic(al)endurance test
动力挠度 dynamic(al)deflection; ride clearance
动力挠曲 dynamic(al)deflection
动力能 kinetic energy; kinetic force
动力能源 power source
动力黏[粘]度 kinetic viscosity
动力黏[粘]度表 kinematic(al)viscosity scale
动力黏[粘]度系数 coefficient of dynamic(al) viscosity; dynamically viscous coefficient
动力黏[粘]性系数 coefficient of dynamic(al)viscosity
动力黏[粘]滞度 kinematic(al)viscosity; kinetic viscosity; dynamic-(al) viscosity
动力黏[粘]滞度系数 coefficient of dynamic(al)viscosity; dynamic(al) viscosity coefficient
动力黏[粘]滞率 kinetic viscosity; dynamic(al)viscosity
动力黏[粘]滞系数 coefficient of kinematic viscosity
动力黏[粘]滞性 dynamic(al)viscosity
动力刨煤机 activated plough
动力抛光装置 power sander
动力配电盘 power distribution panel; power panel board
动力配电箱 power distributing panel
动力配套 motor complement
动力喷粉喷雾机 machined jet-dust sprayer
动力喷口 power jet
动力喷射泵 power spraying pump
动力喷雾器 power sprayer
动力喷油查 power distributor
动力喷油车 power distributor
动力喷嘴 power jet
动力碰头 tup
动力疲劳试验 dynamic(al)fatigue

test
动力平车 <在货运站和专用线间运行> powered flat wagon
动力平地机 power-driven grader
动力平衡 balance of power; dynamic(al) balancing; dynamic(al) equilibrium; kinetic equilibrium; kinetic stability; power balance; dynamic(al) balance
动力平衡方程式 dynamic(al) equation of equilibrium; power balance equation
动力平衡模型 power balance model
动力平衡器 dynamic(al) balancer
动力平路机 power-drawn (blade) grader; power grader
动力平土机 power-drawn grader; power grader
动力坡道 momentum grade
动力坡度 inertia grade; momentum grade
动力破裂 dynamic(al) breakage; dynamic(al) rupture
动力铺侧石机 power curber
动力起爆器 electric(al) squib
动力起落操纵杆 power-lift lever
动力起落机构 power-lift mechanism
动力起重机 power crane
动力气候学 dynamic(al) climatology
动力气球 powered balloon
动力气体 power gas
动力气象学 dynamic(al) meteorology
动力气漩 cyclone of dynamic(al) origin
动力汽车 steam-powered automobile
动力汽缸 actuating cylinder
动力汽油 motor gasoline
动力牵引 power traction
动力牵引铲运机 power-drag scraper machine
动力牵引车 power buggy
动力牵引式打夯机 power traction tamper
动力牵引式打桩机 power traction tamper
动力强度 dynamic(al) strength
动力强化微电解法 dynamic(al) enhanced microelectrolysis
动力强制吊升 <起重机> power raiser
动力强制降落 <起重机> power lowering
动力切断 power cut; power takeoff
动力切管机 power pipe cutter
动力侵蚀作用 corrasion
动力清扫器 power broom
动力清洗机 power washer
动力球冲击(硬度)试验 dynamic(al) ball-impact test
动力曲线 power curve
动力驱动 power drive; power wheel drive
动力驱动摆动式钉齿耙 reciprocating power-driven tine harrow
动力驱动泵 power-driven pump; pump driven by power
动力驱动车 power drive car
动力驱动单轮压路机 power-driven single-wheeled roller
动力驱动的 power-actuated; power-drawn; power-driven; power-operated
动力驱动的行走轮 power-driven wheel
动力驱动吊升和降落式作业 <起重机> power up/power down
动力驱动工具 power tool
动力驱动离合器操纵杆 control lever for power-drive
动力驱动往复臂式配水器 power-driven reciprocating-arm distributor
动力驱动系统 power-driven system
动力驱动橡皮刮板 power-driven squeegee
动力驱动旋臂式配水器 power-driven rotating distributor
动力驱动旋转式清扫机 power-driven rotary sweeper
动力驱动压路机 power-driven road roller
动力驱动压气机 power-driven compressor
动力驱动载重汽车 power-driven truck
动力驱动制 power-driven system
动力屈服点 dynamic(al) limit of yield point
动力屈曲 dynamic(al) buckling
动力取芯试验 drop core sampling test
动力群【数】dynamic(al) group
动力燃料 power fuel
动力热通量 dynamic(al) heat flux
动力热压 dynamic(al) hot pressing
动力容积比 power-to-volume ratio
动力容量 dynamic(al) capacity
动力溶剂效应 kinetic solvent effect
动力蠕变 dynamic(al) creep
动力润滑 dynamic(al) lubrication
动力撒粉器 power duster
动力三轴试验 cyclic(al) triaxial test; dynamic(al) triaxial test
动力三轴仪 dynamic(al) triaxial apparatus
动力筛 power screen
动力设备 power equipment; power facility; power generating plant; power plant; power rig; power supply unit; power unit
动力设备预陈化 power equipment presaging
动力设备折旧摊销及大修费 power equipment depreciation apportion and overhaul charges
动力设计 dynamic(al) design
动力设计准则 dynamic(al) design criterion
动力伸缩臂节 power(ed) section
动力升降 power lift; power up/down
动力升降工作平台 powered work platform
动力升降机构 power lifter
动力升降犁 power-lift plough
动力升降设备 powered access
动力升降式起重 <起重机> power up/down mode
动力生产 power production
动力生成学说 kinetogenesis
动力剩余磁化强度 dynamic(al) remanent magnetization
动力失衡 dynamic(al) unbalance
动力失稳 <负荷影响下的> dynamic(al) buckling; dynamic(al) unstability
动力施工工程 road construction work
动力施工技术 road construction technique
动力施工检验设备 road construction tester
动力施工检验装置 road construction tester
动力施工现场 road construction site
动力拾震器 dynamic(al) pickup
动力使用能力 power-handling capability
动力式滚子输送机 powered roller conveyer
动力式通风系统 power type venting system
动力式旋压 power spinning
动力式液压传动 hydrodynamic(al) power transmission
动力式制动铁鞋 power skate
动力势 kinetic potential; power potential
动力势差 dynamic(al) elevation
动力势差数 dynamic(al) number
动力视差 dynamic(al) parallax
动力试验 dynamic(al) test(ing); power test
动力试验车 dynamometer car; dynamometer wag(g)on
动力试验床 dynamic(al) test bed
动力试验规程 power test codes
动力试验机 dynamic(al) testing machine
动力试验技术 dynamic(al) testing technique
动力试验筛 mechanical test(ing) screen
动力试验台 dynamic(al) test stand; power test rig
动力试验装置 power test rig
动力室 power house
动力手柄遥控系统 power-operated lever remote control system
动力手柄遥控制 power-operated lever remote control system
动力输出 power export; power takeoff
动力输出传动齿轮 power takeoff drive gear
动力输出传动轴 power takeoff drive shaft
动力输出传动装置 power takeoff drive
动力输出机构 power takeoff mechanism
动力输出离合器 power takeoff clutch
动力输出驱动泵 power takeoff-driven pump
动力输出万向传动轴 propeller shaft
动力输出移动球簧 power takeoff shifter ball spring
动力输出轴 conveyer driven shaft; output shaft propeller; power output(shaft); power takeoff shaft
动力输出轴操纵杆 power takeoff control lever; power takeoff operating lever
动力输出轴测功仪 power takeoff dynamometer
动力输出轴测力计 power takeoff dynamometer
动力输出轴传动锤式粉碎机 power takeoff driven hammer mill
动力输出轴传动的指轮式搂草机 power takeoff driven finger-wheel rake
动力输出轴传动离合器 power takeoff clutch
动力输出轴带动的装置 power takeoff attachment
动力输出轴端盖 power takeoff shaft cover
动力输出轴防护罩 power takeoff shaft guard
动力输出轴防护装置 power takeoff protective device
动力输出轴功率 power at the power takeoff; power takeoff(horse) power
动力输出轴接合杆 power takeoff (shift) lever
动力输出轴离合器操纵杆 power takeoff clutch lever
动力输出轴联轴节 power output shaft coupling; power takeoff coupling
动力输出轴马力 power takeoff horsepower
动力输出轴皮带轮 power takeoff pulley
动力输出轴驱动 power takeoff drive
动力输出轴驱动的拖车倾翻装置 power takeoff driven tipping device
动力输出轴驱动的压捆机构 power takeoff baler mechanism
动力输出轴驱动的装干草机 power takeoff driven hay loader
动力输出轴驱动拖车式喷雾机 power takeoff driven trailer sprayer
动力输出轴外罩 power takeoff shield
动力输出轴万向传动支座 power takeoff shaft bearing
动力输出轴罩 power takeoff cover
动力输出轴支持轴承 power takeoff bearing support
动力输出轴轴承 power takeoff lever bearing
动力输出轴轴心线 power takeoff shaft center line
动力输出轴转数 power takeoff speed
动力输出装置 <卡车泵等的> power takeoff
动力输电铁塔 power transmission tower
动力输入 power import
动力输入齿轮 input gear
动力输入轴 input shaft; power input shaft
动力输入装置 input gear
动力输送 power transmission
动力输轴离合器 power takeoff clutch
动力数据 dynamic(al) data
动力数字式转矩计 dynamic(al) digital torque meter
动力水 power water
动力水流因数 kinetic flow factor
动力水流因素 kinetic flow factor
动力水龙头 power swivel
动力水面 dynamic(al) level
动力水平 power level
动力水头 dynamic(al) head; hydrodynamic(al) head; kinetic head; power head
动力水位 dynamic(al) water level
动力伺服机构 power servo
动力随动系统 power servomechanism
动力损失 loss of power; power loss
动力索道集材 powered cable logging
动力抬升 plume rise by source momentum
动力弹簧刚性 dynamic(al) spring rate
动力弹性分析 dynamic(al) elastic analysis
动力弹性模量 dynamic(al) elastic modulus; dynamic(al) modulus of elasticity
动力探测 dynamic(al) sounding; dynamic(al) probing
动力探测试验 dynamic(al) probing test
动力探头阻力 dynamic(al) plate resistance; dynamic(al) point resistance
动力特性 dynamic(al) behavio(u)r; dynamic(al) characteristic; dynamic(al) property; power characteristic
动力梯度 dynamic(al) gradient; kinetic gradient
动力提升 power lift
动力提升机构 power lifter
动力天文学 dynamic(al) astronomy
动力调定 power setting
动力调节 power conditioning
动力调节器 power conditioner
动力调整 dynamic(al) trim; power setting

动力调整斜度 power angle
动力铁鞋安置机 power skate machine
动力艇 power-boat
动力通风 power ventilation
动力头 power unit;top-drive power head;unit head;power head <深井泵用>
动力头反循环钻机 motor head reverse circulation drill
动力头式车床 unit head turning machine
动力头式攻丝机 unit head tapping machine
动力头式拉床 unit head broaching machine
动力头式镗床 unit head boring machine
动力头式铣床 unit head milling machine
动力头式钻床 unit head drilling machine
动力头钻机 motor head drill; top head drive bit
动力土壤 dynamic(al)soil
动力土钻 power earth auger
动力推进式机械 power-propelled machine
动力推进振捣机 <混凝土路用> power-propelled vibrating machine
动力拖动的机器 power-propelled machine
动力脱谷机 motor threshing machine
动力脱粒机 power-driven thresher
动力挖掘机 power digger; power shovel
动力挖土机 dipper shovel
动力瓦斯 power gas
动力弯沉 dynaflect; dynaflector; dynamic(al)deflection
动力弯沉(测定)仪 <美国各州公路局用这种仪器代替贝克曼梁来量测路面弯沉值> dyna-flex machine; dynaflector
动力弯钢筋机 power bar bender
动力弯曲刚度 dynamic(al)flexural stiffness
动力弯曲劲度 dynamic(al)flexural stiffness
动力弯折 dynamic(al)buckling
动力位错模型 dynamic(al)dislocation model
动力位移 dynamic(al)displacement
动力温度校正 dynamic(al)temperature correction
动力稳定的 dynamically stable
动力稳定度 dynamic(al)stability;kinetic stability
动力稳定机 dynamic(al)track stabilizer
动力稳定器 power-stabilized unit
动力稳定态 dynamic(al)steady state
动力稳定性 dynamic(al)stability;kinetic stability
动力问题 dynamic(al)problem
动力涡轮机 power turbine
动力污泥沉淀工艺 dynamic(al) sludge reserving process
动力污水氧化塘模型 dynamic(al)lagoon model
动力吸附参数 dynamic(al)adsorption parameter
动力吸升高度 dynamic(al)suction lift
动力吸收高度 dynamic(al)suction lift
动力吸(水)头 dynamic(al)suction head
动力吸振器 dynamic(al)vibration absorber;resonance damper;tuned damper
动力吸振体 dynamic(al)absorber
动力系 power train
动力系数 coefficient of dynamic(al) force;coefficient of impact;dynamic(al)coefficient;dynamic(al)factor;impact factor;kinetic factor
动力系统 dynamic(al)system;power system
动力系统的连接线路 power link
动力系统模拟器 dynamic(al)system simulator
动力系统消耗率 specific power-plant consumption
动力系统运行 power system operation
动力细锯 powered jig saw
动力下降 power-controlled lowering; powered lowering
动力现象 dynamic(al)phenomenon
动力线 feed line; generatrix[复 generatrices]; power conduction; power line
动力线路 power line;power circuit
动力线路载波 power-line carrier
动力线性分析 dynamic(al)linear analysis
动力相互作用 dynamic(al)interaction
动力相似 dynamic(al)analogy
动力相似定律 law of dynamic(al) similarity
动力相似模型 dynamically similar model
动力相似性 dynamic(al)similarity; dynamic(al)similitude; dynamics similarity
动力消耗 power waste
动力消耗量 consumption of power; power consumption; utility consumption <指水、电、汽>
动力消耗清单 power bill
动力消振器 acceleration damper;dynamic(al)damper
动力小车 power buggy; wheel-barrow powered
动力效率 dynamic(al)efficiency
动力效应 dynamic(al)effect;dynamic(al)response
动力心理学 dynamic(al)psychology
动力信号 power signal
动力信号法 power signal(l)ing
动力信号楼 power-operated signal box
动力信号装置 power signal(l)ing installation
动力形式 power type
动力性对流 dynamic(al)convection
动力性高压 dynamic(al)anti-cyclone
动力性能 dynamic(al)behavio(u)r
动力性疲劳 dynamic(al)fatigue
动力性训练 dynamic(al)training
动力需求 power demand
动力徐变 dynamic(al)creep
动力絮凝 dynamic(al)flocculation
动力悬挂式脚手架 powered suspended scaffold
动力悬挂装置 power linkage
动力旋进的双头螺栓 power-driven stud
动力学 dynamics; kinematics; kinetics;power engineering;power mechanics
动力学比色法 kinetic colo(u)rimetry method
动力学扁率 dynamic(al)ellipticity;dynamic(al)flattening
动力学变换 kinetic transfer
动力学不稳定性 kinetic instability
动力学参考系 dynamic(al)reference system
动力学参数 kinetic parameter
动力学常数 kinetic constant
动力学的 dynamic(al);kinetic
动力学方程 kinetic equation
动力学方法 kinetic method
动力学非线性分析 kinematically nonlinear analysis
动力学分光光度法 kinetic spectrophotometry
动力学分解 kinetic decomposition
动力学分析 kinetic analysis
动力学海洋学 kinetic oceanography
动力学家 kineticist
动力学建模语言 dynamic(al)-model(l)ing language
动力学胶束 kinetic micelle
动力学解法 dynamic(al)solution
动力学控制系统 kinetic control system
动力学理论 dynamic(al)theory;kinetic theory
动力学链 kinetic chain
动力学模拟 <模型运动的速度、加速度与实物相似> kinematic(al) similarity;kinetic modeling
动力学模型 dynamic(al)model;kinetic model
动力学摩擦 dynamic(al)friction
动力学普遍原理 general theorems of dynamics
动力学设计 kinematic(al)design
动力学渗透模型 dynamic(al)percolation model
动力学声屏 kinetic sound screen
动力学弹性模数 dynamic(al)modulus
动力学特性 kinetic characteristic
动力学天平动 dynamic(al)libration
动力学同位素效应 kinetic isotope effect
动力学温度 kinetic temperature
动力学稳定性 dynamic(al)stability
动力学相似 kinematic(al)similarity
动力学相似原理 dynamic(al)similarity principle
动力学性质 dynamic(al)property;kinetic property
动力学性状 dynamic(al)behavio(u)r
动力学研究 kinetic consideration;kinetic study
动力学研究范围 dynamic(al)range
动力学掩蔽 kinetic masking
动力学演化 dynamic(al)evolution
动力学荧光测定法 kinetic spectrofluorometric method
动力学宇宙学 dynamic(al)cosmology
动力学原理 principle of dynamics
动力学指数 kinetic index
动力循环 dynamic(al)cycle; power (generating)cycle
动力压 kinetic pressure
动力压凹 dynamic(al)indentation
动力压力机 power press
动力压屈 <负荷影响下> dynamic(al)buckling
动力压实 dynamic(al)compaction
动力压实机 <土坝、路基等用> dynamotor
动力压缩测试器 dynamic(al)compress tester
动力压缩器 dynamic(al)compressor
动力压缩试验 dynamic(al)compression test
动力压张量 kinetic pressure tensor
动力烟云 momentum plume
动力延展性 dynamic(al)ductility
动力杨氏模量 dynamic(al)Young's modulus
动力遥控装置 telemotor
动力液体 power liquid
动力因数 dynamic(al)factor
动力应变 dynamic(al)strain
动力应力 <动力荷载所产生的应力> dynamic(al)stress
动力应力奇点 dynamic(al)stress singularity
动力影响 dynamic(al)effect;dynamic(al)influence
动力硬化 kinematic(al)hardening
动力用煤 power coal
动力油 power oil
动力油缸 actuator cylinder;operating cylinder;power cylinder;ram
动力油缸活塞杆 ram shaft
动力有限元 dynamic(al)finite element
动力有效应力法 dynamic(al)effective stress method
动力预报 dynamic(al)prediction
动力元件 motive unit;power unit
动力圆锥触探试验 dynamic cone penetration test
动力圆锥触探仪 dynamic(al)cone penetrometer
动力源 power supply;source of energy;source of power
动力运动 kinetic motion
动力运用 power import
动力蕴藏量 potential power
动力载荷 living load
动力凿岩机 power drill
动力增量 dynamic(al)augment;dynamic(al)increment
动力增温 dynamic(al)heating;dynamic(al)warming
动力增殖反应堆 power breeder
动力闸 power brake
动力站 <指水、汽、压缩空气、电气化铁路和架空索道等> drive station;driving station;power plant;power station; mechanical power house; power pack;generating station
动力站的基底负荷 base load(power) station
动力站的基底负载 base load(power) station
动力张力试验 dynamic(al)tensile test
动力照明变电所 power lighting substation
动力照明变压器馈电柜 power lighting transformer feeder cubicle
动力照明系统 power lighting system
动力枕木夯泊机 power tie tamper
动力振动阻尼器 dynamic(al)vibration absorber
动力支柱 dynaprop
动力织机 power loom
动力指数 dynamic(al)index
动力制 power system
动力制动 dynamic(al)braking
动力制动泵 power-brake pump
动力制动电阻 dynamic(al)resistance
动力制动电阻器 dynamic(al)braking resistor
动力制动方式 driving effort braking mode
动力制动格栅 dynamic(al)brake grid
动力制动混合阀 dynamic(al)brake blending valve
动力制动联锁装置 dynamic (al) brake interlock
动力制动器 dynamic(al)brake;power brake
动力制动转换开关 power-brake changeover switch
动力制动装置 power-absorption unit
动力制冷循环 power-refrigeration cycle
动力智能建筑 <地震时其震动受抗震系统有效控制的超高层大楼> dynamic(al)intelligent building

动力置换(法)<软基处理的> dynamic(al) replacement

动力中心 power center[centre]

动力重力仪 dynamic(al) gravity meter

动力重量比 power-to-weight ratio

动力轴 dynamic(al) axis; line shaft; power shaft

动力轴系 power shafting

动力转矩 dynamic(al) torque

动力转向 power(-assisted) steering; power(ed) steering

动力转向齿条 power-steering rack

动力转向架 motor bogie; power truck

动力转向(液压)泵 power-steering pump

动力转向轴 power-steering shaft

动力转向装置 power steering unit

动力转辙机 power switch machine

动力转子 power rotor

动力桩(荷载)公式 dynamic(al) pile formula

动力装载机 power loader

动力装置 engine installation; motive unit; power installation; power pack(age); power plant; power set(ting); power unit; propulsion; propulsion system

动力装置参数自记仪 data-logging equipment

动力装置船上鉴定试验 evaluation test of power plant on board

动力装置飞行试验 certification flight test

动力装置控制台 propulsion control panel

动力装置研究 power plant research

动力装置总重 wet weight

动力资源 power resources

动力自动同步机 power selsyn motor

动力自动同步系统 power selsyn system

动力自计器 dynamo-graph

动力自记器 dynamo-graph

动力总成 power package

动力总工程师 chief motive power engineer

动力阻力 dynamic(al) resistance

动力阻尼器 dynamic(al) damper

动力组 power pack(age); power unit

动力钻床 power drill

动力钻机 power auger; power drill

动力作业 dynamic(al) work

动力作用 dynamic(al) action; dynamic(al) effect

动连接 kinetic connection

动梁 walking beam

动量 momentum[复 momenta]; quantity of motion; quantity of momentum

动量变化 flow of momentum

动量变换 momentum transfer

动量波函数 momentum wave function

动量不灭 conservation of momentum

动量测量 momentum survey

动量传递 momentum transfer

动量传递率 rate of momentum transport

动量传递系数 coefficient of momentum transfer

动量传递原理 momentum transfer theory

动量的 momental

动量的变化 change of momentum

动量定理 momentum theorem

动量定律 momentum law

动量法 momentum method

动量方程式 equation of momentum; momentum equation

动量分布 distribution of momentum; momentum spectrum

动量分离法 momentum segregation

动量改正系数 momentum correction factor

动量厚度 momentum thickness

动量互换作用 interchange of momentum

动量积分法 momentum integral method

动量交换 exchange of momentum; interchange of momentum; momentum exchange; momentum interchange; momentum transfer

动量交换系数 momentum exchange coefficient

动量矩 angular momentum; moment of momentum; momentum moment; moment momentum

动量矩定理 moment of momentum theorem; theorem of angular moment

动量矩方程 moment of momentum equation

动量矩极 pole of angular momentum

动量矩守恒 conservation of moment of momentum

动量矩原理 principle of moment of momentum

动量矩轴 axis of angular momentum

动量空间 momentum space

动量扩散 momentum diffusion

动量理论 momentum theory

动量力系数 momentum force coefficient

动量流 momentum flow

动量密度 momentum density

动量坡度 momentum grade; momentum gradient

动量谱 momentum spectrum

动量启动器 momentum starter

动量曲线 momentum curve

动量式质量流量计 momentum-type mass flowmeter

动量守恒 conservation of momentum; momentum conservation

动量守恒定律 law of conservation of momentum

动量守恒原理 principle of conservation of momentum; principle of momentum conservation

动量输送 momentum transport; transport of momentum

动量输移 momentum transport; transport of momentum

动量输运假设 momentum-transport hypothesis

动量算符 momentum operator

动量损失 loss of momentum

动量损失厚度 momentum loss thickness

动量梯度 momentum grade; momentum gradient

动量通量 momentum flux

动量系数 momentum coefficient

动量修正系数 momentum correction coefficient; momentum correction factor

动量与能量原理 principle of momentum and energy

动量原理 momentum principle; momentum theory

动量再分布 momentum redistribution; redistribution of momentum

动量中心系统 centre-of-momentum system

动量骤变 momentum discontinuity

动量转换 momentum transfer

动量转换理论 momentum transfer theory

动量转移 momentum transfer; transfer of momentum

动量转移法 momentum transfer method

动量阻力 momentum drag

动流 moving current

动流量矢量 momentum flow vector

动率 kineticity

动乱 civil commotion; out-of-order; tempest; turmoil; upheaval; upheaval

动轮 driver; driving wheel

动轮的溜滑 skidding

动轮对 pair of drivers

动轮钢丝绳 floating rope

动轮毂 runner hub

动轮可调整的毂衬 driving wheel adjustable hub plate

动轮空转 wheel skid

动轮轮心 driving wheel center[centre]

动轮平衡杆 driver brake connecting rod equalizer

动轮弹簧 driving spring

动轮弹簧鞍 driving spring stirrup

动轮弹簧吊杆 driving spring hanger

动轮弹簧吊杆座 driving spring hanger seat

动轮弹簧箍 driving spring stapler

动轮弹簧匣盖<电力机车> driving wheel cap

动轮弹簧座 driving spring seat

动轮载 dynamic(al) wheel load

动轮制动缸 driver brake cylinder

动轮制动缸角座 driver brake cylinder angle

动轮制动机 driver brake

动轮制动拉杆 driver brake connecting rod

动轮制动拉杆均衡梁 driver brake connecting rod equalizer

动轮制动轴臂 driver brake bell crank

动轮制动轴臂托架 driver brake bell crank bracket

动轮轴 driver axle

动轮轴颈 driving journal

动轮轴瓦 crown brass; driving box bearing; driving box brass

动轮轴箱 driving box

动轮轴箱毂衬 driving box hub liner

动轮轴箱滑板 driving box gib

动轮轴箱簧鞍 driving box saddle

动轮轴箱润滑器 driving box lubricator

动轮轴箱铁鞋 driving box shoe

动轮轴箱楔螺栓 driving box wedge bolt

动轮轴箱油盒 driving box cellar

动轮轴箱油盒螺栓 driving box cellar bolt

动轮转矩计 road wheel torque meter

动脉 artery

动模铸锭机 moving mo(u)ld casting machine

动膜式蒸发器 turbulent-film evapo(u)rator

动摩擦 friction of motion

动摩擦角 dynamic(al) frictional angle

动摩擦力 dynamic(al) friction; kinetic(force of) friction

动摩擦系数 coefficient of kine(ma)tic friction; dynamic(al) friction coefficient; kinetic friction coefficient

动摩擦应力 kinetic frictional stress

动摩阻系数 kinetic friction coefficient

动目标的一致最优方案 uniformly optimal plan for moving target

动目标识别 moving target identification

动目标搜索方案 moving target search plan

动目标显示器 moving target indicator

动内聚力 dynamic(al) cohesion

动内摩擦角 dynamic(al) angle of internal friction

动能 dynamic(al) energy; energy of motion; kinematic(al) energy; kinetic energy; velocity energy

动能闯坡 gradient overcome by momentum; incline overcome by forward impetus; running over the gradient by momentum

动能的 dynamic(al)

动能的交换 exchange of kinetic energy

动能电动势<在直流电动机里一般称为反电动势或逆电动势> dynamic(al) electromotive force

动能定理 theorem of kinetic energy

动能改正系数 kinetic energy correction coefficient; kinetic energy correction factor

动能高 kinetic energy head; power energy head

动能公式 dynamic(al) formula

动能交换 exchange of kinetic energy

动能经济 energy economy

动能经济系统 energy-economic system

动能经济学 economic dynamics; economics of energy; power economics

动能理论 theory of kinetic momentum

动能利用 use of momentum

动能量指数 index of dynamic(al) energy

动能坡度 kinetic energy gradient; momentum grade; momentum gradient

动能坡度的可行性 feasibility of momentum grades

动能矢量 momentum energy vector

动能守恒 conservation of momentum

动能特性曲线 dynamic(al) characteristic

动能系数<用α表示> energy coefficient; kinetic energy coefficient

动能消耗 power consumption; kinetic energy expenditures

动能消散 dissipation of kinetic energy

动能学 energetics

动能与势能方程 equation of kinetic and potential energy

动能转换 exchange of kinetic energy

动黏[粘]度 kinematic(al) ductility

动黏[粘]滞度 kinematic(al) viscosity; dynamic(al) viscosity

动黏[粘]滞(度)系数 coefficient of dynamic(al) viscosity; coefficient of kinetic viscosity; kinematic(al) viscosity coefficient

动黏[粘]滞性 kinematic(al) viscosity

动念动作 ideomotor action

动念说 idea-motor theory

动盘滤机 travel(l)ing pan filter

动配合 movable fit; running fit

动片 moving plate; rotor plate

动片快门 moving blade shutter

动片式扬声器 moving-armature loudspeaker

动片组 rotor

动平板荷载 dynamic(al) plate loading

动平衡 dynamic(al) trim; kinetic equilibrium

动平衡标准 dynamic(al) balance level

动平衡机 running balance indicating machine

动平衡机床 dynamic(al) balancing machine

动平衡列车 dynamically stable train

动平衡试验 dynamic(al) balance run-

ning;dynamic(al) balance test;dynamic(al)balancing test(ing);test(ing)of dynamic(al)balance
动平衡试验机 dynamic(al) balance tester;dynamic(al) balancing tester;dynamic(al)balancer
动气压计 weight-barograph
动迁费用 <土地上住户的> clearance cost
动迁人口 population relocated
动迁损失 property damage
动钳位移 sliding distance of moving clamps
动切力 dynamic(al)shearing force
动倾角 angle of dynamic(al) inclination
动球式黏[粘]度计 moving ball type visco(si)meter
动圈 dynamic(al)coil;live ring;movable coil;moving coil
动圈反馈 motional feedback
动圈继电器 moving-coil relay
动圈罗盘仪 floating dial compass
动圈拾音器 dynamic(al)pickup
动圈式 moving-coil type
动圈式安培计 moving-coil(type)ammeter
动圈式变感器 rotating-coil variometer
动圈式变压器 moving-coil transformer
动圈式传动装置 moving-coil actuator
动圈式传感器 moving-coil transducer
动圈式传声器 moving-coil(type)microphone; moving-conductor microphone
动圈式磁通计 grassot fluxmeter
动圈式的 moving coil
动圈式地震计 moving-coil seismometer
动圈式地震仪 moving-coil seismograph
动圈式电表 moving-coil meter
动圈式电流表 moving-coil ammeter
动圈式电流计 moving-coil galvanometer
动圈式电液传动装置 moving-coil actuator
动圈式电子控制仪 transet
动圈式耳机 moving-coil earphone
动圈式伏特计 moving-coil(type) voltmeter
动圈式过流继电计 moving-coil type over-current relay
动圈式话筒 dynamic(al) microphone; electrodynamic(al) microphone;moving-coil microphone
动圈式换能器 moving-coil transducer
动圈式激振器 moving-coil actuator
动圈式继电器 moving-coil relay
动圈式检流计 moving-coil(type)galvanometer
动圈式交流弧焊机 moving-coil alternate current arc welder
动圈式镜示电流计 moving-coil mirror galvanometer
动圈式螺线管 moving-coil actuator
动圈式平面位置指示器 rotating coil plan position indicator
动圈式拾音器 moving-coil pickup
动圈式拾震器 moving-coil pickup
动圈式示波器 moving-coil type oscillograph
动圈式受话器 moving-coil receiver; moving conductor receiver
动圈式调节器 moving-coil regulator
动圈式调压器 moving-coil regulator
动圈式扬声器 coil-driven loudspeaker;dynamic(al)speaker;moving-coil loudspeaker;moving-coil speaker
动圈式仪表 moving-coil meter;moving-coil(type)instrument
动圈式仪器 moving-coil instrument
动圈式转矩马达 moving-coil type torque motor
动热变质作用【地】dynamothermal metamorphism
动热的 dynamothermal
动热效应 kinetic heat effect
动柔度 displacement mobility
动撒粉器 power duster
动三轴剪力仪 dynamic(al) triaxial shear apparatus
动三轴试验 dynamic(al)triaxial test
动筛式跳汰机 movable sieve type washbox;vibro-assisted jig
动筛跳汰机 movable-sieve jig
动舌簧式扬声器 moving-armature loudspeaker
动升举力 hydrodynamic(al)lift
动升力 dynamic(al)lift
动生电磁感应 motional induction
动生电动势 motional electromotive force
动生态 nascent state
动绳 running rope
动石辊 runner stone
动时震颤 kinetic tremor
动式全密闭室 dynamic(al) total enclosure chamber
动式吸入高度 dynamic(al)suction lift
动式吸入装置 dynamic(al)inhalation system
动式熏气 kinetic fumigation
动势的 kinetic potential
动视觉 visual in motion
动视觉敏锐度 dynamic(al)visual acuity
动手上机 hands-on
动输水水头 dynamic(al)delivery head
动数计 operameter
动水不稳定性 hydrodynamic(al)instability
动水沉淀 moving-water sedimentation
动水沉降 settling in flowing water
动水荷载 hydrodynamic(al)load
动水力 hydrodynamic force;seepage force per unit volume
动水面 dynamic(al) level; varying water level
动水升举力 hydrodynamic(al)lift
动水式测力计 hydrodynamic(al)piezometer
动水水压力 dynamic(al)water pressure
动水头 dynamic(al) pressure head; kinetic head
动水拖曳力 hydrodynamic(al)drag
动水位 drawdown level;dynamic(al) water level;pumping level;varying water level
动水位差 dynamic(al)pressure head
动水稳定性 hydrodynamic(al)stability
动水系数 kinetic flow factor
动水压成型 hydrodynamic(al) compressive forming
动水压的 hydrodynamic(al)
动水压力 dynamic(al) water pressure;flow(ing) pressure;hydrodynamic(al)pressure
动水压力计 hydrodynamic(al)ga(u)ge
动水压强 hydrodynamic(al) intensity of pressure
动水压头 hydrodynamic(al)head
动水压线 hydrodynamic(al)line
动水质量系数 hydrodynamic (al) mass coefficient
动水滞后 hydrodynamic(al)lag
动水阻力 hydrodynamic(al)drag
动水作用力 hydrodynamic(al)force
动丝 movable hair;movable wire;travel(ling)wire
动丝测微计 filar micrometer
动丝杠 reverse screw
动松弛法 dynamic(al)relaxation procedure
动塑比 ratio of dynamic(al)to plastic viscosity
动索 running rigging;running rope
动索滑车 fall block
动态 dynamic(al) behavio(u)r; dynamic(al) condition; dynamic(al) state
动态板极电阻 dynamic(al) plate resistance
动态包围 dynamic(al)encompassing
动态(报)表 dynamic(al)statement
动态比率 dynamic(al)ratio
动态变化 dynamic(al)drift
动态变化周期的长度 period of regime change cycle
动态变换 dynamic(al)mapping
动态变量 dynamic(al)variable
动态表面张力 dynamic(al) surface tension
动态波纹 dynamic(al)ripple
动态波形图 kinetic oscillogram
动态补偿装置 dynamic(al) compensating device
动态不平衡 dynamic(al)imbalance; dynamic(al)unbalance
动态不平顺 dynamic(al)track irregularity
动态不稳定性 dynamic(al)instability
动态参考模型 dynamic(al)reference model
动态参数 dynamic(al)parameter
动态参数测试 dynamic(al) parametric test
动态操作 dynamic(al)operation
动态侧向压力系数 dynamic(al)lateral pressure coefficient
动态测量 dynamic(al)measurement
动态测试 dynamic(al)test(ing)
动态测试装置 dynamic(al)checkout unit
动态测嗅法 dynamic(al)olfactometry
动态常数 dynamic(al)constant
动态超高压高温法 dynamic(al)ultra high pressure and high temperature method; dynamic (al) ultra high pressure and high temperature process
动态超静定 dynamic(al)redundance
动态超载控制 dynamic(al)overload control
动态车辆包络线 dynamic(al)vehicle envelope
动态称重 weigh in-motion
动态成型 dynamic(al)compaction
动态程序 dynamic(al)routine
动态程序浮动 dynamic(al)program(me)relocation
动态程序结构 dynamic(al)program(me)structure
动态程序控制 dynamic(al)sequential control
动态程序设计 dynamic(al)programming
动态程序装入 dynamic(al)program(me)loading
动态尺寸 manoeuvring dimension
动态重复 dynamic(al)replication
动态重结晶 dynamic(al) recrystallization
动态重新分配存储器 dynamic(al)relocation memory
动态重新配置 dynamic(al)reconfiguration
动态重新配置数据集 dynamic(al) reconfiguration data set
动态重组 dynamic(al) regrouping; dynamic(al)restructuring
动态抽样 dynamic(al)sampling
动态出行(旅运)行为分析【交】dynamic(al)travel behavio(u)r analysis
动态储量 dynamic(al)holdup
动态处理 dynamic(al)handling
动态触发器 dynamic(al)flip-flop;dynamic(al)trigger
动态传递函数 dynamic(al) transfer function
动态传感器 dynamic(al) pickup; dynamic(al)sensor
动态传输系统 dynamic(al) transfer system
动态窗口连接 dynamic(al) window articulation
动态窗口平移 dynamic(al) window translation
动态床反应器 moving bed reactor
动态床还原 moving bed reduction
动态床还原反应器 reduction moving-bed reactor
动态淬火法 dynamic(al)quenching
动态存储分配 dynamic(al) allocation;dynamic(al)core allocation
动态存储块分配 dynamic(al) block allocation
动态存储模型 dynamic(al) storage model
动态存储器 dynamic(al)storage;circulating memory; dynamic (al) memory
动态存储器重新分配 dynamic(al) memory relocation
动态存储器分配 dynamic(al) memory allocation; dynamic(al) storage allocation
动态存储器接口 dynamic(al) memory interface
动态存储器刷新 dynamic(al) memory refresh
动态存储器再定位 dynamic(al)memory relocation
动态存储区 dynamic(al)storage area
动态存储区分配 dynamic(al)storage allocation
动态存储系统 dynamic(al) storage system
动态存储再分配 dynamic(al) memory relocation
动态存取 dynamic(al)access
动态错误 dynamic(al)error
动态错误排除 dynamic(al)error debug
动态打印 dynamic(al)dump(ing)
动态打印输出 dynamic(al)printout
动态呆滞 dynamic(al)slack
动态导纳 motional admittance
动态的 dynamic(al)
动态的投入产出表 dynamic(al) input-output table
动态登录 dynamic(al)log
动态地盘反力系数 dynamic(al)coefficient of subgrade reaction
动态地图 dynamic(al)map
动态地址翻译 dynamic(al) address translation
动态地址翻译程序 dynamic(al) address translation program(me)
动态地址译码器 dynamic(al)address translator
动态地址再定位 dynamic(al)address relocation
动态地址再分配 dynamic(al)address relocation
动态地址转换 dynamic(al) address translation

D

动态地址转换器 dynamic(al) address translator
动态电 dynamic(al) electricity
动态电感 dynamic(al) inductance
动态电荷 dynamic(al) charge
动态电路 dynamic(al) circuit
动态电容 dynamic(al) capacity
动态电容器 vibrating capacitor
动态电容器式静电计 dynamic(al) condenser electrometer
动态电子轨道衡 dynamic(al) electronic rail balance
动态电阻 dynamic(al) resistance;motion resistance
动态电阻仪 differential resistance type instrumentation
动态调度 dynamic(al) dispatching; dynamic(al) scheduling
动态调度模拟系统 dynamic(al) scheduling simulator
动态定位 dynamic(al) positioning
动态定位系统 dynamic(al) positioning system
动态定向评价 dynamically oriented evaluation
动态端部效应 dynamic(al) end-effects
动态断言 dynamic(al) assertion
动态对流 dynamic(al) convection
动态发展城市 dynapolis
动态阀 dynamic(al) valve
动态法 dynamic(al) method
动态反馈放大器 motional feedback amplifier
动态反力 dynamic(al) reaction
动态反射光谱学 dynamic(al) reflectance spectroscopy
动态反应 dynamic(al) response;modal response
动态返本期 dynamic(al) payoff period
动态范围 dynamic(al) range
动态范围扩展 dynamic(al) range expansion
动态范围区 dynamic(al) region area
动态方案产生法 dynamic(al) plan generation method
动态方式维护 dynamic(al) system maintenance
动态方式维修 dynamic(al) system maintenance
动态访问 dynamic(al) access
动态分辨率 kinetic resolution
动态分割 dynamic(al) partition
动态分类 dynamic(al) cataloging
动态分离系统 dynamic(al) split system
动态分配程序 dynamic(al) allocation;dynamic(al) allocator
动态分配存储器 dynamic(al) allocation memory
动态分配多址 demand assignment multiple access
动态分配公用池 dynamically-allocated pool
动态分配与解除分配 dynamic(al) allocation and deallocation
动态分配与去配 dynamic(al) allocation and deallocation
动态分区 dynamic(al) partition
动态分区平衡 dynamic(al) partition balancing
动态分析 dynamic(al) analysis
动态分析程序 dynamic(al) analyser [analyzer]
动态分析法 dynamic(al) analysis method
动态分析器 dynamic(al) analyser[analyzer]
动态峰值的滞后时间 delayed time of regime peak

动态浮动 dynamic(al) relocation
动态浮动程序 dynamic(al) relocation program(me)
动态负载 dynamic(al) load
动态覆盖 dynamic(al) overlay
动态改变 dynamic(al) alteration
动态刚度 dynamic(al) stiffness
动态刚性 dynamic(al) stiffness
动态高速摄谱仪 dynamic(al) high-speed spectrograph
动态高压设备 dynamic(al) pressure apparatus
动态隔离系统 dynamic(al) isolation system
动态工作 dynamic(al) duty
动态功率定理 kinetic power theorem
动态共振 dynamic(al) resonance
动态故障模型 dynamic(al) fault model
动态关系 dynamic(al) relation
动态观测层位 stratum of regime observation
动态观测点 observation point for regime
动态观测点编号 number of regime observation point
动态观测点的类型 type of regime observation point
动态观测点数目 regime(n) observation point number
动态观测孔 observation hole of dynamic(al) behavio(u)r
动态观测网 observation net for regime
动态观测线 observation line for regime
动态观测线编号 code of regime observation line
动态观测线长度 length of regime observation line
动态观测线方位 direction of regime observation line
动态观测线条数 number of regime observation line
动态观测站 observation station for regime
动态观测站名称 name of regime observation station
动态管理 dynamic(al) management
动态光弹性(法) dynamic(al) photoelasticity
动态光点检查 dynamic(al) photopoint check
动态光散射 dynamic(al) light scattering
动态光照灵敏度 dynamic(al) luminous sensitivity
动态龟标【计】dynaturtle
动态规划 dynamic(al) planning; dynamic(al) programming
动态规划的技巧 art of dynamic(al) programming
动态规划法 dynamic(al) programming method
动态规划理论 theory of dynamic(al) programming
动态规划算法 dynamic(al) programming algorithm
动态规划形成 dynamic(al) programming formulation
动态规划与有界测度 dynamic(al) programming and bounded measure
动态轨距 dynamic(al) track ga(u)ge
动态过程 dynamic(al) process
动态过载 dynamic(al) overload
动态好氧堆肥 kinetic aerobic compost
动态河床 dynamic(al) bottom
动态荷载 dynamic(al) loading
动态荷载系数 dynamic(al) load coefficient

动态后援系统 dynamic(al) support system
动态划分 dynamic(al) partition(ing)
动态环境 <不断变化的环境> dynamic(al) environment
动态缓冲 dynamic(al) buffering
动态缓冲器分配 dynamic(al) buffer allocation
动态缓存 dynamic(al) buffering
动态回复 dynamic(al) recovery
动态回馈分析 dynamic(al) feedback analysis
动态回弹弯沉 dynamic(al) rebound deflection
动态会聚 dynamic(al) convergence
动态活动 dynamic(al) action
动态机理 dynamic(al) behavio(u)r
动态机械分析 dynamic(al) mechanical analysis
动态基础探测 dynamic(al) foundation exploration
动态基础探查 dynamic(al) foundation exploration
动态集 dynamic(al) set
动态计划 dynamic(al) planning
动态计算法 dynamic(al) calculating method
动态计算机组 dynamic(al) computer group
动态记录范围 dynamic(al) writing range
动态记录器 dynamic(al) recorder
动态寄存器 dynamic(al) register
动态间接寻址 dynamic(al) indirect addressing
动态减震器 dynamic(al) damper
动态剪切流变仪 dynamic(al) shear rheometer
动态剪切模量 dynamic(al) shear modulus
动态检查 dynamic(al) check
动态检漏 dynamic(al) leak test
动态检验 dynamic(al) check
动态交叉场交电倍增器 dynamic(al) cross field photomultiplier
动态交叉相互作用 dynamic(al) cross-interaction
动态交通 dynamic(al) traffic
动态交通分配 dynamic(al) traffic assignment
动态交通信息 dynamic(al) traffic message
动态角误差系数 dynamic(al) misalignment coefficient
动态校验 dynamic(al) check
动态校准 dynamic(al) calibration
动态校准系统 dynamic(al) calibration system
动态接触力 dynamic(al) contact force
动态接缝 dynamic(al) joint
动态结冰探测器 dynamic(al) ice detector
动态结构 dynamic(al) structure
动态结构性质 dynamic(al) structural property
动态结合 dynamic(al) binding
动态解题校验 dynamic(al) problem check
动态劲度 dynamic(al) stiffness
动态进程建立 dynamic(al) process creation
动态进程取消 dynamic(al) process deletion
动态经济 dynamic(al) economy
动态经济模型 dynamic(al) economic model
动态经济学 dynamic(al) economics; economic dynamics

动态精(确)度 dynamic(al) accuracy
动态精(确)度测试系统 dynamic(al) accuracy test system
动态静止 homeostasis
动态聚焦 dynamic(al) focusing
动态聚类 dynamic(al) cluster
动态聚类参数 dynamic(al) cluster parameter
动态聚束 kinematic(al) bunching
动态决策 dynamic(al) decision-making
动态抗拉强度 dynamic(al) tensile strength
动态可靠性 dynamic(al) reliability
动态空隙率 dynamic(al) porosity
动态控制 dynamic(al) control;kinetic control
动态控制功能 dynamic(al) control function
动态控制模块区 dynamic(al) control module area
动态控制系统 dynamic(al) control system;kinetic control system
动态冷凝器 dynamic(al) condenser
动态理论 dynamic(al) theory
动态力 dynamic(al) force
动态力学分析 dynamic(al) mechanical analysis
动态立体测量 dynamic(al) stereo photography
动态连接 dynamic(al) link(ing)
动态连接器 dynamic(al) linker
动态联编 dynamic(al) binding
动态联动信号系统 dynamic(al) coordination system
动态链接 dynamic(al) link(ing)
动态量 dynamic(al) quantity
动态量程 dynamic(al) range
动态灵敏度 dynamic(al) sensitivity
动态流变仪 dynamic(al) rheometer
动态流程图 dynamic(al) flow diagram
动态流过试验室 dynamic(al) chamber
动态流域模型 dynamic(al) watershed model;variable source model
动态滤波器 kinetic filter
动态路径 dynamic(al) path
动态路网 dynamic(al) road net
动态路线(径)导行系统 dynamic(al) route guidance system
动态路线引导系统【交】dynamic(al) route guidance system
动态路线诱导系统 dynamic(al) route guidance system
动态路线转换系统 dynamic(al) diversion system
动态绿信比的产生【交】dynamic(al) split generation
动态轮轨接触力 dynamic(al) wheel-rail contact force
动态逻辑 dynamic(al) logic
动态逻辑电路 dynamic(al) logic circuit
动态逻辑转化元件 dynamicizer
动态漫游 animated walk-through
动态冒险 dynamic(al) hazard
动态门 dynamic(al) gate
动态密封 dynamic(al) seal(packing)
动态模量 dynamic(al) modulus
动态模拟 dynamic(al) analogy; dynamic(al) simulation; dynamic(al) similarity
动态模拟模型 dynamic(al) simulation model
动态模拟试验 dynamic(al) analog(ue) test; dynamic(al) imitation test
动态模拟装置 dynamic(al) analog(ue) device

动态模数 dynamic(al)modulus
动态模型 dynamic(al)model;dynamic(al)mo(u)ld
动态模型化 dynamic(al)model(l)ing
动态模型试验 dynamic(al)model test
动态膜 dynamic(al)membrane
动态膜生物反应器 dynamic(al) membrane bioreactor
动态膜压法 dynamic(al) membrane pressure method
动态目录 dynamic(al)catalogue
动态黏[粘]塑性 dynamic(al) viscoplasticity
动态黏[粘]弹性 dynamic(al) viscoelasticity
动态黏[粘](滞)度 kinematic(al) viscosity;dynamic(al)viscosity
动态鸟瞰 animated perspective
动态耦合放大器 dynamic(al)-coupled amplifier
动态排队 back of queue
动态排序 dynamic(al)order
动态排序过程 dynamic(al) ordering procedure
动态疲劳 dynamic(al)fatigue
动态疲劳试验 dynamic(al) fatigue test
动态偏差 dynamic(al) accuracy;dynamic(al)deviation
动态偏斜 dynamic(al)skew
动态偏心率 dynamic(al)eccentricity
动态偏移 dynamic(al)deviation
动态频率 motion frequency
动态频率分配 dynamic(al)frequency allocation
动态频率特性 dynamic(al)frequency characteristic
动态频谱 dynamic(al)spectrum
动态频谱分析器 dynamic(al) spectrum analyser[analyzer]
动态频谱分析仪 dynamic(al) frequency spectrum analyser [analyzer]
动态平衡 dynamic(al) balance; running balance;dynamic(al)equilibrium;kinematic(al) equilibrium; kinetic equilibrium; mobile equilibrium
动态平衡输水系统 dynamically balanced system
动态平均(值) consecutive mean; moving average
动态评价 dynamic(al)evaluation
动态起终点估计模型【交】dynamic(al) OD [original-designation] estimation model
动态器 dynamicizer
动态强度 dynamic(al)strength
动态情报 current intelligence;dynamic(al)information
动态情报服务 dynamic(al) information service
动态情报值 dynamic(al)information value
动态情况 current intelligence
动态球击试验方法 dynamic(al) ball-impact test method
动态区 dynamic(al)region
动态区段再定位 dynamic(al) segment relocation
动态区域 dynamic(al)area
动态屈服强度 dynamic(al) yield strength
动态趋势 trend of time series
动态趋势检验 test for trend time series
动态取消 dynamic(al)backout
动态去耦 dynamic(al)decoupling
动态确定随机混合型 dynamic(al) deterministic-random mixed model
动态确定型 dynamic(al) deterministic model
动态热储 dynamic(al)reservoir
动态热机械法 dynamic(al) thermomechanometry
动态人口 dynamic(al)population
动态人口变革 vital revolution
动态容量法 dynamic(al) volumetric-(al)method
动态冗余 dynamic(al)redundance
动态柔量 dynamic(al)compliance
动态蠕变 dynamic(al)creep
动态润滑 dynamic(al)lubrication
动态散射 dynamic(al)scattering
动态散射器 dynamic(al) scattering device
动态扫描 dynamic(al)scanning
动态设备对策 dynamic(al) equipment policy
动态设备分配 dynamic(al)device allocation
动态设备重新配置 dynamic(al) device reconfiguration
动态设备重新组合 dynamic(al) device reconfiguration
动态设计 kinetic design;observational designing
动态设计方法 dynamic(al)design approach
动态设计分析方法 dynamic(al) design analysis method
动态生化需氧量图 plots of kinetic biochemical oxygen demand
动态生命表 dynamic(al)life table
动态生态系(统) dynamic(al)ecosystem
动态生态学 dynamic(al)ecology
动态失调系数 dynamic(al) misalignment coefficient
动态失衡 dynamic(al)unbalance
动态失配系数 dynamic(al) misalignment coefficient
动态失速扭矩 dynamic(al) stall torque
动态失真 dynamic(al)distortion
动态时滞 dynamic(al)lag
动态实时信息处理系统 dynamic(al) real-time information processing system
动态实体 transaction
动态实体带 transaction tape
动态实体记录 transaction record
动态实体文件 transaction file
动态实验 dynamic(al)experiment
动态拾震器 dynamic(al)pickup
动态事项逆序操作 dynamic(al) transaction backout
动态试验 dynamic(al)test(ing);in-motion test
动态试验机 dynamic(al) testing machine
动态适度人口 dynamic(al) optimum population
动态释放 dynamic(al)release
动态束参数 dynamic(al) cluster parameter
动态树表 dynamic(al)tree table
动态数据 dynamic(al)data
动态数据独立性 dynamic(al)data independence
动态数据集定义 dynamic(al)data set definition
动态数据记录系统 dynamic(al) data recording system
动态数据交换 dynamic(al) data exchange
动态数据结构 dynamic(al)data structure
动态数列 dynamic(al)series
动态数字化 dynamic(al)digitizing
动态数字化器 dynamic(al)digitizer
动态数组 dynamic(al)array
动态衰减 dynamic(al)decay
动态水环境容量 dynamic(al) water environmental capacity
动态水位 dynamic(al)water table
动态顺序控制 dynamic(al)sequential control
动态瞬时页池区 dynamic(al) transient pool area
动态撕裂试验 dynamic(al)tear test
动态搜索 dynamic(al)search
动态随机存储器 <即常见的内存条>【计】dynamic (al) random access memory
动态随机存取存储器 dynamic(al) random access memory
动态随机存取存储器可靠性 dynamic(al)RAM reliability
动态随机型 dynamic(al) random model
动态随机用户最优模型【交】dynamic(al)stochastic user optimal model
动态损失 dynamic(al)loss
动态索引 dynamic(al)index
动态弹簧常数 dynamic(al) spring constant
动态弹性极限 dynamic(al) elastic limit
动态弹性模量 dynamic(al) elastic modulus;dynamic(al) modulus of elasticity
动态弹性特性 dynamic(al)elastic behavio(u)r
动态陶瓷膜 dynamic(al) ceramic membrane
动态特线 dynamic(al)curve
动态特性 dynamic(al)characteristic; dynamic(al)performance;dynamic(al) property; dynamic (al) response; external characteristic; kinetic characteristic
动态特性仿真器 kinetic simulator
动态特性模拟 dynamic(al) simulation
动态特性模拟器 kinetic simulator; dynamic(al)simulator
动态特性曲线 dynamic(al)characteristic curve; dynamic (al) response curve
动态特性试验 dynamic(al) response test
动态特性系数 dynamic(al) response factor
动态特征 dynamic(al)characteristic; dynamic(al) feature; kinetic characteristic
动态特征模拟 dynamic(al) simulator;kinetic simulator
动态特征曲线 dynamic(al)characteristic curve; dynamic (al) response curve
动态体系结构 dynamic(al) architecture
动态条件 dynamic(al)condition
动态调节 dynamic(al)regulation
动态调节器 dynamic(al)regulator
动态调试 dynamic(al)debugging
动态调试程序 dynamic(al)debugging routine
动态调试方法 dynamic(al) debug mode
动态调谐 dynamic(al)tuning
动态调谐陀螺 dynamically tuned gyro
动态调谐陀螺仪 dynamic(al) tuned gyroscope
动态调用 dynamic(al)call
动态调整 dynamic(al)regulation
动态调制 dynamic(al)modulation
动态停机 dynamic(al)stop
动态通道 dynamic(al)channel
动态通路分配 dynamic(al) route allocation
动态同轴伸长黏[粘]度 dynamic(al) extension viscosity
动态统计手段 dynamic(al) accounting facility
动态投入产出模型 dynamic(al) input-output model
动态投资 capital cost; dynamic(al) costing
动态图块属性 dynamic(al) segment attribute
动态图书馆 dynamic(al)library
动态图像的压缩编码 dynamic(al) image compress coding
动态图像分析 dynamic(al) image analysis
动态图像压缩方法【计】motion picture experts group
动态图压缩板 full motion video compression board
动态涂覆 dynamic(al)coating
动态涂覆法 dynamic (al) coated method
动态脱附 dynamic(al)desorption
动态微程序控制 dynamic(al) microprogramming control; variable micrologic
动态微程序设计 dynamic(al) microprogramming
动态微处理机 dynamic(al)microprocessor
动态微电解法 dynamic(al) microelectrolysis
动态微电解芬顿试剂法 dynamic(al) microelectrolysis-Fenton agent process
动态微分阳极电导 differential anode conductance
动态位移 dynamic(al)displacement
动态文件结构 dynamic(al)file organization
动态文件组织 dynamic(al)file organization
动态文献 dynamic(al)document
动态文献空间 dynamic(al)document space
动态文献库控制 dynamic(al) collection control
动态稳定 dynamic(al)stabilization
动态稳定度 dynamic(al)stability
动态稳定极限 transient stability limit
动态稳定性 dynamic(al) stability; transient stability
动态稳定性试验 dynamic(al) stability test
动态问题 dynamic(al)problem
动态问题检验 dynamic(al) problem check
动态污泥年龄 dynamic(al)sludge age
动态污染物浓度 dynamic(al)concentration of pollutant
动态无机膜 dynamic(al) inorganic membrane
动态误差 dynamic(al)error
动态吸附 dynamic(al)absorption
动态吸附穿透曲线 dynamic(al) adsorption breakthrough curve
动态吸附脱附 dynamic(al) adsorption-desorption
动态系统 dynamic(al)system;kinetic system
动态系统分析 dynamic(al)system analysis
动态系统合成器 dynamic(al)system synthesizer
动态系统模型 dynamic(al) system model
动态系统频率特性 dynamic(al) sys-

tem response
动态系统行为分析 analysis of dynamic(al) system behavio(u)r
动态系统综合装置 dynamic(al) system synthesizer
动态系统最优 dynamic(al) system optimum
动态系统最优交通分配模型【交】dynamic(al) system optimum traffic assignment model
动态显示 dynamic(al) display; dynamic(al) indication
动态显示图像 dynamic(al) display image
动态现象 dynamic(al) phenomenon
动态线性压力 dynamic(al) linear pressure
动态限制 dynamic(al) constraint
动态相对数 relative numbers in dynamic
动态相似 dynamic(al) similarity
动态相似律 law of dynamic(al) similarity
动态相位误差 dynamic(al) phase error
动态响应 dynamic(al) response
动态响应曲线 dynamic(al) response curve
动态响应试验 dynamic(al) response test
动态响应特性 dynamic(al) response characteristic
动态效应 dynamic(al) effect
动态谐振 dynamic(al) resonance
动态信道分配 dynamic(al) channel assignment
动态信息 dynamic(al) information; flexible information
动态信息结构 dynamic(al) information structure; flexible information structure
动态信息转储 dynamic(al) information dump(ing)
动态信息转贮 dynamic(al) information dump(ing)
动态行为 dynamic(al) behavio(u)r
动态性能 dynamic(al) performance
动态性能指标 dynamic(al) performance index
动态休止角 dynamic(al) angle of repose
动态修改 on-the-fly modification
动态虚功原理 principle of dynamic(al) virtual work
动态选址问题 dynamic(al) location problem
动态学 dynamics
动态学特性 dynamic(al) behavio(u)r
动态循环 dynamic(al) loop
动态循环转移 dynamic(al) loop jump
动态压力 dynamic(al) velocity pressure
动态压曲 dynamic(al) buckling
动态研究方法 dynamic(al) approach
动态阳极电阻 differential anode resistance; incremental resistance; slope resistance
动态阳极阻抗 dynamic(al) plate impedance
动态阳栅特性曲线 dynamic(al) anode grid characteristic curve
动态杨氏模量 dynamic(al) Young's modulus
动态遥感 dynamic(al) remote sensing
动态要素变化剖面 regime(n) element change profile
动态要素相关曲线 correlation curve of regime element
动态要素影响因素关系曲线 related curve of regime element-influence factor
动态页面池块 dynamic(al) poolblock
动态移位寄存器 dynamic(al) shift register
动态异步逻辑电路 dynamic(al) asynchronous logic circuit
动态印出 dynamic(al) dump(ing); dynamic(al) printout
动态应变 dynamic(al) strain
动态应变放大器 dynamic(al) strain amplifier
动态应变时效 dynamic(al) strain aging
动态应变仪 dynamic(al) strain ga(u)ge; dynamic(al) strain indicator; dynamic(al) strain meter; dynamic(al) strainometer
动态应力 dynamic(al) stress; stress in motion
动态用户出发时间 dynamic(al) user departure time
动态用户可编微程序计算机 dynamically user microprogrammable machine
动态用户最优交通分配模型 dynamic(al) user optimum traffic assignment model
动态优化和反馈控制 dynamic(al) optimization and feedback control
动态优先级 dynamic(al) priority
动态优先权分配 dynamic(al) priority allocation
动态游憩用地 active recreational areas
动态有限差分方程 dynamic(al) finite-difference equation
动态预报 dynamic(al) forecast; movement forecast
动态元件 dynamic(al) element
动态约束 dynamic(al) constraint
动态再定位 dynamic(al) relocation
动态再定位存储器 dynamic(al) relocation memory
动态再定义字符集 dynamically-redefinable character set
动态再分配 dynamic(al) relocation; on-the-fly reassignment
动态再构成 dynamic(al) restructuring
动态再结晶 dynamic(al) recrystallization
动态再聚焦 dynamic(al) refocusing
动态再配置 dynamic(al) reconfiguration
动态再组合数据集 dynamic(al) reconfiguration data set
动态暂驻组合区 dynamic(al) transient pool area
动态噪声抑制器 dynamic(al) noise suppressor
动态增量数字化 dynamic(al) mode incremental digitizing
动态增量数字化器 dynamic(al) mode incremental digitizer
动态增益 dynamic(al) gain
动态黏[粘](滞)度 dynamic(al) viscosity
动态真空密封 dynamic(al) vacuum seal
动态支持系统 dynamic(al) support system
动态值 worst-case in motion
动态指令 dynamic(al) instruction
动态制 dynamic(al) system
动态制图法 dynamic(al) mapping method; dynamic(al) mapping procedure
动态制图系统 dynamic(al) mapping system
动态质谱计 dynamic(al) mass spectrometer
动态滞后 dynamic(al) lag
动态中和试验 kinetic neutralization test
动态中心调整 dynamic(al) centering
动态重力测量 dynamic(al) gravity measurement; dynamic(al) gravity survey
动态轴重检测器 dynamic(al) axle weight detector
动态主机配置协议 dynamic(al) host configuration protocol
动态转储 dynamic(al) dump(ing)
动态转换逻辑元件 dynamicizer
动态转换器 dynamicizer
动态装入程序 dynamic(al) loading
动态装入与连接 dynamic(al) loading and linking
动态状况研究 dynamic(al) state approach
动态准确度 dynamic(al) accuracy
动态资料 dynamic(al) data; dynamic(al) document
动态资料的年份 the year of regime data
动态资料的月份 the month of regime data
动态资源 dynamic(al) resource
动态资源管理 dynamic(al) resource management
动态子(例行)程序 dynamic(al) subroutine
动态子系中断单位 dynamically descendent on-unit
动态自动聚焦调整 dynamic(al) focusing control
动态阻抗 dynamic(al) impedance; loaded motional impedance
动态阻力 dynamic(al) resistance
动态阻扰 motional impedance
动态组 dynamic(al) set
动态组合块 dynamic(al) pool block
动态最佳化 dynamic(al) optimization
动态(最)优化【数】dynamic(al) optimization
动态作物模拟试验 dynamic(al) crop simulation model(l)ing
动态作用 dynamic(al) action
动态作用域规则 dynamic(al) scope rule
动弹性 kinematic(al) elasticity
动弹性回复 dynamic(al) resilience
动弹性模量 dynamic(al) modulus of elasticity; sonic modulus <声波测定的>
动弹性模数 dynamic(al) modulus of elasticity
动弹性系数 dynamic(al) modulus of elasticity
动弹性状态 dynamic(al) elastic behavio(u)r
动特性 dynamic(al) characteristic
动提升臂铰销 lift arm hinge pin
动体 kinety
动体视力 <驾驶人员行驶中的视力> motional vision
动体照相机 photochronograph
动铁式 moving-iron
动铁式安培计 moving-iron type ammeter
动铁式比率表 moving-iron logometer
动铁式电弧焊变压器 moving-iron type arc welding transformer
动铁式电流表 moving-iron ammeter
动铁式电压表 moving-iron voltmeter
动铁式伏特计 moving-iron type voltmeter
动铁式话筒 moving-iron microphone
动铁式继电器 ferrodynamic(al) relay; moving-iron relay
动铁式送话器 moving-iron microphone
动铁式扬声器 moving-iron loudspeaker; moving-iron type loud-speaker
动铁式仪表 ferrodynamic(al) instrument; moving-iron meter; moving-iron(type) instrument
动铁调谐 mu-tuning
动听测试 dynamic(al) check; dynamic(al) test(ing)
动投资额 capital-labo(u)r ratio
动弯试验仪器 dynaflector
动温 dynamic(al) temperature
动温改正 dynamic(al) temperature correction
动稳电流 dynamic(al) current
动稳定性控制 dynamic(al) stability control
动稳定性模型 dynamic(al) stability model
动稳定特性 dynamic(al) stability characteristics
动稳性 dynamic(al) stability
动稳性力臂 dynamic(al) righting lever
动涡流黏[粘]滞度 kinematic(al) eddy viscosity
动涡流黏[粘]滞系数 kinematic(al) eddy viscosity coefficient
动物 animal
动物保护 sanctuary
动物保护区 sanctuary
动物播种植物 zoidospore
动物残骸 animal remains
动物舱 animal chamber
动物产地 habitat
动物产品 animal products
动物秤 animal balance
动物传布 synzoochory
动物传布的 synzoic
动物传染病 zoonosis
动物传染的疾病 animal borne disease
动物磁性说 animal magnetism
动物的有机残留物质 animal matter
动物的主要水源 chief source of water for animals
动物地层学 zoostratigraphy
动物地方病 enzootic
动物地理区 zoogeographic(al) region
动物地理学 animal geography; zoogeography
动物地理阻限 zoogeographic(al) barrier
动物雕塑 animal sculpture
动物房 <医院、研究所等> poultry house
动物废料 animal waste; animal waste matter
动物分布带 faunal zone
动物粪便 animal feces; animal waste; barnyard manure; stable manure
动物粪便处理 animal waste disposal
动物粪便处置 animal excreta disposal; animal waste disposal
动物粪(便作)燃料 animal dung as fuel
动物浮雕 animal relief
动物干燥油 <油漆用> animal drying oil
动物黑 bone black
动物花纹图案 animal motif
动物化石 animal remains; zoolite; zoolith
动物画 animal painting
动物幻视 zoopsia
动物集装箱 animal container; livestock container
动物寄生虫 parazoon
动物寄生传染病 parasitic(al) zoonosis
动物监测 animal monitoring

动物检疫 animal quarantine
动物碱 animal alkaloid
动物胶 animal adhesive; animal glue; animal size; gelatin(e) glue
动物胶生产废物 animal glue manufacturing waste
动物胶水粉涂料 animal glue distemper
动物胶粘剂 animal adhesive
动物胶制造 animal glue and gelatin manufacture
动物焦油 animal tar
动物界 animal kingdom
动物厩 animal quarters
动物厩的附属建筑 animal quarter's annex
动物蜡 animal wax
动物流行病的 epizootic
动物笼舍用的地砖 quarry for animal shelters
动物密度 animal density
动物明胶 animal gelatin
动物耐受性 animal tolerance
动物泥质结构 zoogenic argillaceous texture
动物黏[粘]合剂 animal adhesive
动物排泄物 animal excrement
动物棚 animal quarters
动物棚的附属建筑 animal quarter's annex
动物栖息地 habitat
动物区系 fauna[复 faunas/ faunae]; faunal province; faunal region
动物区系带 faunal zone
动物区系消亡 faunal extinction; mass extinction
动物躯体 carcass
动物圈 animal quarters; zoosphere
动物圈的附属建筑 animal quarter's annex
动物群 fauna[复 faunas/faunae]
动物群阶 faunal stage
动物群落 animal community; zoobiocenose; zoocenosis
动物群区 faunal province
动物群岩层带 faunizone
动物染料 animal dye
动物扰动构造 zooturbation structure
动物色胶 animal distemper
动物色素 animal pigment
动物上陆 animal disembarkation
动物(生成)的【地】zoogenic
动物生境 zootope
动物生态学 animal ecology; zoo-ecology
动物世界 animal world
动物树脂 animal resin
动物刷 animal brush
动物饲养场 animal feed yard
动物炭 animal charcoal
动物碳制剂 animal carbon preparation
动物通道 animal corridor
动物图案 zoomorphism
动物玩具 pet toy
动物纤维 animal fiber[fibre]
动物象征主义 animal symbolism
动物心理学 zoopsychology
动物形象的 zoomorphic
动物学 zoology
动物岩 zoogenic rock; zoogenous rock; zoolith
动物颜料 animal pigment
动物羊皮纸 animal parchment
动物样品 animal sample
动物医院 animal hospital
动物移栖 animal migration
动物遗体 animal remains
动物异常行为 abnormal animal behavio(u)r
动物油 animal oil
动物园 menagerie; zoo; zoological garden
动物园的兽笼 den
动物园兽禽舍 animal house
动物展览 menagerie
动物脂 animal fat; tallow
动物脂肪乳液 animal-fat emulsion
动物志 <某地区或时期的> fauna[复 faunas/faunae]
动物质化棉 animalized cotton
动物质化黏[粘]胶纤维 animalized viscose rayon fibre
动物质化纤维 animalized fibre
动物质化纤维素纤维 animalized cellulose fibre
动物质有机物 animal organic matter
动物种群 animal population
动物装饰(品) animal ornament
动物资源 animal resource
动物总数估价 animal population assessment
动物足迹 ichuite
动吸程 dynamic(al) suction lift
动吸出水头 dynamic(al) draft head; dynamic(al) draught head
动吸入水头 dynamic(al) suction head
动吸升水头 dynamic(al) suction head
动系统 <与混合法绿灯定时式相似，仅各道口信号灯周期不一，依道口区间长短而定> transit system
动衔铁 moving armature
动衔铁式扬声器 moving-armature loudspeaker
动险态 dynamic(al) hazard
动线 generatrix[复 generatrices]
动线地图 flow map
动线法 flowline method
动响应谱 dynamic(al) response spectrum
动向 momentum[复 momenta]; sense of movement; tendency; trend
动向量 moving vector
动泄水水头 dynamic(al) discharge head
动行指示灯 running light
动型 ejector (die) half; moving die half
动型板 movable platen; moving plate
动型压铸机 ejector die
动性 kineticity
动性容许乘数 <结构体产生塑性铰活动时容许采用的安全系数值> kinematically admissible multiplier
动性容许力场 <结构体产生塑性铰活动时力矩分布的许容力场> kinematically admissible field
动休息区 dynamic(al) rest space
动压传感器 dynamic(al) pressure transducer
动压法 dynamic(al) pressure method
动压负荷运动 dynamic(al) loading
动压荷载感觉器 q-pot
动压降 dynamic(al) depression
动压空气轴承 self-acting air bearing
动压力 dynamic(al) pressure; impact pressure; kinetic pressure; velocity pressure
动压力计算机 dynamic(al) pressure computer
动压力头 ram effect
动压力压气机 dynamic(al) compressor
动压强 dynamic(al) pressure; impact pressure; kinetic pressure
动压式换能器 dynamic(al) pressure transducer
动压式流速计 dynamic(al) pressure type flow meter
动压水头 dynamic(al) head; kinetic head; kinetic height; velocity head
动压损失 dynamic(al) loss
动压头 dynamic(al) (pressure) head; hydrodynamic (al) head; kinetic head; ram compression; velocity head
动压推力 dynamic(al) pressure
动压位差 dynamic(al) pressure head
动压线 dynamic(al) pressure line
动压载荷感觉器 Q-feel
动延性 kinematic(al) ductility
动氧化 dynamic(al) oxidation
动摇 commotion; fluctuation; labefac(ta)tion; shake; totter; unsettle; vacillate; wabble; waver; wobble
动摇不定的 flexuose[flexuous]
动摇的 amphibolic; unsteady
动摇锁簧 swing dog
动摇作用 destabilizing effect
动叶 blade of rotor; movable vane
动叶环 bucket ring
动叶可调风机 blade adjustable fan
动叶明轮 feathering paddle wheel
动叶片 movable blade; moving blade; moving vane; rotor blade
动叶片式水轮机 movable blade turbine
动叶片叶根槽 rotating blade groove
动叶式水轮机 movable-vane type turbine
动叶式仪表 moving-vane instrument
动液传动 hydrokinetic transmission
动液力传动 hydrodynamic(al) transmission; hydrokinetic transmission
动液面 work level
动液压 hydrodynamic(al) pressure
动议 motion
动因 agent
动应力 dynamic(al) loading stress
动应力比 dynamic(al) stress ratio
动应力集中 dynamic(al) stress concentration
动用 draw on; mobilization
动用储蓄金 dissave
动用基金 disbursement from fund
动用可开采储量 producing reserves
动用面 mobilized plane
动用资本分红 bogus dividend
动员 mobilization
动员费用 mobilization cost
动员能力 ability of mobilization
动员预付款 mobilization advance
动约束 moving constraint
动载 mobile load
动载波动 dynamic(al) load fluctuation
动载冲击 impact blow; impulse blow
动载荷 brunt; live load; dynamic(al) load
动载荷试验 live load test(ing)
动载回弹弯沉 dynamic(al) rebound deflection
动载劲度模量 dynamic(al) load stiffness modulus
动载模拟器 dynamic(al) load simulator
动载挠度 dynamic(al) deflection
动载试验 dynamic(al) load test; impact test(ing); moving-load test; shock test
动载弯沉 dynamic(al) deflection
动载系数 dynamic(al) load factor
动载应力 dynamic(al) load(ing) stress
动载应力部分 portion of moving load stress
动载影响系数 response coefficient of dynamic load
动载重 kinetic load
动凿板 swing jaw
动闸瓦 brake block
动针轮 planetary gear
动正应力 dynamic(al) normal stress
动植物 animal and plant life; fauna and flora
动植物残骸 remains of animal and plant
动植物分布区 areal
动植物分类学 taxonomy
动植物检疫 quarantine of animals and plants
动植物胶 natural glue
动植物区(系) biota
动植物群落 association of plants and animals
动质体 kinetoplast; parabasal body
动致摩擦角 mobilized angle of friction
动轴 driving axle; live axle; moving axis; moving axle; motorized axle <内燃或电力的>
动轴发电机 axle drive generator
动轴耦合器 driving shaft coupling
动柱栅筛 moving bar grizzly
动转矩 dynamic(al) torque
动子 active cell
动纵倾角 dynamic(al) trimming angle
动作 acting; action; motion; movement
动作臂 actuating arm
动作表 action schedule
动作部分 <电阻应变仪的> active ga(u)ge
动作草图 action sketch
动作程序 operating [operation] sequence
动作齿轮 operating gear
动作冲量 action pulse
动作次序 running order
动作的 operative
动作电磁铁 operating magnet
动作电流 acting current; actuating current; operate [operating] current; working current
动作电路 actuating circuit; operating circuit
动作电位 action potential
动作阀 operating valve
动作范围 operating radius; operational range; operative range; range of operation; region of operation
动作范型 action pattern
动作分析 motion analysis
动作杆 actuating lever; actuating strut; operating rod; throw bar; throw rod
动作功能 holding function
动作构件 actuating member
动作和时间研究 motion and time study
动作缓慢 bradypragia
动作缓慢的 slow moving
动作机构 movement; operating gear; operating mechanism; stunt box <电传打字机中控制非印刷的>
动作机能 moving function
动作记号 action token
动作记录器 event recorder
动作检测电路 motion detector circuit
动作接点 operating contact
动作经济原则 principle of motion economy
动作空间 motion space
动作控制的时间 penalty time
动作控制命令 action directive
动作控制器 movement controller
动作框 rocker
动作框臂 rock(er) arm; rocking arm
动作框臂轴承 rocker-arm bearing
动作框连接杆 rocker link

D

动作框轴 rocking shaft
动作框轴臂 rocking shaft arm
动作框轴承 rocker-arm bearing
动作框轴颈 rocking shaft journal
动作框轴普通轴颈 rocking shaft plain journal
动作框轴止推轴颈 rocking shaft thrust journal
动作例行程序 action routine
动作连接杆 operating rod for driving a switch
动作模式 action pattern
动作平衡式压力传感器 motion balance pressure sensor
动作失调【医】asynergia
动作时间 acting time; action time; actuating [actuation] time; operating [operation] time; pull-up time; switching time; time of action; time of operation
动作势能 action potential
动作输入 action entry
动作数据自动计算机 action data automation computer
动作水平 action level
动作顺序 sequence of operations
动作说明 action specification
动作特殊能量 action-specific energy
动作特性 performance characteristic
动作条 throw bar
动作筒 actuating strut
动作凸轮 actuating cam
动作用系数 dynamic effect factor
动作系统 actuating system; moving system
动作线 actuating wire
动作线圈 actuating coil; operating coil
动作消息 action message
动作心理学 act psychology
动作信号 actuating signal
动作信息 action message
动作形式 type of action
动作性表象 enactive representation
动作序列 sequence of actions
动作研究 <研究工人的动作与生产的关系> motion study
动作研究效果 effect of motion study
动作要素 motion of elements
动作映射 move mapping
动作语句 imperative statement
动作者表示法 actor formalism
动作值 working value
动作指示器 flag indicator
动作周期 action cycle
动作装置 actuating device
动作自由度 degree of freedom of motion
动座配合 clearance fit
动座式罗盘 swing base compass

冻

冻拔 frost heaving
冻板道路 freeze road
冻剥 frost scaling
冻藏 frozen pack storage
冻层深度 freezing depth
冻疮 chilblain; frostbite; pernio
冻蛋白石 liardite
冻点测定 freezing test
冻点测定器 cryoscope
冻点测定仪 cryoscope
冻点降低法 cryoscopic method
冻粉 agar-agar
冻附 adfreezing
冻附力 adfreezing force
冻附强度 adfreezing strength
冻干 freeze-dry; lyophilization; lyophilize <在真空冷冻状态下水分蒸发>
冻干采样 freeze-out sampling
冻干的 freeze dried
冻干机 freeze drier[dryer]
冻干气体捕集器 freeze-out gas collector
冻干器 lyophile apparatus; lyophilizer
冻干食物 freeze drying food
冻干现象 freeze drying
冻干装置 freeze drier [dryer]; freeze drying plant
冻港 icebound harbo(u)r; ice harbo(u)r
冻固法 freezing method; freezing solidity
冻害 cold injury; freeze damage; freeze injury; freezing damage; freezing injury; frost damage; frost injury; frozen injury; winter damage; winter injury; winter-killing; frost heave <路的>
冻害垫板 frost-heave board; frost shim; shim; track skim for frost heaving roadbed
冻害类型 type of frost-damage
冻害期 frost duration
冻坏 freezing injury; frost damage
冻毁 freezer burn
冻季 freezing period; freezing season
冻肩 Duplay's syndrome; frozen-shoulder
冻降水 freezing precipitation
冻胶 gel; jell(y)
冻胶稠度 jelly consistency
冻胶电模型 gelation model
冻结 adfreezing; blocking; congeal; congealation; congealment; freeze coagulation; freeze(-up); frost; gelation; ice; jelly
冻结板 freezing board; isolation board
冻结波 frozen wave
冻结材料 frozen material
冻结层 frozen crust
冻结层底面深度 frost-proof depth
冻结层间水 water between frozen layer; interpermafrost water
冻结层上水 water above frozen layer; suprapermafrost water
冻结层水 water in frozen layer
冻结层下水 infrapermafrost water
冻结场 frozen field
冻结程度 freezing level
冻结池 freezing tank
冻结持续时间 duration of freezing; freezing duration
冻结处理 freeze treatment
冻结传力杆 <不能自由伸缩的传力杆> frozen dowel bar
冻结磁场 frozen-in magnetic field
冻结存款 blockade deposit; blocked deposit; frozen deposits
冻结带 freezing zone; frigid zone; frost zone; frozen zone; zone of freezing
冻结贷款 frozen loan
冻结道路 freeze road
冻结的 frozen; gelid
冻结的刀头 frozen bit
冻结的低共溶溶液 eutectic ice
冻结的流液洞 frozen throat
冻结的喷雾 freezing spray
冻结的债款 frozen loan
冻结的钻头 frozen bit
冻结低共熔溶液 frozen eutectic solution
冻结地层 frozen ground
冻结点 chill point; congealable point; congelation point; congealing point; freezing point
冻结点的下降 freezing-point depression
冻结法 freeze-out method; freezing (method); freezing process(ing); frosting work method; ground freezing method【岩】
冻结法井筒下沉 frozen shaft sinking
冻结法开凿的竖井 freezing shaft
冻结法施工测量 construction survey for freezing method
冻结法稳定土体 soil stabilization by freezing
冻结防止 frost protection
冻结腐蚀 freeze etching
冻结干燥 sublimation from the frozen state
冻结高度 freezing height; freezing level
冻结高度图 freezing level chart
冻结工段 freezing section
冻结工艺 freezing processing
冻结工资 frozen wage
冻结管 chilling pipe
冻结管路 freezing pipeline
冻结柜 freezer; reach-in freezer
冻结过程 freezing process
冻结核 freezing nucleus
冻结混合物 freezing mixture
冻结混凝土 frozen concrete
冻结货币 blockade currency; block money
冻结货物 frozen freight; frozen goods
冻结基面 stationary datum
冻结及融解 freezing and thawing
冻结价格 frozen price
冻结间 freezer; freezer compartment
冻结降水 frozen precipitation
冻结胶质炸药 frozen dynamite
冻结接头【铁】frozen joint; unchangeable joint
冻结孔 freeze hole
冻结款项 blocked fund; frozen fund
冻结了的 frozen-in
冻结力 adfreezing force; freezing force
冻结粒雪 firn ice; iced firn
冻结流 frozen flow
冻结隆起 frost heave
冻结能力 freezing capacity
冻结(凝结)的连接 frozen connection
冻结浓度 depth of freezing; depth of frost penetration
冻结浓缩(法) concentration by freezing; freeze concentration
冻结排水 drainage by frost action
冻结(曝露)面 frost exposure
冻结期 freezing period; freezing season; frost stage; stage of freezing
冻结起来 freeze out
冻结器 freezer(unit)
冻结器冻伤 freezer burn
冻结器容量 freezer capacity
冻结前缘 frost front
冻结强度 frost strength
冻结切片机 freezing microtome
冻结区 congelation zone; frost zone; zone of frozen
冻结取土器 freezing sampler
冻结取土样器 cryogenic sampler
冻结取样器 freezing sampler
冻结圈 dog collar
冻结日期 freeze-up date
冻结溶液 congealed solution
冻结熔化 free-thaw
冻结设备 freezer(unit); freezing equipment
冻结深度 depth of freeze layer; depth of freezing; depth of frost penetration; frost depth; frost penetration
冻结深度指示器 frost depth indicator
冻结升华 sublimation from the frozen state
冻结施工法 artificial ground freezing method; artificial soil freezing method; freezing construction method
冻结时间 freezing time
冻结食品陈列柜 frozen food display case
冻结食品橱 frozen food locker
冻结食品柜台 frozen food cabinet
冻结式围堰 freezing cofferdam
冻结试验 freezing test
冻结收入 blocked income
冻结水 freezable water; frozen water
冻结速度 freezing rate; freezing speed; speed of freezing
冻结探测 freezing detection
冻结土 frozen earth; frozen soil; permafrost
冻结土壤力学 frozen soil mechanics
冻结外汇 blocked foreign exchange
冻结温度 freezing temperature; refrigerating temperature; solidification point
冻结物 congelation; scars
冻结物价和收入 price and income freeze
冻结物冷藏库 frozen food store
冻结现象 frost phenomenon
冻结线 frost line
冻结效应 freezing effect; frost effect
冻结信用贷款 frozen credit
冻结学 cryopedology
冻结雪 icy snow
冻结盐水 refrigerated brine
冻结应力 freezing stress; frozen stress
冻结应力法 <光测弹性力学的> freezing stress method; stress frozen method; stress-freezing method; frozen-stress method
冻结预报 freeze-up forecast(ing)
冻结在冰中 freeze in
冻结凿井法 freeze sinking; freezing method
冻结账户 blocked account; blocked balance; frozen account
冻结真空包装 cryovac packing
冻结支票 blocked check
冻结指数 freezing index
冻结滞水 perched water in frozen zone
冻结轴承 frozen bearing
冻结装置 freezing apparatus; freezing equipment; freezing plant
冻结状态 freeze mode
冻结资产 blocked assets
冻结资金 blocked fund; frozen assets; frozen capital; frozen fund; tie-up
冻结钻井管 frozen drill pipe
冻结钻孔 freezing(bore) hole
冻结钻孔布置 freezing borehole pattern
冻结作用 congelation; frost action; frost effect
冻解持久性 freezing thaw durability
冻解试验 freezing and thawing test
冻壳 frozen crust
冻块 frozen cake
冻蓝闪石 barroisite
冻离 freeze out
冻砾原 stone field
冻粒雪 ice(d) firn
冻连冰群 consolidated ice
冻裂 blow-up failure (on the pavement); cracking by frost; frost damage; frost shake; frost splitter; frost splitting; frost work; splitter [splitting] by frost; frost crack
冻裂(崩解)岩块 congelifractate
冻裂的 frost cleft
冻裂缝 frost crack; frost fracture
冻裂搅动构造 cryoturbation structure
冻裂搅动作用 cryoturbation

冻裂隙 frost cleft
冻裂修补处 < 路面上的 > blow-up patches
冻裂作用 frost action;frost cracking;frost shattering
冻露 frost dew; frozen dew; white dew
冻霾 frost haze
冻毛毛雨 freezing drizzle
冻凝 congelation
冻凝点 congealing point;point of congelation
冻凝温度 conforming temperature;congealing temperature;congelation temperature
冻凝油 winterized oil
冻坡层 tjaele
冻期 ice period
冻期浇筑混凝土 concreting in freezing weather
冻丘 frost mound;soffisian knob
冻融 freeze-thaw; freezing and thawing;frost thawing
冻融保护 freeze thaw protection
冻融层 active layer
冻融翻浆 frost boil(ing)
冻融风化作用 freeze-thaw weathering action
冻融固结 freeze-thaw consolidation;thaw compression;thaw consolidation
冻融交替 alternate freezing and thawing
冻融搅动 cryoturbation
冻融抗力 frost thaw resistance
冻融抗压强度 freezing-melting compression strength
冻融耐久性 freeze-thaw durability
冻融耐久性试验 freeze-thaw durability test;freezing and thawing durability test
冻融泥流 solifluction[solifluxion]
冻融泥流滑坡 solifluction slide
冻融破坏 freeze-thaw damage;freeze-thaw attack
冻融试验 freeze-thaw(ing) test
冻融条件 freeze-thaw condition
冻融稳定的 freeze-thaw stable
冻融稳定剂 freeze-thaw stabilizer
冻融稳定性 freeze-thaw stability
冻融循环 alternate freezing and thawing; alternation of freezing and thawing;circle of freeze-thaw;cycle of freezing and thawing;freeze-thaw cycling;freezing and thawing cycle;freezing-thawing cycle
冻融循环次数 freezing and thawing count
冻融循环试验 freezing and thawing test
冻融夷平面 cryoplanation
冻融造成的剥蚀 freeze-thaw disintegration
冻融作用 unfreezing;action of freezing and thawing
冻肉 frozen meat
冻肉提升机 meat elevator
冻肉运输船 frozen meat ship
冻伤 freezer burn; freezing injury; frostbite
冻伤病 perniosis
冻伤的植物 frozen plant
冻伤冷藏 cold injury
冻伤年轮 frost ring
冻深 frozen depth
冻深线 frost line
冻石 agalmatolite; ljardite; pagodite; steatite
冻蚀法 freeze etching
冻水器 water chiller
冻死 congealing die;frost killing;winter-killing
冻死率 cold mortality
冻髓 < 木材髓部受冻伤颜色加深 > frost heart
冻腾 frost boil(ing)
冻透 freezing through
冻土【地】frozen earth;frozen soil;icy soil;merzlota;tjaele
冻土坝 frozen earth dam
冻土比热试验 specific heat test of froze soil
冻土层 freezing stratum; freezing zone;frost formation;frozen layer;frozen ground
冻土层厚度 frost penetration; thickness of frozen soil layer
冻土层钻进 permafrost drilling
冻土沉融性分级 classification of melt-settlement of frozen soil
冻土储存 frozen earth storage
冻土带 frozen tundra; frozen zone; permafrost zone
冻土导热系数试验 thermal conductivity coefficient test of frozen soil
冻土导温系数试验 thermometric diffusivity coefficient test of frozen soil
冻土的长期内聚力 long-term cohesion of frozen soil
冻土的冻胀量 heaving value of frozen soil
冻土的冻胀性分类 classification of heaving property of frozen soil
冻土的工程地质性质 engineering geologic(al) property of frozen soil
冻土的含水量 ice content of frozen soil
冻土的基础埋深 depth of foundation on frozen soil
冻土的瞬时内聚力 instantaneous cohesion of frozen soil
冻土底水 subpermafrost water
冻土地 congealed ground; frozen ground
冻土地带 tundra
冻土地带气候 climate of tundra;tundra climate
冻土地基保持法设计 conservation method for the design in frozen soil; conservation method for the design of foundation in frozen soil
冻土地基的防治 protection and treatment of frozen soil
冻土地基容许融化法设计 melting method for the design of foundation in frozen soil
冻土地貌学 cryomorphology
冻土地下储罐 frozen ground container
冻土调查 frozen soil investigation
冻土分类 classification of frozen soil
冻土含水量 water content of frozen soil
冻土活动层 active layer
冻土抗剪强度试验 shear strength test of froze soil
冻土力学 mechanics of frozen soil
冻土面 frost table
冻土强度试验 frost strength test
冻土丘 frost mound
冻土区 frozen soil zone; permafrost area;permafrost region
冻土容重 unit weight of frozen soil
冻土融化压缩试验 frozen soil thaw compression test
冻土融区 frozen soil talik
冻土生态系统 permafrost ecosystem
冻土系线 frozen-thawed soil system
冻土现象 frozen-ground phenomenon
冻土线 freeze line
冻土相对含冰量试验 relative content of ice test
冻土学 cryopedology;permafrostology
冻土移植法 ice ball method
冻稳定性系数 coefficient of frost stability
冻雾 freezing fog;frost smoke;frozen fog;ice fog;pogonip
冻雾覆盖层 fog deposit
冻雾雨 freezing drizzle
冻下土 subgelisol
冻楔作用 frost wedging
冻心材 frost heart
冻雪 frozen snow;snow ice
冻烟 frost smoke
冻岩学 cryology
冻硬 adfreezing;crisp
冻硬的 frost bound
冻鱼 frozen fish
冻鱼库 frozen fish store
冻雨 freezing rain;frozen precipitation;frozen rain;glaze;glazed frost;glazed rain;ice rain;rain ice;silver thaw;sleet;frozen droplet
冻雨暴 glaze storm
冻原 cold desert; crymic; xerophobium;tundra < 西伯利亚北部等处的 >
冻原荒漠群落 frigorideserta
冻原气候 tundra climate
冻原群落 tundra community
冻原生态系统 tundra ecosystem
冻原土 tundra soil
冻原植物 tundra vegetation
冻胀 blow-up; frost boil(ing); frost heaving; frost upheaval; frozen heaving; heave; soil blister; spew frost;swelling;frost heave
冻胀比 heave ratio
冻胀测定计 heave ga(u)ge
冻胀测试仪 frozen-heave test apparatus
冻胀地 swelling ground
冻胀地基 heaving bottom; heaving foundation
冻胀检测仪 frozen-heave test apparatus
冻胀力 frost-heave[heaving] force; frozen-heave force; frost heaving pressure
冻胀量 capacity of frost heaving; frost-heave[heaving] capacity
冻胀量试验 frost-heave capacity test
冻胀路面 frost heave
冻胀率 ratio of frost heaving; coefficient frost heaving; frozen-heave factor
冻胀敏感性试验 frost susceptibility test
冻胀破坏 failure by heave[heaving]; blow-up failure(on the pavement) < 路面的 >
冻胀切力 < 土的 > tangential frost-heave force
冻胀丘 frost-heave mound
冻胀试验仪 frost heaving test apparatus
冻胀速率 rate of frost heave
冻胀土 boiling-up soil; frost-heave [heaving] soil;heaving soil;swelling ground;swollen soil
冻胀土层 active layer
冻胀土基 heaving bottom
冻胀性粉土 frost heaving silt
冻胀性质 heaving property
冻胀性状 < 路面的 > blow-up performance(of pavement)
冻胀压力 frost pressure
冻胀引起的跳车 frost-related bump
冻住 freeze in;frozen off
冻状的 jellous

恫

恫吓行为 act of intimidation

栋

栋号包干 contract for the expenses of erecting single building
栋梁 crown plate; crown tray; ridge beam; ridge piece; ridge pole; roof tree
栋木 pole piece; ridge piece; ridge pole

洞

洞 burrow;hole
洞壁锚栓支护 wall bolting
洞壁溶沟 cave wall karren
洞壁效应 wall effect
洞壁影响 wall action
洞壁鱼鳞痕 fish scale-like mark
洞冰 cave ice
洞察力 discernment; perception; in sight
洞察力治疗 insight therapy
洞长 tunnel length
洞衬料 cavity lining
洞底流 near-bottom current
洞底坡度 slope of cave floor
洞底溶沟 cave floor karren
洞顶高度 cave top height
洞顶灌浆锚杆 grouted roof-bolt
洞顶锚栓 roof bolt
洞顶锚栓法 roof-bolting method
洞顶锚栓头 roof-bolt head
洞顶木 crown bar
洞顶溶沟 cave ceiling karren
洞顶塌陷影响范围 affecting area of collapse tunnel top
洞顶坍塌 ceiling collapse
洞顶下垂体 pendant
洞径 tunnel diameter
洞距 hole spacing
洞卡机 punch card machine
洞孔 cavity
洞孔测标【测】hole mark
洞孔尺寸 opening dimension
洞孔间距 hole spacing
洞孔深度 hole depth
洞口 cut-out; entrance of tunnel; mouth of the(bore)hole;opening; portal
洞口侧 ingo plate
洞口侧壁 jamb; vertical sides of opening
洞口侧面 ingoing
洞口侧面板 ingo plate
洞口尺寸 dimensions of opening; opening size
洞口定位 location of adit
洞口段照明 threshold lighting
洞口工程 works of portal
洞口混凝土砌块 sill block
洞口或进人井 < 古罗马沟渠的 > puteus
洞口基石 base block
洞口建筑 portal building
洞口开挖 portal excavation
洞口绿化 afforesting at portal
洞口平台 platform at portal
洞口砌块 jamb block
洞口围坎 < 天窗或屋顶洞口处的围栏突边 > coaming
洞口伪装 tunnel portal pretence
洞口直径 diameter of opening
洞窟 antre;caven;den;kennel
洞窟壁画 cave painting
洞窟空间 space cavern
洞窟艺术 cave art
洞宽 tunnel width
洞脸 tunnel face

D

洞脸边坡 slope of tunnel face
洞门 <如月亮门壶门等> artistic door opening; portal
洞门端墙面坡 slope of end wall of portal
洞门防水构造图 structural drawing of portal waterproofing
洞门集水坑 portal sump
洞门建筑工程 portal structure
洞门结构 portal structure
洞门坑 portal shaft
洞门空气幕系统 portal air curtain system
洞门密封 entrance packing
洞门墙 cave entrance wall; wall of portal
洞门墙顶顶帽 cap of end wall of portal
洞门墙顶水沟 ditch on top of wall of portal
洞门区 portal area
洞门室 portal chamber
洞门仰坡 heading slope of tunnel portal
洞内火灾 fire in tunnel
洞内设备 equipment in tunnel
洞内旋工测量 underground construction survey
洞内运输卡车 tunnel haulage system
洞鄱古陆 Dongpo old land
洞栖生物学 biospeleology; speleobiology
洞泉 vauclusian spring
洞身 barrel
洞身工程 tunnel works
洞深 adit exploration; aditting
洞室 cavern; niche; opening; tunnel chamber; grotto <用于避暑或娱乐的人造洞穴>
洞室爆破 chamber blasting; coyote blast(ing); coyote hole blasting
洞室爆炸 coyote blast(ing)
洞室尺寸 size of underground opening
洞室断面形状 chamber cross form
洞室拱圈 cavern arch
洞室口 room neck
洞室类型 chamber type
洞室名称 name of niche
洞室试验法 <隧洞水压试验> chamber method
洞室四周应变 strain around opening
洞室围岩 surrounding rock; ambient rock
洞室围岩变形观测 monitoring of deformation of surrounding rock of tunnel
洞室围岩分类 classification of surrounding rock of tunnel
洞室围岩稳定性 stability of surrounding rock of underground excavation
洞室围岩压力观测 monitoring of surrounding rock pressure
洞室稳定性评价 underground opening stability evaluation
洞体高度 cavernous height
洞外测量 surface survey
洞外风压力 outside wind pressure
洞外亮度 ambient exterior luminance; approach zone luminance
洞外亮度水平 ambient exterior luminance level
洞外设备 surface installation
洞外岩溶堆积物 karst deposits outside cave
洞外照明 approach zone luminance
洞外作业 grass work
洞悉 in sight
洞隙的 miarolitic
洞穴 cave; abri; cavern; cavity; dimple; grotto; lair; ogof; subterrane; undermine
洞穴安息所 cave sepulcher [sepulchre]
洞穴崩塌 cave breakdown
洞穴崩塌堆积物 cave breakdown; cave collapse deposit
洞穴庇护所 cave sanctuary
洞穴壁画 cave painting
洞穴冰 cave ice
洞穴残积物 cave residues
洞穴长度 cave length
洞穴沉积 cave deposit; terrestrial deposit
洞穴沉积层 speleothem
洞穴沉积速度 cave deposition rate
洞穴沉积物厚度 thickness of cave sediments
洞穴沉积物年龄 age of cave sediments
洞穴沉积物种类 kinds of cave sediments
洞穴成因类型 type of cave formation
洞穴充填 cavern filling
洞穴充填情况 filling condition of karst
洞穴垂向深度 cave depth below the ground surface
洞穴大厅 cave hall
洞穴的 cryptaline; spelean
洞穴低水位 low-level of cave water
洞穴地层 cavern stratum
洞穴地带 cavity zone
洞穴顶板岩体完整情况 intact condition of karst
洞穴动物群 cave fauna
洞穴堆积土 cave accumulation soil
洞穴堆积物 speleothem
洞穴方位 cavity location
洞穴分布高程 altitude of cave distribution
洞穴坟墓 <古埃及> speos
洞穴风化 cavernous weathering
洞穴高度 cave height
洞穴高水位 high-level of cave water
洞穴灌浆 cavity grouting
洞穴河流 cave river
洞穴横截面面积 cross-section area of a cave
洞穴华 cave marble
洞穴化学沉积物 chemical deposits inside cave
洞穴环境 cave environment
洞穴角砾岩 cave breccia; cavern breccia
洞穴教堂 cave church
洞穴井 cavity well
洞穴居所 cave dwelling
洞穴考古和洞穴古生物 cave archaeology and paleontology items
洞穴空气运动速度 air-moving velocity in cave
洞穴孔隙率 cavernous porosity
洞穴跨度 cave span
洞穴宽度 cave width
洞穴连通情况 connected condition of karst
洞穴落水洞 cave sinkhole
洞穴年代测定 speleochronology
洞穴年代学 speleochronology
洞穴瀑布 cave water fall
洞穴其他堆积物 other deposits of cave
洞穴气象气候变化带 cave meteorology and climate zones
洞穴气象学 spelaeo-meteorology
洞穴气象要素 cave meteorology element
洞穴气象因素 cave meteorology factor
洞穴泉 cavern spring; covering spring
洞穴泉的类型 cave spring types
洞穴人 cave-man
洞穴溶沟类 karst karren shape
洞穴珊瑚状沉积 coralloid; cave coral
洞穴生物 cave organism
洞穴生物堆积物 cave biogenic deposit
洞穴生物学 speleobiology
洞穴圣所 cave sanctuary
洞穴蚀成型态 erosion cave forms; erosion cave shapes
洞穴水 cavern water
洞穴水流 cavern flow
洞穴水文要素 cave hydrologic(al) element
洞穴碎屑物 cave breccia
洞穴塌陷规模 scale of cave collapse
洞穴塌陷时间 time of cave collapse
洞穴坍陷 cave collapse
洞穴体积 cave volume
洞穴天窗 cave skylight
洞穴土 cave earth
洞穴网 karstic network
洞穴位置 cave position
洞穴溪流 cave stream
洞穴形成时期 cave formation time
洞穴蓄洪体积 cave volume for flood preservation
洞穴学 spel(a)eology
洞穴岩石类型 type of cave rocks
洞穴艺术 cave art
洞穴支柱 grotto column
洞穴状的 cavernous
洞穴状孔隙率 cavernous porosity
洞穴状岩石 cavernous rock
洞穴走向 cave trend
洞眼 eye
洞窑 cavern
洞幽 boasting chisel
洞中洪水 backflooding
洞中孔道 key hole
洞装渣机 tunnel muck
洞状风化 cavernous weathering
洞状陷穴 cenote

峒

峒顶爆孔 back hole
峒顶锚栓法 roof-bolting method
峒孔测标 hole mark
峒口投点 setting horizontal point of portal
峒窟 kennel
峒门 portal; tunnel portal
峒内控制测量 inside tunnel controlling survey
峒内设备 equipment inside the tunnel
峒室 chamber; grotto
峒室爆破 chamber blasting; coyote blast(ing); heading blast(ing)
峒室围岩 ambient rock; surrounding rock
峒室稳定性 opening stability
峒室稳定性评价 evaluation of opening stability; underground opening stability evaluation
峒室支撑 chamber support
峒室装药 chamber charge; heading blasting charge
峒外控制测量 outside tunnel controlling survey
峒外设备 equipment outside the tunnel
峒外作业 outside tunnel work

胴

胴接头 knuckle joint

硐

硐室 stable hole
硐室爆破弹药 coyote shot

兜

兜底倒出 top a tank out the easy way
兜底吊架 bottom lifting spreader
兜盖 pocket flap
兜甲 lorica
兜揽 canvassing
兜揽保险 canvass for insurance
兜揽订货 canvass for orders
兜帽 hood
兜圈的 circuiting
兜售 tout
兜网 blanket net

斗

斗 bucket(block); peck <古建筑>; dou <谷类测量单位, 1 斗 = 10 升>; bowl <挖土机的>
斗板石 intermediate pier
斗壁 <冰斗的> head wall
斗壁倾角 hopper slope
斗臂 bucket arm; dipper arm
斗臂式挖土机 bucket excavator
斗臂液压缸 arm cylinder
斗臂主销 foot pin
斗边 bowl side; bucket rim
斗边侧翼 bowl sidewall
斗边刀片 side cutter
斗冰川 cirque glacier
斗柄 <挖掘机的> bucket arm; dipper stick; lifter arm
斗柄工作液压缸 dipperstick cylinder
斗柄式支臂 dipper arm
斗柄推压缆 dipper arm wire
斗柄推压力 stick crowd force
斗柄销 bucket stick pin
斗柄液压缸 arm cylinder; stick cylinder
斗柄支点 arm pivot point
斗柄支销 dipper arm hinge pin
斗彩 contending colo(u)r; Doucai contrasting colo(u)rs
斗彩勾莲双耳樽 double-ear fancy colo(u)r vase with lotus design
斗彩蔓草纹瓶 <瓷器名> Doucai vase with tendril vine
斗仓 bin; bunker; hopper
斗仓的闸板 cut-off plate
斗仓底部 bin bottom
斗仓型驳船卸货机 hopper type barge unloader
斗槽式提升机 paternoster elevator
斗侧板 side sheet
斗侧齿 side cutter
斗长度 body length
斗车 hopper bottom freight car; hopper wagon; skip car; troll(e)y; decauville tub; decauville wagon <轻便铁路用>
斗齿 bucket (cutting) teeth; dipper teeth
斗齿半径 <挖掘机斗齿到回转中心> bucket tooth radius
斗齿不切入土壤 zero penetration
斗齿侧刀片 tooth side cutter
斗齿插座 tooth holder
斗齿贯入角 tooth entry angle
斗齿尖 bucket tooth tip; dipper tooth point; tooth tip
斗齿尖半径 <挖掘机斗齿到回转中心> bucket tip radius
斗齿径向力 radial tooth force
斗齿切削角 tooth entry angle
斗齿体 tooth base
斗窗 hopper; hopper sash
斗带式升运机 bucket-and-belt elevator
斗带式升运器 belt-bucket elevator; belt-trough elevator; bucket-and-

belt elevator
斗带式提升机 belt-bucket elevator; bucket-and-belt elevator
斗刀 bucket lip
斗底 bowl bottom; conic(al) bottom; hoppered bottom
斗底板 back sheet; floor roller
斗底车 larry
斗底沉淀池 hopper bottom tank
斗底倒泥门 bucket door
斗底杠杆 <铲土机> floor lever
斗底活栓绳 bucket latch cord
斗底开启索 <挖掘机的> dipper door trip rope
斗底连杆 <铲土机> floor link
斗底链 bucket chain
斗底水池 hoppered bottom basin; hoppered bottom tank
斗底推卸液压缸 <铲土机> dump cylinder of floor
斗底托轮 <铲土机> roller of sling floor
斗额定容量 rated body capacity
斗腭 shell
斗翻车 mine car; skip car
斗杆 <挖掘机的> bucket arm; dipper arm; shovel shaft; dipper handle; dipper stick
斗杆摆角 arm pivot angle
斗杆液压缸 stick cylinder
斗拱 bracket(set); tou kung
斗拱的拱 bow-piece of corbel bracket
斗拱间 intermodillion
斗拱铺作 <古建筑> tier of corbel bracket
斗骨料撒布机 aggregate hopper spreader
斗刮 strickle; strickling; striker; strikle
斗刮量法 strike measure
斗环旋座 <挖掘机> bail nosepiece
斗机液压缸 arm hydraulic cylinder
斗迹重叠 lap of bucket trace
斗集料撒布机 aggregate hopper spreader
斗架 <多斗挖泥船的> bucket ladder; ladder
斗架导板 ladder guide
斗架导轨 ladder guide
斗架吊架 bucket ladder gantry
斗架滚筒 ladder roller
斗架滑轮组 ladder purchase
斗架缆 ladder hoist wire
斗架起落装置 ladder hoisting gear
斗架倾角 inclination of bucket ladder
斗架倾角系数 ladder tilt factor
斗架上支承 upper support of bucket ladder
斗架下放 lowering of bucket ladder
斗架下支承 lower support of bucket ladder
斗架轴承座【疏】bearing blocks for ladder
斗角刀片 corner cutter
斗角加固块 corner piece
斗距 bucket pitch; bucket spacing; pitch of buckets <多斗提升机的>
斗孔(尺寸) dipper opening
斗口 bucket lip; cutting edge of bucket; mortise of cap block
斗链 bucket line; bucket link; bucket paternoster; chain of bucket; chain of pot; swivel chain; bucket chain
斗链导辊 bucket line guide roller
斗链电子学电路 bucket brigade electronics
斗链节距 bucket chain pitch
斗链器件 bucket brigade device
斗链驱动机械 bucket chain drive
斗链式刮土机 bucket scraper
斗链式水车 Persian wheel
斗链式提升机底部给料室 bucket elevator boot
斗链式挖掘船 bucket dredge(r)
斗链式挖泥船 bucket(-and)-chain dredge(r)
斗链式挖泥机 bucket(-and)-chain dredge(r)
斗链挖泥机 bucket dredge(r)
斗链下锤度 sag of bucket chain
斗链张紧 bucket chain tension
斗链张力调节装置 tension regulator for bucket line
斗链转速 bucket chain speed
斗链着底距 cutting length of bucket chain
斗淋 dolina [doline]; swallet hole; swallow hole
斗轮 bucket on revolving wheel; bucket wheel; scoop wheel
斗轮泵 scoop wheel pump
斗轮铲 bucket wheel shovel
斗轮堆料机 bucket wheel stacker
斗轮机 bucket wheel machine
斗轮机和皮带输送机系统 bucket wheel belt system
斗轮铰刀 bucket wheel cutter
斗轮取料机 bucket wheel excavator; bucket wheel reclaimer
斗轮取样机 reclaiming bucket wheel
斗轮式采砂船 wheel dredge(r)
斗轮式堆取料机 bucket wheel stacker-reclaimer; combination bucket-wheel stacker-reclaimer; combined bucket wheel loader; combined stacker-reclaimer
斗轮式回收设备 bucket wheel type reclaimer
斗轮式取料机 bucket wheel reclaimer
斗轮式提升机 lifting bucket wheel
斗轮式挖沟机 bucket wheel trencher; wheel ditcher
斗轮式挖掘机 bucket wheel dredge(r); bucket wheel excavator; drum digger
斗轮式挖泥船 bucket wheel (suction) dredge(r)
斗轮式挖土机 basket wheel excavator
斗轮式喂料机 bucket wheel feeder
斗轮式吸扬挖泥船 bucket wheel suction dredger
斗轮式装车机 bucket wheel car loader
斗轮式装载机 bucket wheel loader
斗轮挖掘机 wheel excavator
斗门 bucket door; check gate; delivery gate; meter gate; apron; lift arm <铲土机>
斗门杠杆 <铲土机> apron lever
斗门开度 apron opening
斗门连杆 apron link
斗内料位控制装置 bin level control device
斗内物料 bucket content
斗内物料填充度 bucket filling efficiency
斗盘弹簧 bucket disc spring
斗篷 cape(overcoat); cloak; long cloak; mantle; pella; throw-over dress
斗铺式混凝土摊铺机 blade type concrete paver
斗桥提升绞车 ladder hoist winch
斗渠 head ditch; lateral canal; major distributary; sublateral canal; tertiary canal
斗圈 bucket rim
斗裙式输送机 bucket apron conveyer [conveyor]
斗刃 bucket lip
斗容量 <挖土机等的> bucket capacity; bucket size; bucket volume; dipper capacity
斗绳 bucket wire
斗式捌运器进料溜送槽 loading leg
斗式厕所 bucket latrine
斗式铲车 bucket lift truck; bucket shovel truck
斗式铲运机(车) bowl scraper; bucket scraper
斗式抽水机 bucket pump
斗式储浆池 bucket rabbling vat
斗式断料机 hopper throat
斗式粉碎机 hopper mill
斗式扶手椅 bucket armchair
斗式给料机 bin feeder; skip type feeder
斗式给料器 scoop feeder
斗式谷物出舱机 grain elevator
斗式谷物升运器 bucket-type grain elevator
斗式固定升运器 bucket-type stationary elevator
斗式刮土机 bowl scraper
斗式过滤器 hopper filter
斗式回填机 backfilling bucket; bucket backfiller
斗式混凝土布料机 hopper type concrete spreader
斗式唧筒 bucket pump
斗式集料提升机 aggregate elevator
斗式加料器 bucket feeder; hopper feeder
斗式进料器 bin feeder
斗式卡车 hopper truck
斗式开运器 bucket elevator
斗式粒料撒布机 hopper grain spreader
斗式连续升运器 continuous bucket elevator
斗式连续提升机 continuous bucket elevator
斗式链轮装货机 bucket wheel loader
斗式料浆喂料机 bucket ferris wheel
斗式流速计 bucket current meter
斗式轮胎装载机 bucket wheel loader
斗式马桶 hooper water closet; hopper W.C.
斗式碾磨机 hopper grinder; hopper mill
斗式铺砂机 hopper gritter
斗式起重机 bucket crane
斗式牵引车 <铺黄砂、石子用> hopper trailer
斗式倾卸车 tipping hopper
斗式升降机 bucket elevator; dump skip
斗式升运机 bucket elevator; scooper
斗式石料输送机 rock ladder
斗式手压泵 bucket hand-pump
斗式输送机 bucket car; bucket conveyer [conveyor]
斗式输送器 bucket car
斗式水槽 scoop channel
斗式水车 scoop wheel
斗式水泥提升机 cement bucket elevator
斗式提升法 bucket elevating method; bucket elevation
斗式提升机 belt-bucket elevator; bucket conveyer [conveyor]; bucket (-type) elevator; bucket(-type) lifter; chapelet; pocket elevator; continuous bucket elevator
斗式提升机底部滑轮 boot pulley
斗式提升机底部料箱 bucket elevator boot
斗式提升机地坑 bucket elevator pit
斗式提升机斗链 bucket elevator chain
斗式提升机翻斗装置 bucket-tipping device
斗式提升机机架 bucket elevator frame
斗式提升机壳体 bucket elevator casing
斗式提升机喂料机 receiving hopper of bucket elevator
斗式提升输送机 bucket hoist conveyer[conveyor]
斗式提升送料机 elevating hopper feeder
斗式提升送料器 elevating hopper feeder
斗式提升卸货机 discharging bucket elevator
斗式提升装载车 lorry-mounted bucket(elevator) loader
斗式提水机 bucket pump
斗式推土机 bucket dozer
斗式挖沟机 bucket ditcher; bucket ladder excavator; bucket trench digger; bucket trencher; bucket trenching machine; ditcher bucket; machine of the bucket elevator type; trenching machine of the bucket elevator type; trenchliner
斗式挖掘车轮 scoop wheel
斗式挖掘机 bucker excavator; bucket dredge(r); bucket excavator; bucket trencher; bucket trenching machine; scoop digger; scoop excavator
斗式挖泥车轮 scoop wheel
斗式挖泥船 bucket (ladder) dredge (r); grapple dredge (r); scoop dredge(r)
斗式挖泥机 bucket dredge(r); dipper dredge (r); grapple dredge (r); scoop dredge(r)
斗式挖土机 bucket excavator; bucket loader; scoop dredge (r); scoop (ing) machine; scoop shovel
斗式卸料孔 hopper throat
斗式卸载机 bucket unloader; scoop loader
斗式研磨机 hopper grinder
斗式运料车 bucket car
斗式运料机 bucket car
斗式运输车 bucket car; ladder car
斗式运输机 bucket conveyer[conveyor]
斗式运输机具 bucket transfer equipment
斗式运输器 bucket car
斗式运送机 bucket car
斗式振动筛 hopper vibrator
斗式重力输送机 gravity bucket conveyer[conveyor]
斗式筑路运料车 highway hopper
斗式抓岩机 bucket grab
斗式转运机 bucket car
斗式转载机 bucket car
斗式转载列车 transfer tub
斗式装料机 bucket car; bucket loader; hopper loader; scoop loader
斗式装卸升运器 bucket feed-discharge elevator
斗式装运机 bucket car; bucket loader; hopper loader; scoop loader
斗式装载机 batch loader; bucket car; bucket loader; hopper loader; rocker shovel; scoop (er) loader; overloader <装载斗作业时超过车顶的>
斗式自动装载刮土机 scoop pan self-loading scraper
斗式自动装载机 shovel type load; shovel type loader
斗式自卸及平舱系统 scooper self-unloading and trimming system
斗式坐椅 bucket seat
斗兽棋 animal checker
斗索 <铲斗挖泥船的> bucket wire
斗梯式挖泥船 ladder dredge(r)

D

斗梯式挖土机 ladder excavator
斗提升杆 digger lift shaft
斗体 bucket body
斗推车 hopper car
斗销处高度 <装载机> bucket hinge pin
斗形的 hopper-shaped
斗形灰盘 hopper ash pan
斗形搅拌叶片 bucket blade
斗形排烟罩 funnel hood
斗形容器 pocket-shaped holder
斗形纹 whorl
斗形烟囱 funnel hood
斗形抓铲 bucket grab
斗形钻孔 funnel-shaped borehole
斗型卡车 hopper truck
斗型座椅 bucket-type seat
斗烟叶 pipe tobacco
斗缘 dipper lip
斗轴 bucket spindle
斗轴柱螺栓及螺母 bucket spindle stud and nut
斗砖 brick laid on edge
斗状货柜 hopper container
斗状柱头 cubic(al)block capital
斗子倾卸力 bucket tilting force

抖颤调谐 dithering

抖颤机构 dither mechanism
抖掉 shakeout
抖动 buffet; dither; jitter; shake; vibration; whipping; quiver【电】
抖动板 shaking board; shuttle board; tossing board
抖动标记 tick mark; vibrating mark
抖动侧送式挖掘机 side-shake digger
抖动测试仪 jitter tester
抖动杆 vibrating boom
抖动给料器 flutter feeder
抖动焊 whipping welding
抖动机板 agitator board
抖动畸变 jitter
抖动控制信号 wobble control signal
抖动链轮 agitating sprocket
抖动链式升运器 chain shaker
抖动器 activator; kicker; reciprocator
抖动器和滚筒用电动机 motor for kicker and doffer
抖动容限 jitter tolerance
抖动筛 travel(l)ing sieve
抖动式滑槽 vibrating chute; vibration chute
抖动式输送链 shaker chain
抖动式挖掘机 shaker digger
抖动式逐稿器 oscillating straw rake
抖动试验 shaking test
抖动信号 dither signal
抖动增益 jitter gain
抖动作用 <地震时高建筑物的> whipping effect
抖焊运条法 whipping method
抖晃仪 <播控仪表> wow flutter meter
抖井盲井联合开拓 slope-blind shaft development
抖开 shakeout
抖料机 reciprocator
抖纹 <螺纹缺陷> jutter
抖振 buffeting
抖振荷载 buffering load
抖振控制 flutter control

陡岸 bluff(bank); bluffy coast; bold coast; bold shore; brink; cliff; klint[复 klintar]; mountain coast; overhanging bank; steep bank; steep coast; abrupt bank
陡岸冲刷 bluff erosion
陡岸干沟 donga
陡岸坍毁 bluff failure
陡岸线 cliff line; high coastline
陡板梯 gang boarding roof ladder
陡比降 high gradient; steep gradient
陡壁 abrupt wall; bluff; cliff; donga; head wall; precipice; precipitous wall; steep wall
陡壁冲刷 bluff erosion
陡壁的 wall-sided
陡壁地形 steep-walled feature
陡壁沟槽型 welts and furrows
陡壁河谷 steep-walled valley
陡壁横谷 congost
陡壁竖斜面墙 talus wall
陡壁坍毁 bluff failure
陡壁坍塌 bluff failure
陡壁峡谷 steep-walled canyon
陡壁峡口 geo
陡边 steep bevel; steep edge
陡边线 barrier on highway
陡变 abrupt change
陡变点 abrupt change point
陡变曲线 abrupt curve
陡波 abrupt wave; steep wave
陡波试验 front of wave test
陡槽 canal rapids; chute; steep channel; steep flume
陡槽迭水 inclined drop
陡槽段 chute channel
陡槽急流 canal rapids
陡槽式 cliff channel
陡槽式消力墩 chute block
陡槽式消能墩 chute block
陡槽式溢洪道 chute spillway
陡槽式鱼道 steep channel fish pass
陡槽消力墩 chute block
陡冲断层 high angle thrust
陡的 bold; hilly; prone; sharp; steep
陡的冲积扇 debris cone; dirt cone
陡的山墙 steep gable
陡递减率 steep lapse rate
陡度 gradient; rate of slope; steepness; step height; grade percentage
陡度计 gradient meter[metre]
陡度曲线 abrupt curve
陡度调整 slope rectification
陡度调整计时器 slope control timer
陡断层 steep fault
陡峰 sharp peak
陡锋 sharp front
陡锋波 sharp front wave
陡拱 steep arch
陡海岸 bold coast; bold shore; mountain coast; steep coast
陡河岸 steep bank
陡岬 bill; headland head
陡岬灯塔 headland light
陡降伏安特性 steep dropping voltampere characteristic
陡降坡 steep descent
陡降曲线 drop-down curve
陡降外特性 dropping characteristic
陡角断层 high angle fault
陡角断裂 high angle fracture
陡角裂隙 high angle fracture
陡角逆断层 high angle reverse fault
陡峻的拱地 hogback
陡峻河流 rapid river
陡峻峡谷 saw cut
陡坎 drop-off; knick point; scarp
陡坎的 benched
陡浪 abrupt wave; steep sea; steep wave
陡立边坡 steep slope
陡路 brae
陡路拱 steep crown
陡抛物线 steep parabola
陡抛物线拱形大梁 steep parabolic arched girder
陡坡 bluff; brow; drop-off; escarpment; extreme slope; heavy grade; high dip; high grade; high pitch; high slope; incline escarpment; overhanging slope; rapid ascent; scarp(slope); sidehill slope; steep grade[gradient/ incline/ pitch/ setting/ slope]; stiff slope
陡坡带 steep region; steep slope belt
陡坡道 steep gradient on road
陡坡道路的摩擦封面层 friction(al) seal coat for steep gradient roads
陡坡地 rough broken land; steep land
陡坡电制动闸 electric(al)"hill-hold" switch; electric(al)
陡坡度 abrupt slope; heavy gradient; steep grade
陡坡段 heavy gradient section; steep gradient section
陡坡涵洞 culvert with steep grade; steep grade culvert
陡坡河槽 steep channel
陡坡护岸 steep bank revetment
陡坡护坡 steep slope revetment
陡坡急流 quick water
陡坡降 steep gradient
陡坡喀斯特谷地 cove
陡坡林地 hanger
陡坡路堤 roadbed on steep slope
陡坡茂密森林 tapestry
陡坡面 <山的> sty
陡坡剖面 uphill sloping profile
陡坡墙 scarp wall
陡坡区间 heavy grade territory
陡坡曲线 steep curve
陡坡隧洞 tunnels on steep slopes
陡坡隧洞掘进(法) steep grade tunnel(l)ing
陡坡土 steep land soil
陡坡屋顶 high-peaked roof; high-pitched roof; steep gable; steeply sloping roof; steep(-pitched) roof
陡坡屋面装配玻璃 steeply pitched glazing
陡坡线 line with steep gradients
陡坡用联合收割机 extreme hillside combine
陡坡整平工作 bluff work
陡坡支撑 steep slope revetment
陡谱 steep spectrum
陡前沿 steep rise
陡前沿脉冲 steep(-sided) pulse
陡峭 steep
陡峭边缘 brink
陡峭冰山 block iceberg
陡峭波阵面 steep wave front
陡峭的 abrupt; arduous; sheer; steepy; cliffy
陡峭的边坡 gullied slope
陡峭的海岸 high coast
陡峭的螺旋 quick spiral
陡峭的山脊 arete
陡峭的斜坡 an abrupt descent
陡峭的岩石斜坡 steep rock slope
陡峭地带 steep terrain
陡峭地貌 accidented relief
陡峭电流冲击残压 steep current residual voltage
陡峭海岸的狭海湾 geo; gio
陡峭前沿 steep rise
陡峭前缘波 steep-fronted wave
陡峭山脊 steep ridge
陡峭隧洞掘进(法) steep grade tunnel(l)ing
陡峭悬崖 precipitous cliff
陡倾断层 high angle fault
陡倾伏褶皱 steeply plunging fold
陡倾高角斜坡面 <易产生顺层滑坡的> daylighting
陡倾角 dip at high angle; high dip angle; steep dip
陡倾岩层 steeply dipping bed
陡曲线 steep curve
陡上坡 steep up gradient
陡深 <指岸边或浅滩边缘突然变深> bold to; steep to
陡升坡 steep ascent
陡视棱镜 <经纬仪> prism eyecap
陡手平滑 hand smoothing
陡台地 bold platform
陡头谷 steep head
陡头峭壁平底谷 pocket valley
陡土堤 <城堡外的> mott(e)
陡弯 sharp bend; sharp turn
陡屋面 high-pitched roof
陡屋面沥青 steep asphalt
陡下坡 heavy down gradient; steep descending gradient; steep down grade; steep down gradient
陡下坡道 heavy down gradient
陡削波 sharp wave
陡削的 bluff; steep
陡削的山脊 razor-edge
陡斜 steeply inclined occurrence
陡斜的导轨 steeply sloping racks
陡斜的运输机 steeply inclined conveyer[conveyor]
陡斜的支架 steeply sloping racks
陡斜井 steep incline
陡斜坡度的 steeply sloped
陡斜式输送带 steep-incline belt conveyer[conveyor]
陡斜屋顶 steep roof
陡崖 abrupt scarp; brink; crag; escarpment; klipt[复 klintar]; precipice; rock wall; scarp; sca(u)r
陡崖岸 cliffed coast; high coast
陡崖顶 <英国方言> cop
陡崖湖 glint lake
陡崖岬角 cliffed headland
陡岩坡 sca(u)r
陡沿 sharp edge; steep edge
陡沿脉冲发生器 fast-rise pulse generator
陡涌 hollow swell
陡缘 <沙波波顶坡度急剧变陡之处的> brink
陡直上升(飞机) zoom
陡直岩壁 vertical cliff
陡直匝道 <纵坡可达 1 比 8> steep straight ramp
陡重力波 steep gravity wave
陡转弯 sharp turn

斗鸡场 cockpit

斗技场 <古罗马时代的> amphitheater[amphithcatre]
斗牛场 bull ring; plazas de toros
斗牛竞技场 bull-fighting arena

豆饼 bean cake; oil cake; soya bean cake

豆袋椅 bean bag chair
豆级煤 <小于 3 英寸> bean
豆荚 pod
豆荚绿色 cosse green
豆荚状 leguminous; podiform
豆荚状构造 leguminous structure
豆荚状褶皱 podiform fold
豆科覆盖植物 leguminous cover
豆科植物 legume; lehuntite
豆科作物 leguminous crop
豆蔻山核桃 nutmeg hickory
豆酪素 soya casein
豆类作物 legume crop

豆砾(石) pea gravel; pea stone
豆砾石灰浆 pea gravel grout
豆砾石压力灌浆 pea gravel grout
豆粒 pisolite
豆粒大小的焦炭 pea coke
豆粒砾石 pea gravel; pea grit; pea shingle
豆粒铝质岩 pisolitic aluminous rock
豆粒泥状铝质岩 pisolitic pelitomorphic aluminous rock
豆粒状砾石 pea gravel
豆绿色 pea-green
豆蔓架木 bean stick
豆青 apple green; pea-green
豆青釉 yellowish pea green glaze
豆石 pea gravel; pea grit; pea stone; pisolite; pisolith
豆石混凝土 pea gravel concrete; pea stone concrete
豆石油毡屋面 gravel roofing
豆铁矿 bean ore; pea iron ore
豆芫菁 bean blister beetle
豆形石板 reniform slate
豆油 bean oil; soya bean oil; soybean oil
豆油测定 determination of soyabean oil
豆油鉴定 determination of soyabean oil
豆油脂肪酸 soya bean oil fatty acid
豆甾烷 spirostane
豆渣 bean dregs
豆制品自动生产线 automatic production line of bean product
豆状粗砂岩 pea grit
豆状的 pisolitic
豆状构造 pisolitic structure
豆状核 lenticular nucleus; lentiform nucleus
豆状核袢 ansa lenticularis; lenticular loop
豆状灰岩 pisolitic limestone
豆状结构 pisolitic texture
豆状矿石 pisolitic ore
豆状磷块岩 pisolitic phosphorite
豆状泥质结构 pisolith-perlitic texture
豆状凝灰岩 pisolitic tuff
豆状石灰岩 pisolite; pisolitic limestone
豆状石砾 pea gravel
豆状铁矿 <褐铁矿> bean ore
豆状岩 pisolite

逗

逗号形切屑 comma-shaped cuttings

逗留面 stationary plane
逗留期间 <旅行中的> layover
逗留时间 residence time
逗留者 stayer

痘

痘痕 <不锈钢退火缺陷> pock mark(ing); pock marked

都

都德式【建】Tudor

都德式窗 Tudor window
都德式顶棚 Tudor ceiling
都德式风格 Tudor style
都德式拱 Tudor arch
都德式花饰 Tudor flower
都德式建筑 Tudor architecture
都德式玫瑰饰 Tudor rose
都德式葡萄饰 vignette
都德式球形饰 <又称都铎式葡萄饰> Tudor apple
都德式三叶饰 Tudor flower
都德式饰件 Tudor ornament
都德式蓄电池 <一种铅蓄电池> Tudor accumulator
都德式叶饰 Tudor leaf
都夫板 <一种木纤维墙板> Tufboard
都会区规划机构 metropolitan planning organization
都舍特就地灌注 Dowsett Prepakt pile
都市地理 urban geography
都市地区 urban area
都市地下铁道 metro; metropolitan underground railway
都市地下铁道设备 metro equipment
都市地下铁道线路 metro route
都市地下铁路线 metro line
都市地下铁路业务 metro service
都市地质 urban geology
都市电台 metropolitan station
都市发展 urban development
都市福利 urbiculture
都市高速大量运输铁路枢纽 metropolitan mass transit railway terminal
都市公路 municipal highway
都市规划 city planning; urban planning
都市规划区 <36 平方英里> normal town(ship)
都市规划小区 <不足 36 平方英里> fractional township
都市化 urbanism; urbanity; urbanization
都市化程度 urbanization rate
都市化面积 urbanized area
都市化区域 urbanized area
都市化速率 urbanization rate
都市集居 urban settlement
都市集中化 urbanization
都市计划地区 city planning area
都市计划地域 <澳> township
都市间高速列车 metroliner
都市郊区 suburbia
都市居民生活方式 urbanism; urbanity
都市林业 city forestry
都市区域规划 regional planning in metropolitan areas
都市上门送货卡生 metro body truck
都市设施改良税 improvement tax
都市社会物质需求的研究 urbanism; urbanity
都市深入地层的隧道 deep-level tunnel
都市生活 urbiculture
都市衰落 city blight
都市水文学 urban hydrology
都市铁路 metro
都市雾【气】town fog
都市下水道 municipal sewers
都市学 urbanology
都市学专家 urbanologist
都市烟雾 town fog
都市延伸 urban sprawl
都市艺术 city art
都市与区域规划 urban and regional planning
都市重建 urban redevelopment
都市轴心 metropolitan axes
都市组群 mega(lo)polis

督

督察工程师 superintendent engineer

督察人员 supervisor
督工员 expediter
督三水铝石 doyleite

嘟

嘟声 beep; blare

毒

毒虫砖 poison brick

毒的 toxic
毒度 toxicity
毒度单位 toxic unit
毒度值 toxic value
毒蛾 tussock moth
毒蛾科 <拉> Lymantriidae
毒害 pestilence; poison; poisoning
毒害的 contaminative
毒害品 poisonous articles; toxic article
毒害品和感染性物品 poisonous articles and infective articles
毒化 envenom
毒化处理板材 <防虫蛀> toxic-treated board
毒化作用 envenomation
毒黄檀木 cocobolo
毒剂 toxic; toxicant
毒剂浓度 toxicants concentration
毒菌 toadstool
毒理学 toxicology
毒理学指标 toxicological index
毒理指标 toxicity indices
毒力 toxicity
毒力测定 toxicity test
毒力阀 toxicity threshold
毒力指数 toxicity index
毒料浓度 concentration of poisons
毒料渗出率 leaching rate
毒铝钡石 barium-alumopharmacosiderite
毒麦 <作粮草用> rye grass
毒品 burning rope; poison; dope; junk <俚语>
毒品管理 poison control
毒品污染 narcotics pollution
毒品泄露 poison leakage
毒漆树 poisonwood
毒气 miasma[复 miasmata/miasmas]; noxious gas; poison gas; toxic gas; toxic smoke
毒气弹 gas bomb
毒气防护 gas protection
毒气防御 gas defense
毒气攻击 gas attack
毒气柜 exhaust fume hood
毒气警报器 gas alarm
毒气空袭 air gas attack
毒气渗透性 permeability of gas
毒气室 gas chamber; gas oven
毒气团 chemical cloud
毒气炸药 gas bomb
毒气中毒 gas poisoning
毒砂 arsenical pyrite; mispickel
毒砂含量 arsenopyrite
毒石 arsenic bloom; pharmacolite
毒水 harmful water
毒素 toxicant; toxin
毒素量 toxin amount
毒铁钡石 barium-pharmacosiderite
毒铁矿 cube ore; pharmacosiderite
毒铁石 pharmacosiderite
毒土 toxic soil
毒物 contaminant; intoxication; poison; poisonous substance; toxicant; toxic substance
毒物测试 toxicological test
毒物成分 toxic constituent
毒物萃取法 toxic extraction procedure
毒物的变异活性 mutational activity of toxic
毒物的色散与沉淀 dispersion and deposition of toxics
毒物范围 poison range
毒物分析 toxicological analysis
毒物负荷 toxic load
毒物化学 toxicological chemistry
毒物极限 poison limit
毒物监测 monitoring of poison; toxicant monitoring
毒物控制 toxics control
毒物控制中心 poison control center [centre]
毒物浓度 toxic concentration
毒物排放 toxic discharge
毒物排泄 excretion of toxicants
毒物微波分解 microwave decomposition of toxic
毒物卫生标准 hygientic standard for toxic substances
毒物污染 toxic contamination; toxic pollution
毒物污染指数 toxicological pollution index
毒物稀释带 toxic dilution zone
毒物学 toxicology
毒物指数 toxicological index
毒物中和 toxicopexis
毒物最大容许浓度 maximum allowable concentration for toxicant
毒雾 poison fog; toxic fume; toxic smog
毒效 poisonous effect; toxic effect
毒效力 toxic potency
毒性 poisonous character; poisonousness; toxic effect; toxicity; virulence
毒性爆炸物 toxic detonation product
毒性标准 toxicity level
毒性单位 toxic unit
毒性当量 toxicity equivalent
毒性当量换算系数 toxicity equivalent conversion factor
毒性的 virulent
毒性等级 grading toxicity
毒性调查评估 toxicity investigation evaluation
毒性反应 toxic response
毒性废料 toxic waste
毒性废水处理 toxic waste disposal
毒性分析 toxicity analysis
毒性分析计算机 poison computer
毒性分析仪 toxicity analyser[analyzer]
毒性风险区 toxicity hazard zone
毒性符号 expression of toxicity
毒性过量 toxic excess
毒性化学药品 toxic chemicals
毒性级 toxicity level
毒性极限 threshold of toxicity; toxicity threshold; toxic limit
毒性剂量 toxic dose
毒性检验 poisonous matter test; toxicity test; toxicological testing
毒性鉴定 toxicity identification
毒性鉴定评估 toxicity identification evaluation
毒性界限 toxicity threshold
毒性金属 toxic metal
毒性金属元素超标 overstandard of toxic metallic element
毒性类 toxicity mode
毒性排放系数 toxicity emission factor
毒性平衡 toxicity equation
毒性评估 toxicity assessment; toxicity evaluation
毒性评价 toxicity assessment
毒性谱 toxicity spectrum
毒性生物测试 toxicity bioassay
毒性试验 toxicity test
毒性数据 toxicity data
毒性衰减计算 toxicity reduction evaluation
毒性水 poisonous water
毒性水平 toxicity level; toxic level
毒性特性 toxicity characteristic
毒性特性沥滤法 toxicity characteris-

tic leaching procedure
毒性特征 toxicity characteristic
毒性危害 toxic hazard
毒性危害区 toxicity hazard zone
毒性污染物 toxic pollutant
毒性物 toxic substance
毒性下限 lower toxic limit
毒性效应 toxic effect
毒性型 toxicity mode
毒性盐类浓度降低 toxic salt reduction
毒性影响因素 factors that modify toxicity
毒性有机化合物检出 detection of toxic-organic compound
毒性阈 toxicity threshold
毒性元素 toxic element
毒性指数 toxicity index
毒性作用 toxic action;toxic effect
毒烟 toxic fume;toxic smoke
毒药 intoxicant;poison;toxic;toxicant
毒药橱 poison cupboard
毒液 venom
毒液过滤器 venom filter
毒莠定 <一种除草剂> Picloram
毒莠定除草剂 Tordon
毒鱼中毒 toxic fish poisoning
毒植物素 phytotoxin
毒质 toxin
毒重石 barium carbonate;witherite
毒作用带 toxic effect zone

读

读保护 read protection
读保护的 read-protected
读本 reader
读标记穿孔 mark sense punch
读表者 meterman
读程序 reader
读出 playback; read (ing) (-out); read off;roll-out
读出比 read-around ratio
读出比较校验 read compare check
读出标记 mark sense
读出操作 read operation
读出操作员 read operator
读出出口选择 read exit option
读出初始程序 read initial program(me)
读出传感器 pick-up
读出磁道 read(ing) track
读出磁头 magnetic playback head; read head
读出次数 read-around number
读出存储 read store
读出错 read error
读出错误 read(out) error
读出打印机 readout print
读出单元 sensing unit
读出导向装置 reading track
读出道 reading track
读出地址计数器 read address counter
读出电流 read current
读出电路 readout circuit;sensing circuit
读出电子枪 reading gun
读出法 reading method
读出方式 access mode;readout mode
读出放大器 read (out) amplifier; sense amplifier;sensor amplifier
读出分类器 reader-sorter
读出更新放大器 sense refresh amplifier
读出管 readout-tube
读出光标 read cursor
读出光束 reading optic(al) beam
读出环 sense loop
读出机构 sense station
读出计数器 readout counter
读出记录 playback
读出记录放大器 read-write amplifier
读出检测器 read detector
读出检查 read-back check
读出校验 reader check
读出矩阵 sensor matrix
读出开关 sense switch;sensor switch
读出孔 sensing hole
读出控制台 sense console
读出冷子管 readout cryotron
读出脉冲 read(ing-out) pulse
读出门 readout gate
读出命令 sense command
读出能力 readability
读出频率 read frequency
读出期 reading duration
读出器 reader; sensor; tape reader <磁带或穿孔带的>【计】
读出器停止 reader stop
读出器指示灯 reader light
读出前置放大器 read preamplifier
读出全数据 read all data
读出绕组 read winding; sense winding
读出扫描 reading scan
读出时间 read(ing access) time;reading duration
读出数 read(-around) number
读出数据 readout;sense data
读出数据自锁信号 read data latch signal
读出数字 reading number
读出刷 read brush
读出速度 read (ing) rate; reading speed;reading velocity
读出台 readout desk;read station
读出停止 read stop
读出头 playback head;reading head; readout head; sense head; sensing head
读出位置 sensing station
读出误差 reading error;readout error
读出系统 readout system
读出显示器 readout display
读出线 sense line;sense wire
读出线圈 sense coil
读出响应 read response; sense response
读出信号 read output signal;readout signal;sense signal
读出信息 readout information; sense information
读出修正 read modify
读出选通 read strobe
读出选通脉冲 sense strobe
读出噪声电平 readout noise level
读出站 sensing station
读出针 sensing pin
读出指令 sense command
读出指示灯 reader light
读出指示器 sensing marker
读出周期 read cycle
读出转换装置 sensing and switching device
读出转移保护 read-jump protection
读出装置 reader-out unit; reading machine; readout apparatus; readout device;readout station;readout unit;sensing device
读出字段 character sensing strip
读出字节 sense byte
读出总线 read bus
读磁卡过程 wanding
读存储器 memory read
读存储器周期 memory-read cycle
读错 misreading
读错误 read error
读带 tape read
读带机 paper tape reader
读带时间 tape access time
读地址计数器 read address counter
读访问 read access
读访问类型 read access type
读符器 character reader
读改操作 read-modified operation
读后回校 read-back check
读后校验 read-back check
读回 read-back
读回检查 read-back check
读回信号 read-back signal
读机构断开 read release
读间串扰 read-to-read crosstalk
读经台 ambo (n); lectern; almamor [almemar] <犹太教堂>; tebam <犹太教堂内>
读经台顶盖 ambo(n) ciborium
读经台华盖 ambo(n) ciborium
读就绪 ready
读卡穿孔机 card read punch; read-punch unit
读卡机 card reader
读卡机控制装置 card reader control unit
读卡器 card reader
读孔穿孔机 read-punch
读脉冲开关 read pulse switch
读脉冲同步逻辑 read-pulse synchronization logic
读命令 read command
读模块 read through model
读模拟量输入 read analog input
读票机 ticket check machine; ticket readout unit
读频率输入 read frequency input
读前扰脉冲 preread disturb pulse
读前队列 read-ahead queue
读请求 read request
读请求的处理 processing of read request
读请求周期 read request cycle
读驱动器 read driver
读取 fetch;read off;readout
读取部件 fetch unit
读取穿孔 read-punch unit
读取规则 fetch policy;fetch rule
读取数时间 read access time
读取特殊纸带 read specially paper tape
读入 read-in
读入按钮 reading function button
读入部件 read in unit
读入程序 read-in program(me)
读入翻译程序 reader interpreter
读入过程 read-in process
读入解释程序 reader-interpreter(routine)
读入数据 read-in data
读入与读出 read-in and readout
读书和记录电路 transfer scheme
读书桌 reading desk;reading table
读数 dial reading; indication; numberical reading; numerate; numeric(al) reading; off-scale reading; read-around number; reading; readout information; registration; take a reading
读数 0.001 英寸的 reading in thousandths of an inch
读数饱和度 read saturation
读数比 read-around ratio
读数比例尺 reading scale
读数表 reading list
读数测微计 reading micrometer
读数测微镜 reading microscope
读数测微器 reading micrometer
读数差 difference of readings
读数程序 read routine
读数尺 reglette
读数穿孔部件 read-punch unit
读数穿孔装置 reader-punch
读数传送 transmission of reading
读数错误 error in reading
读数打印机 reader printer;reader typer
读数打印装置 reader typer
读数打字机 reader typer
读数带 sensing tape
读数道 reading track
读数的打印文件 read printer's proof
读数的数目 counting
读数点 reading point
读数电极 reading electrode
读数电刷 brush
读数法 numeration;scale-reading technique
读数方式 reading type of instrument
读数放大镜 estimating microscope; index microscope; magnifier for reading; reading off microscope; reading glass;reading magnifier
读数放大罗盘 <带放大镜> lensatic compass
读数符合度 reading consistency
读数公差 reading tolerance
读数鼓 measuring drum
读数过程 reading process
读数计数率 counting yield
读数记录 data record(ing)
读数记录电路 count recording circuit
读数检核台 check reading station
读数阶段 fetch stage
读数精(确)度 accuracy of reading; precision of the readings; reading accuracy;reading precision
读数镜 reading glass; reading lens; reading mirror;reading spectacles
读数据选通 read data strobe
读数卷纸筒 <自记仪的> reading drum
读数棱镜 reading prism
读数脉冲 read(ing) pulse
读数盘 reading dial
读数平均误差 mean error of reading
读数器 coordinatograph; quantizer; reader;readout set;registrator
读数千分尺 digit readout micrometer
读数前干扰脉冲 preread disturb pulse
读数驱动器 read driver
读数绕组 read winding
读数时间 reading duration
读数视差 parallax reading error;reading error of parallax
读数输出 read output
读数输出信号 read output signal
读数刷 reading brush
读数速度 rate of reading; reading speed;reading velocity
读数台 reading station;reading table
读数头 read(ing) head
读数突变 reading jump
读数望远镜 reading telescope
读数位置 reading position; reading station
读数误差 error in reading; error of reading; indication error; reading error
读数系统 frame of reference;reading system;reference frame
读数显示器 readout display
读数显微镜 reading(off) microscope
读数线路 read circuit
读数信号 read signal
读数遥示器 remote-reading indicator
读数仪表 readout instrument
读数员 reader
读数原理 counting principle
读数照明灯 reading-illuminated lamp; reading light
读数指标 index mark
读数指示 reading index
读数指针 readings pointer

读数中误差 mean square error of reading data
读数装置 reading apparatus; reading device; reading plotter; reading station; reading unit; readout plotter; readout set; readout unit
读数准确度 accuracy of reading
读数桌 reading table
读数字输入 read digital input
读水准器 take level
读速度 reading velocity
读条形码 wanding
读通路 read path
读头 playback head; reading head
读头开关 head switch
读图 map interpretation; map read(ing)
读图放大镜 map-reading amplifier
读图估料员 taker-off
读图器 graph follower
读图显微镜 index microscope; reading microscope; scale microscope
读图纸 reading drawings
读位 read bit
读文器 document reader
读响应周期 read-response cycle
读向量指令 read vector instruction
读写保护 read-write protection
读选通 read gate
读语句 read statement
读阅灯 reading lamp
读者直接用计算机检索资料 on-line search
读者注解形式 reader's comment form
读状态微指令 read status microinstruction

渎

渎职 breach of duty; malpractice; misconduct; misprision
渎职罪 crime of dereliction of public duty; malfeasance

犊

犊舍 calf-house
犊子栏 calf pen

独

独裁主义 authoritarianism
独创的 underived
独创设计 original design
独创性 ingenuity; originality
独地槽 idiogeosyncline
独断 positivism
独断的 unauthorized
独股经销商 independent dealer
独管 monotube
独管杆柱 monotube pole
独管桩 monotube pile
独轨 monorail
独轨铁路 monorail
独户单元 single family unit
独户单元住宅 single-unit dwelling
独户住宅 single family dwelling; single family home; single family house; single family residence
独户住宅抵押共同保险 single family home mortgage coinsurance
独家承包合同 single contract
独家代理 exclusive agency; sole agency
独家代理权 exclusive right
独家代理商 sole agency; sole agent
独家代理协议书 exclusive agency agreement
独家代理业务 business on exclusive agency
独家发盘 sole offer
独家供货 exclusive supply
独家经理机构 sole agency
独家经销 exclusive dealing; exclusive distribution
独家经销权 exclusive right to sell
独家经销商 exclusive agent; sole distributor
独家经营 monopoly
独家经营契约 monopoly contract
独家经营条款 monopoly clause
独家经营协议 exclusivity agreement
独家开办的子公司 wholly owned subsidiary
独家利润 monopoly profit
独家销售代理权 exclusive right to sale listing
独家许可证合同 exclusive licence contract
独家专利权 exclusive licence[license]
独家专用道路 accommodation road
独间小屋 bothy
独件锁 mono lock
独角锤 roofing hammer; singular angle hammer
独脚把杆 gin pole
独脚架 unipod
独脚架的 unipod
独脚尾轴架 single-leg propeller strut
独居石 edwardsite; eremite; kryptolith; monazite; turnerite; urdite
独居石含量 monazite
独居石矿砂 monazite sand
独居石矿石 monazite ore
独块玻璃 one-light steel window
独块的 monolithic
独块底座 single-block footing
独块巨石 monolith
独块巨石的 monolithic
独缆自锚悬索桥 monocable self-anchored suspension bridge
独力支撑 self-supporting
独立 individual; stand-alone
独立 T 形梁 isolated T-beam
独立安装 self-erecting
独立安装的鼓式搅拌楼 self-erecting drum mix plant
独立安装式变速箱 independently mounted gearbox
独立安装式齿轮箱 independently mounted gearbox
独立安装式的 independently mounted
独立半岛 detached peninsula
独立包 independent packet
独立本地振荡器 separate local oscillator
独立本机振荡外差法 separate heterodyne
独立泵 self-contained pump
独立比较 independent comparison
独立边带 independent sideband
独立边带传输 independent sideband transmission
独立边带发射机 independent sideband transmitter
独立边带接收机 independent sideband receiver
独立边带通信[讯] independent sideband communication; individual side-band communication
独立编码传送过程 code independent transmission procedure
独立编译 independent compilation
独立变幅的动臂<挖掘机> live boom
独立变量 independent variable; undependent variable
独立变数 independent variable; undependent variable
独立变址机构 independent indexing mechanism
独立标高 spot elevation
独立部分 independent component
独立部件分离 independent component release
独立部件释放 independent component release
独立参数 independent parameter
独立舱 independent tank
独立操纵 autonomous working
独立操作 independent operation; stand-alone operation
独立测定 inferential measurement
独立铲装(式)<铲土机> self-loading
独立场地 isolated site
独立潮 independent tide; self-established tide
独立潮汐 self-established tide
独立车库 detached garage
独立称量的 self-weight
独立称重的 self-weight
独立成分 independent component
独立承包人 independence contractor; independent contractor
独立承包商 independence contractor; independent contractor
独立承包商的保险 independent contractors' insurance
独立程序 stand-alone program(me)
独立程序的装入程序 independent program(me) loader
独立程序段 independent segment
独立程序模型化 program(me)-independent modularity
独立重测 independent resurvey
独立处理机 independent processor
独立处理系统 individual processor system
独立触点 independent contact
独立传动 independent drive
独立传动的液压泵 live hydraulic pump
独立传动装置 individual drive
独立船东 independent shipowner
独立打印机 stand-alone printer
独立大梁 independent girder
独立大厦 isolated hall
独立(大)烟囱 detached chimney; free-standing chimney; isolated chimney
独立代理商 factor
独立单元 independent unit; self-contained unit
独立单元住房 separate flat
独立刀身的旋凿 screwdriver with isolated blade
独立的 autonomous; detached; discrete; free-standing; independent; self-consistent; self-contained; self-supporting; self-sustaining; separate; separating; unrelated; substantive
独立的第三方 independent third party
独立的房屋 detached house
独立的固定周期自动信号 automatic isolated fixed cycle signal
独立的可移动的住房 self-contained mobile home
独立的联合作用 independent joint action
独立的能源系统 isolated power system
独立的排水系统 self-contained drainage system
独立的数据处理系统 stand-alone data processing system
独立的圬工墙 free-standing masonry wall
独立的字处理设备 stand-alone word processing equipment
独立底脚 independent footing; isolated footing; single footing
独立底座 spread foundation
独立地槽 autogeosyncline
独立地段<周围为道路> insular
独立地基 independent foundation
独立地物 isolated feature
独立地下室 individual cellar
独立点 individual point
独立电力系统 isolated power system
独立电源方式 individual electric source system
独立电源系统 isolated power system
独立雕塑 individual sculpture
独立雕像 detached statuary
独立动力厂 self-contained power plant
独立动力输出装置 live-power takeoff
独立端肘板 separate end bracket
独立段 independent segment
独立发电厂 isolated generating plant
独立发电装置 isolated plant
独立发动机 self-contained engine
独立阀箱式活塞泵 separate valve box type piston pump
独立方案 independent alternative
独立方程 independent equation
独立方式 independing mode
独立房屋 individual house; isolated building; isolated house
独立费<工程成本中除去直接费和间接费以外部分> extra expenses
独立分潮 independent partial tide
独立分类 independent assortment
独立分离 independent segregation
独立分配定律 principle of independent assortment
独立分析 independent analysis
独立分支电路 individual branch circuit
独立分子 independent molecule
独立坟 tumulus[复 tumuli]
独立概率 independent probability
独立感应信号控制 isolated actuated signal control
独立高程系 independent height system
独立格网 isolated grid
独立工地 free site
独立工副业盈亏 surplus or deficit of independent industrial and subsidiary operations
独立工作 autonomous working
独立工作存储器 non-contiguous working-storage
独立工作的钻井平台 self-contained platform
独立工作的钻探平台 self-contained platform
独立公司法人地位 independent legal corporate status
独立供电照明 individual lighting
独立供暖 individual heating
独立估价 independent appraisal
独立故障 independent failure; independent fault
独立观测 independent observation
独立锅炉 independent boiler
独立国 sovereign(ty)
独立函数 independent function
独立合同人 independent contractor
独立核算 business accountability; independent accounting; separate account
独立核算单位 independent accounting unit
独立核算责任 own profit and loss responsibility
独立核算制 business accountability; independent accounting system; self-supporting accounting system
独立滑车 loose pulley

D

独立滑移系数目 number of independent slip system
独立恢复 independent recovery
独立回路 independent mesh
独立回转 separate rotation
独立回转冲击式凿岩机 independently rotated percussive drill
独立回转导轨式凿岩机 independently rotated drifter
独立回转式凿岩机 independently rotated drill
独立活动式家庭挂车 independent mobile home
独立机组 packaged unit
独立基础 independent footing; independent foundation; individual base; individual footing; isolated footing; isolated foundation; pad foundation; single footing; single foundation;spread foundation
独立基地 island site
独立基脚 independent footing; isolated footing;single footing
独立基线 individual baseline
独立计算机 stand-alone computer
独立记录系统 self-contained recording system
独立纪念柱 stamba
独立家屋 free-standing block
独立检查 independent inspection
独立检查员 independent inspector
独立建筑 detached structure
独立建筑单位 independent construction unit
独立建筑物 insular building; isolated building
独立交叉口 isolated intersection; isolated junction
独立交叉口信号控制 isolated intersection control
独立交会高程点 elevation point by independent intersection
独立脚手架 self-supporting scaffold
独立交通信号 isolated signal
独立接点 independent contact
独立节间 isolated panel
独立结构 absolute construction; detached structure;free-standing
独立结晶 independent crystallization
独立经济 autarky
独立经营 sail on one's bottom
独立经营的承包商 independent contractor
独立开关 independent switch
独立开业建筑师 independent architect
独立抗剪墙系统 isolated shear wall system
独立可变深度声呐 independent variable depth sonar
独立控制 independent control; isolated control;unitary control
独立控制机 isolated controller
独立控制器 independent controller; isolated controller; unitary controller
独立控制器接口 unitary controller interface
独立控制系统 isolated control system
独立会计师 independence accountant
独立会计师查账报告 certificate of independent public accountant
独立块铺面 independent block pavement
独立矿物 independent mineral
独立框架 simple framing
独立馈电线 independent feeder
独立冷风机组 self-contained cooling unit
独立立式钻床 self-contained vertical drilling machine
独立励磁机 separate exciter
独立励磁制 independent driven exciter system
独立梁 isolated beam
独立旅游居住车 independent mobile home
独立轮 single wheel
独立轮车 monocycle
独立模型 independent model
独立模型法 method of independent model
独立模型法空中三角测量 aerotriangulation by independent model; aerotriangulation with independent model; independent model aerial triangulation; independent model aerotriangulation
独立模型法空中三角测量整体平差 simultaneous independent model of aerotriangulation adjustment
独立模型法区域空中三角测量 independent model block triangulation
独立模型法区域网平差 block adjustment using independent model of method
独立模型三角测量 independent model triangulation
独立能力 stand-alone capability
独立企业 independent enterprise
独立起动水泵 self-priming pump
独立气泡 closed cell
独立墙 wall standing by itself
独立桥墩 isolated pier;standing pier
独立清洁的履带 self-cleaning track
独立区 isolated area
独立区段 isolated block
独立区分调度 independent partition scheduling
独立驱动 independent drive
独立燃烧式过热器 separately fired superheater
独立日数 independent day number
独立软件 stand-alone software
独立润滑系统 self-contained lubrication system
独立三角测量 independent triangulation;local triangulation
独立三角网 independent triangulation network
独立扇面 independent sector
独立扇形装置 independent sector
独立设备 autonomous device; self-contained equipment;self-contained unit
独立审计 independent audit
独立声带 wild track
独立失效 independent failure
独立实用程序 independent utility; single utility program(me); stand-alone utility
独立式 free-standing【建】; stand-alone type
独立式出入口 detached access; free-standing access
独立式磁电机 independent magneto
独立式大楼 free-standing block
独立式挡土墙 free standing retaining wall
独立式的 free-standing
独立式地面筒仓 free-standing surface silo
独立式地面圆仓 free-standing surface silo
独立式电动机 separate motor
独立式动力输出轴 independent power take-off
独立式独户住宅 single family detached dwelling; single family detached house
独立式防波堤 detached breakwater; island breakwater
独立式房屋 detached building; free-standing building; insular building; separate house
独立式功率输出轴 live-power take-off
独立式供暖器 free-standing heater; standing heater
独立式锅炉 independent type boiler
独立式会堂 free-standing assembly hall
独立式基础 blob foundation
独立式基础制动 package brake; tread brake unit
独立式加热器 free-standing heater
独立式建筑 free-standing building; island-type construction
独立式脚手架 <双排支柱的脚手架> independent pole; independent scaffold
独立式结构 free-standing structure
独立式烤箱 separate oven; stack-on oven
独立式空调器 self-contained air conditioner
独立式楼梯 independent stair(case)
独立式炉灶 free-standing cooker
独立式平台 self-contained platform
独立式屏蔽墙 free-standing wall
独立式砌筑墙 free-standing masonry wall
独立式墙 free-standing wall
独立式桥台结构 separate abutment structure
独立式双排立柱脚手架 independent-pole scaffold(ing)
独立式塔形结构 free-standing tower structure
独立式调节器 self-contained controller
独立式调压塔 free-standing surge tank
独立式停车库 free-standing garage; independent parking garage
独立式推压 independent crowd
独立式小教堂 free-standing chapel
独立式悬臂桥墩 free-standing cantilever
独立式烟囱 free-standing chimney; self-supported stack; free-standing shaft <具有大烟道的>
独立式岩窟寺院会堂 free-standing chaitya(hall)
独立式氧气发生器 self-contained oxygen generator
独立式浴盆 free-standing(bath) tub
独立式中央分隔带 <宽阔的或宽狭随地形地貌等条件变化的> independent median
独立式重力结构 separate gravity structure
独立式住宅 detached dwelling; detached house; dwelling house; free-standing block
独立式住宅地段 detached house quarter
独立式钻机 self-contained drill
独立式钻井平台 self-contained drilling platform
独立事件 independent event; isolated event
独立收费地产评估员 independent fee appraiser
独立输入输出通道 independent input/output channel
独立树 conspicuous tree; isolated tree; lone tree; prominent surveyed tree; single tree
独立树符号 tree sign
独立数据处理 off-line data reduction
独立数据通信[讯] independent data communication
独立数字 independent digit
独立双户住房 two-family(dwelling) duplex
独立双户住宅 two-family detached dwelling
独立水准器 independent spirit level
独立随机变量 independent random variable
独立提升塔 isolated lift tower
独立天文测量数据 independent astronomical data
独立条件 independent condition
独立调节 independent control
独立调节的 self-adjusting
独立铁路 <设备齐全的> self-contained line
独立停汽阀 separate cut-off valve
独立通道 autonomous channel
独立通道操作 autonomous channel operation
独立通风 independent ventilation
独立同步制 independent synchronizing system
独立投资 independent investment
独立腿自升平台 independent leg jackup
独立拖挂式客车 independent trailer coach
独立王国 independent realm
独立网(络) isolated network; special network;independent network
独立网络系统 network stand-alone system; stand-alone network system
独立未知数 independent unknown
独立文件 self contained document; unique file
独立稳定框架 perfect frame; simple frame
独立圬工墙 isolated masonry wall
独立系统 autonomous system; independent system; self-contained system;stand-alone system
独立显示器 stand-alone display
独立线性位移 independent linear displacement
独立相 separate phase
独立项 independent entry; non-contiguous item
独立像对 independent image-pairs; independent photo pairs
独立像对法 method of independent image-pairs
独立小地物像点 pinpoint
独立小分队 detachment
独立小礼拜堂 isolated chapel
独立芯轴的大直径钢丝绳 independent wire rope core
独立新城 free-standing new town
独立信号 isolated signal
独立信号单元 alone signal unit
独立信号系统 separate signalling system
独立星表 independent catalogue
独立性 independence
独立性测定 test of independence
独立性测验 independence test; test of independence
独立性检验 independence test; independent test; test of independence
独立性准则 criterion of independence
独立修建 sole construction
独立悬挂 independent suspension; knee action suspension
独立悬挂式的 independently mounted
独立悬架 independent suspension
独立悬架车轮 independent wheel
独立验证 independent verification
独立样本 independent sample

独立液压系统 live hydraulic system
独立溢出区 independent overflow area
独立引用 independent reference
独立应用(程序)stand-alone utility
独立营业的建筑师 free-lance architect
独立于代码的数据通信[讯] code-independent data communication
独立于(绘图)设备的制图软件 device-independent graphics software
独立于机器的 machine-independent
独立于机器的程序设计 machine-independent programming
独立于机器的命令语言 machine-independent command language
独立于机器的语言 machine-independent language
独立于机器的作业控制语言 machine-independent job control language
独立于计算机的语言 computer-independent language; machine-independent language
独立语言数据库 self-contained data base
独立语言系统 self-contained language system
独立浴盆 isolated bath tub
独立元 independent entry
独立元件释放 independent component release
独立运动 self-movement
独立运行 self-sustaining
独立增量 independent increment
独立闸阀作用管 application pipe of independent brake valve
独立遮篷 free-standing awning
独立褶皱 independent fold
独立支承 isolated support
独立支墩 detached pier
独立支援程序 stand-alone support program(me)
独立支柱 free-standing support
独立制动 brake isolated;isolated brake
独立制动阀 independent brake valve
独立制动器 independent brake
独立制冷机 unit cooler
独立钟楼 free-standing bell tower; isolated bell-tower; campanile <与主楼分离的>
独立钟塔 isolated bell-tower
独立周期 independent period
独立轴 independent axle
独立轴式机动车 motor vehicle with independent axles
独立主梁 independent girder
独立主权 individual sovereignty
独立住房 single family house
独立住户 self-contained dwelling
独立住宅 isolate house;detached single family dwelling <一个家庭的>;private residence
独立柱 detached column; free-standing column;insulated column;isolated column; stamba <印度建筑中柱顶有大型标记的>
独立柱式 monospar
独立专利权 exclusive licence[license]
独立砖石墙 isolated masonry wall
独立转储 stand-alone dump
独立桩 free-standing pile
独立装置 autonomous device; package unit;self-contained system;unit construction
独立准则 independent criterion
独立资源 independent resource
独立自主的企业 independent enterprise
独立自足的 self-contained
独立组分 independent component
独立组分数 number of independent component
独立作用效应 independent effect
独立坐标系 independent coordinate system
独粒钻石 solitaire
独轮车 barrow; block truck; hand truck; unicycle; wheel barrow; pram <装混凝土用的>
独轮犁 one-wheel plough
独轮手车 wheel barrow
独轮手推车 cart; single-wheel barrow;wheel barrow
独轮台车 dolly
独轮小车 wheel-barrow with inflatable tyre[tire]
独轮行间中耕器 single-wheel hoe
独门独户 single occupancy
独门独户住宅 detached single family dwelling
独门独户住宅区 zone of detached single family dwelling;R-1 zone
独木桥 footlog;single plank bridge
独木舟 canoe;dugout;piragua
独亲显性 antithetic dominance
独任仲裁人 sole arbitrator
独任仲裁员 sole arbitrator
独山 <南非> kopje;koppie
独身家庭 single family
独生子女户 only-child family
独石 monolith
独石碑 monolithic monument
独石基脚 monolithic footing
独石结构 monolithic structure
独石晶界层电容器 monolithic boundary layer capacitor
独石陶瓷电容器 monolithic ceramic capacitor
独石压电陶瓷变压器 monolithic piezoelectric(al) ceramic transformer
独石柱 detached column;monolith
独手柄式继电联锁 individual lever type relay interlocking
独塔 one pylon
独塔式斜拉桥 cable-stayed bridge with single pylon
独塔斜拉桥 cable-stayed bridge with single pylon; single pylon cable-stayed bridge
独特 originality
独特的 unique;uniqueness
独特风格 stylistic idiom;unique style
独特特点 unique feature
独特楔设计 unique wedge design
独特性 uniqueness
独头岔道 lay by(e)
独头街 dead-end street
独头巷道 impasse
独腿桌 pedestal table
独桅快船 cutter
独桅艇 cat-boat
独行驳船 single barge
独牙轮钻头 Zublin bit
独异点 monoid
独异点闭包 monoid-closure
独用办公室 individual office
独用房间 individual room
独用楼梯间 private stairway
独占许可证 exclusive licence[license]
独占资本 monopoly capital
独柱基础 individual footing; single footing
独柱伞式屋顶 station roof
独柱式 henostyle
独柱式桥 single-column bridge
独柱台 single-pedestal table
独柱写字台 single-pedestal desk
独资 single proprietorship
独资公司 proprietary company; sole corporation
独资经营 individual proprietorship; sole proprietorship
独资经营企业 sole proprietary enterprise
独资企业 enterprise owned by a sole investor; proprietorship; single-investor enterprise
独资业主 personal proprietor;proprietor
独自拥有财产者 tenant in severalty

笃

笃耨香 terebinth

堵

堵板 plug plate

堵版 filling-in;filling up
堵壁 bulkhead
堵出铁口 botting
堵端 block terminal
堵端的 blinding
堵封 plugging back
堵缝 ca(u)lk; ca(u)lking joint; chink;joint filling
堵缝板(条)closure strip
堵缝材料 ca(u)lking material; choker
堵缝锤 ca(u)lking hammer;ca(u)lking mallet;set hammer
堵缝的 ca(u)lked
堵缝膏泥 jointing paste
堵缝工具 ca(u)lking iron
堵缝合金 ca(u)lking metal
堵缝化合物 ca(u)lking compound
堵缝料 jointing compound
堵缝麻絮【建】ca(u)lker's oakum;ca(u)lking oakum
堵缝黏[粘]合剂 gap-filling adhesive
堵缝喷枪 ca(u)lking gun; pressure gun
堵缝亚麻粗纤维 ca(u)lking hards;ca(u)lking tow
堵缝凿 ca(u)lking chisel
堵管器 pipeline plugging pig
堵火剂 <油的> plugging agent
堵江船 block ship
堵浆塞 packer
堵截 bank up;blocked off
堵决口 crevasse repair
堵孔板 blind patch
堵孔塞 sea lock
堵口 blocking; closure; closure of a crevasse;final closure;crevasse repair <堤的>
堵口坝 closing dam;closure dam
堵口堤 closing dike[dyke]; closure dike
堵口堤抛石 closing dike rockfill
堵口泥 tap(ping)-hole clay
堵口黏[粘]土体 clay plug
堵口钎子 tap-hole hammer
堵口塞杆 tap-hole plug-stick
堵块 sprue
堵料 feeding
堵裂粉 frac-shot
堵漏 leakage protection;leakage stoppage; sealing leakage; shut-off of loss; patching a damaged vessel against flooding【船】
堵漏保收月报 monthly report of stopping leakage and keeping income
堵漏部署 collision quarter
堵漏材料 lost circulation material; plugging material
堵漏垫 collision mat
堵漏工具 leak stopping outfit
堵漏剂 bridging particle
堵漏料用量 amount of lost circulation material
堵漏密封料 labyrinth packing
堵漏腻子 sealing compound
堵漏器材 flood protection material; material and equipment for leak stoppage
堵漏失层 plugging thief zone
堵漏试验 plugging test
堵漏水泥 block cement
堵漏毯 <海工工程> collision mat
堵漏添加剂 wall-sealing compound
堵漏网垫 collision mat
堵漏小组 collision party
堵漏演习 collision drill
堵漏用棉花籽壳 extract residues of cotton seeds
堵漏用赛璐芬屑 shredded cellophane
堵漏毡 collision mat
堵漏毡吊索 distance line; guy line; lowering line
堵漏作业 dental work
堵墨 backing away;spanishing
堵炮泥的 stemmed
堵片 jam
堵墙 attached pier
堵塞 blanking; blinding; blind plug; blockade;block(ed) up; block in; blocking;block off;bott;bridge up; building in; chokage; clog-up; close up; dam; estoppage; fouling-up; gag; jamming; land up; luting; occlude; occlusion; pluggage; plug(ging)(-up);sealing-off;stemming; stoppage; stopping-up; swamp; tamp in;congestion <港口>
堵塞壁缝 wall off
堵塞部位 blocking location
堵塞材料 stemming
堵塞汊道 fork channel blockage;fork channel closure
堵塞长度 length of plugging
堵塞程度 chocking-up degree;degree of choking-up; degree of clogging; degree of plugging;plugging degree
堵塞出铁口 plugging
堵塞出铁口用黏[粘]土 bottling clay
堵塞的 chinked;choking;plugged
堵塞的过滤器 loaded filter; plugged screen
堵塞的区间 blocked section
堵塞的砂层 clogged sand layer
堵塞的榫眼 stopped mortise
堵塞的线路 line blocked
堵塞点 chock point
堵塞垫 latchet
堵塞洞眼 ca(u)lk up hole
堵塞法兰 blind flange
堵塞(封隔)器 plug packer
堵塞锋【气】clogging front
堵塞缝 packed joint
堵塞缝道 corking
堵塞工程 blockwork
堵塞工具 ca(u)lker
堵塞管缝 ca(u)lking(of tubes); packing of pipe joints
堵塞管子 cramming
堵塞过程 blockage
堵塞河 blocked stream
堵塞河口 barred river mouth
堵塞机 stopple plugging machine
堵塞剂 plugging agent; squeezing agent
堵塞架 chock beam
堵塞检查器 go-devil
堵塞截面 chocking section
堵塞孔 bridged hole
堵塞块 stunt
堵塞(了的)砂层 clogged sand filter
堵塞流 choked flow
堵塞漏洞 plug a hole; stop a leak; stop up a loophole

D

堵塞漏水 leak plugging
堵塞密度 <车流拥塞受阻停顿时的车辆密度>【交】jam density
堵塞密封 plug for seal;seal by plug
堵塞木槌 ca(u)lking mallet
堵塞能力 plugging ability
堵塞平原 ponded plain
堵塞器 obturator
堵塞墙缝 wall off
堵塞容量 clogging capacity
堵塞污水进入通道 blocking passage of polluted water coming in
堵塞物 plug;plugging material;tamper
堵塞系数 blockage factor;gross blockage factor
堵塞现象 clogging
堵塞限度 plugging limit
堵塞窑底烟道用砖 spoil
堵塞涌水 sealing-off inrushes of water
堵塞浊积岩 ponded turbidite
堵塞作用 ponding
堵砂钻孔 sanded up
堵水 exclusion of water; ponding; stop up a water; water exclusion; water shutoff
堵水成河 ponded river
堵水成塘 pond
堵水后的排水量 discharge after water blocking
堵水后的水位 water-table after water blocking
堵水剂 blocking agent
堵水门 bulkhead gate
堵水密封膏 water block seal
堵水前的排水量 discharge before water blocking
堵水前的水位 water-table before water blocking
堵水前后水头差 difference of water head between water blocking before and after
堵水塞 packer
堵水试验 water shutoff test
堵水闸门 bulkhead;bulkhead gate
堵水闸门槽 bulkhead slot
堵铁口机 tap-hole stopping-machine
堵头 bulkhead; casing cap; choke plug; end cap; end plug; grummet; hub plug; plug cap; stop end; stunt end; stunt head
堵头板 <浇筑混凝土接缝用> stop board; form stop; bulkhead; stunt end; stunt-head
堵头法兰盘 blind flange
堵头沟 dead furrow
堵头管 blind pipe
堵头建筑 end construction
堵头螺钉 plug screw
堵头螺丝 plug screw
堵头盲板 blind flange
堵头模板 <混凝土施工缝或变形缝的> stop end form
堵头堰 end construction
堵卸式卡车 end-dump truck
堵眼 clogging
堵眼机 clogging machine;Mutegun
堵渣口块 cinder block
堵支坝 closure dam
堵纸 paper jam
堵住 wall;stem <堵住水等>
堵钻处理 bit grinding

赌

赌博室 <古罗马建筑> alectorium
赌博性投资 go-go fund
赌场 betting hall; casino; gambling hell; gambling house; gaming house; shebang; alectorium <古罗马建筑>

芏

芏内导航原型器件 in-vehicle navigation prototype unit

杜

杜阿拉港 <喀麦隆> Douala Port
杜阿洛钨合金 Dualoy
杜阿托尔染料 Duatol dye
杜安·马古斯方程 Duhem Margules equation
杜安方程式 Duhem's equation
杜安-亨脱定律 Duane-Hunt law
杜安-亨脱界限 Duane-Hunt limit
杜奥瓦克法 Duovac method
杜邦财务分析制 Du Pont system of financial analysis
杜邦冲击试验机 Du Pont impact tester
杜邦耐磨指数 Du Pont abrasion resistance index
杜邦弯曲试验仪 Du Pont flexural tester
杜邦选矿法 Du Pont process
杜波阿天平 Du Bois balance
杜波依尔示波器 Duboir oscillograph
杜布罗文真空规 Dubrovin ga(u)ge
杜布斯裂化法 Dubbs cracking
杜赤明公式 Duchemin's formula
杜德尔弧 Duddell arc;singing arc
杜德尔热检流计 Duddell galvanometer
杜德尔示波器 Duddell oscillograph
杜恩斯匀浆器 Dounce homogenizer
杜尔巴轴承合金 Durbar
杜尔赫特铬钼钢 Durehete
杜尔赫特抗蠕变钢 Durehete
杜尔柯(耐热耐蚀镍铬)合金 Durco
杜尔纳黄铜 Durna metal
杜尔西里铝合金 Durcilium
杜钒钢 Duvan
杜钒铜铅石 duhamelite
杜符示波器 Dufour oscillograph
杜哈梅积分 Duhamel's integral
杜哈梅美定理 Duhamel's theorem
杜衡 wild ginger
杜鹃 cuckoo
杜鹃花 azalea;rhododendron;rosebay
杜鹃花科 <拉> Ericaceae
杜鹃花属 alpine rose
杜鹃油 rhododendron oil
杜绝浪费 to eliminate waste; to put an end to waste
杜卡胶 <一种粘贴应变片的黏[粘]合剂> Duco cement
杜坎特滤池 Ducat filter
杜克勒理论 Dukler theory
杜克斯高电阻合金 Dukes-metal
杜克斯钨钢 Dukes
杜克套管 <英国 Ductube 公司制造的用于预应力钢丝束的一种橡皮套管,可以横向胀大> Ductube
杜拉比尔钢 Durabil
杜拉非磁性耐蚀高强度镍铝合金 Duranickel
杜拉弗莱克斯青铜 Duraflex
杜拉克(压铸)锌基合金 Durak(alloy)
杜拉铝 alumin(i)um copper alloy; dural;duralumin
杜拉洛依耐蚀耐热铬钢 Duraloy
杜拉密高速钢 Duramium
杜拉钼铬硅合金铸铁 Durachome
杜拉纳尔铝镁合金 Duranal
杜拉纳高强度黄铜 Durana metal
杜拉纳饰面 Duranodic finish
杜拉奈尔不锈钢-铝复合板 Duranel
杜拉尼克铝(镍锰轻)合金 Duranic
杜拉镍合金 Duranickel
杜拉帕姆硅铝铁合金 Duraperm
杜拉斯邦聚氨基甲酸乙酯纤维 Duraspon
杜拉斯科 <一种注册的多种油漆的商品> Duresco
杜兰戈阶【地】Durangoan(stage)
杜郎和伯替定律 law of Dulong and Petit
杜朗青铜 Duronze
杜劳迪镍铬钼钢 Durodi
杜劳里斯锌基合金 Durolith
杜劳特铬合金钢 Duroid
杜乐斯泡沫混凝土 Durox gas concrete
杜勒密 <一种水泥晶体地坪和路面> Duromit
杜勒斯块体 Dolos
杜雷克斯多孔石墨青铜 Durex bronze
杜雷克斯多孔铁 Durex iron
杜雷克斯铅基铜镍烧结轴承合金 Durex bearing alloy
杜雷克斯铜锡合金 Durex
杜里科洛尔不锈钢 Durichlor
杜里龙高硅钢 Duriron
杜里龙高硅耐酸钢 Duriron
杜里龙高硅铸铁 Duriron
杜里龙耐酸铸铁 Duriron
杜里米特奥氏体不锈钢 Durimet
杜里瑞镍铁合金 Duliray
杜龙兹硅青铜 Duronze
杜隆公式 Dulong's formula
杜隆数 Dulong number
杜隆与普蒂定律 Dulong-Petit law
杜隆与普蒂规则 Dulong and Petit's rule
杜洛斯横肢 Dolos fluke
杜洛斯块体 <一种改良防波堤块体> corelock
杜洛斯主干 Dolos shank
杜美合金 Dumet
杜美(合金)丝 Dumet wire
杜蒙蓝颜料 Dumont's blue
杜莫尔铬钼钢 Dumore
杜内阶 <早石炭世>【地】Tournaisian(stage)
杜内斯石灰岩 Durness Limestone
杜纳根分析 Dunagan analysis
杜南醇染料 Duranol dye
杜欧式压实机 <土坝、路基等用> Duo-pactor
杜佩里线 Duperrey's lines
杜普勒(镜用)合金 Duppler's alloy
杜普雷方程 Dupre equation
杜契乃阶【地】Duchesnian(stage)
杜赛公式 Toussaint's formula
杜氏合金 Durana metal
杜氏真空瓶 Dewar vessel
杜松 needle juniper
杜松实 fruit of needle juniper
杜松树胶 juniper gum
杜松萜烯 cadinene
杜松油 cade oil; juniper rod; juniper tar oil
杜松子 juniper berry
杜松子油 juniper(berry)oil
杜铁镍矾 dwornikite
杜瓦瓶 Dewar bottle; Dewar flask; Dewar vessel;vacuum flask
杜瓦器皿 Dewar flask
杜瓦容器 Dewar type container
杜瓦真空瓶 Dewar vacuum vessel
杜威勒翻炉铸造法 Durville process
杜威勒浇铸法 Durville casting
杜威十进制分类(法) Dewey decimal classification
杜威十进制系统 Dewey decimal system
杜威(图书)十进分类法 Dewey(s) decimal classification
杜烯 durene;durol
杜亚米尔积分 Duhamel integral
杜伊斯兰堡港 <德国> Port Duisburg
杜仲胶 gutta[复 guttae]
杜仲胶(海底)电缆 gutta-percha cable
杜仲胶绝缘电线 gutta-percha insulated wire
杜仲树胶 gutta percha
杜仲树胶绝缘电缆 gutta-percha cable
杜仲橡胶 gutta percha
杜撰 cook

肚

肚板门 panelled door

度

度 degree; grade; kilowatt-hour【电】;Board of Trade unit <英国电量计算单位,即千瓦小时>
度的 dimensional
度规 metric(al)
度规变换 ga(u)ge transformation
度规传递性 metric(al)transitivity
度规张量 metric(al)tensor
度过风暴 weather a storm
度假 vacate;vacation
度假别墅 holiday bungalow; holiday chalet;holiday cottage
度假船 holiday ship
度假村 holiday village; vacation village
度假胜地 vacation land;vacation paradise
度假屋 vacation home
度假营地 holiday camp
度假者 holding maker;vacationer;vacationist
度假住宅 holiday bungalow; holiday chalet;holiday cottage
度量 admeasurement; measurement; measuring;mensuration
度量变换 metric(al)transformation
度量变量中的直观知识 intuition in measuring variable
度量常数 scaling constant
度量常数的评估 assessment of scaling constants
度量单位 measurement unit
度量单位换算 conversion of units of measurement
度量的 metric(al)
度量的稠密 metrically dense
度量的手推车 measuring cart
度量点 point of measurement
度量二次式 metric(al) quadratic form
度量关系 metric(al)relation
度量恒表 table of measures and weights
度量衡 measures and weights;weights and measures
度量衡表 table of weights and measures
度量衡部门 weights and measures department
度量衡厂 weights and measures factory
度量衡检验 metrological examination
度量衡学 metrology
度量衡学的 metrological
度量衡学家 metrologist
度量衡制 metrology;system of weights and measures
度量化 metrization
度量积 metric(al)product
度量几何学 metric(al)geometry
度量精度 accuracy of measurement
度量局 Bureau of Standards
度量可移性 metric(al)transitivity
度量空间 metric(al)space
度量密度 metric(al)density

度量圈闭参数 parameter of trap measurement
度量物 ga(u)ger
度量系统 ga(u)ge system;ga(u)ging system;measuring system
度量形式 metric(al)form
度量性质 metric(al)property
度量仪器 measuring instrument
度量张量 metric(al)tensor
度量者 ga(u)ger
度量指标 measuring index
度量制 measurement system; scale system
度硫平 dosulepin
度盘 circle;dial;divided circle;graduated circle;index dial;reading device;scale
度盘安置螺旋 circle setting screw
度盘安装机构 circle setting mechanism
度盘标度 circle range;range
度盘测微计 dial micrometer
度盘秤 scale dial
度盘传动装置 dial gear
度盘灯 dial lamp;indicator lamp;indicator light;pilot lamp;pilot light
度盘定位 circle setting
度盘定向 circle orientation
度盘定向钮 circle orienting knob
度盘读数 circle reading;dial reading
度盘读数光电记录 photoelectric(al) circle recording
度盘读数记录 photoelectric(al)circle recording
度盘读数摄影记录 photographic(al) circle recording
度盘读数照明记录 photographic(al) circle reading
度盘放大镜 circle microscope
度盘分度 circle graduation
度盘分划 circle division;dial division
度盘分划误差 error of circle graduation
度盘光电记录 photoelectric(al)circle reading
度盘规比较器 dial ga(u)ge comparator
度盘划分 circle division;dial division
度盘换置 circle setting
度盘刻度 circle graduation;dial scale
度盘刻度机 machine for graduating a circle
度盘刻度误差 error in circle graduation
度盘控制 dial control;dial operation
度盘零位误差 origin distortion
度盘螺钉 dial screw
度盘偏心 eccentricity of circle
度盘偏心差 eccentric error of circle
度盘扫描器 circle scanner
度盘式 dial type
度盘式比较千分尺 dial comparator micrometer
度盘式测力计 dial dynamometer
度盘式电阻器 dial type resistor
度盘式回转连续自动工作机床 dial transfer machine
度盘式计数器 circular counter
度盘式记录器 dial register
度盘式可变电容器 dial variable condenser
度盘式流量计 target flowmeter
度盘式深度计 depth dial ga(u)ge
度盘式数字温度计 dial-digital thermometer
度盘式温度计 dial thermometer
度盘式仪表 dial instrument
度盘式指示器 dial ga(u)ge;dial (test)indicator;dial type indicator
度盘水平 plate level
度盘锁挡 dial lock;scale lock
度盘调置 circle setting
度盘同心度指示仪 concentricity indicator
度盘微动螺旋 circle drive
度盘位置 circle position;position of circle;circle setting【测】
度盘照明 circle illumination;dial illumination;dial light
度盘照明灯 scale lamp
度盘指针 dial pointer
度盘指针式热效率测定仪 dial-needle heat-efficiency meter
度盘座 dial sheet
度·日 degree-day
度·日法 degree-day method
度·日因数 degree-day factor
度·日值 degree-day value
度数 degree
度数时间换算 arc into unit conversion
度·小时 degree-hour
度·昼夜<即每日气温与32F或0℃的差值> degree-day

渡

渡板 cab apron
渡板铰链 cab apron hinge
渡槽 aqueduct flume; aqueduct (trough); bridge(d) gutter; canal aqueduct; canal bridge; elevated flume; flowline aqueduct; flume; launder; overchute; overflume; water aqueduct
渡槽导流 aqueduct diversion
渡槽交叉(口)flume crossing
渡槽桥 aqueduct bridge; water-conduit bridge
渡槽引水 aqueduct diversion
渡槽支架 pass horse;pass trestle
渡车 car passer
渡车道 cross-over road
渡船 dingey; ferry (boat); float board;flying bridge
渡船泊位 ferry berth
渡船乘客 ferry passenger
渡船队 ferry-boat fleet
渡船费 ferriage;ferry fee
渡船工人 ferry man
渡船航线 ferry line
渡船交通 ferry-boat service
渡船缆索 ferry cable;ferry line;ferry rope
渡船码头 ferry berth
渡船码头带缆工人 slip tender
渡船设备 floating equipment
渡船营运 ferry-boat service
渡筏 flying ferry
渡费 toll
渡工 ferry man
渡过<河、湾等> put across
渡河费 toll
渡河连接线 cross-river link
渡河铁缆 cable ferry
渡河小船 boat ferry;rowing ferry
渡口 bridge point; crossing; ferry (landing pier);ferry landing stage; ferry place;ford;stream crossing
渡口浮桥 rhino
渡口交叉 ferry crossing
渡口设备 provision of ford
渡口位置 stream crossing site
渡梁 bridging beam;bridging joist
渡轮 ferry (boat); ferry ship; ferry steamer;steam-ferry;transfer
渡轮码头 ferry terminal;transfer
渡轮引桥 ferry ramp
渡桥 ferry bridge;flying bridge;gangway; transborder bridge; transfer bridge;transition bridge
渡线 branch-cut bridge; junction line; track conjunction; cross-over (track); slip switch track; track crossover【铁】
渡线段 cross-over section
渡线联锁 cross-over interlocking
渡越 cross-over;transition
渡越呼叫 transit call
渡越角 transit angle
渡越区 transition region; transition zone
渡越时间 transit time
渡越时间加热 transit time heating
渡越时间模式 transit time mode
渡越时间微波二极管 transit time microwave diode
渡越时间效应 transit time effect
渡越时间振荡 transit time oscillation
渡越损失 transition loss
渡越因数 transition factor
渡运飞机 air ferry;flying ferry
渡运码头 ferry wharf

镀

镀 coating;overlaying;plating
镀暗铬 dull chromium plating
镀白金 lily gilding;platinum plating
镀白铁皮 tin plate
镀板法 panel plating method
镀铂 platinize;platinizing
镀铂碳电极 platinized carbon electrode
镀铂铜 platinum-plated copper
镀铂浴 platinizing bath
镀铂作用 platinization
镀槽 coating bath
镀层 cladding(material);coating;film
镀层薄板 coated sheet
镀层不均 uneven coating
镀层测厚仪 layer thickness meter
镀层钢板 coated steel
镀层厚度测量仪 coating thickness meter
镀层金属 coated metal
镀层强度 coating strength
镀层色泽不一致 non-uniform tint
镀层塑料 coated plastics
镀层修理器 doctor
镀层重量试验 coating weight test
镀层装置 plater
镀纯铝铝合金 alclad alloy
镀磁线 magnetic plated wire; plated wire
镀得发光的金属部分<车、船、机械上> brightwork
镀锻铅锡合金薄钢板 terne sheet;dull plate
镀防锈层的板 stainless-clad plate; stainless-clad steel
镀敷作用 plating action
镀覆 cladding
镀覆机组作业线 plating line
镀覆金属 metal lining
镀覆硬质材料 hard-facing
镀覆装置 plater
镀钢的 steel plating
镀镉 cadmium coating;cadmium plating
镀镉层 cadmium coat;cadmium finish
镀镉的 cadmium plated
镀铬 chromalize; chromalizing; chromate treatment; chromating; chroming; chromium-plating; Iriditing; alphatizing<钢材表面>
镀铬A形门拉手 A-type chromium door handle
镀铬拔钉锤 chrome-plated claw hammer
镀铬薄板 Weirchrome
镀铬材料 chromium-plated material
镀铬槽 chrome-plating bath
镀铬层 chrome plating; chromium coating
镀铬车间 chrome-plating plant
镀铬处理 chromizing
镀铬床 chrome bed
镀铬的 chrome-finished;chrome-plated;chromium-plated
镀铬废水 chrome-plating wastewater
镀铬钢 chromium-plated steel;chromized steel
镀铬钢材皮垫椅 Barcelona chair
镀铬钢管折椅 chromium-plated steel tube folding chair
镀铬钢喷管 chrome-plated steel nozzle
镀铬管 chromium-plated tube
镀铬滚筒 chromium-plated roller
镀铬活络扳手 chrome-plated adjustable wrench
镀铬活塞环 chrome-plated piston ring; plated ring
镀铬机 chroming machine
镀铬棘轮梅花扳手 reversible ring spanner chrome plated
镀铬家用剪刀 chrome-plated household scissors
镀铬件 chromium-plated part
镀铬脚轮 chrome-plated castor
镀铬聚氯乙烯软管 chrome-plated PVC flexible hose
镀铬拉手 chrome-plated handle;chromium-plated handle
镀铬零件 chrome-plated part
镀铬柳叶剪刀 chrome-plated narrow blade scissors
镀铬梅花扳手 double offset ring spanner chrome plated
镀铬门拉手 chromium-plated door pull
镀铬内管 chrome-plated inner tube
镀铬内径千分尺 chrome inter diameter micrometer; chromium-plated inside micrometer calipers
镀铬枪管 chromium lined barrel
镀铬软钢动物链条 chromium-plated mild steel animal chain
镀铬饰面 chrome-plated finish
镀铬双头扳手 double open end wrench chrome plated
镀铬四用游标卡尺 chromium-plated four-purpose vernier calipers
镀铬铁窗插销 chromium-plated iron window catch
镀铬铁管 chrome-plated iron tube; chromium-plated iron pipe;chromium-plated iron tube
镀铬铜软管 chrome-plated brass flexible hose
镀铬万能角度尺 chrome-plated universal bevel protractor
镀铬万能角规 chromium-plated universal bevel protractor
镀铬物 chrome
镀铬镶合金齿厚卡尺 chromium-plated tooth thickness calipers
镀铬(压平)板 chrome plate
镀铬(氧化物)薄板 chromic oxide coating sheet
镀铬游标卡尺 chrome-plated vernier calliper
镀铬游标万能角度尺 universal chrome-plated vernier angle protractor
镀铬圆头螺钉 capped screw;chrome-plated dome
镀铬自动剥线器 automatic wire stripper; chrome-plated automatic wire stripper
镀镉 cadmium plating
镀汞材料 mercury gilding

D

镀汞术 mercury gilding
镀光五金器具 brightwork
镀过的 clad
镀过金属的材料 clad material
镀焊用硬质合金 hard-facing metal
镀合金 alloy plating
镀合金铝线 alloy coated alumin(i) um wire
镀合铜 brass plating
镀黑 black coating
镀黄铜 brassing; brass plating; braze over
镀黄铜薄铁铰链 brass-plated light iron hinge
镀黄铜抽心铁方铰链 brass-plated iron square hinge
镀黄铜的 plated with brass
镀黄铜钢丝 brass-plated steel wire
镀黄铜铁窗钩 brass-plated iron hooks and eye
镀黄铜铁锁牌 brass-plated iron hasp and staple
镀黄铜圆头软钢机器螺丝 brass-plated mild steel round head machine screw
镀黄铜圆头软钢木螺丝 brass-plated mild steel round bead wood screw
镀介质镜 dielectric(al)-coated mirror
镀金 gold filled; plating
镀金表 gilt watch
镀金表链 gold-plated watch bracelet
镀金材料 gilding; gilt; gold plating
镀金层 gold coating
镀金触点 gold-plated contact
镀金的 gilded; gilt; gold-coated; gold-plated; metallized
镀金的铜 vermeil
镀金的银 vermeil
镀金厚度 gold plating thickness
镀金黄铜 Talmi gold
镀金机 gilding machine
镀金家具 ormolu furniture
镀金镜架 gold-plated frame
镀金镜框 gilded frame
镀金聚氯乙烯软管 gold-plated PVC flexible hose
镀金面 gold plating
镀金黏[粘]料 gold size; short-oil varnish
镀金漆 ormolu varnish
镀金青铜 ormolu
镀金术 gilding; gold plating
镀金印刷机 pressing printer for gilding
镀金于 overgild
镀金属 metallizing; plating
镀金属玻璃 cladding glass; metallized glass
镀金属玻璃纤维 metal-coated glass fiber; metallized glass fiber
镀金属箔 metallized foils
镀金属薄膜袋 film metallized bag
镀金属的 plated
镀金属灯泡 metallized lamp
镀金属电容器 metallized capacitor
镀金属电阻器 metallized resistor
镀金属光学纤维 metallized optic(al) fiber
镀金属塑料 metallised [metalized] plastics
镀金属塑料电容器 metallized plastic capacitor
镀金属纸 metallized paper
镀金属纸介电风扇电容器 metallized paper capacitor for electrical fan
镀金属纸质电容器 metallized paper capacitor; metallized paper condenser
镀铑 rhodanise; rhodium plating
镀了铬的叶片 chromium-plated blades
镀铝 aluminising [aluminizing]; alumin(i) um-plating; aluminize
镀铝板 alclad plate
镀铝板材 alclad sheet
镀铝玻璃纤维 alumin(i) um-coated glass fiber
镀铝层 aluminized coating
镀铝的 alclad
镀铝钢 alumin(i) um-coated steel; alumin(i) um-plated steel
镀铝钢丝 alumin(i) um-plated steel wire
镀铝(钢丝)网 alumin(i) um-coated fabric
镀铝钢线 alumin(i) um-plated steel wire
镀铝管材 alclad pipe; alclad tube
镀铝镜 alumin(i) um-coated mirror; aluminized mirror
镀铝上衣 aluminized coat
镀马口铁 tin plate
镀面 surfacing
镀面技术 surface technique
镀膜 film coating; filming; hard coat; metallic membrane plating
镀膜玻璃 coated glass
镀膜机 coater; coating machine; film coating machine; film plating machine
镀膜镜头 coated lens; treated lens
镀膜滤色镜 coated filter
镀膜透镜 bloomed lens; coated lens
镀膜线 coating line
镀膜眼镜 coating glasses
镀镍 nickelage; nickel-coated; nickelising [nickelizing]; nickel plate [plating]
镀镍板 nickel-plated sheet
镀镍材料 nickelled material
镀镍槽 nickel bath
镀镍层 nickel coating
镀镍的 nickel-plated
镀镍低碳钢圆头机器螺丝 nickel-plated mild steel round head machine screw
镀镍低碳钢圆头木螺丝 nickel-plated mild steel round head wood screw
镀镍电铸版 nickel electro
镀镍复合式铰链 hybrid hinge nickel-plated
镀镍钢 nickel-clad steel
镀镍钢板 nickel-clad steel plate; nickeled steel plate
镀镍钢水池 nickel-clad steel tank
镀镍钢丝 nickel-plated steel wire
镀镍钢制自攻螺丝 nickel-plated steel self tapping screw
镀镍钴合金 nickel-cobalt plating
镀镍光亮剂 nickel-plating brightener
镀镍聚氯乙烯软管 nickel-plated PVC flexible hose
镀镍青铜 bronze plating
镀镍双线螺旋钩 nickel-plated double line iron screw hook
镀镍双线螺旋帽 nickel-plated double line iron screw hood
镀镍塑料折伞柄 nickel-plated plastic handle for folding umbrella
镀镍铁方形钩 nickel-plated iron square hook
镀镍铁螺丝眼 nickel-plated iron screw eye
镀镍铁螺旋钩 nickel-plated iron screw hook
镀镍铜 nickel-clad copper
镀镍铜钮扣 brass button nickelled
镀镍线 nickel-coated wire
镀漆铁皮 lacquered sheet iron; tin plate
镀铅 lead lining; lead plating
镀铅薄(钢)板 lead-coated sheet; mat iron; mat sheet(ing)
镀铅槽 lead bath
镀铅层 lead coating
镀铅的 lead-coated; lead-covered; leaded; terned
镀铅钢板 lead-coated steel plate
镀铅钢丝 lead plated steel wire
镀铅铁板 terne; terne plate
镀铅锡薄钢板 long terne sheet
镀铅锡薄铁板 long terne sheet; terne plate
镀铅锡钢板 terne plate
镀铅锡合金 terne coating
镀铅锡合金薄钢板 terne plate
镀铅锡合金层 terne plating
镀铅锡合金的薄钢板材 short terne plate
镀青铜 bronze; bronzing
镀青铜抽心铁方铰链 bronze-plated iron square hinge
镀青铜钢 bronze steel
镀色 plating
镀色泽不一致 non-uniform tint
镀上 blanketing
镀钛 titanize
镀铁 plating iron
镀铁件磨耗条款 metal(l)ing clause
镀铜 braze; copper facing; coppering; copperizing; copper plating; cuprobond; cuprodine
镀铜L形铁插销 brass-plated L type iron tower bolt
镀铜扁铁丝 copper-coated stitching flat wire
镀铜不锈钢丝 copper-coated stainless steel wire
镀铜层 copperplate
镀铜的 copper-coated; coppered; copper-surfaced; copper-plated
镀铜方法 copper coating
镀铜钢板 copper-plated steel
镀铜钢丝 copper-clad steel wire; copper(ed-plated) steel wire; copper-(ply) wire
镀铜管子配件 bronze-on pipe fitting
镀铜合金 copper-beryllium
镀铜铰链 brass hinge
镀铜扣 brass-toned button
镀铜连接线 copper-clad connecting wire
镀铜软钢丝 copper-coated mild steel wire
镀铜碳 coppered carbon
镀铜铁镍合金 Dumet
镀铜铁屑 copperized iron powder
镀铜锡合金抑雾剂 copper-tin alloy plating fog inhibitor
镀铜液 coppering liquid; copper plating liquid
镀铜抑雾剂 copper plating fog inhibitor
镀铜油墨辊 copper-plated roller
镀锡 blanch(ing); fin-coat; precoating; terne; tin coating; tinning; tin plate; tin-plating; whitening
镀锡薄板 dry plate; scruff(y) plate; tinned plate
镀锡薄钢板 taggers tin; tinned iron sheet; tinned steel sheet; tin plate
镀锡薄钢板板坯 tinplate bar
镀锡薄钢板的除油辊 tampico rolls
镀锡薄钢板生产 tinplate manufacture
镀锡薄钢板小板坯 coke bar
镀锡薄钢板轧机 tin mill; tinplate mill
镀锡薄钢带 tinplate strip
镀锡不锈钢丝 tinned stainless-steel wire
镀锡槽 tinning bath; tinning pot
镀锡槽内的氧化锡 scruff
镀锡层 tin coating
镀锡层的黏[粘]附 tin adhesion
镀锡层的软熔发亮处理 reflowing
镀锡车间 tinning plant
镀锡带钢 tin trip
镀锡导线 tinned conductor; tinned wire
镀锡的 terned; tin-clad; tinned
镀锡钢 tin-coated steel
镀锡钢板 coke plate; plate tin; tin coated steel plate; tin(ned) plate
镀锡钢丝 tinplated steel wire
镀锡工作线 tinning line
镀锡管 tin-lined conduit; tin-lined pipe; tin-lined tube
镀锡辊带材 tinning roller
镀锡机 tin machine; tinning unit
镀锡机组 tinning line
镀锡平头顶 tinplate brad
镀锡器具 tinning stack
镀锡铅合金 tin-lead plating
镀锡铁板 ferrostan
镀锡铁板工业 tinplate industry
镀锡铁皮 bright tin plate; tin(ned) sheet iron; tin plate
镀锡铁皮集装箱 tinned iron container
镀锡铁皮容器 tinned iron container
镀锡铁圈 tinned iron burr
镀锡铁桶 tin-coated drum
镀锡铜编织层 tinned copper braid
镀锡铜线 tinned wire
镀锡瓦楞螺栓 tin-coated roofing bolt
镀锡瓦楞螺丝 tin-coated roofing screw
镀锡桅灯 tin-coated hurricane lantern
镀锡屋面板 tin shingle
镀锡线 tin-coated wire; tinned wire
镀锡小钉 tinned tack
镀锡硬拉铜绞线 tinned hard drawn copper stranded wire
镀锡原板 uncoated tinplate base
镀锡装饰板 tine plaque
镀线 plate wire
镀线存储器 plated wire memory; plated wire storage
镀锌 galvanising [galvanizing]; galvanize [galvanise]; zinc finish; zinc galvanizing; zincification; zincify; zincing; zincity; zinc plating
镀锌U形铁皮 galvanized U-shaped iron sheet
镀锌V形铁皮 galvanized V-shaped iron sheet
镀锌(白)铁管 galvanized iron pipe
镀锌板 tin plate
镀锌保护 galvanic protection
镀锌扁铁丝 galvanized iron flat wire; galvanized stitching flat wire
镀锌波纹钢板 galvanized steel corrugated sheet
镀锌波纹铁皮 corrugated galvanized sheet iron; galvanized corrugated sheet
镀锌波纹铁皮屋顶 corrugated galvanized sheet roofing; corrugated zincification sheet roofing
镀锌波纹铁皮屋面 corrugated galvanized sheet roofing; corrugated zincification sheet roofing
镀锌波形铁 corrugated galvanized iron
镀锌薄板 galvanized sheet(iron)
镀锌薄钢板 galvanized sheet(iron); galvanized sheet metal; zinc-coated steel sheet
镀锌薄铁铰链 zinc-plated light iron hinge
镀锌薄铁皮 galvanized sheet(iron)
镀锌材料 galvanized material; zinc-coated material; zinc-plating material

镀锌槽 spelter bath;zinc bath;galvanizing bath
镀锌层 galvanized coating;zinc coat
镀锌层测厚仪 zinc coat thickness ga(u)ge
镀锌层厚度和均匀度测定试验 Preece test
镀锌层扩散处理 galvannealing
镀锌插头 galvanized plug
镀锌车间 galvanizing shop
镀锌沉头木螺钉 galvanized mild steel countersunk head wood screw
镀锌池 galvanized bath
镀锌窗帘杆 galvanized curtain rod
镀锌窗纱 galvanized wire netting
镀锌刺丝 zinc-coated barbed wire
镀锌刺铁丝 galvanized iron barbed wire
镀锌脆化 galvanized embrittlement
镀锌脆性 galvanizing brittlement;galvanizing embrittlement
镀锌搭扣 galvanized iron hasp
镀锌带材 galvanized strip
镀锌单钩螺栓 galvanized single-J bolt
镀锌的 galvanized[galvanised];zinc-coated
镀锌灯钩 galvanized iron hook for lamp
镀锌灯头箱 galvanized iron lamp holder box
镀锌电焊网 galvanized electric(al) welded mesh;galvanized welded wire mesh;zinc-plating electrowelding net
镀锌垫圈 galvanized washer;zinc-coated washer
镀锌钉 galvanized nail
镀锌法 galvannealing;zinc plate process
镀锌法兰盘 galvanized flange
镀锌方形垫圈 galvanized square washer
镀锌方眼网 galvanized square wire mesh;galvanized square wire netting
镀锌防锈 sherardise[sherardize]
镀锌防锈法 sherardizing
镀锌粉 sherardising
镀锌覆盖物 galvanizing blanket
镀锌钢 galvanized steel;zinc grip;Weirzin
镀锌钢板 galvanized sheet steel;galvanized steel(plain) sheet;steel plate galvanized;tin plate;zinc-coated steel;zinced sheet;zincked sheet;zinc plate
镀锌钢板的粗糙和云纹表面 curtains
镀锌钢板卷 galvanized coil
镀锌钢板贴接面 galvanized steel meeting face
镀锌钢板涂料 galvanized iron paint;paint for galvanized iron
镀锌钢带 galvanized steel strip
镀锌钢挡水板 galvanized steel sheet
镀锌钢导线管 galvanized steel conduit
镀锌钢钉 galvanized steel iron nail
镀锌钢盖板 galvanized steel decking
镀锌钢管 coating steel pipe;galvanized steel pipe;galvanized steel tube
镀锌钢件 galvanized steelwork
镀锌钢绞绳 galvanized steel wire strand
镀锌钢绞线 galvanized steel wire;galvanized stranded wire;stranded galvanized steel wire;zinc-clad steel strand wire
镀锌钢筋 galvanized reinforcement;zinc-coated galvanized steel bar
镀锌钢筋网 galvanized steel reinforcement mesh;galvanized steel reinforcing mesh
镀锌钢缆索 <六股钢丝绳> guy rope
镀锌钢龙骨 galvanized steel stud
镀锌钢皮 galvanized steel sheet
镀锌钢片 galvanized sheet steel
镀锌钢墙板 galvanized steel sheet
镀锌钢丝 galvanized steel wire;galvanized wire
镀锌钢丝绳 galvanized steel wire rope;galvanized wire rope;zinc-coated wire
镀锌钢丝绳卡头 galvanised[galvanized] wire rope clip
镀锌钢丝网 galvanized mesh;galvanized steel wire netting
镀锌钢瓦 galvanized steel tile;zinc-coated steel tile
镀锌钢屋面板 galvanized steel sheet
镀锌钢洗衣煮锅 galvanized steel wash boiler
镀锌工作 galvanization
镀锌管 galvanized tube
镀锌管套 galvanized pipe socket
镀锌管弯头 galvanized pipe bend
镀锌光亮剂 zinc-plating brightener
镀锌锅 galvanized pot;galvanizing bath
镀锌焊缝钢管 galvanized and welded steel pipe
镀锌焊缝管 galvanized welded tube
镀锌焊接管 welded tube galvanized
镀锌厚管 galvanized thick pipe
镀锌厚铁铰链 zinc-plated heavy iron hinge
镀锌活接头 galvanized flexible joint
镀锌机 galvanized machine
镀锌尖头螺钉 galvanized iron corn head screw
镀锌件上的白锈 wet storage stain;white stain
镀锌交叉铁板 galvanized transposition plate
镀锌金属包塑软管 zinc-plating metal plastics-coated hose
镀锌金属软管 galvanized metal flexible hose
镀锌金属网 galvanized fabric
镀锌金属线 zinc-coated wire
镀锌镜框 galvanized copper wire
镀锌刻花瓦楞钉 galvanized barbed roofing nail
镀锌拉线调整螺钉 galvanized stay adjustable screw
镀锌拉线夹板 galvanized stay clamp
镀锌拉线套环 galvanized stay thimble
镀锌链结栅 galvanized chain link fence
镀锌链条 galvanized chain
镀锌六角金属丝网 galvanized hexagonal wire mesh
镀锌六角螺栓螺帽 galvanized mild steel hexagonal bolt and nut
镀锌六角铁丝网 galvanized hexagonal wire netting;galvanized mild steel hexagonal wire netting
镀锌螺钉 galvanized(mild steel drive) screw;zinc-coated screw
镀锌螺钉接头 galvanized turnbuckle
镀锌螺钩 galvanized iron screw hook
镀锌螺母 zinc-coated nut
镀锌螺栓 galvanized bolt;zinc-coated bolt
镀锌螺旋瓦楞钉 galvanized roofing nail twisted
镀锌门窗钩 galvanized iron hook and eye for gate and shutter
镀锌平钢板 galvanized steel plain sheet
镀锌平头机器螺钉 galvanized countersunk head machine screw
镀锌坡度铁板 galvanized iron slope plate
镀锌普通圆铁钉 galvanized common round iron wire nail
镀锌铅丝 galvanized wire
镀锌容器 galvanized vessel
镀锌熔剂 galvanizing flux
镀锌软管 galvanized flexible tube
镀锌洒水壶 galvanized pot sprinkler
镀锌三角形绳环 lanyard thimble
镀锌三通管 galvanized tee
镀锌上杆钉 galvanized pole steps
镀锌蛇皮管 galvanized flexible conduit
镀锌蛇皮铁管 galvanized flexible iron tube
镀锌设备 galvanizing equipment
镀锌收线机 galvanized wire-receiving machine
镀锌熟铁管 galvanized wrought-iron pipe
镀锌束接薄管 galvanized bunched thin pipe
镀锌束接厚管 galvanized bunched thick pipe
镀锌双钩螺栓 galvanized double-J bolt
镀锌丝绳 galvanized iron rope
镀锌四方船钉 galvanized iron square boat nail;galvanized square boat nail
镀锌四方螺帽 galvanized mild steel square nut
镀锌索具锁扣 galvanized rigging shackle
镀锌索具套环 galvanized rigging thimble;galvanized wire rope thimble
镀锌锁母 galvanized locknut
镀锌弹簧 galvanized iron spring
镀锌套管接头 galvanized nipple
镀锌添加剂 zinc-plating additive
镀锌铁暗铰 galvanized iron concealed hinge
镀锌铁板 galvanized iron sheet
镀锌铁板平屋面 galvanized iron flat roof
镀锌铁板涂料 galvanized iron paint
镀锌铁撑脚 galvanized iron brace
镀锌铁窗纱 galvanized iron wire netting
镀锌铁钉 galvanized(iron wire) nail;zinc-coated iron nail
镀锌铁钩 galvanized iron hook
镀锌铁箍 galvanized iron hoop
镀锌铁挂插 zinc-plated iron pad bolt
镀锌铁管 galvanized iron conduit;zinc-plating pipe;galvanized iron pipe
镀锌铁合页 galvanized iron hinge
镀锌铁件 galvanized iron
镀锌铁链(条) galvanized iron chain;galvanized mild steel link chain
镀锌铁铆钉 galvanized iron rivet
镀锌铁皮 galvanised[galvanized] iron plain sheet;galvanized(iron) sheet;galvannealed sheet;plain galvanized steel sheet;sheet zinc;zinced sheet;galvanized iron
镀锌铁皮泛水 galvanized iron sheet flashing
镀锌铁皮盖层 zinc sheet cover
镀锌铁皮管 galvanized sheet iron pipe
镀锌铁皮脊瓦 galvanized iron ridge capping
镀锌铁皮落水管 galvanized iron sheet down pipe
镀锌铁皮面层 zinc sheet cover
镀锌铁皮天沟 zinc valley gutter
镀锌铁皮天沟条 zinc valley strip
镀锌铁皮瓦 zinc tile
镀锌铁皮外窗台 external galvanized iron sheet sill
镀锌铁皮屋顶 zinc roof surround
镀锌铁皮屋顶天沟 zinc roof gutter
镀锌铁皮屋面 galvanized iron sheet roof;zinc roof cladding;zinc roof sheathing
镀锌铁片 galvanized iron plain sheet;galvanized sheet(iron)
镀锌铁丝 galvanized iron wire;galvanized(steel) wire;tinned wire;zinc wire
镀锌铁丝编织品 galvanized iron wire knitting ware
镀锌铁丝布 galvanized iron wire cloth
镀锌铁提桶 galvanized iron pail
镀锌铁桶 galvanized iron bucket;galvanized iron drum
镀锌铁洗衣盆 galvanized iron wash tub
镀锌铜线 galvanized copper wire
镀锌退火法 galvannealing process
镀锌退火软钢丝 soft annealed galvanized wire
镀锌瓦楞(薄)钢板 galvanized corrugated steel
镀锌瓦楞钉 galvanized roofing nail
镀锌瓦楞钢板 corrugated galvanized sheet
镀锌瓦楞螺钉 galvanized mild steel roofing screw
镀锌瓦楞螺栓 galvanized roofing bolt
镀锌瓦楞螺栓螺帽 galvanized mild steel roofing bolt and nut
镀锌瓦楞铁皮 corrugated galvanized iron sheet;corrugated galvanized sheet iron
镀锌瓦楞铁皮屋面 corrugated galvanized iron sheet roofing;corrugated zincification sheet roofing
镀锌弯钩螺栓 galvanized swanneck bolt
镀锌弯铁垫圈 galvanized iron curved washer
镀锌弯头 galvanized elbow
镀锌屋面钉 galvanized roofing nail
镀锌旋塞 galvanized screw plug
镀锌异径管箍 galvanized reducing coupling
镀锌异径管节 galvanized reducing socket
镀锌异径弯头 galvanized reducing elbow
镀锌浴面的氧化锌 zinc ash
镀锌圆头机器螺钉 galvanized mild steel round head machine screw
镀锌圆头螺栓 galvanized mushroom head bolt
镀锌圆头木螺钉 galvanized mild steel round head wood screw
镀锌直型卸扣 galvanized straight shackle
镀锌装置 galvanizing rig
镀锌自攻螺线 galvanized steel self tapping screw
镀锌作用 galvanization
镀以黄铜的 plated with brass
镀以青铜 bronze
镀银 silvering;silvering silver coating;silver plating
镀银白炽灯泡 silvered-bowl lamp
镀银摆台 rocking table
镀银玻璃 glass silvered;silver(ed)(plated) glass
镀银槽 silver-plating bath
镀银层 silver coating;silver deposit;silvered film

镀银层电容器 silvered capacitor; silvered condenser
镀银车间 silvering shop
镀银导线 silver jacketed wire
镀银的 silvered; silver-faced; silver-plated
镀银的碎玻璃片 <装饰材料> tinsel
镀银反射器 silver-coated reflector
镀银粉 silvering powder
镀银件 silver plate
镀银镜 silvered mirror
镀银面 silvered face
镀银器具 silver-plated ware
镀银石棺 silver sarcophagus
镀银铜 silver-plated brass; silver-plated copper
镀银铜线 silver-coated copper wire; silver-plated copper conductor
镀银锡合金 silver-plated tin alloy
镀银线 silver jacketed wire; silver-plated wire
镀银用银盐溶液 silver salt solution for silvering
镀银优质玻璃 silvering quality of glass
镀银云母电容器 silvered mica capacitor
镀银质量 mirror quality; silvering quality
镀银装置 silver-plating plant
镀硬铬 hard chrome[chromium] plating; hard plating
镀硬铬的 hard-chromed
镀硬面焊条 hard-facing rod
镀有……的 coated
镀有机涂层的钢材 steel with organic coating
镀有金属的 clad
镀紫铜铁吊环螺钉 copper-plated iron screw ring

蠹

蠹虫 moth

蠹鱼 moth

端

ide

端坡 <四坡屋顶的> hipped end
端安全道 runway end safety area
端板 end sheathing; end sheet; head plate; head shaft; inside end sheathing; lip; side sheet; terminal; end wall <车辆>
端板对角撑 end sheathing diagonal stay
端板横铁 end sheathing brace
端板式垂直尾翼 end plate fin
端板贴补 patching end panels
端板压板 end plank washer plate
端板桩 header
端包 hand ladle; hand shank; shank ladle
端壁 end wall
端壁板 <集装箱> end panel; end sheet; front sheet
端壁边界层 end wall boundary layer
端壁内衬板 <集装箱> end lining
端壁强度 strength of the end wall
端壁试验 end wall strength test
端壁损失 end wall loss
端壁托架 end wall bracket
端边接头 edge joint
端边企口板 end matched lumber
端边线 end line
端部 abut; front(end); head end
端部半磨圆形钻头 single round nose bit
端部包装物 tip wrapper
端部舱壁 end bulkhead
端部槽钢 end channel
端部车顶 platform roof
端部成半圆形的砖 cownose
端部承压充气护舷 pneumatic end loaded fender
端部承载的工字钢桩 end bearing steel H-pile
端部充水系统 end filling system
端部充泄水系统 end filling and emptying system
端部淬火 straight-line hardening
端部搭接(缝) end-lap joint
端部搭接密封剂 end lap sealer
端部大梁 end girder
端部带螺旋塞的管 screw-plug header
端部带凸肩弯头 elbow with socket end
端部带弯钩的钢纤维 hooked end steel fiber
端部导向轮 end tumbler
端部垫圈 end washer
端部顶弯梁 end carline
端部定位销 end ga(u)ge pin
端部镀铜的 copper-tipped
端部墩粗的无接头梯形丝扣套管 speedite casing
端部惰轮 end idler roller
端部反力 end reaction
端部放大的梁 inclined haunched beam
端部分叉的绳索 forked line
端部附片 <焊缝> end tab
端部钢筋 end bar
端部隔板 end diaphragm
端部构件 <房屋屋脊的> end piece
端部固定 encastre; end fixing; end fixity
端部固定的力矩 encastre moment
端部固定的桶 fixed-end drum
端部固定的弯矩 encastre bending moment
端部固定件 tip retainer
端部固定接触线 fixed termination contact wire
端部固定条件 conditions of end fixity; encastre condition
端部固定性 immoveable end fixity
端部固定柱 fixed-ended column
端部刮片 <推土机> end scraping blade
端部光滑的管子 hubless pipe
端部滚轮 end roller
端部滚筒 head pulley
端部滚筒驱动的传送带 head-pulley-drive conveyer[conveyor]
端部荷载 end load
端部横撑 end bracing
端部护舷 end fender
端部滑轮 <皮带输送机> end pulley
端部加冰冷藏车 end bunker refrigerated rail-car
端部加粗管 butted tube
端部加荷 end loading
端部加厚套管 upset-end casing
端部加厚油管 upset piping; upset tubing
端部加劲杆 end stiffener
端部加劲角钢 end stiffener angle; end stiffening angle
端部加劲(肋) end stiffener
端部加劲条 end stiffener
端部加劲物 end stiffener
端部加宽的桩 wing pile
端部加料 end charging
端部加强 end reinforcement
端部加强筋 end reinforcing rib
端部甲板 end deck
端部间隙 crest clearance; end interval; top clearance
端部铰接柱 pin-ended column
端部铰支柱 column with hinged ends
端部校正 end correction
端部接缝 end joint; head joint
端部接合 heading joint
端部接头 end joint
端部节点 end point node
端部节点弯距 face moment
端部结构空心砖 end construction tile
端部紧固 end tightening
端部进料的 end-feed
端部进料料斗 end-feed magazine
端部距离 end distance
端部开缝螺栓 fox bolt
端部开榫机 end tenoner
端部靠泊 end berthing
端部空腔谐振器 end cavity
端部宽度 <接箍> bearing face
端部馈电 end-feed
端部力矩 end moment
端部连接 end connection
端部裂缝 end crack; end check <木材>
端部漏磁 brow leakage
端部炉坡 end bank
端部螺旋制动器 end screw brake
端部锚定段配筋 end-block reinforcement
端部锚固 end anchorage; terminal anchor <压力管道的>
端部锚固的 end-anchored
端部锚固的钢筋 end-anchored reinforcement
端部锚固系统 end anchoring system
端部密封 end seal
端部面积 end-area
端部磨损 end wear; frontal wear
端部模板 end shuttering; stop end
端部木纹 end grain
端部内加厚管 interior upset pipe
端部内腰带 <棚车> end girth
端部牛腿 end bracket
端部扭曲 end twist
端部喷嘴 nosepiece
端部起燃 cigarette burning
端部汽封 external gland
端部汽封漏泄 external packing leakage
端部墙板镶条 end rail
端部桥孔 end bay
端部切槽 end slot
端部切平齐 plain square cut off ends
端部燃烧 cigarette burn(ing)
端部绕组 end winding
端部人孔 <管道的> end manhole
端部收缩 end contraction
端部受压 end compression
端部损耗 end wear
端部套筒 end sleeve
端部条件 end condition
端部通风口 end ventilator
端部推力 <构件的> end thrust
端部弯钩纤维 hook-ended fiber
端部弯曲 end bent
端部为半圆形的踏步 round-end step
端部系紧板 end tie-plate
端部下水口 <檐沟的> end nozzle
端部线圈 end coil
端部向前的 end-on
端部效应 end effect
端部效应补偿 compensation of end-effect
端部效应模拟 end effect simulation
端部斜撑 end bracing; end diagonal
端部斜面板 <漏斗车的> end slope
端部斜展 flare
端部泄漏 end leakage
端部卸载 end discharge
端部修饰机 end trimming machine
端部压力 end compression
端部压力池 terminal pond
端部压缩荷载 compressive end load
端部压注法 boucherie
端部腰带 end belt rail
端部有深槽的插刀 upset cutter
端部约束 end restraint
端部约束条件 end restrain condition
端部约束系数 coefficient of end restraint
端部约束效应 end restraint effect
端部闸孔 end bay
端部张开 flare
端部张开成喇叭口 flare
端部张开型接头 flare-type fitting
端部支撑 end support
端部支承 end bearing; end support
端部支承系数 end restraint factor
端部支柱 end pillar
端部中墙板 end window panel
端部轴承 end bearing
端部装车线 end loading siding
端部装饰品 side ornament
端部装饰瓦 antefixal tile
端部纵向梁 platform sill
端槽 end slot
端槽活塞销 end slot piston pin
端侧布置 end side arrangement
端侧视图 end view
端侧柱 end stile
端测规 end ga(u)ge
端叉 end yoke
端叉架 end cross frame
端叉前轴 Elliot axle
端朝着 end-on
端车 <起重机的> end truck
端车控制器 <起重机的> end truck controller
端衬 stub liner
端撑 end brace
端承 end support
端承法兰 end bearing flange
端承口 end bell
端承梁翼 end bearing flange
端承式工字钢桩 end bearing steel H-pile
端承凸缘 end bearing flange
端承柱 columnar pile
端承桩 column pile; end bearing(of) pile; point-bearing pile; point load pile
端尺 <基线尺两端的> reglette
端齿 end tooth
端齿状驱动顶尖 end driver
端窗 end window
端窗 X 射线管 end window X-ray tube
端窗计数管 <G-M 计算管的一种,用以测定低穿透能力粒子如 β 粒子的穿透力> end window counter tube
端窗计数器 end window counter
端窗式的 end window
端淬 end quench(ing)
端淬试棒 end quenched bar
端淬试验 end quenching test
端搭叠 end lap
端搭焊接 end lap welding
端搭接 end lap; head lap; lapped butt
端搭接头 end lap joint
端大梁 end girder
端带 end band; stub strap
端导规 end guide
端到端 end-to-end
端到端拌和(法) <从混凝土拌和板一端拌向另一端的方法> end to end mixing
端到端(传输)协议 end-to-end protocol
端到端电路 end-to-end circuit
端到端对话 end-to-end session
端到端会话期 end-to-end session
端到端检查 end-to-end inspection

端到端控制 end-to-end control
端到端控制层 end-to-end control layer
端到端流量控制 end-to-end flow control
端到端(双向)测试 end-to-end test
端到端信号方式 end-to-end signaling
端到端意义 end-to-end signification
端点 ending; end point; extreme point; terminal(end) point; terminal vertex; termination point
端点半径 < 交通岛的 > nose radius
端点饱和度 end point saturation
端点标志 end marker
端点采收率 end point recovery
端点尺 end tape
端点处理 < 交通岛的 > nose treatment
端点-端点的进路排列 end-to-end route lineup
端点放炮排列 end-on spread
端点分划 < 横基尺的 > sighting mark
端点符合法 end-coincidence method
端点高程 elevation of end point
端点火车站 dead-end station; stub-end station
端点激发 single-ended shooting
端点检波器 end geophone
端点检测器 end point detector
端点接触头 terminal contact
端点控制 end point control
端点连接 end-to-end joint
端点量规 end ga(u)ge
端点流度比 end point mobility ratio
端点锚碇 end anchorage
端点锚固 end anchorage
端点迁移率 end point mobility ratio
端点使用设备 end-use device
端点式标准尺 end standard rod; end standard staff
端点数据 end point data
端点速度 terminal velocity
端点条件 end(point) condition
端点限制开关 terminal limit switch
端点相对渗透率 end point relative permeability
端点相位漂移 end phase shifting
端点斜坡 nose taper
端点仪器 end instrument
端点硬度 end stiffness
端点用户 end-user
端点支承 end point support
端点止动器 end check
端点桩【测】end peg
端点坐标 coordinates of end point
端电池 end cell
端电势 terminal potential
端电压 terminal potential
端垫误差 < 三轴试验 > bedding error
端吊作业 end lift
端对 end-on
端对端 end-to-end
端对端通信[讯]方式 end-to-end signaling
端对端业务 end to end service
端对准的 end-on
端阀 end valve
端封 end seal
端缝 head(ing) joint
端腹板 end web
端盖 end cap; end closure; end cover; end housing; end plate; side cover; bearing housing; head cover; metal shell cover; shell cover; stop-end piece; thrust cap < 导叶接力器的 >; end bell < 电动机 >; end filler < 檐沟的 >
端盖瓦 end tile
端感器 apical sense organ
端钢筋 end bar
端割理 butt cleat
端格栅 end joist
端隔间板 exterior panel
端隔墙 end bulkhead
端拱 boundary arch; end arch
端拱砖 end arch brick
端钩 end hook
端箍筋 end stirrup
端固板 restrained slab
端固常数 < 梁、柱等的 > end fixity constant
端固结的梁 encastred beam
端辊环 end collar
端辊研磨机 end-runner mill
端焊接 edge weld
端横带 header band
端横隔梁 end diaphragm
端横梁 end(cross) beam; end floor beam
端横梁及磁极块 < 电力机车 > end transom and pole piece
端护板 end shield
端护罩 end shield
端滑轮 head sheave
端环 end link; end ring
端环槽脊 top land
端簧圈 inactive coil
端回借位 end-around borrow
端回进位 end-around carry
端机 terminal(unit); terminating unit
端机熔丝(告警)盘 terminal fuse panel
端基 end group; terminal group
端基不饱和性 terminal unsaturation
端基分析(法)end-group analysis
端基封闭 end block
端脊 end ridge
端脊瓦 end ridge tile
端加工机床 end machining tool
端加劲 end stiffening
端加料 end-feed
端架护罩的凹座 recess for housing end frames
端架间 end bay
端间隙 splaying
端间振鸣 end-to-end singing
端剪力 end shears
端简支 simply supported at the edges
端件 extremity piece; tailpiece
端键 end bond; end-on coupling; terminal bond; terminal linkage
端交叉联架 end cross frame
端角板桩 corner and connection pile; corner sheet pile
端角系缆桩 corner mooring post
端铰 end hinge
端接 abutment joint; butt connection; butt joint; flush joint; head joint; marrying; terminate; termipoint
端接板 butt plate
端接避距【船】shift of butts
端接插塞中继线 plug-ended trunk line
端接的 abutting
端接电键中继线 key ended trunk line
端接电容 termination capacitor
端接法 ending; termination
端接缝 end butt joint
端接焊缝 edge weld
端接合 heading joint
端接合点 end assemblage point
端接接头 edge joint
端接螺钉 terminal screw
端接企口板 end matched board
端接塞口中继线 jack ended trunk
端接榫头 abutting tenon
端接头 abutting joint; end connector; final connector; end joint
端接线 terminated line
端接砖层 brick courses of heading joint
端接装置 terminating set
端接组件 terminal assembly
端节点 end node
端节理【地】end cleats
端结 end knot
端截面 end section; terminal section
端截头 end trimming
端进法 < 施工 > end dumping method
端进法的 < 由一端逐步推进施工的 > end-on
端进施工法 end-on system
端径校准 end sizing
端局 end office
端距 end distance
端锯 end saw
端聚合物 popcorn polymer
端卡 end clip
端开料架 side open rack
端开式 end open type
端孔 end opening
端口 port
端口到端口协议 port-to-port protocol
端口的结合 port association
端口地址 port address
端口共享部件 port sharing unit
端口共享设备 port sharing unit
端口号码 port number
端口级 port level
端口识别器 port identifier
端跨 end span; end bay; end spalling; tail bay; end panel < 连续板、楼盖板的 >
端跨部分 < 无梁楼板结构的 > exterior panel
端跨度 end bay; end span; tail bay; end opening; end space
端跨中弯矩 moment in extreme span
端块 end block; tailpiece
端宽沟 tapering gutter
端框 end journal
端框架 end frame; final frame
端拉杆 end tie-bar
端肋 end rib
端立面 end elevation
端粒 telomere
端连接 end connection; end coupling
端连接角钢 end connection angle
端梁 end beam; end sill; tail beam
端梁对角撑 end sill diagonal brace
端梁盖板 end sill cover plate
端梁角补强铁 end sill bracket; end sill corner plate; end sill gusset plate
端梁矫正 < 集装箱 > straighten end panels
端梁铁板 end sill plate
端裂 end check
端螺母 end nut
端螺栓 terminal bolt
端螺纹 end thread
端锚 end anchor
端锚墩 end anchorage
端锚钢筋 end-anchored reinforcement
端锚区 end block
端帽 end cap
端楣板撑柱 end cornice girder
端门 < 车辆 > end door
端门门坎铁板 end-door threshold plate
端面 end plane; end(sur) face; face; front surface; head(er) face; head fall; side surface; terminal face(t); end panel < 集装箱 >
端面摆动飞轮 whirling flywheel
端面扳手 adjustable face spanner; face pin spanner; face spanner
端面板 end plate; head board; lip block
端面拨动顶尖 face driver center[centre]
端面不方正 sides out of square
端面槽形凸轮 face cam
端面车床 surfacing lathe; T lathe
端面车刀 facing tool
端面车削 face cutting; facing; surfacing cut
端面齿轮 contrate gear; contrate wheel; face gear
端面齿形角 transverse profile angle
端面冲头 facing punch
端面窗 end window
端面粗车刀 round-faced roughing tool
端面淬火试验 end quench hardening test
端面大砖 face(t) block
端面挡板 end chock
端面挡块 facing stop
端面刀架附件 face head attachment
端面垫圈 end washer
端面调整 end adjustment
端面定位钎头 shoulder drive bit
端面仿形车削 face profiling
端面规块 end ga(u)ge
端面焊缝 edge weld
端面后角 face relief angle
端面机动进给 surfacing power feed
端面积法 end area method
端面棘轮 end ratchet
端面加工 facing operation
端面间隙 end clearance
端面角接头 flush corner joint
端面校正 end correction
端面接合 face joint
端面接头滚焊 edge seam welding
端面晶粒 end grain
端面镜 end mirror
端面量具 end measure
端面裂缝 end check(ing)
端面裂纹 end check(ing)
端面密封 end-face seal; face-type seal; mechanical seal
端面模数 transverse module
端面磨床 face grinding machine
端面磨削装置 face grinding device
端面平行差 sides out of parallel
端面坡度标桩 blue top
端面墙 head wall
端面切刀 front tool
端面切削滑板 facing slide
端面切削机床 surfacing machine
端面切削刃 face cutting edge
端面倾斜光纤 slant-ended fiber
端面燃烧 end burning
端面燃烧器 cigarette burner; end burner
端面熔合纤维束 fused(ends) bundle
端面砂轮机 surface grinder; vertical grinder
端面式机械密封 end-face seal
端面镗床 surface and boring machine
端面跳动 end face run-out; ending beat; ending pulsation; face runout
端面凸轮 edge cam; end cam
端面图 end view drawing
端面涂层 end-coating
端面涂刷 end-coating
端面纹理 end(surface) grain
端面纹路 end grain
端面铣 facing cut
端面铣床 face miller
端面铣刀 butt mill; facer; junk bit; side mill; face cutter
端面铣刀齿 face tooth
端面铣刀刃磨机 face-milling cutter grinder
端面铣削 face milling

端面旋转式磨光机 vertical rotary sander
端面压力 end force;face seating pressure
端面硬度 end hardness
端面震摆 end wobble
端模 end mo(u)ld
端末插入 end built-in
端末固定 end built-in
端末管节 end section
端末砌固 end built-in
端末弯垫仪 side dog
端末月台 end platform
端末装置 window machine
端扭 end twist
端钮支架 contact support
端拼 end matching
端屏蔽 end shield
端坡 hip end
端坡椽 hip jack;hip jack rafter
端起重装置 end-lifting apparatus
端碛 end moraine
端墙 bulkhead; end wall; parapet; head wall <涵洞的>
端墙板 end plank;inside end sheathing
端墙承包商标记 peak sign
端墙抗风柱 end panel columns resisting wind load
端墙勒脚砖 end plinth tile
端墙内加镶条 bodied rail
端墙内镶条 bodied rail;body end rail
端墙镶面板 end wall paneling
端墙阳台 end wall balcony
端桥孔 end bay
端切面 end cut;end grain
端切削铰刀 end cutting reamer
端切砖 end-cut brick
端绕焊 end return
端热误差 bedding error
端刃后角 end clearance angle
端塞 end plug;hub plug
端山脊 end crest
端梢<圆木的>top end
端射磁偶极子 end-fire magnetic dipole
端射天线 end-on fire antenna
端射天线阵 end-fire aerial array; end-fire antenna array;end-on aerial array
端射阵天线 end-fire array antenna
端式面装车 end loading
端式装车停车处 end loading dock
端式装车斜坡台 end loading ramp
端式装车站台 end loading platform
端视图 end elevation; end-on view; end view(drawing)
端视图的 end view
端饰【建】finial;side ornament;terminating ornament; terminal; cresting <扶手>
端饰块 terminal block
端饰头 terminal block
端枢轴承【机】end journal bearing
端束缚 end restraint
端水准尺 short rod
端锁衬套 master bushing
端塔 head tower
端台升打捞 end lifting
端套 pot head
端套筒 end socket
端梯 end ladder
端调整器 end adjuster
端贴尺 end tape
端头 end butt;end socket;head end; terminal;tip
端头扳直机 unbender unit
端头板直的带卷 tailed coil
端头表面 cross-cut end
端头带圈的杆 pole ring
端头钉 head nailing
端头对接 end butt joint
端头墩<墙的>returned corner
端头废料飞剪 crop and cobble flying shears
端头废料剪切机 crop and cobble shears
端头拱砖 end arch
端头脊瓦<用于四坡屋顶的>cone tile
端头较粗的钢筋 end block reinforcement
端头裂纹 butt cracks
端头锚固型锚杆 end anchorage type bolt
端头拼接 end match
端头拼接板 end matched lumber
端头企口板 end matched lumber
端头企口榫接 end match
端头嵌固 encastre
端头嵌接 end scarf
端头墙墩 antae
端头饰面 jamb lining
端头水印 butt end watermark
端头榫结合的 end matched
端头完全嵌固<指框架结构节点>full fixed
端头向前的 end-on
端头小梁 fire cut
端头斜接接缝<地板的>splayed heading joint
端头旋涡 tip vortex
端头压力 end pressure
端头预加工 end conditioning
端头支承 end bearing
端头止挡 end stop
端推力 end thrust
端托梁 beam-supported at both ends
端拖式喷灌机 end drawn sprinkler
端拖式喷灌系统 end-tow sprinkler system
端弯头 duckfoot bend;rest bend
端位移 end movement
端位应力与端部载荷比 rate of unit stress to end load
端纹 end check;end grain
端纹切削 end-grain cutting
端纹向外的(木材)end grain
端吸离心泵 end suction centrifugal pump
端溪砚 Duanxi ink stone
端铣 face milling
端铣刀 end mill; end milling cutter; face cutter
端铣刀刀柄 tool shank for endmill
端铣刀和侧面铣刀磨床 end mill gashing and radius grinder
端铣附件 end milling attachment
端铣机 end milling machine
端铣时工件被切部分宽度 working engagement
端铣削 end milling
端系杆 end sill;end tie-bar
端隙 end clearance;end gap;end play
端限制效应 end restraint effect
端向 butt end
端向天体 end-on object
端楔 stub wedge
端楔螺栓 stub wedge bolt
端斜撑 end knee brace; inclined end post
端斜撑杆 end diagonal
端斜杆 end post
端斜压杆 inclined end post
端斜砖 end skew brick
端卸法 end dumping method
端卸式矿车 end-door car;end dump car
端卸式手推车<向前卸料的手推车>end-tipping barrow
端卸式送锭车 end tilt ingot car; front-dump type ingot buggy
端卸手车 end-tipping barrow
端形 end relief
端旋 end rotation
端旋常数 end rotation constant
端旋劲度 end rotational stiffness
端穴滚子 hollow end roller
端压板 end clamp plate
端压杆 end post
端压力 end pressure; terminal pressure
端砚 Duan ink slab;ink stone
端焰炉 end-fired furnace
端摇床 end-shake vanner
端移动 end movement
端元【地】end member
端员 end member
端员分子配比法 end-member molecular matching procedure
端员三角洲类型 end-member delta type
端员岩 end-member rock
端员组分 end-member component
端圆盘 end disc
端缘<敞车的>end top rail
端运动 end motion
端闸 end brake
端闸孔 end bay
端站 terminal office; terminating office
端站台 end platform
端罩 bearing housing
端折机 end edging machine
端镇墩<锚墩、地锚、锚枕>end anchor block
端支承 point bearing
端支承座 end bearing
端支架 end bracket
端支托 backing of rafters
端支座 end bearing;end support
端值 end value
端栉 end comb
端中布置 end center[centre] arrangement
端轴 end axle
端轴承 axial load bearing; gudgeon bearing;tail bearing;toe bearing
端轴承盖 end bearing cover
端轴颈 end journal
端轴离地面高度<挖掘机>head shaft height
端肘板 end bracket
端柱 end column; end post; newel post;first newel(post)<螺旋楼梯>
端柱插口 end stake socket
端柱插口盖 end stake pocket hole cover
端柱上的折叠底座圈 folded base ring on end supports
端转翻笼 kickback dump
端转角 end rotation
端转劲度 end rotational stiffness
端滋的 acrotrophic
端子 connector;post;terminal
端子板 end board;strip of tags;terminal block; terminal panel; terminal plate;terminal strip;terminal board
端子布置 arrangement of terminals
端子电压 terminal voltage
端子垫片 terminal pad
端子短路 short-circuit of terminals
端子对 set of terminals;terminal pair
端子浮起体 terminal boss
端子间电容 interterminal capacitance
端子连接 terminate connection
端子连接板 terminal linkage board
端子连接器 terminal point gun
端子排 block terminal;group terminal block;terminal block;terminator
端子凸出体 terminal boss
端子衔套 terminal lug
端子线对 terminal pair
端子箱 group terminal block;terminal box
端子座 terminal base
端走板<罐车>end running board
端阻抗 terminal impedance
端阻力 end resistance

短T形铰接 short tee hinge;short T hinge

短岸线国 state with short coastlines
短凹面起垄犁体 concave ridging body
短把铲<俚语>banjo
短把平头搬钩 cant dog
短把手锯 back saw
短板 short slab
短板材 deal ends
短板条<铺地板用的>batten ends
短半径 minor radius
短半径曲线 short-radius curve
短半张 short half paper
短半轴 minor semi-axis; semi-minor axis;short flanged shaft
短棒 bat
短背的 close-coupled;short-coupled
短背斜 brachy anticline;pericline
短背斜褶皱【地】brachy-anticlinal fold;brachy anticline fold
短鼻接合板 bulldog plate
短鼻接合器 bulldog connector
短闭塞区段 short block
短闭塞区间 short block
短壁采煤法 shortwall coal mining method
短壁(工作面)shortwall
短壁工作面用截煤机 shortwall undercutter
短壁截煤机 shortwall coal cutter
短壁开采法 shortwall mining
短壁柱 pilaster mass
短臂 short arm
短臂的 short armed
短臂栏木 short arm gate
短边圆角釉面砖 short side round edge tile
短柄半斧 half hatchet
短柄抱栎 short-stalked gland bearing oak
短柄锄 half pike
短柄大链钳 Big Bertha
短柄斧<一种东方国家独有的斧头>basoolah
短柄黄栎 short-stalked cyprion golden oak
短柄宽斧 broad hatchet
短柄螺母丝锥 short nut tap
短柄螺丝刀 stubby screwdriver
短柄麻花钻 short shank auger
短柄镘 short-handle float
短柄镘板 short-handle float
短柄木工钻 short shank auger
短柄(平头)搬钩 cant dog
短柄铅锤 dummy
短柄小斧 hatchet
短柄重铁锤 mash hammer
短柄钻 short shank drill
短并复绕 short-shunt compound
短并激式复绕组 short-shunt compound winding
短波<频率3~30兆赫兹,波长100~10米>high-frequency wave;shortwave
短波报话发射机 short-wave telegraph telephone transmitter
短波变频附加器 short-wave adapter
短波变频器 short-wave converter

短波波段 short-wave band
短波测向器 short-wave direction finder
短波长 short-wavelength
短波长不平顺 short-wavelength irregularity
短波长的红外区 short-wavelength infrared
短波传播 short-wave propagation
短波传播模式 transmission mode of short-wave
短波单边带发射机 short-wave single sideband transmitter
短波电话终端机 short-wave radio telephone terminal
短波电容器 short-wave capacitor
短波定向天线 short-wave directional antenna
短波扼流圈 short-wave choke coil
短波发射机 short-wave sender;short-wave transmitter
短波发信台 short-wave transmitting station
短波反射突堤 short-wave deflecting spur wall
短波辐射 short-wave(length) radiation
短波广播 short-wave broadcasting
短波广播波段 high-frequency broadcast band
短波广播发射机 short-wave broadcast transmitter
短波红外视像管 short-wavelength infrared vidicon
短波红外线 short infrared
短波极限 short-wave limit
短波接收 short-wave reception
短波接收机 short-wave receiver
短波接收天线 short-wave receiving antenna
短波截止滤波器 short-wave cut-off filter
短波浪形磨耗 short-wave undulation wear
短波频带 short-wave frequency band
短波频率 short-wave frequency
短波频率预测 short-wave frequency prediction
短波收发信机 short-wave transceiver
短波收信台 short-wave receiving station
短波束 short-wave beam
短波衰退 short-wave fadeout
短波塔 short-wave tower
短波探向器 short-wave direction finder
短波天线 short-wave antenna
短波通滤波器 short-wave-pass filter
短波通信[讯] short-wave communication
短波通信[讯]装置 short-wave set
短波突然衰退 sudden short-wave fade-out
短波纹板 short corrugated panel
短波紊乱海面 lop
短波无线电发射机 short-wave radio transmitter
短波限 short-wavelength limit
短波消逝 short-wave fadeout
短波信号 short-wave signal
短波转换器 short-wave adapter
短波紫外线辐射 short-wave ultraviolet radiation
短材 short end
短材集运机 forwarders
短材制材厂 bolter
短舱 nacelle
短舱阻力 pod drag
短操作 short operation
短槽敷面 droved dressing
短槽螺尖丝锥 short flute spiral pointed tap
短槽耦合器 short-slot coupler
短槽凿面 < 用阔凿修琢 > droved dressing
短草 short grass
短测杆 picket
短测距 < 侧视雷达 > close range interval
短插接 short splice
短汊 creek
短长度规 short-length rule
短长日植物 short-long-day plant
短长闪光(灯) short-long flashing light
短车道 short lane
短车架 stub frame
短车轴距 short base
短撑木 jack timber
短程 short-range
短程波纹 short-range waviness;short-term waviness
短程测距仪 short distance range finder
短程测距作业 short-range survey operation
短程场 short-range field
短程乘车出行 short trip
短程船 short-range ship
短程穿梭运输 shuttle
短程导航 short-range navigation
短程导航设备 short-range aids
短程导航图 shoran chart;short-range (navigational) chart
短程的 geodetic
短程等张力 geodesic isotension
短程等张力曲面 geodesic-isotension contour
短程电路 pony circuit
短程电子定位(系统) < 商品名 > Hi-Fix
短程调度 short-term schedule
短程调度与中程调度 short-term schedule and medium-term schedule
短程掉抢 < 帆船 > short board;short tack
短程定位系统 short-range positioning system
短程纺纱机 compact spinning unit
短程光电测距 electrooptic(al) short-range surveying
短程国际航行 short international voyage
短程海运船舶 short traffic ocean carrier
短程航行 short-distance navigation
短程航运 shorter haul
短程护航队 short-haul convoy
短程极限价格 short-run marginal cost
短程极坐标 geodesic polar coordinates
短程驾车者 trip driver
短程交通 short-distance traffic
短程精密航测 shoran [short-range navigation system]
短程雷达 short-range radar
短程雷达导航(系统) short-range navigation
短程力 short-range force
短程旅客 short-stage passenger
短程旅行 short trip;trip
短程旅行者 trip driver
短程卵形面 geodesic ovaloid
短程泥路赛车 sprint car
短程牵引作业 short-haul work
短程切线角 angle of geodesic contingence
短程闪光(灯) short-flashing light
短程式纱筒成型 short lift build
短程送货 local delivery
短程通话业务 short-distance traffic
短程通信[讯] junction service
短程通信[讯]服务 short message service
短程往返交通 shuttle service
短程微扰理论 short-range perturbation theory
短程无线电导航设备 short-range navigation(al) aids
短程无线电导航系统 short-range navigation(al) system
短程无线电定位系统 short-range radio location system
短程线 geodesic (curve); geodesic line;geodetic line
短程线法 geodesic method; geodetic method
短程线穹顶 geodesic dome
短程线圆顶 geodesic dome
短程线运动 geodesic motion
短程线坐标 geodesic coordinates;geodesic dome
短程限界价格 short-run marginal cost
短程相互作用 short-range interaction
短程硝化反硝化法 short-cut nitrification-denitrification process
短程硝化效率 partial nitrification efficiency
短程小飞机 < 商业性的 > air-taxi
短程序 short-range order
短程压缩 short-stroke press
短程有序 short-range order
短程有序度 degree of short-range order
短程有序结构 short-range order structure
短程运输机 short-range transport
短程助航设备 short-range aids
短程坐标 geodesic [geodetic] coordinates
短持久脉冲 short duration impulse
短持续时间的扫迹 short duration trace
短尺 fall short
短尺寸 short measure;underga(u)ge
短尺轧材 off-ga(u)ge material
短齿 stub teeth;shallow teeth < 牙轮的 >
短齿齿轮 stub-tooth gear
短齿钢轮压路机 pad(ded) drum roller
短齿碾轮 pad(ded) drum
短齿抓斗 half-tine grab;half-type grab
短翅 brachypterism
短翅的 brachypterous
短冲程 short stroke
短冲程发动机 short-stroke engine
短冲程螺线管 short-stroke solenoid
短冲程蒸汽机 short-stroke steam engine
短抽油杆 pony rod
短初级直线电机 short primary line engine
短处 demerit
短触点开关 short-contact switch
短船首楼 < 不足船长的 20% > short forecastle
短船尾楼 half poop
短椽【建】creeping rafter;jack rafter; jack timber; chantlate < 连接在公共椽子上的 >
短锤 wooden hammer
短磁透镜 short magnetic lens
短粗的针 blunt
短粗钉 stub nail
短粗墩柱 stub column
短粗管 cannon
短粗卡头 stub
短粗螺栓 stub bolt
短粗榫(舌) stub tenon
短粗榫眼 stub mortise
短粗纤维 bristle
短粗型墩 squat pier
短粗圆柱 baluster column; baluster shaft
短粗支柱 stub(column)
短粗柱 stub post
短粗柱墩 stub post
短粗柱杆 stub pole
短粗桩 stub pile
短促的高音声调 bleep
短促浪 cockling sea;short sea;choppy sea
短促潜水 bounce diving
短促信号的恢复 burst regeneration
短促延爆 short-period delay
短单元 short element
短担 < = 100 磅 > short hundredweight
短导轨 closure rail of special length
短导轨钻车 short guide drill wagon
短导火线引爆 short fuse
短道岔 < 在驼峰编组场或其他必要情况时采用 > short switch
短的 short
短的深梁 short deep beam
短的输水涵洞 stub culvert
短笛 piccolo
短地槽 brachygeosyncline
短地址 short address
短点频率 dot frequency
短电极系 short spaced sonde
短电位测井装置 short normal device
短电位曲线 short normal curve
短电讯 flash
短吊杆 short boom;short jib
短丁坝 short groyne
短丁坝护岸 bank protection by short spur dike[dyke];short groin revetment;short spur protection
短丁字形合页 short cross garnet
短丁字形铰链 short cross garnet
短丁字形折页 short cross garnet
短陡浪 short steep wave
短段线 short-section line
短堆栈 short stack
短吨 net ton;American ton < 美 >; just ton < 美 >;short ton < 美 >
短墩 stub abutment
短垛【港】barrette
短而薄的楔子 page
短而厚的板 squatting plate
短而急的波浪 lop
短耳 cropped ear
短反向急弯标志 reverse turn sign
短反向曲线标志 reverse curve sign
短分流复励绕组 short-shunt compound winding
短分流器 short shunt
短分路 short shunt
短风锤 bench mo(u)lder
短峰波 chop;short-created wave
短峰不规则波 short crested random wave
短复激 short-shunt compound
短杆 monkey spar;short spar
短杆霍尔锚 submarine anchor
短杆锚 short shank anchor
短杆无杆锚 short shank stockless anchor
短钢锭 squat ingot
短钢筋 bar dowel
短钢索 cap cable
短高 broken level(l)ing
短格式指令 short format instruction
短格栅 < 壁炉烟囱与防火地板系梁间的 > cradling piece
短隔屏 dwarf partition
短隔墙 dwarf partition wall
短工 by-workman; casual labo(u)

D

rer; day labo(u)r(er); day man; jobbing work; journal-work; journey-man; journey work; seasonal labo(u)rer
短工工作 journey work
短工作面链式截煤机 chain breast machine
短沟道 short channel
短构件 cripple stud
短骨 short bone
短挂绳 pendant; pendent; pennant
短管 neck; nozzle stub; pipe junction; pipe spool; sleeve piece; spool (piece); stub(pipe); stub tube; tubular part; short pipe <水力学用>
短管阀 spool valve
短管接 nipple
短管接头 running nipple; source nipple
短管节 short
短管立式蒸发器 calandria evapo(u)rator; Roberts evapo(u)rator; short-tube vertical evapo(u)rator; standard evapo(u)rator
短管流量系数 flow coefficient of short tube
短管螺旋钻具 bucket auger
短管浓缩器 short-tube evapo(u)rator
短管式喷射器 cannon-type projector
短管竖式蒸发器 short-tube vertical evapo(u)rator
短管蒸发器<浓缩器> short-tube evapo(u)rator
短光电测距 electrooptic(al) short-range surveying
短轨 short rail
短棍 bat
短航程的 short legged
短航程平均价格 short-run average cost
短航程试验 measured mile trial
短合拢轨 closure rail of special length
短横梁 main beam transverse; tail trimmer
短厚木段 billet
短厚木块 chump
短厚窄板 deal ends
短弧 short arc
短弧灯 short arc lamp
短弧法 short arc method
短弧归算法 short arc reduction method
短弧过渡 short arc metal transfer
短弧焊接 short arc welding
短化砧木 dwarfing stock
短划<荡桨> short stroke
短划线 dash line
短划形成电路 dash circuit
短划虚线 dashed line; long-dotted line; short peck line
短画生成器 stroke generator
短画字符 stroke character
短环烘燥定型机 short loop drying and heat setting range
短环检测器 short loop detector
短环节链 short link chain
短环框式检测器 short loop detector
短环链 close-link chain; pintle chain; pitch chain; short link chain; steel short link chain
短环树脂整理机 short loop resin finishing range
短回次 short run
短混响播音室 anechoic studio
短火焰 short flame
短火焰的 short flamed
短货 short shipment
短基线测距 tach(e)ometry method by fixed short base bar
短基线声呐 short baseline sonar
短基线水声定位系统 short baseline acoustic(al) positioning system
短基线系统 short-baseline system
短级配骨料加气混凝土 short-range aggregate aerated concrete
短级配骨料砂浆 short-range aggregate mortar
短级配集料加气混凝土 short-range aggregate aerated concrete
短级配集料砂浆 short-range aggregate mortar
短极曲线 short spacing curve
短脊波 short-crested wave
短记录块 short block
短记忆辐射探测器 short-memory radiation detector
短甲板 flap
短假期 liberty; vacationette
短尖钢楔<挖掘砾石或路面用> clink
短尖轨<辙叉人字尖> short point rail
短间距 short spacing
短见的 short sighted
短剑 dagger
短渐狭的 shortly attenuate
短桨 paddle; scull
短交货物 short delivery
短交路 short locomotive runs; short routing
短焦距 X 射线管 contact tube
短焦距镜头 short-focus lens
短焦距强光力物镜 short focal length high aperture lens
短焦距摄影机 short-focus camera
短焦距透镜 short-focus lens
短焦距望远镜 short-focus telescope
短焦距物镜 short-focus objective
短焦距照相机 short-focus camera
短角材 connecting angle
短角钢 angle cleat; angle clip; angle lug; lug angle; lug piece
短角钢连接件 lug attachment
短角铁 angle lug
短阶地 spur terrace
短接 schort; short-circuit(ed); short splice
短接插头 short-circuit plug
短接的电路 short-circuit
短接管 nipple; short nipple
短接线 shorting stub
短节间性状 short internode trait
短节距改变极数绕组 fractional-pitch pole-changing winding
短节距绕组 short-chord winding; short-pitch winding
短节距系数 short-pitch factor
短节距因数 short-pitch factor
短节棕绳<冲击钻杆与钢绳之间的> rope cracker
短捷航道 cut-off; short-cut channel
短截 cutting back
短截棒 stub
短截棒角接头 stub angle
短截电缆 stub cable; tail cable
短截线 stub line
短截线分支耦合器 branched-guide coupler
短截线匹配 stub matching
短截线天线 stub aerial
短截线调谐器 shub tuner
短截线支承传输线 stub-supported line
短截线支承同轴线 stub-supported coaxial
短截线支柱 stub support
短截修 cutting back pruning
短尽头轨道 short dead end
短茎 bantam stem
短晶粒 short grain
短精度 short precision
短颈瓶 short-necked bottle
短颈烧瓶 short-necked flash
短颈圆玻璃瓶 balloon
短颈锥式破碎机 short-head cone crusher
短径 minor axis
短径三角皮带驱动 short centre veerope drive
短距长途电路 short-haul toll circuit
短距电子定位系统 short range electronic positioning system
短距离 stone cast
短距离的 short haul; short-range
短距离的区间车 shuttle service
短距离电磁波测距仪 short-range electronic distance meter
短距离放射治疗 brachytherapy
短距离航行 short-distance navigation
短距离交通 short-haul traffic
短距离里程表 trip meter
短距离升降飞机 short takeoff and landing airplane
短距离调制解调器 short-range modem
短距离铁路 short-line railroad
短距离通话 short-haul call
短距离通信[讯] short-distance communication
短距离运输 short-haul traffic; shuttle haul(age); short haul
短距离运行车辆 shuttle car
短距离运移 short-distance of migration
短距离载波电话 short-distance carrier telephone
短距梁 short beam
短距起降机场 short take-off and landing port
短距起落 short takeoff and landing
短距起落飞机 short takeoff and landing aircraft
短距位移调整器 short-shift control
短距线性调整器 short-linearity control
短锯材 short
短绝缘轨道区段 short insulated rail section
短卡 stub
短卡片 short card
短开式 short sign-on
短考(得)<材长小于 4 英尺,直立剖面等于 32 平方英尺的薪材堆> short cord
短壳 short shell
短空晶石 macle
短孔黏[粘]度计 orifice-type visco(si)meter
短扣套管 short-thread casing
短扣套管丝扣有效长度 available length of short casing thread
短扣套管丝扣总长度 total length of short casing thread
短裤 breech
短跨拱 minor arch
短跨结构 short-span structure; small span structure
短跨梁 short-span beam
短跨桥 short-span bridge
短跨筒形拱顶 short-span barrel vault
短跨屋顶 short-span roof
短块 short block
短狂涌 short heavy swell; short high swell
短缆系结装置 short rope connecting gear
短廊道 loop culvert; short culvert; stub culvert
短廊道输水 short culvert conveyance
短廊道输水系统 filling and emptying system short culvert
短浪 short wave
短浪激流 chow water
短肋 jack rib
短冷期 snap
短历时 short duration
短立根<比钻塔短的> greyhound
短立即指令 short immediate instruction
短连杆式割草机 short-pitman mower
短联闪光 group-flashing light
短链<里程桩号间断者> short chain (age)
短链环 short link
短链抛锚 short stay
短梁剪切 short beam shear
短梁剪切强度 short beam shear strength
短量保险 insurance against loss in weight
短量程 short-range
短量险 short of weight
短料 short-length
短龄期强度 short age strength
短流 short-circuiting
短漏斗形大便器 short hopper closet
短路 cutting out; direct short; short-circuit; short(out); short pass; permanent loop <电话局号灯长明或铃长鸣>
短路棒 short bond; short-circuiting bar; shorting bar
短路保护开关 short-circuit protection switch
短路保护(装置) short-circuit protection
短路报警继电器 permanent loop alarm relay
短路比 short-circuit ratio
短路闭合触点 impulse contact
短路补偿绕组 short-circuited compensating winding
短路侧 short-circuit end
短路持续时间 duration of short-circuit; short-circuit period
短路初期瞬变时间常数 short-circuit subtransient time constant
短路触点 short-circuit contact
短路传送 short-circuiting transfer
短路磁通势 short-circuit magnetomotive force
短路导纳 short-circuit admittance
短路导纳参数 short-circuit admittance parameter; Y-parameter
短路导纳矩阵 short-circuit admittance matrix
短路的 shorted out
短路的转子 short circuited rotor
短路点 short dot
短路点火<将汽车电路短线而使之起动> hot wire
短路电弧 short-circuiting arc
短路电流 short-circuit current
短路电流保护 short-circuit protection
短路电流冲击 short-circuit current rush
短路电流增益 short-circuit current gain
短路电枢 short-circuited armature
短路电刷 short-circuited brush
短路电压 short-circuit voltage
短路电转子线圈 short-circuited armature coil
短路电阻 short-circuit(ed) resistance
短路断开触点 impulse contact
短路发动机 shorting-out engine
短路阀 short valve
短路分析 short-circuit analysis
短路杆 short bar
短路功率 short-circuit power
短路故障 short trouble
短路故障电流 short-circuit fault cur-

rent
短路故障电平 bolted fault level
短路过渡 short-circuiting transfer
短路过渡电弧焊 short-circuiting arc welding
短路环 shading-pole; short-circuit(ing) ring
短路环继电器 shading-pole type relay
短路环起动法 shading coil starting method
短路回线 short-circuited loop
短路活塞 short-circuit plunger; shorting plunger; short-circuiting piston
短路火花 short-circuit spark
短路计时 <电子毫秒表> short-circuit timing
短路计算 short-circuit calculation
短路计算器 short-circuit calculator
短路夹 shorting clip
短路检查 test for short
短路键 short-circuit key
短路接触开关 shorting contact switch
短路接触器 short-circuiting contactor
短路接点 <拨号盘> shunt contact
短路接头 short-circuit terminals
短路金属片 short-circuiting jumper
短路开关 short-circuit(ing) switch; short switch
短路控制 short-circuit control
短路流 short-circuiting current
短路器 crowbar; short-circuiter; short-circuiting device; short-circuiting switch blade
短路强度 short-circuit strength
短路曲线 short-circuit curve
短路绕组 short-circuit(ed) winding
短路容量 breaking capacity; capacity of short-circuit
短路时的抗热强度 thermal short-circuit strength
短路式电动机 squirrel-cage motor
短路式转子 cage rotor
短路事故检查 short-circuit test
短路试验 short-circuit test
短路释放 deenergizing by short-circuit
短路输出电容 short-circuit output capacitance
短路输入导纳 short-circuit input admittance
短路输入电容 short-circuit input capacitance
短路输入阻抗 free impedance
短路损耗 short-circuit loss
短路损失 short-circuit loss
短路弹簧 short-circuit spring
短路探测器 short-circuit detector
短路探针 grounding probe
短路特性曲线 short-circuit characteristic curve
短路特征曲线 short-circuit characteristic curve
短路条 short-circuiting strip
短路稳定性 short-circuit stability
短路现象 short-circuit phenomenon
短路线 short-circuit wire
短路线夹 short clip
短路线圈 short-circuited coil; short-circuit winding
短路线圈测试仪 growler
短路线圈检查仪 growler
短路线圈指示器 shorted turn indicator
短路线匝 short-circuited turn
短路线匝探测器 shorted turn tester
短路循环 short-circuiting circulation
短路循环卡钻 short circulation sticking
短路引线 shorted lead
短路闸 short-circuit braking
短路指示器 leak detector
短路制动器 short-circuit brake
短路转变 short-circuit transition
短路转换 short-circuit transition
短路转矩 short-circuit torque
短路转移导纳 short-circuit transfer admittance
短路装置 short-circuit(ing) device; short-circuiter
短路状态 short-circuit condition
短路阻抗 short-circuit impedance
短路阻抗电压百分比 percentage of short-circuit impedance
短轮组定距交叉支撑转向架【铁】 short wheelbase cross-braced bogie
短螺钉 short screw
短螺栓 lag bolt
短螺纹接套 running nipple; short nipple
短螺纹内接管 close nipple
短螺纹套接 short nipple
短螺纹铣床 short-thread milling machine
短螺旋成孔机 partial screw earth auger
短螺旋钻机 short-auger drill
短麻 cast tow; hemp hards; hemp tow
短麻精纺机 tow spinning frame
短麻开松机 tow opener
短麻末道梳麻机 tow finisher card
短麻纱线 tow yarn
短麻梳麻机 tow carding engine
短麻细纱机 tow spinning frame
短麻屑 tows
短码 short code
短码尺 short stick
短脉冲 burst pulse; chopped pulse; short burst; short(duration) pulse
短脉冲串发生器 burst generator
短脉冲串控制振荡器 burst controlled oscillator
短脉冲放炮器 short-pulse blaster
短脉冲激光器 short-pulse laser
短脉冲群发生器 burst generator
短脉冲序列 short-pulse train
短矛 dart
短煤巷 crut
短绵 short drafts
短面板 short face
短名单 <供最后挑选用的> short list
短命材料 short-lived material
短命的 short-lived
短命植物 ephemeral plant
短命种子 short-lived seed
短木段 billet
短木拱 segmental timber arch
短木料 puncheon; short length
短木生草 short-lived grass
短木支撑 spur
短木柱 stub; stub pole
短木桩及纵向木杆护岸工程 pole-wharfing
短木钻 auger bit
短内接头 short nipple
短排气管 short stack
短旁通管 by-pass pipe; deadline
短胖形墩 squat pier
短刨 block plane; strike block
短刨把柄 toat
短喷嘴 nozzle stub
短皮带传动 short belt drive
短偏移量寻址 short offset addressing
短拼接 short splice
短平板裙式输送机 short-pan apron conveyer[conveyor]; short-plate apron conveyer[conveyor]
短平底拖车 low bed trailer; low boy
短评 paragraph
短坡 short slope
短坡道 short ramp
短破折号 en rule
短期 short-period
短期安排 short-term arrangement
短期保险 short period insurance; short-term insurance
短期保险费率 short-term premium rates
短期保险率 short-rate
短期报告 short-term report
短期暴 short burst
短期暴露 short-term exposure
短期备用 momentary reserve
短期边际成本 short-term margin cost
短期变动 short-period fluctuation; short-time variation
短期变更 short-term variation
短期变化 short-term change; short-term variation
短期波动 short-time fluctuation
短期仓库 short-term storage
短期测试 short-term testing
短期测站 short-term station
短期成本 short-period cost; short-run cost
短期出水量 short-term yield
短期初筛试验 short-term pre-screening study
短期储存 short-term memory; short-term storage
短期储存场地 transit area
短期存储器 short-term storage
短期存放 short-term storage
短期贷款 floating loan; loan for a short-time; money at call; short temporary loan; short-term credit; short-term load(ing); temporary loan; current liability
短期贷款利率 Lombard rate
短期的 near term; short-term; short haul; short-dated <票据等>; unfunded <债务等>
短期低息借款 money at short notice
短期抵押贷款 balloon mortgages
短期地壳运动 episodic movement
短期地震预报 short-term earthquake prediction
短期动向 short-term trend
短期毒性试验 short-term toxicity test
短期访问用的 overnight
短期放款 money at call
短期费用 short-term cost
短期负债 currency liability; short-term liability
短期刚度 short-term stiffness
短期耕作 short tillage
短期工作 momentary duty; short-time duty; temporary service
短期工作的主发动机 short duration sustainer
短期工作电动机 short-hour motor
短期工作发动机 short-period motor
短期功率 short-run power; short-term rating; short-time rating
短期供给函数 short-run supply function
短期观测记录 short-term record
短期规划 short-term plan(ning)
短期国际会议 paction
短期国际协定 paction
短期合伙 joint(ad) venture
短期合同 short-term contract
短期荷载 short-term load(ing); short-time load(ing)
短期荷载应力 stress for temporary loading
短期洪水预报 short-term flood prediction
短期环境效应 short-term environmental effect
短期汇率 short quotation
短期活度 short-lived activity
短期火险性 short-term fire danger
短期积日制度 short count
短期集资 short-term financing
短期计划 short-period plan; short-range plan; short-run plan(ning); short-term plan
短期记录 short-term record
短期价格 short-period price
短期间 short duration
短期胶片 short-term film
短期接触 short-term exposure
短期结算 in-and-out
短期借贷 short-term borrowing
短期借款 overnight money; short loan
短期借款审计 short-term load audit
短期进度 short-term schedule
短期经营决策 short-term operation decision-making
短期警报 short duration warning
短期净收益 net short-term gains
短期静载 short-time dead load; short-time static load
短期决策 short-range decision; short-term decision
短期均衡 short-run equilibrium
短期可靠性 short-term reliability
短期库存 short-term storage
短期老化 short-term ag(e)ing; short time ag(e)ing
短期冷却燃料 short-cooling fuel
短期离职进修 block release
短期利率 short-term money rate
短期裂缝 short-lived crack
短期流动资金 hot money
短期轮作 short rotation
短期目标 short-term goal
短期浓度 short-term concentration
短期培育 short cultivation
短期票据 short-dated bill
短期频率稳定度 short-term frequency stability
短期破坏的 short life
短期曝气法 short-term aeration
短期期票 short bill; short-term notes
短期气候变化 short-term climatic variation; short-time climatic variation
短期强度 short-term strength
短期趋势 short-term trend
短期日光照 short sunlight photoperiod
短期容器老化 short-term oven aging
短期蠕变试验准则 hatfield time yield
短期蠕变准则 hatfield time yield
短期赊欠 short credit
短期生产 short-run production
短期失业 fractional unemployment
短期使用电路 short-period circuit
短期试验 short-term test; short-time test; test of short duration
短期收益 short-term gains
短期损失 short-term loss
短期天气预报 short-range weather forecast(ing); short-term weather forecast(ing)
短期天气展望 further outlook
短期调蓄水库 short-term storage reservoir; short-time storage reservoir
短期调整 short-run adjustment
短期停车 short-term parking
短期同行拆借 call loan
短期投资 currency investment; liquid investment; short-range investment; short-term investment; temporary investment
短期投资计价的审计 liquid investment valuation audit
短期投资来源的审计 liquid investment source audit
短期投资审计 liquid investment audit

短期投资收益的审计 liquid investment income audit
短期投资转让的审计 liquid investment transfer audit
短期外资 short-term foreign capital; temporary foreign capital
短期稳定度 short-term stability
短期稳定性 short-term stability
短期污染物浓度 short-term concentration of contaminant
短期物资计划 short-term material plan
短期消费品 non-durables
短期消耗产品 non durable product
短期效应 short-term effect
短期效应组合 combination for short-term action effects
短期信贷 short-term credit; short-term lending
短期性能 short-term behavio(u)r
短期性质 short-term nature
短期休耕地 bastard fallow
短期需求量 short-range requirement; short-term requirement
短期需氧量 short-term oxygen demand
短期徐变试验准则 hatfield time yield
短期许用应力 short-term allowable stress
短期蓄水水库 short-time storage reservoir
短期学术讲座 intensive course
短期循环 short cycling
短期训练班 short-term training class
短期研究基金 short duration fellowship
短期研制 short-term development
短期验潮站 short-term tide station
短期养分吸收测定法 short-term nutrient absorption
短期荫蔽植物 temporary shade plant
短期银行拆借 call loan
短期引线 short delay fusing
短期应变 short-term strain
短期应急限值 short-term emergency limit
短期影响 short-term effect
短期与中期进度 short-term schedule and medium-term schedule
短期预报 short-period forecast(ing); short-run forecast(ing); short-term forecast(ing)
短期预报方法 short time approach
短期预测 short-term forecast(ing); short-term prediction
短期预算 short-range budget; temporary budget
短期允许承载力 short-term allowable bearing capacity
短期运行 short-term operation
短期运转 short run
短期运转卫星 short duration satellite
短期债款 bill finance
短期债权 short-term claim
短期债券 floating debt; roll-over paper; short-term bond; short-term debt
短期债务 current debt; current liability; floating liability; quick liability; short-term liability; stopgap borrowing
短期正常荷载 short-term normal load
短期支票 street paper
短期职务 short-time duty
短期治疗 short-term therapy
短期致癌实验 limited carcinogenicity test
短期资本 short-term capital; yield-sensitive capital
短期资金 short-term capital; short-term fund
短期资金筹措 short-term financing
短期资金平衡移动 equilibrating movement of short-term capital
短期资金市场利率 money market rate
短期资金收益 short-term capital gain
短期资料 short-period data; short-term data
短期租赁 short(-term) lease
短期作用 short-term effect
短千斤顶 short jack
短签到 short sign-on
短浅锯切 crown cut; flat cut
短墙 parapet; stub wall
短橇棍 jemmy; jimmy
短桥楼 < 长度不大于船长的 15% > short bridge
短切玻璃纤维 staple glass fiber[fibre]
短切机 chopper; chopping machine
短切机筒体 chopper barrel; chopper body
短切毛条 cut staple sliver
短切室 chopping room
短切无捻粗纱 chopping roving
短切纤维粒料 chopped fiber pellet
短切纤维毡 chopped strand mat
短切性 choppability
短切性能 chopping characteristic
短切用无捻粗纱 roving for chopping
短切原丝 chopped strand
短切原丝(薄)毡 chopped strand mat
短切原丝薄毡机组 chopped strand mat machine
短切原丝机 chopped strand machine
短切增强纤维 chopped reinforcing fiber
短切阻力 chopping load
短茄克衫 lumberjack
短轻涌 average low swell; short low swell
短取芯器 < 钢丝绳冲击钻进时用 > biscuit cutter
短缺 deficit; scarcity; shortfall; tightness
短缺材料 critical material
短缺惩罚费 shortage penalty cost
短缺待查 short in dispute
短缺的 tight
短缺额 shortage
短缺货物清单 statement of shorts
短缺及损坏报告 overlanded; short-landed and damaged
短缺期货 short position
短缺商品 commodity in short supply
短缺提款界限 drawing by shortfall
短缺头寸 short position
短缺现金 short of cash
短缺载货 short shipment
短缺质量 missing mass
短人字木 cocking piece; sprocket piece
短日工 daywork
短日照 short day
短日照长夜植物 short-day-long night plant
短日照地区 short-day regions
短日照植物 short-day plant
短日照作物 short-day crop
短日植物管理 short-day plant management
短绒的 short fibred
短绒法 short-pile method
短绒陆地棉 short-staple upland cotton
短绒棉 cotton of short staple; short-staple cotton
短塞 dwarf plug
短三角座滑架横机 short carriage knitting machine
短闪光(灯) short-flashing light
短上桅 stump topgallant mast
短梢修剪 short cane pruning
短少 drought; wantage
短少通知书 advice of shortage
短少行李、包裹、货物报单 return of "shorts"
短射程喷灌机 short-range sprinkler
短射程喷头 short-range sprinkler
短伸臂纵梁 short cantilever stringer
短生长期植物 emergency crop
短生植被区 acheb
短生植物 ephemeral plant
短生植物标记 ephemeral plant label
短生植物区 ephemeral plant region
短声 short blast
短时暴雨 excessive rainfall of short duration
短时备用 instantaneous stand-by
短时闭合触点 impulse contact
短时采样 short-term sampling
短时出力 short-time rating
短时大暴雨 gull(e)y washer
短时的 fast time
短时定额 short-term rating; short-time rating
短时定时引线 short delay fusing
短时段 short-time interval
短时额定出力 short-time rating
短时发热容许电流 short-time thermal rating
短时负荷 fringe load; short-term duty; short-term load(ing); short-time load(ing)
短时负荷状态 short-time load condition
短时负载 momentary load; short-term load(ing); short-time load(ing); temporary load(ing)
短时高峰期 short peak-period
短时工作 short-term operation
短时工作开关 low-duty-cycle switch
短时功率 short-period rating; short-time rating
短时过载试验 short-time overload test
短时荷载 short-term load(ing); short-time load(ing); temporary load(ing)
短时计数 < 运量观测中一日内只连续几小时或更少的计数 > short-time count
短时计数站 short-count station
短时记忆 short-term memory
短时加速度 brief acceleration
短时间 short duration
短时间常数 fast time constant; short-time constant
短时间常数电路 fast time constant circuit
短时间存储器 volatile storage; volatile store
短时间的解 short-time solution
短时间电流 short-time current
短时间定额 short-period rating; short-time rating
短时间过载 momentary overload(ing)
短时间过载容量 short-term overload capacity
短时间间隔 spell
短时间空气潜水 short duration air dive
短时间扩散 short-time diffusion
短时间潜水 excursion diving; short duration dive[diving]
短时间稳定性 short-term stability
短时间选通增益 short-gate gain
短时间巡回潜水 short excursion dive
短时间运转 short-time running
短时间照射 short irradiation
短时间中断 spell
短时间最大扭矩 < 发动机试验时 > maximum intermittent gross torque
短时交通调查 short-count traffic survey
短时交通量观测站 short-count station
短时接触阈限值 threshold limit value short-term exposure limit
短时景气 boomlet
短时脉冲群发生器 burst generator
短时排放 fugitive emission
短时期 short duration
短时切断 short-time switching-off
短时生产率 momentary output
短时实验 short-term test
短时使用 part-time application
短时试验 short-time test
短时输出量 momentary output
短时衰落 short-time fading
短时停车 < 一般指较长于上下客货所需时间的汽车停留 > standing; waiting
短时停车处 < 道路上的 > waiting bay; wait place
短时停车道 standing lane; waiting lane
短时停车弯 < 道路上专为离开行驶车流短时停车用的地段 > waiting bay
短时统计 short-time statistics
短时退火 short-cycle annealing
短时效应 short-term effect
短时效资料 ephemeral material
短时信息 short-term information
短时延迟爆破 short delay blasting
短时延迟雷管 short delay detonator; short delay fuse
短时延迟起爆法 short delay blasting method
短时延迟引信 short delay fuse
短时延发雷管 short period delay
短时运行方式 short-term duty; short-time duty
短时资源 fugitive resources
短时自动减增益控制 anti-clutter gain control; suppression control
短式水龙头 < 坑道钻用 > short type water swivel
短事务流通量 short transaction traffic
短视距 short sight distance
短视线 short sight
短寿废物 short-lived waste
短寿命暴 short-lived burst
短寿命的 short life; short-lived; short-period
短寿命的放射性货物 short-life radioactive goods
短寿命放射性同位素 short-life radioisotope; short-lived radioisotope
短寿命瞬态 short-lived transient
短寿命同位素 short-life isotope
短数据报文 short data message
短丝 short thread
短丝油墨 short ink
短松板 deal ends
短损货物报告单 damage and shortage report for cargoes
短榫 stub tenon
短缩编址 abbreviated addressing
短缩表示法 abbreviated notation
短缩地址 abbreviated address; truncated address
短缩地址调用 abbreviated address call(ing)
短缩寻址 abbreviated addressing
短缩张量 contracted tensor
短索 bridle; lanyard; pendant; rigging pendant
短索绞辘 pendant tackle

短索缆 bridle cable
短台板筛网印花机 short table screen printing machine
短台阶法 heading and bench method; short bench-cut method
短弹簧 short-leaf spring
短套管 short-length of casing
短套筒插销 tower bolt
短梯度测井曲线 short lateral curve
短梯度电极测深装置 short lateral device
短梯基 bridge board
短替打垫 stub dolly
短条钢 billet steel
短跳板 dock board
短铁橇 jemmy
短铁条 iron billet
短通道 jitty
短筒插销 tower bolt
短筒防暴枪 riot gun
短筒望远镜 short telescope
短头型西蒙圆锥破碎机 short-head type Symon's cone crusher
短头型圆锥破碎机 short-head type cone crusher
短头圆锥 short-head cone
短头圆锥破碎机 short-head cone crusher
短头锥式破碎机 short-head cone crusher
短凸榫 <不出头的暗榫> spur tenon
短途的 short haul
短途公路业务 short-distance road service;short-haul road service
短途海上运输 short-sea traffic
短途集散船 shuttle ship
短途交通 short-haul transit
短途客货运输 short-distance traffic; short-haul traffic
短途列车 short-distance train; short-haul train
短途旅行 excursion; hop; short journey;trip
短途旅行提包 overnight bag; overnight case
短途旅行用的 overnight
短途票价 short-haul fare
短途疏运船 shuttle ship
短途通信[讯] short-distance traffic
短途往返疏运 shuttle service
短途往复列车 shuttle
短途游览 jaunt
短途运输 local traffic; short-distance transport(ation); short haul; cartage <市内>;drayage;feeder transport
短途运输船 feeder ship; feeder vessel;shuttle vessel
短途运输的当地材料 local short haul materials
短途运输服务 feeder service
短途运输系统 feeder system
短途运输线 feeder line;short line;local service(line)
短途运输服务港 feeder port
短途载驳货轮 feeder lighter above ship vessel
短途直飞航线 short-stage airline
短腿型 brachyskelic
短托梁 trimmer joist
短拖 short haul
短瓦楞板 short corrugated panel
短外接头 short sleeve
短弯头 minor bend;short sweep
短桅 hand mast
短尾巴 short tail
短尾的 brachyural;brachyurous
短尾楼 short poop
短位移 short offset
短文 paragraph;tract;vignette
短纹 short grain
短屋顶分支排水沟 spur valley
短系列 short series;short-term
短系列代表期 representative short-term period
短系列记录的延长 extending of short-term records
短系列记录的展延 extension of short-term records
短狭溺河 <形成于石灰岩地区> cala
短纤纱 spun yard
短纤维 chopped fibre; cut staple; short fiber[fibre];short grain;tow
短纤维玻璃棉 loose wool
短纤维长度分析器 staple sorter
短纤维的 short fibred
短纤维混纺纱 blended spun yarn; spun-blended yarn
短纤维膨体纱 staple fiber bulk yarn
短纤维切断机 staple cutter
短纤维填料 flock
短纤维增强热塑性塑料 short fiber reinforced thermoplastic
短纤维毡片 chop mat
短弦 short chord;subchord
短弦绕组 short-chord winding
短舷边角钢 stringer lug
短线 schort;stub;tick
短线产品 goods in short supply
短线调谐 stub tuning
短线分析 bottleneck analysis
短线接地 short ground return
短向斜【地】brachy syncline
短向斜褶皱【地】brachy-synclinal fold
短橡木 short oak
短销 short pin
短小开裂 short split
短效 short life
短效的 fugitive
短效黏[粘]合剂 fugitive glue
短效黏[粘]结剂 fugitive binder
短效农药 short-lived pesticide
短效染料 <易褪色的染料> fugitive dye
短效色 fugitive colo(u)r
短效填料 fugitive filler
短效颜料 fugitive colo(u)r
短效资源 fugitive resources
短卸单 short-landed memo
短卸的 short-landed
短卸货物 short-landed goods
短卸煤 short-landed coal
短心轨 <辙叉人字尖的> splice rail; short nose-rail
短心轴 stub axle
短信 short message;chit
短行程 short run;short stroke
短行程电磁闸瓦制动器 short-stroke magnetic shoe brake
短行程阀 short-stroke valve
短行回车 short-line seeking
短型车架 stub frame
短型斗杆 <挖掘机> short stick
短型反铲斗杆 short backhoe stick
短型机用铰刀 stub screw machine reamer
短型油嘴 close nipple
短性玻璃 quick-setting glass; short glass
短悬臂 short boom;short jib
短悬臂索斗铲 short boom drag
短悬轴式旋回破碎机 short-shaft suspended-spindle crusher
短雪橇 luge
短循环 short cycle
短循环制动方法 short-cycle method of braking
短训班 workshop; workshop conference
短训中心 briefing centre
短牙小齿轮 stub pinion
短亚麻除尘机 tow shaker
短延爆破 short delay blasting
短延迟线 short delay line
短延雷管 short delay detonator
短岩芯管 biscuit cutter
短檐 clipped eaves
短焰的 short-flaming
短焰煤 short flame coal;short flaming coal;steam coal
短焰烧嘴 short flame gas burner
短叶栎 bluejack oak
短叶片 stub blade
短叶松 short-leaf pine; shortleaved pine
短叶紫杉 mountain mahogany; Oregon yew;Pacific yew;western yew
短衣柜 low boy
短溢报告 overlanded and short-landed report
短引线 short leg
短应力线轧机 short stress path rolling mill
短硬黄麻根纤维 butts
短涌 moderate swell;short swell
短涌浪 wind lop
短油醇酸树脂 short-oil alkyd resin
短油度 short oil
短油度醇酸树脂 short-oil alkyd
短油度清漆 <含油量少的清漆> short-oil varnish
短油钙脂清漆 gold size
短油漆 <油漆中油脂较少的> short oil
短油清漆 <含油量少的清漆> short varnish
短油性邻苯二甲酸树脂清漆 short-oil type phthalic resin varnish
短油亚麻籽油醇酸树脂 short-oil linseed oil alkyd
短于6英尺 shorts
短于6英尺的木板 dead end
短余辉 short afterglow
短余辉电子管 fast screen tube
短余辉磷光体 rapid decay phosphor
短余辉荧光屏 fast screen; low-persistence screen
短原木 <可在车床上去皮的> veneer bolt
短圆材 block;bolts;yule log
短圆杆 spindle
短圆棍错齿线脚 roll billet mo(u)lding
短圆木 billet
短圆木材 bolt timber
短圆筒 short cylinder
短圆柱滚子轴承 cylindric(al) roller bearing; short cylindrical roller bearing
短圆柱形壳体 short cylindrical shell
短圆嘴钳 short round nose pliers
短源距中子测井 short spaced neutron log
短源距中子中子测井曲线 short spacing neutron-neutron log curve
短运距 short haul
短运距土方整平 short-haul grading
短匝道 short ramp
短暂保持方式 short-hold mode
短暂的 evanescent;momentary;short-lived
短暂的春夏两季气候 climate during brief spring and summer
短暂的湖 evanescent lake
短暂负荷状态 short-time load condition
短暂荷载 short-term load(ing)
短暂缓冲 short-term buffering
短暂浸洗 brief dip-wash
短暂静载 short-term static load
短暂开路 hit-on-the-line
短暂连续荷载 short-continued load
短暂连续静载 short-continued static load
短暂流 temporary current
短暂脉冲 short-term pulse
短暂浅湖 laguna
短暂情境障碍 transient situational disturbance
短暂状况 transient situation
短暂热 ephemeral fever
短暂溶剂 fugitive flux
短暂使用年限 short life
短暂示踪物 short-lived tracer
短暂水洗 brief wash
短暂停车 <驾驶员等在车内> live parking
短暂停留 brief pause
短暂停留时间 short residence time
短暂现象 short-lived phenomenon
短渣 short slag
短枕 block tie;short tie
短阵求和(法) matrix summation
短支撑的 low-studded
短支持器 swivel clip holder
短支谷 spur valley
短支线 rail spur
短支柱 puncheon;sprag;stub
短枝 brachyblast; dwarf shoot; short branchlet;short shoot
短枝修剪 spur pruning
短指令 short instruction
短趾 brachydactylia
短中心距皮带传动 short center belt drive
短中涌 moderate short swell; short moderate swell
短重 loss in weight
短重力波 short gravity wave
短重险 risk of shortage(in weight)
短周期 short cycle;short-time cycle
短周期变化 short-cycle variation; short-period variation
短周期变量 short-period variable
短周期波 short-period wave
短周期波动 short-period fluctuation
短周期不稳定性 short-term instability
短周期的 short-period
短周期地面运动 short-period ground motion
短周期地震计 short-period seismograph;short-period seismometer
短周期地震(记录)仪 short-period seismograph
短周期分潮 short-period constituent
短周期风成波 short-period wind wave
短周期海波 short-period sea wave
短周期彗星 short-period comet
短周期计数器 minor cycle counter
短周期假潮 short-period seiche
短周期结构 short-period structure
短周期摄动 short-period perturbation
短周期试验 short-period test
短周期衰落 short-period fading
短周期台阵 short-period array
短周期微震 short-period microseism
短周期项 short-period term
短周期运动 short-period mode of motion;short-period motion
短周期运动的稳定 short-term stabilization
短周期运动的自动稳定 short-term autostabilization
短周期章动 short-periodic(al) nutation
短周期振动 short-period oscillation
短周期重力波 ultra-gravity wave
短轴 brachy-axis;brachydiagonal;minor axis; output shaft; short axis;

stub axis;stub shaft;stud bolt
短轴背斜 brachy anticline
短轴背斜带 brachy anticline zone
短轴背斜圈闭 brachy anticline trap
短轴并列式 brachy-axis juxtaposed type
短轴串列式 brachy-axis tandem type
短轴复背斜 brachy anticlinorium
短轴复向斜 brachy synclinorium
短轴距 <汽车前后轴的间距> short base
短轴棱锥 brachy pyramid
短轴面【地】brachy pinacoid
短轴坡面【地】brachydome
短轴穹隆 brachydome
短轴镗床 short-shaft borer
短轴向斜【地】brachy syncline
短轴型电动机 pancake motor
短轴雁列式 brachy-axis echelon type
短轴柱 brachy-prism
短轴阻尼 vertical damping
短轴钻机 stub shaft drill(ing machine)
短柱 dolly;key post;puncheon;short column;stub column;stump;bitt <系锚缆用的>
短柱公式 short column formula
短柱石 narsarsukite
短柱锈菌属 <拉> Xenostele
短柱支撑的底层地板 post-supported floor
短柱状 short-prismatic
短柱状习性 short-columnar habit
短铸铁送风管 leg pipe
短转臂式装载机 short-boom loader
短转移 short branch;short jump
短桩 short pile;stub pile
短装 short shipment
短装货物 <船运> short-shipped cargo
短装货运 short shipment
短锥度规 short taper ga(u)ge
短字 short word
短字长级别数 number of extra shorths
短总状花序 short racemes
短纵梁 beam carling;carline;carling;main beam longitudinal
短纵梁底基 carling sole
短纵梁垫板 carling sole
短纵梁肘 carline knee
短纵裂木材 short split timber
短阻尼电表 short damping electric(al)meter
短钻 short borer
短钻孔灌注桩 short-bored pile[piling]
短钻套 drill(press)sleeve

段编号 segment number

段编码 segment encode
段编址 segment addressing
段变换表 segment map table
段标 section label;sector mark;segment mark
段标记 segment mark
段标题 section header
段标志 field mark
段表 segment table
段表表目 segment table entry
段表起始地址 segment table origin
段表入口 segment table entry
段查找变元 segment search argument
段长 division boss
段长度 field length;segment size;segment length
段出现 segment occurrence
段的描述符 descriptor for a segment
段等时信号 burst isochronous signal
段地址 segment address
段电极 segment electrode
段调入 segment call
段定义卡 segment definition card
段范围 segment limit
段方式 segmented mode
段分界点 division point
段共享 segment sharing
段故障 segment fault
段挂号任务 task of making segment known
段管线 depot track;line used by section;section line;shop track
段管线延展长度 extended length of the line used by section
段基地址 segment base address
段寄存器 segment register
段间 interstage
段间的 intersegmental
段间(离差)平方和频谱分析 squares sum of between group
段间引用 intersegment reference
段检索变量 segment search argument
段接炮棍 tamping pole of jointed sections
段节字 segmented word
段界 segment limit
段界标 section limit sign
段具体值 segment occurrence
段开销 section overhead
段孔 sector hole
段库 phase library
段类型 segment type
段类型码 segment-type code
段落 fragment
段描述符 segment descriptor
段描述符字 segment descriptor word
段名 section name;segment name
段末车站 stub type station
段末短行 break line;club line
段内(离差)平方和 squares sum of within group
段内(离差)平方和的和 sum of squares sum of within group
段驱动器 segment driver
段确认 segment acknowledgement
段失败 segment fault
段式 segmentation
段式程序 program(me)segmentation
段式调度 segmentation
段式管理 segment management
段式显示 segment display
段式硬件 segmentation hardware
段输出 segment output
段数据 segment data
段搜索自变量 segment search argument
段铁 iron leg
段同步 segment synchronization
段同步置定 segment sync set
段头 section header
段维修 depot maintenance
段修【铁】running repair;shed repair;repair in depot
段选择 segment selection
段页式 segmentation paging system
段终端 section termination
段属性 segment attribute
段转换 segment translation
段转换异常 segment translation exception
段子般的喷漆 satin finish lacquer

断背曲线 <以短直线连接的两条同向曲线> broken-back curve

断闭点【机】breaker contact;breaker point
断闭器弹簧 breaker spring
断壁 fault wall
断槽海底谷 fault trough submarine valley
断层【地】break;fault;paraclase;broken course;chasm;chop;dislocation;sca(u)r
断层隘口 fault gap
断层鞍部 fault notch;fault saddle
断层鞍状构造 fault saddle
断层岸 fault coast
断层半径 fault radius
断层崩落 fault breakout
断层闭合 fault closure
断层闭合差 fault misclosure
断层闭合度 closure of fault
断层闭锁作用 locking in geologic(al) fault
断层壁 fault wall
断层边界 fault boundary
断层编号 fault number
断层编号和名称 number and name of fault
断层变质作用 dislocation metamorphism
断层标志 criterion for faulting
断层不整合复合圈闭【地】fault-unconformity combination trap
断层擦痕 fault striae;fault striation;slickenside
断层擦痕面 slickenside;fault slickenside;slickensided surface
断层擦痕倾伏角 plunge angle of striation
断层擦痕倾伏向 plunge of fault striation
断层参数 fault parameter
断层槽 graben;subsidence trough;fault trough
断层槽湖 fault trough lake;sag pond
断层侧外丘 kernbut
断层产状变化特征 variation of fault attitudes
断层长度 fault length
断层成因 fracture genesis earthquake
断层充填情况 filling condition of fault
断层冲积扇 fault apron
断层错动 faulting;fault movement
断层大小 fault dimension;fault size
断层带 belt of fault;fault(ed)belt;fault(ed)zone;set of faults;shear zone;zone of fault;distributive fault
断层带编号 number of fault zone
断层带产状 attitude of fault zone
断层带处理 treatment of fault zone
断层带地下水 fault water
断层带控制点 control point of fault zone
断层带名称 name of fault zone
断层带网状(树枝状)错动面 braided slip surface
断层带总长度 total length of fault zone
断层的下落翼 downthrown
断层的右旋滑动 dextral slip on fault
断层堤 fault dam
断层堤泉 fault dam spring
断层地带 fault zone
断层地带流域 fault zone valley
断层地带山谷 fault zone valley
断层地块 fault block;massif
断层地貌 fault landform
断层地形 fault feature
断层地震 dislocation earthquake;fault earthquake
断层断距 fault throw;throw off faults
断层断裂 fault rupture
断层对比 fault correlation
断层方位 fault orientation
断层方向 fault trend
断层分段数 number of fault segments
断层分支 branch of fault
断层分支复原过程 branching renewal process of occurrence
断层缝 faulted joint
断层高原 dislocation plateau;fault plateau
断层工作 broken range work
断层沟 fault trench
断层谷 dislocation valley;fault valley
断层拐点位置 location of fault inflexion
断层规模 fault range;fault scale;fault size;scale length of faults
断层海岸 fault coast
断层(海)岸线 fault shoreline
断层海湾 fault embayment
断层痕迹 trail of the fault
断层痕迹宽度 width of fault trace
断层湖 tectonic lake
断层湖泊 accidental lake
断层滑动 fault slip(page)
断层滑动面 slipped area of fault
断层活动 faulting
断层活动程度 activity of faults
断层活动期次 stages and sequence of faulting
断层活动性 faulting activity
断层机制 fault mechanism
断层迹 fault trace;trail of fault
断层迹带宽度 width of fault trace
断层脊 fault ridge;bridge of fault
断层间隔 fault space
断层间距 interval of faults
断层交叉点 intersection of faults
断层交叉点位置 location of fault intersection
断层胶结情况 cementing condition of fault
断层角砾层 fault breccia
断层角砾岩 crust breccia;dislocation breccia;fault breccia;friction(al) breccia
断层角砾岩带 fault breccia zone
断层角盆地 fault-angle basin
断层阶地 fault bench;fault terrace
断层接触 faulted contact
断层节 node of fault
断层经过地点 locations passed through by fault
断层镜面 fault polish
断层距 distance from fault
断层掘进 fault piercing
断层坑 fault pit
断层控制的河流 fault-controlled stream;fault control stream
断层块 massif
断层矿床 fault deposit
断层矿脉 fault vein
断层扩展 fault propagation
断层类型 fault pattern;fault type
断层类型和性质【地】type and property of fault
断层力学 fault mechanics
断层裂缝 fault break;fault fissure
断层裂谷 fault rift;fault trough
断层裂纹 fault fissure
断层裂隙 fault crevice;fault fissure
断层露头 fault outcrop;outcrop of fault
断层落差 fault throw;throw of faults
断层落距 fault drop
断层脉 fault vein
断层脉壁泥 gouge
断层煤线 coal leads
断层密度 density of faults
断层面 divisional plane;fault surface;fault plane;fault plate
断层面产状 attitude of fault surface
断层面等高线图 contour map of fault surface
断层面倾角 dip angle of fault surface
断层面倾向 dip of fault surface

断层面特征 feature of scarp surface
断层面弯曲度 curvature of fault surface
断层面走向 strike of fault surface
断层磨光面 fault polish
断层泥 clay gouge; fault clay; fault gouge; gouge; pug; selvedge; selvage
断层泥带 fault gouge zone
断层黏[粘]土 fault clay
断层盆地 dislocation basin; fault basin
断层盆地湖 fault basin lake
断层频度 frequency of fault
断层破裂 fault rupture
断层破裂长度 fault rupture length
断层破裂带 fault fractured zone
断层破裂缝 faulting rupture crack
断层破碎带 fault crush zone; fracture zone; shattered fault zone
断层破碎带处理 treatment of fault-fracture zone
断层破碎带渗漏 leakage in fault zone
断层期次和时代 phase and chronology of fault
断层砌石 broken range work
断层牵连 fault drag
断层切割地层 faulted strata
断层倾角 co-hade; fault dip
断层倾向 fault dip
断层倾斜 fault dip
断层区 area of faulting; fault region; fault zone
断层圈闭 fault trap
断层泉 barrier spring; fault spring
断层群 fault apron; fault bundle; fault group; fault complex
断层容矿构造 ore-containing structure of fault
断层蠕动 fault creep
断层三角面 fault facet; triangular facet of fault
断层扫描器 section scanner
断层山 mountain of dislocation
断层山地 faulted mountain
断层山岭 faulted mountain
断层山脉 dislocation mountain
断层上块【地】upfaulted block
断层上盘 upper wall; hanging wall
断层上倾尖灭复合圈闭【地】fault-updip edge out combination trap
断层伸角 hade(of fault)
断层伸向 hade(of fault)
断层深度 fault depth
断层渗透率 fault permeability
断层生长犁式 growing pattern of fault
断层生长速度 growing rate of fault
断层生长指数 growth index of fault
断层石块 fault block
断层石砌 <不同高度的石块砌筑> broken range work; broken range masonry
断层石砌体 random work
断层石圬工 broken range masonry
断层时代确定依据 basis for dating fault
断层视运动 apparent movement of faults
断层收缩 necking
断层束 fault bundle
断层水 fault water
断层水系 offset stream
断层探测器 fault detector
断层体 fault body
断层通道 passage of fault
断层图 fault map; map of faults
断层拖曳模式 fault-drag mode
断层外侧丘【地】kernbut
断层外侧洼 kerncol
断层外缘坝 faulted outer edge bar
断层弯折 bend of fault
断层网 network of fault
断层位错地震 dislocation earthquake
断层位移 fault displacement; fault throw
断层位移测量 fault displacement measurement
断层位置 fault location
断层系 fault system; system of faults
断层系统图 diagram of fault system
断层峡谷 fault gap
断层下块【地】down faulted block
断层下盘 lower wall; heading wall
断层下岩体 footwall; heading wall
断层现代活动特征 feature of recent movement
断层现代活动性 recent activity of fault
断层线 dislocation line; fault line; fault trace; rent of displacement; rift
断层线谷 fault-line valley
断层线性体【地】fault lineament
断层线崖 fault-line scarp
断层线走向 strike of fault line
断层消失方式 ways of fault terminating
断层效应 effect of fault
断层形成时代 chronology of faulting
断层型式 fault pattern
断层性质 fault nature
断层悬崖 fault scarp
断层崖 cliff of displacement; fault cliff; fault escarpment; fault ledge; fault scarp
断层崖高度 height of fault scarp
断层崖宽度 width of fault scarp
断层崖坡度 slope of fault scarp
断层崖特征 feature of fault scarp
断层崖位置 location of fault scarp
断层延伸深度 extend depth of fault
断层岩 fault rock
断层岩粉 fault-related flour
断层岩构造 structure of fault rock
断层岩结构 texture of fault rock
断层岩类型 type of fault rock
断层岩屑 fault debris
断层岩性质 lithology of fault rock
断层岩颜色 colo(u)r of fault rock
断层岩组分分布 distribution of composition in fault rock
断层堰塞泉 fault dam spring
断层仪 fault ga(u)ge
断层移动河 offset stream
断层移距 fault displacement
断层异升高度带 abnormal rise zone of fault
断层影响 effect of fault
断层壅水泉 fault dam spring
断层油藏 fault pool
断层余角 <矿脉或断层面与垂直线所成的角> hade; fault hade; angle of hade
断层运动 faulting; fault motion; fault movement
断层照相机 laminagraph
断层照相术 laminagraphy
断层遮挡 fault barrier
断层褶皱 fault fold; fault-folding
断层褶皱活动 fault-folding activity
断层支护 fault protection
断层走向 fault strike; strike fault; trend of a fault
断层阻截泉 fault dam spring
断层阻塞泉 fault dam spring
断层组 fault group; fault set; group of faults
断层组合 fault complex
断层作用 effect of fault; fault action; fault effect; fault movement; faulting
断层作用长度 faulting length; length of faulting
断叉线 branch line
断船整捞 integrally raising of fractured wreck
断错【地】dislocation; displacement; fault throw
断错变质 dislocation metamorphism
断错地层 offset of strata
断错地震 dislocation earthquake
断错海岭 offset ridge
断错角砾岩 dislocation breccia
断错山脊 offset ridge
断错岩脉 offset of veins
断带检测 broken tape detection
断点 break(ing) point
断点插入 break-point insertion
断点俘获 break-point trap
断点符(号) break-point symbol
断点故障 break-point fault
断点加氯法 break-point chlorination
断点开关 break-point switch
断点命令 break-point command
断点停机 break-point halt
断点停止 break-point halt
断点信息 break-point information
断点指令 break-point instruction; break-point order
断点自陷 break-point trap
断电 breakaway; current absence; current failure; de-energise [de-energize]; deenergization; lack of current; memory dump; power failure; power outage; supply failure; switch off
断电保护 power-off protection
断电保护屏 disconnecting protective panel
断电臂 breaker arm
断电臂弹簧 breaker arm spring
断电臂调整螺钉 breaker arm adjusting screw
断电表示器 power-off indicator
断电触点清洁片 contact points cleaning plate
断电的继电器 deenergized relay
断电顶锻留量 current-off upset allowance
断电顶锻时间 upset current-off time
断电定时 breaker timing
断电故障 disconnection fault
断电后重新启动 dump and restart
断电路 breaking of contact; deenergizing; interruption of contact
断电器 breaker; circuit breaker; cut-out; interrupter; timer
断电器板 breaker plate
断电器电流线圈 cut-out current coil; cut-out voltage coil
断电器符号 relay symbol
断电器活动托架 movable breaker disc
断电器接触时间 duration of breaker contact
断电器壳 cut-off shell
断电器凸轮 breaker(point) cam
断电时保护设备安全系统 fail-safe system
断电时间 opening time
断电式点火 make-and-break ignition
断电试验 input rejecting test
断电弹簧 spring to break
断电信号 shut-off signal
断电选择装置 relay selective device
断电周期 deenergized period
断电装置 releasing device
断掉 breakaway
断定 assertion; predicate; sense; vouch
断定年代 dating
断定语句 assertion statement
断断续续的绿篱 intermittent screening
断断续续的屏蔽 intermittent screening
断断续续焊接 intermittent weld
断缝 break(ing) joint; broken joint
断缝谷 rift valley
断缝宽度 fracture gap opening
断缝瓦 broken joint tile
断干 trunk snap
断高【测】broken height; broken level(l)ing
断根 root pruning
断拱 broken arch
断钩 breakage of coupler
断谷侧圈闭 fault-valley-side trap
断谷湖 rift valley lake
断管【岩】breaking off
断轨 broken rail; rail breakage
断轨保障 broken rail protection
断轨救急接头 emergency rail-joint
断轨拉开轨缝 pull-apart of rail
断轨状态 broken rail state
断辊 roll breakage
断航 interruption of shipping; navigational pause
断合断触点 break make break contact
断合接点 break-make contact
断弧 arc break; arc interruption; breaking of arc
断环路放大 broken-loop amplification
断火 brennschluss; cut-off
断火喷嘴 blow-off nozzle
断火切条 fire cut
断级配 gap gradation
断脊曲线 broken-back curve
断急闪 interrupted quick flashing
断夹尖线 tip line
断夹块 horse
断角 angle of rupture
断角术 disbudding
断阶带 fault step zone; step-fault zone
断阶滑水速度 hump speed
断阶聚集带 accumulation zone of fault terrace
断接 breaking of contact; interruption of contact
断筋机 reinforcement bar shear cutter
断距 displacement of fault; fault displacement; fault throw; throw
断绝 break off; divorcement; sever; severance
断绝地 badland; broken terrain; closed country; cross country; intersected country; rugged topography
断绝关系 break with
断开 bond-breaking; break off; cleavage; cut-out; declutch; deenergization; disclutching; disconnection; discoupling; key out; kick-off; killed; make head; opening; release; sever; switching-off; switch out; throw off; turn-off; unlocking
断开按钮 cut-off push button; disengage button; trip push button
断开程序 interrupt routine
断开触点 blocking contact; break contact; cut-off contact
断开触点簧片 break contact spring
断开的 broken; disjunct; killing; off-state; open-circuited; opened
断开的连接片 link off
断开的毛细孔 segmented capillary
断开点 breakaway point; breaking

D

down point; cut-off point; cut-out point
断开电流 breaking current
断开电路 blow; break contact; break the circuit; open a circuit
断开电路操作 open circuit operation
断开电源 source off; source out
断开电阻 off resistance
断开多边形 broken polygon
断开阀 disconnection valve
断开分离装置 kick-off
断开杆 release lever
断开管 off-tube
断开接点 break contact; dead contact; open contact
断开力 breakaway; breakout load; release load; tearaway load
断开连接 release connection
断开联系 decouple
断开链路 logoff
断开脉冲 break impulse; tripping impulse
断开器 disengager
断开请求 clear request
断开容量 interrupting capacity
断开时间 break delay; break time; off period; off (-state) time; opening time; open time; trip time; turn-off time
断开式安全装置 breakaway release
断开式联轴节 breakaway coupling
断开式门框 split frame; split jamb
断开式装置 breakaway release
断开速度 opening speed; opening velocity
断开弹簧 cut-off spring
断开位置 off position; open position
断开握柄 disengagement lever
断开线 break line; broken section line; striping
断开线路 open circuit line
断开效应 throw-off effect
断开信号 cut-off signal; disconnect signal
断开延迟 switch-off delay; turn-off delay
断开延迟时间 turn-off delay time
断开语句 disable statement
断开装置 disconnector; trip; tripping device
断开状态 off-state
断开字 disable word
断口 fracture (surface); nick; rent; surface of fracture
断口带 fractured zone
断口等级 fracture grade
断口低倍检验 macrofractography
断口电子显微镜检验 electron fractography
断口度数 fracture number
断口分析 fracture analysis
断口分析图 fracture analysis diagram
断口构造 fracture texture
断口检查 fracture surface examination
断口结构 fracture texture
断口快门 chopping shutter
断口面 fracture face
断口面积 area of fracture; fracture area
断口敏感性 section sensitivity
断口试验 fracture test; nicked fracture test
断口收缩率 reduction of area at fracture
断口外观 appearance of fracture; fracture appearance
断口外观检验 appearance fracture test
断口外观试验 appearance fracture test
断口显微分析 fractography
断口显微观察(术) fractography
断口形貌学 fractography
断口形状 appearance of fracture
断口转变温度 fracture transition temperature
断口组织 fractograph
断口组织的照片 fractograph
断口组织检验 fractography
断块 block; lifted block; fault block【地】
断块边缘 margin of fault block
断块储量 block reserve
断块地貌 fault-block landform
断块地堑谷 rift-block valley
断块构造 basin range structure; block structure; fault-block structure
断块构造学说 fault-block tectonics theory
断块谷 fault-block valley
断块海岸 block coast
断块海岭 block ridge; nematath
断块环形体 circular features of faulted blocks
断块剪切试验 block shear test
断块盆地 block basin; fault-block basin
断块盆岭 basin range
断块潜山带 fault-block buried hill zone
断块区 fault-block region
断块山 block mountain; block structure; fault-block mountain; faulted mountain; rift-block mountain
断块山海岸 block mountain coast
断块山岭 basin range
断块山岭构造 basin range structure
断块型 fault-block type
断块油藏 fault-block pool
断块油气田 fault-block oil-gas field
断块运动 block movement; fault-block movement
断蕾 cutting-off male flower cluster
断肋器 rib-cutter
断离的 disjunct
断离继电器 cut-off relay
断离式构造【建】discontinuous construction
断连比 cut-to-tie ratio
断链【测】broken chain (age); broken chaining peg; chain rupture; short stopped chain
断链醇酸树脂 chain stopped alkyd
断链聚合物【化】stopped polymer
断链桩【测】broken chain stake
断链作用 chain scission
断裂 abruption; blowout; breakage; breakdown; breaking (down); broken course; collapsing; cracking; crippling; disruption; failure (breaking); flying-off; fracture; fragmentation; outbreak; rupture; break; fault【地】; rift【地】
断裂安全设计 fracture safe design
断裂安全销 breaking pin
断裂半径 radius of rupture
断裂背斜带 fault anticline structure zone
断裂边界 fracture boundary
断裂标志 signs of failure
断裂表面 fracture(d) surface
断裂表面能 fracture surface energy
断裂部分 breakdown zone
断裂槽 breaking groove; scoring groove <罐车放出阀>
断裂长度 breaking length; fault rupture length
断裂常数 break-up constant
断裂初始抗力 fracture initiation resistance
断裂储水构造 storage structure of fault
断裂处的实际应力 actual stress at fracture
断裂处颈缩 contraction at fracture
断裂处局部伸长 local elongation at fracture; local extension at fracture
断裂处延长 elongation of rupture
断裂大陆边缘 rifted continental margin
断裂带【地】fracture zone; faulted zone; fractural zone; rupture zone; shatter belt; shatter zone
断裂带穿过地层 strata cut through by fault
断裂带宽度 width of fault zone
断裂带离散系数 coefficient of divergence
断裂带倾伏系数 coefficient of plunge
断裂带特征 feature of fracture zone
断裂倒转褶皱 faulted overfold
断裂的 broken; cracked
断裂的表面能 surface energy of fracture
断裂的临界应力 critical stress for fracture
断裂的形成 formation of cracks
断裂的岩石 fractured rock
断裂的直角圬工墙角 bay quoin of masonry wall
断裂的主要原因 major cause of failure
断裂地槽 taphrogeosyncline
断裂地层 broken ground
断裂地带【地】rift zone
断裂地块 fault block
断裂地貌 geofracture
断裂地堑谷 rift-block valley
断裂点 breakaway point; breakdown (down) point; breaking point; point of failure; point of fracture; point of rupture; rupture point
断裂点试验 breaking point test
断裂动力学 fracture dynamics
断裂方式 fracture pattern
断裂分析 failure analysis; fracture analysis
断裂分析图 fracture analysis diagram
断裂缝 breaking crack; breaking joint; faulted joint; joint of rupture
断裂负荷 critical load (ing); failure load; fracture load; load at failure
断裂负载 breaking load; crippling loading; crushing load; fracture load; load at fracture; load at rupture
断裂概率 fracture probability
断裂格架 framework of faults
断裂功 fracture power; fracture work; work of fracture
断裂构造 fault structure
断裂构造地球化学 fracture tectonogeochemistry
断裂谷 dislocation valley; fault valley; fracture valley; rift trough; rift valley; vale
断裂观测 fracture observation
断裂过程 breaking down process; fracture process
断裂含水带 water-bearing fault zone; water-bearing fracture zone
断裂和挤压试验 tensile and compression test
断裂荷载 breaking load; breaking weight; cracking load; crippling load(ing); crushing load; disruptive load; fracture load; load at fracture; load at rupture; load of breakage; rupturing load
断裂花纹 fracture pattern
断裂活动段 faulting segment
断裂机理 fracture mechanism; mechanism of fracture
断裂极限 break (ing) limit; fracture limit
断裂极限状态 limit state of rupture
断裂剂 bond-breaking agent; clastogen
断裂检查器 break detector
断裂角 angle of break(ing up); angle of rupture
断裂节理 break(ing) joint
断裂结构 faulted structure; fracture structure; rift structure
断裂截面 breaking section; fracture section
断裂晶体 fracture crystal
断裂颈缩 reduction of area at fracture
断裂镜面 fracture mirror
断裂距 fault distance
断裂抗压强度 rupture compressive strength
断裂空隙 fracture opening
断裂控制系统 fault-controlled system
断裂矿层 faulted seam
断裂扩展 fracture propagation
断裂理论 fracture theory
断裂力 breaking force
断裂力矩 breaking moment; moment of rupture
断裂力系数 breaking force coefficient
断裂力学 fracture mechanics; mechanic of fracture
断裂零件 fractured part
断裂龙头 shut-off cock
断裂路径 fracture path
断裂蔓延 fracture propagation
断裂密度 density of faults
断裂面 break plane; broken-out section; discontinuity surface; fracture plane; plane of break; plane of cleavage; plane of disruption; plane of rupture; rupture surface; surface of fracture
断裂面边缘 edge of fracture
断裂面检验 fracture test
断裂面倾角 dip angle of fracture surface
断裂面倾向 dip of fracture surface
断裂面倾斜 fracture plane inclination
断裂面位置 locus of discontinuity
断裂面线 locus of discontinuity
断裂模量 modulus of rupture; rupture modulus; rupture of modulus
断裂模量试验 modulus of rupture test
断裂模式 tear reaction
断裂模数 modulus of rupture; rupture modulus
断裂模型 fracture model
断裂磨耗 fracture wear
断裂磨损 fracture wear
断裂能量 <使物体破坏时所作的功> energy of rupture; energy to failure; energy to fracture
断裂盘 rupture disc[disk]
断裂判据 failure criterion; fracture criterion
断裂盆地 fault basin
断裂频率 fracture frequency
断裂剖面 fracture profile; fracture section
断裂起始 start of fracture
断裂强度 breaking (down) strength; breaking tenacity; crippling strength; fracture strength; rupture strength; strength of fracture; strength of rupture
断裂强度试验 breaking strength test
断裂强力 breaking force; breaking

strength
断裂倾向 tendency to cracking;tendency to fracture
断裂区 breaking zone;fracture zone;zone of fracture
断裂区域 region of fracture
断裂韧度 fracture toughness
断裂韧性 critical stress intensity factor; fracture toughness; fracture toughness property; toughness of fracture
断裂韧性试验 fracture toughness test
断裂韧性试样 fracture toughness specimen
断裂伸长 elongation at break;elongation at rupture;extension at break;rupture elongation;ultimate elongation
断裂伸长度 elongation at break;elongation at rupture
断裂伸长率 crack extension rate
断裂失效准则 fracture failure criterion
断裂(时的)拉伸 elongation at rupture
断裂时剪切强度 rupture shearing strength
断裂时剪切应力 rupture shearing stress
断裂时拉应力 rupture tensile stress
断裂时力矩 rupture moment
断裂时伸长 rupturing elongation
断裂时试样的拉伸 elongation at rupture
断裂时试样伸长量 elongation at rupture
断裂时弯曲角 rupture bending angle
断裂时延伸(率) elongation at fracture
断裂时应力状态 rupture stress condition
断裂时张应力 rupture tensile stress
断裂试验 abruption test;breadthwise (down) test; breakdown test; breaking down test;break test;destructive test; disruption test; fracture test; puncture test; rupture test;breaking test
断裂试验仪 fracture tester;folder
断裂收缩 reduction of area at fracture
断裂瞬间 instant of failure
断裂所吸收的能量 energy absorbed in fracture
断裂套管柱 parted casing
断裂特征 fracture characteristic
断裂体系 framework of faults
断裂条件 breaking condition; failure condition;rupture condition
断裂突水 bursting water of fault
断裂弯矩 breaking bending moment
断裂危险 risk of breakage
断裂位能 fracture potential
断裂温度 fracture temperature
断裂纹 failure crack
断裂纹扩展速度 fracture speed
断裂吸收能 energy absorbed in fracture
断裂系【地】rift system
断裂系统 fracture system;framework of faults
断裂系统图 fracture system map
断裂先端 crack lip
断裂现象 phenomenon of rupture
断裂线 fracture line; geosuture; line of failure; line of fracture; rupture line
断裂线原理 fracture line theory
断裂限度 breaking limit
断裂效应 disruptive effects
断裂形成的山 mountain formed of faults
断裂形式 fracture pattern
断裂型热储 fracture reservoir
断裂性质 fracture nature
断裂压力 breakdown pressure;breaking pressure
断裂延伸 breaking extension
断裂延伸率 breaking elongation; elongation at break
断裂应变 breaking strain; rupture strain;strain to failure
断裂应力 breaking stress; crippling stress; fracture strength; fracture stress; rupture stress; stress-at-break; stress to rupture; tearing strain
断裂与背斜交接地段 intersection fractures of fault with anticline
断裂源 fracture origin
断裂运动 fault movement; rhegmagenesis; tafrogeny [taphrogeny]; taphrogenesis;faulting
断裂载荷 crippling load(ing);crushing load
断裂张力 breaking tension
断裂褶皱带 fault-fold belt
断裂褶皱形成的山 mountain formed of disrupted folds
断裂指数 breaking index
断裂重量 breaking weight
断裂转变温度 fracture transition temperature
断裂状态 fracture state
断裂准则 fracture criterion
断裂阻力 fracture resistance
断裂阻延 fracture arrest
断裂作用 abstriction;faulting
断流 blanking; blinding; closing a flow;cut(ing)-off;cutting out;set(ting) off; water-break; water interception
断流按钮 stop button
断流板 blank;blind;cut-out board
断流点 break point;point of zero flow
断流电弧 interruption arc
断流阀 cut-off valve;cut-out valve;disconnection valve;shut-off valve;stop-gate valve;stop(ping) valve;trip valve
断流阀式岩芯管 <岩芯自卡时隔断冲洗液> water cutoff core barrel
断流阀式岩芯管接头 water cutoff head
断流阀芯子 stop valve spindle
断流河 interrupted stream
断流滑阀 cut-off slide valve
断流计算机 cut-off computer
断流继电器 fluid supply suspension relay
断流继电器电转子弹簧 cut-out relay armature spring
断流继电器附件 cut-out relay armature
断流开关 chopper switch;cut-off switch
断流龙头 shut-off cock
断流器 circuit breaker; cut-off device; current breaker; cut-out (relay);rheotome
断流器并联线圈 cut-out relay shunt coil
断流器盒 cut-out box
断流器接触点托架 cut-out relay contact bracket
断流器箱 cut-out box;fuse box
断流熔丝 cut-out fuse
断流塞 cut-out plug;disconnecting plug
断流栓 cut-out plug
断流水位 stage of zero flow
断流调节 cut-out governing
断流信号 cut-off signal
断流闸 cut-off value;stop valve
断流闸门 stop gate;stopping knife
断流装置 shut-down feature
断隆带 fault-upwarping belt
断隆区 fault-upwarping region
断路 breakage; breaking of contact; cut(ting)-off; cut(ting) out; disconnect(ion); interruption (of circuit); linear switching; open circuit;releasing;shut-down;trip-out;turn-off; turnout; breaking circuit【电】; broken circuit【电】; circuit break【电】
断路按钮 break button;cut-off key
断路百分数 percent break
断路比 cut-off ratio
断路插塞 disconnecting plug
断路插头 circuit-breaker plug
断路触点 opening contact
断路的 broken;open-circuited
断路电磁铁 trip(ping) magnet
断路电动机 chopper motor
断路电键 break key;trip key
断路电浪式点火系统 open surge ignition system
断路电流 breaking current; turn-off current
断路电平 break level;trip level
断路电势 open circuit potential
断路电压冲击 break shock
断路二极管 isolating diode; isolation diode
断路阀 shut-off valve
断路方法 disconnecting mean
断路感应电流 break induced current
断路故障 disconnection fault
断路火花 break spark;wipe spark
断路继电器 circuit breaker;circuit-opening relay; cut-off relay; cut-out relay;shut-down relay
断路检查试验 circuit test;continuity test
断路键 break key
断路接触器 cut-off switch; shut-off contact;shut-off mechanism
断路接点 break contact; open circuit contact
断路接头 break connection
断路开关 circuit breaker; cut-off switch; cut-out switch; disconnecting switch;disconnection switch;isolating switch; shut-down switch; switch disconnector
断路开关地线 disconnect ground wire
断路脉冲 brake pulse;breaking pulse
断路脉冲发生器 break pulse generator
断路器 automatic interrupter; breaker; breaking device; chopper; contact maker; cut-out (switch); disconnector; disengaging device; disjunctor;interrupter;isolating link;isolating [isolation] switch; killer; line breaker; line protection breaker;release;shutter;tripper
断路器按钮 cut-off push
断路器板 breaker plate;circuit-breaker plate
断路器触点 breaker contact point
断路器瓷套 porcelain shell for circuit breaker
断路器单元 circuit-breaker unit
断路器定时 breaker timing
断路器盖 breaker cover
断路器杆 breaker lever
断路器杆轴 breaker lever axle
断路器缸 circuit-breaker cylinder
断路器杠杆 kickout lever
断路器开关 killer switch
断路器类型 ultimate of breakers
断路器失灵保护(装置) breaker failure protection
断路器凸轮 breaker cam
断路器凸轮轴 breaker camshaft
断路器脱扣线圈 breaker trip coil
断路器用蓄电池 tripping battery
断路器油箱 circuit-breaker oil-storage tank
断路器制动片 blade latch
断路器主触头 breaker main contact
断路器主活塞杆 kickout master cylinder
断路绕组 open circuit winding
断路容量 breaking capacity;interrupting capacity
断路塞 shut-off plug
断路时的电弧 break arc
断路时计 break-circuit chronometer
断路时间 disconnecting time; interrupting time
断路试验 disconnection test
断路速度 breaking velocity
断路位置 disconnected position; off-port;off position;open position
断路位置测定器 chorograph
断路位置联锁 off-position interlock
断路线圈 cut-off coil
断路信号 line break signal
断路闸 circuit breaker
断路指令【计】clearance order
断路装置 breaking arrangement; circuit interrupting device;trip gear
断路状态 off-state
断螺顶 decollation
断落侧 downcast side
断面 cross-section; section; sectional plane;lateral section <指测量或计算的>; fracture; fracture (d) plane; fracture surface; plane of fracture;plane of rupture <指断裂形成的>
断面 X 射线照相术 laminography; planigraphy;sectional radiography; tomography
断面凹 concave of fault surface
断面比 blockage factor;cross-sectional ratio; wetted midship and canal area ratio <指船中水下面积与运河断面面积的比值>
断面不均匀性 cross-sectional non-uniformity
断面不受力部分 dead area
断面草测 sectional sketch
断面草图 cross-section sketch; diagrammatic sectional drawing
断面测绘器 profilograph; profilometer
断面测量 cross-sectional survey; cross-sectioning; cross-section measurement; profiling; range survey;section(al) survey;sectioning; hydrographic(al) cast <罕用>
断面测量误差 profiling error
断面测量仪 bottom profiler; profile meter
断面测流次数 frequency of determined flow over cross-sections
断面测深 sounding of cross section
断面测图 profile plotting
断面常数 section(al) constant
断面尺寸 cross dimensions
断面带间距 distance between profiles
断面单位能量 specific energy of cross section
断面的 sectional
断面的经济型式 economic shape of cross-section
断面的矩心 centroid of area

断面等水温线 isothermobath
断面点 profile point
断面调查 section surveying
断面二次半径 radius of gyration of area
断面法 cross-sectional method; method of sections; range method; sectional method
断面符号 profile symbol; section symbol
断面高差 cross fall
断面高度 profile height
断面观测 fixed line observation; sectional observation
断面惯性矩 second moment of area
断面惯性力矩 geometric(al) moment of inertia
断面号数 range number; sectional number
断面厚度 section thickness
断面绘图设备 profile plotter; profile plotting attachment; profile plotting device
断面积 basal area
断面积百分率 area percentage
断面积曲线 area curve; sectional area curve
断面积收缩率 contraction percentage of area
断面积调节法 basal-area regulation
断面基线 baseline of section
断面急剧变化的点 point of rapid section change
断面集装箱 cross-section container
断面记号 end mark
断面记录 profiling
断面间隔 profile interval
断面间距 profile interval; profile spacing
断面减少 reduction in area
断面减少量 reduction of cross-section(al) area
断面减缩率 area reduction; reduction in area
断面渐变段 transection zone of cross-section; transition zone of cross section
断面渐变沟 tapered gutter
断面景象 cross-sectional view
断面客流量 cross-sectional passenger volume
断面空蚀 profile cavitation
断面控制 section control
断面扩大产生的水头损失 loss head due to enlargement; loss of head due to enlargement
断面类型 cross-section type
断面量测设备 profile measuring aid; profile measuring plant
断面量测装置 profiler
断面裂纹 section crack
断面流量 cross-sectional volume
断面流量公式 formula of sectional flow rate
断面流速 section velocity
断面流速分布 cross-section velocity distribution
断面轮廓 profiled outline
断面轮廓线 range line profile
断面面积 cross-sectional area; range area; sectional area; section line profile; range line profile < 水库某一断面线上的 >
断面面积曲线 area curve
断面模板 profile form
断面模量 modulus of section; section-(al) modulus
断面模数 modulus of section; section-(al) modulus
断面模型 profile model
断面模型试验 cross-section model test; profile model test
断面平均风速 average velocity in cross-section; mean velocity in section; overall mean velocity
断面平均含沙量 mean sediment concentration in-section
断面平均流速 average velocity in cross-section; mean velocity in section; overall mean velocity
断面平均流向 mean flow direction in section
断面平均水深 mean water depth in section
断面平均速度 overall mean velocity
断面破碎地段 fractured fault zone
断面翘曲 warping of cross-section
断面曲线 area curve; section curve
断面缺陷肉眼检验 macrostreak flaw test
断面扫描 profile scanning
断面示意图 diagrammatic sectional drawing
断面试验水槽 model test flume
断面收缩 contraction of area; cross-section reduction; narrowing; neck (down); reduction of area; contraction of (cross sectional) area; reduction of cross-section(al) area
断面收缩产生的水头损失 loss of head due to contraction
断面收缩率 contraction percentage of area; percentage of area reduction; percentage reduction in area; percentage reduction of area
断面收缩作用 cross-section contraction action; necking-down action
断面数据 profile data
断面数据采集 profile data collecting
断面水准测量 section level(l)ing
断面缩减率 reduction of area
断面缩小 weakening of the cross-section
断面索 tag line
断面索法 location by cross section with rope; section wire method
断面索水深定位 locating soundings by stretching wire
断面特性 property of section
断面投影器 profile projector
断面投影仪 contour projector
断面突变 abrupt change of cross-section
断面图 cross-sectional drawing; cross-sectional diagram; cutaway drawing; elevation; profile diagram; profilogram; sectional drawing; sectional view
断面图纸 profile paper
断面外观 appearance of the fracture
断面外形 section configuration
断面系数 blockage coefficient; blockage factor; coefficient of section; modulus of section; section factor; section modulus
断面系统 area system; range system; sectional system
断面线 cross hatching; section(al) line
断面线法 profile line method
断面线间距 section line spacing
断面形状 cross-sectional shape; profile; sectional form; section configuration; shape of cross-section
断面形状稳定的河槽 fixed-geometry channel
断面形状系数 coefficient of section-(al) form; shape factor of cross-section
断面性质 property of section; sectional property
断面选择 choice of cross-section; choice of profile
断面仪 profiler; profilograph; profilometer
断面仪上的探测轮 calibration wheel
断面因数 section factor
断面增大 increase of cross-section
断面照准仪 sectional alidade
断面折减 reduction of cross-section
断面直径差 diameter difference of cross section
断面纸 section paper
断面骤大损失 loss due to sudden enlargement
断面骤小损失 loss due to sudden contraction
断面逐渐扩大 gradual enlargement of section
断面逐渐缩小 gradual contraction
断面桩【测】cross-section line stake
断面装置 surface-mounted installation
断面总面积 gross cross-sectional area; gross sectional area
断面总平均流速 overall mean velocity
断面总深度 overall depth of section
断面阻力 profile drag
断面最大浓度 cross-sectional maximum concentration
断木机 slasher
断盘 fault wall
断盘牵引褶皱 drag folds of fault
断盘相对位移 relative displacement of fault walls
断片 fracture; fragment; piecemeal; section
断片长度 length of horse
断片的地层 strata of horse
断片厚度 thickness of horse
断片问题 fragmentation problem
断片形状 shape of horse
断坪 flat
断坪位置 location of flat
断坡 ramp
断坡位置 location of ramp
断气 air-off; pressure release
断汽 cut steam
断汽调节器 cut-off governor
断钎 < 凿岩机的 > rod breakage
断钎打捞器 drill steel extractor
断桥 bridge cut-off
断桥继电器 bridge cut-off relay
断桥试验 bridge cut-off test
断缺 breakthrough
断缺螺纹 slipped thread
断然 point-blank
断然的 pronounced
断热热量表 adiabatic calorimeter
断入 break
断绳保护装置【机】safe device against rope break
断绳保险装置 parachute gear
断绳打捞矛 rope worm
断绳防坠器 grip block; parachute; holding apparatus < 起重机 >
断绳防坠器抓爪 parachute cam; safety catches cam
断绳器 < 事故处理工具 > blind rope chopper
断式阀 off type valve
断水 water-break; water shutoff
断水器 cut-off device; water circuit breaker
断水情况 hydrocide situation
断水信号 shut-off signal
断水旋塞 corporation cock
断丝 broken wire; loose weld
断丝检测器 yarn break detector
断损 breakdown
断损的山头 mutilated pediment
断损的檐口 mutilated cornice
断损范围 failure zone
断损区域 failure zone
断胎头钩 Braun's hook; decapitating hook
断条扭转花纹 rope figure
断通 open close
断通开关 lapping switch
断头 behead; broken end; down end; dropped end; end down; end out; missing end; dead end < 道路的 >
断头侧线 dead-end siding
断头的 dead-ended
断头谷 beheaded valley
断头河 beheaded river; beheaded stream; beheading; captured river; captured stream; stream beheading
断头接合器 splicer
断头街道 dead-end street
断头路 dead-end path; dead-end road; dead-end street
断头率 < 纤维 > fiber breakage
断头螺丝取出器 screw extractor
断头器 decapitator
断头指示器 dropped end detector
断头砖 bat
断弯钢筋 reinforcement cutting and bending
断弯钩纤维 broken-hooked fiber[fibre]
断网 network breaking
断尾 betrunking
断尾河 betrunked river; betrunked stream; stream betrunking
断纬 broken pick
断隙 fault crevice
断线 breakage; broken line; killed line
断线岸 fault-line scarp
断线谷 fault-line valley
断线谷滨线 fault-line shoreline
断线故障 broken conduct fault
断线继电器 line-break relay; wire-break relay
断线检测器 thread break detector
断线率 outage
断线扭曲 broken line distortion
断线钳 bolt clipper; bolt cutter; universal cutting pliers; wire clippers; wire guillotine
断线事故 wire failure
断线锁闭 broken wire locking
断线探测 burn out check
断线探测器 wire breakage detector
断线像歪曲 broken line distortion
断线崖 fault-line scarp
断线崖滨线 fault-line scarp shoreline
断线指示器 wire breakage detector
断陷 fault depression
断陷槽 sag pond
断陷带 fault-downwarping belt
断陷的 taphrogenic
断陷谷 rift(trough); rift valley
断陷湖 fault trough lake(sag); rift (valley) lake; sag pond
断陷盆地 dislocation basin; downfaulted basin; fault subsidence basin
断陷区 fault-downwarping region
断陷小湖 sag pond
断陷作用 graben faulting; taphrogenesis; taphrogeny
断相 loss of phase
断相保护 open-phase protection
断相继电器 open-phase relay; phase failure relay
断销式反循环短节 hollow pin knocked out reversing valve
断销式分离离合器 exclusive shear clutch
断销式离合器 breakaway connection

断歇荷载 intermittent load(ing)
断斜 fault dip
断屑槽 chip breaker groove
断屑槽底半径 chip-breaker groove radius
断屑槽宽 chip-breaker groove width
断屑刀片 steel swarf-removing tool
断屑沟 chip-breaking flute
断屑器 chip-breaker;chiprupter;notcher
断屑台 chip-breaker
断屑台到切削刃的距离 chip-breaker distance
断屑台高度 chip-breaker height
断屑台磨床 chip-breaker grinder;chip-breaker grinding machine
断屑台楔角 chip-breaker wedge angle
断薪灭火 starvation
断修率 rate of locomotive under shed repair
断修循环系数 circulating factor of depot repairing
断序 broken course
断续 chopping;make-and-break
断续蔽光灯 occulting light
断续变化 discontinuous variation
断续波 discontinuous wave;interrupted(continuous) wave
断续波束法 chopped beam method
断续操作 discontinuous running
断续沉淀(法) intermittent sedimentation
断续齿轮 interrupter gear
断续冲砂 intermittent flush
断续触点 make-and-break contact
断续传动式放映机 intermittent movement projector
断续传送 break transfer
断续串线 intermittent contact
断续淬火 interrupted hardening;slack quench(ing)
断续的 batchwise;discontinuous;intermittent;interrupted
断续等幅波 intermittent continuous wave;interrupted continuous waves
断续等幅波电报 interrupted continuous wave telegraph
断续等幅波信号 interrupted continuous wave signal
断续地 off-and-on
断续点 making-breaking point
断续点焊 intermittent point welding;interrupted spot welding
断续点火 intermittent ignition;interrupted fire
断续电波 interrupted wave
断续电流 intermittent current;interrupted[interrupting] current;make-and-break current
断续电路 interrupter circuit
断续电路线接头 make-and-break terminal
断续电阻弧花压焊接 intermittent flash butt welding
断续动作 discontinuous action
断续动作发生器 chopping oscillator
断续短长闪光 short-long flashing light
断续短期负载 intermittent load(ing)
断续法 hit-and-miss method
断续放大器 chopper amplifier
断续放大作用 chopper amplifier
断续缝焊 stitch-and-seam welding;stitch welding
断续负荷 interrupted load(ing)
断续负荷容量 duty-cycle capacity
断续负载 intermittent load(ing)
断续负载容量 duty-cycle capacity
断续感应式列车自动控制 intermittent inductive automatic train control
断续工作 interrupter duty
断续工作方式 intermittent duty
断续供油控制法 hit-or-miss control
断续故障 intermittent defect;intermittent fault
断续光 intermittent light
断续光功率计 chopped light power meter
断续海底谷 slope gully
断续焊 discontinuous welding;gap weld
断续焊缝 intermittent weld;stitch-and-seam welding
断续焊缝间距 space of intermittent weld
断续焊接 gap welding;intermittent welding;tack weld
断续河(流) interrupted stream
断续荷载 interrupted load(ing)
断续机构 interrupted gear
断续急闪光 intermittent quick flashing light;interrupted quick flashing light
断续继电器 interrupting relay
断续加热 intermittent heating
断续加载 intermittent load(ing);interrupted load(ing)
断续键控 on-off keying
断续角焊 intermittent fillet welding
断续角焊缝 intermittent fillet weld
断续接触 intermittent contact
断续接触式列车自动控制 intermittent electrical contact train control
断续接地 interrupted earth
断续接点 make-and-break contact
断续进料 intermittent feed(ing)
断续控制 alternative control;intermittent control;line-dropped control
断续控制器 line-dropped controller
断续控制系统 on-off control system
断续快速闪光灯 interrupted quick flashing light
断续馈电式轨道电路 intermittent-fed track circuit
断续连续信息 sampled analog(ue) data
断续量重 batch weighing
断续脉冲 squitter pulse
断续黏[粘]结 broken bond
断续频率 interruption frequency
断续平头焊接 tack weld
断续气流式抖动器 oscillating air shaker
断续器 chopper;contact maker;contactor;interrupter;make-and-break device;trembler
断续器触点 interrupter contact
断续器晶体管 chopper transistor
断续器凸轮 interruptor cam
断续切削 interrupted cut
断续区 intermittent region
断续驱动装置 interrupted-drive device
断续生产 discontinuous running
断续时效 interrupted ag(e)ing
断续使用 intermittent duty
断续式 intermittent type
断续式的 by-heads
断续式放映机 intermittent(film) projector
断续式给料器 chop-type feeder
断续式调节器 relay regulator
断续式通风系统 intermittent ventilation system
断续式挖方支撑 open sheathing;open sheeting;open timbering
断续式振动器 interrupter(type) vibrator
断续输出 break output
断续弹簧 interrupting spring
断续探测器 digital detector
断续调节 discontinuous control
断续调节器 hit-and-miss governor
断续调速器 interruption governor
断续污染 intermittent pollution
断续线 drop(ped) line;intermittent line
断续线曝光装置 dropped-line exposure attachment
断续线控制 line-dropped control
断续线图 dropped-line chart
断续镶嵌 broken mosaic
断续信号 interrupted signal
断续型褶皱 discontinuous fold
断续性生产过程 intermittent production process
断续循环 batch cycle
断续循环发动机 intermittent-cycle engine
断续研磨 batch grinding
断续运动 jerking motion
断续运行 discontinuous running;intermittent running
断续运转 discontinuous running
断续照射 intermittent irradiation
断续振荡 discontinuous oscillation;interrupted oscillation
断续振荡器 chopping oscillator;squegger;squegging oscillation;squirter
断续振铃 interrupted ringing
断续直流转速计 interrupted dc tach(e)ometer
断续指令 discrete command
断续重负载试验 heavy intermittent test
断续注入 pulsed infusion
断续装置 chopper;intermittent unit;ticker
断续状态 on-off state
断续作用 intermittent action
断续作用的控制系统 discontinuous action control system
断崖 bluff;cliff;displacement cliff;escarpment;scar;cliff of displacement;fault scarify
断崖滨线 fault-scarp shoreline
断言 affirmation;allegation;assert;aver
断移河 offset river;offset stream
断移沙坝 flying bar
断油点 cut-off point
断油阀 oil cut-off valve
断油阀柄 oil cut-off valve handle
断油阀杆 oil cut-off valve stem
断油阀帽 oil cut-off valve bonnet
断油阀座 oil cut-off valve seat
断油开关 fuel cut-off;oil interrupter switch;slow-running cut-out
断油器 oil current breaker
断垣残壁 shadow wall
断圆线条饰 knurling
断源法 method of water recharge blocked off
断源河 beheaded river;beheaded stream
断褶 fault fold
断褶带 fault-folded belt
断褶构造 fault-folding structure
断褶活动 fault-folding
断褶潜山带 fault-fold buried hill zone
断褶区 fault-folded region
断褶束 bunchy fault-fold
断褶运动 fault-folding movement
断纸停机 downer
断株 stub
断桩高程 cut-off elevation
断钻键 drill collar break off
断钻扦 drill pipe break off

缎

缎带 <装饰用> galloon;ribband;ribbon
缎光 satin
缎光白 satin white
缎光处理 satin finish
缎光机 silk finish calender
缎光铝饰面 satin bright alumin(i)um finish
缎光抛亮的 satin-polished
缎光青铜饰面 satin bronze finish
缎光涂料 satin paint
缎光釉 satin-vellum glaze;vellum glaze
缎光轧花涂装法 satin-embossed finish
缎光整理 Schreiner finish;schreinerize
缎纹 satin
缎纹黑 satin black
缎纹织物 satin;satin(-weave) fabric
缎纹组织 satin weave
缎子 satin

椴

椴骨炭 drop black
椴木 bass;bass(wood);satinwood
椴木韧皮 bast-bass
椴木韧皮纤维扫帚 bass-broom
椴树 American linden;lime tree;linden;tilia;tuan linden
椴树油 basswood oil;linden oil
椴属 bass;linden
椴属树木 bass;basswood

煅

煅黄土 burned sienna;burnt sienna
煅黄土颜料 mahogany brown
煅灰法 cinefaction;cineration
煅接 weld
煅接接头 blacksmith welded joint
煅铝矾土 calcined bauxite
煅烧 annealing;burning;calcination;calcine;calcining;fire-gutted;firing;roasting
煅烧白垩 burnt chalk;burnt gault <混凝土掺料>
煅烧白云石 burnt dolomite;calcined dolomite;doloma
煅烧白云石粉 dolime
煅烧比 calcination ratio
煅烧不良的 less-well calcined
煅烧不足的 undercalcined
煅烧产出塞 calcination ratio
煅烧产率 calcination ratio
煅烧产物 calcinate;calcined product
煅烧厂 calcining plant
煅烧瓷土 calcined clay;calcined kaolin
煅烧带 calcination zone;calcining region;calcining zone
煅烧蛋白石页岩 calcined opaline shale
煅烧的 calcinatory
煅烧的结构 fire-gutted structure
煅烧的黏[粘]土 calcined clay
煅烧的生料 calcined raw meal
煅烧法 calcination progress
煅烧分隔间 calcining compartment
煅烧高岭石 calcined kalinite
煅烧高岭土 calcined clay;calcined kaolin;molochite
煅烧管 burnt pipe
煅烧硅藻土 calcined diatomite
煅烧过的页岩土 fired shale
煅烧过的页岩土制品 fired shale product
煅烧过的状态 fired state
煅烧过度的石膏 hard-burned plaster
煅烧过度的游离石灰 hard-burned free lime

煅烧黄铁矿 burnt pyrite
煅烧减重 calcination loss
煅烧菱苦土 calcined magnesite
煅烧菱镁矿 calcined magnesite
煅烧菱镁土 calcined magnesite
煅烧炉 caiciner; calcar; calcination furnace; stall; calcinator; calcining oven
煅烧铝矾土 calcined bauxite
煅烧明矾 calcined alum
煅烧黏[粘]土 burned clay;claying
煅烧黏[粘]土轻骨料 burned clay light (weight) aggregate
煅烧黏[粘]土轻集料 burned clay light (weight) aggregate
煅烧黏[粘]土砖 fired brick
煅烧硼钙石 calcined colemanite
煅烧膨胀骨料 calcined expanded aggregate
煅烧膨胀集料 calcined expanded aggregate
煅烧热 calcining heat
煅烧设备 calcination plant; calcining plant
煅烧石膏 calcined gypsum; calcined plaster
煅烧石灰 burning limestone; burnt lime;lime burning
煅烧石灰厂 calcination plant
煅烧石灰石 burning of limestone;calcined limestone
煅烧试验 burning test
煅烧试样分析 analysis of ignited sample
煅烧室 calcining chamber
煅烧收缩 burning shrinkage
煅烧燧石 calcined flint
煅烧燧石屑 calcined flint chip(ping)s
煅烧损失 calcination loss;loss of calcinations
煅烧碳酸钙 calcined calcium carbonate
煅烧碳酸镁 calcined magnesium carbonate
煅烧天然火山灰 calcined natural pozzolan
煅烧天然棕土 cologne brown; cologne earth
煅烧铁红 colcothar
煅烧透彻的石灰 dead-burnt lime
煅烧温度 calcination temperature
煅烧物料 calcine
煅烧颜料 calcined pigment
煅烧氧化铝 calcined alumina
煅烧氧化镁 calcined magnesia
煅烧窑 burning kiln;burnt kiln;calcinator;calcining kiln;roasting kiln
煅烧页岩 burned shale
煅烧制品 burnt product; calcining product
煅烧重晶石 calcined baryta
煅烧装置 calcining installation;incinerator
煅石膏 burnt plaster; calcined plaster;calcium sulphate hemihydrate; plaster of Paris
煅石膏灰泥 calcined plaster
煅石灰 burnt lime
煅苏打 yellow soda ash
煅燧 <白色,质硬,主要为二氧化硅> calcined flint
煅燧石屑 <其中的一种> luxovit
煅土黄 burnt sienna;burnt umber
煅压烧结 sinter forging
煅油页岩 burnt colliery shale
煅制矾土处理 calcined bauxite treatment
煅棕土 <一种红棕色颜料> burnt umber; cologne brown; cologne earth;burned umber

锻 hammering;malleate;malleation

锻比 ratio of forging reduction
锻扁锤 stretching hammer
锻玻璃 hammered glass
锻成碟形 dishing
锻锤 blacksmith's hammer; counterblow hammer;drop hammer;forge [forging] hammer; hammer; steam drop hammer
锻锤操作臂 motion arm
锻锤的吨位 hammer rating
锻锤基础 forge [forging] hammer foundation
锻锤夹钳 hammer tongs
锻锤砧座 anvil base
锻粗机 upsetting machine
锻打成片 beating into leaf
锻打工具 striking and forged tool
锻打机 swaging machine
锻打金属 metal for hammering
锻钉 wrought nail
锻风箱 forge bellows
锻钢 forge(d) [forging] steel; hammered steel;steel forging;tilted steel;wrought steel
锻钢衬铁 <辙叉> forged steel filler
锻钢对开三通 forged split T; forged split tee
锻钢阀 forging steel valve
锻钢管 wrought-steel pipe
锻钢间隔铁 <辙叉> forged steel filler
锻钢零件 wrought-steel fittings
锻钢配件 wrought-steel fittings
锻钢热轧辊 forged steel rolls for hot rolling
锻钢台虎钳 drop forged steel bench vice
锻工 blacksmith; blackwork; forger; hammerer; hammer man; hammer smith; ironsmith; smith (craft); smith work;smithy
锻工场 blacksmith shop; blackwork; field forge; forge; forge shop; hammer mill;stithy
锻工车间 blacksmith's (work) shop; forge shop;forging shop;smithery; smithy
锻工尺 blacksmith's ruler
锻工冲子 blacksmith's punch
锻工锤 blacksmith's hammer; boss hammer;double jack;foot hammer; forging hammer;smith's hammer
锻工大锤 blacksmith's sledge
锻工工具 blacksmith's tool
锻工工作 forge work;smithery
锻工焊 blacksmith welding
锻工焊接 blacksmith's welding
锻工横切錾 smith's cross cut chisel
锻工控制装置 forge master
锻工炉 smith's hearth
锻工平锤 blacksmith's flat (ter) hammer
锻工钳 band jaw tongs; blacksmith's tongs;forge tongs
锻工热滚轧法 hot forge rolling
锻工热錾 blacksmith's chisel for hot iron
锻工铁砧 blacksmith's anvil
锻工物 blackwork
锻工用炉 smith's hearth
锻工用切割工具 sett
锻工用凿子 blacksmith's chisel
锻工錾 breaking down tool
锻工凿 blacksmith's chisel; breaking down tool
锻工砧 smith's anvil
锻焊 blacksmith's welding;fire welding; forge welding; smithwelding; weldforged
锻焊的层状熟铁 fag(g)oted iron
锻焊工 drillsmith
锻焊焊缝 forge weld
锻焊接 hammer welding
锻焊接管 hammer weld pipe
锻焊式单层圆筒 forge-welded(monolayered) cylinder
锻焊式容器 forged and welded vessel
锻焊延迟时间 forge delay time
锻后状态 as-forged state
锻化 malleabilization;malleation
锻黄铜 forged brass
锻机 forging machine
锻尖机 pointing machine
锻尖 <准备拉拔的> tagging
锻件 blackwork;forged piece;forged product;forging
锻件粗车床 forge lathe
锻件鉴定 identification of forgings
锻件取样块 special prolongations on forging
锻件图 forging drawing
锻件修补的批准 approval of parts forgings repairs
锻件余热淬火 quenching from forging heat
锻件中的缺陷 defects in forgings
锻接 blacksmith's welding;fire welding; hammer welding; percussion welding;smithwelding
锻接的 autogenic;autogenous
锻接焊 forge welding
锻接接头 blacksmith's welded joint
锻接铝热剂 forging thermit
锻炼 smithing;training
锻炼锤 shingling hammer
锻炼的 wrought
锻裂 forging bursting
锻裂破断 forge crack failure
锻鳞 hammer scale; iron hammer scale
锻炉 forge hearth; forging furnace; smith's hearth
锻铝 wrought alumin(i)um
锻铝合金 wrought alloy of alumin(i)um
锻螺栓机 bolt forging machine
锻煤 forge coal
锻模 drop die; forge [forging] die; forging mo(u)ld; hammer die; swage
锻模飞边溢缝 flash land
锻模设计图 die layout
锻模座 anvil cap
锻耦合剂 uncoupler
锻坯 forging stock
锻钎 steel sharpening
锻钎杆 bit dress
锻钎工 drill maker;drillsmith
锻钎机 bit dresser; bit forging machine; bit grinding machine; bit sharpener; dressing machine; drill maker; drill sharpener; jackmill; mechanical sharpening machine; pneumatic drill sharpener; steel sharpener
锻钎炉 jackrod furnace
锻钎模 bit die
锻钎设备 dressing equipment
锻烧 scorify
锻烧炉 calcining furnace;incinerator
锻烧石灰 lime burning
锻烧条件 conditions of calcination
锻伸 beating
锻伸锛尖 repoint(ing)
锻铁 forge(d) [forging] iron; forge pigs; hammered iron; iron works; puddle(d) iron;wear iron;wrought iron
锻铁保护板 wrought iron shield
锻铁厂 forge shop
锻铁垫圈 malleable iron washer
锻铁工人 drummer
锻铁管 wrought iron pipe
锻铁鳞 forge scale
锻铁炉 forge furnace;forge(hearth)
锻铁炉风箱 forge bellows
锻铁配件 malleable iron fittings
锻铁屑 hammer scale
锻铜车间 copper smithy
锻铜片 annealed copper sheet
锻头 cressing;pointing of tag end;tag swaging
锻头模 heading die
锻屑 anvil scale;forge cinder;slug
锻修钎头 bit setting
锻压 compression forging;forging and stamping
锻压比 ratio of forging reduction
锻压纯化 hammer refining
锻压焊缝 forged weld
锻压机 forge[forging] press;forging equipment; forging machine; hammering press
锻压机上横梁 entablature; entablement
锻压机械 forge press machinery;metal forming machinery
锻压净空 daylight
锻压铝板 wrought alumin(i)um plate
锻压铝合金 wrought alumin(i)um alloy
锻压设备 forging and pressing equipment; forging equipment; metal forming equipment
锻压石墨乳 colloidal graphite for press forging
锻压时间 forge(delay)time
锻压试验 forging test
锻压状态 as-forged
锻延 drawing-down
锻冶场 smithery
锻冶机 swaging machine
锻冶煤 smithing coal
锻冶用煤 forge coal
锻应变 forging strain
锻用钢锭 forging-grade ingot
锻用铝合金 alumin(i)um alloy for temper
锻造 blacksmithing; forge; hammering;shingle;smith forging;smithing
锻造比 forging ratio; rate of reduction;ratio of forging reduction
锻造操纵工 forging manipulator
锻造操纵机 forging manipulator
锻造操纵器 forging manipulator
锻造操作 forging operation
锻造操作机 forging manipulator;manipulator for forging
锻造厂 forge plant; forging factory; forge work
锻造车间 forging department;forging plant;smithy
锻造尺寸 forging dimension
锻造淬火 ausforging
锻造的 forged
锻造法 forging method
锻造翻钢机 forging manipulator
锻造风箱 blacksmith's bellows
锻造封头 forged head
锻造钢磁铁 forged steel magnet
锻造工具钢 wrought tool steel
锻造工作 hammered work
锻造管板 forging tube sheet
锻造辊筒 gap rolls
锻造合金 forged alloy;wrought alloy
锻造黄铜 forging brass
锻造机 forging equipment; forging

swaging machine
锻造机钳杆 pedrail
锻造及冷却变形 forging strain
锻造金属 metal for hammering
锻造开坯 hammer cogging
锻造流线 forging flow lines
锻造炉 forge furnace;forging furnace;hearth
锻造铝合金 Reflectal
锻造锚链 forged chain cable
锻造面 forging plane
锻造品 forging
锻造起重机 claw crane;forge crane;forging crane
锻造钎头 forged bit
锻造容器 forged vessel
锻造生产线 forging line
锻造试验 forging test
锻造双翼钻头 forged two wing bit
锻造水压机 forging pump press;hydraulic forging press
锻造碳钢 forged carbon steel
锻造特性 forging characteristic
锻造铜硅合金 Herculoy
锻造图 forging drawing
锻造温度 forging temperature
锻造温度范围 forging range;forging temperature interval
锻造性试验 malleability test
锻造性质 forging property
锻造压力 forging pressure
锻造压力机 forging press;hammering press
锻造应力 forging stress
锻造用钢锭 forging-grade ingot
锻造用钢胚 forging quality steel
锻造用煤 forge coal
锻造用坯 forging stock
锻造用移动式起重机 travel(l)ing forge crane
锻造鱼尾钻头 forged two wing bit
锻造圆钢 forged bar
锻造轴 forged shaft
锻造自动线 automated forging line
锻造钻头 forge drill
锻渣 anvil cinder;anvil dross;blacksmith's slag
锻轧机 forging rolls;reduce roll machine
锻砧 smith anvil
锻制道钉 forged rail spike
锻制的 wrought
锻制钉 forged nail;wrought nail
锻制法兰 forged flange
锻制废水 forging alumin(i)um piece
锻制管 wrought pipe
锻制合金 wrought alloy
锻制金属 forged metal;wrought metal
锻制铝合金 alumin(i)um wrought alloy
锻制毛坯 forged blank
锻制设备 forging equipment
锻制轧辊 forging rolls
锻铸 annealed casting
锻铸工 smith and founder
锻铸工厂 casting and forging factory
锻铸工作 smith and founder work

堆板基桩 pier

堆版 caking
堆包机 bag piling machine;bag stacker
堆冰 avalanche ice
堆布机 piling machine
堆材机 yarder
堆藏 mound storage
堆藏覆土机 clamp cover;earth clamping machine
堆藏青贮料 clamp silage
堆草场 rick-mow yard
堆草用钢缆 haystacking cable
堆测试枪 pile gun
堆层尺度 bank measure
堆层厚度 cell thickness
堆场 goods yard;material yard;stacking park;stack(ing)yard;standing area;stocking piling;storage yard;store yard;stack
堆场搬运车 yard truck
堆场布线系统 laying of cable in the yard
堆场材料 stock-run material
堆场地坪 storage pad
堆场吊机 yard crane
堆场调度计划 yard planning
堆场管理 yard management
堆场机械 yard machinery
堆场计划 < 集装箱 > marshalling plan;yard planner
堆场建设费 yard development cost
堆场利用系数 storage utilization factor
堆场龙门吊系统 yard gantry crane system
堆场龙门起重机 yard gantry crane
堆场面积 area of storage yard;stacking area;stockpile area;storage area
堆场面积利用系数 storage area utilization
堆场排水 yard drain
堆场起重机 yard(ing)crane
堆场牵引车 yard tractor
堆场上的安全作业 security in container yard
堆场设备 yard equipment
堆场输送机系统 field conveyer[conveyor] system
堆场索引车 yard tractor
堆场铁路线 open storage track
堆场装卸桥 pick-up bridge
堆场装载机 yard loader
堆场作业 yard handling;yard operation;yard working
堆车场 yard
堆成堤形 windrow
堆成拱形的砖坯 brick kiln
堆储场地 storage holdings
堆存 pile-up;stockpile;stockpiling;storage
堆存安排计划 marshalling plan
堆存场地 storage space
堆存处 storage bay
堆存地点 storage site
堆存费 sheddage;storage charges;storage expenses
堆存高度 piling height
堆存计划 storage plan
堆存净高 clear piling height
堆存楼 < 集装箱 > stack building
堆存密度 stacked density;stacking density
堆存面积 storage area
堆存曲线 curve of stowage
堆存容量 storage capacity
堆存系数 stowage factor
堆袋机 bag piling machine;sack piler;sack stacker
堆雕 piling sculpture
堆叠 heap;stacking;tiering
堆叠材料的夹持装置 stack holder
堆叠分类 heap sort
堆叠符号 heap symbol
堆叠焊法 buttering technique
堆叠切割 stack cutting
堆叠式 heap type
堆叠式微型组件 tinkertoy module
堆叠天线阵 tier array
堆叠退火 pack annealing
堆叠效应 stack effect
堆垛 bale;stacking;tier(ing);rick < 用干薪材,桶板材等 >
堆垛层错 fault;stacking fault
堆垛层错多面体 stacking fault polyhedron
堆垛叉车 forklift stacking truck;tier fork lift truck
堆垛柴捆 fascine work
堆垛车 carrier-and-stacker;piling car;stacker truck;stacking truck
堆垛成本 stowing cost
堆垛垫木 bed piece
堆垛垫石 staddle stone
堆垛高度 stacking height;stock height
堆垛工 piler;ricker;stacker;stockpiler
堆垛管理 stacking control
堆垛过高 over-stowed
堆垛痕迹 pack marks
堆垛机 buck stacker;buncher;harvester-tracker;magazine piler;palletizing machine;piler;piling(and stacking)machine;ricker;rick lifter;stacker(-loader);stacking crane;stacking machine;yarder
堆垛机的输送带 stacker belt;stacker conveyer[conveyor]
堆垛机具 stack-building equipment
堆垛机械 stacking machinery;stowing machinery
堆垛结构 stack structure
堆垛跨 piling bay
堆垛冷却 cooling in packed formation
堆垛冷却台 piling cooling bed
堆垛起重吊杆 stacking derrick
堆垛起重机 stacker crane;stacking crane
堆垛器 stacker
堆垛设备 stacking apparatus
堆垛升运器 stacking elevator
堆垛输送器 stacking conveyer[conveyor]
堆垛退火 pack annealing
堆垛托盘 stacking pallet
堆垛无序 stacking disorder
堆垛压痕 pack marks
堆垛用的隔条 piler bar
堆垛用桥式起重机 overhead stacking crane
堆垛运输机 reclaiming conveyer[conveyor];stacker-reclaimer
堆垛支架 staddle
堆垛装置 piler
堆房 barn
堆放 palletization[palletisation];stacking;yarding
堆放场起重机 storage yard crane
堆放处 storage bay
堆放的材料 stockpiled material
堆放的砖 stacked bricks
堆放高度 heap
堆放工具 stack the tools
堆放荷载 stack load
堆放架 piling bin
堆放免税货物区 free zone
堆放物 bulkload
堆放应力 < 预制构件 > storage stress
堆放钻杆 stack the tools
堆肥 artificial manure;compost(ing);dunghill
堆肥材料 composting material
堆肥槽垛 compost heap
堆肥草垛 compost heap
堆肥厕所 compost privy;compost toilet
堆肥场 manure
堆肥捣碎机 compost rasping machine;compost shredder
堆肥粉碎机 compost grinder
堆肥温度 compost temperature
堆辐射 pile radiation
堆干草筒仓 stack silo
堆秆 straw stacking
堆高机 stacking machine;fork lift truck
堆高码坯 hacking
堆高砌坯 hacking
堆高装载容量 heaped capacity
堆谷物筒仓 stack silo
堆焊 bead welding;building-up(arc)welding;overlay(ing);overlaying welding;pad weld;pile-up welding;pile welding;puddle weld(ing);surfacing;weld buildup
堆焊层 weld bead
堆焊的铸造碳化钨 welded on cast carbide
堆焊电焊条 surfacing electrode
堆焊范围 area of deposition
堆焊焊缝 bead(-on-plate)weld
堆焊焊丝 surfacing welding rod
堆焊焊条 build-up electrode;surfacing electrode;surfacing welding electrode
堆焊技术 surface technique
堆焊金属 deposit(ed)metal
堆焊面积 area of deposition
堆焊区 area of deposition
堆焊填充棒 surfacing welding rod
堆焊填充焊棒 surfacing welding rod
堆焊填充丝 surfacing welding rod
堆焊硬质合金 hard-facing
堆焊硬质合金的 hard-faced
堆焊硬质合金钻头 hard-faced bit
堆花 paste-on-paste
堆灰场 ashery;ash pond
堆货 cargo storage;bulk cargo < 散堆货物 >
堆货场 goods yard;stock yard;storage yard
堆货场地 embarkation point;freight yard;storage ground;storage space;storage yard
堆货吊车 stock crane
堆货高度 tiering height
堆货荷载 cargo load;heaped load
堆货机 tiering machine
堆货空间 storage space;storing space
堆货码头租金 dock rent
堆货余隙 breakage
堆积 amassment;banking;build(ing)-up;compaction;cumulation;cumulus;depositing;deposition;heap together;heap(up);let down;lodg(e)ment;packing;pile-up;stack;stocking
堆积岸堤 berm(e)
堆积坝 fill dam;fill-type dam
堆积半径 packing radius
堆积比重 apparent density;bulk density;bulk specific gravity
堆积冰 debris ice;hummocked ice
堆积冰盖 accretional ice sheet
堆积冰块 embacle
堆积冰丘 hummocky ice
堆积冰群 friendly ice;hummock
堆积材料产生的压力 pressure exerted by the stowing material
堆积残积景观 accumulative eluvial landscape
堆积层 accumulation horizon;debris;stack layer
堆积层错 stacking fault
堆积厂 stack-up yard
堆积场 dump(ing site);spoil area;stack(-up)yard;waste area
堆积场基底 depositing substrate
堆积成层 tier(ing)
堆积成垛 rick;stacking

D

堆积带 zone of accumulation
堆积岛 accumulated island;accumulational island;heaped-up island
堆积的 accumulational;accumulative
堆积地层 accumulative formation
堆积地点条款 location clause
堆积地貌 accumulational geomorphy;accumulational relief
堆积地形 accretion topography;accumulation(al) form;accumulational relief;constructional landform
堆积地形起伏 constructional topographical relief
堆积叠起 pile-up
堆积垛材 cord wood
堆积发酵 heap fermentation
堆积法 stack method
堆积法炼焦 heap coking
堆积反应 hill reaction
堆积浮冰 floeberg
堆积浮冰块 hummocky floe
堆积浮冰群 schollensis
堆积干燥法 stacking
堆积高度 piling height;stacking height
堆积高原 plateau of accumulation
堆积工 stacker
堆积谷地 constructional valley
堆积过程 banking process;pile-up process
堆积过多 overheap
堆积海岸 accretion coast
堆积海滩 accretion beach
堆积河流 constructional river;constructional stream
堆积河漫滩 accumulational flood plain
堆积荷载 heap(ed) load;stack load
堆积厚冰 consolidated pack ice
堆积厚度 bulking thickness
堆积灰岩 accretionary limestone
堆积辉长岩 accumulated gabbro
堆积混合 stack mixing
堆积机 stacker
堆积阶地 accumulation(al) terrace;built(-up) terrace;construction(al) terrace;fill terrace
堆积结构 cumulate texture
堆积浪 constructive wave
堆积立方米 Raum-meter
堆积量 accumulation volume
堆积楼 stack building
堆积率 rate of accumulation;specific accumulation
堆积轮回 sedimentary cycle
堆积密度 accumulated density;apparent density;bulk density;constructional density;packing density;stacking tap density;tap density;volume density
堆积面 constructional surface
堆积面滑坡 drift surface landslide
堆积平原 accumulation plain;constructional plain;littoral plain;plain of accumulation
堆积平原海岸 constructional plain coast
堆积坡 accumulation slope
堆积坡泉 talus spring
堆积区 accumulation area;accumulation zone;area of accumulation;deposition area;surplus area
堆积容量 heaped capacity
堆积三角洲 constructional delta
堆积山 accumulation mountain;mountains of accumulation
堆积烧炭法 mailer method
堆积式承载板 stacked plate
堆积式砌法 stack bond
堆积式作业处理 stacked job processing
堆积(受压)时间 closed assembly time
堆积顺序 stacking sequence
堆积(速)率 accumulation rate
堆积台地 accumulation(al) platform;built platform
堆积体滑坡 talus slide
堆积体积 tapped volume
堆积土 accumulation soil;cumulose soil;slope wash soil
堆积尾矿 stacked tailings
堆积物 accretion;debris;drift;stores;talus yard;accumulation
堆积物撒布器 bulk spreader
堆积物异常 accumulational material anomaly
堆积系数 coefficient of accumulation;packing factor
堆积相 accumulation phase;accumulative facies
堆积箱 stacker
堆积形态 accumulation form
堆积性海岸 accretion beach
堆积型风化壳 deposited weathering crust
堆积型三角洲 constructive delta
堆积岩 accumulation rock;accumulative rock;cumulate;sedimentary rock
堆积因素 accumulative factor
堆积杂岩 cumulate complex
堆积值 bulking value
堆积指数 packing index
堆积指状冰 finger rafted ice;finger rafting
堆积中空位 void space in packing system
堆积重 heaping weight
堆积作用 accumulation;sedimentation
堆集 conglomeration;packing;stockpile
堆集边缘 <涂料> fat edge
堆集荷载 heap(ed) load
堆集机 piler
堆集物 conglomerate
堆集形成 accumulative formation
堆挤 pile-up
堆挤装料 choke feeding
堆架 rack
堆尖 hip
堆尖斗容量 heap(ed)(dipper) capacity
堆尖装料斗容量 heap(ed)(dipper) capacity
堆间栽植 windrow planting
堆角 angle of rest
堆浸 heaper dump leaching
堆聚 agglomeration
堆聚法节点 station for lumped method
堆聚烧除 piling and burning
堆矿场 ore dock;ore storage yard;ore yard
堆垒煅烧 calcination in dumps
堆垒反应 pile-up effect
堆垒论【数】additive theory
堆冷 cooling in heap;cooling in pile
堆粒法 lump method
堆量 heaped measure;heaping
堆料 stacking;stocking;windrow
堆料场 dumping site;stack yard;stock ground;stock(ing) yard;stockpile area;storage space
堆料场桥式起重机 stockyard transporter
堆料场输送器 stockyard transporter
堆料场运输机 stockyard transporter
堆料车 stacker truck
堆料的离散指数 segregation index of stockpiling
堆料堆 stock of materials
堆料风干 windrowing
堆料高度 stack height
堆料工 stocker
堆料机 material piling machine;stacker;stacking machine;stocker;stockpiling machine
堆料架 rickstand;stacking table
堆料胶带机 stockpiling belt conveyer [conveyor]
堆料棚 shelter
堆料区 stacking bay;stocking area
堆料取料机 stocker and reclaimer
堆料式的 windrow-type
堆料式水泥撒布机 windrow-type mechanical cement spreader
堆料式移动拌和设备 windrow travel plant
堆料塔 dump tower
堆料台 roadside material terrace
堆料用胶带输送机 stacker belt
堆料装料机 stack loader
堆列机 palletizer
堆列(铺设) palletization[palletisation]
堆列铺设机 palletizer
堆滤法 heap leaching
堆码 pile
堆码负重 stacking load;superimposed load(ing)
堆码工 stacker
堆码接合装置 <集装箱等> stacking adapter;stacking fitting
堆码梁 stacking beam
堆码梁系统 stacking beam system
堆码楼 stack building
堆码能力 stacking capability
堆码强度 stacking strength
堆码试验 stacking test
堆煤场 coal storage yard;coal store
堆煤机 coal dozer;stacker
堆煤器(翻车机) trimmer
堆密度 bulk density
堆墨 piling
堆木坝 beaver-type timber dam
堆木场 bearer-type timber dam;lumber yard;wood yard
堆木机 yarder
堆内 in-pile
堆内回路 in-pile loop
堆内试验 in-pile test
堆平 stack flat
堆漆 embossed lacquer
堆起 bank up;building-up;piling up;stacking
堆砌粗石圬工 uncoursed rubble masonry
堆砌法 stack(ed) bond
堆砌块石 packing rock
堆砌式烧砖窑 bock kiln
堆砌体积 packed volume
堆砌圬工 uncoursed masonry
堆取料机 combination stacker-reclaimer;combined stacker-reclaimer;stacker-reclaimer
堆取料机系统 stacker-reclaimer system
堆三层的 triple-stacked
堆砂 heap sand
堆砂白蚁 <拉> Gryptotermes domesticus
堆砂场 grit pile-up site;sandwich arrangement;sand yard
堆砂袋 sand-bag
堆砂轨道 sand track
堆砂机 sand piler
堆砂禁行路 sanded siding
堆砂模拟(法) sand heap analogy
堆砂压 mud pressure;silt pressure
堆烧 piling and burning
堆石 drop fill rock;dumped rockfill;enrockment;loose rock-fill;rock-filling;rock windrow;stone riprap
堆石坝 loose rock dam;rock embankment;rock-fill dam;rock-fill dike;rubble dam
堆石坝脚 rock toe
堆石坝趾墙 rock-fill toe wall
堆石材料 rock-fill material
堆石(觇)标 cairn
堆石觇标点 cairned point;cairn point
堆石导流堰 rock-fill diversion weir
堆石堤 rock dike[dyke];rock embankment;rock-fill dam;rock-fill dike;stone embankment
堆石堤岸 rock-fill embankment
堆石堤坝 stone embankment
堆石堤顶 crown of mound;mound crown
堆石堤护面层 paving block of rubble breakwater
堆石丁坝 rock-fill groin;rock-fill groyne;rock-fill spur dike[dyke];stone built groin
堆石防波堤 all-rock breakwater;mound(-type) breakwater;mound-type breaker;rock(-fill) breakwater;rock-fill groin;rock mole;rock-mound breakwater;rubble-mound breakwater
堆石防冲护坦 falling apron;launching apron
堆石分水堤 mound breakwater
堆石工程 stone-filled work
堆石滚水坝 overflow rock-fill dam;rock-fill spilling dam
堆石护岸 rock-fill(ed) revetment;talus wall;windrow revetment
堆石护面 protective pitching;rock-filling facing
堆石护面坝 rock-faced dam
堆石护坡 protective pitching;rock-filled slope protection;rock(-filling) facing;rock-fill revetment;rock-fill riprap
堆石护趾 <坝下游坝趾的> rock-filling
堆石机床 mound
堆石基础 riprap foundation;rock-fill foundation
堆石基床顶 crown of mound
堆石脚墙 rock-fill toe wall
堆石路标 cairn
堆石路基 rock-fill embankment
堆石盲沟 rock-fill drain
堆石面层 rock-fill facing
堆石木笼 rock-fill timber crib
堆石排水 mound drain
堆石排水体 rock-fill drain
堆石平台 rock-fill platform
堆石墙 gabionade
堆石石块接触点 points of rock-to-rock contact
堆石体 loose rock dump;rock-fill;stone filling
堆石填方 rock-fill
堆石突堤 rock-filled jetty;rock mole
堆石土坝 earth rockfill dam
堆石围堰 rock-fill cofferdam
堆石下落护坡 falling apron;launching apron
堆石下落护坡法 falling apron principle
堆石斜坡堤 rubble mound
堆石堰 stone weir
堆石以防冲刷 rock-fill toe prevent scour
堆石以防翘曲 rock-fill to prevent buckling
堆石溢流坝 overflow rock-fill dam;rock-fill spilling dam
堆石引水堰 rock-fill diversion weir
堆式整流器 embedded rectifier

堆书机 book stacker
堆摊焙烧 heap roasting
堆摊煅烧 calcination in heaps
堆摊浸出 heap leaching
堆摊浸滤 heap leaching
堆填 dumped fill
堆填夯实(法) stock ramming
堆填料 tipped fill
堆贴 clay appliqué; embossed decoration
堆土 mound
堆土坝 earth-fill dam
堆土法 mounding
堆土机 soil shifter
堆土木模 ground mo(u)ld
堆土设备 earthmoving equipment
堆土压条 mound layering
堆土压条法 mound layerage; stool layerage
堆卸场 dumping site
堆卸平台 combination dump and platform body
堆卸滩地 dump bank
堆芯 reactor core
堆芯回路 in-core loop
堆芯内探测器 in-core detector
堆芯事故冷却系统 emergency core cooling system
堆芯栅格 active lattice
堆行 windrow
堆雪 drifting snow
堆雪场 snowdrift site
堆釉 massed glaze; relief enamel
堆载沉降监测 monitoring of surcharge settlement
堆载高度 heaped level
堆载量 heap(ed) capacity
堆载期 surcharge period
堆载应力 surcharge stress
堆载有效应力 surcharge effective pressure
堆载预压 preloading; preloading by material; preloading with surcharge of fill
堆载预压法 prepressing method of stack
堆渣场 dumping site; slag dump
堆栈 pack-house; storage depot; storage place; store (house); cellar; dump; godown; warehouse; stack【计】
堆栈变空 pop an empty stack
堆栈操作 stack manipulation; stack operation
堆栈存储器 stacked memory
堆栈存储区 stack space
堆栈单元 stack cell
堆栈的表示法 representation of stack
堆栈的插入 insertion of stack
堆栈的底部 bottom of stack
堆栈的顶 top of stack
堆栈的链接分配 linked allocation of stack
堆栈的删去 deletion of stack
堆栈的顺序分配 sequential allocation of stack
堆栈的指针 pointer to stack
堆栈段 stack segment
堆栈对界 stack alignment
堆栈范围 stack area
堆栈房屋 warehousing
堆栈访问操作 stack reference operation
堆栈分配 stack allocation
堆栈机器 stack machine
堆栈级 stack level
堆栈寄存器 stack register
堆栈结构 stack architecture
堆栈解退 stack unwinding
堆栈区 stack area
堆栈上弹 stack pop-up
堆栈上托 stack pop-up
堆栈式作业控制 stacked job control
堆栈数位 stack bit
堆栈算法 stack algorithm
堆栈头 stack head
堆栈下推 stack push-down
堆栈下限 lower stack limit
堆栈下溢 stack underflow
堆栈压入 stack push-down
堆栈指示符 stack indicator
堆栈指示器 stack indicator; stack pointer
堆栈指示字 stack pointer
堆栈指示字对界 stack pointer alignment
堆栈指针 stack pointer
堆栈自动机 stack automator
堆阵 heap
堆阵操作 heaping
堆振荡器 pile oscillator
堆植法 high planting
堆纸器 paper piler
堆置 stacking; stowing; yarding
堆置材料坡度 slope of stowed material
堆置场 stacking area; yard
堆置场牵引车 yard tractor
堆置高度 stacking height
堆筑材料 embankment material
堆筑体边坡 embankment slope
堆砖 stacked bricks
堆砖场 brick yard
堆砖场地 brick yard
堆砖工 brick stacker
堆装 stacking; stockpiling; stowage; stowing
堆装材料 stockpile loading; stock-run material
堆装斗容量 heaped capacity
堆装费 storage charges
堆装高度 stack height; stock height
堆装工人 stower
堆装货物 stack-loading freight
堆装架 stillage
堆装件 stacking fitting
堆装跨运车 stacking straddle carrier
堆装连接机 stacking adapter
堆装连接件 stacking adapter
堆装密度 stacking density
堆装起重机 stack crane
堆装松散 loosely stowed
堆装索道 stockpile cableway; stockpile ropeway
堆装物 stowage
堆装楔块 cant quoin; quoin
堆装整齐 compact towage
堆装拙劣 bad stowage
堆装作业 stowing operation
堆状积砂 piled sand
堆锥四分法 method of coning and quartering
堆锥四分取样法 coning and quartering
堆锥缩样法 heap sampling

队 级 team grade

队列 cohort; queue
队列表 queue table
队列长度 queue length
队列大小 queue size
队列的表示法 representation of queues
队列的前端 front of queue
队列的尾部 rear of queue
队列返回链 queue back chain
队列分析 cohort analysis; queue analysis
队列管理 queue management
队列管理程序 queue manager
队列规定 queue discipline
队列后部 queue rear
队列缓冲器 queue buffer
队列寄存器 queuing register
队列检索 queue search
队列控制 queue control
队列控制分程序 queue control block
队列控制块 queue control block
队列控制块扩充 queue control block extension
队列链接入口 queue linkage entry
队列链接字 queue link word
队列名 queue name
队列前端 queue front
队列清单 waiting list
队列请求 queue request
队列驱动任务 queue-driven task
队列首标 queue header
队列数据集 queue data set
队列数据组 queue data set
队列说明符 queue descriptor
队列搜索 queue search
队列尾 rear of queue
队列项目 queued entry
队列行进的道路 processional path
队列行驶 convoy condition
队列研究 cohort study; queue study
队列溢出 queue overflow
队列优先级 queue priority
队列元控制块 queue element control block
队列元(素) queue element
队列元素控制块 queue element control block
队论 team theory
队首 head of the queue
队首助航船 bow unit
队尾 tail of the queue
队尾保护 queue-tail protection
队楔块 double taper wedge
队形 formation
队长 captain; chief of party; chief of team; gang-boss; gang leader; length of queue; teamleader; queue length【数】; party chief <外业>

对 duplet; pair

对氨苯基胂酸 arsanilic acid
对氨苯甲酸 aminobenzoic acid
对氨基苯酚 para-aminophenol
对氨基苯酚废水 para-aminophenol wastewater
对氨基苯酚盐酸盐 para-aminophenol hydrochloride
对氨基苯磺酸 sulfanilic acid
对氨基苯甲醚 para-aminophenyl methylether; para-phenetidine
对氨基苯甲醛 para-aminotenzaldehyde
对氨基苯甲酸 para-aminobenzoic acid
对氨基苯甲酸甲酯 methyl para-aminobenzoate
对氨基苯甲酸钠 para-aminobenzoic acid sodium salt
对氨基苯甲酸铅 lead para-aminobenzoate
对氨基苯甲酸乙酯 benzocaine; ethyl-para aminobenzoate
对氨基苯甲酰肼 para-aminobenzoyl hydrazine
对氨基苯胂酸 para-arsanilic acid
对氨基苯乙醚 para-aminophenyl ethyl ether
对氨基苯乙酮 para-aminoacetophenone
对氨基苄基纤维素 para-amino benzyl cellulose
对氨基酚 para-midophenol
对氨基酚硫酸盐 para-aminophenol sulfate
对氨基硫酸 para-amino sulfuric acid
对氨基萘磺酸 naphthionic acid
对氨基萘磺酸钠 sodium alphanaphthy-lamine sulfonate; sodium naphthionate
对氨基偶氮苯盐酸盐 para-aminoazobenzene hydrochloride
对氨基水杨酸 para-amino-salicylate
对氨基水杨酸钠 sodium aminosalicylate
对氨基特丁基苯 para-aminotert-utylbenzene
对氨基乙酰苯胺 para-aminoacet anilide
对氨甲基苯甲酸 para-aminomethyl benzoic acid
对氨水杨酸钠 sodium para-aminosalicylate
对岸 opposite bank; the other side of the river
对岸距离 fetch; opposite bank
对岸速度 ground speed
对案 counterproposal
对胺磺酰苯甲酸 para-sulfamoylbenzoic acid
对胺磺酰苯甲酸钠 para-sulfamoylbenzoic acid sodium salt
对拔楔法 counter wedging
对版尺 register rule
对版台纸 register sheet
对版装置 register set
对半搭接 scarfing; straight scarf joint
对半的 dimidiate
对半检索 binary search; dichotomizing
对半检索法 binary search method
对半胶合 halving
对半接合 straight halved joint
对半开 bisection
对半平均法 semi-average method
对半嵌接 scarfing half and half
对半搜索法【计】binary search
对半柱 paired pilasters
对瓣的 anti-petalous; opposition-petalous
对保险单的解释 construction of policy
对背信用证 back-to-back (letter of) credit
对苯二胺 para-phenylene diamine; p-phenylene diamine; ursol
对苯二胺盐酸盐 para-phenylene diamine dihydrochloride
对苯二酚 hydroquinol; hydroquinone; quinol
对苯二甲酚 para-phthalphenol
对苯二甲腈 para-phthalonitrile
对苯二甲酸 terephthalic acid
对苯二甲酸二环氧丙酯 diglycidyl terephthalate
对苯二甲酸二甲酸磺酸钠 perylene sodium sulfonate
对苯二甲酸二甲酯 dimethyl terephthalate
对苯二甲酸二缩水丙酯 diglycidyl terephthalate
对苯二甲酸二辛酯 dioctyl terephthalate
对苯二甲酸废水 p-phthalic acid wastewater
对苯二甲酸钾 potassium terephthalate
对苯二甲酸联苯酯 biphenylene terephthalate
对苯二甲酸双酯 dioctadecyl terephthalate

D

对苯二甲酸盐 terephthalate
对苯二甲酸乙二醇酯 bis-hydroxy ethyl terephthalate
对苯二甲酸乙二酯 ethyl glycol terephthalate
对苯二甲酸酯 terephthalate
对苯二甲酰氯 paraphthaloyl chloride
对苯二腈 terephthalonitrile
对苯二醛 terephthalic aldehyde
对苯二酸乙二醇缩聚物 ethylene terephthalate polymer
对苯二酰 terephthaloyl
对苯二酰二氧二苯甲酰氯 terephthaloyldioxydibenzoyl chloride
对苯二酰氯 terephthaloyl dichloride
对苯磺酰氯 p-toluene sulphonyl chloride
对苯基苯酚 para-phenyl phenol
对苯甲酸汞 p-mercuribenzoate
对苯醌 parabenzoquinone; p-benzoquinone
对苯醌二肟 parabenzoquinone dioxime; p-benzoquionone dioxime
对苯醌合对苯二酚 quinhydrone
对苯醌氯亚胺 paraquinonechlorimide
对苯偶氮苯胺 p-phenylazoaniline
对苯乙烯磺酸钠 sodium p-styrene sulfonate
对比 collate; correlation; counterpose; parallel
对比表 correlation table
对比测量 comparison measurement
对比层 reference horizon
对比长度 correlation length
对比尺寸 comparative size; comparison size
对比错觉 contrast illusion
对比的区别 contradistinction
对比等温线 reduced isothermal
对比定律 contrast law; law of correlation
对比度 contrast(grade); contrast gradient
对比度范围 contrast range
对比度减低 contrast decay
对比度减小 contrast compression
对比度扩展 contrast expansion; contrast stretching
对比度强的图像 high contrast image
对比度损失 loss of contrast
对比度特性曲线 contrast-response curve
对比度调节 contrast control
对比度调整 contrast control
对比度调整电位计 contrast potentiometer
对比度系数 contrast rating; contrast ratio
对比度再现因数 contrast rendition factor
对比度增强 contrast enhancement
对比度主控器 master contrast controller
对比度自动控制 automatic contrast control
对比段 <试验路段中用成熟技术对比处> control section
对比法 pairing method; plant-to-row method
对比法排列 method of pairing arrangement
对比方程式 reduced equation
对比方法 contrast method
对比放大 contrast amplification
对比分析 comparative analysis; contrasting analysis
对比感受性 contrast sensitivity
对比观察 paired observation
对比光度计 contrast(type) photometer
对比光泽 contrast gloss; subjective gloss
对比混凝土 comparative concrete
对比剂 contrast-medium
对比鉴别 contradistinction
对比鉴定 contradistinction
对比较效应 contrast effect
对比井 offset well
对比矿物折射率 comparative mineral refractive indices
对比梁 companion beam
对比灵敏度 contrast sensitivity
对比率 contrast ratio
对比率缩小 contrast reduction
对比密度 reduced density
对比黏[粘]度 reduced viscosity
对比黏[粘]度计 relative visco(si)meter
对比强度 comparative strength
对比区别 contradistinguish
对比曲线 control curve
对比染剂 contrast stain
对比染色法 contrast staining
对比色 contrast(ing) colo(u)r
对比色彩 contrast hue
对比色调 contrast hue
对比色突出 contrast colo(u)r accent
对比渗透压 reduced osmotic pressure
对比试件 companion specimen; control specimen
对比试块 reference block; reference test piece
对比试片 control sample
对比试验 check experiment; companion test; comparability test; comparative test; contrast test; simultaneous test
对比试验系列 comparative test series; comparison test series
对比试验组 comparative test series; comparison test series
对比试样 comparison specimen
对比数据 comparative data; correlation data
对比衰减 contrast decay
对比体积 reduced volume
对比透明度 reduced transparency
对比温度 corresponding temperature; reduced temperature; reference temperature
对比物 comparison; contrast
对比系数 coefficient of correlation; contrast factor
对比显现因数 contrast rendering factor
对比性 relative property
对比压力 reduced pressure
对比压强 reduced pressure
对比研究 contrast study
对比样 control sample
对比样品 reference sample
对比阈 contrast threshold
对比账户 mutually offsetting accounts
对比折射波法 correlation refraction method
对比值 correlative value; reduced property; reduced value
对比指标 correlation index
对比指数值 correlation index value
对比着色 differential staining
对比资料 paired data
对壁结构 double-skin construction
对边 opposite side; subtense
对边焊 edge weld
对边角 subtense angle
对边宽度 <螺栓头、螺母的、扳手尺寸> width across flats
对边三角形 diagonal triangle
对苄氧苯酚 hydroquinone monobenzyl ether
对变形的阻力 resistance to deformation
对丙胺酚 parapropanol
对丙烯基苯酚 anol
对不动隐藏者的平面搜索 plane search for an immobile hider
对不动隐藏者的树形搜索 tree search for an immobile hider
对不动隐藏者的搜索 search for an immobile hider
对不可靠保险单的保险费(计算) short-rate
对不利环境有忍受力的共生群 tolerant association
对不连续函数的近似解 discontinuous approximation
对部分同源配对的压制 suppression of homoeologous pairing
对材料修补的批准 approval of material repairs
对槽船 butty boat
对侧 offside; opposite side
对侧的 contralateral
对侧反射 contralateral reflex
对策 countermeasure; countermove; counterplan; counterplot; gaming
对策的表示 representation of a game
对策的对称化 symmetrization of a game
对策的混合扩充 mixed extension of a game
对策的解 solution of a game
对策的施行 carrier of a game
对策的图形解法 graphic(al) solution of a game
对策的序贯复合 sequential compounding of games
对策的支撑 support of a game
对策的值 value of a game
对策仿真 gaming simulation
对策分析 game analysis
对策均衡 game-theoretic equilibrium
对策理论 game theory
对策论 theory of game
对策模拟 game simulation
对策树 game tree
对策树形图 game tree
对策问题 gaming problem
对策值 game value; value of game
对插楔 marrying wedges
对产品的书面保证 expressed warranty
对产品质量的评定 product validation
对长圆边条砖 <釉面砖的> long side round edge opposites
对偿 counter-performance
对车钟 checking the telegraph
对衬测微计 contrast micrometer
对称 O 形衰减器 symmetric(al) O attenuator
对称比 cylindricizing
对称比赛 symmetric(al) game
对称闭包 symmetric(al) closure
对称变换 symmetric(al) transformation; symmetry function; symmetry transformation
对称变位 symmetric(al) deflection
对称变形 symmetric(al) deformation
对称表示法 symmetric(al) formulation
对称并矢式 symmetric(al) dyadic
对称波 symmetric(al) wave
对称波痕 para-ripple; symmetric(al) ripple marks
对称波浪场 symmetric(al) wavefield
对称部分 symmetric(al) component; symmetric(al) part
对称操作 symmetric(al) operation; symmetry operation
对称测角法 symmetric(al) method of angle observation
对称层板 symmetric(al) laminate
对称层理 symmetric(al) bedding
对称层脉 symmetrically banded vein
对称差(分) symmetric(al) difference
对称处理 symmetric(al) treatment
对称处理机 symmetric(al) processor
对称触止 equal stop
对称传输线 balanced line
对称磁元件 symmag
对称带状构造 symmetric(al) banded structure
对称单柱多层框架 symmetric(al) one-legged multistoried frame
对称道岔 bilateral turnout; double switch turnout; double turnout; equilateral turnout; split switch; symmetric(al) turnout
对称的 balanced; bilateral; symmetric(al); symplex
对称的应力换向循环下的疲劳极限 endurance limit on base
对称的有序效应 orderly effect of symmetry
对称点 point of symmetry; symmetry point
对称电动机 symmetric(al) motor
对称电感窗口片 symmetric(al) inductive diaphragm
对称电缆 balanced cable; symmetric(al) cable
对称电缆载波电话 symmetric(al) cable carrier telephone
对称电缆载波通信[讯] symmetric(al) cable carrier communication
对称电缆载波通信[讯]系统 symmetric(al) cable carrier communication system
对称电路 balanced circuit; bilateral circuit; symmetric(al) circuit
对称电枢绕组 symmetric(al) winding
对称电压 symmetric(al) voltage
对称顶 symmetric(al) dome cap
对称定律 law of symmetry; symmetry law
对称度 symmetry
对称短路 symmetric(al) short-circuit
对称断面 symmetric(al) cross-section; symmetric(al) section
对称断面型钢 symmetric(al) section steel
对称对策 symmetric(al) game
对称对偶 symmetric(al) dual
对称对应 symmetric(al) correspondence
对称多处理机 symmetric(al) multiprocessor
对称多相制 symmetric(al) polyphase system
对称多谐振荡器 symmetric(al) multioscillator
对称多谐振动器 symmetric(al) multivibrator
对称二苯硫脲 thiocarbanilide
对称二次形式 symmetric(al) quadratic form
对称二氯乙烷 sym-dichloroethane
对称二氯乙烯 acetylene dichloride
对称二元码 symmetric(al) binary code
对称法 balanced method
对称房屋 jawab; symmetric(al) house
对称放大器 balanced amplifier
对称放置的 symmetric(al)-placed
对称分布 symmetric(al) distribution
对称分量 symmetric(al) component
对称分量继电器 phase-sequence relay
对称分路型热电偶安培计 symmetric(al) shunt-type thermoammeter
对称分配 symmetric(al) distribution

对称分品连接 symmetric(al) grading
对称分子 symmetric(al) molecule
对称粉末图 symmetry powder diagram
对称辐射器 symmetric(al) radiator
对称负载 balanced load
对称刚架 symmetric(al) rigid frame
对称公理 axiom of symmetry
对称供电 symmetric(al) powering
对称供电的 centre fed
对称拱 symmetric(al) arch
对称拱分析 symmetric(al) arch analysis
对称关系 symmetric(al) relation
对称灌注法 symmetric(al) flooding
对称光纤 symmetric(al) fiber[fibre]
对称函数 symmetric(al) function
对称焊 balanced welding; symmetric(al) welding
对称焊脚 equal leg
对称合并 balanced merge
对称合作对策 symmetric(al) cooperative game
对称核 symmetric(al) kernel
对称荷载 balanced load; symmetric(al) load(ing)
对称滑动 coupled sliding
对称化合物 symmetric(al) compound
对称化作用 symmetrization
对称环 symmetric(al) ring
对称环流 symmetric(al) circulation
对称环形天线 balanced-loop antenna
对称环形同步回旋加速器 symmetric(al) ring synchrocyclotron
对称换能器 symmetric(al) transducer
对称回纹饰 symmetric(al) fret
对称回转抛物面薄壳 paraboloidal shell of rotational symmetry
对称积分形式 symmetric(al) integral form
对称加荷 symmetric(al) load(ing)
对称尖岬 simple cuspate foreland; symmetric(al) cuspate foreland
对称建筑(物) symmetric(al) buildings; jawab; symmetric (al) construction
对称交变电压 symmetric(al) alternating voltage
对称交变函数 symmetric(al) alternating function
对称交变量 symmetric (al) alternating quantity
对称交流 symmetric (al) alternating current
对称校验 balance check
对称接地 balanced to ground
对称结 symmetric(al) junction
对称结构 symmetric (al) construction; symmetric(al) fabric; symmetric(al) structure
对称晶体管 symmetric(al) transistor
对称静电计 symmetric(al) electrometer
对称镜 symmetric(al) mirror
对称镜头 symmetric(al) lens
对称矩阵 symmetric(al) matrix
对称矩阵对策 symmetric(al) matrix game
对称空间 symmetric(al) space
对称空转臂 symmetric(al) idler arm
对称孔型 symmetric(al) pass
对称框架 symmetric(al) frame
对称类 symmetry class
对称棱体 symmetric(al) prism
对称力 symmetric(al) force
对称力矩 symmetric(al) moment
对称立面 symmetric(al) facade
对称联结 symmetric(al) junction
对称联立方程 symmetric(al) simultaneous equations

对称流 symmetric(al) flow
对称滤波器 balanced filter; symmetric(al) filter
对称路拱 symmetric(al) crown
对称律 symmetric(al) law
对称脉 symmetric(al) vein
对称面 plane of symmetry; symmetry of faces
对称模式 symmetric(al) mode
对称膜 symmetric(al) membrane
对称目镜 symmetric(al) eyepiece
对称浓度 symmetry concentration
对称排序 balanced sorting
对称抛物线荷载 symmetric(al) parabolic loading
对称配筋 symmetric (al) reinforcement
对称配置 balanced configuration; symmetric(al) configuration
对称匹配 symmetric(al) matching
对称偏移 balanced deflection; symmetric(al) deflection
对称偏转 symmetric(al) deflection
对称平衡 symmetric(al) balance
对称平衡式压缩机 balanced opposed compressor
对称平衡往复式压缩机 balanced opposite reciprocating compressor; horizontal balanced reciprocating compressor; horizontal opposed reciprocating compressor; opposed-balanced reciprocating compressor
对称平衡型制冷机 symmetric (al) balancing refrigerator
对称平面 plane of symmetry; symmetric(al) plane; symmetry plane
对称平旋桥 symmetric (al) swing bridge
对称剖面 symmetric(al) profile
对称曲面 symmetroid
对称曲线 symmetric(al) curve
对称曲折带 symmetric(al) kink-band
对称群 symmetric(al) group
对称绕阻 symmetric(al) winding
对称三对角矩阵 symmetric(al) triple diagonal matrix
对称三角形 symmetric(al) triangles
对称三输入端多数决定元件 symmetric(al) three-input majority gate
对称散射 symmetric(al) scattering
对称色散 symmetric (al) colo(u)r dispersion
对称伸缩振动 symmetric (al) stretching vibration
对称式拱 symmetric(al) arch
对称式拱坝 symmetric(al) arch(ed) dam
对称式微热量分析仪 symmetric(al) microthermoanalyser [microthermoanalyzer]
对称式消色差透镜 symmetric (al) achromatic lens
对称式增音器 balanced repeater
对称式指示放大器 symmetric(al) indication amplifier
对称输出 balanced output
对称输入输出装置 symmetric(al) input/output unit
对称数 symmetric (al) number; symmetry number
对称衰减器 symmetric(al) attenuator
对称双极晶体管 symmetric(al) bipolar transistor
对称双角铣刀 double equal-angle cutter
对称双开道岔 double bilateral turnout; symmetric(al) double points
对称双线线路 balanced line
对称双心拱 symmetric(al) equilateral arch

对称四极测深 Schlumberger sounding
对称四极测深法 Schlumberger sounding method
对称四极测深曲线 curve of schlumberger sounding method
对称四极法 symmetric(al) quadripole method
对称四极剖面曲线 symmetric (al) quadripole profiling curve
对称四极装置 array for symmetric(al) quadripole
对称四氯二氟乙烷 sym-tetrachlorodifluoroethane
对称梯度 symmetric(al) gradient
对称体 symmetric(al) body
对称天线 balanced antenna; doublet antenna; symmetric(al) antenna
对称调正 symmetric(al) adjustment
对称通带滤波器 symmetric(al) bandpass filter
对称透镜 symmetric(al) lens
对称图 symmetric(al) graph
对称图案 symmetric(al) pattern
对称图解 symmetric(al) diagram
对称图形 symmetric (al) configuration; symmetric(al) figure
对称陀螺 symmetric(al) top
对称陀螺分子 symmetric (al) top molecule
对称弯犁刀 quincy cutter
对称弯曲 symmetric(al) bending
对称弯曲振动 symmetric(al) bending vibration
对称网络 symmetric(al) network
对称涡流 rotationally symmetrical flow
对称屋顶 homogeneous roof
对称物 counterpart; symmetric (al) object
对称物镜 symmetric(al) object glass
对称物网络 symmetric(al) network
对称误差 balance error
对称误差范围 range of balance error
对称系统 balanced system; symmetric(al) system
对称系统的分量 component of a symmetric(al) system
对称现象 symmetry
对称线 line of symmetry; symmetric(al) line
对称线对 balanced pair
对称线对系统 balanced pair system
对称线路 balance line; symmetric (al) line
对称线性方程 symmetric (al) linear equation
对称线性规划 symmetric (al) linear programming
对称线性算子 symmetric (al) linear operator
对称限幅 symmetric(al) limiting
对称向斜 symmetric(al) syncline
对称像 symmetric(al) image
对称削波器 symmetric(al) clipper
对称消光 symmetric(al) extinction
对称消像散镜组 symmetric(al) anastigmat
对称谐振腔 symmetric(al) resonator
对称信道 symmetric(al) channel
对称行列式 symmetric (al) determinant
对称形 symmetric(al) figure
对称形十字墩子 symmetric(al) cruciform pier
对称形十字码头 symmetric(al) cruciform pier
对称形状 symmetric(al) figure
对称型 symmetric(al) form; symmetric(al) mode; symmetric(al) type; symmetry form; symmetry type

对称型的类型 kind of symmetry type
对称型两脚多层构架 symmetric(al) two-legged multistoried frame
对称型两脚多层框架 symmetric(al) two-legged multistoried frame
对称型双柱多层框架 symmetric(al) two-legged multistoried frame
对称型压缩机 symmetric (al) compressor
对称性 symmetric(al) characteristic; symmetry
对称性定律 law of symmetry
对称性假设 symmetry assumption
对称性交变应力 completely reversed stress
对称性群 symmetric(al) group; symmetry group
对称性算子 symmetry operator
对称旋转 rotational symmetry
对称旋转壳体 shell of rotational symmetry
对称旋转面 symmetric(al) surface of revolution
对称雪崩整流器 symmetric(al) avalanche rectifier
对称循环 symmetric(al) cycle
对称循环磁化状态 symmetric(al) cyclically magnetized condition
对称要素 element of symmetry; symmetric (al) element; symmetry element
对称叶片 symmetric(al) blading
对称翼形螺钉 regular thumb screw
对称应力 symmetric(al) stress
对称应力系统 symmetric (al) stress system
对称应力循环 symmetric (al) stress cycle
对称有向图 symmetric(al) directed-graph
对称预压混凝土预制桩 symmetrically precompressed precast-concrete-pile
对称元素 symmetric (al) element; symmetry element
对称原理 symmetry principle
对称运动 symmetric(al) motion
对称韵律 symmetric(al) rhythm
对称站 balanced station
对称张量 symmetric(al) tensor
对称褶曲 normal fold; symmetric(al) fold
对称褶皱 normal fold; symmetric(al) fold
对称振荡 symmetric(al) oscillation
对称振动 symmetric(al) vibration
对称振型 symmetric(al) model of vibration; symmetric (al) type of vibration
对称振子 balanced dipole; dipole; doublet; symmetric(al) dipole
对称振子振荡模 dipole mode
对称支撑立柱 symmetrically braced column
对称秩一算法 symmetric (al) rank-one algorithm
对称中心 center[centre] of symmetry; symcenter; symmetric (al) center[centre]; symmetry center [centre]
对称重心 symmetric(al) barycenter
对称轴 symmetric(al) axis; symmetry axis
对称轴面 axial plane of symmetry
对称轴线 axis of symmetry; symmetric(al) axis
对称逐次超松弛 symmetric (al) successive overrelaxation
对称主筋桩 symmetric (al) key-bar pile; Considere pile

D

对称转炉 concentric(al) converter
对称装置 symmetric(al) mounting
对称状态 symmetric(al) state
对称阻带滤波器 symmetric(al) band-reject filter
对称阻抗 balanced impedance
对称坐标 symmetric(al) coordinates
对称坐标法 method of symmetric-(al) coordinates
对撑角 strut
对承包人的支付 payments to contractor
对承包商的现场指示 job site instruction
对承包商的支付 payments to contractor
对承包商进行资格预审 pre-qualifying contractor
对承包商完成工程合同的担保 guarantee bond
对城市起毁灭作用的 urbicidal
对城市起破坏作用的 urbicidal
对冲断层【地】ramp; ramp; ramp fault
对冲断层谷 ramp valley
对冲击灵敏的 shock-sensitive
对冲器 centralizer
对冲燃烧 opposed(wall) firing
对冲式冲断层 ramp thrusts
对冲式放大器 direct impact amplifier
对冲型射流元件 opposed jet element
对冲型元件 impact modulator; transverse impact modulator
对出票人无追索权 drawn without recourse
对穿地块 <地块前后均临街道> through lot; double frontage
对穿地块的前院 through lot yard
对穿庭院 through court
对船陌生的人 landlubber
对椽屋顶 couple roof
对窗 coupled window; gemel window; paired windows
对次货负责退换(或退款) make good on defective wares
对错测验 X-O test
对搭缝 half-lap(ped) joint
对搭接 half-lap(ped) joint
对搭接头 joint halved
对大自然的对策 game against nature
对单个房屋的供水设施 water installation
对单元的产生式规则 production rule for units
对氮蒽蓝 induline
对刀块 feeler block
对刀样板 bit ga(u)ge
对捣 butt ramming
对等 coordination; equivalent
对等偿付债权 counter-claim
对等导纳 image admittance
对等的 equipotent; quits
对等工休制 even time
对等官员 opposite number
对等价格 parity price
对等检索 coordinate indexing
对等角 opposite angles
对等贸易 countertrade
对等式 peer-to-peer
对等衰减常数 image attenuation constant
对等物 counter-performance; equivalence; flip side
对等相位常数 image phase constant
对等样品 counter sample
对等指数 parity index
对等阻抗 image impedance
对抵的 abutting
对抵焊接 butt-welding
对抵接头 abutment joint; abut(ting) joint; end-to-end joint
对抵连接 butt junction
对抵铆接 butt riveting; butt rivet joint
对抵拼接 butt splice
对抵拼接夹板 butt trap
对抵相接 butt jointed
对抵押财产的索赔权 hypothecation
对地 over the ground
对地安全工作电压 safe working voltage to ground
对地比压 specific ground pressure
对地比压低的 low aground pressure
对地比压低的挖掘机 low ground pressure excavation
对地不平衡 unbalanced to ground
对地的电位差 earth potential difference
对地电容 capacitance to earth; direct capacity to ground; direct earth capacitance; direct earth capacity; direct-to-ground capacitance; direct-to-ground capacity; earth capacitance; earth capacity; ground capacitance; ground capacity
对地电容不平衡 capacitive unbalance to earth
对地电容效应 head effect
对地电位 above earth potential; potential to ground
对地电压 voltage to earth
对地电阻 resistance to ground
对地定向 absolute orientation
对地短路 short-circuit ground
对地分辨率 resolution to ground
对地观测卫星 earth-oriented satellite
对地航速 speed made good; speed over the bottom; speed over the ground
对地航向 course over the ground
对地静止的 geostationary
对地静止轨道 geostationary orbit
对地静止气象卫星 geostationary meteorologic(al) satellite
对地静止卫星 geopause satellite; geostationary satellite
对地漏电方向继电器 directional earth-leakage relay
对地面径流阻力 resistance to overland flow
对地面水的密封 tight to surface water
对地平衡 balanced to ground
对地平衡的输入阻抗 balance-to-ground input impedance
对地球的忠心 earth patriotism
对地摄影机 ground(track) camera
对地速度 absolute velocity; ground speed; ground velocity
对地同步的 geostationary
对地同步轨道 geosynchronous orbit
对地位置指示器 ground position indicator
对地物的分解力 ground resolution
对地相电压 phase voltage against earth
对地泄漏测量计 earth-leakage-meter
对地泄漏信号继电器 earth leakage relay
对地压力 ground pressure
对地移动 make way over the ground
对地运动 actual motion
对地运动图 geographic(al) plot; true plot
对地运动作图 geographic(al) plotting; true plotting
对地阻抗 earth impedance
对第三者的出庭命令 garnishment
对第三者负责的保险 liability insurance
对点 counter point
对点杆 plumbing staff
对点纠正法 point matching method
对点器 plumbing instrument
对碘苯胺 paraiodoaniline
对碘苯甲醚 paraiodoanisole
对电话无噪声的发电机 telephonically silent generator
对垫楔块 easing wedge
对钉法 cheek nailing
对顶 opposite vertex; vertical axis
对顶焊接 butt weld
对顶角【数】vertical angles; opposite angles
对顶宽度 across corners
对顶棱锥 double pyramid
对顶三角形 touching angles
对顶线 diagonal
对顶楔 folding wedges
对顶(圆)锥【数】double cone
对顶砧式 opposed anvil type
对动活塞 opposed piston
对动螺旋 union screw
对端测量 end-to-end measurement
对端吻合术 end-to-end anastomosis
对多项式函数的综合法 synthetic(al) method for polynomial functions
对二氮苯酰胺 pyrazinamide; pyrazine carboxamide; pyrazinoic acid amide
对二氮己环 diethylene diamine
对二氮萘 phenpiazine
对二碘苯 paradiiodobenzene
对二甲氨基苯甲醛 paradime thylaminobenzaldehyde
对二甲氨基偶氮苯 butter yellow
对二甲胺基偶氮苯 laminoazo-benzene; p-dimethy
对二甲苯 para-xylene
对二甲苯树脂 p-xylene resin
对二甲氧基苯 paradimethoxybenzene
对二氯苯 <熏蒸杀虫剂> Paracide; paradichlorobenzene; paradichlorobenzol
对二羟基苯 hydroquinone; para-dihydroxybene
对二烷基亚甲基环己二烯 semi-benzene
对二硝基苯 paradinitrobenzene
对二乙氨基苯甲醛 paradiethylaminobenzaldehyde
对发射 pair emission
对法定财产重估增值的审计 audit of increment of legal estate through revaluation
对方 counterparty; opposite side; other party; other side
对方船 opponent vessel
对方当事人 adversary
对方付款的电话簿 reversed charge books
对方付款电话 collect call
对方付款呼叫 reverse charge call
对方用户 remote subscriber
对方站 partner station; remote station
对方账户 reciprocal account
对方证人 adverse witness
对方纸 partner paper
对风险的洞察力 risk perception
对废水回用的各种看法 attitudes toward reuse of wastewater
对分 bipartition; bisection; halve; halving; dichotomizing
对分查找 binary search; dichotomizing search
对分查找树 binary search tree
对分的 dimidiate
对分法 bisection method; method of bisection
对分分频器 two-to-one frequency divider
对分检索 binary search; dichotomizing search
对分角 bipartition angle
对分汽缸 split casing
对分式模型 split pattern
对分式无底芯盒 split open ended core box
对分式芯盒 split core box
对分外壳 split casing
对分烟囱砖 half chimney block
对风险持中性态度 risk neutral
对缝 opposite joint; oversew; scribing
对缝不良的 mismatched
对缝法 baseball stitch
对缝焊管 butt-welded pipe; butt-welded tube; jump welded pipe; jump welded tube
对缝焊接 butt-weld(joint); straight welded joint
对缝焊接管 butt-welded pipe
对缝接头 butt splice; coped joint
对缝连接角钢 bosom(piece)
对缝砌法 stack(ed) bond
对氟苯胺 para-fluoroaniline; p-fluoro aniline
对氟苯甲酸 parafluorobenzoic acid
对氟苯乙酸 para-fluorophenylacetic acid
对氟噻嗪 paraflutizide
对辐射产生重要效应的气体 radiatively important gas
对辐射稳定的油脂 grease stable to radiation
对辐射作用稳定的 radiation stable
对腐蚀剂的阻抗 resistance to aggressive agencies
对腐蚀介质的阻抗 resistance to aggressive agencies
对付风险方法 risk methodology
对付款地点有限制的承兑 acceptance qualified as to place
对付款时间有限制的承兑 acceptance qualified as to time
对负极 anti-cathode
对附金属企业放款 loans to subsidiaries
对附属单位补助支出 expense for subsiding subordinary unit
对钢材涂磷酸盐溶液防锈 banderize
对钢铁施以防防腐的磷酸盐溶液涂料 banderize
对港口的需求 port demand
对隔壁 counter septum
对各种气候的稳定性 all-weather stability
对工程的损害 damage to works
对工程进行附加保险 additional insurance of works
对工程量清单中各项目标明价格 price out
对工程提供方向性的估算 provision
对工程项目的估算 educated guess; guesstimate
对工程项目的评价 appreciation of a project
对工程质量问题的补救措施 corrective action
对工件研究 job studies
对工人的补偿(金) workmen's compensation
对工作或生产起阻碍作用的行动 disincentive
对公众开放的 free-for-all
对拱 gemel arch; paired arches
对构造的适应性 adjustment to structure
对雇主的支付 payments to employer
对观光者吸引力 tourist attraction
对管 line up
对管班 line-up gang; line-up party; line-up team
对管器 alignment clamp; line-up

clamp
对光 beam focusing; focusing movement; focus(ing)
对光标 focusing mark
对光拨杆 focusing lever
对光不安的 photolabile
对光放大镜 focusing glass; focusing magnifier
对光辅助装置 focusing aid
对光环 focusing ring
对光精度 accuracy of focusing
对光镜 focusing glass
对光灵敏的 sensitive to light
对光螺母 focusing nut
对光螺丝 focusing screw
对光螺旋 focusing screw
对光钮 focusing knob
对光误差【测】error in focusing; focusing error
对光装置 focusing mechanism
对轨辊 break rolls
对轨距的冲击 ga(u)ge-concussion
对辊成球机 double roll pelletizer
对辊法 Asahi process; co-acting roller process
对辊辊子 Asahi process drawing roller
对辊磨 roller-crushing mill
对辊破碎机 crushing roller; disintegrator; double roll crusher; double roller; roll crushing mill
对辊式压制机 roll-type briquetting press
对辊式榨油机 breaker roll type oil seed press
对辊制团机 roll-type briquetting machine
对滚检验 roll check
对滚检验法 roll testing
对滚装置 rolling fixture
对焊 butt weld; plain butt weld; welding neck
对焊的 butt-welded
对焊的补强 reinforcement butt weld
对焊法兰 welding neck flange
对焊法兰人孔 manhole with butt welded flange
对焊法兰手孔 handhole with butt welded flange
对焊 butt welding
对焊缝 butt joint; butt-welded seam
对焊钢管 butt-welded tube
对焊管轧机 butt-weld pipe mill
对焊轨端 butt-welded rail ends
对焊机 butt welder; butt-welding machine
对焊件 welding neck fitting
对焊接合 butt-weld(ed) joint
对焊接头 butt joint; butt-weld(ed) [weld(ing)] joint; welded butt splice
对焊模子 butt-welding die
对焊三通 butt-weld tee
对焊弯头 butt weld bend
对焊有缝管 butt-welded pipe
对焊钻杆 weld-on tool joint
对号器 buzzerphone
对合 convolution
对合变换 convolution transform; involutory transformation
对合的线丛 complex in involution
对合点 identical points
对合定理 convolution theorem
对合对射 involutory correlation
对合反自同构 involutorial anti-automorphism
对合接合 straight halved joint
对合接头 straight halved joint
对合矩阵 involutory matrix
对合同的解释 construction of contract
对合同及其附件的修改 amendment of the contract or other appendices
对合牙 antagonist
对合直射 involutory collineation
对合中心 center[centre] of an involution
对黑暗的适应性 dark adaptation
对红色色盲者 protan
对红色识别力差者 protanope
对红外线敏感的粉末 infrared powder
对花准确 perfect register
对化学反应的稳定性 stability towards chemical reaction
对话 crosstell; dialog(ue); interlocution; conversation【计】
对话参数 session parameter
对话层 session layer
对话撤消 session deactivation
对话撤消请求 session deactivation request
对话初始值 session seed
对话方式 conversational way; interactional mode; interactive mode
对话级功能 session level function
对话计算机 talking computer
对话(交谈)式路线导行系统【交】interactive route guidance system
对话框【计】dialog(ue) box
对话录音 dialog(ue) recording
对话声迹 dialog(ue) track
对话式出行计划(安排)【交】interactive trip planning
对话式分时(操作) conversational time-sharing
对话式软件 conversational software
对话式(相互)查询 interactive query
对话同步 session synchronization
对话箱 dialog box
对话中止请求 session termination request
对环芳烷 paracyclophane
对环己二醇 quinite; quinitol
对环境安全的产品 environmentally safe product
对环境安全的涂料 environmentally safe coating
对环境变化耐力差的生物 intolerant organism
对环境不利的影响 adverse environment(al) effect
对环境的要求 environmental condition
对环境封闭的 environmentally sealed
对环境有害的开发 environmentally harmful development; environmentally hazardous development
对环境有害的消费征税 levy on environmentally harmful consumption
对环境有利的能源选择 environmentally favo(u)rable energy option; environmentally friendly energy option
对环境有利的能源战略 environmentally favo(u)rable energy strategy
对换 opposite change; transposition
对换求积分法 integration by transposition
对茴香胺 paraanisidine
对茴香酸 paraanisic acid
对混凝土的侵蚀 aggressive to concrete
对混凝土有害的 aggressive toward concrete
对混凝土有侵蚀性的 aggressive toward concrete
对混凝土有侵蚀性的材料 material aggressive to concrete
对混凝土有侵蚀作用的水 water aggressive to concrete
对火敏感触头 fire sensing contact
对击锤 counterblow hammer
对击锻锤 counter hammer
对击式镦锻机 double swage hammer
对机车和列车人员传递行车指示 transmission of operating instructions to locomotive and train staff
对机动性的要求 desire for mobility
对机动隐藏者的圆形搜索 circle search for a mobile hider
对机壳电阻 resistance to case
对极点 amtipodal points
对夹式蝶阀 wafer butterfly valve
对甲氨基酚 paramethylaminophenol; rhodol
对甲氨基酚硫酸盐 paramethylaminophenol sulfate
对甲苯胺 para-aminotoluene; paratoluidine
对甲苯胺硫酸盐 paratoluidine sulfate
对甲苯胺盐酸盐 paratoluidine hydrochloride
对甲苯的溶解度 solution of paraxylene
对甲苯磺酸 para-toluene sulfonate; para-toluenesulfonic acid
对甲苯磺酸铵 para-toluenesulfonic acid ammonium salt
对甲苯磺酸甲苯酯 cresyl para-toluenesulphonate
对甲苯磺酸钠 para-toluenesulfonic acid sodium salt
对甲苯磺酸乙酯 ethyl p-toluenesulfonate
对甲苯磺酰胺 para-toluene sulfonamide; para-toluene sulfonate; p-toluene sulfonamide
对甲苯磺酰胺(缩)甲醛树脂 p-toluenesulfonamido-formaldehyde resin
对甲苯磺酰甲基亚硝酰胺 toluene sulfochloride
对甲苯磺酰氯 paratoluensulfonyl chloride
对甲苯甲酸 paratoluic acid; paratoluylic acid; paratolunitrile
对甲酚 paracresol
对甲酚甲醚 methyl para-cresol
对甲基苯甲酸甲酯 methyl p-methyl benzoate
对甲基苯甲酸乙酯 ethyl p-methyl benzoate
对甲基苯乙烯 methyl styrene
对甲基红 paramethyl red
对甲氧酚 hydroquinone monobenzyl ether
对甲氧基苯甲醛 anisaldehyde
对甲氧基苯甲酸甲酯 methyl p-methoxybenzoate
对价 consideration; valuable consideration
对驾驶盘反应迟钝 understeer
对驾驶盘反映过敏的 oversteer(ing)
对尖齿 zygodont
对剪切灵敏颜料 shear-sensitive pigment
对裥 box pleating
对碱反应骨料 alkali-reactive aggregate
对碱反应集料 alkali-reactive aggregate
对碱反应性 alkali reactivity
对碱敏感的 alkali-sensitive
对建设失败进行剖析的技术规定 <美国要求对工程事故进行调查和提出报告,以便提高设计施工的技术水平> construction pathology
对建筑材料的要求 construction(al) material requirement
对健康的不利影响 adverse health effect
对健康的过分风险 unreasonable risks to health
对健康有害的 dangerous to health; insalubrious; insanitary
对健康有害的事物 health hazard
对将来不会因过时而被淘汰 future sale
对讲传声器 talk-back microphone
对讲电话 intercommunicating(telephone; intercommunication telephone; talk-back circuit; talk-back telephone
对讲电话机 intercommunicating(telephone) set; intercommunication telephone set; interphone
对讲电话系统 intercom[intercommunication system]; intercommunicating telephone system; intercommunication system; interphone system
对讲电话装置 intercom[intercommunication system]; intercommunication
对讲机 aerophone; intercom [intercommunication system]; intercommunication telephone set; walkie-talkie; loudspeaker microphone <内部通信[讯]用>
对讲通信[讯]系统 intercom[intercommunication system]
对讲扬声器 talk-back loudspeaker; two way loudspeaker
对交点 anti-node
对交通开放 opening to traffic
对焦 focalization
对焦点 focusing
对焦屏 focusing screen
对焦仪 focalizer; focusing device
对角 across corners; opposite angles; subtense angle
对角 m 块三对角矩阵 diagonally m-block tridiagonal matrix
对角保序映射 diagonally isotone mapping
对角边 side opposite the angle
对角变换 diagonal transfer
对角撑 angle brace; corner brace; cross stay; diagonal brace; diagonal strut; strut
对角导向 diagonal homing
对角导柱模架 combination diagonal pin type die set
对角地 cornerways; cornerwise
对角电压电桥 diagonal voltage bridge
对角垫块 <预制钢筋混凝土桩的> diagonal spacer
对角断面 diagonal section
对角对 diagonal pair
对角杆 subtense bar
对角杆件 <只承一种力(压力或拉力)的> counter diagonal; diagonal; diagonal brace[bracing]
对角钢筋 cross reinforcement; diagonal bar; diagonal reinforcement
对角钢筋带 diagonal band
对角钢筋带的有效面积 effective area of reinforcement in diagonal bends
对角钢缆 <预应力混凝土中的> diagonal cable
对角拱 diagonal arch
对角桁架 diagonal trussing
对角桁架杆 diagonal truss rod
对角滑移平面 diagonal glide plane
对角集合 diagonal set
对角间距 diagonal pitch
对角交 diagonal crossed
对角交叉 diagonal crossing
对角接合 diagonal masonry bond; herringbone bond; rake bond
对角接铁 diagonal knee

对角接线 diametric(al) connection
对角截面 diagonal section
对角径 diagonal conjugate
对角镜 diagonal mirror
对角距 opposite angle distance
对角距离 diagonal distance
对角孔型 diagonal pass
对角拉撑 diagonal stay
对角拉条 diagonal brace[bracing]; diagonal tie
对角拉条底架 diagonally braced frame
对角拉线 diagonal wiring
对角喇叭 diagonal horn
对角喇叭天线 diagonal horn antenna
对角肋 diagonal ribs
对角联条 diagonal bracing
对角梁 brail; diagonal beam
对角裂缝 diagonal crack(ing)
对角路线 diagonal route
对角目镜 diagonal eye(piece)
对角黏[粘]合 diagonal bond
对角炮眼 sumper
对角平面 diagonal plane
对角平巷 diagonal entry
对角铺砌 arris-wise paving; diagonal paving; diagonal slating; drop-point slating
对角铺砌石板瓦屋面 drop-point slating
对角铺瓦做法 diagonal slating; drop-point slating
对角砌层 tumbled-in course
对角砌合【建】diagonal bond; rake bond; raking bond
对角切割器 diagonal cutter
对角十字形岩石钻头 diagonal cut rock drill plus bits
对角式 < 铺砌砖瓦或切割材料 > arris-wise
对角式砌合法 diagonal bond
对角式水轮机 diagonal flow turbine
对角式通风(法) diagonal ventilation; opposite angles ventilation
对角套汇 direct arbitrage
对角系船柱拉杆 diagonal bollard tie
对角系杆 diagonal bracing
对角线 arris wire; cater-corner; diagonal line; tie line
对角线变换 diagonal transfer
对角线标度 diagonal scale
对角线长度 diagonal distance
对角线的 cater-corner(ed); corner-wise; diagonal
对角线对策 diagonal game
对角线方法 diagonal process
对角线方向 diagonal direction
对角线方阵 diagonal square matrix
对角线分解 diagonal decomposition
对角线拱 groined arch
对角线滚削 diagonal hobbing
对角线化 diagonalization
对角线级数 diagonal series
对角线极化喇叭 diagonal horn
对角线检查 diagonal check
对角线交叉点 intersection point of diagonals
对角线街道 diagonal street
对角线矩阵 diagonal matrix
对角线刻度 diagonal scale
对角线切削 diagonal cut
对角线曲面 diagonal surface
对角线剃齿 diagonal shaving
对角线剃齿法 travel-pass shaving method
对角线外的 off-diagonal
对角线网络 diagonal network
对角线位移 diagonal displacement
对角线纹理 diagonal grain
对角线形式 diagonal form
对角线型微指令 diagonal micro instruction
对角线移动测试 shifted diagonal test
对角线元素 diagonal entry
对角线支撑 diagonal strut
对角向匝道 diagonal ramp
对角削波失真 diagonal clipping
对角斜 diagonal member
对角斜撑 cross bracing; sway rod
对角斜撑转向架 cross-braced bogie
对角斜杆 diagonal brace
对角斜拱 scoinson arch; squinch (arch)
对角斜铺 poyntel
对角型路脊线 diagonal ridge
对角优势的 diagonally dominant
对角优势方程组 diagonally dominant system of equation
对角优势矩阵 diagonally dominant matrix
对角元素 diagonal element; diagonal entry < 矩阵的 >
对角晕线【测】diagonal ruling
对角占优势 dominant diagonal
对角占优势阵 diagonal-dominant matrix
对角张力 diagonal tension
对角支撑 batter brace; diagonal bracing; diagonal bridging; diagonal stray
对角支撑杆 angle beam
对绞电缆 non-quadded cable; paired cable; twist(ed) pair cable
对阶 match exponents; matching of exponents
对接 abutment joint; apposition; bound pair; butted joint; butt(ing); butt to butt; end-to(-end) joint; joining on butt; juxtapositing; opposite joint; parallel joint; scribed joint; straight joint; dock < 宇宙飞行器在空间轨道上的会合 >
对接板 butt cover plate; butt strap
对接衬板 butt strap
对接衬条 butt strip
对接触点 butt contact
对接触点开关 butt-contact switch
对接搭板 butt strap; butt-welding; strap
对接搭板焊接 strapped weld
对接单面盖板铆接 single butt-strap riveting
对接的 abutting; butted; butt jointed
对接的航天器组 docked assembly
对接的屋面木板瓦 joint shingle
对接点间隙 gap clearance
对接电阻焊 butt resistance welding; resisting butt-welding
对接垫板 butt strap
对接端 abutting end; butt end
对接法 rendezvous method
对接法兰 abutting flange; counterflange; intermediate flange; plain flange; spacer flange
对接方案 < 航天器在轨道上的 > docking concept
对接飞行 docked flight
对接缝 abutting joint; butt(-end) joint; end joint; straight joint
对接缝焊机 butt seam welding machine
对接缝焊接机 tape butt-seam welding machine
对接盖板 butt strap
对接杆叉 butt-prop
对接工作 butt work
对接轨道电路 square-jointed track circuit
对接轨条螺栓 fishplate bolt
对接滚焊 butt seam welding
对接滚焊机 butt seam welder
对接锅炉身 butt-jointed shell course
对接焊 butt weld(ing); jamb weld(ing); jaw weld; plain butt weld; welded butt joint; square groove weld
对接焊法 butt-welding process
对接焊缝 butt-jointed seam; butt-welded seam; butt-weld(joint); split weld; upset welding joint
对接焊缝钢管 butt-welded pipe
对接焊缝探伤长度 length for butt seam inspection
对接焊缝探伤法 butt seam inspection method
对接焊缝探伤合格级别 grade for butt seam inspection
对接焊钢管 butt-weld(ed) steel pipe
对接焊钢桩 butt-weld splice for steel pile
对接焊机 butt welder; butt-welding machine
对接焊接接头 butt joint
对接焊接头 < 管子等的 > abutting joint
对接焊拼接板 welded butt splice
对接焊头 butt-weld(ed) joint
对接和轨道转移机动 docking and transfer maneuver
对接环 docking collar
对接机构 docking mechanism
对接胶 edge joining adhesive
对接角 butt joint corner
对接角材 angle butt strap
对接阶段 docking phase
对接接触焊 resistance butt-welding
对接接缝 butt connector
对接接合 jump joint
对接接合器 docking adapter
对接接合器闩 docking adapter latch
对接接近速率 docking closing rate
对接接头 abutment joint; abutting joint; banjo fixings; butt connection; contact joint; joint halved; open joint; opposite joint; square joint; even joint
对接接头靠模弯曲试验 guided bend test for butt welded joint
对接接头缺口断裂试验 notch break test for butt welded joint
对接链 butt chain
对接炉身环箍 butt-jointed shell ring
对接螺栓 fish bolt
对接铆 butt riveting
对接铆接 double shear(riveted) joint
对接面 docking interface
对接模子 butt-welding die
对接耦合 butt coupling
对接配件 joint fitting
对接区 docking area
对接裙 transfer skirt
对接热熔聚乙烯塑料管件 butt heat fusion polyethylene plastic fitting
对接任务 docking mission
对接烧结 butt-sintering
对接设备 docking equipment
对接十字缝 crosslap joint
对接式光纤 butting optic(al) fiber
对接式伸缩装置 butt-type expansion installation
对接双面盖板铆接 double-butt-strap riveting
对接榫 abutting tenon
对接套筒 butt muff
对接贴板 back strap; buff strap; butt block; heel bar; seam strap
对接头 butt joint; butt junction; riveted butt joint
对接头加工 finish of butt joint
对接头铆接 riveted butt joint
对接凸缘 companion flange
对接细缝 hairline joint
对接线 breakling
对接镶玻璃 butt glazing
对接销键 false tongue
对接翼板 abutting flange
对接用发动机 docking engine
对接鱼尾板 buttercover plate
对接原则 docking concept
对接栈桥 abutting pier
对接制导系统 < 轨道会合的 > docking guidance system
对接装配 pick-up fitting
对接锥体 docking cone
对接组件 banjo fixings
对节点的连接 link to node
对结构材料具有侵蚀性的 aggressive toward structural materials
对结构元素的引用 reference to an element of structure
对结构元素或数组元素的引用 reference to a structure or an array element
对结构载声的隔声 sound insulation against structure-borne sounds
对界 boundary alignment
对借款的抵消 offset to a debt
对金刚石分级 grading diamond
对金属表面的亲合力 affinity for metal
对金属具有侵蚀性的 aggressive toward metal
对紧急状况的反应 emergency response
对……进行酒精处理 alcoholize
对经济效果的评价 economy test
对景 opposite scenery; view in opposite place; scenic focal point < 中国古典园林布局手法之一 >
对景点 viewpoint
对景图 front view; view
对景图目录 list of views
对景位置 viewpoint
对径电压 diametric(al) voltage
对径分接 diametric(al) tapping
对径压缩 diametric(al) compression
对竞争的控制 control of competition
对拒绝付款的追索权 recourse for non-payment
对聚苯氧【化】poly(-p)-phenylene oxide
对竣工检验的干扰 interference with tests on completion
对卡圈 split holding ring
对开 bipartition; bisect; opening out < 门、窗的 >
对开半圆饰 split astragal
对开材 half log; split
对开槽 cross-notch(ing)
对开锤式取土器 split-tube drive sampler
对开搭接 halved[halving] joint
对开的 biparting; dimidiate; split(-half)
对开的双闸门板 biparting panel
对开底卸料斗 double door drop-bottom bucket; double-leaf hinged bottom bucket
对开垫圈 split-load washer
对开钢锭模 split ingot mo(u)ld
对开管 center[centre] split pipe; split pipe
对开管锤式取土器 split-tube drive sampler
对开管打入式取土(样)器 split-tube drive sampler
对开管口 split tube
对开管式取土器 split-tube sampler
对开管式取样器 split-tube sampler
对开滚线机 rotary cutting and bending machine
对开金属型 drawback mo(u)ld

对开径向止推轴承 cup-and-cone bearing
对开联轴节 split coupling
对开螺母 half nut;lock(ing)nut;split nut;splitnut clasp nut
对开螺母开关杆 clasp nut engaging lever
对开螺母手柄 half-nut lever
对开螺母下部 lower half nut
对开落地长窗 French casement
对开门 biparting door
对开门设备 double door furniture
对开门式冰箱 side-by-side combination refrigerator
对开模 split cavity;split mo(u)ld;tow-piece mo(u)ld
对开模子 split-cube mo(u)ld
对开耙吸挖泥船 split trailing suction hopper dredge(r)
对开平台印刷机 stop-cylinder press
对开切纸机 folio paper cutter;sheet-fed cutter
对开曲轴箱 split crankcase
对开三通管接 split T
对开勺钻式取样器 split-spoon sampler
对开十字接头 cogged joint;crosslap joint
对开式船体 split hull
对开式多叶阀 opposed multi-blade damper
对开式拐臂 split lever
对开式滑动轴承 split bearing;split box
对开式联轴节 split coupling
对开式轮辋 longitudinally split rim
对开式模筒 two-way split former
对开式泥驳 split(dump)barge;split hull dumping barge
对开式球窝 split socket
对开式取土器 split spoon
对开式取土勺 split spoon
对开式取土样 split spoon sample
对开式取土样器 split spoon sampler;split-tube sampler
对开式(勺钻)取样器 split spoon sampler
对开式套管 split sleeve
对开式套筒 split sleeve
对开式铁芯 waffle iron
对开式土壤取样器 split spoon sampler
对开式钻管<取土样用> split tube
对开试样筒 split barrel
对开双色胶印机 two-colo(u)r sheet fed offset press
对开死插销 split dead bolt
对开填料压盖 split strip packing gland
对开图纸 colombier;double copy;double demy;double folio;double foolscap;double crown<20 英寸×40 英寸>
对开信用 reciprocal credit
对开信用证 back-to-back(letter of)credit;counter letter of credit;reciprocal letter of credit
对开压盖 split gland
对开烟囱砌块 split chimney block
对开阳极电解槽 cell with split anodes
对开叶片风阀 opposite blade damper
对开叶片式气闸 opposed-blade damper
对开圆木 half log;halfback;half-round timber
对开账户 back-to-back account
对开折页机 folio folding machine
对开纸 expressed folio
对开轴承 split axle box;split bearing;two-part bearing;two-piece bearing
对开自动双色胶印机 two-colo(u)r automatic sheet-fed offset press
对抗 confrontation;countercheck;countermeasure
对抗措施 countermeasure;countermove
对抗的事物 contrariety
对抗对策设计 countermeasure design
对抗反应 opposing reaction
对抗共生 antagonistic symbiosis
对抗关税 counter tariff
对抗剂 antagonist
对抗(能)力 counter force
对抗声呐 countermeasure sonar
对抗手段 countermove
对抗水体 opposing water mass
对抗弹簧 antagonistic spring
对抗物 counter-attraction
对抗效果 antagonistic effect
对抗效应 antagonistic effect
对抗性的 antagonistic
对抗性对策 antagonism game
对抗性竞争 head to head competition
对抗作用 antagonism;counteraction
对壳式软管终端接头 clamp type end fitting
对刻度(盘)的 double dial
对空观测台 anti-aircraft tower
对空间不敏感的 non-space-sensitive
对空监视 anti-aircraft lookout
对空监视雷达 air surveillance radar
对空监视哨 anti-aircraft tower
对空监视塔 antitower
对空联络发光信号设备 air pyrotechnic
对空潜望镜 altiperiscope
对空闲用户呼出扫描 idle scan
对控制指令的反应 control response
对口 contra-aperture
对口的 aboral
对口丁坝 face-to-face groin;face-to-face spur dike[dyke]
对口焊接钢管 butt-welded tube
对口切开 contra-incision;counteropening
对口人员 counterpart personnel
对口线 match line
对口型急滩 rapids of face-to-face pattern;rapids of opposite protruding points type
对口装窑 boxing;stack lip to lip
对口资料 pertinent literature
对拉面 opposite faces
对拉舌板 flipper guide
对蜡质产生的抑制 waxy production inhibitor
对蓝色感光的 blue-sensitive
对立 antagonism;contradictory;contrast;opposition
对立单位之比 ratio to the primary unit
对立的 antithetic;diametric(al);facing;opposite
对立的统一 unity of the oppositions
对立假设 alternative hypothesis
对立面 counterdrain
对立色理论 opponent-colo(u)rs theory
对立事件 contrary event;complementary event
对立物 counter
对立性 antagonism;contrariety
对立叶轮 homologous impeller
对沥青路面层修补 skin patch
对联 check
对联苯基胺 para-aminodiphenyl;para-biphenylamine;xenylamine
对联卡片 dual card
对列纹孔式 opposite pitting
对裂 contrafissure
对裂缝进行分析研究的技术要求 crack pathology
对裂开 split across
对零 zero point adjustment;zero setting
对零式三孔方向测针 null-type yaw probe
对流<指大气、水、电等的> advection;contraflow;convection(current);counter-current flow
对流包层 convective envelope
对流不稳定性 convective instability;potential instability
对流不稳定性判据 convective instability criterion
对流部分 convection section
对流采暖 convectional heating;convective heating;heating by convection
对流测偏仪 convectron
对流层 troposphere<海拔高至七英里的大气层>【气】;convectional layer;convectional zone;convective layer;convective zone
对流层波 tropospheric wave
对流层超折射 tropospheric superrefraction
对流层臭氧 tropospheric ozone
对流层臭氧观测站 tropospheric ozone station
对流层臭氧污染 tropospheric ozone pollution
对流层传播 tropospheric propagation
对流层大气化学 atmospheric chemistry of troposphere
对流层的 tropospheric
对流层的悬浮尘土 tropospheric dust suspension
对流层电波传播 tropospheric radio propagation
对流层顶 lapse limit;tropopause
对流层顶层 great inversion
对流层顶急流 jet stream
对流层顶逆温 tropopause inversion;upper inversion
对流层顶图 tropopause chart
对流层顶中断 tropopause break
对流层化学 tropospheric chemistry
对流层散射 troposcatter(ing);tropospheric scatter(ing)
对流层散射电路衰落 fading on tropospheric scatter path
对流层散射发射机 tropospheric scatter transmitter
对流层散射接收机 troposcatter receiver
对流层散射通信[讯] tropospheric scatter communication
对流层散射通信[讯]设备 troposcatter communication set
对流层散射通信[讯]系统 tropospheric scatter communication system
对流层散射无线电通信[讯]设备 tropospheric scatter radio communication system
对流层上部 high troposphere;upper troposphere
对流层衰减 tropospheric attenuation
对流层衰落 tropospheric fading
对流层无线电波导 tropospheric radio duct
对流层无线电波道 tropospheric radio duct
对流层误差 tropospheric error
对流层下部 lower troposphere
对流层效应 tropospheric effect
对流层折射 tropospheric refraction
对流层折射改正 tropospheric refraction correction;tropospheric refraction reduction
对流层折射校正 tropospheric refraction correction
对流层折射效应 tropospheric refraction effect
对流层振荡模 tropospheric mode
对流沉降物 tropospheric fallout
对流尺度 convective scale
对流传导 convective conductance
对流传热 convection(al)transfer;convective heat transfer;heat of transfer by convection;heat-transfer by convection;heat-transfer conductance
对流传热面 convective heating surface
对流传热屏层 convectional barrier
对流传热区 convection part
对流传热系数 convection heat transfer coefficient;convective heat-transfer coefficient
对流传输 convectional transfer
对流带 convective zone
对流单体 convective cell
对流电流 convection(al)current
对流电泳 counter-current electrophoresis
对流垫板 convector plate
对流定律 law of convection
对流段 convectional section
对流段炉管 heating tube in section of convection(al)chamber
对流法 counter-current
对流翻腾 convective overturn
对流放电 convective discharge;electric(al)wind;static breeze
对流放热器 convector
对流放热系数 coefficient of convective heat transfer
对流干燥 convectional drying;convective drying
对流干燥器 convectional dryer[drier]
对流高度 ceiling of convection
对流给热系数 coefficient of heat convection
对流供暖 convection heating
对流供热系统 convection[convective] heating system
对流管束 convectional bank
对流过程 convectional process;convective process
对流过冲 convective overshooting
对流过热器 convection superheater
对流核 convectional cell;convective core
对流烘干 convectional drying;convectional stoving;convective drying
对流烘炉 convectional oven
对流烘箱加温 convection oven stoving
对流厚度 convectional thickness
对流环 convectional cell
对流环流 convectional circulation;convective current
对流环路 convective loop
对流换热 convective heat exchange;convective heat transfer;heat convection
对流换热系数 coefficient of convective heat transfer
对流混合 convectional mixing;convective mixing
对流活动 convective activity
对流加热 convection(al)heating;convective heating
对流加热表面 convection heating surface
对流加热方程 convective heating equation
对流加热炉 convective furnace

D

对流加热器 convectional heater; convection heater; convection oven; convector; heating convector
对流加热器散热系统 convector radiator
对流加热元件 convectional heating element
对流加速度 convective acceleration
对流桨式搅拌混合机 contraflow paddle type mixer
对流降水 convective precipitation
对流降温 convection cooling; convective cooling
对流降雨 convectional rain (fall); convective rainfall
对流角 diagonal flow angle
对流空气 convected air; convection air
对流扩散 convection diffusion; convective diffusion; convective diffusivity; eddy diffusion
对流扩散方程 convective diffusion equation
对流扩散式热导池 convection diffusion thermal conductivity cell; convective diffusion thermal conductivity cell
对流冷却 advective cooling; convection (al) cooling; convective cooling; natural cooling
对流立式冷却机 counter-current vertical cooler
对流流 convective flow
对流炉 convectional furnace
对流弥散 convective dispersion
对流弥散系数 dispersion coefficient of convection
对流免疫电泳 counter-current immunoelectrophoresis
对流模量 convectional modulus
对流逆转 convectional return
对流凝结高度 convective condensation level
对流耙头 counter-flow draghead
对流平衡 convectional equilibrium; convective equilibrium
对流气流 convection (al) current; convective current
对流器 convector
对流器加热 convector fire
对流器加热板 convector panel
对流区域 convectional region; convectional section; convective region
对流取暖装置 convection heater
对流圈 convectional cell; troposphere
对流燃烧器 convection burner; enclosed combustion burner
对流热 convected heat; convection (al) heat; heat of convection
对流热传递 convected heat transfer; convective heat transfer
对流热交换 convective heat exchange; convective heat transfer; heat-exchange by convection; heat-transfer conductance
对流热水系统 convective hydrothermal system
对流热损耗 convective hear loss
对流热损失 convected heat loss
对流热通量 convective heat flux
对流融雪 convection (al) snowmelt; snowmelt by convection
对流散热器 convector; fan convector
对流升高 convective lift
对流式 convection-type; counter-flow
对流式拌和 counter-flow mixing
对流式拌和机 counter-current mixer
对流式采暖器 convectional heater
对流式断路器 convectional (circuit) breaker
对流式放热器 convector radiator
对流式干燥机 contraflow drier; counter-current drier[dryer]; counter-flow drier[dryer]; reversed current drier[dryer]
对流式干燥器 contraflow drier
对流式供暖 convection (al) heating; convective heating; space heating
对流式供暖器 convectional heater
对流式锅炉 convectional boiler
对流式过热器 convection (al) superheater
对流式加热器 convector heater
对流式烤炉 convection oven
对流式冷却器 contraflow cooler
对流式冷却塔 convective cooling tower; counter-flow cooling tower
对流式盘管 counter coil
对流式热交换器 counter-flow heat exchanger
对流式散热器 convector radiator
对流式通风 diagonal ventilation
对流式无孔转鼓离心机 counter-flow solid bowl centrifuge
对流式选分机 counter-current classifier
对流受热面 convection heating surface
对流水流 convection current
对流速度尺度 convective velocity scale
对流损耗 convectional loss
对流抬升 convective lifting
对流体 convectional cell
对流停止 absence of convection
对流通风 counter-current ventilation; cross ventilation; ventilation by forced draft
对流稳定性 convective stability
对流窝 convectional cell
对流系数 coefficient of convection; convection (al) coefficient
对流系统单元 convectional cell
对流下沉 convectional overturn
对流效应 convection effect; convective effect
对流型地热系统 convective geothermal system
对流型高速混合器 convectional high-speed mixer
对流性暴雨 convectional storm
对流性不稳定度 conventional instability
对流性尘暴 <常见于巴基斯坦和印度西北部> andhi
对流性环流 convectional circulation; convective circulation
对流性降水 convective precipitation
对流性雷暴雨 convective thunderstorm
对流性天气 convective weather
对流性循环 convective circulation
对流性阵雨 convectional rain (fall); convective rainfall; convective shower; instability shower
对流旋风除尘器 paracyclone dust cleaner
对流选矿法 counter-current treatment
对流学说 convection (al) theory
对流循环 convectional circulation
对流压力 convection pressure; convective pressure
对流雨 convectional rain; convective rain
对流云 convective cloud
对流云高度图解 convective-cloud-height diagram
对流运输 counter-flow transport; cross-hauling; cross-haul traffic <同种货物的>
对流运送 conflicting forwarding
对流再生 counter-current regeneration
对流再生冷却 convective regenerative cooling
对流折射 convective refraction; refraction of convection
对流转移 convective transfer
对流作用 role of convection
对硫代甲酚 parathiocresol
对硫磷 O-diethyl; O-paranitrophenyl; parathion; phosphorothioate; thiophos
对硫氰基苯胺 aniline-p-thiocyanate
对硫酸盐敏感性试验 sulfate susceptibility test
对氯苯胺 parachloroaniline
对氯苯丁胺 chlorphentermine
对氯苯酚 para-chlorophenol
对氯苯磺酰氯 para-chloroben-zenesulfonyl chloride
对氯苯基甲基硅油 para-chlorobenzyl methyl sillicone
对氯苯基氯 para-chlorobenzyl chloride
对氯苯甲酸 para-chlorobenzoic acid
对氯苯甲酸汞 mercuric para-chlorbenzoate
对氯苯甲酰氯 para-chlorobenzoyl chloride
对氯苯氧基醋酸 para-chlorophenoxyacetic acid
对氯苯氧基乙酸 para-chlorophenoxyacetic acid
对氯苯氧乙酸乙酯 para-chlorophenoxyacetic ester
对氯苯氧异丁酸乙酯 ethyl para-chlorophenoxyisobutyrate
对氯苯乙酮 para-chloroacetophenone
对氯扁桃酸 para-chloromandelic acid
对氯二苯砜 sulfenone
对氯酚 para-chlorophenol
对氯汞苯磺酸 para-chloromercuribenzene sulfonate
对氯汞苯甲酸 para-chloromercuribenzoic acid
对氯甲苯 para-chlorotoluene
对氯苦杏仁酸 para-chloromandelic acid
对氯邻硝基苯胺红 parachlor-(ortho) nitraniline; parachlor red
对氯硝基苯 para-chloronitrobenzene
对氯溴苯 para-chlorobromobenzene
对马海流 Tsushima current
对买方有利的市场 buyer's market
对买主有利的价格 buyer's price
对卖方有利的市场 seller's market
对锚泊和捕鱼有危险 dangerous for anchoring and fishing
对铆 butt riveting
对面 opposite hand; opposite side; stoss side
对面板 counter plate
对面窗 counter light
对面的 facing; opposed; opposite
对面顶 opposed anvil
对面顶装置 opposed anvil apparatus
对面来的 oncoming
对模 N 的同余类 number class modulus N
对模成型 matched die mo(u)lding
对模法 match die process
对模模具 matched die mo(u)lding
对模压成型 matched-mo(u)ld forming
对模型 pairing model
对摩擦敏感的 sensitive to friction
对某些列车预留额外时分 margin time
对某些无形资产的捐税 intangible tax
对某一表面测其水准面 borning
对目标偏移的校正 target offset
对内负债 interior liabilities
对内节目 domestic program(me)
对农业的抵抗性 resistance to pesticide
对农业用地的课税 taxing of agricultural land
对偶 pair; pairing
对偶 t 检验 paired t-test
对偶比较 paired comparison
对偶变换 dual(istic) transformation
对偶变量 antithetic variable; dual variable
对偶变量法 method of antithetic variable
对偶操作 dual operation
对偶单纯形法 dual simplex method
对偶单纯形算法 dual simplex algorithm
对偶的 coupled; dual
对偶的运算 dual usage
对偶点 dual dot
对偶点网目板 dual dot screen
对偶电路 dual network; dual (type) circuit
对偶对应 dualistic correspondence
对偶法 dual method
对偶非线性分解 dual non-linear decomposition
对偶非线性规划 dual non-linear programming
对偶分析 dual analysis
对偶格网 dual mesh
对偶工作面 double face
对偶关系 dual relationship
对偶管 pair tube
对偶规划 dual programming
对偶过程 dual process
对偶函数 dual function
对偶化 dualization
对偶积分方程 dual integral equation
对偶基 dual basis
对偶极子天线 pair of aerials
对偶集 dual set
对偶计算法 <一种线性规划方法> dual evaluation method
对偶间隙 duality gap
对偶检波器 dual detector
对偶结构 dual structure
对偶卡片 dual card
对偶可行解 dual feasible solution
对偶空间 dual space
对偶控制 dual control
对偶块状断层 antithetic block fault
对偶理论 duality theory; dual theorem
对偶滤波器 dual filter
对偶码 double code; dual code
对偶面 dual face
对偶切空间 dual of tangent space
对偶全整型 dual all integer
对偶群 dual group
对偶容许条件 dual feasible condition
对偶图 dual graph
对偶网格 dual mesh; dual network; structurally dual network
对偶问题 dual problem
对偶系统 dual system
对偶线性规划 dual linear programming
对偶线性规划问题 dual linear programming problem
对偶向量 dual vector
对偶向量空间 dual vector space
对偶性【计】duality
对偶性定理 duality theorem
对偶性定律 duality law
对偶性原理 duality principle

对偶映射 duality map
对偶原理 complementarity principle; dual principle; principle of duality
对偶约束条件 dual constraint
对偶运算 dual operation
对偶张量 dual tensor
对偶助推器 twin booster
对偶最短通路 pair-shortest path
对偶最优解 dual optimal solution
对偶坐标 dual coordinates
对……赔偿 make atonement for
对喷 two banks opposing spray pattern
对喷燃烧 opposed(wall)firing
对劈木条之一 tally
对劈式楔块 <基坑支护用> folding wedges
对片锅炉 sectional boiler
对拼接 <夹板> butt splice
对拼接头 half-and-half joint
对品质有害溶剂 deterioration agent
对凭单背书担保 backing a warrant
对齐 alignment; justification; registration
对齐的 justified
对齐功能 alignment function
对齐规则 alignment rule
对齐子句 alignment clause
对气候变化的全球性回应 global response to climate change
对气候敏感的活动 climate-sensitive activity
对气候条件的适合性 suitability for climate condition
对汽油密封 tight to petrol
对铅有不同耐性 differential tolerance to Pb
对嵌接 butt-scarf joint
对嵌连接 butt-scarf joint
对羟苯丙酮 paroxypropion
对羟苯甲脂 nipalgin
对羟基苯 parahydroxybenzene
对羟基苯胺乙醛肟 parahydroxyaniline acetaldoxime
对羟基苯丙酮 ethyl-para-hydroxyphenyl ketone; parahydroxypropiophenone; para-propionylphenol; paroxypropione; paroxypropiophenone
对羟基苯甲醛 parahydroxyben-zaldehyde
对羟基苯甲酸 parahydroxybenzoic acid
对羟基苯甲酸丁酯 butyl parahydroxybenzoate
对羟基苯甲酸甲酯 methyl parahydroxybenzoate
对羟基苯甲酸乙酯 ethylparaben; ethyl-para-hydroxybenzoate
对羟基苯乙酮 parahydroxyacet-ophenone; parahydroxy phenyl ethyl ketone
对羟基二苯胺 parahydroxydi-phenylamine
对羟基偶氮苯对磺酸 parahydroxyazobenzene-parasulfonic acid
对切 bevel
对切透镜干涉 split-lens interference
对侵权行为的索赔 claim based on tort
对氰基苯甲酸 paracyanobenzoic acid
对权限的解释 construction of reference
对燃料辛烷值的要求 octane requirement
对绕螺线 contra-wound helix circuit
对热或冷的感觉 sensation of warmth or cold
对人牲畜有危险 dangerous to man and animals
对人员消除污染的建筑物 decontamination unit
对日点 anti-solar point
对日照 anti-glow; counterglow; counter-twilight; gegenschein; zodiacal counterglow
对熔接头 butt-fused joint
对三角形 <货物标志> diabolo
对三联苯 paraterphenyl
对杀虫剂的抗药性 resistance to insecticide
对设备与维修服务分别计价 unbundle
对射(变模)correlation
对射图形 correlative figure
对身体有害的 insalubrious
对生 opposition
对生单叶 simple and opposite leaves
对生态的冲击 ecologic(al)impact
对生叶 opposite leaves
对生叶序 opposite phyllotaxis
对湿度敏感的 susceptible to moisture
对湿气的灵敏度 moisture sensitivity
对石油的差别计税 tax differentiation on petroleum
对石油密封 tight to petrol
对时 compare the time
对时间的微分 time differential
对时星 clock star
对实质性破坏的索赔 claim based on physical loss or damage
对事故的起因和经过作周密调查 examination into the why and how of an accident
对事实的严重歪曲 misrepresentation
对势 pair potential
对势图 diagram of the situation
对手 adversary; competitor; opponent; rival
对叔丁基苯酚 butylphen; para-tert-butyphenol; para-tertiary butyl phenol
对叔丁基苯酚酚醛树脂 para-tertiary butyl phenol phenolic resin
对叔丁基酚 p-tertiary butyl phenol
对叔丁基甲苯 p-tert-butytoluene
对叔丁基邻苯二酚 para-tert-butylcatechol
对叔锌基酚 p-tertiary octyl phenol
对束 halved tie
对树非常有害 very destructive to trees
对数 artificial number; logarithm
对数曝光量范围 logarithmic exposure range; logarithmic exposure scale
对数比例尺 logarithmic scale
对数变差函数 logarithmic variogram
对数变换 logarithmic transformation; transformation of logarithmic
对数变换伏特计 log conversion voltmeter
对数标尺 log scale
对数标度 logarithmic scale
对数标度微微安培计 scale picoammeter
对数标准概率纸 logarithmic normal probability paper
对数表 logarithmic scales; logarithmic table; log table; table of logarithm
对数残存物曲线 logarithmic survivor curve
对数查找法 logarithmic search method
对数尺度 logarithmic scale
对数除法器 logarithmic divider
对数存活者曲线 logarithmic survivor curve
对数单位 log unit
对数导数 logarithmic derivative
对数倒频谱 cepstrum
对数倒频谱声码器 cepstrum vocoder
对数的 logarithmic; logistic
对数的底 base of a logarithm; base of logarithm
对数的对数形纵剖面 log-log profile
对数的模 modulus of logarithm
对数的首数 characteristic logarithm; characteristic of logarithm; characteristics of a logarithm
对数的首数与尾数 characteristic and mantissa of logarithm
对数的双曲系统 hyperbolic(al)system of logs
对数的特征数 characteristic number of logarithm
对数的尾数 mantissa; mantissa of logarithm
对数滴定法 logarithmic titration
对数底(数)log-base; base of a logarithm; logarithmic base
对数递减 logarithmic decrease
对数电路 logarithmic circuit
对数电压分层器 logarithmic voltage quantizer
对数电压量化器 logarithmic voltage quantizer
对数电阻 logarithmic resistance
对数定律 law of logarithms; log law
对数度尺 logarithmic scale
对数短时间常数电路 logarithmic fast time constant circuit
对数二极管 logarithmic diode
对数法则 logarithmic law
对数方程 logarithmic equation
对数放大器 log amplifier; logarithmic amplifier
对数分布 logarithmic distribution
对数分度 logarithmic scale
对数丰度 logarithm of abundance
对数风速廓线 logarithmic wind(speed) profile
对数附加数法 method of logarithmic additament
对数概率 logarithmic probability; log-probability
对数概率定律 log-probability law
对数概率分布图 distribution map of logarithmic probability
对数概率格纸 logarithmic probability paper; log-probability paper
对数概率坐标纸 logarithmic probability paper; log-probability paper
对数感光度 logarithmic speed
对数格纸 log paper; logarithmic paper
对数公式 logarithmic formula
对数估计量 logarithmic estimator
对数光楔视距仪 logarithmic optic(al)wedge tach(e)ometer
对数函数 logarithmic function
对数函数的底 base of logarithmic function
对数函数模型 logarithmic function model
对数函数线性函数变换器 logarithmic-to-linear converter
对数或然率方格纸 logarithmic probability paper
对数积分 logarithmic integral
对数级数 logarithmic series
对数几率坐标纸 log-probability paper
对数计算 logarithmic computation
对数计算尺 logarithmic scale
对数计算机 logarithmic computer
对数计算器 logarithmic calculator
对数减幅 logarithmic damping
对数减少期 decreased logarithmic phase
对数减(缩)量 logarithmic decrement
对数减缩率 logarithmic decrement
对数检波器 logarithmic detector
对数检索 logarithmic search
对数解 logarithmic solution
对数解法 logarithmic solution
对数解调器 logarithmic demodulation
对数刻度 logarithmic scale
对数刻度伏特计 logarithmic scale voltmeter
对数刻度计 logarithmic divided meter
对数刻度噪声计 logarithmic-scale noise meter
对数刻度真空管伏特计 logarithmic vacuum-tube voltmeter
对数离差 logarithmic deviation
对数灵敏度 logarithmic sensitivity; log sensitivity
对数流速分布 logarithmic velocity distribution; logarithmic velocity profile
对数流速分布定律 law of logarithmic velocity distribution
对数律 logarithmic law
对数律电位计 logarithmic potentiometer
对数律刻度高阻计 logarithmic megohmmeter
对数螺线 log(arithmic)spiral
对数螺线法 logarithmic spiral method
对数螺线曲线 logarithmic spiral curve
对数螺旋曲线 curve of logarithmic spiral
对数螺旋线 logarithmic spiral; log(istic)spiral
对数螺旋形海滩 log-spiral beach
对数模量 modulus of logarithm
对数能量损失 lethargy
对数能谱 logarithmic energy spectrum
对数逆谱 cepstrum
对数黏[粘]度值 logarithmic viscosity number
对数判定(法)logarithmic criterion
对数皮尔逊Ⅲ型分布 log Pearson Type 3 distribution
对数偏差 logarithmic deviation; log deviation
对数偏斜曲线系数 logarithmic skew curve factor
对数频率扫描率 logarithmic frequency sweep rate
对数平均焓差 logarithmic mean enthalpy difference
对数平均粒径 logarithmic mean particle diameter
对数平均温度 logarithmic mean temperature
对数平均温度差 logarithmic mean temperature difference; log mean temperature difference
对数平均值 logarithmic mean value
对数期 logarithmic phase
对数曲线 logarithmic curve
对数曲线图 log diagram
对数曲线型 logarithmic curve type
对数蜷线 logarithmic spiral
对数蠕变 logarithmic creep
对数三角函数 logarithmic trigonometric(al)function
对数生长阶段 log-growth phase
对数生长期 logarithmic growth phase; log-growth phase
对数生有曲线 logarithmic survivor curve
对数时间间隔 logarithmic time intervals
对数时效法 <求固结系数用> log-arithm-of-time fitting method
对数示波器 logarithmic oscilloscope
对数式乘法器 logarithmic multiplier
对数式可变电容器 logarithmic capacitor

对数势 logarithmic potential
对数视距尺 logarithmic tach(e)ometer staff
对数衰减 logarithmic damping
对数衰减量 logarithmic decrement
对数衰减率 logarithmic decrement; logarithmic decrement rate; log decrement(rate)
对数衰减器 logarithmic attenuator
对数衰减系数 logarithmic decrement coefficient
对数双螺线 logarithmic double spiral
对数似然比 logarithmic-likelihood ratio; log-likelihood ratio
对数速度分布图 logarithmic velocity profile
对数速度廓线 logarithmic velocity profile
对数速度剖面图 logarithmic profile of velocity
对数特性图示仪 logarithmic graphic instrument
对数图 logarithmic chart; log diagram
对数图像 logarithmic graph
对数微分(法) logarithmic differentiation
对数温标 logarithmic temperature scale
对数稀释器 logarithmic diluter
对数系 system of logarithm
对数线性模型 log-linear model
对数效用函数 logarithmic utility function
对数型车速密度模型 logarithmic speed-density model
对数型流量密度模型 logarithmic flow-concentration model
对数型喷雾器 logarithmic sprayer
对数型速度密度模型 logarithmic speed-concentration model
对数性质 logarithmic property
对数循环 logarithmic cycle; log cycle
对数应变 logarithmic strain
对数再生曲线 logarithmic reproduction curve
对数增长期 increased logarithmic phase
对数增量 logarithmic increment
对数增殖期 <活性污泥增殖过程> log-growth phase
对数障碍函数 logarithmic barrier function
对数振幅谱 logarithmic amplitude spectrum
对数正常 logarithmic normal; lognormal
对数正态 lognormal
对数正态不变性 permanence of log normality
对数正态分布 logarithmic normal distribution; log-normal distribution; normal logarithmic distribution
对数正态分布法 method of log-normal distribution
对数正态概率图 log-normal probability
对数正态概率坐标纸 log-normal probability paper
对数正态频率分布 log-normal frequency distribution
对数直线重复关系 log-linear recurrence relationship
对数纸 log paper; log sheet
对数制 system of logarithm
对数周期式偶极子 logarithmically periodic(al) dipole; log-periodic(al) dipole
对数周期天线 log-periodic(al) antenna
对数最小二乘法 logarithmic least square method
对数坐标 logarithmic coordinates
对数坐标记录纸 logarithmic paper; log(arithmic) sheet
对数坐标图 logarithmic plot
对数坐标纸 logarithmic coordinate paper
对双方面都有约束力 binding upon all parties
对霜冻不敏感的 non-frost-susceptible
对霜冻不敏感的材料 non-frost-susceptible material
对霜冻不敏感性 non-frost susceptibility
对水不稳定 hydrostability
对水不稳定的 hydrolabil
对水船速 speed through the water
对水流阻力 resistance flow
对水敏感的 susceptible to water
对水稳定的 hydrostable
对水移动 make way through the water
对水质和空气质量的影响 impact on the quality of the water and the air
对顺序存储表进行再分配 reallocate sequentially stored table
对送式螺旋 opposed flight auger
对速度灵敏的 rate-sensitive
对损失的补偿 offset to the loss
对损失给予补偿 make allowance for loss
对损失赔偿申请的裁判权 jurisdiction over loss and damage claims
对所有权的诋毁 slander of title
对酞醛 terephthalaldehyde
对酞酸 terephthalic acid
对酞酸二甲酯 dimethyl terephthalate
对酞酰氯 terephthaloyl chloride
对特丁基苯酚 parater-butylphenol
对通信[讯]的干扰 communication countermeasure
对头错缝 butt and break
对头错开 butt and break
对头电阻焊接 butt resistance welding
对头顶屋面板 center nailing
对头封接 butt seal
对头焊法 butt-welding process
对头焊管 butt-welded pipe
对头焊接 butt-weld(joint); end-to-end joint; jam weld
对头焊接端 butt-weld ends
对头焊接法 butt-welding process
对头焊接钻头 butt-welded drill
对头击 butt ramming
对头接 butt junction; conductor bond; end to grafting
对头接缝 abutting joint; butt seam; flat butted seam
对头接合 abut; butt joining; straight halved joint; joining on butt; jump joint
对头接头 abutment joint
对头连接 butt joint
对头铆接 butt riveting; butt rivet joint
对头碰撞 central collision
对头拼接 back to back; butt splice
对头熔接 butt fusion
对头式栓头 facing cows in
对头相碰 central impact
对投标人资格的事后审查 post-qualification study
对投标文件进行检查复核 bid review
对投标者的补充指示 supplemental instructions to bidders
对投标者的要求 bidding requirement; instructions to tenders
对投标者的正式通知书 notice to bidders
对投资的摊款 contractual to investment
对投资有吸引力的 capital-attracting
对透明性有关的 referential transparency
对土地造成极大破坏 to do very great damage to land
对拖网 <意大利沿海> paranza trawl
对拖网渔船 bull trawler; pair trawler
对外财务报告 external financial report
对外偿付能力 external solvency
对外承包工程 foreign contracted project
对外筹集资金的限额 external financing limit
对外出版物 external publication
对外道路 <工厂的> factory external transportation line
对外的 external
对外电信 external telecommunication
对外短期负债 external short-term liabilities
对外服务点 outlying service point
对外负债 exterior liabilities
对外公路 outgoing highway
对外关系 public relation
对外广播 oversea broadcast(ing)
对外广播节目 external program(me)
对外广播新闻局 Foreign Broadcasting Information Service
对外货运量 external freight volume
对外交通 external access; site access
对外交通道 outbound traffic; access road <通往坝址或工程地点的道路>
对外交通用地 land for external transport
对外交通运输 off-site traffic and transport
对外借款 external borrowing
对外经济技术合作 economic and technologic(al) cooperation with foreign countries
对外经济技术交流 foreign ecologic(al) and technical exchange
对外经济开发区环境管理暂行规定 Provisional Regulations on Environmental Administration in Open Areas
对外经济联络部 Ministry of Foreign Economic Relations and Trade
对外经济学 external economics
对外开放口岸 open port
对外开放政策 open door policy
对外馈电线 outgoing feeder
对外贸易 external trade; external transaction; foreign commerce; foreign trade; oversea trade
对外贸易部 Ministry of Foreign Trades
对外贸易出超 export balance of trade
对外贸易额 value of foreign trade
对外贸易管理 foreign trade control
对外贸易交易 foreign trade transaction
对外贸易结算用金条 export ban
对外贸易区 foreign trade zone
对外贸易入超 import balance of trade
对外贸易顺差 foreign trade surplus
对外贸易政策 foreign trade policy
对外清偿能力 external liquidity
对外收支结算 balance of international payments
对外铁路专线 off-site special purpose rail
对外投资(额) investment abroad
对外投资决策 external investment decision
对外业务 outward service
对外援助支出 aid to foreign countries
对外运输 external transportation
对外政策 foreign policy
对外支付差额 balance of external payments
对违约的索赔 claim for default
对卫星激光测距 laser satellite ranging
对未穿线的树进行穿线 thread an unthread tree
对位 contraposition; polarization; parposition
对位红 para-nitraniline red; para red
对位红色原 para-toner
对位化合物 <即苯核中 1、4 两位被代换>【化】para-compound
对位活扳 aligning arm
对位良好 good apposition
对位邻位变换 para-ortho conversion
对位能力 spotting ability
对位舌板 aligning arm; flipper
对位酸 para acid
对位衍生物 para-derivative
对位异构体 paraisomer(ide)
对位酯废水 para-ester wastewater
对位轴承 aligning bearing
对位钻孔机 drilling machine with opposite drilling heads
对位作业 spotting operation
对温度变化的敏感性 sensitivity to variation in temperature
对温度变化灵敏性 temperature sensing
对温度的压力灵敏度 pressure-sensitivity to temperature
对温度灵敏的 temperature sensitive
对温度敏感的 temperature sensitive
对纹拼板 matched veneer; reverse(d) matching
对纹拼合 matching
对纹拼装 reversed matching
对问题范围的研究 scoping
对污染的敏感性 sensitivity to contamination; sensitivity to pollution
对污染敏感的 sensitive to contamination; sensitive to pollution
对屋面板的特殊要求 characteristics of shingles
对物的判决 judgement in rem
对虾 sea prawn
对弦 substended chord
对弦弧 arc subtended by a chord
对现有相邻结构物的影响 effect on existing adjacent structure
对线施工 execution in alignment
对向 apposition; facing direction; opposite direction; subtend
对向凹模冲裁 blanking with opposed dies
对向壁柱 counterpilaster
对向车辆 opposed vehicle; opposing vehicle
对向车辆交通 opposed vehicle traffic
对向车流 opposing current
对向车流的(纵列)长度 length of oncoming groups of traffic
对向(穿空档)转弯(车辆) opposed (filter) turn
对向道岔 faced points; face(-passing) points; facing switch; facing turnout; turnout face-passing the point
对向道岔锁闭 facing point locking
对向道岔锁闭杆 facing point locking bar; facing point lock plunger
对向道岔锁闭检查 facing point lock proving
对向道岔锁闭控制器接点 facing point locking controller contact
对向道岔锁闭器 face point lock; facing point lock
对向道岔锁闭器回路管制器 facing

point lock circuit controller; facing point locking controller
对向道岔锁闭器连接杆 facing point lock stretcher
对向道岔握柄 face point lever; facing point lever
对向的 bilateral; oncoming; facing
对向定线 opposed alignment
对向渡线 facing point crossover
对向方位角 reciprocal bearing
对向方位角法 method by reciprocal bearings; method of reciprocal bearing
对向观测 bilateral observation; reciprocal observation
对向观测垂直角 reciprocal observation vertical angle
对向观测的竖直角 reciprocal vertical angle
对向观测角 reciprocal observation angle
对向轨距 facing ga(u)ge
对向交通 oncoming traffic; opposed [opposing] traffic
对向交通车流 oncoming traffic stream
对向解锁 facing release
对向进路 facing route; opposite route
对向力 opposite force
对向列车 opposing train
对向列车的不停车会车 <在单线上> non-stop crossing of opposite trains
对向列车通过 train passing in opposite direction
对向列车运行 opposing train movement
对向视线 reciprocal sight line
对向水准测定 bilateral level(l)ing
对向水准测量 reciprocal level(l)ing
对向锁闭 nose-to-nose locking
对向天顶距 reciprocal zenith distance
对向停车 counter parking
对向通过道岔 passing the point facing
对向通视 intervisibility; mutual visibility
对向推力轴承 double-thrust bearing
对向铣(切) out-milling; up-cut milling
对向相位 opposing phase
对向行车 opposing traffic
对向运动 out movement
对向运行 facing movement; opposed movement; opposing move(ment); opposite movement
对向运行的列车 train running in opposite direction
对向照准 reciprocal sight
对向辙尖 faced points; facing point
对向重叠进路 opposite route with overlapped section
对向转弯 opposed turn
对向转弯当量 opposed turn equivalent
对向子午线 anti-meridian
对向左转 opposed left turn
对向左转当量 opposed left turn equivalent
对象 object
对象表 object list
对象常性 object constance
对象定义 object definition
对象分类法 object classification
对象关系 object relationship
对象建模技术 object model(l)ing technology
对象名 object name
对象喷雾 target spray
对象数字模型 object mathematical model
对象特性 object response
对象语言 object language
对象中心表示法 object-centered representation
对消 cancellation; compensation; override
对消电压保护系统 opposed-voltage protective system
对消法 compensation method
对消关系 cancel relation
对消钮 over ride key
对消退的抗性 resistance to extinction
对消应力 neutral stress
对消余额 contra balance
对硝苯磷酯 paraoxone
对硝基苯胺 paranitroaniline
对硝基苯胺红 para-nitraniline red
对硝基苯酚 p-nitrophenol
对硝基苯磺酸钠 paranitrobenzenesulfonic acid sodium
对硝基苯甲醚 paranitroanisole
对硝基苯甲醛 paranitrobenzaldehyde
对硝基苯甲酸 paranitrobenzoic acid
对硝基苯甲酸乙酯 ethyl p-nitrobenzoate
对硝基苯甲酰氯 paranitrobenzoyl chloride
对硝基苯肼 paranitrophenylhydrazine
对硝基苯磷酸二乙酯 diethyl-p-nitrophenyl phosphate
对硝基苯乙醚 paranitrophenetole
对硝基苯乙酸 paranitrophenylacetic acid
对硝基酚 paranitrophenol
对硝基酚钠 paranitrophenol sodium salt; sodium para-nitro phenolate
对硝基甲苯 paramethylnitrobenzene; paranitrotoluene
对硝基氯化苯 para-nitrochloro-benzene
对硝基乙酰苯胺 paranitroacetanilide
对销 contra; contra-entry
对销记录 contra-entry; cross-entry
对销贸易 countertrade
对销账户 contra-account
对小企业设备贷款 equipment credit for small business
对楔 folding wedges; striking wedges
对斜劈面木瓦板 tapersawn
对心 centralize
对心冲击 central impact
对心碰撞 central impact; centric(al) impact
对心器 plumbing fork
对心弹簧 centring spring; spring centering
对心误差【测】error of centering; centering error; error of centric position
对心装置 centering device
对辛基苯酚 paraoctyl phenol
对信息的未授权访问 unauthorized access to information
对信息的未授权访问的预防 prevention of unauthorized access to information
对行 line centering; line composition
对型 antitype
对型板 match plate
对溴苯胺 parabromoaniline
对溴苯胺硫酸盐 parabromoaniline sulfate
对溴苯甲醚 para-bromoanisole
对溴苯甲酸 parabromobenzoic acid
对溴苯甲酰氯 parabromobenzoyl chloride
对溴苯肼 para-bromophenylhydrazine
对溴苯酰甲基溴 para-bromop-henacyl bromide
对溴苯乙酮 parabromoacetophenone
对溴甲苯 parabromotoluene
对溴苦杏仁酸 parabromomandelic acid
对溴乙酰苯胺 parabromoacetanilide
对循环操作合格 acceptability for cyclic operation
对烟雾敏感的 sensitive to smog; smog sensitive
对湮没 pair annihilation
对研 face up; facing up; lapping-in
对阳极 double anode
对氧氮己环 morpholine
对移动目标的搜索 search for a moving target
对乙基苯酚 paraethyl phenol
对乙酰氨基苯甲酸 paraacetaminobenzoic acid
对乙酰氨基酚 acetaminophen; paracetamol
对乙酰基二溴乙酰脲 acetylcarbromal
对乙氧基苯甲酸 paraethoxybenxoic acid
对乙氧基苯乙酮 paraethoxyacetophenone
对乙氧基黄叱精 paraethoxychry-soidine
对乙氧基柯衣定 paraethoxychry-soidine
对艺术有敏感的鉴赏力 delicate comprehension of art
对异丙基甲苯 cymene
对抑制剂的感应性 response to inhibitors
对抑制影响 effect to restraint
对译 paginal translation; transliteration
对易 commute
对易定则 commutation rule
对易关系 commutation rejection
对易律 commutative law
对易子 commutator
对阴极 anti-cathode
对应 correspondence; one-to-one correspondence; parallelism
对应比 corresponding ratio
对应边 corresponding sides; homologous sides
对应变化 corresponding change
对应变形 affine deformation
对应部分 corresponding part; counterpart
对应尺寸 homologous dimension
对应词 equivalent
对应单元 corresponding element
对应的 corresponding; homologous; opposite
对应的叠合 coincidence of a correspondence
对应的特征 characteristics of correspondence
对应的图形 graph of a correspondence
对应点 corresponding point
对应法兰 companion flange
对应反应 corresponding reaction
对应反应速率 corresponding reaction rate
对应分布 reciprocal distribution
对应分析 correspondence analysis
对应骨架孔隙度的地层因数 formation factor of corresponding matrix porosity
对应固体 corresponding solid
对应关系 corresponding relationship
对应规则 rule of correspondence
对应活化系数 corresponding activity coefficient
对应检查 correspondence proving; countercheck
对应角 corresponding angle
对应校核 correspondence check
对应解 homographic(al) solution
对应力 counter stress
对应力的依存性 stress-dependence
对应裂缝 sympathetic(al) cracking; reflection crack(ing)
对应流量 concurrent discharge
对应浓度 corresponding concentration
对应平衡 corresponding equilibrium
对应平衡常数 corresponding equilibrium constant
对应奇点 singular corresponding point
对应人员 counterpart staff
对应深度 corresponding depth
对应时期 corresponding period
对应式电路 homodyne circuit
对应水深 corresponding depth; reciprocal depth
对应水位 concordant water-level
对应态定理 theorem of corresponding states
对应态定律 law of corresponding states
对应体积 corresponding volume
对应位置 correspondence position
对应温度 corresponding temperature
对应物 correspondent; counterpart; homologue; opposite number
对应系数 corresponding coefficient
对应现金 cash counterpart
对应线对 homologisation[homologization]; homologous pair
对应像 corresponding image
对应像点 corresponding image points
对应信号方式 associated signal(l)ing
对应需求 correspondence demand
对应影像 corresponding image
对应影像点 corresponding image points; corresponding images
对应元件 corresponding element
对应元素 corresponding element
对应原理 correspondence principle
对应原则 principle of correspondence
对应账户 corresponding account
对应值 corresponding value
对应状态 corresponding state
对应状态原理 principle of corresponding state
对映点 anti-podal points
对映对称型 enantiomorphous class
对映结构的 enantiomorphous
对映结构体【化】enantiomorph; enantiomer
对映结晶 enantiomorphous crystal
对映体【化】anti-pode
对映象 map over
对映形态 enantiomorphism
对映性的 enantiotropic
对映(异构)现象 enantiotropy
对用地的损害 injury done to the fields
对游客的吸引力 tourist attraction
对有毒物质的敏感性 sensitivity to toxic substances
对有关各方面都有约束力 binding upon all parties
对于变动的估价 valuation of variations
对于设计的基建投资、维护费及生产费用的综合财务评估 cost in use
对鱼的毒性 toxicity versus fish
对遇 end-on; head on; head to head
对原料的需求 requirement for raw materials
对原子化学细菌武器的防护 protection against atomic bacteria chemical weapon
对圆边方砖 round edge opposite
对约束影响 effect to restraint
对月激光测距 laser lunar ranging

对造成环境危害的罚款 penalties for environmental damage
对责任的保险 insurance for liability
对账 checking account; check-up account
对账程序 reconciliation procedure
对账单 abstract of account; bank statement; check sheet
对照 check (against); collate; collating; collation; compare; comparison; contradistinction; contraposition; counterpose; cross-relate; VS [versus]
对照表 balance sheet; check list; comparative table; compatible table; look-up table; parallel table; reference listing; synopsis
对照的温度 temperature of comparison
对照点 control point
对照动物 control animal
对照度 contrast
对照断面 check cross-section; contrast section
对照法 counter point
对照分别 cnntradistinguish
对照分析 check analysis
对照基线 comparison base
对照检验 check experiment; check test
对照结果 check result
对照流域 control catchment
对照品系 check clone
对照品种 check variety; control variety
对照期 reference period
对照区 control area; control plot
对照日 counterglow
对照色 contrast colo(u)r
对照实验 control experiment; control test
对照试验 blank determination; blank test; check experiment; check test; control test; cooperation test
对照试样 check sample; control sample
对照索引(法) cross indexing
对照图表 parallel table
对照物 control
对照(小)区 check plot
对照性地形 contrast relief
对照样本 check sample
对照样地 check plot
对照样品 check sample; control sample; counter sample
对照液 <比色用> reference solution
对照者 collator
对照植株 adjoining tree; check plant
对照组 control group
对折 center[centre] folding; opposite folding
对折本 folio
对折机 rigging machine
对折卷板机 doubling and lapping machine
对折卷布机 doubling and rolling machine
对折射 birefringence
对折弯曲试验 close bend test
对折纸 folio
对整流器竖片吹风的电动机 ventilated commutator riser motor
对正 alignment
对正挡板 <剪切带板材时用的> squaring pusher
对正管接头 stabbing
对正碰撞 central collision
对正线 match line
对正直线 line in
对支点的力矩 moment about point of support
对直通过 cut across
对植 coupled planting; opposite planting
对植物的毒性 phytotoxic
对植物有毒的 phytotoxic
对植物有用 available to plant
对跖地 anti-pode
对跖点 anti-pode
对跖区 anti-pode
对趾 zygodactyl
对趾的 zygodactylous
对质 counterview
对质子惰性的介质 aprotic media
对峙 confrontation; face off
对置 contraposition; contrapositive
对置的 apposed
对置活塞 opposed piston
对置活塞泵 opposed-piston pump
对置活塞柴油机 opposed-piston diesel
对置活塞发动机 opposed-piston engine
对置活塞式电动液压舵机 opposed ram steering gear
对置活塞式发动机 opposed piston type engine
对置活塞原理 opposed-piston principle
对置面 opposing face
对置汽缸 opposed cylinder
对置汽缸发动机 engine with opposing cylinders
对置汽缸式发动机 opposed-cylinder (type) engine
对置汽缸卧式发动机 flat engine
对置曲柄 opposite crank
对置曲柄发动机 engine with opposed cranks
对置式发动机 opposed-engine
对置式压缩机 opposed compressor
对置(蓄)水库 counter reservoir
对置叶片风门 opposed-blade damper
对置柱塞泵 opposed-plunger pump
对中 centering (adjustment); centration; centr(e)ing; plumbing
对中板 <在三脚架顶部> centring [centering] plate
对中臂 aligning arm
对中点 alignment
对中点的电压 voltage to neutral
对中杆 centering [centring] rod; plumbing bar; plumbing pole; plumbing rod; plumbing staff; rigid plummet
对中杆尖端 centering point
对中辊 centring roll(er)
对中肩 centering shoulder
对中件 centering piece
对中链【船】centering chain
对中器【测】plumbing arm; centering device; plumbing bar
对中套筒 centring spool
对中调节 centre adjustment
对中调整 centering adjustment
对中误差 error of centration; error of centring; centring error
对中心 aligning; centre align
对中心棒 aligning arbor
对中心机 centring machine
对中心式轴承拆卸工具 bearing retainer puller
对中心凸轮 centring cam
对中性线电压 phase voltage; star voltage; voltage to neutral
对中央处理机的需求 demand on processor
对中裕量 alignment reserve
对中元件 centring element
对中柱 monopole
对中装置 aligning gear; centering [centring] device
对钟 compare the time
对踵点【地】anti-pode
对重 counter
对重窗 counterweighted window
对重氮苯磺酸 diazosulfanilic
对重架 counterweight
对重平衡 counter-balancing
对轴 countershaft
对肘板颚式破碎机 brake crusher
对柱 accouplement (of columns); column pair; coupled columns; geminated columns; paired columns; support pair
对柱式建筑 <柱距以柱径两倍和四倍交替排列的成对柱列式建筑> araeosystyle; areostyle
对柱式柱廊 araeosystyle
对砖墙勾缝砂浆的着色 penciling
对转棱镜 rotary prism
对转螺旋桨 contra-rotating propellers
对转式搅动器 contra-rotating agitator
对转式双转子汽轮机 counter-rotating turbine
对转推进器 contrary-turning propeller
对转轴 countershaft
对装卸地点正确的停摆车辆 proper spotting of cars
对撞 clash; head-on collision
对撞门架 butt-type door frame
对锥线脚 double cone mo(u)lding
对准 adjust; aim(ing); align(ing); alignment; aline(ment); collimate; matching
对准标 fitting mark
对准标尺 alignment scale
对准标记 alignment mark; mask target
对准标线 alignment target
对准不佳 lack of registration
对准部件 aligning parts
对准测隙规 alignment feeler
对准导标 line-up with range marks
对准工件位置 location of work piece
对准公差 alignment tolerance
对准机构 aligning guide
对准记号 alignment mark
对准技术 alignment technology
对准铰刀 align reamer
对准精度 alignment precision
对准零点 zero adjustment
对准零位 zero set(ting)
对准螺旋【测】setting screw
对准盘 alidade
对准跑道指示灯 <飞机> runway alignment indication light
对准跑道(中心线)跑道定位 runway align
对准器 aligner
对准手续 alignment procedure
对准网络 alignment network
对准望远镜 alignment telescope
对准误差 alignment error; misalignment
对准线 line of collimation
对准销 aligning pin
对准仪 aligner
对准用显微镜 aligning microscope
对准中心 centering (adjustment); centre
对准钟表 synchronize a clock
对准轴 aiming axis
对准装置 alignment apparatus
对准座 perfectly aligned seat
对着庭院的立面 elevation facing yard
对着装卸地点摆放货车 <对货位> positioner of wagon at loading or discharge points
对咨询工程师的支付 payment to consulting engineer
对咨询人的支付 payment to consultant
对咨询者的补充材料 supplementary information for consultants
对资产购置的调整 acquisition adjustment of assets
对子程序的多个入口 multiple entrances to subroutine
对子公司的投资 investment in subsidiary
对字锁 trick lock
对自己作用的看法 self-image
对自然区的看法 altitude to natural areas
对纵向轴线的不稳定性 rolling instability
对左边的连接 link to the left
对作物的温度 temperature range for crop plants
对……做高强度热处理 marage
对座圈 counter race

兑

兑付 hard cash
兑换 commute; conversion; exchange
兑换价格 convertible price
兑换率 conversion factor; conversion rate; course of exchange; exchange rate; rate conversion; rates of exchange; redemption rate
兑换批准证书 certificate of exchange
兑换平价 conversion parity
兑换期票 bill for a term; bill for term
兑换券 coin certificate; exchange certificate
兑换商 money broker; money changer; money dealer
兑换申请书 application for conversion
兑换水单 exchange memo
兑换损失 loss on exchange
兑换行情 agiotage
兑汇合同 exchange contract
兑汇票据 exchange draft
兑碱化作用 solodic soil
兑水喷洒 water-based spray
兑铁水处 hot-metal pouring stank
兑稀 cutback
兑稀用漆 cut paint
兑现 cash (in); collection of payment; encashment; make good
兑现条件 cash term
兑现信托书 transit letter
兑现选择权 exercise the option
兑现支票 cashing check
兑支票 cash a check

镦

镦粗 forging reduction; heading; jumping up; up-end; upset(ting)
镦粗的一端 upset end
镦粗端 upset end
镦粗模 heading die; joggling die
镦粗试验 dump test; upending test
镦粗直径 upsetting diameter
镦端头 upset end
镦锻 <锤金属末端使变粗短> heading; up-end; upset forging; upset(ting)
镦锻机 header; shingle; upset forging machine; upsetting machine
镦锻机制造厂 header maker
镦锻金属件 upset metal
镦锻螺栓 upset bolt
镦锻模 upsetting die
镦锻坯料 header bland

镦锻设备 upsetting device
镦锻试验 bulging test;upending test
镦锻指数 upending index; upsetting index
镦焊 upset
镦厚损伤 <管子的> upset wrinkles
镦模 upsetting die
镦式钻头 button bit
镦头 heading;lutetcium;set head
镦头机 header;heading machine
镦头锚 bulb-end anchorage; button-head anchorage; hammerhead anchorage
镦头锚具 anchor head by cold upsetting; button-headed anchorage; forged end anchorage; leading anchorage device
镦头铆钉 set-head rivet
镦头器 end-up setter
镦钻 spudder

吨 ton

吨边炮 lady cracker
吨产量 tonnage
吨达 <力的单位> tondal
吨单位的生产率 <航运方面> productivity of tonnage
吨/公里 ton-kilometer[kilometre]
吨/公里单位成本 unit cost per ton-kilometre[kilometer]
吨/公里运价 tariff per ton-kilometre
吨/海里 tonnage mile;ton sea mile
吨航行基价 basic freight rate per ton for sailing
吨级 tonner
吨力 <力的单位,合 9807 牛顿> ton force
吨煤当量 tonne coal equivalent
吨每年 tonne per year
吨每日 tonne per day
吨-品位曲线 tonnage-grade curve
吨平方英寸 tons per square inch
吨/千米收入 revenue of per ton-kilometre
吨/日 tons per day
吨日数 number of ton-days
吨石油当量 tonne petroleum equivalent[TPE]
吨石油当量单位 <TPE 单位> TPE unit
吨数 tonnage
吨税 tonnage duty; tonnage tax; tonnage dues; harbo(u)r tonnage dues【港】
吨税缴款单 tonnage dues memo
吨税证 tonnage dues certificate
吨停泊基价 basic freight rate per ton for a stay in port
吨位 burden; capacity tonnage; deadweight tonnage; tonnage
吨位标志 tonnage mark
吨位法 tonnage law
吨位费 tonnage dues
吨位计算法 tonnage noting
吨位税 tonnage dues
吨位税通知书 note for payment of tonnage dues
吨位图 tonnage plan
吨位系数 tonnage coefficient
吨位/小时 tonnage per hour
吨位运费标准 tonnage scale; tonnage schedule
吨位丈量 ton comparable; tonnage (ad) measurement
吨位丈量法 tonnage law
吨位丈量规范 tonnage code; tonnage standard
吨位丈量员 bulker
吨位丈量证书 certificate of measurement
吨位证书 tonnage certificate
吨/小时 tons per hour
吨/英里 ton-mile;ton-mileage
吨英里/小时 <负荷单位> ton-mile per hour

墩 mound;pier;pillar;stub post

墩保护钢板 column guard
墩标 carn;pier mark;stand tower
墩布 floor cloth;mop;swab;swabber
墩布把 mopstick
墩布池 mop sink;swab sink
墩舱 stool tank
墩粗端 end block
墩粗端头 <螺杆加工工艺的一种> upset end
墩粗留量 upset allowance
墩粗轴肩式钎尾 staved collar drill shank
墩的上游端 upstream pier nose[nosing]
墩的下游端点 downstream pier nosing
墩底部分 zoccola
墩顶 pier cap;pier head
墩顶板 pier template
墩顶盖(梁) pier cap
墩顶拱 pier arch
墩顶横梁 crosshead
墩顶平板 tabletop
墩端 nose
墩锻机 upsetter
墩防护系统 pier protection system
墩负载 pier load
墩盖梁 pier capping beam
墩高 pier height
墩拱 pier arch
墩拱系统 pier and arch system; pier-arch system
墩构件 caryatid
墩光增强图像 laser enhanced images
墩基础 pier foundation
墩尖模板 pier nosing form
墩间净距 clear buttress spacing
墩截面 pier section
墩距 span
墩空腔 pier cavity
墩空穴 pier cavity
墩孔 pier hole
墩肋 buttress web
墩帽 coping; pier cap; pierced; pier coping; pier head; pier template; factable <墩帽的一种>
墩帽石 summer stone
墩木 block
墩内式水电站 buttress power station
墩前行进流速 approaching velocity before the pier
墩前壅水 backwater at pier
墩上力矩 pier moment
墩身 dado;pier body;pier shaft
墩身迎水面的分水尖 cutwater
墩式泊位 dolphin type berth
墩式墩 dolphin type pier
墩式扶壁 piered buttress
墩式基础 pier(-type) footing; pier(-type) foundation; single foundation; foundation pier
墩式基础结构 pier foundation structure
墩式结构 dolphin structure
墩式码头 dolphin pier; dolphin(type) quay; dolphin wharf
墩式排架 pier bent
墩式桥台 abutment pier; pier abutment
墩式台座 dolphin bed
墩式托换 pier underpinning
墩式系统 dolphin system
墩式修船台 piers and slips
墩首 gate pier nose
墩台 abutment (piece); abutment wall; dolphin
墩台帽 bed block; coping
墩台模板 pier form(work)
墩台砌合法 pier bonding
墩台倾覆稳定 overturning stability piers and abutments
墩台水平位移 horizontal displacement of bridge substructure
墩台水平位移观测 horizontal displacement observation for bridge substructures
墩台压力 abutment pressure
墩体 pier body
墩头 buff on heading; end block; pier hose
墩头锚 thicken ended tendon clamp
墩穴 pier pocket
墩支座 pillar bearing; pillar support; pylon bearing
墩柱 foot stall; pier column; pier strut; pier stud
墩柱式码头 pillar quay; pillar wharf
墩柱式神庙建筑 podium temple
墩柱式寺院建筑 podium temple
墩柱下沟蚀 scour under pier
墩柱壅水作用 backwater effect due to bridge piers
墩子砌筑 pier bond
墩座 pedestal abutment; pier base; pillar bearing; podium[复 podiums/podia]
墩座高架铁路 elevated railway on pier
墩座码头 cylinder wharf
墩座墙 podium[复 podiums/podia]
墩座石块 podium block
墩座圬工 abutment masonry
墩座栈桥 column-supported pier
礅柱 abutment

蹲 squat

蹲墩 squat pier
蹲坑 squatting pan; squatting pot
蹲坑厕所 <无水冲厕所> pit privy
蹲式便池 Asiatic WC[water closet] pan
蹲式便器 eastern closet; squatting pan
蹲式便桶 Asiatic WC[water closet] pan
蹲式厕所 Asiatic closet
蹲式大便器 Asiatic closet; squatting closet
蹲式马桶 shallow bowl toilet
蹲式洗大便器 squatting water closet
蹲下 crouch
蹲着的 squat
蹲着的人 squatter

趸船 docking barge; dummy barge; floating pontoon; landing stage; mooring barge; pontoon; wharf boat

趸船及栈桥 pontoon and trestle
趸船码头 floating pier; floating pontoon wharf; landing pontoon; pontoon pier (head); landing stage; pontoon wharf
趸船码头固定 pontoon fixing
趸船码头租金 dock rent
趸船式码头 pontoon type wharf
趸船型工作船 pontoon workboat
趸船型抓斗挖泥船 pontoon type grab dredge(r)
趸船支撑 boom between pontoon and shore wall
趸供水 bulk water supply
趸售 wholesale

囤船 block ship; dummy barge; mooring barge

囤顶 shallow-vaulted roof
囤户 hoarder
囤积 buy up; coemption; hoard(ing); make a corner in; stockpile; stockpiling; regrate <商品>
囤积货物 buy up the market; corner goods; store goods
囤积居奇 corner(the market); hoarding and speculation
囤积居奇者 cornerer; hoarder

D

炖锅 stew-pan

炖壶 stew-pot

盾地 betwixt land

盾构 jumbo; rotary excavator; shield; trench shield; tunnel(ling) shield; river shield <江河下水底隧道开挖>
盾构安装 shield erection
盾构摆动 wobbling of shield
盾构操纵台 control board of shield
盾构操作 handling of shield
盾构拆卸井 shield disassembly shaft
盾构拆卸室 shield dismantling chamber
盾构车架 shield frame
盾构车站 shield excavation station
盾构出发井 departure shaft
盾构导向 steering of shield
盾构的弓形支撑安装器 segment erector
盾构的活动前端工作室 movable hood
盾构的可缩式平 retractable platform in shield
盾构的每一次推进 shove of shield
盾构定位 determination of shield position
盾构洞室 shield chamber
盾构法 <用盾构掘进法开挖隧道> shield-driven tunnel; shield (tunnel(l)ing) method; shield tunnel(l)ing
盾构法掘进隧道 shield tunnel(l)ing
盾构法开挖隧洞 shield tunnel(l)ing
盾构法施工 shield construction
盾构法施工测量 shield construction survey
盾构法隧道施工 construction according to shield method; tunnel construction with shield driven method
盾构附件 shield accessories
盾构干体 trunk of shield
盾构钢横底座混凝土 curb concrete
盾构工程 shield work; tunnel shield work
盾构工作室 shield chamber
盾构构造 shield construction
盾构机 shield machine
盾构机壳体 shield skin; skin plate
盾构驾驶 shield steering
盾构井 shielding shaft
盾构纠偏 shield steering
盾构举重臂 erector of shield
盾构举重器 erector of shield
盾构掘进 shield-driven bore; shield

driving;shield excavation
盾构掘进的 shield driven
盾构掘进的隧道 shield-driven tunnel
盾构掘进法 shield-driven method
盾构掘进机 shaft jumbo
盾构开挖的 < 隧道 > shield driven
盾构开挖隧道 shield tunnel(l)ing;shield-driven tunnel
盾构灵活性 manoeuvrability of shield
盾构灵敏度 sensibility of shield
盾构密封剂 shield sealer
盾构排泥(隧洞)掘进法 < 在近乎流动的淤泥中的 > silt displacement
盾构拼装井 shield assembly shaft;shield starting shaft
盾构拼装室 shield chamber;shield-erecting chamber
盾构拼装竖井 shield chamber with prefabricated shaft;shield chamber with shaft
盾构千斤顶 main jack;main jack (ram) of shield;shield jack
盾构前部 head shield
盾构前部的开挖室 hood
盾构前沿 leading edge of a shield
盾构前檐 hood;shield-hood
盾构前缘 leading edge of a shield
盾构切削口 cutting edge of shield
盾构切削头刃 cutter tip
盾构刃口 cutting edge of shield
盾构施工法 construction of shield;shield construction;shield method
盾构室 shield chamber
盾构隧道 bored tunnel;shield tunnel
盾构隧洞掘进法 shield-driven tunnel(l)ing
盾构推进 shield propulsion;shove;shoving of shield
盾构推进法 shield driving method
盾构推进时发生的旋转 roll of shield
盾构推进转刀用的千斤顶 cutter jack
盾构推力 thrust force of shield
盾构挖进隧道 shield tunnel(l)ing
盾构挖掘机 shield tunnel(l)ing machine
盾构外板 skin plate
盾构外壳 shield shell;shield skin
盾构尾部 shield tail;tail(section) of a shield
盾构尾部板 tail plate
盾构尾部(和弓形支撑的)空隙 tail clearance
盾构尾部空隙填塞料 tail packing
盾构尾部密封装置 sealing installation at tail of shield
盾构胸板 breast board
盾构旋转 rolling of shield
盾构压力分布靴座 spreader
盾构遮护仓 shield pocket
盾构支承环 shield body;supporting ring of shield
盾构支护 shield support
盾构主千斤顶 shield jack
盾构主体 body of the shield
盾构装配支架 setting cradle for shield
盾构装载的轧辊闸门 shield-carrying cylinder
盾护电弧焊 shielding arc welding
盾架 mantlet
盾架切口 cutting edge of shield
盾壳 < 盾构外壳 > skin of shield;shield shell
盾壳霉属 < 拉 > Coniothyrium
盾块 shield block
盾流处理 shell-perm process
盾盘菌属 < 拉 > Scutellinia
盾片 scutellum
盾片节 scutellum node
盾饰 escutcheon
盾尾 shield tail;tail(of shield)
盾尾封闭 tail seal
盾尾灌浆 cavity grouting
盾尾净空 tail void;void behind segments
盾尾空隙 shield tail void;tail cavity;tail clearance(of shield);tail void
盾尾空隙充填 filling the tail void
盾尾密封 tail seal;tail sealing of shield
盾尾密封材料 tail packing
盾尾密封油脂 tail seal greasing
盾尾密封装置 sealing installation at shield tail;sealing installation at tail of shield
盾尾注浆 cavity grouting
盾形 escutcheon;thyroid
盾形的 scutate;shield-shaped
盾形火山 shield volcano;volcanic shield cluster
盾形饰 shield
盾形纹章 < 建筑饰面 > hatchment
盾形针 escutcheon pin
盾中央的浮雕饰 omphalos[复 omphali]
盾状火山 basaltic dome;lava dome;shield volcano
盾状火山锥 shield cone
盾状囊壳 thyriothecium
盾状沙丘 shield dune
盾状体 clypeus
盾状芽接 shield budding

钝

钝边 blunted edge;foot face;root face;shoulder;truncated edge

钝边高度 root face height;thickness of root face
钝边宽度 width of root face
钝材 dead wood;rising wood
钝齿 cognate
钝齿轨 cog rail
钝齿轮 cog-wheel;pin wheel
钝齿啮合 pin toothing
钝刀 dull knife
钝刀口 dull edge
钝的 blunt;dull;obtuse;pointless
钝度 bluntness;broadness
钝端 blunt end
钝端锉 blunt file
钝端丁坝 blunt-ended spur
钝斧 froe;frow
钝感性 immunity
钝根 blunt-ended root
钝工具 blunt tool
钝拱 obtuse arch
钝钩 blunt hook
钝光表面 nod-reflection finish
钝轨转辙器 < 尖轨道岔 > stub switch
钝后缘 blunt trailing edge
钝化 deactivate;desensitization;inaction;inactivating;passify;passivate;passivating;passivity
钝化表面 passive surface
钝化玻璃 passivation glass
钝化玻璃涂膜 passivation glass coating
钝化层 passivation layer
钝化常数 deactivation constant
钝化处理 chromating;passivating treatment;passivation
钝化的 passive
钝化的衬托器 coat susceptor
钝化电势 passivation potential
钝化电阻 despiking resistance
钝化工艺 passivating process
钝化活化电池 passive-active cell
钝化剂 deactivator;passivant;passivating agent;passivation reagent;passivator
钝化金属 passive metal
钝化膜 passivating film;passivation coat(ing);protective film
钝化膜层 passivation coat(ing)
钝化砂带 dulling
钝化酸 retarded acid
钝化涂层 passivating coat
钝化涂膜 passivating coat
钝化效应 passivation effect
钝化周期 inaction period
钝化状态 passive state
钝化作用 attenuative effect;inactivation;passivating action;passivation;deactivation
钝交叉 oblique angle intersection
钝角 < 大于 180°小于 360° > convex corner;blunt angle;broad angle;obtuse angle;sally
钝角的 obtuse
钝角等分线 obtuse bisectrix
钝角拱 obtuse angle arch
钝角拐肘 obtuse angle crank
钝角交叉(口) oblique angle intersection
钝角菊花形尖头板钻 brace countersink
钝角黏[粘]合 oblique bond
钝角曲柄 obtuse angle lifter adjusting;obtuse angle crank
钝角三角形 obtuse(angle(d)) triangle
钝角伞齿轮 obtuse angle bevel gear
钝角土颗粒 subangular particle
钝角楔 obtuse angle wedge
钝角叶片 obtuse angle blade
钝角辙叉 < 菱形交叉用 > obtuse(angle) crossing;obtuse frog
钝角辙叉角 obtuse crossing angle
钝角肘板 open bevel knee;out square knee
钝角转角处墩柱 squint pier
钝角转角隅石 obtuse squint
钝角锥齿轮传动 obtuse angle bevel gearing
钝锯齿形 crenel(l)ated pattern
钝锯齿状 crenation
钝刻刀刃 dulled cutting edge
钝棱 waney edge;wane < 锯材的 >
钝棱材 waney lumber
钝棱的 unedged
钝螺纹 flattened thread
钝器 blunt
钝钎 blunt drill
钝钎头 dull bit
钝钎头评定 dull bit evaluation
钝钎子 blunt jumper;stump
钝切削刃 blunt cutting edge
钝刃口 dull edge
钝砂粒 dull grain
钝态 passive condition;passive state;passivity
钝态的【化】passive
钝态金属 passive metal
钝态硬度 passive hardness
钝体稳焰 bluff body flameholding
钝体稳焰器 baffle flame holder
钝头 set head
钝头部 non-pointed nose
钝头的 blunt-nosed;obtuse
钝头铆钉 set-head rivet
钝头物体 blunt-nosed body
钝头桩 blunt pile
钝头锥体 blunt-nosed cone
钝尾物体 blunt-ended body
钝形对角 obtuse quoin
钝性 passivity
钝性表面 refractory surface
钝性填料 inactive filler
钝缘 blunt(ed) edge
钝针头 indenting ball
钝中心角拱 obtuse arch
钝锥 blunted cone
钝钻 blunt drill
钝钻头 blunt bit;dull bit
钝钻头评定 dull bit evaluation

顿 tun

顿巴克黄铜 tombac[tombak]
顿巴克黄铜合金 Tambac alloy
顿巴希尔耐磨硅黄铜 Tombasil
顿光 occulting light
顿河 Don River
顿砂钻 churn shot drill
顿时错乱 instant insanity
顿鞋 spudding shoe
顿钻 American system drill;cable system drill;churn drill(er)
顿钻发动机 long tailed engine
顿钻钻机 cable rig
顿钻钻井 churn drilling
顿钻钻头 chopping bit

遁辞 quirk

遁点 varnishing point

多1 函数开关【计】many-one function switch

多按钮电话机 multibutton telephone set
多胺 polyamine
多暗堡堡垒 citadel
多暗礁的 shelvy
多暗礁的海岸 foul coast
多暗礁的海底 foul ground;reefy ground;rocky ground
多暗礁区域 foul area
多暗礁水域 foul waters
多凹口控制系统 multinotch control system
多巴胺 dopamine
多巴酚丁胺 dobutamine
多疤的 gnarled;gnarly
多摆地震计 multielement seismoscope
多摆仪地震计 multielement earthquake
多班工作 multiple shifting
多班工作制 multishift work
多班制 multiple shifts
多班制的 multishift
多班制作业 multishift operation
多斑 spottiness
多斑点表面 spotty surface
多斑点的 spotty
多斑结构 multiporphyritie texture
多斑晶状 dosemic
多斑玄武岩 dunsapie basalt
多板极电子管 multianode tube
多板式冻结装置 multiplate freezer
多板式振动器 multiplate vibrator
多板闸制动器 multiple plate brake
多版印刷 multiple printing
多半 mostly
多瓣的 multilobe
多瓣拱 multifoil arch;multifoiled arch
多瓣矿石抓斗 orange-peel grab for ore
多瓣球泵 multilobe ball pump
多瓣式抓斗 multiblade grab;multipeel bucket
多瓣形垃圾抓斗 polyp grapple
多瓣形特性天线 cloverleaf antenna
多瓣抓斗 cactus grab;multitine grab;orange-peel bucket;orange-peel grab;poly-type bucket;poly(-type) grab

多瓣抓斗采样器 orange-peel sampler
多瓣抓斗取样器 orange-peel bucket sampler
多瓣抓斗式挖掘机 orange-peel excavator
多瓣抓斗式挖土机 orange-peel excavator
多瓣抓斗挖掘机 orange-peel excavator
多瓣抓斗挖泥船 orange-peel dredge(r)
多瓣抓斗挖泥机 orange-peel dredge(r)
多瓣抓岩机 orange-peel grab
多棒钟形烧结炉 multiple bar bell jar
多宝格 curio shelves
多暴风的 squally
多贝壳的 shelly
多倍长 multiple length
多倍长度的 multilength
多倍长度运算 multilength arithmetic
多倍长工作单元 multilength working
多倍长数 multilength number; multiple length numeral
多倍的 multifold; multiple; polyploid
多倍地 multiply
多倍航测投影制图仪 multiplex aero-projector
多倍厚板 thick iron
多倍精度 multiple precision; multiprecision
多倍精度工作【计】multilength working
多倍精度运算 multiple precision arithmetic; multiprecision arithmetic
多倍率放大器 multimagnifier
多倍率观察器 multi magnification view
多倍坯料 multiple
多倍频率效应 frequency multiplication
多倍频振动 multiple frequency vibration
多倍(摄影测图)仪 photomultiplex
多倍体 polyploid
多倍投影测图仪 aero-projector multiplex; multiplex mapping equipment; multiple(x) projector
多倍性 polyploidy
多倍仪 aero-projector multiplex; multiplex; multiplex machine; multiplex mapping equipment
多倍仪测图 multiplex plot
多倍仪测图员 multiplex map compiler
多倍仪加密 multiplex extension
多倍仪加密控制 multiplex extension control
多倍仪空中三角测量 multiplex aerotriangulation
多倍仪立体模型 multiplex model
多倍仪三角测量 multiplex triangulation
多倍仪投影器 multiple(x) projector
多倍仪投影仪 multiplex projector
多倍制图仪测图 multiplex mapping
多倍制图仪测图法 multiplex method
多倍制图仪制图 multiplex mapping
多倍字长操作 multiple length working
多泵回路 multiple pump circuit
多泵液压系统 split-pump hydraulic system
多笔回波探鱼仪 multistylus echo sounder
多笔回转头 multipen turret
多笔绘图仪 multipen plotter
多笔记录仪 multipen recorder
多笔尖记录器 multicorder
多笔位绘图头 multistation head; multistation toolholder
多闭合环路 multiple loop
多闭塞区段信号法 multiple-block signal(l)ing
多篦床冷却器 multiple grade cooler
多臂板信号 multiarm semaphore; multiblade semaphore
多臂板信号机【铁】multiarm semaphore; multiblade semaphore
多臂成型机 X-arm machine
多臂电桥 multiple-bridge
多臂机 dobbie; dobby(machine)
多臂井径仪 multiarm caliper device
多臂式钻车 multiboom rig
多臂钻车 multiboom jumbo; multiple boom jumbo; multiple drill jumbo
多边测量 multilateration
多边承诺 multilateral commitment
多边的 many-sided; multilateral; polygonal
多边度 degree of polygonality
多边合约 multilateral agreement
多边合作 multilateral cooperation
多边化 polygonization
多边化边界 polygonization boundaries
多边化结构 polygonized structure
多边化裂纹 polygonization crack
多边化石英 polygonized quartz
多边环形基础 polygonal annular foundation
多边技术援助 multilateral technical assistance
多边接触 multiangular keep
多边结合 multiangular bond
多边结算 multilateral settlement
多边结算制度 multilateral system of settlement
多边界爆破体系 multiboundary blasting system
多边借贷 multilateral lending
多边连接 multiangular bond
多边联系 multiangular keep
多边贸易 multilateral trade; multitrade
多边贸易谈判 multilateral trade negotiation
多边平板 polygonal plate
多边平直面的混凝土柱 polygonal fair-faced concrete column
多边清算 multilateral clearing
多边穹顶 dome of polygonal plan
多边筛 conic(al) screen; polygonal screen; revolving screen; rotary screen
多边税收协定 multilateral tariff treaty
多边条约 multilateral treaty
多边图 polygonal chart; polygonal graph
多边图形 polygram
多边线圈 polygonal ring
多边销钉 multiple sided dowel pin
多边协定 multilateral agreement
多边协调标准 multilaterally harmonized standard
多边协议 multilateral arrangement
多边形 polygon; stereogram
多边形板材 multiangular plate
多边形棒 multiangular bar; polygonal bar
多边形棒材 multiangular rod
多边形闭合导线 polygonally closed traverse
多边形闭合环 polygonal circuit
多边形扁钢 multiangular slab
多边形槽 multiangular pot
多边形测量网络 polygonal measurement network
多边形城堡主楼 multiangular donjon; multiangular keep
多边形单元 polygonal element
多边形导线 polygonal traverse
多边形的 polygonal(figure); polygonous; polylateral
多边形的底 base of a polygon
多边形地牢 multiangular dungeon
多边形法 < 求面平均雨深的 > polygon method
多边形房屋 multiangular building
多边形仿形车床 polygon lathe
多边形钢条 multiangular rod
多边形歌唱班席位 multiangular choir; multiangular quire
多边形弓弦梁 segmental bowstring girder
多边形拱 polygonal arch
多边形拱顶 multiangular vault
多边形骨架 multiangular frame
多边形鼓筒 multiangular drum
多边形罐 multiangular pot
多边形龟裂土 polygonal ground
多边形桁架 multiangular frame; multiangular truss; polygonal truss
多边形厚板 multiangular slab
多边形滑车 polygonal pulley
多边形化 polygonization
多边形环 polygonal ring
多边形会堂圣坛唱诗班席位 multiangular hall-choir
多边形挤奶厅 polygon milking parlor
多边形计算矿量法 polygonal method
多边形架空接触网 vertical overhead contact system
多边形尖塔 multiangular diminutive tower
多边形检索 polygon search
多边形建筑 multiangular block; multiangular building
多边形教堂 multiangular church
多边形结构 polygon(al) structure
多边形截面法 polygon-section forward calculation method
多边形喀斯特 polygonal karst
多边形空心块 multiangular cavity block
多边形孔的塞规 polygonal plug ga(u)ge
多边形块 polygon mat
多边形块段法 polygonal block method
多边形框架 multiangular frame
多边形棱柱薄壳屋顶 polygonal prismatic(al) shell roof
多边形毛石 polygonal rubble
多边形平板 multiangular plate
多边形平差法 adjustment by method of polygon
多边形(坡)屋顶 polygonal roof
多边形砌体砌合 polygonal masonry bond
多边形穹顶 polygonal dome
多边形穹隆 multiangular dome
多边形上弦杆 polygonal top-chord
多边形石块铺砌 polygonal sett paving
多边形塔 multiangular tower
多边形塔楼 multiangular turret
多边形条件 polygonal condition
多边形铁路网 polygon of railway network
多边形筒 multiangular pot
多边形凸窗 cant bay(window); cant window
多边形土 cellular soil; patterned ground; polygonal earth; polygonal ground; polygonal soil
多边形外点 point-outside-polygon
多边形外露混凝土柱 polygonal exposed concrete column
多边形网络 polygonal network; polygon mesh
多边形圬工结合 multiangular masonry bond
多边形圬工连接 multiangular masonry bond
多边形圬工黏[粘]接 multiangular masonry bond
多边形屋顶 multiangular roof; pyramid roof < 亭、台、阁、榭的 >
多边形屋架 broken top chord
多边形铣削附件 polygon milling attachment
多边形线形 polygonal shape
多边形箱 multiangular pot
多边形小塔楼 multiangular diminutive tower; multiangular small tower
多边形圆顶 multiangular cupola
多边形圆扇面穹顶 polygonal dome with circular sector
多边形折板屋顶 polygonal folded plate roof; polygonal prismatic(al) shell roof
多边形支撑 polygon timbering
多边形支架 polygon support
多边形终端 multiangular termination
多边形周边 boundary of polygons
多边形柱 multiangular column
多边形装饰 multiangular ornament
多边性 polygonality
多边圆柱形薄壳 segmental cylindrical shell
多边援助 multilateral aid
多扁石的 flaggy
多变的 mobile; multivariant; multivariate; mutable; polytropic(al); uncertain; unsettled
多变的气候 vagaries of climate
多变的曲线 polytropic(al) curve
多变度共晶合金 multivariant eutectic
多变分析量 multivariated analysis
多变过程 poly process; polytropic(al) process
多变过程曲线 polytrope
多变荷载 diversified load
多变决策形势 multivariate decision situation
多变量 multivariable
多变量的 multivariate
多变量反馈控制系统 multivariable feedback control system
多变量分析 multivariate analysis
多变量函数发生器 function generator of more variables; multivariable function generator; multivariate function generator
多变量回归 multivariate regression
多变量控制 multivariable control
多变量控制系统 multivariable control system
多变量随机过程 multivariate random process
多变量调节 multivariable control
多变量统计模型 multivariable statistic(al) model
多变量图 multivariable chart
多变量系统 many-variable system; multivariable system
多变量预测(方)法 multivariant forecasting method; multivariable prediction(method)
多变能见度 variable visibility
多变凝结 polytropic(al) condensation
多变膨胀 polytropic(al) expansion
多变平衡 multivariate equilibrium
多变曲线 poly curve; polytrope
多变数插值 multivariate interpolation
多变数的 multivariable
多变数分析 multivariate analysis
多变数总体 multivariate population
多变天气 blirty; bumpy weather; changeable weather; unsettled

D

weather
多变系 polyvariant system
多变现象 polytropy
多变效率 polytropic(al) efficiency
多变性 polytrope; polytropism; polytropy
多变循环 polytropic(al) cycle
多变循环曲线 polytropic(al) curve
多变压器式点焊机 multitransformer spot welder
多变压缩 polytropic(al) compression
多变压缩曲线 polytropic(al) compression curve
多变压头 polytropic(al) head
多变异旋光作用 multirotation
多变因分析 multivariate analysis
多变元样本 multivariate sample
多变云幂高 variable ceiling
多变指数 polyexponent; polytropic(al) exponent; polytropic(al) index
多遍分类 multipass sort
多遍分类程序 multipass sorting program(me)
多遍排序 multipass sort
多遍扫描 multipass scanning
多遍扫描算法 multipass scanning algorithm
多遍算法 multipass algorithm
多标度 multiple scale
多标号 multiaspect
多标号的 multiaspect
多标准 multistandard
多标准决策 multicriteria decision making
多表 multilist
多表处理机 multilist processor
多表单元 cellular multilist
多表结构 multilist structure
多表列 multilist
多表组织 multilist organization
多宾斯-坎普 BOD-DO 河流水质量模型 Dobbins-Camp BOD-DO [biological oxygen demand-dissolved oxygen] water quality model of river
多冰冻土 medium ice content frozen soil
多冰年 ice-rich year
多饼滑车 multisheave block; rack block
多波长 multiple wavelength
多波长测距仪 multiwavelength distance meter
多波长单色仪 multiple wavelength monochromator
多波长法 multiple wavelength method
多波长激光 multiwavelength laser
多波长线性回归 multiwavelength linear regression
多波长浊度表 multiple wavelength nephelometer; multiwavelength nephelometer
多波长浊度计 multiple wavelength nephelometer; multiwavelength nephelometer
多波道 multichannel
多波段 multiband; multiple band
多波段测深法 multiple spectral bathymetry
多波段成像系统 multiple band mapping system
多波段的 mnltiband; multirange; multiwave
多波段光谱分析 multiband spectral analysis
多波段回声测深仪 multiple spectral echo sounder
多波段接收机 multiple band receiver; multirange receiver
多波段解译法 multiband interpretation method
多波段频谱变换 multiple band spectrum transformation
多波段扫描系统 multiple band scanning system; multiple spectral scanning system
多波段摄像机 multiband camera
多波段摄影航片 multiband airphoto
多波段声呐 multiple spectral sonar
多波段图像 multiple spectral image
多波段系统 multiband system; multiple band system
多波段相机胶片观察器 multispectral camera film viewer
多波段遥感 multiband remote sensing; multiple band remote sensing; multispectral remote sensing
多波尔窑 Dopol kiln
多波尔预热器 Dopol preheater
多波反应 fusion of wave
多波粒子相互作用 multiwave-particle interaction
多波群 multiburst
多波群脉冲发生器 multiburst generator
多波群信号 multiburst signal
多波束 multibeam; stacked beam
多波束测深 multibeam sounding
多波束测深声呐 SeaBat multibeam bathymetric sonar
多波束测深系统 sounding system with multibeam
多波束的 multiple beam
多波束环形天线 multiple beam torus antenna
多波束回声测深仪 multibeam echo sounder
多波束雷达 multiple beam radar
多波束声呐 multibeam sonar
多波束天线 multibeam antenna; multiple beam antenna
多波筒壳 multiple barrel shell
多波系内锥体超音速扩散段 Ferry diffuser
多波相互作用 multiwave interaction
多波型 multimode
多波型传播 multimode propagation
多波型性 multimodelity
多玻质 dohyaline
多播 multicast
多播主干网 multicast backbone
多勃罗沃尔斯基三线发电机 Dobrowolsky generator
多不饱和反应 polyunsaturation reaction
多不饱和酸 polyunsaturated acid
多不饱和油 polyunsaturated oil
多不饱和脂肪 polyunsaturated fat
多不饱和脂肪酸 polyunsaturated fatty acid
多布尔喷嘴 <冲击式涡轮机的> Dobble nozzle
多布纳-米勒合成 Doebner-Miller synthesis
多布森臭氧全量分光光度计 Dobson total ozone spectrophotometer
多布森单位 Dobson unit
多布森分光光度测量 Dobson spectrophotometer measurement
多布森分光光度测量站 Dobson spectrophotometer station
多布森分光光度计 Dobson spectrophotometer
多布森分光计 Dobson instrument; Dobson meter
多布森一级标准 Dobson primary standard
多布森站 Dobson spectrophotometer station
多布森支架 Dobson support system
多布森支柱 Dobson prop
多布森值 Dobson value
多步的 multistep; polyphase
多步法 multistage method; multistep method
多步反应 polystep reaction
多步分类 polynomial sort
多步公式 multistep formula
多步合并 polyphase merging
多步决策 multidecision
多步控制 multistep control
多步控制器 multilevel controller; multistep controller
多步排序 polyphase sort(ing)
多步判决对策 multidecision game
多步任务 multistep task
多步微指令 polyphase microinstruction
多步作用 multilevel action; multistep action
多部件的 multipart; multiunit
多部件计算机 multiunit machine
多部件结构 multicomponent structure
多部件体系结构 multicomponent architecture
多部门 multidisciplinary
多部图 partite graph
多部位微循环显微镜 multilocation microcirculation microscope
多才多艺 versatility
多才多艺的人 handy man; multitalent
多彩美术漆 multicolo(u)r novelty finish
多彩漆 multicolo(u)r paint
多彩色 broken colo(u)r
多彩色图形适配器 multicolo(u)r graphic adapter[adaptor]
多彩色涂料 multicolo(u)r paint
多彩色涂料饰面 multicolo(u)r paint finish
多彩饰面 polychromatic finish
多彩涂层 multicolo(u)r finish; spatter finish
多彩涂料 coating of many colo(u)rs; heterochromatic paint; spatter paint
多彩涂装法 speckled finish
多彩装饰 polychromatic finish
多参量 multiparameter
多参量水质监测仪器 multiparameter water quality (monitoring) instrument
多参数 multiparameter
多参数调整 multiparameter regulation
多参数调整算法 multiparameter adjustment algorithm
多参数法 multiple parameter method
多参数检测器 multiparameter detector
多参数空气质量分析仪 multiparameter air quality analyser[analyzer]
多参数控制 multiparameter control
多参数水质成套检测器 multiparameter water quality kit
多参数水质监测仪器 multiparameter water quality (monitoring) instrument
多参数水质评价 multiparameter assessment of water quality
多参数随机过程 multiparameter random process
多参数营养态参数 multiparameter trophic state indices
多参数自寻最佳系统 multiparameter self-optimizing system
多参数综合决策分析模型 multiparameter integrated decision analysis model
多仓长磨 long compartment mill
多仓管磨 multiple chamber compound mill
多仓管磨机 compound tube mill
多仓管式球磨机 compartment tube ball mill
多仓磨机 combination mill; compound mill; multicompartment mill; multiple chamber mill
多仓式球磨机 unidan mill
多操作 multioperation
多操作部件处理机 multifunction processor
多操作能力 multioperation capability
多操作数 multioperand
多操作数加法器 multioperand adder
多操作台支持 multiple console support
多槽 multicarity; multislot
多槽磁控管 multislot magnetron
多槽的 multichannel
多槽浮选机 multiple cell flo(a)tation machine
多槽滑环 multichannel slip ring
多槽集流环 multichannel slip ring
多槽剪切机 multiple grooved shear
多槽轮 multiple grooved pulley; multiple grooved wheel
多槽模 gang of cavities
多槽模型 gang of cavities
多槽摩擦离合器 multigroove friction clutch
多槽皮带轮 multiple groove sheave
多槽曝气池 multitray aerator
多槽绕制线圈 polyslot winding
多槽绕组 multislot winding
多槽式浮选机 multicompartment cell
多槽瓦 Ludowici tile
多槽轴 spline shaft
多槽钻 multiflute drill
多草的 turfy
多草的山脊 grassy ridge
多草海岸 grassy coast
多草湖 over-grown lake
多草皮的 soddy
多侧廊 multiaisle; multiple-aisle
多侧门 <市郊客车的> multiple side-doors
多侧移动框架 multiple sway frame
多测点超声黏[粘]度计 multipoint ultrasonic visco(si)meter
多测点二氧化碳测定仪 multipoint CO_2 meter
多测距交会法定位 multiple range positioning
多层 multichamber; multicourse; multilayer; multilevel; multiple lift; multiple tier; multiwall; multiple stor(e)y <指楼层>; multicoat <指涂层>; multiple coat <指涂层>
多层 Z-缓冲区 multiple layer Z-buffer
多层安全玻璃 multiplex safety glass
多层板 multilayered board; multilayer (platter) board; multiple layered panel; multiple plate; multiply (laminate); multiply wood; piles; sandwich panel
多层板材 multilayered board
多层板的 multiple plate
多层板法 sandwich-plate method
多层板绝缘 laminated insulation
多层板式阳极 multiple slab anode
多层板翼缘 multiple plate flange
多层板轧制法 sandwich rolling
多层半无限体 multilayer semi-infinite solid
多层包扎式圆筒 weld-shrunk multilayered cylinder
多层焙烧法 hearth roasting
多层壁 compound wall(ing); plywall

多层别墅 multistor(e)y villa
多层冰 nabivnoy ice;rafted ice
多层波束雷达 stacked-beam radar
多层波纹板式隔油器 multilayer dimple-plank isolating oil pool
多层波纹管 multiply bellows
多层玻璃 compound glass;multilayer glass; multiplate glass; multiply glass
多层玻璃窗 multiglazing unit;multiple glazed window; multiple glazing;multiply glazing
多层玻璃窗门 multiple glazed[glazing] unit
多层箔隔热涂层 multifoil heat insulating coating
多层薄板构造 laminated construction;multiply construction
多层薄膜 multilayer film;multimembrane;thin film layers
多层薄膜电路 multilayer film circuit
多层薄膜互连电路 multilayer film interconnection circuit
多层薄膜网路 multilayer network
多层薄片磁铁 lamellar magnet
多层不同彩色复合玻璃 overlay glass
多层不同隔热材料 multilayer type insulations
多层布线 multilayer interconnection; multilayer metallization
多层布线技术 polylaminate wiring technique
多层材料 laminated material; multilayer material
多层材料组成的屋顶 multiple layered composition roofing
多层采样 multilayer sampling
多层采样器 multilayer sampler;multilevel sampler;multilevel sampling device
多层彩色负片成像 multilayer colo(u)r negative imaging
多层彩色蒙片 multimask;trimask
多层彩色荧光屏 multiple-colour phosphor screen
多层彩色正片成像 multilayer colo(u)r positive imaging
多层仓库 multiple stor(e)y warehouse;multistoried storehouse
多层藏书楼 book tower
多层差分方程 multilevel difference equation
多层缠绕起重鼓轮 multiple-wrap hoisting drum
多层产蛋鸡笼 laying battery
多层厂房 multistor(e)y factory;multistoried factory building
多层车场 <大城市中心的> autostacker
多层车库 multistor(e)y car park(ing)
多层车站 multiple deck station;multiple floor station;multiple level station
多层沉淀槽 multistor(e)y settling tank; multistoried sedimentation tank
多层沉淀池 multiple clarifier;multiple tray; multistor(e)y settling tank; multistoried sedimentation tank
多层城市 <指建筑在高低不同的地面上的城市> multistor(e)y city
多层城镇 multilevel town
多层澄清池 multiple-trap clarifier; multiple tray clarifier
多层澄清器 multideck clarifiers
多层冲击 multishot
多层出水竖井式溢洪道 multilevel outlet shaft spillway
多层出租厂房 flatted factory
多层储气罐 multilift holder;telescopic(al) holder
多层处理 multiple lift treatment
多层船闸 chain of locks
多层(窗)玻璃 multiple glazing
多层窗扇 multiple casement window
多层床 multibed; multicompartment bed;multiple bed;stacked bed
多层瓷器 laminated porcelain
多层瓷砖 multiple layered tile
多层次的 multiple layered
多层次计算机系统 multiple computer system
多层次评价方法 multilevel evaluation method
多层次水生养殖系统 multilevel aquaculture system
多层催化反应器 multistor(e)y catalytic reactor
多层存车结构 parking facility
多层大楼 multistor(e)y building
多层带 laminated belt
多层带架装运汽车货车 rack car
多层带状电缆 stacked ribbon cable
多层单杆弹性道钉 laminated elastic spike with single shaft
多层导坑 multiple drift
多层道路系统 multilevel road system
多层的 lamellar;multideck;multilaminate;multilayer(ed);multiplaten; multiple deck;multiple stage;multiply;polylaminate;multilevel;multiple lift;many-storied;multistor(e)y;multistoried <房屋>
多层的乘 multiply
多层的聚合物膜 layered polymer membrane
多层灯丝 multilayer heater
多层低温绝热 multilayer low-temperature insulation
多层地板 compound flooring
多层地基的承载力 bearing capacity of multi-layered ground
多层地下室 multistor(e)y basement
多层地下水采样井 multilevel groundwater sampling well
多层地下综合建筑物 multistory underground complex
多层地形的研究 study of multilevel topography
多层点火熔炉 pastry oven
多层电镀 composite plate
多层电接触器材 multilayer contact material
多层电容器 multilayer capacitor
多层电梯 multideck elevator
多层电源配线电路 laminate power bus
多层垫板 sandwich plate
多层吊悬筛 pendulous multideck screen
多层叠合结构 sandwich structure
多层叠合梁 sandwich beam
多层叠加 stacking
多层洞穴 gallerid
多层独居墙 multiple layer monolithic wall
多层镀层 multilayer coating
多层镀法 multiply gilding
多层镀膜 multicoating
多层镀膜眼镜片 multilayer coated eye-glasses
多层堆放格仓 multistor(e)y cell
多层反射灯具 multireflection lighting fixture
多层反射器 mattress reflector;multireflector;stacked reflector
多层防水 multiple layered waterproofing
多层房屋(建筑)multistor(e)y building; tier building; multifloor building;multistoried building
多层分布系统 distributed multilevel systems
多层封接法 polylaminated sealing process
多层辐射式浓缩池 multilayer radial thickener
多层腐化池【给】multicompartment septic tank
多层覆盖屋顶 multiple layered composition roofing
多层概念 multistep concept
多层干涉滤光片 multilayer interference filter
多层干燥机 chest drying machine; multilevel drier[dryer]; multistor(e)y drier[dryer];plate drier[dryer]
多层干燥器 multilevel drier[dryer]; multistor(e)y drier[dryer]; plate drier[dryer]
多层杆 laminated bar
多层刚构 multistoried rigid frame
多层刚架 multiple stor(e)y rigid frame;multistoried rigid frame
多层刚架桥墩 multistor(e)y frame pier
多层刚性框架 multistoried rigid frame
多层钢 clad steel;composite steel
多层钢带 laminated steel band
多层高架桥 multiple deck trestle; multiple stor(e)y trestle
多层高楼 high rise
多层高楼街区 high-rise block
多层高压容器 multilayer high pressure vessel
多层格栅 multigrid
多层隔热 multilayer insulation
多层隔声 multiple sound insulation
多层隔声装置 multiple sound insulator
多层工厂建筑 multifloor factory block; multistor(e)y factory building
多层工作面 multiple benches
多层公寓 multistoried apartment; walk-up apartment
多层共聚物 multilayer copolymer; pemosors
多层构架 mezzanine
多层构架建筑 multistor(e)y framed building;tier structure
多层构造 multilayer construction; multiply construction
多层构筑物 multilevel structure
多层固结 multilayer consolidation
多层观众厅 multilevel auditorium
多层罐笼 multideck cage
多层过滤 multifiltration; multilayer filtration;multiple filtration
多层过滤板式分布器 multiple filter plate
多层过滤器 multilayer filter;multiple filter;stacked filter unit
多层含水层 multilayered aquifer
多层焊 making overlapping run
多层焊缝 multilayer weld
多层焊接 multilayer(layer) welding; multilayered weld(ing)
多层焊接法 block welding sequence; multilayer welding method
多层合采井 multicompletion well; multiple completion well
多层合采井气举系统 multiwell gas-lift system
多层合试 multizone test
多层烘布机 stor(e)yed drying machine
多层厚胶合板 thick multiply plywood
多层互连 multilayer interconnection; multilevel interconnection
多层互通式立交 multilayer interchange
多层护面抛石防波堤 multiplayer rubble mound breakwater
多层护舷设施 multi-story fendering
多层环形天线 stacked loops;vertically stacked loops
多层货栈 multiple stor(e)y warehouse
多层机械式停车库 multilevel mechanical parking garage
多层基片 multilayer substrate
多层箕斗 giraffe
多层挤压水 screwed pack
多层寄宿舍 <印度> chawls
多层加膜处理镜片 multicoated lens
多层加强 multireinforcement
多层夹板 multiplying plywood;multiply plywood
多层夹层玻璃 multilaminated glass; multilayer laminated glass
多层甲板船 tweendecker
多层间隔车 multideck partitioned wagon
多层建筑 high rise; multistor(e)y construction;multistoried building
多层建筑物 mid-rise building;multifloor building; multiple storied building;multistor(e)y building; multistor(e)y structure;tier building;multistoried structure
多层交叉 braided intersection
多层交叉口 multilevel intersection
多层胶合板 multiple plywood;multiply(ply)wood
多层胶合板构架梁 glulam timber truss(ed girder)
多层胶合板构造 multiply construction
多层胶合板结构 multiply construction
多层胶合木 glulam wood
多层胶合木薄壳屋顶 glulam timber shell roof
多层胶合木椽子 glulam timber rafter
多层胶合木格构大梁 glulam timber lattice girder
多层胶合木拱梁 glulam wood arched girder
多层胶合木桁架梁 glulam timber truss(ed girder)
多层胶合木结构 glulam timber frame
多层胶合木料 glue-laminated timber; glue-laminated wood
多层胶合木门框 glulam timber portal frame
多层胶合木斜撑 glulam timber raking strut
多层胶合(木)柱 glulam column
多层胶片 multilayer film
多层胶粘剂 multilayer adhesive
多层接触点焊 stack-welding
多层接合屋顶 multiple layer composition roof
多层接力开挖法 multilayer relaying excavating process
多层结构 layered construction;multilayer(ed) construction; multilayer (ed) structure;multiple course construction; multiple (stor(e)y) structure; sandwich construction; multistory structure
多层结构路面 multilayer structure pavement
多层结构平台 multiple course construction stage
多层结构天线罩 multiple layered sandwich radome

D

多层结构物 multistor(e)y structure【建】;multilevel structure <立体交叉的>
多层结构元件 sandwich type element
多层结合的剪切型护舷 multibonded shear fender
多层结合的抗剪护舷 multibonded shear fender
多层截止滤光片 multilayer blocking filter
多层介质 multilayered medium
多层介质的 multidielectric
多层介质镀膜 multilayer dielectric(al) coating
多层介质反射膜 multilayer dielectric(al) reflective coating
多层介质反射器 multilayer dielectric(al) reflector
多层介质过滤 multimedia filtration
多层介质滤光器 multilayer dielectric(al) filter
多层介质膜 multilayer dielectric(al) film
多层介质平面反射镜 multilayer dielectric(al) plane reflector
多层介质砂滤 multimedia sand filtration
多层介质砂滤池 multimedia sand filter
多层界面晶体生长理论 multilayer interface theory of crystal growth
多层金属化 multiple layer metallization
多层金属平凹板 multimetal deep-etch plate
多层进水口 multilevel intake
多层进水竖井式溢洪道 multilevel outlet shaft spillway
多层精密印制板 multilayer precision printed board
多层绝热 multilayer insulation
多层绝缘 multilayer insulation;multiple layers of insulation
多层绝缘玻璃片 laminated insulating glazing
多层绝缘材料 multilayered insulant
多层绝缘纸 manifold tissue
多层开挖 multilift cut
多层空斗墙 multiwythe[multiwithe] construction
多层孔板蒸馏塔 perforated plate column
多层孔垫 expanded bed
多层控制结构 multilayer control structure
多层跨升降梯 multifloor span escalator
多层框 multiple layer panel
多层框架建筑 tier structure
多层框架(结构) multistor(e)y frame
多层拉幅机 multilayer stenter
多层冷库 multistor(e)y cold store
多层离子装置 multilayer ionic device
多层立(体)交(叉) braided intersection;multibridge intersection;multilevel junction;multiple-structure interchange;multilevel interchange
多层立体交叉口 multi-level junction
多层帘布胶带 woven carcase(type) belting
多层联测海流计 repeating current meter
多层联测流速仪 repeating current meter
多层流化床干燥器 multistage fluidized bed drier[dryer]
多层流化床吸附柱 multifluidized bed adsorption column
多层流化煅烧炉 multistage fluidized calciner
多层流体 multilayered fluid
多层楼 multistor(e)y building
多层楼房 multistor(e)y building
多层炉 multihearth;multiple deck oven;multiple stor(e)y furnace
多层炉膛反射炉 multiple hearth furnace
多层滤池 multilayer filter
多层滤光片 multilayer filter
多层滤光器 multilayer filter;multilayer stock
多层滤料 multilevel media;multimedia
多层滤料过滤 multilevel filtration
多层滤料滤池 coarse-to-fine filter;multilevel filter;multimedia filter
多层路面 multilayer construction;multiple layered pavement
多层路面体系 multiple layered pavement system
多层旅馆 multifloor hotel;multistor(e)y hotel
多层螺线管 several-layer solenoid
多层锚碇系统 multianchorage system
多层门架结构 multistor(e)y portal structure
多层密度介面反演 inversion of multiple density interface
多层密封 multiple layered seal(ing)
多层面构造 stage construction
多层面建筑 stage construction
多层面结构 stage construction
多层模板 multilift
多层模式 multilayer mode;multiple layer mode
多层模型 multilayer model;multiple layer model
多层模压 laminated mo(u)lding
多层木 delta wood
多层木心夹板 laminboard
多层黏[粘]合布 laminated cloth
多层黏[粘]合剂 multiple layer adhesive
多层黏[粘]结剂 multiple layer adhesive
多层啮合接槎 block bonding
多层牛皮纸 multiwall kraft
多层牛皮纸袋 multiwall bag
多层浓缩槽 multitray thickener;tray thickener
多层浓缩机 multitray thickener;tray thickener
多层偶极天线 stacked-dipole antenna
多层排架桥墩 multistor(e)y bent pier
多层刨花板 multi-layer chipboard
多层泡沫芯管 multilayer foam pipe
多层喷漆 multicoat lacquer
多层皮带 multiple belt
多层片基 multibase
多层漂浮式采样器 multilayer floating sampler
多层拼花板门 multiple panel door
多层屏蔽 multilayer screen
多层坡度加大筛 varislope screen
多层铺筑路面 multiple lift construction
多层气体放电显示板 multilayer gas-discharge display panel
多层汽车游客旅馆 motor inn
多层汽车运输车 multiple level car
多层砌筑墙体 multiple masonry wall
多层铅片板 laminated lead sheet
多层前方仓库<码头的> multidecked transit shed;multistoried transit shed;multi-story transit shed
多层浅盘 multiple tray
多层桥门结构 multistor(e)y portal structure
多层桥面的桥 multideck bridge
多层球 polytrope
多层取样器 all-level sampler
多层绕杆式天线 super-turnstile
多层绕索鼓筒 multilayer cable drum
多层绕组 multilayer winding
多层热储地热系统 multiunit reservoir system
多层热风烘呢机 jet multilayer dryer
多层热绝缘 multiple layered insulation
多层热压机 multilayer thermal press
多层认知 multilayer perception
多层绒头地毯 multilevel carpet
多层容器 laminated layer vessel
多层溶洞 multilayer karst cave
多层筛 deck screen;multideck screen;multiple screen;multiscreen
多层筛分机 deck screen
多层上光 multiply glazing
多层上光单元 multiple glazing unit
多层上向流过滤系统 multiple upflow filter system
多层设计 multilevel design
多层渗滤介质系统 multilayer infiltration media system
多层施工(法) multiple lift construction
多层石块伞形(建筑) tiered stone umbrella
多层式表面处理 multiple surface treatments
多层式表面处治 multiple course surface treatment;multiple lift surface treatment
多层式车库 multistoried garage
多层式公共住宅<罗马建筑> insula
多层式旱桥 split-level viaduct
多层式建筑步骤 multiple course construction stage
多层式锚碇体系 multi tiered tieback system
多层式容器 laminated vessel;layered vessel;multiwalled vessel
多层书架 multitier stack
多层输送带式干燥机 multitier conveyer drier
多层水力泵 multiple hydraulic pump
多层水泥袋 multiwall cement bag
多层塑料 laminated plastics
多层塑料板 laminated plastic panel;laminated plastic veneer
多层碎石路 multiple lift macadam
多层隧道门结构 multistor(e)y portal structure
多层塔 tray column
多层弹性介质 multilayered elastic medium
多层弹性理论 multiplayer elastic theory
多层弹性体系 multilayer elastic system
多层陶瓷 multilayer ceramics
多层陶瓷基片 multilayer laminated ceramics
多层体弹性理论 multilayered elastic theory;multilayer elastic theory
多层体系 multilayer system;multiple layered pavement system;multiple layered system
多层体系计算程序 program(me) for N-layered system;program(me) of N-layered system
多层天线 mattress antenna;stacked antennas
多层天线罩 radom(e) of sandwich type
多层天线阵 mattress array;stacked array
多层停车 multilevel parking
多层停车场 autostacker;multifloor car park;multigarage;multistor(e)y car park(ing);multistor(e)y garage;parking lot;sky parking
多层停车处 multifloor car park
多层停车房 multifloor car park
多层停车库 carport;high-rise garage;multigarage;multilevel parking garage;multistor(e)y garage;multistor(e)y parking garage;park block;parking building;parking garage;multifloor garage
多层停车棚 carport
多层同心的 multiconcentric
多层同心式绕组 multiconcentric arrangement type winding
多层凸焊 multiple projection welding
多层图书馆 book tower;multifloor library
多层涂层 laminated coating
多层涂层格式 multiple coat scheme
多层涂敷 multilayer coating;stacker of layers
多层涂料 laminated coating
多层涂膜 multilayer coating
多层涂装 multiple pass coat
多层土壤稳定机 multiple pass stabilizer
多层瓦楞纸板 multiwall corrugated board
多层瓦(片) multiple layered tile
多层外胎 multiple cord tyre;multiply tire[tyre]
多层完井 multiple completion;multiple zone completion
多层圬工墙 multiple masonry wall
多层屋顶结构 multiple layer fabric for roofing
多层舞台 stage shaft;stage well
多层吸附 multilayer adsorption;multilayer sorption
多层吸附板 multilayer adsorption board
多层吸附模型 multilevel adsorption model
多层洗涤<砂石等> multiwash
多层洗涤收尘器 multiwash collector
多层系统 multilayer system
多层纤维墙板 laminated fiber[fibre] wallboard
多层现成屋顶 multiple layered ready roofing
多层现象 multiple stratification
多层线圈 lattice coil;layer-by-layer winding;multilayer coil
多层镶门板 multiple panel door
多层橡胶桥梁支座 laminated elastomer bridge bearing pad
多层型电池 sandwich type cell
多层修车间 multifloor garage
多层畜笼 multiple deck cage
多层悬挂式脚手架 multilevel suspended scaffold
多层悬墙体系 multistor(e)y curtain wall system
多层旋转筛 multiple rotary screen
多层寻线<自动电话交换机> rotary search on several levels;level hunting
多层压电器件 multilayer piezoelectric(al) device
多层压电陶瓷变压器 multilayer piezoelectric(al) ceramic transformer
多层压机 multiopening press;multiple daylight press
多层压力机 multidaylight press;multiplaten press
多层掩盖型 multiple covered type
多层样品 all-level sample
多层摇床 multideck table

多层遥感概念<指遥感平台处于不同高度> multistep concept
多层异构微电池 multilayer heterostructure microcell
多层引桥法 multilevel approach
多层印刷板 multilayer board
多层印刷布线板 multilayer printed wiring board
多层印刷电路板 multilayer printed wiring board; multilayer printed circuit board
多层印制板 multilayer board
多层硬纸板 stratum board
多层油层 multizone reservoir
多层油气藏 multizone reservoir
多层预应力钢筋 multilayer prestressed reinforcement
多层预应力加筋 multilayer prestressed reinforcement
多层预制板 multicore panel
多层预制屋顶 multiple layered ready roofing
多层元件 sandwich type element
多层圆筒 multilayer cylinder
多层圆筒形线圈 several-layer solenoid
多层凿井吊盘 Galloway stage; multideck sinking platform
多层皂膜分光晶体 multilayer soap film spectroscopic crystal
多层皂膜硬脂酸铅晶体 multilayer soap film lead stearate crystal
多层增稠器 tray thickener
多层闸室 chain of locks
多层栅格 multideck screen
多层栈架 multiple deck trestle
多层栈桥 multiple deck trestle
多层褶曲【地】interformational fold
多层振动分选机 multideck vibrating separator
多层蒸馏塔 plate column
多层整块石墙 multilayer monolithic wall
多层整体墙 monolithic multilayer wall; multilayer monolithic wall
多层整体式墙 multiple layered monolithic wall
多层支撑胶合板 ply bracing panel
多层支架 multideck trestle; multistor(e)y trestle
多层织物 compound cloth; multiple cloth; multiple fabric; multiply cloth
多层纸 laminated paper
多层纸板 couch board; multilayer paper board; pasteboard
多层纸袋 multiply paper bag; multiwall paper bag; multiwall sack
多层中空玻璃 multiple glazing glass
多层轴瓦 composite bearing
多层竹板 ply bamboo
多层住房 multifloor building
多层住宅<二~七层> mid-raised dwelling; multistor(e)y dwelling
多层住宅楼 multiple stor(e)y dwellings
多层柱 plate column
多层砖房 multistor(e)y brick building
多层砖结构 multistor(e)y brick structure
多层砖墙厚度 multiple withe[wythe]
多层转筒筛 compound trommel
多层桩 high low
多层装置 multiple decker
多层组装 multilayer packaging
多层钻头 multilayer bit
多层做法 multiply
多叉管 manifold(pipe)
多叉管道 manifold pipeline
多叉管入口 intake manifold
多叉管水力学 manifold hydraulics
多叉管装置 manifolding
多叉隧道 manifold tunnel
多叉隧洞 manifold tunnel
多叉通气管 air vent manifold
多叉形叶根 multiple fork type blade root
多叉压力水管 manifold penstock
多插入口式托盘 multiple entry pallet
多插头插座 multitap
多插头的 multitap
多插头端子板 plug cluster
多茬庄稼 diverse crops
多汊河口 compound estuary; multichannel distributary estuary
多汊河流 braided river; braided stream; multiple channel river; multiple channel stream
多汊湖(泊) dendritic lake
多汊三角洲 bird's foot delta
多汊水道 braided channel
多汊型 braided type
多岔交叉 multilegs intersection; multiple leg intersection
多岔隧洞 manifold tunnel
多岔转辙器 slip switch
多差式变频器 heterodyne converter
多差校正代码 multiple-error-correcting code
多掺激光器 alphabet laser
多掺杂材料 multidoped material
多产的 pregnant; productive
多产品存储模型 multiproduct inventory model
多产品垄断 multiple product monopoly
多铲斗 bagger
多铲式挖掘机 dry earth dredger excavator
多常数 multiconstant
多巢模 multiple cavity mo(u)ld
多巢模板 gang mo(u)ld
多巢压模 nested mo(u)ld
多潮地区 multiple tidal zone
多潮泉 tidal spring
多车道<多指四条车道以上> multiple lane; multilane
多车道道路 multilane road; multiple lane road; multiple track
多车道的 multiple track
多车道分隔行驶的道路 multilane divided road
多车道高速公路 auto route; superhighway
多车道公路 multilane highway; multiple lane highway
多车道郊区公路 multilane rural highway
多车道紧密交会 multiple weaving
多车道路面 multilane pavement; multiple lane road
多车道桥 multilane bridge; multiple lane bridge
多车道设施 multilane facility
多车道隧道 multilane tunnel; multiple lane tunnel
多车的钩车 multiple car cut
多车厢 multiple unit
多车厢列车 multiple unit train
多车辙的 rutty
多尘环境 dirty environment; dustladen environment
多成多部分的拱顶 multipartite vault
多成多部分的门 multipartite door
多成分掺和料 multicomponent admixture
多成分的 multicomponent
多成分复合纤维 multiconstituent fibre[fiber]
多成分混合物 multicompound mixture
多成分嵌合体 polyclinal chimaera
多成分生物学系统 multicomponent biological system
多成分相 multicomponent phase
多成因 polygene
多成因的 polygenetic; polygenous
多成因多阶段迭生矿床 superimposed deposit of multiple genesis-multiple stage
多成因复成矿床 composite ore deposit of multiple genesis
多承压室容器 multichamber vessel
多城市污水处理 multicity sewage treatment
多乘客车辆 high-occupancy vehicle
多乘客车辆专用车道 high-occupancy vehicle lane
多程 multipass; multiple pass
多程干燥器 multipass drier[dryer]
多程管式加热器 multipass tubular heater
多程换热器 multipass exchanger
多程及折流式换热器 multipass and baffled heat exchanger
多程加热器 multipass heater
多程冷凝器 multipass condenser
多程流量 multipass flow
多程土壤稳定机 multiple pass stabilizer
多程稳定机 multiple pass stabilizer
多程信号 multipath signal
多程序 multiprogram(me)
多程序操作 multiple operation
多程序计算机 multiprogram(me) computer
多程序设计 multiple program(ming)
多程序生产 multiprocess production
多程序重复式机器人 multiprogrammed repeatable robot
多程蓄热室 multipass regenerator
多池塘的 pondy
多尺度双头扳手 multiple dimensioned double head wrench
多齿刀具 multitooth tool
多齿横梁<松土机的> multiple shank beam
多齿联轴器 multitooth coupling
多齿轮比装置 multiratio device
多齿磨轮 multiribbed grinding wheel
多齿起重机 grapple equipped crane
多齿(式)裂土器 multishank ripper; multiple shank ripper
多齿(式)松土器 multishank ripper; multiple shank ripper
多齿(式)松土机 multishank ripper; multiple shank ripper
多齿铣刀 multitoothed cutter
多齿抓斗 multitine grab
多齿抓斗挖泥船 grapple dredge(r)
多齿抓取器 multitine grabble
多冲程发动机 polycycle engine
多冲杆压机 multiple punch press
多冲击的 multishot
多冲模冲床 multiple-die press
多冲式试验机 multiple impact tester
多冲头冲床 multiple punch
多冲头压力机 multipunch press
多重安全阀 multiple safety valve
多重本征值 multiple eigenvalue
多重比较 multiple comparison
多重变换 multiple transform
多重变址 cumulative index(ing)
多重变址型寻址 multiple indexing addressing
多重标号 multiple label
多重表(格) multilist; multiple list
多重表文件 multilist file
多重玻璃窗 multiple glazing
多重不相交分解 multiple disjoint decomposition
多重操作焊接单元 multiple operator welding-unit
多重插值 multiple interpolation
多重程序 multiple program(ming); multiprogram(me)
多重程序执行程序 multiprogramming executive
多重抽样 multiple sample
多重处理 multiprocessing; parallel processing; multiple processing
多重处理程序计算机 multiprocessor
多重处理的并行性 parallelism of multiprocessing
多重处理功能 multiprocessing function
多重处理机 multiprocessor
多重处理机系统 multiprocessor system
多重处理系统 multiprocessing system
多重串联 series multiple
多重存取耦合器 multiple access coupler
多重存取同步 multiple access synchronization
多重的 multiple
多重等待 multiple wait
多重地址 multiaddress
多重地址报文 multiple address message
多重点的 multiple point
多重定义符号 multiply defined symbol
多重读数 multimetering
多重断开 multiple break
多重多曲线 multiple curvilinear
多重反射 flutter echo
多重反射效应 flutter effect
多重返回路径 multiple return path
多重方差 multiple covariance
多重放射性衰变 dual radioactive decay
多重分类分析 multiple classifying analysis
多重分配模型【交】multiassignment model
多重分析 multianalysis; multiple analysis
多重峰 multiple peak
多重符合 multiple coincidence; multiple match
多重符合分解 multiple match resolution
多重格构 multiple latticework
多重格体 multiple lattice
多重隔声构造 multiple sound-insulating construction
多重根 multiple roots
多重工作 multijob; multitasking
多重共线性 multicolinearity
多重共振 multiple resonance
多重光电耦合器 multiphotocoupler
多重国籍 multiple nationality; plural nationality
多重含水层 multilayered aquifer
多重含意结合 multiple meaning association
多重河曲 meander concertina
多重红移 multiple redshift
多重弧 multiple arc
多重环道 multiple circuit
多重环路 multiloop
多重回波 multiple echoes
多重回归 multiple regressing; multiple regression
多重回归法 multiple regression technique
多重回归方程 multiple regression equation

D

多重回归分析 multiple regression analysis
多重回归技术 multiple regression technique
多重回归模型 multiple regression model
多重回声 multiecho;multiple echoes
多重彗尾 multiple tail
多重混合 multiplicative mixing
多重积分 multiple integral
多重激励 multidrive
多重级数 multiple series
多重极点 multiple pole
多重极值 multiple extrema
多重集 multiset
多重记号 polymarker
多重记号表示法 polymarker representation
多重记号设备 polymarker facility
多重记号颜色索引 polymarker colo(u)r index
多重记录卡片 multiple record card
多重加速器 multiaccelerator
多重间接编址 multiple indirect addressing
多重间接寻址 multilevel indirect addressing;multiple indirect addressing
多重校验 multiple check
多重阶型切口搭接 stepped multiple lap
多重接地 multiple earth
多重接地制 multiple earth system
多重结构 multiplet
多重解 multiple solution
多重介质渗流模型 multiple medium flow model
多重纠错码 multiple-error-correction code
多重决策方法 multiple decision method
多重决策过程 multidecision-making process
多重卡片记录 multiple card record
多重开关 multibreak;multibreak switch or circuit-breaker
多重开关断路器 multibreak circuit breaker
多重控制 multiplex control
多重控制台配套 multiple console support
多重扩张 iterated extension
多重拉索 multiple stays
多重类星体 multiple quasar
多重累加器 multiple accumulator
多重连接结构 multilinked structure
多重流星 multiple meteor
多重滤波器 multiple filter
多重马尔可夫链 multiple Markov chain
多重模块访问 multiple module access
多重模态分布 multimodal distribution
多重目标函数 multiple object function
多重目录表 multiple directory
多重内反射 multiple internal reflectance
多重判别分类 multilayer classification
多重判定 multiple decision
多重片 multiple film
多重频率 multiple frequency
多重平面 multiple plane
多重屏蔽 multibarrier;multiple barrier;multiple shield
多重谱线 maltiplet
多重嵌套 multinest
多重墙 multiunit wall
多重全息片 multiplexed hologram
多重全息图 multiple hologram
多重任务 multitask
多重任务操作 multitask operation
多重任务处理 multitasking
多重散射 multiple scattering
多重扫描 multiple scanning
多重设计 multiple design
多重射电源 multiple radio source;radio multisource
多重声道 multiple sound track
多重矢量 multivector
多重收缩 iterated contraction
多重树 multitree
多重数 multiplicity
多重衰变 multiple decay;multiple disintegration
多重双晶 multiple twin
多重说明 multiple declaration
多重态 maltiplet
多重探测器 multiple detector
多重特征值 multiple eigenvalue
多重调和函数 multiharmonic function
多重调制 compound modulation;double modulation;multiple modulation
多重调制技术 multiple modulation technique
多重通道 multiplex(er)
多重通话传输 multiple call transmission
多重同构 multiple isomorphism
多重图 multigraph
多重图像 multiimage;multiple image(y)
多重稳定性 multiple stability;multistability
多重物资流 multicommodity flow
多重误差 multiple error
多重吸附剂 multiple adsorbent
多重系统操作 multisystem operation
多重线 multiple line
多重线结构 multiplet structure
多重线强度定则 multiplet intensity rules
多重线性暴雨排水演算法 multiple linearization storm-drain routing
多重线性代数 multilinear algebra
多重线性的 multilinear
多重线性回归 multiple linear regression
多重线性回归技术 multiple linear regression technique
多重线性相关 multiple linear correlation
多重线性型式 multilinear form
多重线性映射 multilinear mapping
多重线子线 multiplet component
多重相关 multiple correlation
多重相关分析 multiple correlation analysis
多重相关系数 coefficient of multiple correlation;multiple correlation coefficient
多重响应 multiple response
多重向量 multivector;P-vector
多重像片解析区域网平差程序 multiple photo analytic block adjustment program(me)
多重效果 multiple effect
多重效应 multiple effect; negative mass effect
多重效蒸发器 multiple effect evapo(u)rator
多重协调 multiple coordination
多重信息处理机 polyprocessor
多重星系 multiple galaxy
多重性 multiplexity;multiplicity
多重性的 polyfunctional
多重虚拟存储系统 multiple virtual storage
多重选择 multiple selection
多重寻址 multiaddress calling;multiaddressing
多重压力容器 multipressure vessel
多重引桥法 multilevel approach
多重应用程序 multiple utility program(me)
多重影像 multiple imaging
多重影像增强 multiimage enhancement
多重余树 multicotree
多重约束 multiple constraint
多重运程 multiprogramming
多重运算 multiple arithmetic
多重运算器 multiple arithmetic unit
多重增强 multienhancement
多重照片解析区域网平差程序 multiple photo analytic block adjustment program(me)
多重正态相关 multiple normal correlation
多重正文 multiple context
多重值 multiple value
多重指标 multiindex
多重指示器 multiple pointer
多重中断 multiple interrupt
多重中断请求 multiple interrupt request
多重中断系统 multiple interrupt system
多重中空沉箱式防波堤 multi-cellar caisson breakwater
多重重叠 multiple overlap
多重周期运动 multiply periodic(al) motion
多重转储处理 multiple dump processing
多重装置过滤层 multi-layer filter; multimedia filter
多重总体分解图 resolution diagram of multipopulation
多重作业 multijobbing
多重作业操作 multijob operation
多重作业的 multijob
多重作用 multiple action
多重作用的 multirole
多重坐标代号 multiple coordinate symbol
多抽头的 multitap
多抽样(法)multisampling
多畴 polydomain
多畴网络 multidomain network;multiple domain network
多出风口的 multioutlet
多出式 polymery
多储罐 multiple tank
多处访问 multiaccess;multiple access
多处访问系统 multiaccess system
多处理大量数据 multiprocessing mass data
多处理功能 multiprocessing function
多处理机 multiprocessing system
多处理机操作系统 multiple processor operating system; multiprocessor operating system
多处理机交叉 multiprocessor interleaving;polyprocessor reticulum
多处理机交错 multiprocessor interleaving
多处理机交错存取 multiprocessor interleaving
多处理机通信[讯]连接 multiprocessor communication link
多处理机系(统)multiple processor system; multiprocessing system; polyprocessor system;multiprocessor system
多处理机系统接口 multiprocessor system interface
多处理机性能 multiprocessor performance
多处理机组织 multiprocessing organization
多处理器 multiprocessor
多处理器系统 multiprocessor system;multicomputer system
多处引入 multidrop
多处引下 multidrop
多触点 multiconductor
多触点插头 multiconductor plug
多触点的 multicontact;multifinger
多触点辅助继电器 multicontact auxiliary relay
多触点继电器 many-contact relay; multicontact relay
多触点检波器 multiple contact detector
多触点接触器 multifinger contactor
多触点开关 multicontact switch;multifinger contactor; multiple contact switch;multiposition switch
多触点调节器 multicontact regulator
多触头的 multiple contact
多触头高压造型机 multiple contact high-pressure mo(u)lding machine
多传动轮胶带输送机 multiple drum conveyer[conveyor]
多传感器航道扫床系统 multiple transducer channel sweep system
多传感器回声测深仪扫海系统 multiple-transducer(sweep)system
多传感头 multihead
多船并靠系浮 tier
多船并排系泊 anchorage of boats in a line
多船操纵模拟器 multiship maneuvering simulator
多船位船台 multiple slipway
多串处理 multiple string processing
多窗口 multiwindow
多窗口系统 multiwindow system
多窗口用户界面 multiwindow user interface
多床除盐装置 multibed demineralizer
多床干燥焚化炉 multiple hearth dryer-incinerator
多床滤池 multiple bed filter
多床系统 multibed system
多磁道 multiple track
多磁道操作 multitrack operation
多磁道错误 multiple track error
多磁道功能 multitrack function
多磁迹 multitrack
多磁头 multihead
多磁头装置 magnetic disc memory; multiple head unit
多磁芯磁存储器 multicore magnetic memory; multicore magnetic storage
多次 many a time
多次曝光 multiple exposure
多次曝光 X 射线粉末摄影机 multiexposure X-ray powder camera
多次曝光全息图 multiple exposure hologram
多次爆破的 multiblasting
多次编译程序 multipass compiler
多次变质作用 multiple metamorphism
多次波 multiple wave
多次波剖面 multiple reflections section
多次操作生产 multiple production
多次测量 multimetering;multiple metering
多次超静定的 multiple indeterminate
多次超静定桁架 multiple statically indeterminate truss
多次超静定结构 multiredundant structure

多次沉淀法 multiple precipitation process;repeated precipitation process
多次称量的配料器 multiple batcher
多次冲击 multishot
多次重复的 oft-repeated
多次重复作用 repeated action;cyclic action
多次重合闸断路器 multiple reclosing breaker
多次抽样(法) multiple sampling;multisampling
多次抽样方案 multiple sampling plan
多次抽样检查 multiple sampling inspection
多次抽样检验 multiple sampling inspection
多次穿孔 multiple punching
多次磁铁带上分离机 multiple overband separator
多次淬火 repeated hardening
多次打回 multiple echoes
多次代换编码系统 multiple substitution enciphering system
多次单株选择 multiple single plant selection
多次氮化 multinitriding
多次地层测试器 formation multitester
多次电离 multiple ionization
多次电离的 multiple-ionized
多次叠加 multiple stack
多次定位 multiple bearing
多次定向 multiple bearing
多次读出法 multireading feature
多次二分岔 polygenous two-splitting
多次反复 multiple reflection
多次反射 multihop;multiple hop;multiple reflection;multireflection;zigzag reflection
多次反射传播 multihop propagation
多次反射传输 multihop transmission;multiple hop transmission
多次反射的回波 multiple echoes
多次反射电流计 multiflex galvanometer
多次反射回波 multiecho;multiple false echo;multiple reflection echo;round-trip echoes
多次反射技术 multireflection technique
多次反射理论 multireflection theory
多次反射纵波垂直时距曲线 vertical hodograph of multiple reflected longitudinal wave
多次分类 multipass sort
多次符合 multiple coincidence
多次覆盖 multiple coverage
多次覆盖观测系统 multiple covering layout
多次耕翻 repeated tillage
多次观测 multiple observation
多次归纳循环 multiple induction loop
多次过程 plural process
多次海底反射 multiple bottom reflection
多次合理校验 multireasonable check
多次回归 multiple regression
多次回归分析 multiple regression analysis
多次回火 multiple temperature;multiple tempering;repeated tempering
多次回声 flutter echo;multiple echoes;multireflected sound
多次回者 multiecho
多次激发 multiple excitation
多次计量 multimeter
多次计数 multiple counting;multiple metering
多次计算 multimetering
多次接收 multiple reception
多次进出许可 multiple entry-exit permit
多次拉拔钢丝 dead-drawn wire
多次拉拔机 multidraught machine
多次拉丝机 multidie machine
多次累积寄存器 multiple accumulating register
多次量 repeated dose
多次量测 multimetering
多次模塑法 multiple mo(u)ld(ing)
多次磨耗 multiple wear
多次磨耗车轮 multiple wear wheel
多次内反射装置 frustrated multiple internal reflectance
多次拍摄水下摄影机 multiple shot underwater camera
多次排序 multipass sort
多次配矿 multiple ingredient ore
多次喷浆 regunning
多次膨胀式 multiexpansion
多次碰撞 multiple collision
多次偏差 multiple deviation
多次偏移 multiple deviation
多次贫化率 multiple dilution ratio
多次起动能力 multiple start capability
多次清洁试验 multiple cleaning test
多次取样法 multiple sampling
多次取样检验 multiple sampling test
多次散射 multiple scattering
多次扫描分类 multipass sort
多次闪光灯 multitime flash lamp
多次闪蒸法 multiple flashing method
多次烧结 multiple sintering
多次使用的 non-expondable
多次使用钎头 multiuse bit
多次使用容器 returnable container
多次收缩 process shrinkage
多次淘洗 multiple elutriation
多次体 super-solid
多次跳跃传输 multiple hop transmission
多次停车 multiple stops
多次通过(的) multiple pass;multipass
多次通过光栅 multiple passing grating
多次通过就地拌和稳定土的工作 multipass mix-in-place work
多次通过区熔的杂质分布 multipass distribution
多次通过区域精炼 multipass zone refining
多次通过式干燥机 multipass drier [dryer]
多次通过稳定土拌和机 multipass soil stabilizer[stabiliser]
多次通过(作业的)拌和机 multipass type mixer
多次往返有效的出入境签证 multiple entry-exit visa
多次违约 repeated breaches
多次信号 multiple signal
多次行程的 multipass
多次行程筑路法 multipass method of construction
多次性刀头 multiuse bit
多次性毒性实验 repeated dose toxicity test
多次性管接头 reusable coupling
多次修理过的钻探设备 posthole rig
多次旋转视图 multirevolved view
多次旋转指令 multiple rotate instruction
多次选择 multiple selection;repeated selection
多次选择方案 multiple sample plan
多次循环 multicycle
多次循环干燥窑 recirculating dry kiln
多次压裂 multiple fracturing
多次压裂处理 <岩层的> multiple fracture treatment
多次压缩疲劳试验 repeated compression fatigue test
多次应用 non-expendable
多次有丝分裂 polymitosis
多次再版书目 backlist
多次再起动 multiple restart
多次再生 multiple regeneration
多次增量试验 multiple increment test
多次展开法 multidevelopment method
多次蒸发器 multiple evapo(u)rator
多次中粗拉丝机 multiple-die medium heavy wire-drawing machine
多次逐级加载 multitime loading
多次转换开关 multiplex switch
多次转换时间分解 multiple transition time decomposition
多刺高灌丛 dornveld;savane armee;savane epineuse;thornbush;thorn scrub
多刺龙虾 spiny lobster
多刺疏林 thorn woodland
多丛草的 tussocky
多脆形 polytope
多存储模块 multiple memory module
多存储体系统 multibanking system
多存取控制器 multiaccess controller
多存取系统 multiaccess system
多存取虚拟机 multiple access virtual machine
多撮毛刷 flag
多代的 ploybasic
多代区 multiple generation area
多带激光器 multistrip laser
多带木瓦挂条 multiple sash shingle strip
多带木瓦压条 multiple sash shingle strip
多带耦合器 multistrip coupler
多带扫描 multiple scanning
多袋式除尘器 multisleeve dust separator
多单体风暴 multicell storm
多单元的 multiple unit;multiunit
多单元法 poly cell approach
多单元功率发射管 multiunit power transmitting tube
多单元控制 multiple unit control
多单元控制阀 multiunit control valve
多单元天线 multielement antenna;multiple antenna
多单元消息 multiunit message
多单元预应力 multielement prestressing
多单元住房 multiple unit dwelling
多单元住宅 multiple dwelling
多氮杂萘 polyazanaphthlene
多挡安培计 commutate ammeter
多挡变速器 multispeed transmission
多挡变速箱 multiple speed gearbox
多挡电桥 multiple-bridge
多刀 multicutter;multitool
多刀半自动车床 multitool semiautomatic lathe;semi-automatic multicutter lathe
多刀半自动立式车床 semi-automatic multicut vertical lathe
多刀拌和刮路机 <一种多功能的筑路机,可以同时进行松土、拌和及平土工作> multiple blade mixing drag
多刀车床 multicutter lathe;multiple-tool lathe;multitool lathe
多刀刀架 multiple tool block;multi-tool block;multitool holder
多刀刀具头 multitool head
多刀刀座 tool magazine
多刀的 multicut;multiple blade
多刀工具 multitool
多刀刮路机 multiple blade drag
多刀辊打浆精研机 multiroll beater-refiner
多刀剪切机 gang shears;multicutter shears
多刀开关 multipole switch
多刀刨床 planer-type machine
多刀平地机 multiple blade grader;multiple blade maintainer
多刀平路机 multiple blade grader
多刀切削 multiple cut;multiple tooling;multitool cutting
多刀切削车轴车床 gang tool axle lathe
多刀切削加工 multitool machining
多刀式 multiple pin
多刀式拌和机 multiple-pin mixer
多刀式搅拌机 multiple-pin mixer
多刀镗杆 multicutting bar
多刀挖沟机 multiple cut trench excavator
多刀铣削 gang milling
多刀削片机 multiknife chipper
多刀修坯机 multiknife turning machine
多刀养路机 multiple blade maintainer
多刀圆锯 multiple blade circular saw
多刀圆盘削片机 multiknife disk chipper
多刀转动刀架 multitool turning head
多刀转塔 turning head
多导程螺杆 multiple flighted screw
多导洞法 <隧洞施工的> multiple-drift method
多导坑法 multi(ple)-drift method
多导坑开挖(施工)法 multi(ple)-drift method
多导流法 multidrift method
多导线系统 multiple-wire system;multiwire system
多导线制 multiple-wire system;multiwire system
多导向叶片式扩散器 multiple vane diffuser
多导叶调节器 multiple vane register
多岛海 archipelago
多道操作 multitask operation
多道车削程序 multiple turning operation
多道程序 multiprogram(me)
多道程序处理机 multilist processor
多道程序存储保护 multiprogramming memory protect
多道程序的定序 multiprogramming sequencing
多道程序的执行系统 executive system of multiprogramming
多道程序的装入程序 multiprogrammed loader
多道程序分时系统 multiprogrammed time-sharing system
多道程序计算 multiprogrammed computation
多道程序计算机 multiprogramming computer
多道程序控制计算机 multiprogrammed computer
多道程序控制情报检索 multiprogrammed information retrieval
多道程序设计 multiple programming;multirunning;multiprogramming
多道程序设计的道数 degree of multiprogramming
多道程序设计的级 degree of multiprogramming
多道程序设计系统 multiprogramming system
多道程序设计效率 multiprogramming efficiency
多道程序设计优先权 multiprogram-

ming priority
多道程序实时执行系统 multiprogramming real-time executive system
多道程序数 degree of multiprogramming
多道程序体系结构 multiprogram(me) architecture
多道程序系统 multiprogrammed system
多道程序执行部件 multiprogramming executive unit
多道程序执行的操作系统 multiprogramming executive operating system
多道程序执行控制 multiprogramming executive control
多道程序执行系统 multiprogramming executive system
多道处理 multichannel processing; multiple barrier treatment; multiprocessing
多道处理恢复 multiprocessing recovery
多道处理运行 multiprocessor running
多道传输 multiplex
多道磁头 multitrack head
多道存取 multichannel access
多道带状图记录器 multichannel strip chart recorder
多道的 multiaspect; multipass; multirun
多道地震法调查 multichannel seismic survey
多道地震剖面 multichannel seismic profiler
多道地震仪 multichannel seismic instrument; multichannel seismograph
多道电磁波示波器 multichannel electromagnetic oscillator
多道分光计 multichannel spectrometer
多道伽马射线谱仪 multichannel gamma-ray spectrometer
多道功能 multitrack function
多道光谱仪 multichannel spectrometer
多道焊 multiple pass welding
多道焊缝 multipass weld; multiple pass weld; multirun weld
多道焊接 multipass welding; multiple run
多道记录 multichannel recording
多道记录系统 multitrack recording system
多道鉴频器 multichannel discriminator
多道拉曼光谱仪 multichannel Raman spectrometer
多道滤波 multichannel filtering
多道能谱仪 spectrometer
多道喷涂漆 multicoat lacquer
多道闪电 composite flash; multiple discharge
多道生化分析仪 multichannel biochemical analyser[analyzer]
多道示波器 multichannel oscillograph
多道式记录系统 central recording system
多道数据 multichannel data
多道数据记录器 multichannel data recorder
多道通用生物信号检测仪 multichannel general bio-signal detector
多道涂布 multiple pass coat
多道相干滤波器 multichannel coherence filter
多道印刷 multiplex printing
多道预测反褶积 multichannel predictive deconvolution
多道运行 multirunning
多道甄别器 multichannel discriminator
多道振荡器 multichannel oscillator
多道作业 multijob
多道作业操作 multijob operation
多道作业处理 multiple job processing
多灯泡的 multibulb
多灯丝白炽灯 multifilament lamp
多灯信号 multilight signal; multiple unit(type) signal
多灯信号机【铁】multilight signal; multiple light signal; multiple unit (type) signal
多灯照明器 cluster lamp
多等级配料计量器 multiple scale batcher
多等集客船 multiclass passenger ship; multiclass ship
多底沉淀池 multibottom settling tank
多地沥青混合料 fat asphalt mixture
多地沥青混合物 fat asphalt mixture
多地辛 dodicin
多地溴铵 dodeclonium bromide
多地址 multiple address
多地址编码 multiaddress instruction code
多地址(代)码 multiaddress code; multiple address code
多地址的 multiaddress
多地址呼叫 multiaddress calling
多地址计算机 multiaddress computer; multiple address computer
多地址空间 multiple address space
多地址空间分区 multiple address space partition
多地址空间区域 multiple address space partition
多地址消息 multiaddress message; multiple address message
多地址信息 multiaddress message; multiple address message
多地址指令 multiaddress instruction; multiple address instruction; multiaddress order
多地址指令码 multiaddress instruction code; multiaddress order code
多点 multidrop
多点爆破 multiple explosion
多点爆炸剂 multishot exploder
多点波束天线 multiple spot beam antenna
多点测定风速仪 multianemometer
多点测量 multimeter(ing); multiple points measurement; multiple shot survey
多点测量仪 multimetering instrument
多点测流法 multipoint method of stream ga(u)ging
多点测斜 multiple shot survey; multishot measurement
多点测斜仪 multiple shot instrument; multiple shot tool
多点测斜仪胶片 multiple shot film
多点测斜仪钟表 multiple shot contact watch
多点插入法 multipoint interpercolation
多点插销 multiconductor plug
多点长图式温度记录仪 multipoint long chart temperature recorder
多点出水口 multiple outlet
多点传输 multicast communication
多点传送 multileaving
多点传送支持 multileaving support
多点的 multidrop; multiple spot; multiple point; multipoint
多点点焊 multiple spot welding
多点点焊机 multiple spot welder; multiple spot welding machine; multipoint spot welder
多点电焊机 multipoint welder
多点电阻焊接 multiple resistance welding
多点吊的吊点 multiple pickup points
多点吊起重梁 spreader beam; strongback
多点吊悬挂式脚手架 multiple-point suspended scaffold
多点顶推 multipoint incremental launching
多点段 multipoint segment
多点断路器 multipoint breaker
多点法 <测流的> multipoint method
多点方式 multipoint system
多点放炮单道接收 multipoint fire and single-channel receive
多点服务 <有多处起点和终点的电话叫乘公共汽车服务> many-to-many service
多点供料套 multifeed bushing
多点供油的 multifeed
多点共线线路 multidrop co-line
多点焊接机 multiple spot welder
多点集中加载 multiple point loading
多点计算 multimetering
多点记录器 multiple point recorder; multipoint recorder; scanner recorder
多点记录式电位计 multiple point recording potentiometer
多点记录仪 multipoint recorder
多点加料 multiple point loading
多点加油器 multifeed oiler
多点铰接的 multiarticulated
多点接地 multiple earth(ing); multipoint earth(ing)
多点接地检查仪 multipoint earthing tester
多点接法 multipoint connection
多点接口 multipoint interface
多点结构 multipoint configuration
多点开裂 multiple cracking
多点雷管 multishot exploder
多点连法 multidrop connection; multipoint connection
多点连接 multidrop connection; multipoint connection
多点链路 multipoint link
多点量测 multimetering
多点流库 multicurrent silo
多点铆接模具 multiple riveting die
多点啮合齿轮 double point gear
多点皮托管 distributed Pitot tube
多点起爆 multipoint priming; multiple firing
多点铅笔 multiple point pencil
多点切线法 tangential method with multipoint
多点取样 multidraw
多点润滑器 multifeed lubricator; multifeed oiler; multigreaser; multiple wick oiler
多点扫描器 multipoint-scanner
多点伸长计 multipoint extensometer
多点式 multipoint; point mode
多点式记录计 multipoint recorder
多点式自记电位计 multiple point recording potentiometer
多点试样 all-level sample
多点填料 multiple point loading
多点条幅式温度记录仪 multipoint strip chart temperature record
多点调节吊脚手架 adjustable multiple-point suspension scaffold
多点通道 multipoint channel; multidrop linkage <一条传输线联结多个收发站的通信[讯]方法>
多点通信[讯] multipoint communication
多点通信[讯]线路 multipoint communication circuit
多点同步顶推 incremental launching construction
多点头焊机 multipoint spot welder; multipoint welder
多点投入和产出 multipoint input and output
多点投入线路 multidrop circuit
多点凸焊 multiple projection welding; projection welding
多点网络 multidrop network; multipoint network
多点位移计 multiple point displacometer; multiple point extensometer; multipoint extensometer
多点温度指示仪 multipoint temperature indicator
多点污染源 multiple point source dispersion model
多点污染源扩散模型 multiple point source dispersion model
多点吸附 multisite adsorption
多点系泊(法) multiple-buoy mooring; multipoint mooring; spreading mooring
多点系泊设施 multileg mooring system; multipoint mooring system
多点系泊系统 multileg mooring system; multipoint mooring system
多点系统 multipoint system
多点线路 multidrop circuit; multipoint line
多点旋转黏[粘]度计 multipoint rotational visco(si) meter
多点应变计 multiple point extensometer
多点照相钻孔定位仪 multiple photograph orientation instrument
多点支持点法 multipoint supporting method
多点指示器 multipoint indicator
多点转换开关 multipoint switch
多点装料 multiple point loading
多点自动记录仪 multipoint recorder
多点钻孔伸长计 multiple position borehole extensometer; multipoint bore-hole extensometer
多点钻孔位移计 multipoint bore-hole extensometer
多电动机 multiple motor
多电动机的 multimotor
多电动机驱动 multiple electric motor drive
多电动机装备联锁 multimotor equipment interlocking
多电荷粒子 highly charged particle
多电机系统 multimachine system
多电极的 multielectrode
多电极计数管 multielectrode counting tube
多电极聚焦 multifocus
多电极埋弧焊 multiple electrode submerged arc weld
多电极液体变阻器 multielectrode liquid rheostat
多电流发电机 multiple current generator
多电流制电力机车 current conversion locomotive
多电路的 multicircuit
多电路继电器 multicircuit relay
多电路控制 multicircuit control
多电路绕组 multiple circuit winding
多电路线圈 multiple circuit winding
多电平传输 multilevel transmission
多电压发电机 multivoltage generator
多电压控制 multivoltage control
多电压配电制 multiple voltage system

多电源供电 multiple feed
多电源配电盘 multisource distribution box
多电子管 multitube
多电子枪区域精炼 multiple electron gun zone refining
多电子束放大管 multibeam amplifier tube
多吊成组货物 multiunitized cargo
多丁率 multiple rate
多顶锤滑动式 multiple anvil type
多顶极学说 polyclimax theory
多顶枝 multiple leader
多定额条款 multiple value clause
多动力单元列车 multiple unit train
多动力驱动 range drive
多动力型汽车 hybrid vehicle
多斗臂式挖掘机 bucket boom excavator; bucket ladder excavator
多斗臂式挖泥船 bucket boom dredge(r)
多斗臂式挖土机 bucket boom excavator
多斗采砂船 multibucket dredge(r)
多斗的 multibucket
多斗辐流式沉淀池 multihopper radial-flow sedimentation tank
多斗工具 multiple spindle tool
多斗连续式浓缩池 multibucket continuous thickener
多斗连续提升机 continuous bucket elevator
多斗平流式沉淀池 multihopper horizontal-flow sedimentation tank
多斗设备 multibucket appliance; multiple bucket appliance
多斗升降机 ladder hoist
多斗式 multibucket
多斗式输送机 bucket conveyer[conveyor]
多斗式提升机 bucket elevator; continuous bucket elevator
多斗式挖沟机 ditcher ladder; ladder ditcher; multibucket trencher; ladder trencher; multibucket trench digger
多斗式挖掘机 bucket ladder excavator; multibucket trench digger; Ruths excavator; continuous bucket excavator
多斗式挖泥船 bucket(ladder) dredge(r); bucket line dredge(r); ladder elevator; multiple bucket dredge(r)
多斗式挖泥机 bucket ladder dredge(r); continuous land bucket dredge(r); multibucket elevator dredge(r); ladder dredge(r)
多斗式挖土机 ladder excavator; multibucket excavator; ladder trencher
多斗输送机 bucket conveyer[conveyor]
多斗梯式挖泥船 multibucket-ladder dredger
多斗提升的起重臂 boom ladder hoist
多斗提升机 bucket conveyer[conveyor]; bucket elevator; paternoster bucket elevator
多斗挖沟机 bucket trenching machine; continuous bucket ditcher; endless-bucket trencher; ladder ditch; multibucket digger
多斗挖掘机 chain-and-bucket excavator; ladder excavator; multibucket excavator; multiple bucket excavator; multiple shovel
多斗挖掘机斗架 bucket ladder
多斗挖掘机框架 ladder
多斗挖泥船 bucket ladder dredge(r); ladder bucket dredge(r)
多斗挖泥机 bucket dredge(r); multibucket dredge(r); noria
多斗挖泥机框架 bucket dredge(r) ladder
多斗挖土机 bucket(ladder) excavator; multiple shovel; noria
多斗喂料机 multibucket feeder
多斗系统 multibucket system
多斗旋轮式搅拌机 bucket wheel type agitator
多斗旋转喷嘴 range nozzle
多斗用具 multibucket appliance
多斗装载机 multibucket loader
多斗装置 multibucket appliance
多读出头 multiread head
多读馈送 multiread feeding
多端的 multiterminal
多端电火花组合 multiterminal spark array
多端电路 multipoint circuit
多端开关 multipole switch
多端口存储器 multiport memory
多端口存储器接口 multiport memory interface; multiport storage interface
多端口存储器系统 multiport memory system
多端口的 multiport
多端口阀 multiported valve
多端口耦合器 multiport coupler
多端口调制解调器 multiport modem
多端口仲裁器 multiport arbitrator
多端输出功能 multiple output function
多端输出网络 multiple output network
多端输出质蕴涵项 multiple output prime implicant
多端输出质蕴涵项的产生 generation of multiple output prime implicant
多端输入 multiinput; multiple inputs
多端输入终端设备 multiple input terminal equipment
多端头端子板 plug cluster
多端网络的 multiterminal
多端用户 multiple end user
多端子网络 multiterminal network
多段 multirange; multisection
多段并列流域法 multiple watershed method
多段冲击式静电除尘器 cascade impact electrostatic precipitator
多段冲头 multistage ram
多段床 multibed
多段氮化法 multinitriding
多段的 many-stage; multiple stage; multisegment; multistage
多段点火 multistage ignition
多段吊门 multisection vertical lift door
多段多焊缝 block welding
多段粉碎机 cascade pulverizer
多段滚筒筛 compound trommel
多段过滤 multistage filtration
多段精选 multistage cleaning
多段馈电 multisection power feed
多段炉 multistage furnace
多段平衡 multisection balance; multisection balancing
多段曲面 multiple camber
多段绕组 step winding
多段式定时信号 time of day pretimed signal
多段式浮船坞 multisectional floating dock
多段式干燥器 cascade drier[dryer]; cascade type drier[dryer]
多段式加热炉 multizone reheating furnace
多段洗涤机 multiple stage washer
多段洗涤器 multiwash scrubber
多段洗净器 multiwash scrubber
多段橡胶环 <封隔器的> sectional ring rubbers(for packers)
多段信号系统 multidial system
多段型车速密度模型 multiregime speed-concentration model
多段选矿法 multistage ore dressing
多段研磨 multistage grinding; step grind
多段氧化塘 multistage oxide lagoon
多段引纬 multipick insertion
多断点的 multibreak
多断点(式)开关 multiple break switch; multibreak switch
多队列系统 multiqueuing system
多对变量记录器 multiple X-Y recorder
多对电缆 multiple twin cable
多对多 many-(to-)many
多对多关系 many-many relationship
多对多通信[讯] many-to-many communication
多对多线路控制系统 many-to-many route control system
多对绞电缆 multipair cable
多对象的 multiobjective
多对一 many-one; several-for-one
多对一的 many-to-one
多对一函数 many-to-one function
多对一线路控制系统 many-to-one route control system
多对因子 multiple factors
多墩桥 multipiered bridge
多蹲位厕所 range closet
多腭式 multijaw
多颚板抓斗 multijaw grab
多颚圆形抓斗 multiblade(d) circular grab
多恩效应 Dorn effect
多尔-奥立佛沉砂池 Dorr-Oliver detritor
多尔-奥立佛虹吸分级机 Dorr-Oliver siphon sizer
多尔-奥立佛水力旋流器 Dorr-Oliver hydrocyclone
多尔查累克象限静电计 Dolezalek quadrant electrometer
多尔沉淀器 Dorr clarifier
多尔沉降器 Dorr thickener
多尔沉砂池 Dorr detritus
多尔分级机 Dorr classifier
多尔分粒器 Dorr clarifier
多尔夫纳应力试验(法) <上釉制品> Dorfner stress test
多尔浮槽分级机 Dorr bowl clarifier
多尔浮槽耙式分级机 Dorr bowl-rake clarifier
多尔富斯偏振计 Dollfus polarimeter
多尔格利层【地】Dolgelley bed
多尔格利阶【地】Dolgellian(stage)
多尔格利金带 Dolgelley gold belt
多尔管 <文丘里管的改进> Dall tube
多尔搅拌机 Dorr thickener
多尔科滤机 Dorrco filter
多尔科型真空过滤机 Dorco filter
多尔劳恩分粒器 Dorrclone classifier
多尔连续式浓缩器 Dorr continuous thickener
多尔玛型润湿性 Dalmatian wettability
多尔浓缩池 Dorr thickener
多尔耙式分级机 Dorr rake classifier
多尔平衡盘式增稠器 Dorr balance-(d) tray thickener
多尔清除淤泥器 Dorr clarifier
多尔式分级机 Dorr classifier
多尔式浮槽分级机 Dorr bowl classifier
多尔式浮槽耙式分级机 Dorr bowl-rake classifier
多尔式厚浆池 Dorr thickener
多尔式搅拌机 Dorr agitator
多尔式搅拌器 Dorr agitator
多尔式水力旋流器 Dorr clone
多尔式选粒器 Dorr classifier
多尔双联分级机 Dorr duplex classifier
多尔斯阶 <早侏罗世>【地】Toarcian
多尔型澄清器 Dorr clarifier
多尔型分级机 Dorr classifier
多尔型搅拌器 Dorr agitator
多尔型粒子分级器 Dorr classifier
多尔型增稠器 Dorr thickener; single compartment type thickener
多尔旋流分级器 Dorrclone classifier
多尔选砂机 Dorrco sand washer
多尔液态化反应器 Dorr liquefied reactor
多尔银 dore silver
多尔真空滤机 Dorrco filter
多二进制 polybinary system
多发爆破 multiple firing
多发病 frequently encountered disease
多发动机的 multiengined
多发动机飞机 multiengined aeroplane; multimotored aircraft
多发动机驱动的起重机 multiple motor all-electric crane
多发动机驱动的正铲挖掘机 multiple motor all-electric shovel
多发动机装置 multiple diesel plant; multiple engine; multiple motor unit
多发起爆 multiple shot blasting
多发起爆装置 multiple shot blasting unit
多发射极晶体管 multiple emitter transistor
多发射极输出 multiemitter output
多发性地震 multiple earthquake; multiple seismic event; multiple shock
多阀灌装机 multivalve filler
多阀组 multiple valve unit
多法氯铵 dofamium chloride
多反射镜光学共振器 multireflector optic(al) resonator
多反射速调管 multireflex klystron
多反射星形耦合器 multireflection star coupler
多范畴的 multicategory
多范畴系统 multicategory system
多范围 multiregion
多范围的 multirange
多范围文件 multiextent file
多方案 multialternatives
多方案的 multivariant
多方案评价 multialternative evaluation
多方法处理图像 multiprocessed image
多方过程 polytropic(al) process
多方面 multiaspect; multicourse; numerous ways
多方面的 many-sided; multilateral; protean; versatile
多方面的效应 multiple effect
多方面分析 multianalysis
多方面适应性 versatility
多方面适应性指标 versatility index
多方面相关性 polyvalence
多方面性 universality
多方模型 polytropic(al) model
多方平衡 polytropic(al) equilibrium
多方气体球 polytropic(al) gas sphere
多方球 polytrope
多方球心 polytropic(al) core
多方式 multimode
多方式雷达 multimode radar
多方条约 pluripartite treaty
多方位泊位 multiple oriented berth;

D

variable oriented berth; multiple orientation berth
多方位的 flexible
多方位码头 multiple oriented berth; multiple oriented quay; multiple oriented wharf; variable oriented quay; variable oriented wharf
多方位索引 multiple-aspect indexing
多方向 multiaspect
多方向泊位 multiple orientation berth
多方向的 multidirectional; multiway; polydirectional
多方向锚碇 all-round anchorage
多方向平顶出风口 multidirectional ceiling diffuser
多方向摄影(术) multidirectional photography
多方向性 polydirectional
多方向选择接收 barrage reception
多方向振动台 multidirectional shaking table
多方向钻机 directional drill rig
多方指数 polytropic(al) index
多芳基多异氰酸酯 polymethylene polyphenyl isocyanate
多芳基化合物 polyarylate
多芳烃 polyaromatic hydrocarbon
多房间采暖 multiple room heating
多房间建筑 multiple room building
多房间居住单元 multiple room dwelling unit
多飞特合金 tophet
多菲定律 Dauphine law
多费制电度表 multiple tariff meter
多分段支持 multipartition support
多分格池 modular unit
多分隔房屋 multicompartment building
多分管的 multican
多分力天平 multicomponent balance
多分量的 multicomponent
多分量地震记录 multicomponent seismic record
多分量效应 multicomponent effect
多分裂煤层 multiple splitting coal seam
多分配的费用 over-allocated expenses
多分配的生产费用 over-applied factory overhead
多分配费用 over-applied expenses
多分区 multipartition
多分区机组 multizone unit
多分区空调机 multizone air conditioner; multizone unit
多分区空气处理装置 multizone type air handling unit
多分区支持 multiple partition support
多分散 polydispersoid
多分散胶体 polydispersoid colloid
多分散粒子 polydisperse particle
多分散气溶胶 polydisperse aerosol
多分散乳胶 polydisperse latex
多分散(体)系 polydisperse system
多分散污染物 polydispersed pollutant
多分散性 polydispersity; polymolecularity
多分散性粉尘 polydisperse adsorption
多分散指数 polydispersion index; polydispersity index
多分型面的金属型 multiple part gravity die
多分型面芯盒 multiple part core box
多分支电缆 multiway cable
多分支电路 multiwire branch circuit; network circuit
多分支激光器 multidivergence laser
多分支结构 multiple branching construction
多分支装配 multibranch fitting
多分枝式 pleiotomy
多分子层 multimolecular layer; polymolecular layer
多分子层等温吸附式 Brunauer-Emmett and Teller equation
多分子的 multimolecular; polymolecular
多分子膜 multimolecular film
多分子吸附 multimolecular dust
多分子性 polymolecularity
多酚 polyphenol
多酚制药废水 polyphenol pharmacy wastewater
多份复制 book copying
多份原件打印 multiple original printer
多风多雨的 hurry-durry
多风机冷凝器 multiple fan condenser
多峰的 multimodal; peaky
多峰动态曲线 peaky curve of regime
多峰反应谱 response spectrum with multiple peaks
多峰分布 multimodal distribution; polymodal distribution
多峰过程线 saw-tooth-shaped hydrograph; saw toot-shaped hydrograph
多峰洪水 multiple event flood
多峰式分布 <泥沙级配的> polymodal distribution
多峰式水文过程线 multiple peak(ed) hydrograph
多峰形性 multimodelity
多峰性【数】multimodality
多峰异常 multipeak anomaly
多峰值过程线 multiple peak(ed) hydrograph
多峰值相关函数 multiple peak correlation function
多峰总体 polymodal population
多缝隙 many fissure
多佛尔海峡 Strait of Dover
多佛尔气压式防波堤 Dover pneumatic breakwater
多佛矿 doverite
多夫棱镜 Dove prism
多服务排队 many-server queue
多氟化苯 polyfluorobenzene
多氟化醚 polyfluorinated ether
多氟化烃 polyfluorhydrocarbon
多氟化烃基硫化物 alkyl sulfur polyfluoride
多氟化物 polyfluoride
多浮标锚泊 multiple-buoy mooring
多浮标锚碇 multiple-buoy mooring
多浮标系泊系统 multibuoy mooring system
多浮筒登陆栈桥 multiple pontoon landing stage
多浮筒锚泊装置 spreading buoy mooring
多浮筒式登岸栈桥 multiple pontoon landing stage
多浮筒式趸船码头 multiple pontoon landing stage
多浮筒式简易码头 multiple pontoon landing stage
多浮筒式码头平台 multiple pontoon landing stage
多浮筒系泊(法) multiple-buoy mooring; spread mooring
多浮筒系泊系统 multileg mooring system
多幅地图 loose-leaf map
多幅图 aggregate map
多幅氩离子激光器 multiple frame argon-ion laser
多釜串联模型 tanks-in series model
多腐生带 polysaprobic zone
多付给 overpayment
多付款 overpay
多付款项 amount overpaid
多负载 multiload
多复变数 several complex variables
多副本控制 multiple copy control
多腹板箱形梁 box girder with multiple webs
多腹杆桁架 multiple latticed truss; Whipple(-Murphy) truss
多腹杆体系 multiple way system; multiple-web system
多腹杆系统 multiple-web system
多钙膨润土 souzan bentonite
多干的 polycormic
多干形整枝 palmette training
多干修枝法 multiple stem system
多干芽接树 multiple stem budding
多杆机构 multibar linkage
多杆伸缩仪 multiple rod extensometer
多杆拖车式中耕作物喷雾机 polybar trailer type row-crop sprayer
多杆印刷机 multibar printer
多缸泵 multicylinder pump; multiple piston pump
多缸的 multicylinder
多缸发动机 multicylinder engine
多缸回转泵 multiple piston rotary pump
多缸机车 multicylinder engine
多缸式 multiple casing
多缸式液压机 multicylinder hydraulic press
多缸往复式压缩机 multicylinder reciprocating compressor unit
多缸压缩机 compound compressor; multicylinder compressor
多缸液压打板桩机 multiram hydraulic sheet pile driver
多钢绳拖拉机 multirope skid gear
多钢丝索预应力梁 multitendon prestressed beam
多杠杆磅秤 multiple beam scale
多哥 <非洲> Togo
多割嘴气割机 multiple blowpipe machine
多格仓吸尘器 multicell dust collector
多格成组模 <预制混凝土用> multicell battery mo(u)ld
多格的 multicellular
多格方法 multigrid method
多格基础 egg box foundation
多格集尘器 multicellular collector
多格空心截面 multicellular hollow section
多格喇叭 cellular horn; multicellular horn
多格桥面板 multicellular bridge decks
多格栅扬声器 multicellular loudspeaker
多格式重叠 forms overlay
多格式重叠打印功能 form overlay
多格式空气过滤器 multipanel air filter
多格室的 multicellular
多格洗涤塔 multiple bay scrubber
多格系统 multicellular system; multicompartment system
多隔孢子类 Phragmosporae
多隔舱液体货轮 parcel tanker
多隔舱油轮 parcel tanker
多个或两个相同的容器 multiple or duplicate vessels
多个燃烧室 multicombustion chamber
多个搜索者 several searchers
多个员的 polyzoic
多个栈和队列 multiple stacks and queues
多给 overpay
多根管材冷拉拔机 multistrand cold-tube rolling mill
多根连续退火 <线材的> continuous strand annealing
多根平行油管 multiple parallel-tubing string; multiple tubing string
多根三角皮带传动 multiple V-belt drive
多根上层钢筋的连续支座 continuous high chair
多根输送机 multiple strand conveyer [conveyor]
多工 multiplex
多工厂垄断 multiple-plant monopoly
多工电报 multiplex telegraph
多工电传打字机 teleprinter over multiplex
多工工作 multiplex operation
多工机 multiplex machine
多工况控制系统 multioperating mode control system
多工起止式帮电器 multiplex start-stop repeater
多工通路 multiplexer channel
多工通信[讯] multiplex communication
多工位机械加工 multiple machining
多工位加工工艺 multiprocessing
多工位卡盘立式自动车床 multiautomatic vertical spindle automatic chucking machine
多工位凸缘件锻制机 double header
多工位造型机 multistation mo(u)lding machine
多工位转台自动线 rotary transfer
多工序矿山(开挖)法 multiple stage mining method
多工序模具 multiple operation die
多工序自动数控机床 machining centers
多工印字电报 multiplex printing telegraph
多工印字电报机 multiplex printing apparatus
多工印字电报制 printing multiplex system
多工制 multiplex system; multiplex working
多工装 multiplexer
多工作面法 <隧道开挖> multiple-heading method
多工作面掘进 multiple heading
多弓形折流板 multisegmental baffle
多功测计 polymeter
多功能 multifunction; multiuse
多功能报警控制器 multiple function alarm controller
多功能部件 multifunction component
多功能部件处理机 multifunction processor
多功能操纵杆 joy stick
多功能操作系统 multifunctional operating system
多功能测尘仪 multipurpose dust-measuring instrument
多功能测量仪 polymeter
多功能层压机 multifunction laminating machine
多功能铲斗 bucket for multipurpose
多功能常规测量极谱仪 multifunction routine polarograph
多功能超声扫描仪 multifunction ultrasonic scanner
多功能车床 multipurpose machine
多功能车间 multifunctional room
多功能城市 compound function city; multifunction city
多功能冲剪机 multipurpose punching and shearing machine
多功能处理机 multifunctional proces-

sor
多功能穿孔卡片机 multifunction punched card machine
多功能传感器 multifunction sensor
多功能催化剂 multifunction catalyst
多功能打印机 multifunction printer
多功能打字机 flexowriter
多功能大厅 multipurpose hall
多功能道路 all-purpose road
多功能的 all-purpose; all-round; multifunctional; multipurpose; polyfunctional
多功能灯 multifunction lamp; multipurpose lamp
多功能底漆 all-purpose primer
多功能电话分析仪 multifunction telephone analyser[analyzer]
多功能电话机 multifeature telephone; multifunction phone
多功能电视机 multifunction TV set
多功能电子表 multifunction wrist-instrument
多功能防盗报警器 multifunction robbery protection alarm
多功能房间 multifunctional room
多功能腐蚀试验 multifunction corrosion test
多功能概念 multifunctional concept
多功能工厂 multifunctional room
多功能工具机 multipurpose machine
多功能工作船 multifunctional service boat
多功能公路 multiple type highway; multitype highway
多功能骨铣刀 multiple function bone milling cutter
多功能拐杖 multifunction walking stick
多功能划线器 multipurpose scriber
多功能绘图头 multifunction plotting head
多功能火灾自动报警器 multifunction automatic fire alarm
多功能机床 multifunction machine tool
多功能集成电路 multifunctional integrated circuit
多功能计数器 multifunctional counter
多功能计算机 multiple computer
多功能记录仪 polygraph
多功能寄存器 multipurpose register
多功能建筑 multifunction architecture; multipurpose architecture; multiuse architecture
多功能建筑物 multiuse building
多功能结构 multipurpose structure
多功能静力触探试验 multi-functional cone penetration test
多功能救捞船 multipurpose oceangoing salvage ship
多功能聚氨酯溶液 multifunctional polyurethane solution
多功能聚光灶 multifunctional spotlight cooker
多功能卡 multifunction card
多功能空间 multipurpose space
多功能控制阀 multifunction control valve
多功能快换夹头 multipurpose quick change collet chuck; universal quick change chuck
多功能蜡 multifunction wax
多功能冷饮机 multifunction cold drink machine
多功能礼堂 multiuse auditorium
多功能量具 combination square
多功能流水线 multifunctional pipeline
多功能楼宇 composite building
多功能旅游船 multiactivity cruise ship
多功能码头 multi-purpose terminal
多功能灭火器 multipurpose extinguisher
多功能敏感陶瓷 multifunctional sensitive ceramics
多功能模具加工机 multifunctional die processing machine
多功能牛头刨床 versatile shaping machine
多功能刨床 multiplaner
多功能汽车通信系统 multifunctional automobile communication system
多功能钳子 combination pliers
多功能清洗液 multipurpose clearing solution
多功能人体监护仪 multifunction health inspecting apparatus
多功能三轴仪 multipurpose triaxial test apparatus
多功能射芯机 multipurpose core shooter
多功能生态工程 multifunctional ecological engineering
多功能声呐 triple function sonar
多功能室 multifunctional room
多功能手表 multifunction watch
多功能手柄 joy stick; joystick lever
多功能输入机 multifunction reader
多功能输氧监测仪 multifunction oxygen therapy monitor
多功能数字电压表 multifunction digital voltage meter
多功能数字风速仪 digital multipurpose wind speed ga(u)ge
多功能双离子束加工机 multifunctional dual ion beam processing machine
多功能水处理剂 multifunction water treatment reagent; multiple function water-treating agent
多功能水库 multifunction reservoir
多功能水下遥控深潜器 multimission underwater remotely operated vehicle
多功能概念 multifunctional concept
多功能探针 multiprobe
多功能天线阵雷达 multifunction array radar
多功能厅 multifunction(al) hall
多功能通风机 multifunction ventilator
多功能通用铁路车站 universal utility railway station
多功能图形 multifunction graphics
多功能挖掘机 all-purpose excavator
多功能挖泥船 multipurpose dredge(r); versatile dredge(r)
多功能挖土机 all-purpose excavator
多功能万用表 multifunction multimeter
多功能无机絮凝剂 multifunction inorganic flocculant
多功能无影灯 multifunctional shadowless lamp
多功能系统 multifunction system
多功能显示器 multifunction display
多功能显示与控制系统 multifunction display and control system
多功能相(控)阵雷达 multifunction array radar
多功能箱式太阳能灶 multifunctional box-type solar cooker
多功能小型工具机 multipurpose mini machine
多功能性 multifunctionality; versatility
多功能液流控制装置 multifunctional fluid control apparatus
多功能移动组合式皮带输送机 multifunctional mobile combination belt conveyer[conveyor]
多功能抑制剂 multipurpose inhibitor
多功能饮水净化器 multifunctional drinking-water purifier; multiple function drinking-water cleaner
多功能有机硅后整理剂 silicone finishing agent
多功能圆锯 radial arm saw
多功能阅读机 multifunction reader
多功能站 multifunction station
多功能阵列 multifunctional array
多功能支持船 multifunctional support vessel
多功能中心 mixed-use center[centre]; multipurpose center[centre]
多功能中心区 multifunction center[centre] area
多功能终点站 multimodal terminal
多功能住房 all-purpose room
多功能转换器 multifunction converter
多功能桩架 multiple-purpose type pile frame; multipurpose pile frame
多功能自动测试设备 versatile automatic test equipment
多功能自动数据分析机 multipurpose automatic data analysis machine
多功能综合公园 synthetic(al) park
多功能钻机 multiuse drill
多功用 multifunction
多功用刨床 multiplaner
多拱 multiple arch
多拱坝 multiarch dam
多拱的 multiarch
多拱架结构的集材机 multiple arch configuration skidder
多拱形的 multiarched
多共享系统 muttisharing system
多共用系统 multishare system
多共振器的 multicavity
多沟道场效应管 multichannel field-effect transistor
多钩 <起重机> multiple hooks
多构件的 multimember
多构件预应力 multielement prestressing
多股道地段 multitrack area
多股的 multiple strand; multiply; multistrand; stranded
多股电缆 bunched cable; multiple cable
多股吊索 <起重机> multifall
多股发火电线 stranded ignition wire
多股反搓缆绳 cablet
多股钢绞索 multiple strand cable
多股钢绞线 multiple strand cable
多股钢绞线预应力筋 multiple strand prestressed tendon
多股钢铰线索 multiple strand cable
多股钢缆 multistrand steel cable; wire cable
多股钢束梁 multistrand tendon beam
多股钢丝 steel wire strand
多股钢丝绞合导线 stranded conductor
多股钢丝绳 cable-laid rope; multistrand(wire) rope; strand-laid rope; stranded wire
多股钢线 steel wire strand
多股光学纤维束 branched optic(al) fiber bundle
多股加捻丝线 grenadine twist yarn
多股交织区【交】major weaving section
多股绞合电缆 stranded cable; stranded wire cable
多股绞合金属线 stranded wire
多股绞合线 stranded conductor; stranded[stranding] wire
多股绞合线终端(套管) strand shoe
多股绞线连接 strand wire bond
多股绝缘(导)线 split conductor
多股绝缘线电缆 split-conductor cable
多股缆绳 multipart rope
多股缆丝 stranded wire
多股流的 multistream
多股流库 multiflow silo
多股平列绑扎的绳索 flat rope
多股平索 flat rope
多股绳 multiple-core cable
多股绳索 flat rope
多股绳索的完成 multiple string completion
多股索 multistrand rope
多股铜线 stranded copper conductor
多股无捻粗纱 multistrand roving
多股线 multifolded yarn; multiplied yarn; strand wire <指金属丝线>
多股预应力钢缆 multistrand steel prestressing cable
多故障 multiple faults
多刮刃型旋转头 drag bit
多关键码组织 multiple key organization
多关键字检索 multiple key retrieval
多关节型机器人 articulated robot
多官能醇 polyfunctional alcohol
多官能的 multifunctional; multipurpose; polyfunctional
多官能度 polyfunctionality
多官能团 multifunctional group
多管 U 形压力计 multiple U-ga(u)ge
多管臂整流器 multibulb rectifier
多管出水口 multiple outlet
多管除尘机 multicyclone
多管除尘器 multitube dust cleaner
多管道的 multitubular
多管道锅炉 multitubular boiler
多管的 multibarrel; multistream; multitube; multivalve; polysiphonous
多管电路 multitube circuit
多管阀 manifold valve
多管法 multiple tube method
多管反冲式冷凝器 multitube knock back type condenser
多管反应器 multitubular reactor
多管锅炉 multitubular boiler
多管过滤器 multitube filter
多管环形放大器 symetron
多管换热器 multiple tube exchanger
多管回转式干燥机 multitube revolving drier
多管集尘器 multiclone(dust) collector; multitube dust collector
多管加热器 manifold heater
多管卡 multiple pipe clamp
多管喇叭 multicellular horn
多管冷凝管 manifold condenser
多管冷凝器 manifold condenser; multitube cooler
多管冷却管 manifold cooler
多管冷却器 multitube cooler
多管炉 multitube furnace
多管气体冷凝器 multitubular gas condenser
多管燃烧器 multiple tubed burner
多管燃烧室 multicombustion chamber
多管热交换器 multitubular heat exchanger
多管式测压计 multitube manometer
多管式除尘器 centicell unit
多管式倒虹吸管 multiple pipe inverted siphon
多管式的 multibarrel; multitubular
多管式换热器 multipipe heat exchanger; multitube exchanger; multitubular heat exchanger
多管式机械除尘器 multicellular me-

D

chanical precipitator; multivortex mechanical collector
多管式冷凝器 multitubular condenser
多管式逆流热水器 multitubular counterflow-water-heater
多管式排气 manifold exhaust
多管式氢还原炉 multiple tube hydrogen furnace
多管式收集器 multitubular collector
多管式淘析器 multitube elutriator
多管式旋风除尘器 multiclone; multicyclone (dust collector); multiple cyclone
多管式旋风分离器 multicyclone separator; multiple cyclone separator
多管式旋风集尘器 multicone; multicyclone(dust collector)
多管式旋风装置 multicyclone device
多管式旋流除尘器 multiclone; multicyclone(dust collector)
多管式压力表 multitube manometer
多管塔 multiple tube column
多管系统 multibarrel system; multipipe system
多管旋风除尘器 multiclone dust collector; multicyclone dust catcher; multicyclone dust collector
多管旋风分离器 multicyclone
多管旋风收尘器 multiclone; multiclone collector
多管旋流器 multiclone; multitube cyclone
多管压力计 multitube pressure ga(u)ge
多管蒸发器 multitube evapo(u)rator
多管蒸汽炉 manifold heater
多管蒸汽热网 multiple steam heat-supply network
多管证实法 multiple tube confirmation process
多管注水泥 multiple string cementing
多管注水泥撞箍 multiple stage cementing collar
多管状散热器 multitubular radiator
多灌木的 brushy; bushy; shrubby
多光点扫描 multiple spot scanning
多光孔曝光头 multiaperture photohead
多光路光谱仪 multipass spectrometer
多光路全息干涉仪 multipass holographic interferometer
多光谱测量 multispectral survey
多光谱带的 multiband
多光谱的 multispectral
多光谱电子扫描辐射计 multiple electronic spectrum scanning radiometer
多光谱分类法 multispectral classification
多光谱观察器 multispectral viewer
多光谱合成图像 multispectral composite imagery
多光谱扫描 multispectral scan
多光谱扫描器 multispectral scanner; multispectrum scanner
多光谱扫描仪 multispectral scanner; multispectrum scanner
多光谱摄影 multispectral photography
多光谱摄影机 multispectral camera
多光谱卫星成像 multispectral satellite imagery
多光谱卫星像片 multispectral satellite photo(graph)
多光谱行扫描仪 multispectral line scanner
多光谱遥测技术 multispectral remote sensing technique; multispectral remote sensing technology
多光谱遥感 multispectral remote sensing
多光谱影像 multispectral image
多光谱照相机 multispectral camera
多光束的 multiple beam
多光束干涉(法) multiple beam interferometry
多光束干涉纹 multiple beam fringe
多光束干涉仪 multibeam interferometer; multiple beam interferometer
多光束横向切变干涉仪 multiple beam lateral-shear interferometer
多光束全息术 multibeam holography; multiple beam holography
多光束谐振腔 multibeam resonator
多光源 multiple source
多光源法 multiple source method
多光子散射 multiphoton scattering
多归属 multihoming
多规格摄影机 multiformat camera
多硅白云母 phengite
多硅白云石 phengite
多硅钙铀矿 haiweeite
多硅锂云母 polylithionite
多硅铅质 dosalic
多轨道转车盘 multiway turntable
多轨起重机 rerailing crane
多辊 multiple roll
多辊格栅 <筛分用> multiroll sizer
多辊矫直机 multiroll flattener; multiroll straightener
多辊拉坯机 multiroll withdrawal machine
多辊离心法 multiroller centrifugal process
多辊离心机 multiroller centrifuge
多辊立式延压机 multiroller vertical machine
多辊磨机 multiple roll mill; multiroll mill
多辊破碎机 multiple roll crusher; multiroll crusher
多辊式棒材矫直机 multiroll bar-straightening machine
多辊式滚焊机 multiwheel seam welder
多辊式机 multiroll machine
多辊式矫直机 multiroll straightening machine
多辊式轧(钢)机 cluster mill; cluster roll; multiroll mill
多辊式轧机 multiroll
多辊涂布机 coating roll
多辊污泥脱水压滤机 multiroll sludge dewatering press
多辊型钢轧机 stranded mill
多辊压滤机 multiroll press
多辊轧机 cluster mill; multiroll mill
多辊张紧装置 multiroll bridle
多辊转印涂布机 letter press print coater
多滚轮门架 all roller mast
多滚筒 multiple roll
多滚筒绞车 multibarrel winch
多滚筒式破碎机 multiple roll crusher
多滚筒式碎石机 multiple roll crusher
多滚筒式轧碎机 multiple roll crusher
多滚轴支座 multiple roller bearing
多国参加的 multilateral
多国产业公司 multiindustry company
多国公司 multinational company; multinational corporation
多国河流 multinational river; plurinational river; pluriterritorial river; revived river
多国(家)的 multinational; multistate
多国经营 multinational operation
多国企业 multinational enterprise
多含水层构造 multiaquifer formation
多含水层井 multiaquifer well
多焊条焊接 multiple electrode welding
多航道船闸 multiple navigation lock
多航线 multicourse
多合处理 integral treatment
多合孪生 polysynthetic(al) twinning
多河汊三角洲 bird's foot delta
多核的 multinuclear; multinucleate; polynuclear
多核芳香化合物 polynuclear aromatic hydrocarbon
多核化合物 polynuclear hydrocarbon
多核金属化合物 polynuclear metal complex
多核锰结核 multinuclear nodule
多核心城市 polynucleated city
多核心理论 multiple nuclei theory
多核心模式 multinuclear mode
多核心模型 multinuclear model
多荷载分析 multiple-loading analysis
多荷重竖井投点(法) multiple weight shaft plumbing
多荷重竖井投影(法) multiple weight shaft plumbing
多赫蒂发射机 Doherty transmitter
多赫蒂放大机 Doherty amplifier
多赫蒂线性放大器 Doherty linear amplifier
多厚度复制控制器 multiple copy control
多呼话传电报 multiple call message
多弧 multiple arc; multisphere
多弧电焊机 multiple arc welder
多弧拱 multicentered arch
多弧焊 multiarc welding; multiple arc welding
多弧焊缝 multiple arc weld
多弧焊接机 multiple arc unit; multiple arc welding plant
多弧球形储罐 multisphere tank
多弧刷旋转选择器 apparatus with several arm wipers
多弧自动电焊机 multihead automatic arc-welding machine
多弧自动焊机 multihead automatic welder
多湖泊的 laky
多湖泊地区 Lakeland; multiple lake zone
多户 multifamily
多户出租住房改造为合作住房 rental housing to cooperative housing
多户处理 cluster treatment
多户房屋 multifamily building
多户共有公寓大楼的主契约 <美> condominium declaration; declaration of condominium
多户合住一套房 doubling up
多户合住住宅 amalgamated dwelling(-house)
多户建筑物 multifamily building
多户居住 multifamily habitation
多户用户管 multiple service pipe
多户杂居住所 megafamily
多户住房 multifamily building; multifamily housing
多户住房的追加贷款保险 supplemental loan insurance for multifamily housing
多户住房共同保险 multifamily housing coinsurance
多户住房建设 multifamily development
多户住房建设项目 multifamily project
多户住所 multifamily residence
多户住宅 apartment housing; apartment using; multifamily habitation; multiple(family) dwelling; multiple family house
多花狗木 flowering dogwood
多花蔷薇 sweet briar[brier]
多花绳 cable-laid rope
多花式罗纹机 multidesign ribber
多铧犁 gang plough; gang plow; multiple plough
多滑车驱动 multiple-sheave drive
多滑块成型机 multislide forming machine
多滑块压力机 multiple punch; multiple slide press; revolver type multiple punch
多滑轮的 multiblock
多滑片回转式压缩机 multivane rotary compressor
多滑移 multiple slip
多化的 multivoltine
多化石脆性页岩 slag
多话务台操作 multiple console
多环 multiloop; multiring
多环苯酚缩水甘油醚衍生树脂 polynuclear phenol-glycidyl ether derived resin
多环的 polycyclic(al); polynuclear
多环阀 multiple ring valve
多环芳烃污染 pollution by polycyclic(al) aromatic hydrocarbons
多环芳(香)烃 polycyclic(al) aromatic hydrocarbon
多环芳(香)烃化合物 polycyclic(al) aromatic compound
多环芳(香)烃类 polycyclic(al) aromatic hydrocarbons
多环构造 multiring structure
多环化合物 polycyclic(al) compound; polynuclear compound
多环化作用 polycyclization
多环环烷烃 polycycloalkane
多环环烯 polycyclic(al) cycloalkene
多环检测器 multiple loop detector
多环控制 multiloop control
多环控制器 multiloop controller
多环框式检测器 multiple loop detector
多环流 multicell
多环路反馈 multiple loop feedback
多环路解调器 multiple loop demodulator
多环路控制 multiloop control
多环路伺服系统 multiloop servo system
多环路系统 multiloop system
多环式止推轴承 multicollar thrust bearing
多环式中柱 polycyclic(al) stale
多环烃 polycyclic(al) hydrocarbon
多环烷酸 polycyclonaphthenic acid
多环向缠绕 multicircuit winding
多环橡胶 polycyclo-rubber
多环形文件 multiring file
多环氧化物 polyepoxide
多环有机物 polycyclic(al) organic matter
多环自动增益控制 multiloop automatic gain control
多缓冲区 multiple buffer
多换性齿 polyphyodont
多簧电键 multiple keys
多簧片阀 multiple leaf valve
多灰分煤 ash coal
多灰分燃料 ash-rich fuel
多灰混合料 rich mix(ture)
多灰混合物 rich mix(ture)
多灰混凝土 fat concrete; rich concrete
多灰煤 ash coal
多灰碾压混凝土拌和料 cement-rich roller compaction concrete mix
多灰燃料 ash-rich fuel
多灰砂浆 rich mortar
多辉粗玄岩 soggendalite

多回程 multipass
多回程锅炉 multipass boiler
多回分裂 decompound
多回路 multipass
多回路的 multiloop;multiple loop
多回路电动机 multiloop motor
多回路反馈 multiloop feedback
多回路分级控制系统 multiloop step-control system
多回路回输 multiloop feedback
多回路伺服系统 multiple loop servomechanism
多回路随动系统 multiloop servo system
多回路调节系统 multiloop control system;multiloop regulating system
多回路系统 multiloop system
多回路液压系统 multicircuit hydraulic system
多回线电力网 interlaced network
多活动 multiactivity
多活塞泵 multiple piston pump
多活塞回转泵 multiple piston rotary pump
多活塞式 multiple piston type
多火花点火 multiple ignition
多火花摄影机 multiple spark camera
多火花系统 multiple spark system
多火花隙避雷器 multigap arrester[arrestor]
多火孔燃烧器 multiport burner
多机 multimachine
多机操作 multimachine operation
多机车运行 multiple operation
多机重联 multiple-operated locomotive units
多机重联运行 multiple unit running
多机处理 multiprocessing
多机处理系统 multiprocessing system
多机工作 multisequencing
多机坡度 helper grade;multiheading gradient;pusher grade
多机牵引 multiple locomotive traction;multiple unit locomotive operation;multiple unit running;multiple unit traction
多机牵引的列车 multiple unit train
多机牵引或运转 multiple unit running or working
多机牵引技术 multidriving technology
多机驱动 multiple drive
多机式钻车 multiple drill rig
多机同时操作 multiple operation
多机系统【计】multicomputer system;multiple computer system
多机型网 heterogeneous network
多机凿岩作业 drills operation
多机轧制的连续式轧机 close continuous mill
多机种网络【计】heterogeneous network
多机种系统 <数据库用> heterogeneous system
多机组 multiunit;multiple unit
多机组电站 multiunit plant
多机组供电设施 electric(al) multiple set;electric(al) multiunit set
多机组列车 multiple unit train;multiunit train
多机组内燃机操作 diesel multiple unit operation
多机组内燃机运转 diesel multiple unit operation
多机钻车 multiple drill jumbo;multiple drill rig
多机座带钢轧机 multistand strip mill
多机座轧钢机 multiple stand rolling mill
多迹示波器 multitrace oscilloscope
多基数的【植】pleiomerous
多基数计算机 multiradix computer
多基数指数 multiradix index
多基通道 multibasic channel
多基线测高法 multiple base altimetry;multiple base altitude
多基振腔的 multicavity
多箕斗卸载机 multiskip dumper
多箕斗卸载器 multiskip dumper
多级 multilevel;multilevel air sampling
多级爆破 multibench blasting
多级泵 multistage pump;stage pump
多级泵站 cascade pumping stations;multistage pumping stations
多级编址 multilevel addressing
多级变换 multistage shift
多级变速齿轮 step-by-step variable gear
多级变速传动 multispeed drive
多级变速传动装置 stepped driven device
多级变速的 multispeed
多级变速器 multispeed reduced gear;multispeed transmission
多级变速箱 multiple speed gearbox
多级薄膜扫描发生器 multistage thin film scan generator
多级采样 multistage sampling
多级操作 multilevel operation
多级沉淀池 multistage settling tank
多级城镇 multilevel town
多级澄清池 multistage settling tank;multiple-tray clarifier
多级冲动式汽轮机 multistage impulse (steam) turbine
多级冲击除尘器 multiple stage impinge(ment) separator
多级抽泥的 V 形板刮泥器 V-blade scraper with multiple drawoffs
多级抽水机 multistage pump
多级抽提 multistage extraction
多级抽样(法) multistage sampling
多级除气器 multistage deaerator
多级处理 multilevel processing
多级传送带烘干机 multiple conveyer drier[dryer]
多级船闸 chain of locks;staged-lift locks;multi-line locks;multiple locks;flight locks;lock flights;multichamber locks;multichannel locks;multiple lock;multistep locks;staircase lock
多级串联的 many-stage
多级存储机 multilevel storage machine
多级存储器 multilevel store
多级存储系统 multilevel memory system
多级存取 multiple module access
多级打捞器 multiple bowl overshot
多级单联喷射器 multistage single element ejector
多级的 many-stage;multiple step;multistep(ped);polystage;multiple order;multiple stage;multistep;multi-stage
多级地址 multilevel address
多级递阶结构 multilevel hierarchical structure
多级电除尘器 multistage precipitator
多级电滤波器 multistage precipitator
多级跌水 cascade drop;cascade fall
多级跌水坎 stepped baffle
多级跌水曝气法 cascade aeration
多级定址 multilevel addressing
多级动力汽轮机 multistage power turbine
多级多联喷射器 multistage multiple element ejector
多级多效闪蒸法 multistage multieffect flash method
多级多压砧电容器 multistage multianvil vessel
多级多压砧技术 multistage multianvil technique
多级多字型构造【地】multiorder xi-type structures
多级发射机 multistage transmitter
多级法 multilevel approach
多级反馈队列 multilevel feedback queue
多级反应器 multistage reactor
多级放大 multiple stage amplification;multistage amplification
多级放大器 cascade amplifier;multiamplifier;multiple (stage) amplifier;multistage amplifier;polystage amplifier
多级分布系统 multilevel distribution system
多级分离 multistage-separation
多级分离器 multiple stage separator
多级分馏塔 multiple stage separating column
多级分路避雷器 graded shunt arrester
多级分频电路 step divider circuit
多级粉磨 cascade mill
多级粉碎 multiple stage comminution;multistage reduction
多级风扇 multistage fan
多级封隔器 multiple completion packer
多级封隔注水泥接箍 multiple stage packer cementing collar
多级复合变换器 multistage converter [convertor]
多级复合变扭器 multistage converter [convertor]
多级复速级式汽轮机 multistage Curtis turbine
多级高度升运器 multilevel elevator
多级高吨位压机 multilevel high tonnage press
多级高负荷生物滤池 multistage high-rate filter
多级高浓度自浓缩活性污泥法 multilevel high concentration and autoconcentrating activated sludge technology
多级格筛 stepped grizzly
多级谷坊 multiple drop check dam
多级鼓风机 multistage blower
多级管 multiple valve
多级管网系统 multistage system
多级过渡过程 gradation
多级过滤 multistage filtration
多级过滤器 multistage filter
多级焊条 multiple electrode
多级恒温器 multistage thermostat
多级后退结构 multilevel fall back structure
多级互连 multistage interconnection
多级互联网络 multistage interconnection network
多级滑阀泵 stage plunger pump
多级滑轮 step block
多级换热器 multistage recuperator
多级回流系统 multistage recirculation system
多级混流式水泵 multistage mixed flow pump
多级活门 multistep valve
多级活性污泥处理 multistage activated sludge treatment
多级火箭 multistage rocket;staged vehicle
多级火箭基本级 basic shell
多级激光 cascaded laser
多级激光器 cascade laser
多级级联萃取装置 multistage extraction cascade
多级急骤蒸馏淡化法 multistage flash distillation
多级急骤蒸馏法 multistage flash distillation process
多级加工 multistage process
多级加载疲劳试验 fatigue testing with several load steps
多级间接寻址 multilevel indirect addressing
多级减速机 multireduction gear unit
多级减速装置 multistage reduction
多级建筑结构 multilevel modeling structure
多级桨式搅拌器 multistage paddle agitator
多级降低地下水位系统 multi-stage dewatering system
多级降深抽水试验 step drawdown test
多级降水机 multistage dewaterer
多级交换网络 multistage switching network
多级阶梯形内孔 multistepped hole
多级接触氧化系统 multilevel contact oxidation system
多级结构 multilevel hierarchy
多级结晶 multistage crystallization
多级结晶器 multistage crystallizer
多级截流排水 multiple interception drain
多级解译法 multistage interpretation method
多级井点 multiple tier well points
多级井点系统 multistage well point system
多级纠正 multistage rectification
多级聚合结构 structures of hierarchical clustering
多级决策 multidecision
多级决策过程 multistage decision process
多级卡尔曼滤波器 hierarchic(al) Kalman filter
多级开关 multiple pole switch
多级控制 control hierarchy;hierarchic(al) control;multilevel control;multistage control;multistep control
多级控制的伺服机构 multistep control servomechanism
多级控制器 multilevel controller
多级控制系统 multilevel control system
多级馈电 multiple feed
多级扩孔器 pilot shoulder reamer
多级拉索塔 multilevel guyed tower
多级拦石坝 multistep detritus-intercepting dam
多级冷却器 multicooler
多级离心泵 centrifugal multi-stage pump;multiple (stage) centrifugal pump;multistage diffuser type centrifugal pump
多级离心式 multistage centrifugal
多级离心式风机 multistage centrifugal ventilator
多级离心式通风机 multiple stage centrifugal fan
多级利用 multilevel utilization
多级链 multiple strand chain
多级链路 multilink
多级流化床反应器 multistage fluidized bed reactor
多级滤池 multistage filter
多级滤片 multiple cartridges
多级逻辑 N-level logic
多级逻辑电路 multilevel logical circuit
多级螺旋泵 multistage volute pump

D

多级螺旋式离心泵 multistage volute type centrifugal pump
多级脉冲发生器 multistage impulse generator
多级脉冲数字和 multilevel pulse code digital sum
多级明坑排水 leapfrog fashion
多级模型跟踪控制器 hierarchic(al) model following controller
多级目标结构 multilevel-multiobjective structure
多级内循环厌氧反应器 multistage internal circulation anaerobic reactor
多级排水 multiple stage drainage; multi-stage dewatering; multi-stage drainage
多级判决 multidecision
多级判决过程 multistage decision process
多级膨胀 multiple expansion; multistage expansion
多级膨胀发动机 multiple expansion engine
多级漂白法 multistage bleaching
多级屏障思想 multiple barrier concept
多级破碎 multiple stage comminution; multiple stage crushing
多级曝气 multistage aeration; multiple stage aeration
多级曝气系统 multistage aeration system
多级汽轮机 multistage(gas) turbine; multistage steam turbine
多级千斤顶机具 multiple strand jacking device
多级求和 repeated summation
多级球形容器 multispheric(al) vessel
多级取样(法) multistage sampling
多级燃烧器 multistage burner
多级燃烧室 composite chamber
多级三轴试验 multiple stage triaxial test; multistage triaxial test; multitriaxial test
多级三轴压缩试验 multiple stage triaxial compression test; multistage triaxial compression test
多级砂轮机 step grinder
多级闪蒸 multistage flash evapo(u)ration
多级闪蒸法 multistage flash evapo(u)ration method
多级闪蒸蒸馏装置 multistage flash distiller
多级上流过滤系统 multistage upflow filter system
多级摄影 multistage photography
多级生产 multistep production
多级生化处理 multistage biochemical treatment
多级生物处理法 multistage biological process
多级生物滤池 stage trickling filter
多级生物氧化塔 multistage biological oxidation column
多级施工 multistage construction
多级施加应力 multistage stressing
多级施加预应力 multistage prestressing
多级十进位计数管 multiple decade counter
多级式 multiple stage; multiple step type; notching <继电器>
多级式采样器 multistage sampler
多级式冲击汽轮机 multistage action turbine; multistage impulse turbine
多级式冲击水轮机 multistage action turbine; multistage impulse turbine
多级式冲击透平 multistage action turbine; multistage impulse turbine
多级式冲击涡轮机 multistage action turbine; multistage impulse turbine
多级式的 multistage
多级式接触装置 stagewise contactor
多级式开环磨矿 < 工艺过程为研磨-分级-送出，与闭环工艺不同 > multistage open-circuit grinding
多级式空气压缩机 multiple stage air compressor
多级式离心泵 centrifugal pump of multistage type; multistage centrifugal pump
多级式码头 multistepped type quay
多级式汽轮机 pressure-compounded turbine
多级式取样器 multistage sampler
多级式水泵 multistage pump
多级式水轮机 tandem-type turbine
多级式涡轮机 multistage turbine
多级式限时继电器 notching time relay
多级式叶轮泵 multistage impeller pump
多级式油缸 multistage ram
多级式增压器 multiple stage intensifier
多级式钻头 pilot type bit; silot
多级收尘 multiple stage dust collection
多级竖井 stage shaft; stage well
多级数字滤波器 multirate digital filter
多级水电开发(工程) multistage water power development
多级水电站 cascade hydropower stations; multistage water power development; multistage water power stations
多级水库系统 multistage system
多级水冷压缩机 multistage water-cooled compressor
多级水选 multistage water concentration
多级水银柱压力计 multiple mercury column manometer
多级税率 grade tariff
多级索引 multilevel index
多级塔楼 stage tower
多级塔轮 multistep cone pulley
多级台地 flight of terraces
多级台阶 <尤其指由走廊进入教室的台阶> gradatory
多级淘洗 multistage elutriation
多级套管泵 stage casing pump
多级套管式沉井 Gow caisson
多级套筒式天线 collapsible antenna
多级套筒式沉井 Gow caisson; multistage caisson
多级提取 multiple extraction; multistage extraction
多级提升设备 multilevel hoisting installation
多级体系 multilevel hierarchy
多级调整 compound adjustment
多级调制 multiple modulation
多级通用润滑油 multigrade oil
多级透平 multistage turbine
多级推挤式离心机 multistage push-type centrifugal
多级推理系统 multilevel reasoning system
多级碗式离心机 Donoghue and Bostock centrifuge; stepped bowl centrifuge
多级网络参数 multistage network parameter
多级往复水流生物反应器 multistage reversing flow bioreactor
多级文丘里洗气器 multi-Venturi scrubber
多级稳定塘 multistage stabilization pond
多级涡轮泵 multistage turbine pump
多级涡轮机 multistage turbine; stage turbine
多级涡轮式 multistage volute type
多级涡轮钻具 sectional turbodrill
多级卧式离心泵 multistage horizontal centrifugal-pump
多级污泥消化 multiple stage sludge digestion; multistage sludge digestion
多级误差 multiple error
多级吸收 multistage absorption
多级洗涤 multistage washing
多级洗涤器 multiwash scrubber
多级系统 multibed system; multilevel system
多级系统逆流操作 counter-current operation of multistage system
多级相 multistage phase; polyclimax
多级向量中断逻辑 multilevel vectored interrupt logic
多级效率 multistage efficiency
多级信号 multilevel signal
多级蓄能水泵 multistage storage pump
多级蓄水系统 multistorage system
多级旋风除尘器 multicyclone dust catcher; multicyclone dust collector; multistage cyclone
多级旋风分离器 multicyclone; plural cyclone
多级旋风热交换器 multicyclone heat exchanger
多级旋风预热器 multicyclone
多级旋风预热烧成系统 stages cyclone preheater
多级寻址 multilevel addressing
多级压力机 multistage press
多级压力式汽轮机 zoelly turbine
多级压气机 compound compressor; multistage compressor
多级压缩 compound compression; multicompression; multistage compression
多级压缩机 compound compressor; multistage compressor
多级压缩系统 multistage compression system
多级压(榨)机 multiple stage press
多级压制 multistage press
多级烟囱 stage shaft
多级研碎 multistage shredding
多级验证 multistage validation
多级叶轮泵 multiple impeller pump
多级叶轮机 multistage turbine
多级液压缸 multistage cylinder
多级液液提取 multistage liquid-liquid extraction
多级应力 <在多次阶段中预加的应力> multistage stressing; multistressing
多级应力张拉 multistage stressing
多级优先排队 multipriority queue
多级优先权中断 multilevel priority interrupt
多级增压器 multistage supercharger
多级闸门 flight of locks
多级真空蒸发器 vacuum multistage evapo(u)rator
多级诊断软件 multilevel diagnostic software
多级镇定 multilevel stabilization
多级蒸发 multistage evapo(u)rate
多级蒸发器 multistage evapo(u)rator
多级蒸馏 multistage distillation
多级蒸煮法 multistage cooking process
多级制冷装置 multistage refrigerating plant
多级中断 multilevel interrupt
多级中断系统 multiple interrupt system
多级轴流式压气机 multistage axial flow compressor
多级轴流式压缩机 multistage axial flow compressor
多级注水泥 multiple stage cementing
多级柱 multistage column
多级柱塞泵 stage plunger pump
多级转换器 multistage converter[convertor]
多级转速增压器 multispeed supercharger
多级子程序 multilevel subroutine
多级子程序调用 multiple level subroutine call
多级自适应线性元件 multiple adaptive linear element
多级自吸旋涡泵 multistage self-priming vortex pump
多级组合网络 multiple level combinational network
多级钻头 fir-shaped crown-bit
多级作用 multilevel action; multistep action
多级座阀 multiple seated valve
多极 multipole
多极场 multipole field
多极磁铁 multipole magnet
多极的 multipolar
多极点焊机 multielectrode spot welder; multiple electrode spot welding machine
多极电机 multipolar dynamo; multipolar machine
多极电炉 multiple electrode furnace
多极电子管 multielectrode tube; multiple electrode tube
多极发电机 heteropolar generator; multipolar dynamo; multipolar generator; multipole generator
多极发射 multipole emission
多极辐射 multipole radiation
多极感应电动机 polypole induction motor
多极汞弧整流器 multielectrode mercury arc rectifier
多极管 multielectrode tube; multielectrode valve; multipolar tube
多极管变频器 multielectrode tube converter
多极矩 multipole moment
多极开关 multipole switch
多极螺旋 multiple coil
多极平衡弧焊 tangent welding
多极平行弧焊 tangent welding
多极同步机 multipolar synchro
多极位形 multipole configuration
多极稳压管 multielectrode voltage stabilizing tube
多极性的 heteropolar
多极跃迁 multipole transition
多极直流直线电动机 heteropolar direct current linear motor
多极值连续函数 continual function with multiple maximum
多极转换开关 multipole switch
多极自整角机 multipolar synchro
多极坐标 multipolar coordinates
多集电极电子管 multicollector electron tube
多脊冰 ridged ice
多计算机 multicomputer; multiprocessor
多计算机操作 multiple computer operation
多计算机管理 multicomputer man-

agement
多计算机管理系统 multicomputer management system
多计算机通信[讯]系统 multicomputer communication system
多计算机系统 multicomputer system;multiple computer system
多季调节水库 multiseasonal storage reservoir
多季性陆地结冰 taryn
多寄生 multiparasitization
多加沥青 bitumen enrichment
多加燃油器 enriching device
多夹具系统 multigrip system
多家厂商共同设计的类型 group model
多家合住的楼房 multifamily dwelling
多家庭 multifamily
多家庭住宅 multiple family
多甲板船 multidecked ship
多价 multivalence;polyvalence
多价螯合 sequestrate
多价螯合剂 sequester;sequestering agent;sequestrant
多价表示法 polyvalent notation
多价的 multivalent; polygen; polyvalent
多价金属 multivalent metal
多价金属阳离子 polyvalent metal cation
多价离子 polyion
多价染色体 polyvalent
多价数 polyvalent number
多价酸 polybasic acid
多价算法优化 pricing suboptimization
多价铁化合物 multivalent metal compound
多价物 polyad
多价阳离子 multivalent cation
多价整合作用 sequestration
多尖齿 multituberculate
多间隔期的 polycyclic(al)
多剪铆钉接头 multiple shear rivet joint
多碱 polybase
多碱的 polyatomic;polybasic
多碱光电阴极 multialkali photocathode
多碱价酸 polybasic acid; polyhydric acid
多件珩磨 stack honing
多件模 multiple mo(u)ld(ing)
多件石膏模 multiple mo(u)ld(ing)
多建造晕 multiformational anomaly
多键 multikey;multiple keys
多键半轴 splined half shaft
多键槽 multikeyway
多键槽轴 multikeyway shaft
多键的 splined
多键进给轴 splined feed shaft
多键型拉刀 spline broach
多键轴 multikey shaft;spline shaft
多交叉点 braided intersection
多交通方式的 multimodal
多交通方式行程 <包括两种以上运输方式的行程> multimodal travel
多交系 multiple cross
多浇口浇注系统 multiple gate
多胶轮压路机 multirubber-tire[tyre] roller
多胶凝物质的塑性混凝土 fat concrete
多胶纱 multiple yarn
多焦点的 multifocal
多焦点投影 polyfocal projection
多焦点透镜 multifocus lens
多礁海岸 foul coast
多礁区 foul area
多角测量 polygonal traversing
多角窗 cant(ed) window;polygonal bay window
多角粗海砂 sharp coarse beach sand
多角导线 polygonal traverse
多角的 many-angled; many-sided; multiangular;polygonous;sharp
多角度光泽计 multiangle glossmeter
多角度交通事故预测法 multiplex traffic accident prediction method
多角墩 polygonal pier
多角法 polygonometry
多角方形平面拱顶 polygonal domical vault
多角钢构件 compound angle member
多角高程导线 polygonal height traverse
多角拱 polygonal arch
多角骨料 sharp aggregate
多角化 diversification
多角环 polygonal ring
多角环形构造 polygonal ring structure
多角集料 sharp aggregate
多角晶 hedrites
多角毛石砌体 polygonal rubble masonry
多角平板 polygonal plate
多角平直面的混凝土柱 polygonal fair-faced concrete column
多角砌体 polygonal masonry
多角穹顶 dome of multiangular plan
多角穹隆 dome of multiangular plan; dome of polygonal plan
多角曲线 polygonal curve
多角砂 angular sand;sharp sand
多角砂粒 sharp sand grains
多角摄像机 multiple camera
多角摄影机 multiple camera
多角石砌体 polygonal masonry
多角石砌圬工 polygonal (random rubble) masonry; trapezoidal masonry
多角石屑 sharpstone chip(ping)s
多角室 <教堂的> chevet
多角体 polyhedral body;polyhedron
多角形 megagon;polygon
多角形棒 polygonal rod
多角形棒材 multiangular bar
多角形堡垒 polygonal keep
多角形测量法 polygonation
多角形唱诗班席位 polygonal choir; polygonal quire
多角形城堡主塔 polygonal donjon; polygonal dungeon;polygonal keep
多角形的 polygonal(figure)
多角形的顶点 vertex of a polygon
多角形底层平面图 polygonal (ground) plan
多角形地牢 polygonal dungeon
多角形地面图 polygonal (ground) l plan
多角形法 polygonal method
多角形防守所 polygonal keep
多角形钢 multiangular bar
多角形钢拱 polygonal steel arch
多角形钢筋 diamond bar
多角形拱顶 polygonal vault
多角形鼓状物 polygonal drum
多角形罐 polygonal pot
多角形化 polygonization
多角形尖塔 polygonal spire
多角形建筑 apsidal
多角形建筑物 polygonal block;polygonal building
多角形降落伞 parasheet
多角形角楼 polygonal turret
多角形教堂 polygonal church
多角形接线 polygonal connection
多角形街坊 multiangular block
多角形结构 polygonal frame
多角形筋条 diamond bar
多角形颗粒 angular grain
多角形克特尔塔板 Kittel polygonal tray
多角形空心砌块 polygonal cavity block;polygonal hollow block
多角形空心砖 polygonal cavity tile
多角形孔口 polygonal orifice
多角形块 multiangular block
多角形框架 polygonal frame
多角形磨床 polygon grinding machine
多角形喷嘴 polygonal nozzle
多角形盆 polygonal pot
多角形平板 polygonal slab
多角形砌块 polygonal block
多角形砌体砌合 polygonal masonry bond
多角形墙 polygonal wall
多角形石块路面 polygonal sett paving
多角形四坡板屋顶 polygonal hipped-plate roof
多角形塔楼 polygonal turret
多角形土牢 polygonal dungeon
多角形小型角楼 polygonal small tower
多角形圆顶阁 polygonal cupola
多角形圆筒 polygonal drum
多角形圆屋顶 polygonal cupola
多角形支柱 polygonal support
多角形中央教堂 polygonal centralized church
多角形终点站 polygonal termination
多角形终端设备 polygonal termination
多角形转子 lobe rotor
多角形装饰品 polygonal ornament
多角形装饰性角楼 polygonal diminutive tower
多角形装饰性塔楼 polygonal diminutive tower
多角支柱 polygonal pier
多角柱 cant(ed) column; polygonal column
多绞合线热压结装置 strand sintering plant
多绞线 bunch(ed) wire
多脚插头 multiple pin plug
多脚插座 multiway socket
多脚撑 spider
多脚吊索 multilegged sling
多脚桁架 multilegged sling
多脚护面块体 multilegged armo(u)r block
多脚混凝土预制块 <护岸用> polypods
多脚架 spider
多铰 multiple hinges
多铰刀型绞吸挖泥船 multicutter suction dredge(r)
多铰拱 multiple-hinged arch
多铰链传动系 multijoint system
多铰式伸缩钳 lazy tongs
多缴款 overpay
多阶层库存模型 multiechelon inventory model
多阶的 multiorder; multistage; multistep
多阶电路 multistage circuit
多阶段 multistage
多阶段爆破 multibench blasting
多阶段成矿 multistage metallogenesis
多阶段抽样(法) multiphase sampling;multiple stage sampling;multistage sampling
多阶段的 multiple stage
多阶段对策 multistage game
多阶段分析 multistage analysis
多阶段决策过程 multistage decision process
多阶段楼梯 staircase with several flights
多阶段判定过程 multistage decision process
多阶段曝气(法) cascade aeration
多阶段三轴压缩试验 multistage triaxial compression test
多阶段生产与调度 multistage production and scheduling
多阶段施加应力 multistage stressing
多阶段收样 multistage sampling
多阶段项目 multiphase project
多阶段型 multiple step pattern
多阶段验证 multistage validation
多阶段张拉 multistage stressing
多阶极点 multiorder pole; multiple order pole
多阶台座 <希腊古庙柱列的> krepidoma
多阶梯钻头 multiple step bit
多阶振荡器 multiport
多接点 multiple contact
多接点的 multicontact;multifinger
多接点继电器 many-contact relay; multicontact relay;multiple arm relay;multiple contact relay
多接点接触器 multifinger contactor
多接点开关 multiple contact switch; multipoint switch
多接点控制器 multicontact controller
多接点转换开关 multicontact switch; multipoint switch
多接缝的 jointy
多接口管段 manifold
多接通话分设线 extension of a multiple call
多接头补偿器 multicompensator
多接头线圈 tapped coil
多接头泄放阀 water thief
多接线端子的 multiterminal
多节 multisection
多节材 knaggy wood; knee timber; knotty wood
多节车辆 multisection vehicle
多节车组市郊列车 multiple unit interurban train
多节触须 nodose antenna
多节的 knaggy; knarled; knotty; multinodal; multisegment; multinode
多节点 multimode;multiple joint
多节点波动 multinodal seiche
多节点假潮 multinodal seiche
多节电车 electric(al) multiple unit
多节动车组客车【铁】multiunit(passenger) car
多节管柱 composite tubular mast
多节管状天线杆 composite tubular mast
多节罐车组合列车 multiunit tank car train
多节环 polyatomic ring
多节机车 multiple unit engine
多节机车运转 multiple unit locomotive operation
多节机车作业 multiple unit locomotive operation
多节架上升后总高度 overall raised height
多节客车车组 multiple unit coach
多节扩底桩 multiunder reamed pile
多节捞砂筒 sectional bailer
多节瘤的 gnarled;gnarly
多节滤波器 chain filter;iterated electric (al) filter; ladder-type filter; multiple filter;multisection filter
多节螺纹 tandem thread
多节木(材) branchy wood; knaggy wood;knotty(and knaggy)wood
多节内燃机车 multiple unit diesel lo-

comotive
多节汽车列车 train type vehicle
多节伸缩油缸 telescope jack
多节式构架高空平台 articulated boom platform; articulating boom platform
多节式针织机 multiple unit knitting machine
多节松木 knotty pine
多节套管天线杆 composite tubular mast
多节岩芯管 sectional core barrel
多节桩 multisection pile; West's segmental pile
多节锥形管桩 pipestep-taper pile
多节锥形木桩 wood-step taper piles
多节锥形桩 step taper pile
多结点 multijunction
多结结构 multijunction structure
多截盘截煤机 multijib coal cutter; multiple jib machine
多解释器系统 multiinterpreter system
多解调电路 multimodulation circuit
多介质 multimedia
多介质摄影测量学 multimedia photogrammetry
多介质摄影像片 multimedia photogram
多介质摄影照片 multimedia photogram
多介质污染控制 multimedia pollution control
多金钢 complex steel
多金属铋矿石 multimetallic Bi ore
多金属辰砂矿石 multimetallic cinnabar ore
多金属的 polymetallic
多金属废水 complexed metals wastewater
多金属结核 polymetallic nodule; polymetal nodule
多金属结壳 polymetal crust; polymetallic crust
多金属矿 complex ore
多金属矿床 complex deposit; polymetallic deposit
多金属矿化探 geochemical exploration for polymetallic ore
多金属硫化物 polymetallic sulfide
多金属钼矿石 multimetallic Mo ore
多金属泥 polymetallic mud
多金属铅矿石 multimetallic lead ore
多金属青铜 multicompound bronze
多金属烧结 sintering of polymetallic systems
多金属铜矿石 multimetallic copper ore
多金属锌矿石 multimetallic zinc ore
多金属氧化物氢化物 polymetallic oxide-hydroxide
多进程有限消息机 multiprocessing finite message machine
多进出口存储器 multiport memory
多进多出光缆 multiinput and multioutput light cable
多进口 multiple access
多进口阀 multiport valve
多进制移频键控 multiple frequency shift keying
多经资产 diversified economy assets
多晶 polycrystal
多晶棒 polycrystalline rod
多晶材料 polycrystalline material
多晶衬底 polycrystalline substrate
多晶的 pleomorphic; polycrystalline
多晶锭块 polycrystalline ingot
多晶硅 multicrystal silicon; polycrystalline silicon; polysilicon; silicon polycrystal
多晶硅栅极 polysilicon gate
多晶激光器 polycrystalline laser
多晶结构 polycrystalline structure
多晶结晶度 polycrystallinity
多晶金刚石 polycrystalline diamond
多晶金刚石复合钻头 polycrystalline diamond compound bit
多晶金刚石拉丝模 polycrystalline diamond wire drawing die
多晶聚合体 polycrystalline aggregate
多晶聚焦摄谱仪 multicrystal focusing spectrograph
多晶面积 polycrystalline area
多晶面生成包裹体 inclusion of multicrystal face growth
多晶人造碳纤维 polycrystalline manmade carbon fibre
多晶生长 polycrystalline growth
多晶石的 sparry
多晶石墨 polycrystalline graphite
多晶石英珠 faience beads
多晶陶瓷 polycrystalline ceramics
多晶陶瓷材料 polycrystalline ceramics
多晶体 multicrystal; multiple-crystal; polycrystal; polycrystalline material; polycrystalline unit
多晶体 X 射线光谱仪 multiple crystal X-ray spectrometer
多晶体的 polycrystalline
多晶体换能器 polycrystalline transducer
多晶体金刚石 multicrystalline diamond; polycrystalline compact diamond
多晶体物质 polycrystalline material
多晶体自动荧光镜 multicrystal autofluoroscope
多晶铜 polycrystalline copper
多晶物质 polycrystalline material
多晶纤维 polycrystalline fiber[fibre]
多晶现象 polymorphism
多晶形聚合物 polycrystalline polymer
多晶形铁粉 polycrystalline irons; poly-iron
多晶型 polycrystalline type; polymorphic form; polymorphism
多晶型的 polymorphic; polymorphous
多晶型聚合物 polycrystalline polymer
多晶型磷灰石 durapatite
多晶型物 polymorph; polymorphic form; polymorphic substance; polytype
多晶型现象 heteromorphism; polymorphism; polymorphy
多晶型转变 polymorphic transformation; polymorphic transition
多晶性 polycrystallinity
多晶性现象 heteromorphism
多晶氧化锆 tetragonal zirconia polycrystal
多晶氧化陶瓷 polycrystalline oxide ceramics
多晶氧化物长丝 continuous polycrystalline oxide fibre
多晶锗 polycrystalline germanium
多晶质的 docrystalline; polycrystalline
多晶转变 polymorphic inversion; polymorphic transformation
多晶籽晶引单晶技术 random seeding
多精度变流器 multiple precision current transformer
多精度算术 multiple precision arithmetic
多井爆炸 multiple shothole
多井采油系统 multiwell production system
多井共用抽油机 multiwell pumping unit
多井平台 multiwell platform
多井示踪剂法 method of tracer in wells
多井钻探 multiple well completion
多径抵消 multipath cancellation
多径级集料 multiple size aggregate
多径铰刀 multidiameter reamer
多径膨胀式铰刀 multidiameter expansion reamer
多径衰落 multipath fading
多径缩减因子 multipath reduction factor
多径镗孔铰刀 multidiameter boring cutter
多径误差 multipath error
多径效应 multipath effect
多静子瓦时计 multistator watt-hour meter
多镜测量摄影机 multiple photogrammetric(al) camera
多镜归正镶嵌 multilateral composition
多镜连续摄影机 multiple serial camera
多镜摄影装置 multicamera installation
多镜视准管法 multiple lens photograph
多镜头的 multiple lens
多镜头航空摄影机 multiple lens aerial camera
多镜头航空摄影仪 multiple lens aerial camera
多镜头摄影机 <一个主镜头周围有 6 ~ 8 个副镜头，可作广范围摄影之用> multiple lens camera; multicamera
多镜头摄影机组 multiple lens camera assembly
多镜头摄影照片 multiple lens photograph
多镜头望远镜 multimirror telescope
多镜箱摄影机 multiple camera assembly
多局的电话 multiexchange
多局电话制 multiexchange system
多局系统 multiexchange system
多局制 multioffice system
多局制电话局 multioffice exchange
多局制电话区 multioffice area
多局制电话网 multiexchange area
多局制交换局 multioffice exchange
多局制市内电话网 trunk group area
多局制通信[讯]区 multioffice area
多炬气割机 multiple torch machine
多锯机 log frame
多锯条框锯机 frame saw
多聚 poly
多聚尘机 multiclone
多聚甲醛 paraform; paraformal-dehyde
多聚焦指示器 multifocus view
多聚磷酸 polyphosphoric acid
多聚水 polyhydrone
多聚糖 polysaccharide
多聚体 polymer
多聚烃 polyene
多卷 multivolume
多卷变压器 multiple winding transformer
多卷磁带文件 multireel file
多卷单文件 monofile multivolume
多卷的 multivolumed
多卷多文件 multivolume multifile
多卷筒绞车 multiple drum winch
多卷筒拉丝机 multiblock machine
多卷文档 multivolume file
多卷文件 multireel file; multivolume file
多菌灵可湿性粉剂 carbendazol wettable powder
多卡氯铵 dodecarbonium chloride
多卡片文件数据分配器 multiple spread card feature
多开边模 multiple part pattern
多开关控制器 multiple-switch controller
多开间 multiple bay
多开间结构 multiple frame
多开口式涵洞 multiple opening culvert
多拷贝平均(法) multiple copy averaging
多科联合工作法 interdisciplinary team approach
多科性 interdisciplinarity
多科性大学 multioversity
多科性的 polytechnic; multidisciplinary
多科性方案 interdisciplinary program(me)
多科性合作 interdisciplinary cooperation
多科性探讨 multidisciplinary approach
多科性协作 interdisciplinary cooperation
多科性训练 interdisciplinary training
多科性研究 multidisciplinary study
多科性研究法 multidisplinary approach
多科性综合研究 interdisciplinary study
多科学分析 multidisplinary analysis
多科医院 polyclinic
多壳结构 zonal structure
多壳式冷凝器 multishell condenser
多刻度 multiscale
多刻度的 multirange
多刻度电表 unimeter
多刻度计算尺 multiscale rule
多刻度欧姆表 multiscale ohmmeter
多刻度系(统) multiple scale system
多刻度仪器 multiple scaled instrument
多孔 multiaperture; multiple punching
多孔坝 multiple arch(ed) dam
多孔白云岩 carniole
多孔板 aerating panel; aperture plate; cellular board; cellular sheet; perforated board; perforated panel; perforated plate; perforated plywood; perforated slab; porous plate; porous slab
多孔板萃取器 perforated plate extractor
多孔板萃取塔 perforated plate extractor
多孔板的 multiorifice
多孔板分布器 perforated plate distributor
多孔板滤池底板 porous plate filter bottom
多孔板筛 perforated screen
多孔板式地下排水系统 porous slab type underdrainage system
多孔板式喷雾器 perforated plate type atomizer
多孔板送风口 perforated panel air outlet
多孔板塔盘 perforated tray
多孔板岩骨料 expanded slate aggregate
多孔保护装置 perforated protector
多孔杯 porous cup
多孔杯法 porous cup method
多孔杯式负压计 <测土壤用> porous cup tensiometer
多孔杯式张力计 <测液体表面用> porous cup tensiometer

多孔杯式蒸发计 porous cup atmometer
多孔杯张力仪 porous cup tensiometer
多孔壁 porous wall
多孔壁冷却 porous-wall cooling
多孔表面 open surface; porous surface
多孔冰晶 porous ice
多孔波形金属管 perforated corrugated metal pipe
多孔波形铝 perforated corrugated alumin(i)um
多孔玻璃 cellular glass; cellulated glass; foamed glass; fritted glass; multicellular glass; perforated glass; porous glass; sintered glass; expanded glass
多孔玻璃比表面 specific surface of porous glass
多孔玻璃过滤器 fritted glass filter
多孔玻璃孔径分布 pore size distribution of porous glass
多孔玻璃块 cellular glass block
多孔玻璃离子膜 porous glass ionic membrane
多孔玻璃膜 perforated glass membrane; porous glass membrane
多孔玻璃盘 fritted glass disk
多孔玻璃吸收管 fritted glass disc bubbler
多孔玻璃砖块 perforated glass block
多孔箔片电解电容器 porous-foil electrolytic capacitor
多孔薄膜 expanded film; porousmembrane
多孔不锈钢 porous stainless steel
多孔部分 porosity
多孔材料 cellular material; porosint; porous material; sponge
多孔材料扩散消声器 porous diffusion muffler
多孔测量计 multiple orifice meter
多孔层 porous layer
多孔层开管柱 porous-layer open tubular column
多孔层空心管形柱 porous-layer open tubular column
多孔层空心柱 porous-layer open column
多孔层载体 porous-layer support
多孔层珠 porous-layer bead
多孔插口 multisocket
多孔插座 multioutlet assembly
多孔衬背带材 porous backed strip
多孔衬套 polyliner; porous bushing
多孔充气板 fluidizing panel
多孔冲孔 multiple piercing
多孔冲模 porcupine die
多孔冲洗管 perforated flushing pipe; sparge pipe
多孔抽水记录 multiple pumping log
多孔抽水试验 multiple(well system) pumping test
多孔出水口 multiple outlet; discharge manifold
多孔储积岩 container rock
多孔窗花格 perforated tracery
多孔床 porous bed
多孔瓷蒸发器 porous porcelain evapo(u)rator; porous porcelain evapo(u)rimeter
多孔磁芯 <存储器或开关的>【计】 trans fluxer; multipath core; transfluxor; laddic; multiaperture device; multiple aperture core; multiple hole core
多孔磁芯存储器 trans fluxer; transfluxor memory
多孔磁芯转换器 transfluxor
多孔磁阻开关 multiaperture reluctance switch
多孔次层 perforated under layer
多孔粗晶集料 open graded aggregate
多孔催化剂 porous catalyst
多孔存贮岩 reservoir rock
多孔大理石板 perforated marble slab
多孔带 perforation strip
多孔带材 porous strip
多孔单元 cellular unit
多孔蛋白石 float stone
多孔挡板 perforated baffle
多孔导流板 perforated baffle; perforated baffle plate
多孔的 blistered; cellular; diffuse porous; holed; holey; honeycombed; macroporous; meshy; multihole; perforated; spongeous; spongy; vesicular; multiple hole; multiway
多孔的工程用黏[粘]土砖 perforated clay engineering brick
多孔的合成软木 expanded composition cork
多孔的围屏 perforated screen
多孔的物料 porous material
多孔的岩石 barren rock
多孔底 perforated bottom
多孔底板 perforated bottom
多孔底层 perforated under layer
多孔底定向孔 multibottom directional hole
多孔底基排水 porous subbase drainage
多孔底压气式浮选机 blanket-type pneumatic machine
多孔底钻进 cluster drilling; group drilling
多孔地板 perforated baseboard
多孔地板镶板 perforated floor panel
多孔地下水排水管 perforated groundwater underdrain
多孔地层 porous ground
多孔电极 perforated electrode; porous electrode
多孔电缆槽 multitubular slab for cable
多孔垫层 perforated backing
多孔定向耦合器 multihole directional coupler
多孔动物门 Porifera
多孔度 degree of porosity
多孔二氧化硅 cellular silica
多孔发声器 siren
多孔帆布软管灌溉 porous-hose irrigation
多孔反应堆 porous reactor
多孔防波堤 perforated breakwater
多孔粉末 voluminous powder
多孔粉冶材料 porous powder metallurgy material
多孔风道 perforated duct
多孔风管 perforated air duct; tuyers
多孔蜂窝状钢甲板 <屋面> cellular steel deck
多孔敷层 porous coating
多孔浮石 float stone
多孔腐植体 porigelinite
多孔盖板 perforated cover plate
多孔刚性的聚亚胺酯 expanded rigid polyurethane
多孔刚性聚氯乙烯 expanded rigid polyvinyl chloride
多孔钢板 punched-plate
多孔钢板筛 perforated steel plate screen
多孔钢管 perforated steel tube
多孔钢楼板单元 Q-floor unit
多孔钢质零件 porous steel parts
多孔高炉矿渣 expanded blast-furnace slag
多孔隔板 barrier; porous barrier
多孔隔膜 perforated diaphragm; porous diaphragm; porous septum
多孔隔膜电解池 porous diaphragm cell
多孔隔音板 perforated acoustical tile
多孔拱腹面 cored soffit
多孔拱桥 multiarch bridge
多孔构造 air-entrapping structure; bubble structure; cellular construction; cellular structure; porous structure; vesicular structure【地】
多孔骨架的 bone porous
多孔骨料 porous aggregate; vesicular aggregate
多孔固体床 porous solid bed
多孔管 anti-priming pipe; perforated pipe[piping]; perforated tube[tubing]; porous pipe[piping]; porous tube[tubing]
多孔管布水器 perforated piping distributor
多孔管测压计 porous tube piezometer
多孔管道 honeycomb duct; multiple duct; multiple duct conduit; void channel
多孔管分布器 perforated pipe distributor; sparger
多孔管井 perforated well
多孔管口控制水流 feathering
多孔管喷灌装置 perforated sprinkler
多孔管喷水灭火装置 perforated pipe sprinkler
多孔管渗滤排水 perforated drain
多孔管式地下排水管 perforated piping underdrain
多孔管式分配器 perforated pipe distributor
多孔硅石 cellular silica
多孔硅酸钙砖 perforated calcium silicate brick
多孔硅砖 porous silica brick
多孔滚筒 perforated cylinder; perforated roller
多孔过滤板 porous filter plate
多孔过滤器 perforated strainer; polypore filter; porous filter
多孔含水层 porous aquifer
多孔含油轴承合金 oilite
多孔涵洞 multicell culverts; multiple opening culvert
多孔涵管 multicell culverts; multiplex culvert
多孔焊缝 porous weld
多孔和重量轻的合成二氧化硅 synthetic(al) silica of aerogel and hydrogel
多孔烘干纯软木 expanded pure baked cork
多孔护墙板 perforated sheet(ing)
多孔护罩 perforated casing
多孔环 perforated ring
多孔灰泥板 perforated gypsum plasterboard
多孔灰砂硅酸盐砖 perforated calcium silicate brick
多孔灰砂砖 perforated lime-sand brick
多孔灰岩 porous limestone
多孔回填物 porous backfill(ing)
多孔混合料 porous mix
多孔混合器 perforated mixer
多孔混凝土 aerated concrete; aero(con)crete; air-entrained concrete; blown-out concrete; cast aerated concrete; cell(ar) concrete; cellular-expanded concrete; expanded pumice concrete; foamed concrete; gas concrete; hollow concrete; mushy concrete; perforated concrete; porous concrete; ytong
多孔混凝土板 cellular concrete slab
多孔混凝土板材 expanded concrete slab
多孔混凝土产品 expanded concrete product
多孔混凝土沉箱 perforated concrete caisson
多孔混凝土沉箱防波堤 perforated concrete caisson breakwater
多孔混凝土防波堤 perforated concrete breakwater
多孔混凝土工场 expanded concrete plant
多孔混凝土骨架 porous concrete framework
多孔混凝土骨料 expanded concrete aggregate
多孔混凝土管 concrete porous pipe; perforated clay concrete tube; perforated concrete pipe; perforated concrete tube; porous concrete pipe
多孔混凝土罐筒 expanded concrete pot
多孔混凝土集料 expanded concrete aggregate
多孔混凝土绝热板材 expanded concrete insulation grade slab
多孔混凝土绝热砖 expanded concrete insulating brick
多孔混凝土空心砌块 expanded concrete cavity block; expanded concrete hollow block
多孔混凝土块 cellular block
多孔混凝土排水沟 porous concrete drain
多孔混凝土排水管 porous concrete drain
多孔混凝土排水系统 porous concrete drain
多孔混凝土排水装置 porous concrete drain
多孔混凝土砌块 cellular concrete block; expanded concrete block; perforated concrete block
多孔混凝土墙板 cast aerated concrete wand panel; cast aerated concrete wand wall
多孔混凝土施工方法 cellular concrete construction
多孔混凝土石笼 perforated concrete crib
多孔混凝土特殊砌块 expanded concrete special block
多孔混凝土瓦 expanded concrete tile
多孔混凝土专用砌块 expanded concrete purpose-made block
多孔混凝土专用砖 expanded concrete purpose-made brick
多孔混凝土砖 perforated concrete brick; structural hollow tile
多孔火山岩砾石 foamed lava gravel
多孔基底 perforated base
多孔基体 porous matrix
多孔基质电阻器 porous substrate resistor
多孔集料 porous aggregate; vesicular aggregate
多孔集水管 perforated collection pipe
多孔挤压 multihole extrusion
多孔夹 honeycomb sandwich
多孔建筑材料 porous building material; porous construction(al) material
多孔胶合板 perforated plywood; cellular plywood
多孔胶粘剂 cellular adhesive
多孔焦炭 porous coke
多孔结构 air-entrapping structure; cellular structure; honeycomb;

D

loose structure; porosity; porous (open-grain) structure; vesicular structure
多孔介质 porous medium
多孔介质的比面 specific surface of porous medium
多孔介质的弯曲率 tortuosity of porous medium
多孔介质流 porous media flow
多孔金属 porous metal
多孔金属板 expanded metal
多孔金属箔 multicellular metal foil
多孔金属管 perforated metal pipe
多孔金属过滤板 porous metal plate
多孔金属过滤器 porous metal filter
多孔金属零件 porous metal parts
多孔金属盘 perforated metal pan
多孔金属筛 perforated metal screen
多孔金属网 expanded metal; plane expanded metal
多孔进水口 multiport intake; intake manifold
多孔井壁管 perforated casing
多孔井壁管井 perforated casing well
多孔(径)的 multiaperture(d)
多孔聚氨基甲酸酯板 expanded polyurethane board
多孔聚氨基甲酸酯薄板 expanded polyurethane sheet
多孔聚氨基甲酸酯条带 expanded polyurethane strip
多孔聚苯乙烯 expanded polystyrene; porous polystyrene
多孔聚苯乙烯凝胶 porous polystyrene gel
多孔聚合物 porous polymer
多孔聚合物的 poromeric
多孔聚合物球 porous polymer beads
多孔聚乙烯 porous polyethylene
多孔绝热管 porous insulated line
多孔绝缘材料 cellular insulant(material); cellular insulating material
多孔菌 bracket fungus; pore fungus
多孔菌科 <拉> Polyporaceae
多孔菌属 <拉> Polyporus
多孔卡 binder-hole card
多孔开口管柱 porous-layer open tubular column
多孔颗粒 porous particle
多孔可塑的 poroplastic
多孔空气扩散器 porous air diffuser
多孔空心砖 perforated brick; perforated cellular brick; porous structural clay tile; SCR brick; V-brick
多孔块 cork brick
多孔矿渣 expanded slag; foamed slag
多孔矿渣粉末 expanded slag powder
多孔矿渣骨料 expanded slag aggregate
多孔矿渣骨料混凝土砌块 foamed slag concrete block
多孔矿渣混凝土板 expanded slag concrete plank
多孔矿渣混凝土砌块 expanded slag concrete block
多孔矿渣混凝土砖瓦 expanded slag concrete tile
多孔矿渣集料 expanded slag aggregate
多孔矿渣瓦 expanded slag tile
多孔扩散掺气板 diffuser plate
多孔扩散器 perforated diffuser; porous air diffuser
多孔扩散设备 porous diffuser unit
多孔扩散消声器 porous diffusor
多孔拉拔模 porthole die
多孔拉丝机 multihole wire drawing machine
多孔拉制的钢丝网 Trussit
多孔拉制金属网 expanded metal
多孔沥青混凝土 open-type asphaltic concrete
多孔沥青油毛毡底层 perforated underlay bitumen felt
多孔沥青毡 perforated underlay bitumen felt
多孔粒化软木 expanded granulated cork
多孔粒化软木板 expanded granulated cork slab
多孔粒状硝酸铵 ammonium nitrate; granulated ammonium nitrate; porous pellet
多孔粒子 porous granule
多孔连续梁 continuous beam on many supports
多孔磷酸三钙 porous tricalcium phosphate
多孔炉渣 expanded cinder; perforated slag
多孔炉渣板材 expanded cinder slab
多孔炉渣混凝土墙板 expanded cinder concrete wall slab
多孔滤板 porous block
多孔滤管 perforated strainer; porous filter tube
多孔(滤)块 porous block
多孔滤料过滤 porous media filtration
多孔滤筒 porous filter cylinder
多孔路面 <亦指透水路面> porous pavement
多孔铝制顶棚 alumin(i)um perforated ceiling
多孔铝制天花板 alumin(i)um perforated ceiling
多孔率 porosity
多孔媒介物过滤方法 media filtration
多孔蒙皮 porous skin
多孔密封 honeycomb seal
多孔面层 open(-textured) surface; perforated facing; porous pavement
多孔模 multicavity die; multiple hole die
多孔模型 porous mo(u)ld
多孔膜 <分离气体的多孔过滤器> porous membrane; blown film
多孔摩擦(结构)层 porous friction course
多孔耐火金属 porous refractory metal
多孔耐磨零件 porous wear-resistant parts
多孔黏[粘]结料 porous bond
多孔黏[粘]土骨料 expanded clay aggregate
多孔黏[粘]土混凝土砌块 expanded clay concrete block
多孔黏[粘]土混凝土墙板 expanded clay concrete wall slab
多孔黏[粘]土集料 expanded clay aggregate
多孔黏[粘]土排水管 porous clay pipe drain
多孔黏[粘]土石 perforated clay stone
多孔黏[粘]土砖 multicored clay brick; perforated clay brick
多孔镍 porous nickel
多孔镍引爆杯 porous nickel cup
多孔农用薄膜 porous agricultural film
多孔排列 multiport arrangement
多孔排水层 pervious drainage layer
多孔排水垫层 porous fill
多孔排水管 cess; perforated drain pipe
多孔排水系统 multiport drainage system
多孔盘 pore disc[disk]
多孔泡沫 expanded foam
多孔泡沫金属箔 multicellular metal foil
多孔泡沫金属箔热绝缘体 multicellular metal foil insulator
多孔泡沫矿渣混凝土砌块 cored foamed slag concrete block
多孔泡沫塑料 expanded foam plastics; sponge plastics
多孔泡沫橡胶 sponge rubber
多孔喷枪 multihole lance
多孔喷射干燥器 multijet dryer
多孔喷油器 multiple orifice nozzle
多孔喷油嘴 multihole nozzle
多孔喷嘴 jet rose; multijet (spray) nozzle; multiorifice nozzle; multiple jet nozzle
多孔坯块 porous compact
多孔坯体 porous body
多孔撇渣器 perforated skimmer
多孔贫混合料 lean open-type mixture
多孔平顶 perforated ceiling
多孔平顶板 perforated ceiling board
多孔平顶砖 perforated ceiling tile
多孔瓶 porous pot
多孔漆膜 over-porous paint film
多孔砌块 cellular block; grill(e) block; multiple cavity block; perforated block
多孔砌砖 perforated block
多孔器件 multiaperture device
多孔墙 honeycombed wall; pigeon-holed wall
多孔墙板 perforated panel
多孔墙式防波堤 porous-walled breakwater
多孔桥 multiple span bridge
多孔桥面板 voided deck
多孔桥台 cellular abutment
多孔青铜 oilite bronze; porous bronze; Selfube bronze
多孔青铜合金 porous bronze alloy
多孔青铜零件 porous bronze parts
多孔青铜轴承 porous bronze bearing
多孔轻型陶瓷 cellulated ceramics
多孔轻质墙板 light hollow wall panel
多孔人造革 poromerics
多孔熔岩 cellular lava
多孔熔渣 aggloporite; expanded slag; perforated slag; inflated slag
多孔软木板 expanded cork slab
多孔塞吹氩除气法 porous plug process
多孔塞浇包 porous plug ladle
多孔塞子 porous plug
多孔砂 open sand
多孔砂轮 porous wheel
多孔砂岩 bray stone
多孔砂质黏[粘]土 open clay
多孔筛 hole screen
多孔烧结金属 porous sintered metal
多孔烧结碳化钨 porous sintered tungsten carbide
多孔烧结制品 porous sintered product
多孔烧嘴 multiport burner
多孔石 perforated stone; porous disc [disk]; porous stone; vuggy rock
多孔石膏 cellular gypsum
多孔石膏板 perforated gypsum board
多孔石膏底板 perforated gypsum board
多孔石膏粉刷板 perforated gypsum plasterboard
多孔石膏建筑板材 cellular gypsum plaster board
多孔石膏纤维板 perforated gypsum fiberboard
多孔石膏制品 hydrostone
多孔石灰华 osteocalla
多孔石灰混凝土 expanded lime concrete
多孔石灰石 porous limestone
多孔石灰岩 calc-sinter; calc-tufa; cavern limestone; porous limestone; calcareous sinter; calcareous tufa
多孔石滤板 <土的三轴压力试验用> porous stone disc
多孔石棉胶泥 perforated asbestos cement
多孔石棉水泥管 perforated asbestos-cement pipe
多孔石墨 porous graphite
多孔石墨青铜 Durex bronze
多孔石墨青铜轴承 porous graphite-containing bronze bearing
多孔石英 cell quartz; cellular quartz; float stone
多孔式管路 porous channel
多孔式混合池 perforated mixing basin
多孔式结构 open-grain structure
多孔式螺旋桨 perforated propeller
多孔式内含韧皮部 foraminate included phloem
多孔式散热器 cellular-type radiator
多孔式洗瓶 multihole washing bottle
多孔式云岩 carniole
多孔水槽 perforated channel
多孔水槽清洗器 perforated washer
多孔水洗器 perforated washer
多孔塑料 aerated plastics; cellular plastics; expanded plastics; plastic foam; poroplastics; porous foamed plastics; sponge plastics
多孔塑料混凝土 expanded plastic concrete
多孔塑料膜 poroplastic membrane
多孔塑料穹隆 expanded plastic dome
多孔塑料条纹缺陷 cellular striation
多孔塑料箱 expanded plastic box; poroplastic box
多孔塑料圆屋顶 expanded plastic cupola
多孔塑模 porous mo(u)ld
多孔塑性的 poroplastic
多孔碎石路 porous macadam
多孔隧道 multibore channel
多孔弹性固体 porous elastic solid
多孔弹性介质 porous elastic medium
多孔弹性体密封垫 cellular elastomeric gasket
多孔炭 porous carbon
多孔探头式测压管 porous tip piezometer
多孔碳材 porous carbon
多孔碳电极 porous carbon electrode
多孔碳化硅耐火材料 porous silicon-carbide refractory
多孔碳化物 porous carbide
多孔陶瓷 expanded ceramic; foam ceramics; honeycomb ceramics; porous ceramics
多孔陶瓷板 porous ceramic plate
多孔陶瓷过滤芯 filter candle
多孔陶瓷膜 porous ceramic membrane
多孔陶瓷湿度传感元件 porous ceramic sensor of moisture
多孔陶瓷制品 cellulated ceramics
多孔陶管 porous earthware pipe
多孔陶土管 porous clay cup
多孔陶质管式过滤机 porous ceramic tubular filter
多孔陶质管式过滤器 porous ceramic tubular filter
多孔陶质过滤介质 porous ceramic filter media
多孔陶质扩散器 porous ceramic diffuser
多孔套绝缘子 piercing bushing insulator

多孔特性 porosity characteristic
多孔体 porous body;porous solid
多孔天花板 perforated ceiling
多孔天花板送风 perforated ceiling air supply
多孔天然石 porous natural stone
多孔填料 porous aggregate; porous filler;protruded packing
多孔铁 Durex iron;iron-oilite;porous iron;powdiron
多孔铁基体 porous iron matrix
多孔铁铅石墨轴承 porous iron-lead-graphite bearing
多孔铁铜含油轴承 super-oilite bearing
多孔铁铜机械零件 super-oilite machine parts
多孔铁铜零件 porous iron-copper parts
多孔铁铜轴承 porous iron-copper bearing
多孔铁心 multipath core;multiple aperture core
多孔铁轴承 powdiron bearing
多孔通风砖 air brick; ventilating brick
多孔铜基体 copper matrix of sufficient porosity
多孔铜铁合金 selfube iron
多孔透气板 air supply panel
多孔涂膜 porous film
多孔土壤 porous soil
多孔瓦 perforated tile;porous tile
多孔瓦管 perforated clay pipe;uncemented tile
多孔网格 perforated grill
多孔屋面底板 perforated roofing base sheeting
多孔屋面面板 perforated roofing deck(ing)
多孔无砂混凝土 popcorn concrete
多孔无水砌块 pioneer
多孔物质 porous mass;porous material
多孔吸声材料 porous acoustic(al) material; porous sound-absorbing material; sound-absorbing porous material
多孔吸收材料 porous absorbent material; porous absorbent system; porous absorber
多孔吸收体 porous absorbent system;porous absorber
多孔隙的 chinky;mushy;porous
多孔隙地层 porous ground
多孔隙砂岩 open sand
多孔隙填土 porous fill
多孔隙土(壤)porous soil
多孔隙岩层 porous formation
多孔隙岩石 buggy rock;open rock; porous rock
多孔隙组织 open texture
多孔下层 perforated under layer
多孔纤维 porous fiber[fibre]
多孔纤维板 cellular fiber tile
多孔纤维粉刷板 perforated fibrous plaster sheet
多孔纤维管 porous fibre tube
多孔纤维竹节纱 expanded fibre strand
多孔箱涵 multiple box culvert
多孔箱式结构 multiple box section
多孔箱形梁 cell box girder
多孔镶板 perforated panel
多孔橡胶 cellular rubber; expanded rubber; foam rubber; porous rubber;spongy rubber
多孔橡胶嵌缝条 hollow type neoprene(compressible)seal
多孔消力板 perforated baffle plate
多孔消声器 porous diffusion muffler
多孔小拱 pigeon-holed arch
多孔型热储 vesicular porosity reservoir
多孔型填充剂 porous packing
多孔性 cellularity; hollowness; poriness; porosity; porous nature; porousness;vesicular nature
多孔性玻璃 porous glass
多孔性材料 porous material
多孔性醋酸纤维 porous cellulose acetate
多孔性地基 porous foundation
多孔性电镀铬 porous chromium electroplating
多孔性电极 porous electrode
多孔性结构 sponge structure
多孔性沥青路面 porous asphalt pavement
多孔性砂土 open sand;porous sand
多孔性声吸收材料 porous acoustic-(al)absorption material
多孔性吸附 persorption; porous absorption
多孔性吸声材料 porous acoustic(al) absorption material
多孔性吸音材料 porous acoustic(al) absorption material
多孔性阴离子交换树脂 aminex;porous anion exchange resin
多孔性砖 porous brick
多孔穴的 cavernous
多孔岩层 cavernous formation rock; cavernous rock formation; porous rock layer
多孔岩(石)cavern(ous)rock;porous rock;vuggy rock;vesicular rock
多孔岩栓 perfo-rockbolt
多孔眼的 multicell;multicellular
多孔氧化铬 porous chrome oxide
多孔窑 beehive kiln; multichannel slab kiln; multipass kiln; polychannel tunnel kiln
多孔叶拱 multifoiled arch
多孔页岩 expanded shale
多孔阴离子交换剂 porous anion exchanger
多孔阴离子交换树脂 decolo(u)rite
多孔硬橡胶 expanded ebonite
多孔硬橡皮 expanded hard rubber
多孔硬质纤维板 perforated (fibre) hardboard
多孔载体 porous carrier
多孔栅 perforated grid
多孔毡毯护墙板 perforated mat sheet-(ing)
多孔障板 aperture mask; aperture shadow mask
多孔罩面板 perforated facing
多孔珍珠岩 expanded pe(a)rlite
多孔支撑管 porous tubular support
多孔纸 porous paper
多孔制品 porous article;porous product
多孔中空纤维膜 porous hollow fibre membrane
多孔轴承 porous bearing
多孔铸件 blistered casting; porous casting; porous cast iron; spongy casting
多孔砖 air brick;cellular block;cellular brick; cellular tile; cork brick; deaerated brick;honeycombed clay brick; multicored brick; multihole brick; perforated brick; perforated tile;porous brick;porous plug
多孔砖拱 perforated arch brick
多孔砖圬工 perforated brick masonry (work)
多孔转鼓 perforated bowl cylinder; perforated drum
多孔装饰板内墙 perforated drywall
多孔状 cellular;porous;vesicular
多孔状结构 vesicular texture
多孔状泡沫体 cellular foam
多孔状熔岩 vesicular lava
多孔状土壤 cellular soil
多孔状消声器 cellular silencer
多孔状玄武岩 vesicular basalt
多孔纵向排水 perforated longitudinal drain
多孔钻法 multiple drilling
多孔钻井管 perforated well casing
多控磁控管 cavity magnetron
多控式冷藏冷冻箱 multicontrol refrigerator freezer
多控制台 multiple console
多控制台支持 multiple console support
多口的 polystomatous
多口阀 multiported valve
多口进料 multiple feed
多口扩散器 multiport diffuser
多口排水口 multiple outlet
多口喷枪 multinozzle
多口喷嘴 multiple gate nozzle
多跨 multiple bay;multi-span
多跨大梁 multiple span girder
多跨吊桥 multiple span suspension bridge
多跨(度)的 multiple span
多跨度构架 multibay frame
多跨度桁架 multibay frame
多跨度框架 multibay frame
多跨度梁 multisupported beam
多跨度屋架 multibay frame
多跨房屋建筑 multispan building
多跨刚架 multiple bay portal; multispan portal
多跨钢框架 multispan rigid frame
多跨高架桥 multi-span viaduct
多跨构架 multiple (bay) frame [portal];multiple span frame
多跨结构 multiple span structure; multispan structure
多跨可移式构架 multiple bay portal frame
多跨可移式框架 multiple bay portal frame
多跨框架 multiple (bay) frame [portal];multiple span frame
多跨缆索吊桥 multispan cable supported bridge
多跨棱柱体屋顶 multiple bay prismoidal roof
多跨连续桁架 multiple span continuous truss
多跨连续梁 continuous beam on many supports;multispan beam
多跨梁 multiple span girder; multispan beam
多跨梁桥 multispan girder bridge
多跨门架 multiple bay portal
多跨排架 multiple bay frame
多跨桥(梁)multispan bridge; multiple span bridge
多跨桥斜拉桥 multispan cable-stayed bridge
多跨人字形框架 multiple span gabled frame
多跨三角形框架 multiple span gabled frame
多跨式架空索道 multispan skyline
多跨弹性轴系 multispan elastic rotor system
多跨屋架结构 multispan trussed roof structure
多跨移动式构架 multiple bay portal frame
多跨移动式框架 multiple bay portal frame
多跨栅格 multispan girder
多块 polylith
多块的 lumpy
多块矩阵 partitioned matrix
多矿物的 polymineralic
多矿物岩 polymineralic rock;polymineral rock
多矿物质煤 carbopolyminerite
多矿岩 multimineralic rock;polymineralic rock
多框带状板 multiple sash shingle strip
多框格玻璃板 multiple pane unit
多框格玻璃门窗 multiple pane unit
多框格窗 multiple sash window
多框架的 multiframe
多框锯制材厂 multiple frame saw mill
多馈源抛物面反射器天线 multifeed parabolic reflector antenna
多拉杆板桩岸壁 multi-anchored sheet pile bulkhead
多拉黄麻 dowrah jute
多拉加筋块材楼板 Dora reinforced block floor
多拉索 multiple stays
多腊油墨 greasy ink
多蜡沥青 waxy bitumen
多莱黄铜合金 Doler brass alloys
多莱陶瓷耐磨性试验机 Dorry machine
多莱陶瓷耐磨性试验设备 Dorry machine
多莱锌合金 Doler-zinc
多栏簿册 column records
多栏的 columnar
多栏分录簿 analytic(al)journal
多栏分析表 columnar analysis sheet
多栏式变动预算 tabular type of variable budget
多栏式出纳账 columnar cash book
多栏式分类账法 columnar account method
多栏式记录 columnar record
多栏式日记账 columnar journal
多栏式现金日记账 columnar cash book
多栏式现金支出日记账 columnar cash payment journal
多栏式预算表 columnar budget; columnar form budget
多栏式账簿 columnar book
多栏式账户 columnar accounting
多栏式总账 columnar ledger
多栏细算表 columnar work sheet
多缆系泊 multiple line mooring
多廊道曝气池 multipass aeration tank
多浪 wavy
多浪日 surf day
多劳多得 more pay for more work
多雷达信标 chain radar beacon
多肋板 multiribbed plate;ribbed plate
多肋地板 multiribbed floor
多肋墩 multiple rib pillar
多肋结构 multirib(bed)structure
多肋楼板 multiribbed floor
多肋式 multiple web
多肋式桥(梁)multiple ribbed bridge; multispine bridge
多肋柱 multiple rib(bed)pillar
多类别问题 multiclass problem
多类估计 multiclass estimation
多类数据分类程序 multipass sort
多类型住房 mixed housing development
多棱薄壳 folded plate
多棱零件加工滚刀 polygon hob
多棱天窗 conic(al)light
多棱钻铰刀 multiland drill and reamer

D

多冷杉的 firry
多离子探测器 multiple ion detector
多离子质谱仪 multiion mass spectrometer
多犁体的 multiple furrow
多力张拉系统 multiforce system
多立体剖面 polypedon
多利亚条子细布 doria stripes
多励(磁) multiple excitation
多砾(石)的 shingly; gravelly
多粒槽口式排种盘 full-hill drop plate; hill-drop plate
多粒的 grainy
多粒度料 multigranular charge
多粒级集料 divided coarse aggregate
多粒结构 multigrain structure
多粒径试样 polysize specimen
多粒射线 multiseriate ray
多粒像 granularity image
多粒子谱 many particle spectrum
多粒子系统 many-particle system
多粒子状态 many-particle state
多连拱的 multiarched
多连接支持 multiple attachment support
多连通区域 multiply connected region
多连通体 multiply connected body
多连通域 multiply connected region
多帘式烘干机 multiple apron dryer [drier]
多联泵 multiplex pump
多联表格 multiple part form
多联齿轮 nest
多联齿轮铣刀 stepped cutter
多联电容器 multiple capacitor
多联电位器 multigang potentiometer
多联开关 multigang switch; multiple-(x)(unit) switch
多联可变电容器 multigang variable condenser
多联纸分理机 decollator
多链 multiple chain
多链传输组 fat link
多链的 multichain
多链接表 multilinked list
多链路 multilink
多链牵引式输送机 multiple chain drag conveyer[conveyor]
多梁 multispar
多梁桥 multigirder bridge
多梁桥跨 multiple beam span
多梁式桥 multigirder bridge
多梁式预制混凝土桥 multibeam precast concrete bridge
多量程 multiple scale
多量程测量电路 multirange channel
多量程测量仪表 multimeter; multirange instrument
多量程的 multiple range; multirange
多量程电压表 multivoltmeter
多量程伏特计 multivoltmeter
多量程毫安计 multirange milliammeter
多量程计量 multimetering
多量程记录器 multiple point recorder
多量程静电计 multiple electrometer
多量程万用表 multirange test meter
多量程悬浮固体浊度监测器 multirange turbidity-suspended solids monitor
多量程压力表 multiple manometer
多量程仪 multirange meter
多量程仪表 multirange meter; polyranger
多量程仪器 multirange instrument
多量程指示仪表 multirange indicating instrument
多量程浊度悬浮颗粒监测仪 multirange turbidity-suspended solids monitor
多量子阱 multiquantum well
多料流搅拌机 multiflow mixer
多列的 mnltiband; multirow; multiseriate
多列发丁壁板 Dolly Varden siding
多列发丁墙板 Dolly Varden siding
多列滚柱轴承 multirow roller bearing
多列控制特色 multiple column control feature
多列市郊列车 multiple unit suburban train
多列踏步爆破 bench blasting with multiple rows
多列向心推力球轴承 multirow radical thrust ball bearing
多列轴承 multirow bearing
多裂的【生】multifid
多裂缝的 choppy; cracky
多裂缝地带 jagged terrain
多裂纹的 cracky
多磷酸 polyphosphoric acid
多磷酸铵 ammonium polyphosphate
多磷酸钠 sodium polyphosphate
多磷酸钠洗井 well cleaning with poly sodium phosphate
多磷酸盐 polyphosphate
多磷酸盐抑制剂 polyphosphate inhibitor
多磷酸酯 polyphosphate
多龄林 all-aged forest
多流 multithread
多流测试 multithread test
多流程 multipath
多流的 multiflow
多流方式 multithreading
多流连铸机 multiple strand caster; multiple strand casting machine
多流式加热器 multiflow heater
多流体理论 poly-fluid theory
多流系统 multistream system
多流液洞 multiple throats
多流应用程序 multithread application program(me)
多硫醇 polythiol
多硫化铵溶液 ammonium polysulfide solution
多硫化钡 barium polysulfide
多硫化钙 calcium polysulphide
多硫化合物敷层 polysulfide coating
多硫化合物橡胶 polysulphide-based rubber
多硫化钠 sodium polysulfide
多硫化物 polysulfide; polysulphide
多硫化物处理 polysulfide treating
多硫化物合成橡胶 polysulfide synthetic rubber; polysulphide synthetic(al) rubber
多硫化物基 polysulfide base
多硫化物聚合物 polysulfide polymer
多硫化合物密封剂 polysulfide sealant
多硫化物填封料 polysulphide sealant
多硫化合物涂面层 polysulfide coating
多硫化物液体聚合物 polysulfide liquid polymer
多硫化物蒸煮 polysulfide cooking
多硫化合物止水材料 polysulphide sealant
多硫聚合物 polysulfide polymer
多硫可塑性环氧树脂 polysulphurflexibilised epoxy resin
多硫酸木聚糖 xylan polysulfuric acid
多硫橡胶 chloroprene rubber
多瘤的 torose
多瘤节的坏木材 shan
多龙头热水器 multipoint water heater
多楼层结构 multistor(e)y structure
多楼蒙 <一种无缝楼板的组合物> Doloment
多楼座观众 multibalcony type auditorium
多炉箅 multigrate
多炉连续铸锭 continuous-continuous casting
多炉膛废物焚烧炉 multiple hearth sludge incinerator
多炉膛焚烧炉 multiple hearth incinerator
多炉膛式垃圾焚化炉 multihearth refuse incinerator
多卤代苯 phenyl polyhalide
多卤化的 polyhalogenated
多卤化污染 polyhalogenated pollution
多卤化物 polyhalide
多卤水 polyhalide water
多卤碳化合物 ployhalogenocarbon
多卤碳氢化合物 polyhalogenated hydrocarbon
多卤烃 polyhalogenated hydrocarbon; polyhalogenocarbon
多滤料分层滤床 dual-medium stratified filter bed; multimedia stratified filter bed
多滤料滤床 multimedia bed
多滤平 doxepin
多路 multiple pass; multiple path
多路伴音磁带录像机 multiaudio-track video-tape recorder
多路编排 multiplex
多路编排电缆 multichannel editing streamer
多路变速箱 compound transmission
多路博多电报机 multiple baudot apparatus
多路补充通道 multiple subchannel
多路操作 multiplexed operation
多路插头 multipin plug; multiple connector; multiple pin plug
多路处理 multichannel processing; multiprocessing
多路处理机 multiprocessor
多路处理机链路 multiprocessor link
多路传输 channel(l)ing; multichannel transmission; multipath transmission; multiplexer; multiplexing; multiplex transmission
多路传输加密位速度 multiplex aggregate bit rate
多路传输通路 multiplexer channel
多路传输系统 multiplex system
多路传输转换开关 multiplex switch
多路传输子通道 multiplexor subchannel; multiplex subchannel
多路传输总线 multiplex bus
多路传送 multiplex(er)
多路传送地址与数据总线 multiplexed address, data bus
多路传送方式 multiplex mode
多路串联 multiple series; parallel series
多路串扰 babble
多路磁头 multichannel head
多路磁头缝隙离散 gap scatter
多路存取 multiaccess; multiple access; multiway access
多路存取法 multiaccess method
多路存取计算 multiaccess computing
多路存取计算机 multiple access computer
多路存取计算机系统 multiaccess computer system
多路存取检索系统 multiple access retrieval system
多路存取控制器 multiaccess controller
多路存取路径 multiple access path
多路存取网络 multiaccess network
多路的 multichannel; multiple track; polysleeve; multipass; multipath; multiway
多路电报 multiple telegraphy; multiplex telegraphy
多路电话 multichannel telephone; multiple telephone
多路电话同时传送 simultaneous telephone transmission
多路电话系统 multichannel telephone system
多路电缆进线管道 multiple way cable duct
多路电缆进线通道 multiple way cable duct
多路电路 multiplexed circuit; multiwire branch circuit
多路电码控制 multiplex code control
多路电码控制系统 multiplex code control system
多路电码控制制 multiplex code control system
多路多点分配业务 multichannel multipoint distribution service
多路发射机 multichannel transmitter
多路发送机 multiplex transmitter
多路阀 multicontrol valve; multiple unit valve; multitandem valve; scanivalve
多路访问 multiaccess; multiple access
多路访问虚拟机 multiple access virtual machine
多路放大器 multichannel amplifier; multiple amplifier; polychannel amplifier
多路分解 demultiplex(ing)
多路分解滤波器 demultiplex filter
多路分解器 demultiplexer
多路分解设备 demultiplexing equipment
多路分配 demultiplex
多路分配器 demultiplexer
多路分时操作 multiplexed operation
多路分析器 multichannel analyser[analyzer]; multiple channel analyser [analyzer]
多路负载 multichannel loading
多路复用 multichannel multiplex(ing)
多路复用操作 multiplex operation
多路复用方式 multiplex mode
多路复用光纤传感器 multiplexing fiber-optic sensor
多路复用激光器 multiplexed laser
多路复用接口 multiplexing interface
多路复用链路 multiplex link
多路复用滤波器 multiplex filter
多路复用器 multiplexer[multiplexor]; multiplexing unit
多路复用器开关 multiplexer switch
多路复用设备 multiplexer set; multiplexing equipment
多路复用数据终端 multiplex data terminal
多路复用通道 multiplexer channel
多路复用信道 multiplexer channel
多路复用信号 multiplexed signal
多路复用(转接)器 multiplexer
多路复用装置 multiplex machine
多路感应的复杂串音 babble
多路高频通信[讯]设备 multichannel HF[high frequency] communication equipment
多路跟踪雷达 multiple tracking radar
多路工作 multiplex operation
多路工作方式 multiplex mode; multiplexor channel operation
多路供电 multiple way feed
多路管道 <敷设多根电缆> multiway duct
多路光缆绞制机 multichannel optic-

(al)cable stranding machine
多路光谱仪 multiplex spectrometer
多路广播 multiplex broadcast(ing)
多路焊接 multiple pass weld
多路化 demultiplexing;multiplexing
多路话音频率 multichannel voice frequency
多路换向阀 multichannel conversion valve
多路换向控制阀 multiple way directional control valve
多路混合器 multichannel mixer
多路记录磁头 multichannel recording head
多路记录器 multichannel recorder
多路记录示波器 multichannel recording oscillograph
多路记录仪 multichannel recorder
多路技术 frequency multiplexing technique
多路继电器 multicircuit relay
多路加热炉 multistream heater
多路检查 multiple check
多路检验 multiple check
多路交叉(口) intersection multiway; multilegs intersection; multiple crossing;multiple intersection;multiway intersection; multiway junction;compound intersection
多路交换 highway switching
多路接入 multiple access
多路接收 multiple reception
多路接头 multiple connector
多路进场电子计算机 multipath approach electronic computer
多路进浆管 inlet header
多路进线 multiple feed
多路径 multipath;multiple route
多路径传播 multipath propagation
多路径传输信号延迟 multipath delay
多路径的 multipath
多路径反射误差 multipath error
多路径(交通)分配法 multipath assignment
多路径(路线)分配 <交通分配方法之一> multipath route assignment
多路径选择 multiple routing
多路开关 multiple way switch;multiway switch;scanivalve;multiplexer
多路控制 multiple check; multiplex control
多路控制器 multiplexer
多路口的 multithroated
多路快速打印机 multiplex fast printer
多路立体声 multiphonic stereophony
多路连接符号 multiple connector
多路连接器 multiple connector
多路连接线 multiple connector
多路联机 multiple on-line
多路流程图 multiple connector
多路流程图符号 multiple connector
多路罗纹机 multifeed rib machine
多路门 multiplexing gate
多路模拟器 multipath simulator
多路模拟数字数据编码器 multichannel analog-to-digital data encoder
多路内部反射表面泵浦激光器 multiple internal reflection face-pumped laser
多路耦合器 multicoupler; multiple path coupler
多路排队 <具有多个服务台的排队论问题> multiple queue;multiqueue
多路排列 multiarray
多路气流式烘干机 multipass airlay dryer
多路熔接接头机 mass fusion splicing machine
多路入口 multientry
多路设备 multiplex equipment
多路生理监视设备 multichannel physiological monitoring equipment
多路示波器 multichannel oscillograph
多路输出选择器 demultiplexer
多路输送 multipath transmission
多路数据终端 multiplex data terminal
多路数字传感器 multiplexer digital transducer
多路条件 multipath condition
多路调谐天线 multituning antenna
多路调制 multiplexing
多路调制器 multiplex(er)
多路停车控制 multiway stop control
多路通道 multiplexer channel;multiplex link
多路通道排队 multiple channel queue
多路通路 multiplexer channel
多路通信[讯] multichannel communication; multipath communication; multiple access;multiple path communication; multiple telecommunication;multiplex communication
多路通信[讯]发射机 multiplex transmitter
多路通信[讯]解调器 multiplex demodulator
多路通信[讯]调制 multiplex modulation
多路通信[讯]调制器 multichannel modulator;multiplex modulator
多路通信[讯]卫星 multiple access satellite
多路通信[讯]卫星系统 multiple access satellite system
多路微波通信[讯]设备 multichannel microwave telecommunication equipment
多路无线电报 multiple radio telegraphy
多路无线电收发讯机 multichannel radio transceiver
多路无线电信标 multitrack range
多路系统 multiple(loop) system;multiple way system
多路纤维带 multifiber ribbon
多路线 multicourse
多路线出行分配 multi-routing assignment
多路线概率分配法 probabilistic multiroute traffic assignment
多路相关器 multichannel correlator
多路效应 multipath effect
多路信道 multiplex;multiplexer channel
多路信息 multiline message
多路信息处理机 multiplexed message processor
多路信息计算机系统 multiplexed information and computing system
多路旋塞 multiple way cock
多路选择 many-way selection
多路烟道 multiflue
多路移频载波电报系统 multichannel frequency shift carrier telegraph system
多路音频电报 multichannel voice frequency telegraphy; phonoplex telegraph(y)
多路印刷装置 multiplex printing apparatus
多路由选择 multiple routing
多路语言通信[讯] multiplexed voice communications
多路运算 multiple arithmetic
多路载波电话 multichannel carrier telephone; multiplex carrier telephone
多路载波通路 multichannel carrier path
多路载波通信[讯]设备 rectiplex
多路载波信号 multiple access carrier
多路载波装置 multichannel carrier
多路载频电话终端机 multichannel carrier-frequency telephone terminal
多路指示 multichannel indication
多路制 multiplex system
多路质谱计 multipassage mass spectrometer
多路终端 multiplex terminal
多路转换 multiplex(ing)
多路转换的总线系统 multiplexed bus system
多路转换方式 multiplex mode
多路转换开关 multicircuit switch; multiway switch
多路转换器 multiplexer[multiplexor]; traffic pilot
多路转换器方式 multiplexer mode
多路转换器开关电路 multiplexer switch circuit
多路转换器与多路分配器 multiplexer and demultiplexer
多路转换输入 multiplexer input
多路转换通路 multiplexer channel
多路转换线路 multiplex line
多路转换总线结构 multiplexed bus structure
多路转接 multiplexing
多路转接方式 multiplex mode
多路转接器 multiplex adapter; multiplexer[multiplexor]
多路转接器模拟程序 multiplexer simulator
多路转接器通道 multiplexer channel
多路转接器终端部件 multiplexor terminal unit
多路转输 multiplex
多路转移 multibranch
多路装配 multibranch fitting
多路总体加密机 multichannel bulk encryption unit
多铝红柱石 mullite
多铝红柱石耐火材料 mullite refractory
多缕结构 multiple fibre structure
多氯苯 polystream
多氯苯甲酸 polychlorobenzoic acid
多氯代苯 phenyl polychloride
多氯代联苯 polychlorinated biphenyls
多氯化反应 polychlorization
多氯化联苯类 polychlorinated biphenyls
多氯化铝 alumin(i)um polychloride; polyalumin(i)um chloride
多氯化石蜡 polychloroparafin
多氯化烃 polychlorohydrocarbon
多氯化物 polychloride
多氯联苯 polychlorinated biphenyl
多氯联苯化合物 polychlorinated biphenyl compound
多氯联苯污染 pollution by polychlorinated biphenyls; polychlorinated biphenyl pollution
多氯联苯污染对健康的影响 health effects of polychlorinated biphenyl pollution
多氯联苯污染物 polychlorinated biphenyl pollutant
多氯硫酸铝 polychlorosulfate alumin(i)um
多氯三联苯 polychlorinated triphenyl
多氯烃 polychlorinated hydrocarbon
多氯氧 polychlorinated dibenzofuran
多卵石层 multiple gravel layers
多卵石的 pebbled;pebbly
多伦多市区公共交通委员会 <加拿大> Toronto Transit Commission
多轮传动 multiwheel drive
多轮的 multiwheel
多轮断面(测定)仪 multiwheeled profilometer
多轮挂车 multiwheeled trailer
多轮荷载 multiple-wheel load;multiwheel load
多轮滑车 multiple-sheave block;multisheave block
多轮路碾 multiple-wheel roller
多轮磨削 multiwheel grinding
多轮碾(压机) multiwheel(ed) roller
多轮汽车 multiwheeler
多轮式磨床 multiple-wheel grinder
多轮式起落架 bogie undercarriage
多轮式压路机 multiple tire roller; multiwheeled roller; multiple tire(d)[tyre(d)] roller
多轮胎压路机 multiple tyre(d) roller
多轮拖车 multiwheeled trailer
多轮拖拉机 multitired tractor
多轮系统 multi(ple)-wheel system
多轮压路机 multiple-wheel roller; multiwheel roller
多轮载货卡车 multiwheel lorry
多轮载重卡车 multiwheel lorry
多轮载重汽车 multiwheel lorry
多逻辑元件 compound logic element
多螺杆挤出机 multiple screw extruder;multiscrew extrusion machine
多螺线的 multiturn
多螺旋桨船 multiple screw ship
多洛赛塔尔锡釉陶器 Dorotheenthal faience
多洛雷斯层 Dolores beds
多码状态分配 multicode state assignment
多买折扣 volume discount
多麦尔阶【地】Domerian(stage)
多脉冲 multiple impulse;multipulse
多脉冲编码 multiple pulse coding
多脉冲发射 multipulse transmission
多脉冲焊 multiple impulse welding
多脉冲焊缝 multiple impulse weld
多脉冲焊接 multipulse welding; pulsation welding
多脉冲接触焊 multiple impulse welding;pulsation welding
多脉冲接触焊机 multiple impulse welder
多脉冲谱仪 multiple pulse spectrometer
多脉冲群 multiburst
多脉冲群发生器 multiburst generator
多脉冲探测器 multiple pulse detector
多脉冲线性预测编码 multiple pulse linear predictive coding; multipulse linear predictive coding
多脉冲型链 multipulse mode chain
多脉冲序列法 multiimpulse order method
多脉冲振荡问题 multiple pulse problem
多毛的 comate
多锚腿系泊 multi-leg(spread) mooring
多媒介 multimedia
多媒介监测站 multimedia monitoring station
多媒介通信[讯]电缆 multimedia communication cable
多媒体 hypermedia;multimedia
多媒体编著系统 multimedia authoring system
多媒体操作系统 multimedia operating system
多媒体导航行系统 multimedia navigation system
多媒体的 multimedia
多媒体电脑 multimedia personal computer

多媒体格式 multimedia format
多媒体个人计算机 multimedia personal computer
多媒体计算机 multimedia computer
多媒体技术 multimedia technology
多媒体接口 multimedia interface
多媒体接口设计 multimedia interface design
多媒体卡 multimedia card
多媒体课程软件 multimedia courseware
多媒体控制接口 multimedia control interface
多媒体扩展 multimedia extension
多媒体扩展技术 multimedia extension technique
多媒体软件 multimedia software
多媒体设备 multimedia device
多媒体数据 multimedia data
多媒体数据传输系统 multimedia data transfer system
多媒体数据库管理系统 multimedia database management system
多媒体数据库系统 multimedia database system
多媒体数据模型结构类型 multimedia data model structure type
多媒体通信[讯] multimedia communication
多媒体网络 multimedia network
多媒体网络系统 multimedia network system
多媒体微机 multimedia personal computer
多媒体文件服务器 multimedia file server
多媒体文件输入输出 multimedia file input/output
多媒体文件系统 multimedia filing system
多媒体系统 multimedia system
多媒体写作系统 multimedia authoring system
多媒体芯片 multimedia chip
多媒体信息采集输入储存设备 multimedia information capture input storage device
多媒体信息技术 multimedia telematics
多媒体信息系统 multimedia information system
多媒体业务 multimedia service
多媒体硬件 multimedia hardware
多媒体造型环境 multimedia shaping environment
多媒体制作工具 multimedia editoring tool;Authorware <其中的一种>
多媒体终端 multimedia terminal
多媒体装置 multimedia device
多门冰箱 multidoor refrigerator
多醚 polyether
多米奥醇 dimiodol
多米尼加红木 Dominican mahogany
多米尼加见习修道院 Dominican novitiate monastery
多米尼加教堂 Dominican church
多米尼加女修道院 Dominican nunnery
多米尼加式建筑 Dominican architecture
多米尼加修道院 Dominican monastery
多米尼加修女院 Dominican nunnery
多米诺效应 Domino effect
多面 multiaspect
多面查找 multiple-aspect searching
多面的 multiaspect;multidimensional;multiple surface;polyhedral
多面等应力状态 equilateral state of stress
多面顶 multiple anvil
多面度盘式回转机床 multiple station dial index machine
多面镀铬环 chrome-plate-sides ring
多面回转工作台式组合机床 rotary indexing machine
多面剪铆钉 multiple shear rivet
多面角 polyhedral angle
多面角的面角 face angle of a polyhedral angle
多面角区域 polyhedral region
多面金字塔式天窗 conic(al) light
多面棱镜 multifaceted prism
多面临空爆破 open face blasting
多面砌体砌合 polygonal bond
多面扫描轮 multiface scanning wheel
多面手 all-round handy man;generalist;handy man;many-sided person;multitalent;versatile man(or worker)
多面体 polyhedra(l);polyhedron;polytope
多面体薄壳 polyhedral shell
多面体的 polyhedral
多面体的对角面 diagonal plane of a polyhedron
多面体的对棱 opposite edge of a polyhedron
多面体的面 face of polyhedron;polyhedron face
多面体的面角 face angle of a polyhedron
多面体定理 theorem of polyhedra
多面体对策 polyhedral game
多面体结构 polyhedral structure
多面体晶体 polyhedral crystal
多面体孔 polyhedral pore
多面体卵石 faceted pebble
多面体投影 polyhedral projection
多面体透镜 faceted lens
多面投影 multiple plane projection;polyhedral projection
多面凸集 convex polyhedral set
多面凸锥 polyhedral convex cone
多面形的 polygonal figure
多面形棱柱薄壳屋顶 polygonal prismatic(al) shell roof
多面形倾斜屋顶 polygonal tilted-slab roof
多面形四坡板屋顶 polygonal hipped-plate roof
多面形外露混凝土柱 polygonal exposed concrete column
多面型 brilliant
多面型宝石光 brilliancy
多面型修饰 brilliant cutting
多面性 polysuperficiality;versatility
多面柱 polygonal column
多面锥体 polyhedral cone
多秒钟的 multisecond
多民族的 multinational
多敏感性 multisensibility
多模 multiple mo(u)ld(ing)
多模波导 multimode waveguide
多模波分多路复用器 multimode wavelength-division multiplexer
多模波分去复用器 multimode wavelength-division demultiplexer
多模玻璃纤维 multimode glass fiber
多模操作 plural mo(u)ld operation
多模槽锻模 multiple impression die
多模成型机 multiple mo(u)ld machine
多模传播 multimode propagation
多模的 multimode
多模多喇叭馈电器 multimode-multihorn feed
多模干扰 multimode disturbance
多模管压机 multiple die tubing machine
多模光波导 multimode optic(al) wave guide
多模光导管 overmoded pipe
多模光(导)纤(维) multimode optic(al) fiber[fibre]
多模光缆 multimode optic(al) cable
多模光纤水听器 multimode optic(al) fiber hydrophone
多模光纤微弯传感器 multimode fibre-optic microbend sensor
多模激光二极管 multimode laser diode
多模激光器 multimode laser
多模馈电器 multimode feed
多模拉丝机 multidie(wire-drawing) machine
多模连续式拉丝机 multidie continuous wire drawing machine
多模滤光器 multimode filter
多模模板 segmented pattern
多模片压力表 multiple diaphragm ga(u)ge
多模齐铸法 multiple casting
多模群时延展宽 multimode group-delay spread
多模式 multimode(l)
多模式比较器 multipattern compaction
多模输出信号 multimode output
多模网络 multiple-mode network
多模系统 multimode system
多模纤维 multimode fiber[fibre]
多模谐振腔 multimode cavity
多模性能 multimode behavio(u)r
多模压机 gang press
多模眼镜片 multiple coating eye-glass
多模圆波导 overmolded waveguide
多模中粗拉丝机 multiple-die medium heavy wire-drawing machine
多模装饰 enrichment
多膜片压力计 multiple diaphragm ga(u)ge
多姆克蜂房接缝 Domke honeycomb joint
多目标 multiple objective;multiple target;multitarget
多目标坝 multiple-purpose dam;multipurpose dam
多目标参数估算 multiple objective parameters estimation
多目标测量 multiple-purpose survey;multipurpose survey
多目标的 multiobjective;multipurpose
多目标动态规划 multiobjective dynamic programming
多目标发生器 multiple target generator
多目标分析 multiobjective analysis;multiple project analysis
多目标跟踪 multiple target tracking
多目标工程 multiple-purpose project;multipurpose project
多目标规划 multiobjective planning;multiobjective programming;multiple objective planning
多目标规划评价 multiple objective planning and evaluation
多目标函数 multiple objective function;vector-valued objective function
多目标计划 multiple-purpose project;multipurpose project;multipurpose scheme
多目标结构 multiobjective structure;multiple objective structure
多目标决策 multiobjective decision making;multiple objective decision;multitarget decision
多目标决策方法 multiobjective decision making approach
多目标决策模型 multiobjective decision making model;multiple objective decision making model
多目标开发 multiple objective development;multiple-purpose development;multipurpose development
多目标开发工程 multiple-purpose project;multipurpose project
多目标利用 multiple(-purpose) use
多目标旅程 multipurpose trip
多目标判据 vector-valued criterion
多目标水库 multiple-purpose reservoir;multiple use reservoir;multipurpose reservoir
多目标水利枢纽 multipurpose water control project
多目标水利资源利用 multiple-purpose water utilization;multipurpose water utilization
多目标水质管理 multiobjective water quality management
多目标水质管理模型 multiobjective water quality management model
多目标水资源利用 multipurpose water utilization
多目标探测 multiple target detection
多目标项目 multiobjective project
多目标消息 book message
多目标优化理论 multiple objective optimization theory;multipurpose optimization theory
多目标优化系统 multipurpose optimization system
多目表 multilist
多目表组织 multilist organization
多目的 multipurpose
多目的传送 multicast communication
多纳尔铝合金 Donal
多纳尔逊污泥密度指数 Donaldson sludge density index
多纳错石 natron catapliite
多纳柯那 <一种木纤维墙板> Donnacona
多纳斯图 Donath chart
多纳炸药 donarite
多瑙冰期【地】Donau glacial stage
多瑙-贡兹间冰期【地】Donau-Gunz interglacial stage
多瑙河 Danube River
多瑙河吨位法 Danube rule
多瑙河国际委员会 International Danube Commission
多能测定计 polymeter
多能捣固机 versatile tamper
多能的 polychrestic;versatile
多能谷半导体 multivalley semiconductor
多能机 multipurpose machine
多能级(的) multilevel;multiple level
多能级激光器 multilevel laser
多能量度计 polymeter
多能炉黑 multipurpose furnace
多能模 multiple operation die
多能木作机 universal woodworker
多能切菜机 all-purpose vegetable cutter
多能三轴仪 multipurpose triaxial test apparatus
多能色谱仪 panchromatograph
多能湿度表 polymeter
多能湿度计 polymeter
多能通风机 versatile ventilator
多能圆锯 universal saw
多能桩架 multipurpose-type pile frame;versatile pile frame
多泥的 muddy;slimy
多泥废水 muddy wastewater
多泥沙河流 fully loaded river;fully loaded stream;overloaded river;o-

verloaded stream; sediment-laden river; silt-laden river
多泥石 polynite
多年 over years
多年变化 secular change; secular variation
多年冰 multiyear ice; old ice; perennial ice
多年冰丘 old hummock; very old hummock
多年不断的 perennial
多年超采 <地下水的> perennial over-draft
多年的 secular; year-to-year
多年的冰丘脉 aged ridge
多年冻层 ever-frozen layer
多年冻层上限 upper limitation of years frozen soil layer
多年冻结潜水区 perennial forest undergroundwater area
多年冻结型 permafrost type
多年冻土 eternal frost; ever frost; perennial frost; perennially frozen soil; permafrost; perpetually frozen soil; tjaele
多年冻土带 permafrost zone
多年冻土面 permafrost table
多年冻土区的地下水动态 groundwater regime in permafrost region
多年冻土下限 permafrost bottom
多年冻土学 geocryology
多年度索引 multiannual index
多年堆积冰 very old hummock; very old ice
多年拟层孔菌 pine root fungus; Fomitopsis annosa <拉>
多年年平均降水量 averaged annual precipitation over years
多年年平均径流量 averaged annual runoff over years
多年年平均蒸发量 averaged annual evapo(u)ration discharge over years
多年平均变幅 mean annual range
多年平均产量 average annual yield; average long-term yield; mean long-term yield
多年平均发电量 long-term average annual energy; long-term average annual power output
多年平均高水位 mean high water (level)
多年平均海平面 mean annual sea level
多年平均洪水量 mean annual flood
多年平均基流 normal base flow
多年平均降水量 average annual precipitation; mean annual precipitation; normal annual precipitation
多年平均较差 mean annual range
多年平均较高高潮位 mean annual higher high water
多年平均径流量 annual normal flow; long-time average annual flow; mean annual runoff; normal annual runoff
多年平均库容 multiannual storage; overyear storage
多年平均库容量 multiannual storage capacity; overyear storage capacity
多年平均流量 average annual discharge; average annual flow; long period average discharge; long period average flow; long-term average discharge; long-time annual flow; long-time average discharge; mean annual discharge
多年平均日低潮不等(值) mean-diurnal low-water inequality
多年平均日高潮不等(值) mean-diurnal high-water inequality
多年平均水位 mean annual water level
多年平均温度 mean annual temperature
多年平均雨量 mean annual rainfall
多年平均蒸发量 normal evapo(u)ration
多年平均值 average value over years; long-time average annual value; multiannual average
多年平均值百分率法 percentage-of-mean-annual method
多年平均最大洪水 mean annual maximum flood
多年平均最大洪水流量 mean annual maximum flood discharge
多年平均最低水位 mean annual lowest water level; mean annual minimum level
多年平均最高水位 mean annual highest water level; mean annual maximum level
多年平均最小洪水 mean annual minimum flood
多年平均最小洪水量 minimum annual flood
多年平均最小洪水流量 mean annual minimum flood discharge
多年生 perennation
多年生草 perennial grass
多年生草本植物 herbaceous perennid
多年生草木 renascent herb
多年生的【植】vivacious; perennial; sychnocarpous
多年生根 perennial root
多年生阔叶杂草 perennial broadleaf weed
多年生木质茎 woody perennial stems
多年生牧草 perennial grass
多年生蔬菜选择 selecting perennial vegetable
多年生园艺植物 garden perennial
多年生杂草 perennial weed
多年生枝 perennial branch
多年生植物 fructus naturales; overwintering plant; perennial plant
多年生植物收集 collection perennial herb
多年生作物 perennial crop
多年生作物灌溉 perennial crop irrigation
多年水道 perennial water course
多年调节 interannual regulation; long-term regulation; overyear regulation; pluriennial regulation
多年调节电站 carry-over storage plant; carry-over storage station; full-time storage plant
多年调节库容 carry-over storage; long-term storage; overyear storage; year-to-year storage
多年调节库容电站 multiannual storage plant
多年调节库容量 carry-over storage capacity
多年调节水库 carry-over reservoir; carry-over storage; conservation reservoir; long period storage reservoir; overyear storage; reservoir for overyear storage; year-to-year reservoir
多年调蓄量 hold-over storage
多年贴岸冰 permanent ice foot
多年蓄水 carry-over storage; overyear storage
多年蓄水量 cyclic(al) storage
多年月平均降水量 averaged monthly precipitation over years
多年月平均径流量 averaged monthly runoff over years
多年月平均蒸发量 averaged monthly evapo(u)ration discharge over years
多年运河 perennial water course
多年周期 secular cycle
多年最大径流量 perennial maximum runoff
多年最大值 maximum value over years
多年最低气温值 perennial minimum air temperature
多年最高气温值 perennial maximum air temperature
多年最小径流量 perennial minimum runoff
多年最小值 minimum value over years
多涅茨克极性巨带 Donetsk polarity hyperzone
多涅茨克极性巨时间带 Donetsk polarity hyperchronzone
多涅茨克极性亚时 Donetsk polarity hyperchron
多凝集反应 polyagglutination
多诺拉烟雾事件 Donora smog episode; Donors smog incident
多诺休方程 Donoghue equation
多偶氮染料 polyazo dye
多偶氮颜料 polyazo pigment
多偶极等离子体朗缪尔探测仪 multi-dipole plasma Langmuir probe
多偶性 polygamous
多耙横梁 <松土机的> multiple shank beam
多耙松土机 multiple shank ripper
多排 multiple tier
多排锤式破碎机 sledge mill
多排的 multibank; multirow
多排刻度 manifold graduation
多排孔 multirow core
多排孔沉井 porous pit sinking
多排孔间隔爆破 rotation firing; row shooting
多排炮眼爆破 multiple row blasting; multiple row shot
多排炮眼爆破法 multiple row method
多排汽口 multiexhaust
多排汽口汽轮机 multiexhaust turbine
多排式发动机 multibank engine
多排踏步爆破 bench blasting with multiple rows
多排天线 mattress array
多排星型发动机 multirow radial engine
多排悬壁承重桩 multiple rows of cantilever bearing pile
多排钻孔爆破 multiple-row blasting
多盘 multiple disc[disk]
多盘采样装置 multiple disc sampling apparatus
多盘的 multiplate
多盘管式给水加热器 multicoil feed heater
多盘锯 gang saw
多盘离合器 multidisc clutch; multiple disc clutch
多盘摩擦离合器 friction(al) clutch of the multiple disk; multidisc friction clutch; multiplate friction clutch
多盘曝气器 multiple tray aerator
多盘式 multidisc[multidisk]
多盘式采样器 multiple disc sampling apparatus; multiple plate sampler
多盘式割草机 multidisc mower
多盘式横锯 multidisc cross cutter
多盘式液压离合器 multiplate hydraulic
多盘式制动器 multidisc brake; multiple disc(type) brake
多盘弹性接头 multidisc flexible coupling
多盘弹性离合器 multidisc flexible coupling
多盘闸 multiple disc brake; multiple plate brake
多炮爆破 multiple blasting
多炮眼爆破(法) multishot firing
多跑道机场 all-way airfield; multirunway airport
多泡的 bubbly; vesicular
多泡构造 vesicular structure
多泡沫的 foamy; frothy
多泡沫的胶黏[粘]剂 foamy adhesive
多泡性黏[粘]土 foam clay
多泡状 vesicular
多泡状构造【地】vesicular structure
多配位基 multidentate
多喷管 multinozzle
多喷管发动机 multinozzle engine
多喷口 multijet spray
多喷口凝汽器 multijet condenser
多喷口排汽 multiple-jet exhaust
多喷头插座 nozzle manifold
多喷嘴 multiinjector; multijet; multinozzle; multiple jet; multiple nozzle
多喷嘴冲击式水轮机 multijet impulse turbine
多喷嘴吹灰器 multinozzle soot blower
多喷嘴的 multijet
多喷嘴管 multijet element
多喷嘴扩散泵 multiple nozzle pump
多喷嘴冷凝器 multijet ejector condenser
多喷嘴喷气织机 multijet weaving machine; pneumatic multijet weaving machine
多喷嘴喷头 nozzle cluster
多喷嘴水轮机 multinozzle turbine
多批处理 multibatch processing
多片 multichip; multidisc[multidisk]; multiplate
多片电磁离合器 multidisc electromagnetic clutch
多片电路 multichip circuit
多片电容器 multiplate condenser
多片簧 multiple leaf spring
多片混合电路 multichip hybrid circuit
多片接口 multichip interface
多片开关 multiwafered switch
多片离合器 multiple disc clutch
多片摩擦离合器 multidisc friction clutch; multiplate friction clutch
多片盘闸 multiplate disc brake
多片切片机 polymicrotome
多片式的 multiplate
多片式电容器 multiplate condenser
多片式钢板弹簧 laminated leaf-spring; multileaved spring
多片式离合器 multidisc clutch; multiplate clutch; multiple plate clutch; multiple disc clutch
多片式膨胀节 multiple plate expansion joint
多片式气动刹车 multiple disc air-operated brake
多片式气动制动器 multiple disc air-operated brake
多片式伸缩缝 multiple plate expansion joint
多片式油浴离合器 multiple disc oil clutch
多片式振动器 multiplate vibrator
多片式转向离合器 multiplate steering clutch
多片瓦轴承 segment bearing
多片微型电路 multichip microcircuit

D

多片微型计算机 multichip microcomputer
多片圆锯机 slasher
多片闸 lamellar brake
多片抓斗 multiple sheet grab
多片状 multichip
多偏振摄影 multipolarization photography
多频拨号 multifrequency selection
多频测试器 tester for multi-frequency signaling
多频长途拨号制 multifrequency long-distance selection system
多频长途选择制 multifrequency long-distance selection system
多频传输法 frequency multiplexing technique
多频带 multiband
多频带接收器 multifrequency receiver
多频带天线 multiband antenna
多频道 multichannel
多频道传输 multichannel transmission; multipath transmission; multiplex transmission
多频道电视 multichannel television
多频道电视天线 multiband television antenna
多频道方式 multichannel method
多频电码 multifrequency code
多频电码接收器 multifrequency code receiver
多频电码制 multifrequency code system
多频供给电路 multifrequency supply circuit
多频记发器 multifrequency sender
多频(率)按钮组合 multifrequency push-button set
多频(率)编码信号方式 multifrequency code signal(l)ing
多频(率)的 multifrequency
多频(率)电动发电机 multifrequency motor-generator
多频(率)多路技术 frequency multiplexing technique
多频(率)发电机 multifrequency generator
多频(率)发射 multifrequency transmission
多频(率)发射机 multifrequency transmitter
多频(率)发生器 multifrequency generator
多频(率)辐射 heterogeneous radiation
多频(率)辐射器 heterogeneous radiator
多频(率)键控 multifrequency keying
多频(率)交流发电机 multifrequency alternator
多频(率)接收机 multifrequency receiver
多频(率)接收器 multifrequency receiver
多频(率)雷达 multifrequency radar
多频(率)脉冲 multifrequency pulse
多频(率)脉冲发生器 multiburst generator
多频(率)谱影像 multispectral imagery
多频(率)扰动 multifrequency excitation
多频(率)射流振荡器 multifrequency fluid oscillator
多频(率)甚低频技术 multiple frequency very low frequency technique
多频(率)声 multitone
多频(率)收发原理 crossband principle
多频(率)探鱼仪 multifrequency sounder
多频(率)微波辐射计 multifrequency microwave radiometer
多频(率)信号 multifrequency signal
多频(率)信号传输 multitone transmission
多频(率)信号方式 multifrequency signal(l)ing
多频(率)信号制 multifrequency signal(l)ing system
多频(率)信令 multifrequency signal(l)ing
多频(率)选择 multifrequency keying
多频(率)遥控制 multifrequency remote control system
多频(率)移频解调器 multifrequency shift demodulator
多频(率)音 multitone
多频(率)音调补偿器 graphic(al) equaliser [equalizer]; universal equalizer
多频(率)振荡器 multifrequency generator
多频(率)制 multifrequency system
多频(率)终端 multifrequency terminal
多频谱扫描器 multispectral scanner
多频调制 multiple frequency shift keying
多频选择 multifrequency selection
多频移频键控 multiple frequency shift keying
多频音调补偿器(广播) graphic(al) equaliser[equalizer]
多频振荡器 multifrequency oscillator
多频振动 multifrequency vibration
多频转发器 multifrequency translator
多品系混合体 multiline mixtures
多品质评价 multiattribute assessment
多品种精密轧机 versatile precision-rolling mill
多平面 multilevel
多平面多转速平衡法 multiplane-multispeed balancing
多平面交叉结构 multilevel-intersection structure
多平台 multiplatform
多平巷开拓系统 multiple entry system
多屏极电子管 multianode tube
多屏绝热 multishield insulation
多屏图形 multiscreen graphic
多坡的 hilly
多坡屋顶建筑 multigable building
多普勒边带 Doppler sideband
多普勒不变性 Doppler invariance
多普勒测距 Doppler ranging
多普勒测距系统 Doppler range[ranging](measuring system); Doran
多普勒测量装置 Doppler survey set
多普勒测速和测位器 Doppler velocity and position finder
多普勒测速和定位 Doppler velocity and position
多普勒差频 Doppler beat frequency
多普勒超声波流速遥测仪 Doppler ultrasonic velocity sensor
多普勒超声波流速仪 Doppler ultrasonic flowmeter
多普勒超声波扫描器 Doppler ultrasonic scanner
多普勒船舶速度表 Doppler ship's speedometer
多普勒船舶速度计 Doppler ship's speedometer
多普勒船速计程仪 Doppler speed log
多普勒单点定位 Doppler single-point positioning
多普勒导航 Doppler navigation
多普勒导航声呐 Doppler navigation(al) sonar
多普勒导航系统 Doppler navigation(al) system; navigation Doppler system
多普勒导航仪 Doppler navigator
多普勒导线联合网 unified net of Doppler stations and zero-order traverses
多普勒定位 Doppler fix; Doppler fixation; Doppler positioning
多普勒短弧法定位 Doppler positioning by the short arc method
多普勒法 Doppler method
多普勒方程 Doppler equation
多普勒-斐索效应 Doppler-Fizeau effect
多普勒风 Doppler wind
多普勒风速计 Doppler anemometer
多普勒跟踪 Doppler tracking
多普勒关系 Doppler relation
多普勒惯性导航装置 Doppler inertial navigation(al) equipment
多普勒惯性系统 Doppler inertial system
多普勒光雷达 optic(al) Doppler radar
多普勒海流计 Doppler current meter
多普勒航行 <同飞机上发出的和从地面反射回来的电子信号量测地速和航差的一种航行体系> Doppler navigation
多普勒核心 Doppler core
多普勒回波指示器 Doppler echo indicator
多普勒激光流速计 Doppler laser velocimeter
多普勒计程仪 Doppler log
多普勒计数 Doppler count
多普勒计数器 Doppler counter
多普勒加宽法 Doppler broadening
多普勒检测器 Doppler detector
多普勒接收机 Doppler receiver
多普勒精度 Doppler accuracy
多普勒宽度 Doppler width
多普勒雷达 Doppler radar
多普勒雷达定位 Doppler-radar fix
多普勒雷达天线的波束形状 beam configurations of Doppler radar antenna
多普勒联线定位法 Doppler translocation
多普勒流量计 Doppler(flow) meter
多普勒流速计 Doppler velocimeter
多普勒流速仪 Doppler current meter
多普勒轮廓 Doppler contour; Doppler profile
多普勒拍频 Doppler beat frequency
多普勒频率 Doppler frequency
多普勒频率目标跟踪 Doppler loop
多普勒频谱 Doppler frequency spectrum
多普勒频散 Doppler spread
多普勒频移 Doppler(frequency) shift
多普勒频移测量 Doppler shift measurement
多普勒频移海流测速仪 Doppler shift ocean-current meter
多普勒频移海流计 Doppler shift ocean-current meter
多普勒谱线增宽 Doppler broadening
多普勒气泡检测仪 Doppler bubble detector
多普勒散射 Doppler scattering
多普勒甚高频全向信标 Doppler sonar very high frequency omnirange beacon
多普勒声波导航仪 acoustic(al) Doppler navigator
多普勒声呐 Doppler sonar
多普勒声呐导航仪 Doppler sonar navigator
多普勒声呐导航与系泊系统 Doppler sonar navigation(al) and docking system
多普勒声呐导系统 Doppler sonar system
多普勒声呐计量仪 Doppler sonar log
多普勒声呐转换器 Doppler sonar transducer
多普勒声学定位系统 acoustic(al) Doppler positioning system
多普勒声学流速仪 acoustic Doppler current meter
多普勒声学水流剖面仪 acoustic(al) Doppler current profiler
多普勒数据 Doppler data
多普勒数据不足不能定位 no fix A
多普勒数据传输器 Doppler data translator
多普勒双色激光风速计 Doppler two-colo(u)r laser anemometer
多普勒速度和位置 Doppler velocity and position
多普勒锁相 Doppler phase lock
多普勒调制 Doppler modulation
多普勒卫星大地网 Doppler satellite geodetic network
多普勒卫星定位系统 satellite Doppler positioning system
多普勒卫星短弧网 Doppler satellite network with short arcs
多普勒卫星观测 Doppler satellite observation
多普勒位移 Doppler displacement; Doppler shift
多普勒无线电技术 radio Doppler
多普勒系统 Doppler system
多普勒效应【物】Doppler effect
多普勒效应雷达 Doppler effect radar
多普勒效应器 Dopplerizer
多普勒信息 Doppler message
多普勒移位 Doppler translation
多普勒原理 Doppler's principle
多普勒运动 Doppler motion
多普勒展宽法 Doppler broadening
多普勒振荡器检测设备 Doppler generator test set
多普勒指示器 Doppler indicator
多普勒致宽 Doppler broadening
多普勒铸铁 Dopploy
多普勒资料 Doppler data
多谱的 multispectral
多谱段 multiband
多谱段传感器 multispectral sensor
多谱段法 multispectral approach
多谱段分光计 multiband spectrometer
多谱段光度计 multispectral photometer
多谱段空间分辨力 multiband spatial resolution
多谱段空间分辨率 multiband spatial resolution
多谱段扫描系统 multispectral scanning system
多谱段扫描仪 multispectral scanner
多谱段摄影 multispectral photography
多谱段摄影机 multiband camera; multispectral camera
多谱段摄影系统 multispectral camera system
多谱段数据系统 multispectral data system
多谱段投影仪 multispectral projector
多谱段图像 multispectral imagery
多谱段系统 multiband system
多谱段遥感 multispectral remote

sensing
多谱段影像 multispectral image
多谱段照相机 multiband spectral camera
多谱段资料 multispectral data
多谱光电图像光谱仪 multispectral optoelectronic imaging spectrometer
多谱扫描器 multispectral scanner
多谱扫描摄影机 multispectral scanning camera
多谱摄影及扫描 multispectral photography and scanning
多谱线激光器 multiline laser
多谱线照相 multispectral photography
多谱信号 multispectrum signal
多谱影像 multispectral imagery
多期工程项目 multiphase project
多期活动 multiperiodic(al)activity
多歧管 branch manifold
多歧聚伞花序 pleiochasium;polychasium
多起源的 polygenetic
多气孔 gassiness
多气泡铸件 honeycombed casting
多气室充气艇 multicell plenum craft
多气室气垫船 multicell plenum craft
多气体多量程红外气体分析器 multigas and multirange infrared gas analyser[analyzer]
多气体分析器 multiple gas analyser [analyzer]
多气性 gassiness
多气旋集尘器 multicyclone collector
多汽缸的 multicylinder
多汽缸发动机 multiple cylinder engine
多汽缸汽轮机 multicylinder turbine
多汽缸式发动机 multicylinder engine
多汽缸蒸汽机 multicylinder steam engine
多钳口卷取机 multiple slot coiler
多浅滩的 shelvy;shoaly
多浅滩河段 shoaly reach
多浅洲的 shoaly
多嵌套 multinest
多枪管 multigun tube
多枪示波管 multigun oscilloscope tube
多枪阴极射线管 multigun cathode ray tube
多腔 multicarity
多腔磁控管 multicavity magnetron;multisegment magnetron
多腔磁控管空腔间的导体耦合 strapping
多腔的 multicamerate;multiple cavity;multilocular
多腔螺旋泵 progressing-cavity pump
多腔模 combination die;composite mo(u)ld;multiimpression die;multiimpression mo(u)ld;multiple cavity mo(u)ld
多腔容器 multicavity container
多腔速调管 multicavity klystron
多腔系统 multibarrel system
多腔铸型 family mo(u)ld
多羟基苯酚 polyhydroxy phenol
多羟(基)的 polyhydric
多羟基化合物 polyhydroxy(lated) compound
多羟基化聚合物 polyhydroxylated polymers
多羟基树脂(类)polyol resins
多羟基一元酸 polyhydroxy monobasic acid
多桥操纵方向 multiaxle steering
多桥式 multiple structure
多桥式立(体)交(叉)multiple-structure interchange
多桥转向 multiaxle steering
多峭壁海岸线 cliffy coastline
多切口控制系统 multinotch control system
多切削头 multiple machine-head
多请求 multirequest
多穹顶坝 multiple dome dam
多丘陵的 hilly
多丘陵地区 range of hills
多求偶期的 polyoestrous
多球式芯棒 multiball type mandrel
多区操作 multiregion operation
多区带的 multiregion
多区的 multizonal
多区电子枪 multiregion gun
多区反射层 multiregion reflector
多区反应堆 multiregion reactor
多区冷却器 multizone cooler
多区无线电导航系统 electra
多区域 multizone
多区域系统 multizone system
多区域运行 multiregion operation
多区制运价表 multiple zone tariff
多曲柄 multicrank
多曲柄式发动机 multiengine
多曲石板桥 zigzag stone slab bridge
多曲线线路 frequent curve line
多曲折的 flexuose[flexuous]
多圈 multiloop
多圈的 multiturn
多圈式电位器 multiturn potentiometer
多圈线绕电位器 multicircle wirewound potentiator
多全性动物 polyphagous animal
多裙边绝缘子 multishell insulator
多裙式绝缘子 multipetticoat insulator
多裙形绝缘子 multiple shed insulator
多群法 multigroup method
多群计算 multigroup calculation
多群扩散 multigroup diffusion
多群理论 multigroup theory
多群模型 multigroup model
多燃料电厂 multifired power plant
多燃料复合喷燃器 multifuel burner
多燃料锅炉 multifired boiler
多染色性 polychromasia;polychromatophilia
多绕组发电机 multiple field generator
多人电弧焊机 multioperator arc welder
多人观察显微镜 microscope for multiviewing
多人决策 multiperson decision making
多人自行车 tandem bicycle
多刃拌和刮路机 multiple blade mixing drag
多刃刀具 multiple cutting-edge(d) tool;multiple point tool;multipoint tool
多刃的 multiblade
多刃刮路机 multiple blade drag
多刃平地机 multiple blade grader
多刃切削 multicutting;multiple cut
多刃式扩孔旋转钻头 <刃排列在塔形钻头后面> fir-tree bit
多刃式抓斗 multiblade grab
多刃式抓扬机 multiblade grab
多刃式钻头 drag-type bit;multibladed bit
多刃挖沟机 multiple cut trench excavator
多刃圆盘剪纵剪作业线 slitting line
多刃锥口钻 multiple cutting edge countersink
多任务 multitasking
多任务操作 multijob operation;multitask operation
多任务操作系统 multiple task operating system
多任务程序 multitask program(me)
多任务方式 multitask mode
多任务功能 multitask function
多任务管理 multiple task management
多任务监督程序 multitask monitor
多任务连接控制 multitask link control
多任务内部函数 multitasking built-in function
多任务系统 multitask system
多日期解译法 multidate interpretation method
多绒棉 mossy cotton
多容量控制系统 multicapacity control system
多容器储存方法 multiple container storage
多容器系 multivessel system
多溶质系统 multisolute system
多熔区区域精炼 multiple zone refining
多入口 multiple entry
多塞平 doxepin
多塞栓式分级机 multispigot classifier
多三角形空心混凝土箱梁 <1983 年竣工的科威特 Bubiyan Bridge 即为这种形式> multitriangular-cell concrete box girder
多扫描地震仪 multitrace seismograph
多扫描干涉仪 multiple scan interferometer
多色 polychromy
多色凹版轮转印刷机 multicolo(u)r intaglio rotary printing press
多色凹印机 multicolo(u)r rotogravure press
多色凹印照相网目制版法 Alco gravure process
多色玻璃 <红、蓝、绿、白等各色原料混杂在一起> end-of-day glass
多色部件 multicolo(u)r unit
多色彩饰 polychrome decoration
多色彩饰玻璃 polychromatic glass
多色彩小方格玻璃 colo(u)red lead light
多色测光 multicolo(u)r photometry
多色测光色指数 multiband colo(u)r indices
多色差的 hyperchromatic
多色差透镜 hyperchromatic lens
多色成像 multicolo(u)r imaging
多色打印机 multicolo(u)r printer
多色单元 multicolo(u)r unit
多色单张纸胶印机 multicolo(u)r sheet-fed offset press;multicolo(u)r sheet-fed press
多色的 heterochromatic;multichromatic;polychromatic;polygenetic;versicolo(u)r(ed);multicolo(u)r;polychrome
多色灯 polychromatic light
多色地毯簇绒机 colo(u)r tuft machine
多色地图 multicolo(u)r map
多色地图复照 multicolo(u)r map reprography
多色对称 multicolo(u)r symmetry
多色多余辉穿透屏 multichrome multipersistence screen
多色防水沥青混合剂 colset
多色分光光度计 multichromatic spectrophotometry
多色辐射 polychromatic radiation
多色辐射器 polychromatic radiator
多色复制 multicolo(u)r copy multicolo(u)r reproduction
多色股线 multicolo(u)r twist cable
多色光 polychromatic light
多色光度计 heterochromatic photometer
多色光度学 heterochromatic photometry
多色光环 pleochroic halo
多色光束 multicolo(u)r light beam;polychromatic beam
多色光学 multicolo(u)r photometry
多色光晕 pleochroic halo
多色画 polychrome
多色画法 polychromy
多色环 pleochroic halo ring
多色机构 multicolo(u)r unit
多色激光雷达 polychromatic lidar
多色激光器 multicolo(u)r laser
多色建筑砖 multicolo(u)red brick
多色胶印机 multicolo(u)r offset press
多色粒子束 polychromatic beam
多色滤光器 multicolo(u)red filter
多色轮转胶印机 multicolo(u)r rotary offset press
多色面漆 polychromatic finish
多色频辐射 polychromatic radiation
多色平印术 multicolo(u)r lithography
多色全息摄影 multicolo(u)r holography
多色全息图 multicolo(u)r hologram
多色全息照相 multicolo(u)r hologram
多色全息照相术 multicolo(u)r holography
多色染料 polygeneric dye
多色染织品 cross-dyed
多色容器网板印刷机 multicolo(u)r container screen-printing machine
多色石板印刷术 chromolithography
多色石印术 chromolithography
多色饰面 multicolo(u)r(ed);polychromatic finish
多色数字绘图仪 multicolo(u)r digital plotter
多色探测器 multicolo(u)r detector
多色系统 multicolo(u)red system
多色现象 pantochromism;polychroism;polychromatism;pleochroism
多色像 multicolo(u)r image
多色效应 multicolo(u)red effect
多色性 pleochroism;polychromy;polymorphism
多色性染料 heterogeneous colo(u)rs
多色性晕 pleochroic halo
多色亚甲基蓝 polychrome methylene blue
多色仪 polychromator
多色印刷 chromatic printing;multicolo(u)r printing;process printing
多色印刷的 polychrome
多色印刷机 multichrome press;multicolo(u)r press;multicolo(u)r printing machine
多色晕 pleochroic halo
多色晕法 pleochroic halo method
多色晕宽度 pleochroic halo width
多色晕年代测定法 pleochroic halo dating
多色晕年龄 pleochroic halo age
多色晕深度 dark degree of pleochroic halo
多色罩面 multicolo(u)r finish
多色织物 multicolo(u)r cloth
多色制图学 multicolo(u)r graphics
多色砖 flashed brick;multicolo(u)r brick
多色装饰 polychrome decoration
多色自动记录器 multicolo(u)r recorder

D

多森林的 well-wooded
多沙拌合[和]物 oversanded mix(ture)
多沙的 sand cloth
多沙河流 heavily burdened river; heavily burdened stream; heavily sediment-laden river; heavily sediment-laden stream; heavily silt-carrying river; heavily silt-carrying stream; heavy sediment laden river; heavy sediment laden stream; overloaded river; overloaded stream; sediment-laden river; sediment-laden stream; silt-carrying river
多沙河流整治 regulation of heavily sediment-laden river; regulation of heavily sediment-laden stream
多沙普仑 doxapram
多砂 sandiness
多砂拌和料 oversanded mix(ture)
多砂拌合[和]物 oversanded mix(ture)
多砂的 arenaceous; arenose; arenous; oversanded; sabulous; sanded; sandy
多砂粉刷 hard finish
多砂海岸 sandy coast
多砂混合料 oversanded mix(ture)
多砂混合物 oversanded mix(ture)
多砂混凝土 oversanding concrete
多砂浆 rich in mortar
多砂砾的 chiselly; gritty
多砂轮磨床 multiple-wheel grinding machine
多砂黏[粘]土 doab
多砂水泥 oversanded cement
多砂质的 arenaceous
多筛面<筛分机> multiple deck
多山的 mountainous; mountainy
多山地区 mountainous area; mountainous country; mountainous territory
多山地形 mountainous topography
多山国家 mountainous country
多山流域 mountainous watershed
多山墙风格 many-gabled style
多扇窗 multiple casement window; multiple sash window
多扇门 multiple-wing door
多扇式门 multileaf door
多少(有点) to a measure
多设备电路 multifacility circuit
多射阀 polyjet valve
多射流 polyjet
多射流冲击式水轮机 multijet impulse turbine
多射流结构 multijet construction
多射流排汽 multiple-jet exhaust
多射束辐射 multiple beam radiation
多射束声呐 multibeam sonar
多射线示波器 multiple oscillograph
多射线束声呐 swath sonar; multibeam sonar
多深湾海岸 cheiragratic coast
多生境生物 heterozone organism
多声道 multitrack
多声道唱片 multichannel record
多声道的 periphonic
多声道立体声 multichannel stereo
多声迹磁带录像机 multiaudio-track video-tape recorder
多绳滑轮组 multipart line and sheave block
多绳卷绕 multirope winding
多绳卷扬 multirope winding
多绳摩擦卷筒 multirope friction winder
多绳摩擦式提升机 multirope friction hoist
多绳提升机 multirope winder
多剩余码 multiresidue code
多石的 calculous; rocky; ston(e)y
多石地 stony ground
多石地带填方用铲刀 rockland landfill blade
多石地带填方用推土板 rockland landfill blade
多石地护刃器 stony-land guard
多石地犁铧 stony-land share
多石地犁体 stony bottom
多石灰砂浆 rich lime mortar
多石灰水泥 over-limed cement
多石黏[粘]土 stony clay
多石沙漠 stony desert
多石头的 shelfy
多石土壤<碎石土> stony soil; rocky soil
多石子的 pebbly
多时代的 polygene; polygenetic
多时段周期 multicycle
多时间序列模型 multiple time series model
多时期生产函数 multiperiod production function
多时期效用函数 multiperiod utility function
多时期预算约束 multiperiod budget constraint
多时期模型 multiperiod model
多时相分析 multitemporal analysis
多时相图像 multitemporal image
多时序系统 multisequential system
多食性动物 polyphagous animal
多士炉 toaster
多市场均衡 multimarket equilibrium
多市场稳定 multimarket stability
多示像部件 multiaspect unit
多示像单元 multiaspect unit
多示像多闭塞区段信号法 multiple-aspect multiple-block signal(l)ing
多示像区域 multiple-aspect territory
多示像系统 multiaspect system
多示像信号 multiaspect signal; multiple-aspect signal
多示像信号机【铁】multiaspect signal; multiple-aspect signal
多示像制 multiaspect system
多式的 multiple lift
多式联运 intermodal transport(ation)
多式联运船舶 intermodal vessel
多式联运单证 intermodal transport document
多事故发生点 point of frequency accidents
多视屏口 multiviewports
多试件 multispecimen
多试件设备 multispecimen equipment
多试样计数管 multiple sample counter
多试样试验机 multispecimen testing machine
多试样液体闪烁谱仪 multisample liquid scintillation spectrometer
多室 multichamber; multicompartment
多室泵 multicellular pump
多室采暖 multiple room heating
多室沉箱 cellular caisson
多室池窑 multicompartment tank furnace
多室船闸 multichamber locks
多室串烧焚化炉 retort-type incinerator
多室的 many-celled; multicamerate; multicavity; multicellular; multichambered; polythalamous; multicell
多室电渗析 multicompartment electrodialysis
多室电渗析器 multicompartment electrodialyzer
多室反应器 multiple hearth reactor
多室房屋 multiple room building
多室分级机 multispigot classifier
多室焚化炉 multiple chamber incinerator
多室浮选机 multicompartment cell
多室唧筒 multicellular pump
多室加热炉 multicell heater
多室静电计 multicellular electrometer
多室垃圾焚化炉 multiple chamber refuse incinerator
多室立式炉 multicombustion chamber heater
多室料仓 multicompartment silo
多室料斗 multicompartment silo
多室炉 compartment furnace
多室煤气窑<英> Ruabon kiln
多室磨(碎)机 multicompartment mill
多室燃烧室 multiple combustor
多室容器 multichamber vessel
多室式粉碎机 compartment mill
多室式炉 multiple chamber furnace
多室套房单元 multiple room dwelling unit
多室筒仓 multicompartment silo
多室洗涤器 multicompartment washer
多室箱梁 multicell box girder
多室箱梁结构 multicell box girder structure
多室箱梁桥 cellular bridge; multicell box girder bridge; multicellular (type of) bridge
多室窑 bench; gallery kiln; multichamber kiln
多室直通式旋风分离器 multicellular straight through cyclone
多收费 overcharge
多收费的单据 overcharge sheet
多收费用单 overcharge sheet
多收款项 amount collected in excess; amount overcharged
多手畸形 polycheiria
多受体 polyceptor
多输出变化流程表 multiple output change flow table
多输出电路 multiple output circuit
多输出开关 multiple output switch
多输出开关函数 multiple output switch(ing) function
多输出系统 multiple output system
多输出组合网络 multiple output combinational network
多输入开关 multiinput switch
多输入系统 multiple entry system; multiple input system
多熟制植物 multiple cropping systems
多熟种植 multiple cropping
多鼠笼电动机 multiple cage motor
多鼠笼型转子 multiple cage rotor
多属性变换 multiple attribute transformation
多属性分类 multiple attributive classification
多属性检索 multiple attribute retrieval
多属性决策 multiple attribute decision making
多属性评价 multiattribute assessment
多属性效用函数 multiattribute utility function
多束超声流量计 multibeam ultrasonic flow meter
多束股拉索 multistrand stay
多束光 multibeam
多束光缆 multiple bundle cable
多束声呐 multi-beam sonar
多束纤维 multiple fiber[fibre]
多树木 woodiness
多树木的 timbered; wooded
多树脂的 pitchy
多树脂木材 pitchy lumber; pitchy wood
多数 majority; plurality
多数操作 majority operation
多数的 multiple; odd; predominant
多数分裂已停止 most division has ceased
多数符合元件 majority organ
多数股权 majority holding
多数据集卷宗 multidata set volume
多数据库 multidata base
多数据输入系统 multidata entry system
多数据通道 multiple data channel
多数决定法 majority decision
多数决定门 majority element; majority logic; majority gate; majority decision gate
多数决定元件 majority decision element
多数逻辑 majority; majority logic
多数逻辑电路 majority logic circuit
多数逻辑门 major gate
多数逻辑运算 majority operation
多数判定门 majority decision gate
多数普通栽培品种 most of the commonly grown varieties
多数人意见 consensus
多数位的十进制加法器 multiple digit decimal adder
多数元件 majority element; majority organ
多数原理 majority principle
多数载流子 majority carrier
多数载流子导纳 majority-carrier admittance
多数载流子电流 majority-carrier current
多数载流子发射极<晶体管> majority emitter
多数载流子分布 majority-carrier distribution
多数综合 polysynthesis; polysynthetism
多刷油漆 overpaint
多水 ample flow; wateriness
多水埃洛石【地】endellite
多水分的 watery
多水氟磷铁矿 richellite
多水高岭石 endellite; halloysite; nerchinskite
多水高岭土 halloysite; hydrohalloysite; metahalloysite
多水硅钙锰石 bostwickite
多水硅钙钠矿 ranquilite
多水硅铝石 samoite
多水锅炉 within large water boiler
多水合物 polyhydrate
多水河流 invigorated river
多水混合料 rich mix(ture)
多水量锅炉 boiler with large water space
多水菱镁矿 lansfordite
多水硫磷铝石 sasaite
多水氯硼钙石 hydrochlorborite
多水钼铀矿 moluranite
多水泥拌合[和]物 overrich mixture
多水泥的 high Portland
多水泥混凝土 rich concrete
多水年 high flow year; rainy year; wet year; year with abundance of water
多水硼钙石 tertschite
多水硼镁钙石 inderborite
多水硼镁石 inderite; lesserite
多水硼锡铁矿 paigeite; vosenite
多水平开采(法) horizon mining; mul-

tiple level mining
多水平面的 multilevel
多水平提升设备 multilevel hoisting installation
多水少水年循环 cycle of dry-and-wet years
多水水化物 polyhydrate
多水潭的 sloppy
多水碳铝钡石 hydrodresserite
多水铁矾 louderbackite;roemerite
多水铜铁矾 guildite
多水源给水问题 multisource water problem
多水沼泽 damp marsh
多顺序存取法 multiple sequential access method
多丝 multielectrode;multifilament
多丝螺旋钢绞线 multiwire helical strand
多丝埋弧焊 multiple-wire submerged-arc welding
多丝纤维 multifilament
多速的 multiple speed;multispeed;multivelocity;polyspeed
多速度的 polyspeed
多速(度)电动机 multiple speed motor; multispeed motor; change-speed motor; poly-change speed motor
多速度控制器 multispeed controller
多速度无静差作用 multispeed floating action; multispeed floating mode
多速鼓轮开关 multispeed drum switch
多速控制作用 multispeed control action
多速流变仪 multispeed rheometer
多速率时钟特性 multispeed clock feature
多速时钟特点 multispeed clock feature
多速无差调节法 multispeed floating mode
多酸的 hyperacid; polyacid; polyatomic
多酸价碱 polyacidic base
多酸污泥消化 multiple stage sludge digestion
多酸性的 polyoxybiontic
多算款项 amount overcharged
多髓嵌板 multicore panel
多碎石的 rubbly
多穗状花植物 polystachous plant
多缩木醣 xylan(e)
多缩戊糖 pentosan
多索 multiple stays;multistays
多索茶碱 doxofylline
多索吊钩 <起重机> multifall hook-block
多索面索 multiple-plane cable
多索体系 multicable system
多塔斜拉桥 multipylon cable stayed bridge
多台阶爆破 multibench blasting
多台阶钻头 multiple step bit
多台控制 multiple unit control
多台式铲运机 multiple scraper
多台站 multistation
多态变量 multistate variable
多态的 polymorphic;polymorphous
多态菌落 polymorphic colony
多态群体 polymorphic colony
多态速度密度模型 multiregime speed-concentration model; multiregime speed-density model
多态现象 polymorphism
多态性 pleomorphism;polymorphism
多态印刷机 multimode printer
多态直视存储管 multimode direct-view storage tube
多摊成本 over absorbed cost
多摊费用 over absorbed expenditures
多摊间接费 over absorbed burden
多摊派间接制造费 over-applied factory overhead
多探头表面化学分析仪 multiprobe surface chemical analyser[analyzer]
多探头的 multiprobe
多探针 multiprobe
多膛焙烧 multihearth roasting
多膛焙烧炉 multiple hearth furnace
多膛焙烧炉炉气 hearth-roaster gas
多膛焚化 multihearth incineration
多膛焚化炉 multihearth incinerator
多膛干燥炉 multihearth dryer
多膛炉 multihearth furnace
多糖含量的测定 measurement of the polysaccharide content
多糖铁 polyferose
多趟编译程序 multipass compiler
多特芒德池 <废水处理中的一种竖流式沉淀池> Dortmund tank
多特蒙德(沉淀)池【给】Dortmund tank
多特蒙德沉积槽 Dortmund tank
多特蒙德单管提升法 Dortmund method
多特蒙德罐 Dortmund tank
多特性弧焊电源 slope-controlled arc wilding power source
多特征屋顶 double roof(ing)
多梯度磁选机 polygradient magnetic separator
多梯段楼梯 multiflight stair(case); staircase with several flights
多蹄式振动压实机 multishoed vibratory compactor
多体 multimer
多体船 multihulled ship; multiple hulled ship;multihull
多体存储系统 multibank system
多体的 many-body
多体结构 multibody structure
多体犁 many-bottom plow
多体理论 many-body theory
多体力 many-body force
多体群 enclave swarm
多体问题 many body problem;multiple body problem;problem of many bodies
多体系 multiple-mass system
多体系结构计算机 multiarchitecture machine
多体系统 multibody system
多体性 polysomy
多体圆盘犁 gang disk plough
多体中柱 polystele
多条道路的 multiway
多条道路交叉 multileg intersection
多条道路交汇的广阔交叉口 large multi-road crossing
多条剪切机 multistrip shearing machine
多条连续酸洗作业线 multistrand continuous pickle line
多条木瓦挂条 multiple sash shingle strip
多条木瓦压条 multiple sash shingle strip
多条三角皮带 multiple V-belt
多条三角皮带传动 multiple V-belt drive
多条缫丝机 multiend reeling machine
多条绳索的完成 multiple string completion
多条铁路联轨站 multiple junction
多条纹玻璃 waste glass
多条中线缝 multiple centre joint
多调和函数 multiple harmonic function
多调节环 chain of several regulator
多调谐天线 multiple tuned antenna
多调性 polytonality
多萜(烯)polyterpene
多铁天蓝石 scorzalite
多通带滤波器 multiple bandpass filter
多通道 multiaccess;multiaisle;multiple-aisle; multiple channel; multichannel
多通道长图记录仪 multibank strip chart recorder
多通道乘法器 multichannel multiplier
多通道翅片 multi-entry fin
多通道磁头 multichannel magnetic head
多通道存取【计】multiport access
多通道单纤光缆 multichannel single-fiber cable
多通道单芯光缆 multichannel single-fiber cable
多通道的 multipass;multipath
多通道电信号比较仪 multichannel electric(al) signals comparator
多通道读数质谱计 multichannel read-out mass spectrometer
多通道放大器 multichannel amplifier
多通道分析器 multichannel analyser [analyzer]
多通道风速仪 multichannel anemometer
多通道光缆 multichannel cable
多通道光学分析器 multichannel optic(al) analyzer;multichannel optoanalyzer
多通道光学分析仪 multichannel optic(al) analyzer;multichannel optoanalyzer
多通道光栅解复用器 multichannel grating demultiplexer
多通道辊道窑 multichannel roller kiln
多通道海洋彩色遥感器 multichannel ocean colo(u)r sensor
多通道缓冲器 multiple channel buffer
多通道换热器 multichannel heat exchanger
多通道火焰分光光度计 multichannel flame spectrophotometer
多通道计算机 multiaccess computer
多通道记录器 multichannel recorder
多通道记录仪 multichannel recorder
多通道记录纸 multichannel recorder chart
多通道监测系统 multichannel monitoring system
多通道交扰调制 multichannel cross modulation
多通道接收机 multiaccess receiver; multichannel receiver
多通道开关 multiple way cock
多通道可燃气体探测器 multichannel combustible gas detector
多通道粒子分析仪 multichannel particle analyser[analyzer]
多通道灵敏度 multichannel sensing capacity
多通道脉冲峰值分析仪 multichannel pulse peak analyser[analyzer]
多通道喷(煤)管 multichannel burner
多通道燃烧器 multichannel burner; multipath burning device
多通道燃烧装置 multipath burning device
多通道摄谱仪 multichannel spectrograph
多通道时间分析仪 multichannel time analyser[analyzer]
多通道实用信号分析仪 multichannel applicative signal analyser [analyzer]
多通道束式光缆 multichannel bundle cable
多通道数字记录系统 multichannel digital record system
多通道数字信号 multichannel digital signal
多通道通信[讯]程序 multichannel communication program(me)
多通道同时式 X 射线光谱仪 multichannel simultaneous X-ray spectrometer
多通道推板隧道窑 sliding-bat kiln
多通道推板窑 multichannel slab kiln
多通道微波扫描辐射计 scanning multichannel microwave radiometer
多通道温度控制器 multichannel temperature controller
多通道系统 multichannel system; multipath system
多通道相关器 multichannel correlator
多通道心电图仪 multichannel electrocardiograph
多通道蓄热室 multichannel
多通道旋塞 multiple way cock
多通道窑 multipassage kiln
多通道(窑)车式隧道窑 multichannel car kiln
多通道指示 multichannel indication
多通道组装模件 multiplex module
多通电磁阀 various way solenoid valve
多通阀 multiported valve; multiway valve
多通管接头 finger basket
多通回转接头 rotating joint with multiple flow paths
多通激光器 multipass laser
多通棱镜单色仪 multiple pass prism monochromator
多通路磁芯 multipath core
多通路方式 multiport system
多通路分类 multipass sort
多通路计算机 multiple access computer
多通路制 multichannel system
多通调制器 multipass modulator
多同型现象 polyisomerism
多筒采样器 planetary sampler
多筒海水采样器 multiple sea-sampler
多筒卷绕玻璃丝 multiple wound glass filament
多筒卷绕定长玻璃纤维丝 multiple wound glass staple yarn
多筒卷扬机 multiple drum winch
多筒拉丝机 multiple collet winder
多筒冷却机 integral cooler; multiple tube cooler; multitube cooler; planetary cooler; satellite cooler; solo cooler
多筒冷却器 integral cooler; multitube cooler; planetary cooler; satellite cooler;solo cooler
多筒磨机 planetary mill
多筒绕丝 multiple winding
多筒式冷却器 multiple tube cooler
多筒式球磨机 multicylinder ball mill
多筒式烟囱 multicylinder stack
多筒系统 multibarrel system
多筒形凸轮 multiple turn cylindrical cam
多筒悬挂结构 multitube supported suspended structure
多筒钻井 multihole drilling
多头 multithread;over-bought
多头测压管 <供现场观测用> multiple piezometer
多头插销 adapter[adaptor]
多头成型机 multiple head machine
多头冲床 multiple punching machine

D

多头冲孔模 perforating die
多头冲模 gang die;multiple die
多头处理 multithread
多头(导)管 manifold
多头捣固机 multiple tamper
多头的 multicapital; multiple start; multistart
多头的螺丝 multipass;multipath
多头点焊机 multielectric(al) spot welder; multielectrode spot welder;multipoint spot welder
多头订书机 gang stitcher
多头根 polycephalous root
多头攻丝机 tapping unit
多头购入 buying long
多头管接头 cluster coupling; cluster fitting
多头管系 manifold system
多头焊机 multihead welder
多头焊接发电机 multiple station welding generator; multiple tag welding generator
多头夯土机 multiple compactor
多头回转钻头 <地下连续墙> rotary drill bits
多头刻图仪 multiple nib scriber;turret graver
多头刻线仪 multiple line cutter
多头空头 bull-bear
多头连接的 multiarticulated
多头螺钉 multiple threaded bolts; multiple threaded screw
多头螺杆钻具 multibode positive displacement mud motor drill
多头螺丝起子 multipoint screwdriver
多头螺纹 multiple start screw thread; multistart(screw)thread
多头螺纹的 multiple-threaded
多头螺纹滚刀 multiple thread hob
多头螺纹螺杆 multiple thread worm; multistart worm
多头螺纹铣刀 multiple thread mill
多头螺旋输送机 multiple screw conveyer[conveyor]
多头(买空的)证券投机商 bull
多头切割机 multiburner cutting machine
多头燃烧器 multiple(head) burner
多头绕组 split winding
多头纱 multiple end yarn
多头砂光机 multiple head sander
多头市场 bull market
多头式螺母扳手 multiple nutrunner; multiple nutter
多头蜗杆 multiple thread worm;multistart worm;multithread worm
多头铣床 fraise unit
多头线 multiple end thread
多头压床 multiple ram press
多头仪器 multiple head instrument
多头凿岩机 gang drill
多头振动夯实机 multiple vibratory compactor
多头振动压实机 multiple vibratory compactor
多头自动电弧焊机 multihead automatic arc-welding machine
多头自动焊机 multihead automatic welding machine
多头钻 multidrill
多头钻床 multispindle drilling machine
多头钻机 multiple drilling machine
多头钻头 <地下连续墙> submersible motor drill
多头钻挖槽机 multidrill trenching machine
多头钻岩机 gang drill
多投影准直仪 multicollimator
多透镜物镜 poly-lens objective
多透镜照相机 multiple lens camera
多凸轮定时器 multiple cam timer
多凸模冲模 revolver type multiple punch
多突发纠正 multiple-burst correction
多图 multiple graphs
多图像平均(法) average[averaging] of multiple image
多涂层 <油漆> multiple coat
多涂一层油漆 overcoat
多途径比例交通分配 multipath proportional assignment
多途径传输干扰 multipath interference
多途径的 multipath;multiple path
多土墩的 hillocky
多土块的 cloddy
多团块的 lumpish
多推进器船体 multiple screw hull
多腿拔杆 shear legs
多托辊胶带秤 multiple idler belt scale
多湾的 embayed
多湾海岸 embayed coast
多湾海岸平原 embayed coastal plain
多湾海滨 embayed shore
多湾山 embayed mountain
多烷基苯 polyalkylbenzene
多烷基化 polyalkylated
多网格的 multicell;multicellular
多往复带制动器 spiral-band brake
多微程序控制的微处理机 multimicroprogrammable microprocessor
多微处理机 multimicroprocessor
多微处理机主从系统 multimicroprocessor master-slave system
多微处理机主主系统 multimicroprocessor master-master system
多微计算机 multimicrocomputer
多微孔的 microporous
多微孔性 microporosity
多维 many dimensions
多维变量分布 multivariate distribution
多维场法 method of multidimensional field
多维导数 multidimensional derivative
多维的 multidimensional;poly-dimensional
多维电极 multielectrode
多维动力系 multidimensional dynamic(al)system
多维度空间 hyperspace
多维分布 multidimensional allocation;multivariate distribution
多维分配 multidimensional allocation
多维分配问题 multidimensional assignment problem
多维分析(法) multidimensional analysis
多维概率分布 multidimensional probability distribution
多维格子码调制解调器 multidimensional trellis coded modem
多维固结 multi-dimensional consolidation
多维河流模型 multi-dimensional river model
多维活性炭电极 multidimensional active carbon electrode
多维极大化 multidimensional maximization
多维几何学 hypergeometry
多维结果 multidimensional consequence
多维精密定角仪 multidimensional fine angle goniometer
多维决策问题 multiple decision problem
多维空间 multidimensional space
多维码 multidimensional code
多维命题 multidimensional statement
多维气相色谱法 multidimensional gas chromatography
多维球 hypersphere
多维区域 multidimensional region
多维输出变量 multidimensional outcome variable
多维树 multidimensional tree
多维数组 multidimensional array
多维数组存取 multidimensional array access
多维数组元素名 multidimensional array element name
多维随机变量 multiple random variables
多维体系结构 multidimensional architecture
多维系统 multidimensional system; system with several degree of freedom
多维下标 multidimensional subscript
多维效用 multidimensional utility
多维信息 multidimensional information
多维语言 multidimensional language
多维正态分布 multidimensional normal distribution;multinomial distribution
多维最优控制 multidimensional optimal control
多位 multidigit
多位车床 multiposition lathe
多位穿孔 gang punch
多位刀架 multiturning head
多位二进制计数器 radix two counter
多位二进制计算机 radix two computer
多位阀 multiposition valve
多位封锁 multibit latching
多位焊接变压器 multioperator welding transformer
多位机械泵 multiposition mechanical pump
多位加工形式 multiway
多位控制 multiposition action;multiposition control
多位连接器 multiposition connector
多位模 gang die;multiple die
多位汽缸 multiposition cylinder
多位时序 multiple bit timing
多位式进路手柄系统 multiposition route switch system
多位式进路手柄制 multiposition route switch system
多位式调节器 multiposition regulator
多位数 long number
多位数字显示器 multidigit display
多位瞬时 multibit momentary
多位锁存器 multiple bit latch
多位移位 multibit shift; multidigit shifting;multiple position shift
多位置的 multipoint;multiposition
多位置换向阀 multiple selector valve
多位置换向开关 uniselector
多位置继电器 multiposition relay
多位置开关 uniselector
多位阻酚 polyhindered phenol
多位作用 multilevel action;multiposition action;multistep action
多文件 multifile
多纹理的 veiny
多纹螺旋 multiple(threaded) screw
多稳电路 multistable configuration
多稳定的 multistable
多稳态存储器 multiple stable-state storage
多稳态的 multiple stable-state;multistable
多稳态电路 multistable circuit
多稳系统 multistable system
多稳元件 polytron
多窝的 multivoltine
多污带 polysaprobic zone
多污点 spottiness
多污染河流 polysaprobic river
多污生物带 polysaprobic zone
多污水腐生的 polysaprobic
多污水腐生系统 polysaprobic system
多污指示带种 poly-pollution zone indicating organism
多物镜的 multilens
多物种成熟生态系统 multispecies mature ecosystem
多物种生境保护 multispecies habitat protection
多误差校正码 multiple-error-correcting code
多雾的 nubilous
多雾地区 fog belt; fog region; fog zone
多西亚软瓷器 <意大利> Doccia porcelain
多烯底漆 polyene primer
多烯化合物 polyenic compound
多烯清漆 polyene varnish
多烯酸 polyenic acid
多烯(烃) polyene
多硒铜铀矿 derriksite
多稀黏[粘]液的 rheumy
多溪流的 streamy
多溪区 streamy district
多锡的 tinny
多系列的 multiseries
多系列演化 polyphyletic evolution
多系统 multisystem;multiple system
多系统操作器 multiple system operator;multisystem operator
多系统方式 multisystem mode
多系统环境 multisystem environment
多系统网络 multisystem network
多系统网络设备 multisystem network facility
多系统网络设施 multisystem network facility
多细胞的 multicell;multicellular
多细胞水生动物 multicellular aquatic animal
多细孔性丙烯腈系纤维 multiporous acrylic fibre
多隙避雷器 multigap discharger
多隙磁头 multigap head
多隙的 multigap
多隙火花塞 multigap sparkplug
多隙式避雷器 multigap arrester[arrestor]; multiple gap lightning arrester
多隙式放电器 multigap discharger
多纤光缆 multifiber cable;multiple fiber cable
多纤接头机 multifiber splicer
多纤连接器 multifiber connector
多纤松套光纤 multifiber loose tube optic(al) fibre
多纤维复丝 high multifilament yarn
多纤维丝 multifilament
多显示部件 multiaspect unit
多显示单元 multiaspect unit
多显示多闭塞区段信号法 multiple-aspect multiple-block signal(l)ing
多显示区域 multiple-aspect territory
多显示系统 multiaspect system
多显示信号(机) multiaspect signal; multiple-aspect signal
多显示制 multiaspect system
多显式路径 multiple explicit route
多显式路由 multiple explicit route
多线 multiline
多线保护接地 protective multiple earthing

多线插头 multiconductor plug
多线处理 multithread processing
多线的 multicore; multilineal; multiple strand; multiwire
多线电绳 multicore cord
多线光谱 many-lines spectrum
多线轨道的 multiple track
多线计数管 multiwire counter
多线交叉 multiple intersection
多线结构 multiple line structure
多线路的 multicircuit
多线路交叉 multitrack crossing
多线路控制 multicircuit control; multiline control
多线路配线板 multiwire wiring board
多线路区段 multiline section; multiple line section; multitrack section
多线扭转线材轧机机组 multiple strand twist block
多线圈的 mucticoil
多线圈继电器 multicoil relay
多线染色体 polytene chromosome
多线生产法 multiline production
多线石 fibrolite
多线示波器 multichannel oscillograph; multitrace oscilloscope
多线式端头废料飞剪 multistrand crop and cobble flying shears
多线式拉拔机 multiple drawbench
多线式轧机 multistrand mill
多线索 multithread
多线铁路 multiline railway; multiple line track; multiple track line; multitrack line; multitrack railway
多线铁路枢纽 multiple junction
多线系统 multiple-wire system; multiwire system
多线信号桥 multiple track signal bridge
多线性的 multilinear
多线性体控矿 ore-forming control of multilinearment
多线性效用函数 multilinear utility function
多线用户 subscriber with several lines
多线轧制 multistrand rolling
多线制 multiple way system; multiple-wire system; multiwire system
多线制通路 multiwave channel
多限的 multirange
多相包裹体 multiphase inclusion
多相变流机 polyphase converter[convertor]
多相变流器 polyphase inverter
多相变压器 polyphase transformer
多相变质作用 polymetamorphism
多相表面 heterogeneous surface; multiphase surface
多相并激电动机 polyphase shunt motor
多相并激换向器电动机 polyphase shunt commutator motor
多相并励电动机 polyphase shunt motor
多相并励换相器电动机 polyphase shunt commutator motor
多相材料 heterogeneous material; heterophase material; multiphase material
多相测试仪表 polyphase meter
多相串激电动机 polyphase series motor
多相串激换向器电动机 polyphase series commutator motor
多相串励换向器电动机 polyphase series commutator motor
多相催化 heterogeneous catalysis
多相催化臭氧分解 heterogeneous catalytic ozone decomposition
多相催化臭氧氧化 heterogeneous catalytic ozonation
多相催化臭氧氧化工艺 heterogeneous catalytic ozonation process
多相催化剂 heterogeneous catalyst
多相催化湿空气氧化工艺 heterogeneous
多相催化氧化 heterogeneous catalytic oxidation
多相催化氧化法 heterogeneous catalytic oxidation method
多相大气反应 heterogeneous atmosphere reaction
多相的 heterogeneous; heterogenetic; non-homogeneous; polybasic; multiphase; polyphase
多相低共熔混合物 multiphase eutectic
多相电动机 multiphase motor; polyphase motor
多相电度表 polyphase kilo-watthour meter; polyphase meter
多相电感调节器 polyphase induction regulator
多相电极弧焊机 multiarc welder
多相电力 polyphase power
多相电流 multiphase current; polyphase current; rotary current; rotatory current
多相电流振动器 polyphase current vibrator; rotary current vibrator
多相电路 multiphase circuit; polyphase circuit
多相电路连接 connections of polyphase circuits
多相电压 polyphase voltage
多相对称系统 polyphase symmetric(al) system
多相多组分模型 multiphase multicomponent model
多相发电机 multiphase generator; multiphaser; multiple phase generator; polyphase generator
多相反应 heterogeneous reaction; polyphase reaction
多相非共沸混合物 heteroazeotrope; heterogeneous azeotrope
多相分解 heterogeneous decomposition
多相分类 polyphase sort(ing)
多相分散 heterogenous dispersion; polyphase dispersion
多相分散的污染物 polydispersed pollutant
多相分散气溶胶 polydispersed aerosol
多相复合陶瓷 multiphase composite ceramics
多相复励换向器电动机 polyphase compound commutator motor
多相感应电动机 polyphase induction motor
多相功率 polyphase power
多相功率因数表 polyphase power factor meter
多相功率因数计 polyphase power factor meter
多相固态转子磁阻电机 polyphase solid rotor reluctance machine
多相关量调节 multivariable control
多相关系数 multiple correlation coefficient
多相光催化 heterogenous photocatalysis
多相光催化臭氧氧化 heterogenous photocatalytic ozone oxidation
多相光催化处理 heterogenous photocatalytic treatment
多相光催化分解 heterogenous photocatalytic decomposition
多相光催化剂 heterogenous photocatalyst
多相光催化降解 heterogenous photocatalytic degradation; multiphase photocatalytic degradation
多相光催化氧化 heterogenous photocatalytic oxidation
多相光化反应 heterogenous photochemical reaction
多相光化学电子传输 heterogenous photochemical electron transfer
多相过程 complex process
多相合金 heterogeneous alloy; multiphase alloy
多相核化 heterogeneous nucleation
多相化学反应 heterogeneous chemical reaction
多相换流机 polyphase converter[convertor]
多相换流器 multiphase inverter
多相换向器电动机 polyphase commutator motor
多相混合物 multiphase mixture
多相机系统 multiple camera system
多相计数器 polyphase meter
多相继电器 polyphase(type) relay
多相交流电机 polyphase alternator
多相交流发电机 polyphase alternator; polyphase alternative
多相结构 heterogeneous structure
多相介质相互作用 interaction of multiphase medium
多相金属催化作用 heterogeneous metal catalysis
多相聚合 heterophase polymerization
多相聚合物材料 multiphase polymer material
多相扩散模型 heterogenous diffusion model
多相联存储器 multiassociative memory
多相流动 multiphase flow; multiple phase flow; polyphase flow
多相流体动力学 fluid dynamics of multiphase system
多相流体力学 fluid dynamics of multiphase
多相耐火材料 composite phase refractory
多相凝固 multiphase solidification
多相耦合方式 polyphase coupling system
多相偏转线圈 polyphase deflecting coil
多相平衡 heterogeneous equilibrium; polyphase equilibrium
多相平衡荷载 balanced polyphase load
多相绕组 polyphase winding
多相烧结 heterogeneous sintering
多相输入模块 multiphase load module
多相陶瓷 multiphase ceramics
多相体 heterogenous body
多相体系 multidial system; heterogeneous system; multiphase system; polyphase system
多相调时信号 multiphase timing signal
多相同步发电机 polyphase synchronous generator
多相图 multiphase diagram
多相瓦特计 polyphase wattmeter
多相瓦特小时计 polyphase watthour meter
多相位 leggy; multiple phase
多相位对比 multiple phase correlation
多相位信号控制器 multiphase (signal) controller
多相系(统) multiphase system; polyphase system
多相显微组织 polyphase microstructure
多相信号灯 multiphase timing signal
多相性 heterogeneity; inhomogeneity; non-uniformity
多相性测定 <沥青物质> heterogeneity test
多相旋转变流机 polyphase rotary converter[convertor]
多相旋转变流器 polyphase rotary converter[convertor]
多相氧化作用 heterogenous oxidation
多相仪表 polyphase meter
多相异步电动机 polyphase asynchronous motor
多相油酸酯质体 polyphase liposomine
多相斩波系统 multiple phase chopper system
多相整流器 polyphase rectifier
多相整流式电动机 polyphase commutator motor
多相整流子电机 polyphase commutator machine
多相正弦波 polyphase sinusoid
多相指数法评价 multinomial index method assessment
多相制 multiphase system; polyphase system
多相制线电压 mesh voltage
多相装配模块 multiphase load module
多相组成 heterogenous composition
多相组织 heterogeneous structure; polyphase structure
多厢船闸 multiple chamber locks; multiple lock
多箱结构 cellular structure; cellular texture
多箱式 cellular-type; multicell type
多箱式沉沙池 multicompartment settling basin
多箱式桥 multibucket type of bridge; multispine bridge
多箱铸型 multiple part mo(u)ld
多镶板式空气过滤器 multiple panel type air filter
多向编织 multidirectional weave
多向变化 polytropic(al) change
多向不规则随机波 multidirectional irregular random waves
多向层压板 multidirectional laminate
多向叉入托盘 multiple entry pallet
多向的 multiaspect; multiaxial; polytropic(al); multiway
多向调整轴承 self-setting bearing
多向阀 change-over valve
多向分岔 polydirectional splitting
多向分类 multiway classification
多向分组 multiway classification
多向共线性 multicollinearity
多向加载多压砧式超高压高温装置 multidirectional loading multianvil ultra high pressure and high temperature device
多向剪切 multidirectional shear
多向鉴幅电路 multiar circuit
多向开关 multiway switch
多向马氏体 multidirectional martensite
多向模锻 multiple ram forging; multiram forging
多向模锻压力机 multicored forging press
多向迁移 multiple direction migration
多向热加工 multidirectional hot working
多向色性 pleochroism; pleochro

D

(mat)ism
多向水流玫瑰图 polymodal current rose
多向通信[讯] intercommunication
多向压力 pressure all around
多向压缩 polytropic(al) compression
多向应力 multiaxial stress
多向预测 multiforecasting
多向振动 multidirectional vibration
多向振动台试验 multidirectional table test
多向振幅比较电路 multiar circuit
多向织物 multidirectional fabric
多向置换 multiway replacement
多向坐标量测仪 multilaterative comparator
多项 multiple term
多项参数环境评价 environmental assessment of multiparameter
多项初始工作 multiple beginning activity
多项初始活动 multiple beginning activity
多项的 multinomial;polynome
多项定律 omnibus law
多项分布 multinomial distribution
多项分录 compound journal entry
多项分析 multicomponent analysis
多项概率单位模型 multinomial probability model;multinomial probable model
多项记录仪 multiple recorder
多项健康筛检(法) multiphase health screening
多项洛吉模型 multinomial Logit model
多项式 multinomial;polynomial;polynomial expression
多项式逼近 polynomial approximation
多项式逼近法 polynomial approximation method
多项式插值法 polynomial interpolation
多项式插值函数 polynomial interpolating function
多项式(代)码 polynomial code
多项式导数 polynomial derivative
多项式的 polynomial
多项式的表示 representation of polynomial
多项式的差 difference of polynomial
多项式的乘法 multiplication of polynomial
多项式的次数 degree of polynomial
多项式的次数 polynomial degree
多项式的互质性 coprimeness of polynomials
多项式的阶 order of a polynomial
多项式的因子 factor of a polynomial
多项式定理 multinomial theorem
多项式法 polynomial method
多项式方程 polynomial equation
多项式分布 polynomial distribution
多项式复杂性 polynomial complexity
多项式复杂性算法 polynomial complexity algorithm
多项式改正 polynomial correction
多项式函数 polynomial function
多项式环 polynomial ring
多项式回归 polynomial regression
多项式及特殊函数程序 polynomial and special function program(me)
多项式计数器 polynomial counter
多项式计算 polynomial arithmetic
多项式计算机 polynomial computer
多项式加法 addition of polynomial
多项式检查和 polynomial checksum
多项式降价 polynomial deflation
多项式解 solution by polynomials
多项式近似 polynomial approximation
多项式近似法 polynomial approximation
多项式近似值(法) polynomial approximation
多项式扩展 polynomial extension
多项式理想 polynomial ideal
多项式连续对策 polynomial continuous game
多项式模拟 polynomial modeling
多项式内插法 polynomial interpolation
多项式拟合法 method of polynomial fitting;polynomial fitting
多项式平差 polynomial adjustment
多项式曲线 polynomial curve
多项式曲线定线 polynomial curve layout
多项式曲线面 polynomial surface
多项式曲线拟合 polynomial curve fitting
多项式散列 polynomial hashing
多项式文法 polynomial syntax
多项式误差模型 polynomial error model
多项式系数 multinomial coefficient; polynomial coefficient
多项式线形定线<使用连续圆曲线及缓和曲线组成的路线> polynomial alignment
多项式线形设计法<用电子计算机设计> polynomial alignment method
多项式形式 polynomial form
多项式因式分解 polynomial factorization
多项式展开 polynomial expansion
多项式展开系数 multinomial expansion coefficient
多项式展开系数法 multinomial expansion coefficient method
多项试验 miscellaneous test(ing)
多项试验序列 multinomial trial
多项相关的 multicorrelated
多项相关随机过程 multicorrelated random process
多项用途的 multipurpose
多项展开式【数】multinomial expansion
多小齿轮式差速器 multiple pinion differential
多小孔的 lacunary
多小炉池窑 multiple port tank
多小丘的 hillocky
多小山的 hilly
多小石的 gravelly
多小型处理机网络 multiminiprocessor network
多效的 multieffective;multiple effective
多效多级闪蒸法 multieffect multistage flash distillation process
多效多级闪蒸蒸发器 multieffect multistage(flash)vapo(u)rizer
多效防老剂 synergistic antioxidant
多效焚化 multieffect incineration; multiple effect incineration
多效剂 multipurpose
多效冷冻机 multiple effect refrigerator
多效冷却器 multiple effect refrigerator
多效能循环 multiple effect cycle
多效撇油沫系统 multipurpose oil skimming system
多效乳化剂 emulsifier
多效闪蒸器 multiple effect flash evapo(u)rator
多效吸音材料 versatile acoustic(al) material
多效系统 multieffect system
多效性 multiple effect;pleiotropy
多效压机 multiple(action)press
多效压缩机 multieffect compressor
多效应 multiple effect
多效应的 multieffect
多效用工程 multiple-purpose project
多效用水库 multiple-purpose reservoir
多效真空式蒸馏法 multieffect vacuum distillation process
多效真空蒸发器 calandria; multieffect vacuum evapo(u)rator
多效蒸发 multieffect evapo(u)ration;multiple effect evapo(u)ration
多效蒸发器 multieffect evapo(u)rator;multistaged evapo(u)rator
多效蒸馏 multiple effect distillation
多效蒸馏器 multieffect distillator; multiple effect distillator
多效蒸馏水机 multieffect water distillatory
多效蒸汽压缩 multieffect vapo(u)r compression
多效制冷机 multieffective refrigerator;multiple effect refrigerator
多效制冷循环 multieffective refrigerating cycle
多斜杆桁架 lattice town truss
多斜连接<锅炉> hip joint
多斜褶皱 polyclinal fold
多谐波的 rich in harmonics
多谐波电流 multiple harmonic current
多谐波正弦振荡 multifrequency sinusoid
多谐电路 multiresonant circuit
多谐记录仪 multiharmonograph
多谐晶体振荡器 tritet oscillator
多谐振荡 multivibrator
多谐振荡器 multioscillator
多谐振荡器电路 multivibrator circuit
多谐振荡器式分频器 multivibrator divider
多谐振荡器式调频器 multivibrator frequency modulator
多谐振荡器式调制器 multivibrator modulator
多卸 overland
多心插塞 multiple pin plug
多心的 multicentred[multicentered]; polycentric
多心拱 hanse arch;haunch arch;multicentered[multicentred] arch;polycentered arch
多心拱桥 multicentred arch bridge; polycentered arch bridge
多心皮的 polycarpous
多心圆拱 more-centered arch
多芯插座 multicore receptacle;multipoint receptacle
多芯的 multicore; multiple-core; stranded
多芯灯丝 cabled filament
多芯电缆 multiconductor cable;multifiber optic(al) cable;multiple(-core) cable;polycore cable
多芯光缆 multifilament cable;multiple fiber cable
多芯光缆连接器 multifiber cable connector
多芯光纤连接器 multifiber connector
多芯海底光缆 multifiber optic(al) submarine cable
多芯加油器 multiple wick oiler
多芯绞线热压结装置 strand sintering plant
多芯黏[粘]土砖 multicore clay brick
多芯片集成电路 multichip integrated circuit
多芯软电线 multicore flex;polycore flexible wire
多芯软线 multiple cord
多芯水下电缆 multicore submarine cable
多芯线 split conductor
多芯镶板 multicore panel
多锌环氧树脂 zinc-rich epoxy
多锌涂料 zinc-rich paint
多锌油漆 zinc-rich paint
多信标 multibeacon
多信道 multichannel; multiple channel;multitrack
多信道的 polysleeve
多信道电视 multichannel television
多信道光学编码盘 multichannel optical code disc
多信道广播 multicast
多信道记录器 multichannel logging recorder;multiple point recorder
多信道接收机 multichannel receiver
多信道接收主机 multichannel main receiver
多信道去复用接收机 multichannel demultiplexed receiver
多信道双识别码操作 multichannel and dual identification operation
多信道通信[讯] multichannel communication
多信道遥测计 multichannel telemeter
多信管的 multifuse
多信管点火器 multifuse igniter
多信号互调 multiple-signal intermodulation
多信息组编目法 multiaspect indexing
多星等高法 equal-altitude method of multistar; multistar equal-altitude method
多行播种机 multiple row seeder
多行程 multiple pass
多行程客票 multijourney ticket
多行程止回阀 multiple swing check valve
多行程转轴式拌和机 multiple pass rotary mixer
多行的 multiple row;multirow
多行管的交错排列 staggered multiple rows of tubes
多行函数 multiline function
多行铆钉 multiple row rivet
多行铆钉搭接 multiple rivet lap
多行铆接 multiple riveting
多行排列 tandem queue
多行炮孔爆破 multiple row hole blasting
多行区 multiple row plot
多行扫描 fine scanning
多行文本 multiline text
多行业的 multiindustry
多行业企业并合 conglomerate merger
多行圆盘犁 gang disk plough
多行中耕机 gang cultivator
多行作物旋转中耕机 multirow-crop rotary cultivator
多形变态 polymorphism
多形层 multiform layer; polymorphous layer
多形程序设计语言 polymorphic programming language
多形代码 polymorphic code
多形的 multiform;pleomorphic
多形晶 pleomorph;polymorph
多形式出行<由两种以上运输形式组成的出行> multimodal trip
多形式索引 multiaspect indexing
多形体 polymorph;polymorphic modification
多形体系 polymorphic

多形系统 polymorphic system
多形现象 polymorphism
多形性 multiformity; pleomorphism; polymorphism
多形性变化 polymorphic change
多形性的 polymorphic; polymorphous
多形性转变 polymorphic transformation
多形状的承梁垫石 multiform padstone
多形状的升高垫板 multiform raised table
多形状的升高台板 multiform raised table
多形状垫石 multiform padstone
多型 poly-type
多型槽模锻 multiple impression forging
多型号定价法 multimodel pricing
多型键构造 heterodesmic structure
多型腔压型 multiple cavity casting die
多型腔铸型 multiple cavity mo(u)ld
多型物质流 multimode flow
多型现象 polymorphism; polytypism
多型性 polytypism
多性能阵列雷达 multifunction array radar
多性现象 multiple sexuality
多性质的 portmanteau
多性状选择 multiple trait
多溴化合物 polybromide
多溴化联苯 polybrominated biphenyl
多虚存 multiple virtual storage
多虚拟存储器 multiple virtual storage
多序操作 multiple sequence operation
多序列 multisequencing
多序列系统 multisequential system
多畜共牧 common use
多悬挂抓斗 multiple suspension grab
多悬崖的 cliffy
多旋回 multicycle; multiple cycle; polycycle
多旋回成矿作用 polycyclic(al) metallogenesis
多旋回的 polycyclic(al)
多旋回地槽 polycycle geosyncline
多旋回构造运动学说 polycyclic(al) tectogenesis theory
多旋回造山运动 multicyclic orogenesis; polycyclic(al) orogenesis
多穴碛【地】kettle moraine; kettle-drift
多穴压模 bar mo(u)ld
多学科的 interdisciplinar; multidisciplinary
多学科分析法 multidisciplinary analysis method
多学科工作队 multiprofessional team; pluridisciplinary team
多学科研究 interdisciplinary study
多雪的 nival; snowy
多雪地区 snowy district
多循环 multicycle; polycycle
多循环的 multicyclic; polycyclic(al)
多循环地形 polycyclic(al) landform
多循环供给 multicycle feeding
多循环取样 polycycle sampling; polycyclic(al) sampling
多循环输送 multicycle feeding
多循回 multicycle
多压级 multipressure stage
多压技术 multiple pressure technic
多压廓线 pressure profile
多压头锻造法 multiple ram forging method
多压砧滑块式装置 multianvil sliding vessel
多压砧滑移式超高压装置 multianvil sliding system ultra high pressure device
多压砧滑移式装置 multianvil sliding system device
多压砧式超高压装置 multianvil system ultra high pressure device
多牙 polydontia
多牙钉 tusk nailing
多牙尖榫 tusk tenon
多牙轮式钻井机 multiple roller cone machine
多牙轮钻头 multiple cone bit; multiple roller bit
多牙轮钻头十字接头 bridge of the bit
多牙榫接 trimmer joint
多亚甲基多亚苯基多异氰酸酯 polymethylene polyphenylene polyisocyanate
多亚甲基二异氰酸酯 polymethylene diisocyanate
多烟道隔墙 multiple withe[wythe]
多烟道烟囱 chimney stack; multiple flue chimney; multiple flue smoke stack; multiple flue stack
多烟的 smoky
多烟雾的 hazy
多烟烟囱 smoky chimney
多岩的 cragged; craggy
多岩地区 craggy
多岩脊的 rock-ribbed
多岩石 ironbound; rockbound
多岩石的 petrean; rock-ribbed; rocky
多岩石的小山 tor
多岩(石)海岸 <无锚地> ironbound coast; ironbound shore; rockbound coast
多岩石河段 rock-infested reach
多岩石、礁石的水底 foul ground
多盐水 polyhaline
多盐性 polyhaline
多颜色的 multicolo(u)red
多眼同时爆破 multiple simultaneous blasting
多焰坩埚窑 multiflame pot furnace
多焰焊炬 multiflame burner; multiflame torch; multijet burner
多焰焊枪 multiple flame torch; multiple jet burner; multiple tubed burner
多焰喷管 multiflame blow pipe
多焰喷焊器 multijet blowpipe
多焰燃烧器 multiflame burner; multiple jet burner; multiple tubed burner
多焰嘴火焰刨削机 multiple beam flame planing machine
多阳极的 multianode
多阳极电解槽 multiple anodes cell
多阳极电子管 multianode tube
多阳极汞弧整流器 multianode mercury arc rectifier
多阳极管 multianode tube
多阳极计数放电管 polyatron
多阳极计数管 polyatron
多阳极整流器 multianode rectifier
多样比率 diversity indices
多样的 multiform; various
多样地 multiply
多样反应原则 principle of multiple response
多样化 diversification; diversity; variety
多样化的统一 unity in variety
多样化生产 diversified manufacture
多样化投资 diversification investment; diversified investment
多样化作物 diversified crop
多样活动过程图 multiple activity process chart
多样控制图 multiple sample control chart
多样膨胀 polytropic(al) expansion
多样品测量 multisample survey
多样式排气 manifold exhaust
多样统一 unified diversity
多样微生物 multiple microorganism
多样形式 diversity pattern
多样性 diversity; multiplicity; variety
多样性梯度 diversity gradient
多样性指数 diversity index
多要素应变片 multielement ga(u)ge
多叶瓣形花格窗 multilobe tracery
多叶的 many leaved; multifoil; multivalent
多叶电扇 multiblade (electric) fan; multivane electric(al) fan
多叶风阀 multileaf damper
多叶风门 multileaf damper
多叶风扇 multiblade fan; multivane electric(al) fan
多叶函数 multivalent function
多叶回转式压缩机 rotary multivane compressor
多叶减振器 multiblade damper; multileaf damper
多叶片的 multiblade; multiple blade; multilobe
多叶片风机 multiblade fan
多叶片式风磨机 multivane type pneumatic grinder
多叶片式风扇 sirocco fan; squirrel-cage type fan
多叶片送风机 multiblade blower
多叶片通风机 multiblade disc fan
多叶气流调节器 multiblade damper; multileaf damper
多叶青贮 succulent silage
多叶三角洲 multilobate delta
多叶式 multileaf
多叶式拌和机 multiple-pin mixer
多叶式拱 multifoiled arch
多叶饰 multifoil; multiple leaf; polyfoil
多叶条缝风口 multivane line diffuser
多叶调节阀 multiblade regulating damper
多叶调节风阀 multiple louvre damper
多叶通风机 multibladed fan; sirocco fan
多叶隙节 multilacunar node
多叶消声器 multiblade damper; multileaf damper
多叶形 multifoil
多叶型 multiple leaf
多叶闸门 multiple leaf gate
多页电报 multiple page message
多页门 multileaf door
多页面阅读器 multipage reader
多页提升向上开启门 multileaf up and over door
多页图 multisheet drawing
多液相 multiple liquid phase
多伊尔板积表 <美国硬材厂商协会> Doyle rule
多伊尔原木板积表 Doyle-Scribner rule
多伊斯特风 Deaister; doister; Dyster
多伊西单位 Doisy unit
多依奇方程 Deutch equation
多乙烯多胺 polyethylene polyamine
多义 equivocation
多义的 ambiguous
多义性 ambiguity; multiple meaning; multivalence; polysemy
多义性错误 ambiguity error
多艺的 versatile
多异氰脲酸酯 polyisocyanurate
多异氰酸酯 polyisocyanate; polymeric isocyanate
多翼飞机 polyplane
多翼机 multiplane
多翼梁结构 multispar construction
多翼门 multiple-wing door
多翼片的 multivane
多翼式门 multileaf door
多因次的 multidimensional
多因复成成矿作用 polygenetic compound metallogenesis
多因复成矿床 polygenetic compound ore deposit
多因复成矿床类型 polygenetic compound deposit type
多因复成矿床特征 feature of polygenetic compound ore deposit
多因复成铅锌矿床 polygenetic compound lead zinc deposit
多因复成锑矿床 polygenetic compound antimony deposit
多因复成铁矿床 polygenetic compound iron deposit
多因复成钨矿床 polygenetic compound wolfram deposit
多因复成铀矿床 polygenetic compound uranium deposit
多因素的 multifactor(ial)
多因素地层圈闭 multiple factors stratigraphic(al) trap
多因素构造圈闭【地】multiple factors structural trap
多因素圈闭 multiple factors trap
多因素停机故障 multiple breakdown
多因子 multiple factors
多因子的 multifactor(ial)
多阴离子表面活性剂 polyanionic surfactant
多音电路 multitone circuit
多音管 diaphone
多音频电传机 piccolo unit
多引入线的 multilead
多引线 multioutlet
多引线的 multilead
多引线电视耦合器 multioutlet television coupler
多引线接口 multioutlet assembly
多引线金属管敷设工程 multioutlet metal tube work
多印 overs
多应用 multiple utility
多英白云母岩 esmeraldite
多影的 shady
多用坝 multipurpose dam
多用扳钳 all-purpose wrench; combination spanner
多用扳手 combination wrench
多用表 multimeter
多用剥皮器 multipurpose stripper
多用剥线钳 multipurpose stripping pliers
多用铲斗 bucket for multipurpose
多用船 multipurpose vessel
多用锤 multipurpose hammer; multi-use hammer
多用磁力分离仪 multipurpose magnetic force separator
多用磁性分析仪 multipurpose magnetic analytical meter
多用刺激显示仪 universal stimulus display instrument
多用大力钳 multipurpose vise grip pliers
多用刀 multipurpose cutter; multipurpose knife; replaceable blade knife
多用的 general service; general utility
多用电表 universal metre
多用电工螺丝起子 multipurpose electrician screwdriver
多用吊斗 multipurpose bucket
多用伐木联合机 multiprocessing machine; multipurpose timber-harves-

ting machine
多用反应堆 multipurpose reactor
多用放映机 multiga(u)ge projector
多用斧 multiuse hatchet
多用附加器 multiadapter
多用干式化学药品灭火器 multipurpose dry chemical fire extinguisher
多用规 multiga(u)ge
多用柜 serviceable chest
多用虎钳 multipurpose vice
多用户 multiuser
多用户泊位 multiuser berth
多用户操作系统 multiuser operating system
多用户存储设备 multiple user storage equipment
多用户访问 multiaccess
多用户功能 multiuser capability
多用户管道 multiuser pipeline
多用户计算机 multiaccess computer; multiple access computer
多用户卡 multiuser card
多用户可访问数据库系统 multiuser accessible data base system
多用户连接 multiple-user connection
多用户码头 multiuser terminal
多用户设备 multiuser installation
多用户送冷风系统 multiple-dwelling system
多用户系统 multiple user system; multiuser system
多用户信道 multiuser channel
多用混合料 multipurpose compound
多用货车 multiple service car
多用货船 all cargo ship
多用机床 multiple-purpose lathe
多用机械 multiple-purpose machine
多用计划 multipurpose plan; multipurpose scheme
多用计算装置 omnibus calculator
多用家具 multiusage furniture
多用剪 multipurpose shears
多用检测计 multiga(u)ge
多用搅拌机 universal stirring machine
多用洁净剂 manifold cleaning paste
多用锯 variety saw
多用锯齿片 combination saw blade
多用卡钳 universal grip pliers
多用量测仪表 multiga(u)ge
多用炉黑 multipurpose furnace
多用螺丝起子 multipurpose screwdriver
多用磨床 multipurpose grinding machine; multiuse grinding machine
多用木工机床 multipurpose wood working machine tool
多用黏[粘]结剂 multipurpose adhesive
多用碾米机 multipurpose rice milling machine
多用盘式粉碎机 multipurpose disk mill
多用品种 multipurpose breed
多用破碎机 multipurpose breaker
多用起重机 manifold crane
多用千分尺 multipurpose micrometer ga(u)ge
多用牵开器 multipurpose retractor
多用钳 combination pliers; multiduty pliers; multipurpose pliers
多用燃料发动机 multiuser engine
多用润滑油 multipurpose lubricant
多用色谱仪 multifunctional chromatograph; panchromatograph
多用商标机 multipurpose trademark machine
多用射芯机 multipurpose core shooter
多用十字钳 multiuse cross vice
多用实时操作系统 multiuse real-time operation system
多用示波器 multipurpose oscilloscope; multiuse oscillograph
多用试纸 multiuse test paper
多用适配器 multiadapter
多用手锯 multipurpose hand saw
多用双变折射仪 multipurpose double variation refractometer
多用水平尺 multilevel; multipurpose level
多用水枪 diffuser nozzle; dual-purpose nozzle
多用丝锥 multipurpose tap
多用饲料调制机 multipurpose feed preparation machine
多用塑料胶黏[粘]剂 multipurpose plastic adhesive
多用台虎钳 multipurpose bench vice
多用套针 universal trocar
多用套装螺丝起子 multipurpose screwdriver set
多用梯 multipurpose ladder
多用途 multifunction; multipurpose use; multiple use
多用途办公大楼 multipurpose hall
多用途泊位 combination berth; multiobjective berth; multipurpose berth; multiple-use berth
多用途部件 multifunction component
多用途餐厅 multipurpose hall
多用途草图 multipurpose scheme
多用途测试仪表 multipurpose meter
多用途铲斗 multipurpose bucket
多用途铲斗的开口度 bucket throat opening
多用途场所 multiple use stage; multipurpose stage
多用途车辆 multipurpose vehicle
多用途车辆底盘 multiple-purpose carrier
多用途传送带 multipurpose conveyer [conveyor]
多用途船(舶) all-round vessel; combination vessel; multiple cargo vessel; multipurpose carrier; multipurpose ship; multipurpose vessel
多用途船舰 multipurpose vessel
多用途瓷砖 multipurpose tile
多用途大楼 multiple use building; multiuse building
多用途大厅 multipurpose hall
多用途弹 multipurpose projectile
多用途刀片 multiuse blade
多用途的 general purpose; many-purpose; multiduty; portmanteau; versatile; multirole; multiuse
多用途的仿真器 multipurpose simulator
多用途的露天大体育场 multiple use open stadium
多用途的露天大运动场 multiple use open stadium
多用途底漆 multipurpose primer
多用途地籍图 multipurpose cadastre
多用途地区 multipurpose block
多用途电磁阀 multifunction solenoid valve
多用途电抗器 multipurpose reactor
多用途电针仪 multipurpose electro acupuncture apparatus
多用途电子管 multipurpose tube
多用途吊装船 multipurpose lo-lo[lift-on/lift-off] ship
多用途动臂 multipurpose boom
多用途堆场 multiple-purpose stackyard
多用途帆 multipurpose sail
多用途方案 multipurpose scheme
多用途房间 all-purpose room; combined rooms; family room; multiple-purpose room; multiuse room
多用途房屋 mixed-use building; multiple use building; multiuse building
多用途房屋土地 mixed-use property
多用途浮筒 multipurpose floating pontoon
多用途复合仪表 multicombination meter
多用途干燥机 multipurpose dryer
多用途干燥器 multipurpose dryer
多用途钢门 multipurpose steel door
多用途港(口) all-round port; multiple-purpose port; multipurpose port; multiterminal port
多用途高层房屋 multiple use high rise building
多用途高层建筑 multiple use high rise building
多用途高度确定与自导 multimission altitude determination and autonomous navigation
多用途高楼 multiple use high rise building
多用途观众厅 multiuse auditorium
多用途管理 multiple-use management
多用途光纤测试仪 multipurpose fiber test set
多用途滚装船 multipurpose ro-ro ship
多用途河流流域开发 multiple-purpose river basin development
多用途黄油 multipurpose-type grease
多用途会堂 multipurpose hall
多用途灰泥 multi-purpose plaster
多用途混凝土泵 multipurpose concrete pump
多用途货船 multipurpose freighter
多用途货轮 multipurpose cargo ship
多用途机场 multimission aerodrome
多用途机器人 multipurpose robot
多用途机械 multiple-purpose machine
多用途机械手 multipurpose robot
多用途机组 multipurpose unit
多用途激光实验仪 versatile laser instrument for experiments
多用途集装箱 general purpose container
多用途计量器 multimeter
多用途计算机辅助设计系统 multipurpose computer aided design system
多用途加热系统 multiple-purpose heating system
多用途建设 mixed-use development
多用途建设项目 multipurpose project
多用途建筑 multipurpose block; multipurpose building
多用途建筑街坊 multipurpose building block
多用途建筑物 multiple-purpose structure; multiple use building; multiuse building
多用途建筑用地 mixed-use property
多用途胶合剂 multiple use bonding adhesive
多用途胶结剂 multiple use cementing agent
多用途街坊 multipurpose block
多用途结构 multiple-purpose structure
多用途结合剂 multiple use bonding adhesive
多用途精密轧机 versatile precision-rolling mill
多用途雷达 multipurpose radar
多用途冷库 multiple-purpose cold store
多用途轮式装载机 multipurpose wheel loader
多用途码头 multiple-purpose dock; multipurpose terminal
多用途门 multiple use door; multipurpose door
多用途门厅 multipurpose hall
多用途模具 compound mo(u)ld
多用途木工刨 combination plane
多用途耐火材料 multigrog; multipurpose refractory
多用途黏[粘]合剂 multiple use bonding adhesive
多用途黏[粘]结剂 multiple use cementing agent
多用途牛油 multipurpose lubricating grease
多用途农用车(辆) multipurpose farm vehicle
多用途平台 multiple-purpose platform
多用途起重机 convertible crane
多用途汽车 all-purpose vehicle
多用途潜水器 multi(ple-) purpose submersible
多用途轻型运输机 multirole light transport aircraft
多用途清管器 multipurpose pipeline pig
多用途区 mixed-use zone
多用途区划 mixed-use zoning
多用途燃具 combined appliance
多用途热像仪 multipurpose thermal imager
多用途润滑油 multipurpose lubricating grease
多用途润剂 multipurpose-type lubricant
多用途润脂 multipurpose-type grease
多用途散泊位 multipurpose bulk berth
多用途散货船 multipurpose bulk carrier
多用途散码头 multipurpose bulk terminal
多用途扫描显微镜 multipurpose scanning microscope
多用途设备 multipurpose plant
多用途设计 multipurpose scheme
多用途生物采样器 multipurpose plankton sampler
多用途示波器 multipurpose oscilloscope
多用途试验设备 multipurpose test equipment
多用途手表 multipurpose watch
多用途输送带 multipurpose conveyer [conveyor]
多用途输送器 multipurpose conveyer [conveyor]
多用途闩 multiple use lock
多用途栓 multiple use lock
多用途水库 multiple use reservoir; multipurpose reservoir; multiuse reservoir
多用途水泥结合剂 multiple use cementing agent
多用途锁 multiple use lock
多用途添加剂 versatile additive
多用途涂敷材料 multiple use liquid coating material
多用途拖拉机 multipurpose tractor
多用途挖斗 multipurpose bucket
多用途挖泥船 multi-purpose dredger
多用途瓦 multipurpose tile
多用途舞台 multiple use stage; multipurpose stage
多用途系统 multiobjective system; multipurpose system
多用途液态材料 multiple use liquid coating material
多用途液压机 multipurpose hydraulic

press
多用途一组建筑物 multipurpose block
多用途油类 multipurpose oil
多用途油料 multipurpose oil
多用途渔船 multipurpose fishing vessel
多用途语言 multipurpose language
多用途运输车 multipurpose carrier
多用途站台 multiple use stage; multipurpose stage
多用途支援船 multiple-purpose support vessel
多用途中心 multipurpose center[centre]
多用途抓斗 multipurpose bucket
多用途桩架 versatile pile frame
多用途装载机 multipurpose(-type) loader
多用途资源 multiple use resources
多用(途)自动数据交换机 versatile automatic data exchange
多用途钻头 multiuse bit
多用拖车底盘 multipurpose trailer chassis
多用挖掘机 multipurpose excavator
多用万能自动测试仪 multivator
多用文具盒 multistationary set
多用吸盘挖泥船 combined dustpan dredge(r)
多用洗涤器 multiple action scrubber
多用铣床夹头 multifunction milling holder
多用小刀 multiblade pocket knife
多用信号发生器 multipurpose signal generator
多用性 versatility
多用蓄水池 multipurpose water impoundment
多用养护车 multiuse maintenance truck
多用仪器 multipurpose instrument; multiuse equipment
多用移相信号源 multifunction phase shift signal source
多用印字机 multiprinter
多用硬度检测计 multipurpose hardness tester
多用圆规 Napier's compasses
多用运输机 multipurpose freighter
多用凿岩机 utility drill
多用自动扳手 automatic multispanner; multipurpose automatic wrench
多用自动起子 automatic multiscrewdriver
多用钻机 multipurpose drill
多用钻孔 polyboring; polydrill
多用钻孔测斜仪 versatile borehole surveying instrument
多用钻孔攻丝夹头 multifunctional drilling and tap holder
多用钻头 multiuse bit
多优先级 multiple priority level; multipriority level
多优先级排队 multipriority queue
多优先权队列 multipriority queue
多优先数 multipriority
多油槽轴承 multiple groove bearing
多油层 multiple zone
多油层油田 multilayer field
多油的 oily; overstuffed
多油浮选 bulk-oil flo(a)tation; converted flo(a)tation
多油混合料 rich mix(ture)
多油混合物 rich mix(ture)
多油路面 <沥青过多> overrich oiled surface
多油面层 <即沥青很多的面层> fat surface
多油式断路器 bulk-oil circuit-breaker; high-oil-content circuit breaker
多油脂的 greasy
多油脂木材 fat wood
多油质的 oily
多于 outnumber; out poise; outweigh
多余 redundance
多余变数 superfluous variable
多余部分 extra amount
多余材料 surplus material
多余参量 nuisance parameter; superfluous parameter
多余参数 nuisance parameter; superfluous parameter
多余测定 redundance in determination; redundancy determination
多余的 excessive; expletive; expletory; odd; redundant; superfluous; supernumerary; supervacaneous
多余的东西 baggage; fifth wheel attachment; surplusage
多余的水 surplus of water
多余的水泥 excess cement
多余的物 supernumerary
多余的约束条件 redundant constraint
多余地表水 excess surface water
多余电力 surplus power
多余电流 excess current
多余电码 redundant code
多余电子 excess electron
多余电子的 excess electronic
多余度 numeric(al) abundance; redundance[redundancy]
多余方程 redundant equation
多余杆 overrigid
多余杆件 redundant bar; redundant member; redundant rod
多余观测 redundance in determination; redundant in determination; redundant observation
多余观测数 <大地测量中的> number of conditions
多余虹 supernumerary rainbow
多余胶膜 pregel
多余金属 excess metal
多余可捕量 <不影响生态平衡的> harvestable surplus
多余可靠性 redundant reliability
多余力矩 redundant moment
多余量 redundant quantity
多余灵敏度 excessive sensitivity
多余零件 odd parts
多余流量 excess current
多余梅特拉串级连接 redundant Maitra cascade
多余能力 spare capacity
多余能量 excess energy
多余热量 surplus heat
多余设备 redundant equipment; redundant plant
多余时间 overhead time
多余数据 redundant data
多余水 superfluous water
多余水分 excess(ive) moisture; excess water
多余水量 excessive rainfall
多余填土 excessive fill
多余投影 superfluous view
多余涂层 high build coating
多余土地 excess land
多余土地征用 excessive condemnation
多余土方 surplus earth
多余未知力 redundant unknown force
多余未知数 redundant unknown
多余位数检验 redundant check(ing)
多余位移 redundant displacement
多余信息 redundancy; superfluous information
多余行程 over-travel
多余油漆流出孔 paint-drainage hole
多余雨量 excessive rain(fall of long duration); excess rainfall
多余原料 superfluous raw material; surplus stock
多余约束 redundant constraint; superfluous constraint
多余载流子 additional carrier; excess (charge) carrier
多余支撑杆 redundant member
多余支座 redundant support
多余质量 excess mass
多余属性 redundancy of attribute
多余装饰 postiche; super-fluidity of ornamentation; superfluous of ornamentation; postique <工程完工后附加的>
多余资金的处理 disposing of surplus funds
多雨 raininess
多雨的 moist; pluvial; rainy
多雨地区 area of heavy rainfall; pluvial region
多雨密林区 yungas
多雨年(份) rainy year; wet year
多雨期 pluvial period; rain spell; rainy period
多雨气候 rainy climate; rainy weather; wet climate
多雨区 high rainfall area
多雨热带 rainy tropics
多雨天气 rainy weather
多语言功能 multilanguage function
多预焙阳极电解槽 cell with prebaked multiple anodes
多遇地震 frequently occurred earthquake; low-level earthquake
多元 multivariant; plurality
多元变化 polytropic(al) change
多元材积表 multiple entry volume table
多元插值 multivariate interpolation
多元程序 multivariate program(me)
多元醇 polyalcohol; polyatomic alcohol; polybasic alcohol; polyhydric alcohol; polylol; polyvalent alcohol
多元醇共轭聚醚废水 polyhydric alcohol conjugated polyether wastewater
多元醇膦酸酯 polyolphosphonate
多元醇组合聚醚 polyhydric alcohol conjugate polyether
多元大气 polytropic(al) atmosphere
多元大学 multiversity
多元的 complex; multicomponent; multidimensional; multielement; multiple (unit); multiunit; polyatomic; polybasic; polynary; multivariate
多元电压系统 multiple unit voltage system
多元顶级 polyclimax
多元多项式 polynomial in several elements
多元分布 multivariate distribution
多元分析(法) multidimensional analysis; multianalysis; multivariate analysis
多元酚 polyatomic phenol; polyhydric phenol
多元复合材料 polynary composite
多元概率密度函数 multivariate probability density function
多元高斯分布 multivariate Gaussian distribution
多元光电导体 multielement photoconductor
多元光栅扫描 multielement raster scan
多元硅光电元件 multielement silicon cell
多元硅太阳电池 multielement silicon cell
多元过程 complex process
多元函数 function of many variables; function of many variations; function of several variables
多元合金 complex alloy
多元合金钢 complex alloy steel; complex steel
多元化社会 pluralism
多元回归 multiple regression; multivariate regression
多元回归方程 multivariate regression equation
多元回归分析 multivariate regression analysis
多元混合物 completion mixture
多元机车控制系统 multiple unit locomotive control system
多元激光器 many-element laser
多元碱离子 polybasic ion
多元件红外探测器 multielement infrared detector
多元静态的 multistatic
多元静态雷达 multistatic radar
多元控制 multiple unit control
多元控制器 multiple unit controller
多元冷却器 multiple element cooler
多元离子系 multiionic system
多元梁 multielement beam
多元流 multiphase flow
多元论 pluralism; polyphyletic theory; polyphyletism
多元模拟 multivariate simulation
多元木质部 polyarch xylem
多元内插 multivariate interpolation
多元判别分析 multiple discriminant analysis; multivariable discriminant analysis
多元气体混合物 multicomponent gas mixture
多元区间估计 multivariable interval estimate
多元燃料发动机 multifuel engine
多元扫描装置 multielement scanner
多元示波器 multielement oscillograph
多元素 multielement
多元素测量 multielement survey
多元素镀层 multiple element coating
多元素分析 multielemental analysis
多元素分析样品 sample for multielemental analysis
多元素活化分析 multielemental activation analysis
多元素解释系统 multielement interpretation system
多元素顺序分析仪 sequential multielement analyser[analyzer]
多元素异常快速评价分选系统 system of rapid evaluation and sorting of multielement anomalies
多元素异常剖析 multielement anomaly resolution map
多元素异常图 multielement anomaly map
多元酸 polyatomic acid; polybasic acid; polyhydric acid; polyprotonic acid
多元酸碱 polyacidic base
多元酸酯 polybasic ester
多元随机变量 multiple random variables
多元羧酸 polybasic carboxylic acid
多元碳化物 multicarbide
多元碳化物合金 multiple carbide alloy
多元碳化物硬质合金 cemented multicarbide; cemented multiple carbide; multiple carbide hard metal
多元天线系统 multilateral system
多元天线阵 multielement array
多元统计分析 multivariable statistic(al) analysis; multivariate analysis;

D

multivariate statistic(al) analysis
多元统计分析程序包 multivariate statistic(al) analysis package
多元推进剂 multipropellant
多元文丘里洗气槽 multi-Venturi scrubber
多元无源天线阵 multielement parasitic array
多元系烧结 heterogeneous sintering
多元系(统) polycomponent system; polynary system
多元线性回归 multiple linear regression; multivariate linear regression
多元线性回归模型 multiple linear regression model; multivariate linear regression model
多元线性相关 multiple linear correlation
多元相关比 multiple correlation ratio
多元相关法 multiple correlation method
多元相关分析 multiliner correlation analysis
多元相关系数 multiple correlation coefficient
多元相流 multiphase flow
多元性 pluralism; polytrope
多元演替顶极 polyclimax
多元因素分析 multivariate factor analysis
多元载波 multidestination carrier
多元真空管 multielement vacuum tube
多元蒸馏 multicomponent distillation
多元正态分布 multinormal distribution; multivariate normal distribution
多元中心(管理)方式 polycentrism
多元主义 pluralism
多元组 multicomponent system
多原子的 polyatomic
多圆弧缓和曲线 multiple circular transition curve
多圆弧曲线 compound curve
多圆锯片板条锯 bull edger; rift gang edger
多圆锯片裁边锯 gang edger
多圆盘翻土机 poly-disc tiller
多圆盘分移剪切机 gang slitter nibbling machine
多圆盘剪床 gang slitter shears
多圆盘剪切机 gang shears
多圆盘锯 parallel circular saw
多圆盘式剪切机 gang slitting shears
多圆盘纵切机 gang slitting machine
多圆筒结构 multiple barrel structure
多圆网造纸机 multivat machine
多圆柱体 polycylinder
多圆锥射影 polyconic(al) projection
多圆锥投影 polyconic(al) projection
多圆锥投影地图 polyconic(al) projection chart
多圆锥投影格网 polyconic(al) projection grid
多源 multiple source
多源包体 enclave polygene
多源沉积物 polygene sediment; polygenetic sediment; polygenic deposit; polygenic sediment
多源的 polygene; polygenetic
多源底泥 polygenic sediment
多源交通数据 multiple source traffic data
多源扩散模式 multiple source diffusion model
多源模式 multiple source model
多源污水 continuous waste
多约束 multiple constraint
多跃传播 multihop propagation
多云 overcast
多云的 cloudy; nubilous
多云天 broken sky; clouds
多云天空 cloudy sky
多云天气 cloudy sky; cloudy weather; soupy weather
多云状态 cloudiness
多运 overcarry
多运具的 multimodal
多运具需求模型【交】multimode demand model
多运输方式联合运输 intermodal transport
多运输方式联运码头 intermodal terminal
多运输方式联运器械 intermodal device
多运输方式联运信息系统 intermodal information system
多运输方式联运作业区 intermodal terminal
多运算 multioperation
多运算器 multicomputing unit
多匝 multiloop
多匝薄膜磁头 multiturn film head
多匝次级线圈 many-turn secondary
多匝的 multiple turn; multiturn
多匝电流互感器 multiturn current transformer
多匝电位计 multiturn potentiometer
多匝副圈 many-turn secondary coil
多匝绕组 multicircuit winding
多杂草的 weedy
多杂质岩 polymictic rock
多灾区 hot spot
多载波测距 multicarrier distance measurement
多载波发射机 multicarrier transmitter
多载客车合格率 < = 合格多载客车(HOV)数/车辆总数(%) > compliance rate
多载客车辆 <能运送至少某一规定乘客数(一般为4)的任何一种车辆> high-occupancy vehicle
多载客车辆车道管理进出口 enforcement area
多载频的选用 selection among multiple carriers
多藻海水 weedy water
多藻水域 weedy waters
多择检测 multiple alternative detection
多择一判定 multiple alternative decision
多渣的 drossy
多闸(门)溢洪道 multiple gated spillway
多栅 multiple grid
多栅变频器 multigrid converter
多栅的 multigrid
多栅电子管 multigrid tube
多栅混频管 multigrid mixer tube
多栅极的 multigrid
多栅极管 multigrid tube
多栅检波 multigrid detection
多毡多油防水层 continuous membranes
多站 multidrop; multistation
多站电焊机 multioperator welding machine; multioperator welding set
多站多普勒跟踪系统 polystation Doppler tracking system
多站焊机 multioperator welding machine
多站焊接 centralized installation of welding machine
多站焊接发电机 multiple station welding generator; multiple tag welding generator
多站合用线 multistation party line
多站弧焊发电机 multioperator arc welding generator
多站摄影 multistation photography
多站通信[讯]网络 multidrop; multidrop communication network; multistation communication network
多站系统 multistation system
多站线 multidrop
多站线路 multidrop line; multistation circuit
多站制 multistation system
多胀式发动机 multiple expansion engine
多胀式汽轮机 multiple expansion turbine
多胀式涡轮机 multiple expansion turbine
多胀式蒸汽机 multiple expansion steam engine
多沼泽的 boggy; moory; paludal; paludine
多沼泽地 slash
多折板 multifolded plate
多折尺 multiple folding rule
多折缝的 creasy
多折毛巾柜 multifold towel cabinet
多折扇门 multifolding door
多折射晶体 multirefracting crystal
多折射率法 multiple index method
多摺尺 multiple folding rule
多褶式滤清器 larder filter
多针穿孔 multiflying punch
多针缝式焊接 mash stitch welding
多针孔纹板多臂机 decked dobby
多针探器 multipoint prober
多阵风的天气 gusty weather
多振荡电路 multiresonant circuit
多振子天线 aerial array; group antenna; multielement antenna; multiunit antenna; multiwire antenna
多震区 earthquake prone region
多蒸气的 vapory; vapo(u)rish
多蒸汽的 vapo(u)rific
多整钻头用夹钳 dressing bit tongs
多帧 multiframe
多支 multidrop
多支汊河段 braided course
多支汊河流 braided river; braided stream
多支撑地下连续墙 diaphragm wall with multibracing
多支撑式地下连续墙 diaphragm wall with multibracing
多支承舵 multiple pintle rudder; multisupported rudder
多支点连续梁 continuous beam supported at several points
多支钢桩形系船桩 steel-pile dolphin
多支管 manifold
多支进水口 multiport intake
多支流假说 multiple current hypothesis
多支路 multiple branch circuit
多支路管 manifold pipe
多支路管道 manifold pipeline
多支路歧管 multiple branch manifold
多支木桩型系船桩 framed wood-pile dolphin
多支排气 multiple exhaust
多支腿构筑物 multilegged structure
多支腿移动式构架 multilegged portal frame
多支腿移动式框架 multilegged portal frame
多支线 multidrop line
多支循环控制器 multidrop loop controller
多支座(的) multibearing; multiple bearing
多支座梁 multisupported beam
多汁的 succulent
多枝桉树 manna gum
多枝的 branchy; much branched; ramose
多枝烛架 girandole
多枝烛台 girandole
多脂 greasiness; obesity
多脂材 resinous wood
多脂醇 soapy alcohol
多脂的 fatty
多脂鳞伞 Pholiota adiposa
多脂木材 light wood
多脂树 fat wood
多脂树木材 pitchy timber; pitchy wood
多脂松 pitch pine
多脂松木 fat wood
多脂鱼 oil fish
多执行路线(操作) multithreading
多执行路线应用程序 multithread application program(me)
多执行状态 multiple execution state
多直管式喷射器 multiple straight pipe injector
多直浇口浇注系统 multiple gating
多直径镗孔铣刀 multidiameter boring cutter
多值 multiple value
多值触发器 multiple-valued flip-flop
多值的 many-valued; multiple-valued; multivalued; n-valued; multivalue
多值电路 multivalued circuit
多值法 multivalue method
多值功能 multiple-valued function; multivalued function
多值函数 many valued function; multiform function; multiple-valued function; multivalued function
多值计算 multicomputing
多值开关理论 multivalued switching theory; non-binary switching theory
多值逻辑 many-valued logic; multiple-valued logic; multivalued logic; n-valued logic
多值逻辑模拟 multivalue logic simulation
多值情况 ambiguous case
多值位移 multivalued displacement
多值误差 ambiguity error
多值相关 multivalue dependency
多值相关性 multivalued dependence [dependency]
多值性 ambiguity
多值选择 multivalued decision
多值依赖 multivalued dependence[dependency]
多值指示器 ambiguity indicator
多值属性 multiple-valued attribute
多址 multiaddress; multiple address
多址电报 multiaddress message; multiple address message
多址连接 multiple access
多址通信[讯] multiaddress communication
多址载波 multidestination carrier
多纸检测器 double sheet detector
多纸检测器控制 double sheet detector control
多纸推出器 double sheet ejector
多指标法 <根据研究结果选定项目的> multicriteria method
多指标分析(法) multicriteria analysis
多指定单数据流系统 multiple instruction single data stream system
多指畸形 polydactylia; polydactylism
多指令 multiple instruction
多指令单数据流 multiple instruction-single data stream
多指令单数据流系统 multiple instruction single data stream system
多指令多数据流 multiple instruction

multiple data stream
多指令流 multiple instruction flow; multiple instruction stream
多指趾畸形 polydactyly
多指状羽状的 multidigitato-pinnate
多趾畸形 polydactylia; polydactylism
多趾三角洲 multibate delta
多至 as many as
多制式电力机车 multisystem power locomotive
多制式检流计 multisystem galvanometer
多质点体系 multimass system
多质点系统 multimass system; multiple-mass system
多质量 multimass
多掷开关 multithrow switch
多中堂 multiaisle
多中堂的 multi-nave
多中心 multiple nucleus
多中心城市 multinuclear city; multinucleus city; polynucleated city
多中心的 multicentric
多中心低压 complex low
多中心拱 more-centered arch
多中心拱坝 poly-centred arch dam
多中心理论 multiple nucleated theory
多中心论 polycentrism
多中子核素 neutron-rich nuclide
多终端 multiple terminal; multiterminal
多终端编址 multiterminal addressing
多终端存取 multiple terminal access
多终端存取特点 multiple terminal access feature
多终端公务电路 multiterminal service circuit
多终端管理程序 multiple terminal manager
多终端接口 multiterminal interface
多终端结构 multistation configuration
多种 diversity; multiplicity; pluralism
多种比例尺测图 multiscale mapping
多种波动描记器 polygraph
多种材料混合物 compo
多种柴油机 multidiesel
多种成分混合止水材料 multi-component sealant
多种成矿类型 diversity of metallogenic types
多种程序处理机 multilist processor
多种尺寸 multisize
多种穿孔机 multiple punch
多种磁性成分 multimagnetic components
多种粗径的混合砂 mixed-grained sand
多种大小 multisize
多种的 multiform
多种电流牵引单元 multicurrent traction unit
多种多样的 manifold; multifarious; varied
多种多样性 diversity
多种伐区清理 diversified slash disposal
多种方法的 multiway
多种方式的 multimedia
多种方式联运 combined through transport
多种方式联运系统 multimodal transport chain
多种方式联运用语 multimodal parlance
多种方式系统 polymorphic system
多种方式运输 multimodal [multimodel] transport
多种分泌障碍 pluridyscrinia
多种覆盖用的物质 many materials for mulching
多种钙 polycalcium
多种钙片 multicalcium tablet
多种工艺的 poltechnic(al); polytechnic
多种功能 multiple duty; multiplefunction; multiple operation
多种化合物铝青铜 alumin(i)um multicompound bronze
多种回填 miscellaneous backfill
多种汇价 multiple rate
多种汇率 multiple exchange rate
多种混合肥料 multicomponent fertilizer
多种集群 colony
多种技术的 polytechnic
多种技艺的 polytechnic
多种价格 multiple pricing
多种价目计算器 multiple tariff meter
多种价值性 multivalence
多种交变荷载 repeated load(ing)
多种经济 diverse economy; diversified economy
多种经营 diversification; diversified business; diversified economy; diversified management; diversify; diversifying operation
多种经营公司 diversified company
多种经营林业 multiple use forestry
多种经营农场 diverse farming; diversified agriculture; diversified farm; general farm
多种经营企业 diversification consortium
多种空气污染质的毒性抵消作用 antagonism
多种类数量变动模式 multispecies dynamic(al) model
多种类型的 poly-type
多种利用 many-sided utilization
多种粒度的 mixed-grained; varigrained
多种粒径 mixed grain
多种粒径的 mixed-grained; varigrained
多种粒径的混合砂 mixed-grained sand
多种粒径骨料 multiple size aggregate
多种粒径混合的 mixed-grained
多种粒径集料 multiple size aggregate
多种流态 multiple flow state
多种模式 multimodel
多种模态分布 multimodal distribution
多种目标测距系统 multiple target system
多种票价制 <都市铁路> multifare system
多种频率电力机车 multifrequency locomotive
多种破碎 multifrac
多种气体燃烧器 multigas burner
多种区域 multiregion
多种燃料柴油机 multifuel diesel
多种燃料的可能性 multifuel capability
多种燃料的能力 multifuel capability
多种燃料发动机 multifuel engine
多种燃料混合燃烧 combined firing
多种燃料燃烧 multifuel firing
多种燃料燃烧器 combination burner; multifuel burner
多种深度结合的蚀刻 French embossing; multitone etching
多种生产的化工厂 multipurpose chemical processing plant
多种使用和联合开发 multiple use and joint development
多种手段的 multimedia
多种疏水吸附质 multiple hydrophobic adsorbate
多种说明 multiple declaration
多种死因 multiple cause of death
多种速度的 multispeed
多种速度控制法 multispeed method of control
多种所有制形式 diverse forms of ownership
多种套间建筑 multiple-dwelling building
多种特性 multifrequency nature
多种特征的 manifold
多种土壤组合 soil paraform
多种污染物 multipollutant
多种物料的配料称量器 multiple material(scale) batcher
多种卸货方式的货车 multiple service car
多种行业联合的大企业 conglomerate
多种形式大学 <指除设院系外，还有科研及其他活动的大学> multiversity
多种形式的 multiform(ed)
多种形式联运 multimode transit
多种性能 multiple duty; multiple function
多种学科的 interdisciplinary; multidisciplinary
多种学科研究 multidisciplinary study
多种颜色的地沥青塑性屋面材料 asphaltex
多种养殖 multiculture; polyculture
多种用途 multiapplication; multiple application
多种用途的 general purpose; general service; multiuse; omnibus; multipurpose
多种用途喷灌系统 multipurpose spraying system
多种用途设备 multipurpose equipment
多种用途型钢 merchant bar
多种用途畜舍 multiple use barn
多种语言的 multilingual
多种语言对照注记 multilingual lettering
多种语言混合版 multilingual edition
多种原因造成的故障 combined failure
多种运输方式联运 multimodal transport
多种运输方式运输公司 multimodal transportation company
多种运输联合转运基地 composite terminal
多种炸药 multicharge
多种住宅建筑 multiple-dwelling building
多种铸铁卫生设备 multiple casting sanitation; burn's
多种专业服务公司 prime professional service
多种组合形式的 polymorphic
多种作物 diversified crop
多种作物栽培 polyculture
多种作业台车 charging and service jumbo
多众数分布 polymodal distribution
多州的 multistate
多周期的 multiply periodic; polycyclic(al)
多周期分类 multicycle sort
多周期馈送 multicycle feeding
多轴 multiaxles; multiple axles; multiple spindle; multispindle
多轴半自动车床 multiple spindle bar automatic lathe; multiple spindle semi-automatic lathe; multispindle semi automatic lathe
多轴棒料自动车床 multiple spindle bar automatics; multispindle bar automatic machine
多轴车 bogie truck; multiaxle car; multiaxle expression; multiaxle wagon
多轴车床 multiple spindle lathe
多轴车床中心 multiaxis turning center[centre]
多轴衬轴承 segmental bearing
多轴承 multiple bearing
多轴穿孔机 multiple borer
多轴船型 multiple shaft ship type
多轴的 multiple axles; multiple spindle; multiwheel
多轴多压砧式超高压高温设备 multiaxial multianvil ultra pressure and high temperature device
多轴缝编玻纤织物 multiaxial knitted glass fabric
多轴杆 multispindle bar
多轴工具 multiple spindle tool
多轴骨针 polyaxon
多轴挂车 multiaxle trailer; multiwheel trailer
多轴辊轴筛 live-roll grizzly
多轴珩磨机 multiple spindle honing machine
多轴混合机 multishaft mixer
多轴机床 gang tool
多轴夹盘自动车床 multiple spindle chucking automatics
多轴搅拌机 multiple rotor mixer
多轴卡盘自动机床 multispindle chucking automatic machine
多轴拉床 multiple spindle broaching machine
多轴立式车床 multiple spindle vertical lathe
多轴立式内圆珩磨机 multiple spindle vertical internal honing machine
多轴木工车床 multiple spindle wood lathe
多轴碾压机 multiwheeler roller
多轴破坏准则 multiaxial failure criterion
多轴汽车 multiwheeler
多轴燃气轮机 multishaft(rotor) gas turbine
多轴式激振器 multieccentric rotor type vibrator
多轴式钻机 multiple drilling machine
多轴试验 <三向部等压> multiaxial test; polyaxial test
多轴手纸配出器 multiroll toilet tissue dispenser
多轴镗床 multiple spindle boring machine
多轴头 cluster head; multiple spindle heads
多轴透平 multiple shaft turbine
多轴拖车 multiaxle trailer
多轴铣床 multiple spindle milling machine
多轴纤维缠绕 multiaxial filament winding
多轴纤维缠绕机 multiaxial filament winding machine
多轴向拉伸试验 multiaxial tensile test
多轴向无捻粗纱布 multiaxial roving fabric
多轴向徐变 <混凝土> multiaxial creep
多轴向应力 multiaxial stress; polyaxial stress
多轴应力场 multiaxial stress field
多轴应力状态 multiaxial stress condition
多轴运货汽车 multiaxle lorry
多轴载重汽车 multiaxle truck
多轴振动筛 multiaxle vibrater
多轴织物 multiaxial fabric
多轴制榫机 end matcher

D

多轴自动棒料车床 multiple spindle automatic bar machine
多轴自动车床 automatic multispindle lathe; multiple spindle automatic lathe; multiple spindle automatic machine; multispindle automatic lathe; multispindle automatic machine
多轴自动机床 multiple shaft automatic machinery
多轴自动夹头车床 multiple spindle automatic chucking machine
多轴自动循环车床 multiple spindle automatic cycle lathe
多轴钻 multidrill
多轴钻床 gang drilling machine; multiple drill; multiple spindle drill(ing machine); multispindle drilling machine
多轴钻床卡盘 multiple spindle drill chuck
多轴钻床主轴管 multidrill head
多轴钻机 multidrill(ing)(head) machine; multiple drill press; multiple spindle drill; multiple spindle drill(ing) machine; multishaft arrangement
多轴钻孔机 multiple borer; multispindle drilling machine
多轴钻削头 multiple spindle drill head
多轴钻削头装置 multiple spindle drill unit
多轴钻主轴箱 multiple drill head
多主机操作 multihost operation
多主寄生物 plurivorous parasite
多主局 multihost
多主题的 multithematic
多主题图像 multithematic picture; multithematic representation
多主轴式 multiway type
多住户公寓 multifamily apartment house
多柱操作 multicolumn operation
多柱的 many-columned
多柱基础 combined footing; combined foundation; multicolumn foundation
多柱基础法 multicolumn foundation method
多柱建筑 column architecture; prostylos
多柱联合基础 combined footing
多柱面 polycylinder
多柱塞泵 multiple plunger pump; multiplunger pump
多柱塞压力机 multiple plunger press
多柱式 multiple column
多柱式大厅 hypostyle hall
多柱式的 hypostyle; polystyle
多柱式建筑(物) polystyle; hypostyle (edifice); polystylar edifice; prostylos
多柱式排架 multiple column bent
多柱式液压计 multicolumn hydraulic press
多柱厅 hypostyle hall; polystyle hall
多柱压力机 multidaylight press
多柱仪器 multicolumn instrument
多蛀孔的 worm-eaten
多抓斗带泥舱挖泥船 multiple grab hopper dredger
多抓斗挖泥船 multiple grab dredger
多爪锚 grappling iron
多爪式 multijaw
多爪式抓斗 orange-peel bucket
多爪式抓岩机 multileaf mechanical mucker
多爪小锚 grappling hook; grapnel
多爪抓斗 multiclaw grab; multijaw grab; multitine grab; orange peel
多爪抓取器 multitine grabble
多爪抓石器 cactus grab
多爪抓岩机 cactus(type) grab; multi-pointed grab; orange-peel grab
多转的 multiturn
多转轮 multiple runner
多转轴 multiple rotor
多转轴拌和机 multiple rotor mixer
多装罐车 overcharge tank car
多装入模块处理 multiple load module processing
多状态的 multimode
多幢住房布置草图 multibuilding scheme
多幢住房布置平面图 multibuilding scheme
多幢住房布置示意图 multibuilding scheme
多幢住房方案 multibuilding project
多幢住房规划 multibuilding project
多幢住房开发 multibuilding development
多幢住房设计 multibuilding development
多锥角并流型沉降式离心机 multicone angle cocurrent decanter centrifuge
多锥面同步器 multicone synchronizer
多锥式造球机 multiple cone pelletizer
多锥水力旋流器 compound water cyclone
多锥(体)投影 polyconic(al) projection
多锥投影海图 polyconic(al) projection chart
多锥投影图 polyconic(al) chart
多锥型混合机 multicone mixer
多准则 multiple criterion
多准则(目标)决策 multiple criterion decision-making
多准则评价模型 evaluative model for multiple criteria
多滋的 polytrophic
多子程序级 multiple subroutine level
多子果 polyspermous fruit
多子红柳安 tanguile
多子婆罗双 <菲律宾产的桃花心木> tangile; tanguile
多子系统 multiple subsystem
多子系统模拟程序 multiple subsystem simulator
多子叶植物 polycotyledon
多子植物 allseed
多字 multiword
多字型【地】Xi-type
多字型构造 Xi-type structure
多字型构造体系 Xi-type structural system
多自然生态处理技术 multinatural ecological treatment technology
多自由度 multidegree-of-freedom; multiple degree of freedom
多自由度的 multivariable
多自由度集中质量系统 multilumped-mass system
多自由度体系 many degrees of freedom system; multidegree-of-freedom system; multiple lumped-mass system; system with several degree of freedom
多自由度系统 many degrees of freedom system; multidegree-of-freedom system; multiple lumped-mass system; system with several degree of freedom
多自由面爆破 shooting on-the-free
多总线多处理机 multibus multiprocessor
多总线兼容的 multibus compatible
多总线接口 multibus interface
多总线结构 multiple bus architecture
多总线控制 multibus control
多总线控制处理机 multiple bus control processor
多总线模块 multibus module
多总线 multibus
多总线系统 multiple bus system
多总线与多入口系统 multiple bus and multiport system
多足纲【动】myriapoda[myriopoda]
多足护面块 multilegged armo(u)r block
多组的 mnltiband; multibank; multiunit
多组分 multiple component; polycomponent
多组分玻璃 compound glass
多组分玻璃光纤 multicomponent glass optic(al) fiber[fibre]
多组分玻璃光学纤维 compound glass optic(al) fiber[fibre]; multicomponent glass optic(al) fiber[fibre]
多组分薄膜纤维 multicomponent film fibre
多组分的 multicomponent
多组分凡立水 multicomponent varnish
多组分非水相流体 multicomponent non-aqueous phase liquid
多组分复合纤维 multicomponent fibre[fiber]
多组分共聚物纤维 multicomponent polymer fibre[fiber]
多组分化合物 polycompound
多组分混合料堆 multicomponent blending bed
多组分聚合物 multicomponent polymer
多组分蜡克 multicomponent lacquer
多组分亮漆 multicomponent lacquer
多组分流动 multicomponent flow
多组分炉渣 multicomponent slag
多组分密封膏 multicomponent sealant; multipart sealant
多组分农药 multicomponent pesticide
多组分平衡 multicomponent adsorption equilibrium
多组分气体 multicomponent gas
多组分清漆 multicomponent varnish
多组分塑料 multicomponent plastics
多组分体系 multicomponent system; polycomponent system
多组分涂漆 multicomponent lacquer
多组分系统 multicomponent system; polycomponent system
多组分纤维 multicomponent fibre[fiber]
多组分样品分析 multicomponent samples analysis
多组分预均化堆场 multicomponent blending bed
多组分(罩)光漆 multicomponent varnish
多组盥洗槽 multiple wash sink
多组盥洗盆 multiple wash sink
多组合连接 large group connection
多组滑轮 step block
多组计算 multigroup calculation
多组件减速器 multiple unit type retarder
多组件式缓行器 multiple unit type retarder
多组犁 gang plough
多组列车 multiple section train
多组列车的辅助车组 secondary section of multiple section train
多组排种器播种机 multiunit drill
多组市郊列车 multiple unit suburban train
多组式减速器 multiunit type retarder
多组信息 multipacket message
多组用户公用系统 multicustomer group operation
多组元结构 multicomponent structure
多组元频谱 multicomponent spectrum
多组(元)系 multicomponent system
多组圆盘犁 gang disk plow
多组重量配料器 multiple weight batcher
多钻头钻模 multiple jig
多钻凿井机 multiple drill shaft sinker
多嘴包装机 multispout packing machine; multitube packing machine
多嘴的 talking
多嘴割炬 multinozzle cutter
多嘴花囊 flower receptacle with several mouths
多嘴火焰切割器 multinozzle cutter
多嘴喷枪 spray broom
多嘴喷燃器 multijet-type burner
多嘴汽化油器 multiple jet carbureter
多最优解 multiple optimal solutions
多作业操作 multijobbing
多作业调度 multijob scheduling
多作业控制器 multiple action controller
多作用 multifunction
多作用的 polyfunctional
多作用计算机 multiaction computer
多作用控制器 multiple action controller
多座飞机 multiseater
多座滑翔机 multiplace glider
多座位的 multiplace

掇

掇山 hill making; piled stone hill
掇山五法 five-method of rock piling

夺

夺得 bear away
夺流 behead(ing of river); piracy; river capture; stream abstraction; stream capture; rob <河水>
夺流河 beheaded river; beheaded stream; beheading; capturing river; capturing stream; pirate river; private river; private stream; river robber; stream beheading
夺取 bear away; entrainment; seize; seizure; usurp
夺去 deprive; deprive of

朵

朵间 interlobate
朵体 lobe
朵状三角洲 lobate delta
朵状砂体 sand lobe
朵状细流痕 lobate rill mark

垛

垛 bing
垛坝 buttress dam; crib dam
垛板辊道的辊子 skew table roll
垛板机 piler bed; sheet piler; sheet stackers; slab piler
垛板升降台 pile lifter
垛板箱 piling box
垛壁 spur
垛材盘 pallet
垛底 staddle
垛顶部货重量 top weight

垛锭机 ingot piler
垛堆机 clamp forming machine
垛放初轧板坯 slab piling
垛架 cribbing
垛间支撑 buttress brace;buttress bracing
垛间支撑梁 buttress brace
垛金属板机 plate and sheet piler
垛紧的石块 packed stone
垛木机 log stacker
垛皮机 plate and sheet piler
垛式挡土墙 counterfort retaining wall;crib retaining wall;walling crib
垛式方向标志 stack type direction sign
垛式支架 cog timbering; corduroy strake;crib(bing);cribwork
垛头 buttress head
垛堰 buttress weir
垛支撑架 stack stand
垛重 <木、砖的> ream weight

躲藏处 hiding;hiding place;harbo(u)rage

躲开 dodge

剁刀 marking knife;mincing knife;triangular chisel

剁斧槌 axe hammer
剁斧石楼地面 hammered granolithic flooring
剁斧石面 bush-hammered finish(face);hammered granolithic finish
剁斧石做法 bush-hammered dressing;bush-hammering
剁斧头 chip(ping) axe
剁斧琢面 bush-hammered dressing
剁斧琢石 nidg(g)ed ashlar
剁假石 axed artificial stone
剁石锤 peen hammer
剁碎 chopping;mince
剁碎机 mincing machine
剁碎钻头 chopping bit
剁錾 chipping chisel
剁凿 chipping chisel

舵 motivator;rudder

舵把 steering handle
舵板 back piece;rudder blade;rudder paddle;rudder plate
舵板根 after piece;rudder heel
舵板根承 rudder heel bearing
舵板栓槽 gulleting
舵板调节器 rudder pedal adjuster
舵臂 rudder arm;rudder band;rudder stay
舵臂前端突出插舵针的部位 snug
舵柄 helm(bar); helmstock; rudder tiller; steering tiller; steertree;steering handle
舵柄操舵 tiller steering
舵柄操舵索 yoke line;yoke rope
舵柄毂 boss of tiller
舵柄横木 rudder yoke;yoke
舵柄弧 quadrant tiller;sectional tiller
舵柄弧轨 sweep
舵柄连接拉杆 tiller tie bar
舵柄绳 yoke lanyard;yoke line
舵柄头 tiller head
舵柄转舵装置 tiller steering gear
舵槽 rudder pit
舵承 rudder(bearing) carrier
舵承钮 rudder lug
舵的厚度比 thickness ratio of rudder
舵的枢轴 gudgeon
舵的作用 rudder action
舵底承 skeg
舵底垫板 sole of rudder
舵端防松销 norman(-bolt); norman pin
舵反应太慢 answer too slow
舵盖式汽车 hatchback
舵杆 rudder lever; rudder main piece;rudder stock;tiller
舵杆管 rudder case[casing]; rudder (stock) trunk;rudder tube
舵杆接头 rudder coupling
舵杆接头螺帽防松器 rudder keeper
舵杆孔 helm port;rudder hole;rudder port
舵杆联结 rudder coupling
舵杆头 rudder head;upper stock
舵杆头凸缘 rudder flange
舵杆转动填料函 rudder stuffing box
舵杆转动填料函压盖 rudder gland
舵工 coxswain; helmsman; quarter master; steersman; wheel man; wheel stand
舵工的值班时间 tricky
舵工室 helmsman's room
舵工站台 steering column; steering pedestal; steering post; steering stand
舵工值班 steer a trick
舵弓 bow of a rudder
舵箍(筋) rudder arm; rudder band; rudder stay
舵后部 trailing portion
舵后沿形状 rudder rake
舵机 control actuator;control surface actuator; steering apparatus; steering engine;steering gear;helm
舵机舱 steering engine room;steering gear room
舵机操纵器 telemotor
舵机传动装置 steering telemotor
舵机电动机 steering motor
舵机平台 steering gear flat
舵机装置 helm gear
舵检修孔 access hole of rudder
舵桨 <救生艇> steering oar
舵桨绳叉 steering grommet
舵桨索环 steering crutch
舵角 angle of helm;angle of rudder;helm angle
舵角电传发送器 electric(al) rudder angle transmitter
舵角控制 tilt control
舵角调整 rudder adjustment
舵角限制器 rudder angle stopper
舵角信号 helm signal
舵角指示器 helm indicator; rudder (angle) indicator; rudder telltale; steering wheel pointer; tiller telltale;wheel angle indicator
舵坑 rudder pit
舵控制装置 rudder control unit
舵框 rudder frame
舵来了 feel the helm
舵链 steering chain; tiller chain; wheel chain
舵链槽 trough for steering chain
舵链导轮 fairlead for rudder chain; fairlead of rudder chain
舵链杆 steering rod;steering shaft
舵链连杆 wheel rods
舵令 helm order;order to helmsman; rudder order;steering order
舵令指示器 rudder order indicator
舵令钟 steering telegraph
舵楼 control bridge
舵轮 rudder wheel; steering wheel; wheel;helm
舵轮把柄 spoke;steering wheel spoke
舵轮风 <英国北部河谷寒冷东北强风> helm wind
舵轮幅 rung
舵轮跳动 kick of wheel
舵轮系绳 tiller becket
舵轮止动销 stopper handle
舵面积 area of rudder;rudder area
舵面快速振动控制 bang-bang control
舵钮 rudder braces;rudder iron
舵钮空挡 pintle score; rudder riser; rudder score
舵前缘板 nose wrapper plate
舵前缘整流体 costa bulb
舵扇 quadrant tiller; sectional quadrant; steering quadrant; tiller quadrant
舵扇毂 boss of quadrant
舵扇式转动装置 quadrant steering gear
舵生效 feel the helm
舵十字头 rudder crosshead
舵室 rudder house;steering house
舵手 coxswain; helmsman; quarter master; rudder; steerer; steersman; timoneer;wheel man
舵枢 brace;gudgeon;rudder gudgeon
舵栓 bearing pintle; gudgeon pin; helm pintle;pintle;rudder pintle
舵索 steering wire
舵套 rudder coat
舵跳动 <海水冲击所致> helm kick
舵头帆布罩 rudder coat
舵托 heel brace;heel gudgeon;horn; rudder bearer;rudder carrier
舵位指示器 telltale
舵向指针 fitted pintle
舵销 helm pintle
舵效 effect of rudder; rudder effect; steerage
舵效航速 bare steerageway; steerage way
舵穴 rudder pit;rudder well
舵压力 rudder force
舵眼圈 rudder eye
舵叶 rudder blade; rudder paddle; rudder plate
舵羽 main tail feather
舵闸 rudder brake
舵闸踏板 rudder brake pedal
舵针 bearing pintle;gudgeon pin;rudder pintle
舵针承座 saucer
舵针轴承 pintle bearing
舵踵 after piece;rudder heel
舵踵承 rudder heel bearing
舵踵钮 heel brace;heel gudgeon
舵踵盘座 heel disc[disk]
舵踵栓 bottom pintle;heel pintle
舵轴 gudgeon;steering axle
舵轴孔 helm port
舵轴筒 helm port;rudder port
舵柱 rudder post
舵柱承槽 gulleting
舵柱止舵楔 rudder post stopper
舵转矩 rudder torque

堕面单密度软磁盘 single-sided single-density diskette

堕式交分菱形交叉 diamond crossing with single slip
堕式进水口 drop inlet
堕式溢水口 shaft and tunnel spillway
堕双轨混合线 <双线插入段> alternating single/double track

惰齿轮 dead gear;idle gear

惰工 labo(u)r slowdown
惰辊 idler roller
惰滑轮 dead pulley
惰辊式冷床 dead roller bed
惰化浓度 inerting concentration
惰力 inertia force
惰力扫气泵 idling scavenging pump
惰力卸车机 inertia unloader
惰力运行 drifting
惰力运行点 coasting point
惰力运行坡道 coasting grade
惰力运转 coasting
惰力运转(油)泵 idle-running(oil) pump;idling(oil)pump
惰链 downstream chain;lee cable;lee chain;non-riding cable;sleeping cable
惰轮 driven wheel; fly wheel; idle gear;idler(gear);idle roll(er);idle(r)pulley;idler sheave;idle wheel; lazy pinion; loose pulley; pulley idler;support roller
惰轮环 idle gearring
惰轮内垫 inner idle gear shim
惰轮前束 idler toe-in
惰轮倾斜度 idler tilt
惰轮速度 idling speed
惰轮突缘 idler flange
惰轮外倾 idler toe-out
惰轮移动距离 idler travel
惰轮支承梁 idler support beam
惰轮轴 idle gear shaft;idler shaft
惰锚 lee anchor;non-riding anchor
惰气 neutral gas
惰钳 lazy tongs
惰速 dummy
惰态 passive state
惰态金属 passive metal
惰态冷却 passive cooling
惰态污染物 passive pollutant
惰行 coasting(drifting);idling
惰行坡度 coasting grade;idling grade
惰行速度 coasting speed
惰行阻力 coasting resistance
惰性 inertia; inertness; non-reactivity;sluggishness;vis inertiae
惰性部分 inert region
惰性材料 inert material
惰性掺和料 inert filler
惰性尘末 inert dust
惰性成土因素 passive soil former
惰性除尘器 inertial dust collector
惰性触尘器 inertial dust separator
惰性大气层 inert atmosphere
惰性的 inactive; noble; non-reactive; reactionless; sluggish; unreactive; inert
惰性电极 indifferent electrode; inert electrode
惰性矾土硅酸盐球 inert alumina silicate bead
惰性矾土硅酸盐珠 inert alumina silicate bead
惰性非晶形矿物硅酸盐 inert amorphous mineral silicate
惰性腐殖质 inert humus
惰性骨料 inert aggregate; non-reactive aggregate;unreactive aggregate
惰性固体 inert solid
惰性固体污染 inert solid pollution
惰性过滤器 impact filter
惰性化 deactivate;deactivation
惰性化作用 lignification
惰性混合料 inert addition; inert admixture
惰性火帽 inert primer
惰性基料 inert base
惰性基质 inert base
惰性集料 <常指混合料中的矿质集料> inert aggregate;non-reactive aggregate;unreactive aggregate
惰性介质 inert medium

D

惰性金属 passive metal
惰性块 inertial block
惰性矿物 inert mineral
惰性络合物 inert complex
惰性灭火气体 fire-smothering gas
惰性坡度 coasting grade
惰性气氛 inactive gas; indifferent gas; inert atmosphere; inert gas
惰性气氛处理热室 inert atmosphere processing cell
惰性气机 inert gas machine
惰性气体 foul gas; inactive gas; indifferent gas; inert gas; noble gas; noncondensible gas; rare air; rare gas; controlled atmosphere <制造粒金刚石钻头时马弗炉中的>
惰性气体保护 inert gas shielding
惰性气体保护层 inert gas cover
惰性气体保护电弧点焊 inert gas spot welding
惰性气体保护电弧焊 aircomatic welding; inert gas-shielded arc welding
惰性气体保护电弧切割 inert gas-shielded arc cutting
惰性气体保护焊 inert gas welding; metal-inert-gas welding
惰性气体保护焊接 inert gas arc welding
惰性气体保护金属极(电)弧焊 inert gas-metal arc welding; metal-arc inert-gas welding; shield inert gas metal arc welding
惰性气体保护金属极弧焊接 inert gas-metal arc welding
惰性气体保护碳弧焊 inert carbon arc welding
惰性气体保护碳极电弧焊 inert gas carbon arc welding
惰性气体保护钨极电弧焊 tungsten arc inert-gas welding
惰性气体保护钨极电弧切割 tungsten arc inert-gas cutting
惰性气体保护钨极焊 tungsten inert gas welding
惰性气体保护钨极弧焊 inert gas tungsten arc welding
惰性气体衬垫 inert gas backing
惰性气体第一层焊接 inert gas root pass welding
惰性气体电弧点焊 inert gas arc spot welding
惰性气体电弧焊 inert gas arc welding
惰性气体发生器 inert gas generator
惰性气体分配系统 inert gas distribution system
惰性气体覆盖层 inert gas blanket
惰性气体根部焊缝焊接 inert gas root pass welding
惰性气体焊接法 inert gas welding
惰性气体金属电弧焊 metal-inert-gas arc welding
惰性气体金属极弧焊 aircomatic welding
惰性气体密封 inert gas seal
惰性气体灭火法 fire-fighting with inert gas
惰性气体灭火系统 inert gas extinguishing system
惰性气体润滑 inert gas lubrication
惰性气体手焊设备 inert gas hand welding installation
惰性气体系统 inert gas system
惰性气体系统循环特检 special periodic(al) survey of inert gas system
惰性气体型离子 ions of the inert gas type
惰性气体元素分析 inert gas element analysis
惰性气体原子 atoms of inert gas
惰性气体装置 inert gas system
惰性气体装置循环特检 special periodic(al) survey of inert gas system
惰性气体总管 inert gas main
惰性区 inert zone
惰性染色体 inert chromosome
惰性热电偶 sluggish thermocouple
惰性溶剂 inactive solvent; inert solvent; latent solvent
惰性时间影响 influence of inert time
惰性示踪剂 inert tracer
惰性水 inert water
惰性碳氢化合物 unreactive hydrocarbon
惰性添加剂 inert additive
惰性添加料 inert addition
惰性填(充)料 inert base; inert filler; Tellerette; inert filling material
惰性涂层 inert coating
惰性温度表 lazy thermometer
惰性温度计 lazy thermometer
惰性物料 inert material
惰性物质 inertial mass; inert material; inert matter
惰性稀释剂 inert diluent
惰性稀释剂效应 inert diluent effect
惰性稀释气体 inert diluent gas
惰性压力 inertia pressure
惰性盐 <安全炸药用> inert salt
惰性盐阴离子 inert salt anion
惰性颜料 <油漆中不起化学反应的颜料> inert pigment
惰性阳极 inert anode
惰性元素 inert element; lazy element
惰性运行 coasting operation
惰性炸药 inert explosive; inert filler
惰性指数 index of inertia
惰性中心 centre of inertia
惰性阻力 inertia resistance
惰性组 inertinite
惰性组分 inert component
惰质组干酪根 inertinite kerogen
惰轴 idler shaft
惰转速度 idling speed
惰转调节器 coasting regulator
惰走 coasting operation
惰走时间 idle time

D

E

俄亥俄河 <美> Ohio River

俄亥俄州砂岩 Buckeye sandstone
俄亥俄州式双层式围堰 Ohio cofferdam
俄克拉荷马 <美国州名> Oklahoma
俄勒冈梣 Oregon ash
俄勒冈黄杉 Oregon pine
俄勒冈落叶松 Oregon larch
俄罗斯地台 Russian platform
俄罗斯古陆 Russian old land
俄罗斯建筑 Russian architecture
俄罗斯式壁炉管 Russian chimney pipe
俄罗斯式木屋 isba
俄罗斯式铺面 Russian pavement
俄罗斯式无簧四轮货车 telega
俄罗斯乡间别墅 da(t)cha
俄歇簇射 Auger shower
俄歇电子 Auger electron
俄歇电子能谱仪 Auger electron spectrometer
俄歇电子像 Auger electron image
俄歇发射 Auger ejection
俄歇发射光谱学 Auger emission spectroscopy
俄歇分光镜 Auger spectroscope
俄歇复合 Auger recombination
俄歇能谱仪 Auger spectrometer
俄歇速率 Auger rate
俄歇效应 Auger effect
俄歇跃迁 Auger transition

峨嵋矿 omeiite

峨嵋木荷 needle wood

莪苓 tuber zedoariae

莪术醇 curcumenol
莪术酮 curzerenone
莪术烯 curzerene
莪术油 oil of zedoary turmeric

锇处理 osmification

锇的 osmic
锇矿 osmium ore
锇铑铂笔尖合金 osmium pen alloy
锇丝 osmium filament
锇丝灯 osmium lamp
锇酸 osmic acid
锇酸钾 potassium osmate
锇酸盐 osmate
锇钨灯丝合金 osram
锇铱合金 osmiridium alloy

鹅不食属 sandwort

鹅常楸 Chinese tuliptree
鹅顶式铆顶 gooseneck dolly
鹅耳枥 hornbeam
鹅耳枥属 <拉> Carpinus
鹅耳枥属树 hornbeam
鹅黄 imperial yellow;light yellow
鹅颈臂 gooseneck jib;swan-neck jib
鹅颈槽 <集装箱> gooseneck tunnel;tunnel recess
鹅颈槽纵梁嵌补 <集装箱> inserting gooseneck tunnel longitudinal rails
鹅颈铲 swan-neck shovel
鹅颈车 swan-neck vehicle
鹅颈刀 gooseneck tool;offset tool;spring tool
鹅颈吊车架 swan-neck boom
鹅颈扶手 swan-neck handrail
鹅颈杆 swan-neck jib
鹅颈钩 gooseneck;swan-neck hook
鹅颈挂车 gooseneck trailer
鹅颈管 gooseneck tube;swan-neck
鹅颈管机 gooseneck
鹅颈管式浮排泥管 swivel-elbow type floating pipe
鹅颈夹具 gooseneck clamp
鹅颈架起重臂 gooseneck boom
鹅颈接头 gooseneck joint
鹅颈均衡梁 swan neck type equalizer
鹅颈连接管 gooseneck connection
鹅颈连接合 gooseneck connection
鹅颈模 return flanging die
鹅颈起重臂 swan-neck boom
鹅颈式 gooseneck type
鹅颈式吊杆 gooseneck boom
鹅颈式吊艇架 gooseneck davit;swan-necked davit
鹅颈式吊艇柱 gooseneck davit;swan-necked davit
鹅颈式管 swan-neck pipe;swan-neck tube
鹅颈式货车 semi-mounted wagon
鹅颈式建筑 gooseneck-type construction; semi-mounted type construction
鹅颈式接合 gooseneck connection
鹅颈式结构 gooseneck-type construction
鹅颈式龙头 gooseneck faucet
鹅颈式排水工具 swan-necked drainage tool
鹅颈式起重机 gooseneck crane
鹅颈式起重机臂 swan neck jib
鹅颈式牵引架 gooseneck draw frame
鹅颈式牵引梁 gooseneck draw girder
鹅颈式热室压铸 gooseneck die-casting
鹅颈式塔式起重机 gooseneck jib tower crane
鹅颈式通风筒 elbow ventilator;gooseneck ventilator;swan-neck ventilator
鹅颈式托架 <转向架的> swan-neck bearer
鹅颈式小车 gooseneck dolly
鹅颈式压铸机 gooseneck machine
鹅颈式自卸车 gooseneck dumper
鹅颈藤壶 <木船底、码头木桩上的海生物> goose barnacle
鹅颈头 gooseneck;Pacific iron
鹅颈弯 gooseneck elbow; Pacific iron;swan-neck;gooseneck
鹅颈弯管 swan-neck bent tube
鹅颈弯接 gooseneck connection
鹅颈弯头 swan-neck bend(ing)
鹅颈形出水口 swan-neck outlet
鹅颈形的 swan-neck
鹅颈形扶手 swan-neck handrail
鹅颈形刮刀 gooseneck scraper
鹅颈形管 gooseneck pipe
鹅颈形河弯 goose type river bend
鹅颈形接头 gooseneck connection
鹅颈形龙头 gooseneck faucet
鹅颈形铁锹 swan-neck shovel
鹅颈形弯头 swan-neck; swan-neck bend(ing)
鹅颈形檐饰 gooseneck pediment
鹅颈形帘杆托架 gooseneck bracket
鹅颈凿 swan-neck chisel
鹅颈座 gooseneck bracket;gooseneck socket
鹅卵石 cobble(boulder);cobblestone;grail;handstone;ovals;pebble
鹅卵石(铺砌)的路面 cobblestone pavement
鹅卵石滩 cobble bar
鹅卵形燧石 pebble flint
鹅棚 goosepen
鹅皮 goose flesh;goose skin
鹅圈 goosepen
鹅绒白 goose down ware
鹅头床 <中厚板剪切机旁的> ball caster(transfer)bed;ball stanchion bed
鹅头接骨钉 hip nail
鹅头式伸臂 luffing jib
鹅头式伸臂起重机 level-luffing crane;luffing crane
鹅头台 <中厚板剪切机旁的> ball caster(transfer)bed;ball slanchion bed
鹅掌楸木 tulipwood; whitewood; yellow poplar <美>

蛾眉日 crescent sun

蛾眉月 crescent moon
蛾眉月形装饰 crescent moon ornament

额板 frontal plate

额匾 frontal board
额部 frontal part
额侧的 frontal;metopic
额灯 forehead lamp;head lamp
额底 frontal base
额定 normal;off-peak
额定安全负荷 guarantee load
额定安全负载 guarantee load
额定安全荷载 guarantee load
额定安全重量 guarantee load
额定白信号 nominal white signal
额定(保险丝的)熔断电流 rated blowing-current
额定保证金 margin requirement
额定比速 rated specific speed
额定标高 nominal elevation
额定标准 nominal standard
额定参量曲线 rating parameter curve
额定参数 nominal parameter; rating information;specified condition
额定操作 nominal operation
额定测算方法 standard method of measurement
额定产量 indicated output; nominal output;rated output;rating of output
额定铲斗切向力 rated bucket tangential force
额定车速 commercial speed
额定成本 norm cost;standard value of production
额定承载力 nominal load bearing capacity
额定持续牵引力 continuous tractive force rating
额定尺寸 intended size;nominal dimension;rated size
额定尺度 nominal measure; rated measure
额定出力 nominal output; nominal rating;normal rating;rated capability;rated output;rated throughput
额定出债 bonds authorized
额定储存容积 rated storage volume
额定传输性能 transmission performance rating
额定带 normal band
额定的 nominal;rated;specified
额定的灯泡寿命 rated lamp life
额定的耐疲劳压力 rated fatigue pressure
额定灯光射程 nominal range of a light
额定等级 class rating
额定抵押债券 authorized mortgage bonds
额定点 rated point
额定电力消耗 nominal power consumption
额定电流 current rating; rated current;rating current;voltage rating
额定电路电压 nominal circuit voltage
额定电容 rated capacity
额定电压 nominal voltage; normal voltage;rated voltage;rating voltage
额定吊升负荷 rated hoist load
额定动负荷计算方法 method of evaluating dynamic(al)load rating
额定动力 rated power
额定动力输出 rated power output
额定斗臂力 rated arm force
额定斗柄力 <挖掘机> rated stick force
额定短路电压 nominal short-circuit voltage
额定短路开断电流 rated short-circuit breaking current
额定短路容量 nominal short-circuit capacity
额定断流 nominal cut-off
额定断路电流 rated breaking current
额定吨数 rated tonnage; rating tonnage
额定吨位 rated tonnage; rating tonnage
额定发电水头 nominal generating head;nominal productive head
额定发动机转速 rated engine speed
额定房间居住人数 rated cell capacity;rated room capacity
额定分辨率 nominal resolution
额定分辨能力 rated resolving power
额定风量 nominal air flow rate
额定风压 rated air pressure
额定峰值电流 peak current rating
额定负荷 loading to normal capacity; load rate[rating]; nominal load; rated burden;rated load(ing);rating load(ing);specific load
额定负荷电流 rated load current
额定负荷试验 rated load test
额定负荷下的工作质量 operating mass with rated load
额定负荷运行 rated load(ing) operation
额定负荷运作 rated load(ing) operation
额定负载 burden rating;load rating; nominal load; normal load; rated burden; rated duty; nominated liability
额定负载转矩 torque at rated load
额定高度 operational height
额定工况 rated condition; standard running condition
额定工频耐受电压 rated power frequency withstand
额定工时 standard time;timing
额定工作电压 rated operational voltage
额定工作方式 rated duty
额定工作负荷 rated operating load
额定工作规程 rated operating specification
额定工作条件 rated working condition

额定工作压力 rated operating pressure;rated working pressure;service rate;service rating
额定工作载荷 rated operated load
额定公司债 bonds authorized
额定功率 capacity;continuous rating;horsepower nominal;installed capacity;nominal;nominal horsepower;nominal power;normal capacity;normal rated power;power rating;rated capacity;rated horsepower;rated output;rated power;rating power;standard horsepower
额定功率容量 rated horsepower capacity
额定功率输出 rated power output
额定功率值 power-handling capability
额定供电电压 nominal main voltage;nominal supply voltage
额定股本 capital stock authorized;stock authorized
额定股本账(户) authorized capital stock account
额定股份 authorized stock
额定股数 authorized shares
额定骨料最大粒径 nominal maximum size of aggregate
额定管径 nominal pipe diameter
额定光达距离 nominal range of light
额定光通量 nominal light flux
额定锅炉马力 rated boiler horsepower
额定过载 overload rating
额定海底标高 promulgated depth
额定航道底标高 promulgated depth
额定耗量 nominal consumption
额定耗汽量 rated steam
额定耗散 rated dissipation
额定耗散功率 power dissipation rating
额定荷载 capacity load;load rating;nominal load(ing capacity);nominal loading payload;rated load(ing);specification load;specific rated load;specified rated load
额定荷载标志 rated load marking
额定荷载电流 rated carrying current
额定荷载限制器 rated load limiter
额定荷载指示器 rated load indicator
额定厚度 nominal thickness
额定滑差 rated slip
额定滑失 rated slip
额定回收率 recovery rating
额定回响时间 nominal reverberation time
额定混凝土配合比 nominal concrete mix proposition;nominal mixture
额定活载荷 specified live load
额定价格 norm price
额定价值 authorized value;rated value
额定剪应力 nominal shear(ing) stress
额定截面积 nominal cross-section
额定截止频率 nominal cut-off frequency
额定劲度 nominal stiffness
额定精(确)度 accuracy rating;rated accuracy
额定净水头 nominal net head
额定静(水)压力 rated static pressure
额定静水压强 rated static pressure
额定静负荷 basic static capacity rating
额定绝缘电压 nominal insulation voltage;rated insulation voltage
额定开断电流 rated breaking current
额定快慢公差 rating tolerance
额定馈线电流 rated breaking current
额定雷电式脉冲反压线对地 rated lightning impulse withstand voltage of line to earth
额定力矩 rated moment
额定立方强度 nominal cube strength
额定利率 nominal interest rate
额定励磁 rated excitation
额定连续出力 normal continuous rating
额定连续工作电压 rated continuous working voltage
额定连续运转产量 nominal uninterrupted output
额定连续运转时间 rated continuous running time
额定量 rated quantity;specified rate
额定流量 rated discharge;rated flow;specified flow
额定流量曲线 rating curve of discharge
额定流量水流 rate flow
额定轮牵引力 rated rimpull
额定马力 duty horsepower;horsepower nominal;horsepower rating;nominal horsepower;normal horsepower;rated horsepower
额定母线电流 rated busbar current
额定耐反峰值电压制动机 rated peak reverse-withstand voltage brake
额定能耗 scheduled energy
额定能力 nominal capacity;rating capacity;rated capacity
额定能力限制器 rated capacity limiter
额定能力指示器 rated capacity indicator
额定能量 rated energy;scheduled energy
额定扭矩 rated torque;torque rating
额定排放能力 rated discharge capacity
额定排量 rated flow;specified discharge
额定排气压力 rated discharge pressure
额定喷管特性 rated nozzle characteristic
额定批量 nominal batch
额定疲劳极限 rated fatigue limit
额定频率 nominal frequency;rated frequency
额定频率范围 nominal frequency range;rated frequency range
额定平装斗容量 rated struck capacity
额定破碎压力 rated bursting pressure
额定起重量 crane rating;loading lifting capacity;rated load;rated capacity;safe working load(ing);total hoisting capacity
额定千伏安 kilovolt-ampere rating;rated kilovolt-ampere
额定牵入同步力矩 nominal pull-in torque
额定牵引力 rated tractive effort;rated tractive force
额定强度 nominal strength
额定曲线 nominal curve
额定热电流 rated thermal current
额定热负荷 input rating;rated heat input
额定热荷载 rated heat input
额定热力参数 pressure-temperature rating
额定热输入 rated heat input
额定人数 maximum number of persons allowed
额定容积 nominal volume
额定容量 capacity(rating);marked capacity;nominal capacity;normal capacity;rated capacity
额定容许电流 rated carrying current
额定设计值 nominal design value
额定深度 nominal depth
额定升压 rated boost;rated boost pressure
额定生产量 full capacity
额定生产率 capacity rating;marked capacity;nominal;rated capacity;rated output;rated productivity
额定生产能力 capacity rating
额定时间 base time;rated time;time rating
额定使用范围 nominal range of use
额定使用条件 nominal service condition
额定视在功率 rated apparent power
额定寿命 rated life;rated life time;rating life;specified life
额定输出 nominal output;normal output;rated power;rating output;specified output;rated output
额定输出电压 nominal output voltage
额定输出功率 normal output;output rating;rated output power
额定输出量 rated capacity
额定输入 rated input;reference input;specified input
额定输入电压 nominal input voltage;rated input voltage
额定输入功率 rated input;rated input power
额定输入量 rated input
额定输入值 rated input
额定输送能力 nominal throughput
额定数据 rating data;rating information
额定容量 nominal capacity
额定渗透率 nominal filtration rating
额定水底标高 nominal bed level
额定水头 rated head
额定税率 rated tax
额定速度 nominal rated speed;nominal speed;nominal velocity;normal velocity;rated speed;rated velocity;rating speed;set speed;stipulated velocity
额定速率 nominal rated speed;nominal speed;rated speed;scheduled speed
额定提升负荷 rated hoist load
额定条件 nominal condition;rated condition;specified condition
额定透平流量 rated turbine flow
额定推力 normal rated thrust;normal thrust
额定挖掘深度 digging depth rating
额定挖泥高程 nominal dredged level
额定瓦特数 wattage rating
额定涡轮机流量 rated turbine flow
额定吸入(管)压力 rated boost pressure;rated suction pressure
额定消耗量 rated consumption
额定消耗率 nominal consumption rate
额定效率 rated efficiency
额定性能 rated performance;rating
额定需量 rated demand
额定需要功率 rated consumed power
额定压差 rated differential head
额定压力 nominal pressure;pressure designation;rated pressure;specified pressure
额定压缩比 nominal compression ratio;rated compression ratio
额定压缩率 nominal compression ratio
额定延性值 nominal ductility
额定扬程 rated head
额定因数 rating factor
额定迎面风速 nominal face velocity
额定营运率 operational rating
额定用气量 nominal gas rate
额定有效荷载 rated payload
额定有效水头 rated effective head
额定有效载荷 rated payload
额定载荷 normal load
额定载荷半径 rated load radius
额定载荷电流 rated carrying current
额定载客量 rated passenger capacity
额定载重量 nominal load capacity;rated load(ing) capacity
额定增压 rated boost
额定债券 bond authorized
额定遮断功率 rated breaking capacity
额定蒸发量 rated evaporation;rated evapo(u)ration capacity
额定支臂力 rated arm force
额定值 nominal rating;nominal scale;nominal value;normal value;normed value;rating;rating value;specified value;standardized value
额定值降低 derating
额定值系数 rating factor
额定重量 nominal weight;rated weight;rating weight;schedule weight;specified weight
额定轴承压力 nominal bearing pressure
额定转差率 rated slip
额定转矩 nominal torque;rated torque
额定转数 nominal revolution;rated revolution
额定转数/分钟 rated rpm
额定转速 rate(d) revolution;rated speed;rated speed of rotation;specified speed
额定转速/分钟 rated revolutions per minute
额定转速转矩 running torque
额定装货量 cargo carrying capacity
额定装载量 burden rating;load rating;nominal load;normal load;rated burden;rated duty;rated load(ing)
额定装载能力 rated load(ing) capacity
额定状态 rated condition
额定状态工作时间 rated duration
额定准确度 rated accuracy
额定资本 authorized capital;capital-authorized;stated capital
额定阻抗 nominal impedance;rated impedance
额定最大破碎比 nominal maximum reduction ratio
额定最大容量 peaking capacity
额度 limit;position
额度高低变化的贷款 swing credit
额度热负荷 input rating
额度输入量 input rating
额尔古纳-阿尔金构造带【地】Ergun-Altun tectonic zone
额尔古纳地槽【地】Ergun geosyncline
额尔古纳古陆【地】Ergun old land
额尔古纳河构造段【地】Ergun He tectonic segment
额尔古纳褶皱系【地】Ergun fold system
额尔齐斯地洼系【地】Ertix Diwa system
额尔齐斯构造结【地】Ertix tectonic knot
额尔齐斯河 Ertix River
额尔齐斯石 ertixiite
额尔齐斯褶皱断裂带 Ertix fold-fault belt
额枋【建】architrave;decorated tie-beam;epistyle
额弓 frontal arc
额角 frontal angle
额靠 forehead support
额楣 <门窗的> inside trim
额饰 frontlet

额头发垫 head rest
额外 excess
额外安全因素 additional safety factor
额外半面 extra half of atoms
额外保险费 additional premium;extra premium
额外报酬 extra payment;extrinsic rewards
额外曝光 extra exposure
额外捕获物 extra catch
额外采伐 extra cutting
额外插入 overplugging
额外超载 exceptional overload
额外成本 extra cost
额外承载(能)力 extra-load bearing capacity
额外酬金 hat money;primage
额外船货 extra ship cargo
额外打孔 overpunch
额外带 extra band
额外待遇 special treatment
额外的 additional;odd;extra;extraneous;special;supernumerary
额外的工作 overwork
额外的时间 overhours;overtime
额外的物品 extras
额外低票价旅客运输 extra low-fare traffic
额外点 extra point
额外电流 contraflow;counter-flow;extra current
额外动力 extra power
额外发行 extra-limit issue
额外反射 extra reflection
额外放款 additional lending
额外费用 additional charges;additional cost;additional expenses;extra charges;extra cost;extra expenses;extraneous expenses;excess fee
额外费用索赔 claim for extra cost
额外风险 extraneous risks
额外服务 exceptional service;extra service
额外福利 fringe benefit
额外付款 additional payment
额外负担 added burden
额外负荷 extra duty
额外负载量 extra-load bearing capacity
额外附加费 extra over
额外附加物 extra
额外覆盖 oversubmergence
额外感应 surplus induction
额外根 extraneous root;supernumerary root
额外工程 extra project
额外工时奖金 overtime bonus
额外工资 extra wage
额外工作 extra duty;extra job;extra task;extra work;odd work
额外工作的 overtime
额外工作的损坏工件 pieces damaged from extra work
额外工作队 extra gang
额外工作量 extra work
额外工作时间 overtime
额外估计量 extraneous estimator
额外估计(值) extraneous estimate
额外股利 dividend extra;extra dividend;melons
额外股息 extra dividend;special dividend
额外观测(值) extraneous observation
额外规定 over-specification
额外轨迹 extraneous locus
额外荷载 extra load
额外荷载量 extra-load bearing capacity;extra-load carrying capacity
额外回归量 extraneous regressor
额外回归因子 extraneous regressor
额外激发 extra excitation
额外加班(费) double time
额外加成 additional mark on
额外加价 extra over price
额外奖励 extra premium
额外交易 incidental transaction
额外解 extraneous solution
额外津贴 additional allowance;bonus;extra allowance
额外开销 overhead
额外开支 additional expenditures;additional outlay;additive expenses;extra expenses
额外控制点 additional control point
额外快速燃烧期 extra burning period
额外利润 extra profit;premium returns;surplus profit
额外利益 additional benefit
额外任务折让时间 contingency allowance
额外熵产生 extra entropy production
额外烧结现象 extra-sintering phenomenon
额外施肥 additional fertilization
额外时间 overhead time
额外实收资本 additional paid-in capital
额外收费 charged extra;overcharge;overcharging
额外收入 additional income;extraneous income;extraordinary receipts;non-revenue receipts;supernumerary income;surplus income;surplus receipts
额外收益 extra gain;extraneous earnings;extraneous income;premium returns;spill overs;supernumerary income
额外数量 extra quantity
额外数量信息 extraneous quantitative information
额外酸 extra acid
额外损耗 deadweight loss;excess loss;extra loss;extraneous loss
额外损失 deadweight loss;excess loss;extra loss;extraneous loss
额外损益 extraordinary profit and loss
额外所得 extra income;perquisite
额外特别捐款 additional special contribution
额外填土 extra-banking
额外投资 additional investment;extra investment
额外挖方 extra excavation
额外物 extra
额外吸收层 extra absorption
额外系统损耗 excess system loss
额外项 extra item;extraneous term
额外项目 extra item
额外小费 key money
额外信号 extra
额外信息 extraneous information
额外行程时间 excess travel time
额外压力降 extra pressure drop
额外样本方法 extra-sample performance
额外因素 extra factor;extraneous factor
额外因子 extraneous factor
额外应力 extra-stress
额外盈余 surplus receipts
额外原子平面 extra plane of atoms
额外运费 extra freight
额外运输里程 on-carriage
额外运输里程费用 <铁路运输契约所未包括的> on-carriage charges
额外载荷量 extra-load carrying capacity
额外载重 additional load(ing);subordinate load
额外增加的 out-of-pocket
额外增加支出 <对某种运输需要的> out-of-pocket expenses
额外增强 extra reinforcement
额外折旧 extra depreciation
额外折扣 extra discount
额外征收 be charged extra
额外征用(筑路)土地 excess condemnation
额外蒸汽 extra steam
额外中流 extraneous current
额外重量 added weight;additional weight
额外资金 additional finance
额外租金 key money
额线 front

厄

厄尔布尔士地槽 Elburz geosyncline

厄尔管 Ultron
厄尔兰 <话务单位> Erlang
厄尔兰到达 Erlangian arrival
厄尔兰分布 Erlang's distribution;Erlangian distribution
厄尔兰公式 <计算话务单位> Erlang's formula
厄尔兰格贷款 Erlanger loan
厄尔兰格蓝 Erlanger blue
厄尔兰密度分布公式 Erlang's density formula
厄尔兰损失公式 Erlang's loss formula
厄尔尼诺海流 El Nino;El Nino current
厄尔尼诺/南方涛动 El Nino/southern oscillation
厄尔尼诺南涛现象 El Nino southern oscillation phenomenon
厄尔尼诺现象 <又称圣婴现象,太平洋地区气候异常现象> El Nino
厄尔尼诺效应 El Nino effect
厄缶 <重力梯度单位,1 厄缶 = 10^{-9} 伽/厘米> eotvos
厄缶单位 Eotvos unit
厄缶方程 Eotvos equation
厄缶改正 Eotvos correction
厄缶校正 Eotvos correction
厄缶校正值 Eotvos correction value
厄缶扭秤 Eotvos torsion balance
厄缶效应 Eotvos effect
厄盖尔铝镁锌系合金 Ergal
厄瓜多尔 Ecuador
厄瓜新石 Ecaussines stone
厄加勒斯海流 Agulhas Current
厄加勒斯海盆 Agulhas basin
厄加勒斯海台 Agulhas plateau
厄克里普斯合金 <一种镁基压铸合金> Eclipsalloy
厄寇诺脉特 <一种镍铬铁合金> Economet
厄拉多塞筛法 Eratosthenes sieve method
厄兰分布(电信) Erlang distribution
厄立特里亚 Eritrea
厄立特里亚古海 Erythrean
厄伦美尔(烧)瓶 Erlenmeyer flask
厄马尔合金 Ullmal alloy
厄马拉依特(重载高级)铸铁 Ermalite
厄密变换 Hermitian transformation
厄密插值 Hermite
厄密对称 Hermitian symmetry
厄密多项式 Hermite's polynomial
厄密方程 Hermite's equation
厄密-高斯波型 Hermite-Gauss mode
厄密-高斯光束 Hermite-Gauss beam
厄密核 Hermitian kernel
厄密矩阵 Hermitian matrix
厄密空间 Hermitian space
厄密算符 Hermitian operator
厄密形式 Hermitian form
厄密形 Hermitian form
厄塞板尺计算法 Essex board measure
厄塞纤维板 Essex board
厄塞岩【地】essexite

扼

扼波器 choke

扼痕 mark of manual strangulation
扼流 choke;choke(d) flow;throttle
扼流安全阀 chock release valve
扼流板 intercepter[interceptor]
扼流变压器 choke transformer;impedance bond
扼流的 choking
扼流电路 choke circuit
扼流电容器 counter-current capacitor
扼流电阻 choking resistance
扼流风门 throttle control trigger
扼流活塞 choke piston;choke plunger;non-contacting piston;non-contacting plunger
扼流接头 choked flange;choke joint
扼流控制 choke control;throttle control
扼流耦合 choke coupling
扼流器 choker
扼流圈 choke;choking turn;impedance coil;inductive choke;reactor;reducer;retardation coil;throttle
扼流圈变压器 choke transformer
扼流圈电容滤波器 choke condenser filter
扼流圈电容器耦合 choke condenser coupling
扼流圈法 retardation method
扼流圈馈电 choke feeding
扼流圈滤波器 choke filter
扼流圈盘 choke panel
扼流圈输入滤波器 choke-input filter
扼流圈调制 choke modulation
扼流圈调制器 choke modulator
扼流释放 chock release
扼流栓 throttling cock
扼流凸缘 choke flange
扼流凸缘接头 choke-flange joint
扼流系数 choking factor;coefficient of retardation;edge thickness factor;retardation coefficient
扼流线圈 choke coil;choking coil;reactance coil;choking winding;kicking coil;protective choke
扼流效应 choking effect
扼流作用 choking effect;throttling action
扼杀剂 killer
扼铁 yoke
扼形偏转线圈 yoke deflection coil
扼要更新 memo update
扼止 choke suppress;inhibition choke
扼住试验 blocked test

苊

苊【化】acenaphthylene;ethylene naphthalene

苊醌 acenaphthenequinone
苊烯 acenaphthylene

轭

轭端【机】yoke end

轭管通气 yoke venting
轭管通气管 yoke vent pipe
轭合 conjugation
轭环 yoke ring
轭架 yoke piece

轭连接 yoke connect
轭式通气管 yoke vent
轭销 yoke pin
轭形悬盐 yoke type hitch
轭轴 yoke axle
轭状通气管 yoke vent
轭状物 yoke

垩化 chalking

恶臭 effluvium[复 effluvia]; foreign odo(u)r; malodo(u)r; offensive odo(u)r; stench; stink; unpleasant smell

恶臭采样袋 odo(u)r sampling bag
恶臭采样法 odo(u)r sampling method
恶臭测定 measurement of odo(u)r; odo(u)r measurement
恶臭测定法 olfactometry
恶臭冲消剂 counteractant
恶臭处理装置 deodo(u)rizing equipment
恶臭的 effluvial; malodorant; malodo(u)rous; mephitic(al); noisome; putrid(fetid)
恶臭的协同与相抑制作用 odo(u)r synergism and counteraction
恶臭的掩蔽 masking of odo(u)r
恶臭对人的影响 odo(u)r effect on people
恶臭发生源 odo(u)r source
恶臭公害 odo(u)r nuisance
恶臭管制法 offensive odo(u)r control law
恶臭化合物 odo(u)rous compound
恶臭控制 control of malodo(u)r; malodo(u)r control
恶臭浓度 odo(u)rousness; threshold number of odo(u)r
恶臭评价 odo(u)r evaluation
恶臭气体 foul gas; foul-smelling gas; malodo(u)r gas
恶臭强度 odo(u)r strength
恶臭去除 odo(u)r destruction
恶臭实验操作人员 odo(u)r operator
恶臭味 cacosmia; foul smell; putrid odo(u)r
恶臭污染 foul pollution; odo(u)r pollution
恶臭污染物 odo(u)r pollutant
恶臭物 fouling product; malodo(u)rant
恶臭物质 malodorous system; malodo(u)rous substance; odo(u)rant; odo(u)rous material; odo(u)rous substance; repugnant substance
恶臭稀释倍数 odo(u)r air dilution ratio
恶臭细球菌 Micrococus foetidus; Streptococcus foetidus
恶臭阈值 odo(u)r threshold value
恶臭源 source of odo(u)r
恶臭中和 neutralization of odo(u)r
恶毒 virulence
恶毒的 virulent
恶二唑 oxdiazole
恶废水 strong wastewater
恶风 foul wind
恶果 bad result; disastrous effect; evil consequence; ill-effect
恶化 degrade; impairment; labefac(ta)tion; worsening
恶化的 deteriorative; pejorative
恶化指标 deterioration indicator; disturbance indicator
恶化作用 deterioration
恶浪 confused sea; cross sea; rough sea; choppy sea
恶劣的 inclement
恶劣的自然条件 formidable natural condition
恶劣地 badland
恶劣故障 degradation failure
恶劣环境 environmental extremes; harsh environment; hostile condition; severe atmosphere; Spartan environment
恶劣气候条件 bad-weather; heavy weather condition
恶劣气候条件着陆 bad-weather landing
恶劣气候下作业 rough-weather works
恶劣气味 poor fume
恶劣气味的处置 fumes disposal
恶劣情况 disgusting situation
恶劣天气 adverse weather; bad-weather; hard weather; heavy weather; inclement weather; intemperate weather; rough weather; severe weather; squall weather; tempest
恶劣条件 bad condition; hostile condition; mal-condition
恶劣影响 pernicious influence
恶烷 oxane
恶味 cacogeusia; kakogeusia
恶习 pernicious habits; vice
恶性传染病 pestilence
恶性竞争 cut-throat competition
恶性卡他热 gangrenous coryza; malignant catarrhal fever
恶性卡他热病毒 malignant catarrhal fever virus
恶性螺旋上升 vicious spiral
恶性疟疾 malignant malaria
恶性猩红热 malignant scarlet fever; scarlatina maligna
恶性循环 infernal circle; vicious cycle; vicious spiral
恶意毁坏财物 malicious injuries to property
恶意破坏财产 malicious destruction of property
恶意破坏造成的损失 malicious damage
恶意欺诈 malicious falsehood
恶意倾销 predatory dumping
恶意损害条款 malicious damage clause
恶意行为 barratry; malicious act
恶意占有人 holder in bad faith
恶意证人 hostile witness
恶唑 oxazole
恶唑烷 oxazolidine
恶唑烷酮 oxazolidone

鄂毕河 Ob River

鄂尔多斯岩 ordosite
鄂霍茨克海 Okhotsk Sea
鄂霍茨克海气团 Okhotsk sea air mass
鄂式铲斗 jaw bucket
鄂西冷杉 Farges fir

萼片状的 sepaloid

萼筒 calyx tube
萼状 calyciform; calyx
萼状结构 <自下到上逐渐展开的,如桥墩> calyciform structure; cupped structure
萼状取芯钻 calyx(core) drill; shot drill
萼状岩芯钻 calyx core drill
萼状钻孔 calyx drill hole
萼状钻头 <回转钻进的> calyx bit
萼状钻钻探 calyx drill boring

遏声车轮 sound suppression wheel

遏声器 baffle
遏振系统 anti-hunt circuit
遏止效应 capture effect
遏止栅 suppression grid; suppressor grid
遏制 containment
遏制火灾 fire containment

锷次定律 Len's law

颚板 chop; crushing jaw; jaw; lip; jaw plate <破碎机的>

颚板夹角 <颚式碎石机的> angle of nip
颚板间距 jaw setting <破碎机出口>; jaw opening <破碎机入口>
颚板角 jaw angle
颚板净空 <破碎机小室底部卸料点至颚板之间的距离> jaw setting
颚板破碎机 three-jaw crusher
颚衬板 jaw liner
颚化的 decticous
颚基 gnathobase
颚夹板 jaw plate
颚夹螺栓 jaw bolt
颚口 alligator point
颚皮状 alligator-hide appearance
颚式扳手 bulldog wrench
颚式冲击破碎机 impact jaw crusher
颚式初碎机 primary jaw crusher
颚式挤压机 crocodile squeezer
颚式夹头 jaw chuck
颚式夹子 crocodile clip
颚式剪床 jaw shears
颚式剪切机 alligator in shears
颚式离合器 jaw clutch; denture clutch
颚式铆钉机 alligator yoke rivetter
颚式偏心破碎机 eccentric jaw crusher
颚式偏心碎石机 eccentric jaw crusher
颚式偏心压碎机 eccentric jaw crusher
颚式偏心轧碎机 eccentric jaw crusher
颚式破碎板 jaw crushing plate
颚式破碎机 corrugated jaw crusher; jaw breaker; jaw crusher; squeezer
颚式破碎机的啮角 angle of nip
颚式破碎机的排料口 bottom opening of jaws
颚式破碎机的卸料口间隙宽度 jaw setting
颚式破碎机进料口宽度 opening across width of jaws
颚式碎石机 alligator; alligator stone crusher; jaw breaker; jaw crusher; rock jaw crusher; stone jaw crusher
颚式细料轧碎机 fine jaw crusher
颚式压碎机 jaw crusher
颚式硬石碎石机 hard rock jaw crusher
颚式轧碎机 jaw breaker; jaw crusher; plate crusher
颚式抓斗 jaw grab
颚纹涂料 alligatoring paint
颚形板 bulldog plate
颚形夹 <楼板夹> bulldog clip
颚形夹爪 grip jaw; gripper jaw
颚形离合器 cheek clutch; dog clutch; jaw clutch; positive clutch
颚形轧碎机 jaw breaker; jaw crusher; plate crusher
颚旋式破碎机 jaw gyratory crusher
颚压力 closing jaw pressure
颚状取心钻 calyx drill
颚状钻孔 calyx borehole; calyx drill hole
颚状钻头 calyx bit

鳄齿板钳 alligator wrench

鳄齿夹 alligator clip
鳄口杠杆剪切机 crocodile shearing machine
鳄口工具 alligator tool
鳄口剪切机 alligator shears; crocodile shears
鳄口裂纹 alligatoring fishmouthing
鳄口形挤渣机 alligator shingling machine
鳄裂 alligator crack; alligator-hide crack(ing)
鳄皮斑点 alligator hide
鳄皮裂纹 alligatoring
鳄皮现象 alligator effect
鳄皮釉 alligator-skin glaze
鳄皮状 alligator-hide appearance
鳄皮状开裂 alligatoring cracking
鳄式扳手 alligator wrench
鳄式发动机罩 alligator-type bonnet
鳄式挤压机 crocodile squeezer
鳄式夹 alligator clip
鳄式剪床 crocodile shearing machine; crocodile shears
鳄式剪切机 crocodile-type cutting machine
鳄式破碎机 alligator crusher
鳄式切断机 alligator shears
鳄式十字头 <双滑板式> alligator crosshead
鳄式碎石机 alligator stone crusher
鳄式压挤机 crocodile squeezer
鳄式压轧机 alligator rolling set; alligator squeezer; crocodile squeezer
鳄头扳手 alligator spanner; crocodile spanner
鳄纹漆 alligatoring lacquer
鳄纹装饰法 crocodiling decoration
鳄形扳手 bulldog wrench; crocodile wrench
鳄形夹 bulldog clip
鳄牙剪 alligator shears
鳄牙钳 alligator forceps
鳄牙形扳手 alligator wrench
鳄鱼夹 alligator clip; ramp
鳄鱼剪 crocodile shears
鳄鱼皮 crocodile skin
鳄鱼皮纹 crocodile
鳄鱼皮状表面 alligator-skin
鳄鱼皮状裂纹 <钢材缺陷> crozzling
鳄鱼式敞车 crocodile truck
鳄鱼式手柄剪床 crocodile hand lever shearing machine
鳄鱼纹 alligatoring
鳄鱼牙式桩靴 alligator jaw
鳄鱼油 alligator oil
鳄鱼嘴夹 alligator clip; crocodile clip
鳄嘴裂口 alligatoring

恩巴塔风 embata

恩贝酸 embelic acid
恩贝酸盐 embeliate
恩德尔耐碱试验法 Endell's method
恩格尔定律 Engel law
恩格尔哈特试验 Engelhardt testing
恩格尔哈特值 Engelhardt value
恩格尔红 Engel red
恩格尔曲线 Engel curve
恩格尔曲线分析 Engel curve analysis
恩格尔弹性 Engel elasticity
恩格尔系数 Engel coefficient; Enge-

lian coefficient
恩格勒比黏[粘](滞)度 Engler's specific viscosity
恩格勒度 degree Engler; Engler's degree
恩格勒黏[粘]度单位 Engler's unit
恩格勒黏[粘]度秒数 Engler's seconds
恩格勒黏[粘]度数 Engler's number
恩格勒黏[粘]度值 Engler's number
恩格勒黏[粘]滞度 Engler's viscosity
恩格勒黏[粘](滞)度计 Engler's type visco(si)meter
恩格勒黏[粘](滞)度试验 Engler viscosity test
恩格勒锐孔黏[粘]度计 Engler's orifice visco(si)meter
恩格勒(烧)瓶 Engler's flask
恩格勒蒸馏曲线 Engler's distillation curve
恩格勒蒸馏烧瓶 Engler's distillation flask
恩格勒蒸馏试验 Engler's distillation test
恩格雷弗斯含铅黄铜 Engravers brass
恩格曼云杉 Engelmann spruce
恩格木 eng
恩格塞荷载 < 非弹性压屈计算用 > Engesser load
恩格塞分布 Engesser distribution
恩格塞方程 < 柱临界力公式 > Engesser equation
恩惠日 days of grace; dies gratia
恩贾梅纳 < 乍得首都 > Ndjamena
恩卡尼纶 Enka nylon
恩卡斯温聚氨基甲酸酯弹性纤维 < 荷兰 > Enkaswing
恩卡特姆纤维 Enkatherm fibre
恩克方法 Encke's method
恩克根 Encke's roots
恩克环缝 Encke's division
恩克腊斯温度计 Einchluss thermometer
恩莱(氏可)塑性仪 Emley plastometer
恩莱塑性试验机 Emley's plasticimeter
恩里科费米快中子增殖反应堆 Enrico Femit fast breeder reactor
恩里科费米原子能电站 Enrico Femit atomic power plant
恩硫铋铜矿 emplectite
恩尼贝特 eniclobrate
恩派尔型旋转冲击钻探 Empire drilling
恩氏比黏[粘](滞)度 Engler specific viscosity
恩氏齿轮传动 Entwistle gearing
恩氏(黏[粘]度计)度(数) Engler degree
恩氏(黏[粘]度计)秒(数) Engler second(s)
恩氏黏[粘](滞)度计 Engler visco(si)meter
恩氏黏[粘]滞度试验 Engler viscosity test
恩氏黏[粘]度 degree Engler
恩斯林黏[粘]土吸水量装置 Enslin apparatus
恩斯林装置 Enslin apparatus
恩斯特模量 < 考虑斜拉索非线性变形的 > Ernst modulus
恩苏塔矿 nsutite
恩云公式 < 结构设计用 > Unwind's formulae

蒽 anthracene; paranaphthalene

蒽胺 anthramine
蒽饼 anthracene cake
蒽单晶 anthracene single crystal
蒽二胺 anthradiamine
蒽二酚 anthradiol; anthraquinol; oxanthranol
蒽二酮 anthracene tetrone; anthradiquinone
蒽酚 anthracenol; anthranol
蒽酚铬蓝 anthranol chrome blue
蒽酚染料 anthranol colo(u)r
蒽酚酮 oxanthrol; oxanthrone
蒽铬黄 anthracene chrome yellow
蒽化作用 anthraciny
蒽环 anthracene nucleus; anthracene ring
蒽黄 anthracene yellow
蒽磺酸 anthracene sulfonic acid
蒽基 anthryl
蒽甲醇 anthryl carbinol
蒽甲醛 anthraldehyde
蒽甲酸 anthracene carboxylic acid; anthroic acid
蒽焦油 anthracene oil tar; anthrasol
蒽晶体闪烁计数器 anthracene crystal scintillation counter
蒽醌 dihydrodiketo-anthracene; anthraquinone
蒽醌甙 anthraquinone glycoside
蒽醌磺酸 anthraquinone sulfonic acid
蒽醌甲醛 anthraquinone aldehyde
蒽醌蓝 anthraquinone blue
蒽醌染料 anthraquinone dye
蒽醌色素 anthraquinone pigments
蒽醌酸 anthraquinonic acid
蒽醌重氮氯化锌复合物 anthraquinone diazonium zinc chloride compound
蒽蓝 anthracene blue
蒽绿 anthracene green
蒽坯 anthracene cake
蒽嵌蒽 anthanthrene
蒽嵌蒽酮 anthanthrone
蒽氢醌 anthradiol; anthrahydroquinone
蒽三酚 anthratriol; dithranol
蒽闪烁计数管 anthracene scintillation counter
蒽四酚 anthratetrol
蒽素染料 anthra colo(u)rs
蒽素铜 anthra copper
蒽酮 anthrone
蒽酮染料 anthrone dye
蒽烯紫 violanthrene
蒽稀基【化】anthrylene
蒽油 anthracene oil
蒽油渣 anthracene oil tar
蒽油防腐剂 peterlineum; carbolineum
蒽紫红素 anthrapurpurin; isopurpunin; purpurin red
蒽棕 anthracene brown

儿茶 catechu

儿茶媒染剂【化】catechu mordant
儿茶色 cutch
儿茶酸 catechin; catechuic acid
儿科 department of paediatrics; paediatrics
儿科病房 paediatric ward
儿童安全座 child safety seat
儿童保健 child health
儿童病房 baby room
儿童床 baby cot; crib
儿童公园 children park; creative playground
儿童过街道 children's crossing
儿童活动区 children playing space
儿童活动园地 play lot
儿童活动中心 children's playground
儿童寄宿处 child boarding home
儿童寄宿舍 children hostel
儿童交通公园 children's playground for traffic education
儿童教养院 parental home
儿童教育院 parental home; parental school
儿童康复之家 convalescent home
儿童康复中心 convalescent center for children
儿童乐园 children's playground; paradise of children
儿童疗养院 convalescent home for children
儿童领养所 group foster home
儿童迷宫 children maze
儿童票 child's ticket; children ticket
儿童浅水池 paddling pool
儿童日托 child day-care
儿童室 children's room
儿童死亡率 child mortality
儿童体育馆 children gymnasium
儿童图书馆 children's library
儿童玩具室 doll-house
儿童物品用漆 children's paint
儿童医院 children's hospital; paediatric hospital
儿童用品商店 children's shop
儿童游乐场 creative playground
儿童游戏场 children's play area; play area; playground
儿童游戏场地 play lot; toy-lot
儿童游戏车 coach with children's play area
儿童游戏街道 < 划作儿童游戏场所的街道,禁止车辆通行 > play street for children
儿童游戏室 children's playroom; playhouse; playroom
儿童游泳池 children pool
儿童浴池 wading pool
儿童浴缸 infant(bath)tub
儿童浴室 infant's bath
儿童阅览室 children's reading room

鲕褐铁矿 minette

鲕灰岩储集层 oolite limestone reservoir
鲕粒 ooid(e); oolite
鲕粒的 ooidal
鲕粒亮晶灰岩 oosparite
鲕粒亮晶砾屑灰岩 oosparrudite
鲕粒亮晶泥晶灰岩 oosparmicrite
鲕粒亮晶砂屑灰岩 oospararenite
鲕粒铝质岩 oolitic aluminous rock
鲕粒泥晶灰岩 oomicrite
鲕粒泥状铝质岩 oolitic pelitomorphic aluminous rock
鲕粒浅滩 oolitic shoal
鲕粒微晶灰岩 oolitic-micritic limestone
鲕粒微晶砾屑灰岩 oomicrudite
鲕粒微晶亮晶灰岩 oomicsparite
鲕粒岩相 oolitic facies
鲕绿泥石 chamosite
鲕绿泥石鲕状岩 chamositic oolite
鲕绿泥石泥岩 chamosite mudstone
鲕绿泥石岩 chamosite rock
鲕绿泥岩菱铁矿泥岩 chamosite-siderite mudstone
鲕模 oomo(u)ld
鲕球粒 oolite pellet; oopellet
鲕石 ooid(e); oolite; oolith; roe stone
鲕石白垩 oolite chalk
鲕状的【地】oolitic; ooidal
鲕石相 oolitic facies
鲕状层 oolitic formation
鲕状构造 oolitic structure
鲕状硅质岩 oolitic siliceous rock
鲕状灰岩 ollite limestone
鲕状结构 oolitic texture
鲕状结核 oolitic nodule
鲕状矿石 oolitic ore
鲕状磷块岩 oolitic phosphoraite
鲕状绿泥石胶结物 chamositic cement
鲕状泥质结构 oolite-pelitic texture
鲕状球粒微晶灰岩 oolitic pelmicrite
鲕状石灰 oolitic lime
鲕状石灰岩 lite limestone; ooliftic lime; oolitic limestone
鲕状燧石 oolitic chert
鲕状突起 oolitic projection
鲕状团粒微晶灰岩 oolitic pelmicrite
鲕状岩 ammonite; oolite; roe stone

尔伯风 Lake Balkash,Ebi Nor wind; Lbe wind

尔冈 < 用热表示功的单位/光子能量单位 > ergon
尔格 dyne centimeter; erg
尔格计 ergometer
尔格图 ergogram
尔格子 ergon

耳巴泥 < 断层泥 > clay gouge

耳杯 ear cup
耳鼻喉科 otolaryngological department
耳柄 ear handle; eye ring; lug
耳长 ear length
耳承 ear piece
耳池 auriculate bath
耳匙 ear spoon
耳丹分析仪 Haldane's apparatus
耳的 Auricular
耳垫 ear cushion
耳朵通信[讯]机 Earcom
耳房【建】ai(s)le; aisle bay; ala; alette; angle pavilion; levecel; appentice; wing
耳光 side light; wall-slot lighting
耳光室 < 观众厅两侧的 > front side spot
耳护 ear defender
耳环 eye ring; lifting lug
耳环杆 eye end rod
耳环绝缘子 ear insulator
耳机 ear cup; earphone; ear piece; head band receiver; headphone; head set
耳机缓冲垫 ear muffs
耳机胶盖 ear cap
耳机灵敏度 earphone sensitivity
耳机耦合腔 earphone coupler
耳机钎尾 lugged shank
耳机塞孔 earphone jack; headphone adapter; headset jack
耳机式立体声收音机 headphone stereo
耳机受话器 watch receiver
耳机输出声压 earphone output sound pressure
耳机头带收话器 earphone
耳机响应 earphone response
耳机振膜 earphone diaphragm
耳机转接器 earphone adapter
耳件 ear piece
耳接头 terminal lug
耳镜 auriscope
耳块 bail block
耳聋 deafness
耳目法 eye-and-ear method
耳目切拍法 audio-vernier method
耳盘菌属 < 拉 > Midotis
耳墙 cantilevered wing wall; wing wall
耳墙式桥台 abutment with cantile-

E

vered retaining wall; abutment with cantilevered wings
耳塞 ear canal type earphone; ear insert; earplug; ear receiver
耳塞式传声器 ear microphone
耳扇 earflaps; eartabs
耳索 earing
耳台 eared abutment
耳堂 ai(s)le; transept
耳套 ear muffs
耳铁 lug
耳听法 aural method
耳闻阈 zone of audibility
耳形的 auricled
耳形灯 ear lamp
耳语廊 whiskering gallery
耳语穹顶 whiskering dome
耳语声 whispered sound
耳语圆屋顶 whiskering cupola
耳罩 ear enclosure; ear protector
耳轴 gate hook; gudgeon; trunnion
耳轴安装座 trunnion mounting
耳轴承 trunnion bearing
耳轴吊架 trunnion-hoisting gantry
耳轴管 trunnion pipe
耳轴环 trunnion ring
耳轴加料磨 trunnion feed mill
耳轴磨 trunnion mill; trunnion-mounted mill
耳轴式竖旋桥 trunnion-type bascule bridge
耳轴式万向接头 trunnion joint
耳轴式自卸车 trunnion tip wagon
耳轴铜衬 trunnion brass
耳轴弯头 trunnion bend
耳轴箱体 trunnion housing
耳轴销 gudgeon pin
耳轴销壳 gudgeon pin boss
耳轴支承 trunnion mounting
耳轴支座 trunnion support
耳轴轴承 ball socketed bearing
耳状的 auricular
耳状角铁 clip angle; lug angle
耳状物 ear; lug
耳状物的 auricled
耳状桩菇 <拉> Paxillus panuoides
耳子 fin

饵

饵激光器 erbium

饵料量 abundance of food
饵料生物 food organism
饵料系数 conversion rate of food

铒

铒矿 erbium ores

二

二～四单元住宅区 R-2 zone

二氨二苯砜 diaminodiphenyl sulphone
二氨基 diamino
二氨基苯酚 diaminophenol
二氨基苯酚显示剂 amidol
二氨基苯乙酸 diamino-phenylacetic acid
二氨基二苯甲烷 diaminodiphenyl methane
二氨基二羧酸 diamino dicarboxylic acid
二氨基酚盐酸盐 diaminophenol dihydrochloride
二氨基庚二酸 diaminopimelic acid
二氨基庚二酸盐 diaminopimelate; diaminopimelic acid
二氨基磺酸 diamino sulfonic acid
二氨基己酸 diaminocaproic acid
二氨基甲苯 diaminotoluene
二氨基甲苯盐酸盐 diaminotoluene dihydrochloride
二氨基甲酸 diamino acid
二氨基焦磷酸 pyrophosphodiamic acid
二氨基联苯 benzidine; diaminodiphenyl
二氨基联苯胺盐酸盐 diaminobenzidine tetrahydrochloride
二氨基萘 diaminonaphthalene
二氨基偶氮甲苯 azoxytoluidine
二氨基双磷脂 assurin
二氨基顺丁烯二腈 diaminomaleonitrile
二氨基酸 bibasic amino acid
二氨基羧酸 diamino monocarboxylic acid
二氨基戊酸 diaminovaleric acid
二氨磷脂 diamino-monophosphatide
二胺 diamidogen
二胺化物 diamine
二胺尿 diaminuria
二八灰土 two/eight lime earth
二八进制 binary-coded octal; binary octal
二八进制记数法 bi-octal system
二八进制译码器 binary octal decoder
二八进制转换 binary-to-octal conversion
二八进制转换器 binary-to-octal converter
二八面体层 dioctahedral layer
二八面体的晶体结构 dioctahedral
二百公斤焦炉炼焦试验 two-hundred-kilogram samples coke oven test
二百年的 bicentenary
二百七十度转角式楼梯 staircase of three-quarter turn type
二百线机键 two hundred point switch
二班制 double shift
二板之间淬火 tempering between plates
二包单位 subcontractor
二包人 subcontractor
二包商 subcontractor
二包者 subcontractor
二孢属 <拉> Diplodia
二饱和的甘油酯 disaturated
二倍 double
二倍的 diploid; duple
二倍核 diploid nucleus; diplokaryon
二倍化 diplodisation[diploidization]
二倍精密度 double precision
二倍器 doubler
二倍视准差互差 discrepancy between twice collimation errors
二倍体 diplont; diploid
二倍稀释 doubling dilution
二倍行距 double-leaded
二倍压整流 voltage doubler rectifier
二倍衍射的 double diffracted
二倍增频器 frequency doubler
二倍照准误差偏差 discrepancy between twice collimation errors
二倍状态 diploid state
二苯氨基甲烷 methylene dianiline
二苯氨基甲酰氯 diphenyl carbamyl chloride
二苯氨基脲 diphenyl semicarbazide
二苯胺 dipper
二苯胺化硫酸 diphenylamine sulfate
二苯胺磺酸 diphenylamine sulfonic acid
二苯胺磺酸钡 barium diphenylamine-sulfonate
二苯胺磺酸钠 diphenylamine sulfonic acid sodium salt
二苯胺磺酸盐 diphenylamine-sulfonate
二苯胺基硫脲 diphenyl-3-thiosemicarbazide
二苯胺联苯 diphenylbenzidine
二苯胺氯胂 <木材防腐剂> diphenylamine-arsine chloride; diphenylamine-chloro-arsine; adamsite
二苯胺偶氮间苯磺酸 diphenylamino-azo-m-benzene sulfonic acid
二苯胺氰胂 diphenylaminocyanarsine
二苯胺杀虫剂 Big Dipper; diphenylamine
二苯胺羧酸 diphenylamine carboxylic acid
二苯胺盐酸盐 diphenylamine hydrochloride
二苯胺衍生物 diphenylamine derivatives
二苯并蒽 dibenzanthracene; naphthophenanthrene
二苯并菲 dibenzphenanthrene
二苯并呋喃 dibenzofuran; diphenylene-oxide
二苯并咪唑 bisbenzimidazole
二苯并噻吩 dibenzothiophene
二苯并噻唑 bisbenzothiazole
二苯并噻唑基二甲基硫脲 dibenzothiazyl-dimethyl-thiourea
二苯代酚酞 phthalophenone
二苯代胂腈 diphenyl cyanarsine
二苯丁二酸 diphenyl succinic acid
二苯对苯二胺 diphenyl-p-phenylenediamine
二苯二苯氧基硅 diphenyl diphenoxysilicane
二苯二丁蒽夹二酚 dibenz-dibutyl anthraquinol
二苯二硫 diphenyl disulfide
二苯二氯甲烷 diphenyl dichloromethane
二苯吩嗪 phenanthrophenazine
二苯酚基丙烷 diphenylol propane
二苯砜 diphenyl sulfone; phenyl sulfone; sulfobenzide
二苯汞 biphenyl mercury
二苯胍 diphenyl guanidine
二苯硅烷 quadrosilan
二苯基 biphenyl
二苯基代乙烯 diphenyl ethylene
二苯基对苯二胺 diphenyl-para-phenylene diamine
二苯基二甲基乙烷 diphenyl dimethyl ethane
二苯基二氯硅烷 diphenyl dichlorosilane
二苯基二溴甲硅烷 dibromodhenyl silane
二苯基汞 mercury diphenide; mercury phenide; mercury phenyl
二苯基甲醇 benzhydrol; diphenyl carbinol; diphenyl methanol
二苯基甲硅烷二醇 diphenyl silanediol
二苯基甲硅烷二异氰酸酯 diphenyl silicone diisocyanate
二苯基甲烷 diphenyl methane; ditan
二苯基甲酰胺 diphenylformamide
二苯基间甲苯基甲烷 diphenyl-m-tolylmethane
二苯基卡巴肼 diphenylcarbazide
二苯基卡宾 diphenyl carbene
二苯基硫脲 diphenyl thiourea
二苯基染料 diphenyl dye
二苯基氧 diphenyl oxide
二苯基氧化锡 diphenyl tinoxide
二苯基乙醇酸 benzilic acid
二苯基乙二酮 benzil
二苯甲基胺 benzhydryl amine
二苯甲基苯甲酸 tritane carboxylic acid
二苯甲基化作用 diphenylmethylation
二苯甲基纤维素 benzhydrylcellulose
二苯甲基溴 benzhydryl bromide
二苯甲硫酮 thiobenzophenone
二苯甲酮 benzophenone; diphenyl ketone; phenyl ketone
二苯甲酮苯腙 benzophenone phenylhydrazone
二苯甲酮二甲酸 benzophenone dicarboxylic acid
二苯甲酮四酸二酐 benzo-phenone tetracarboxylic dianhydride
二苯甲酮肟 benzophenone-oxime; diphenyl ketoxime
二苯甲烷 benzylbenzene
二苯甲烷基 diphenylmethane group
二苯甲烷类 diphenylmethanes
二苯甲烷染料 diphenylmethane dyes
二苯甲酰二硫 dibenzoyl disulfide
二苯甲酰基甲酮 dibenzoyl ketone
二苯甲酰甲烷 dibenzoyl methane
二苯甲酰肼 dibenzoyl hydrazine
二苯甲酰硫脲 dibenzoyl thiourea
二苯甲酰亚胺 dibenzimide
二苯甲酰乙烷 diphenazyl
二苯甲酰乙烯 dibenzoyl-ethylene
二苯甲氧肟酸 dibenzhydroxamic acid
二苯联苯胺磺酸 diphenylbenzidine sulfonic acid
二苯硫脲 thiambutosine
二苯氯化胂 diphenychlorarsine
二苯氯胂 diphenyl chloroarisine
二苯咪唑酮 diphenyl-imidazolone
二苯醚 diphenyl ether; diphenyl oxide
二苯醚玻璃布板 diphenyl oxide glass cloth plate
二苯醚甲醛树脂 diphenyletherformal-de-hyde resin
二苯醚循环 diphenyloxide cycle
二苯脲 acardite; diphenyl urea
二苯偶氮间苯二酚 dibenzenazoresorcin
二苯哌丙醇 pridinol
二苯氰化胂 diphenyl cyanoarsine
二苯胂 diphenylarsine
二苯胂基硫 diphenyl arsine sulfide
二苯胂基氰 diphenyl cyanoarsine
二苯胂酸 diphenyl arsinic acid
二苯碳酰二肼 diphenylcarbazide
二苯(替)氨甲酰氯 diphenyl carbamyl chloride
二苯酮苯胺 benzophenone-anil
二苯酮甲酸 benzophenone carboxylic acid
二苯乙醇树脂 Benjamin
二苯乙醇酸 benzilic acid; diphenylglycollic acid
二苯乙醇酸甲酯 methyl benzilate
二苯乙醇酮 benzoin
二苯乙内酰脲 dilantin; diphenylhydantoin; phenytoin
二苯乙炔 diphenyl acetylene; tolane
二苯乙酮基 a-phenyl phenacyl; desyl
二苯乙烯 stilbene; toluylene
二苯乙烯酮 diphenyl ketene; styryl ketone
二苯酯 diphenyl ester
二比四板材建造法 two-by four method
二比一边坡 two-to-one slope
二比一乱石墙 <两份石头一份灰浆> two-to-one
二闭塞区段的 two-block
二闭塞区段信号系统 two-block signal system
二闭塞区段信号制 two-block signal system
二闭塞区间的 two-block
二闭塞区间信号系统 two-block signal system
二闭塞区间信号制 two-block signal system

二臂凿岩台车 drill jumbo with two booms;two-boom drill jumbo;two-boom rock drill
二边钢筋混凝土突码头 <靠船用> double-sided reinforced concrete jetty
二边心桃尖拱 equilateral arch
二苄胺 dibenzyl amine
二苄苯胺 dibenzyl aniline
二苄二硫 dibenzyl disulfide
二苄基甲酮 dibenzyl ketone
二苄基硫 dibenzyl sulfide
二苄基乙醇酸乙酯 ethyl dibenzyl-glycolate
二苄硫醚 dibenzyl sulfide
二苄醚 benzyl ether;dibenzyl ether
二变量 binary;bivariate
二变量分析【数】bivariate analysis
二变量散点图 bivariate scatter plot
二变量样本 bivariate sample
二变系 divariant system
二标高点横断面 two-level section
二丙胺 di-n-propylamine;dipropyl amine
二丙撑二醇 dipropylene glycol
二丙二醇单甲醚 dipropylene glycol monomethyl ether
二丙泛影钠 sodium diprotrizoate
二丙砜 dipropyl sulfone
二丙基 dipropyl
二丙基巴比土酸 dipropyl barbituric acid
二丙基二硫醚 dipropyl disulfide
二丙基铅 dipropyl lead
二丙基乙基苄基甲硅烷 dipropyl-ethyl-phenyl-silicane
二丙基乙酸 dipropyl-acetic acid
二丙硫 propyl sulfide
二丙硫醚 dipropyl sulfide;propyl sulfide;propyl thioether
二丙硒 selenium dipropyl; selenium propyl
二波脉 dicrotic pulse
二波脉的 dicrotic
二波脉现象 dicrotia;dicrotism
二波耦合 two-wave coupling
二步产物 secondary product
二步煅烧 two-stage firing process
二步法 two-step method
二步法绕射偏移 two-step diffraction migration
二步法三维包络偏移 two-step three-dimensional envelope migration
二步法三维偏移 three-dimensional migration in two steps
二步结晶法 two-step crystallization
二步纠正仪 two-stage rectifier
二部的 duo
二部价格制 dual price system
二部拟阵 bipartite matroid
二部实验 two-part experiment
二部图形 bigraph;bipartite graph
二部组成的 dimeric;dimerous
二部组合桅 armed mast
二舱不沉制 two-compartment subdivision
二操作数运算 dyadic operation
二槽钢缀合柱 column of two channels laced
二槽鞣法 two-pit tannage
二侧进水 water entering on two side
二侧拼接板接合 splice plate joint
二层舱 tweendeck cargo space
二层沉淀池 two-stor(e)y settling tank
二层抽样 two-stage sampling
二层的 bilaminar
二层工作 two-coat work
二层公寓 maisonette
二层后台向外开的门 <古罗马> thyroma
二层马弗炉 duo-muffle furnace
二层模式 two-layer mode
二层抹灰 render and set;renderset
二层平面 secondary floor plan <美>;first floor plan <英>
二层平台 run-around
二层绕组 double layer winding
二层台 double board working platform;triple board platform <三根钻杆组成立根高度>;quadruple board platform <四根钻杆组成立根高度>
二层细工 two-coat work
二层型结构 two-layer type structure
二层钻车 two-deck jumbo
二叉 wye;Y-bend
二叉查找 binary search;dichotomizing search
二叉查找树 binary search tree
二叉的 binary
二叉分支式 dichotomy
二叉检索树 binary search tree
二叉节点 binary node
二叉树 binary tree
二叉树查找 binary tree search
二叉树的遍历 binary tree traversal traversal of binary tree
二叉树的表示 representation of binary tree
二叉树的擦去 erasing of binary tree
二叉树的定义 definition of binary tree
二叉树的对称次序 symmetric(al) order for binary tree
二叉树的复写 copying of binary tree
二叉树的后根次序 postorder for binary tree
二叉树的枚举 enumeration of binary tree
二叉树的前根次序 preorder for binary tree
二叉树的通路长度 path-length of binary tree
二叉树的中根次序 inorder for binary tree
二叉树和森林之间的对应 correspondence between binary trees and forests
二叉树检索 binary tree search
二叉树数据结构 binary tree data structure
二叉树中的右子树 right subtree in a binary tree
二叉树中的左子树 left subtree in a binary tree
二叉叶脉 forked vein
二叉有向树 binary directed tree
二长安山岩 andelatite
二长斑岩 ivernite;monzonite porphyry
二长花岗斑岩 xlonzonitic graphic-(al) granite
二长花岗岩 adamellite;monzonitic granite
二长结构 monzonitic texture
二长闪长玢岩 monzodiorite porphyrite
二长闪长岩 monzodiorite
二长岩 monzonite;syenodiorite
二长岩的 monzonitic
二长岩结构 monzonitic texture
二长岩类 monzonite group
二长正长岩 monzosyenite
二场间的搬运费 intershop trucking expenses
二沉池 <生物滤池的> humus tank
二沉池出水 secondary effluent
二沉池污泥 sludge from secondary sedimentation tank
二沉污泥 secondary sludge
二成分 binary
二成分系统 two-component system
二乘四英寸木枋 two-by-four
二程循环原理 two-cycle principle
二程延长 prolonged secondary stage of labo(u)r
二程运费 secondary carrier's freight
二齿(灰)耙 double tooth rake
二齿配位体 bidentate
二冲程 double stroke;two-cycle
二冲程柴油发动机 two-cycle diesel engine;two-stroke diesel engine
二冲程船用柴油发动机 two-stroke marine diesel engine
二冲程的 two-cycle;two-stroke
二冲程发动机 double stroke engine;two-cycle engine
二冲程循环 Clark cycle; two (-stroke) cycle
二冲程引擎曲轴箱压缩 crankcase compression
二重 amphimorphic;duplication
二重焙烧 double roasting
二重变址方式 dual index mode
二重标度 double scale
二重插值 double interpolation
二重差分 double difference
二重冲压机 duplex punch
二重抽样 double sampling;two-stage sampling
二重抽样方案 double sampling plan
二重抽样检验 double sampling inspection
二重处理 dual processing
二重淬火 double quenching
二重氮化合物 disazo compound
二重的 diad;duo;duple;diploid;dual;duplex
二重点 double points
二重对称轴 two-fold axis of symmetry
二重二分法 double dichotomy
二重法 duality method
二重放大镜 doublet magnifier
二重分类 classification by dichotomy
二重峰 dual peak
二重符合开关 double coincidence switch
二重傅立叶级数 double Fourier series
二重格网 dual mesh
二重根 double root
二重拱 double arches
二重和 double product;double sum
二重桁架腰梁 straining sill
二重积分 double integral
二重积分法 double integration(method)
二重积分加速表 doubly integrating accelerometer;range accelerometer
二重积分加速度表 range accelerometer
二重积分加速度计 double integrating accelerometer
二重积分器 double integrator
二重级数 double series
二重极限 double limit
二重价格 two-price
二重嫁接 double-work
二重简并(度) double degeneracy;two-fold degeneracy
二重交错凸缘 flange tee
二重胶片 <彩色摄影用> bipack (film)
二重接缝 felling
二重接头 <管道的> siamess joint
二重节 two-fold node
二重精炼 double refining
二重锯齿 biserrate
二重刻度尺 double scale
二重连接 double connection;Siamese connection
二重螺旋轴 screw diad
二重煤素质 bimaceral
二重密切面 double osculating plane
二重幂级数 double power series
二重面 double plane
二重排队 double queue
二重破碎机 duplex breaker
二重切 bitangent
二重切面 bitangent plane
二重切线 double tailed test
二重求和法 double summation
二重求和规则 double summation rule
二重曲面 double curved surface
二重染剂 double stain
二重染色 duplicate stained
二重染色法 double staining
二重扫除算法【交】double sweep algorithm
二重烧结 double sintering
二重声源 duplicate source
二重式多辊矫直机 two-high roller level(l)er
二重式轧机 duo mill
二重双动压机 duplex double-action press
二重税 double tariff
二重随机矩阵 double stochastic matrix
二重态 doublet
二重体 dualism
二重透视 doubly perspective
二重网格 dual mesh
二重系统 dual system
二重向量 bivector
二重性 ambiguity; dualism; duality; duplexity;duplicity
二重序列 double sequence
二重岩 amphimorphic rock
二重移动平均(数) double moving average
二重圆筒混合机 dual-drum mixer
二重约束模型【交】doubly constrained model
二重指数分布 double exponential distribution
二重指数回归 double exponential regression
二重指数平滑 double exponential smoothing
二重轴 diad; diad axis; diadic; two-fold axis
二重转动轴 rotation diad
二重最小平方法 double least squares method
二厨 second cook
二穿孔的 biperforate
二船东 demise owner;subowner
二醇 diol
二次 twice
二次安全壳 secondary containment
二次安装 secondary fixing; second fixing
二次搬运 double handling;rehandling
二次搬运费 after transfer expenses;double handling costs
二次拌和的混凝土 shrink-mixed concrete;preshrunk concrete
二次曝光 after exposure;double exposure;re-expose
二次曝光全息干涉测量术 double-exposed holographic interferometry
二次曝光全息图 double exposure hologram
二次爆破 blasting doubler;blockhole blasting; minor blasting; pop-blasting; pop-shoot(ing); secondary blasting; secondary breakage; sec-

ondary shooting; supplementary blasting
二次爆破的小炮眼 block hole
二次爆破工 boulder blaster
二次爆破炮眼 plaster shot;popshot
二次爆破小炮眼 plug hole
二次爆破眼 pop;pop hole;popshot
二次爆破凿岩机 popholing drill
二次爆破钻机 popholing drill
二次爆破钻进 secondary blasting drilling
二次爆破钻孔 secondary blasting borehole; secondary blasting drill hole
二次爆破钻眼 secondary drilling
二次爆炸 secondary blasting
二次被覆层 secondary coating
二次被覆光纤 secondary coating optic(al) fiber
二次焙烧 after-bake;after baking
二次泵 secondary pump
二次泵冷水系统 chilled water system with secondary pumps
二次泵站 second stage pumping station
二次逼近 quadratic approximation; secondary approximation
二次变分 quadratic variation
二次变分问题 quadratic variational problem
二次变换 back shift;quadratic transformation;quadric transformation
二次变换与高次变换 second-order and high-order transformation
二次变量灌水 cutback irrigation
二次变频制 double-super system
二次变形 secondary deformation
二次表式 double tabular form; dual tabular form
二次波 secondary wave
二次波峰 secondary wave peak
二次补偿 secondary compensation
二次补偿支管 secondary compensating lateral
二次不等式 quadratic inequality
二次不尽根 quadratic surcharge; quadratic surd
二次布料 double layer
二次采油 secondary oil recovery
二次采油储量 secondary reserves
二次参数 secondary parameter
二次侧电力网 secondary network
二次侧电阻 secondary resistance
二次侧额定电压 rated secondary voltage
二次侧路管 secondary piping; secondary tubing
二次侧配电网 secondary distribution network
二次侧配管 secondary piping; secondary tubing
二次侧损耗 secondary loss
二次测量系统 secondary measuring system
二次插值(法) quadratic interpolation
二次产品 after product; secondary product
二次常数 secondary constant
二次场 secondary field
二次场垂直分量 vertical component of secondary field
二次场感应电压 potential difference induced by secondary field
二次场实分量 real component of secondary field
二次场水平分量 horizontal component of secondary field
二次场相位 secondary field phase
二次场虚分量 imaginary component of secondary field
二次场振幅 secondary field amplitude
二次超曲面 quadratic hypersurface
二次沉淀 after precipitation; resettling;secondary sedimentation
二次沉淀池 final clarifier;final tank; humus tank; secondary humus tank; secondary sedimentation basin;secondary sedimentation tank; secondary settling tank; secondary clarifier
二次沉淀池出水 secondary settling tank effluent
二次沉积 secondary sediment; suspended sediment
二次沉积物 reworked deposit
二次沉降 resettling;secondary settlement
二次衬砌 double lining; permanent lining;secondary(stage) lining
二次成球烧成法 burning process with secondary nodulization
二次成像 secondary imaging
二次成型 post forming; secondary forming
二次成型凸缘件镦锻机 reheader
二次城市污水处理后的出水 secondary municipal effluent
二次澄清 post-defecation; secondary clarification
二次澄清池 final clarification tank;final clarifier;secondary clarification tank;secondary clarifier
二次充电 recharge;recharging
二次充气 defueling
二次抽样 secondary sampling;subsample; subsampling; two-stage sampling
二次抽样单位 secondary sampling unit
二次出水 secondary effluent
二次出水标准 secondary effluent standard
二次除铜 secondary copper removal
二次处理 after-treatment;double treating;rehandling;secondary process; secondary treatment
二次处理废水 secondary effluent
二次处理木料 reconditioned wood
二次处理污水的污泥 secondary sewage sludge
二次吹风 after blow
二次磁场 secondary magnetic field
二次磁场的频率特性 frequency character of secondary magnetic field
二次磁场的时间特性 time character of secondary magnetic field
二次磁场特性 feature of secondary magnetic field
二次磁场相位 phase of secondary magnetic field
二次磁场振幅 amplitude of secondary magnetic field
二次簇 secondary cluster
二次淬火 regenerative quenching; secondary quenching
二次导数 secondary derivative; second derivative
二次导数作用 secondary derivative action
二次倒数律 quadratic reciprocity law
二次的 secondary; quadrate; quadratic;quadric【数】
二次登山法【数】quadratic hill-climbing method
二次等量点 second equivalence point
二次抵押(权) secondary mortgage; submortgage; wrap-around mortgage
二次地震波 secondary seismic wave
二次地址 secondary level address
二次点火能力 reignition capability
二次点火器 post-ignition hood
二次点燃 reignite;reignition
二次电池 secondary battery;secondary cell;storage battery
二次电解 re-electrolysis
二次电离 double ionization; reignition;secondary ionization
二次电流 secondary current
二次电路 secondary circuit
二次电压 secondary voltage
二次电子 secondary electron
二次电子导电 secondary electron conduction
二次电子发射 secondary electron emission
二次电子发射倍增 secondary emission multiplication
二次电子发射系数 coefficient of secondary electron emission
二次电子放射陶瓷 secondary emission ceramics
二次电子图像 dual electron image; secondary electron image
二次电子抑制管 brake-field tube
二次电阻起动器 secondary resistance starter
二次定型加工 secondary sizing operation
二次动作元件分配 secondary assignment
二次镀锡机组 re-dipping unit
二次断裂 secondary breakage
二次断头 secondary break
二次煅烧 double firing
二次煅烧的白云石 double burned dolomite
二次煅烧过程 annealing process
二次煅烧石膏 secondary settle calcined gypsum
二次对称轴 axis of binary symmetry; diad axis
二次对偶问题 quadratic dual problem
二次多项式 quadratic polynomial
二次颚式轧碎机 secondary jaw crusher
二次发射 re-emission; secondary emission
二次发射管 secondary emission tube
二次发射光电管 secondary emission photocell
二次发射极 dynode
二次发射系数 secondary emission coefficient
二次发射有效系数 collected-current ratio
二次发生 secondary generation
二次反射 secondary reflection
二次反射传输 two-hop transmission
二次反射像 secondary reflecting image
二次反应 secondary reaction; second order reaction
二次返修 repair for secondary time
二次泛函 quadratic functional
二次方程 quadrant equation
二次方程判别式 discriminant of quadratic form; quadratic discriminant
二次方程式 binomial equation; quadratic equation
二次方程式的 quadratic
二次方程式论 quadratics
二次方分量 quadratic component
二次方平均值 quadratic mean
二次方项 quadratic component
二次防护层 secondary protective barriers
二次防护涂层 secondary protective coating
二次仿样 quadratic spline
二次放电 secondary discharge
二次放射 secondary emission
二次放射电子 secondary emission electron
二次放射反射极 secondary emitting reflector
二次放射量 secondary yield(ing)
二次放射系数 production coefficient; secondary emission factor; secondary yield(ing)
二次飞灰 reentrainment
二次非剩余 quadratic non-residue
二次非线性 quadratic non-linearity
二次废水补给 secondary wastewater makeup
二次分布 second contribution
二次分级 regrading
二次分离 secondary separation
二次分离器 secondary separator
二次分馏 after-fractionating
二次分配 secondary allocation
二次分配问题 quadratic assignment problem
二次分组法 method of secondary grouping
二次粉磨 secondary grinding
二次粉磨仓 secondary grinding compartment
二次粉磨系统 secondary grinding circuit
二次粉碎 recrushing; secondary comminution
二次粉碎物料 regrinding
二次风 auxiliary air; overfire air; overgrate air
二次风鼓风机 secondary blower
二次风管 secondary air duct
二次风机 counter fan system; overfire air fan; secondary air fan; secondary fan
二次风机组 secondary air unit
二次风口 overfire air port
二次风门 secondary air register
二次浮选 secondary flo(a)tation
二次浮选给料 secondary float feed
二次辐射 re-emission; secondary radiation
二次辐射器 secondary radiator
二次辐射体 parasitic(al) element
二次辐射图样 reradiation pattern
二次辐射源 source of secondary radiation
二次负荷 secondary load(ing)
二次负载 secondary load(ing)
二次复丝 multimulti fiber[fibre]
二次复型 double replica
二次复用 secondary multiplexing
二次干燥 redrying
二次干燥机 redrier
二次根 square root
二次根公式 quadratic root formula
二次工具 secondary tool
二次工业 secondary industry
二次功率 secondary power
二次供给喷嘴 reversing nozzle
二次固化绝缘 post cured insulation
二次固结 secondary consolidation
二次固体电池 secondary solid state battery
二次故障 secondary failure; secondary fault
二次故障之间 between failures
二次关井工具 dual close-in pressure valve
二次关系式 quadratic dependence
二次惯性力 secondary inertia force
二次灌浆 back-grouting
二次光化学反应 secondary photochemical reaction

二次光谱 side spectrum
二次光源 secondary light source;secondary source
二次规划(法) quadratic programming;secondary programming
二次规划容量法 capacity method of quadratic programming
二次规划问题 quadratic programming problem
二次滚扎 reroll
二次锅炉 afterboiler
二次过滤 after-filtration; secondary filtration
二次过滤器 after-filter; final filter; secondary filter
二次函数 quadratic function
二次荷载 secondary load(ing)
二次横向流 secondary cross flow
二次虹 secondary rainbow
二次呼叫 recall
二次还原(法) secondary reduction
二次回波 secondary echo
二次回采 secondary mining;secondary recovery
二次回风 secondary air return; secondary return air
二次回流 secondary circuit;secondary return; secondary thermal system
二次回路 secondary circuit;secondary return; secondary thermal system;secondary cycle <原子能电站热循环中的>
二次回收 secondary recovery
二次回收法 secondary recovery method
二次回转破碎机 secondary gyratory crusher
二次汇流排 secondary bus
二次混料 rerolling
二次活套 secondary loop
二次击穿 <半导体器件> second-induced breakdown
二次积分【数】double integral
二次激发 second excitation
二次激励 secondary excitation
二次极大条件 second-order maximum condition
二次极小化问题 quadratic minimization problem
二次集尘器 after-collector
二次计划 quadratic program(me); quadratic programming
二次计量给料装置 secondary feed meter
二次继电器 secondary relay
二次加法时间 secondary addition time
二次加工 rework; secondary operation
二次加工熟铁 best iron
二次加料 fabrication
二次加料室 dummy pit
二次加氯量(法)double chlorination
二次加热 double heating;rehea(ting)
二次加热炉 reheating furnace
二次加热盘管 reheat coil
二次加热器 reheater
二次加热时形成的夹杂物 secondary inclusion
二次加热式 reheat-type
二次加热试验 reheating test
二次加油 defueling
二次间接地址 double address
二次监视雷达 secondary surveillance radar
二次减径螺钉镦锻法 dexbolt method
二次减量灌水 cutback irrigation
二次减速 secondary reduction
二次减速销 secondary reduction pin
二次剪力 secondary shear
二次剪切 secondary shearing
二次检查 quadratic search
二次浇注 double pour
二次浇筑 double pour
二次胶层 secondary glue line
二次胶合 secondary gluing
二次胶粘剂 <木材工业用词,以与胶合板用胶粘剂相区别> assembly adhesive
二次搅拌 remix(ing); retempering; two-stage mixing
二次搅拌混凝土 remixed concrete
二次接收机 secondary receiver
二次接线图 secondary circuit schematic diagram
二次接续 second(ary) attempt connection;secondary trial
二次结晶 secondary crystallization
二次结线展开图 secondary wiring stretched-out view
二次金属精炼 refining of the twice metal
二次近似 quadratic approximation; second(ary)approximation
二次近似法【数】second approach
二次进风 secondary air
二次浸釉 double dipping
二次禁带谱 second-forbidden spectrum
二次晶粒 subgrain
二次精炼 secondary refining
二次精炼条铁 best bar
二次净化 after purification
二次矩 second moment
二次矩面积法 secondary moment area method
二次聚焦 secondary focusing
二次聚焦旋转光束 refocused revolving beam
二次卷绕 rewinding
二次掘进 secondary advance
二次开采 reworking; secondary recovery
二次开采法 secondary recovery method
二次开挖 secondary excavation
二次颗粒物 secondary particle
二次空间分配 secondary space allocation
二次空气 auxiliary air; diluent air; overfire air;secondary air
二次空气分级 secondary air classification
二次空气入口管 secondary air inlet pipe
二次空气污染物 secondary air pollutant
二次矿床 secondary deposit
二次矿物 secondary mineral
二次拉丝机 double deck block;double draft bull block
二次来压 secondary coming pressure
二次雷达 secondary radar
二次冷床 secondary cooler
二次冷媒 secondary refrigerant
二次冷凝器 after-condenser;secondary condenser
二次冷却 aftercooling;afterheat cooling; recool(ing); secondary cooling
二次冷却剂 secondary coolant
二次冷却器 after-condenser; aftercooler;recooler;secondary cooler
二次冷却塔 recooling tower
二次冷却系统 secondary cooling system
二次冷轧镀锡薄板 double-reduced tin plate
二次离子 secondary ion
二次离子变换器 secondary ion exchanger
二次离子发射显微分析仪 secondary ion emission microanalyzer[microanalyser]
二次离子质谱法 secondary ion mass spectrometry
二次离子质谱分析器 secondary ion mass spectroanalyzer [spectroanalyser]
二次离子质谱仪 ion microprobe;ion probe; secondary ion mass spectrometer
二次锂电池 secondary lithium battery
二次力 parasitic(al) force;secondary force
二次力矩 secondary moment
二次力矩面积法 second moment area method
二次利用 reutilization
二次沥青处理 bituminous retreat
二次粒子 offspring
二次连续可微 twice continuously differentiable
二次量子化 hyperquantization; secondary quantization
二次流 friction(al) secondary flow; secondary flow
二次流浆 <搪瓷表面的> double draining
二次流谱 secondary flow pattern
二次流体 secondary fluid
二次流型 secondary flow pattern
二次硫化 post-cure
二次滤池 secondary filter
二次滤光理论 quadratic filter theory
二次滤片 secondary filter
二次滤清器 fine filter;secondary filter
二次孪生 secondary twinning
二次码 quadratic code
二次脉冲函数 quadratic pulse function
二次密封 secondary seal
二次幂 secondary power; second power;square
二次面 quadric surface
二次磨机 secondary grinding mill
二次磨(碎)secondary grinding
二次磨碎机 secondary mill
二次莫来石 secondary mullite
二次莫来石形成 secondary mullite formation
二次内插法 quadratic interpolation
二次内力 secondary internal force
二次能量 secondary energy
二次能源 secondary energy;secondary energy source
二次拟合 quadratic fit
二次黏[粘]土 alluvial clay;secondary clay
二次碾压 secondary rolling
二次碾轧碎屑 double-crushed chip(ping)s
二次扭转效应 secondary torsional effect
二次欧几里得整环 quadratic Euclidean domain
二次排斥 secondary set rejection
二次排出物 secondary effluent
二次排放 secondary emission
二次判别函数 quadric discriminant function
二次判别器 quadric discriminator
二次判据 secondary criterion
二次抛物线 quadratic parabola; second-degree parabola; second-order parabola
二次配电 secondary power distribution
二次膨胀 <使用时膨胀> re-expansion;secondary expansion
二次碰撞 secondary collision
二次碰撞电子 secondary impact electron
二次贫化率 quadric dilution ratio
二次平方折射率分布 quadratic index profile
二次平滑法 double smoothing
二次平均离差 quadratic mean deviation
二次平均偏差 quadratic mean deviation
二次平均误差 mean quadratic error; quadratic mean error
二次平均(值) quadratic average; quadratic mean
二次破片 secondary fragment
二次破碎 dobie;recrushing;secondary blasting; secondary breaking; secondary crushing;secondary fragmentation breaking;sledging
二次破碎工 bulldozer
二次破碎和二次过筛的碎屑 double broken and double screened chip(ping)s
二次破碎机 recrusher; secondary breaker; secondary crusher; secondly crusher
二次破碎室 bulldozing chamber
二次破碎用圆锥破碎机 secondary gyratory crusher
二次破碎用转子 secondary impeller
二次破碎凿岩 block holing
二次齐次多项式 quadratic homogeneous polynomial
二次齐式对 pair of quadratic forms
二次起动 reignite;reignition
二次起动室 re-igniter chamber
二次气孔 secondary blowhole
二次气泡 delayed seed; reboil bubble;secondary seed
二次汽化 re-vapo(u)rization
二次情报 secondary information
二次球磨机 secondary ball mill
二次曲面 conicoid;quadratic surface; quadric;quadric surface;secondary degree surface
二次曲面把 bundle of quadrics
二次曲面的 quadric
二次曲面的顶点 vertex of a quadric
二次曲面的共轭径面 conjugate diametral planes of a quadric
二次曲面的共轭直线 conjugate lines in a conic(al);conjugate lines in a quadric
二次曲面的两焦点弦 bifocal chord of a quadric
二次曲面的母线 generator of a quadric
二次曲面的切线锥面 tangent-cone of a quadric
二次曲面的轴 axis of a quadric
二次曲面的主轴 principal axis of quadric
二次曲面列 range of quadrics
二次曲面模型 model of a quadric
二次曲面心 centre of quadric
二次曲线 curve of second degree; quadr(at)ic curve; secondary curve
二次曲线的顶点 vertex of a conic
二次曲线的回归 curvilinear regression of secondary degree
二次曲线的曲率 curvature of a conic(al)
二次曲线的心 centre of a conic(al)
二次曲线的轴 axis of a conic
二次曲线规 conicograph
二次曲线列 range of conics

二次曲线系 system of conics
二次曲线心 center[centre] of conic(al) section
二次曲线自编程控制器 conic(al) self programming controller
二次趋势模型 quadratic trend model
二次渠道 secondary canal
二次取样 secondary sample
二次取样法 subsampling
二次群 secondary block; secondary group
二次燃料油滤器 secondary fuel filter
二次燃烧 after burning; after-combustion; afterflaming; secondary combustion
二次燃烧区 intermediate zone; secondary combustion zone
二次绕组 secondary winding
二次绕组电流 secondary winding current
二次热泵 secondary heat pump
二次热交换器 secondary heat exchanger
二次热空气 duothem air
二次热力系统 secondary thermal system
二次蠕变 secondary creep
二次入口点 secondary entry point
二次塞曼效应 quadratic Zeeman effect
二次散射 rescattering
二次扫描 rescanning
二次扫描回波 second trace echo
二次色散 secondary dispersion
二次色像差 secondary chromatic aberration
二次筛分 regrading; re-screen(ing)
二次筛分机 re-screener
二次筛分设备 re-screening plant; re-screening provision
二次筛分装置 re-screening provision; re-screening unit
二次上吹扫 final up-run purge
二次上釉装饰的瓷罩 overglaze decoration
二次烧成 twice firing
二次烧成工艺 double firing process
二次烧结 post-sintering
二次设计 two-phase design
二次摄影资料 comparative cover
二次渗碳体 secondary cementite
二次升水站 second stage pumping station
二次生长曲线 diauxic growth curve
二次生气量 amount of secondary crop of gas
二次剩余 quadratic residue
二次失效 secondary failure
二次施工的混凝土地面 two-course concrete floor
二次石料轧碎机 secondary stone crusher
二次石墨化 secondary graphitization; secondary graphitizing
二次式 quadratics
二次事故 secondary accident
二次收集器 after-collector
二次收敛 quadratic convergence
二次收缩 after-shrinkage; secondary shrinkage
二次输电 subtransmission
二次数据 secondary data
二次水 secondary water
二次水污染 secondary water pollution
二次水循环管路 secondary circulation pipe [piping]; secondary flow-and-return pipe
二次斯塔克效应 quadratic Stark effect
二次松弛变量 quadratic slack variable
二次酸洗 white picking
二次损失函数 quadratic loss function
二次缩孔 secondary pipe; secondary shrink hole
二次探测 quadratic probing
二次探查 quadratic probe
二次调节 secondary regulation
二次调速 secondary speed control
二次调制 remodulation; secondary modulation
二次调制器 remodulator
二次挑顶 back ripping
二次条样 quadratic spline
二次通过式干燥机 double pass drier [dryer]
二次同步 resynchronization
二次同化 secondary assimilation
二次投影 reprojection
二次图 quadratic diagram
二次图像 secondary image
二次涂敷 secondary coat
二次涂刷 double pour
二次退火 double annealing; secondary annealing; white annealing
二次脱粒装置 rethresher
二次脱水 secondary dewatering
二次弯矩分配法 two-cycle method
二次弯矩挠度关系 bilinear moment deflection relationship
二次弯曲 secondary curvature
二次微分方程 quadratic differential equation
二次微分形式 quadratic differential form
二次微商法 quadratic differential method
二次微商控制 second derivative control
二次微商热重法 diad derivative thermogravimetry
二次微商热重曲线 diad derivative thermogravimetric curve
二次微商作用 second derivative action
二次位移 secondary displacement
二次文件 secondary file
二次文献 secondary documents
二次污泥 secondary sludge
二次污泥流 secondary sludge stream
二次污泥流线 secondary sludge streamline
二次污泥消化 secondary sludge digestion
二次污染 re-pollution; secondary pollution
二次污染物 secondary contaminant; secondary pollutant
二次污水处理 secondary sewage treatment
二次污水管 secondary sewer
二次污水污泥 secondary sewage sludge
二次误差 middle error; secondary error; second-order error
二次吸附 secondary adsorption
二次吸附质 second adsorbate; secondary adsorbate
二次稀释 secondary dilution
二次稀释法 secondary dilution method
二次稀释溶剂 secondary dilution solvent
二次洗涤机 recleaner
二次下水道 secondary sewer
二次下水污泥 secondary sewage sludge
二次纤维 secondary filament
二次纤维浆化 secondary fiber pulping
二次显函数 explicit quadratic function
二次显示 secondary display
二次显影 redevelopment
二次线汇 quadratic congruence
二次线列 regulus of lines
二次线圈 secondary coil
二次线圈接地 secondary earth
二次限定 quadratic termination
二次相 secondary phase; two-stage phase
二次相关函数 second-order correlation function
二次相位失配 quadratic phase mismatch
二次相位因子 secondary phase factor
二次响应 quadratic response
二次项 quadratic; quadratic term
二次消费者 secondary consumer
二次消化 secondary digestion
二次消化池 secondary digestion tank
二次效应 quadratic effect; secondary effect
二次效用函数 quadratic utility function
二次谐波 second(ary) harmonic
二次谐波磁调制器 second harmonic magnetic modulator
二次谐波发生 secondary harmonic generation
二次谐波型磁性调制器 magnettor
二次谐波振荡 secondary harmonic oscillation
二次泄漏 secondary leakage
二次信号 secondary signal
二次形式 quadratic form; quadric form
二次型 quadratic form; quadric form; quadrics
二次型对 pair of quadratic forms
二次型性能指标 quadratic performance index
二次性能指标 quadratic index; quadratic performance index
二次徐变 secondary creep
二次悬挂 secondary suspension
二次选试 second trial
二次选择方式 quadratic selection
二次寻线机 secondary finder
二次循环 recirculation; secondary circulation
二次循环法 two-cycle method
二次循环供水 close circuit system
二次循环回路 secondary circuit
二次循环冷却 closed circuit cooling
二次循环冷却方式 secondary cooling system
二次压电效应 secondary piezoelectric(al) effect
二次压固 secondary compression
二次压浆 regrout
二次压实 secondary consolidation
二次压缩 secondary compression
二次压缩系数 coefficient of secondary compression
二次压制砖 twice-pressed brick
二次研磨 regrind; secondary grinding
二次扬尘 reentrainment; reentrainment of dust
二次冶炼 secondary smelting
二次仪表 secondary instrument; secondary meter
二次因子 second-order factor
二次阴极 secondary cathode
二次应力 secondary stress
二次应力状态 secondary stress condition; secondary stress state
二次应用 secondary application
二次应用程序 secondary application program(me)
二次应用块 secondary application block
二次荧光 second-order fluorescence
二次影响 secondary effect
二次硬度 secondary hardness
二次硬化 post-cure; progressive hardening; secondary hardening; temper hardening
二次硬化黏[粘]接 postcure bonding
二次游离石灰 secondary free lime
二次预测模型 quadratic forecast model
二次预解式 quadric resolvent
二次原料 secondary raw material
二次原料磨 secondary raw mill
二次圆锥曲线 secondary conic(al) section
二次源 secondary source
二次约束 quadratic constraint
二次运移 secondary migration
二次运移时间 time of secondary migration
二次载冷剂 secondary fluid; secondary refrigerant
二次载热剂 secondary coolant
二次再结晶 secondary recrystallization
二次再热 double reheat
二次再热循环 double reheat cycle
二次凿岩 secondary drilling
二次噪声 secondary noise
二次增碳作用 recarburation
二次轧碎的 secondarily crushed; secondary crushed
二次轧碎和二次过筛的碎屑 double broken and double screened chip(ping)s
二次轧碎机 secondary crusher
二次轧制 rerolling
二次张力 secondary tensioning
二次蒸发 re-vapo(u)rization
二次蒸发器 re-vapo(u)rizer; second evapo(u)rator
二次蒸发箱 flash tank
二次蒸汽 flash steam; secondary steam
二次蒸汽管 secondary steam pipe
二次蒸煮 secondary digestion
二次蒸煮室 secondary digestion chamber
二次支护 final lining; secondary lining
二次指示仪表 secondary indicating instrument
二次指数平滑 double exponential smoothing
二次制冷系统 double refrigerant system
二次质量检验 double sampling
二次中间抽头 secondary tap
二次(中间)再热式汽轮机 double reheat steam turbine
二次中天 double transit
二次中心点接地网 secondary neutral grid
二次重结晶 secondary recrystallization
二次周转轮系 final planetary gearing
二次主掩模 copy mask
二次注浆 secondary grouting
二次注水净化系统 defueling water cleanup system
二次柱面 quadratic cylinder; quadric cylinder
二次转包 subcontractor
二次锥面【数】 quadratic cone; quadric cone
二次子程序 secondary subroutine
二次租赁 sublease
二次阻力 quadratic resistance

二次组成 secondary generation
二次最大污染水平 secondary maximum contaminant level
二次作用 secondary action
二醋酸纤维素薄膜 cellulose diacetate film
二醋酯纤维 diacetate fibre
二寸厚板 <英制,1 寸 = 0.033 米> double deal
二寸头 quarter closer;quarter closure
二代的 bibasic
二代磷酸钙 secondary calcium phosphate
二代磷酸钠 sodium orthophosphate dimetallic
二代砷酸盐 secondary arsenate
二代岩浆的 bimagmatic
二代乙酸盐 secondary acetate
二代种模 case mo(u)ld
二单元组 diad
二氮 phenodiazine
二氮化锆 zirconium nitride
二氮化三钙 calcium nitride
二氮化三汞 mercury nitride
二氮化三镁 magnesium nitride
二氮化三锰 manganese nitride
二氮化三镍 nickel nitride
二氮化三铍 beryllium nitride
二氮化三锌 zinc nitride
二氮化五铁 siderazote
二氮烷基 diazanyl
二氮烯 diazene
二氮烯基 diazenyl
二氮杂苯 diazine
二氮杂菲 dinitrogen heterophenanthrene
二氮杂环丁二烯 diazete
二氮杂环丁烷 diazetidine
二氮杂环丁烯 diazetine
二挡齿轮 intermediate gear;secondary gear;second speed gear
二挡齿轮转距 secondary gear torque
二挡速度 second(ary)speed
二挡速率 second speed
二挡速率齿轮 second speed gear
二导阶跃函数 unit doublet function
二道坝 afterbay dam
二道操作 secondary operation work
二道粗纱机 dandy reducer;intermediate frame
二道锉齿纹 second cut
二道锉纹 secondary course
二道底漆 intermediate coat;surfacer
二道灰浆内涂层 second plaster undercoat
二道螺丝攻 intermediate tap;midtap;plug tap;secondary tap
二道墁抹【建】 brown coat;second coat of plaster
二道墁抹罩在湿底灰上 drawn work
二道抹灰 brown coat;floating coat;renderset;second (ary) coat (of plaster)
二道抹灰层 floating coat
二道抹灰罩 drawn work
二道筛 secondary screen
二道涂层 second coat
二道纹 secondary cut
二道纹锉 secondary cut file;second cut file
二道油漆 floating coat
二的 dual
二的补码 two's complement
二的补码运算 two's complement arithmetic
二等边的 isosceles
二等边三角形 isosceles triangle
二等补充网 secondary filling-in network
二等舱 secondary cabin
二等舱旅客 secondary saloon passenger
二等测点【测】 secondary point
二等测量点 secondary station
二等测站 secondary station
二等车 <国外铁路> second-class car
二等大地控制【测】 secondary control
二等导线 secondary order traverse
二等的 second (ary) class;second(ary) rate
二等点 secondary point
二等分 bisection;halve;halving;dimidiate
二等分点 point of bisection
二等分定理 bisection theorem
二等分法 halving method
二等分角 angle bisection
二等分校正 halving adjustment
二等分算子 halver operator
二等分图 bisect
二等分物 bisecting line;bisector;bisectrix
二等分线 bisectrix;bisecting line;bisector
二等分线法 method of bisectors
二等分照准 pointing by bisection
二等货 second-rate
二等基本锁 secondary fundamental chain
二等控制 secondary control
二等木材 B-grade wood
二等品 secondary line merchandise;secondary quality products;second-rate;seconds
二等三角测量 secondary triangulation;second-order triangulation
二等三角测量点 secondary triangulation station;second-order triangulation station
二等三角测量网 secondary triangulation net;second-order triangulation net
二等三角测量站 secondary triangulation station;second-order triangulation station
二等三角点 second-order triangulation point
二等三角网 secondary triangulation;second-order triangulation
二等水兵 able-bodied seaman
二等水平控制基线 second-order horizontal control line
二等水手 able-bodied seaman
二等水位站 secondary tide station
二等水准标点 second-order bench mark
二等水准测量 secondary order level(l)ing;second-order level(l)ing
二等水准点 secondary order bench mark
二等有驾驶台的挂车 driving trailer second
二等砖 brindled brick
二底图 safety copy;secondary negative
二地址 double address;two-address
二地址程序【计】 two-address program(me)
二地址计算机 two-address computer
二地址结构 two-address architecture
二地址码 two-address code
二地址指令 two-address instruction
二地址指令格式 two-address instruction format
二点分布 tow-point distribution
二点杆式伸缩仪 two-point rod extensometer
二点划线 alternating long and two short dashes line
二点论 theory of two points
二点透视 angular perspective;two-point perspective
二点重切面 bitrope
二碘苯 diiodo-benzene;phenyl-diiodide
二碘苯胺 diiodoaniline
二碘对酚磺酸 sozoidol
二碘仿 diiodoform;iodethylene
二碘酚 phenol diiodide
二碘酚磺酸 sozoiodolic acid
二碘化钯 palladium diiodide
二碘化苯 benzene diiodide
二碘化铂 platinum diiodide
二碘化二硫 sulfur subiodide
二碘化汞 mercuric iodide
二碘化硅 silicon diiodide
二碘化锰 manganous diiodide
二碘化物 diiodide
二碘甲磺钠 dimethiodal sodium
二碘甲烷 diiodomethane;methylene diiodide;methylene iodide
二碘乙酸 diiodo-acetic acid
二碘荧光素 diiodofluorescein
二叠氮基乙烷 diazidoethane
二叠纪 Dyas;Permian period
二叠纪黏[粘]土 Permian clay
二叠纪盆地 Permian basin
二叠纪砂岩【地】 Dunfies sandstone
二叠纪石灰岩 Permian limestone
二叠系【地】 Dias[Dyas];Permian system
二丁氨基甲酸乙酯 ethyl dibutylcarbamate
二丁氨腈 dibutyl cyanamide
二丁胺 dibutyl amine
二丁二硫 dibutyl disulfide
二丁砜 dibutyl sulfone
二丁基 dibutyl
二丁基氨基硫羧酸钠 sodium dibutyl dithiocarbamate
二丁基醋酸 di-n-butylacetic acid
二丁基二氨荒酸镍 nickel dibutyl dithiocarbamate
二丁基二硫代氨基甲酸锌 zinc dibutyl dithiocarbamate
二丁基二锡 dibutyltin dilaurate
二丁基甲酰胺 dibutyl formamide
二丁基卡必醇 dibutyl carbitol
二丁基萘磺酸钠 nekal
二丁基羟基甲苯 dibutyl hydroxy toluene
二丁基乙酸 di-n-butylacetic acid
二丁基乙酰胺 dibutyl acetamide
二丁卡因 cinchocaine;dibucaine
二丁硫 dibutyl sulfide
二丁醚 butyl oxide;dibutyl ether
二丁烯 dibutene
二钉长小蠹 <拉> Platypus lewisi
二定标 scale-of-two
二定点缝合法 fixed two point suture
二度的 planar
二度镀锡锅 re-dipping pot
二度方程 second-degree equation
二度割线 bisecant
二度简并 doubly degenerate
二度角域 two-dimensional angle domain
二度空间的 two-dimensional
二度空间装配 two-dimensional layout
二度(皮肤)烧伤 moderate skin burn
二度平面投影 equatorial projection
二度漆 floating coat;secondary coat
二度烧伤 second-degree burn
二度矢量 two-dimensional vector
二度重力量板 two-dimensional gravity graticule
二端电抗网络 two-terminal reactive network
二端对 two-port
二端对网络 two-port network;two-terminal pair network
二端对系统 two-port system
二端封闭筒 blind cylinder
二端器件 two-terminal device
二端网络 one-port network;one-terminal-pair network;single-terminal pair network;two-terminal element
二端网络电路 single-terminal-pair circuit
二端网络综合 two-terminal network synthesis
二端元件 two-terminal element
二端阻抗元件 impedor
二段抽样 two-step sample
二段法 two-phase method
二段关闭 two-step closure
二段破碎 secondary breaking;secondary crushing
二段燃烧 two-stage combustion
二段蠕变 secondary stage of creep
二段式电流保护装置 two-step current protection unit
二段式链篦机 two-pass grate
二段式压风机 high stage compressor
二段钛材冷却器 secondary titanium cooler
二段消化池 two-stage digestion tank
二段蒸发 dual circulation
二段转化炉 secondary reformer
二段转化炉管 secondary reformer tubes
二段最小平方法 two-stage least squares
二对氯苯氧基甲烷 di-p-chlorophenoxy-methane
二对一比率 two-to-one ratio
二对一原理 two-to-one principle
二噁烷 dioxane
二恶嗪染料 dioxazine dyes
二恶英 <除莠用剧毒性化合物> dioxin
二反射面透镜 two-surface lens
二芳基 diaryl
二芳基胺 diarylamine
二芳基肼重排作用 benzidine rearrangement;diarylhydrazine rearrangement
二芳基胂化氧卤 diaryl arsine oxyhalide
二芳基亚胂酸 diaryl arsenious acid;diaryl hydroxy arsine
二放体 diactine
二分 duality
二分板 quarter stuff
二分变量 dichotomic variable
二分标 scale-of-two
二分标电路 scale-of-two circuit
二分标度计数装置 scale-of-two counter
二分插入法 binary insertion
二分差方程 equation of equinoxes
二分潮 equinoctial tide
二分的 dimidiate;distichous;diaschistic【地】
二分点 equinoctial point;equinox
二分点潮 equinoxial tide
二分点的 equinoctial
二分点风暴 equinoctial gale;equinoctial storm;line gale;line storm
二分法 binary divisive procedure;bisection method;two-way classification;dichotomy
二分法分类 binary sort;classification by dichotomy
二分法检索 binary search;dichotomizing search
二分法相关 split-half correlation
二分隔的 biseptate

二分裂 binary fission
二分脉岩 diaschistic dyke rock
二分觅数【数】 binary search
二分区测试系统 dichotomy testing system
二分取样 binate
二分圈 equinoctial colure; equinoxial colure
二分时刻 equinox
二分水器 dividing breeching
二分体 diad; dyad
二分系统 dichotomy system
二分岩 diaschistic rock; diaschistite
二分雨 <赤道附近春分或秋分时下的雨> equinoctial rain
二分圆 equinoctial circle; equinoctial closure
二分圆面 equinoctial circle plane; equinoctial closure plane
二分之三次方的 sesquiplicate
二分之三次方定律 Child-Langmuier equation; three halves power law
二分之三方律 three halves power law
二分之一 one-half
二分之一比例 half scale
二分之一法 one-half method; subdouble method
二分之一坡 one-on-two
二分之一砖 two quarters
二分子 diad
二分子的 dimolecular
二分总体 dichotomous population
二芬岩 diaschistite
二酚 diphenol
二酚基丙烷 diphenol propane
二峰生长 diauxic growth
二峰生长曲线 diauxic growth curve
二氟代苯 difluoro-benzene
二氟二苯膏 antitussin
二氟二氯甲烷 dichlorodifluoromethane; methyl chlorofluoride
二氟二溴甲烷 difluorodibromomethane
二氟二氧化硫 sulfur oxyfluoride
二氟化钯 palladium difluoride
二氟化苯 difluoro-benzene; phenyldifluoride
二氟化铂 platinum difluoride
二氟化的 difluorinated[difluorizated]
二氟化钙薄膜 CaF_2 film
二氟化合物 bifluoride; difluoro compound
二氟化锰 manganese difluoride
二氟化氢钠 sodium hydrogen difluoride
二氟化物 difluoride
二氟化锡 tin bifluoride[difluoride]
二氟化氧 oxygen difluoride
二氟化乙烯 ethylene difluoride
二氟基磷酸 difluorophosphoric acid
二氟甲烷 difluoromethane
二氟醚 difluoro ether
二氟氧化硒 selenium oxyfluoride
二氟一氯甲烷 monochlorodifluoromethane
二氟一氯一溴甲烷 difluorochlorobromo-methane
二氟一溴甲烷 difluorobromomethane
二氟乙烯 difluoroethylene
二氟酯 difluoro ester
二副 secondary mate; second(ary) officer; secondary seaman
二副夜班 <指凌晨 0～4 点> graveyard watch
二钙硅酸盐 belite
二钙硅酸盐水泥 belite cement
二甘醇 diethylene glycol; diglycol
二甘醇胺 diglycolamine
二甘醇二甲醚 diethylene glycol dimethyl ether; diglyme
二甘醇二硝酸酯 <火箭燃料> diethylene glycol dinitrate
二甘醇二乙醚甲醚 butyl carbitol formal
二甘醇醛 diglycol aldehyde
二甘醇酸 diglycolic acid
二甘醇一甲基醚 <一种浸渍混凝土的增强剂> diethylene glycol monomethyl ether
二甘醇硬脂酸盐 diglycol stearate
二甘醇硬脂酸酯 diethylene glycol distearate; diglycol stearate
二格的 bilocular; biloculate
二鼓一板垂直式 two-cells one panel in vertical form
二鼓一板水平式 two-cells one panel in horizontal form
二管轮【船】 secondary assistant engineer; third engineer
二硅化钼 molybdenum disilicide
二硅化钼电炉 molybdenum silicide furnace
二硅化钼电阻器 molybdenum disilicon resistor
二硅化物 disilicide
二硅酸钠 sodium disilicate
二硅酸铅 lead disilicate
二硅酸三钙 tricalcium disilicate
二硅酸盐 bisilicate; metasilicate
二硅铁矿 ferdisilicite
二辊穿孔机 two-roll piercer
二辊可逆式初轧机 two-high reversing blooming mill
二辊可逆式钢梁轧机 two-high reversing beam mill
二辊可逆式精轧机 two-high reversing-finishing mill
二辊可逆式轧机 two-high reversing mill
二辊可逆式中厚板轧机 two-high reversing-plate mill
二辊式初轧机 two-high bloomer
二辊式机座 two-high mill
二辊式万能板坯初轧机 slabbing mill; two-Hi universal type slabbing mill
二辊式万能轧机 two-high universal mill
二辊式斜轧机 two-roller skew-rolling mill
二辊式轧板机 balanced mill
二辊式轧机 duo mill; twin rolling mill; two-high cogging mill; two-high rolling mill
二辊式中厚板轧机 two-high plate mill
二辊周期式薄板轧机 drag-over mill; pass-over mill; two-high pull-over mill; pull-over mill
二号车端头滑动门处扶手 handhold at the pocket sliding door car end 2
二号车端头滑动门处踏步 loop step at the pocket sliding door car end 2
二号船边漆 shipside paint II
二号船底漆 bottom composition B
二号钢丝绳 second grade steel wire rope
二合配位体 bidentate ligand
二合体系 binary system
二合一 diad
二合一电动机 two-in-one motor
二合罩 split shell
二化的 bivoltine
二环的 bicyclic(al)
二环化合物 bicyclic(al) compound
二环环烷酸盐 dinaphthenate
二环环氧化物 bicyclic(al) epoxide
二环己胺亚硝酸盐 dicyclohexyl amine nitrite
二环己基胺 dicyclohexyl amine
二环己基甲酮 dicyclohexyl ketone
二环硫化物 bicyclic(al) sulfide
二环烃 bicyclic(al) hydrocarbon
二环辛烷 bicyclooctane
二环氧甘油醚 diglycidyl ether
二磺酸 disulphonic acid
二磺酸靛蓝 indigo disulphonate
二磺酸盐 disulphonate
二磺酸酯 disulphonate
二磺原酸 dixanthogen
二磺质基脲 dixanthyl urea
二灰混合料 lime-flyash mixture
二灰砂砾 cement-lime-sand-gravel
二灰土 soil-lime flyash
二辉橄榄岩 lherzolite
二辉(辉石)岩 websterite
二辉角闪岩 orthorhombic(al) and monoclinic pyroxene amphibolite
二辉麻粒岩 orthorhombic(al) and monoclinic pyroxene granulite
二回转印刷机 two-revolution printer
二级 secondary class <证书等>; secondary stage; two-stage <梯级、平台等>
二级安全阀 secondary safety valve
二级安全区 secondary safety zone
二级坝 two-stage dam
二级保养 second-class maintenance
二级保养街道 secondary street
二级备用零件 non-essential repair parts
二级泵 high lift pump; second-stage pump; two-stage pump
二级泵房 repumping house
二级泵站 high lift pumping station; secondary pumping station; second stage pumping station
二级编址 second-level addressing
二级变速主皮带轮 main pulley for secondary change-speed
二级变像器 diode image converter
二级变形热处理 double thermomechanical treatment
二级标准 secondary standard
二级标准物质 secondary standard material
二级标准样 secondary standard sample
二级冰川 glacieret
二级波 secondary wave
二级捕尘器 twin dust collector
二级部门 secondary sector
二级产物 secondary product
二级产业 secondary industry
二级沉淀池 secondary sedimentation tank
二级成矿远景区 secondary grade of minerogenetic prospect
二级成煤远景区 secondary grade of coal-forming prospect
二级齿轮传动 double-geared drive
二级抽样 two-stage sampling
二级出水深度处理 advanced treatment of secondary effluent
二级处理 secondary treatment
二级处理出水 secondary effluent
二级处理法 secondary treatment process
二级处理后的沉淀 secondary sedimentation
二级处理过的废水 secondary treated wastewater
二级处理过的污水出水 secondary treated sewage effluent
二级处理后的进水 post-secondary treated influent
二级处理后的污水 post-secondary treated sewage; post-secondary treated wastewater
二级传动 secondary transmission
二级传动比调挡 shifting in both ratios
二级传感器 diode sensor
二级船闸 double lift lock
二级纯 analytically pure
二级存储器 secondary memory; secondary storage; secondary store; second-level storage
二级代谢 secondary metabolism
二级氮化 double-stage nitriding
二级道路 secondary road; second-class road
二级的 secondary; secondary order; second class; second-level; two-level; second grade
二级底面 secondary bottom
二级抵押(贷款)市场 secondary mortgage market
二级地址 double address; second-(ary) level address; two-level address
二级电离 secondary ionization
二级电离常数 secondary ionization constant
二级电力 secondary power
二级电子变像管 two-stage electron image converter
二级电子光谱 secondary electron spectrum
二级定义 secondary level definition
二级定址 two-level addressing
二级颚式破碎机 two-stage jaw crusher
二级颚式轧碎机 two-stage jaw crusher
二级发光 diode luminescence
二级发酵 secondary curing; secondary fermentation
二级反射 secondary reaction; secondary reflex; second order reaction
二级反应 <有两种分子发生变化的> secondary(order) reaction
二级访问地址 second-level access address
二级纺织废水处理后出水 secondary textile effluent
二级分类 reclassify; secondary classification
二级分馏塔 secondary fractionator
二级分配 secondary distribution; secondary offering; two-level allocation
二级分区 secondary partition
二级分页装置 secondary paging device
二级分组 reclassify
二级粉磨系统 two-stage grinding system
二级粉碎机 secondary breaker; secondary crusher
二级风 force-two wind; light breeze; wind of Beaufort force two
二级风浪 slight sea
二级封闭 secondary seal
二级辐射 second-order radiation
二级干道 principal road
二级钢离子交换 two-stage sodium ion exchange
二级弓 secondary arch
二级公路 secondary class highway; secondary road; second-class highway
二级构造 secondary grade structure
二级固定式空气压缩机 two-stage stationary air compressor
二级管可变电阻 diode varistor
二级管箝位 diode clamp
二级光电离 two-step photoionization
二级光谱 secondary order spectrum; secondary spectrum
二级光谱标准 secondary spectroscopic(al) standard

二级归零记录系统 two-level return system
二级过滤 double filtration;two-stage filtration
二级过滤层 secondary filter
二级过热器 two-stage superheater
二级河床 secondary bottom
二级环流 secondary circulation
二级记录 two-level recording
二级记录器 receiver recorder
二级加速 two-stage acceleration
二级减压量 solit reduction
二级交换中心 secondary switching center[centre]
二级交易 secondary dealings
二级阶地 secondary terrace
二级街道 secondary street
二级结构 secondary structure
二级结构面 grade two-discontinuity
二级结构体 grade two texture body
二级解调器 diode demodulator
二级近似计算 second-order calculation
二级精度 fine grade
二级精度配合 fine fit
二级井点系统 two-stage well point system
二级静电像增强器 two-stage electrostatic image intensifier
二级矩阵 diode matrix
二级刻度 secondary level calibration
二级空间相干性 second-order spatial coherence
二级空气压缩机 double-stage air compressor
二级控制机 secondary controller
二级控制中心 sectional center[centre]
二级矿石 milling ore;secondary class ore
二级馈线 secondary feeder
二级扩散技术 double-step diffusion technique
二级浪 force-two wave;smooth sea;wavelet
二级离心式空气分级机 double-whizzer classifier
二级链式减速器 double-articulated reductor
二级滤池 secondary filtration tank
二级铝 secondary alumin(i)um
二级氯化 double chlorination
二级锚链 grade two chain
二级面砖 seconds
二级磨 secondary grinding
二级母钟系统 secondary master clock system
二级木材 second-grade timber
二级木桩 second-class wood pile
二级目录 second-level directory
二级内齿圈 <行星变速器的> secondary annulus
二级能见度 <能见距离 2.5 链,1 链 = 185.2 米> fog
二级扭矩变换器 two-stage torque converter
二级耦合器 diode coupler
二级排水支管 secondary drain branch
二级配水管线 secondary circuit
二级膨胀 compound expansion
二级膨胀式发动机 double expansion engine
二级品 second-rate;seconds
二级破碎机 secondary breaker
二级曝气 two-stage aeration
二级起步时差 <调整起步时差的机械,可用人工或电动安排两种起步配时方案> double offset
二级气浮塔 secondary flo(a)tation column
二级气候站 second-order climatological station
二级气象站 second-order station
二级潜水员 diver secondary class
二级趋势 secondary trend
二级渠道 secondary canal
二级燃烧器 secondary stage burner
二级溶剂 secondary solvent
二级溶剂影响 secondary solvent effect
二级蠕变 secondary creep; steady-state creep
二级三角测量 secondary triangulation
二级色像差 secondary chromatic aberration
二级深度处理 advanced secondary treatment
二级升降器 secondary elevator
二级生活范围 secondary activity zone
二级生物处理法 secondary biological treatment method
二级生物滤池 two-stage biofilter
二级式冷却器 two-stage cooler
二级式旋流器 two-stage cyclone
二级水手 efficient deck hand;ordinary sailor;ordinary sea(s) man;secondary seaman
二级水准点 second-order bench mark
二级四场编组站【铁】two-stage-four-yard marshalling station
二级速度交流电梯 alternating current two speed elevator
二级索引块 second-level index block
二级提升 double lift;secondary lift;two-stage hoisting
二级同位素效应 secondary isotope effect
二级瓦斯矿 secondary category gassy mine
二级烷基磺酸盐 secondary alkanesulfonate
二级微程序控制 two-level microprogram(me) control
二级微分方程 second-order differential equation
二级文法 two-level grammar
二级稳定器 secondary stabilizer
二级涡轮增压器 two-stage turbocharger
二级污泥 secondary stage sludge
二级污染 secondary pollution
二级污染物 secondary pollutant
二级污水处理 <废水生物处理过程> secondary sewage treatment; secondary treatment of sewage; secondary treatment of wastewater
二级污水处理出水 secondary effluent
二级污水处理工艺 secondary treatment process
二级污水处理后出水 secondary sewage effluent;secondary wastewater effluent
二级污水处理后的污泥 secondary sludge sewage sludge
二级污水处理系统 secondary wastewater treatment system
二级污水处理装置 secondary treatment plant
二级污水非氯化处理 secondary treatment of no chlorination
二级污水氯化处理 secondary treatment of chlorination
二级相变 secondary order phase transition;second-order phase transition
二级像差系数 second-order aberration coefficient
二级像增强器 two-stage image intensifier
二级消化 two-stage digestion
二级小结 secondary nodule
二级效益 secondary benefit
二级效应 second-order effect
二级信号控制器 secondary controller
二级信息 second-level message
二级信息成员 second-level message member
二级修正 second-order correction
二级悬挂 two-stage suspension
二级旋转式空气压缩机 two-stage rotary air compressor
二级选择表 secondary option menu
二级寻址 secondary level addressing;two-level addressing
二级压电效应 secondary piezoelectric(al) effect
二级压气机 two-stage compressor
二级压缩机 split compressor; two-stage compressor
二级压缩式空气泵 double-stage compression air pump
二级压缩式空气压缩机 double-stage compressor
二级氧化处理 secondary stage oxidation treatment
二级样本 secondary sample
二级以上的木材 B and better lumber
二级以上的木料 B and better lumber
二级饮用水标准 secondary drinking-water standard
二级涌浪 long low swell
二级油气远景区 secondary grade of oil-gas prospect
二级鱼尾螺母 secondary class fish-plated nut
二级鱼尾螺栓 secondary class fish-plated bolt
二级预防 secondary prevention
二级远程子程序 secondary remote subroutine
二级增压器 two-stage supercharger
二级轧碎法 two-stage crushing
二级站 secondary station
二级蒸发 dual evapo(u) ration
二级制冷剂 secondary refrigerant
二级中断 second-level interrupt
二级周转轮系 secondary epicyclic train
二级砖 <颜色差的> brindled brick; brindles;seconds
二级转变 secondary order transition
二级准备金 secondary reserves
二级资料使用站 secondary data users station
二级子程序 second(ary) order subroutine;two-level subroutine
二级子例行程序 two-level subroutine
二级自旋图样 second-order spin patterns
二级总管 secondary main
二级组装 second-level of packaging
二极插头 two-pole plug
二极齿轮传动 double-geared drive
二极的 ambipolar
二极管 diode;two-electrode tube
二极管倍频器 diode frequency multiplier
二极管触发器 diode trigger
二极管检波 diode rectification
二极管检波器 diode detector; diode rectifier
二极晶体管逻辑 diode transistor logic
二极逻辑 diode logic
二极模塑造型 double shot mo(u)lding
二极排列 two-array
二极七极管 diode heptode
二极三极复合管 diode-triode
二极四极管 diode-tetrade
二极五极管 diode-pentode
二极真空管【电】pliotron
二极整流管 kenotron
二极装置 array for two electrodes
二计数器机器 two-counter machine
二加一地址 two-plus-one address
二加一地址指令 tow-plus-one address instruction
二甲氨基偶氮苯 dimethylaminoazobenzene
二甲胺溶液 dimethylamine solution
二甲胺水溶液 dimethylamine aqueous solution
二甲苯 dimethyl benzene; xylene; xylol
二甲苯胺 dimethylaniline
二甲苯胺蓝 xylidyl blue
二甲苯胺盐酸盐 dimethylaniline hydrochloride
二甲苯丙胺 xylopropamine
二甲苯玻璃布板 xylol glass cloth plate
二甲苯当量 <测定沥青材料均匀性用> xylene equivalent
二甲苯二胺 dimethylphenylene diamine
二甲苯二磺酸 xylene disulfonic acid
二甲苯酚 dimethyl phenol;dimethylhydroxybenzene;xylenol
二甲苯酚甲醛树脂 xylenol-formaldehyde resin
二甲苯酚蓝 xylenol blue
二甲苯(酚)树脂 xylenol resin
二甲苯酚酸 xylenol carboxylic acid
二甲苯砜 ditolyl sulfone
二甲苯磺酸 xylene monosulfonic acid;xylenesulfonic acid
二甲苯磺酰氯 xylenesulfonyl chloride
二甲苯基二醇 xylylol
二甲苯基硫醇 xylyl-mercaptan
二甲苯基乙醇 xylyene carbinol
二甲苯基乙醇酸 tolilic acid
二甲苯甲酸 xylic acid
二甲苯麝香 musk xylene;musk xylol
二甲苯树脂改性酚醛压塑粉 xylene resin modified phenolic mo(u)lding compound
二甲苯酰 dimethylbenzoyl
二甲代苯胺 xylidine
二甲丁二烯橡胶 dimethyl butadiene rubber
二甲法登 dimefadane
二甲酚橙 xylenol orange
二甲硅醚 disiloxane
二甲硅油 dimeticone
二甲基 dimethyl
二甲基胺 dimethyl amine
二甲基胺化作用 dimethyl amination
二甲基苯乙胺 phenpromethamine
二甲基苯乙酮 dimethyl acetophenone
二甲基丙二酸 dimethyl malonic acid
二甲基丙二酸酯 dimethyl malonic ester
二甲基丙烷 dimethyl propane
二甲基丁二酸 dimethyl succinic acid
二甲基丁二烯 dimethyl butadiene
二甲基丁烷 dimethylbutane
二甲基丁烯 dimethyl butene
二甲基对苯二胺 dimethyl-p-phenylenediamine
二甲基对苯二胺硫酸盐 dimethyl-p-phenylenediamine sulfate
二甲基二恶烷 dimethyl dioxane
二甲基二氯硅烷 dimethyl dichlorosilane
二甲基二烯丙基氯化铵 dimethyldiallylammonium chloride
二甲基二氧乙环 dimethyl dioxane

二甲基汞 mercury dimethide; mercury methide; mercury methyl
二甲基硅酮 dimethyl silicone
二甲基硅酮油 dimethyl silicone oil
二甲基硅橡胶 dimethyl silicone rubber
二甲基硅氧烷 dimethyl siloxane
二甲基硅氧烷聚合液 dimethyl-silicone-polymer fluid
二甲基硅油 dimethicone
二甲基黄 dimethyl yellow
二甲基己烷 dimethylhexane
二甲基甲酸铵 dimethyl ammonium formate
二甲基甲酰胺 dimethyl formamide
二甲基聚硅氧烷 dimethyl polysiloxane
二甲基联苯胺 dimethylbenzidine
二甲基联萘胺 dimethyl naphthidine
二甲基硫醚 dimethyl sulfide
二甲基硫脲 dimethyl sulfourea; dimethyl thiourea
二甲基氯硅烷 dimethylchlorosilane
二甲基铅 lead dimethide; lead dimethyl
二甲基四氢化萘 dimethyletera-hydronaphthalene
二甲基酮 dimethyl ketone
二甲基硒 dimethylselenide
二甲基亚砜 dimethyl sulfoxide
二甲基亚甲基硫 dimethyl sulfonium methylide
二甲基亚甲基硫氧 dimethyl sulfoxonium methylide
二甲基亚硝胺 dimethyl nitrosamine; N-nitrosodimethylamine
二甲基乙醇胺 dimethyl ethanolamine
二甲基乙二肟 dimethyl glyoxime
二甲基乙基甲醇 dimethyl ethyl carbinol
二甲基乙酸 dimethyl acetic acid
二甲基乙烯基甲醇 dimethyl ethenyl carbinol
二甲基乙酰胺 dimethyl acetamide
二甲基乙酰乙酸酯 dimethyl aceto-acetic ester
二甲基异丙醇胺 dimethylisopro panolamine
二甲基异丁酰氯 dimethyl isobutyryl chloride
二甲甲硅烷 dimethyl-silicane
二甲聚硅氧烷 dimethicone
二甲蓝 dimethylane
二甲硫 dimethyl sulfide and methanethiomethane; methyl sulfide
二甲氯化铵 < 一种有机阳离子稳定土壤剂 > dimethyl ammonium chloride
二甲马钱子碱 < 化学试剂 > brucine
二甲醚 dimethyl ether; methyl ether; wood ether
二甲脲 dimethyl urea
二甲胂酸盐 cacodylate
二甲双酮 dimethadione
二甲四氯 methoxone
二甲锌 dimethyl zinc; zinc dimethyl
二甲亚砜 dimethyl sulfoxide
二甲氧基 dimethoxy
二甲氧基苯胺 dimethoxyaniline
二甲氧基苯乙酸 dimethoxyphenylacetic acid
二甲氧基丁二酸 dimethyoxy succinic acid
二甲氧基琥珀酸 dimethoxysuccinic acid
二甲氧基甲烷 dimethoxymethane
二甲氧基乙烷 dimethoxy-ethane
二甲氧酯 dimethoxanate
二甲酯 dimethyl ester
二价 bivalence
二价铂的 platinous
二价的【化】bivalent; diadic; diatomic
二价钒的 vanadous
二价汞的 mercuric
二价钴的 cobaltous
二价基【化】dyad; bivalent radical; diad; divalent radical
二价金属 divalent metal
二价金属络合物 bivalent metallic ion complex
二价金属氧化物相 RO phase
二价离子 divalent ion
二价硫离子 sulfidion
二价锰的 manganous
二价钼的 molybdous
二价铅的 plumbous
二价酸 diatomic acid; dihydric acid
二价碳 carbene
二价碳基 carbyl
二价铁 ferric iron; ferrous iron
二价铁的 ferrous
二价铁化合物 ferro-compound
二价铜的 cupric
二价硒的 selenious
二价锡的 stannous
二价阳离子 bivalent cation; dianion
二价元素 bivalent element; diad [dyad]
二价原子 diad
二价锗 germanous
二尖的 bicuspidal; bicuspidate
二肩峰的 bisacromial
二碱的 dibasic
二碱磷酸钠 dibasic sodium phosphate
二角形 lune
二角轴 diagonal axis
二脚架 bipod
二铰拱 double hinged body; two-hinged body
二校 second revisal
二阶 secondary order
二阶必要条件 second-order necessary condition
二阶变形分析 second-order analysis
二阶波浪力 second-order wave force
二阶差分 secondary (order) difference
二阶差分变换 second-order difference transformation
二阶超空化 second-order supercavitation
二阶超空化水翼理论 second-order supercavitating hydrofoil theory
二阶乘积矩 second-order product moment
二阶充分条件 second-order sufficient condition
二阶导数 secondary derivative; second derivative
二阶导数检验法 second derivative test
二阶导数谱学 secondary derivative spectroscopy
二阶导数图 secondary derivative map
二阶的 second order
二阶动力系统 second-order dynamic (al) system
二阶段 two-stage
二阶段搅拌 two-stage mixing
二阶段年龄 two-stage age
二阶段烧成法 two-stage firing
二阶段设计 two-phase design; two-step design
二阶段养护 two-stage curing
二阶段增长曲线 two-stage growth curve
二阶段自回归模型 second-order autoregressive model
二阶多项式 second-order polynomial
二阶反馈系统 second-order feedback system
二阶反应 secondary reaction; second order reaction
二阶方程 second-order equation
二阶公式 second(ary) order formula
二阶估计 second-order estimate
二阶函数值 secondary order functional value
二阶矩 second(ary) moment
二阶矩准则 second moment criterion
二阶可微函数 doubly differentiable function
二阶可压缩性法则 second-order compressibility rule
二阶离差 second-order deviation
二阶理论 second-order theory; theory of second order
二阶临界转速 secondary critical speed
二阶滤波器 secondary order filter
二阶逻辑 second-order logic
二阶马尔柯夫过程 second-order Markov process
二阶目的 second-order goal
二阶黏[粘]弹理论 secondary order viscoelastic theory
二阶抛物线拟合 fitting of a secondary degree parabola
二阶平稳 second-order stationary
二阶平稳过程 second-order stationary process
二阶平稳假设 hypothesis of stationarity of order 2
二阶齐次非平稳过程 second-order homogeneous non-stationary process
二阶曲面 surface of second(ary) order
二阶曲线 curve of order 2
二阶日数 secondary order day number
二阶设计 second-order design
二阶摄动 second-order perturbation
二阶伺服系统 second-order servo
二阶条件 second-order condition
二阶微分方程 second-order differential equation
二阶微分方程组 second-order differential system
二阶微分线性方程 secondary order linear differential equation
二阶微量项 second-order term
二阶稳定体系 second-order stable system
二阶无穷小 second-order infinitesimal
二阶系统 second-order system
二阶线性系统 second-order linear system
二阶相关函数 second-order correlation function
二阶效应 second-order effect
二阶行列式 secondary order determinant
二阶衍射斑点 second-order diffraction spot
二阶因子分析 second-order factor analysis
二阶运动试验 Master's 2-step exercise test; two-step exercise test
二阶增量 second-order increment
二阶锗酸盐 germanite
二阶中心矩 second-order central moment; second-order moment around mean
二阶子程序 second-remove subroutine
二阶自回归形式 second-order autoregressive scheme
二接点 two point
二节滤波器 double-section filter
二节式可延伸梯 double extension ladder
二金属取代作用 dimetalation
二进信道 binary channel
二进信号 binary signal
二进制记数法 binary notation; binary scale; two-scale notation; scale-of-two
二聚丙烯 propylene dimer
二聚丁烯醛 dicroton; dicroton aldehyde
二聚反应 dimerization reaction
二聚反应器 dipolymer reactor
二聚化合物 dimeric compounds
二聚环戊二烯 dicyclopentadiene
二聚硫代氰酸 disulfo-cyanic acid
二聚水 dihydrol; dimeric water
二聚水分子 hydrol
二聚酸 dimeric dibasic acid
二聚体 dimer; dipolymer
二聚戊烯 dipentene
二聚物 bipolymer; dimer
二聚乙基乙炔 dimeric vinyl acetylene
二聚作用 dimerisation[dimerization]
二均差 variation
二开日期 secondary spudding date
二栏税则 two-column tariff system
二类边界外节点 external nodal point of secondary kind boundary
二类机电产品 secondary machine and electric(al) products
二类建筑物 type 2 general construction
二类容器 secondary category vessel
二类商品 secondary category of commodities
二类物资 Category 2 goods; means of production in category 2; secondary category of goods; supplies under Category 2
二力构件 two-force member
二联齿轮 dual gear
二联的 bigeminal; dual
二联法 duplexing; duplex process
二联钢 duplex steel
二联三轴试验仪 double unit triaxial test apparatus; two-unit triaxial test apparatus
二联式的 duplex
二联式公寓 duplex apartment
二联式住宅 duplex dwelling; duplex-type house; dwelling duplex; two-family house
二联体 diad
二联通风机 double fan
二联微电极 double microelectrode
二联微管 doublet
二联轴式 four-wheel coupled
二列的 biseriate; distichous
二裂的 binary fission
二磷化银 silver phosphide
二磷酸甘油酸 diphosphoglyceric acid
二磷酸盐 diphosphonate
二磷酸酯 diphosphonate
二磷族元素化物 dipnictide
二菱镁矿 barringtonite
二流近似 two-stream approximation
二流体理论 double fluid theory; two-fluid theory
二流体模型 two-fluid model
二硫胺 thiamine disulfide
二硫代氨基甲酸盐 dithiocarbamate
二硫代氨基甲酸酯 < 一种浮选剂 > dithiocarbamate
二硫代丁烷 dithiobutane
二硫代磷酸 phosphorodithioic acid
二硫代磷酸型浮选剂 aerofloat
二硫代磷酸盐 < 一种浮选剂 > dithiophosphate
二硫代磷酸酯 phosphorodithioate

二硫代氰 dithiocyanogen
二硫代碳酸 carbonyl dithiocarbonic acid;dithiocarbonic acid
二硫代乙醇 dithioglycol
二硫代乙酸 methyl-carbithionic acid
二硫化铂 platinic sulfide
二硫化二钾 potassium disulfide
二硫化二砷 arsenic disulfide;realgar
二硫化二烯丙基 diallyl disulfide
二硫化二溴 bromine sulfide
二硫化钴 cobalt disulfide
二硫化硅 silicon disulfide
二硫化硫 sulfur disulfide
二硫化锰 manganese disulfide
二硫化钼 molybdenum disulphide;supramoly <一种干润滑剂>
二硫化钼凝脂油 molybdenum bisulfide grease
二硫化钼润滑剂 molybdenum disulphide lubricant;Molykote
二硫化三碳 carbon subsulfide
二硫化碳 carbon bisulfide;carbon disulfide[disulphide]
二硫化碳中毒 carbon disulfide poisoning
二硫化铁 ferrous disulfide;iron disulfide; iron pyrite; marcasite; pyrite marcaite
二硫化钨 tungsten disulfide [disulphide]
二硫化物 bisulfide[bisulphide]
二硫化物油 disulfide oil
二硫化硒 selenium disulfide
二硫化锡 stannic disulfide;tin bisulfide
二硫基丙醇 <砷、汞解毒剂> dimercaprol
二硫氰基甲烷 dithiocyanomethane
二楼 secondary floor; topside; first stor(e)y <英>
二楼的 <英国,房间或一套房间> one pack
二楼楼厅 balcony; circle; diamond horseshoe;dress circle;horseshoe
二卤代烷 saturated dihalide
二卤化物 dihalide
二卤化乙烯 ethylene dihalide
二卤甲烷 methylene halide
二路电路 two-channel circuit
二路阀 two-way valve
二路归并分类 two-way merge sort
二路自动请求重发设备 two-channel ARQ [automatic request for repetition] equipment
二铝酸(一)钙 calcium dialuminate
二氯胺 dichloramine
二氯苯 dichlorobenzene
二氯苯胺 dichloroaniline
二氯苯酚 chlorophenesic acid;dichlorophenol
二氯苯磺胺 daranide;dichlorophenamide
二氯苯甲醛 dichlorobenzaldehyde
二氯苯甲酸 dichlorobenzoic acid
二氯苯肼磺酸 dichlorophenyl sulfonic acid
二氯苯磷 benzenephosphorus dichloride
二氯苯胂 dichlorophenarsine
二氯苯氧基乙酸 dichlorophenoxyacetic acid
二氯苯氧乙酸 dichlorphenoxyacetic acid
二氯丙醇 dichlorohydrin; dichloropropanol
二氯丙酸 dichloropropionic acid
二氯丙酮 dichloroacetone
二氯丙烷 dichloropropane
二氯丙烷混合剂 <熏蒸杀虫剂> Dowfume EB5
二氯丙烯 dichloropropylene
二氯丙酰苯胺 dichloropropionanilide
二氯代丙酮 acetone dichloride
二氯代丁二酸 dichloro-succinic acid
二氯代醚 dichloro ether
二氯代萘 naphthalene dichloride
二氯代乙炔 dichloroacetylene
二氯代乙酰胺 acetamide chloride
二氯碘甲烷 dichloroiodomethane
二氯丁二烯 dichloroprene
二氯丁烷 dichlorobutane
二氯丁烯 dichlorobutylene
二氯蒽醌 dichloroanthraquinone
二氯二苯基三氯乙烷 dichloro-diphenyl-trichloroethane
二氯二苯三氯乙烷 DDT[dichloro-diphenyl-trichloroethane]
二氯二丙醚 dichloro-dipropyl ether
二氯二碘甲烷 dichloro-diiodomethane
二氯二氟甲烷 dichlorodifluoromethane
二氯二甲苯 xylene dichloride
二氯二甲酚 dichloroxylenol
二氯二硝基甲烷 dichlorodinitromethane
二氯二溴甲烷 dichlorodibromomethane
二氯二氧化铬 chromyl chloride
二氯二氧化物 dioxydichloride
二氯二氧化铀 uranium oxychloride
二氯氟甲烷 dichlorofluoromethane; fluorocarbonzl; fluorodi chloromethane
二氯甘油 glycerin(e) dichlorohydrin
二氯化钯 palladium chloride
二氯化苯 benzene dichloride
二氯化苯胂 phenyldichlorarsine
二氯化铂 platinous chloride;platinum bichloride;platinum dichloride
二氯化的 dichlorated
二氯化碲 tellurium chloride;tellurium dichloride;tellurous chloride
二氯化钒 vanadium dichloride;vanadous chloride
二氯化汞 bichloride of mercury;mercuric chloride;mercury bichloride
二氯化汞溶液 solution of bichloride of mercury
二氯化钴 cobaltous dichloride
二氯化硅 silicon dichloride
二氯化合物 dichloro compound
二氯化金 gold dichloride
二氯化磷 phosphorus dichloride
二氯化硫 sulfur chloride; sulfur dichloride
二氯化锰 manganous chloride; manganous dichloride
二氯化钼 molybdenum dichloride
二氯化铅 lead dichloride
二氯化钐 samarous chloride
二氯化钛 titanium chloride; titanium dichloride
二氯化碳 carbon dichloride
二氯化物 bichloride;dichloride
二氯化锡 bichloride of tin;tin dichloride
二氯化乙烯 ethylene dichloride
二氯化铕 europous chloride
二氯磺酞 dichlorosulfonphthalein
二氯甲苯 dichlorotoluene;toluene dichloride
二氯甲硅烷 dichlorosilane
二氯甲烷 methyl chloride; dichloromethane;methylene chloride;methylene dichloride
二氯交脂 dichloralide
二氯醌 <一种杀菌剂> Phygon
二氯硫化碳 thiocarbonyl chloride
二氯六氟环丁烷 dichlorodexfluorocyclobutane
二氯萘 dichloronaphtalene
二氯萘醌 dichlone
二氯萘酯 <一种杀菌剂> Uniroyal
二氯尼特 diloxanide
二氯三氟乙烷 dichloro-trifluoroethane
二氯四氨合高钴盐 cobaltic violeo salt
二氯四氟乙烷 dichlorotetra-fluoroethane
二氯四甘醇 dichlorotetraglycol
二氯四氯合高钴盐 cobaltic dichlorotetrammine salt
二氯特诺 dichloroisoproterenol
二氯硝基苯 dichloronitrobenzene
二氯硝基乙烷 <一种熏蒸杀虫剂> Ethide
二氯硝乙烷 dichloronitroethane
二氯氧化锆 zirconium oxychloride; zirconyl chloride
二氯氧化硒 selenium oxychloride
二氯氧化锡 tin oxychloride
二氯一氧化碲 tellurium oxychloride
二氯乙醇 dichloroethanol
二氯乙基铝 ethyl aluminum dichloride
二氯乙醛 dichloro acetaldehyde
二氯乙酸 dichloroacetic acid
二氯乙酸甲酯 methyl dichloroacetate
二氯乙酸乙酯 ethyl dichloroacetate
二氯乙烷 dichloroethane
二氯乙烷混剂 <熏蒸杀虫剂> Dowfume F
二氯乙烷中毒 dichloroethane poisoning
二氯乙烯 dichloroethylene
二氯乙酰胺 dichloro acetamide
二氯乙酰苯 ww-dichloroacetophenone
二氯异氰尿酸钠 sodium dichloroisocyanurate
二氯异氰尿酸盐 dichloroisocyanurate
二氯异三聚氰酸钠 sodium dichloroisocyanurate
二轮 great wheel
二轮带间窑筒体段节 kiln shell section between tyres
二轮弹药车 tumbril
二轮或四轮轻马车 <美> buggy
二轮洒水车 sprinkling cart;watering cart
二轮手车 tumbrel
二轮手推车 buggy;crowding barrow
二轮推桶车 two-wheel barrel truck
二轮小车 dandy
二轮修车起重器 two-wheel garage jack
二轮压路机 tandem roller;two-wheel road roller
二轮有盖马车 jingle
二轮运货马车 cart
二轮轴 great wheel arbor
二马四轮便马车 phaeton
二茂络铁 ferrocene
二门轿车 sedan coupe
二门小客车 two-door sedan
二面 biplanar
二面簇 dihedral group
二面的 dihedral
二面反射镜 dihedral reflector
二面反射器 dihedral reflector
二面角 dihedral angle;interfacial angle
二面角的棱 edge of a dihedral angle
二面角的面 face of a dihedral angle
二面角的平面角 plane angle of a dihedral angle
二面角反射器 dihedral angle reflector;dihedral corner reflector
二面刃铣刀 double edge milling cutter
二面体 dihedron
二面圆边外角 round edge external corner
二面圆边外角(釉面)砖 tile with round edge external corner
二面圆方砖(釉面)砖 tile with round edge opposite;round edge opposite
二名的 binominal
二名法 binomial nomenclature
二模式湍动 two-mode turbulence
二目关系 binary relation
二目算符 binary operator
二钠盐 disodium salt
二萘甲烷 dinaphthyl methane
二难推理 dilemma
二能级介质 two-level medium
二能级系统 two-level energy system
二年冰 second year ice
二年生的 biennial
二年生植物 biennial;biennial plant
二年一次的 biennial
二硼化锆 zirconium diboride
二硼化铝 alumin(i)um diboride
二硼化钛 titanium diboride
二硼化钨 tungsten diboride; wolfram diboride
二硼化物 diboride
二硼烷 diborane
二片 two-piece
二片层矿物 two-sheet mineral
二片石 rubble stone
二偏硅酸三钙 calcium sesquisilicate
二平面波镀铝闪烁全息图 tow-plane-wave aluminium-coated blazed hologram
二圃制农业 two-field system
二期灌浆孔 secondary grout hole
二期开发 second-stage development
二期开挖 second-stage excavation
二期蠕变 <恒速阶段,蠕变率不随时间而变化> secondary creep
二歧式 dichotomy
二歧岩浆的【地】bimagmatic
二羟基的 dihydric
二羟基聚醚【化】polyether dials
二羟基乙酸 dihydroxy acetic acid
二羟甲苯 vesorcinol
二羟甲基乙烯脲树脂 dimethylol ethylene urea resin
二撬拖材车 bobsled;bob sleigh
二切面重点 binode of a surface
二氢化镁 magnesium hydride
二氢化物 dihydride
二氢邻二甲苯 cantharene
二氢盐 dihydric salt
二氢叶酸 dihydrofolic acid
二氢乙酸松油酯 dihydroterpinyl acetate
二氢异黄酮 isoflavanone
二氰胺 dicyanamide
二氰化铂 platinum dicyanide
二氰基丁烯 dicyanobutylene
二氰甲基苯 xylylene cyanides
二球分馏管 distilling tube with two bulbs
二取代的 dibasic
二取一 select 1 in 2
二醛 dialdehyde
二人管理制度 two-man concept;two-man policy;two-man rule
二人锯 saw for two men
二人零和博奕 two-person zero sum game
二人用内窥镜 observerscope
二冗余码 two-redundant code
二噻环戊二烯 disulfole;dithiole
二噻茂烷 dithiolane
二噻烷 dithiane
二噻烯 dithiene

E

二噻唑 dithiazole
二三检验 duo-trio test
二三进制 biternary system
二三重流程表 duo-trio flow table
二色桉 cooburn eucalyptus
二色光束分离器 dichroic beam splitter
二色海蓝宝石 Madagascar aquamarine
二色镜 dichroic mirror
二色觉者 dichromat
二色栎 swamp white oak
二色片 dichroic sheet
二色全息图 two-colo(u)r hologram
二色视 dichromatopsia
二色视觉 dichromatic vision
二色性 dichromatism
二色性的 dichroic;dichromatic
二色性灰雾 dichroic fog
二色性色盲的 dichromic
二色性吸收 dichroic absorption
二色云杉 Alcock's spruce
二扇平开 two-side hung sections
二上二下斜纹 Harvard twill;sheeting twill;two-and-two twill
二砷化物 diarsenide
二十八宿 lunar mansions;lunar zodiac;twenty-eight lunar mansions
二十八天强度 <混凝土> twenty-eight day strength
二十八烷 octacosane
二十八烷酸 octocosoic acid
二十边形 icosagon
二十醇 eicosanol
二十二醇 docosanol
二十二点五度弯头 one-sixteenths bend
二十二烷 docosane
二十二烷二酸 docosandioic acid
二十二烷酸 docosoic acid
二十二烯二羧酸 docosene dicarboxylic acid
二十二烯酸 docosenoic acid
二十分之一吨 <英国 = 50.8 千克,美国 = 55.36 千克> hundred weight
二十辊冷轧机 Sendzimir mill;twenty-high roll mill
二十级醇 cosanols
二十级酸 cosanic acids
二十角形 icosagon
二十脚插座 duodecal socket
二十进制 binary-coded decimal
二十进制变换 binary-to-decimal conversion
二十进制转换器 binary-to-decimal converter
二十九醇 non-acosanol
二十九酸 motanic acid
二十九烷 non-acosane
二十六醇 hexacosanol;hexacosyl alcohol
二十六进制转换 binary-to-hexadecimal conversion
二十六碳二烯酸 hexacosandienoic acid
二十六碳烯酸 hexacosenoic acid
二十六烷 hexacosane
二十六烷二酸 hexacosandiacid
二十六烷酸 hexacosoic acid
二十美元的钞票 double sawbuck
二十面体 icosahedron
二十面体的 icosahedral
二十年以上的老窗户 <别人无权遮挡其光线> ancient light
二十七酸 carboceric acid;heptacosanoic acid
二十七烷 heptacosane
二十三醇 tricosanol
二十三基 tricosyl
二十三基乙酸 tricosylacetic acid
二十三酸 tricosoic acid
二十三碳烯二酸 tricosendioic acid;tricosene diacid
二十三烷 tricosane
二十三烷二酸 tricosane diacid
二十三烯酸 tricosenoic acid
二十四基 tetracosyl
二十四季节 the twenty-four solar terms
二十四节气 twenty-four fortnightly periods;twenty-four solar terms
二十四开 twenty-fourmo
二十四面体 icositetrahedron;tetrahexahedron
二十四片悬挂轻耙 light mounted 24-disc harrow
二十四片悬挂圆盘耙 mounted 24-disc harrow
二十四墙 one-brick wall
二十四酸 tetracosanic acid
二十四碳二烯酸 tetracosandienoic acid
二十四碳烯二酸 tetracosendioic acid;tetracosene diacid
二十四碳烯酸 tetracosenic acid
二十四烷 lignocerane;tetracosane
二十四烷二酸 tetracosane diacid
二十四烷酸 lignoceric acid
二十四小时地 on a 24 hour basis
二十四小时高峰降水量 peak twenty-four-hour precipitation
二十四小时期间的平均数 average 24-hour period
二十碳二烯酸 eicosadienoic acid
二十碳五烯酸 eicosapentaenoic acid;ficosapentenoic acid
二十碳烯 eicosylene
二十碳烯二甲酸 eicosene dicarboxylic acid
二十天生化需氧量 twenty day biochemical oxygen demand
二十烷 eicosane;icosane
二十五点移动平均 twenty-five points moving average
二十五(碳)烷 pentacosane
二十五英寸地图 twenty-inch map
二十一点移动平均 twenty-one points moving average
二十一酸 heneicosanic acid
二十一碳烯 heneicosene
二十一烷 heneicosane
二十一烷二酸 heneicosanedioic acid
二十一烷二羧酸 heneicosane dicarboxylic acid
二十一烷酸 heneicosanoic acid
二十英尺当量单位 twenty-foot equivalent unit
二时班 dog;dog(ging) watch
二示像 two-aspect
二示像信号 double-aspect signal;two-aspect signal
二示像信号机【铁】double-aspect signal;two-aspect signal
二示像自动闭塞 two-aspect automatic block
二示像自动闭塞系统 two-aspect automatic block system
二示像自动闭塞制 two-aspect automatic block system
二室的 bicameral;dithecal
二手船 secondary hand ship
二手货 secondary hand goods
二手机器 second-hand machine
二手设备 secondary hand equipment;second-hand plant
二输入端加法器 two-input adder
二输入端组件 two-input module
二束不稳定性 beam instability;beam-plasma instability;two-stream instability
二束干涉 two-beam interference
二数 dyad;dyadic
二数组法 two-linear array
二刷发电机 two-brush generator
二双相性的 biphasic
二水【船】ordinary sailor;ordinary seaman
二水矾石 lenoblite
二水高岭石 metakaolinite
二水合物 dihydrate
二水氯化钡 barium chloride;dihydrate
二水石膏 calcium sulphate dihydrate;dihydrate gypsum
二水泻盐 sanderite
二顺一丁砌砖法 monk bond
二四混剂 <杀虫剂> Central fume
二素组 diadic
二速的 two-speed
二速系统 two-speed system
二速制 two-speed system
二酸废水 diacid wastewater
二算子运算 dyadic operation
二羧基的 dicarboxylic
二羧基纤维素 dicarboxylcellulose
二羧酸 dicarboxylic acid
二羧酸酯 dicarboxylic ester
二缩三乙二醇双甲基丙烯酸酯 triethylene glycolbismethyl-acrylate
二态变量 binary-state variable;two-state variable
二态的 binary;dimorphic;dimorphous
二态图 binary picture
二态现象 dimorphism
二钛酸盐 dititante
二碳花青 dicarbocyanine;pentamethine
二碳化钡 barium carbide
二碳化物 dicarbide
二碳化铀 uranium dicarbide
二糖类 disaccharide
二特丁基对苯二酚 ditert-butylhydro quinone
二特丁基对甲酚 d-tert-butyl-p-cresol
二体 disome;duality
二体的 diadelphous
二体轨道 two-body orbit
二体力 two-body force
二体碰撞 binary collision
二体问题 problem of two-bodies;two-body problem
二体相互作用 two-body interaction
二条平行水渠流量公式 discharge formula of two parallel canals
二萜 diterpene
二烃基 dialkyl
二烃基胺 dialkyl amine
二烃基汞 dialkyl mercury
二烃基化合物 dialkylate
二烃基磷酸盐 dialkyphosphate
二烃基硫酸盐 dialkyl sulfates
二烃基亚磷酸酯 dialkylphosphinate
二通 two-way
二通阀 two-port valve;two-way valve
二通管 bipass
二通量的 double flow
二通式热风炉 side combustion stove
二通蓄热式热风炉 cowper stove
二酮 diketone
二酮醇 diketoalcohol
二头的 ancipital;bicapitate;biceps
二头肋 bicipital rib
二烷基焦磷酸 dialkyl pyrophosphoric acid
二烷基铅 lead dialkyl
二烷基硒 selenium dialkyl
二桅 two mast
二桅帆船 schooner
二桅小船 pinnace
二维 two-dimension
二维 δ 函数 two-dimensional δ function
二维边界层 two-dimensional boundary layer
二维表 bivariate table
二维波 plane wave;two-dimensional wave
二维波浪试验槽 two-dimensional wave flume
二维不连续面 two-degree discontinuity
二维布局 two-dimensional topology
二维潮流 two-dimensional tidal current
二维成核理论 two-dimensional nucleation theory
二维存储器 two-dimension(al) memory
二维单元 two-dimensional element
二维的 planar;two-dimensional
二维等距抽样 two-dimensional systematic sampling
二维地面运动 two-dimensional ground motion
二维地图 two-dimensional map
二维地形数据 two-dimensional topographic(al) data
二维地震模型 two-dimensional seismic model
二维点阵 two-dimensional lattice
二维定向 two-dimensional aligned
二维二次漂移 two-dimensional quadratic drift
二维方程 two-dimensional equation
二维方格 two-dimensional square lattice
二维分布 two-dimensional distribution;bivariate distribution
二维负二项分布 bivariate negative binomial distribution
二维复自相关 two-dimensional complex autocorrelation
二维傅立叶变换 two-dimensional Fourier transform
二维傅立叶分析 Fourier analysis in two-dimensions
二维高斯函数 two-dimensional Gaussian function
二维各向同性 two-dimensional isotropy
二维固结 two-dimensional consolidation
二维光电导体阵列 two-dimensional photoconductor array
二维光雷达 two-dimensional optic(al) radar
二维光栅 two-dimensional grating
二维规范目标分布 bivariate normal target distribution
二维河流稳态水质模型基本方程 basic equation of two-dimensional steady water quality model of river
二维互相关 two-dimensional cross correlation
二维基本形 two-dimensional fundamental form
二维激光 two-dimensional laser
二维激光扫描系统 two-dimensional laser scanning system
二维激光阵列 two-dimensional laser array
二维集 two-dimensional ensemble
二维矩形函数 two-dimensional rectangle function
二维卷积 two-dimensional convolution
二维空间 two-dimensional space
二维空间滤波器 two-dimensional spatial filter;two-space dimensions filter

二维连接关系 two-dimensional concatenation
二维裂隙比 two-dimensional extent of fissure
二维流(动) two-dimension(al) flow
二维流网 two-dimensional flow net
二维码 two-dimensional code
二维迷宫查找 two-dimensional maze search
二维面波 two-dimensional surface wave
二维模式 two-dimensional mode
二维模型 two-dimensional model
二维莫尔圆 two-dimensional Mohr circle
二维喷管 two-dimensional nozzle
二维碰撞 two dimension collision
二维平均值 second-order average; two-dimensional average
二维平面刚架体系 planar two-dimensional frame system
二维平面模型 two-dimensional plane model
二维平面投影 equatorial projection; two-dimensional projection
二维平面应力 two-dimensional plane stress
二维剖面模型 two-dimensional section model
二维气体 two-dimensional gas
二维球 two-dimensional sphere
二维曲线 two-dimensional curve
二维趋势面分析 two-dimensional trend analysis
二维全息光栅 two-dimensional hologram grating
二维全息图 two-dimensional hologram
二维全息图像 two-dimensional holographic image
二维扫描 two-dimensional scan
二维扫描激光传感器 two-dimensionally scanned laser sensor
二维色谱法 two-dimensional chromatography
二维射流 two-dimensional jet
二维时间 two-dimensional time
二维矢量 two-dimensional vector
二维梳状函数 two-dimensional comb function
二维数学模型 two-dimensional mathematical model
二维数组 dyadic array; two-dimensional array
二维双调和方程 two-dimensional biharmonic equation
二维水质模拟系统 two-dimensional water quality simulation system
二维随机过程 bivariate stochastic process; two-dimensional random process
二维随机行走 two-dimensional random walk
二维随机游动 two-dimensional random walk
二维弹性 two-dimensional elasticity
二维探测器阵列 two-way detector array
二维体 two-dimensional body
二维体系 two-dimensional system
二维统计法 two-dimensional statistic(al) method
二维图 *X-Y* scheme
二维图灵机 two-dimensional Turing machine
二维图形 two-dimensional picture
二维湍流 two-dimensional turbulence
二维紊流 two-dimensional turbulence
二维问题 two-dimensional problem
二维无旋流 two-dimensional irrotational flow
二维系统等距抽样 systematic sampling in two-dimensions
二维显示 two-dimensional display
二维线性平移不变系统 two-dimensional linear shift in-variant system
二维相 two-dimensional phase
二维相关 two-dimensional correlation
二维向量 bivector
二维向量多项式分布 bivector multinomial distribution
二维像 two-dimensional image
二维信息 planed signal; two-dimensional signal
二维行程编码 two-dimensional run-length encoding
二维压力 two-dimensional pressure
二维一次漂移 two-dimensional linear drift
二维移动加权平均 two-dimensional weighted moving average
二维应变 two-dimensional strain
二维应力 two-dimensional stress
二维应力体系 two-dimensional stress system
二维应力系统 two-dimensional stress system
二维应力状态 two-dimensional stress state
二维有限元法 two-dimensional finite element method
二维运动 two-dimensional motion
二维增强材料 two-dimensional reinforcement
二维阵列 dyadic array; two-dimensional array
二维阵列文法 two-dimensional array grammar
二维正态分布 two-dimensional normal distribution
二维纸上色谱法 two-dimensional paper chromatography
二维制图系统 two-dimensional drafting system
二维准均衡异常 two-dimensional pseudo isostatic anomaly
二维资料中维特征识别 dimension characteristic recognition in two-dimensional data
二维自相关 two-dimensional autocorrelation
二维走向滑动断层 two-dimensional strike slip fault
二维阻力 two-dimensional drag
二维组合图形 two-dimensional composite figure
二位臂板式表示器 two-position semaphore type indicator
二位臂板式复示器 two-position semaphore type indicator
二位出错检测 double error detecting
二位二进制数 dibit
二位阀 two-position valve
二位式 two-position
二位式按钮 two-position push button
二位式闭塞机 two-position block instrument
二位式标志 two-position signal
二位式极性接点 two-position polar contact
二位式继电器 two-position relay
二位式手柄 two-position lever
二位式握柄 two-position lever
二位式无极发码接点 two-position neutral code contact
二位式有极接点 two-position polar contact
二位数字全继电器制 two-digit relay system
二位四通阀 two-position four-way valve
二位信号机【铁】 two-position signal
二位置继电器 two-position relay
二位置微差控制 two-position differential control
二位字节 doublet
二位组 dibit; two-digital group
二五混合进位制计数法 biquinary notation; biquinary number system
二五混合进制 biquinary system
二五混合制计数器 biquinary scaler
二五砖 quarter bat
二戊胺 diamylamine; di-n-amylamine
二戊苯 diamyl benzene
二戊基 diamyl
二戊基二硫 diamyl disulfide
二戊基酚 diamyl phenol
二戊基硫醚 diamyl sulfide
二戊醚 diamyl ether
二戊烯 diamylene; limonene
二戊酯 diamyl ester
二烯 alkadiene
二烯丙基氨腈 diallyl cyanamide
二烯丙基胺 diallyl amine
二烯醇 dienol
二烯合成 Diels-Ader reaction; diene synthesis
二烯化合物 diolefin(e)
二烯基 dialkylene
二烯基合成橡胶 diene synthetics
二烯加氢 diolefin hydrogenation
二烯类 diene
二烯类弹性纤维 elastodiene fibre
二烯树脂 diene resin
二烯酸 dienoic acid; diolefinic acid
二烯烃 allenes; dialkene; diolefin(e)
二烯酮 dienone
二烯系 diene series
二烯系聚合作用 diene polymerization
二烯橡胶 diene rubber; elastoprene; polydiene rubber
二烯烟碱 nicotyrin(e)
二烯油 diene oil
二烯值 diene value
二烯属(烃) diolefins
二硒化碳 carbon diselenide
二硒镍矿 nidiselite
二霞正长岩 cancrinite nepheline syenite
二酰氨 diamide
二酰氨基 diamido
二酰胺 diacid amide; diamide
二酰基过氧化物 diacyl peroxide
二酰亚胺 diimide
二显示 two-aspect; two-indication
二显示信号 double-aspect signal; two-aspect signal
二显示信号机【铁】 double-aspect signal; two-aspect signal
二显示自动闭塞 two-aspect automatic block
二显示自动闭塞系统 two-aspect automatic block system
二显示自动闭塞制 two-aspect automatic block system
二线出口异径四通 cross reducing on one run and both outlets
二线堤 counter wall
二线发送 two-wire transmission
二线接收 two-wire reception
二线连接 two-wire connection
二线沙丘 dune ridge
二线式双向中间增音机电路 two-wire through line repeater circuit
二线式双向中间中继器电路 two-wire through line repeater circuit
二线式增音机 two-wire repeater
二线式增音机架 two wire through line repeater bay
二线式中继器 two-wire repeater
二线式中继器架 two wire through line repeater bay
二线式转发器 two-wire repeater
二线双工电话 two-wire duplex telephone
二线四线变换装置 hybrid set
二线信道 two-wire channel
二线增音机 two-wire repeater
二线制 two-wire system
二线制电路 two-wire line
二线制通道 two-wire channel
二线终端电路 two-wire line termination circuit
二线转发器 two-wire repeater
二相 diphase
二相变三相的接法 Leblanc connection
二相变异 diphasic variation
二相沉积物 binary sediment
二相的 biphase
二相电动机 two-phase motor
二相电流 biphase current
二相电源 two-phase supply
二相毒性 biphasic toxicity
二相发电机 two-phase generator
二相反应 biphasic reaction
二相感应电动机 two-phase induction motor
二相合金 duplex alloy
二相环 two-phase loop
二相集合体 two-phase aggregate
二相加热 quarter-phase heating
二相交流伺服系统 two-phase alternating current servo
二相理想砂土 two-phase ideal sand
二相流 two-phase flow
二相平衡图 double equilibrium diagram
二相气雾剂 biphasic aerosol
二相三线制 two-phase three-wire system
二相湿容重 two-phase wet unit weight
二相土 two-phase soil
二相系统 two-phase system
二相移键控 binary phase-shift keying; two-phase shift keying
二相移相键控调制器 quarter-phase shift-keying modulator
二相制 two-phase system
二向的 two-dimensional
二向分色镜 dichroic beam splitter
二向固结 two-dimensional consolidation
二向假设 two-way hypothesis
二向框架 bi-dimensional frame; two-dimensional frame
二向扩展 two-dimensional extension
二向裂隙比 two-dimensional extent of fissure
二向流 two-dimension flow; two-directional flow
二向流动 two-dimensional flow
二向流系 two-dimensional flow system
二向平衡拉伸 balanced biaxial tension
二向色层 dichroic layer
二向色的 dichroic
二向色反光镜 colo(u)r-mirror reflector
二向色反射镜 dichroic reflector; dichroic mirror
二向色放大镜 dichroic magnifier
二向色分光镜 dichroic beam splitter
二向色分束镜 beam splitting dichroic mirror
二向色晶体分光镜 dichroic crystal beamsplitter

E

二向色镜 dichroscope
二向色棱镜 dichroic prism
二向色滤光片 dichroic filter
二向色偏振器 dichroic polarizer
二向色性 dichroism
二向色性的 dichroic
二向稳定等速流 two-dimensional steady uniform flow
二向稳定流 two-dimensional steady flow
二向压制 two-directional compression
二向延伸矿体 two-dimensional extended orebody
二向应力 biaxial stress; two-dimensional stress
二向应力等速流 two-dimensional stress
二向应力系统 biaxial stress system
二项变量 binomial variable
二项变异 binomial variation
二项表格式 double tabular form
二项不尽根 binomial surd
二项等待时间分布【数】binomial waiting-time distribution
二项定理 binomial theorem
二项定律 binomial law
二项方程式 binomial equation
二项分布 Bernoulli's distribution; binomial distribution
二项分布的离势 dispersion of binomial distribution
二项分布的最小最大估计 minimax estimate for binomial distribution
二项分布方式 mode of binomial distribution
二项分布函数 binomial distribution function
二项分布律的特征函数 characteristic function of the binomial law
二项分布平均值 mean of binomial distribution
二项分布随机数 binomially distributed random number
二项分布直方图 histogram of binomial distribution
二项概率纸 binomial probability paper
二项级数 binomial series
二项检验【数】binomial test
二项密度函数 binomial density function
二项频数表 double frequency table
二项实验 binomial experiment
二项式 binomial expression
二项式变量 binomial variable
二项式的 binomial
二项式定理【数】binomial theorem
二项式定理的阿贝尔推广 Abel's generalization of binomial theorem
二项式定理的赫尔茨推广 Hurwitz's generalization of binomial theorem
二项式定理的推广 generalization of binomial theorem
二项式分布 <一种统计分布,只有正、反两项> binomial distribution
二项式分布型 binomial distribution type
二项式概率 binomial probability
二项式概率分布 binomial probability distribution
二项式概率坐标纸 binomial probability paper
二项式公式 binomial formula
二项式检验 binomial test
二项式累计分布函数 binomial accumulative distribution function
二项式离差指数 binomial index of dispersion
二项式模型 binomial model
二项式频数分布 binomial frequency distribution
二项式曲线 binomial curve
二项式曲线方程 binomial curve equation
二项式数列 binomial series
二项式微分 binomial differential
二项式系数 binomial coefficient; binomial factor
二项式系数表 table of binomial coefficients
二项式系数的历史 history of binomial coefficients
二项式系数的生成函数 generating function of binomial coefficients
二项式系数求和 summation of binomial coefficients
二项式原理 binomial theorem
二项式展开 binomial expansion
二项式总体 binomial population
二项试验 binomial test; binomial trial
二项试验模型 binomial trials model
二项数系 binomial number system
二项双样本模型 binomial two-sample model
二项系数 binomial coefficient
二项相关【数】binomial correlation
二项选择法 dichotomous choice method
二项选择概率模型 binary choice probability model
二项选择(逻辑)模型 binary choice (logic) model
二项展开式【数】binomial expansion
二项阵列天线 binomial array antenna
二项总体 dichotomous population
二象限乘法器 two-quadrant multiplier
二象性 dualistic nature; duality; dual property
二象性原理 principle of duality
二硝化作用 dinitration
二硝环己酚 dinex
二硝基苯 dinitrobenzene
二硝基苯胺 dinitroaniline
二硝基苯酚 dinitrophenol
二硝基苯基化 dinitrophenylation
二硝基苯甲醛 dinitrobenzal-dehyde
二硝基苯甲酸 dinitrobenzoic acid
二硝基苯甲酸六氢吡啶盐 dinitrobenzoic acid piperidine salt
二硝基苯甲酸乙酯 ethyl dinitrobenzoate
二硝基苯肼 dinitrophenylhydrazine
二硝基苯醚 dinitrodiphenyl ether
二硝基苯酰氯 dinitrobenzoyl chloride
二硝基二苯碳酰二肼 dinitrodiphenyl carbazide
二硝基酚 dinitrophenolate
二硝基酚钠 dinitrophenol; sodium salt
二硝基氟苯 dinitrofluorobenzene
二硝基甘油炸药 dinitroglycerine explosive
二硝基甲苯炸药 DNT[dinitrotoluene]
二硝基甲烷 dinitromethane
二硝基邻苯甲酰亚脲 dinitrobenzoylene urea
二硝基邻甲酚钠 sodium dinitroorthocresylate
二硝基氯苯 dinitrochlorobenzol
二硝基氯化苯 dinitrochlorobenzene
二硝基萘 dinitronaphthalene
二硝基萘二磺酸 dinitronaphthalene disulfonic acid
二硝基萘磺酸 dinitronaphthalene sulfonic acid
二硝基羟偶氮 dinitrohydroxyazo
二硝基氢醌乙酸酯 dinitrohydroquinone acetate
二硝基水杨酸 dinitrosalicylic acid
二硝基乙胺 haleite
二硝基乙二醇 dinitroglycol
二硝基重氮酚 dinitrodiazophenol
二硝甲烷 denitromethane
二硝散 nitrit
二硝四氨合高钴盐 cobaltic dinitrotetrammine salt; cobaltic croceo salt
二硝酸化乙二胺 ethylene diamine dinitrate
二硝酸纤维素 dinitrocellulose
二硝酸盐 dinitrate
二效蒸发器 number two evapo(u)rator; secondary effect evapo(u)rator
二效终结性质 quadratic termination property
二心边心桃尖拱 equilateral point arch
二心插头 double contact plug; two-wire plug
二心拱 two-centered[centred] arch
二心尖拱饰 <哥特式门头上的> lunette
二心内心桃花尖拱 pointed arch
二心塞子 double contact plug; two-wire plug
二心外心桃花尖拱 lancet arch
二辛胺 di-n-octylamine
二辛基乙酸 dioctyl-acetic acid
二星流 double drift
二星流假说 two-stream hypothesis
二行战略 two-column strategy
二形 dimorphism
二形的 dimorphic; dimorphous
二型45°弯头 type two 45° bend
二型抽样 type 2 sampling
二型的 dimorphic
二型分布 type 2 distribution
二型计数模型 type 2 counter model
二型铍试剂 beryllon two
二型误差 type 2 error
二型桩 type 2 pile
二溴苯 dibromobenzene
二溴苯基丙酸 dibromophenyl-propionic acid
二溴苯甲酸 dibromobenzoic acid
二溴丙二酸 dibromomalonic acid
二溴丙醛 dibromopropanal
二溴丙酮 dibromoacetone
二溴丙酮酸 dibromopyruvic acid
二溴丙烷 dibromopropane
二溴氮化磷 phosphorus bromonitride
二溴丁二酸 dibromo-succinic acid
二溴丁酸 dibromo-butyric acid
二溴丁酮 dibromoketone; dibromomethylethylketone
二溴丁烷 dibromobutane
二溴二苯醚 dibromodiphenyl ether
二溴二氟甲烷 dibromodifluoro methane
二溴甘油 glycerin(e) dibromohydrin
二溴化苯 benzene dibromide
二溴化的 dibromizated
二溴化碲 tellurium bromide; tellurium dibromide; tellurous bromide
二溴化二苯乙炔 tolane dibromide
二溴化二硫 sulfur subbromide
二溴化氯 chlorodibromide
二溴化钼 molybdous bromide
二溴化铅 lead dibromide
二溴化物 bibromide[dibromide]
二溴化锡 tin bibromide
二溴化乙炔 dibromoacetylene
二溴化乙烯 ethylene dibromide
二溴甲烷 dibromomethane; methylene bromide
二溴磷 dibrom; naled
二溴氯丙烷 <熏蒸杀虫剂> fumazone; nemafume; nemagon; nemaset
二溴马来酸 dibromomaleic acid
二溴醚 dibromo ether
二溴扇形海绵素 dibromophakellin
二溴硝基甲烷 dibromonitromethane
二溴乙醇 dibromoethyl alcohol
二溴乙酸 dibromoacetic acid
二溴乙酸乙酯 ethyl dibromoacetate
二溴乙酰溴 dibromo-acetyl bromide
二压硬脂酸 double pressed stearic acid; stearic acid
二牙轮钻头 two-cone bit
二亚氨基丁二腈 diimino succinonitrile
二亚氨基硅 silicam
二亚胺 diimine
二亚苯基 diphenylene
二亚苄基 dibenzylidene
二亚苄基丙酮 dibenzalacetone
二亚砜 disulfoxide
二亚甲基 dimethylene
二亚砷酸盐 diarsenite
二亚硝基樟脑 pernitroso-camphor
二亚油酸 dilinoleic acid
二眼插头 two-pole plug
二氧化氮 nitrogen dioxide
二氧化氮指数 nitrogen dioxide index
二氧化碲 tellurium dioxide
二氧化丁二烯 bioxirane; butadiene dioxide
二氧化二聚环戊二烯 dicyclopentadiene dioxide
二氧化钒 hypovanadic oxide; vanadium dioxide
二氧化锆 zirconium dioxide
二氧化锆瓷 zirconium anhydride
二氧化锆瓷耐火材料 zirconium dioxide refractory
二氧化铬 chromium dioxide
二氧化硅 dioxide of silicon; earth silicon; silica; silicon dioxide
二氧化硅饱和度 SiO_2 saturability
二氧化硅玻璃纤维 silica glass fiber[fibre]
二氧化硅沉积 silica deposit
二氧化硅单模光纤 single mode silica fiber[fibre]
二氧化硅等值线图 map of silica contours
二氧化硅地热温标 silica geothermometer
二氧化硅多模光纤 multimode silica fibre[fiber]
二氧化硅法估算的温度 silica-estimated temperature
二氧化硅粉 silicon dioxide powder
二氧化硅含量 content of silica
二氧化硅含量过饱和热水 silica-supersaturated thermal water
二氧化硅胶结物 silica cement
二氧化硅角砾岩 silica breccias
二氧化硅浓度 silica concentration
二氧化硅清洗 silica purge
二氧化硅微粒 silica particle
二氧化硅污染 silica fouling
二氧化铪 hafnium oxide
二氧化金 gold dioxide
二氧化铼 rhenium dioxide
二氧化硫 sulfur (ic) dioxide; sulfurous anhydride; sulphur(ic) dioxide
二氧化硫还原的铬鞣液 sulfur dioxide reduced chrome
二氧化硫监测器 sulfur[sulphur] dioxide monitor
二氧化硫监测仪 sulfur[sulphur] dioxide monitor
二氧化硫控制费用 cost of sulfur[sulphur] dioxide control
二氧化硫连续分布分析仪 continuous analyzer for sulfur[sulphur] dioxide

二氧化硫浓度日变化 daily change of SO_2 concentration
二氧化硫浓度周变化 weekly change of SO_2 concentration
二氧化硫排放 emission for sulfur[sulphur] dioxide; sulfur[sulphur] dioxide emission
二氧化硫排放标准 emission standards for sulfur [sulphur] dioxide; sulfur [sulphur] dioxide emission standard
二氧化硫排放控制 control of dioxide emission; control SO_2 emission
二氧化硫排放限制 restrictions on sulfur[sulphur] dioxide emission
二氧化硫气体自动记录器 SO_2 gas automatic recorder
二氧化硫污染 sulfur[sulphur] dioxide pollution
二氧化硫污染物 sulfur[sulphur] dioxide pollutant
二氧化硫洗涤器 sulfur[sulphur] dioxide scrubber
二氧化硫效应 effect of SO_2; sulfur dioxide effect
二氧化硫熏蒸法 sulfur[sulphur] dioxide fumigation
二氧化硫造成的损害 sulfur[sulphur] dioxide damage
二氧化硫指数 sulfur[sulphur] dioxide index
二氧化硫中毒 sulfur[sulphur] dioxide poisoning
二氧化硫自动分析仪 continuous analyzer for sulfur[sulphur] dioxide
二氧化氯 chlorine dioxide; chlorodioxide
二氧化氯发生器 chlorine dioxide generator
二氧化氯泡沫分离法 chlorine dioxide foam separation process
二氧化氯消毒 chlorine dioxide disinfection; disinfection by chlorine dioxide
二氧化氯消毒剂发生器 chlorine dioxide disinfectant generator
二氧化氯氧化法 chlorine dioxide oxidation method
二氧化镁 magnesium dioxide
二氧化锰 manganese dioxide; manganese superoxide
二氧化锰清除法 manganese dioxide scavenging
二氧化钼 molybdenum dioxide
二氧化硼 boron dioxide
二氧化铅 lead dioxide
二氧化铅法 lead dioxide method
二氧化铅管 lead peroxide candle
二氧化三碳 carbon suboxide
二氧化铈 ceria; cerium dioxide
二氧化钛 titania; titanic anhydride; titanium dioxide; titanium white
二氧化钛白粉颜料 titanium dioxide pigment
二氧化钛薄膜 titanium dioxide thin-film
二氧化钛薄膜电极 titanium dioxide thin-film electrode
二氧化钛催化臭氧氧化 titanium dioxide catalyzed ozonation
二氧化钛多相光催化剂 titanium dioxide heterogeneous photocatalyst
二氧化钛废料 titanium dioxide waste
二氧化钛光催化剂 titanium dioxide photocatalyst
二氧化钛光催化氧化工艺 titanium dioxide photocatalytic oxidation process
二氧化钛活性炭负载型光催化剂 titanium dioxide activated carbon supported photocatalyst
二氧化钛敏化光氧化工艺 titanium dioxide sensitized photo-oxidation
二氧化钛膜 titanium dioxide film
二氧化钛涂覆活性炭 titanium dioxide-coated activated carbon
二氧化碳 carbon dioxide; blackdamp
二氧化碳包裹体 carbon dioxide inclusion
二氧化碳饱和 carbonatation
二氧化碳保护自动弧焊机 automatic arc/CO_2 welder
二氧化碳比容法 carbon dioxide specific volume method
二氧化碳测定法 anthracometry
二氧化碳测定计 carbometer
二氧化碳储留 carbon dioxide retention
二氧化碳(处理)法 carbon dioxide process
二氧化碳传感器 carbon dioxide sensor
二氧化碳吹入仪 carbon dioxide insufflation apparatus
二氧化碳氮气带 carbon dioxide-nitrogen zone
二氧化碳当量 carbon dioxide equivalent
二氧化碳的 carbonic
二氧化碳的清除 carbon dioxide removal
二氧化碳灯 carbon dioxide lamp
二氧化碳电极 carbon dioxide electrode
二氧化碳定量法 anthracometry; carbonometry
二氧化碳发生器 carbon dioxide generator
二氧化碳法 carbon dioxide survey
二氧化碳防火复式喷头 carbon dioxide multi-jet
二氧化碳放出量 carbon dioxide output
二氧化碳分析器 carbon dioxide analyser[analyzer]
二氧化碳分析仪 carbon dioxide analyser[analyzer]
二氧化碳分压 partial pressure of carbon dioxide
二氧化碳分压测定仪 microtonometer
二氧化碳固体制冷器 carbon dioxide solid refrigerator
二氧化碳管路 carbon dioxide piping
二氧化碳含量 carbon dioxide content
二氧化碳含量高的空气 dead air
二氧化碳还原率 carbon dioxide reduction rate
二氧化碳混合驱动 carbon dioxide gas miscible flooding
二氧化碳激光测距仪 carbon dioxide laser range finder
二氧化碳激光穿孔机 carbon dioxide laser perforator
二氧化碳激光仿形雕刻机 carbon dioxide laser auto-copy engraver
二氧化碳激光干涉仪 carbon dioxide laser interferometer
二氧化碳激光加工机床 carbon dioxide laser processing machine tool
二氧化碳激光能量探测器 carbon dioxide laser energy detector
二氧化碳激光谱线分析仪 carbon dioxide laser spectrum analyser[analyzer]
二氧化碳激光(器) carbon dioxide laser
二氧化碳激光切割及雕刻机床 carbon dioxide laser cutting and carving machine tool
二氧化碳激光束拉丝机 carbon dioxide beam fiber drawing machine
二氧化碳计 anthracometer; carbonometer
二氧化碳记录计 carbon dioxide recorder
二氧化碳记录器 carbon dioxide recorder
二氧化碳、甲烷等导致温度效应的气体 greenhouse gas
二氧化碳检测计 capnometer
二氧化碳检测器 carbon dioxide indicator
二氧化碳交换 carbon dioxide exchange; CO_2 exchange
二氧化碳交换率 carbon dioxide exchange rate
二氧化碳结合力 carbon dioxide combining power
二氧化碳结合曲线 carbon dioxide-combination curve
二氧化碳解离量 carbon dioxide dissociation
二氧化碳解离曲线 carbon dioxide dissociation curve
二氧化碳净化系统 carbon dioxide removal system
二氧化碳冷冻机 carbon dioxide refrigerator
二氧化碳冷冻切片机 freezing microtome
二氧化碳冷阱 carbon dioxide trap
二氧化碳密度法 carbon dioxide density method
二氧化碳灭火机 asphxiator; carbon dioxide extinguisher; CO_2-fire extinguisher
二氧化碳灭火器 asphxiator; carbon dioxide extinguisher; carbon dioxide fire extinguisher; CO_2-fire extinguisher
二氧化碳灭火系统 carbon dioxide carbon dioxide extinguishing system; CO_2 fire-extinguishing system
二氧化碳浓度法 carbon dioxide concentration method
二氧化碳排出塔 decarbonator
二氧化碳瓶 carbon dioxide cylinder; dioxide cylinder
二氧化碳瓶头阀 head valve of CO_2 cylinder
二氧化碳气 carbon dioxide gas; choke damp
二氧化碳气体保护电弧焊 carbon dioxide gas shielded arc welding; shield(ed) carbon dioxide arc welding
二氧化碳气体保护焊 carbon dioxide (gas) arc welding; carbon dioxide shielded arc welding
二氧化碳气体培养箱 carbon dioxide gas incubator
二氧化碳气体自动记录仪 carbon dioxide recorder
二氧化碳容量 carbon dioxide capacity
二氧化碳容许含量 permissible carbon dioxide content
二氧化碳砂造型 carbon dioxide mo(u)lding
二氧化碳释放 carbon dioxide released
二氧化碳受体 carbon dioxide receptor
二氧化碳水玻璃砂 carbon dioxide sodium silicate sand
二氧化碳水玻璃砂型 carbon dioxide silicate mo(u)ld
二氧化碳水玻璃硬化砂法 carbon dioxide sodium silicate process
二氧化碳水混合器 carbon dioxide water mixer
二氧化碳碳稳定同位素组成 stable carbon isotopic composition of carbon dioxide
二氧化碳筒 carbon dioxide bottle
二氧化碳污染 carbon dioxide pollution
二氧化碳吸收带 carbon dioxide band
二氧化碳吸收管 carbon dioxide absorption tube
二氧化碳吸收罐 carbon dioxide absorbing canister
二氧化碳吸收剂 ascarite; carbon dioxide absorbent
二氧化碳吸收器 absorption unit of carbon dioxide; carbon dioxide absorber
二氧化碳吸收筒 carbon dioxide absorption cartridge
二氧化碳洗涤器 carbon dioxide scrubber
二氧化碳洗井 carbon dioxide flushing
二氧化碳系 carbon dioxide system
二氧化碳效应 carbon dioxide effect
二氧化碳性酸中毒 carbon dioxide acidosis
二氧化碳雪 carbon dioxide snow
二氧化碳循环 carbon dioxide cycle
二氧化碳引起的气候变化 carbon dioxide induced changes of climate
二氧化碳硬化砂法 carbon dioxide process
二氧化碳运输障碍 disorder of carbon dioxide transport
二氧化碳站 carbon dioxide cylinder station
二氧化碳张力 carbon dioxide tension
二氧化碳制冷机 carbon dioxide refrigerating machine
二氧化碳致冷剂 carbon dioxide refrigerant
二氧化碳中毒 carbon dioxide poisoning
二氧化碳总量 total carbon dioxide capacity
二氧化碳最大允许含量 maximum allowable carbon dioxide content
二氧化铜 copper dioxide
二氧化钍 thorium dioxide
二氧化钨 tungsten dioxide
二氧化物 dioxide
二氧化硒 selenium oxide
二氧化锡 black tin; tin ash; tin dioxide
二氧化锡抛光粉 putty
二氧化铀 urania; uranic oxide; uranium dioxide
二氧化铀溶胶 urania sol
二氧甲烷 methane dioxide
二氧磷基丙酮 phosphonoacetone
二氧六环 dioxane
二氧(杂)芭 <除莠剂等中的有毒杂质> dioxin
二氧杂环己烷 dioxane
二氧杂环戊二烯酮 dioxolone
二叶的 bilobate
二液相界面 dineric interspace
二-十进制记数法 binary-coded decimal notation
二乙胺 diethylamine; di-n-hexylamine
二乙胺基磺胺 diethyl thionamic acid
二乙胺磷酸盐 diethylamine phosphate
二乙胺溶液 diethylamine solution
二乙胺盐酸盐 diethylamine hydrochloride
二乙苯胺 diethylaniline
二乙苯胺盐酸盐 diethylaniline hydrochloride
二乙撑三胺 diethylene triamine

二乙醇胺 diethanolamine

二乙醇单丁醚 diethylene glycol monobutyl ether

二乙二醇 diethylene glycol

二乙二醇单丙烯酸酯 diethylene glycol monoacrylate

二乙二醇单乙醚 diethylene glycol monoethyl ether

二乙二醇二甲醚 diethylene glycol dimethyl ether

二乙二醇二乙醚 diethylene glycol diethyl ether

二乙二醇双酯 diethylene glycol dilaurate

二乙基氨基乙基纤维素 DEAE-cellulose;diethylaminoethyl cellulose

二乙基苯 diethylbenzene

二乙基丙二酸 diethyl malonic acid

二乙基丙二酸酯 diethyl malonate;diethyl malonic ester

二乙基草乙酸酯 diethyl oxaloacetic ester

二乙基的 diethyl

二乙基丁二酸 diethyl succinic acid

二乙基对苯二胺硫酸盐 diethyl-p-phenylenediamine sulfate

二乙基对甲苯胺 diethyl-p-toluidine

二乙基恶二碳化青碘化物 diethyloxadicarbocyanine iodide

二乙基二硫代氨基甲酸钠分光光度法 sodium diethyl dithiocabamate spectrophotometric method

二乙基二硫代氨基甲酸银分光光度法 silver diethyl dithiocabamate spectrophotometric method

二乙基二硫代磷酸 diethyldithiophosphoric acid

二乙基二硫代磷酸盐 aerofloat

二乙基二酰胺 diethylformamide

二乙基汞 mercury diethide;mercury diethyl

二乙基化二硫 ethyl persulfide

二乙基甲醇 diethyl carbinol;sec-namyl alcohol

二乙基铍 glucinum ethyl

二乙基锡 tin diethyl;tin ethide

二乙基溴乙酰胺 neuronal

二乙基亚硝胺 diethylnitrosamine

二乙基乙腈 diethylacetonitrile

二乙基乙醛 diethylacetaldehyde

二乙基乙炔 diethylacetylene

二乙基乙酸 diethacetic acid;diethylacetic acid

二乙基乙酰乙酸酯 diethyl acetoacetic ester

二乙甲苯酰胺 diethyltoluamide

二乙硫 diethyl sulfide;ethyl sulfide;ethylthioethane

二乙硫醚 diethyl sulphide;ethyl sulphide

二乙醚 diethyl ether;ethyl ether

二乙酸基 diacetoxyl

二乙酸钠 sodium diacetate

二乙酸纤维素 cellulose diacetate;secondary cellulose acetate

二乙烯苯乙烯热弹性塑料<加入沥青中,得出高强度沥青用> divinylstyrenethermoelastoplasts

二乙烯丙醋胺 diethylallylacetamide

二乙烯基 divinyl

二乙烯基苯 divinylbenzene;vinylstyrene

二乙烯基硫醚 vinyl thioether

二乙烯基乙炔 divinyl acetylene

二乙烯三氨 divinyl triammonium

二乙烯三胺 diethylene triamine

二乙烯酮 dicthenone

二乙酰胺 diacetyl amide

二乙酰丁二酸 diacetyl succinic acid

二乙酰二硫 diacetyl di-sulfide

二乙酰酚靛红 bisatin;diacetyl dioxyphenylisatin;isaphenin

二乙酰基胺 diacetamide

二乙酰基丙酮 diacetyl acetone

二乙酰甲醇 diacetyl-carbinol

二乙酰乙酸 diacetic acid

二乙酰乙酸乙酯 ethyl diacetoacetate

二乙酰乙酸酯 diacetyl acetic ester

二乙锌 zinethyl

二乙氧基甲烷 diethoxymethane

二乙氧基乙酸 diethoxy acetic acid

二乙酯 diethylester

二义文法 ambiguous grammar

二义性 ambiguity

二义性错误 ambiguity error

二义性的 ambiguous

二义性问题 ambiguity problem

二义性消除 disambiguating

二异丙胺 diisopropylamine

二异丙苯 diisopropylbenzene

二异丙醇胺 diisopropanolamine

二异丙基 diisopropyl

二异丙基氟磷酸 diisopropyl fluorophosphate

二异丙基甲醇 diisopropylcarbinol

二异丙基甲酮 diisopropyl ketone;isobutyrone

二异丙基乙胺 diisopropylethylamine

二异丙醚 diisopropyl ether

二异丁胺 di-iso-butylmanice

二异丁基 diisobutyl

二异丁基甲醇 diisobutyl carbinol

二异丁酮 diisobutyl ketone;isobutyrone

二异丁烯 diisobutylene

二异丁锌 zinc diisobutyl

二异码 double difference code

二异氰酸甲苯 toluene diisocyanate

二异氰酸盐 diisocyanate

二异氰酸脂 vulcarbond

二异氰酸酯 diisocyanate

二异戊胺 di-iso-amylamine

二异戊基 di-iso-amyl

二异戊基甲酮 isoamyl ketone

二异辛基二苯胺 di-iso-octyldiphenylamine

二异辛基磷酸萃取法 OPA process

二异亚丙基丙酮 diisopropylideneacetone;phorone

二因素方差分析 two-factor analysis of variance

二因素方差分析模型 two-factor analysis of variance model

二因素相互作用 two-factor interaction

二英寸半地图<1 英寸=0.0254 米> two-and-a-half-inch map

二英寸厚板 double deal

二用车 convertible car

二油精 diolein

二油酸脂 dioleate

二元胺 diamine

二元边界层 plan boundary layer

二元变量 binary variable

二元波带片 binary zone plate

二元玻璃形成区 region of binary glass formation

二元泊松分布 bivariate Poisson distribution

二元泊松总体 bivariate Poisson population

二元不变式 binary invariant

二元布尔算符 dyadic Boolean operator

二元布尔运算 dyadic Boolean operation

二元操作 binary operation;dual operation;dyadic operation

二元操作符 dyadic operator

二元测光 two-dimensional photometry

二元产权形式 form of a dualistic property right

二元沉积物 binary sediment

二元处理 dual disposal

二元醇 diatomic alcohol;dibasic alcohol;dihydric alcohol;dihydroxy alcohol

二元的 bibasic;binary;diatomic;dibasic;dihydric;dual;dyadic

二元低共熔物 binary eutectic

二元低熔物 binary eutectic

二元对数分布 bivariate logarithmic distribution

二元对数序列分布 bivariate logarithmic series distribution

二元二次形式 binary quadric form

二元二项分布 bivariate binomial distribution

二元二型分布 bivariate type 2 distribution

二元非线性回归方程 non-linear regression equation of bi-variable

二元分布 bivariate distribution

二元分类机 binary sorter

二元分离 binary separation

二元酚 dihydric phenol

二元符号检验 bivariate sign test

二元概率分布 bivariate probability distribution

二元公式 dyadic formula

二元共结点 binary eutectic point

二元共晶 binary eutectic;two-component eutectic

二元共聚物 bipolymer

二元固熔体 binary solid solution

二元固体溶液相图 phase diagram for a binary solid solution

二元关系 binary relation

二元观念的会计 dualism concept of accounting

二元光谱分类 two-dimensional spectral classification

二元光栅 binary raster

二元硅光学纤维 binary silica optic(al) fibre

二元过程 bivariate process

二元函 bivariate generating function

二元合成 binary composition

二元合金 binary alloy;binary metal;two-component alloy

二元合金钢 binary alloy steel;binary steel;double-alloy steel

二元合金光电导体 binary alloy photoconductor

二元互抑体系 interactional inhibitory system

二元花岗岩 binary granite;granitelle

二元化 dualization

二元化合物 binary compound

二元回归模型 bivariate regression model

二元混合气体 binary mixture

二元混合物 binary mixture

二元极小值 binary minimum

二元计数管 odd-even counter

二元继电器 double-element relay;two-element relay

二元检测 binary detection

二元碱 diacidic base

二元结构 dualistic structure

二元结构层序 two-component sequence

二元经济 dual economy;dualistic economy

二元经济结构 dual economic structure

二元矩阵 binary matrix

二元均匀分布 bivariate uniform distribution

二元柯西分布 bivariate Cauchy distribution

二元扩散 binary diffusion

二元冷冻 binary refrigeration

二元冷冻循环 binary refrigeration cycle

二元离散分布 bivariate discrete distribution

二元离子晶体 binary ionic crystal

二元连续分布 bivariate continuous distribution

二元流 two-dimensional current;two-dimensional flow

二元流动 plane flow

二元流体 binary fluid;two-dimensional fluid

二元滤波器 binary filter

二元论 dualism

二元论的 dualistic

二元逻辑代数方程式 logic(al) algebraic equation with two unknowns

二元脉冲编码调制 binary pulse-code modulation

二元密度函数 bivariate density function

二元母函数 bivariate generating function

二元拟阵 binary matroid

二元黏[粘]合剂 two-part adhesive

二元帕累托分布 bivariate Pareto distribution

二元帕斯卡分布 bivariate Pascal distribution

二元判定理论 binary decision theory

二元配置 two-way layout

二元匹配(法) binary matching

二元频率表 bivariate frequency table

二元平衡 binary equilibrium

二元平衡不完全区组设计 doubly balanced incomplete block design

二元曲线回归方程 non-linear regression equation of bi-variable

二元取代物 disubstituted compound

二元全息图 binary hologram

二元燃料 bipropellant

二元溶线 binary solvus

二元溶液 binary solution

二元乳化液 dual emulsion

二元乳状液 binary emulsion

二元三次形式 binary cubic form

二元社会 dualistic society

二元视学说 duplicity theory

二元树 binary tree

二元数据 binary data

二元数组 dyadic array

二元水流 two-dimensional flow

二元酸 binary acid;dibasic acid;diprotonic acid;diacid

二元酸酯 dibasic acid ester;diester

二元算符 dyadic operator

二元算子 dyadic operator

二元随机过程 binary random process;bivariate stochastic(al) process

二元调幅 binary amplitude

二元调制 binary modulation

二元通信[讯] binary signal(l)ing

二元同步传输 binary synchronous transmission

二元同步设备数据块 binary synchronous device data block

二元同步通信[讯]规程 binary synchronous communication

二元推进剂 bipropellant

二元网络 dual network

二元文化的<一个国家两种文化并存的> bicultural

二元五进(制)的【计】 biquinary

二元物系 two-component system;binary system

二元洗提液 binary eluant

二元系 binary system

二元系陶瓷 binary system ceramic
二元系统 binary system
二元系压电陶瓷 binary system piezo electric(al) ceramic
二元线性代换 binary linear substitution
二元相图 binary phase diagram
二元相位滤波器 binary phase filter
二元向量 binary vector
二元消解式 binary resolvent
二元信源熵 entropy of binary source
二元形式 binary form
二元型 binary form
二元性 dualism;duality
二元序例 binary sequence
二元循环电站 binary cycle plant
二元岩 binary rock
二元岩浆 binary magma
二元岩浆的 bimagmatic
二元盐 binary salt
二元液体混合物 binary liquid mixtures
二元有向树 binary directed tree
二元语义数据模型 dual semantic data model
二元域 two-element field
二元运算 binary operation;dual operation;dyadic operation
二元运算符 binary operator
二元炸药 binary explosive
二元阵列 dyadic array
二元蒸汽循环 binary vapo(u)r cycle
二元正交码 binary orthogonal code
二元正态分布 bivariate normal distribution
二元正态分布纵坐标 ordinates of the bivariate normal distribution
二元正态概率密度函数 bivariate normal probability density function
二元正态积分 bivariate normal integral
二元正态曲面 bivariate normal surface
二元直线回归 bivariate linear regression
二元直线回归方程 linear regression equation of bi-variable
二元指示 dyadic indication
二元指示符 dyadic indicant
二元制 binary system
二元制处理 binary process
二元总体条形图 bivariate population bar graph
二元组 two-tuples
二元组分 double component
二元组分玻璃 tow-component glass
二原形 diarch
二原子的 diatomic
二原子金属的 dimetallic
二圆心复合曲线 two-centred compound curve
二月法投票表决 two-months vote
二月桂胺 dilaurylamine
二云花岗岩 muscovite-biotite granite;two-mica granite
二云母花岗岩 binary granite
二云母片麻岩 two-mica gneiss
二云母片岩 dimicaceous schist
二云母片岩-变基性岩建造 two-mica schist(leptynite) metabasite formation
二云母石英片岩 two-mica quartz schist
二云母石英岩 two-mica quartzite
二运算数运算 dyadic operation
二载流子理论 two-carrier theory
二渣(混合料) double-residue(mixture)
二毡一油柏油纸 2-ply tar(red) paper
二者斜交 both inclined cross
二者择一的订单 alternate order;alternative order
二者之一 alternative
二正丁基二氯化锡 dinbutyl tin dichloride
二正辛基二氯化锡 dinoctyl tin dichloride
二正原子价的 bipositive
二支的 biramous
二枝节点 binary node
二脂黄质 dilipoxanthine
二脂酸甘油酯 diglyceride
二值 two-value
二值变量 binary-state variable;two-valued variable
二值变数 binary-state variable;two-valued variable
二值的 dyadic;two-valued
二值控制 on-off control
二值逻辑 Boolean logic;two-valued logic
二值逻辑代数 algebra of two state logic
二值图像 binary image
二至潮 solstitial tide
二至潮流 solstitial tide current
二至点 <即夏至点和冬至点> solstice;solstitial point
二至圈 solstitial colure
二至日 solstice
二制调速器 two-speed governor
二中择一的 alternative
二种程式发动机 two-stroke engine
二周一回 biweekly
二轴车 two-axle car
二轴的 biaxial
二轴负光性 biaxial negative character
二轴机车转向架 four-wheel engine truck
二轴晶 biaxial crystal
二轴晶干涉图 biaxial interference figure
二轴晶光率体 indicatrix of optic(al) biaxial crystal
二轴强度 biaxial strength
二轴突的 dineuric
二轴应变 biaxial strain
二轴应力 biaxial stress
二轴正光性 biaxial positive character
二轴转向架 two-axle bogie
二珠酯 dimargarin
二转子的 bitrochanteric
二状态变量 two-state variable
二状态变数 binary variable
二锥 plug tap;secondary tap
二字链表元 two-word list element
二字母组 digram
二字形钻头 double chisel drill bit
二字珠 two-word bead
二自由度激光陀螺(仪) two degrees of freedom laser gyroscope
二自由度陀螺(仪) rate gyro-(scope);two-degree-freedom gyro
二自由度系统的重力平衡 binary mass balancing
二棕榈酸硬脂酸甘油酯 stearo dipalmitin
二腙 dihydrazone
二踪通用示波器 dural trace generalized oscilloscope
二纵立式圆盘耙 tandem disc[disk] harrow
二组分玻璃 binary glass
二组分对数模型 two-component lognormal model
二组分同时测定 simultaneous determination of two components
二组合桩 built pile
二组码 tow dimensional code
二组元模型 two-component model
二坐标仿形 two-dimensional copying
二坐标中子衍射仪 two-coordinate neutron diffractometer
二唑 diazole

E

F

发暗 darkening;staining

发白 <漆膜缺陷> blushing
发白的 albescent
发瓣 hair crepe
发包 contract award;let contract;letting of a contract; tendering; farm out
发包单位 unit of issuing contract
发包订约 award and signing of contract;let a contract
发包工程 contract construction;contract job;contract works
发包价格 contract price;tender sum
发包人 client;employer;owner;party issuing contract; promoter; purchaser;developer
发包人员 contracting officer
发包设计 bid design
发包施工 contract construction
发包说明 contract specification
发包图样 contract drawing
发包图纸 contract drawing
发包项目 contract works
发包制 contract system
发报台 message origination; sending station;transmitting station
发爆管 detonator
发爆机 blasting machine
发爆剂 detonating agent;detonator
发爆器 blaster;blasting battery;detonator
发爆炸声 detonation;rattle
发变组差动保护 generator-power transformer unit differential protection
发辫 cue
发辫形装饰 braid pattern
发标 invitation issuing; issue of bidding documents;issue of bid specification
发表创造性意见 brainstorm(ing)
发表独创性意见 brainstorm(ing)
发表意见的权利 right to be heard
发病 disease development
发病带 zone of disease
发病的 disease producing
发病率 attack rate; incidence rate; morbidity(rate)
发病率计算法 nosometry
发病率降低 dropping incidence of disease
发病率统计 morbidity statistics
发病频率 frequency of disease development
发病频数 disease frequency
发病期 period of disease
发病区 region of disease
发病时间 disease time;spell
发病因素 pathogenic factors
发病中心 infection center[centre]
发播 dissemination
发播时刻 time of transmission
发布的税率 published tariff
发布列车运行时间的命令 time order
发布命令 issue an order
发布命令者 orderer
发财 make a fortune;make a pile
发草 turfed hair grass
发差 hair breadth
发潮材 wetwood
发潮石灰 stale lime
发车【铁】dispatching of train
发车闭塞 outgoing train block;starting block
发车闭塞机 starting block
发车表示 departure indication
发车表示灯 train departure indication lamp;train starting indication lamp
发车表示器 departure indicator;starting indicator;train departure indicator;train starting device
发车表示器电路 departure indicator circuit
发车场 department yard; departure yard
发车间隔 departure interval
发车进路 departure route;exit route;outgoing route
发车进路按钮 exit route button
发车进路信号机【铁】route signal for departure
发车频率 departure frequency; frequency of service
发车时间 departure time
发车时间指示器 departure time indicator
发车事故 failure to start
发车手信号 departure signal; leave signal;leaving signal
发车线【铁】departure track;dispatch track; forwarding line; forwarding siding; forwarding track; outgoing line;outgoing siding;outgoing track
发车线(路)表示器【地】departure track indicator
发车信号 departure signal;leave signal;leaving signal;outbound signal(l)ing;starting signal
发车站 origination;outgoing station
发车站台 departure platform
发车正点率 on-time departure rate
发车装置 starting device
发筹理货(法)bamboo tally
发臭 stink
发臭的 rotten
发臭团 odo(u)riphore
发臭污水 stale sewage
发臭鱼 stinking fish
发出 dispatch;sendout;shipped
发出标准视频信号的电视测试设备 phasmajector
发出材料撮总表 abstract of materials issued
发出测试 bring up test
发出长声尖叫 squeal
发出车数 cars despatched
发出传票 issue a summons
发出刺耳声 jar
发出催缴通知 outward call
发出的 emergent
发出的功 amount of work given out
发出电力 generated output
发出电码 outgoing code
发出电码表示灯 outgoing code lamp
发出订单 placing an order
发出功率 delivered power;developed power
发出(号角)响声 blare
发出话终信号 clearing signalling
发出回声 reverb
发出火花 scintillation;sparkle
发出溅泼声 slosh
发出警报 give the alarm
发出局 departure administration
发出开船信号 pipe away
发出列车数 trains dispatched
发出脉冲 cycling
发出噼噼啪啪的响声 crepitate
发出认股书 issue a warrant
发出日期 date issued
发出沙沙声 susurrate
发出商品 goods shipped in transit
发出商品汇总表 goods-delivered summary
发出射频的接收机 blooper
发出数量 amount shipped out;quantity issued
发出瓦数 watts-out
发出委托代销商品暂收款 advances received on consignment-out
发出线路空闲信号 giving "line clear"
发出信号 outgoing signal
发出选通脉冲 strobe
发出询价 despatch[dispatch] inquiry
发出邀请 invitation to send
发出运输 outgoing traffic
发出运输单位 <如发出列车的铁路> departing carrier
发雏晶 trichite
发船计划 sailing schedule
发脆 crisp
发存储转 store-and-forward
发达 advancement
发达的经济 advanced economy
发达地区 developed area; developed region;ecumene
发达国家 developed country; developed nations
发单日期 date of issuance
发导供给阀 pilot feed valve
发导输入阀 pilot feed valve
发到站费用 terminal cost
发低斜同步 non-horizontal simultaneous with receiver upper
发点 shipping origin
发点信号 sending dotter signal
发电 electric(al) power; electric(al) power generation; furnish power; generate electricity; generation of electric(al) energy; power generation;power production;produce electricity; electricity generation; power generation
发电坝 power dam
发电报 telegraph
发电厂 electric(al) generating plant; electric(al) generating station; electric(al) power plant; electricity works; generating plant; generating power plant; power plant; power station;power house
发电厂厂址结构 site structure of power-house
发电厂成本 power plant cost
发电厂地上结构 power-house superstructure
发电厂地下结构 power-house substructure
发电厂动力车间 power house
发电厂(动力间)上部结构 power-house superstructure
发电厂洞穴 power-house cavern
发电厂发电利用率 plant factor; capacity factor
发电厂房 power-house building
发电厂废水 power plant wastewater
发电厂废物 power plant waste
发电厂费用 power plant expenses
发电厂辅助设备 power plant accessories
发电厂负荷率 station load factor
发电厂负载因数 station load factor
发电厂机组 power-house assembly
发电厂技术监督 technical monitoring in power plants
发电厂建筑 power-house building; power plant building
发电厂建筑挖掘 power-house structure excavation
发电厂冷却水 power plant cooling water
发电厂利用率 plant factor
发电厂凉水池 impoundment
发电厂容量 plant capacity;station capacity
发电厂设备容量 installed capacity; power plant capacity
发电车 dynamo van;generating wagon; generator van; mobile generating set
发电成本 generating cost
发电出力 generated output
发电单元 electricity generating unit
发电的 dynamic(al);electrogeneous; generated
发电电压 generating voltage
发电电站容量 generating station capacity
发电调度 power generation dispatching
发电动力堆 electric(al) power reactor
发电方案 power scheme
发电负荷率 power generation load rate
发电工程 power scheme
发电管道 power conduit
发电航运消落极限水位 power and navigation drawdown limit level
发电航运消落水位 power and navigation drawdown level
发电花 spark
发电机 dynamo; electric(al) generator; electric(al) power generating machinery;electromotor;generating machine(ry);generator;generatrix [复 generatrices];producer
发电机安全检查 engine health monitoring
发电机安装 generator erection
发电机保护 generator protection
发电机保护设备 generator protective equipment
发电机变压器单元 generator-transformer block
发电机变压器单元差动保护 generator-transformer unit differential protection
发电机变压器组 generator-transformer bank
发电机变压器组结线 generator-transformer unit connection
发电机并联磁场接触器 generator shunt field contactor
发电机拨油圈 generator oil thrower
发电机波 dynamo wave
发电机不正常运转 gallop
发电机布置 engine configuration
发电机层 generator floor
发电机车 mobile electric(al) generator unit
发电机充电电源 generator charging current
发电机出力 generator output
发电机出线端净出力 useful output at terminal
发电机传动端盖 generator drive gear end cap
发电机传动轴 generator drive axle
发电机磁场 generator field
发电机磁场控制 generator field control
发电机磁场线圈 generator field coil
发电机磁场自动调节器 automatic generator field regulator
发电机磁极瓦 generator pole shoe
发电机单元连接 unit generator connection
发电机导轮 dynamo drive jockey pulley

发电机导线 generator lead wire; generator wire
发电机的整套零件 generator kit
发电机点火 dynamo ignition; generator ignition
发电机电磁场保险丝 generator field fuse
发电机电动机转换器 Leonard converter
发电机电动机组 generator-motor set
发电机电抗器 generator reactor
发电机电枢 generator armature
发电机电刷 dynamo brush; generator brush
发电机电刷臂 generator brush arm
发电机电刷弹簧 generator brush spring
发电机电压 generator voltage
发电机电压继电器 generator voltage relay
发电机电压调节器 generator voltage regulator
发电机电阻 generator resistance
发电机吊挂 generator suspension
发电机吊(架) generator hanger
发电机定子 generator stator
发电机定子接地保护(装置) generator stator ground protection
发电机定子匝间短路保护(装置) interturn short circuit protection of generator stator
发电机端 generator end
发电机断流器 generator cut-out
发电机断路器 generator breaker; generator circuit breaker
发电机墩 support of electric(al) generator
发电机额定电流 rated current of generator
发电机额定功率 power rating of electric(al) generator
发电机防尘箍 generator dust band
发电机防火壁 engine firewall
发电机防流罩 generator shielding
发电机房 dynamo room; generator building; generator room
发电机房的分隔 engine room compartmentation
发电机分激磁场电阻器 generator shunt field resistor
发电机附属品箱吊 generator accessories box hanger
发电机干燥运转 generator drying out operation
发电机功率 generator power
发电机功率输出 dynamo output
发电机功率损失 generator loss
发电机固定臂 generator locating arm
发电机固定带 dynamo strap
发电机故障 generator failure
发电机和变压器间 generator and transformer room
发电机和起动机电枢检查器 generator and starter armature tester
发电机换向 generator commutation
发电机汇流条 generator busbar
发电机火警系统 engine fire warning system
发电机火警信号灯 engine fire warning light
发电机机坑 generator pit
发电机机体 generator frame; generator housing
发电机机罩 generator cover
发电机激励 generator excitation
发电机架 dynamo cradle; generator bracket
发电机架长螺杆 generator frame through screw
发电机假说 dynamo theory
发电机绝缘过热监控器 generator insulation over-temperature monitor
发电机抗流圈 generator chock coil
发电机壳 generator body; generator shell
发电机空气冷却器 generator-air cooler
发电机控制盘 generator control panel
发电机控制台 generator control desk
发电机馈电 generating set feeding
发电机拉紧螺栓 generator through bolt
发电机理论 dynamo theory
发电机励磁 generator excitation
发电机励磁机 generator exciter
发电机励磁绕组 generator exciting winding
发电机门 dynamo door
发电机门弹键销 dynamo door latch pin
发电机门栓 dynamo door latch
发电机母线 generator bus
发电机耐电压试验 generator withstand voltage test
发电机耐久性试验 engine endurance test
发电机盘 dynamic(al) panel; generator panel
发电机皮带轮 generator pulley
发电机起动器 starter generator
发电机驱动 generator drive
发电机驱动皮带 generator driving belt
发电机容量 generator capacity; power rating of electric(al) generator
发电机升压变压器 generator step-up transformer
发电机失磁保护(装置) generator loss of excitation protection
发电机式磁强计 generating magnetometer
发电机式发爆器 generator-type blasting machine
发电机式流速仪 dynamo current meter
发电机式转速表 generator-type tachometer
发电机式转速计 generator tachometer
发电机室 generator apartment
发电机释载点 generator unloading point
发电机输出功率 generated output power
发电机输出调节器 dynamo output control
发电机输出效能曲线 generator capability curve
发电机数 numbers of generator
发电机炭刷 generator main brush
发电机调节器 dynamo governor; generator regulator
发电机调压器 generator regulator
发电机调整臂 generator adjusting arm; generator adjusting strap
发电机调整器 generator regulator
发电机托架 dynamo bracket; generator bracket; generator support bracket
发电机拖动皮带 generator driving belt
发电机外壳 generator casing
发电机无功功率 generator reactive power
发电机线接头 generator terminal
发电机线头柱螺栓绝缘体 generator terminal stud insulator
发电机效率 efficiency of generator; generator efficiency
发电机效应 dynamo effect; generator effect
发电机型号 generator mark
发电机样件 generette
发电机有功功率 generator active power
发电机有效功率 generator active power
发电机运行 generator operation
发电机运行情况 generator operating conditions
发电机在充电状态 generator on charge
发电机罩 generator cover; generator shield
发电机罩带 generator cover band; generator head band
发电机整流 generator commutation
发电机整流子 generator commutator
发电机正流子端盖 generator commutator end cap
发电机支架 generator support
发电机支座 generator support
发电机指示灯 generator light
发电机制动设备 generator braking equipment
发电机中性接地设备 generator neutral grounding equipment
发电机轴 generator shaft
发电机轴承 dynamo bearing
发电机轴节 generator coupling
发电机主出线廊道 generator main leads gallery
发电机主电刷 generator main brush
发电机主断路器 main generator breaker
发电机专业人员 powerman
发电机转速 generator speed
发电机转子 generator armature; generator rotor
发电机组 electric(al) generating set; electric(al) generator set; electric(al) set; electricity generating unit; generating unit; generator set; genset; light plant; power set(ting); power unit; power plant
发电机组功率输出自动控制 automatic generation control
发电机组合母线 generator busbar assembly
发电机组组件安装 unit power mounting
发电机座 generator stand
发电库容 power storage
发电利用率 capacity factor; plant factor
发电量 electric(al) energy production; energy output; generated energy; generating station capacity; output of electricity; power output
发电流量 power discharge
发电能力 generating capacity
发电起动机 dynastarter
发电渠道 navigable power canal; power canal
发电人 addresser
发电容量 generating capacity
发电设备 generating machine(ry); generating plant; generating set; generating unit; generation set; power plant
发电设备的技师 donkey doctor
发电收入 power revenue
发电收益 power revenue
发电水库 reservoir for power generation
发电水头 productive head
发电隧洞 power tunnel
发电隧洞进水口 power tunnel intake
发电所 generating station; power plant; power station
发电替代方案 generation alternative
发电隧洞 power tunnel
发电系统 generating system
发电消落水位 power drawdown level
发电效率 generating efficiency; generator capacity
发电效益 power benefit
发电泄降水位 power drawdown level
发电蓄水量 power storage
发电引水渠 power canal; power channel
发电用发动机 dynamo engine
发电用水 power water
发电鱼 electric(al) fish
发电站 electric(al) generating station; electric(al) power station; electric(al) works; electricity works; generating plant; generating station; power house; power plant; power station; power utility
发电站电源设备 power plant
发电站负载因数 station load factor
发电站取水口构筑物 power plant intake structure
发电站容量 station capacity
发电站容量或额定功率 generating station capacity
发电站设备利用率 station plant factor
发电站水库 power reservoir
发电站项目 power project
发电站装煤设备 power station coaling plant
发电制动 dynamic(al) brake [braking]; rheostatic brake
发电制动电阻器 dynamic(al) braking resistor
发电装置 generating set; generating unit; power installation
发动 priming; starting
发动的 motive
发动电动机蓄电池 electric(al) starter motor battery
发动机 engine; impellent; mobile; motive power; motor; mover; power machine; power unit; propulsion; starter
发动机安定垫 engine stabilizer pad
发动机安定架 engine stabilizer bracket
发动机安定臂 engine stabilizer arm
发动机安全检查 engine health monitoring
发动机安全控制 engine safety control
发动机安装 erection of engine
发动机安装环 motor mount ring
发动机安装位置 engine mounting location
发动机安装支架 engine mounting bracket
发动机摆动 engine wobble
发动机半径杆托架 engine radius rod bracket
发动机保护装置 engine governor
发动机保温箱 engine heater
发动机保养范围 engine maintenance area
发动机爆击 engine knock
发动机爆燃 engine knock
发动机爆燃压力 engine pressure
发动机爆燃指示器 engine detonation indicator
发动机爆声 engine knock
发动机爆震 combustion knock; engine knock(ing)
发动机编号 engine number
发动机变速箱 engine mission
发动机变速箱转数表 engine mission ga(u)ge
发动机变速箱转数计 engine mission ga(u)ge; engine mission meter
发动机标牌 engine nameplate; engine-

type plate
发动机并车 engine compound
发动机补修机 engine salvage machine
发动机不发火 engine misfiring
发动机不正常运转 galloping
发动机布置 engine configuration
发动机部分 engine section
发动机部件 engine components; engine section
发动机参数 engine parameter
发动机舱 nacelle
发动机舱口 engine hatch
发动机舱冷却系统 engine bay cooling system
发动机操纵杆 engine control lever
发动机操纵台 engine control stand
发动机操纵系统 engine control system
发动机操作 engine operation
发动机操作温度 engine operating temperature
发动机操作指令 engine operation command
发动机侧板 engine side plates
发动机测功器试验台架 dynamometer engine test bed
发动机测试工具箱 engine test tool kit
发动机拆卸 engine stripping
发动机厂 engine works
发动机超速动转 engine racing
发动机超速开关 engine overspeed switch
发动机车间 engine plant; engine (work) shop
发动机车轴 engine trunnion
发动机沉积物 engine deposits
发动机成套工具 engine tool kit
发动机成套零件 engine kit
发动机程序设计 engine programmer
发动机持续工作 continuous firing
发动机持续功率 engine continuous output
发动机齿轮箱 engine gearbox
发动机齿轮箱组 engine gearbox unit
发动机出水软管接头 engine water outlet hose connection
发动机传动 engine-drive
发动机传动泵 engine-driven pump
发动机传动装置的可变连接 engine-transmission unit variable coupling
发动机船 motor ship
发动机次序操纵台 engine sequence panel
发动机簇 cluster of engines
发动机大修 engine overhaul; engine renovation
发动机带动的油泵 engine-driven pump
发动机怠速调整螺丝 engine idling speed adjusting screw
发动机单元 motive power unit
发动机挡板 engine shroud
发动机挡泥板 engine shield
发动机的高速空转 engine racing
发动机的加速性能 pick-up of engine
发动机的空气流量 engine air capacity
发动机的空转 running-in
发动机的耐用性 engine durability
发动机的扭矩 engine torque
发动机的推力测定计 thrust jack
发动机底板 engine baseplate
发动机底壳 engine sump
发动机底盘 engine pan; engine underpan
发动机底座 engine support
发动机地梁 engine mud sill
发动机点火 engine ignition
发动机电动机控制 Leonard control
发动机电动势 voltage generator
发动机电子显示器 engine-scope
发动机吊舱 engine car; power car
发动机吊钩 engine lifting hook
发动机吊架 engine lifting bracket; engine lifting fixture
发动机吊索 engine hoisting sling
发动机定时 timing of engine
发动机定时齿轮壳 engine timing case
发动机定时指针 engine timing pointer
发动机短舱 gondola; engine nacelle
发动机额定功率 engine power rating; rating of engine; engine rating
发动机额定推力 thrust level
发动机额定转数/分钟 rated engine revolutions per minute
发动机额定转速 engine governed speed; rated engine speed
发动机发火次序 engine firing order
发动机发火顺序 engine firing order
发动机发热部分探测 hot motor part detection
发动机发热速率 engine heating rate
发动机发展趋向 engine trends
发动机阀 engine valve
发动机法 motor method
发动机翻新 engine renovation
发动机防冰系统 engine anti-icing system
发动机防尘盘 engine dust pan
发动机防冻剂 engine anti-freeze
发动机防冻系统 engine winterization system
发动机防冻液 engine fluid
发动机防火钢 engine fire-protection
发动机防锈油 engine preservative
发动机房 engine house [housing]; engine room; engine shed
发动机放气孔 engine louver
发动机飞轮动力输出装置 flywheel power take-off
发动机飞轮上的平衡重 engine balance
发动机风扇 engine blower; engine fan
发动机封藏 engine pickling
发动机辅助装置 engine accessory
发动机附件 accessories of engine
发动机复合 engine compounding
发动机盖 bonnet of an engine; engine hood
发动机盖板 engine hood panel
发动机盖灯开关 hood light switch
发动机盖上侧板 engine hood upper side panel
发动机缸体 engine block
发动机缸体加温器 engine block heater
发动机高空低压实验室 engine altitude chamber
发动机高温告警开关 engine high temperature alarm switch
发动机高温警报开关 engine high temperature alarm switch
发动机隔壁 engine bulkhead
发动机工作 engine functioning
发动机工作不平稳 engine roughness
发动机工作期限 overhaul period
发动机工作容量 engine volumetric capacity
发动机工作时的摆动 rock of engine
发动机工作时速率 power-on speed
发动机工作寿命 engine running life
发动机工作中形成的胶状物质 engine gum
发动机功率 engine capacity; engine power
发动机功率的提高 development of engine power
发动机功率定额 engine power rating
发动机功率下降 engine deration
发动机功率-重量比值 engine power-weight ratio
发动机功能 duty of engine
发动机供料泵 engine feed pump
发动机供油线路 power supply circuitry
发动机构 motor mechanism
发动机固定方式 engine mounting
发动机故障 engine complaint; engine failure; engine trouble
发动机故障显示与停车装置 engine failure sensing and shutdown system
发动机关闭 tail off
发动机过热 engine overheat
发动机号数 engine number
发动机合理转速 engine rational frequency
发动机和齿轮箱组 engine and gearbox unit
发动机荷载 engine load
发动机恒温器壳放泄阀 engine thermostat housing drain valve
发动机横向传动 engine cross-drive
发动机横向传动箱 engine cross-drive casing
发动机后端动力输出装置 rear end power take-off
发动机后架 engine rear mounting
发动机后支架 engine rear support
发动机后置的履带式装载机 rear engine crawler
发动机后置的平地机 rear engine grader
发动机护板 engine guard
发动机护罩 engine hood
发动机滑油沉淀器 engine sump well
发动机滑油系统 engine oil system
发动机环架 engine mounting ring
发动机活塞 engine piston
发动机活塞冲程 engine stroke
发动机活塞卡住 engine sticking
发动机活塞销 engine gudgeon pin
发动机机舱 engine compartment
发动机机架 engine frame; engine mount; entablature; entablement
发动机机架结构 engine mounting construction; engine mounting structure
发动机机体 engine body
发动机机匣 engine crankcast
发动机机油泵 engine oil pump
发动机机油管道 engine oil line
发动机机油结胶 engine sludge
发动机机油压力表 engine oil pressure ga(u)ge
发动机机油压力指示灯 engine oil pressure light
发动机机油油位表 engine oil level ga(u)ge
发动机机罩 engine cover
发动机机座 engine seat(ing)
发动机积累转数计 accumulated engine rpm indicator
发动机计测器<测发动机转数的位置> digital engine measuring unit
发动机计时器 engine hour meter
发动机记录簿 engine book
发动机技术员 engine mechanic
发动机加力燃烧系统 engine afterburner system
发动机加热延续时间 heating period of the engine
发动机加温 engine warm-up
发动机加油口盖 engine oil filling cap
发动机架 engine cradle; engine mounting; subframe; thrust frame
发动机监测器 engine monitor
发动机监视器 engine monitor
发动机减速器 engine speed reducer
发动机减速装置 engine speed reducer
发动机减振器 engine snubber
发动机检查器 engine monitor
发动机检修坑 engine pit
发动机交叉供油 engine crossfeed
发动机交流发电机组 engine alternator set
发动机胶状沉积 engine gum
发动机脚孔 engine feet centers
发动机接地片 engine ground strap
发动机节流阀 engine throttle
发动机节气门操纵臂 engine throttle bellcrank
发动机节气门关闭 engine throttled back
发动机进气 inductance
发动机进气粗滤器 engine air intake precleaner
发动机进气口 engine intake
发动机进气口冲压 engine(inlet) ram
发动机进水口 engine water inlet
发动机净功率 engine net power
发动机开车法 motor method
发动机开车状态 power-on condition
发动机开动时的平衡条件 power-on-trim condition
发动机靠后装(的车辆) rear engine
发动机靠前装(的车辆) front engine
发动机壳垫 engine cast pad
发动机壳紧固件 engine housing fastener
发动机壳体 motor body; motor case
发动机空气管道 engine air line
发动机空转 racing; racing of engine
发动机控制 engine control
发动机控制机构 engine control gear; engine controls
发动机控制盘 engine control panel
发动机控制特性 engine control characteristic
发动机控制系统 engine control system
发动机控制中心 motor control center [centre]
发动机控制装置 engine control mechanism
发动机冷却 engine cooling
发动机冷却水 engine cooling water
发动机冷却套 motor cooling jacket
发动机冷却系温度计 engine cooling thermometer
发动机冷却液 engine coolant
发动机冷却液泵 engine coolant pump
发动机冷却液加温器 engine coolant heater
发动机冷试转设备 engine cold running test installation
发动机冷态试验 blowdown firing
发动机离合器 engine clutch
发动机力矩 engine moment; engine torque
发动机零件 engine parts
发动机滤清器 engine filter
发动机螺栓 engine bolt
发动机螺旋桨组 engine propeller unit
发动机马力 engine power
发动机慢转 tick-over
发动机每分钟转数 engine revolutions per minute
发动机蒙皮 engine enclosure
发动机密封垫 engine gasket
发动机灭火 blowout of an engine
发动机灭火按钮 engine fire-extinguisher push-bottom
发动机灭火开关 engine fire shut-off cock
发动机灭火系统手柄 engine fire handle
发动机灭火系统选择门 engine fire selector switch
发动机摩擦力 engine friction
发动机磨损 engine scuffing; engine wear
发动机内部控制 internal engine con-

trol
发动机耐久试验 engine endurance test
发动机能量控制器 motor controller
发动机能率 duty of engine
发动机排出物 engine out emission
发动机排量 engine displacement;engine volumetric capacity
发动机排气侧 engine exhaust(gas);exhaust(side)of engine
发动机排气管 engine exhaust pipe
发动机排气歧管 engine exhaust manifold
发动机配电板 engine panel
发动机喷管 engine jet pipe;motor nozzle;power plant nozzle
发动机喷管喉道直径 motor throat diameter
发动机喷口盖 motor end closure
发动机喷射流 power jet
发动机棚 engine shed
发动机皮带轮 engine pulley
发动机平衡 engine balance[balancing]
发动机漆膜沉积 engine lacquer
发动机启动 engine break-in;kick
发动机起动 engine start(ing)
发动机起动柄 engine arm
发动机起动反应器 motor starting reactor
发动机起动机 engine starter;starter;starting motor
发动机起动机构 engine starting mechanism
发动机起动接触器 engine starting contactor
发动机起动开关 engine start switch
发动机起动马达 engine cranking motor
发动机起动器 engine primer;motor starter
发动机起动燃料 engine priming fuel;engine starting fuel
发动机起动手柄 engine starting handle
发动机起动特性 motor starting characteristic
发动机起动系统 engine starting system
发动机起动摇把 engine arm
发动机起动注油 engine priming
发动机起动(注油)器 engine primer
发动机起动装置 engine starting gear
发动机起落架 engine lifting
发动机起重机 engine hoist
发动机气门机构 engine valve mechanism
发动机汽缸 cylinder;engine cylinder
发动机汽缸排量 engine cylinder displacement
发动机汽缸油箱 engine cylinder oil tank
发动机汽缸直线单行排列 engine cylinders in line arrangement
发动机牵引力 engine traction
发动机前定时装置 engine front timing gear
发动机前端 motor head
发动机前端动力输出装置 engine front end power take-off
发动机前机罩 engine front housing
发动机前面面积 engine front
发动机前支架 engine front support;engine front support bracket
发动机前置的履带式装载机 front engine crawler loader
发动机前置式平地机 front engine drive grader
发动机敲缸 engine knocking
发动机敲击 engine splutter
发动机清洁器 engine cleaner
发动机清漆 engine varnish
发动机清洗 engine wash
发动机清洗剂 engine cleansing agent
发动机清洗器 engine cleaner
发动机清洗油 engine conditioning oil
发动机曲柄 engine crank
发动机曲柄箱 engine crankcase
发动机曲轴 engine crankshaft
发动机曲轴负载 engine crank shaft loading
发动机曲轴箱 engine sump
发动机曲轴箱支座臂 engine supporting arm
发动机曲轴爪 engine jaw
发动机驱动的 engine-driven
发动机驱动的传动装置 engine-driven transmission
发动机驱动的发电机 engine-driven generator
发动机驱动电池充电器 engine-driven battery charger
发动机驱动发电机 engine-driven generator
发动机驱动绞车 engine-driven winch
发动机驱动沥青玛蹄脂搅拌机 engine-driven mastic asphalt mixer
发动机驱动旋转式扫路机 engine-driven rotary sweeper
发动机全开油门时的功率 full throttle engine horsepower
发动机缺火 engine missing
发动机裙部 apron
发动机燃料 engine fuel;motor fuel;motor spirit;power fuel
发动机燃料爆震 pinking
发动机燃料起动性 startability of motor fuel
发动机燃料添加剂 engine fuel additive;motor fuel additive
发动机燃料组成 motor fuel constituent
发动机燃烧过程 engine burn
发动机燃烧室 motor chamber
发动机燃烧室直径 motor chamber diameter
发动机燃油 engine fuel
发动机燃油压力 engine fuel pressure
发动机热辐射 engine radiation
发动机容积效率 engine volume efficiency;engine volumetric efficiency
发动机容量 engine capacity
发动机润滑剂 engine grease
发动机润滑系统 engine lubrication system
发动机润滑油 engine lubricating oil;engine oil
发动机润滑油冷却器 engine oil cooler
发动机润滑油滤清器 engine oil filter
发动机润滑油路 engine oil gallery
发动机润滑油稀释系统 engine oil dilution system
发动机塞 engine spigot
发动机三点固定 engine three point suspension
发动机散热器 engine radiator
发动机上软垫总成 engine upper rubber mounting assembly
发动机上置式机械 upper engine
发动机身 engine body
发动机时间常数 motor time constant
发动机式机械 dual horse power
发动机试车 engine break-in;engine run
发动机试验 engine test
发动机试验操纵台 motor console
发动机试验操作序列 engine operating sequence
发动机试(验)车间 engine test cell
发动机试验方法 engine test method
发动机试验机 motor analyser[analyzer]
发动机试验器 engine tester
发动机试验设备 engine test facility;engine testing equipment
发动机试验室 engine testing room
发动机试验台 block testing stand;engine test bed;engine test stand;motor analyser[analyzer];motor test stand
发动机试验台架 thrust stand
发动机试验台试验 engine rig test
发动机试验台特性 engine test bench characteristic
发动机试验装置 engine test plant
发动机试运转 motoring run
发动机试转 running-in of engine
发动机室 engine room
发动机手柄 engine hand piece
发动机输出功率 engine output
发动机输出量 engine output
发动机输油路 engine oil supply passage
发动机双排汽缸相对平放 engine cylinders opposed arrangement
发动机双排汽缸星形排列 engine cylinders radial arrangement
发动机速降 engine speed drop
发动机碎裂 engine disintegration
发动机损耗 engine breakdown
发动机台架 engine pedestal
发动机台试 engine map(ping)
发动机太阳油 engine solar oil
发动机套 engine jacket
发动机特性 engine performance
发动机特性测定 engine map(ping)
发动机特性曲线 engine performance curve
发动机调节 engine conditioning
发动机调节器 engine controller;engine governor
发动机调速 engine governed speed
发动机调速器 engine governor;engine speed regulator
发动机调整 engine conditioning;engine tune-up;motor tune-up
发动机停车 engine cut-off;engine off;motor cuts out
发动机停车记时器 engine cutoff timer
发动机停车瞬时速度 engine cut-off velocity
发动机停车状态 power-off condition
发动机停火 engine shorting-out
发动机停机装置 engine shutdown device
发动机停止 engine stop
发动机停止工作 engine shutdown
发动机停止运转 engine shutdown
发动机通风能力 engine breathing ability
发动机通气孔 engine breather
发动机头 motor head
发动机凸耳 engine lug
发动机突然停转 engine quit
发动机图表 engine chart
发动机推进飞行器 motor ship
发动机推力 motor power(output)
发动机托架 engine bracket
发动机瓦斯油 engine solar oil
发动机外部控制 external engine control
发动机万能试验台 universal engine stand
发动机温度传感器 engine temperature sensing unit
发动机温度计 engine heat indicator;engine temperature ga(u)ge;engine temperature indicator
发动机稳定器杆 engine stabilizer bar
发动机稳定器弹簧 engine stabilizer spring
发动机污脏 engine fouling
发动机熄火 engine kill;engine miss;power cut-off;stalling of engine
发动机熄火停转 engine dies
发动机洗涤剂 engine cleaning agent
发动机系统 engine arrangement;engine system
发动机下置式机械 lower engine
发动机限速 engine governed speed;governed engine speed
发动机限制器 engine governor
发动机箱 engine case
发动机橡胶垫 rubber engine mounting
发动机消防系统控制板 engine fire panel
发动机效率 engine efficiency
发动机啸声 screaming;screeching
发动机卸荷调压器 engine unloading pressure regulator
发动机卸下 engine removal
发动机型号 engine model;engine type
发动机形式 power type
发动机性能 engine performance
发动机性能试验 engine performance test
发动机性能图表 engine performance chart
发动机修理 engine overhaul;engine reconditioning;overhang engine overhaul
发动机修理台 engine repair stand
发动机修理组 engine repair section
发动机循环 cycle of engine;engine cycle
发动机循环增压比 engine cycle pressure ratio
发动机压力 engine pressure
发动机仪表盘 engine instrument panel
发动机仪表组 engine ga(u)ge unit
发动机用电线束 engine harness
发动机用漆 engine lacquer
发动机用轻油 engine distillate;tractor fuel
发动机用润滑油 cylinder oil
发动机用推力测定 engine thrust measuring
发动机油 mobile oil
发动机油槽 engine oil sump
发动机油门 engine feed valve;engine throttle
发动机油面高度指示器 engine oil level indicator
发动机油盘 engine oil pan
发动机油容量 engine oil capacity
发动机油箱 engine oil tank
发动机油渣 engine oil sludge
发动机有效功率 energy output;engine output
发动机淤渣 engine sludge
发动机鱼鳞片控制 cowling gill control
发动机预防性保养 engine preventive maintenance
发动机预热 engine prewarming;engine warming-up
发动机预热器 engine preheater
发动机预润滑泵 engine-prelube pump
发动机元件 motor element
发动机运转 engine operation
发动机运转不稳 roughness of engine
发动机运转不正常 to conk(out)
发动机(运转)小时计 engine hour meter
发动机运转中断 engine conk
发动机在车架上定中心设备 engine in frame alignment device
发动机在调速下的额定转数/分钟 rated governed engine rpm

发动机噪声 engine noise;motor noise
发动机噪音 engine noise
发动机增压机 engine supercharger
发动机增压器 engine supercharger
发动机增压限制器 debooster
发动机闸 engine brake
发动机罩 cowl;engine casing;engine housing cover;engine shield;lantern
发动机罩部件 engine hood assembly
发动机罩挡 hood bump
发动机罩盖 hood shield
发动机罩减声片 hood anti-squeak
发动机罩嵌线装饰 hood mo(u)lding
发动机罩裙 gill cowling
发动机罩托架防撞器 hood support bumper
发动机罩斜放气孔 sloping louver of the hood
发动机真空测试计 engine vacuum checking ga(u)ge
发动机真空度 engine vacuum
发动机振动 engine lugging;engine vibration
发动机振动频率 rhythm of engine
发动机整流罩 cowling
发动机整体外壳 barrel-type crankcase
发动机正常转速 normal engine speed
发动机支撑 engine strutting
发动机支撑框架 engine-frame mounting
发动机支承板 engine baseplate
发动机支杆 engine support(ing) bar
发动机支架 engine bracket;engine mount;engine support;engine stand
发动机支架垫 engine support cushion
发动机支架防油罩 engine support oil shield
发动机支架软座 engine support insulator
发动机支架弹簧 engine support spring
发动机支台 engine pickups
发动机支座支撑脚 engine bearer foot
发动机指示器 engine ga(u)ge
发动机制动 engine braking
发动机制动器 engine brake
发动机制造 engine-building
发动机制造厂 engine shop
发动机置于尾部的 rear-engined
发动机中的钢部件 steel engine parts
发动机重量指标 weight index of engine
发动机重新启动 engine restart
发动机轴 engine shaft;motor axle
发动机轴承发热 engine runs hot
发动机助动的 motor-assisted
发动机助力阀 servomotor valve
发动机助力制动器 engine assisted braking
发动机转动不稳 engine rough
发动机转矩 engine torque
发动机转数 engine revolution;engine speed
发动机转数表 engine counter;engine revolution counter
发动机转数计 engine revolution counter
发动机转数增加 run-up of engine
发动机转速 engine speed;speed of engine
发动机转速表 engine speed indicator;engine speed recorder;engine tach(e)ometer
发动机转速计 engine tach(e)ometer
发动机转速调节器 motor speed controller
发动机转速自动同步器 automatic engine speed synchronizer
发动机装配 engine assembly
发动机装配工 engine fitter
发动机装在后端的装载机 rear engine loader
发动机装在前端的装载机 front engine loader
发动机装置 engine arrangement;engine mounting
发动机装置重量 power plant weight
发动机状态监控 engine condition monitoring
发动机着火 engine fire
发动机自动起动器 automatic motor starter
发动机自动停车 engine stalling
发动机自动停机装置 engine cut-off
发动机自重 engine dry weight
发动机综合试验机 engine analyser [analyzer]
发动机总检修 major engine overhaul
发动机阻力 engine drag
发动机组 cluster engine;engine block;engine unit;motive power unit;set of engines
发动机组传感器 engine unit sender
发动机组件 engine pack
发动机最大扭矩 engine maximum torque;maximum engine torque
发动机最大输出功率 maximum engine output
发动机最大转速 maximum engine speed
发动机座 engine base;engine bearer;engine bed;engine stand;seating of engine
发动机座板 engine saddle;engine supporting plate
发动力 motive force;motivity
发动水位 priming level
发动效益 power benefit
发抖 shiver;shudder;thrill
发嘟嘟声 blare;beep
发端 originate
发端话务 originating traffic;outgoing traffic
发端记录器 originating register
发端检测码 originator detection pattern
发端流域 originating basin
发恶臭 stink
发方/收方计量差 shipper/receiver difference
发放 discharge
发放贷款 crediting;extend a loan;granting of loans;offer loans;to make loans
发放贷款的书面说明 disclosure statement
发放工资单 payroll sheet
发放工资额 payroll
发放工资日 pay day;wage day
发放股利专款 cash with agent for dividend
发放津贴方案 bonus award plan
发放空箱 <集装箱> dispatching of empty container
发放库存 issuing store
发放薪工时的扣款计划 payroll deduction plan
发放许可证者 licenser[licencer]
发放职业许可证 occupational licensing
发沸石 flokite
发粉 hair powder
发蜂音 buzz
发高斜同步 non-horizontal simultaneous with transmitter upper
发给 giving;issuance
发给补助金 grant pension
发给驾驶人执照 operator licensing
发给利息票 detach coupons to
发给联运人执照的制度 licensing system for multimodal transport operator
发给提货单 issuance of bills of lading
发给退休金 superannuate
发给退职金 superannuate
发给委任书 accredit;invest … with power of attorney
发给许可证费用 license expenses
发工资 payoff
发工资期 pay period
发工资日 pay day
发汞 hair mercury
发光 blaze;brightening;emission of light;glaze;glow;irradiance[irradiancy];irradiation;lightening;luminous emission;radiance;radiate;radiation;effuse
发光按扣 luminous push-button
发光按钮 luminous button;luminous push-button;radioactive button
发光板 lighting slab;luminescent screen
发光饱和 luminescent saturation
发光闭塞机 luminous block instrument
发光壁 luminous wall
发光边 luminous edge
发光标度盘仪器 illuminated dial instrument
发光标线 luminous mark
发光标志 self-illuminated sign;luminous sign <标志内部有光源照明>;luminous marker
发光表面吸收率 luminous surface absorptivity;radiant surface absorptivity
发光表面吸收能力 luminous surface absorptivity;radiant surface absorptivity
发光表盘 luminous dial
发光表盘照明灯 luminous dial lighting
发光玻璃 fluorescent glass;luminescent glass;luminous glass
发光箔 luminous foil
发光部分 luminous component
发光材料 luminescent material;luminous material
发光材料光度计 luminescent material photometer
发光层 emitting layer;luminescent layer;luminous layer
发光产额 luminescence yield
发光弛豫曲线 luminescence relaxation curve
发光刺激 luminescent stimulation
发光大气 emitting atmosphere
发光大气光象 luminous meteor
发光带 luminous band;luminous zone
发光的 luminescent;luminous;photic;radiant;flaring;shiny
发光的标志桩 illuminated bollard
发光的金属薄片 luminous foil
发光的黏[粘]土 shiny clay
发光的助航设备 lighted aids
发光的组成物 luminous composition
发光灯 electroluminescent lamp
发光灯丝高温计 luminous filament pyrometer
发光点 luminous point
发光点滴分析 light-emitting drop-out point analysis
发光电钮 luminous electric(al) button
发光电平表 photo-level
发光电子 emitting electron;luminous electron
发光顶棚 luminous ceiling
发光顶棚体系 luminous ceiling system
发光度 luminance;luminous emittance;luminous radiance;visibility ratio
发光度标 luminosity scale
发光度函数 luminosity curve;luminosity function;spectral luminous efficiency;visibility function
发光度盘 luminosity scale
发光度系数 luminosity factor
发光度响应 luminosity response
发光度因子 luminosity factor
发光对比分析 light-emitting correlation analysis
发光二极管 light emitting diode;luminescence diode;luminous diode;super-digits
发光二极管显示 light emitting diode display
发光反应 luminescence-producing reaction;luminous reaction
发光方式 light phase
发光沸石 arduinite;ashtonite;flokite;mordenite;ptilolite
发光分光光度计 luminescence spectrophotometer
发光分析 luminescence analysis;luminescent analysis
发光敷层 fluorescent coating
发光浮标 light buoy;luminous buoy;illuminated buoy
发光浮子 lighted float;luminous float
发光辐射 luminous radiation
发光辐射效率 luminous radiation efficiency
发光功率 luminous power
发光功效 luminous efficiency
发光管 luminotron
发光光谱 luminescent buoy
发光光谱测量法 luminescence spectrometry
发光海面 luminous sea
发光合金 pyrophoric alloy
发光核 luminous nucleon
发光弧 luminous arc
发光化射线的 photoactinic
发光环境 luminous environment
发光混合物 luminous compound
发光活化剂 luminescent activator
发光火焰 luminous flame
发光机构 luminous mechanism
发光机制 luminescence mechanism
发光基团 illuminophore
发光激发光谱 luminescence excitation spectrum
发光激活 luminescence activation
发光激活剂 luminescence activator
发光激励 light excitation
发光计 luminometer
发光计数器 luminescent counter
发光剂 luminescent agent;luminous agent
发光剂量仪 luminescence dosimeter;luminescent dosimeter
发光结 light-emitting junction
发光界限 threshold of luminescence
发光晶体 luminescent crystal
发光菌 luminescent bacterium;luminous agent;photobacteria
发光菌毒性测定 luminescent bacteria toxicity test
发光菌法 luminescent bacteria method
发光菌落 photogenic colony
发光开关 illuminated switch
发光孔 lightening hole
发光力 illuminating power
发光沥青测井 light-emitting bitumen logging
发光灵敏度 luminous sensitivity
发光路标 luminous mark

发光率 luminance;luminosity factor
发光率增益 luminance gain
发光罗盘 luminous compass
发光毛细分析 light-emitting capillary analysis
发光门牌 luminous house number
发光密度 luminance density; luminous density
发光面 light-emitting area; luminous area; luminous surface; mirror surface
发光面积 light-emitting area
发光模拟电路 minic bus
发光模拟接线图 luminous-circuit diagram
发光能 light energy
发光能力 lighting power; luminous power
发光能量 luminous energy
发光疲劳 luminous fatigue
发光屏 light-emitting screen
发光谱图 luminescent spectrogram
发光漆 fluorescent paint(ing); glazing paint; luminescent paint; luminous paint; reflective paint
发光气焰 luminous gas flame
发光器 illuminator; lighter; luminaire
发光强度 light intensity; luminescence intensity; luminescent light; luminous intensity; luminous power; luminosity
发光强度标准 luminous intensity standard
发光强度单位 unit of luminous intensity
发光强度分布 luminous intensity distribution
发光墙 luminous wall
发光区 luminous zone
发光燃气火焰 luminous gas flame
发光染料 luminescent dye
发光热处理 bright heat treatment
发光色中心 luminescence colo(u)r centre
发光扇面 arc of lighting
发光设备 light apparatus; luminaire
发光摄谱学 optic(al) emission spectrography
发光摄谱仪 optic(al) emission spectrograph
发光生物 luminous organism
发光石英 luminous quartz
发光石英衰变时间 luminescence decay time
发光石英谐振器 luminous quartz resonator
发光示踪剂 luminescent tracer
发光视见度图表 luminous visibility diagram
发光视见距离 luminous range
发光试验 luminous test
发光熟料块 luminous clinker lump
发光衰变 decay of luminescence
发光衰退 dark burn fatigue
发光塑料标桩 light plastic spar
发光炭精棒 flame carbon
发光炭精棒弧光灯 flame carbon arc lamp
发光搪瓷 luminescent enamel
发光陶器 luminous pottery
发光体 fluophor; illuminator; light emitter; light fitting; luminaire; luminary; luminophor(e); luminosity; luminous body; shiner
发光体间隔 luminaire spacing
发光体系 luminous system
发光天花板体系 luminous ceiling system
发光天花板照明 luminous ceiling lighting
发光通量强度 luminous flux intensity
发光图 illuminated diagram
发光涂层 fluorescent coating; luminous coating
发光涂料 luminescent paint; luminous paint
发光团 luminophor(e)
发光退降剂量计 luminescence-degradation dosimeter
发光望远镜 mirror telescope
发光物 illuminant
发光物体 radiant
发光物质 luminescent material; luminous substance
发光系数 luminance factor; luminous coefficient; luminous efficiency
发光系统 luminous system
发光细菌 photobacteria; photogenic bacteria
发光纤维 luminescent fiber[fibre]
发光现象 luminescence; photoluminescence
发光线 luminous ray
发光相等 equality of luminosity
发光效 light output; lumen output
发光效率 lamp efficacy; lamp efficiency; light output; luminaire efficiency; luminous efficacy; luminous efficiency <光通量占全部辐射能的比例,普通电灯以"流明/瓦"表示>
发光效应 effect of illumination; luminous effect
发光信号 luminous signal
发光信号系统 luminous signal system
发光信号装置 luminous signal system
发光性 luminescence
发光性质 luminance
发光颜料 luminescent pigment; luminous paint; luminous pigment
发光荧光屏 light-emitting screen
发光油墨 luminous printing ink
发光(油)漆 luminous paint
发光元件 light-emitting component; luminous component; luminous element
发光源标准 primary luminous standard
发光云 luminous cloud
发光折射范围 range of luminous reflectance
发光纸 luminescent paper; luminous paper
发光指示器 luminescent indicator; luminous indicator
发光质量 luminous mass
发光中心 light center[centre]; luminescence center[centre]; luminescent center[centre]; luminous center[centre]
发光中心长度 light-center[centre] length
发光装置 luminaire
发光状态 luminance
发果 prothoate
发函清单 mailing list
发函日期 date of a letter
发函通知 notice by post
发汗 sweating
发汗工艺 sweating process
发汗冷却 porous cooling; sweat cooling
发汗室 sweating room
发号频率 marking frequency
发号器 number sender
发黑 darkening
发黑处理 blackening
发黑处理钢丝钳 black finish combination pliers
发黑处理可调扳手 black finish adjust-able wrench
发黑了的 nielloed
发黑氧化处理 brunofix
发横财 pay-dirt; strike
发红 flushing
发洪水 flooding; freshet
发弧光 arcing
发弧光炭棒 flame carbon
发弧时间 arc time
发花 colo(u)r floating; ghosting; gloss shitting; variegate
发话端 first speaker
发话机 sound transmitter
发话器 transmitter
发话器盒 transmitter capsule
发话人回声 talker echo
发还抵债物品 eloignment
发还退税 issue a drawback
发慌 feel nervous; get flurried; get flustered
发黄 mooning; yellowing
发灰 burnt hair
发灰色 graying
发挥带头作用 play the role of vanguard; take the lead in
发挥各地优势 exploit the particular advantages of each region
发挥经济优势原则 making full use of economic advantages
发挥潜力 to bring potential into play
发挥投资效果 make the investment yield results; realize returns on an investment
发挥效率 tune-up
发挥优势原则 making full use of favorable factors
发挥职能方法 method of functioning
发挥自己的能力 do oneself justice
发昏 dizzy; feel giddy
发浑 cloudiness; clouding
发混 cloud(ing)
发火 blowing; combustion; combustion initiation; fire fighting; flashover; ignition; priming
发火冲程 ignition stroke
发火次序 firing order
发火点 firing point; ignition point; sparking point
发火电路 ignition circuit
发火电位 priming potential
发火电线 ignition cable
发火定时 ignition timing
发火定时杆 spark time lever
发火管 ignitron; squib
发火管阻塞 choking of the ignition
发火合金 pyrophoric alloy; sparking alloy
发火花 blink; crackle; spark(ing); spark jump
发火花的触点 sparking contact
发火花接点 sparking contact
发火火花 ignition spark
发火极 primer
发火剂 igniter
发火间隔 firing interval
发火开关 ignition switch
发火控制 ignition control
发火快速性 rapidity of ignition
发火落后 lag of ignition
发火帽 detonating cap
发火器 igniter[ignitor]; ignitron
发火枪 spark plug
发火设备【机】 ignition system
发火时间 time of ignition
发火手枪 sparkling pistol
发火速度 firing speed
发火提前 preignition
发火提早装置 modifier spark advance
发火调整 fire adjustment; adjustment of ignition
发火危险 ignition hazard
发火温度 flashing temperature; ignition temperature
发火系统 ignition system
发火线圈 ignition coil
发火性能 ignition quality
发火性增进剂 ignition quality improver
发火延迟 delay of firing
发火药 primer
发火抑制剂 flammable inhibitor
发火永磁发电机 ignition magneto
发火针 ignition pin
发火质量 ignition quality
发火转矩 firing torque
发火装置 sparking gear
发火撞锤 firing hammer
发货 charge send; consign; deliver goods; delivering of goods; delivery of goods; despatching[dispatching] of goods; make deliveries; sendout goods; shipment; shipping
发货安排 dispatching[despatching] plan; dispatching[despatching] program(me)
发货按成本计价 shipments billed at cost
发货标记 shipping mark
发货标签 shipping tag
发货处 dispatching[despatching] control
发货单 bill of parcel; cargo shipping order; dispatching [despatching]; despatching sheet; dispatching bill; invoice; issue note; consignment note
发货单存根 invoice book
发货单位 forwarding unit
发货地(点) place of dispatching[despatching]; point of origin
发货地价格 free on board in harbo(u)r
发货符号 cargo-lot mark
发货港 port of dispatch; port of shipment
发货国 country of dispatch
发货和收货单位 goods forwarding and receiving units
发货检查 delivery inspection; shipping inspection
发货检验 delivery inspection
发货累积数 shipping accumulation number
发货量 sendout; shipment
发货楼层 distributing stor(e)y; distribution floor
发货棚 dispatch shed
发货坡道 delivery ramp
发货前开出的账单 advance bill
发货前试验 predelivery test
发货清单 shipping list
发货清单重量 invoice weight
发货人 consigner[consignor]; sender; shipper
发货人报的重量 shipper's weight
发货人声明书 sender's declaration
发货人收据 consignor's receipt; sender's receipt
发货人正确装载手册 shipper's guide for proper stowage
发货人装车 loading by sender
发货人自装自理 shipper's load and count; shipper's load and tally
发货设备 delivering device
发货收货人 shipper-receiver
发货通知 consignment note; notice of shipment goods
发货通知书 advice note; consignment bill; consignment note; letter of advice

F

发货斜台 delivery ramp
发货站 delivery station
发货整理费 address commission
发货中心 despatching center[centre]
发货重量和理货 shipper's load and tally
发迹 advance in the world
发激荡声 swash
发价 make an offer;offer
发价单 offer sheet
发价人 offerer
发件人 addresser
发交仲裁令 order of reference to arbitration
发酵 ferment;fermentation;yeast;zymo(ly)sis
发酵保险 fermentation insurance
发酵槽 fermentation tank;fermentation tun;fermentor
发酵厂 fermenting plant;malt-house
发酵池 fermentation tank;fermenting tank
发酵处理 fermentation treatment
发酵带 zymosis zone
发酵废水 fermentation wastewater
发酵废物 fermentation waste
发酵粉 baking powder;fermentation powder;yeast
发酵工厂 fermentation plant
发酵工程 fermentation engineering
发酵工业 fermentation industry
发酵工业废水 wastewater from fermentation industry
发酵工业副产物 fermentation industry by-product
发酵管 fermentation tube
发酵罐 fermentation tank;fermenter
发酵过程 course of fermentation;fermentation process
发酵过的粪肥 short dung
发酵剂 leaven
发酵介质 fermentation media
发酵酒精 fermentation alcohol
发酵力计 zymoscope
发酵能 fermentation energy
发酵酿造业 fermentation brewing industry
发酵热 fermentation heat;heat of fermentation
发酵溶液 fermentation liquid
发酵生物 fermentating organism
发酵食品 fermentating food
发酵室 fermentation chamber
发酵同化作用 fermentation assimilation
发酵细菌 fermenting bacterium
发酵性细菌 fermentative bacterium;zymogeneous bacteria
发酵学 zymology
发酵装置 fermentation plant
发金红石 cupid's dart;love arrows;Venus' hair stone
发晶 trichite
发卷 curled hair
发觉危险的时间地点 point of perception
发掘 disentomb;exhumation;exhume;unearth
发掘劳动潜力 tap the labo(u)r potential
发掘生产潜力 tap the production potential
发掘文物 unearth cultural relics
发菌 Cladoderris hairy fungus
发卡机【计】card sender
发卡式绕组 hairpin winding
发卡形路基 hairpin bed
发款员 paymaster
发蓝 blue finish;blu(e)ing
发蓝薄钢板 blue planished steel;blue sheet;Russian iron
发蓝处理 blu(e)ing treatment
发蓝钢丝 blue annealed wire;blue annealing wire
发蓝退火 <线材的> blue annealing
发蓝退火薄钢板 blue sheet
发冷光 luminescence
发亮 brightening;lightening;lucency
发亮的 luminous;splendent
发亮的高温火焰 luminous far reaching flame
发亮清漆 brilliant varnish
发亮炭黑 shining soot
发亮烟煤灰 shining soot
发了霉的 mucid
发料 issuance of materials;issue;store issue
发料标签 shipping tag
发料材料厂 shipment store
发料仓库 material issuing warehouse
发料车 supply car
发料单 issue note;issue slip;shipping notice
发料单位 material issuing unit
发料登记簿 stores-issued book;stores-issuing book
发料汇总表 material requisition summary
发料列车 supply train
发料清单 debit schedule
发料日期 date of shipment
发料通知单 delivery order;shipping notice
发裂 capillary crack;checks;chip crack;feather check(ing);feather cracking;fine crack;fine fissure;hair checking;hair cracking;hairlike crack;hairline;hairline crack(ing);incipient crack;shatter-crack;tiny crack;craze <混凝土>;roak <轧长的气泡,表面缺陷>
发裂痕 shatter mark
发裂圈 <钢材缺陷> fish eye
发裂缺陷 fish eye;snow flake <由白点引起的>
发裂纹 hair check;flaw <钢材>;microflaw <钢材>
发磷光 phosphorescence
发磷光的 phosphorescent
发磷光的标志 phosphorescent sign
发磷光物质 phosphorescent material
发码 code sending
发码部件 coding unit
发码单元 coding unit
发码电容器 coding capacitor;coding condenser
发码段 coding section
发码环节 coding link
发码继电器 coding relay
发码接点 coding contact
发码开关 coding switch
发码率 signal(l)ing rate
发码器 coder;code sender;code transmitter;sender
发码设备 coding equipment
发码速度 signal(l)ing speed
发码凸轮 coding cam
发码系统 coding system
发码优先权 code preference
发码制 coding system
发码周(期) coding cycle
发满 feeding(-up)
发毛 beard hair
发毛起圈地毯 hair cord carpet
发酶工厂 fermenting plant
发霉 dimming;fungus[复 funguses/fungi];mildew;mo(u)ld;weathering
发霉的 mo(u)ldy;musty
发霉实验 weathering experiment
发霉试验 weathering test
发霉险 risk of mould
发蒙 cloudiness
发蒙无光 dimming
发锰 hair manganese;manganese in hair
发面炉 proving oven
发面箱 doughboy table
发明 contrivance;contrive;devise;excogitate;innovation;invention;originate
发明创造 innovation and creation;invention-creation
发明的单一性 unity of invention
发明的范围 scope of invention
发明的工业实用性 industrial applicability of an invention
发明的公开 disclosure of an invention
发明的基本思想 fundamental idea of the invention
发明的简要说明 description of the invention
发明的实施 working of an invention
发明的实质 essence of an invention
发明的特点 characteristic feature of an invention
发明的详细说明 detailed description of the invention
发明的项目 object of invention
发明的新颖性 novelty of an invention
发明的性质 nature of invention
发明的主题 subject matter of an invention
发明的总价值 aggregate value of an invention
发明构思 inventive concept
发明家 contriver;deviser;inventor
发明奖 award for invention
发明利益 benefit of invention
发明利用 exploitation of an invention
发明名称 title of invention
发明情报 invention of information
发明权 inventor's rights;patent;right of invention
发明人 artificer;author of the invention;deviser;inventor
发明人单项服务 individual request for inventor
发明人的确证 corroboration of an invention
发明人的声明 declaration of inventor ship
发明人和创造人 inventor and creator
发明人与专利人索引 index of inventors and patentees
发明人证书 inventor's certificate
发明人证书制度 inventor's certificate system
发明商品化 commercialize invention
发明说明书 description of the invention
发明物 invention
发明项目 object of invention
发明摘要 abstract of invention;summary of invention
发明者 artificer;contriver;deviser
发明主题索引 index to subjects of invention
发明专利 patent of invention
发明专利权 patent for invention
发黏[粘] after-hardening;stickiness;residual tack <漆膜>
发黏[粘]的 mucid
发黏[粘]点 stick point
发黏[粘]漆 after-tack
发黏[粘]纱 sticky end
发黏[粘]温度 tack temperature
发黏[粘]性能 tackiness ability
发暖器 calefactor
发暖作用 calefaction
发盘 make an offer;offer(ing)
发盘附样品 offer sample
发盘和还盘 offer and counter-offer
发盘人 offerer[offeror]
发盘项目 offer item
发泡 bubble;effervesce;foaming;froth(ing);gas development;intumescence;blowing <塑料工艺>
发泡倍数 coefficient of foaming;expansion rate of foam;expansion ratio;foam factor
发泡材料 expanded material
发泡促进剂 cross-linking agent;foaming accelerator
发泡催化剂 kicker
发泡防火剂 foam-forming fire retardant agent
发泡粉 aerating powder;foam powder;sparklet
发泡高炉熔渣混凝土 foamed blast-furnace slag concrete
发泡工厂 expanding plant
发泡活性剂 blowing activator
发泡活性污泥 foaming activated sludge
发泡活性污泥处理设备 foaming activated sludge plant
发泡级聚苯乙烯 expansible polystyrene
发泡剂 aerating agent;aerating chemical;blister;blowing agent;expanding agent;foamer;foam-forming admixture;foaming agent;foaming chemical;frothing agent;gas-foaming admixture;gas-forming agent
发泡胶粘剂 foamed adhesive;foam glue;foaming adhesive
发泡聚氨脂 foaming polyurethane
发泡聚苯乙烯 foamed polystyrene;polystyrene foam
发泡聚苯乙烯板 expandable polystyrene board
发泡矿渣骨料 foamed slag aggregate
发泡沥青 fortlay bitumen;frothy bitumen
发泡率 expansion ratio;frothing percentage
发泡棉 foamed wool
发泡沫 froth formation;lather
发泡能力 foaming ability;foaming power
发泡黏[粘]合剂 foam glue
发泡黏[粘]土 foamed clay
发泡膨胀 intumescence
发泡气体 blowing gas
发泡器 bubble unit;foam maker
发泡趋势 seeding potential
发泡时间 rise time
发泡试验 foaming test
发泡树脂 foamex
发泡水泥地面 foamed cement screed
发泡塑料 expanded plastics;foamed plastics;plastic foam
发泡塑料芯层 foam core
发泡物质 foam-producing matter
发泡橡胶 foam rubber
发泡型防火涂料 intumescent coating
发泡性 blowing characteristics;expandibility;foamability
发泡性物质 foaming substance
发泡站 foaming station
发泡助剂 blowing promoter
发泡作用 foaming action;froth formation action
发配器 batching bin
发(喷)漆 hair lacquer
发脾气 tantrum
发票 bill(of parcel);invoice;parcel list;receipt

发票存根 invoice book;invoice stub
发票部 bill department
发票成本 invoice cost
发票副本 duplicate copy of invoice; duplicate invoice;invoice duplicate
发票副单 duplicate invoice
发票副联 duplicate invoice
发票明细表 invoice specification
发票明细单 invoice specification
发票日期 invoice date
发票所开重量 invoice weight
发票注明的重量 invoice weight
发起 originate; origination; promotion;sponsoring;take the initiative
发起的 promotive
发起费用 promotion expenses
发起公司 sponsoring firm
发起股东 sponsor shareholder
发起活动 promotional activity
发起人 charter member; entrepreneur; founder; initiator; organizer [originator]; projector; promoter [promotor]; sponsor; founder-member <团体等的>
发起人公司债券 founder's bonds
发起人股 deferred shares stock; promoter's share;promoter's stock
发起人股份 founder's stock; promotion share;promotor's stock
发起人股票 founder's shares; promoter's stock
发起人利润 promoter's profit
发起书 prospectus
发起者 starter
发气混凝土 gas concrete
发气剂 foaming agent;gas former
发气沥青 cloustonite
发气曲线 gas-forming curve
发气味 smell
发气稳定性 bubbling stability
发气性 gas-forming property
发铅 lead in hair
发球机 pitching machine
发热 calefaction;calorification;generate heat;heat evolution;heat generation;heating;running hot
发热部件 heating unit
发热当量 calorific equivalent
发热的 calorific;exoeric;heat producing
发热的理想气体 calorically perfect gas
发热硅铁 oilex
发热锅炉 heat recovery boiler
发热回火 exotemp
发热混合料 exothermic mixture
发热混合物 exothermic mixture
发热极限 <电机功率的> thermal limit
发热剂 exothermic compound; heat generating agent
发热量 caloricity; caloric power; caloric value; calorific capacity; calorific effect; calorific efficiency; calorific power; calorific value; calorimetric value; combustion value; heat generating capacity; heating capacity; heating effect; heating value; heat of combustion; heat output; heat productivity; heat throughput; heat value; thermal effect; thermal power; thermal value; heat production
发热量测定 calorimetry
发热量控制 control of heat generation
发热能力 caloricity; heating power; heat-producing capability
发热期 hot stage; pyrogenetic stage; stage of feverscence
发热气体 exothermic gas
发热器 heater; heater element; heating device;heating element
发热器电阻 heater resistance
发热试验 heat run;temperature run
发热丝 heater
发热饲料 hot feed
发热体 heating body;heating unit
发热贴片 exothermic padding
发热涂料 exothermic paint
发热温度记录 thermography
发热物体 radiant
发热险 risk of heat
发热限制 heating limit;thermal limit; thermal limitation
发热效能 heating capacity
发热效应 heating effect; pyrogenic effect
发热性 heat build-up
发热元件 heater element;heating element;thermal element
发热值 calorific value
发热装置 electroheat equipment
发乳白光的 opaline;opalescent
发散 dissipation; divergency; diverging; emanation; emission; exhalation;transpiration
发散凹凸透镜 divergent meniscus
发散半角 divergence half-angle
发散波 divergent wave; diverging wave
发散部件 divergent component; diverger
发散的 divergent
发散的光束摄影术 divergent beam photography
发散的透镜系统 divergent lens system
发散点 divergence point
发散电子束 divergent beam; divergent bundle
发散度 divergency[divergence]
发散反射 mixed reflection;spread reflection
发散分支系统 divergent branching system
发散风 divergent wind
发散幅宽度 diverging spoke width
发散辐射 divergent radiation
发散管 exhale
发散光 divergent light;diverging light
发散光束 divergent beam
发散函数 divergent function
发散积分 divergent integral
发散激光束 divergent laser beam
发散级数【数】 divergent series; diverging series
发散角 angle of divergence; divergence angle
发散结构 divergent structure
发散解 divergent solution
发散界限 divergence boundary
发散镜 divergent mirror
发散矩阵 divergent matrix
发散控制 undamped control
发散冷却 diffusion cooling; sweat cooling
发散理论 divergence theory
发散量定理 divergence theorem
发散目镜 diverging ocular
发散扭矩 divergent torsional moment
发散抛物线 divergent parabola
发散喷注导路 divergent jet guiding
发散喷嘴扩散泵 divergent nozzle pump
发散气体 exhale gas
发散球面波 divergent spheric(al) wave
发散球面波场 diverging spheric(al) wave field
发散式 divergence expression
发散式扩压管 divergent diffuser
发散式冷却 porous cooling
发散速度 divergence speed
发散损失 divergence loss
发散透镜 divergent lens; diverging lens;spread(ing) lens
发散透镜孔径 open lens aperture
发散弯月透镜 divergent meniscus;diverging meniscus
发散弯月形透镜 diverging meniscus lens
发散问题 divergence problem
发散系数 coefficient of divergence [divergency];diversity factor
发散线 divergence line;diverging rays
发散线束 divergent beam
发散性 divergence[divergency]; volume divergence
发散序列 divergent sequence
发散因数 divergence factor
发散增延过程 divergent birth process
发散振动 diffused vibration
发散指标 divergence indicator; indicator of divergence
发散周期 divergent cycle
发色的 chromophoric
发色电子 chromophoric electrons
发色基团 chromophoric group
发色母体 colo(u)r base
发色体 chromogen
发色团 chromogen;chromophore
发色团学 chromophoric theory
发色团颜色 chromophoric colo(u)r
发色性质 chromophoric property
发闪光煤 peacock coal
发烧的 feverish
发射 eject; ejection; emission; eradiation; expel; fusing; launch; lift-off; pop(-up); radiation; start-up; transmitting;transmission【电】
发射班 firing crew
发射本领 emissive power
发射边带 transmitted side band
发射标 launching dart
发射标准 emission standard
发射表面 emitting surface
发射波 emitted wave; transmitted wave;transmitting wave
发射波束 transmitted beam
发射槽(列) launching matrix
发射层 emitting layer
发射场 launching site
发射场设备 launching site
发射车 launching troll(e)y;launching vehicle
发射持续时间 emission duration
发射触探 projectile penetration
发射磁矩 transmitting magnetic moment
发射次序 firing order
发射带 divergent belt
发射的 emissive; emit(ting); projectile;radiative;transmitting
发射的电子 ejected electron
发射的光电子 ejected photoelectron
发射点 emission point;fire point;firing point
发射电极 emission electrode;emitting electrode
发射电流 emission current
发射电路 transmission circuit
发射电平 transmission level
发射电子能量 emitted electron energy
发射电子物质 electron-emissive material
发射定律 emission law
发射度 emittance; spot-size divergence
发射端 discharge end;out end;transmitting end
发射二极管 emitting diode
发射二极管耦合器 emitting diode coupler
发射法勘探 seismic survey(ing)
发射方向性 transmitting directivity
发射分光光度测定法 emission spectrophotometry
发射分光光度计 emission spectrophotometer
发射分光计 emission spectrometer
发射分光镜 emission spectroscope
发射分子 emitting molecule
发射峰 emission peak
发射辐射 emitted radiation
发射概率 emission probability
发射干扰 emission interference
发射功率 emissive power;emitted power;emission power
发射功率电平 emissive power level;emitted power level;transmitted power level;transmitting power level
发射功率监测器 transmitting power monitor
发射共振 emission resonance
发射管 transmitting tube
发射管列 launching matrix
发射光 diverging light
发射光单色仪 emission monochromator
发射光电管 emission cell; emission phototube
发射光谱 emission spectrum;spectral emission
发射光谱测定法 emission spectrometric method
发射光谱测量学 emission spectrometry
发射光谱法 emission spectroscopy
发射光谱分析 emission spectrographic analysis
发射光谱分析仪 emission spectrometric analyser[analyzer]
发射光谱化学分析 emission spectrochemical analysis
发射光谱检测器 emission spectrographic detector
发射光谱学 emission spectroscopy; optic(al) emission spectrography
发射光谱仪 emission spectrometer
发射光谱仪器 emission spectrum instrument
发射光通量 light flux of radiation
发射光纤 launching fiber
发射光学 transmitting optics
发射光学火焰光度计 emission flame photometer
发射光学装置 transmitting optics
发射和接收控制设备 transmission and receive control equipment
发射环 launch ring
发射换能器 transmission energy converter;transmitting transducer
发射换转器 transmitting transducer
发射火箭 rocket launching
发射火焰光度法 emission flame photometry
发射火药 propellant[propellent]
发射机 sender; sending machine; sending set; shooter; transponder; transmitter <广播用的>
发射机电流 transmitter current
发射机电压 transmitter voltage
发射机分配器 transmitter distributor
发射机附属设备 auxiliary equipment of transmitter
发射机光连接器 transmitter optic(al) connector
发射机监控器 transmitter monitor
发射机联播 transmitter dual
发射机联用 transmitter dual

发射机调制器 transmitter modulator
发射机谐振腔 transmission cavity
发射机应答器 transponder
发射机应答器设备 transponder set
发射机噪声 transmitter noise
发射机制 emission mechanism
发射机组 transmitting set
发射激光 lasing
发射级 emitting stage
发射极 emitter;emitter electrode
发射极层 emitter layer
发射极电流 emitter current
发射极电阻 emitter resistance
发射极端子 emitter terminal
发射极分路电容 emitter shunt capacitance
发射极跟随放大器 emitter follower
发射极跟随器电路 emitter follower circuit
发射极功能逻辑电路 emitter function logic circuit
发射极基极电压 emitter-to-base voltage
发射极基极扩散法 emitter base diffusion
发射极基极扩散晶体管 emitter base diffusion transistor
发射极接地 grounded emitter
发射极接地等效电路 ground emitter equivalent circuit
发射极接地放大级 grounded-emitter stage
发射极接地放大器 common emitter amplifier; grounded emitter amplifier
发射极接地晶体管放大器 ground emitter transistor amplifier
发射极接地连接 common emitter connection; grounded emitter connection
发射极结 emitter junction
发射极截止电流 emitter cut-off current
发射极空间电荷区 emitter space-charge region
发射极控制 emitter control
发射极控制振荡器 emitter-controlled oscillator
发射极扩散 emitter diffusion
发射极梁式引线 emitter beam lead
发射极漏电流 emitter leak current
发射极面积 emitting area
发射极耦合对调制器 emitter-coupled-pair modulator
发射极耦合晶体管逻辑 emitter-coupled transistor logic
发射极耦合逻辑电路 emitter-coupled logic circuit
发射极耦合逻辑门 emitter-coupled logic gate
发射极偏压 emitter bias
发射极区 emitter region
发射极时间常数 emitter time constant
发射极输出放大器 emitter follower
发射极调谐振荡器 tuned-emitter oscillator
发射极调制 emitter modulation
发射极图形 emitter pattern
发射极镇流电阻 emitter ballast resistance
发射剂 cast charge; propellant [propellent]
发射剂驱动装置 propellant-actuated device
发射架 launcher
发射间隔 launch interval
发射减弱 emission decay
发射检测器 emission detector
发射角 angle of emission; emission angle
发射接收方向 transmit-receive direction
发射接收机 transreceiver
发射接收路径 transmit-receive path
发射结 emitter junction
发射晶体 transmitting crystal
发射井 silo
发射阱 launching barrel
发射孔径 transmitting aperture
发射控制电路 countdown circuit
发射控制系统 launch control system
发射离地角 angle of departure
发射粒子 emitted particle
发射链路测试器 transmitting chain tester
发射量 emission measure
发射率 emission ability; emissivity; emissivity factor; emittance; incidence rate;radiant emittance
发射螺线管 firing solenoid
发射脉冲 transmission pulse
发射脉冲的 exomomental
发射面 emission surface
发射面积 emission area;emitting area
发射模拟器 launch simulator
发射能力 emissive ability;emittance; emitting ability;reflecting power
发射能量 emitted energy;transmitted energy
发射能流密度 radiant emittance
发射偏斜 squint
发射频带 emission band
发射频率 emission frequency; emissive frequency; radiation frequency; transmission frequency; transmitting frequency
发射频率变换器 transmitting frequency converter
发射频谱 composition of radiance;emission spectrum
发射平面 plane of departure
发射坪 launch pad
发射谱斑【天】emission flocculi
发射谱线 emission line; spectral line of emission
发射气的能力 emanating power
发射器 ejector;emitter;launcher
发射器标志 reflectorized marker
发射器和接收器 emitter and receiver
发射器脉冲 emitter pulse
发射器准直光学装置 transmitter collimating optics
发射前的时间计算 countdown
发射前计时系统 countdown
发射前准备周期 prefiring cycle
发射强度 emission power;emission rate; emission strength; emissive power
发射区 emitter region;emitting area
发射区势垒 emitter barrier
发射区域 transmitting area
发射热 heat of emission
发射三极管 transmitting triode
发射摄谱法 emission spectrography
发射摄谱仪 emission spectrograph
发射摄谱仪分析法 emission spectrographic method
发射声 transmitted sound
发射声功率 transmitted power
发射式电子管测试仪 emission type tube tester
发射式电子显微镜 emission(type) electron microscope
发射式光电元件 emission cell
发射试验性气象卫星 launching of a trial meteorologic(al) satellite
发射输出 emit output
发射束 divergent beam;divergent pencil of rays
发射竖井 vertical firing shaft
发射数据 emit data
发射数值孔径 launch numerical aperture
发射速率 emission rate
发射损耗 divergence loss
发射塔 launching shoe;launching tower
发射塔址勘察 exploration of launch tower site
发射台 firing base;firing tower;launching pad;launching platform;launching stand; launch pad; sending station; transmitting station; vertical ramp
发射台架 firing platform
发射探头 transmitting probe
发射探针 emitting probe
发射特性 emission characteristic
发射特征 emission characteristic
发射体 emitter; missile; radiating body
发射天线 emission antenna;radiator; sending antenna; transmitting antenna;transmitting wire
发射天线孔径 transmitter aperture
发射调节 emission regulation
发射图样 emission pattern
发射望远镜 transmitter telescope
发射位置 start position
发射位置指示器 launching position indicator
发射物 emitting substance;missile
发射物镜 transmitting objective lens
发射系数 emission coefficient; emissivity coefficient;emissivity factor
发射显微术 emission microscopy
发射线 line of departure;transmitting ray
发射线变量 emission-line variable
发射线圈 transmitting coil
发射线圈类型 configuration of transmitting loop
发射线天体 emission-line object
发射线星 emission-line star
发射线星系 emission-line galaxy
发射限制二极管 emission limited diode
发射相位跟踪激光器 launch-phase tracking laser
发射箱 firing box
发射效率 emission efficiency
发射信号 outgoing signal
发射星云 emission nebula
发射形环裂 lightning shake
发射型探测器 emission detector
发射性能 emission behavio(u)r
发射延迟 emission delay
发射延时 emission delay
发射药 powder charge
发射因数 divergence factor
发射因素 emission factor; emissivity factor
发射阴极 emission cathode
发射有效区 transmitting coverage
发射鱼雷 torpedo
发射域 emit field
发射阈 emission threshold
发射元件 radiated element; transmitting element;radiating element < 声学 >
发射源 emission source;emitter
发射樟 launching bar
发射真空分光计 emission vacuum spectrometer
发射真空光谱学 emission vacuum spectroscopy
发射振荡变压器 transmitting jigger
发射振荡器 transmitting oscillator
发射中心 emission center; transmitting center
发射重量 < 火箭的 > all-up weight
发射助推器 launching boost
发射装置 grenade instrumentation; launcher; launching unit; launching vehicle; projector; transmitting system
发射状态 emission behavio(u)r;fired state
发射准备情况检查操作 emission readiness monitoring operation
发射准备完毕 on the way
发射准确度 launching accuracy
发射子线 emission component
发射组 emitter group; transmitting group
发射最佳时间 launch window
发生 break out; devise; emerge; fall-out;genesis;germination;originate; take place;eventuate < 美 >
发生凹痕 bruise
发生爆裂声 pop
发生层 genetic(al) horizon
发生成本法 cost incurred method
发生次数 occurrent number
发生次数的分配 distribution of the number of times occurred
发生错误的风险 risk of error occurring
发生的 generative genesial;genesic
发生的负债净额 net incurrence of liabilities
发生的事情 goings-on
发生地点 scene
发生地震灾害可能性 earthquake disaster potential
发生电弧 arcing
发生法 genetic(al) method
发生费用 expenditure incurred
发生概率 probability of occurrence; encounter probability
发生故障 abort;conk;develop a fault; get out of order;out-of-order
发生故障时间 downtime
发生规律 regularity of outbreak
发生火花 arcing;flashing
发生火花放电击穿 spark breakdown
发生火灾 breaking-out of fire; outbreaking of fire
发生剂 propellant[propellent]
发生交通量 generated trip of traffic
发生力 generative power
发生裂缝 cracking
发生裂纹 crazing
发生炉 generator;producer
发生炉盖 producer cover
发生炉高炉焦炉混合煤气 dreigas
发生炉焦油 producer gas tar
发生炉煤焦油 producer gas coal tar
发生炉煤焦油脂 producer gas(coal) tar pitch
发生炉煤沥青 producer gas coal tar
发生炉煤气 generator gas; power gas;producer gas;raw producer gas
发生炉煤气(发生)机 producer gas engine
发生炉煤气硬(煤)沥青 producer gas (coal) tar pitch
发生炉气 producer gas
发生率 generation rate; incidence rate;occurrence rate
发生论 theory of epigenesis
发生脉冲 impulsing;pulsing
发生频率 frequency of occurrence
发生期 original stage
发生气泡 gas development
发生气味的化学品 odo(u)r causing chemicals
发生器 acoustic(al) generator;boiler; deviser; generator; generatrix [复 generatrices];producer

发生器泵 generator pump
发生器点阵 generator matrix
发生器电位 generator potential
发生器负载 oscillator loading
发生强烈振动声 judder
发生倾斜 runoff the straight
发生热力 development of heat
发生认识论 genetic(al) epistemology
发生三种效果的 triplex
发生时间 occurrence time
发生时刻 time of occurrence
发生事情的地点 on-scene
发生适度 bonitation
发生位置分类 classification on the occurring location
发生小泡的特性 vesicular nature
发生效果 beam fruit
发生学分类 genetic(al) classification
发生延迟 transfer lag
发生一笔巨大损失 taking a bath
发生影响 make a difference
发生油污事故时在公海上进行干涉的国际公约 International Convention Relating to Intervention on High Seas in Oil Spill Accident
发生障碍 stall
发生障碍的电动机 defective motor
发生蒸汽 generating of steam; generation of steam
发生窒息的 asphyxiant
发生中心 generative center[centre]
发声 sound generation; sounding; sound production
发声单元 sound emitter unit
发声方向 sound direction
发声浮标 acoustic(al) buoy
发声海洋动物 sonic marine animal
发声机构 acoustic(al) mechanism
发声机能 vocal function
发声警告装置 acoustic(al) warning device
发声器 acoustic(al) generator; sonic generator; sounder
发声式信标 aural type beacon
发声式应变计 acoustic(al) strain ga(u)ge
发声室 vocal room
发声信号系统 sound signal(l)ing system
发声中枢 vocal center
发声装置 sounding device
发售 put on sale
发售成本 distribution cost
发售约书 contract note of sales
发刷 hair brush
发水 sewage water
发丝 hairline
发丝缝 hair seam
发丝接缝 hairline joint
发丝裂缝 capillary crack; craze; crazing <混凝土结构中>; feather crack(ing); hair checking; hair crack; microcracking; hair-like crack; hair seam
发丝裂纹 capillary crack; craze crack; feather crack; hair crack; hairline cracking
发丝弹簧 hair spring
发丝线 hairline
发丝状裂缝 feather check(ing); hairline crack; feather cracking
发送 delivery; dispatching [despatching]; forwarding; shipping; transmitting
发送包裹运输 outbound parcel traffic
发送报告文件 transmission report file
发送波 transmitting wave
发送步骤 <零担运输和集装箱在车站范围内自起点至终点的顺序位置移动> forwarding step
发送部件 sending unit; transmitting unit
发送簿 forwarding book
发送操作 transmit operation
发送超前脉冲 prepulsing
发送乘客人数 number of departure passengers
发送程序 calling order
发送冲突【计】 distribution friction
发送储息 transmitter data
发送窗口 send window
发送单 despatch note
发送单元 sending unit; transmitting element; transmitting unit
发送的托运货物 forwarded consignment
发送的行李 forwarded luggage
发送点 outgoing point
发送电键 sender key; sending key; transmitting key
发送电路板 transmitter card
发送电码无线电探空仪 codesending radiosonde; code-type radiosonde; contracted code sonde
发送电平 transmitting level
发送电台 sending station
发送电压 transmitting voltage
发送电子转换开关 cyclodos
发送端 sending terminal; source; transmitting end
发送端串话 sending-end crosstalk
发送端串音 sending-end crosstalk
发送端带通滤波器 transmitting band filter
发送端低通滤波器 transmitting low pass filter
发送端电压 sending-end voltage
发送端口 transmit port
发送端滤波器 sending filter
发送端输入阻抗 sending-end impedance
发送吨数 tons of goods originated
发送阀 launching valve; outgoing valve
发送方 transmit leg
发送方向系数 transmitting directivity factor
发送放大器 transmit amplifier
发送分配器 sending distributor
发送符 transmit symbol
发送功率 sending power; transmitting power
发送功率响应 projector power response; transmitting power response
发送股主任 head of forwarding section
发送管线 outgoing line; outgoing pipeline
发送国 forwarding country
发送航海通告电台 station transmitting notices to mariners
发送核算制 forwarding accounting system
发送环节 sending link; transmission link; transmitting link
发送缓冲器空闲 transmit-buffer-empty
发送回报执行法 send-report back-execute method
发送汇管 outgoing manifold
发送货仓 outbound freight house
发送货物 shipment
发送货物办公室 office dealing with outward goods traffic
发送货物吨数 number of tons of freight originated
发送货物(运输)清单 list of forwarded traffic
发送机 sender; sending machine; sending set; transmitter; transmitting set
发送机空载 transmitter empty
发送记录簿 record of forwardings
发送继电器 transmission relay; transmitting relay
发送价格 shipment price
发送接收操作法 transmitter-receiver operation
发送接收机 transmitter-receiver
发送接收器 transmitter-receiver
发送接收探头 transmitter-receiver probe
发送接收无线电机组 transmitting-receiving radio set
发送接受探头 transmitter-receiver probe
发送阱 launching compartment
发送就绪 ready for sending
发送局 forwarding administration; office of origin; originating office
发送开始码 transmitter start code
发送控制电码 transmitting control code
发送控制块 transmit control block
发送列车 dispatch train
发送滤波器 send filter
发送路和到达路 origination railway and destination railway
发送旅客人数 number of passengers originated
发送脉冲 impulsing
发送密码 go cipher
发送名单 mailing list
发送能力 transmitting capacity
发送排队 dispatcher queue
发送频带方向系数 transmitting band directivity factor
发送频带响应 transmitting band response
发送频率 transmission frequency; transmitting frequency
发送频谱因数 transmitting spectrum factor
发送起始码 transmitter start code
发送器 detector; generator; pick-off; pick-up unit; sender; transmitter
发送器保持寄存器 transmitter holding register
发送器编码 transmitter coding
发送器变换装置 transducer translating device
发送器断电 transmitter off
发送器发码 transmitter coding
发送器接通 transmitter on
发送器链路 sender link
发送器启动码 transmitter start code
发送请求电路 sent request circuit
发送区 sending area
发送人 sender
发送日期 date of forwarding
发送日数 despatch days
发送塞孔 send jack
发送设备 sending machine; sending set; transmitting equipment
发送设备登记表 polling list
发送设备频谱特性(曲线) taking characteristic
发送声明书 forwarding declaration
发送时间 transmission time; transmitting time
发送时钟 transmitter clock
发送室 despatch(ing) barrel; despatch office; despatch [dispatch] room; dispatcher's office; outgoing barrel; outgoing compartment
发送数据 transmitter data
发送数据寄存器 transmit(ting) data register
发送数据流控制 transmit flow control
发送数据线路 transmitted-data circuit
发送数量 quantity forwarded; quantity originated
发送体积 shipping dimension
发送(调)步 send pacing
发送调制解调器 sending modem
发送调制器 transmit modulator
发送铁路 forwarding railway
发送通道 send-aisle
发送通路 forward path
发送通知书 advice of dispatch
发送文件读出【计】 sending-file readout
发送文件清单 mailing list
发送系统 transmission system; transmitting system
发送响应 transmitting response
发送项 sending item
发送消息包 transmission packet
发送效率 projection efficiency
发送信道 sending channel; transmission channel
发送信号单元定时 transmitter signal element timing
发送信号转换装置 transmitting signal conversion equipment
发送信件数 credit number
发送信息 transmitted information transmitter data
发送音叉滤波器 transmitting fork filter
发送与接受振子 transmitting and receiving dipole
发送员 dispatcher
发送原色 transmission primaries
发送源 origin
发送运费 shipping transportation cost
发送摘要 forward abstract
发送摘要表 forwarded abstract
发送站 dispatch(ing) [despatch] station; forwarding station; outgoing station
发送站费用已付 free forwarding station
发送站交货 free forwarding station
发送站台 departure platform; outbound platform; out-track platform
发送帧 transmit frame
发送指令 routing
发送指示 shipping instruction
发送中心 dispatching center[centre]; transmitting center[centre]
发送周期 period of transmission
发送装置 sender unit; sending apparatus; transmitter installation
发送状态 sending status; transmit status
发送准备 transmitter ready
发送准备就绪 transmitter ready
发送总表 forward(ed) summary
发送组 transmitting group
发送作业收入 starting operation income
发条 main spring; ribbon; spiral power spring; spring bend
发条缠绕器 mainspring winder
发条传动装置 spring motor
发条钩 mainspring hook
发条盒 going barrel; spring motor
发条盘 spring drum
发条外钩 yielding attachment
发条钟 spring(wound) clock
发条装置 clockwork
发贴标签员 tagger
发铁色素 trichosiderin
发通融票据 fly a kite
发透石灰膏 <石灰膏经水泡约三十天的> fattening up
发图室 outgoing dock
发往分店货物 branch shipments

F

发往分店商品 shipment to branch
发纹 capillary joint; hairline; hairline seams; hairline crack < 钢材内部缺陷 >
发纹裂 hairline
发嗡声 drumming
发雾 fog
发雾金属 fogged metal
发细裂纹 capillary crack
发隙距离 hair breadth
发纤维混合抛光轮 mixed hair and fibre polishing wheel
发现抽样 discovery sampling
发现错误 detection of error
发现定金 discovery bonus
发现海渊 discovery deep
发现价值法 discovery value method
发现孔 discovery hole
发现率 discovery rate
发现面积 area of discovery
发现曲线 discovered curve
发现权 right of discovery
发现热田的钻井 discovery well
发现石油 discovery of petroleum
发现时间 discovery time
发现物 discovery; findings
发现新的矿床类型 discovered new types of ore deposits
发现新的资源区域 discovered new resources regions
发现新油井 discovery well
发现者 finder
发线 hairline
发祥地 home
发向港口的集装箱 portbound container
发薪 payoff; payroll payment
发薪簿 payroll; paysheet
发薪扣除所得税 employment income deduction
发薪日 pay day; wage day
发信 originating
发信带通滤波器 transmitting band filter
发信低通滤波器 transmitting low pass filter
发信电流 sending current
发信电路 transmitting circuit
发信电容器 signal(l)ing capacitors
发信端 sending end
发信放大器 transmitting amplifier
发信号 signalization; signal(l)ing
发信号策略 signal(l)ing strategy
发信号畸变 signal(l)ing distortion
发信机 communicator; sender; transmitter
发信记时 message time stamping
发信滤波器 transmitting filter
发信路由指示 routing indicator
发信起动码 transmitter start code
发信器 transmitter distributor
发信速度 transmission speed
发信台 office of origin; originating office; sending station
发信效率 transmitting efficiency
发信信号单元定时 transmitting signal element timing
发信信号单元定时电路 send signal element timing circuit
发信信号转换设备 transmitting signal conversion equipment
发信用放大器盘 transmitting amplifier panel
发信支路 transmitting branch
发行 circulation; issuance; issuing
发行部 issue department
发行成本 distributive cost
发行单位 distributed unit
发行的地图 chart on issue
发行的股票 floating stock
发行的图纸 drawing on issue
发行公债 bond issue; issue of government bonds
发行公债筹措资金 bond financing
发行公债修建的州道 < 美 > state-bond-issue road
发行股票 capital issue; issue share; issuing stock; stock issue
发行机构 originating agency
发行凭证 issue voucher
发行人 distributor; issuer; publisher
发行时间 distributed date
发行说明 issuing authority note
发行通融票据 kite-flying
发行新债券 refinancing
发行新债券取代旧债券 refunding
发行信用证 accredit
发行业务 issuing transaction
发行银行 bank of circulation; bank of emission; bank of issue; issuing bank; issuing house
发行有价证券 issue of securities
发行债券 float a loan; float bond; issue bonds; issue debentures
发行债券费用 flo(a)tation cost of bonds
发行招标文件 issue bidding document
发行折扣 discount issue
发行者 distributor; issuer; publisher
发行证券的公司 issuing house
发行资本 issued capital
发性聚苯乙烯 expanded polystyrene
发虚 < 摄影 > breezing
发许可证者 licenser[licencer]; licensor
发蕈 surrender of the document
发芽 bud; germination; sprout(ing); spurt
发芽床 germinating bed
发芽的树桩 tiller
发芽率 germination percentage; percentage of germination; budding ratio < 坡面铺草时,草种发芽比率 >
发芽器 germinator
发烟的 fuming; smoking
发烟灯 smoking burner
发烟点 smoke point
发烟罐 smoke pot
发烟迹剂 smoking tracer mixture
发烟剂 smoke composition; smoking agent
发烟硫酸 fuming sulfuric acid; fuming sulphuric acid; Nordhausen sulphuric acid; pyrosulphuric acid; oleum [复 olea] < 拉 >
发烟器 smoke emitter; smoke generator; smoke unit
发烟燃烧 smolder(ing); smo(u)lder
发烟试验 smoke test
发烟酸 fuming acid
发烟筒 smoke funnel
发烟硝酸 fuming nitric acid; nitric acid fuming
发烟信号 smoke signal
发烟性 smokiness
发烟液体 fuming liquid
发炎 inflammation
发盐 hair salt
发焰延长时间 flaming durability
发扬 carry forward; promote; promotion
发样裂纹 hairline crack
发音器 sounder
发引起注意信号 signal(l)ing attention
发荧光的 fluorescent
发荧光能力 fluorescence ability
发硬物振动声 rattle
发育 development
发育标志 developmental indication
发育标准 development standard
发育标准表 standard schedules of development
发育不良 dysontogenesis; maldevelopment
发育迟缓 development retardation
发育毒性 development toxicity
发育段 developed section
发育构造部位 bounding position in master structure
发育过程 development process
发育健康检查 development health examination
发育阶段 developmental stage; development phase
发育良好的 well-developed
发育临界 developmental threshold
发育零点 developmental zero
发育期 developmental period
发育曲线 developmental curve
发育速度 rate of development
发育条件 developmental condition
发育学 auxology
发育循环 cycle of development
发育异常 abnormal development; developmental anomaly
发育障碍 hypotrophy
发育指数 developmental index
发育阻滞 development arrest
发源 originate; originating
发源地 cradle; cradle-land; egress; head stream; nidus [复 nidi]; place of origin; seminary; source area; source region
发源点 launching pad
发源中心 origin center[centre]
发运 ship; shipment
发运簿 forwarding book
发运代理人 forwarder
发运代理收据 forwarder's certificate of receipt
发运代理提单 forwarder's bill of lading
发运单 shipping order
发运单据 shipment documents
发运地办事处 office of departure
发运费用 forward charges
发运港 port of loading
发运跨 loading bay
发运人 bailee
发运日期 date of despatch
发运声明书 forwarding declaration
发运通知单 shipment order
发运站 dispatching station
发运证书 certificate of shipment
发晕 feel dizzy; feel giddy
发杂音接收机 blooper
发噪声地面 noise-producing surface
发渣 hair wastes
发毡 hair felt
发展 developing; development; evolution; open up
发展倍数 growth times
发展不平衡性 imbalance of developments
发展不足的 underdeveloped
发展策略 development strategy
发展产业拨款 appropriations for additions of property
发展程序 heuristic procedure
发展迟滞 developmental lag
发展处 development department
发展单元计划 development unit project
发展担保基金 development security facility
发展担保手段 development security facility
发展的 progressive
发展的表面缺陷 developed surface flaw
发展的裂缝 live crack
发展调查 development investigation
发展定向 developmental orientation
发展断裂 earthquake triggering fault
发展法 heuristic method
发展方案 development program(me)
发展方程 equation of evolution
发展方向 directional of development
发展费用 development cost; development expenses; expenses of developing
发展费用支出 development expenditures
发展纲要 development program(me)
发展格局 development pattern
发展工作 development effort
发展公积金 reserve for expansion
发展规划 development plan(ning); development program(me); development project
发展规划纲要 development plan scheme
发展规划委员会 Committee for Development Planning
发展规律 law of development
发展过程 cavalcade; developing process; development process
发展过程中的问题 growing pains
发展过热 overdevelop(ment)
发展合作 development cooperation
发展和生活方式的可选择模式 alternative pattern of development and lifestyles
发展基金 development fund; expansion fund; growth fund
发展计划 development effort; development plan(ning); development program(me); growth plan(ning)
发展计划申请 planning application
发展渐进说 gradualness of development
发展交通量 < 由地区发展所引起的交通量 > development traffic
发展阶段 development stage; stage of development
发展经济学 development economics; economics for development
发展具有优越性的出口产品 developing favorable export items
发展决策准则 development decision rules
发展蓝图 layout plan
发展良好的 well-developed
发展零点 zero of development
发展落后 developmental lag
发展密度 intensity of development
发展民族经济 national economic development
发展模式和生活方式 developmental patterns and lifestyles
发展目标 development objective
发展年龄 developmental age
发展判据 evolution criterion
发展期 development period; development stage; period of expansion; progressive stage; growth stage
发展前景 future project for development; long-term potential
发展潜力 development potential
发展区 developed area; developing area; development area; development district; development zone
发展区镇的地区 < 美 > townsite
发展曲线 development curve; process curve
发展趋势 development trend; trend in development; trend of development
发展趋向 development tendency
发展人才 development personnel
发展商数 development quotient
发展生产 growth production

发展生产力以促进繁荣 prosperity through productivity
发展生物栖息地弃泥 habitat development disposal
发展时间 development time
发展史 cavalcade;phylogeny
发展试验 development test
发展水平 level of development
发展水平报告 state-of-the-art report
发展税 development tax
发展速度 rate of development;rate of progress;speed of development
发展速度和增长率 development speed and growth rate
发展随机过程 evolutionary stochastic process
发展态势 momentum of development
发展特快的新行业 growth industry
发展特征 progressive nature
发展体系 development framework
发展途径 development path; evolutionary path
发展现状 state-of-the-art
发展项目 development project
发展型冻土 developmental type frozen soil
发展性破坏 incremental collapse
发展性危机 developmental crisis
发展研究 developmental research
发展研究工程师 development engineer
发展研究基金 funds for development research
发展研制模型 development model
发展用地 tract
发展与环境协调论 coordination theory of development and environment
发展预算 budget for development
发展援助 development aid; development assistance
发展援助集团 development assistance group
发展战略 development strategy
发展战略学 formative study of development strategies
发展指数 development index;relative divergence
发展中岛国 developing island;island developing country
发展中的现代技术 environmental engineering
发展中国家 developing country; emergent country; preindustrial country;young industrial country
发展中国家微生物资源中心 Microbiologic(al) Resources Centre for Developing Countries
发展中国家优惠关税税率 developing countries' rate
发展中经济 developing economy
发展周期 development cycle; lead time
发展状况 status of development
发展资金的供应 development financing
发展资料 means of development
发战争财的人 war profiteer
发站 from-station
发胀 bloat
发照考试 certification test
发震部位 earthquake triggering part
发震地带预测 prediction of earthquake triggering belt
发震地区预测 prediction of earthquake triggering area
发震断层 causality fault; causative fault; earthquake fault; earthquake triggering fault;seismogenic fault
发震断裂 causality fault; causative fault; earthquake triggering fault; seismogenic fault
发震构造 seismic structure; seismogenic structure
发震构造调查 triggering structure survey
发震构造体系 earthquake triggering tectonic systems
发震机制 causal mechanism; earthquake-generating mechanism
发震力大小 magnitude of source force
发震力方向 directional of source force
发震模型 earthquake occurrence model
发震年代 age of earthquake
发震时间 original time;origin time of earthquake
发震时刻 original time of earthquake
发震时库水位标高 height of reservoir water table when earthquake is induced
发震时总库容 total storage capacity when earthquake is induced
发震随机过程 stochastic occurrence
发证费 issuance fee
发证机关 licence-issuing authority
发证人 licensor
发证日 date of issue
发证银行 opening bank
发执照 charter
发执照者 licenser[licencer];licensor
发制品 hairwork
发制品废水 hair product wastewater
发重音 accentuation
发作波 attack wave
发作期 stage of attack

乏 <无功率单位> var[reactive volt-ampere]

乏表 idle-current wattmeter
乏尔 volt-ampere reactive
乏尔计 varmeter
乏尔小时 var hour
乏尔小时计 var-hour meter
乏回汽 steam exhaust
乏极化电极 non-polarized electrode
乏计 varmeter
乏力 hypodynamia
乏气管 blast pipe
乏气锅炉 exhaust gas boiler
乏气余面 inside lap
乏汽 dead steam;steam exhaust
乏汽预热器 exhaust steam preheater
乏汽注水器 exhaust steam injector
乏燃料 spent fuel
乏燃料水池 spent fuel pool
乏色曼反应 compluetic reaction; Wassermann reaction
乏色曼试验 Wasserman test
乏时 reactive volt-ampere hour
乏味的 insipid;meager[meagre];tedious;workaday
乏小时 var hour
乏氧生活 anaerobiosis
乏氧症 anoxia
乏油井 dry hole

伐除森林 disforest(ation)

伐倒出售 felled sale
伐倒的木材 felled timber
伐倒的树木 felled timber
伐倒点 felling point
伐倒木 fell
伐倒木集材 whole-tree logging
伐点 felling point
伐尔达尔风 Vardarac
伐根 stump
伐根材 stumpwood
伐根腐朽 stump rot
伐根高 stump height
伐根年龄 stumpage
伐后残余林木 residual stand
伐后更新法 after-regeneration
伐尽森林 disafforestation
伐砍锯运机组 feller delimber slasher
伐林 disforest(ation);forest cutting
伐林斧 forestry ax(e)
伐灭磷 <杀虫剂> famphur
伐木 cutting;feeling;felling
伐木场 logging station
伐木除根 clear felling and stump-grubbing
伐木打枝归堆机 feller delimber buncher
伐木打枝机 feller delimber
伐木打枝撩边归堆机 feller delimber slasher buncher
伐木刀 wood chopper
伐木道 felling road
伐木道路 logging road
伐木斧 felling axe;wood cutter's axe
伐木工(人) lumberjack; wood chopper;woodcutter;woodman;ax(e)-man;chopper;faller;feller;gopher-man; logger; lumberman; shanty man; timber cutter; lumberer; timberjack
伐木工舍 alley
伐木归堆机 feller buncher
伐木机 feller;felling machine;logger; slasher;snagging equipment;stumper;tree cutter;tree dozer;tree feller; tree harvester; wood-falling machine
伐木锯 felling saw; fret saw with clamp;logging saw; timber cutting saw; tree feller; tree felling saw; wood-cutting saw
伐木捆扎机 buncher;tree feller buncher
伐木链锯 timber cutting chain saw
伐木裂纹 felling shake
伐木木锤 wood chopper's maul
伐木平垫 bed
伐木起重机 logging crane
伐木区 logged land
伐木权 timber right
伐木人 logger;lumberman
伐木顺序 allocation of felling
伐木踏板 spring board
伐木削片机 feller chipper
伐木小屋 louse cage
伐木楔子 falling wedge
伐木学 logging
伐木业 logging;lumbering
伐木用推土机铲刀 dozer blade for felling work
伐木运材机 feller forwarder
伐木者 logger;lumberjack;wood chopper
伐木支出 stumpage
伐木制材 lumbering
伐木装置 logging arrangement
伐期龄 <森林> final age
伐前选采法 selective cupping
伐前准备伐 prelogging
伐区 chance;coupe;cutting area;felling area;ide
伐区清理 slash disposal
伐区生产管理 production management in cutting areas
伐区作业 logging
伐去森林 deforestation;disforesting
伐树刀 <推土机> shearing blade
伐树工 tree faller
伐树机 feller; tree breaker; tree feller;tree harvester;tree shears;harvesting machine; mechanical harvesting
伐树机上夹钳 top clamp
伐树机上夹钳液压缸 top clamp cylinder
伐树架 log frame
伐树锯 felling saw
伐树捆扎装置 feller buncher
伐树梁 <推土机> knockdown beam
伐斯地毯 Vase rug
伐条 cut shoot

罚函数 penalty function

罚函数法 penalty function method
罚函数算法 penalty function algorithms
罚金 amercement;fines;forfeit(ure); pecuniary penalty; penalty; smart money
罚金等 remission
罚金收入 income from penalties
罚金条款 forfeiture clause
罚金总额 penal sum
罚可行分解法 penalized feasible decomposition method
罚款 amerce; amercement; fines; forfeit(ure); impose a fine; impose a forfeit; mulct; pecuniary offence; pecuniary penalty;penalty
罚款处分 monetary penalty
罚款罚金 impose fines on someone; penalty clause
罚款记录 record of penalty charges
罚款率 fine rate
罚款收入 fines forfeits and penalty receipt
罚款条款 penalty clause; punitive clause;punitive provision
罚款总额 penal sum
罚没款审计 penalty audit
罚没支出 penalty cost
罚薪 deduct from the salary
罚因子 penalty factor
罚则 penalty provision;punitive provision

阀 valve;automatic drop;clapper; clicket;clique;stopper

阀板 valve plate
阀瓣 flap; valve civilization; valve clack;valve flap
阀瓣式止回阀 flap check valve
阀瓣室 valve chest
阀闭合速率 rate of valve closure
阀柄 valve handle
阀操作机构 valve operating mechanism
阀槽 valve spool
阀衬 valve bush(ing);valve liner
阀程 valve travel
阀迟关 valve lag(ging)
阀冲程 valve stroke
阀冲水厕所 valve closet
阀磁铁线圈 valve-magnet coil
阀打捞锥 valve tap
阀挡 valve guard;valve positioner
阀挡间隙 valve guide clearance
阀导衬套 valve guide bushing
阀导承 strap valve guide;valve guide
阀导承轨 valve guide
阀导承护圈 valve guide retainer
阀导承铰刀 valve guide reamer
阀导承可胀铰刀 valve guide expansion reamer
阀导杆 valve stem guide
阀导柱 lead of valve;valve lead
阀道流动阻力 valve passage resistance

F

阀的操作次数 frequency of valve operation
阀的操作钮 valve operating stud
阀的传动机构 valve actuator
阀的间隙 play of valve
阀的紧固螺栓 valve buckle
阀的容许流量 flow capacity
阀的冗余 valve redundancy
阀的升程 valve lift
阀的瞬时关闭 instantaneous closure of valve
阀的调节 setting of valve
阀的装配 setting of valve;valve setting
阀点 valve point
阀点内效率 valve-point internal efficiency
阀点曲线 valve-point curve
阀点性能曲线 valve-point performance curve
阀电极 valve electrode
阀电压 threshold potential
阀电阻避雷器 resist valve arrester;valve resistance arrester
阀垫 valve nut gasket;valve pad
阀垫料 valve packing
阀碟 valve disc[disk]
阀顶(部) valve crown
阀顶针 valve lift pin
阀定时 valve timing
阀定时装置 valve timing gear
阀定位 valve setting
阀定(位)开关 valve position switch
阀定位器 valve positioner
阀动 valve actuation
阀动齿轮 valve gear
阀动活塞 valve operating piston
阀动机构 motion work;valve operating mechanism; valve operation mechanism
阀动器 valve actuator
阀动图 valve diagram
阀动装置 valve gear
阀动装置联杆 valve gear link
阀动装置销 valve gear pin
阀动作 valve event;valve motion
阀动作定时 timing of valve events
阀动作试验 valve operation test
阀轭 valve yoke
阀反应性能 valve response
阀防油罩 valve oil shield
阀封 jam pot cover
阀盖 bonnet; cover; valve bonnet; valve cage;valve cap;valve cover; valve deck;valve head;valve hood; valve plug
阀盖底(部) valve cover base
阀盖垫密片 valve cover gasket
阀盖链 valve chain
阀杆 mushroom spindle; valve handle; valve link; valve rod; valve shaft; valve spindle; valve staff; valve stem
阀杆柄 cock handle
阀杆衬套 valve lever bushing; valve stem bush
阀杆冲程 valve stroke
阀杆导承 valve rod guide
阀杆导程 valve spindle guide
阀杆导管 valve stem guide
阀杆导架 valve rod guide
阀杆导架座 valve stem holder
阀杆导套 valve rod guide
阀杆防尘盖 stem seal on valves
阀杆防松螺母 valve stem lock nut
阀杆规 valve stem ga(u)ge
阀杆滑块 valve rod block
阀杆夹 valve ledger clamp
阀杆金属填密 metallic valve stem packing
阀杆漏泄 valve stem leakoff
阀杆螺母 valve stem nut
阀杆密封漏泄 valve stem packing leakage
阀杆伸长 elongation of valve stem
阀杆十字头 valve stem crosshead
阀杆十字头导框 valve stem crosshead guide
阀杆手柄 handle for valve stem
阀杆套 valve stem sleeve
阀杆填料 valve stem packing
阀杆填料压盖 valve stem gland
阀杆销 valve lever pin;valve stem pin
阀杆楔销 valve rod key
阀杆行程 valve stroke
阀杆肘 valve rod knuckle
阀缸 valve barrel;valve cylinder
阀杠杆 valve lever
阀杠杆弹簧 valve lever spring
阀杠杆销 valve lever pin
阀杠杆压杆 valve lever push rod
阀梗罩 bonnet
阀柜 valve box;valve chest
阀柜垫密片 valve chest gasket
阀柜垫圈 valve cage washer
阀柜压盖 valve chest gland
阀盒 valve block; valve box; valve cage;valve case;valve jacket
阀盒清扫器 valve box cleaner
阀后压力 downstream pressure
阀后座 back seat
阀环 valve ring
阀簧低座销 valve key
阀簧底座销 valve spring cap lock; valve spring retainer key
阀簧抵座销 valve cotter
阀簧盖衬 valve spring cover gasket
阀簧钢绳 valve spring wire
阀簧继电器 valve spring relay
阀簧减震器 valve spring damper; valve surge damper
阀簧座 valve spring cup;valve spring seat
阀簧座圈 valve spring cap
阀簧座销 valve lock
阀及阀动装置 valve and valve gear
阀及其配件 valves and fittings
阀继电器 valve relay
阀加速度 valve acceleration
阀间隙调整螺钉 tappet adjusting screw
阀胶着 valve sticking
阀校正 valve setting
阀结构 valve design
阀截流速率 rate of valve closure
阀井 curb box;valve pit;vault
阀径 valve diameter
阀静曲线 valve quieting curve
阀开度 valve lift
阀开关 valve key
阀壳 clack for shell; valve case[casing]
阀壳体 valve chest
阀可调节范围 valve rangeability
阀孔 valve opening;valve port
阀孔径 clear valve diameter
阀控裂解炉 valved cracker cell
阀控制特性(曲线) gate control characteristic
阀口 valve opening;valve port
阀口位置 port align(e)ment
阀口指示器 indicator valve
阀块 valve block
阀框 valve buckle
阀廊 valve gallery
阀肋 rib of valve
阀类产品 valve products
阀联结 valve coupling
阀流阻力 resistance to flow through valve;valve resistance
阀漏失 valve leakage
阀螺母 valve nut
阀帽 bonnet;valve bonnet;valve cap; valve hood
阀帽体密封 bonnet body seal
阀帽体密封垫圈 bonnet gasket
阀门 valve; air gate; spigot; valve disc;valve gate;valve lead
阀门扳手 valve key;valve wrench
阀门操纵 valve manipulation
阀门操纵程序 valve management program(me)
阀门操纵杆 valve control pillar;valve lever
阀门尺寸 valve size
阀门冲程 valve stroke
阀门导管 valve bushing;valve guide
阀门导管铰刀 valve guide reamer
阀门的配置 valving
阀门的手轮 rising valve wheel
阀门的填料 valve packing
阀门的研磨 grinding in of valve
阀门垫圈 valve washer
阀门顶 valve cap
阀门定位器 pneumatic servo; valve positioner
阀门定位伺服回路 valve positioning servo loop
阀门缝隙 play of valve
阀门复位器 valve reseater
阀门盖 bonnet
阀门杆 valve lever
阀门杆导路 guide for the valve rod
阀门钢 valve steel
阀门环 valve collar
阀门活塞 metering pin;valve piston
阀门间隙 valve clearance
阀门键 valve key
阀门井 valve chamber;valve well
阀门开闭速度 valve speed
阀门开度 valve lift
阀门开启度 valve opening
阀门开启高度 valve lift
阀门壳 valve case
阀门孔 valve bore
阀门控制 valve control
阀门控制的 valve controlled
阀门控制机构 valve control mechanism
阀门控制器 valve controller
阀门控制系统 valve circuit; valve control system;valve train
阀门廊道 valve gallery
阀门连动装置 valve linkage
阀门梁 valve beam
阀门流通截面积 valve area
阀门帽 bonnet
阀门密封 valve seal
阀门磨床 valve grinding machine
阀门磨光机 valve refacer
阀门喷嘴 valve-gate nozzle
阀门碰撞 knocking of the valve
阀门启闭速度 valve speed
阀门切换型蓄热式 heat accumulating type of shift change
阀门塞 valve stem
阀门升程 valve lift
阀门式给水栓 gate type hydrant
阀门式消防龙头 gate type hydrant
阀门式卸料器 valve discharger
阀门室 valve box; valve chamber; valve chest
阀门手轮 valve handle
阀门损失 loss due to valve
阀门弹簧 valve spring
阀门弹簧座 valve spring cup
阀门提杆 tappet plunger
阀门调节 valve control
阀门调节器 valve adjuster
阀门调节旋钮 valve adjustment screw
阀门通道 valve passage
阀门铣床 valve milling machine
阀门限程器 valve guard
阀门相位指示器 valve phase indicator
阀门箱 valve box
阀门泄漏 valve loss
阀门行程 valve stroke
阀门形式 valve type
阀门元件 valve unit
阀门噪声 valve noise
阀门罩 valve mask
阀门执行机构 valve actuator
阀门止水 valve seal
阀门制输器 valve skid
阀门柱塞 valve piston;valve plunger
阀门装配 valve assembly
阀门装置水封 valve seal
阀门作用 valve seal
阀门座 valve seat
阀密封袋 valve bag
阀密封圈 valve packing ring
阀面 valve face;valve land;valve surface
阀面泵 valve pump
阀面沟痕 face guttering
阀面磨光机 valve refacer
阀面损耗 valve loss
阀面填缝 valve gumming
阀内构件 valve trim
阀内簧 valve inner spring
阀内室 valve inner chamber
阀盘 valve disc[disk];valve flap;disc <蝴蝶阀的>
阀皮 valve leather
阀片 disc;valve plate
阀片升程 lift of valve plate
阀片升程面积 valve lift area
阀片升程限制器 valve guard
阀片升程限制器升限 valve guide clearance
阀片振动 valve flutter
阀前压力 upstream pressure
阀腔 valve pocket
阀敲击 valve knock
阀桥衬垫 bridge washer
阀青铜 valve bronze
阀球 valve ball
阀球返回弹簧 ball return spring
阀驱动臂 valve driving arm
阀圈 valve ring
阀圈打捞器 valve ring grab
阀权度 valve authority
阀塞 valve plug; vent peg; vent pin; vent plug
阀塞弹簧 plunger valve spring
阀塞遮程 valve lap
阀舌 valve clack;valve flap;valve piece
阀设计 valve design
阀身 valve body
阀升程 lift of a valve;valve lift
阀升程曲线 valve lift curve
阀升距图 valve lift diagram
阀绳 valve cord
阀失灵 valve failure
阀式泵 valve pump
阀式避雷器 autovalve lightning arrester[arrestor]; valve-type lightning arrestor;valve-type(surge) arrester
阀式抽泥器 auger with valve
阀式电极 valve electrode
阀式反作用冲击器 counteracting valve type hydro-percussive tool
阀式放电器 autovalve; autovalve lightning arrester[arrestor]
阀式轨道电路 valve-type track circuit
阀式活塞 valve-type piston
阀式双作用冲击器 double-acting valve type hydro-percussive tool

阀式正作用冲击器 valve-type hydro-percussive tool with positive acting
阀室 valve chamber; valve chest; valve house[housing]; valve station
阀室盖 valve cover plate; valve housing cover
阀室盖填密 valve housing cover packing
阀手轮 valve hand wheel
阀栓 valve cock; vent pin
阀锁 block of valve; valve block
阀塔 valve tower
阀弹簧 valve spring
阀弹簧拆卸器 valve spring remover
阀弹簧钢丝 valve spring wire
阀弹簧座环 valve spring collar
阀套 regulating sleeve; valve barrel; valve bushing; valve cover; valve jacket; valve pocket; valve sleeve
阀特性 valve response
阀体 body of valve; valve block; valve body; valve case; valve chest
阀体安装座 valve body base seat
阀体盖螺钉 valve body cap screw
阀体连接头 valve body attachment
阀体座 valve body base
阀填料 valve disc
阀填料压盖 disc nut
阀填料压圈 valve packing holder
阀填密螺母 valve packing nut
阀调节 valve regulation
阀调节能力 valve rangeability
阀调整 valve setting
阀调准螺母 valve adjusting nut
阀跳 valve bounce
阀挺杆 valve lifter; valve tappet
阀挺杆扳手 tappet spanner
阀通过能力 flow capacity
阀通口 valve opening
阀筒 valve cylinder
阀头 valve head
阀凸轮 valve cam
阀推杆 valve follower
阀椭圆 valve ellipse
阀外簧 valve outer spring
阀外室 valve outer chamber
阀外室盖 valve outer chamber cover
阀位 valve location; valve positioner
阀位发送器 valve position transducer
阀位给定 valve setting
阀位流量特性 valve position-flow characteristic
阀位指示器 valve position indicator
阀位置 valve position
阀位置控制器 valve positioner
阀系 valving
阀系统 valve system
阀隙 play of valve; valve play
阀隙调整 valve clearance adjustment
阀限位器 valve guard
阀陷 sinkage of valve
阀相位 valve phase
阀相位指示器 valve phase indicator
阀箱 clack box; curb box; distribution box; valve bowl; valve cage; valve casing; valve chest; valve housing; vault
阀箱式活塞泵 valve pot type piston pump
阀销 valve pin
阀效应 valve effect
阀心座 valve case
阀芯 valve core
阀芯表面 spool face
阀芯拆卸工具 valve core removing tool
阀芯端面 spool end
阀芯口径 valve port diameter
阀芯腔 spool chamber
阀芯台肩 spool land
阀芯位移 spool displacement; spool travel; spool traverse
阀芯位置 spool position
阀芯行程 spool stroke
阀行程 valve stroke; valve travel
阀型避雷器 autovalve arrester; autovalve type transformer
阀性能 valve performance
阀旋转器 valve rotator
阀压环 valve retaining ring
阀压降 valve voltage drop
阀压圈 disc ring
阀延迟 valve lagging
阀研磨剂 valve grinding compound
阀摇臂 valve rocker arm
阀摇臂接头 valve rocker arm joint
阀摇臂弹簧 valve rocker arm spring
阀摇臂支架 valve rocker arm support
阀摇臂轴弹簧 valve rocker arm shaft spring
阀摇臂轴托架 valve rocker arm shaft bracket
阀摇杆 valve rocker
阀摇杆衬套 valve rocker arm bushing
阀摇杆垫圈 valve rocker arm washer
阀摇杆盖 valve rocker cover
阀咬合 valve sticking
阀咬着 sticking
阀叶 valve disc[disk]
阀用交流电磁铁 alternate current electromagnet for valve
阀用铅锡黄铜 valve metal
阀油 valve oil
阀余面 lap of valve; valve lap
阀余隙 valve clearance
阀圆 valve circle
阀钥匙 valve key
阀闸放水处 waterway
阀罩 valve bonnet; valve cover
阀针 valve needle
阀整定 valve setting
阀执行器 valve actuator
阀值前激光工作状态 below-threshold laser behavio(u)r
阀制约 threshold constraint
阀轴 valve shaft; valve spindle
阀轴杆 valve shaft lever
阀注射 valve injection
阀柱 valve rod
阀柱定时链 valve rod timing chain
阀柱护套 valve guard
阀柱塞 valve plunger
阀转换机构 valve-switching mechanism
阀转换机制 valve-switching mechanism
阀装置连接 valve gear link
阀状的 valvular
阀状多层冰 rafted ice
阀锥(体) valve cone
阀总成 valve assembly
阀组 group valve; valve block
阀组箱 valve block
阀作用 valve action
阀座 clack seat; disc[disk] seat; pipe bracket; reseater; seat(cage); valve base; valve carrier; valve cone; valve cup; valve holder; valve seating; valve socket; valve support; valve yoke
阀座材料 seat material
阀座衬套 valve seat bushing
阀座打捞器 valve cup grab
阀座刀具 valve seater
阀座垫圈 valve washer
阀座刮面机 valve seat facing machine
阀座环 valve cup ring; valve seat ring
阀座回位 reseating
阀座角 angle of valve seat
阀座铰刀 valve seat reamer
阀座接触面 contact surface of valve seat
阀座孔径 valve seat bore
阀座口径 seat diameter
阀座漏泄(密封性)试验 seat leak test
阀座密封圈 valve seat insert
阀座密封性试验压力 seat leakage test pressure
阀座磨床 valve seat grinder
阀座磨光机 valve seat refacer
阀座磨面研磨机 valve seat grinding machine
阀座磨损 grooving of valve seat
阀座嵌入物 valve seat insert
阀座翘陷 pick-up of valve seat
阀座倾斜角 seat angle
阀座试验 seat test
阀座碎击 pounding of valve seat
阀座调节垫圈 valve adjusting washer
阀座托架 valve seat holder
阀座铣床 valve seat milling machine
阀座斜角 valve seat angle
阀座修整 reseating
阀座修整刀具 seat cutter
阀座修整铰刀 seat reamer
阀座压板 disc holder
阀座重修整 valve reseating
阀座装卸工具 valve seat insert replacing tool

筏 raft; catamaran; float board

筏板基础 mat foundation
筏冰 ice raft; nabivnoy ice; rafted ice; rafting ice
筏道 drift-chute; log chute; log(ging) pass; logging path; logging road; logway chute; raft chute; raft pass; raft passage-way; raft path; raft sluice; raft way; timber chute; timber pass; sluice way
筏道末端护坦 raft apron
筏道闸门 pass gate
筏基 buoyant foundation; floating foundation; foundation mat; raft foundation; timber raft; buoyant foundation
筏基坝 floating dam
筏基础 foundation on raft
筏基加强(法) raft stiffening
筏基结构 raft construction
筏流 rafting
筏流水路 rafting channel
筏木 lumbering; raft log; timber felling
筏木斧 felling axe
筏木工作 felling operation; felling work
筏木机 felling machine; snagging equipment
筏木锯 felling saw
筏木排运河 rafting canal
筏木作业 felling operation; felling work
筏片基础 floating foundation
筏桥 raft bridge
筏塞湖 <河流边的> raft lake
筏式基(础) mat foundation; mattress; raft foundation; foundation mat
筏式曝气器 raft mounted aerator
筏形基础 foundation on raft; raft foundation; mat foundation
筏堰 boom; log weir
筏运 raft(ing)
筏运池 rafting reservoir
筏运储水池 rafting reservoir
筏运工 raftman[复 raftmen]
筏运水库 rafting reservoir
筏运作业 rafting operation
筏状冰 rafted cover

法案 act; code; draft

法包线 evolute
法贝尔黏[粘]度计 Faber visco(si)meter
法比安石 fabianite
法币 legal money; legal tender
法伯瑕 Faber flaw
法布里-巴罗法 Fabry-Barot method
法布里蒂乌斯改正 Fabritius correction
法布里科德 <一种防水织物> Fabrikoid
法布里-珀罗 Fabry-Perot
法布里-珀罗半导体注入式激光器 Fabry-Perot injection laser
法布里-珀罗标准具 Fabry-Perot etalon
法布里-珀罗标准具选模 mode selection by Fabry-Perot etalon
法布里-珀罗重复分光计 Fabry-Perot recycling spectrometer
法布里-珀罗反射器 Fabry-Perot reflector
法布里-珀罗放大器 Fabry-Perot amplifier
法布里-珀罗分光计 Fabry-Perot spectrometer
法布里-珀罗干涉分光镜 Fabry-Perot interference spectroscope
法布里-珀罗干涉计 Fabry-Perot interferometer
法布里-珀罗干涉条纹 Fabry-Perot fringes
法布里-珀罗干涉仪 Fabry-Perot interferometer
法布里-珀罗光谱图 Fabry-Perot spectrogram
法布里-珀罗激光腔 Fabry-Perot laser cavity
法布里-珀罗滤光片 Fabry-Perot filter
法布里-珀罗滤光器 Fabry-Perot filter
法布里-珀罗腔 Fabry-Perot type cavity
法布里-珀罗条纹 Fabry-Perot fringes
法布里-珀罗调制器 Fabry-Perot modulator
法布里-珀罗谐振器 Fabry-Perot resonator
法布里-珀罗谐振腔 Fabry-Perot cavity
法布里-珀罗型激光器 Fabry-Perot type laser
法布里-珀罗照片 Fabry-Perot photograph
法布里-珀罗注入式激光器 Fabry-Perot injection laser
法布里透镜 Fabry lens
法偿 legal tender
法偿货币 legal tender money
法偿货币债券 legal tender bonds
法偿能力 legal tender powers
法偿纸币 legal tender paper money
法丛 normal complex
法翠 fahua green; sacrifice-ware green
法的解释 interpretation of law
法的效力 validity of law
法典 code
法定 official
法定安培 legal ampere
法定版权 statutory copyright
法定半毛重 legal demi-gross weight
法定保管 legal custody
法定保管人 authorized depository
法定保证金 legal margin
法定报告 statutory report
法定本位 fiat standard
法定比率 fixed legal ratio
法定贬值 official devaluation

法定标准 fiat standard; legal standard; official standard; assize < 对商品价格规定的 >
法定拨款 legal appropriation
法定拨用留存收益 statutory appropriated retained earnings
法定不动产 legal estate
法定材料试验研究所 official materials testing institute
法定财产 legal property
法定财产管理人 legal administrator
法定财产留置权 legal lien
法定财产清算人 official liquidator
法定财产收益 legal income from property
法定财务报表 statutory financial statement
法定测量器具 legal measuring instruments
法定承包商 statutory undertaker
法定承包者 statutory undertaker
法定承担者 statutory undertaker
法定程序 legal procedure; legal proceedings
法定持有 legal keeping
法定持有人 holder in due course; legal holder
法定出售商品 official selling
法定储备金 legal reserve; legal reserve fund; official reserves
法定船东代表 legal agent of owner; owners pro hac vice
法定存款 legal reserve
法定存款准备金 reserve requirements on deposits
法定存款准备金比率 legal reserve requirements
法定存款准备金标准 legal requirement on deposit
法定存款准备率 statutory reserve of deposits
法定代表人 legal representative
法定代理 legal agency
法定代理人 legal personal representative; legal representative; statutory agent
法定贷款限额 legal lending limits
法定单位 legal entity; legal unit
法定单证 legal documents
法定担保 legal security; statutory guarantee
法定捣牵 legal warranty
法定的 legal; official; statutable; statute; vested; statutory
法定的公用事业承办人 statutory undertaker
法定的或法院判决的担保 legal or judicial security
法定的居室单价 statutory room cost
法定的审计责任 statutory audit responsibilities
法定的损害赔偿 lawful damages
法定的责任 legal responsibility
法定的职业权力 legal professional privilege
法定登记本 statutory books
法定抵押 constructive mortgage
法定抵押品赎回期限 statutory period of redemption
法定地址 legal address
法定动产 legal personalty
法定独占 legal monopoly
法定度量表 standard ga(u)ge
法定对物权利 statutory right in rem
法定分等 < 美国货运 > official classification
法定伏特 legal volt
法定福利费 legal welfare expenses
法定复数 required majority; requisite majority

法定概念 legal aspect
法定工作时间 legal hour; legal time
法定公共贷款基金 legal public loan fund
法定公害 statutory nuisance
法定公积金 legal surplus
法定公斤数 kilogram legal weight
法定公式 statutory formula
法定公司 statutory company
法定(公用事业)承办者 statutory undertaker
法定公债基金 legal public loan fund
法定估价 legal valuation
法定股本 authorized capital stock; capital stock authorized; statutory capital
法定股本账户 authorized capital stock account
法定股东大会 statutory general meeting
法定固定价格 official fixed price; official price
法定关税 statutory tariff
法定管辖 legal jurisdiction
法定规格纸 legal size
法定规则 prescriptive rules
法定果实 < 即利息地租等 > legal fruits
法定海底标高 nominal bed level
法定航道底标高 nominal bed level
法定合同 statutory bond
法定荷载 legal load; statutory loading
法定荷重吃水 statutory load line
法定化合物 official compound
法定还债日 law day
法定汇兑平价 official par of exchange
法定汇价 official quotation; official rate
法定汇率 legal rate; official exchange rate; official rate of exchange
法定汇率波动上限 official upper limit of fluctuation
法定汇率波动下限 official lower limit of fluctuation
法定汇率制度 official exchange rate system
法定会计原则 statutory accounting principles
法定会议 statutory meeting
法定货币 flat money; lawful money; legal currency; legal tender
法定货币价 mint par value of coin
法定基金 legal reserve fund
法定基准(面) ordinance datum; ordinate datum; ordinance survey datum
法定计量单位 legal measurement unit; legal unit of measurement
法定记录 statutory records
法定继承 inheritance by operation of law
法定继承权 forced heirship
法定继承人 forced heir; heir at law; heir by operation of law; legal heir; right heir
法定加薪 statutory salary increase
法定价格 legal price; official price; stated value
法定价格标准 legal standard of value
法定价值 legal valve
法定价值标准 legal standard of value
法定假期 dies non; legal holiday; official holiday
法定假日 legal holiday; official holiday
法定兼并 statutory merger
法定监护 legal custody
法定监护人 guardian by statute; legal guardian

法定检查 statutory audit; statutory inspection
法定检验 prescribed examination; statutory survey
法定缴款 mandatory contribution
法定净重 legal net weight
法定扣减项目 itemized deduction
法定库存估价法 legal valuation method of inventory
法定劳动 statute labo(u)r
法定力 legitimate power
法定利率 legal rate of interest; official rate; state rate
法定利润 legal profit; statutory profit
法定利润率 official return
法定利息 legal interest
法定连接 flange joint
法定留置权 legal lien; statutory lien
法定垄断 legal monopoly
法定率 legal ratio
法定轮载 legal wheel load
法定名称 legal name
法定年(度) legal year
法定年龄 lawful age; legal age
法定年龄限制 legal age limit
法定欧姆 legal ohm
法定牌价 official market quotation
法定皮重 legal tare
法定平价 mint par; mint parity; mint par of exchange; official parity; specie par
法定评价 legal valuation
法定期间 prescribed time; statutory period
法定期限 legal term; mandatory period
法定契约 statutory bond
法定桥轴负荷 legal axle load
法定清算 legal liquidation
法定权利 legal rights; legal title; statutory rights
法定权限 official competence
法定权益 legal interest
法定燃气热值 declared calorific value of gas
法定让与 cession legis
法定人数 quorum
法定日 legal day
法定身份 legal capacity
法定审计 statutory audit
法定审计师 authorized auditor; statutory auditor
法定审计要求 statutory audit requirement
法定审计约定 statutory audit engagement
法定升值 official appreciation
法定声明 statutory declaration
法定石油 legal oil
法定时间 legal hour; legal time
法定时速限制 legal speed limit
法定时限 legal limits of time
法定时效 statute of limitations; statutory limitation
法定实体 legal entity
法定试验 acceptance test; official test
法定试样 official sample
法定收入 legal earned income
法定手续 statutory procedures
法定受让人 official assignee
法定水权 prescription water rights
法定水深 nominal bed level; official depth
法定水位 legal water level
法定水准(标)点 ordinance bench mark
法定税率 autonomous tariff; national tariff; statutory rate; statutory tax rate
法定税则 authorized tariff

法定顺序 statutory order
法定私有财产 legal private property
法定诉讼程序 due process
法定速度 legal speed
法定速度限制 < 汽车的 > legal limit
法定所得 droit; statutory income
法定所有权 constructive possession; legal title
法定所有人 legal owner
法定天然气 legal gas
法定条件 lawful condition
法定贴现率 official discount rate
法定投资 legal investment
法定投资清单 legal investment list
法定投资项目一览表 legal list
法定团体 statutory body
法定退休年龄 mandatory age for retirement
法定委托 constructive trust
法定未成年人 infant
法定文件 statutory documents
法定限额的债务 debt subject to statutory limit
法定向量 normal vector
法定信托 constructive trust; implied trust; statutory trust
法定刑罚 prescribed penalty; statutory punishment
法定休息日 dies non
法定压力 authorised pressure
法定延误期间 legal delay period
法定延误时间 legal delay time
法定样品 official sample
法定要求 statutory requirement
法定一方 competent party
法定遗产 inheritance
法定遗产继承份额 statutory shares of estate
法定已获盈余准备金 legal earned surplus reserve
法定义务 legal duty; legal obligation
法定银行延期偿付期 bank moratorium
法定银行准备金 legal requirements of banks
法定引航员 compulsory pilot
法定英里 < 长度单位, 1 法定英里 = 5280 英尺 = 1609.3 米 = 1760 码 > statute mile; land mile
法定盈余公积金 legal earned surplus reserve
法定盈余准备金 legal earned reserve
法定用水权 prescription water rights
法定用途 legal appropriation
法定优先的留置权 priority of lien
法定有效荷载 legal payload
法定预算 approved budget; legal budget
法定约束 legal constraint
法定责任 statutory duty
法定债款 legal tender
法定债权人 legal creditor
法定债券 legal bond
法定债务 civil obligation; legal obligation
法定债务人 legal debtor
法定债务限额 legal debt limit; legal debt margin
法定占有 legal possession
法定占有人 lawful occupier; legal occupier
法定折耗 statutory depletion
法定折扣率 official discount rate
法定证据 affidavit; legal evidence
法定证据制度 system of legal evidence
法定证券 legal bond
法定证券价格 official quotation
法定证书 legal instrument
法定支付期 legal term; term time

法定支付手段 lawful tender
法定执照<公路运输业者> compulsory license
法定职权 legitimate authority
法定职业 legal occupation
法定滞留和出售权 statutory right of detention and sale
法定重量 legal weight
法定主权 legitimate sovereign
法定住所 legal domicile; legal residence
法定专营 legal monopoly
法定转让 legal assignment
法定准备 statutory reserves
法定准备基金 legal reserve fund
法定准备金 lawful reserve; legal reserve; loyal reserve
法定准备金比率 reserve ratio
法定准备政策 legal reserve policy
法定资本 authorized capital; capital-authorized; declared capital; legal capital; official capital; ownership capital; state(d) capital; statutory capital
法定资本的减少 reduction of legal capital
法定资产 legal assets
法定资格 legal capacity; legal qualification; statutory qualification
法定资金储备 statutory reserves
法定自来水公司 statutory water company
法定总预算 legal consolidated budget
法定总预算书 ledger budget
法定租户 statutory tenant
法定组织 legal organization
法定最低工资 legal minimum wage
法定最低就业年龄 minimum legal age of employment
法定最低利率 legal minimum rate
法定最低限度工资 legal minimum wage
法定最低准备金 legal minimum reserve
法定最低资本额 minimal capital required by law
法定最高利率 legal maximum of interest rates
法定最高速度 legal speed
法定最小限度 statutory minimum
法都-勒贝格引理【数】 Fatou-Lebesgue lemma
法都引理【数】 Fatou's lemma
法尔茨造山运动【地】 Pfalzian orogeny
法耳码 Fire code
法方程式 canonic(al) equation; normal equation
法方程组的解 reduction of the normal equations
法分量 normal component
法高 normal height
法格仑窑 Fangeron kiln
法格伦浮选池 Fagergren flo(a)tation cell
法格伦式回转子浮选机 Fagergren flo(a)tation machine
法官 judge; jurisconsult; jurist
法官的 judicial
法官席 banc(o); tribunal
法规 by-law; code; constitutional provision; decree; enactment; law; laws and regulations; legal regulation; legislation; ordinance; standard code; statute
法规变动风险 risks of regulatory changes
法规标准 code standard
法规草案 draft regulation
法规的 statutory
法规方程 equation of law and regulation
法规防治 regulatory control
法规和条例 statutes and regulations
法规汇编 corpus of the laws and regulations; legislative series
法规机构 regulatory authority
法规条款 statutory provision
法国巴洛克式庭园 French formal garden
法国白 French white
法国半圆头钉 French nail
法国标准 French Standard
法国标准化协会 Association of French Normalization
法国标准螺纹 French standard thread
法国擦亮剂 French polish
法国槽瓦 French tile
法国船级社 Bereau Veritas
法国电力公司 Electrifite de France
法国动力大地测量卫星 Peole
法国度 French degree
法国法氧化锌 French process oxide
法国粉浆饰面 French stucco
法国高速列车 Tres Grande Vitesse
法国哥特式建筑风格 French Gothic (style)
法国革命时代的风格<过渡的拟古派风格> Directoire style
法国工业产权局 French National Institute of Industrial Property
法国公债 bons
法国轨道检测车 Mauzin inspection car
法国国家铁路公司的子公司 Subsidiary of the French National Railways Company
法国环境法 environmental law of France
法国建筑 French architecture; Empire style<拿破仑称帝后>
法国建筑风格<十八世纪> empire
法国建筑形式<铺木瓦斜屋顶与塔楼的> French Normandy
法国结构协会 Association Fran caise Pour La Construction
法国蓝 French blue
法国绿色能源计划 French green energy plan
法国南部海洋的凛冽北风 mistral
法国抛光漆 French polish
法国齐本德尔式家具 French Chippendale
法国清漆 French varnish
法国全国统计及经济研究所 French National Institution of Statistics and Economic(al) Studies
法国柔性路面设计法 France flexible pavement design method
法国审计法院 Court of Accounts of the Republic of France; La Court des Comptes of France
法国石料磨耗系数 French coefficient of abrasion
法国式槽瓦 Ludowici tile
法国式发票 franco invoice
法国式房屋 French building
法国式拱 French arch
法国式桁架 Belgian truss; Fink truss; Polonceau truss; French truss
法国式建筑 French architecture
法国式扣搭屋面瓦 French interlocking roofing tile
法国式(农田)排水 farm drain
法国式书脊槽 French groove; French joint
法国式双扇玻璃门 French door
法国式梯级 French flier
法国式屋顶 French roof
法国式屋架 Polonceau roof truss
法国式楔形斜面接合 French scarf (joint) with wedge
法国式斜接接头 French scarf(joint)
法国式斜口接合 French scarf(joint) with wedge
法国式斜嵌接 French scarf(joint)
法国松节油 French turpentine
法国挑尖拱 ogive
法国文艺复兴式 French Renaissance
法国涡饰 French scroll
法国梧桐 chinar; contonier; Eastern plane; oriental plane-tree; plane tree; platan(e)
法国夏都国家水力学试验所 National Hydraulics Laboratory,Chatou,France
法国盐务税 gabelle
法国园林 French garden
法国罩光漆 French polish
法国赭色 French ochre
法国赭石 French ochre
法国朱红色 cadmium red
法国柱式 French order
法国专利 French Patent
法国自然与环境保护部 Nature and Environmental Protection Ministry of France
法华<指陶器> Fa colo(u)r; sacrifice-ware colo(u)r; sacrifice-ware decoration
法华彩 fahuacai; fahua colo(u)r
法华三彩 sacrifice-ware tricolo(u)r
法黄 sacrifice-ware yellow
法汇 normal congruence
法吉氏冷杉 Farges fir
法截面 normal section; plane of normal section
法截线 normal section line
法截线方位角 normal section azimuth
法截线曲率 curvature of a normal section
法截线曲率半径 normal radius of curvature; radius curvature in a normal section; radius of curvature in a normal section radius
法警 judicial policeman; bailiff; catchpole; court attendant
法矩阵 normal matrix
法距 length of normal
法卡斯引理 Farkas lemma
法拉 farad
法拉第<电量单位,约等于 96500 库仑> Faraday
法拉第暗区 Faraday's dark space
法拉第杯 Faraday's cup
法拉第冰桶实验 Faraday-ice bucket experiment
法拉第玻璃 Faraday's glass
法拉第常数 Faraday's constant; Faraday's number
法拉第磁光玻璃 Faraday's rotation glass
法拉第磁光效应 Faraday's magnetooptic(al) effect
法拉第当量 Faraday's equivalent
法拉第电磁感应定律 Faraday's law of electromagnetic induction; law of electromagnetic induction
法拉第电解定律 Faraday's law of electrolysis
法拉第电流 Faraday's current
法拉第定律 Faraday's law
法拉第感应定律 Faraday's law of induction
法拉第管 Faraday's tube
法拉第光谐振旋转器 resonant optic(al) Faraday's rotator
法拉第绝缘体 Faraday's isolator
法拉第快门 Faraday's shutter
法拉第笼 Faraday's cage
法拉第脉动 Faraday's pulsation
法拉第屏蔽 Faraday's cage; Faraday's screen; Faraday's shield
法拉第驱动器 Faraday's driver
法拉第双折射 Faraday's birefringence
法拉第顺磁效应 paramagnetic Faraday's effect
法拉第天平 Faraday's balance
法拉第消偏振 Faraday's depolarization
法拉第效应 Faraday's effect
法拉第旋转 Faraday's rotation
法拉第旋转器 Faraday's rotator
法拉第旋转式隔离器 Faraday's rotation isolator
法拉第旋转效应 Faraday's rotation effect
法拉第圆盘发电机 Faraday's disc dynamo
法拉第圆盘机 Faraday's disk machine; Faraday's generator
法拉第罩 Faraday's cage
法拉第直流电磁泵 Faraday's pump
法拉第阻抗 Faradaic impedance; Faraday's impedance
法拉计 capacitance meter; faradmeter
法拉郎板块 Farallon plate
法拉洛伊耐热铁镍铬铝合金 Fahralloy
法拉马特镜头 Varamat lens
法拉/米<电容率单位> Farad/meter
法拉姆铅锡合金 Fahlum metal
法拉姆式楼板 Fram
法拉斯断裂点试验 Frass breaking-point test
法兰 flange; adapting flange; flinch
法兰安装 flanged mounting
法兰安装方式 flange-mounted type
法兰扳手 flange key
法兰板 flange plate; flange slab
法兰保护 flange protection
法兰边缘 flange edge
法兰操作弯矩 flange moment under operating condition
法兰叉 flanged yoke
法兰叉形管 flange breech(es) fitting
法兰插口 flanged spigot
法兰衬垫 flange(d) gasket; flanged packing
法兰大小头 flanged reducer
法兰灯头 flanged base
法兰等级 flange rating
法兰垫残余应力 flange gasket residual stress
法兰垫初期应力 flange gasket prestress
法兰垫圈 flanged gasket; pipe gasket
法兰堵板 blind flange
法兰端 flange termination
法兰端头 flange end
法兰断面 flange section
法兰阀门 flange valve
法兰盖 blank flange; blind flange
法兰杆 double ender; flanged rod; flange sleeker; flange tool
法兰刚度 rigidity of flange
法兰管 flanged pipe; flanged tube
法兰管件 flanged fitting
法兰厚度 flange thickness
法兰呼吸阀 flanged breather valve
法兰基灌注桩 Franki pile
法兰基静压预制混凝土小桩<基础托换用> Franki Miga pile
法兰基螺旋钻孔桩 Franki drilled pile
法兰基套管钻孔桩 Franki bored pile
法兰基桩基系统 Franki piling system
法兰计算弯矩 moment for designing flange
法兰加脂器 flange greaser
法兰减缩管 flanged reducer

法兰渐扩短管 flange and flare piece
法兰渐缩管 flanged reducer
法兰焦距 flange focal distance
法兰接合 flange coupling
法兰接头 flange adapter; flanged joint; flanged union
法兰接头支管 flanged branch
法兰结合面 flange face
法兰截止阀 flange cut-off valve; flange stop valve
法兰颈部轴向应力 longitudinal stress in flange hub
法兰径比 diametric(al) ratio of flange; ratio of diameters of flange
法兰克福黑(颜料) Frankfort black
法兰克晚期建筑艺术 late-Frankish architecture
法兰口圆弧半径 radius of flange mouth arc
法兰扩缘短管 flange and flare piece
法兰扩缘弯头 flange and flare elbow; flange and flare piece
法兰扩张器 flange spreader
法兰力矩 flange moment
法兰连接 flanged connection; flanged coupling; flange joint
法兰连接的 flanged connected
法兰连接接头 flange coupling adapter
法兰连接螺栓 flange bolt
法兰连接凸出部分高度 height of protrusion in flange joint
法兰联管 flanged union
法兰联结 flange coupling
法兰联轴节 flange(shaft) coupling
法兰联轴器 flange coupling
法兰螺帽 flanged nut
法兰螺栓 flange bolt
法兰螺栓孔数 number of bolt holes in flange
法兰螺栓设计 flanges bolted design
法兰盲板 blank flange
法兰密封 flange seal
法兰面 flange face
法兰面积 flange area
法兰模板 body flange
法兰挠度 deflection of flange
法兰盘 collar; flanged plate; lip; ring flange; flange
法兰盘安装式 flange-mounted
法兰盘安装式马达 flanged-mounted motor
法兰盘边缘焊接 edge flange weld
法兰盘穿墙管 flanged wall piece
法兰盘管接 flange fittings
法兰盘接合 flanged joint
法兰盘接头 flanged ends
法兰盘连接 flanged connection; flange joint; flange union; union flange; flange up
法兰盘伸缩接头 flanged expansion joint
法兰盘弯管 flange and elbow bend pipe
法兰配件 flange coupling; flange fittings
法兰喷嘴 flanged nozzle
法兰偏心渐缩管 flange eccentric reducer
法兰器管 flanged crossing
法兰强度 strength of flange
法兰球阀 flanged ball valve
法兰取压偏心孔板 eccentric orifice with flange taps
法兰绒 flannel
法兰绒辊 cloth rewinder roll; cloth roll
法兰绒磨光盘 flannel disc
法兰润滑脂器 flange greaser
法兰塞 flanged plug
法兰三通(管) flanged tee[T]; flanged tee
法兰三通管接 flanged tee[T]
法兰设计螺栓荷载 flange design bolt load
法兰式 flange form
法兰式差压发送器 flanged differential pressure transmitter
法兰式电动机 flange type motor
法兰式管接头 flange fittings
法兰式膜片压力表 flanged diaphragm ga(u)ge
法兰四通 flanged cross
法兰弹簧垫圈 flange spring washer
法兰套管 flanged socket
法兰套管弯头 flange and spigot bend
法兰瓦尔特分级机 Fahrenwald flo-(a)tation cell
法兰瓦尔特型浮选机 Fahrenwald flo-(a)tation cell
法兰外径 flange outer diameter
法兰弯头 flanged bend; flanged elbow
法兰西仿罗马风格 French Romanesque
法兰西共同市场 French Community
法兰西古典主义 French classicism
法兰西螺栓 French bolt
法兰西式平拱 French arch
法兰西式水轮机 centrevent turbine
法兰西式园林 French style garden
法兰西松节油 French oil of turpentine; French spirit of turpentine
法兰系统刚度 rigidity of the bolted flange system; rigidity of the system of bolted flange connection
法兰旋转 rotation of flange
法兰压紧密封面 flange facing
法兰压力等级 flange rating
法兰压力管 flanged pressure pipe
法兰应力 flange stress
法兰与平口连接件 flange and plain connecting piece
法兰预紧弯矩 flange moment under pretightening condition; moment acting on the flange for gasket seating
法兰闸阀 flanged gate valve
法兰直接驱动 flange for direct drive
法兰中的径向应力 radial stress in flange; tangential stress in flange
法兰铸钢闸阀 flange cast steel sluice valve
法兰铸铁管 flanged cast-iron pipe
法兰铸铁截止阀 flange cast iron stop valve
法兰转角 angular rotation of flange
法兰装配的 flange-mounted
法兰组合 flange combination
法兰钻孔 flange drilling
法蓝剪 blued scissors
法郎区 Franc zone
法老诞生神庙 <古埃及> Mammisi temple
法雷当石 Farleigh Down stone
法雷尔方式 Farrel system
法里奥贡镜头 Variogon lens
法里特耐热耐蚀高镍合金 Fahrite
法理 principle of law
法理(法律)学家 jurisconsult; jurist
法理途径 Ferry pathway
法立接触面 flange facing
法列哈姆式红面砖 Fareham reds
法列克司摩擦试验机 Falex friction machine
法林登海绵层 Faringdon sponge bed
法令 act; assize; decree; decree-law; enactment; fiat; legal statute; order; ordinance; statute
法令的 statutory
法令的解释 statutory interpretation
法令汇编(全书) statutebook
法令货币 fiat money
法令限制 statute of limitations
法令执行局 Bureau of Enforcement
法律 legal order; legislation
法律案件 case at law
法律保护 legal protection
法律保障 legal protection
法律保证 judicial guarantee; legal security
法律标准化 legal standardization
法律补偿 legal compensation
法律补救方法 legal remedy
法律部门 legal department
法律程式 legal formalities
法律程序 legal procedure; legal proceedings; legal process
法律冲突 conflicts of laws
法律冲突法 law of the conflict of laws
法律处 legal department
法律处罚 legal penalty
法律措施 legal measure
法律错误 mistake of law
法律的规范性 normalization of law
法律的解释 interpretation of law
法律的可执行性 enforceability
法律的确认 identification of law
法律的施行 application of law
法律的实施 administration of law; law enforcement
法律的适用 application of law
法律的条款 purview
法律的推理 analogy of law
法律的误用 misapplication of law
法律的应用 operation of law
法律的制定 enactment of law
法律的转致 transmission of law
法律抵触 conflict of laws; conflicts of laws
法律抵触法 law of the conflict of laws
法律地位 legal status
法律费 legal expenses
法律根据 legislative authority
法律更改 change in legislation
法律公告 legal notice
法律顾问 counsel; counsel(l)or; institutional adviser; legal adviser; legal counsel
法律顾问处 legal consultation
法律关系 legal nexus
法律规避 evasion of law
法律规定必须遵照的标准 mandatory standard
法律规定的 vested
法律规范 legal norm
法律机构 legal body
法律解释 interpretation of law
法律良知 legal consciousness
法律论据 legal argument
法律模式 model by-laws
法律能力 legal capacity
法律清标 legal settlement
法律权力 authority of law
法律认可 legal authority
法律认为 legal ratification
法律上的权利 droit
法律上的责任 legal responsibility
法律上同样有效状态 concurrence
法律上无效 nullity
法律上有效的 authentic
法律实体 juridical entity; legal entity
法律事实 juristic(al) fact
法律思想 legal thought
法律诉讼 action at law; judicial proceeding; legal proceedings
法律所默认的赔偿 implied indemnification
法律体系 legal system
法律体制 legal framework; legal system
法律条款 provisions of the law
法律文件 legal instrument
法律文书 legal instrument
法律问题 institutional issues; point of law
法律限制 regulatory control
法律效力 legal effect
法律行为 juristic(al) act; legal act
法律行为能力 legal capacity
法律许可 legal authorization; the law permit
法律研讨 institutional consideration
法律意见 legal advice
法律意识 legal consciousness
法律援助证书 legal aid certificate
法律约束 legal restriction
法律约束力 legal binding force
法律允许的 allowed by law
法律运输条款 legal transport stipulation
法律责任 legal liability; legal obligation; legal responsibility
法律争执 dispute at law
法律制裁 legal remedy; legal sanction
法律制度 jus
法律仲裁 legal arbitration
法律主体 legal subject
法律主体资格 capacity as a subject of law
法律助理 legal aide
法律咨询 legal advice
法律咨询处 legal consultation
法律尊严 dignity of courtroom
法绿 <指陶器> sacrifice-ware green
法伦华银亮合金 Fahlum brilliant alloy
法罗泰尔镜头 Varotal lens
法梅减薄液 Farmers reducer
法-美大西洋中部海底研究(计划) French-American mid-ocean undersea study
法门阶 <晚泥盆世>【地】Famennian
法面 normal plane; normal surface
法面模数 normal module
法面曲率 normal plane curvature
法莫替丁 famotidine
法纳尔蓝 Fanal blue
法耐斯托克线夹 Fahnestock clip
法囊藻科 Valoniaceae
法呢烯 farnesene
法诺流动 Fanno flow
法平面 normal plane
法器 summator
法曲率 normal curvature
法曲率半径 normal radius of curvature
法权 right
法权验证 validation of title
法人 artificial person; corporate juridical person; entity; fictitious person; juridical person; juristic person; legal body; legal entity; legal man; legal person; moral person; legalis homo <拉>
法人保险额 corporate coverage
法人产权证券 corporate equity securities
法人代表 corporate representative; legal representative
法人单位 impersonal entity
法人的 corporate; corporative
法人的权利能力 legal capacity of juristic person
法人的行为能力 disposing capacity of juristic person
法人的责任能力 capacity for responsibility of juristic person
法人登记 registration of juristic persons
法人非金融企业 corporate non-financial enterprise

法人公司 registered company
法人(公司)营业权 corporate franchise
法人(共同)的能动性 corporate activity
法人(共同)盈余 corporate surplus
法人居住税 corporate inhabitant tax
法人决议 corporate resolution
法人利润税 corporation profit tax
法人能力 corporate capacity
法人企业 business corporation
法人清算 liquidation of a judicial person
法人权限 corporate powers
法人认可证 certificate of corporation;certificate of incorporation
法人身份 status of a legal person
法人实体 legal entity
法人税 corporation tax;tax on artificial persons
法人所有权 corporate ownership rights
法人所有制 corporate ownership
法人团体 body corporate;commonalty;corporate body
法人消失 disappearance of a legal person
法人印章 corporate seal
法人在场作证的试验 witness test
法人章程 charter of the corporate body
法人终止 termination of legal person
法人资格 capacity of corporate;corporate capacity;legal personality
法人资格凭证 paper certifying its status as a legal person
法人组织 corporate body;corporate organization
法日 <记录在纸押物或纸条上的还债日期> law day
法三线坐标 normal trilinear coordinates
法氏脆点试验 Frass breaking-point test
法氏硼钙石 fabianite
法式窗 French window
法式拱 French arch
法式建筑 French architecture
法式(两用)门 French door
法式落地窗 French casement
法式木工造型机具 French spindle
法式排水沟 boulder ditch
法式抛光 French polishing
法式钳工锤 French type machinist's hammer
法式球形柄 French shank
法式锁孔盖板 French escutcheon
法式弹簧 French spring
法式屋瓦 French roofing tile
法式羊角锤 French type claw hammer
法式装修五金 French hardware
法斯梯-艾伯特单色仪 Fastie-Ebert monochromator
法斯梯-艾伯特分光计 Fastie-Ebert spectrometer
法庭 court;court of justice;law court;tribunal <常指特别法庭>;dicasterium <古建筑中的>
法庭费用 adjudication fee
法庭审查程序 court reference procedure
法庭授予遗嘱执行人权利的命令 letters testamentary
法统 legal constituted authority
法外宽免 extra statutory concession
法线 evolute line;normal line
法线长度 length of normal
法线的 normal
法线方程 normal equation
法线方向 normal direction
法线角 normal angle
法线力系数 normal force coefficient
法线螺距 normal pitch
法线速度面 normal surface
法线梯度 normal gradient
法线投影法 normal projection method
法线弯管检验 normal bend test
法线斜率 normal slope
法线圆锥 normal cone
法线轴 normal axis
法向操纵装置 heave motivator
法向齿厚 normal tooth thickness
法向导数 normal derivative
法向的 normal
法向断面 normal cross section
法向发光强度 normal intensity of light
法向反射 normal reflection
法向反作用力 normal reaction;normal response
法向方程组的解 solution of normal equations
法向分布 Gaussian normal distribution;normal distribution
法向分力 normal component;normal component of forces
法向分量 normal component
法向辐射 normal radiation
法向刚度 normal stiffness
法向刚度系数 normal stiffness coefficient
法向惯性力 normal inertial force
法向过荷自记器 normal accelerograph
法向过荷自记仪 normal accelerograph
法向荷载 normal load(ing)
法向荷重 normal load(ing)
法向后角 normal relief angle
法向弧线厚度 normal circular thickness
法向集中荷载 normal point load
法向加速表 normal accelerometer
法向加速度 normal acceleration
法向角 normal angle
法向节距 normal pitch
法向截面 normal cross section;normal section
法向截面方位角 normal section azimuth
法向径节 normal diametral pitch
法向拉力 normal tension
法向拉伸应力 normal tensile stress
法向拉应力 direct tensile stress;normal tensile stress
法向力 normal force
法向力分布 normal force distribution
法向力特性 normal force characteristic
法向量 normal;normal vector
法向模数 normal module;normal modulus
法向模型 normal module;normal modulus
法向内力 normal internal force
法向平均推力 normal mean thrust
法向剖面 normal profile
法向曲率线 line of normal curvature
法向入射 normal incidence
法向入射声吸收系数 normal incidence sound absorption
法向入射吸声系数 normal incidence absorption coefficient
法向渗透 normal osmosis
法向声阻抗率 specific normal acoustic(al) impedance
法向水平距离 normal horizontal separation
法向速度 normal velocity
法向速度分布 normal velocity distribution
法向速度分量 normal velocity component
法向梯形齿廓螺旋面 chased helicoid
法向推力 normal thrust
法向弯管 normal bend
法向弯管检验 normal bend test
法向位移 normal displacement
法向形变 normal deformation
法向压力 normal pressure
法向压力分布 normal pressure distribution
法向压力角 <齿轮的> normal pressure angle
法向压应力 direct compression stress;direct compressive stress;normal compressive stress
法向移动 heave motion
法向应变 normal strain
法向应力 direct stress;normal stress
法向应力分量 normal stress component
法向应力模量 normal modulus of stress
法向应力效应 normal stress effect
法向振打 normal rapping
法向周节 normal circular;normal circular pitch
法向轴 normal axis
法向柱法 normal beam method
法向总压力 total normal pressure
法向总应力 total normal stress
法向坐标 normal coordinate
法耶改正 Faye correction
法耶校正 Faye correction
法耶异常 Faye anomaly
法衣室 vestry
法医 legal medical expert
法医学鉴定 medico-legal expertise
法溢口 debouche
法域 legal order
法院仲裁 judicial arbitration
法则 law;prescription;principle;rule
法正获量 normal yield
法制计量学 legal metrology
法轴 normal axis
法锥 normal cone
法座 dais

砝

砝码 balanced weight;bobweight;counter-balance(weight);counterpoise;counterweight;poise(weight);weight

发

发际 hairline

发际中点 trichion
发夹结构 hairpin structure
发夹式耦合环 hairpin coupling loop
发夹型导体 hairpin conductor
发针 hairpin
发针式弯道 hairpin bend
发针形曲线 hairpin curve;reverse loop curve;S-curve
发针形曲线路基 hairpin curve bed
发针形绕组 hairpin winding
发针形沙丘 hairpin bend dune
发针形弹簧 hair pin spring
发针形弯 hairpin bend
发针形弯曲 hairpin turn
发针形物 hairpin
发针形楔入物 <用来拉紧拉杆> hairpin
发状触发方法 hair-trigger method
发状缝 capillary joint
发状辐裂 hair checking
发状辐射 hair checking
发状金属 hair metal
发状裂缝 capillary crack;hair crack;hairline(crack);minute crack
发状裂纹 capillary crack;hairline crack
发状物 hair

珐

珐琅 enamel;lacquer enamel

珐琅彩 colo(u)r enamels;enamel colo(u)r
珐琅彩花卉纹瓶 vase with enamel floral design
珐琅电阻器 enamel(l)ed resister
珐琅粉 enamel frit;enamel powder
珐琅可变电阻器 enamel(l)ized variable resistor
珐琅器 champleve enamel ware
珐琅外部修饰 vitreous enamel finish
珐琅用乳浊釉 marzacotto

帆

帆 sail

帆板 <一种平底单桅三角帆小船> sail board
帆边绳 bolt rope;roping
帆边绳缝法 bolt rope stitch
帆布 canvas;canvas cloth;canvas sheet;duck;duck canvas;sailcloth
帆布坝 canvas dam;taphoon <渠道上用的挡水物>
帆布背包 haversack;rucksack
帆布衬 canvas lining
帆布传送带 canvas conveyer[conveyor];canvas sling conveyer[conveyor];conveyer canvas
帆布传送带导向板 canvas slide
帆布传送带导向片 canvas slide
帆布传送带导向条 canvas slide
帆布船具 canvas gears
帆布窗帘 canvas blind
帆布床 camp bed;canvas bed;canvas cot;cot
帆布打洞机 grommet punch
帆布带 duck belting
帆布带板条夹箍 canvas slat clip
帆布带保护垫圈 canvas grommet
帆布带传动装置 canvas belt(ing)
帆布带升降机 canvas sling elevator
帆布带式割捆机 canvas binder
帆布带式捡拾器 canvas-type pickup
帆布带输送机 canvas draper;canvas sling conveyer[conveyor]
帆布带运输机 canvas conveyer[conveyor]
帆布袋 canvas bag;haversack;holdall
帆布挡板 canvas gate
帆布挡帘 canvas deflector;grain check canvas
帆布垫片 canvas gasket
帆布吊兜 <吊货用> canvas sling
帆布顶 canvas top
帆布顶篷 canvas top
帆布顶篷拖车 trailer with canvas cover
帆布防水材料 mesowax
帆布风斗 canvas ventilator
帆布风筒 canvas ventilation pipe
帆布管道 canvas duct
帆布滚边 guarding
帆布过滤器 canvas filter
帆布海锚 kite drag;sea anchor
帆布厚漆 canvas paste paint
帆布划艇 canvas canoe
帆布接头 canvas joint
帆布金属眼环 grommet ring;metal grommet
帆布浸油植绒 thrumming
帆布经线 warp thread
帆布空气管道 canvas tube

F

帆布连接 canvas connection
帆布凉篷 canvas awning
帆布旅行包 kit bag
帆布轮胎 woven canvas tyre
帆布幔 awning curtain
帆布门帘 canvas gate
帆布抛光轮 canvas polishing wheel; disk canvas wheel
帆布篷 awning; canvas cover; canvas roof
帆布碰垫 canvas fender
帆布皮带 canvas belt(ing); woven belt
帆布品制造车间 sail loft
帆布墙面 canvas wall-surface
帆布清漆 sail varnish
帆布软管 canvas duct; canvas hose
帆布筛 canvas screen
帆布手套 canvas mittens; canvas glove
帆布输气管 canvas air conduit
帆布输送带 canvas apron; canvas conveyer [conveyor]; canvas slat conveyer[conveyor]; conveyer canvas; draper apron; draper canvas; draper conveyer[conveyor]
帆布输送带板条夹箍 canvas slat clip
帆布输送带带钉卡箍 canvas tack
帆布输送带导向板 apron guide; canvas slide
帆布输送带辊轴 canvas roller
帆布输送带连接杆 canvas connecting strip
帆布输送带两边导板 canvas guide
帆布输送带两端连接杆 canvas connecting strip
帆布输送带式收割台 canvas-type platform
帆布输送管导板 canvas guide
帆布输送器 canvas draper
帆布输送器结扣 canvas buckle
帆布输送器条板 canvas slat
帆布输送器延长板 canvas extension
帆布水(龙)带 canvas hose
帆布似的平纹棉布 wigan
帆布送风管 canvas air conduit
帆布躺椅 sling chair
帆布套 canvas container; canvas cover; woven jacket
帆布套袖 canvas sleeves
帆布天幕 awning curtain
帆布条板式输送器 canvas slat conveyer[conveyor]
帆布艇 canvas boat
帆布通风筒 canvas ventilator; wind sail
帆布桶 canvas bucket
帆布纬线 weft yarn; woof threads
帆布屋顶 cloth roof
帆布箱包 canvas suitcase and bag
帆布橡胶排水管 flexible drop chute
帆布小舟 canvas canoe
帆布鞋盖 canvas gaiter
帆布型亚麻布 linen roughs
帆布椅 camp chair; canvas seat; hammock chair
帆布闸 canvas dam
帆布罩 canvas boot; canvas cover; canvas hood; canvas shroud
帆布罩棚 canvas canopy
帆布遮蔽物 canvas screen
帆布织机 canvas loom; duck loom
帆布织物 duck fabric
帆布制的 canvas
帆布制的输送空气管道 canvas fabric airslide
帆布制锥形风暴信号 storm cone
帆船 sailboat; sailing boat; sailing ship; sailing vessel
帆船操纵方法 maneuvering under sail
帆船拱顶 sail vault
帆船航行有障碍 navigation of sailing vessels impeded
帆船系缆柱上的雕像 statue of an apostle
帆带帐篷 canvas umbrella canopy
帆的加强边 tabling
帆的下缘 foot
帆耳环 clew iron
帆耳索 clew line
帆耳眼环 earring cringle
帆筏 sailing raft
帆根结 studding sail tack
帆工式扎绳头 sailmaker's whipping
帆拱 pendentive
帆桁 sail yard
帆桁端 yardarm
帆桁固定器 parrel
帆桁索 yard rope
帆后顶角索耳 peak cringle
帆角 sail angle
帆脚杆 boom
帆脚索 bowline(bridle); sheet
帆脚索结 bowline hitch; bowline knot
帆脚索索环 bowline cringle
帆库 sail room space
帆缆材料室 boatswain's store; deck store
帆缆舱 sail room space
帆缆工具箱 boatswain's holder
帆缆索具 rigging
帆缆用的油脂盒 slush horn
帆缆针线包 palm and needle
帆缆作业 canvas and rope work
帆缆作业用具 rope furnishing tool
帆面积 sail area
帆梢木眼环 bull's eye cringle
帆绳 sailing wire
帆索 jeers
帆索环 glut
帆索架 travel(l)er horse
帆桅支索 jack stay
帆线 canvas thread; sail twine; seaming twine
帆形屋顶 sail-shaped roof
帆眼绳 reefing becket
帆缘 leech
帆缘绳 leech rope
帆缘索 bolt rope; roping
帆针 seaming needle

番

番红 safranine
番红花 saffron
番红试验 safranine test
番荔枝 custard apple; sugar apple; sweetsop
番木鳖碱 brucine
番木瓜树 Melon tree
番茄 love apple
番石榴 guava tree; myrtle
番樱桃属 myrtle

幡

幡状云 virga

翻

翻摆 overbanking
翻板 flap; reverse turning bed; trap door; turnover
翻板坝 trap weir; shutter dam <有水平轴闸门的>
翻板挡潮闸 <下水道出海口的> tidal flap valve
翻板阀 damper plate valve; hanging valve; flap valve
翻板合页 flap hinge
翻板缓冲挡 platform trap door bumper
翻板机 panel turnover machine; turnover rig
翻板(节制)闸门 flap gate; flashboard check gate; shutter gate
翻板门 flop gate; hinged flap
翻板坯吊车 pit crane
翻板式空气调节闸板 air control butterfly
翻板式输送机 slat conveyer[conveyor]
翻板锁 trap door latch; trap door lock
翻板提手 platform trap door lift
翻板坞门 flap dock gate
翻板陷阱 dead-fall
翻板堰 pivoted weir; shutter weir; trap weir
翻板闸门 flap-door; louver shutter; oscillating flashboard; self-collapsing gate; tumble gate
翻板桌 drop leaf
翻版 photomechanical copy; reprint; reproduction
翻瓣取根法 removal of fractured root by flap operation
翻杯式给料器 tilting-cup feeder
翻边 bead forming; burring; flanging; tile key
翻边板 flanged plate
翻边的 turn-down rim
翻边机 flanger turner; flanging machine; turn-up edging machine
翻边开孔 flued opening
翻边锁紧螺母 gib nut
翻边压力机 flanging press
翻布机 cloth turning machine
翻仓费 retally charges
翻舱 rehandling; restowage; restowing
翻舱费 cargo shifting expenses
翻草机 hay spreader; hay tedder; swath(e) turner; tedder
翻草皮栽植 turf planting
翻草器轴 tedder shaft
翻侧 manipulation
翻侧推床 side guard manipulator
翻层现象 roll-over; turnover
翻铲装载机 rocker shovel
翻肠倒肚式【建】Bowelism
翻车 roller-over
翻车安全装置 roll-over guard
翻车保护杆 roll bar
翻车保护结构 roll-over protection; roll-over protective structure
翻车保护结构用电线束 roll-over protection structure harness
翻车保护装置 roll-over protection; roll-over protective structure
翻车保护装置质量 roll-over protection structure mass
翻车工 dumpman; tippler
翻车滚轮 dumping roller
翻车机 car dumper; car dumping machine; car tipper; dumper; kick-up; machine for turning over wagons; railcar dumper; tipper; tipping apparatus; tipping plant; tippler; wagon tipper <卸煤、矿石用>
翻车机定位系统 dumper-indexer system
翻车机架 dumper frame
翻车机设备 car tipping plant; wagon tipping plant
翻车机系统的卸车坑 dumper pit
翻车临界高度 <起重机> tip height
翻车器 kick-up; tripping device
翻车设备 car dumping facility; wagon tippler
翻车事故 overturning accident
翻车试验 roll-over test
翻车卸载装置 car dump
翻车装备 tilting gear
翻车状态 tipping condition
翻成侧立状态 uptilt
翻出 evagination
翻船 turn turtle
翻窗 horizontally pivoted window; horizontally pivoting window; pivot-hung window; commercially projected window; commercially pivoted window <商业、工业建筑用>
翻窗撑挡 roller arm
翻窗合页 sash center[centre]
翻窗组 awning window; jal-awning window
翻唇垫圈 Simmer gasket; Simmer ring
翻唇浅碗 everted rimmed shallow bowl
翻袋机 bag overturning machine
翻倒 bottom up; cap size; overturn; tip over; tipping; upset; turnover; turn turtle <列车或船舶的>
翻倒铲斗 skip bucket
翻倒的列车 train capsized; train overturned
翻倒力矩 tilting moment
翻倒式翻车机 turnover type car dumper
翻倒式炉排 dumping bar
翻倒式炉条 dumping bar
翻倒铸罐 skip bucket
翻倒装置 tipper
翻底片 duplicating film
翻地犁 uncovering plough
翻叠式洗面器 folding lavatory
翻叠式洗面台 folding wash stand
翻锭车 ingot buggy; pot-type ingot buggy
翻锭机 ingot tilter; ingot tipper; ingot tumbler; tilting chair; tipple
翻锭座 dumping cradle
翻动气压器 tilting pneumatic cell
翻动器 stirring gear
翻动式拾音头 flip-over cartridge
翻动椅 tip-up seat
翻动转镜 flip-flop mirror
翻斗 dump bucket; flip-over bucket; investment bin; overturning skip; skip bucket; tipper-hopper; tipping bin; tipping bucket; tipple; tip-up bucket
翻斗拌和机 skip mixer
翻斗臂 tilt arm
翻斗槽 tipping trough
翻斗叉车 front-end loader
翻斗铲 <一种开挖隧洞的高速铲斗> rocker shovel
翻斗车 box type tipping wagon; box type truck wheel dump wagon; dump car(t); dumper; dumping car; dumping truck; dumping wagon; end tipper; gravity tipping skip; gravity tipple; hoisting bucket; jubilee wagon; rocker; skeo; skip car; small dumper; tilting cart; tip car; tip cart; tipper(car); tipping lorry; tipping skip; tipple; tip wagon; tripping car
翻斗车车盘 tipper chassis
翻斗车的牵引绞车 dumping car haulage machine
翻斗车的重力卸料和复位 gravity discharge and return of the skip
翻斗车的自动卸料和复位 gravity discharge and return of the skip
翻斗车底盘 tipper chassis
翻斗车供料斗 loading bucket
翻斗车倾卸装置 tripper
翻斗车身 dump body; tripper body
翻斗车厢 dump body
翻斗车装料斗 loading bucket; skip car loader
翻斗秤 skip weigher

翻斗出料式混凝土搅拌机 closed drum concrete mixer with tipping chute discharge
翻斗钢索 skip cable
翻斗杠杆 tilt lever
翻斗挂车 dump trailer; trailer dump; trailer wagon
翻斗轨道 skip track
翻斗后卸式装载机 overloader
翻斗混合车 skip mixer
翻斗混合器 skip mixer
翻斗货车 tipping wagon
翻斗机 dead-fall; tumbler
翻斗机构 tipping gear
翻斗唧筒 tilt cylinder
翻斗加料器 scoop feeder
翻斗角 bucket pivot angle
翻斗搅拌机 skip mixer
翻斗卡车 skip lorry; tip(ping) lorry; tip(ping) truck
翻斗壳型机 dump box machine
翻斗矿车 dumping lorry; rocker-dump car; rocker side dump(ing) car
翻斗力 bucket curling force
翻斗连杆 tilt link
翻斗料车 tipping wagon
翻斗爬式加料机 skip hoist type charging machine; skip type charger
翻斗棚车 box body dump car
翻斗汽车 dump car
翻斗清洁站 skip cleaning station
翻斗撒砂 roll-over dump
翻斗升降液压缸 hoist cylinder
翻斗式铲运机 roll-over scraper
翻斗式冲洗器 tipping-bucket flusher
翻斗式加料机 skip hoist
翻斗式矿车 bucket-tipping car
翻斗式升降机 dump skip
翻斗式输送机 tilting bucket conveyer [conveyor]
翻斗式提升机 skip elevator; skip hoist
翻斗式拖车 dump body trailer
翻斗式雨量计 tipping-bucket raingauge
翻斗式运料机 pivot(ed) bucket carrier
翻斗式装料机 skip loader
翻斗式装载机 flip-over bucket loader; overhead loader; overhead shovel; overloader; skip loader
翻斗式自卸汽车 rear-dump truck; rear-dump wagon
翻斗手推车 end-tipping barrow; hand-tipping-barrow; tipping barrow; tipping cart
翻斗枢轴 body pivot
翻斗水冲便桶 tippler
翻斗提升机 dump skip; skip crane
翻斗拖车 tilt trailer; tipping trailer
翻斗拖车粮箱 grain bin for tipping trailer
翻斗脱钩机构 skip release mechanism
翻斗小车 dump car; tipping wagon
翻斗小卡车 tip lorry
翻斗卸料车 tipper car
翻斗卸料机构 skip release mechanism
翻斗卸料器 discharge cradle
翻斗液压缸 tip cylinder
翻斗油路 tilt circuit
翻斗运货车 tipping truck
翻斗振动齿轮 skip shaker gear
翻斗振动器 skip vibrator
翻斗支架 dump cradle
翻斗制壳法 dump box mo(u)lding
翻斗装料(法) skip charging
翻斗装料(斜)槽 skip-loading chute
翻斗装卸车 tripper car
翻斗装载机 rocker shovel; tipping loader
翻斗装置 tipping gear; tipping unit; bucket-tipping device <斗式提升机的>; bucket-tipping machine <挖土机的>
翻垛机 stack turner
翻番计划 output-doubling plan
翻钢钩 tilting finger
翻钢辊 tilting roll(er)
翻钢回转装置 lifting finger
翻钢机 tilting gear
翻钢夹紧辊 tilting pinch rolls
翻钢套 twist plug
翻耕 ploughed fallow
翻耕犁体 deep-tillage bottom; digger body; digger bottom
翻耕深度 depth of plowing; ploughed depth
翻耕土壤 plowed soil
翻工单位数 reworked units
翻供 retract a confession
翻光面 faceted
翻轨机 rail turner
翻滚 roller-over; rolling; tumble
翻滚保护式驾驶室 roll-over-protection cab
翻滚防护设施 roll-over protection system
翻滚机构 tumbler
翻滚加速度 roll acceleration
翻滚夹具 tumbler
翻滚器 tumbler
翻滚筛 welter screen
翻滚水流 rolling trough
翻滚轴 roll axis
翻滚装置 tumbler
翻滚作用 tumbling action
翻过来 overhaul
翻花 boiling water
翻花冒泡 water to be rolled and foamed
翻换式锄铲 reversible blade
翻换式直犁刀 double end knife colter
翻换松土铲 reversible shovel
翻簧竹刻 carved bamboo ware
翻建 reconstruction
翻浆 boil; frost boil(ing); frothing; muddying; roadbed boiling; bleeding cement <混凝土表面>
翻浆地区 frost boil area
翻浆冒泥 boiling; mud-pumping; mud scum; rising soil
翻浆冒泥接头 pumping joint
翻浆冒泥线路 pumping track
翻浆作用 congeliturbation
翻筋斗 somersaulting; tumble
翻卷 scroll
翻卷边 turn up
翻卷机 coil down ending machine; coil upender; down-ender; downtilter
翻掘 spuddle; upturn
翻开晒 ted
翻开式车顶 swing roof
翻口面盆 persimmon shape wash basin
翻楞机 nigger
翻楞木 nigger
翻立脱模施工 tilt-up construction
翻两翻 quadruple
翻料车 tilting pot buggy
翻料车清洁站 skip cleaning station
翻料机 upender
翻料耙 stirring-up rake
翻料挺杆 manipulator arm
翻料装置 turn-down rig
翻笼 cradle dump; tipple
翻炉箅 drop grate; dump firebar; dump grate; rocking grate
翻炉浇注法 Durville pouring
翻路 scarification
翻路机 pavement scarifier machine; scarifier
翻路犁 scarifier plough
翻路面机 scarifier
翻路设备 scarifier attachment
翻落式格筛 drop-bar grizzly
翻门 overhead door; swing-up door; top-hinged swinging door; trap door; up-and-over door
翻门定门器 overhead door holder
翻门轨道 overhead door track
翻门开关 overhead door operator
翻面 turnover
翻面装置 turnover rig
翻面桌 tilt-top table
翻模板 turnover forms
翻沫 <由泌水引起的混凝土表面的沫> laitance
翻沫层 <水泥浆的> laitance layer
翻木机 hook lever
翻泥门 change-over door; tumbling door
翻拍 conversion
翻拍方法 conversion system
翻拍机 copying projector
翻拍镜头 copying lens
翻拍文件用胶卷 document copy film
翻盘 dumping tray
翻坯吊车 pit crane
翻皮 <钢锭缺陷> skull patch
翻瓶机 cylinder tipping device
翻起法施工 tilt-up construction
翻起倾卸 tip up
翻起施工墙板 tilt-up panel
翻起物 turn up
翻青 ploughing in green
翻倾式车身 dump body
翻倾装置 tipping unit
翻砂 casting; founding; foundry; mo(u)lding; sand casting
翻砂厂 foundry; iron-foundry(shop); sand foundry
翻砂场 foundry
翻砂车间 foundry; foundry shop; mo(u)lding floor
翻砂工(人) caster; founder; foundry worker; pattern maker; foundryman
翻砂架 fork head
翻砂间 foundry; iron-foundry(shop)
翻砂间旋臂起重机 foundry slewing crane
翻砂箱 casting box; mo(u)lding box
翻砂型心 foundry core
翻砂业务 foundry practice
翻砂用油 batch oil
翻砂铸铁 sand-cast pig iron
翻身 turnover
翻身滑车 tumbling sheave
翻身小车 troll(e)y for turning use
翻松 fluff up; rotovate; scarification; scarify(ing)
翻松表层土 scarification
翻松道砟机 ballast scarifier
翻松方法 loosening
翻松路径 ripping path
翻松路线 ripping path
翻松器 scarifier
翻松深度 scarifying depth
翻台 rockover
翻台机构 rockover mechanism
翻台模架 turnover table mould
翻台起模 rockover draw
翻台起模式造型机 rockover draw mo(u)lding machine
翻台式造型机 roll-over mo(u)lding machine
翻台式制模机 rockover mo(u)lding machine
翻台式制芯机 core roll-over machine
翻台造型机 rockover mo(u)lding machine
翻台振实造型机 jolt rock-over mo(u)lding machine
翻腾 churn; complete mixing <湖水的>
翻腾流 churn flow
翻铜作 brass foundry
翻桶清洁站 skip cleaning station
翻头汽车 dump truck
翻涂层 laitance layer
翻土 turn the soil
翻土叉 spading fork
翻土除根机出料 rooter kick-out
翻土除根机支座 rooter carriage bar
翻土除根联动装置 rooter linkage
翻土工具 earth board
翻土机 rooter; scarifier; tiller
翻土机附件 rooter attachment
翻土机架 rooter bracket
翻土机轮齿 rooter tooth
翻土机锚杆 rooter shank
翻土犁 bottom plough; mound-board plough; turn(ing) plow
翻土喷油处理 <在已翻松的土层中，用油管自下而上地灌注沥青，黏[粘]结成为低级道路> suboiling
翻土设备 scarifying attachment
翻土式拌和机 tiller type mixer
翻土圆盘 spading disk
翻挖 scarify(ing)
翻挖路面 ripping-up(pavement)
翻下 tilt down
翻箱 mo(u)ld turnover
翻箱板 mo(u)lding board; roll-over plate; turning over board
翻箱振实式造型机 jolt rock-over pattern draw mo(u)lding machine; jolt rollover draw mo(u)lding machine; jolt rollover pattern draw machine
翻箱装置 mo(u)ld rollover unit
翻卸敞车 rotary dump gondola; rotary dump gondola car
翻卸车 tip cart
翻卸车身 dump body
翻卸斗 dumping hopper; tipping skip
翻卸货车机 wagon dumper(hoist)
翻卸机 tipping device
翻卸箱 tilting box
翻卸装置 tipping gear; trip discharger
翻新 face-lifting; rebuild; redeck; rejuvenate; remake; renovate; renovation; retrofit; revamping; recap job <轮胎>; face-lift <汽车、建筑物等>
翻新车 rebuilt car; render car
翻新成本 renewal cost
翻新的 re-conditional; re-operational
翻新的旧轮胎 retread
翻新改进 retrofitting
翻新改进后设备 retrofit device
翻新机 retreading machine
翻新轮胎 remo(u)ld tire[tyre]; retreated tire[tyre]
翻新轮胎前用刺轮将轮胎胶层磨去 buffing
翻新抹灰 renovation plaster
翻新器 retreater
翻新橡胶 reclaimed rubber; regenerated rubber
翻新钻头 fresh bit
翻型机 roll-over machine
翻修 general reconstruction; rebuilding; reconditioning; reconstruct; refurbishment
翻修工程 rebuilding work; renewal works
翻修工艺 repairing technology
翻修工作 renovation work
翻修过的路面 resurfaced pavement

F

翻修过花纹轮胎 retreaded tire
翻修过轮胎 retreated tyre[tire]
翻修技术 renewal technique
翻修间隔时间 time between overhauls
翻修路面 recap(ping); reconstruction of pavement; redeck(ing); resurface; resurfacing
翻修轮胎 retreaded tire
翻修面层 redecking
翻修时限 time between overhauls
翻扬机 shovel(l)er
翻阳冰期【地】Poyang glaciation
翻样 draw to scale; marker out
翻一翻 double; make twice as much
翻椅 reversible seat; tip-up seat
翻译语言 interpreter language; interpretive language; translation language
翻印 dubbing; reprint; reproduce; reproduction; republication
翻印版 unauthorized edition
翻印本 reprint copy
翻载荷 tipping load
翻造 reclaiming
翻造油 reconstituted oil
翻折的 turn down
翻折物 turn down
翻褶 flap
翻正反射 righting reflex
翻正片 lavender print
翻制轮胎 retreaded tire[tyre]
翻制模具 duplicating model
翻转 cant; cant over; invert; one cell switching; overrolling; overset; over-the-top action; roller-over; rolling; rolling over; roll-over; run backward; tumbling; turning; turn inside out; turnover; upset
翻转 180° one-eighty turn
翻转 90° give a quarter turn
翻转不归零制 non-return-to-zero inverse
翻转出料搅拌机 reversing drum concrete mixer
翻转触发器 T-flip-flop
翻转窗 tilt and turn window
翻转导手【机】flipper guide
翻转道次 tilting pass
翻转的 inverted
翻转底板 turnover board
翻转电路 flip-flop
翻转吊杆装卸方式 stulken system
翻转斗式铲运机 roll-over scraper
翻转断层 trap door fault
翻转杠杆 dolly
翻转罐笼 self-dumping cage
翻转过程 switching process
翻转铧式犁 half-turn plow
翻转机 upender
翻转机构 dumping gear; turnover mechanism
翻转箕斗 dump skip; tilting skip
翻转及旋转开关 tumbler and rotary switch
翻转脚蹬 folding step
翻转开关 shift knob; tumbler switch
翻转控制杆 <翻转犁的> trip-over lever
翻转犁 pivot plow; reversible plow; roll-over plow; swivel plow; turn-about plow; turnover plow
翻转梁 upturned beam
翻转料车 rocker car
翻转炉排 dump grate
翻转炉排燃烧器 dump grate stoker
翻转轮胎造船法 rotas system; rotating and sliding system
翻转门 turnover door
翻转模 roll-over form
翻转模板 tilting mould; turnover forms; turnover shuttering
翻转期 overturn period
翻转起模 draw on rollover
翻转起模式振压造型机 jolt-squeeze rollover pattern drawing machine
翻转器 flip-flop; tumbler
翻转砂箱 roll-over
翻转筛 turn sieve
翻转设备 tipping arrangement
翻转时间 flip-flop transition; switching time
翻转式拌和机 tumbling mixer
翻转式导口 turnover type entry guide
翻转式滚筒拌和机 reversing drum mixer
翻转式黑板 revolving chalkboard
翻转式箕斗 self-tipping skip; tipping skip
翻转式矿车 dumping car
翻转式炉排片 dumping bar
翻转式起模机 roll-over draw machine
翻转式生物显微镜 inverted biologic microscope
翻转式拾声头 turnover cartridge
翻转式受泥船 self inverting mud barge
翻转式双向犁 two-way alternative plow
翻转式水准仪 reversible level
翻转式系统 flip-flop type system
翻转式卸矿车 rotary dump car
翻转式型心机 rockover core making machine
翻转式振压造型机 jolt-squeeze rotalift mo(u)lding machine
翻转式支臂 rotor boom
翻转式装料斗 hinged hopper
翻转式装载机 overloader
翻转试验 roll-over test
翻转手 cutting rotor
翻转锁定 lockover
翻转胎架造船法 rotas system; rotating and sliding system
翻转台 roll-over table
翻转图 flip chart
翻转物 turnover
翻转卸载矿车 revolving dump car
翻转型导口 flip-flop type entry guide
翻转运动 tilting motion
翻转造型 turnover mo(u)lding
翻转闸 tilting gate
翻转照准 plunging shot
翻转者 tumbler
翻转中心 invert center[centre]
翻转装料斗 skip loader
翻转装配架 roll-over stand; tilting stand
翻转装置 lifting finder; tilter
翻转作用 inverting action
翻转座椅 turnover seat
翻桌 drop table
翻桌插口 folding table bracket

凡

凡尔塞庭园 Versailles garden
凡尔赛宫 <法国> Palais de Vesailles; Versailles Treaty
凡尔赛宫苑 Versailles Palace Park
凡尔赛庭园 Varsailles garden
凡尔砂 grinding powder
凡尔数 numbers of pump valve
凡尔 <俗称> valve
凡拉蒙 veramon
凡兰吟阶【地】Valanginian(stage)
凡立水 alcoholic varnish; lac varnish; spirit varnish; varnish
凡立油 bronze printing varnish
凡例 explanatory notes
凡士林 mineral jelly; paraffin(e) jelly; petrolatum; petroleum butter; petroleum jelly; vaseline
凡士林纱布 petrolatum gauze; vaseline gauze
凡士林油 liquid petrolatum; vaseline oil

矾

矾 alum
矾粉 alum flour
矾红 allite red
矾花 floc
矾块 alum cake
矾类 vitriol
矾硫酸盐泉 alum-vitriol spring
矾凝结处理 alum coagulation treatment
矾石 alley stone; aluminite; argil; websterite
矾石板 alum slate
矾石板混凝土 alum shale[slate] concrete
矾水浴 alum bath
矾土 alum clay; alumina(clay); alumine; alumin(i)um oxide; argil; oxide of alumina; oxide of alumin(i)um
矾土白 alumina white(lake); white lake
矾土厂 alumina plant
矾土沉着病 aluminosis
矾土的 aluminous
矾土肺 aluminosis
矾土粉 calcined bauxite in powder
矾土干燥器 bauxite drier[dryer]
矾土硅酸盐耐火砖 aluminosilicate brick; aluminosilicate firebrick
矾土混凝土 aluminate concrete
矾土火泥 bauxite chamot(te)
矾土火泥砖 aluminous fire(clay) brick
矾土基电熔刚玉 bauxite based fused corundum
矾土硫酸盐 alumina sulphate
矾土耐火材料 alumina refractory
矾土耐火制品 alumina refractory products; aluminous refractory product
矾土耐火砖 alumina fire(clay) brick; aluminous fire(clay) brick
矾土泥浆 alumina cement; bauxite cement; high alumina cement
矾土熔渣骨料 aluminous aggregate of cinder type
矾土熔渣集料 aluminous aggregate of cinder type
矾土鞣工厂 alum tannery
矾土鞣溶液 alum tan solution
矾土鞣液 alum tanning liquor
矾土砂浆 alumina mortar
矾土烧结刚玉 sintered alumina from bauxite
矾土霜 alumina cream
矾土水泥 alumina cement; aluminate cement; alumin(i)um cement; aluminous cement; bauxite cement; calcium aluminate cement; cement de fondu; cement fondu; high alumina cement; tetracalcium alumina cement
矾土水泥防护材料 lumnite
矾土水泥熟料 aluminous clinker
矾土速凝水泥 <一种快硬水泥的商品名> Cement Fondu
矾土陶瓷 alumina ceramics; alumina porcelain; sintered corundum
矾土陶瓷车刀 alumina ceramic bite
矾土页岩 aluminous shale
矾土增稠过程 alumina thickening
矾土砖 alumina brick; bauxite brick
矾油 oil of vitriol
矾制皮革 alum leather

钒

钒钡铜矿 vesignieite
钒钡铀矿 francevillite
钒铋矿 pucherite
钒铋石 schumacherite
钒卟啉 vanadium porphyrin
钒不锈钢 vanadium stainless steel
钒磁铁矿 coulsonite; vanadiomagnetite
钒磁铁矿矿石 vanadiomagnetite ore
钒催化剂 vanadium catalyst
钒的 vanadic
钒地沥青 rafaelite
钒电池 Acorn cell
钒矾 minasragrite
钒粉 vanadium powder
钒腐蚀 vanadium attack
钒覆盖层 vanadium coating
钒钙铜矿 calciovollerthite; tangeite
钒钙铀矿 tyuyamunite
钒刚玉 emerald alloyed abrasive
钒钢 ferro-vanadium steel; vanadium iron; vanadium steel
钒锆黄 vanadium-zirconium yellow
钒锆蓝 vanadium-zirconium blue
钒含量分析仪 vanadium analyser[analyzer]
钒合金 vanadium alloy
钒黄铜 vanadium bronze
钒济铀矿 vanuranylite
钒钾铀矿 carnotite
钒接触法 vanadium contact process
钒金红石 vanadium rutile
钒矿石 vanadium ore
钒离子 vanadium ion
钒帘石 mukhinite
钒铝合金 vanadium-alumin(i)um alloy; vanalium
钒铝铁石 bokite
钒铝铀矿 vanuralite
钒铝铸造合金 vanalium
钒锰铅矿 pyrobelonite
钒锰铀矿 fritzscheite
钒钠铀矿 strelkinite
钒镍比 ratio of vanadium to nickel
钒镍矿 kolovratite
钒镍沥青矿 quisqueite
钒铅矿 chervetite; vanadinite
钒铅铈矿 kusuite
钒铅锌矿 descloizite
钒铅铀矿 curienite
钒青铜 vanadium bronze
钒铯铀矿 margaritasite
钒石 scherbinaite
钒酸 vanadic acid
钒酸铵 ammonium vanadate
钒酸钾 potassium vanadate
钒酸锂 lithium vanadate
钒酸钠 sodium vanadate
钒酸铅 lead vanadate
钒酸铈 cerium vanadate
钒酸铁 ferric vanadate; iron metavanadate
钒酸盐 vanadate
钒酸钇晶体 yttrium vanadate crystal
钒钛磁铁矿矿石 vanadium-titanium magnetite ore
钒钛矿 schreyerite
钒锑矿 stibivanite
钒添加剂 vanadium additive
钒铁 vanadium steel
钒铁合金 ferro-vanadium; vanadium iron

钒铁矿 coulsonite
钒铁铅矿 heyite
钒铜矿 stoiberite
钒铜铅矿 cuprodescloizite; mottramite; psittacinite
钒铜铀矿 sengierite
钒土 vanadic ocher; vanadine
钒污染 pollution by vanadium; vanadium pollution
钒锡黄 tin-vanadium yellow; vanadium-tin yellow
钒系颜料 vanadium pigment
钒盐 vanadic salt
钒钇矿 wakefieldite
钒铀矿 uvanite
钒云母 roscoelite
钒云母矿石 colomite ore
钒渣 vanadium slag
钒赭石 shcherbinaite
钒中毒 vanadiumism
钒铸铁 vanadium cast iron
钒族元素 vanadium family element

烦琐装饰 superfluous and complicated ornamentation

蕃龙眼 malugay

繁分数【数】 complex fraction; compound fraction

繁华 bustling; busy; flourishing
繁华地区 the downtown district
繁华街道 business street
繁华商业区 crowded downtown area
繁忙的交叉口 busy crossing
繁忙干线 busy mainline; busy trunk line; dense traffic line; heavy-duty mainline
繁忙干线铁路 busy mainline railway; heavy-duty mainline railroad
繁忙货运线路 busy freight line
繁忙交通 heavy traffic
繁忙交通道路 heavily travel(l)ed road; heavy traffic road
繁忙排队/自动回叫 busy queuing/callback
繁忙期 busy period
繁忙时间 busy period; busy time; peak hour
繁忙时期 busy period
繁忙市郊运输 heavy suburban service
繁忙通道 busy channel
繁忙线路 busy line; busy traffic line; line carrying heavy traffic; busy channel
繁忙小时 busy hour(traffic)
繁忙运输 dense traffic; heavy traffic; intense traffic
繁忙运输线 dense traffic line; heavy sugar; heavy traffic line; heavy traffic route
繁忙座席 staffed position
繁茂 thrift
繁茂处 tod
繁茂的 <杂草等> dank
繁茂的树木 a lush growth of trees
繁茂生长 luxuriant growth
繁密车流 heavy traffic stream
繁密的林木 densely wooded
繁密的转弯交通 heavy turning movements
繁密交通 dense traffic; heavy traffic; riverine traffic
繁密交通道路 heavily travel(l)ed road
繁密交通的道路 heavy traffic road
繁密交通的干道 heavy traffic artery
繁密交通量 heavy traffic volume; heavy volume of traffic
繁荣 exuberance; prosperity; thrive
繁荣产业 thriving business
繁荣昌盛 thriving and prosper
繁荣的市场 booming market; brisk market
繁荣高峰 prosperity peak
繁荣阶段 phase of prosperity; prosperity phase
繁荣经济 to bring about a prosperous economy; to promote economic property
繁荣期 boom period
繁荣时期 boom period; good time
繁荣通货膨胀 boomflation
繁盛 blooming
繁俗装饰 gingerbread work
繁琐的 burdensome
繁文缛节的手续 bureaucratic process
繁衍规则 propagation rule
繁衍结构 propagation structure
繁叶饰的 multifoil
繁育季节 breeding season
繁杂 multiplexity
繁殖 breed(ing); multiply; propagation; reproduction
繁殖场 breeding ground; breeding place
繁殖场草皮 nursery sod
繁殖的细菌 viable bacteria
繁殖活动 breeding activity
繁殖季节 breeding season; mating period; mating season
繁殖力 fecundity; fertility
繁殖率 propagation coefficient
繁殖苗圃 nursery reproducing
繁殖区 breeding area; increase plot; multiply plot
繁殖区域 nursery area
繁殖曲线 reproduction curve
繁殖群 breeding herd
繁殖世代 generation
繁殖试验 reproduction test
繁殖适度 bonitation
繁殖习性 breeding habit
繁重的 onerous
繁重的保养工作 heavy maintenance
繁重的工种津贴 allowance for extra-heavy work
繁重的工作 heavy work; rugged work; severe duty
繁重的工作津贴 allowance for extra-heavy work
繁重的体力劳动 exhausting labo(u)r
繁重的土方工程 heavy earthwork
繁重的挖方工程 heavy excavation
繁重的业务 severe service
繁重方式 reproductive system
繁重工作条件下试验 severe test
繁重(工作条件下)运行 severe running
繁重(工作条件下)运转 severe running
繁重工作制 heavy-duty
繁重交通 heavy traffic
繁重交通道路 heavily trafficked road; heavily travel(l)ed road
繁重交通公路 heavy-duty highway
繁重劳动 labo(u)riousness
繁重任务 severe service

反 J 曲线 inverted J curve

反 J 形分布 reverse J-distribution
反 L 形挡土墙 reversed L-shaped retaining wall
反 S 形曲线 convex-concave curve
反 S 形线脚 reversal ogee mo(u)lding
反 S 状构造 reversed S-shaped structure
反 V 形分布 inverted V distribution
反 V 形接法 inversed V-connection
反 V 形滞后模式 inverted V-lag pattern
反 Z 变换 inverse Z-transform
反暗码子 anti-codon
反暗示 anti-suggestion; contrasuggestion; countersuggestion
反暗示性 contrasuggestibility
反凹陷 inversion dip
反拔模斜度 back draft; inverse draught
反白口 internal chill; inverse chill; reverse chill
反保护关税 counteracting protective
反(本地)干扰 anti-clutter
反苯环丙胺 parnitene; parstelin; transamine; tranylcypromine
反泵法 pumping back method
反比 proportion by inversion; reciprocal rate; reciprocity
反比的 inversely proportional
反比叠加 diversity stack
反比定理【数】 invertendo
反比定律 law of reciprocity; reciprocity law
反比功率继电器 inverse power relay
反比关系 inverse proportion
反比降 adverse grade; adverse slope; negative slope; reverse gradient; reverse slope
反比例 inverse proportion; reciprocal proportion; inverse ratio; reciprocal ratio
反比例关系 inverse relation; inversely proportional relationship
反比例量 inversely proportional quantity
反比例频率噪声 inverse-frequency noise
反比例时滞 inverse time-lag
反比例效应 inverse proportional effect
反比率 inverse proportion
反比曲线 inverse-ratio curve
反比时间 inverse time
反比时间继电器 inverse time relay
反比时限 inverse time limit
反比时限继电器 inverse definite relay; inverse time limit relay
反比时限特性 inverse time limit characteristic
反比时限阻抗继电器 inverse time limit impedance relay
反比式遥测器 inverse relation telemeter
反比式遥测装置 inverse relation telemeter
反比效应 contrast effect
反比延时继电器 inverse time relay
反闭锁 back locking
反边带 anti-sideband
反编辑程序 de-editor program(me)
反变 inversion; reversal
反变层 inversion layer; reversing layer
反变的 contravariant
反变分量 contravariant component
反变分问题 reciprocal variational problem
反变函子 contravariant functor
反变换 anti-transform; inverse transform; inverse transformation; inversion of transform
反变换法 inverse transformation method
反变换器 <接收端的> decommutator
反变换式 inverse transform
反变量 contravariant
反变矢量 contravariant vector
反变式 contravariant
反变系统 contravariant system
反变形 predeformation; reversible deformation
反变形镜头 deanamorphoser
反变性 contravariance
反变张量 contravariant tensor
反变指标 contravariant index
反变坐标 contravariant coordinates
反标记 back mark
反表示 anti-representation
反并联 anti-parallel; inverse parallel
反并联臂对 pair of anti-parallel
反并联结法 anti-parallel coupling
反并联连接法 double converter
反并联谐振 anti-resonance
反病毒程序 antivirus program(me)
反波 back wave; retrogressive wave; return wave
反波功率 backward power
反波节 anti-node
反波散 inverse dispersion
反玻璃化 devitrification
反玻色子 anti-boson
反驳 contradict; contradiction; contravention; refutation; reprove
反驳论证 elenchus
反驳树 deduction tree; refutation tree
反驳证据 disproof; rebuttal evidence; rebutting evidence; refute the testimony
反补偿 counter bonification
反补贴(关)税 anti-subsidy duties; countervailing duties; countervailing levy
反步 contragradience
反步变换 contragradient transformation
反步的 contragradient
反槽形梁板 inverted-channel shaped beam
反侧面 counterprofile
反测滑座 backsight slide
反测向 anti-direction(al) finding
反叉式擒纵机构 repellent escapement
反插法 inverse interpolation
反插值法 inverse interpolation
反差 contrast; reflectance
反差比 contrast ratio; control ratio
反差标度 contrast scale
反差表达能力 contrast transmittance
反差测量 contrast measurement
反差测微计 contrast micrometer
反差层次丰富 rich in contrast
反差传播 anomalous propagation; non-standard propagation
反差传递 contrast transmission
反差传递函数 contrast transfer function
反差大的 contrasty
反差等级 contrast grade
反差低压电弧 abnormal low-voltage arc
反差度 contrast grade; contrast gradient; image definition
反差反转 contrast reversal
反差范围 contrast range; range of contrast
反差感觉 contrast perception
反差光补偿 contrast light compensating
反差光度计 contrast photometer
反差过小 abnormally flat
反差函数 contrast function
反差辉光放电 abnormal glow discharge

反差级别 contrast grade
反差加强 contrast improvement
反差减弱 contrast reduction
反差检查 highlight control
反差晶粒生长 abnormal grain growth
反差控制 contrast control
反差扩展 contrast stretching
反差扩展图像 contrast stretched image
反差灵敏度 contrast sensitivity
反差滤光镜 contrast filter
反差滤光片 contrast filter
反差滤色片 contrast filter
反差强的 hard
反差强的图像 high contrast image
反差塞曼反应 anomalous Zeeman effect
反差散射 anomalous scattering
反差伸展 contrast stretch
反差衰减 contrast decay;contrast reduction;degradation of contrast
反差衰退 contrast decay
反差损失 loss of contrast
反差条 contrast strip
反差调整 contrast control
反差调制 contrast modulation
反差透视比 contrast transmittance
反差图像 contrast image
反差系数 coefficient of reflection; contrast coefficient;contrast factor; gamma; highlight-to-lowlight ratio; reflectivity
反差系数计 gammeter
反差相等 equality of contrast
反差像 contrast image
反差消减 falling-off of contrast
反差效果 contrast effect
反差形成 contrast formation
反差阴极电位降 abnormal cathode fall
反差再结晶 abnormal recrystallization
反差再现 contrast rendering;contrast rendition
反差增大 contrast stretch;increase of contrast
反差增强 contrast enhancement;contrast stretch;gamma enhancement
反差增强层 contrast enhancement layer
反差增强图像 contrast-enhanced image
反差增强因数 contrast enhancement factor
反差值 contrast value
反差指数 contrast index
反差指数计 contrast index meter
反差指数曲线 contrast index curve
反差转换函数 contrast transfer function
反差自动控制 automatic contrast control
反差自动选择功能 automatic contrast selection function
反觇线 retracement line
反掺杂 contra-doping
反铲 ditching shovel;drag bucket;hoe excavator; pullback blade; pull shovel;trencher;trenching hoe
反铲臂 backhoe boom
反铲臂转折油缸 crowd cylinder
反铲铲斗 backactor; back digger; backhoe;backhoe bucket;hoe bucket
反铲铲土机 back-acting shovel
反铲捣实 backhoe tamping
反铲的布置 backhoe arrangement
反铲的双手柄操纵 two-lever backhoe control
反铲的双手柄控制 two-lever backhoe control
反铲的悬挂 backhoe arrangement
反铲斗 backacter dipper; backhoe bucket
反铲管沟成型铲 trench-forming shovel
反铲夯法 backhoe tamping
反铲式 backhoe type
反铲式挖掘机 backactor;backhoe excavation
反铲挖沟机 backhoe trenching machine;hoe type trenching machine; pullstroke trenching machine;trench hoe
反铲挖沟装置 trench hoe attachment
反铲挖掘机 back-acting shovel;backaction shovel;back digger;backhoe shovel;back loader; ditch shovel; hoe; hoe excavation; hoe shovel; hoe type excavation; pullstroke trenching machine; shovel-trenchhoe unit; trenching hoe; backhoe; drag shovel;backhoe excavator
反铲挖掘机的主臂 hoe mast
反铲挖掘装载机 backhoe loader
反铲挖泥船 backhoe dredge(r)
反铲挖泥机 backhoe dredge(r)
反铲挖土斗 backhoe bucket
反铲挖土机 backacter;back-acting excavator; back digger; backhoe digger; shovel-trench-hoe unit; backacting shovel; back-action shovel; backactor
反铲挖土装载机 backhoe loader
反铲液压挖掘机 hydraulic backhoe excavator
反铲装载机 backhoe loader; back loader;shovel-trench-hoe unit
反铲装置 <挖掘机> hoe attachment;hoe equipment
反颤噪声的 anti-microphonic
反常 anomaly;distortion;eccentricity
反常暴风 freak storm
反常波传播 non-standard propagation
反常波动 anomalous fluctuation
反常采煤区 abnormal place
反常操作情况 abnormal operating condition
反常潮位 anomalous sea level
反常潮汐 anomalous tide
反常冲蚀 abnormal erosion
反常传播 abnormal propagation; anomalous propagation
反常传播子 anomalous propagator
反常磁变化 abnormal magnetic variation
反常磁化 anomalous magnetization
反常磁矩 anomalous magnetic moment
反常带头 extrahead
反常的 abnormal; anomalous; eccentric;extraordinary
反常的性质和状态 abnormality
反常电流 failure current
反常电压 abnormal voltage
反常动力 perverse incentive
反常反射 abnormal reflection
反常反应 paradoxical reaction
反常峰 anomalous peak
反常干涉色 anomalous interference colo(u)r
反常钢 abnormal steel
反常高斯过程 improper Gaussian process
反常固化 abnormal setting
反常观察值 abnormal observation; freak observation
反常光谱增宽 anomalous spectral broadening
反常和晶 anomalous mixed crystals
反常核态 abnormal nuclear state
反常荷载 abnormal loading
反常红移 abnormal redshift
反常辉光 abnormal glow
反常辉光放电 abnormal glow discharge
反常回波 abnormal echo;ghost;ghost echo
反常混晶 anomalous mixed crystals
反常积分 improper integral
反常极化 abnormal polarization
反常急剧上升 divergence
反常加热过程 anomalous heating process
反常交通 abnormal traffic
反常焦距 abnormal focal length
反常结构 abnormal structure;anomalous structure
反常结果 freak result
反常扩散 anomalous diffusion; enhanced diffusion
反常流动性 anomalous flow property
反常路径 off-path
反常膜 anomalous film
反常磨耗 abnormal wear
反常黏[粘]度 abnormal viscosity; anomalous viscosity
反常黏[粘]滞性 anomalous viscosity
反常凝结 abnormal setting
反常凝聚 abnormal setting
反常耦合 anomalous coupling
反常膨胀 abnormal expansion;anomalous expansion
反常偏振 abnormal polarization
反常奇异性 anomalous singularity
反常起伏 anomalous fluctuation
反常气候 unusual climate; abnormal climate
反常侵蚀 abnormal erosion
反常情况 abnormal condition
反常燃烧 spasmodic burning
反常热导率 anomalous thermal conductivity
反常热膨胀 anomalous thermal expansion
反常日晒褪色 anomalous fading
反常熔化 abnormal melting; anomalous melting
反常塞曼效应 anomalous Zeeman effect
反常三原色视觉 anomalous trichromat
反常散射 abnormal scattering; anomalous scattering
反常色散 abnormal dispersion; anomalous dispersion
反常色散玻璃 abnormal dispersion glass
反常色散分布图 anomalous dispersion profile
反常色视觉 anomalous colo(u)r vision
反常时间 abnormal time
反常输运 anomalous transport
反常数 anomalous numbers
反常栓子 paradoxical embolus
反常水 polywater
反常水系 abnormal drainage
反常睡眠 paradoxical sleep
反常天气 abnormal weather; adverse weather; unusual weather; extraordinary weather
反常条件 abnormal condition
反常推斥式电动机 inverted repulsion motor
反常位置 reverse position
反常温度分布 abnormal temperature distribution
反常无线电波传播 non-standard propagation
反常吸收 anomalous absorption
反常现象 abnormal phenomenon; freak
反常相 paradoxical phase
反常项 anomalous term
反常肖特基效应 anomalistic (al) Schottky effect
反常效应 anomalous effect
反常行为 abnormal behavio(u)r
反常性 abnormality
反常性的缺省规则 default for abnormality
反常性能 anomalous behavio(u)r
反常絮凝作用 anomalous flocculation
反常压力 abnormal pressure
反常移动 perverse migration
反常阴极电位降 abnormal cathode fall
反常应力 abnormal stress
反常荧光散射 anomalous fluorescence scattering
反常硬化 abnormal setting
反常运转 <机器等> prank
反常折射 abnormal reflection;anomalous refraction
反常值 abnormal value
反常滞后 abnormal lag; anomalous lag
反常重量 abnormal weight; anomalous weight
反常转移 abnormal transfer; anomalous transfer
反常状态 anomie;anomy
反常子 anomalon
反常组织钢 abnormal structure steel
反场位形 reversed-field configuration
反超高 counter cant;counter superelevation; negative cant; negative superelevation; reverse superelevation
反超子 anti-hyperon
反潮 counter tide
反衬度 contrast;gamma
反衬度重现 contrast rendition
反衬度降低 contrast decay
反衬度信号 contrasting signal
反衬灵敏度 contrast sensitivity
反衬滤光片 contrast filter
反衬率 contrast ratio
反衬色 contrast colo(u)r
反衬调整 contrast control
反衬颜色 contrasting colo(u)r
反衬因子 contrast factor
反称 skew symmetry
反称体 skew field
反称性 skewness
反称域 skew field
反撑 back strut
反成对效应 anti-pairing effect
反成键轨道 anti-bonding orbital
反城市化 anti-urban
反城市状态 anti-urban attitude
反乘(法) reciprocal multiplication
反程 kick back;return
反齿链 inverted tooth chain
反斥力 repulsion force
反冲 backblow;backkick;back purge; backswing; bounce (back); impact of recoil; kick back; kickout; reaction; recoiling; return shock; reverberate;kick
反冲安全装置 anti-kickback attachment
反冲标记 recoil label(l)ing; recoil tagging
反冲波 recoil wave
反冲程 return stroke; reversal of stroke
反冲的 backflushed;reactive
反冲电子 recoil electron

反冲电子流 recoil streamer
反冲垫 recoil pad
反冲断层 recoil fault
反冲阀 backflush valve;recoil valve
反冲法 backblowing
反冲法冲洗过滤设施 filter wash
反冲分布 recoil distribution
反冲分离 recoil separation
反冲锋 backflush peak
反冲辐射 recoil radiation
反冲共振 bounce resonance
反冲核 recoil nucleus
反冲核探测器 recoil detector
反冲核子 recoiling nucleon
反冲化学 recoil chemistry
反冲击的 anti-collision
反冲机构 recoil mechanism
反冲机构护罩 recoil mechanism guard
反冲技术 backflushing technique
反冲加宽 recoil broadening
反冲角 recoil angle
反冲界线 backwash limit
反冲界限 limit of backwash
反冲离子 recoil ion
反冲力 jet power; kick; reactive force;reactive thrust;recall thrust;recoil(strength)
反冲粒子 delta ray;reactive particle;recoil particle
反冲粒子电离室 recoil ionization chamber
反冲粒子分光仪 recoil spectrometer
反冲粒子计数器 recoil (particle) counter
反冲脉冲 recoil impulse
反冲能量 recoil energy
反冲漂移 recoil shift
反冲启动器 recoil starter
反冲器 backflush device
反冲擒纵机构 recoil escapement
反冲色谱 backflush chromatogram
反冲色谱法 backflushing chromatography
反冲实验 recoil experiment
反冲式起动机 kickstarter
反冲式起动机箱 kickstarter casing
反冲式起动器 <摩托车的> kick-starter
反冲式水泵 kick water pump; reaction water pump
反冲式叶轮 reaction wheel
反冲水 backwash water
反冲水轮机 reaction hydraulic turbine
反冲水需要量 requirement of backwash water
反冲速度 rating of backwash(ing)
反冲速率 backwash rate; rating of backwash(ing)
反冲碎片 recoil fragment
反冲弹簧 kick spring
反冲弹簧导向架 recoil spring pilot
反冲弹簧停止块 recoil spring stop
反冲探测器 recoil detector
反冲推进 reaction propulsion
反冲位移 recoil shift
反冲洗 backblowing; backflushing; wash back;backwash(ing)
反冲洗程序 backwash procedure
反冲洗阀 backwash valve
反冲洗工具 backsurge tool
反冲洗管 backwash line; backwash pipe;backwash tube
反冲洗强度 intensity of back-washing
反冲洗石机 contraflow gravel washer
反冲洗时间 period of back wash
反冲洗水 backwashing water
反冲洗水需要量 backwash water requirement
反冲洗速度 backwashing rate
反冲洗系统 back-purge system
反冲洗圆盘阀 back-purge disc valve
反冲洗再生循环 backwash-regeneration cycle
反冲洗周期 backwash cycle
反冲洗装置 back-purge system
反冲系统 back-purge system
反冲冼周期 period of back wash
反冲消耗 recoil depletion
反冲效果 repercussion effect
反冲效应 recoil effect;repercussion
反冲因数 recoil factor
反冲油 recoil oil
反冲原子 recoil atom;recoil nucleus
反冲质子电离室 proton-recoil ionization chamber
反冲质子法 proton-recoil method
反冲质子计数器 proton-recoil counter;recoil-proton counter
反冲质子探测器 proton-recoil detector
反冲质子望远镜 proton-recoil telescope
反冲周期 backwash cycle
反冲钻进 reactive drilling
反冲作用 reactivation
反重合 anti-coincidence
反重合电路 anti-coincidence circuit
反重合探测器 anti-coincidence detector
反重合元件 non-equivalent(-to)-element
反重合运算 non-equivalence
反抽样 desampling
反触变性 anti-thixotropy; negative thixotropy
反传递的 intransitive
反传递函数轨迹 inverse transfer locus
反传工况 backward condition
反传因子 return propagation factor
反串矢 dual vector
反吹 blowback
反吹法 backblowing
反吹风 scavenging air
反吹风袋集尘器 reverse jet bag filter
反吹风阀 scavenging air valve
反吹风风嘴 puff blowing head
反吹风滤袋清灰 counter-current ventilation
反吹风清灰 jet cleaning
反吹风清扫 reverse air cleaning
反吹风清扫装置 reverse air cleaned unit
反吹清灰 reverse gas flow cleaning
反瓷 glazeless porcelain
反磁材料 diamagnetic material
反磁场 counter-magnetic field
反磁场的 contra-field
反磁场制动 contra-field braking
反磁化 back magnetization; magnetization reversal
反磁化力 counter magnetizing force
反磁控管 inverted magnetron
反磁屏蔽 diamagnetic shielding
反磁体 diamagnet;diamagnetic body;diamagnetic material
反磁位移 diamagnetic shift
反磁线圈 bucking coil
反磁效应 diamagnetic effect
反磁性 diamagnetism
反磁性的 diamagnetic
反磁性位移 anti-magnetic shift
反磁针方向旋转 backing
反磁质 diamagnetic substance
反磁致伸缩效应 converse magnetostrictive effect; inverse magnetostriction effect
反从众 <个体对抗团体压力> counterconformity
反催化剂 anti-catalyst;anti-catalyzer
反淬火 inverse chill; inverse quenching
反萃器 backwash extractor
反萃取 back-extract;back extraction;reextraction; stripextraction; stripping
反萃取剂 stripping agent
反萃取器 reextractor
反萃取塔 stripper column
反萃取柱 stripping column
反萃溶剂 counter solvent
反措施 countermeasure
反打拿效应栅 cathode grid
反代 inverse iteration
反代换 inverse substitution
反代数 reciprocal algebra
反单调 anti-monotone
反担保 backbond;counter security
反担保函 counter guarantee
反弹曲线 rebound curve
反弹损失 loss due to bouncing
反弹性变形弯曲 anti-elastic bending
反弹硬度 rebound hardness
反弹轴承 resilient bearing
反刀涂装 inversed knife coating
反刀涂装机 inversed knife coater
反导弹的 antimissile
反导数【数】 anti-derivative
反导数调节器 inverse derivative controller
反导数作用 inverse derivative action
反导叶 return guide vane
反倒频器 descrambler
反倒数平均数 contra-harmonic mean
反的 inverse
反等价 anti-equivalence
反等离子体 anti-plasma
反低气压 anti-cyclone
反滴定 back titrating;back titration
反滴水 invert drop
反底片【物】 diapositive
反递远递减运价率表 <用以限制过远运输> inverse taper in rate scale
反颠覆 counter-subversion
反点火 flash back
反电动势 back electromotive force; back emf;back voltage;opposing electromotive force;counter-electromotive force
反电动势电池 back-emf cell
反电动势换流器 counter-electromotive force inverter
反电动势继电器 counter-electromotive force relay
反电动势控制 counter-electromotive force control
反电动势起动器 counter-electromotive force starter
反电动势式调整器 counter-electromotive force type regulator
反电动势调整 counter-electromotive force control
反电动势效应 bucking effect
反电动势再生 counter-electromotive regeneration; reverse electromotive force regeneration
反电河 reversed river;reversed stream
反电极 counter electrode
反电离作用 de-ionization
反电流 counter-current
反电流谐振 anti-resonance
反电渗析 reverse electrodialysis
反电势 opposing electromotive force
反电势系数 back electromotive force coefficient
反电位 counter potential
反电位法 opposite potential method
反电压 back voltage;counter voltage
反电压对抗 counter-counter measures
反电压效应 reciprocal piezoelectric (al) effect
反电晕 back corona
反电子 anti-electron
反电阻 reverse resistance
反吊桥 inverted suspension bridge
反迭代 inverse iteration
反迭隔膜 replicate septum
反叠 replicate
反叠加 desuperposition
反丁二烯型 fumaroid
反丁烯二酸 trans-butene diacid;trans-butenediaic acid;trans-butenediol
反丁烯二酸二乙酯 diethyl fumarate
反丁烯二酸二乙酯二异氰酸酯 diethyl fumarate diisocyanate
反丁烯二酸(酐)树脂 fumaric resin
反丁烯二酸酯 fumarate
反钉宽板与板条 reverse board and batten
反顶法 inverted jacking method
反顶尖 counter center[centre];female center[centre];negative center[centre]
反顶力 counter-jacking force
反订瓷面 facing reverse pin porcelain
反定理 inverse theorem
反定位 anti-direction (al) finding; push off
反定位碗臂 push-off cantilever
反定向 opposite orientation
反动齿轮 reaction gear
反动的 reactionary;reactive
反动级 reaction-type stage
反动力 reaction;reflective power
反动轮 reaction wheel
反动式汽轮机 reaction turbine
反动式水泵 reaction water pump
反动式透平 reaction turbine
反动水轮机 reaction hydraulic turbine
反动水涡轮 reaction water turbine
反动原理 reaction principle
反读 backward read;read backward;reverse read
反读游标 retrograde vernier
反独占法 anti-trust law
反断层 antithetic fault
反对不正当竞争法 law against unfair competition
反对称并向量 anti-symmetric(al) dyadic
反对称波函数 anti-symmetric (al) wave function
反对称部分 skew-symmetric(al) part
反对称的 anti-symmetric(al)
反对称关系 anti-symmetric (al) relation
反对称函数 anti-symmetric(al) function
反对称荷载 anti symmetric(al) load
反对称矩阵 anti-symmetric (al) matrix;skew-symmetric(al) matrix
反对称力 anti-symmetric(al) force
反对称律 anti-symmetric(al) law
反对称模式 anti-symmetric(al) mode
反对称刃 anti-symmetric(al) ket
反对称伸缩振动 anti-symmetric (al) stretching vibration
反对称势 anti-symmetric (al) potential
反对称算子 skew-symmetric (al) operator
反对称态 anti-symmetric(al) state
反对称弯曲振动 anti-symmetric (al) bending vibration
反对称性 anti-symmetry;asymmetry;skew symmetry

反对称性假设 anti-symmetry postulate
反对称载重 anti symmetric(al) load
反对称张量 affinor; anti-symmetric(al) tensor; inverse symmetric(al) tensor; skew-symmetric(al) tensor
反对称张量的旋度 rotation of anti-symmetrical tensor
反对称张量算子 anti-symmetric(al) tensor operator
反对称振动 anti-symmetric(al) vibration
反对称振型 anti-symmetric(al) mode; anti-symmetric(al) mode of vibration
反对的 reverse
反对方向 right-about
反对抗 counter-counter measures
反对乱抛垃圾的 antilitter
反对命题 contrary proposition
反对票 against vote; dissenting vote; negative vote; vote in the negative
反对手段 countermeasure
反对数 anti-logarithm; cologarithm; inverse logarithm(of a number)
反对数乘法器 anti-log(arithmic) multiplier
反对数电路 anti-log(arithmic) circuit
反对数电压转换器 anti-log(arithmic) voltage converter
反对数定律 law of the iterated logarithm
反对数放大器 anti-log(arithmic) amplifier
反对易关系 anti-commutation relation
反对易子 anti-commutator
反对意见 counteradvice; dissenting opinion
反对应 inverse correspondence; reciprocal correspondence
反对证明 counter-deed
反多相分类 backward polyphase sort
反多项式 reciprocal polynomial
反多重态 anti-multiplet
反舵 shift helm
反厄米函数 anti-hermition function
反厄密算符 anti-Hermitean operator
反翻倒力矩 anti-tipping moment
反方面驶行防止器 runback preventer
反方位 anti-nucleon; back bearing; reverse bearing
反方位角 back angle; back azimuth; inverse azimuth; reverse azimuth; reciprocal bearing; reverse bearing
反方位扫描 reverse azimuth sweep
反方位投影 retroazimuthal projection
反方向 negative direction; opposite direction; recoil
反方向变化 change inversely
反方向传播光子 oppositely directed photon
反方向磁场 backing field
反方向磁化 magnetic reversal
反方向交通不平衡系数 coefficient of unbalanced counter flow
反方向角 back direction angle; reverse bearing; reverse direction(al) angle
反方向流 reverse direction(al) flow
反方向投影 reciprocal projection
反方向旋转 opposite spin
反方向移动 go astern; inverse shift
反方向运行线路 wrong line; wrong track
反分化 dedifferentiation
反分级 reverse classification
反分流场 anti-shunt field
反分散 reciprocal dispersion
反分析 back analysis; back calculation
反分子 anti-molecule
反风道 reversing airway
反风流 back draft
反风设备 reversing device; reversing facility
反峰 negative peak
反峰电压 inverse peak voltage; peak of back voltage
反峰值电流 peak inverse current
反峰值电压 peak inverse voltage
反缝头 reverse toe
反浮雕 <凹雕饰> in cavetto
反浮雕挖成凹形部分 incavo
反浮选 counter flo(a)tation
反符合 anti-coincidence
反符合单元 anti-coincidence unit
反符合电路【计】 anti-coincidence circuit; anti-coincidence unit
反符合计数器 anti-coincidence counter
反符合技术 anti-coincidence technique
反符合元件 anti-coincidence element
反辐射 anti-radiation; counter radiation
反辐射对称面 abactinal side
反辐射体 back radiator
反腐蚀 guard against corrosive influence
反复 interate; recurrence; reduplicate; repeat; repetition; time and again
反复逼近法 method of reiteration; reiterative method
反复变换 alternation
反复变向风 alternating wind; alternation wind
反复冰融的冰雪 recurrent snow and ice
反复波动 recurrent fluctuations
反复擦洗 repetitive scrubbing
反复操作 repetitive operation
反复测量 repeated measurement
反复测量法 repetition measurement
反复测时法 repetitive timing
反复潮流 alternating current
反复冲击 repeated impact; repeated shock
反复冲击荷载 repeated impact load
反复冲击抗弯强度 repeated impact bending strength
反复冲击拉伸试验 repeated impact tension test
反复冲击试验 alternating impact test; impact endurance test; repeated impact test
反复冲击弯曲强度 repeated impact bending strength
反复抽得的样本 repeated sample
反复出现 repeat
反复出现的冰滑 recurring polynya
反复处理过的橡胶 worked rubber
反复磁化 magnetic pulsing; reversal of magnetism
反复磁化损耗 loss of magnetic reversals
反复次数 number of occurrence
反复刺激 repetitious stimulation
反复打出的灰浆 regauged mortar
反复的 repeated; repetitive
反复的抽样 repeated sample
反复递增荷载 incremental-repetitional loading
反复电路 toggle
反复迭代法 method of reiteration; reiteration
反复动应力试验 repeated dynamic(al) stress test
反复法 iterative method; repetition method
反复反射 repeated reflection
反复放像 repeated motion
反复分析 iterative analysis
反复腐蚀试验 alternate immersion test
反复负荷处理法 cyclic(al) loading treatment
反复负荷试验 alternating load test
反复固定深度潜水 repetitive fixed-level diving
反复光电设备 recloser
反复过程 iterative process; repetitive process
反复核对 cross check; repetitive check
反复荷载 alternate load(ing); alternating load(ing); cyclic(al) load(ing); loading reversal; oscillator load; recurring load; repeated load(ing); repeating load(ing); repetitional loading; repetitive load(ing); reversal loading; reversed load(ing)
反复荷载试验 load-reversal test; repeated-load test
反复回水湾 alternating return trap
反复积分 repeat integral
反复激发电机 anti-compound generator
反复计时法 repetitive time method; snapback method
反复计时器 repeating timer
反复计算法 interactive method
反复加荷三轴试验 triaxial test of reiteration compacting
反复加热试验 reheat test
反复加载 load repetition; repetitive load(ing); reversal in loading
反复检验 repeated examinations
反复校核 back check
反复接触 multiple exposure
反复结晶作用 periodic(al) crystallization; repeated crystallization
反复进行的调查 repeated survey
反复决策过程 repetitive decision process
反复抗张强度 repeated tensile strength
反复空气潜水 repetitive air dive
反复拉伸试验 repeated tension test
反复拉伸应力试验 repeated direct stress test; repeated tensile stress test
反复老化 reaging
反复老炼 reaging
反复冷弯曲试验 alternating bending test
反复冷弯试验 reverse cold bend test
反复励发电机 anti-compound generator
反复裂变几率 iterated fission probability
反复买卖 churning
反复挠曲开裂 flex crack(ing)
反复挠曲试验 bending and unbending test; ductilometer test
反复扭力试验 repeated torsion(al) test
反复扭转 repeated torsion; reverse torsion
反复扭转疲劳试验 alternating torsion fatigue test
反复扭转试验 <指扭转方向相反> reverse torsion test
反复频率 toggle frequency
反复平均 repeated averaging
反复平面培养法 replica planting
反复潜水分组表 repetitive group designation table
反复潜水时间 repetitive dive time table
反复曲折流 sinuous flow
反复泉 estavel
反复燃烧 reverse combustion
反复热处理 multiplex heat treatment
反复熔炼 melt back
反复三向拉伸 cyclic(al) three-dimensional stretching
反复闪光管 repeating flash tube
反复设计 running
反复伸长 cyclic(al) extension
反复时效 reag(e)ing
反复实践 repeated practice
反复使用 overlay
反复使用的构件 repetitive member
反复使用的模板 repetitive forms
反复使用定额 duty-cycle rating
反复试验 repeated trials; repetition test; test again and again
反复试验法 cut-and-trial method; cut-and-try method; trial-and-error method
反复试算法 trial-and-error process
反复双晶 repeated twining
反复四次 quadruplication
反复四次的 quadruplicate
反复速度 toggle speed
反复调节库容 reregulating reservoir
反复调节水库 reregulating reservoir
反复拖刮 repeated dragging
反复弯曲 alternate bending; alternating bending; rebending; repeated bending
反复弯曲产生的表面裂缝 flex cracking
反复弯曲冲击试验 repeated transverse impact test
反复弯曲疲劳 repeated bending fatigue
反复弯曲疲劳试验 repeated bending fatigue test
反复弯曲强度 alternate bending strength
反复弯曲实验 alternating flexure test
反复弯曲试验 alternating bending test; alternating flexure test; back-and-forth bending test; backward and forward bending test; bending and unbending test; ductilimeter [ductilometer] test; rebending test; repeated bending test; reverse bead test; unbending test
反复弯曲下应力强度 repeated transverse stress strength
反复弯曲应力疲劳强度 fatigue strength under reversed bending stress
反复弯曲应力试验 repeated bending stress test
反复围绕试验 snarl test
反复无常 blow hot and cold; inconstancy; versatility
反复无常的 capricious
反复线性规划法 <简称 SLP 法> successive linear programming
反复胁强试验 repeated stress test
反复性 repeatability
反复修匀法 method of repeated smoothing
反复选择 recurrent selection
反复循环 recycle
反复循环器 recycler
反复压缩 cyclic(al) compression
反复研究 repeated study; thrash over
反复移动平均法 alternated moving average method; interacted moving average method
反复应变 alternate strain; alternating strain
反复应力 alternate stress; alternating stress; repeated fluctuating stress; repeated stress; repetitive stress; reversal stress; reversed stress

F

反复应力试验 alternate stress test; repeated stress test
反复应力试验机 repeated stress testing machine
反复应力循环 cycles of stress reversal
反复应力周期 cycles of stress reversal
反复运转 repetitive operation
反复轧制 repeat-rolling
反复张力 cyclic(al)tension
反复折叠 recurrent lap;surging lap
反复针刺 repeated puncture
反复振动 reversal vibration
反复整形 repeated blading
反复直剪强度试验 reiterative direct shear test
反复直接应力 reversed direct stress
反复重复 automatic request for repeat
反复(周期)荷载下应力应变关系性能 cyclic(al)stress-strain behavior(u)
反复字符 repeat character
反复作用 reversed cyclic action
反复(做)reiterate
反富集 derichment
反改革 counterreformation
反概率准则 criterion of inverse probability
反干扰 anti-disturbance;counter-counter measure
反干扰措施 interdiction countermeasure
反干扰电路 anti-interference circuit; anti-jamming circuit;anti-noise circuit
反干扰电容器 anti-interference capacitor
反干扰机 noise remover
反干扰机构 counter jamming mechanism
反干扰技术 anti-interference technique
反干扰滤波器 clutter filter
反干扰能力 interference rejection
反干扰器 noise remover
反干扰设备 defruiter equipment
反干扰(系统)anti-clutter
反干扰装置 noise trap
反感 allergy;antipathy;nausea
反感的 allergic
反感线圈 bucking coil
反感线圈扬声器 bucking coil loudspeaker
反感应线圈 bucking coil
反告 countercharge
反根【数】anti-root
反跟踪 anti-tracking
反跟踪控制 antitracking control
反工业 anti-industry
反工作压力 deactuate pressure
反功率因数 inverse power factor
反攻 countercharge
反拱 camber;counter arch;counter-vault;inverted arch;reversed arch
反拱底板 inverted arch floor
反拱度 inverted camber
反拱高 depth of camber
反拱护壁 counter arched revetment
反拱基础 inverted arch foundation
反共生效应 anti-synbiosis effect
反共振 anti-resonance
反共振频率 anti-resonance frequency
反构体【化】anomer
反购买 counter purchase
反管器【岩】backturn device for drilling string
反贯入法 inverted penetration; reverse penetration method
反贯入路面修筑法 < 先浇沥青 > inverted penetration
反灌入路面施工法 inverted penetration
反光 blink;glisten;light reflection;reflect; reflected light; reflection of light;reflex
反光白度计 reflectometer
反光板 illuminator;reflector board
反光背心 hi-vi vest
反光标记 reflective mark(er)
反光标记显示 < 路线 > delineation
反光标签 retro-reflective label; Scotchlite label
反光标识 reflecting marking
反光标志 reflecting sign; reflective sign;reflector(ized)sign;Scotchlite sign
反光标志板 reflecting sign board
反光标志牌 reflecting sign board
反光表面 reflected surface;reflecting surface
反光玻璃 anti-actinic glass; anti-sun glass; light-reflective glass; solar glass;swan reflector;reflectalyte < 一种灯具玻璃 >
反光玻璃珠 reflectorizing(glass)bead
反光箔 reflectorizing foil
反光材料 reflecting material; reflective material;reflector material
反光侧石 light reflecting curb;reflecting curb;reflecting kerb
反光层灯 reflector-layer lamp
反光处理 reflectorization
反光串珠 reflecting bead
反光挡板 reflective sheeting
反光的反射背板 reflex-reflective back
反光的指路标 reflecting road stud; reflectorizing road stud
反光灯 reflector lamp;spotlight
反光灯泡 reflector lamp bulb
反光灯罩 luminaire bracket
反光灯装置 reflector light fitting
反光钉 reflector stud
反光读数镜 mirror reader
反光度 reflectance
反光反射材料 reflex-reflective material;retro-reflective material
反光绘图面 backlighted plotting surface
反光混凝土 reflecting concrete; reflectorizing concrete
反光检查器 catoptroscope
反光胶带 reflective tape
反光金属薄片 reflectorizing metal foil
反光警示引导柱 marker post
反光镜 cat's eye; iconometer; illuminator; light reflector; mirror; mirror-(ed)reflector;optic(al)reflector; reflecting mirror; reflector (glass);reflectoscope;view finder; illuminating mirror < 经纬仪上的 >
反光镜标志 reflector marker
反光镜传动离合器 mirror drive clutch
反光镜架 reflector frame
反光镜六分仪 mirror sextant
反光镜平面 mirror plane
反光镜式道岔标志 reflector type switch target
反光镜式危险标志 mirror danger sign
反光镜锁紧扳手 reflex mirror locking lever
反光镜调节杆 mirror bar
反光镜系统 catoptric system
反光镜装置 mirror set
反光镜座 reflector carrier
反光立体镜 mirror stereoscope; reflecting stereoscope;reflection stereoscope;telestereoscope
反光量 light reflection value
反光六分仪 mirror sextant
反光路标 cat eye; reflecting road stud;reflective road sign;reflectorized route marker;reflector marker
反光路钉 road stud
反光路面 reflecting surface
反光路面标志 reflecting pavement marker; reflective pavement marker
反光路钮 < 交通标线用 > reflected button; reflecting button; reflecting road stud;reflecting stud;reflective button;reflector(road)button
反光路缘(石)light reflecting curb; reflecting curb;reflecting kerb
反光罗盘仪 mirror compass
反光面 spar finish; solar reflecting surface < 屋顶 >
反光墨水 reflectance ink; reflective ink
反光能力 reflecting power
反光片 reflective sheeting
反光漆 reflectorised [reflectorized] paint
反光气管层 tracheolar tapetum
反光强度 intensity of light reflection
反光墙 illuminating wall
反光取景镜 optic(al) reflex view finder
反光取景器 reflex finder
反光晒像法 reflex copying
反光晒印 reflection copy;reflex copy;reflex print(ing)
反光摄影器 argoflex camera
反光伸长计 mirror extensimeter [extensometer]
反光拾音器 reflex pickup
反光式罗盘 mirror compass
反光式取景器 through-the-lens finder
反光式水准仪 reflecting level
反光式照相机 reflecting camera; reflex camera
反光式字体 optic(al)type font
反光水位表 reflex water ga(u)ge
反光缩小 reflecting reduction
反光特性 light reflecting characteristic
反光通信[讯] heliograph
反光投影器 opaque projector
反光图案 Christmas tree pattern; optic(al)pattern
反光涂层 reflecting coating
反光涂料 reflecting paint; reflectorised[reflectorized] paint
反光涂面 reflecting coat(ing)
反光涂膜 reflective coat(ing)
反光卫星 reflecting satellite
反光显微镜 incident light microscope;reflecting microscope
反光显微镜鉴定 reflecting microscope identification
反光小孔瞄准 reflex boresight
反光效率 luminous efficiency
反光性标志牌 reflective placard
反光延伸仪 mirror extensimeter [extensometer]
反光颜料 reflective pigment
反光仪 light-reflectance apparatus
反光印像纸 reflex paper
反光应变计 mirror extensimeter [extensometer]
反光荧光灯 fluorescent reflector lamp
反光缘石 lighting-reflecting curb; reflecting curb
反光晕的 anti-halation
反光照明 indirect lighting
反光照相机 mirror reflex camera
反光罩 reflecting shade;reflector
反光整理 retro-reflective finishing
反光织物 reflective fabric
反光直角器 mirror square; reflecting square
反光转绘仪 vertical sketch master
反光装置 reflector unit
反光作用 reflectorization
反归纳 counter-induction
反规性散光 astigmatism against the rule;inverse astigmatism
反轨 opposite rail;opposed track
反轨旋管 inverted orbitron
反过冲 anti-overshoot
反过来 end for end
反过来也是如此 vice versa
反过滤器 inverted filler
反氦 anti-helium
反函数 inverse function; inverse of a function
反函数定理 inverse function theorem
反函数发生 inverse function generation
反函数发生器 inverse function generator
反函数法则 inverse function rule
反函数放大器 inverse function amplifier
反函数规则 inverse function rule
反函数元素 inverse function element
反焊 face-down bonding;flip chip
反航运活动电文 anti-shipping activity messages
反号 contrary sign; opposite sign; reverse sign
反(号)对称的 skew-symmetric(al)
反核 anti-nucleus
反核子 anti-nucleon
反轰击 back-bombardment
反虹吸 anti-syphonage; backsiphon (age)
反虹吸防止器 backsiphon preventer
反虹吸管 anti-siphon(age) [syphonage] pipe; backsiphonage pipe; puff pipe
反虹吸作用排臭阀 anti-vacuum trap
反后座装置调节器 replenisher
反呼吸作用 anti-siphonage
反弧的 upcurved
反弧段 invert
反弧段高程 invert elevation
反弧段护坦 bucket apron
反弧段消力戽 < 溢流坝的 > bucket
反弧面 bucket
反弧面溢洪道 ogee spillway
反弧形 < 即溢流面曲线 > ogee
反弧形断面溢流坝 ogee dam
反弧形堰 cyma weir
反弧形溢洪道 ogee spillway
反弧形溢流坝 ogee dam
反弧形溢流堰 ogee weir
反弧形引水坝 ogee diversion dam
反互换 decommutation
反互换器 decommutator
反沪层 inverted filler
反还盘 counter counter-offer
反环境污染斗争 battle against pollution of environment
反环流 counter-circulation
反环绕组 reversed loop winding
反换式 inverse
反换位子 anti-commutator
反黄金政策 anti-gold policies
反辉 anti-twilight
反回 back(ing)-out;retrace
反回冲程 return stroke
反回的 recurrent
反回过程 backup process
反回过滤 back filter
反回声测深仪 inverted echo-sounder
反回授 positive reaction

F

反回行程 reverse stroke
反回旋加速管 anti-cyclotron tube;inverted cyclotron
反回运动 reverse movement
反汇编 disassemble; disassembling; disassembly
反汇编程序 disassembler;inverse assembler
反绘彩 negative painting
反混 backmixing
反混合 demixing
反混合反应器 backmix reactor
反混淆 anti-aliasing
反击 backstroke;repercussion;retaliate
反击板 breaker plate;deflecting plate;impact beam
反击棒 breaker bar
反击篦条 breaker bar
反击穿 breakback
反击锤式破碎机 impact hammer crusher
反击雷闪络 back flashover
反击力 kick
反击破碎 impact breaking; impact crushing; impact size reduction; percussion size reduction; percussive size reduction
反击式 repercussion type
反击式粗碎机 coarse impact crusher
反击式磨机 impact mill
反击式破碎烘干机 impact crusher drier[dryer]
反击式破碎机 impact breaker;impact crusher; impactor; impeller breaker;percussion crusher
反击式汽轮机 overpressure turbine;pressure turbine;reaction hydraulic turbine;reaction-type wheel
反击式水轮机 backshot wheel;reaction-type wheel; reaction water wheel; overpressure turbine; pressure turbine;reaction hydraulic turbine;reaction turbine;reaction water turbine
反击式透平 overpressure turbine;pressure turbine;reaction hydraulic turbine
反击式涡轮机 overpressure turbine;pressure turbine;reaction hydraulic turbine;reaction-type wheel
反击式叶轮 backshot wheel;reaction-type wheel
反击式叶片 reaction blade;reaction vane
反击式叶片配置 reaction blading
反击式蒸汽轮机 reaction steam turbine
反击式转子破碎机 impact rotor crusher
反击甩刀式行间清理器 contraflail row cleaner
反击水涡轮 reaction turbine
反击叶片组 reaction blader
反奇偶性 opposite parity
反畸变相变 anti-distortive transition
反箕 radial loop
反激光防护 anti-laser protection
反激浪 backwash
反激冷 inverse chill
反激励作用 disincentive action
反极 reciprocal pole
反极点图 inverse pole figure
反极点效应 anti-pole effect
反极化 contrapolarization;reversal of polarization
反极化绕组 anti-polarizing winding
反极化线圈 anti-polarizing winding
反极化作用 contrapolarization
反极图 anti-pole diagram
反极线 reciprocal polar
反极像图 inverse pole figure
反极性 buck; opposite polarity; reverse(d) polarity
反极性充电 reverse polarity charging
反极性磁铁 reverse armature
反极性电压 bucking voltage
反极性工作值 reverse working value
反极性焊接 negative polarity welding
反极性接法 reverse polarity connection
反极性脉冲 inverted pulse
反极性剖面 reverse polarity section
反极性(下的)启动电流 reverse pick-up current
反极性衔铁 negative armature; reverse polarity armature
反极性线圈 bucking coil
反极性相 anti-polar phase
反极性曳尾 reverse polarity smear
反极与升压变压器 buck and boost transformer
反挤压 backward extrusion;inverted extrusion
反季(节)风 anti-monsoon;antitrades;antitrade wind;countertrade
反加热 backheating
反甲基化 demethylation
反价 counter offer
反假粒子 anti-spurion
反假日 anthelion
反假翼缘法孔型设计 counterflange method
反假月 anti-selene
反尖顶 inverted cusp
反尖端 inverted cusp
反尖峰电路 despiking circuit
反尖角 inverted cusp
反尖晶石晶型结构 inverse spinel type structure
反尖削机翼 hammerhead
反剪刀差 reversed price scissors;reverse scissors gap
反检查 countercheck
反检查和码 inverse check sum code
反建议 counterproposal
反溅 backwashing
反溅效果 backwash effect
反溅效应 backwash effect
反键轨 anti-bonding orbital
反键轨函数 anti-bonding orbital function
反键合相色谱法 reverse bonded-phase chromatography
反键作用 anti-bonding
反交 back-cross
反交点 anti-nodal point;negative interesting point
反交换 anti-commute
反交换矩阵 anti-commutative matrix
反交易 anti-commute
反浇 uphill running
反胶团萃取 reverse micelle extraction
反焦点 back focus
反角 contra-angel; positive dihedral angle
反角握柄磨光器 contra-angle porte-polisher
反校验 conversion check
反校正电路 de-emphasis circuit
反阶步 anti-step
反阶乘 inverse factorial
反阶乘级数 inverse factorial series
反接 back connection; backing; inversed grafting;opposition;reverse connection; reversed polarity; reverse polarity;transposition
反接法 opposition method
反接力矩 stalled torque
反接力矩比 stall torque ratio
反接漏电流 inverse drain current
反接线圈 backing coil;bucking coil;opposing coil
反接线制动 countertorque braking
反接直流 reversed polarity direct current
反接制动 plug braking;plug reversal
反节律 reversed rhythm
反节面 anti-nodal plane
反结构 anti-structure
反结构电动机 inverted motor
反结构缺陷 anti-structure defect
反结构同步电动机 inside-out motor
反结构无序 anti-structure disorder
反解 inverse solution
反津贴税 anti-subsidy;countervailing duty
反进给 backward feed
反进给装置 feed reversing gear
反浸法 reverse leach process
反浸润 dewetting
反禁止令法 anti-injunction act
反经济衰退政策 anti-recession program(me)
反井 rising shaft
反井掘进 raise driving
反井钻机 raise-drilling machine
反井钻进 raise boring;raise drilling
反镜平面 reflected plan
反九点井网 inverted nine-spot pattern
反矩阵 inverse matrix;matrix inverse
反剧增办法 anti-surge mechanism
反距螺桨 braking airscrew; reverse pitch airscrew; reversible pitch propeller
反锯齿螺纹 reverse-buttress thread
反锯齿现象 anti-zigzagging
反锯齿形线脚 reversed zigzag mo(u)lding
反聚光线 anti-coustic
反聚焦面 back focal plane
反聚束 anti-bunch
反聚束效应 anti-bunching effect
反卷 curved projection;warp
反卷边 inverse hemming
反卷积滤波器 deconvolution filter
反卷(褶)积 deconvolution
反抗 outbreak;reluctance
反抗力 counteragent
反抗扭矩 reaction torque
反抗弹簧 opposing spring
反抗行动 rebellion
反抗者 resister
反抗转矩 countertorque; opposing torque;reaction torque
反科学 anti-science
反科学主义 anti-scientism
反可逆电路 anti-reciprocal circuit
反控 countercharge;recriminate
反控燃烧 controlled burning
反控制 reversed control; revertive control
反控制系统 revertive control system
反口瓷管 aboral porcelain tube
反口的 aboral
反口极 aboral pole
反口器 aboral organ
反口区 anthostele
反扣打捞工具 reversing tool
反扣公锥 left-hand tap
反扣接头螺纹 left-hand tool joint thread
反扣钻杆 left-hand screw drill pipe;left-hand tool joint
反夸克 anti-quark
反馈 back coupling;back feed;feedback;retroaction;tickling
反馈包迹 feedback envelope
反馈包线 feedback envelope
反馈报告 feedback report
反馈比 feedback ratio
反馈编码 feedback encoding
反馈变量 feedback variable
反馈变压器 feedback transformer;flyback transformer
反馈波纹管 feedback bellows
反馈补偿 feedback compensation;parallel compensation
反馈补偿绕组 feedback compensating winding
反馈部件 feedback element
反馈参数 feedback parameter
反馈程序 feedback process
反馈储蓄器 regenerative accumulator
反馈传递函数 feedback transfer function
反馈传动杠杆 feedback linkage
反馈传感器 feedback transducer
反馈导纳 feedback admittance
反馈的 recuperative;regenerative
反馈的工具 mechanism of feedback
反馈电流 feedback current
反馈电路 feedback circuit;feedback loop;reactive circuit
反馈电容器 feedback capacitor;throttle capacitor
反馈电势计 feedback potentiometer;follow-up potentiometer
反馈电位计 feedback potentiometer
反馈电压 feedback voltage
反馈电阻 feedback resistance
反馈电阻器 feedback resistor
反馈动态学 feedback dynamics
反馈发电机 reaction generator
反馈发射机 feedback transmitter
反馈发生器 feedback generator
反馈法 back-to-back method;feedback method;loading-back method
反馈方法的重验 reexamination of feedback devices
反馈方式 feedback system
反馈放大 feedback amplification;retroactive amplification
反馈放大器 feedback amplifier;positioner
反馈放大器特性 feedback amplifier characteristic
反馈分频器 feedback divider
反馈关系 feedback relationship
反馈函数 feedback function
反馈环的极性 polarity of feedback loop
反馈环节 feedback element
反馈环路 feedback(control)loop
反馈环路增益 gain around a feedback
反馈环增益 gain around a feedback
反馈换能器 feedback transducer
反馈回路 backfeed loop;feedback loop
反馈回路系统 feedback loop system
反馈机制 feedback mechanism
反馈积分器 feedback integrator
反馈激光器 feedback laser
反馈激励 feedback excitation
反馈计数器 feedback counter
反馈继电放大器 feedback relay amplifier
反馈加热器 feedback heater
反馈检索 feedback searching
反馈教室 feedback classroom
反馈校正技术 feedback compensation technique
反馈解 feedback solution
反馈解码 feedback decoding
反馈解码器 feedback decoder
反馈均衡器 feedback equalizer
反馈刻纹头 feedback cutter

反馈控制 feedback control; closed-cycle control; closed loop control; reaction control
反馈控制光学 feedback-controlled optics
反馈控制环路 feedback control loop
反馈控制回路 feedback control loop
反馈控制器 feedback controller
反馈控制系统 closed(loop) control system; quasi-linear feedback control; feedback control system
反馈控制信号 feedback control signal
反馈累加器 regenerative accumulator
反馈力 feedback force
反馈励磁 feedback excitation
反馈链 feedback link
反馈链的极性 polarity of feedback link
反馈量 feedback quantity
反馈滤波器 feedback filter
反馈路径 feedback path
反馈路线 feedback circuit; feedback path
反馈模块 feedback module
反馈膜盒 feedback bellows
反馈耦合 back coupling; feedback coupling; reaction coupling
反馈耦合霍尔发生器 back-coupled Hall generator
反馈耦合条件 back-coupling condition
反馈耦合振荡器 back-coupling oscillator
反馈盘管 reaction coil
反馈配位 back coordination
反馈偏压 back bias
反馈偏压电路 back bias circuit
反馈偏压电阻 back-biased resistance
反馈评估 feedback with evaluation
反馈箝位电路 feedback clamp channel; feedback clamp circuit
反馈桥接故障 feedback bridging fault
反馈切割器 feedback cutter
反馈绕组 feedback winding
反馈时间 feedback time; reaction time
反馈时间差距影响 feedback-time lag effects
反馈式 reaction type
反馈式电流互感器 feedback type current transformer
反馈式伏特计 feedback voltmeter
反馈式锯齿波发生器 feedback saw-tooth generator
反馈式刻纹头 feedback cutter head
反馈式空腔波长计 reaction-type cavity wavemeter
反馈式频率计 reaction-type frequency meter
反馈式输送机 regenerative conveyer [conveyor]
反馈式自动控制 automatic control with feedback
反馈试验 back-to-back testing; feedback test; pump back test
反馈伺服机构 feedback servomechanism
反馈速度控制机构 feedback speed control mechanism
反馈随动系统 closed loop servo system
反馈特性 backward transfer characteristic; feedback characteristic
反馈调节 feedback adjustment; feedback control; feedback regulation
反馈调节器 feedback modulator; feedback regulator
反馈调节系统 looped system
反馈调整 feedback adjustment; feedback control; reaction control
反馈调制器 feedback modulator
反馈通道 feedback channel; feedback path
反馈通路 feedback channel; feedback path
反馈通信[讯] feedback communication
反馈网络 feedback network
反馈微分(电)器 feedback differentiator
反馈稳定放大器 feedback-stabilized amplifier
反馈稳定作用 feedback stabilisation [stabilization]
反馈问题 feedback cycle
反馈系数 feedback coefficient; feedback factor; reaction coefficient
反馈系统 feedback system
反馈系统自动化 feedback system automation
反馈线 feeder
反馈线路 feedback line
反馈线圈 feedback coil; reaction coil; tickler coil; tickler
反馈线圈式振荡器 tickler-coil oscillator
反馈限幅器 feedback limiter
反馈限制器 feedback limiter
反馈响应 feedback response
反馈消除 anti-reaction
反馈效应 feedback effect
反馈谐振腔 reaction cavity
反馈信道 feedback channel
反馈信号 feedback signal; return signal
反馈信息 feedback information
反馈型 feedback type; regenerating type
反馈移位寄存器 feedback shift register
反馈抑制 feedback control; feedback inhibition
反馈抑制器 feedback suppressor
反馈译码器 feedback decoder
反馈因数 backfeed factor; feedback factor
反馈引起失真 distortion due to feedback
反馈影响 feedback influence
反馈元件 feedback element
反馈运行 back-to-back running
反馈增益 feedback gain
反馈振荡 feedback oscillation
反馈振荡器 back-coupled generator; feedback generator; feedback oscillator
反馈支路 feedback branch
反馈值 feedback quantity
反馈指数 feedback index
反馈制动 regenerative braking
反馈重发 automatic repeat request; automatic request for repetition
反馈轴 resetting shaft
反馈转换器 feedback transducer
反馈装置 feedback device; positioner
反馈自动化 feedback automation
反馈阻遏 feedback repression
反馈阻抗 feedback impedance
反馈作用 feedback action; feedback mechanism
反馈作用调节器 backward acting regulator
反扩散 anti-diffusion; counter-diffusion; inverse diffusion
反扩散作用 retrodiffusion
反拉 back-tie
反拉钢丝 wire back-tie
反拉钢丝绳 pullback cable
反拉簧 spring to pull off
反拉力 back pull; counter pull
反拉力拉丝 reactive(wire) drawing
反拉力拉丝机 back pull wire drawing-machine
反拉普拉斯变换 inverse Laplace's transform(action)
反拉伸 reverse drawing
反拉伸速度 inverse stretched velocity
反拉延 inside-out redrawing
反拉装置 drag unit
反兰伯凹陷 inverted Lamb dip
反老化 combatting ag(e)ing
反雷达措施 counter-radar measure; radar countermeasures; radar countermodulation
反雷达金属撒布卫星 disperser satellite
反肋骨 reverse bar; reverse frame
反离子 counter ion
反离子层 counter ion layer
反离子吸附 counter-ion adsorption
反离子作用 anti-ionization
反理性主义【建】 irrationalism
反力 counter force; reacting force; uplifting pressure; upward pressure
反力衬垫 reaction pad
反力床 reaction floor
反力点 reaction point
反力对 reaction pair
反力扶壁 reaction buttress
反力杆件 counter member
反力轨迹 < 拱结构的 > reaction locus
反力架 reaction frame
反力矩 counter moment; countertorque
反力框架 reaction frame
反力拉伸 reactive drawing
反力梁 reaction beam
反力轮 reaction wheel
反力模量 modulus of reaction
反力平衡 reaction equilibrium
反力牵引系统 reactive haulage system
反力强度 reaction intensity
反力墙 reaction stand; reaction wall
反力墙系统 resisting wall system
反力式涡轮机 reaction turbine
反力式制动试验台 reaction-type brake tester
反力台座 reaction platform
反力弹簧 reaction spring
反力推进 reaction propulsion
反力推进的 reaction-propelled
反力系数 coefficient of reaction
反力影响线 influence line for reactions; influence line of reactions
反力中心 center[centre]-point of resistance
反力座 back anchor
反立体 inversion of relief; inverted stereo; pseudo-scopic stereo; pseudo-stereoscopy; reverse stereo
反立体观察 pseudo-scopic viewing
反立体镜 inverted stereoscope
反立体视觉 pseudo-scopic vision
反立体图 pseudo-scopic view
反立体象对 pseudo-scopic stereopair
反励 de-excitation
反例 counterexample
反粒序层理构造 reverse graded bedding structure
反粒序构造 reverse graded structure
反粒子 anti-particle
反链 anti-chain
反梁 reversed beam; upstanding beam
反梁板 slab with ribs turned-up
反梁式浮筏基础 reaction raft foundation
反量 inverse; inversion
反流 backrush; backward flow; contraflow; counter-current flow; reflow; reflux; regurgitation; reversal of current; reverse current; runback
反流变压器 inverter transformer
反流擦洗机 counter-flow scrubber
反流定理 reverse flow theorem
反流分布法 counter-current distribution
反流分布仪 counter-current distribution apparatus
反流分级机 counter-current classifier
反流管交换器 counter-current pipe exchanger
反流过滤洗涤 counter-current filtration washing
反流计量 reverse-current metering
反流继电器 reversed current relay
反流搅拌设备 counter-current mixing plant
反流色谱法 counter-current chromatography
反流筛 counter-flow screen
反流式消声器 reverse flow muffler
反流态化 defluidization
反流洗砾机 contraflow gravel washer
反流向 reverse direction(al) flow
反流旋转拌和机 counter-current revolving-pan mixer
反流制动 plug stopping
反流自举式循环 reserve flow bootstrap cycle
反硫化 devulcanization
反硫化器 devulcanizer
反垄断的 antitrust
反垄断法 anti-monopoly law; antitrust law
反滤层 filter blanket; filter course; filter bed; filter(ing) layer; filter pack; inverted filter; inverted gravel layer; loaded filter; pervious bed; protective filter; reverse(d) filter; reversed filtration layer
反滤层孔隙 pad pore of filter; protective filter
反滤层区 filter zone
反滤层设计 filter design
反滤层水力分析 hydraulic filtering analysis
反滤层要求 need for filter
反滤沉积层 filter fabric mat
反滤池 inverted filler
反滤带 filter zone
反滤料 filter material; filter medium
反滤铺盖 filter blanket
反滤设施 reverse filter
反滤物料 inverted filler
反虑料试验 inverse test
反率曲线 inverse-ratio curve
反路拱 inverted crown
反论 paradox
反论的 paradoxical
反螺距 reverse pitch
反螺纹 left-hand thread
反螺纹杆 reverse-flight screw
反螺线 reciprocal spiral
反螺旋 backpitch; inverted spin
反螺旋方向 anti-spin direction
反螺旋桨 counterpropeller
反螺旋伞 anti-spin parachute; spin chute
反螺旋线耦合器 contra-wound helix coupler
反码 complement of one's; diminished radix complement; base-minus-one's complement; one's complement; radix-minus-one-complement
反码的补码 < 二进制 > one's complement
反码基数减补码 radix-minus-one-complement

反脉冲 back pulse; reverse impulse; revertive impulse
反脉冲控制 revertive impulse control
反冒进 opposition to a risky policy; opposition to rash advance
反贸易风 antitrades counter-trades; antitrade wind
反门 reversed door
反密度相关 inverse density dependence
反密码 anti-code
反幂法 inverse power method
反面 back face; backside; left side; offside; outer face; overleaf; reversal side; reverse(side); reverse surface; underside; wrong side; verso <货币、奖章等的>
反面版 inner form
反面保证条款 negative pledge clause
反面补强 reinforcement on the reverse side
反面布线 back wiring
反面冲击试验 reverse impact test
反面对反面相叠 back to back; back to face
反面回声 bottom echo
反面剪切 countershear
反面胶合板 reverse veneer
反面接触舔液辊 back kiss roll
反面举证责任 reversed burden of proof
反面拉绒 raised left side
反面喷嘴 counter nozzle
反面坡口 backing groove
反面图形可见度 show-through
反面弯曲试验 root-bend test
反面洗涤 wash inside out
反面线圈 purl loop; reverse loop
反面意见 adverse opinion
反面用切刀 reversible cutter
反面证据 negative evidence; negative proof; proof of the contrary; proof to the contrary
反面证实 negative confirmation
反面子午线 anti-meridian
反命题 counterproposition; indirect problem
反模 reverse
反模板 anti-template
反模造船法 invert hull-building
反莫森曲线 anti-Monson curve; reverse curve
反内插(法) inverse interpolation
反挠 inflection
反挠点 contraflexure point; point of contraflexure
反挠垫块 camber block
反挠度 allowance for camber; camber; convex curvature
反挠度试验台 camber bed
反挠梁 camber beam
反挠曲 contraflexure
反挠曲量 counter-camber
反逆 regurgitation
反逆次序 inverted order
反逆作用 cutback
反黏[粘]电压 anti-stickoff voltage
反捻 back-twist; countertwist; reverse lay
反凝聚剂 deflocculant; deflocculating agent
反凝聚剂优化 backwash coagulant optimization
反凝析 retrograde condensation; retrograde fall out
反凝析气藏 retrograde condensate pool; retrograde gas condensate reservoir
反扭杆 torque rod
反扭角 untwist angle
反扭矩 countertorque; reactionary torque; reaction torque
反扭矩杆 reaction torque arm; reverse torque arm
反扭矩旋翼 anti-torque rotor
反扭力杆 torque stay
反扭曲环 reverse torsion ring
反扭曲量 distortion allowance
反扭转 detorsion; negative torsion
反浓缩 deconcentration
反浓缩器 deconcentrator
反偶氮化合物 anti-diazo compound
反耦合网络 balancing network
反排斥电动机 inversed repulsion motor
反排列 reciprocal permutation
反盘 helical cast; spiral cast; snarl <拔丝质量缺陷>
反盘绳法 against the sun; coil a rope against the sun
反旁路场 anti-shunt field
反喷 bounce back; regurgitate
反喷清洗(法) back spray rinsing
反喷式振动落料器 reverse jet type duster
反喷嘴 reversed nozzle
反偏电流 pulldown current
反偏结 reverse-biased junction
反偏析 inverse segregation; negative segregation
反偏压 back bias; reverse bias
反平方根 reciprocal square root
反平衡阀 counter-balance(d) valve
反平衡作用 anti-balance action
反平面剪切Ⅲ型裂纹 anti-plane shear mode 3 crack
反平行畴 anti-parallel domain
反平行的 anti-parallel
反平行四边形 quadruplane
反平行线路的政策 <美国铁路> anti-parallel policy
反屏蔽效应 anti-shielding effect
反坡 adverse grade; adverse slope; back slope; counter slope; dip slope; inverse slope; retrogressive slope; reverse gradient; reverse slope
反坡安全线 adverse grade for safety
反坡岔线 <让溜逸列车或车辆进入后停车> counter-grade siding
反坡的 counter-grade
反坡度 negative slope; non-sustaining slope
反坡降 opposite gradient
反坡梯田 adverse slope terrace
反坡线 opposite gradient
反坡悬崖 overhanging cliff
反迫 anti-periplanar
反气流 counterblast
反气泡效应 anti-bubble effect
反气相色谱法 inverse gas chromatography
反气旋 anti-cyclone; high area; high-pressure area; blocking high
反气旋的 anti-cyclonic
反气旋的形成 anti-cyclogenesis
反气旋发生 anti-cyclogenesis
反气旋风 anti-cyclonic wind
反气旋风暴 anti-cyclonic storm
反气旋辐散 anti-cyclonic divergence
反气旋逆温 anti-cyclonic inversion
反气旋区 anti-cyclonic area
反气旋曲率 anti-cyclonic curvature
反气旋生成 anti-cyclogenesis
反气旋式环流 anti-cyclonic circulation; anti-cyclonic current gyro
反气旋式切变 anti-cyclonic shear
反气旋式涡流 anti-cyclonic eddy
反气旋涡度 anti-cyclonic vorticity
反气旋系统 anti-cyclonic system
反气旋下沉 anti-cyclone subsidence; anti-cyclonic subsidence
反气旋消散 anti-cyclolysis
反气旋型旋涡 anti-cyclonic swirl
反气旋性 cum sole
反气旋阴天 anti-cyclonic gloom
反气压射流 anti-baric flow
反契据 counter-deed
反迁移 back migration
反牵杆的反支索 backrope
反牵引 reverse drag
反签名 countersign
反潜 anti-submarine
反潜舱 anti-submarine cabinet
反潜航空母舰 hunter-killer aircraft carrier
反潜激光系统 anti-submarine laser system
反潜屏障 anti-submarine barrier
反潜声呐定位探测 sonar anti-submarine detection
反潜搜索 anti-submarine reconnaissance; anti-submarine search
反潜探测器 anti-submarine detector
反潜艇 anti-submarine
反潜预警系统 anti-submarine early warning system
反嵌料 inverted choke
反戗 back berm
反强卖实例 va excape clause
反强子 anti-hadron
反桥接继电器 back bridge relay
反翘 spring
反翘线 anti-warping wire
反切法 method of repetition; resection method
反切角 negative cutting angle
反轻子 antilepton
反倾单位 anti-dumping unit
反倾断层 counter-inclined fault
反倾复合推复体 opposed complex nappe
反倾角河 anti-dip river; anti-dip stream
反倾向边坡 slope of strata dip away from excavation
反倾销措施 anti-dumping measure
反倾销税 anti-dumping duty; countervailing duty; countervailing levy
反倾斜 adverse grade
反倾斜河 anti-dip river; anti-dip stream
反求偿 counter-claim
反曲 contraflexure; inflection; recurvature; retroflection; sigmoid; sweep
反曲大河谷 inflexion strath
反曲的 recurvate; recurvation; sigmoidal
反曲点 inflection point; inflexion point; point of inflection; point of inflexion
反曲拱 inflected arch
反曲缆网 reversely curved cable net
反曲率 reversal of curvature; reverse curvature
反曲面 inverse surface
反曲线 counter curve; cyma[复 cymas/cymae]; gola[gula]; inverse(d) curve
反曲线点 point of reverse curvature; point of reverse curve
反曲线盖板 cimatium
反曲线饰 cyma; ogee
反曲线线脚 sima
反曲线形装饰【建】 doucine
反曲线仪 cymograph
反曲线状 cymatium[复 symatia]
反曲线状挑檐饰 anti-fix
反曲轴转动方向的转动 counter crankshaft rotation
反驱 disaffirm
反屈 recurvation
反趋光的 apheliotropic
反趋光性 aphototropism
反群聚 anti-bunch
反燃 back-fire
反燃素学说 anti-phlogistic theory
反扰动 anti-disturbance
反扰码器 descrambler
反绕 back-roll(ing); back space; backspacing; contra-wound; rewind-(ing); roll back
反绕地震检波器 reverse wound geophone
反绕键 rewind key
反绕开关 rewind switch
反绕时间 rewind time
反绕装置 rewind device
反人为干扰的设备 anti-jamming blanketing
反日 counter sun; anthelion
反日弧 anthelic arcs
反日冕 anti-corona; Brocken bow
反日运行气流 contra solem
反日照 anti-glow
反乳比率 demulsibility
反乳化 demulsify
反乳化度 demulsibility
反乳化度试验 <乳化沥青的> demulsibility test
反乳化剂 demulsifier; demulsifying agent; demulsifying compound
反乳化率 demulsibility
反乳化泥浆 inverted emulsion mud
反乳化器 demulsifier
反乳化试验 demulsification test; demulsibility test
反乳化性 demulsibility; demulsifier; demulsifying compound
反乳化值 demulsification number
反乳化作用 demulsification; demulsifying
反三角缝合针 reverse cutting needle
反三角函数 anti-trigonometric function; inverse circular function; inverse trig function; inverse trigonometric(al) function
反散射 back-scattering
反散射电流 back-scattered current
反散射电子检测器 back-scattered electron detector
反散射辐射剂量 back-scattered dose
反散射体 back-scatterer
反散射问题 back-scattered problem; inverse scattering problem
反散射因子 back-scattered factor; back-scattering factor
反扫描器材 anti-sweep means
反沙丘 anti-dune
反沙丘交错层 anti-dune cross-bedding
反栅极电位 backlash potential
反栅流 inverse grid current
反闪 backflash; flash; flash back
反闪电压 flashback voltage
反闪火焰 flashback fire
反闪现象 flashback phenomenon
反闪装置 flashback check
反扇形复式褶皱 anti-fan complex fold
反商差分 reciprocal difference
反商对数曲线 reciprocal logarithmic curve
反商(系数) reciprocal quotient
反烧式无烟茶炉 counter heating non-smoke boiler
反设计 counterplan; counterplot
反射 bounce back; reflect; reflectance; reflection; reflectorize; reflex; reflexion; repercussion; reverb; reverberate; reverberation

反射暗条 reflection filament
反射靶 reflectance target; reflection target
反射板 abat-voix; baffler; dasher; reflecting baffler; reflector board; reflector plate; baffle(board)
反射板反射 baffle reflection
反射半球式高温计 reflecting hemisphere type pyrometer
反射保温材料 reflective insulation material
反射背景 reflecting background
反射焙烧炉 reverberatory roaster
反射本领 reflecting power
反射比 reflectance; reflecting power; reflectivity
反射(比)分光光度学 reflectance spectrophotometry
反射比较仪 perflecto-comparator; perflectometer
反射比试验 reflectivity test
反射壁 reflecting barrier
反射边界 reflecting boundary
反射变形光学系统 reflecting anamorphotic optic(al) system
反射标 reflecting beacon; reflector
反射标点 reflective spot
反射标绘器 reflection plotter
反射标记 reflecting mark(er); reflective mark(er)
反射标签 retro-reflective label
反射标志 reflecting sign; reflective mark(er); reflectorized sign; reflector sign; scotchlite <道路上用的一种反光玻璃材料>
反射标准层 reflection marker
反射波 backward wave; back wave; echo; reaction wave; reflected wave; reflecting wave; reflection wave; return wave
反射波瓣 reflecting lobe
反射波参量放大器 backward-wave parametric(al) amplifier
反射波场 reflected wave field
反射波法 reflection wave method
反射波勘探法 reflection seismology; reflection shooting; reflection wave exploration method
反射波能量 reflected energy
反射波耦合器 reflected wave coupler
反射波频谱特性 spectral reflection characteristic
反射波损耗 return loss
反射波损耗测量器 return loss measuring set
反射波特征分析 reflection character analysis
反射波相互作用 reflection interaction
反射波型 reflected echo pattern
反射波抑制 echo suppresser[suppressor]
反射波振幅 echo amplitude
反射波至 reflection arrival
反射玻璃 light-reflective glass; reflective glass
反射玻璃材料 <一种用于道路反射标志> scotchlite
反射薄膜 reflective film
反射不变量 reflection invariant
反射不变性 reflection invariance
反射材料 reflecting material
反射测定(法) reflectance measurement
反射测定计 anacamptometer
反射测高计 Alexanderson altimeter; reflection altimeter
反射测角器 reflection goniometer
反射测角仪 reflecting goniometer; reflection goniometer
反射测井 reflection logging
反射测量计 reflection ga(u)ge
反射测量术 reflectometry
反射测量仪 reflection measuring set
反射测试仪 reflectoscope
反射测向计 reflecting goniometer
反射测云器 reflecting nephoscope
反射层 reflecting layer; reflecting stratum; reflection horizon; reflective coat(ing); reflector; specular layer
反射层节省 reflector economy; reflector saving
反射层控制 reflector control
反射常数 reflection constant
反射成像 catoptric imaging
反射冲击波 reflected shock wave; return shock
反射传导 reflex conduction
反射传感器 reflective sensor
反射串音 reflection crosstalk
反射窗玻璃 reflecting glazing
反射锤 reflex-hammer
反射次数 order of reflection
反射带 zone of reflections
反射单元 reflector element
反射道路标志 reflective road sign
反射的 anacamptic; catoptric; reflected; reflective; reflex; reverberant; reverberatory; specular
反射的部分 reflected component
反射的轮廓 reversed silhouette
反射灯 reflector lamp; reflectoscope; reverberator
反射灯槽 reflex lamp trough
反射地震波法 seismic reflection method
反射地震测量学 reflection-seismics
反射地震学 reflecting seismology; reflection seismology
反射地震仪 reflecting seismograph
反射地震资料 reflected seismic information
反射点 apex[复 apices/apexes]; pip; point of reflection; reflection point; reflective spot
反射点轨迹 reflection-point trajectory
反射电光学显示装置 reflex electro-optic display device
反射电极 reflecting electrode
反射电介质光栅 reflecting dielectric(al) grating
反射电抗 reflected reactance
反射电流 reflected current
反射电流计 reflecting galvanometer
反射电吸收调制器 reflection-electro-absorption modulator
反射电子探测器 reflected electron detector
反射电子图像 reflected electron image
反射电子显微镜 reflexion electron microscope
反射电阻 reflected resistance
反射定律 law of reflection; reflection law
反射动作 reflex action
反射度 degree of reflection; reflectance
反射段 reflecting segment
反射煅烧炉 reverberatory calciner
反射对称 reflection symmetry
反射对称面 reflection plane of symmetry
反射多色性 reflection pleochroism
反射二进(位)制 reflected binary number system
反射二进制单位间距码 reflected binary multi-distance code
反射二进制码 reflected binary; reflected binary code; reflected code
反射法 reflection method; reflectometry; Berg-Barrett method
反射法测定的厚度 thickness by reflection
反射法地震勘探 seismic reflection method
反射法复印 reflex copying
反射法勘探 reflecting prospecting; reflection prospecting; reflection survey; refraction survey
反射反应 reflection reaction
反射方式 reflection model
反射放大器 reflection amplifier
反射放映机 mirror projector
反射分光光度计 reflective spectrophotometer
反射分光计 reflectance spectrometer
反射分量 reflecting component
反射分色镜 reflecting dichroic mirror
反射峰 reflection peak
反射浮标 reflector buoy
反射辐射 reflected radiation
反射附加器 reflectance attachment
反射复制 reflex copying
反射复制器 reflex printer
反射概率 reflection probability
反射干涉滤光片 reflection interference filter
反射高度计 Alexanderson altimeter
反射高能电子衍射 reflective high-energy electron diffraction
反射高频声波器 sonar capsule
反射隔热 reflective insulation
反射隔热材料 reflective insulant; reflective insulation(material)
反射隔热层 reflective insulation
反射跟踪装置 reflector tracker
反射功率 reflected power; reflecting power; reflection power
反射光 catoptric light; reflected light
反射光曝光表 spot exposure meter
反射光测定读数 reflected light reading; reflected reading light reading
反射光测光表 reflected light meter
反射光弹法 photoelastic reflection method
反射光灯塔 catoptric lighthouse
反射光电测定法 photoelectric(al) method for measurement of reflectivity
反射光度计 reflectance photometer
反射光复印法 eflectography; reflex process
反射光干涉显微镜 reflecting interference microscope
反射光密度 reflection density
反射光密度计 reflection densitometer
反射光偏振显微镜 polarising microscope in reflected light
反射光谱 reflectance spectrum; reflection spectrum
反射光谱法 reflectance spectroscopy
反射光谱光度计 reflectance spectrophotometer
反射光谱特性曲线 spectral reflected characteristic curve
反射光谱学 reflectance spectrometry; reflectance spectroscopy
反射光强度 intensity of reflected light
反射光扫描 reflected light scanning
反射光栅 reflected grating
反射光式曝光表 reflected light meter
反射光束 reflected light beam; reflecting beam; return beam
反射光系统 catoptric system
反射光显微镜 reflected light microscope
反射光显微学 reflected light microscopy
反射光线 reflection ray; scotch light
反射光相互作用 reflection interaction
反射光学 anacamptics; catoptrics; reflecting optics; science of light reflection
反射光学系统 reflective optic(al) system
反射光晕 reflected light halo; reflection halation
反射光照明 indirect lighting
反射光照明器 illuminator of reflected light; reflected light luminaire
反射光组 catoptric system
反射规则 reflection rule
反射过强 hyperreflexia
反射红外线 reflected infrared ray
反射红外(线)的 reflected infrared
反射虹 reflection rainbow
反射厚度 thickness by reflection
反射弧 reflex arc
反射弧脊柱 backbone of reflex arc
反射话务 reflected traffic
反射环 tore of reflection
反射幻灯机 diascope; opaque projector; episcope
反射回波 reflection echo
反射回路 reflex circuit
反射回声效应 quick effect
反射绘图器 <雷达附件> plotting head; reflection plotter
反射机能 exciton motion
反射机制 reflex mechanism
反射级 order of reflection
反射极 reflector; repeller
反射极电位 reflector potential
反射极电压 reflector voltage; repeller voltage
反射极偏压 repeller bias
反射极振荡模 repeller oscillation mode
反射极总电流 total reflector current
反射集热器 reflector collector
反射计 anacamptometer; reflectometer
反射加热炉 refractory furnace
反射加速 acceleration by reflection
反射减退 hyporeflexia
反射检测仪【物】 reflectoscope
反射检验物镜 catoptroscope
反射焦线 catacaustic
反射角 angle of reflection; reflecting angle; reflection angle; specular angle
反射阶梯光栅 reflection echelon grating
反射结构 catoptric arrangement; reflection configuration
反射截光器 reflecting chopper
反射介质 reflecting medium
反射界面曲率 reflector curvature
反射金属膜 reflecting metallic film
反射近端串音 reflected near-end crosstalk
反射井 image well
反射径路 reflex pathway
反射镜 mirror(reflector); reflecting mirror; reflector; reflectoscope; reverberator
反射镜的 catoptric
反射镜的光焦度 power of mirror
反射镜的口径 aperture of a mirror
反射镜电流 mirror galvanometer
反射镜镀层 mirror coating
反射镜泛光灯 reflector flood
反射镜干涉 mirror interference
反射镜干涉仪 mirror interferometer
反射镜固定架 mirror mount
反射镜光频特性斜率 reflector spectral frequency slope

F

反射镜光频斜率 reflector spectral frequency slope
反射镜光学 mirror optics
反射镜光学系统 mirror-optical system
反射镜合成摄影 mirror shot
反射镜合金 speculum alloy
反射镜弧光灯 mirror arc lamp
反射镜集热器 mirror collector
反射镜架 reflector mount
反射镜镜头 reflector lens
反射镜矩阵靶 mirror matrix target
反射镜聚光器 mirror concentrator
反射镜孔径 mirror aperture
反射镜面电流计 reflecting galvanometer
反射镜排列方式 arrangement of mirrors
反射镜倾斜 mirror tilt
反射镜曲率 mirror curvature
反射镜驱动钢丝绳 mirror drive cable
反射镜摄像机 mirror reflex camera
反射镜式测云仪 mirror nephoscope
反射镜式单色仪 mirror monochromator
反射镜式灯泡 reflectorized bulb
反射镜式电测功率计 mirror electrodynameter
反射镜式电流计 reflected galvanometer; reflecting galvanometer
反射镜式电子显微镜 mirror microscope; mirror-type electron telescope
反射镜式聚光灯 mirror condenser
反射镜式聚光镜 mirror condenser
反射镜式瞄准镜 reflex sight
反射镜式伸长计 mirror extensimeter [extensometer]
反射镜式透镜 mirror lens
反射镜调整器 mirrored chopper
反射镜调制钮 mirror adjustment knob
反射镜头 reflection lens
反射镜透镜 mirror lens
反射镜图像 mirror image
反射镜涂层 mirror coating; reflective coat(ing)
反射镜涂膜 mirror coating; reflective coat(ing)
反射镜外罩 mirror housing
反射镜系统 mirror system
反射镜斜面 mirror ramp
反射镜正像系统 mirror erecting system
反射镜组合 arrangement of mirrors
反射矩阵 reflection matrix
反射聚光灯 mirror spotlight
反射聚光镜 reflecting condenser
反射聚束 reflex bunching
反射绝热材料 reflective insulation
反射绝热盖 reflecting insulating cover
反射绝热体 reflective insulation
反射绝缘材料 reflective insulant; reflective insulation(material)
反射勘探法 reflection survey; refraction survey
反射空间渡越角 reflection space transit angle
反射块状褶皱 reflecting-block folding
反射扩散 irradiation of reflex
反射喇叭 reflex horn
反射棱镜 reflecting prism; reflection prism; reflector prism
反射离散 back-scattering
反射力 reflecting force; reflectivity
反射立体镜 mirror stereoscope; reflecting stereoscope
反射帘 reflecting curtain
反射帘幕 reflective blind
反射链 reflex chain
反射疗法 reflexotherapy
反射裂缝 reflection crack; reflection cracking; reflective cracking
反射流 contrajet; reflex current
反射炉 air furnace; bailing furnace; flame furnace; pool furnace; refractory; retort furnace; reverberating furnace; reverberator; reverberatory furnace
反射炉盖 bung
反射炉精炼 reverberatory furnace refining
反射炉炉盖 bung
反射炉炉渣 reverberatory slag
反射炉门坎 back bridge wall
反射炉熔炼 reverberatory furnace smelting
反射炉障板 roof baffle
反射滤光器 reflecting filter
反射路标 reflectorized route marker; reflector marker
反射路径 reflection path
反射路钮 reflected button; reflecting button; reflecting road stud; reflective button
反射铝合金 Reflectal
反射率 albedo; index of reflection; reflectance; reflectance ratio; reflection coefficient; reflection factor; reflection index; reflective index; reflective power; reflectivity
反射率测定法 reflectivity determination method
反射率测定用辐射光度计 reflectance radiometer-photometer
反射率计 albedometer
反射率曲线 reflectance curve
反射率色散 reflectivity dispersion
反射率色散曲线 reflectance dispersion curve
反射率调制 reflectivity modulation
反射率因数 reflectance factor
反射率值 reflectance value
反射孪晶 reflexion twin
反射罗经 project compass; reflect(ing) compass; reflector compass
反射罗盘 project compass; reflect(ing) compass; reflector compass
反射码 Gray code; reflected code; reflected number; reflection code
反射脉冲 back-transmitted pulse; blip; echo impulse; echo pip; echo pulse; reflected impulse; reflected pulse
反射脉冲包线 envelope of received pulse
反射脉冲扫描雷达 blip-scan radar
反射媒质 reflecting medium
反射密度 reflecting density
反射密度仪 back scatter densometer; back-scattering densitometer
反射面 catopter; plane of reflection; reflecting surface; reflection plane; reflective surface; specular surface
反射面积 echo area; reflective surface area
反射描绘器 plotting head; position tracker; reflection plotter
反射描记器 reflexograph
反射瞄准镜 reflector sight
反射瞄准器 reflective sight; reflex finder
反射敏感化 reflex sensitization
反射膜 reflecting film; reflecting membrane reflectance coating; reflective coat(ing)
反射膜的带宽 width of the high reflectance zone
反射膜的通带 bandpass of reflective coating
反射墨水 reflective ink
反射目标 reflectance target
反射幕 reflecting curtain
反射能力 background reflection; reflectance; reflecting ability; reflecting power; reflection power; reflectivity; reflective power
反射能力测定 reflectance measurement
反射能量 reflected energy
反射偶极子 reflector dipole
反射盘 reflecting disc
反射片 reflector plate
反射偏光性 reflection polarization character
反射偏振计 reflecto-polarimeter
反射平面 mirror plane; plane of reflection; reflection plane
反射平面波 reflected plane wave
反射平面模型 reflection plane model
反射平面图 reflected plan
反射屏 reflecting screen; reflection shield
反射屏蔽 reflecting barrier
反射屏极 repeller plate
反射剖面 reflection profile
反射曝光 reflex exposure
反射曝光感光体 reflex exposure photoreceptor
反射器 abatjour; baffler; catoptric apparatus; reflector; retroreflector; reverberator; retro-reflector <激光测量仪器的>
反射器板 reflector panel
反射器标杆 reflector pole
反射器常数 reflector constant
反射器传声器 reflector microphone
反射器电压 reflector volt
反射器架结构 reflector backup structure
反射器控制 reflector control
反射器频率截止 reflector frequency cutoff
反射器式 reflector type
反射器式定向天线系统 beam reflector aerial system
反射器式天线 reflector type antenna
反射器特性曲线 reflector characteristic
反射器天线 reflector antenna
反射器透镜 reflector lens
反射器元件 reflector element
反射器准直 reflector alignment
反射器组 cluster of reflectors
反射前炉 reverberatory forehearth
反射强度 echo strength; reflected intensity; reflex strength
反射强光 reflected glare
反射墙 reflective wall
反射情况 reflection case
反射球(面) reflecting sphere; reflection sphere
反射区 echo area; reflecting region
反射曲线 curve of reflection; reflection curve; reflectivity curve
反射取景器 reflecting finder; reflection finder
反射取景系统 reflex finder system
反射全息图 reflecting hologram; reflection hologram
反射缺失 areflexia
反射热 reflected heat; reflection; reverberation
反射热线性 thermochroic
反射热线作用 thermochroism; thermochrosis
反射软片 transmat
反射(三)棱镜 reflex prism
反射散射 specular scattering
反射扫描 mirror scan; mirror sweep; reflecting scan; reflecting sweep; reflective scan
反射扫描高速照相机 reflex sweep high speed camera
反射色 reflected colo(u)r; reflection colo(u)r
反射色饱和度 reflection colo(u)r saturability
反射色测定法 reflection colo(u)r determination method
反射色的色度测量法 colo(u)rimetry measure method of reflection colo(u)r
反射色亮度 reflection colo(u)r luminance
反射色色调 reflection colo(u)r tone
反射栅 reflecting grating
反射栅电子管 grid-return tube
反射闪光 bounce flash
反射射线 indirect(ed) ray
反射摄影机 mirror camera; reflex camera; reverberant camera
反射声 reflected sound
反射声板 sound reflecting board
反射声探测 reflection sounding
反射声压 reflecting acoustic(al) pressure
反射时间 reflex time; time of reflection
反射时间间隔 reflection interval
反射式 reflection type
反射式 X 射线显微术 reflection X-ray microscopy
反射式变形镜头 reflective-type variable lens
反射式玻璃液面表 liquid level indicator; reflecting glass type
反射式彩色显像管 reflection colo(u)r tube; reflection-type colo(u)r tube
反射式测云器 nephoscope
反射式地震仪 reflection seismograph
反射式电流计 reflex galvanometer
反射式电子管 repeller-type tube
反射式电子显微镜 reflection type electron microscope
反射式读数 reading by reflection
反射式放映机 balop; opaque projector
反射式高能电子衍射 reflected high energy electron diffraction
反射式高温计 reflecting pyrometer
反射式跟踪 reflective tracking
反射式共振腔 reflection-type cavity
反射式光电开关 reflective photoelectric(al) switch
反射式光度计 baffled photometer; reflectance photometer; reflection photometer
反射式光谱仪 reflecting spectrograph
反射式红外偏振镜 reflection-type infrared polarizer
反射式红外平行光管 reflective infrared collimator
反射式激光防护眼镜 reflection-type laser protective spectacles
反射式加热炉 reflector oven
反射式检波器 reflex detector
反射式检流计 mirror galvanometer; reflecting galvanometer
反射式教学投影仪 reflection-type overhead projector; reflection-type teaching projector
反射式馈源系统 reflex feed system
反射式喇叭形扬声器 reflex horn speaker
反射式喇叭扬声器 reflex horn speaker
反射式立体望远镜 mirror telestereoscope
反射式瞄准具 reflector sight
反射式瞄准器 reflex sight

反射式偏光镜 reflection polariscope
反射式屏幕 reflective viewing screen
反射式取景器 reflecting viewfinder;reflex view;reflex viewfinder
反射式全息光学元件 reflecting holographic(al)optic(al)element
反射式熔块炉 reverberatory frit kiln
反射式视片器 reflex viewer
反射式视屏 reflective viewing screen
反射式数显密度计 reflection digital densitometer
反射式水轮 backshot wheel
反射式水位指示器 reflecting-type water level indicator
反射式速调管 reflex klystron
反射式光弹性仪 reflection polariscope
反射式探伤法 reflection flaw method
反射式探伤器 reflection flaw detector
反射式探伤仪 reflectoscope
反射式天线 mirror antenna
反射式椭圆率测定仪 reflecto-ellipsometer
反射式望远镜 autocollimator;reflecting telescope;reflector telescope;mirror telescope
反射式微波密度计 specular microdensitometer
反射式物镜 catoptric lens
反射式显微镜 reflecting microscope
反射式显微物镜 catoptric micro objective
反射式显像管 reflected beam kinescope;reflection-type kinescope
反射式向导标 reflected marker post
反射式寻像器 reflex viewfinder
反射式液面计 reflective liquid level ga(u)ge;reflex level ga(u)ge
反射式银幕 reflective viewing screen
反射式荧光灯 reflector type fluorescent lamp
反射式照相机 reflex camera
反射式指示器 reflex viewfinder
反射式准直仪 mirror collimator;reflecting collimator
反射式自准直仪 mirror autocollimator
反射视旋转角 reflection apparent rotation angle
反射室 reverberation chamber
反射室法 reverberation room technique
反射束 reflected beam;reflecting bundle
反射束波导 reflecting beam waveguide
反射衰减 echo attenuation;reflective attenuation
反射双晶 reflection twin
反射水轮 backshot wheel
反射水准器 reflecting level
反射水准仪 reflecting level
反射速调管 McNally tube;Osaka tube;reflex klystron;reflex oscillator
反射速调管放大器 reflex-klystron amplifier
反射(速调管)振荡器 reflection oscillator
反射算符 reflection operator
反射损耗 loss by reflection;reflecting loss;reflection loss
反射损耗测量仪 reflection loss measuring instrument
反射损失 reflection loss;reflective loss
反射太阳光线 reflect sun rays
反射探测 reflection sounding
反射探照灯 mirror projector
反射特性 reflection characteristic
反射特性曲线 reflection characteristic curve;coverage diagram
反射特征 reflectance signature
反射体 baffle;reflecting body;reflector;white body;white object
反射体波 reflected body wave
反射体积全息图 reflective bulk hologram
反射体调制光纤传感器 reflection modulated optic(al)fiber sensor
反射体系 < 只包括反射镜 > catoptric system
反射天波 hop skywave;reflected sky wave
反射天顶筒 reflecting zenith tube
反射天线 reflecting antenna
反射天线方向调整器 reflection goniometer
反射条件 conditioned reflex;reflection condition
反射通量 reflected flux
反射头 perflectometer
反射头波 reflected body wave
反射投影器 episcope;reflecting projector
反射投影仪 episcopic projector
反射透镜 reflection lens
反射透镜光学 mirror lens optics
反射透镜系统 mirror lens system
反射透射两用投影仪 epidiascope
反射图 reflectogram
反射图像 reflected image
反射涂层 reflection coating
反射涂料 reflection painting;reflective coat(ing);reflective paint;reflectorised[reflectorized] paint
反射涂膜 reflective coat(ing)
反射涂膜玻璃 reflectafloat glass
反射推动的 reaction-propelled
反射外形 reflection external form
反射网络 reflective network
反射望远镜 catoptric telescope;chromatoscope;reflector
反射微密度测定仪 reflectance microdensitometer
反射卫星 reflector satellite
反射物 reflector;reverberation
反射物波 reflected object wave
反射物镜 catoptric objective;reflecting objective;reflection objective
反射物体 reflecting object
反射误差 reflection error
反射吸收光栅 reflecting absorption grating
反射系列 catoptric system
反射系数 coefficient of reflection;reflectance;reflection(al)coefficient;reflection factor;reflective coefficient;reflectivity
反射系数比 reflectance ratio
反射系数测量 measurement of reflection-factor;reflectance measurement
反射系数测量电桥 reflection coefficient measuring bridge
反射系数测试计 reflection factor meter
反射系数测试仪 reflection coefficient meter;reflectoscope
反射系数计 reflection coefficient meter;reflectometer
反射系数模型 reflectivity model
反射系数调制 reflection modulation
反射系数图 stickogram
反射系数序列 reflectivity factor sequences
反射系数圆 reflection coefficient circle
反射系统 reflecting system
反射显微镜 perflectometer
反射显微镜检术 reflecting microscopy
反射显像密度计 reflection densitometer
反射线指数 reflection line index
反射相变 reflection phase transformation
反射像 reflecting image;reflection image
反射消失 abolition of reflex;areflexia
反射效率 reflection efficiency
反射效应 reflection effect
反射谐波 reflected harmonics
反射信号 echo signal;reflected signal;reflecting signal
反射信号放大器 echo amplifier
反射信号强度指示器 echo strength indicator
反射信号抑制 echo elimination;echo killing
反射信号抑制器 echo killer;echo suppressor
反射信号振幅 reflected amplitude
反射信号指示器 reflected signal indicator
反射星形耦合器 reflective starcoupler
反射型贝塔射线测厚计 back-scattered beta ga(u)ge
反射型高压汞灯 reflected high-pressure mercury lamp
反射型红外偏光镜 reflection-type infrared polarizer
反射型脚灯 indirect footlight
反射型绝热 reflective insulation
反射型录像器 reflex viewfinder
反射型取景器 reflex viewfinder
反射型望远镜 reflecting telescope
反射型显示 reflective-type display
反射型显微物镜 reflecting-type microscope objective
反射型照像灯 reflecting lamp for photography
反射型振荡器 repeller-type oscillator
反射性 reflectivity
反射性隔热材料 reflective insulation
反射性试验 reflectivity test
反射性收缩 reflex contraction;reflexive contraction
反射性调节 reflexive regulation;reflex regulation
反射性抑制 reflex inhibition
反射性运动 reflex movement;reflexive motion
反射性增强 reflex reinforcement
反射旋转 improper rotation;reflection rotation
反射旋转角 reflection rotation angle
反射旋转角色散 reflection rotation angle dispersion
反射旋转色散 reflection rotation dispersion
反射眩光 indirect glare;reflected glare
反射学 reflexology
反射压力 reflected pressure
反射压力波 return pressure wave
反射衍射 reflection diffraction
反射衍射光栅 reflecting diffraction grating
反射样反应 reflex-like reaction
反射仪 albedometer;reflectometer;reflectoscope
反射乙烯膜 reflective vinyl film
反射异常 reflectance anomaly
反射抑制 reflex inhibition
反射抑制器 echo suppresser[suppressor]
反射因数 reflection factor
反射因素 < 被物体反射的光通量对照射该物体的光通量之比 > reflectance factor;reflection factor
反射映画器 episcope
反射(映)像 reflected image
反射油墨 reflectance ink
反射与折射损失 reflection and refraction loss
反射元件 reflecting element
反射原稿 reflection copy
反射原理 principle of reflection;reflection principle
反射原子核 radionuclide
反射圆 circle of reflexion
反射圆柱面 reflection cylinder
反射云纹法 reflection moiré method
反射运动 exciton motion
反射晕圈 reflected halo
反射晕影 halation by reflection
反射杂质 radioactive impurity
反射再生波 reflection secondary wave
反射增进 reinforcement of reflex
反射增益 reflection gain
反射沾染 radioactive pollution
反射张力波 reflected tension wave
反射障 reflecting barrier
反射照明 indirect illumination
反射照明器 epi-illuminator
反射照明装置 episcopic illumination device
反射罩 reflector;reflex housing
反射折射 reflected refraction
反射折射波 reflected-refraction wave
反射折射物镜 catadioptric objective
反射折射系统 catadioptric system
反射折射学 catadioptrics
反射针极化波 counter-clockwise polarized wave
反射诊断 radiodiagnosis
反射阵 reflective array
反射振幅 reflected amplitude;reflection amplitude
反射震波 reflected shock wave
反射值 reflected value
反射中枢 reflex center[centre]
反射中心 reflection kernel
反射终端 reflection termination
反射轴 reflection axis
反射装置 reflectance attachment;reflection unit;reflex attachment
反射准则 < 波的 > deflection criterion
反射紫外线摄影法 reflected ultraviolet method
反射纵波 reflected P-wave
反射纵波垂直时距曲线 vertical hodograph of reflected longitudinal wave
反射阻抗 reflected impedance
反射作图器 plotting head;position tracker;reflection plotter
反射作用 reflection;reflex action;reflectorization
反伸中心 center[centre] of inversion
反渗 reverse osmosis
反渗井 inverted well
反渗排水井 inverted drainage well
反渗透 reverse osmosis
反渗透测试仪 reverse osmosis test unit
反渗透超滤 reverse osmosis ultrafiltration
反渗透超滤膜 reverse osmosis ultrafiltration membrane
反渗透处理 reverse osmosis treatment
反渗透淡化 desalination by reverse osmosis
反渗透法 method of reverse osmosis;reverse osmosis process;hyperfiltration
反渗透法脱盐 reverse osmosis desalination

F

反渗透工艺系统 reverse osmosis process system
反渗透过程 reverse osmosis process
反渗透过滤器 reverse osmosis filter
反渗透和超过滤法 reverse osmosis and ultrafiltration
反渗透机 reverse osmosis machine
反渗透技术 reverse osmosis technology
反渗透净化水装置 reverse osmosis plant;reverse osmosis water purification unit
反渗透净水 anti-osmosis purification
反渗透快滤器 reverse osmosis filter
反渗透率 inverse penetration coefficient
反渗透膜 reverse osmosis membrane
反渗透膜技术 reverse osmosis membrane technique
反渗透膜细管束 <用以支撑半透膜抗高压的细管束组件> permasep
反渗透器 counter-osmosis device;reverse osmosis unit
反渗透设备 reverse osmosis apparatus
反渗透渗透器 reverse osmosis permeameter
反渗透渗透仪 reverse osmosis permeameter
反渗透脱水 reverse osmosis water
反渗透系统 reverse osmosis system
反渗透系统设计 reverse osmosis system design
反渗透系统优化 reverse osmosis system optimization
反渗透压力 reverse osmosis pressure
反渗透装置 reverse osmosis unit
反渗透组件 reverse osmosis module
反渗透作用 counter osmosis;reverse osmosis
反渗析 reverse osmosis
反渗压力 backosmotic pressure
反生产性 counterproductive
反声 anti-sound
反声技术 anti-sound technology
反省 examination of conscience;introspection
反省院 penitentiary
反剩余码 inverse residue code
反湿润 dewetting
反时 inverse time
反时代性形式 anti-period style
反时定时限继电器 inverse time definite time limit relay
反时限 inverse time-lag
反时限保护 inverse time-lag protection
反时限电流保护 inverse time current protection
反时限电流继电保护装置 extremely inverse current relay
反时限过电流脱扣器 inverse time-delay over-current release
反时限过流保护(装置) inverse time (over) current protection
反时限继电器 inverse time-lag relay
反时限延时 inverse time-lag
反时延 inverse time-element;inverse time-lag;inverse time limit
反时延迟 inverse time-delay
反时针 counter-clockwise;inhour;inverse hour;left-handed
反时针的 counter-clock;inverted hour
反时针方向 counter;counter-clockwise direction;counter-clockwise sense
反时针方向的 anti-clockwise;counter-clockwise
反时针方向读数 anti-clockwise reading
反时针方向回转 counter-clockwise rotation
反时针方向偏移 counter-clockwise drift
反时针方向旋转 anti-clockwise rotation;laevorotation;left-handed rotation;counter-clockwise rotation
反时针方向运动 anti-clockwise motion;anti-clockwise movement;counter-clockwise motion
反时针方向转动 anti-clockwise rotation
反时针回转 counter-clockwise rotation
反时针角 counter-clockwise angle
反时针螺旋桨 counter-clockwise airscrew
反时针偏振电磁波 anti-clockwise polarized electromagnetic wave
反时针涡轮 anti-clockwise vorticity
反时针旋转 anti-clockwise rotation
反时针旋转螺旋桨 counter-clockwise propeller
反时针转动 counter-clockwise running
反时针转螺旋桨 left-handed propeller
反时针转向 counter-clock
反时滞 inverse time-lag
反时滞装置 inverse time-lag apparatus
反式 antiform;antitype;trans;transform
反式丁烷二酸 trans-butenedioic acid
反式丁烯二酸 fumaric acid
反式构像 transoid conformation
反式构型 anti-configuration;transconfiguration
反式化合物 trans-compound
反式加成作用 trans-addition
反式尖晶石 inverse spinel
反式交换 trans-interchange
反式迁移作用 anti-migration;transmigration
反式消除 trans-elimination
反式消去作用 trans-elimination
反式效应 trans-effect
反式衍生物 anti-derivative;trans-derivative
反式异构体 transform;trans-isomer;trans-isomeride
反式异构现象 trans-isomerism
反视 reverse sight
反视差 anti-parallax
反视差镜 anti-parallax mirror
反视方向 reverse direction
反视方向角 reverse direction(al) angle
反视镜 rearview mirror
反视立体像 pseudo-scopic image
反试验 negative test
反收发开关 anti-transmitting receiving switch
反手刀具 left-hand tool
反手的 backhand(ed)
反手焊 backhand weld
反手焊接 backhand welding;backstep welding;backward welding
反手结 overhand knot;simple knot;single knot;thumb knot
反手结编扎法 French whipping;west country whipping
反手捻 counter-clockwise twist;regular twist;warp-way twist;Z-twist
反手纱 open-band yarn
反手系扎 overhand wharf tie
反输 back-pumping
反输出法规 <调水等> anti-export statute
反输出法令 <调水等> anti-export statute
反输入 inverted input
反曙暮光弧 anti-twilight arch
反曙暮辉 anti-crepuscular rays
反束光导管摄像管 return beam vidicon
反束光导管摄像机 return beam vidicon camera;reverse beam vidicon camera
反束视像管 return beam vidicon
反数 inverse number;reciprocal
反数汇率 reciprocal rate
反数力多边形 Bow's polygon
反衰退计划 anti-recession program(me)
反衰退政策 anti-cyclical policy
反双工 opposition duplex
反双曲的 arc-hyperbolic
反双曲(线)函数 arc hyperbolic function;inverse hyperbolic function
反双曲线线脚 reversal ogee mo(u)lding
反双曲正切变换 transformation of inverse hyperbolic tangent
反水 backwash water
反水尖角垫块 arris fillet
反水弯 S-trap
反税 tax revolt
反顺序 reversed order
反顺转变 rotaversion
反丝扣钻杆柱 fishing string
反思 after-thought
反斯托克斯定律 anti-Stokes law
反斯托克斯分量 anti-Stokes component
反斯托克斯辐射 anti-Stokes radiation
反斯托克斯光 anti-Stokes light
反斯托克斯-拉曼光谱学 anti-Stokes Raman spectroscopy
反斯托克斯-拉曼散射 anti-Stokes Raman scattering
反斯托克斯频率 anti-Stokes frequency
反斯托克斯散射 anti-Stokes scattering
反斯托克斯位移 anti-Stokes displacement
反斯托克斯线 anti-Stokes line
反斯托克斯荧光 anti-Stokes fluorescence
反斯托克斯跃迁 anti-Stokes transition
反搜索的 anti-hunt
反速电动机 inverse-speed motor;series characteristic motor
反速度方向 retrograde velocity direction
反速调管 anti-klystron
反塑性 inverted plasticity
反算 inverse;inverse computation;inverse-response calculation
反算的数据 backfigured data
反算法 anti-inference method;back calculation;back-calculation method
反算术级数 contra-arithmetic series
反算问题 inverse problem
反算子 inverse operator
反缩合 retrograde condensation
反所得税 reverse income tax
反索赔 counter-claim
反锁(闭) back lock(ing)
反锁闭轨道电路 backlocking track circuit
反锁闭轨道(电路)段 backlocking track
反锁装置 positioner
反踏制动器 back pedaling brake
反台阶形挖法 top-cut excavation method
反谈 backtalk
反坦克壕 anti-tank ditch
反提案 counterproposal
反提取 back extraction
反提取剂 stripping solution
反填充 backfill
反填充的 backfilled
反条纹长石 anti-perthite
反调幅 demodulation
反调幅器 demodulator
反调和平均数 contra-harmonic mean
反调节 counter regulation;reregulation;reverse regulation
反调节池 equalizing basin
反调节库容 balancing reservoir;counter reservoir;equalized reservoir;reregulating storage
反调节水库 balancing reservoir;counter reservoir;equalized reservoir;reregulating storage
反调制 countermodulation;demodulation
反调制二极管 demodulator diode
反调制放大器 demodulator amplifier
反调制器 demodulator
反调制振荡器 demodulator oscillator
反调制装置 modem
反跳 bounce;rebound;recoil;reverberate;reverberation;ricochet
反跳按钮 non-locking press button
反跳板 bounce plate
反跳试验 recoil test
反跳现象 rebound phenomenon
反跳效应 rebound effect
反跳硬度 rebound hardness
反跳硬度计 sclerometer;seleroscope
反跳硬度试验 scleroscope hardness test
反跳运动 drawback movement;recoil movement
反贴边 under taping
反铁磁畴 anti-ferromagnetic domain
反铁磁非回转晶体 anti-ferromagnetic non-gyro tropic crystal
反铁磁共振 anti-ferromagnetic resonance
反铁磁化率 anti-ferromagnetic susceptibility
反铁磁交换积分 anti-ferromagnetic exchange integral
反铁磁晶体 anti-ferromagnetic crystal
反铁磁态 anti-ferromagnetic state
反铁磁体 anti-ferromagnet;anti-ferromagnetics
反铁磁现象 anti-ferromagnetism
反铁磁谐振 anti-ferromagnetic resonance
反铁磁性 anti-ferromagneticity;anti-ferromagnetism
反铁磁性材料 anti-ferromagnetic material
反铁磁性的 anti-ferromagnetic
反铁磁性化合物 anti-ferromagnetic compound
反铁磁性矿物 anti-ferromagnetism mineral
反铁磁性物质 anti-ferromagnetic substance
反铁磁振子 anti-ferromagnon
反铁磁质 anti-ferromagnetics
反铁磁自旋波 anti-ferromagnetic spin wave
反铁电材料 anti-ferroelectric(al) material
反铁电畸变 anti-ferroelectric(al) distortion
反铁电晶体 anti-ferroelectric (al) crystal
反铁电态 anti-ferroelectric(al) state
反铁弹性 anti-ferroelasticity
反铁电陶瓷 anti-ferroelectric(al) ceramics

反铁电体 anti-ferroelectric(al) crystal;anti-ferroelectrics
反铁电体相变 anti-ferroelectric(al) phase transition
反铁电现象 anti-ferroelectricity
反铁电性 anti-ferroelectricity
反铁电贮能电容器 anti-ferroelectric(al) energy storage ceramic capacitor
反通货膨胀 < 的经济措施 > anti-inflation
反通货膨胀政策 anti-inflation policy
反同构 anti-isomorphism
反同量异位素 anti-isobar
反同态 anti-homomorphism
反同形性 anti-isomorphism
反同轴磁控管 anti-coaxial magnetron
反桶形畸变 anti-barreling
反投射运算 back projection operation
反透射画法 inverse perspective
反凸轮 inverse cam
反突变 back mutation
反图像 inverse video
反图形 reverse video
反团聚 deflocculation
反团聚机 deflocculator
反团聚剂 deflocculant
反团聚作用 deflocculation
反推斥电动机 inversed repulsion motor
反推法标准化 inverse standardization
反推法标准率 inverse standardized rate
反推公式 inversion formula
反推力 backward thrust; counter thrust; jet thrust; negative thrust; reacting force; reaction thrust; reverse thrust
反推力器 thrust reverser
反推力装置 thrust reverser
反退焊接 backward welding
反退火 inverse annealing
反退式的 backhand(ed)
反托拉斯的 antitrust
反托拉斯法 anti-trust act; anti-trust law
反托拉斯法规 anti-trust legislation
反托拉斯立法 anti-trust legislation
反托拉斯政策 anti-trust policy
反托收 reverse collection
反拖动装置 anti-lug
反挖墙脚协议 anti-pirating agreement
反弯 contraflexure;downwarp;inflexion;recurvation;recurvature
反弯的 recurvate;recurvation
反弯点 contraflexure point; inflection point;inflecture point;point contraflexure;point of contraflexure;point of inflection;point of inflexion
反弯点法 inflection point method
反弯度 camber
反弯拱 inflected arch
反弯鼓风机 reverse blower
反弯尖券 keel arch
反弯矩 counter bending moment
反弯梁 reversed beam
反弯曲 cantraflexure; inflexion; contrary flexure;inflection
反弯曲的 recurvate
反弯曲点 inflexion point
反弯曲段 cantraflexure stretch; inflection stretch
反弯曲面防浪墙 recurved wall
反弯曲系统 anti-flex system; antiflexure system
反弯式叶片 backward swept vane
反危机措施 anti-crisis measures
反危机税 counter-cyclic(al) tax
反微分 anti-differential
反微分器 inverse derivative unit
反微商 anti-derivative
反围盘 reverse repeater
反位 anti-position; inverted state; reverse (d) position; reverse state; transposition
反位表示 reverse indication
反位表示灯 reverse indication lamp
反位表示位置 reverse indication position
反位表示线 reverse indication wire
反位错 anti-dislocation
反位道岔 points in reverse position; reverse(d) points;reverse switch
反位阀 reverse valve
反位继电器 reversal relay; reverse relay;reversing relay
反位接点 reverse contact
反位镜 pseudoscope
反位控制 reversed control
反位控制线 reverse control wire
反位联锁 reverse interlocking
反位手柄 reverse lever
反位锁闭 locked reverse;reverse locking
反位锁闭电磁铁 reverse lock magnet
反位锁簧 reverse dog
反位条件锁闭 reverse conditional locking
反位握柄 reverse lever
反位握柄闭止器 reverse lever latch
反位握柄弓形面 reverse lever quadrant
反位握柄止台 reverse lever quadrant
反位钥匙 reverse key
反位转移作用 trans-interchange
反温度梯度 inversion condition
反文件 inverse file
反纹长石 anti-perthite
反纹二长岩 amherstite
反稳定作用 destabilization
反问题 indirect problem
反污染船 anti-pollution vessel
反污染的物质鼓励 anti-pollution incentives
反污染费用估计值 anti-pollution cost estimates
反污染工业 anti-pollution industry
反污染者 anti-pollutionist
反污染作用 anti-pollution
反物质 anti-body;anti-matter
反吸附作用 negative adsorption
反吸(作用) back suction
反稀释化的 anti-dilutive
反稀释条款 anti-dilution provision
反洗 backwash
反洗程序 backwash procedure
反洗阀 backwash valve
反洗法 backwashing method
反洗井 counter flush
反洗滤池 backwashing filter
反洗排水管 backwash drain gullet
反洗水 backwash water
反洗速度 rating of backwash(ing)
反洗液 backwash liquor
反洗装置 backflush unit
反系数 reciprocal coefficient
反下垂 inverse dip
反弦角 angle of aspect;aspect;target angle
反显示 reverse video
反线性 anti-linear
反线性表示 reciprocal linear representation
反线性算符 anti-linear operator
反线性调频 anti-chirping
反线性映射 anti-linear mapping
反限制 deregulation
反限制器 inverse limiter
反相 in-phase opposition; opposite phase; out phase; phase reversal; reversed phase
反相保护 phase-reversal protection; phase-sequence reversal protection; reverse phase protection
反相边界 anti-phase boundary
反相编码 reversal phase coding
反相变换器 inverting converter
反相薄层色谱法 reverse phase thin layer chromatography
反相层析 reverse phase layer chromatography
反相差分调制方式 differential phase inversion modulation system
反相场脉冲 inverted field pulse
反相畴 anti-phase domain
反相处理 reversal process(ing)
反相的 inverse;inverted;out-of-phase
反相电流 negative-phase sequence current;out-ot-phase current
反相电路 negater circuit;negative circuit;phase inverter circuit;see-saw circuit
反相方式 phase inversion system
反相放大电路 see-saw circuit
反相放大器 inverting amplifier;phase inverter;see-saw amplifier
反相分裂 anti-phase splitting
反相分馏法 reverse phase fractionation method
反相分配色谱法 reversed phase(partition) chromatography
反相高效液相色谱法 reverse phase high-performance liquid chromatography
反相关 inverse correlation
反相管 phase-reversing tube
反相核 anti-phase nuclei
反相环路 inverter loop
反相缓冲器 inverting buffer
反相回路 inverter loop
反相激励定向耦合器 reverse-coupling direction(al) coupler
反相继电器 anti-phase relay; negative-phase relay;phase-reversal relay; phase-rotation relay; reverse phase relay
反相界面 anti-phase boundaries
反相连接 phase-reversing connection
反相流 reverse direction(al) flow
反相门 invert gate
反相偶极子 anti-phase dipole
反相期 reversed epoch
反相气液色谱仪 inverse gas liquid chromatograph
反相器 complementer;inverter;inverter amplifier; phase inverter; sign changer;sign reverser;invertor;negater
反相(器)缓冲器 inverter buffer
反相器矩阵 inverter matrix
反相区 anti-phase region
反相乳化泥浆 invert emulsion mud
反相乳化钻井液 inverted emulsion drilling fluid;reversed emulsion drilling fluid
反相乳液聚合反应 inverse emulsion polymerization
反相色谱法 reversed phase chromatography
反相施密特触发电路 invert Schmitt trigger
反相输出 inverted output
反相输入 inverse input; inverted input
反相似褶皱 reverse similar fold
反相调制 out-phasing modulation
反相调制方式 out phasing modulation system
反相位 anti-phase
反相显示 reverse video
反相线圈 reversed phase coil
反相效应 anti-phase effect
反相序电抗 reactance of opposite phase sequence
反相序电流 negative-phase sequence current
反相序分量电流表 negative-phase sequence component ammeter
反相序继电器 negative-phase sequence relay
反相序(列)分量 negative-phase sequence component
反相序制动 plug braking
反相序阻抗 negative-phase sequence impedance
反相液相色谱法 reverse phase liquid chromatography
反相液液层析 reverse phase liquid-liquid chromatography
反相液液色谱法 reverse phase liquid-liquid chromatography
反相元件 negater;not element
反相纸色谱法 reversed phase paper chromatography
反相制动 plug braking;plugging;plug reversal
反响 backwash; echo; repercussion; replication;reverberation
反响的 resonant;resound(ing)
反响过强 hyperresonance
反响回路 reverberation circuit
反响谱 response spectrum
反响声 sound resonance
反响系统 answering system
反响线路 answering circuit; answering line
反向 buck;direction reversal;inverse direction;reverse(direction)
反向安排 back scheduling
反向安排日程 back scheduling
反向安装炊事装置 counter-mounted cooking unit
反向扒钉 bitch
反向摆动 backswing
反向扳牙 inverted slips
反向扳机 back cock
反向板条缓冲器 opposed-blade damper
反向饱和电流 reverse saturation current
反向保险丝 direction reversal fuse
反向爆炸 back blast; back lash; reversed shooting
反向泵 reversing pump
反向闭锁状态 reverse blocking state
反向编码 phase-reversal coding
反向变换 reciprocal transformation
反向变换核 inverse transformation kernel
反向变换机 inverted converter
反向变换模型 reciprocal transformation model
反向变换器 inverted converter
反向变流机 inverter
反向变流器 inverted converter inverter
反向标志 reflector sign
反向表征 backward attribute
反向并联连接 inverse parallel connection
反向波 backward wave;back wave;opposing wave;reverse wave
反向波放大管 backward-wave amplifier
反向波兰表示法 postfix notation;reverse Polish notation; suffix notation
反向波振荡器 backward-wave oscillator
反向波正交场放大管 backward-wave crossed-field amplifier

F

反向不重复峰值电压 non-repetitive peak reverse voltage
反向参量器件 inverting parametric device
反向参照 backward reference
反向操纵 reversible control
反向测点法 backward station method
反向插锁 reversible mortise lock
反向差分 backward difference(method)
反向差分公式 backward difference formula
反向拆线 clear back
反向掺杂 counter-doping
反向铲 backacter; back-acting shovel; back digger; inverted dipper; pullback blade; rocker shovel; trench hoe; back-action shovel; backhoe shovel; drag shovel
反向铲土机 backhoe
反向铲挖土机 backhoe; backhoe-push shovel; trench hoe
反向场 bucking field; counter field; inverse field; opposite field; opposing field; reversing field
反向潮流 reversal tidal current; reversed tidal current
反向车道 opposing lane
反向成本 reversal cost
反向成本法 counter-cyclic(al) tax; reversal cost method
反向齿轮 reverse gear(wheel); reversing gear
反向充电 reverse charging
反向冲击 backstroke
反向冲刷 backscour; backward erosion
反向冲洗 backflush; backward erosion; indirect flushing
反向冲洗方法 counter-flow method
反向冲洗钻进 counter-flow drilling
反向抽水试验 pumping test from bottom to top
反向出料式混凝土搅拌机 closed drum concrete mixer with reverse chute discharge
反向锄 backhoe
反向处理 backward processing
反向触件 reversing dog
反向传播 anti-propagation; backpropagation; counterpropagation
反向传播光子 oppositely directed photon
反向传播网络 back propagation network
反向传递脉冲 back-transmitted pulse
反向传动 reversing drive; reversing transmission
反向传输光束 counterpropagation beam
反向传输激光脉冲 counterpropagation laser pulse
反向传输特性 backward transfer character
反向传送时间 turnaround time
反向串联 differential concatenation; series-opposing; series-opposing connection
反向吹风清扫 reverse air flow cleaning
反向磁场 reversed magnetic field
反向磁场转矩 backward field torque
反向磁场阻抗 backward field impedance
反向磁化 reversal of magnetism; reversed magnetization
反向次成河 obsequent-subsequent stream
反向刺 reversed barb
反向刺激 adversive stimulation
反向萃取塔 counter-flow stripping column
反向存取 reversed access
反向带 reverse band; reverse belt
反向带宽 inverse bandwidth
反向单柱桁梁 reversed king post girder
反向单柱梁 reversed single post beam
反向单柱上撑式大梁 reversed king post girder
反向刀具推力 reverse tool thrust
反向导流器 return-circuit rig
反向导通三极硅闸流管 reverse conducting triode thyristor
反向导线 back traverse
反向导向器 retrodirector
反向岛弧 reversed arc
反向的 inverse; non-reversible; retrodirective; reversed; reversible
反向等点列 oppositely equal ranges
反向等值力矩 opposite and equal moment
反向递变 reverse grading
反向点 inversion point; reversal point
反向点准则 inversion point criterion
反向电场 reversed electric(al) field
反向电导 back conductance
反向电导率 back conductance ratio
反向电感 reciprocal inductance
反向电极电流 inverse electrode current
反向电流 back current; backward current; bringing-back; contraflow; inverse current; opposed current; reverse current; counter-current
反向电流保护 reverse-current protection
反向电流测量 reverse-current metering
反向电流电池组 reverse accumulator
反向电流电制动 back current brake
反向电流断路器 reverse-current circuit breaker
反向电流工作法 reverse-current working
反向电流继电器 back current relay; inverse current relay; reverse-current relay
反向电流清洗 anodic cleaning
反向电流制动 reverse-current braking
反向电流自动开关 reverse-current cut-out
反向电路 reversal circuit; reverse circuit; revertive circuit
反向电码控制 revertive code control
反向电容 reciprocal capacitance
反向电渗析 electrodialysis reversal
反向电势 reverse potential
反向电特性 inverse electric(al) characteristic
反向电压 backswing voltage; backward voltage; reverse voltage; inverse voltage; opposing voltage
反向电压定额 reverse voltage rating
反向电压额定有效值 inverse voltage rating
反向电压额定值 reverse voltage rating
反向电压均方根额定值 rims inverse voltage rating
反向电阻 back resistance; backward resistance; reverse resistance
反向电阻测量计 back resistance meter
反向调度 back scheduling
反向定价 reverse price-fixing
反向定位 anti-direction(al) finding
反向动作 counteragent; reverse acting
反向动作接点 reverse operating contact
反向动作螺管阀 reverse acting solenoid valve
反向读出 backward reading; read backward
反向读数 back reading
反向断层 antithetic fault
反向断开 reverse break
反向断路器 back breaker
反向对称 inversion symmetry; reverse symmetry
反向对角杆 counter
反向对偶断层 antithetic fault
反向多路转接器 demultiplexer
反向惰轮 reverse idler
反向二极管 backward diode
反向发车 dispatch trains in reverse direction
反向发码 reverse coding
反向发射 backward emission; reverse emission
反向发射器 reverse transmitter
反向发射式电子射线照相 back emission electron radiography
反向阀 back-pressure valve; reverse [reversing] valve
反向法兰 inverse flange
反向反应 back reaction
反向方位 reciprocal bearing
反向方位扫掠 reverse azimuth sweep
反向放大 backward gain
反向放电 back discharge; backkick
反向放射 back emission; reverse emission
反向分录 reversing entry
反向分品法 reversed grading
反向风逆风 adverse wind
反向峰(值电)压 inverse peak voltage; reverse peak voltage
反向辐射 back radiation; reradiate; reradiation; reverse radiation
反向辐射体 back radiator
反向负载 reverse load
反向复接 reversed multiple
反向杆 reverse lever
反向给进 reverse feed
反向给进齿轮 <螺旋回转器的> backup gear
反向跟踪 backtrack
反向工作法 reverse work(ing)
反向工作峰值电压 crest working reverse voltage
反向功率 backward power
反向功率继电器 reverse-power relay
反向购买 counter purchase
反向鼓风 reverse air blast
反向鼓风制气法 reversed airblast process
反向鼓轮 reverse drum
反向刮板 back scraper
反向关断期间 reverse blocking interval
反向管理 backward supervision
反向光电二极管 backward photodiode
反向光电效应 inverse photo-electric(al) effect
反向光谱 inversion spectrum
反向光线 retrodirected ray
反向归并 reverse merge
反向规格化 denormalization
反向过载继电器 reverse over-current relay
反向焊(接) backhand welding; backstep welding
反向河 obsequent river; reversal river; reversal stream; reversed river; reversed stream
反向核反应 inverse nuclear reaction
反向荷载 reversal of load; reversed load(ing)
反向洪水 backflooding
反向虹吸管 inverted siphon[syphon]
反向弧 opposite arc
反向弧形阀门 reversal tainter valve; reversed tainter valve
反向弧形闸门 inverted radial gate; reversal tainter gate
反向滑轮 return pulley
反向换流器 inverter
反向恢复 backward recovery
反向恢复电流 reverse recovery current
反向恢复时间 backward recovery time; reverse recovery time
反向回路 return circuit
反向回声测深仪 inverted echo-sounder
反向回声现象 quick effect
反向回声效应 quack effect; quick effect
反向回水系统 reversed return system
反向回转 reverse rotation
反向回转钻机 reverse rig
反向混流反应器 backmix-flow reactor
反向击穿 reverse breakdown
反向击穿电压 breakdown reverse voltage
反向机构 reverser; reversing mechanism
反向机械铲 backacter[backactor] shovel; back-action shovel; drag shovel
反向激励定向耦合器 reverse-coupling direction(al) coupler
反向几何学 inverse geometry
反向挤出 backward extrusion
反向挤压 backward extrusion; inverted extrusion
反向计数 counting in reverse; reverse counting
反向计数器 backward counter
反向计算机 counter machine
反向继电器 negative-phase relay; reversal relay; reverse[reversing] relay
反向加捻 back twisting; twist-against-twist
反向夹 counter clamp
反向夹板 counter clamp
反向夹层生长 inverse sandwich growth
反向兼并 reverse takeover
反向监控 <数据通信[讯]的> backward supervision
反向减速制动器 back check
反向剪力 countershear; reversed shear
反向检查 conversion check
反向检验 conversion check
反向键 backbond
反向交流电阻 reverse AC[alternative current]resistance
反向交通 reverse flow lane
反向交通车道 reverse flow lane
反向交易 undo
反向角 back angle
反向角钢 back piece
反向角铁 backing bar
反向接点 reverse contact
反向接管企业 inverted takeover; reverse takeover
反向结合 inverse association
反向截止电流 reverse cut-off current
反向截止阀门 back wheel
反向截止功率记录仪 back cut-off power recorder
反向进刀 backward feed
反向进给 feed reversing; reversing feed

反向进给手柄 reverse feed lever
反向进位 negative carry
反向静水压力 hydrostatic uplift pressure
反向镜 retrodirective mirror
反向距离 inverse distance
反向锯齿线脚 reversed zigzag mo(u)lding
反向聚合 reverse polymerization
反向卡瓦 inverted spider
反向开关 reverse key;reversing plug;reverse switch;reversing switch
反向开关损耗 reverse switching loss
反向开启门 reversed door
反向颗粒跟踪 reverse particle tracking
反向可能性 reversibility
反向刻模机 back router
反向空间谐波 backward spatial harmonic
反向空转齿轮 reverse idler gear
反向控制 reversed control
反向控制器 reversing controller
反向控制手柄 reverse control handle
反向块状断层 antithetic block fault
反向快门 opposed shutter
反向快速傅立叶变换 inverse fast Fourier transformation
反向扩孔 reverse reaming
反向扩散 back diffusion;backward diffusion
反向拉杆 reversing lever
反向拉力 reversed tension
反向拉曼光谱法 inverse Raman spectrometry
反向缆索 counter cable
反向棱镜 retrodirective prism
反向离合器 reversing clutch
反向力 opposite force
反向连接 backward link
反向联锁继电器 reversal inter locking relay
反向链接 backward chaining; backward link;link backward
反向量径 reciprocal radius
反向流 back current;backward flow;opposing flow; return current; return flow; reversal flow; reverse-(d)flow
反向流沉淀池 counter-current tank
反向流程图 reverse direction (al) flow
反向流动 contraflow;counter-flow
反向流动型喷管 reverse flow nozzle
反向流线型叶片 backward aerofoil blade
反向漏泄电流 reverse leakage current
反向滤波 inverse filtering
反向滤波器 inverse filter
反向滤池 inverted filler
反向轮 reversing wheel
反向(罗盘)刻度盘 reverse card
反向螺旋 reverse acting spiral
反向落料 reversed blanking
反向脉冲 opposite direction pulse;reverse direction(al) pulse;revertive-(im)pulse;reverse impulse
反向脉冲清袋 reverse pulse cleaning
反向脉冲系统 revertive impulse system
反向脉冲制 revertive impulse system
反向贸易 countertrade;countertrade
反向门 reverse door;reverse gate
反向门锁 reverse bevel door lock
反向弥散 back diffusion
反向挠曲 negative bending
反向挠曲线 curve of counter flexure
反向年金抵押贷款 reverse-annuity mortgage
反向捻 reverse lay
反向扭转疲劳试验机 reverse torsion fatigue testing machine
反向耦合 back coupling
反向排列 reversed arrangement
反向喷射 contrainjection
反向喷射器 contrainjector
反向喷注 contrainjection
反向喷嘴 counter nozzle
反向皮碗 inverted cup
反向偏差 negative deviation
反向偏低二极管 reversed-bias diode
反向偏心轮 back eccentric
反向偏压 back-biased voltage; reverse bias voltage
反向偏压二极管 reverse-biased diode
反向偏压硅二极管 back-biased silicon diode
反向偏压结 reverse-biased junction
反向偏压结辐射源 reverse-biased junction source
反向偏压阻挡层 back-biased barrier
反向偏振 abnormal polarization
反向偏置 reverse bias
反向偏置结 reverse-biased junction
反向拼装 reversed matching
反向频谱 inverse-frequency spectrum
反向平板 reversed matching
反向坡度 adverse grade;counter slope;reverse grade;reverse gradient
反向剖面 reversed profile
反向企业合并 backward integration
反向起动 back-to-back starting
反向起绒 mapping in the reverse direction;raising against the hair
反向气流 back draft; back draught;inverted draft;inverted draught
反向气流调节器 back-draft damper
反向气体色谱 inverse gas chromatograph
反向器 reverser
反向器的主控制器 reverser master controller
反向器矩阵 inverter matrix
反向器气缸装置 reverser cylinder unit
反向器锁定继电器 reverser lock relay
反向牵引链条 backhaul chain
反向钳位 back clamping
反向箝位 back clamping
反向倾斜 back tilt
反向区域断层 counter-regional fault
反向曲率 anticlastic curvature; reverse curvature
反向曲面缆网 cable net with opposite curvature
反向曲线 backward curve; counter curve; curve of opposite sense; S-curve; reverse curvature; reverse-(d) curve
反向曲线变换点 contraflexure
反向曲线的连接点 point of reverse curve
反向曲线点 point of reverse curvature;point of reverse curve;point of S-curve
反向曲线旋转体变径段 counter-curved axisymmetric(al) reducer
反向驱动 reverse drive
反向屈服 reverse yielding
反向趋势调整 reverse trend adjustment
反向燃烧 reverse burning; reverse combustion
反向溶出伏安法 inverse stripping voltammetric method;inverse stripping volt-ampere method
反向蠕变 reverse creep
反向散射 back-scatterer;back- scattering
反向散射贝塔测厚计 back-scattering beta ga(u)ge
反向散射波 back-scattering wave
反向散射测量计 back-scattering ga-(u)ge;reflection ga(u)ge
反向散射峰 back-scattering peak
反向散射辐射剂量 back-scattering radiation dose
反向散射过程 back-scattering process
反向散射厚度计 back-scattering thickness ga(u)ge;reflection thickness ga(u)ge
反向散射激光多普勒测速仪 back-scattering laser Doppler velocimeter
反向散射截面 back-scattering cross section
反向散射密度法 back-scattering density method
反向散射密度计 back-scattering densitometer
反向散射能谱仪 back-scattering spectrometer
反向散射声振幅 amplitude of back-scatter(ing) sound
反向散射损失 back-scattering loss
反向散射体 back-scatter
反向散射系数 back-scattering coefficient
反向散射像 back-scattering image
反向散射仪 back-scatter(-type ga-(u)ge)
反向散射因子 back-scattering factor
反向散射紫外线辐射仪 back-scattering ultraviolet radiometer
反向扫描 reverse scan; scan backward
反向色谱法 reverse phase chromatography
反向沙波 anti-dune
反向沙波河床 anti-dune bed
反向沙丘 reversing dune
反向闪络 backward flashover
反向射流 backward jet
反向射影 opposite projectivity
反向渗透 reverse osmosis
反向渗透法表面处理 inverted penetration surface treatment
反向渗透率张量 inverse permeability tensor
反向生长型结晶纤维 anti-axial growth type crystaline fiber[fibre]
反向时间 reversed time
反向市场 inverted market
反向式单斗式装载机 <驱动桥在前,转向桥在后> reversed loader
反向试验 counter-test
反向收益差距 reverse yield gap
反向数字排序法 reverse digit sorting method
反向刷 back-brush
反向衰变 backward decay
反向双柱桁梁 reversed queen-post girder
反向双柱(上撑式大)梁 reversed queen-post girder
反向水流 reverse flow
反向水流喷嘴 reverse flow nozzle
反向水头 reversed head
反向水系 reversed drainage
反向瞬变过程 back transient; back transient procedure
反向伺服机构 reverse servo
反向送带 reverse tape feed
反向索引 reverse indexing
反向锁闭 reverse anchor
反向锁闭机构紧固螺帽 reverse anchor jam nut
反向锁定 backward hold
反向弹簧 back spring; backward spring
反向弹簧锁闩 reverse bevel
反向特性 reverse characteristic
反向梯度 reverse gradient
反向体系 reversed system
反向天体高度 back altitude
反向天线阵 retrodirective array
反向通道 backward channel; reverse channel
反向通道传送准备就绪 backward channel ready
反向通风调节风门 back-draft damper
反向通路法 backward pass
反向同步变流器 inverted synchronous converter
反向凸规划 reverse convex program-(me)
反向凸模 backup punch; counter punch
反向凸缘 counterflange
反向推车器 backshunt
反向推理 backward reasoning
反向推力 counter-flow thrust; reversed thrust
反向推力喷管 reversal nozzle;reverse thrust nozzle
反向推力装置 reverse thrust unit
反向拖曳 dip reversal
反向外加电压 applied reverse voltage
反向弯道岔 counter flexure turnout
反向弯矩 negative bending moment
反向弯曲 contraflexure;negative bending; recurvation; recurvature; reverse(d) bend(ing)
反向弯曲试验 reverse bend test;root-bend test
反向弯头 return bend 180; reverse bend
反向望远物镜 reversed telephoto objective
反向涡流 reverse(d) eddy
反向屋面 upside-down roof
反向吸收电流 reversible absorption current
反向析股 reverse split;reverse stock split-up
反向系(统) inverse system
反向显示 reverse video
反向线圈 bucking coil
反向限制 reverse clipping
反向相分量 backward phase component
反向削波 reverse clipping
反向斜面 reverse bevel
反向斜坡 reverse slope
反向信道 backward channel; reverse channel
反向信号 reverse signal
反向行波 oppositely directed travel-(l)ing wave
反向行车 running-in reverse order; running against current of traffic; movement against the current of traffic;inverted operation of trains; train movement against the current of traffic; train running in reverse direction【铁】
反向行程 return travel;reverse stroke
反向行程限位器 back ga(u)ge
反向行进 negative line feed
反向行进水流 negatively progressive flow
反向行走 reverse gun
反向形变 reverse strain
反向型 reversal
反向修剪过程 backward pruning procedure
反向序 backward sequence
反向旋进 retrograde precession

反向旋转 backing run(weld); contrarotation; counter-rotation; reversal rotation; reverse rotation
反向旋转变流器 inverted rotary converter
反向旋转波 counter-rotating wave
反向旋转的 contrarotating
反向旋转光楔 optic(al) counter-rotating wedges
反向旋转螺旋桨 contraprop; contrapropeller; contra-rotating airscrew; counter-rotating airscrew
反向旋转式变流机 inverted rotary converter
反向旋转式变流器 inverted rotary converter
反向旋转式(岩芯)钻进 reverse rotary drilling
反向旋转条件 counter-rotation condition
反向旋转钻进(法) reverse rotary drilling
反向选择 backward option; reverse selection
反向循环 recycle back
反向循环法 reverse circulation method
反向循环钻 reverse circulation drill
反向压力 opposite compression; opposite pressure; reverse(d) compression; uplift; uplifting pressure; upward pressure
反向压力梯度 adverse pressure gradient
反向阳极峰(值电)压 peak inverse anode voltage
反向(摇)门 reverse-swing door
反向叶轮 reverse impeller
反向叶片 backward vane; counter leaf
反向叶片式挡板 opposite blade damper
反向叶片式风门 opposite blade damper
反向叶片通风机 backward tip fan
反向移动 back migration
反向移刷 backward shift
反向引导 reverse leading
反向引用 backward reference
反向应变 reverse strain
反向应力 reversal of stress; reversal stress; reversed stress; reversed tension; uplift stress
反向应力构件 reversal stress member
反向优惠 reverse preference
反向鱼尾钻头 reverse fishtail bit
反向与双向的 backward and bidirectional
反向预测 backward prediction
反向元件 retrodirective component; reverse direction(al) element
反向圆偏振 opposite circular polarization
反向跃迁 opposite transition
反向运动 counter motion; countermove; counter movement; cutback; retrograde motion; retrogression; return travel; reversing motion; reversing movement
反向运输 anti-port; back haul
反向运行 inverse operation; inversion operation; inverted running; movement in reverse order; reverse speed operation; inverted operation of trains【铁】; movement against the current of traffic; movement of reverse order
反向运行命令 wrong line order; reverse line order
反向运行线 reverse running track; wrong iron <俚语>
反向运行信号法 reverse running signal(l)ing; reverse traffic signal(l)ing
反向载荷 reversed load(ing)
反向再定位 backward repositioning
反向再拉延 inside-out redrawing; reverse redrawing
反向噪声 inverse noise
反向增益 backward gain
反向占线信号 backward busying
反向张力 reverse tension
反向褶皱翼 opposite fold limbs
反向振动 reversal of vibration
反向蒸发 inverted evapo(u)ration
反向值 reversed value
反向制表 back tabulation
反向制动 plugging
反向中断 reverse break; reverse interrupt
反向中断符 reverse interrupt
反向重复 backward echo
反向重复峰值电压 repetitive peak reverse voltage
反向轴荷载 reversed axial loading
反向属性 backward attribute
反向助飞器 reverse jato
反向柱塞 counter plunger
反向转动 contrarotation; reversing rotation; runback
反向转动曲柄 crossed parallelogram
反向转换开关 reversing commutator
反向转矩 anti-torque
反向转位 reverse indexing
反向转移导纳 backward transfer admittance
反向转移特性 backward transfer characteristic
反向转移阻抗 reverse transfer impedance
反向转辙器 trailing points; trailing switch
反向装药 inverse initiation
反向装置 reversal device; reversing arrangement; reversing device
反向撞角 knocker-out
反向追踪 backward tracing
反向自动增益控制 negative automatic gain control
反向自旋 opposite spin; reversed spin
反向阻断 reverse blocking
反向阻断电流 reverse blocking current
反向阻断二极晶闸管 reverse blocking diode thyristor
反向阻断峰值电压 reverse cut-off peak voltage
反向阻断间隔 reverse blocking interval
反向阻断状态 reverse blocking state
反向阻抗 backward impedance
反向最小二乘方法 inverse least squares method
反向最小二乘估计 inverse least squares estimate
反向作用<采取与动机方向相反的行动,以防止呈现于外表> reaction formation
反向作用力 opposite acting force
反向作用式摊草机 back-acting hay tedder
反向作用式调整器 backward acting regulator
反象限角【测】 back bearing; reverse bearing
反像 image reversal; inverse image; perverted image; reversed image; right-to-left reading; wrong reading
反像复照仪 gallery camera; image converter camera
反像镜 reversing mirror
反像棱镜 reversing prism
反像目镜 reversing eyepiece
反像平面镜 reversible mirror
反像晒印 reverse copy
反像直接晒印 reverse copying
反枭混线【建】 cima[cyma] reversa; reverse ogee mo(u)lding
反硝化除磷 denitrification polyphosphorous
反硝化动力学 denitrification dynamics
反硝化反应 denitrification reaction
反硝化剂 denitrifying agent
反硝化流化床反应器 denitrifying fluidized bed reactor
反硝化滤池 denitrifying filter
反硝化生物滤池 denitrifying biofilter
反硝化势 denitrification potential
反硝化速率 denitrification rate
反硝化速率常数 denitrification rate constant
反硝化特性 denitrification characteristic
反硝化脱氮 denitrification denitrogen
反硝化微生物 denitrifying microorganism
反硝化污泥 denitrification sludge
反硝化系数 denitrification coefficient
反硝化系统 denitrification system
反硝化(细)菌 denitrifying bacterium [复 bacteria]
反硝化抑制剂 denitrification inhibitor
反硝化作用 denitriding; denitrification
反硝化作用气态产物量 the rate of gaseous products of denitrification
反销售 countermarketing
反效果 minus effect
反效应 adverse effect; bucking effect
反效用 disutility; negative utility
反协同效应 negative synergism
反斜撑 back brace[bracing]
反斜的<河流或河谷的走向与岩石的倾斜相反> anaclinal
反斜度 back draft; back draught
反斜杠 back slash
反谐振 anti-resonance
反谐振电路 anti-resonance circuit
反谐振频率 anti-resonance frequency
反信道 inverse channel
反信风(带) antitrades; antitrades counter-trades; antitrade wind; counterwind; return track
反信号 inverse signal; inverted signal
反信用 contra credit
反行程 return trace; reversal
反行扩散 back diffusion
反行列式 inverse matrix
反行弥漫 back diffusion
反行主动轮 reverse capstan
反形体 anti-morph
反型 anti-configuration
反型层 inversion layer
反性曲线 anti-loga
反修正 uncorrecting
反虚反射 deghosting
反需求 inverse demand
反需求函数 inverse of demand function
反序 anti-tone; inverted sequence
反序变换 anti-tone mapping
反序对应 reversing correspondence
反序回归 anti-tonic regression
反序文件 inverted file
反序映射 anti-tone mapping
反絮公式 inversion formula
反絮凝 deflocculate
反絮凝机 deflocculator
反絮凝剂 agent of deflocculation; decoagulant; deflocculant; deflocculating agent; deflocculation agent
反絮凝离心机 deflocculater[deflocculator]
反絮凝污泥 deflocculated sludge
反絮凝作用 anti-flocculation; deflocculation
反悬臂 counter jib
反悬链式拱 catenary arch
反悬索桥跨 inverted suspension span
反旋 anti-dromy; contrarotation; derotation
反旋冲蚀 backward erosion
反旋风 anti-cyclone
反旋卷 deconvolution
反旋弹簧 negater spring
反旋压 backward spinning
反旋转 despin; negative rotation
反旋转错觉 counter-rotatory illusion
反旋转电动机 despun motor
反旋转台 despun platform
反旋转天线 despun antenna
反旋转质量 counter-rotating mass
反漩冲蚀 backward erosion
反选择 counter selection
反眩光(金属)屏 anti-glare screen
反眩光金属网眼屏<长条金属片或金属缆绳编成的> expanded mesh screen
反眩光屏 anti-glare fence
反眩目屏 glare screen
反碹【建】 inserted arch; invert arch; relief arch; relieving arch
反碹砖 inserted arch brick
反寻觅的 anti-hunt
反循环 counter-current circulation; reverse circulation
反循环冲击式钻进 reverse circulation percussion drilling
反循环冲洗 indirect flushing; return flushing; reverse circulation washing
反循环冲洗管路 backwash line
反循环冲洗钻进 reversed flush boring; reversed flush drilling
反循环打捞篮 reverse circulation junk basket
反循环短节 reverse circulating sub
反循环阀 reverse circulation valve
反循环管<地下连续墙> reverse hose
反循环回转钻进 reverse rotary drilling
反循环回转钻孔 rotary drilling by suction of mud
反循环砾石充填 reverse circulation gravel pack
反循环砾石充填技术 reverse circulation gravel pack technique
反循环连续取芯钻进 center sample recovery; reverse circulation continuous core drilling
反循环排泥管 reverse shaft
反循环吸泥钻头 drill bit for reverse circulation
反循环洗井钻进 reverse circulation drilling
反循环洗井钻进方法 counter-circulation wash boring
反循环洗孔钻进 reverse circulation drilling
反循环洗孔钻进方法 counter-circulation wash boring
反循环旋转钻进 reverse circulation rotary drilling
反循环压井 reverse circulating and killing the well
反循环钻机 reverse rotary rig; reverse circulation drilling machine
反循环钻进 drilling with counterflow; reverse circulation drilling

F

反循环钻进岩芯管 reverse circulation core barrel
反循环钻孔 drilling with reversed circulation
反循环钻孔法 reverse circulation boring method
反循环钻孔机 reverse circulation boring machine
反循环钻探法 reverse-rotary drilling method
反压 back pressure;reaction pressure
反压层填方 counterweight fill
反压电池 additional cell; balancing cell;counter cell
反压电效应 converse piezoelectric (al) effect; inverse photo-electric (al) effect
反压阀 back-pressure valve
反压辊式矫直机 inverted roller leveller
反压护道 loading berm(e)
反压控制 back-pressure control
反压力 adverse pressure; anti-vacuum; back pressure; opposite pressure; reaction pressure; reverse pressure;counterpressure
反压力导管 anti-vacuum pipe
反压力面积 area of counter pressure
反压力调节器 back-pressure regulator
反压力圆筒 counterpressure cylinder
反压流 anti-baric flow
反压马道 pressure berm(e)
反压面积 area of counter pressure
反压平台 loading berm(e)
反压(汽)制动 counterpressure braking
反压强 back pressure
反压式压力机 inverted ram press
反压台 counter-balance; counterweight embankment;counterweight fill;loading berm(e);load table
反压填土 protection blanket
反压填土工程 <防治滑坡> counterweight fill work
反压调节器 back-pressure regulator
反压线 back-pressure line
反压泄料孔 back-pressure relief port
反压压铸 counterpressure die casting
反压延 reverse drawing
反压制动器 counterpressure brake
反压装置 back-pressure apparatus
反亚粒子 subantiparticle
反亚油酸 linolelaidic acid
反演 conversion; deconvolution; interchange; playback; rearrangement; refutation; reversal development;reverse development; reversing;reversion;space inversion
反演变换 inversion
反演常数 inversion constant
反演点 inverse point;inversion point
反演电路 inverse circuit;inverse network
反演定理 inversion theorem
反演对称性 inversion symmetry; inverse symmetry
反演法 inverse method; inversion method;method by inversion;method of inversion
反演分析 back analysis;back calculation;inverse analysis
反演公式 inverse formula; inversion formula
反演过程 refutation process
反演机构 reverser
反演机构的主控制器 reverser master controller
反演机构开关组 reversing switch group
反演积分器 inverse integrator
反演几何学 inversion geometry
反演计算 back calculation; inverse computation;inversion calculation
反演技术 inversion technique
反演滤波系数 filter coefficient of inverse development
反演律 inversion law
反演模拟 inverse modeling
反演抛物线 inverted parabola
反演器 inversor;inverter;sign reverser
反演球 sphere of inversion
反演曲线 inversional curve
反演圈 circle of inversion
反演群 inversion group
反演树 refutation tree
反演图 inversion chart
反演问题 inverse problem; inversion problem
反演像 image by inversion
反演性 reversibility
反演性质 inversive property
反演跃迁 inversion transition
反演中心 center of inversion; inversion centre
反演轴 inversion axis
反焰 back-fire; inverse flame; reverberating
反焰板 blast shield;flame shield
反焰煅烧 reverberatory calcination
反焰管 interconnecting elbow
反焰炉 reverberator(y furnace)
反焰器 blast shield; flame shield; flashback check
反阳片 wrong-reading positive
反摇溶现象 anti-thixotropy;negative thixotropy
反咬合 counter bite;cross bite
反要求 counter-claim;counterdemand
反要约 counter offer
反页 verso
反移 backward shift;unshuffle
反移情 countertransference
反(异)常地 eccentrically
反异构烷烃 anteisoalkane
反意义链 anti-sense strand
反翼缘 counterflange
反翼缘法 counterflange method
反阴片 mirror reversed negative; wrong-reading negative
反荫蔽 countershading
反音匣 acoustic(al) reflex enclosure; reflex baffle;reflex enclosure
反音箱 reflex enclosure
反银心 <天空中与银河系中心相距180°的方向> anti-center[centre]
反银行运动 anti-bank movement
反引力 anti-gravity; counter-attraction
反印法 die typing
反应 feedback;react;reaction;reactivation; reactive; repercussion; response
反应包线谱 response envelope spectrum
反应比 response ratio
反应比速 specific reaction rate
反应边 border ring;corona;coronite; reaction rim【地】;border rim【地】
反应边结构 border ring texture;corona texture;reaction texture
反应变换 response transform
反应变量 response variable
反应变数 response variable
反应标准焓 standard enthalpy of reaction
反应标准热 standard heat of reaction
反应表面 reacting surface
反应表征平衡 reaction characterize equilibrium
反应不足的 hyporeactive
反应参数 response parameter
反应槽 reactive tank
反应槽监测器 reaction bath monitor
反应测量 response measurement
反应测试板 reaction testing plates
反应层 conversion zone
反应产率 reaction yield
反应产物 reaction product;resultant of reaction
反应常数 reaction constant
反应场 reacting field
反应沉淀池 reaction sedimentation basin;reaction sedimentation tank
反应程度 extent of reaction
反应程度函数 function of the extent of reaction
反应池 border ring;reaction bed;reaction rim;reaction tank
反应迟钝 lags in response
反应迟缓 reaction delay
反应初速度 initial velocity of reaction
反应床 reaction bed
反应次序 reaction order
反应促进剂 reaction accelerator;reaction promoter
反应带 metamorphic zone; reaction zone
反应道 reaction channel
反应的 reacting;reactionary
反应的标准摩尔吉布斯能量 standard molar Gibbs energy of reaction
反应的标准摩尔能量 standard molar energy of reaction
反应等容线 reaction isochore
反应等温线 reaction isotherm
反应点 reflecting point; response point;sensitive spot
反应电位 reaction potential
反应定势 response set
反应动力学 kinetics of reaction;reaction kinetics
反应度 degree of reaction;reactivity
反应段 conversion zone
反应堆 furnace;pile;reactor
反应堆安全 reactor safety
反应堆安全壳 containment vessel;reactor container; reactor containment
反应堆保护层 containment shell
反应堆变量 pile variable;reactor variables
反应堆补偿 reactor shimming
反应堆补给水 reactor make-up water
反应堆材料 pile material;reactor materials
反应堆材料冶金学 reactor metallurgy
反应堆残渣 reactor residue
反应堆舱 reactor block;reactor compartment;reactor cubicle
反应堆成分 reactor composition
反应堆除气系统 pile off-gas system; reactor off-gas system
反应堆传递函数 pile transfer function;reactor transfer function
反应堆单群处理 one-group treatment of reactors
反应堆的环境污染 environmental contamination from reactor
反应堆的热功率 heat output of a reactor
反应堆动力学 reactor dynamics;reactor kinetics
反应堆动力学方程 reactor kinetics equation
反应堆毒物排除 pile poison removal; reactor poison removal
反应堆毒物围筒 reactor poison skirt
反应堆堆心 reacting core; reactor core
反应堆堆芯辐射检测仪 reactor core radiation detector
反应堆堆芯核分析 nuclear analysis of reactor core
反应堆仿真器 reactor simulator
反应堆放热 reactor heating
反应堆废料 reactor waste
反应堆废物 reactor waste
反应堆分裂 pile fission;reactor fission
反应堆辐照器 reactor-irradiator
反应堆辅助系统 reactor auxiliary systems
反应堆副产品 reactor by-product
反应堆高度 pile height;reactor height
反应堆工艺学 reactor technology
反应堆功率 reactor capability
反应堆功率上升 reactor-up; rise of pile power
反应堆功率下降 reactor-down
反应堆功率循环 cycling
反应堆功值 reactor power level
反应堆化学 reactor chemistry
反应堆回路 reactor circuit
反应堆活性区 active core; charging area;core section;reactor core
反应堆级金属 reactor grade metal
反应堆计算 reactor calculation
反应堆计算程序 reactor code
反应堆间 reactor building
反应堆减速剂 moderator
反应堆结构 reactor structure
反应堆截面 reactor cross section
反应堆静力学 reactor statics
反应堆可靠性 reactor reliability
反应堆控制 reactor control
反应堆控制材料 reactor control materials
反应堆控制台 reactor control board
反应堆控制系统 reactor control system
反应堆连续运行时间 reactivity lifetime
反应堆裂变 reactor fission
反应堆裂变物 reactor debris
反应堆流变模型 rheologic(al) reactor model
反应堆(密封)外壳结构 reactor containment structure
反应堆模拟装置 reactor simulator
反应堆内 in-pile
反应堆屏蔽层 reactor shield
反应堆屏蔽间 reactor vault
反应堆启动 pile start-up
反应堆启动源 reactor source
反应堆起动 reactor start-up
反应堆起动事故 reactor start-up accident
反应堆起动源 reactor start-up source
反应堆腔 reactor cavity
反应堆强化 spike
反应堆区 reactor block
反应堆燃料 reactor fuel
反应堆燃料熔化 reactor fuel meltdown
反应堆燃料事故监测仪 reactor fuel failure monitor
反应堆燃料循环 nuclear fuel cycle; reactor fuel cycle
反应堆燃炉 reacting furnace
反应堆容器 reactor vessel
反应堆生物实验孔道 reactor biological tunnel
反应堆事故停堆 reactor trip
反应堆试运行 reactor commissioning
反应堆室 reactor block;reactor compartment;reactor cubicle
反应堆水净化系统 reactor water cleanup system
反应堆损坏 reactor breakdown

反应堆提棒 rod withdrawal
反应堆体 containment; reactor block
反应堆停运冷却 shut-down cooling
反应堆外 out-of-core
反应堆外壳 pile envelope; reactor container
反应堆外壳的顶盖 head of the reactor vessel
反应堆外壳建筑 reactor housing
反应堆外壳结构 reactor housing
反应堆外台架 out-of-pile rig
反应堆外形轮廓 reactor arrangement
反应堆稳定性 reactor stability
反应堆稳定周期 stable reactor period
反应堆物理设计 nuclear design of a reactor
反应堆物理学 reactor physics
反应堆物理学家 reactor physicist
反应堆性能 reactor behavio(u)r
反应堆压力壳 reactor pressure vessel
反应堆压力容器 reactor pressure vessel
反应堆压力外壳 reactor vessel
反应堆运转状态 reactor behavio(u)r
反应堆灾害 reactor hazard
反应堆再起动 reactor restart
反应堆再生区 reactor blanket
反应堆噪声 reactor noise
反应堆振荡器 pile oscillator; reactor oscillator
反应堆中毒 poisoning of reactor
反应堆中心通量 central reactor flux
反应堆中子 pile neutron
反应堆中子剂量计 reactor neutron dosimeter
反应堆中子谱 reactor spectrum
反应堆周期 flux period; pile period; reactor period
反应堆转换器 reactor-converter
反应堆装置 reactor assembly; reactor installation
反应堆装置投资 capital cost of reactor plant; investment of pile plant
反应堆最佳化 reactor optimization
反应对 reaction pair
反应多边形 reaction polygon
反应惰性 reactionlessness
反应法则 <认知机能> response rule
反应范围 reaction range
反应方程式 reaction equation; response equation
反应方式 reactive mode
反应分裂 schizokinesis
反应分析 response analysis
反应分析器 response analyser[analyzer]
反应分异作用 reaction differentiation
反应分子数 molecularity of reaction
反应辐度 response amplitude
反应釜 autoclave; reaction kettle; reactive still; reactor(vessel)
反应负荷变化控制 load-responsive control
反应概率 reaction probability
反应关系 reaction relationship
反应罐 reactor vessel; retort
反应规范 norm of reaction; reaction mechanism
反应锅 reaction pan; reaction pot; reaction still; reaction vessel; reactor
反应过程 course of reaction; reaction process; unit process
反应过度 overresponse
反应过度的 hyperreactive
反应函数【数】 response function; reaction function
反应焓 reaction enthalpy
反应焓数 reaction enthalpy number
反应焊接 reaction soldering
反应焊药 reaction flux
反应壶 reactor vessel
反应护栏 <高架高速公路的> reaction rail
反应回路 response circuit
反应混合物 reactant mixture; reaction mixture
反应活化能 activation energy of reaction
反应活性指数 reactivity index
反应活性中心 reactivity center[centre]
反应机理 mechanism of reactions; reaction mechanism
反应机制 mechanism of reactions; reaction mechanism
反应基团 reactive group
反应级(数) reaction order; order of reaction
反应极化 reaction polarization
反应极限电流 reaction limiting current
反应计划法 responsive planning
反应剂 reactant; reactor
反应剂浓度 reactant concentration
反应加速 reaction acceleration
反应加速器 reaction accelerator
反应溅射 reactive sputtering
反应键 reaction key; response key
反应交流发电机 reaction alternator
反应阶段 reaction stage; reaction step; stage of reaction; step of reaction
反应结构 reaction structure
反应结合 reaction bonding
反应结合氮化硅 reaction bonded silicon nitride
反应截面 reaction cross-section
反应介质 reaction medium
反应界面 reaction interface
反应竞聚率 reactivity ratio
反应镜 retroreflector
反应距离 reaction distance
反应空间 response space
反应控制 reaction control
反应控制数据 reaction control data
反应控制系统 reaction control system
反应控制修正 reaction control correction
反应控制与稳定系统 reaction control and stabilization system
反应快 fast response
反应矿物 reactional mineral
反应扩散方程 reaction diffusion equation
反应类道路平整度测量系统 response-type road roughness measurement system
反应离子刻蚀 reactive ion etching
反应离子束刻蚀 reactive ion beam etching
反应力 anti-stress; kick; reactive force; reagent; response strength; uplift stress
反应力矿物 anti-stress mineral; reaction mineral
反应力正常 normergia; normergy
反应力正常的 normergic
反应历程 mechanism of reactions; reaction mechanism
反应粒子 reaction particle
反应量 norm of reaction; reacting dose; response magnitude; response quantity
反应灵敏度 reaction sensitivity
反应灵敏性黏[粘]合剂 reaction sensitive adhesive
反应灵敏性黏[粘]结剂 reaction sensitive adhesive
反应流【化】 reacting flow
反应流体 reacting fluid
反应炉 reacting furnace; reaction furnace
反应率 rate of reactions; reactivity ratio; speed of response
反应率分析器 reaction rate analyser
反应慢 slow response
反应面 reaction surface; response surface
反应面分析 response surface analysis
反应面实验 response surface experiment
反应模量 modulus of reaction
反应模式 reaction pattern
反应摩尔焓 molar enthalpy of reaction
反应摩尔吉布斯能量 molar Gibbs energy of reaction
反应摩尔体积 molar volume of reaction
反应木材 reaction wood
反应能力 capacity for reaction; competence; reaction capacity; reaction power; reactivity
反应黏[粘]结剂 reaction cement
反应配水器 reactive distributor
反应平衡 reaction equilibrium
反应平衡常数 reaction equilibrium constant
反应瓶 reaction bulb
反应剖面图 reaction profile
反应谱 response spectrum
反应谱包线 response spectrum envelope
反应谱法 response spectrum method
反应谱分析 response spectrum analysis
反应谱烈度 response spectrum intensity
反应谱特征周期 characteristic period of response spectrum
反应谱形状 shape of response spectrum
反应期 reaction stage; response period; stage of reaction
反应气氛法 reactive atmospheric(al) processing
反应气体 reactant gas; reacting gas
反应气相沉积【地】 reactive vapour deposition
反应气相色谱法【化】 reaction gas chromatography
反应器 catalyst case; reactor
反应器废料 reactor waste
反应器工程学 reactor engineering
反应器积垢 reactor fouling
反应器进料 reactor feed
反应器控制 reactor control
反应器冷却 reactor cooling
反应器冷却水 reactor cooling water
反应器流出物 reactor effluent
反应器启动 reactor start-up
反应器热屏 thermal reactor shield
反应器设计 reactor design
反应器生物降解系统 reactor biodegradation system
反应器水动力学 reactor hydrodynamics
反应器筒体 reactor shell
反应器网络 reactor network
反应器循环 reactor circulation
反应器噪声 reactor noise
反应器中固相高度 level of solids in reactor
反应器着色聚合物 reactor-colo(u)red polymer
反应钎焊 reaction soldering
反应潜伏期 reaction latency; response latency
反应侵蚀 reactive etching
反应倾向 action tendency; behavio(u)ral component
反应区 reaction zone
反应曲面分类研究法 response surface methodology
反应曲线 reaction wave; response curve; bearing graph <桩工>
反应趋势 action tendency
反应热 heat of reaction; reaction heat
反应热成型 reactive hot pressing
反应热等静压 reactive hot isostatic pressing
反应热焓 enthalpy of reaction
反应热力学 thermodynamics of reactions
反应热压 reaction hot-pressing; reactive hot pressing
反应溶质 reactive solute
反应散射 reactive scattering
反应色谱法 compound-formation chromatography
反应商 reaction quotient
反应烧结 reaction sintering; reactive sintering
反应烧瓶 reaction flask
反应设备 conversion unit
反应生成物 reaction product; resultant of reaction
反应时程 response time history
反应时法 reaction time method
反应时间 reaction time; response time; time of response
反应时间测试仪 reaction time tester
反应时间分布 response time distribution
反应时间历程 response time history
反应式 equation; formula[复 formulae/formulas]
反应式步进电动机 reluctance stepper
反应式步进电机 reaction step(ping) motor; reactive step(ping) motor
反应式磁滞同步电动机 reaction hysteresis synchronous motor
反应式电动机 reaction motor
反应式电机 armature reaction-excited machine
反应式电刷架 reaction-type brush holder
反应式发动机 reaction motor
反应式工作制 reactive mode working system
反应式同步电动机 non-excited synchronous motor; reluctance motor
反应式同步电机 reluctance machine; reluctance synchronous machine
反应式行动倾向 reactive orientation
反应式叶片 reaction vane
反应势能 reaction potential
反应试验 reaction test
反应室 catalyst case; combustion chamber; reaction chamber
反应适当性 response adequacy
反应收气剂 reaction getter
反应树脂 reaction resin
反应素 Prausnitz-Kustner anti-body; reagin; reginic anti-body
反应速度 reaction rate; reaction speed; reaction velocity; response rate; speed of response
反应速度测量器 reaction timer
反应速度常数 constant of reaction rate; rate constant; reaction velocity constant
反应速率 rating of reaction; speed of response; reaction rate
反应速率常数 reaction rate constant
反应速率方程 reaction rate equation
反应速率分析法 reaction rate(analysis) method
反应速率公式 reaction rate laws
反应速率决定步骤 rate-determining step of reaction

反应速率理论 reaction rate theory; theory of reaction rate
反应速率碰撞理论 collision theory of reaction rate
反应塔 reaction column; reaction tower
反应弹性 elasticity of response
反应特性 reactive characteristic; response characteristic
反应体 reactant
反应体系 reaction system
反应调节剂 reaction control agent
反应调整能力 response orientation
反应亭 thalidomide
反应铜焊 reactive brazing
反应图 response diagram
反应图解 reaction scheme
反应途径 reaction path
反应网络 reaction network
反应温度 reaction temperature; temperature of reaction
反应物 interactant; reactant; reagent
反应物比例 reactant ratio
反应物料 reaction mass
反应物质 reacting substance; reactive material
反应物种 reacting species
反应物总量 total amounts of reactants
反应系列 reaction series
反应系数 reaction coefficient; response coefficient; response factor; response ratio
反应系统 reaction system
反应线 reaction line
反应相 reacting phase
反应箱 reaction chamber
反应屑 reaction debris
反应心理学 reaction psychology; response psychology
反应形成 reaction formation
反应型 response type
反应型底漆 reaction primer
反应型收气器 reaction getter
反应型树脂 reactive resin
反应型用户最优【交】 reactive user optimum
反应型阻燃剂 reactive-type flame retardant
反应性 reactance; reactiveness; reactivity; responsiveness; responsivity
反应性变化率 reactivity rate
反应性丙烯酸盐黏[粘]合剂 reactive acrylate adhesive
反应性测量计 reactivity meter
反应性插入率 reactivity insertion rate
反应性单体 reactive monomer
反应性的 reactive
反应性底漆 etch primer; wash primer
反应性反馈 reactivity feedback
反应性粉末 reactive powder
反应性功率传递函数 reactivity-to-power transfer function
反应性功率系数 reactivity power coefficient
反应性固化剂 reactive curing agent
反应性固色剂 reactive fixing agent
反应性固色染料 reactant fixing dyes
反应性固体废物 reactive solid waste
反应性急剧上升 reactivity excursion
反应性价值 reactivity worth
反应性监测仪 reactivity monitor
反应性交联剂 reactant cross-linker
反应性胶黏 relation-sensitive adhesive
反应性精神分裂症 reactive schizophrenia
反应性聚合物 reactive polymer
反应性空位系数 void coefficient of reactivity
反应性控制系统 reactivity control system
反应性能 reactivity worth
反应性黏[粘]合剂 reactive adhesive
反应性偏差 reactivity disturbance
反应性谱密度 reactivity spectral density
反应性染料 chemically reactive dyes
反应性扰动 reactivity disturbance
反应性水位系数 liquid level coefficient of reactivity
反应性瞬变 reactivity transient
反应性瞬发跳变 prompt jump of reactivity
反应性速降 prompt drop of reactivity
反应性温度系数 temperature coefficient of reactivity
反应性压力系数 reactivity pressure coefficient
反应性液态聚合物 reactive liquid polymer
反应性异常 heteropathy
反应性噪声 reactivity noise
反应性增益 reactivity gain
反应性振荡器 reactivity oscillator
反应性阻燃剂 reactive flame retardant
反应修正系数 response modification factor
反应悬浮载体 reactive suspended carrier
反应选择性 reaction selectivity
反应学 reactology
反应压力 reaction pressure
反应延迟 response lag
反应研究 repercussion study
反应野 reaction field
反应液体 reaction liquid
反应液相烧结 reactive liquid sintering
反应抑制 reaction-inhibiting
反应因数 reaction factor
反应应力 reaction stress
反应油 reaction oil
反应预算法 response budgeting
反应阈性能 threshold behavio(u)r of the reaction
反应阈值 threshold of reaction
反应原 reactionogen
反应原理 reaction principle
反应缘 border rim
反应运动的 aitionastic
反应振辐 response amplitude
反应蒸发 reactive evapo(u)ration
反应蒸馏 reaction distillation
反应指示剂 reaction indicator
反应质 adaptation product; reaction substance
反应质量 reaction quality
反应中间体 reaction intermediate
反应中心 reaction center[centre]
反应中止 stopping of reaction
反应周期 reaction period; reaction time
反应注模机 reaction injection mo(u)lding machinery
反应注射模塑成型 reaction injection mo(u)lding
反应注塑 reaction injection mo(u)lding
反应柱 reaction column
反应转矩 reluctance torque
反应装置 reaction installation
反应装置高度 height of reaction unit
反应状况 reactive state
反应状态 reactive state
反应阻止剂 reaction arrester
反应作用 reaction effect; reactivity
反应坐标 reaction coordinate
反萤石 anti-fluorite
反萤石型结构 anti-fluorite structure
反影法 method of images
反影镜 pseudoscope
反映 feedback; inversion; mirror; reflect(ion); render
反映的 reflective
反映电阻 reflected resistance
反映负载 reflected load
反映构造的(地形) tectosequent
反映建筑风格构件 architectural detail; architectural device
反映建筑风格构造 architectural detail; architectural device
反映井 reflectional well
反映裂缝 reflective cracking
反映论 theory of reflection
反映论与认识分析 theory of reflection and cognitive analysis
反映式磁罗经 projection compass; projector compass
反映双面 dome
反映体 antimer
反映统计数字的象征性图表 isotype
反映物 reflection
反映象 reflected image
反映原理 principle of reflection
反映证 reflectionism
反永久所有权规则 rule against perpetuities
反涌波 back surge
反用电机 inverted machine
反用电刷触点 inverted-brush contact
反用换流器 inverted rectifier; inverter[invertor]
反用推斥电动机 inverted repulsion motor
反用整流器 inverted rectifier
反优惠问题 reserve preferences
反油酸 elaidic acid
反油酸化油 elaidinization oil
反油酸检验 elaidin test
反油酸试验 elaidic acid test
反油酸重排作用 elaidinization
反有效 contravalid
反余额 contra balance
反余割 arc cosecant; inverse cosecant
反余切 arc cotangent; inverse cotangent
反余弦 arc cosine; inverse cosine
反余弦变换 arc cosine transformation
反鱼尾钻头 reversed fishtail bit
反宇称性 opposite parity
反宇宙 anti-universe
反预斜 <载波电话> de-emphasis
反预斜网络 de-emphasis network
反元素 anti-element; inverse element
反原子 anti-atom
反原子核 anti-nucleus
反远距透镜 retrofocus lens
反远摄镜头 inverted telephoto lens
反运算 inverse operation; inversion operation
反晕光层 anti-halation coating
反晕光作用 anti-halation
反韵律 negative rhythm
反杂波增益控制 anti-clutter gain control
反杂乱回波电路 anti-clutter circuit
反载试验 loading-back test
反载体 anti-carrier; hold-back carrier
反再生线圈 anti-reaction coil
反噪声 anti-noise
反增长运动 anti-growth movement
反增塑剂 anti-plasticizer
反增塑作用 anti-plasticization
反张力 backward pull; backward tension
反张力拔丝 back-tensioned drawing
反张力装置 drag unit
反照 reflex
反照辐射 albedo radiation
反照镜 rearview mirror
反照镜水准仪 reflecting level
反照粒子 albedo neutrons; albedo particles
反照率 albedo
反照率计 albedometer
反照率理论 albedo theory
反照率知觉 albedo perception
反照率中子剂量计 albedo neutron dosimeter
反照现象 echoing
反照仪 albedometer
反折 intussusception; invagination; reflexed
反折板 reversible deflector
反折处 invagination
反折射的 catadioptric
反折射复合系统 catadioptric system
反折射光系 catadioptric system
反折射镜系统 catadioptric system
反折射器 catadioptric apparatus
反折射望远镜 catadioptric telescope
反折头 caput reflexum; reflected head
反褶积 deconvolution
反褶积分层解释法 anti-convolution divide layer interpretation method
反褶积算子长度 length of deconvolution operator
反褶皱作用 back-folding
反振荡 anti-hunt
反振荡电路 anti-hunt circuit
反振动的 anti-hunt
反震中 anti-center[centre]; anti-epicenter[anti-epicentre]; anti-epicentrum
反正比 back-to-front ratio
反正常方向的 anti-dromic
反正割 arc secant
反正扣 adjusting screw; adjustment screw; rectifying screw; regulating screw; turnbuckle screw
反正配板法 book matching
反正切 arctan; arc tangent
反正切函数 arctan function
反正弦 arcsine; inverse sine; anti-sine
反正弦变换 arcsine transformation; inverse sine transformation
反正弦定律 arcsine law
反正弦分布 arcsine distribution
反正弦函数 arcsine function
反正则的【数】 anti-regular
反证 counter evidence; falsification; negative evidence
反证法 negative approach; proof by contradiction; reduction ad absurdum proof; reduction to absurdity
反证物 disproof
反直观行为 counter-intuitive behavio(u)r
反直射变换 anti-collineation
反指标 inverse index; inverse indicator
反指向 opposite sense
反质点 anti-particle
反质子 anti-proton
反质子累积环 anti-proton accumulator ring
反质子原子 anti-protonic atom
反质子注入 anti-proton injection
反秩 inverse ranks
反置预应力千斤顶 upside-down prestressing jack
反中微子【物】 anti-neutrino
反中微子螺旋性 anti-neutrino helicity
反中微子能谱 anti-neutrino spectrum
反中微子束 anti-neutrino beam
反中心 anti-center[centre]
反中子 anti-neutron

F

反终止因子 anti-termination factor
反众数 anti-mode
反重 bobweight
反重氮磺酸盐 anti-diazosulphonate
反重氮酸盐 isodiazotate
反重氮盐 anti-diazotate
反重力 anti-gravitation;anti-gravity
反重力机 anti-gravity machine
反重力式筛分机 anti-gravity screen
反重桥台 knapsack abutments
反重子 anti-baryon
反周期 anti-periodic;conversion period
反周期波动行动 counter-cyclic(al) wave action
反周期措施 contra-cyclic(al) measure
反周期函数 anti-periodic(al) function
反周期倾向 counter-cyclic(al) tendency
反周期税 counter-cyclic(al) tax
反周期政策 anti-cyclical policy
反轴机 rewinder
反主点 anti-principal point
反注入 back injection
反爪饰 inverted talon
反转 backkick; back turn; backward running; counter revolution; counter-rotating; counter-rotation; inside out; reversal; reverse (rotation); reversing; reversion; roll back; run backward
反转饱和 inversion saturation
反转曝光 reversal exposure
反转泵拉曼激光器 reverse-pumped Raman laser
反转泵速率 inversion pump rate
反转变矩器 inverted rotary torque converter
反转标牌 reversing index
反转薄膜 reversible film
反转彩色胶片 reversal colo(u)r film
反转场 adverse field
反转成像法 reversal imaging process(ing)
反转齿轮 counter gear;reaction gear
反转齿轮变速轴 reverse gear shifter shaft
反转齿轮离合器 reverse gear clutch
反转齿轮箱 reverse gearbox
反转出料 <混凝土搅拌机> reversed discharge
反转出料搅拌机 reversion type mixer
反转出料式搅拌机 reversing drum mixer
反转触发器 toggle flip-flop
反转磁铁筒式磁选机 drum separator with counter-rotating magnet
反转次数 number of reversals
反转的 backrun;directional changing
反转点 roll-back point;turning point
反转点动 reverse inching turning
反转点会聚区 turning point convergence zone
反转电场法 reverse field process
反转电磁线圈 reverse rotation solenoid
反转电动机 motor with reciprocating movement; motor with reciprocation
反转电流 inverse current; reverse current
反转对数式电位器 reversed logarithmic potentiometer
反转发条 reverse mainspring
反转分布 inversion profile; inverted population
反转分裂 inversion doubling
反转符 carriage character
反转辅助轮 auxiliary reverser
反转感光材料 reversal material
反转杠杆 reverse lever;reversing lever
反转给进齿轮 reverse feed gear
反转工况 reversing damped condition
反转过程 reverse process; Umklapp process
反转换 decommutation
反转换器 decommutator
反转恢复法 anti-rotation resume method
反转机 reverse engine
反转机构 bringing-back
反转机制 inversion mechanism
反转极限 inversion limitation
反转极性 reversed polarity
反转(胶)片 reversal film
反转角 angle of twist
反转接点 reverse contact
反转接头管件 inverted joint
反转节 anti-trochanter
反转静电模板 reversed electrostatic stencil
反转矩 countertorque
反转开关 reversing switch
反转空转齿轮 reverse idler
反转拉曼散射 inverse Raman scattering
反转离合器 backing-off cone clutch; reverse clutch;reversing clutch
反转力矩 reaction torque;torque reaction
反转粒子数 inverted population
反转粒子数密度 inverted population density
反转门控去耦法 anti-rotation door control decoupling method
反转密度 inversion density
反转能级 inversion level
反转能量 inversion energy
反转凝析 retrograde condensation
反转片 reversible film
反转频率噪声 inverse-frequency noise
反转频谱 inverse-frequency spectrum
反转谱 inversion spectrum
反转穹顶 swing roof
反转区 inversion region; reversal zone
反转曲线 inversion curve; reverse curve;S-curve
反转驱动电磁线圈 reverse rotation drive solenoid
反转韧带 ligamentum reflexum;reflex ligament
反转乳剂 reversal emulsion
反转散射 reversal scattering;Umklapp scattering
反转摄影 reversal of photography
反转摄影处理 reversal photographic(al) processing
反转时间 reversing time
反转时间继电器 back spin timer
反转式检像镜 brilliant finder
反转试验 reversing test
反转收益率差距 reverse yield gap
反转手柄 reversing handle
反转手轮 reversing wheel
反转寿命 lifetime of set and reset cycles
反转特性 reverse speed characteristic
反转条件 turnaround condition
反转位置 backward position;reversal position;reverse position
反转温度 reversal temperature; reverse temperature
反转显影 discharged-area development; negative-to-positive development;reversal development
反转显影法 reversal process(ing)
反转显影剂 negative developer; reversal developer
反转显影图像 reversal-developed image
反转现象 reversal development; reversal phenomenon
反转线 reversed line
反转像 inversion;solarization image
反转像片 reversal paper
反转效应 reversal effect
反转斜料筒式拌和机 reversing drum mixer
反转信号 reverse signal
反转型乳剂 reversal-type emulsion
反转型乳胶 reversal emulsion
反转性 reversibility
反转循环 reverse cycle
反转液力变矩器 backward running torque converter
反转阈 inversion threshold
反转运动 return motion
反转载流子 inversion carrier
反转再购回 reverse repurchase
反转轴 reversing shaft
反转逐稿轮 check beater
反转转接插头 directional connection plug
反转装载机 reversed loader
反转装置 reversing gear
反转钻孔机 reversing drill
反装 left-handed machine
反装柄舵 reverse tiller
反装式擒纵机构 inverted escapement
反装卸扣 set shackle;upset shackle
反装支撑 invert strut
反状态检测装置 anti-status detector
反撞 back lash;kicking;recoil;repercussion
反撞部件 backlash unit
反撞效应 recoil effect
反缀实验 suffix experiment
反自反 irreflexive
反自反关系 irreflexive relation
反自同构 anti-automorphism;reciprocal automorphism
反自转 despin;despun
反自转电动机 despun motor
反自转发射 counter-rotational departure;counter-rotational launch
反自转台 despun platform
反自转天线 despun antenna
反走私 anti-smuggling
反租赁 lease back
反阻的 antidrag
反阻力 antidrag
反阻塞 anti-jamming
反阻塞干扰 anti-interference
反组 contrary class
反钻附件 back drilling attachment
反作用 adverse effect; back action; bucking; counteraction; reaction (effect);recoil;retroaction
反作用安匝 back ampere-turn;reaction ampere-turn
反作用变压器 bucking transformer
反作用测力计 reaction dynamometer
反作用场 choking field;reacting field
反作用磁场 counter-magnetic field
反作用的 reactive
反作用电池 counter cell
反作用电机 reaction machine
反作用电路 reverse circuit;revertive circuit
反作用电压 bucking voltage
反作用杆 torque-reaction bar
反作用缸 reaction cylinder
反作用隔膜阀 reverse acting diaphragm valve
反作用恒温器 reverse acting thermostat
反作用环 reaction ring
反作用剂 counteragent
反作用控制 reaction control
反作用控制阀 reverse acting control valve
反作用控制系统 reaction control system;reverse acting control system
反作用力 counteracting force; counter force; reacting force; reaction (force);reactive force
反作用力矩 reactionary torque;reaction torque
反作用力推进 reaction-propel;reaction propulsion
反作用力推进的 reaction-propelled
反作用梁 jacking beam
反作用流 reaction current
反作用轮 reaction wheel
反作用扭矩 reaction torque
反作用扭力棒 torque-reaction bar
反作用配水 reactive distribution
反作用喷油嘴 reaction nozzle
反作用汽轮机 reaction steam turbine
反作用曲线 reaction curve
反作用绕法 reaction winding
反作用绕组 opposing winding;reaction winding
反作用式 reaction type
反作用式电动机 reaction motor
反作用式发动机 reaction engine;reaction motor;reaction-type engine
反作用式螺旋桨 reaction propeller
反作用式水泵 reaction water pump
反作用式涡轮机 reaction turbine
反作用伺服机构 reaction servomechanism
反作用锁 back-action lock
反作用弹簧 antagonistic spring;opposing spring;reaction spring
反作用线圈 kicking coil; opposing coil
反作用线圈式扬声器 bucking coil loudspeaker
反作用消声器 non-dissipative muffler;reactive muffler
反作用性 reactivity
反作用叶片 reactance blade;reaction blade
反作用应力 reaction stress
反作用原理 principle of reaction;reaction principle
反作用匝 back turn
反作用执行机构 reverse acting actuator
反作用转矩 anti-torque
反作用转矩杆 torque-reaction rod
反作用转矩节 torque-reaction joint
反坐标方位角 back direction angle

返

返本期法 payoff period method
返波 backward wave
返波放大器 backward-wave amplifier
返波管 carcinotron
返波式磁控管 backward-wave magnetron
返波振荡 backward-wave oscillation
返波正交场放大管 backward-wave crossed-field amplifier
返测 back measurement;reversed run; reverse running; reversal run; reverse measurement
返测导线 back traverse
返潮 dampening;get damp
返扯强度 strength of salt return
返程 inbound;reverse
返程货物 homebound
返程运输 back haul
返程周期 flyback period;flyback time

返程装运 return shipment
返稠 after-thickening
返粗 pig skin;seediness
返粗颗粒 seed
返滴定 back titration
返复期 return period
返港 inward bound
返工 do poorly done work over again;reversed run;rework
返工成本 rework cost
返工单位数 reworked units
返工费用 rework cost
返工和浪费 rejection and waste
返工损失率 rate of rework losses
返工挖方量 rehandled excavation volume
返工修光 refinish
返光镜 iconometer
返航 homeward sailing; return journey;return trip;return voyage
返航航程 inward voyage
返航航次 homeward voyage; return voyage
返航航线 course back
返航货物 homeward cargo
返航载运 back haul
返还保证书 counter letter
返还差价款 giving state subsidies for price differential
返还排污费 water pollution charge refund
返还票据 surrender of bills
返还系数 release factor
返黄 yellowing
返回 back space; backspacing; bringing-back; loop back; regain; regression; restoring; return; roll-in; untread
返回按扣 return push-button
返回按钮 return push-button
返回波 backward wave
返回冲程 backstroke; backward stroke
返回初始位置 correcting action
返回传递函数 return transfer function
返回传送 echo-plex
返回传送操作 return transfer function
返回次序 back order
返回代码 return code
返回代码寄存器 return code register
返回贷款 wrap-around loan
返回挡 return catch
返回导线 return conductor
返回道次 return pass
返回的 returnable
返回的水 return water
返回的液体 return fluid
返回抵押 wrap-around
返回地球的路程 journey back to the earth
返回地址 return address
返回地址连接 return address link
返回地址指令 return address instruction
返回点 return point
返回电缆 return cable
返回电流 return current
返回电路 return circuit
返回定位 restoring to normal position
返回发货人 return to sender
返回访问 backward reference
返回飞行器 recovery vehicle
返回废钢 recirculating scrap; return scrap;revert scrap
返回港口 put back to port
返回股道 return track
返回函数 return function
返回函数率 rate of return function
返回宏指令 return macro
返回后付款 pay on return
返回后退付 pay on return
返回缓冲器 return buffer
返回机构 return mechanism
返回基准记录法 return-to-reference recording
返回继电器 home relay;homing relay
返回检查 echo check(ing)
返回检验 echo check(ing)
返回键 backspace key;return key
返回结束回答 echoing end reply
返回进路 return route
返回径路 return route
返回空格 back space
返回连接 return link
返回料 returns
返回零位 return-to-zero position
返回流槽 return launcher
返回率 <飞机> rate of return
返回泥浆 return mud
返回气 ship return vapor
返回溶液 rework solution
返回射束 return(ed) beam
返回始位 home
返回数值的特性 characteristics of returned value
返回速度 return velocity
返回缩减律 law of diminishing returns
返回踏板 return pedal
返回填补 fill backward
返回填充料 return filler
返回跳转 return jump
返回通道 backward channel; return channel
返回系数 drop-off to pickup ratio;coefficient of recovery <自动换挡>
返回线 return track
返回线路 line of return;return line
返回信号 backward signal; inverse signal;return signal
返回信号强度 return signal strength
返回行 backstroke
返回行程 backstroke;return stroke;reversing stroke
返回行程时间 return-stroke time
返回鱼类 homing fishes
返回语句 backspace statement;return statement
返回原地的 inbound
返回运动 return motion
返回轧制 roll on return pass
返回值 return value
返回值说明 returned value specification
返回指令 break-point order;link order;return instruction;bridging order
返回属性 return attribute
返回转速 re-entry speed
返回状态 return state
返回子程序 backspace subroutine;return subroutine
返回租赁 all-inclusive trust deed; wrap-around lease
返混 backmixing
返混流反应器 backmix-flow reactor
返计还原 gross up
返碱 accumulation of salt in the surface soil
返扩散 back diffusion
返料 backflow; return material; return product;revert
返料传送带 return conveyer[conveyor]
返料带 mill apron
返料管 refeed line
返料皮带 return conveyer[conveyor]
返料叶片 return plate
返流 backflow; backstream; back streaming;flow-back;reversion
返流燃烧室 reverse flow type combustor
返陆过程 land fall
返黏[粘] after-tack
返盘 counter offer
返铅流槽 lead return launder
返青【农】recovering;recovery from transplanting;turn green
返青作用 reviving action
返束光导摄像管 return beam vidicon
返束视像管 return beam vidicon
返水管 return pipe
返水弯管 trap
返提取 back extraction
返填 fill backward
返填土 earth covering
返退地址 return address
返洗液废水出口 backwash waste outlet
返洗液控制器 backwash controller
返向弯管 return bend 180
返销 back-selling; buy back; return selling
返销粮 resold grain
返销贸易 compensation trade; countertrade
返屑钎头 retract bit
返修 repair;rework
返修服务 after-sale service
返修工作 reclamation works
返修焊 reweld(ing)
返修率 percentage of products sent back for repair;repair rate
返修品 products sent back for repair; reprocessed products
返盐 accumulation of salt in the surface soil;uprise of salt
返盐过程 process of salt return
返盐期 salt return period
返焰焙烧 reverberatory roasting
返焰的 reverberatory
返焰煅烧 reverberatory calcination
返焰煅烧炉 reverberatory calciner
返焰炉 double flame furnace; reverberating burner; reverberating furnace; reverberatory burner; reverberatory roaster
返焰灼烧 reverberatory burning
返原 retrogradation;reversion【给】
返运货物 returned cargo
返运货物清单 return outwards invoice
返转 wrap-around
返租 chartered back; lease back; reversion;sale and leaseback
返祖现象 atavism
返祖性 atavism

犯

犯规的超速行驶 <美> speeding

泛

泛白 bleaching
泛白现象 whitening
泛北植物地理区系 Arcto floral realm
泛北植物区 Holarctic region
泛常数【数】arbitrary constant
泛称 general term
泛冲积扇 panfan
泛大陆解体 Pangaea breakup
泛大洋 panthalassa
泛代数 universal algebra
泛代数曲线 pan algebraic curve
泛地槽【地】pangeosyncline
泛地槽阶段 pangeosyncline stage
泛地台【地】panplatform
泛地台阶段 panplatform stage
泛顶极群落 panchlimation;panclimax
泛沸法 boiling-through marks
泛浮游生物 pantoplankton
泛共焦共振腔 general confocal resonator
泛古陆【地】Pangea
泛古洋 panthalassa
泛关系假设 universal relation assumption
泛灌 broad irrigation
泛灌渠 inundation canal
泛光灯 flood;flood lamp;flood light;floodlight projector;photoflood;reflector lamp
泛光灯架 floodlight stand
泛光灯组 bank light
泛光海相 eupelagic facies
泛光投射 flood projection
泛光投影 flood projection
泛光照亮的 floodlit
泛光照亮的圆盘信号机【铁】floodlit disc
泛光照明 core lighting; coved lighting; flood light; floodlighting; indirect illumination; indirect lighting; outline lighting;regressed luminaire
泛光照明系统 floodlighting system
泛函变换 functional transformation
泛函的 functional
泛函的最小不动点 least fixpoint of functionals
泛函方程 functional equation
泛函方程的守恒 conservation of functional equation
泛函分析 functional analysis
泛函平均法 functional averaging method
泛函数 arbitrary function; fonctionelle
泛函性 functionality
泛函演算 functional calculus
泛黑 <沥青路面铺石屑后黑色表面外露> blacking up
泛红色 blushing
泛洪积扇 panfan
泛洪区 flood basin
泛化 generalization
泛环索线 panstrophoid
泛黄 turn yellow;yellowing
泛黄度 degree of yellowness
泛黄后 after-yellow(ing)
泛黄指数 yellowness index
泛灰色 graying
泛集 universal set
泛碱 <砖或混凝土表面上泛起的白色盐基类粉末> efflorescence;saltpetering;whiskering
泛浆 <指混凝土表面泛出水泥浆> bleeding cement;water gain
泛胶的 glue bleed through
泛界 universal bound
泛金光 bronze dusting
泛克立格法 universal Kriging method
泛克立格方差 universal Kriging variance
泛克立格方程组 system of universal Kriging equations
泛克立格估计量 universal Kriging estimator
泛克立格估计值 estimated value of universal Kriging
泛克立格矩阵 universal Kriging matrix
泛克立格权系数 universal Kriging weighting coefficient
泛滥 alluvion; divagation; flooding; flowage;flush;freshet;inundate;inundation; overbank; overflow; submergence; submersion; superflux; water-flooding;deluge <暴雨>
泛滥边线 flowage line
泛滥标 flood mark

泛滥冰层 < 冬季泛滥平原上的厚冰层,厚度1~4米 > aufeis
泛滥草甸 overflow meadow
泛滥成灾 run rampant
泛滥带 zone of flowage
泛滥的 floodable
泛滥低地 < 沿河两岸的 > river bottom
泛滥地 bottom land; overflow land; submerged land; washland
泛滥地区 inundated district; inundated land; overflowed land
泛滥灌溉地 sailaha
泛滥灌溉区 sailaba
泛滥河 overflow river; overflow stream
泛滥河岸 inundation bank
泛滥河道 flooding river channel; overflow channel; overflow river channel
泛滥河谷 overflow valley
泛滥河流 flooding river; overflow river
泛滥洪水 inundating flood
泛滥界 land liable to flood
泛滥盆地 flood basin; flood bed; flood pool
泛滥偏差 divagation
泛滥平原 fadama; first bottom; flood plain; haughland; inundated plain; river bottom; sailaba
泛滥平原沉积 flood plain deposit; overbank deposit
泛滥平原地区 flood plain area
泛滥平原管理 flood plain management
泛滥平原河流决口扇 flood plain splay; channel splay
泛滥平原舌 flood plain lobe
泛滥平原盐渍区 salinized zone in overflowed plain
泛滥平原沼泽 flood plain marsh
泛滥期 flush period
泛滥潜力 flooding potential
泛滥情况 flooding condition
泛滥区地图 inundation map
泛滥区(域) flooded area; flooding area; flooding zone; inundated area; inundated district; inundated land; inundated zone; overbank area; overflow land; flood periphery; inundation area
泛滥散布 flood spreading
泛滥式冷凝器 flooded chiller
泛滥式蒸发器 flooded evapo(u)rator
泛滥水位 overflow level
泛滥土地 inundated land
泛滥土植被演变 clusium
泛美的 Pan-American
泛美航空公司 Pan American World Airways
泛美会计协会 Inter-American Accounting Association
泛美开发银行 Inter-American Development Bank
泛美跳汰机 Pan-American jig
泛美铁路协会 < 设在阿根廷布宜诺斯艾利斯,西班牙语缩写 > Pan American Railway Congress Association
泛美卫生工程与环境科学中心 Pan-American Center for Health Engineering and Environmental Science
泛美卫生组织 Pan-American Health Organization
泛美型浮选机 Pan-American cell
泛美自动阀脉动跳汰机 Pan-American pulsator jig
泛墨 flooding
泛凝集素 panagglutinin
泛欧道路网 trails-European road network; trans-European road network
泛欧高速公路 trans-Europe motorway
泛欧运输网 trans-European transport network
泛欧(洲) pan-European
泛频谱带 overtone band
泛铺草皮 broadcast sodding
泛区 flood area; inundated area; inundated district; inundated land
泛区森林 forest on land liable to inundation
泛区式 flood plain type
泛群系 pan formation
泛热带植物 pantropical plant
泛色 floating
泛色的 panchromate; panchromatic
泛嗜的 pantropic
泛霜 efflorescence; scumming
泛霜试验 efforwick test
泛水 bleeding; cover flashing; flash(ing); side gutter; upstand
泛水板 flashing board; soaker
泛水槽 back gutter
泛水槽嵌入件 flashing reglet
泛水槽嵌入物 flashing reglet
泛水盖帽 counter flashing
泛水沟 flashing valley
泛水胶泥 flashing cement
泛水接头 flashing joint
泛水膜 flashing membrane
泛水黏[粘]结剂 flashing cement
泛水砌块 flashing block
泛水石槽 raglan; raglin; reglet
泛水用片材 flashing membrane
泛酸 pantothenic acid
泛酸钙 calcium pantothenate
泛酸盐 pantothenate
泛酸酯 pantothenate
泛天候 broad weather
泛铜光 bronze dusting
泛演替顶极 panclimax; pan formation
泛溢河道 spilling river
泛音 overtone; upper partial
泛音电流 overtone current
泛音法 overtone method
泛音频率 overtone frequency
泛音谱带 overtone band
泛音振荡器 overtone oscillator
泛影钠 hypaque sodium; natrii diatrizoas; sodium amidotrizoate
泛油 < 沥青路面 > weeping; bleeding; fatting up; flushing
泛油的 bleeding
泛油的沥青路面 bleeding asphalt surface
泛域的 azonal
泛域土 azonal soil
泛准平原 panplain; panplane

饭菜 menu

饭菜升降机竖井 dumbwaiter hoistway
饭店 guest house; restaurant; victual(l)ing house
饭店门厅 hotel entrance lounge; hotel lobby
饭馆 cook shop; eating house; restaurant
饭盒 dinner pail; messtin
饭盛石 iimoriite
饭条式输送器链条 apron chain
饭厅 canteen; dining hall; dining room; dining saloon; mess hall; refectory < 指寺院或学院中的 >
饭庄 big restaurant

范艾伦辐射带 Van radiation belt

范本合同 model contract
范成法 gear generator
范成法齿轮磨床 generation type gear grinder
范畴 category; scoop < 标准、规范等的 >
范畴的 categorical
范畴论 theory of categories
范戴克红 Vandyke red
范戴克棕(颜料) Vandyke brown
范德尔蒙德行列式 Vandermonde determinant
范德华力【物】 Van der Waals forces
范德孟特数 Vandermonde number
范德米尔公式 < 计算防波堤块体稳定性的公式 > Van der Meer's formula
范德韦帕式熟料冷却机 Vanderwerp recuperator
范等壁氏反应 Van Den Berg reaction
范多恩采水器 Van Dorn water sampler
范格热舒适方程 Fanger comfort equation
范力农定理 Variagnon's theorem
范例 exemplar; paradigm; show piece; specimen
范氏黏[粘]度计 Fann viscosity
范式 canonic(al) form; normal form
范树 brood tree
范数 norm
范斯莱克氨基测定法 Van Slyke aminonitrogen method
范图里耙头【疏】 Venturi draghead
范围 scope(and range); ambit; amplitude; circumscription; domain; enclosure; extension; extent; limit; margin; pale; purlieu; purview; reach; tether; thresholding
范围变量 range variable
范围的下限 low-pressure limit
范围法 area method
范围检查 range check
范围检索 area search
范围校准 range calibration
范围界线 perimeter
范围密度法地图 dasymetric map
范围索引 range index
范围调整 range adjustment
范围外的墨水 extraneous ink
范围选择开关 range switch
范围之外的 extraneous
范文咬合采泥器 Van Veen grab
范文抓斗 < 海底取土器 > Van Veen grab
范性的 plastic
范性计 plastometer
范性流变 plastic flow
范性流动 plastic flow
范性形变 plastic deformation
范性学 plasticity
范砖 cutter and rubber

贩卖 vend

贩子 dealer; monger

梵蒂冈教堂 Templum vaticanum

梵蒂冈教廷 Vatican
梵塔函数 Tower-of-hanoi function
梵塔问题 Tower-of-hanoi problem
梵文 Sanskrit script

方 cube; fire-resisting valves in square and rectangular ducts; squareness; phon < 声音响度单位 >

方鞍形连接件 square saddle junction piece
方案 alternative; blueprint; excogitation; plan; precept; prescription; program(me); project; scenario; schema[复 schemata]; scheme; version
方案比较 alternative comparison; comparative study; comparison of alternative projects; comparison of alternative schemes; comparison of projects; scheme comparison
方案比较法 scenario comparison method
方案比选 comparison of alternative projects; comparison of alternative schemes; route alternative; scheme comparison
方案编制 conceptual development
方案拨款 program(me) appropriation
方案产生 alternative generation
方案陈列图 project layout chart
方案成效 program(me) effectiveness
方案储备金 program(me) reserves
方案的前景 conceptual prospect
方案的战略 conceptual strategy
方案费用 program(me) cost
方案分析 conceptual analysis; program(me) analysis
方案管理 project management
方案基础预算法 program(me)-based budgeting
方案及设想的验证 verification of alternatives and assumptions
方案计划产出 project output
方案阶段 conceptual level
方案阶段设计 conceptual stage design
方案进路 optional route; possible route
方案竞赛 scheme competition
方案决策 program(me) decision
方案抉择 program(me) alternative
方案抉择处理 decision-making process
方案控制 project control
方案论正阶段 definition phase; demonstration stage of scheme
方案论证阶段 project definition phase
方案内部安排 conceptual internal mapping
方案拟定 conceptual development
方案排队 ranking of alternatives
方案评价 evaluation alternatives
方案设计 alternative design; concept(ual) design; draft design; project design; schematic design
方案设计和论证 conceptual design and study
方案设计阶段 schematic design phase; conceptual phase
方案设计文件 schematic design documents
方案设想 conceptual design
方案审计 program(me) audit
方案视图 conceptual view
方案水准 project level
方案特定变数 alternative specific variable
方案图 assumption diagram; conceptual drawing; schematic drawing; scheme design; scheme drawing
方案小组 project team
方案性规划 conceptual planning
方案性模型 conceptual model
方案性设计 conceptual design
方案研究 conception report; conceptual analysis; conceptual design; conceptual development
方案研究法 case study method
方案优化 alternative optimization; alternative optimum
方案预算 program(me) budget

方案运行图【铁】 variant train working diagram
方案再用性设计 conceptual reuse scheme
方案支助费用 program(me) support cost
方案执行 program(me) delivery
方案职权 project authority
方扳手 square head wrench
方板 square plate
方板锯 dimension saw
方板料 square-edged lumber
方板坯初轧机 blooming-slabbing mill
方板式解算电势计 slab-type resolving potentiometer
方板牙 square die
方板牙扳手 hand screwing tool
方棒 square rod
方棒表示杆 square stick indication rod
方棒料 square bar
方铋钯矿 michenerite
方边 square edge
方边板 square-edged board
方边壁板 parallel siding
方边的 square-edged
方边刨床 squaring up machine
方便 boon; convenience [conveniency]; easement; amenity < 指气候、环境、处境、性情等方面 >
方便残疾人设计 designing for the disabled
方便抽样 convenience sampling
方便的 commodious; expedient; well-placed
方便店 convenience store
方便电源插座 convenience outlet
方便动机 convenience motive
方便交通 make traffic easier for the people
方便面 instant noodle; quick served noodle
方便旗【船】 flag of convenience
方便商品 convenience goods
方便生活 make life easier for the population; provide amenities for the people; provide people with door-to-door service
方便食品 convenience foods; ready foods
方便停车器 park-a-bike
方便行动住房 mobility housing
方便性选样 convenient sampling
方便样本 convenience sample
方便用户 convenience of customers
方便用户的【计】 user-friendly
方柄扳钻 square shank ratchet drill
方柄棘轮钻 square shank ratchet drill
方柄直槽铰刀 square shank straight flute reamer
方柄锥铰刀 square shank taper reamer
方柄钻 square shank drill
方波 square wave
方波刺激器 rectangular pulse stimulator
方波电磁流量仪 square-wave electromagnetic flow-meter
方波对比传递函数 square-wave contrast transfer function
方波发生器 square-wave generator; square-wave oscillator
方波光栅 square-wave grating
方波极谱测定 square-wave polarograph determination
方波极谱(法) square-wave polargraphy
方波输出 square-wave output
方波调制 squared modulation
方波图样 square-wave pattern
方波响应 square-wave response
方波信号 square-wave signal; square-wave video signal
方波形状 square-waveform
方波型光脉冲 square-wave pulse of light
方波阳极溶出伏安法 square-wave anodic stripping voltammetry
方波振铃器 square-wave ringer
方玻璃片 settling glass
方钵 square pot
方驳 box barge; flat boat; pontoon type barge; pram; scow
方驳趸船 scow pontoon
方驳式渡船 ferry flat
方驳式分段浮船坞 sectional pontoon dock
方驳式泥浆箱 mud scow
方补心 kelly bushing
方部 quadrate part
方材 die square; joist lumber; quadrate; sawn square; square(d) log; square (d) timber; squarelog; square-sawn lumber
方裁口 square rebate
方裁口接头 square rebated joint
方槽 square groove
方槽(灰)缝 recessed joint
方槽刨 square rebate plane
方槽形瓦管 square channel tile
方差【数】 variance
方差百分比 variance percentage
方差比变换 variance-ratio transformation
方差比分布 variance-ratio distribution
方差比检验 variance ratio test
方差比例 variance proportion
方差比率 variance ratio
方差比率检验 variance ratio test
方差不等式 inequality of variance
方差不齐 heterogeneity of variance; heteroscedasticity
方差的不一致性 variance heterogeneity
方差的定型分析 robust analysis of variance
方差的合并估计 combining estimates of variance
方差的划分 subdivision of variance
方差的完全组 complete set of variance
方差的重分 subdivision of variance
方差的最优值 optimum value of variance
方差分布 distribution of variance; variance distribution
方差分量 component of variance
方差分量法 variance components method
方差分析 analysis by variance; analysis of variance; variance analysis
方差分析表 analysis of variance table
方差分析法 method of analysis of variance
方差分析技术 techniques of variance analysis
方差分析模型 analysis of variance model
方差分析图 analysis of variance diagram
方差分析中的无关性 independence in analysis of variance
方差贡献 variance contribution
方差估计 estimated variance; estimate of variance
方差函数 variance function
方差恒定性 constancy of variance
方差-回归分析 variance-regression analysis
方差-积差矩阵 variance-covariance matrix
方差减少技术 variance-reducing technique
方差减缩方法 variance-reducing technique
方差检验 variance test
方差校正系数 variance correction coefficient
方差矩阵【数】 variance matrix
方差控制 control of variance
方差类比分析 analysis of variance analog(ue)
方差联合估计 combining estimates of variance
方差律 variance law
方差膨胀因子 variance inflation factor
方差平均 mean of variance
方差平均值比率 variance-mean ratio
方差齐 homoscedasticity
方差齐性 homogeneity of variance
方差齐性检验 homogeneity test of variance
方差缩减技术 variance-reducing technique
方差稳定性 variance stability
方差系数 coefficient of variance
方差-协方差传播律 variance-covariance propagation law
方差-协方差矩阵 variance-covariance matrix
方差性 scedasticity[skedasticity]
方差最大旋转因子解 varimax rotation factor solution
方铲 square-ended shovel; square shovel; square spade
方程次数 degree of equation
方程待定系数 undeterminate coefficient of equation
方程的分群 grouping of equations
方程的根 equation root; root of equation
方程的轨迹 locus of an equation
方程的图 graph of equation
方程的右边 secondary member of equation
方程的左边 first member of equation
方程分组 grouping of equations
方程解法 equations system method
方程解算机 equation solver
方程解算器 equation solver
方程解算装置 equation solver
方程类型 equation type
方程论 theory of equations
方程模拟解算机 analog(ue) equation solver
方程(内)误差 error in equation
方程求解器 equation solver
方程式 equation
方程式常数项 absolute term of an equation
方程式的机械编排 mechanization of equations
方程式法 equation technique
方程式阶 order of an equation
方程式幂次 degree of equation
方程式投资 formular investing
方程式项 member of equation
方程式自动解算装置 automatic equation solver
方程误差模型 error-in-equation model
方程相关 dependence among equations
方程语句 equation statement
方程组 coupled equations; equation set; set equations; set of equations; system of equations
方程组的解 solution of equations
方程组的相容性 consistence of equations
方程组可解性 solvability of the system of equations
方程组最终形式 final form of equation system
方齿牙嵌式离合器 square-jaw clutch
方冲锤 square punch
方锄 square hoe
方椽 square rafter; square staff
方窗 square window
方锤 plane set-hammer
方瓷砖 quadrel
方次 degree
方锉 block file; square file
方代数 quadrate algebra
方氮铬矿 carlsbergite
方的标度 phon scale
方凳 square stool
方底 square base
方底穹隆 domed square
方点阵 square lattice
方垫 < 钩头螺栓 > square washer
方垫圈 square plate washer; square washer
方钉 boat nail; brad; cut nail; cut steel nail; square nail
方顶尖 square center[centre]
方端 square end
方端臂板 square end (semaphore) blade
方断面密封圈 rectangular section ring
方法 artifice; device; epsilon-delta technique; instrument; machinery; meaner; means; metaphor; method; mode; modus; modus operandi; process; way
方法标准 method standard
方法部门 methods department
方法的改进 method improvement
方法的适应 adaptation of methods
方法分析说明 methods analysis specification
方法分析图 methods analysis chart
方法工程 methods engineering
方法工程部门 methods engineering department
方法工程师 method engineer
方法工程协会 < 美 > Methods Engineering Council
方法过程 procedure
方法和问题 approaches and problems
方法间偏倚 between method bias
方法检出限 method detection limit
方法简单化 methods simplification
方法库 method library
方法兰 square flange
方法论 methodology
方法论的分析 methodological analysis
方法论体系 methodological framework
方法论问题 methodological
方法设计 methods design
方法-时间标准 methods-time standard
方法-时间数据 method-time data
方法使用范围 limitation of a method
方法误差 methodical error; error of method
方法学 methodology
方法研究 method analysis; method study
方法专利 process patent
方帆的束帆索 bunt gasket
方帆宽度 spread
方帆双桅船 brig
方沸橄榄玄武岩 analcime olivine basalt
方沸碱煌岩 monchiquite
方沸石 analci(di)te; analcime
方沸石化 analcimization; analcitization

方沸石玄武岩 analcime basalt

方沸石岩 analcimite

方沸玄武岩 analcite basalt

方沸岩 analcimite; analcimolith; analcite

方沸云玄岩 ghizite

方沸正长岩 analcime syenite

方氟硅铵石 cryptohalite

方氟硅钾石 hieratite

方氟钾矿 carobbiite

方氟钾石 carobbiite

方钙铈镧矿 beckelite

方盖形螺母 box nut

方杆 square bar

方杆插销 square bolt

方杆螺栓 square shank bolt

方钢 quadrant iron; square iron; square section; square steel

方钢材 billet

方钢锭 square ingot

方钢短条饰 square billet

方钢轨 rail of square steel

方钢筋 square bar; square steel bar; square stock

方钢坯 billet; square bloom

方钢丝 square steel wire

方钢条 square bar steel; square steel bar

方钢铣制叶片 blade milled from solid material

方格 chequer; criss-cross; panel; pane <棋盘等的>

方格百叶窗 eggcrate louver

方格板 checkered plate

方格玻璃 <门窗上的> pane

方格玻璃板 squared glass plate

方格测光 box photometry

方格测量系统 <美国政府建立的> rectangular survey system

方格测片 measuring grid

方格测试图 cross hatch pattern

方格点 point of square grids

方格顶棚 coffering

方格顶棚模板 steel pan form

方格法 quadrangular method; square method

方格放射混合式道路网 radial and checker-board street system

方格跟踪法 square mesh tracking

方格构造 criss-cross structure

方格灌溉 check irrigation; square check irrigation

方格桁架 Town lattice truss

方格花纹 checkerwork; plaid

方格画法 graticulation

方格绘图纸 coordinate paper; coordinate system paper; cross-section paper; plotting paper

方格计数法 criss-cross method

方格架 <天花板嵌灯下的> eggcra

方格检索 box search

方格井网 square pattern

方格厘米纸 coordinate system paper

方格篱笆 trellised fence

方格粒纹 box grain

方格联锁表 square sheet locking table

方格梁 panel girder

方格量板 graticule

方格模板 panel form

方格耐火砖 checker fire brick

方格喷浆系统 square-spray irrigation system

方格频数 cell frequency

方格平均值 cell mean

方格铺地砖 checkered type brick paver; checker paving brick

方格畦田灌溉 square check irrigation

方格墙 coffered wall

方格墙布 plaid

方格取样(法) criss-cross sampling

方格色织布 gingham

方格十字纹饰 dogtooth

方格式 gridiron pattern; gridiron type; grid type

方格式道路网 gridiron road system; grid road system

方格式道路系统 rectangular street system

方格式的 checkered; chequered

方格式桁架 Town(lattice) truss

方格式护面 squared pitching

方格式护坡 squared pitching

方格式街道 rectangular layout of streets

方格式街道布置 gridiron type layout; gridiron type street layout

方格式街道网 checkerboard street system; rectangular layout of streets; rectangular street system; street grid

方格式街道系统 checkerboard street system; rectangular street system

方格式块料路面 checkered surface

方格式路面 checkered work pavement

方格式路拖 gridiron drag

方格式路网 gridiron plan

方格式排水 rectangular drainage pattern

方格式排水系统 rectangular drainage system

方格式喷罐系统 square-spray irrigation system

方格式铺面【建】 checker work pavement

方格式铺砌 checkers <美>; chequer <英>; chequer work <英>

方格式铺砌工作 <美> check(er) work

方格式(铺砌)路面 checker work pavement

方格式砌体 checkerwork

方格式水系 rectangular drainage

方格式圬工 checkerwork

方格式钻进 checkerboard drilling

方格数据 cell data

方格水系 espalier drainage pattern

方格水准测量 grid level(l)ing

方格缩放法 graticulation

方格缩放画法 graticulation

方格天花板 coffered ceiling; coffering; square ceiling; waffle ceiling

方格天花板饰 lacunaria

方格铁板压路机 <修筑水泥人行道用> grid roller

方格头顶钢线钉 flat chequered head steel wire nail

方格投影 rectangular projection

方格图 cell chart; graticule; grid chart; rectilinear chart

方格图案 checkerboard; sett; checker(ed pattern) <美>; chequer(ed pattern) <英>

方格图零点 origin of grid

方格图样 quadrille pattern

方格网 grid square; layout grid; network of squares; rectangular grid; reticulation; square grid; square net

方格网采样 square grid sampling

方格网城镇 grid-pattern town

方格网地图 squared map

方格网网点 point of square control network; point of square grids

方格网法 square grid method

方格网钢筋 rods intermeshed in squares

方格网模型 grid network model

方格纹 check design; trellis design

方格纹浮标 chequered buoy

方格系统 grid system

方格线 graticule line; grid line

方格线与建筑物的墙或主要结构线一致的平面图 grid plan

方格形 criss-cross; gridiron pattern; square basket; square bracket

方格形板 grid slab

方格形道路系统 latticed road system; rectangular street system

方格形地面铺设 grid floor cover(ing)

方格形房屋立面 grid facade

方格形路网 grid network

方格型 grid pattern

方格型混凝土捣固器 gridiron tamper

方格压印滚筒 <修筑水泥人行道用> grid roller

方格压印路滚 <修筑水泥人行道用> grid roller; mesh roller

方格影响系数 lattice effect coefficient

方格圆柱投影 rectangular cylindric(al) projection

方格织物 plaid

方格纸 cross-section sheet(paper); graph paper; profile paper; quadrille paper; rectilinear chart; ruled paper; scale paper; section paper; section sheet; squared paper

方格砖 checker brick; chequer brick

方格状城市 rectangular grid city

方格状构造 square lattice structure

方格子 checker

方格坐标 grid coordinates

方格坐标地图 gridded map

方格坐标线 grid line

方隔墙 quartered; quartered partition

方镉石 monteponite

方根 root

方根算法 square root algorithm

方沟 box drain

方箍(筋) square tie

方骨 quadrate bone

方钴矿 skutteradite

方管材 square pipe; square tube

方管接头器 square-tube splicer

方罐 cubic(al) container; cubitainer

方光螺母 finished square nut

方规 square ga(u)ge

方辊头 square wobbler

方焊条 square welding rod

方和根值 root-sum-square value

方和盘 bearing circle

方盒箭头表示法 box-and-arrow notation

方桁 quartering

方壶 quadrangular jar

方花结 square figure knot

方滑板 square slide

方化矩阵阶 order of squared rectangle

方环 square ring

方环形激光器 square ring laser

方黄铜棒 brass square bar

方黄铜矿 barracanite; chalmersite; cubanite

方辉橄榄石 harzburgite

方辉橄榄岩 saxonite

方辉砷铜矿 lazarevicite

方辉铜矿 digenite; harrisite

方基槽 square trench

方基础 square base

方基坑 square trench

方脊屋顶 <两个四十五度坡直角相交的屋顶> square roof

方尖 <山峰、树木等> obelisk

方尖碑 guglia; obelisk

方尖石塔 obelisk

方尖石柱 obelisk

方尖塔 needle; obelisk

方尖形 obelisk

方尖形柱 obelisk

方尖柱 guglia

方尖柱碑 obelisk

方肩胡桃钳 square shoulder carpenter's pincers

方肩圆头螺栓 lag bolt

方碱沸石 paulingite

方键 square key

方角 corner; square corner

方角半开接合 square-corner halving

方角侧墙 square jamb

方角度 square degree

方角料框架 square-framed

方角落 <房间的> square quoin

方角入口 square cornered entrance

方角浴缸 square-corner(bath) tub

方角浴盆 square-corner(bath) tub

方铰刀 square reamer

方铰链 iron square hinge

方结 reef knot; sailor's knot; square knot

方截面 square section

方截面钢棒式道岔 geordie turnout

方截面密封圈 square section ring

方解白云石 calcitic dolomite

方解大理石 calcite marble; calcitic marble

方解钙矾石 calcite ettringite

方解霓磷灰石 calcite aegiapite

方解石 calcareous spar; calcite; calcspar; conchite; glass tiff; Iceland spar; kalchstein; lime feldspar; reichite

方解石白云(石)碳酸岩 calcite rauhaugite

方解石饱和指数 saturation index of calcite

方解石补偿深度 calcite compensation depth

方解石衬砌 calcite lining; calc-spar lining

方解石干涉仪 calcite interferometer

方解石化作用 calcification; calcilization

方解石灰岩 calcite limestone

方解石混凝土 calcite concrete

方解石夹层 calcite streaks

方解石胶结物 calcite cement

方解石晶簇 druse of calcites

方解石晶体棱镜 calcite crystal prism

方解石矿床 calcite deposit

方解石类矿物 calcite

方解石粒 calcite grain; calcite in grain

方解石菱形体 calcite rhombohedron

方解石镁云碳酸岩 calcite beforsite

方解石溶解量 dissolution amount of calcite

方解石溶解速度 dissolution rate of calcite

方解石溶跃层 calcite lysocline

方解石石灰 calcitic lime

方解石石灰石 calcitic limestone

方解石双折射 calcite birefringence

方解石碳酸岩 alvikite

方解石碳酸岩类 alvikite group

方解石铁白云石菱镁矿白云(石)碳酸岩 calcite ankerite magnesite rauhaugite

方解石铁白云石菱镁矿镁云碳酸岩 calcite ankerite magnesite beforsite

方解石透辉石钙铝榴石角岩 calcite diopside grossular hornfels

方解石透闪石绿帘石角岩 calcite tremolite epidote hornfels

方解石纹理 calcite streaks

方解石-萤石矿石 calcite-fluorite ore

方解碳酸岩 alvikite

方解正长岩 calcite syenite

方巾 face cloth

方金字塔 square pyramid

方晶 prismatic(al) crystal

方晶格 lattice square

F

方晶石 cristobalite
方晶石墨 cliftonite
方井 derrick cellar;well cellar
方颈 square neck
方颈螺栓 carriage bolt; coach bolt; square neck bolt
方颈埋头螺栓 elevator bolt
方矩阵 square matrix
方卷饰 square roll
方均根功率 root mean square power
方均根速度 root mean square velocity
方均根值 root mean square value
方卡块 <拧卸时把钻头固定在转盘上用的> breakout block
方孔 square-edged orifice;square hole
方孔编制筛网 square-aperture woven mesh
方孔插刀 square hole cutting slotting tool;square hole cutting tool;square hole slotting tool
方孔冲头 square punch
方孔的 square mesh
方孔垫圈 square hole washer
方孔吊斗 square hole bucket
方孔金属丝布 square opening wire cloth
方孔金属丝网 square mesh wire cloth
方孔卡 aperture card
方孔螺钉头用扳手 allen wrench
方孔木钻 square eyed auger
方孔塞规 square plug ga(u)ge
方孔筛 square hole screen; square mesh sieve;square opening sieve
方孔筛网 square mesh screen
方孔水塞扳手 square hole spanner
方孔铁丝网 square mesh wire cloth
方孔网格 square mesh grating
方孔钻 square auger
方口铲土机 square-mouth shovel
方口单斗挖掘机 square-mouth navvy shovel
方口单斗重型挖掘机 square-mouth heavy shovel
方口单头套筒扳手 square opening single end box wrench
方口的 square-mouth
方口夹头 square chuck
方口钳 square-mouth tongs
方块 block;square;rectangular block
方块岸壁 block(works) wall; quay wall of set blocks
方块搬运车 block carrying truck
方块搬运吊装 block handling
方块冰 cube ice
方块草皮 divot;sod
方块吊装设备 block-setting plant
方块堆场 block storage
方块防波堤 breakwater with concrete-block gravity wall; concrete block wall breakwater
方块灌溉 check-basin irrigation
方块级联 square cascade
方块角系统 block angular system
方块接线图 block connection diagram
方块矩阵 block matrix
方块料(铺砌)路面 cube pavement
方块码头 concrete block quaywall; quay wall of set blocks
方块毛石 cube sett; rubble ashlar; square(d) rubble
方块毛石分层砌墙 square rubble walling in courses
方块毛石墙 rubble ashlar wall; squared rubble wall
方块毛石圬工 rubble ashlar masonry work
方块抛填 block dumping; pell-mell-placed concrete block; random-placed concrete blocks
方块拼接 square splice
方块平镶板 square and flat panel
方块铺面层 sett paving
方块起吊 block lifting
方块砌层 coursed block; coursed blockwork;course of blocks
方块砌体 blockwork
方块砌筑 block-in-course
方块墙 blockwork wall
方块石 quadrel;cube sett <铺路用>
方块石不分层砌体墙 squared rubble wall
方块石路 block stone road
方块石铺砌 cube sett paving
方块石(铺砌)路面 cube pavement; square dressed pavement
方块式码头 concrete block type wharf
方块式柱头 block capital;cube capital;cushion capital
方块水泥地板 slab covering
方块体 packet
方块投影 rectangular cylindric(al) projection
方块图 block chart; block diagram; block layout; block map; block scheme; functional arrangement; function(al) diagram; skeleton diagram
方块图表示法 block representating; block representative
方块图符号 block diagram symbol
方块圬工 squared stone masonry (work)
方块物 quadrate
方块斜层砌合 sliced work; sloping bond
方块形花饰的线脚 diamond fret
方块阴极 block cathode
方块游戏机 brick game
方块预制厂 block-making plant
方块预制场 block-making plant; block yard; concrete block yard; casting yard
方块原状土样 block sample
方块柱帽 cubiform capital
方块柱头 block capital; cubic(al) block capital;cubiform capital
方块(琢)石 square stone
方框 square frame;quadra <图置像的>
方框符号 block symbol
方框格网 square frame
方框罗针 box(-trough) compass; compass box
方框式取景器 ground glass finder
方框图 block chart;block plan;block (schematic) diagram; block scheme; block system; patch diagram; schematic outline;skeleton diagram;skeleton scheme
方框图等效变换 equivalent transform of block diagram
方框支架 square set
方框支架底梁 square set sill
方框支架工作面 timbered stope
方框支架横撑 girt(h)
方框支架横梁 square set cap
方框支架楼梁 square set flooring
方括号 square bracket;square parenthesis
方括弧 crotchet;square bracket
方喇叭形渐变段 square bellmouth transition
方肋穹隆 square rib-vault
方棱梣 blue ash
方棱的 square-edged
方棱原木 die-squared log
方棱柱 quadratic prism
方粒切粒机 dieer
方梁车架 box section frame
方料 square stock
方硫镉矿 hawleyite
方硫钴矿 cattierite
方硫钴镍矿 siegenite
方硫锰矿 hauerite
方硫镍矿 vaesite
方硫铁镍矿 bravoite
方龙骨 bar keel
方轮 square wheel
方螺钉扳手 spanner for square screw
方螺帽 square nut
方螺母 square nut
方螺栓 square bolt
方螺丝攻 square thread tap
方螺纹 flat thread; square screw thread;square thread
方螺纹车刀 square-thread tool
方螺纹螺钉 square-threaded screw
方螺纹样 square-thread form
方马赛克 square mosaic
方码数 yardage
方脉冲 flat-topped pulse
方脉冲函数 boxcar function
方冒口 square riser
方镁石 periclase;periclasite
方镁石瓷 periclase porcelain
方镁石大理岩 periclase marble
方镁石高频烧结砖 periclase brick
方镁石砖 periclase brick
方锰矿 manganosite
方面 ide;side
方面积喷灌器 square-area sprinkler
方木 die-squared timber;squared log; square-edge timber;square lumber; square-sawn lumber; square timber;posts and timbers <指截面12.5×12.5平方厘米或更大尺寸的木材>;scantling
方木材 ba(u)lk; rectangular timber; sharp-edged timber;square(d) timber
方木隔断 quarter partition
方木隔墙 quartered partition
方木脚手架 gabbart scaffold; sawn timber falsework
方木梁 squared beam
方木料 square(d) timber
方木斜面叠接 <屋架拉杆> square(d) splice
方钠粗面岩 sodalite trachyte
方钠霓辉正长岩 sodalite aegirine augite syenite
方钠石 sodalite
方钠石方沸石钙霞石微晶正长岩 sodalite analcine cancrinite microsyenite
方钠石显像管 sodalite Braun tube
方钠霞石正长岩【地】ditroite
方钠岩 sodalitite
方钠正长岩 sodalite syenite
方爬器 anchor
方盘 square plate
方硼石 boracite;paracite
方硼石玻璃粉 boracite glass powder
方坯 square billet
方坯连铸机 billet caster
方坯料 square billet
方坯切头 bloom butts;bloom crop end
方坯轧辊 blooming roll
方片 square plate
方平镶板 square and flat panel
方平织物 hopsack
方平组织 basket weave
方平组织饰带 basket braid
方瓶 square vase
方畦淹灌 flooding by system of squares
方砌块砌成的岸壁 quay wall of set blocks
方砌块砌成的岸墙 quay wall of set blocks
方钎尾 hexagon shank
方铅晶体检测器 galena crystal detector
方铅矿 acerilla;archifoglio;blue lead; blue lead-ore;dice mineral;galena; galenite;lead glance
方铅矿浆 galena pulp
方铅矿石 galena ore
方铅矿石检波器 galena detector
方铅矿纸浆 lead glance pulp
方钳 square tongs
方嵌条 regula(e)
方墙四角支承拱上的穹顶 pendentive dome
方桥跨 square bay
方切口锁接头 square-shouldered tool joint boxes
方切头 wrench squares
方切橡胶线 cut thread
方穹顶 square dome
方容器 cubic(al) container;cubitainer
方伞形风帽 square cowl
方筛孔 square mesh
方筛条 square bar
方山 mesa
方山地貌 table mountain
方山平台 mesa plain
方砷锰矿 magnussonite
方砷铁矿 iron-skutterudite
方砷铜银矿 kutinaite
方石 ashlar[ashler]; cut stone; hewn stone;square stone
方石板 hewn stone slab;square ashlar
方石板砌筑工程 square ashlar masonry work
方石板饰面 square ashlar dressing
方石爆破 rock blasting
方石成行砌墙 <古罗马> opus pseudoisodomum
方石窗 hewn stone window
方石拱顶 hewn stone vault
方石横向砌块 hewn stone bonder; hewn stone bonding header
方石块 square ashlar
方石块铺筑的 square-dressed
方石块砌合 square ashlar bond
方石块砌筑工程 square ashlar masonry work
方石块饰面 square ashlar dressing
方石路面 ashlar paving; cut-stone paving
方石面层毛石填心墙 rubble ashlar
方石砌合 ashlar bond
方石砌体 range work; squared stone masonry(work);ashlar masonry
方石砌筑工程 ashlar masonry
方石墙工 hewn stone masonry(work); hewn stonework
方石网眼筑墙 opus reticulatum
方石圬工 squared stone masonry (work)
方石镶面 ashlar facing
方石英 cristobalite
方石整齐砌筑 opus quadratum
方石筑墙 <古罗马建筑> opus quadratum
方式 fashion;manner;means;modality; mode; modus; pattern; system; way
方式变更符号 mode change character
方式表 mode table
方式的 modal
方式地址 mode address
方式分类符 mode specifier
方式函数 mode function
方式函数寄存器 mode function register
方式寄存器 mode register
方式兼容性 mode compatibility

方式接线 martingale
方式开关 mode switch
方式控制字 mode control word
方式名 mode name
方式上的选择 mode choice
方式说明符 mode specifier
方式位 mode bit
方式位线 mode bit wire
方式选择 mode select;mode selection
方式选择器 mode selector
方式寻址 mode addressing
方式指令 mode instruction
方式指令格式 mode instruction format
方式柱塞泵 vertical plunger pump
方式转换箱 mode box
方铈矿 cerianite
方竖框 square jamb
方栓 spline
方栓接合 slip-tongue joint
方霜晶石 thomsenolite
方水落管 square downpipe
方水平仪 square level
方塔 four-sided tower;square tower
方钛铁矿 ulvoespinel;ulvtite
方弹簧钢 square spring steel
方套筒扳手 square box(socket) wrench;square box spanner;square ring spanner
方锑金矿 aurostibite
方锑矿 senarmontite
方体炸药 cubic(al)powder
方体锥形螺簧 rectangular section volute spring
方条滑石笔 flat strip slate pencil
方条盘簧 square bar spiral spring
方条铜线 busbar wire;bus line
方条图 column diagram
方铁 square iron
方铁矿 iozite;wüstite
方铁锰矿 bixbyite;sitaparite
方铁体 wüstite
方铁体铁 wustite iron
方铁条 square bar;square bar iron;square iron bar
方厅 quadriporticus;square hall
方亭 square kiosk;square pavilion
方庭 quadriporticus
方铜棒 copper square bar
方铜铅矿 murdochite
方筒拌和机 cube mixer
方筒拌和器 cube mixer
方头 square;square end
方头扳手 square spanner;square wrench
方头扁平长刀 battledore
方头柄 square ending;square end lug
方头驳船 pontoon-bowed barge
方头铲 square-ended shovel;square point shovel
方头窗 square-headed window
方头锉 abrasive file
方头弹街 kleinp flaster
方头刀具 square-nose tool;squaring tool
方头的 square-headed;square-ended
方头丁坝 blunt-ended spur
方头对接焊 butt-welded with square ends
方头墩 square pier
方头钢钻 square shank ratchet drill
方头工具 quarrel
方头夹垫圈 coach clip washer
方头尖螺丝 lag bolt;lag screw
方头接杆 anvil extension
方头孔眼 square-headed loophole
方头联轴节 square coupling
方头螺(丝)钉 coach screw;lag screw;screw bolt;square-headed screw;square head screw
方头螺母 square head nut
方头螺栓 coach bolt;lag bolt;rectangular head bolt;square-headed bolt;square neck bolt
方头螺丝 square-headed screw
方头螺丝刀 square blade screwdriver
方头墁刀 square trowel
方头镘板 margin trowel
方头木螺钉 coach screw;log screw;log bolt
方头木螺栓 lag bolt
方头尼科尔棱镜 square-end Nicole prism
方头平焊接 butt-welded with square ends
方头平尖紧定螺钉 square head flat point set screw
方头平接焊 butt weld with square ends
方头钳 square-nosed pliers
方头锹 square-nose shovel
方头塞 shank plug
方头锁紧螺母 square lock nut
方头铁螺钉 iron screw with square head;iron square head screw
方头铁螺母 iron square nut
方头突出部 square ending
方头挖掘铲 square digging blade
方头万向接头 square drive universal joint
方头旋塞 square head plug
方头支墩坝 diamond-head buttress(ed)dam
方突角 square quoin
方突角线脚 quirk mo(u)lding
方钍石 thorianite
方瓦 quadrel
方网格 network of squares
方网格城镇 grid town
方网格筛布 square mesh screening cloth
方网架 square grid
方网孔 square mesh
方网眼 square mesh
方网眼筛 square mesh screen
方尾船 square sterned boat;square sterned ship
方尾刀柄 shank with square tang
方尾平底渔船 dory skiff
方尾双桨救生艇 cutter
方尾艇 square sterned boat
方尾型 transom stern
方位 azimuth;bearing;direction;horizontal direction;orientation;placement;rhumb
方位安置分划板 azimuth laying reticle
方位安置钮 azimuth setting knob
方位爆破 azimuthal shooting
方位比 <涡轮叶片> aspect ratio
方位比较器 azimuth comparator
方位闭合差 closure error of azimuths
方位变动 azimuth shift
方位变化 bearing rate
方位变化率 bearing rate;rate of change in azimuth
方位变量 directional variable
方位辨别 bearing discrimination
方位标(记) azimuthal mark;bearing mark;cardinal mark;range mark;azimuth mark;azimuth reference;surveying mark(er);survey monument
方位标志 azimuthal mark;bearing mark;cardinal mark;range mark
方位标志控制 bearing mark control;cardinal mark control
方位表 azimuth table
方位表示法 indication of direction
方位不变 constant bearing
方位参考标 azimuth reference
方位参考线 azimuth reference datum
方位操纵盘 azimuth hand wheel
方位测定 azimuth determination;bearing test;direction(al) finding;taking of bearings
方位测定器 azimuth circle;bearing finder;lodar
方位测定员 azimuth operator;bearing operator
方位测定装置 bearing transmission unit;bearing unit
方位测井法 directional survey method
方位测量 azimuth surveying;azimuth test;bearing measurement
方位测量员 azimuth operator
方位测斜仪 directional clinograph
方位插图 orientation inset
方位差 azimuth difference;azimuth equation;gun parallax
方位齿轮 azimuth gear
方位传感器 aspect sensor;azimuth transducer
方位传送器 compass transmitter
方位磁记录 azimuth magnetic recording
方位粗测系统 coarse system of bearing
方位导航系统 azimuth navigation system
方位的 azimuthal
方位的柄 orienting knob
方位等距投影 azimuthal equidistant projection;zenithal equidistant projection
方位地震仪 azimuthal seismograph
方位点 azimuth point;azimuth station;bearing point;located object;pinpoint
方位电动机 azimuth motor
方位电位计 azimuth potentiometer
方位电压 azimuth voltage
方位定标器 azimuth calibrator
方位定位 fixing by cross bearings
方位定位仪 position instrument by bearings
方位定向 azimuthal orientation
方位度盘 azimuth circle;azimuth scale;bearing circle
方位度盘计算法 numeration of azimuth circle
方位对准 alignment of orientation
方位发送器 bearing transmitter
方位反射特性 directional reflection characteristic
方位方程 azimuth equation
方位分辨力 azimuth discrimination;azimuth resolution;bearing discrimination;resolution in bearing
方位分辨率 azimuth discrimination;azimuth resolution;bearing discrimination;resolution in bearing
方位分布 azimuthal distribution
方位分度盘 heading card
方位分度器 azimuth disc[disk];azimuth scale;bearing plate
方位分级 bearing classification
方位分量 azimuthal component
方位分罗经 bearing repeater
方位分析 orientation analysis
方位浮标制 cardinal system of buoyage
方位辅助分划转轮 azimuth auxiliary division rotating wheel
方位改正量 azimuth correction;correction of bearing
方位改正数 azimuth correction
方位杆 azimuthal lever;azimuth bar;azimuth instrument;bearing bar
方位感应 directional response
方位高程 azimuth elevation
方位高度镜 azel scope
方位高度显示(器) azel display
方位高度指示器 axle-scope
方位跟踪放大器 azimuth following amplifier
方位跟踪器 azimuth tracker
方位跟踪望远镜 azimuth tracking telescope
方位跟踪系统 azimuth follow-up system
方位跟踪游标 azimuth tracking cursor
方位跟踪指示器 azimuth tracking cursor
方位光电管 aspect photocell
方位航程航向指示器 bearing distance heading indicator
方位和高度 azel;azimuth elevation
方位和距离 azimuth-range;azran
方位和速度指示器控制台 azimuth and speed indicator console
方位机构 azimuth mechanism
方位基点 cardinal point
方位基点效应 cardinal point effect
方位基线 azimuth reference datum
方位及仰角跟踪装置 azimuth and elevation tracking unit
方位计 bearing meter;declinator;declinometer
方位计算机 azimuth computer
方位计算器 azimuth computer
方位记录 azimuth recording
方位角 angle of azimuth;azimuth(al) angle;bearing angle;declination;directional angle;horizontal angle;position angle;quadrantal bearing
方位角摆动范围 spread of bearing
方位角闭合 azimuth closure
方位角闭合差 azimuth closure error;azimuth error of closure;azimuth misclosure;closure error azimuths;error of closure in azimuth
方位角变化率 azimuth changing rate;azimuth rate
方位角标识器 azimuth marker
方位角标志发生器 azimuth marker generator
方位角表 azimuth(al) table
方位角测标 azimuth mark
方位角测定 azimuthal determination;azimuth observation;determination of azimuth
方位角测量器 azimuth counter
方位角测量仪 azimuth instrument
方位角测微器 azimuth micrometer
方位角差 angle of cut
方位角常数 azimuth constant
方位角传递 carry forward of azimuth;carry forward of bearing;carry the bearing forward
方位角传动电动机 azimuth drive motor
方位角传动轴 azimuth drive shaft
方位角传动装置 azimuth gear
方位角传感器 azimuth sensor;quadrant transducer <起重机上部旋转结构的>
方位角传送同步机 azimuth transmitting synchro
方位角导线 <各边方向由方位角来确定,用反方位角来检核的导线> azimuth traverse
方位角的 azimuthal
方位角读数 azimuth reading;directional reading
方位角度盘 azimuth circle
方位角法 azimuth method
方位角方程 azimuth equation
方位角方向 azimuth bearing
方位角分辨力 resolution in azimuth

方位角分辨率 azimuth resolution;resolution in azimuth
方位角分辨能力 azimuth resolution;resolution in azimuth
方位角分解度 bearing resolution
方位角分压器 azimuth potentiometer
方位角高低角显示器 azimuth and elevation scope
方位角跟踪 bearing tracking
方位角跟踪放大器 azimuth follow-up amplifier
方位角观测 azimuth observation;measurement of azimuth
方位角和高低角显示器 azel scope
方位角换向器 azimuth commutator
方位角检核 azimuthal control
方位角交会法 method of cross bearings
方位角校正 azimuth correction
方位角校准器 azimuth calibrator
方位角控制 azimuth control
方位角量测 azimuth measurement;measurement of azimuth on map
方位角模数 azimuthal mode number
方位角耦合器 azimuth angle coupling unit
方位角耦合装置 azimuth angle coupling unit
方位角偏转线圈 azimuth deflection yoke
方位角千分尺 azimuth micrometer
方位角驱动小齿轮 azimuth drive pinion
方位角扫描 azimuth sweep
方位角速率测量电路 azimuth rate circuit
方位角条件 azimuth condition
方位角弯曲强度【测】deviation intensity of azimuth
方位角微动手柄 azimuth micrometer knob
方位角位置 azimuth position
方位角误差 azimuthal angle error
方位角线 azimuth line
方位角向 azimuth direction
方位角信号消隐管 azimuth blanking tube
方位角修正计算尺 azimuth adjustment slide rule
方位角旋转 azimuthal rotation
方位角仰角显示器 azimuth elevation display
方位角增量 increment of azimuth
方位角指示器 azimuth indicator;azimuth indicating goniometer;azimuth indicating meter;bearing indicator;omnibearing indicator
方位角制动锁 azimuth lock
方位角中误差 mean square error of azimuth;mean square error of azimuthal angle
方位角准确度 azimuth accuracy
方位角自动同步传感器 fine azimuth transmitting selsyn
方位角自整角发送机 fine azimuth transmitting selsyn
方位校正 azimuthal correction;correction for direction;orientation correction
方位校正尺 azimuth adjustment ruler
方位校准 bearing calibration
方位镜 azimuth mirror
方位距离 azimuth-range;azran;bearing distance
方位距离船首向指示器 bearing distance heading indicator
方位距离电位计 azimuth-range potentiometer
方位距离定位(法) positioning by bearing and distance
方位距离法 method of bearing and distance
方位距离计算机 bearing distance computer
方位距离指示器 bearing and range indicator
方位刻度盘 azimuth circle;azimuth dial
方位控制 azimuthal control
方位控制电压 azimuth-control voltage
方位控制架 azimuth-control housing
方位控制系统 azimuth-control system
方位棱镜 azimuth prism
方位罗盘 azimuth determination;azimuth(al) compass;azimuth dial;bearing compass
方位螺旋 azimuth screw
方位没有明显变化 bearing does not appreciably;steady bearing
方位瞄杆 azimuth bar;bearing bar
方位偶极测深曲线 curve of azimuthal dipole-dipole sounding
方位盘 azimuth card;azimuth disc [disk];ectropometer;main azimuth plate
方位判定 orientation identification
方位偏差 azimuth deviation;bearing deviation
方位偏差指示器 bearing deviation indicator
方位偏差指示仪 bearing deviation indicator
方位偏移 azimuth shift
方位偏振仪 azimuth polarimeter
方位漂移 bearing swing
方位频率感应特性 directional frequency response characteristic
方位频率图 azimuth frequency plot
方位驱动电动机 azimuth drive motor
方位圈 azimuth circle;azimuth disc [disk];bearing ring;vertical circle
方位日晷(仪)azimuth dial
方位扫描 azimuth scan
方位扫描器 azimuth scanner
方位扫描声呐 azimuth scanning sonar
方位扫描声呐设备 azimuth scanning sonar equipment
方位扫描振荡器 azimuth sweep generator
方位-深度图 azimuth versus depth graph
方位式装置 azimuth mounting
方位视界 azimuth coverage
方位树 bearing tree;bearing tree witness;witness tree
方位数据 bearing data
方位伺服 azimuth servo
方位伺服放大器 bearing servo amplifier
方位伺服功率放大器 traverse servo power amplifier
方位伺服机构 azimuth servomechanism
方位搜索声呐 azimuth search sonar
方位随动放大器 azimuth follow-up amplifier
方位随动系统 azimuth follow-up system
方位探测器 azimuth transducer
方位特性 directional characteristic
方位特征 direct characteristic
方位天文学 positional astronomy
方位天线 homing antenna
方位调节计算尺 azimuth adjustment slide rule
方位调整螺钉 azimuth adjusting screw
方位同步传动装置 azimuth synchro drive gear
方位同步机 bearing synchro
方位同步驱动装置 azimuth synchro drive gear
方位投影 azimuthal projection
方位投影地图 azimuthal chart;azimuthal map;zenithal chart;zenithal map
方位投影(法)azimuthal map projection;zenithal projection
方位图 azimuth diagram;bearing diagram;orientation diagram
方位图板 azimuth plate;bearing plate
方位推力器 azimuth thruster
方位陀螺 traverse gyro(scope)
方位陀螺仪 azimuth gyroscope;directional gyrocompass;directional gyro(scope)
方位望远镜 bearing telescope
方位位移 azimuthal displacement
方位稳定 azimuth stabilization
方位稳定平面位置指示器 azimuth-stabilized plan position indicator
方位稳定指示器 azimuth-stabilized indicator
方位物 azimuth feature;ground object;landmark feature;located object;place mark;topographic(al) feature
方位物略图 range card
方位误差 azimuth(al) error;bearing error;error in bearing
方位线 bearing line;heading line;line of bearing;position line
方位线偏角 grid bearing
方位线系统 range system
方位相关 correlation of orientation
方位向量 position vector
方位象限仪 azimuth quadrant
方位消隐 azimuth blanking
方位消隐管 azimuth blanking tube
方位效应 azimuthal effect;directional effect
方位信号 bearing signal
方位信号放大器 azimuth signal amplifier
方位信息 azimuth information
方位星 azimuth star
方位行星轮传动装置 azimuth planetary gear
方位修正 azimuth correction
方位修正量 bearing correction
方位选示 azimuth gating
方位选择器 bearing selector
方位延迟 delay on bearing
方位仰角传动装置 azel drive
方位仰角指示器 azimuth elevation indicator
方位遥测设备 distance azimuth measuring equipment
方位仪 azimuth finder;azimuth instrument;azimuth mirror;azimuth sight;azimuth telescope;bearing finder;bearing instrument
方位移动 azimuth(al) shift
方位引示线 leading line of bearing from an objective beyond chart
方位影响 azimuthal influence
方位游标 bearing cursor;mechanical bearing cursor
方位与距离 bearing and distance
方位与距离定位法 position by bearing and distance
方位与水深 bearing and sounding
方位元素 orientation data;orientation element
方位增益降低 azimuth gain reduction
方位照相机 aspect camera
方位照准器 azimuth sight
方位正形投影 azimuthal orthomorphic(al) projection
方位指示测角仪 azimuth indicating goniometer
方位指示度盘 azimuth indicator dial
方位指示计 azimuth indicating meter
方位指示脉冲放大器 azimuth mark pulse amplifier
方位指示器 azimuthal indicating goniometer;azimuth indicating device;bearing indicator;bearing meter;direction indicator
方位指示仪 directional ga(u)ge
方位制浮标系统 cardinal system for buoyage
方位制航标系统 cardinal marking system
方位制系统 cardinal system
方位轴线 azimuth axis
方位转移 azimuth transfer
方位桩 bearing picket
方位准确度 bearing accuracy
方位坐标 azimuthal coordinates
方纹螺旋 square screw;square-threaded screw
方屋顶上的圆顶 cupola above a square
方钨铁矿 reinite
方析态 nascent state
方硒钴矿 bornhardtite;trogtalite
方硒镍矿 trustedtite
方硒铜矿 krutaite
方硒锌矿 stilleite
方匣信号 box signal
方匣信号机【铁】box signal
方线孔口 square-edged orifice
方箱 square chest
方箱式横梁 box type cross brace
方向 azimuthal orientation;direction;orientation
方向安定性 directional yaw stability
方向按钮 direction button
方向保留电路 directional stick circuit
方向比 direction ratio
方向比较微波继电器 directional comparison microwave relay
方向臂 knuckle arm
方向变化 change of direction
方向变换开关 direction reverser
方向变量 directional variable
方向变形 deformation of bearing;directional distortion;distortion of bearing
方向辨别阈 orientation threshold
方向标 cock;guide post;guiding landmark;leading mark;outstanding point
方向标度 deflection scale
方向标识 direction(al) sign
方向标志 direction(al) sign
方向表 <在一个三角点上观测的水平方向> list of directions
方向表示(法) indication of direction;direction indication
方向别疏解 direction oriented decrossing
方向别装车调整 adjustment of car loading by direction
方向拨正的轨道 aligned track
方向不定风 chopping wind
方向不均衡系数 unbalance direction coefficient
方向不均匀系数 directional split factor
方向参数 directional parameter
方向测距 directional ranging
方向测量 directional survey(ing)
方向测量尺 travel arm
方向测针 directional probe
方向差动保护 directional differential protection
方向传感器 directional sensor
方向错误的投资 misdirected investment

方向导杆 directional arm
方向导杆余弦角 cosine of direction(al) arm
方向导轨 traversing guide
方向导数 directional derivative
方向岛 directional island
方向的 directional
方向灯 direction(al) light
方向等色的 gonioisochromatic
方向等色性 gonioisochromatism
方向低通滤波器 directional low-pass filter
方向颠倒 direction reversal
方向电联锁法 electric(al) directional interlocking
方向电流保护装置 directional current protection
方向电源 directional traffic power source; directional traffic power supply
方向独立的 direction-independent
方向舵 rudder
方向舵操纵动作筒 rudder actuating cylinder
方向舵传动器 rudder actuator
方向舵传动索 rudder control cable
方向舵传动装置 rudder driver
方向舵杆 rudder horn; rudder mass
方向舵脚蹬 pedals; rudder bar
方向舵梁 rudder post
方向舵偏角 rudder angle
方向舵平衡调整片 rudder trim tab
方向舵扇形体 rudder quadrant
方向舵调整装置 adjusting gear for rudder
方向舵指示器 yaw rudder indicator
方向舵轴 axis of rudder; rudder post
方向阀 directional valve
方向反演机构 direction reverser
方向分辨率 bearing resolution; resolution in bearing
方向分布 directional distribution
方向分布函数 directional spreading function
方向分布系数 directional distributed coefficient
方向分割复用 directional division multiplexing
方向分隔带 directional separator
方向分划盘 azimuth circle
方向分量 directional component
方向分路 directional split
方向分配 directional distribution
方向分区 directional zoning
方向分析器 directional analyser[analyzer]
方向改变 direction changing
方向改变继电器 direction changing relay
方向改正 arc-to-chord correction; correction for direction; orientation adjustment; arc-to-chord reduction <投影的>
方向改正器 rectoblique plotter
方向改正系数 correction factor for orientation
方向杆 directional post
方向高通滤波器 directional high-pass filter
方向个数 number of direction
方向公算偏差 deflection probable error
方向功率保护装置 directional power protection
方向构造 directional structure; vectorial structure
方向观测 direction observation
方向观测法 directional method; method of direction(al) observation; method by series
方向观测平差法 directional method of adjustment
方向光线 directional ray
方向过电流保护装置 directional overcurrent protector
方向滑槽 direction(al) slide
方向划分 directional split
方向混淆 directional confusion
方向机齿轮 traversing pinion
方向计 telega(u)ge; telegoniometer
方向继电器 directional relay; directive relay
方向夹角 angular separation
方向架 cross piece; cross staff; tool for orientation
方向检核 check up on direction
方向箭头 arrow head
方向交会定位 <双方向或多方向定位> cross bearing
方向交会法测定 orientation of intersecting directions
方向交会法定位 orientation of intersecting directions
方向角 angle of aspect; angle of deflection; bearing; deflection; direction(al) angle
方向角变换 deflection change
方向角观测 measurement of bearing
方向角精度 bearing accuracy
方向校正 correction for direction; directional correction
方向接头 joint coupling
方向节传动 cardan drive
方向节钢球 universal ball
方向解调器 system demodulator
方向经纬仪 direction(al) theodolite; direction(al) transit
方向精度 directional accuracy; directional precision
方向开关 directional switch
方向控制 directional control
方向控制阀 direction(al) control valve; position selector valve
方向控制继电器 direction control relay
方向控制器 directional controller
方向控制器转动轴 direction control(l)er stirring shaft
方向控制系统 heading control loop
方向力矩 yawning moment
方向连接角 junction angle of direction
方向连接器 joint coupling
方向联锁法 directional interlocking
方向联轴节 directional coupling
方向录井 directional log
方向滤波器 directional filter
方向轮 guide wheel
方向模片 radial template
方向牌 direction board
方向盘 control wheel; hand wheel; pilot wheel; spider handle; steering (control) wheel
方向偏差 deviation of directivity
方向偏移 offset direction
方向平差 adjustment by directions; direction(al) adjustment
方向平均法 directional averaging method
方向谱 directional spectrum
方向起伏 directional fluctuation
方向渗透率 directional permeability
方向矢量 direction vector
方向手柄 directional lever
方向手轮 traversing handwheel
方向树 directed tree
方向数 directional component; direction(al) number; directional ratios
方向数据 bearing data; directional data
方向数据的分布模型 distribution model of direction(al) data
方向数据的偏态系数 skewness coefficient of direction(al) data
方向数据的数字特征 numeric(al) characteristics of direction(al) data
方向数据的统计分析 statistic(al) analysis of direction(al) data
方向探测器 directional detector
方向特性 directional characteristic
方向特性的测定 pattern measurement
方向特性曲线 directivity characteristic curve
方向提前角 lateral deflection angle
方向调幅器 system modulator
方向调整 adjustment in direction
方向图 directed graph; directional diagram; directive diagram; directivity diagram
方向图变换器 spoiler
方向图变窄 narrowing of direction(al) pattern
方向图叠加 superposition of directive pattern
方向图函数 pattern function
方向图宽度 angular aperture
方向图立体角 pattern solid angle
方向图平滑 pattern smoothing
方向图相乘 pattern multiplication
方向图主瓣 major lobe of direction(al) diagram
方向陀螺基准 directional gyroscope reference
方向陀螺仪 directional gyro(scope)
方向微商 directional derivative
方向稳定器 directional balance
方向稳定性 directional stability; weathercock stability; yaw stiffness
方向握柄 directional lever
方向无关雷达 direction-independent radar
方向误差 deflection error; deformation of bearing; directional error; error in line; error of direction
方向系数 bearing coefficient; coefficient of direction; direction(al) coefficient; directivity factor
方向系线 range tie
方向显示 directional pressure; direction indication
方向线 directional line; heading line; line of bearing; line of direction; orienting line; range line; traverse line
方向线测定 directional traverse
方向线交会法 method of line intersection
方向相关 directional correlation
方向向量 directional vector
方向效应 directional effect; directive effect
方向信号 directional signal
方向信息 directional information
方向行车制 <单线双向,双线单向> directional working system; directional traffic
方向行星轮传动装置 azimuth planetary gear
方向性 directionality; directional property
方向性比 <定向天线的> front-to-rear ratio
方向性变化 directive variation
方向性断路器 directional circuit-breaker
方向性功率表 directional power meter
方向性光线 directional light ray
方向性函数 directivity function
方向性话筒 directional microphone
方向性扩散 directional diffusion; directional divergence
方向性轮胎 directional tire[tyre]
方向性耦合 directional coupling
方向性抛光痕 directional polish
方向性谱密度函数 directional spectral density
方向性水听器 directional hydrophone
方向性图 directional pattern; field pattern
方向性图形 directional characteristic
方向性系数 space factor; directivity
方向性选择开关 directional selector valve
方向性移相器 directional phase shifter
方向性因数 directivity factor
方向性因子 directivity factor
方向性照明 directional lighting
方向性指导 directive guidance
方向性指数 directivity index
方向修正 adjustment in direction
方向修正板 deflection board; gun deflection board
方向修正量 course correction; deflection correction; lateral deflection
方向选择器 direction selector
方向选择性 directional selectivity
方向仪 <一种简单经纬仪> direction-(al) instrument
方向余弦 direction(al) cosine
方向余弦矢量 directional cosine vector
方向预告标志 advance direction(al) sign
方向元件 directional element
方向圆 bearing circle
方向增益 directive gain
方向整流器 directional rectifier
方向指示 sensing
方向指示标 steering indicator
方向指示灯 traffic indicator lamp; winker <汽车的>
方向指示器 arm indicator; directional indicating device; directional indicator; directional stabilizer; direction indicating device; direction indicator; dog vane; position indicator; sense indicator; steering indicator; trafficator <汽车的>
方向指示仪 directional indicating device; directional indicator; directional stabilizer; sense indicator
方向指数 directional index
方向制动器 azimuth stop
方向中误差 mean error of direction
方向转换接线路 way-operated circuit
方向转换区 directional transformed area
方向转接电路 way-operated circuit
方向转接器 directional main
方向转向指示器 trafficator
方向桩 alignment peg; alignment stake
方向自闭电路 directional stick circuit
方向阻抗继电器 directional impedance relay
方向阻尼器 directional damper
方向组 set of directions
方向最大变形 maximum direction(al) distortion
方向作用 directional effect; directive effect
方(橡)胶丝 cut thread
方销 square cotter
方斜硫锑铅矿 geocronite
方斜绿铜锌矿 rosasite
方信号 square signal
方形 four corners; quad; quadrangle; quadratic form; square figure; squareness

方形凹缝 square recessed pointing
方形板片 square hinge flap
方形板牙 square die
方形堡 redoubt
方形边 square edge
方形编织筛网 square-netting screen
方形柄 square shank
方形波 square wave
方形波成型放大器 squaring amplifier
方形波导管 square waveguide
方形波分析器 square-wave analyser [analyzer]
方形波极谱仪 square-wave polarograph
方形波调制器 square-wave modulator
方形波信号发生器 square-wave signal generator
方形波振荡器 square waveform oscillator;square-wave oscillator
方形玻璃 quarry glass
方形玻璃片 quarrel pane
方形剥刀 squarer
方形补偿器 square compensator
方形布置 square pattern
方形材 bar stock
方形插口 square socket
方形差模型 square error pattern
方形长钉 ship spike
方形沉砂池 detriotor
方形沉箱 box caisson
方形齿板 square toothed plate
方形冲头 square drift
方形储罐 square tank
方形船舶 pontoon type vessel
方形船首 bluff bow; box bow; pontoon type bow;transom bow
方形船头 bluff bow; box bow; pontoon type bow;transom bow
方形船尾 flat stern;square cut stern; square transom stern; square tuck stern;transom stern
方形船尾后端 square tuck
方形瓷砖 square tile
方形磁滞回线材料 square hysteresis loop material
方形粗轧孔型 square roughing pass
方形簇种法 square cluster planting method
方形打捞器 square socket
方形弹幕 box barrage
方形道钉 square spike
方形灯 square front lamp
方形堤头 square pierhead
方形滴水石 < 哥特式建筑特有的 > label mo(u)ld
方形底层平面图 square ground plan
方形点播 checkrow planting
方形点播机 checkrow planter
方形垫板 square plate
方形垫圈 cut washer;square washer
方形钉头饰的线脚 nail-head(ed) mo(u)lding
方形端板 square endplate
方形断口 square cross-section
方形断面 square cross-section
方形墩 square pier
方形墩头 square pierhead
方形发动机 square engine
方形翻斗车 square skip
方形反应池 square reactor
方形钢 square bar;bar steel
方形钢垫板 steel plate square washer
方形钢垫片 steel plate square washer
方形钢丝网 square wire netting
方形工件 square work
方形沟 box drain
方形沟槽 square trench
方形箍筋 square hoop;square stirrup
方形刮底网 square scraping bottom screen
方形管道 square tubing
方形广场 square
方形海湾 square bay
方形涵洞 square cross culvert
方形夯锤 square ram
方形号志 square signal
方形恒力杆 uniform force square pole
方形或棱形玻璃或彩瓦 carreau
方形或菱形玻璃片 < 嵌窗用 > quarrel
方形基础 square footing;square foundation
方形基脚 square footing
方形尖冲头 square pin punch
方形肩 square shoulder
方形剪切盒 square shear box
方形检波器组合 square detector composition
方形建筑区 < 至少包括一幢公寓大楼和一个商业中心 > quadro
方形建筑上的穹隆 dome above a square
方形键 square key
方形铰链 square hinge flap
方形节链 square-link chain
方形结构格栅 square structural grid
方形截面 box cross-section;box section; square cross-section; square section
方形截面柱 square column
方形金属丝 square wire
方形金属线 square wire
方形锯 half-round saw
方形卷饰 square roll
方形(开)孔 square opening
方形可转位铣刀片 square indexable carbide milling cutter insert
方形空心型钢 square hollow section
方形孔口 square aperture
方形孔型 square pass
方形孔型用围盘 square repeater
方形口 square orifice
方形块石 squared rubble
方形矿房(采矿法) square chamber
方形扩展搜寻方式 expanding square search pattern
方形力矩 square moment
方形连杆 boxed rod
方形梁 box beam
方形龙骨 centre bar keel
方形炉 block furnace
方形螺帽扳手 spanner for square nut
方形螺母 square nut;wrench head
方形密封环 quad ring;square ring
方形木水落管 square shoot
方形耙 square harrow
方形排列 square spread
方形膨胀水箱 square expansion water tank
方形平面 square
方形平镶板 square and flat panel
方形起重螺杆 square jackscrew
方形堑沟 box cut
方形切割玻璃 square cut glass
方形切向键 square tangential key; Kennedy key
方形取样法 quarter sampling method
方形圈 loose stall;square ring
方形韧带 ligamentum quadratum;quadrate ligament
方形伞 square parachute
方形筛孔 square screen opening
方形蛇管喷嘴加热器 square-coil nozzle heater
方形伸缩器 expansion U-bend
方形艏艉 box bow and stern
方形水准仪 square type level
方形丝锥 square tap
方形髓 < 圆木制材时割去的 > boxing
方形台肩冲头 square-shouldered punch
方形台肩阀 square land valve
方形探测器 square detector
方形探测器组合 detector assemblage with square shape
方形套筒扳手 spanner for square nut
方形提前量 lateral deflection
方形铁铰链 bright iron square hinge
方形铁芯线圈 square iron-core coil
方形头 square spigot
方形头木螺栓 log bolt
方形图 square chart
方形图幅编号 square designation
方形椭圆粗轧孔型系 square-oval roughing passes
方形瓦 quarrel
方形网格 network of squares
方形网络 square net
方形网式透镜栅 square net embossing
方形尾柄 square shank
方形尾船 flat stern ship; square cut stern ship
方形屋顶 quadrangle roof; square-shaped roof
方形屋顶灯 square roof-light
方形屋顶天窗 square roof-light
方形无顶烧砖窑 skove kiln
方形系数 block coefficient; coefficient of fineness delta; fullness coefficient
方形舷窗 square port
方形线脚 square mo(u)lding
方形箱涵 square cross culvert
方形橡胶垫片 square rubber gasket
方形销钉 square key
方形小机动船 sea mule
方形小叶 lobulus quadrangularis; quadrangular lobule
方形(斜)槽 square shoot
方形信号机【铁】square signal
方形畜舍栏 box stall
方形穴播 rectangular planting
方形穴播机 checkrow bunch planter; checkrow planter
方形穴播开沟器 checkrow boot; check-type boot
方形穴播同步离合器 checkrow clutch
方形穴播装置 checkrower
方形压头 square ram
方形压印锤 square set hammer
方形芽接 square budding
方形烟道 square flue
方形檐沟 box gutter
方形堰 square weir
方形隅石 square quoin
方形隅石块 chainer
方形折叶 square hinge flap
方形支腿脚板 square float
方形住宅区 quadro
方形柱脚 square column foot
方形桩 square pile
方形撞杆 square ram
方形钻杆 kelly bar
方形座法兰 square mounting flange
方牙螺纹 square thread
方烟囱 square chimney
方眼编织的滤网 square-netting screen
方眼尺 coordinate grid scale
方眼的 quadrille
方眼筛 plane bolter;square mesh sieve; square opening sieve
方眼铁丝网 square mesh wire net
方样 quadrat sampling
方窑 rectangular kiln
方叶 quadrate lobe
方英尺 < 板材计量单位 > superficial foot
方英石 christobalite
方硬橡胶条料 square section rubber strip
方油石 square oil stone
方铀矿 coracite;nasturan;ulrichite;uraninite
方黝铜矿 harrisite
方隅石 square quoin
方原木 square log
方圆法 quadrature of the circle
方缘孔口 square-edged orifice
方缘线 square staff
方陨铁 hexahedrite
方攒尖顶 pyramid roof
方錾 square chisel
方凿 square chisel
方照 phase quadrature;quadrature
方照潮 quadrature tide
方照低潮 low-water quadrature
方照平均低潮间隙 low-water interval quadrature
方照平均高潮 mean high water quadrature
方针决策 policy decision
方针性成本 policy cost
方枕 squared tie
方枕木 square tie
方枕器 tie respacer
方阵 square matrix
方阵的逆矩阵 inverse of a square matrix
方阵的永久性 permanent of a square matrix
方阵建筑 square matrix building
方阵列 square array
方阵码 square matrix code
方整石墙 squared rubble
方正度 squareness
方正轨枕 sleeper respacing; squaring of tie;tie aligning;tie respacing
方正块石密砌 block-in-course
方正木材 square(d) timber; square-edge lumber;square-edge timber
方正木料 square-edge timber;square-edge wood
方正石 regular stone
方正石块 cut rubble
方正形截面钢索 < 由四股钢索和隔片构成 > square-sectioned cable
方直木料 square-edged timber
方轴 square shaft
方轴孔滚珠轴承 square-bore ball bearing
方竹节钢条 corrugated square steel bar
方柱 posts and timbers;square column
方柱立式钻床 box type vertical drilling machine; square pillar vertical drilling machine; vertical drilling machine
方柱石 chelmsfordite;scapolite;wernerite
方柱石大理岩 scapolite marble
方柱石化作用 scapolitization
方柱石角岩 scapolite hornfels
方柱石矽卡岩 scapolite sharn
方柱石岩 scopolite rock
方柱体 square prism
方柱图 block diagram
方柱形木材 die square
方柱状硬合金钻头 quadrate pillar tungsten carbide bit
方砖 quadrel; square brick; square paving brick; square stone; square tile;twin brick
方砖房间 quarry tile room
方砖基底 < 意大利、西班牙式的 > channel tile
方砖基座 quarry tile base
方砖块 brick cube
方砖(块)路面 brick cube pavement
方桩 square pile

方锥柄麻花钻头 taper square shank twist drill
方锥管布浆器 step diffuser headbox
方锥体 square pyramid
方锥体或圆锥体表面(面积) surface of pyramid or cone
方锥形塔 pyramid tower
方坠陀 square weight
方琢石 square stone
方琢石板 square ashlar slab
方琢石结构 square ashlar structure
方琢石穹隆 square ashlar vault
方子<约 100 毫米 ×100 毫米的方木材> die square;rectangular timber
方钻 drill with ferrule
方钻杆 grief joint; grief kelly; grief stem; kelly; kelly bar; kelly joint; kelly stem; square kelly; square shaft;torque bar;torque rod
方钻杆安全阀 kelly safety valve
方钻杆安全接头 kelly saver sub
方钻杆补心 kelly bushing
方钻杆单位重量 weight per unit kelly
方钻杆对角尺寸 kelly diagonal size
方钻杆防喷阀 kelly valve
方钻杆防喷封隔器 kelly packer
方钻杆防油器 kelly saver
方钻杆防油罩 kelly saver
方钻杆刮泥器 kelly wiper
方钻杆回流阀 kelly stop cock
方钻杆矫直器 kelly straightener
方钻杆卡瓦 drill stem bushing; kelly bar slips
方钻杆内径 inside diameter of kelly
方钻杆驱动 kelly drive
方钻杆上部阀 kelly cock
方钻杆上接头 kelly left-handed joint
方钻杆鼠洞 dilly hole;hurry up hole; kelly hole
方钻杆下接头 kelly right-handed joint
方钻杆旋转器 kelly spinner
方钻杆压入装置 kelly crowd
方钻杆异径接头 kelly bar sub
方钻杆用鼠洞 kelly's rat hole
方钻铤 square collar

芳

芳草用钉 nail for reed
芳代氨基磺酸 arylsulfamic acids
芳代脂烷基 aralkyl
芳构化 aromatization
芳贺检验极限分布 limiting distribution of the Haga's test
芳化成环脱水作用 aromatic cyclodehydration
芳基【化】 aromatic radical;aryl
芳基胺 arylamine
芳基氟氯硅烷 aryl chlorofluorosilane
芳基汞 arylmercury
芳基汞的 arylmercurial
芳基硅氨烷 aryl silazane
芳基化合物 aryl compound
芳基化剂 arylating agent
芳基化作用 arylating;arylation
芳基磺酰氯 aryl sulfonyl chloride
芳基金属 metal aryl(ide)
芳基金属化合物 aryle;arylide
芳基锂 aryl lithium
芳基卤 aryl halide
芳基氯 aryl chloride
芳基氯硅烷 aryl chlorosilane
芳基钠 sodium aryl
芳基铅 lead aryl(ide)
芳基酸 aryl acid
芳基烯烃 aryl olefin
芳基重氮化合物 aryl diazo compound
芳氯物 arochlors
芳纶纤维 aramid fiber[fibre]
芳醛 aromatic aldehyde
芳炔 aryne
芳水砷钙石 phaunouxite
芳酸 aromatic acid
芳烃 arene;aromatic hydrocarbon
芳烃饱和烃馏分的值关系曲线 relative curve between value aromatic versus saturated hydrocarbons fraction
芳烃汞化作用 aromatic mercuration
芳烃含量 content of aromatic hydrocarbon
芳烃化合物 aromatic compound
芳烃环氧化物 aromatic epoxide
芳烃基 aryl
芳烃燃料 aromatic fuel
芳烃燃油 aromatic fuel
芳烃熔剂 aromatic solvent
芳烃硝化作用 aromatic nitration
芳烃油类 aromatic oil
芳酮 arone
芳烷基 aralkyl
芳香 aroma; fragrance; fragrant; perfume
芳香胺 aromatic amine
芳香本性 aromatic nature
芳香草本植物 aromatic herb
芳香醇 aromatic alcohol
芳香醋 aromatic vinegar
芳香的 aromatic; aromatous; balmy; sweet smelling
芳香二胺 aromatic diamine
芳香核 aromatic nucleus; cluster of aromatic sheet
芳香红杉木 aromatic red cedar
芳香红雪松 aromatic red cedar
芳香花园 fragrant garden
芳香化 aromatize
芳香化合物 aromatic compound
芳香环 aromatic nucleus;aromatic ring
芳香-环烷型石油 aromatic-naphthenic oil
芳香剂 aromatics;aromatizer;perfume
芳香焦油 aromatic tar
芳香沥青型石油 aromatic-asphaltic oil
芳香硫酸 aromatic sulfuric acid
芳香醚 aromatic ether
芳香气味 aromatic odo(u)r;aromatic smell
芳香羟油 aromatic hydrocarbon oil
芳香氢化 aromatic hydrogenation
芳香醛 aromatic aldehyde
芳香树胶 bdellium
芳香树脂 elemi
芳香酸 aromatic acid
芳香碳氢化合物 aromatic hydrocarbon
芳香陶瓷 scented ware
芳香烃 arene;aromatic hydrocarbon
芳香烃的溶解度 solubility of aromatic hydrocarbon
芳香物 aromatic substance
芳香系 aromatic series
芳香硝基化合物 aromatic nitro compound
芳香性 aromatic property
芳香性混合物 aromatic blend
芳香页片 aromatic sheet
芳香油 aromatic oil;essential oil;perfume oil;volatile oil
芳香杂环化合物 heteroaromatic compound
芳香植物 fragrant plant;scent plant
芳香酯 aromatic ester
芳香中间型石油 aromatic-intermediate oil
芳香族 aromatic series
芳香族氨基化合物 aromatic amino compound
芳香族胺 aromatic amine
芳香族的 aromatics
芳香族化合物 aromatic compound; aromatics
芳香族回收器 aromatic recovery device
芳香族聚合作用 aromatic polymerization
芳香族聚酰胺 aromatic polyamide
芳香族聚酰胺纤维 aromatic polyamide fibre[fiber]
芳香族聚酰胺织物 aramid fabric
芳香族取代 aromatic substitution
芳香族溶剂 aromatic solvent
芳香族稀释剂 aromatic diluent
芳香族酰胺纤维 aramid fiber[fibre]
芳香族杂环聚合物 aromatic heterocyclic(al) polymer
芳氧基 aryloxy
芳氧基硅烷 aryloxy siloxane
芳氧基化合物 aryloxy compound
芳氧基乙酸 aryloxy acetic acid
芳樟醇 linalool
芳脂基 arylated alkyl
芳族 aromatics
芳族胺 aromatic amine
芳族醇 aromatic alcohol
芳族的 aromatic
芳族共聚酰胺超细纤维 aromatic copolyamide microfibre
芳族过氧化物 aromatic peroxide
芳族含量 aromatic content
芳族化合物 aromatic compound
芳族环 aromatic ring
芳族磺酸 aromatic sulfonic acid
芳族基 aromatic group;aromatic radical
芳族聚苯并恶唑纤维 aromatic polybenzoxazole fibre
芳族聚合物 aromatic polymer
芳族聚合作用 aromatic polymerization
芳族聚酰胺 aramid;aromatic polyamide
芳族聚酰胺纤维 aromatic polyamide fibre[fiber]
芳族聚酰亚胺纤维 aromatic polyimide fibre[fiber]
芳族卤化物 aromatic halide
芳族醚 aromatic oxide;aryl oxide
芳族尼龙纤维 aromatic nylon fibre[fiber]
芳族醛 aromatic aldehyde
芳族溶剂 aromatic solvent;Arsol
芳族石脑油 aromatic petroleum naphtha
芳族石油(残渣)树脂 aromatic petroleum residue
芳族酮 aromatic ketone
芳族亚磺酸 aromatic sulfinic acid

枋

枋 tie beam
枋材 ba(u)lk
枋心 central portion of painted beam
枋子 die square; die-squared timber; sharp-edged timber

防

防X 射线的包铅门樘 lead-lined frame
防 X 射线的铅板门 lead-lined door
防氨面具 ammonia gas mask
防氨面罩 kupramite
防黯色剂 anti-darkening agent
防白剂 anti-blooming agent; anti-hazing agent;anti-whitening agent
防白口涂料 anti-chill
防白口镶块 anti-chill
防白药水 non-blushing thinner
防白蚁 anti-termite; protection against termites;termite protection
防白蚁处治 anti-termite treated
防白蚁的 termite treated; termite-proof;termite resisting
防白蚁垫片 termite shield
防白蚁混凝土 termite-proof concrete
防白蚁黏[粘]结剂 termite bond
防摆动 anti-swing; protection against oscillation
防摆动的 anti-hunt;anti-pendulum
防摆动起重机 anti-swing crane
防摆动阻尼 anti-hunting
防摆滑车 luff tackle
防摆绞车 anti-sway winch
防摆装置 anti-sway device
防雹 hail suppression
防雹的 sleet-proof
防饱和放大器 anti-saturation amplifier
防抱死制动器 anti-blocking brake; anti-skid brake
防暴潮堤 storm-surge protection breakwater
防暴风的 stormproof
防暴风门 weather door
防暴风雨 storm protection
防暴风雨窗 stormproof window
防暴风雨的 stormproof; weatherproof
防暴风雨外重窗 storm sash; storm window
防暴风雨外重门 storm door
防暴警察 riot police
防暴门 bursting diaphragm
防暴雨百叶窗 storm louver
防暴雨护面 storm pavement
防暴雨护坡石 storm pavement
防暴雨闸门 storm gate
防爆 anti-detonation; anti-explosion; blast protection;explosion-proofing
防爆安全阀 explosion relief valve
防爆安全钩 explosion-proof safety hook
防爆安全门 blowout door
防爆安全性 safety against explosion accident
防爆板 anti-explosion sheet; protective sheet
防爆包装 explosion-proof packaging
防爆保护装置 flame protection
防爆标准 explosion-proof criterion
防爆波阀门井 protect blasting valve well
防爆玻璃 armo(u)r plate glass; explosion-proof glass
防爆材料 explosion-proof material
防爆窗玻璃 explosion-proof glazing; explosion safety glazing
防爆磁力起动器 anti-explosion magnetic starter
防爆措施 explosion protection measures
防爆的 blast-proof; explosion-safe; unexplosive
防爆灯 explosion-proof lamp; explosion-proof light; flameproof lamp; flameproof luminaire;non-explosive light
防爆灯具 explosion-proof luminaire
防爆等级 anti-hazard classification; class of explosive-proof; explosion-proof class; explosive-proof grade; hazardous rating
防爆电动单梁悬挂起重机 hanging explosion-proof and power-driven crane with single beam
防爆电动机 explosion-proof motor; flameproof electric(al) motor; permissible motor;totally enclosed mo-

tor
防爆电机车 electric(al) explosion tested locomotive
防爆电缆 approved cable
防爆电气设备 electric(al) apparatus for explosive atmosphere
防爆电器设备 permissible electric(al) equipment
防爆垫 blasting mat
防爆阀 bursting panel;explosion door;explosion flap;venting panel
防爆阀门 explosion relief flap
防爆沸石块 anti-bumping stone
防爆缝 explosion seam
防爆盖 explosion relief cover
防爆(钢)网 blasting mat
防爆隔膜 explosion relief membrane
防爆隔墙 explosion-proof stopping
防爆管 blast plate;explosion duct;explosion stack
防爆活门 active window against blasting;blast shielding window
防爆机器 explosion-proof machine
防爆机械 explosion-proof machine;explosion-proof machinery
防爆机械手 anti-explosion manipulator
防爆剂 anti-detonator;anti-knock agent;anti-knock substance;detonation inhibitor;detonation suppression;detonation suppressor;dope;non-explosive agent
防爆检测器 explosion detector
防爆结构 blast-resistant construction;explosion-proof construction;flameproof construction
防爆截煤机 permissible coalcutter
防爆阱 explosion trap
防爆局部通风机 anti-explosion part ventilating fan
防爆开关 flameproof switch
防爆孔 blast vent
防爆口 explosion hatch
防爆矿山机械 permissible machine
防爆离心鼓风机 explosion-proof centrifugal blower
防爆裂钢筋 bursting reinforcement
防爆裂软管 burst hose protection
防爆率 knock rating
防爆马达 explosion-proof motor
防爆门 blast-resistant door;emergency door;emergency exit;explosion door;explosion flap;explosion-proof door;explosion protection door;explosion vent;explosive door
防爆门薄膜 blowout door diaphragm
防爆膜 blowout diaphragm;rupture disc[disk];rupture membrane;tearing foil
防爆膜板 explosion diaphragm
防爆膜装置 rupture disk device
防爆木挡板 bobby prop
防爆耐火电动机 flameproof motor
防爆盘 bursting disk[disc];explosion disc[disk]
防爆配电设备 anti-explosion distribution equipment
防爆片装置 explosion rupture disk device
防爆屏蔽 blast shield
防爆坡 apron
防爆汽油 doped gasoline
防爆墙 blast wall;explosion-proof wall
防爆燃料 anti-detonating fuel;anti-explosion fuel;anti-pinking fuel;safety fuel
防爆燃油 anti-pinking fuel
防爆设备 anti-knock device;approved apparatus;explosion-tested equipment;permissible equipment
防爆设计 blast-proof design
防爆设施 explosion-proof construction
防爆升降机 explosive-proof lift
防爆式变压器 explosion-proof transformer;flameproof transformer
防爆式电动机 flameproof motor
防爆式电机 explosion-proof machine;fire-proof machine;flameproof machine
防爆式电机车 electric(al) permissible mine locomotive
防爆式感应电动机 explosion-proof type induction motor
防爆式开关 explosion-proof switch;flameproof switch
防爆式矿用机车 permissible mine locomotive
防爆式探测器 explosion-proof type detector
防爆式蓄电池电机车 permissible storage battery locomotive
防爆式压缩机 explosion-proof compressor
防爆式照明 explosion-proof lighting
防爆探测器 explosion-proof detector
防爆通风 explosion venting
防爆通风机 explosion-proof fan
防爆通风型同步电动机 explosion-proof ventilated synchronous motor
防爆土木防护结构 blast-resistant civil defence structures
防爆瓦斯探测器 explosion-proof gas detector
防爆外壳 explosion-proof box;explosion-proof housing;explosion-resistant enclosure
防爆五金件 explosion hardware
防爆物 explosion flag
防爆系统 explosion protection system
防爆箱 explosion-proof box;explosion-proof tank
防爆型 explosion-proof type;spark-proof type
防爆型电机 explosion-proof electric(al) machine;explosion-proof motor;explosion-proof machine
防爆型放炮器 approved shot-firing apparatus
防爆型矿山电力机车 electric(al) permissible mine locomotive
防爆型桥式起重机 overhead explosion-proof crane
防爆型三相感应电动机 flameproof three-phase induction motor
防爆性能 anti-knock performance
防爆蓄电池机车 permissible storage battery locomotive
防爆炸冲击波墙 blast wall
防爆炸的 explosion-proof
防爆炸屏 blast shield
防爆炸外壳 explosion-resistance enclosure
防爆炸围墙 explosion-resistance enclosure;explosion-resistant enclosure
防爆照明器 explosion-proof luminaire
防爆照明系统 explosion-proof lighting
防爆罩<采矿> flameproof enclosure
防爆装甲门 explosion-proof armo(u)red door
防爆装置 anti-knock device;approved apparatus;explosion-proof apparatus;explosion-proof equipment;explosion protection
防爆自动空气开关 anti-explosion automatic air switch
防爆作用 explosion-proof
防崩工程 avalanche control works
防崩落护板 avalanche protector
防崩塌 protection against avalanches
防弊油墨 indelible ink
防避闪电 lighting proof
防变色 anti-discolo(u)ration;anti-stain
防变色处理 anti-stain treatment
防变色剂 anti-blushing agent
防冰 anti-icing;ice prevention
防冰坝 ice barrier;ice dike[dyke]
防冰雹的 hail proof
防冰船首加强材 ice doubling
防冰措施 anti-ice measure;ice control;ice control measure;ice prevention measure
防冰冻性 freeze resistance
防冰构筑物 ice control structure
防冰护坦<桥墩前的> ice apron
防冰剂 anti-icing agent;deicer;deicing agent
防冰建筑物 ice control structure
防冰屏 ice guard
防冰漆 anti-ice paint
防冰汽化器 non-icing carburet(t)or
防冰器 anti-icer;deicer
防冰设备 anti-icer;deicer
防冰添加剂 anti-icing additive
防冰涂层 ice-phobic coating
防冰系统 anti-icing system
防冰系统导管 anti-icing duct
防冰系统手摇泵 deicing hand pump
防冰盐 deicing salt
防冰与融雪设备 deicing and snow melting equipment
防冰栅 ice boom
防冰装置 anticer;anti-icing equipment;deicer;deicing equipment;deicing gear;ice apron;ice guard
防病 disease prevention;prevent disease
防病治病 preventing and curing disease
防波板 dash board;dash plate<锅炉>;swash plate;wash board
防波堤 breadthwise water;breakwater;coast dike[dyke];digue;groin(e);groyne;hard rock mole;jetty;mole;quay pier;revetment;sea bank;water-break;wave break(er);wave splitter;wave wash levee
防波堤岸码头 breakwater pier head
防波堤背风面 lee-side of breakwater
防波堤泊位 breakwater berth
防波堤布置 breakwater arrangement;breakwater layout;breakwater configuration
防波堤长度 breakwater length
防波堤沉箱 breakwater caisson
防波堤的端面 end section
防波堤的辅助翼堤 auxiliary wing of breakwater
防波堤的临河侧 channel side
防波堤的支堤 arm of breakwater
防波堤的下风面 lee of breakwater
防波堤的轴线布置 breakwater alignment
防波堤灯标 breakwater light
防波堤堤岸 breakwater quay
防波堤堤岸码头 breakwater quay
防波堤堤根 mole-root;shore-end of breakwater
防波堤堤头 breakwater(pier)head;pier head
防波堤堤头部 breakwater head
防波堤顶 breakwater crest;crown wall of breakwater
防波堤顶高程 breakwater crest level
防波堤顶宽度 breakwater crest width
防波堤端 breakwater end
防波堤端头 head of a groin;head of groyne
防波堤分支<加强遮蔽作用的> sheltering arm
防波堤根部 groyne root
防波堤构筑物 wave breaking works
防波堤护面块石 capping rock;cover stone
防波堤护面块体 armo(u)r block of breakwater;capping block;protective armo(u)r of breakwater
防波堤护面块体面层的第二层 underlayer armo(u)r block of breakwater
防波堤护坡 breakwater glacis
防波堤建筑 breakwater structure
防波堤脚 groin root;groyne root
防波堤口(门) breakwater entrance;breakwater gap;harbo(u)r entrance
防波堤码头 breakwater glacis;breakwater pier;breakwater wharf
防波堤面层 outer covering of breakwater
防波堤内侧突堤码头 inside breakwater pier
防波堤内的浅水区 sheltered shallow water area
防波堤铺石面 breakwater glacis
防波堤前端 pier head
防波堤缺口 breakwater gap;gap between breakwaters
防波堤入口处 breakwater entrance
防波堤上部防护面层 capping cover layer
防波堤上部结构 breakwater superstructure;breakwater crest;crown wall of breakwater
防波堤施工 levee construction
防波堤头 groin head;groyne head;breakwater head
防波堤头部 breakwater pier head;pier head
防波堤围堤 dike[dyke]
防波堤席 mattress
防波堤斜坡 breakwater glacis
防波堤心 breakwater core;core of breakwater
防波堤形状 breakwater configuration
防波堤胸墙 crown wall
防波堤压顶石 breakwater capstone
防波堤迎水斜坡水下部分 lower apron
防波堤圆锥形堤头 breakwater roundhead;conical head
防波堤支堤 arm of breakwater
防波堤趾 toe of breakwater
防波堤轴线 breakwater axis
防波堤主干段 breakwater trunk
防波堤主体(段) breakwater trunk
防波工程 wave protection works
防波结构物 wave barrier
防波阱 wave trap
防波块体 wave breaker block
防波幕 canvas dodger
防波墙 wave wall
防波设备 breakwater facility
防波设施 break water-facility
防波石堤 stone jetty
防波突堤 breakwater pier
防波围栅 stockade
防波帷幕 wave curtain
防波线 rachion
防波斜堤 breakwater glacis
防波斜堤堆石消能滩 breakwater glacis
防波斜堤消能坡 breakwater glacis
防波岩礁 skerry-guard

防波栅 wave protection pile; wave screen

防波障 wave protection pile; wave screen

防波装置 stilling device; wave subducer; wave suppressor; shielding

防剥落剂 adhesion promoting agent; non-strip(ping) additive <沥青的>; non-strip(ping) agent

防剥落添加剂 non-strip(ping) additive

防剥落外加物 non-strip(ping) additive

防擦板 chafing plate

防擦棒材 rubbing bar

防擦材 rubber piece; rubbing piece; rubbing plate; rubbing strake; rubbing strip

防擦垫 chafing mat

防擦护板 false bellies

防擦护木 rubrail

防擦护条 scraping bar

防擦块 chafing block

防擦龙骨 false keel; horizontal bar; rubbing keel; slab keel

防擦木板 chafing batten; chafing board

防擦伤 protection against scour(ing)

防擦伤处理 scuff preventative treatment

防擦伤挡条 rubrail

防擦伤涂层 anti-scuff coating

防擦网 chafing net; chafing piece; hula shirt

防擦席 chafing mat

防擦装置 chafing gear

防嘈杂 anti-rumble

防侧滚的 anti-rolling

防侧滑电位计 skid potentiometer

防拆卸螺钉头 clutch head

防缠板条 anti-wrap strip

防缠绕 anti-wind

防缠绕罩 anti-wind cap

防缠罩 anti-wind shield; anti-warp shield

防产品责任问题 product liability prevention

防颤 anti-vibration

防超载联轴节 breakaway coupling

防超载摩擦离合器 overload friction clutch

防超载装置 anti-overload device

防超重活门 anti-g valve

防潮 guard against damp; humidity resistance; moisture proofing; moisture protection; moisture stop; protection against moisture

防潮板 damping slab; dampproof slab

防潮包裹层 moisture-resistant outer covering

防潮包装 dampproofing packing; water vapo(u)r-proof packaging; weatherproof dressing

防潮波特兰水泥 hydrophobic Portland cement

防潮波纹纸板 dampproof corrugated board

防潮薄膜 dampproofing membrane

防潮布 <铺在地面的> ground sheet

防潮材料 barrier material; damping material; dampproofing; dampproofing material; dampproof material; humidity free material; moisture-proof material; non-hygroscopic material

防潮层 damp course; dampproof coating; dampproof(ing) course; dumpproof course; grade course; humidity barrier; moisture barrier; vapo(u)r barrier; vapo(u)r-proof layer; vapo(u)r seal; waterproof layer; separation membrane <基础用>

防潮层的保护墙 reception wall

防潮层沥青 bitumen for dampproof coating

防潮层铜片 kudampro

防潮产品 dampproofing product

防潮衬板 sweat board

防潮处理 dampproofing

防潮船坞 basin

防潮措施 moisture prevention

防潮大堤 tsunami barrier

防潮带 bandage

防潮挡板 damp check

防潮的 dampproof(ing); impervious to moisture; moisture-repellent; moisture-resistant; moisture-tight; wet-proof

防潮灯座 moisture-proof lampholder; moisture-proof lamp-socket

防潮等级 moisture-resistant grade

防潮堤 coastal dike[dyke]; coastal levee; coastal station; ebb dike[dyke]; sea embankment; seawall; tidal defense[defence]; tidal establishment; tide barrier; tide embankment

防潮底层地坪 dampproofing ground floor

防潮地基 dampproofing foundation

防潮地下室 dampproofing basement

防潮电池 anti-moist battery

防潮电动机 weather protected motor

防潮电机 damping machine; dampproofing machine

防潮阀闸 tidal flap gate

防潮翻板阀 tidal flap valve

防潮防霉 moisture and fungus proof

防潮防霉漆 dampproof fungicidal paint

防潮防渗液 liquid damp-proofing and permeability reducing agent

防潮封套 moisture-proof envelope

防潮缝 humidity seal

防潮隔层 moisture-resistant insulation

防潮工程 sea defense

防潮护墙纸 kraft paper

防潮化合物 damp-resistant compound

防潮灰泥 damp resisting plaster

防潮混凝土 dampproofing concrete

防潮基础 dampproof(ing) foundation

防潮基拱 dry arch

防潮剂 anti-blooming agent; anti-hazing agent; dampproofing admixture; moisture-resisting agent; moisture retardant; non-blushing thinner; butyl stearate <混凝土用无色无臭>

防潮加热器接线盒 space heater terminal box

防潮胶 moisture-resisting glue

防潮胶带 rubber bandage

防潮胶粘剂 moisture-proof adhesive

防潮结构 moisture-proof construction

防潮结构物 tidal-regulating structure

防潮绝缘 dampproof insulation; moisture-resistant insulation; non-hygroscopic insulation

防潮绝缘材料 moisture-resistant insulating material

防潮(沥青)纸 tar paper

防潮林带 tide water control forest

防潮门 flood gate; tide gate

防潮密封 moisture seal; moisture stop

防潮面层 dampproof(ing) coating

防潮黏[粘]结剂 interior adhesive

防潮刨花板 moisture-resistant chipboard

防潮片材 dampproofing sheeting

防潮漆 dampproof paint

防潮气阻层 vapo(u)r barrier membrane

防潮器 moisture trap

防潮墙 damping wall; dampproofing wall; seawall; tide barrier; training wall; tide wall

防潮砂 desiccator

防潮设施 tidal defense[defence]

防潮湿的 anti-moist; dampproof; moisture-proof

防潮石膏板 moisture-resistant board

防潮石膏墙板 moisture-resistant gypsum wallboard

防潮试验 moisture tightness test

防潮双绞软线 moisture-proof twisted cord

防潮水 tide prevention

防潮水门 tide gate

防潮水泥 hydrophobic cement; waterproofed cement

防潮水闸 flood gate

防潮涂层 damping coating; pargeting

防潮涂料 dampproof coating; moisture-proof coating

防潮圬工 dampproof masonry

防潮屋面板 humidity proof roof(ing) sheet(ing)

防潮屋面板材 moisture-proof roofing sheet(ing)

防潮屋面材料 moisture-proof roof(ing) material

防潮屋面片材 moisture-proof roofing sheet(ing)

防潮物 humidity stop

防潮吸声板吊顶 dampproof and acoustic(al) panel ceiling; dampproof and acoustic(al) tile ceiling

防潮纤维板 moisture-resistant fiberboard

防潮线 waterproof wire

防潮斜管 <敷设在墙内的> air siphon

防潮性(能) humidity resistance; moisture resistance; wet pick resistance; resistance to moisture

防潮堰 tidal weir; tide weir

防潮堰堤 tidal barrage

防潮液 <喷墙用> petrifying liquid

防潮用的砖 brick for dampproof work

防潮(油)漆 moisture-resisting lacquer

防潮闸门 flood tide gate; tidal lock; tide gate; tide lock; tidal gate

防潮毡材 <地下室墙周的> dampproof sheeting

防潮纸 building paper; chemical paper; moisture-proof paper; sheathing paper; tarpaulin paper; waterproof paper

防潮纸板 asphalt board; moisture-proof board

防潮纸包装 waterproof paper packing

防潮纸袋机 moisture-proof bag-maker

防潮纸盒 moisture-proof carton

防潮制品 dampproofing product

防潮砖 brown-glazed brick; dampproof tile; moisture-proof tile

防尘 dirt-repelling; dust exclusion; dustproofing; dust-repelling; dust suppression; rust protection

防尘板 dust excluding plate; dust guard; dust guard plate; dust plate; dust shield; dust protector <暖汽调整阀>

防尘板槽 dust guard chamber; dust guard slot; dust guard well

防尘板槽盖 dust guard cover; dust guard retainer

防尘板槽木楔 dust guard wedge

防尘板座 dust guard bearing; dust guard holder; dust guard seat

防尘材料 dust laying material; dust-tight material

防尘舱壁 dustpoof bulkhead

防尘层 dust layer

防尘处治 dust laying

防尘措施 dust prevention; dust suppression measure; measures of dust prevention; palliative dust laying

防尘袋 <制动缸> protector

防尘挡板 dustproof flap

防尘挡圈 dust guard ring; dust washer; sand collar

防尘的 anti-dirt; dust control; dust laying; dust prevention; dustproof; dust-tight; anti-dust; dust allaying; dust-free

防尘灯 dustproof lamp; dustproof luminaire

防尘电机 dust-tight machine

防尘垫圈 dust collar; sand collar; dust washer

防尘顶棚 dustproof ceiling

防尘堵 dummy coupling

防尘堵链 dummy coupling chain

防尘服 garment of clean room

防尘盖 cover of dust tight; dust canopy; dust(shield) cap

防尘盖接头 dust cap adapter

防尘隔离板 dust control barrier

防尘隔离物 dust control barrier

防尘工程 dust engineering

防尘工作人员 dust minder

防尘构造 dust-tight construction

防尘呼吸面具 aspirator

防尘护目镜 dust goggles

防尘环 dust collar; dust ring; sand collar

防尘机器 dustproof machine

防尘剂 dirt-repellent; dust laying agent; dust palliative; dust preventive; dust preventive(agent); dustproofer; dust protection agent; dust stop

防尘建筑 dustproof building; dust-tight construction

防尘绝缘子 dustproof insulator

防尘口罩 dust mask; dedust mask; dust protecting mask; dust respirator

防尘溜管 dust-free spout

防尘帘 dust curtain

防尘密封 dust sealing

防尘密封的 sealed against dust seepage

防尘密封度 tightness against dust

防尘密封隔板 dust-tight partition

防尘密封件 dust seal

防尘密封条 dustproofing seal; dust seal

防尘密封箱 dust-tight enclosure

防尘面具 dust mask; dust respirator

防尘面罩 dust mask; respirator

防尘目镜 goggles

防尘盘 dust pan

防尘喷枪 anti-dust gun

防尘喷洒系统 anti-dust spraying system

防尘喷头 dust prevention sprinkler

防尘器 dirt excluder; dust catcher; dust excluder; dust layer; dustproofer; dust remover; dust wiper

防尘墙 dust protection wall

防尘区 dust-free area

防尘圈 dust ring; dust seal; scraper seal; wiper scraper seal; dustband <表的>

防尘设备 dust guard; pollution abatement equipment

防尘设施 dustproof facility; dust tightness

防尘式电动机 dust-tight type motor

防尘式电机 dustproof machine

防尘式电气设备 dustproof electric(al) equipment

防尘式开关装置 dustproof switchgear
防尘栓塞 dustproof strike
防尘锁舌碰片 dustproof strike
防尘套 boot seal;dirtproof boot;dust boot;dust jacket;gaiter;soldering cup
防尘提示装置 dust minder
防尘天花板 dustproof ceiling
防尘条 dirt excluder;dust excluder
防尘涂油 dust laying oil
防尘外壳 dust coat;dust cover
防尘网 dust gauze;dust screen;anti-dust screen
防尘箱 dirt seal housing;dust-free case;dustproof case
防尘橡皮条 dustproof rubber strip
防尘卸料管 dust-free spout
防尘型 dustproof type
防尘型电机 dustproof machine;dustproof motor
防尘性 dust-tightness
防尘眼镜 dust goggles;dust spectacles
防尘衣 dust coat
防尘栽植 dust prevention planting
防尘照明装置 dustproof lighting fitting
防尘罩 dirt shroud;dust boot;dust canopy;dust cap;dust cover;dust cup;dust-free case;dust guard;dust hood;dustproof case;dustproof enclosure;dust protection grummet;dust protector;dust wrapper;rubber boots;sand cap;anti-dust screen
防尘罩衣 dust cloak;dust coat
防尘褶边 dust ruffle
防尘置座 dust guard holder
防尘轴承 shield bearing
防尘抓斗 dustproof grab
防尘装置 dust guard;dust keeper
防沉 anti-settling
防沉措施 settlement prevention
防沉淀剂 anti-settling agent
防沉淀性 anti-settling property
防沉扶壁 unsetting
防沉(降)剂 anti-sediment agent;anti-settling agent;sedimentation preventer
防齿隙游移装置 anti-backlash device
防冲 erosion control;scour protection
防冲坝 checking dam;erosion control dam
防冲板 front panel;surge plate;impact proof board <护舷的>;striking plate <护舷的>
防冲层 anti-scour protection;wash prime coat
防冲沉排 erosion control mattress
防冲衬垫 <用塑料过滤料制成> scour pad
防冲簇桩 cluster piles for fendering;fender dolphin
防冲措施 anti-scour protection;erosion control measure
防冲的土石铅丝笼 gabion cage
防冲堤 fending groin
防冲底板 apron slab
防冲钢板 front panel
防冲沟埂 ditch check
防冲护坡 erosion pavement
防冲护坦 anti-scour protection;downstream apron;downstream floor;scour (protection) apron;spillway apron
防冲滑脚 shock shoe
防冲击 surge prevention
防冲击的 shock-proof
防冲击方法 shock dampening
防冲击器 shock suppresser[suppressor]
防冲建筑物 erosion control works
防冲槛 anti-scour lip;anti-scour prevention;anti-scour sill
防冲结构 water-break structure
防冲扩底 rear apron
防冲拦淤栅 wattle work
防冲梁 impact beam
防冲林 protection forest for erosion control
防冲流速 velocity to prevent erosion
防冲(滤)层 erosion control filter
防冲乱石 riprap
防冲能力 shock-absorbing capacity
防冲抛石 riprap
防冲铺盖 downstream floor
防冲铺砌 apron;downstream apron;downstream floor
防冲墙 anti-scour wall
防冲沙装置 scour preventer
防冲设备 current fender;dock fender;fender;fender system;scour prevention;fendering
防冲刷 protection against erosion
防冲刷保护 scour protection
防冲刷措施 measure against erosion;scour protection measure;protection against scour(ing);scour protection
防冲刷的 anti-scour;erosion-proof
防冲刷的铺砌 erosion protection
防冲刷底板 apron slab
防冲刷构筑物 erosion control works
防冲刷护坦 discharge apron
防冲刷块体 apron block
防冲刷面层 scour protection
防冲刷铺盖 scour blanket
防冲刷铺砌层 erosion pavement
防冲刷设施 erosion control works;erosion protection
防冲刷小坝 check dam
防冲刷芯片 splash core
防冲刷造林 afforestation for erosion control
防冲刷装置 scour preventer
防冲突堤 fender pier
防冲涂层 wash prime coat
防冲托辊 impact idler
防冲物 fender
防冲支撑 collision strut
防冲桩 dolphin before pile;fender pile;guard pile;pile fender;rubbing strip;wood fender pile <木制的>
防冲装置 anti-shock mounting;checking motion;dock fender【港】;fender(ing) system【港】
防虫 insect prevention;protection against insects
防虫处理板 immunization plate
防虫的 impervious to vermin;insect proof;vermin-proof
防虫电缆 insect protected cable
防虫漆 anti-fouling paint;copper paint
防虫器 wasp excluder
防虫铜纱室 screened insect proof house
防虫网 fly net;insecticide net;insect net;insect wire screening;vermin-proof mesh
防虫蛀 anti-borer
防虫蛀胶合板 anti-borer plywood;borer-proof plywood
防虫蛀鼠咬的 vermin-proof
防臭 deodo(u)rize
防臭瓣 stench trap
防臭存水弯 stench trap;stink trap
防臭盖 odo(u)r-tight cover
防臭剂 anti-fouling agent;anti-fouling compound;deodo(u)rant;deodo(u)rizer
防(臭)气阀 trap
防臭水封管弯头 S-trap
防臭弯管 drain trap
防臭罩 stench trap;stink trap
防除恶性杂草 keeping from ill weeds
防除害虫 prevent and kill off insect pests
防除水生杂草 aquatic weed control
防除杂草 management of weeds
防穿刺的 puncture-proof
防穿孔轮胎 puncture-proof tire[tyre]
防喘振装置 surge-preventing system
防吹坪 blast pad
防吹屏(栅) blast fence
防垂(吊)杆 anti-sag bar;sag bar;sag rod;sag tie
防垂螺栓 sag bolt
防磁 anti-magnet
防磁钉 non-magnetic shim;residual pin;residual shim
防磁屏蔽 anti-magnetic shield
防磁手表 non-magnetic watch
防磁铁 anti-magnetic iron
防磁性 anti-magnetic
防磁性的 anti-magnetic
防磁性水雷的消磁船 degaussing vessel
防磁轴承 anti-magnetic bearing
防刺背心 stabproof vest
防刺轮胎 puncture-proof tire[tyre]
防脆硫化黑 brittle resistance sulphur black
防错 fail safe;hang-up prevention
防错法 anti-bugging
防错性程序设计 defensive programming
防打滑 <一种锁销、差速器> no-spin
防打滑差速器 non-slip differential;no-spin differential
防打滑钢索 spin resistant rope
防打滑轮胎 non-skid tire
防打滑试验装置 skid resistance test device
防大气腐蚀的防蚀剂 atmospheric corrosion resistant
防弹板 armo(u)r
防弹背心 armo(u)red vest;bullet-proof vest
防弹玻璃 armo(u)red glass;bullet-proof glass;bullet-resistant glass;bullet-resistant glazing;bullet-resisting glass;laminated security glass;multiplate glass;multiple glass;security glass;splinter-proof glass;toughened glass
防弹玻璃板 armo(u)r glass screen
防弹材料 bullet-proof material;bullet-resistant material
防弹的 anti-bomb;ball-proof;bullet defying;bullet-proof;bullet-resistant;bullet-resisting;cannon-proof;shot-proof
防弹钢板 armo(u)r plate
防弹甲板 ballistic deck;splinter deck
防弹轿车 bullet-proof sedan
防弹结构 shell-proof structure
防弹片的 splinter-proofing
防弹片的混凝土墙 splinter-proof concrete wall
防弹片护身装甲 fragmentation protective body armo(u)r
防弹汽车 bullet-proof car
防弹墙 blast wall;buster-slab;detonating slab
防弹掩蔽所 bullet-proof shelter
防弹掩蔽体 casemate
防弹衣 ball-proof clothes;body armo(u)r
防弹织物 ballistic fabric
防导弹措施 guided missile countermeasure
防导航卫星系统 defence navigation satellite system
防倒灌烟囱帽 anti-downdraught terminal
防倒灌闸门 backwater gate
防倒流存水弯 anti-flooding intercepting trap
防倒流阀 backwater valve
防倒轮掣子 paul
防盗 prevention of burglary
防盗报警器 anti-theft alarm;bug;burglar alarm;robbery protection alarm
防盗玻璃 anti-bandit glazing;anti-burglary glazing;burglar-proof glazing;burglar-resisting glazing;security glass
防盗窗 burglary-resisting window;security window
防盗窗玻璃 attack resisting glazing
防盗法 thief proof
防盗钢栅窗 security window
防盗警报器 acoustic(al) burglar alarm;burglar alarm;intruder alarm
防盗警报系统 burglar alarm system
防盗警铃 burglar alarm
防盗门 burglary-resisting door;security door
防盗门链 safeguard door chain
防盗门锁 safeguard door lock
防盗器 burglar alarm;intruder alarm
防盗窃保护 burglary protection
防盗设备 burglary-resisting installation;vandal proof equipment
防盗锁 parking lock
防盗网 thief proof mesh;thief proof net
防盗装置 anti-theft device
防堤堰堤 tidal barrage
防滴 anti-drip
防滴的 splash-proof;splash waterproof
防滴电机 drip-proof machine
防滴漏 anti-drip
防滴漏的 drip-proof
防滴落 dropproof
防滴喷燃器 drip-proof burner
防滴式电动机 drip-proof motor
防滴式发电机 drip-proof generator
防滴式感应电动机 drip-proof type induction motor
防滴水的 drip-proof;drip-tight
防滴水电机 drip-proof machine
防滴水密封 drip proof enclosure
防滴水式电动机 drip-proof type motor
防滴网罩保护式电机 drip-proof screen-protected machine
防滴型 drip-proof type
防滴罩 drip shield
防滴罩防护式电机 drip-proof screen-protected machine
防滴装置 anti-drip device
防敌航法 defence problems
防地下水渗漏 earth water proofing
防地震的 earthquake resistant;earthquake-resisting;earthquake-proof
防地震接头 earthquake-proof joint
防颠肘板 tripping bracket
防点蚀添加剂 anti-pitting agent
防电弧工作服 arc preventive coveralls
防电化学腐蚀装置 cathodic protection equipment;zinc anode protection equipment
防电击的 shock-proof
防电击开关 all-insulated switch;home office switch;shock-proof switch
防电解(油)漆 anti-galvanic paint
防电蚀装置 cathodic protection equipment

F

防电涌变压器 surge-proof transformer
防电涌器 surge arrester[arrestor]
防电晕电缆 corona-proof cable
防电晕清漆 corona-protective varnish
防沾污 anti-tarnish
防吊杆侧摇的滑车 luff tackle
防氡覆盖层 coat for radon
防动板 shifting board;shifting plank
防动板钩扣 shifting iron
防动板支柱 shifting board stanchion
防动绳制 kicking stops; wheel beckets
防冻 defrost water;deicing;frost prevention; prevent frostbite; protecting of frost; protection of frost; winter-proofing
防冻拌和料 anti-freeze mixture
防冻泵 anti-freeze pump
防冻材料 anti-freezing material;frost-proof material;frost-resistant material;frost-resisting material
防冻材料洒布机 ice controlling material spreader
防冻厕所 frost-proof closet
防冻层 anti-freeze layer;anti-freezing coat;anti-frost layer;frost blanket (course);frost-proof course;frost protection course;frost protection layer;frost retarding layer;protective layer
防冻掺和剂 anti-freezing agent;anti-icing admix
防冻掺和料 anti-freezing mixture
防冻掺和物防冻剂 anti-freezing admixture
防冻措施 anti-freeze control;anti-freezing measure;frost precaution;frost protection measure;means to prevent freezing;protection measure against frost;frost protection;protection against frost
防冻的 anti-freeze;anti-frost;freeze-proof;frost protective;frost-resistant;anti-freezing;frost-proof;frost-resisting
防冻的消防洒水系统 nonfreeze sprinkler system
防冻底 frost bottom
防冻阀 frost valve
防冻法 anti-freeze process; anti-freezing process
防冻方法 means to prevent freezing
防冻粉 frost protection powder
防冻粉末 anti-freeze powder
防冻附加剂 anti-freeze admixture
防冻覆盖物 anti-freezing cover
防冻盖板 frost board
防冻膏 anti-freezing mixture
防冻隔离层 frost retarding layer
防冻工作 deicing work
防冻灌溉 anti-freeze irrigation
防冻害设计 frost protection design;frost-action design
防冻害性能 resistance to frost attack
防冻合剂 anti-freeze mixture
防冻厚度 frost-proof depth
防冻化合物 anti-freeze compound
防冻混合剂 anti-freeze mixture;anti-freezing compound
防冻混合料 anti-freezing mixture
防冻混合物 anti-freeze mixture
防冻混凝土 frost-resistant concrete
防冻基础 frost-proof foundation
防冻技术 freezing prove technique
防冻剂 anti-creaming agent;anti-freeze additive;anti-freeze agent;anti-freeze compound;anti-freezer;anti-freezing agent;anti-freezing compound;anti-freezing mixture;anti-freezing solution;cryoprotectant;deicer;deicing agent;deicing chemical;freeze-proof agent;freezing preventive;frostproofer;frost protection liquid
防冻剂拌和机 ice controlling material mixing plant
防冻剂喷洒机 ice controlling material spreader
防冻剂洒布机 ice controlling material spreader
防冻加热器 deicer
防冻壳 frost casing
防冻控制 anti-freeze control;deice control
防冻龙头 unfreezable tap
防冻面层 anti-freezing coat
防冻灭火器 anti-freeze[freezing] extinguisher
防冻黏[粘]土砖 anti-freezing brick;anti-freezing clay brick
防冻排液阀 unfreezable drain valve
防冻喷洒 sprinkling for frost protection
防冻漆 anti-freeze paint
防冻汽油 anti-icing gasoline
防冻器 defroster;deicer
防冻倾斜度 frost batter
防冻热风吹送器 frost protection blower
防冻溶液 anti-freeze solution;anti-freezing solution
防冻润滑剂 anti-freezing lubricant
防冻润滑油 anti-freezing lubricant
防冻洒水系统 anti-freeze sprinkler system
防冻塞 freeze plug
防冻设备 defroster;icicle prevention device
防冻深度 frost-proof depth
防冻实心硅酸盐砖 frost-proof solid calcium-silicate brick
防冻水泥砂浆体 protected paste volume
防冻添加剂 anti-freeze additive;anti-freeze admixture;anti-freezing aid;anti-frost additive;anti-icing additive
防冻填封料 deicing sealant
防冻涂层 anti-freezing coat
防冻外加剂 anti-freeze[freezing] admixture
防冻温度调节器 freeze protection thermostat
防冻物质 anti-freeze substance
防冻箱 anti-freezing case;freeze box;frost box
防冻消火栓 anti-freezing hydrant
防冻泄水阀 discharge valve for freeze-proof
防冻性 freeze-proof; winter resistance
防冻性能 anti-freezing property
防冻盐 deicing salt;ice control salt;ice removal salt
防冻盐类 deicing salt; ice removal salts
防冻盐(溶)液 deicing salt solution
防冻盐水 deicing salt solution
防冻药品 frostbite preventive
防冻液 anti-freeze fluid;anti-freeze liquid;anti-freeze solution;anti-freezing fluid;anti-freezing liquid;anti-freezing solution;anti-icing fluid;deicing fluid;frost protection liquid;frost protection solution
防冻液剂 liquid antifreezer
防冻油 anti-freezing oil;non-congealable oil
防冻砖砌体 frost-resistant brickwork
防冻装置 anti-freezing measure;anti-icer
防冻作业 anti-freeze operation
防冻作用 anti-freezing action
防毒 anti-gas defence;gas protection;prevention of toxicants
防毒被垫 protective bedding
防毒过滤材料 anti-toxic filtration material
防毒呼吸器 hose mask
防毒空气室外间 <防空用> air lock
防毒口罩 anti-poison respirator
防毒面具 all-service gas mask;anti-gas mask;box respirator;breather;breathing mask;canister respirator;face mask;gas helmet;gas mask;inhaler;respirator;smoke helmet;smoke mask
防毒面具的滤毒罐 canister
防毒面具吸呼器 aerophore
防毒气的 anti-gas;gas-proof
防毒气服装 gas protective clothing
防毒气软膏 ointment for gas protection
防毒气装置 anti-gas kit
防毒器材 gas protection equipment
防毒设备 respiratory device
防毒素 anti-toxin
防毒通道 passage with poison protection;poison protection way
防毒系统 toxicant protective system
防堵锤式破碎机 non-clog hammer mill
防堵塞措施 anti-coagulant step
防堵塞的 clog-proof
防堵塞分离器 anti-clogging separator;anti-coagulant separator
防堵塞剂 plugging inhibitor
防堵筛布 non-blind cloth
防堵油漏材料 oil stop
防镀漆 stop-off lacquer
防蠹剂 mothproofer
防蠹加工 mothproof finish
防蠹药丸 mothball
防短路输出 short-circuit-proof output
防断安全链 breakaway chain
防断保险绑绳 parting stop;parting strap
防断链 breakaway chain
防断丝锥 break-proof tap
防断条 breaker strip
防盾 mantlet;shield
防蛾网室 mothproof screen cage
防扼燃器 dip-proof burner
防发白剂 anti-blushing agent
防发花剂 anti-floating agent
防发火花的 sparkproof
防发酵 anti-fermentative
防发生火花的 non-sparking
防反冲装置 anti-kick device
防反光膜 anti-glare coating;T-coating
防反射玻璃 anti-reflection glass;non-glare glass
防反射的 non-glare
防反射胶片 anti-reflection film;low-reflection film
防反射膜 anti-reflection film;low-reflection film
防反射涂层 anti-reflection coating;reflection reducing coating
防反射涂膜的 anti-reflection coated
防反跳逻辑 debounce logic
防反向安全装置 anti-kickback attachment
防反向缓冲器 steering anti-kickback snubber
防反向减振器 steering anti-kickback snubber
防反转装置 back stop
防泛滥截流管 anti-flood interceptor
防范窗 guard window
防范措施 countermeasure;preventive measure
防范放大器 guard amplifier
防范性拘留 preventive detention
防放气剂 anti-gassing agent
防放射玻璃 adiactinic glass
防放射污染站 decontamination center[centre]
防放射污染中心 decontamination center[centre]
防放射线剂 radiation-damage inhibitor
防放射性降尘专用掩蔽所 single-purpose fallout shelter
防放射性同位素漆 radioisotope resistant paint
防放射性污染涂料 protective paint for radioactive contamination
防放射掩护 radiation shield(ing)
防飞溅装置 anti-splash device
防废油的 waste oil proof
防粉尘着火 dust-ignition-proof
防风 draftproofing;draught-proofing;protection from the wind;provide shelter from the wind;wind protection
防风暴 storm protection
防风暴的 stormproof
防风暴地下室 storm cellar
防风暴杆 storm-guyed pole
防风暴建筑物 stormproof building
防风暴门 dingle;storm door
防风暴闸门 storm gate
防风玻璃 perspex
防风布 windbreaker cloth
防风槽 draught-proofing channel;draught stop
防风窗 double window;storm sash;storm window
防风垂球 wind-free plummet
防风措施 draught exclusion device;draught-proofing device
防风带 windbreak
防风带状种植 wind strip cropping
防风道 air shaft
防风的 draftproof;draught-proof;wind proof
防风灯 adverse weather lamp;hurricane lamp;storm lamp;storm lantern;tornado lamp
防风地窖 cyclone cellar;storm cave;storm cellar
防风地下室 cyclone cellar;storm cave;storm cellar
防风阁 storm porch
防风构造 wind guard;wind-proof construction
防风固沙林 forest for protection against soil denudation;windbreak and sand-fixation forest
防风化措施 applied weathering
防风化度 weathering-fastness
防风篱 breakwind
防风篱笆 windbreak fence
防风梁 beam resisting horizontal wind load;wind girder
防风林 breakwind;protective plant against the wind;windbreak;windbreak forest;wind-protection plant;wind-protection plantation
防风林带 forest shelter belt;protection belt of trees;shelter(forest) belt;wind belt
防风帽 wind cap
防风门 draftproof door;draught-proof door;storm door;weather door
防风门斗 storm porch
防风门廊 storm porch
防风屏 windscreen

F

防风墙 breakwind;windbreak
防风设备 breakwind; windbreak(equipment)
防风设施<防风林、挡风墙等> protection from the wind; wind barrier; windbreak(er)
防风手灯 hurricane lamp; storm lamp; tornado lamp
防风弹簧片 spring draught excluder
防风条 air lock strip; draught excluder; draught fillet
防风条带 wind stripping
防风外重窗 storm sash; storm window
防风围栏 windbreak fence
防风衣 anorak; windbreaker; windcheater
防风雨百叶 stormproof louvres
防风雨板 siding; weathering plate
防风雨玻璃窗夹 storm clip
防风雨薄板 weather shingling
防风雨窗 stormproof window; weather window
防风雨措施 protection against weather
防风雨的 weatherproof; weather-resistant; weathertight
防风雨的附加内门 storm door
防风雨的外重门 storm door
防风雨地下室 storm cellar
防风雨机器 weather protected machine
防风雨甲板 weathertight deck
防风雨绝缘电线 weatherproof wire
防风雨门 weathertight door
防风雨式电动机 weatherproof type motor
防风雨套 weatherproof covering
防风雨贴面板 weather shingling
防风雨箱 weatherproof cabinet
防风雨性 weather tightness
防风雨罩 shelter; weather cladding; wind cap; windscreen; wind shield
防风栽植 windbreak planting
防风栅栏 wind fence
防风毡条 felt draught excluder
防风障 windbreak
防风罩 hurricane globe; weather hood; wind-protection cover
防风遮板 wind-protection screen
防风震缆索 cable for anti-wind vibration
防风(植)林 wind-protecting plantation
防风装置 safety device against wind
防浮包裹层<包裹在水下管线上的水泥或钢筋水泥层> negative buoyancy coating; weight coating
防浮(色)剂 anti-flooding agent
防辐射 anti-radiation; radiation protection
防辐射保护 radiator protection
防辐射玻璃 non-browning glass; radiation-absorbing glass; radiation-protective glass; radiation-shielding glass
防辐射材料 anti-radiation material; radiation protection material
防辐射单元 radiation shield block
防辐射的 radiation-proof; radiation resistant; rayproof; ray proofing
防辐射的塑料墙 plastic shielding wall
防辐射构造材料 shielding construction material
防辐射混凝土 radiation-shielding concrete; shield concrete
防辐射剂 protective agent
防辐射结构 civil defense structures for radiation protection
防辐射门 lead-lined door; radiation-retarding door; radiation shield door; shield door
防辐射能力 radiation resistance
防辐射屏 radiation barrier; radiation screen
防辐射屏蔽 radiation shield(ing)
防辐射砌块 radiation shield block
防辐射墙 radiation shield wall; radiation wall
防辐射设计 radiation-proof design; radiation shield design
防辐射涂层 anti-radiation coating
防辐射涂料 radiation-protective paint
防辐射无线电通信[讯]线路 hardened links
防辐射线涂料 protective coating for the radiation
防辐射用的民防建筑物 civil defense structures for radiation protection
防辐射罩 radiation shield(ing)
防辐射专家 radiation-shielding expert
防辐射装置 radiation protection device; radiation shield block
防辐照玻璃 irradiation-proof glass
防辐照玻璃纤维 radiation-proof glass fiber[fibre]
防腐 mitigate corrosion; moth balling; preservation; preserve; rot-proof; aczoiling<电杆>
防腐败剂 antiseptic agent
防腐箔 anti-corrosive foil
防腐部门 corrosion department
防腐材 preserving timber
防腐材料 anti-corrosive material; anti-rot material; anti-rot substance; antiseptics; impregnating material
防腐层 anti-corrosive blanket; anti-corrosive coat(ing); anti-corrosive insulation; anti-corrosive layer; erosion resistant coating
防腐厂 impregnating plant
防腐衬布 discorrosion lining cloth
防腐衬里 anti-corrosive lining; resistant lining
防腐衬砌 anti-corrosion lining
防腐臭剂 anti-fouling agent
防腐处理 anti-corrosive treatment; antiseptic treatment; corrosion preventing treatment; corrosion proofing; preservative treatment; rot-proof finish
防腐处理材 treated timber
防腐处理厂 treating plant
防腐处理车间 impregnating plant
防腐处理过的电杆 treated pole
防腐处理过的木材 treated timber; tanalized timber; preservative treated timber; preservative treated wood
防腐处理过的木料 treated timber
防腐处理过的木桩 treated pile
防腐处理过的枕木 treated sleeper; treated tie; treated wooden sleeper
防腐措施 corrosion preventive procedure; protective measure
防腐打底层 anti-corrosive prime coat; anti-corrosive primer
防腐的 anti-putrefactive; anti-rot; antiseptic(al); antiseptics; aseptic; corrosion preventive; creosoted; fungus-proof; preservative
防腐地面 chemical proof floor
防腐电缆 anti-corrosion cable
防腐法 preservative process; anti-sepsis
防腐方案 corrosion program(me)
防腐方法 corrosion control ,method
防腐覆面层 anti-corrosive blanket
防腐杆 treated pole
防腐膏 antiseptic plaster
防腐工序 preservative process
防腐管 non-corrosive pipe
防腐合剂 preservative combination
防腐合金 anti-corrosion alloy
防腐合金覆层木材 kalamein sheathing
防腐化合物 corrosion preventive compound
防腐混凝土 antiseptic concrete
防腐技术 aseptic technics; aseptic technique; preservative treatment technology
防腐剂 anti-corrosive agent; anti-rot substance; antiseptic agent; antiseptics; antiseptic substance; aseptic; conservative; conserve; conserving agent; corrosion inhibitor; corrosion preventive; corrosion remover; corrosion-resisting agent; impregnating compound; inhibitor; palliative; preservative (agent); preservative substance; protector; resistant
防腐剂加压浸渗 pressure creosoting
防腐剂加压渗透 pressure creosoted
防腐剂浸渍 impregnation
防腐剂浸渍木材 impregnated wood
防腐胶合板 preservative plywood; preserved plywood
防腐金属 non-corrosive metal
防腐绝缘层 anti-corrosive insulation
防腐库 sanitation store
防腐烂的 mo(u)ld-proof
防腐力 efficiency of preservation; preservative power
防腐沥青油漆 asphaltum
防腐料 preservative substance
防腐面层 anti-corrosive blanket; corrosion inhibitor
防腐木材 preserved timber; preserving timber; treated wood
防腐配料 anti-rust composition
防腐漆 anti-corrosive paint; anti-decaying paint; anti-fouling paint; antiseptic paint; arcanal
防腐清漆 antiseptic varnish
防腐溶液 listerine
防腐砂浆 anti-corrosive mortar
防腐生带 anti-saprobic zone
防腐生的 anti-saprobic
防腐(蚀) anti-corrosion; corrosion prevention; prevention of corrosion; corrosion control; inhibition of corrosion; protection against corrosion; corrosion protection
防腐蚀保护 anti-corrosion protection
防腐蚀保护层<适用于多种特殊油漆的> bowranite
防腐蚀层 corrosion protection lining
防腐蚀处理 anti-corrosion treatment
防腐蚀打底层 anti-corrosive prime coat
防腐蚀打底料 corrosion inhibiting primer
防腐蚀带 anti-corrosion tape
防腐蚀的 etch-proof; anti-corrosive
防腐蚀阀门 anti-corrosive valve
防腐蚀法 anti-corrosion method; corrosion preventative; corrosion preventive
防腐蚀覆盖层 corrosion protection blanket
防腐蚀缸砖 anti-corrosion promenade tile; corrosion prevention quarry tile; corrosion protection clinker tile
防腐蚀厚铝漆 noral
防腐蚀滑脂 anti-corrosion grease
防腐蚀剂 anti-corrosion agent; anti-corrosive; anti-corrosive agent; anti-corrosive composition; corrosion remover; rust preventive
防腐蚀剂用量 using capacity of preservation
防腐蚀绝缘层 anti-corrosion insulation
防腐蚀料 ablaters
防腐蚀漆 anti-corrosion anti-corrosive paint; anti-corrosive paint
防腐蚀设计 corrosion proof design
防腐蚀渗铝(法) calorizing
防腐蚀添加剂 anti-corrosion additive; anti-corrosion agent; anti-corrosive additive; anti-corrosive agent
防腐蚀涂层 anti-corrosion coat(ing); anti-corrosion protection coat; anti-corrosive coat(ing)
防腐蚀涂料 anti-corrosion paint; anti-corrosive composition; anti-corrosive paint; anti-corrosive pigment; anti-resistant paint; etching primer
防腐蚀颜料 anti-corrosive pigment; corrosion inhibiting pigment
防腐蚀抑制剂 rust inhibitor
防腐蚀油 rust-proof oil; rust-resisting oil
防腐蚀油脂 anti-corrosion grease
防腐蚀纸 anti-corrosion paper
防腐蚀制剂 anti-corrosive preparation
防腐水泥灰浆 anti-corrosive grout; anti-corrosive slurry
防腐陶瓷设备 anti-acid ceramic equipment
防腐添加剂 anti-corrosion additive; rust inhibitor
防腐涂层 anti-corrosion coat(ing); anti-corrosion protection coat; anti-corrosive coat(ing); preservation coat
防腐涂料 anti-corrosive paint; anti-corrosive pigment; anti-fouling paint; antiseptic paint; impregnating scumble; preservative coating; preservative paint
防腐涂饰 anti-corrosive coat(ing)
防腐物 preserver
防腐物质 preservative substance
防腐洗涤剂 antiseptic wash
防腐效应 antiseptic effect
防腐型粉末涂料 epoxy anti-corrosive powder coating
防腐性 fungus resistance; non-corrodibility; rot-proofness
防腐性处理 anti-corrosion treatment
防腐朽的 rot-proof
防腐盐 fluor chrome arsenate phenol; osmosalt; preservative salt
防腐盐剂<木材防腐剂,主要含有氟化钠和硝基酚的混合物> Wolman salt
防腐颜料 anti-corrosive pigment
防腐阳极 sacrificial anode
防腐药 antiseptic(al)
防腐要求 requirement for anti-corrosion
防腐液 anti-rot solution; antiseptic liquid; impregnating fluid; impregnating liquid; preservative fluid; preservative liquid; preservative liquor; preserver solution
防腐油 anti-corrosive oil; antiseptic oil; corrosion inhibitor oil; cosmoline; dead oil; preservative oil; preserving oil
防腐油漆 anti-corrosive paint; anti-fouling paint; preservative paint
防腐枕木 antiseptic wooden sleeper; impregnated sleeper; treated railtie; treated sleeper
防腐蒸馏 aseptic distillation
防腐作用 antiseptic effect; preservation
防干剂 anti-desiccant

防干裂面 anti-drying surface

防干扰 tamper-proof

防干扰的 unjammable

防干扰电缆 cable protected against interference

防干扰扼流圈 protecting choke;protective choke

防干扰弹簧组件 tamper-proof spring module

防干扰涂液 anti-static fluid

防干扰系统 anti-clutter

防干扰装置 interference preventer

防感染服 anti-infection apparel

防感应作用 anti-induction

防钢丝绳脱落架 wire rope guiding support

防高频感应的 radio-shielded

防高温绝缘法 insulation with tropicalization

防膏冻剂 anti-creaming agent

防隔层 check course

防拱梁架 hog frame

防共鸣 anti-resonance

防共振 anti-resonance

防垢 anti-fouling; anti-incrustation; anti-scale; anti-scaling; scale preventive

防垢处理 anti-foulant treatment

防垢剂 anti-crustator;anti-foulant agent;anti-fouling agent;anti-fouling compound;anti-scalant;anti-scaling composition;scale preventive

防垢剂成分 anti-foulant formulation

防垢物 dirt-repellent

防垢油漆 anti-fouling paint

防固着的 anti-setting

防故障的 trouble-proof

防故障设备 fail safe

防光 photoprotection

防光玻璃 solar glass

防光的 dark blind; light-tight; ray-proof

防光化玻璃 anti-actinic glass

防光老化剂 photooxidant stabilizer

防光门 light lock

防光晕 anti-halation;anti-halo

防光晕背层胶片 anti-halation backing film

防光晕材料 anti-halation material

防光晕层 anti-halation layer;anti-halation protection

防光晕底层 anti-halation undercoat

防光纸 light-proof paper;light-resistant paper

防龟裂剂 anti-checking agent

防滚 anti-roll

防滚保护 roll bar

防滚保护杆 roll bar

防滚动的 anti-rolling

防滚角 rolled protective edge

防滚索 anti-rolling guy

防锅垢 anti-scale

防过电压装置 overvoltage protective device

防过压装置 excess voltage preventer

防过载的 anti-overloading

防过载放大器 anti-overloading amplifier

防过载装置 anti-gravity device;anti-overload device; overload protective device

防海风林 salty wind protection forest

防海生物剂 <船底漆防止海生物污染> anti-foulant

防海水的 seawaterproof; seawater-resistant

防海水电缆圈 seawaterproof cable winding

防寒 winter-proofing; winter protection

防寒层 insulating layer

防寒措施 protection against cold

防寒错口 <门窗上的> cold proof rabbet

防寒防冻 protection against cold and freezing condition

防寒服 anorak

防寒服装 warm wear

防寒构造 cold proof construction

防寒护罩 arctic sheath

防寒混凝土拌和厂 winterized concrete plant

防寒救生套装 cold winter survival suit

防寒救生衣 cold winter survival suit

防寒冷桥 cold bridge

防寒帽 arctic cap

防寒企口 cold proof rebate

防寒软木板 corkboard for cold lagging;cork slab for cold lagging

防寒衣 exposure suit

防寒运输 cold prevention transport

防寒住宅 cold proof dwelling house

防汗剂 anti-perspirant

防旱林 drought disaster control forest; prevention forest for drying damage

防核 atomic defence

防核尘地下室 fallout shelter

防横漂板 lee board

防轰炸(的) bombing proof; bomb-proof

防洪 flood control;flood defense;control of flood;flood-proofing;inundation protection;water defence;flood prevention;flood protection

防洪岸壁 flood wall

防洪坝 checking dam; flood-control dam;flood dam;floodwater dam

防洪保护 flood protection

防洪保护区 flood protected area

防洪保险 flood insurance;flood plain insurance

防洪措施 flood prevention;flood protection measure

防洪大堤 safety dike[dyke]

防洪的 anti-flood;flood control

防洪堤 artificial levee; bund; flood bank; flood barrier; flood defense [defence] (works); flood dike [dyke]; flood protection embankment; flood (protective) embankment; flood wall; high water embankment; levee; protection embankment

防洪堤岸 food bank

防洪堤坝 flood dam

防洪堤迎水面的不透水层 dam membrane

防洪堤正面 front of levee

防洪地图 flood-control map

防洪调度 flood-control operation

防洪阀 anti-flood(ing) valve

防洪法 act of flood control; flood control law

防洪法规 flood-control regulation; flood-proofing law

防洪工程 control works; flood-control project; flood-control works; flood defense [defence] (works); flood protection works;flood retarding project;high water work

防洪工程学 flood-control engineering

防洪工作 flood defense [defence] (works)

防洪拱洞 flood arch

防洪灌溉联合使用 joint flood control and irrigation use

防洪规划 flood-control planning; scheme of flood prevention

防洪护岸 waterproof bulkhead

防洪计划 flood-control project

防洪建筑物 flood-control structure; flood-control works; flood protection works; floodwater retarding structure

防洪截流渠 anti-flood(ing) interceptor

防洪经济学 economics of flood control

防洪控制水位 flood-control level

防洪库容 flood-control capacity; flood-control reservoir capacity; flood-control storage; flood storage;flood storage capacity;protective storage capacity

防洪林 protection forest for flood hazard

防洪锚杆 <堆石体过水防护用的> flood protection anchor bar

防洪门 flood gate

防洪能力 flood capacity

防洪排涝 anti-flood and excretion

防洪器材 flood protection material

防洪墙 anti-flood wall;dampproofing wall;flood wall

防洪渠 flood-control channel

防洪设施 flood barrier;flood-control facility; flood defense [defence] (works);flood protection works

防洪石堤 flood wall

防洪受益 flood benefit

防洪水 protection against floods

防洪水库 flood-control reservoir; flood pool; flood-prevention reservoir

防洪调节 flood-control storage

防洪土堤 earth flood bank

防洪系统 flood-control system

防洪限制水位 flood-control limiting level

防洪效益 flood-control benefit

防洪蓄水(量) flood(-control) storage

防洪运用 flood-control operation

防洪闸门 flood barrier; flood gate; guard lock; storm gate; tide gate; flooding sluice

防虹吸存水弯 anti-siphon [siphon] trap;deep-seal trap;non-siphon[syphon] trap

防虹吸阀 anti-siphon(age) valve

防虹吸管 anti-siphon(age) pipe;anti-siphoning pipe;puff pipe

防虹吸球形阀 anti-siphon ball cock

防虹吸水封 anti-siphon trap

防虹吸装置 anti-siphon(age) device; anti-siphoning device

防后冲装置 anti-backlash device

防后翻装置 overturn protection

防弧器 flash guard

防弧装置 flash guard

防护 bulwark; entrenchment; guard; preserving; prevention; proofing; protecting;safeguard;sheltery;shielding

防护岸 bank protection

防护坝 guard dam

防护白玻璃 plain glass

防护板 armo(u)r plate; blind; doubling;fender(apron);fender board;guard plate;protected apron;protecting apron;protecting shield;protection apron;protection board;protection plate;protection shield;protective shield;protector plate;shoulder guard

防护板条 guard lining strip

防护爆炸的绳毯 blasting mat

防护崩落的工程 avalanche protection works

防护变压器 isolating transformer

防护玻璃 protecting glass; safety glass; shielding glass; cover(ing) plate <荧光屏前面的>

防护玻璃板 protecting glass plate; protective glass plate

防护玻璃片 protecting glass plate; protective glass plate

防护玻璃罩 cover glass

防护波浪的侵袭及冲刷 wave protection

防护薄膜 release paper

防护布 lagging cloth

防护材料 proofing material; protective material;shielding material

防护舱壁 protected bulkhead;protective bulkhead

防护侧石 guard curb;guard kerb

防护测量 protective survey

防护层 armo(u)red course;armo(u)red layer;cocoon;cover layer;protection course;protective layer;armo(u)red coat <油漆>;inoxidizing coating <油漆>; protection coat <油漆>

防护车 protection wagon

防护处理 protective treatment

防护窗 shielding window

防护磁铁 guard magnet

防护措施 measures of protection; precaution; protective measure; safeguard procedure; safety measure

防护带 buffer belt; buffer zone; protected band; protected zone; protecting band; protecting belt; protecting zone; protection zone; protective belt;protective zone

防护带栽植 belt planting

防护道岔 protective turnout; trap points

防护的 protective;shielded

防护的钢轨导接线 protected rail bond

防护等级 protection grade

防护堤 embankment; fending groin; fending groyne;protection embankment

防护堤工程地质剖面 engineering geological profile along protection embankment

防护地 shelter ground

防护地带 butter zone;protective belt

防护地区 sheltered ground

防护电流 protective current

防护电阻 preventative resistance

防护垫片 protective pad

防护垫圈 fender washer

防护短柱 <设置在入口处的> hurter

防护扼流圈 protective reactor

防护阀 guard valve

防护费用法 preventive expenditure method

防护服冷却系统 protective suit cooling system

防护服(装) protection suit;protective clothing; protective garment; protective suit

防护改善水质措施 measures for conserving and improving water quality

防护盖 protected cap;sconce

防护盖板 shielding plate

防护杆 fender rod

防护钢壳 steel shield

防护钢盔 protective helmet

防护膏 protective cream

防护格栅 protecting grate; security grille

防护工程 flood protection works;protection works
防护工事 protective construction
防护工作服 protective clothing;protective working clothing
防护构筑物 safeguarding structure
防护管 protected pipe;protective pipe
防护规定 regulation of protection
防护轨 guard rail
防护和防爆安全 fire and explosion safety
防护滑板 go-devil
防护化学品 preservative chemicals
防护环 guard ring
防护环式安全装置 ring guard
防护混凝土免被侵蚀 protecting concrete against corrosion
防护机器油 preservative engine oil
防护剂 fighter;proofing;protectant;protection agent;protective agent;repellent
防护继电器 guard relay
防护夹子 hoop guard
防护甲板 protective deck
防护间距 protective spacing
防护监测 protective survey
防护监测区 protection monitoring area
防护检修 maintenance prevention
防护建筑和结构 preservative for structures and buildings
防护建筑(物) protection building;protection structure;protective structure;work of defense [defence];work of protection;protective structure;shielding building
防护结构 protected construction;protective structure;safeguard construction;safeguard structure
防护金属片 protective foil
防护进路 protected route
防护壳 containing wall;containment wall;protecting crust;protecting shell;protective shell
防护孔 protection hole
防护口罩 respirator
防护块 shield block
防护块体 guard block;guardian block
防护栏(杆) guard rail;personnel barrier;protective barrier
防护篱 protective fence
防护连衣裤 protective coverall
防护梁 fence rail
防护林 forest for erosion control;prevention forest;protection forest;protective forest;shelter forest;windbreak forest;wind-protecting plantation
防护林带 forest belt;forest shelter belt;protection belt of trees;protective belt;protective belt of trees;protective forest belt;shelter forest belt;shelter belt
防护林带高度 height of shelter belt
防护林面积 area of shelter belt
防护林确定法 determination of protection forests
防护林网 shelter belt nets
防护滤层 protective filter
防护路缘 guard curb;guard kerb
防护绿地 protective greening-area;buffer green(ground) <工厂区和生活区的>
防护帽 crash helmet;hard hat;helmet;protected cap;protecting cap;skull guard
防护门 protective door;shielding door
防护密闭门 protection sealing door;protective sealing door
防护密封 protectoseal
防护密封门 protective sealing door
防护面层 protective blanket;protective facing
防护面具 face guard;protecting mask
防护面锁 guard front lock
防护面罩 guard mask;protective head-cover;protective mask;protective shield
防护面罩滤器 canister;protective mask filter
防护膜 protecting film;protection film;protective film
防护能力 protection capability;protective ability
防护牌 protection board
防护喷(覆)层 cocoon(ing)
防护喷射 protecting spray
防护频带 <两信道间> guard band
防护品工厂 protection works
防护屏 guard board;guard boom;protecting screen;protection screen;protection shield;security screen
防护屏板 protective guard
防护屏蔽 guard shield;protective shield
防护铺盖 protective blanket
防护期间 guard period
防护漆 protective paint;protective varnish
防护漆处理 natural finish
防护砌块 shielding block
防护器 guard;preventor;protector
防护铅玻璃 protective lead-glass
防护墙 bulwark;fender wall;protected apron;protected wall;protecting apron;protecting wall;protection wall;protective wall;shelter wall;shield(ing) wall
防护清漆 protective varnish
防护区 guard plot;protected zone;protection zone;protective space;protective zone;shield area
防护区段 protected section
防护圈 backing ring;guide ring
防护容器 shielding container
防护软管 protective hose
防护润滑油 preservative lubricating oil
防护筛板 protection screen deck
防护设备 preventer;preventive device;protected device;protecting device;protective device;protective equipment;protective installation;protector apparatus;safeguard
防护设备配置 labo(u)r protect and safety devices
防护设计 protective design;shelter design;shielding design
防护设施 protection facility;protection installation;protection works;safeguard;work of defense [defence];work of protection
防护石 armo(u)red stone
防护石料 armo(u)r stone
防护时间 guard time;protective time
防护式电动机 protected motor
防护式电机 protected electric(al) machine
防护式开关 protected switch;protective switch
防护式照明 protective lighting
防护试验 protection test(ing)
防护试验装置 shield-test facility
防护手柄 protective lug
防护手套 protective gloves;protective mittens
防护疏散路线 protected escape route
防护水龙带 protective hose
防护水平 protection level
防护水渠 fossa(e)
防护索 guard cable
防护索套 protective sheathing
防护锁舌 protected strike
防护套 fagging;lag(ging);protecting jacket;protecting shell;protection sleeve;protective casing;protective shell
防护套管 protecting tube;protective casing
防护条 protective strip
防护铁栅 burglar bar
防护头盔 protection helmet
防护涂层 etching primer;preventive coating;protective coating;inhibitory coating
防护涂料 etching primer;inhibitory coating;protective coating;protective coating
防护土堤 protective bank of earth
防护外板 protective sheathing
防护外壁 containing wall;containment wall
防护外壳 protective cover
防护外皮 protective sheathing
防护外衣 dress shield
防护网 guard net;guard screen;protecting net;protective netting;safety net;safety screen
防护围墙 defensive hedge;protection embankment
防护围裙 protective apron
防护苇垫 isolation reed mat
防护圬工墙 protecting masonry wall
防护污水管 protected waste pipe
防护屋面材料 protected roofing
防护物 hurter;safeguard;shield
防护系统 protection system;safeguarding system
防护箱 protective housing
防护橡皮手套 protective rubber gloves
防护效力 protective value
防护效应 shielding effect
防护鞋 footwear;protective footwear
防护锌板 protection zinc
防护信号 guard signal;protecting signal;protection signal
防护信号机【铁】 protecting signal;protection signal
防护型车棚 overhead loadguard
防护型电动机 protected motor
防护型木架建筑物 protected wood frame construction
防护性措施 preventive measure
防护性能 barrier property
防护性喷涂 cocoon
防护性隧道 protective tunnel
防护性植被 protective cover of vegetation
防护眼镜 eye protector;goggles;protecting glasses;protecting spectacle;protective spectacles;safeguard glasses;safety glasses;safety goggles;safety spectacles
防护要求 defence need
防护衣(服) protective clothing;safety clothing;flagger vest <交通警察或工程人员的>
防护用柴排 mattress for protection
防护用混凝土 shielding concrete
防护用品 protecting appliance;protection goods;protective articles
防护用塑料膜 protecting plastic film
防护用盐 protecting salt
防护油 preservative oil
防护造林 protecting planting
防护闸门 guard gate;guard lock
防护栅 barricade;grill;guard boom;guard fence;safe barrier;safety barrier
防护栅栏 defensive hedge;protective barrier;safety fence
防护栅障 protective barrier
防护帐篷 protection tent
防护罩 guard;protecting collar;protecting cover;protecting hood;protective casing;protective cover(ing);protective cowl;protective cup;protective hood;safety cover;shielding;hood cover
防护罩壳 protected enclosure
防护真空 guard vacuum
防护织物 armo(u)red fabric
防护植物 securing plant
防护纸 protective paper
防护制服裤 protective uniform pant
防护种植物 protection plant
防护柱 collision post;fender column;fender post;guard post
防护柱杆 <水果车> guard post
防护砖 shielding tile
防护桩 fender pile;guard pile;guard stake;underpinning
防护装置 fender system;guard;protecting device;protection device;protective device;protective equipment;protective fender;protector;protector apparatus;safe control;safeguard;safety control;safety device
防护作用 safe action;safety action;shielding effect
防滑 anti-skid;anti-slide [sliding];deslicking
防滑安全地板 safety tread floor
防滑板 anti-skid plate;chequered plate;tread plate
防滑表面 anti-slip surface;skid-proof surface
防滑表面处理 non-skid surfacing
防滑波纹纸板 slip proof corrugated board
防滑材 ribband;ribbed material
防滑材料 anti-skid material;deslicking material;non-skid material
防滑参考材料 reference skid-resistant material
防滑层 anti-skid layer;skid-resistant course
防滑差速器 limited slip differential
防滑车胎链 non tire[tyre] chain;non-skid(tire) chain
防滑齿轨铁道 toothed railroad;toothed railway
防滑齿坎 anti-sliding key
防滑齿片 <履带> grouser
防滑处理 anti-skid treatment;deslicking treatment;non-skid(surface) treatment
防滑处理酸处理 acid treated method
防滑传动 anti-skid drive
防滑瓷砖 deslicking tile;slip-resistant tile
防滑措施 skid prevention
防滑的 anti-skid(ding);non-skid;skid-free;skid-proof(ing);skid-resistant;skid-resisting
防滑地板 abrasive floor;anti-skid floor;non-skid floor;non-slip floor
防滑地面 abrasive floor;anti-skid floor;non-skid floor;non-slip floor;slip-resistant floor
防滑地面砖 abrasive floor tile
防滑地毯 non-skid carpet;skid resistant carpet
防滑地砖 non-slip paving tile;non-slip tile;slipped tile;slip-resistance tile
防滑地砖地板 slip-resistant tile floor
防滑垫 heels stay;non-skid mat;non-

slip mat;skid-proof carpet
防滑垫块 skid-pan
防滑动 slide prevention
防滑动的 non-slip
防滑动装置 anti-creeper
防滑堆 <厂矿道路的> anti-skid heap
防滑钢板 checkered plate;checkered steel plate; diamond plate; ribbed plate
防滑骨料 anti-slip aggregate;non-slip aggregate;polish resistant aggregate
防滑裹胎链 non-skid chain
防滑护面 non-slip protection
防滑花纹 gripping pattern; non-skid tread;safe tread
防滑花纹瓷砖 anti-skid rib(bed)tile; anti-slip rib(bed)tile
防滑花纹沟 anti-skid groove
防滑混合料 anti-skid asphalt mixture
防滑混凝土 non-slip concrete
防滑混凝土铺面 non-slip granolithic
防滑基准材料 reference skid-resistant material
防滑集料 anti-slip aggregate;non-slip aggregate; polish resistant aggregate;skid-resistant aggregate
防滑剂 anti-lubricant;anti-slip agent; non-skid agent; skid preventive; slipproofing agent
防滑甲板材 diamond decking
防滑键 cut-off key;cut-off toe
防滑脚盖板 non-skid cover
防滑金属 anti-slip metal
防滑金属踏步板 tread plate
防滑块 non-slipping block; non-slipping spur
防滑(肋)板 anti-skid rib(bed)tile
防滑肋瓦 non-skid ribbed tile
防滑粒料摊铺机 frost grit spreader
防滑链 anti-skid chain;lug-type chain; non-skid chain;skid chain
防滑链条 ice grouser
防滑料撒布机 <冬季路面> abrasive material spreader
防滑楼板 non-skid floor;non-slip floor
防滑楼地面 non-skid floor; non-slip floor
防滑楼面 non-slip floor
防滑楼梯 non-slip tread
防滑楼梯踏步板 abrasive stair tread
防滑路面 anti-skid pavement; skid-free road surface; skid-proof surface; skid-resistant finish; skid-resistant surface;skid-free road
防滑轮胎 anti-skid tyre; grip tire [tyre];non-skid tyre[tire];snow tire [tyre]
防滑轮胎花纹 non-skid pattern
防滑轮胎路面 anti-skid road pavement
防滑轮胎纹 anti-skid;anti-skid tread
防滑轮爪 strake
防滑螺纹瓦 non-skid ribbed tile
防滑螺纹砖 non-skid ribbed tile
防滑面 non-skid surface;non-slip surface;slip-resistant surface
防滑面层 anti-skid finish; anti-slip finish;friction(al)course;non-skid finish;skid-resistant finish
防滑磨料 non-slip abrasive
防滑木 non-slip cleat
防滑坡道 non-slip ramp; ramp with non-slip surface;ramp with slip-resistant surface
防滑铺地砖 non-slip paving tile;slip-resistant tile;ship-and-galley tile
防滑漆 anti-skid paint;anti-slip paint; non-skid paint;skid-proof paint
防滑器 anti-skid unit; decelostat equipment; skidding device; sliding barrier
防滑器盖 non-skid cover
防滑桥面 non-slip floor
防滑三脚架 crowfoot[复 crowfeet]
防滑设备 anti-sliding device;non-skid device
防滑深度 non-skid depth
防滑石屑摊铺机 frost grit spreader
防滑试验机 skid resistance tester
防滑试验装置 skid resistance tester
防滑饰面 anti-slip finish
防滑水磨石(地面)abrasive terrazzo; non-slip terrazzo
防滑踏步 non-slip tread; safe(ty) tread
防滑踏步砖 reeded tile
防滑胎链 non-skid tyre chain
防滑陶砖 slip-resistant tile
防滑特性 anti-skid characteristics;anti-skid quality;non-skid quality
防滑梯级 anti-skid tread; non-slip tread
防滑条 footgrip;non-slip batten;non-slip insert; non-slip lath; non-slip nosing;non-slip strip;reeding;safety nosing; tread plate; kick(er) plate <楼梯的>
防滑条纹地砖 anti-skid rib(bed)tile
防滑调节器 anti-skid regulator
防滑凸纹 <轮胎> grouser
防滑突沿 abrasive nosing
防滑涂层 non-skid coating
防滑涂料 anti-skid paint; non-slip paint; skid-proof paint; skid-resistant coating
防滑脱油漆 non-skid varnish
防滑瓦 slip-resistant tile
防滑无缝地板 semtex
防滑系数 anti-skid factor
防滑线 non-skid thread
防滑性 skid resistance;skid-proofness
防滑性能 anti-skid property;non-skid property;skid-resisting property
防滑压条 tackless strip
防滑移的 non-slippery
防滑移肋瓦 non-slippery rib(bed)tile
防滑移油漆 non-slippery paint
防滑油漆 non-skid paint;non-slipping paint
防滑毡 skid-proof carpet
防滑制动器 anti-skid brake
防滑制动装置 anti-skid braking device
防滑爪链 strake
防滑砖 non-skid brick;anti-slip(ping)
防滑转差速器 no-spin differential
防滑桩 anti-skid pile;anti-slide pile
防滑装修 anti-slip finish
防滑装置 anti-skid device;anti(-stick)-slip device; non-skid device; norol; skidding device
防滑走道 non-slip safety walk
防化 anti-chemical;gas protection
防化设备 chemical warfare protective equipment
防化学腐蚀水泥 chemically resistant cement
防化学漆 chemical-resistant paint
防化衣物 chemical protective clothing
防划痕硬化玻璃 scratch resistant hardened glass
防坏剂 anti-deteriorant
防患未然的环保行动 anticipatory environmental action
防晃装置 antisloshing device
防晃纵隔舱 <防止舱内液体晃动的> swash bulkhead
防晃纵隔舱板 swash plate
防灰尘的 dirtproof
防灰盒 dust cover box
防灰浆罩 plaster guard
防灰器 dust excluder
防灰雾 anti-fog
防灰雾剂 anti-foggant;anti-fogging agent
防回火装置 fire check;flame trap
防回流装置 backflow preventer; backflow prevention device; subduct assembly
防回水门 backwater gate
防回弹装置 anti-kickback attachment
防回跳装置 anti-bouncer; anti-ricochet device
防晦暗 anti-tarnish
防晦暗纸板 tarnishproof board
防混硬件过滤 anti-aliasing hardware filtering
防混浊系统 anti-turbidity system
防火 fire control;fire-protection;protection against fire
防火安全 fire safety
防火安全板 fire safety shutter
防火安全措施 fire security measure
防火安全工程 fire safety engineering
防火安全家具 fire safety furniture
防火安全检查 fire patrol
防火安全建筑物规范 fire safety building code
防火安全科学 fire safety science
防火安全楼梯 fire escape stair(case)
防火安全评估体系 fire safety evaluation system
防火安全设计 fire safety design
防火安全委员会 fire safety committee
防火安全问题 fire safety problem
防火安全系统 fire safety system
防火安全系统分析 fire safety system analysis
防火暗盒 fire-resisting magazine
防火百叶窗 fire shutter
防火板 fire plate; fire-proof panel; fire-rated board;fire-resistant board; flame-retardant panel; shield plate; spark strip
防火办法 fire precaution
防火保护 fire-resistive protection
防火保护层 covering for fire protection
防火保护面层 fire-protection sheath coat
防火保护墙 firewall protection
防火保险柜 fire-proof safe
防火背包 fire pack
防火壁 fire-proof wall;fire wall
防火避雷器 spark arrester[arrestor]
防火标准 fire-protection standard
防火玻璃 fire-retardant glass; flame-proof glass; flame-retarding glass; ovenproof glass; chadrac <电化钢处理过的>
防火玻璃窗 electrocopper glazing
防火薄膜 fire-proof membrane;membrane fireproofing
防火布 asbestone;fire-resistant cloth
防火部门主管人 fire marshal
防火材料 fire-proof material; fire-resisting material; fire-resistive; fire-resistive material;fire safe material
防火材料工程 fire-resistant material engineering
防火(舱)壁 fire-proof bulkhead
防火层 fire-protection layer; fire-resisting layer
防火层厚度 fire-proofing
防火柴油机车 flameproof diesel loco(motive)
防火衬板 fire-proof sheathing
防火衬层 fire-protective lining
防火衬砌 fire-protective lining
防火出口 protected opening
防火处理 fire-proof(ing); incombustible transaction
防火处理木门 wood-faced fire door
防火窗 fire-resisting window; fire window
防火窗间小柱 fire-resisting stanchion
防火窗帘 safety curtain
防火措施 fire control measure; fire precaution; fire precaution measure; fire preventing; fire prevention; fire prevention measure; precaution against fire;fire-proofing
防火搭扣 fire-retardant fastener
防火带 fire belt;firebreak;fire guard; fire lane;fire-proof belt
防火带中用防火墙隔开的区段 fire area
防火挡板 fire curtain; fire damper; fire flap; fire-protection flap; fire-resisting damper
防火道 fire trail
防火的 apyrous;fire-proof(ing);fire-resistant; fire-resisting; fire-retardant; flameproof; flame-resisting; incombustible; non-combustible; non-ignitable;refractory
防火的结构类型 incombustible construction type
防火等级 fire grade[grading]; fire-protection rating; fire rating; fire-resistance grading <房屋的>
防火堤 fire bank;fire dike[dyke];fire embankment;spill wall
防火地板 <其中的一种> big-span floor
防火地板和隔墙等的构造 Roebling
防火地弹门 fire-proof floor spring door
防火地面 <由耐火黏[粘]土砖或瓷砖和钢筋组成的> cullum floor
防火地面标志 non-combustible ground sign
防火地区 fire-proof district;fire-proof zone;fire-protection zone
防火电池机车 flameproof battery locomotive
防火电机 fire-proof machine
防火电缆 fire-proof cable;flameproof cable
防火洞孔 fire-rated penetration
防火洞口 protected opening
防火阀 fire damper;fire-proof damper; fire-protection valve; fire-resisting damper;fire valve;fusible link valve
防火法 fire-proofing
防火帆布 fire-resistant tarpaulin
防火方法 method of fire protection
防火防爆管理 fire and explosion prevention
防火防腐剂 fire-retardant preservative;minolith
防火防烟分隔楼梯间 fire tower
防火防烟门碰头 smoke and fire door holder
防火飞行服 fire-retardant flight suit
防火费 fire-protection expenses
防火分隔 fire compartmentation;fire-proof partition; fire-resisting division;fire separation
防火分隔间 fire compartment
防火分隔设计 design of fire separation
防火分级 fire-protection rating;fire-resistance classification
防火分级的 fire-rated
防火分级时间 fire grading period
防火分区 fire compartment; fire zone;fire zoning
防火分区法 fire compartmentation
防火分区制 firing-zoning
防火分委员会 subcommittee on fire protection

防火粉末 <水泥灰浆及混凝土的> aquex
防火风量调节板 fire volume damper
防火封堵材料 fire-proof sealing material
防火封禁季节 closed fire-season
防火服 fire-resistant clothing; fire-proof suit; fire-protection suit; garment for protection against fire
防火负荷 fire loading
防火负责人 fire supervisor; person in charge of fire
防火复合门 checkfire
防火钢推拉门 fire-resisting steel sliding door
防火隔板 fire bulkhead; fire division; fire shutter; fire wall; membrane fireproofing
防火隔堵 fire-proof bulkhead
防火隔断 firebreak; fire partition; fire-resistive partition
防火隔框 fire-resistant wall
防火隔离带 fire prevention; firebreak; fire mantle; fire-protection strip
防火隔离线 fire lane
防火隔墙 firebreak partition(wall); fire division wall; fire partition (wall); fire-proof partition; fire-proof wall partition; fire-resistant partition(wall); fire-resisting partition; fire-resistive separation; fire stop; flame-retardant partition; firebreak; fire-proof bulkhead; fire wall; party corbel <悬挑的>
防火隔墙通道 fire partition opening
防火隔热涂料 fire-fighting and heat isolating paint; refractory coating; refractory plaster facing
防火工程 fire protection engineering
防火功能 fire performance
防火沟 cutter trench; fire line; fire trench
防火构造 fire-proof construction; fire-resistive construction
防火规范 code for fire protection; fire legging
防火规范窗 fire-rated window; label(l)ed window
防火规划 fire control plan(ning)
防火壕 fire trench
防火花的 anti-spark; sparkproof
防火花混凝土 sparkproof concrete
防火花砂浆 sparkproof mortar
防火化合物 fire-proofing compound
防火化学制剂 fire-retardant chemicals
防火灰浆 fire-proof mortar
防火活门 fire shutter
防火机器 fire-proof machine
防火机械 fire-proof machinery
防火剂 fire-proofing agent; fire-retardant; fire-retarding agent
防火间壁墙 fire partition wall
防火间隔 danger space; fire barrier
防火间隔层 fire division
防火间隔区段 fire partition
防火间距 distance separation; fire distance; fire separation; separation distance
防火监护员 fire boss
防火监视哨 fire guard
防火检查 fire inspection; fire watch
防火检查报告系统 fire inspection reporting system
防火检查员 fire inspector
防火建筑平板 fire-proof architectural board
防火建筑(物) fire-proof building; fire-proof construction; fire-proof installation; non-combustible building
防火胶合板 fire-proofing plywood
防火结构 fire-proof structure; fire-resisting construction; non-combustible construction
防火浸渍 fire-proofing impregnation
防火距离 fire-protection distance
防火卷帘 fire curtain; fire-proof roll screen; roll-up fire curtain
防火卷帘门 fire-resistance rolling shutter door; fire-resisting rolling shutter; fire shutter
防火绝缘 fire-proof insulation
防火绝缘层 fire lagging
防火开关 emergency stop valve; fire cock; fire-proof cock; fire-protection switch; fire safety switch; fuel shut-off valve
防火可卷百叶窗 fire rolling shutter
防火空隙地带 firebreak
防火空心梁楼层 bison floor
防火空芯墙 cavity party wall
防火控制挡板 fire control damper
防火控制阀 fire control damper
防火控制盘 fire control panel
防火块 fire block
防火矿用机车 flameproof mine locomotive
防火类型 fire-resistive type
防火帘 safety curtain
防火林 firebreak forest
防火林带 fire forest belt; fire mantle
防火楼板 fire-proof floor; fire-resisting door; Fram floor <一种专利产品>
防火楼梯 escape stair(case); exterior stair(case); fire escape stair(case)
防火绿地 fire prevention greening
防火门 armo(u)r door; armo(u)red door; armo(u)red fire proof door; door of fire-check; draft stop; draught stop; emergency door; emergency exit; fire check door; fire damper; fire door; fire-protecting door; fire-resistant door; fire-resisting door; fire-retardant door; solid door; douser <电影放映室用的>
防火门插销 fire door latch
防火门窗配件 fire assembly
防火门搭扣 fire door latch
防火门等级 fire door rating
防火门五金配件 fire door hardware
防火门自动开关装置 automatic closing device; closing device; self-closing device
防火门自动控制装置 door retainer
防火门组合件 fire door assembly
防火门组(装)件 fire door assembly
防火密闭门 fire-proof air-tight door
防火密闭墙 fire seal
防火面积 area of fire division; fire area
防火面饰料 fire-proof trim
防火木材 fire killed timber; fire-proofing timber; fire-proofing wood
防火木料 fire killed timber; fire-proofing wood
防火木门 fire-resisting timber door
防火幕(帘) asbestos curtain; fire curtain; fire-proof curtain; safe(ty) curtain
防火幕门 curtain door
防火幕屏 curtain board
防火内燃机车 <装有火焰防护装置的内燃机车> flameproof diesel loco(motive)
防火能力 fire-resistance
防火排烟阀 fire prevention and smoke exhaust damper
防火泡沫 fire foam
防火膨胀漆 intumescent paint
防火平顶 fire terrace
防火平台 fire terrace
防火屏 fire façade; fire screen; fire shelter
防火屏障 fire-proof curtain; fire barrier
防火漆 fire-proof paint; fire-protection paint; fire-protective paint; fire-resisting paint; fire-retardant paint; fire-retarding paint
防火漆墙 <一排房屋中相邻房屋隔墙在屋顶上的凸出部分> fire knee
防火气象站 fire weather station
防火器 flame damper
防火器皿 flameproof ware
防火器械 fire preventive appliance
防火墙 division wall; fire bulkhead; fire-cutting partition; fire dam; fire dike [dyke]; fire division wall; fire embankment; fire-proof wall; fire-protection wall; fire-resistance wall; fire-resistant wall; fire screen; flame-proofing wall; spill wall
防火墙板 fire-resistant wall board
防火墙密封胶 fire-barrier sealant
防火墙上有保护的出口 protected opening on fire-resistant wall
防火轻质墙板 bordorflex
防火区 fire conservancy; fire district; fire region; fire zone
防火区间 fire area
防火区域 fire limit
防火圈 fire-protection ring; fire-protection zone
防火燃料 fire-resistant fuel
防火洒水系统 fire-protection sprinkler system
防火砂 fire-resisting sand; fire sand
防火砂浆 fire-proof mortar
防火山墙 fire-fighting gable; fire gable
防火栅 fire facade; fire guard; fire screen
防火设备 fire preventive device; fire-protection installation; fire-retardant equipment; fire safety equipment
防火设计 fire-protection design; fire-protection planning; fire scheme
防火设施 fire barrier; fire control improvement; fire-proofing installation; fire-protection service
防火石膏板 fire fighter gypsum board
防火石膏衬板 fire-proof gypsum sheathing; fire-proof sheathing
防火石膏墙板 paramount
防火石棉板 asbestos-diatomite; asbestos wood
防火石棉水泥板 fire-proof asbestos cement board
防火石棉纤维 fire-proof asbestos fiber[fibre]
防火石棉衣 fire-proof asbestos clothing
防火式电机 firedamp machine; firedamp proof motor; fire-proof engine; flameproof engine; flameproof machine; firedamp proof machine <沼气甲烷引起的>
防火树 fire-protection tree
防火水龙头 fire hydrant
防火水桶 fire bucket
防火塑料 flame-retardant plastics
防火塔 fire embankment; fire tower
防火毯 fire blanket
防火套 fire-proof covering
防火特性 fire-proof nature
防火梯 fire ladder
防火天花板 fire-barrier ceiling
防火添加剂 fire-proofing dope
防火挑板 fire canopy
防火挑檐 fire-protection eaves
防火通道 fire path; firing aisle
防火图表集 fire atlas
防火涂层 fire-retardant coating
防火涂覆牛皮纸 flame-resistant coated kraft paper
防火涂料 fire-proof paint; fire-protecting paint; fire-protection coating; fire-protection paint; fire-resisting paint; fire-retardant coating; fire-retardant paint; fire-retarding paint
防火瓦 fire tile
防火外壳 flameproof enclosure
防火外墙 protected exterior
防火外围 protected exterior
防火网 flame screen
防火位置 anchor point
防火圬工墙 division masonry wall
防火系统 fire-proof system; fire-protection system
防火纤维 fire-proof fibre[fiber]
防火线 control line; firebreak; fire control line; fire line; fire warden line
防火巷道 fire lane; fire-protection strip
防火星网 flame arrester[arrestor]
防火型石棉水泥板 non-combustible mo(u)lded asbestos cement panel
防火性 fire retardance[retardancy]; flammability resistance
防火性能 fire-protecting performance; fire-resistance; fire-resisting property
防火性能试验 fire-protecting test
防火性万能胶 flame-retardant contact adhesive
防火演习 fire drill
防火焰 flameproof
防火要求 fire-protection requirement; fire-resistance requirement
防火液体 nonflammable fluid
防火液压系统 fire resistant hydraulic(al) system
防火衣 fire-resistant clothing; fire-protection suit
防火应急出口 fire escape
防火用水 water for fire-fighting purposes
防火油箱 fire-proof tank
防火员 fire guard
防火运输带 fire-resistant conveyer belt
防火责任区 guard unit
防火责任制度 fire responsibility system
防火障 firebreak
防火照明灯 flameproof luminaire
防火照明设备 flameproof luminaire
防火罩面漆 fire-resistant finish; fire-resisting finish
防火整理 fire-proofing finish
防火织物 fire-proof fabric; flame-proof fabric
防火植物 pyrophyte
防火植物带 living fire break
防火纸 fire-proof paper
防火制剂 fire-proofing preparation
防火柱 column fireproofing
防火砖 fire-proofing tile
防火砖石分隔墙 fire division masonry wall
防火装置 fire assembly; fire control unit; fire precaution; fire-proof installation; fire-protection; fire-protection device; refractory protection
防火准备措施 fire presuppression
防火阻隔措施 fire stopping
防火组合门 dreadmought

防火组件 fire assembly
防击轮胎 hangfire tire[tyre]
防积尘涂料 coating composition to prevent dirt
防积垢性 dirt pickup resistance
防积尘性 dirt pickup resistance
防挤栏杆 crush barrier
防寄生振荡的 anti-parasitic
防夹功能 anti-clamp function
防夹辊 < 防扁辊 > anti-clip roll
防尖声 anti-squeak
防减压装置 anti-lowering device
防碱 alkali prevention; prevention of alkali
防溅 splash-proof; spray proof
防溅板 dash board; splash apron; splash board; splasher; splash guard; splash shield; spray board
防溅搭接 splash lap
防溅挡板 spatter shield; splash-back; splash baffle; splash block; backsplash(er) < 柜台 >
防溅的 anti-spray; splash-proof; splash water-proof
防溅盖板 splash lap
防溅沟道 anti-splash device
防溅环 splash-guard ring
防溅剂 antispattering agent
防溅落板 boil board
防溅喷嘴 anti-splash nozzle; splash-proof nozzle
防溅屏 spatter shield
防溅器 save-all; stream limiter
防溅墙面 splash-back
防溅射的 splash-proof
防溅式的 splash-proof
防溅式电动机 splash-proof motor
防溅式电气设备 flood-proof electric(al) equipment; splash-proof electric(al) equipment
防溅式感应电动机 splash-proof type induction motor
防溅式机器 splash-proof machine
防溅水的 splash-proof
防溅水龙头 anti-splash device
防溅外壳 splash-proof enclosure
防溅污的 anti-splash
防溅箱 splash box
防溅型 splash-proof type
防溅型电机 splash-proof machine
防溅罩 splash guard; splash jacket
防溅装置 anti-splash device; splash protection
防胶化剂 anti-gelling agent; anti-livering agent
防胶剂 anti-gum inhibitor
防胶凝剂 anti-gelling agent
防焦剂 n-cyclohexylthio-phthelimade; scorch retarder
防焦箱 anti-clinker box
防绞杆 anti-twist batten
防酵(处理剂) anti-fermentative
防酵剂 anti-ferment
防结冰器 anti-icer
防结冰涂料 coating composition for prevention of icing
防结冰装置 deicer
防结拱装置 ant-arching device
防结垢 scale control
防结块剂 anti-blocking agent
防结露 anti-condensation
防结露顶棚 anti-condensation ceiling
防结露粉刷 anti-condensation plaster
防结露剂 anti-fogging agent
防结露漆 anti-condensation paint
防结露天花板 anti-condensation ceiling
防结露涂层 anti-fogging coating
防结露涂料 coating for preventing dew condensation
防结露性 anti-fogging resistance
防结皮的 anti-skinning
防结皮剂 anti-skinning agent
防结霜性 resistance to frost
防结(硬)块剂 anti-hard caking agent
防界层 military boundary
防浸器 immersion proof
防浸蚀涂层 etch-resistant coating
防浸式电气设备 flood-proof electric(al) equipment
防浸水设备 flood-prevention equipment
防浸型 flood-proof type
防晶管 anti-crystalline pipe
防静电 anti-static prevention; electrostatic prevention; prevention of static electricity
防静电背面层 X-back
防静电层 anti-static backing
防静电地板 conductive flooring; electrostatic prevention flooring
防静电地面 conductive flooring; electrostatic prevention flooring
防静电分流器 anti-static-shunt
防静电干扰 antistatics
防静电工作鞋 anti-electro shoes; anti-static shoes
防静电活动地板 movable anti-static floor board; movable electro-static prevention floor board
防静电剂 antistat; anti-static agent
防静电胶板 anti-static plastic plate
防静电楼板 anti-static floor
防静电器 parastat
防静电清洗 anti-static cleaning
防静电设备 anti-static device
防静电水磨石 conductive terrazzo
防静电添加剂 anti-static additive
防静电吸尘 anti-static dirt; anti-static dust
防静电橡胶 anti-static rubber; conductive rubber
防静电液 anti-static fluid
防静电整理织物 anti-static finish fabric
防纠索 timenoguy
防具 armo(u)r
防聚剂 anti-polymerizer
防卷曲 anti-curl
防卷曲层 anti-curl coating; non-curl backing; pelloid layer
防卷曲切纸传真机 anti-curl cutter fax
防卷曲涂层 anti-curl coating
防卷曲支持层 non-curl backing layer
防菌 fungi-proofing
防菌剂 fungicide
防卡塞 anti-seize
防抗剂 boiler fluid
防坑道下陷 protection against mining subsidence
防空 aerial defense[defence]; air defence; anti-aircraft protection
防空避弹室 strong room
防空测距计 anti-aircraft range finder
防空船 ack-ack ship
防空措施 air defence measure; air-raid precaution
防空导弹基地 air defence missile base
防空灯 blackout lamp; blackout light
防空洞 abri; air-raid shelter; bomb-proof; bombproof shelter; bomb shelter; buried shelter; civil defense shelter; dugout; underground shelter
防空洞车库 bomb shelter garage
防空洞门 bomb shelter door
防空洞掩蔽车库 bomb shelter garage
防空工程 air defence works; defence work
防空工事 anti-aircraft defense[defence]
防空工作 air defence work
防空观测塔 antitower
防空观测望远镜 air defence sighting telescope
防空观察塔 anti-aircraft tower
防空管制 anti-aircraft control
防空壕 antidugout; dugout; funkhole
防空计算机 air defence computer
防空建筑 civil defense construction
防空警报器 air-raid siren
防空雷达 air defence radar; air search radar
防空雷达哨舰 radar station ship
防空气污染系统 anti-air pollution system
防空情报鉴定中心 filter center[centre]
防空区(域) air defence area
防空设备 air defence equipment; anti-aircraft defense[defence]
防空设施 anti-aircraft defense[defence]
防空司令部 < 美 > Air Defence Command
防空隧道 shelter tunnel
防空探照灯 anti-aircraft searchlight
防空系统 air defence system; anti-aircraft defence system
防空掩蔽所 air-raid shelter
防空掩体 air-raid shelter; bomb shelter
防空用的 anti-aircraft
防空站 air defence station
防空遮光装置 blackout device
防空遮黑漆 blackout paint
防空指挥计算机 air defence command computer
防空转装置 anti-racer; anti-slip device
防控拉索 travel(l)ing lizards
防狂犬病药 anti-rabic
防矿穴沉陷 protection against mining subsidence
防扩散覆盖层材料 capping material
防扩散覆盖层的保护层 cap armoring; armour layer of cap
防扩散覆盖层的过滤层 filter layer of cap
防扩散覆盖层的基底隔离层 base isolation layer of cap
防扩散覆盖层的基底稳定层 base stabilization layer of cap
防扩散覆盖层的监控 cap monitoring
防扩散覆盖层的施工步骤 capping procedure
防扩散覆盖层的中间层 interim cap
防扩散覆盖层的组成 cap component
防扩散覆盖层厚度 cap thickness
防扩散覆盖层稳定性 cap stability
防扩式照明 protective lighting
防蜡剂 wax-proofing agent
防狼围栏 wolf-proof fence
防浪矮墙 parapet
防浪板 < 放在船头 > dash board; spray board; spurn water; wash board; wash strake; water board; weather-board(ing); spurnwater; surf board
防浪堤 breakwater; bulwark; digue; seawall
防浪阀 storm valve
防浪浮架 boom
防浪盖 storm-cover
防浪工程 wave defense[defence] works; wave protection works
防浪林 wave break forest
防浪木排 floating breakwater
防浪排桩 stockade
防浪墙 wave wall(parapet); parapet wall; splash wall; wave deflector wall; wave return; wave screen; wave break
防浪胸墙 crest wall; parapet wall; recurved parapet; storm wall; wake wall; wave screen; breast wall; crown wall; wave wall
防浪栅 wave screen
防老化 ag(e)ing retardation
防老化的 age inhibiting; anti-aging protective
防老化剂 ag(e)ing resistant agent; anti-ag(e)ing dope; anti-ager; anti-deteriorant; anti-oxidant; negative catalyst
防老化添加剂 age inhibiting addition
防涝 anti-water logging; prevent waterlogging; water-logging control
防雷 lightning protection
防雷板 lightning protector plate
防雷保护装置 lightning protection
防雷达的 radar-proof
防雷达漆 anti-radar paint
防雷达涂层 anti-radar coating
防雷达涂料 anti-radar paint
防雷电缆 lightning protected cable
防雷击装置 lightning proof
防雷接地 grounding for lightning; lightning arrester; lightning earth
防雷网杆 torpedo net boom
防雷装置 lightning protection
防冷 to be protected from cold
防冷层 cold insulator
防冷冻的 cryoprotective
防冷凝 anti-condensation; protection against condensation
防冷凝化学品 condensation-preventing chemicals
防冷凝作用漆 anti-condensation paint
防沥青黏[粘]合作用剂 bitumen adhesion-preventing agent
防裂 crack control; crack-preventing; crack-proof
防裂安全度 degree of safety against rupture
防裂扒钉 anti-checking iron
防裂保护 rupture proof security
防裂措施 crack control measure; crack stopper
防裂的 anti-checking; anti-cracking
防裂钢筋 anti-crack reinforcement
防裂钢筋混凝土 crack-reinforced concrete
防裂钩 anti-checking iron
防裂技术 crack arrest technique
防裂剂 anti-cracking agent
防裂剂橡胶 anti-cracking agent
防裂筋 cracking strip
防裂蜡 crackwax
防裂螺栓 anti-splitting bolt
防裂配筋 crack control reinforcement
防裂铁钉 Z-iron
防裂楔 cleat
防裂装置 crack stopper
防裂阻力 tear resistance
防凌 ice(jam) prevention; ice protection; protection against ice run; reduce the menace of ice run
防凌措施 ice prevention measure
防溜装置 runaway protecting device
防流挂 resist sagging; sag prevention
防流挂剂 anti-dripping agent; anti-running agent; anti-sag(ging) agent; sag control agent
防硫套管 anti-sulfate casing
防漏 leak(age) protection; leak prevention; leak stoppage; sealing up
防漏板 spill guard
防漏材料 leakproof(ing) material
防漏粗黏[粘]粉 instaseal

防漏的 leakless;leak tight;leakproof
防漏电 anti-creep;anti-creepage
防漏电开关 anti-creeping switch
防漏电设备 anti-creeper
防漏垫 collision mat;sealing gasket
防漏盖块 raggle block
防漏(箍)夹 leak clamp
防漏环 anti-leak ring
防漏活门 anti-leakage valve
防漏剂 leak preventer;leak preventive
防漏金属盖片 flashing
防漏金属盖平 flashing
防漏铆接 tight riveting
防漏密封 leakproof seal
防漏密封垫 sealing gasket
防漏黏[粘]结剂 flashing cement
防漏气密封 gas seal
防漏铅板 lead soaker
防漏嵌条 soaker
防漏失剂 leakproof additive
防漏式储存罐 sift-proof bin
防漏式电动泵 leakproof motor pump
防漏试验的 leak-tested
防漏水泥 anti-leak cement
防漏碎云母 magco mica
防漏屋顶 leakproof roof
防漏系统 leakage protective system
防漏性能 leak resistance
防漏用盖板 raggle block
防漏油拖车 oil fighting trailer
防漏毡 collision mat
防漏抓斗 leakproof grab;anti-pollutant grab bucket
防露 dew retardation
防露材料 dew retardation material
防露覆盖层 anti-sweat covering
防露盖 dew cap
防露罩(面)anti-sweat covering
防伦琴射线玻璃 X-ray absorbing glass;X-ray protective glass
防轮椅冲撞的 resistant to wheelchairs
防马蝇油 anti-horse-fly oil
防锚咬底法 becueing;crowning;scowing
防霉 mildew prevention;mo(u)ld-proofing
防霉的 anti-fungus;fungus-proof;mo(u)ld-proof;anti-mildew;mildew-proof
防霉剂 fungicide;mildewcide;mildew preventive;mo(u)ld preventive
防霉菌的 anti-fungus
防霉菌剂 fungistat;fungistatic agent;anti-mildew agent
防霉漆 fungicidal paint;fungicide paint;fungus resisting paint;mildew-proof paint;mildew resistant paint
防霉墙壁涂料 fungicidal wall paint
防霉墙壁涂漆 fungicidal wall paint
防霉乳胶漆 mildew-proof latex paint
防霉素 anti-mycin
防霉涂料 fungus resisting paint;mildew resistant paint;mo(u)ld-proofing coating
防霉性 fugus resistance
防霉性能试验 fugus test
防霉颜料 mo(u)ld inhibiting pigment
防霉油漆 anti-fungus;weatherproof oil paint
防霉纸 anti-fungicide paper;mildew proof paper
防迷流保护 stray current protection
防摩擦 anti-friction;rub check
防摩擦的 anti-frictional
防摩擦护面条 chafing strip
防摩擦滑块 anti-friction pad
防摩擦条 <贴附在护舷或码头结构表面的> rubbing strip
防摩擦条的磨耗贴面 sacrificial rubbing face
防摩擦装置 chafing gear
防磨席 paunch;rubbing paunch
防磨板 wearing plate;wear strip
防磨擦保护层 anti-abrasion layer
防磨补心 wear bushing
防磨衬套 wearing bush
防磨的 wear-proof
防磨垫板 wear pad
防磨钢板 <卡车或其他运输工具的> wear plate
防磨耗外加剂 anti-wear additive
防磨坏 wearing ring
防磨剂 anti-wear agent
防磨卷 cackling;keckling
防磨锚链 chafing chain
防磨绳垫 sword mat
防磨蚀剂 anti-fretting compound
防磨损的 anti-wear
防磨损护板 wear guard
防磨损剂 wear inhibitor
防磨损绝缘法 insulation with anti-abrasion
防磨索 bull rope
防磨添加剂 wear-preventive additive
防磨条 chafing strip;wear strip
防磨铁板 clout
防磨凸耳 wear lug
防磨凸块 elevator bar
防磨涂层 friction(al)coat
防磨镶条 chaffing strip
防沫剂 anti-foam(er);anti-foaming agent
防沫添加剂 anti-foaming additive;anti-foaming aid
防挠材 stiffener;stiffening bar
防挠肋 stiffening rib
防挠振甲板 panting deck
防挠振结构 panting arrangement
防挠振肋骨 panting frame
防挠振梁 panting beam
防挠纵梁 panting stringer
防闹 anti-rumble
防泥板 splash board
防泥封 dirt seal
防泥屏 silt screen
防泥器 mud excluder
防泥石流坝 mud dam
防泥渣剂 slimicide
防逆 antireverse
防逆瓣 reaction trap
防逆阀(门)check valve;back-pressure valve
防逆流 closure to prevent reverse flow
防逆流闸门 lock check gate
防逆行装置 hold-back device
防逆止阀 check valve
防逆转继电器 plugging relay
防逆转爪轮 ratchet
防逆转装置 anti-reverse-rotation device
防逆装置 anti-reversing clutch
防黏[粘] anti-seize
防黏[粘]包装纸用涂料 non-sticking package paper coating
防黏[粘]薄膜 adhesion-preventing film
防黏[粘]的 anti-sticking
防黏[粘]剂 abherent;adhesion preventive;anti-seize compound;anti-sticking agent;anti-tack agent;mo(u)ld lubricant;mo(u)ld release;release agent;releasing agent;detackifier;tack eliminator
防黏[粘]结材料 bond breaker
防黏[粘]螺栓 anti-freeze pin;residual stud
防黏[粘]片 residual plate
防黏[粘]涂料 anti-sticking lease coating
防黏[粘]物处理 anti-slime treatment
防黏[粘]运输带 non-tacky conveyor belt
防黏[粘]脏的 anti-offset;anti-setoff
防黏[粘]着材料 adherent
防黏[粘]着剂 anti-sticking agent
防鸟筛孔栏板 bird screen
防鸟网罩 bird screen
防啮 rodent proof
防凝 anti-coagulation;anti-condensation
防凝结 anti-condensation
防凝结涂层 anti-condensation coating
防凝水顶棚 anti-condensation ceiling
防凝水内衬 anti-condensation lining
防凝水石膏 anti-condensation plaster
防凝水天花板 anti-condensation ceiling
防凝水油漆 anti-condensation paint
防凝添加剂 anti-seize compound
防扭的 torsion-proof
防扭绳 block span;torsion-proof
防扭踏板 shake flat ladder step
防扭振装置 anti-torque pulsation device
防爬 anti-creep
防爬板 anti-creeping plate
防爬撑 bunton
防爬带 anti-creeper strap
防爬挡板 anti-creeper shield
防爬道钉孔 anchor-spike hole
防爬夹钉 anti-creeper clip
防爬角钢 anti-creeping steel angle
防爬角铁 anti-creeping steel angle
防爬卡铁 anti-creeping iron clop
防爬扣铁 anti-creeping iron clop
防爬力 creeping resistance
防爬连杆 anti-creep link
防爬链条 anti-creep strap
防爬木撑 anti-creeping strut
防爬木桩 anti-creeping stake
防爬能力 anti-creeping capacity
防爬器 anti-creeping device;rail anchor;anti-creeper <铁轨的>
防爬器支撑 anti-creeper strut
防爬设备 anti-creeper device
防爬行装置 anti-creeper
防爬障板 anti-creeper baffle
防爬障栅 anti-creeper barrier
防爬支撑 anti-creep strut
防爬桩 anchor spike;anti-creeper stake
防爬装置 anti-creeping device
防爬阻力 anti-creeping resistance;creeping resistance
防排水 water handling
防排烟通风系统 smoke protection and exhausting ventilation system
防攀登的 anti-climbing
防攀登的金属 anti-climbing metal
防攀登金属网 anti-climber;anti-climbing metal mesh
防攀登装置 anti-climber
防跑车道岔 runaway switch
防跑火沟 crush strip
防泡剂 foam-proof agent;foam-resistant;foam-resistant agent
防泡沫 anti-foam
防泡沫的 anti-foam(ing)
防泡沫剂 anti-foaming agent;foam inhibitor
防泡沫添加剂 anti-foaming additive
防泡沫装置 foam breaker
防泡外加剂 anti-foaming admixture
防喷 blowout prevention
防喷管堵头 stuffing box
防喷溅挡板 splash baffle
防喷溅护板 splash guard
防喷气橡胶填缝料 <混凝土路面的> rubberoid jet-proof joint sealing
防喷器 blowing out preventer;blowout preventer;preventer
防喷器的活动胶皮衬 ram rubber
防喷器及其上端的法兰短节 blowout preventer and spool
防喷器控制系统 pop control system
防喷器组 blowout preventer stack
防喷砂护罩 sand-blast resistant mask
防喷设备 blowout hookup;blowout prevention equipment
防喷射的 spraytight
防喷射膜 anti-spray film
防喷霜剂 bloom inhibitor
防喷罩 spray guard
防喷装置 blowout preventer
防碰保护系统 shot protection system
防碰衬垫 crash cushion
防碰垫 anti-collision cushion
防碰系统 anti-collision system
防碰撞 anti-collision
防碰撞键 anti-clash key
防碰撞装置 anti-collision device
防疲劳剂 anti-fatigue agent
防偏摆横向导框 lateral guidance
防偏装置 deflector device
防偏钻进 prevention of deviation drilling
防漂缆 tag line
防飘流喷嘴 no-drift nozzle
防破坏 vandal proof
防破裂装置 anti-crash device
防破片的 splinter-proof
防破损 breakage-proof
防瀑润滑油 doped oil
防起泡剂 anti-frother
防起泡添加剂 anti-foam additive;anti-frother
防起霜白花 efflorescent-proof
防起霜性 frost resistance
防起条纹漆 anti-rivelling paint
防起雾剂 bloom inhibitor
防起雾性 fastness to blooming
防气的 air proof
防气阀门 air trap
防气圈 air seal;air-tight test
防气式电机 vapo(u)r-proof engine
防气弯管 air trap
防气穴 anti-cavitation
防弃水线 no-spill rule curve
防汽的 vapo(u)r-proof
防汽阀 steam trap
防汽油的 gasoline-proof;petrol-proof
防潜浮标 radio sonobuoy;sonobuoy;sono-radio buoy
防潜网 net defence
防撬护面板 armo(u)red front
防窃 burglary protection
防窃的 burglar-proof
防窃警报器 burglary alarm;intruder alarm;intrusion alarm
防窃警报装置 burglary alarm system
防侵蚀措施 measure against erosion
防侵蚀的 rodent proof
防侵蚀砾层 erosion pavement
防侵蚀涂层 erosion resistant coating
防侵蚀外加剂 corrosion inhibiting admixture
防青铜色剂 anti-bronzing agent
防倾侧装置 anti-roll device
防倾杆 sway rod
防倾绞辘 <船在干坞用> careen tackle
防倾肘板 tripping bracket
防燃 anti-flaming
防燃剂 anti-flammability agent;fireproofing reagent;fire suppressor;flame-retardant;resist agent
防燃器 burning preventer
防燃土工布 flame-retardant fiber[fibre]

F

防燃有机纤维 flameproof organic fiber[fibre]
防燃运输带 non-flame conveyor belt
防燃织物 flameproof textile
防染剂 reserving agent;resistant
防染染色工艺 resist-dyeing
防染盐 reserve salt
防染印花 resist printing
防热 heat protection;heat-repellent;heat shield(ing);thermal protection
防热板 heat shield panel
防热变形活塞 autothermic piston
防热舱盖 insulation hatch
防热层 heat-protection layer;heat shield(ing)
防热的 heat-proof;heat-repelling;heat-resistant;heat-resisting
防热防潮包装 tropic(al) packing
防热防水纸 alumin(i)um foil isolation paper
防热胶片 sun-X film
防热壳 thermal protective shell
防热老化剂 heat ag(e)ing inhibitor;heat stable anti-oxidant
防热气套 air casing;air trunk
防热潜水服 Diurene diving suit
防热套 heat shroud
防热涂层 heat preventing coating;thermal protective coating
防热屋顶 cricket
防热系统 heat-protection system;thermal protection system
防热系统材料 thermal protection system material
防热罩 heat shield(ing)
防人为破坏保险锁 vandalism protection lock
防人为破坏的成套保护装置 vandalism protection kit
防人为破坏挂锁 vandalism(pad)lock
防人为破坏护罩 vandalism guard
防日光龟裂剂 anti-sun cracking agent
防日晒 weatherproof;weather-resistant;weathertight
防溶化装置 anti-flashing equipment
防溶剂 anti-flux;solvent proof
防融蚀的屏蔽 balation shield
防蠕动 anti-creep
防蠕动装置 anti-creeper
防蠕爬挡板 anti-creep shield;anti-migration shield
防蠕爬障板 anti-creep baffle
防蠕爬障栅 anti-creep barrier
防乳剂 emulsion preventative surfactant;emulsion preventer
防软剂 anti-softener
防润滑剂 anti-lubricating agent
防撒漏 spillage prevention
防撒漏包装 sift-proof packaging
防塞 anti-fouling
防塞燃烧器 drip-proof burner
防塞罩 anti-wind cap
防散发剂 anti-transpirant
防散射干扰滤波器 clutter filter
防砂 <又称防沙> protection against sand drifting;sand control;sediment control;sand prevention
防砂坝 sand protecting dam;sand protecting dike[dyke];sand protection dike;sediment control dam
防砂存水弯 sand trap
防砂堤 groin(e);groyne;sand control dam;sand trap dam;sediment barrier
防砂工程 desilting work;sediment control structure
防砂技术 sand control technique
防砂栏栅 grid of prevent sand;sand fence
防砂篱 sand arresting hedge
防砂林 forest for protection against soil denudation;sand break forest;sand defense forest;sand protection green;sand protection plant(ation);shifting-sand control forest;sand protecting plant
防砂林带 sand break
防砂设施 sand protection facility
防砂栽植 settlement sands planting
防砂造林 afforestation for erosion control
防砂罩 sand guard;sand cap
防砂植林 sand protecting plantation
防晒措施 solar protection device
防晒的 sun-proof
防晒剂 sun screener;sun-screening agent
防晒裂剂 anti-sun cracking agent
防晒膜 solar control film
防闪 anti-flash
防闪络角形件 arcing horn
防闪烁叶片 flicker blade
防烧蚀屏蔽 ablation shield
防射线玻璃 anti-actinic glass;barium glass;ray protecting glass
防射线窗 radiation-shielding window
防射线的 rayproof
防射线灰浆 barium plaster
防射线混凝土 <医院放射科墙壁使用的> radiation-shielding concrete
防射线混凝土砌块 concrete block for shielding
防射线门 lead-lined door;radiation-retarding door;radiation-shielding door
防射线门框 lead-lined frame;radiation-retarding frame
防射线抹灰 barium plaster;plaster for X-ray rooms <用硫酸钡为集料的>
防射线涂料 radiation-resisting paint
防射线治疗部 radiation therapy department
防渗 anti-seep(age);seepage control;seepage prevention;waterproofing
防渗矮墙 stub cut-off
防渗坝 curtain dam
防渗板桩 water-tight screen
防渗薄膜 impervious membrane;osmotic membrane
防渗材料 impermeable material
防渗层 anti-seep diaphragm;impermeable barrier;impermeable layer;impervious barrier;impervious membrane;water-tight diaphragm
防渗层衬底预制面板 membrane backed precast panel
防渗层衬底预制墙板 membrane backed precast panel
防渗齿墙 impervious cut-off
防渗措施 provision for leakage of control
防渗底板 upstream floor
防渗地基 impermeable base;impermeable foundation
防渗地下连续墙 water-tight curtain;water-tight diaphragm
防渗封闭剂 anti-bleed sealer
防渗盖层 impervious blanket
防渗隔离槽 cut-off trench
防渗核壁 water-tight diaphragm
防渗护层 seepage apron
防渗护面 membrane;water-tight diaphragm
防渗护面拱 water-tight facing arch
防渗护墙 seepage apron
防渗护坦 seepage apron
防渗环 anti-seep collar;anti-seep diaphragm;cut-off collar
防渗混凝土 impermeable concrete;waterproof concrete;water-tight concrete
防渗剂 permeability reducing agent
防渗胶带 waterproof tape
防渗胶纸 waterproof tape
防渗接缝 joint shield
防渗截面 impervious section
防渗漏 anti-seep(age)
防渗漏剂 sealant
防渗漏螺帽 back nut
防渗面层 impervious facing;water-tight facing
防渗面积 impervious area
防渗幕 impervious barrier;water-tight diaphragm
防渗(幕)灌浆 curtain grouting
防渗腻子 anti-bleed sealer
防渗黏[粘]土 impermeable clay
防渗铺盖 impervious blanket;leakage apron;upstream floor;waterproof blanket
防渗墙 cut-off wall;diaphragm wall;impermeable wall;impervious wall;water-tight barrier;water-tight cut-off;water-tight screen
防渗墙防渗能力 cut-off wall efficiency
防渗墙有效率 cut-off wall efficiency
防渗设施 impervious element;seepage control facility
防渗帷幕 impervious curtain
防渗水坝 impervious dam
防渗水边界 impervious boundary
防渗水材料 impervious material
防渗水层 impervious course;impervious layer
防渗水的碾压填土 impervious rolled fill
防渗水地层 impervious stratum
防渗水地基 impervious foundation
防渗水地面 impervious surface
防渗水河床 impervious bed
防渗水基础 impervious base
防渗水基底 impervious bottom
防渗水黏[粘]土覆盖层 impervious clay blanket
防渗水黏[粘]土铺盖 impervious clay blanket
防渗水区 impervious zone
防渗水区径流 impervious area runoff
防渗水系数 imperviousness coefficient
防渗水箱 water-tight box
防渗水芯墙 impervious diaphragm
防渗水岩石 impervious rock
防渗水因素 imperviousness factor
防渗碳膏 anti-carburizing paste
防渗碳剂 anti-carburizer
防渗碳漆 anti-carburizing paint
防渗碳涂料 anti-carburizing paint;masking paste
防渗体 impervious element
防渗透 anti-seep(age)
防渗透装置 anti-intrusion device
防渗涂料 barrier coating
防渗土料 impervious soil
防渗外加剂 permeability reducing admixture;permeability reducing agent
防渗帷幕 impervious curtain;impervious membrane;seepage proof curtain;water-tight curtain;water-tight screen
防渗系统 cut-off system
防渗斜墙 water-tight diaphragm
防渗芯墙 impervious core;anti-seep diaphragm;water-core;water-tight core wall <坝的>;water-tight diaphragm <刚性的>
防渗芯墙坝 central impervious core dam
防渗性能 barrier property
防渗翼缘 <穿过挡水结构管子的> puddle flange
防渗油漆 impervious paint
防渗装置 anti-percolator
防生菌包裹层 fungus resistant outer covering
防声波穿透能力 sound resistance
防声处理 acoustic(al) treatment
防声措施 acoustic(al) treatment facility
防声呐涂层 anti-sonar coating
防声扰装置 acoustic(al) intrusion protection
防声头盔 ear-protection helmet
防声涂料 sound-proof coating
防声(响的) sound-proof
防声装置 sound arrester
防牲畜护栏 cattle fence
防失光泽 anti-tarnish
防失辉 anti-tarnish
防失窃保险 insurance against theft
防失速的 stall proof
防失速装置 anti-stall device
防湿 keep dry;moisture prevention;moisture stop
防湿材料 vapo(u)r-proofing material
防湿层 damp course;dampproof(ing) course;vapo(u)r barrier
防湿处理 moisture proofing
防湿的 dampproofing;hydrofuge;moisture-proof;moisture-tight;wetproof
防湿地面 dampproof ground floor
防湿沟 air drain
防湿基础 dampproof foundation
防湿胶 hydraulic glue
防湿浸渍剂 wet-strengthening impregnant
防湿绝缘 dampproof(ing) insulation
防湿面层 dampproofing coating
防湿篷布 goods yard sheet
防湿墙 dampproofing wall
防湿涂层 dampproofing coating
防湿涂料 moisture protection plaster
防湿性 dampproofness;moisture proofness;moisture resistance
防湿衣 wet weather suit
防石护板 rockshield
防石护刃器 rock guard
防石灰油漆 limeproof paint
防石油存水弯 petrol inceptor;petrol trap
防蚀 anti-corrosion;protection against corrosion
防蚀被覆层 corrosion protective covering
防蚀泵 rust preventing pump
防蚀层 anti-corrosion coat(ing);anti-corrosion insulation;corrosion preventive covering;corrosion-resistant coating;lumarith
防蚀处理 anti-corrosive treatment;sour-service trim
防蚀的 anti-corrosive;corrosion-inhibitive;resistant to corrosion;rodent proof
防蚀底层涂料 wash primer
防蚀底漆 etch primer
防蚀电缆 corrosion-proof cable
防蚀镀铝钢丝 anti-corrosive alumin(i)um-coated steel wire
防蚀钝化铝 alumite
防蚀垛 trash bund
防蚀阀门 anti-corrosive valve
防蚀法 anti-corrosion method
防蚀覆盖 corrosion protective covering

防蚀管理 corrosion control
防蚀灌浆 anti-corrosive slurry
防蚀合金 anti-corrosive alloy; non-corrosive alloy
防蚀合金涂层 anti-corrosive alloy coating; kalamein sheathing; non-corrosive alloy coating
防蚀化合物 anti-corrosion composition
防蚀化学剂 anti-corrosion composition
防蚀剂 anti-corrodant; anti-corrosion admixture; anti-corrosive; anti-corrosive agent; corrosion inhibiter; corrosion inhibitor; corrosion preventive; corrosion-proof type; etch-proof resist; inhibitor; resist; anticipated corrosion composition
防蚀金属 non-corrosive metal
防蚀绝缘层 anti-corrosion insulation; anti-corrosive insulation
防蚀控制 corrosion control
防蚀蜡 embossing black; wax resist
防蚀铝 alumite
防蚀铝线 alumite wire
防蚀面 wearing surface
防蚀面层 anti-corrosion coat(ing); inoxidizing coating
防蚀膜 anti-corrosion coat(ing)
防蚀目罩 eye guard
防蚀片 erosion protection shield
防蚀漆 anti-corrosive paint
防蚀寿命 weather life
防蚀涂层 anti-corrosion coat(ing); barrier coating; underseal
防蚀涂料 anti-corrosion paint; anti-corrosive paint; corrosion-proof paint; corrosion-resistant paint; rust-proof coating
防蚀镶片 cover strip
防蚀消耗金属 sacrificial metal
防蚀消耗系统 sacrificial system
防蚀消耗阳极 sacrificial anode
防蚀锌板 zinc cure; zinc protector
防蚀型 corrosion preventive
防蚀性 corrosion resistivity
防蚀锈油漆 anti-corrosion composition
防蚀盐酸 inhibited hydrochloric acid
防蚀油墨 stopping-out ink
防蚀油漆 anti-corrosion composition; anti-corrosive composition; anti-corrosive paint
防蚀造林 afforestation for erosion control
防蚀增强板 steel wear plate
防事故规章 accident prevention regulation
防事故手套 gloves for protection against accident
防事故性 vulnerability to accidents
防视百叶 sight proof louver; visionproof louver
防视玻璃 obscure glass; sight proof glass; visionproof glass
防视差镜 anti-parallax mirror
防视装置 obscuring device; sight proof device; visionproof barrier; visionproof device
防噬齿动物 anti-rodent
防收缩的 shrink-proof; unshrinkable
防收缩剂 anti-shrinking medium
防收锁 ground safety lock; landing gear; retraction lock
防守塔 keep tower
防守小屋 block house
防暑 prevent heatstroke; sunstroke prevention
防暑降温 heatstroke prevention
防暑热方法 summarization
防暑药 heatstroke preventive
防鼠 prevention against mice; prevention against rats; rat-proofing; rodent control
防鼠措施 preventive measures against rats; ratproof
防鼠挡板 rat stop
防鼠的 mouseproof; ratproof
防鼠电缆 rodent-resistant cable
防鼠防虫的 rodent and vermin-proofing
防鼠隔板 rat guard; ratproof
防鼠构造 mouse proof construction; ratproof construction
防鼠设施 rodent barrier
防鼠咬的 rodent proof
防鼠咬电缆 gopher protected cable
防鼠栅栏 rat barrier
防树根破坏 < 指地下管道 > root-proof
防衰剂 paratriptica
防衰落天线 anti-fading antenna
防衰退 fade-resistant
防霜 frost prevention; frost removal
防霜玻璃 frost shield
防霜材料 frost-resistant material
防霜层 frost blanket(course)
防霜翅片 frost-proof wing
防霜措施 practice of frost protection
防霜的 frost protective; frost-resistant
防霜冻 frost prevention; frost protection; protection against frost
防霜冻板 frost board
防霜冻层 anti-frost layer
防霜(冻)的 anti-frost
防霜冻盖板 frost cover
防霜冻灌溉 frost protection irrigation; irrigation for frost protection
防霜冻剂 defrosting compound
防霜冻设施 protection from frost
防霜冻添加剂 anti-frost additive
防霜冻斜度 frost batter
防霜冻烟雾喷射器 anti-frost smoke projector
防霜冻装置 anti-frost device
防霜法 method of frost protection
防霜工程用砖 frost-resistant engineering brick
防霜硅酸盐砖 frost-proof calcium silicate brick; frost-proof sand-lime brick; frost-resistant calcium silicate brick
防霜花剂 anti-frosting agent
防霜粒料摊铺机 frost grit spreader
防霜砌筑工作 frost-resistant masonry work
防霜器 defroster
防霜石屑摊铺机 frost grit spreader
防霜实心砖 frost-proof solid brick; frost-resistant solid brick
防霜水平孔黏[粘]土砖 frost-proof horizontal coring(clay) brick; frost-resistant vertical coring(clay) brick
防霜性 frost-resisting property
防霜液面计 liquid level ga(u)ge against frost
防霜砖 frost-resistant brick; frost-resisting brick
防霜装置 < 汽车玻璃的 > window defroster
防水 dampproof; drainage; waterproofing
防水坝 waterproof dam
防水柏油布 waterproof tarpaulin
防水板 alumin(i)um flashing; repelling board; waterproofing sheet
防水板上翻部分 upturn
防水板桩 barrier sheet(ing)
防水绑腿 antigropelos
防水包装 waterproof packaging; waterproof packing
防水包装纸 waterproof paper packing
防水保护层 protect stratum of waterproofing; waterproofing protection
防水表 water-resistant watch
防水表面处理 repellent finish
防水波特兰水泥 aquacrete
防水波纹纸板 waterproof corrugated board
防水(薄)层 water-tight diaphragm
防水薄浆化合物 waterproofing grouting compound
防水薄膜 membrane of water-proofing; waterproof(ing) membrane; water-tight membrane
防水布 anorak; cravenette; leather cloth; oil-silk; oil-skin; pegamoid; proofed cloth; repellent; waterproof; waterproof cloth; waterproofer; waterproof fabric; tarp-(aulin) < 涂柏油的 >
防水材料 repellent material; water barrier; waterproofer; waterproofing material; waterproofings; waterproof material; water-repelling material
防水舱壁 water-tight bulkhead
防水槽 capillary break; capillary groove
防水层 aquatard; dampproof course; dampproof membrane; flame-retardant coating; hydraulic seal; layer of insulation; moisture barrier; repellent coat; seal coat; sealing layer; tanking; underlayment; water barrier; waterproof barrier; waterproof course; waterproofer; waterproofing; waterproofing course; waterproof(ing) layer; waterproof stratum [复 strata]; water-resistant course; water-resistant layer; water-tight layer
防水层底面处理 primer treatment
防水层底子 undercoating for waterproofing
防水层钉合 backnailing
防水插座 waterproof socket; water-tight socket
防水掺和剂 waterproofing admixture; water-repellent additive
防水衬砌 waterproof lining
防水成品 waterproofing product
防水程度 degree of water-resistance
防水处理 moisture proofing; waterproofing; water-repellent treatment
防水锤 anti-water hammer(ing)
防水锤设施 anti-hammer device
防水瓷漆 water-resisting enamel
防水措施 measures of water prevention; waterproof measure
防水导爆线 primacord
防水导火线 waterproof fuse; water-resistant fuse
防水的 hose-proof; hydrofuge; immersible; moisture-repellent; repellant; submersion-proof; waterproofing; water-rejecting; water repellent; water-repelling; water-resistant; water-resisting; water-tight; waterproof
防水的点火系统 submersion-proof ignition
防水的基体混凝土 waterproofed background concrete
防水灯头 waterproof lamp holder
防水堤 water-tight barrier
防水底层 substratum for waterproofing
防水地板 waterproofing floor
防水地面 waterproofing floor
防水地图 waterproof map
防水地下室 waterproofing basement; water-tight basement
防水电机 waterproof machine
防水电雷管 waterproof electric(al) blasting cap; water-resistant electric(al) blasting cap
防水垫 water-repellent pad
防水垫层板 water-resistant backing board
防水发电机 hose-proof generator
防水发动机 submersible motor
防水帆布 composition cloth; paulin; tarpaulin; duck < 俗称 >
防水帆布屋面 canvas decking
防水防尘灯 waterproof and dustproof lamp
防水防腐剂 water-repellent preservative
防水粉 ceresin(e) wax; waterproofing agent in powder form; waterproofing powder
防水粉刷 waterproof(ing) plaster
防水封面 waterproof seal
防水风门 fire damper
防水服装 waterproof garment
防水覆盖层 water-repellent facing
防水盖 waterproof cover; water-tight cover
防水盖毡 waterproof blanket
防水隔板 cut-off
防水隔膜 waterproof membrane; water-repellent film; water-tight diaphragm; waterproofing membrane
防水隔膜法 membrane method of water-proofing
防水隔墙 retention wall; waterproof membrane
防水工 waterproofer
防水工程 waterproofing works
防水工业炸药 water-resistant commercial explosive
防水工作 waterproofing works
防水勾缝的 weather-struck
防水垢 anti-scale
防水刮缝 weathered pointing; weather joint(ing); weather-struck joint
防水拐肘箱 water-tight crank box
防水管柱 water string
防水灌浆 grouting for water sealing; waterproofing grout; water-tightness grouting
防水灌浆材料 repellent grouting compound
防水光缆 waterproof cable; waterproof optic(al) fiber cable
防水海图 waterproof chart
防水护墙板 newtonite
防水滑脂 water-resistant grease
防水化合物 waterproof(ing) compound
防水黄油 water-resistant grease
防水灰膏 waterproofing plaster
防水灰浆 waterproofing mortar
防水灰泥 gum-spirit cement; waterproof(ing) mortar; waterproof(ing) plaster
防水混合灰膏 waterproofing mixed plaster
防水混合灰泥 waterproofing mixed plaster; water-retardant mixed plaster
防水混合物 waterproofing admixture; water-resistant admixture
防水混凝土 repellent concrete; waterproof(ed) concrete; waterproofing concrete; water-repellent concrete; water-resistant concrete; water-tight concrete
防水击装置 water hammer arrester [arrestor]

防水剂 ceresin(e) wax;hydrol;penetrating aid;repellent solution;repelling agent;water plug;waterproofing additive;waterproof(ing) agent;waterproof(ing) compound;waterproof material;water repellent;water-repellent additive;water-repellent agent;water-repellent compound;water-repeller
防水夹层 sandwich
防水件 applied weathering
防水建筑物 water-tight building
防水浆 repellent emulsion;repellent liquid;waterproofing paste
防水胶 hydraulic glue;marine glue;waterproof(ing) cement;water resistant adhesive;waterproof(ing) glue
防水胶布 mack;makintosh;proofed cloth;waterproof tape
防水胶合板 exterior-grade plywood;exterior plywood;marine plywood;waterproof plywood
防水胶浆 waterproofing gum mortar
防水胶泥 flashing cement
防水胶粘剂 moisture-proof adhesive;waterproofing adhesive
防水胶质 <水泥或混凝土的> cemseal
防水接缝 waterproof joint;water(-tight) joint;weather check;weather-struck
防水接头 waterproof joint;water(-tight) joint;weather check;weather-struck
防水结冰器 deicer
防水结构 waterproof construction;waterproof structure;water-tight structure
防水卷材 waterproofing roll-roofing
防水坎 <井、天窗或人孔的> coaming
防水空心混凝土块 waterproof hollow concrete block
防水蜡 waterproof wax
防水雷器 paravane
防水沥青 waterproofing asphalt
防水沥青薄膜 asphalt membrane water-proofing
防水沥青混凝土层 impervious asphalt(ic) concrete layer
防水沥青膜 asphalt membrane waterproofing
防水漏层 underlayment
防水门 waterproofing door;water-tight door
防水密封 sealing-off inrushes of water
防水密封层 waterproof encasing
防水密封射影机 waterproof sealed camera
防水密封条 water stop
防水棉绒 rubber velvet
防水面 waterproofing facing
防水面层 waterproof finishing;water-repellent facing
防水膜 dampproof membrane;repellent membrane;waterproofing membrane;water repellent membrane;water-tight membrane
防水膜层 membrane waterproofing
防水抹灰 repellent plaster;waterproof plaster
防水抹面 waterproofing plaster coat
防水墨 waterproof ink
防水木材填塞料 brummer
防水能力 repellent capacity;waterproofing capacity
防水黏[粘]合剂 water-resistant glue;water-resistant adhesive
防水黏[粘]胶剂 waterproof adhesive
防水黏[粘]结剂 moisture resistant adhesive;water resistant adhesive;waterproof adhesive;waterproofing glue
防水黏[粘]土混凝土 waterproof clay concrete
防水牛皮纸 waterproof kraft paper
防水排水系统图 waterproof and drainage system plan
防水刨花板 moisture resistant chipboard
防水膨胀水泥 waterproof expansion cement;waterproof expansive cement
防水皮带 waterproof belt
防水片 flashing;flashing piece
防水片条 <檐口屋面板下的> starter strip
防水铺填混凝土 blinding concrete
防水漆 marine paint;underwater paint;waterproof(ing) paint
防水气薄膜 vapo(u)r-proof membrane
防水气层 vapo(u)r-proof barrier
防水汽导管 defogging duct;deforging duct
防水汽化器 non-icing carburet(t)er
防水砌体用水泥 brick cement
防水墙 barrier wall;cut-off wall;impervious diaphragm wall;water dam;waterproofing wall;water-tight barrier;water-tight wall;water wall
防水墙板 barrier sheet(ing)
防水桥面 waterproofing bridge floor
防水清漆 water-resisting varnish
防水圈 water seal ring
防水热塑性板 waterproofing thermoplastic sheet
防水溶液 philbrick;waterproofing solution
防水乳化剂 repellent emulsion
防水乳剂 waterproof emulsion
防水乳胶 waterproofing emulsion
防水润滑脂 waterproof grease
防水砂布 waterproof abrasive cloth
防水砂浆 sealing mortar;waterproofed mortar;waterproof(ing) mortar;water-repellent mortar
防水砂浆层 render coat
防水砂浆粉刷 waterproof mortar plaster
防水设施 waterproof device
防水渗合物 water-repelling admixture
防水渗透 intercept a seepage
防水施工缝 watertight construction joint
防水石膏板 water-resistant gypsum board
防水石膏衬板 gypsum sheathing board;water-resistant gypsum backing board
防水石棉毡 asbestos waterproof felt
防水式 waterproof type
防水式电动机 deluge proof motor
防水式电机 hose-proof machine;waterproof machine
防水式电气设备 waterproof electric(al) equipment
防水式感应电动机 waterproof type induction motor
防水试验 waterproof test
防水手电筒 waterproof electric(al) torch;water-tight electric(al) torch
防水水胶 phenolic resin
防水水泥 repellent cement;waterproof(ed) cement;waterproofing cement;water-repellent cement;brick cement <砖石砌体用>
防水水泥抹面 waterproofing cement plaster coat
防水水泥漆 waterproofing cement paint;Permacem <商品名>
防水水泥砂浆 waterproofing cement mortar
防水松节油灰泥 gum-spirit cement
防水塑料卷尺 waterproof plastic tape
防水探测器 waterproof detector
防水套管 waterproof case pipe;waterproof casing(pipe);water string
防水特征 water-repellent quality
防水添加剂 waterproofing admixture;water-resisting admixture
防水填缝剂 flashing compound
防水条 weather bar
防水贴板 applied plate
防水透明液 petrifoid
防水透气织物 proofed breathable fabric
防水涂层 waterproof(ing) coat(ing);waterproofing plaster coat;waterproofing protection course
防水涂层橡胶 waterproofing coating rubber
防水涂层装修 waterproof finish
防水涂料 waterproofing coating material;waterproof(ing) paint
防水涂料系统 liquid applied waterproofing system
防水瓦楞纸板 waterproof corrugated board
防水外加剂 waterproofing admixture;water-resisting admixture
防水外壳 waterproof case
防水完好性 waterproof integrity
防水围堰 water-tight bulkhead;water-tight cofferdam
防水帷幕 water-tightness curtain
防水稳定剂 waterproofing stabilizer
防水圬工 waterproofing masonry
防水污染立法 water anti-pollution legislation
防水屋面建筑 waterproof panel roofing
防水无色液体 penetrex
防水物 waterproofer
防水物料 tanking;waterproof
防水系统 waterproofing system
防水线 waterproof wire
防水箱 caisson;water-tight box
防水橡胶模 liquid-tight rubber mo(u)ld
防水橡皮膜 <三轴试验用> water-tight rubber membrane
防水心材 water resistant core
防水心墙 water-tight core
防水型 drip-proof type;waterproof type
防水型内墙装饰板 water resistant drywall
防水性 impermeability;impermeability to water;imperviousness to water;waterproofing;waterproof(ing) quality;waterproofness;water-rejecting;water-repellency;water resistance;water-resisting property;water-tightness
防水性防腐 water-repellent preservation
防水性检查仪 waterproof checker
防水性胶 waterproof glue;weather-proof glue
防水性胶粘剂 waterproof adhesive;weatherproof adhesive
防水性蜡 waterproof wax
防水性能 repellent property;waterproofing property;water-repellent quality
防水性(能)试验 waterproof test
防水修整 waterproofing finish
防水锈 anti-scale
防水锈剂 anti-crustator;disincrustant
防水压盖 waterproof gland
防水压力 waterproofing pressure
防水岩柱 rock column of water prevention
防水堰 cofferdam
防水液剂 proofing liquid
防水液体 waterproofing liquid
防水衣 anorak;tarpaulin
防水衣裤 tin pants
防水引信 waterproof fuse
防水应变计 waterproof strain ga(u)ge
防水用(砂浆)刮板 waterproofing screed
防水油布 oil-skin;tarpaulin
防水油膏 waterproofing paste
防水油毛毡 waterproof(ing) felt;benieflex <嵌入金属线的>
防水油漆 water-resistant paint;water-resisting paint
防水油脂 dubbing
防水油纸 tarpaulin paper
防水釉面材料 glazement
防水釉面外层 glaze coat
防水闸门 sluice-gate of water prevention
防水炸药 waterproof explosive;water-resistant explosive
防水毡 tar felt
防水毡屋顶卵石罩面 gravel roof
防水罩 buckler
防水支撑 water-tight shaft timbering
防水脂 waterproof grease;water-repellent grease;water-resistant grease
防水纸 lath paper;waterproof(ing) paper;water-repellent paper
防水纸板 waterproof board
防水轴承 water-sealed bearing
防水转向管套 water-tight deflecting bar box
防水装饰 waterproofing finish
防水组合物 <用作防潮层的> hygeian rock
防水作业 waterproofing
防水做法 waterproofing(process)
防丝纹剂 anti-silking agent
防撕裂能力 tear resistance
防松板 locking plate
防松承梁 check bolster
防松处理 sanforizing
防松的 anti-loosing
防松垫木 check bolster
防松垫片 anti-loosing washer;check washer;lock(ing) washer
防松垫圈 anti-loosing washer;check washer;lock(ing) washer;nut lock washer;washholder
防松吊装置 anti-lowering device
防松螺(丝)钉 lock(ing) screw;split pin
防松螺帽 block nut;check nut;jaw nut;lock(out) nut;back nut
防松螺帽紧定装置 jam nut lock
防松螺母 block(ing) nut;check nut;clamp nut;grip nut;jam nut;latch nut;lock(ing) nut;retainer nut;retaining nut;safety nut;stop nut
防松螺栓 check bolt;jam bolt;lock(ing) bolt;plough bolt;plow bolt;screw retention;set bolt
防松螺纹样式 locking thread form
防松散的 anti-loosing
防松绳结 stop knot;stopper knot
防松式系船柱 checking bollard
防松栓 locking pin

防松索 check rope
防松销钉 check pin
防松闸 holding brake
防松装置 locking device
防酸 acid-proofing; acid protection; protection against acid
防酸保护层 acid-proof coating
防酸表层 acid protection coating
防酸材料 acid-proof material; acid-resisting material
防酸存水弯 acid-proof trap
防酸的 acid-proof; acid-repelling
防酸地面 acid-proofing flooring; acid-resisting flooring; anti-acid flooring
防酸封漆 acid seal paint
防酸和毒烟 protection against acid and fumes
防酸混凝土 acid-proof concrete; acid-resisting concrete
防酸剂 acid-proofing agent; antacid
防酸面层 acid-proof coating
防酸耐火材料 acid-proof refractory
防酸砂浆 acid-proof mortar; acid-resisting mortar
防酸涂层 acid protection coating; anti-acid coat(ing)
防酸性 acid-resistance
防酸砖地面 < 带环氧面层 > acid-resistant paving
防碎玻璃 shatter-proof glass; splinter-proof glass
防碎玻璃门 shatter-proof glass door
防碎玻璃片 shatter-proof sheet glass
防碎层 spall shield
防碎衬板 shatter-proof panel
防碎窗玻璃 shatter-proof window glass
防碎隔热玻璃 shatter-proof insulating glass
防碎片的 splinter-proofing
防碎片的混凝土墙 splinter-proof concrete wall
防碎平板玻璃 shatter-proof plate glass
防碎视觉板 shatter-proof visibility panel
防碎装置 anti-breaker
防损 loss prevention
防损车 damage control tender; damage control truck
防损控制 damage control
防缩 non-shrink
防缩处理 sanforizing
防缩的 anti-shrink; non-shrinkable; shrink-proof; unshrinkable
防缩剂 sanforizing agent
防缩加工 shrink-proof finishing
防缩孔剂 anti-cratering agent; anti-piping compound
防缩砂浆 non-shrinking mortar
防缩性 shrink resistance
防缩整理产品 preshrunk textiles
防缩作用 shrinkage correcting action
防塌 avalanche defense[defence]
防塌方 landslide protection; landslip protection
防塌护板 shear board
防踏板 kicking plate
防台防汛应急方案 flood & typhoon prevention contingency
防台(风)窗 rosser
防台锚地 typhoon anchorage
防太阳玻璃 sun visor
防太阳光的 anti-solar; sun-proof
防坍 avalanche defense[defence]; avalanche prevention
防坍挡板 avalanche baffle; avalanche protector; avalanche shed
防坍工程 avalanche defense[defence]; avalanche control works; avalanche prevention works
防坍构筑物 avalanche baffle
防坍落度损失外加剂 slump loss preventing admixture
防坍墙 landslide protection wall
防坍设施 avalanche defense[defence]
防坦克壕 anti-tank ditch
防坦克障碍物 tank barrier; tank obstacle
防炭化漏电漆 anti-tracking lacquer
防炭化漏电清漆 anti-tracking varnish
防烫伤设备 anti-scald device
防踢板 armo(u)r plate; kickpipe < 保护外露电缆 >
防踢件 < 用于斜撑杆与围囹交接部位 > kicking piece
防跳 anti-creep; debouncing
防跳闭锁继电器 chattering prevention block relay
防跳装置 anti-bouncer
防铜腐蚀润滑脂 copper corrosion inhibited grease
防偷窃锁 thief resistant lock
防透层 impermeable course; impervious course
防涂改油墨 safety ink; sensitive ink
防涂改支票 protected check
防土塌护板 shear board
防推力混凝土块 kicker block; thrust block
防退效 fade-resistant
防褪色 anti-discolo(u)ration
防褪色漆 anti-fading varnishing
防脱钩 lock hook
防脱链 breakaway chain
防脱碳涂层 decarbonization preventing coating
防瓦斯式电机 gas-proof machine
防歪斜衬板 tripping bracket
防伪油墨 anti-forgery ink
防尾旋发动机 anti-spin engine
防卫 defence; guarding
防卫方式 < 适应挫折情境 > defense mechanism
防卫工事 bretesse
防卫据点 strong point
防卫设施头部 prow
防卫厅(包装)规格 national defence (packaging) standard
防卫阳台 < 在大门上挑出的 > mashrebeeyeh; meshrebeeyeh
防卫栅栏 fence hurdle
防温视镜 thermoprotective sight glass
防蚊剂 anophelifuge
防蚊绳纱 fly screen; mosquito screen
防蚊油 anti-mosquito oil
防涡流挡板 anti-swirl baffle
防污 anti-dirt; anti-fouling; anti-stain; pollution prevention
防污板 finger plate
防污处理 anti-fouling treatment
防污带 masking tape
防污底漆 anti-foulant
防污底涂层 anti-fouling coating
防污点 stain-proof
防污电动机 anti-fouling motor
防污法令 pollution prevention ordinance
防污方巾 anti-macassar
防污工程技术 pollution engineering technique
防污垢 anti-fouling
防污垢的 dirt-repellent
防污垢环 anti-smudge[smudging] ring
防污计划 pollution control plan
防污技术 pollution prevention technique
防污剂 anti-foulant; anti-fouling agent; anti-fouling composition; anti-fouling compound; dirt-repellent; stain control agent
防污绝缘子 pollution proof insulator
防污绿化 anti-pollution plantation
防污屏(障) anti-pollution barrier
防污漆 anti-fouling coating; anti-fouling composition; anti-fouling paint; copper paint
防污气性 gas proofness
防污圈 anti-smudge[smudging] ring
防污染 anti-contamination; pollution prevention
防污染标准 anti-pollution standard
防污染传递与贮存系统 anti-pollution transfer and storage system
防污染措施 anti-pollution measure
防污染带 anti-saprobic zone
防污染的 pollution proof
防污(染)堤 anti-pollution barrier
防污染法(令) anti-pollution act; anti-pollution law
防污染剂 anti-pollutant; decontaminant
防污染立法 anti-pollution legislation
防污染绿化 anti-pollution plantation
防污染密封 contamination seal
防污染设备 anti-pollution equipment
防污染涂料 anti-fouling paint
防污染系统 anti-pollution system; environmental control system; pollution prevention system
防污染性 resistance to fouling
防污染运动 anti-pollution campaign
防污染栅栏 anti-pollution barrier
防污染抓斗 anti-pollutant grab
防污染转移与贮存系统 anti-pollution transfer and storage system
防污染装置 anti-pollution device; anti-pollution plant; anti-pollution unit; environmental control system
防污染作用 anti-pollution
防污塞 anti-fouling
防污套 dirtproof sleeve; impurity guard sleeve
防污添加剂 anti-foulant additive
防污涂层 anti-fouling coating
防污涂料 anti-fouling paint; stainless paint; stain-proof paint; stain resisting paint
防污系统 anti-pollution system; pollution prevention system
防污纤维 soil resistant fiber[fibre]
防污橡胶 anti-fouling rubber
防污型绝缘子 anti-pollution type insulator
防污油漆 anti-fouling paint
防污染抓斗 anti-pollutant grab bucket
防污着技术 anti-fouling technology
防污着剂 anti-fouling agent
防污着性 resistance to fouling
防务采购 defensive purchase
防务投资 defensive investment
防物罩 guard
防误传送方式 error protected transmission system
防误动的 meddle-proof
防雾 anti-fog(ging); anti-freeze; anti-mist
防雾玻璃 anti-mist glass
防雾电阻 anti-mist resistance
防雾剂 anti-foggant; anti-fogging agent; anti-fogging compound
防雾绝缘器 anti-fog insulator; fog-type insulator
防雾绝缘子 anti-fog insulator; fog-type insulator
防雾控制继电器 anti-misting control relay
防雾林 fog prevention forest
防雾前灯 adverse weather lamp
防雾涂层 anti-fogging coating
防雾员 fogman
防雾罩 save-all
防雾织物 anti-mist cloth
防吸风压条 draft bead; draft stop
防吸滤网 strum
防吸湿外加剂 < 混凝土 > dampproofing agent
防熄火 anti-stall
防细菌滤器 bacterial proof filter
防细菌生长剂 anti-microbial agent
防细菌武器 protection against biological weapon
防下垂杆 < 桁架或水平联系梁的 > anti-sag bar
防下降装置 anti-lowering device
防咸船闸 anti-salinity intrusion lock
防咸水闸 salt-water lock
防险坝 emergency dam
防险建筑物 emergency construction; hazard-resistant building
防险器 protecting device
防险调速器 emergency governor
防险闸装置 passenger's pull gear
防线圈击穿用氖分流器 tattelite
防陷护桩 forepole; horsehead
防斜力 resistance deflecting force
防斜器 resistance deflector
防泄漏 anti-leak
防朽 decay prevention; prevention of decay
防锈 corrosion prevention; corrosion protection; rust prevention; rust-proof(ing); rust protection; stain-proof
防锈包裹层 rust preventing wrap
防锈包装 corrosion rust preventive packing
防锈保护 anti-rust protection; protection against corrosion
防锈扁钢 anti-rusting flat steel
防锈材料 corrosion-resistant material; rust-preventive material; rust-proof material; rust-resisting material
防锈层 anti-corrosion coat(ing); rust preventative; rust preventing coat
防锈程序 rust-removing procedure
防锈处理 anti-corrosion treatment; anti-corrosive treatment; anti-rust treatment; rust preventative treatment; rust prevention treatment; rust-proof(ing); rust-proof(ing) treatment; rust protection treatment
防锈瓷漆 rust-preventive enamel
防锈瓷釉 anti-rust enamel
防锈打底漆 anti-corrosive priming paint
防锈的 anti-rust; corrosion preventive; incorrodible; non-rusting; rusting-inhibiting; rusting-preventing; rust-inhibitive; rust preventing; rust-proof(ing); rust resistant; rust-resisting
防锈底漆 anti-corrosive primer; rust-converting primer; rust-inhibiting primer; rust-proofing primer
防锈底涂层 anti-corrosive prime coat
防锈珐琅 anti-rust enamel
防锈钢筋 rust-resistant reinforcement
防锈膏 rust cement; slushing compound
防锈厚度留量 thickness allowance against corrosion
防锈混合剂 anti-rust composition; anti-rust compound; rust preventing compound
防锈混合漆 anti-rust composition; anti-rust compound

防锈剂 anti-corrodant; anti-corrosive composition; anti-rust; anti-rust compound; anti-rusting agent; corrosion inhibitor; corrosion preventive; corrosive inhibitor; inhibiting agent; non-rusting solution; rust-inhibitive agent; rust inhibitor; rust preventative; rust preventer; rust preventing agent; rust preventive; rust-proofing agent; rust resistant; corrosion inhibiting admixture
防锈胶 rust cement
防锈金属薄板 protected metal sheeting
防锈绝缘 anti-corrosive insulation
防锈面层 anti-corrosion coat(ing); anti-rust(ing) coat(ing)
防锈配方 anti-rust composition
防锈期 rust-proof life
防锈漆 anti-corrosive composition; anti-corrosive paint; anti-rust(ing) paint; rust-inhibiting paint; rust preventing paint; rust-proof paint; rust protection coating; rust protection paint; inhibiting pigment <金属涂用>
防锈器 rust remover
防锈清漆 anti-corrosive varnish; anti-rust varnish
防锈溶剂 non-resting solution; non-rusting solution
防锈溶液 anti-rust solution; rust-proof solution
防锈乳胶 linatex
防锈润滑脂 anti-rust grease; rust grease; rust-inhibiting lubricant
防锈蚀 corrosion control; anti-corrosion; corrosion prevention; corrosion protection
防锈蚀成分 anti-corrosive composition
防锈蚀打底层 anti-corrosive prime coat
防锈蚀灌浆 anti-corrosive grout
防锈蚀剂 corrosion inhibiting agent; inhibitor
防锈蚀漆 anti-corrosion [corrosive] paint
防锈蚀涂料 anti-corrosion coat(ing); anti-corrosive coat(ing); anti-corrosive paint
防锈外加剂 corrosion-inhibiting admixture; corrosion protection-type admixture
防锈蚀颜料 anti-corrosive pigment
防锈蚀液态填料 corrosion inhibiting fluid filler
防锈蚀油 corrosion-resistant oil
防锈试验 rust prevention test
防锈搪瓷 anti-rust enamel; rust-preventive enamel
防锈添加剂 rust-inhibiting additive
防锈涂层 anti-rust coat(ing); rust protection coating
防锈涂料 anti-corrosive paint; anti-preventing paint; anti-rust (ing) paint; rust preventing paint; rust-proof coating; rust-resisting paint
防锈涂锌钢板 rust-fighting galvanized steel
防锈洗涤底漆 rust-inhibitive wash
防锈洗涤剂 rust-inhibitive wash
防锈性 rust resistance
防锈性能 rust-resisting property; rust resistive
防锈颜料 anti-corrosive pigment; anti-rusting paint; anti-rusting pigment; excluder pigment; inhibiting pigment; rust-inhibitive pigment; rust preventing pigment; rust-preventive pigment; rust-proof pigment
防锈硬性有光泽的油漆 rust preventing hard gloss paint
防锈硬质有光漆 anti-rust hard gloss paint; rust-preventive enamel
防锈油 anticorrosive oil; anti-rust oil; inhibiting oil; petrolatum; pickling oil; rust-inhibiting oil; rust preventing oil; rust-preventive oil; rust-proof oil; rust-resisting oil; slushing oil
防锈油膏 slushing compound
防锈油漆 anti-corrosive paint; anti-fouling paint; anti-rust oil paint; anti-rust paint; rust-preventive paint
防锈(油)脂 anti-rust grease; rust grease; rust preventing grease; rust-preventive grease
防锈纸 anti-rust paper; anti-tarnish paper; corrosion inhibitor treated paper; rust-proof paper
防锈酯 rust preventing grease
防锈装置 rust preventing device; rust protection device
防锈组分 anti-rust composition
防锈作用 anti-rust action; rust inhibition; rust-preventive action
防虚假动作电路 guard circuit
防畜(护)栏 cattle guard; cattle grid
防畜设备 cattle guard
防絮凝的 anti-flocculating
防絮凝剂 anti-flocculating agent; dispersion stabilizer
防絮凝性质 anti-flocculating property
防絮凝作用 anti-flocculation
防旋墩 anti-vortex pier
防旋涡板 anti-vortex baffle
防眩 anti-dazzle; glare screen
防眩板 anti-glare panel; anti-glare shield; glare shield
防眩玻璃 anti-dazzle glass; glare control glass; glare-proof glass; glare-reducing glass; non-glare glass
防眩挡板 anti-dazzle[dazzling] screen; anti-glare shield
防眩的 anti-glare; non-glare
防眩灯 anti-dazzle lamp; anti-glare lamp
防眩灯光 anti-dazzle lighting
防眩风挡玻璃 windshield glass against dazzle
防眩光玻璃 dazzle-free glass; flare-proof glass; glare-proof glass
防眩光设施 protection from glare
防眩光透镜 glare protection lens
防眩后视镜 glare-proof mirror
防眩镜 anti-dazzle mirror; anti-glare visor
防眩帘 anti-glare shading
防眩绿篱 anti-dazzle hedge
防眩屏 anti-dazzle screen; anti-dazzling screen; anti-glare fence; anti-glare screen; anti-glare shading; anti-dizzying screen <即遮光栅>
防眩设施 anti-glare device
防眩踏板 anti-dazzle pedal
防眩涂层 anti-glare coating
防眩涂料 anti-glare paint
防眩仪表板 glare resistant panel
防眩栽植 anti-glare planting
防眩栅栏 anti-glare fence
防眩照明 anti-dazzle lighting
防眩遮光板 anti-dazzle shade
防眩装置 anti-dazzle device; anti-glare device
防旋转钢丝绳 rotation-resistant rope
防穴蚀 anti-cavitation
防雪 protection against snow; snow defence
防雪板 snow barrier; snow guard; snow shield
防雪板式轨道 snow-free slab track
防雪崩 protection against avalanches
防雪崩措施 avalanche stoppage
防雪崩护廊 avalanche defense [defence] gallery
防雪崩廊道 avalanche defense gallery; avalanche gallery
防雪崩栅栏 avalanche defense [defence] pale
防雪堤 snow protection bank
防雪滑链条 snow chain
防雪季节 snow-fighting season
防雪栏 snow barrier; snow fence; snow hurdle; snow paling
防雪篱 snow protection hedge
防雪林 snow breaker; snowbreak forest; snow-control forest; snowdrift prevention forest; snow protection plant; snow shelter forest
防雪明洞 snow gallery
防雪棚 avalanche roof; snow shed; snow shelter
防雪墙 snow wall
防雪设备 snow protection device; snow shield
防雪设施 snow protection facility
防雪挑檐 snow cornice
防雪网 avalanche net; snow net
防雪围栏 snow fence
防雪系统 snow protection system
防雪造林 snow protection plantation
防雪栅 avalanche defense [defence]; leading snow fence; snow fence; snow hurdle; snow screen; snow shield
防雪栅板 snow barrier
防雪栅栏 snow barrier; snow fence; snow hurdle; snow screen; snow shield; snow guard
防雪罩 snow shed
防汛 flood control; flood prevention; flood protection; inundation protection
防汛措施 flood protection measure
防汛堤 river levee
防汛方案 scheme of flood prevention
防汛机构 flood warning service
防汛能力 flood immunity
防汛墙 flood wall; river levee
防汛抢险 emergency flood fighting; flood fighting; flood-proofing
防汛指挥部 flood-control headquarters
防汛组织 flood-proofing organization
防压罩 pressure guard
防衔梯扳 non-slip step
防烟 smoke control; smoke prevention; smoke protection
防烟板 blast plate
防烟挡板 smoke(protection) damper
防烟的 fume-resistant; smoke-proof
防烟阀 smoke-proof damper
防烟防火阀 smoke-and-fire-proof damper; smoke fire damper
防烟分隔 smoke-proof compartment
防烟分区 smoke bay; smoke zoning
防烟封闭前室 smoke-proof enclosure vestibule
防烟隔断 smoke-stop partition
防烟隔离室 smoke compartment; smoke-proof enclosure; smoke-proof vestibule
防烟剂 smoke suppressant
防烟警报 smoke alarm
防烟控制分区 smoke control sub-area
防烟楼梯间 smoke prevention stair (case); smoke-proof stair (case); smoke prevention stairwell
防烟门 smoke-stop door
防烟面具 smoke helmet; smoke mask
防烟面罩 smoke helmet; smoke mask
防烟幕 smoke-proof curtain
防烟前室 smoke-proof vestibule
防烟式电机 fume-resisting machine
防烟塔 <有出口的内部封闭的楼梯间> smoke-proof tower
防烟添加剂 smoke suppressant additive
防烟围护结构 smoke-proof vestibule; smoke-proof enclosure
防烟(雾)的 anti-smog
防烟闸板 smoke protection damper
防烟阻挡物 smoke-proof barriers
防淹措施 anti-flood measure
防淹没 inundation protection
防淹平台 anti-flood platform; anto-flood terrace
防盐的 brine-proof
防盐林 salty wind protection forest
防盐水漆 brine-proof paint
防盐水入侵 salinity control
防颜料沉淀结块剂 anti-caking agent
防焰 flameproofing
防焰板 shield plate
防焰的 flameproof
防焰器 flame trap
防焰罩 flame arrester[arrestor]
防阳光玻璃 solar control glass
防氧焊剂 anti-oxidant flux
防氧化薄页纸 inhibitive tissue
防氧化层 anti-oxidation coating
防氧化剂 anti-oxidant
防氧化添加剂 anti-oxidant additive
防氧化涂层 inoxidizable coating
防氧化稳定性 oxidation stability
防摇摆滑车 luff tackle
防摇摆装置 swing defeater
防摇撑 sway bracing; sway strut
防摇(垂)板 center board; centre board
防摇动装置 rotation stabilizer [stabiliser]
防摇杆 sway rod
防摇晃杆 anti-roll bar
防摇绞车 anti-sway winch
防摇绞辘 rolling tackle
防摇梁 sway beam
防摇鳍 fin stabilizer
防摇牵条或支索 rolling stay
防摇索 nose steadying line
防摇系统 anti-swing system
防摇支撑 sway brace
防咬缸 anti-jamming
防咬锯的先行锯 relief cut
防耀眼涂层 anti-glare coating
防液堤 bund wall; mound
防液堤保护的储罐 mounded tank
防移袋装货 stiffener
防蚁板 <防潮层高度的金属悬挑板> termite shield
防蚁电缆 termite proof cable; termite resistant cable
防蚁罩 termite shield
防疫 epidemic prevention
防疫的 anti-epidemic
防疫隔离 quarantine
防疫经费 anti-epidemic expenditures
防疫站 anti-epidemic station; epidemic prevention station
防疫中心 anti-epidemic center[centre]
防逸窗 detention window
防逸散作用 anti-transpiration
防溢板 spill guard; spill plate
防溢定量给料器 non-flooding feeder
防溢流装置 anti-flooding device
防溢油污染工程 oil-spill project
防溢栅 spill plate
防音 noise insulation
防音绿地 noise-proof green space

防音器 anti-phone
防音响 protection against sound
防蝇玻璃 anti-fly glass
防蝇的 fly-proofing
防蝇去毛 crutching
防蝇纱(窗) fly screen
防泳移剂 anti-migrant superclear
防油包装 oil packing
防油包装纸 grease-proof wrapping
防油瓷漆 oil-proof enamel
防油打底 oil-proof rendering
防油的 grease-proof; oil-fast; oil-proof; oil-resisting
防油堤 oil protection wall; oil weir
防油底涂 oil-proof rendering
防油粉刷 oil-proof rendering
防油抗氧纸 grease-proof anti-oxidant paper
防油喷溅护板 anti-spray guard plate
防油器 oil guard
防油渗井 oil-proof
防油通信[讯]电缆 oil-proof telecommunication cable
防油涂抹 oil-proof rendering
防油弯管 grease trap
防油污存水弯 grease trap
防油污衣裤 separated oil skins
防油性 grease-proofness
防油罩 oil shield
防油纸 grease-proof paper
防油渍溅护板 anti-spray guard
防淤坝 jetty
防淤帘 silt(-retaining) curtain
防淤帘范围以内污泥 dredging took place within a silt screen
防淤设施 anti-siltation installation
防淤渣 sludge prevention
防雨 protection against rain
防雨百叶窗 storm louver
防雨板 drip board; flash(ing); flashing board; storm sheet; weather-board(ing)
防雨布 rain cloth; rain wear; shower-proof cloth; shower proofing; waterproof cloth; waterproof fabric
防雨材料 flashing material; rainproof material
防雨的 drip-proof; rainproof; rain repellent; rain-tight; shower-proof
防雨断路器 weatherproof circuit breaker
防雨法 method of flashing
防雨帆布 paulin; weather cloth
防雨方法 flashing method
防雨盖 cover of waterproof; rain cap; rainproof hood
防雨隔电子 rain-shield insulator
防雨刮缝 weather-struck joint
防雨洪闸门 storm gate
防雨接缝 flash
防雨开关 weatherproof switch
防雨铝板 alumin(i)um flashing
防雨帽 rain cap
防雨屏 rain screen
防雨熔断开关 weatherproof fused switch
防雨熔丝开关 weatherproof fused switch
防雨水的 rain-repelling
防雨套 rainproof hood
防雨天盖 canopy ceiling
防雨条 weather-resisting barrier
防雨通风罩 weather hood
防雨驼毛织物 camlet
防雨外壳 enclosure; rainproof hood
防雨圬工墙 rainproof masonry wall
防雨性 impermeability to rain; imperviousness to rain; rain-tight
防雨用具 rainproof
防雨毡 felt tarpaulin
防雨罩 rainproof hood
防雨遮挡板 rain screen cladding
防雨装饰线条 splash board
防雨装置 rain protection
防御 bulwark; defense[defence]; rampart; safeguard; security against
防御城门 fortified town gate
防御措施 security
防御的 defendant; defensive
防御点 defence stand
防御动垫木 rolling chock
防御工程 defence work
防御工事 bretesse; bulwark; counter approach; defence work; defensive work; fortification; outwork; palisade; demi-bastion <有一个正面和一个侧面的>
防御工事的科学 science of fortification
防御工事营地 zare(e)ba
防御火灾 safeguard against fire
防御机制 defense mechanism
防御坚塔 <八边形城堡上的> octagonal dungeon
防御建筑物 fortified structure
防御屏障 protective barrier
防御墙 battlemented wall; circumvallation; defense [defence] wall; defensive wall; fortification masonry wall; rampart
防御设施 entrenchment
防御手段 means of defence
防御塔楼 battlemented tower; defensive tower
防御体 barricade
防御土堤 rampart
防御土墙 rampart
防御卫星 defensive satellite
防御物 bulwark; fender; rampart
防御系统 fender system
防御性定价 defensive pricing
防御性房屋 <几何平面的> bastide
防御性空间 defensible space
防御性灭火 defence attack
防御性木栅吊门 sarrasine
防御性铁栅吊门 sarrasine
防御性资产组合 defensive portfolio
防御胸墙 defense[defence] parapet
防御栅 <苏丹人用于防御用> zare(e)ba
防御栅栏 protective barrier
防御战斗程式 defensive operation mode
防御者 defendant; defender; fender
防御桩 fender pile
防御阻障物 protective barrier
防御最大可能洪水 complete flood control
防原子弹地堡 atomic bunker
防原子弹地下掩蔽室 atomic bunker
防原子的 atomic-proof
防原子辐射玻璃 atomic radiation absorbing glass
防原子辐射涂层 atomic radiation shielding coating
防原子结构 hard structure
防原子武器 protection against atomic weapon
防跃挡板 anti-jump baffle
防云及防撞警告系统 cloud and collision warning system
防晕带 anti-corona tape
防晕环 anti-corona collar; anti-corona ring
防晕滤色镜 anti-vignetting filter
防晕漆 anti-corona coating
防晕(涂)层 anti-corona coating
防晕映效果 anti-vignetting effect
防杂音的 noise-proof
防砸装置 falling objects protective structure; fall objects protective structure
防灾 calamity prevention; disaster prevention; hazard prevention
防灾报警及设备监控系统包 package of fire alarming system and building automatic surveillance system
防灾报警系统 fire alarm system
防灾规划 disaster planning; disaster prevention plan; pre-disaster planning
防灾计划 disaster prevention plan
防灾建筑 disaster-proof building; hazard-resistant building
防灾设备 safety control equipment
防灾设计 disaster prevention design
防灾设施 disaster prevention equipment
防灾栽植 disaster prevention planting
防灾准备 disaster preparedness
防灾准备状态 disaster preparedness condition
防藻漆 anti-fouling paint
防藻水泥 anti-weeds cement
防藻型防污漆 algae preventive type anti-fouling paint
防皂的 soap-proof
防噪 noise control
防噪布局 noise prevention arrangement
防噪栏 noise barrier
防噪屏 noise barrier
防噪设施 acoustic(al) treatment facility
防噪声 anti-rumble; prevent noise; protection against noise; sound-proofing
防噪声玻璃 noise insulation glass
防噪声车轮 sound-proof wheel
防噪声措施 anti-noise measure
防噪声的 anti-noise; noise-shielded; sound-proof; sound-suppressed
防噪声耳塞 ear plug
防噪声规划 noise control program(me)
防噪声屏 anti-noise screen
防噪声室 acoustic(al) plenum; anti-rumble room
防噪声送话器 anti-noise microphone
防噪声涂料 anti-drumming coat(ing)
防噪声性 noise-proof feature
防噪土堤 noise bund
防噪性能 noise-proof feature
防噪栅 noise barrier
防噪罩 noise shield
防噪装置 noise-stop device
防炸弹掩蔽部 casemate
防炸的 bombproof
防炸裂 explosion-proof
防炸掩体 casemate
防沾污 anti-contamination
防沾污服 anti-contamination clothing
防沾污剂 anti-stain agent
防沾污涂层 soil-proofing coating
防胀措施 anti-heave measure
防障装置 fail-safe mechanism
防障装置操作 fail-safe operation
防罩彩色显像管 shadow-mask tube
防折器 looper
防折轧机 anti-fluting mill
防折褶装置 <铰接式列车、汽车的> anti-jackknife attachment
防褶皱装置 anti-jackknife attachment
防真空阀 vacuum breaker; anti-vacuum valve
防振 anti-vibration; protection against vibration; vibration isolation; vibration protection
防振变压器 anti-hunt transformer
防振材料 insulation material of vibration; resilient isolator; vibration-absorbing material; vibration insulation material; vibration proof material
防振(衬)垫 anti-vibration pad
防振锤 damper
防振挡块 restrain block
防振荡 protection against oscillation
防振的 jar-proof; vibration-proof; shakeproof
防振灯 vibration service lamp
防振电路 anti-hunt circuit
防振沟 anti-vibration trench; vibration-proof trench
防振轨枕板 anti-vibration track slab
防振机座 anti-vibration mounting
防振基础 isolated foundation; vibration-absorbing base; vibration-absorbing foundation; vibration-proof foundation
防振夹具 anti-vibration clamp
防振接头 vibration isolation joint
防振结构 vibration-proof structure
防振控制 whip guide
防振拉手 anti-vibration handle
防振屏蔽绕组 controsurge winding
防振气门弹簧 non-surging spring
防振器 anti-rattler; anti-vibrator
防振器件 anti-hunt device
防振设备 anti-hunt means; vibration-proof equipment
防振设计 vibration control design
防振手柄 anti-vibration handle
防振台 anti-vibrational platform; anti-vibration mounting
防振弹簧 damping spring
防振填料 anti-vibration pad
防振瓦楞纸板 shakeproof corrugated paper board
防振线夹 anti-rattle clip; anti-vibration clamp
防振橡胶 vibration isolation rubber; vibration-proof rubber
防振悬挂 anti-vibration suspension
防振支撑 anti-vibration support
防振支座 anti-oscillation mounting; resilient support plate
防振装置 anti-vibration device; anti-vibration mounting; vibration-free installation; vibration isolation equipment
防振座 vibration-free seat
防震 anti-shock; dampening; earthquake-proof; protection against earthquake; seismic protection; shock resistance; take precautions against earthquakes
防震安全设施 earthquake safety facility
防震安装 shock-absorbing mount(ing)
防震保护装置 anti-hunting protection
防震表 shock-proof watch
防震玻璃 non-shatterable glass; shatter-proof glass
防震玻璃电极 shock-proof glass electrode
防震玻璃门 shatter-proof glass door
防震玻璃片 shatter-proof sheet glass
防震材料 insulation material of vibration; shock-proof material
防震插座 cushion socket
防震衬垫 cushion packing
防震窗玻璃 shatter-proof window glass
防震措施 earthquake countermeasure; precautions against earthquakes
防震挡块 anti-knock block; restrain block
防震的 anti-hunt; anti-seismic; earthquake resistant; quake-proof; shock-

F

proof;shock-resistant
防震灯泡 mill-type lamp
防震底座 anti-vibration mounting
防震垫 anti-vibration pad;crash pad;crash roll
防震对策 countermeasure against earthquake disaster; earthquake countermeasure
防震耳涂层 anti-drumming coat(ing)
防震费用 cost of earthquake protection
防震缝 anti-seismic joint; aseismic joint; earthquake-proof joint; seismal joint;seismic joint
防震隔热玻璃 shatter-proof insulating glass
防震管 shock-proof tube
防震管座 cushion socket;shock-proof socket
防震轨枕板线路 anti-vibration slab track
防震基础 earthquake-proof foundation;vibration-proof foundation
防震剂 anti-detonator
防震架 shock absorber base;shock absorber rack;shock-resistance rack
防震建筑(物) anti-seismic structure;earthquake-proof construction
防震结构 earthquake resistant structure;shock-proof structure
防震结构设计 earthquake design
防震裂的 shatter-proof
防震密封剂 shock-resistant sealant
防震平板玻璃 shatter-proof plate glass
防震器 anti-rattler;shock absorber
防震设计 anti-seismic design;aseismic design;design for earthquake-proof
防震设计规范 earthquake resistant design code
防震手套 vibration-absorbing mitten
防震弹簧 anti-rattler spring; anti-vibration spring
防震涂层 shock-proof coating
防震橡胶 rubber mount
防震橡皮 rubber mount; vibration-stopper gum
防震小架 shock absorber base
防震性 aseismicity
防震性能 earthquake resistant behavio(u)r
防震悬架垫 shock hanger insert
防震液 shock liquid
防震云母片 damping mica
防震支座 vibration mounting
防震转向 shock-proof steering
防震阻力器 anti-vibration damper
防震座 anti-vibration pad; cushion socket; shock mount; shock-proof mount(ing)
防蒸发 anti-transpiration
防蒸发的 fly-proofing
防蒸发剂 anti-evapo(u)rant; anti-evapo(u)rant product;evaporation retardant
防蒸气渗透隔层 vapo(u)r-proof barrier
防蒸气渗透涂层 vapo(u)r barrier
防蒸气石膏板 vapo(u)r-resistant board
防蒸汽 steam-proof
防蒸腾 anti-transpiration
防直射灯罩 louver[louvre]
防直射灯罩亮度 louver bright
防直射灯罩遮蔽角度 louver shielding angle
防止 avert; counterplot; deter; estop; preclusion;prevention;restrain
防止白蚁侵蚀 resistance to termite attack
防止摆动 anti-hunting
防止爆破飞石安全网 blasting mat
防止爆破飞石覆盖物 blasting mat
防止苯毒害公约 Convention Concerning Protection Against Hazard of Poison Arising from Benzene
防止表皮形成 prevention of skin formation
防止冰冻 protection against freezing
防止不当支出 prevention of unwise or inappropriate expenditures
防止不完全燃烧装置 oxygen depletion safety shut off device
防止材料流失 prevention of loss of material
防止操作失误信号系统 foolproof signal(l)ing system
防止插入 plug over-ride prevention
防止差别待遇 prevention of discrimination
防止拆船污染环境管理条例 Regulations on Administration for Preventing Environmental Pollution from Dismantling Ships
防止长草流速 velocity to prevent plant growth
防止超支 prevention of overspending of appropriations
防止车辆碰撞的保护措施 protective guard
防止车辆在道岔处停留的装置 anticornering protection
防止车轮打滑 anti-slip(ping); anti-wheel-slip
防止车轮打滑控制 anti-wheel-slip control
防止车轮滑行 anti-slide[sliding]
防止车轮空转 anti-slip(ping)
防止沉淀 preventing precipitation
防止齿隙游移的弹簧 anti-backlash spring
防止冲出跑道的安全拦阻装置 overrun safety arrestment
防止冲刷 scour protection;scour prevention
防止虫蛀 <电缆> teredo protection
防止重复 prevention of repetitive clear of a signal
防止重复继电器 stick relay
防止重复式信号 stick signal
防止重复锁闭 stick locking
防止重复装置 one-movement-only control device
防止重合线路 anti-coincidence circuit
防止出轨的轨道 anti-derailing rail
防止传染的 anti-epidemic
防止船舶引起污染的国际公约 International Convention for the Prevention of Pollution from Ships
防止措施 countermeasure
防止错误 guard against error
防止错误操作的 foolproof
防止错误操作的互连接法 foolproof interconnection
防止大气污染 air conservation
防止倒拖装置 anti-motoring device
防止倒转的棘轮 ratchet to eliminate running back
防止的 preventive
防止地面沉降 preventing land subsidence
防止地面沉陷法 law of land subsidence prevention
防止地下水的 waterproofing against ground water
防止地下水位持续下降 preventing groundwater continuously drawdown
防止地下水污染 preventing groundwater contamination
防止电涌过载器 surge arrester
防止冻冰 protection against freezing
防止短路电阻 preventative resistance
防止短路继电器 short-circuit relay
防止断裂 safety against rupture
防止堆雪措施 snowdrift control
防止发生风险 risk aversion
防止发条上得过紧的装置 stop work
防止泛滥 flowage prevention
防止飞弧 flashover protection
防止粉碎玻璃 shatterproof glass
防止风化的措施 prevention of weathering
防止辐射能漏出设备 radiation leak-tightness
防止腐烂 prevention of decay
防止腐蚀 prevent corrosion
防止干扰 interference protection; prevention of interference;shielded from interference
防止根部伤冻 keeping the roots from freezing
防止共振 prevention of resonance
防止故障性接地 earth fault protection
防止管内蒸气积聚装置 vapo(u)r lock device
防止锅炉内部腐蚀 prevention of corrosion in boilers
防止锅炉内产生水垢 prevention of scale in boilers
防止过度利用森林 protect forests from overexploitation
防止过热 anti-superheating
防止过热(卡孔)润滑剂 <螺纹结合部分的> anti-seize lubricant
防止过热装置 anti-superheating system
防止过时 avoid obsolescence
防止过载 anti-overloading; overload protection
防止过载斗 surge bunker
防止过载放电器 surge arrester[arrestor]
防止海岸工程污染损害制度 system of preventing on pollution damage of coastal construction project
防止海水入侵的措施 preventative measures of sea water intrusion
防止海洋污染 marine pollution prevention;prevention of marine pollution
防止和减轻损失的义务 duty of averting or minimizing losses
防止后退 anti-thrust
防止滑动架 anti-slide rack
防止滑坡的结构 avalanche brake
防止滑行继电器 anti-skid relay
防止滑移 slide prevention
防止回流阀 reflux valve
防止回流设施 backflow preventer
防止活动的安全措施 safety against sliding
防止积雪 drift prevention
防止积压 guard against over-stocking
防止(基础)上浮 anti-flo(a)tation
防止建筑石料表面风化的一种氟化物 fluate
防止溅油装备 oil save-all
防止接触 contact protection
防止结冰 deice;icing protection;protection against freezing
防止开裂 avoidance of cracking;safety against cracking
防止客车套车装置 anti-telescoping device
防止空气污染 air conservation; air pollution prevention; anti-air pollution
防止空气污染法 Air Pollution Control Law
防止空气污染规范 Air Pollution Code
防止空气污染系统 anti-air pollution system
防止空转继电器 anti-skid relay
防止垃圾填埋区污染物扩散的材料 containment material
防止蓝色斑点 <木材的一种疵病> preservative against blue stain
防止滥用基金 prevention of misappropriation of funds
防止冷凝 prevent condensation
防止链纠缠 anti-fouling hawse
防止列车事故计划 train accident prevention program(me)
防止裂缝 avoidance of cracking
防止裂缝钢筋 crack control reinforcement
防止隆起 proof to swelling
防止漏电流保护装置 leakage protective system
防止陆源污染制度 system of preventing pollution by land based pollutants
防止路面结冰措施 highway ice-control;road ice-control
防止落石 prevention for falling stone
防止落石工程 prevention of falling stone
防止磨损 wear prevention
防止木头泡胀 anti-water logging
防止逆流的硅二极管 reverse-current preventing silicon diode
防止黏[粘]结 bond prevention
防止黏[粘]结措施 bond prevention
防止黏[粘]釉的蜡 wax resist
防止黏[粘]釉用的纸片 frisket
防止凝结 set prevention
防止膨胀 proof to swelling
防止膨胀安全措施 safety against bulging
防止碰线 cross-protection
防止碰撞 collision avoidance; collision prevention
防止破坏行为 deter vandalism
防止欺诈法 statute of fraud
防止起灰 dust suppression
防止起重机杆侧向摇摆的滑车 luff tackle
防止气压过大的膜片 blowout disc [disk]
防止汽水共腾管 anti-priming pipe
防止器 preventer
防止潜流装置 sneak-current arrestor
防止强烈冲刷 prevent intensive washing
防止侵蚀和淋溶 prevent erosion and leaching
防止倾倒 safe against overturning
防止倾倒废物及其他物质污染的海洋公约 Convention on Prevention of Marine Pollution by Dumping Wastes and Other Matters into Ocean
防止人为破坏 vandalism protection
防止人为破坏的能力 vandal resistance
防止日光照射的 anti-sun
防止色变处理 anti-stain treatment
防止沙漠化计划 anti-desertification program(me)
防止渗漏 intercept the seepage
防止渗水 prevent water creep;water creep prevention
防止升起的安全措施 safety against uplift
防止失速 anti-stall;avert the stall
防止失速装置 anti-stall gear
防止石棉纤维逃逸的密封化学剂 encapsulant
防止事故 accident prevention; fault

F

prevention; forestall trouble; prevention of accidents
防止事故标记 < 警告性标记 > accident prevention tag
防止事故措施 accidental prevention
防止事故说明 accident prevention instruction
防止事故装置 fail-safe device
防止收缩(措施) shrinkage prevention
防止水锤 prevention of water hammering
防止水害 water control
防止水击 prevention of water hammering
防止水污染 water anti-pollution
防止水污染法 law of water pollution prevention
防止水(质)污染法规 water anti-pollution legislation
防止瞬间故障计算机 transient fault resistant computer
防止碎屑流过的滤层 chip control filter
防止损害 control of lesion
防止损害条款 sue and labo(u)r clause
防止损坏 avoid damage
防止套车装置 anti-climber
防止套撞(车辆) anti-telescoping
防止提升过度 overwind prevention
防止透风的密封条 draught excluder
防止土坡风化的护坡 chemise
防止土壤板结 keep soil from packing together
防止(土壤或地面)隆起 anti-heave
防止土壤瘠薄措施 protection method of soil-hungry
防止土壤胶黏[粘] keeping the soil from puddling
防止土壤侵蚀的森林 forest for erosion control
防止脱轨轨条 anti-derailing rail
防止外干里湿 preventing casehardening
防止危险品罐失事溢流的安全土埂 bund wall
防止污染 pollution control; prevent contamination
防止物 preventive
防止误操作设备 foolproof apparatus
防止误解的申明 caveat
防止误解的说明 caveat
防止矽尘危害 protection against silicosis
防止熄火装置 flame failure control
防止熄灭 anti-stall
防止新老材料之间黏[粘]结的隔离层 separating layer
防止雪崩措施 avalanche stoppage
防止压曲 safe against buckling
防止淹没 flowage prevention
防止延迟 avoidance of delay
防止岩石局部剥落的地锚 secondary reinforcement ground anchorage
防止岩样变形和冲蚀 protect the sample distortion and erosion
防止沿海地带不可逆转的恶化 protect coastal zone from irreversible degradation
防止盐害 salinity control
防止氧化 prevent oxidation
防止移动机械发生滚倒事故伤害司机的保护结构 roll-over protection structure
防止溢流的下水道 anti-flooding gully
防止溢流阀 flap trap
防止油污法令 Oil Pollution Act
防止淤积流速 velocity to prevent sedimentation
防止噪声 anti-noise; noise precaution
防止沾模的稀液 wash
防止枕木劈裂的钢丝箍 anti-splitter wire-band of tie
防止枕木劈裂钢线 anti-splitter wire
防止职业中毒 protection against occupational poisoning
防止中间桩下沉作业 breaksetting method of intermediate pile
防止装置 arrester[arrestor]
防止钻杆冲出的工具 < 遇高承压水时 > snach plate
防止钻具部件装错的 weevil-proof
防治 control; preventive treatment
防治病虫害 insect disease prevention
防治虫害 pest control
防治措施 treatment measures
防治地下水污染的措施 measures of protecting and administering ground water pollution
防治方针 control policy
防治沟蚀植树造林法 gull(e)y control planting
防治关键点 key point of control
防治规划 control program(me)
防治滑坡板桩墙 sheet piling walls for landslide protection
防治荒漠国际公约 Convention to Combat Desertification
防治机构 prophylactico-therapeutic institution
防治技术 control technique
防治浓度 concentration to control
防治水害 prevention and treatment of damage to water
防治所 dispensary
防治体系 control system
防治污染 prevent and control pollution
防治原则 control principle
防治杂草丛生 keep from heavy weed growth in the field
防窒息活门 anti-suffocation valve
防中子玻璃 neutron proof glass
防中子射线玻璃 neutron-ray protected glass
防重力 anti-gravitation
防重绕滑轮组 anti-two block
防绉织物 crease resistant fabric
防皱 anti-wrinkling; crease-resist
防皱的 anti-crease; crease-proof; crimp-proof
防皱剂 anti-wrinkling agent
防皱加工 crease-proof finishing
防皱整理 crimp-proof finish; non-creasing finish; wrinkle proofing
防蛀的 mothproof
防蛀地毯 anti-borer carpet
防蛀剂 anti-moth agent; mothproofer; mothproofing agent
防蛀胶合板 anti-borer plywood
防蛀性 moth proofing
防蛀针织品 mothproof knitwear
防蛀整理 < 如地毯、织物 > insect-repellent finishes
防蛀纸 mothproofing paper
防蛀制剂 mothproofing preparation
防转接头 rotation prevention joint
防转销 stop pin
防装饰被损坏的 vandal proof
防撞 collision avoidance; collision prevention
防撞报警激光雷达 proximity warning laser radar
防撞报警显示器 proximity warning indicator
防撞报警指示器 proximity warning indicator
防撞舱壁 collision bulkhead; forepeak bulkhead
防撞层 fender course
防撞柴排 collision mat; collision-mat(tress)
防撞车灯 anti-collision light
防撞衬垫 crash collision
防撞传感器 obstacle avoidance sensor
防撞簇桩 cluster of fender piles; cluster piles for fendering
防撞灯 anti-collision beacon
防撞垫 bumper; dock bumper
防撞垫层 collision mat
防撞墩 crash barrier; crash bearer; fender dolphin
防撞杆 bar feeder
防撞钢丝绳 rubber rope
防撞护栏 crash barrier; barrier rail; vehicle safety barrier
防撞护木 timber fender
防撞缓冲护栏 crash cushion
防撞缓冲块 fender block
防撞缓冲器 crash cushion
防撞缓冲装置 fender buffer
防撞击 anti-collision; crash proof
防撞击式网屏 bumper type screen
防撞架 bumper frame
防撞减振器 plain bumper
防撞警告指示器 proximity warning indicator
防撞块 bumper block; bumping block
防撞栏 barrier
防撞栏杆 anti-collision railing; fendering rail
防撞雷达 anti-collision radar; collision avoidance radar
防撞雷达训练器 collision avoidance radar trainer
防撞链 chain fender
防撞梁 impact beam
防撞木 wood fender
防撞器 bumper; bunter
防撞墙 anti-collision wall
防撞设备 anti-collision gear
防撞式支腿 bumper outrigger
防撞头盔 crash helmet
防撞系统 collision avoidance system; collision prevention system; fendering system; anti-collision system
防撞悬木 hung wood fender
防撞栅网 collision mat
防撞毡 collision mat
防撞遮板 cam type screen
防撞支杆 collision strut
防撞支撑 collision strut
防撞支架 < 起重机前面的 > bumper outrigger
防撞指示器 anti-collision indicator
防撞柱 bumper post; bumping post; collision; collision post; fender column; fender post; guard post
防撞桩 energy-dissipating pile; fender pile; pile(d) fender(ing)
防撞装置 anti-collision device; anti-collision gear; anti-collision safety device; anti-crash device; bumper; collision avoidance system; fendering device; fendering installation; fendering unit; protective fender; spring bumper
防撞装置的固紧铁件 fender hardware
防坠链 safety chain
防坠落物保护架离地高度 FOPS[falling object protection structure] height
防坠器撑轴 safety catches jackshaft
防坠装置 anti-dropping device
防紫外线玻璃 protective glass; ultraviolet ray intercepting glass
防紫外线分隔层玻璃 ultraviolet control laminated glass
防紫外线剂 ultraviolet screener; ultraviolet screening agent; ultraviolet stabilizer
防紫外线性 ultraviolet protective property
防渍 prevention against water-logging; water-logged control
防阻毛细管水沟槽 capillary groove
防阻塞 anti-jamming
防阻塞剂 anti-clogging agent
防阻塞履带 clog-proof crawler track

坊

坊表 ornamental archway

妨

妨碍 beset; blight; bottleneck; deter; disconcert; disrupt; disturbance; encumbrance; hamper; intervention; obstacle; obstruct; preclude from; remora; violation; overslaugh; prevent; stand in the way of

妨碍观瞻的东西 eye-sore
妨碍航行 hamper navigation; hinder navigation; impede navigation; interfere with navigation
妨碍健康 health hazard
妨碍交通 block traffic
妨碍视线 obstacle to visibility
妨碍视线的 view-obstructing
妨碍视线转角切除(法) corner obstruction cut-off
妨碍因素 barrier
妨碍阴极保护的物质 cathodic protection parasites
妨碍治安的 disorderly
妨碍治安行为 disorderly conduct

房

房边空地 side yard

房舱舱壁 cabin bulkhead
房舱旅客 cabin passenger
房产 building property; horizontal property; house property; premises; residential holdings
房产编码 number of house properties
房产处 estate and rating surveyor's department
房产的出租率 rent-up
房产登记 building property registration
房产抵押 building property mortgage
房产段 building maintenance district
房产服务部门 building service department
房产管理人 custodian
房产号码 number of house properties
房产及信贷协会 building society
房产建筑段 housekeeping depot
房产经营 building property business
房产净面积 net estate
房产权 building property right
房产权转移 transfer of building property right
房产事务所 club premises
房产税 building tax; house duty; house tax; housing property taxes; taxes on buildings; taxes on house
房产所有权 home ownership
房产投资 investment in housing
房产证书 building property title certificate
房产质量合格保险 home warranty insurance
房产主 building owner
房窗框突角【建】horn
房地产 real property; estate; housing; housing and land; immovable estate; land and building; property asset; real assets; real estate < 美 >;

realty; fixer upper <需要大修后按市价出售的>
房地产保险 house insurance
房地产边界线 lot line
房地产不租不买 abandonment of property
房地产测量 property survey
房地产偿债基金 land and building sinking fund
房地产成本估价法 cost approach to value
房地产成交手续费 closing cost
房地产处置程序法 Real Estate Settlement Procedures Act
房地产处置声明 disposition of real estate statement
房地产大款 heavy hitter
房地产代理商 real estate broker
房地产单位 estate unit
房地产担保契约 warranty deed
房地产的特质 quality of estate
房地产登记 register of real estates
房地产等级测量员 estate and rating surveyor
房地产抵押 mortgage on real estate
房地产抵押投资渠道 real estate mortgage investment conduit
房地产抵押信托 real estate mortgage trust
房地产抵押值与卖价差额研究 marginalysis
房地产地籍 real estate cadaster
房地产调查 real estate research
房地产董事会 Real Estate Board
房地产独家代理 exclusive agency listing
房地产发展商 real estate developer
房地产分部分估价 fractional appraisal
房地产分析员 real estate analyst
房地产改善费用 property betterment expenses
房地产更新标准 property rehabilitation standard
房地产公司 property company; real estate agency
房地产购买 building land purchase
房地产估价 appraisal of real estate; real estate appraising
房地产估价期 assessment period
房地产估价师 real estate appraiser
房地产估值 assessment base
房地产估值簿 cadaster
房地产管理 property management
房地产管理部门 department of real estate
房地产管理局 real estate bureau
房地产管理协会 Institute of Real Estate Management
房地产过户税 documentary transfer tax
房地产合同 real estate contract
房地产讲师 designated real estate instructor
房地产交易顾问 real estate counseling
房地产界线 property line
房地产经纪人 house agent; real estate agent; real estate broker; realtist; realtor
房地产经纪人协会 Realtors Land Institute
房地产经销商 real estate salesman; real estate salesperson
房地产经营执照 real estate licence[license]
房地产局 Division of Real Estate
房地产掮客 real estate broker
房地产开发 building land development; real estate development; property development
房地产课税价值 assessed value
房地产买卖合同中规定的正式转让日 closing day
房地产契约 real estate contract
房地产商合伙契约 listing contract
房地产商合营业务 multiple listing service
房地产商会 Real Estate Board
房地产使用价值的贬值 observed depreciation
房地产市场 real estate market
房地产事务所 real estate office
房地产税 housing and land tax; property tax; real estate tax; urban real estate tax
房地产所有权 corporeal rights
房地产特别受益税 special assessment
房地产同业公会 Board of Realtors
房地产投资 investment in property
房地产投资合作有限公司 Real Estate Limited Partnership
房地产投资信托 real estate investment trust
房地产托拉斯 real estate trust
房地产完工后的长期贷款 take-out loan
房地产委员会 Real Estate Commission
房地产问题 real estate matter
房地产项目 description of property
房地产销售说明 settlement statement
房地产信托公司 real estate equity trust
房地产研究 real estate research
房地产业 realty business; realty industry
房地产遗产税 estate tax
房地产中间商 estate agent
房地产、住房贷款机构 housing and home finance agency
房地产助理经纪人 realtor-associate
房地产专业人员 real estate professional
房地产转让分期付款合同 land contract
房地产资本价值 capital value of premises
房地产租赁契约中的条款 demising clause
房地产最低标准 minimum property standards
房地契 real estate; real estate title deeds; title deed for land
房顶 house top
房顶采光井 compluvium; impluvium
房顶吊钩 ceiling hook
房顶洞 compluvium
房顶高跨比 pitch of roof
房顶尖 fastigium of house
房顶瓦 roofing tile
房顶形的 tectorial
房东特许状 <许可房东强行收取无力交租的房客的个人财产拍卖抵租> landlord's warrant
房干燥炉 chamber drying oven
房管部门住房 municipally owned housing
房管局 housing management bureau
房管所 housing management office
房管系统 plumbing
房后楼梯 service stairway
房荒 house famine; housing shortage
房荒率 housing shortage ratio
房基 building foundation; foundation
房基空格墙空 dry area
房基通风井 dry area
房基线 alignment; building line; line of building
房脊石 apex stone; saddle stone
房架屋面 framed roof
房间 chamber; concameration; condominium; room; stanza; ewery <存放大口水罐、桌布、餐巾的>; zeta <教堂门廊上的>; state apartment <举行隆重仪式的>
房间布置 room-layout
房间采暖 room heating; room warming
房间采暖片 room heating strip
房间采暖设备 room heating appliance
房间采暖装置 room heating appliance
房间常数 room constant
房间尺寸单元 room sized unit
房间大小 room-size
房间单元 room unit
房间单元空调器 room unit air conditioner
房间得热器 space heat gain
房间的隔声 sound-proofing of houses
房间的进深 depth of a room
房间的深度 depth of a room
房间灯 compartment lamp
房间等高窗 room-high window
房间等高墙板 room-high
房间分隔 room divide; room-dividing
房间高度 room-high
房间隔墙 room separation wall
房间公寓单元 penthouse apartment unit
房间供暖 space heating; space warning
房间恒温器 room thermostat
房间加热器 room heater; space heater
房间检查信号系统 room check signal system
房间净高度 ceiling height; stud(ding)
房间净面积 net room area
房间空(气)调(节)器 air-conditioning unit; room air conditioner
房间空气温度 room air temperature
房间冷负荷 space cooling load
房间冷却器 room cooler
房间利用系数 room utilization factor
房间面积 floor area of a room
房间内装饰品 home accessories
房间取暖器 room heater; space heater
房间热负荷 space heat load
房间容积 room capacity
房间声学特性 room acoustic(al) characteristic
房间湿度传感器 room humidity sensor
房间湿度探测器 room humidity sensor
房间湿负荷 space moisture load
房间束【生】 interatrial tract; interauricular bundle
房间数 <住宅的> room count
房间外警告闪光 outside flashing light
房间温度 room temperature
房间温度控制 room temperature control
房间温度控制系统 room temperature control system
房间温湿度计 room psychrometer
房间吸声量 room absorption
房间夜间灯 low-level lamp
房间音质 acoustics of room; room acoustics
房间增压 pressurization of space
房间照明 room lighting
房间制冷 room cooling
房间制冷单元 room-cooling unit
房间住户 room occupant
房间装修 room finish
房间最低高度 minimum room height
房间做法表 list of internal finishes; room finish schedule; schedule of room finishes
房建部门支出 housebuilding sector expenses
房建大修 major repair of buildings and structures
房建供水干管 building main
房建规程 building regulation
房建检修 inspection and repair of buildings and structures
房建维修 regular maintenance of buildings and structures
房建用地 building lot
房建造者 house builder
房角埋石 sunk draft
房捐 house duty; house tax
房客 lodger
房门 interior door; room door
房门框 interior door jamb
房门锁 inside-door lock; room door lock
房内服务 room service
房契 house lease; property deed; title deed for house; title deed for land
房前花园 front garden
房前院地 fore apron
房山石 Fangshan stone
房舍 depot
房舍改建 alteration of premise
房舍设备 housing system
房式干燥炉 chamber drying oven
房式炉 compartment furnace
房式窑 chambered kiln
房外角柱 quoin post
房屋 building (structure); dwelling; family unit; house; housing; casa <西班牙的一种房屋>; tholos[复 tholoi] <圆形或部分圆形的>
房屋安全调查 building safety inspection
房屋暗沟 building subdrain(pipe)
房屋板壁 siding
房屋保险 building insurance
房屋保养 building maintenance
房屋暴雨排水管 building storm drain
房屋背部 back-front; rear of a house
房屋背面 back-front
房屋布线系统 premises wiring system
房屋布置图 planning grid
房屋部件和设备的折旧 component depreciation
房屋采暖 building heating
房屋拆除 housebreaking
房屋拆毁 wrecking of buildings
房屋拆毁后的废物堆 demolition rubble
房屋拆毁率 demolition rate
房屋拆迁 building removal
房屋场地交通 building traffic
房屋朝向 house orientation; orientation of building
房屋潮湿度 dampness in dwelling
房屋承建商 house builder
房屋承租人的修房清单 schedule of dilapidations
房屋出口 building exit
房屋出租 house for rent
房屋出租的部分 maisonette
房屋存水湾 building trap; main trap
房屋贷款协会 building and loan association
房屋贷款协议 building loan agreement
房屋单元 building member
房屋倒塌率 ratio of collapsed building
房屋的暴雨排水管 building storm drain pipe
房屋的长、宽、高 building bulk
房屋的改建 alteration of building
房屋的合流污水管 combined building sewer
房屋的建筑容积 cubical content

F

房屋的坑水 building pit water
房屋的排列 range of building
房屋的排水系统 house sewerage
房屋的前面 frontal
房屋的前沿线 front line of building
房屋的体量 cubic(al) mass of a building
房屋的突出部分 jutty
房屋的外角 salient angle
房屋的雨水排除 drainage of a building
房屋的正面 frontage;frontal;front of building;housefront
房屋的正面宽度 building line
房屋的主立面 frontispiece
房屋底层 ground floor;crawl space <净空小的>
房屋抵押贷款 home mortgage loan
房屋地产 building land
房屋地面标高 building grade
房屋地面层 ground floor
房屋地区图 building plot
房屋地下结构 building substructure
房屋地下排水 house subdrain
房屋地下排水管 <由房屋地下排水设备至截水井的一段重力排水管> building subdrain (pipe); house subdrain;subdrain of building
房屋地下排水系统 building sub-house drain
房屋电力引入线室 room for branches to building
房屋(电)线路 house wiring
房屋吊车 building crane
房屋顶棚椤条 <一般 30 ~ 38 厘米中心距,以便钉板条抹灰> brander
房屋定向 orientation of building
房屋端部墙角 quoin
房屋短缺 building deficiency
房屋发展政策 housing policy
房屋翻新 rehabilitation
房屋方位 house orientation; orientation of building
房屋防腐材料 house preservative
房屋防腐剂 house preservative
房屋废水总管 building house drain; building house sewer
房屋费用 building expenses
房屋分类 classification of buildings
房屋分类及其所起的作用 occupancy classification or occupancy
房屋分区图 building plot
房屋服务费用 building service expenses
房屋服务管道 building service chute
房屋福利 housing accommodation benefit
房屋附属设备系统 building subsystem
房屋改建 alteration;house alteration
房屋改建线 improvement line
房屋盖错 misconstruction
房屋高度 height of building
房屋隔热 thermal insulation for building
房屋隔热板 building insulating sheet
房屋隔声板 building insulating sheet
房屋供暖 house heating
房屋供水 water distribution to buildings
房屋供水系统 building-supply water system; building water-supply system
房屋供应 housing supply
房屋构架 block frame;building frame; building skeleton
房屋构件 housing unit
房屋构造 building construction;building frame;building structure
房屋构造体系 <加拿大、美国的一种房屋构造体系,采用混凝土薄壳、内部轻质隔墙> habitation-uniment system
房屋购置费 acquisition expenses for buildings
房屋估算员 chartered building surveyor
房屋骨架 building skeleton; carcase; skeleton of building
房屋管道安装 house plumbing
房屋管工 plumbing
房屋管理 building operation; housekeeping
房屋管理处 building department
房屋管理局 building department
房屋管理人 housekeeper
房屋管理员 janitor
房屋管理(员)室 janitor's closet; janitor's office;janitor's room
房屋管网 plumbing network
房屋号数 building number
房屋合流污水管(道) building combined drain; building combined sewer;combined building sewer
房屋合流下水道 building combined drain;building combined sewer
房屋和设备 building and equipment
房屋和设备维修 maintenance of premises and equipment
房屋核心 building core
房屋荷载 block load(ing); building load
房屋横向偏移极限 drift limitation
房屋横向偏移指数 drift index
房屋后街 <一般指商店后面的辅助路> accommodation road
房屋后退线 setback line
房屋后院 base-court
房屋护墙板 building construction panel
房屋火灾 house fire
房屋或其局部的骨架 ossature
房屋基础 building foundation; house foundation;house substructure
房屋基础沉井 building caisson
房屋基础沉箱 building caisson
房屋基地 premises
房屋及其附属建筑物 premises
房屋及社区系统 buildings and community systems
房屋及外围占地面积 ground area
房屋给水总管 building main
房屋技术员 building technician
房屋架设系统 building erection system
房屋假立面 false front
房屋间距 building space[spacing]; space between buildings; spacing of buildings
房屋监工员 building inspector
房屋检查 building inspection
房屋检查员 building inspector; building official;building surveyor
房屋建设 construction of building
房屋建造 building works; house construction
房屋建造部门 building construction department
房屋建造材料 building construction material
房屋建造场地 building construction site
房屋建造场地设施 building construction site installation
房屋建造工人 building construction labo(u)r; building construction worker
房屋建造工业 building construction industry
房屋建造工作 building construction work
房屋建造技术人员 building construction technician
房屋建造实施 building construction operation
房屋建造所需的加热 heating for building operations
房屋建造图纸 building construction drawing
房屋建造许可证 building permit
房屋建造业务 building construction activity
房屋建造造价 building construction cost
房屋建造章程 building construction regulation
房屋建筑 construction of building; house construction; structural architecture
房屋建筑爆破 building blasting
房屋建筑标准 housing standard
房屋建筑侧翼室 <古罗马和新古典式建筑> alette
房屋建筑等级 grades of house construction
房屋建筑底层 above-ground subfloor
房屋建筑底层楼地面 above-grade subfloor
房屋建筑工程 building engineering
房屋建筑工程师 building construction engineer
房屋建筑规范 building code; housing (building) code
房屋建筑合作组织 building cooperative
房屋建筑会 building society
房屋建筑界线 block line; building line
房屋建筑竣工证明 building construction completion certificate
房屋建筑面积 architectural area of building
房屋建筑面积竣工率 rate of floor space completed
房屋建筑配置协调一致性 eurhythmy
房屋建筑设备 <指公用服务设施、机器设备等> building equipment
房屋建筑设计总体规划平面 grid plan
房屋建筑设计总体规划图 grid plan
房屋建筑饰面工程用砖 facing engineering brick
房屋建筑物折旧费 house and building depreciation expenses
房屋建筑线 building line platform; improvement line
房屋建筑协会 housing society
房屋建筑学 building architecture; building construction
房屋建筑研究所 building research institute
房屋建筑业 housing industry
房屋建筑艺术 art of building
房屋建筑用的清漆 varnish for building construction purposes
房屋建筑用钢 steel for building construction
房屋建筑专家 building construction expert
房屋建筑自上而下施工法 upside-down method of building construction
房屋结构 building structure
房屋界线 building line
房屋进口管 house inlet
房屋经纪人 house agent
房屋经理者 house agent
房屋净高度 stud
房屋静力计算方案 static analysis scheme of building
房屋纠纷 housing dispute
房屋居民 house dweller
房屋居住率 occupancy rate
房屋居住人数 <设计的> occupant load
房屋绝缘板 building insulating sheet
房屋竣工后维修 after-care
房屋勘测员 building surveyor
房屋坑泵 building pit pump
房屋坑边 building pit side
房屋坑的建造 building pit construction
房屋坑的斜坡 building pit slope
房屋坑底 bottom of building pit
房屋空闲损失 vacancy losses
房屋框架 block frame; building frame;building skeleton
房屋扩建 block extension; building expansion
房屋类型 type of building
房屋立视图 elevation of building
房屋连地基 premises
房屋连接管 house connection;service connection
房屋连接走廊 house connection passage
房屋楼层的暖气炉 floor fire
房屋楼层平面布置图 floor ground plan
房屋楼面第一道涂层 deck prime coat(ing)
房屋楼梯 building stair(case)
房屋轮廓 house silhouette
房屋买卖市场 housing market
房屋门牌号码 building number
房屋密度 building density; housing density
房屋面积 area of a building;bulk of a building;floor area; floor area of a building
房屋模型 maquette
房屋抹灰线脚 horsing-up
房屋内部 interior of a building
房屋内木制部分 <如门、楼梯等> woodwork
房屋内庭 astrium
房屋排水 building drainage; house drain
房屋排水道 house drain
房屋排水沟 house drain
房屋排水管 building drain(age pipe); house drain
房屋排水管防臭瓣 building trap
房屋排水系统 building drain(age) system;house drainage system
房屋排水装置 house drainage
房屋旁边种植 foundation planting
房屋平面图 building construction plan
房屋剖面图 sciograph;sectional drawing of building;skiagraph
房屋普遍破坏 general damage to buildings; general destruction of buildings
房屋漆 house paint
房屋气体流通量 air circulation
房屋砌块圬工 block masonry(work)
房屋迁移费 pay for the removal of houses
房屋墙壁 building wall;house wall
房屋抢修 emergency repairs to buildings
房屋清洁工作 house cleaning
房屋取暖 heating of building and home
房屋容积 building bulk
房屋入口 block entrance
房屋入住率 occupancy rate
房屋山墙 building gable
房屋上的时钟 house clock
房屋上分线盒 branch box to a building
房屋上突出物 building extrusion product

房屋上用的塑料树脂 building plastic
房屋设备 block equipment; building equipment; building service
房屋设备安装及装修 fittings and fitments
房屋设计 building design; design of buildings; planning of buildings
房屋生活污水 building sanitary sewerage
房屋生活污水管(道) sanitary building sewer; building sanitary sewer
房屋施工 construction of building
房屋施工人员 house builder
房屋石块的风化 weathering of building stones
房屋使用标志 home occupation signs
房屋使用面积 usable room area
房屋使用期限 physical life-time of building
房屋使用潜在危险性等级 contents hazard classification
房屋使用许可证 building occupation permit
房屋市价 market value of building
房屋水箱 house tank
房屋税 house tax
房屋税的转嫁 shifting of house tax
房屋损害率 percentage of damaged house
房屋损坏 building failure
房屋唆卖生意 <房地产掮客的> block busing
房屋所有权人 building owner
房屋塔楼 building tower
房屋体积 building volume; bulk of building
房屋体量 building bulk
房屋投资保证 housing investment guarantees
房屋突出在街道部分 street projection
房屋外部装饰 external home decoration
房屋外角 quoin
房屋外角构件 quoining
房屋外貌 building face; face of building
房屋外墙遮盖 blind area
房屋维护 preservation of buildings
房屋维修 building maintenance; upkeep and mending
房屋维修费 building maintenance expenses; repairing expenses of house
房屋卫生设备 sanitation of buildings
房屋卫生设备安装 house plumbing
房屋问题 housing problem
房屋污水管 <由房屋外墙外 1 米处至公共下水道的一段管道> building sewer; building house sewer
房屋稀少地区 open district
房屋下排水 house drainage
房屋下水道 building sewer; house drain
房屋下水系统 house sewer system
房屋现价 remaining value of house
房屋小气候 cryptoclimate
房屋协会 housing association
房屋信息中心 building information center[centre]
房屋形式 housing type
房屋修缮 upkeep and mending
房屋修缮工 jobber
房屋修缮与改进 housing betterment; housing improvement and betterment
房屋修缮与改良 housing betterment; housing improvement and betterment
房屋修缮与扩建 housing betterment; housing improvement and betterment
房屋烟囱 building chimney
房屋研究所 Building Research Institute
房屋养护 maintenance of buildings
房屋一侧与它屋相连的 semi-detached
房屋翼室 al(l)ette
房屋营造商 building contractor
房屋用板桩围住 building pit closed by sheet piling
房屋用的起重臂 boom for building construction
房屋用卷扬机 building winch
房屋用黏[粘]土砖 clay building brick
房屋油漆 building paint
房屋油漆工 house painter
房屋雨水沟管 building storm sewer
房屋雨水管 building house drain; house storm drain
房屋雨水管道 building storm drain(age); building storm sewer
房屋雨水排水系统 building storm drain
房屋雨水下水道 building storm sewer
房屋雨水总管 building house storm sewer
房屋造价 cost of a building
房屋增建 addition to a building
房屋渣堆填 random rubble fill
房屋占用标志 home occupation sign
房屋占用率 occupancy rate
房屋账户 house account; lot and building account
房屋招租 house to be let
房屋折旧费 depreciation expense of house
房屋振动 block oscillation; building vibration
房屋整体布置 building system
房屋正面 facade of building
房屋正面 H 形框架 facade H frame
房屋正面保护 facade protection
房屋正面保护剂 facade protection agent
房屋正面大梁 facade girder
房屋正面的坡屋面 frontal slope
房屋正面覆盖层 facade covering
房屋正面构件 facade building component
房屋正面构造 facade construction
房屋正面划分 facade division
房屋正面混凝土板 concrete slab facade
房屋正面加衬 facade lining
房屋正面建筑 facade system
房屋正面建筑构件 facade building member; facade(building) unit
房屋正面接合 facade joint
房屋正面聚氯乙烯涂层 facade polyvinyl chloride coat; facade PVC coat
房屋正面拉毛粉刷 facade stucco
房屋正面立柱 facade column
房屋正面连接 facade articulation
房屋正面梁 facade beam
房屋正面抹灰 facade rendering
房屋正面清洗 facade cleaning[cleansing]
房屋正面清洗剂 facade cleansing agent
房屋正面设计 facade design
房屋正面石板 facade slab
房屋正面饰面 facade facing
房屋正面双 T 形框架 facade double T frame
房屋正面通风栅 facade ventilation grating
房屋正面涂层 facade coat
房屋正面油漆 facade painting
房屋正面预制板 facade panel
房屋正面展开 facade development
房屋正面砖板 facade brick panel
房屋正面砖石墙 facade masonry wall
房屋之间的走廊 breezeway
房屋支管 house branch
房屋支柱 building support
房屋中砌块过梁 block lintel
房屋中心控制台 building operation center console
房屋重建 building reconstruction
房屋重力排水系统 building gravity drainage system
房屋周围气流 airflow around buildings
房屋轴线 building axis
房屋主要立面 frontispiece
房屋转角立柱 batter post
房屋装配 building fit
房屋装饰正面 faced facade
房屋着火 block fire
房屋总体积 building mass
房屋纵断面图 sciagraph[sciograph]; skiagram[skiagraph]
房屋租津贴 housing allowance
房屋租赁 tenancy
房屋租赁契约 occupancy agreement
房屋做法说明书 building specification
房渣堆填 random rubble fill
房渣土 sediment of artificial activity
房周果园 home-yard orchard
房主 building owner
房主保险 homeowner's insurance
房主保险单 homeowner's policy
房主保修计划 homeowner's warranty program(me)
房主贷款公司 <美> Home Owner's Loan Corporation
房主协会 association of house lessor
房主一次性免税 homeowner's once-in-a-lifetime tax exclusion
房主与房客关系统一法案 uniform residential landlord and tenant act
房主自用住宅 owner-occupied housing
房主综合保险单 householder's comprehensive policy; houseowner's comprehensive policy
房柱采矿法 breast and pillar method
房柱式崩落开采法 room and pillar caving
房柱式采矿法 pillar-and-stall method; stoop-and-room mining
房柱式采煤法 room and pillar caving; room and pillar system
房柱式开采 room and pillar mining
房子 domus; house; dymaxion house <生活与机械检修合并的>
房子的第一层 rez-de-chaussee
房子的外部房间 <苏格兰> but
房子前部的房间 front room
房子太大的 overhoused
房子柱子 block column
房租 house rent; rent; residential rental; office rental; rental value
房租保险 house rent insurance
房租补助 rent subsidies
房租的最高标准 ceiling on rent
房租津贴 lodging allowance; rental allowance
房租控制 rent control
房租税收优惠 rental allowance
房租险 rent insurance

仿

仿板岩橡胶屋顶 strip slate
仿碧玉油地毡 jaspe lino(leum)
仿玻璃纸 imitation glassine paper
仿椽 mock rafter
仿瓷玻璃 porcelaineous glass
仿瓷(砖)涂料 tile-like coating
仿大理石 marbling; parian; Parian Paros
仿大理石的 marbled
仿大理石花岗岩 marble imitating granite
仿大理石花纹 marbleization; marbleize
仿大理石花纹的保温板 <用于冷藏方面> marbolike
仿大理石面 terrazzo coating
仿大理石墙板 marble board
仿大理石饰面 marbl(eiz)ed finish
仿大理石涂料 Marb-I-cote
仿大理石纹 marbleizing; marbling
仿大理石纹表面 marble surface
仿大理石(纹)涂装法 marble figure coating
仿大理石纹纸 agate marble paper
仿大理石镶嵌物 Venetian mosaic
仿大理石装饰法 marbling
仿单廊式建筑 pseudo-peripteral building
仿单廊式庙宇 pseudo-peripteral temple
仿单(柱)廊式 pseudo-peripteral
仿颠簸汽车测试台 teeter-totter
仿雕刻装修 graffito; sgraffi(a)to
仿浮雕的 sculptured
仿斧錾石 depeter
仿哥特式 pseudo-Gothic style
仿革纸 imitation leather paper; leather imitation paper
仿钩编织物 crochet-look fabric
仿古处理 <家具> antique finish; antiquing
仿古(窗)玻璃 cathedral glass
仿古瓷 imitation porcelain
仿古瓷器 imitation antique; imitation antique porcelain
仿古地毯 antique finished carpet; antique rug; imitation antique carpet
仿古(典)建筑 pseudo-classic architecture
仿古缎 antique satin
仿古加疵(吹制)玻璃 specky
仿古加工 antique finish
仿古木雕 antique finished wood carving
仿古漆 antiquing paint
仿古漆法 antiquing
仿古式 pseudo-classic style
仿古陶瓦器 reproduction of antique pottery ware
仿古铜车马 reproduction of ancient bronze chariot and horse
仿古涂装 antiquing; broken-colo(u)r work
仿古涂装法 antique finishing
仿古玩 antique reproduction; imitation curios
仿古髹饰法 antique finishing
仿古牙雕 antique finished ivory carving
仿古纸 antique paper
仿古制作 antique making
仿古装饰 antique finish
仿古装修 antiquing
仿官青釉觚 goblet with Southern Song imperial kiln type glaze
仿黑白色信号 artificial black white
仿花岗石面层 granitic finish
仿花岗岩地板 granitoid floor
仿花岗岩地面 granitoid floor
仿花岗岩器皿 granite ware
仿基料聚合 matrix polymerization
仿麂皮织物 doeskin
仿金工艺技术 gold-imitation processing technology

仿金合金 gilding metal
仿金漆 ormolu varnish
仿金铜箔 gilt bronze;mosaic gold;ormolu
仿金铜合金 mosaic gold
仿金油墨 imitation gold ink
仿紧的 paracompact
仿紧空间 paracompact space
仿康彩花卉瓶 imitating Kang colo(u)r vase with floral design
仿鹿皮整理 velvet finish
仿罗马建筑 Romanesque architecture
仿罗马式 Romanesque style
仿罗马式教堂 late Romanesque church
仿麻布 dimity
仿玛瑙陶器(皿) agateware
仿冒 palming off;passing off
仿美术纸 imitation art paper
仿木混凝土 wood chip concrete;wood concrete;woodcrete
仿木水泥 wood cement
仿木纹 grain
仿木纹板 wood-grained board
仿木纹涂饰 graining
仿脑机 perception
仿牛皮纸 imitation kraft;vellum
仿皮革涂层 leather-like coating
仿皮革纸板 leather board
仿日本和纸 imitation Japanese paper
仿熔岩花纹的炻器 lava ware
仿射包 affine hull
仿射变换 affine conversion; affine transformation
仿射变换器 affined transformer
仿射变换式 affined transformation
仿射变形 affine deformation
仿射标架 affine frame
仿射测图 affine plotting
仿射测图仪 affine-plotter
仿射的 affine
仿射多项式 affine polynomial
仿射分组密码 affine block cipher
仿射共线 affine collineation
仿射环 affine ring
仿射绘图 affine plotting
仿射绘图仪 affine-plotter
仿射畸变差 affine distortion
仿射集 affine set
仿射几何 affine geometry
仿射精密立体测图仪 affine stereoplanigraph
仿射纠正 affine rectification; affine transformation
仿射纠正仪 affine(d) restitution instrument
仿射空间 affine space
仿射联络 affine connection
仿射联络空间 affine connection space;affinely connected space
仿射密码 affine cipher
仿射曲率 affine curvature
仿射群 affine group
仿射形变 affine deformation
仿射性 affinity
仿射性质 affine property
仿射因数 affine factor
仿射影像 affine image
仿射映象 affine mapping
仿射置换群 affine permutation group
仿射子空间 affine subspace
仿射坐标 affine coordinates
仿生城市 arcological city
仿生电子计算机 bionic computer
仿生电子学 bionics
仿生膜 biomimic membrane
仿生膜生物反应器 biomimic membrane bioreactor
仿生学 bionics
仿生学的 bionic
仿生学计算机 bionic computer
仿石粉刷 stuc(co)
仿石灰华 imitation travertine
仿石灰华饰纹 travertine texture
仿石混凝土 granolithic concrete
仿石抹灰 stuc(co)
仿石砌体 simulated masonry
仿石饰面 stone plaster
仿石饰纹 marbling
仿石涂料 stone paint
仿石油漆 petrumite
仿石砖 ashlar brick
仿视机 visilog
仿视星等 photovisual magnitude
仿视眼 visilog
仿手工印刷纸 imitation handmade printing paper
仿双廊式 pseudo-dipteral
仿双廊式建筑 pseudo-dipteral building
仿双廊式庙宇 pseudo-dipteral temple
仿双排柱廊式建筑 pseudo-dipteral building
仿双排柱廊式建筑物 pseudo-dipteros
仿双重周柱式 <古希腊神庙的> pseudo-dipteros
仿双柱廊式 pseudo-dipteral
仿宋体 imitational Song typeface
仿天鹅绒饰面 velvet-like finish(ing)
仿天鹅绒涂装法 velvet-like finish(ing)
仿天器 astron
仿铜版纸 imitation art paper
仿纹涂装 faux hois
仿橡胶 rubber-like
仿效 follow suit;follow the example of;imitate;stylization <风格上的>
仿效……式的 after the manner
仿效程序 emulation program(me)
仿效机械手 master-slave manipulator;slave manipulator
仿效井 follow-up well
仿效性增长 imitative growth
仿斜角缝的转角石 mason's miter[mitre]
仿星器 stellarator
仿星器的磁孔径 magnetic aperture of the stellarator
仿星器位形 stellarator configuration
仿形 duplicating;forming;model(l)ing; profile (modelling); profiling copy;replica
仿形板 ga(u)ge finder
仿形变量 profile variable
仿形车床 contour lathe; copying lathe; copy turning lathe; duplicating lathe; forming lathe; profile-turning lathe; repetition lathe; reproducing lathe; tracer-controlled lathe
仿形车削 contour turning; copying turning;profile turning
仿形尺 copy rule;diminishing rule
仿形齿轮磨床 form copying type gear grinder
仿形冲剪机 copying and punching shear machine
仿形刀具 copying tool
仿形端面车削 contour facing;profile facing
仿形阀 copying valve; tracer spool valve;tracing valve
仿形法 form copying method
仿形缝合机 contour stitcher
仿形附件 copying attachment; forming attachment; profiling attachment
仿形杆 profiling bar
仿形跟踪杆 wire follower
仿形跟踪轮 wheel follower
仿形规 contour ga(u)ge
仿形滚轮 copying roller;roller finder
仿形和投影模型 affine and projective model
仿形和投影转换 affine and projective transformation
仿形滑板 depth control skid;ga(u)ge shoe; ground shoe; land following shoe;profiling slide
仿形滑脚 glide shoe; runner shoe; skid shoe;sliding shoe
仿形机 duplicator;profiling machine
仿形机床 contouring machine; copying machine;profiling machine
仿形机构 feeler mechanism;profiling mechanism
仿形机械 profiling mechanism
仿形加工 contour machining; repetition work
仿形加工法 form copying;tracer method
仿形进给 copying feed;tracing feed
仿形锯床 contour sawing machine
仿形靠模板 form control template
仿形刻模铣床 copy engraving machine
仿形刻字机 copy carving machine
仿形控制 copying control;tracer control
仿形控制的放电加工机床 electron discharge machining machines tracer controlled wire
仿形控制阀 copying valve
仿形控制机床 tracer-controlled machine
仿形控制器 feeler control
仿形控制铣床 tracer-controlled milling machine
仿形控制样板 form control template
仿形口罩 tracer housing
仿形六角车床 forming turret lathe
仿形镂床 copy router
仿形轮 contour wheel; feeler wheel; finder wheel;wheel finder
仿形模板 stencil master
仿形磨床 cam grinder;contour grinder; contour grinding machine; copy grinding machine; profile grinder; profile grinding machine
仿形磨削 cam grinding; profile copy grinding
仿形抛光机床 copy polishing machine tool
仿形刨床 copying planer
仿形刨法 form planing;form shaping
仿形铺料机 contour paver
仿形气割机 copying autogenous cutter
仿形器 finder;sensor
仿形器针头 tracer finger;tracer pin; tracer stylus
仿形器指销 tracer finger;tracer pin; tracer stylus
仿形切割 shape cutting
仿形切削 copying;profiling
仿形随动件 contour follower
仿形镗杆 copying boring bar
仿形头 contour follower;copying device
仿形涂层 conformal coating
仿形误差 copying error
仿形铣 kellering;tracing milling
仿形铣齿法 template process
仿形铣床 copy milling machine;profiler;tracer milling machine
仿形铣削 copy milling
仿形系统 copying system
仿形修坯机 model turning machine
仿形样板 contour ga(u)ge; contour plate;former plate;profile plate
仿形摇臂万能铣床 radial universal copying milling machine
仿形仪 diagraph
仿形圆盘 follower plate
仿形织物 contour fabric
仿形轴 profiled shaft
仿形装置 copying apparatus;copying control;copying device;copying unit; duplicator; following device; profile device;tracer unit
仿形装置控制阀 control valve of copying device
仿型车床 forming lathe
仿型加工活塞 cam-shaped piston
仿型立式铣床 vertical copy miller
仿型修坯机 model turning machine
仿型样板 former plate
仿雪花装饰 frost(ed) work
仿羊皮美术纸 art parchment
仿羊皮纸 artificial parchment; imitation parchment paper; imitation woolen paper;parchment imitation; parchmoid;parchmyn
仿样函数 spline function
仿样内插(法) spline interpolation
仿伊斯兰教寺院光塔的 minaret-like
仿银 imitation silver
仿银器(华丽)装饰 plateresque
仿银器(华丽)装饰建筑 plateresque architecture
仿油画石版画 oleograph
仿釉面墙板 tileboard
仿云石 artificial marble;imitation marble;scagliola
仿云石板 scagliola slab
仿云石水泥 Parian cement
仿早期基督教教堂建筑 pseudo-basilica(church)
仿造 be modelled on; counterfeit; mock;take-off
仿造铂合金 imitation platinum alloy
仿造产品 counterfeit products
仿造大理石 imitation marble
仿造黄晶 false topaz;quartz topaz
仿造锰青铜 imitation manganese bronze
仿造品 imitation(parts);replica;copy
仿造石 imitation stone
仿造天然环境 duplication of natural condition
仿造外国机器 change-over to manufacture on imported models; copying foreign models
仿造物 mimic
仿照 copy after
仿折叠亚麻布饰面镶板 linen-fold panel
仿真 emulation;phantom;simulation
仿真报务 artificial traffic
仿真本 diplomatic copy;diplomatic edition
仿真变量 artificial variable
仿真博弈 simulation game
仿真程序 emulator; simulated program(me); simulation program(me);simulator program(me)
仿真程序包 emulation package;simulator package
仿真程序存储器 simulator memory
仿真程序设计 simulation programming
仿真程序设计语言 simulation programming language
仿真程序生成 simulator generation
仿真程序调试 emulator debugging; simulator debug
仿真程序系统 emulator system
仿真处理 simulation manipulation
仿真传输线 artificial transmission line
仿真地平仪 artificial horizon
仿真电缆 artificial cable

仿真电源网络 artificial mains network
仿真电阻 artificial resistance
仿真雕刻机 pointing machine
仿真耳 artificial ear
仿真二极管 dummy diode
仿真法 simulation method
仿真方法论 simulation methodology
仿真方法学 simulation methodology
仿真方式 emulation mode; emulator mode
仿真负荷 artificial load; dummy load
仿真负载 artificial load; dummy load
仿真复制品 diplomatic copy
仿真管理程序 simulation supervisory program(me)
仿真过程的典型特征 typical feature of simulated processes
仿真荷载 artificial load; dummy load
仿真回波 artificial echo
仿真活动 artificial activity
仿真计算机 simulation computer
仿真技术 simulation technique; techniques of simulation; virtual reality technology
仿真监督程序 simulation supervisory program(me)
仿真结构 simulation architecture
仿真结果分析 analysis of simulation result
仿真进化 artificial evolution
仿真控制算法 simulation control algorithm
仿真口声 artificial voice
仿真理论 simulation theory
仿真滤光器 artificial light filter
仿真论文集 simulation symposium
仿真脉冲传输 simulation pulse transmission
仿真命令 emulation command
仿真模拟 analog(ue) simulation
仿真(模拟)室 simulating chamber
仿真模型 simulation model
仿真模型评价 evaluation of simulation model
仿真脑 artificial brain
仿真耦合 dummy coupling
仿真品 imitator
仿真器 emulator; imitator; simulator
仿真器部分 emulator section
仿真器控制 emulator control
仿真器调试 emulator debug
仿真器形成 emulator generation
仿真器训练 simulator training
仿真全息照片 artificial hologram
仿真容器 simulation chamber
仿真软件 simulation software
仿真软件包 emulator package
仿真软件程序 simulator software program(me)
仿真设备 simulation device
仿真声音识别 simulated voice recognition
仿真时钟 simulation clock
仿真试件 realistic testing specimen
仿真试验 imitating test; simulating test; simulation experiment; simulation test
仿真试验台 simulator stand
仿真试样 realistic testing specimen
仿真室 simulation chamber
仿真输入设备 simulation input device
仿真输入条件 simulated input condition
仿真数据 emulated data; simulated data; simulation data
仿真数据包 emulator package
仿真数据库 simulation database
仿真伺服机构 servo-simulator
仿真天线 artificial aerial; artificial antenna; dummy antenna; mute antenna; phantom antenna
仿真通信[讯]量 artificial traffic
仿真图 mimic diagram
仿真网络 artificial network
仿真系统结构 emulate system architecture
仿真线 artificial line; bootstrap; line building-out network; simulated line
仿真线路 bootstrap; phantom circuit
仿真线路锯齿波振荡器 bootstrap sawtooth generator
仿真线路阴极输出器 bootstrap cathode follower
仿真线路振荡器 bootstrap generator
仿真线脉冲调制 line pulsing
仿真线通道 artificial line duct
仿真向量 artificial vector
仿真信息库 simulation information library
仿真学 dynamic(al) system
仿真研究 simulation study
仿真眼 artificial eye
仿真硬件 simulation hardware
仿真语言 artificial voice; simulation language
仿真运行 simulation run
仿真指示器 dummy indicator
仿真终端系统 emulation terminal system
仿真专家系统 simulation expert system
仿真总线 emulation bus
仿真总线跟踪 emulation bus trace
仿真作业 emulation job
仿织造织物 fabricated textile
仿制 replicate; reproducing; reproduction
仿制材 imitation wood
仿制瓷 imitation porcelain
仿制品 artifact; mimic(ry); mock; replica; copy; imitation
仿制时滞 imitation lag
仿制水泥 artificial cement
仿制纸 bogus paper
仿智 artificial intelligence
仿中式建筑 Chinoiserie
仿周柱式 <古希腊神庙> pseudo-peripteros
仿珠光漆 imitation pearl paint
仿柱廊式 pseudo-prostyle
仿柱廊式建筑 pseudo-peripteral building; pseudo-prostyle building
仿砖 imitation brick
仿砖工作 bricking
仿砖贴面 brick slip
仿琢石面砖 ashlar brick
仿琢石墙 bastard masonry
仿作 replication

访

访查表格 question blank
访问宽度 access width
访问类别 access category
访问类型 access type
访问路径 access path
访问路径设计级 access path design level
访销 promotion sale

纺

纺车 spinning wheel
纺车式卷尺 reel tape
纺成土工织物 woven fabric; woven geotextile
纺锤 spindle
纺锤开关 spindle type valve
纺锤式阀 spindle type valve
纺锤体 fusiform body; spindle
纺锤形 fusoid
纺锤形的 fusiform
纺锤形的穗 fusiform spike; spindle-shaped
纺锤形浮标 fusiform buoy; nun buoy; spindle buoy
纺锤形浮筒 nun buoy
纺锤形黏[粘]度计 spindle type visco(si)mete
纺锤形圈纹曲面 spindle cyclide; spindle-shaped solid
纺锤形圆纹曲面 spindle cyclide
纺锤形圆柱床 spindle bed
纺锤形整枝 spindle shaped training
纺锤状的 fusoid
纺锤状射线 fusiform ray
纺锤状体【数】 spindle
纺锭滚筒 picker cylinder
纺缍虫灰岩 fusulini limestone
纺过的 spun
纺机 thread spinner
纺(绩) spin
纺结土工布 <网状纤维用化学剂或热黏[粘]结> spun-bonded geotextile
纺缆 spinning of cable
纺轮 spinning wheel
纺黏[粘]纤维 spun-bonded fiber[fibre]
纺捻过的纤维 spun-laid fiber[fibre]
纺器 spinnaret
纺纱 spinning
纺纱泵 spinning pump
纺纱厂 spinnery; spinning mill
纺纱车间 spinning room
纺纱工人 mill-hand
纺纱机 jenny; spinner; spinning machine
纺丝车间 spinning plant
纺丝工班 spinning crew; spinning party; spinning team
纺丝罐 spinning box
纺丝机组 spinning unit
纺丝模(具) spinning mo(u)ld
纺丝人员 spinning crew
纺丝设备 spinning installation
纺丝小组 spinning crew; spinning party; spinning team
纺索 wire rope spinning; wire spinning
纺线 doubling thread; spinning; reel
纺液染色纤维 dope-dyed fibre
纺织玻璃 textile glass
纺织玻璃管 textile glass tube; tubing
纺织玻璃纤维 textile glass fiber
纺织玻璃预浸料 textile glass prepreg
纺织部 Department of Textiles
纺织厂 spinning mill; spinning plant; textile factory; textile mill; weaving mill
纺织厂废水 textile effluent; textile(-mill)(wastewater)
纺织出水 textile effluent
纺织的 textile
纺织废水 wastewater from textile mill
纺织废水处理 textile wastewater treatment
纺织废水处理后出水 textile wastewater effluent
纺织废水回用 textile wastewater reuse
纺织工班 spinning crew; spinning party; spinning team
纺织(工)学院 textile college; textile engineering institute
纺织工业 textile industry
纺织工业废水 textile industry wastewater; textile-mill waste(water); wastewater of textile industry
纺织工业染整水污染排放标准 discharge standard of water pollutant for dyeing and finishing of textile industry
纺织机械制造业 textile machinery industry
纺织机组 spinning unit
纺织级滑石 textile-grade talc
纺织加工厂 textile finisher
纺织流出水 textile effluent
纺织品 textile; woven fabrics; dry goods <美>; soft goods <英>; worm fabric
纺织品百货商店 textile department store
纺织品包裹材料 textile wrap(ping)
纺织品类商店 dry goods stores
纺织品染料 textile dyestuff
纺织品染色 textile dy(e)ing
纺织品染色厂 textile dy(e)ing mill
纺织品跳花(缺陷) overshot
纺织品用漆 textile lacquer
纺织品质量 quality of textile products
纺织品装船证明 shipment certificate textile
纺织品阻燃剂 flame-retardant for textile
纺织染料 textile dye
纺织染液废水 textile dye wastewater
纺织染整厂 textile dy(e)ing and finishing plant
纺织染整工业 textile dy(e)ing and finishing industry
纺织人员 spinning crew
纺织设备 spinning installation
纺织土工布 spun-bonded geotextile; woven geofabric
纺织脱浆废水 textile desizing wastewater
纺织物 textile
纺织物粉尘 textile dust
纺织纤维(制品) textile fiber[fibre]; textile fabrics
纺织小组 spinning crew; spinning party; spinning team
纺织业 cottonocracy
纺织印染厂废水 textile dye house wastewater
纺织用陶瓷 textile ceramics
纺织原料 textile
纺织着色剂 textile dyestuff
纺织作物 fibre crop

舫

舫 boathouse

放

放板臂 laydown arm
放板输送机 laydown conveyer[conveyor]
放备用钻杆的浅孔 rat hole
放边 widening ribbon
放玻璃孔 draining hole; glass draining hole
放玻璃孔堵砖 tap-out block
放玻璃水 draining
放玻璃水板 drain hole
放玻璃水池 tapping pond
放玻璃水口 drain hole
放玻璃液池 draining tank; emergency tapping tank; glass draining tank; running-out pit
放残水 drain
放长 ekeing; strong
放长绳索 surge
放尘罩 dust shield
放尺率 augmentation coefficient
放虫树 brood tree
放(臭)气 stench

放臭气管 soil stack
放出 bleed-off; bleed-out; discharging; exhale; extricate; jettison; release; scavenge; snap-down; snap-out; voidance; withdrawal
放出槽 discharge channel; transfer passage
放出的 emissive
放出的气 off-gas
放出的热量 liberated heat
放出电子 ejected electron
放出毒气 development of gas
放出阀 bleeder; escape valve; outlet valve; transfer valve
放出阀阀杆 tank valve rod; tank valve stem
放出阀阀杆柄 tank valve rod handle
放出阀阀杆导架 tank valve rod bracket; tank valve stem guide
放出阀阀杆螺(丝)钉 tank valve rod screw
放出阀阀杆弹簧 tank valve rod spring
放出阀簧 discharge valve spring
放出阀体 tank valve body
放出阀柱螺栓 discharge valve stud
放出沟 discharge channel
放出管 bleeder; discharge pipe [piping]; escape pipe; offlet; outlet conduit; outlet pipe
放出管吊(罐车) discharge pipe hanger
放出管堵(罐车) discharge pipe cap
放出管接头 discharge fitting
放出柜 discharge chest
放出过多液体 bleed-off
放出机构 discharging gear release mechanism
放出开关 discharge cock; draw-off cock
放出孔 bleed opening
放出口 discharge port; tank nozzle; tank outlet; tap hole; tapping point
放出口流槽 tap-hole launder
放出口塞子 tap-hole hammer
放出率 rate of discharge
放出氯氟烃的速率 release rate of chlorofluorocarbons
放出锚链 pay out the cable
放出排气洗涤器 off-gas scrubber
放出气体 development of gas; evolution of gas; liberation of gases; bleeding
放出氢气型的腐蚀 hydrogen-evolution type of corrosion
放出塞门(罐车) discharge cock
放出树脂液 tapped resin
放出物的计量 emission measurement
放出旋塞 discharge cock; outlet cock
放出压力 drain pressure
放出液体 bleeding
放出有息贷款 lend at interest
放出蒸气 give off vapo(u)rs
放传力杆 dowel(l)ing
放错 misplace
放大 amplify; enlargement; enlarging; gain; magnification; magnifying; multiplication; multiply; scale-up; upscale; upward scale; zooming out; blow-up
放大半色调片 blown-up halftone
放大曝光定时器 enlarging timer
放大倍率 magnifying power; multiplying power; amplification
放大倍数 amplification degree; enlargement factor; lateral magnifying power; magnification factor; magnification time; magnifying power; magnitude of enlargement; times enlargement
放大倍数变换器 magnification changer
放大本领 amplifying power
放大比 amplifying ratio; enlargement ratio; magnification ratio; ratio of enlargement
放大比例尺 enlarged scale; enlargement scale; exaggerated scale; magnified scale; scale of magnification; magni-scale
放大比率 amplification ratio
放大变流器 inverter amplifier
放大波道 amplifier channel
放大测量 measurement by magnification
放大常数 amplification constant; amplifying constant; magnification constant
放大尺 copy rule; former bar; pantograph
放大尺板 easel
放大尺寸 up-sizing
放大窗口 zoomed-out window
放大垂直比例 exaggerated vertical scale
放大倒相级 amplifier-inverter stage
放大的 amplified; amplifying
放大的目视荧光屏 enlarged viewing screen
放大的自发辐射 amplified spontaneous emission
放大灯泡 enlarging bulb
放大电路 amplification circuit
放大电路系统 amplification system
放大电子管 amplifying tube
放大度 magnification degree
放大端部 <梁的> inclined haunch
放大断面 enlarged section
放大发电机 amplidyne generator
放大阀 amplifying valve
放大反演级 amplifier-inverter stage
放大范围 amplification range; gain margin
放大幅度 enlargement range; magnification range
放大复制 enlarged print; enlargement print
放大复制图 enlargement diagram
放大杠杆 <引伸仪的> multiplying lever
放大功率 amplifying power
放大观察仪 magnifying viewer
放大管 amplifier tube; amplifier valve; amplifying lamp; amplifying tube
放大光度计 enlarging meter; enlarging photometer
放大光学系统 magnifying optics
放大规 multiplying ga(u)ge
放大过度 overamplification
放大恒量 amplification constant
放大后负反馈偏压 amplified back bias
放大绘图器 diagraph
放大绘图仪 diagraph
放大机 enlarger; enlarging machine; magnifying apparatus; projection printer
放大机灯泡 enlarger lamp
放大机发生器 metadyne generator
放大机镜头 enlarger lens
放大机竖杆 enlarging rod
放大机组 amplidyne
放大级 amplification stage; amplifying stage; intensifier stage; stage of amplification
放大级增益 stage gain
放大极限频率 amplification limit frequency
放大技术 amplifying technique; enlarging technique
放大继电器 amplifying relay; enlarged relay
放大检波器 amplifier detector
放大截面 enlarged section
放大镜 enhancer; enlarging lens; eye ga(u)ge; hand lens; magnifier; magnifying glass; magnifying lens; megascope; microscope; multiplying glass; reading glass
放大镜检查 lens examination
放大矩阵 amplification matrix
放大控制 amplification control; magnification control
放大框 easel mask
放大了的 megascopic
放大临界点 gain crossover
放大滤波器 amplifier-filter; amplifilter
放大滤光镜 enlarging filter
放大率 amplification (power); enlargement ratio; magnification; magnification ratio; magnifying power; mu-factor; multiplying factor; multiplying power; power of amplification; ratio of enlargement
放大率差 difference of magnification
放大率公式 magnification formula
放大率计 aux(i)ometer; dyna(mo)-meter
放大率色差 chromatic difference of magnification; chromatism of magnification
放大媒质 amplifying medium
放大门电路结构 amplifying gate structure
放大模型 enlarged model; exaggeration model; scale-up model
放大目镜 magnification eyepiece
放大能力 amplifying power; magnifying power; power of magnification
放大频率 amplification frequency
放大器 amplifier; booster; enchancer; enlarger; magnifier; multiplier; multiplicator
放大器逼真度 fidelity of an amplifier
放大器变压器 amplifier transformer
放大器部件 amplifier unit
放大器插件 amplifier plug
放大器带宽 amplifier bandwidth
放大器的记录器 amplifier recorder
放大器的整套零件 amplifier kit
放大器电路 amplifier channel
放大器电路板接插件 amplifier card connector
放大器电路插板 amplifier card
放大器电源 magnifier power supply
放大器电子管 amplifier tube; amplifier valve
放大器放大系数 amplifier gain
放大器工作点 working point of an amplifier
放大器功能块 amplifier block
放大器级 amplifier stage
放大器级间谐振电路 intensifier circuit
放大器架 amplifier bay
放大器检测器 amplifier detector
放大器偏差均衡器 amplifier deviation equalizer
放大器式测量仪 amplifier-type meter
放大器式电压调节器 amplifier-type volt(age) regulator
放大器输出 amplifier output
放大器输入 amplifier input
放大器调制 amplifier modulation
放大器系统 amplifier system
放大器线路 amplifier-chain
放大器线性动态范围 linear dynamic (al) range of amplifier
放大器信道 amplifier channel
放大器噪声 amplifier noise
放大器增益 amplifier gain; gain of an amplifier
放大器增益控制 amplifier gain control
放大器增益特性 amplifier gain characteristic
放大器增益调节 amplifier gain control
放大器增益系数 amplifier gain
放大器整流器 amplifier-rectifier
放大器装置 amplifier installation
放大曲线 magnification curve
放大绕组 amplifying winding
放大扫描 magnified sweep
放大色 expansive colo(u)r
放大设备 increaser; multiplying arrangement
放大射线照相法 enlargement radiography
放大摄影 macrophotography
放大式的型【机】 scaled-up version
放大式示振器 amplifying vibrograph
放大式自动电平控制 amplified automatic level control
放大收缩截面 enlarged-and-constricted section
放大速调管 amplifying klystron
放大损失 enlargement loss
放大调节器 amplifying regulator
放大头 amplifying head
放大透镜 amplifying lens; magnifying lens
放大图 enlarged drawing; enlarged view
放大图像 enlarged image; magnified image
放大图样 enlarged sketch; large hand sketch
放大物镜 enlarging objective
放大误差 fault in enlargement
放大系数 amplification coefficient; amplification constant; amplification factor; amplification ratio; amplifying constant; coefficient of amplification; coefficient of magnification; enhancement factor; enlargement factor; gain factor; magnification coefficient; magnification constant; magnification factor; mu-factor; multiplication factor; multiplying factor
放大系数倒数 reciprocal of amplification factor
放大系数可变的 variable-μ
放大系统 amplifying system; multiplying arrangement; multiplying system
放大线脚【建】 enlarging mo(u)lding
放大限度 range of magnification
放大镶嵌图 blown-up mosaic; enlarged mosaic
放大详图 enlarged detail
放大像片 enlarged photo; enlarged picture; enlarged print; enlargement print
放大像纸 enlarging photopaper
放大效益 gain factor
放大效应 amplification effect; scaling effect; scale effect
放大信号变换器 amplifying signal converter
放大型印刷机 enlarger printer
放大延迟线 amplifying delay line
放大因数 amplification factor; enlargement factor; magnification factor; multiplication factor
放大因素 amplification factor; enlargement factor; magnification factor; multiplication factor
放大印机 hard-copy enlarger

F

放大印像机 projection copier
放大影像 magnified image
放大用变压器 amplifying transformer
放大用三极管 amplifying triode
放大油嘴 <直径> bean up
放大元件 amplifying element
放大增益 amplification gain
放大照片 blow-up; developed image; enlarged print; enlargement print; macrophotograph; photomicrograph
放大照相术 macrophotography
放大整流器 amplifier-rectifier
放大整流装置 amplifier-rectifier trolly
放大值 value of magnification
放大纸 bromide paper; enlarging paper
放大装置 amplifying device; multiplying arrangement
放大纵断面图 amplified profile
放大作用 amplified action
放贷 lending
放倒管子 laydown the pipe
放倒(塔杆) overtopping
放倒钻杆 laydown the pipe
放低 lower
放电 discharge of electricity; discharging; electric (al) discharge; striking; uncharge(d)
放电按钮 discharge button
放电棒 discharging rod
放电避雷器 discharge arrestor
放电表面层 discharge skin
放电材料 discharge material
放电测量电桥 discharge bridge
放电叉 discharge tongs
放电承受能力 lighting load(ing)
放电持续时间 discharge period
放电触点 discharge contact
放电传播 discharge propagation
放电的 exoelectric(al)
放电灯(管) discharge lamp; electric(al) discharge lamp; gas-discharge lamp; vapo(u)r lamp
放电等离子体 discharge plasma
放电电弧 electric(al) discharge arc
放电电极 discharge electrode
放电电缆 discharge wire
放电电流 discharge[discharging] current
放电电流噪声 discharge current noise
放电电路 <时分电子交换机> discharge [discharging] circuit; discharge channel
放电电势 discharge potential
放电电位 discharge potential
放电电压 discharge voltage; sparking voltage
放电电压测试器 discharge voltage tester
放电电阻 buffer resistance; discharge resistance; discharge resistor
放电电阻器 discharging resistor
放电定时电路 discharge timer circuit
放电对流式激光器 electric (al) discharge convection laser
放电扼流圈 discharging choke; discharging choke coil
放电二极管 discharge diode
放电反应 exoelectric(al) reaction
放电方向 course of discharge
放电分析器 discharge analyser[analyzer]
放电粉末烧结 electrospark sintering
放电负载 discharge load
放电管 discharge lamp; discharge[discharging] tube; electric (al) discharge lamp; ignitron; subnitron
放电管分压器 glow-gap divider
放电管泄漏指示器 discharge-tube leak indicator
放电管噪声发生器 discharge-tube noise generator
放电过程 course of discharge; discharge process
放电合成法 electric (al) discharge synthetical method
放电痕 crater
放电换接器 discharge switch
放电火花 discharge spark
放电激发的 discharge excited
放电激光器 electric(al) discharge laser
放电激励气体激光器 electric(al) discharge excited gaseous laser
放电极 discharge electrode
放电极丝 discharge wire
放电极振荡机构 discharge electrode rapping mechanism
放电极重锤 electrode weight
放电计数管 discharge counter
放电记录器 discharge counter
放电加工 electric (al) discharge machining; electrodischarge machining
放电加工机床 electric (al) discharge machine
放电加工锯床 electric (al) discharge sawing machine
放电加热的区域熔炼 zone melting by electric(al) discharge
放电间隙 discharge[discharging] gap; lightning gap; spark gap
放电检测器 discharge detector
放电检验 spark gap inspection; spark test
放电键 discharge key
放电接触器 discharge contactor
放电接线 discharge connection
放电距离 arcing distance; striking distance
放电空间 discharge space
放电扩散过程 discharge spreading process
放电缆 payout; spool off cable
放电路径 discharge path
放电率 discharge rating; discharging rate; rate of discharge
放电脉冲 discharge pulse
放电能力 discharge capacity
放电能量 striking energy
放电频率 discharge frequency
放电(破坏)式印刷机 electric (al) discharge printer
放电起始电压 discharge inception voltage
放电气动激光器 electric (al) discharge gas-dynamic(al) laser
放电器 arc arrester[arrestor]; arrester [arrestor]; discharge device; discharger; spark gap; sparking distance; sparker <地球物理勘探的震源>
放电器件 discharge device
放电钳 discharging tongs
放电强度 discharging current strength
放电曲线 discharge[discharging] curve
放电容量 discharge capacity
放电容器 let-down vessel
放电深度 depth of discharge
放电时间 discharge time
放电时间常数 discharge time constant
放电试验 discharge test
放电室 arc chamber; discharge cell; discharge chamber
放电速度 discharge velocity
放电(速)率 discharge rate
放电特性 discharge characteristic; flashover characteristic
放电调压器 discharge voltage regulator
放电涂覆 electroarc depositing
放电完毕 discharge off
放电系数 coefficient of discharge; discharge coefficient
放电效率 discharge factor; discharging efficiency
放电因数 discharge factor
放电因素 discharge factor
放电印刷 discharge printing
放电照明装置 electric (al) discharge lighting fixture
放电针 spray point
放电真空计 discharge ga(u)ge
放电振荡 oscillation due to discharge
放电指示表 discharge indicator
放电柱 discharge filament
放电状态 discharge condition
放掉 uncouple
放顶密集支柱 breaker props; breaking prop
放毒气 gassing
放筏工 log driver
放筏排 river driving
放筏运河 raft canal; rafting canal
放风 snort (en) ing; releasing the air <从制动主管>【铁】; bleeding of air in the train line <在调车前放尽制动气缸的余气>; draining the air reservoirs
放风阀 discharge service valve
放风阀绳轮 snort wheel
放风阀体 discharge valve cage
放风管道 by-pass pipeline
放风门 <热水供暖系统中释放空气的装置> nipple
放高利贷 lend money on usury; practise usury; usuriousness
放工作钢绳 unravel
放灌 colmatage; warping
放光 beaminess
放过剩的玻璃料 excessive tapping
放化中子活化分析 radiochemical neutron activation analysis
放灰器 ash ejector
放灰线 staking
放灰线桩 stake a line
放回 replacement
放回抽样 sampling with replacements
放回原处 replace
放火 arson; set fire-to
放火狂 pyromania
放火癖 pyromaniac
放火烧除 fire[firing] out
放火烧林 swale
放火烧山 swale
放假日期 liberty day
放假上岸的船员 liberty man
放肩 diameter enlarging
放浆 blowing; slurry discharging
放浆浇注 flood casting
放桨 ship the oars
放浇注 flood casting
放尽制动汽缸余气 exhausting the air in brake cylinders
放进 filling-in
放进混凝土 let in concrete
放井架 but down derrick
放净口 drain
放静电 electrostatic discharge
放开 disengage; unloose(n)
放开钢丝绳 uncoiling the wire rope
放开价格 loosen up price
放开市场 discontrol of the market
放开制动器的活索 trip rope
放开抓斗的缆索 opening line
放空 air-out; blowdown; discharge; discharging; drain (age) off; drop-out; emptying; gas vent; unloading; vent to the atmosphere
放空池 blowdown pit
放空阀 atmospheric valve; atmos-valve; emptying valve; exhaust valve
放空管 blowdown pipe; blowdown stack; blowdown tube; exhaust pipe
放空管路 atmospheric pipe
放空罐 blowdown drum; blowdown tank
放空涵洞 emptying culvert
放空火炬 released flare
放空胶管 emptying hose
放空空气 spill air
放空口 vent
放空冷凝器 blowdown condenser
放空门 bursting diaphragm
放空气 bleed evacuation
放空气阀 purge valve
放空气管路 blowdown piping
放空气体 relief gas
放空燃烧装置 flare
放空设备 emptying device
放空时间 emptying time; time of emptying
放空水 bleed evacuation; unwater(ing); water emptying
放空水库 clearing of reservoir; cleating of reservoir
放空水系统 unwatering system; water emptying system
放空隧洞 emptying tunnel
放空隧洞工程地质纵剖面图 engineering geological section along intermediate outlet tunnel
放空弯管 air relief elbow
放空系统 blowdown system; emptying system; unwatering system
放空线 dropout line
放空烟囱 blowdown stack; vent stack; flare stack <炼油厂、石油化工厂>
放空烟道 blowdown stack; vent stack
放空支管 blowdown branch
放宽 broaden (ing); ease; liberalization; relax; widen
放宽贷款条件 easy credit terms; liberalize the condition of loans
放宽的底脚 spread footing
放宽规格 up-sizing
放宽检验 reduced inspection
放宽利率 liberalization of interest rates
放宽率 widening rate
放宽贸易的多边安排 multilateral arrangement with trade liberalization
放宽期限 extend a time limit
放宽时间 allowed time
放宽条件 extend the terms; qualified relaxation; soften the terms
放宽条例 waiver of regulations
放宽系数 <泄水堰的> looseness factor
放宽限制 qualified relaxation
放款标准 lending criterion
放款部 advance department
放款当局 loan authority
放款风险担保计划 extended risk guarantee programme
放款根据 basis of credit
放款合同 loan agreement; loan contract
放款机构 loan authority
放款利率 loan rate of interest
放款限度 loan ceiling
放款银行 loan bank
放款账户 loan account
放矿 draw
放矿点 draw point
放矿管理 blowed ore supervision
放矿角 drawdown angle
放矿口 drawhole; mill hole
放矿溜道 ore chute; ore pass
放矿溜道堵塞 hang-up

放矿溜井 draw point;ore chute;ore pass
放矿溜口 bing-hole;ore chute
放矿漏斗 drawing chute
放矿面积 < 崩落采矿法 > area of draw
放矿水平 drawing-off level;draw level
放缆 cable laying winch;veer out cable
放缆船 cable boat;cable laying ship
放缆退绕 < 卷扬机等 > unspooling
放礼炮 salute
放料 let down;ribbonization;tap
放料按钮 discharge button
放料斗 discharge hopper
放料管线 tapping line
放料井 glory hole
放料口 drain hole; draw point; tapping hole
放料漏板 drain bushing
放料砖 tap-out block
放列动作【铁】emplacement
放领地 <作价售于需求者之公用土地> allotted land
放溜眼 draw point
放流管 overflow pipe
放流孔 delivery orifice
放流设备 tapping machine
放流式量热器 calorimeter of open flow system
放流站 pouring station
放落悬煤 draw
放马员 horse tender
放慢 slackening
放煤槽 coal shoot
放木道 logging road; log pass; log path;logway
放木滑槽 log chute
放木斜槽 log chute
放木闸 log lock
放牧 browse; depasture; graze; grazing(the cattle); herd(-ing the cattle); pasturage; pasturing; put out to pasture;stock grazing;turning to pasture
放牧草地 grazing meadow
放牧场 grazing land
放牧场所 grazing site
放牧场栅栏门 bumper gate
放牧单位 grazing unit
放牧地 grazing ground;grazing land; pasture;pasture land;rangeland
放牧度 degree of grazing
放牧法 grazing;grazing method;grazing system
放牧肥育 graziery
放牧管理 grazing management
放牧过度 grazing too closely
放牧季节 feeding season;grazing season
放牧林 grazed forest
放牧密度 grazing density
放牧面积 agistment area;range allotment
放牧频率 grazing frequency
放牧期 grazing season
放牧强度 grazing intensity; grazing pressure
放牧区 grazing district; grazing region; range area; range district; range region
放牧权 herbage
放牧日 cow-day
放牧牲畜 grazer;grazing animal
放牧食品链 grazing food chain
放牧线 browse line
放牧演替 grazing succession
放牧业 pasture husbandry
放牧优先权 grazing preference
放牧折减率 utilization cut
放牧制(度) grazing system
放牧周期 grazing cycle
放能的 exoenergic; exoergic; exothermal;exothermic
放能反应 < 输出能量的生化反应 > exergonic reaction; exergy reaction;exoenergic reaction
放能过程 exo(en)ergic process
放能核反应 exo(en)ergic nuclear reaction
放能作用 katakinesis
放暖气片的壁龛 radiator niche
放排炮 row shooting
放排试验 raft test
放排运河 rafting canal
放盘 clearance sale
放盘出售 close out sale
放炮 blasting;shot(firing)
放炮穿孔 gun-perforate
放炮电线 shot-firing cord
放炮工 blaster; hole man; shooter; shotfirer
放炮检流计 circuit tester
放炮检流计折的 circuit tester
放炮检流仪 circuit tester
放炮检验器 exploder tester
放炮警告 fire
放炮器 blaster;blasting machine;shotfirer;shot-firing apparatus;shot-firing battery
放炮设备 explosion equipment
放炮时的支撑保护板 blasting board
放炮顺序 ignition pattern
放炮用点火线 blasting match
放炮用具 blasting device; blasting gear
放泡沫旋塞 scum cock
放喷 flowing test
放喷管(路) blow line;choke line
放坯架 stilliard
放漂 blow-up
放平 level(l)ing;set level
放平位置 holding-down position
放坡 slope development
放坡开挖 slope excavation
放气 air bleed; air escaping; air-out; bleed air;bleed gas;bleeding;blowdown; blow-off; breathing; deflation;gas bleed(ing);gas blow off; gas escape; gas release; gassing; outgassing;purge;valve the gas;air escape;deflate <轮胎等>
放气窗 air louver;ventilation louver [louvre]
放气阀 air bleeder;air drain valve;air evacuation valve;air relief valve;air vent;atmos-valve;bleed(er) valve; blow-off valve; feather valve; gas bleeder;nipple;trip cock;vent valve
放气阀门 air bleed valve;air cock;air escape valve; air release valve; block-off valve;blow-off check;deflation valve; gas escape valve; release cock;release valve
放气阀弹簧夹圈 release valve spring retainer
放气干燥管 breathing drier
放气管 air bleeder; air escape; blast pipe; bleeder (pipe); blow (-er) pipe;blow-off pipe;eduction pipe; escape pipe;gas bleeder
放气管口 nose-pipe
放气管罩 air bleeder cap
放气过久 over gassing
放气活门 release cock
放气活塞 air bleed piston;air cock; release cock;relief piston
放气活栓 air cock;release cock
放气接管 vent connection
放气开关 air discharge cock;air escape cock;blowout switch;vent cock
放气孔 air bleed hole; air bleed orifice; air bleed port; air escape; air louver;bleeder hole;blow-off pipe; exhausting exit; vent hole; ventilation louver[louvre]
放气口 air outlet; air vent; relief port;vent
放气量 amount of gas evolved
放气裂幅 rip panel
放气裂幅拉绳 ripcord
放气轮胎 flat tire
放气螺钉 bleeder screw;vent screw
放气门 air eliminator;bleed valve;air relief
放气瓶 deflation flask
放气器 gas purger; non-condensable gas purger
放气强迫下沉 < 气压沉箱的 > blowdown
放气软管 air exhaust hose; bleeder hose
放气塞 relief plug
放气式风洞 blowdown tunnel;blowdown wind tunnel
放气式透平 bleeding turbine
放气式涡轮机 bleeding turbine
放气旋塞 air(relief) cock;blast cock; escape cock;release cock;trip cock; vent cock
放气循环 air bleed cycle
放气压力 blow-off pressure
放气支管 outlet branch
放气装置 exhaust system
放气嘴 deflating valve
放弃 abandon(-ment); abort; abstinence;back down; back-out (of); dereliction;disclaim;give up;relinquish;renunciation;resign;resignation;surrender;voidance;waive
放弃保险费 waiver of premium
放弃表达审计意见 disclaimer of opinion
放弃表达意见报告 report of disclaimer of opinion
放弃表示意见 discharge of opinion
放弃财产 cession bonorum
放弃产权 abandonment
放弃产权文书 abandonment of homestead
放弃承运权制度 waiver system
放弃的 out-of-fashion
放弃的坝址 discarded dam site
放弃的权益 benefit foregone
放弃的收入 foregone earning; foregone income
放弃购货保留权 abandonment of option
放弃合法权利转让契据 quit claim deed
放弃合同 abandonment of contract
放弃呼叫 abandoned call
放弃货载 abandonment of cargo
放弃继承权 renunciation of succession
放弃奖金 waiver of premium
放弃交易 drop the business;give up a business
放弃金本位 off the gold standard
放弃抗议 waived protest
放弃旅行 abandon a journey
放弃期权 abandonment of option
放弃权利 abandonment of rights;quit claim; renounce; renounce right; surrender of rights;waive the right
放弃权利的契约 quit claim deed
放弃权利声明书 renunciation
放弃权利者 releasor
放弃上诉 abandonment of appeal
放弃申辩权 abstain from pleading
放弃申请 abandon application
放弃声明 renunciation
放弃声明书 lien waiver
放弃书 waiver
放弃水权 abandonment of water rights
放弃诉讼 abandonment of action
放弃索偿契约 quit claim deed
放弃索赔权利 abandonment of claim; quit claim; waive right of claim; waiver of the right of indemnity
放弃条款 waiver clause
放弃协议 abandonment of agreement
放弃信贷政策 easy credit policy
放弃验货权 waiver of inspection of goods
放弃要件 waiver of conditions
放弃要求 quit claim; waive a claim; withdraw a claim
放弃遗产立继承权 renounce claim to an inheritance
放弃义务的人 quitter
放弃意见书 disclaimer of opinion
放弃原定航次 abandonment of the voyage
放弃原来立场 backtrack
放弃折扣 neglected discount
放弃者 abandoner
放弃专利权 abandonment of a patent;abandon patent
放弃专利申请 abandonment of a patent application
放汽笛 whistle
放汽阀 blowdown valve;escape valve; steam escape valve; steam release valve
放汽管 blower line; escape pipe; escape tube;nose-pipe
放汽管口 nose pile
放汽式汽轮机 bleeder turbine
放汽旋塞 purging cock
放氰毒粉 cyanogas
放权 deregulation;devolution of powers;transferring powers to units at lower levels
放权让利 decentralization of power and transfer of profits
放(燃)油塞 fuel drain plug
放热 egress of heat;emission of heat; evolution of heat; giving up of heat;heat development; heat emissivity; heat emitting; heat evolution; heat generation; heat liberation;heat production;heat release; heat spread; heat withdrawal; irradiation;liberation of heat;radiation
放热变化 exothermal change;exothermic change
放热表面 heat delivery surface;heat emitting surface
放热的 exoenergic; exoeric; exothermal;exothermic;heat removing;radiant;radiative;thermopositive
放热地面 thermal ground
放热法 heat elimination(method)
放热反应【化】exothermic reaction; exothermal reaction; heat generating reaction; heat-producing reaction
放热分解 exothermic decomposition
放热峰 exothermic peak;heating peak; peak curve
放热副反应 exothermic auxiliary reaction
放热过程 exoergic process; exothermic process
放热核反应 exothermic nuclear reaction
放热化合物 exothermic compound

放热化学反应 heat-producing chemical reaction
放热还原反应 exothermic reducing reaction
放热加热 exothermic heating
放热介质 heat releasing medium
放热率 heat release rate
放热冒口套 exothermic riser sleeve
放热面 heat emitting surface; heating surface
放热片 heater chip
放热器 heat emitting apparatus; heater <阴极>
放热器组 heater battery
放热曲线 exotherm; exothermic curve
放热热量辐射 heat emission
放热式气氛 exothermic atmosphere
放热速率 heat liberation rate; heat release rate; rate of heat liberation; rate of heat release
放热特性 exothermic character
放热物 radiator
放热系数 coefficient of heat emission; film conductance coefficient; heat emission factor; surface coefficient of heat transfer
放热效应 exothermic effect
放热型保护气氛 exothermic atmosphere
放热型气体 exogas; exothermic gas
放热性 exothermicity
放热性气体 exogas; exothermicity gas
放热因数 heat emission factor
放热元件 cartridge element
放热转化 exothermic disintegration
放任 laissez-faire
放入 embed; put in
放入凹槽 notch
放入袋中 pocket
放入晶种 seeding; seeding action
放散管 venting unit; vent stack
放散温度应力 distressing; stress liberation; de-stress
放闪光 flare
放射 blas; emanation; emission; emittance; eradiation; radialization; radiate; radiation
放射安全 radiological safety
放射安全防护 radiological safety protection
放射保密措施 emanation security
放射本领 exergy
放射变化 radioactive change
放射变应原吸附试验 radioallergo sorbent test
放射病 radiation disease; radiation sickness
放射病理学 radiation pathology
放射波 radioactive wave
放射测井记录 radioactivity log
放射测量法 <平板测量用的> radiation method
放射测量计 electroradiometer
放射测年代 radiometric age
放射测年学 radiochronology
放射层 active coating; emission coating
放射层析法 radiochromatography
放射产生的 radiogenic
放射常数 radiation constant; radioactive constant
放射成因 radioactive origin
放射成因的 radiogenic
放射成因钙 radiogenic calcium
放射成因氦 radiogenic helium
放射成因铅 radiogenic lead
放射成因锶 radiogenic strontium
放射成因同位素 radiogenic isotope
放射成因氩 radiogenic argon
放射齿轮 radiative gear

放射虫壳化石 radiolarite
放射虫类 Radiolaria
放射虫目 Radiolaria
放射虫软泥【地】radiolarian ooze
放射虫燧石 radiolarian chert
放射虫土 radiolarian earth
放射虫岩 euabyssite; radiolarian rock; radiolarite
放射处理 radiotreatment
放射传递 radiation transfer
放射船台 radial slipway
放射纯 radio pure; radiopurity
放射单辐射状扩散 radioactive single radial diffusion
放射的 emit(ting); radial; radiant; radiative
放射滴定 radiometric titration
放射地球物理化学 radio-geophysical chemistry
放射电化学 radioelectrochemistry
放射电化学分析 radioelectrochemical analysis
放射电流 emission current
放射电流密度 emission current density
放射电器 radiolarite
放射电泳 radioelectrophoresis
放射电泳法 radio electrophoretic method
放射电子显微镜 emission electron microscope
放射毒理学 radiotoxicity
放射毒性 radiotoxicity
放射对数螺线 conchospiral
放射发光材料 radio luminous material
放射法 method of radiation; radiation method
放射法测定 radioactivity determination
放射反应 radioreaction
放射防护 protection against radiation; radiation protection; radioprotection
放射防护的 radio-protective
放射防护规定 regulations on defence against radioactive emissions
放射防护剂 radio-protectant; radioprotector
放射防护评价 assessment of radiation protection
放射防护最优化 optimization of radiation protection
放射分析测量仪型号 radioactive analysis survey meter model
放射分析法 radiometric analysis; radiometry
放射分析化学 radioanalytic(al) chemistry
放射分析技术 radiometric technique
放射感受器 radioreceptor
放射工作 radiological work
放射工作人员 radiological worker
放射功率 emission power; emissive power
放射供电系统 radial system
放射沟 radial canal
放射构造 radiated structure
放射管 emission cell; radiation pipe
放射管嘴 diverging nozzle
放射光电管 emission phototube
放射光谱(分析)法 emission spectrometry
放射光致发光剂量计 radiophotoluminescent dosimeter
放射光致发光现象 radiophotoluminescence
放射合成 radiosynthesis
放射荷载 radiation load
放射后的 post radiation
放射化分析 activation analysis; radioactivation analysis
放射化物质 activated agent; activating agent
放射化学 atom chemistry; nuclear chemistry; radiation chemistry; radiological chemistry
放射化学产额 radiochemical yield
放射化学处理工厂 radiochemical processing plant
放射化学纯 radiochemical pure
放射化学纯度 radiochemical purity; radiopurity
放射化学分解 radiation-chemical destruction
放射化学分离 radiochemical separation
放射化学分析 radiochemical analysis
放射化学分析仪 radiochemical analyser[analyzer]
放射化学工程 nucleat engineering; radiochemical engineering
放射化学合成 radiochemical synthesis
放射化学极谱法 radiochemical polarography
放射化学检定 radiochemical test
放射化学色谱法 radiation-chemical chromatography
放射化学实验室 radiochemical laboratory
放射化学试剂 radiochemicals
放射化学污染 radiochemical contamination
放射化学行为 radiochemical behavio(u)r
放射环境化学 radioenvironmental chemistry
放射环式道路网 web-like system
放射火箭电泳 radiorocket electrophoresis
放射激光 lase
放射极 emitting electrode
放射极谱法 radiometric polarography; radiopolarography
放射剂 radiological agent
放射剂量 radiological dose
放射剂量测定法 dosimetry
放射剂量计 dosimeter
放射加环形线网 radial and ring road network
放射监视器 monitron
放射减弱 emission decay
放射检查 actinoscopy; fluoroscopy; radioscopy
放射键丝 radial link
放射键丝头 radial link head
放射金相学 radiometallography
放射井 radial well
放射竞争分析 radio-competitive assay
放射镜 radioscope
放射科 radiological clinic; radiological department; radiology; X-ray department
放射烙术 photocauterization; photocautery
放射理论 emission theory
放射立体化学分析法 radiostereoassay
放射粒子 radion
放射量测定器 acinoscope; radiometer
放射量(测定)学 radiometry
放射量热法 thermoradiometry
放射疗法 radiotherapeutics; radiotherapy
放射裂缝 radiating crack
放射磷 radio phosphorus
放射率 emission rate; emissivity; specific emission
放射率探测器 dose rate monitor

放射螺线【数】neoid
放射免疫测定 radioimmunoassay
放射免疫电泳 radioimmunoelectrophoresis
放射免疫分析 radioimmunoassay
放射免疫化学 radioimmunochemistry
放射免疫吸附试验 radioimmunosorbent test
放射免疫学 radioimmunology
放射面 emissive surface; emitting surface
放射面积 emitting area
放射敏感性 radiosensitivity
放射能 energy; radiant; radioactive energy
放射能测井 radioactive prospecting
放射能力 exergy
放射能曲线 activity curve
放射平衡 radiation equilibrium
放射气体色谱法 radio gas chromatography
放射器 emitter
放射强度 radiation intensity
放射强度率 specific activity
放射热成因岩浆假说 asthenolith hypothesis
放射热分析仪 emanation thermal analyser[analyzer]
放射色谱 radiochromatogram
放射色谱法 radiochromatography
放射色谱仪 radiochromatograph
放射煽状结构 radiolitic texture
放射烧伤 radiation burn
放射摄影法 alpha radiography
放射生成的 radiogenic
放射生态学 radiobiology; radioecology
放射生态学浓集 radioecological concentration
放射生物地球化学 radiogeochemistry
放射生物化学 radiation biochemistry; radiobiochemistry
放射生物剂量学 radiobiologic(al) dosimetry
放射生物效应 radiobiologic(al) effect
放射生物学 actinobiology; radiobiology
放射生物学效应 radiobiology effect
放射生物作用 radiobiologic(al) action
放射示踪法 radioactive trace method
放射示踪检漏仪 radiotracer leak detector
放射式 radial style
放射式传送制 radiation system
放射式道路 radial road
放射式道路系统 radial road system
放射式环形道路网 web-like system
放射式街道 radial street
放射式街道网 radial layout of streets; radial system of streets
放射式街道系统 radial system of streets
放射式排水系统 radial system
放射式销售法 radiation selling
放射式运动 radial movement
放射释放分析 radio-release analysis
放射熟化 radiation cure
放射束 radiation beam
放射衰变 emission decay
放射衰变规律 radioactive decay rule
放射衰变现象 radioactive decay phenomenon
放射水文化学指数 radiohydrochemical index
放射说 theory of radioactivity
放射损伤 radiation insult
放射所致的 radiogenic; radio-induced
放射探测器 radiation monitor
放射特性 radioactive nature

放射体 emitter;emitting material
放射体节 actinomere
放射调制 emission modulation
放射同位素原子 radioactive atom
放射突变 radiomutation
放射微粒 radion
放射微生物分析 radiomicrobiological assay
放射卫生 radiation hygiene;radiological health
放射卫生防护基本标准 basic health standards for radiological protection
放射卫生学 health physics;radiohygience
放射无界 radially unbounded
放射无界函数 radially unbounded function
放射物操作箱 glove box
放射物质 radiogen
放射雾 radiation fog
放射吸收性 radiochroism
放射系列 radioactive series;transformation series
放射系数 emanation coefficient;emissivity coefficient;radial factor;radiation coefficient
放射系数值 disperse coefficient value
放射纤维 radiating fiber[fibre]
放射纤维的组构 radial-fibrous fabric
放射显迹图 radioautograph
放射显迹物 radioactive tracer
放射显微镜 radiomicrometer
放射现象 radioactivity
放射线 heat ray;radial ray;radiation;radical ray;radioactive ray;ray;radial line;radial road
放射线发光 radioluminescence
放射线防护 radiobiologic(al) protection
放射线防护门 shielding door for radioactive rays
放射线防护设备 radiation protection equipment
放射线管理室 supervision room for radioactive rays
放射线监测器 radiation monitor
放射线监测仪 radioactive beam monitor
放射线检查器 radiographic(al) testing equipment
放射线检验 radiography inspection
放射线检验器 radiation monitor
放射线摄影测厚仪 radiographic(al) thickness ga(u)ge
放射线示踪剂试验 radioactive tracer test
放射线损害 phototoxis;radiation damage
放射线探伤 radiographic(al) inspection;radiographic(al) test;radiography inspection
放射线探伤仪 radiographic(al) testing machine
放射线污染 active pollution
放射线学 actinology
放射线照相测厚法 radiographic(al) thickness ga(u)ging
放射线照相的 radiographic(al)
放射线照相分析 radiographic(al) analysis
放射线照相试验 radiographic(al) test
放射线照相效应 radiographic(al) effect
放射线治疗剂量 radiological dose
放射线状的 actinoid
放射效率 emission efficiency;radiation efficiency
放射效能 efficacy of radiation
放射效应 radiation effect
放射形布局 radial plan
放射形城市 radial shaped city
放射形道路 radial road
放射形的 stellated
放射形断层 radial fault
放射形锅炉 porcupine boiler
放射形环裂 lightning shake
放射形街道布置 radial layout of streets
放射形裂缝 radial crack
放射形裂隙 radial crack
放射形平房体系 one-stor(e)y finger system
放射形平房系统 one-stor(e)y finger system
放射形通道 diametral thoroughfare
放射形装饰 quartiere
放射型 radial pattern
放射型的 actinomorphic
放射型投影 radial projection
放射型线网 radial-type road network
放射性 activity;radioactivity
放射性锕 radioactinium
放射性安全管理 radiological safety control
放射性斑纹 radial-type mottling
放射性半衰期 radioactive half-life
放射性包装件运输等级 transport grade of radioactive package
放射性保护 radioactivity protection
放射性保健 radiological health
放射性本底 radioactive background
放射性比 specific activity;specific radioactivity;activity ratio;radioactivity ratio
放射性比度 radioactivity density;specific activity
放射性比率 activity ratio
放射性比值 radioactivity ratio
放射性变化 radioactive change;radioactive transformation;radioactive variation
放射性标记分子 radio-label(l)ed molecule
放射性标记化合物 radio-label(l)ed compound
放射性标准 radioactive standard
放射性标准源 radioactive standard source
放射性表面污染 radioactive surface contamination
放射性薄层色谱法 radio thin layer chromatography
放射性材料 active mass;emitting material;radiating material;radioactive material;active material
放射性参数 parameters of radioactivity
放射性测定 measurement of radioactivity;radioactive determination;radioactivity determination
放射性测定的年龄 radiometric age
放射性测定年代 isotopic age determination;nuclear age determination;radioactive age determination;radioactive dating;radiogenic age determination;radiogenic dating;radiometric dating
放射性测厚计 radioactive thickness ga(u)ge
放射性测井 radioactive logging;radioactivity(well) logging;radio-well logging;well radioactivity logging
放射性测井的计量单位 American petroleum institute unit
放射性测井法 radioactive logging (method);radioactivity logging (method)
放射性测井设备 radioactive logging equipment
放射性测井图 radioactivity log
放射性测井仪 radioactive logger
放射性测量 radioactive measurement;radiometric survey;radioassay
放射性测量的 radiometric
放射性测量计 radioactivity meter
放射性测量学 radiometry
放射性测量仪 radiolite survey instrument
放射性测年 radioactive age determination
放射性测试 radioactivity testing
放射性测微计 radioactive micrometer
放射性产物排放 nuclear release;radioactivity release
放射性长期平衡 radioactive secular equilibrium
放射性常数 radioactive constant
放射性尘埃 dust-borne radioactivity;fallout;radioactive ash;radioactive dust;radio fall-out
放射性尘埃对海洋地区污染 fall up
放射性尘土 radioactive dust
放射性沉淀分析法 radioactive precipitation analysis
放射性沉积 radioactive deposit
放射性沉积物 fallout radioactive material;radioactive deposit
放射性沉降灰 radioactive fallout
放射性沉降区 fallout area
放射性沉降(物) radioactive deposit;radioactive fallout
放射性沉降物收集器 fallout collector
放射性成果图件 diagram of radioactive result
放射性程度 radioactivity level
放射性氚源 radioactive tritium source
放射性穿透检测 radial activity inspection
放射性传感器 radioactive sensing device;radioactive sensor
放射性纯 radiopurity
放射性纯度 radioactive purity;radiopurity
放射性单位 activity unit
放射性氮 radioactive nitrogen;radionitrogen
放射性的 active;emanative;radio;radioactive
放射性滴定法 radiometric titration
放射性地质学 radio geology
放射性碲 radiotellurium
放射性碘 radioactive iodine;radioiodine
放射性碘闪烁照相法 radioiodine scintigraphy
放射性电离计 radioactive ionization ga(u)ge
放射性电子俘获检测器 radioactive electron capture detector
放射性淀积 active deposit
放射性淀积剂量 deposit(e)dose
放射性淀积物 radioactive deposit
放射性淀质 active deposit
放射性毒素 radiotoxin
放射性断代法 atomic time scale
放射性发光涂漆 radioactive luminescent paint
放射性发光颜料 radioactive paint;radioactive pigment
放射性发光油漆 radioactive luminescent paint
放射性法测定 radioactive determination
放射性方法 radioactive method;radiometric survey for petroleum
放射性方法测量参数 survey parameter of radioactive method
放射性防护 protection from radiation;radioactivity protection
放射性防护工作服 radiation protection work clothes
放射性废料 atomic waste;radioactive waste
放射性废料储藏器 radio repository for wastes
放射性废料积存 accumulation of radioactive waste
放射性废料弃置场 radioactive cemetery
放射性废弃物 radioactive waste
放射性废水 radioactive effluent;radioactive wastewater
放射性废水处理 radioactive wastewater treatment;treatment of radioactive wastewater
放射性废水处理和处置 treatment and disposal of radioactive wastewater
放射性废水的浸染 dissemination of radioactive wastewater
放射性废水或废气 active effluent
放射性废水排放标准 drainage standard of radioactive waste water
放射性废水散布 dissemination of radioactive effluent
放射性废水贮藏器 repository for radioactive wastes
放射性废物 rad(io)waste
放射性废物玻璃固化 radioactive waste
放射性废物处理 radioactive waste treatment;treatment of radioactive wastes
放射性废物处理和处置 radioactive waste processing and disposal;treatment and disposal of radioactive wastes
放射性废物处理装置 radioactive waste treatment facility
放射性废物处置 disposal of radioactive wastes;radioactive waste disposal;waste disposal
放射性废物处置方法 radioactive waste disposal method
放射性废物固化 solidification of radioactive waste;solidification of radwaste
放射性废物管理 radioactive waste management;radwaste management
放射性废物库 radioactive waste repository
放射性废物冷却槽 decay tank;radioactive waste cooling tank
放射性废物埋藏场 burial ground of radioactive wastes
放射性废物浓度 radioactive waste concentration
放射性废物设施 radioactive waste facility
放射性废物释放 radioactive waste release
放射性废物调理 radioactive waste conditioning
放射性废物贮存 radioactive waste storage
放射性废物最终处置 radioactive waste final disposal;radwaste final disposal;terminal disposal of radwaste;ultimate disposal of radwaste
放射性废液 radioactive liquid waste;radioactive waste liquid
放射性废液煅烧设施 waste calcination facility
放射性分布测量 radioactivity survey
放射性分布图谱 radioactive distribution
放射性分解 radioactive disintegration
放射性分解气体 radiolytic gas

放射性分析 radioanalysis;radioassay
放射性分析技术 radioanalytic(al) technique
放射性分析器 radioactive analyser[analyzer]
放射性辐射 radioactive radiation
放射性辐射加热面 radioactive heating surface
放射性钙 radioactive calcium;radiocalcium
放射性公害 radioactive hazard
放射性汞丙醇 merisoprol
放射性钴 radioactive cobalt;radiocobalt
放射性固体废物 radioactive solid wastes
放射性固体废物储存 storage of radioactive solid wastes
放射性固体废物处理 radioactive solid waste treatment
放射性固体废物库 repository of radioactive solid wastes
放射性光谱吸收仪 atomic absorption spectrophotometer
放射性硅 radiosilicon
放射性含量 radioactive content
放射性核 radioactive nucleus
放射性核电池 radionuclide battery
放射性核毒 radionuclide
放射性核类 radioactive nuclear species
放射性核素 radioactive nuclide;radionuclide
放射性核素动力学 radionuclide kinetics
放射性核素毒性分组 radionuclide toxicity classification
放射性核素发生器 radionuclide generator
放射性核素浓度 radionuclide concentration
放射性核素迁移 radionuclide migration
放射性核素污染 radionuclide contamination
放射性厚度计 radioactive thickness ga(u)ge
放射性化合物 radioactive compound
放射性化学 radiochemistry
放射性化学法 radiochemical method
放射性化学药品 radiopharmaceutical
放射性坏死 radionecrosis
放射性灰尘 dust-borne radioactivity;radioactive dust
放射性回降物 radioactive fallout
放射性混合废液 radioactive mixed waste
放射性活动衰减到一半的时间 half life
放射性活度<基本单位贝可> radioactivity;intensity of radioactivity
放射性活度绝对测量 absolute activity determination
放射性活度相对测量 relative activity determination
放射性活化 radioactivation
放射性活化分析 radioactivation analysis
放射性活塞环 radioactive piston ring
放射性货物事故地点安全区 safety area for radioactive goods accident point
放射性积累 radioactivity build-up
放射性疾病 radiation disease;radiation illness;radiation sickness
放射性计测 ga(u)ging
放射性计数 radioactive counting;radiocounting
放射性剂量 dose of radioactivity
放射性剂量计 monitor
放射性剂量率 dose rate of radioactivity
放射性剂量仪 radiation dose rate meter
放射性镓 radiogallium
放射性钾 radiopotassium
放射性监测器 radioactivity monitor
放射性监测仪 radioactivity monitor
放射性监测仪表 radioactive instrumentation
放射性检测 radiac
放射性检测器 radioactive detector
放射性检查计 pluto
放射性检验 radioassay
放射性鉴定 radioassay
放射性降落尘 radioactive fallout
放射性降落物 radioactive fallout
放射性胶体 radioactive colloid;radiocolloid
放射性胶体金 gold colloidal
放射性胶质 radiocolloid
放射性介质 radiating medium
放射性金 radiogold
放射性金属 radioactive metal
放射性金属矿产 radioactive metal commodities
放射性禁区 radiological exclusion area
放射性警报 radiation alarm
放射性警告标志 radiation warning symbol
放射性净化 radioactive decontamination
放射性静电计 emanation electrometer
放射性勘探 radioactive prospecting;radioactivity prospecting;radioactivity exploration;radioactivity survey;radiometric prospecting
放射性空气监测仪 radioactive air monitor
放射性空气取样器 radioactive air sampler
放射性空气污染 radioactive air pollution
放射性矿体辐射值 radiation values of radioactive body
放射性矿物 radioactive mineral
放射性矿物探测器 radioactive-ore detector
放射性垃圾 radioactive waste
放射性粒子 active particle
放射性连续测量 continuous radioactivity measurement
放射性量测法 radioactivity logging (method)
放射性量级 level of radioactivity
放射性量雪计 radioactive snow ga(u)ge
放射性裂变产物 radioactive fission product
放射性磷 radioactive phosphorus;radio phosphorus
放射性流出物 radioactive effluent
放射性流出物处置 radioactive effluent disposal
放射性流出物控制处置 controlled disposal of radioactive effluent
放射性流分析仪 radioactive flow analyser[analyzer]
放射性漏泄 escape of radioactivity;radioactive leak
放射性氯 radiochlorine
放射性卵石 radioactive pebble
放射性落尘 radioactive fallout
放射性落下灰 radioactive fallout
放射性密度 radiation density
放射性密度计 radiation densitometer;radioactive density meter
放射性敏感元件驾驶装置 nuckonic steering
放射性母体 radioactive parent
放射性母同位素 radioactive parent isotope
放射性能谱分析仪 radioactivity spectrum analyser[analyzer]
放射性逆散射密度试验 nuclear backscatter(ing) density test
放射性年代 radiometric age
放射性年代测定法 atomic time scale
放射性年龄 radiometric age
放射性年龄测定 nuclear age determination
放射性浓度 activity concentration;radioactive concentration;radioactivity concentration
放射性浓度计 radioactive concentration indicator
放射性浓度指导限值 radioactivity concentration guide
放射性排出物 active effluent;radioactive effluent
放射性排放标准 radioactivity limits of release
放射性排弃物 radioactive discharge
放射性配体 radioligand
放射性喷替酸镱 ytterbium pentetate
放射性皮炎 radiation dermatitis;radiodematitis
放射性平衡 radioactive equilibrium
放射性屏蔽 radioactivity shielding
放射性气溶胶 radioactive aerosol;radioaerosol
放射性气体 radgas;radioactive gas
放射性气体衰变箱 radioactive gas decay tank
放射性气体仪 emanator;radioactive gas meter
放射性迁移 radioactive transfer
放射性铅 radiolead
放射性强度 intensity of radioactivity;radiation strength;radioactivity;radioactivity strength
放射性强度计 radioactivity meter
放射性曲线 activity curve
放射性渠道 radioactivity
放射性去污 radioactive decontamination
放射性去污剂 radioactive decontamination agent
放射性去污液 radiacwash
放射性泉 radioactive spring
放射性缺损 radiation defect
放射性热熔化假说 asthenolith hypothesis
放射性热生产 radioactive heat production
放射性溶液测量 radioactive solution ga(u)ging
放射性溶液测流 radioactive solution ga(u)ging
放射性溶液测流速法 radioactive solution ga(u)ging
放射性散落物 fallout;fallout of radioactive material;radioactive fallout
放射性扫描法测土的污染状况 radiological screening
放射性色 radiocesium
放射性色谱技术 radiochromatographic technique
放射性铯 radioactive cesium
放射性杀伤 radiation injury
放射性砂 radioactive sand
放射性闪烁摄影法 radioscintigraphy
放射性射气 active emanation;emanation;radioactive emanation
放射性射线 radioactive ray
放射性生成同位素 radiogenic isotope
放射性生物实验室 radiobiologic(al) laboratory
放射性石墨 live graphite
放射性时计 radioactive clock
放射性实验室 hot lab(oratory)
放射性示踪法 radioactive tracer method;radioactive tracing
放射性示踪化合物 radiotracer compound
放射性示踪技术 radioactive tracer technique;radiotracer technique
放射性示踪剂 radioactive indicator;radioactive tracer;radiotracer
放射性示踪剂测井 radioactive tracer log
放射性示踪剂特性 characteristics of radioactive tracer
放射性示踪器 radioactive tracer
放射性示踪物 radioactive tracer;radiotracer
放射性示踪仪 radioactive tracer
放射性示踪元素 radioactive tracer element;radiotracer element
放射性示踪原子 radioactive trace
放射性试验 nuclear test;radioactive test
放射性释出 radioactive release
放射性释放 radioactive release
放射性释放测定(法) radio-release determination
放射性受体分析 radioreceptor assay
放射性数据处理 processing of radioactive data
放射性衰变 decay of radioactivity;radioactive decay;radioactive disintegration;radioactivity decay
放射性衰变产物 radioactive decay product
放射性衰变常数 radioactive decay constant
放射性衰变定律 law of radioactive decay
放射性衰变链 radioactive decay chain
放射性衰变律 radioactive decay law
放射性衰变率 radioactive decay rate
放射性衰变图式 radioactive decay scheme
放射性衰变系 radioactive decay series
放射性衰减 radioactive decay
放射性衰退 activity decay
放射性水 radioactive water
放射性水化学图 map of radioactivity hydrochemistry
放射性水泥<测定水泥在管外上升高度用> radioactive cement
放射性水平 radioactive level
放射性水文测量 radio hydrometry
放射性水文地质调查 radioactive-hydrogeologic(al) survey
放射性锶 radiostrontium
放射性碎片 radioactive debris
放射性碎屑 radioactive debris
放射性损害 radioactive damage;radiolesion
放射性损伤 radiation damage;radioactive breakdown;radioactive damage;radiation injury
放射性探测 radioactivity detection
放射性探测器 radioactive detector;radioactive probe;radioactivity seeker
放射性探测仪器 radiac instrumentation
放射性探查 radioactive exploration
放射性探伤 radiographic(al) inspection;radiography
放射性碳 radioactive carbon;radiocarbon
放射性碳测定年代法 radiocarbon chronology
放射性碳测定年龄 carbon-14 dating;

radioactive carbon dating; radiocarbon dating

放射性碳方法 radiocarbon method

放射性碳龄 radiocarbon age

放射性碳年代测定法 radioactive age determination; radioactive dating; radiocarbon dating; radiometric dating

放射性碳年代学 radiocarbon chronology

放射性碳同位素年代测定法 radiocarbon dating

放射性碳元素 radiocarbon

放射性陶器 radioactive pottery

放射性填充 radioactive filling

放射性铁动态 radioferrikinetics; radioiron kinetics

放射性同位素 radioactive isotope; radioisotope; unstable isotope

放射性同位素 X 射线荧光分析仪 radioisotope X-ray fluorescence analyser[analyzer]

放射性同位素标记的 radio-label(l)ed

放射性同位素测定法 radioisotope method

放射性同位素测井 radioisotope log

放射性同位素测井曲线 radioisotope log curve

放射性同位素测量计 radioisotope ga(u)ge

放射性同位素测沙仪 radioisotope sediment probe

放射性同位素测雪计 radioisotope snow ga(u)ge

放射性同位素测雪仪 radioisotope snow ga(u)ge

放射性同位素纯度 radioisotopic purity

放射性同位素的 radioisotopic

放射性同位素的排放 radioisotope release

放射性同位素的示踪计算率 radio-label(l)ed counting rate isotope

放射性同位素发生器 radioisotope generator

放射性同位素法测量磨损 radioactive wear measuring

放射性同位素分析 radioisotope analysis

放射性同位素钙铁分析仪 analyzer of Ca and Fe by radioisotope

放射性同位素含量 burden of radio isotope

放射性同位素含沙量测定 radioisotope sediment concentration meter

放射性同位素厚度仪 radioactive thickness ga(u)ge

放射性同位素剂量 burden of radio isotope

放射性同位素加热装置 radioisotope heater unit

放射性同位素监测仪 instrument; radioactive isotope survey; radioisotope monitor

放射性同位素检测器 radioisotope detector

放射性同位素检查 radioisotope examination

放射性同位素检验 radioisotope assay

放射性同位素料位计 radioactive level indicator; radioactive level-meter; radioisotope level meter

放射性同位素流量计 radioactive flowmeter; radioisotope flowmeter

放射性同位素密度计 radioactive densiometer

放射性同位素热源 radioisotope heat source

放射性同位素扫描 radioisotope scanning); radioscan(ning)

放射性同位素扫描仪 radioisotope scanner

放射性同位素射线照相检验术 radioactive isotope radio-graphy

放射性同位素深部治疗机 radioisotope deep therapy equipment

放射性同位素示踪的 radio-label(l)ed

放射性同位素示踪剂 radioactive isotope tracer; radioisotope tracer; radiotracer

放射性同位素示踪物 radioactive isotope tracer; radioisotope tracer; radiotracer

放射性同位素透过测量计 < 测厚度、密度、液面等的 > radioisotope transmission ga(u)ge

放射性同位素温差电堆 radioisotope thermoelectric(al) generator

放射性同位素污染 radioisotope pollution

放射性同位素稀释法 < 测流方法之一 > radioactive isotope dilution method

放射性同位素烟雾报警器 radioisotope smoke alarm

放射性同位素荧光分析仪 radioisotope fluoroanalyzer

放射性同位素源 isotope radiation source

放射性同位素指示剂 radioisotope tracer

放射性涂料 radioactive paint

放射性(涂料)罗盘 radiolite compass

放射性钍 radio-thorium

放射性蜕变 radioactive disintegration

放射性蜕变热 radioactive heat

放射性蜕变热源 radioactive heat source

放射性蜕变热源系统 radiogenic heat source system

放射性危害 radiation hazard; radiological hazard

放射性微尘 fallout; radioactive dust

放射性微粒 radioactive particle

放射性微粒保护 fallout protection; radioactive particle protection

放射性微粒回降 radioactive fallout

放射性微粒(回降)掩蔽处 fallout shelter

放射性微粒(回降)掩蔽所 fallout shelter

放射性位移定律 displacement law; radioactive displacement law

放射性污染 active pollution; radiation pollution; radioactive contamination; radioactive pollution; radiocontamination; radiological contamination

放射性污染防治法 law of prevention and elimination of radioactive pollution

放射性污染监测 radioactive contamination monitoring

放射性污染控制 radioactive pollution control

放射性污染快速指示器 rapid radioactive contamination indicator

放射性污染清除 radioactive decontamination

放射性污染物 radioactive contaminant; radioactive pollutant

放射性污染源 radioactive pollution sources

放射性物品 radioactive goods

放射性物体掩蔽室 fallout shelter; radiation shelter

放射性物质 active material; radioactive material; radioactive substance

放射性物质处理 radioactive processing

放射性物质的搬运 radioactive materials handling

放射性物质的处理 radioactive materials handling

放射性物质的闪烁计数器 scintiscanner

放射性物质的吸入 inhalation of radioactive material

放射性物质化学 chemistry of radioactive substance

放射性物质勘探 radioactivity prospecting

放射性物质容许水平 acceptable level of radioactive material

放射性物质稳定的 cooled

放射性物质污染 radiation material contamination; radioactive material contamination

放射性物质吸收剂 radiation absorber; radioactivity absorber

放射性物质吸收器 radioactivity absorber

放射性物质引起的伤害 radioactive damage

放射性物质引起的损害 radioactive damage

放射性物质应用 actinopraxis

放射性物质运输 transportation of radioactive material

放射性稀有金属 radioactive rare metal

放射性洗涤废水处理 radioactive cleaning wastewater treatment

放射性系 decay family; decay series; disintegration chain; disintegration family; disintegration series; radioactive chain; radioactive decay series; series decay; transformation series

放射性下落灰 radioactive fallout

放射性消毒 radiation for disinfection; radiosterilization

放射性效应 radioactive effect

放射性泄露 escape of radioactivity; radioactive leak

放射性悬浮微粒监测仪 radioactive aerosol monitor

放射性烟云 radioactive cloud

放射性盐 radioactive salt

放射性验定 radioactive assay

放射性氧化钍 thorianite

放射性样品 radioactive sample

放射性样品分析仪 radioactive sample analyser[analyzer]

放射性药物管理办法 management measures of radioactive medicines and chemical reagents

放射性野外技术 field technique of radioactive

放射性夜光漆 radioactive luminous paint

放射性液面计 radioactive level ga(u)ge

放射性液体废弃物 radioactive liquid waste

放射性液位计 radioactive level ga(u)ge

放射性仪器 radioactive apparatus

放射性异常 radioactivity anomaly

放射性异常解释 interpretation of radioactive anomaly

放射性硬片 emission plate

放射性油墨 radioactive ink

放射性油漆 radioactive paint

放射性铀 radio-uranium

放射性有效半衰期 effective radioactive half-life

放射性雨 radioactive rain

放射性元素 radiating element; radiation element; radioactive element; radioelement

放射性元素测厚仪 radiation thickness ga(u)ge

放射性元素分析 radioactive element analysis

放射性原理 principle of radioactivity

放射性原子 radioactive atom

放射性源项 radioactive source term

放射性云 radioactive cloud

放射性允许浓度 permissible concentration of radioactivity

放射性杂质 radioimpurity radioactive impurity

放射性暂时平衡 radioactive transient equilibrium

放射性增升区 area of increased radioactivity

放射性沾染 radioactive contamination

放射性沾污 radioactive contamination

放射性沾污消除剂 radiological contamination decontaminating agent

放射性找矿 radioactive prospecting

放射性照射 radioactive radiation

放射性照射量 < 毫克镭每小时 > milligramage; milligram-hour

放射性照相法 radioactive photography

放射性照相检验 radiographic(al) inspection

放射性诊断 radiodiagnosis

放射性直接传递砂密度试验 nuclear transmission density test of sand

放射性直接探测器 nuclear direct sensing device; nuclear direct sensitivity device

放射性指示剂 radioactive indicator; radioindicator; radiotracer; radiother

放射性指示剂法 radioactive indicator method

放射性指示种 radioactive indicating organism

放射性指数 radioactive index; radioactivity index

放射性质 the character of radiation

放射性中毒 radioactive poisoning

放射性重晶石 radiobarite

放射性重量分析法 radiogravimetry

放射性砖 radioactive brick

放射性追踪剂 radiotracer

放射性子体 radioactive daughter

放射性子同位素 radioactive daughter isotope

放射性自分解 radiation self-decomposition

放射性自然衰变 natural radioactive decay

放射性自吸收 radioactive self-absorption

放射性自显影术 autoradiography

放射学 radioactivity; radiology; roentgenology

放射学的 radiological

放射学规划 radiological program(me)

放射学检查 radiological examination

放射学训练指南 radiological training manual

放射验定检测器 radioassay detector

放射医学 radiation medicine

放射仪 radiation device

放射异构现象 radioisomerization

放射阴极 emitting cathode

放射引起的 radioactive

放射荧光 radiofluorescence

放射元素 photoemissive element

放射元素衰变 radioactive element

F

decay
放射源 bomb;radiation source;radioactive source
放射源储存器 source container
放射源箱 source container
放射云 nuclear cloud;radioactive cloud
放射晕 radio-haloes
放射照片 radiogram;radiograph
放射照相技术员 radiographer
放射照相扫描术 radiophotoscanning
放射真空计 radiation vacuum ga(u)ge;radium-type vacuum ga(u)ge
放射指示物 radiotracer
放射致癌作用 radiation carcinogenesis;radiocarcinogenesis
放射轴结构 radical texture
放射轴嵌晶 radioaxial mosaic
放射装置 discharger
放射状 radiated
放射状变晶结构 radial blastic texture
放射状冰川 radiating glacier
放射状测井 radical logging
放射状测量 radical survey
放射状层 radiate layer
放射状沉降 radioactive fallout;radioactive settlement
放射状传播效应 radial spreading effect
放射状磁异常 radial magnetic anomaly
放射状道路 axial road
放射状断层 radial fault;radiating fault
放射状断裂 radial fracture;radial rift
放射状构造 radiating structure
放射状环形钻孔 ring hole
放射状结构 radiated structure
放射状矿脉 radiating vein
放射状裂缝 radial crack;radial rift
放射状裂隙 radial rift;radiating crack
放射状绿地 radiate green space
放射状切口 radial incision
放射状水系 radial drainage
放射状水系形式 centrifugal radial drainage pattern; radical drainage pattern
放射状态 emission behavio(u)r
放射状椭球粒 axiolite
放射状线纹 radial striae
放射状岩墙 radial dike[dyke]
放射状影纹 radial texture
放射状组织 radiating structure
放射坠尘 fallout
放射自显影法 autoradiography; radioautography
放射自显影(术) autoradiography
放射自显影图 radio autogram
放射自显影照片 autoradiograph; radioautograph
放射自显影照相 radio autogram; radioautograph
放射综合征 radiation syndrome
放声 playback;sound reproduction
放声口 sound gate
放声损失 translation loss
放声系统 audio system; reproducing system;sound reproducing system; sound system
放圣餐的器皿 pixis
放石工 lasher
放手 let go
放手操纵 hands-off control
放水 blowdown; dewatering; draw-off; drop water; jettison; water elimination;water release
放水瓣 drain valve
放水并计量的水箱 delivery box
放水波 release wave
放水槽 sluicing channel;water shoot
放水池 discharge bay
放水阀 bleeder; blow-off valve; breaking valve; delivery valve; drain(age) valve; escape cock; release valve;water drain valve;water knockout valve
放水阀螺旋 bleeder screw
放水阀座 discharge valve seat
放水沟 flume; relief ditch; surface ditch;take-off
放水管 adjutage;bleeder pipe;bleeding pipe;blow(er) pipe;dewatering conduit; dewatering outlet; exhaust water pipe;offlet;relief pipe;take-off pipe;unwatering conduit;water discharge pipe
放水管线 draining pipeline
放水虹吸管 relief siphon
放水活门 bleeder cock
放水建筑物 water release structure; water release works
放水井 relief shaft
放水孔 dewatering orifice; drainage borehole;drainage hole;drain hole; escape hole;outlet hole;relief hole
放水口 bleed-off; dewatering outlet; discharge outlet; discharge port; freeing scuttle; offlet; outlet; relief map;relief outlet; gargoyle < 怪形雕塑的 >
放水历时 discharge duration
放水量水箱 delivery and measuring box
放水流量 draw-off discharge
放水龙头 bleeder cock; drain(age) cock; drain tap; draw-off tap; escape cock;water tap
放水螺塞 drainage screw
放水螺旋 cleaning screw
放水门 delivery gate; paddle door; waste gate;wicket
放水排污 blowing down
放水渠 dewatering channel; flood way; outflow channel; sluicing channel;tailrace;take-out channel
放水渠坝 tailrace dam
放水渠道 discharge conduit; outflow channel;relief channel
放水塞 drain(ing) plug
放水塞孔 blow-off cock hole
放水塞门 bibb cock;waste cock
放水设备 emptying device
放水室 outlet chamber
放水隧洞 relief tunnel;water release tunnel
放水弯管 drain(-age) trap
放水系统 emptying system
放水箱 delivery box
放水旋塞 bleeder cock;delivery cock; drain cock; escape cock; outlet cock;purging cock;water discharge cock; water drain cock; water release gate;drainage cock
放水闸 outlet sluice
放水闸板 water board
放水闸门 emptying gate;escape gate; outlet gate; outlet sluice; relief gate; take-out gate; waste gate; take-off gate
放水闸门塔 < 水库装有不同高程的泄水管 > valve tower
放水支管 blow-off branch
放水装置 bleeder; draw-off arrangement
放水钻孔 draining borehole
放水嘴 drain cock;water faucet
放肆 extravagance
放松 ease;loosen;relaxation;release; slack away; slacken; unbend; unbrace;undo;unfasten;unloose(n); unwind
放松臂 release arm
放松穿眼绳 render
放松大索 slack up a hawser
放松阀柱螺栓 release valve stud
放松帆面受风压力流出 spill
放松放长(绳索等) surge
放松杆 release[releasing] lever
放松和拉紧 veer and haul
放松宏观计划管理 loosening of macroscopic planned management
放松机构 uncoupling gear
放松监护 release guard
放松紧度 bracing slackness
放松警戒 release guard
放松拉力 releasing the pull
放松拉索激振 vibration excited by cutting off holding rope; vibration excited by holding rope cutting off
放松力矩 releasing moment
放松钮 release button
放松设备 releasing device
放松绳索 pay a rope
放松绳子 douse a rope
放松弹簧 antagonistic spring;pull-off spring
放松位置 release position
放松物 easing
放松压力 breaking-up pressure
放松银根的 easy money
放松应力 de-stress
放松运动 relaxing exercise
放松装置 releasing device
放缩效应 scale effect
放抬臂 engaging arm
放条纹 drain line
放铁口黏[粘]土 tape hole clay
放艇装置 launching gear
放完电的电池 exhausted cell
放下 lowering
放下窗帘 drawdown the curtain
放下海锚 stream sea anchor
放下计程仪 stream log
放下栏木 lower the gate
放下千斤顶 lowering jack
放线 layout of route; making-out; paying-off;payout the line;pegging out;run a line;setting-out of route; setting out; staking a line; unreeling;wire spinning
放线比例尺 expanded line scale
放线槽板 batter board
放线车 barrow;drum barrow;paying out reel;wheeled cable drum carriage;wire barrow
放线尺 straight edge
放线工作 setting-out work
放线机 paying out machine
放线架 flipper
放线节 actinomere
放线菌 actinomyces;actinomycete
放线菌病 actinomycosis
放线菌素 actinomycin
放线菌酮 Actidione;cycloheximide
放线菌属 < 拉 > actinomyces
放线木楔 batter peg
放线盘 draw(ing) drum
放线施工 paying off construction
放线详图 setting-out detail
放线员 jug hustler
放线桩 setting-out peg
放线状的 stallated
放像 playback
放像电视机 videoplayer
放像机 enlarger; magnescope; videoplayer
放泄 purging
放泄槽 discharge trough
放泄道 discharge passage
放泄电阻 discharge resistance
放泄阀 bleed(er) valve; blow-off valve; discharge valve; drain(ing) valve;dump valve;eduction valve; escape valve; purge valve; release valve; relief valve; sectioning valve;unloading valve;waste valve
放泄阀盖 discharge valve deck
放泄阀球 drainage valve ball
放泄阀塞 drain valve plug
放泄阀弹簧 release valve spring
放泄阀轴 discharge valve spindle
放泄阀座 discharge valve seat
放泄杆 drain stem
放泄管 blow-off pipe;drainage pipe; release pipe; relief pipe; take-off pipe
放泄管线 vent(pipe) line
放泄滑阀 equilibrium slide valve
放泄机 drainer
放泄接头 leak-off connection
放泄孔 drain hole
放泄口 relief outlet
放泄漏斗 drain cup
放泄喷嘴 discharge cone
放泄器 drainer
放泄塞 drainage plug
放泄弯管 drainage tray; drain trap; trap
放泄旋塞 blow(-off) cock; drainage cock;draining cock;relief cock
放泄压力 blowdown pressure
放泄闸门 blow-off gate
放泄针 spill needle
放卸阀 dump valve
放行 all-clear
放行提单 released bill of lading
放行通车 right of way
放行信号 all-clear;go ahead
放行信号有效时间比 signal timing
放行证 clearance
放血 blood bleeding; bleeding a project < 从一项工程项目中抽走资金，而忽略维护工作 >
放焰火 firework display
放养限度 stocking limit
放样 set(ting) out; set out in line; draw to scale;field location;laying down; laying off; laying out; lay-out;locate;locating;lofting;marker off;pattern development;peep out; pegged out;peg(ging) out;peg to; stake off; stake out; stake-setting; staking(out);stringing
放样标高 string level
放样草图 setting-out diagram;setting-out sketch
放样测量 setting-out survey
放样车间 template shop;templet shop
放样尺寸说明书 mo(u)lding book
放样点 peg point;setting-out point
放样定线 setting-out work
放样工(人) developer; line(s) man; loftsman;mo(u)ld lofter;mo(u)ld loftsman;stake-man
放样工作 setting-out work
放样划线 scribing
放样技工 marker out;setter out
放样架 template frame
放样间 lofting room; mo(u)ld(ing) loft
放样间划线笔刀 raising cribber; raising knife;scribing knife
放样剪样机 pattern grading and cutting machine
放样角 setting-out angle
放样麻线 string line
放样木工 setter out
放样平面图 setting-out plan
放样数据 setting-out data
放样台 mo(u)ld loft floor
放样图 expansion drawing;setting-out map;staking out plan

放样细木工(人) setter out
放样线 setting-out line;line and pin;string line
放样详图 setting-out detail
放样员 developer;line(s)man;loftsman;mo(u)ld lofter;mo(u)ld loftsman
放样照相机 enlarging camera
放样纸 loft paper
放样桩 line-and-grade stake
放叶 foliation
放液 tapping
放液阀 tapping valve
放液机 tapping machine
放液孔 tap hole;tap opening;tapping arrangement
放液孔塞 tap-hole plug
放液口 tap hole
放液漏斗 draining funnel;dram funnel
放液托架 tapping bracket
放液渣的气体发生炉 slagging gas producer
放音信噪比 signal-to-noise for playback
放映室 projection booth;projection chamber;projection room
放映室的前窗口 booth front opening
放映银幕 projection screen
放映用房 projection suite
放映圆屋顶 projection cupola
放油 drain the oil;fuel drain;fuel expulsion;jettison;oil drain(age);oil draining;oil purge
放油安全阀 oil relief valve
放油瓣 drain valve
放油槽 drainage tray
放油道 oil drain canal
放油阀 drain valve;fuel outlet valve;oil discharge valve;oil drain valve;oil release valve;oil relief valve;release valve
放油阀垫密片 release valve gasket
放油管 oil discharge pipe;oil drain(age);oil drain pipe
放油接头 oil outlet fitting
放油开关 bleeder;oil drain cock
放油孔 drainage hole;drain oil;exhaust outlet;fuel outlet;oil drain hole[holing]
放油口 drainage bushing;fuel outlet;oil discharge outlet
放油口堵 draining plug
放油螺塞 drainage screw
放油盘 drainage pan;drain pan
放油塞 bleeder plug;drain plug;hydraulic fluid discharge plug;oil discharge plug;oil drainer;oil drain plug;oil pan drain plug
放油塞扳手 drainage plug wrench
放油塞垫合件 drainage plug washer
放油设备 defueling equipment
放油系统 discharge system
放油旋塞 oil drain cock;oil drain plug
放油装置 bleeder
放油锥形筒 oil drainage cone
放油嘴 oil drain
放有坐垫的地面升起部分 <伊斯兰国家> deewan
放淤 colmation;desilt(ing);sediment ejection;warpage;warping
放淤槽 desilting channel
放淤沉沙 colmatage
放淤地 warp land
放淤分流 diversion by warping
放淤工程 colmation works;desilting work;project for sedimentation purposes;warping works
放淤固堤 dike strengthening by colmation
放淤畦条 desilting strip;filter strip
放淤区 debris storage basin;desilting basin
放淤渠(道) desilting canal
放淤土 warp soil
放淤围堤 warping bank
放淤围堰 warping weir
放淤造田 land reclamation by warping
放淤闸 silt-flushing sluice;silt-releasing sluice
放于冷处冷藏 stow in cool place
放于路侧的备用材料 lay-by material
放鱼道 fish pass;fish way;smolt pass
放在……下面 underset
放在当中 interposition
放在地上的 ground-bedded
放在高处 pinnacle
放在搁板上 shelve
放在甲板上的集装箱 deck-stowed container
放在露天 exposed to weather
放在前面 preposition
放在上面 overlie;super(im)pose
放在适当位置 position
放在树中 into tree
放在水中 submerge
放在台上 platform
放在下面 underset
放在下面的 underlying
放在摇篮里 cradle
放渣侧 tapping side
放炸药人 powderman
放债 lend money on usury
放债人 scrivener
放债者 money-lender;money monger
放账 be credited
放账和收账费用 credit and collection expenses
放置 place(ment);placing;emplacement;lay(-aside);perch;set;surface fixing;windrow
放置保险丝的绝缘板 fuse block
放置步骤 placing procedure
放置传力杆 dowel(l)ing
放置的数量 quantities placed
放置等待衰变 hold for decay
放置货物 arrangement of goods
放置孔穴 emplacement hole
放置冷处 keep cool
放置期 resting period
放置器 placer
放置钎头的器具 <试验台上的> bit-seating arrangement
放置设备的楼层 equipment floor;equipment stor(e)y
放置时间 standing time;storage period
放置(时)期 ag(e)ing period
放置套管 set casing
放置填充材料 deposit(e)fill material
放置语句 put statement
放置在便于装配的地方 place in location near assembly
放置在使用地点 place in position at use point
放置钻杆 setting rod
放轴机 winding-off machine
放逐 deportation
放桩尺 offsetting rod
放纵 abandonment

飞 <10-15> femto

飞靶射击场 sheet field;trap field
飞摆电动机 pendulum motor
飞摆式调速器 pendulum governor
飞摆弹簧 pendulum spring
飞摆阻尼机构 pendulum damping gear
飞班 floating gang;migrating crew;flying gang <线路维修的>
飞奔 dart;gallop
飞臂 fly jib
飞边 above-ga(u)ge;excess glass;fins;flash(and strain);flowed head;lash;overga(u)ge;overlap;sharp edge;trimming
飞边槽面积 gutter area
飞边瓶口 flanged(press)finish
飞槽 flume
飞测千分尺 flying micrometer
飞车 running away
飞车速度 spin speed
飞尘 air-borne dust;air-floated dust;blowing dust;blown dust;dry haze;floating dust;fly-ash;flying dust
飞尘津贴 dust allowance
飞程 flight distance
飞翅 flash;rolling edge
飞翅裂缝 fin crack
飞翅缺陷 spill defect
飞虫 winged insect
飞虫防护剂 fly-proofing
飞虫防护(物) fly-proofing
飞出 burst out;depart
飞出孔 flight hole
飞船 aeroboat;air boat;air-borne vehicle;airship;dirigible balloon;flying boat
飞船库 airship hangar
飞船棚 airship shed
飞船生态系统 vehicular ecological system
飞椽 false rafter;flying rafter;cantilever caves rafter <古建筑>
飞锤 flyball
飞锤(式)调速器 flyball governor;mechanical spring and flyweight governor
飞刺 fin;flash;lash
飞弹 missile
飞荡绳尾 lash about
飞刀 flying cutter
飞刀切削 fly-cut(ting)
飞地 administrative enclave;enclave【地】
飞地式经济 enclave economy
飞点管 flying-spot tube
飞点记录器 flying-spot recorder
飞点扫描(法) flying-spot scanning
飞点扫描管 flying-point scanning tube;flying-spot scanning tube;flying-spot tube
飞点扫描器 flying-spot scanner;optic(al)scanner
飞点扫描设备 flying-spot scanner
飞点扫描摄像管 scanner tube;scanning tube
飞点扫描摄像机 flying-spot camera
飞点扫描数字化器 flying-spot scanning digitizer
飞点扫描系统 flying-spot scanning system
飞点(扫描)显微镜 flying-spot microscope
飞点式测试图信号发生器 flying-spot pattern generator
飞点式胶卷读出器 flying-spot film reader
飞点式视频信号发生器 flying-spot video generator
飞点式照相机 flying-spot camera
飞点系统 flying-spot system
飞点自动检测器 flying-spot scanner
飞碟 unidentified flying object
飞渡 flyover to
飞扶壁 arch boutant;arched buttress;flying buttress
飞扶垛 arch boutant;arched buttress;flying buttress
飞拱 arc-boutant;flier arch;flying arch;flying buttress
飞拱式法 flying arch method
飞钩(调车)【铁】 fly(ing)switching
飞拐 fly-crank
飞光点 flying spot
飞航高度 flight altitude
飞弧 arcing;arc over;electric(al)arcing;flashover;flying over;overflash;overlap
飞弧电压 flashover voltage;spark-over voltage
飞弧放电 spillover discharge;flashover discharge
飞弧强度 flashover strength
飞弧时间 arcing time
飞灰 flue cinder;fly(ing)-ash;loose ashes;wind-blown dirt;blowing dust
飞灰变色 fly-ash mark
飞灰沉降室 fly-ash settling chamber
飞灰池 fly-ash pond;loose ash pond
飞灰池水 fly-ash pond water;loose ash pond water
飞灰处理 fly-ash disposal
飞灰分离器 fly-ash separator
飞灰过滤器 fly-ash filter
飞灰监测器 fly-ash monitor
飞灰磨损 fly-ash cutting
飞灰石灰砖 fly-ash-lime block
飞灰收集器 fly-ash collector
飞灰水泥 fly-ash cement
飞回航向 course back
飞火 jumping fire;spot fire
飞火蔓延 spotting
飞击式打印机 flying printer;on-the-fly(ing)printer
飞机 aerial train;aerocraft;aircraft;craft;plane;vessel;airplane <美>
飞机标志 aircraft marking
飞机玻璃窗 aircraft transparency
飞机播种 aerial seeding;aerial sowing;aerosowing;air seeding;seeding by aircraft
飞机舱壁 bulkhead
飞机舱顶架 overhead rack
飞机舱口密封胶 air frame opening seal
飞机操纵杆 joy stick
飞机操纵系统 flight controls;flight control system;flying control system
飞机测探 aircraft sounding
飞机场 aerial port;aerodrome;aeroport;airfield;air port;air station;air terminal;aviation field;aviation ground;drome;landing ground;landing strip;flying field <设备简单的>;airdrome <英>
飞机场标志灯 aerodrome light beacon
飞机场布置 airfield layout
飞机场测量 airport survey
飞机场道路路面 airport pavement
飞机场地面系统 airfield surface system
飞机场飞行区 aircraft movement area
飞机场废水 airport wastewater
飞机场工程 airport engineering
飞机场规划 airfield layout
飞机场滑行道 airport taxiway
飞机场机修坪 maintenance apron
飞机场交货价格 free on board airport
飞机场联络线 airport link
飞机场路面 airfield pavement
飞机场面积 airport area
飞机场跑道 airport runway
飞机场跑道标灯 runway localizing

F

beacon
飞机场跑道地基土触探阻力 airfield index
飞机场跑道地基土用触探仪 airfield cone penetrometer
飞机场跑道面 airport pavement
飞机场起飞点 finger head
飞机场气象站 airfield meteorological station
飞机场(土壤)分类法 <即美国 Casagrande 提出的分类法> airfield classification system
飞机场位置 airport location
飞机场夜航降落灯光系统 approach lighting system(of airfield)
飞机场用计算机 airports computer
飞机场照明 airfield lighting
飞机场主楼到起飞点有盖顶的过道 finger layout
飞机乘务员 steward
飞机除冰器 aircraft deicer
飞机垂直间距 vertical separation(of aircraft)
飞机磁干扰场补偿方式 ways of airplane's magnetization compensation
飞机磁干扰场补偿精度 airplane's magnetization compensation precision
飞机搭接 aircraft bonding
飞机带电 aircraft electrification
飞机导航装置 benito
飞机导引 aircraft vectoring
飞机的螺旋桨 wind stick
飞机的前后振动 porpoising of aircraft
飞机灯光设备 aircraft lighting
飞机底部摄影舱口 hole in aircraft floor
飞机地勤 ground servicing of aircraft
飞机电台 aeroplane station
飞机订票系统 airline reservation system
飞机洞库测量 plane hole survey
飞机发动机排放物 aircraft engine emissions
飞机发生事故时 emergency chute
飞机飞行近似高度【测】approximate aircraft ceiling
飞机分级号码 projection of cornice
飞机分级数 aircraft classification number
飞机俯仰 pitching;pitch of the aircraft
飞机附件 aircraft accessories
飞机高度计 airplane altimeter
飞机供应船 aeroplane tender
飞机构架 airframe
飞机骨架 airframe
飞机航高 aircraft flying;aircraft flying height
飞机航线 air line;air route;airway;course line
飞机航向 vector
飞机合金 duralumin
飞机荷载 aircraft load
飞机横向间隔 lateral separation of aircraft
飞机呼号 aeroplane's call sign
飞机滑行 planing;taxicab operation
飞机滑行道 taxiway
飞机滑行灯 taxiway light
飞机滑行交通 taxiing traffic
飞机活动区 aircraft movement area;airside
飞机机长 skipper
飞机机架 airframe
飞机机群 armada
飞机机身 fuselage;hulk
飞机机务人员 aircrew
飞机机组 crew
飞机驾驶员 aviator
飞机间隔 separation of aircrafts
飞机间通信[讯] plane-to-plane communication;vehicle-vehicle communication
飞机检修废物 aircraft overhaul waste
飞机检修工 grease monkey
飞机降落 alight;landing;put down;touch-down
飞机降落场 landing area;landing ground;landing place;landing field
飞机降落甲板 landing mat
飞机降落跑道 landing runway
飞机降落区协调员 deck coordinator
飞机绞车 airplane handling winch
飞机结构 airplane structure
飞机进场方向 direction of approach
飞机进场区 airport approach zone
飞机警告灯 aircraft warning light
飞机库 aerodrome;aeroplane hangar;aeroplane shed;aeroshed;aircraft hangar;airdrome;airplane hangar;airplane shed;air shed;drome;garage;hangarage;hangarette;hanger;plane hangar;technical aircraft hangar
飞机库地坪 <英> hangar floor
飞机库钢卷帘式门 steel hangar shutter door
飞机拦截台 interceptor
飞机轮内胎 aero inner tube
飞机轮胎 aerotire[aerotyre]
飞机轮外胎 aero casing
飞机螺旋桨 aerial propeller;air screw;wing stick
飞机码头 aeroquay
飞机盲目着陆系统 navaglide
飞机内通信[讯] inter-crew communication;interphone communication
飞机爬高率测定仪 variometer
飞机排放的一氧化碳 CO from aircraft
飞机排气 aircraft exhaust
飞机盘旋 swan
飞机跑道 air strip;landing strip;landing runway;runway
飞机跑道设计的荷载分类指数路面设计法 LCN[load classification number] method of aircraft pavement design
飞机跑道延伸段 overrun
飞机配件 aircraft fittings
飞机喷气(对路面的)作用 blast effect
飞机喷药 aerial application of pesticides;aerial spraying
飞机棚 aeroplane shed;airplane shed;air(ship) shed;hangar;hangarage
飞机平衡 airplane balance
飞机平降 pancake
飞机漆 airplane paint
飞机起飞 take-off
飞机起飞塔 derrick
飞机起降费 landing charges
飞机起降跑道 landing strip
飞机起降区 landing area
飞机起落灯 aeroplane head-light
飞机起落架 landing gear
飞机牵引车 aircraft towing tractor
飞机牵引用拖拉机 aircraft towing tractor
飞机倾斜 aircraft tilt
飞机全景雷达 scent spray
飞机确定航线 routing of aircrafts
飞机燃料 aircraft fuel
飞机燃气(涡)轮机 aircraft gas turbine
飞机上的废气污染 air-borne waste
飞机(上的)无线电测距器 air-borne range only
飞机上的座位 cockpit
飞机上雇员 on board employee
飞机上交货价 FOB plane;free on board plane;free on place
飞机上交货条件 free on board plane
飞机上制冷机 on-board refrigerator
飞机摄影 aeroplane photography
飞机摄影窗口 aircraft window
飞机升空 launching;lift-off
飞机升限 aircraft ceiling
飞机失事救援作业 emergency crash work
飞机时间光谱计 time-of-flight spectrometer
飞机时间质谱计 time-of-flight mass spectrometer
飞机识别(标记) aircraft identification
飞机识别标志 aircraft identification sign
飞机竖轴的旋转 yaw
飞机速度 ground speed of plane
飞机停机坪 parking space
飞机停靠目视引导系统 aircraft parking guidance system;visual docking guidance system
飞机通信[讯]系统 intercommunication system
飞机涂料 aircraft coating
飞机拖车 aircraft towing tractor
飞机拖运载货挂车 birdy back
飞机外的 out-hoard
飞机维护 airplane maintenance
飞机维修站 air depot
飞机尾流 aircraft wake
飞机无线电台 plane radio
飞机误点 aeroplane delay
飞机洗涤场 aircraft washing area
飞机下浴缸形突出物 bathtub
飞机型别 airplane type
飞机修理厂 airplane repair depot;airplane repair shop
飞机(修理)库 hangar
飞机掩体 aircraft pen;aircraft revetment
飞机仪器观测 apob
飞机翼间支架 cabane
飞机翼跨 wing span(of aircraft)
飞机翼轮 wing wheel
飞机翼上的雷达天线 headlight
飞机翼镶板 aircraft wing panel
飞机用材 aeroplane timber;airplane lumber
飞机用汽油 avgas
飞机用优质钢 aircraft quality steel
飞机运动 aircraft movement;aircraft operation
飞机运输舰 aircraft ferry
飞机早期警报站 aircraft early warning station
飞机噪声 aircraft noise;noise of aeroplane
飞机噪声标准 criterion for aircraft noise
飞机噪声区 bang-zone
飞机噪声水平 aerocraft noise level;aircraft noise level
飞机噪声验证 aircraft noise certification
飞机制造厂 aircraft factory;aircraft manufactory
飞机制造车间 aircraft manufacturing shop
飞机制造业 aviation
飞机中转站 staging base
飞机转播电视 stratovision
飞机转动记录器 kymograph
飞机转为水平飞行 flatten
飞机装配 airplane rigging
飞机装配厂 aircraft assembly plant
飞机装载量 useful load
飞机装载重 planeload
飞机坠毁 crash
飞机着地 touch-down(of aircraft)
飞机着陆场 flight strip;landing field;landing ground
飞机着陆灯 aviation landing lamp
飞机着陆荷载 aircraft landing load;landing load
飞机着陆距离 landing distance
飞机着陆轮 landing wheel
飞机着陆轮架 landing gear
飞机着陆跑道 landing strip
飞机着陆重量 landing weight of aircraft
飞机(着落)场 landing area
飞机着落费 landing charges
飞机组合 aircraft mix
飞机坐标系 aircraft axes;axes of an aircraft
飞机座舱 cockpit
飞机座前空当 knee room
飞剪 flying shear
飞剪板 fly sheared sheet
飞剪机 flying shears
飞剪剪切后的定尺寸长度 fly sheared length
飞剪式船首 clipper bow;clipper stem;cutwater bow;overhanging bow;flared clipper bow
飞剪式碎边剪 flying shear cutter
飞剪型船首 clipper bow;clipper stem;cutwater bow;overhanging bow
飞剪作业线 flying shear line
飞溅 bubbling;dash;oversplash;splashing;splattering;spatter(ing) <焊接时>
飞溅布料式单滚筒干燥器 single-drum dryer with splash-feed
飞溅槽 splash trough
飞溅的水 <防波堤顶部> oversplash
飞溅浪花 lipper
飞溅冷却器 splash cooler
飞溅率 <焊接时焊条金属> spatter loss coefficient
飞溅润滑 lubrication by splash;splash feed;splash lubrication
飞溅润滑法 splash system
飞溅润滑系统 splash(lubrication) system
飞溅式润滑 splash system lubrication
飞溅损失 spatter loss
飞溅涂层 spattering
飞溅污迹 spatter
飞溅油箱 splash pocket
飞角 nib
飞节 hock joint
飞金 gilding;gold plating
飞快传输 burst transmission
飞来层 klippe[复 klippen]
飞来峰 detached block;detached mass;klippe[复 klippen];mountain without roots;nappe outlier
飞来峰面积 area of klippe
飞来峰位置 location of klippe
飞料 batch carry-over;batch flying
飞料损失 carrying over
飞轮 flier;flyer;fly(ing) wheel;free wheel;wheel runner
飞轮泵 flywheel pump
飞轮槽 engine pit
飞轮车 gyrobus
飞轮齿圈 flywheel ring(gear);ring gear
飞轮传动 balance wheel;flywheel drive
飞轮定缝销钉 flywheel dowel retainer
飞轮定心凸缘 flywheel pilot flange
飞轮端 flywheel end
飞轮断流器【电】ticker
飞轮发电机 flywheel generator

飞轮辐 arm of flywheel;flywheel rib
飞轮功率 flywheel horsepower
飞轮滑轮 flywheel belt pulley
飞轮环 flywheel ring
飞轮环齿轮 flywheel ring gear
飞轮缓冲效应 flywheel damping effect
飞轮机械离合器压机 flywheel mechanical clutch press
飞轮记号 flywheel mark
飞轮架 flywheel frame
飞轮剪断安全螺栓 flywheel shear bolt
飞轮键 flywheel key
飞轮净功率 flywheel net power
飞轮壳 flywheel casing; flywheel housing
飞轮壳衬垫 flywheel housing gasket
飞轮壳铸件 flywheel cast
飞轮坑 flywheel pit
飞轮离合器 flywheel clutch
飞轮力矩 flywheel moment
飞轮轮辐 flywheel arm
飞轮轮圈 ring of flywheel
飞轮马力 flywheel horsepower
飞轮摩擦板 flywheel plate
飞轮喷射控制 flywheel jet control
飞轮平衡 flywheel balancing
飞轮起动器齿轮 flywheel starter gear
飞轮切割机 flywheel cutter
飞轮时基 flywheel time base
飞轮式发电机 generator with flywheel
飞轮式交流发电机 flywheel type alternator
飞轮式起动器 flywheel starter
飞轮式压力机 flywheel press
飞轮式永磁发动机 flywheel magneto
飞轮试验 flywheel test
飞轮手钻 fly drill;flywheel drill
飞轮调节器 flywheel governor
飞轮同步 flywheel synchronization
飞轮效应 flywheel effect; steadying effect
飞轮永磁发电机 flywheel magneto
飞轮永磁式发电机 flywheel magneto-generator
飞轮缘 flywheel rim;rim of the flywheel
飞轮罩 flywheel guard;flywheel housing
飞轮正时标记 flywheel positive mark
飞轮止推环 flywheel thrust
飞轮质量 flywheel mass
飞轮轴 flywheel shaft
飞轮主离合器 master flywheel clutch
飞轮转子 flywheel rotor
飞轮装置 flywheel gear
飞轮作用 flywheel action
飞落 alight
飞模 flying form(work)
飞模脚手架 manually propelled mobile scaffold
飞膜 patagium
飞沫 droplet;scud;spray
飞沫传播 droplet transmission
飞沫传染 droplet infection
飞沫核传染 droplet nuclei transmission
飞沫型填料 splash type filling
飞墨 misting
飞鸟 aerial bird
飞鸟撞击 bird impact
飞跑 scud
飞蓬 bitter fleabane
飞蓬油 erigeron oil
飞坡 minus grade
飞漆 overspray
飞禽饲料所 aviary
飞青 celadon with flyspots;speckled celadon
飞青器 speckled green ware
飞球 flyball
飞球式机械调速器 mechanical flyball-type governor
飞球(式)调节器 ball head governor
飞球(式)调速器 ball head governor;flyball governor;watt governor
飞球式转速计 flyball tachometer
飞球头 ballhead
飞燃弧 arcing
飞散 flying;spraying
飞散距离<岩石的> rock throw
飞散石 flying stone
飞沙<又称飞砂> blown sand;blowing sand;flying sand;wind-blown sand;blow sand;drifted sand;free flowing sand;heaving sand;mobile sand;quick sand;running sand;shifting sand;wind drift;wind-drift sand;deflation
飞沙堆模型 flying sandbank model
飞沙现象 aeolian sand transport
飞升航空器 gliding craft
飞升速率 rate of climb
飞石 scattering stone;flyrock
飞石打伤 rate injury accident of hitting from flying stone
飞丝 fiber flying;flying fiber;snap-out
飞丝率 rate of fiber flying
飞速离心机 super-centrifuge
飞梭 shuttle
飞梭式掀挡装置 quick shift shuttle
飞塔节 flying-lift of gas holder
飞腾性价格 volatile price
飞铁的 fly-weight
飞铁脚 flyweight paw
飞铁轴 fly spindle
飞艇 aeroboat;air boat;aircraft;airship;dirigible balloon;flying boat
飞艇蒙布漆 airship dope
飞艇气囊织物 airship envelope fabric
飞土 wind-blown soil
飞硪 circular rammer
飞线 overhead cable
飞翔 fly
飞向损耗 forward loss
飞屑 flying chip
飞行 aviate;flight;flight of step
飞行报告 flight report
飞行场地标灯 field light
飞行超高限 exceed the high limit of flight
飞行车 aerocar
飞行导航仪 flight navigator
飞行方向 flight direction
飞行高度 flight altitude;flight height
飞行高度平均差 average difference of flying altitude
飞行管制 flight control
飞行广播中心 flight announcement center[centre]
飞行轨迹侧面图 flight profile
飞行海拔高度 flying altitude
飞行航程指示器 air mileage indicator
飞行荷载 flying load
飞行计划 flight planning;flying design
飞行计划图 flight plan
飞行记录 flight record;flight log
飞行记录装置 flight log device
飞行技术 airmanship
飞行季节 flying season
飞行家 aeroplanist
飞行甲板 flight deck
飞行架次 sortie
飞行监测器 flight monitor
飞行舰迹图 fight aerotrace map
飞行进度条 flight progress strip
飞行经纬仪 flying theodolite
飞行距离 flight distance;flying distance;run of flight
飞行勘察 aerial reconnaissance
飞行列车<高速磁浮车> planetrain
飞行路线 flight path;flying route
飞行路线计划设备 flight path planning equipment
飞行路线偏差指示器 flight path deviation indicator
飞行路线偏离 flight path deviation
飞行能见度 flight visibility
飞行平衡 flight balance
飞行平均高度 flying average altitude
飞行剖面图 flight profile
飞行气压高度 flight level
飞行汽车 hovercar
飞行器 air-borne vehicle;craft;flier[flyer];vehicle
飞行器控制系统 vehicle control system
飞行情报区 flight information region
飞行区 aircraft movement area
飞行人员 flight crew;flight personal
飞行日 flying day
飞行日志 logbook
飞行设计<航摄的> flight design
飞行失败 abort
飞行时机内通话系统 flight interphone system
飞行时间 flying time
飞行式气垫 aerotrain
飞行式无轨列车<以螺旋桨带动的> aerotrain
飞行事故 flying accident
飞行试验 experimental flight;flight test
飞行试验台 flying test bed
飞行术 aeronautics;aviation
飞行速度 ratio of travel
飞行速率 air speed
飞行特征 flight characteristic
飞行天气 flight weather;flying weather
飞行天气预报 flight forecast
飞行条件 flight condition
飞行艇 aeroboat
飞行图 flight map;pilotage chart
飞行推力 flight thrust
飞行位置投影 projected map display
飞行位置投影地图显示器<一种空中导航装置> projected map display
飞行物 flyer
飞行线路 flight line
飞行相对高度 flying relative altitude
飞行项目 flying item
飞行小时 flight hour;flying hour
飞行性能 flying quality
飞行性能良好的 airworthy
飞行研究中心 flight research center[centre]
飞行验收试验 flight acceptance test
飞行遥控装置 flight-remote control;flight-remote control device
飞行迎角 flying angle
飞行用燃料 aviation fuel
飞行员 aeronaut;airman;aviator;flier[flyer];pilot
飞行照片 flight photo(graph)
飞行质量 flight quality
飞行中处理 inflight processing
飞行中的 in-flight
飞行钟 flying clock
飞行转向 dogleg
飞行姿态 flight altitude
飞行资料与航空站设备数据 flight information and air facility data
飞行自动记录仪 flight recorder
飞行自行车<一种单人飞行器> aerocycle
飞行组 flight unit
飞雪 blowing snow;swirl
飞檐【建】 overhanging eaves;cantilever eaves rafter;cornice;geison;larmier;lorymer;offshoot;upturned eaves;water-table[tabling]
飞檐层 cordon
飞檐椽 cocking piece;flying rafter;sprocket piece
飞檐的上部 corona
飞檐底板 soffit board
飞檐上部 corona
飞檐石 cornice
飞檐突出部 projection of cornice
飞檐托 modillion
飞檐托块 mutule
飞檐下无装饰块料的水平托架 block modillion
飞檐下悬臂石 angle modillion;modillion
飞檐形窗帘盒 box cornice;box eaves
飞燕草 larkspur
飞燕草辛 ajacine
飞扬的粉尘 loose dust
飞扬性炭黑 fluffy black;free black
飞逸曲线 runaway curve
飞逸速度 runaway speed
飞逸速率 runaway speed
飞逸转速 runaway rotation speed
飞鱼 flying fish
飞越 flyover;hop
飞越角 transit angle
飞越陆地 overland
飞越水面 overwater
飞越效应 transition effect
飞越栅栏 flying fence
飞云 scud
飞涨 ballooning;shoot up;skyrocket;soar
飞涨的通货膨胀 galloping inflation
飞涨的物价 skyrocketing prices
飞涨价格 skyrocketing prices
飞钟 flying clock
飞重 flying weight
飞转液力变矩器 direct running torque converter
飞子 flying rafter

非

非阿拉伯的金融货币机构 non-Arab financial and monetary institution

非安全部件 non-fail-safe unit
非安全的 non-safety;non-vital
非安全电路 non-safety circuit;non-vital circuit
非安全电路继电器 non-vital circuit relay
非安全锁 non-safety lock
非安全型继电器 non-safety relay;non-vital circuit relay
非安置率 non-placement rate
非氨基氮 non-amino nitrogen
非暗室晒印 no-darkroom print
非凹入设置 non-recessed mounting
非靶生物 non-target organism
非白垩处理 non-chalking
非白垩化 non-chalking
非白色光谱 non-white spectrum
非白噪声 non-white noise
非柏油路 untarred road
非班轮的 non-liner
非板状矿物 non-plate-like mineral
非半圆形脊瓦 hogsback(tile)
非伴生天然气 non-associated natural gas
非包销发行 best effects selling
非包装货 non-packed cargo;unpackage cargo;unpacked cargo
非饱和 partial saturation
非饱和层 vadose zone

非饱和充电 undercharge; undercharging; unsaturated charging
非饱和传导性 unsaturated conductivity
非饱和磁记录 non-saturated magnetic record
非饱和带 unsaturated zone
非饱和导水率 unsaturated hydraulic(al) conductivity
非饱和的 non-saturable; non-saturated; unsaturated
非饱和记录 non-saturation recording
非饱和聚酯树脂 unsaturated polyester resin
非饱和聚酯涂料 unsaturated polyester coating
非饱和孔隙度 unfilled porosity
非饱和绿灯时间 unsaturated green time
非饱和逻辑 non-saturating logic; unsaturated logic
非饱和逻辑电路 unsaturated logic circuit
非饱和黏[粘]土 unsaturated clay
非饱和潜水 non-saturation diving; unsaturated diving
非饱和潜钟深潜 deep non-saturation bell-diving research
非饱和区 active region; non-saturated region; unsaturated zone; vadose region
非饱和区土壤水流量 vadose-water discharge
非饱和容量 undercapacity; unsaturated capacity
非饱和渗透性 unsaturated permeability
非饱和式电路 non-saturation type circuit
非饱和式开关器 non-saturated switching circuit
非饱和水力传导度 unsaturated hydraulic(al) conductivity
非饱和水流 unsaturated flow
非饱和土(壤) unsaturated soil
非饱和土壤水分流动 unsaturated flow
非饱和状态 non-saturated condition
非饱水带 unsaturated zone
非保持性废水 non-conservative waste effluent
非保存性废气 non-conserve waste gas
非保存性废水 non-conserve waste effluent
非保兑信用证 unconfirmed credit; unconfirmed letter of credit
非保兑信用状 unconfirmed credit
非保风险 non-insurable risk
非保护关税 non-protecting duty
非保护系统文件 unprotected system file
非保角的 non-conformal
非保留的 non-stick
非保留进路 non-stick route
非保留式控制系统 non-stick system of control
非保留式控制制 non-stick system of control
非保守力 non-conservative force
非保守蠕变 non-conservative creep
非保守设计 non-conservative design
非保守运动 non-conservative motion
非保向力效应 non-orienting force effect
非保形因数 non-conforming shape factor
非保形因素 non-conforming shape factor
非保续形状函数 non-conforming shape function
非暴力死 non-violent death
非曝光区 non-exposed area
非爆燃料 knock-free fuel
非爆炸性的 unexplosive
非爆炸性水热喷发 non-explosion hydrothermal eruption
非爆震的 knock-free
非贝氏铁 non-Bessemer iron
非本部领土 non-metropolitan territory
非本地的 non-indigenous
非本地生物 adventive
非本地输入 non-local entry
非本国行为 act of foreign states
非本国原产 non-domestic origin
非本路起运的运输 foreign transportation
非本能性发生 non-spontaneous generation
非本能性质 extrinsic property
非本期的 non-current
非本色的 allochromatic; allochromatic colo(u)r
非本土的 adventive
非本行业的收益 unrelated business income
非本性奇点 non-essential singularity
非本域资源 other-domain resource
非本元码 non-primitive code
非本原的 non-primitive
非本原矩阵 imprimitive matrix
非本原指数 index of imprimitivity
非本征半导体 extrinsic semiconductor
非本征不稳定性 extrinsic instability
非本征成核 extrinsic nucleation
非本征导电 extrinsic conduction
非本征的 extrinsic
非本征电导 extrinsic conduction
非本征发光 extrinsic luminescence
非本征光电发射 direct ionization; extrinsic photoemission
非本征光电效应 extrinsic photoeffect
非本征光敏电阻 extrinsic photo conductor
非本征硅探测器 extrinsic silicon detector
非本征激发的探测器 extrinsic detector
非本征扩散 extrinsic diffusion
非本征连接损耗 extrinsic junction loss
非本征内光电效应 extrinsic internal photoeffect
非本征区 extrinsic region
非本征石英玻璃 extrinsic silica glass
非本征稳定性 extrinsic stability
非本征性质 extrinsic property
非本质安全电路 immaterial safety circuit
非本质的 extrinsic; immaterial; inessential; non-essential
非本质的[不重要的] unessential
非本质合作对策 inessential cooperative game
非本质奇异点 non-essential singularity
非本质事物 unessential
非本质一般对策 inessential general game
非本州居民 non-resident
非比例抽样 disproportionate sampling
非笔写的 unwritten
非必需品 inessentials; non essentials
非必要案卷 non-essential record
非必要元素 unessential element
非闭合的 unclosed
非闭合力多边形 unclosed force polygon
非闭塞系统 non-block system
非边际调整 non-marginal adjustment
非编号回答 unnumbered acknowledge; unnumbered response
非编号命令 unnumbered command
非编号确认 unnumbered acknowledge
非编号信息 unnumbered information
非编号帧 unnumbered frame
非编辑格式 unedited format
非编码图形(学) non-coded graphics; image graphics
非编码信息 non-coded information
非编目文件 uncatalogued file
非编译 decomplier
非编织的土工布 nonwoven geotextile
非编织物介质 <过滤层的> nonwoven medium
非编制预算年度 off-budget year
非变换方式 non-mapping mode
非变形臂架 undeflected boom
非变形的 undeformed
非变形状态 undeformed state
非变址命令 non-indexed command
非遍历性过程 non-ergodic process
非标定的钢筋网 detailed fabric
非标记的 nonflag
非标准标号 non-standard label
非标准标号处理 non-standard label handling
非标准材料 non-standard material
非标准产品 non-standard production
非标准成组货物 nonstandard unitized cargo
非标准尺寸 bastard size; non-standard size; off-standard size
非标准尺寸测定 outsize determination
非标准尺寸的大小 proportion of outsize
非标准传动箱 optional transmission
非标准单位 non-standard unit
非标准刀具 non-standard cutting tool
非标准的 non-criterion; non-standard; off-ga(u)ge; off-standard
非标准地段 non-standard section
非标准地取样法 plotless method
非标准地质剖面 non-standard geologic profile
非标准电缆 non-association cable
非标准电梯 non-standard elevator; non-standard lift
非标准电压 off-standard voltage
非标准动力头 custom-built power unit
非标准断面 non-standard section
非标准法 unstandardized technique
非标准防爆器 non-standard explosion prevention device
非标准分析 non-standard analysis
非标准概率计算 non-standard probability computation
非标准工时 non-standard hours
非标准工作装置 optional attachment
非标准构件 non-standard structural element
非标准合金刀具 non-standard carbide cutting tool
非标准化 de-standardization; non-standardization
非标准化的 non-standardized
非标准化工设备 non-standard chemical machinery; non-standard equipment of chemical engineering
非标准化管道 junk pipe
非标准化技术 non-standardized technique
非标准活动 activities not-adequately described
非标准集成电路 custom integrated circuit
非标准间隙 wrong clearance
非标准件 bastard element; non-standard unit
非标准接头 bastard connection
非标准截面 non-standard profile; non-standard section
非标准经济活动 activities not-adequately described
非标准可听度范围 abnormal audibility zone
非标准轮廓 non-standard profile
非标准螺栓 non-standard bolt
非标准螺纹 bastard thread; non-standard thread; odd-pitch screw
非标准铆钉 non-standard rivet
非标准模型 non-standard model
非标准母扣 bastard box
非标准黏[粘]土屋面瓦 non-standard clay roof(ing) tile
非标准品 non-standard product; off-standard product
非标准剖面 non-standard profile; non-standard section
非标准清算法 non-standard method of settlement
非标准塞规 non-standard plug ga(u)ge
非标准色(调) off-shade
非标准设备 non-standard equipment
非标准受压件 non-standard pressure parts
非标准叙述项目 <工程量清单中的> rogue item
非标准叙述项目计算机编码 <工程量清单中的> rogue code
非标准态系统 non-standard state system
非标准条件 non-standard condition; off-rating
非标准外形 non-standard profile
非标准文件 non-standard file
非标准系列 non-standard series
非标准型电机 non-standard motor
非标准型油罐车 tailor-made tank-truck
非标准型轴承 non-standard bearing
非标准颜色 off-colo(u)r
非标准硬方木 scantling
非标准原始物料 non-standard virgin material
非标准轴承 established line bearing
非标准轴向刀具 non-standard axial cutting tool
非标准装置 optional equipment
非标准状况 non-standard condition
非表面活性的 non-surface active
非表面活性剂 non-surface-active agent; non-surfactant
非冰川的 acryogenic; non-glacial
非冰冻的 acryogenic
非冰冻土 non-freezing soil
非并联调速器 non-parallel governor
非并列系统 different system
非波长依赖型单模耦合器 wavelength independent single mode coupler
非波动的 non-fluctuating
非玻化的 <吸水率大于百分之十> non-vitreous; non-vitrified
非玻化颗粒 non-vitreous grains; non-vitrified grains
非玻璃成型用金属氧化物 non-glass-forming metallic oxide
非玻璃态 non-glassy state
非玻璃质瓷瓦 non-vitreous ceramic tile
非玻璃质耐火材料 non-glassy refractory
非泊松模型 non-Poissonian model
非铂板护丝炉 non-platinum bushing furnace

非补偿罗经 uncompensated compass
非补偿盆地 non-compensated basin; starved basin; uncompensated basin
非补偿式电磁车辆检测器 non-compensated magnetic vehicle detector
非补码形式 uncomplemented form
非步带的【动】abambulacral
非部族化 detribalization
非采暖地区 non-heating region; region without heating
非彩色 achromatic colo(u)r; achromatism; neutral
非彩色的 achromatic
非彩色点 achromatic point
非彩色性 achromaticity
非彩色颜料 achromatic pigment
非参变量性统计 non-parametric statistics
非参加优先股 non-participating preference
非参考水平物种 non-reference level species
非参考态浓度 non-reference state concentration
非参量分类 non-parametric classification
非参数【数】distribution-free
非参数贝叶斯估计 non-parametric Bayesian estimation
非参数比较 non-parametric comparison
非参数测定 non-parametric test
非参数单样本模型 non-parametric one-sample model
非参数的 non-parametric
非参数方法 distribution-free method; non-parametric technique; non-parametric method
非参数估计 non-parametric estimation
非参数归纳 non-parametric induction
非参数回归方法 distribution-free regression procedure
非参数假设 non-parametric hypothesis
非参数检验 non-parametric test; parameter-free test
非参数模型 non-parametric model
非参数容许区间 non-parametric tolerance interval
非参数容许限 non-parametric tolerance limit
非参数双样本模型 non-parametric two-sample model
非参数统计 distribution-free statistics; non-parametric statistics
非参数统计(方)法 distribution-free statistic(al) method; non-parametric statistic(al) method
非参数推断 distribution-free inference; non-parametric inference
非参数序贯分析 non-parametric sequential analysis
非参数置信区间 non-parametric confidence interval
非残留农药 short-lived pesticide
非操纵司机室 non-driving cab
非操作的 non-operable
非操作费用 operating overhead expenses
非操作码 no-operation code
非操作人员 non-operator
非操作时间 off-time
非操作指令 non-operable instruction
非槽蓄演算 non-storage routing
非测定性 non-determination
非测定重量的钢轨 <在驼峰溜放线> dead rail
非测量的 non-metric
非测重钢轨 dead rail
非层流 non-laminar flow
非层流型洁净室 conventional type clean room
非层状冰碛 unstratified drift
非层状的 unstratified
非层状堆积物 unstratified drift
非层状土 unstratified soil
非层状岩 unstratified rock
非掺杂材料 undoped material
非掺杂单晶体 undoped single crystal
非掺杂二极管 undoped diode
非产甲烷菌 non-methanogen bacteria
非产粮地 non-crop land
非产流区 non-contributing area
非产品产出 non-product output
非产气细菌 anaerogenic bacterium
非产权环境保护技术 non-proprietary environmental protection technology
非产色菌 non-chromogenic bacteria
非产业服务 non-industrial service
非产业工人 non-industrial worker
非产业活动 non-industrial activity
非产业基层单位 non-industrial establishment
非长期债务 unfunded debt
非常 out of measure; without measure
非常暴雨 extraordinary storm
非常波 extraordinary wave
非常操作水位 emergency operating level
非常潮 abnormal tide
非常潮位 extreme tide
非常陈旧 extraordinary obsolescence
非常粗糙的结构面 very rough discontinuity
非常措施 exceptional measures
非常得力的 right-hand
非常的 extraordinary; supreme; uncommon; unwonted
非常低的温度 fierce temperature
非常定流 time-dependent flow; time-development current; unsteady flow
非常定运动 non-stationary motion
非常董事会 board of extraordinary directors
非常陡深的海 hollow sea
非常(多的)降水量 excessive precipitation
非常费用 extraordinary expenses
非常粉性的土(的俗称) cowbelly
非常风险 abnormal risk
非常高的可靠性 extreme high reliability
非常高的温度 fierce temperature
非常高的烟囱 skyscraper
非常高水头船闸 very high lift lock
非常高水位 extreme water level
非常光线 e-ray; extraordinary light; extraordinary ray
非常光线光谱 extraordinary ray spectrum
非常规的 nonconventional; unconventional
非常规的有害垃圾 unconventional waste
非常规功能 non-routine functions
非常规海洋资源 non-conventional ocean resources
非常规技术铁路 unconventional railway
非常规结合料 non-conventional binder
非常规解 non-trivial solution
非常规能源 non-conventional energy; unconventional energy resource
非常规排列程序 out-of-line coding
非常规燃料 unconventional fuel
非常规容器 unconventional vessel
非常规设计 non-conventional design
非常规设计结构 non-conventional designed structure
非常规石油 non-conventional oil
非常规手段 non-conventional approaches
非常规养护 non-routine maintenance
非常规支撑 non-conventional bearing
非常寒冷的 hyperborean
非常好的 dandy
非常荷载 abnormal load
非常荷载组合 unusual loads combination
非常洪峰 unusual flood peak
非常洪水 catastrophic flood; exceptionally high flood; extraordinary flood; infrequent flooding; superflood; unusual flood
非常洪水位 catastrophic flood level; exceptional flood level; exceptional water level
非常划算的交易 snip
非常激发 extra excitation
非常(价)值 exceptional value
非常尖的 pointy
非常降雨 excessive rain(fall of long duration)
非常接合式离合器 overcenter type clutch
非常紧急情况 exceptional emergency
非常(经)支出 extraordinary expenditures
非常精确的 point-device
非常决议 extraordinary resolution
非常可能存在的错误 most likely errors
非常快的 extremely quick
非常冷的水 most cold water
非常利润 extraordinary profit
非常流 abnormal flow
非常慢的 extremely slow
非常密集浮冰群 very close pack ice
非常密集流冰群 very close drift ice
非常明确的 well-established
非常模式 extraordinary mode
非常年使用渠道 non-perennial canal
非常年使用运河 non-perennial canal
非常黏[粘]的 extremely viscous
非常浓缩的 profusely enriched
非常情况 deadly condition; extraordinary case
非常情况下的加速折旧 emergency amortization
非常热的 scorching
非常任理事 non-permanent member
非常撒沙触头 emergency sanding contact
非常色散相位匹配 anomalous dispersion phase-matching
非常射线 extraordinary ray
非常深的海 abysm; abyss
非常时期 conjuncture; emergency period; eventuality
非常事态 unforseen event
非常收入 abnormal gain; extraordinary income; extraordinary receipts; extraordinary revenue
非常收益 abnormal gain; extraordinary gains
非常手段 extremity
非常数变异性 non-constant variability
非常数和对策 non-constant sum game
非常数扰动方差 non-constant disturbance variance
非常数显著性水平 non-constant significance level
非常水位 abnormal water level; unusual stage
非常水文年 extremely hydrographic(al) year
非常税 extraordinary tax
非常损坏 abnormal spoilage; extraordinary spoilage
非常损失 extraordinary loss; unusual loss
非常损益 extraordinary gains and losses
非常态拥挤 non-reciprocal nonrecurrent congestion
非常态拥塞 non-current congestion
非常特别税 emergency special tax
非常务董事 non-executive director
非常吸水的 bibulous
非常稀疏浮冰群 very open pack ice
非常稀疏流冰群 very open drift ice
非常详细的程序表 pinpoint program(me)
非常项目 abnormal item; extraordinary item
非常像 extraordinary image
非常小流量 extreme small discharge
非常行市 abnormal exchange
非常性决策 extraordinary decision
非常修理 extraordinary repairs
非常需要的 badly-needed
非常严重剥落 very severe scaling
非常严重的自然灾害 extraordinary serious natural calamity
非常养护 extraordinary maintenance
非常易曲提升机绳 special pliable hoisting rope
非常溢洪 emergency spilling
非常溢洪道 emergency spillway; fuse plug
非常用材料 non-traditional material
非常用途测验 test of unusual use
非常用装置 <断电后维持信号灯继续运行的紧急装置> power-failure feature
非常有利 all to the good
非常预算 emergency budget; extraordinary budget
非常运行水位 emergency operating level
非常灾害准备 unusual casualty reserves
非常折旧 abnormal depreciation; extraordinary depreciation
非常折射率 extraordinary index of refraction; extraordinary refractive index
非常折射线 extraordinary
非常征用权 angary
非常支出 extraordinary disbursement
非常制动位 emergency application position
非常重视的 at a premium
非常重要的试验 extremely important test
非常驻 non-resident
非常驻部分 non-resident portion
非常驻程序 non-resident program(me)
非常驻程序区 transient area
非常驻单位 non-resident unit
非常驻误差过程 non-resident error procedure
非潮流 non-tidal current
非潮流的海流 non-tidal current
非潮湿房间 non-wet room
非潮汐的 non-tidal
非潮汐(海)流 non-tidal current; non-tidal drift
非潮汐河流 non-tidal river
非沉管桩 non-displacement pile
非沉积不整合 non-depositional unconformity
非沉积环境 non-sedimentary environment
非沉降性固体(颗粒) non-settleable

solids
非成本项目 non-cost item
非成层的 non-stratified
非成层土 unstratified soil
非成层岩(石) non-stratified rock
非成块记录 unblocked record
非成套的零售商品 open stock
非成套假设 non-nested hypothesis
非成套类 non-nested family
非成套模型 non-nested model
非成像遥感器 non-imaging sensor
非成组货物 unpalletized cargo
非成组记录 unblocked record
非承压部件 attachment of non-pressure parts
非承压的 non-bearing;unpressurized
非承压地下水 free ground water; non-artesian groundwater; non-artesian water; unconfined aquifer; unconfined groundwater
非承压地下水流 flow with water table
非承压含水层 unconfined aquifer; water-table aquifer
非承压结构 non-bearing structure
非承压井 non-artesian well
非承压流 unconfined flow
非承压墙 non-load-bearing wall
非承压渗流 unconfined seepage
非承压水 unconfined water
非承压水体 unconfined water body
非承运人的联运人 non-carrier multimodal transport operator
非承载焊缝 unload weld
非承载结构 non-bearing structure
非承重的 non-bearing;non-load(ing) bearing;non-weight-carrying
非承重的建筑正面 non-load-bearing facade
非承重地板块 non-bearing floor block
非承重地面 non-load-bearing floor block
非承重地面砖 non-load-bearing floor brick; non-weight-carrying floor brick
非承重地坪砖 non-load-bearing floor brick; non-weight-carrying floor brick
非承重隔断 non(-load)-bearing partition(wall); non-weight-carrying partition(wall)
非承重隔墙 non(-load)-bearing partition(wall); non-weight-carrying partition(wall)
非承重隔墙或墙 non-load-bearing partition or wall
非承重隔墙(空心)砖 partition tile
非承重固定件 non-bearing fixing; restraint fixing
非承重护墙板 non-load-bearing panel
非承重混凝土 non(-load)-bearing concrete
非承重间壁 non-weight-carrying panel
非承重结构 non(-load)-bearing structure
非承重金属结构 non-structural metalwork
非承重空心砖 non-load-bearing hollow brick; non-load-bearing porous brick
非承重立面 non(-load)-bearing facade
非承重楼板 non-weight-carrying floor block
非承重楼面砖 non-weight-carrying floor brick
非承重内墙 non-loading bearing wall
非承重黏[粘]土 non-load-bearing clay
非承重黏[粘]土空心砖 non-load-bearing clay hollow tile
非承重黏[粘]土砖 non-load-bearing clay tile
非承重砌块 non-bearing block
非承重砌体工程外墙 masonry panel wall
非承重砌体墙 non-bearing masonry wall
非承重墙 non(-load)-bearing wall; self-supporting wall
非承重墙板 non-weight-carrying panel
非承重外墙 non-bearing exterior wall
非承重圬工外墙 masonry panel wall
非承重镶板 non-load-bearing panel
非承重砖(块) non(-load)-bearing brick;non(-load)-bearing tile
非城市化 disurbanization
非城市空气 non-urban air
非城市污染源 non-urban pollution sources
非城市源 non-urban source
非乘员 non-occupant
非程序的 non-programmed
非程序化的决策 non-programmed decision
非程序化决策 non-programmed decision;unprogrammed decision
非程序控制 non-presetting control
非程序判定 non-programmed decision
非程序设计用户 non-programming user
非程序停机 non-programmed halt
非持久性毒气 non-persistent war gas
非持久性农药 non-persistent pesticide
非持久性污染物 non-conservative pollutant
非持续坡度 non-sustaining slope
非齿轮传动 non-geared drive
非充公(没收)性运价 non-confiscatory rate
非充气面积 non-aerated area
非冲击式钻机 non-impact drill
非冲刷速度 non-scouring velocity
非冲刷性材料 non-erodable material
非冲刷性河槽 non-erodible channel
非冲刷性河床 non-erodible bed
非冲刷性渠道 non-erodible channel
非冲水厕所 conservancy system
非重叠方式 non-overlap mode
非重叠空间多路传输 non-overlapping spatial multiplexing
非重叠区间 non-overlapping intervals
非重叠取数 unoverlap fetching
非重叠绕组 non-overlapping winding
非重叠线近似 non-overlapping line approximation
非重复次序 non-repetitive sequence
非重复的 non-redundant
非重复的制造程序 non-repetitive manufacturing process
非重复键 non-repeated key
非重复网络 non-redundant network
非重复性当量值 non-repetitive equivalency
非重复性反向峰值电压 non-repetitive peak reverse voltage
非重复样本 non-repeated sampling
非重复组合 combination without repetition
非重合轴线 axis out of line
非重入代码 non-reentrant code
非重入结构形式 non-reentrant format
非重现性拥挤 non-recurring congestion
非重新上演者 non-revivalist
非抽样的 non-sampling
非抽样风险 non-sampling risk
非抽样误差 non-sampling error
非稠和芳烃 non-condensed aromatic
非稠密索引 non-dense index
非出售方式 non-sales mode
非出于自愿的 involuntary
非出租房屋闲置率 vacancy rate home-owner
非初级的 non-primitive
非储藏的 non-storage
非处理工厂 non-treatment plant
非触发式接头 non-concussive tap
非穿行式钢模板 non-telescopic form
非传导态 non-conducting state
非传导性的 dielectric
非传递的 non-transitive
非传递相关性 non-transitive dependency
非传动上辊 balanced top roll
非传动轴 nonpowered axle
非传染病 non-infection disease;non-infective disease
非传统材料 non-traditional material
非传统出口商 non-traditional exporter
非传统出口商品 non-traditional exports
非传统的 nonconventional
非传统水资源 unconventional water resources
非船东普通承运人 non-vessel owning common carrier
非船主 non-vessel owner
非船主航商 non-vessel operating common carrier
非串并联的 non-series-parallel
非串通保证书 <投标人的> affidavit of non-collusion
非串通誓言 <投标人的> affidavit of non-collusion
非串通证誓 <投标人的> affidavit of non-collusion
非垂直荷载 non-vertical load
非纯粹的公共货物 impure public goods
非纯代码 impure code
非纯量方差协方差矩阵 non-scalar variance covariance matrix
非纯量扰动协方差矩阵 non-scalar disturbance covariance matrix
非纯量协方差矩阵 non-scalar covariance matrix
非纯色玻璃 glass tinted by impurities
非纯一分布 heterogeneous distribution
非纯一系统 heterogeneous system
非纯一总体 heterogeneous population
非瓷砖 non-ceramic tile
非磁化粒子 non-magnetic particle
非磁化铁 unbias(s)ed ferrite
非磁记录介质 non-magnetic recording medium
非磁记录媒体 non-magnetic recording medium
非磁力测定 non-magnetometry
非磁罗盘 non-magnetic compass
非磁式质谱计 non-magnetic mass spectrometer
非磁体 non-magnetic body
非磁性部分 non-magnetic fraction
非磁性材料 non-magnetic material
非磁性的 non-magnetic
非磁性钢 non-magnetic steel
非磁性高电阻合金铸铁 Nomag
非磁性合金 non-magnetic alloy
非磁性接头 non-magnetic sub
非磁性金属 non-magnetic metal
非磁性金属材料 non-magnetic ionization ga(u)ge
非磁性矿物 non-magnetic mineral
非磁性实验室 non-magnetic laboratory
非磁性物 non magnetics
非磁性物质 non-magnetic substance
非磁性钻杆 non-magnetic rod
非磁性钻铤 non-magnetic drill collar
非磁滞剩余磁化强度 anhysteretic remanent magnetization
非刺穿底辟 unpiercement diaper
非从动轮 non-driven wheel
非催化法 non-catalysis method
非催化过程 non-catalytic process
非催化剂净化废气汽车 non-catalytic car
非淬火的 non-hardened
非存储空间 non-storage space
非存储控制 non-presetting control
非存储设备 non-storage device
非存储式的 non-storage
非存储式显示装置 non-storage display
非存货性资产 non-inventory assets
非打击式表面字符印刷 face character nonimpact printing
非打击式的 non-impact
非代表性项目 unrepresentative item
非代偿性碱中毒 uncompensated alkalosis
非代偿性酸中毒 uncompensated acidosis
非带纹煤 non-banded coal
非带项 non-zonal term
非单调逻辑 non-monotonic logic
非单调效用函数 non-monotonic utility function
非单色场 non-monochromatic field
非单色的 heterochromatic
非单色放射 non-monochromatic emission
非单色放射辐射 non-monochromatic radiation
非单一价格政策 split pricing
非单一假设 no single hypothesis
非单值函数 non-uniform function
非单值误差 ambiguity error
非单值显示 ambiguous display
非蛋白氮 non-protein nitrogen
非当事人利益 privity
非导电媒质 non-conducting medium
非导电性媒质 non-conductive medium
非导电阻挡层 non-conducting barrier layer
非导体 insulator;non-conductor
非导体的 idioelectric;non-conductive
非导体矿物 non-conductive mineral
非倒易耦合 non-reciprocal coupling
非倒易性 non-reciprocity
非等价 non-equivalence
非等价元件 non-equivalent-to-element
非等间距的 unequally spaced
非等间距数据 unequally spaced data
非等间距数据点 unequally spaced data point
非等角等积投影 arbitrary map projection
非等截面梁 nonprismatic beam;non-uniform beam
非等截面桥 nonprismatic bridge
非等距界限 non-equidistant limit
非等距离的 non-isometric
非等距线 non-isometric lines
非等粒的 hiatal
非等量度颗粒 non-isometry grain
非等量加权 importance weighting
非等熵的 anisentropic;non-isoentropic
非等熵流 non-isentropic flow
非等渗的 anisotonic
非等时传输 anisochronous transmission
非等速流 non-uniform flow
非等弹性 anisoelasticity
非等弹性的 anisoelastic;non-isoelastic
非等温的 anisothermal;non-isothermal
非等温分解反应 non-isothermal de-

composition reaction
非等温流 non-isothermal flow
非等温面 non-isothermal surface
非等温黏[粘]弹流体 non-isothermal viscoelastic fluid
非等温射流 non-isothermal jet
非等温生长 non-isothermal growth
非等温性 non-isothermality
非等向固结 anisotropic(al) consolidation
非等效对称元 non-equivalent symmetry element
非等效控制群 non-equivalent control group
非等压的 anisobaric
非等值函数 non-uniform function
非等轴的 anisometric(al)
非滴淌涂料 non-drip paint
非滴淌油漆 non-drip paint
非抵押债务 unfunded debt
非地带性的 azonal
非地带性土壤 azonal soil
非地带性植物 azonal vegetation
非地方性的 azonic; ecdemic
非地壳运动的 non-diastrophic
非地沥青的 non-asphaltic
非地沥青基石油 non-asphaltic base oil; non-asphaltic petroleum
非地沥青(铺)路油 <不结硬的石油馏出物,用于灭尘> non-asphaltic road oil
非地沥青质的 non-asphaltic; non-bituminous
非地沥青质焦性沥青 non-asphaltic pyrobitumen
非地沥青质铺路油 non road oil
非地球卫星 other-than-earth satellite
非地热构造带 non-geothermal tectonic zone
非地热区 non-geothermal area
非地下白蚁 non-subterranean termite
非地下室空间 basementless space
非地形测量的 non-topographic(al)
非地形摄影测量 non-topographic(al) photogrammetry
非地形抬升作用 non-orographic lifting
非地震的 non-seismological
非地震断层 non-causative fault
非地震断层运动 non-seismic fault motion
非地震构造运动 non-earthquake tectonic movement
非地震区 non-seismic area; non-seismic region
非地震震动 non-seismic vibration
非地转的 ageostrophic
非地转风 ageostrophic wind
非递归的 non-recursive
非递归滤波器 non-recursive filter
非递归系统 non-recursive system
非递增函数 non-increasing function
非缔合液体 non-associated liquid
非缔约方 non-contracting party
非颠倒式拌和机 non-tilt mixer
非典型 off-type
非典型标本 ideotype
非典型的 atypical; non-representative; unrepresentative
非典型估计程序 atypical estimation procedure
非典型回归热 atypical recurrent fever
非典型品种 off-type variety
非典型型 atypical form
非点火管 unfired tube
非点农业污染源 non-point agriculture pollution source
非点污染源 non-point pollution source
非点污染源地下水污染 non-point source groundwater contamination
非点污染源调查 non-point source survey
非点污染源非恒定输入 non-point source inputs as non-conservative load
非点污染源负荷 non-point source load
非点污染源负荷估算 computing loading estimates from non-point sources
非点污染源恒定输入 non-point source inputs as conservative
非点污染源控制 non-point source pollution control
非点污染源模拟模型 non-point source simulation model
非点污染源排放 non-point source discharge
非点污染源评估 non-point source assessment
非点污染源区 area of non-point sources of pollutant
非点污染源水污染 non-point source pollution
非点污染源水质水量模拟 non-point source water quality and quantity modeling
非点污染源污染负荷 pollution load of non-point source
非点污染源污染物输出 non-point source pollutant output
非点源 non-point source; non-point source of pollution; source of non-point pollutant
非点源模型 non-point source model
非点源污染 non-point pollution; non-point source pollution
非点源污染风险评估 non-point source pollution risk assessment
非点源污染控制对策 non-point source pollution control strategy
非点源污染控制区 area of non-point source pollution control
非点源污染流量 quantity of flow of non-point source pollutant
非点源污染模型 non-point source pollution model
非点源污染势 non-point source pollution potential
非点源污染物 non-point source pollutant
非点源污染物输移模拟 non-point source pollutant transport modeling
非点源污染物滞留时间 non-point source pollutant residence time
非电爆拒爆 non-electric(al) misfire
非电磁分子 non-electromagnetic molecule
非电磁吸盘 non-electromagnetic chuck
非电的 non-electric(al)
非电化体的 anelectric(al)
非电化铁路 non-electrified line; non-electrified railway
非电解质 non-electrolyte
非电解质溶液 solution of non-electrolyte
非电抗性 non-reactivity
非电抗性的 non-reactive
非电抗性负载 non-reactive load
非电离的 unionized
非电离辐射损伤 non-ionizing radiation damage
非电力的延时爆破雷管 nonelectric-delay blasting cap
非电量电测法 electric(al) measurement of non-elastic quantities
非电路 inverter circuit; NOT circuit
非电码轨道电路 noncoded track circuit
非电码馈电 noncoded feed
非电起爆 non-electric(al) initiation
非电起爆迟发雷管 non-electric(al) delay blasting cap
非电起爆点火系统 non-electric(al) blast ignition system
非电起爆雷管 non-el detonator; non-electric(al) detonator
非电起爆器 non-el detonator; non-electric(al) detonator
非电起爆装置 non-electric(al) initiation device
非电气化的 non-electrified
非电气化区间 non-electrified section
非电式海流计 non-electric(al) current meter
非电延期雷管 non-electric(al) delayed detonator
非电延时爆炸雷管 non-electric(al) delay blasting cap
非电引爆系统 non-electric(al) detonating system
非(电阻)导体 ohmic conductor
非叠生形成层 unstoried cambium
非定班运行 non-scheduled run
非定泊式挖泥船 non-stationary dredge(r)
非定常变速流 unsteady non-uniform flow
非定常波 unsteady wave
非定常过程的特征 transient response characteristic
非定常海水净化 unsteady sea water purging
非定常空气动力学 non-steady aerodynamics
非定常流 non-equilibrium flow; non-stationary flow; non-steady flow; time-dependent flow; transient flow; unsteady flow
非定常流型 unsteady flow pattern
非定常流阻力 unsteady drag; unsteady resistance
非定常性 non-stationarity
非定常应力分析 time-dependent stress analysis
非定常运动 non-stationary motion; non-steady motion
非定常振动 transient state vibration
非定常状态 unsteady state
非定额流动资金 non-quota circulating fund; non-quota current fund
非定额时间 non-quota hours
非定界符 non-delimiter
非定晶硅 amorphous silica
非定量化影响 unquantifiable impact
非定量目标 non-quantitative objective
非定量因素 non-quantifiable factor
非定期报告 non-periodic(al) report
非定期成本计算 non-periodic(al) cost computation
非定期调查 non-recurrent inquiry
非定期损益 non-periodic(al) profit and loss
非定期维修 non-periodic(al) repair
非定期运输线路 irregular service
非定时报告 off-time report
非定时的 non-periodic(al); off-time
非定态 non-stationary state; unsteady state
非定态传热 unsteady state transfer of heat
非定向标本 unoriented specimen
非定向标灯 non-directional beacon
非定向的 non-directional; omnidirectional
非定向回声测深法 non-directional echo sounding
非定向计数管 non-directional counter
非定向流形 non-orientable manifold
非定向天线 omnidirectional antenna
非定向性探测器 non-directional detector
非定心式遥控电动机 non-centering [centring] telemotor
非定形的 amorphous
非定型的 atypical; custom-built; custom-made; non-typical
非定型化决策 non-programmed decision
非定型化问题的解决 non-programmed problem-solving
非定型决策 non-programmed decision making
非定型设计的 custom-designed
非定义符 non-delimiter
非定域的 non-localized
非定域电子 non-localized electron
非定域键 delocalized bond
非定域键模型 delocalized-bond model
非定域能 delocalization energy
非定域态 non-localized state
非定域条纹 non-localized fringe
非定域性 non-locality
非定域作用 delocalization
非定值分析 non-deterministic analysis
非定制的 off the peg
非定重线捆 catch weight coil
非动力船 non-power driving ship; non-power vessel
非动力轮 carrying wheel
非动力土壤 adynamic(al) soil
非动力轴 carrying axle
非冻胀土 non-heaving soil
非都市土地 non-urban land
非毒性毒素 non-specific toxin
非独创的 ready-made
非独家的 non-exclusive
非独立错误 dependent error
非独立代理人 dependent agent
非独立放电 non-self-maintained discharge
非独立观测 dependent observation
非独立核算单位 non-independent accounting unit
非独立核算工业企业 economically dependent industrial enterprise
非独立建筑单位 non-independent construction unit
非独立事件 non-independent event
非独立网【测】dependent network
非独立误差 dependent error
非独占许可 non-exclusive license [licence]
非堵塞截面 unlocked area
非堵塞叶轮 non-clogging impeller
非镀锌钢管 non-galvanized pipe
非镀锌管 black pipe
非镀银板 unsilvered plate
非端锚力筋 non-end-anchored tendon
非端支承 non end bearing
非短接的 non-shorting
非短路开关 non-shorting switch
非短路输出 non-shorted output
非段式处理机 non-segmented processor
非段式计算机 non-segmented computer; non-segmented machine
非堆货区 <库场中的> non-storage area
非对称 V 形槽 asymmetric(al) double vee groove
非对称板梁 unsymmetric(al) plate girder
非对称的 asymmetric(al); non-symmetric(al)
非对称点 asymmetric(al) point
非对称电位 asymmetry potential
非对称多处理系统 asymmetric(al) multiprocessing system

F

非对称分布 asymmetric(al) distribution; non-symmetric (al) distribution; skew distribution
非对称辐射 asymmetric(al) radiation
非对称拱形坝 non-symmetric(al) arch(ed) dam
非对称估计法 asymmetric(al) estimation method
非对称关系 asymmetric(al) relation; non-symmetric(al) relation
非对称滚子轴承 asymmetric(al) roller bearing
非对称荷载 non-symmetric(al) loading; unsymmetric(al) load(ing)
非对称畸变 asymmetric(al) distortion
非对称计 asymmeter
非对称建筑物 asymmetric(al) building
非对称角 asymmetry angle
非对称阶梯函数 asymmetric(al) step function
非对称晶体 anisometric(al) crystal
非对称矩阵 anti-symmetric(al) matrix; unsymmetric(al) matrix
非对称连接 asymmetric(al) junction
非对称裂变 asymmetric(al) fission
非对称路网均衡问题 asymmetric(al) network equilibrium problem
非对称脉冲响应 asymmetric(al) impulse response
非对称配光型灯具 asymmetric(al) luminaire
非对称配置 asymmetric(al) configuration
非对称喷管 offset nozzle
非对称偏转 asymmetric(al) deflection
非对称曲率 asymmetric(al) curvature
非对称曲线 asymmetric(al) curve
非对称色散 asymmetric(al) dispersion
非对称设备 asymmetric(al) device
非对称施工(法) asymmetric(al) construction
非对称输出 unbalanced output
非对称输入输出 asymmetric(al) input/output
非对称输入输出设备 asymmetric(al) input/output
非对称数字用户线路 asymmetric(al) digital subscriber line
非对称弹性(力学) asymmetric(al) elasticity
非对称条纹 asymmetric(al) fringe
非对称弯曲 asymmetric(al) curvature
非对称网络 dissymmetric(al) network
非对称系数 dissymmetry coefficient
非对称系统 asymmetric(al) system
非对称响应 asymmetric(al) response; unsymmetric(al) response
非对称像差 non-symmetric(al) aberration
非对称信道 non-symmetric(al) channel
非对称形状 asymmetric(al) shape
非对称型 unsymmetric(al) form
非对称型多处理机 asymmetric(al) multiprocessor
非对称性 anti-symmetry; asymmetry
非对称性参数 asymmetry parameter
非对称性分布 asymmetry distribution
非对称性水体 non-symmetric(al) aquifer
非对称性系数 asymmetry coefficient
非对称性消像散透镜 asymmetric(al) anastigmat
非对称循环 non-symmetric(al) cycle
非对称照明 asymmetric(al) lighting
非对称振荡 unsymmetric(al) oscillation
非对称振捣器 asymmetric(al) vibrator
非对称振动 asymmetric(al) vibration
非对称振子 asymmetric(al) vibrator
非对称正态分布 skewed normal distribution
非对称支路 asymmetric(al) branch
非对称周期轨道 asymmetric(al) periodic(al) orbit
非对分法 asymmetric(al) branching process
非对讲的 antimetric
非对角(线)的 non-diagonal; off-diagonal
非对角线元素 non-diagonal elements; off-diagonal elements
非对人资产 impersonal assets
非对向观测 non-reciprocal observation
非对应参数 non-corresponding parameters
非对应微观参数 non-corresponding microparameter
非对应信号方式 non-associated signal(l)ing
非对映的 diastereomeric
非对映体 diastereomer
非对映形 diastereomeric form
非对映异构的 diastereoisomeric; diastereotopic
非对映异构体 diastereoisomer
非兑现性 illiquidity
非多孔表面 non-porous surface
非多孔性 imporosity
非多脉冲链 non-multipulse chain; V-suffix chain
非多余的 non-redundant
非多重共线性 absence of multicollinearity
非额定情况 off-nominal behavio(u)r
非尔尼可铁镍钴合金 Fernico alloy
非二次损失函数 non-quadratic loss function
非二进制代码 non-binary code
非二义性的 unambiguous
非发电时期 non-generating period
非发动机端桥轴 non-engine end axle
非发动机空气动力噪声 non-engine aerodynamic noise
非发射底极 non-emitting sole
非发震断层 non-causative fault
非发震断裂 non-causative fault; non-induce-earthquake fracture
非法 illegitimate; unlawfulness
非法罢工 illegal strike; quickie strike
非法报表 illegal report
非法报酬 illegal consideration
非法变更 unlawful conversion
非法表决 illegal vote
非法捕捞水产品罪 crime of illegal fishing fishery
非法操作 illegal operation
非法出版物 illegal publication
非法存储器【计】 non-existent memory
非法代码 false code; illegal code; non-existent code; unallowable code
非法代码校验 false code check
非法的 exorbitant; illegal; unallowable; undue; unlawful
非法地 unduly
非法地址 illegal address
非法地址检查 illegal address check
非法定的 unofficial
非法定方法 unofficial method
非法定审计约定 non-statutory audit engagement
非法定支出 extra statutory expenditures
非法定(轴)荷载 illegal(axle) load
非法翻印 piracy
非法翻印者 pirate
非法防护方式 illegal guard mode
非法付款 illegal payment
非法干涉 illegal intervention
非法高利 illegal interest
非法函数名 illegal function name
非法合并 illegal combination
非法合伙 illegal partnership
非法合同 illegal contract
非法和私下贩运 illicit and clandestine trafficking
非法活动 illegal activity; unlawful activity
非法获得的证据 illegally obtained evidence
非法继续占用 unlawful continuance
非法价格 exorbitant price
非法驾驶 illegal drive
非法建筑物 illegal structure
非法交货 conversion of cargo
非法交通侵占 illegal traffic encroachment
非法交易 illegal transaction; unlawful trading
非法交易市场 black market
非法解雇 wrongful dismissal
非法进口 contraband of import
非法进入 illegal infiltration
非法经营的 wildcat
非法拘留 false arrest
非法控制消息的错误 illegal control-message error
非法扣押 malicious arrest
非法利润 exorbitant profit; illegal profit
非法连接 illegal host connection
非法联合 illegal combination
非法律文件 extrajudicial document
非法码检查 unallowable code check
非法码校验 non-existent code check
非法买卖 contraband; racket; trafficking
非法买卖品 contraband goods
非法贸易 illegal trade; illicit trade
非法命令 illegal command; improper command; unused command
非法命令检查 illegal-command check; improper command check
非法牟取 grab
非法判罪 illegal condemnation
非法抛泥 illegal dumping
非法契约 illegal contract
非法侵入 forcible entry; illegal encroachment; trespass(ing)
非法侵占 illegal encroachment
非法侵占不动产等 disseisin
非法侵占财产 larceny
非法侵占他人财产 deforcement
非法轻弃 illegal tipping; phantom dumping; unlawful dumping
非法倾倒垃圾 illegal dumping
非法请求 illegal request
非法人团体 unincorporated society
非法入口计数 illegal entry count
非法入侵者 hacker
非法渗透 illegal infiltration
非法使用 illegal use; usurpation
非法使用特许权 usurpation of a franchise
非法收入 fraudulent gain; illegitimate income; illicit income
非法收益留存 improper accumulation
非法手段 illegal means
非法数位 unallowable digit
非法数字 forbidden digit
非法数字校验 forbidden digit check
非法搜查 bag job
非法搜查与扣押 illegal search and seizure
非法所得 illegal profit
非法途径 back door
非法限制 illegal restraint
非法销售 dispose of without a license
非法协定 illicit pact
非法信托 illegal trust
非法(信息)包 illegal packet
非法行为 illegal(ity) act; illegal action; tort; unlawful act; wrongful act
非法性质 illegal nature
非法寻地址方式 illegal addressing mode
非法讯问 illegal interrogation
非法要求 illegal request
非法移民 illegal immigrant
非法遗漏 illegal omission
非法用户 unauthorized user
非法元素 illegal element
非法元素名 illegal element name
非法约因 illegal consideration
非法运输 bootlegging; illegal traffic; illicit traffic; contraband <如走私、资敌等>
非法占建 illegal housing
非法占用土地强制执行案 case of enforcement of taking up land unlawfully
非法占有 adverse possession; deforcement; detainer; illegal possession
非法占有人 mala fide possessor
非法占住者 squatter
非法正伐期龄 abnormal final age
非法支付 illegal payment
非法指令【计】 disable instruction; illegal command; illegal instruction; unallowable instruction
非法指令检查 unallowable instruction check
非法指令数字 unallowable instruction digit
非法制造 bootlegging
非法中断 illegal interrupt
非法状态 illegal state
非法字符 illegal character; unallowable character
非法组合 combination forbidden; forbidden combination; illegal combination; unused combination
非法组合校验 forbidden combination check
非法组织 illegal organization; outlaw
非繁忙 off-peak
非繁忙时间 off-peak hours
非反光玻璃 non-reflecting glass
非反光材料 non-reflective material; nonretro-reflective material
非反光路面标志 a-reflective pavement marker; non-reflective pavement marker
非反射表面 non-reflective surface
非反射波 direct wave
非反射的 non-reflective
非反射镀层 non-reflecting coating
非反射镜 non-reflective mirror
非反射面 non-reflecting surface
非反射膜 non-reflecting coating; non-reflecting film
非反射墨水 non-reflective ink
非反相放大器 non-inverting amplifier
非反相缓冲器 non-inverting buffer
非反向安全装置 non-return finger device
非反像的 non-reversed
非反应气体 non-reactive gas
非反应性稀释剂 non-reactive diluent
非方向电流保护装置 non-directional current protection

非方形的 unsquared
非方形矩阵 non-square matrix
非方阵 non-square matrix
非芳香烃 non-aromatic hydrocarbon
非芳香性的 non-aromatic
非防爆型设备 open-type equipment
非防护措施 non-hardening
非防火的 non-fireproof
非防火构造 non-fireproof construction
非防火建筑(物) non-fireproof construction;non-fired construction
非防火结构 non-fireproof construction
非仿射变形 non-affine deformation
非纺单向织物 non-woven unidirectional fabric
非纺土工布 non-woven geofabric
非纺织布 bonder fibre fabrics;non-woven fabric
非纺织的 non-woven
非纺织纤维布 non-woven fabric
非放射成因同位素 non-radiogenic isotope
非放射性电子捕获检测器 non-radioactive electron capture detector
非放射性气体法 non-radioactivity air survey method
非放射性试验 inactive test;non-radioactive test
非放射性组分 non-radioactive component
非沸泉 non-boiling spring
非分辨的 unresolved
非分层设色图 unlayered sheet
非分层样本 non-stratified sample
非分带土 azonal soil
非分解式作业评价 non-analytic(al) job evaluation
非分离结晶作用 non-fractional crystallization
非分离码 non-separated code
非分片记录方式 non-paging mode
非分期偿还的贷款 non-instalment credit
非分期偿还的借方或贷方 non-instalment debit or credit side
非分期偿还的信贷 non-instalment credit
非分期付款 non-instalment
非分散变量 non-dispersed variable
非分散的 non-dispersive
非分散红外法 non-dispersive infrared method
非分散红外分析仪 non-dispersive infrared analyser[analyzer]
非分散红外光度法 non-dispersive infrared photometry
非分散红外吸收法 non-dispersive infrared absorption method
非分散红外紫外分析仪 non-dispersive ultraviolet analyser[analyzer]
非分散性 X 射线分析 non-disperse X-ray analysis
非分散性气体 non-scattering gas
非分散紫外气体分析仪 non-dispersive ultraviolet gas analyser[analyzer]
非分析函数 non-analytic(al) function
非分选多边形土 non-sorted polygon
非分组方式终端 non-packet mode terminal
非分组码 nonblock code
非酚类鞣剂 non-phenolic tanning agent
非粉状残渣 non-pulverulent residue
非风化物 non-efflorescence
非封闭通道客车 coach with open gangway
非封闭系统 non-closed system;open system
非封冻河流 non-freezing river;non-freezing stream
非封锁转接设备 non-blocking switch
非峰荷的 off-peak
非峰荷期 off-peak period
非峰荷时间 off-peak hours
非峰荷时期 off-peak period
非峰荷要求 off-peak demand
非峰值的 off-peak
非峰值电能 off-peak electric(al) energy
非峰值负载 off peak load
非峰值输出信号 non-spiking output
非峰值以外的 off-peak
非锋面降水 non-frontal precipitation
非否定区域 non-rejection region
非服务时间 out-of-service time
非浮点算术符号 non-floating arithmetic sign
非浮力圆形紊动射流 non-buoyant circular turbulent jet
非浮式罗盘 non-floating type compass
非浮游植物耗氧量 non-phytoplankton oxygen consumption
非浮运沉箱 non-floating caisson
非辐散流 non-divergent flow
非辐射复合 non-radiative recombination
非辐射过程 non-radiative process
非辐射目标 non-radiative target
非辐射损耗 non-radiative loss
非辐射跃迁 non-radiative jump;non-radiative transition
非腐蚀性的 non-corrodible;non-corrosive
非腐蚀性化学品 non-corrosive chemical
非腐蚀性气体 non-corrosive gas
非腐蚀性水 non-corrosion water
非腐殖物质 non-humic substance
非付费区 unpaid area
非负变量 non-negative variable
非负定 non-negative definite
非负定矩阵 non-negative definite matrix
非负函数 non-negative function
非负荷端 unload side
非负积分形式 non-negative integral form
非负结伙对策 non-negative companion game
非负矩阵 non-negative matrix
非负数 non-negative number
非负算子 non-negative operator
非负系数多项式 polynomial with non-negative coefficients
非负限制 non-negative restriction
非负象限 non-negative quadrant
非负形式 non-negative form
非负型 non-negative type
非负性的约束条件 non-negativity constraint
非负性条件 non-negative condition;non-negativity condition
非负性约束 non-negativity restriction
非负整数 non-negative integer
非负整数集 set of non-negative integer
非负值 non-negative value
非负值性 non-negativity
非负组合 non-negative combination
非附加 non-add
非附随 unbundling
非附随程序 unbundled program(me)
非附着的 free-standing
非复式的 non-multiple
非复式交换台 <人工电话> non-multiple board
非复式塞孔 non-multiple jack
非复氧时间 non-aeration time
非复氧水流区 non-aerated flow region
非复原法 non-restoring method
非复原式装置 apparatus without homing position
非复制码 non-reproducing code
非钙土植物 calcifuge
非钙质棕色土 non-calcic brown soil
非概率抽样 non-probability sampling
非概率性 improbability
非概率性方程组 non-probabilistic systems of equations
非概率样本 non-probability sample
非概率样品 non-probability sample
非干性的 non-drying
非干性货(物) non-drying cargo
非干性油 non-drying oil;unbodied oil
非感潮泊位 non-tidal berth
非感潮区 non-tidal compartment
非感性电路 non-inductive circuit
非感应的 non-inductive
非刚体 non-rigid body
非刚性 non-rigid;non-rigidity
非刚性材料 non-rigid material
非刚性车道 non-rigid carriage way
非刚性车行道 non-rigid carriage way
非刚性的 non-rigid
非刚性地板 non-rigid floor
非刚性(发)券 non-rigid steel arch
非刚性分子 non-rigid molecule
非刚性盖缝物 non-rigid joint covering
非刚性钢拱 non-rigid steel arch
非刚性基层 non-rigid base
非刚性节点 non-rigid connection;non-rigid joint
非刚性联结器 non-rigid coupling device
非刚性联结装置 non-rigid coupling device
非刚性联轴器 non-rigid coupling device
非刚性楼板 non-rigid floor
非刚性路 non-rigid road
非刚性路基 non-rigid road base
非刚性路面 <指柔性路面> non-rigid pavement;non-reinforced pavement
非刚性塑料 non-rigid plastics
非刚性体系 non-rigid system
非高峰 off-peak
非高峰抽水 off-peak pumping
非高峰的 off-peak
非高峰方向 off direction
非高峰费率 off-peak tariff
非高峰负荷 off peak load
非高峰工作小时 off-peak hours
非高峰功率 off-peak power
非高峰供气 off-peak service
非高峰荷载 off peak load
非高峰价目表 off-peak tariff
非高峰期 off-peak hours
非高峰期工作和旅游 off-peak working and travel(l)ing
非高峰期供电 off-peak electric(al) supply
非高峰期价格 off-peak tariff
非高峰期间 off-peak period
非高峰期间的运输 off-peak traffic
非高峰日间 off-peak daytime
非高峰时间 off-peak hours;off-peak period;off-peak time
非高峰时间减半票价 half-price off-peak fare
非高峰时间通勤 off-peak commuting
非高峰时间业务 off-peak service
非高峰使用 off-peak usage
非高峰收费表 off-peak tariff
非高峰系统 off-peak system
非高峰小时 non-peak hours;off-peak hours
非高峰需要 off-peak demand
非高峰夜晚 off-peak evening
非高峰运转 off-peak running
非高斯光 non-Gaussian light
非高斯链 non-Gaussian chain
非高斯溶质浓度分布 non-Gaussian solute concentration distribution
非高速公路 non-motorway
非格式 non-format
非格式化 unformatted
非格式化方式 unformatted mode
非格式化请求 unformatted request
非格式化图像 unformatted image
非格式化系统服务程序 unformatted system services
非格式化显示 unformatted display
非格式文件 unformatted file
非隔热墙壁 non-insulated siding
非隔行光栅扫描 non-interlace raster scanning
非个人的 impersonal
非个人的担保 impersonal security
非个人的公司 impersonal corporation
非个人实体 impersonal entity
非个人资产 impersonal assets
非各态经历过程 non-ergodic process
非各相同性弹性 non-isotropic elasticity
非各向等弹性的 non-isoelastic
非各向同性板 anisotropic(al) plate
非各向同性的 non-isotropic
非各向同性矿物 anisotropic(al) mineral
非给予体溶剂 non-donor solvent
非给质子溶剂 aprotogenic solvent
非根本性违约 non-fundamental breach
非更迭烃 non-alternant hydrocarbon
非更换性 busted convertible
非更新的 non-newable
非耕地 bare land;bare place;non-crop land
非耕种土地 non-farm land
非耕作区 non-crop area;uncropped areas
非工程措施 non-engineering measure;non-mechanical measure;non-structural approach;non-structural measure
非工程性防洪措施 non-structural measure of flood control
非工会成员的运输船 non-conference carrier
非工会的 non-union
非工人责任造成的损失时间 lost working hours unaccountable to workers
非工伤事故 non-industrial injury
非工业化 deindustrialization
非工业人口 non-manufacturing population
非工业性产油井 non-commercial well
非工业性储量 non-commercial reserves
非工业性劳务支出 non-industrial service charges
非工业性事业 non-industrial undertaking
非工业性事业经营 non-industrial business operation
非工业油气层 non-industrial oil-gas bed
非工艺性损耗 non-technological depreciation
非工资人工成本 non-wage labor cost
非工资性收入 unearned income
非工作帮 non-working slope
非工作帮坡面 non-working slope surface
非工作侧 non-working side

F

非工作的 off-work
非工作阶段 non-working stage
非工作平台 non-working platform
非工作日 off-day
非工作时间 free time; off-hour; off-work hour; stand-by unattended time
非工作时间工资 off-time wages
非工作性变幅 non-operating luffing
非工作振动 non-operation shock
非工作贮备 non-active redundancy
非工作状态 off working state; shut-down condition
非工作状态时间 downtime
非公共给水 non-community water supply
非公开的 private
非公开公司 private company
非公开会议 private meeting
非公开招标 closed bidding; sealed bid
非公开招标的价格 non-competitive price; price not-competitive
非公立学校 separate school
非公路的服务 off-highway service
非公路(行驶)机动性 off-highway manoeuvrability
非公莫入 no admittance except on business
非公平独立核算的分摊 non-arm's length allocation
非公平交易 unfair trade
非公平竞争 unfair competition
非公认资产 unadmitted assets
非公认租船契约 private charter party form
非公司厂商 unincorporated firm
非公司工商业组织收入 unincorporated business income
非公司企业 unincorporated enterprise
非公司企业收入 income of unincorporated enterprises
非公司私营企业 unincorporated private enterprise
非公司团体 unincorporated association
非公司组织的政府企业 unincorporated government enterprise
非公营公司 non-public company
非公用的 nonshared
非公用工厂 non-public works
非公用给水系统 private water supply system
非公用控制部件 non-shared control unit; unipath
非公用控制器 non-shared control unit
非公用入口 non-shared port
非公用水 private water
非公用水道 private waterway
非公制的 non-metric
非公众性公司 private-owned corporation
非功能侧 non-functional side
非功能特性 non-functional characteristic
非供暖房间 room without heating
非汞的 non-mercuric
非汞防腐剂 non-mercuric preservative
非汞杀菌剂 non-mercuric fungicide
非汞制剂 non-mercuric preparation
非拱顶的 unvaulted
非共点 non-concurrent point
非共点的 nonconcurrent
非共点力 non-concurrent forces
非共电子对 unshared electron pairs
非共轭酸 unconjugated acid
非共轭脂肪酸 non-conjugated fatty acid
非共沸混合物 zoetrope
非共沸溶液制冷剂 non-azeotropic mixture refrigerant
非共沸体系 zeotropic system
非共格晶粒间界 incoherent grain boundary
非共价键 non-covalent bond
非共焦 non-confocal
非共焦共振腔 non-confocal resonator
非共面的 non-coplanar
非共面力 non-coplanar forces
非共面力系 system of non-coplanar forces
非共生的 asymbiotic; non-symbiotic
非共生系统 asymbiotic system
非共同段 non-common section
非共线点 non-colinear point
非共线矢量 non-collinear vectors
非共线相位匹配的 non-collinearly phase-matched
非共享的 unshared
非共享控制部件 non-shared control unit
非共享控制器 non-shared control unit
非共心性 non-homocentricity
非共性 zeotropy
非共用的 unshared
非共用控制器 unshared control unit
非共振 non-resonance; unresonance
非共振的 non-rescnant
非共振发射 non-resonant emission
非共振法 non-resonant method
非共振光解 non-resonant photodissociation
非共振过程 non-resonant process
非共振扩散加热 non-resonant diffusion heating
非共振扩散加速 non-resonant diffusion acceleration
非共振粒子 non-resonant particle
非共振能量 non-resonant energy
非共振天线 non-resonant antenna
非共振系统 non-resonant system; unresonant system
非共振线 non-resonant line
非共振振荡器 non-resonant oscillator
非共轴递进变形 non-coaxial progressive deformation
非构造变位 atectonic dislocation
非构造错位 atectonic dislocation
非构造的【地】 atectonic; non-diastrophic; nonorogenic; non-tectonic
非构造断层 non-tectonic fault
非构造节理 non-tectonic joint
非构造性地裂缝【地】 non-tectonic ground fissure
非构造岩 atectonite; non-tectonite
非构造运动 non-tectonic motion
非孤立体性奇点 non-isolated essential singularity
非股权式 non-ownership
非骨架相 non-skeleton phase
非鼓风的 non-blowing
非固定闭塞系统 non-fixed block system
非固定闭塞制 non-fixed block system
非固定成本 non-constant cost
非固定的 revocable; unfixed
非固定的工作前线 non-stationary front
非固定的塔式起重机 free-standing tower crane
非固定法 non-stationary process
非固定费用 non-constant cost; variable charges; variable cost
非固定关税 sliding tariff
非固定价格公债 dirty bond
非固定进口税 variable import levy
非固定居民 non-permanent residents
非固定频率 non-stationary frequency
非固定前台 non-permanent foreground
非固定土壤 unfixed soil
非固定轴车辆 vehicle with non-rigid axle
非固结材料 incoherent material
非固结的 incoherent; unconsolidated
非固结回填料 unconsolidated backfill
非固结屑土 regosol
非固体转子陀螺仪 non-solid rotor gyroscope
非固有的 extrinsic; extrinsic absorption
非固有的非线性 non-intrinsically nonlinear
非固有的价值 extrinsic value
非固有性质 extrinsic property
非故意的 inadvertent; involuntary; undersigned; unintentional
非故意的损失 involuntary loan
非故障安全部件 non-fail-safe unit
非挂牌证券 off-board securities; over-the-counter securities
非关键活动 non-critical activity
非关键微操作 non-critical microoperation
非关键性的作业活动或工程项目 noncritical activities or work items
非关节机车 non-articulated locomotive
非关联化 dereferencing
非关联流动法则 non-associated flow rule; non-associative flow rule
非关联失效 non-relevant failure
非关联文件 non-relevant documents
非关税 non-tariff
非关税壁 non-tariff barrier
非关税壁垒清单 inventory of non-tariff barriers
非关税限制 non-tariff restriction
非关税障碍服务台 non-tariff-barrier action desk
非观测出错的风险 risk of non-observed malfunctioning
非官方的 non-official; private; unofficial
非官方市场 non-official market; unofficial market
非官方随从人员 non-official suite
非官方语言 non-official language
非管理性工作 non-management job
非管理状态 non-supervisor mode
非贯穿的 non-penetrating; non-penetrative
非贯穿孔 blind hole
非贯通结构面 disconnected structural plane
非灌溉地 dry field
非灌溉耕作 non-irrigated agriculture
非灌溉季节 off-season
非灌溉农业 dry farming; rain-fed agriculture
非灌溉渠道系统 non-irrigation canal system
非灌溉土壤 non-irrigated land
非灌溉种植 rain-fed cropping
非灌浆预应力钢筋 slip bar
非光度计的 aphotometric
非光化玻璃 inactinic glass; non-actinic glass
非光谱色 non-spectral colo(u)r
非光学成像摄影测量学 non-photographic(al) photogrammetry
非归零记录化 non-return-to-reference recording
非归零码 non-return-to-zero code
非归零制 non-return-to-zero
非归位式 non-homing position type
非规定采伐 unregulated felling
非规定层上 off-level
非规定尺寸 off-size
非规定大小 off-size
非规定维修时间 non-scheduled maintenance time
非规范材料 non-specification material
非规范的 unconventional
非规范关系 unnormalized relation
非规范化 non-specification
非规格化浮点数 unnormalized floating-point number
非规格化数 unnormalized number
非规则点 irregular point
非规则式庭园 informal garden
非规整园林 informal garden style
非硅酸盐矿物 non-silicate series
非硅质砂 non-siliceous sand
非轨道电路区域 noncircuited area
非贵金属的 non-noble metal
非贵重金属 base metal
非国家岁入的 non-revenue
非国内部分 non-domestic sector
非国内地段 non-domestic sector
非国内发展 non-domestic development
非国内原产 non-domestic origin
非国有工业企业 non-state industrial enterprise
非国有化 denationalise [denationalize]; denationalization
非国有经济 non-state economy
非过程表示方案 non-procedural representation scheme
非过程的 non-procedural
非过程化 deproceduring
非过程语言 non-procedural language; non-process language
非过渡电弧 non-transferred arc
非过渡金属 non-transition metal
非过境给水 non-transient water supply
非过滤水处理装置 non-filtration water treatment plant
非过滤物质 non-filtrable matter
非过滤性残渣 non-filterable residue
非海成的 non-marine; non-maritime
非海相沉积 non-marine deposit
非海相储集岩 non-marine reservoir rock
非海相的 non-marine
非海洋细菌 non-marine bacteria
非海洋性微生物 non-marine microorganism
非海运运程 non-maritime leg
非含混右线性随机文法 unambiguous right-linear stochastic grammar
非含煤地层 non-coal-bearing strata
非函数的 non-functional
非函数软件包 non-functional packages software
非焊接的 non-welding; solderless; weldless
非焊接连接器 solderless connector
非焊接式接头 weldless connection; weldless fitting
非焊接头 solderless joint
非号码制统计货车停留时间计算法 non-code system
非耗散系统 non-dissipative system
非耗散相互作用 non-dissipative interaction
非禾本草植物 forb
非合格银行汇票 non-eligible bank bills
非合金的 unalloyed
非合金钢 unalloy steel
非合金钢板 unalloy steel plate
非合适随机变量 improper random variable
非合同的收益 non-contractual income
非合同的索赔 non-contractual claims
非合同规定的索赔 ex-contractual claims

非合同上的责任或义务 non-contractual obligation
非合同收入 non-contractual income
非合同索赔 non-contractual claims
非合同性责任 non-contractual liability
非合用车道 unshared lane
非合用配置 configured-off
非合作 *n* 人对策 non-cooperative *n*-person game
非合作常和对策 non-cooperative constant sum game
非合作的 non-cooperative
非合作对策 non-cooperative game
非合作对策论模型 non-cooperative game-theoretic model
非合作解 non-cooperative solution
非合作均衡 non-cooperative solution
非合作目标 non-cooperative target
非合作瓦尔拉斯平衡 non-cooperative Walras equilibria
非合作性均衡 non-cooperative equilibrium
非河道水库 off-stream storage
非河道蓄水<抽水或引水入洼地的> off-stream storage
非河上水库 off-river storage; off-stream storage
非核的 non-nuclear
非荷载的 off-load
非荷载期 off-load period
非盒式单端面机械密封 non-cartridge single mechanical seal
非盒式双端面机械密封 non-cartridge double mechanical seal
非黑体 non-black body
非黑体辐射 non-black body radiation
非恒等分布 non-identical distribution
非恒定边界层 unsteady boundary layer
非恒定不均匀流 unsteady non-uniform flow
非恒定的 unsteady
非恒定负荷 non-stationary load
非恒定流 non-stationary flow; non-steady current; non-steady flow; transient flow; unsteady flow
非恒定浓度 non-conservative concentration
非恒定水质 non-conservative water quality
非恒定污染物 non-conservative pollutant
非恒沸液 no constant boiling mixture
非恒供电 non-firm power
非恒流 unsteady flow
非恒温混合阀 non-thermostatic mixer valve; non-thermostatic mixing valve
非恒温搅拌阀 non-thermostatic mixing valve
非恒温淋浴器 non-thermostatic shower mixer
非恒温配料搅拌器 non-thermostatic blending mixer
非恒温喷淋混合器 non-thermostatic shower mixer
非恒温式掺和搅拌器 non-thermostatic blending mixer
非恒星天体 non-stellar astronomical object
非恒性 unsteadiness
非洪水季节 non-flood season
非洪水期 non-flood season
非虹吸 non-siphon
非虹吸式存水弯管 non-siphon trap
非候车站台<美> off-boarding platform
非弧形陆外下陷盆地 non-arc downwarped extracontinental basin
非虎克式相互作用 non-Hookean interaction
非互斥事件 events which are not mutually exclusive
非互惠待遇 non-reciprocal treatment
非互惠概念 concept of non-reciprocity; non-reciprocity concept
非互惠性 non-reciprocal
非互惠性优惠 non-reciprocal preference
非互惠性优惠待遇 non-reciprocal preferential treatment
非互惠性转让 unreciprocal transfer
非互惠原则 principle of non-reciprocity
非互控信号方式 non-compelled signalling
非互连系统 non-interconnected systems
非互扰密近双重星系 non-interacting close binary
非互扰双重星系 non-interacting binary
非互通式立交 grade separation without ramps
非互通式立交桥匝道 slip road
非互相影响控制 non-interacting control
非互易参量放大器 non-reciprocal parametric amplifier
非互易的 non-reciprocal
非互易器件 non-reciprocal device
非互易性 non-reciprocity
非滑动传动 non-slip drive
非滑行快艇 displacement boat
非滑移面 non-slip plane
非化合的 uncombined
非化学方法 non-chemical system
非化学环境因素 non-chemical environmental factor
非化学计量的 non-stoichiometric
非化学计量化合物 non-stoichiometric compound
非化学计量晶体 non-stoichiometric crystal
非化学计量陶瓷 non-stoichiometric ceramics
非化学计量性 non-stoichiometry
非化学计量组成 non-stoichiometric composition
非化学计算(法) non-stoichiometry
非化学农药控制方法 non-chemical means of pesticide control
非划线的 uncrossed
非划线支票 uncrossed cheque
非环式光合磷酸化 non-cycle photophosphorylation
非环式磷酸化 non-cyclic(al) phosphorylation
非环形的 acyclic(al); other than ring type
非环状流 non-circulatory flow
非缓冲后悬置质量的振动 secondary vibration in rear suspension
非缓冲情况 non-buffered case
非缓冲质量的振动 secondary vibration
非换码键 non-escaping key
非灰大气 non-grey atmosphere
非灰体 non-gray body
非挥发 non-volatilisation
非挥发成分 non-volatile component
非挥发物 non-volatile matter
非挥发性 fixed hydrocarbon
非挥发性的 non-volatile
非挥发性毒物 non-volatile poisons
非挥发性固体 non-volatile solid
非挥发性酸 fixed acid; non-volatile acid
非挥发性烃类 non-volatile hydrocarbons
非挥发性污染物 non-volatile contaminant
非挥发性物质 non-volatile matter
非挥发性悬浮固体 non-volatile suspended solid
非挥发性油 non-volatile oil
非挥发性有机卤代化合物 non-volatile organohalogenated compound
非挥发性有机碳 non-volatile organic carbon
非挥发性有机物 non-volatile organics
非挥发性总有机碳 non-volatile total organic carbon
非挥发元素 non-volatile element
非挥发组成 non-volatile component
非回流式的 non-return
非回流式风洞 non-return-flow wind tunnel
非回弹性护舷 non-recoiling fender
非回路边 non-circuit edge
非回热循环 non-regenerative cycle
非回收的纸盘 disposable pallet
非回收法 non-recovery process
非回收集装箱 non-turnable container
非回响的 non-reverberant
非回旋的 non-revolving
非回旋共振 non-cyclotron-resonance
非汇水面积 non-contributing area
非会员 nonmember; outsider
非会员国 non-member state
非会员经纪人 street broker
非会员身份 nonmembership
非会员运费率 non-member rate
非混合的液滴 immiscible droplets
非混合污水流 no combined sewer flow
非混响腔 non-reverberant chamber
非混响室 non-reverberant room
非活动程序 inactive level
非活动的储料量 passive content
非活动断层 inactive fault
非活动缝 non-movement joint
非活动化 deactivation
非活动链 inactive link
非活动事件变量 inactive event variable
非活动信息 non-action message
非活动性的 inactive
非活动状态 inactive state
非活化的 inactive
非活化分子 katakinetomeres
非活性材料 inert material
非活性的 inact
非活性分子 inactive molecule
非活性骨料 inert aggregate
非活性固体 inert solid
非活性混合材料 inactive addition
非活性混合料 inactive addition
非活性集料 inert aggregate
非活性溶质运移 non-reactive solute transport
非活性炭黑 inactive black; non-reactive black
非活性碳 carbon non-activated; charcoal non-activated
非活性填充剂 inactive filler
非活性污染物 non-mixing bowl pollutant; non-reactive contaminant
非活性物质 inactive substance
非活性稀释剂 non-activated thinner; non-active diluent
非活性型受体 inactive receptor
非活性状态 inactive state
非活跃的 inactive
非活跃段 inactive segment
非火山脊岭 non-volcanic ridge
非火山型地热区 non-volcanic geothermal area
非火山质外生碎屑 non-volcanic exogenic fragment
非火焰 non-flame
非火焰法 flameless procedure
非火焰原子吸收光谱法 flameless atomic absorption spectroscopy
非货板化货物 unpalletized cargo
非货币计量单位 non-monetary unit
非货币交易 non-monetary transaction
非货币性流动资产 current non-monetary assets
非货币性项目 non-monetary items
非货币性账户 non-monetary account
非货币债务 non-monetary liability
非货币支持 non-monetary contribution
非货币资产 non-monetary assets
非货币资产和负债 non-monetary assets and liabilities
非货盘化货物 unpalletized cargo
非机车信号区域 non-cab signal territory
非机动驳船 dumb barge; dumb lighter
非机动车道 cycling way; non-motorized traffic lane; non-motorized vehicle lane
非机动车交通 non-motorized traffic
非机动车(辆) non-power-driven vehicle; non-auto; non-automobile; non-mechanical vehicle; non-motorized vehicle
非机动车为主的 non-auto-oriented
非机动车专用道路 non-mechanical vehicle-use roads
非机动船 dumb vessel; non-power-driven vessel
非机动的 dumb; non-maneuverable; non-powered; unpowered
非机动工具的运输业 non-mechanized vehicles
非机动冷床 stationary cooling bed
非机动泥驳 dump hopper
非机密的 non-sensitive
非机器故障免费时间 no-charge non-machine-fault time
非机械长浅井 gin pit
非机械措施 non-mechanical measure
非机械的 non-mechanical
非机械分级机 non-mechanical classifier
非机械化的 non-mechanized; unmechanized
非机械化驼峰【铁】 non-mechanized hump; unmechanized hump
非机械化驼峰编组场【铁】 nonmechanized[unmechanized] hump yard
非机械化驼峰站【铁】 nonmechanized [unmechanized] hump yard
非机械噪声 non-mechanical noise
非积储式 non-storage
非积累偿债基金 non-accumulated sinking fund
非基本变量 non-base variable; non-basic variable
非基本港口 non-basic port
非基本规定 non-essential provision
非基本金额 net non-cash
非基本模式流程表 non-fundamental mode flow table
非基层单位值 ex establishment value
非基础部门 non-basic sector
非基础工业 non-basic industry
非基督教的长方形教堂 pagan basilica
非基督教哥特式 non-ecclesiastical Gothic style
非基督教神殿 pagan temple
非基于家庭的 non-home based
非激发态 non-excitation state
非激活状态 unactivated state
非级配材料 ungraded material
非级配沉积物 non-graded sediment
非级配的 ungraded

非级配骨料 ungraded aggregate
非级配混合料 non-graded mix
非级配集料 ungraded aggregate
非级配矿渣填料 non-graded slag filling
非级配泥沙 non-graded sediment
非极的 apolar
非极化的 non-polarized
非极化电极 non-polarizing electrode; unpolarized electrode
非极化断电器 non-polarized relay
非极化继电器衔铁 non-polarized armature
非极纬度变化 non-polar variation of latitude
非极限压力润滑剂 non-extreme pressure lubricant
非极性的 non-polar
非极性端【化】non-polar end
非极性对称轴 non-polar symmetry axis
非极性分子 non-polar molecule
非极性高聚物 non-polar polymer
非极性共价键 non-polar covalent bond
非极性固定相 non-polar stationary phase
非极性归零记录(法) non-polarized return-to-zero recording
非极性归零制 non-polarized return-to-zero
非极性化合物 non-polar compound
非极性晶体 non-polar crystal
非极性离解作用 non-polar dissociation
非极性农药 non-polar pesticide
非极性溶剂 non-polar agent; non-polar solvent
非极性生物剂 non-polar biogenic substance
非极性试样 non-polar sample
非极性吸附 non-polar adsorption
非极性相 non-polar phase
非极性颜料 non-polar pigment
非极性液体 non-polar liquid
非极性有机反应 non-polar organic reaction
非极性有机化合物 non-polar organic compound
非极性有机剂 non-polar organic substance
非极性载体 non-polar support
非极性作用 non-polar action
非集成式挖沟机 non-integral trencher
非集成式挖沟装置 non-integral type trenching element
非集成元件 non-integrable component
非集合模型 disaggregate model; disaggregation model
非集聚模型【交】disaggregated model
非集体户人口 non-institutional population
非集约牧场 extensive farm; extensive pasture
非集中道岔 locally operated turnout; separately operated points; separately operated switch
非集中的 uncentralized
非集中管理 decentralized management
非集中化 decentralization
非集中汇总 decentralized summary
非集中控制 decentralized control
非集中控制方式 non-centralize control system
非集中联锁 decentralized interlocking; interlocking with locally worked points; locally controlled interlocking; non-centralized interlocking
非集中式传输系统 non-centralized communication system
非集中式计算机网络 decentralized computer network
非集中式数据处理 decentralized data processing
非集中式网络 decentralized network
非集中锁闭 separately locking
非集中统计 decentral statistics
非集中性收入 uncentralized revenue
非集中性支出 uncentralized expenditures
非集中性资金 uncentralized capital
非集中一点的力 non-concurrent forces
非集装箱化货 uncontainerized cargo
非集装箱化货物的重复装卸作业 <从公路到铁路及从铁路到公路> double handling of non-containerised freight (from road to rail and rail to road)
非集装箱货 non-containerizable cargo
非挤岔式道岔 nontrailable switch
非挤岔式的 nontrailable
非挤岔式转辙机 nontrailable switch machine
非挤压桩 non-displacement pile
非计划工程补偿费 provisional sum
非计划市场 unplanned market
非计划投资 unplanned investment
非计划型援助 non-project type assistance
非计划修理 non-planned repair
非计划再用 inadvertent reuse
非计量化合物 non-stoichiometric compound
非计量性 non-stoichiometry
非计量性的 non-quantitative
非计算的 off-design
非计算式的 non-computational
非记发器控制的选择 non-register-controlling selection
非记录面 non-recording surface
非记录式流速仪 non-recording stream ga(u)ge
非记录式仪表 non-recording ga(u)ge
非记录式仪器 non-recording instrument
非记录水位标尺 non-recording ga(u)ge
非记数指令 unnumbered command
非技术工作 unskilled work
非技术性的 non-technical
非季铵盐的 non-quaternary
非寄生的 non-parasitic
非加 non-add
非加感的 non-loaded
非加感电缆 non-loaded cable
非加和性的 non-additivity
非加密电路 clearing circuit
非加拿大船舶合格证书 non-Canadian ship compliance certificate
非加气混凝土 non-air-entrained concrete
非加权的 unweighted
非加权码 non-weighted code
非加权配对组法分析 unweighted pair-group method analysis
非加权平均数 unweighed[unweighted] mean
非加权数系统 non-weighted number system
非加热引线 non-heating lead
非加速存取 non-assisted access
非加速流 non-accelerating flow
非加太国家 African, Caribbean and Pacific states[ACP states]
非加性效应 non-additive effect
非加压处理 non-pressure treatment
非加压防腐处理法 non-pressure treating method
非家基的 non-home based
非家眷出行 non-home-based trip
非家庭户 non-family household
非家族公司 non-family corporation
非甲烷产品 non-methane products
非甲烷化合物 non-methane compound
非甲烷生成相 non-methanogenic phase
非甲烷碳氢化合物 non-methane hydrocarbon
非甲烷烃 non-methane hydrocarbon
非甲烷有机化合物 non-methane volatile organic compound
非价格竞争 non-price competition
非价值量数据 non-monetary data
非价值量统计资料 non-monetary statistics
非尖峰期间的(负荷自动接入)控制 off-peak control
非尖峰性能 non-spiking behavio(u)r
非间隔 non-gap
非兼容性 incompatibility; non-compatibility
非兼析取 exclusive disjunction
非监督分类 unsupervised classification
非减函数 non-decreasing function
非减阶的 non-derogatory
非减让性官方贷款 non-concessional official lending
非减让性借款 borrowing on non-concessional terms
非减随机函数 non-decreasing random function
非检核站 non-check station
非简并半导体 non-degenerate semiconductor
非简并参量振荡器 non-degenerate parametric oscillator
非简并的 non-degenerate
非简并放大器 non-degenerate amplifier
非简并结 non-degenerate junction
非简并能级 non-degenerate level
非简并气体 non-degenerate gas
非简并器件 non-degenerate device
非简并四波混频机 non-degenerate four wave mixing
非简单曲线段 non-simple curve segment
非简谐波振荡器 anharmonic oscillator
非简谐热振动 anharmonic thermal vibration
非简谐温度因子 anharmonic temperature factor
非简谐作用 anharmonic interaction
非简约设计 unreduced design
非碱洗 non-base wash
非碱性垢 non-alkaline scale
非碱性硬度 non-alkaline hardness
非建成区 unbuilt area
非建设性投资 impair investment
非建筑单位 non-construction unit
非建筑企业 non-construction enterprise
非建筑企业基层单位 non-construction establishment
非建筑项目 non-building project
非鉴定法 non-referred method
非键合 non-bonding
非降解性传染物 non-degradable pollutant
非交叉口的(交通)事故 non-intersection accident
非交叉口路段车速 non-intersection speed
非交叉口速率控制器 <一种车动控制器,具有速率控制性能,用于非交叉口地段> non-intersection speed controller
非交互的 non-interactive
非交互式的 non-interacting
非交互式控制系统 non-interacting control system
非交互影响控制 non-interacting control
非交换的 non-commutative
非交换点到点线路 non-switched point-to-point line
非交换连接 non-switched connection
非交换律 non-commutative law
非交换数据链路 non-switched data link
非交换网络 non-switched network
非交换线路 non-switched line
非交换性钠 non-exchange sodium
非交换域 division ring; skew field
非交联聚合物【化】non-cross-linked polymer
非交替的菲利普斯曲线 non-trade-off Phillips curve
非交通性的功能 non-transportation function
非交通性损毁 non-traffic deterioration
非交通拥挤时刻 off-peak hours
非交易物 non-exchange commercium
非交于一个平面的 non-coplanar
非交织流 non-weaving flow
非胶接绝缘接头 non-glued insulated joint
非胶结点 non-bonded joint
非胶结节点 non-bonded joint
非胶结榫 non-bonded joint
非胶束溶液 non-micellar solution
非胶物质 non-rubber substance
非胶性粉砂 non-colloidal silt
非胶组分 non-rubber component
非焦结的 non-coking
非焦性煤 dead coal; non-coking coal
非焦性软煤 cherry coal
非搅拌空气 inactive air
非搅拌区 inactive field
非搅拌式混凝土运送车 non-agitating truck
非阶梯驱动器 non-staging drive
非接触测量法 non-contact track measuring system
非接触测量仪器 non-contact measuring device
非接触测量仪器激光装置 non-contacting laser device
非接触单点红外线传感器 non-contacting single point infrared sensor
非接触的 non-contact
非接触电阻率测量 contactless resistivity measurement
非接触绘图 non-contact plot
非接触式 non-contact; non-contact type
非接触式测厚仪 non-contact thickness ga(u)ge
非接触式测量 untouched measurement
非接触式磁记录 non-contact magnetic recording
非接触式地层电阻测定仪 geonics non-contacting resistivity meter
非接触式电位器 non-contact potentiometer
非接触式记录 non-contact recording
非接触式减温器 non-contact attemperator
非接触式密封 non-contact seal
非接触式密封球轴承 non-contact sealed ball bearing
非接触式扫描跟踪器 non-contact scanning detector
非接触式体积计 contactless operating volume meter
非接触式智能卡 contactless smart

card
非接触型 non-contact type
非接触型测量仪 contactless ga(u)ge
非接触型密封 non-contact seal
非接触型千分尺 non-contact micrometer
非接触式卡 contactless card
非接触仪器 non-contact instrument
非接触运行 non-contact operation
非接地的 ungrounded
非接合子【植】azygosperm; azygospore
非接受状态 non-accepting state
非节点井 non-nodal well
非节点井抽水量 pumpage of non-nodal well
非节点井数 number of non-nodes well
非节点井坐标
coordinate of non-nodal well
非结构部件 non-structural component
非结构操作系统 non-structured operating system
非结构措施 non-structural measure
非结构的 non-structural
非结构杆件 non-structural member
非结构构件 non-structural component; non-structural member
非结构化决策 non-structural decision
非结构化数据项 unstructured data item
非结构胶黏[粘]木制件 non-structural glued lumber product
非结构镜质体 envitrinite
非结构密封膏 non-structural sealant
非结构设计 non-structural design
非结构式程序 unstructured program(me)
非结构效应 effect of non-structure; non-structural effect
非结构性 heterostructure
非结构性衬垫 non-structural gasket
非结构性的顶面灰浆准条 <定灰浆厚度的施工工具> non-structural top screed
非结构性回归关系 non-structural regression relation ship
非结构性胶结剂 non-structural bonding adhesive
非结构性胶粘剂 non-structural bonding adhesive
非结构性黏[粘]结剂 non-structural bonding adhesive
非结构性破坏 non-structural damage
非结构性失业 non-structural unemployment
非结构用黏合剂 non-structural adhesive
非结构用轻质混凝土 non-structural lightweight concrete
非结合层 unbound course
非结合的 non-associative; unbound; uncombined
非结合破碎骨料基层 unbound crushed aggregate base
非结合水 free moisture; unbound water
非结合态氧化物 uncombined oxide
非结焦性煤 open burning coal
非结晶材料 amorphous material; non-crystalline material
非结晶的 non-crystalline
非结晶二氧化硅 non-crystalline silica
非结晶面滑移 non-crystal plane slip
非结晶碳 agraphitic carbon
非截顶三角螺纹 sharp V thread
非解析函数 non-analytic function
非借入储备 non-borrowed reserves
非金额参与人 associate participant
非金刚石取芯钻机 non-diamond core drill
非金刚石生长区 non-diamond carbon growth region
非金钱表达的受益 <包括直接的和间接的受益> intangible benefit
非金钱目的 non-pecuniary goal
非金钱上的价值 non-monetary value
非金融公司 non-financial corporation
非金融企业 non-financial business
非金融无形资产 non-financial intangible assets
非金属 non-metal; submetal
非金属包皮 non-metallic sheath
非金属包皮电缆 non-metallic sheathed cable
非金属表面 non-metallic surface
非金属材料 non-metallic material; non-metal material
非金属材料换热器 non-metal heat exchanger
非金属材料检测仪 non-metal material detector
非金属产品 non-metallic products
非金属超声波探测仪 non-metal ultrasonic detector
非金属齿轮 non-metallic gear
非金属的 metalloid; non-ferrous; non-metallic; non-metalliferous
非金属电缆 non-metallic cable
非金属电阻炉 non-metallic resistor furnace
非金属电阻器 non-metallic resistor
非金属垫片 non-metallic gasket
非金属防火建筑材料 non-metallic fire-proof building material
非金属防火无面层地板 non-metallic fire-proof uncovered floor
非金属防水材料 non-metallic water-proof material
非金属防水电缆 non-metallic water-proof cable
非金属非金属共晶合金 nonmetal-nonmetal eutectic alloy
非金属分析 non-metal analysis
非金属粉末 non-metal powder
非金属风道 non-metal(lic) air channel; non-metallic air duct
非金属风洞 non-metallic tunnel
非金属覆层 non-metallic coating
非金属构件 non-metallic element
非金属管 non-metallic tube[tubing]; non-metallic pipe[piping]
非金属管道 non-metallic pipe[piping]
非金属罐 non-metallic tank
非金属光泽 non-metallic lustre[luster]
非金属光泽色 solid colo(u)r
非金属合金组分 non-metallic alloy ingredient
非金属护皮电缆 non-metallic sheathed cable
非金属滑轮 non-metallic sheave
非金属化工机械厂 non-metallic chemical machinery works
非金属化合物 non-metallic compound
非金属化探 geochemical exploration for non-metals
非金属还原剂 non-metallic reduction agent
非金属皇冠 non-metallic crown
非金属基复合材料 non-metallic matrix composite; non-metal matrix composite
非金属加入料 non-metallic additive
非金属夹杂 sand marks
非金属夹杂物 non-metallic inclusion; solid nonmetallic impurity; sonims
非金属绝热隔声材料 mineral insulation; non-metallic insulation
非金属铠装电缆
non-metallic sheathed cable
非金属矿 non-metallic mineral
非金属矿产 non-metallic commodities; non-metallic ore
非金属矿产品货 non-metallic mineral products
非金属矿产资源 non-metallic mineral resources; non-metalliferous ore sources
非金属矿床 non-metallic mineral deposit
非金属矿石 non-metallic ore
非金属矿物 non-metallic mineral
非金属离子 non-metallic ion
非金属膜 non-metallic film
非金属摩擦材料 non-metallic friction materials
非金属磨料 non-metallic abrasive
非金属黏[粘]结剂 non-metallic binder
非金属漆 non-metallic paint
非金属容器 non-metallic vessel
非金属熔洞 non-metallic fluxing hole
非金属熔炼工业 non-ferrous smelling industry; non-metallic smelling industry
非金属柔性管 flexible nonmetallic tubing
非金属软管 alphaduct; flexible non-metallic tubing; loom
非金属软化点 non-metallic fusion point
非金属润滑剂 non-metallic lubricant
非金属杀菌剂 non-metallic fungicide
非金属添加剂 non-metallic additive
非金属涂层 non-metallic coating
非金属无机覆盖层 non-metallic inorganic coating
非金属无机物 non-metallic mineral
非金属物质 metalloid substance; non metallics; non-metallic substance; non-metal material
非金属纤维加固陶瓷 non-metallic fiber[fibre]-reinforced ceramics
非金属型光缆 non-metallic type optic-(al) cable
非金属硬管 <不能套螺纹的> rigid non-metal(lic) conduit
非金属元素 non-metallic element
非金属元素使用 use of non-metallic elements
非金属杂质 non-metallic impurity
非金属止水带 non-metallic waterstop
非金属止水片 non-metallic waterstop
非金属制模材料 non-metallic mo(u)ld material
非金属轴承 non-metallic bearing
非金属组分 non-metallic ingredient
非紧密包装 loose packing
非紧坡地段【铁】section of insufficient grade; section of insufficient gradient; section of unsufficient grade
非紧实土壤 non-pudded soil
非进路的 nonroute
非进路调车 hold route for shunting; nonroute shunting; nonroute switching
非进路调车电路 circuit to hold a route for shunting
非进入(大城市)交通 non-access traffic; non-accessible traffic
非禁用词表 anti-stop list
非禁运品货物 non-contraband goods; non-contracting goods
非经常成本 non-recurring cost
非经常发生 occasional occurrence
非经常利润 non-recurrent profit; non-recurring profit
非经常收入 non-recurrent receipts; non-recurring gains; non-recurring income; occasional income
非经常损益 non-recurring gains and loss
非经常项目 non-recurrent item
非经常性地震 occasional occurrence of earthquake
非经常性调查 unfrequent inquiry
非经常性额外收入 perquisite
非经常性废料 non-recurrent waste
非经常性交易 incidental transaction
非经常性库存 non-perpetual inventory
非经常性收益的来源 non-recurring sources of income
非经常性损失 incidental loss
非经常性维修 non-recurring maintenance; non-recurring repair; non-recurring upkeep
非经常性项目 non-recurring item
非经常性综合调查 infrequent comprehensive inquiry
非经典薄壳问题 non-classical shell problem
非经典的 non-classical
非经典碳正离子 non-classical carbonium ion
非经济变量 non-economic variable
非经济活动 non-economic activity
非经济计量模拟模型 non-econometric simulation model
非经济强制 non-economic compulsion
非经济性的 non-economic
非经营项目 non-recurrent item
非经营性净资产 non-operating capital
非晶 amorphous
非晶半导体 non-crystal semiconductor
非晶半导体存储器 amorphous semiconductor memory
非晶半导体开关 amorphous switch
非晶包裹体 amorphous inclusion
非晶材料 amorphous material; non-crystalline material
非晶磁泡 amorphous magnetic bubble
非晶磁泡材料 amorphous material for bubble
非晶存储器阵列 amorphous memory array
非晶的 non-crystalline; uncrystallized
非晶固体 amorphous solid
非晶硅 amorphous silicon
非晶硅太阳能电池 amorphous silicon solar cell
非晶混合物 amorphous mixture
非晶结构 non-crystalline structure
非晶金刚石 amorphous diamond
非晶磷钙铁矿 borickite
非晶磷化镍 amorphous nickel phosphide
非晶膜 amorphous film
非晶区 amorphous region
非晶砷铁石 ferrisymplesite
非晶石蜡 amorphous wax
非晶态 amorphous form; amorphous state
非晶(态)半导体 amorphous semiconductor
非晶态材料 amorphous material
非晶态沉淀 amorphous precipitate
非晶态的 amorphous; non-crystalline
非晶态淀析 amorphous precipitation
非晶态固体 amorphous solid; non-crystalline solid; among(st) solid
非晶态合金 noncrystalline alloy
非晶态结构 amorphous structure
非晶态金属 amorphous metal
非晶态金属涂层 amorphous metallic coating
非晶态聚合物 amorphous polymer
非晶态磷酸盐 amorphous phosphate

非晶态石英 amorphous silica
非晶态塑料 amorphous plastics
非晶态物质 amorphous substance
非晶态纤维 amorphous fibre[fiber]
非晶态纤维素 amorphous cellulose
非晶态氧氢氧化铁 amorphous iron oxyhydroxide
非晶体 non-crystal body
非晶体的 non-crystal
非晶体分子立方排列 cybotaxis
非晶体结构 among(st) structure
非晶体膜 amorphous film
非晶体振荡器 non-crystalline oscillator
非晶物体 amorphous body
非晶相 amorphous phase
非晶形层 amorphous layer
非晶形淀析 amorphous precipitation
非晶形二氧化硅 soft silica
非晶形固体 amorphous solid
非晶形膜 amorphous film
非晶形体 amorphous body
非晶形状态 amorphous state
非晶性 amorphism
非晶性的 non-crystalline
非晶性电极 non-crystalline electrode
非晶性磷酸盐 non-crystalline phosphate
非晶性石墨 non-crystalline graphite
非晶氧化薄膜 amorphous oxide film
非晶铀矿 nasturan
非晶质 amorphous material
非晶质变种 amorphous variety
非晶质冰 amorphous ice
非晶质材料 among(st) material
非晶质的 amorphous;non-crystalline
非晶质固体 amorphous solid
非晶质硅石 among(st) silica;amorphous silica
非晶质胶结物结构 non-crystalline cement texture
非晶质结构 amorphous structure
非晶质矿物 amorphous mineral
非晶质黏[粘]土矿物 non-crystalline clay mineral
非晶质石墨 amorphous graphite;non-crystalline graphite
非晶质石墨粉 amorphous graphite in powder
非晶质石英 amorphous quartz
非晶质霜 amorphous frost
非晶质碳 amorphous carbon
非晶质体 amorphous body
非晶质雪 amorphous snow
非精密仪表跑道 non-precision instrument runway
非径向的 non-radial
非径向振荡 non-radial oscillation
非竞争的价值规律 law of value without competition
非竞争集团 non-competing group
非竞争零售商 non-competing retailer
非竞争吸附质 non-competing adsorbate
非竞争协议 non-competition agreement
非竞争性的 non-competitive
非竞争性的消费 non-rival consumption
非竞争性企业联合 circular integration
非竞争性投标 non-competitive bid(ding)
非竞争性吸附 non-competitive adsorption
非竞争性系统 non-competitive system
非竞争性抑制 non-competitive inhibition
非竞争性招标 non-competitive bid(ding)
非静水压力固结 non-hydrostatic(al) consolidation
非静态宇宙模型 non-static model
非静止的 non-static
非静止通信[讯]卫星 non-geostationary communication satellite
非静止压曲临界荷载 astatic buckling load
非镜面 non-specular surface
非镜面反射 non-specular reflectance
非酒精性饮料 non-alcoholic beverages
非居民账户 non-resident account;non-residential account
非居住房屋 non-domestic building;non-residential building
非居住建筑物 non-residential building
非居住街坊 non-residential block
非居住区 exclusion area
非居住区段 non-residential block
非居住区街道 non-residential street
非居住设施 non-dwelling facility;non-residential facility
非居住用构造 non-residential construction
非居住用固定投资额 non-residential fixed investment
非居住用建筑 non-residential construction
非居住用建筑投资 non-residential structure investment
非居住用建筑物 non-residential building;non-residential structure
非居住用结构 non-residential construction
非局部变量 non-local variable
非局部标识符 non-local identifier
非局部的 non-local
非局部地区的 azonic
非局部热动平衡 non-local thermodynamic(al) equilibrium
非局限的 non-localized
非拒绝区域 region of non-rejection
非剧烈断层蠕变 non-violent fault creep
非聚合油 unbodied oil
非聚集分析 non-collection analysis
非聚焦的 non-focusing
非聚焦系统 afocal
非聚焦中子谱仪 non-focusing neutron spectrometer
非聚日光光催化氧化反应器 non-concentrating solar photocatalytic oxidation reactor
非决定性自动机 non-deterministic automator
非绝热变化 non-adiabatic change;non-adiabatic transition
非绝热的 diabatic;non-adiabatic
非绝热反应器 non-adiabatic reactor
非绝热风速廓线 diabatic wind profile;non-adiabatic wind profile
非绝热供暖 non-adiabatic heating
非绝热过程 diabatic process;non-adiabatic process
非绝热加湿器 non-adiabatic humidifier
非绝热校正 non-adiabatic correction
非绝热精馏 non-adiabatic rectification
非绝热冷却 non-adiabatic cooling
非绝热脉动 non-adiabatic pulsation
非绝热喷管 non-adiabatic nozzle
非绝热增温 non-adiabatic heating
非绝缘搭接区 non-insulated overlapped section; uninsulated overlapped section
非绝缘道岔 non-insulated switch
非绝缘吊弦 non-insulated line hanger;uninsulated line hanger
非绝缘开关 non-insulated switch
非绝缘锚段开关 non-insulated overlap;uninsulated overlap
非绝缘面 non-insulated surface;uninsulated surface
非绝缘转换柱 non-insulated transition mast; uninsulated transition mast
非军事建筑 non-military architecture
非军事区 demilitarized zone
非军用建筑 non-military architecture
非均布承载结构 non-uniform load bearing structure
非均布承重结构 non-uniform bearing structure
非均布荷载 irregularly distributed load;non-uniform load
非均布应力 non-uniformly distributed stress;non-uniform stress
非均衡 disequilibrium;lack of balance;non-equilibrium
非均衡工资差别 non-equalizing wage differentials
非均衡剖面 non-equilibrium profile;profile of non-equilibrium
非均衡数据应用 uneven data usage
非均空格 inhomogeneous lattice
非均相催化 heterogeneous catalysis
非均相反应 heterogeneous reaction
非均相反应堆 heterogeneous reactor
非均相反应器 heterogeneous reactor
非均相分散 heterodisperse
非均相分散度 heterodispersity
非均相聚合 heterogeneous polymerization
非均相流动 heterogeneous flow;inhomogeneous flow
非均相平衡 heterogeneous equilibrium
非均相体系 heterogeneous system
非均相湍流 heterogeneous turbulence
非均相紫外线芬顿反应 heterogeneous ultraviolet-Fenton reaction
非均向反应 heterogeneous reaction
非均一介质 heterogeneous medium
非均一流化床 heterogeneously fluidized bed
非均匀 non-uniform
非均匀逼近 non-uniform approach
非均匀编码 non-uniform encoding
非均匀变形 non-uniform deformation
非均匀标尺 non-uniform scale
非均匀表面荷载 non-uniform surface load
非均匀泊松过程 non-homogeneous Poisson process
非均匀材料 inhomogeneous material
非均匀场 inhomogeneous field
非均匀沉积层 heterogeneous deposit
非均匀成核 heterogeneous nucleation
非均匀承重结构 non-uniform bearing structure
非均匀抽运 inhomogeneous pumping
非均匀(大)气层 heterosphere
非均匀的 heterogeneous;heteropic(al);non-affine;non-homogeneous
非均匀地基 heterogeneous foundation
非均匀电价质 non-uniform dielectric
非均匀度 non-uniformity
非均匀镀层 inhomogeneous coating
非均匀反应堆 heterogeneous reactor
非均匀分布 heterogeneous distribution;non-uniform distribution
非均匀分布耦合器 non-uniformly distributive coupler
非均匀辐射 heterogeneous radiation
非均匀辐射器 heterogeneous radiator
非均匀复用 heterogeneous multiplexing
非均匀各向异性 inhomogeneous anisotropy
非均匀各向异性介质 heterogeneous anisotropic medium
非均匀共沸混合物 heterogeneous azeotrope
非均匀光纤 inhomogeneous fiber[fibre]
非均匀混合物 heterogeneous mixture
非均匀激波 non-uniform shock wave
非均匀激光束 non-uniform beam
非均匀加宽 heterogeneous broadening
非均匀剪力层 heterogeneous shear layer
非均匀结构 non-uniform structure
非均匀结构杆件 non-uniform structural member
非均匀结构构件 non-uniform structural member
非均匀介质 heterogeneous medium;inhomogeneous medium;non-homogeneous medium;non-uniform medium
非均匀可控硅桥路 non-uniform thyristor bridge
非均匀量化 non-uniform quantization;non-uniform quantizing
非均匀裂隙岩石 non-homogeneous fissured rock
非均匀流 non-uniform flow;non-uniform stream
非均匀流体 heterogeneous fluid
非均匀摩擦 non-uniform friction
非均匀磨损 uneven wear
非均匀膨胀 inhomogeneous dilatancy;non-homogeneous dilatancy
非均匀平衡状态 heterogeneous equilibrium state
非均匀球状地球 heterogeneous spheric(al) earth
非均匀取样 non-uniform sampling
非均匀热导率 non-uniform thermal conductivity
非均匀色散 inhomogeneous dispersion
非均匀收敛 non-uniformly convergence
非均匀速率 non-uniform speed
非均匀态 heterogeneous state
非均匀弹性介质 heterogeneous elastic medium
非均匀体 heterogeneous body
非均匀体系 heterogeneous system
非均匀土 non-uniform soil
非均匀网络计算 inhomogeneous mesh calculation
非均匀温度差电效应 heterogeneous thermoelectric(al) effect
非均匀系 non-homogeneous system
非均匀系统 heterogeneous system
非均匀效应 heterogeneous effect
非均匀性 aeolotropy;anisotropy;heterogeneity
非均匀性的 heteropic(al)
非均匀性试验 heterogeneity test
非均匀性紊流 inhomogeneous turbulence
非均匀应变 heterogeneous strain
非均匀应力 heterogeneous stress
非均匀宇宙 inhomogeneous universe;non-homogeneous universe
非均匀展宽 inhomogeneous broadening
非均匀涨落 heterogeneous fluctuation
非均匀支撑结构 non-uniform supporting structure
非均匀质变形的 non-affine
非均匀致密源 non-uniform compact

source
非均匀轴 non-uniform shaft
非均值流体 heterogeneous fluid
非均质 heterogeneity;non-uniformity
非均质材料 heterogeneous material
非均质层 anisotropic(al) layer;heterogeneous layer;heterosphere
非均质储集层 heterogeneous reservoir
非均质床 anisotropic(al) bed
非均质的 anisotropic(al);heterogeneous;inhomogeneous;non-homogeneous;non-isotropic
非均质等固结 anisotropic(al) consolidation
非均质等固结应力比 anisotropic(al) consolidation stress ratio
非均质地层 heterogeneous stratum [复 strata]
非均质地基 non-uniform foundation
非均质反应 heterogeneous reaction
非均质各向同性含水层 heterogeneous isotropic aquifer
非均质各向异性含水层 heterogeneous anisotropic aquifer
非均质各向异性介质 heterogeneous anisotropic medium
非均质含水层 anisotropic(al) aquifer;heterogeneous aquifer
非均质基础 heterogeneous ground
非均质金属 anisotropic(al) metal
非均质矿物的旋向 rotation direction(al) of anisotropic mineral
非均质矿物反射率 non-isotropic mineral reflectivity
非均质流 heterogeneous flow
非均质流态 heterogeneous flow regime
非均质流体 heterogeneous fluid
非均质滤池 anisotropic(al) filter
非均质膜 anisotropic(al) membrane
非均质泥沙 non-uniform sediment
非均质燃烧 heterogeneous combustion
非均质砂 heterogeneous sand;non-uniform sand
非均质视旋转 anisotropic(al) apparent rotation
非均质视旋转角 angle of anisotropic(al) apparent rotation
非均质塑料车身 non-homogeneous plastic body
非均质塑料车厢 non-homogeneous plastic body
非均质塑性体 heterogeneous plastic body;inhomogeneous plastic body;non-homogeneous plastic body
非均质体 anisotropic(al) body;heterogeneous body
非均质土 anisotropic(al) soil;heterogeneous soil;inhomogeneity soil;inhomogeneous soil;non-homogeneous soil
非均质土坝 zoned earth dam
非均质土体 heterogenous soil mass
非均质椭圆色散 anisotropic(al) dispersion
非均质物质 anisotropic(al) substance
非均质系(统) heterogeneous system
非均质性 anisotropism;anisotropy;inhomogeneity;non-homogeneity
非均质旋轴角 anisotropic(al) apparent rotation angle
非均质旋转 anisotropic(al) rotation
非均质旋转色散 anisotropic(al) rotation dispersion
非均质岩石 complex rock
非均质岩体 anisotropic(al) rock mass;heterogeneous rock mass
非均质应变 heterogeneous strain;non-homogeneous strain
非均质应力 heterogeneous stress;non-homogeneous stress
非均质应力状态 non-homogeneous state of stress
非卡特尔化 decartelization
非开采损失率 nofalling losses ratio
非开发地交通量 non-site traffic
非开放港(口) closed harbo(u)r;closed port;non-open port
非开合模 non-opening die;non-opening mo(u)ld
非开合桥 fixed bridge;non-opening bridge
非开挖法 covered digging method
非开箱大宗验货 bulk checking
非开支性付款 non-expenditures disbursement
非铠装的 inarmoured
非铠装电缆 inarmo(u)red cable;unarmo(u)red cable
非抗酸性 non-acid fast
非抗震房屋 non-earthquake-resistive building
非抗震建筑 earthquake non-resistive building
非抗震结构 earthquake non-resistive construction
非抗震设计 non-seismic design
非靠重力的挖掘 power digging
非科学的 unscientific
非颗粒化灌浆 non-particulate grout
非颗粒炉黑 dense black
非颗粒型内质网 agranular endoplasmic reticulum
非颗粒状的 non-granular
非可比数据 noncomparable
非可比性 incomparability;non-comparability
非可比元素 non-comparable element
非可比资料 non-comparable data
非可编址存储器 unaddressable storage
非可擦存储器 non-erasable storage
非可测集 non-measurable set
非可递的 intransitive
非可递关系 non-transitive relation
非可定向流形 non-orientable manifold
非可分页面部分 non-pageable partition
非可分有向图 non-separable directed graph
非可换环 non-commutative ring
非可解除债务 undischargeable claim
非可决系数 coefficient of non-determination
非可控成本 non-controllable cost
非可控因素 uncontrollable element
非可逆膨胀 permanent expansion
非可逆式轧机 one-way rolling mill
非可迁的 intransitive
非可迁群 intransitive group
非可去不连续点 non-removable discontinuity
非可燃性有机岩 acaustobiolith
非可燃性植物岩 acaustophytolith
非可塑性的 non-plastic
非可缩性 non-yielding
非可缩性拱 non-yielding arch
非可透变扭器 non-permeable torque converter
非可行区域 non-feasible region
非可行性 unfeasibility
非可行状态 non-feasible state;unfeasible state
非可延性质 non-ductile nature
非可展的 non-developable
非可展直纹曲面 non-developable ruled surface
非可中断指令 non-interruptable instruction
非客轮 non-passenger ship
非课税法人 exempt corporation;tax-free corporation
非课税品 tax-free article
非课税收入 non-taxable income;non-taxable receipts
非课税收益 non-taxable income
非空挡 non-gap
非空的 non-blank
非空符号 non-blank symbol
非空格 unblank
非空化水流 non-cavitation flow
非空类 non-null class
非空模型 non-empty model
非空排队【数】non-empty queue
非空气喷沙处理法 non-air blasting process
非空气调节区 unconditioned zone
非空调空间 air non-conditioning space
非空箱进口 not imported empty
非空序列 non-empty sequence
非空有限串 non-empty finite string
非空有限集 non-empty finite set
非空子集 non-empty subset;non-void subset
非孔隙的 non-porous
非控解 non-dominated solution
非控制 out of control
非控制变量 non-controlled variable
非控制成本 non-controllable cost
非控制的 uncontrolled
非控制价格 uncontrolled price
非控制交通系统 uncontrolled traffic system
非控制区 non-controlled area
非控制系统 non-control system
非口头信息交流 non-verbal communication
非块码 nonblock code
非矿物骨料 non-mineral aggregate
非矿物集料 non-mineral aggregate
非矿物燃料 non-fossil fuel
非矿物异常 anomaly not related to mineral deposit;non-mineral anomaly
非矿质骨料 non-mineral aggregate
非矿质集料 non-mineral aggregate
非扩大的 non-stretched
非扩口式管接头 non-flared fitting
非扩散的 non-dispersive
非扩散离子 indiffusible ion
非扩散排气喷嘴 non-expanding exit
非扩散喷管 non-expanding nozzle
非扩散型紫外线分析仪 non-dispersive ultraviolet analyser[analyzer]
非扩张海岭 non-spreading ridge
非扩张脉 non-dilational vein
非朗铁镍铬合金 ferron
非劳动人口 population not in labo(u)r force
非劳动收入 unearned income
非劳克铝合金 ferrocal
非劳力获得的 unearned
非劳力利益 unearned advantage
非劳力增值 unearned increment
非劳左特铁镍合金 Ferrozoid
非老化的 non-ag(e)ing
非累计条款 non-cumulative provisions
非累计优先股 non-cumulative preferred stock
非累积制 non-cumulative basis
非累计数量折扣 non-cumulative quantity discount
非棱柱体的 non-prismatic
非棱柱体渠道 <不规则形状断面> non-prismatic channel
非冷凝的 non-condensable
非冷却活塞 uncooled piston
非冷却喷管 uncooled nozzle
非冷却式发动机 uncooled motor
非离家(出行) non-home based
非离散赋值 non-discrete valuation
非离子的 non-ionic
非离子反应 non-ionic reaction
非离子化合物 non-ionic compound
非离子活性剂 tween
非离子胶束(囊) non-ionic micelle(e)
非离子乳化沥青 non-ionic asphalt emulsion
非离子乳液 non-ferrous emulsion
非离子物质 non-ionic
非离子吸着剂 non-ionic absorbent;non-ionic sorbent
非离子型氨 non-ionic ammonia
非离子型表面活性剂 non-ionic surface active agent;non-ionic surfactant
非离子型表面活性剂溶液 non-ionic surfactant solution
非离子型辐射 non-ionizing radiation
非离子型活性剂 non-ion active agent
非离子型聚丙乙烯酰胺 non-ionic polyacrylamide;non-ionization polyacrylamide
非离子型沥青 non-ionic asphalt
非离子型聚合物 non-ionic polymer
非离子型去垢剂 non-ionic detergent
非离子型去污剂 non-ionic detergent
非离子型乳化剂 non-ionic emulsifier
非离子型乳液 non-ionic emulsion
非离子型洗涤剂 non-ionic detergent
非离子型有机化合物 non-ionic organic compound
非离子型有机污染物 non-ionic organic contaminant
非黎曼几何学 non-Riemannian geometry
非理想变化过程 non-ideal behavior
非理想的 non-ideal;non-perfect
非理想(电)介质 imperfect dielectric
非理想化的地方 dystopia
非理想混合流动 imperfect mixing flow
非理想建设 uglies
非理想进位 undesired carry
非理想流量 non-ideal flow
非理想流体 non-ideal fluid;non-perfect fluid
非理想滤液器 non-ideal filter
非理想气体 imperfect gas;non-ideal gas
非理想溶液 non-ideal solution
非理想弹性体 non-ideal elastic body
非理想吸附溶液理论 non-ideal adsorbed solution theory
非理性的 irrational
非立方晶体 non-cubic crystal
非立方系的 non-cubic
非立体的 non-stereoscopic
非立体声的 monaural
非励磁调压变压器 non-exciting regulation transformer
非沥青处治(路面) non-treatment
非沥青的 non-bituminous
非沥青基石油 non-asphaltic base oil;non-asphaltic petroleum
非沥青(铺)路油 non-asphaltic road oil
非沥青质材料 non-bituminous material
非沥青质处理 non-bituminous treatment
非沥青质处治 non-bituminous treatment
非沥青质焦性沥青 non-asphaltic pyrobitumen
非沥青质铺路油 non road oil
非例外的 unexceptional

F

非连挂车辆在运动中称重 uncoupled-in-motion weighing
非连接 disconnected
非连接存储(器) non-connected storage
非连接电力协调 non-interconnected electrically coordination
非连接局部控制器 non-interconnected local controller
非连锁双重控制 unlocking dual control
非连锁站 non-interlocking station
非连通图 unconnected graph
非连续变量 discontinuous variable
非连续波 discontinuous wave
非连续玻璃纤维 discontinuous glass fiber
非连续采试样 grab sample
非连续成本函数 discontinuous cost function
非连续的 discrete
非连续地址 discrete address
非连续法 discrete method
非连续放大器 discontinuous amplifier
非连续复利计算 discrete compounding
非连续构造 discontinuous construction
非连续基础 non-continuous footing
非连续基础分析 non-continuous footing analysis
非连续级配集料 open graded aggregate
非连续计算的滞期日 per like day
非连续介质力学 mechanics of discontinuum
非连续决策程序 discrete decision process
非连续空间 discrete space
非连续取样 discrete sampling
非连续式运输机 discontinuous conveyer[conveyor]
非连续式轧机 non-continuous rolling mill
非连续数列 broken series; non-continuous series
非连续数字化 knot-mode digitizing
非连续体力学 mechanics of discontinuum
非连续项 non-contiguous item
非连续型 pulsations irregular
非连续性 non-continuity
非连续性假设 discontinuous hypotheses
非连续性经营活动 discontinued operations
非连续性施工 discontinuous construction
非连续性永久冻土 discontinuous permafrost
非连续序列 non-continuous series
非连续值 discrete value
非连续周期运动 discontinuous periodic(al) motion
非联动复式道岔 < 三开道岔 > double turnout junction with switches worked by separate levers
非联锁闭塞 non-interlocked block
非联锁道岔 non-interlocked points; non-interlocked switch
非联锁的 non-interlocked
非联锁区 non-interlocked area; non-interlocking area; non-interlocking zone
非联锁双重控制 unlocking dual control
非联锁脱轨器 non-interlocked derail
非联锁握柄 non-interlocked level
非联系公司 non-affiliated company
非炼焦煤 dead coal; non-coking coal
非量测摄影机 non-metric camera
非量化命题 non-quantified statement
非量化因素 non-quantifiable factor
非量子力学 non-quantum mechanics
非列车促动的平交道口防护 nontrain-actuated grade crossing protection
非列线图 non-alignment diagram
非劣解 non-inferior solution
非裂变的 non-fissile
非裂变俘获 non-fission capture
非邻接数据 non-contiguous data
非邻接(数据)项 non-contiguous item
非邻接页 non-contiguous page
非临界部分 non-critical moiety
非临界的 non-critical
非临界风速 non-critical wind velocity
非临界水质检验点 non-critical water quality checkpoint
非临界微操作 non-critical microoperation
非临界相位匹配 non-critical phase matching
非临界性 non-criticality
非临时工化 decasualization
非临时数据集 non-temporary data set
非磷灰石有机磷 non-apatite inorganic phosphorus
非灵敏黏[粘]土 insensitive clay
非灵敏区 dead band; dead spot; dead zone; inert zone; silent zone
非灵敏性黏[粘]土 non-sensitive clay
非零 non-zero
非零电势 non-zero electric(al) potential
非零度温度 non-zero temperature
非零分配 zero crossing distribution
非零负荷 non-zero load
非零概率 non-zero probability
非零和 non-zero sum
非零和博奕 non-zero-sum game
非零和对策 non-zero-sum game
非零和二人对策 non-zero-sum two persons game
非零和情况 non-zero-sum situation
非零荷载 non-zero load
非零横向指数 non-zero transverse index
非零基线 non-zero baseline
非零基线浓度 non-zero baseline concentration
非零夹断电压 non-zero pinch-off voltage
非零假设 non-null hypothesis
非零检测函数 non-zero test function
非零解 non-trivial solution; non-zero solution; untrivial solution
非零矩阵 non-vanishing matrix
非零排队 non-zero queue
非零排放 non-zero emission
非零平均过程 process with non-zero mean
非零期望 non-zero expectation
非零位 non-zero digit
非零系数 non-zero coefficient
非零向量 non-vanishing vector
非零项 non-zero term
非零元素 non-zero element
非零约束 non-zero restriction
非零整常数 non-zero integer constant
非零值 non-zero value
非零族概率误差率 probability of a non-zero family error rate
非零最小 B 场位形 minimum-B configuration; non-zero minimum-B field configuration
非流动方法 non-current method
非流动方向的长度 non-flow length
非流动负债 non-current liability
非流动货币资产的货币亏损 monetary loss on non-current monetary assets
非流动水 non-circulating water
非流动性 illiquidity; non-liquidity
非流动性应收款 non-current receivables
非流动债权 non-liquid claims
非流动资产 illiquid assets; non-current assets; non-liquid assets
非流动资产出售收益 gain on disposal
非流动资产出售损失 loss on disposal
非流动资金 illiquid fund
非流水线式处理机 non-pipelined processor
非流体摩擦 non-fluid friction
非流通抄本 non-negotiable copy
非流通工具 non-instrument
非流通提单副本 non-negotiable copy of bill of lading
非流通支票 non-negotiable cheque
非流线形单元 hood unit
非流线形体 bluff body
非流线形物体 bluff
非硫腐蚀 sweet corrosion
非硫化处理的碳钢 non-sulfurized carbon steel
非硫化矿浮选 non-sulfide flo(a)tation
非硫化橡胶 unvulcanized rubber
非硫酸盐硫 non-sulphate sulphur
非隆起土 non-heaving soil
非露天储存 under-cover storage
非滤过性残渣 non-filterable residue
非滤过性固体 non-filterable solid
非履带的 trackless
非履带挖运土 trackless earthmoving
非氯化污水水三级处理 tertiary sewage treatment of no-chlorination
非氯化物 achloride
非孪晶马氏体 untwinned martensite
非轮列的 acyclic(al)
非轮作 culture without rotation
非罗多 phanodorn
非逻辑操作 "not" function
非马尔可夫过程【数】non-Markovian process
非埋藏的 non-embedded
非麦克斯韦尾部 non-Maxwellian tail
非卖品 article not for sale; articles not for sale; not for sale
非脉动的 non-fluctuating
非脉动转矩 nonpulsating torque
非满流高架水管 flowline aqueduct
非满载 undercapacity
非满载的 underloaded
非满秩线性模型 non-full rank linear model
非漫射晶体波导 indiffused crystal waveguide
非漫射相干光照明 non-diffuse contrast phase coherent illumination
非忙碌等待策略 non-busy waiting strategy
非忙状态 non-busy condition
非毛管孔隙率 non-capillary porosity
非毛细的 non-capillary
非毛细管水 non-capillary water
非毛细孔隙 non-capillary porosity
非锚碇板桩 unanchored sheet piling
非锚碇的 unanchored
非贸易 non-commercial
非贸易财货 non-traded goods
非贸易商品 non-traded commodities; non-traded goods
非贸易账户 non-commercial account
非美元的 nondollar
非美元国家 non-dollar countries; non-dollar country
非美元区 nondollar
非门 negator; inverter
非米制的 non-metric
非密闭计数器 sealed-off counter
非密度制约的 density-independent
非密度制约因数 density-independent factor
非密封的 unsealed
非密封壳体 non-pressurized body
非密封垃圾填埋 unlined landfill
非密封式防波堤 slotted breakwater
非密封调整间隙 unsealed control gap
非密封性岩层 unplugged formation
非密封源 unsealed source
非密封轴承 open-type bearing
非密集 non-dense set
非密实填土堆积 uncompacted fill dumped
非民用建筑 non-domestic construction
非民用结构 non-domestic construction
非民用设计 non-domestic construction
非敏感性黏[粘]土 non-sensitive clay
非命令型终端 non-command terminal
非命令语言输入 non-command language input
非模方程 non-normal equation
非模拟仪表盘 non-graphic control panel
非模耦合运转 non-mode coupled operation
非摩擦导轨 non-friction guide
非摩擦离合器 positive clutch
非摩擦面 non-rubbing surface
非磨蚀性 non-abrasive quality
非磨蚀性材料 non-abrasive material
非磨蚀性岩类 non-abrasive rocks
非抹除的堆栈自动机 non-erasing stack automaton
非末端烯烃 non-terminal olefin
非姆托米 femtometer
非木化薄壁组织 unlignified parenchyma
非木质人造板 non-wood based panel
非目标生物效应 non-target biological effect
非目录式文件 uncatalog file
非耐火物品 non-durable goods
非耐盐作物 sensitive crop
非耐用货物 non-durable goods; non-durables; soft goods; undurable goods
非耐用品 non-durable goods; non-durables
非耐用商品 non-durable goods
非耐用物料 short-lived material
非耐用消费品 consumer non-durable goods; consumer non-durables; non-durable consumer goods
非难 censure; disappreciation; disapproval
非挠群 torsion-free group
非挠性 inflexibility
非能动力学 inactive optics
非能源消费 non-energy use
非逆稳定系统 non-minimum phase system
非逆转锤式破碎机 non-reversible hammer mill[crusher]
非黏[粘]合的 unbonded
非黏[粘]合应变计 unbonded strain ga-(u)ge
非黏[粘]接的 non-cemented
非黏[粘]结的 non-caking
非黏[粘]结构造 unbounded construction
非黏[粘]结煤 free-burning coal; non-caking coal
非黏[粘]结性 non-tackiness
非黏[粘]结性的 cohesionless; friction(al); non-cohesive
非黏[粘]土块 non-clay block

非黏[粘]土矿物 non-clay mineral
非黏[粘]性材料 cohesionless material;non-cohesive material
非黏[粘]性的 non-cohesive;non-tacky;non-viscous
非黏[粘]性流 inviscid flow;non-viscous flow
非黏[粘]性流体 inviscid fluid;non-viscous fluid;Pascalian fluid;perfect fluid
非黏[粘]性土(壤) adhesionless soil;non-cohesive soil;cohesionless soil;non-sticky soil;granular soil
非黏[粘]性土冲积河槽 noncohesive alluvial channel
非黏[粘]性土河岸 noncohesive bank
非黏[粘]性土填料 granular fill
非黏[粘]性稳定性准则 inviscid stability criterion
非黏[粘]性液体 Newtonian liquid
非黏[粘]性中性油 non-viscous neutral
非黏[粘]滞流 inviscid flow;non-viscous flow
非黏[粘]滞流体 non-viscous fluid;non-viscous liquid
非黏[粘]滞性的 inviscid
非黏[粘]着结构 <预应力混凝土的> non-cohesive structure
非凝气的 non-condensing
非凝气式汽轮机 non-condensing turbine
非凝性气体 non-condensable gas
非牛顿浆液 <具有一定剪切强度的浆液> non-Newtonian grout
非牛顿流 non-Newtonian flow
非牛顿流体 non-Newtonian fluid
非牛顿流体流 non-Newtonian fluid flow
非牛顿流体流量测量 non-Newtonian flow measurement
非牛顿黏[粘]度 non-Newtonianity;pseudo-viscosity
非牛顿性 non-Newtonianism
非牛顿性质 non-Newtonian behavio(u)r
非牛顿性状 non-Newtonian behavio(u)r
非牛顿悬浮体 non-Newtonian suspension
非牛顿液体 non-Newtonian liquid
非扭曲的 non-twisted
非扭曲叶片 untwisted blade
非扭转的 non-twisted
非农基地工业 non-agrobased industry
非农业部门 non-agricultural sector;non-farmsector
非农业雇佣 non-agricultural employment
非农业国家 non-agricultural nation
非农业人口 non-agricultural population
非农业生产(活动) non-agricultural activity
非怒潮型海啸 non-bore-type tsunami
非欧里得长度 non-Euclidean length
非欧里得的 non-Euclidean
非欧里得几何学 non-Euclidean geometry
非欧里得空间 non-Euclidean space
非欧姆电阻 non-ohmic resistor
非欧姆接触 non-ohmic contact
非偶极子场 non-dipole field
非偶极子场等值线图 isomagnetic chart of non-dipole field
非偶然事件 non-contingent event
非耦合 uncoupling
非耦合电子 uncoupled electron
非耦合理论 uncoupled theory
非耦合模态 uncoupled mode
非耦合系数 uncoupled factor
非耦合振荡模 uncoupled mode
非耦合装药 uncoupled charging
非耦联键 uncoupled bond
非排水型船 non-displacement ship
非排水状态 non-displacement condition
非排他性 non-excludability
非排土桩 non-displacement pile
非判定项目 non-critical item
非判定性自动机 non-deterministic automaton
非旁轴成像 non-paraxial imaging
非泡沫层 non-foaming layer
非配合 no-match
非喷射式焊炬 balanced-pressure blow pipe
非膨胀杆 non-expansion
非膨胀性的 non-swelling
非膨胀性土 non-expansive soil
非碰撞板块边界系统 non-collision plate boundary system
非碰撞射流式喷头 non-impinging injector
非批准结构 inadmissible structure
非匹配封接 non-match sealing
非匹配数据 non-matched data
非匹配显示 <信号控制机的> non-parent phase
非片状的 aschistic
非偏极极化继电器 unbias(s)ed polarized relay
非偏极有极继电器 unbias(s)ed polarized relay
非偏牵引位置 no-side-draft position
非偏振爆 unpolarized burst
非偏振成分 unpolarized component
非偏振的 unpolarized
非偏振光 non-polarized light;unpolarized light
非偏振光散射 non-polar optic(al) scattering
非偏振连续谱 unpolarized continuum
非偏置形式 unbias(s)ed form
非漂浮型铝粉 non-leafing alumin(i)um
非票面价值 no par value
非拼接材 whole timber
非拼接木材 whole timber
非拼接式构件 whole section member
非频变天线 frequency-independent antenna
非频散线性系统 non-dispersive linear system
非平板式支墩坝 deckless buttress dam
非平壁导热 heat-transfer through curved wall
非平凡的 nontrivial
非平凡函数 non-trivial function
非平凡解 non-trivial solution
非平凡条件 non-trivial condition
非平衡 non-equilibrium
非平衡材料 non-equilibrium material
非平衡常数 non-equilibrium constant
非平衡抽水试验 non-equilibrium pumping test
非平衡等离子体 non-equilibrium plasma
非平衡分布 non-equilibrium distribution
非平衡化学激发 non-equilibrium chemical excitation
非平衡技术 non-equilibrium technique
非平衡结晶作用 unequilibrium crystallization
非平衡井公式 <地下水力学中的> non-equilibrium well formulae
非平衡流 non-equilibrium flow
非平衡模型 non-equilibrium model;unbalance model
非平衡凝固 non-equilibrium freezing
非平衡膨胀 non-equilibrium expansion
非平衡缺陷 non-equilibrium defect
非平衡热力学函数 non-equilibrium thermodynamical function
非平衡树 unbalanced tree
非平衡态 non-equilibrium state
非平衡态等离激元 non-equilibrium plasmon
非平衡态反应动力学 non-equilibrium reaction kinetics
非平衡态热力学 irreversible thermodynamics;non-equilibrium thermodynamics
非平衡特性 non-equilibrium behavio(u)r
非平衡条件 non-equilibrium condition
非平衡同位素交换法 non-equilibrium isotopic exchange method
非平衡网络 unbalanced network
非平衡温度 non-equilibrium temperature
非平衡误差 unbalanced error
非平衡系统 non-equilibrium system
非平衡系统经济学 inequilibrium system economics;unbalance system economics
非平衡显微组织 non-equilibrium microstructure
非平衡相 non-equilibrium phase
非平衡效应 non-equilibrium effect
非平衡型 unbalanced type
非平衡载流子 non-equilibrium carrier
非平衡增长 unbalanced growth
非平衡蒸馏 non-equilibrium distillation
非平衡状况 non-equilibrium condition
非平衡状态 non-equilibrium condition;non-equilibrium state
非平价 disparity;no par value
非平面变形 anti-plane strain
非平面的 non-planar
非平面方法 non-planar method
非平面框架 non-planar frame
非平面图 non-planar graph
非平稳包络函数 non-stationary envelop(ed) function
非平稳波 non-stationary wave
非平稳的 non-stationary
非平稳方法 non-stationary method
非平稳过程 non-stationary process
非平稳谱 non-stationary spectrum
非平稳趋势 non-stationary trend
非平稳时间序列 non-stationary time series
非平稳数列 non-stationary series
非平稳双直线系统 non-stationary bilinear system
非平稳随机过程 non-stationary random process;non-stationary stochastic process
非平稳随机函数 non-stationary random function
非平稳随机模型 non-stationary random model
非平稳系统 non-stationary system
非平稳性 non-stationarity
非平行列车运行图 non-parallel train graph
非平行运行图 non-parallel train working diagram
非平行运行图的区间通过能力 carrying capacity in the section computed on the basis of non-parallel train working diagram
非平移的 non-translational
非凭信用证开发的汇票 bill without credit
非屏蔽的 non-maskable
非屏蔽式阴极 non-shielded cathode
非屏蔽双绞线 unshielded twisted pair
非屏蔽中断 non-inhibit interrupt;non-maskable interrupt;non-masking interrupt
非破坏存储器 non-destructive memory
非破坏读出技术 non-destructive technique
非破坏性比较指令 non-destructive compare instruction
非破坏性材料试验 non-destructive material test
非破坏性测量法 non-destructive measurement;non-destructive measuring
非破坏性测试 non-destructive test(ing)
非破坏性程序 non-destructive procedure
非破坏性存储器 non-destructive read memory;non-destructive storage
非破坏性的 non-destructive;non-mutilative
非破坏性的动载试验 dynamic(al) non-destructive testing
非破坏性地震 non-damaging earthquake;non-destructive earthquake
非破坏性读出 non-destructive read;non-destructive readout
非破坏性读数 non-destructive reading
非破坏性分析 non-destructive analysis
非破坏性光标 non-destructive cursor
非破坏性击穿 non-destructive breakdown
非破坏性加法 non-destructive addition
非破坏性加指令 non-destructive add instruction
非破坏性检测器 non-destructive detector
非破坏性检查 non-destructive examination;non-destructive inspection
非破坏性检验 non-destructive inspection;non-destructive test(ing);non-destructive examination
非破坏性交通 non-destructive traffic;non-mutilative traffic
非破坏性评估 non-destructive evaluation
非破坏性试验 non-crustic test(ing);non-destructive assay;non-destructive test(ing);integrity test
非破坏性试验操作工的资格 competency of non-destructive test operator
非破坏性试验法 non-destructible test method;non-destructive test method
非破坏性探伤 non-destructive inspection
非破坏性指令 non-destructive instruction
非破裂部分 unsprung part
非破碎波 non-breaking wave
非破碎砾石 uncrushed gravel
非破损技术 non-destructive technique
非破损检测 non-destructive inspection
非破损试验 non-destructive test(ing)
非破损性混凝土试验 non-destructive testing of concrete
非普查 non-census
非普通划分 non-trivial partition
非瀑落式球磨机 non-cataracting ball mill
非期望进位 undesired carry

F

非期望输出 undesired output
非齐次边界条件 inhomogeneous boundary condition; non-homogeneous boundary condition
非齐次边值问题 inhomogeneous boundary value problem; non-homogeneous boundary value problem
非齐次波动方程 inhomogeneous wave equation
非齐次差分方程 inhomogeneous difference equation
非齐次的 inhomogeneous; non-homogeneous
非齐次发现率 non-homogeneous discovery rate
非齐次方程 inhomogeneous equation; non-homogeneous equation
非齐次方程组 inhomogeneous system of equations
非齐次非平稳时间序列 non-homogeneous non-stationary time series
非齐次链 non-homogeneous chains
非齐次区域 non-homogeneous region
非齐次搜索空间 non-homogeneous search space
非齐次微分方程 non-homogeneous differential equation
非齐次问题 non-homogeneous problem
非齐次系 heterogeneous system
非齐次线性差分方程 inhomogeneous linear difference equation
非齐次线性方程 non-homogeneous linear equation
非齐次性 dimensioned non-homogeneity
非齐次增大 inhomogeneous accretion
非齐次坐标 inhomogeneous coordinates; non-homogeneous coordinates
非齐线性微分方程式 non-homogeneous linear differential equation
非齐性的 non-homogeneous
非齐性方差 heteroscedastic variances
非齐性方差的替换检验 alternate test for variance heterogeneity
非齐性限制 heterogeneous restriction
非奇偶性 parity disable
非奇异 non-singular
非奇异变换 non-singular transformation
非奇异的 non-singular
非奇异对应 non-singular correspondence
非奇异二次曲面 non-singular quadric
非奇异二次曲线 non-singular conic
非奇异解 non-singular solution
非奇异矩阵 non-singular matrix
非奇异码 non-singular code
非奇异曲线 non-singular curve
非奇异算符 non-singular operator
非奇异算子 non-singular operator
非奇异相互作用 non-singular interaction
非奇异协方差矩阵 non-singular covariance matrix
非奇异性 non-singularity
非歧视性 non-discriminatory
非歧视性政府采购 non-discriminatory government procurement
非企业 non-business
非气动喷漆机 non-pneumatic paint sprayer
非气动喷头 non-pneumatic sprayhead
非气动涂机 non-pneumatic paint sprayer
非气焊 no-gas welding
非气候性成土作用 aclimatic soil formation
非气硬性胶结材料 non-hydraulic cement
非气硬性水泥 non-hydraulic cement
非汽车专用路 non-motorway
非契约收入 non-contractual income
非契约索赔 non-contractual claims
非契约性文件 non-contractual documents
非契约性责任 non-contractual liability
非契约运费率 non-contract rate
非契约运价 non-contract rate
非砌合结缝 dry joint
非迁移排列 non-migrator permutation
非迁移型增塑剂 non-migrating plasticizer
非牵引能量 non-traction energy
非铅直的 out of plumb
非签约人条款 non-signers' clause
非嵌套循环方式 non-nested loop mode
非强制车流 unforced flow
非强制的 optional; unforced
非强制领航 exempt pilot
非强制响应 unforced response
非抢先调度 non-preemptive scheduling
非抢先算法 non-preemptive algorithm
非桥接接点 non-bridging contact
非切线区段 non-tangent section
非切削成型 forming; shaping without stock removal; without stock removal
非切削行程 non-cutting stroke
非切削运动 non-cutting movement
非切制螺栓 blank bolt
非亲本 non-parent
非亲笔签字 non-autographic signature
非亲合的 non-affine
非亲水性土壤灌溉 water-repellent soils
非侵超声波技术 non-invasive ultrasonic technique
非侵蚀性的 non-aggressive; non-erosive
非侵蚀性脱脂剂 non-etching degreaser
非勤劳所得的 unearned
非青铜蓝 non-bronze blue
非青铜蓝颜料 non-bronze blue pigment
非倾侧式拌和机 bantam mixer; non-tilting-drum mixer; non-tilting mixer
非倾侧式的 non-tilting
非倾侧式鼓筒搅拌机 non-tilting-drum mixer
非倾侧式混凝土拌和机 non-tilting concrete mixer
非倾侧式混凝土搅拌机 non-tilting concrete mixer
非倾侧式搅拌机 bantam mixer; non-tilting mixer
非倾侧式筒形混凝土拌和机 <即水平轴的> non-tilting-drum concrete mixer
非倾倒式拌和机 bantam mixer; non-tilt mixer
非倾倒式筒形水平轴混凝土搅拌机 non-tilting-drum concrete mixer
非倾翻式鼓筒搅拌机 bantam mixer
非倾翻拖车的倾翻箱 tipping bin for non-tipping trailer
非倾伏的【地】 non-plunging
非倾伏褶曲 horizontal fold; level fold; non-plunging fold
非倾销证明书 non-dumping certificate
非倾斜的 aclinal
非倾斜地震仪 non-tilt seismograph
非倾斜鼓筒式搅拌机 horizontal axis mixer
非清算基础 non-liquidation basis
非请求响应 unsolicited response
非请求信息 unsolicited message
非求和的 non-additive
非球面 aspheric (al) surface; non-spheric (al) surface
非球面波前 non-spheric (al) wavefront
非球面的 aspheric (al)
非球面反射镜 aspheric (al) mirror; aspheric (al) reflector
非球面反射面 aspheric (al) reflecting surface
非球面光学 aspherics
非球面光学系统 aspheric (al) optic (al) system
非球面校正镜 aspheric (al) corrector
非球面校正透镜 aspheric (al) correcting lens
非球面镜 aspheric (al) mirror; aspherics
非球面镜头 aspheric (al) lens
非球面聚光镜 aspheric (al) condenser
非球面抛光机 aspheric (al) polishing machine
非球面透镜 aspheric (al) lens; non-spheric (al) lens
非球面系数 aspheric (al) coefficient; asphericity coefficient
非球面形 aspheric (al) figure
非球面形结构 aspherizing
非球面性 asphericity
非球形的 non-spheric (al)
非球形核 non-spheric (al) nucleus
非球形颗粒 aspheric (al) particle; non-spheric (al) particle
非球形空泡 non-spheric (al) bubble
非球形气泡 non-spheric (al) bubble
非球形系数 coefficient of non-sphericity
非球形校正器 aspheric (al) corrector
非区段方式 non-segmented mode
非区域的 non-local
非区域性的 azonic
非曲线畸变 harmonic distortion
非驱动履带 non-driving track
非驱动履带板 idle track
非驱动桥轴 non-drive [driving] axle; non-powered axle
非渠化式交叉 unchannelized intersection
非渠化式交通交叉口 unchannelized intersection
非取向的 unoriented
非去极化剂 non-depolarizer
非全卤化氯氟碳化合物 non-fully halogenated carbon compound
非全面调查 incomplete survey; partial survey
非全权信托 non-discretionary trust
非全日班次 part-time shift
非全日的 part-time
非全日工 part-timer
非全日性工作 part-time employment
非全日(制)工作人员 part-time staff
非全日制就业 part-time employment
非全日(制)职业教育 part-time vocational education
非全时工作制 part-time job system
非全套耕作 incomplete tillage
非全息成像 non-holographic imaging
非全息的 non-holographic
非全息照相磁光存储器 non-holographic magnetooptic memory
非全相运行(状态) incomplete phase operation; non-all-phase operation
非确定的 non-deterministic
非确定的分析 non-deterministic parsing
非确定的有限自动机 non-deterministic finite automaton
非确定框图 non-deterministic flow chart
非确定下推自动机 non-determinate pushdown automaton
非确定型决策 decision under uncertainty; indefinite decision-making; policy prognosis
非确定性 non-determinacy
非确定性程序设计 non-deterministic programming
非确定性决策 decision-making under uncertainty
非确定性图灵机 non-deterministic Turing machine
非确定性系统 non-deterministic system
非确定性系统模型 indeterminate equation model
非群码 non-group code
非燃的 uninflammable
非燃料矿产 non-fuel commodity
非燃料元件 unfueled part
非燃烧材料 non-combustible material
非燃烧体 non-combustible
非燃(烧)物 non-combustible
非燃式蒸汽发生器 unfired steam generator
非燃性 incombustibility; non-combustibility; non-ignitibility
非燃性材料 incombustible material; non-combustible material; non-flammable material
非燃性构造 incombustible construction; non-combustible construction
非燃性生物岩 acaustobiolith
非燃性油 non-inflammable oil
非燃性植物岩 acuasto-phytogenic rock
非染色的 non-pigmented
非染色质 achromatin
非扰动的 non-turbulent
非扰动太阳 undisturbed sun
非热背景 non-thermal background
非热处理的钢丝 not heat-treated steel wire
非热处理合金 non-heat treated alloy
非热带季风 non-tropic (al) monsoon
非热带性口炎性腹泻 non-tropic (al) sprue
非热的 non-thermal
非热动平衡 non-thermodynamic (al) equilibrium
非热分米波发射 non-thermal decimetric emission
非热风干燥 unheated air drying
非热风干燥机 unheated air drier [dryer]
非热风干燥器 unheated air drier [dryer]
非热辐射 non-thermal radiation
非热过程 non-thermal process
非热能的 non-thermal
非热谱 non-thermal spectrum
非热韧致辐射 non-thermal bremsstrahlung
非热射电亮温度 radio non-thermal brightness temperature
非热射电源 non-thermal radio source
非热射频辐射 non-thermal radiation
非热速度 non-thermal velocity
非热塑性长丝 non-thermoplastic filament yarn
非热异常地面 non-thermal ground
非热源 non-thermal source
非热转变 athermal transformation
非热自流系统 non-thermoartesian system

非人格化市场机制 impersonalized market mechanism
非人格性 impersonality
非人工的 unartificial
非人际的组织机构 impersonal organizational structure
非人力 impersonal forces
非人力财富 non-human wealth
非人力的生产资源 non-human productive resources
非人力所能影响的损益 involuntary loss or gain
非人名账户 impersonal account
非人名总账 impersonal ledger
非人身税 impersonal tax
非人寿保险 non-life insurance
非人为的 unartificial
非人为污染源 non-manmade sources; non-manmade pollution sources
非人行廊道 non-traversable gallery
非人员销售 non-personal selling
非人造的 inartificial
非任务 non-task
非任意抽取 non-random access
非容积式压缩机 non-positive displacement compressor
非溶剂 non-solvent
非溶剂致相分离 non-solvent induced phase separation
非溶解磷 non-dissolved phosphorus
非溶解物质 undissolved matter
非溶解有机碳 non-dissolved organic carbon
非溶解质 insoluble material
非溶性饱和漆 non-solvent impregnated varnish
非溶性气体 less soluble gas
非熔化 non-melt
非熔炼焊剂 ceramics flux
非熔性 insolubility
非冗长或形式 irredundant disjunctive form
非冗余的 irredundant
非冗余电路 irredundant circuit
非冗余网络 non-redundant network
非冗余系统 non-redundant system
非冗余"与或"网络 irredundant AND-OR network
非柔性 inflexibility
非肉质多年生旱生植物 non-succulent perennial xerophyte
非蠕爬型障板 no-creep type baffle
非软化岩石 unsoftening rock
非软件支持 non-software support
非润滑烧结青铜轴承合金 Genelite
非弱酸碱基 non-weak acid-base group
非三面体的 nontrihedral
非散货班轮 non-bulk liner
非散射辐射 non-scattered radiation
非散射媒质 non-scattering medium
非扫描显示 non-scanning display
非色敏化的 non-colo(u)r-sensitized
非色谱法鉴定 non-chromatographic identification
非色散 X 射线光谱计 non-dispersive X-ray spectrometer
非色散 X 射线荧光 non-dispersive X-ray fluorescence
非色散超声延迟线 non-dispersive ultrasonic delay line
非色散的 non-dispersive
非色散分析 non-dispersive analysis
非色散光谱法 non-dispersive spectrometry
非色散红外一氧化碳测试器 non-dispersive infrared carbon monoxide [CO] tester
非色散媒质 non-dispersive medium
非色散位移单模光纤 dispersion-unshifted single mode fiber[fibre]
非杀伤性的 non-lethal
非砂浆砌筑砖 chemically bonded brick
非山区 non-orographic region
非山岳地区 non-orographic region
非删除方式【计】non-deletion mode
非商品 nichtware; non-commodity; non-merchandise
非商品的产量交换 non-commodity exchange of products
非商品定额资金 norm-fund other than commodities
非商品服务业 non-goods services
非商品流量 non-commodity flow
非商品燃料 non-commercial fuel
非商品输出 invisible export
非商品输入 invisible import
非商品销售 non-commodity sale
非商品支出 expenditure for not buying commodities
非商品支出比例 rate of non-commodity expenditures
非商品资金 funds for non-commodity items
非商事合同 non-commercial contracts
非商业储备 non-commercial expenses; non-commercial reserves
非商业公司 non-trade company
非商业化运输的穿过风景区的干道 <局部或全部控制进入的> parkway
非商业会计 non-business accountancy
非商业团体 non-trading body
非商业性的 non-commercial; uncommercial
非商业性交通 non-commercial traffic; non-traffic
非商业性能源 non-commercial energy
非商业性疏伐 non-commercial thinning
非商业性协议 non-commercial agreement
非商业性油井 non-commercial well
非商用通话 non-commercial call
非上弯的钢筋 non-bent-up reinforcing bar
非烧结黏[粘]土砖 unburned clay brick
非设计的 off-design
非设计点 off design point
非设计工况 off-design; off-design behavio(u)r
非设计工作规范 off-design behavio(u)r
非设计情况 off-design condition
非设计特性 off-design behavio(u)r
非设计条件 off-design condition
非设计性能 off-design performance
非设计状态 off design point
非设计状态排水量【船】off-design displacement
非设计状态特性 off-design behavio(u)r
非摄影传感器 non-photographic(al) sensor
非伸长检验 non-rectifying inspection
非伸缩变形 inextensional deformation
非伸缩式模板 non-telescopic form
非深海灰岩 non-pelagic limestone
非审计服务 non-audit services
非审计客户 non-audit client
非渗流计算模型 non-seepage calculation model
非渗水土 non-permeable soil
非渗透土路基 non-permeable soil subgrade
非渗透系数 unsaturated hydraulic(al) conductivity
非渗透性 impermeability
非渗透性层包围 impermeable bed enclosing
非渗透性的 impermeable
非渗透性地表 impervious surface
非渗透性热储 impermeable reservoir
非渗透性遮挡 impermeable barrier
非生产部门 non-productive branch; non-productive sector
非生产操作 non-productive operation
非生产层 non-productive formation
非生产的 non-productive
非生产的开拓工作 unproductive development
非生产费用 non-manufacturing cost; non-productive expenses; unproductive cost
非生产工人 non-productive labo(u)r
非生产工资 unproductive wage
非生产积累 non-productive accumulation
非生产季节 non-productive season; off-season
非生产建造 non-productive formation
非生产井 non-producing well
非生产开支 non-operating charges
非生产劳动 non-productive labo(u)r; unproductive labo(u)r
非生产劳动者 unproductive labo(u)rer
非生产领域 non-productive sphere
非生产面积 unproductive area
非生产目的的投资 investment for non-productive purpose
非生产期 period of immaturity; unproductive phase
非生产企业 non-productive enterprise
非生产权益 non-operating interest
非生产人员 non-productive personnel
非生产设施 offset facility
非生产时间 non-production time; non-productive time; unproductive time; dead time
非生产信贷 unproductive credit
非生产性的 non-operating; non-productive; unproductive
非生产性的基本建设 non-productive capital construction
非生产性费用 dead charges; dead expenses; non-productive expenses; unproductive expenses
非生产性工资 non-productive wage
非生产性工作 dead works
非生产性工作时间 non-operating working time; unproductive working time
非生产性积累 non-productive accumulation
非生产性基本建设 non-productive projects in capital construction; unproductive projects in capital construction
非生产性基建基金 non-productive capital construction fund
非生产性计划 unproductive project
非生产性建设 construction for non-production purposes; construction for non-productive purposes; non-productive construction; unproductive construction
非生产性建设投资 non-productive construction investment; unproductive construction investment
非生产性建设投资率 investment rate for unproductive construction
非生产性建筑 non-productive building; unproductive building
非生产性开支 non-productive expenditures; unproductive expenditures
非生产性劳动 non-productive labo(u)r; unproductive labo(u)r
非生产性生活服务 non-productive services for daily life
非生产性疏伐 non-productive thinning
非生产性损耗 non-operating loss
非生产性损失 non-operating loss
非生产性停泊所占比重 percentage of non-productive stay
非生产性停歇 unproductive downtime
非生产性投资 non-productive investment
非生产性消费 non-productive consumption; unproductive consumption
非生产性行业 non-productive service
非生产性支出 non-productive expenditures; unproductive expenditures
非生产性资本 non-productive capital; unproductive capital
非生产性资产 non-productive asset
非生产性资金 funds allocated for non-productive purpose; non-productive funds
非生产用固定资产 fixed assets for non-production purposes; fixed assets not used in production; non-productive fixed assets
非生产资本 non-productive capital
非生产资金 unproductive capital
非生长季节灌溉 dormant-season irrigation
非生化带 aphotic zone
非生活必需品 unnecessary means of livelihood
非生活的 abiotic non-living
非生活物质 non-living substance
非生活用水 non-domestic water supply
非生命的 lifeless; non-living
非生物 abiota; non-living thing
非生物部分 abiotic component
非生物沉积 non-biogenic deposit
非生物成因的 abiogenetic
非生物成因气 abiogenic gas
非生物的 abiotic
非生物法 non-biological method
非生物反应 abiotic reaction
非生物防治 abiotic control
非生物分解 abiotic degradation; non-biological decomposition
非生物浮游物 abioseston
非生物环境 abiotic environment
非生物环境因素 abiotic environment(al) factor
非生物降解 abiotic biodegradation
非生物降解的 non-biodegradable
非生物降解物质 non-biodegradable substance
非生物降解有机物 non-biodegradable organic substance
非生物起源 abiogenesis; archigenesis
非生物物质 abiotic substance
非生物性悬浮物 tripton
非生物修复 non bio-remediation
非生物悬浮细粒 tripton
非生物学 abiology
非生物学的 abiological
非生物因素 abiotic factor
非生物因子 abiotic factor
非生物资源 non-living resource
非剩余 non-residue
非湿的 non-wetting
非湿化性黄土 non-slaking loess
非湿化性黏[粘]土 non-slaking clay
非湿化性土 non-collapsing soil; non-slumping soil
非湿陷性黄土 non-collapsible loess

F

非湿陷性土 non-slumping soil
非湿相 non-wetting phase
非十进制基数 non-decimal base
非十进制数系 non-decimal system
非石膏质模型 non-plaster mo(u)ld
非石灰性冲积土 non-calcareous alluvial soil
非石灰性棕壤 non-calcic brown soil; Shantung brown soil; Shantung soil
非石墨化碳 ungraphitised carbon
非石墨碳 agraphitic carbon
非石英二氧化硅 non-quartz silica
非石油出口 non-oil export
非石油基 non-petroleum base
非石油来源 non-petroleum source
非石油输出的发展中国家 non-oil-exporting developing country
非时变信道 time-invariant channel
非时间制约毒性试验 time-independent toxicity test
非时序操作 non-sequential operation
非时序的 non-sequential
非时序计算机 non-sequential computer
非识别系数 non-identified coefficient
非实时处理 non-real-time processing
非实体财产 non-corporeal property
非实物要素 nominal element
非实物账 nominal account
非实物资产 non-physical assets
非实验观测值 non-experimental observation
非实验建模 non-experimental model-building
非实验性的(工艺状况)(现状) state-of-the-art
非实验性数据 non-experimental data
非实验性数据模型 non-experimental data model
非实验性研究 non-experimental study
非实有的 aeriform
非实质性的 cosmetic
非实质性资本 non-physical capital
非食品部门 non-food department
非食品原料 non-food raw material
非食用菌 toadstool
非食用油 inedible oil
非食用鱼 non-edible fish; unedible fish
非使用价值 non-use value
非使用占有 possession through non-usage
非使用者效益 non-user benefit
非世袭的终身财产 life estate
非市场产品 non-marketed product
非市场交易费用 non-market transaction cost
非市场借债 non-market borrowing
非市场经济国家 non-market-economy country
非市政区 unincorporated area
非适应搜索方案 non-adaptive search plan
非嗜色的 achromophilous
非收费标准协定公司 non-tariff company
非收敛的 non-convergent
非收敛级数 non-convergent series
非收入税乘数 non-income-tax multiplier
非收缩堰 uncontracted weir
非手工接头 non-manipulative joint
非手工压接 non-manipulative compression joint
非手性试剂 achiral reagent
非守恒的 non-conservative
非守恒过程 non-conservative process
非守恒系统 non-conservative system
非受保资产 non-admitted assets
非受火压力容器 unfired pressure vessel
非受火压力容器代号 unfired pressure vessel code
非受控 uncontrolled
非受控单位 uncontrolled unit
非受控公司 uncontrolled company
非受控企业 uncontrolled enterprise
非受力的构造杆件 non-structural member
非受力的结构杆件 non-structural member
非受力钢筋 nominal steel; passive reinforcement
非受压 not subjected to pressure
非受压的 unpressured
非受益者 non beneficiaries
非授权用水 unauthorized use of water
非书面的 unwritten
非疏水有机化合物 non-hydrophobic-(al) organic chemical
非输入输出空间分离 non-input/output split
非熟练 odd-job worker
非熟练工(人) unskilled labo(u)r; dilutee <负担熟练工人部分工序的>; direct labo(u)r; roustabout; rouster; common labo(u)r; flunkey; unskilled worker
非熟练劳动 unskilled labo(u)r
非束缚电子 free electron(ic); unbound electron
非竖直(航摄)像片【测】 nonvertical photograph
非数传机时钟 non-data-set clocking
非数传机同步 non-data-set clocking
非数据校准时钟 non-data-set clocking
非数据输入 non-data input
非数据输入输出操作 non-data input/output operation
非数据应用 non-numeric(al) application
非数据指令 nondata-based instruction
非数量变量 non-quantitative variable
非数量描述 non-quantitative description
非数学程序 non-mathematical program(me)
非数值比较 non-numeric(al) comparison
非数值编码 non-numeric(al) coding
非数值处理 non-numeric(al) processing
非数值的 non-numeric(al)
非数值数据 categorical data
非数值数据处理 non-numeric(al) data processing
非数值位 zone bit
非数值文字 non-numeric(al) literal
非数值问题 non-numeric(al) problem
非数值项 non-numeric(al) item
非数值型的 non-numeric(al)
非数值因素 non-numeric(al) factor
非数值应用 non-numeric(al) application
非数字比较 non-numeric(al) comparison
非数字操作 non-numeric(al) operation
非数字的 non-numeric(al)
非数字符 non-digit character
非数字记号 non-numeric(al) character
非数字文字 non-numeric(al) literal
非数字项 non-numeric(al) item
非数字信息 non-numeric(al) information
非数字运算 non-numeric(al) operation
非数字字符 non-numeric(al) character
非衰减摆动 persistent oscillation
非衰减波 non-attenuating wave
非衰减性 unremittance
非水冲厕 not-water-carriage toilet facility
非水催化热滴定 non-aqueous catalytic thermal titration
非水的 non-aqueous
非水滴定(法) non-aqueous titration; titration in nonaqueous solvent
非水分散丙烯酸涂料 non-aqueous dispersion acrylic coating
非水分散树脂 non-aqueous dispersion resin
非水分散体 non-aqueous dispersion
非水分散型热固性丙烯酸树脂 non-aqueous dispersion thermosetting acrylics
非水化泥灰浆 non-hydraulic cement mortar
非水化石灰 non-hydraulic lime
非水化状态的水硬水泥 neat cement
非水胶体 non-aqueous colloid
非水解性氮 unhydrolyzable nitrogen
非水介质 non-aqueous medium
非水力学的 non-hydraulic
非水密舱壁 non-watertight bulkhead; screen bulkhead
非水密的 non-watertight
非水密隔舱 non-watertight bulkhead; screen bulkhead
非水密肋板 non-watertight floor
非水密门 non-watertight door
非水泥类基体材料 non-cementious matrix
非水平变幅 unlevel luffing
非水平的 non-level
非水溶剂 non-aqueous solvent
非水溶剂滴定法 non-aqueous titration
非水溶性聚氨酯 non-aqueous polyurethane
非水溶液 non-aqueous solution
非水溶液滴定 non-aqueous titration
非水溶液电镀 non-aqueous solution plating
非水溶液电化学 non-aqueous electrochemistry
非水溶液镀层 non-aqueous solution plating
非水溶液浸出 non-aqueous leaching
非水溶液型黏合剂 non-aqueous adhesive
非水稳的 hydrolabil
非水相 non-aqueous phase
非水相有机液体 non-aqueous phase organic liquid
非水硬石灰砂浆 non-hydraulic lime mortar
非水硬性的 non-hydraulic
非水硬性干粉煤灰混合料 non hydraulic dry flyash mixture
非水硬性胶结料 non-hydraulic cement
非水硬性胶凝材料 non-hydraulic binding material
非水硬性砂浆 non-hydraulic mortar
非水硬性砂浆胶凝剂 non-hydraulic mortar cementing agent
非水硬性石灰 non-hydraulic lime
非水硬性石灰砂浆 mild mortar
非水硬性水泥 non-hydraulic cement
非水运系统 conservancy system
非水指示剂 non-aqueous indicator
非税金收入 non-tax revenue
非税款负担 non-tax payment
非税款收入 non-revenue receipts
非税目的 non-tax objective
非税收收入 non-revenue receipts; non-tax receipts; non-tax revenue
非税收性鼓励 non-tax incentives
非税收益 non-taxable income
非税性负担的支付金额 non-tax payment
非税性负担额 non-tax liability
非税支付 non-tax payment
非顺路(转向)链状出行 diverted linked trips
非顺向谷 insequent valley
非顺向河 inconsequent river; inconsequent stream
非顺向水系 insequent drainage(system)
非顺序的 non-sequential
非顺序计算机 non-sequential computer
非顺序(肯定)回答 non-sequenced acknowledgement
非顺序命令 non-sequenced command
非顺序扫描 non-sequential scanning
非顺序随机规划 non-sequential stochastic programming
非死亡事故 non-fatal accident
非四分之一波长膜系 non-quarter-wave stack
非似然比 unlikelihood ratio
非松弛的弹性模数 unrelaxed modulus of elasticity
非松弛模量 unrelaxed modulus
非搜索测向器 non-scanning direction-(al) finder
非素质性的 adiathetic
非塑性材料 non-plastic material
非塑性的 aplastic; non-plastic
非塑性混凝土 non-plastic concrete
非塑性阶段 non-plastic stage
非塑性土(壤) non-plastic soil
非塑性物料 non-plastic material
非塑性岩 competent rock
非酸蚀 non-acid wash; pickle-free
非酸洗 non-acid wash; pickle-free
非酸性的 non-acid
非酸性气体 non-acid gas
非酸性物 non-acidics
非酸性油 non-acid oil
非算术运算 non-arithmetic operation
非随动 non-follow-up
非随动控制器 non-follow-up controller
非随动式操舵装置的控制 non-follow-up type steering gear control
非随动转换柄 non-follow-up controller
非随机 non-random
非随机比较分组法 non-random comparison group methods
非随机变量 non-random variable; non-stochastic variable
非随机存取 non-random access
非随机动荷载 prescribed dynamic-(al) loading
非随机方法 non-stochastic method
非随机访问 non-random access
非随机分布 non-random distribution
非随机概率样本 non-random probability sample
非随机化策略 non-randomized strategy
非随机化风险集 non-randomized risk set
非随机化估计量 non-randomized estimator
非随机化检验 non-randomized test
非随机化判定函数 non-randomized decision function
非随机假定 non-stochastic assumption

非随机解释变量 non-stochastic explanatory variable
非随机模型 non-stochastic model
非随机偏离 non-random deviation
非随机性损害 non-random damage; non-random injury
非随机性效应 non-stochastic effect
非随机样本 non-random sample
非随机预测模型 non-stochastic forecasting model
非随机值 non-random value
非随机指数 non-random index
非随身携带的 unaccompanied
非随身携带的行李 unaccompanied luggage
非随身载运行李 unaccompanied shipment
非碎屑沉积 non-clastic sediment
非碎屑沉积岩 non-clastic sedimentary rock
非碎屑的 non-clastic; non-detrital; non-mechanical
非碎屑水成岩 non-clastic sedimentary rock
非损的 non-derogatory
非损害性的公开 non-prejudicial disclosure
非损伤性检查 non-injurious examination
非缩尺 natural scale
非所有人 non-owner
非锁定按钮 non-locking key; press-button key
非锁定大小写转换字符 non-locking shift character
非锁定的 non-locking
非锁定电键 non-locking key
非锁定换码 non-locking escape
非锁定继电器 non-locking relay
非锁定转义 non-locking escape
非锁定转义字符 non-locking shift character
非弹簧加力的 non-spring loaded
非弹簧加载的 non-spring loaded
非弹簧支承的 non-spring loaded
非弹性 non-elasticity; non-spring; unelasticity
非弹性闭合 inelastic closure; non-elastic closure
非弹性变形 inelastic behavio(u)r; inelastic deflection; inelastic deflexion; inelastic deformation; non-elastic deformation; permanent set
非弹性波 inelastic wave
非弹性部分的应变 unrecovered strain
非弹性侧向屈曲 inelastic lateral buckling
非弹性侧向弯曲试验 inelastic lateral buckling test
非弹性侧向压曲 inelastic lateral buckling; unelastic lateral buckling
非弹性侧移 inelastic drift
非弹性的 inelastic; non-elastic; unelastic
非弹性地震反应 inelastic earthquake response
非弹性动力分析 inelastic dynamic(al) analysis
非弹性范围 inelastic range; non-elastic range
非弹性分析 inelastic analysis
非弹性钢筋混凝土框架 inelastic reinforced concrete frame
非弹性固结 inelastic consolidation; unelastic consolidation
非弹性荷载 inelastic loading
非弹性横向弯曲 inelastic lateral buckling
非弹性活动 inelastic activity
非弹性剪切挠曲 inelastic shear deflection
非弹性铰 inelastic hinge
非弹性阶段 inelastic range; inelastic stage
非弹性结构 inelastic construction
非弹性抗力 inelastic resistance; unelastic resistance
非弹性流体 inelastic fluid
非弹性挠曲 creep deflection[deflexion]; inelastic bending; inelastic deflection; inelastic deflexion; non-elastic deflection[deflexion]
非弹性凝胶 rigid gel
非弹性扭曲 inelastic torsion; unelastic torsion
非弹性碰撞 inelastic collision
非弹性强度分析 inelastic strength analysis
非弹性翘曲 inelastic buckling
非弹性区(域) inelastic region
非弹性屈曲 inelastic buckling; non-elastic buckling
非弹性散射 inelastic scattering; unelastic scattering
非弹性设计反应谱 inelastic design response spectrum
非弹性失稳 inelastic buckling
非弹性特性 inelastic behavio(u)r
非弹性体 anelasticity; inelastic body; non-elastic body
非弹性体积应变 inelastic volumetric(al) strain
非弹性体系 inelastic system
非弹性弯曲 inelastic bend; unelastic bending
非弹性系统 inelastic system
非弹性效应 non-elastic effect; unelastic effect
非弹性性能 inelastic behavio(u)r; non-elastic behavio(u)r
非弹性性质 inelastic property
非弹性性状 inelastic behavio(u)r; non-elastic behavio(u)r
非弹性需求量 inelastic demand
非弹性压曲 inelastic buckling; non-elastic buckling
非弹性应变 inelastic strain; non-elastic strain
非弹性振动 inelastic vibration
非弹性致密 inelastic densitification
非弹性状态 inelastic behavio(u)r; unelastic behavio(u)r
非弹性阻力 inelastic resistance
非弹性作用 inelastic action
非炭黑填料 non-carbon black filler
非碳水化合物质 non-carbonaceous matter
非碳素纸 non-carbon paper
非碳酸盐缓冲系 non-carbonate buffer system
非碳酸盐岩 non-carbonate rock
非碳酸盐硬度 non-carbonate hardness
非膛内保险 non-bore-safe
非陶瓷面砖 non-ceramic tile
非陶瓷瓦 non-ceramic tile
非套推式支架 non-telescopic form
非特 Fit
非特定的 unspecific; unspecified
非特定订单 open indent
非特定物 indefinite thing
非特惠程序 non-privileged program(me)
非特惠方式 non-privileged mode
非特权方式 non-privileged mode
非特殊的 non-special
非特(殊)化定律 law of non-specialization
非特殊性抵抗力 non-specific resistance
非特性曲线 non-characteristic curve
非特性吸附 non-specific adsorption
非特性吸附离子 non-specifically adsorbed ions
非特性吸附物种 non-specifically adsorbed species
非特许指令 non-privileged instruction
非特异性的 non-specific
非特异作用 non-specific action
非特征产品 non-characteristic product
非特征曲线 non-characteristic curve
非特征性的 adiagnostic
非体力劳动者 non-manual workers
非天然的 non-natural
非天然性反应 non-spontaneous reaction
非条带状煤 non-banded coal
非条件不等式 absolute inequality; unconditional inequality
非条件等色 isomeric colo(u)r
非条件概率 unconditional probability
非条件模拟 non-conditional simulation
非条件模拟变差函数 variogram of non-conditional simulation
非条件模拟变程 range of non-conditional simulation
非条件模拟方差 variance of non-conditional simulation
非条件模拟基台 sill of non-conditional simulation
非条件模拟均值 mean of non-conditional simulation
非条件模拟块金常数 nugget constant of non-conditional simulation
非条件模拟漂移值 value of drift of non-conditional simulation
非条件模拟剩余值 residual value of non-conditional simulation
非条件模拟套合级数 nested level of non-conditional simulation
非条件模拟值 value of non-conditional simulation
非条件收敛 unconditional convergence
非条件抑制 unconditioned inhibition
非条件转移 unconditional jump
非条件最优 unconditional optimum
非调和比 anharmonic ratio; cross ratio; non-harmonic ratio
非调和常数 non-harmonic constant
非调和潮 non-harmonic tide
非调和潮汐常数 non-harmonic tidal constant
非调和的 anharmonic; non-harmonic
非调和法 non-harmonic method
非调和曲线 anharmonic curve
非调速型的 non-governed
非调谐的 aperiodic(al); non-tunable
非调谐的长反射器 untuned rope
非调谐电路 non-resonant circuit; untuned circuit
非调谐检波器 aperiodic(al) detector
非调谐天线 aperiodic(al) antenna
非调蓄演算 non-storage routing
非调制方式 non-modulation system
非调制辐射计 unchopped radiometer
非贴现汇票 non-discountable bill
非铁材料 non-ferrous material
非铁磁材料 non-ferromagnetic material
非铁磁性 non-ferromagnetic
非铁的 non-ferrous
非铁钉 non-ferrous nail
非铁合金 non-ferrous alloy
非铁合金焊条 non-ferrous alloy electrode
非铁金属 non-ferrous metal
非铁金属的铸造设备 casting machine for non-ferrous metals
非铁金属铸件 non-ferrous casting
非铁矿渣 non-ferrous slag
非铁路的 non-railway
非铁路发货人 non-rail shipper
非铁冶金学 non-ferrous metallurgy
非铁铸件 non-ferrous casting
非烃的溶解度 solubility of non-hydrocarbon
非烃化合物的主要参数 essential parameter of non-hydrocarbon compound
非烃气 non-hydrocarbon gas
非烃气成因类型 genetic(al) classification of non-hydrocarbon gas
非通风换气方式 no-draft ventilation
非通航汊道 non-navigable branch
非通航桥孔 non-navigable space; non-navigable span
非通汇银行 non-correspondent bank
非通货膨胀的工资增长 non-inflationary wage increase
非通行道路 no road
非通用的合用配置 configured-out
非通用语言 special language
非同步测量法 non-synchronous surveying
非同步传输 asynchronous transmission
非同步存储能力 asynchronous memory capability
非同步的 asynchronous; non-synchronizing; non-synchronous
非同步电动机 asynchronous motor; non-synchronous motor
非同步发电机 asynchronous generator
非同步化 asynchronization
非同步计算机 non-synchronous computer
非同步加速辐射源 non-synchrotron radiation source
非同步间歇振荡器 free running blocking generator
非同步起动 asynchronous starting; non-synchronous starting
非同步扫描 flywheel time base
非同步声迹 wild track
非同步鼠笼感应牵引电动机 asynchronous squirrel cage induction traction motor
非同步数字传输网络单元 non-synchronous digital hierarchy network element
非同步网络 non-synchronous network
非同步系统 asynchronous system
非同步像片 asynchronous photograph
非同步型去颤器 non-synchronized defibrillator
非同分熔融 incongruent melting
非同分异构的 anisometric(al)
非同履交割日 non-compensated value date
非同盟定期船 non-conference line vessel
非同盟业者 non-conference operator
非同期沉积 non-contemporaneous deposit
非同期叠加弧形构造 non-synchronous superposed arcuate structure
非同期自动重合(闸)装置 asynchronism automatic reclosing device
非同时保险 non-concurrent insurance
非同时传输 non-simultaneous transmission
非同时传送 non-simultaneous transmission
非同时的 nonsimultaneous
非同时发生的误差 non-contemporaneous error
非同时干涉量度术 non-simultaneous interferometry

F

非同时径迹 non-contemporary track
非同时性前瞻研究 non-concurrent prospective study
非同时需量 non-coincident demand
非同时(张拉)预应力 non-simultaneous prestressing
非同时张拉的后张法预应力钢索 non-simultaneous prestressing
非同式 non-unity
非同位钢索 non-concordant cable
非同向纹理层压 random lamination
非同行竞争 intertype competition
非同性材料 inhomogeneous material
非同样的铅字 wrong font
非同一式的 non-unity
非同缘的 exogenic
非同质 non-homogeneous
非同质产出 heterogeneous output
非同质分布分解 dissection of heterogeneous distribution
非同质性 non-homogeneity
非同质总体 heterogeneous population;non-homogeneous population
非同质组 heterogeneous group
非同轴的 non-coaxial
非统计误差 non-statistical error
非统计行为 non-statistical behavio(u)r
非统计性的 non-statistical
非投机性的 non-speculative
非投影照明 non-projected illumination
非投资性财产 non-investment property
非透明的 non-transparent
非透明方式 non-transparent mode
非透明模式 non-transparent mode
非透明陶瓷瓦 non-vitreous ceramic tile
非透明体 opaque body
非透热的 non-diathermic
非透入性的 non-penetrative
非透入性要素 non-penetrative element
非透入性组构 non-penetrative fabric
非透视的 non-perspective
非透视方位投影 non-perspective azimuthal projection
非凸二次规划 non-convex quadratic programming
非凸规划 non-convex programming
非凸极式同步发电机 non-salient pole alternator
非凸集 <线性规划等用> non-convex set
非凸性模 modulus of non-convexity
非突磁极机 cylindric(al)-rotor machine
非图解数据 non-graphical data
非图文部分着墨 catch-up;dry-up
非图形表示的艺术 non-figurative art
非图形字符 non-graphical character
非涂锌管 black pipe
非途径 back door
非土质材料防渗体分区坝 zoned earth-rockfill dam with non-soil impervious core
非湍动扩散 non-turbulent diffusion
非湍流 non-turbulent flow
非湍流的 non-turbulent
非团粒结构 single-grained structure
非退化布尔代数 non-degenerate Boolean algebra
非退化参变放大器 non-degenerate parametric amplifier
非退化的 non-degenerate;non-singular
非退化分布 non-singular distribution
非退化基本可行解 non-degenerative basic feasible solution
非退化矩阵 non-singular matrix
非退化连续分布 non-degenerate continuous distribution
非退化临界点 non-degenerate critical point
非退化曲线 non-degenerate curve
非退化网络 non-singular network
非退化线性系统 non-degenerate linear system
非退化形 non-degenerative type
非退化性 non-degeneracy
非退化圆 non-degenerate circle
非退化正态分布 non-degenerate normal distribution
非拖挂装置 non-towed attachment
非拖拉机式钻机 non-tractor drill
非脱轨的 nonderailing
非脱轨位置 nonderailing position
非驼峰编组站 un-hump yard
非外延的 non-epitaxial
非完备调制 defective modulation
非完全函数相关性 non-full functional dependency
非完全混合曝气塘 incompletely mixed aerated lagoon
非完全井 partially penetrating well
非完全流体 non-perfect fluid
非完全密实混凝土 insufficiently compacted concrete
非完全弹性的 imperfectly elastic
非完全弹性分析 imperfectly elastic analysis
非完全弹性介质 imperfectly elastic medium
非完全弹性碰撞 non-perfect elastic collision
非完全指定的布尔函数 incompletely specified Boolean function
非完全指定的单码分配 incompletely specified unicode assignment
非完整的 non-holo(no)mic
非完整干扰井公式 partial penetrating and interfering wells formula
非完整工作周 short week
非完整井 partially penetrating well;well of partial penetration
非完整井系数 partial penetrating well coefficient
非完整井有效带 effective zone of partial penetrating well
非完整井阻力系数 resistance coefficient of partial penetrating well
非完整排水渠 drainage canal unexcavated to aquifer
非完整平底井公式 formula of partial penetrating well with flat bottom
非完整系 non-holo(no)mic system
非完整圆式蜗壳 partial scroll case
非网络控制程序站 non-network control program(me) station
非往复的 non-reciprocal
非往来银行 non-correspondent bank
非危险竞争 non-critical race
非危险区 non-hazardous area
非微程序控制的 nonmicroprogrammed
非微生物膜生物 non-microbiofilm organism
非围建地区 non-built up area
非违禁品 non-contraband
非唯一模型 non-unique model
非唯一性 non-uniqueness
非维护性航标失常 aids failure not due to improper-maintenance
非维修时间 non-maintenance time
非温泉 non-thermal spring
非文件结构设备 non-file-structure device
非吻合钢筋束 non-concordant tendon
非吻合索 non-concordant cable
非紊流的 non-turbulent
非稳定边界层 unsteady boundary layer
非稳定波型磁控管 barratron
非稳定部分 unstable component
非稳定传热 unsteady state heat conduction
非稳定多谐振荡器 astable multioscilator
非稳定多谐振动器 astable multivibrator
非稳定工况 unsteady stage condition
非稳定共振腔 unstable resonator
非稳定光学共振腔 unstable optic(al) resonator
非稳定环节 unstable component
非稳定结构 undefined structure
非稳定力 unsteady force
非稳定流 non-stationary flow;non-steady current;non-steady flow;unsteady flow
非稳定流参数的确定 determination of unsteady flow parameter
非稳定流抽水试验 unsteady flow pumping test
非稳定流抽水试验法 method of transient pumping test
非稳定流定降深抽水 unsteady pumping test at fixed drawdown
非稳定流定流量抽水 unsteady pumping test at fixed quantity
非稳定流干扰井公式 interfering well formula of unsteady flow
非稳定流计算法 method of unsteady flow calculation
非稳定流水井公式 well formula of unsteady flow
非稳定模型 non-stationary model
非稳定气流 unsteady air flow
非稳定态 non-steady state
非稳定显像 unstabilized presentation
非稳定效应 instability effect
非稳定性结构 unstable structure
非稳定元件 unstable component
非稳定状态 transient state
非稳多谐振荡器 astable multivibrator
非稳固报价 non-firm offer
非稳恒流动 unsteady flow
非稳态 unstable state;unsteady state
非稳态传热 unsteady state heat transfer
非稳态多谐振荡器 astable multivibrator
非稳态流动 unsteady(state) flow
非稳态模拟 non-steady-state simulation
非稳态模式分布 non-equilibrium mode distribution
非稳态热异常 unsteady state thermal anomaly
非稳态渗流形式 transient seepage form
非稳态势 non-steady-state membrane potential
非稳态运动 astable operation
非稳态噪声 non-stationary noise
非稳态自聚焦 non-stationary self-focusing
非稳压整流器 non-controlled rectifier;non-stabilized rectifier;uncontrolled rectifier;unregulated rectifier
非涡流室 quiescent chamber
非卧床病人中心 ambulatory health care centers
非污染 uncontamination;unpollution
非污染技术 non-pollutive technology
非无功伏安 non-reactive voltampere
非无机吸附剂 non-mineral adsorbent
非无穷小变形 finite deformation
非无效函数 non-trivial function
非无效解 non-trivial solution
非无效条件 non-trivial condition
非无效文法 non-trivial grammar
非物体形态的产品 product without a material form
非物质财物 non-material goods
非物质策略 non-material strategy
非物质产品 non-material product
非物质的 immaterial;inessential
非物质的多样性 dematerialized multiformity
非物质服务 non-material service
非物质化 dematerialize
非物质价值 immaterial value
非物质劳动力 immaterial labo(u)r
非物质领域 non-material sphere
非物质领域中的产业部门 industries in the non-material sphere
非物质生产部门 branches of non-material production;departments engaged in intellectual production;non-productive department
非物质投入 non-material input
非物质资 incorporeal capital
非物质资本 immaterial capital;invisible capital;non-material capital
非雾化水 non-atomized water
非吸附性载体 non-adsorptive support
非吸上式注水器 non-lifting injector
非吸收镀层 non-absorbing coating
非吸收剂 non-absorbent
非吸收膜 non-absorbing coating;non-absorbing film
非吸收性材料 non-absorbent material
非吸收性处理 non-absorbent finish
非吸收性介质 non-absorbent medium;non-absorbing medium
非吸烟席 non-smoking seat
非洗涤式板框压滤机 non-washing plate and frame filter press
非系泊船舶 underway
非系统测量误差 unsystematic(al) measurement error
非系统的 nonsystematic
非系统节理 non-systematic(al) joint
非系统码 non-systematic(al) code
非系统人员 non-system personnel
非系统性部分 non-systematic(al) part
非系统性风险 unsystematic(al) risk
非系统性误差 non-systematic(al) error;unsystematic(al) error
非细胞组成的 accellular
非下垂密封膏 non-sag sealant
非纤维 non-fiber[fibre]
非纤维板 non-fibered board
非纤维素纤维 non-cellulosic fiber[fibre]
非纤维性灰尘 non-fiber dust
非纤维织物滤池分离活性污泥反应器 non-woven fabric filter separation activated sludge reactor
非纤维质材料 non-cellulosic material
非纤维质的 unfibered[unfibred]
非纤维状的 non-fibered[non-fibred]
非纤维组织的 unfibrated
非纤维组织的润滑脂 non-fibrous grease
非显而易见性 unobviousness
非显见面 hidden surface
非显晶基斑状 aphaniphyric
非显晶岩 aphanite
非显晶质的 aphanitic
非显著性交互影响 non-significant interaction
非现场工程师 off-site engineer
非现场监视 off-site surveillance
非现场有害废物设施 off-site hazardous waste facility
非现场装配 off-site fabrication
非现金 illiquidity
非现金单据 non-cash documents

非现金的 illiquid;non-cash
非现金的资产 illiquid assets
非现金发行的股票 non-cash issuance of stock
非现金费用 non-cash charges
非现金结算 clearing;clearing of account; non-cash settlement; settlement through accounts
非现金流通 non-cash circulation
非现金取得的资产 assets acquired for non-cash assets;non-cash outlay
非现金投入 non-cash input
非现金项目 non-cash entry;non-cash item
非现金信用贷款 non-cash credit
非现金证券 non-cash documents
非现金支出(的费用)non-cash charges;non-cash outlay
非现金资产 non-cash assets
非现实感 feeling of unreality
非现行文件 inactive file
非现役船 non-commissioned ship
非现用程序 inactive program(me)
非现用档案 inactive file
非现用的 inactive
非现用文件 inactive file
非线性 non-linearity
非线性保本模型 non-linear breakeven model
非线性保守系统 non-linear conservative system
非线性边值问题 non-linear boundary value problem
非线性编码 non-uniform encoding
非线性变化 non-linear variation
非线性变换 non-linear transformation
非线性变频 additive mixing
非线性变形 non-linear deformation
非线性变形改正 correction for non-linear deformation
非线性标度 non-linear scale
非线性标度尺 non-linear scale
非线性波 non-linear wave
非线性波粒共振效应 non-linear wave particle resonant effect
非线性不可分问题 non-linear non-separable problem
非线性材料 non-linear material
非线性材料反应 non-linear materials response
非线性参数 non-linear parameter
非线性参数函数 non-linear parametric function
非线性差分方程 non-linear difference equation
非线性场论 non-linear field theory
非线性潮 non-linear tide
非线性程序 non-linear program(me)
非线性程序设计 non-linear programming
非线性处理 non-linear processing
非线性处理机 non-linear processor
非线性传播 non-linear propagation
非线性串扰 non-linear crosstalk
非线性磁场放电电阻器 non-linear field discharge resistor
非线性磁化率 non-linear susceptibility
非线性代数系统 non-linear systems of algebra
非线性单位过程线理论 non-linear unit-hydrography theory
非线性导体 non-linear conductor
非线性的 non-linear
非线性等离子体 non-linear plasma
非线性等温线 non-linear isotherm
非线性地震反应 non-linear earthquake response
非线性地震分析 non-linear seismic analysis
非线性地质统计学 non-linear geostatistics
非线性递变电阻的电位计 tapered potentiometer
非线性电磁媒质 non-linear electromagnetic medium
非线性电导 non-linear conductance
非线性电动力学 non-linear electrodynamics
非线性电感 non-linear inductance
非线性电光晶体 non-linear electrooptical crystal
非线性电介质 non-linear dielectric
非线性电介质极化 non-linear dielectric(al) polarization
非线性电抗 non-linear reactance
非线性电抗放大器 non-linear reactance amplifier
非线性电路 non-linear circuit
非线性电路分析 non-linear circuit analysis
非线性电容器 non-linear capacitor
非线性电势计 graded potentiometer;non-linear potentiometer
非线性电位计 function generating potentiometer;non-linear potentiometer;tapered potentiometer
非线性电子磁化率 non-linear electronic susceptibility
非线性电阻 curve resistance;non-linear resistance; thyrector; varistor [varister]
非线性电阻避雷器 thyrite arrester [arrestor]
非线性电阻分布特性 non-linear taper
非线性电阻励磁机 thyrite exciter
非线性电阻片 non-linear resistor
非线性电阻器 non-linear resistor; non-ohmic resistor
非线性电阻式电涌放电器 non-linear resistor type surge arrester
非线性电阻调节器 non-linear resistance regulator
非线性迭代法 non-linear iterative
非线性定律 non-linear law
非线性定向耦合器 non-linear direction(al) coupler
非线性动力模型 non-linear kinetic model
非线性动力系统 non-linear dynamic(al) system
非线性动力学 non-linear dynamics; non-linear kinetics
非线性动态乘数 non-linear dynamic(al) multiplier
非线性动态系统 non-linear dynamic(al) system
非线性断裂力学 non-linear fracture mechanics
非线性对偶性 non-linear duality
非线性二元回归 non-linear bivariate regression
非线性发生器 non-linear generator
非线性反馈 non-linear feedback
非线性反馈控制系统 non-linear feedback control system
非线性反射 non-linear reflection
非线性反应 non-linear response
非线性泛函分析 non-linear functional analysis
非线性方程 non-linear equation
非线性方程组 non-linear equations; system of non-linear equations
非线性(方)法 non-linear technique
非线性放大媒质 non-linear amplifying medium
非线性放大器 non-linear amplifier
非线性非理想色谱法 non-linear non-ideal chromatography
非线性分布 non-linear distribution
非线性分层器 non-linear quantizer
非线性分立元件分析法 non-linear discrete element analysis
非线性分配 non-linear distribution
非线性分式函数 non-linear fractional function
非线性分析 non-linear analysis
非线性辐射去激活作用 non-linear radiative deactivation
非线性改正 non-linear correction
非线性刚度 non-linear stiffness
非线性高聚物 non-linear polymer
非线性隔离系统 non-linear isolation system
非线性功率放大器 non-linear power amplifier
非线性共振 non-linear resonance
非线性估计 non-linear estimation
非线性估计标准误差 non-linear standard error of estimate
非线性估计程序 non-linear estimation routine
非线性估计量 non-linear estimator
非线性关系 non-linear relation;non-linear relationship
非线性光滑 non-linear smoothing
非线性光混频 non-linear photomixing
非线性光极化率 non-linear optic(al) susceptibility
非线性光谱法 non-linear spectroscopy
非线性光学 non-linear optics
非线性光学材料 non-linear optic(al) material
非线性光学处理 non-linear optic(al) processing
非线性光学晶体 crystal for non-linear optics;non-linear optic(al) crystal
非线性光学系数 non-linear optic(al) coefficient
非线性光学现象 non-linear optic(al) phenomenon
非线性光学响应 non-linear optic(al) response
非线性光学效应 non-linear optic(al) effect
非线性规划 convex programming;dynamic(al) programming;non-linear planning;non-linear programming
非线性规划法 non-linear programming method
非线性规划问题 non-linear programming problem
非线性滚动运动 non-linear rolling
非线性海啸波 non-linear tsunami wave
非线性函数 non-linear function
非线性核 non-linear kernel
非线性红外摄谱仪 non-linear infrared spectrograph
非线性互连矩阵 non-linear interconnection matrix
非线性化的 non-linearized
非线性恢复力特性 non-linear restoring force characteristic
非线性恢复力特征 non-linear restoring force characteristic
非线性回波测深仪 non-linear echo sounder
非线性回归 non-linear regression
非线性回归法 non-linear regression technique
非线性回归分析【数】non-linear regression analysis
非线性回归模型 non-linear regression model
非线性回馈 non-linear feedback
非线性基础 non-linear foundation
非线性畸变 non-linear distortion
非线性畸变扫描 non-linear distortion of scan(ning)
非线性畸变系数 non-linear distortion coefficient; non-linear distortion factor
非线性极化 non-linear polarization
非线性极化场 non-linear polarization field
非线性计量经济学模型 non-linear econometrics model
非线性计算 non-linear computation
非线性计算器 non-linear computing element
非线性计算元件 non-linear computing element
非线性记录 non-linear recording
非线性检波 non-linear detection
非线性结构动力学 non-linear structural dynamics
非线性结构分析 non-linear structural analysis
非线性结构性能 non-linear structural behavio(u)r
非线性介质 non-linear dielectric
非线性经济计量方法 non-linear econometric techniques
非线性晶体 non-linear crystal
非线性空间滤波 non-linear spatial filtering
非线性空气动力特性 non-linear aerodynamic(al) characteristic
非线性空气动力学 non-linear aerodynamics
非线性控制 non-linear control
非线性控制方程 non-linear governing equation
非线性控制理论 non-linear control theory
非线性控制器 non-linear controller
非线性控制系统 non-linear control system
非线性扩展 non-linear expanding
非线性离散化 non-linear discretization
非线性离散元分析法 non-linear discrete element analysis
非线性理论 non-linear theory
非线性力学 non-linear mechanics
非线性连续规划 non-linear continuous programming
非线性连续(介质)力学 non-linear continuum mechanics
非线性量子效应 non-linear quantum effect
非线性流 non-linear flow;non-linearized flow
非线性滤波 non-linear filtering
非线性滤波器 non-linear filter
非线性码 non-linear code
非线性脉冲调制器 non-linear quantizer
非线性媒质 non-linear medium
非线性模式 non-linear mode
非线性模型 non-linear model
非线性内插 high order interpolation; non-linear interpolation
非线性能量转移 non-linear energy transfer
非线性黏[粘]弹性 non-linear viscoelasticity
非线性黏[粘]性流 non-Newtonian flow
非线性黏[粘]性流体 non-Newtonian fluid
非线性黏[粘]滞衰减 non-linear viscous damping
非线性黏[粘]滞阻尼 non-linear viscous damping
非线性扭曲 non-linear distortion
非线性耦合 non-linear coupling
非线性耦合波方程 non-linear cou-

F

pled-wave equation
非线性耦合器 non-linear coupler
非线性耦联 non-linear coupling
非线性耦联微分运动方程 non-linear coupled differential equation of motion
非线性判别 non-linear discriminant
非线性判别分析 non-linear discriminate analysis
非线性碰撞 non-elastic collision
非线性偏微分方程 non-linear partial differential equation
非线性偏振 non-linear polarization
非线性漂移 non-linear drift
非线性平滑 non-linear smoothing
非线性坡后退 non-linear slope recession
非线性谱密度 non-linear spectral density
非线性强迫共振反应 non-linear forced resonant response
非线性强迫振荡 forced non-liner oscillation
非线性区(域) inelastic region; non-linear region
非线性曲线 non-linear curve
非线性趋势 non-linear trend
非线性扫描 non-linear scanning
非线性色散关系 non-linear dispersion relation
非线性色散光纤 non-linear dispersive fiber[fibre]
非线性摄动 non-linear perturbation
非线性失真 amplitude distortion; harmonic distortion; klirr; non-linear distortion
非线性失真容限 harmonic tolerance; non-linear tolerance
非线性失真衰减 harmonic distortion attenuation
非线性失真系数 non-linear distortion factor
非线性时变模型 non-linear time-varying model
非线性时基 non-linear time base
非线性数据 non-linear data
非线性数字调制 non-linear digital modulation
非线性衰耗 non-linearity attenuation
非线性双曲线 non-linear hyperbolic
非线性双曲型组 non-linear hyperbolic system
非线性双折射 non-linear birefringence
非线性水库 non-linear reservoir
非线性伺服机构 non-linear servomechanism
非线性塑性理论 non-linear plastic theory
非线性随车模型 non-linear car-following model
非线性随机理论 non-linear random theory
非线性弹簧 non-linear spring
非线性弹塑性分析 non-linear elasto-plastic analysis
非线性弹性 non-linear elasticity
非线性弹性材料 non-linear elastic material
非线性弹性的 non-linear elastic
非线性弹性结构 non-linearly elastic structure
非线性弹性理论 non-linear elastic theory; non-linear theory of elasticity
非线性弹性模型 non-linear elastic model
非线性弹性性质 non-linear elastic behavio(u)r
非线性特性(曲线) non-linear characteristic; non-linear response
非线性体 non-linear body
非线性条件 non-linear condition
非线性调节放大器 gamma-control amplifier
非线性调节器 dead-band regulator
非线性网络 non-linear network
非线性网络理论 non-linear network theory
非线性微分电路 non-linear differentiator
非线性微分方程 non-linear differential equation
非线性微分器 non-linear differentiator
非线性温度场 non-linear temperature regime
非线性稳定化 non-linear stabilization
非线性稳定性 non-linear stability
非线性稳度 non-linear stability
非线性问题 <如塑性体的变形规律等> non-linear problem
非线性吸收 non-linear absorption
非线性系统 non-linear system
非线性系统的马尔可夫矢量法 Markov vector approach for non-linear systems
非线性系统的稳定性 non-linear system stability
非线性系统的线性化 linearization of non-linear system
非线性系统分析 non-linear systems analysis
非线性系统周期 period of non-linear system
非线性现象 non-linear phenomenon
非线性线圈 non-linear coil
非线性相关 non-linear correlation
非线性相关变量 non-linearly related variables
非线性相互作用 non-linear interaction
非线性相位共轭 non-linear phase conjugation
非线性相位匹配效应 non-linear phase-matching effect
非线性相移 non-linear phase shift
非线性响应(曲线) non-linear response
非线性项 non-linear term
非线性消磁电阻器 non-linear field discharge resistor
非线性效应 non-linear effect
非线性谐波 non-linear harmonic wave
非线性谐波失真系数 non-linear harmonic distortion
非线性形变 non-linear deformation
非线性形成电路 non-linear wave-shaping circuit
非线性形态 non-linear behavio(u)r
非线性性质 non-linear behavio(u)r
非线性性质系统 system with non-linear characteristics
非线性性状 non-linear behavio(u)r
非线性修匀 non-linear smoothing
非线性压缩 compressive non-linearity
非线性衍射 non-linear diffraction
非线性移位寄存器 non-linear shift register
非线性异常 non-linear anomaly
非线性应变 non-linear strain
非线性应力应变关系 relation of non-linear stress-strain; nonlinear stress-strain relation
非线性应力应变性质 non-linear stress-strain behavio(u)r
非线性应力应变性状 non-linear stress-strain behavio(u)r
非线性盈亏平衡分析 non-linear break-even analysis
非线性盈亏平衡图 non-linear breakeven chart
非线性影响系数 non-linear influence coefficient
非线性映射 non-linear mapping
非线性映射分析 non-linear mapping analysis
非线性优化设计 non-linear optimum design
非线性有机材料 non-linear organic material
非线性有限元 non-linear finite-element
非线性有限元程序 non-linear finite element program(me)
非线性有限元分析 non-linear finite element analysis
非线性预测 non-linear prediction
非线性元件 non-linear element
非线性约束 non-linear constraint; non-linear restriction
非线性运动 non-linear motion
非线性运算 non-linear operation
非线性增益特性 non-linear gain characteristic
非线性折射 non-linear refraction
非线性振荡器 non-linear oscillator
非线性振动 non-linear vibration
非线性振动理论 theory of non-linear vibration
非线性正相关 positively non-linear correlation
非线性正向漂移 non-linear forward drift
非线性滞后系统 non-linear hysteric system
非线性滞后振动 non-linear hysteric vibration
非线性滞回系统 non-linear hysteric system
非线性滞回振动 non-linear hysteric vibration
非线性重力波 non-linear gravity wave
非线性转移 non-linear transfer
非线性状态 non-linear behavio(u)r
非线性状态分析 non-linear behavio(u)r analysis
非线性自回归模型【数】non-linear autoregressive model
非线性阻抗 non-linear impedance
非线性阻尼 non-linear damping
非线性最佳化 non-linear optimization
非线性最小二乘法 non-linear least square
非线性最小二乘估计 non-linear least square estimate
非线性最小平方 non-linear least square
非线性最小平方法 non-linear least squares method
非线性最小平方估计 non-linear least squares estimation
非线性最小平方估计量 non-linear least squares estimator
非线性(最)优化 non-linear optimization
非线性最优控制 non-linear optimal control
非线性作用 non-linear action; non-linear behavio(u)r
非限定的 open ended
非限定的过轨运输 unrestricted interchange service
非限定集装箱 non-captive container
非限定路由的 unrouted
非限定形式 verbal
非限制地下水 unconfined groundwater
非限制航道 unrestricted channel
非限制流 unconfined flow
非限制性债权 claims excepted from limitation
非乡土性杂草 imported weed
非相对的 irrelative
非相对论性的 non-relativistic
非相对论性近似 non-relativistic approximation
非相对论性力学 non-relativistic mechanics
非相对论性粒子 non-relativistic particle
非相对论性量子力学 non-relativistic quantum mechanics
非相对论性宇宙学 non-relativistic cosmology
非相对论性运动学 non-relativistic kinematics
非相对性粒子 non-relativistic particle
非相干波 incoherent wave
非相干成像 incoherent imaging
非相干成像系统 incoherent imaging system
非相干传递函数 incoherent transfer function
非相干的 incoherent; non-coherent
非相干点光源 incoherent point source
非相干发射 incoherent emission
非相干辐射 incoherent radiation; non-coherent radiation
非相干辐射器 non-coherent radiator
非相干傅立叶光学成像系统 non-coherent Fourier-optical imaging system
非相干估计 incoherent estimation
非相干光 incoherent light
非相干光测距 non-coherent light-ranging
非相干光成像 imaging with incoherent light
非相干光处理方法 processing method with incoherent light
非相干光处理系统 non-coherent optic(al) processing system
非相干光二极管 incoherent light diode
非相干光检测器 non-coherent optic(al) detector
非相干光全息摄影 incoherent light holography
非相干光全息术 incoherent light holography
非相干光散斑法 non-coherent light speckle method
非相干光探测器 non-coherent optic(al) detector
非相干光纤束 incoherent bundle
非相干光信息处理 incoherent optic(al) information processing
非相干光学计算机 non-coherent optic(al) computer
非相干光学雷达 incoherent optic(al) radar
非相干光学系统 incoherent light system
非相干光学载波 non-coherent optic(al) carrier
非相干光学装置 incoherent optic(al) arrangement
非相干光源 incoherent light source; incoherent source; non-lasing light emitter
非相干光转换器 incoherent optic(al) converter
非相干红外接收器 non-coherent infrared receiver
非相干红外探测器 non-coherent infrared detector

非相干红外装置 incoherent infrared arrangement
非相干环形辐射源 incoherent circular source
非相干积分 inherent integration;non-coherent integration
非相干检测 incoherent detection
非相干接收 incoherent reception
非相干接收器 incoherent receiver
非相干接收系统 incoherent reception system
非相干解调 incoherent detection
非相干孪晶间界 non-coherent twin boundary
非相干脉冲 incoherent pulse
非相干模拟调制 incoherent analog(ue) modulation
非相干平均 incoherent averaging
非相干全息术 incoherent holography
非相干全息图 incoherent hologram
非相干扰动 incoherent disturbance
非相干散射 incoherent scatter(ing)
非相干散射函数 incoherent scattering function
非相干散射截面 incoherent scattering cross section
非相干探测 non-coherent detection
非相干系统 incoherent system
非相干相间边界 incoherent interphase boundary
非相干相位 incoherent phase
非相干信号 incoherent signal
非相干载波 non-coherent carrier
非相干载波噪声 non-coherent carrier noise
非相干再发射 non-coherent re-emission
非相干照明 incoherent illumination
非相干振荡 incoherent generation
非相干重合 incoherent superposition
非相干准单色光源 incoherent quasi-monochromatic source
非相干组合 non-coherence array
非相关 non-correlation
非相关变量 non-correlated variables
非相关成本 irrelevant cost
非相关光纤束 incoherent fiber bundle
非相关束 incoherent bundle
非相关塑性理论 non-associative theory of plasticity
非相关系数 coefficient of alienation
非相关资料 non-relevant documents
非相互控制 non-interacting control
非相互作用控制 non-interacting control
非相互作用配位体 non-interacting ligand
非相混自燃式的 non-hypergolic
非相加性 non-additivity
非相容 non-conforming
非相容方法 non-conforming method
非相速辐射 non-coherent synchrotron radiation
非相位匹配 non-phase-match
非向地性 ageotropism
非向地性的 ageostrophic
非向量的 non-vectored
非向量中断 non-vector(ed) interrupt
非向域场论 non-local field theory
非向域相互作用 non-local interactions
非项目出租 non-project lending
非项目贷款 non-programmed lending; non-project lending; non-project loan
非消费 non-consumption
非消费性的 inconsumable
非消费支出 non-consumption expenditures
非消耗品 non-expendable item
非消耗性的 non-consumptive; non-expendable
非消耗性设备 non-expendable equipment
非消耗性用水 non-consumptive use of water
非消耗性用途 non-consumptive use
非硝化甘油炸药 non-nitroglycerine explosive
非销售 no sale
非销售产品 unmarketed product
非销售方式 non-sales mode
非销售终结 no sale final
非小面化-非小面化共晶合金 non-faceted-non-faceted eutectic alloy
非小面化-固溶分界面 non-faceted solid-liquid interface
非协联的 off cam
非协联飞逸转速 off-cam runaway speed
非协联工况 off-cam operating condition
非协调位移模式 incompatible displacement mode
非协同效应 non-synergistic effect
非协作目标 non-cooperative target
非谐 unharmonic
非谐波 anharmonic wave
非谐波的 non-harmonic;anharmonic
非谐波频率 inharmonic frequency
非谐的 anharmonic
非谐力 anharmonic force
非谐耦合 anharmonic coupling
非谐频分量 anharmonic frequency component
非谐性 anharmonicity
非谐性比(例) anharmonic ratio
非谐性常数 anharmonicity constant
非谐振 disresonance;unresonance
非谐振的 non-resonant;unresonant
非谐荡振器 anharmonic oscillator; unharmonic oscillator
非谐振电路 non-resonant circuit
非谐振动 anharmonic vibration
非谐振馈(电)线 non-resonant feeder
非谐振频率 disresonance frequency
非谐振频率部分 anharmonic frequency component
非谐振天线 aperiodic(al) antenna
非谐振调制器 non-resonant modulator
非谐振系统 unresonant system
非谐振线 non-resonant line
非谐振线圈 disresonance coil
非谐振消弧线圈 dissonance arc-extinction coil
非谐振子 anharmonic oscillator
非泄放型调节器 non-bleed type controller
非泄漏检测器 non-leak detector
非信号灯控制交叉口 unsignalized control intersection
非信号区表示灯 non-signal indication light
非信号指挥的 non-signalled
非信号指挥的调车运行 non-signaled shunting movement
非信号指挥的运行 non-signalled movement;no-signaled movement
非信息企业 non-information firm
非信用证签发的汇票 bill without credit
非形式的 informal
非形式法 informal method
非形式公理学 informal axiomatics
非形式状态图 informal state diagram
非修改指令 unmodified instruction
非修正齿轮 uncorrected gear
非虚拟变量 non-dummy variable
非虚无假设 non-null hypothesis
非徐变材料 non-creeping material
非许可的 impermissible
非絮凝的 non-flocculated
非蓄热式煤气热水器 non-storage gas water heater
非蓄热式热水器 non-storage water heater
非蓄热性加热器 non-storage calorifier
非蓄热性热风炉 non-storage calorifier
非蓄意的虚报 innocent mispresentation
非悬挂部分 unsprung part
非悬挂重量 non-suspended weight
非旋场 irrotational field
非旋光的 inactive optically; irrotational;optically inactive
非旋光性 optic(al) inactivity
非旋转流 irrotational flow
非旋转门 non-revolving door
非旋转稳定器 non-rotating stabilizer
非旋转涡流 irrotational vortex
非旋转性 irrotationality
非旋转应变 irrotational strain
非旋转运动 irrotational motion
非选择保持 non-select hold
非选择辐射体 non-selective radiator
非选择合用线 non-selective party line
非选择溶剂 non-selective entrainer; non-selective solvent
非选择吸收 non-selective absorption
非选择性 non-selective
非选择性标记 unselected marker
非选择性除草剂 non-selective herbicide
非选择性辐射体 non-selective radiator
非选择性检测器 non-selective detector
非选择性开采法 non-selective mining
非选择性滤光片 non-selective absorbent
非选择性滤光片气动探测器 non-selective pneumatic detector
非选择性相 non-selective phase
非学会条款 non-institute clause
非寻常波折射率 extraordinary index
非寻常光 extraordinary ray
非寻常光波 extraordinary component;extraordinary ray wave
非寻常建筑物 unusual structure
非循环操作 once-through operation
非循环的 acyclic(al);non-circulatory;non-cyclic(al)
非循环点 acyclic(al) point
非循环迭代法 non-cyclic(al) iterative method
非循环发电机 acyclic(al) generator; unipolar generator
非循环符号 non-circular symbol
非循环过程 once-through process
非循环冷却 once-through cooling
非循环裂化 once-through cracking
非循环磷酸化 non-cyclic(al) phosphorylation
非循环码 non-cyclic(al) code
非循环模型 acyclic(al) model
非循环润滑法 non-circulating lubrication(method)
非循环润滑作用 non-circulating lubrication
非循环数字滤波 non-recursive digital filter
非循环水 non-circulating water
非循环水流 non-circulatory flow
非循环统计量 non-circular statistic
非循环图形 acyclic(al) graph
非循环网络 acyclic(al) network
非循环信用证 non-revolving credit; non-revolving letter of credit
非循环性业务 non-repetitive transaction
非循环性振荡 acyclic(al) oscillation
非循环序列相关 non-circle serial correlation
非循环有向图 acyclic(al) digraph;acyclic(al) directed graph
非汛期 low-flow season; non-flood season
非压力处理法 <木材防腐处理> non-pressure process
非压力环流润滑 non-forced circulatory lubrication
非压力流 non-pressure flow
非压力隧道 non-pressure tunnel
非压实性废物 non-compatible waste
非压缩回弹型护舷 non-recoiling fender
非压缩十进制 unpacked decimal
非压缩纤维板 non-compressed fiberboard
非压缩性流体 incompressible fluid
非压缩性模量 modulus of incompressibility; incompressibility modulus
非淹没滤薄壁堰 non-submerged thin-plate weir
非淹没滤池 non-submerged filter
非淹没式丁坝 non-overflow groin; non-submerged groin
非淹没水门 free overfall
非延伸的 non-stretched
非延伸屈曲 inextensional buckling
非延伸性 inextensibility
非延伸性变形 inextensional deformation
非延伸压屈 inextensional buckling
非延时熔断器 non-time delay fuse
非延性 non-conductivity
非延性的 non-ductile
非严格约束 loose constraint
非严重错误 non-fatal error
非岩浆的 amagmatic
非岩浆水 amagmatic water;non-magmatic water
非岩心钻头 <用于回转钻头> non-coring bit
非岩质 non-rock
非沿(海)岸国家 non-coastal
非沿海国家 non-coastal state
非研磨加工 non-abrasive finishing
非研磨用的金刚石 brait
非盐钠质土 non-saline sodic soil
非盐性碱土 non-saline-alkali soil
非盐渍化 unsalinization
非衍射光 undiffracted light
非氧化氢乙酸产甲烷菌 non-hydrogen oxide acetic acid methanogen
非氧化润滑剂 non-oxide lubricant
非氧化退火 bright annealing
非氧化物 non-oxide
非氧化物玻璃 non-oxide glass
非氧化物玻璃纤维 non-oxide glass fiber[fibre]
非氧化物陶瓷 non-oxide ceramics
非氧化性脱氨作用 non-oxidative deamination
非样本信息 non-sample information
非要径 slack path
非要素服务 non-factor service
非要素投入总成本 total cost of non-factor inputs
非业务费用 non-operating expenses; non-operational cost
非业务性的 non-operating;non-operational
非叶展型铝粉 non-leafing alumin(i)um
非液力的 non-hydraulic
非液态水 non-liquid water
非一致的 incomparable inconsistent
非一致地震动输入 multisupport-excitation

非一致分布 non-uniform distribution
非一致概率分布 non-uniform probability distribution
非一致熔融点 incongruent melting point
非一致熔融化合物 incongruent compound
非一致收敛的 non-uniformly convergent
非一致数据 inconsistent data
非一致统计量 inconsistent statistor
非一致性 non-uniformity
非一致性反应 reaction of non-identity
非一致性决定 split decision
非一致性偏倚 inconsistent bias
非一致指数 disconformity index
非一致转动 non-coherent rotation
非仪表跑道 non-instrument runway
非移动式工程机械 non-mobile equipment
非移动式楼梯 non-moving stair(case)
非移动数据集 unmovable data set
非移动性损伤 non-ambulatory disability
非已知数 undetermined value
非艺术的 inartistic;unartistic
非异构的 anisomeric
非抑制型离子色谱法 non-suppressed ion chromatography
非易失存储器 non-volatile storage
非易失性储存器 non-volatile memory
非易失性存储器 non-volatile random access memory
非易失性的 non-volatile
非易失性海量存储器 non-volatile mass storage
非意识选择 unconscious selection
非意向输入 unintended input
非意愿的存货 unintended inventory
非溢出承压井 no-flowing artesian well
非溢出项 non-overflow entry
非溢出项位置 non-overflow entry position
非溢出自流井 non-flowing artesian well
非溢流 non-overflow
非溢流坝 dam without overflow; non-overflow dam; non-spillway dam
非溢流坝段 non-overflow dam section
非溢流堤 nonoverflow embankment
非溢流(区)段 non-overflow section
非阴离子型聚电解质 non-anionic polyeletrolyte
非阴影区 unshaded area
非银行机构 non-banking concerns; non-banking institutions
非银行金融机构 non-banking financial institutions
非银行金融中介机构 non-bank financial intermediaries
非银行融资机构 non-back fund-raising institutions
非银行私人部门 non-bank private sector
非银行信用证 non-banker's credit
非银盐的 non-silvered
非银盐摄影术 non-silver photography
非银盐图像 non-silver image
非引火着火 unpiloted ignition
非引力摄动 non-gravitational perturbation
非引力运动 non-gravitational motion
非引力作用 non-gravitational force
非引气混凝土 non-air-entrained concrete
非引气水泥 non-air-entraining cement
非引用 non-quoted
非饮用的 nondrinkable
非饮用矿泉水 non-potable mineralized water
非饮用水 impotable water; nondrinkable water; non-potable water; not drinking water; undrinkable water
非饮用水泵站 non-potable water pumping station
非饮用水回用 non-potable water reuse
非饮用水区 brackish water zone
非饮用水网 non-potable water network
非饮用水质量标准 un-drinking water quality standard
非饮用性再用 non-potable reuse
非隐匿资产 non-concealed assets
非印出脉冲 nonprint impulse
非应付费用部分 non-chargeable component
非应计资产 non-accrual assets
非盈利的 non-profit
非盈利公司 non-stack company
非盈利机构 not-for-profit organization
非盈利性机构 non-profit organization
非盈利性经营活动 business or activity not for profit
非荧光辐射跃迁 non-fluorescent radiation transition
非荧光色 non-fluorescent colo(u)r
非营利簿记 non-profit book-keeping
非营利的 non-profit; uncommercial
非营利法人 lay corporation; non-profit corporation
非营利公司 non-profit company; non-profit making corporation
非营利会计 non-profit accounting
非营利机构 non-profit association; non-profit institution; non-profit organization
非营利机构用房 institutional uses
非营利企业 non-profit enterprise
非营利事业 non-commercial enterprise
非营利性公司 non-profit corporation; non-profit making company
非营利性社团 non-profit making association
非营利组织(机构) non-profit organization; non-profit making organization; not-for-profit organization
非营业财产 non-business property; non-operating property
非营业成本 non-operating cost
非营业纯收入 non-operating revenue
非营业的控股公司 non-operating holding company
非营业费用 non-business expenses; non-operating expenses; unearned burden
非营业扣除项目 non-business itemized deductions
非营业利润 unearned profit
非营业权益 non-operating interest
非营业时间 uncommercial period
非营业收入 non-operating income; non-operating revenue; secondary income; unearned income
非营业收益 non-operating income; unearned income
非营业收益及费用账户 non-operating account of income and expenses; non-operating income and expense account
非营业天数 non-business days
非营业项目 non-operating item
非营业性的 non-operating
非营业性游乐场 non-commercial recreation
非营业性支出 non-opera ting outlay
非营业循环基金 non-business revolving fund
非营业盈余 unearned surplus
非营业用机车 service locomotive
非营业站 non-operating station
非营业周转性基金 non-business revolving fund
非营业资产 non-business property; non-operating assets
非营运舱位 non-earning space
非映象物理存取 unmapped physical storage
非硬化的 non-hardened; non-hardening
非硬式的 non-hardened
非硬式防护的 non-hardened
非硬性的 non-rigid
非硬质的 non-rigid
非硬质塑料 non-rigid plastics
非拥挤的 noncongested
非永久成员 non-permanent member
非永久磁性 temporary magnetism; transit magnetism
非永久润滑 unstable lubrication
非永久性 impermanence [impermanency]
非永久性变形 non-permanent deformation; subpermanent set
非永久性存储器 volatile store
非永久性的 deciduous; non-stationary
非永久性建筑 non-permanent construction
非涌水的 non-blowing
非用词表 stop list
非优惠关税 non-preferential duty
非优惠性官方贷款 non-concessional official lending
非优势半球 non-dominant hemisphere
非优先次序模型 non-preemptive priority model
非优先的 nonpriority
非优先抵押权 junior security
非优先(级)中断 non-priority interrupt
非优先目标 non-priority objective
非优先顺序排队法 non-preemptive priority
非优先证券 junior securities
非由地球自转引起的 ageostrophic
非油滑的 non-oily
非油基的 non-oil base
非油浸式粗滤器 non-oil impregnated prefilter
非油润滑 non-oil lubrication
非油性的 non-oily
非油质的 non-oily
非游览区 no admittance area
非友船 interloper
非有机物成分 inorganic constituent
非有机营养的 anorganotrophic
非有理函数 non-rational function
非有限状态模式 non-finite state model
非有效工时 non-productive time; unproductive time
非有效降水量 ineffective precipitation
非有效载重 non-paying weight
非余式 non-complemented form
非雨天交通事故 dry traffic accident
非预报的 non-anticipative
非预测的 non-anticipating
非预测信道 non-anticipating channel
非预搓丝股的钢索 non-preformed wire rope
非预定的 non-scheduled; unscheduled
非预定时间的 unscheduled
非预定维修 unscheduled maintenance
非预警的 unwarned
非预谋的 undersigned
非预期的价格上涨中滞后变量 lagged variable of unanticipated inflation
非预期荷载 unanticipated load
非预算单位 non-budgetary unit
非预调整控制 non-presetting control
非预先决定的 non-predetermined
非预应力的 unprestressed
非预应力钢筋 non-prestressed reinforcement; non-prestressed steel; untensioned reinforcement bar
非预制房屋 conventional house
非预制破片 uncontrolled fragments
非阈值逻辑 non-threshold logic
非阈值逻辑电路 non-threshold logic circuit
非元反应 non-elementary reaction
非原地含量 non-originating content
非原始码 non-primitive code
非原始型 imprimitive form
非原纤化纤维 non-fibrillated fiber[fibre]
非原状土样 disturbed sample of soil; disturbed soil sample
非原状样品 disturbed sample
非原子的 nonatomic
非圆弧分析法 non-circular analysis
非圆弧滑动 non-circular slide
非圆弧滑动分析 non-circular analysis
非圆弧形旋转滑坡 non-circular rotational slide
非圆形的 non-circular
非圆形的筒体结构 non-circular cylindric(al) structure
非圆形封头 non-circular head
非圆形滑动面 non-circular sliding surface
非圆形容器 non-circular vessel
非圆形轴 non-circular shaft
非圆柱形架 non-cylindrical support
非圆柱形面 non-cylindrical surface
非圆柱状褶皱 non-cylindrical fold
非远洋海区 suboceanic region
非约束构件 unrestrained member
非约束节点 unrestrained joint
非约束随机样本 unrestricted random sample
非约束随机样品 unrestricted random sample
非约束性条款 non-bonding clause; permissive provision
非约束性运行 unconstrained operation
非约束最佳法 method of unconstrained optimization
非匀布荷载 irregularly distributed load
非匀质混合物 heterogeneous mixture
非匀质土坝 zoned earth dam
非运费同盟 non-conference
非运输的 non-transportation
非运输的解决方法 non-transportation solution
非运输收入 non-transportation revenue
非运输用车 car not for traffic use
非运输用途 non-transportation use
非运销成本 neologistics cost
非运行期 inoperative period
非运行图规定的 nondiagrammed
非运行图规定的列车 "nondiagrammed" train
非运营时间 non-service time
非运营资产 non-operating assets
非运用车 non-serviceable car
非运用车计划 plan of number of wagons not for traffic use
非运用车系数【铁】 coefficient of unserviceable rolling stock
非运用机车的比率 proportion of locomotives out of service
非载的 off-load
非载荷弦<桁架的> unloaded chord
非载货舱位 non-earning space

非载重的 non-weight-carrying
非再热式汽轮机 non-reheat turbine
非再热式涡轮机 non-recuperative turbine;non-reheat turbine
非再生反馈 deregenerative feedback
非再生复激电动机 non-regenerative compound motor
非再生炉 non-regenerative oven
非再生激光放大器 non-regenerative laser amplifier
非再生能源 nonrenewable resource
非再生式激光放大器 non-regenerative laser amplifier
非再生式激光振荡器 non-regenerative laser oscillator
非再生性 irreproducibility
非再生资产 non-reproducible assets
非再生资源 non-renewable resources
非在职时间内 off-the-job
非藻生物类物质 non-algal biogenus matter
非皂基润滑脂 non-soap grease
非造礁的 ahermatypic
非造礁珊瑚 ahermatypic coral;non-reef-building coral
非造礁型 ahermatypic
非造山的【地】anorogenic;nonorogenic
非造山构造 non-diastrophic structure
非造山期 anorogenic time
非造山省 anorogenic province
非造山运动深成岩体 atectonic pluton
非责任事故 non-responsible accident
非增函数 non-increasing function
非增量成本 non-incremental cost
非增强的 non-reinforced
非增强液体涂料包封产品 non-reinforced liquid coating encapsulation product
非增压式发动机 naturally aspirated engine;non-supercharged engine
非增压式供气 non-pressure charging
非闸控堰 open weir
非炸药震源 non-explosive source
非展宽的 non-stretched
非张拉端 non-jacking end
非张拉端锚具 H-anchorage
非张拉钢筋 untensioned reinforcement
非张拉钢筋法预加应力 tendonless prestressing
非照相系统 non-photographic(al) system
非罩面石灰砂浆 unga(u)ged lime plaster
非遮断的 nonderailing
非遮断位置 nonderailing position
非遮盖性颜料 non-hiding pigment
非折叠式集装箱 non-collapsible container
非折旧资产 non-depreciable property
非折射吸收 non-deviated absorption
非真空 anti-vacuum
非真空剖面 anti-vacuum profile
非真实感 feeling of unreality
非真心投资的认股者 stag
非振荡的 non-oscillatory
非振荡放电 non-oscillatory discharge
非振荡状态 non-oscillating state
非振动零部件 non-vibration parts
非振动式发火制 non-vibrator ignition system
非振实混凝土 non-vibrated concrete
非震区 aseismic region
非征税 non-tax
非征税收入 non-tax receipts
非征税支出 non-tax payment
非蒸发水 non-evapo(u)rable water
非蒸(汽)养(护)混凝土 unsteamed concrete
非整班雇员 part-time employees
非整倍配合 aneugamy
非整倍体 aneuploid;non-euploid
非整倍体的研究 aneuploid study
非整倍性 aneuploidy
非整除性 indivisibility
非整船散装货 non-parcel-bulk shipment
非整合 nonconformity
非整合的 non-conformable
非整合形函数 non-conforming shape function
非整合形状【地】 non-conforming shape
非整流接触 non-rectifying contact
非整数槽绕组 non-integral slot winding
非整数次的积分 fractional integral
非整数空间 fractol
非整数量 non-integral quantity
非整体的 non-integral
非整体结构 non-integrated structure
非整体式挖沟装置 non-integral type trenching element
非整箱货 less than container load cargo
非整周进水式水轮机 partial-admission turbine
非正比黏[粘]性阻尼 non-proportional viscous damping
非正常 improper
非正常报废 abnormal retirement
非正常陈旧 abnormal obsolescence
非正常成本 abnormal cost
非正常大小的 out-of-size
非正常短缺 abnormal shrinkage
非正常废品 abnormal spoiled goods
非正常服务(业)out-of-sequence services
非正常符号 improper symbol
非正常钢 abnormal steel
非正常积分 improper integral
非正常交易 abnormal exchange
非正常结束 abend;abort
非正常利润 abnormal profit
非正常模式 off-order mode
非正常磨损 irregular wear
非正常凝结 abnormal setting
非正常破损 abnormal spoilage;non-standard spoilage
非正常桥 abnormal bridging
非正常曲线 abnormal curve
非正常收益 abnormal gain
非正常随机变量 improper random variable
非正常损耗 abnormal spoilage;abnormal waste
非正常损失 abnormal loss;abnormal spoilage
非正常特征 improper character
非正常特征函数 improper eigenfunction
非正常停机 disorderly closedown
非正常凸函数 improper convex function
非正常土(壤)abnormal soil
非正常位置 off-normal position
非正常行市 abnormal exchange
非正常旋转 improper rotation
非正常正交矩阵 improper orthogonal matrix
非正常值 outlier
非正常状态 off-time;abnormal condition
非正常最大 improper maximum
非正常最小 improper minimum
非正度规 non-positive metric
非正规 irregularity
非正规半日周潮 non-regular semi-diurnal tide
非正规背签 irregular endorsement;irregular indorsement
非正规背书 irregular endorsement;irregular indorsement
非正规的 informal;irregular;non-normal;non-regular
非正规的骨料 irregular aggregate
非正规的集料 irregular aggregate
非正规估计量 non-regular estimator
非正规集 non-regular set
非正规建筑物 non-regular building
非正规离差 irregular deviation
非正规列 abnormal series
非正规曲线 abnormal curve
非正规日周潮 non-regular diurnal tide
非正规设计结构 non-engineered structure
非正规维修 non-scheduled maintenance
非正规行业 informal sector
非正规装置 irregular installation
非正交的 non-orthogonal
非正交共轭圆锥齿轮副 angular bevel;angular bevel gear
非正交框架 non-orthogonal frame
非正交系统 non-orthogonal system
非正交性 non-orthogonality
非正交性数据 non-orthogonal data
非正交轴 non-orthogonal axes
非正确呼叫 invalid call
非正确目的地 invalid destination
非正式报告 draft report;informal report
非正式背书 irregular endorsement
非正式标志 non-official sign
非正式部门 informal sector
非正式成员 non-participating member
非正式的 informal;irregular;non-official;off-the-record;unofficial
非正式的小组讨论会 buzz session
非正式地层单位 informal unit
非正式定额 bogey
非正式定价 memorandum value
非正式方式 <合同、契约等的> unorthodox form
非正式符号 improper character
非正式合同 formless contract;informal contract
非正式环境教育 informal environmental education
非正式会议 informal meeting
非正式记录 informal record
非正式继承人 irregular heir
非正式交易所 kerb;street
非正式聚会 klatsch
非正式离船 jump ship
非正式联络职位 informal liaison roles
非正式联盟 informal coalition
非正式领导 <未赋予正式地位与权力> informal leader
非正式契约 informal agreement;unofficial agreement
非正式上市的股票 red herring issue
非正式申请 informal application
非正式审计报告 informal audit report
非正式试验 informal test
非正式文件 informal documentation
非正式限制 informal restriction
非正式协定 informal agreement;unofficial agreement
非正式协商 informal agreement;unofficial agreement
非正式协议 agreement of understanding
非正式信息交流网 grapevine
非正式训练费用 informal training cost
非正式招股章程 red herring prospectus
非正式组织 informal group;informal organization
非正式组织的规范 informal organization norm
非正算子 non-positive operator
非正态的 non-normal
非正态分布 abnormal distribution;non-normal distribution
非正态分布曲线【数】abnormal distribution curve
非正态古典线性回归模型 non-normal classical linear regression model
非正态假定 non-normal assumption
非正态连续分布 non-normal continuous distribution
非正态曲线 abnormal curve;skew curve
非正态数据 non-normal data
非正态随机变量 non-normal random variable
非正态误差项分布 non-normal error term distribution
非正态性 abnormality;disnormality;non-normality
非正态指数 index of abnormality
非正态总体 non-normal population
非正弦 non-sine
非正弦波 non-sine wave;non-sinusoidal wave
非正弦波形 non-sinusoidal wave form
非正弦的 non-sinusoidal
非正弦电流 non-sinusoidal current
非正弦电压 non-sinusoidal voltage
非正弦曲线 non-sinusoidal curve
非正弦形变 non-sinusoidal deformation
非正弦振动 non-sinusoidal oscillation
非正义 injustice
非正则的 non-regular
非正则点 irregular point
非正则估计量 non-regular estimator
非正则积分 irregular integral
非正则离差 irregular deviation
非正则网络 irregular net
非正则域 irregular region
非正中的 acentric
非政府机构 non-governmental organization
非政府交易 non-governmental transaction
非政府经济团体 non-governmental economic organization
非政府团体 non-governmental organization
非政府专业协会 Non-governmental Professional Association
非政府资助的工程 deposit(e) works
非政府组织 non-governmental organization
非政府组织环境联络委员会 Non-governmental Organization Environment Liaison Board
非支撑膜 free film
非支承长度 unbraced length
非支承面 non-bearing surface
非支出成本 non-expenditing cost
非支配机车【铁】uncontrollable locomotive
非织物玻璃布 non-woven glass mat
非织造玻璃纤维(薄)毡 non-woven glass fibre[fiber] tissue;unwoven glass fiber tissue
非织造的 non-woven
非织造地毯 non-woven carpet;non-woven floor covering
非织造网格布 non-woven scrim
非织造纤维 non-woven fiber[fibre]
非织造织物 bonded fiber[fibre] fabric;non-woven fabric
非织毡 non-woven mat
非执行程序 non-executable program(me)
非执行的 non-executable

F

非执行董事 non-executive director
非执行语句 non-executable statement
非直达线 indirect route
非直达运输 non-direct traffic
非直角的 unsquared
非直角连接 skewed connection
非直接火焊接压力容器 unfired fusion welded pressure vessel
非直接火压力容器 unfired pressure vessel
非直接火焰加热 unfired
非直接火蒸汽锅炉 unfired steam generating vessel
非直接生产人员 personnel not directly engaged in production
非直接调节 serve-operated control
非直接效应 indirect effect
非直接效用 indirect utility
非直接性生产工作 dead works
非直纹二次曲面 unruled quadric
非直线的 non-directional;non-linear
非直线流 non-rectilinear flow
非直线趋势 non-linear trend
非直线系数 non-linear coefficient; non-linear factor; non-straight factor
非直线系统公司 non-linear systems incorporation
非直线相关 non-linear correlation; non-straight line correlation
非直线型的 non-linear
非直线型结构 non-linear structure
非直线性 non-linearity
非直线性过程 non-linear process
非直线性畸变补偿 compensation of non-linear distortion
非直线性畸变测量 measurement of non-linear distortion
非直线性畸变系数 klirr factor
非直线性校正器 gamma corrector
非直线性振荡 non-linear oscillation
非职务发明 non-service invention
非职业的 amateur
非职业化的 non-professional
非职业潜水员 non-professional diver
非职业人口 inactive population
非职业性的 unprofessional
非职业性审计 amateur audit
非职业性噪声接触 non-occupational noise exposure
非指定订单 open indent
非指定卷请求 non-specific volume request
非指定设计的 off-the-shelf
非指令性指标 non-mandatory target
非指数的 non-exponential
非制造成本 non-manufacturing cost; non-production cost
非制造业 non-manufacturing industry
非制造业产品 non-manufacturing industry product
非制造业企业 non-manufacturing business
非质子传递溶剂 aprotic solvent
非质子性溶剂 non-protonic solvent
非质子耀斑 non-proton flare
非致癌健康风险 non-carcinogen health risk
非致癌污染物 non-carcinogen pollutant
非致病生物(体)non-pathogenic organism
非致病细菌 non-pathogenic bacteria
非致命错误 non-fatal error
非致命的 non-fatal;non-lethal
非致命伤 non-fatal trauma
非致死剂量 non-lethal dose
非智力因素 non-intellectual factor
非智能的 non-intelligent
非智能终端 non-intelligent terminal; unintelligent terminal
非滞后的 anhysteretic
非滞后内生变量 unlagged endogenous variable
非滞水海盆 non-stagnant basin
非中断向量 non-vector interrupt
非中枢的 acentric
非中心 F 分布 non-central F distribution
非中心 T 分布 non-central T distribution
非中心 χ_2 分布 non-central chi-square distribution;non-central χ_2 distribution
非中心参数 non-centrality parameter
非中心对称的 non-centrosymmetric-(al)
非中心对称晶体 non-centrosymmetric(al) crystal
非中心对称投影 non-centrosymmetric(al) projection
非中心分布 non-central distribution
非中心化 <即向外疏散> decentralization
非中心力 non-central force
非中心威沙特分布 non-central Wishart distribution
非中心性参数 non-centrality parameter
非中心引力场 non-central field of gravitation
非中心置信区间 non-central confidence interval
非中性接触 non-neutral contact
非中性税收 non-neutral tax
非中正的 acentric
非终节点 non-terminal node
非终止 non-terminal
非终止符(号)non-terminal symbol
非仲裁法 non-referee[referred] method
非重大违约 non-fundamental breach
非重力泉 non-gravity spring
非重力式地下水 fixed groundwater
非重要构件 underpart
非重要故障 minor failure
非重要新出版者 non-revivalist
非州际公路 non-interstate highway
非周期摆动的可动部分 aperiodic-(al) element
非周期变化 non-cyclic(al) variation; non-periodic(al) variation
非周期变量 non-periodic(al) variable
非周期波 acyclic(al) wave; aperiodic-(al) wave; non-periodic (al) wave
非周期不可约链 aperiodic(al) irreducible chain
非周期部分 aperiodic(al) component
非周期的 off-cycle
非周期电流 aperiodic(al) current
非周期电流计 aperiodic(al) galvanometer
非周期分量 aperiodic(al) component;non-periodic(al) component
非周期函数 non-periodic(al) function
非周期恢复 non-cyclic(al) recovery
非周期回复 aperiodic(al) recovery
非周期彗星 non-periodic(al) comet
非周期激振 non-periodic(al) excitation
非周期激振反应 response to non-periodic(al) excitation
非周期渐强运动 steady divergence motion
非周期馈送 non-cyclic(al) feeding
非周期链 aperiodic(al) chain
非周期流 non-periodic(al) current
非周期罗经 aperiodic(al) compass
非周期曲线 aperiodic(al) curve
非周期扰动 non-cyclic(al) disturbance;non-periodic(al) disturbance
非周期输送 acyclic(al) feeding
非周期态 aperiodic(al) state
非周期网络 acyclic(al) network
非周期稳定性 deadbeat stability
非周期现象 aperiodic(al) phenomenon;non-periodic(al) phenomenon
非周期相关性关系 acyclic(al) dependence relation; non-cyclic(al) dependence relation
非周期响应 aperiodic(al) response
非周期性 aperiodicity;non-periodicity
非周期性变化 aperiodic(al) variation;non-cyclic(al) variation; non-periodic(al) variation
非周期性的 acyclic(al); aperiodic-(al);non-periodic(al);non-cyclic-(al)
非周期性的阻尼运动 aperiodic(al) damped motion
非周期性电机 acyclic(al) machine; non-cyclic(al) machine
非周期性电流 non-periodic(al) current
非周期性放电 aperiodic(al) discharge;deadbeat discharge
非周期性过程 non-periodic(al) process
非周期性过渡 aperiodic(al) transition
非周期性过渡条件 aperiodic(al) transitional condition
非周期性函数 aperiodic(al) function
非周期性馈送 acyclic(al) feeding
非周期性罗盘 aperiodic(al) type compass
非周期性气流 non-periodic(al) current
非周期性生产 non-periodic(al) production
非周期性衰减 aperiodic(al) damping
非周期性天线 aperiodic(al) antenna
非周期性拥挤 non-reciprocal nonrecurrent congestion
非周期性运动 aperiodic(al) motion
非周期性再生 aperiodic(al) regeneration
非周期性振荡 acyclic(al) oscillation; aperiodic(al) oscillation
非周期性振动 aperiodic(al) oscillation;aperiodic(al) vibration
非周期性阻尼 aperiodic(al) damping
非周期性阻尼运动 convergence
非周期延伸 aperiodic(al) stretch
非周期延伸长度 length of aperiodicity stretch
非周期应变 aperiodic(al) strain
非周期运动形式 aperiodic(al) mode of motion
非周期振荡电路 aperiodic(al) circuit;losser circuit
非周期状态 aperiodic(al) state
非周转信用证 non-revolving credit
非洲阿勃木 agbar
非洲白木 African whitewood
非洲斑马木 African zebrawood
非洲板块【地】African plate
非洲大陆与南极大陆分离 Africa-Antarctica separation
非洲大陆与欧亚大陆碰撞 Africa-Eurasia collision
非洲地盾 African shield
非洲地区技术中心 African Regional Center for Technology
非洲地台【地】African platform
非洲发展基金 African Development Fund
非洲法郎 African Franc
非洲非政府组织环境网 African Non-government(al) Organization Environment Network
非洲海浸 African transgression
非洲核桃楝的黄色木材 African walnut
非洲核桃木 African walnut;tigerwood
非洲黑檀 African blackwood
非洲黑檀木 African ebony
非洲红豆木 afrormosia
非洲红木 African mahogany;camwood
非洲环境问题部长会议 African Ministerial Conference on Environment
非洲黄檀 poye
非洲界 Ethiopian realm
非洲金融共同体 Africa Financial Community
非洲金融共同体法郎 African Financial Community Franc
非洲经济发展和规划研究所 African Institute for Economic Development and Planning
非洲经济共同体 African Economic Community
非洲经济统一体 African Economic Unity
非洲经济统一组织 African Economic Unity
非洲开发银行 African Development Bank
非洲罗汉松 yellow wood
非洲内部贸易 intra-African trade
非洲棋盘格式构造 African chessboard structure
非洲轻木 African whitewood;obeche; wawa
非洲区 <指撒哈拉沙漠以南全部非洲动物群界区> Ethiopian realm
非洲区域性土壤资源开发计划 Regional Soil Resources Development Projects for Africa
非洲桃花芯木 African mahogany; khaya;ondo mahogany;secondli
非洲条纹木 African zebrawood
非洲铁路联盟 African Union of Railways;Union of African Railways
非洲铁路协会 African Railway Association
非洲统一组织 Organization of African Unity
非洲乌木 African ebony
非洲西海岸 West Coast of Africa
非洲香桃花芯木 African scented mahogany
非洲伊地泡木 <黄褐色条纹,用于高级细木工> idigbo;black afara
非洲油树脂 African incense
非洲柚木 African oak;African teak
非洲赭石 African ochre
非洲之星 Cullian;Star of Africa
非洲知识产权组织 African Intellectual Property Organization
非洲紫檀 African padauk; African rosewood
非轴对称部件 non-axisymmetric(al) element
非轴对称单元 non-axisymmetric(al) element
非轴对称的 non-axisymmetric(al)
非轴对称构件 non-axisymmetric(al) element
非轴对称荷载 non-axisymmetric(al) loads
非轴对称组态 non-axisymmetric(al) configuration
非轴向的 non-axial
非轴向地心偶极子场 non-axial geocentric dipole field
非轴向力 non-axial force
非轴向应力 non-axial stress
非主动式 inactive mode
非主动轴 non-leading axle

非主管董事 non-executive director
非主要产品 non-primary product
非主要的 incidental; non-predominant;non-staple
非主要的利益 incidental benefit
非主要的缺陷 incidental defect
非主要工作时间 incidental time
非主要经济活动 non-primary economic activity
非主要试验 non-principal test; non-principal trial
非主要条款 non-essential clause;non-essential stipulation
非主要运输方向 non-predominant traffic direction
非主属性 non-prime attribute
非住房大楼 non-housing building
非住房构造 non-housing construction
非住房固定资产投资 non-residential fixed investment
非住房建筑 non-housing construction
非住房建筑投资 non-residential structure investment
非住房街坊 non-housing building
非住房结构 non-housing construction
非住房区段 non-housing building
非住房设计 non-housing construction
非住宅发展区 non-residential development zone
非住宅建筑 non-residential construction
非住宅开发 non-housing development
非住宅楼 non-domestic building;non-housing building
非住宅区 non-domestic block
非住宅区段 non-housing sector;non-residential sector
非住宅群 non-housing development
非注册的 non-registered
非注册公司 unregistered company
非注册证券 unregistered securities
非注字等高线 intermediate contour
非驻留的 non-resident
非驻留软件 non-resident software
非专卖不可转让许可证 non-exclusive and non-transferable license [licence]
非专门化的 unspecialized[unspecialised]
非专业化的 unspecialized[unspecialised]
非专业人员 amateur;layman;pedestrian
非专业审计 amateur audit
非专业行为 unprofessional conduct
非专业性的 unprofessional
非专用泊位 non-captive berth
非专用卷申请 non-specific volume request
非专用控制信道 non-dedicated control channel
非专用码头 non-captive quay;non-captive terminal;non-captive wharf
非专属性管辖权 non-exclusive jurisdiction
非转动变形 irrotational deformation
非转动的 non-rotational
非转动天线 non-scanning antenna
非转化型漆 non-convertible paint
非转换存储 untranslated storage
非转换系统 non-changeover system
非转接连接 non-switched connection
非转接线 non-switched line
非转移式程序 straight-line program(me)
非装配状态 unassembled state
非装饰性花边 non-matting
非撞击射流喷头 non-impinging injector
非锥形键 non-tapered key
非准备任务 non-setup job
非准直 misalignment
非资金资产 non-fund assets
非字母数字符号 non-alphameric sign
非自承整体浮船坞 non self-docking dock
非自持放电 non-self-maintained discharge
非自猝灭的 non-self quenching
非自动闭塞区段 non-automatic block district
非自动的 non-automatic;unpowered
非自动纠正仪 non-automatic rectifier
非自动喷水灭火系统 non-automatic sprinkler system
非自动洒水灭火系统 non-automatic sprinkler system
非自动调节抽气式汽轮机 non-automatic extraction turbine
非自动跳闸 non-automatic tripping
非自动推进的 non-propelled
非自动推进式挖泥船 non-propelling dredge(r)
非自动系统 non-automatic system
非自动制 non-automatic system
非自动注液起动泵 non-self-priming pump
非自动转换 non-automatic switching
非自对偶函数 self anti-dual function
非自发光面 non-self-luminous surface
非自发光色 non-self-luminous colo(u)r
非自发光体 non-luminous body
非自发光物体 non-self-luminous object
非自发危险 involuntary risk
非自反的 non-reflexive
非自反关系 anti-reflexive relation;irreflexive relation; non-reflexive relation
非自反性 non-reflexivity
非自复式按钮 stick button
非自航驳(船) dumb barge; dumb craft; dumb lighter; dumb scow; non-self-propelled barge; non-self-propelling barge
非自航船 non-propelled vessel;dumb craft
非自航的 non-self-propelled; non-self-propelling
非自航绞吸式挖泥船 non-self-propelled cutter suction dredge(r); stationary cutter suction dredge(r)
非自航链斗挖泥船 stationary bucket dredge(r)
非自航式驳船 dumb barge;non-propelled barge
非自航式的 non-propelled
非自航式火车轮渡 car float
非自航式挖泥船 dredge(r) pontoon; non-self-propelling dredge(r); stationary dredge(r); non-propelling dredge(r)
非自航式挖泥机 dredge(r) pontoon; stationary dredge(r); non-propelling dredge(r)
非自航式吸泥船 barge sucker
非自航吸扬式挖船 non-propelling suction dredge(r)
非自耗的 non-consumable
非自耗电极 inert electrode;non-consumable electrode
非自耗电极电弧熔炼法 non-consumable arc-melting process
非自耗电极熔炼 non-consumable melting
非自耗弧熔锭 non-consumable ingot
非自耗熔炼法 non-consumably melted method
非自回归 non-autoregression
非自激放电 non-self-maintained discharge
非自记分光光度计 non-recording spectrophotometer
非自记式的 non-recording
非自记水尺 non-recording ga(u)ge
非自记水位计 non-recording ga(u)ge
非自记雨量计 non-recording rain ga(u)ge
非自记雨量器 non-recording rain ga(u)ge
非自记装置 non-recording device
非自洁式牙轮钻头 non-self-clearing bit
非自洁式钻头 bob-clearing bit
非自紧式金属空心O形环 metallic hollow O-rings of non-self-energizing
非自净的 non-self-cleaning
非自控系统 non-autonomous system
非自流地下水<指无向上压力> non-artesian groundwater
非自流含水层 non-artesian aquifer
非自流井 non-artesian well; non-flowing well
非自流泉 non-gravity spring
非自流泉水 non-artesian springwater
非自流水 non-artesian water
非自喷层测试 non-flowing zone test
非自喷井 non-flowing artesian well
非自嵌入的 non-self embedding
非自清的 non-self-cleaning
非自然地貌 artificial feature of terrain
非自身推进的 non-self-propelled
非自适应控制【计】non-adaptive control
非自述语言 stratified language
非自锁紧固件 non-self locking fastener
非自稳岩石 incompetent rock
非自吸泵 non-self-priming pump
非自相关 non-autocorrelation
非自相关随机扰动 non-autocorrelated random disturbance
非自引液泵 non-self-priming pump
非自营公司 non-operating company
非自由兑换货币 non-convertible currency
非自由含水层 confined aquifer
非自由货物 closed cargo
非自由水 unfree water
非自由拥有财产 non-freehold estate
非自由拥有地产 estate less than freehold
非自愿搬迁 involuntary relocation
非自愿房地产所有权转换<如征用、离婚等> involuntary conveyance
非自愿借款 involuntary loan
非自愿库存 involuntary inventory
非自愿投资 involuntary investment
非自愿许可 non-voluntary license
非自愿移民 involuntary relocation; involuntary resettlement; non-voluntary resettlement
非自重湿陷 non-self-weight collapse
非自重湿陷性黄土 non-self-weight collapsible loess; self-weight non-collapse loess;non-collapsible loess under overburden pressure
非自主系统 non-autonomous system
非宗教哥特式 profane Gothic style
非宗教哥特式风格 secular Gothic style
非宗教哥特式结构 secular Gothic structure
非宗教构造 non-ecclesiastical architecture;non-ecclesiastical structure
非宗教纪念碑 non-ecclesiastical;profane monument;secular monument
非宗教纪念馆 secular monument
非宗教建筑物 non-ecclesiastical structure
非宗教结构 non-ecclesiastical architecture;non-ecclesiastical structure; profane structure
非宗教墓穴 profane monument
非宗教性建筑 non-ecclesiastical architecture; profane architecture; secular architecture
非宗教性建筑物 non-ecclesiastical building
非宗主国领土 non-metropolitan territory
非综合结构 non-integrated structure
非综合模型 disaggregate model
非总合式定量预测 disaggregate estimation of mineral resources
非纵测线 broadside line
非纵观测系统 broadside layout
非纵排列 broadside spread
非租赁的 untenantable
非租赁地区 non-rental area
非租赁区 non-rental area
非阻尼的 self-sustained
非阻尼运动 undamped motion
非阻尼振荡 self-sustained oscillation
非阻塞 unblock
非阻塞泵 non-clog type of pump
非组合式驳船队 non-integrated tow
非钻进时间 non-drilling time
非最大的 off-peak
非最大负载 off peak load
非最后的程序 interlocutory proceeding
非最佳输出耦合 non-optimal output coupling
非最佳位置 secondary location
非最佳值 non-optimal value
非最少余额计划 non-minimum balance plan
非最小相位补偿 non-minimum phase correction
非最小相位系统 non-minimum phase system
非最小相位校正 non-minimum phase correction
非作用期 inaction period

绯红 scarlet

绯红类颜料 crimson
绯红色 crimsony
绯红色布 cramoisle;cramoisy
绯红色淀 crimson lake
绯红色原 crimson toner

菲<三环有机化合物> phenanthrene

菲波那奇数列 Fibonacci series
菲茨杰拉德-洛仑兹收缩 Fitzgerald-Lorentz contraction
菲茨杰拉德收缩 Fitzgerald contraction
菲茨-西门司黏[粘]度计 Fitz-Simons visco(si)meter
菲德勒领导理论 Fidler's theory of leadership
菲德勒-麦克斯韦隧道窑 Fidler-Maxwell kiln
菲德勒式起落架 Fidler's gear
菲德勒式石料装卸架 Fidler's gear
菲德林胶结石英岩 Findlings quartzite
菲迪克条款<国际上通用的土木工程在施工阶段的监理条款> FIDIC file
菲尔插头 Philplug adaptor
菲尔绸 faille

F

菲尔德煤气洗涤机 Feld washer
菲尔德循环 Feld cycle
菲尔西母合金 philsim
菲尔系统 Fell system
菲尔兹干涉 Fierz interference
菲酚 phenanthrenol
菲格尔金紫色料 Figuier's gold purple
菲环 phenanthrene ring
菲克第一定律 Fick's first law
菲克定律 Fick's law
菲克方程 Fick's equation
菲克公式 Fick's formula
菲克扩散定律 Fick's diffusion law; Fick's law of diffusion
菲克原理 Fick's principle
菲肯歇尔黏[粘]度式 Fikentscher's viscosity formula
菲拉电弧焊距 Filler arc welding
菲勒本法 flo(a)tation method; Fülleborn's method
菲勒定理 Filler's theorem
菲里奥系数 Philleo factor
菲力普(卡型)盒式磁带机 Philips-type cassette
菲利波特桁架 Philibert truss
菲利波特屋架 Philibert roof truss
菲利浦博石 philipsbornite
菲利浦二氧化硫监测仪 Philips sulfur dioxide monitor
菲利浦法 Philips process
菲利浦螺钉 Philips screw
菲利浦谱带 Philips band
菲利浦曲线 Philips curve
菲利浦热空气发动机 Philips hot-air engine
菲利浦式旋凿 Philips screwdriver
菲利浦稳定函数 Philips stabilization function
菲利浦真空计 Philips ga(u)ge
菲列宾贝壳杉 almaciga
菲列宾产龙脑香科 yacal
菲列宾桃花心木 Philippine mahogany
菲列宾乌木 Philippine ebony
菲列罗公式 Ferrero's formula
菲林合金 Pholin's alloy
菲律宾 <亚洲> Philippines
菲律宾板块 Philippines plate
菲律宾椿 <亦称菲列宾桃花心木> Philippine cedar
菲律宾大戟木 alupag
菲律宾地槽 Philippine geosyncline
菲律宾海 Philippine Sea
菲律宾海沟 Philippine trench
菲律宾海盆 Philippine basin
菲律宾海盆巨地块 Philippine ocean basin block
菲律宾红柳安 Philippine mahogany
菲律宾红木 Philippine mahogany
菲律宾柳桉木 red lauan
菲律宾龙脑香 palosapis
菲律宾木 dao
菲律宾入字型构造 Philippine-type structure
菲律宾雪松 Philippine cedar
菲律宾硬木 <黄色~橙色的> bancal
菲律宾柚木 Philippine teak
菲氯砷铅矿 finnemanite
菲尼克斯合金 Phoenix alloy
菲(涅尔) <光谱频率单位,百亿赫兹> Fresnel
菲涅尔-阿喇戈定律 Fresnel-Arago law
菲涅尔半透镜 Fresnel's hemilens
菲涅尔变换全息图像 Fresnel-transform hologram
菲涅尔波带法 Fresnel's zone construction
菲涅尔波带设计 Fresnel's construction
菲涅尔波面法线方程 Fresnel's equation of wave normal
菲涅尔带 Fresnel's zone
菲涅尔带半波片 Fresnel-zone half plate
菲涅尔带片 Fresnel-zone plate
菲涅尔带透镜 Fresnel-zone lens
菲涅尔刀口试验 Fresnel's knife-edge test
菲涅尔反射 Fresnel's reflection
菲涅尔反射公式 Fresnel's reflection formula
菲涅尔反射损耗 Fresnel's reflectance loss; Fresnel's reflection loss
菲涅尔反射系数 Fresnel's reflection coefficient
菲涅尔方程 Fresnel's equation
菲涅尔方向图 Fresnel's pattern
菲涅尔分步透镜 Fresnel's stepped lens
菲涅尔环带物镜 Fresnel's annular zone objective
菲涅尔积分 Fresnel's integral
菲涅尔-基尔霍夫积分 Fresnel-Kirchhoff integral
菲涅尔-基尔霍夫理论 Fresnel-Kirchhoff theory
菲涅尔-基尔霍夫衍射公式 Fresnel-Kirchhoff diffraction formula
菲涅尔集热器 Fresnel's collector
菲涅尔阶梯透镜 Fresnel's stepped lens
菲涅尔近似 Fresnel's approximation
菲涅尔镜 Fresnel's mirror
菲涅尔聚光镜 Fresnel's lens
菲涅尔菱体 Fresnel's rhombus
菲涅尔菱形(镜) Fresnel's rhomb
菲涅尔平场透镜 Fresnel's field flattener
菲涅尔区 Fresnel's region; Fresnel's zone
菲涅尔全息术 Fresnel's holography
菲涅尔全息图 Fresnel's hologram
菲涅尔全息系统 Fresnel's holographic system
菲涅尔全息照相 Fresnel's holography
菲涅尔数 Fresnel's number
菲涅尔数选模 mode selection by Fresnel's number of resonator
菲涅尔双反射镜 Fresnel's double mirror
菲涅尔双棱镜 Fresnel's biprism
菲涅尔双折射理论 Fresnel's theory of double refraction
菲涅尔条纹 Fresnel's fringe
菲涅尔投光灯 Fresnel's spotlight
菲涅尔透镜 Fresnel's lens
菲涅尔椭球 Fresnel's ellipsoid; ray ellipsoid
菲涅尔相位透镜 phase Fresnel's lens
菲涅尔衍射 Fresnel's diffraction
菲涅尔衍射波 Fresnel's diffraction wave
菲涅尔衍射区 Fresnel's region of diffraction
菲涅尔衍射条纹 Fresnel's diffraction fringes
菲涅尔衍射图 Fresnel's diffraction pattern
菲涅尔衍射效应 Fresnel's diffraction effect
菲涅尔曳引系数 Fresnel's drag coefficient
菲涅斯诺修面机 <一种混凝土修面机> Fresno
菲特罗牌膨润土 Filtrol
菲特切尔曼注射器 <一种专利的木材防腐剂注射器> Fetcham injector
菲西断阶带 step faulted zone of west Philippine islands
菲兹微粉碎机 Fitz mill

扉

扉页 fly-leaf; head-page

蜚

蜚声质量 sound quality

霏

霏细安山岩 felsoandesite
霏细斑岩 felsophyre
霏细变晶结构 felsoblastic texture
霏细结构 felsitic texture; felsophyric texture
霏细流纹岩 felsitic rhyolite
霏细球粒 felsophaerite
霏细碎裂结构 felsoclasic texture
霏细岩 eurite; felsite; felstone; felsyte
霏细状斑岩 felsitic porphyry
霏细状的【地】 felsitic
霏细状岩 felsitoid

鲱

鲱 herring
鲱骨式采矿法 herringbone stoping
鲱骨式的 herringbone
鲱骨式割面 herringbone face
鲱骨式构造 herringbone structure
鲱骨式灌溉系统 herringbone system
鲱骨式交错层理 herringbone cross lamination
鲱骨式排水 herringbone drainage
鲱骨式排水系统 herringbone drain(age) system; herringbone system
鲱骨形地下排水系统 mitered[mitred] drainage
鲱骨形地下渗水系统 mitered[mitred] drainage
鲱油 mendaden oil
鲱鱼捕捞队 herring boat
鲱鱼骨形排水系统 herringbone system
鲱鱼油 herring oil

肥

肥柄锈菌属 <拉> Uropyxis
肥大板根 large and thick meniscus
肥大型船舶 wide beam ship; wide beam vessel
肥底船 <水线下部分较宽大的船> full-bottomed ship
肥地 fertilize land
肥堆 composting pile
肥混凝土 <含砂浆比例大的混凝土> fat concrete
肥瘠系数 block coefficient; coefficient of fineness; fineness coefficient
肥力 crop-producing power; fertility
肥力评价 fertility evaluation
肥力侵蚀 fertility erosion
肥力水平 fertility level
肥沥青 fat asphalt
肥粒土 fat clay
肥梁胖柱 fat beams and columns
肥料 dung; fertiliser[fertilizer]; manure
肥料搬运叉 manure fork
肥料车 tumbrel
肥料成分 fertilizing ingredient
肥料处理 fertilizer treatment
肥料分析 fertilizer analysis
肥料工厂 fertilizer plant; fertilizer works
肥料工业原料矿物 fertilizer mineral
肥料坑 manure pit
肥料利用率 utilization efficiency of fertilizer
肥料配方 fertilizer formula
肥料试验 fertilizer test
肥料田间试验 manuring field test
肥料污染 fertilizer pollution
肥料型炸药 fertilizer type explosive
肥料养分组合 fertilizer analysis
肥料要素 fertilizer element
肥料淤泥 manure slurry
肥料元素 fertilizer element
肥料注入器 fertilizer injector
肥料装卸叉 manure fork
肥料作用 fertilizing action
肥煤 fat coal; rich coal
肥黏[粘]土 fat clay; gumbo(clay); rich clay; soapy clay
肥缺 preferment
肥砂 bonding sand; fat sand; strong sand
肥石灰 fat lime; rich lime
肥艏船 full fore-ended ship
肥艏艉船 full-ended ship
肥瘦系数 block coefficient; coefficient of fineness; fineness coefficient
肥水 rich water
肥水灌溉 manuring irrigation
肥水评价等级 evaluation grade of nutritive water
肥水水质标准 quality standard of rich water
肥田作物 cover crop
肥土 fat soil; loam; muck
肥沃的土壤 fecund soil; rank soil
肥沃度 fertility level
肥沃土 fertile soil; loamy soil; mellow soil; rich soil
肥沃土地 fertile land; fertilize land
肥沃性 crop-producing power
肥效 fertilizing value
肥型船 full floating ship; full shaped ship; full shaped vessel
肥型船首 bluff; bluff bow; bold bow; broad bow; full bow; rounded bow
肥育 fatten(ing)
肥育(程)度 degree of finish
肥育地 dry lot; feedlot
肥皂 soap
肥皂粉 powdered soap
肥皂粉配出器 powdered soap dispenser
肥皂和洗涤工业废水 soap and detergent industry waste
肥皂盒 soap holder
肥皂盘 soap dish; soap holder
肥皂泡 lather
肥皂泡沫 suds
肥皂泡试验 soap-bubble test
肥皂水 soapsuds; soapy water; suds
肥皂水器 liquid soap distributor; liquid soap fixture
肥皂水溶液 water-soap solution
肥皂洗刷 soaping; soap washing
肥皂制造 soap manufacturing
肥皂质的 saponaceous; soapy
肥壮的 stout

腓

腓力比圆殿 <位于希腊奥林匹亚> philippeion[philippeum]

斐

斐波纳契多项式【数】 Fibonacci polynomial
斐波纳契法 Fibonacci method
斐波纳契归并法 Fibonacci merge
斐波纳契函数 Fibonacci function
斐波纳契级数 Fibonacci series
斐波纳契检索法 Fibonacci search
斐波纳契数 Fibonacci number
斐波纳契数分类 Fibonacci series sorting
斐波纳契数列 Fibonacci sequence
斐波纳契数生成函数 Fibonacci generating function

斐波纳契数系 Fibonacci number system
斐波纳契搜索 Fibonacci search
斐波纳契系数 Fibonacci coefficient
斐波纳契序列 Fibonacci sequence
斐波纳契寻优法 Fibonacci search
斐函数 Psi function
斐济海 Fiji Sea
斐济海台【数】Fiji plateau
斐索齿轮法 Fizeau toothed wheel
斐索干涉计 Fizeau interferometer
斐索(干涉)条纹 Fizeau fringe
斐希德尔石 fichtelite

榧 Chinese torreya

榧木 <地板用木材> arnott
榧树 torreya
榧属 <拉> torreya

翡

翡翠 chalchewete;green jade;jadeite;true jade

翡翠黄铜合金 emerald brass alloy
翡翠绿 emerald green;imperial green;Paris green
翡翠绿颜料 copper acetate arsenite
翡翠色 emerald;jade
翡翠釉 kingfisher colo(u)red glaze

废

废氨液 waste ammonia liquor

废岸线 <海、湖的> abandoned shore line
废坝 abandoned dam;dead dam
废板堆垛机 reject piler;reject stacker
废板修整线 reclaiming line
废版 superseded edition
废边 slitter edge
废边卷取机 coiler for trimmings
废边印痕 scrap mark
废标 abandoned tender
废玻璃 collet;collets;waste glass
废玻璃料破碎机 cullet crusher
废玻璃液 dead metal
废薄板运输机 reject sheet conveyer [conveyor]
废材 refuse wood; slashings; waste wood;wood refuse;wood waste
废材滑槽 trash chute
废产品 waste products
废产物 waste products
废车 disabled vehicle
废车堆积物 auto-wrecking yard
废城 abandoned city
废池 abandoned basin
废除 abolish; abolition; abrogate; annul; annulment; nig; overthrow; quash; repeal; rescind; rescission; revoke; supersede; undo; unmake; voidance
废除的 outworn
废除合同 abrogate contract; abrogation of agreement;rescind contract
废除进口关税 dismantlement of import tariffs
废除令 abatement order
废除契约的条款 defeasance
废除条款 denunciation clause
废除原合同 abrogate the original contract
废除债务 abatement of debts
废船 knacker
废船包拆人 ship-breaker
废船拆卸业 ship breaking
废船船体 hulk
废船解体 ship recycling
废船体 hulk; superannuated ship; white sea-elephant
废瓷渣 pitchers
废催化剂 dead catalyst;spent catalyst
废催化剂再生 reworking of spent catalyst
废带 scratch tape
废弹药 ammunition disused
废道砟 waste ballast
废的 out-spent;waste
废堤 abandoned levee
废地板 dead floor
废地热田 spent geothermal field
废地杂草 ruberal
废电解液 depleted electrolyte;discarded electrolyte; spent electrolyte; spent plating solution
废电解质 waste cell melt
废动力液 exhaust power fluid
废动物胶 gelatin(e) waste
废镀锡薄钢板 waster-waster
废方 waste cut
废方处理 waste bank treatment
废纺纱 condenser yarn;waste yarn
废纺梳棉机 waste card
废负荷 sewage load(ing);wastewater loading
废负荷分配 waste load allocation
废负荷控制 waste load control
废矸堆 goaf
废矸石 stone rubbish
废钢 scrap steel;steel scrap
废钢打包 scrap balling
废钢打包机 scrap bundler
废钢打捆机 scrap baling machining
废钢法 scrap process
废钢轨 rail scrap;scrap rail
废钢积累 scrap accumulation
废钢剪床 scrap shears
废钢剪切机 scrap shearing machine; scrap shears
废钢焦炭炼钢法 scrap and coke process
废钢跨 scrap bay
废钢利用 scrapalurgy
废钢炼钢法 scrap heat;scrap practice
废钢料调节 conditioning of scrap
废钢熔炼不合格 off-melt
废钢铁 ferrous waste;iron and steel scrap;scrap
废钢(铁)回收 scrap return
废钢铁破碎机 scrap breaker
废钢铁水炼钢法 scrap and hot metal practice
废钢预热装置 scrap preheater
废稿 dead copy
废铬液 waste chrome liquor
废耕 give up cultivation
废汞盐 waste mercury salt
废沟 abandoned ditch
废古城堡 castle ruin
废骨料混凝土 waste aggregate concrete
废轨 scrap rail
废轨枕 scrap sleeper;sleeper scrap
废河 indapted river; misfit river; underfit river
废河槽 abandoned channel; dead channel
废河床 by-water
废河道 abandoned channel;blind channel; abandoned river course; abandoned stream course; by-water; dead river channel
废河道湖 mortlake;oxbow lake
废河曲 abandoned meander
废河网 abandoned loop
废核料运输船 spent nuclear fuel carrier
废核燃料 spent fuel
废化学试剂 waste chemical reagent
废化学物质 waste chemical substances
废黄河零点【测】abandoned Yellow River zero datum
废黄麻 jute waste
废黄铜 brass scrap;scrap brass
废混凝土 waste concrete
废混凝土骨料 waste concrete aggregate
废活性碳 waste activated carbon
废活性污泥 waste active sludge
废机油 used oil
废集料混凝土 waste aggregate concrete
废碱 alkali waste;spent caustic;spent soda
废碱水 alkali wastewater
废碱液 alkali waste liquid;exhausted lye; spent lye; waste alkali; waste alkali liquor;waste lye
废件箱 waste box
废件再生 parts reclamation
废浆 <喷射混凝土流下的> sludge; sludging;spent mash
废胶磨 waste grinder
废胶末 crumb
废金属 metallic scrap; old metal; scrap metal;waste metal
废金属堆 scrap baling
废进废出 garbage-in garbage-out
废茎残叶切除机 trash cutter
废井 abandoned well;dead well;deal well;disposal well;disused well
废旧材料 waste and scrap
废旧机器设备堆场 bone yard
废旧矿坑 abandoned mine
废旧漏板 scrap bushing
废旧轮胎 junked tire[tyre]
废旧汽车轮胎 used auto-tire[tyre]
废旧塑料清洗废水 junked plastic cleaning wastewater
废旧物资 junk;waste and old materials
废旧物资回收利用 reuse of old and discarded things
废旧资产处理损失 loss from scrap disposition
废卷宗 scratch volume
废绝 desuetude
废卡 <漏穿或未穿孔的> dead card
废坑 abandoned pit;stope
废空气 used air;waste air
废矿 goaf;spent ore
废矿储存 storage in abandoned mine
废矿堆/旧工程 mine dump/old working
废矿井 abandoned mine; abandoned pit;abandoned well;stope <矿山挖掘后留下的洞穴>
废矿石 ettle;lean material;waste ore
废炼油催化剂 waste oil-refining catalyst
废料 abradant; flotsam; garbage; junk; leftover; material salvage; mullock; offal; off-scourings; outthrow; raff; recrement; refuse; reject; residue; salvage; scrap (material); scrap return; spend material; sweeping; talus; trash; wastage; waste; waste material
废料板 slashings
废料报告 report of scrap materials; spoiled material report
废料报告单 scrap report
废料仓 reject bin;scrap bunker;scrap hopper
废料槽 reject chute;waste bunker
废料厂 scrap dock
废料场 dump pit; junk yard; scrap yard; spent material; spoil area; spoil dump; spoil tip; waste area; waste storage
废料车 dust car;spoil wagon
废料沉淀 spoil deposit
废料储存器 spoil bin
废料处理 disposal in the form of scrap; disposition of scrap; scrap handling; spoil disposal; waste disposal;waste treatment
废料处理设备 waste disposal facility
废料处理损失 loss from scrap disposition
废料存放室 waste storage chamber
废料打包机 baling press for waste
废料打包压力机 scrap press
废料刀断装置 scrap cutter
废料倒卸 rubbish dump
废料的保存 conservation of scraps
废料地下处理 subsurface disposal of refuse
废料雕塑 junk sculpture
废料吊放起重机 scrap drop crane
废料斗 spoil bucket
废料堆 bing; junk; refuse dump; refuse-up; scrap heap; spoil dump; spoil pile; spoil tip; waste bank; waste dump;waste heap;waste pile
废料堆存坑 storage pit
废料堆放场 hardwaste dump
废料堆放处 disposal site
废料堆放起重机 scrap drop crane
废料堆积 spoil deposit
废料堆平面图 waste-dump plan
废料分类 conditioning of scrap
废料分批处理 batch treatment of wastes
废料焚化炉 destructor
废料焚烧炉 waste incinerator
废料焚烧设备 refuse incinerator
废料覆盖层 waste cover;waste mantle
废料管 garbage tube
废料管理 waste management
废料滑槽 trash chute
废料回炉 admix;scrap return
废料回收 hardwaste recovery; waste recovering salvage of waste materials
废料回收车身 recycling body
废料回收利用 waste reclamation
废料回填废巷道 bashing
废料加工 scrap processing
废料价格 breaking-up price; scrap price
废料价值 junk value;scrap value
废料间 refuse compartment; salvage department
废料卷取机 scrap reel
废料坑 spoil dump;spoil tip
废料控制 waste control
废料利用 reclamation (of material); salvage; utilization of debris; utilization of waste material;waste utilization
废料利用车间 salvage[salvaging] department
废料利用工厂 conservation plant
废料量 quantity of wastes
废料溜槽 material debris chute
废料排出阀 waste valve
废料排出门 waste gate
废料配合比 proportioning of waste
废料破碎设备 scrap crushing plant
废料汽油 conservation gasoline
废料切断刀 scraping cutter; slug breaker
废料切断模 slug die
废料切碎机 scrap chopper
废料区 spoiling envelope;waste area
废料燃烧 garbage combustion
废料室 waste chamber
废料收集坑 crop disposal bin

F

废料收集器 garbage collector
废料特性 characteristics of wastes
废料桶 trash receptacle
废料污染 waste containment; waste contamination; waste pollution
废料箱 container for refuse; dump bin; garbage container; rubbish box; waste box
废料卸下 rubbish dump
废料压块压力机 scrap balling press; scrap press
废料压实打包 scrap baling press
废料岩土力学 waste geotechnics
废料艺术 junk art
废料再生控制 control of reclamation
废料再生装置 reclaimer
废料渣油 residual oil
废料账 waste account
废料值 scrap value
废料制品 waste products
废料中心焚烧炉 central incinerator of wastes
废料抓斗 scrap grapple
废料抓钩 scrap grapple
废料装箱起重机 scrap charging box handling crane
废零件 odd parts
废硫酸盐浸液 waste sulfate pickle liquor
废硫酸盐溶液 waste sulfate solution
废炉衬 salvaged lining; used lining
废炉渣 refuse clinker
废炉渣块 refuse clinker block
废卤水 brine blowdown
废滤液 depleted filtrate; wasted filtrate
废路 abandoned road; wasteway
废路段 wasteway section
废铝 alumin(i)um scrap
废铝箔 alumin(i)um foil scrap
废铝合金 scrap aluminium alloy
废轮胎 scrap tire[tyre]
废轮胎橡胶 scrap tyre rubber
废煤 waste coal
废煤气加热法 waste heating
废煤气加热器 waste gas heater
废煤气水 spent gas liquor
废蜜塔 final molasses storage tank
废棉 waste cotton
废棉滤器 cotton waste filter
废棉纱 cotton waste
废棉纱头 <堵漏用> cotton waste
废模 waste mo(u)ld
废模法 waste mo(u)ld process
废木 offal-timber
废木材 culled wood; wood waste
废木材削片机 waste wood chipper
废木焦油 wood waste tar
废木料 dunnage; refuse wood; waste wood
废木料加工 wood waste processing
废木燃烧 wood waste firing
废能 unavailable energy; wasted energy
废泥浆 sludge; waste mud
废泥浆脱水处理装置 dewatering system for waste slurry
废泥料 scraps
废农具修理 repair the old farm tools
废农药 waste pesticide
废炮 blown-out shot; blowout; poop shot
废坯料 scrap body material
废皮 scrap leather
废漂白液 spent bleach liquor
废漂白土 spent bleaching earth
废票 ballot papers null and void; cancelled check; invalid ticket
废票箱 discard bin; invalidated ticket box
废票转换券 allowance ticket
废品 below proof; cobble; condemned stores; culls; defective products; discard; foozle; lost head; offal; offheat; off-melt; outshot; refuse; rejected material; return products; scrappage; scrap return; shoddy; spoil; spoiled products; throwaway; throwouts; wastage; waste products; waster; wastrel
废品不规则波动 spoilage random fluctuation
废品残值 scrap value
废品场 scrap yard
废品成本 cost of spoiled goods
废品处理场 disposal field
废品处理费用 cost of waste disposal
废品处理间 salvage shop
废品堆积机 reject piler
废品(废料)处理 salvaging
废品分类 junk classification
废品分析 scrap diagnosis
废品骨料混凝土 waste aggregate concrete
废品管理 spoiled products management
废品和返工 scope and rework
废品回收 discard products recovery; salvage of waste material; waste recovery
废品回收站 salvage point
废品集料混凝土 waste aggregate concrete
废品记录 defective product record
废品价值 salvage value; scrap value
废品净成本 net spoilage cost
废品卷取机 reject tension reel
废品库 waster storehouse
废品利用 debris utilization; utilization of debris; utilization of waste
废品料的控制 control of scrap
废品率 defective; defective index; fraction defective; number of rejects; rate of spoiled; rate of spoiled products; rejection rate; rejection ratio; reject rate; scrap rate; wastage rate; waster product
废品排除斜道 rejection chute
废品清理场 junk yard
废品区 cobble area
废品商 scrap dealer
废品市场 salvage retailers; spoiled goods market
废品收购站 salvage station
废品收购者 rag and bone man
废品收回站 reclamation depot
废品收集处 salvage point
废品数 number of rejects
废品损失 loss on defective products; spoilage and defective work losses
废品损失报告书 spoilage report
废品剔除 goods rejection
废品通知单 notification of defective products
废品系数 scrap factor
废品限额 split-up point allowance
废品箱 container for wastes; reject bin
废品站 collection center[centre]
废品值 junk value
废品指示灯 reject light
废品指示器 reject indicator
废品砖 chuff; cull
废粕 spent lees
废粕压榨机 pulp press
废气 burnt gas; dead steam; discharge gas; effluent gas; end gas; exhaust air; exhaust fume; exhaust gas; flue gas; gaseous waste; gas of combustion; hot gas; off-gas; outgoing air; reject gas; relief gas; spent gas; stack gas; tail gas; up gas; waste gas
废气采暖 exhaust steam heating
废气采暖装置 combustion heater
废气冲击 back blast
废气重复循环 exhaust gas recirculation
废气出口壳 exhaust outlet casing
废气出气壳 exhaust outlet casing
废气除尘 dedusting of exit gas; exit cleaning; flue gas dust removal; waste gas cleaning
废气处理 tail gas treatment; waste gas treatment
废气处理设备 waste gas treatment equipment
废气处理系统 flare system
废气处理装置 exhaust gas plant; exhaust treatment device
废气催化净化器 catalytic exhaust purifier
废气催化转化器 exhaust gas catalytic converter
废气的中间冷却 intercooling of exhaust gas
废气洞 vitiated air hole
废气端 exhaust side
废气二氧化碳分析 carbon dioxide analysis in flue gas
废气阀 gas valve
废气废物排入环境 environmental emission
废气分析 exit analysis; waste gas analysis
废气分析器 exhaust gas analyser[analyzer]; flue analyser[analyzer]
废气分析仪 exhaust gas analyser[analyzer]
废气焚化炉 gas waste incinerator
废气高温计 exhaust pyrometer
废气供暖 exhaust steam heating; waste heating
废气供热 heating by waste heat
废气管 blast pipe; exhaust steam pipe; flue gas leading; vitiated air pipe; waste gas duct; waste gas pipe
废气管道 exhaust(air) duct; exhaust piping; off-gas line; exhaust shaft
废气管接头 exhaust pipe combination
废气管路 vitiated air line
废气管送风器接头 exhaust pipe blower connection
废气管送风器喷嘴 exhaust pipe blower nozzle
废气锅炉 exhaust boiler
废气锅炉检验 waste heat boiler survey
废气锅炉消声器 silencer-boiler
废气过滤器 waste gas filter
废气过热器 waste gas superheater
废气含尘量 dust content of exit gas
废气和排出气体分析器 heat prover
废气和排出气体分析仪 heat prover
废气后处理净化装置 exhaust after treatment device
废气环流 exhaust gas recirculation
废气换热器 waste gas recuperator
废气回热循环 exhaust-heated cycle; exhaust heat recovery cycle
废气回收 waste gas recovery
废气集尘 dedusting of waste gas
废气集尘器 flue gas dust collector
废气给水加热器 exhaust feed heater
废气加热器 bleeder heater; exhaust heater
废气加热循环 exhaust-heated cycle
废气监测系统 emissions monitoring system
废气进气壳 exhaust inlet casing
废气净化 exhaust gas purification; exit cleaning; waste gas cleaning; waste gas purification
废气净化设备 off-gas cleaning equipment; waste gas cleaning plant; waste gas purifying equipment
废气净化系统 control system of exhaust; waste gas cleaning system
废气净化装置 exhaust gas purifying equipment; waste gas purifying equipment
废气孔 vitiated air opening
废气控制系统 control system of exhaust gases
废气口 exhaust outlet
废气冷却 flue gas cooling
废气冷却器 gaseous effluent cooler
废气利用 exhaust air utilization
废气量 exhausted air quantity
废气流 exhaust flow; exhaust gas stream
废气滤净器 exhaust strain
废气滤清器 exhaust gas purifier; exhaust purifier; exhaust scrubber
废气脉冲增压 exhaust pulse pressure-charging
废气门 waste gate
废气排出井筒 vitiated air shaft
废气排出口 outlet port
废气排除 air exhaust
废气排放 exhaust emission; waste gas emission
废气排放标准 emission standard of waste gas; waste gas emission standard
废气排放管弯头 elbow on exhaust pipe
废气排放控制 waste gas emission control
废气喷射 exhaust blast
废气气闸 spoil air-lock
废气汽轮机 bleeder turbine; exhaust gas turbine
废气清除 waste scavenging
废气驱动式汽轮机 exhaust-driven gas turbine
废气驱动增压器 exhaust-driven supercharger
废气燃气轮机 exhaust gas turbine
废气燃烧 waste gas burning; waste gas combustion
废气燃烧炉 thermal oxidizer; waste gas burning furnace
废气燃烧器 waste gas burner
废气热 waste gas heat
废气热防冰设备 exhaust-heat deicer
废气热回收设备 exhaust gas heat-recovery equipment
废气热交换器 exhaust heat exchanger
废气热水器 exhaust gas water heater
废气热损失 heat loss in exit gas
废气塞 waste stopper
废气收集 waste gas collection
废气送料加热器 waste gas feed heater
废气损失 waste gas loss; waste loss
废气套 exhaust jacket
废气体积 waste gas volume
废气调节 exhaust conditioning
废气通道 exhaust passage
废气通风道 vitiated air duct
废气通风烟囱 vitiated air chimney
废气透平 exhaust gas turbine
废气脱硫 exhaust gas desulfurization; waste gas desulfurization
废气温度 exhaust gas temperature; waste gas temperature
废气涡轮 exhaust-driven gas turbine
废气涡轮机 exhaust gas turbine
废气涡轮压气机 exhaust gas turbocompressor
废气涡轮增压机 exhaust-driven turbocharger; exhaust gas turbocharger
废气涡轮增压器 exhaust-driven tur-

bo-charger;exhaust gas turbocharger;exhaust supercharger
废气污染 waste gas pollution
废气污染控制 waste gas pollution control
废气污染(物)exhaust emission
废气污染限值 exhaust emission limit
废气吸收塔 waste gas absorption tower
废气洗涤器 exhaust gas scrubber;exhaust scrubber; off-gas scrubber; vent scrubber
废气洗井钻进 exhaust gas drilling
废气系统 exhaust system
废气箱 waste heat box
废气消光系数 extinction coefficient of exhaust gas
废气消音器 exhaust gas silencer
废气循环 exhaust gas recycling; exit gas recycling; gas recycling; recycling of end gas;recycling of waste gas
废气压力 waste gas pressure
废气烟囱 waste gas chimney; waste stack
废气烟道 waste heat flue
废气叶轮 exhaust impeller
废气叶轮片 exhaust blade
废气引水装置 exhaust primer
废气余热锅炉 waste heat boiler
废气余热回收 waste heat recover
废气预热器 exhaust gas economizer; heat economizer
废气再循环 exhaust gas recirculation
废气再循环阀 exhaust gas recirculation valve
废气再循环装置 exhaust gas recirculation device
废气治理 waste gas pollution control
废气治理方法 waste gas treatment method
废气总管 waste gas header
废弃 abandon(ment); abatement; condemnation; dereliction; desuetude; disablement; discard; nullify; obsolescence; reject; rejection; repudiation; supersede; supersession; waste
废弃坝址 discarded site
废弃材料 rejected material;spoil material
废弃财产 abandoned property
废弃财物受领人 abandonee
废弃残液 discard raffinate
废弃残余 waste residual
废弃场地 waste site
废弃车辆 abandoned vehicle
废弃成本 obsolescence cost
废弃船舶 abandoned ship
废弃船体 hulk
废弃道路 wasteway
废弃的 condemned;depleted;dumped; junked and abandoned; obsolete; on the shelf;outmoded
废弃的城镇 necropolis
废弃的道路 <丧失使用价值的道路> condemned road;obsolescent road; obsolete road
废弃的堤坝 abandoned dike[dyke]
废弃的混凝土 rejected concrete
废弃的跑道 out-of-commission runway
废弃的支柱 abandoned support
废弃地 derelict land
废弃电气电子设备 waste electric(al) and electronic equipment
废弃法 retirement method
废弃方案 abandonment program(me)
废弃费用 abandoned charges; abandonment charges; abandonment expenses
废弃港口的遗址 ghost harbo(u)r
废弃工厂 displaced plant
废弃固体 waste solids
废弃管道 scrap pipe
废弃河道 abandonment channel; abandoned channel
废弃河道沉积 abandoned channel deposit
废弃河道湖 mortlake
废弃河曲 flood-plain meander scar
废弃呼叫 abandoned call
废弃混凝土 demolished concrete; waste concrete
废弃活性污泥 waste activated sludge
废弃或没收条款 rejection or condemnation clause
废弃或没收险 risks of rejection or condemnation
废弃货物 abandoned goods
废弃集水池 abandon catch basin
废弃价值 abandonment value
废弃截留井 abandon catch basin
废弃金属 discarded metal
废弃井 abandoned well
废弃卡片袋 reject pocket
废弃扩散 recision diffusion
废弃路旧料 <挖出后可利用于新工程> obsolescent road salvage
废弃煤屑 culm
废弃品 discarded article
废弃区域 abandoned area
废弃曲流 abandoned meander
废润滑油 waste oil
废弃收卡箱 reject stacker
废弃瘦弱植株 discard weak plants
废弃损失 abandonment loss; loss from obsolescence
废弃条款 denunciation clause
废弃铁路线 abandoned line; disused railway track
废弃停用的机场 abandoned aerodrome
废弃土方 waste yardage
废弃尾砂 final tailings
废弃污泥 waste sludge
废弃污泥流量 waste sludge flow rate
废弃无效根瘤 abandon non-effect nodule
废弃物 gob;offal;reject;solid waste; waste material;wastes
废弃物处理 waste disposal
废弃物处置费用 cost of waste disposal
废弃物倾倒许可证 permit of waste dumping
废弃物厌氧处理 anaerobic waste treatment
废弃物资 waste products
废弃线(路) abandoned line; abandoned track;disused railway track
废弃型空气过滤器 disposal type air filter
废弃窨井 abandoned manhole
废弃压力 abandonment pressure
废弃烟道 dead flue
废弃油 abandoned oil
废弃运河 disused canal
废弃者 nullifier
废弃资产 abandoned assets
废弃租约成本 abandoned lease cost
废汽 back pressure steam;dead steam; discharge steam; escape steam; exhaust steam;spent steam
废汽采暖设备 waste steam heating facility;waste steam heating installation
废汽采暖系统 waste steam heating system
废汽采暖装置 waste steam heating installation
废汽车 junked automobile;scrap car
废汽处理 waste vapo(u)r treatment
废汽分离器 exhaust steam separator
废汽供暖 exhaust steam heating
废汽管 breeches pipe;discharge leader
废汽管的放出分导管 discharge branch from manifold
废汽管喷口 blast pipe nozzle
废汽管喷嘴 blast pipe nozzle
废汽管网 waste steam pipe network
废汽锅炉 waste steam boiler
废汽加热循环 exhaust-heated cycle
废汽卷扬机 waste steam type winding engine
废汽利用 waste steam utilization
废汽排出孔 steam exhaust port
废汽喷口 exhaust steam jet
废汽喷嘴 waste steam injector
废汽汽轮机 exhaust steam turbine; waste steam turbine
废汽取暖 waste steam heating
废汽热量 waste steam heat
废汽套预热汽化器 exhaust jacketed carbureter
废汽通道 exhaust steam passage
废汽透平 exhaust steam turbine
废汽涡轮机 exhaust steam turbine; waste steam turbine
废汽预热器 exhaust steam preheater
废汽支管 waste steam connecting branch
废汽注水器 exhaust steam injector
废铅 scrap lead
废铅重炼 reclaiming of lead
废氰化物 waste cyanide
废渠 dead channel
废取土坑 exhausted borrow pit
废燃料 refuse fuel; spent fuel; waste fuel
废燃料油 fuel oil waste
废热 exhaust heat; used heat; used waste heat;waste heat
废热采暖 heating with waste heat
废热处理 waste heat management; waste heat treatment
废热处置 waste heat disposal
废热发电 cogeneration; waste heat power generation
废热干燥 waste drying
废热干燥器 waste heat dryer[drier]
废热干燥筒 waste heat rotary dryer [drier]
废热供暖 waste heating
废热锅炉 economizer;exhaust boiler; exhaust heat recovery boiler; gas-tube boiler; recovery boiler; waste heat boiler
废热过热 waste heat superheater
废热回收 heat recovery; recovery of waste heat;waste heat recovery
废热回收锅炉 heat recovery boiler
废热回收器 recoverer of waste heat; waste heat recoverer
废热回收系统 waste heat recovery system
废热加热 waste heating
废热加热器 exhaust feed heater
废热交换器 waste heat exchanger
废热利用 use of waste heat; waste heat utilization
废热利用的 heat recovering
废热利用率 utilization of waste heat
废热炉 waste heat oven
废热能量 waste thermal energy
废热排放 heat rejection; waste heat discharge;waste heat outfall
废热排放设备 heat-rejection equipment
废热水 hot wastewater
废热损耗 waste heat loss
废热损失 waste gas loss; waste (heat) loss
废热温度 heat-rejection temperature
废热蒸发器 waste heat evapo(u)rator
废热蒸汽机 waste heat engine
废热总量 amount of waste heat
废溶剂 spent solvent
废溶液 lean solution;exhausted solution
废溶液过滤 depleted wasted filtration
废溶液回收器 waste solvent recovery unit
废鞣料 spent tan
废乳化液 waste emulsion
废润滑剂 spent lubricant
废纱 refuse yarn
废纱头 cotton waste
废砂 antiquated sand;waste sand
废砂粒径中值 median bed material size;median bed sediment size
废砂石 waste sand and gravel
废烧碱 spent caustic;waste caustic
废烧碱液 spent caustic soda liquor
废声 sonic boom
废绳 junk
废石 barren rock; burrow; country rock; debris; quarry waste; waste rock;rubbish;shatter
废石坝 waste embankment;waste pile
废石仓 gob bin;refuse bin;rock bin; stone box
废石场 mine dump; spoil area; spoil yard;waste-rock yard
废石充填 waste-fill
废石充填回采法 waste-filled stope
废石充填开采 waste-filled mining
废石处理 dirt disposal
废石堆 bing; burrow; deads; dumped fill; gobpile; hillock; spoil heap; spoil pile;waste embankment
废石堆采样 waste-dump sampling
废石堆场 waste dam;waste heap
废石堆祸害 tip disaster
废石堆灾难 tip disaster
废石垛墙 pack wall
废石方 spoil;surplus spoil
废石膏 waste gypsum
废石膏模型 plaster waste mo(u)ld
废石骨料混凝土 waste aggregate concrete
废石灰 spoil lime;wasted lime
废石集料混凝土 waste aggregate concrete
废石块 masses of gangue
废石料 spoil;waste dump
废石料分离 locking out of the spoil
废石料运输 overburden transport
废石列车 muck car
废石倾卸场 dumping site
废石填方 waste-fill
废石填井 rocking the well
废石(头) dead rock; waste rock; waste stone
废石运输机 muck conveyer[conveyor];refuse conveyer[conveyor]
废石装运工 mullocker
废蚀刻溶液 spent etching bath
废试剂 spent reagent
废树胶 gum waste
废水 devil liquor;devil's water;drain(age) water; exhausted water; liquid waste;outlet water;refuse water;sewage;spent wash;tail water; wasted water; waste effluence; wastewater <美>
废水泵 wastewater disposal pump; wastewater pump
废水泵电源切换箱 change-over box

F

for waste water pump
废水泵房 wastewater pumping room
废水泵控制箱 control box waste water pump
废水比例排放 proportioning
废水岔道 wastewater bypass
废水掺和 blending of wastes; wastewater blending
废水产源 source of wastewater generation
废水沉淀池 effluent settling chamber
废水沉淀处理 sedimentation treatment of wastewater
废水沉降池 effluent settling chamber
废水沉降处理 sedimentation treatment of wastewater
废水成分 wastewater composition
废水城市回用 wastewater municipal reuse
废水池 abandoned basin; wastewater disposal basin
废水重复利用 reuse of wastewater; wastewater renovation; wastewater reuse
废水重复使用 wastewater renovation
废水臭氧化的经济性 economics of wastewater ozonation
废水臭氧氧化处理法 ozonation treatment of wastewater
废水出口 wastewater outlet
废水出流 wastewater effluent
废水出水 wastewater effluent
废水初级处理 primary waste treatment; primary wastewater treatment
废水处理 effluent disposal; effluent treatment; treatment of wastes; treatment of wastewater; waste disposal; wastewater disposal; wastewater treatment
废水处理标准 standards for wastewater treatment
废水处理厂 waste treatment station; wastewater treatment plant; wastewater treatment station; wastewater treatment works
废水处理场 sewerage station; wastewater processing station; wastewater treatment plant
废水处理池 purification tank for liquid waste; wastewater disposal basin; wastewater treatment tank
废水处理萃取法 extraction process in wastewater treatment
废水处理单元过程 unit processes of wastewater
废水处理的臭氧氧化法 ozonation process in wastewater treatment
废水处理法电解 electrolytic treatment of wastewater
废水处理方法 wastewater treatment method; wastewater treatment process
废水处理方法分类 classification of wastewater treatment process
废水处理高梯度磁分离法 high gradient magnetic separation process in wastewater treatment
废水处理工厂 wastewater treatment plant
废水处理工程 wastewater treatment works
废水处理工艺 technology of wastewater treatment; wastewater processing
废水处理过程 wastewater treatment process
废水处理可行性研究 wastewater treatability study
废水处理离子交换法 ion-exchange process in wastewater treatment
废水处理率 treatment rate of wastewater
废水处理模拟模型 simulation of wastewater treatment model
废水处理目的 wastewater treatment objective
废水处理气液交换法 gas-liquid exchange process in wastewater treatment
废水处理设备 wastewater treatment equipment; wastewater treatment unit
废水处理设施 wastewater disposal facility
废水处理生物学 waste treatment biology
废水处理系统 wastewater treatment system
废水处理系统最优化设计 optimization in design of wastewater treatment system
废水处理厌氧塘 anaerobic lagoon for wastewater treatment
废水处理要求 wastewater requirement
废水处理站 wastewater processing station; wastewater treatment station
废水处理装置 effluent treatment plant
废水处理最优化设计 optimization design of wastewater treatment
废水处置 disposal of wastewater; wastewater disposal
废水处置设施 wastewater disposal facility
废水处置瓦管(管线) tile wastewater-disposal lines
废水萃取处理法 extraction treatment of wastewater
废水带 wastewater field
废水单元处理 unit process of wastewater
废水道 wasteway
废水的厂内循环使用 in-plant recycling of wastewater stream
废水的毒性 toxicity of effluent
废水的二级处理 secondary treatment of wastewater
废水的二级生物处理 secondary biological treatment of wastewater
废水的改善利用 wastewater recreational reuse
废水的固液分离 wastewater solids separation
废水的活性处理法 activated carbon process in wastewater; activated carbon process in wastewater treatment
废水的间接回用 indirect reuse of wastewater
废水的流入 afflux of waste water
废水的生物净化 biologic(al) purification of wastewater; biologic(al) sewage purification
废水的生物组分 biologic(al) constituents of wastewater
废水的收集 collection of wastes
废水的稳定 waste stabilization
废水的物理组分 physical constituents of wastewater
废水滴定曲线 titration curves of waste
废水地下处置 subsurface wastewater disposal
废水地下水回灌 wastewater groundwater recharge
废水电导率 conductivity of wastewater
废水电解处理法 electrolytic treatment of wastewater
废水调查 wastewater survey
废水二次处理 secondary treatment of wastewater; secondary wastewater treatment
废水二次处理标准 secondary treatment standards of wastewater
废水二级处理 secondary waste(water) treatment
废水罚款 effluent charge
废水反硝化脱氮 nitrogen removal from wastewater by denitrification
废水废气控制 effluent control
废水废物生物处理 biologic(al) waste treatment
废水废液处理系统 liquid waste disposal
废水分解 decomposition of wastewater; wastewater decomposition
废水分类 classification of wastewater
废水分离器 wastewater separator
废水分离系统 effluent segregation system
废水分流系统 effluent segregation system; wastewater segregation system
废水分析 wastewater analysis
废水分析器 wastewater analyser[analyzer]
废水焚烧 wastewater incinerating
废水复用 wastewater reuse
废水改良 wastewater reclamation
废水改善处理 wastewater advanced treatment
废水高级处理 advanced waste(water) treatment
废水高级处理方案 advanced water treatment program(me)
废水高级处理实验室 advanced water treatment laboratory
废水高梯度磁分离处理法 wastewater treatment by high-gradient magnetic separation process
废水工程 wastewater engineering
废水工业回用 wastewater industrial reuse
废水沟 waste canal; waste ditch; waste effluent flume
废水估计量 assessment of waste water
废水固渣 wastewater solid
废水管 downcomer; sewer pipe (drain); waste pipe[piping]; waste tube[tubing]; wastewater pipe
废水管理 wastewater management
废水管理法 administrative regulations regarding wastewater
废水管理工程 wastewater management project
废水管理设施 wastewater management facility
废水灌溉 irrigation with sewage; irrigation with wastewater; wastewater irrigation
废水灌溉定额 wastewater irrigation norm
废水灌溉系统 wastewater irrigation system
废水光氧化处理法 photooxidation treatment of wastewater
废水好氧生物处理 biologic(al) aerobic treatment of wastewater
废水化学沉淀处理法 wastewater treatment by chemical precipitation process
废水化学处理法 chemical treatment of wastewater
废水化学特性 chemical characteristics of wastewater
废水化学组分 chemical constituents of wastewater
废水回流过程 recycled waste(water)-process
废水回收 wastewater reclamation
废水回收(工)厂 wastewater reclamation plant
废水回收利用 reclamation of wastewater
废水回收装置 wastewater reclamation facilities; wastewater reclamation plant
废水回用 effluent reuse; sewage reuse; wastewater renovation; wastewater reuse; water reuse
废水汇集系统 waste collecting system
废水混凝处理法 coagulation treatment wastewater
废水混用法 waste-plus-waste method
废水活性炭处理法 wastewater treatment by activated carbon process
废水及废气 effluent
废水技术 wastewater technology
废水剂量监测计 effluent monitor
废水季节变化 wastewater seasonal variation
废水间接排水管 indirect waste pipe
废水兼性生物处理 biologic(al) treatment of wastewater by facultative microbe
废水检验 examination of wastewater
废水进水 wastewater influent
废水进入废水处理厂的设施 headwork
废水净化 purification of waste water; purifying of wastewater; wastewater purification; wastewater renovation
废水净化厂 water reclamation plant
废水净化回收 wastewater renovation
废水净化使用 wastewater renovation
废水净化系统 wastewater renovation system
废水净化装置 wastewater renovation unit
废水均化 equalization
废水可处理性 wastewater treatability
废水可处理性评价 assessing the treatability of wastewater
废水坑 wastewater pit
废水空气氯化处理 aerochlorination of wastewater
废水控制 controlling wastewater; waste control
废水类型 kind of wastewater; type of wastewater
废水离析 segregation of wastewater; wastewater segregation
废水离子交换处理法 ion-exchange treatment wastewater
废水立管 waste stack
废水利用 reclamation of wastewater; sewerage utilization; utilization of refuse water; waste salvage; wastewater reuse; wastewater use; wastewater utilization; water reuse; water salvage
废水量 quantity of wastewater; wastewater flow rate
废水流量 quantity of waste flow; wastewater flow
废水流量变化 variation in wastewater flow rates
废水流量的组成部分 components of wastewater flows
废水流量季节变化 seasonal variations in wastewater flow
废水流量减少 reduction of wastewater flow
废水陆地处理法 land treatment of wastewater
废水蔓延 wastewater spreading

F

废水密度 density of wastewater
废水泥渣 wastewater mud
废水黏[粘]菌生长 slime growth in waste
废水凝聚及絮凝处理 coagulation and flocculation treatment of wastewater
废水农业回用 wastewater agricultural reuse
废水农用 wastewater farming
废水浓度 wastewater concentration; wastewater strength
废水排出口 wastewater outfall
废水排放 wastewater discharge; wastewater disposal
废水排放标准 sewage discharge standard; sewage disposal standard; wastewater discharge standard
废水排放率 discharge rate of effluent; wastewater rate
废水排水口 outlet waste
废水喷射器 wastewater ejector
废水撇油 skimming of wastewater
废水撇渣 skimming of wastewater
废水曝气 aerating waste (water); wastewater aerating
废水曝氧 wastewater aerating
废水起动工程师 waste startup engineer
废水气液交换处理法 gas-liquid exchange treatment of wastewater
废水强度 strength of wastewater
废水倾海处理 marine waste disposal; marine waste treatment
废水渠 abandoned channel; waste canal
废水取样 sampling of wastewater; wastewater sampling
废水塞 waste stopper
废水三级处理 advanced waste (water) treatment; tertiary waste treatment
废水森林灌溉 woodlands irrigation with wastewater
废水上浮处理 flo(a)tation treatment of wastewater
废水设备 wastewater facility
废水深度处理 advanced waste treatment; advanced waste (water) treatment
废水渗井 disposal well; waste well
废水渗漏 effluent seepage
废水渗透 wastewater infiltration
废水生物处理 biologic (al) wastewater treatment
废水生物处理动力学 kinetics of biochemical treatment of wastewater
废水生(物)化学处理法 biochemical treatment of wastewater
废水生物净化 biologic (al) purification of wastewater
废水生物特性 biologic (al) characteristics of wastewater
废水收费 wastewater charges
废水(收)费率 wastewater rate
废水收集 collection of wastewater; wastewater collection
废水收集系统 wastewater collection system
废水输送 transmission of wastewater
废水衰减率 wastewater decay rate
废水塘 wastewater lagoon
废水特性 waste characteristic
废水特性参数 wastewater parameter
废水特征 wastewater property
废水提升 wastewater pumping
废水调节池 wastewater equalization pond
废水调质 waste conditioning
废水同化 waste assimilation
废水同化能力 waste assimilation[assimilative] capacity
废水土地处理法 land treatment of wastewater
废水脱酚 removing phenol in wastewater
废水脱色 decolo(u)rization of wastewater
废水外观 appearance of wastewater
废水弯管 waste pipe elbow
废水温度 temperature of wastewater
废水稳定池 waste stabilization lagoon
废水稳定塘 waste stabilization pond
废水污泥 wastewater sludge
废水污染 sewage pollution
废水污染效应 effect of wastewater contaminant
废水污染源 source of wastewater contaminant
废水物理处理法 physical treatment of wastewater
废水物理化学处理 physio-chemical treatment of wastewater
废水物理化学处理法 physico-chemical treatment of wastewater
废水物理特性 physical characteristics of wastewater
废水吸附处理法 adsorption process in wastewater treatment; adsorption treatment of wastewater
废水吸收处理法 absorption process in wastewater treatment; absorption treatment of wastewater
废水稀释 effluent dilution; wastewater dilution
废水消毒 wastewater disinfection
废水消毒剂 wastewater disinfectant
废水消毒膜技术 membrane technology for wastewater disinfection
废水硝化 wastewater nitrification
废水硝化-反硝化脱氮 nitrogen removal from wastewater by nitrification
废水硝化脱氮 nitrogen removal from wastewater by nitrification
废水需氧生物处理 aerobic biological process in wastewater treatment; biologic (al) contact oxidation process
废水蓄水池 holding pond
废水循环 wastewater recycle
废水循环池 wastewater recirculation pond
废水厌氧处理 anaerobic waste (water) treatment
废水厌氧生物处理 anaerobic biological treatment of wastewater; biologic (al) anaerobic treatment of wastewater
废水氧化 wastewater oxidation
废水氧化池 wastewater oxidation basin
废水氧化处理 oxidation process of wastewater
废水氧化处理法 oxidation treatment of wastewater
废水氧化塘 wastewater lagoon
废水液态残余物 wastewater liquid residual
废水一级处理 primary waste treatment
废水溢汽堰 waste weir
废水用户 wastewater customer
废水用作饮用水资源 potable effluent resource application
废水有氧生物处理 biologic (al) aerobic treatment of wastewater
废水源 source of wastewater
废水源控制 source control of wastewater
废水再净 wastewater renovation
废水再(利)用废物再(利)用 waste reuse
废水再生 renovation of wastewater; wastewater renovation
废水再循环 waste (water) recycling
废水再循环系统 waste recycle system; wastewater recycle system
废水再用 wastewater reuse
废水沼泽地处理 wetland treatment of wastewater
废水征税条例 wastewater levy act
废水蒸汽 exhaust steam
废水治理工程师 wastewater disposal engineer
废水滞流池 holding pond
废水中氮的减少 reduction of nitrogen in wastewater
废水中氮的去除 removal of nitrogen in wastewater
废水中和处理(法) neutralization treatment of wastewater
废水中总固体量 total solids in wastewater
废水重力分离处理法 gravity separation of wastewater
废水状况 wastewater condition
废水状态 wastewater condition
废水综合处理厂 integrated wastewater treatment plant
废水综合处理设施 joint wastewater treating facility
废水综合毒性 comprehensive toxicity of wastewater
废水综合利用 multipurpose wastewater reclamation
废水总量 amount of waste water
废水组成 composition of wastewater; wastewater composition
废水组分 constituents of wastewater
废丝 chussums; silk waste
废丝处理 waste fiber disposal
废丝筋 waste silk
废塑料 plastic waste; waste plastics
废塑料分解 decomposition of plastic waste
废塑料利用 reuse of plastic waste
废酸 spent acid; waste (d) acid
废酸罐 waste acid tank
废酸回收厂 acid-recovery plant
废酸回收装置 acid-restoring plant
废酸浸液 pickle liquor; pickling waste acid liquor; spent pickling solution; waste pickle liquor
废酸容器 waste acid tank
废酸石灰处理 lime slurry treatment for acid waste
废酸桶 waste acid tank
废酸洗液 pickling acid waste
废酸箱 waste acid tank
废酸液 acid pickle; waste acid liquid
废酸渣 acid waste sludge
废酸渣利用 acid waste utilization
废碎玻璃 cullet
废隧道 abandoned tunnel
废损材料汇总表 summary of scrap and spoiled materials
废碳 waste carbon
废糖浆 <制糖工业废料,可用作筑路材料> molasses
废糖蜜 final molasses; waste molasses
废铁 broken iron; foundry scrap; iron scrap; iron waste; old iron; scrap iron; tramp iron; waste iron
废铁剪机 scrap iron shearing machine
废铁栏杆 scrap iron rails
废铁压块机 scrap baling press
废铁压块压力机 scrap baller; scrap balling press
废铜 copper scrap; scrap copper; waste copper
废图 bad copy
废土 spent clay; spoil
废土场 dump area; spoil ground
废土堆 spoil bank; spoil ground; spoil heap; spoil pile; waste bank
废土滑槽 spoil chute
废土坑 dump pit
废土石 muck; spoil soil and rock
废土(土)方 waste yardage
废土土方数 waste yardage
废退的 obsolete
废挖槽 abandoned dredge-cut
废外壳 exhausted enclosure
废弯管 waste elbow
废文件 dead file; scratch file
废污水 effluent sewage
废物 dregs; dross; lees; litter; offal; off-scourings; punk; raffle; recrement; refuse; rubbish; ruck; scrappage; spend residue; spent material; spilth; sullage; trash; trashery; trashiness; trumpery; wastage; waste matter; waster; waste substance; weed
废物安全处理 waste safety treatment
废物安全处治 waste safety disposal
废物搬运费 waste cartage
废物包装 waste packaging
废物包装容量 packaging capacity of waste
废物玻璃化 vitrifying of wastes; waste vitrification
废物(残渣)利用 utilization of debris
废物掺和 blending of wastes
废物产生地 site of generation of waste
废物产生减到最低程度 waste minimization
废物场 waste tip; waste yard
废物成分 waste component
废物储藏 waste collection
废物储藏室 waste collecting chamber
废物储存槽 waste tank
废物储存罐 waste storage tank
废物储存器 rubbish container; waste receptacle
废物储存箱 waste storage tank
废物储运 waste collection
废物处理 disposal of wastes; refuse disposal; rubbish disposal; trash disposal; waste processing; waste treatment
废物处理驳 slop disposal barge
废物处理槽 waste disposal chute
废物处理厂 refuse processing plant; waste-disposal plant; waste disposal works
废物处理场 disposal site; waste-disposal plant
废物处理承保人 disposal contractor
废物处理船 slop disposal ship
废物处理技术 waste treatment technique
废物处理能力 disposal capability
废物处理设备 waste-disposal plant; waste disposal unit
废物处理设施 waste disposal unit
废物处理竖井 waste disposal shaft
废物处理问题 waste disposal problem
废物处理系统 waste treatment system
废物处理要求 waste treatment requirement
废物处理装置 waste disposal unit; waste plant; waste treatment plant
废物处理装置的改建 waste handling modification
废物处置 disposal of wastes; spoil disposal; trash disposal; waste disposal; waste processing
废物处置厂 waste-disposal plant

F

废物处置池 waste disposal basin; waste disposal tank
废物处置法 refuse disposal method
废物处置国际咨询中心 International Reference Centre for Waste Disposal
废物处置技术 technology of waste disposal
废物处置器 garbage disposer
废物处置税 waste disposal taxes
废物处置者 waste disposer
废物袋 litter bag
废物的地下堆存 underground waste deposit
废物的化学降解 chemical degradation of waste
废物的深灌注 deep injection of wastes
废物的深海处置 deep-sea disposal of wastes
废物的永久性储藏 permanent waste storage
废物的原有者 discharger
废物地段 effluent farm
废物堆 refuse heap; rubbish heap; scrap heap; shale heap; tip; waste dump; waste tip
废物堆放处 refuse dump
废物堆积风干处理 windrowing
废物堆积室 dust-bin room
废物堆填区 controlled tip; controlled tipping site
废物分解蒸馏法 Lantz process
废物分类 classification of wastes; waste classification
废物分批处理 batch treatment of wastes
废物焚化 rubbish incineration
废物焚化厂 waste incinerator plant
废物焚化炉 hell; rubbish destructor; rubbish incinerator; waste destructor; waste incinerator
废物焚化灶 waste destructor
废物焚烧 incineration of wastes; waste incineration
废物焚烧炉 waste incinerator
废物焚烧装置 waste incineration installation
废物负荷 waste load
废物固定 fixation of wastes; immobilization of wastes
废物固化 solidification of wastes; waste solidification
废物固化装置 waste solidification equipment
废物管理 waste control; waste management
废物管理法规 waste legislation
废物管理规划 waste management program(me)
废物管理立法 waste legislation
废物管理政策 management policy of wastes
废物锅炉 waste boiler
废物含量 waste load
废物滑槽 trash chute; waste chute
废物化学 waste chemistry
废物化学处理 chemical treatment of waste
废物回收 waste recovery
废物回收利用 wastage recycling; waste recycling; waste reclamation
废物回收利用率 utilization factor of waste reclamation
废物回收利用再生燃料 waste-derived fuel
废物加废水法 waste-plus-waste method
废物甲烷化 waste methanization
废物监测 waste monitoring
废物交换所 waste exchange
废物接收处 waste reception area
废物净化 purifying waste
废物坑 waste pit
废物库 waste vault
废物利用 convert wastes into useful materials; material recovery; recovery; refuse utilization; salvage; salvaging; scavenge; utilization of waste; waste utilization; rejasing < 俚语 >
废物利用部门 salvage department
废物利用材料 salvage material
废物利用的价值 value of salvaged materials
废物利用技术 technology for effective utilization of waste
废物利用率 salvage value
废物利用装置 refuse utilization plant
废物溜槽 waste chute
废物流 waste flow
废物篓 litter bin
废物密度 density of refuse
废物磨粉机 broke beater
废物碾碎机 refuse crusher
废物排除 waste discharge
废物弃置 waste disposal
废物弃置场 cemetery
废物倾倒者 midnight dumper
废物倾海处理 marine waste disposal
废物清除 waste scavenging
废物清除器 waste disposer
废物燃烧 trash burning
废物燃烧厂 refuse incinerator plant
废物燃烧设备 refuse burning equipment
废物热解 pyrolysis of wastes; thermal decomposition of wastes
废物深井处置 deep-well waste disposal
废物渗滤液 waste leachate
废物收集 rubbish collection
废物收集器 waste trap
废物收集室 rubbish collecting chamber; waste collecting chamber
废物收集站 collecting station; waste collecting station
废物数据卡 waste data sheet
废物数据库 waste database
废物税 effluent tax
废物撕碎机 waste shredder
废物填埋场 controlled tipping; waste graveyard
废物调理 conditioning of wastes
废物同化能力 waste assimilation[assimilative] capacity
废物桶 pail for used dressings
废物偷倒人 midnight dumper
废物土地处置 waste disposal in the ground
废物污染度 waste pollution strength
废物物理法回收 waste recovery by physical process
废物系数 coefficient of waste
废物箱 disposal container; garbage receptacle; litter bin; refuse box; rubbish collecting chamber; trash box; waste bin; waste box; waste receptacle; waste storage bin
废物斜溜槽 rubbish chute
废物循环使用 recycling of wastes; waste recycling
废物压实 bale; baling
废物压实机 compactor; waste compactor
废物研磨 waste pulping
废物研磨机 macerater
废物预防 waste prevention
废物源头削减 waste reduction at the source
废物运费 refuse cartage; rubbish cartage
废物运输 refuse cartage
废物再利用 refuse reclamation
废物再生微生物学 microbiology of waste recycling
废物再循环 waste recycling
废物沼气化 methanation of wastes
废物支出簿 paid waste book
废物贮存 waste storage
废物贮存场 waste storage farm
废物转化技术 waste conversion technique
废物转化装置 waste conversion equipment
废物资源化技术 resource recovery technique of solid waste
废物资源化系统 resource recovery system of solid waste
废物资源利用率 utilization factor of waste reclamation
废物综合利用 multipurpose use of wastes; waste utilization
废物综合利用工厂 salvage shop
废物阻塞 rubbish lock
废物最小量化 waste minimization
废锡 tin refuse
废锡矿 tin ore refuse
废洗涤液 spend scrub stream
废线 scrap wire; slop line; abandoned track【铁】
废线材 wire scrap
废巷道 abandoned working; inactive workings
废橡胶 rubber shoddy
废橡胶料 scrap rubber; waste rubber
废橡胶屑 scrap rubber
废屑 attle; dirt; muck; sweeps
废屑垃圾 detritus rubbish
废屑料 leftover
废屑排除器 shavings exhauster
废新闻纸 crushed news; news bogus paper
废信息 garbage
废墟 debris; desolation; mo(u)ldering ruins; remainder; remains; ruin; ruinous heap; waste land
废墟山 ruins hill
废墟园 ruin garden
废墟中的乱石 rubble from ruins
废血 blood waste
废压力 deadhead pressure
废亚硫酸盐液 spent sulfate liquor; sulphite spent liquor; sulphite waste liquor
废亚硫酸盐液副产物 sulphite waste-liquor byproduct
废岩堆 overburden
废盐 rubbish salt
废盐水 depleted brine; effluent brine; spent brine
废羊毛 waste wool; wool waste
废阳极 anode scrap
废氧化铁 spent ferric oxide
废氧化物 spent oxide
废窑调查 investigation of abandoned mine
废叶渣 waste leaf pulp
废液 devil's water; discharge liquid; exhausted bath; exhausted liquid [liquor]; exhausted water; liquid effluent; liquid waste; spent liquor; used liquefaction; used liquid; waste fluid; waste liquefaction; waste liquid[liquor]; devil liquor < 氨液生产硫酸铵时的 >
废液处理 effluents disposal; liquid waste disposal; waste disposal; waste treatment
废液处理系统 liquid waste processing system
废液发酵 fermentation of waste liquor
废液分离 segregation of waste
废液焚烧 liquid waste incineration
废液焚烧炉 liquid waste incinerator
废液固化 waste liquid solidification
废液固化技术 waste liquid solidify technology
废液罐 waste liquid tank
废液回收 waste liquor recovery
废液排出 effluent disposal
废液排除 bleeding of waste liquid
废液燃烧装置 waste fluid burning plant
废液中和槽 wastewater neutralization tank
废液贮罐 waste liquor storage tank
废油 oil refuse; refuse oil; scavenge oil; slop(oil); slush; spent oil; used oil; waste oil
废油捕集器 salvage sump
废油处理油柜 slop disposal tank
废油处置 scavenge oil disposal; used oil disposal; waste oil disposal
废油处置设施 waste oil disposal facility
废油的回流系统 return oil system
废油的再生 oil reclaiming
废油罐 sump tank
废油回收装置 drain oil recovery equipment
废油凝块 waste oil clot
废油燃烧炉 oil refuse incinerator
废油润滑 waste lubrication
废油收集 catch of used oil; collection of waste oil
废油收集船 waste oil collecting vessel
废油收集箱 waste oil collecting[collection] tank
废油桶塞 waste oil screw
废油污染 waste oil pollution
废油箱 dirty oil tank
废油再生 oil reclamation; oil salvage
废油再生器 recuperator; used oil reclaimer; used oil regenerator
废油再生装置 oil reclaimer; oil reconditioner; recuperator
废油脂 waste grease
废铀 waste uranium
废元棉 immature cotton waste
废原油 waste crude oil
废约行为 act of denunciation; rescissory action
废运河 dead canal
废再生气 spent reactivation gas
废皂碱水 ley
废渣 dross; fag-end; muck; offscum; off sum; slag muck; spent residue; spoil waste; waste residue; waste slag; waste solids
废渣仓 refuse bin
废渣场 culm bank; spoil area
废渣池 detritus tank
废渣处理 disposal of spoil; garbage disposal; slag disposal; spoil disposal; waste residue treatment
废渣处理卫生要求 sanitary requirement of waste residue disposal
废渣处置 waste disposal
废渣堆 debris dump; mine dump tip; muck pile
废渣分析 waste residue analysis
废渣焚烧炉 refuse destructor furnace
废渣管理 waste sludge management
废渣混凝土桩 waste concrete pile
废渣坑 shale pit
废渣排出器 refuse ejector
废渣清除 spoil removing
废渣输送器 spoil conveyer[conveyor]
废渣填埋 landfill
废渣压块法 baling

废渣装运机 muck shifter
废枕木 cull-tie
废蒸汽 bled steam;waste steam
废蒸汽供暖设备 waste steam heating facility
废蒸汽管 waste steam pipe;exhaust steam pipe
废蒸汽管道 waste steam(pipe)line
废蒸汽总量 amount of waste material
废脂酸 degras acid
废脂硬脂酸 degras stearin
废止 abate;abolishment;adeem;annul;annulment;avoid;become annulled;countermand;defeasance;quash;repeal
废止的 defunct
废止法规 avoid rules
废止合同 avoid contract;denunciation
废止论者 abolitionist
废止条款 avoid clauses
废止条例 avoid regulations
废止协议 avoid agreement
废纸 broke;old paper;paper refuse;paper scrap;ray paper;scrap of paper;waste paper;waste stuff
废纸除尘器 waste paper duster
废纸处理 broke disposal
废纸处置 broke disposal
废纸打浆机 broke beater
废纸焚烧炉 paper destructor
废纸回收 salvage of waste paper
废纸回收装置 waste paper recovery plant
废纸浆池 broke storage chest
废纸浆污泥 waste pulp sludge
废纸利用 paper salvage
废纸篓 waste(paper)basket
废纸脱墨剂 waste paper deinking agent
废纸箱 < 立在路旁 > orderly bin
废纸造纸废水 waste paper-making wastewater
废纸纸浆 old paper stock
废纸制成的纸板 chipboard
废种子 scrap seed
废轴 deformed axle
废猪舍 an abandoned pig house
废铸件 faulty casting;waste casting
废铸铁 cast-iron scrap
废铸物 runner head
废阻力 deadhead resistance;parasite resistance;parasitic(al)drag;parasitic(al)resistance

沸程 boiling range;range of boiling

沸点 boiling point;boiling range;bubbling point;steam(ing)point;vapo(u)rizing point
沸点比重值 boiling point gravity constant;boiling point gravity number
沸点测定(法)ebulliometry;ebullioscopy;hypsometry
沸点测定计 ebulliometer;ebullioscope;hypsometer
沸点测定器 boiling point apparatus;hypsometer
沸点测高表 hypsometer;hypsothermometer
沸点测高法 hypsometry;hypsothermometry
沸点测高计 hypsometer;hypsothermometer
沸点测高器 boiling point thermometer;hypsometer;hypsothermometer
沸点范围 boiling range;boiling spread <石油馏分的>
沸点分析器 boiling point analyser
沸点技术 soiling-point technique
沸点降低 boiling point depression;boiling point lowering
沸点酒精计 ebulliometer;ebullioscope
沸点黏[粘]度常数 boiling point viscosity constant
沸点气化热 special heat vapo(u)r
沸点气压表 hypsometer
沸点气压高程测量 hypsometric(al)level(l)ing;thermometric level(l)ing
沸点气压计 hypsometer
沸点曲线 boiling point curve
沸点热力 boiling heat
沸点上升法 ebullioscopy
沸点升高 boiling point elevation;boiling point rising;elevation of boiling point
沸点升高测定法 ebullioscopy
沸点升高常数 boiling constant
沸点升高公式 ebullioscopic equation
沸点升高计 ebulliometer;ebullioscope
沸点升高检查 ebullioscopy
沸点升高溶剂 ebullioscopic solvent
沸点试验 boiling point test
沸点图 boiling point diagram
沸点温度 boiling(point)temperature
沸点温度计 boiling point thermometer
沸点压力 boiling point pressure
沸点蒸发 boiling point evapo(u)ration
沸点指数 boiling point index
沸动层 turbulent layer
沸过的蒸溜水 boiled-out water
沸湖 boiling lake
沸黄霞辉岩【地】tasmanite
沸煌岩 monchiquite
沸溅 priming
沸绿岩 teschenite
沸泥 boiling mud
沸泥湖 boiling mud lake
沸泥塘 boiling mud pool
沸泥锥 mud cone
沸泉 boiling spring
沸石 boiling chip;boiling stone;zeolite
沸石处理法 < 使水软化的 > zeolite process
沸石催化 zeolite catalysis
沸石催化剂 zeolite catalyst
沸石分子筛 zeolite molecular sieve
沸石分子筛膜分离技术 zeolite molecular sieve membrane separating technology
沸石附加物活性污泥 activated sludge with zeolite addition
沸石过滤 zeolite filtration
沸石含量 zeolite content
沸石化作用【地】zeolitization;zeolite process
沸石胶结物 zeolite cement
沸石金属催化剂 zeolite-metal catalyst
沸石类 zeolites
沸石滤池 permutite filter
沸石滤柱 zeolite filtration column
沸石凝灰岩 zeolite tuff
沸石曝气生物滤池 zeolite biological aerated filter
沸石软化 zeolite softening
沸石软化法 zeolite water softening
沸石软化器 permutite softener;zeolite softener
沸石软水池 zeolite water softening tank
沸石软水法 zeolite process;zeolite-(water)softening
沸石软水剂 zeolite softener;zeolite water softener
沸石软水交换器 zeolite exchanger
沸石软水滤池 zeolite filter
沸石软水器 zeolite softener
沸石生物反应器 biozeolite reactor
沸石生物滤池 biozeolite filter
沸石水 zeolite water;zeolitic water
沸石水泥 zeolite cement
沸石吸附泵 zeolite sorption pump
沸石洗涤剂 detergent zeolite
沸石相 zeolite facies
沸石酯 zeolite ester
沸石质黏[粘]土 zeolitic clay
沸石质岩 zeolitic rock
沸石-蛭石曝气生物滤池 zeolite-vermiculite biological aerated filter
沸石状的 zeolitiform
沸水 aqua bulliens;boiling water
沸水安装性试验 hot test for soundness
沸水堆 boiling water reactor
沸水反应 boiling water reaction
沸水反应堆 boiling water reactor
沸水反应器 boiling water reactor
沸水封闭法 boiling water sealing
沸水河 boiling river
沸水瀑布 boiling waterfall
沸水试验 boiling water test
沸水塘 boiling pool
沸水箱 boiled water tank;boiling water tank
沸水循环反应堆 boiling water cycling reactor
沸水制备 boiling water preparation
沸腾 boil(ing);boiling ebullition;boil(ing)-off;boil(ing)up;bubble;ebullience;ebullition;effervescence;froth;seethe
沸腾安全阀 priming valve
沸腾包裹体 boiling inclusion
沸腾焙烧 fluosolid roasting
沸腾焙烧法 fluidization roasting (process);fluosolid process
沸腾焙烧炉 fluidizing reactor
沸腾表面 boiling surface
沸腾层 boiling bed;fluidized bed;fluosolid
沸腾层焙烧 fluidized bed roasting
沸腾层冷却机 fluidized bed cooler
沸腾层水泥煅烧窑 fluidized bed cement kiln
沸腾层窑 fluidized solid kiln
沸腾层中的干燥空气 fluidizing air
沸腾传热系数 boiling heat transfer coefficient
沸腾床 boiling bed;ebullated bed;fluidized bed
沸腾床焙烧炉 fluidized fluosolid roaster
沸腾床的床身 popper
沸腾床干燥器 boiling bed drier;ebullated bed dryer[drier];fluidized bed drier[dryer]
沸腾床浸涂 fluidized bed dip coating
沸腾床浸涂法 fluidized bed dipping
沸腾的 aboil;boiling;fluidized;unkilled
沸腾的水 boiled water
沸腾点 bubble point;fluidization point;point of ebullition
沸腾煅烧炉 fluidized bed kiln
沸腾而溢出 boil over
沸腾法 fluid solid process
沸腾翻出 run over
沸腾范围 boiling range;distillation range;range of boiling
沸腾方式 boiling regime(n);bubbling regime(n)
沸腾放热系数 boiling coefficient
沸腾干燥法 fluid bed drying
沸腾钢 boiling steel;capped steel;effervescence steel;effervescent steel;effervescing steel;open steel;rimmed steel;rimming steel;rising steel;unskilled steel;wild steel
沸腾钢板 rimmed steel sheet
沸腾钢锭 rimmed ingot;rimming ingot
沸腾钢钢锭 rimming ingot
沸腾化 fluidization;fluidize
沸腾冷却 hot cooling
沸腾冷却器 fluidization cooler;fluidizing cooler
沸腾炉 fluidized bed boiler;furnace in fluid bed
沸腾期 < 转炉 > boiling period
沸腾器 boiler;ebullator;generator
沸腾强度 rate of boiling
沸腾燃烧 boil combustion;fluidized bed combustion;fluidized bed firing
沸腾容器 boiling vessel
沸腾容器装载 boiling action loading
沸腾撒砂 stucco fluidized bed
沸腾散 Seidlitz powder
沸腾烧 fluidized combustion
沸腾深度 boiling depth
沸腾声 boil;gurgitation
沸腾式干燥器 fluid bed drier[dryer]
沸腾式烘干机 effervescing dryer[drier]
沸腾式节煤器 steaming economizer
沸腾式联箱 steaming header
沸腾式流化床燃烧 bubbling fluidized bed combustion
沸腾式省煤器 steaming economizer
沸腾室 boiling chamber;boiling house;ebullience chamber
沸腾水淬硬化 hardening in boiling water
沸腾水柱 boiling water column
沸腾条件 boiling condition
沸腾温度 boiling temperature
沸腾细气泡 boil
沸腾循环反应堆 boiling cycle reactor
沸腾外溢 boil out
沸腾液体膨胀蒸气爆炸 boiling liquid expanding vapor explosion
沸腾蒸发 explosive evapo(u)ration
沸腾作用 fluidization
沸铜碱 chalconatronite
沸溢 boil(ing)over
沸涌 burble;overswelling
沸煮锅 boiling kier
沸煮炉 boiling kiln
沸煮箱 boiling box

狒狒【动】baboon

肺尘病 pneumoconiosis;pneumokoniosis;pneumonoultramicroscopic siliccovolcanoconiosis

肺结核 tuberculosis
肺泡的 alveolar
肺气压伤【救】pulmonary barotraumas
肺炎 pneumonia

费布伦钻眼法 Fablan system

费车道信号灯 toll lane signal lamp
费城证券交易所 Philadelphia Stock Exchange
费丹 < 埃及面积单位,1 费丹 = 4200 平方米 > feddan
费多罗夫台 Fedorov universal microscope
费多罗夫旋转台 Fedorov stage
费尔柴耳德型摄影飞行分析器 Fair-

child photographic(al) flight analyser[analyzer]
费尔德曼-塞雷达模型 Feldman-Sereda model
费尔分度镜 Fair's graticules
费尔盖特增益 Fellgett advantage
费尔合金 Feal
费尔金 <英制容量单位,1 费尔金 = 9 加仑> firkin
费尔莱特黏[粘]土 Fairlight clay
费尔马定理 Fermat's theorem
费尔奈特耐热耐蚀合金 Fernite
费尔尼页岩 Fernie shale
费尔特洛尔白土接触精制蒸馏过程 Filtrol fractionation process
费戈格林直流槽型浮选机 Fagergreen cell
费格斯塔超前打眼法 Fagersta cut
费工 take a lot of work
费化钡激光器 barium fluoride laser
费克拉洛伊合金 Fecraloy alloy
费克纳定律 Fechner law
费克纳分数 Fechner fraction
费克纳色 Fechner colo(u)r
费拉德尔菲亚水准标尺 Philadelphia rod
费拉德尔菲亚水准尺 Philadelphia level(l)ing rod
费拉里电动机 Ferrari's motor
费拉里感应测试仪 Ferrari's instrument
费拉里计 Ferrari's ga(u)ge
费莱顿砖 fletton
费兰蒂电度表 Ferranti meter
费兰蒂-霍金斯保护装置 Ferranti-Hawkins protective system
费兰蒂轻便式黏[粘]度计 Ferranti portable visco(si)meter
费兰蒂效应 Ferranti effect
费兰蒂整流器 Ferranti rectifier
费雷里合金 Frary's metal
费雷特直径 Feret's diameter
费雷自动切砖机 Frey automatic cutter
费里埃尔-麦克阿达姆-切林色差方程 Friele-MacAdam-Chickering colo(u)r difference equation
费里电池 Fery cell
费里辐射高温计 Fery radiation pyrometer
费里高温计 Fery pyrometer
费里光谱仪 Fery spectrograph
费里扩散器 Fery diffuser
费里棱镜 Fery prism
费力 take the trouble
费力的 arduous;labo(u)rsome;uphill
费力前进 wade
费力支持 bolster
费力最小原则 principle of least effort
费利克斯托港 <美> Port Flixstowe
费利扩散段 Ferry diffuser
费利西静电高压发生器 Felici generator
费林溶液 Fehling's solution
费林图解 Fehling's diagram
费鲁尔合金 Ferrule alloy
费鲁尔铅黄铜 Ferrule brass
费鲁兹-阿西德宫 <位于伊朗波斯利斯,公元 250 年修建的> Palace at Ferusz-Abad
费率 fee rate;tariff;rate
费率表 conditions sheet; rate scale; rate table; scale of rates; schedule of charges; schedule of terms and conditions; table of rates; tariff schedule;terms and condition
费率差异 rate variance
费率待定 rate to be arranged
费率弹性 toll rate elasticity
费率基础 rate base
费率降低 cut-in rate; reduction in rates
费率/节约时间比率 toll rate/gain in time ratio
费率结构单位 rate construction unit
费率结算机 accounting machine
费率设计 tariff design
费率升高 increase in rates
费率协定 rate arrangement
费伦纽斯解(法) <确定黏[粘]性土地基承载力的> Fellenius solution
费伦纽斯条分(法) Fellenius method of slices
费洛插齿刀 Fellow's cutter
费洛法 Farro's process
费洛里特混凝土 Ferrolithic concrete
费洛刨齿机 Fellow's gear shaper
费马猜想 Fermat's conjecture
费马定理 Fermat's theorem
费马数 Fermat numbers
费马推测 Fermat's conjecture
费马问题 Fermat's problem
费马原理 Fermat's principle; least-time principle
费马最后定理 Fermat's last theorem
费米 <长度单位,1 费米 = 10^{-13}厘米> Fermi
费米常数 Fermi's constant
费米-迪拉克分布函数 Fermi-Dirac distribution function
费米-迪拉克分布律 Fermi-Dirac distribution law
费米-迪拉克核 Fermi-Dirac nucleus
费米-迪拉克气体 Fermi-Dirac gas
费米-迪拉克统计法 Fermi-Dirac statistics
费米动量 Fermi's momentum
费米反应堆 Fermi's reactor
费米分布 Fermi's distribution
费米分布函数 Fermi's distribution function
费米共振 Fermi's resonance
费米黄金法则 Fermi's golden rules
费米接触场 Fermi's contact field
费米接触相互作用 Fermi's contact interaction
费米空穴 Fermi's hole
费米面 Fermi's surface
费米能 Fermi's energy
费米能级 Fermi level;Fermi's level
费米能级图 Fermi's level diagram
费米能量 Fermi's energy
费米年龄 Fermi's age; neutron age; symbolic age of neutron
费米年龄模型 Fermi's age model
费米气体 Fermi's gas
费米球 Fermi's sphere
费米势 Fermi's potential
费米数量级 Fermi's level
费米衰变 Fermi's decay
费米特征能级 Fermi's characteristic energy level
费米温度 Fermi's temperature
费米相互作用 Fermi's interaction
费米选择定则 Fermi's selection rules
费米-杨(振宁)模型 Fermi-Yang model
费米液体 Fermi's liquid
费米阈 Fermi's threshold
费米跃迁 Fermi's transition
费米增殖反应堆 Fermi's breeder reactor
费尼龙纤维 Fenilon fibre[fiber]
费钱的 expensive
费瑞电池 Ferry cell
费瑞电阻丝合金 Ferry metal
费瑞铜镍合金 Ferry
费瑟分析法 Feather analysis
费森登振荡器 Fessenden oscillator
费舍尔(定镜)水准仪 Fischer level
费生弧光灯 Finsen lamp
费时 take time;take uptime;time-consuming
费时的 time-consuming
费时的软件程序 time-consuming software routine
费时费力 waste time and energy
费氏旋转台 universal stage
费水砷钙石 ferrarisite
费水锗铅矾 fleischerite
费斯勒化合物 Fessler compound
费斯那火花发生器 Feussner spark generator
费斯那棱镜 Feussner prism
费斯特转子称重喂料机 Pfisher rotor weigh feeder
费特尔电弧换流机 Federal arc converter
费托法 Fisher-Tropsch process
费托法反应 Fisher-Tropsch reaction
费托法合成的烃类 Fisher-Tropsch hydrocarbons
费托法烯烃聚合油 olefin(e) polymer oil from Fisher-Tropsch gasoline
费托反应 Fisher-Tropsch reaction
费托合成法 Fisher-Tropsch method; Fisher-Tropsch synthesis
费托合成过程中得到的蜡 Fisher-Tropsch wax
费托水煤气合成钴催化剂 cobalt Fisher-Tropsch catalyst
费托液体烃 liquid Fisher-Tropsch hydrocarbons
费希尔科窗 <一种专利隔声商品> Fisk window
费歇尔 F 分布 Fisher's F distribution
费歇尔苯腙反应 Fisher's phenylhydrazone reaction
费歇尔变换 Fisher's transformation
费歇尔测水试剂 Fisher's reagent for water
费歇尔成脎反应 Fisher's osazone reaction;osazone reaction
费歇尔滴定法 Karl Fisher's titration
费歇尔方程式 Fisher Equation
费歇尔分布 Fisher's distribution
费歇尔-海勃重排 Fisher-Hepp rearrangement
费歇尔合成 Fisher's synthesis
费歇尔检验法 Fisher's test
费歇尔交叉加权指数 cross-weighted Fisher indexes
费歇尔交换方程式 Fisher's equation
费歇尔精确概率分布检验 Fisher exact probability test
费歇尔粒度 Fisher particle size
费歇尔-麦克米查尔黏[粘]度计 Fisher-MacMichal visco(si)meter
费歇尔模型 Fisher model
费歇尔-欧文检验 Fisher-Irwin test
费歇尔恰当概率试验 Fisher exact probability test
费歇尔氏交换方程式 Fisher equation of exchange; Fisher quantity equation of exchange; Fisher transaction equation
费歇尔试剂 Fisher's reagent
费歇尔水准仪 Fisher level
费歇尔-斯皮尔酯化作用 Fisher-Speier esterification
费歇尔酸 Fisher's acid
费歇尔碳氢氮分析仪 Fisher carbon-hydrogen-nitrogen analyser[analyzer]
费歇尔-特罗普歇法 Fisher's Tropsch process
费歇尔投影式 Fisher's projection formula
费歇尔椭球体 Fisher's ellipsoid; Fisher's spheroid
费歇尔微粒测定仪 Fisher sub-sieve sizer
费歇尔微粒测量仪 Fisher sub-sieve sizer
费歇尔微筛分粒器 Fisher sub-sieve sizer
费歇尔物量指数 Fisher quantity index
费歇尔相关系数变换 Fisher's correlation-coefficient transformation
费歇尔-欣纳法 Fisher-Hinnen method
费歇尔-耶茨检验 Fisher-Yates test
费歇尔吲哚合成(法) Fisher's indole synthesis
费歇尔直径 Fisher diameter
费歇尔指数 Fisher's index
费歇尔酯化作用 Fisher's esterification;Fisher-Speier esterification
费歇尔准则下的判别分析 discriminatory analysis on Fisher criterion
费因曼超流性理论 Feynman's superfluidity theory
费因曼传播子 Feynman propagator
费因曼-盖尔曼假设 Feynman-Gell Mann hypothesis
费因曼-盖尔曼普适公式 Feynman-Gell Mann universal formula
费因曼积分 Feynman integral
费因曼图 Feynman diagram
费用 charge;consumption;fee;outlay
费用按年折算 annualization of expenses;annualized expenses
费用按期分摊 periodic(al) allocation of cost
费用按期分摊原则 principle of periodic(al) allocation of cost
费用保险 <附属于船壳保险> disbursement insurance
费用比较 cost comparison
费用比率 expense ratio
费用标准 expense standard
费用表 expense statement; scale of fees;table of charges
费用补偿合同 cost reimbursement contract
费用查定证 allocator
费用差异 expense variance
费用常数 expense constant
费用超支 overrun on cost
费用成本 cost of expenses;expense cost
费用存款 expense fund deposit
费用单位 cost unit
费用担保 cautio pro expensis
费用当量 parity of charges
费用到付 charge collect
费用的查核 expense audit
费用的分配 allocation of charges;distribution of expenses
费用的分摊 allocation of expenditures;allocation of expenses
费用的划分 appropriation of charges
费用的减少 decrease in cost
费用的缴纳 payment of fees
费用的年度化 ammualization of expenses
费用的确定 recognition of expenses
费用的增加 increase in cost
费用的资本化值 capitalized expenses
费用低廉的方法 cost-effective method
费用抵销账户 expense contra account
费用递减法则 law of decreasing cost
费用递增系数 expense increase coefficient
费用定额 expense standard;fee quota
费用对销售额的比率 ratio of expense to sales
费用额度 expense stop
费用发票 expense invoices
费用发生拨款制 pay-as-you-go
费用分布 distribution of cost
费用分担 contributory;cost sharing

费用分类 classification of cost; expense classification
费用分类表 expense ledger
费用分类账 expense ledger
费用分配 allocation of expenditures; cost distribution; cost sharing; expense allocation
费用分配表 expense distribution sheet
费用分摊 allocation of cost; cost allocation; cost sharing; division of charges; division of expenditures; expense allocation
费用分摊办法 cost-sharing formula
费用分摊法 cost allocation
费用分摊账户 absorption account
费用分析 analysis of cost; analysis of expenses; cost analysis
费用分析模式 cost analysis model
费用分析账 expense analysis book
费用付现 expense liquidated
费用负担 expense burden
费用负荷 expense burden; expense loading
费用附加 expense loading
费用附加账户 expense adjunct account
费用概算 cost estimate
费用高 high cost
费用构成 expenditure pattern
费用估计关系 cost estimating relation
费用估计简表 summary of estimated expenditures
费用估计数 estimated expenses
费用估算 cost estimate; estimate of cost
费用管理 expense control; expense management
费用函数 cost function
费用函数系列设计法 serial design method for cost function
费用合算 cost justifying
费用和效能综合准则 cost and effectiveness trade-off criterion
费用后付 charges forward
费用划拨 cost transfer
费用基数 rate base
费用计算 calculation of charges; cost account; cost finding; costing
费用计算程序 accounting routine
费用记录 records of cost
费用加浮动酬金合同 cost-plus fluctuating fee contract
费用加固定手续费合同 cost-plus-fixed-fee contract
费用加利合同 cost-plus contract
费用加利润 cost-plus price
费用加利润价格 cost-plus profit price
费用加权的 cost-weighted
费用价格因素 cost-price factor
费用价值 cost value
费用结算 disbursement and settlement
费用经济效果评价 cost-benefit evaluation
费用净增加数总额 total net additional cost
费用开支 expenditure
费用开支标准 expense ceiling
费用开支定额 expense quota
费用控制 cost control; expense control; control of expenses
费用控制工程师 cost control engineer
费用控制管理 control management of expenses
费用控制人员 cost controller
费用扩大线 cost expansion path
费用类别 expense category
费用灵敏度 cost sensitivity
费用流程 cost stream; flow of cost
费用流量 expense flow
费用率 scale of charges
费用敏感分析 cost sensitive analysis
费用模式 cost mode
费用模型 cost model
费用年度化 annualization of expenses
费用偏好 expense preference
费用坡度 cost slope
费用剖析 cost breakdown
费用期限监视 supervising the duration of fees
费用清单 expense invoices; list of expenses; statement of expenses
费用曲线 cost curve; outlay curve
费用全付 full pay out
费用日记账 expense journal
费用上涨 cost escalation
费用审查 expense audit
费用审计 audit of expenses; expense audit
费用时间曲线 cost-time curve
费用收益比 cost-benefit ratio
费用收益分析 cost-benefit analysis
费用收益配比原则 principle of matching cost with revenues
费用收益评价 cost-benefit evaluation
费用数据 cost data
费用数据报告 cost information reporting
费用说 cost theory
费用索赔 fee claim; financial claim
费用条款 charge clause; disbursement clause
费用调整 adjustment to expenses
费用调整账户 expense adjust account
费用通知单 cost memo
费用系数 cost coefficient
费用细目 cost breakdown
费用先付 charge prepaid; charges forward
费用限额 expense quota
费用向量 cost vector
费用向收货人索取 charge collect
费用项目 cost item; expense item
费用效果 cost-effectiveness
费用效果比 cost-effectiveness ratio
费用/效果边际分析 marginal cost/effectiveness analysis
费用/效果法 cost-effectiveness
费用效果分析 cost-effectiveness analysis
费用效率分析 cost-effectiveness analysis
费用效率分析法 cost-efficiency analysis method
费用效能比 cost-effectiveness ratio
费用效能分析 cost-effectiveness analysis; cost versus effectiveness analysis
费用效益 cost-effectiveness
费用效益比 cost-benefit ratio
费用效益分析 cost-benefit analysis
费用效益分析法 cost-benefit analysis method
费用效益评价 cost-benefit evaluation
费用效益指标 cost-benefit index
费用斜率 cost slope
费用性能 cost performance
费用已付 charge paid
费用意识 cost-mindedness
费用因素 cost element; cost factor
费用因子 cost factor
费用有效度 cost-effectiveness
费用有效方法 cost-effective process
费用余款分摊 allocation of residual expenses
费用与价格差额 cost-price differential
费用与收入对应原则 cost matching income principle
费用与效益的研究 cost-benefit study
费用与支付期 cost and delivery period
费用预付(讫) charge prepaid
费用预付项 prepaid items of expenses
费用预算 budget of expenditures; expense budget
费用再分配 reapportionment of cost
费用增加 increased cost
费用增加率 cost slope
费用账(户) account of disbursements; expense account
费用折扣 term discount
费用支出 charge against revenue
费用(支出)登记簿 register of expenses
费用支出监督 expense surveillance
费用支出当量 equivalence of charges
费用支出项目 cost outlay item
费用支出效果核算 calculation of the effect of expense incurred
费用支用拨款制 pay-as-you-use
费用指数 cost index
费用中心 expenditure center[centre]; expense center[centre]
费用种类 cost category
费用资产 expense assets
费用总数 all-in charges
费用组成 component of cost
费用最小的发展方案 least cost expansion
费油 excessive fuel consumption

分

分 deci; penny < 钉子的长度单位 >; cent < 货币单位 >; division < 角度单位 >; minute of angle < 角度单位 >

分安培秤 deci-ampere balance
分巴 < 压力单位,1 分巴 = 0.01 兆帕 > decibar
分班 every other run
分板磁铁 analyzing magnet
分板机 board separator
分板楔 board splitter; riving knife
分版清绘 separated drafting
分办事处 subagency; suboffice
分半定子 tow-part stator
分半法兰 split flange
分半(方)法 bisection method; half method
分半技术 bisection technique
分半式拐臂 split lever
分拌式计量器 batcher scale
分拌式进料量斗 batcher scale
分拌式水泥混凝土搅拌厂 concrete batching plant
分拌式水泥混凝土搅拌站 concrete batching plant
分瓣电刷 split brush
分瓣定子 split stator
分瓣动片 split rotor plate
分瓣感应环 split cup
分瓣夹套 split collet
分瓣金属芯 collapsible metal core
分瓣模型 piece mo(u)ld
分瓣式汇流环 split collector ring
分瓣投影 interrupted projection
分瓣阳极 split anode
分瓣阳极磁控管 Hobann magnetron; split-anode magnetron
分瓣阳极振荡管 divided-plate oscillator
分瓣阴极 slit cathode
分瓣振荡器 divided-plate oscillator
分瓣转轮 split runner
分瓣转片 split rotor plate
分包 job out; sublet(ting); subpackage; subcontracting
分包办法 subcontracting arrangement
分包报价分析 subbids analyzing
分包成本 subcontracting cost
分包出 sub out
分包出去 job out
分包单位 separate contractor
分包担保 subcontract bond
分包付款的核算 subcontracting records
分包给其他分包商 contracting out
分包工 jobber; subcontractor; sublet
分包工厂 subcontract factory
分包工程 separate-contract project
分包工程投标 subcontract bids
分包合同 separate contract; subcontract
分包合同工程 subcontracted work
分包合同条款 clastic in subcontract
分包合同制 < 其中的一种 > butty system
分包价格 subcontract price
分包契约 subcontract
分包人 separate contractor; subcontractor
分包人契约 subcontractor bonds
分包人预付款 advance to subcontractor
分包人预支款 advance to subcontractor
分包任务 farm out
分包商 subcontractor
分包商的分包商 < 俗称三包(商) > sub-subcontractor
分包商的投标书 sub-bid
分包商的误期 delays by subcontractors
分包商预付款 advance to subcontractor
分包商预支款 advance to subcontractor
分包生产 subcontracting manufacture
分包市场 jobber market
分包投标人 subbidder
分包投标者 subbidder
分包项目 separate-contract project
分包者 subcontractor
分包者建筑完工价值 value of construction work done as a subcontractor
分包者预付款 advance to subcontractor
分包者预支款 advance to subcontractor
分包制 partial contract; subcontracting shift
分包制度 subcontracting system
分包装 two-pack; two-part
分包咨询者 subconsultant
分保 reinsurance
分保安排 reinsurance arrangement
分保单 certificate of reinsurance; insurance certificate; reinsurance certificate; reinsurance policy
分保分出公司 ceding company
分保分出人 cedant
分保合同 reinsurance treaty
分保建议 reinsurance offer
分保接受人 reinsurer
分保经纪人 placing broker
分保明细表 bordereau
分保手续费 reinsurance commission
分保条 reinsurance slip
分保条款 reinsurance clause
分保险合同 agreement on reinsurance
分保责任准备金 reinsurance reserves
分贝 < 音强单位,电平单位 > decibel
分贝标度 decibel scale
分贝表 decibel meter
分贝测定 decibel measurement
分贝电位计 decibel potentiometer

F

分贝对数频率 decibel-log-frequency
分贝对数频率特性 decibel-log frequency characteristic
分贝符 decibel notation
分贝计表 decibel meter
分贝计算图表 decibel calculator
分贝记录器 decibel recorder
分贝刻度 decibel scale
分贝衰减 decibel-loss[dB-loss]
分贝增益 decibel gain
分倍频程 fractional-octave
分倍数 submultiple
分泵 brake chamber
分比 proportion by subtraction
分比定理【数】dividendo
分比力学 analytic(al)mechanics
分壁 bulkhead
分编(局内电缆)lacing
分变程序 allocator
分辨 definition power; resolving capacity
分辨本领 resolution; resolution capability; resolution power; resolving power
分辨波胞 resolving cell
分辨不清的 undistinguishable
分辨测试图 resolution chart
分辨差 recognition differential
分辨单位 resolution unit
分辨单元 resolution cell; resolution element
分辨度 definition;resolution
分辨法 discerning method
分辨方块 resolution square
分辨估计 resolution estimation
分辨函数 resolution function; resolving function
分辨极限 limit of resolution; resolution limit;resolving limit
分辨检验 resolution test
分辨角 resolution angle
分辨金属芯 collapsible metal core
分辨宽度 resolution width
分辨力 definition; resolving power; resolution
分辨力倍增器 resolving power multiplier
分辨力读数 resolution reading
分辨力锐度 sharpness of definition
分辨力图表 resolution chart
分辨力限度 limiting of resolution
分辨力响应 resolution response
分辨力楔形图 resolution wedge
分辨灵敏度 resolution sensitivity
分辨滤波 resolution filtering
分辨率 definition; discrimination; distinguishability; resolution; resolution factor; resolution ratio; resolving power
分辨率板 resolving power test target
分辨率不足 lack of resolution
分辨率测试 resolution test
分辨率测试板评定 resolution target evaluation
分辨率测试法 resolution testing method
分辨率测试卡 resolution chart; resolving power chart
分辨率测试图 resolving power test target; resolution raster pattern
分辨率恢复 resolution-retrieving
分辨率检验图 resolving power target
分辨率匹配 acuity matching
分辨率谱图 resolving power spectrogram
分辨率曲线 resolving power curve
分辨率图 resolution chart
分辨率椭圆 resolution ellipse
分辨率稳定度测试法 resolution stability testing method
分辨率限度 resolution limiting
分辨能力 discernibility; dissolving power; resolution ability; resolution capacity; resolving ability; resolving power; resolution power
分辨能力极限 resolving power limit
分辨时间 resolving time
分辨时间校正 resolution-time correction
分辨损失 resolution loss
分辨特性 resolution characteristic
分辨涂敷黏[粘]结剂 separated application adhesive
分辨误差 resolution error
分辨系数 resolution factor; resolution ratio
分辨限度 limit of resolution; resolution limit; resolving limit
分辨性能 resolution performance
分辨阳极磁控管 Habann magnetron
分辨因子 resolution factor
分辨阈 resolution threshold
分辨指数 resolving index
分辩力 resolving power
分标 minute mark
分标记费 charges for sorting out cargo mark
分表 sublist; submeter(ing) <指仪表>
分别包装交货 individual package delivery
分别比率估计值 separate ratio estimate
分别表决 separate vote
分别测定系数 coefficient of separate determination
分别称量 separate weighing
分别充电发电机 milker; milking generator
分别重调 divided reservoir
分别重定 divided reservoir
分别抽出 selective extraction
分别订价 split pricing
分别对待 discriminant
分别分析 individual analysis
分别粉磨 separate grinding
分别敷用 separate application
分别负责 severally liability
分别给料 split-pumping
分别回归估计值 separate regression estimate
分别汇编 separate assembly
分别计算纳税 be computed and taxed separately; separately compute and pay tax on each category
分别加料 separate charging
分别减除费用 separately deduct expenses
分别开账 itemize bill
分别控制 separate control
分别情况 according to the merits of each case
分别取样 separating sample
分别润滑(法) separate lubrication
分别收集 separate collection
分别剔除法 independent cutting method
分别调整 individual adjustment; separate adjustment
分别析晶 fractional crystallization
分别氧化 selective oxidation
分别债务 several liability
分冰界 ice culmination zone; ice shed
分冰岭 ice culmination zone; ice divide
分拨 allotment; apportionment
分拨款 suballotment
分波 component wave; partial wave
分波道组件 channel branching assembly
分波段 subband
分波多路 wave division multiplexing
分波法 partial-wave method
分波高 height of component wave
分波器 wave separator
分波前干涉 wavefront-splitting interference
分波通滤波器 band splitting filter
分波义耳 < 压强单位 > deciboyle
分波振幅 height of component wave
分布 distribute; distributing; distribution; partition; spread; diffusion
分布板 baffle plate; distributing plate; distribution grid; grid distributor; grid plate
分布半径 radius of extent
分布表 distribution list
分布并联电导 distributed shunt conductance
分布波函数 distributed wave function
分布薄膜波导 distributed thin-film waveguide
分布不均 maldistribution; non-uniform distribution; poor distribution; skewness; uneven distribution
分布不均的抓痕 unequal lines; uneven lines
分布不良现象 maldistribution
分布不匀 distribution of skewness
分布不匀的 < 矿藏等 > pockety
分布不匀数据 biased data
分布布喇格反射器 distributed Bragg reflector
分布财务报表 distributing financing report forms
分布参量放大器 distributed parametric amplifier; distributed paramp
分布参数 distributed parameter; distribution parameter; parameter distribution; parameter of distribution
分布参数测量设备 distributed parameter measuring equipment
分布参数电路 distributed parameter circuit
分布参数集成电路 distributed parameter integrated circuit
分布参数模型 distributed parameter model
分布参数网络 distributed parameter network
分布参数问题 distributed parameter problem
分布参数系统 distributed parameter system
分布参数系统模型 distributed parameter system model; model of distributed parameter system
分布参数线 line with distributed parameter
分布参数线路 distributed parameter line
分布参数延迟线 distributed parameter delay line
分布参数元(件) distributed parameter element; element with distributed parameters
分布参数振荡器 distributed parameter generator
分布参数组 distributed parameter system
分布测定 measure of spread
分布常数 distributed constant
分布常数电路 circuit with distributed constants
分布常数滤波器 distributed constant filter
分布常数顺磁放大器 distributed paramagnetic amplifier
分布场地 spreading site
分布超滤法 fractional ultrafiltration
分布程序 distribution program(me)
分布抽提 fractional extraction
分布处理 decentralized processing
分布处理存储器 distributed processing memory
分布磁极绕组转子 distributed polar rotor
分布磁铁 distributed magnet
分布带 scatter band; zonation
分布得很好的 well-distributed
分布的 distributive
分布的不变性 permanence of distribution
分布的不对称现象 asymmetry of distribution
分布的分散程度 spread of distribution
分布的混合 mixture of distribution
分布的假设 distributional assumption
分布的矩 moment of a distribution
分布的离散度 dispersion of distribution
分布的离中趋势 dispersion of distribution
分布的频率理论 frequency theory of distribution
分布的剩余 remainder of distribution
分布的体积力 distributed body forces
分布的中心值 central value of distribution
分布的众数 mode of distribution
分布堤 < 河网上的 > sprawling dike [dyke]
分布地点 location of distribution
分布电感 distributed inductance
分布电荷 distributed charge
分布电路 distributed circuit
分布电容 distributed capacitance; distributed capacity; wiring capacitance
分布电容效应 stray-capacity effect
分布电压 spread voltage
分布电阻 distributed resistance
分布电阻抑制器 distributed resistive suppressor
分布定律 partition law; law of distribution; distribution law
分布独立 distribution independence
分布多层系统 distributed multilevel systems
分布反馈 distributed feedback
分布反馈半导体激光器 distributed feedback semiconductor laser
分布反馈激光器 distributed feedback laser
分布范围 areal limit; distribution range; range of distribution
分布范围很广 widely dispersed
分布方差 distribution variance
分布方法 location mode
分布方法的数据项 location mode data item
分布方式 distribution mode
分布(方式的)数据处理 distributed data processing
分布放大器 distribution amplifier
分布分流电导 distributed shunt conductance
分布幅 distribution range
分布负荷 distributed load
分布负载 continuous load; distributed load
分布概率 distribution probability
分布钢筋 distributed(reinforcing) bar; distributed rod; distributed steel; distributing bar; distributing reinforcement; distributing steel; distribution bar; distribution bar reinforcement; distribution rod; distribution steel; spread bar; subsidiary reinforcement; distribution reinforcement

分布格式 distribution mode
分布各向异性 distribution anisotropy
分布共振 space resonance
分布光纤 profile fiber
分布规律 distribution law; distribution pattern; distribution rule; regularity of distribution
分布函数【数】distribution function
分布和 sum of distribution
分布荷载 continuous load; distributed load; distribution load
分布荷载的基础 load-distributing foundation
分布恒量 distribution constant
分布互作用速调管 extended interaction klystron
分布互作用谐振腔 extended interaction resonator
分布货物重量于车上 distribute the load
分布机 distributor; mechanical spreader <摊铺混凝土用>
分布计算机 distributing computer
分布交代【地】selective metasomatism; selective replacement
分布角 angle of distribution
分布节制阀 spreader check
分布筋 temperature bar; temperature steel
分布矩阵 distribution matrix
分布聚热太阳能电站 distributed collector power plants
分布均匀 even distribution
分布控制 distribution control
分布控制系统 distribution control system; decentralized control system
分布库 distribution library
分布宽度 dispersion of distribution; spreading width
分布类型 distribution pattern
分布力 distributed force
分布力矩 moment of distribution
分布梁 spreader beam
分布量 abundance
分布律的解析表达式 analytic(al) expression of the law of distribution
分布率 distributive law; spreading rate
分布论 distribution theory
分布密度 density of distribution; distribution density
分布面积 distribution area
分布模式 distribution pattern; mode of distribution
分布模数 modulus of distribution
分布模型 distributed model; distribution model
分布能量 distribution energy
分布拟合 fitting of distribution
分布拟合检验 goodness of fit test for distribution
分布拟合优度 goodness of fit
分布耦合 space coupling
分布排列 distribution permutation
分布配置 allocation
分布频率 distribution frequency
分布平衡 distribution equilibrium
分布器 distributor; sparger
分布清单 distribution list
分布情况 distributing condition
分布区 distribution region; distributive province
分布区不重叠的 allopatric
分布区带 range zone
分布区地理学 areographic geography
分布区扩大 range expansion
分布区谱 areographic spectrum
分布区域 distributing area; distribution area
分布区中心 areal center[centre]
分布曲线 distribution curve; ogive; partition curve; percentage curve; distribution graph <径流频率的>
分布曲线的展开范围 spread of distribution
分布屈服 distributed yielding
分布扰动土样 distributedly disturbed sample
分布绕组 distributed winding; distribution winding; mush winding; skein winding
分布绕组层 layer of a distributed winding
分布容积 distribution volume
分布失常 maldistribution
分布失配损耗 profile mismatch loss
分布时延模型 distributed delay model
分布式包交换 distributed packet switching
分布式报文交换系统 distributed message switching system
分布式并行逻辑理论 distributed parallel logic theory
分布式操作系统 distributed operating system; distributed processing system
分布式处理 distributed processing
分布式处理机 distributed processor
分布式处理机系统 distributed processor system
分布式处理结构 distributed processing structure
分布式处理控制执行程序 distributed processing control executive
分布式处理网络 distributed processing network
分布式处理系统 distributed processing system
分布式的 distributed
分布式电缆 distribution cable
分布式多处理机 distributed multiprocessor
分布式多道程序操作系统 distributed multiprogrammed operating system
分布式访问系统 distributed access system
分布式放大器 distributed amplifier
分布式功能 distributed function
分布式功能微处理机 distributed function(al) microprocessor
分布式故障 distributed fault
分布式管理设施 distributed management facility
分布式光纤传感器 distributed fiber-optic sensor
分布式互连 distributed interconnection
分布式环境 distributed environment
分布式绘图系统 distributed plotting system
分布式计算 distributed computing
分布式计算操作系统 distributed computing operating system
分布式计算方式 distributed computing mode
分布式计算环境 distributed calculating environment
分布式计算机 distributed computer
分布式计算机体系结构 distributed computer architecture
分布式计算机网络 distributed computer network
分布式计算机系统 distributed computer system
分布式结构 distributed frame
分布式空白区 distributed free space
分布式空调器 distributed air conditioner
分布式控制 distributed control
分布式控制单元 distributed control unit
分布式控制模件 distributed control module
分布式控制模块 distributed control module
分布式控制系统 distributed control system
分布式类执行程序系统 distributed executive-like system
分布式灵活系统 distributed intelligence system
分布式逻辑 distributed logic
分布式排队双总线 distributed queue dual bus
分布式配套元件 distribution kit
分布式人工智能 distributed artificial intelligence
分布式软件【计】distributed software
分布式软件系统 distributed software system
分布式时分多址 distributed time-division multiple-access
分布式数据 distributed data
分布式数据采集器 discrete intelligent data acquisitor
分布式数据处理 distributed data processing
分布式数据处理网络 distributed data processing network
分布式数据库 distributed database
分布式数据库管理系统 distributed database management system
分布式数据库技术 distributed database technique
分布式数据库系统 distributed database system
分布式索引存取法 distributed indexed access method
分布式天线 spaced antenna
分布式通信[讯] distributed communication
分布式通信[讯]处理机 distributed communication processor
分布式通信[讯]结构 distributed communication architecture
分布式通信[讯]体系 distributed communication architecture
分布式图形网络 distributed graphic network
分布式网络 distributed network
分布式网络管理 distributed network management
分布式网络系统 distributed network system
分布式微机控制系统 distributed computer-aided control system
分布式微机网络 scattering microcomputer network
分布式微型计算机 distributed microcomputer
分布式微型计算机网络 distributed microcomputer network
分布式文件系统 distributed file system
分布式系数 distributed constant; distribution factor
分布式系统 distributed system
分布式系统环境 distributed system environment
分布式系统特许可选项 distributed system license option
分布式系统网络 distributed system network
分布式系统执行程序 distributed system executive
分布式显示服务程序 distributed presentation services
分布式显示管理管理 distributed presentation management
分布式消息表示服务程序 distributed presentation services
分布式消息表示管理 distributed presentation management
分布式询问处理 distributed query processing
分布式异构型计算机系统 distributed isomerous computer system
分布式应用 distributed application
分布式应用程序 distributed application program(me)
分布式阵列处理机 distributed array processor
分布式智能 distributed intelligence
分布式智能微计算机系统 distributed intelligence microcomputer system
分布式智能系统 distributed intelligence system
分布式仲裁 distributed arbitration program(me)
分布式主机命令设备 distributed host command facility
分布式专家系统 distributed expert system
分布式自适应路由选择 distributed adaptive routing
分布式自由空间 distributed free space
分布式组织 distributed organization
分布收敛 convergence in distribution
分布数据库网络 distributed database network
分布数列 distribution series
分布水质模拟 distributed water quality modeling
分布速率常数 distribution rate constant
分布特征 distribution characteristics
分布铁芯变压器 distributed core type transformer
分布通信[讯]处理机 distributed communication processor
分布通信[讯]体系结构 distributed communication architecture
分布图 distributed diagram; distributed graph; distributed plan; distribution map; distribution plan; plan of distribution; scatter diagram; scattergram; scattergraph; scatter plotter
分布弯矩 distributed bending moment; distributed moment
分布完全不均等 perfect inequality in distribution
分布完全均等 perfect equality in distribution
分布网络 decentralized network; distribution net(work)
分布温度 distribution temperature
分布稳定性 distributional stability
分布污染源 distributed contaminant source; distributed source of pollution
分布误差 distribution error
分布系数 breadth coefficient; breadth factor; coefficient of distribution; distribution coefficient; distribution ratio; distribution number
分布系数法 <出行分布模型之一>【交】distribution factor method
分布系数模型 distribution coefficient model
分布系统 compartment system; hostless system
分布细目 breakdown
分布线 distributing line; distribution line
分布线圈 distributed winding
分布线型集热器系统 distributed linear collector system

F

分布项目 distribution entry
分布像 distribution image
分布谐振 distribution resonance; space resonance
分布信息 dispersed intelligence; distributed intelligence
分布信息系统 decentralized information system
分布形式 distribution pattern
分布型网络 distributed network
分布性目标 distributed target
分布学 chorology
分布压力 distribution pressure; pressure of distribution
分布因数 distribution factor; spread factor
分布因素 distribution factor
分布应力 distributed stress
分布有拦门沙的河口 barred river mouth
分布与栽培 distribution and cultivation
分布域 distributed domain; range of distribution
分布元件 distributed component
分布元件滤波器 distributed component filter
分布在全热带的植物 pantropical plant
分布在全世界的 cosmopolitan
分布账 distribution ledger
分布植被渠道 centipede grassed channel
分布指数 profile exponent
分布质量 distributed mass
分布滞后 distributed lag
分布滞后回归 distributed lag regression
分布滞后模型 distributed lag model; distributed lag pattern; distributive lagging model
分布滞后研究 distributed lag studies
分布中心 center of distribution
分布状态 distribution state
分布自由 distribution-free
分布自由统计 distribution-free statistics
分布阻抗 distribution impedance
分布阻力 distributed resistance
分布阻尼 distributed damping
分布最佳的车流 optimal flow
分布作用速调管 distribution klystron; extended interaction klystron
分布作用振荡管 extended interaction oscillator
分步 substep
分步测试 stepped test; test step by step
分步超滤法 fractional ultrafiltration
分步沉淀 fractional precipitation
分步沉降法 fractionated sedimentation method
分步成本单 process cost sheet
分步成本会计 process cost accounting
分步成本计算 process costing; process cost system
分步成本计算法 process costing; process method of cost-finding
分步成本制度 process cost system
分步抽提 fractional extraction
分步滴定 stepwise titration
分步法 fraction step method; method of fractional steps
分步法捻线机 stage twisting machine
分步法捻线系统 stage twisting system
分步负载变动 step load change
分步傅立叶偏移 split-step Fourier migration
分步光圈 step aperture
分步合成 stepwise synthesis
分步积分法 integration by parts
分步激发 stepwise excitation
分步计算成本法 process method of cost-finding
分步计算法 method of fractional steps
分步结晶 fractional crystallization
分步解决 divide and conquer
分步开挖 drift; sequential excavation
分步控制 step control
分步起停方式 stepped start-stop system
分步求和 summation by parts
分步取得 step acquisitions
分步人工 labo(u)r in process
分步人工账户 labo(u)r in process
分步熔化 fractional melting
分步摄影机 stepwise operated camera
分步生产 process production
分步式 multiple step format
分步式收益表 multiple step form of income statement
分步试验 step test(ing)
分步停运 step shutdown
分步透镜 step lens
分步厌氧 fractional anaerobic
分步预算 step budget
分步再生 stepwise regeneration
分步中和 fractional neutralization
分步重复 step-and-repeat; step repeat
分步重复法 step-and-repeat process
分步重复工序 step-and-repeat process
分步重复技术 step-and-repeat technique
分步重复图形 step-and-repeat pattern
分步重复系统 step-and-repeat system
分步重复照相机 step-and-repeat camera
分部 subdivision; subsection
分部安全系数 partial safety factor
分部报表 divisional reporting
分部报告 divisional report; segment reporting
分部标题 divisional title
分部标准 departmental standard
分部材料账户 departmental stores account
分部财务报告 line-of-business reporting
分部成本 departmental cost(ing); divisional cost
分部成果 segment results
分部单位成本 departmental unit cost
分部倒用卡片 tumble card
分部的 divisional
分部费用 departmental charges; departmental expenses
分部费用分配表 departmental expense allocation sheet
分部分表决 separate vote
分部分类账 sectional ledger
分部分离 fractionation
分部分析 segment analysis
分部负荷率法 departmental burden rate method
分部概算 departmental estimates
分部工程 construction work element; divisional work; workpiece
分部工程验收 acceptance of divisional work
分部贡献 contribution by segment
分部贡献表 division contribution statement
分部贡献额 segment contribution
分部管理地区 divisional management zone
分部管理水平 divisional management level
分部会计 departmental accounting; divisional accounting; segment accounting
分部积分法 integration by parts
分部计划 parcel plan
分部价格 split tariff
分部件估算造价法 component method
分部件模铸的混凝土构件 piece mo(u)ld process
分部结晶 fractional crystallization
分部结平 sectional balancing
分部结平分类账 sectional balancing ledger
分部经理 division manager
分部经营 departmental operation
分部经营成绩 divisional performance
分部晶化 fractional crystallization
分部开挖 part-section excavation
分部开挖(施工)法 partial excavation method
分部控制 divisional control
分部离心分离法 fractional centrifugation
分部利益 departmental profit
分部毛利 segment margin
分部门 departmentation
分部门贷款 subsection lending
分部门的超级市场 departmentized supermarket
分部门管理体制 departmental system of management
分部门预算 departmental budget
分部门制度 divisionalization; division(al) system
分部目录 split catalogue
分部平差 separate adjustment
分部求和法 summation by parts; summation of parts
分部深成岩体 partial pluton
分部时间分配法 departmental hour method
分部时间率 departmental hour rate
分部式制瓶机 individual section machine
分部试算 sectional balancing
分部试验 detail test
分部收集器 fraction collector
分部收益表 division income statement; multiple step income statement
分部收支净额 net subhead
分部税率 split tariff
分部委员会 subcommittee
分部系数 partial coefficient
分部详图 distracting detail
分部小时率法 departmental hour rate method
分部效率 separate efficiency; unit efficiency
分部信息 segment information
分部修理法 partial repair method
分部业绩 divisional performance
分部业绩报告 divisional performance report
分部业绩分析 divisional performance analysis
分部业绩评价 segment evaluation
分部营业账 departmental trading accounts
分部用水水库 stratified reservoir
分部增益 fractionated gain
分部账户 departmental account
分部蒸发 fractional distillation
分部直接费用 direct departmental expenses
分部制度 departmental system
分部制造费用 departmental burden; shop burden
分部制造费用率 departmental manufacturing overhead rate
分部专藏目录 departmental catalogue
分部装配 subassembly
分部资本 departmental capital
分部资本负债表 sectional balance sheet
分部总经理 division general manager
分部组织 departmentalization
分部作业 departmental operation
分财产 partition
分舱 subdivision
分舱长度 subdivision length
分舱吃水 subdivision draft
分舱单 hatch cargo list; hatch list
分舱货船 paragraph ship
分舱货物电报 hatch list telegram
分舱货物明细表 hatch list
分舱系数 factor of subdivision
分舱箱位图 bay plan
分舱因数 factor of subdivision
分舱载重线 subdivision load line
分舱载重线记载 recording of subdivision load lines
分槽集束器 gathering comb; splitting comb
分草器 grass divider
分册 fascic(u)le; fasciculus
分册书名 divisional title
分层 bed separation; delaminate; demixing; hierarchic(al) classification; lamellate; laminate; layer-built; layering; quantization; quantize; separation level; separation of layers; separation of levels; stratify; multiple lift < 施工 >
分层 X 线照相术 laminography
分层拌和 laminar mixing
分层爆破 slab blasting
分层爆炸 decked explosion
分层崩落法 slicing and caving
分层比例抽样 stratified proportional sampling
分层比率估计 stratified ratio estimate
分层标 layer-built mark; surveying pole for differential formation
分层冰山 unconformity iceberg
分层剥采比 layer stripping ratio
分层剥离 delamination
分层薄钢板加强弹性支座 elastomeric laminated bearing
分层补偿器 level compensator
分层布尔函数 hierarchic(al) Boolean function
分层布料 charging in alternate layers
分层布置 tier; tiering
分层布置喷燃器 tiered burners
分层采取率 percentage of divided seam recovery
分层采样 group sampling; step sampling; stratified sampling
分层采样法 stratified sampling method
分层采油井 separate zone producer
分层操作系统 layered operating system
分层测试 selective test
分层层次 hierarchy of layer
分层插接接缝 delaminated joint
分层产液量 separate layer fluid production rate
分层产油量 separated layer oil production rate
分层沉淀 layered sedimentation
分层沉积物 stratified deposit
分层沉降标 settlement ga(u)ge for each layer
分层沉降管 settlement ga(u)ge; telescoping tube; telescoping tube settlement ga(u)ge
分层持水量 differential water capacity

分层充气发动机 stratified charge engine
分层充填开采法 cut-and-fill system
分层抽取地下水 stratified pumping up of underground water
分层抽水试验 stratified pumping test; separate interval pumping test;separate layer pumping test
分层抽样 group sampling;step sample [sampling]; stratified sample [sampling]
分层抽样的相对方差 relative variance for stratified sampling
分层抽样法 stratified sampling method
分层抽样方差 variance for stratified sampling
分层抽样检查 reduced sampling inspection
分层抽样协方差 covariance for stratified sampling
分层抽子样本法 stratified subsampling method
分层出租厂房 multistor(e)y factory
分层触点 floor contact
分层窗 window tier
分层床 stratified bed
分层次决策分析 decision-tree analysis
分层次流动的劳动力市场 labo(u)r market with a hierarchical mobility
分层次征收地产使用费 collecting land use fees on different levels
分层存储器系统 hierarchy of memory
分层大气 stratified atmosphere
分层单级整群抽样 stratified one-stage cluster sampling; stratified single-stage cluster sampling
分层单位 stratigraphic(al) unit
分层导体 laminated conductor
分层的 hierarchic(al); laminated; layered;straticulate;stratified
分层的双重抽样 double sampling for stratification
分层的云母 striated mica
分层等待 stacking
分层等距抽样 stratified systematic sampling
分层地 in layers
分层地震相平面图 plan of layered seismic facies
分层点 demixing point
分层电池 layer-built cell
分层电刷 laminated brush
分层叠绕线圈 pile winding
分层顶 <客车等通风、采光等用的> monitor roof
分层定量采油 separate layer quantitative oil production
分层镀层 graduated coating
分层堆料法 strata stacking method
分层堆石 bedded rockfill; coursed rockfill
分层堆筑 layered construction
分层对称性 laminar symmetry
分层对流 laminar convection
分层多级抽样 stratified multistage sampling
分层多级整群抽样 stratified multi-stage cluster sampling
分层二段抽样法 stratified subsampling method
分层法 top and bottom process;stratification
分层方块堆石 coursed square rubble
分层方块毛石 coursed square rubble
分层分布回路控制 hierarchic(al) distributed subloop control
分层分布系统 hierarchic(al) distributed system; tiered and distributed system
分层分割 level slicing
分层分离仪 fractometer
分层分组设计 hierarchic(al) group divisible design
分层腐蚀 gradation etching
分层负责 decentralization of responsibility;hierarchic(al) responsibility
分层概率抽样法 stratified probability sampling
分层干燥车 rack dryer car
分层钢筋 laminated armature
分层隔距 quantization step
分层隔声材料 layered sound insulator
分层耕作 layer ploughing;zone tillage
分层工厂 flatted factory
分层公共母线 hierarchic(al) common bus
分层构造 hierarchic(al) structure; stratification
分层固化 layer curing
分层观测 stratified observation
分层管理 decentralized management; multizone supervision; separate stratum control
分层灌浆 stage grouting
分层灌浆混凝土 concreting in layers; concreting in lifts
分层灌注 pour in layers
分层辊道 layer roller track
分层含水量 separated layer water cut
分层含水容量 differential water capacity
分层焊接 step brazing
分层夯实 compaction in layers; rammed in layers;ramming in layers;tamping in layers
分层夯实填土 filled earth thoroughly compacted in layers
分层河口流 stratified estuary flow
分层荷载 distribution load
分层厚度 individual thickness; lift height;slice height
分层湖 <密度随水深增加且常年不对流的> meromictic lake; stratified lake
分层互作用 quantized interaction
分层回归估计 stratified regression estimate
分层回填 backfilling in layers
分层混合料 stratified mixture
分层混凝土 sandwich concrete
分层混响 layered reverberation
分层机组方式 air-handling unit system
分层基底 stratified bed
分层集合体抽样 stratified cluster sampling
分层继电器 floor relay
分层间隔时间 spouting time interval of layer
分层检查 audit-in-depth
分层简单随机抽样 stratified simple random sampling
分层建堤 layer-built embankment
分层建筑 layer construction
分层降温焊接法 step soldering
分层降温铜焊法 step brazing
分层浇灌混凝土 concreting in lifts
分层浇灌混凝土法 bulkhead method
分层浇灌施工法 multiple lift construction
分层浇口 step gate
分层浇注混凝土 concreting in lifts; pouring in lifts
分层浇注混凝土法 bulkhead method
分层浇注施工法 multiple lift construction
分层浇筑 lift by lift
分层浇筑高度 <混凝土坝的> dam lift
分层浇筑混凝土 concreting in lifts
分层浇筑混凝土法 bulkhead method
分层浇筑施工法 multiple lift construction
分层绞合电缆 layer cable
分层绞线 twisted conductor
分层接合 hierarchy;spliced joint
分层结构 hierarchy;laminated structure; layered structure; quantizing structure;sandwich
分层结构系统 hierarchic(al) system
分层结石 laminated calculus
分层介质 layered medium
分层进气 stratified charge
分层精确度范围 quantization accuracy range
分层聚乙烯片 laminated polyethylene film
分层决策 decentralized decision;hierarchic(al) decision making
分层绝缘 graded insulation;laminated insulation
分层绝缘电缆 graded cable
分层绝缘体 laminated insulator
分层绝缘子 graded insulator
分层开采 layer mining;leaf mining; separate zone production; slicing; zonal production;zonal withdrawal
分层开采法 bench method;separating excavating process; slice mining method; slicing method; stage development; stratified excavating process
分层开挖 stepped cut
分层开挖法 <指隧道> benching tunnel(l)ing method
分层空间调节 stratificated air conditioning
分层空气调节 stratified air conditioning
分层控制 hierarchic(al) control
分层控制系统 hierarchic(al) control system;hierarchy control system
分层块石铺砌 straight course paving
分层块石圬工 coursed rubble masonry
分层流 stratified current; stratified stream;stratified flow
分层流动 laminated flow; stratified flow
分层流体 stratified fluid
分层流图 level diagram
分层滤床 stratified filter bed
分层滤器 stage filter
分层路径 hierarchic(al) path
分层路面 coursed paving
分层乱抛毛石砌体 coursed random rubble
分层乱砌 coursed random
分层乱砌块石 coursed random rubble
分层乱石砌体 coursed random rubble
分层洛吉脱模型 hierarchic(al) Logit model
分层脉冲宽度 sampling pulse width
分层脉冲调制 quantized pulse modulation
分层毛石不规则砌体 coursed random rubble
分层毛石墙 coursed rubble wall
分层毛石圬工 coursed rubble masonry
分层媒质 layered medium
分层煤样 interstratified coal sample; stratified coal seam sample
分层棉织胶带 ply-constructed belt
分层面 boundary; plane foliation; plane of stratification
分层模型 hierarchic(al) model
分层模制 stack mo(u)lding
分层目的样本 stratified purposive sample
分层黏[粘]合剂 bonding agent
分层黏[粘]结环 stage cementing collar
分层黏[粘]结剂 bonding agent
分层黏[粘]土 layered clay
分层碾压 compaction by layers
分层拍实素土 compacted earth in layers
分层抛石 bedded rockfill; coursed rockfill;rock-fill in layers;stratified rockfill
分层配产 regulating multi-zone production rate; regulating separate stratum oil production rate
分层配注 multizone flow regulating
分层坯块 laminated compact
分层片触点 laminated contact
分层平差 adjustment in groups
分层破碎机 nibbler
分层铺料 place in layers
分层铺炉底 bedding of a furnace
分层铺路 coursed paving
分层铺砌 place in layers; coursing joint <毛石砌墙>
分层铺砌块 <混凝土预制块等> coursed blockwork
分层铺设 coursing
分层铺筑的 layer-built
分层铺筑的底部铺层 underlying layer
分层铺筑的(路)堤 layer-built embankment
分层砌的墙 coursed wall
分层(砌筑的)圬工 coursed masonry (work)
分层砌筑乱石墙 random rubble walling in course
分层器 quantizer
分层钎焊 step brazing
分层乔林 stor(e)yed high forest;storied high forest
分层取水 layered intaking; multilayered intaking;selective withdrawal
分层取水口 multilevel intake
分层取水式进水口 multilevel intake
分层取水水库 stratified reservoir
分层取水样 stratified sampling of water
分层取样 group sampling; laminated sampling; stratification sampling; stratified sampling
分层取样电压 sampling voltage
分层取样管 zone sampler
分层取样器 zone sampler
分层缺陷探测仪 lamination detector
分层群体调查法 investigation method for stratified population
分层燃烧发动机 stratified charge engine
分层染色 graded colo(u)ring
分层绕法 layer winding
分层绕组 cross-over winding; layer winding;sandwich winding
分层任意抽样 stratified random sampling
分层乳浊液 broken emulsion
分层设色【测】 colo(u)r gradient;tinted shading
分层设色版 layer-colo(u)red edition;layered colo(u)red edition
分层设色表 colo(u)r note; hypsometric(al) tints; layer colo(u)rs; layer steps;layer tints;subdued colo(u)rs
分层设色表示法 layered style
分层设色层 hypsometric(al) unit
分层设色的 hypsometric(al)
分层设色等高线 hypsometric(al) contour;hypsometric(al) curve
分层设色底图碎部 underlying detail
分层设色地势图 merged relief map;

F

process-colo(u)r relief present
分层设色地图 hypsographic(al) chart;hypsometric(al) map;hypsometric(al)(tinting) chart;layered map <表示不同高程的>
分层设色法 altitude tints;graded colo(u)ring;hypsography;hypsometric(al) tinting;landform colo(u)ration;local relief method;orographic(al) colo(u)ring;relative relief method;stereoscopic(al) colo(u)ring;tinting method;hypsometric(al) method <地图的>
分层设色高度表 <地形图上的> altitude-tint legend
分层设色海底地形 layered bathymetric(al) chart
分层设色图 hypsometric(al) chart;layered style map;layer-tinted map;relative relief map;layered map
分层设色系列 layer(ed) colo(u)r series
分层摄影术 frame photography
分层深度 depth of seam division
分层升流炭吸附 layered upflow carbon adsorption
分层施肥 layer-by-layer manuring
分层施肥法 different application at different depths
分层施工(法) layer(ed) construction
分层石块路面 coursed sett paving
分层式电缆 layer type cable
分层式烘炉 batch furnace;batch kiln;batch-type furnace
分层试验 stratified test
分层书架 bookstack
分层数据库 hierarchic(al) data base
分层水质控制模拟 hierarchic(al) modeling of water quality control
分层撕裂 lamellar tearing
分层速度模型 layered velocity model
分层随机 stratified random
分层随机采样 stratified random sampling
分层随机采样法 stratified random sampling approach
分层随机抽样 stratified random sampling
分层随机抽样的比率估计值 ratio estimates in stratified random sampling
分层随机抽样法 stratified random sampling method
分层随机取土样 stratified random sampling
分层随机取样(法) stratified random sampling
分层随机土样 stratified random sample
分层随机样本 stratified random sample
分层索引法 hierarch indexed method
分层索引顺序存取法 hierarchic(al) indexed sequential access method
分层索引直接存取法 hierarchic(al) indexed direct access method
分层探测仪 lamination detector
分层替代叠加 layer-replaced stack
分层天线 tier antenna
分层天线阵 stacked array;tiered array
分层填埋垃圾中间各层覆盖土层 intermediate cover
分层填石 coursed rockfill;rock-fill in layers;stratified rockfill
分层填土 layer construction;zoned earth fill dam
分层填土夯实 compaction by layers
分层填筑 fill in layers;zone embankment
分层填筑法 placement in layers;slow banking(method)
分层填筑高度 <土石坝的> dam lift
分层铜焊 step brazing
分层透镜聚光器 corrugated lens condenser
分层涂层 graded coating
分层土(壤) stratified soil
分层拓扑学 layer topology
分层挖泥 dredging by layers;dredging in layers
分层网络 hierarchic(al) network
分层系数 lamination factor
分层系统 layered system;level-based system
分层系统抽样法 stratified system sampling
分层现象 lamination;stratification
分层线【地】 line of stratification;stratification line
分层心色散位移单模光纤 shifted single-mode fiber[fibre]
分层芯单模光纤 segmented-core single-mode fiber[fibre]
分层信号集电极 quantized collector
分层型树冠 stratified crown
分层序列关键码 hierarchic(al) sequence key
分层悬浮 laminar suspension
分层压紧木材 compressed layered wood
分层压裂 fracturing of separate layers;multiple fracturing
分层压实 compaction by layers;compaction in layers
分层压制 stack mo(u)lding
分层压制模制 layer mo(u)lding
分层岩芯长度 core length of divided seam
分层样本 stratified sample
分层异重流 density stratified flow;laminar density flow
分层用水水库 stratified reservoir
分层预置骨料灌浆混凝土 colcrete constructed in sandwich process
分层原理 principle of stratification
分层噪声 quantization noise
分层炸药 slab charge
分层整群抽样 stratified cluster sampling
分层直接存取 hierarchic(al) direct access
分层直接存取法 hierarchic(al) direct access method
分层直接结构 hierarchic(al) direct organization
分层止水 differential shut of water
分层指示字 hierarchic(al) pointer
分层指数 group index
分层中断 hierarchic(al) interrupt
分层注水 separate zone waterflooding;stratified waterflooding;zonal injection
分层注水井 separate injection well
分层砖石(砌体) graduated course
分层转移曲线 stratified diversion-curves
分层装炸药 decked explosive
分层装置 decker
分层锥 corrugated cone
分层锥削 <电缆终端> tapering taper;tapered taper
分层着色地形图 layered map
分层着色法 layer colo(u)ring;layer tinting
分层琢石 coursed ashlar
分层总和法 <计算地基沉降> layer-wise summation method
分层阻力 separation resistance
分层作用 lamination;stratification;layering
分叉 bifurcate;bifurcation;branch away;branch off;branch out;crossing;divarication;divergence;forking;furcation;ramification;shunt;tee-off
分叉 E 层 bifurcated E layer
分叉比 bifurcation ratio
分叉标准尺 fork ga(u)ge
分叉冰川 distributary glacier;through glacier;transection glacier
分叉不整合 divergent unconformity
分叉处 crotch
分叉处人孔 <管道的> diversion manhole
分叉道 turnout track
分叉道编号 turn out number
分叉道路 forked road
分叉的 bifurcated;forked;furcated(d);split
分叉底料斗 split-bottom hopper
分叉地震反射结构 divergent seismic reflection configuration
分叉点 bifurcation point;branching-off point;branch point;breakout point;crunode;divarication
分叉点二异状态 <管子或绳索的> bifurcation
分叉点显示 H-display
分叉点显示器 double dot display;H-scope
分叉电路 forked circuit
分叉洞穴 branch work
分叉断层 diverging fault;splay fault
分叉断层群 splay faults
分叉盾构 <挖运泥土用> splitter shield
分叉盾掏 splitter shield
分叉方程 branch equation
分叉分化 bifurcate differentiation
分叉分派程序 fork dispatcher
分叉杆 forked bar
分叉管 bifurcated forked pipe;bifurcated pipe;bifurcated tube;forked pipe;forked tube;furcated pipe;furcated tube;split pipe;split tube;Y-branch;Y-pipe
分叉管接(头) Y-connection;Y-joint
分叉管(路)水流 manifold flow
分叉光导 branched light guide
分叉河槽 Y-channel
分叉河道 divaricating channel
分叉河流 branching streams;diffluent river
分叉河源 branching streams
分叉浇口 runner box
分叉角 angle of bifurcation;angle of branch;angle of forking;bifurcation angle;branch angle
分叉接点 bifurcated contact
分叉接管 joint branch;Y-bend;Y-connection
分叉接头 joint branch;Y-bend;Y-connection
分叉节 branched knot
分叉结构 bifurcation structure
分叉进程 fork process
分叉肋 bifid rib
分叉连接 branch connection
分叉连接器 bifurcation connector
分叉溜槽 splitter chute
分叉流槽 bifurcated launcher;bifurcation launcher
分叉漏斗 splitter chute;stone box
分叉铆钉 bifurcated rivet
分叉煤层 split coal
分叉木 crotch
分叉耦合 furcation coupling
分叉钎头 cleaning chisel;splitting chisel
分叉清除 Y-clean-out
分叉清扫 Y-clean-out
分叉清污口 Y-clean-out
分叉球阀 Y globe
分叉渠道 branch canal
分叉软管 forked hose
分叉闪电 forked lightning
分叉生长 forked growth
分叉绳索 split line
分叉式检索表 dichotomous key
分叉式立体交叉 grade-separated bifurcation
分叉式箱梁 bifurcated box girder
分叉式阻种器 split cutoff
分叉树枝 forked branch
分叉缩径分叉管 lateral reducing on branch
分叉缩径 45°分叉管 forty-five degree lateral reducing on branch
分叉蜕变 branched disintegration
分叉弯头 Y-bend
分叉系数 branching fraction
分叉线 bifurcated line;Y-track
分叉线路 bifurcated line
分叉斜槽 bifurcated chute
分叉形 Y-shaped
分叉碹 Y-type arch
分叉岩层 forking bed
分叉洋流 divergent current
分叉原木 pronghorn
分叉凿 cleaning chisel
分叉指数 bifurcation index
分叉柱 head tree
分插复用器 add and drop multiplexer
分插口 current tap
分插座 current tap
分汊 branching
分汊比 bifurcation ratio
分汊岛 branch island
分汊点 bifurcation point
分汊航标 bifurcation signal
分汊航道 bifurcated channel;branched channel;branching channel
分汊河 distributary stream
分汊河槽 braided channel;branched channel;branching channel
分汊河道 braided channel;braided river course;branch(ed) channel;branching channel
分汊河段 braided reach;branching reach
分汊河流 braided course;braided river;braided stream;branching river;branching stream
分汊水道 braided channel;bifurcated channel;branched channel;branching channel
分汊系数 fork factor(of tributary)
分汊型河流 braided stream
分岔 bifurcation;branch(ing);fork;turnout
分岔变薄尖灭 splitting pinch out
分岔标准尺 fork ga(u)ge
分岔冲突点 diverging conflicts
分岔处 branching point
分岔道路 forked road
分岔的 branched
分岔点 branch point
分岔电路 channel circuit;forked circuit
分岔回波 forked echo
分岔接点 branching junction
分岔连接 fork connection
分岔路 intersection legs
分岔式港池 trident-shaped dock
分岔式停车场 <为商店等前后门都提供方便> split parking
分岔隧道 branch tunnel;off-spur tunnel
分岔形式 splitting style

分岔支管 Y-branch fitting

分岔指令 branch instruction

分差放大器 differential amplifier

分差式 divided fall type

分拆 partition

分拆函数 partition function

分拆检验 partition test

分产 dividing up state-owned assets

分产合销 separated production and united sales

分产账目 individual's account

分厂 branch; branch factory; branch work

分厂的分享资产 share assets of divisions

分场 partial field

分场分析器 split-field analyser

分场光度计 split-field photometer

分场光度学 split-field photometery

分场开关 field-splitting switch

分场偏振镜 split-field polarizer

分场透镜 split-field lens

分场图像 split-field picture

分潮 component tide; constituent; constituent of tides; partial tide; tidal component; tidal constituent

分潮迟角 epoch of partial tide

分潮高度 height of component tide

分潮号 constituent number

分潮类数 species number

分潮岭 tidal divide

分潮流 component current; constituent of tidal current

分潮频率 tidal frequency

分潮日 component day; constituent day

分潮沙坝 middle ground

分潮时 component hour; constituent hour

分潮数 constituent number

分潮同潮时线 cotidal line of partial tide

分潮振幅 amplitude of component tide; amplitude of constituent; amplitude of partial tide

分潮指数 constituent suffix; suffix of constituent

分车处 shunting place

分车带 dividing strip; lane separator; parting strip; separating strip; separation strip; traffic strip; divisor <道路上的>

分车带绿化 dividing stripe greening

分车岛 channelizing island; dividing island; division(al) island; lane divider

分车道 divided-lane; lane divider

分车道公路 divided-lane highway; divided road

分车道行驶道路 divided road

分车道行驶的公路 divided-lane highway

分车间核算 departmentalization

分车设备 separator

分车栅栏 barrier

分成包 packetize

分成薄层 laminating

分成薄层的 foliaceous; thinly stratified

分成薄片 foliation; laminate

分成部分的 dissected

分成地力不同的地块 separating different plot on soil fertility

分成多路(处理) demultiplexing

分成发包 percentage contract

分成方格 squaring

分成方格的 tessellated

分成几部分 fractionize; merotomize; merotomy

分成几部分的 dipartite

分成几份的 fractional

分成几个小区试验 be separated into some plots to test

分成开间的 traviated

分成两部分的 distichous

分成两类 dichotomize

分成六部分的 sexpartite

分成牧工 share milker

分成其他元素 be separated into other elements

分成若干类 divide into several classes

分成三部分的 tripartite

分成三角形 triangulate; triangulation

分成三枝的 trifurcate

分成收入 shared revenue

分成税收 shared tax

分成四部分 quadripartition

分成四部分的 quadrifid

分成四部分的百叶窗 quadripartite shutter

分成细目 breakdown

分成制 metayage system; rent-sharing system; share-cropping

分成租金收入 overage rent income

分承包方 subcontractor

分承包人 specialist contractor; specialty contractor; subcontractor

分承包商 specialist contractor; subcontractor

分承包协议 subcontracting agreement

分承包者 specialist contractor; subcontractor

分乘 party passengers travel(l)ing on different trains

分程泵送 relay pumping

分程传递 relay

分程隔板 pass partition

分程控制 split ranging control

分程取水 skimming

分程序 block; routine

分程序编号 block number

分程序标识符 block identifier

分程序表 block list

分程序层次(结构) hierarchy of block

分程序长度 block length

分程序出口 block exit

分程序大小 block size

分程序的后代 descendance of blocks

分程序的活动 activation of blocks

分程序的嵌套 nesting of blocks

分程序动用 block activation

分程序分析 block analysis

分程序符号 block mark

分程序格式 block format

分程序结构 block structure

分程序结构机构 block structure mechanism

分程序结构码 block-structured code

分程序结构原理 block structure mechanism

分程序结束 block end

分程序块 blockette

分程序块数 block count

分程序块引用 block reference

分程序确定 block determination

分程序入口 block entrance; block entry

分程序首部 block header; block head

分程序说明字 block descriptor word

分程序体 block body

分程序文件 block file

分程序终止 termination of a block

分池污泥消化 separate sludge digestion

分池污泥消化池 separate sludge digestion tank

分尺度 degree scale

分出 branch off; divergence; diverging; diversion; extraction; split-off; tap off; unpack

分出保险 cede insurance

分出保险部分 ceded line

分出保险人 cedant

分出岔道 branch out

分出粗粉的圆锥体 tailings cone

分出的成分 share ceded

分出的水 bleed water

分出点 drop

分出电路 drop circuit

分出风险 assigned risk

分出公路 divided highway

分出公司 cedant company; ceding company

分出功率 power takeoff

分出股份 ceded share

分出截面 removable cross section

分出金额 amount ceded

分出来 branch away

分出气体 bleeding

分出群 driving swarm

分出未满期责任 portfolio ceded

分出项目 <保险> cession

分出信号 extraction of signal

分出形式 unpacked format

分出再保险 outward reinsurance

分处制 <铁路沿线组织> departmental system

分次 graded

分次曝光 multiple exposure

分次到期 serial maturities

分次订单 split order

分次分析法 fractional analysis

分次辐照 fractionated irradiation

分次剂量 fractionated dose

分次灭菌 fractional sterilization

分次上班 split shift

分次投药 step dose

分次谐波 subharmonic

分次预加力 retensioning

分刺 intermuscular needling

分簇间苗锄 blocking hoe

分存控制法 two-bin system

分错 misclassification

分错距【地】 offlap

分代理处 subagency

分代理(人) subagent

分带 zoning

分带标准化石 zonal guide fossil

分带的 zonal

分带等积投影 atractozonic projection

分带等级 zoning order

分带化石 zone fossil

分带纠正 multistage rectification; multizonal rectification; strip-by-strip transformation; zonal rectification; multiple stage rectification

分带纠正法 method of rectification in zones

分带矿物 zonal mineral

分带离心机 zonal centrifuge

分带理论 zonal theory

分带平原 belted plain

分带剖面 zonal profile

分带生物地层学 zonal biostratigraphy

分带梯度 zoning gradient

分带投影 projection in zone

分带图 zoning map

分带图板 zone chart

分带土壤 zonal soil

分带网络 band-separation network; directional filter

分带系数 zoning coefficient

分带序列 zoning sequence

分带指数 zoning index

分带子午线 zone dividing meridian

分带自转 zonal rotation

分单 submenu

分担 apportionment; share responsibility for; sharing

分担保险 contribution; share

分担差价 absorb the price difference; share the price difference

分担成本 split the cost

分担成本计算 absorption costing

分担的 contributory

分担的债 several liability

分担抵押 contributory mortgage

分担多重处理 sharing multiprocessing

分担额 contribution

分担费用 cost sharing; share of the expenses; share the expenses

分担费用人口 contributory population

分担风险 assigned risk

分担理论 contribution theory

分担量 share

分担率 share ratio

分担损失费 share losses expenses

分担条款 average clause; contribution clause

分担危险 divided coverage

分担责任 contributory; responsibility allocation

分担债务的各债务人 debtors sharing an obligation

分挡开关 step switch

分挡 bracket

分挡传动 range transmission

分挡存单 tranche catalogued; tranche certificate of deposit

分挡电阻 step resistance

分挡电阻式波高计 step resistance type wave ga(u)ge; step-type recording wave ga(u)ge

分挡电阻式波高仪 step resistance type wave ga(u)ge; step-type recording wave ga(u)ge

分挡电阻自记波高仪 step-type recording wave ga(u)ge

分挡滑动开关 step slide switch

分挡开关 stepping switch

分挡可变电感器 split variometer

分挡控制 step control

分挡器 stepper

分挡调节 regulation in steps

分挡(自记)式波高仪 step-type recording wave ga(u)ge

分导冰蚀湖 roxen lake

分导流 shunting; split flow

分导线 intraphase conductor

分道 skip road

分道标志 gore sign

分道叉 shunt; turnout

分道点标志 gore sign

分道公路 divided highway

分道管 saddle clip

分道航行设计 traffic separation scheme

分道航行制 traffic separation scheme

分道计数 count in different channels

分道角区 gore area

分道区 gore area

分道式转弯交叉口 channelized intersection

分道通风 divided ventilation

分道通航制 traffic separation scheme

分道通航制终点 termination of traffic separation scheme

分道线 division line; lane divider; lane line; lane line in same direction

分道转弯 segregation of turning traffic

分道转弯式交叉【道】 channel(l)ized intersection; crossing with separate turning lane

分得太细 split hairs

分的 dimidiate

分等 brack; classification; culling; grad-

F

ing;rank
分等标准 grading rule
分等层 graduated course
分等成本计算法 class cost system
分等的例外 exception to classification
分等地区<在美国共分法定、南部和西部三个地区> classifications territories
分等递进征税 bracket progression
分等工作 graded task
分等估价法 evaluation by ranking
分等规定 regulation of classification
分等规则 grading rule
分等过高 overclassification
分等级 classify; gradation; grading; graduate;rating;rating number
分等级的 scalar
分等级的数据 ranked data
分等级的线路 graded track
分等级的运费 taper freight rate
分等级方法 grading method; ranking method
分等级生产 class production
分等级运费 taper freight rate
分等计件工资制 differential piece-rate system
分等矩阵 rating matrix
分等刨花板 graded particle board
分等收购 purchase by grade
分等税 graded tax
分等印花税 class stamp tax
分等运价 classification rating; class rate;scale rate
分等运价表 scale of gradations
分等运价的相互关系 class rate relationship
分等运价率表 rate scale;scale of rates
分滴器 droplet separator
分地带 zonation;zoning
分地区的外贸额 external trade by regions
分地区定价制度 zone system of pricing
分点 equinoctial point;equinox;point of division
分点测量仪 scanner
分点差 equation of equinoxes
分点潮<春、秋分分期的潮汐> equinoxial tide;equinoctial tide
分点大潮 equinoctial spring tide
分点大潮低潮位<春分、秋分> low-water equinoctial springs
分点大潮高潮位 high water equinoctial spring tide
分点的 equinoctial
分点低潮 equinoctial low water
分点风暴 equinoctial gale;equinoctial storm;line storm
分点馈水法 step aeration
分点圈 equinoctial colure
分点岁差 precession of equinoxes
分点注水 spot flooding
分电路 parallel circuit;subcircuit
分电盘 distributor
分电盘身 distributor body
分电器 breaker;distributor block;ignition distributor
分电器齿轮 distributor cog wheel; distributor gear
分电器电容器 distributor condenser
分电器断电接触点 distributor breaker point
分电器分火头 distributor rotor
分电器盖 distributor cap;distributor plate
分电器回转盘 distributor rotating disk
分电器接线板 terminal board
分电器凸轮 distributor cam
分电器外壳 distributor housing
分电器真空提前控制 distributor vacuum control
分电器轴 distributor shaft
分电器转子 distributor rotor
分电箱 section box
分电压 component voltage
分电轴齿轮 timer-shaft gear
分电轴凸轮 timer-shaft cam
分店 branch (business); branch house;branch office;branch store; minor office;subbranch;subdealer
分店承销品 branch consignments
分店存货高估价额准备 allowance for overvaluation of branch inventory
分店独立会计制 decentralized branch accounting
分店会计 accounting for branch office; accounting for branch operation;branch accounting
分店间超支运费 inter-branch excess freight
分店间交易 inter-branch transaction
分店间送货运费 freight on inter branch transfers
分店间往来 inter-branch transfer
分店间转账事项 inter-branch transfer
分店交易由总店记账 branch records on home office books
分店经理 branch manager
分店净损益 branch net income or loss
分店控制账户 branch control account
分店利润 branch profit
分店模式 branch-and-bound model
分店试算表折算 conversion of branch trial balance
分店损益表 branch profit and loss account
分店往来 branch office current
分店往来账户 branch office general account
分店账户 branch account
分店资产负债表 branch balance sheet
分店总账 branch ledger
分店总账余额本 branch balance book
分订合同 subcontract
分订契约 subcontract
分动夹盘 independent chuck
分动卡盘 independent chuck
分动螺旋卡盘 independent screw chuck
分动器 auxiliary transmission; splitter;torque divider;transfer gear
分动式钻机 independent rotation drill
分动箱 power takeoff device;torque divider;transfer(gear) case
分动箱放油塞 transfer-case drain plug
分动箱盖 transfer-case cover
分动箱盖垫密片 transfer-case cover gasket
分动箱通气管 transfer-case breather
分动箱至前车轴的传动轴 transfer-case to front axle
分动箱至中间车轴的传动轴 transfer-case to intermediate axle shaft
分动箱至主轴枕的传动轴 transfer-case to pillow block shaft
分动箱中间轴 transfer-case idle shaft
分动箱座弹簧 transfer-case mounting spring
分动箱座的软垫 transfer-case mounting cushion
分度 calibrate; calibration; dividing; division scale; graduate; graduation; graduations in degrees; indexing;scale mark
分度板 division plate; index (rag) plate
分度标 graduated scale
分度标尺 graduate scale
分度标杆 dividing rod; graduated bar;graduated rod;graduated staff (ga(u)ge)
分度标记 graduation mark
分度标志 graduate mark;index tag
分度标准 geometric(al) canon
分度柄 index handle
分度玻璃盘 ring glass
分度操作 indexing operation
分度超环面 reference toroid
分度尺 calibrated scale; diagraph; graduated rule; graduated scale; measure scale;grade division
分度齿轮 dividing gear; index gear; pitch cone
分度的 graded;graduated
分度顶尖 index(ing) center[centre]
分度粉碎 stage reduction
分度浮尺 graduated float rod; graduated float tape
分度符号 graduation mark
分度附件 dividing attachment; indexing attachment
分度杆 index lever
分度工作台 index table
分度光阑 graduating diaphragm
分度规 angle ga(u)ge; angle protractor;bevel ga(u)ge; bevel square; degree scale;drafting machine; parallel motion protractor;protractor
分度弧 graduated arc;limb
分度弧规 graded scale curve
分度虎钳 index center[centre]
分度画线仪 diagraph
分度环 graduated circle; graduated collar;index ring;scale ring
分度机 dividing engine; dividing machine;graduating machine
分度机构 dividing device; dividing mechanism;indexing mechanism
分度机构常数 indexing gear constant
分度机构定位销 index pin
分度夹具 indexing fixture
分度间隔 graduation interval
分度间距 scale division
分度交换齿轮架 index change gears
分度进给 index feed
分度镜 graticule;index glass
分度卷 divided circle
分度卡盘 index chuck
分度孔 index(ing) hole
分度缆 graduated cable
分度滤光片 graduated filter
分度轮 divided wheel;dividing wheel
分度目镜 graduated eyepiece
分度盘 dial; divided circle; dividing dial; dividing disk; dividing plate; graduated circle; graduated scale; indexed disc[disk]; indexing plate; limb
分度盘固定器 plate setter
分度盘体 index plate housing
分度器 dividing device;graduator;indexer; protractor (scale); index head
分度器头 dividing head
分度曲线 graduation curve;pitch curve
分度圈 graduated ring;index ring
分度三角板 protractor set square
分度式铣夹具 indexing type milling fixture
分度试验 index test
分度手柄 dividing arm
分度数 index number;number of divisions
分度台 circular dividing table;rotary table
分度筒 index sleeve
分度头 dividing attachment;dividing head;index(ing) head;spiral head
分度头传动轮 dividing head driver
分度头卡盘 dividing head chuck
分度头溜板 index head slide
分度头曲柄 index crank
分度头心轴偏角 milling angle
分度头中心 dividing head center[centre]
分度头主轴 dividing head spindle
分度网格 grade grid
分度纬线 graduated parallels
分度蜗轮 dividing worm wheel
分度误差 dividing error;division error; error of division; graduation error;index error
分度线 graduation line; graduation mark;graticule;index line;reading line;retic(u)le
分度销 indexing plunger; index pin; index plunger
分度销钮 index pin knob
分度摇柄 index crank
分度圆螺旋线 reference helix
分度值 division value
分度中心 indexing center[centre]
分度轴 dividing spindle; indexing shaft
分度转台 indexing turret
分度装置 dividing apparatus;dividing device;index device;index unit
分度锥 pitch cone
分度锥基径 pitch radius
分度锥母线长度 cone distance
分度子午线 graduated meridians
分度钻模 indexing jig
分段 blocking;compartmentalization; compartmentalize; grading; graduation; partitioning; punctuation; sectionalization;sectionalize;sectionalizing; section-out; sectoring; segment (ing); subdivision; sublevel; subsection
分段安装 sectional erection;segment erection
分段安装机 segment erector
分段奥氏体化 stepped austenitizing
分段板 segmented plate
分段办公处 section headquarters
分段曝光法 shutting light method
分段爆破 sectional blasting; segment blasting;stage blasting
分段爆破法 segment blasting method
分段崩落采矿法 mining block method;subdrifting;sublevel caving
分段崩落法 segmentation caving method; subdrift caving; sublevel caving method
分段变动安全系数 stepped factor of safety
分段标 distance post;section post
分段标志 sector mark;segment mark
分段表示法 fragment notation
分段布置 sectionalizing arrangement
分段裁切 step cut
分段采矿法 sublevel stopping
分段采样 segmented sampling; stepping sampling
分段采样法 segmented sampling method
分段操作 staged operation;stagewise operation
分段测高法 stepping method
分段测量 sectional survey
分段测试 sectionalization test
分段查找 fractional search
分段差错 segment fault
分段差距 fragment offset
分段常值函数 piecewise constant function
分段沉淀 fractional precipitation
分段程序 segmented program(me)

分段充填 sublevel fill stoping
分段冲裁 nibbling
分段冲截 nibble
分段冲压 sectional stamping
分段抽水试验 segmented pumping test; step drawdown test
分段抽油法 stepwise depletion procedure
分段出售建筑用地 building lots for sale
分段出行【交】unlinked trip
分段处理法 phasing
分段穿综法 sectional draw
分段传动装置 chain-and-segment linkage
分段垂直天线 sectionalized vertical antenna
分段磁扭线 piggyback twistor
分段磁扭线存储器 piggyback twistor memory
分段刺激工资制 geared incentive scheme
分段粗琢 blocked rustication
分段淬火 progressive quenching; stage-hardening; stepped hardening; stepped quenching
分段萃取 stage extraction
分段存储 fragmentation; segment store
分段存储器 step counter
分段打捞 raising in section
分段单母线接线 prorated section single busbar configuration
分段单元建造(法) unit construction
分段挡土墙 sectional retaining wall
分段的 built-up; fractional; partitioned; piecewise; sectional (ized); staged; stepwise
分段的墙压顶 segmental coping of a wall
分段滴定 stepwise titration
分段滴滤池 stage trickling filter
分段底架 sectional underframe
分段点火 multistage ignition
分段电极晶体管 segment electrode transistor
分段电抗器 bus section reactor
分段电势 graded potential
分段电泳 zonal electrophoresis
分段电阻 grading resistance; stepped resistance; subdivided resistance
分段吊杆 sectional boom
分段吊门 multisection vertical lift door
分段订单 scale order
分段定位 split fix
分段定位器 split range positioner
分段动作继电器 stepping-type relay
分段冻结 step freezing
分段断路器 busbar; sectionalizing breaker; section switch
分段多层焊 block sequence welding; block welding sequence; progressive block method
分段多层焊工序 progressive block sequence
分段多层跳焊 skip block welding
分段多层跳焊法 skip block welding sequence
分段多项式 piecewise polynomial; sectioned polynomial
分段多项式插值 piecewise polynomial interpolation
分段多项式近似 piecewise polynomial approximation
分段垛间闸坝 panel gate
分段垛间闸门 panel gate
分段发包 partial contract
分段发包合同 separate contract
分段阀 sectionalizing valve; sectioning valve
分段法 fractionation method; hierarchic(al) method; section by section method; sectioning method; stepwise method; segmentation
分段反馈 divided reset
分段反向堆料法 step-back method
分段反向焊法 step-back method of welding
分段费用 sectional charges
分段分环结合砌拱 laying arch by sections and rings
分段分配器 segmented distributor
分段分析 piecewise analysis
分段粉碎 stage reduction
分段缝 staggering joint
分段浮选 stage flo(a)tation
分段腐蚀 stopping-out
分段付款制 progress payment
分段负荷 stepped loading
分段负载 stepped loading
分段傅立叶频谱 piecewise Fourier spectrum
分段覆盖 segmentation overlay
分段干馏液化 graded dry distillation liquefaction
分段干涉量度振荡 piecewise interferometric generation
分段干燥 stage drying
分段高度 height of lift(ing)
分段格式 zoned format
分段工长 section boss; section foreman
分段工程师 section engineer
分段工作面 <采矿的> sublevel stope; substope
分段构造 segmental construction
分段关闭 step closure
分段管罩 sectional pipe covering
分段管制 subdivision control
分段灌浆 packer grouting; stage grouting
分段灌浆法 stage method of grouting
分段光滑 piecewise smooth; sectional smooth
分段光滑函数 piecewise smooth function
分段光滑曲线 piecewise smooth curve
分段滚压机 segmented roller
分段过滤器 stage filter
分段函数 piecewise function
分段焊接 blocking welding; progressive welding; sequence welding
分段焊接法 block welding sequence; block system
分段烘干机 progressive drier[dryer]; sectional dryer
分段后向法 backstep sequence
分段后张法预应力桥 segmental post-tensioned bridge
分段划分图 hull block division plan
分段环 grading ring
分段换筒 block creeling
分段回采程序 face-and-slab plan
分段回采法 sublevel stoping
分段回归 piecewise regression; stepwise regression
分段回归模型 piecewise regression model
分段汇编程序 sectional assembly
分段混合桩 composite pile in separate lengths
分段活性污泥法 stage activated sludge process
分段机构 segmentation mechanism
分段(级)控制 cascade control
分段计酬计件工资 stage-based piecework wage
分段计费的运费 separately charged traffic
分段计价 zone fare
分段计算 stepwise computation
分段计算法 step method
分段技术 sectioning technique; segment-based assignment technique
分段寄存器 segmentation register
分段寄存器表 segmentation register table
分段加煤机 compartment stoker
分段加气的混凝土板 sectional aerated concrete panel
分段加热 stage heating
分段加热双段连续炉 zone-fire two-zone continuous furnace
分段加药 stage agent addition
分段加载试桩 incrementation
分段架设 segment erection
分段架设机 segment erector
分段间隙 overlap span; section gap
分段减压 split reduction
分段剪切 nibbling shear
分段检索 fractional search
分段检验 sectioning examination
分段建造 built-in sections
分段建造车间 fabricating shop
分段建造船 prefabricated vessel
分段建造的船舶 built-up boat; fabricated vessel
分段渐近法 successive approximation method
分段渐缩的混凝土桩 step-taper concrete pile
分段浇筑工 segment placer
分段浇筑机 segment placer
分段浇筑箱梁桥 segmental box girder bridge
分段胶接 glued and blocked joint
分段胶接的板 sectional glue-jointed panel
分段接合的浮船坞 self-docking dock
分段接合浮坞 self-docking dock
分段接(头)【建】blocked joint
分段结构 sectional construction; sectional structure; segmental structure
分段结合体 subassembles
分段截流阀 sectionalizing valve
分段解锁 sectional release
分段解锁进路继电器 sectional release route relay
分段解锁式进路锁闭 sectional release route locking
分段解析函数 piecewise analytic(al) function
分段近似 piecewise approximation
分段进料系统 staged charging system
分段进水 step input; stepped feeding
分段进水活性污泥法 step-feed activated sludge process
分段精炼 stepped refining
分段镜 facet mirror
分段就地浇筑桥梁 cast-in-place segmental bridge
分段距离 sectional distance
分段绝缘 graded insulation
分段绝缘变压器 graded insulation transformer
分段绝缘电缆 grade(d) insulated cable
分段绝缘法 Jona's method
分段绝缘器 section(al) insulator
分段绝缘子 sectional insulator; sectional isolator
分段掘进 sublevel drive; sublevel(l)ing
分段均匀加载 incremental loading
分段开采 stage mining
分段开关 sectional breaker; sectionalizing switch; section(al) switch
分段开挖法 benching method; stage cut; stepping
分段可微的 piecewise differentiable
分段控制 piggyback control; sectional control; subdivision control(ling)
分段控制券 <册页票> sectional control coupon
分段枯竭法 stepwise depletion procedure
分段馈电环 segment-feed loop
分段拉土法 sectional earth pulling process
分段冷却 gradual cooling; stage cooling; stepped cooling
分段立面 punctuated facade
分段立式水尺 sectional staff ga(u)ge
分段利差 split spread
分段励磁绕组电机 tap-field motor
分段连接 blocked joint; blocking joint
分段连续函数 piecewise continuous function; sectional-continuous function
分段连续焊接 block sequence welding
分段连续砌砖法 sectionalized continuous brick laying method
分段连续微分函数 piecewise continuous differentiable function
分段连续性 piecewise continuity
分段裂纹 step fracture
分段落差 divided fall
分段码 fragment code
分段面积 step area
分段灭菌 fractional sterilization
分段模型 sectional model
分段磨矿 multistage grinding; stage grinding
分段母线 sectionalized bus bar
分段母线隔离开关 busbar disconnecting switch
分段母线开关 bus section switch
分段逆焊 backstep welding
分段逆流抽提 stepwise countercurrent extraction
分段逆流气浮工艺 step-recycle counter current flo(a)tation process
分段排列长凳 <会场内> sectional bench
分段刨煤法 sectional ploughing method
分段喷射 segmental jet
分段漂白 bleaching in stage
分段票价 graduated fare
分段票制 sectional fare
分段(拼接)锅炉 sectional boiler
分段拼接水箱 sectional tank
分段拼装(法) assembling segmentally; sectional assembling
分段拼装式桥 segmental bridge
分段拼装箱梁桥 segmental box girder bridge
分段拼装预应力梁桥 segmental prestressed girder bridge
分段平衡 partition balancing
分段平滑的 sectionally smooth
分段平均 segmental averaging
分段平面图 sectional plan
分段平巷 slice drift; subdrift
分段平巷回采 sublevel drift stoping
分段屏蔽 grading shield
分段破碎 graded crushing; stage breaking; stage crushing
分段曝气 stage aeration; step(ped) aeration
分段曝气池 stage aeration tank
分段曝气过程 stepwise aeration process
分段曝气活性污泥法 stage aeration activated sludge process
分段曝气中和 step-aerated neutralization

分段起点位置 starting position of segment
分段起停系统 stepped start-stop system
分段起重臂 sectional boom
分段汽缸 individual cylinder; separate cylinder
分段砌拱 laying arch by sections
分段钎焊 step brazing
分段切除术 segmental resection; segmentectomy
分段切削试验 step cutting test
分段区 section area
分段区域开关 sectional switch
分段曲柄 divided crank
分段曲线 segmented curve
分段驱动 sectional drive
分段取水 segmented pumping
分段取心钻孔 partial section core hole
分段绕法 sectional wind(ing)
分段绕制线圈 grading coil; sectionalized coil; graded coil
分段绕组 sectional wind(ing); slotted-form winding; tappet winding
分段热电臂 graded thermoelectric(al) arm
分段热水井 compartment hot well
分段扫描 fractional scanning
分段扫描方式 step-scan mode
分段筛分作业 step-sizing operation
分段上行注浆 section grouting upwards
分段设计 step-by-step design; stepped design
分段设计法 piecewise design procedure
分段摄片器 sectionable photographic equipment
分段深孔梯段式回采 sublevel-longhole benching
分段升温 temperature gradient method
分段施工 sectionalized construction; section construction; segmental construction; split construction; stage construction
分段施工的混凝土结构 segmental concrete construction
分段施工法 <混凝土坝> column method of execution
分段时效 progressive ag(e)ing
分段式 block system; multiple step format; sectional form; sectional type
分段式衬套 segmented insert
分段式船坞 sectional dock
分段式存储器管理程序 partition-segmented memory manager
分段式导管架 sectionalized jacket
分段式等化器 graphic(al) equaliser [equalizer]
分段式多级离心清水泵 sectional multi-stage centrifugal fresh water pump
分段式放热器 partitioned radiator
分段式浮船坞 sectional floating dock
分段式控制台 sectional type control machine
分段式扩管器 sectional type tube expander
分段式沥青搅拌设备 sectional type bituminous mixing plant
分段式溜槽 cascade chute
分段式溜子 cascade chute
分段式门 sectional gate
分段式喷嘴 segmented injector
分段式气候驯化 stepped acclimatization
分段式散热器 sectional core type radiator
分段式收获机 indirect harvester
分段式输送机 sectional conveyer [conveyor]
分段式水水换热器 staged water-to-water heat exchanger
分段式土坝 zoned earth dam
分段式外壳 sectionalized casing
分段式箱形浮船坞 sectional box dock
分段式预应力混凝土桥 prestressed concrete segmental bridge
分段收费的运输 separately charged traffic; split traffic
分段收益表 multiple step form of income statement
分段疏散 phased evacuation
分段输送机 segment conveyer [conveyor]
分段竖直天线 sectionalized vertical antenna
分段数据 segment data
分段数据集 partitioned data set
分段双线性函数 piecewise bilinear function
分段水解 graded hydrolysis
分段水冷冲天炉 segment-type water-cooled cupola
分段水平丈量 drop chaining; horizontal chaining
分段水平丈量法 method of chaining by horizontal steps
分段水准测量法 method of fraction level(l)ing
分段送风 air zoning; zoned-air distribution
分段搜索 sectioning search; staged research
分段摊铺工 segment placer
分段摊铺机 segment placer
分段梯段回采 sublevel bench stoping; sublevel stoping mining
分段提取 stage extraction
分段提升机 stage hoist
分段提升门 multisection vertical door
分段添纱 sectional plating
分段填土 zoned earth fill dam
分段条 grade strip
分段条(线)图 component bar-chart; sectioned bar diagram
分段条形图 component bar-chart; divided bar graph; sectioned bar diagram
分段调节法 step mode of control
分段调整 piecewise adjustment
分段跳槽 section of alternating pit
分段跳焊工序 wandering block sequence
分段铁芯 segment core
分段统制账法 block method
分段投料 step feeding
分段图 section graph
分段推算法 step method
分段退焊 backstep(sequence) welding
分段退焊次序 backstep welding sequence
分段退焊法 backstep welding method
分段退焊法焊接 backstep welding; step-back welding
分段退火 stepped annealing
分段挖泥 dredging in sections
分段完工 sectional completion
分段文件 segmental file; fragmenting file
分段误差收集 segmentation error trap
分段铣削 step-cut milling
分段下部掏槽崩落开采法 sublevel undercut-caving method
分段下面拉底 undermining sublevel
分段下行注浆 section grouting downwards
分段现浇桥梁 cast-in-place segmental bridge
分段线路 sectionalized line
分段线圈 sectional coil; slotted-form winding
分段线性插值 piecewise linear interpolation
分段线性迭代 piecewise linear iteration
分段线性函数 piecewise linear function
分段线性函数发生器 piecewise linear function generator
分段线性化 piecewise linearization
分段线性回归 piecewise linear regression
分段线性回归模型 piecewise linear regression model
分段线性机 piecewise linear machine
分段线性扩展 piecewise linear stretch
分段线性模型 piecewise linear model
分段线性判别函数 piecewise linear discrimination function
分段线性区域 sectionally linear region
分段线性系统 piecewise linear system
分段线性映射 piecewise linear mapping
分段限流量法 staged limited-entry technique; sublevel limited-entry method
分段限时 graded time step
分段限时高速距离继电器 multizone high-speed distance relay
分段限时继电器 multizone relay
分段箱式船坞 sectional box dock
分段巷道 sublevel
分段消化 stage digestion
分段效率 stage efficiency
分段芯管 sectional core barrel
分段信号 block signal
分段信号系统 bloc-signalling system
分段型屏蔽 compartment shielding
分段悬臂浇注 <混凝土> cantilever segmental concreting
分段悬臂拼装 cantilever segmental erection
分段选择 sector selection
分段巡检 sectional inspection
分段压裂 staged fracturing
分段压实量 partition compaction
分段压水 injecting water sectionally
分段压制 graded pressing
分段延时继电器 graded time-lag relay
分段研磨 stage grinding; step grind(ing)
分段验收可接受的分段工程 acceptable section
分段扬料板 sectional flight
分段液化 stage liquefaction
分段依次计算法 stepwise method
分段译码器 segment decoder
分段预制 prefabricate
分段预制混凝土桥 precast concrete segmental bridge
分段预制法 segmental construction of precast concrete sections
分段预制拼装法 segmental precast method
分段预制拼装桥(梁) precast segmental bridge
分段预制桩 segmental precast pile
分段预装车间 block assembly shop
分段圆棒 segmented cylindrical rod
分段运费的汇总 combination of sectional charges
分段运费的加总 combination of sectional charges
分段运价 sectional rate
分段运价表 sectional tariff
分段运价率 split-rate
分段运输 fragmented transport; segmented transport
分段运输机 segment hauler
分段运销 piggyback distribution
分段运行 partition running
分段造船法 block system; section fabrication; split construction of ships
分段增加的 in increment
分段丈量 breaking tape
分段折线近似法 piecewise linear approximation
分段蒸发 stage evapo(u)ration
分段蒸馏 stepwise distillation
分段整经 sectional warping
分段整经机 sectional warper; sectional warping machine
分段正则函数 piecewise regular function
分段支撑物 anchor support
分段支柱 section pillar
分段制 <铁路组织> divisional system
分段终点位置 end position of segment
分段重叠 segmentation overlay
分段重置 divided reset
分段逐次计算法 stepwise method
分段装火药 deck charge
分段装配 block assembly; subassembly
分段装配车间 block assembly shop
分段装配船 fabricated ship
分段装配的船舶 fabricated vessel
分段装配法 unit assemble
分段装饰(凸出)柱 ringed column
分段装药 broken charge; explosive train; extended charge; part charge; deck charge
分段装药法 decking; deck loading
分段装载机 stage loader
分段装置 sectioning; subassembly
分段锥形桩 step taper pile
分段字 segmented word
分段字装置 segmented word feature
分段自动化 sectional automation
分段组合电缆 compound cable
分段组合模制 piece mo(u)lding
分段组合式电炉 block furnace
分段组装 unit construction
分段组装机械制造 sectionalized machine manufacture
分段钻进 <深孔> sectional drilling; step drilling
分段钻削 step drilling
分段座垫 sectional seat cushion
分断电流 breaking current
分断接头 section break contact
分断面衬砌 partial section lining
分断面隧道掘进机 partial section tunneller
分断能力 breaking capacity
分断容量 interrupting rating
分堆堆料 dump in piles
分堆集中 concentrating in mound and pushing in one time
分堆卸料 dump in piles
分队 subsection
分对数 decilog; logit
分垛堆放 stow in block
分垛机 depiler
分额 drifts
分二室的石棺 bisomus
分发 dispensation; dispense; distribute
分发材料 distribution of material

分发股利 distribute a dividend
分发红利 distribute a bonus
分发室 despatch[dispatch] room
分发台 sorting table; ticket distributing position
分发文件 distribution of documents
分发资料 hand out
分法 dichotomy
分方案 offshoot program(me)
分方位存储 block-oriented memory
分粉托 dough salver
分份传递的电报 divided telegram
分风道 branch duct
分风阀 splitter damper
分风式通风 split ventilation
分风箱 draft distributing box; draught distributing box
分封爆破 water infusion blasting
分封式交换网络 packet switching network
分敷黏[粘]合剂 separated application adhesive
分幅 separate sheet
分幅编号 nomenclature
分幅航空摄影 frame aerial camera
分幅略图 map relation
分幅热像仪 framing thermal imager
分幅摄影法 frame photography
分幅摄影机 frame[framing] camera
分幅摄影术 frame photography
分幅透镜 framing lens
分幅像 separation picture
分幅照相法 framing photography
分幅照相机 framing camera
分幅照相术 framing photography
分付请求书 allotment note
分负载齿轮箱 split load gearbox
分干管 submain
分干线 service main
分杆式等速万向联轴器 Rzeppa constant velocity joint
分缸供油泵式发动机 individual pump-injection system
分港口 <尼日利亚> Dockyard Greek
分割 carve up; comminute; decollate; dismember; dissect; dividing; excision; fragmentation; fragmenting; partition(ing); sectioning; segment; segmentation; set-off; split; split-up; subdivision
分割棒法 method of divided bar
分割比 division ratio; plot ratio; ratio of division
分割部分 cantling
分割成弓形构造 segmental construction
分割出的框架 subframe
分割导体 milliken conductor
分割的 divisional; segmental; segmentary
分割的所有权 divided ownership
分割地下径流 separation of groundwater flow
分割点 break point
分割点操作 break-point operation
分割点信息 break-point information
分割点指令 break-point order
分割定理 excision theorem; partition theorem
分割段数 segment number of segmentation
分割法 method of slices; split run
分割分类账户 split ledger account
分割高原山 pseudo-mountain
分割估计法 partitioning method of estimation
分割股 split share
分割轨道电路区段 cut section
分割环形槽热裂试验 segmented circular groove cracking test
分割机 separate machine
分割集 cut-set
分割加码 split spread
分割间隙 subdivided gap
分割检验 partition test
分割精确度 accuracy of separation
分割控制任务 dividing of control task
分割粒径 cut diameter
分割面 cutting plane; divisional plane; parting plane
分割频率 dividing frequency
分割屏面 split screen
分割器 slicer
分割球式超高压高温装置 divided sphere ultra high pressure and high temperature device
分割区 cells of partitions
分割区段 cut section
分割区段发码 cut section coding
分割区段轨道电路 cut section rail circuit; cut section track circuit
分割设计 split design; split plot design
分割石板 coping
分割时间 sliced time
分割实验 split-run experiment
分割市场 carving up the market
分割式段落(调度)分割段落式 partitioned segmentation
分割式钢轮路碾 segmented steel-wheel roller
分割式钢轮压路机 segmented steel-wheel roller
分割式离岸防波堤 segmented offshore breakwater
分割式碾路机 segmented roll
分割式燃烧室 divided combustion chamber
分割试验 split plot test; split-run test
分割试验设计 split unit design
分割树 cut tree
分割搜索 sectioning search
分割所有权 divide ownership
分割提单 split bill of lading
分割同位标磁道组方式 split cylinder mode
分割透镜 sectioned lens
分割线 cut-off rule; merge line
分割线圈测向器 split winding goniometer
分割相带绕阻 split-phase belt winding
分割箱 dividing box
分割销售 split sale
分割信息系统 isolation information system
分割性 separability
分割直径法 cut-diameter method
分割值 partition value
分割铸造(法) individual casting; separated casting
分割铸造汽缸 individual cylinder
分割砖层 cantling
分割资本 split capital
分格 graticule; scoring of masonry; mesh division <用于有限单元法>
分格玻璃门 divided light door
分格操平(测量) <场地的> spot level(l)ing
分格车厢【铁】compartment
分格沉箱 cellular caisson
分格储料仓 compartment storage hopper
分格储料斗 compartment storage hopper
分格大梁 cellular girder
分格导线槽 cellular raceway
分格的槽子 divided bath
分格多面体 cellular polyhedron
分格法 cell method; cellular method
分格放映机 graded projector
分格干燥器 compartment drier[dryer]
分格号角 cellular horn
分格划线 divide into sections
分格计数板 ruled counting plate
分格栏 <厩的> box stall
分格轮式喂料机 rotary-vane feeder; sectional feeder; vane feeder
分格轮式卸料器 rotary-vane type discharger
分格轮式闸门 cellular wheel sluice
分格磨 compartment mill
分格棚顶 compartment ceiling
分格(嵌)条 divider strip; dividing strip
分格取样 riffling
分格取样法 cut-squaring method
分格取样器 sift sampler
分格砂箱 sectional flask
分格摄影机 frame camera
分格摄影术 frame photography
分格生长 cellular growth
分格式的 cellular
分格式电话 cellular telephone
分格式房屋 cellular-type block
分格式建筑(法) cellular construction; cellular building
分格式配电盘 cellular switchboard
分格式配管 cellular tubing
分格式桥面 cellular deck
分格式取样器 <在大量试样中分取少量试样的用具> riffle sampler
分格式洗涤槽 multiple compartment sinks
分格式贮料箱 cellular bin; compartment bin
分格收集垃圾车 compartmentalized vehicle
分格条 grid line
分格铜条 brass dividing strip; brass division strip; brass parting strip
分格纹 separate elements tread
分格卧倒门 cellular flap gate
分格卧式坞门 cellular flap gate
分格线 frame bar; frame line; mask line
分格线条 grid line
分格箱形结构 cellular box structure
分格型配管 cellular tubing
分格型箱 sectional flask
分格扬料器 sectional lifter
分格蒸锅 compartment steamer
分格蒸笼 compartment steamer
分格蒸箱 compartment steamer
分格值 division value; value of division
分隔 compart; diversity; divide; division(board); framing; partition board; segregation; separate; separation; splitter plate; septation【植】; sever <人工电话话务员插话>; blocking off <以木块插入>
分隔板 dividing panel; division plate; partition board; partition plate; separate board; separator inserter; separator <两梁之间的>
分隔变压器 isolating transformer
分隔材料 <防止新浇混凝土与其他物质黏[粘]结的> separating strip
分隔舱壁 division bulkhead; partition bulkhead
分隔槽 isolation trench
分隔厕所间 closet cubicle
分隔层 separating layer; separation course; separation layer
分隔查核线 screen line
分隔车岛 division island
分隔车道 separate lane
分隔沉降室 settling compartment
分隔撑板 spreader
分隔处的框架 subframe
分隔处理方式 separate processor mode
分隔带 central reservation; central reserve; dividing strip; separate zone; separating strip; separation strip; separator; trabecula[复 trabeculae]; insulation strip <把变速车道和公路本身分隔开来的>; separator <道路上的>
分隔带侧石 median curb
分隔带车道 <位于分隔带中的变速车道,便利左转弯车辆> median lane
分隔带端点 median end
分隔带开口 separator opening; median opening
分隔带缘石 medium curb
分隔导址 separated addressing
分隔岛 divisional island
分隔的 broken up; chambered; separating
分隔的筒式拌和机 split-drum mixer
分隔的水带箱 divided body
分隔点 separation
分隔电路 separation circuit
分隔垫圈 partition ring
分隔顶棚 compartment ceiling
分隔阀 separating valve
分隔范围 disjoint range
分隔房 box stall
分隔房间 cab(in)
分隔房间的圬工墙 compartment division masonry wall
分隔放大器 isolating amplifier
分隔(非机动车)式立体交叉 interchange with special bicycle track
分隔分布 segregation distribution
分隔缝 isolation joint; separating line
分隔符 delimiter; separative sign; separator; tab
分隔符顺序格式 tab sequential format
分隔杆 division bar
分隔工程 separation works
分隔公路区段终点标志 divided highway ends sign
分隔/功率关系 cut/power relationship
分隔航道 divided channel; separate sea lane
分隔号 separatrix
分隔环 stripper loop
分隔环式镇压器 segment roller
分隔记号 break sign; separator
分隔继电器 bridge cut-off relay
分隔架 spacer
分隔架弯折系统 spacer bending system
分隔间 compartment; cubicle; severy bay <哥特式建筑穹顶的>
分隔间距 distance separation
分隔间取暖器 cabin heater
分隔件 separator
分隔接收机 spaced receiver
分隔结构 separation structure
分隔空调方式 separate air conditioner system
分隔空间 partitioned space
分隔控制符号 separation control character
分隔栏 medium barrier; loose-box <畜生的>
分隔篱笆 division fence
分隔料 bond breaker
分隔料仓 compartment bin
分隔料斗 compartment bin
分隔楼板 separating floor
分隔楼层 separating floor
分隔楼面 separating floor
分隔炉膛 divided furnace
分隔滤波器 separated filter; separation filter

分隔绿化 median planting
分隔螺距 divided pitch
分隔码 separation code
分隔面 divisional plane; division surface; surface of freeing; surface of separation
分隔膜 separation membrane
分隔木纤维 separate wood fibre
分隔牧场 drafting yard
分隔黏[粘]结材料 <防止新浇混凝土与其他物质黏[粘]结的> bond breaker
分隔片 shim; splitter; wagtail
分隔频率 cross-over frequency
分隔屏蔽 compartment shield; separating shield
分隔器 divider; divisor; segregator; separating element; separator; spacer
分隔嵌条 <抹灰用> spacing strip
分隔墙 area separation wall; divider wall; dividing wall; division wall; parting wall; partition wall; separating; separation partition; separation wall
分隔墙分格储料斗 compartment wall
分隔区 marker space
分隔圈 space ring
分隔燃烧室 separation chamber
分隔塞 batcher; batching go-devil; batching pig; batching plug
分隔商品 segregated goods
分隔设备 separating plant; separation device
分隔设施 separate facility
分隔时间 splitting time
分隔式 pavilion type
分隔式变风量再热装置 split VAV [variable air volume] reheat unit
分隔式车行道 dual carriageway (road); separated roadway; divided carriageway
分隔式车行道道路 <有分隔路基的> dual carriageway (road)
分隔式池窑 partitioned tank furnace
分隔式的公路 divided highway
分隔式高速公路 divided motorway
分隔式隔板 dividing partition
分隔式公路区间前置标志 divided highway sign
分隔式交叉口 partitioning intersection
分隔式均热炉 cell-type soaking pit
分隔式冷凝器 split condenser
分隔式立体交叉【道】 interchange with special bicycle track
分隔式料仓 compartment silo
分隔式淋浴间 stall-type shower
分隔式燃烧器 separate burner
分隔式筒仓 compartment silo
分隔式污泥消化池 separate sludge digestion tank
分隔式消声器 splitter-type muffler
分隔式行车道公路 divided highway; dual carriageway road
分隔式蓄热室 divided regenerator; partitioned regenerator; separated regenerator
分隔式住宅平面图 possum-trot plan
分隔式转弯车道 separate (d) turning lane
分隔式自行车道 segregated cycle route
分隔水道 divided channel
分隔索 jack stay
分隔体 isolated body
分隔条 casing bead; check strip; divider strip; dividing strip; parting strip; wagtail
分隔围栏 parting fence
分隔位 framing bit; sync bit
分隔圬工墙 division masonry wall
分隔屋面 compartment roofing
分隔物 divider; partition; separation
分隔线 cutting-in; dividing line; division line; separation line
分隔信号相 <交通灯的> separate signal phase
分隔行驶的道路 divided road
分隔行驶的双向公路 divided tow-way highway
分隔型空气过滤器 cellular air filter
分隔型消声器 splitter-type muffler
分隔压载水舱 segregate ballast tank
分隔烟道 divided uptake
分隔载波调制 divided-carrier modulation
分隔栅 barrier stripe
分隔帐篷 cabin camp
分隔中间带栏杆 median guard bar
分隔转弯车流 segregation of turning traffic
分隔装置 partition device
分隔作用 barrier effect
分给 deal out
分工 division of work
分工程发包 partial contract
分工负责 separation of functions
分工负责制 division of labo (u) r with individual responsibility; division of responsibility
分工合作 farm out; work in cooperation with a due division of labo (u) r
分工协议书 <房地产主与租户为准备的房屋租赁所作的> work letter
分工与专业化 division of labo (u) r and specialization
分工制 division of labo (u) r
分公亩 <1 分公亩 = 1/10 公亩, 1 亩 = 666.6 平方米> deciacre
分公司 affiliate (d) company; allied company; branch; branch office; constituent company; controlled corporation; member company; minor office; related company; subcompany; subsidiary company
分公司账户 branch account
分功率器 power-divider
分钩装配法 split fall system
分钩装卸法 split fall system
分构造体系 quadripartite
分股 share split-up; split-up
分股导线 bundled conductor
分股导线保护 split-conductor protection
分股电缆 split cable; split-conductor cable
分股电缆钳 split cable grip
分股集中 split strand
分股卷绕 double cake winding
分股退火 strand anneal (ing)
分挂式挖沟机 non-integral trencher
分挂式挖沟装置 non-integral type trenching element
分管 branched passage; branched piece
分(管)道输送的 separately-ducted
分管机 tube sorting machine
分管输送 separate pipe transmission
分光 beam splitting; light splitting
分光板 beam splitter; spectroscopic-(al) plate
分光比色法 spectrocolo (u) rimetry
分光变阻测热计 spectrobolometer
分光变阻测热图 spectrobologram
分光测定 spectral photometry; spectroscopic (al) measurement
分光测光学 spectrophotometry
分光测光仪 spectral photometer; spectrophotometer
分光测热计 actinic balance; spectrobolometer
分光测色法 colo (u) r measurement by spectrophotometry
分光电光系统 light-splitting electrooptical system
分光电化学 spectroelectrochemistry
分光法 optic (al) spectroscopy
分光反射率 spectral reflectance
分光反射率曲线 spectral reflectance curve
分光反射器灯 dichroic reflector lamp
分光反照率 spectral albedo
分光分度测定计 spectrophotometric-(al) means
分光辐射度计 spectroradiometer
分光辐射度量学 spectroradiometry
分光辐射度学 spectroradiometry
分光辐射光通仪 spectroradiometer
分光辐射谱仪 spectroradiometer
分光辐射曲线 spectroradiometric curve
分光辐射特性 spectroradiometric property
分光辐照仪 spectroirradiator
分光感度测量 spectral sensitivity measurement
分光感度曲线 spectral sensitivity curve
分光感度特性 spectral sensitivity characteristic
分光感光计 spectroactinometer
分光高温计 spectropyrometer
分光光电作用的 spectrophotoelectric (al)
分光光度测定(法) spectrophotometric (al) determination; spectrophotometry
分光光度测定分析 spectrophotometric (al) analysis
分光光度测定曲线 spectrophotometric (al) curve
分光光度测定研究 spectrophotometric (al) study
分光光度测定中的遮盖 spectrophotometric (al) hiding
分光光度测量 spectrophotometry
分光光度测色法 spectrophotometric (al) colo (u) rimetry
分光光度滴定 spectrophotometric (al) titration
分光光度法 spectrophotometry
分光光度法配色 spectrophotometric (al) colo (u) r match
分光光度分析 spectrophotometric (al) analysis
分光光度分析法 spectrophotometric (al) method
分光光度计 spectral photometer; spectrophotometer; spectrometer
分光光度镜 remission photometer
分光光度三色色度仪 spectrophotometric (al) trichromatic colo (u) rimeter
分光光度术 spectrophotometry
分光光度梯度 spectrophotometric-(al) gradient
分光光度图 microphotogram
分光光度推定法 spectrophotometric-(al) evaluation
分光光度温度 spectrophotometric-(al) temperature
分光光度吸收池 spectrophotometric-(al) cell
分光光度学 spectrophotometry
分光光度仪 spectrophotometer
分光光密度计 spectrodensitometer
分光光学系统 light-splitting optic-(al) system
分光光栅 spectro-grating
分光轨道 spectroscopic (al) orbit
分光化学分析 spectrochemical analysis
分光计 photometer; spectrometer (unit)
分光计发光度 spectrometer transmission
分光计法 spectrometer method
分光计光电法 spectrometric photoelectric (al) method
分光计片 spectrometer cliff
分光计室 spectrometer chamber
分光解 spectroscopic (al) orbit
分光晶体 analyzing crystal
分光镜 beam splitter; beam splitter mirror; light beam splitter; light splitter; spectroscope; spectrum apparatus
分光镜的 spectroscopic (al)
分光镜法 spectroscopic (al) method
分光镜分析 spectroscopic (al) analysis; spectroscopic (al) study
分光镜检查 spectroscopy
分光镜式取景器 through-the-lens finder
分光镜视差 spectroscopic (al) parallax
分光棱镜 beam splitting prism
分光立方体 beam splitting cube
分光灵敏度 spectral sensitivity
分光滤色镜 spectrofilter
分光滤色片 analysis filter; analyzing filter
分光描记分析法 spectrographic (al) analysis
分光敏度测量 spectral sensitometry
分光敏锐度 <摄影体系中分辨相邻亮点与暗点能力的客观量度> acutance
分光能量分布曲线 spectral energy distribution curve
分光偏光镜 spectropolarimeter
分光偏振计 spectropolarimeter
分光器 light splitter; optic (al) splitter; spectroscope
分光三棱镜 spectro-prism
分光色度计 spectrocolo (u) rimeter
分光设备 light-dividing device
分光摄像仪 spectrograph
分光摄影机 beam split camera; one-shot camera
分光湿度计 spectroscopic (al) hygrometer
分光视差 spectroscopic (al) parallax
分光术 spectroscopy
分光束 divided beams
分光束镜 beam splitter; optic (al) splitter
分光双星 spectroscopic (al) binary star
分光太阳热量计 spectropyrheliometer
分光特性 dichroism
分光投射器 spectroprojector
分光透镜 beam splitting lens
分光透射率 spectral transmission ratio
分光吸收指数 spectro-absorption index
分光系统 beam splitting system; optic-(al) splitting system
分光显微镜 spectromicroscope
分光性能 spectroscopic (al) behavio (u) r
分光旋光计 spectropolarimeter
分光学 spectroscopy
分光眼镜检查 ophthalmophasmatoscopy
分光仪 monochromator; spectroscope; spectrum apparatus
分光仪器 spectroscopic (al) instrument
分光荧光法 spectrofluorimetry
分光荧光计 spectrofluorimeter

分光照度 spectral irradiance
分光照相(术) spectral photography; spectrophotography
分光装置 light-dividing device
分规 angle dividers; compasses beam dividers; subdivider
分柜债券 cabinet bonds
分国库 subtreasury
分果片 mericarp
分汉河段整治 regulation of fork river section
分汉型河流 braided river
分行 agency bank; branch (bank); branch office; subbranch
分行车路 road diversion
分行列 defile
分行示波器 line selector oscilloscope
分行竖直摄影 split vertical photography
分行往来 inter-branch
分行信托部 branch trust department
分行业承包制 separate trade contractor system
分行账户 branch account
分号 semicolon
分号表 jumper indicator
分号电缆 jumper cable
分号计算 semicolon count
分号利润 branch profit
分号运行图【铁】 variant train diagram
分禾割刀 dividing knife
分禾器 divider; nearside divider; segregator
分禾器挡杆 divider guard
分禾器挡禾杆 divider fender bar
分禾器杆 divider rod
分禾器高度调节器 divider height adjuster
分禾器弓形杆 divider bow
分禾器翼板 divider stripper
分合 deciliter[decilitre]
分合计 subtotaling
分合流三角区【交】 gore area
分合同 partial contract
分荷多支点梁 <起吊大型物件的> spreader beam; spreading beam
分荷分配 burden distribution
分桁架 component truss
分横脉 sectorial
分红 distribute a bonus; profit sharing; receive dividend; share in profits; share profit
分红表 scheme of distribution
分红股 bonus shares
分红制 bonus system; premium system; profit-sharing system
分洪 diversion of floodwater; flood diversion; flood mitigation; floodwater division; mitigate the flood; mitigation of flood
分洪道 by-pass of flood; by-pass relief channel; flood by-pass; flood diversion channel; flood relief channel; floodway channel; relief channel
分洪工程 flood diversion project; flood diversion works; flood separation works
分洪河槽 floodway channel
分洪(河)道 flood way
分洪建筑物 diversion construction; flood diversion construction
分洪率 rate of retention; retention rate
分洪面积 spreading area
分洪能力 retention ability; retention capacity
分洪区 detention area; diversion area; flood diversion area; retarding basin; spreading area
分洪区管理 flood diversion area management
分洪区运用 flood diversion area operation
分洪渠(道) diversion canal; diversion channel; diversion cut; flood bypass; flood relief channel; relief channel; bypass(ed) channel
分洪设施 flood diversion facility
分洪水库 flood reservoir
分洪运用 flood diversion operation
分洪运用程序 sequence of flood diversion operation
分洪闸 flood distribution gate; flood diversion gate; flood diversion sluice
分弧环 arc ring
分弧器 arc-splitter
分户 household separation
分户单独所有权 <土地> separate ownership
分户电表 secondary meter
分户隔墙 <住宅的> common wall
分户管 service header
分户经营 decentralizing management on a household basis; individual household operation
分户配电设备 service entrance equipment; service equipment
分户墙 building division; party wall; separating wall
分户水表 secondary meter
分户账 ledger; ledger account
分户账目 individual's account
分户账账页 ledger sheet
分化 differentiate
分化变异 dissociation
分化变质 katamorphism
分化不良型的 undifferentiated
分化的 broken up; differential; differentiated
分化度 degree of differentiation
分化分析 fractional analysis
分化价格 price differentiation
分化良好型的 well-differentiated
分化脉岩 differentiated rock
分化期 differentiation period; idiophase
分化前期 predifferentiation stage
分化系数 coefficient of differentiation
分化相 differentiation phase
分化型 differentiated
分化中心 differentiation center
分化转移 transdifferentiation
分化作用 differentiation
分划 dial; division; partition; plot; scale
分划板 reticle plate; retic(u)le
分划板刻线 division of the graticule
分划板图形 reticle pattern
分划标记 scale mark
分划长 scale length
分划尺 calibrated dial; divided scale; graphic(al) scale; scale rule
分划尺测微器 scale micrometer
分划尺长度 scale range
分划尺显微镜 scale microscope
分划的 dividing
分划点 scale point
分划间隔 scale interval
分划空间模像 scale space model
分划立体模像 scale space model
分划面 dividing plane
分划盘 calibrated dial
分划扫描 divided slit scan
分划式标准尺 line standard
分划误差 error of graduation; line error
分划线 division line; graduated scale line; graduating mark; graduation line; line of graduation; tick
分划性结构面 divisional structural plane
分划直尺 linear graduate scale
分划值 scale unit; value of division
分划指示误差 scale index error
分画面电视 split screen view
分画面图像 split-field picture
分环砌拱 laying arch by rings
分环整流子 split-ring commutator
分会 affiliated society; court; subcommission <委员会下的>
分会所 <会社的> chapter house
分火量 deflection difference
分火头 distributor rotor; rotor; distributor arm <磁电机的>
分货站 distribution center[centre]
分货种运费 commodity freight
分机 bridging set; extension set; subset
分机编号表 numbering of subsets
分机存储匣 field storage group
分机代答中继来话 trunk answer from any station
分机号码 extension number
分机键 subswitch
分机馈电键 extension set feeding key
分机线 extension line
分机线路电码匣 field line coding group
分机用户 extension subscriber
分机站 extension station
分机振铃器 extension ringer
分激 separated excitation; separate excited; shunt excitation
分激磁场 shunt field
分激电动机 separate excited motor; shunt meter; shunt-wound motor
分激电路 separately driven circuit; separately excited circuit
分激发电机 separately excited dynamo; separately excited generator; shunt dynamo; shunt generator
分激感应式发电机 separately excited induction generator
分激继电器 shunt field relay
分激式变流器 separately excited inverter
分激式进相机 separately excited phase advancer
分激外差法 separate heterodyne
分激外差式接收法 separate heterodyne reception method
分激线圈 shunt field coil
分激振荡器 separately excited oscillator
分激直流电机 separated excitation direct current motor
分级 assort; assortment; classification; fractionate; gradation; grade; grading; graduation; spacing out; staging; stepping
分级保护 cascade protection
分级保险费率 class rate
分级倍增 multiplication by stages
分级比 size scale
分级比重过滤 filtering of graded density
分级变速齿轮 stepped gear change
分级变速传动装置 stepped drive
分级变压器 staged transformer; step transformer
分级变阻器 graduated rheostat
分级标度 step scale
分级标志 classer's description
分级标准 grade scale; grade standard; grading standard
分级操作 progressive operation
分级槽 bowl-type classifier; log washer
分级测微计 stage micrometer
分级产品 graded product
分级产品生产 class-product production
分级沉淀 fractional precipitation; fractionated precipitation
分级沉积 graded sediment
分级沉降 classification sedimentation; class settling
分级衬板 classifying liner; classifying lining plate; segregating liner plate; step lining
分级齿轮 stepped gear
分级除尘效率 fractional collection efficiency; fractional separation efficiency; grade collection efficiency; grade efficiency
分级储量 reserves according to classifications
分级处理 stage treatment
分级传递 stage transmission
分级传动 fractional driving
分级传送带 sorting conveyer[conveyor]
分级粗骨料 sized coarse aggregate
分级粗集料 sized coarse aggregate
分级淬火 broken hardening; graded hardening; graduated hardening; interrupted hardening; interrupted quenching; martemper(ing); progressive quenching
分级淬火回火处理 marquench and tempering
分级淬火用油 martempering oil
分级萃取 fractional extraction
分级存储结构 memory hierarchy
分级存储器体系 storage hierarchy
分级存储器系统 hierarchy of memory; memory hierarchy; storage hierarchy
分级存货管理 ABC control; selective inventory control
分级存取时间 hierarchy access time
分级道路网 hierarchic(al) network
分级的 fractional; graded; graduate(d); hierarchic(al); sectional; stepped; stepwise
分级的玻璃粉 graded glass powder
分级的道路 classified road
分级的多计算机控制系统 hierarchy system
分级的砾石混合物 graded grave mix(ture)
分级等温淬火 progressive austempering; up-quenching
分级等温热处理 progressive austemper
分级滴定 stepwise titration
分级点火 multistep ignition
分级电动机 split-pole motor
分级电离 fractional ionization; ionization by step
分级电位计 step potentiometer
分级电位调整器 contact voltage regulator; switch-type voltage regulator
分级电压 step voltage
分级电压调节器 step voltage regulator
分级电压调整器 switch-type voltage regulator
分级电阻 step resistance
分级电阻式测波仪 step resistance type wave ga(u)ge
分级电阻式潮汐计 step resistance type tide ga(u)ge
分级电阻式验潮仪 step resistance type tide ga(u)ge
分级动作 graduated acting
分级抖动板 washboard pan

F

分级堆积密度 graded piling density
分级堆石防波堤 graded-rubble mound with armo(u)r rock
分级多道程序设计 hierarchic(al) multiprogramming
分级多机控制系统 hierarchy system
分级法 hierarchic(al) method
分级范围 grading range
分级方法 classification method(ology)
分级费率 step rate
分级分类系统 <土壤的> hierarchic(al) taxonomic system
分级分离 fractionation
分级分期计租租约 graduated lease
分级粉碎 stage crushing; stage reduction
分级浮选 stage flo(a)tation
分级复联 grading; grafting
分级格筛 sorting grizzly
分级给料 classified feed; sized feed
分级公路网 classified road network
分级骨料 separated aggregate
分级骨料型路拌混合料路面 graded aggregate type road mix(ture) surface
分级挂挡 gradual engagement
分级管理 administration at different levels; level-to-level administration; management at different levels; step control
分级管理程序 hierarchy manager
分级灌浆 stage grouting
分级规范 grading rule
分级规格尺寸 graded sizes
分级规划 hierarchic(al) planning
分级过的混合砂 graded sand mix(ture)
分级过高 overclassification
分级过滤池 stage filter; graded filter
分级过滤器 stage filter; graded filter
分级和分类 grading and sorting
分级核算 business accounting at different levels; classifying accounting
分级滑动齿轮【机】 progressive sliding gear
分级机 classer; classifier; grader; grading machine; screener; sizer; sizing machine; sorter; sorting machine
分级机的工作面积 pool area
分级机排砂口 spigot discharge
分级机式分选机 classifier separator
分级机械 grading machinery
分级机溢流 classifier overflow
分级激光加热 staged laser heating
分级级数 hierarchic(al) level
分级集合 hierarchic(al) set
分级集料 graded aggregate; separated aggregate
分级几何设计 hierarchic(al) geometry design
分级计时工资 graded hourly rate
分级计算机网络 hierarchic(al) computer network
分级计算器 stepping counter
分级记发器 individual register
分级记发系统 individual register system
分级记发制 individual register system
分级剂量 fractionated dose
分级继电器 notching relay; stepping relay
分级加荷 incremental loading; loading in increments; stage loading
分级加热 bleeding
分级加载应力试验 step stress test
分级价值 class value
分级监督程序 hierarchic(al) monitor
分级检索纤维 graded-index fiber[fibre]
分级交换 hierarchic(al) switching
分级接枝 stage grafting
分级结构 data hierarchy; hierarchic(al) structure; hierarchy; hierarchy configuration
分级结构操作系统 hierarchic(al) operating system
分级结构法 hierarchic(al) level approach
分级结构分散控制系统 hierarchically structured distributed control system
分级结构模型 hierarchy model
分级结晶(法) fractional crystallization
分级结晶器 classifying crystallizer
分级界线 gradational boundary
分级进给 indexing feed; repeat feed; step feed
分级进给钻削附件 step feed drill attachment
分级经纬仪 minute theodolite
分级精炼 stepped refining
分级净化 stage purification
分级救治 rescue by stages
分级决策 hierarchic(al) decision making
分级绝缘绕组 graded insulated winding; graded insulating winding
分级掘进 multistage driving
分级开发 stage development
分级颗粒 graded particle
分级可变光衰减器 stepwise variable optic(al) attenuator
分级课税 graduated tax(ation)
分级控制 hierarchic(al) control; individual control; step(ped) control; stepping control; step-type control
分级控制表 level control table
分级控制器 step controller
分级控制式 graduated acting
分级控制系统 hierarchic(al) control system; hierarchy control system; individual control system; multilevel control system; piggyback control system; step control system
分级矿石 sized ore
分级扩孔器 reamers in tandem
分级冷凝 fractional condensation
分级冷凝器 fractional condenser
分级冷却 stage cooling; stepped cooling
分级离析法 elutriation method
分级砾石 graded gravel
分级粒度 graded sizes; partition size; separation size; sizing size
分级粒径 cut size
分级粒料 graded aggregate
分级连接 step connection
分级量规 progressive ga(u)ge
分级料仓 classifying bunker
分级料袋 sorting pocket
分级料斗 sorting hopper
分级料框 sorting pocket
分级料箱 classifier pocket
分级淋浴间 cabinet-type shower
分级滤波器 graded filter
分级滤池 graded filter
分级滤光镜 graduated filter
分级滤器 gradocol filter
分级路由选择 hierarchic(al) routing
分级密度滤光片 graded-density filter
分级密度碎料板 graded-density particle board
分级模具 class-conscious dies
分级磨床 step grinder
分级木材 dimension lumber
分级目标成本管理责任制 responsibility system of hierarchical object cost management
分级能带宽度太阳能电池 graded energy gap solar cell
分级凝聚 fractional condensation
分级排屋 graded terrace
分级刨床 grade planer
分级培养法 fractional culture
分级配 grade separation
分级配电 indirect distribution of current
分级配置 hierarchy configuration
分级评价法 grading method
分级破碎 graded crushing; stage breaking; stage crushing
分级曝气 <处理活性污泥的一种方法> stage aeration
分级曝气法 stepped aeration
分级起动 stepped start(ing)
分级起止式 stepped start-stop system
分级器 classificator; classifier; order sorter; screener
分级器的压箱 pressure box of the classifier
分级钎焊 step brazing; step soldering
分级切削 stepped cut
分级清洗 fractional purging
分级清洗设备 grading and washing plant
分级区 bedding-in zone
分级取样 factional sampling
分级群 grading group
分级燃料元 ladder fuel element
分级燃烧 fractional combustion
分级燃油税 differential fuel taxes
分级容器 classifier pocket
分级溶解 fractional solution
分级入选 classified feed; preparation of sized raw coal
分级扫描电路 stepping scanning circuit
分级砂 graded sand
分级砂轮机 step grinder
分级筛 classification screen; classifying screen; grading screen; grading sieve; lip screen; separating screen; separation screen; sieve series; sizing screen; stepped screen
分级筛分 step sizing
分级设备 grading machine
分级设计 hierarchic(al) design; stepped design
分级伸缩筛 stepped comb
分级湿陷量 collapsibility grading index; grading collapse settlement; wet-subsidence for classification
分级石块 dimension stone
分级时效 interrupted ag(e)ing; progressive ag(e)ing; split ag(e)ing
分级式分布系统 hierarchy-distributed system
分级式粉碎机 classifier mill
分级式汽轮机 stage turbine
分级式组织 line organization
分级试验 classification test
分级试验法 step-test procedure; stage test method
分级试验分析 analysis of step test
分级试验全分析 full analysis of the step test
分级室 classifying chamber; sorting column
分级收费表 graduated tariff
分级收入税 graduated income tax
分级梳成麻 sorting flax
分级输送带 sorting belt
分级输送链 sorting chain
分级输送机 sorting conveyer[conveyor]
分级数据 ranked data
分级数据结构 hierarchic(al) data structure; hierarchy data structure
分级数据库 hierarchic(al) data base
分级数据模型 hierarchic(al) data model; ranked data model
分级衰减器 step attenuator
分级水平梯田 graded bench terrace
分级税 graded tax
分级税率 graduated tax rates
分级税制上层税率 upper end of the schedular system
分级顺序 hierarchic(al) sequence
分级顺序淬火 progressive quenching
分级顺序存取法 hierarchic(al) sequential access method
分级顺序的 hierarchic(al) sequential
分级顺序结构 hierarchic(al) sequential organization
分级顺序组织 hierarchic(al) sequential organization
分级酸化 stage acidizing
分级碎石 graded broken stone; graduated fragment; sorted bubble
分级碎石填充 sorted rubble fill
分级索引 hierarchy index
分级索引直接存取法 hierarchic(al) indexed direct access method
分级台地 graded terrace
分级体系(结构) staging hierarchy
分级体制 scalar system
分级天线侧向器 spaced-aerial direction(al) finder
分级调速式电动机 change-speed motor
分级调压器 regulator in steps; step regulator
分级调整 regulation in steps
分级调质 stage improvement; stepped refining
分级通气 <指处理活性污泥的一种方法> stage aeration
分级统计地图 collation map
分级统计图 graduated symbol map
分级凸轮 stepped cam
分级推算法 step method
分级脱水槽 dewatering and classifying tank
分级脱水箱 dewatering and classifying tank
分级网络 hierarchic(al) network
分级维修 echelon maintenance
分级文件 hierarchic(al) file
分级文件结构 hierarchic(al) file structure
分级文件系统 hierarchic(al) file system
分级稳压器 switch-type voltage regulator
分级涡轮机 stage turbine
分级析晶 fractional crystallization
分级系数 gradation coefficient; grad(u)ation factor
分级系统 hierarchy system
分级消化【给】 stage digestion
分级销售 selling by grade
分级小时制 graded hourly rate
分级效率 classification efficiency
分级效应 classifying effect
分级卸压试验 step unload test
分级卸载 decrementation
分级旋流器 classifier cyclone; classifying cyclone
分级选矿机 classifier separator; classifying washer
分级压密(法) stage compaction
分级压气机 split compressor
分级压实法 stage compaction method
分级压碎 graded crushing
分级压缩 stage compression
分级压缩发动机 split-compressor engine
分级延迟 step delay
分级摇动筛 sizing shaker

分级因数 fractionation factor
分级硬度 class hardness
分级油 fractionated oil
分级预防 levels of prevention
分级预付电度计 step-rate prepayment meter
分级圆筛 grading reel
分级运费 taper freight rate
分级增加工资 tapered wage increase
分级增压起动 incremental starting
分级照明 graded illumination
分级阵列处理机 hierarchic(al) array processor
分级蒸发 stage evapo(u)ration
分级蒸馏(法) fractional distillation
分级支付抵押 graduated payment mortgage
分级直接存取法 hierarchic(al) direct; hierarchic(al) direct access method
分级直接存取组织结构 hierarchic(al) direct organization
分级制度 < 土地、时间 > graded organization; hierarchy
分级重量 fraction weight
分级注水泥 stage cementing
分级柱 sorting column
分级柱形测孔器 progressive cylindrical plug ga(u)ge
分级转动 fractional turn
分级转换开关 stepping switch
分级桩 graded column; sorting pile
分级装置 grading plant
分级资料 ranked data
分级资料结构 hierarchic(al) file structure
分级钻头 step drill
分级最佳化 multistage optimization
分级作用 gradational graduated acting
分极变流机 split-pole converter
分极槽 bowl classifier
分极电动机 split-pole motor
分极镜 polariscope
分极器 polarity splitter
分极筛 grading screen
分极顺序的 hierarchically sequential
分极旋转变流机 split-pole rotary converter
分极柱形测孔器 progressive cylindrical plug ga(u)ge
分集 diversity; diverting
分集变换器 diversity converter
分集合并器 diversity combiner
分集环形天线测向器 spaced-loop direction-finder
分集间隔 diversity spacing
分集接收(法) diversity reception
分集接收-选择系统 diversity receiver-voter system
分集式环形天线 spaced frame loop antenna
分集式接收机 diversity receiver; spaced receiver
分集式雷达 diversity radar
分集式收信设备 diversity receiving equipment
分集式天线 diversity antenna; spaced antenna
分集天线测向仪 spaced-aerial direction(al) finder
分集通信[讯]制 diversity telecommunication system
分集无线电接收机 diversity radio receiving set
分集相加 diversity combining
分集效应 diversity effect
分集信道 diversity channel
分集信号 diversity signal
分集遥测 diversity telemetry
分集增益 diversity gain
分集支路 < 散射通信[讯] > diversity branch
分集制 diversity system
分集中联锁机 satellite control machine
分集作用 diversity effect
分几班轮流的 multishift
分几次施肥料 fertilizer divided into separate applications
分计筛余百分数 percentage of separate sieve residue
分剂放射 fraction radiation
分剂量 divided dose; fractional dose
分剂量照射 split dose irradiation
分季清算日 quarterly settlement days
分季预缴 paid in advance in quarterly instalments
分季预缴税额 tax to be paid in advance in quarterly instalments
分加速度 component of acceleration
分家庭 subfamily
分间出租的房间 lodging room; lodging-rooming house
分间出租的宿舍 lodging-rooming house
分间出租的住房 lodging-rooming house
分间储筒 divided reservoir
分间式盥洗室 cabinet lavatory
分间式淋浴室 cabinet-type shower
分间式小便器 cabinet urinal
分间隙 subdivided gap
分拣 sorting
分拣机 sorter; sorting machine
分拣器 sorter
分拣室 encoder room; sorter room; sorting room
分拣员 sorter
分拣装置 sorting equipment
分拣作业 sorting operation
分检 go-no-go
分件模 split mo(u)ld
分件转让 unpackaged transfer
分键 chain branching
分浆的【地】 diaschistic
分浆脉岩 diaschistic dyke rock
分浆岩 diaschistite
分降压变压器 step transformer
分交换机 minor exchange
分角 subangle
分角撑 dragon tie
分角的 subangular
分角定位 split fix
分角规 angle dividers; angle protractor
分角梁 dragon beam
分角器 angle dividers; angle resolver; horn protractor; protractor
分角器标度 protractor scale
分角线 angular bisector; bisecting line of an angle
分角仪 angle dividers
分绞 lease
分绞棒 lease rod
分绞绞纱 lease banded hank
分绞筘 lease reed
分绞绳 lease cord
分阶 sublevel
分阶的 staged
分阶跌水 stepped bed
分阶段 phase(by phase); phasing; staging
分阶段安排工业投资 phasing of industrial investment
分阶段操作 phased operation
分阶段贷款 floor-to-ceiling loan
分阶段的 by stages; in stages; into stages; stage-by-stage
分阶段跌水 stepped bed
分阶段发展 development by stages
分阶段发展的 unilinear
分阶段方案设计 phased project planning
分阶段分洪 staged diversion
分阶段分流 staged diversion
分阶段付款 progressive payment; progress payment
分阶段工程设计 phased project planning
分阶段工期 interim dates
分阶段加荷 loading in increments; stage loading
分阶段间隔操作 phased application
分阶段交工验收 acceptance section
分阶段搅拌的混凝土 stage-mixed concrete
分阶段进行的 multistage
分阶段喷射 staged injection
分阶段筛 lip screen
分阶段设计 step-by-step design
分阶段施工 execution in stages; gradual construction; gradual execution; stepwise construction; stage construction
分阶段施工计划 construction stage planning
分阶段缩减 phase down
分阶段调节 step-by-step regulation
分阶段停止 < 美 > phase-out
分阶段洗脱 stepwise elution
分阶段引进 phase in
分阶段引水 staged diversion
分阶炉箅 step grate
分阶洗脱 stepwise elution
分阶(增值)加荷 loading in increments
分接 branching; breakout; off-take; shunting; tap off; tapping
分接插头 adapter plug
分接的 tapped
分接点 take-off point; tapping point
分接电容器 bridging condenser; shunting condenser
分接管 pipe tap
分接级 tapping step
分接开关 tap changing apparatus; tapping switch
分接器 coupler
分接切换开关 tap changer; tap changing
分接收机 slave receiver
分接头 < 水、电的 > off-take; current tap; tap(joint); tapping point; tip-off
分接头电压 tap voltage
分接头电阻 tapped resistance
分接头晶体 tap crystal
分接头切换 tap-change operation; tap changing
分接头切换变压器 tap-change transformer
分接头切换开关 tap changing switch
分接头切换装置 tap changer; tap changing apparatus
分接头式感应调压器 step induction regulator
分接头调节 tapped control
分接头调整器 tap adjuster
分接头线 tapped line
分接线路 extension wire
分接中断器 drop repeater
分接装置 tap device
分节 metamerism; sectionalization; segment
分节变压器 sectionalized transformer
分节玻璃激光器 segmented glass laser
分节驳船 integrated barge; sectional barge; unit barge
分节驳船队 integrated barge fleet; integrated barge train; integrated tows; sectional tows
分节初级线圈 split secondary
分节导管 Squire's catheter; vertebrated catheter
分节的 sectional
分节顶推驳船队 sectional pushed tow; sectional push-tow train
分节顶推船队 sectional pushed-tow fleet; sectional tows
分节法 phrasing
分节反射 regional reflex; segmental reflex
分节管道 articulated conduit
分节罐车 compartment tank car
分节锅炉 combination boiler; sectional boiler
分节后张法预应力桥 segmental post-tensioned bridge
分节环 segment ring
分节机能 isomeric function
分节镜 segmented mirror
分节距改变极数绕组 fractional-pitch pole-changing winding
分节距绕法 short-pitch winding
分节距绕组 short-pitch winding
分节连接 articulated joint
分节连接梁 articulated beam
分节路碾 section(al) roller
分节起重臂 sectional boom
分节器 stepper
分节曲线 distribution curve
分节绕组 fractional-pitch winding; short-pitch winding
分节式方驳 compartment boat
分节式浮船坞 sectional pontoon dock
分节式浮坞 sectional box dock; sectional (floating) dock; sectional pontoon dock; self-docking dock
分节式拦污栅 sectional trash rack
分节式压路机 sectional roller
分节刷 knot brush
分节天线 sectionalized antenna
分节铁件 segmental iron
分节现象 metamerism; segmentation
分节性的 segmental; segmentary
分节压路机 section roller
分节预制桩 precast segmental pile
分节运动 segmentation movement
分节桩 segmental pile
分结脉 segregated vein
分结条带 segregation banding
分结作用 segregation
分截面 partial cross-section
分解 analysis; anatomy; breakdown; breaking down; break-up; cleave; decompose; decomposite; decompound; disassemble; disassembly; disintegration; dismantling; dismember; explode; fall apart; interleaving; sorting; dialyse【地】
分解氨 cracked ammonium
分解氨热镀锌法 Sendzimir coating process; Sendzimir galvanizing process
分解槽 decomposer
分解查询 decomposition query
分解查询算法 decomposition query algorithm
分解产物 decay product; decomposed product; decomposition; decomposition product
分解常数 decomposition constant; disintegration constant
分解车场【铁】 separating yard
分解车辆 disconnected vehicle
分解成分量 resolution into components
分解成简单的化合物 breakdown into simple compounds
分解程度 decomposition extent
分解催化剂 decomposition catalyst

F

分解代谢【生】 destructive metabolism;catabolism;katabolism
分解(代谢)产物 catabolite
分解代谢作用 disassimilation
分解带 <碳酸盐> calcining zone;decarbonation zone
分解带和烧成带扩大的回转窑 rotary kiln with enlarged calcining and burning zone
分解带扩大回转窑 rotary kiln with enlarged calcining zone
分解单元 resolving cell
分解得了的 analysable
分解的【地】 katogenic
分解的产品 analytic(al)product
分解点 decomposition point
分解电势 decomposition potential;decomposition voltage
分解电位计 resolving potentiometer
分解电压 decomposition electric(al) tension;decomposition voltage
分解定理 decomposition theorem;resolution theorem
分解动作 micromotion;therblig
分解度 resolution;degree of disintegration <岩土的>
分解断面图 broken-out section view
分解法 decomposition method
分解法图像录制 frame-by-frame picture recording
分解法则 resolution principle
分解反驳图 resolution-refutation graph
分解反馈系统 resolver feedback system
分解反应 decomposition reaction
分解分析法 disaggregate method
分解风化 decomposition decay
分解峰 decomposition peak
分解釜 decomposing pot
分解公理 decomposition axiom
分解公式 decomposition formula
分解规则 decomposition rule
分解过程 breakdown process;decomposable process; decomposition course
分解过渡费用 apportion the total conversion cost
分解函数发生器 analytic(al)function generator
分解混装货物箱 deconsolidation
分解火焰 decomposition flame
分解货车 detach wagons
分解机理 decomposition mechanism;dissociative mechanism
分解集结分析 decomposition aggregation analysis
分解剂 decomposer;decomposing agent;dissolver;splitter
分解剪应力 resolved shear stress
分解检查 overhaul;taking apart for inspection
分解阶段 decomposition stage
分解结构 decomposition texture
分解结晶复合性侵蚀 decomposable and crystalline erosion
分解结晶复合性侵蚀指标 decomposable and crystalline erosion index
分解聚合模式 decomposition aggregation model
分解颗粒 segresome
分解扩散 dissociative diffusion
分解累进学习法 progressive-part method
分解理论 resolution theory
分解力 resolution;resolution power;resolving ability
分解力测试 resolving power test
分解力测试卡 definition test card;identification resolution chart;resolution test chart
分解力测试条 resolution test bar
分解力测试图 definition chart;resolution pattern
分解力极限 resolving limit
分解力降低 degradation of resolution;loss of resolution
分解力响应 resolution response;resolving power response
分解力楔 resolution block;resolving block
分解力楔形图 resolution wedge
分解力阈 resolution threshold
分解力指数 resolving index
分解列车车场 separating train yard
分解炉 calciner;calcining combustor;calcining furnace;decomposing furnace;precalcinator
分解炉顶部混合室 Pyrotop
分解炉风 air through
分解炉供风系统 air separate
分解炉进气侧 suction side of calciner
分解炉旋风筒 calciner cyclone
分解率 calcining rate;decomposition rate;degree of calcinations;rate of decay;rate of dissociation;resolution ratio
分解棉 asbestos fiber in combination
分解模型 disaggregate(d)model
分解能 decomposition energy;dissociation energy
分解能力 capacity of decomposition;dissolving power;resolution capability;resolving power
分解年龄 break-up age
分解片岩 decomposed schist
分解评估折旧法 breakdown method
分解(破坏)蒸馏【化】 destructive distillation
分解气体 decomposition gas
分解汽油 cracked gasoline
分解器 decomposer;disassemble;dissociator;resolver;splitter;splitting instrument
分解器电位计 resolver potentiometer
分解强度 decomposition intensity
分解切应力 resolved shear stress
分解求积(分)法 integration by decomposition
分解区 resolver
分解曲线 decomposition curve
分解群 decomposition group
分解燃烧 decomposition combustion
分解热 decomposition heat;heat of decomposition; heat of dissociation;heat of dissolution
分解锐度 sharpness of definition
分解三棱色 decomposition of light
分解设备 resolving device
分解生态学 factorial ecology
分解生物 decomposer organism
分解时间 resolving time
分解时间偏移法 resolved-time migration
分解式衬套 split bushing
分解式齿圈轮辋 rim segment
分解式链轨节 split link
分解式制造程序 analytic(al)process
分解式作业评价 analytic(al)job evaluation
分解试验 decomposition run
分解水 decomposition water;water of decomposition
分解顺序 elaborative sequence
分解速率 rate of decomposition
分解算法 decomposition algorithm
分解图 breakdown drawing;decomposition chart;exploded drawing;exploded view;resolution graph;resolution view
分解为分力 resolution into components to
分解温度 calcination temperature;decomposition temperature
分解物 decomposer;resolvent
分解物阻遏 catabolite repression
分解系 resolving system
分解系数 decomposition coefficient;resolution ratio; resolving coefficient
分解纤维的 cellulolytic
分解纤维细菌 cellulolytic bacterium
分解效率 decomposition efficiency
分解协调 decomposition-coordination
分解行 scanning line
分解性除臭 destructive deodo(u)rization
分解性能 decomposability;resolution performance
分解性侵蚀 decomposable erosion;decomposed erosion
分解性侵蚀指标 decomposable erosion index
分解学习法 part method
分解循环 cycles of decomposition
分解压力 decomposition pressure
分解研究 disaggregate approach
分解仪 univariate apparatus
分解因素 separation factor
分解原理 decomposition principle;resolution principle
分解炸药 decomposed explosive
分解樟脑酸 camphoronic acid
分解者 decomposer;disintegrator;microcomposer; microconsumer; reducer
分解振动 decomposition vibration
分解蒸馏 dry distillation;fractional distillation
分解证明树 resolution proof tree
分解证明图 resolution proof graph
分解值 decomposition value
分解制造过程 analytic(al)manufacturing process;analytic(al)process
分解阻力 resistance to decomposition
分解组塔 split tower erection
分解作用 decomposition effect;resolution;decomposition;degradation;dissociation
分界 delimit;delimitation;demarcation; dividing; interleave; mete;threshold
分界板 demarcation strip
分界标志 boundary sign;mete
分界测量 field-to-field survey
分界层 key bed
分界处表面接触 interfacial contact
分界点 boundary point;cut-off point;demarcation point; intermediate train distancing post; parcel corner;point of divergence;intermediate train distancing point【铁】;intermediate train spacing point【铁】;train spacing point【铁】
分界点至分界点间的运转时分 point-to-point running time
分界电位 demarcation potential
分界断层 discordogenic fault
分界符 delimiter
分界功能 boundary function
分界灰分 cut-point ash
分界接合装置 interfacing device
分界矿柱 boundary pillar
分界篱笆墙 <不同业主的> party fence wall
分界粒度颗粒 near mesh grain
分界面 boundary plane;boundary surface;bounding surface;division surface; interface; interface area;interfacing;interphase;joint plane;limit plane;plane of division;separatrix
分界面控制器 interface controller
分界面能 interface energy
分界面区 interface region
分界面上的表面张力 interfacial tension
分界面稳定性 interface stability
分界面徙动率 interface migration rate
分界面振荡 interfacial oscillation
分界墙 splitter wall
分界色 divisional colo(u)r
分界条 demarcation strip
分界网络节点 boundary network node
分界线 bar line;boundary;demarcation line;divide;dividing fence;dividing line;divisional line;limiting line;line of demarcation;separatrix;shed line;watershed;watershed divide;abuttal【建】
分界线内地区 <交通调查用的> cordon area
分界限线 boundary line
分界相对含水量 interface relative moisture content
分界岩层 contact bed
分界站 divisional station
分界站报告 report of passenger number on train by junction station
分界站货车出入计划 plan of loaded and empty wagons delivered and received at junction station
分界站交接列车计划 train receiving and delivery at junction station plan
分界站交接重车数 receiving and delivery at junction station cars loadings
分界折线 dividing broken line
分金 parting
分金库 subtreasury
分筋手法 adhesion separation or spasm-relaxation
分经 lease making
分经棒 crossing rod;lease rod
分经机 leasing machine
分经绞 warping lease
分经筘 dividing reed;lease pin
分经理账 agency account
分经器 warp separator
分经销人 subagent
分茎草 stem grass
分茎刀 haulm hook
分茎器 divider;haulm divider
分径 lease
分径迹 partial track
分径筘 leasing comb
分镜头 breakdown
分镜头剧本 continuity
分居津贴 separation allowance
分局 branch establishment;branch exchange;branch office;local central office;minor office;subbureau;subdepartment; suboffice; substation;outstation <设在边远地区的
分局布局 zoning
分局的 filial
分局交换台 branch switchboard
分局局长 <美> District Engineer
分局配车员 regional car distributor
分局运输利润 subbureau transport profit
分局中继线 tributary trunk
分局装置 branch establishment
分距点 fractional distance point
分距离法 fractional point of distance
分距绕组 chord winding;fractional-pitch winding
分聚 segregation of particles
分开 apart;compartition;decollate;deleave;detach(ing);disconnect;

disjoint; divide; dividing; divorce from; fall away; falling off; filiation; segregate; segregating; separate; separation; severance; slicing; splintering; split (ting); straddling; sunder; unlink; unpack; untack; parting
分开保留 isolating and maintaining
分开布置的多级船闸 lock flights in individual arrangement; lock flights with intermediate canal; multiple separation locks
分开处理 split treatment
分开单独清除 split clearance
分开的 divided; dividual; divisional; separating; unrelated
分开的操作行程 divided control runs
分开的复式控制 unlocking dual control
分开的距离 distance of separation
分开电缆心 fan out
分开加料 split loading
分开键入 split keyboarding
分开接头 breakout
分开解调 separate demodulation
分开拉链 separable slide fastener
分开离合器 declutch
分开流动 split flow
分开模制式橡胶轴承 bearing with segments
分开屏蔽 divided shield
分开式钢轨扣件 independent rail fastening
分开式供暖系统 split heating system; split type heating system
分开式后轴壳 split type housing
分开式扣件【铁】 independent fastening; indirect holding fastening; indirect rail fastening; separated rail fastening
分开式前桥 divided axle
分开式曲轴箱 split crankcase
分开式绕组 divided winding
分开式绕组转子 divided-winding rotor
分开式筒式拌合[和]机 split drum mixer
分开弹簧 cut-out spring
分开套装 split suit
分开通路传信 separate channel signal(l)ing
分开头 separate head
分开涂胶 separate application
分开线 parting line; strapping wire
分开消化池 separate digestion tank
分开行驶的道路 divided road
分开造的船首 bow assembly
分开者 divider
分开铸造 individual cast
分科门诊所 polyclinic
分科制度 departmental system
分科作业 department operation
分克 decigramme
分刻度 divided scale; scale division
分控制板 subcontrol panel
分口管理 place under separate control; put under separate control
分块 blocking partition; constructing deblock; partition; partitioning; piecemeal
分块崩落(开采)法 block caving; block mining
分块崩落作业 block caving operation
分块编码 block encoding
分块参数系统 lumped parameter system
分块查找 block search
分块查找节点 block searched node
分块抽样 block sampling
分块倒填开采法 modified block cut
分块的规划 partition programming
分块地板 block flooring
分块递归方程组 block recursive system
分块电刷 split brush
分块独立性 block independence
分块对角矩阵 block diagonal matrix
分块法 method of slices; patch method
分块方式 partitioned mode
分块高斯-赛德尔法 block Gauss-Seidel method
分块隔板 subdividing partition
分块供暖 block heating
分块拱 voussoir arch
分块灌溉 check-basin irrigation
分块规划 partition programming
分块过程 blocking process
分块化 blocking
分块环形槽热裂纹试验 segmented circular groove cracking test
分块混凝土 split block concrete
分块机 dividing box
分块检索 block research
分块浇筑 block concreting; block placement; pour by pour
分块结构 partitioned organization
分块结构设计 block design
分块纠正 rectification by facets
分块矩阵 matrix in block form; partitioned matrix
分块开采 block mining
分块逻辑 partitioned logic
分块模 segment mold
分块模拼合木模 split pattern
分块模式 block mode
分块模样 parted pattern
分块耙 check harrow
分块拼装梁 < 预应力混凝土 > block beam
分块求积法 mensuration by parts
分块全息存储 block-organized holographic memory
分块三角矩阵 block triangular matrix
分块施工法 blocking construction method
分块石 blocked stone
分块式 sectional type
分块式轨枕 block-type tie
分块式履带链轮 segmented sprocket
分块试验 blocking test
分块饰面 split face
分块填筑 zoned embankment
分块图 block diagram
分块土地 subdivision; sublot
分块瓦导轴承 segment guide bearing
分块瓦式导轴承 segment guide bearing
分块物理记录 blocked physical record
分块系数 blocking factor
分块下变换 block down converting
分块相乘 block multiplication
分块相连 block multiplication
分块雅可比法 block Jacobi method
分块支撑 segmented support
分块柱 banded column; rusticated column
分块铸造 individual cast
分块铸造汽缸 individual cylinder
分块组合模 sectional pattern
分块钻孔 block holing; boulder blasting
分块钻孔法 blockholing method
分块作业 blocked job
分捆架 bale block
分捆架导轨 block setter
分捆器 bale separator; bale slicer
分捆切刀 bale slicer
分拉拉丝机 double strand winder
分栏 subfield
分栏簿 tabular book
分栏的 columnar
分栏记录 column records
分栏解析 column analysis
分栏舍饲法 stall-barn system
分栏式分类账 column ledger
分栏式分析表 column analysis sheet
分雷电缆 lightning-diverting cable
分类 assort (ing); assortment; batching; class; classification; classification of; classify; collating; culling; gradation; grouping; jig; ordering; ordination; range; rank (ing); selecting; separation; sort (ing); subregime; subsumption; systematization; systematize; taxonomy < 尤指动植物分类 >
分类包装室 crating and sorting area; crating and sorting room; crating and sorting space
分类保险单 schedule policy
分类报告 classified information
分类比较 group comparison
分类比较法 category method
分类比较器 sorter comparator
分类编码 sorting code number
分类编码系统 classification and coding system; cohort coding system
分类变量 categorical measure; classified variable
分类标记 key words sorting
分类标牌 < 加工后钢筋 > individual mark
分类标题 class heading; generic heading
分类标志 group indication
分类标准 classification criterion; criterion of classification; standard of classification
分类表 classification chart; classification list; classification statement; classification table; scheme of classification; sorting table; table of classification
分类表图 classification scheme
分类别的比率 specific rate
分类不完全区组设计 group divisible incomplete block design
分类布置 layout by process; process layout
分类财务报表 classified financial statement
分类财政补贴 block grant; categorical grant
分类参数 sorting parameter
分类仓库 sorting depot; sorting shed
分类操作 sort operation
分类槽 bowl classifier; bowl-type classifier
分类测度 categorical measure
分类测验 sorting test
分类场地 sorting floor
分类成本计算 group costing
分类成本制度 class cost system; classified cost system
分类程序 sorter; sort (ing) program(me)
分类程序包 sort utility
分类程序段 sorting program (me) phase
分类程序模块 sort module; sort program(me) module
分类秤 sorting scale
分类尺度 classificatory scale
分类抽样 sampling by classification
分类处 junction house
分类传送 sort pass
分类存储器 sorting memory
分类错误 classification error; misclassification
分类单 grouping sheet
分类单位 category; taxon[复 taxa]
分类单元 taxon[复 taxa]
分类单元延限带 taxon range zone
分类的 assorted; sorted
分类的部分 sector of breakdown
分类的满期日 graded maturities
分类的有效系统 efficient system of categories
分类等级 classification grade; classification level; class rating; taxonomy grade
分类电话号码簿 classified telephone directory
分类电路 sorting circuit
分类调车线【铁】 sorting track
分类定货 group order
分类定理 classification theorem
分类读数器 reader; sorter
分类段 sorting phase
分类法 classification method; classification system; methodology; partition method; rating method; sorting; sorting method; system of classification
分类方案 classificatory plan
分类方法 classification method(olgy); sorting process; taxnomic approach
分类费 assortment charges; sorting charges
分类分布 categorical distribution
分类分成(办)法 hierarchic(al) revenue-sharing method
分类分块因子 sort blocking factor
分类分析法 category analysis
分类服务 classification service
分类符 classification symbol; classifier; specificator; specifier
分类符号 class code; class symbol
分类格 cubbyhole
分类工 sorter
分类工会制度 class unionism
分类工作文件 sort work file
分类工作项目 classifying the items of work
分类公理 axiom of specification
分类功能模块 sort module
分类股票 classified stock
分类关键 sort key
分类关键字 sorting key; sorting key word
分类管理法 ABC analysis; systematic management
分类广告 classified advertisement
分类归并 class finding; clustering; sorting merge
分类归并程序 sort-merge program(me)
分类归并生成程序 sort(-and)-merge generator; sort-merge generator
分类规 classification ga(u)ge
分类规则 classifying rule
分类过程 assorting process; classification process; sorting process
分类过程的控制 control of sort procedure
分类号 catalo(ge) number
分类号码 classification symbol; class number
分类号印 classification mark
分类合并 sorting and merging; sort merge
分类合并生成程序 sort-merge generator
分类合并文件描述体 sort-merge file description entry
分类合并文件说明 sort-merge file description
分类合同 separate contract

F

分类合作 sorting and merging; sort merge
分类和检索操作 sorting and search operation
分类会计科目表 classification of accounts
分类机 classifier; collator; interpolator; sorter; sorting machine
分类(及)合并程序 sort-merge program(me)
分类(及)合并程序包 sort-merge package
分类计数 classification count; differential count(ing)
分类计算法 <按土基分类设计柔性道面的一种方法,即 FAA 设计法> classification design method
分类计算机 calculating sorting-machine
分类价格 class price
分类间隔 class interval
分类间距 class interval; branch interval
分类检索文档 classified searching files
分类检验 partition test
分类鉴定 classification and determination
分类键 sort key
分类交易 unbundle
分类阶段 classification stage; sorting phase
分类阶元 taxonomic category
分类进食 dissociate diet
分类精度 nicety of grading
分类卡 family card; sorting card
分类坑 sorting pit
分类控制 classification control
分类控制法 ABC analysis; systematic management
分类控制键 sort control key
分类类目 systematic category
分类力学 sort mechanics
分类例子 classification example
分类量 sort capacity
分类列表 tabulation
分类脉冲 sorting pulse
分类名 systematic name
分类命名法 systematic nomenclature
分类命题 categorical proposition
分类模块 sort module
分类模式 disaggregated model
分类模型 disaggregated model
分类目录 catalog(ue) raisonne; classified catalog; split catalogue
分类排列 calssified arrangement; cross-sectional
分类排列法 classified shelf arrangement
分类判据 classification criterion
分类频率速度 taxonomic frequency rate
分类平衡法 sort balance
分类平衡器 ledger balance
分类平均差价率法 categorized average margin rate method
分类剖析 breakdown
分类器 categorizer; classifier; collator; grader; interpolator; segregator; sorter; sorting machine
分类签定 classification and determination
分类嵌条 dividing fillet
分类区间 class interval
分类取样 cluster sampling
分类群 taxon[复 taxa]; taxonomical group
分类人员 sorter
分类日记账 ledger journal
分类扫描 sort pass
分类筛 classifying screen
分类上的 systematic
分类设备 segregating unit; sorting device; sizing plant
分类设施 classified facility
分类生产法 multiline production
分类(生成)程序 sort generator
分类生物化学 taxonomic biochemistry
分类声呐 classification sonar
分类试算(平衡)表 classified trial balance
分类试验 class(ification) test; identification test(ing)
分类收集 separable collection; separate collection
分类树形结构 sort tree structure
分类数据 categorical data; cluster data; grouped data
分类数据的检索设施 retrieval facility
分类数据方差 variance of classified data
分类税 classified tax
分类税制 schedular system of taxation
分类顺序 catalog(ue) no.
分类说明 classification declaration; classification manual; sort description
分类算法 sorting algorithm
分类随机抽样 random sampling by classification
分类所得税 classified income tax; classified or scheduled tax; schedule income tax; tax on separate income
分类索引 classified index
分类特性 classification characteristic; classification property; sort feature
分类条件 class condition
分类统计(量) classification statistics
分类统制账 ledger control
分类图 classification chart; sorting chart
分类图架 sorting rack
分类图像 classified image
分类挖土 selective digging
分类微生物学 systematic microbiology
分类位置未定 incertae sedis
分类文件 sort file
分类文件描述项 sort file description entry
分类问题 classification problem; questions of classification
分类误差 error in classification
分类系列 taxonomic series
分类系统 classification system; natural system; systematics; taxonomy system; categorizing system <大脑自动分类保留资料>
分类细账 breakdown
分类详表 close classification
分类向量 class vector
分类项目 taxonomic category
分类效率 classification effectiveness
分类效率最佳化 optimizing sort performance
分类协议 bracket protocol
分类信息 category message; classified information
分类信息组 split field
分类信用证 open credit
分类性状 taxonomic character
分类选择 sort selection
分类学 systematics; taxology; taxonomy
分类学的 systematic; taxonomic <生物分类>
分类学家 systematist
分类学史 history of systematics
分类学者 systematist
分类研究法 methodology
分类样本 grouping sample
分类要素 element of taxonomy
分类译释器 sorter interpreter
分类意见提要 compendium of classification opinions
分类应用 classified application; sort application
分类用途的财政补贴 categorical grants aid
分类余额簿 balance book
分类与命名 classification and designation
分类原理 principle of classification
分类原则 criterion of classification
分类阅读机 sorter reader
分类轧钢机 section steel rolling mill
分类债券 classified bonds
分类账 branch account; departmental account; journal ledger; ledger; ledger account; ledger sheet
分类账表格 ledger forms
分类账簿 ledger books
分类账差额簿 balance book
分类账分析 ledger analysis
分类账分析表 ledger analysis sheet
分类账户 group accounts; ledger account
分类账结转法 ledger transfer method
分类账科目 account as recorded in a ledger
分类账控制 ledger control
分类账目簿 card of account
分类账目录 card of account
分类账上的资产 ledger assets
分类账页次 ledger folio; ledger sheet
分类账页数 ledger folio
分类账余额 ledger balance
分类账余额簿 balance book
分类账账户 ledger account
分类账账目 account as recorded in a ledger
分类账账页 ledger sheet
分类账值 ledger value
分类账转账 ledger transfer
分类折旧 classified depreciation; depreciation by kind; group depreciation
分类折旧法 group method of depreciation
分类者 sorter; systematizer
分类证券 classified security
分类指标 group index; group number
分类指数 class index number; group index; group index number
分类制度 classification system
分类制图法 classic(al) mapping technique
分类种 taxonomic species
分类专业小组 cut house
分类装置 sorter; sorting device
分类状态管理程序 bracket state manager
分类资产负债表 classified balance sheet
分类资料 categorical data; grouped data
分类子程序 specification subroutine
分类子句 class clause
分类总数 batch total
分类(总)账 general ledger
分类组合 sorted set; sort merge
分类组合职能 sorting function
分类作业 sorting operation
分厘卡 micrometer[micrometre]
分离 abstraction; break-up; concision; declutch; decouple; decoupling; demixing; detaching; detachment; disassociation; disclutching; disjunction; dissociate; dissolve; divorcement; fall apart; fractionation; free(ing); internal separation; kick-off; liquate; lockout; parting; recovery; relieving; scission; segregate; staging; uncouple; unhitch; unlining; unmixing; unpack
分离板 separating plate; spacer plate
分离保护阀 isolating valve
分离本领 resolving power; separative duty
分离泵式液压千斤顶 hydraulic jack with separate pump
分离比偏差 segregation ratio distortion
分离边宽度 width of separation area on acopy
分离编译 separate compilation
分离变量 separation of variables
分离变量法 method of separation of variables
分离变数(法) separation of variables
分离变压器 isolation transformer
分离剥裂 separation fracture
分离薄透镜 separated thin lens
分离材料 parting material
分离参数 separation parameter
分离槽 decanter; separating cell; separating tank; separation chamber
分离测标 split mark
分离层 separating layer; separation course; separation layer; unconnected course
分离层面 delamination plane
分离叉 release yoke
分离叉杆 disengaging fork lever
分离插头 breakaway plug
分离差量矩阵 separate dispersion matrix
分离常数 dissociation constant; separation constant
分离超平面 separating hyperplane
分离掣爪 disengaging latch
分离沉淀法 fractional sedimentation method
分离沉砂池 separating settling tank
分离成层 delaminate; delamination; deliminate; delimitation
分离成纤维 defibering
分离程度 degree of isolation
分离池 segregation pool; separate [separating] tank
分离尺寸 separating size
分离传动离合器 declutch driving clutch
分离传感器 separation sensor
分离存储 split storage
分离存储环 separate storage rings
分离带 separating belt; separation zone
分离带变化率 changing rate of separation zone
分离单元 discrete element; separating element; separating unit; separative element
分离担子 apobasidium
分离挡板 separator; skimming baffle
分离刀 separating knife
分离导槽 separating guide
分离岛 detached island
分离的 disconnected; discrete; disjunct; separating; solitary; separate
分离的滚子式单向超越离合器 loose roller clutch
分离的集合 separated set
分离的列车 train parted
分离的所有权 curing title
分离的危险 risk of segregation
分离的狭缝像 separate slit image
分离堤 separation levee
分离涤气机 separator scrubber
分离涤气器 separator scrubber

分离点 burble point; cut-point; point of split-off; separation point
分离点距离 separation point distance
分离电磁线圈 pick-off solenoid
分离电荷 separated charge
分离电极 separate mesh electrode
分离电解液 free electrolyte
分离电路 anti-Rossi circuit; separation circuit
分离电平 discrete level
分离电晕放电 separation corona discharge
分离电晕器 separation corona assembly
分离电晕丝 separation corona wire
分离定步响应 isolated pacing response
分离定理 separation theorem
分离定律 law of segregation
分离锭胆式自调中心锭子 flexible spindle
分离斗式提升机 split-bucket elevator
分离陡度 sharpness of separation
分离度 degree of dissociation; degree of separation; fallaway section; separating degree; separation size; separation size resolution
分离段 fallaway section; separation zone
分离对策 separate game
分离多包层激光器 separated multiclad laser
分离多径接收 rake reception
分离多项式 separation polynomial
分离发动机 escape engine
分离阀 isolation valve; separating valve
分离法 isolation method; partition method
分离法兰 parting flange
分离反应器 separate reactor
分离分凝作用 segregation
分离分析 chromatographic analysis; compartment analysis
分离分选机 grader and separator
分离分闸释放 shunt closing release
分离粉 parting powder
分离腐蚀 separation etching
分离负荷 segregational load
分离杆 declutcher control lever; declutching lever; declutch shift lever; disconnecting lever; disengaging bar; disengaging lever; disengaging rod; kickout lever; tripping lever
分离杆链 uncoupling lever chain
分离杆托架 detachable lever bracket
分离杆轴 uncoupling lever shaft
分离杠杆 release[releasing] lever; releasing device
分离格式 unpack format
分离隔板 splitter baffle; spray baffle
分离工厂 separation plant
分离公理 axiom of separation; separation axiom
分离功 separation works; works of separation
分离功量值 separative work content
分离(功)率 separative power
分离共振 separated resonance; separating resonance
分离沟 isolated ditch; isolation ditch; splitter box
分离钩 detaching hook; disconnecting hook; disengaging hook; self-detaching hook
分离构件 separating element; separative element
分离鼓 knockout drum
分离管 separator tube
分离罐 knockout drum

分离光学元件 separate optic(al) element
分离规 extra ga(u)ge
分离轨道回旋加速器 separated-orbits cyclotron
分离辊 separate roller; separation roller
分离辊传动机构 separator roller gear
分离辊链轮 separator roller sprocket
分离辊制动器 separator roller drive damper
分离滚筒 separation barrel
分离过程 discretization process; separation process
分离过滤器 separator-filter
分离函数 separate function
分离和提纯 separation and purification
分离横列 draw course; ravel(l)ing course; separating course; waste courses
分离横列线 ravel(l)ing cord
分离横式数据 separate-scheme data
分离后成本 after separation cost; cost after split-off
分离后加工成本 cost after split-up
分离滑动离合器 declutch sliding clutch
分离环 disconnecting link; disconnecting stirrup; separation ring; withdraw collar
分离机 eliminator; extractor; segregating unit; selector; separating centrifuge; separating machine; separator; splitter; whizzer
分离机构 charge-driven piston mechanism; disengaging gear; disengaging mechanism; release mechanism; separation mechanism
分离机构操纵杆 disengaging device operating lever
分离机构推杆 disengaging device push rod
分离机理 separation mechanism
分离畸变 segregation distorter
分离级效率 grade-separating efficiency
分离集 disjoint sets
分离计数器 gap counter
分离计算法 isolation method
分离技术 isolation technics; isolation technique; splitting technique; stripping technique
分离剂 mo(u)ld lubricant; mo(u)ld release; parting agent; release agent; separating agent; separating solution; bond-breaking agent <升板和倾板施工中,涂于板间以免黏[粘]结>
分离键 disengaging latch
分离胶 separation gel
分离焦虑 separation anxiety
分离角 angle of departure
分离阶段 separation stage
分离接点法 detached contact method
分离节点位移法 method of separate joint displacement
分离结晶作用 crystallization differentiation; fractional crystallization
分离界限 stall limit
分离进位表示法 separate carry representation
分离进位加法器 separate carry adder
分离精度 accuracy of separation
分离拷贝 copy separation
分离可裂变物 separated fissile material
分离空间 separated space
分离孔板 separation orifice
分离控制 separation control

分离控制符号 separating control character
分离扩散 sweep diffusion
分离扩散法 sweep diffusion method
分离篮 separating bowl
分离冷却 cooling in spaced formation
分离离合器 cut-off clutch; declutch
分离离合器滑行 coasting with clutch disengaged
分离理论 separation theorem
分离粒度 cut-off size; separation size; size cut-point
分离粒径 cut-off size; separation size; size cut-point
分离链 disengaging latch
分离亮度摄像机 separate luminance camera
分离裂变燃料 separated fissile fuel
分离龙骨 detached keel and keelson
分离漏斗 separating funnel
分离滤波器 separation filter
分离路线 disjunctive path
分离率 separation rate
分离码 separate code
分离脉冲 discrete pulse; separated pulse
分离密度 partition density; Tromp cut-point
分离面 parting face; parting plane; separation plane; separation surface
分离面线理 parting plane lineation
分离名 systematic name
分离模 splitting die
分离模式 separate mode
分离膜 eliminating film; release film
分离内器 skimmer
分离能力 separating capacity; separating power; segregability <混凝土粗颗粒的>
分离能量 separation energy
分离能态 discrete energy state
分离派(建筑) Sezession style
分离盘 separating disk; separator disk; split disk
分离盘管 knockout coil
分离培养法 isolated culture
分离培养基 isolation medium
分离喷涂 split spray
分离劈理 disjunction cleavage
分离平衡室 parting slip
分离瓶 separating flash
分离破坏 <铸铁等脆性材料受拉力后引起的> separation failure
分离破碎机 separator mill
分离气流 separation bubble
分离气相色谱(法) segregation gas chromatography
分离汽包 delivery drum
分离汽锅 separating drum
分离器 air classifier; burster; classifier; desticker; disengaging device; disintegrator; disjunctor; dissociator; eliminator; extractor; isolator; purge unit; sedimentator; segregator; separator; skimmer; splitter; stripper; trap; divisor <水土保持研究试验装置>
分离器沉积物 separator sediment
分离器处理量 separator capacity; separator thruput
分离器分离轴承 release bearing
分离器件 discrete device
分离器温度 separator temperature
分离器压力 separator pressure
分离器圆盘 separator disk
分离器圆锥体 separator cone
分离前成本 before-separation cost
分离前加工成本 cost before split-up
分离强度因数 separation intensity factor

分离区 knockout zone; region of separation; separating zone; separation region
分离曲线 separation curve
分离圈等时性回旋加速器 separated turn isochronous cyclotron
分离熔融 fractional melting
分离纱 separating draw thread; separating yarn
分离砂 parting sand
分离筛 bar screen; bolter; cribble; screen sieve; separating grid; shaker bed; shaker rack; shaker screen; separating screen
分离栅 separate gate
分离栅极型 separate gate type
分离上行波下行波和侧面波 separating upgoing wave downgoing wave and side wave
分离设备 separating mechanism; separation plant; splitter; stripping apparatus
分离升力 separated lift
分离升运链 cleaner chain
分离声系统 split-sound system
分离声源模型 <道路交通噪声推算的> discrete source model
分离十进制表示 unpacked decimal
分离时钟 separated clock
分离世代的选择 selection in segregating generations
分离式 secessionism
分离式饱和蒸汽干度计 separating calorimeter
分离式插销 split-receptacle outlet
分离式船闸 separated lock
分离式道路 divided road
分离式电连接器 separable electric(al) connector
分离式锭胆 separated type inner tube
分离式锭子 separated type spindle
分离式多级船闸 lock flights in individual arrangement; lock flights with intermediate; multiple separate locks
分离式防波堤 detached breakwater
分离式房间冷凝器 split type room cooler
分离式干度测量器 separating calorimeter
分离式关键字 separating keyword
分离式滚筒式搅拌机 split-drum mixer
分离式火焰 separated flame
分离式集热器 separate collector
分离式键盘 detached keyboard
分离式开关和按钮 discrete switch and button
分离式空冷凝器 remote air-cooled condenser
分离式空气摩擦离合制动装置 separate air friction clutch and brake units
分离式空调(器) separation air conditioner; split type air conditioner
分离式空调系统 split air conditioning system
分离式拉链 separable zipper
分离式离合器 disconnect-type clutch
分离式离心机 separating centrifuge
分离式立交 <即非互通式立交> direct grade separated intersection; grade separation without ramps
分离式立体交叉 separate grade crossing; separate grade; simple grade separation
分离式量热计 separating calorimeter
分离式菱形立体交叉 split-diamond interchange
分离式滤波器 dividing filter
分离式路基 separated subgrade

F

分离式锚定块 separate anchor block
分离式模型 separate modelling
分离式桥面 split deck
分离式桥台结构 separate abutment structure
分离式曲柄箱 divided crankcase
分离式热量计 separating calorimeter
分离式生态过渡带 abrupt ecotone; discrete ecotone
分离式双透镜 air-spaced doublet
分离式双箱大梁 separate twin box-girder
分离式双箱桥梁 separate twin box-girder bridge
分离式太阳能采集器 isolated solar gain
分离式提花滚筒 divided pattern drum
分离式污泥消化(法) separate sludge digestion
分离式行车道 divided carriageway
分离式油压千斤顶 hydraulic jack with separate pump
分离式右转弯车道 separated right-turn lane
分离式增压器 separate intensifier system
分离式站台 separate platform
分离式重力结构 separate gravity structure
分离式轴承 divided bearing
分离式转弯车道 separate turning lane
分离式左转弯车道 separated left-turn lane
分离势 separation potential
分离视场 split field
分离视场显微镜 field-splitting microscope
分离室 separating chamber
分离释放 shunt release
分离术 exclusion
分离数 separation number
分离数据 mask data; separated data
分离数据块 deblock
分离水流 separated flow
分离水器 water separator
分离瞬间 time of releasing
分离说 fragmentation hypothesis
分离速度 breakaway velocity; detachment velocity; separating rate; speed on separation; velocity of separation
分离损耗 separation loss
分离损失 separation loss
分离塔 knockout tower; separating column
分离踏板 cut-out pedal; release pedal
分离弹簧 cut spring; disconnecting spring; disengaging spring
分离套筒 release sleeve
分离特性 characteristics of separation; stalling characteristic; stall performance
分离体 free body; isolated body
分离体图 free body diagram
分离条件 separation parameter
分离条信号发生器 split-bar generator
分离同步脉冲 separated synchronizing pulse
分离同位素 separated isotopes
分离筒 separator bowl
分离透镜 dialyte lens
分离凸轮 detaching cam; top jaw
分离突变体 segregation mutant
分离推力环 slip ring
分离脱落式接插件 separation connector
分离脱落式连接器 separation-breakaway connector
分离网 separate mesh
分离网光导摄像管 separate mesh vidicon pickup tube
分离网式视像管 separate mesh vidicon
分离温度 separation temperature
分离涡流 separation eddy
分离蜗杆 worm with disengaging motion
分离物 outlier
分离稀有气体中间工厂 rare gas removal pilot plant
分离洗涤机 separator scrubber
分离系数 partition coefficient; separating coefficient; separation coefficient; separation factor; splitting factor
分离系数表 detached coefficient tableau
分离系数法 method of detached coefficients
分离系数形式 detached coefficient form
分离系统 separation system; split system <指地板下的通风道系统>
分离纤维 defiber[defibre]
分离现象 segregation phenomenon; separation phenomenon
分离线 defiber; discrete fiber; drawn thread; line of separation; separation line; split line
分离线路 separator circuit; anti-Rossi circuit
分离线圈 separate winding
分离相 separate phase
分离相位开关设备 isolated phase switchgear
分离消化池 separate digestion tank
分离效率 detaching efficiency; separation efficiency
分离信号 discrete signal; separation; separative signal
分离信号电路 demultiplexing circuit
分离形式 unpack format
分离型电离真空计 extractor ga(u)ge
分离型扫描场交变陡度加速器 separate type scanning field alternative gradient accelerator
分离型套圈 separate ring
分离型外圈 outer ring with single raceway shoulder
分离型向心推力球轴承 single-row separable ball bearing
分离性 separation property
分离性的 separative
分离性干扰 dissociation interference
分离性能 separating property
分离性吸收 disjunctive absorption
分离性障碍 dissociative disorder
分离旋管 knockout coil
分离选择和评价 isolation, selection and evaluation
分离压 disjoining pressure
分离压榨机 separator-press
分离叶片 separate blade
分离页面 separator page
分离液出口 discharge channel
分离仪 separometer
分离移动轴 declutch shift shaft
分离因数 separating factor; separation factor
分离因子 separating factor; separation factor
分离用的 separatory
分离优化 optimization of separation
分离元件 resolution element
分离元件放大器 amplifier using discrete components
分离原理 separation principle
分离运动 detaching motion; disengaging movement
分离匝道 diverging ramp
分离载波 separate carrier
分离折叠波导 split-folded waveguide
分离诊断 isolation diagnostic
分离值 separation value
分离指令 separation command
分离指示器 separation indicator
分离指数 segregation index
分离周边 perimeter isolation
分离轴 declutch shaft; disengaging shaft; divided axle; release shaft
分离轴臂 clutch shaft arm
分离轴承 split bearing; throwout bearing
分离轴齿轮 declutch shaft gear
分离轴轴承盖垫密片 declutch shaft bearing gasket
分离轴座架 declutch shaft carrier
分离轴座架垫密片 declutch shaft carrier gasket
分离逐稿轮 separating beater
分离柱 partition column; separator column; splitter
分离爪 disengaging pawl
分离装置 debonding unit; disconnecting gear; disengagement gear; disengaging device; disengaging gear; extractor; releasing device; segregating unit; separate device; separating unit; separation faction; stripper; trip mechanism
分离状态 discrete state
分离着的 detached
分离子 mask; segregant
分离字符 separating character
分离总线 separate bus
分离(总)效率 separating efficiency
分离阻力 separation drag; stripping resistance
分离作用 centrifugation; dissociation; separation
分离座架 declutch carrier
分理处 suboffice
分理数据 process data
分理纹乱 maldistribution
分力 component (force); component of force; compound force; constituent; force component; partial force
分力取向 orientation of force component
分力图 diagram of component forces
分力相加 addition of forces
分立斑点 definite spot
分立场阑孔径 discrete field-stop aperture
分立抽样 discrete sampling
分立带 discrete band
分立单元 separate unit
分立岛 detached island
分立的 discrete
分立的交换台 separate switchboard
分立点 discrete point
分立电路 discrete circuit
分立定位 discrete location
分立发光中心 discrete luminescent center
分立防波堤 detached breakwater
分立封装 discrete package
分立峰 discrete peak
分立辐射谱 discrete radiation spectrum
分立固定式塔吊 dividing stationary tower crane
分立光谱 discrete spectrum
分立轨道表示盘 separate track diagram
分立间隔定理 discrete interval theorem
分立礁 detached reef; detached rock
分立孔径 unfilled aperture
分立量子 discrete quantum
分立零件 discrete part
分立能级 discrete energy levels
分立能量 discrete energy
分立能量本征值 discrete energy eigenvalue
分立能态 discrete energy state
分立扭折带 discrete kink-band
分立平面外延器件 discrete planar epitaxial device
分立器件 discrete device
分立取样 discrete sampling
分立射电源 discrete radio source
分立石 detached rock
分立时空 discrete space time
分立式放大器 separate amplifier
分立式晶体管 discrete transistor
分立式晶体管保护继电器 discrete type transistor protection relay
分立式空调系统 air-handling unit system
分立式内装灶具 separate built-in cooking unit
分立式器件 discrete part
分立式调制解调器 under-the-cover modem
分立式引线 long lead
分立式住宅 dwelling detached
分立视场光栏孔径 discrete field-stop aperture
分立数据 discrete data
分立误差 discrete error
分立系统 splits system
分立系统加热 split system heating
分立型配电盘 branch type switch board
分立液货舱 separate cargo tank
分立元件 discrete component; discrete element; discrete part; isolated component
分立元件插件 discrete component card
分立元件放大器 discrete component amplifier
分立元件逻辑电路 discrete component logic circuit
分立质点 discrete particle
分立纵坐标法 discrete-ordinate method
分立组件 discrete assembly
分粒 classify; sizing
分粒机 sizer
分粒器 classifier; sizer; sorter
分粒筛 sizing screen
分粒效率 efficiency of sizing
分粒装置 elutriating apparatus
分粒作用 gradation
分联锁机 satellite control machine
分联箱 subheader
分联箱式锅炉 header boiler; sectional header boiler
分两班工作 work in two shift
分两部分 bipartition
分两次过闸【船】double-lockage
分两次缴入 double application
分两次施用 application in two-dressings
分两螺栓 explosive bolt
分两期的 two-step
分辆式燃气轮机 split shaft gas turbine
分量 component; constituent; pedestal
分量包装 dispensing package
分量表示 representation by components
分量分析 component analysis
分量函数 component function
分量记录数据 data of component
分量随机性检验 component randomi-

zation test
分量条形图 component bar-chart
分量元件 idle component
分了层的乳液 broken emulsion
分料板 distributing plate
分料槽 distribution spider
分料车 dividing carriage
分料堆器 windrow equalizer
分料翻板 split sluice flap
分料管 diversion pipe
分料溜子 diversion chute
分料漏斗 separatory funnel
分料器 distributor;gob distributor
分料锥 displacement cone
分列 apportion
分列插孔 column split hub
分列式 defile;split type
分列式布置 intake-outlet-separated arrangement
分列式盘管 split coil
分列式账单 separate checks
分列式制瓶机 individual section machine
分列运行 independent operation
分裂 break-up; cleavage; demixing; disintegrate; disintegration; disruption; dissiliency; dissociation; division; fission action; fissure; fragmentation; rift; rive; segmentation; spall(ing); splint(er); split(-off); splitting; split-up
分裂板 split plate
分裂本领 disintegrating
分裂变压器 transformer with split windings
分裂波束 split beam
分裂参数 splitting parameter
分裂槽 split cavity
分裂层云 detached stratus
分裂产物 cleavage product; split product
分裂场 split field
分裂成 break-up into
分裂成碎片的 fragmental
分裂出来 split-off
分裂瓷钮 porcelain split knob
分裂磁极 split pole
分裂磁极变流机 split-pole converter
分裂导体 divided conductor
分裂导线 divided conductor; multiple conductor; split-phase conductor
分裂导线间距 bundle spacing; intra-bundle spacing
分裂导线通信[讯] bundle wire carrier communication
分裂的 broken up; disruptive
分裂的材料 broken up material
分裂的毛细管 segmented capillary
分裂的小屋 splitting shanty
分裂地体 disrupted terrane
分裂电抗器 split reactor
分裂法 disintegrating method; fractional step method; splitting technique; tearing method
分裂反应 cleavage reaction; dissociative reaction; fission reaction
分裂分解 splitting decomposition
分裂改组 divisive reorganization
分裂工具 parting tool
分裂光束光度分析仪 split-beam photometric analyser[analyzer]
分裂核 segmentation nucleus
分裂后期 anaphase
分裂回流线 split-phase return wire
分裂技巧 splitting technique
分裂技术 splitting technique
分裂剂 disintegrating agent
分裂间期 intermitosis
分裂间期的 intermitotic
分裂焦点 split focus
分裂接头件 split fitting
分裂空片电容器 split-stator capacitor
分裂螺栓 explosive bolt
分裂煤层 coal split; split seam
分裂面 splitting plane
分裂面线理 current plane lineation
分裂模 split-mode
分裂模不稳定共振腔 split-mode unstable resonator
分裂末期 telophase
分裂耐受性 split tolerance
分裂能 break-up energy
分裂能级 splitted level
分裂膨胀 disruptive expansion
分裂期 division stage
分裂器 splitter; splitting chisel
分裂前期 prophase
分裂前异常 presplit aberration
分裂球 blastomere; segmentation sphere
分裂球分离 blastotomy
分裂球丝 blast
分裂绕组 split winding
分裂绕组变压器 split winding transformer
分裂三部分 tripartition
分裂设备 splitter
分裂式操纵杆 split lever
分裂式电刷 split brush
分裂式发射器 split projector
分裂式转子 split rotor
分裂试验 splitting test
分裂受压的天然沥青 broken up compressed natural asphalt
分裂受压的岩沥青 broken up compressed rock asphalt
分裂衰减器 splitting-pad
分裂速度试验 rate of break test
分裂碎块 fission fragment
分裂铁芯 divided-iron core; split core
分裂铁芯式变流器 split core type current transformer
分裂投资公司 split investment company
分裂图像 split image; split picture
分裂网络 splitting network
分裂为二 split across
分裂物 sliver
分裂系数 bundle factor
分裂相位 split phase
分裂像 mitotic figure
分裂信号调节者 regulator of mitogenic signals
分裂性 fissi(bi)lity; fissile
分裂性物质 fissible material
分裂学说 fission theory
分裂延迟 division delay
分裂因素 disintegrator
分裂影像 multiimage
分裂与还原技术 splitting and reassembling technique
分裂圆盘薄膜型测辐射热器 split-disk film-type bolometer
分裂运动 taphrogenesis; taphrogeny
分裂载波制 split carrier system
分裂者 disintegrator
分裂中期 metaphase
分裂中心 division center[centre]
分裂转变 split transformation
分裂装置 mitotic apparatus
分裂作用 splitting action
分铃 extension bell; extension ringer
分铃呼叫 extension bell call
分菱形 <货物标志> divided diamond
分溜放线 sub-lead
分流 baffling; bifurcation; bipass flow; branching; branch line; branch off; bridging; by-passing; conducting bridge; diffluence; distributary; diverging; diversion; diversion of river; divided flow; dividing flow; partial flow; separated flow; separation of river; shunt(ing); shunting current; split flow; split stream
分流坝 diversion dam; dividing dam; regulating dam; separating weir
分流板 flow distribution plate; splitter plate
分流板控制跳汰水流 hut(ch)
分流泵 split-flow pump
分流比 bifurcation ratio; split(ting) ratio
分流变扭器 torque divider
分流标志 diversion sign
分流冰川 distributary glacier
分流槽 separating tank; separation tank; split chute; splitter box; splitting box
分流侧堰 baffled side weir
分流车道 distributing lane; distribution lane; diverging lane; filter lane
分流冲突点 diverging conflicts
分流处理 split-flow treatment; split(-stream) treatment
分流磁场 shunted field
分流(磁)极发电机 diverter pole generator
分流带 <植草防冲的> spreader strip
分流岛 divisional island; splitter island
分流道 by-channel; subchannel
分流道路 <分布交通流量的道路> distributor(road); relief road
分流道路系统 distribution road system
分流堤 diversion dike[dyke]; dividing dike[dyke]; separating levee; separating weir; separation levee
分流点 bifurcation; split point
分流电导 distributed shunt conductance; shunt conductance
分流电阀 by-pass electrovalve
分流电感 shunting inductance
分流电感器 shunting inductor
分流电极充电机 diverter pole charging set
分流电极发电机 diverter pole generator
分流电路 branch circuit; divided circuit; shunt circuit; dividing circuit
分流电容器 bridging capacitor; bridging condenser; by-pass capacitor; by-pass condenser
分流电子管 shunt valve
分流电阻 diverter; shunt(ing) resistance
分流电阻法 resistance shunt method
分流电阻调速 diverter control
分流调度设备 shunting equipment
分流墩 baffle; splitter pier
分流扼流圈 shunt reactor
分流阀 by-pass valve; diverter valve; diversion valve; dividing valve; flow divider(valve); flow dividing valve; shunt valve; slide [sliding] valve
分流反应堆 split-flow reactor
分流范围 branch interval
分流防冲带 spreader strip
分流分率 split fraction
分流感度 shunting sensitivity
分流感应器 shunt ringer
分流缸 flow header
分流工程 diversion construction; diversion project
分流沟道 separate sewer
分流管 divider; separating conduit; separating pipe; separating tube; spiral distributor; pipe branch
分流管汇 diverter
分流管系 separate flow system
分流过滤器 partial flow filter
分流河 distributary river; distributary stream
分流河槽 by-channel; by-pass channel
分流河道 distributary channel
分流河道沉积 distributary channel deposit
分流河道间地区 interdistributary area
分流河道砂圈闭 distributary channel-fill trap
分流河道天然堤 distributary channel levee
分流河口 distributary mouth
分流河口坝沉积 distributary mouth bar deposit
分流河口(沙)坝 distributary mouth bar
分流河口沙坝圈闭 distributary-mouth bar trap
分流活门 side valve
分流集流阀 flow distributing and collecting valve; flow divider combiner; flow dividing and collecting valve
分流集水系统 segregated collection system
分流继电器 diverter relay; shunting relay
分流加热器 split-flow heater
分流间(海)湾 interdistributary bay
分流间湾沉积 interdistributary bay deposit
分流建筑(物) diversion construction; diversion structure; diversion works
分流(交通)道路系统 distributor system
分流(交通)街道 <美国道路等级介于干道和地方道路之间> distributor street
分流交通量 diverging traffic volume
分流浇注 runner boxing
分流角 angle of diversion; diversion angle
分流接触器 shunting contactor
分流节制阀 spreader check
分流结构 distribution structure; division structure
分流进样 split sampling; split stream sampling
分流精制 divided flow purification
分流孔 water-diversion hole
分流控制 bleed-off flow control
分流口 bifurcation point
分流口处廊道 cross-over culvert
分流量 component discharge; shunt volume
分流流量 bipass flow; diversion discharge
分流(流量)比 diversion ratio
分流路线【交】 reliever route
分流氯化 <未处理及已处理污水> split chlorination
分流面积 <用于地下水> diversion area
分流模 divergent die
分流排 separation panel
分流排气 multiple exhaust
分流排水系统 separate sewerage; separate drain system
分流排污系统 separate sewer system
分流盘管 split coil
分流片 splitter
分流器 alternating device; current divider; diverter; divider; flow divider; flow splitting device; splitter; thief; electric(al) shunt【电】; shunt【电】

分流器阀门 diverter valve
分流器箱 shunt box
分流器引线 shunt leads
分流区间 branch interval
分流渠 by-pass channel；drainage discharge channel
分流渠道 diversion canal
分流渠首工程 diversion headwork
分流渠首总需水量 diversion duty of water；gross duty of water；headgate duty of water
分流绕组 divided winding
分流设施 diversion structure；diversion works；separation works；divisor
分流式暴雨排水系统 separated storm drainage system
分流式导流轮 separator inducer
分流式分选 airflow classification
分流式风阀 split damper
分流式过滤 partial flow filtration
分流式流量调节器 by-pass flow regulator
分流式滤清器 bleeder type filter
分流式排水 separate sewerage
分流式气流调节器 splitter damper
分流式汽轮机 divided flow turbine
分流式燃气轮机 parallel flow gas turbine
分流式涡轮机 divided flow turbine
分流式污水系统 separate sewerage system
分流式系统 separating system
分流式下水道 separate [separating/separation] sewer
分流式下水道工程 sewerage of separate system
分流式下水道系统 separate sewerage system；separate [separation] sewer system
分流式下水道溢流 separated sewerage overflow
分流式液压机械 split-path hydromechanical transmission
分流式(液压)马达 split-flow motor
分流式正析像管 isocon
分流术 shunt
分流水表 partial water meter
分流水量 transferring water
分流水轮机 partial turbine
分流隧道 tunnel(-type sediment) diverter
分流隧洞 diversion tunnel
分流损耗 bridging loss
分流梭 spreader
分流套管 split sleeve；tapping sleeve
分流调节器 parallel regulator；diverter
分流通道 diversion passageway
分流通风 split ventilation
分流同步阀 flow distributing synchronous valve
分流位置 shunt position
分流稳压管 shunt regulator tube
分流污水 split-flow wastewater
分流污水道 separate[separating/separation] sewer
分流污水管(道) separate(sanitary) sewer；separating sewer
分流无分流灌浆器 split-splitless injector
分流系数 fork factor(of tributary)
分流系统 distributary system；separate system；split system
分流下水道系统 both sewer system；separate of sewerage；separate sewage system
分流下水管 separating sewer
分流线路 diversion line；traffic diversion line；traffic-dividing line
分流线圈 by-pass coil；diverter coil；shunt coil；shunt winding；transition coil
分流箱 diversion box；splitter box；splitting box
分流向通行能力 movement capacity
分流性 diffluent
分流堰 baffle；diversion weir；diverting weir；separating weir；separation weir
分流叶片 splitter blade；splitter vane
分流油路 bleed-off circuit
分流域 subbasin
分流运河 bypass canal
分流运量 diverted traffic
分流再生 biflow regeneration
分流闸(门) diversion gate；bifurcation gate
分流站 distribution station
分流振铃机 shunt ringer
分流整流阀 by-pass rectifier
分流正摄像管 superisocon
分流正析像管 image isocon；isoorthicon
分流支流 diffluent river；diffluent stream
分流直像管 image isocon；isocon
分流制 segregation system；split system；separating system；separate system <排水系统的>
分流制排水系统 separate(d)(sewage) system
分流制污水系统 separate sewage system；separate sewerage system
分流制下水道 separate sewer；sewerage of separate system
分流制下水道系统 both sewer system；separate sewer system
分流制下水系统 separate sewage system
分流制雨水沟渠 separate storm sewer
分流制雨水管 separate storm sewer
分流装置 diversion device；flow splitting system
分流走廊 by(e)-pass gallery
分流阻抗 shunting impedance
分流作用 shunting action；shunting effect
分馏 dephlegmation；differential distillation；reflux；selective evapo(u)ration
分馏泵 fractionating pump
分馏萃取 fractional extraction
分馏的 fractional；fractionary
分馏点 cut-point
分馏法 fractional distillation；fractionating process；fractionation
分馏分析 fractional analysis
分馏管 distilling tube；fractionating tube
分馏过程 fractional distillation process
分馏结晶作用 fractional crystallization
分馏界限 cut-point
分馏精度 precision of separation
分馏精馏 fractional distillation
分馏精确度 degree of fractionation；sharpness of fractionation
分馏扩散泵 fractionating diffusion pump
分馏木材的首馏分 liquid smoke
分馏瓶 fractional distilling flask
分馏器 dephlegmator；fractionator
分馏烧管 fractionating tube
分馏烧瓶 fractional distilling flask
分馏试验 fractional distillation test
分馏塔 dephlegmator；fractional column；fractional distilling tube；fractionating tower；fractionator；fractioning tower；stripping column；fractionating column【化】
分馏塔的塔盘 fractionating plate；fractionating tray
分馏塔底法 bottom plate of column
分馏塔底塔盘 bottom plate of column
分馏塔盘 tray
分馏塔盘的泡罩 tray cap
分馏头 fractional still head
分馏温度 cut-point
分馏物 fraction
分馏系统 fractionating system
分馏箱 stilling box
分馏效率 fractional efficiency；fractionating efficiency
分馏终点 end point of fractionation
分馏柱 dephlegmating column；fractional column；fractional distilling tube；fractionating column；separating column；dephlegmator
分馏柱塔板 stripper plate
分馏柱外回流 external reflux of column
分馏装置 fractional device；fractionating device；fraction collector
分馏作用 fractional distillation
分录 entry；general journal entry；journal entry；journalize；journalizing
分录簿 journal book
分录传票 journal voucher
分录的重新分类 reclassification entry
分录凭单 journal voucher
分录日记簿 journal day book
分录日记账 journal day book
分录设备 entry equipment
分录说明 narration
分录线索 keying of entries
分录账页码 journal folio
分路 angle tee[T]；branch；branch circuit；branch path；bridging；by-pass(ing)；by-path；conducting bridge；derivation wire；diversion of highway；diversion of road；divided circuit；shunt；shunt circuit；shunting
分路变频器 channel frequency converter
分路变阻器 diverter；shunt field rheostat；shunt rheostat
分路标识 shunting indicator
分路标志 diversion sign；division sign
分路并路机 channel group separating and combining equipment
分路抽头 bridge tap
分路处 shunting place
分路触点 bridge contact；shunting contact
分路传动装置 splitter drive
分路传输系统 line-sharing system
分路磁场线圈 shunt field coil
分路带通滤波器 channel bandpass filter
分路导管 divided duct；divided manifold
分路导接线【铁】shunt bond
分路导纳 shunt admittance
分路道岔【铁】branch turnout
分路的 shunted
分路的中间磁极 shunted interpole
分路地址 channel address
分路地址代码 channel address word
分路点 branch point；divergence[divergency] point；shunting points
分路电感 shunting inductance
分路电感器 shunting inductor
分路电抗器 dividing reactor；shunt reactor
分路电缆 branch cable
分路电缆套 bifurcating box
分路电流 branch current；derived current；shunt current
分路电容 shunt capacitance；shunt capacity
分路电容器 shunting capacitor
分路电压调节 shunt voltage regulation
分路电阻 shunt resistance
分路电阻器 by-pass resistor；shunting resistor
分路动作【计】branch operation
分路发射机 channel(l)ized transmitter
分路阀 by-pass valve
分路防护法 shunt protection
分路放大器 channel amplifier
分路负载 shunt loading
分路感应线圈 shunt inductor
分路工作电路 way-operated circuit
分路工作线路 way-operated circuit
分路供电 branch feeding
分路管 by-pass tube
分路弧光灯 shunt-wound arc lamp
分路换接过程 short-circuit transition；shunt transition
分路机 direct through-connection equipment
分路继电器 shunting relay
分路接触器 shunting contactor
分路开关 branch switch；shunt switch
分路馈电 branch feeding
分路馈给 split feed
分路馈给控制 split-feed control
分路馈接触线路 by-pass feeder contact line
分路馈线悬链线 by-pass feeder contact line
分路连接 branch connection
分路灵敏度 shunting sensitivity
分路滤波器 branching filter；dividing filter
分路滤清器 by pass filter
分路没有压死的轨道电路 "bobbing" track circuit
分路门 distributed channel gate
分路配电盘 branch switchboard
分路频带 spur band
分路器 branching unit；shunt；electric(al) shunt【电】
分路器调整 shunt regulator
分路器转子 distributor rotor
分路绕阻 shunt winding
分路升高法 shunt peaking
分路式 Y 形交叉 channel(l)ized Y intersection
分路式烘筒 two-path cylinder dryer
分路式流量阀 spill-off valve
分路式液压机械 split-path hydromechanical transmission
分路式液压制动器 slip-system hydraulic brake
分路损耗 shunt loss
分路特性曲线 shunt characteristic curve
分路调幅器 channel modulator
分路调节器 shunt regulator
分路调制 submultiplex
分路跳闸机构 shunt-trip attachment
分路凸轮 shunt cam
分路系数 shunt ratio
分路线 tapped line
分路线圈 shunt coil；shunt winding
分路效应 shunting effect
分路谐振 shunt resonance
分路信号 shunting sign；shunting signal
分路迂回 by-pass
分路迂回制 by-pass system
分路原理 by-path principle

分路运算 branch operation
分路增音机 parallel repeater
分路站（载波）direct through-connection station
分路支线 feeder road
分路指示器 shunting indicator
分路中和 shunt neutralization
分路轴齿轮 timer-shaft gear
分路轴凸轮 timer-shaft cam
分路转变 shunt transition
分路转换 shunt transition
分路阻抗 shunt impedance
分路作用 by-passing
分率系统 piece rate system
分轮齿轴 minute nut;minute pinion
分轮管 cannon pinion
分罗经 compass repeater; receiver compass;repeater compass
分罗经游标卡 vernier card of repeater
分罗经照明灯开关 repeater lamp switch
分马力电动机 fractional electric(al) motor;pilot motor
分马力压缩冷凝机组 fractional horsepower condensing unit
分马力异步电动机 fractional horsepower asynchronous motor
分玛 demal
分脉 dividends; dividing vein; dropper;sectors
分毛辊 divider;dividing roller
分煤鞍板 saddle-back
分煤设备 coal scatter
分门 ramification
分门别类 categorization;unbundle
分门别类的技术 unbundling technology
分米<长度单位,1 分米 = 0.1 米> decimeter[decimetre]
分米波 decimeter wave; decimetric wave
分米波测高计 decimeter height finder
分米波测试器 decimeter test equipment
分米波超高功率四极管 resnatron;resonator-tron
分米波段 decimeter range
分米波段混频器 decimeter-wave mixer
分米波发射机 decimeter-wave transmitter
分米波雷达 decimeter-wave radar
分米波连续谱 decimeter continuum; decimeter-wave continuum
分米波天线 decimeter-wave antenna
分米波无线电通信[讯] decimeter radio
分米波振荡器 decimetric wave oscillator
分泌 excrete;excretion;perspiration;perspire;weeping
分泌出 oozing
分泌镜质体 secretion vitrinite
分泌菌类体 secretion sclerotinite
分泌水分 weep
分泌体 secretion
分泌物 excreta;exudate;ooze;secretion
分泌液 secretion
分泌组织 secretory tissue
分面板 subpanel
分面分类法 faceted classification
分秒表 microchronometer
分秒（分段爆炸）雷管 decisecond detonator
分模剂 mo(u)ld parting agent
分模面 die joint; die parting face; parting surface
分模面飞轮 split-arm flywheel; spoke-divided flywheel
分模数 submodular;submodule
分模数尺寸 submodular size
分模线 die parting line; flask line; parting line;split line
分模型 submodel
分摩 centimorgan
分沫器 catch-all;catch-all steam separator
分母【数】 denominator;nominator
分母的有理化 rationalization of denominator
分母加权平均数 denominator-weighted average
分目 subtitle
分目标 partial objectives for
分奈<声压级单位,1 分奈 = 0.8686 分贝> decineper
分泥板【疏】 diversion gate;tumbling door
分泥机 clay-sorting machine
分泥门 change-over door; clapper door;tumbling door
分年偿还 redemption by year installment
分年度投资 annual investment;every year's investment
分年龄组 age class
分蘖 tiller
分蘖期 stooling stage;tillering stage
分凝 deflegmation;segregate
分凝冰 segregated ice;Taber ice
分凝的 segregative
分凝辅助生长 segregant-assisted growth
分凝管 fractional condensing tube
分凝结 segregation junction
分凝脉 exudation vein;segregated vein
分凝器 dephlegmator;partial condenser;segregator
分凝条带 segregation banding
分凝膝折带 segregation kink bands
分凝系数 separation coefficient
分凝效应 effect of segregation
分凝叶理 segregation foliation
分凝作用 dephlegmation; fractional condensation
分扭器 torque divider
分扭式差动器 torque proportioning differential
分扭式差速器 torque proportioning differential
分派 allocate; allotment; apportion; apportionment; assign; distribute; ramification
分派比例 allocation proportion
分派法 apportionment exercise
分派费用 apportioned charges;apportioned cost
分派风险 assigned risk
分派工作 job assignment
分派过程 allocation process
分派红利 cut a melon
分派红利通知书 allotment letter
分派进程 detached process
分派理论 allocation theory
分派模型 assignment-type model;share model
分派配置 allocation
分派问题 assignment problem
分派制 allotment system
分炮<船舶遇险时每分钟发一次的号炮> minute gun
分培 subculture
分赔责任 derived liability
分配 apportion;apportionment;assignation; assignment; assorting; contribution;deal out;dispatching;distribute;distributing;distribution;dividing;mete;parcel;partition;planning; portion; prorate; repartition; sharing
分配百分比 component percentage; percentage distribution
分配百分率 distribution percentage
分配班 dispensing section
分配板 demarcation strip;distributing plate;distribution panel;instrument board
分配拌和机 batch blender
分配泵 dispensing pump; proportioning pump
分配比例 allocation proportion
分配比率 allotment ratio;distribution ratio;partition ratio
分配比重 partition density
分配边际生产率理论 marginal productivity theory of distribution
分配标识器 distribution marker
分配标准 allocation criterion
分配表 allocation sheet;list of distribution
分配表目 distribution entry
分配不等式 distributive inequality
分配不公 maldistribution; unfair distribution of income
分配不均匀 maldistribution
分配舱容 space allotment
分配操作 batch operation
分配测试 allocation for test;test for allocation
分配层析法 partition chromatography
分配常数 distribution constant
分配车场 distributing yard
分配称料设备 weigh-batching plant
分配成本 apportioning cost;distribution cost
分配成本分摊 distribution cost allocation
分配程序 allocation routine; allocator;assignment program(me); order of distribution
分配程序库 distribution library
分配池 distributing basin
分配迟延 distributed lag
分配齿轮 distribution gear; front gears
分配齿轮箱 distribution gearbox
分配存储面 allocate storage
分配存储器 allocate memory;allocate storage
分配贷款 floated loan
分配挡板 distributing damper
分配的 apportioned;distributive
分配的成本 allocated cost
分配的费用 apportioned charges
分配的工作 assignment
分配的公平 distributional equity
分配的公正 distributive justice
分配的规则 rule for distribution
分配的可行性 feasibility of imputation
分配的配额 allocated quota
分配的频带 assigned frequency band
分配的频率 allotted frequency; assigned frequency
分配的权数 distributional weight
分配的任务 design problem
分配的重量 distributed weight
分配等级 scale of proportions
分配等温线 distribution isotherm; partition isotherm
分配地段 allotment
分配电缆 distribution cable
分配电路 distribution circuits;distributor circuit;sharing circuit
分配定理 partition law
分配定律 distributing law;law of partition; partition law; distribution law;law of distribution
分配段 dispensing section;distributing section
分配额 allotment; amount allocated; quota
分配额拨款 allotment
分配额外红利 cut the melon
分配发送器 distributor-transmitter
分配阀 distributing valve;distribution valve; regulating valve; selector valve
分配阀垫密片 distributing valve gasket
分配阀壳体 selector valve body
分配阀箱 distributing valve chest
分配阀转换阀 transfer valve for distributing valve
分配法 apportion design;method of distribution
分配反应器 batch reactor
分配范围 range of distribution;scope of distribution
分配方案 allocation plan; allocative decision
分配方法 distribution method
分配方式 distribution pattern; mode of distribution
分配放大器 distributing amplifier; distribution amplifier
分配费用 applied expenses; cost of distribution
分配分类 distribution sort
分配分类账 distribution ledger
分配分录 distribution entry;distribution on entries
分配风道 distributing duct
分配符 allocator
分配符号差 allocation signatures
分配赋税 apportioned tax
分配干管 distribution main
分配杆 distributing arm
分配钢筋 repartition bar
分配格 distributive lattice
分配给联营单位利润 net income distribution to affiliated units
分配给收益人的款项 distribution to income beneficiaries
分配根据 basic of distribution
分配功能 distribution function
分配共同财产 division of common property
分配股份 allotment of shares
分配关系 distribution relations; relation of distribution
分配管(道) distributing pipe;distributing tube; distribution duct; distributing conduit; distribution pipe; flow pipe;service header
分配管汇 distributing manifold;distribution manifold
分配管理制度 allotment control system
分配管线 distribution pipeline
分配辊 distributing roll
分配过程线 distribution graph
分配函数 partition function
分配合同 assignment of contract
分配和装入程序 allocation and loading program(me)
分配核算统计 distribution accounts statistics
分配盒 distributing box; distribution box
分配红利 allocate profits
分配红外线法 distribution-infrared method
分配后勤 logistics of distribution
分配滑阀 control spool; distributing slide valve
分配环节课税 taxation of distribution link

F

分配缓冲区 allocation buffer;buffer
分配会计机 distribution accounting machine
分配机 distributor
分配机构 distribution gear;distributor gear
分配基础 basis of apportionment;basis of distribution
分配基数 allocation base
分配级 distribution stage
分配集管 distribution manifold
分配计 batchmeter[batchmetre]
分配计划 distribution plan;plan of distribution
分配计划的编制 preparation of a distribution plan
分配计算表 work sheet for distribution
分配继电器 allotter relay
分配加价 distribution mark-up
分配价 distribution price
分配间接费的根据 basic for application of overhead
分配交通量 assigned volume
分配校正器 divider corrector
分配接续网络 distribution switching network
分配结构 distribution pattern
分配金 allotment money
分配筋 distribution reinforcement
分配经济学 distribution economics
分配净利润赎回股票 redemption of stock by distribution of net profit
分配矩 distribution moment
分配决定论 distribution determination theory
分配卡片叠 distribution decks
分配可行性 feasibility of imputation
分配控制阀 dividing control valve
分配理论 allocation theory;theory of distribution
分配力矩 distributed moment;distributing moment
分配利润 to allot a profit;to distribute a profit
分配利益 benefit of division
分配例行程序 allocation routine
分配粒度 partition size
分配联箱 distributing drum;distribution header
分配链 distribution chain
分配梁 spreader beam
分配量 assigned volume
分配料槽 distribution chute
分配列表 distribution list
分配列入支出 indirect expenditures
分配流通渠道 channel of distribution;distribution channel
分配路线 distribution channel
分配律 distributive law;partition law
分配率 apportionment ratio;distribution factor;distribution rate
分配螺旋 delivery auger;distributing auger;level(l)ing auger
分配门 portion gate
分配密度 density of distribution;partition density;Tromp cut-point
分配面 distribution surface
分配面积 allotment area
分配明细表 schedule of apportionment
分配模量 distribution modulus
分配模式 allocation mode
分配模型 allocation model;apportion model;partitioning model
分配内部函数 allocation built in function
分配内存【计】storage allocation
分配能力 distribution capability;distribution capacity

分配盘 distribution board;distribution panel;distribution switchboard;distributor disk[disc]
分配配对 distributive pairing
分配配置 cut-up arrangement;allocation
分配喷嘴 distributing nozzle
分配批发商 carlot wholesaler
分配频带 allocated frequency band;assigned frequency band
分配频率 dividing frequency
分配平衡 distribution equilibrium;partition equilibrium
分配评价 distributive judgement
分配破产人的财产 sequestration
分配铺位 billet
分配期 allotment period
分配歧管 distributing manifold
分配气流 distributing air flow
分配气压 distributing air pressure
分配器 allocator;distributor;allot(t)er;commutator;dispatcher;dispenser;divider;allotter switch <电话>
分配器臂 distributor arm
分配器传动轴联轴节 distributor drive shaft coupling
分配器沟槽 distributor buckle
分配器管道 <干线电缆> distributor duct
分配器滑阀 control spool
分配器活塞 distributor piston
分配器继电器 allotter relay
分配器盘 <电报机> plate of distributor
分配器调节器 distributor governor
分配器线路 commutator circuit
分配器真空控制 distributor vacuum control
分配器真空闸弹簧 distributor vacuum brake spring
分配区 distribution district
分配区域 range of distribution
分配曲线 partition curve
分配曲线图 <一种单位过程线> distribution graph
分配渠道 channel of distribution;distribution channel
分配渠道组合 distribution mix
分配全域 scope of distribution
分配权值 distributive value
分配任务 allocating task
分配容量 partition capacity
分配色层(分离)法 partition chromatography
分配色谱法 partition chromatography
分配设备 distribution equipment
分配设计 apportion design
分配剩余资产 dispose of remaining assets
分配失调 maldistribution
分配市场 market allocation
分配式喷油泵 distributor type injection pump
分配式燃料泵 distributor type fuel pump
分配式油泵 monoplunger pump
分配试验 dispensing test
分配室 distributing chamber;distribution chamber
分配书 letter of allotment
分配输送 batching
分配数 allotment;distribution number
分配数量 quantity allotted
分配数列 distribution series
分配税款 apportioned tax
分配宿舍 billet
分配算法 allocation algorithm
分配损失 distribution loss
分配台 distributing table
分配条件 distributive condition

分配条款 distribution clause
分配调整器螺钉 distributor adjusting screw
分配厅 concourse
分配通信 distributed communication
分配通知单 distribution memorandum
分配投资贷款 allocate(d) investment credit
分配凸轮 distributor;distributor cam
分配凸轮机构 taper guide
分配图 distribution diagram;distribution graph
分配土地管理人 allotment warden
分配弯矩 distributed moment
分配弯力 distributed moment
分配网(络) distributing net(work);distribution net(work);dividing network
分配文件 allocate file
分配问题 allocation problem;assignment problem;distribution problem
分配物 dispensation
分配误差 allocation error;error of allocation
分配误差使导线闭合 balancing a survey
分配系数 coefficient of distribution;distributing coefficient;distributing factor;distribution coefficient;distribution factor;distribution number;distribution ratio;partition coefficient
分配系数法 distribution factor method
分配系数与晶体生长函数关系图 diagram showing the partition coefficient as a function of oxygen fugacity
分配系统 dispatching system;distributed system;distributing system;distribution system;system of distribution
分配现金顺序 order of distribution of a cash
分配箱 distributing box;distribution box;distributor case;dividing box;job ticket box
分配销售成本分析 distribution cost analysis
分配销售函数 distribution function
分配销售曲线 distribution curve
分配销售渠道密度 distribution channel density
分配销售途径 distribution path
分配销售网络 distribution net-(work)
分配销售组合 distribution mix
分配效果 allocation effect;distribution effect;partition effect
分配效率 allocative efficiency
分配效应 distributive effect;partition effect
分配协议 distributorship agreement
分配斜齿轮 distributing oblique gear
分配信道 allocated channel
分配型控制器 shared control unit
分配性 distributivity
分配性分析 distributive analysis
分配性和服务性行业 distributive and service trades
分配性谈判 distributive bargaining
分配悬殊 big gap between income
分配旋塞 distributing cock
分配选择 distributive selection
分配业务 distribution business
分配液(法) distribution liquid;partition liquid
分配一个设备 allocate a device
分配一个值 assign a value

分配因数 allocation factor
分配盈利 allotment profit;payoff
分配影响区 allocated impact zone
分配优先权 dispatching priority
分配预算 budget allotment;distribution budget
分配原则 allocation principle;rule for distribution
分配运输机 distributing conveyer [conveyor]
分配运算 distributing operation;distributive operation
分配噪声 noise of partition;partition noise
分配闸 distributor brake
分配站 dispense point;distribution center[centre];distribution header;distributor
分配账户 appropriation account
分配折旧 apportioning depreciation
分配者 allocator;allot(t)er;assigner;distributor;divider;sharer
分配政策 distribution policy
分配值 apportioning cost;place value
分配职能 distribution function;distributive function
分配指标 indicator of distribution
分配指令 assignment command
分配指数 distribution index
分配制 allocation system
分配制度 assignment system;distribution system
分配滞后 distributed lag
分配重量比 weight distributed ratio
分配轴 camshaft;control spindle;distributing shaft;distribution shaft;tappet shaft
分配轴齿轮 counter gear
分配轴凸轮 valve lifting cam
分配轴箱 camshaft housing
分配柱 partition column
分配装配 dispensing assembly
分配装置 dispenser;dispensing equipment;distribution;switch gear
分配资金决策 funding decision
分配资源调度程序 scheduled program(me) for allocating resource
分配总管 distribution header;distribution main
分配作用 distributional effect;distributive effect
分批 batch;job lot
分批拌 batch
分批拌和 batch mix(ture)
分批拌和混凝土 batch of concrete
分批拌和机 batch blender;batch mixer
分批拌和砂浆 batch of mortar
分批(拌和)式 batch-type
分批拌和式沥青(混合料)厂 batch-type asphalt plant
分批拌和循环时间 batch cycle time
分批标记本 kick copy
分批操作 batch operation;batchwise operation
分批测定方法 lot plot method
分批产品的生产 lot-product production
分批偿还债券 serial bond
分批沉淀 batch precipitation;batch settling
分批沉降通量 batch settling flux
分批秤 batch weigher
分批称量掺和机 batch weigh blender
分批称量车 proportioning cart
分批称量秤 batch scale
分批称量传动装置 proportioning weigh gear
分批称量单元 proportioning unit
分批称量斗 proportioning bin

分批称量鼓筒 proportioning drum
分批称量盒 proportioning box
分批称量机组 proportioning unit
分批称量架 proportioning frame
分批称量器 batchmeter[batchmetre]; batch weigher
分批称量容器 proportioning container
分批称量输送带秤 proportioning conveyor belt scale
分批称量箱 proportioning box; proportioning frame
分批称量循环 proportioning cycle
分批称料斗 weigh-batching hopper
分批称料机 weigh(ing) batcher
分批称料设备 weigh-batch(ing) plant
分批称料箱 weighing batch box
分批称重 batch weigher; batch weighing
分批称重计 single material weigh batcher
分批称重配料装置 batch weighing plant
分批称重器 batch weigher
分批成本 batch cost; job(order) cost
分批成本比较表 comparative statement of order cost
分批成本表 statement of order cost
分批成本单 job cost sheet
分批成本法 job(order) cost method; specific order costing
分批成本分类账 job cost ledger
分批成本核算制 lot cost system
分批成本会计 job(order) cost accounting
分批成本计算 job(lot) costing; job order costing; lots cost system
分批成本计算单 job(order) cost sheet
分批成本计算法 batch costing(method); job lot method of cost calculation; job order costing
分批成本凭单 job cost voucher
分批成本循环 job order cost cycle
分批成本制(度) job(order) cost system; specific order cost system
分批出售 sell by lots
分批除臭机 batch deodorizer
分批除盐 batch demineralization
分批处理 batch processing; batch handling; batch treatment
分批处理法 batch method of treatment; batch treatment method; method of batch treatment
分批处理反应器 batch reactor
分批处理方式 batch process(ing) mode
分批处理炉 batch kiln
分批处理系统 batch system
分批萃取 batch extraction
分批到货 split delivery
分批的 batch-type; batchwise; in batches
分批地 in batches
分批订单 job order; split order
分批订货成本 job order costing
分批定量器 < 混凝土搅拌机的 > batchmeter[batchmetre]
分批堆垛 piling-up batch by batch
分批堆料 batch pile
分批发货 instalment of goods; split shipment
分批发酵法 batchwise
分批发行 tranche
分批法 batch processing; job lot method; lot-method
分批分期 batch by batch and stage by stage
分批分析 batch analysis
分批焚化炉 batch-fed incinerator
分批粉磨 batch grinding
分批浮选 batch flo(a)tation; batch floating
分批辐照 batch irradiation
分批付款 pay by instalments
分批干燥器 batch drier[dryer]
分批给料 batch feed
分批给料的 batch fed
分批给料器 batchmeter[batchmetre]
分批给料叶片式搅拌机 batch-fed pugmill
分批工作通知单 job order
分批供水计量器 water batcher; water batching
分批辊轧机 batch roller
分批过秤的 batch weighed
分批核算 lot accounting
分批烘焙 batch cure
分批还本债券 serial bond
分批会计 lot accounting
分批混合 batch mix(ing)
分批混合机 batch blender
分批混合器 batch mixer
分批混合式生产 batch-type production
分批混合物 batch mix(ture)
分批混凝土 batch of concrete
分批挤压机 running-out machine
分批计量器 individual batcher; batchmeter[batchmetre]
分批计重的 batch weighed
分批加工 batch(-like) process
分批加工装置 batcher plant
分批加料器 batcher
分批加热炉 in-and-out reheating furnace; periodic(al) kiln
分批加热器 batch heater
分批加入 stage addition
分批加水 batch water
分批交货 delivery of goods by installments; partial delivery; partial shipment; segment delivery
分批交货的买卖合同 contract for the delivery of goods by instalments
分批焦化蒸馏器 batch coke still
分批搅拌机 batch agitator; batch blender; batcher(-mixer); batch mixer
分批搅拌计 batchmeter[batchmetre]
分批搅拌器 batch agitator
分批接受 acceptance of batch
分批结晶 batch crystallization
分批结晶器 batch crystallizer
分批进料 charging by batch
分批进料管理 job lot control
分批进入和退出的逐步回归法 in-and-out stepwise method
分批进样 batch sampling
分批浸出 batch leaching
分批精馏 batch rectification
分批净化 batch purification
分批聚合 batch polymerization; batchwise polymerization
分批均化 batch homogenization; batchwise homogenizing
分批菌 batch bacteria
分批控制 job lot control
分批控制法 job costing
分批控制器 batch controller
分批控制总数 batch control total
分批垃圾焚化法 batch refuse incinerator
分批垃圾焚烧炉 batch refuse incinerator
分批量具 batcher
分批量料器 batchmeter[batchmetre]; weighing batcher
分批量重 batch weighing
分批量重设备 batch weighing equipment
分批料堆 batch pile
分批流量 batch stream
分批硫化 batch cure
分批炉 batch furnace
分批码 block code
分批磨矿 batch grinding
分批墨印 < 浆纱的 > cutting mark
分批凝华器 batch desublimer
分批培养 batch cultivation; batch culture
分批配料 batching
分批配料称重设备 batching equipment; batch(ing) plant
分批配料称重装置 batching equipment; batch(ing) plant
分批配料斗 weigh-batching hopper
分批配料搅拌器 batch agitator
分批配料控制 batch-meter control
分批配料控制器 batch-meter controller
分批配料设备 batching equipment; batch(ing) weigher; batch weighing plant; weighing equipment; weighing plant; weighing weigher
分批配料式混凝土筒叶拌和机 batch-type concrete pugmill(mixer)
分批配料系统 batching system
分批配料装置 batching equipment; batch(ing) plant; batching weigher; weighing equipment; weighing plant; weighing weigher
分批漂白 batch bleaching
分批票据 lot note
分批汽化 batch vapo(u)rization
分批区域精炼炉 batch zone refiner
分批染色 batch dyeing; batchwise dyeing
分批热处理炉 batch oven
分批认可抽样 lot-acceptance sampling
分批任务 batch task
分批容量 batch capacity
分批溶解 batch dissolution
分批溶解器 batch dissolver
分批砂浆 batch of mortar
分批上料机 batch feeder
分批烧结 batch sintering
分批生产 batch operation; batch process; job production
分批生产法 batch production process
分批生产通知单 job production order
分批实际进价成本 cost-based on actual batch purchasing price
分批式拌和厂 batch mix plant
分批式拌和设备 batch mix plant
分批式拌种器 batch-type seed mixer
分批式操作 batch operation
分批式捣捏拌机 batch-type pugmill mixer
分批式冻结器 batch-type freezer
分批式干燥机 batch drier[dryer]
分批式谷物自动干燥机 automatic batch-type grain drier
分批式过滤 batch filtration
分批式过滤机 batch filter
分批式过滤器 batch filter
分批式混砂机 batch sand mixer
分批式精制 batch purification
分批式垃圾焚化炉 batch-type dust destructor
分批式沥青混合料拌和设备 batching asphalt plant
分批式炼乳冷却器 batch-type condensed milk cooler
分批式配料拌和机 batch-type mixer
分批式配料铺路拌和机 batch-type paving plant
分批式配料铺路拌和设备 batch-type paving plant
分批式配料铺路拌和装置 batch-type paving plant
分批式气力输送机 pneumatic batch conveyer[conveyor]
分批式烧结 batch-type sintering
分批式生产 batch(-type) production
分批式水表 batch water meter
分批式系统 batch system
分批式循环 batch cycle
分批式叶片搅拌机 batch-type pugmill mixer
分批式真空过滤机 batch-type vacuum filter
分批事务文件 batch transaction file
分批试验 batch analysis; batch test
分批试验法 block search
分批输入许可证 subcovering license [licence]
分批赎单 partial retirement of shipping documents
分批熟化溶液 aged batches of solution
分批数据处理 batch data processing; batching
分批数量 job lot
分批送货 delivery of goods by installments
分批搜索 block search
分批搜索法 block search technique
分批摊还的清算 liquidation in instalments
分批摊还款项的清算 liquidation in instalments
分批摊派成本法 batch costing
分批淘析 batch elutriation
分批提纯 batch purification
分批提取 batch extraction
分批添加 portion-wise addition
分批通量曲线 batch flux curve
分批通知成本单 job order cost sheet
分批(投配) batching
分批投配厂 batcher plant
分批投配斗 batch bin; batch box
分批投配设备 batcher plant; batch(ing) equipment; batch(ing) plant
分批退火 batch annealing
分批系统 batching system
分批下料 split-batch charging
分批显影 development batch
分批显影机 batch processor
分批箱 batch box; batcher; batcher bin; batching bin
分批销售 partial sales
分批循环 batch cycle
分批循环真空过滤器 batch cycle vacuum filter
分批研磨 intermittent grinding
分批用水量 water batching
分批预算 batch budgeting
分批运料车 batch truck
分批运行 batch operation
分批运转 batch operation
分批折旧法 depreciation-job method; job depreciation method
分批蒸发 batch vapo(u)rization
分批蒸馏 batch(-still) distillation
分批蒸馏器 batch distill; batch still
分批蒸煮器 batch steamer
分批整理 batch finishing
分批制度 job system
分批质量保护 lot quality protection
分批重量 batch weight
分批煮练 batch scouring
分批装出料的室式加热炉 in-and-out type furnace
分批装船 instalment shipment; partial shipment; shipment by installments
分批装料 batch loading; charging by batches; split-batch charging < 搅拌机 >
分批装料机 batch loader
分批装料磨矿机 batch-type mill

分批装模压型法 batch weight method of mo(u)lding
分批装运 instalment shipment; partial loading; part (ial) shipment; shipment by installments
分批装运信用证 part shipment credit
分批装载机 batch loader
分批装载压实垃圾车 batch loader refuse truck
分批字队列 batch word queue
分批总量 batch total
分批作业 batch job
分批作业法 batch method of operation; batch operation method
分批作业计算机系统 batch-operated computer system
分批作业炉 periodic(al) furnace
分坯器 gob separator
分劈墨印 cut mark
分劈钳 splitting forceps
分匹色纬 felling marks
分片 arrange cut piece; burst; neaf; partition; slicing
分片包片法 individual-assignment
分片爆破 slabbing cut
分片存取法 partitioned access method
分片电视 zone television
分片多层织物 split fabric
分片法 method of slices
分片工 splitter
分片工具 slicing tool
分片供暖 block heating
分片供热 block heating
分片灌溉方式 block irrigation system
分片灌溉制 block irrigation system; block system
分片辊道 separating roller conveyer [conveyor]
分片或分层着色(地图) choropleth
分片机 wafer separator
分片机架接缝 frame split
分片级数 slice scale
分片计算法 <计算土坡稳定性的> Swedish method
分片记录 page(mode) recording
分片开挖 slabbing cut
分片模 collapsible mo(u)ld
分片器 wafer breaker; wafer separator
分片上浆 split sheet size
分片时间 sliced time
分片数据集 partitioned data set
分片瓦轴承 segmental bearing
分片协议 slotted protocol
分片着色图 colo(u)r-patch map
分片组合式碰垫 united-type fender
分票 sorting
分票隔垫 lot separation
分频 fractional frequency; frequency demultiplication; frequency division; frequency halving; frequency splitting; scale down
分频比 division ratio; frequency dividing ratio
分频乘法器 frequency division multiplier
分频触发 subharmonic triggering
分频电路 frequency dividing circuit; frequency-halving circuit; phantastron circuit
分频多路 frequency division multiple
分频多路传输 frequency division multiplex(ing)
分频多路传输方式 frequency division multiplex system
分频管 frequency divider; modulation divider tube
分频过程 scaling-down process
分频级 frequency divider stage
分频开关 segment switch
分频滤波器 dividing filter; frequency separating filter
分频脉冲 divided pulse
分频频率 cross-over frequency
分频器 counter-down; counting down circuit; frequency demultiplier; frequency divider
分频器链 divider chain
分频设备 band spitting equipment
分频调制 frequency division modulation
分频听力计 frequency division audiometer
分频通道放大器 frequency-shared channel amplifier
分频网络 cross-over network; dividing network
分频谐波 subharmonic
分频谐波共振 submultiple resonance
分频振动 subharmonic vibration
分频制 frequency division system
分频装置 frequency divider
分品 graded
分品法 grading; grading method
分品复接 <自动电话总机配线> graded multiple; overlapping multiple; grading
分品复接群 grading group
分品复接组 grading group
分品连接 grading; step connection
分品群 grading group
分品中断线 graded trunk(line)
分品中继线 graded trunk(line)
分屏幕显示 split screen display
分屏制 panel system
分坡平段 level grade between opposite gradients
分谱光电导 spectral photoconductivity
分期 ag(e)ing; instalment; period; phase by phase; staging; substage
分期表 ag(e)ing schedule
分期拨付汇票 retirement by instalment
分期拨款的资金 capital grant progress payments
分期采伐面积 periodic(al) cutting-area
分期偿付的款项 amortization payment
分期偿付或摊还款项的清算 liquidation in instalments
分期偿付计划表 amortization schedule
分期偿付租金 amortization rent
分期偿还 amortization; amortized depreciation; payment on account
分期偿还贷款 amortization loan; amortized load; instalment credit; term load
分期偿还的借款 instalment loan
分期偿还抵押贷款 amortized mortgage; direct reduction mortgage; self-amortizing mortgage loan
分期偿还法 amortization method
分期偿还费 amortization charges; amortization cost; amortized cost
分期偿还公司债 instalment bond
分期偿还计划 plan of redemption
分期偿还率 amortization rate
分期偿还期限 amortization term
分期偿还欠款 instalment of arrears
分期偿还债券 installed bond
分期偿还债务 amortization of debt; amortize
分期处理 phased treatment; treatment at different stages
分期贷款 instalment credit
分期导流 multiphase diversion; staged diversion
分期地 in installments
分期递减偿付法 reducing instalment method
分期递减(摊销)法 reducing instalment method
分期递减折旧法 depreciation reducing instalment method; instalment reducing depreciation method
分期递增分配方式 incremental installment allocation method
分期定额法 fixed instalment method
分期定额折旧法 depreciation-fixed instalment method; fixed installment depreciation method
分期发展 stage development
分期伐区 periodic(al) coupe
分期分配结算 installed distribution liquidation
分期分批 group after group at different time
分期分批偿还的债券 serial bond
分期分批出售 sale by instal(l)ments
分期分批的销售合同 instalment sales contract
分期分批付款 progress payment
分期分批付款或收款 series of payment or receipt
分期分批履行的合同 instalment contract
分期付汇票 bill payable by installment
分期付款 deferred payment; easy payment; hire purchase; instalment (payment); milestone payment; partial payment; payable on the installment; pay-as-you-go; payment by instalments; payment on account; payment on deferred terms; progress payment; spaced payment; time payment; tally plan <英>
分期付款保证函 instalment guarantee
分期付款报告 instalment reporting
分期付款标准 instalment basis
分期付款簿 installed book
分期付款偿还法 instalment basis; instalment method
分期付款出口 export installment
分期付款出售 hire purchase sale; instalment selling; time-payment schemes selling
分期付款单据 instalment certificates
分期付款的 serial
分期付款的定金 down payment
分期付款的买卖合同 contract for delivery of goods by installment; contract for the payment of goods by instalments
分期付款的每年付款数 annual installment
分期付款的首笔付款 down payment
分期付款的现款信贷 installed cash credit
分期付款的支付 instalment payment
分期付款法 hire system; instalment basis
分期付款方式售货的商店 <英> tally shop
分期付款购货 hire purchase; instalment buying; instalment purchase
分期付款购货的附加价格 carrying charges
分期付款购货法 instalment plan
分期付款购货合同放款 loan under hire purchase agreement
分期付款购货信贷 hire purchase credit
分期付款购买 buy on installment; instalment buying; purchase on installment; time purchase
分期付款购买法 hire system; hiring system
分期付款购买公司 hire purchase agreement; hire purchase company
分期付款购买某物 buy sth. on the never-never
分期付款购买制 <英> hire purchase; hire system purchase; time purchase
分期付款购入 purchase on installment
分期付款购置 easy purchase
分期付款股票 instalment certificates
分期付款合同 hire purchase contract
分期付款和保证金购买 instalment and margin purchase
分期付款汇票 bill payable by stated installments
分期付款会计 installed accounting
分期付款货物的加价 carrying charges
分期付款基础 instalment basis
分期付款计划 budget plan; instalment plan; pay-as-you-go-plan
分期付款计划的编制 preparation of an instalment distribution plan
分期付款价格 hire purchase price
分期付款交易 instalment trade [trading]
分期付款进货 instalment purchase
分期付款贸易协会 <英> Hire Purchase Trade Association
分期付款票据 balloon note
分期付款契约 instalment contract
分期付款商 tallyman
分期付款商店 instalment house; instalment store
分期付款赊销 instalment credit selling
分期付款赊销法 tally system; tally trade
分期付款收据 instalment certificate; instalment receipt; instalment scrip
分期付款收据簿 instalment scrip book
分期付款售货合同 instalment sales contract
分期付款条件 instalment terms
分期付款条款 instalment payment clause; instalment terms
分期付款销货 instalment plan system; instalment selling; instalment system
分期付款销货法 instalment sales basis
分期付款销货合同 instalment sales contract
分期付款销售 condition sale; deferred payment sale; instalment sale; time sale
分期付款销售成本 cost of goods sold on installment plan
分期付款销售法 instalment selling
分期付款销售方式 instalment plan
分期付款销售合同 instalment sales contract
分期付款销售计划书 consumer sale disclosure statement
分期付款销售毛利的列计 gross margin recognition on installment sales
分期付款销售收入 proceeds of instalment sales
分期付款销售损益 profit or loss from installment sales; profit or loss on installment sales
分期付款信贷 instalment credit
分期付款信贷控制 instalment credit control
分期付款信用证 instalment payment credit
分期付款业务 installed business
分期付款应收账款 account receivable from installment
分期付款债券 instalment bond

分期付款债务的处理 disposition of installment obligations
分期付款账户 instalment payment account
分期付款制 never-never system
分期付款中的首期付款 initial payment
分期付款中最大的一笔 ballon payment
分期付款资金融通 instalment financing
分期付息到期还本的抵押贷款 straight mortgage
分期付息到期一次清还本金的抵押贷款 straight-term mortgage
分期改建 stage improvement; stage reconstruction
分期改善 progressive improvement; stage improvement
分期隔离沟法 phased isolation ditch
分期隔离沟法技术 phased isolation ditch technology
分期灌浆(法) stage grouting
分期规划 stage planning; step-by-step plan
分期还本付息 installed and interest charges; instalment and interest charges; interest payment and amortization
分期还本付息贷款 interest-extra loan
分期还本付息费用 amortization charges
分期还本债券 serial redemption
分期还款表 amortization money table
分期还款的清算 liquidation in instalments
分期还款信贷 instalment credit; instalment financing
分期加载 stage loading
分期减少 phased reduction
分期建设 stage construction; stage development
分期建造 stage construction
分期建筑 stage construction
分期渐进施工法 progressive stage construction
分期交货 delivery in instalment; instalment delivery; partial delivery
分期交货的买卖合同 contract for delivery of goods by installment
分期缴费的保险 instalment insurance
分期缴付 subsequent payment
分期缴付的保险费 instalment premium
分期缴付制度 instalment system
分期缴款认股登记簿 subscription instalment
分期缴税 instalment payment of tax
分期竣工 completion by stages
分期竣工证书 certificate of completion by stages
分期开采 mining by stages; mining in installments; periodic(al) working
分期开发 stage development
分期开发计划 phased development plan; staged development plan
分期连续付款 sericterium of payments; series of payments
分期连续收款 sericterium of receipts
分期履行的合同 instalment contract
分期黏[粘]结环 stage cementing collar
分期派款清算 instalment distribution liquidation
分期平均偿付债券 straight serial bond
分期铺筑的碎石路 multiple lift macadam
分期容量 staged capacity
分期施肥 split application
分期施工 stage construction
分期施用 split application
分期实施 implement by stages; time phasing
分期收款发出商品 merchandise shipped on instalment sales
分期收款销货递延利润 deferred profit on instalment sales
分期收款销货协议 credit sale agreement
分期疏浚 stage dredging
分期摊付 amortization; payment by instalments
分期摊还 compound equation of payment
分期摊还标准法 standard plan of amortization
分期摊还的借款 amortized loan
分期摊还的清算 liquidation in instalments
分期摊还法 amortization plan of payment
分期摊还日程表 amortization schedule
分期摊还债款 amortization loan
分期摊销的借款 amortization of loan
分期摊销系数 amortization factor
分期提款 drawdown
分期挖泥 stage dredging
分期围堰法 stage diversion method
分期消化 phase digestion
分期销货的应收账款 accounts receivable from instalment sales
分期销售的资金融通 financing of instalment sales
分期信贷 instalment
分期压实(法) stage compaction
分期应收账款 instalment receivable account
分期增加的 in increment
分期整治 stage improvement; stage regulation
分期支付 payable by instalment; payment in installments
分期支付贷款 instalment loan
分期支付的保险费 instalment premium
分期支付条款 instalment payment clause
分期支付营业 instalment business
分期制 <美> zoning
分期注销费用 amortize
分期装运 instalment shipment
分期租金购买 rental purchase
分期租让 bailment lease
分歧 ambiguity; bifurcation; branch off; discrepancy [discrepance]; divarication; divergence; fissuration; fork off; ramification
分歧处形态 geometry of parting
分歧道岔 <从牵出线到调车场> diverging points
分歧的 divergent
分歧的项目 discrepant item
分歧点 bifurcation; bifurcation point; branching-off point; branch (ing) point; crotch; divergence point; junction point; point of deviation; ramification point
分歧电路 multipoint circuit
分歧度 degree of ramification
分歧管 divided manifold
分歧管的进水或出水 manifolding
分歧轨道电路 fouling rail circuit
分歧假设 bifurcation hypothesis
分歧阶 ramification order
分歧节 branch knot
分歧进路 divergent route; diverging route
分歧类型论 ramified theory of type
分歧理论 bifurcation theory
分歧情况 ambiguous case
分歧曲线图 divergence curve chart
分歧群 ramification group
分歧人孔 branching manhole
分歧韧带 bifurcate ligament; ligamentum bifurcatum
分歧射线 verging ray
分歧事件 burst event
分歧数 ramification number
分歧套管 splice box
分歧图 ambiguity diagram
分歧线 branching-off line
分歧线路 branching-off line; diverging tracks; diverging line
分歧线路开通示像 diverging-clear aspect
分歧线路示像 diverging route aspect
分歧线路所 branching block post
分歧线路信号(机) diverging junction signal; diverging splitting signal
分歧信号(机) junction signal
分歧意见 difference in opinion
分歧域 ramification field
分歧站 branch-off station
分歧值 bifurcational valve; ramification valve
分歧指数 ramification exponent; ramification index
分畦灌溉法 check method of irrigation
分畦漫灌 check flooding; check-flooding irrigation
分畦形式 plot form
分畦淹灌 check flooding; irrigation
分气道 gas-distributing channel
分气阀箱 slide box
分气管 gas-distributing pipe
分气器 gas separator
分汽缸 steam collector; steam header; steam manifold
分汽器 catchwater; steam separator
分汽油器 gasoline separator
分铅包型电缆 separate lead-sheathed cable
分前后的股票认购权 tandem stock option
分遣部队 contingent
分遣队 detachment
分切机 dividing and cutting machine; splitting machine
分切器 divider
分切应力 resolving shear stress
分情形标号 case label
分情形分析 analyze case
分情形选择器 case selector
分情形选择子 case selector
分球 bulb separation
分球器 marble grader
分区 zoning; canton; geographic (al) demarcation; partition (ing); regionalization; sectionalization; sectionalize; sectionalizing; sectioning; subarea; subdistrict; subdivision; subfield; subparcel; subregion; subzone; chorepleth
分区坝 zonal dam; zoned dam
分区办法 zonal approach
分区保存区 partition save area
分区编号 local character; local numbering
分区标准 zoning standard
分区标准标号 partition standard label
分区布置 sectionalizing arrangement; zoned scheme; zoning scheme
分区采暖单元 zoned unit
分区参数 microzonation parameter
分区测量 subdivision survey
分区车场【铁】marshalling yard; zone yard
分区沉淀 zone settling
分区沉降 zone settling
分区充气 sectional aeration; zonal aeration
分区抽样(法) zonal sampling
分区储集层数据 partitioned-area reservoir data
分区穿孔 zone punch
分区存取(方)法 partitioned access method
分区代号 divisional symbol
分区单位 divisional unit
分区的 divisional; regional; sectionalized; zonal; zoned
分区灯 sectored light
分区等级 zoning classification
分区等温线图 chor(o) isotherm
分区等值线图 chorogram; chor(o) isogram
分区地产 zoning district dividing property
分区地图 choropleth map
分区地震活动 zoning seismic activity
分区定价 zoning price
分区定价法 zone pricing
分区定价制度 zone pricing system
分区短柱开采法 block panel system
分区段的筒仓 block silo
分区断接器 selector-repeater
分区队列元(素) partition queue element
分区发展规划图 district map
分区法 divisional method; partition allocation method; sector method; zoning law
分区法规 zoning law; zoning ordinance; zoning regulation
分区法令 zoning act
分区方案 zoning scheme
分区方式 partitioned mode
分区仿真程序设计 partitioned emulation programming
分区访问 regional addressing
分区浮游生物 zonal plankton
分区杆 s-pole
分区格式 zoned format
分区供暖 block heating; district heating; group heating; zone heating
分区供暖管道 district heating duct
分区供暖设备 district heating plant
分区供暖系统 district heating network; district heating system
分区供暖线 district heating line
分区供热系统 district heating network
分区供热系统分站 substation of district heat supply network
分区供水系统 separate water supply system
分区挂号电路 split order wire circuit
分区观测 zone observation
分区管理规则 subdivision regulation
分区管制 zoning law
分区灌溉需水量 block irrigation requirement; unit irrigation requirement
分区灌浆 zone grouting
分区规划 block plan; district planning; subregional planning; zoning; zoning planning
分区规划图 zoning plan
分区规划委员会 zoning board
分区规则 zoning ordinance; zoning regulation
分区规章 zoning regulation
分区过程 zoning process
分区合成 regional synthesis
分区机理 zoning mechanism
分区基准面 block datum plane
分区集中供热 central heating for re-

F

gion;regional centralized heat supply
分区给水(管)系统 separate water supply system
分区计费系统 zonal fare system
分区计费制度 zonal fare system
分区计划大纲草图 draft outline zoning plan
分区计量 zone metering
分区计量方式 zone metering system
分区记录 zone metering
分区记录电路 split order wire circuit
分区减载 geographically load-shedding
分区结构 partitioned organization
分区截流阀 sectionalizing valve
分区界 compartment boundary;zone boundary
分区界线 boundaries of districts
分区开采 block mining;mining by areas;mining in areas;sectional mining
分区开采法 block mining system;block system
分区开关板 cellular switchboard
分区客票 <适用于一定地区> zone ticket
分区空气调节 zoned air-conditioning
分区控制表 partition control table
分区控制描述符 partition control descriptor
分区控制说明符 partition control descriptor
分区控制系统 zone control system
分区块 blockette
分区类型 divisional type
分区冷却 district cooling
分区冷却和供暖 district cooling and heating
分区轮伐法 allocated cutting method
分区轮牧 rotation grazing on an area basis
分区轮牧法 rotational grazing
分区轮收 rotation grazing on an area basis
分区漫灌 border strip flooding;check-flooding irrigation
分区面积法 zone-area method
分区排队区(域) partition queue area
分区配给 distribution zoning
分区配置 layout of district
分区票价 zonal fare
分区平差 adjustment by partitioning;block adjustment;partitioning adjustment
分区平衡 partition balancing
分区平面图 block plan;sectional plan
分区评价 area assessment
分区屏幕 split screen
分区屏幕显示 split screen display
分区普通照明 general local lighting
分区墙 range wall(ing)
分区切断负载 load-shedding
分区切块开采法 block system
分区取样 zoning
分区熔化法 zone melting process
分区式供暖系统 zone system
分区式施工 zoned type of construction
分区式顺序文件 partitioned sequential file
分区式土坝 zoned earth dam
分区式无线电导航设备 A-N radio range
分区式下水道系统 zone patterns of sewerage system
分区收费 zonal charges
分区输入程序 fragmentation
分区树 partition tree
分区数 number of partitions;partition number
分区数据 partitioned date
分区数据集 partitioned data set
分区数据结构 partitioned data organization
分区数据库 partitioned data base
分区数据组织 partitioned data organization
分区说明表 partition specification table
分区送风 air zoning;zoned-air
分区搜索 sector search
分区所 section post
分区填筑 block placement;zonal embankment
分区填筑坝 zoned embankment
分区条例 zoning ordinance;zoning regulation
分区亭 sectionalizing post
分区停电 load-shedding
分区通风 separate ventilation;unit ventilation
分区通风调节 zoned-air control
分区通信[讯]区 partition communication region
分区统计 zone metering
分区统计法 chorisogram method
分区统计图 chorogram
分区统计图法 chorogram method
分区透镜 zoned lens
分区透镜天线 zoned lens antenna
分区图 block diagram;block plan;zoning map
分区图表 zone diagram
分区土壤 zonal soil
分区土石坝 zoned earth-rockfill dam
分区推荐 localized recommendation
分区完工 sectional completion
分区网络 partition network
分区委员会 regional committee
分区位 zone bit
分区位置显示器 zone position indicator
分区温度控制 zone temperature control
分区文件 partitioned file
分区文件存取 partitioned file access
分区污水处理系统 separate sewerage treatment system;separate wastewater treatment system
分区污水系统 separate sewerage system
分区物种形成 allopatric speciation
分区系数 blocking factor
分区系统 <下水道、供暖等> zone [zoning] system
分区线 <美国土地测量> section(al) line;section corner
分区像片镶嵌图 cartophol;cartophoto
分区销售分配表 sales region contribution statement
分区销售贡献表 sales region contribution statement
分区销售预算 territorial sales budget
分区星 zone star
分区星表 zonal catalogue of stars
分区形式 zoned format
分区许可证 zoning permit
分区选择 sector selection
分区选择网络 partitioning selection network
分区一般照明 general local lighting;localized lighting
分区营林员 district ranger
分区优先权 priority of partition
分区运费率 blanket rate;group rate
分区运价 zonal rate;zone scale rate
分区运价表 zone tariff
分区运行 partition running
分区杂凑函数 partitioned hash function
分区再启动 reactivation of partition
分区阵列X射线传感器 area array X-ray sensor
分区正午 zone noon
分区正压通风 positive zone pressurization
分区植被 zonal vegetation
分区指示灯 section indicator;section lamp
分区制 divisional system;regional system <铁路组织>
分区中心 branch center[centre];regional center[centre];section center[centre];zone center[centre]
分区中心连线 centroid connector
分区重新定义 partition redefinition
分区重新分配 reallocation of partition
分区注记 special area annotation
分区专用 segregated use
分区装入 partition load
分区着色图 chorochromatic map;colo(u)r-patch map
分区着色图法 choropleth technique
分区子程序 specification subprogram(me);specification subroutine
分区子午圈 zone meridian
分区自动化 cellular automation
分区组合 partition combination
分区组织 divisional organization;partitioned organization
分区作业组合区域 region job pack area
分曲线 component curve
分渠 distributing canal
分圈噪声 resolution noise
分权 decentralization(of authority)
分权采购 localized purchasing
分权创新单位 decentralized innovative unit
分权的管理组织 decentralized management organization
分权的利润管理系统 decentralized profit control system
分权负责 decentralization of responsibility
分权管理 decentralized management
分权管理模式 decentralized management pattern
分权化 decentralization
分权化预算法 decentralized budgeting
分权决策 decentralized decision making
分权体制 decentralized system
分权制 decentralization of power;system of decentralization
分权制公司 decentralized company
分权制会计 decentralized accounting
分权制组织 decentralized organization
分群 grouping;subgroup
分群抽样 group sampling
分群抽样法 cluster random sampling;cluster sampling
分群计算 group calculation
分群架 grouping frame
分群扩散法 group diffusion method
分群栏 cutting corral;sorting chute;sorting corral
分群误差 grouping error
分群狭道 cutting chute
分燃室 separate combustion chamber
分绕的 shunt-wound
分绕电动机 shunt motor
分绕弧光灯 shunt-wound arc lamp
分绕绕组 separate winding
分任恒载 contributory dead load
分容积 volume fraction
分溶层析法 partition chromatography
分熔 fractional melting;fractional solution
分入口地址 subentry address
分入再保险 inward reinsurance
分入再分保 acceptances
分三班工作 work in three shifts
分伞形花序 partial umbel
分散 break-up;decentralise[decentralize];decompose;discrete;disgregation;disseminate;divergence;intersperse;peptisation[peptization];scatter dispersion;scatter(ing);straggling;deconcentration
分散E层 sporadic E layer
分散板 dispersion plate
分散办理手续 decentralized processing
分散本领 dispersive capacity;dispersive power
分散(比)率 dispersion ratio
分散表 scatter table
分散波 dispersed wave;dispersive wave;diverging wave;wave dispersion
分散不整合 dispersed unconformity
分散布局 dispersed layout;scattered allocation;scattered distribution
分散布置 cut-up arrangement;decentralization layout
分散布置空调器方式 separate air conditioner system
分散部分 dispersed part;dispersion part
分散财富说 diffusion of wealth theory
分散采样分析器 discrete sample analyser[analyzer]
分散操纵 separate operation
分散操作 scatter operation
分散草绿 disperse grass green
分散测定 dispersion measurement
分散测量 decentralized measure
分散层 dispersed layer
分散场 dispersion field
分散车流 diverging of traffic flow
分散沉降 discrete settling
分散程度 degree of decentralization;degree of scatter
分散储料 dispersal of stocks;dispersal store
分散处理 decentralized processing;distributed processing
分散存储 scatter storage
分散存储法 scatter storage technique
分散带 dispersion train;dispersion zone;scatter band
分散的 dispersal;disperse;dispersive;erratic;loosened
分散的光 dispersion of light
分散的利润控制系统 decentralized profit control system
分散的商品市场 decentralized commodity markets
分散的市场经济 decentralized exchange economy
分散的停机坪 dispersed hard standing
分散的永久冻土 sporadic permafrost
分散地取样 bulk sample
分散地址波束系统 discrete address beacon system
分散订单 spread order
分散读出 scatter(ing) read(ing)
分散读取 scatter(ing) read(ing)
分散读操作 scatter read operation
分散读数 scatter(ed) reading
分散读写 scatter read and write;scatter read-write
分散度 degree of dispersion;dispersion degree;dispersity;dispersiveness;dissemination

分散度参数 dispersion parameter
分散断层 dispersed fault
分散多路存取 decentralized multiaccess
分散多年冻土 sporadic permafrost
分散发生损失的危险 reduce the risks of loss
分散发行制 decentralized issue system
分散发展 sporadic development
分散法 dispersion method;dispersive process;decentralization
分散范围 dispersion range;dividing range;range of scatter;scatter range
分散放牧 open herding
分散分布染色质 dispersed chromatin
分散风险 diversification of risks;risk;spreading;spread risk
分散蜂房 dispersing honeycomb
分散蜂箱 dispersing wooden beehive
分散负荷 scattered load
分散负责 decentralization of responsibility
分散复印站 decentralized copy station
分散复制 dispersive replication
分散格式 scatter format
分散工作 spreading the work
分散功能 divergent function
分散供电方式 scattered feeding system
分散供热 decentralized heat-supply;dispersed supply of heating
分散估计器 decentralized estimator
分散观察 scattered observation
分散管理 decentralized management
分散灌溉 spray irrigation
分散灌水 irrigation by stages
分散光 scattered light
分散过程 dispersion process
分散函数 dispersion function;function of dispersion
分散核算制 decentralized accounting system
分散荷载 scattered load
分散化 decentralization;diversification
分散化结构 decentralized structure
分散黄 disperse yellow
分散汇总 decentralized summary
分散混合器 dispersing mixer
分散活塞流 dispersed plug flow
分散货 spread cargo
分散货物重量于车上 divide the load
分散机 dispersion machine
分散鸡笼 dispersing hen coop
分散集中操作 scatter gather operation
分散计划 decentralized planning
分散计划部门 decentralized planning department
分散计划管理 decentralized planning control
分散剂 deflocculant;deflocculant dispersant;deflocculating agent;deflocculation agent;dispersant;dispersant additive;dispersant agent;disperser;dispersing agent;dispersing medium;dispersion medium;dispersion agent <防止悬游物体絮凝的药剂>
分散剂瓶 dispersant bottle
分散剂与油比 dispersant-to-oil ratio
分散加载 scatter load(ing)
分散加载方式 tournament loading
分散检验 decentralized inspection
分散交通 diverging traffic;diversion of traffic
分散交通道路 distribution road
分散胶体 dispersion colloid;dispersoid
分散搅拌机 dispersator
分散接触器 dispersion contactor
分散结构 dispersed structure;dispersion structure
分散介质 disperse(d) medium;dispersing medium;dispersion medium;scattering medium
分散金属络合染料 disperse metallic dyes
分散进料 split feed
分散经营 decentralized management;hive-off;separate management
分散经营企业 decentralized businesses
分散经营者 diversifier
分散居住式 dispersed residential pattern
分散聚合作用 dispersion polymerization
分散决策 disperse policy decision
分散开发 dispersed development
分散开支信号 decentralized control signalling
分散空调系统 dispersed air conditioning system
分散控制 decentralised[decentralized] control;device and rule;isolated control;separate control
分散控制结构 decentralized control structure
分散控制流系统 decentralized control flow system
分散控制器 decentralized controller
分散控制器设计 decentralized controller design
分散控制系统 decentralised control system;distributed control system
分散矿脉 divergent lode;divergent vein
分散类型 dispersal pattern
分散力 debunching force;dispersancy;dispersion force
分散粒子 dispersed particle
分散列 dispersion train
分散流 dispersion flow;dispersion train
分散流异常 dispersion train anomaly
分散硫化染料 dispersed sulfur dye
分散率 dispersion rate;diversity factor
分散率差 dispersivity
分散媒 dispersed medium
分散模块法 distributed agent approach
分散模拟模型 discrete simulation model
分散模式 dispersion pattern
分散模型 dispersal pattern;distributed model
分散蘑菇 dispersion mushroom
分散目标控制系统 remote control system for distribution
分散内相 disperse(d) part;disperse(d) phase
分散能力 dispersibility;dispersing power;dispersion capacity;dispersive ability
分散泥质的密度 density of dispersed shale
分散排烟 distributed exhaust for flue gas
分散判优器 decentralized arbiter
分散配料 split-batch charging
分散频带 scatter band;speckled band
分散普通股基金 diversified common stock fund
分散气浮法 dispersed air flo(a)tation
分散器 deconcentrator;disperser[dispersor];scatter
分散区组试验 distributed block trial
分散取样 discrete sampling
分散权责 decentralization of authority and responsibility
分散裙 dispersion apron
分散染料 dispersed dye stuff;disperse dye;dispersion dye
分散染料染色 disperse dyeing
分散热泵 decentralized heat pump
分散热穴 dispersed heat sink
分散容积 scattering volume
分散容器 <土壤试验> dispersion cup
分散蠕变 diffusion creep
分散扇 dispersion fan
分散设备 dispersing equipment
分散生产管理 decentralized production control
分散时间 jitter time
分散时间排队 discrete time queue
分散使用资金 decentralized funds;use of funds in a scattered way
分散式串联电容补偿装置 compensator with scattered series capacitance
分散式给水 separate water supply
分散式计算机控制 distributed computer control
分散式计算机系统 decentralized computer system
分散式曝气 dispersed aeration
分散式曝气法 dispersed aeration process
分散式网络 distributed network
分散式污水管理 decentralized management of wastewater
分散式下水道系统 decentralized sewerage system
分散式帧定位信号 distributed frame alignment signal
分散试验 distributed test
分散输入 decentralized input
分散输水系统 dispersed filling and emptying system
分散树脂 dispersed resin;dispersion resin
分散数据 separate data
分散数据处理 separate data processing
分散双电层 diffuse double layer
分散思维 divergent thinking
分散随机控制 decentralized stochastic control
分散损失再保险 spread loss reinsurance
分散缩孔 dispersed shrinkage
分散锁闭 separately locking
分散锁闭系统 dispersed locking system
分散锁闭制 dispersed locking system
分散特性 dispersing characteristic
分散体工艺学 dispersion technology
分散体系 disperse system;dispersion system
分散体系物理化学 physical chemistry of scatter systems
分散添加剂 dispersing additive
分散调整器 decentralized regulator
分散通风 separate ventilation
分散统计 decentralized statistics
分散投资 investment diversification;diversify
分散透镜 diverging lens;diverging meniscus
分散图 scatter diagram
分散涂覆法 scatter coating method
分散土 dispersion soil
分散脱盐 decentralized desalination
分散外相 <即分散介体> dispersion phase
分散稳定剂 dispersion stabilizer
分散污染源 diffuse polluting source
分散物系 dispersion system;disperse system
分散物质 dispersed substance
分散稀疏阵雨 scattered shower
分散系聚合作用 dispersion polymerization
分散系数 coefficient of dispersion;coefficient of divergence;decentralized system;dispersion coefficient;diversity factor
分散系(统) dispersed system
分散相 discontinuous phase;discrete phase;internal;phase
分散相材料 discrete state material
分散(向郊区)居民点 dispersed habitat
分散效应 dispersion effect
分散写操作 scatter write operation
分散卸货 disseminate
分散形式 unpacked format
分散型还原染料 dispersible vat dye
分散型聚落 dispersed settlement
分散型黏[粘]合剂 dispersion adhesive
分散型气溶胶 disperse aerosol
分散型燃料组元 dispersion-type fuel element
分散型式 dispersion pattern
分散型数据处理 decentralized data processing
分散型太阳能电站 decentralized solar power station
分散型统计制度 decentralized statistical system
分散型涂料 dispersion coating;dispersion paint
分散性 dispersibility;dispersiveness
分散性疵点 discrete flaw
分散性醋酯纤维染料 dispersed acetate dyes
分散性单元 dispersive element
分散性客流 dispersive passenger traffic
分散性能 dispersion property
分散性黏[粘]土 dispersive clay
分散性塑料黏[粘]合剂 dispersion-based plastic adhesive
分散性土的结构 dispersed soil structure
分散性土(壤) dispersed soil;dispersive soil;disintegrated soil
分散性阳离子聚丙烯酰胺 dispersing-type cationic polyacrylamide
分散修理 miscellaneous repairs
分散循环形态 divergent cyclical pattern
分散压力 dispersive pressure
分散研磨机 disperse mill;dispersion mill
分散艳蓝 E-4R scatter blue E-4R
分散养鹅场 dispersing goosery
分散药包 dispersed charge
分散叶片 distribution blade
分散(液)体 dispersion
分散应力 dispersive stress
分散硬化 cluster hardening;dispersion hardening
分散永冻土 sporadic permafrost
分散油藏 disseminated deposit
分散有机质 dispersed organic matter
分散元件 dispersed component
分散元素 dispersed element;trace element
分散元素异常 trace element anomaly
分散原版 interspersed master
分散原料库 decentralized material storage
分散原则 decentralization principle
分散晕 dispersion halo
分散增益矩阵 decentralized gain matrix

F

分散照明系统 separate lighting system
分散照明制 separate lighting system
分散指数 dispersion index
分散制 decentralized system
分散制会计 decentralized accounting
分散制计算机处理 distributed computer processing
分散(制)数据处理 distributed data processing
分散质【化】 dispersed part; disperse phase; dispersate
分散智能 dispersed intelligence
分散住宅 scatter site housing
分散助剂 dispersing aid; dispersing auxiliary
分散注气 dispersed gas injection
分散装车 scatter load(ing)
分散装料 scatter load(ing)
分散装入程序 scatter load(ing)
分散装入 scatter load(ing)
分散装入法 scatter load method
分散装药 offset charge
分散装置 dispersing plant; diverting device
分散状 dispersion
分散状结核 disperse nodule
分散状态 disperse state; dispersion state
分散锥 dispersion cone
分散准备制 decentralized reserve system; many reserve system
分散资金 proliferation of funds
分散自动化法 decentralized approach to automation
分散阻垢 dispersion and scale inhibition
分散组分 dispersed component
分散最优化 decentralized optimization
分散作用 disaggregation; dispersion; dispersion action; dispersive action; scattering effect; dissemination【化】
分色 colo(u)r separate; definition of colo(u)rs; delimitation of colours; colo(u)r separation
分色板 component plate; separation plate; successive plate
分色板组 set of colo(u)r plate
分色版 colo(u)r separation plate; component colo(u)r plate
分色层 dichroic layer
分色打样 progressive proofs
分色的 dichroic
分色底片 separation negative
分色叠置片地图 map overlay
分色度片 colo(u)r separation negative; separation negative
分色法 colo(u)r separation method; colo(u)r separation procedure
分色反射镜 dichroic reflector
分色放大机 colo(u)r separation enlarger
分色复印片 separation master
分色感光片 colo(u)r separation film
分色光束分离器 dichroic beam splitter
分色睛 colo(u)r eye
分色镜 colo(u)r selective mirror; dichroic mirror
分色镜分离器 dichroic mirror splitter
分色镜头 process lens
分色棱镜 colo(u)r splitting prism
分色滤光镜 colo(u)r separation filter; separating filter
分色片 colo(u)r record; colo(u)r separation photographic(al) material; colo(u)r separation plate; component colo(u)r plate
分色器 colo(u)r analyser
分色潜像 separation latent image
分色清绘 colo(u)r separation drawing; separate drawing; separation drafting
分色清绘底图 master copy
分色清绘原图 keyed original trace
分色扫描机 colo(u)r scanner
分色透明图 map overlay
分色涂盖技术 masking technique
分色系统 colo(u)r splitting system
分色性 dichroism
分色样图 colo(u)r canning printing; colo(u)r guide; drafting guide
分色阴图片 colo(u)r record negative
分色印刷 separate printing
分色原版 colo(u)r separation masters
分色原图 colo(u)r separated copy; colo(u)r separation plate; component colo(u)r plate; individual image; keyed original trace; separate manuscript; separate tracing
分色照相机 three-colo(u)r camera
分色正片 positive separation
分色制版法 colo(u)r separation process
分沙 diversion of sediment; sediment diversion
分沙比 sediment diversion ratio
分沙器 sample splitter
分纱轮 dividing wheel
分砂器 sand separator
分砂装置 desanding device
分筛机 scalper; sifter
分扇拼合闸门 split leaf gate
分烧式过热器 separately fired supercharger
分设备 subset
分设出口部 separate export department
分设的 affiliated
分设的饮水供应(系统) individual drinking water supply
分设信号 splitting signal
分设信号机【铁】 splitting signal
分设钟 extension bell
分社 branch office; subagency; subbureau
分射镜六分仪 mirror sextant
分摄像机 frame camera
分申请 subapplication; subfilling
分深参考图 blueline board
分升 deciliter[decilitre]
分生孢子 conidiospore; conidium[复 conidia]
分生孢子梗 conidiophores
分生孢子盘 < 担子梗层状并列 > acervulus
分生辐射 mitogenetic radiation
分生射线 mitogenetic ray
分生性 merism
分绳装置 rope unhitching device
分施 split application
分施胶粘剂 separate-application adhesive
分时 share time; time-share(d); time sharing
分时操作 time-sharing operation
分时操作控制台 time-sharing console
分时操作系统 time-sharing operating system
分时乘法器 time division multiplier
分时程 subinterval
分时程序设计 time-shared programming
分时处理 time-sharing process(ing)
分时的 time sharing
分时低潮 equinoctial low water
分时电价 differential electricity price
分时动态分配程序 time-sharing dynamic(al) allocator
分时读数 time-sharing meter reading
分时多路方式 time division multiplex
分时多路通信[讯] time division multiplex communication
分时多路转换装置 time division multiplexer
分时多路转接器通道 time-sharing multiplexer channel
分时方案 time-sharing option
分时方式 time-sharing format
分时放大器 time-shared amplifier
分时分配 time-sharing allocation
分时分配程序 time-sharing allocator
分时服务 time-shared service; time-sharing service
分时辐射计 time-sharing radiometer
分时高潮 equinoctial high water
分时工业 time-sharing industry
分时公司 time-sharing firm
分时光谱 time-resolved spectrum
分时环境 time-sharing environment
分时环绕 time-sharing circulation
分时汇编程序 time-sharing assembler
分时会计 time-sharing accounting
分时基址 time-sharing base
分时计算机 time-shared computer; time-sharing computer
分时记账 time-sharing accounting
分时加工 time-sharing process(ing)
分时监督程序 time-sharing monitor; time-sharing monitor program(me)
分时监督系统 time-share(d) monitor system; time-sharing monitor system
分时接口终端 time-sharing interface terminal
分时就绪 time-sharing ready
分时可增编译程序 time-sharing incremental compiler
分时控制 time-shared control
分时控制方式 time-sharing control system
分时控制任务 time-sharing control task
分时控制系统 time-sharing control system
分时量 time-sharing quantum
分时轮询 time-sharing polling
分时模拟器 time-share[sharing] simulator
分时驱动程序 time-sharing driver
分时驱动器 time-share[sharing] driver
分时绕组 fractional-pitch winding
分时软件 time-sharing software
分时扫描器 time-share[sharing] scanner
分时设计系统 time-sharing design system
分时双频激光器 time-sharing two frequency laser
分时算符 time-shared operator
分时通道 time division
分时统计 time-sharing accounting
分时外存储器系统 time-shared file system
分时网络 time-share network; time-sharing network
分时系统 time-shared system; time-sharing system
分时系统计算机网 time-sharing system computer network
分时信息系统 time-sharing information system
分时型 time-sharing mode
分时选择 time-sharing option
分时应用 time-sharing application
分时用外存储器系统 shared file system
分时优先级 time-sharing priority
分时执行(程序) time-sharing executive
分时执行程序系统 time-sharing executive system
分时执行系统 time-shared executive system; time-sharing executive system; time-sharing operating system
分时制 time-shared basis; time-sharing system
分时中断 time-sharing interrupt
分时中央处理机 time-sharing driver CPU[central processing unit]
分时终端 time-sharing terminal
分时总线 time-shared bus
分时作业 time-sharing work
分时作业控制块 time-sharing job control block
分矢量 component of vector; resolute; vector component
分式【数】 broken number; fraction; fractional number
分式迭代 fractional iteration
分式定点 fractional fix-point
分式定点法 fractional fix-point method
分式方程 fractional equation
分式分解 decomposition of fraction; fraction decomposition
分式规划 fractional program(me)
分式计算机系统 distributed computer system
分式路缘 separate curb
分式涡轮 stage turbine
分式线性代换 fractional linear displacement; fractional linear substitution
分式线性组合 fractional linear combination
分式指数 fractional exponent; fractional index
分式指数法 fractional exponent method
分室薄壁细胞 chambered parenchyma
分室方式 compartment mode
分室干燥炉 annex(e)
分室干燥器 chamber drier[dryer]; compartment drier[dryer]
分室干燥窑 apartment kiln
分室烘干机 chamber drier[dryer]; compartment drier[dryer]
分室炉 chamber furnace
分室模 collapsible mo(u)ld
分室模型 compartment model
分室窑 compartment kiln
分售地 land for sale in lots
分售价格 unbundled price
分售式黏[粘]合剂 two-part adhesive
分梳辊 combing roller; opening roller; separator
分梳装置 opening box
分束 beam splitting; splitting beam
分束比 splitting ratio
分束并束器 splitter-recombiner
分束光学系统 light-splitting optic(al) system
分束辊 split roller
分束角 splitting angle
分束镜 beam splitter(mirror); light beam splitter
分束棱镜 beam splitter prism
分束膜 beam splitting coating
分束器 beam analyser[analyzer]; beam divider; beam splitter
分束全息图 split-beam hologram
分束设备 beam splitter
分束丝 split strand
分束系统 divided beam system; separated beam system

分束阴极射线管 split-beam cathode ray tube
分束元件 beam splitting element
分束照相机 split cameras
分数 broken number; fractional number; fractional numeral; mark; numerator; numeric(al)
分数比例尺 fractional scale; representative fraction
分数部分 fraction; fractional part
分数采样法 fractional sampling
分数槽 fractional-slot
分数槽绕组 fractional slot winding
分数磁荷 fractional magnetic charge
分数次积分 fractional integral; fractional integration
分数单位 submultiple unit
分数的 fractional; fractionary; numerated
分数电荷 fractional(electric) charge
分数电荷粒子 fractionally charged particle
分数迭代 fractional iteration
分数方程 fractional equation
分数放大系数管 fractional-mu tube
分数根 fractional root
分数功率 fractional rating
分数功率电动机 fractional horsepower motor
分数规划 fractional program(me) [programming]
分数函数 fractional function
分数化 fractionation
分数级数 fractional progression; fraction order
分数极距 fractional pitch
分数计算机 <小数点在最前面的定点> fractional computer
分数计算器 interpolater
分数剂量 fractional dose
分数加感线圈 fractional loading coil
分数阶 fractional order
分数节距绕组 fractional-pitch winding
分数据 subdata
分数卡 scored card
分数螺距 fractional pitch
分数马力电动机 <额定功率不到1马力的> fractional horsepower motor
分数密勒指数 fractional Miller indices
分数幂 fractional power
分数模 fractional module
分数配置 fractional replication
分数频率补偿 fractional frequency offset
分数式 fractional expression
分数调制 fractional modulation
分数微分 fractional differentiation
分数维空间 fractional dimension space
分数维图形学 fractal graphics
分数位 quantile
分数系数 fractional coefficient
分数线 fraction line
分数谐波 fractional harmonic
分数运算 fractional arithmetic
分数正态化 normalization of scores
分数正弦波 fractional sine wave
分数指数 fractional exponent
分数坐标 fractional coordinates
分双叉 bifurcation
分水 water diversion
分水坝 diversion dam; diverting dam; intake dam; regulating dam; separating dam
分水板 distributing plate; drip mo(u)ld(ing)
分水比 diversion ratio
分水槽 bye-wash; by-pass channel; diversion cut; diversion trough; storm overflow
分水岔 Y-divider
分水池 diversion chamber
分水处 cutwater; turnout
分水道 diversion canal; diversion channel; diversion waterway; emissary; flood way; outlet
分水堤 separation levee
分水丁坝 separation groin; separation groyne
分水墩 baffle pier; diversion pier; dividing pier; division pier; separation pier; splitter pier
分水阀 divider valve; flow dividing valve; shunt valve
分水工程 diversion works; separation works
分水沟 diversion ditch; water-diversion ditch
分水管 diversion conduit; separating pipe; separation conduit; weep drain
分水灌溉率 diversion duty of water
分水罐 water separating tank
分水机 hydroseparator
分水脊 dividing crest; dividing ridge; drainage divide(line)
分水尖 cutwater; spurn water; upstream pier nosing; pier nose cutwater <桥墩>
分水检查井 diversion manhole
分水建筑除子 divisor
分水建筑物 diversion structure; diversion works; off-take structure; water-diversion structure; water-diverting structure
分水角 cutwater
分水阶地 diversion terrace
分水节制阀 spreader check
分水节制闸 spreader check
分水结构 bifurcation structure
分水界 divide water shed; drainage divide(line); subdivision; water divide; water part(ing); watershed; watershed divide; water-table divide
分水界迁移 migration of divide; shifting of divide
分水界移动 leaping of divide; shifting of divide
分水井 dividing well; well flooding
分水坑道 water-diversion gallery
分水口 bleeder; diversion intake; inlet
分水库 distribution reservoir
分水廊道 water-diversion gallery
分水量热器 separating calorimeter
分水岭 backbone; continental divide; divide water shed; dividing crest; dividing range; dividing ridge; diving ridge; drainage divide(line); land mark; orographic(al) divide; ridge; ridge line; separating ridge; topographic(al) divide; water divide; water line; water part(ing); water parting line; watershed; watershed divide; watershed line; watershed ridge; interstream divide <两水系的>
分水岭地形 apex mo(u)ld
分水岭分水界 orographic(al) divide
分水岭高程 peak level; summit level; watershed elevation
分水岭工业 watershed industry
分水岭宽度 width of watershed
分水岭路线 ridge route
分水岭潜水动态 phreatic water regime on divide
分水岭区 interstream area
分水岭山脊 ridge
分水岭山口 bealock
分水岭上河段 summit reach
分水岭渗漏 leakage over subdivide
分水岭线 ridge line; ridge route
分水岭移动 migration of divide; shifting of divide
分水岭治理 watershed harnessing
分水岭周长 drainage perimeter
分水岭转移 divide migration; divide shifting; shifting of a divide
分水流 shunt flow
分水龙头 shunt valve
分水滤气器 water separating gas filter
分水路 diversion channel
分水率 diversion ratio
分水门闸 bifurcation(head) gate
分水面积 area of diversion; spreading area
分水器 divider; moisture separator; water knockout drum; water knockout trap; water knockout vessel; water segregator; water separator; cutwater <闸墩的>
分水墙 baffle wall; diverting wall; dividing wall; splitter wall
分水区 diversion area; chak <印度和巴基斯坦的>
分水渠 by-pass canal; by-pass channel; diversion canal; diversion channel; diversion conduit; diversion cut
分水渠首工程 diversion headwork
分水室 diversion chamber
分水栓 corporation cock
分水隧道 diversion tunnel; river diversion tunnel; water-diversion gallery; water-diversion tunnel
分水隧洞 diversion tunnel; river diversion tunnel; water-diversion tunnel
分水塔 valve tower
分水土埂 water-diverting ridge
分水土小坝 berm(e)
分水线 crest line; divide line; drainage line; master line; ridge line; shed line; surface divide; water part(ing); water parting line; watershed divide; watershed line
分水箱 diversion box; division box; water division box
分水堰 diversion dam; diversion weir; diverting dam; diverting weir; river diversion; stream diversion
分水叶片 splitter vane
分水溢洪道 diversion spillway
分水运河 diversion canal
分水闸 distributor
分水闸门 bifurcated gate; bifurcation(head) gate; corporation cock; distribution gate; diversion gate; diversion sluice; division gate
分水桩 <桥墩尖端的> starling
分水装置 <灌渠上的> division box
分水作用 splitting action
分税目 tariff subheading
分税制 system of dividing taxes
分丝束 subtow
分四班工作 work in four shift
分饲 phase feeding
分送 delivery; dispense; distribute
分送电报 telegram multiple
分送机 depiler
分送器 dispenser; distributor mechanism
分速度 component of velocity; velocity component
分速分速器轴承调整扳手 differential adjusting wrench
分速架小齿轮 differential spider pinion
分速轮 differential gear
分速器 differential unit
分速器传动齿轮 differential drive gear
分速器传动轴联轴节 differential drive shaft coupling
分速器滑动离合器 differential sliding clutch
分速器十字头销 differential attachment
分速器箱 case of differential; differential case
分速器箱集油鼓 differential case oil collector drum
分速器轴承调整扳手 differential adjusting wrench
分速器轴承锥 differential bearing cone
分速器座架 differential carrier
分速器座架盖 differential carrier cap
分速箱壳 differential housing cover
分碎 morcellation
分碎筛 grinding screen
分缩 deflegmation
分缩器 dephlegmator
分所 subbureau; substation
分台 substage; substation
分摊 absorption; allocate; allocation; apportion; apportionment; averaging; proportion; prorate; sharing
分摊比额表 scale of assessment
分摊比例 amortization ratio
分摊比例表 scale of assessment
分摊比例额 scale of assessment
分摊比率 rate of assessment; sharing ration
分摊成本 allocate(d) cost; allocation of cost; appointed cost; apportioned cost; apportioning cost
分摊承应运的货物 pool cargo
分摊的会费 assessed contribution
分摊的借款 amortized loan
分摊额 amortization quota; amount assessed
分摊法 apportionment method
分摊方案 pool scheme
分摊费用 allocated expenses; apportioned charges; apportioning cost; apportionment charges
分摊风险 assigned risk
分摊估价率 rate of assessment
分摊股份 allocate shares
分摊固定成本 apportioned fixed cost
分摊基础 allocation base; basis of allocation; basis of apportionment
分摊基数 allocation base; basis of allocation
分摊计算表 work sheet for distribution
分摊价值 contributory value
分摊金额 contractual quota
分摊竞争 scramble competition
分摊利益 contributory interest
分摊率 absorption rate; distribution rate
分摊配额 allocated quota
分摊人 contributor
分摊数额表 schedule of contribution
分摊所得税 income tax allocation
分摊所得税的延期概念 deferred concept of income tax allocation
分摊条款 average clause
分摊养老金 contributory pension
分摊盈亏 on share
分摊再保险 contributory reinsurance
分摊折旧 apportioning depreciation
分摊值 contribution value
分摊转账 absorb
分滩设计 individual design of rapids/shoal regulation

分提单 house air waybill; house bill of lading
分体积 partial volume
分体架桥现象 arching
分体绝缘支持器 insulated swivel clip holder
分体冷凝器式空调装置 remote condenser type air conditioner
分体模 book mo(u)ld(ing); split pattern
分体式 split type
分体式房间空调器 separate type room air conditioner; split room air-conditioner
分体式滚筒罩壳 split lagging
分体式空调 split air conditioner
分体式空调器 split air-conditioning unit; split system air conditioner; split type air conditioner
分体式空(气)调(节)系统 split air conditioning system
分体式链节 split link
分体式起落架 divided under carriage
分体式热泵 split system heat pump
分体式污水膜生物反应器 separated sewage membrane bioreactor
分体式音箱 detachable speaker box
分体支持器 swivel clip holder
分体中柱 meristele
分条 itemize; subsection
分条定位 section base
分条分绞 section lease
分条痕 section marks; warp bands
分条解释 article
分条经线 cutting thread
分条款 subclause
分条款编号 numbering of subclause
分条排列 section distribution
分条皮带 divider tape
分条器 sliver separator
分条挖泥 dredging in strips
分条移挡 advance
分条(筑路)法 strip method
分条装置 tape divider
分跳钟 minute jump clock
分通道 subchannel
分通道地址 subchannel address
分通道总线 subchannel bus
分通信[讯]枢纽【铁】communication center[centre] of railway branch administration
分头进行的审计 participatory audit
分头切换开关 tap changing switch
分图 component; detail drawing
分图像 partial image
分涂 colo(u)r separation drawing; separation drafting
分涂参考模型 colo(u)r model
分涂参考图 colo(u)r key sheet
分涂型胶粘剂 separate-application adhesive
分途装运的 break-bulk
分土器 sample divider
分拖 dividing the tow
分外的 unearned
分外股利 unearned dividend
分外利润 unearned profit
分外收入 unearned revenue
分外收益 unearned income
分外盈余 unearned surplus
分网络 subnet(work)
分网图 subnet(work)
分为两半 cut into two halves
分为两部分 dichotomize
分为两支 bifurcated
分为三类 be divided into three classes
分为三种型号 be divided into three types
分为五部分 quinquepartite
分为细数 breakdown
分为相等的四部分 quadrisect
分维 fractol
分纬格子板 weft divider
分委会 subcommittee
分委托人 subclient; subprincipal
分委员会 subcommittee
分委员会编号 numbering of subcommittees
分委员会成员身份 membership of subcommittees
分位穿孔 zone punch
分位点 fractile; quantile; quantile fractile
分位法 period in arithmetic
分位机构 column split
分位数 fractile
分位数标准误差 standard error of quantiles
分位数的 1 位 quantile
分位数值 fractile
分位温 partial potential temperature
分析 analysing[analyzing]; anatomy; decompose; decomposition; dissection; interleaving; autopsy <对意见等的>
分析百分比 analytic(al) percentage
分析半变动间接费 analysing semi-variable overhead
分析报告 analysis report
分析比较法 analytic(al) comparison
分析编号 analytic(al) number
分析标本 analytic(al) specimen
分析标尺 analytic(al) scale
分析标准 analytic(al) standard
分析表 analysis sheet; analysis statement; analytic(al) schedule; analytic(al) sheet; analytic(al) statement; parse list
分析不确定性 analytic(al) uncertainty
分析步骤 analytic(al) procedure; procedure of test
分析测定 analytic(al) determination; assay determination
分析测量 analytic(al) measurement
分析测量电极 analytic(al) measurement electrode
分析测试中心 center[centre] of forecasting and analysis
分析差动继电方式 split-phase differential relaying
分析产品 analytic(al) product
分析超速离心 analytic(al) ultracentrifugation
分析超速离心机 analytic(al) ultra centrifuger
分析成本计算 analytic(al) costing
分析成果 analytic(al) findings
分析程序 analyser[analyzer]; analysis program(me); analysis routine; analytic(al) program(me); parser; parsing program(me); postmortem program(me); procedure of analysis; routine analyser[analyzer]
分析程序表 analytic(al) schedule
分析程序的程序 analyser[analyzer]
分析程序的生成程序 parser generator
分析程序分析 parser analysis
分析程序结构 parser construction
分析池 analysis cell
分析抽样 analytic(al) sampling
分析处理 analysis process(ing)
分析处理软件 analytic(al) reduction software
分析纯 analytically pure; analytic(al) pure; analytic(al) reagent grade
分析纯极分子筛 zeolox
分析纯试剂 analytically pure agent; analytic(al) reagent
分析萃取 analytic(al) extraction
分析单 analysis list
分析单位 analytic(al) unit
分析单元 analytic(al) unit
分析的 analytic(al); clinical
分析的回溯 backup in parsing
分析的基本元素 essential elements of analysis
分析地层学 analytic(al) stratigraphy
分析地貌学 analytic(al) geomorphology
分析地球化学 analytic(al) geochemistry
分析地图 analytic(al) map
分析电子显微镜 analytic(al) electron microscope
分析动力学 analytic(al) dynamics
分析度盘 analytic(al) scale
分析断裂力学 analytic(al) fracture mechanics
分析法 analysis technique; analytic(al) approach; analytic(al) method; analytic(al) technique; method of analysis
分析砝码 analytic(al) weights
分析反射镜 analyzing mirror
分析反应 analytic(al) reaction
分析方差 analytic(al) variance
分析方法 analytic(al) method; analytic(al) procedure; method of analysis; analysis method
分析方法论 analysis methodology; analytic(al) methodology
分析方式 analysis mode
分析放大器 paraphase amplifier; phase splitting amplifier
分析放射化学 analytic(al) radio chemistry
分析放射生物学 analytic(al) radiobiology
分析分子光谱学 analytic(al) molecular spectroscopy
分析分组 analytic(al) grouping
分析封闭母线 phase-split enclosed bus; split-phase enclosed bus
分析杆 analyzing rod
分析感应电动机 split-phase induction motor
分析工具 diagnostic tool
分析工业 analytic(al) industry
分析工作 postmortem
分析工作者 analyst
分析官能团 analytic(al) functional group; functional-analytical group
分析管 analyser[analyzer] tube; analysis tube
分析罐 analyzer pot
分析光度测量法 analytic(al) photometry
分析光度学 analytic(al) photometry
分析光谱学 analytic(al) spectroscopy
分析过程 analytic(al) process; parsing process
分析函数式 analytic(al) function
分析和处理 analyses and handles
分析和解释性报告 analytic(al) and interpretive report
分析核孔过滤器 analytic(al) nucleopore filter
分析化学 analyt; analytic(al) chemistry
分析化学实验室 analytic(al) chemistry laboratory
分析会计学 analytic(al) accounting
分析机 analyser[analyzer]; analytic(al) set
分析机器 analytic(al) engine
分析基 as analyzed basis
分析基组分 analytic(al) basis of composition
分析集 analytic(al) set
分析计 analysis meter
分析计算法 analytic(al) calculation
分析计算机 anacom
分析记录 analytic(al) record
分析技术 analysis technics; analytic(al) technique; parsing technique
分析继电器 split-phase relay
分析价值 break-up value
分析间隙 analytic(al) gap
分析检测限度 analytic(al) detection limit
分析检出限 analysis detected limit
分析检验 analytic(al) control; analytic(al) test; partition test
分析渐进法 analytic(al) approach
分析校准 analytic(al) set
分析阶段 analysis phase; analysis stage; parsing phase
分析结果 analytic(al) findings; analytic(al) result
分析结果的表示法 indication of analysis results
分析(结果的)准确性 precision of analysis
分析结论 analytic(al) findings
分析解 analytic(al) solution
分析精确度 analytic(al) precision
分析静力学 analytic(al) statics
分析镜 analyser[analyzer]
分析句子 parsing sentence
分析聚焦电泳仪 analytic(al) electrofocusing meter
分析控制 analytic(al) control
分析控制器 analyzer-controller
分析块 analysis block
分析框架 analytic(al) framework
分析栏 analytic(al) column
分析类型 analytic(al) type
分析棱镜 analysing prism
分析离心分离 analytic(al) centrifugation
分析力学 analytic(al) mechanics
分析立体绘图仪 analytic(al) stereoplotter
分析立体摄影测量学 analytic(al) stereophotogrammetry
分析连续程序 analytic(al) continuous process
分析量 analytic(al) quantity
分析量热学 analytic(al) calorimetry
分析滤光片 analysis filter
分析滤纸 analytic(al) paper
分析论证 analytic(al) demonstration
分析煤样 analysis sample
分析美学 analytic(al) esthetics
分析模式 analytic(al) mode
分析模型 anatomic(al) model
分析母线 isolated phase bus
分析母线保护 split bus protection
分析年限 <在经济分析中,对各项道路财产或设施如桥梁、路面等所设定的服务年限,通常比实际年限短些,美国> analysis life; analytic(al) life
分析浓度 analytic(al) concentration
分析偏倚 analytic(al) bias
分析偏振镜 analyzer polariscope
分析品级 assay grade
分析平滑 analytic(al) smoothing
分析评估 analytic(al) estimating
分析屏蔽电缆 individually screened cable; radial field cable
分析谱 analytic(al) spectra
分析期 analysis period
分析期人造物品 artifact during analysis
分析期限 period of analysis
分析起动 split-phase starting
分析器 analyser[analyzer]; analysor; dissector; phase resolver; phase

separator; phase splitter; resolver; set analyser; synchroresolver
分析器抽气系统 analyzer pumping system
分析器磁铁 analyzer magnet
分析器系统 analyzer system
分析器中枢 center of analysor
分析铅套电缆 separately-lead sheathed cable
分析区域 analysis area; analyzed area
分析曲面 analytic(al) surface
分析曲线 analytic(al) curve
分析趋势 analytic(al) trend
分析取样 analytic(al) sampling
分析取样误差 analytic(al) sampling error
分析燃烧 analytic(al) combustion
分析绕组 split-phase winding
分析人类学 analytic(al) anthropology
分析(人)员 analyst
分析任务 parsing task
分析日期 analytic(al) date
分析三角学 analytic(al) trigonometry
分析色谱仪 analytic(al) chromatograph
分析设备 analytic(al) equipment; analytic(al) facility; analytic(al) set
分析设计 analytical design
分析设计法 analytic(al) design method
分析摄影三角测量 analytic(al) phototriangulation
分析摄影学 analytic(al) photography
分析生成程序 parsing generator
分析生物化学 analytic(al) biochemistry
分析声学 analytic(al) acoustics
分析时间 analytic(al) time; parsing time
分析实验室 assay laboratory
分析实验物理学 analytic(al) experimental physics
分析式 analysis mode; analytic(al) expression
分析式惯性导航 analytic(al) inertial navigation
分析式继电器 split-phase type relay
分析式人员选择法 analytic(al) method of selection
分析试剂 analytic(al) reagent
分析试剂级 analytic(al) reagent grade
分析试验 analytic(al) test
分析试验样品(个)数 number of analysis and test samples
分析试验样品组数 group number of analysis and test samples
分析试样 analytic(al) sample
分析室 analysis room
分析手续 procedure of test
分析树 parse tree
分析数据 analytic(al) data
分析数据来源 analytic(al) data source
分析水分 moisture in the analysis coal sample
分析四极质谱计 analytic(al) quadrupole mass spectrometer
分析算法 parser; parsing algorithm
分析索引 analytic(al) index
分析塔板数 analytic(al) plate number
分析特性 analytic(al) characteristics
分析天平 analytic(al) balance; analytic(al) scale; chemical balance
分析天平砝码 analytic(al) balance weight
分析条件图法 analysis bar charting
分析调节器 analyzer-controller
分析调整 analytic(al) control
分析统计法 analytic(al) statistics method
分析统计学 analytic(al) statistics
分析图 analysis diagram; analyzed chart; assay plan
分析图形 analytic(al) graph; analyzed pattern
分析土坡稳定的瑞典方法 Swedish break
分析推理方式 analytic(al) type
分析拓扑学 analytic(al) topology
分析外推法 analytic(al) extrapolation
分析网络 phase-split network
分析文法 analytic(al) grammar
分析物 analyte
分析物减量法 analyte subtraction method
分析物添加法 analyte addition method
分析误差 analytic(al) error
分析系统 analytic(al) system
分析系统特性 analyze the behavio(u)r of systems
分析线 analytic(al) line
分析线对 analytic(al) line pair
分析项目 analysis item; analytic(al) item
分析信号 analytic(al) signal
分析型 analytic(al) type
分析性 analyticity
分析性抽样调查 analytic(al) sampling survey
分析性调查 analytic(al) survey
分析性检查 analytic(al) review
分析性模型 analytic(al) model(ing)
分析性期中审计 analytic(al) interim audit
分析性审核 analytic(al) review
分析性审核程序 analytic(al) review procedures
分析性审计 analytic(al) auditing
分析性审计档案 analytic(al) audit file
分析性心理治疗 analytic(al) psychotherapy
分析性预测 analytic(al) forecast
分析性原则 analytic(al) principle
分析性证据 analytic(al) evidence
分析性中期审计 analytic(al) interim audit
分析修匀 analytic(al) smoothing
分析序列 analytic(al) sequence
分析旋光镜 analyzer polariscope
分析学 analytics
分析研究 analyse; analytic(al) investigation; analytic(al) research; analytic(al) study
分析样品 analytic(al) sample
分析液相色谱法 analytic(al) liquid chromatography
分析液相色谱仪 analytic(al) liquid chromatograph
分析仪 analyser [analyzer]; analysis meter
分析仪器 analytic(al) apparatus; analytic(al) instrument; analytic(al) instrumentation; tester
分析因数 analytic(al) factor
分析应付款欠账的时间 ag(e)ing the receivable
分析英尺 <英尺为长度单位,1 英尺 = 0.3048 米> assay foot
分析英寸 <英寸为长度单位,1 英寸 = 0.0254 米> assay inch
分析用玻璃器皿 analytic(al) glassware
分析用电子显微镜 analytic(al) electron microscope
分析用色谱仪 analytic(al) chromatograph
分析用试样 assay sample
分析用细算表 analytic(al) work sheet
分析预测 analytic(al) prediction
分析员 analyser [analyzer]; analysis controller
分析原子光谱学 analytic(al) atomic spectroscopy
分析原子吸收光谱学 analytic(al) atomic absorption spectroscopy
分析栅 analyser grating
分析站 analytic(al) station
分析障碍 disturbance of analysis
分析哲学 analytic(al) philosophy
分析者 assayer
分析者积累报告 analyst backlog
分析针 dissecting needle
分析蒸馏 analytic(al) distillation
分析证(明)书 analysis certificate; certificate of analysis
分析值 assay value
分析值计算法 analysis value calculation method
分析指数 analytic(al) index
分析制造程式 analytic(al) process
分析质量控制 analytic(al) quality control
分析质量控制实验室 analytic(al) quality control laboratory
分析中心 analytic(al) center[centre]
分析重量的 gravimetric(al)
分析柱 analytic(al) column
分析装置 analytic(al) set; phase splitting device
分析准确度 accuracy of analysis; analysis detected limit
分析资料 analysis of data; group data
分析组 analysis block
分析组件 analytic(al) unit
分析作用 dissection
分系目录 split catalogue
分系统 subsystem
分系统索引 subsystem index
分下 detach
分弦 subchord
分线 tangential junction; tapping; tee-off
分线板 distributor plate; lay plate
分线传输系统 wire-sharing system
分线道路 divided road
分线端子 tee[T] connector
分线杆 branch(ing) pole; distributing pole; junction pole; pole with cross arms
分线杆交叉 junction pole transposition
分线公路 divided highway
分线规 dividers
分线盒 adapter junction box; block terminal; branch box; distributing box; distributing cabinet; distribution box; distribution cabinet; junction box; pull box; taping box; tap-off unit
分线机 extension line
分线夹 T connector; tee connector
分线交通 line traffic
分线接头 branch joint
分线接线箱 junction box
分线接线柱 drop wire clamp
分线开关 tap switch
分线门 distribution gate
分线盘 distribution board; nose plate
分线盘端子 terminals on distributing board
分线配电 lateral distribution
分线配电盘 branch switchboard
分线器 deconcentrator; frog
分线圈起动器 part-winding starter
分线套管 branch joint
分线匣 adapter junction box; block terminal; branch box; distributing box; distributor; junction box; taping box
分线线夹 branch clamp
分线箱 branch box; connection box; coupling box; distributing cabinet; distribution box; feeder box; joint box; junction box; pull box; split box; splitter box; subcabinet; tap-off unit; terminal box
分线运输 line traffic
分线柱 junction pole
分相 parafacies; parvafacies【地】; phase separation; phase split(ting); split phase
分相槽 phase separation tank
分相差动继电方式 split-phase differential relaying
分相滴定 phase titration
分相电动机 split-phase motor
分相电力机车 split-phase locomotive
分相电路 phase splitter
分相动作继电器 separate phase operating relay
分相多频率系统 split-phase multi-frequency system
分相法 split-phase method
分相放大器 phase splitting amplifier
分相封闭式母线 isolated phase bus
分相感应电动机 split-phase induction motor
分相机 split-phase motor
分相继电保护 split-phase relay protection
分相绝缘器 neutral section insulator; phase segregator
分相控制 <把控制一定方向的交通信号再细分为若干分相,以控制分组的交通> split-phase control
分相起动 split-phase starting
分相起动式感应电动机 split-phase starting system induction motor
分相器 phase resolver; phase separator; phase splitter; phase splitting network
分相器式记录器 otentiometer recorder
分相绕组 split-phase winding
分相设计 phasing design
分相式 split-phase type
分相图 phasing diagram
分相网络 phase splitting network
分相釉 phase separation glaze
分相装置 neutral section
分箱干燥器 chamber drier[dryer]
分箱机 flask separator
分箱面 flask joint
分箱线 dividing line
分箱装置 box separation device
分享 participation; sharing
分享保单 participating policy
分享乘坐 <出租汽车不同起点和不同终点的综合行程> share(d) ride
分享的税收 shared tax
分享工作 share-the-work
分享股 participating stock
分享股息 participating dividend
分享经验 shared experience
分享利润 share in the profits
分享利益 share in the profits
分享收益的贷款 income participation loan
分享佣金 splitting fee
分享增值抵押贷款 shared appreciation mortgage
分享债券 participating bond
分向变化 component transformation
分向电缆盒 cable branching terminal box
分向盒 junction box

分向进路 divergent route; diverging route
分向客流 directional passenger flow
分向两边 bifurcation
分向量 component vector
分向滤波器 directional filter; directional separation filter; separation filter
分向信号 junction signal
分向信号机【铁】 junction signal
分向行车 direction operation
分向行驶 divergence[divergency]
分向装置 branching unit
分巷 centilane
分巷指针 fractional pointer
分项 component parts;subitem
分项安全系数 partial safety factor
分项报价 split quotation
分项标价综合单 bid abstract; bid summary
分项标准 contributory criterion
分项拨款 itemized appropriation;line item appropriation
分项操作计数器 item counter
分项成本 line-item cost
分项承包(合同) division contract; separate contract;split contract
分项承包商 separate contractor
分项的 itemized
分项发包合同 separate contract
分项浮力 separate lifting forces
分项工程 construction work subelement; fundamental work; item works;subdivisional work
分项工程进度表 program(me) chart of subdivisional work
分项工程验收 acceptance of subdivisional work; acceptance of work subelements
分项基建投资 particularity annual output
分项技术 unpacked technology
分项加权平均数 item-weighted average
分项经费 line item appropriation
分项扣减数 itemized deduction
分项列出 itemized
分项列记 itemized
分项列价表 < 建筑合同的 > schedule of values
分项列举 itemize
分项明细账 itemized account
分项年产量 particularity annual output
分项年产值 particularity annual value
分项数字 breakdown
分项系数 partial coefficient; partial factor
分项系数设计(法) partial factor method
分项项目 minor head
分项预算 line item budget
分项运输计划 itemized traffic plan
分项造价汇总 summary of element cost
分项(招标)合同 separate contract
分项折旧 component depreciation
分项资本还原率 split-rate
分像测距仪 cut-image range finder
分像光楔 split-image wedge
分像棱镜 cut-image prism;image-separating prism;separating prism
分像目镜 image splitting eyepiece
分像器 image divider;scanner
分像切合测距仪 split-image rangefinder
分像视场 split field
分像线 separating line
分像转向光学系统 image dividing relay optic(al) system
分销处 retail sales office;sales agency;subagency
分销处基金 agency fund
分销店 retail shop
分销费用 distribution expenses
分销工厂 distributing plant
分销渠道 distribution channel
分小地块建独户住宅的贷款 tract loan
分小块 subdividing
分效 fraction
分谐波 subharmonic wave
分谐波的 subharmonic
分谐波发生器 subharmonic generator
分谐波法 subharmonic method
分谐波辐射 subharmonic radiation
分谐波频率 subfrequency
分谐波相位调制 subharmonic phase modulation
分谐波谐振 submultiple resonance
分谐波振荡 subharmonic oscillation
分谐波振荡器 subharmonic oscillator
分谐波振动 subharmonic vibration
分谐频 subfrequency
分泄电流 bleeder current
分泄电阻 bleeder;bleeder resistance
分泄电阻器 bleeder resistor[resister]
分卸地点 break-bulk point
分屑槽 chip dividing groove
分屑沟 chip-breaker
分心 distraction
分芯电缆 split-conductor cable
分信号楼 dependent signal box; end signal box; satellite signal box; subsidiary signal box
分信机 letter sorting machine
分信箱 < 邮政车 > letter case
分信桌 < 邮政车 > distributing table
分信桌折板 distributing table hinge
分形布朗运动 fractional Brownian motion
分形布朗运动过程 fractional Brownian motion process
分形分析 fractal analysis;fractals
分形和混沌图像 fractal and chaos image
分形几何 fractal geometry
分形结构 fractal structure
分形(理)论【数】 fractal theory
分形列维运动 fractal Levy motion; fractional Levy motion
分形水流特征 fractal flow characteristic
分形图像 fractal image
分形图像系统 fractal image system
分形网络 fractal net work
分形(维)几何学【数】 fractal geometry
分形维数 fractal dimension
分形振子 fracton
分型(法) typing
分型粉 dry parting; mo(u)ld lubricant; mo(u)ld release; parting dust;parting powder;powdering
分型估值法 model method
分型剂 parting agent; parting compound;parting medium;releasing agent
分型面 joint face; joint surface; mo(u)ld joint; parting(face); parting plane
分型面浇口 joint gate
分型面内浇口 parting gate
分型面上浇注系统 parting-line gating
分型面芯头 parting-line print
分型区 parting line zone
分型砂 parting sand;tap sand
分型线 joint line; mo(u)ld parting line;parting line
分型皂 metallic soap
分许可 sublicence[sublicense]
分序 sequencing
分序加密法 < 灌浆的 > split spacing method
分序逐步加密灌浆 split spacing grouting
分蓄洪工程 flood diversion and storage project
分旋量 component spinor
分选 grading; separation; size classification;sizing;sort(ing)
分选搬运 selective removal
分选比 concentration criterion
分选比重 grade specific gravity
分选比重 ±0.1 率 grade specific gravity ±0.1 rate
分选材料 processed material; sorting material
分选槽 separation density
分选层理 sorted bedding
分选层理构造 sorted bedding structure
分选差的 non-graded;poorly graded; poorly sorted
分选厂 separating plant;sorting plant
分选沉积作用 sorting deposition
分选(程)度 degree of sorting
分选程序 process of separation; sorting routine
分选传送带 sorting conveyer[conveyor]
分选带 take-off belt;picking belt < 垃圾 >
分选的 separating;sorted;unsorted
分选多边性土 sorted polygon soil
分选附件 grading attachment
分选工 classifier;grader
分选工段 assorting room
分选工具 grading tool
分选公差 assorting tolerance; sorting tolerance
分选鼓 separating drum; separator drum
分选归并生成程序 sort and merge generator
分选归类 < 货物装卸时 > sorting and grouping
分选辊 sorting roller
分选滚筒 separating cylinder
分选过程 separating process
分选过的泥沙 sorted sediment
分选好的 well-graded;well-sorted
分选环 sorted circle
分选机 classifier; grader; separator; sizer; sorter; sorting machine; mechanical classifier
分选机进风门调节器 fanning mill shutter adjuster
分选阶 sorted step
分选接卡机 offset stacker
分选介质 separating medium
分选介质比重 separating medium specific gravity
分选介质密度 separating medium density
分选精度 sharpness of separation
分选矿石用化学制品 chemical for the separation of ore
分选粒级 size range of separation
分选良好的 well-sorted
分选良好的颗粒 well-sorted grains
分选料斗 cell hopper
分选炉 selector
分选率 sorting index
分选密度 separating density; separation density
分选排沙 selective removal
分选品位 separating grade;separation grade
分选器 classifier
分选器插座 sorter;sorter receptacle
分选器挡板 classifier gate
分选器的分出物 underflow of classifier
分选器叶片 selector blade
分选燃料 graded fuel
分选筛 separating sieve;sizing screen; sorting grizzly
分选设备 screening installation;separating plant;separation equipment; sorting plant
分选试验 screening test
分选室 separation chamber
分选输送带 dressing conveyer[conveyor];sorting belt
分选输送机 separator conveyer[conveyor]
分选输送链 screening chain; sorting chain
分选输送器 sorting belt;sorting conveyer[conveyor]
分选台 sorting floor
分选特征 separation characteristic
分选条带 sorted strip(e)
分选筒 separating drum; separator drum
分选托座 grading bracket
分选网 sorted net
分选物质 sorting material
分选系数 coefficient of sorting;gradient factor; grading factor; separation factor; sorted coefficient; sorting coefficient
分选下限 lower limit of separation
分选效率 efficiency of separation; grading efficiency; separation efficiency;separation sharpness
分选性差的土 poorly sorted soil
分选岩 sorted rock
分选因素 grading factor;sorted factor;sorting factor
分选因子 grading factor;sorted factor;sorting factor
分选原理 grading principle; separation principle
分选圆筒筛 grading reel
分选圆锥 separator cone
分选指数 sorted index;sorting index
分选质量 grading quality
分选装置 sorting device; sorting equipment;sorting unit
分选锥 separating cone
分选组合泥裂 sorted crack
分选作业 separating process; separation operation;separation process
分选作用 assorting effect; separating action;sorting;sorting action
分压 differential pressure; differential pressure controller;voltage division【电】
分压变压器 subdivided transformer
分压差 partial pressure difference
分压电极 voltage grading electrode
分压电路 bleeder circuit
分压电容器 voltage-dividing capacitor
分压电阻 bleeder resistance
分压分析器 partial pressure analyser[analyzer]
分压计 partial pressure ga(u)ge;potentiometer
分压计继电器 potentiometer relay
分压力 partial pressure;pressure component
分压力传感器 partial pressure sensor
分压力定律 law of partial pressure
分压量规 partial pressure ga(u)ge
分压起动 partial-voltage starting
分压器 bleeder;bleeder resistance;divider;divisor;potential divider;potentiometer;pressure divider;regulation resistance; resistor divider;

step attenuator; three-wire compensator; volt box; volt-ratio divider; volt(age)-divider【电】
分压器电流 bleeder current; voltage-divider current
分压器电路 bleeder chain; bleeder circuit
分压器式发送器 potentiometer pick-off
分压器式记录器 potentiometer recorder
分压器网路 voltage divider network
分压强 partial pressure
分压强测量规 partial pressure measure ga(u)ge
分压强分析 partial pressure analysis
分压强分析器 partial pressure analyser[analyzer]
分压强真空规 partial pressure vacuum ga(u)ge
分压强质谱计 partial pressure mass spectrometer
分压梯度 partial pressure gradient
分压网路 voltage divider network
分压网络 bleeder network
分压线圈 potential coil
分压箱 volt(age) box
分压真空计 partial pressure vacuum ga(u)ge
分压蒸发法 partial pressure evapo(u)ration(process)
分压指示计 farvitron
分压自耦变压器 divisor
分牙锯 separating saw
分牙器 separator
分岩系的岩性岩相图 layer group lithologic(al) phase chart
分焰炉 split flame furnace
分样品 subsample
分样器 riffle box; riffler; riffle sampler; sample splitter; splitter
分样箱 splitter box
分要素编制的运输成本费用计划 transportation cost and fee plan in terms of cost items
分野 interfluve
分业承包 contract different lines of work
分业分工 division of labo(u)r and lines of specialities; division of labo-(u)r and lines of work
分页【计】 paging
分页处理 process page
分页的 paging
分页管理程序 paging supervisor
分页技术 paging technique
分页检索 page search
分页系统 paging system
分液的 diffluent
分液刻度 delivery mark
分液漏斗 separating funnel; separator cone; separatory funnel; tap funnel
分液瓶 delivery flash
分液器 knockout; liquor separator; separator; skimmer
分遗产税 legacy duty
分异 differential
分异层理 differentiated layering
分异的 differentiated
分异定律 law of segregation; Mendel's first law
分异风化 differential weathering
分异浮选 differential flo(a)tation
分异脉岩 differential dike-rock
分异墙岩 differential dike-rock
分异侵入体 differentiate intrusive
分异侵蚀 differential erosion
分异熔融 differential fusion
分异深熔作用 differential anatexis; metatexis
分异深熔作用方式 metatexis way
分异位移 differential displacement
分异岩 differentiate; differentiated rock
分异岩床【地】 differentiated sill
分异岩盖 differentiated laccolith
分异岩干 differentiated stock
分异岩基 differentiated batholith
分异岩脉 differentiated dike[dyke]
分异指数 differentiation index
分异致密 differential compaction
分异作用【地】 differentiation
分应力 components of stress; component stress; stress component
分应物 reactant
分营 split-off
分用车道 unshared lane
分用存储器【计】 shared store
分用时间 time sharing
分油驳 oil-separating barge
分油槽 oil separate tank
分油活门 distributing valve; pilot valve; slide valve
分油机 oil eliminator; oil separator
分油器 distributor; oil eliminator; oil separator; oil distributor < 轴箱 >
分油试验 bleeding test
分油系统 < 液压系统的 > oil manifold
分油箱 oil separate tank
分油装置 oil separation
分余利润 surplus profit
分域采样 stratigraphic(al) sampling
分域高速远距继电器 multizone high-speed distance relay
分域图 topograph
分元件 subelement
分圆 cyclotomic
分圆多项式 cyclotomic polynomial
分圆法 cyclotomy
分圆锥 pitch cone
分院 branch institute
分约人 subcontractor
分运 feeder ship
分运动 componental movement
分运费 knocked down shipment
分载 load sharing; partial load
分载反拱 soil arch
分载拱 inverted arch; safe arch; safety arch
分赃制 spoils system
分渣车 ballast distributing wagon
分占市场 market sharing
分站 outstation; subsidiary station; substation; tributary station; drop station < 调度集中的 >
分站电路 multistation circuit
分站数目 number of substations
分张 burst
分针 minute-hand
分针拆卸工具 hand remover
分针轮 minute wheel
分针器 needle divider
分针小齿轮 minute pinion
分阵列 subarray
分振幅干涉 amplitude-splitting interference
分帧 subframe
分帧位 framing bit
分帧线 frame bar; frame line; mask line
分帧照相机 framing camera
分支 arm; bifurcation; branch away; branch off; branch piece; crunode; divarication; fan out; filiation; node; off-take; parting; tee-off; virgation; angle tee[T]【机】
分支比 bifurcation ratio; branching ratio
分支臂 branch arm
分支变换 tap changing
分支变量 branching variable
分支冰川 distributary glacier
分支冰舌 distributary tongue
分支波导耦合器 branched-guide coupler
分支泊松过程 branching Poisson process
分支操作 branch operation
分支插口 branch socket
分支承重构架 branching supporting frame
分支齿墙 branch cutoff
分支冲断层 branch thrust
分支触点 bifurcated contact
分支传动 Diwar transmission【地】; split drive
分支带 branch strip
分支导管 branch conduit
分支导线 branch conductor; tap conductor
分支倒电容矩阵 branch elastance matrix
分支道路 distribution road; distribution street; distributor road
分支的 furcate; ramose; tributary
分支的过程 ramifying
分支点 branching-off point; branching point; junction point; node; point of divergence
分支电感矩阵 branch inductance matrix
分支电缆 branch(ing) cable; distribution cable
分支电流 branch current; derived current; tee-off current
分支电路 branch circuit; chain branching; chair branch; derived circuit; drop circuit; forked circuit; subcircuit; tree circuit
分支电路配电中心(站) branch-circuit distribution center[centre]
分支店间往来业务 inter-branch transaction
分支店间往来账户 inter-branch account
分支店账户 interoffice account
分支吊灯 lustre
分支丁坝群 offshoot groynes
分支定界法 branch-and-bound algorithm; branch-and-bound method
分支动作 branch operation; descendant action
分支断层【地】 branching fault; distribution fault; distributive fault; diverging fault; subsidiary fault
分支断裂【地】 auxiliary fault; branching fault; distributive fault; spray fault; subsidiary fault
分支阀 branch valve
分支法 branch method
分支放电 branch discharge
分支放射 branching
分支放射比 branching ratio
分支分配器 branch distributor
分支浮标 < 在中洲下游 > division buoy
分支符号 switch
分支复接 branch-multiple
分支干管 branch main
分支杆塔 branch pole
分支钢箍 split stirrup
分支港池 branch basin; branch dock
分支割线 branch cut
分支根 branched root
分支更新过程 branching renewal process
分支工业 subindustry
分支公路 by-pass highway
分支功能 subfunction
分支供电 branch feeding
分支沟 branch sewer
分支估界法 branch-bound method
分支关 customs station
分支管 branched pipe; branching pipe; fixture branch; off-take; sublateral; Y-branch
分支管道 branch air duct; branch line; lateral
分支管路泵送系统 branch line pumping system
分支管筒 branch socket
分支管网 branch line
分支管线 sublateral line; take-off line
分支管中流动 manifold flow
分支光缆 branched cable
分支光纤 bifurcated optic(al) fiber
分支过程 branching; multiplication process; process
分支过程理论 theory of branching process
分支和限界法 branch-and-bound technique
分支河道 branch channel; distributary channel; distributing channel; diverted channel
分支河口沙坝 distributing mouth bar
分支河流 diffluent river
分支回流导管 divided return duct
分支回路 duplexure
分支火花 branched spark
分支机构 affiliate; affiliated agencies; branch (business); branch establishment; branch office; minor office; outpost; ramification; embranchment
分支机构报表 branch statement
分支机构报告 branch office report
分支机构财务报表 branch financial statement
分支机构(分类)账 branch ledger
分支机构管制账户 branch control account
分支机构会计 accounting for branch office; branch accounting
分支机构会计集中制 centralized branch accounting system
分支机构收益 branch earnings
分支机构损益计算书 branch financial statement
分支机构图 branch network
分支机构网 branch network
分支机构往来 branch office current
分支机构往来账(户) branch (office general) account
分支机构现金账户 branch cash account
分支机构永久性资产 branch long-lived assets
分支机构账(户) branch account
分支机构制度 branch office system
分支机构资产负债表 branch balance sheet
分支给水管 branch water supply pipe
分支肩 shoulder tap
分支监控反馈 divided monitoring feedback
分支交叉 branch intersection
分支交通量 by-passable traffic
分支浇口 branch gate
分支角笼型天线 branch angularity cage antenna
分支接触体 bifurcated contact
分支接头 branch joint; take-off connection; take-off coupling; tap joint
分支街道 feeder street
分支节点 branch node
分支结构 branch(ed) structure
分支界法 branch bounding method
分支界限法 branch(-and)-bound method
分支界限算法 branch-bound algorithm

F

分支矩管 branch stub
分支聚合物 branched polymer
分支菌胶团 zoogloeal ramigera
分支菌酸 mycolic acid
分支菌脂酸 nastinic acid
分支开关 branch switch; switch < 程序中一点接向分支 >【计】
分支科学 subdiscipline
分支控制器 branch controller
分支矿脉 branched lode; flying vein
分支理论 bifurcation theory
分支连接 branch connection; branch joint; branch linkage
分支连接器 bifurcation connector
分支链锁反应 branching chain reaction
分支流动 divergent streams
分支笼形天线 branched cage antenna
分支滤波器 branching filter
分支路 branch line; by-pass road
分支马尔可夫过程 branching Markov process
分支毛 branched hair
分支目标 branch target
分支内浇口 spray gate
分支排出管 branch vent
分支排气 blowing through
分支排气孔 by-pass vent
分支排水沟 feeder drain
分支排泄口 branch vent
分支配电方式 tree system
分支配电线 subfeeder
分支配件 split fitting
分支(歧)管 divided manifold
分支企业 affiliated enterprise
分支器 splitter
分支切割 branch cut
分支曲线 branch curve
分支渠(道) branch canal; sublateral canal
分支容许矩阵 branch-admittance matrix
分支塞孔 branching jack
分支舌 bifid tongue
分支输电系统 subtransmission system
分支衰变 branching decay
分支水道 branched channel
分支算法 branching algorithm
分支算子矩阵 branch operator matrix
分支随机游走 branching random walk
分支隧道 by-pass tunnel; diversion tunnel
分支套管 branch joint
分支图 branching diagram
分支弯管 branch bend
分支湾 branching bay
分支网 < 地下水 > branch work
分支网络 branching network
分支桅杆 branch mast
分支系统 branch system; extensive system
分支细菌 mycobacterium [复 mycobacteria]
分支线 spur line; subdivision branch line
分支线端 branch terminal
分支线夹 universal parallel groove clamp
分支线路 branch line; multiended line; submain circuits
分支限界法 branch (-and)-bound method
分支限界技术 branch (-and)-bound technique
分支限界解法 branch (-and)-bound solution strategy
分支限界搜索 branch (-and)-bound search
分支箱 feeder pillar
分支巷道 branch heading; side gallery

分支行 branch office
分支学科 subdiscipline; subfield
分支烟道 branch flue; by-pass flue
分支异常 offset anomaly
分支因子 branching factor
分支阴沟 branch sewer
分支预测和推测执行 branch prediction and speculation execution
分支跃迁 branch transition
分支增益 tap gain
分支站台 bayou platform
分支褶皱 subsidiary fold
分支值 branch value
分支指 branch instruction
分支指令 branch instruction; branch order
分支指数 bifurcation index
分支中继器 branching repeater
分支终线 branch terminal line
分支钟乳石 amemolite
分支总线 branch highway
分支阻抗 branch impedance
分支钻孔 branch hole
分枝 bifurcation; branch; branchy stem; offshoot; outgrowth
分枝壁孔 ramiform pit
分枝壁孔式 ramiform pitting
分枝波痕 bifurcate ripple
分枝泊松过程 branching Poisson process
分枝触角 antenna ramose
分枝的 branched; distributive
分枝地衣酸 divaricatic acid
分枝点 branching point; winding-point
分枝动作 descendent action
分枝断层【地】branching fault; fault spray
分枝断裂 spray fault
分枝多的不定根 much-branched adventitious roots
分枝发生学 cladogenesis
分枝法 branch method
分枝杆菌 mycobacteria
分枝根系 branched root system
分枝过程 branch(ing) process
分枝合成 branching
分枝花序 branched inflorescence
分枝花柱 stylode
分枝回路 multipoint circuit
分枝类型 branching pattern
分枝链 branched chain
分枝配电方式 tree system
分枝式 ramification
分枝数 winding number
分枝穗 branched ear
分枝损耗 branch loss
分枝弯管接 open return bend
分枝湾 branching bay
分枝纹孔 ramiform
分枝习性 branching habit
分枝圆锥花序 branched panicles
分枝站屋 < 航空站的 > unit terminal building
分枝烛架 candelabrum [复 candelabra/candelabrums]
分枝状构造 branching structure
分枝状末梢 branched endings
分枝着生 branching insertion
分枝组 filial set
分纸滚轮 comber; combing wheel
分纸器 burster; comber; sheet separator
分纸器剪切器堆垛器 burster-trimmer-stacker
分指挥局 subcontrol station
分指令 split instruction
分指数 fractional exponent; subindex
分指移动 finger
分指状 digitate

分指状水系 digitate drainage pattern
分至潮 tropic(al) tide
分至年 calendar year; civil year; equinoctial year; natural year; solar year; tropic(al) year
分至圈 colure
分至时 equinoctial time
分至月 tropic(al) month
分至周 tropic(al) revolution
分至坐标系 equinoctial system of coordinates
分质供水 dual water supply
分置式传动装置 split transmission
分置式动力油缸 remote power cylinder
分置式控制油缸 remote control cylinder
分置式斯特林循环制冷机 separate Stirling cycle refrigerator; split Stirling cycle refrigerator
分置式威勒米尔循环制冷机 separate VM cycle refrigerator; split VM cycle refrigerator
分置式系统 remote system
分置式液压油缸 remote hydraulic cylinder
分置式液压油缸操纵杆 remote operation cylinder lever
分置式油缸 independent cylinder; mounted cylinder; portable cylinder
分钟呼叫 call minute
分钟量 minute volume
分种器 divider
分周波发生器 subcycle generator
分周期 subcycle
分周期时间 subcycle time
分轴 split axle
分轴承 two-part bearing
分轴式 split shaft
分轴式燃气轮机 split shaft gas turbine
分轴式透平 split turbine
分轴式透平机 gas-coupled turbine
分柱法 intercolumniation
分柱木 straining sill
分柱头 stigmula
分铸汽缸 separate cylinder
分转动 component of rotation
分转向角【测】auxiliary deflection angle
分转站 access station; drop repeater
分装 canning; split charging; subpackage
分装机 racking machine
分装料 layer charging
分装配图 partial general view
分装清漆 two-container varnish
分装式 segmental type; separate loading
分装式检流计 separate galvanometer
分装式冷凝机组 remote condensing unit
分装运输 knocked down shipping
分锥 reference cone
分锥半径 molecular radius
分锥角 reference cone angle
分子 molecule; numerator
分子半径 molecular radius
分子倍增器 molecular multiplier
分子泵 molecular pump
分子比 molecular percent; molecular proportion
分子比率 molecular ratio
分子比热 molecular specific heat
分子比热容 molecular specific heat capacity
分子变化 molecular transformation
分子变化量子状态 molecule change quantum state
分子表面能 molecular surface energy

分子波谱学 molecular spectroscopy
分子不对称性 molecular asymmetry
分子参数的比值 ratio of molecular parameter
分子层 molecular layer; stratum moleculare
分子场 molecular field
分子弛豫 molecular relaxation
分子斥力 molecular repulsion
分子冲撞 molecular jostling
分子重排 molecular transposition
分子重排作用 molecular rearrangement
分子臭氧化物 molozonide
分子传导率 molecular conductivity
分子传导性 molecular conductivity
分子磁铁 molecular magnet
分子磁致旋光 molecular magnetic rotation
分子簇 molecular cluster
分子催化学 molecular catalysis
分子大小 molecular dimension; molecular size
分子带 molecular band
分子带通放大器 molecular bandpass amplifier
分子导电系数 molecular conductivity
分子导体 molecular conductor
分子的 molecular
分子的大小 bulk of molecule
分子的空间配置 spatial configuration of molecules
分子的某部分 moiety
分子地层学 molecular stratigraphy
分子缔合 molecular association
分子缔合现象 molecular association
分子电导率 molecular conductivity
分子电离电位 molecular ionization potential
分子电流 molecular current
分子电流假说 molecular current hypothesis
分子电路 molecular circuit
分子电路学 molecular circuitry
分子电(子)光学 molecular electro-optics
分子电子技术 molecular electronic technique
分子电子显微镜 molecular electron microscope
分子电子学 molectronics; molecular electronics; moleelectronics
分子定位 molecular orientation
分子定向 molecular orientation
分子定向热 heat of molecular orientation
分子动力学 molecular dynamics; molecular kinetics
分子动能 molecular kinetic energy
分子断键 molecular scission
分子对称性 molecular symmetry
分子对内的能量 intrapair energy
分子多电光谱学 molecular multielectron spectroscopy
分子二聚物 molecular dimer
分子发光 molecular luminescence
分子发射光谱学 molecular emission spectroscopy
分子发射空穴分析 molecular emission cavity analysis
分子反射 molecular reflection
分子反射系数 molecular reflection coefficient
分子反应 molecular reaction
分子反应动力学 molecular reaction kinetics
分子反应式 molecular equation
分子反应性 molecular reactivity
分子放大器 master amplifier; molecular amplifier; molecular multiplier

分子放射生物学 molecular radiobiology
分子沸点升高 molecular elevation
分子分布 molecular distribution; molecular weight distribution
分子分离器 molecular[molecule] separator
分子分散 molecular diffusion
分子分散溶液 molecular disperse solution
分子分散体 molecular dispersion
分子分散性 molecular dispersivity
分子幅度 molecular amplitude
分子辐射脉泽 molecular beam maser
分子辐射生物学 molecular radiation biology
分子附着力 molecular adhesion
分子改造 molecular modification
分子概念 molecular aspect
分子工程 molecular engineering
分子共轭 molecular conjugation
分子构象 molecular conformation
分子构型 molecular configuration
分子古生物学 molecular paleontology
分子固有电偶极矩 permanent electric(al) dipole moment of molecule
分子光化学 molecular photochemistry
分子光谱 molecular spectrum
分子光谱分析 molecular spectroscopic(al) analysis
分子光谱同位素移动 isotope shift of molecular spectrum
分子光谱学 molecular spectroscopy
分子光学 molecular optics
分子光致电离 molecular photoionization
分子轨道 molecular orbit
分子轨道方法 molecular orbital method
分子轨道理论 molecular orbital theory
分子轨道模型 molecular orbital model
分子轨道图形 graph of molecular orbital
分子过滤器 molecular filter
分子含水量 molecular moisture capacity
分子护散系数 molecular diffusion coefficient
分子滑动 molecular slip
分子化合物 molecular compound
分子环境 molecular environment
分子混沌性假设 postulate of molecular chaos
分子活性 molecular activity
分子机载截听雷达 molecular airborne intercept radar
分子机制 molecular mechanism
分子畸变 molecular distortion
分子激发 molecular excitation
分子激光光谱学 molecular laser spectroscopy
分子激光器 molecular laser
分子极化度 molecular polarizability
分子极化作用 molecular polarization
分子集成电路 molecular integrated circuit
分子集成组件 molecular integrated device
分子几何形状 molecular geometry
分子记忆 molecular memory
分子剂量学 moleculo-dosiology
分子加成化合物 molecular addition compound
分子加速器 moletron
分子假说 molecular hypothesis
分子间斥力 intermolecular repulsion
分子间的 intermolecular
分子间轨道 intermolecular orbital
分子间键 intermolecular linkage
分子间键合能 intermolecular bonding energy
分子间交联 intermolecular cross-linking
分子间距离 intermolecular distance
分子间聚合 intermolecular polymerization
分子间力 inner molecular force; intermolecular force
分子间连接 intermolecular ligation
分子间内聚力 intermolecular cohesion
分子间黏[粘]结力 intermolecular bond
分子间势能 intermolecular potential energy
分子间缩合 intermolecular condensation
分子间同位素效应 isotope effect between molecular
分子间吸力 intermolecular attraction
分子间引力 intermolecular attraction
分子间相互作用 intermolecular interaction; molecular interaction
分子间氧化作用 intermolecular oxidation
分子间有序化 intermolecular ordering
分子间重排 intermolecular rearrangement
分子间重排作用 intermolecular transposition
分子间转移 intermolecular transfer
分子间转移作用 intermolecular migration
分子键 molecular bond; molecular linkage
分子键力 intermolecular bonding force
分子胶体 molecular colloid
分子接合度 molecular connectivity
分子结构 molecular constitution; molecular structure
分子结构式 molecular structural formula
分子结构学 molecular structurology
分子结构振幅 molecular structure amplitude
分子结合 molecule bind
分子结晶晶格动力学 lattice dynamics of molecular crystals
分子紧束分数 molecular packing fraction
分子进化 molecular evolution
分子晶格 molecular crystal lattice; molecular grating; molecular lattice
分子晶格畸变 molecular lattice distortion
分子晶体 molecular crystal
分子聚集 molecular aggregate
分子均方根速率 the root-mean-square velocity of molecular
分子抗磁性 molecular diamagnetism
分子空间 mu space
分子空气动力学 molecular aerodynamics
分子扩散 molecular diffusion; molecular dispersion
分子扩散分离器 molecular effusion separator
分子扩散率 rate of molecular diffusion
分子扩散速率 molecular diffusion rate
分子扩散系数 coefficient of molecular diffusion; coefficient of molecule diffusion; molecular diffusivity
分子扩散性 molecular diffusivity
分子扩增 molecular cloning
分子类型分析 molecular type analysis
分子离解 dissociation of molecules
分子离解能 energy of molecular dissociation
分子离心变形 molecular centrifugal distortion
分子离子 ionized molecule; molecular ion; molion
分子离子峰 molecular ion peak
分子离子质谱 molecule ion mass spectrometry
分子理论表面张力 molecular theoretical surface tension
分子理论能量 molecular theoretical energy
分子力 molecular force
分子力场 molecular force field
分子力学 molecular mechanics
分子连接性 molecular connectivity
分子联结 molecular tie
分子链 molecular chain
分子链长 molecular chain length
分子链的极性 polarity of chain
分子链作用 molecular chain action
分子量 molecular weight
分子量测定器 molecular weight estimation apparatus
分子量的计算 estimating of molecular weight
分子量排斥极限 molecular weight exclude limit
分子量微分重均分布曲线 molecular differential weight distribution curve
分子量温度计 molecular weight thermometer
分子流 molecular flow
分子流变学 molecular rheology
分子流导 molecular conductance
分子滤器 molecular filter
分子氯化合物 mol-chloric compound
分子论 theory of molecules
分子弥漫系数 coefficient of molecular diffusion
分子弥散 molecular dispersion
分子弥散体 molecular dispersoid
分子密度 molecular density
分子命题 molecular proposition; molecular statement
分子模型 molecular model
分子内 intramolecularly
分子内标记 intermolecular labelling
分子内的 intramolecular
分子内转移 intramolecular transfer
分子能 molecular energy
分子能级 molecular energy level
分子能量分布 molecular energy distribution
分子黏[粘]度 molecular viscosity
分子黏[粘]附 molecular adhesion
分子黏[粘]聚力 molecular cohesion
分子黏[粘]滞度 molecular viscosity
分子黏[粘](滞)性 molecular viscosity
分子凝聚力 molecular cohesion
分子凝聚力破坏 exhausting of intermolecular cohesive bond
分子浓度 molecular concentration
分子浓度定律 law of molecular concentration
分子偶极子 molecular dipole
分子排斥 molecular repulsion
分子排列 molecular arrangement
分子排阻层析 molecular exclusion chromatography
分子排阻色谱法 molecular exclusion chromatography
分子配合物 molecular complex
分子碰撞 molecular collision
分子碰撞动力学 molecular collision dynamics
分子平衡 molecular equilibrium
分子平均速率 mean velocity of molecular
分子破裂 cracking of molecules
分子气体 molecular gas
分子契合 molecular fit
分子迁移 molecular transport
分子铅 molecular[molecule] lead
分子热 molecular heat
分子热扩散系数 molecular thermal diffusivity
分子热容 molecular heat capacity
分子人类学 molecular anthropology
分子溶液 molecular solution
分子熔解 molecular melting
分子散射 molecular scattering
分子色散 molecular dispersion
分子色散体 molecular dispersoid
分子筛 artificial zeolite; molecular screen; molecular sieve; sieve of molecules
分子筛层析法 molecular sieve chromatography
分子筛干燥 molecular sieve drying
分子筛干燥剂 molecular sieve desiccant
分子筛干燥器 mole sieve drier
分子筛过滤法 molecular sieve filtration
分子筛吸附泵 sieve sorption pump
分子设计 molecular design
分子射线 molecular ray
分子射线磁共振 molecular beam magnetic resonance
分子生物化学 molecular biochemistry
分子生物数学 mathematics of molecular biology
分子生物物理学 molecular biophysics
分子生物学 molecular biology
分子生物学技术 molecular biological technique
分子声学 molecular acoustics
分子式 molecular formula
分子式结晶 molecular crystal
分子式索引 formula index
分子输运 molecular transport
分子束 molecular beam; molecular ray
分子束谱仪 molecular beam spectrometer
分子束装置 molecular beam apparatus
分子水 molecular water
分子水平 molecular level
分子顺磁性 molecular paramagnetism
分子死亡 molecular death
分子速度 molecular velocity
分子速度分布 distribution of molecular velocity
分子速率测量 molecular speed measurement
分子速率分布 distribution of molecular speed
分子碎片 molecular fragment
分子损害 molecular lesion
分子态气导 molecular conductance
分子态污染物 molecule stated contaminant
分子体积 molecular volume
分子体积与温度关系 thermochor
分子天文学 molecular astronomy
分子填料 molecular stuffing
分子填料法 molecular stuffing process
分子通导 molecular conductance
分子通道 molecular channel
分子通量 molecular flux
分子团 micell(e)[复 micellae]; molecular group
分子团度角 micellar angle
分子拖曳泵 molecular drag pump
分子拓扑 molecular topology
分子外的 extramolecular

F

分子网络 molecular network
分子微波分光计 molecular microwave spectrometer
分子温度边界层 molecular temperature boundary layer
分子涡流 molecular eddy current
分子无序 molecular disorder
分子物理学 molecular[molecule] physics
分子物质 molecular mass
分子吸附 molecular adsorption
分子吸附水 bound moisture
分子吸湿量 molecular moisture capacity
分子吸收带 molecular absorption band
分子吸收光谱 molecular absorption spectrum
分子吸收谱学 molecular absorption spectroscopy
分子吸引常数 molecular attraction constant
分子吸引力 molecular attraction
分子稀释度 molecular dilution
分子下丛 submolecular plexus
分子现象 molecular phenomenon
分子线 molecular line
分子相互反应 intermolecular reaction
分子相互作用 interaction of molecules
分子消光系数 molecular extinction coefficient
分子效应 molecular effect
分子行为 molecular behavio(u)r
分子形成 molecular formation
分子形态 molecular conformation
分子性质 molecular property
分子性质测定 measurement of molecular property
分子性状 molecularity
分子序数 molecular number
分子旋光本领 molecular[rota(to)ry] power
分子旋光度 molecular rotation; molecular rotatory power
分子旋转 molecular rotation
分子学 molecules
分子压力计 molecular ga(u)ge
分子氧 molecular oxygen
分子遗传学 molecular genetics
分子因子 branching factor
分子引力 molecular attraction
分子印迹 molecular engram; molecularly imprinting
分子印迹高分子膜 molecularly imprinted polymer membrane
分子印迹合成受体 molecularly imprinted synthetic receptor
分子印迹技术 molecularly imprinting technology
分子印迹聚合物 molecularly imprinted polymer
分子印迹聚合物传感器 molecularly imprinted polymer sensor
分子印迹离子交换树脂 molecularly imprinted ion exchange resin
分子印迹膜 molecularly imprinted membrane
分子荧光 molecular fluorescence
分子运动 molecular motion; molecular movement
分子运动方程式 molecular kinetic equation
分子运动假说 hypothesis of molecular motion; kinetic hypothesis
分子运动理论 kinetic molecular theory
分子运动性 transport property of molecules
分子运动学说 kinetic theory; molecular kinetic theory
分子载体 molecular vehicle
分子张力 molecular tension
分子折射 molecular refraction
分子折射差率 molecular refractivity
分子折射度 molecular refraction
分子折射率 molecular refractivity
分子真空泵 molecular vacuum pump
分子真空计 molecular vacuum ga(u)ge
分子振荡器 molecular oscillator
分子振动 molecular vibration; vibration of molecule
分子振动幅度 amplitude of the molecular vibration
分子振动光谱 molecular vibration spectrum
分子振转光谱 molecular vibration-rotation spectrum
分子蒸馏 molecular distillation
分子蒸馏器 molecular apparatus; molecular still
分子支化 branching of molecule
分子直径 molecular diameter
分子质量 molecular mass
分子质谱 molecule mass spectrometry
分子致双折射 molecular birefringence
分子中单原子法 atom-in molecule method
分子中双原子法 diatomics-in-molecule method
分子钟 molecular clock
分子重量 molecular weight
分子重量测定仪 molecular weight determination apparatus
分子轴 molecular axis
分子转动 molecular rotation; rotation of molecule
分子转动光谱 molecular rotation spectrum
分子状态 molecularity; molecular state
分子自由程 molecular free path
分子自由度 molecular freedom
分子自增强聚合物 molecular self-reinforce polymer
分子阻尼真空规 molecular drag ga(u)ge
分子阻压规 molecular drag ga(u)ge
分子阻止本领 molecular stopping power
分子组成 molecular composition
分子最大吸水量 maximum molecular water content
分子最低空余轨道 lowest unfilled molecular orbital
分子最可几速率 the most probable velocity of molecular
分子作用 molecular action
分子作用半径 radius of molecular action
分字段运算 split-word operation
分总成 subassembly
分总成换修 unit repair
分总管 branch manifold
分总图 unit assembly drawing
分租 sublease; sublet(ting); underlease; underlet(ting)
分租部分 maisonette
分租承受人 sublessee
分租房屋 tenement
分租主 sublessor
分组 arrange in groups; batching; block sort; classification; cluster(ing); grouping; sectionalization; sectionalizing; sectioning
分组安装制 panel system
分组泵 section pump
分组比较 group comparison
分组编码 block encoding; olock encoding
分组标识 group character
分组表 grouping sheet
分组长度 block length
分组长度选择 packet length selection
分组成本制度 group cost system
分组充电 group charger
分组抽样【数】group sampling; cluster sampling
分组处理流程 packet processing flow
分组处理器 packet handler
分组穿综法 grouped pass
分组传输控制器 packet transmission controller
分组打印 group printing
分组的 sectionalized
分组的粗略性 coarseness of grouping
分组电池 divided battery
分组电池装置 split-battery system
分组电容器 subdivided capacitor
分组调查 block search
分组动态特性 group dynamics
分组多路复用器 packet multiplexer
分组法 grouping method; grouping procedure; method of division into groups; method of grouping
分组方法 block method
分组方式 packet mode
分组方式监督器 batch monitor
分组防火区 grouped fire zone
分组分布 grouped distribution
分组分类账 sectional ledger
分组分析 fractional analysis
分组符 group separator
分组符号 class symbol
分组改进设计 cluster development
分组格 grouping lattice
分组格式 packet format
分组观测 observation in groups
分组观测测站平差 station adjustment of observation in groups
分组规则 rule of classification
分组号 <货车编组> group number
分组合并财务报表 group financial statement
分组合件 subassembly
分组化 packetize
分组化话音网 packetized voice network
分组回归模型 grouped regression model
分组活动 group activity
分组机 sizer
分组积分 group integration
分组计数 classified counting
分组记录 grouped record
分组间隔 class interval; interval of grouping
分组交换 block switch; packet switching
分组交换处理机 packet switching processor
分组交换技术 block-switch technology
分组交换数据网络 packet switching data network
分组交换网络 packet switching network
分组交换中心 packet switching center[centre]
分组教学 group instruction
分组接转 packet switching
分组结平 sectional balancing
分组解法 solution by group
分组界限 class boundary
分组进位 group carry
分组开关 block switch
分组控制 bank control; batch control; group control
分组连接 block chaining
分组连续抽样法 group sequential sampling plan
分组略线 class boundary
分组螺旋叶片式输送器 sectional flight conveyer[conveyor]
分组码 block code; group code
分组码长 block code length
分组密码 block cipher
分组年金 group annuity
分组排列 packet sequencing
分组喷嘴调节 group nozzle governing
分组频率 grouped frequency
分组频率数列 grouped frequency series
分组频率统计 statistics of classification frequency
分组平差 adjustment in groups
分组平差法 adjustment method in groups; method of division into groups
分组起动器 group starter
分组求平均值 averaging over a group
分组区间 grouping interval
分组取样 cluster sampling
分组燃烧器 group burner
分组绕组 sectionalized winding; tapped winding
分组冗余技术 group redundant technique
分组入选 preparation of grouped raw coal
分组设计 block design; group divisible design
分组识别的(优选法)<将事物分组审查,求出哪是对的、哪是错的>【数】dichotomous
分组式灌木铲除机 gang bush breaker
分组式条播机 gang drill; unit drill
分组式终端 packet mode terminal
分组试剂 group reagent
分组试算 sectional balancing
分组适配器 packet adapter
分组数据 group(ed) data
分组数据网络 packet data network
分组数字检查 group digital check
分组探索 dichotomous search
分组探寻(优选法) dichotomous search
分组讨论 group discussion
分组体系 grouping system
分组天线 group antenna
分组条状图 grouped bar chart; grouped bar graph
分组调节 group regulation
分组委员会 subcommittee
分组无线网 packet radio network
分组误差 grouping error
分组系数 blocking factor
分组线圈 tapped winding
分组限额 group allowance
分组泄气系统 group type venting system
分组信息 grouping information
分组序贯抽样 group sequential sampling
分组序列检查 grouped sequential inspection
分组旋转设计 group divisible rotable design
分组循环近似法 block circulant approximation
分组预选器 group line switch
分组原则 group forming criterion; principle of classification
分组运率制度 group rate system
分组运转方式 group drive
分组照明 group light
分组折旧 group depreciation
分组折旧法 depreciation accounting on a group basis; group method of depreciation
分组镇压器 roller in sections; sectional roll

分组指标 group index;in-group rating
分组指示灯 section lamp
分组指数 group index;in-group rating
分组指数法 <美国设计柔性路面厚度的一种方法> group index method
分组中继器 packet repeater
分组逐次抽样检查 grouped sequential sampling inspection
分组装/拆卸 packet assembly/disassembly
分组装车 groupage wagon
分组装配处 subassembly
分组装配作业 block assembly
分组资料 classified data;grouped data
分组总计法 gross and composite method
分组组段 group interval
分作业网图 subnet(work)
分座环式报警阀 divided seat ring type alarm valve
分做的 hierarchic(al)

吩 <英美药衡单位,1 吩 = 1.295 克> scruple

吩恶嗪 naphthoxazine;phenoxazine
吩咐 bidding
吩美嗪盐酸盐 phenmetrazine hydrochloride
吩砒嗪化氯 adamsite; phenarsazine chloride
吩嗪 azophenylene;phenazine
吩嗪基 phenazinyl
吩嗪染料 phenazine dye
吩嗪酮 phenazinone
吩噻恶 dibenzo thioxine; phenothioxin;phenoxthine
吩噻嗪 dibenzothiazine; phenothiazine;thiophenylamine
吩噻嗪磺钙 sulphenothiazine calcium
吩噻嗪基 phenothiazinyl
吩噻嗪酮 phenothiazone
吩噻嗪型抗氧化剂 phenothiazine type anti-oxidant
吩妥胺 rogitine

纷乱 tangle

纷扰 complication
纷扰的 pell-mell
纷杂的 pell-mell

芬茨克标度 Ventzke scale

芬德来制苛性钠电池 Findlay cell for caustic soda
芬德涂膜厚度计 Pfund film ga(u)ge
芬德系【地】Pfund series
芬德压头 Pfund indenter
芬德硬度计 Pfund hardness tester
芬德硬度(值)Pfund hardness number
芬德遮盖力计 Pfund cryptometer
芬顿电化学处理 Fenton electrochemical treatment
芬顿反应 Fenton reaction
芬顿工艺 Fenton process
芬顿过氧化反应 Fenton's peroxidation
芬顿和光辅助芬顿氧化 Fenton and photo assisted Fenton oxidation
芬顿化学 Fenton chemistry
芬顿试剂 Fenton's reagent
芬顿试剂法 Fenton's reagent method
芬顿体系 Fenton system
芬顿氧化混凝工艺 Fenton oxidation-coagulation process
芬顿氧化技术 Fenton oxidation technology
芬顿预处理 Fenton pretreatment
芬顿(轴承)合金 Fenton's metal
芬芳的 racy
芬克过滤机 Feinc filter
芬克式桁架 Fink truss
芬兰国家审计局 State Audit Bureau of Finland; State Audit Bureau of Republic of Finland
芬兰桦木板模 Finnish birch panel forms
芬兰桦木胶合板 Finnish birch plywood
芬兰建筑 Finland architecture
芬兰式蒸汽浴 sauna bath
芬兰油 Finn oil
芬氯酸 fenclofenac
芬切尔湿伸长试验 Fenchel wet expansion test
芬森弧光灯 Fiesen's light
芬斯克-安特乌得方程式 Fenske-Underwood equation
芬斯克方程 Fenske equation
芬斯克螺旋型填料 Fenske helix packing
芬斯拉几何 Finsler geometry
芬斯脱华特预(加)应力(方)法 Finsterwalder prestressing method
芬香烃 aromatic hydrocarbon
芬泽尔眼镜 Fenzel glasses

氛围 perisphere

酚 phenol;phenylic acid

酚苯胺树脂 phenolic aniline resin
酚藏红花 phenol safranine
酚处理 phenolization
酚醇 phenolic alcohol
酚碘酞试验 phenolsulfonphthalein test
酚丁 oxyphenisatin
酚二磺酸法 phenol disulfonic acid spectrophotometry
酚二磺酸分光光度法 phenol disulfonic acid method; spectrophotometric (al) method with phenol disulfonic acid
酚二唑 fenadiazole
酚钙矿巢 crystalline aggregate of phenol-calcium
酚甘油 glycerinum phenol; phenol glycerin
酚光降解 phenol photodegradation
酚光氧化 phenol photooxidation
酚含量 phenol content
酚红 phenol red; phenolsulfonphthalein
酚红标准液 phenolsulfonphthalein standards
酚化合物 phenolic compound
酚磺酸盐 sulfocarbolate
酚磺钛针 phenolsulphonphthalein injection
酚磺酞 phenolsulfonphthalein
酚磺乙胺 etamsylate
酚基 phenolic group
酚基塑料 pheno-plastics
酚甲醛树脂 resinox
酚甲醛塑料 resinox
酚甲醛型塑料 albertol
酚检测器 hydroxybenzene finder phenol detector
酚降解 phenol degradation
酚降解菌 phenol degrading bacteria
酚解 phenolysis
酚类 phenols
酚类除草剂 phenol-derivative herbicides
酚类封端异氰酸酯 phenol-blocked isocyanate
酚类化合物 phenol(ic) compound
酚类抗氧剂 phenolic anti-oxidant
酚醚 phenolic ether
酚品红液 carbolfuchsin
酚醛 phenolic aldehyde
酚醛氨基酸塑料 wifatite
酚醛布板 phenol aldehyde laminated cloth board
酚醛层压板 phenolic laminated board
酚醛船舱漆 phenolic ship cabin paint
酚醛醇酸清漆 phenolic alkyd varnish
酚醛磁漆 phenolic enamel
酚醛的 phenolic
酚醛地板漆 phenolic floor paint
酚醛地沥青 novophalt
酚醛电木 bakelite
酚醛防火漆 phenolic fire-retardant paint
酚醛固化剂 phenol hardener
酚醛管 phenolic tubing
酚醛合成树脂胶 phenolic synthetic-(al) resin cement
酚醛合成树脂腻子 phenolic synthetic-(al) resin putty
酚醛合成树脂水泥 phenolic synthetic-(al) resin cement
酚醛合成树脂油灰 phenolic synthetic-(al) resin putty
酚醛烘干绝缘漆 phenolic baking insulating paint
酚醛琥珀 beckerite
酚醛环氧树脂 novolac epoxy; novolak epoxy;phenolic epoxy resin
酚醛胶 phenol(ic) glue
酚醛胶合板 phenolic laminate
酚醛胶合漆 phenolic adhesive paint
酚醛胶泥 phenolic mastic
酚醛胶泥勾缝 phenolic mastic pointing
酚醛胶凝剂 phenolic cement(ing agent)
酚醛介质 phenolic medium
酚醛绝缘漆 phenolic aldehyde insulation varnish; phenolic insulating paint
酚醛模压材料 phenolic mo(u)lding material
酚醛模压粉 phenolic mo(u)lding powder
酚醛模压混合剂 phenolic mo(u)lding compound
酚醛耐酸漆 phenolic acid resistance paint;phenolic aldehyde acid-proof varnish
酚醛腻子 phenolic putty
酚醛黏[粘]结剂 phenolic adhesive
酚醛黏[粘]结介质 phenolic bonding medium
酚醛泡沫 phenolic foam
酚醛清漆 bakelite lacquer; novlak; novolac; novolak; phenol aldehyde varnish; phenol formaldehyde varnish;phenolic varnish
酚醛清漆树脂 novolac resin
酚醛溶剂 phenolic vehicle
酚醛树脂 phenol aldehyde(type) resin;phenol(ic)(formaldehyde) resin;phenolics;phenol resin;resinoid
酚醛树脂薄片胶 Tego film
酚醛树脂层板 phenol resin laminate
酚醛树脂瓷漆 phenolic resin enamel
酚醛树脂瓷器 phenol resin enamel
酚醛树脂的商名 bakelite
酚醛树脂叠层 phenol resin laminate
酚醛树脂凡立水 phenolic resin varnish
酚醛树脂烘干清漆 phenolic resin baking varnish
酚醛树脂胶 phenol formaldehyde glue; phenolic glue; phenolic resin adhesive; phenolic resin cement; phenol(ic) resin glue
酚醛树脂胶合板 amberwood; phenolic resin bonded plywood; plywood-phenolic resin
酚醛树脂胶合剂 aerodux; bakelite adhesive; bakelite cement; phenolic resin adhesive; phenolic resin cement;synvaren
酚醛树脂胶膜 Tego film
酚醛树脂胶泥 phenolic resin cement
酚醛树脂胶片 Tego film
酚醛树脂胶粘剂 aerodux; bakelite adhesive; bakelite cement; phenolic resin adhesive; phenolic resin cement;synvaren
酚醛树脂结合剂砂轮 bakelite bonded wheel
酚醛树脂媒液 phenolic resin vehicle
酚醛树脂黏[粘]合剂 aerodux; cascophen;phenolic adhesive
酚醛树脂黏[粘]结的 phenolic resin bonded
酚醛树脂黏[粘]结剂 bakelite adhesive; phenolic adhesive; phenolic resin adhesive; phenolic resin cement
酚醛树脂黏[粘]结料 bakelite cement
酚醛树脂泡沫(塑料) phenolic resin foam
酚醛树脂漆 phenolic resin paint
酚醛树脂清漆 bakelite varnish; phenolic resin varnish; phenol resin varnish
酚醛树脂砂 phenol resin sand
酚醛树脂生产废水 phenolic resin production wastewater
酚醛树脂水泥 phenolic cement(ing agent);phenolic resin cement
酚醛树脂塑化液 phenol resinifying solution
酚醛树脂塑料 phenolic resin plastics
酚醛树脂涂料 phenolic resin coating; phenolic resin paint
酚醛树脂纤维 phenolic resin fibre
酚醛树脂载色剂 phenolic resin vehicle
酚醛树脂展色料 phenolic resin vehicle
酚醛塑胶漆 bakelite lacquer
酚醛塑胶纸 bakelized paper
酚醛塑料 bakelite; pertinax; phenol formaldehyde plastics; phenol(ic) plastics; phenolics; phenolplast; pheno-plastics; phonolite <一种光弹材料>
酚醛塑料布 textolite
酚醛塑料粉 bakelite powder
酚醛塑料涂层 bakelite coating
酚醛酸 phenolic acid
酚醛缩硅酮树脂 phenolic-silicone resin
酚醛调合漆 phenolic ready mixed paint
酚醛纤维 phenolic fiber[fibre]
酚醛压布板 phenolic cloth laminate
酚醛纸 paperphenol;phenolic paper
酚软膏 phenol ointment
酚润滑油 phenol oil
酚生物降解 phenol biodegradation
酚式羟基 phenolic hydroxyl group
酚试剂 phenol reagent
酚试剂法 phenol reagent method
酚树脂 phenol resin
酚水处理 phenol water disposal
酚水提取法 phenol water extraction

酚酸 phenolic acid
酚酞 dihydroxy phalophenone; phenolphthalein; phenothalin
酚酞碱度 phenolphthalein alkalinity
酚酞络合剂 phenolphthalexone
酚酞钠 phenolphthalein sodium
酚酞试验 phenolphthalein test
酚酞试纸 phenolphthalein test paper
酚酞指示剂 phenolphthalein indicator
酚糠醛树脂 phenol furfural resin
酚污染 phenol(ic) pollution
酚污染物 phenol(ic) pollutant
酚系数 phenol coefficient
酚系数法 phenol coefficient method
酚纤维 phenol fiber[fibre]; phenolic fiber[fibre]
酚纤维凸轮 phenol-fiber cam
酚盐 carbolate; phenate; phenolate; phenoxide
酚盐基 phenolate group
酚盐净化法 phenolate process
酚衍生物 amphyl
酚乙铵 bephenium; phenethium
酚油 phenol oil; carbolic oil <一种煤馏油>
酚与丙三醇合成的树脂 acrolite
酚皂 carbolic soap
酚樟脑 phenol camphor
酚脂胶粘剂 phenol resinous glue
酚值 phenol value
酚酯 phenolic ester
酚制碘溶液 liquor iodine phenolatus; phenolated iodine solution
酚中毒 phenol poisoning

坟

坟场 cemetery; God's acre; graveyard

坟场龛室 tomb ciborium
坟地 burial ground; burying ground; graveyard; repository
坟地小教堂 tomb chapel
坟地伊斯兰教堂 tomb-mosque
坟墩 grave-mound
坟墓 grave; sepulcher[sepulchre]; tomb
坟墓的十字架 sepulchral cross
坟墓地下巨廊 hallcist
坟墓基石 footstone
坟墓祭坛华盖 tomb ciborium
坟墓建筑 sepulchral architecture; sepulchral chapel; tomb architecture
坟墓入口小室 atriolum
坟墓石板 sepulchral slab; tomb slab
坟墓台石 ledger
坟墓雨棚 colura
坟丘 tumulus[复 tumuli]
坟山 funerary mound
坟堂 sepulchral chapel

焚

焚风 Chinook wind; Sirocco; foehn <北美西部一种干暖风>

焚风鼻 foehn nose
焚风槽 foehn trough
焚风岛 foehn island
焚风风暴 foehn storm
焚风阶段 foehn phase
焚风空气 foehn air
焚风气旋 foehn cyclone
焚风时期 foehn period
焚风停顿 foehn pause
焚风现象 foehn phenomenon
焚风云 foehn cloud
焚风云壁 foehn wall
焚化 cineration; cremation; incinerate; incineration
焚化场 burning area
焚化处理 crematory treatment
焚化处理系统 crematory system
焚化的 crematory
焚化法 incineration method
焚化灰 incineration ash
焚化间 cinerator room; incinerator room
焚化垃圾炉 burning furnace; thermal incinerator; incinerator
焚化炉 cinerator; cremator
焚化炉残渣 incinerator residue
焚化炉额定容量 rated incinerator capacity
焚化炉腐蚀 incineration corrosion
焚化炉集尘器 incinerator collector
焚化炉加料机 incinerator stoker
焚化炉喷嘴 incinerator jet
焚化炉洗涤水 incinerator scrubber water
焚化区 incineration area
焚化脱臭 incineration deodo(u)rization
焚化洗涤水 incineration scrubber water
焚化系统 crematory system; incineration system
焚化装置 incineration plant
焚秽炉 incinerator; refuse incinerator
焚毁 burnt down by fire; destroyed by fire; flare to waste
焚烧 burn(a); incinerate; swale
焚烧法 burning method; incineration
焚烧(法)除溶剂 incineration
焚烧过程中的变形 deformation during burning
焚烧垃圾发电 refuse burning generation
焚烧炉 combustion furnace; destructor; incinerator; oil burner
焚烧炉排气 exhaust gas from incinerator
焚烧率 burning ratio
焚烧试验 fire test
焚烧脱臭 incineration deodo(u)rization
焚尸炉 cremator; crematorium; crematory

粉

粉 powder; calcimine【建】

粉白涂料的刷子 whitewash brush
粉包装设备 powder packaging machine
粉孢革菌属 <拉> Coniophora
粉笔 chalk
粉笔画 chalk drawing; crayon drawing; drawing with colo(u)red chalk; pastel; crayon
粉笔书写板 chalkboard
粉壁分层 pollen wall stratification
粉壁构造 pollen wall architecture
粉壁结构 pollen wall structure
粉饼 puff cake
粉彩瓷 famille-rose porcelain; rose porcelain
粉彩色 pastel colo(u)r
粉彩山水杯 powder enamel cup with landscape design
粉彩纸 pastel paper
粉彩钟鼎瓶 powder enamel vase with tripod design
粉尘 bug dust; mill dust
粉尘百分率 percent fines
粉尘爆炸 dust exploding; dust explosion
粉尘爆炸试验坑道 dust explosion testing gallery
粉尘比 dust ratio
粉尘比表面积 specific surface area of particle
粉尘比电阻 dust electric(al) resistivity; dust resistivity; specific electric(al) resistance of dust
粉尘比阻力系数 specific resistance coefficient of dust
粉尘病 coniosis
粉尘捕捉率 dust spot efficiency
粉尘采样 dust sampling
粉尘采样器 dust sampler; dust sampling meter
粉尘采样仪 dust sampler; dust sampling meter
粉尘采样装置 dust sampling equipment
粉尘测定 dust determination
粉尘测量 dust measurement
粉尘层 dust layer
粉尘层顶 dust horizon
粉尘沉积 dust deposit; dust sedimentation
粉尘沉降 dust condensing; dust fall; dust precipitation
粉尘沉降器 dust settle
粉尘沉降室 dust setting chamber
粉尘处理 ash-handling
粉尘处理泵 ash-handling pump
粉尘处理设备 dust handling unit
粉尘传染 dust infection
粉尘袋 dust bag
粉尘的 pulverulent
粉尘的百分率 percentage of dust
粉尘地表面积 specific surface area of particle
粉尘电阻系数 dust resistivity
粉尘二次飞扬 reentrainment; reentrainment of dust
粉尘分离器 dust separator
粉尘分析 dust analysis
粉尘封口机 dust-preventing sealer
粉尘负荷 dust loading
粉尘过滤器 dust filter
粉尘过滤效率 dust collection efficiency; dust removal efficiency
粉尘含量 dust amount; dust content; dust loading
粉尘含水率 water content of particles
粉尘和空气的混合物 dust air mixture
粉尘环境 dust atmosphere
粉尘回收 dust feedback; dust recovery; dust return
粉尘回收系统 dust recovery system
粉尘浑浊度 dust turbidity
粉尘计 dust ga(u)ge
粉尘计数 <一般以单位体积空气中的百万尘粒计> dust count
粉尘计数器 dust counter; particle counting device
粉尘剂 powder-form agent
粉尘加压方式 dust-pressed process
粉尘监测器 dust monitor
粉尘监控 dust control
粉尘监控系统 dust monitoring system
粉尘结块 dust agglomeration
粉尘聚集 dust accumulation
粉尘颗粒 dust grain
粉尘颗粒比表面积 specific surface area of dust particle
粉尘颗粒组成 dust particle size distribution
粉尘控制 dust control
粉尘控制系统 dust control system
粉尘量 dust capacity; quantity of dust
粉尘密度 specific gravity of dust
粉尘内循环 internal dust circulation
粉尘浓度 dust concentration; dust loading; particle concentration
粉尘浓度测量 measurement of dust concentration
粉尘浓度指数 dust concentration index
粉尘排放 dust discharge; dust emission
粉尘排放量 dust emission value
粉尘排放器 dust exhauster
粉尘喷射器 dust ejector
粉尘平均浓度 mean dust concentration
粉尘倾泻 dust flush
粉尘球化方法 dust nodulizing process
粉尘取样仪 powder-dust sampling meter
粉尘去除器 dust wiper
粉尘燃料 powdered fuel
粉尘燃烧的 dust fired
粉尘容量 dust loading capacity
粉尘试验计数法 dust spot count test method
粉尘试验器 dust test instrument
粉尘试验重量法 dust weight arrestance test method
粉尘收集系统 dust-collecting system
粉尘输送 dust conveying
粉尘输送机 dust conveyer[conveyor]
粉尘输送设备 dust handling unit
粉尘损失 dusting loss
粉尘危害 dust hazard
粉尘微粒 dust particle
粉尘污染 dust contamination; dust pollution
粉尘污染物 dust pollutant
粉尘旋涡 dust whirl
粉尘抑制 dust suppression
粉尘逸出 dust throw off; escape of dust
粉尘预防 dust preventive
粉尘指示装置 dust minder
粉尘指数 dustability index
粉尘重力沉降 gravitational dust setting
粉尘重力沉降室 gravitational dust setting chamber
粉尘综合治理 tacking dust pollution
粉尘组成 dust composition
粉尘作业 work in dusty environment
粉虫 <木材蛀虫> powder post beetle
粉蠹 powder post beetle
粉刺 blackhead; comedo
粉带平放烧结 horizontal sintering of strip
粉带斜长石 unzoned plagioclase
粉的 dusty; powdery; pulverulent
粉镀锌(处理) sherardizing
粉蠹 powder-borer beetle
粉蠹虫 ambrosia beetle; lyctus
粉蠹科 <拉> Lyctidae
粉蠹可疑的木料 lyctus-susceptible wood
粉椴 oliver linden
粉堆 powdered mass
粉坊 bean noodle mill
粉风 efflorescence
粉梗 ridge
粉管 tube cell
粉光 smoothing
粉光板 smoothing board
粉光刮板 smoothing screed
粉光灰饼 smoothing screed
粉光镘 smoothing trowel
粉光抹子 smoothing trowel
粉光用抹子 smoothing trowel
粉光用泥刀 smoothing trowel
粉光准条 smoothing screed
粉红 pinkiness
粉红光泽 pink luster[lustre]
粉红磷铁矿 strengite
粉红麻石 rose arena
粉红色 cerise; pink colo(u)r
粉红色玻璃 pink glass

粉红色的 pink
粉红色花岗岩 <一种产于美国明尼达州的黑色和灰色的> oriental granite
粉红色类(载体) pink group
粉红色石灰岩 pink limestone
粉红色系列色料 famille rose
粉红色与灰色花岗岩 <美国缅因州产> Stonington pink gray granite
粉红色载体 pink support
粉红石骨料 pink aggregate
粉红石集料 pink aggregate
粉红噪声 pink nose
粉花 pink blossom
粉化 atomize; bloom; chalking; chalky; dusting; efflorescence; powderization; pulverizing; slacking
粉化变色 chalk masking
粉化材料 pulverulent material
粉化产物 chalk
粉化(程)度 degree cence
粉化的 chalked
粉化的材料 pulverized material
粉化的石灰石 pulverized limestone
粉化等级 chalk rating
粉化金 powdered gold
粉化金属 atomized metal
粉化石灰 lime efflorescence
粉化试验剂 chalking tester
粉化熟料 dusting clinker; powdered clinker
粉化褪色 chalk fade
粉化型白漆 chalking paint
粉化作用 atomisation[atomization]
粉画家 pastellist
粉黄土 dust loess
粉剂 coarse dust; powder
粉剂农药 powder pesticide
粉剂填料 dust diluent
粉剂装袋机 powder bag filling machine
粉甲虫 flour beetle
粉浆浇注 slurry casting
粉浆浇铸 slip casting
粉浆浇铸的钼坩埚 slip cast molybdenum crucible
粉浆浇铸熔凝硅石 slip cast fused silica
粉浆浇铸石英玻璃 slip cast fused silica
粉浆浇铸制件 slipcastings
粉浆拉毛饰面 French stuc; French stucco
粉蕉 dwarf banana
粉金 flour gold
粉晶分析 powder crystal analysis
粉块 drips; powder agglomerate
粉筐 corbicula
粉矿 comminuted ore; fine divided ore; fine ore; ground ore; milled ore; pulverized ore
粉类片麻岩 unclassified gneiss
粉砾 silt gravel
粉沥青 powdered asphalt
粉粒 silt; silt particle
粉粒半径 radius of particle
粉粒成球 balling up of particles
粉粒含量 silt content
粉粒剂 dust granule
粉粒粒组 silt fraction
粉粒石灰 silty lime
粉粒石墨 small graphite
粉粒土 silt soil
粉粒显微构造 microstructure of powder particles
粉粒形状 particle shape
粉粒组 silt fraction; silt grain grade
粉料 particulate materials; powder lot
粉料仓 filler bin; filler silo
粉料成品 fine powder product
粉料成品收集器 fine product collector
粉料成球法 dust nodulizing process
粉料出口 powder outlet
粉料供给系统 filler feeding system
粉料混合器 powder mixer
粉料混合物 powder mix(ture)
粉料挤粒 compaction
粉料计量给料器 filler metering feeder
粉料架桥现象 bridge formation
粉料流动性测定 powder flow measurement
粉料螺旋输送器 filler screw conveyer[conveyor]
粉料密度 powder density
粉料模塑 powder mo(u)lding
粉料配合料 raw batch
粉料气动输送装置 filler pneumatic conveyer
粉料撒布机 filler spreader
粉料提升机 filler elevator
粉料调水混合机 dough mixer
粉料细度 fineness
粉料预混 powder premixing
粉料制备 powder preparation
粉煤 dust coal; fine coal; powdered coal; pulverised[pulverized] fuel; slack
粉煤管道输送 pulverized coal transport through pipes
粉煤过滤 fine-coal filtering
粉煤灰 coal ash; coal flyash; coke breeze; fly-ash; pulverised[pulverized] coal ash; pulverised[pulverized] fuel ash; sintered fuel ash
粉煤灰多孔陶粒 fly-ash porous ceramsite
粉煤灰沸石 zeolitized fly-ash
粉煤灰工业利用 industrial utilization of flyash
粉煤灰骨料 fly-ash aggregate; pulverized fuel ash aggregate
粉煤灰硅酸盐砌块 lime-flyash block
粉煤灰硅酸盐水泥 fly-ash Portland cement; Portland fly-ash cement; Portland pulverized-fuel ash cement
粉煤灰和石灰制的砌块 pulverized-fuel-ash lime block
粉煤灰混凝土 coke breeze concrete; fly-ash concrete
粉煤灰混凝土砌块 fly-ash concrete block
粉煤灰集料 fly-ash aggregate
粉煤灰加固土 fly-ash stabilized soil
粉煤灰加气混凝土 powder ash air-entrained concrete
粉煤灰浆 flowable flyash
粉煤灰结构 fly-ash structure
粉煤灰膨珠 sintered fly-ash aggregate; sintered fuel ash
粉煤灰漂珠 floater
粉煤灰墙板 fly-ash well board; pulverised[pulverized] ash wall panel
粉煤灰轻骨料 pulverised[pulverized]-fuel-ash aggregate
粉煤灰轻集料 pulverised[pulverized]-fuel-ash aggregate
粉煤灰烧结骨料 sintered pulverized fuel ash aggregate
粉煤灰石灰面砖 ash-lime tile
粉煤灰石灰砌块 ash-lime block; fly-ash-lime block
粉煤灰收集器 fly-ash collector
粉煤灰水泥 fly-ash cement; pulverised[pulverized] ash cement; pulverised[pulverized]-fuel-ash cement
粉煤灰水泥混凝土 fly-ash cement concrete
粉煤灰碎石桩 fly-ash crushed-stone pile
粉煤灰陶粒 coal ash ceramisite; expanded fly ash; fly-ash ceramsite; lytag; sintered fly-ash aggregate
粉煤灰陶粒和陶砂 coarse and fine aggregate of sintered pulverized fuel ash
粉煤灰填筑 <路堤> fly-ash fill
粉煤灰稳定土 fly-ash stabilized soil; fly-ash stabilization
粉煤灰污水污泥混合物 fly-ash sewage sludge mixture
粉煤灰吸附 fly-ash adsorption
粉煤灰铸石 fly-ash cast stone
粉煤灰砖 fly-ash brick
粉煤滤块 fine-coal cake
粉煤燃料 coal powder fuel
粉煤燃烧炉 pulverised[pulverized] coal bunker
粉煤燃烧器 pulverised[pulverized] coal bunker
粉煤烧嘴 coal burner
粉煤疏干 fine-coal dewatering
粉煤脱水 fine-coal dewatering
粉煤岩脉 dust dike[dyke]
粉密度 powder density
粉磨 comminution; grinding; pulverizing
粉磨仓 grinding chamber; grinding compartment
粉磨仓填充率 filling ratio of grinding compartment
粉磨产品 grinding product
粉磨车间 grinding section; milling plant
粉磨持续时间 duration of grinding
粉磨电耗 power consumption of grinding
粉磨钢球 grinding mill ball
粉磨工厂 pulverizing plant
粉磨工具 grinding tool
粉磨工艺的磨机控制专家系统 mill control expert system for grinding process
粉磨功 grinding work; reduction work; size reduction work
粉磨轨道 grinding track
粉磨辊外壳 grinding housing
粉磨滚筒压碎机 grinding drum
粉磨过程 grinding process
粉磨烘干 drying grinding
粉磨烘干联合机组 single-unit of dryer and pulverizer
粉磨缓冲垫层 grinding cushion
粉磨机 pulverator; pulveriser[pulverizer]; pulverising mill; attrition mill
粉磨兼烘干 in the mill drying; simultaneous drying and grinding
粉磨兼烘干设备 grinding-cum-drying plant
粉磨开流法 open circuit method of grinding
粉磨粒度极限值 limiting mesh of the grind
粉磨料层 grinding bed
粉磨流程 grinding circuit; grinding scheme; mill circuit
粉磨能 grinding energy
粉磨能力 grinding capacity
粉磨前混合料 raw mixture
粉磨设备 grinding apparatus; grinding installation; grinding plant; milling plant; pulverizing installation; pulverizing plant
粉磨石膏 mineral white
粉磨石墨 blacking
粉磨速度 grinding rate
粉磨添加料 interground addition
粉磨物料 mill feed material
粉磨系数 grinding factor
粉磨系统 grinding system
粉磨细度 fineness of grinding
粉磨效率 grinding efficiency
粉磨样品 pulverised[pulverized] sample
粉磨站 central grinding plant
粉磨专家系统 <产品名> Millexpert
粉末 fines; flour; pellet; powder; smalls
粉末包渗 powder cementation coating technique
粉末包套挤压 canned powder extrusion
粉末比表面测定仪 Spekker absorptiometer
粉末比重 powder gravity
粉末标本 powder specimen
粉末表观密度 apparent powder density
粉末表征 powder characteristic
粉末材料 powdered material; pulverulent material
粉末材料的测量 powder measurement
粉末材料绝缘 powder-type insulation
粉末层 powder bed
粉末产物 powdered product
粉末车间 powder shop
粉末尘埃 dust
粉末成型 powder mo(u)lding
粉末成型前后体积之比 bulk factor
粉末冲压 stamping of powder
粉末磁铁 powder magnet
粉末的 powdered
粉末的极细部分 powder fines
粉末电沉积图案 pattern staining
粉末电沉积涂装 powder electrode position
粉末电弧法 powder arc method
粉末镀锌 sherardise[sherardize]; sherardizing(galvanizing)
粉末镀锌法 sherardizing
粉末镀锌防锈法 sherardizing process
粉末镀锌涂层 sherardized coating
粉末锻造 powder forging
粉末多的 floury
粉末法 grain test; powder method; X-ray powder method
粉末反应 powdered reaction
粉末放出 fines return
粉末沸石 powdered zeolite
粉末分级 powder classification
粉末分析 powdery analysis
粉末敷设层 powder coating
粉末复合材料 particulate(filler) composite
粉末绀青 powder blue
粉末隔热材料 powdered insulant
粉末工艺 powder technology
粉末焊接法 powder weld process
粉末合金 powdered alloy
粉末化 flouring
粉末还原 powder reduction
粉末混合 powder blending; powder mixing
粉末混合度测定器 <商品名> Mixee
粉末活性 powder activity
粉末活性炭 powdered activated carbon; powdered activated charcoal
粉末活性炭处理 powdered activated carbon treatment
粉末活性炭处理工艺 powdered activated carbon treatment process
粉末活性炭活性污泥法 powdered activated carbon activated sludge process
粉末活性炭强化序批间歇式反应器 powdered activated carbon enhanced sequencing batch reactor
粉末活性炭生物处理法 powdered activated carbon biological treatment
粉末活性炭吸附 powdered activated carbon adsorption
粉末活性炭再生 regeneration of spent

powdered carbon
粉末火焰喷涂法 flame spray powder coating
粉末机轧辊 crusher roll
粉末挤压成型 powdered extrusion forming
粉末加工 powder processing
粉末加料斗 powder hopper
粉末加料器 powder feeder
粉末检波器 coherer;coherer detector
粉末胶 adhesive powder
粉末结构 mealy structure
粉末金相学 powder metallography
粉末金属 powdered metal;pulverized metal
粉末金属成型压力机 powder metal mo(u)lding press
粉末金属胎体 powder metal matrix
粉末金属压机 powder metal press
粉末浸涂 powder impregnation
粉末浸涂法 powder dip coating
粉末静电喷涂 electrostatic powder spraying
粉末绝热 powder insulation
粉末绝热材料 powder(ed) insulant
粉末绝缘体 powder(ed) insulant
粉末颗粒 powder particle
粉末颗粒活性炭 powdered granular
粉末孔隙度 powder porosity
粉末离合器 powder clutch
粉末粒度 powder size
粉末流动性 flow characteristics of powder;powder flowability
粉末流动性控制 powder flow control
粉末流量计 powder flowmeter
粉末硫黄 sulfur flour
粉末硫磺 pulverised[pulverized] sulfur
粉末滤光片 powder filter
粉末铝化(处理) powder calorizing
粉末密度 powder density; powder gravity
粉末密度测定 powder density determination
粉末面层 powder coating
粉末灭火弹 powder fire extinguishing grenade
粉末灭火器 dry chemical(fire) extinguisher;dry powder fire extinguisher;powder-type fire extinguisher
粉末模塑法 powder mo(u)lding
粉末模压装置 powder press mo(u)lding apparatus
粉末模制 powder mo(u)lding
粉末黏[粘]结剂回收盘 powder recovery tray
粉末黏[粘]结剂撒粉器 powder binder applicator
粉末黏[粘]结毡 powder bond mat
粉末喷镀 power spray
粉末喷枪 dust gun;powder gun;powder pistol;powder spray gun
粉末喷涂 powder spraying coating
粉末喷涂法 powder spraying method
粉末坯块 powder(ed) compact
粉末气雾剂 powder aerosol
粉末桥接 powder bridging
粉末球化 spheroidizing of powder
粉末取样器 thief sampler
粉末全致密化工艺 powder full density process
粉末燃料 pulverised[pulverized] fuel
粉末燃烧的 dust fired
粉末燃烧发火 dust-firing
粉末乳液 powder emulsion
粉末入口 powdering inlet
粉末润滑剂 powder lubricant
粉末色度分选法 powder colo(u)r sorting method
粉末色度鉴定法 powder colo(u)r sorting method
粉末砂浆 powder mortar
粉末筛激振器 powder sieve vibrator
粉末筛振动器 powder sieve vibrator
粉末烧结 powder sintering
粉末烧结胎体 sintered matrix; sintered metal;sinter set
粉末烧结造型 powder sintering mo(u)lding
粉末摄影 powder photography
粉末试验 powder test
粉末试样 powdered sample; thief sample
粉末树脂 powdered resin
粉末树脂过滤器 powdex
粉末塑料涂层 powder plastics coating
粉末炭 powdered carbon
粉末炭黑 free black;loose black
粉末炭活性污泥法 powdered carbon activated sludge process
粉末炭吸附 powdered carbon adsorption
粉末特征 powder characteristic
粉末天然橡胶 powdered natural rubber
粉末填充剂 ground pigment
粉末铁芯 powder core;powdered-iron core
粉末图样 powder pattern
粉末图指标化 powder diagram indexing
粉末涂敷 powder coating
粉末涂料 powder coating; powder paint
粉末涂料熔化混合器 melt mixer for powder coating
粉末涂料涂装法 dry painting
粉末涂装法 powder coating process
粉末外形 powder appearance
粉末无机物 powdered mineral
粉末物质 powder mass
粉末显微结构 powder microstructure
粉末显影 dust development; powder development
粉末形态 powder morphology
粉末形状 powdery form
粉末型混合料 powder-type compound
粉末性能 powder property
粉末性质不均匀 non-uniformity of powder characteristics
粉末压块 powder compact
粉末压片机 powder compressing machine
粉末压塑性 compactibility of a powder
粉末压制 powder compacting; pressing of powder
粉末研磨法 powder grinding method
粉末研磨试验 powder grinding test
粉末衍射法 powder diffraction method
粉末衍射花样 powder diffraction pattern
粉末衍射(术) powdery diffractometry
粉末衍射图 powder diagram
粉末衍射形式 powder diffraction pattern
粉末衍射照相机 powder diffraction camera;X-ray powder diffractometer
粉末冶金材料 powdered metal
粉末冶金成品 finished powder metallurgical product
粉末冶金齿轮 powder metallurgic gear
粉末冶金的叶片 sintered blade
粉末冶金锻造 sinter forging
粉末冶金多孔材料 powder metallurgic porous material
粉末冶金法 powder metallurgic approach; powder metallurgic method;powder metallurgic process
粉末冶金法制胎体的钻头 powder metal bit
粉末冶金高温合金 powder metallurgy superalloy
粉末冶金合金 sintered alloy
粉末冶金技术 powder metallurgic technique
粉末冶金摩擦材料 powder metallurgy friction material
粉末冶金学 ceramal; cermet; cermetallics;powder metallurgy
粉末冶金压机 powder metallurgic press
粉末冶金制品 powder metallurgic product; sintered metal product; sintered powder metal product
粉末冶金轴承 powder(ed)(metal) bearing; sintered metal powder bearing
粉末硬化剂 powdered hardener
粉末有机碳 fraction organic carbon
粉末预处理 powder pretreatment
粉末预混合 powder premixing
粉末原料 powder stock
粉末运输货车 wagon for the carriage of traffic in powder form
粉末杂质 dust impurity
粉末载体 dust carrier
粉末再加工 fines work-up
粉末轧机 powder rolls
粉末轧制成型 powder rolling
粉末轧制法 powder rolling process
粉末轧制加料装置 powder roll feed arrangement
粉末照相 X-ray powder pattern
粉末照相法 powder photography
粉末照相机 powder camera
粉末制备 powder preparation
粉末制备法 method of powder preparation
粉末制品 pulverulent product
粉末制品成型压力机 powder metal press
粉末制品压力机 powder forming press;powder metal press
粉末制取冶金 powder extraction metallurgy
粉末质地 floury texture
粉末装填 powder packing
粉末状 powdered
粉末状材料 dusty material;powdered material
粉末状掺和物 powdered admix(ture)
粉末状的 floury; micromeritic; powdery; pulverescent; pulverous
粉末状废物 powder waste
粉末状花岗石 powdered granite
粉末状混凝土凝固剂 powdered concrete hardener
粉末状胶粘剂 powdered adhesive
粉末状结构 floury structure; powdery structure; pulverised[pulverized] texture
粉末状金刚石 powder diamond
粉末状矿渣 slag powder
粉末状沥青 powdered asphaltic bitumen
粉末状燃料 powdered fuel; pulverized fuel
粉末状软木 dust cork
粉末状散装物料 pulverised[pulverized] bulk material
粉末状石棉 powdered asbestos
粉末状态 pulverulence
粉末状碳化钙 powdered calcium carbide
粉末状碳酸钙 whiting
粉末状天然成岩地沥青 powdered natural rock asphalt
粉末状天然橡胶 powdered caoutchouc
粉末状添加剂 powdered additive
粉末状物质 powdery substance
粉末状玄武岩 powdered basalt
粉末状雪 powder snow
粉末状增浓掺和物 powdered densifying admix(ture)
粉末状致密掺和物 powdered densifying admix(ture)
粉末状着色材料 powdered colo(u)ring matter
粉末状着色剂 powdered colo(u)ring agent
粉末状着色物 powdered colo(u)ring substance
粉黏[粘]土 adobe
粉喷桩 cement powder spraying pile; powder-jet pile
粉坯(块) powder compact
粉皮 sheet jelly
粉平准条 ironing-screed
粉墙刷 mason's white washing brush; white washing brush
粉青 pale blue
粉青釉 lavender grey glaze
粉球 sphere of powder
粉壤土 silt loam;silty loam
粉色 pink colo(u)r
粉砂 <又称粉沙> silty sand;aleurite; dust sand; floury soil; inorganic silt; mealy sand; microscopic sand; rock flour;silt;bungum <一种冲积的>
粉砂冰碛 silttil
粉砂层 silt layer;silt seam
粉砂沉积 silt deposit;silt deposition
粉砂大小的材料 silt grade
粉砂的 granulated
粉砂的高炉渣 granulated blast furnace slag
粉砂地基 silt foundation
粉砂地区 silt range
粉砂范围 silt range
粉砂覆盖 blanketed with silt
粉砂海滩 silt sand beach
粉砂含量试验 decantation test; silt test
粉砂和黏[粘]土 silt and clay
粉砂结构 silt texture
粉砂颗粒 silt grain;silt particle
粉砂粒径 silty size
粉砂垆坶 silt loam
粉砂泥 slickens
粉砂泥岩相 siltstone-mudstone facies
粉砂泥质 silt mud
粉砂泥质结构 silt argillaceous texture
粉砂泥质岩 silt-pelite
粉砂黏[粘]壤土 silty clay loam
粉砂黏[粘]土 silty soil
粉砂耙头【疏】 silt draghead
粉砂磐 silt pan
粉砂壤土 silt(y) loam
粉砂石 siltstone
粉砂石灰 silty lime
粉砂提升机 silt elevator
粉砂透镜体 silt lens
粉砂土层 silty stratum
粉砂土(壤) mealy sand;silt(y) soil
粉砂系数 silt factor
粉砂屑 silty clast
粉砂屑白云岩 dolosiltite
粉砂屑(石)灰岩 calcisiltite
粉砂岩 aleurorite; siltite; silt rock; siltstone
粉砂岩包裹体 siltstone inclusion
粉砂岩储集层 siltstone reservoir
粉砂页岩 silt shale

粉砂淤泥滩 silt-sludge beach
粉砂质板岩 silty slate
粉砂质沉积物 silty sediments
粉砂质的 silty
粉砂质砾石 silty gravel
粉砂质垆坶 silty loam
粉砂质泥 silty mud
粉砂质泥砂屑岩 silt lutite
粉砂质黏[粘]壤土 silty clay loam
粉砂质黏[粘]土 silty clay
粉砂质壤土 silty loam
粉砂质砂 silt(y)sand
粉砂质砂岩 silt(y)sandstone
粉砂质土(壤)silt(y)soil
粉砂质狭长沙洲 <在河流三角洲处的> silt jetty
粉砂质页岩 silty shale
粉砂注入法 silt injection method
粉绳 <弹线用> chalk line
粉石齿面 depreter[depeter]
粉石灰 flour lime(stone);powder(ed)lime;pulverised[pulverized] lime
粉石英 konilite
粉石凿面【建】depeter;depreter[depeter]
粉饰 blanch;cosmetic(ci)ze;plaster;stucco;sugar over;varnish;veneer;whitewash
粉饰板 plasterboard
粉饰橱窗 window dressing
粉饰浮雕表面 stucco-embossed surface
粉饰工 plaster
粉饰工用的锤 stuccoer's hammer
粉饰工用的搅浆铲 stuccoer's larry
粉饰工用的搅浆锄 stuccoer's larry
粉饰灰泥 stucco(cement)
粉饰结算 fancy accounting;window dressing
粉饰漆 overgrainer
粉饰刷 overgrainer
粉饰线条挑檐 plaster-mo(u)lded cornice
粉饰用砂浆 stucco cement
粉饰用石膏粉 gypsum plaster
粉刷 application of mortar;brush(ed)finish;cement dressing;comminution;making good;plastering;render(ed);rendering;shattering;stuke;wet plaster;whitewash
粉刷边缘用泥刀 twicher
粉刷材料 rendering stuff
粉刷层厚度 depth of plastering
粉刷承包人 plaster contractor
粉刷打底 plaster base;rendering
粉刷的表层 plaster skim coat
粉刷的面层 hard finish
粉刷的踢脚板 baseboard
粉刷底层 ground plastering
粉刷底涂 key rendering;rendering base;rendering coat
粉刷方案 plaster scheme;rendering scheme
粉刷工 plasterer
粉刷工具 scratcher
粉刷工用的拌浆铲 plasterer's larry
粉刷工用的拌浆锄 plasterer's larry
粉刷工用的瓦刀 plasterer's trowel
粉刷工用刮刀 plasterer's hatchet
粉刷工作 plaster work
粉刷骨料 rendering aggregate
粉刷刮毛工具 comb
粉刷刮毛帚 lath scratcher
粉刷厚度 thickness of coating;thickness of finish
粉刷灰泥涂层 stucco coating
粉刷基底 ground plastering
粉刷集料 rendering aggregate
粉刷面 washed finish
粉刷面层 plaster surface
粉刷面上起斑泡 hot spot of plaster
粉刷面上起泡斑点 hot spot of plaster
粉刷木板条 wooden lathing
粉刷墙壁 distempering
粉刷施工要点 key for plaster
粉刷石膏 wall plaster
粉刷石灰 limestone wash
粉刷饰面 plaster finish
粉刷线脚底层 bed mo(u)ld(ing)
粉刷用石膏硬底 rock lath(ing)
粉刷用外层细料 plasterer's putty
粉刷找平 dub(bing)
粉霜 pruina
粉丝 bean vermicelli;vermicelli
粉丝制造设备 vermicelli making equipment
粉碎 breakaway;break-up;comminute;crash;crumble;crumbling away;crush;degradation in size;dismantling;granulate;grinding;levigate;pulverization;scarification;scotch;size degradation;size reduction;smash;steam-roll;trituration
粉碎拌和 pulvimix(ing)
粉碎拌和机 pulverised[pulverized] mixer;pulverizing mixer;pulvimixer
粉碎比 comminution ratio
粉碎(比)率 reduction ratio
粉碎步骤 comminution step;reduction step
粉碎厂设备 mill equipment
粉碎程度 degree of pulverization
粉碎的 chippy;kibbling;pulverized;pulverizing
粉碎的电解粉末 disintegrated electrolytic powder
粉碎的粉末 pulverised[pulverized] powder
粉碎的花岗岩 milled granite
粉碎的纤维 comminuted fiber[fibre]
粉碎度 reduction ratio
粉碎而形成的土壤 break-up to form a soil
粉碎粉末 comminuted powder
粉碎功 grinding work;workdone in crushing;workdone in grinding
粉碎固体 comminuted solid
粉碎过程 comminution
粉碎过筛网 comminuting screen
粉碎和混合联合装置 combined milling and mixing plant
粉碎混合机 grinder-mixer;mill-mixer
粉碎机 breaking machine;bucker;comminuter;comminuting machine;comminutor(desintegrator);crasher;crushing mill;destroyer;disintegrating mill;disintegrator;grinding machine;kibbler;kominuter;micronizer[microniser];mill;miner;pulverizer(reducing machine);pulverizing mill;reducing machine;reductionizer;soil pulverizer <粉碎土料的>
粉碎机壳罩 mill shell
粉碎机械 size reduction machinery
粉碎机装料斗 grinder bin
粉碎搅拌机 grinder-mixer;mill-mixer;pulverizing mixer
粉碎颗粒 degradation particle
粉碎垃圾 commuted refuse;milled refuse
粉碎理论 comminution theory;shattering;theory of comminution
粉碎轮腔 crushing ring
粉碎磨(机)reducing mill;size reduction mill
粉碎能力 shattering power
粉碎配合料 ground batch
粉碎器 comminuter;comminutor;disperser;millstone;pulverator;pulverizator;pulverizer
粉碎筛 comminuting screen;grinding screen
粉碎设备 breaking plant;comminution equipment;size reduction equipment
粉碎试验 pulverization test
粉碎室上盖 mill housing cover
粉碎污泥 comminuting sludge
粉碎物 comminution
粉碎洗涤器 disintegrator scrubber
粉碎系数 shatter index
粉碎系统 grinding system
粉碎效率 reduction efficiency
粉碎者 pulverizer
粉碎助剂 milling aids
粉碎砖筒 <松土拌和机的> cutting rotor
粉碎装置 sizing plant
粉碎状态 pulverulence
粉碎紫胶用的石磨 chatki
粉碎作用 comminution;porphyrization;pulverization
粉炭 burgy
粉体断裂角 angle of rupture
粉体工程 powder engineering
粉体技术 powder technology
粉体颗粒分数 fractional solids content
粉体空隙比 void ratio
粉体密度 powder density
粉体喷搅法 powder jetting
粉体休止角 angle of repose;angle of rest
粉体学 micromeritics
粉土 silt(soil);muddy soil;soil of silt size
粉土部分 silt fraction
粉土层 silt seam
粉土沉积物 silt sediment
粉土尺寸 silt size
粉土粒度 silt size
粉土粒径 silt size
粉土岩 siltstone
粉土质的 silty
粉土质泥炭土 silty peat
粉土质黏[粘]壤土 silty clay loam
粉土质黏[粘]土 silty clay
粉土质砂 silty sand
粉土质土(壤)silt(y)soil
粉团 agglomerate of powder
粉末 powder;dead small <煤、矿石等>
粉纹路 white lines in background area
粉线 chalk line;dusty line
粉像 dust figure
粉屑结构 silty clastic texture
粉屑状材料 ground material
粉性土 silty soil
粉锈宁 triadimefon
粉雪 powder snow
粉盐 powder salt
粉样法 powder method
粉药爆破 powder blast
粉冶磁铁 metal powder magnet
粉冶零件 powder metallurgy
粉冶青铜 compo bronze
粉冶青铜轴承 compo bronze bearing
粉冶用压机 powder metallurgy press
粉冶制品 powder metallurgic product
粉渣 pulverized slag
粉质材料 silty material
粉质的 silty
粉质黏[粘]土 silty clay
粉质轻亚黏[粘]土 silty light loam
粉质轻亚砂土 silty light mild sand
粉质壤黏[粘]土 silty loam clay
粉质砂黏[粘]壤土 silty sandy clay loam
粉质砂黏[粘]土 silty sand clay
粉质砂壤土 silty sandy loam
粉质砂土 fine grain;silt(y)sand
粉质土 fine grain soil;silty soil
粉质土砾 silty gravel
粉质细砂 silty fine sand
粉质细砂混黏土 silty fine sand with some clay
粉质亚黏[粘]土 silty clay loam
粉质亚砂土 silty(sandy)loam
粉质中亚黏[粘]土 silty middle loam
粉质重亚黏[粘]土 silty heavy loam
粉质重亚砂土 silty heavy mild sand
粉状 powdery-state
粉状白颜料 powdered white pigment
粉状保温材料 insulating powder
粉状材料 dusty material;powdered material
粉状除漆剂 paint stripper in powder form;powdered stripper
粉状催化剂 powdered catalyst
粉状的 dusty;mealy;powder-like;powdery;pulverescent;pulverized;pulverous;pulverulent;in powder form
粉状地沥青 powdered asphalt
粉状防水剂 waterproofing in powder form
粉状腐蚀剂 ground caustic
粉状盖面金属 powdered coating metal
粉状铬鞣剂 chrome powder
粉状固体粒子 powdered solids
粉状固体燃料 powdered solid fuel
粉状焊剂 pulverised[pulverized] solder;soldering powder;welding powder
粉状焊料 powdered solder;pulverised[pulverized] solder
粉状焊锡 pulverised[pulverized] solder
粉状滑石 powdery talc;pulverised[pulverized] talc
粉状缓凝剂 powdered retarder
粉状灰烬 pulverised[pulverized] fuel ash
粉状灰收集器 pulverized ash collector
粉状混合料 powder compound
粉状活性炭 activated powdered carbon;powdered activated carbon
粉状活性炭法 powdered active carbon process
粉状货集装箱 free flowing bulk material container
粉状货物 powdered goods;pulverized goods
粉状货物运输 traffic in powder form
粉状胶(黏[粘]剂)powdered glue
粉状结构 mealy structure;powder-like structure
粉状结皮 dusty crust
粉状金刚砂 powdered carborundum
粉状绝缘材料 powder insulation
粉状颗粒含量 flour content
粉状矿(石)powdered ore
粉状矿物 powdered mineral
粉状矿渣 pulverized slag
粉状酪蛋白 powder casein
粉状酪素 casein powder
粉状粒子 dust particle
粉状硫酸铝 ground alumin(i)um sulphate
粉状氯化钙 calcium chloride powder
粉状煤 powdered coal
粉状母料 powder concentrate
粉状泥土 bulk mud
粉状黏[粘]土 triturated clay
粉状农药 powdered pesticide
粉状钎焊剂 soldering powder
粉状清洁剂 powder cleaner;powder cleaning agent
粉状去漆剂 powdered remover

F

粉状燃料 dust fuel; powdered fuel; pulverised[pulverized] fuel
粉状燃料粉 pulverised[pulverized] fuel ash
粉状燃料灰 pulverised[pulverized] fuel ash
粉状染料 powder dye
粉状熔剂 ground flux
粉状软木 powder cork
粉状散装挂车 bulk trailer
粉状石灰 konilite; powder(ed) lime; pulverised[pulverized] lime; selected lump lime
粉状石墨 ground graphite
粉状熟料 dust clinker; dusty clinker
粉状树脂 flaky resin; resin powder
粉状水泥防水剂 hydrox
粉状水泥涂料 cement powder paint
粉状饲料 powdered fodder
粉状松散材料 bulk material in powder form
粉状速凝剂 powder acceleration
粉状塑料漆 < 加水涂刷 24 小时凝结后象大理石 > Marb-I-cote
粉状碳素体 powdered ferrite
粉状搪瓷釉 powder enamel
粉状填充物 fleur
粉状填料 fleur; flour filler
粉状铁氧体 powdered ferrite
粉状涂科 powder-type coating
粉状土 floury soil
粉状无烟煤 powdered anthracite
粉状物料 ground material; powdery material; pulverulent material
粉状物料视镜 sight glass for powder material
粉状物质 flour substance
粉状物质流 < 储料仓的 > mass flow
粉状物质自流仓 mass-flow bin
粉状吸声材料 absorbent powder
粉状吸收剂 absorbent powder; powder absorbent
粉状锡渣 powdery-tin skimmings
粉状洗涤剂 powder-detergent
粉状橡胶 powder rubber
粉状硝铵炸药 ammonium nitrate powder
粉状雪 powder snow
粉状颜料 powder pigment
粉状样品板 powder sample plate
粉状硬钎料 brazing powder
粉状硬脂酸 powder stearic acid
粉状油墨 powdered ink
粉状预混料 powder premix
粉状云母 ground mica
粉状炸药 free running blasting; powder blasting explosive; powder-type explosive; powdery explosive
粉状筑路材料 pulverized road-making material
粉作面修饰 dusting finish
粉座菌属 < 拉 > Graphiola

分

分量不足 short weight

分量上的 quantitative

份

份 portion; quantum [复 quanta]; share

份地法 Homestead Act
份额 allotment; lot; quantum[复 quanta]; quota; quotient; share; tranche
份额模型【交】 share model
份额提款 < 国际基金组织贷款 > tranche drawing
份额政策 tranche policy
份额制度 quotient system
份量不足 short weight; underweight
份量轻体积大的货物 balloon
份外股息 unearned dividend

奋

奋斗者 fighter

粪

粪 muck

粪板 < 鸡舍 > dropping board
粪便 dejection; excrement; feces; fecula; merde; night soil; ordure
粪便储存箱 < 装在车板底下 > human waste storage tank
粪便处理 fecal treatment; manure treatment; night soil treatment
粪便处理方法 fecal treatment
粪便处置 disposal of wastes
粪便传播的 fecal borne
粪便大肠杆菌 Coliform bacillus f(a)ecal coliform
粪便大肠杆菌群 faecal coliform bacteria
粪便二段活性污泥处理 two-stage activated sludge process of night soil
粪便分离器 manure separator
粪便管 soil line; soil stack; soil pipe
粪便过滤器 excrement filter
粪便和生活废水管道 soil and waste pipe
粪便坑 faeces pit
粪便垃圾槽 compost toilet
粪便利用 excrement use
粪便排泄物 fecal waste
粪便渗漏 faeces seepage
粪便微生物 fecal microorganism
粪便污染 excreta pollution; fecal pollution
粪便污染物 fecal contaminant; fecal pollutant
粪便污水 fecal sewage; feces sewage; soil; soil sew(er) age
粪便污水管 soil-waste pipe
粪便污水立管 soil pipe
粪便污水收集船 slops collecting ship
粪便污水移送泵 crawless pump
粪便无害化处理 decontamination of feces; fecal harmless treatment
粪便物理化学处理 physio-chemical treatment of night soil
粪便细菌 fecal bacteria
粪场 dung yard
粪车 dung-cart; honey-wagon; night cart; night soil cart; ordure car; ordurous car; tumbrel
粪池 cesspit; cesspool; manure pit
粪大肠菌 fecal coliform bacteria
粪堆 dunghill; manure dump; manure pile
粪肥 dung; manure; muck
粪管 cesspipe; night soil pipe
粪化石 coprolite
粪化石构造 coprogenic structure
粪窖 dung depot; manure storage
粪坑 cesspit; cesspool; dropping pit; dung depot; dung hole; excreta pit; foreyn; manure pit; manure storage; midden
粪库 dung depot
粪块 lump of fecal matter
粪粒 fecal pellet
粪粒亮晶灰岩 coprosparite
粪粒体 coprolite
粪粒微晶灰岩 copromicrite
粪锰 manganese in stool
粪耙 muck rake
粪球粒 faecal pellet
粪生的 fimetarius
粪生动物 coprozoon
粪生岩 coprogenic rock
粪生植物 coprophyte
粪石 coprolithus
粪水 liquid dung
粪水池 manure receiver
粪水回收 reclamation of soils
粪桶 dung tub
粪土 night soil
粪污染 fecal pollution
粪污染物 fecal pollutant
粪物质 fecal material
粪效试验 manure trial
粪性大肠杆菌(类) fecal coliform group
粪性链球菌(类) fecal streptococcus group
粪液 liquid dung; liquid manure; manure water
粪蝇 dung fly
粪甾醇【化】 coprosterol
粪甾烷 coprostane
粪甾烷酮 allocholestanoe; coprostanone
粪甾烯 coprostene
粪甾烯醇 coprostenol
粪甾烯酮 coprostenone

丰

丰冰年 ice-rich year

丰丙磷 Aphidan
丰产 abound; high output; high yield; prolificacy
丰产的气候 fertile weather
丰产地 fertile plain
丰产年 abundant year; pregnant year
丰产试验 test in getting bumper crops
丰产田 high yield plot
丰产性 yielding ability
丰得克斯桩 < 开口钢管就地灌注桩 > Fundex pile
丰度 abundance
丰度比(率) abundance ratio
丰度估计法 abundance estimation method
丰度灵敏度 abundance sensitivity
丰度指数 index of abundance; richness index
丰度致宽 abundance broadening
丰富 abundance; exuberance; prodigality; profusion
丰富的 abounding; abundant; affluent; lush; succulent
丰富的文艺复兴时期风格 opulent renaissance
丰富的知识 intimate knowledge
丰富的资源 rich in natural resources
丰富多彩 polychromatic opulence
丰厚的利润 generous profits
丰矿土 pay-dirt
丰量降水 abundant precipitation
丰满的金色涂层 profusely gilt
丰满度 buildiness; fullness
丰满特性 bulky character
丰满系数 fullness coefficient
丰满型线 < 船体 > full line
丰年 corn year; good year; humper year
丰饶 fertility
丰饶的 cornucopian
丰饶角 < 古希腊建筑的 > cornucopia
丰收 abundant crop; bumper crop; bumper harvest
丰收策略 harvest strategy
丰收计划 bumper-harvest programme
丰水 abundance of water; ample flow
丰水河 invigorated river; invigorated stream
丰水径流量 plentiful runoff
丰水(流)量 plentiful discharge
丰水年 high flow year; rainy year; wet year; year of abundance; year with abundance of water
丰水期 high water period; rainy period; water-rich stage
丰水期水位 water-level in rainy season
丰索磷 fensulfothion
丰裕社会 affluent society
丰足的 cornucopian

风

风坳 wind gap

风扳机 pneumatic impact wrench
风扳机扳轴 wrench shaft for pneumatic wrench
风板压速表 pressure plate anemometer
风雹 barber
风暴 blizzard; devil; gust of wind; storm(ing); tempest; wind storm
风暴板 storm board
风暴波 storm water; storm wave
风暴波浪 storm tide
风暴层 tempestite
风暴潮 hurricane surge; hurricane tide; storm water; wind tide; storm surge; meteorological tide; storm tide; surge tide; storm wave
风暴潮挡潮堰 storm-surge barrier
风暴潮防波堤 storm-surge protection breakwater
风暴潮海浪 hurricane seas
风暴潮警报 storm-surge warning
风暴潮流 storm current
风暴潮模式 storm tide model
风暴潮位 storm tide level
风暴潮余振 resurgence
风暴潮预报 storm-surge forecast(ing); storm-surge prediction
风暴潮闸 storm-surge barrage; storm surge barrier
风暴沉积 storm deposit
风暴持续时间 duration of storm; windstorm duration
风暴窗 storm sash; storm window
风暴大潮 storm surge
风暴大浪 storm wave
风暴大浪防波堤 storm-surge protection breakwater
风暴带 storm zone
风暴的 roaring; stormy
风暴灯 hurricane lamp
风暴地带 storm belt
风暴电子探测器 pherics; sferics
风暴度 storminess
风暴扶手 storm rail
风暴轨迹 storm lane
风暴海流 surge current
风暴海况 storm sea
风暴海滩 storm beach
风暴号型 visual storm signal
风暴荷载 storm loading
风暴后形成的浪蚀滩地 beach of storm profile
风暴后余波 aftertossing
风暴机制 storm mechanism
风暴加载 storm loading
风暴降雨 storm rainfall
风暴阶地 storm terrace
风暴结构 storm structure
风暴警报 gale warning; storm alarm; storm cone; storm warning
风暴警报号型 storm warnings
风暴警报旗号 storm flag
风暴警报信号 storm alarm signal; storm warning signal
风暴警告 storm warning
风暴警告信号 storm warning signal
风暴巨浪 storm surge

风暴巨浪防波堤 storm-surge protection breakwater
风暴卷浪构造 storm roller structure
风暴控制相 storm-dominated facies
风暴拉线 storm guy
风暴浪 storm sea
风暴浪滩肩 storm berm(e)
风暴雷达数据处理机 storm radar data processor
风暴历时 storm duration
风暴流 storm current
风暴流沉积 tempestite
风暴路径 storm lane; storm path; storm track
风暴律 law of storms
风暴锚碇 storm anchor
风暴模式 storm model
风暴末期 tail of a gale
风暴能量 energy of storm
风暴前的暂时平静 lull before the storm
风暴强度图 storm intensity pattern
风暴区 storm belt;storm region;storm zone
风暴圈 storm circle
风暴软梯 storm ladder
风暴三角洲 storm delta
风暴示意图 storm profile
风暴水位 storm level; storm-water stage
风暴滩角 storm cusp
风暴探测 storm detection
风暴探测器 storm detector
风暴天气 press of weather; rough weather; stormy weather; stress of weather;tempest
风暴天气预报 stormy weather report
风暴图 storm-card
风暴微震 storm microseism
风暴污染 gale pollution
风暴席卷 tempest-swept
风暴袭击 storm surge
风暴系船柱 weather-bitt
风暴系船装置 storm mooring
风暴系紧设施 storm tiedown
风暴系统 storm system
风暴险 windstorm insurance
风暴险保单 windstorm insurance policy
风暴信号 cone;gale signal;storm cone; storm signal
风暴信号旗 storm flag
风暴信号所 storm signal station
风暴信号台 storm signal station
风暴信号站 storm signal station
风暴形成 storm formation
风暴形成的海滩 storm beach
风暴型海滩剖面 storm beach profile
风暴型号 storm cone;storm drum
风暴性火灾 fire storm
风暴延时 storm duration
风暴眼 centre of storm;eye of storm
风暴洋 oceanus procellarum
风暴洋纪 procellarian
风暴样品 storm sample
风暴移动轨迹的转向点 recurvature of storm
风暴移置 rainstorm transposition; storm transposition; transposition of storm
风暴引起的雪崩 direct action avalanche
风暴涌潮 storm surge; storm tide; storm wave
风暴涌潮防护堤 storm-surge barrier
风暴涌浪防护堤 storm protection breaker
风暴用帆 storm sail
风暴雨潮 storm tide
风暴雨沉积 tempestite
风暴预报 storm prediction
风暴云 storm cloud
风暴运行定律 law of storms
风暴闸门 storm gate;flood gate
风暴滞留沉积 storm lag deposit
风暴中心 storm center[centre];storm eye
风暴中心经过的地区 storm belt; storm lane;storm path;storm track
风暴中心路径 storm track
风暴中心区 eye of storm
风暴轴 storm axis;storm track
风暴转移 storm transposition
风杯 <转杯风速表> cup vane assembly;vane
风杯风速表 cup anemometer
风杯风速计 cup anemometer
风倍子 alexandria beans
风泵 air pump
风泵调压器 air pump governor
风泵油 air compressor oil
风变度 wind variability
风变向 wind shifts
风标 air sleeve;air sock;swivel(l)ing vane;weather cock;weather vane; wind cork; wind indicator; wind sign;wind vane
风标翼 air valve;wind vane
风标作用 weather cocking; weather vaning
风飑 wind squall;wind storm
风表 air-pressure ga(u)ge
风表安装座 air ga(u)ge stand
风表管接 air ga(u)ge fitting
风表塞门 ga(u)ge cock
风波 wind wave
风波等级 sea scale
风波频率谱 wind-wave frequency spectrum
风播的 anemochorous
风播体 air spora
风播植物 anemochore;anemosporae
风布【植】anemochory
风层 wind layer;wind strata
风铲 air chipper;air chipping hammer; air digger; chipping hammer; clay spade; compressed-air digger; compressed-air spade; pneumatic chipper; pneumatic digger; pneumatic spade (hammer); pneumatic trench digger
风铲工 chipper
风场 wind field
风场互作用 wind-field interaction
风场图 wind field chart
风潮 storm;wind set-up
风潮差 range of wind tide
风潮流 lee tide
风车 aerovane;air blast;arovane;fanning mill; windlass mill; windmill; wind wheel
风车泵 windmill pump
风车的翼板 sail arm
风车驱动泵 windmill pump
风车式泵 windmill pump
风车式风速表 anemometer of wind mill type;windmill anemometer
风车式风速计 anemometer of wind mill type;windmill anemometer
风车式制动装置 windmill brake
风车式装载 pin-hole stowage
风车叶片 air vane;air wing
风车翼板 sail;sail arm
风车制动状态 windmill-braking condition
风尘防护林 wind and dust protection planting
风尘环境模拟试验 simulated dust environment test
风沉积 aeolian accumulation
风撑 wind brace[bracing]
风撑系统 wind bracing system
风成斑点 eolian spill
风成波 wind-driven wave;wind-generated wave;wind(-induced) wave
风成波痕 aeolian ripple mark;air current mark;wind ripple mark
风成波脊 wind ridge
风成波试验水槽 wind-wave flume
风成波纹 aeolian sand ripple;air current ripple;wind ripple mark
风成玻璃水力试验槽 wind-wave flume
风成层理 aeolian bedding
风成尘 wind-blown dust
风成沉积层 wind deposit
风成沉积地层 aeolian deposit;wind-borne deposit; wind-borne sediment
风成沉积砂层 wind-borne sand deposit
风成沉积(物) aeolian deposit;wind-borne sediment;wind(-laid) deposit;aeolianite;aeolian sediment;eolian deposit;wind deposition
风成沉积作用 wind-borne deposition;wind-borne sedimentation
风成的 aeolian; aeolic; wind-borne; wind-induced
风成等级颗粒 aerodynamically equivalent particle
风成等温层 wind-mixed isothermal layer
风成地貌 aeolian landform
风成地貌调查 survey of eolian features
风成堆积 aeolian accumulation
风成堆积物 wind-borne sediment; wind-laid deposit
风成对流 wind-drift convection
风成分散 aeolian dispersion
风成覆盖岩 eolian mantle rock
风成海浪 wind-generated sea wave
风成海流 wind drift
风成湖 wind lake
风成环境 eolian environment; wind-drift convection
风成黄土 eolian loess
风成混合层 wind-driven mixed layer
风成交错层理 aeolian cross-bedding
风成交错层理构造 aeolian cross-bedding structure
风成浪 wind(-driven) wave; wind-generated wave;wind-sea
风成涟痕 aeolian ripple mark
风成流 wind current; wind drift; wind-driven current
风成黏[粘]土 parna
风成盆地 aeolian basin;eolian basin
风成平原 aeolian plain;eolian plain
风成丘 eolian dune
风成沙 <又称风成砂> aeolian sand; eolian sand; blown sand; wind-borne sand deposit
风成沙波 aeolian ripple
风成沙漠 wind desert
风成沙丘 aeolian dune
风成沙丘沉积 aeolian dune deposit
风成沙丘相 aeolian dune facies
风成沙丘原 aeolian dune field
风成沙纹 aeolian ripple; wind sand ripple
风成沙洲 wind-formed bar
风成砂矿 eolian placer
风成砂岩 aeolian sandstone; wind sandstone;anemoarenyte
风成碎屑 atmoclast;anemoclast
风成碎屑岩 anemoclastical rock; anemoclastics;atmoclastic rock
风成土 aeolian soil;eolian soil
风成细粒夹岩 miliolite
风成相 aeolian facies
风成新月形砂埂 lunette
风成序列 wind-borne succession
风成雪板 wind slab
风成雪波 snow ripple;wind ripple
风成雪堆 wind slab
风成雪壳 wind crust
风成岩 aeolianite; aeolian rock; eolianite;eolian rock;eolith;wind rock
风成硬水泥 wind pack
风成涌浪 wind-induced surge
风成振荡 <风的紊流引起的振动> aeolian oscillation
风成振动 aeolian vibration
风成组分 eolian constituent
风成作用 eolation
风程 fetch;run-of-the wind;wind run
风冲子 extrusion stamp; pneumatic rammer;sand rammer
风抽子 fume extractor
风窗 air hole;dream hole <仓库等的>
风窗玻璃 windshield glass
风窗刮水器 windshield wiper
风窗口调节门 adjustable air damper
风吹表面 drifting surface
风吹持续时间 wind duration
风吹倒的树木 windfall
风吹的 wind-blown;wind-driven
风吹管式浮选机 air-lance type cell
风吹过的 wind-swept
风吹距离 wind fetch
风吹浪 wind drift
风吹历时 wind duration
风吹流 drift current;windage;wind(-driven) current;aeolian drift
风吹区 wind-swept area
风吹砂 sand drift
风吹声 aeolian tone;eolian sounds
风吹式球磨机 air-swept ball mill
风吹式锥形球磨机 air swept conic(al) ball mill
风吹水位升高 level raised by wind
风吹损失 windage loss
风吹移 leeway
风吹振动 aeolian vibration
风锤 sand rammer
风锤钻 air hammer drill
风刺 winddorn
风锉 pneumatic file
风大的日子 windy day
风大浪急海面 rough seas
风带 wind belt;wind zone
风袋 sock
风挡 abat(t)is; air damper; check damper; cut-off plate; damper plate; draught stop; flue damper; front screen; glass screen; manual damper; wind guard; windscreen; wind screening;wind shield
风挡玻璃 windscreen glass; windshield glass
风挡玻璃槽 windshield glass channel
风挡玻璃刮水器 glass cleaner
风挡玻璃喷洗器 windshield washer
风挡除霜器 windshield defroster
风挡防冰器 windshield anti-icer
风挡刮刷 windscreen washer
风挡刮水臂 windshield wiper arm
风挡刮水器 <汽车的> windscreen wiper; window wiper; windshield wiper
风挡夹 windshield clamp
风挡框 windshield frame
风挡嵌带 windshield strap
风挡清洁器 windscreen cleaner
风挡去霜器 windshield defroster
风挡扫气缸 screen-wiper cylinder
风挡水刮真空调节器 windshield wiper vacuum governor
风挡调整臂 windshield adjusting arm

F

风挡箱 damper box
风挡雨刮臂 windshield wiper arm
风挡雨刮子 window wiper
风挡罩 windshield cover
风挡帚 screen wiper
风挡柱 windshield pillar
风倒落物 wind slash
风倒木 windfall;windthrow
风倒木区 windfall
风倒区 windfall
风倒树 windthrow tree
风捣锤 pneumatic ram
风道 air channel; air conduit; air-course; air duct(ing); air flue; air passage; air piping; airway; blow line; cavitation tunnel; duct; trunking; ventilating duct; ventilation duct; whirl tube; wind channel; wind tunnel
风道安装 air duct installation
风道衬里 duct lining
风道洞口 opening of ventilation adit
风道风机 duct fan
风道隔墙 stopping
风道隔热 <防火材料保护的> fire-retardant duct insulation
风道隔音衬里 acoustic(al) duct lining
风道工程 air duct works;duct work
风道管件 air duct fitting
风道滑动风门 sliding flue damper
风道计算表 duct design worksheet
风道计算器 ductulator
风道加热器 duct heater;duct insert heater
风道接头 duct fittings
风道截面变化 duct area change
风道进口 conduit entrance
风道空洞 duct space
风道流速 duct velocity
风道门正面 front view of gate of ventilation duct
风道摩擦损失 duct friction loss
风道摩阻 duct resistance
风道末端 air terminal
风道配件 duct fittings
风道燃烧器 air duct burner
风道设计 air duct design;duct design
风道设计方法 duct design method
风道施工大样图 duct construction details
风道施工细节 duct construction details
风道式冷却 ducted fan
风道试验 windway test
风道输配 duct distribution
风道湍流 wind tunnel turbulence
风道网 duct work
风道吸声装置 duct sound absorber
风道系统 air duct system;duct system
风道系统设计 duct system design
风道消声装置 sound attenuator
风道消音 duct attenuation
风道消音装置 duct silencer
风道悬臂段 overhanging section of ventiduct
风道压力变化 duct pressure change
风道压力损失 duct pressure loss
风道圆当量值 duct circular equivalent
风道支管 branching in air duct
风道中线 center[centre] line of ventilation adit
风道周长 duct perimeter
风道阻力 duct resistance
风的搬运作用 transportation of wind
风的变化 wind variation
风的测定 wind measurement
风的沉积作用 deposition of wind
风的吹程 wind fetch
风的吹送延时 wind duration
风的地质作用 geologic(al) process of wind
风的分类 wind classification
风的负压力 wind uplift
风的攻角 angle of attack
风的构造 wind structure
风的记录 wind record
风的偏差角 inclination of the wind
风的强度 wind intensity
风的切变 wind shear
风的切力 wind shear
风的侵蚀作用 erosion by wind action
风的上举力 wind uplift
风的梯度 gradient of wind
风的吸力 wind suction
风的挟带力 capacity of wind;competence of wind
风的卸交角 skew angle of wind
风的行程 run-of-the wind
风的影响 effect of wind
风的运动 wind movement
风的运动特征 motion characteristic of wind
风的振动 pulsation of the wind
风的支配期【气】wind regime(n)
风的转向 recurvature of wind
风的状况 wind regime(n)
风的资料 wind data
风的作用 wind action
风灯 hurricane lantern;hurricane oil lamp;storm light;tornado lantern
风笛 air horn;air whistle;pneuphonic horn
风笛储风缸 whistle reservoir
风笛阀 whistle valve
风笛膜片 horn membrane
风电场 wind farm
风动扳手 air-operated impact wrench; pneumatic impact wrench
风动拌和机 compressed-air mixer
风动泵 pneumatic pump;wind pump
风动标志笔 pneumatic marking pen
风动操作 pneumatic operation
风动侧卸货车 airside dump car
风动差 aberration of wind
风动铲 air spade; pneumatic spade (hammer)
风动铲具 air digger;pneumatic digger
风动铲土器 air-operated clay spade; air spade
风动冲击扳钳 compressed-air impact wrench
风动冲击锤 compressed-air impact hammer
风动冲击工具 percussive pneumatic tool
风动冲击铆接头 percussive pneumatic method of riveting
风动冲击式截煤机 pneumatic puncher
风动冲击凿岩机 air-driven hammer drill;air hammer drill
风动冲压顶把 pneumatic hold-on
风动冲压机 pneumatic punching machine
风动抽水泵 air lift pump
风动除尘装置 pneumatic fly-ash removal apparatus
风动除鳞装置 pneumatic descaling apparatus
风动传送装置孔道 pneumatic rabbit hole
风动吹除阀 pneumatic blow-off cock
风动锤 air hammer;air ram(mer); compressed-air hammer; impact hammer;pneumatic hammer;pneumatic pick
风动打夯机 air-earth hammer; air tamper;pneumatic tamper
风动打桩锤 air pile hammer; pneumatic pile hammer
风动打桩机 compressed-air pile driver;pneumatic(pile) driver
风动捣棒 air tamper
风动捣锤 pneumatic rammer
风动捣固机 compressed(-air) tamper
风动捣砂机 pneumatic rammer
风动捣实器 pneumatic compactor; pogo stick <俚语>
风动道岔 pneumatic-operated switch
风动的 air driven;air motor driven; air-operated; compressed-air-assisted;compressed-air-operated;pneumatic; pneumatically driven; pneumatically operated;wind-driven
风动/电动门 air-powered electronic door
风动吊车 pneumatic crane
风动多爪抓岩机 pneumatic cactus grab
风动发电机 air-driven generator; wind-driven generator
风动阀 pneumatic valve
风动分级 air fractionation
风动分渣车 distributing wagon;pneumatic ballast
风动风机 wind turbine fan
风动风扇 wind turbine fan
风动镐 pneumatic chisel; pneumatic pick
风动割草机 pneumatic grass cutter
风动隔膜泵 pneumatic diaphragm pump
风动给料 pneumatic feed
风动给料机 pneumatic feeder
风动给料设备 pneumatic placement
风动工具 air-operated tool;air(power) tool; pneumatic apparatus; pneumatic tool
风动工具附件 pneumatic tool accessory
风动工具油 pneumatic tool oil
风动工作台 air table
风动骨钻 air-borne drill; pneumatic oscillating bone drill
风动管子清洁机 air-driven mechanical tube cleaner
风动夯(具) air tamper; compressed-air tamper;pneumatic compactor
风动夯土机 air soil hammer
风动夯样板 pneumatic compacting and finishing screed
风动滑槽 air slide
风动滑行的 air slide
风动缓行器 pneumatic retarder
风动回路 pneumatic circuit
风动混凝土灌注机 pneumatic concrete placer
风动混凝土浇筑机 pneumatic concrete placer
风动混凝土破碎机 pneumatic concrete breaker
风动活塞 pneumatic piston
风动机 pneumatic motor; compressed-air machine
风动机构 air-operated mechanism; pneumatic operating gear
风动机械 air-driven machine; compressed-air driven machine; pneumatic(air) machine(ry)
风动继电器 pneumatic relay
风动架式凿岩机 blowing rock drill drifter
风动架式钻机 air-drifted drill
风动减速器 pneumatic retarder
风动剪 pneumatic cutter
风动剪刀 air shears
风动剪断机 air shears
风动浇筑机 pneumatic placer
风动角度磨床 air angle grinder
风动绞车 air hoist; air winch; compressed-air winch;pneumatic hoist
风动搅拌机 compressed-air mixer
风动搅拌器 air-driven agitator;pneumatic stirrer
风动节流器 air-operated throttle motor
风动掘进机 pneumatic excavator
风动颗粒分选机 air separator
风动控制 pneumatic control
风动控制开关 pneumatic control switch
风动(快速轨道)运输系统 aeromovel
风动栏木 pneumatic gate
风动离合器 pneumatic clutch
风动力 wind power
风动连续射影机 serial camera with wind motor
风动联锁 pneumatic interlocking
风动链锯 pneumatic chain saw
风动流线型桥面断面 aerodynamically stream-lined deck cross-section
风动炉门 pneumatic firedoor
风动路面破碎机 air pavement breaker;pneumatic pavement breaker
风动履带式凿岩机 air-track drill
风动履带式装车机 air-operated crawler type loader
风动履带钻 air truck drill
风动轮 wind wheel
风动轮对转镐 pneumatic turning jack for wheel set
风动螺刀 air screwdriver
风动螺母扳手 pneumatic nut wrench
风动螺丝刀 air screwdriver; pneumatic screwdriver
风动马达 air feed motor;air motor; compressed-air motor; pneumatic motor
风动马达动力头 top-drive pneumatic power head
风动马达驱动的 air motor powered
风动镘刀 compressed-air trowel
风动铆钉铲 pneumatic rivet buster
风动铆钉锤 hammer ram;pneumatic riveting hammer
风动铆钉机 compression riveter;percussion riveting machine;pneumatic gun;pneumatic riveter;pneumatic riveting machine
风动铆钉枪 pneumatic gun;pneumatic riveter;riveting gun
风动铆接 pneumatic riveting
风动铆(接)机 pneumatic riveter; pneumatic riveter machine; pneumatic riveting machine
风动铆枪 airgun
风动门 air-operated door
风动密缝凿 pneumatic ca(u)lker
风动磨柄机 pneumatic shank grinder
风动磨杆机 pneumatic rod grinder
风动磨面机 pneumatic surfacing machine
风动磨钎机用砂轮 grinding wheel for pneumatic bit grinder
风动磨头 air grinder
风动捻缝工具 pneumatic ca(u)lking tool
风动排料磨机 air-swept mill
风动喷漆 pneumatic spray painting
风动喷射 pneumatic injection
风动喷射器 pneumatic ejector
风动起动器 anemostart
风动起重机 air motor hoist;pneumatic crane
风动气锤钻 air-driven hammer drill
风动汽缸排水阀 pneumatic cylinder cock
风动千斤顶 compressed-air jack
风动潜水泵 pneumatic sump pump
风动(倾)卸货车 air-dump car
风动热铣床 hot miller

风动撒沙器 pneumatic sander
风动撒沙装置 air sanding
风动砂轮 pneumatic grinder; pneumatic grinding machine
风动砂轮机 air-operated portable grinder; pneumatic grinder
风动设备 pneumatic installation
风动伸缩式气腿 air leg
风动式夯板 <一种用压缩空气振动的混凝土路面夯击修整样板> pneumatic compacting and finishing screed
风动式路面破碎机 pneumatic-driven pavement breaker; pneumatic paving breaker
风动试验 hurricane test
风动收尘器 pneumatic deduster
风动手术器械 turbine surgical instruments
风动手提砂轮机 air hand grinder; pneumatic grinder
风动输冰系统 pneumatic ice delivery system
风动输送 air delivery; pneumatic transport; pneumatically convey
风动输送管系统 pneumatic tube system
风动输送机 pneumatic conveyer[conveyor]
风动输送系统 pneumatic conveying system
风动水泵 wind-driven water pump
风动水坑抽水泵 pneumatic sump pump
风动水力操作 pneumohydraulic operation
风动水泥喷枪 air cement gun
风动伺服装置 pneumatic servosystem
风动送料 pneumatic feeding
风动台车 air motor driven jumbo
风动台式砂箱捣实机 pneumatic bench sand rammer
风动提升机 air hoist; pneumatic elevator
风动填筑 pneumatic placement
风动调压器 pneumatic governor
风动推杆 pneumatic pusher
风动推进支腿 pneumatic pusher leg
风动挖掘机 pneumatic excavator; pneumatic shovel; pneumatic trench digger
风动挖泥铲 pneumatic clay spade
风动涡旋 wind spun vortex
风动系统 compressed-air system
风动纤维分离机 pneumatic fiber[fibre] separator
风动小型抽水泵 air-driven sump pump
风动斜槽卸料系统 unloader airslide system
风动卸货机构 air-operated dumping mechanism
风动卸渣车 ballast air-dump breaker; pneumatic ballast hopper wagon
风动卸渣机 pneumatic ballast machine
风动型芯破碎机 pneumatic core breaker
风动修整机 pneumatic finisher
风动压铆机 squeeze riveter
风动牙钻机 air turbine dental engine
风动研磨机 air grinder; pneumatic grinder; pneumatic grinding machine
风动液动拔棒机 pneumatic-hydraulic pin puller
风动液压千斤顶 air-driven hydraulic jack
风动油压千斤顶 air-driven hydraulic jack
风动油脂枪 air-operated grease unit
风动圆片锯 pneumatic circular saw
风动远距离传送 pneumatic remote transmission
风动运输设备 pneumatic conveyer [conveyor]
风动錾 pneumatic hammer
风动凿 pneumatic chisel
风动凿孔机 air puncher
风动凿密 pneumatic ca(u)lking
风动凿岩锤 pneumatic rock hammer
风动凿岩机 air(-drifted) drill; air-operated rock breaker; air rock drill; air sinker; compressed-air drill; percussion drilling machine; percussion rock drill; percussive air machine; pneumatic drill hammer; pneumatic excavator; pneumatic hammer drill; pneumatic rock drill
风动凿岩机腿架 pneumatic drill leg
风动枕木捣固机 pneumatic (tie-) tamper
风动振捣机 pneumatic rammer; pneumatic vibrator
风动振捣器 pneumatic vibrator
风动振动器 pneumatic vibrator
风动支架 air leg; jack leg <手提凿岩机的>
风动支架台车 leg jumbo
风动支架凿岩机 air leg mounted (rock) drill; leg-mounted pneumatic rock drill
风动抓岩机 air-operated grab; pneumatic grab
风动转弯指示器 wind-driven turn indicator
风动装岩机 air loader
风动装药 pneumatic loading
风动装药器 pneumatic loader
风动装载机 air loader
风动装渣机 pneumatic shovel
风动装置 air-moving device
风动自卸车 air-dump car; air-operated dump car
风动钻 pneumatic drill
风动钻车 air motor drill; air motor driven jumbo; pneumatic drill
风动钻杆拔取器 pneumatic rod puller
风动钻机 air motor drill; pneumatic drilling machine
风动钻架 air leg (attachment); feed leg; pusher leg
风动钻进 compressed-air drilling
风动钻孔 pneumatic drilling
风动钻孔器 air sinker
风动钻面破碎机 pneumatic drill
风动钻岩机 pneumatic excavator
风洞 air channel; aircourse; air tunnel; cavitation tunnel; gust tunnel; test tube; whirl tube; wind channel; wind tunnel; wind tunnel plant
风洞壁 channel border; wind tunnel boundary
风洞测试设备 wind tunnel instrumentation
风洞测试仪器 wind tunnel instrument
风洞的风扇 wind tunnel rotator
风洞顶壁 wind tunnel ceiling
风洞洞壁约束 wall constraint
风洞堵塞 tunnel blockade
风洞刚性壁 rigid tunnel boundary
风洞鼓风机 wind tunnel fan
风洞光栅测控系统 tunnel grating measurement and control system
风洞空气流度 tunnel velocity
风洞扩散段 wind tunnel
风洞螺旋桨 wind tunnel propeller
风洞模型 wind tunnel model
风洞模型悬置 wind tunnel suspension
风洞设备 wind tunnel installation
风洞实验技术 wind tunnel technique
风洞实验室 wind tunnel laboratory
风洞式模拟 wind tunnel modelling; wind tunnel simulation
风洞试验 tunnel test; wind tunnel experiment; wind tunnel test
风洞试验段 test chamber; test section of a wind tunnel
风洞试验段半径 wind tunnel radius
风洞天平 wind tunnel balance
风洞湍流 wind tunnel turbulence
风洞消声器 wind tunnel silencer
风洞效应 tunnel effect
风洞型计算机 wind tunnel computer
风洞研究 wind tunnel investigation; wind tunnel study
风洞轴线 wind tunnel center
风洞装置系统 tunnel plant system
风斗 air scoop; hopper; ventilating jack; wind catcher; wind scoop; wind shoe
风斗蓝色漆 ventilator blue
风斗罩 cowl cover
风斗座 ventilator coaming
风斗座罩 ventilator coaming cover
风度 taste
风阀 blast gate; damper; ventilation valve
风阀操纵器 damper operator
风阀复位 damper position reset
风阀开闭器 damper actuator
风帆冲浪船 windsurfer
风帆助航船 sail-assisted ship
风反力 wind reaction
风分选的 air floated
风分选粉料 air-floated powder
风浮生物 anemoplankton
风覆盖 wind coverage
风干 aerating; air drying; airing; air season; dry out; seasoning; sunbaked; wind desiccation
风干材料 air-dried material
风干池 aerated pond; aeration pond
风干尺寸 air-dried size
风干处理 moisture setting
风干处理物料堆 windrow
风干瓷漆 air drying enamel
风干粗料 air dry roughages
风干的 air dry; air-dried; air-hardenable; air seasoned; loft-dried; seasoned; sun-dried
风干法 aeration drying
风干机 air dryer; dry fan
风干基 air-dried basis
风干精料 air dry concentrates
风干开裂 atmospheric crack(ing)
风干裂缝 air-crack; season check; season crack(ing)
风干氯丁橡胶嵌缝膏 air drying neoprene sealant
风干煤 air dry coal
风干密度 <混凝土管> air-dried density; air dry density
风干木材 air-dried wood; air seasoned lumber; air seasoned timber; air seasoned wood; natural seasoned lumber; seasoned lumber; seasoned wood; season timber; yard dried lumber; yard lumber; seasoned timber
风干黏[粘]土 air-dried clay
风干棚 air shed
风干坯砖 adobe clay block
风干器 air dryer; dry fan
风干嵌缝膏 air drying sealant
风干强度 air-dried strength; air dry strength
风干清漆 air-dried varnish; air drying varnish
风干容重 air-dried volumetric (al) specific gravity; volumetric (al) specific gravity at air dried state
风干扇 dry fan
风干失重 air drying loss
风干室 hurricane drier[dryer]
风干收缩 air(dry) shrinkage
风干损失(量) air dry(ing) loss
风干土 air-dried soil
风干土坯 adobe
风干土坯砖 adobe clay brick
风干物质 air dry matter
风干纤维 air dry fiber
风干样(品) air-dried sample; air dry sample
风干圆木 air-dried timber
风干重量 air dry weight; air-dried weight
风干贮存 dry storage
风干砖 adobe brick; adobe clay; air brick; air-dried brick
风干砖坯 adobe
风干状态 air-dried condition; air-dried state
风干状态重量 air-dried weight
风干作用 air seasoning
风缸 air cylinder; air receiver; air reservoir; compressed-air reservoir; reservoir
风钢 air hardening steel; high-speed steel; rapid steel; self-hardening steel
风钢化 air tempering
风钢化玻璃 air tempered glass
风钢钻 high-speed steel drill
风镐 air drill; air hammer; air pick(er); air puncher; buster; chipper; compressed-air chiseling hammer; compressed-air digger; compressed-air pick; jack hammer; pick hammer; plugger drill; pneumatic (demolition) pick (hammer); pneumatic digger; pneumatic drill; pneumatic hammer; scaling chipper; rock picker <破碎岩石用的>
风镐落煤法 pneumatic pick mining
风镐破碎机 air breaker
风镐试验 picker test
风镐需气量 air demolition pick
风格 fashion; feature of style; style; tone
风格程式 stylistic formula
风格的成长 development of style
风格的发展 development of style
风格的混合 mix of styles
风格的歧异 divergence of style
风格的形成 development of style
风格定则 stylistic formula
风格方面 stylistic phase
风格概念 notion of style; stylistic conception
风格观念 notion of style
风格历史 stylistic history
风格面貌 style device; style feature
风格奇特图案 baboon
风格奇异作品 grotesque
风格趋势 stylistic tendency
风格上不协调的建筑物 absence of style
风格上的变更 stylistic departure
风格上的纯正 stylistic purity
风格上的模仿 stylistic imitation
风格上的偏离 stylistic departure
风格上的统一(协调) stylistic unity
风格上的完善 stylistic perfection
风格上的效仿 stylization
风格式街道 rectangular street
风格思想 idea of style
风格特色 style device
风格特性 style character(istic)
风格特征 style character(istic); sty-

F

listic feature
风格习语 stylistic idiom
风格细节 style detail
风格先驱 stylistic forerunner;stylistic predecessor
风格显著特征 stylistic significance
风格形成 stylistic development
风格形成过程 stylistic history
风格形式 stylistic form
风格意义 stylistic significance
风格元素 style element
风格原理 principle of style
风格主义 mannerism
风格主义手法 Mannerist device
风格主义特征 Mannerist trait
风格转变 change of style
风工程 wind engineering
风工程试验 wind engineering test
风功率 wind power
风钩 cabin hook;catch;window catch
风钩和羊眼圈 hook and eye
风谷 wind gap;wind valley
风刮起的尘土 blowing dust
风管 air brake hose;air channel;air conduit;air duct;air hose;air manifold;air pipe;air stack;air tube;blast pipe;blast tube;duct(ing);duct work;trunking;tuyere pipe;ventilation duct;wind(ing) pipe
风管槽 air pipe channel;air pipe duct
风管沉没深度 sinking depth of wind pipe
风管穿墙用套管 sleeve for duct passing through wall;sleeve for pipe passing through wall
风管粗糙校正值 duct roughness correction
风管的狭窄部分 narrowed portion of duct
风管电热器 electric(al) heater in duct
风管吊架 hanger of air duct
风管干线 air main
风管检查孔 inspection hole in duct
风管接头 air brake hose nipple;air connection;air-handling connection;blast connection
风管连接器 air brake hose coupling
风管滤尘器 air pipe strainer
风管路 air pipe line;air pipeline
风管路调压器 air pipeline governor
风管路调压设备 air pipeline governor
风管内传感器 in-duct sensor
风管排水杯 dripping cup
风管软接头 flexible duct
风管设备和冷水管道保温 insulation of air duct plant and cold water pipes
风管式净棉器 airline cleaner
风管探测器 air duct detector
风管温度探测器 duct temperature sensor
风管系统 airline system
风管下置深度 setting depth of wind pipe
风管支吊架 support and hanger of air ducts
风管支架 support of air ducts
风管直径 diameter of wind pipe
风管转炉 tuyere block
风管装置 air ducting;air tube installation;pneumatic tube installation
风光 scene;scenery
风柜 air-handling unit
风滚草 tumbleweed
风海流 wind current;wind-driven current
风害 damage by wind;damage caused by wind-storm;wind blast;windburn;wind damage;wind injury
风害保险 windstorm insurance
风害迹地 wind slash
风害树 wind prone tree
风害造成的空隙 wind gap
风寒 wind chill
风寒指数 wind chill index
风焊 acetylene weld(ing)
风夯 pneumatic compactor
风荷载 wind load(ing)
风荷载规范 wind load regulation
风荷载规则 wind load regulation
风荷载假设 wind load assumption
风荷载力矩 wind load moment
风荷载体型系数 structural shape factor of wind load
风荷载图 wind-force diagram
风荷载系数 wind-force coefficient
风荷载应力 wind load stress
风荷载值 value of wind load
风荷作用 function of wind loading
风洪损害 wind and flood damage
风斗 air scoop;inlet scoop
风花 wind rose
风化 weather(exposure);air slake[slaking];decency;decomposition;disintegration weathering;efflorescence;erosion
风化暴露试验 weather exposure test
风化崩解 weathering disintegration
风化崩解作用 demorphism
风化变色 patina
风化变质作用【地】 catamorphism[katamorphism];demorphism
风化表层 superficial regolith;weathered face
风化表面 denudation level;gradational level;weathering rind <漂石、砾石或岩石的>
风化表皮岩 alluvial mantle rock
风化冰 weathered ice
风化冰脊 weathered ridge
风化冰碛 ablation drift
风化冰山 weathered iceberg
风化剥蚀面 erosion surface
风化材料 weathered material
风化残积 mantle of waste
风化残积黏[粘]土 baliki
风化残积物 weathering residue
风化残积型 weathering eluvial type
风化残余结构 weathering residual texture
风化测试 efflorescence test
风化层【地】 solum;C-horizon;mantle of rock;regolith;waste mantle;weathered horizon;weathered layer;weathered zone;weathering layer;weathering zone;zone of weathering
风化层爆破 poop shot;weathering shot
风化产物 sedentary product;sedimentary product
风化产物圈闭 weathering product trap
风化长石 weathered feldspar
风化潮解 air slaking
风化成矿作用 weathering ore-forming process
风化程度 degree of weathering
风化粗砂 arene
风化带 weathering belt
风化带测定地震勘探 weathering shooting
风化带类型 type of weathered zone
风化带深度 depth of weathered zone
风化的 decomposed;efflorescent;rotten;weathered;weather-worn;wind-blown
风化的花岗石 gowan
风化的原生矿物 weathered crude
风化的终极产物 end products of weathering
风化底碛土 gumbotil
风化地带 belt of weathering;weathered zone;weathering zone;zone of weathering
风化洞 weathering cave
风化度 degree of weathering
风化分解 weathering disintegration
风化分解露头 decomposed out crop
风化粉砂泥岩 weathered siltpelite
风化粉砂岩 weathered silt rock
风化粉土 wind-blown silt
风化辐射裂枕木 weather checked tie
风化腐蚀 erosion corrosion
风化复合体 weather(ing) complex
风化覆盖层 mantel;mantle
风化盖层 veneer
风化固体物 solid product of weathering
风化硅石 tripoli;tripoli earth;tripolite;tripolite earth
风化过程 disintegrating process;process of rock wastage;process of weathering;rotting process;weathering process
风化厚度图 weathering map
风化花岗岩 decomposed granite;disintegrated granite;weathered granite
风化环境相 eksedofacies
风化基面 weathering front
风化夹层 weathering intercalated layer
风化界线 boundary of weathered zones
风化阶段 stage of weathering
风化节理【地】 weathering joint
风化抗力 weathering resistance
风化壳 crust of weathering;residuum[复 residua];weathered crust;weathering crust
风化壳硅酸镍矿石 nickel silicate ore of residuum type
风化壳厚度 thickness of crust of weathering
风化壳结构 structure of crust of weathering
风化壳矿床 weathering crust mineral deposit
风化壳类型 type of crust of weathering
风化壳锰矿床 manganese deposit in the weathering crust
风化壳型硅酸镍矿床 nickeliferous silicate deposit in weathering crust type
风化壳型铝土矿矿床 weathering-crust-type bauxite deposit
风化坑 weather pit
风化矿 mineral deposit by weathering process;weathering deposit
风化矿石 weathered ore
风化粒状岩石 fretwork
风化裂纹 atmospheric crack(ing);weathered crack
风化裂隙 weathered crevasse;weathering fissure;weathering fracture
风化裂隙储水构造 storage structure of weathering fissure
风化裂隙含水带 water-bearing zone of weathering fissure
风化裂隙水 weathering fissure water
风化露头 weathered outcrop
风化率 rate of decay
风化煤 decomposed coal;weathered coal
风化煤层露头 blossom
风化煤腐殖酸 humic acid in weathered coal
风化面 weathering face;weathering front;erosion surface
风化面滑坡 weathering plane landslide
风化母岩 weathered matrix
风化耐久性 efflorescence resistance
风化能力 weathering capacity
风化黏[粘]土 aeroclay;weathered clay
风化片岩 decomposed schist;weathered schist
风化强度 weathered intensity;weathering intensity
风化侵蚀 weathering corrosion
风化情况 weathering condition
风化区 weathering zone
风化砂砾填料 weathered sand-gravel fills
风化砂岩 weathered sandstone
风化筛分试验 air analysis test
风化深度 depth of weathering;weathering depth
风化生石灰 air-slaked quicklime
风化石 land waste;weathered rock
风化石膏 copi
风化石灰 air hardening lime;air slaked lime
风化石料 weathered stone
风化势指数 weathering potential index
风化试验 outdoor exposure test;slacking test;weathering exposure test
风化试验仪 weatherometer
风化速度 weathering velocity
风化速率 rate of weathering;weathering rate
风化碎裂作用 detrition
风化碎石 brash
风化损坏的 weather-beaten;weather-worn
风化特性 weathering characteristic
风化条件 weathering condition
风化土层 solum
风化土(壤) solum;weathered soil;weathering soil
风化土石料 weathered rock-soil
风化物 waste;weathered rock-soil;efflorescence;weather-mantle <破碎和剥蚀的岩石的风化物总称>
风化系列 weathering series
风化系数 weathering factor;rock weathering index
风化细砂土 eluvium
风化现象 weathering phenomenon
风化相 eksedofacies
风化效率 <土壤> weathering availability
风化效应 weathered effect;weathering effect
风化穴 tafoni
风化循环 weathering cycle
风化崖 weathered escarpment
风化严重岩层 heavily weathered rock layer
风化岩 mantle of rock;mantle regolith;mantle rock;weathering rock;weathered rock
风化岩层 decayed rock;decomposed rock;weathered rock
风化岩面 weathered rock surface
风化岩面高程 altitude of weathering rock surface
风化岩石 crumbling rock;decomposed rock;rotted rock;weathered rock;decayed rock
风化岩土 weathered rock-soil
风化岩屑的【地】 eugeogenous
风化岩性土 weathered rocky soil
风化盐 efflorescent salt
风化样品 weathered sample
风化页岩 weathered shale
风化页岩地段 rotten shale section
风化营力 weathering agency
风化原油 weathered crude

风化云母 weathered mica
风化指数 index of alteration; weathering index
风化作用【地】 aeolation; slacking; weathering; weathering action; weathering ag(e)ing; work of erosion
风化作用程度 degree of weathering
风化作用带 belt of demorphism
风化作用地球化学 geochemistry of weathering
风化作用方式 mode of weathering
风化作用阶段 weathering stage
风化作用类型 type of weathering
风徽 wind rose
风混合 wind mixing
风火隔墙 mid-feather
风火墙 area separation wall; fire wall
风火山墙 fire gable; fire-sealing gable
风火窑 wind and fire kiln
风机 blower; blower fan; draught fan; fan; ventilator; wind power unit
风机边柜 lateral distance
风机变速控制 variable fan-speed control
风机出风口 fan-outlet
风机出口风阀 discharge damper
风机出力 fan-output
风机传动装置 fan drive
风机导流装置 fan casing
风机的扩散筒 fan stack
风机动力型 fan powered
风机动压 fan velocity pressure
风机段 fan section
风机对流器 fan convector
风机对流器的加热器 fan convector heater
风机惰轮摇臂 fan idler bellcrank
风机额定性能 fan rating
风机房 fan building; fan room
风机房场坪 fan-room yard
风机风量 fan delivery
风机负荷 fan duty
风机功率 fan horsepower; fan power
风机故障切断装置 fan-failure device
风机护罩 fan shroud
风机及其配套设备 fan and its incorporated equipment
风机进风口 fan inlet
风机静压负荷 fan static duty
风机静压力 fan static pressure
风机静压效率 static fan efficiency
风机控制 fan control
风机控制箱 control box for fan
风机扩散筒高度 fan stack height
风机冷却器 fan cooler
风机马达 fan motor
风机逆时针(方向)转动 counter-clockwise rotation of fan
风机排风量 fan delivery
风机盘管 blower coil; fan coil; wind-pipe trachea
风机盘管机组 fan coil unit; fan convector unit
风机盘管加新风系统 primary air fan coil system
风机盘管空调系统 fan coil cooling unit
风机盘管空气调节系统 fan coil (air-conditioning) system
风机盘管特性 fan coil performance
风机盘管温度调节器 fan coil thermostat
风机盘管系统 fan coil (unit) system
风机平台 fan deck
风机驱动 fan drive
风机驱动部件 fan drive assembly
风机全压 fan total pressure
风机入口网 inlet screen
风机省功器 fan economizer
风机施工 fan construction
风机式壁炉 fan-type vented wall furnace
风机试验 fan test
风机送风量 fan delivery
风机速度 fan velocity
风机-隧洞顶距 ceiling distance
风机特性 fan characteristic; fan performance
风机特性曲线 fan performance curve
风机调节阀 blower regulation valve
风机通风 fan ventilation
风机推力 booster fan thrust
风机推力减损 fan thrust reduction
风机吸风 fan draft
风机吸入口 fan suction
风机吸入口负压 fan draft
风机效率 fan efficiency
风机性能 fan performance
风机选择 fan selection
风机叶轮 fan propeller; impeller
风机叶片 fan blade
风机运行 fan operation
风机噪声 fan noise; fan sound; noise of fans
风机轴功率 axial power of fan
风机转子 rotating element
风机总压力 fan total pressure
风机总压头 fan total head
风积 aeolian accumulation; deposition by wind; wind deposition; wind drift
风积表皮岩 eolian mantle rock
风积层 eolian deposit; wind(-blown) deposit
风积尘 wind-blown dust
风积沉积 aeolian deposit
风积储集层 eolian reservoir
风积的【地】 aeolic; eolian; wind-deposited; wind-laid; wind borne
风积地貌 aeolian-accumulation landform
风积粉土 wind-blown silt
风积海岸 wind-deposited coast; wind-deposition coast
风积泥砂 wind-deposited sediment
风积黏[粘]土 aeolian clay; air deposited clay
风积沙 aeolian sand; blown sand; drift sand; dune sand; eolian sand; wind carried sand
风积沙波纹 eolian sand ripple
风积沙丘 dune; inland dune
风积砂 wind-blown sand; wind-drift sand; blown sand; eolian sand
风积碎屑 wind-borne debris
风积土类 aeolian soil type
风积土(壤) aeolian soil; aeolic soil; blown soil; wind-blown soil; wind-borne deposit; wind-borne sediment; wind-borne soil; wind-deposited soil; aeolian deposit; aeolian erosion soil; wind-laid deposit; wind(-laid) soil
风积物 aeolian deposit; aeolian material; aeolian sediment; eolian deposit; wind-blown deposit; wind-borne deposit; wind-borne sediment; wind deposit
风积物采样 sampling of aeolian sediment
风积物异常 wind-borne anomaly
风积细砂 wind-aggregated sand
风积相 aeolian facies
风积雪 drift snow
风积雪堆 snow drift
风积岩 atmolith
风激水位 water-level raised by wind; wind-raised water level
风激振荡 wind-excited oscillation; wind-induced oscillation
风激振动 aeolian vibration; wind-excited vibration
风级 wind class
风级表 scale of wind-force; wind-force scale; wind scale
风集土堆 windrow
风纪 morale
风季 wind regime(n)
风加速 wind acceleration
风架结构 space truss structure
风减水 wind set-down
风降水位 lowering of water by effect of wind
风搅雪 natirvik
风揭性 wind uplift
风井 air pit; air shaft; by-pit; funnel; removing shaft; ventilating shaft
风景 landscape; sight
风景保存 landscape preservation
风景保护 reservation of landscape; landscape reservation
风景保护区 landscape protected area; protected landscape area; scenic reserves; scenic spot reserves
风景保护权 scenic easement
风景布置 landscaping
风景布置和控制冲刷 landscaping and erosion control
风景城市 landscape city
风景窗 picture window
风景大理石 landscape marble
风景道路 aesthetic road
风景地带 landscaped strip
风景地貌 natural geomorphology
风景点 beauty-spot
风景工程学 landscape engineering
风景公路 parkway
风景观赏 scenic view
风景规划 landscape design; landscape plan(ning); landscape screen
风景好的公路 scenic highway
风景画 landscape; landscape painting
风景画家 landscape painter; landscapist
风景画陶瓷器皿 topographic(al) ware
风景恢复 landscape restoration
风景价值 aesthetic value
风景建筑学 landscape architecture
风景镜头 landscape lens
风景开发 landscape development
风景瞭望点 beauty-spot
风景林 aesthetic forest; amenity forests; landscape forest; ornamental forest; ornamental plantation; ornament forest; scenic beauty forest; scenic forest
风景路段 picturesque stretch of road
风景旅游城市 scenic tourist city
风景名胜 famous scenery; scenic spot
风景名胜保护 conservation of scenic spots
风景名胜区 famous historic sites and scenic spots
风景名胜区管理暂行条例 Temporary Regulations of Management for Famous Historic Sites and Scenic Spots
风景木纹板 landscape panel
风景区 beauty-spot; esthetic area; fine-sight district; landscaped area; landscape zone; scenic area; scenic-overlooks spot; scenic spot; scenic zone
风景区标志 scenic area sign
风景区道路 parkway; tourist road
风景区干道 <以小客车交通为主> parkway
风景区公路 scenic highway
风景区规划 aesthetic zoning
风景区小铁路 scenic railway
风景设计 landscape design; landscape development; landscaping; scenic design
风景式 landscape style
风景式庭园布置 landscape gardening
风景陶瓷器皿 topographic(al) ware
风景污染 visual pollution
风景线 scenic line; vista line
风景学 scenicology
风景优美 scenic beauty
风景与景观构成的单元 scenery and scenic elements
风景园 landscape garden
风景园艺师 landscape gardener
风景园艺学 landscape gardening
风景造林 landscape planting
风景中心地带 landscaped median (strip)
风镜 goggles
风锯 pneumatic saw
风聚集 aeolian accumulation; aeolian deposit
风卷云 cirrus ventosus; wind cirrus
风刻石【地】 glyptolith; gibber; gibbet tree
风孔 air port
风控液力制动机 hydropneumatic brake
风口 aerial port; air gap; air inlet; air opening; air piping; air port; blast hole; blast tuyere; blowing opening; dry valley; opening of tuyere; tuyere; twere; twyer(e); wind gap; wind valley
风口篦子 grill(e)
风口带钢箍 tuyere belt
风口挡 draught screen
风口阀 tuyere valve
风口方向 directional of blast orifice
风口盖 stock cap; tuyere cap
风口拱墙 tuyere arch
风口接头 tuyere connection
风口冷却板 tuyere cooling plate
风口冷却器 <鼓风炉> tuyere block; tuyere cooler
风口前端 tuyere snout
风口区 tuyere area
风口塞 tuyere plug
风口速度 tuyere velocity
风口套管 tuyere stock
风口铁套 breast
风口弯头 eyesight elbow; tuyere stock
风口型燃烧器 tuyere type burner
风口砖 tuyere brick
风口总面积 total tuyere area
风口总有效截面积 total blast nozzle area; total tuyere area
风况 wind condition; wind regime(n)
风廓线幂指数律 power law wind profile; wind speed power law
风喇叭 air whistle; pneuphonic horn
风缆 standing guy rope; wind cable
风廊 wind porch
风浪 sea wind wave; wind(-induced) wave; wind-sea
风浪成长 wave growth
风浪冲刷的沉积物 washover
风浪等级 scale for sea; scale of wind waves; sea scale
风浪翻花 boil
风浪港 surf port
风浪和涌浪等级 sea and swell scale
风浪和涌浪状况等级 scale of state of sea and swell
风浪平息区 decay area
风浪谱 wind-generated wave spectrum; wind-wave spectrum
风浪倾斜度 wind denivellation
风浪区(长度) fetch

F

风浪日 surf day
风浪试验槽 wind-wave flume
风浪衰减区 decay area
风浪水力学 wind-wave hydraulics
风浪突变 chop
风浪掀沙 sediment stirred up by wind wave
风浪相互作用 wind-wave interaction
风浪形成的小三角洲 washover
风浪汹涌 rough head seas
风浪穴 blow-hole
风浪预报法 wave forecasting method
风浪中船身剧烈摇摆 make bad weather
风浪逐渐缓和 jogging
风棱卵石 wind-faced pebble
风棱石 gibbet tree; glyptolith; rill-stone; ventifact; wind-cut stone; wind-grooved stone; wind-polished stone; wind-scoured stone; wind-shaped stone
风冷 air cooling; air patenting; wind cooling
风冷淬火 air blast quench
风冷的 air-cooled; ventilated; wind-cooled
风冷电动机 ventilated motor
风冷二冲程汽油发动机 air-cooled two-stroke gasoline engine
风冷发动机 air-cold engine
风冷钢化玻璃 air quenching hardened glass
风冷货 air-cooled cargo
风冷口 air quenching nozzle
风冷冷凝机组 air-cooled condensing unit
风冷冷却器 wind cooler
风冷离心压缩机组 packaged air cooled centrifugal unit
风冷盘条 air-blown rod
风冷汽缸 air-cooled cylinder
风冷却 forced air cooling
风冷散热器 air blast radiator
风冷式 air-cooled(type)
风冷式变压器 air blast transformer; air-cooled transformer
风冷式柴油机 air-cooled diesel engine
风冷式电动机 air-cooled motor; motor with air cooling; ventilated motor
风冷式发动机 air-cooled engine; blower-cooled engine
风冷式换向器 ventilated commutator
风冷式空调器 air-cooled air-conditioner
风冷式冷凝器 air condenser; air-cooled condenser; blower cooler
风冷式投影机 blower-cooled project
风冷式压缩机 air-cooled compressor
风冷式制冷 air cooling refrigeration
风冷系统的风扇 blower fan
风冷整流子 ventilated commutator
风冷指标 wind chill index
风力 air force; blowing power; force of wind; strength of wind; wind force; wind power; wind strength
风力搬运 aeolian[eolian] transportation
风力泵 wind(mill) pump
风力表 wind dial; wind ga(u)ge
风力充电机 wind charger; wind power charger
风力充填 pneumatic fill(ing); pneumatic stowing
风力充填法控制顶板 pneumatic filling roof control
风力充填机 air blast goaf stowing machine; blast stower
风力冲挖 hydraulic excavation
风力处理 pneumatic dressing
风力吹积面 drifting surface
风力吹净炮眼 blow cleaning
风力吹起的水平线 wind-raised level
风力吹蚀作用 wind deflation
风力吹送卸载器 discharge blower
风力锤(气动杆) air leg
风力的 pneumatic
风力等级 wind class; wind scale
风力定位器 pneudyne(positioner)
风力堆积 aeolian accumulation; wind-blown deposit; wind-laid deposit
风力堆积型 wind power accumulation type
风力发电 wind electric(al) power generation; wind power; wind power generation
风力发电厂 wind power plant
风力发电机 aerogenerator; anemo-electric(al) generator; fan-driven generator; wind-driven dynamo; wind-driven generator; windmill generator; wind power generator; wind power unit
风力发电机组 wind generating set
风力发电站 wind power station
风力发动机 aerogenerator; air engine; windmill; wind motor
风力发动机工作轮叶 windmill sail
风力方向计 wind-force direction ga(u)ge
风力分布 wind-force distribution
风力分级 air classification; pneumatic classification
风力分级机 air classifier
风力分级器 air classifier; air sifter
风力分离 air separation; pneumatic separation
风力分散率 anemodispersibility
风力分选机 pneumatic separator
风力风向动态图 <风力玫瑰图> dynamic(al) wind rose
风力风向信号 wind signal
风力附加率 additional factor for wind-force
风力干燥机 pneumatic drier[dryer]
风力工程学 wind(power) engineering
风力攻角 angle attack of wind force
风力荷载 load due to wind pressure
风力混合作用 wind-drift convection
风力级 wind-force scale
风力计 anemograph; draft ga(u)ge; draught ga(u)ge; self-recording anemometer; windage scale; wind ga(u)ge; wind instrument; wind meter; wind speed meter
风力记录表 anemogram
风力记录图 anemogram
风力记录仪 anemograph; anemometrograph
风力加速堤 wind accelerating dike [dyke]
风力降温 wind chill
风力精选 pneumatic cleaning
风力静荷载 static wind loading
风力矩 wind moment
风力离析机 air elutriator
风力力矩系数 wind moment coefficient
风力量 wind flow
风力露 wind dew
风力螺母扳手 pneumatic nut wrench
风力马达 wind motor
风力脉动跳汰机 pulsating air jig; pulsator air jig
风力玫瑰图 dynamic(al) wind rose
风力灭火机 wind fire-extinguisher
风力能源 wind energy
风力农场 wind farming
风力排水机 windmill for drainage
风力偏流修正表 wind and drift chart
风力偏移 wind deflection
风力频率图 frequency-intensity wind diagram
风力坡蚀 planorasion
风力器 wind indicator
风力牵引 air-feed(ing)
风力侵蚀 aeolian erosion; wind abrasion; wind erosion
风力清除 air cleaning; pneumatic cleaning
风力清洗 air cleaning; pneumatic cleaning
风力清选机 pneumatic separator
风力筛分分析 pneumatic size analysis
风力筛分试验 air analysis test
风力设备 wind power installation
风力输灰装置 pneumatic ash conveyer[conveyor]
风力输送 delivery by compressed air; pneumatic conveying; pneumatic transportation
风力输送废物装置 pneumatic trash system
风力输送管 pneumatic pipe; pneumatic tube
风力输送机 wind conveyer[conveyor]
风力输送器 pneumatic tube conveyer [conveyor]
风力送冰机 ice blower; ice gun
风力送料管 conveyer pipe for material
风力送样器 pneumatic tube conveyer [conveyor]
风力淘汰盘 Kirkup table; screen table
风力淘选 pneumatic jigging
风力提水 wind-powered lifting
风力提水机 wind-driven water pump; wind pump
风力填充系数 solidity ratio
风力调速器 windmill governor
风力跳汰 pneumatic jigging
风力跳汰机 air jig; pneumatic jig
风力图 wind chart; wind(-force) diagram
风力推进 air-feed(ing)
风力涡轮机 wind turbine
风力吸送器 pneumatic suction conveyer[conveyor]
风力洗净器 air elutriator
风力系数 coefficient of wind force; wind factor; wind-force coefficient
风力效应 wind effect
风力修正 wind correction
风力修正量 windage
风力选 pneumatic preparation; winnowing
风力选分器 material collector
风力选粉机 air classifier; wind separator
风力选矿 air cleaning; pneumatic cleaning
风力选矿机 air separator; dry washer; pneumatic cleaner; pneumatic concentrator
风力摇床 screen table
风力引起的振动 wind-induced vibration
风力影响 effect of wind; windage; wind effect
风力运输 air transport(ation); wind transport(ation)
风力运输机 air float conveyer[conveyor]
风力载荷 load due to wind pressure
风力造成的水分损失 windage loss
风力站 windmill
风力指示器 wind indicator
风力注射不燃灭火 pneumatic injection
风力自记曲线 anemogram
风力作用 action of the wind; wind action; wind effect
风帘 air brattice; damp sheet
风链 <用于门、遮篷等> storm chain
风量 air input; air quantity; air rate; air volume; blast volume; blowing rate; input air; wind rate
风量变化 air variation
风量不足 deficiency in draft
风量挡板 distributing air damper
风量计 volume meter
风量计算法 air volume calculation method
风量控制器 blast volume controller
风量流率 air volume flow rate
风量平衡 air balance
风量平衡法 balanced capacity
风量汽流量 amount of wind
风量调节 air regulation
风量调节板 volume damper
风量调节阀 air regulating valve; throttle; volume damper
风量调节器 air regulator; blast regulator; volume damper
风裂 cup shake; dunting; wind crack; wind shake
风裂伤口 wind split
风流 gust of wind
风流测量站 air-measuring station
风流方向 airflow direction
风流分支 air split
风流分支系统 air-split system
风流分支装置 air-split system
风流条件 wind flow condition
风流调节分路 regulated split
风流调节装置 air regulator
风流压差 angle of drift; angle of leeway; crab angle; drift angle; drift leeway; leeway angle; leeway drift
风/流压偏角 drift angle under wind/current pressure
风路 wind path
风轮测速器 air vane
风轮传动式喷雾器 wind-driven atomizer
风轮发电机 wind turbine unit
风轮风速计 wind wheel anemometer
风轮机 wind turbine; wind turbine unit
风轮调速器 air valve
风落物 windfall
风铆锤 compressed-air hammer
风铆钉机 compressed-air hammer
风铆机 compressed-air hammer; pneumatic riveter
风帽 ballistic cap; blast cap funnel cap; cowl; false ogive; turncap; wind cowl; wind cap <烟囱顶的>; nozzle button <沸腾炉的>
风帽通风器 cowl ventilator
风玫瑰 wind rose
风玫瑰图 rose diagram of wind direction; wind direction(al) diagram; wind rosa; wind diagram; wind(velocity) rose
风媒传染 air-borne infection
风媒花 anemophilous flower
风媒植物 aelophilous plant; anemophilous plant; wind pollinated plant; win-pollinated plant
风煤气 air gas
风门 accelerator; air door; blast gate; butterfly valve; dampener; damper; draft damper; throttle(valve); ventilating damper; wind-baffle door; air trap【矿】; butterfly throttle valve <风门的俗称>
风门操纵机构 throttle control
风门杆开尾销 throttle rod cotter
风门控制 throttle control
风门控制杆系 throttle linkage
风门控制器 accelerator-decelerator; damp actuator

风门控制线管夹 throttle control wire tube clip
风门控制直角杠杆 throttle control bell crank
风门控制装置 damper control
风门拉杆 choker rod
风门片 air flap;flap
风门启动 coincidental starting
风门起动器 coincidental starter
风门全开 full throttle
风门锁 throttle lock
风门踏板 throttle pedal
风门调节器 damper actuator;damper regulator
风门调整螺钉 throttle adjusting screw
风门装置 throttle setting
风敏结构 wind-sensitive structure
风模型 wind model
风摩擦 air friction;wind friction
风摩耗 air friction loss
风磨(坊) windmill
风磨光岩石 wind-polish rock
风磨耗作用 eolian abrasion
风磨石 ventifact; wind cut stone; wind polished stone
风磨蚀 wind abrasion
风幕 air curtain;brattice sheet
风能 wind energy
风能技术 wind energy technology
风能利用 wind energy utilization
风能转换系统 wind-energy conversion system
风鸟 birds of paradise
风扭木 windlown tree
风排架 wind bent
风偏 windage yaw
风漂移 wind drift
风频率 wind frequency
风频率强度图 frequency-intensity wind diagram
风平浪静 calm and tranquil seas;gentle breezes and calm waves;good weather and smooth water;halcyon seas
风平浪静的水域 calm waters
风平片 froben tablet
风坪 aeolian flat
风屏洗涤器 windscreen washer
风屏帚 screen wiper
风谱 wind spectrum
风气 order of the day;tone;vogue
风枪 air-pressure gun
风强度频率图 frequency-intensity wind diagram
风墙 brattice
风锹 pneumatic digger
风桥 air crossing;overcast
风切变 wind shear
风侵蚀作用 wind erosion
风琴管 labial
风琴式风速计 eolian anemometer
风琴室 organ chamber
风琴席 organ gallery;organ loft
风琴形态的外观 organ-shaped facade
风琴音汽笛 organ whistle
风情 wind regime(n)
风区 fetch(area);generating area;wind field;wind zone
风区长度 fetch length;generating distance;wind fetch
风区后沿 fetch rear
风区结构 wind structure
风区宽度 fetch width;width of fetch;wind fetch length
风区前沿 fetch front;leeward end of fetch
风区图 fetch graph
风区图表 fetch graph;space-time wind field
风区迎风端 windward end of fetch
风驱动波 wind-driven wave
风驱动的 wind-driven
风驱动流 wind-driven current
风驱流 wind current
风驱水循环 wind driven circulation
风渠挡头板 end bulkhead for air duct
风渠挡头板通道门 manhole on end of air duct
风渠隔板 ceiling
风渠隔板吊杆 hanger for ceiling
风渠横梁 beam for air duct
风渠面积 air duct area
风扰动 wind disturbance
风三角 pennant
风散播 wind dispersal
风扫磨 air-swept mill
风扫磨系统 air-swept system
风扫式锤磨机 air-swept hammer mill
风扫式锤碎机 air-swept hammer mill
风扫式粉磨设备 air-swept grinding plant
风扫式烘干机 air-swept dryer
风扫式煤磨设备 air-swept coal plant
风扫式球磨机 air-swept ball mill
风沙<又称风砂> air-borne sediment; free flowing sand; heaving sand;mobile sand;quick sand;running sand; sand of storm; sand storm; shifting sand; wind-blown sand;wind-drift sand;blown sand
风沙尘 karaburan
风沙沉积(物) air-borne sediment
风沙地貌类型 type of wind-sand landform
风沙调查 wind sand investigation
风沙防治措施 measures of wind-sand treatment
风沙分选法 air sand process
风沙负荷量 capacity of the wind
风沙干旱区 dust bowl
风沙瘠化<土壤> wind spread sterility
风沙浸蚀区 dust bowl
风沙来源 source of dust
风沙流 sand-bearing wind;sand-driving wind;sand flow;shifting sand-current;sand current;sand-driving wind
风沙流动观测 observation of movement of wind-drift sand
风沙流宽度 width of sand-driving wind
风沙流密度 density of wind-sand current
风沙流强度 strength of wind-sand current
风沙磨蚀 abrasion of blown sand; wind-blown sand
风沙侵蚀 grit erosion
风沙危害类型 type of wind-sand damage
风沙中心 dust bowl
风筛 air elutriation;pneumatic jig
风筛(分)析试验<水泥粉末用一定压缩空气进行筛分> air analysis test
风筛谷物清选机 air-and-screen cleaner
风筛机 air classifier;air elutriator;air sifter
风扇 air blower;air machine;blower (fan);circulating fan;draft fan;electric(al) fan;fan;fanner;flow fan;ventilating fan;ventilator;wafter
风扇齿轮箱 fan gear housing
风扇除尘器 fan collector;impeller collector
风扇传动离合器 fan drive clutch
风扇传动皮带 fan belt
风扇传动装置 fan drive
风扇导流板 fan baffle
风扇的传动 fan transmission
风扇电动机 fan motor
风扇电机 fan electromotor
风扇端止推滚球轴承 fan end thrust ball bearing
风扇发电机 fan-generator
风扇辐轮 fan spoked wheel
风扇辅助热空气供暖 fan-assisted warm air heating
风扇功率 delivery of fan;fan delivery
风扇故障继电器 fan-failure relay
风扇盒 fan box
风扇护罩 blower fan guard;fan guard
风扇滑流 fan slip
风扇加热 fan heating
风扇架 fan board
风扇接头 fan joint
风扇进风门调节杆 fan shutter adjustment lever
风扇进风门调节器 fan shutter control
风扇进气口 fan air intake
风扇壳 fan housing
风扇冷却 fan cooling
风扇冷却的 fan-cooled
风扇冷却电动机 fan-ventilated motor
风扇冷却器 fan(-draught) cooler
风扇马达 blower motor;fan motor
风扇煤磨 fan-type coal mill
风扇耐温参数 temperature parameters of fan
风扇耦合器 fan coupler;fan coupling
风扇排气 fan exhaust
风扇排气管 fan stack
风扇排气口 windthroat
风扇皮带 fan belt
风扇皮带轮 fan pulley
风扇皮带盘 fan pulley
风扇皮带张紧装置 belt tightener
风扇驱动皮带盘 fan driving pulley
风扇式泵 fan pump;fan-type pump
风扇式测力计 fan-type dynamometer
风扇式地板炉 fan-type floor furnace
风扇式发动机 fan-type engine
风扇式检拾切碎机 pick-up chopper blower
风扇式空气加热器 fan(-type) heater
风扇式喷雾器 fan(-type) atomizer
风扇式燃烧器 fan atomizer
风扇式热风供暖 fan-type heating
风扇式通风机 fan-type ventilator
风扇输出能力 delivery of fan
风扇输送 delivery of fan
风扇特性曲线 fan characteristic
风扇调节皮带轮 fan adjusting pulley
风扇调节器 fan control;fan governor
风扇通风 fan draft
风扇通风机 fan ventilator
风扇通风器 fan ventilator
风扇推力反向器 fan thrust reverser
风扇外环 fan ring
风扇外壳 fan drum
风扇万向轴 fan cardan shaft
风扇网 tension mat
风扇温度继电器 fan motor temperature relay
风扇系统 fan air stream
风扇线 fan line
风扇效率 fan efficiency
风扇压缩比 fan compression ratio
风扇叶 air valve;blast fan
风扇叶轮 fan impeller;fan propeller
风扇叶片 air wing;fan baffle;fan blade
风扇叶片支架 fan blade arm
风扇叶子板 air wing;fan blade
风扇翼片 blade
风扇噪声 fan noise
风扇罩 fan housing
风扇制动 moulinet
风扇轴 fan shaft
风扇轴承 fan spindle bearing
风扇轴齿轮 fan shaft gear
风扇轴轴承 fan shaft bearing
风扇主动皮带轮 engine fan pulley
风扇转子 fan propeller
风上举力 wind uplift
风射差 wind-to-jet difference
风生波 wind-generated water wave; wind-induced wave
风生(海)流 wind-drift current;wind-driven current;wind-generated current; wind-induced current; wind stress current
风生环流 wind driven circulation; wind-induced current gyro
风生露 wind dew
风生漂流 wind drift current
风生湍流 wind-induced turbulence
风生涡流效应 anemogenic curl effect
风生洋面流 wind-driven ocean-surface current
风生运动 wind-induced motion
风生噪声 wind-generated noise
风生重力波 wind-generated gravity wave
风湿病 rheumatism
风时 duration of wind;wind duration
风蚀 wind erosion; deflation; eolian abrasion; erosion by wind action; weather(ing); wind corrosion; windworn
风蚀暴露试验 natural outdoor weathering test;weather exposure test
风蚀边 wind edge
风蚀波痕 deflation ripple mark
风蚀残丘 aeolian-residual hill
风蚀尘埃 dust from wind erosion
风蚀沉积作用 eoposition
风蚀城堡 wind-eroded castle
风蚀的 wind-carved
风蚀的危险 danger of soil blowing
风蚀等级 wind erosion class
风蚀地 blow land;blown-out land
风蚀地貌 aeolian landform
风蚀洞 wind erosion cave
风蚀粉尘 dust from wind erosion
风蚀覆盖层 wind deflation pavcment
风蚀干旱区 dust bowl
风蚀公式 wind erosion formula
风蚀沟 winding groove
风蚀谷 deflation valley
风蚀湖 wind erosion lake
风蚀脊 jardang;yarding
风蚀计 weatherometer
风蚀坑 blowout
风蚀砾石 wind-carved gravel;wind-carried pebble;windworn pebble
风蚀砾岩 wind-carved conglomerate
风蚀量 deflation quantity
风蚀裂纹 weather shake
风蚀留沙 lag sand
风蚀漏斗 funnel
风蚀卵石 wind-carved pebble
风蚀卵石盖层 pebble-strewn deflation pavement
风蚀面 deflation plane;plane of deflation
风蚀蘑菇 aeolian-demoiselle
风蚀盆地 aeolian basin;deflation basin; wind (erosion) basin; wind-scoured basin
风蚀平原 deflation plain
风蚀区 blown-out land
风蚀试验 weathering test
风蚀塔 aeolian tower
风蚀(土)脊 yardang
风蚀土壤 wind-eroded soil
风蚀洼地 blowout;deflation basin
风蚀系列 weathering series
风蚀穴 blow-hole
风蚀雪波 erosion ridge;sastruga[zastruga]

风蚀仪 weather meter
风蚀柱 deflation column; wind-eroded pillar
风蚀作用 aeolian abrasion; eolation; aeolian erosion; wind abrasion; wind erosion
风矢 barked arrow; wind arrow
风矢杆 wind direction(al) shaft; wind shaft
风矢量 wind vector
风矢量图 wind vector diagram
风室 plenum chamber; wind box
风刷 air wiper
风霜 wind frost
风水 geomantic omen
风水枪 aero-hydraulic gun
风送的 wind-borne
风(送)流 wind current
风送器 air charging machine
风送式输送机 air-slide conveyer[conveyor]
风送装置 pneumatic discharge apparatus
风俗画 genre
风俗习惯 convention; custom; customs and habits
风速 air speed; air velocity; blast velocity; speed of wind; wind speed; wind velocity
风速报警 wind speed alarm; wind velocity alarm
风速表 aerodromometer; air meter [metre]; air-speed ga(u)ge; anemoclinometer; anemometer; windlass meter; wind meter; wind speed meter
风速表度盘 wind dial
风速测定法 anemometry
风速测针 air velocity probe
风速场 velocity field
风速等级 wind speed scale
风速对数廓线 logarithmic velocity profile; logarithmic wind (speed) profile
风速分布图 wind profile
风速风温计 anemo-thermometer
风速风向标 anemovane
风速风向测定法 anemometry
风速风向记录器 anemometrograph
风速风向仪 anemocinemograph; anemoscope
风速风向指示器 anemoscope
风速风向自记仪 anemorumbograph
风速风压表 anemobarometer
风速风压计 anemobarometer
风速风压记录器 anemobiagraph
风速风压记录仪 anemobiagraph; anemograph
风速风压仪 anemobarometer
风速管 pito-static tube
风速积分器 air-speed integrator
风速计 aerodromometer; aerovane; air meter[metre]; air(o) meter; air speedometer; air velocity meter; anemometer; wind ga(u)ge; wind instrument; wind meter
风速计观测器 wind ga(u)ge sight
风速计数器 wind speed counter; wind velocity counter
风速计算器 course and distance calculator; course and speed computer; flight calculator; wind calculator
风速记录表 anemogram
风速记录器 anemobiagraph; wind speed recorder
风速记录图 anemogram
风速记录仪 anemobiagraph; wind speed recorder
风速警报 wind speed alarm; wind velocity alarm
风速刻度盘 wind speed scale; wind speed schedule
风速廓线 wind velocity profile
风速廓线绘图仪 wind velocity profiler
风速玫瑰图 <风力风向动力图> wind velocity rose
风速频率曲线 wind speed frequency curve
风速气压表 anemobarometer
风速-气压换算表 wind-barometer table
风速强度 intensity of wind velocity
风速曲线 anemogram
风速三角形 wind triangle
风速试验气球 test balloon
风速探测器 anemometer detector
风速梯度 wind velocity gradient
风速突变线 surge line
风速图 anemogram; anemograph; wind velocity diagram
风速仪 aerovane; anemometer; anemoscope; course and distance calculator; velometer
风速与风向 wind speed and direction
风速暂减 wind lull
风速涨落 wind velocity fluctuation
风速指示器 air-speed indicator; wind speed indicator; wind velocity indicator
风速指示仪 air-speed indicator; pilot tube; wind speed indicator; wind velocity indicator
风速指针 wind velocity indicator
风速骤增线 surge line
风速转速表 anemotachometer
风速自记记录【气】 anemogram
风速自记曲线图 anemogram
风塔 aeration column; Tower of Winds <古希腊>
风态 wind regime(n)
风涛海面 heavy sea; rough sea
风提灯 barn lantern
风条件 wind condition
风亭 air kiosk; air pavilion; ventilation pavilion
风筒 ventilation pipe
风筒盖 cylinder cap
风筒接头阻力 resistance at ventilation pipe joint
风筒摩擦阻力 friction(al) resistance in ventilation pipe
风筒式冷却塔 chimney cooling tower; wind tunnel cooling tower
风筒转弯阻力 resistance at ventilation pipe turning
风头铆钉机 air riveter
风图 wind map; wind rose
风土 climate; clime
风土病 endemic
风土的 climatic
风土人情 local conditions and customs
风土条件 edapho-climatic condition
风土性 endemicity
风土学 climatology
风土驯化 acclimatement; acclimation; acclimatization
风团 wheal
风团及潮红应答 weal and flare response
风腿 air leg
风腿钻机 air leg drill
风退水 lowering of the water level by wind
风歪 windlean
风弯 windbend
风弯矩 wind bending moment
风味 smelling
风味餐厅 specialty restaurant
风稳定性 wind stability
风涡 wind eddy
风吸力 wind(age) suction; wind uplift
风洗器 air classifier
风系 system of wind; wind system
风系数 wind coefficient
风隙 wind gap
风峡 wind gorge
风险 hazard; venture
风险保险金 risk premium
风险报酬分析 risk-return analysis
风险报酬率 risk premium rate
风险比较 risk comparison
风险变更 change of risk; variation of risk
风险表征 risk characterization
风险补偿 indemnity for risks; risk indemnification
风险补贴 risk premium
风险差额 risk premium
风险成本 risk cost
风险成本模型 risk-cost model
风险承担 risk hedging; risk sharing
风险承担者 risk bearer
风险程度 degree of risk
风险大(的保险) bad risk
风险大的保险户 a poor risk for insurance
风险大的地区 risk-prone area
风险代价 value of risk
风险贷款 risk loan
风险单一 unilateral risks
风险导向审计 risk-oriented audit
风险的分担 allocation of risks
风险的后果 effect of risks
风险的结合 combination of risks
风险的开始 commencement of risks
风险的可接受性 acceptability of risks
风险的取舍 selection of risks
风险的效应 effect of risks
风险的预防 prevention of risks
风险抵押承包 mortgaged contract with risks
风险度 degree of risk; risk level
风险多样化 diversification of risks
风险额 <保险中的> amount at risks
风险反感 risk averse; risk aversion; risk repugnance
风险防范 risk prevention
风险防范机制 risk prevention mechanism
风险分担 risk allocation; risk sharing
风险分配 distribution of risks
风险分散 diversification of risks
风险分散指标法 risk dispersion index method
风险分析 <系统工程> risk analysis; analysis of risks
风险分析器 risk analysis unit
风险负担 risk-bearing
风险负担理论 theory of risk-bearing
风险概率分析 probabilistic analysis of risk; risk probability analysis
风险隔离 isolation of risks
风险估计 risk assessment; risk prophecy; risk rating; risk estimation
风险管理 risk management
风险规避 risk aversion
风险规定 at risk rules
风险函数 hazard function; risk function
风险合同 risk contract
风险机制 risk mechanism
风险积累 accumulation of risks
风险及可靠性评估 risk and reliability evaluation
风险极限 at risk limitation
风险集 risk set
风险价值 venture worth
风险价值指数 risk-value index
风险减至最小限度 risk minimization
风险经济师 risk economist
风险经理 risk manager
风险矩阵准则 risk matrix criterion
风险决策 decision in the face of risk; risk decision-making
风险控制 risk control
风险连锁 linkage of risk
风险率 hazard rate; risk rating
风险论 risk theory; theory of risks
风险赔偿 indemnity for risks
风险平均值 risk average
风险评定 risk assessment
风险评估 assessment of risks; risk estimation; risk evaluation
风险评价 risk assessment; risk evaluation
风险评价等级 risk assessment categories
风险评审法 venture evaluation and review technique
风险企业 venture business
风险生水 risk premium
风险事业 venture enterprise
风险收益分析 risk-return analysis
风险水平 hazard level; risk level
风险水平的选择 choice of level of risks
风险套汇 risk arbitrage
风险特性 risk characteristics
风险条件下的单准则 single criterion under risks
风险调整折现率 risk-adjusted discount rate
风险贴现 discount for risks
风险贴现因素 risk discount factor
风险投资 go-go fund; risk investment; venture(capital) investment
风险问题 risk of problem
风险系数 risk factor
风险下的决策 decision-making under risk
风险限额 at risk limitation
风险效益分析 risk-benefit analysis
风险效应 risk effect
风险协议 risk agreement
风险型 state of risk
风险型决策 decision under risks; risk decision; venture making under risks
风险性决策 decision-making under risk
风险性资产 risk assets
风险一致性 risk congruence
风险因数 risk factor
风险因素 risk factor
风险盈利 venture profit
风险由货主负担 at owner's risks
风险与报酬比益函数 risk-return trade off function
风险与报酬率比益 trade-off between risk and rate of return
风险与到期日关系 risk-maturity relationship
风险预测 risk prediction
风险预防 risk aversion
风险增加 aggradation of risks
风险折扣因素 risk discount factor
风险证券 risk securities
风险指标 risk indicator
风险中性 risk neutral
风险转让 risk transfer
风险转移 passing of(the) risk
风险转移日 risk transfer date
风险追求 risk-seeking
风险资本 risk capital; venture capital
风险资产比率 risk assets ratio
风险自负 on one's own risk
风险自由环境 risk free environment
风险组合 combination of risks

风险最小化原则 principle of minimization risks
风箱 air bellows; air chest; bellows seal valve; blast box; blowing machine; pneumatic shuttle; wind box
风箱泵 bag pump; bellows pump
风箱吹管 bellows blow pipe
风箱密封阀 bellows-sealed valve
风箱式 bellows-type
风箱式补偿器 bellows compensator
风箱式的 bellows-type
风箱式框架 bellows frame
风箱式散热器 bellows radiator
风箱式伸缩缝 bellows expansion joint; bellows-type expansion joint
风箱式伸缩接头 bellows-type expansion joint
风箱树 buttonbush; Platanus occidentalis
风箱台 wind bench
风箱形接头 bellows joint
风箱型机械密封 bellows-type mechanical seal
风箱型伸缩缝 bellows-type expansion joint
风箱照相机皮腔 bellows
风箱钻模 drill jig for air cylinder
风向 directional of wind; wind direction; wind flow; wind lock
风向标 air vane; flow direction(al) vane; registering weather vane; windage vane; wind arrow; wind cock; wind direction(al) indicator; wing; dog vane; vane; weather cock; weather vane; wind vane
风向不定的阵风 chopping wind
风向常变的 chopping; choppy
风向传感器 wind transducer
风向袋 air sleeve; cone; wind cone; wind sleeve; wind sock; drogue
风向反转 back around; backing wind; back of wind
风向(分)界线 wind divide
风向风花图 wind rose; wind rose diagram; wind rose map
风向风力动态图 dynamic(al) wind rose
风向风速表 anemorumbometer
风向风速测定法 anemometry
风向风速计 aerovane; anemovane; wind vane and anemometer; anemoscope
风向风速器 aerovane; anemoscope; anemovane
风向风速图 wind rosa
风向风速稳定度联合频率表 table for the joint frequency distribution of meteorological data
风向风速仪 aerovane; anemovane; anemoscope
风向风速指示器 wind indicator
风向风向图 wind rose map
风向改变 shifting of wind
风向后移 veer aft
风向计 aerovane; registering weather vane
风向量 wind vector
风向玫瑰图 wind direction(al) rose; wind rose; wind(rose) diagram; wind rose map
风向逆时针方向改变 haul
风向逆转 backing; back of wind; wind backs
风向偏转 wind deflection
风向漂移 wind drift
风向频率 frequency of wind direction
风向频率图 wind diagram; wind rosa [rose]
风向谱 wind direction(al) spectrum
风向器 wind cone
风向顺时针转 veering
风向顺转 veer; veering of wind
风向突变线 wind-drift line; wind shift line
风向图 wind direction(al) diagram
风向无定的 chopping
风向仪 dog vane; wind indicator
风向影响系数 wind direction(al) effect coefficient
风向与等压线的交角 inclination of wind
风向雨量计 <随风旋转,可测不同方向雨量> vectopluviometer
风向指示计 wind direction(al) indicator
风向指示器 dog vane; wind direction(al) indicator
风向指示仪 anemoscope
风向逐渐改变 haul round
风向转变 fly about
风向转变线 wind shift line
风向锥 wind cone
风向自记器 wind direction(al) recorder
风巷 aircourse; airway; back vent; wind road; windway
风巷周长 perimeter of airway
风斜表 anemoclinometer
风斜计 anemoclinograph
风携质 wind-borne load
风信标 weather vane
风信鸡 cock; weather cock; weather vane
风信计 aeroclinoscope
风信旗 vane
风信塘 hyacinth pond
风信子 common hyacinth; hyacinth; water hyacinth
风信子矿 zircon
风信子石 zircon
风信子素 fenxizisu
风信子油 hyacinth oil
风悬浮作用 eolian suspension
风选 air classification; air flo(a)tation dry separation; air separation; dry separation; fanning; pneumatic preparation; winnow(ing)
风选锤式粉碎机 hammer-mill with air-classifier
风选法 pneumatic concentration
风选机 air sifter; fan; fanning machine; pneumatic concentrator; winnower; winnowing machine; winnow mill
风选机进风门调节器 fanning mill shutter adjuster
风选机喂入槽 fanning mill chute
风选金矿法 winnowing gold
风选硫黄 aerofloated sulfur; air-separated sulfur
风选黏[粘]土 air-floated clay
风选器 air classifier; air separator
风选筛 wind riddle
风选输送机 winnowing conveyer [conveyor]
风穴 blowing hole; eye of wind; wind cave; wind hole; wind scoop
风学 anemology
风雪(风) flurry
风雪荷载 wind and snow loads
风雪机 flurry
风雪计 drift ga(u)ge
风雪衣 hooded jacket; windbreaker
风汛警报台 typhoon signal
风汛信号 wind signal
风汛信号杆 wind signal pole
风压 air-pressure; blast pressure; draft force; pressure of wind; velocity pressure; wind(velocity) pressure
风压板风速仪 swinging plate anemometer
风压表 air-pressure ga(u)ge; blast meter; draft ga(u)ge; draft meter; draught ga(u)ge
风压波动 blast wandering
风压不足切断装置 airflow failure device
风压测试 pneumatic test(ing)
风压差 air-pressure difference; angle of drift; angle of leeway; leeway; side pull
风压差表 list of leeway; table of leeway
风压差改正量 correction of leeway
风压差系数 coefficient of leeway
风压差修正量 allowance for leeway; allow for wind
风压差指示器 leeway indicator
风压传送的邮件 pneumatic mail
风压打桩锤 air pile hammer
风压的 wind proof
风压分布 wind pressure distribution
风压分布图 wind pressure distribution graph
风压高度变化系数 height variation coefficient of wind pressure
风压公式 wind-stress formula
风压荷载 wind pressure; load due to wind pressure
风压计 anemometer; blast(pressure) ga(u)ge; inclined draft ga(u)ge; wind(pressure) ga(u)ge
风压降 air-pressure drop; pneumatic drop
风压角 drift angle; leeway
风压力 force of wind; pressure due to wind; pressure of wind; wind loading; wind(pressure) force; wind pressure
风压力矩 moment of wind pressure
风压力系数 wind pressure coefficient
风压联动装置 pneumatic linkage
风压铆钉机 pneumatic riveter
风压铆钉枪 pneumatic riveting gun
风压面积 wind area
风压漂移 drift; leeway
风压强度 intensity of wind pressure; wind intensity
风压试验 air-pressure test; compressed-air test; interior air pressure test; wind load test; wind pressure test
风压释放 forced air pressure discharge
风压释放阀 pneumatic release valve
风压损失 air loss; fan slip
风压调节器 air governor
风压调整器 manometer regulator
风压图 wind pressure diagram
风压弯矩 moment of wind pressure
风压系数 coefficient of wind pressure; wind pressure factor
风(压)应力 wind stress
风压值 wind pressure value
风压中心 center[centre] of wind pressure
风压作用 wind pressure effect
风扬 wind setup
风檐板 cornice return; doubling piece; eaves board
风眼 air hole; back vent; eye of storm; eye of wind; wind hole; eye of tropical cyclone <热带气旋>
风眼蓝 water hyacinth
风扬尘土 wind-blown dust
风扬机 winnowing machine
风扬起 wind(age) set-up
风摇 wind rocking
风衣 dust coat; duster; weatherproof clothing
风移土壤 transported soil
风银莲花属 wind flower
风引起的随机波 wind-induced random wave
风应力 stress of wind; windage stress
风应力桥门分析法 portal method of wind stress analysis
风应力系数 wind-stress coefficient
风应力悬臂分析法 cantilever method of(wind stress) analysis
风影 wind shadow; wind shallow
风壅水 wind backwater; wind onset; wind set-up; wind tide; storm surge; meteorological tide; storm tide; storm wave
风壅水幅度 amplitude of wind tide
风壅水面高度 wave setup
风涌水 wind set-up; wind tide
风羽 feather
风雨板 feather-edged board; weather-board(ing)
风雨剥蚀的 weather-worn
风雨窗 stormproof window; storm window
风雨灯 hurricane lamp; storm lamp; storm light; tornado lamp
风雨电磁阀 weather electro-magnetic valve
风雨防护式电机 weather protected machine
风雨护壁面板 weather-board(ing)
风雨警报 advisory for gale and rain
风雨开关 waterproof switch
风雨帽 cowl
风雨门 storm door; weather door
风雨门廊 storm porch
风雨密性 weatherproofness
风雨密性试验 weatherproofness test
风雨磨蚀的 weather-beaten
风雨棚 penthouse; shelter
风雨篷 storm hood; weather awning
风雨墙面板 weather-board(ing)
风雨侵入试验 weather penetration investigation
风雨侵蚀 weathering
风雨侵蚀测量仪 weatherometer
风雨侵蚀的 weather-beaten; weather-worn
风雨侵蚀试验 accelerated weathering
风雨侵蚀线路 wind and water line
风雨损耗的 weather-beaten; weather-worn
风雨停车站 stop shelter
风雨线 weatherproof wire
风雨靴 storm boots
风雨檐 forebay
风遇到阻碍物后 downdraft
风源 wind regime(n)
风灾 disaster caused by a windstorm; gale damage; wind storm
风灾保险 windstorm insurance
风灾区 wind-swept area
风灾险 windstorm insurance
风灾险保单 windstorm insurance policy
风载尘 wind-borne dust
风载传递 transfer of wind load
风载的 air-borne
风载(荷) wind load(ing)
风载力矩 wind moment
风载面积 wind load area
风载能力 wind load capacity
风载沙 blown sand
风载系数 coefficient of wind force
风载应力 wind load stress
风在海面的阻力系数 surface drag coefficient
风暂停 wind lull
风錾 pneumatic chipping hammer; dresser <清理轧材用>

F

风凿 air chipper;chipper;pneumatic chipping hammer;pneumatic chisel;scaling chipper
风噪声 wind noise
风增水 heaping up of water by wind;wind onset;wind-raised water level;wind set-up;windstau;wind tide
风闸 air brake;air cushion brake;air lock;pneumatic brake;compressed-air brake
风闸阀 damper
风闸放气 discharging of brake
风闸门 air lock system;air sluice
风闸系统 air brake system
风栅 blast head;blowing chest
风障 brattice;brattice sheet;draft curtain;stopping;windbreak
风障布 brattice cloth
风罩 air former;wind header
风罩再生式空气预热器 Rothemuhle regenerative air preheater
风折 windbreak;wind breakage
风折树林 windfall
风折枝 windfall
风振 wind vibration
风振系数 Strouhal number;wind gust loading factor;wind pulse-vibration factor
风筝 kite;paper kite
风筝标志 kite-mark
风筝观测 kite observation
风筝式气象记录器 kite-meteorograph
风筝式系留气球 kytoon
风筝线轴 kite reel
风筝形扇步 kite winder
风筝形踏步【建】kite winder
风致摆动 wind-induced oscillation
风致摆振 wind-induced oscillation
风致海流 wind-induced current
风致混合 wind-induced mixing
风致偏差 windage
风致随机波 wind-induced random wave
风致湍流 wind-generated turbulence;wind-induced turbulence
风致移动 wind generated movement
风致运动 wind generated movement;wind-induced motion
风致振荡 wind-induced oscillation
风致振动 wind-induced vibration
风轴 wind axis
风轴系 wind axes
风转向正横前 haul forward
风锥 air drill
风锥钻岩 air boring
风奏琴 aeolian harp
风资料图集 wind atlas
风阻 windage
风阻长度 air blocking length
风阻车辆 air blocking vehicle
风阻力 wind(age) resistance
风阻力荷载 wind drag load
风阻力能高损耗 windage loss;wind resistance loss
风阻面积 air blocking area
风阻损耗 wind resistance loss
风阻损失 drag loss;windage loss;wind resistance loss
风阻推力 air blocking thrust
风阻系数 air blocking coefficient;drag coefficient;wind blocking coefficient
风钻 air drill(ing);air motor drill;air rig;air rock drill;borer;compressed-air drill;dry drill;hammer drill;hammer rock drill;percussive air machine;pneumatic drill
风钻槽形托架 pneumatic drill cradle
风钻工 drifter
风钻和自动给进气腿联合装置 jack-hammer-pusher leg combination
风钻夹钎爪 drill chuck jaw
风钻破碎机 air breaker
风钻钻机 drifter drill
风钻钻头 drifter drill
风嘴 blast nozzle;edge fairing;fairing;wind fairing
风嘴底 tuyere bottom
风嘴工作 tuyere action
风嘴孔 tuyere notch
风嘴口 tuyere snout
风嘴帽 tuyere head
风嘴耐火砖 tuyere brick
风嘴印 checker pattern
风嘴总面积 total blast nozzle area
风作用 wind action

枫

丹白露宫 <法国> palace de Fontainebleau

枫丹白露宫园 <法国> Fontainebleau Palace Garden
枫丹白露砂层 Fontainebleau sands
枫丹白露砂岩 Fontainebleau sandstone
枫桦小蠹 Seolytus dahuricus
枫茅 citronella
枫木 gumwood;maple
枫树 maple;maple tree;Oregon maple
枫树叶子 maple leaves
枫香 sweet gum
枫香木 sweet gum
枫香片 liquidambar formosana slice
枫香树 Chinese sweet gum
枫香树香脂 liquidambar
枫香脂 resin of sweet gum
枫杨 Chinese ash;Chinese wingnut;wing nut
枫杨属 <拉> Pterocarya
枫叶形补缀 eta patch
枫叶罩吊灯 bell shade pendant lamp

封

envelopment

封板 close[closing] board;close-boarded;close sheeting
封闭 blockade;block up;close(in);closing;confinement;dam up;encase;hermetization;latching;latch-up;obturation;occlude;plug back;seal(ed-in);sealing;shut
封闭安全笼 enclosing safety cage
封闭安装 shield erection
封闭坝 <不溢水的> non-overflow dam
封闭板撑 tight sheathing
封闭泵 canned pump
封闭边缘 blocked rand
封闭表面骨料 <低吸水率> sealed aggregate
封闭表面集料 sealed aggregate
封闭部分 closure section
封闭舱室 closed chamber;closed in space
封闭舱室吨位 enclosed space tonnage
封闭舱位 enclosed space
封闭槽 closure slot;sealed groove
封闭层 blocked course;confine(d) bed;confined stratum;confining bed;confining layer;sealant;seal(er) coat(ing);seal(ing) course;sealing layer
封闭层防剥离药剂 desealant
封闭层混合物 sealing compound
封闭车端 dummy end
封闭车间 closed job-shop
封闭车辆交通期间 all-red period
封闭沉箱 sealing the caisson
封闭充气滤池 enclosed aerated filter
封闭处理 seal treatment
封闭处所 enclosed space
封闭船楼 closed superstructure
封闭椽 close rafter
封闭道路 blocked road
封闭的 blind;blocked;closed;enclosed;locked;sealed
封闭的地热井 closed geothermal bore
封闭的多边形 blocked polygon;closed polygon;sealed polygon
封闭的固定程序包 closed fix package
封闭的磺化油酸盐 blocked sulfoleate
封闭的几何图形 enclosed geometric figure
封闭的建筑 closed building
封闭的桨叶式推进器 enclosed paddle worm
封闭的筋 closed bead
封闭的经济 closed economy
封闭的密码体制 closed cipher system
封闭的上层建筑 closed in erection
封闭的升降机井道 blind hoistway
封闭的生态系(统) closed ecological system
封闭的酸催化剂 blocked acid catalyst
封闭的铁路线 line closed down
封闭(的图)形 enclosed figure
封闭的危险区 dangered-off area
封闭的线路 blocked line;blocked track;line closed down
封闭的用户 closed user
封闭的院子 enclosed court
封闭等高线 closed contour
封闭低于不整合面的圈闭 trap sealed lower below unconformity
封闭堤 closing dike[dyke]
封闭底漆 primer-sealer;sealer;seal coat
封闭底色 seal-off stain
封闭底涂层 sealing coat
封闭地层 confining bed;confining stratum
封闭地块 blind area
封闭地区 enclosed country
封闭地下水 confined groundwater
封闭电磁波 trapped electromagnetic wave
封闭电动机 canned motor
封闭电弧焊 shield-arc welding
封闭电炉 closed electric(al) furnace
封闭电路 closed circuit
封闭电平 pedestal level
封闭端 blind end;closed end;closed termination;stiff end;stop(ped) end
封闭端盖 closed-end cap
封闭断面 closed section
封闭阀 draught excluder
封闭方法 enclosure method
封闭防尘 dust-control with enclosure
封闭放射源 sealed source
封闭分解法 decomposition in sealed vessel
封闭缝 sealed joint
封闭钢筋 closed stirrup
封闭钢丝索 locked coil strand
封闭港 closed harbo(u)r;closed port
封闭港湾 enclosed bay
封闭工厂 locking out;lockout
封闭工程 sealing works
封闭公差 closure tolerance
封闭汞弧整流器 seal-off mercury-arc rectifier
封闭拱顶 blind vault
封闭拱廊 blank arcade;blind arcade;dead arcade
封闭沟槽 closure channel
封闭构造 closed structure
封闭谷 court dock;hope
封闭谷地 dingle
封闭管 sealed conduit;sealed pipe;sealed tube
封闭管壁 solid surrounding boundary
封闭管道系统 closed pipe system
封闭管端的法兰盘 blank flange
封闭管片 key segment
封闭管渠 closed conduit;covered conduit
封闭管式熔断器 enclosed tubular cut-off
封闭灌浆 anchor grouting;closure grouting
封闭过滤 blocking filtration
封闭海 enclosed sea
封闭海湾 closed bay
封闭含水层 confined aquifer;confined beds of aquifer;confining beds of aquifer
封闭焊 seal weld(ing)
封闭河湾 closed bay
封闭湖 <无源无出口> blind lake;landlocked lake;closed lake
封闭化 autarky;insulate the organizational management system
封闭环 closed loop
封闭环境 closed environment;enclosed environment
封闭环流 circulation around circuit
封闭环状礁 closed ring reef
封闭回路 closed loop
封闭混凝土 sealed concrete
封闭火区 fire sealing
封闭火灾区 bashing
封闭集团 closed bloc
封闭给水加热器 closed-feed water heater
封闭剂 sealant;sealer;seal(ing) agent;sealing compound
封闭加工方法 enclosed process
封闭加热器 closed heater
封闭检验 plunger proving
封闭交通 close to traffic;closing off;stopping off
封闭搅拌器 sealed stirrer
封闭接头 blind joint;close(d) joint;seal nipple;housed joint
封闭接线 joining polyline
封闭街道 close up street
封闭结构 closed construction;enclosed construction
封闭解 closed-form of solution;closed-form solution
封闭经济模式 closed economy model
封闭井 closed well;enclosed well
封闭井壁 wall off
封闭井的最大压力 closed pressure
封闭井眼 close a well
封闭开挖法 enclosed excavation method
封闭空间 dead-air space;enclosed space;enclosure space
封闭空间火灾 enclosure fire
封闭空间火灾模型 enclosure fire model
封闭空气 occluded air;entrapped air
封闭空气分配(冷藏车) envelope air distribution
封闭孔 closed pore
封闭孔隙 closed void
封闭孔隙率 sealed porosity
封闭恐惧反应 <在人行地道中的> claustrophobic effect of enclosure
封闭蜡 sealing wax
封闭冷却法 sealed cooling
封闭冷却系统 closed cooling system
封闭链 sealed joint
封闭裂缝 sealing of cracks
封闭溜槽 closed chute;closing chute
封闭流动 confined flow
封闭流域 closed(drainage) basin

封闭笼 enclosing cage
封闭楼梯间 enclosed stair(case);enclosed stairway;enclosed stairwell
封闭螺栓 blind bolt
封闭螺纹 sealing thread
封闭脉冲 disabling pulse
封闭脉冲发送 loop pulsing
封闭灭火 smothering
封闭模 closed die
封闭膜 closing membrane
封闭母线 enclosed bus(bar)
封闭腻子 underseal
封闭年龄 closure ages
封闭配合 closure fitting
封闭盆地 bolson;closed basin;cut-off basin;inner vale
封闭平面图形 closed plane figure
封闭曝气过滤池 enclosed aerated filter
封闭期间 off period
封闭漆 block filler
封闭气孔 sealed pore;sealed porosity
封闭气泡 entrapped air
封闭气泡式气垫船 captured air bubble craft
封闭弃泥设施 confined disposal facility
封闭器 noise cover soundproof enclosure;obturator;sealer
封闭器材 lute
封闭器械 sealable equipment
封闭墙 temporary wall
封闭切割 shielded cutting
封闭清漆 sealing varnish;sizing varnish
封闭穹隆 blind vault
封闭区(域) closed area;closed region;enclosed area;sealed area
封闭曲线 closed curve
封闭曲线转成面涡流 <汽轮机> toroidal vortex
封闭圈 closed level;locked coil;sealing ring
封闭圈钢绞线 locked coil strand
封闭圈钢丝绳 locked coil rope
封闭燃烧器 convection burner;enclosed combustion burner
封闭绕组 inhibit winding
封闭人格 shut in personality
封闭人行道 enclosed walkway
封闭容器 sealed container
封闭容器内隔热养护 mass curing
封闭塞 closing cock
封闭设施 closed installation
封闭十字头 closed crosshead
封闭时间 closing time
封闭市场 closed market
封闭式 close(d) type;enclosed type;inward orientation
封闭式保险丝 enclosed fuse
封闭式背齿轮 encased back gear
封闭式编号制度 closed numbering plan
封闭式表层 closed surface
封闭式驳船货运系统 closed barge carrier system
封闭式布局 closed-type layout;enclosed type layout
封闭式采暖炉 closed circuit radiator;room-sealed space heater
封闭式场地 enclosed court
封闭式陈列柜 closed-type display case
封闭式齿轮传动装置 encased gear;enclosed gear
封闭式出入口 closed access
封闭式淬火炉 sealed quench furnace
封闭式挡泥屏 closed screen
封闭式的线性生产模型 closed linear model of production
封闭式低压开关 enclosed switch
封闭式滴滤池 closed trickling filter;enclosed trickling filter
封闭式电池 enclosed cell
封闭式电磁泵 hermetically sealed magnetic drive pump
封闭式电动机 enclosed electric(al) machine;enclosed (type) motor;shell-type motor
封闭式渡槽 closed flume
封闭式盾构 blind shield;enclosed shield
封闭式多孔性 sealed porosity
封闭式阀动装置 closed valve gear
封闭式风冷电机 enclosed ventilated machine
封闭式干钻凿岩 hooded dry drilling
封闭式感应电动机 enclosed type induction motor
封闭式钢筋混凝土渡槽 covered reinforced concrete flume
封闭式钢丝绳 locked coil rope
封闭式钢索 locked coil rope;locked coil strand
封闭式港池 closed basin;closed dock;dock harbo(u)r;impounded dock;impounding dock;tidal basin;wet basin;wet dock
封闭式港口 impounded harbo(u)r;impounded port
封闭式港湾 impounded harbo(u)r
封闭式公司 closed corporation
封闭式供料滚筒干燥机 dip-feed drum drier
封闭式供暖系统 closed heating system;closed system of heating
封闭式构造 closed construction;enclosed type construction
封闭式购物中心 enclosed mall
封闭式箍筋 closed stirrup
封闭式固定程序包 closed fix package
封闭式管道 closed conduit
封闭式管道横截面内部最低高程 soffit level
封闭式管道流 closed conduit flow
封闭式广场 closed-type square;enclosed plaza
封闭式辊筒 closing roller
封闭式锅炉 room-sealed boiler
封闭式海 closed sea
封闭式河口湾 closed estuary
封闭式呼吸气体系统 closed respiratory gas system
封闭式弧光灯 enclosed arc lamp
封闭式滑环运动 closed link motion
封闭式滑轮 enclosed block
封闭式环形控制系统 closed loop control system
封闭式混炼器 Banbury mixer
封闭式货物 closed stock
封闭式机房 closed shop
封闭式机油管道 oil enclosed pipe line
封闭式集装箱 closed(box) container;closed van type container
封闭式给水预热器 closed-type feed-water heater
封闭式驾驶室 closed cab
封闭式建筑 enclosed building
封闭式浇注系统 positive pressure gating system
封闭式绞刀 enclosed cutter
封闭式结构 closed shield
封闭式金属桶 drum ladle
封闭式进刀齿轮 enclosed feed gear
封闭式经济 closed economy
封闭式井 closed well
封闭式救生艇 closed lifeboat;enclosed lifeboat
封闭式开关 enclosed type switch
封闭式铠装 closed armo(u)ring
封闭式可充电铅酸电池 rechargeable sealed lead-acid battery
封闭式缆索(主缆) locked coil cable
封闭式冷却系统 enclosed cooling system
封闭式冷却水系统 closed cooling water system
封闭式离心泵 closed centrifugal pump
封闭式料仓 closed bin
封闭式流域 enclosed basin
封闭式楼梯 box stair(case);enclosed stair(case);housed stair(case);closed stair(case)
封闭式楼梯斜梁 closed(stair) string-(er);curb string;housed string
封闭式炉 enclosed furnace
封闭式滤池 closed filter;covered filter
封闭式路面结构 closed pavement structure;enveloped pavement
封闭式螺旋输送机 closed spiral conveyer[conveyor];closed worm conveyer [conveyor];enclosed spiral conveyer[conveyor]
封闭式门廊 enclosed porch
封闭式门铃 enclosed door bell
封闭式模具 closed mo(u)ld
封闭式模型 closed model
封闭式膜片 closed diaphragm
封闭式母线 enclosed type bus bar
封闭式耐火救生艇 closed fire-proof lifeboat
封闭式泥舱 closed hopper
封闭式耦合泵 close-coupled pump
封闭式排水斜沟 closed valley
封闭式配电盘 enclosed switch board
封闭式盆地 enclosed basin
封闭式膨胀罐 closed expansion vessel
封闭式膨胀水箱 closed expansion tank
封闭式皮带输送机 dust-tight belt conveyer[conveyor];enclosed belt conveyer[conveyor]
封闭式输送机廊道 enclosed conveyer [conveyor] gallery
封闭式皮带喂料机 covered belt feeder
封闭式皮带运输机 enclosed belt conveyer[conveyor]
封闭式起动器 enclosed starter
封闭式气冷系统 closed air-cooling system
封闭式潜水呼吸器 closed circuit breathing apparatus
封闭式桥台 closed abutment
封闭式球场 enclosed court
封闭式渠道 covered canal
封闭式取粉管 closed sludge barrel
封闭式取暖装置 room-sealed appliance
封闭式燃具 room-sealed appliance
封闭式染色机 enclosed dyeing machine
封闭式热交换机 blanket heat exchanger
封闭式(热)水(供)暖系统 closed hot water heating system
封闭式人口 closed population
封闭式熔断器 enclosed fuse;enclosed type fuse;protected cut-out
封闭式熔丝保险器 protected cut-out
封闭式筛 closed-type screen
封闭式闪点测定器 close flash point tester
封闭式上层建筑 closed superstructure
封闭式设置 closed loop layout
封闭式渗漏测定计 confined lysimeter
封闭式生物滤池 closed trickling filter
封闭式收费 dose toll system
封闭式收费系统 close(d) toll system
封闭式输水道 stream enclosure
封闭式输送管道 enclosed conveyer conduit
封闭式输送机 enclosed conveyer [conveyor]
封闭式输送斜槽 enclosed air-side conveyer[conveyor]
封闭式熟料储库 enclosed clinker storage
封闭式水槽 closed flume
封闭式水道 covered conduit
封闭式水管系统 closed water-piping system
封闭式水冷却 closed circuit water cooling
封闭式水轮机 enclosed type turbine
封闭式水循环 closed water circuit
封闭式司机室 closed cab
封闭式踏板楼梯 closed string stair-(case)
封闭式弹簧安全阀 sealed spring loaded safety valve
封闭式碳极弧灯 enclosed carbon arc lamp
封闭式碳精弧光灯 enclosed carbonate light
封闭式梯田 closed-end terrace
封闭式天棚 closed ceiling
封闭式调压井 closed surge tank;covered surge tank
封闭式挑檐 closed cornice;closed eaves
封闭式庭院 closed courtyard;enclosed courtyard
封闭式停车库 enclosed parking garage
封闭式通风集装箱 closed ventilated container
封闭式通风系统 closed system of ventilation;closed ventilation system
封闭式透平压缩机 hermetic turbo-compressor
封闭式透平致冷机 turbo-refrigeration machine
封闭式温度测量装置 closed temperature measuring device
封闭式蜗杆输送机 closed worm conveyer[conveyor]
封闭式蜗轮壳 totally enclosed wormgear box
封闭式屋面天沟 closed valley
封闭式屋檐 boxed eaves
封闭式箱体 enclosed housing
封闭式箱形梁桥 tubular bridge
封闭式小型集装箱 enclosed small container
封闭式斜楼梯梁 closed string stair (case)
封闭式胸摇钻 enclosed type breast drill
封闭式蓄电池 enclosed accumulator
封闭式循环 closed cycle
封闭式循环水处理系统 water treatment system of closed loop
封闭式循环系统 closed recirculation system
封闭式循环系统冷却水处理 cooling water treatment of closed recirculation system
封闭式压力机 enclosed press
封闭式压缩机 enclosed compressor;hermetic compressor;hermetic refrigerant motor-compressor;sealed unit compressor
封闭式压缩冷凝机组 sealed condensing unit
封闭式盐水系统 closed brine system
封闭式养护 <混凝土件> mass curing
封闭式叶轮 close(d) impeller;enclosed impeller;enclosed type impeller;shrouded wheel
封闭式液体冷却器 enclosed liquid cooler

封闭式一次润滑轴承 sealed-for-life bearing
封闭式用户组 closed user group
封闭式载人电梯 closed-type manlift
封闭式灶面板 closed-type hotplace
封闭式闸刀开关 enclosed knife switch
封闭式遮蔽甲板船 closed shelter decker
封闭式振子 closed oscillator
封闭式蒸汽加热 closed circuit steam heating
封闭式制动器 wrap-around
封闭式制冷回路 closed refrigeration circuit
封闭式制冷机 enclosed refrigerator
封闭式中芯墙 <盘旋楼梯> closed newel
封闭式终点站 close-in terminal
封闭式轴承 enclosed bearing
封闭式抓斗 enclosed type grab
封闭式装置 closed unit
封闭式子程序 closed subroutine
封闭式自冷的 enclosed self cooled
封闭式组合电器 enclosed type combined electric(al) apparatus; enclosed type constitutional electric(al) apparatus; gas-insulated switchgear
封闭式钻车 self-contained drill
封闭式钻塔 enclosed (drilling) derrick
封闭试验 blocking test
封闭术 block technique
封闭竖井 closed shaft; enclosed shaft
封闭数组 closed array
封闭水 occlusion water; pent-up water
封闭水层 shutting-off water
封闭水系 closed drainage
封闭水域 enclosed bodies of waters; enclosed waters
封闭搜索轨迹 closed search trajectory
封闭索 sealing strand
封闭碳弧灯照射老化仪 enclosed carbon-arc exposure apparatus
封闭特性 closure property
封闭体系 closed system; closure system
封闭填孔剂 sealing filler
封闭通道传播 non-optic(al) propagation
封闭通风式电动机 enclosed ventilated motor
封闭通风型电机 enclosed ventilated type motor
封闭通知 notify lock
封闭同盟 closed conference
封闭凸缘 closure flange
封闭图形项 closed figure item
封闭涂层 seal(ing) coat
封闭涂料 primer-sealer
封闭退火 bright annealing
封闭洼地 bolson; close depression; guif; sumidero
封闭洼地面积 area of close depression
封闭往复式压缩机 hermetic reciprocating compressor
封闭围阱 closed in trunk
封闭位置 enclosed space
封闭涡线 closed vortex line
封闭系统 closed loop; closed system; enclosed system; sealed system
封闭系统模式 closed system model
封闭线 closing line; loop circuit
封闭线路控制系统 closed loop control
封闭线路作业时间 working time of closed section; works occupation time
封闭限制 close-confinement
封闭限制式激光器 close-confinement laser
封闭效应 blocking effect; enclosure effect
封闭形 enclosed shape
封闭形缩孔 secondary pipe
封闭型 close type; enclosed type
封闭型冰丘 closed moraine
封闭型带式输送机 closed-belt conveyer[conveyor]
封闭型地热系统 confined geothermal system
封闭型电磁振动给料机 closed magnetic-vibrating feeder
封闭型电动机 enclosed type motor; shell-type motor
封闭型电气设备 enclosed type electric(al) equipment
封闭型阀门罩 <深井泵> closed cage
封闭型共同基金 closed-end mutual fund
封闭型管壳式冷凝器 closed shell and tube condenser
封闭型激光装置 enclosed laser device
封闭型集装箱 conventional enclosed container
封闭型聚氨酯涂料 blocked polyurethane paint
封闭型开关 enclosed switch; enclosed type switch
封闭型控股公司 closely held company
封闭型冷凝机组 hermetic type condensing unit
封闭型毛细孔 blocked capillary pore
封闭型起动器 enclosed starter
封闭型区域合作 closed regional cooperation
封闭型燃烧炉 closed burner
封闭型投资公司 closed-end investment company
封闭型小型集装箱 enclosed small container
封闭型异氰酸酯 isocyanate
封闭型用户组 closed user group
封闭型转筒 hermetic type bowl
封闭性 closeness
封闭性工厂 closed shop
封闭性经济 closed economy
封闭性陆外下陷盆地 closed downwarped extracontinental basin
封闭性模型 closed model
封闭性人口 closed population
封闭性试验 sealing test
封闭性质 closure property
封闭穴 confined cavity
封闭循环 sealed recirculation; closed loop
封闭循环式氧呼吸器 oxy-lung
封闭循环水处理系统 closed loop system of water treatment
封闭循环系统 closed-cycle system
封闭循环循环冷却 closed-cycle cooling
封闭压力 confined pressure; confining pressure; sealing-off pressure <钻井或钻孔灌浆后>
封闭压力阀门 closed in pressure valve
封闭檐口 boxed eaves; closed eaves
封闭叶轮式泵 hermetic rotor type pump
封闭液(体) confining liquid; sealing fluid; sealing liquid
封闭液压 confining fluid pressure
封闭衣 seal coat
封闭移位符号 locking shift character
封闭因子 blocking factor
封闭油储 closed reservoir
封闭油罐 closed reservoir; closed storage
封闭于高部位的不整合面下圈闭 trap sealed high below unconformity
封闭语义树 closed semantic tree
封闭圆环接点 contained O-ring joint
封闭灾区加压隔火墙 pressurized stopping
封闭罩 enclosed fitting; seal boot
封闭折线 closing polyline
封闭针 anesthesia needle
封闭蒸汽 closed steam
封闭支路 stopping-up of minor side street
封闭(止漏) encapsulation
封闭柱塞式输送体系 enclosed plunger conveyor system
封闭铸型 close mo(u)ld
封闭砖石 closer
封闭装配 closure fitting
封闭装置 enclosed seal; locking device
封闭状态 closed position
封边 edge seal(ing); seal edge
封边板芯 banded core
封边的组合板 closed sandwich type panel
封边机 edge bonding machine
封边夹层板 closed sandwich type panel
封边木料 banding
封冰 complete freezing
封冰历时 lasting of ice cover
封冰期 period of ice-cover
封冰水位 freezing water level
封玻璃带 glazing tape
封补破洞 patching
封舱 batten down; battening; sealing hold; sealing up
封舱抽水打捞法 salvage by patching and pumping
封舱木板 patching plank
封舱(木)楔 battening wedge; hatch wedge
封舱设备 hatch battening arrangement
封舱闩条 hatch bar; tie beam
封舱毯子 patching blanket
封舱压气抽水打捞法 air-feeding and water-pumping; salvage by sealing
封舱装置 battening arrangement; battening device
封藏 mounting; pickling
封层 blinding course; blocked course; seal(course); seal(ing) coat
封层处治 seal treatment
封层混凝土 blinding concrete
封层(砖)样板 closer mo(u)ld
封串 sealing cement channeling
封窗槛石 closer
封存 cocooning; mothball
封存程序 hold account procedure
封存的固定资产 blocked fixed assets; preserved(fixed) assets
封存的完好车辆 vehicle stored in working order
封存固定资产 fixed assets sealed and stored
封存货币 blockade currency; block money
封存货款银行证明 blocked funds attestation
封存机车 locomotive stored up
封存基金 sterilized fund
封存结余 blockade balance; blocked balance
封存期 preservation life
封存水 bound water; connate water; fossil water; occlusion water; pent-up water
封存外汇 blocked exchange
封存账户 blocked account
封袋机 bag closing machine; bag sealer
封灯泡机 bulb sealing machine
封底 base sealing; subseal(ing); verso
封底沉井 plugging
封底处理 <使水泥混凝土路面板稳定> subsealing treatment
封底钉铆机 bottom stitching machine
封底管桩 closed-end pipe pile
封底焊 backing pass; backing-up; backrunning; root running; sealing run
封底焊道 back bead
封底焊缝 backing run(weld); back-run; backing weld; back weld
封底混凝土 sealing concrete for tube-pile toe
封底机 bottoming machine
封底沥青 undersealing asphalt
封底泥驳 elevator barge
封底式沉箱 caisson box
封地 feoff; feud; fief; manor
封地制 feudal system
封顶 key block; top-out; topping out
封顶板 key block; keystone plate
封顶材料 capping materials
封顶钢 plugged steel
封顶钢锭 capped ingot
封顶混凝土 coping concrete; capping concrete
封顶螺帽 closed end nut
封顶模板 crown lagging
封顶木 binding log; peaker <运材重车最上一根木材>
封顶仪式 <建房> topping-out ceremony
封冻 complete freezing; complete ice coverage; freeze over; freeze-up; freezing; frost closure
封冻冰层 ice carapace
封冻的 frost bound; icebound
封冻港 frozen port; ice harbo(u)r; ice port
封冻河流 ice-covered stream
封冻湖 ice-covered lake
封冻季节 icebound season
封冻径流 enclosed flow
封冻开始期 beginning of freeze up
封冻历时 duration of ice cover; freeze-up period; lasting of ice cover
封冻期 duration of ice cover; freeze-up period; icebound season; ice laying; period of ice-cover; shut-down period; stage of freezing
封冻日期 freeze-up date
封冻日数 freeze-up days
封冻水道 ice-covered channel
封冻水位 freezing level; freezing water level
封冻预报 freeze-up forecast(ing)
封堵 plugging; seal off
封堵材料 blindage
封堵的窗 blank window; blind window
封堵盖 capping
封堵河流 stream enclosure
封堵剂 blocking agent; capping; plugging agent
封堵夹层水 exclusion of interbedded water
封堵门 blank door
封堵炮泥 stemming stick
封堵炮泥爆破试验 gallery testing of explosive
封堵突水点 sealing and blocking the point of bursting water
封堵装置 plugging device
封端 end capping; sealed end; sealing end; stop end
封端挡水条 stop-end waterbar

封端的 end capped
封端的非离子表面活性剂 capped nonionics
封端端剂 capping agent
封端墙 bulkhead
封端止水剂 stop-end waterstop
封端止水器 stop-end waterstop
封缝 crack sealing;joint seal(ing);sealing(of cracks)
封缝材料 joint sealing compound;joint sealing material;sealant;sealing material
封缝层地沥青 sealed asphalt;sealing asphalt
封缝带 sealant tape
封缝环 sealing ring
封缝混合料 joint seal(ing) compound;sealing compound
封缝混合物 sealing compound
封缝机 joint sealer;joint sealing machine
封缝剂 joint sealing machine
封缝胶 sealing compound
封缝沥青 sealing asphalt
封缝料 crack sealer;joint sealant;joint sealer;joint sealing material;sealer
封缝前应清除的杂质 joint residue
封缝填料 joint sealing filler
封缝条 joint sealing strip
封缝涂料 sealing agent;sealing coating;sealing composition;sealing compound
封缝止水 joint sealing
封盖 blank cover;close-over;closure head
封盖顶 capping
封盖工作 covering up work
封盖螺栓 cover bolt
封盖栓 gland cock
封盖用面层骨料 cover aggregate for seal
封港 closing of port;closure of port
封港令 embargo
封隔盖 packing head
封隔器 excluder;packer(-plug)
封隔器下入深度 depth of the packer
封隔器橡胶碗 packer rubber
封隔器座 packer seat
封隔液 packing fluid
封拱 crown filling
封固 mounting;seal up
封固剂 mounting medium
封管 lining tube;pipe sealing;tube sealing
封管化合物 pipe sealing compound
封管机 clip fastener
封管炉 bomb furnace
封罐机 can sealer;double seamer
封裹代数 enveloping algebra
封焊 seal;sealing weld(ing);soldering and sealing
封焊机 sealing machine
封焊设备 seal welding device
封航 navigation blockage
封好的气孔 entrapped air void
封河日期 freeze-up date
封盒带 boxing strip
封护檐 flush eaves
封混凝土 sealing concrete
封火 bank fire;banking;bank the fire;damp down
封火山墙 fire gable;fire-sealing gable
封火损失 banking loss
封脊 ridging
封建地租 feudal land rent
封建贵族 feudal aristocracy
封建经济 feudal economy
封建领主 feudal lord
封建(时代的)城市 feudal town
封建时代建立的城市 feudal town
封江 river blockage due to ice-cover
封浆机 slurry seal machine
封角器 tape corner tool
封接 seal(ing-in)
封接玻璃 encapsulating glass;enveloping glass;frit seal glass;intermediate sealing glass;sealing glass
封接机 sealing machine
封接面 sealing surface
封接用玻璃 glass for sealing
封节剂 knot sealer;knotting
封紧帽 nut cap
封禁 closure
封禁的 closed
封禁林 closed forest;protected forest
封井 outside sealing of well
封井器 blowout preventer
封井水泥塞 abandonment plug
封壳 capsule
封壳书 cased book
封孔【岩】 junk a hole;borehole backfilling;hole sealing;plugging;sealing of hole
封孔器 borehole sealer;drill hole sealer;obturator
封孔区间 sealing interval
封孔深度 depth of drill hole sealing
封孔蓄水 lockup
封孔质量 sealing quality
封口 final encapsulation;sealing;sealing-in;sealing-off
封口扳手 ring spanner
封口板 fascia plate
封口板桩 closer;closing pile
封口槽 enclosed slot
封口插座 sealing plug
封口单壳干燥器 enclosed single-shell drier
封口的吊钩 mousing hook
封口港池 closed basin
封口膏 sealing compound
封口焊道 sealing bead
封口焊珠 sealing bead
封口河 rio stapados
封口机 capper;closing machine;sealing machine
封口胶 sealing compound;sealing glue
封口空心砌块 cavity closure block
封口蜡 sealing wax
封口料 sealant;sealing compound
封口螺钉 cap screw
封口腻子 sealing putty
封口片 cap liner
封口漆 seal lac
封口器 obturator
封口钱 closing line;hush money
封口圈 seal cup
封口软膏 sealing paste
封口砂浆 sealing mortar
封口铁 ca(u)lking iron
封口压盖机 closing machine
封口印章 sealing stamp
封口用金属帽 sealing cap of metal
封口油灰 sealing putty
封口砖 bat;closer;closer brick;glut
封蜡 adhesive wax;Apiezon wax;sealing wax;wax
封蜡法密度试验 density test with wax sealing method
封离抽气系统 sealed pumped vacuum system
封离的 sealed-off
封离的无泵的真空系统 sealed pumpless vacuum system
封离计数器 sealed-off counter
封离真空系统 sealed-off vacuum system
封里衬料装饰 doublures
封沥青浆机 slurry seal machine
封炉 banking;bank up
封炉火 bank
封炉损失 banking loss
封锚 sealing-off and covering anchorage
封帽 cap seal;eagling cap
封门墙 <窑炉> clamming
封密环 seal ring
封密片 sheet packing
封密式路面结构 envelope pavement
封面背页 inside front
封面玻璃 cover glass
封面布 book cloth
封面材料 sealing material
封面层 sealing coat
封面卷边的 edge rolled
封面料 sealant;sealant
封面料透入度 sealant penetration
封面路肩 sealed shoulder
封面起翘校正机 cover bending machine
封面伸出书芯的部分 squares
封面石 sealing rock
封面图 surface plot
封面压花 tooling
封面印刷机 cover unit
封面油墨 book binder's ink
封面与书芯切齐 cut flush
封面纸 cover paper
封面纸罩光涂膜 calendered coating
封膜层 sealing-membrane coating
封泥 jointing;lute;mudcap(ping);pug;putty
封泥爆破法 mudcap process
封炮眼袋 stemming bag
封皮 envelope;envelopment
封皮纸 cover paper
封片 mounting
封瓶机 bottle capper
封气包装 gap packing
封气(黏[粘]胶)水泥 airtack cement
封铅 seal;seal lead
封铅接合 blown joint
封嵌式箱梁桥 cased beam bridge
封墙 walling up
封热辐射区域 heat-banking area
封入 enclosure;lute in;seal in
封入的湿气 entrapped humidity
封入胶内 encapsulation
封入铸塑 potting
封塞料 sealing compound;sealing material
封沙育林 trees have been planted to fix the sand
封山 close a mountain pass;seal a mountain pass
封山育林 afforested mountain closed off for protection;closed forest;forest conservation;forest reservation
封山育林(地)区 conservancy area;conservancy district;conservation area;forest reserve
封山育林制定 system of closing hills for forest cultivation
封上 blanketing
封水 water shutoff
封水阀 seal water valve
封水戽斗 <自动虹吸管的> sealing bucket
封水环 ring for the sealing liquid water
封水圈 seal ring
封死窗 stand sheet
封锁 blackout;blockade;block in;blocking;block up;bottle up;close off;containment;embargo;lock facility;lockout;lockup
封锁边境 close the border
封锁表 lock list
封锁船 blockade ship
封锁存款单 lock-up certificate of deposits
封锁的层次访问 blocked level access
封锁的记录 blocked record
封锁的文件 blocked file
封锁的作业 blocked job
封锁地区 blockade zone
封锁定期存单 lock-up certificate of deposits
封锁读 read-lock
封锁方式 lock mode
封锁港口 blockade a port
封锁关键码 lock key
封锁轨道 removing track from service
封锁呼叫 call barred
封锁换码 locking escape
封锁交通 barrier traffic;barring traffic;blocked to traffic;blocked traffic;cordon;isolation;blockage
封锁进程 blocked process
封锁禁运 blockade and embargo
封锁经济 block economy;closed economy
封锁器 lockout
封锁区 block zone;cordon area
封锁区标志 area closed sign
封锁区间 blocking section;closing the section
封锁区间标志牌 closed section sign board
封锁区域 blockade zone;closed area
封锁市场 locked market
封锁外汇 blocked exchange
封锁文件 lock a file
封锁线 blockade line;cordon
封锁线路 shut-down of service track
封锁线路施工工程 blockwork
封锁消息 block the passage of message
封锁行动 blocking operation
封锁宣告 declaration of blockade
封锁宣言 declaration of blockade
封锁因素 blocking factor
封锁与记录法 lock/log method
封锁与禁运 blockade and embargo
封锁站线 block station track
封锁账户 blocked account
封锁中断 interrupt lockout
封套 envelopment;packet;wrappage;wrapper;cuff
封套灌浆 envelope grouting
封套盒 stuffing box
封套式蒸发器 wrap-round evapo(u)rator
封套岩石 envelope rock
封套窑 envelope kiln
封套蒸发器 warp-round evaporator
封填材料 sealing material
封填槽 sealing groove
封填胶 joint material
封填液 packing fluid
封条 seal
封条弄破后重修补 seal broken,repaired
封条破裂后重加封 seal cracked,resealed
封头 closer brick;dome;end cover;end plate;end seal;union ends checkstop
封头板 head plate;stunt-head
封头冲压 head pressing
封头处曲面 ovaloid
封头的成型 takeshapes of closure;the forming of head
封头法兰 cover flange
封头法兰长度 flange length of head
封头管 capped pipe;capped tube;sack-pipe
封头和壳体开孔 head and shell opening
封头机 heading machine

封头接入壳体 head into shell
封头开孔 head opening; opening in head
封头砌块 making-up block
封头设计 head design
封头外形 head contour
封土器 closing unit
封瓦板 starter
封弯走直 enclosing the sharp bend and opening a more straight channel
封隙材料 joint sealing material
封箱带 boxing strip
封箱机 cartoning sealing machine
封严 densification; obturage
封严箍 packing clamp
封严圈 labyrinth
封严油膏 dope
封檐 cornice
封檐板【建】verge board; apron eaves piece; barge board; cant strip; eaves board; eaves fascia; eaves plate; facing board; fascia (board); gutter board; lining sheeting; siding; weather-board(ing); rake board < 山墙的 >
封檐板顶端支撑 gable post
封檐底板 fascia[复 fa(s)ciae/fa(s)cias]
封檐梁 cover eaves beam
封檐石 barge stone
封檐瓦 starter
封檐瓦壁压顶 tilecoping on gable
封檐瓦垄 tilecoping on gable
封样 scaled sample
封窑 bank up
封窑门 clamming
封窑墙 wicket
封液 sealing liquid
封液包 sealing pot
封液环 lantern ring for liquid seal
封印 official seal; seal
封印处 locus sigilli; place of seal
封印木结构镜质体 sigillariotelinite
封印钳 sealing pliers
封印土 terra sigillata
封印脱开 seal off
封邮 close mail
封缘淌蜡稳定器 closed-edge gutter stabilizer
封纸盒机 box sealing machine
封住 seal off
封铸用混合料 encapsulating compound
封装 capsulation; encapsulate; encapsulation; enclosure; package; packaging; potting
封装材料 encapsulating material
封装测试 package test
封装磁控管 packaged magnetron
封装的 encapsulated; housed
封装电路 encapsulated circuit; package circuit; packaged circuit
封装电路数 package count
封装服务 packing service
封装化合物 potting compound
封装机 packaging machine
封装检验 package inspection and verification
封装接头 housed joint
封装晶体管 packaged transister[transistor]
封装密度 packaging density
封装片 case chip
封装式焚化炉 packaged incinerator
封装式继电器 enclosed relay
封装数 package count
封装样品 jacketed specimen
封装引出线 package terminal
封装元件 potted element
封装阻容 capacitor-resistor unit; capristor; packaged circuit; rescap
封阻 blockade
封阻抗体 blocking anti-body
封嘴钱 hush money

疯

疯人院 insane asylum; loony bin; lunatic asylum; madhouse; snake pit

砜

砜【化】sulfone

砜拌磷 oxydisulfoton

峰

峰 crest; cusp; hill crest; hill point

峰板 carina
峰包功率 peak envelope power
峰背比 peak to background ratio
峰比 peak-to-peak ratio
峰比率 peak ratio
峰比值 peak ratio
峰不对称性 asymmetry of peak; peak asymmetry
峰部 crest segment
峰长 crest length
峰长区 crest length region
峰丛 series of peaks; peak cluster
峰的半高宽 half high width of peak
峰的分裂 peak splitting
峰的相对面积 relative area of peak
峰底 classification bowl; peak base
峰底股道 bowl track
峰底控制楼 bowl tower
峰点 bending-back point; cusp point; reversal point
峰点电压 peak point voltage
峰点速度 vertex velocity
峰电流 peak current
峰电位 spike potential
峰电位间隔 interspike interval
峰顶 summit; crest of peak; hump crest【铁】; separation point < 铁路驼峰 >
峰顶的 apical
峰顶点 peak maximum
峰顶调车员室 shunter's cabin at hump crest
峰顶高程 peak level; summit level
峰顶河段 peakreach; peakreach canal
峰顶间距 peak separation
峰顶阶段 crest stage; peak stage
峰顶控制楼 crest tower
峰顶面 peak level; peak plane; summit level; summit plane
峰顶平台【铁】crest platform; platform of hump crest; platform on the crest of hump
峰顶竖曲线 vertical curve at crest of hump
峰顶水池 summit pond; summit pool
峰顶水尺 crest ga(u)ge; crest-stage ga(u)ge
峰顶水库 summit level reservoir; summit pond; summit pool; summit reservoir
峰顶水塘 summit pond; summit pool
峰顶水位 crest stage; flood crest; peak stage
峰顶水位预报 crest forecast(ing)
峰顶水位指示器 crest-stage indicator
峰顶线 crest line; peak line
峰顶信号楼 crest tower
峰顶行进 flood crest travel
峰顶准平原 summit peneplain
峰顶纵剖面 crest profile
峰度 kurtosis; peakedness
峰度测度 measure of kurtosis
峰度电压 spike voltage
峰度检验 kurtosis test
峰度强度 peak intensity
峰度系数 coefficient of excess; coefficient of kurtosis
峰端 peak
峰段 crest segment; formant; peak segment
峰对称性 peak symmetry
峰分辨率 peak resolution
峰峰幅度 peak-to-peak amplitude
峰峰幅值 double amplitude peak
峰-峰检波器 peak-to-peak detector
峰-峰矩形波 peak-to-peak square wave
峰峰振幅 peak-to-peak amplitude
峰峰值 peak-to-peak value; swing
峰负载 peak load
峰负载发电厂 peak load station
峰高 peak height; height of a hump【铁】; hump height【铁】
峰高计算点 calculate point of hump height
峰谷比 peak-to-trough ratio; peak-to-valley ratio
峰谷电价 peak and valley electric charges
峰谷负荷差 peak-valley-load difference
峰谷高度 peak-to-valley height
峰谷振幅 peak-to-trough amplitude
峰荷 peak demand
峰荷电厂 peaking plant; peak load plant
峰荷电价 peak load electricity price
峰荷电力 on-peak power; peak(load) power
峰荷电站 on-peak power station
峰荷发电机 peak load generator
峰荷功率 on-peak power
峰荷控制器 peak load controller
峰荷利用曲线 peak-utilization curve
峰荷期间 peak load period
峰荷容量 peak demand capacity
峰荷时间 < 指供水、供电等 > peak hour
峰荷水电站 peak load hydroelectric(al) plant; peak load hydropower plant
峰荷调节 peak regulation
峰荷外的需求 off-peak demand
峰荷要求 peak demand
峰荷因数 peak factor
峰荷(载) peak load
峰后定形 forming after peak temperature
峰化 peaking
峰化电路 high peaker; peaker; peaking circuit
峰化电阻器 peaking resistor
峰化控制 peaking control
峰化器 peaker
峰基线 peak base
峰畸变 peak distortion
峰加宽 peak broadening
峰加速坡缓行器 ramp brake
峰尖校平器 despiker
峰尖校平设备 despiker
峰间波纹电压 peak-to-peak ripple
峰间电流 peak-to-peak current
峰间电压 peak-to-peak voltage
峰间幅值 peak-to-peak amplitude
峰间隔 peak-to-peak separate
峰间距 peak-to-peak separation
峰间力 peak-to-peak force
峰间值 peak-to-peak value
峰鉴别 peak identification
峰角 peak angle
峰均比 peak-to-average ratio
峰宽(度) peak width
峰扩散 peak spreading
峰林 hoodoos; peak forest
峰林地形 needle karst
峰岭崎岖地形 < 壮年早期 > feral landing
峰面积 peak area
峰面积比 peak area of peak
峰面推进速度 advancing velocity front
峰能 peak energy
峰能量测量 peak energy measurement
峰匹配 peak match(ing)
峰漂移度 peak shift
峰平原 peak-plain
峰坪 peak plateau
峰期的降雨补给强度 replenishment intensity of precipitation during peak season
峰期系数 coefficient during peak season
峰期旋回降雨量 cycled precipitation during peak season
峰期涌水量 water yield in peak run-off period
峰上河段 summit level reach
峰时 time of peak
峰收缩 peak concentration
峰态 kurtosis; leptokurtosis
峰态系数 coefficient of excess
峰拖尾 peak tailing
峰外负载 off peak load
峰尾 tail
峰位 peak position
峰位检测 peak detection
峰位限制器 peak limiter
峰温 temperature of the peak
峰下缓行器【铁】valley brake
峰下加速坡制动机 ramp brake
峰下跨线桥 overpass bridge under the hump
峰下整理车辆信号 < 铁路编组场 > trimmer signal
峰现时刻 time of peak
峰线 crest line; peak line
峰向 modal direction
峰形 peak shape; spike
峰形冰山 irregular iceberg; pinnacle(d) iceberg; pyramidal iceberg
峰形曲线 peaky curve
峰性 modality
峰需量 peak claimed; peak demand
峰压 peak pressure; peak voltage
峰移位 peak shift
峰值 crest value; peak hour value; peak(ing) value; spike; hump
峰值包络功率 peak envelope power
峰值包络检波 peak envelope detection
峰值保持 peak-and-hold; peak-holding
峰值保持开关 peak hold switch
峰值保持器 peak-holder; peak keep-adjuster
峰值边带功率 peak sideband power
峰值变压器 peaking transformer
峰值波长 peak wavelength
峰值差动电流 peak difference current
峰值场 peak field
峰值充电效应 peak-charging effect
峰值储备 peak handling; peak reservoir
峰值到达的时间 time of peak arrival
峰值的 on-peak
峰值地面加速度 peak ground acceleration
峰值地震动加速度 peak-earthquake-shock acceleration
峰值点 peak point
峰值电流 peak current
峰值电流计 crest ammeter
峰值电平 peak level
峰值电位 peak potential

峰值电压 ceiling voltage; crest voltage; peak voltage; spike voltage
峰值电压表 crest volt(i)meter; peak-reading volt(i)meter; peak volt(i)meter
峰值读数装置 peak-reading device
峰值二极管电压表 peak-reading diode voltmeter
峰值法 spiking method
峰值反向电压 peak reverse voltage
峰值反应 peak response
峰值放大 peak amplification
峰值分布 distribution of peaks
峰值分析 peak analysis
峰值伏特计 crest volt(i)meter; peak volt(i)meter
峰值辐射强度 peak radiant intensity
峰值负荷 load peak; peak loading; peak power
峰值负荷能力 peak responsibility
峰值负荷时间 peak load time
峰值负载发电站 peak load station
峰值负载供电量 peak responsibility
峰值负载状态 peak load condition
峰值负重 peak loading; peak power
峰值高度 peak height
峰值功率 peak(ing) power
峰值功率储备 peak power handling
峰值功率计 peak power meter
峰值功率控制 peak power control
峰值功率输出 peak power output
峰值谷值比 peak-to-valley ratio
峰值光谱发射 peak spectral emission
峰值光谱功率 peak spectral power
峰值光谱探测率 peak spectral detectivity
峰值光谱响应 peak spectral response
峰值光强度 peak light intensity
峰值旱流污水量 peak dry weather flow
峰值荷载 demand peak; peak loading; peak power
峰值级 peak level
峰值记数法 peak count method
峰值剂量 peak dose
峰值加速度 peak acceleration
峰值间距 peak separation
峰值剪切强度 peak shear strength
峰值剪胀角 peak shear dilation angle
峰值检波 peak detection
峰值检波电路 peak-detector circuit
峰值检波二极管 peak-detecting diode
峰值检波器 peak detector
峰值检测 peak detection
峰值检索 peak searching
峰值径流量 peak runoff
峰值均值比 peak-to-average ratio; peak-to-mean ratio
峰值抗剪强度 peak shear strength; peak value of shearing strength
峰值孔隙压力比 peak pore pressure ratio
峰值孔压比 peak pore pressure ratio
峰值宽度 spike width
峰值力矩 peak moment
峰值流量 crest discharge; peak flow
峰值流量计 peak flowmeter
峰值论 peakology
峰值脉冲幅度 peak pulse amplitude
峰值耐受电流 peak withstand current
峰值能量 on-peak energy; peak energy
峰值浓度时间 peak concentration time
峰值匹配 peak match(ing)
峰值频率剩余曲线 residual curve of peak frequency
峰值强度 intensity of peak value; peak intensity; peak strength
峰值曲线 peak curve
峰值燃烧温度 peak firing temperature
峰值热焓分析法 enthalpimetry
峰值日 peak day
峰值容限 peak margin
峰值声压 excess sound pressure; peak sound pressure
峰值识别 peak recognition
峰值输出 maximum output
峰值输出功率 peak power output
峰值衰减 peak attenuation
峰值速度 peak velocity
峰值调整 peak regulation
峰值透过率 peak transmittance
峰值位移 peak displacement
峰值温度 peak temperature
峰值误差 peak error
峰值吸收 peak absorption
峰值吸收法 peak absorption method
峰值系数 peak coefficient; peaking factor
峰值限幅器 peak clipper
峰值限制 peak limiting
峰值限制电路 peak-clipping circuit; peak limiter circuit
峰值限制器 peak clipper; peak limiter
峰值响应 peak response
峰值向量包线 peak vector envelope
峰值削波器 peak(er) clipper
峰值效应 peak effect
峰值信号 peak signal
峰值信号电平 peak signal level
峰值形成 spiking
峰值压力 peak pressure; surge pressure
峰值抑制电容器 spike down capacitor
峰值因数 crest factor; peak factor
峰值阴级电流 peak cathode current
峰值音量表 <播控仪表> peak program(me) meter
峰值应变 peak strain
峰值应力 peak stress
峰值应力强度 peak stress intensity
峰值硬度 peak hardness
峰值阵风 peak gust
峰值振幅 peak amplitude
峰值正向压降 peak forward drop
峰值指示器 peak indicator
峰值质点速度 peak particle velocity
峰值中最大值 maximum in peak
峰值自动增益控制 peak automatic gain control
峰值自动增益控制电路 peak automatic gain control circuit
峰值阻力 hump drag
峰至峰 peak-to-peak
峰至峰振幅 peak-to-peak amplitude
峰至谷振幅 peak-to-trough amplitude
峰重叠 peak overlap
峰最大值 peak maximum

烽火 balefire; beacon fire

烽火台 beacon tower

萜醇 fenchyl alcohol

锋带 frontal strip; frontal zone

锋的地形性变形 orographic(al) deformation of front
锋的活动 frontal action
锋的作用 frontal action
锋顶 peak
锋钢 high-speed steel; plough steel; plow steel
锋后导线 straight land
锋后雾 past frontal fog
锋际雾 front passage fog
锋利 acumination; sharpness
锋利刀具 sharp cutting tool
锋利的 sharp-edged
锋利的切削刃 sharp-cutting edge
锋面 frontal area; frontal surface; front
锋面波 frontal wave
锋面的地形性变形 orographic(al) deformation of front
锋面低压 wave depression
锋面分析 frontal analysis
锋面过境 frontal passage
锋面活动 frontal action
锋面降水 frontal precipitation
锋面降雨 frontal rain
锋面雷暴 frontal thunderstorm; thunderstorm
锋面雷雨 frontal thunderstorm
锋面逆温 frontal inversion
锋面气团 frontal mass
锋面气旋 frontal cyclone
锋面切变线 front shear line
锋面生成作用 frontogenesis
锋面抬升 frontal lifting
锋面雾 frontal fog
锋面消失作用 frontolysis
锋面型降水 frontal type precipitation
锋面学 frontology
锋面雨 frontal precipitation
锋面云 frontal cloud
锋面(云)天气 frontal weather
锋面作用 frontal action
锋前的【气】 precold-frontal; prefrontal
锋前雾 prefrontal fog
锋前阵雨 prefrontal shower
锋区 frontal zone
锋区剖面 frontal profile
锋区气团 frontal(air) mass
锋刃刮蜡器 knife cutter
锋升 frontal lifting
锋生过程 frontogenesis
锋生作用 frontogenesis
锋式犁 share plough
锋系 frontal system(apron)
锋线 frontal line
锋消 frontolysis
锋缘后镶面 relieved flank

蜂场报警器 apiary alarm

蜂巢 beehive; hive; honeycomb
蜂巢冰 rotten ice; spring ice; spring sludge
蜂巢层 keriotheca
蜂巢(房)线圈 duolateral coil; honeycomb coil
蜂巢蜡胶 propolis
蜂巢炼焦炉 beehive oven
蜂巢模型 honeycomb model
蜂巢绕组 duolateral winding
蜂巢式(炼)焦炉 beehive oven
蜂巢式散热器 beehive type radiator
蜂巢式窑 beehive kiln
蜂巢微型组件 honeycomb module
蜂巢纹织物 brighton
蜂巢线圈 lattice-wound coil
蜂巢箱【给】 rose box; strainer box; strum box
蜂巢状的 hive; honeycomb like
蜂巢状金属 honeycomb metal
蜂巢状迷宫式密封 honeycomb labyrinth seal
蜂巢状烧结块 honeycomb clinker
蜂巢状熟料 honeycomb clinker
蜂巢状物 hive
蜂巢组织 honeycomb weave; waffle weave
蜂翅纹 bee's wing
蜂斗菜酮 fukinone
蜂斗菜烷 fukinane
蜂毒 apisin; bee venom; mellitoxin; sting poison
蜂毒液中毒 apisin poisoning; bee-venom poisoning
蜂房 apiary; beehive; comb; nidus vespa
蜂房构造 honeycomb structure
蜂房炼焦炉 beehive coke oven
蜂房式 honeycomb
蜂房式存储器 honeycomb memory
蜂房式的 alveated; duolateral
蜂房式构造 cellular construction; cellular structure
蜂房式结构 cellular texture
蜂房式静电存储器 honeycomb electrostatic storage
蜂房式冷却器 beehive cooler
蜂房式迷宫密封 honeycomb labyrinth seal
蜂房式绕组 honeycomb winding; universal winding
蜂房式散热器 honeycomb radiator
蜂房式散热器心 cellular core
蜂房式烧结矿冷却机 cellular cooler
蜂房式线圈 duolateral coil; honeycomb coil; lattice coil
蜂房线圈 lattice-wound coil
蜂房形存储器 honeycomb memory
蜂房形集气架 beehive
蜂房型准直器 honeycomb collimator
蜂房状泥室堤 mud-cell dike[dyke]
蜂房座 foundation for beehive
蜂蜂状的 comby
蜂花醇 melissyl alcohol
蜂花酸 melissic acid
蜂花酸盐 melissate
蜂胶口腔膜 propolis oral cavity membrane
蜂聚 gather in swarms; swarm together
蜂孔 bee-hole
蜂孔蛀虫 bee-hole bore
蜂蜡 bee's wax; cera
蜂蜡和虫胶制成的填孔料 beaumontage
蜂蜡和虫胶制成的填孔腻子 beaumontage
蜂蜡焦油 beeswax tar
蜂蜡色 beeswax colo(u)r
蜂铃 buzzer
蜂蜜 bee honey; honey; mel
蜂蜜色釉 honey glaze
蜂蜜中毒 honey poisoning
蜂鸣 singing
蜂鸣报警器 alarm buzzer
蜂鸣继电器 buzzer relay
蜂鸣警报器 warning buzzer
蜂鸣器 buzzer; buzzerphone; hummer; humming sound
蜂鸣器波长计 buzzer wave meter
蜂鸣器呼叫 buzzer call
蜂鸣器簧片 reed of buzzer
蜂鸣器频率计 buzzer frequency meter
蜂鸣器式波长计 buzzer wave meter
蜂鸣器弹簧 trembler spring
蜂鸣器调制 buzzer modulation
蜂鸣器停响/确认 buzzer stop/confirmation
蜂鸣器线圈 buzzer coil
蜂鸣式测试仪 buzzer-type tester
蜂鸣推进器 singing propeller
蜂鸣信号 signing signal; tone signal
蜂鸣音 buzz; humming
蜂鸣制动器 buzzer stop
蜂群 bee colony; colony
蜂窝 alveolus[复 alveoli]; alveolusity; ballast pocket; bug hole; open bubble; stone pockets; surface voids;

comb;gravel pocket;rock pocket <混凝土空洞>
蜂窝板 air plate;bending block;bending floor;furnace slab;honeycomb line plate;perforated plate
蜂窝冰 rotten ice;spring sludge
蜂窝玻璃陶瓷 cellular glass ceramic
蜂窝材料 honeycomb material
蜂窝场模型 cell field model
蜂窝成型 honeycomb process
蜂窝窗 honeycomb window
蜂窝底托 honeycomb base
蜂窝腐朽 honeycomb rot
蜂窝格子尺寸 cell size
蜂窝构造 ojosa
蜂窝过滤器 cellular filter
蜂窝混凝土 concrete with honeycombed spots
蜂窝夹层板 cellular board;honeycomb sandwich panel
蜂窝夹层材料 honeycomb core material
蜂窝夹层结构 honeycomb sandwich construction;honeycomb sandwich structure;sandwich structure honeycomb
蜂窝夹芯层压板 honeycomb laminate
蜂窝夹芯胶合板 honeycomb board;honeycomb(core)plywood
蜂窝夹芯胶接结构 sandwich construction
蜂窝夹芯墙板 honeycomb core sandwich wall board
蜂窝胶合板 combed plywood
蜂窝胶合结构 honeycomb bonded structure
蜂窝结构 cellular construction;honeycomb cellular structure
蜂窝结构的 honeycombed
蜂窝结构的骨料 honeycomb aggregate
蜂窝结构的集料 honeycomb aggregate
蜂窝结构地板电缆管道 cellular floor raceway
蜂窝结构换能器 honeycomb structure transducer
蜂窝结构金属地板电缆管道 cellular metal floor raceway
蜂窝菌属<拉> Hexagonia
蜂窝空心胶合板门 mesh-core door
蜂窝孔锌板<机场临时跑道用> honey-comb landing mat
蜂窝块<一种防波堤异形块体> Seabee
蜂窝框架构筑法 cellular framing
蜂窝裂 hollow-borne;hollow horning;hollow horning check;honeycomb check;honeycombing;honeycombing check
蜂窝裂缝 honeycomb check
蜂窝炉焦炭 beehive-oven coke
蜂窝麻面<指混凝土> honeycomb and scale;honeycomb and surface voids;voids and hungry spots;voids and pits;ballast surface
蜂窝煤 honeycomb briquet
蜂窝炮眼 block holing
蜂窝膨胀混凝土 cellular-expanded concrete
蜂窝气泡 honeycomb blister
蜂窝器 honeycomb
蜂窝墙 honeycomb(ed)wall;honey wall;pigeon-holed wall
蜂窝散热器 beehive type radiator
蜂窝珊瑚 honeycomb coral
蜂窝蚀孔 honeycomb pitting
蜂窝式 favas;honeycomb fashion
蜂窝式存储器 honeycomb storage
蜂窝式大碹砖 honeycomb furnace crown linings
蜂窝式地龙墙 honeycomb(sleeper) wall
蜂窝式防火门 honeycomb fire damper
蜂窝式房屋 beehive house;honeycomb-type house
蜂窝式放热器 cellular radiator
蜂窝式风化 fretwork weathering;honeycomb weathering
蜂窝式构造 honeycomb structure;cellular structure
蜂窝式过滤器 honeycomb filter
蜂窝式夹心墙板 honeycomb core
蜂窝式接触氧化法 honey-comb contact oxidation process
蜂窝式结构 cellular texture
蜂窝式炼焦法 honeycombed coke process
蜂窝式喷头 rose type head
蜂窝式潜水箱 cellular-type cofferdam
蜂窝式墙(壁) honeycomb(ed) wall
蜂窝式散热器 beehive type radiator;honeycomb radiator;cellular radiator
蜂窝式围堰 cellular-type cofferdam
蜂窝式无线电 cellular radio
蜂窝式消声器 honeycomb silencer
蜂窝式窑 beehive kiln
蜂窝式住所 dwelling on honeycomb
蜂窝式住宅 dwelling on honeycomb
蜂窝似的 comby
蜂窝塑料 cellular plastics;honeycomb plastics
蜂窝陶瓷 ceramic honeycomb;honeycomb ceramics
蜂窝填芯板 honeycomb core panel
蜂窝图形 honeycomb pattern
蜂窝现象<指混凝土> honeycombing
蜂窝线圈 de-forest coil;duolateral coil;lattice-wound coil
蜂窝芯材 honeycomb core
蜂窝芯子 honeycomb core
蜂窝形 honeycombed
蜂窝形窗 honeycombed window
蜂窝形的圆形陵墓 tholus type of tomb
蜂窝形底 honeycomb ground
蜂窝形房屋 tholos[复 tholoi]
蜂窝形格顶棚 honeycombed coffering
蜂窝形混凝土 honeycombed concrete
蜂窝形夹层圆顶 honeycombed sandwich radome
蜂窝形金属 cellular metal
蜂窝形面砖 honeycombed tile
蜂窝形墓穴 tholos tomb;tholus
蜂窝形铺石板 honeycombed slating
蜂窝形图案 honeycomb pattern
蜂窝形图形 honeycomb pattern
蜂窝形土工复合物 honeycomb-type geo-composite
蜂窝形圆形陵墓 tholos[复 tholoi]
蜂窝形砖石墙 honeycombed masonry wall
蜂窝形状 cellular shape
蜂窝型 favus
蜂窝型地下墓<古希腊> beehive tomb
蜂窝型腐蚀 corrosion cell type
蜂窝型块体 Seabee unit
蜂窝型心 cellular-type core
蜂窝型整体夹套 dimpled jacket
蜂窝硬质胶 cellular ebonite
蜂窝纸芯 honeycombed paper core
蜂窝砖 bee's honeycomb brick;honeycomb brick
蜂窝状 cancellate
蜂窝状冰 honeycombed ice
蜂窝状材料 cellular material
蜂窝状层积材 honeycomb structure laminate
蜂窝状层压器 honeycomb structure laminate
蜂窝状柴(排)筏 honeycombed fascine raft
蜂窝状的 alveolate;beehive;cellular;comby;honeycomb(ed);honeycombing;vesicular
蜂窝状地垄墙 honeycomb(ed)wall
蜂窝状电话<机动车辆中使用的移动电话> cellular telephone
蜂窝状断面 cellular section
蜂窝状多孔材料 cored cellular material
蜂窝状风化 fretwork weathering;honeycomb weathering
蜂窝状腐蚀 honeycomb corrosion
蜂窝状高级硅砖 honeycomb super silica brick
蜂窝状构造 boxwork;cellular construction;cellular structure;comb structure;honeycomb structure;Comanchic structure
蜂窝状骨料 cellular aggregate
蜂窝状褐腐 brown pocket rot
蜂窝状褐铁矿沉积 boxwork
蜂窝状混凝土 hollow concrete;honeycomb concrete;aerated concrete;cellular concrete
蜂窝状集料 cellular aggregate;honeycomb aggregate
蜂窝状夹层 honeycombed core
蜂窝状夹层构造 cellular striation
蜂窝状夹芯门 cellular core door
蜂窝状建筑 cellular-type building
蜂窝状结构 honeycomb(ed) texture
蜂窝状结构层压板 honeycomb structure laminate
蜂窝状空气洗涤器 capillary humidifier;cell-type air washer
蜂窝状(空心混凝土)砌块 cellular block
蜂窝状孔洞 honeycombing
蜂窝状拉毛粉饰 combed stucco
蜂窝状裂缝 honeycomb crack;honeycombed fissure
蜂窝状裂纹 honeycomb crack;honeycombed check
蜂窝状炉焦炭 beehive coke;honeycombed coke
蜂窝状滤器 cellular filter
蜂窝状墁涂 combed stucco
蜂窝状黏[粘]合 honeycombed check
蜂窝状铺砌 honeycomb slating
蜂窝状铺石板 honeycomb slating;drop-point slating
蜂窝状砌块 honeycomb block
蜂窝状墙 honey wall
蜂窝状溶蚀表面 honeycomb solution surface
蜂窝状沙丘 honeycomb dune;honeycomb-shaped dune
蜂窝状珊瑚 honey coral
蜂窝状石灰岩 alveolina limestone;cellular limestone
蜂窝状塑料滤料 honeycomb-shaped plastic medium
蜂窝状碳酸钙沉积 boxwork
蜂窝状土的结构 flocculated soil structure
蜂窝状土壤 cellular soil
蜂窝状物 honeycomb
蜂窝状芯(板) honeycombed core[coring]
蜂窝状芯材胶合板 cellular plywood
蜂窝状锈斑 honeycomb-shaped rust stain
蜂窝状岩层 honey formation
蜂窝状云 lacunosus cloud
蜂窝状纸板 honeycombed paper
蜂窝状砖块 honeycomb block;honeycomb tile
蜂窝状组织 areolar tissue;cellular texture;cellulation
蜂鸣器 sing machine;trembler
蜂箱 beehive
蜂音 buzz;hum;hummer(tone)
蜂音报警器 buzzer siren
蜂音电动机 phonic motor
蜂音电声 churr
蜂音断续器 buzzer interrupter
蜂音发生器 buzzer generator;buzzer oscillator
蜂音呼叫 phonic call
蜂音呼叫器 phonic ringer
蜂音激磁机 buzzer exciter
蜂音继电器 buzzer relay
蜂音绝缘子测试棒 buzz stick
蜂音器 buzzer(siren);hummer;ticker
蜂音器振铃 buzzer ringing
蜂音试验机 buzz tester
蜂音信号 buzzerphone;buzzer signal;order tone
蜂音振荡器 buzzer oscillator

冯阿克斯流速计 Von Arx current meter

冯蔡佩尔方法 Von Zeipel method
冯丹士林蒸箱 Von der Wehl steamer
冯霍夫改进型目镜 Von Hofe modified eyepiece
冯霍夫目镜 Von Hofe eyepiece
冯卡门常数 Von Karman constant
冯米塞斯分布 Van Mises distribution
冯米塞斯准则 Van Mises criterion
冯诺伊曼比率 Von Neumann ratio
冯诺依曼系统结构 Von Neumann architecture
冯特克平滑法 Vondrek smoothing method

逢九进位 standing-on-nines carry

逢九跳跃进位 standing-on-nines carry
逢十进位 with 10's carry
逢一变化不归零制 non-return-to-zero change-on-one
逢站必停的旅客列车<慢车或普客> all-stations passenger train

缝 hag;joint;seam;sew;slit;stitch

缝包工 cooper
缝边 hem
缝边错位<路面板的> joint faulting
缝边机 edge machine;hemming machine;side seamer;trimming machine
缝边起拱<指混凝土路面> arising of joint edges
缝边上升<指混凝土路面> arising of joint edges
缝编地毯 stitch-bonded carpet
缝编机 knit-stitch machine;sew-knitting machine;stitch-knitting machine
缝编帐篷布 stitch-bonded camping cloth
缝标签机 label-sewing machine
缝补 stitch-up
缝补棉线 mending cotton
缝拆包 bag sewing and dismantling
缝长 joint length
缝袋机 bag closer;bag sewer;bag sewing machine;sack sewing machine
缝道宽度 thickness of seam
缝的间距 spacing of joint

F

缝的量测 joint measurement
缝灯 slit lamp
缝法 stitch
缝帆边绳大针 large bolt rope needle
缝帆粗眼针 roping needle
缝帆顶针 sailmaker's palm
缝帆工具 canvas seaming tools; sailmaker's tool
缝帆工艺 canvas work
缝帆钩 bench hook;sail hook
缝帆针 canvas needle; sailmaker's needle;sail needle
缝杆 <铺地毯时缝制工具> sewing pole
缝管 slit tube
缝(管)隙连接 gap junction
缝焊 ca(u)lking weld; line weld(ing); sealing bead; stitch weld; seam welding
缝焊机 seaming welder;seam-welding machine
缝焊接 butt weld;seam weld(ing)
缝合 heal; oversew; quilt; seam; severity sew; stitch(ing); surgical stitching;suture
缝合材料 suture material
缝合处爆破 seam blast(ing)
缝合带 suture zone
缝合带盆地 sutural basin
缝合的 stitched;stylolitic
缝合的帆布带 stitched canvas
缝合的建筑地褥 stitched building quilt
缝合的建筑地毡 stitched building mat
缝合底 sewn bottom
缝合点焊 stitch welding
缝合法 stitching
缝合钢丝切割钳 suture wire cutter
缝合构造 stylolitic structure
缝合夹 closing clamp
缝合接触 sutured contact
缝合结构 stylolitic structure;sutured structure
缝合铆钉 stitch rivet
缝合面 stylolite
缝合劈理 stylolitic cleavage
缝合皮带 stitched belting
缝合石英 sutured quartz
缝合碎裂 joint spalling
缝合线 partition line; stylolite line; suture line
缝合岩面 stylolite
缝合造山带 suture orogenic belt
缝合针 sewing needle
缝脊 flash
缝际 raphe
缝际核 nucleus of raphe
缝尖 crack tip
缝间水 interstitial water
缝接单板 stitched veneer
缝金属扣机 metal button-sewing machine
缝距 distance between joints
缝锯 seam saw
缝口 joint opening; kiss; slit orifice; commissure <石砌体的>
缝口板牙 split-die
缝口铲 split shovel
缝口低陷 joint spalling
缝口机 hemming machine
缝口模头挤塑 slot extrusion
缝口松 seam slack
缝口松开 seam open
缝口碎裂 joint spalling
缝口系数 <筛子以方孔为1,长方孔大于1,圆孔为0.8> slot factor
缝宽 joint width;slot width;thickness of seam;width of joint;gap width
缝宽变量 joint movement
缝裂壳属 <拉> Hysterium
缝拢 seaming
缝墁 split float
缝面加固 joint reinforcement
缝黏[粘]合 seam bonding
缝纫 needle
缝纫包边 overcast
缝纫车间 tailoring workshop
缝纫机平缝装置 feller
缝纫室 sewing room
缝纫线 sewing thread
缝纫业 needlework
缝筛 slotted screen
缝式存仓 slit bunker
缝式炉 slot-type furnace
缝式喷嘴 slot nozzle
缝式燃烧器 slit burner;slotted burner
缝式遮光片 slit-mask
缝外线机 outside stitching machine
缝隙 aperture; blank; chink; crack; crevice;gap at joint;gapping;joint allowance;joint gap;joint opening; opening;slit;yawn
缝隙爆破 joint opening; seam blast(ing)
缝隙冰 interstitial ice
缝隙布料器 slot distributor
缝隙槽 clearance channel;slit trough
缝隙长度 crack length;slit length
缝隙长度法 crack length method
缝隙超显微镜 slit ultramicroscope
缝隙沉积物 slit deposit
缝隙法 crack method;slit method
缝隙辐射器 slot radiator
缝隙腐蚀 crevice corrosion
缝隙观测 gap observation
缝隙光阑 slit diaphragm;slotted diaphragm
缝隙光圈 aperture slot;slit stop
缝隙过滤管 slotted liner
缝隙加热 gap heating
缝隙浇口 connor gate;slot gate
缝隙结露 interstitial condensation
缝隙纠正 differential rectification
缝隙纠正仪 orthoscope;slot-rectifier
缝隙空穴 gap cavitation
缝隙孔径 slit aperture
缝隙口型 slit orifice
缝隙快门 slotted shutter
缝隙宽度 crack width;gap width;slit width;slot width
缝隙离散 gap scatter
缝隙流 slit flow
缝隙漏水 clearance leakage
缝隙滤水管 silt filter
缝隙密封膏 in-seam sealant
缝隙模片辐射三角测量 slotted templet plot
缝隙模型 model of fissuration
缝隙内浇口 edge gate;pressure gate
缝隙黏[粘]度计 slit visco(si)meter
缝隙凝结水 interstitial condensation
缝隙破坏 slit failure
缝隙摄影 differential photography
缝隙渗透计 effusiometer
缝隙时间 aperture time
缝隙式沉砂池 grit slot;slot grit chamber
缝隙式浇口 vertical gating
缝隙式滤水管 slit filter
缝隙式喷油嘴 slot atomizer
缝隙式喷嘴 slit(-jet) injector;slotted injector
缝隙式燃烧器 flat burner;slit burner
缝隙水 fissure water;interstitial water;pore water
缝隙水压力 interstitial hydraulic pressure
缝隙损失 clearance compensation; clearance loss;clearance slippage
缝隙天线 slit antenna;slot antenna
缝隙锈蚀 crevice corrosion
缝隙衍射 diffraction by slit
缝隙源 slit source
缝隙装药爆破 seam blast(ing)
缝线 stitch
缝线机 wire-stitching machine
缝线剪 suture scissors
缝线针脚 mending stitch
缝线轴 suture bobbin
缝楔 board splitter;riving knife
缝缘 slit edge
缝栽 slip planting;slit planting
缝张开度 joint opening
缝针 stitcher
缝制 tailor
缝制建筑保温毡 sewn building mat; sewn building quilt

凤凰木 flamboyant tree;flame tree

凤凰石 fenghuanglite;fynchenite
凤凰式 phoenix
凤凰式沉箱 phoenix caisson
凤凰饰 phoenix
凤凰树 flamboyant tree;flame tree
凤螺属 strombus
凤尾草 fern
凤尾鱼 long tailed anchovy
凤尾竹 fernleaf hedge bamboo
凤仙花 balsam;garden balsam;touch-me-not
凤羽 barb

奉献 dedication

奉献浮屠 votive stupa-mound;votive tope-mound
奉献给上帝的艺术品 <古希腊> agalma
奉献给上帝建筑物 sacred building
奉献祭坛 chantry-altar
奉献箱 <圣餐礼拜中的> poor's pyx

佛 Buddha

佛达尔铝合金 Fortal
佛得角 <非洲> Cape Verde
佛得角海盆 Cape Verde basin
佛得角破裂带 Cape Verde fracture zone
佛得角群岛 Cape Verde islands
佛肚竹 Bambusa ventricosa
佛尔维特合金 Volvit
佛骨堂 <印度> dagoba
佛黄 ultramarine yellow; yellow ultramarine
佛教 Buddhism
佛教的 Buddhistic
佛教建筑 Buddhist architecture
佛教寺院 vihara
佛龛 niche for a statue of Buddha
佛克脱效应 Viogt effect
佛拉奇冻结法 <竖井,隧道用> Foraky freezing process
佛拉奇钻孔法 Foraky boring method
佛鲁林耙头【疏】Fruhling draghead
佛伦第尔桁架 Vierendeel truss
佛罗里达海峡 Strait of Florida
佛罗里达磷酸盐 Florida phosphate
佛罗伦萨玻璃 Florentine glass
佛罗伦萨风格 Florentine style
佛罗伦萨拱 Florentine arch
佛罗伦萨马赛克 Florentine mosaic
佛罗伦萨马赛克饰面 Florentine mosaic work;pietra dura
佛罗伦萨式窗遮帘 Florentine blind
佛罗伦萨文艺复兴式 Florentine Renaissance
佛罗伦斯大教堂 Florence Cathedral
佛罗密特超硬质碳化钨合金 Volomit
佛罗萨地毯 flossa
佛麦特钨铬钢 Formite
佛蒙特 <美国州名> Vermont
佛青 <一种合成蓝色颜料> ultramarine;blue ultramarine;French blue; ultramarine blue
佛撒尔西尔式绝热材料 Fosalsil
佛瑟法 Fauser process
佛石松碱 fawcettine
佛手壶 Buddha's hand citron
佛手花 finger citron flower
佛手内酯 bergapten
佛手片 finger citron sliced; fructus citri sarcodactylis
佛手珊瑚 caryophyllia
佛寺 Buddhist monastery; Buddhist temple
佛塔 Buddhist pagoda;pagoda;paohtah;stupa <印度>;tope <印度>
佛堂 chaitya hall;family hall for worshipping Buddha;figure of Buddha
佛提树染料 fustics
佛像 Buddha statue;Buddhist statue; figure of Buddha
佛焰苞 spathe
佛焰花序 spadix
佛指甲茶杯 teacup with rim shaped like Buddha's fingernails

否定保证 negative;pledge

否定裁决 notwithstanding the verdict
否定代表资格 decertification
否定的回答 negative answer
否定的简单条件 negated simple condition
否定的自我选择 negative self-selection
否定号 tilde
否定合同 repudiate a contract
否定计划 rejection of plans
否定解释 deny interpretation
否定命题 negative proposition
否定旗 negative flag
否定区域 region of rejection; rejection region
否定设计图 rejection of plans
否定式函证 negative confirmation
否定探询极限 negative polling limit
否定响应 negative response
否定新颖性 negate novelty
否定信号 negative acknowledge character;negative acknowledgement
否定性 negativity
否定性罢工 negative strike
否定性条件 negativity condition
否定询证法 negative confirmation
否定意见报告书 adverse opinion report
否定应答 negative response
否定追索权 recourse repudiation
否定字符 negative acknowledge character
否决 veto;overrule;voting down
否决电路 dissent circuit
否决票 <拉> non placet
否决权 right of veto;veto;veto power
否决议案 kill the bill
否认符号 negative acknowledge character
否认合同有效 repudiate a contract
否认记号 negative acknowledge character
否认事实 denial of facts
否认条款 disclaimer clause
否认责任 disclaim liability
否认字符 negative acknowledge character

夫琅和费二进制全息图 Fraunhofer binary hologram

夫琅和费光强度分布 Fraunhofer intensity distribution
夫琅和费光栅 Fraunhofer grating
夫琅和费近似 Fraunhofer approximation
夫琅和费谱线 Fraunhofer lines
夫琅和费区 far field; far region; far zone; Fraunhofer region; radiation zone
夫琅和费全息图 Fraunhofer hologram
夫琅和费全息照相 Fraunhofer holography
夫琅和费日冕 Fraunhofer corona
夫琅和费双线 Fraunhofer doublet
夫琅和费条件 Fraunhofer condition
夫琅和费吸收线 dark Fraunhofer line
夫琅和费线光谱 Fraunhofer line spectrum
夫琅和费衍射 Fraunhofer diffraction
夫琅和费衍射公式 Fraunhofer diffraction formular
夫琅和费衍射和频谱分析 Fraunhofer diffraction and spectral analysis
夫琅和费衍射区 Fraunhofer diffraction region
夫琅和费衍射全息图 Fraunhofer diffraction hologram
夫琅和费衍射条纹 Fraunhofer diffraction fringe
夫琅和费衍射图 Fraunhofer diffraction pattern
夫里德耳定律 Friedel's law
夫妻店 husband-wife shop; mom and pop store
夫妻合租 tenancy by the entirety
夫沙芬近 fusafungine
夫西地酸钠 sodium fusidate
夫子庙 Confuciu's temple

呋氨蝶啶 furterene

呋波碘铵 fubrogonium iodide
呋碘达隆 furidarone
呋芬雷司 furfenorex
呋拉扎勃 furazabol
呋罗雌酚 furostilbestrol
呋罗达唑 furodiazole
呋罗芬酸 furofenac
呋喃 furan; furfuran; tetrol
呋喃苯胺酸 furosemide
呋喃丙胺 fuprapromide; furapromidum
呋喃丙烯醛 furacrolein; furanacrylic acid; furfuracrolein
呋喃丙烯酸 furanacrylic acid
呋喃二酮 furandione
呋喃二烯酮 furanodienone
呋喃果糖 fructofuranose
呋喃环 furan nucleus; furan ring
呋喃基 furan group; furyl
呋喃基丙烯醛 furylacrolein
呋喃基丙烯酸戊酯 amyl furylacrylate
呋喃基丙烯酰胺 furylacrylamide
呋喃基甲醇 furfuralcohol; furyl alcohol
呋喃甲醇 furancarbinol; furfuryl alcohol
呋喃甲醛 furaldehyde
呋喃甲酸 furancarboxylic acid
呋喃甲酰胺 furoylamide
呋喃甲酰氯 furoyl chloride
呋喃胶结树脂 furan consolidating resin
呋喃胶泥 furan(e) mastic
呋喃硫胺 fursultiamine; thiamine tetrahydrofurfuryl; thiamine tetrahydrofurfuryl disulphiele
呋喃色酮 furan chromone
呋喃砂浆 furan mortar
呋喃树脂 furan(e) resin
呋喃树脂黏[粘]合剂 furan(e) resin adhesive
呋喃塑料 furan plastic
呋喃烷 furanidine
呋喃系溶剂 furan solvent
呋喃亚甲基 fural
呋沙仑 fursalan
呋索碘铵 furtrethonium iodide
呋甾烷 furostan
呋唑氯铵 furazolium chloride

肤色 flesh tone; skin tone

肤状熔岩 dermolithic lava

趺【建】fu

麸皮球团 bran pellets

麸质 gluten

孵化厂废品 hatchery residue

孵化场 hatchery
孵化池 hatchery pond; hatching pond
孵化器 incubater[incubator]
孵化室 hatching house
孵化箱燃料油 incubator oil
孵鸡器 brooder
孵卵器 incubater [incubator] (for eggs); nursery
孵卵箱 incubator
孵育箱 incubater[incubator]

敷箔板 clad laminate

敷布 compress
敷擦 dab
敷擦法 entripsis; inunction
敷擦石面 dabbing
敷层 blanket; brush coat; coating; coverage; layup
敷层带 coated tape
敷层金属保护电弧焊 shielded metal arc welding
敷层面积 blanket area
敷带 taping
敷底物 backing material
敷地材料 floor covering material
敷电缆机 cable gear
敷电线 electric(al) wiring
敷镀金属 metallization; overlay metallization
敷镀金属的纸 metal-coated paper
敷粉 powdering
敷盖防火法 contact fire-proofing
敷盖面 facing
敷挂褶皱 sedentary fold(ing)
敷管驳 lay barge
敷管长度 laid length
敷管工具 plumber tool
敷管机 pipe layer; pipe layer attachment; pipe-laying machine
敷管廊道 pipe gallery
敷管用犁 pipe-laying plow
敷管钻进 drilling for conduits ducts
敷裹室 dressing room
敷剂 application
敷胶量 spread
敷金属 metallisation
敷金属玻璃 metallized glass
敷金属玻璃板 metal-on-glass plate
敷金属带 metallized strip
敷金属灯泡 metallized lamp bulb
敷金属法 metallization
敷金属接头 metallized contact
敷金属云母电容器 metallized mica capacitor
敷金属纸电容器 metallized paper capacitor
敷金属纸条 chaff
敷沥青 bituminous application
敷料 dressing
敷料板 dressing board
敷料车 dressing carriage; dressing trolley
敷料灯丝 coated filament
敷料电极 coated electrode; light-coated electrode
敷料罐 dressing drum
敷料剪 dressing scissors
敷料镊 dressing pliers
敷料器 applicator
敷料钳 dressing forceps
敷料阴极 coated cathode
敷路料 surface dressing
敷铝 aluminize; aluminizing
敷铝阴极射线管 aluminized cathode-ray tube
敷面 surface application; top dressing
敷面材料 top dressing compound
敷面锤 dressing hammer
敷面机 surface dressing treatment
敷面料 surface dressing; top dressing
敷面圬工 dressed masonry
敷泡沫层的跑道 foamed runway
敷皮焊条 sheathed electrode
敷青铜粉 dusting bronze
敷色 apply colo(u)r
敷设 laying(out) <管道线路的>; bridging over; installation; laydown; laying installation; placing; roughing-in; weize
敷设长度 laid length; laying length
敷设成本 laid down cost
敷设的详细规程 specs for laying
敷设的详细规定 specs for laying
敷设的详细规范 specs for laying
敷设的详细技术条件 specs for laying
敷设电缆 cable handling; cable works; cabling; laying of cables
敷设电缆的槽、管、孔 duct, pipe, hole for cable laying
敷设电缆的机械 cable gear
敷设电缆挖沟机 ditcher for laying cable
敷设电缆用的架子 cable shelf
敷设方向 <电缆等> direction of lay
敷设管道 laying pipe; pipeline work; pipe placing; tubing
敷设管道船 pipe-laying barge
敷设管道绞车 pipe-laying winch
敷设管道绞盘 pipe-laying winch
敷设管道进度表 pipe-laying progress chart
敷设管路 piping
敷设管线 lay the line; pipelining; run a line
敷设管线驳船 lay barge
敷设管子工具 pipe-laying device
敷设管子计划 pipe-laying plan
敷设管子平面图 pipe-laying plan
敷设管子设备 pipe-laying device
敷设管子施工设备 pipe-laying plant
敷设规范 specifications for laying
敷设机 layer
敷设机械 laying machine
敷设焦渣混凝土砌块 pumice breeze block
敷设缆索的绞车 cable laying winch
敷设缆索的设备 cable laying plant
敷设缆索机 cable laying machine
敷设路缘石 curbing
敷设面积 laying area
敷设面砖 laying tile
敷设黏[粘]结剂 adhesive for laying; bonding adhesive for laying
敷设器 placer
敷设设备 laying apparatus
敷设深度 laying depth
敷设水管 water piping
敷设松度 laying slack
敷设通风管钻进 drilling for ventilation ducts
敷设下水道法规 sewerage law
敷设线路 laying out; layout
敷霜 blooming
敷霜透镜 bloomed lens
敷水笔 swab
敷钽放射体 tantalum emitter
敷贴 application
敷贴法 application method
敷贴器 applicator
敷铜板 copper-clad plate
敷铜箔板 copper-clad laminate; copper foil laminate
敷铜箔的 copper-clad
敷铜箔叠层板 copper-clad panel
敷铜薄层压板 copper foil-clad laminated sheet
敷涂 cladding; overlay; spreading
敷涂材料 cladding material
敷涂器 coater
敷钍处理(灯丝) thorium treatment
敷钍的 thoria-coated; thoriated
敷钍灯丝 thoriated filament
敷钍钼阴极 thoriated molybdenum cathode
敷钍钨丝阴极 thoriated tungsten cathode
敷钍钨阴极放射体 thoriated tungsten emitter
敷线 wiring
敷线车 wire laying vehicle
敷线用牵引线 fish tape
敷衍性谈判 surface bargaining
敷氧化物灯丝 oxide coated filament
敷氧化物阴极 oxide-coated cathode
敷用 application
敷有陶瓷的 ceramic-coated
敷有药皮焊条 sheathed electrode
敷余电力 secondary power
敷筑石质基层 soling

弗伯斯通板 <一种专卖的防水墙板> Fyberstone

弗恩加斯构造体系 <采用预制承重墙，预应力楼板> Firnkas system
弗尔德圬工凿子 <一种可以换刃片的> Fauld's tool
弗尔康联轴节 Vulcan coupling
弗尔默缆索拉力测定仪 Fulmer tension meter
弗钙霞石 franzinite
弗戈镍铬钨系合金钢 Virgo
弗吉尼亚创始的工厂工艺 Virginia initiative plant process
弗吉尼亚松 Virginian pine
弗吉尼亚银合金 Virginia silver
弗克法 <垂直有槽引上拉制平板玻璃法> Fourcault process
弗克法拉制的平板玻璃 Fourcault glass
弗克法拉制平板玻璃法 Fourcault
弗科克水银断续器 Faucault mercury interrupter
弗拉磨拉建造【地】Fra Mauro formation
弗拉姆频率计 Frahm frequency meter

弗拉斯脆点 Fraas brittle point
弗拉斯脆化断裂点 Fraas breaking brittle point
弗拉斯脆化温度 Fraas brittle temperature
弗拉斯断裂点 <沥青在法拉斯试验器内破裂的温度> Fraas breaking point
弗拉斯发脆温度 Fraas brittle temperature
弗拉斯阶 <晚泥盆世>【地】Frasnian (stage)
弗拉斯氏脆点 <沥青材料> Fraas breaking point
弗拉斯氏脆点试验 Fraas breaking-point test
弗拉斯氏断裂点试验 Fraas breaking-point test
弗拉斯试验器 <测定沥青材料的> Fraas tester
弗拉索夫石 vlasovite
弗拉塔法 <一种出行分布的增长系数法>【交】Fratar method
弗拉维式建筑 <古罗马> Flavian Amphitheatre
弗莱阿赛德 <一种专利的滑动门装置产品> Flyaside
弗莱堡大教堂 Freiburg Cathedral
弗莱克西科板 <混凝土空心浇筑整体式构件> Flexicore slab
弗莱明定律 Fleming's rule
弗莱明管 Fleming's valve
弗莱明水泥 <含大量氧化铁> Fleming's cement
弗莱斯克托 <为电动工具系列品牌> Flextol
弗莱斯伍德 <一种具有柔性和防水性能的极薄木片> Flexwood
弗赖什采磁法 Frasch process
弗兰德利希等温方程 Freundlich isotherm equation
弗兰德利希等温线 Freundlich isotherm
弗兰德利希方程 Freundlich equation
弗兰德利希模型 Freundlich model
弗兰德利希吸附等温线 Freundlich adsorption isotherm
弗兰德利希吸附系数 Freundlich adsorption coefficient
弗兰狄帕克数字显示板 Flandipak
弗兰风 Flan
弗兰可高速钢 Franco
弗兰克尔对 Frenkel pair
弗兰克尔激子 Frenkel exciton
弗兰克尔螺旋搅拌机 Frenkel mixer
弗兰克尔缺陷 Frenkel defect
弗兰克尔位错 Frenkel disorder
弗兰克尔型 Frenkel type
弗兰克-赫兹实验 Franck-Hertz experiment
弗兰克-康登势能曲线 Franck-Condon potential curve
弗兰克-康登因子 Franck-Condon factor
弗兰克-康登原理 Franck-Condon principle
弗兰克-康登重叠因数 Franck-Condon overlap factor
弗兰克桩 Franki pile
弗兰芒式砌合 Flemish bond
弗兰姆斯蒂数 Flamsteed's number
弗兰西斯式水轮机转轮 Francis type runner
弗兰西斯水轮 Francis wheel
弗兰西斯水轮机 <内流反击式> Francis(water) turbine
弗兰西斯堰流公式 Francis flow formula
弗兰西斯溢流堰公式 Francis weir formula
弗朗德风暴 Flanders storm
弗朗德里安海侵 Flandrian transgression
弗朗康干涉目镜 Francon interference ocular
弗朗康阶【地】Franconian stage
弗朗舍光泽彩料 Franchet lustre
弗朗西斯公式 Francis formula
弗朗西斯教堂 Franciscan church
弗朗兹-凯尔迪什效应 Franz Keldysh effect
弗劳德(标)数 <水文计算中,流速与水深的比例关系> Froude number
弗劳德定律 Froude's law
弗劳德功率计 Froude's dynamometer
弗劳德缓和曲线 Froude's transition curve
弗劳德模型律 Froude's model law
弗劳德模型试验法则 Froude's law of model test; Froude's law of model testing
弗劳德数 Froude's number; kinetic flow factor
弗劳德数系数 Frodue's coefficient number
弗劳德系数 Froude's coefficient; Froude's number
弗劳德相似律 Froude's law of similarity; Froude's similarity law
弗劳德相似准则 Froude's similarity criterion
弗劳德准数 Froude's number
弗劳德准则 Froude's criterion
弗劳斯特水泥 <用白垩和黏土制成的> Frost's cement
弗勒德方程 Flood's equation
弗雷茨穆恩连续式炉焊管法 Fretz-Moon method
弗雷德霍姆定理 Fredholm theorem
弗雷德霍姆积分方程 Fredholm integral equations
弗雷德霍姆理论 Fredholm theory
弗雷德霍姆算子 Fredholm operator
弗雷德霍姆行列式 Fredholm determinant
弗雷德里克斯堡统【地】Frederick Sburg series
弗雷康 <一种包装袋> Fle-con[flexible freight container]
弗雷拉斯脆点 Fraras breaking point
弗雷拉斯断裂点试验 Fraras breaking point test
弗雷里(铅碱土金属轴承)合金 Frary metal
弗雷利克液 Fralick's fluid
弗雷蒙冲击试验片 Fremont impact test piece
弗雷涅·塞雷公式 Serret-Frenet formulas
弗雷切砖机 Frey cutter
弗雷塞堰流公式 Frese's flow formula
弗雷特纳风车 Flettner windmill
弗雷西奈平行线缆 Freyssinet parallel-wire cable
弗雷西奈式钢筋混凝土铰 Freyssinet articulated reinforcement concrete rocker
弗雷西奈式后张法 Freyssinet
弗雷西奈式铰接支承 Freyssinet hinge
弗雷西奈式锚定系统 <预应力混凝土中用> Freyssinet anchoring system
弗雷西奈式千斤顶 Freyssinet type jack
弗雷西奈式双动千斤顶 <预应力张拉用> Freyssinet double acting jack; Freyssinet jack
弗雷西奈式预应力混凝土铰接结构 Fressinet concrete hinge
弗雷西奈式(预应力混凝土)张拉体系 Freyssinet prestressing system
弗雷西奈式圆锥锚(头) <预应力钢筋的> Freyssinet cone anchorage
弗雷西奈式张拉系统 <预应力混凝土> Freyssinet prestressing system
弗雷西奈预(加)应力法 Freyssinet system of prestressing
弗雷西奈支座 Freyssinet bearing
弗雷泽风砂分选法 Fraser's air sand process
弗雷泽斯韦特曼针形安全系统 Fraser Sweatman pin safety system
弗里贝格理论 <关于水泥混凝土路面传力杆受力的理论> Friberg's theory
弗里德曼试验 Friedmann test
弗里德曼宇宙 Friedmann universe
弗里敦 <塞拉利昂首都> Freetown
弗里克剂量计 Fricke dosimeter
弗里克铜锌镍电阻丝合金 Fricke alloy
弗里曼-尼科耳型焙烧炉 Freeman-Nicbols roaster
弗里曼特尔港 Port Fremantle
弗里米盐 Fremy's salt
弗里试验 Free test
弗里斯规则 Fries's rule
弗里希尔(瓷)环 Frischer ring
弗立克西型货车 <装运载有水陆两用集装箱挂车车体部分的货车> Flexi-van
弗立文圆形露天剧场 Colosseum at Rome
弗利吉亚大理石 Phrygian marble
弗利斯特雨 flist
弗利特泵 Flygt pump
弗列斯诺尔阶梯光栅镜头 Fresnal lens
弗列斯塔涂料 <一种专卖的塑性涂料> Frestex
弗林参数 *K* 值 parameter of Flinn's *K*-value
弗林分类法 Flynn's classification schema
弗林混合法 <计算机运算速度的> Flynn mixing
弗林特棒 Flinder's bar
弗林特玛瑙脂面层 <商品名> Flintkote
弗卢固体处置法【排】 Fluo solids process
弗吕林耙头【疏】Fruhling draghead
弗罗宾尼斯法 method of Frobenius
弗罗丁翰钢板桩 <一种专利产品> Frodingham
弗罗利常数 Flory constant
弗罗利克应力集中系数 Frohlich's stress concentration factor
弗罗利十字架 Flory cross
弗罗利温度 Flory temperature
弗罗伦廷宝石 Florentine lapin
弗罗型侧摇带式流槽 Frue vanner
弗罗型洗选槽 Frue vanner
弗罗因德佐剂 Freund's adjuvant
弗洛比尼斯法 Frobenius method
弗洛丁电炉炼钢法 Flodin process
弗洛盖定理 Floquet theorem
弗洛克辛色淀 phloxine lake
弗洛勒斯海 Flores Sea
弗洛里单位 Florey unit
弗洛里辛油 Floricin oil
弗梅尔发动机 Virmel engine
弗蒙特板岩 Vermont slate
弗蒙特大理石 Vermont marble
弗米加爪形刀具 Formica knife
弗姆瓦 <一种绝缘材料> Formvar
弗尼斯法 <出行分布的增长系数法之一>【道】Furness method
弗尼斯扣件 <一种专利屋面玻璃扣件> Furness
弗硼钙石 froloyite
弗泼尔网状穹隆 Foppl network dome
弗瑞德-克来福特合成 Friedel and Craft's synthesis
弗瑞德-克来福特-卡勒成腈合成法 Friedel-Crafts-Karrer nitrile synthesis
弗瑞德兰德喹啉合成法 Friedlander quinoline synthesis
弗瑞迪-克来福特催化剂 Freidel-Crafts catalyst
弗氏锚 cone anchorage; Freyssinet cone anchorage
弗氏张拉系统 <预应力混凝土> Freyssinet system
弗斯脱纳钻 Forstner bit
弗廷格变速器 Fottinger speed transformer
弗廷格联结器 Fottinger coupling; Fottinger transmitter

伏安 ampere-volt; unimeter; volt-ampere

伏安表 galvanovoltammeter; veltamperemeter; volometer; voltammeter; volt-ampere meter; voltmeter
伏安法 volt-ammetry
伏安计 galvanovoltammeter; veltamperemeter; volt-ampere meter; volt-ammeter
伏安计示波器组件 voltascope
伏安谱图 voltammogram
伏安器 voltamoscope
伏安曲线 voltage-ampere curve
伏安时电抗性的 volt-ampere-hour reactive
伏安时计 apparent energy meter
伏安特性(曲线) current-voltage characteristic; voltage-current characteristic; volt-ampere characteristic; volt-current characteristic
伏安(小)时 volt-ampere hour
伏背斜【地】 pitching anticline; recumbent anticline
伏椽 creeping rafter
伏打电 voltaic electricity
伏打电池 voltaic cell; volt cell
伏打电池的阴极 platinode
伏打电堆 voltaic pile
伏打电流 voltaic current
伏打电偶 voltaic couple
伏打电学 vlotaism
伏打定律 volta's law
伏打光检测器 voltaic photo-detector
伏打式的 voltaic
伏打效应 volta(ic) effect
伏的 prone
伏地火 creeping fire
伏尔甘炸药 vulcan powder
伏尔加河 Volga River
伏尔加阶【地】Volgian stage
伏尔加-乌拉尔盆地 Ural-Volga basin
伏尔默试验 Vollmer test
伏尔斯隔膜电解槽 Vorce diaphragm cell
伏尔特拉方程 Volterra equation
伏尔特拉积分方程 Volterra integral equation
伏尔特拉级数 Volterra series
伏尔特拉位错 Volterra dislocation
伏革菌属 <拉> Corticium
伏格特符号 Voigt notation
伏格特固体 Voigt solid
伏格特界线 Voigt's boundary lines
伏格特流变模型 Voigt rheological model
伏格特模型 <表示材料流变性质的一种力学模型,由弹簧及缓冲壶串联而成> Voigt model
伏格特效应 Voigt effect
伏古勒-桑德奇分类 de Vaucouleurs-Sandage classification

伏谷 dry valley
伏辊 couch;couch roll
伏河 disappearing stream sinking;sinking creek;sinking river
伏角 angle of depression;angle of dip;angle of inclination;depression angle;negative altitude
伏角差 dip correction;height of eye correction
伏流 disappearing river;stream subterranean;subsurface flow;subterranean drainage; subterranean karst;subterranean river;subterranean stream;swallet;swallet river;swallet stream;underaround river
伏流河 disapppearing stream;subterranean stream;underground stream
伏流水 river bed water;underflow water
伏面 underlying surface
伏秒 volt-second
伏秒特性曲线 voltage-time curve
伏牛花 barberry
伏欧毫安表 circuit analyser [analyzer]; multimeter; multiple-purpose tester;volt-ohm-milliammeter
伏圈比 voltage-turns ratio
伏萨尔梁 <岩石压力试验用> Voussoir beam
伏斯接缝销钉 Voss connector
伏斯偏振镜 Voss's polariscope
伏泰勒积分方程 Volterra integral equation
伏(特)volt
伏特安培 volt-ampere
伏特安培小时计 apparent energy meter
伏特表 voltmeter
伏特电 voltage meter
伏特分贝 decibel above one volt;decibels relative to one volt
伏特毫安计 volt-milliampere meter
伏特计 voltmeter
伏特计倍增器 voltmeter multiplier
伏特计换挡器 voltmeter commutator
伏特计灵敏度 voltmeter sensitivity
伏特计指示器 voltmeter indicator
伏特欧姆计 voltohmmeter [voltohmist];voltohmyst
伏特数 voltage
伏特线 <磁通单位,1 伏特 = 10^8 韦伯> volt-line
伏天 dog days
伏卧背背斜层【地】recumbent anticline
伏卧位 prone position
伏卧褶皱【地】lying fold;recumbent fold;recumbent
伏卧褶皱上翼 arch limb
伏向斜 pitching syncline
伏汛 summer flood;summer freshet
伏在 overlie
伏褶菌属 <拉> Resupinatus
伏褶曲 pitching fold;reclined fold
伏褶皱【地】lying fold;recumbent fold

扶

扶把 supporting handle
扶壁 abamurus;abut;abutment wall;anterides;but buttress;butment wall;buttress;buttressed wall;counterfort;counterfort(ed) wall;counterpilaster;erisma;flier arch;return wall;pilaster <桥台前墙的>
扶壁壁龛 buttress niche
扶壁侧翼 buttressed wing
扶壁衬板 buttress strip
扶壁的斜坡顶 amortizement
扶壁的斜压顶 amortizement
扶壁垫板 buttress strip
扶壁墩 buttress pier
扶壁墩子 buttress of pier
扶壁钢筋 buttress reinforcement
扶壁拱 buttressed arch
扶壁和飞扶壁系统 system of buttresses and flying buttresses
扶壁加劲肋 buttress stiffener
扶壁脚手架 cripple scaffold
扶壁结构 buttressed quay-wall;counterforted wall
扶壁码头 buttressed wall;counterforted quay-wall
扶壁墙 buttress wall;counterfort(ed) wall
扶壁桥台 counterforted abutment
扶壁式 counterfort
扶壁式坝 buttress(ed) dam;counterfort dam;T-headed buttress dam
扶壁式挡土墙 buttressed retaining wall;counterfort(ed) retaining wall
扶壁式码头岸壁 buttressed quay-wall
扶壁式桥台 buttressed abutment;counterfort abutment
扶壁压顶 buttress cap
扶壁翼 buttress wing
扶壁柱 buttressed column
扶臂脚手架 cripple scaffold
扶撑墙 buttressed wall
扶尺员 rodman;staffman
扶墩式排水(沟)buttress drain
扶垛 abamurus;anterides;attached pier;buttress;counterfort;counterpilaster;speroni;springing wall;spring wall
扶垛坝 counterfort dam
扶垛钢筋 buttress reinforcement
扶垛拱 counter arch;flying buttress
扶垛或扶垛墙 buttressing pier or wall
扶垛净间距 clear spacing of counterforts
扶垛墙 buttress(ed) wall;counterfort wall;pinion wall;sperone
扶垛式岸壁 bracket-type quay wall
扶垛式坝 buttress(type) dam
扶垛式挡土墙 buttressed retaining wall;counterfort(ed) retaining wall
扶垛式桥台 buttressed abutment;counterfort(ed) abutment
扶垛式闸墙 counterfort(ed) lock wall
扶垛突起带 buttressed zone
扶拱 straining arch;strainer arch
扶拱垛 arc-boutant
扶管工 stabber
扶脊木 ridge-mounting timber
扶栏 guard rail
扶栏式靠背椅 banister-back chair
扶铆钉工人 backup man
扶钎工 chuck tender
扶墙 counterforted wall;sustaining wall
扶手 arm(rest);banister;elbow rest;grab bar;grab handle;guard bar;guard rod;hand guard;hand hold;hand rail;handrailing;railing;rail post
扶手餐椅 arm-chair
扶手长凳 settle chair
扶手带 hand rail
扶手带断代保护装置 control device for handrail breakage
扶手底 breast
扶手顶面 handrail plane
扶手陡弯段 swan-neck
扶手断面 handrail profile;handrail section
扶手杆 grab bar;grab pole;grab rail;jack stay;grab iron
扶手高度 handrail height
扶手棍 grab bar;hand grab
扶手卷尾端 monkey's tail;monkey-tail
扶手卷形饰 handrail scroll
扶手卡 fixtures of handrail
扶手课椅 tablet(-arm) chair
扶手栏杆 grab rail;hand banisters;hand guard bar;handrail baluster
扶手栏杆柱 handrail post
扶手螺栓 handrail bolt;handrail screw;joint bolt;rail bolt
扶手螺栓打眼钻 handrail punch
扶手上的涡卷花饰 monkey's tail
扶手绳 gathering line;hand rope;man rope
扶手索 man rope
扶手梯 rail ladder
扶手托架 handrail bracket
扶手托座 handrail support
扶手外形 handrail profile
扶手弯头 knee;knee bend
扶手弯子 wreath
扶手涡卷端 handrail scroll
扶手涡饰 handrail scroll
扶手涡旋冠端 handrail wreath
扶手涡旋饰 volute;volute with casement
扶手系统 railing system;stair-rail system
扶手橡胶带 handrail conveyer [conveyor]
扶手形状 handrail shape;handrail trim
扶手椅 arm-chair;fauteuil;writing-chair;tablet(-arm) chair <课堂用>
扶手支柱 <罐车> handrail post
扶手转向端 newel
扶手装置 balustrade
扶梯 ladder access;step ladder
扶梯侧立柱 ladder side rail
扶梯棍 spoke
扶梯横挡 ladder cleat;rung
扶梯横铁 ladder round
扶梯横铁或横挡 round
扶梯控制箱 control box for escalator
扶梯栏杆 railing
扶梯螺栓 ladder bolt
扶梯配电箱 subdistribution box for escalator
扶梯踏步梁 stair horse
扶梯踏蹬 spoke
扶梯梯级 ladder step
扶梯弯曲部分(弯子)ramp
扶梯支架 stair horse
扶养 alimentation
扶养者 supporter
扶正 righting
扶正沉船 righting a capsized vessel
扶正力矩 righting moment
扶正器 centering guide;centralizer;stabilizer
扶助 assist;help;support
扶柱 buttress(ed) pier
扶桩 buttress

芙

芙蓉红 poppy
芙蓉石 ross quartz
芙蓉手 kosometsuke
芙蓉叶 cotton rose hibiscus leaf
芙蓉铀矿 furongite

拂

拂去尘土 dusting
拂晓 daybreak

服

服(兵)役期 enlistment
服从契约 adhesion contract
服饰 apparel;dress;dress and personal adornment;garniture;trappings
服饰品室 muniments room
服水土 acclima(ta)tion;acclimatize;climatize;acclimate <美>
服务 handling operation;service(action);servicing;serving
服务百分比 service percentage
服务半径 attractive radius;radius of service;radius served;service radius
服务报文 service message
服务标记 service mark
服务标准 servicing standard
服务标准化 service standardization
服务表示特许级 service representative privilege class
服务部经理 service manager
服务部门 service department;service sector
服务部门成本 service department cost
服务部门成本的分配 allocation of service department
服务部门成本分配计算表 worksheet to prorate service department cost
服务部门费用分摊 allocation of service department cost
服务部门预算 service department budget
服务舱 service module
服务层 service core floor;service flat
服务层网 server layer network
服务查询 service-seeking
服务查询暂停 service-seeking pause
服务产业 service industry
服务场地 service yard
服务场所 service yard
服务车 service car;servicer;service truck;service vehicle;tender
服务车库 service vehicle garage
服务成本 cost-of-service;service cost
服务成本分配表 distributed statement of service cost;distribution statement of service
服务成本课税原则 cost-of-service taxation principle
服务成本中心 service cost center [centre]
服务程序 service program(me)
服务程序包 package of service program(me)
服务程序地址 service-routine address
服务程序库 service library
服务处理机 service processor
服务船 attendant ship
服务船舶时间 service time
服务次序表 service order table
服务存取点地址 service access point address
服务大楼 service building
服务代表特权级 service representative privilege class
服务代理机构 facilitating agency
服务单位 service unit
服务单元 service unit
服务到车上的餐馆(银行等)<美> drive-in
服务的产出分配 output distribution of service
服务的集中管理 centralized servicing
服务的可靠性 reliability of services
服务的社会化 socialized and professionalized service
服务等级 class of service;grade of service
服务地点差价调整数 post adjustment
服务地区 <运输吸引区> area served;territory served
服务点 service point

服务点的延时 service delay
服务电缆 service cable
服务电路模块 service circuits module
服务电梯 service elevator
服务订单管理 service order management
服务队列 server;service queue
服务对象 customer
服务对象人口 catchment population
服务范围 <公司提供的服务形式> scope of service;grade of service
服务费(用) cost-of-service; cover charges; service charges; service expenses; handing charges; service cost; servicing cost; service fee; toll
服务费用的再分摊 reapportionment of service charges
服务费用分配表 distribution statement of service cost
服务费用原则 cost-of-service principle
服务分布 service distribution
服务分布情况的普查 census of distribution of services
服务概率 service probability
服务干扰 disturbance of service
服务干线 service main
服务港 service port
服务工程 services engineering
服务工具 service aid
服务工作 handling operation
服务工作用的材料 material for services
服务公司 service company
服务观测板 service observing board
服务管【给】 water service pipe
服务管理费 service and administration expenses
服务(柜)台 service counter
服务函数 service function
服务行业 service industry; service sector; utility service; service trade
服务行业的流转额 turnovers of commercial and service trades
服务行业废品 utility refuse
服务行业废物 utility refuse; utility waste
服务航速 sea speed;service speed
服务合格率 service qualified rate
服务合同 contract for service;service contract
服务和配套 service and support
服务荷载 service load
服务宏指令 service macro
服务活动 service activity
服务机构 service facility;service mechanism
服务稽查台 service monitoring board; service observing board
服务级别 class of service; service class;service rank
服务级别表 class of service table
服务级更新 service level update
服务计数器 service meter
服务记录 service record
服务加油站 service state
服务价值 service value;value of service;value-to-service
服务价值研究 value-of-service consideration
服务间 service room
服务接入点识别符 service access point identifier
服务经济 service economy
服务卷扬机 service hoist
服务可得到性 service accessibility
服务类别 class of service
服务类别表 class of service table
服务类型 class of service
服务冷柜 service refrigerator
服务(例行)程序 service routine
服务连接器 service adapter
服务联系 service linkage
服务流量 flow of services; service volume;service flow
服务流率【交】 service flow rate
服务楼 service building
服务楼梯 service stair(case);service stairway
服务率 service rate
服务贸易 service trade
服务门 service door
服务面积 area of supply;service area;service space
服务命令 service command
服务命令表 service order table
服务能力 service ability;serviceability;service capacity
服务年限 length of services;serviceable life;service life;service life
服务年限奖金 length of service bonus
服务频带 service band
服务期 period of service
服务期满 take-up one's indentures
服务期限 duration of service;service life;term of service
服务企业 service firm business
服务契约 contract of services
服务器 server
服务器操作员 server operator
服务器/客户机系统 servicer/client system
服务器推技术 server push
服务潜力 sales potential; service potential
服务情况 service condition
服务请求 service request
服务请求块 service request block
服务请求输出 service request output
服务请求位 service request bit
服务区(域) area of supply; coverage; service area; service space; service block; service center[centre]; service district; service point; service zone;supply area
服务曲线 service curve
服务群 bundle of services
服务热特性(曲线) service thermal characteristic
服务人口 population served; service population
服务人员 opening personnel; operating personnel; service personnel; service staff
服务人员房间 service room
服务容量 service capacity
服务容量曲线 service capacity curve
服务入口 service door; service entrance
服务商 facilitator
服务商标 service mark
服务设备 service equipment
服务设施 service equipment; service facility;supply services
服务设施安装工 service layer
服务设施标志 service sign
服务设施共用通道 common duct
服务设施井筒的墙 service core wall
服务时间 hour of service; service [servicing] time;spell
服务时间分布 service distribution; service time distribution
服务时期 service period
服务市场 service market
服务事业 service business; utility service
服务室 service room
服务适配器 service adapter
服务收费 service charges
服务收入 receipts from services
服务手段条件 service facility
服务寿命 service life
服务数据 service data
服务数据块 service data unit
服务水平 level of service;service level
服务水头 service head
服务水准 level of service;service level
服务顺序 service order
服务顺序表 service order table
服务速度 service rate
服务隧道 access adit;service tunnel
服务台 courtesy counter; information and reception desk; information counter;service desk
服务台窗口 service counter door
服务台终端 service counter terminal
服务梯 service elevator
服务条件 condition of service; terms of service
服务条例 service regulation
服务停车处 attendant parking
服务通道 service channel
服务投入 inputs of services
服务土 acclimatization
服务完成率 rate of service completions
服务完成时间 service completion time
服务网(络) service network
服务位 overhead bit;service bit
服务系统 service[servicing] system
服务线路图 service diagram
服务项目 service inventory
服务项目价格指数 price index of service items
服务消费品价值 value of consumer services
服务消息 service message
服务效力 availability of service
服务效用 service utility
服务协议 service agreement
服务信号 service signal
服务信用 service credit
服务型行业 service-type business
服务性道路 frontage street or road; service carriageway;service road
服务性工程 service engineering
服务性工业 service industry
服务性工作 housekeeping
服务性工作间 service room
服务性公寓 service apartment
服务性行业 public service trade; service trade
服务性滑槽 building service chute; service chute
服务性级指示器处理 serviceability level indicator processing
服务性街道 service street
服务性空间 servant space
服务性空间共用的公寓 apartment house of direct access
服务性劳动 service-type labor
服务性企业 facilitator;service establishments;service firm
服务性人行道 service walkway
服务性项目 trading service product
服务性支出价格指数 price index number of service expenditures
服务性职业 tertiary occupation
服务性租赁 service lease
服务需求量 demand for service
服务训练 service discipline
服务压力 service pressure
服务延续时间 service duration time
服务业 service industry
服务业机械 machines used in service trade
服务因素 servicing factor
服务用房 service quarter
服务有效性 availability of service
服务员 attendant; server; steward; train-man;waiter
服务员操作的货物升降机 attendant-operated goods lift
服务员操作控制 attendant-operated control
服务员开启房间的钥匙 servant key
服务员控制的电梯 attendant-controlled lift
服务员室 ushers room
服务载重车 service truck
服务责任 service liability
服务站 service center[centre]; service garage; service station; servicing center[centre]
服务者 server
服务证明书 certification of service
服务职能 service function
服务指令程序 service order program(me)
服务指数 service index
服务至上 customer's service
服务质量 grade of service; quality of service;service quality
服务中的舒适程度 serviceability
服务中的特殊使用价值 particular use-value embodied in services
服务中断 service interrupt(ion)
服务中心 service center[centre]; service depot;servicing center[centre]
服务中心会计 service center accounting
服务周 service week
服务周期 service cycle
服务装置 service unit
服务状态 service state
服务准则 service criterion
服务子程序 service subprogram(me)
服务自动化 automatization of service
服务走廊 service corridor
服务组长 chief container
服药 medicine
服役的 off-the-shelf
服役功率 <电站内部所需电能> service power
服役时间 active time;attended time
服役寿命 operational life;service life
服装 clothing; costume; drapery; dress; garb; garment; garniture; habiliments
服装保温 clothing insulation
服装部 clothing department
服装厂 clothing factory
服装店 toggery
服装工业 clothing industry
服装和纺织工业 clothing and textile industry
服装集装箱 garment container
服装人体模型 dress form;dress stand
服装商店 clothes shop;clothing store; toggery
服装式样 costume
服装图样纸 pattern paper
服装用品店 outfitter;toggery

俘获 capture;trap

俘获不稳定性 trapped particle instability;trapping instability
俘获辐射 capture radiation; trapped radiation
俘获过程 capture process
俘获假说 capture hypothesis
俘获角 capture angle
俘获截面 capture cross section
俘获粒子 trapped particle
俘获率 capture ratio
俘获事件 capture event
俘获系数 capture coefficient
俘获效率 capture efficiency
俘获效应 capture effect;trapping effect

F

俘获自转 captured rotation
俘获组分 trapped species

氟氨冷冻机械 freon ammonia refrigeration equipment

氟板橡胶支座 Teflon-neoprene bearing
氟板支座 Teflon plate bearing
氟钡石 frankdicksonite
氟苯 fluorobenzene
氟丙烯酰酯包层光纤 fluoroacrylate cladding fiber
氟铂酸 fluoplatinic acid
氟代苯酚 fluorophenol
氟代丙烷 fluoro-propane
氟代的 fluoric
氟代硅烷 fluorosilane
氟代过程 fluorination process
氟代甲苯 fluorotoluene
氟代甲烷 fluo(ro)methane
氟代磷酸二异丙酯 diisopropyl fluorophosphate
氟代酸 fluoroacid
氟代酸的酯 fluoric ether
氟代羧酸 fluorocarboxylic acid
氟代烃 fluo(ro) hydrocarbon; hydrofluoric ether
氟代烃塑料 fluorohydrocarbon plastics
氟代烃油 fluorocarbon oil
氟代烷 fluoroalkane
氟代烷基硅氧烷聚合 roalkylsiloxane polymer
氟代烷烃 fluoric ether
氟代烯烃 fluoro(o)lefins
氟代乙烷 fluoroethane
氟代乙酰氟 fluoroacetic fluoride
氟代乙酯 fluoroethyl
氟蛋白泡沫 fluoro protein foam
氟蛋白泡沫灭火液 fluoro-protein foamite
氟的 fluorous
氟电解槽 flourine cell
氟丁橡胶 polyfluoroprene
氟多烯 fluoropolyene
氟二硝基酚合剂 <木材防腐> malenit
氟法 fluorine method
氟仿 fluoform
氟酚铬砷合剂 <木材防腐> osmosa
氟酚合剂 <一种木材防腐剂> fluoxyth
氟酚(木材)防腐剂 basilit
氟钙铝石 gearksutite
氟钙钠钇石 gagarinite
氟、铬、二硝基酚钠三联(防腐)剂 Triolith U
氟铬黄 fluorinated crown; fluorine crown
氟铬砷酚合剂 <木材防腐剂> fluor chrome arsenate phenol
氟根离子 fluoride ion
氟骨病 Kaschin-Beck disease
氟骨症 fluorosis of bone
氟硅铵石 bararite
氟硅钙钠石 agrellite
氟硅钙石 bultfonteinite
氟硅钙钛矿 gotzerite
氟硅化铵 ammonium silicofluoride
氟硅化物 silieofluoride
氟硅化锌 <一种木材防腐剂> fluralsil
氟硅磷灰石 fluorellestaadite
氟硅镁石 silicomagnesiofluorite
氟硅冕玻璃 fluorosilicate crown glass
氟硅钠石 malladrite
氟硅石 proidonite
氟硅铈矿 johnstrupite
氟硅铈石 johnstrupite; mosandrite
氟硅酸 fluosilicic acid; hydrofluosilicic acid; hydrosilicofluoric acid
氟硅酸铵 ammonium fluosilicate; ammonium silicofluoride
氟硅酸钡 barium fluosilicate; barium silicofluoride
氟硅酸钙 calcium fluosilicate
氟硅酸钢中毒 sodium fluosilicate poisoning
氟硅酸钴 cobaltous fluorosilicate
氟硅酸钾 potassium fluosilicate; potassium silicofluoride
氟硅酸锂 lithium fluorosilicate
氟硅酸铝 alumin(i)um fluosilicate; alumin(i)um silicofluoride
氟硅酸镁 magnesium fluosilicate; magnesium silicofluoride
氟硅酸锰 manganese fluosilicate
氟硅酸钠 sodium fluorosilicate; sodium silicofluoride
氟硅酸镍 nickelous fluosilicate
氟硅酸铅 lead fluorosilicate
氟硅酸钛玻璃 fluosilicate titanium
氟硅酸锌 zinc fluosilicate; zinc silicofluoride
氟硅酸亚锰 manganous fluosilicate
氟硅酸盐 flous; fluosilicate; silieofluoride
氟硅酸盐处理 fluate treatment; fluosilicate treatment
氟硅酸盐密封处理 fluosilicate sealing
氟硅酸盐涂层 fluate coat; fluosilicate coat
氟硅酸盐涂料 fluosilicate coat
氟硅钛钇石 yftisite
氟硅酮涂料 fluosilicone coating
氟硅酮橡胶 fluorosilicone rubber
氟硅橡胶 fluorinated silicone rubber
氟硅钇石 rowlandite
氟化 fluorate; fluorating
氟化铵 ammonium fluoride
氟化钡 barium fluoride
氟化钡衬底 barium fluoride substrate
氟化表面活性剂 fluorinated surfactant
氟化玻璃 fluoride glass
氟化氚 deuterium fluoride
氟化的 fluorizated
氟化碘 fluorine iodine; fluor iodine
氟化氡 radon fluoride
氟化反应 fluoridation reaction
氟化钙 calcium fluoride
氟化钙薄膜 calcium fluorite film
氟化钙衬底 calcium fluoride substrate
氟化钙激光器 calcium fluoride laser
氟化钙结构 calcium fluoride structure
氟化钙透红外陶瓷 calcium fluoride infrared transmitting ceramics
氟化钙型陶瓷 calcium fluoride type ceramics
氟化高聚物 fluorinated polymer; fluoropolymer
氟化镉 cadmium fluoride
氟化镉光子谱仪 cadmium fluoride pho-ton spectrometer
氟化铬 chromic fluoride
氟化汞 mercuric fluoride
氟化合物 fluorine compound
氟化合物浓度 fluorine concentration
氟化剂 fluorizating agent; fluor reagent
氟化剂分光光度法 fluor reagent spectrophotometry
氟化钾 potassium fluoride
氟化钾铝 potassium-alumin(i)um fluoride
氟化碱 alkali fluoride
氟化肼 fluorhydrazine
氟化镧 lanthanum fluoride
氟化镧激活媒质 lanthanum fluoride active medium
氟化镧透红外陶瓷 lanthanum fluoride infrared transmitting ceramics
氟化锂 lithium fluoride
氟化锂单晶体 lithium fluoride single crystal
氟化锂剂量测定法 lithium fluoride dosimetry
氟化锂晶须 lithium fluoride whisker
氟化锂热释光剂量计 lithium fluoride thermoluminescence dosimeter
氟化链烷烃 fluorinated paraffin
氟化铝 alumin(i)um fluoride
氟化铝钠 alumin(i)um sodium fluoride
氟化镁 magnesium fluoride; magnesium flux
氟化锰 manganese fluoride; manganous fluoride <二价锰>; manganic fluoride <三价锰>
氟化醚 fluorinated ether
氟化钠 fluorol; karidium; sodium fluoride
氟化钠甘油糊剂 sodium fluoride glycerine paste
氟化钠砷酸二硝基酚溶液 <一种木材防腐剂> sodium fluoride-arsenate dinitrophenol solution; Wolman salt
氟化钠中毒 sodium fluoride poisoning
氟化镍 nickel fluoride
氟化钕 neodymium fluoride
氟化硼 boron fluoride; boron trifluoride
氟化偏氯乙烯 fluorinated vinylidene chloride
氟化器 fluorination reactor
氟化铅 lead fluoride
氟化氢 hydrogen fluoride
氟化氢铵 ammonium acid fluoride; ammonium bifluoride; ammonium hydrogen fluoride
氟化氢化学激光器 hydrogen fluoride chemical laser
氟化氢回收设备 hydrogen fluoride recovery plant
氟化氢钾 potassium hydrogen fluoride
氟化氢中毒 hydrogen fluoride poisoning
氟化氰 cyanogen fluoride
氟化热塑料 fluorinated thermoplastics
氟化三苯锡 triphenyltin fluoride
氟化三丁基锡 tributyl tin fluoride
氟化塑料 fluorinated plastic
氟化碳氢化合物 fluorinated hydrocarbon
氟化锑 antimonic fluoride
氟化铁 ferric flouride; iron fluoride
氟化烃 fluorinated hydrocarbon
氟化烃抛射剂 fluorinated hydrocarbon propellant
氟化铜 cupric fluoride
氟化烷 alkyl fluoride
氟化物 fluoride; fluorine compound; fluate <防止建筑材料表面氧化>
氟化物玻璃 fluoride glass
氟化物薄膜 fluoride film
氟化物单晶 fluoride single crystal
氟化物分布 fluoride distribution
氟化物金属热还原 metallic reduction of fluorides
氟化物矿石 fluoride ore
氟化物离子选择性电极 fluoride selective electrode
氟化物乳白玻璃 fluoride opal glass
氟化物污染 fluoride pollution
氟化物污染物 fluoride pollutant
氟化物影响范围 fluoride incidence
氟化物中毒 fluoride poisoning
氟化稀土 rare earth fluoride
氟化锡 tin fluoride
氟化氙 xenon fluoride
氟化橡胶 fluorinated rubber
氟化橡胶衬垫 viton gasket
氟化锌 zinc fluoride
氟化亚锑 antimonous fluoride
氟化亚铁 ferrous fluoride
氟化亚铜 cuprous fluoride; copper fluoride
氟化亚锡 stannous fluoride; tin difluoride; tin fluoride
氟化乙丙烯 fluorinated ethylene propylene
氟化乙烯 ethylene fluoride
氟化乙烯丙烯树脂 fluorinated ethylene propylene resin
氟化银 silver fluoride; tachiol
氟化作用 fluoration; fluorination
氟缓冲 fluorine buffer
氟磺酸 fluosulfonic acid
氟基弹性材料 fluoroelastomer
氟甲苯 fluorotoluene
氟甲基 methyl fluoride
氟甲基化 fluoromethylation
氟金云母 fluorophlogopite
氟聚合物 fluoropolymer
氟聚合物绝缘光缆 fluoropolymer insulated cable
氟聚合物树脂 fluoropolymer resin
氟冷剂 Freon
氟离子 fluorinion
氟离子导体 fluorine ion conductor
氟里昂冷却斩波器 freon-cooled chopper
氟里昂压气机 freon-charged compressor
氟立昂压缩机 freon compressor
氟立昂压缩制冷循环 freon compression refrigeration cycle
氟利昂 Freon
氟利昂管 Freon pipe
氟利昂气 Freon gas
氟利昂探漏器 Freon leak detector
氟利昂压缩冷凝机 freon compressing and condensing unit
氟利昂盐水制冷装置 freon brine refrigerating installation
氟利昂制冷机 freon refrigerator
氟利昂制冷系统 freon refrigeration system
氟利根 frigen
氟量计 fluorometer
氟磷钙镁石 isokite
氟磷钙钠石 nabaphite
氟磷钙石 spodiosite
氟磷灰石 fluorapatite
氟磷铝钙钠石 viitaniemiite
氟磷铝钙石 nafalaratite
氟磷铝石 fluellite
氟磷镁石 kjerulfine; pleuroclase
氟磷锰石 triplite
氟磷钠锶石 boggildite
氟磷铍钡石 babefphite
氟磷酸 fluorophoshoric acid; hexafluorophosphoric acid
氟磷酸玻璃 fluophosphate glass
氟磷酸钙 calcium fluorophosphate; fluorapatite
氟磷酸钙激光器 fluorapatite laser
氟磷酸钙晶体 fluorapatite crystal
氟磷酸钾 potassium fluophosphate
氟磷酸盐 fluophosphate
氟磷酸盐玻璃 fluorphosphate glass
氟磷铁镁矿 magniotriplite
氟磷铁锰矿 triplite
氟磷铁石 zwieslite
氟菱钙铈矿 parasite

氟菱钙锌矿 parisite
氟隆 fluon
氟硫铋铅铜矿 friedrichite
氟铝钙锂石 colquiriite
氟铝钙石 prosopite
氟铝化钠 sodium alumin(i)um fluoride
氟铝镁钡石 usovite
氟铝镁钠石 weberite
氟铝钠钙石 cakzarlite
氟铝钠锶石 jarlite
氟铝石 fluellite
氟铝石膏 creedite
氟铝酸钠 sodium fluoaluminate
氟铝酸水泥 fluo-aluminate cement
氟氯恶西林 flucloxacillin
氟氯化钡 barium fluochloride
氟氯甲烷 fluorochloromethane
氟氯钠矾 schairerite
氟氯铅矿 matlockite
氟氯碳化物 fluorochlorocarbon
氟氯烃化合物 hydrochlorofluorocarbon
氟氯烃类 fluoro chlorohydrocarbons
氟氯烷(冷却剂)离心式压缩机 freon centrifugal compressor
氟氯烷离心压气机 freon centrifugal compressor
氟氯烷致冷剂 Freon
氟氯氧化硫 thionyl chlor-fluoride
氟氯乙烷 chlorofluoroethane
氟氯油 chlorofluorocarbon oil
氟美烯酮 flumedroxone
氟镁钠闪石 eckermannite
氟镁钠石 neighborite
氟镁石 picrofluite;sellaite
氟冕玻璃 fluor crown
氟冕光学玻璃 fluor crown glass
氟灭酸丁酯 butyl flufenamate
氟钼钙矿 gearksutite
氟钠矾 galeite;kogarkoite
氟钠磷灰石 kurskite
氟钠镁铝石 ralstonite
氟钠钛锆石 seidozerite
氟铌酸钾 potassium fluoniobate
氟铌酸盐 fluoniobate
氟年代测定法 fluorine dating
氟排放物 fluorine emission
氟硼硅钇钠石 okanoganite
氟硼钾石 avogadrite
氟硼镁石 fluoborite
氟硼钠石 ferruccite
氟硼酸 fluoboric acid
氟硼酸铵 ammonium fluoroborate
氟硼酸玻璃 fluoborate glass
氟硼酸钾 potassium borofluoride;potassium fluoborate
氟硼酸锂 lithium fluoroborate
氟硼酸钠 sodium fluoborate
氟硼酸锌 zinc fluoroborate
氟硼酸亚锡 stannous fluoboric acid
氟硼酸盐 borofluoride;fluoborate
氟硼酸盐玻璃 fluor borate glass
氟钎蛇纹石 fluochrystile
氟氢化钾 potassium bifluoride
氟氢化钠 sodium bifluoride
氟氢化物 bifluoride
氟氢酸法 fluorhydric acid process
氟氰丙烯酯 flucrylate
氟熔剂 fluorine fluxing agent
氟砷钙镁石 tilasite
氟砷酸锌 zinc fluo;zinc fluoroatsenate
氟石 blue john;derbyshire spar;fluorite;fluor(phosphor);fluorspar
氟石粉 fluorspar powder
氟石膏 fluorgypsum;fluorite gypsum
氟试剂比色法 fluorine reagent colo(u)rimetry
氟试剂分光光度法 fluor reagent spectrophotometric method
氟铈镧矿 tysonite;fluocerite
氟树脂 fluororesin;fluor resin
氟水铝镁钙矾 lannonite
氟素钻进 fluorine drilling
氟塑料 fluoroplastics
氟塑料换热器 Teflon heat exchanger
氟酸 fluoric acid
氟弹性体涂料 fluoroelastomer coating
氟碳钡铈矿 cordylite
氟碳铋钙石 kettnerite
氟碳表面活性剂 fluorocarbon surfactant
氟碳钙石 brenkite
氟碳钙铈矿 parisite
氟碳钙钇矿 doverite
氟碳化合物 fluorocarbon
氟碳铝钠石 barentsite
氟碳铝锶石 stenonite
氟碳膜式过滤器 fluorocarbon membrane filter
氟碳铈钡矿 cebaite
氟碳铈矿 bastnaesite
氟碳铈矿矿石 bastnaesite ore
氟碳树脂 fluorocarbon resin
氟碳树脂涂料 fluorocarbon coating
氟碳塑料 fluorocarbon plastics
氟烃树脂 fluorocarbon resin
氟烃塑料 fluorohydrocarbon plastics
氟烃弹性体 fluorocarbon elastomer
氟烃纤维 fluorocarbon fiber
氟透辉石 mansjoite
氟烷 fluothane;halothane
氟污染 pollution by fluorine
氟吸收反应器 fluorine cleanup reactor
氟矽化镁 magnesium silicofluoride
氟锡酸盐 fluostannate
氟橡胶 fluorine rubber;fluoroelastomer;fluoro gum;fluororubber;viton
氟橡胶胶粘剂 adhesive;fluororubber
氟硝基苯甲酸 fluoronitrobenzoic acid
氟性硬化 fluorosclerosis
氟压缩机 freon compressing unit
氟盐 villiaumite
氟盐矾 sulfohalite[sulphohalite]
氟氧铋矿 zavaritskite
氟氧化物 oxyfluoride
氟氧化硒 selemium oxyfluoride
氟氧铌酸钾 potassium fluooxycolumbate
氟氧铌酸盐 fluooxycolumbate
氟氧钍 thorium oxyfluoride
氟氧液 <液态氟气 30%,液态氧气 70%> flox
氟叶蛇纹石 fluoantigorite
氟乙酸 fluoroacetic acid;fluoroethanoic acid;gifblaar poison
氟乙酸钠 Fratol
氟乙酸盐 fluoroacetate
氟乙酸乙酯 ethyl fluoroacetate
氟乙烯 vinyl fluoride
氟乙烯醚 fluroxene
氟乙烯树脂 fluoroethylene resin;vinyl fluoride resin
氟乙酰胺 fluoroacetamide
氟乙酰氯 fluoroacetyl chloride
氟钇钙矿 tveitite
氟鱼眼石 fluorapophyllite
氟云母 fluormica
氟致冷剂 fluorine refrigerant
氟中毒 fluorine poisoning;fluorosis
氟重晶石 fluorspar of baryte

浮

浮坝 curtain;floating dam
浮板 floating plate;floating slab
浮杯试验 floating test
浮泵式曝气池 floating pump type aerator
浮臂泄水 floating arm drawoff
浮标 beacon buoy;bob ga(u)ge;buoy;drogue;float chamber;floating boom;floating buoy;floating mark(er);rod float;velocity rod;pole float <测流速、流向用>
浮标参数 buoyant number
浮标操纵调节阀 float-operated regulating valve
浮标测波器 waverider
浮标测定 float measurement
浮标测距 float run
浮标测量计 float meter
浮标测流 current determination by float;float ga(u)ging
浮标测流断面 float measuring cross-section
浮标测流杆 rod float
浮标测流量法 float method of measuring discharge
浮标测流(路)线 course of floats;float course
浮标测流(速) floating ga(u)ging;float measurement
浮标尺 floating ga(u)ge
浮标传感器 buoy sensor
浮标船 buoy boat
浮标灯 buoy lantern;floating buoy;floating lamp;floating light;light buoy
浮标灯架 buoy superstructure
浮标灯具 buoy lantern
浮标吊杆 buoy derrick
浮标吊索 buoy sling
浮标吊柱 buoy davit
浮标法 float technique
浮标法三角测量 floating triangulation
浮标敷设船 buoy craft;buoy tender
浮标浮体 buoy float
浮标杆 <测平均流速用> float rod;pole float
浮标跟踪 float tracking
浮标工程 buoy engineering
浮标工作船 buoy tender;dan ship
浮标供应船 buoy tender
浮标回旋半径 swinging radius of buoy
浮标间距 distance between buoys
浮标控制 float control
浮标控制法 float control method
浮标控制仪 float-type level controller
浮标离位 buoy out of position
浮标流速 float velocity
浮标流速计 float current meter
浮标锚 buoy anchor;dan anchor
浮标锚碇 buoy mooring
浮标锚链 buoy chain
浮标黏[粘]度计 float visco(si)meter
浮标排水 float displacement
浮标瓶 drift bottle;messenger bottle
浮标牵索 riser chain
浮标潜水 buoy diving;float diving
浮标绳 buoy rope;dan line;dan tow;key line
浮标失踪 buoy missing
浮标使用费 buoyage;buoy dues
浮标使用税 buoyage fee
浮标式测量仪 float-type ga(u)ge
浮标式加速度测波仪 buoy mounted accelerometer
浮标式流量计 float-type ga(u)ge;flowrator
浮标式流速计 float-type flow meter[metre]
浮标式黏[粘]度计 float-type visco(si)meter
浮标式液面检查装置 float-type level controller
浮标式仪表 float-type controller
浮标式指示器 drake device
浮标式自动气象站 transobuoy
浮标式自记水位计 float-type water stage recorder;recording float ga(u)ge
浮标式自记验潮仪 floating tide ga(u)ge
浮标试验 float test
浮标(竖)管 <控制抽水泵的> float tube
浮标(数据)中继站 buoy repeater station
浮标水尺 float(-operated)ga(u)ge
浮标水听声 buoyed hydrophone
浮标水位计 float-operated ga(u)ge
浮标税 buoy dues
浮标索 buoy rope
浮标索环 buoy sling
浮标台阵 sonobuoy array
浮标投放器 float thrower
浮标卫星观测系统 buoy-satellite observation system
浮标系泊 buoy mooring
浮标系碇设备 buoy mooring facility
浮标系钩 buoy hook
浮标系固 buoy mooring
浮标系数 float coefficient
浮标系统 buoyage system;buoyancy system
浮标系统 A buoyage system A
浮标系统 A 方位标志 cardinal marks of buoyage system A
浮标系统 B buoyage system B
浮标响哨 buoy whistle
浮标行程 <指上下测流断面的间距> float run
浮标行距 float run
浮标研究 float study
浮标摇摆周期 rolling period of buoy
浮标遥测液面计 liquid level ga(u)ge with remote controlled buoyage
浮标液面计 float meter;float-type level ga(u)ge
浮标液面控制器 float-type level regulator
浮标原理【测】principle of floating mark
浮标运动监测装置 buoy motion package
浮标站 buoy yard
浮标装置 buoyage;float marker device
浮标追踪 drifting buoy
浮标总倾斜角 inclining angle of buoy
浮标最大摇摆角 maximum rolling angle of buoy
浮标最小干弦 minimum rolling angle of buoy
浮表 floating ga(u)ge
浮冰 crystocrene;drift(ing)ice;floating ice;glacial drift;ice-drift(ing);ice float;pan ice;sea floe;sheet ice
浮冰坝 hanging dam
浮冰冰碛 berg till;floe till
浮冰带 floe belt;ice belt;ice strip
浮冰岛 ice island
浮冰底融 undermelting
浮冰堆 floeberg
浮冰分布中心 center[centre] of ice dispersal
浮冰积聚 accumulation of floating ice
浮冰架 sea-ice shelf
浮冰结集(程度) concentration of floating ice
浮冰界 limit of drift ice;limit of pack-ice
浮冰块 floe;haycock;ice cake;ice floe
浮冰量 ice pack
浮冰流 ice run
浮冰流速 ice floe velocity
浮冰密集度 concentration of floating

F

ice;floe ice concentration
浮冰排 hummock; hummocky floe; ice raft
浮冰碛(物)berg till;floe till
浮冰丘 hummocky floe;schollensis
浮冰球 ball ice
浮冰区 patch
浮冰区域 pack ice zone
浮冰群 bergy bit;floating ice group; hummocky floe;ice pack;ice reef; pack ice;sea floe group
浮冰群集 hummocking
浮冰山 floeberg
浮冰舌 < 延伸到海中的狭窄半岛形浮冰 > ice tongue afloat
浮冰碎屑分布 distribution of glacial-marine sediment fraction
浮冰碎屑分期 of glacial-marine sediment fraction by stages
浮冰碎屑含量 content of glacial-marine sediment fraction
浮冰所占面积少于 10% 的外海 open water
浮冰漩涡 < 形成冰丘 > ice screwing
浮冰穴 ice clearing
浮冰拥塞 floating ice jam; hummocking;hummocky
浮冰锥 floe ice
浮驳 floating barge
浮泊 buoy mooring
浮泊费 buoy dues;buoy hire
浮泊条款 floating clause
浮泊钻探设备 floating drilling rig
浮材 bobber
浮舱 buoyancy tank
浮槽 bowl
浮槽分级机 bowl classifier;float cell
浮槽耙式分级机 bowl-rake classifier; rake-bowl classifier
浮槽式分级机 bowl-type classifier
浮槽式水力分级机 hydrobowl classifier
浮槽自动调节式旋涡分级机 auto-vortex bowl classifier
浮草沼泽 floating bog
浮测黏[粘]度 float viscosity
浮超 buoyancy excess
浮尘 air-borne dust;air-floated dust; floating dust;fly-ash;surface dust
浮尘重量取样器 conicycle
浮沉补偿器 heave compensator
浮沉材 bobber
浮沉测定颗粒仪 turpidometer
浮沉测粒计 turpidometer
浮沉冲洗法 < 在砾石中除去泥、草根等 > sink-float process
浮沉法 float and sink method
浮沉分析 float(-and)-sink analysis; specific gravity analysis
浮沉分选法 sink-float separation process
浮沉泥炭沼泽 flow bog
浮沉式防冲材 floating fender
浮沉试验 float-and-sink analysis; float-and-sink testing
浮沉试验报告表 float-and-sink analysis report table
浮沉试验编号 float-and-sink analysis number
浮沉试验负责人 leading cadre of float-and-sink
浮沉水舱 < 潜艇 > draining and flooding tank
浮沉台下水法 sinking and floating barge launching
浮沉型弛振 bouncing galloping
浮沉选矿法 sink-float separation process
浮沉样 float-and-sink sample
浮沉运动 porpoising
浮沉沼泽 floating bog;flow bog
浮沉振荡 phugoid oscillation
浮沉振动 bouncing;undulation
浮沉子 Cartesian diver
浮沉子式恒压器 Cartesian diver manostat
浮承桩 floating pile
浮秤 aerometer
浮秤杠杆 floating scale lever
浮称法比重试验 specific gravity test with floating weighing method
浮尺 < 自记水位计 > float tape;float tap;float meter
浮尺井 float well
浮充 floating
浮充电 trickle charge
浮充(电池)制 floating system
浮充电池组 floating battery
浮充电机 floating charger
浮充法 floating battery method of charging
浮充供电 floating charge power supply
浮充机 floating machine
浮充机组 floating set
浮充率 < 蓄电池的 > floating rate
浮充试验 floating test
浮充蓄电池 by-pass accumulator;line accumulator
浮充蓄电池组 float accumulator
浮出 emersion;stand out
浮出水面 surface
浮船 bridge boat;floating craft;floating pontoon;floating vessel
浮船进水口 water intake on pontoon
浮船码头 floating pontoon wharf; wharf floating pontoon
浮船取水构筑物 water intake on pontoon
浮船式泵站 floating pontoon pumping station
浮船式混凝土搅拌设备 pontoon-mounted concreting plant
浮船式取水口 water intake on pontoon
浮船式水泵机组 floating pump assembling unit;floating pump assembly unit
浮船式外浮顶油罐 external pontoon floating roof tank
浮船筒 camel
浮船坞 coffer; floating (dry-) dock; lift dock;pontoon(dry-)dock
浮船坞泊位 floating dock berth;berth for floating dry dock
浮船坞泊位水深 berthing depth for floating drydock
浮船坞额定升船能力 nominal lifting capacity of floating drydock
浮船坞飞桥 flying bridge
浮船坞刚杆固定 floating dock fixed by rigid boom
浮船坞工作条件下最大吃水 maximum draft operating condition of floating drydock
浮船坞举力 lifting capacity of floating dock
浮船坞空载吃水 light draft of floating drydock
浮船坞控制台 flying bridge
浮船坞锚定 floating dock anchorage
浮船坞内净宽 clear width inside of floating drydock
浮船坞上门吊行走平台 gantry runway
浮船坞外伸的联系桥 floating drydock arm
浮船坞坞墙 floating dock side wall; wing wall
浮船坞下沉后最大吃水 maximum draft of (submerged) floating drydock
浮船坞型宽 overall width molded of floating drydock
浮船坞总长 overall length of floating drydock
浮船坞作业所需坞坑水深 docking depth of floating dock
浮床 floating bed;floating floor
浮存 sundry deposit account floating
浮袋 buoyancy bag; buoyancy float; water wing
浮刀刮涂器 floating knife coater
浮岛 < 整块带泥丛林漂浮海面 > floating island
浮灯标 floating light;light(ed)buoy; light ship;floating beacon
浮堤 floating embankment
浮底 floating bottom
浮底座 floating base
浮点 floating-dot;floating-spot
浮垫 camel
浮雕 cameo; carved relief; emboss(ing); enchase; floating; relief; relieve;rilievo
浮雕宝石 cameo
浮雕壁纸 < 软木屑与氧化的亚麻籽油制成的 > lincrusta-walton
浮雕玻璃 cameo glass; embossed glass;profile glass
浮雕成型 relief mo(u)lding
浮雕瓷砖 embossed tile
浮雕刀 relief carving knife
浮雕的 anaglyptic
浮雕地形图 relief map
浮雕雕刻 cameo
浮雕法 < 遥感图像 > edge enhancement
浮雕珐琅 basse-taille enamel
浮雕光栅 relief grating
浮雕花式 embossed pattern
浮雕花纹 raised pattern; sculptured pattern
浮雕花纹剪绒地毯 sculptured carpet
浮雕(花纹)天花板 embossed acoustic(al)tile;sculptured acoustic(al) tile
浮雕花样 embossment; ornamental embossment
浮雕画 anaglyph map;relief painting
浮雕集成光学 embossed integrated optics
浮雕胶合板 embossed plywood
浮雕蜡 embossed candle
浮雕铝箔 embossed alumin(i)um foil
浮雕面板 embossed panel
浮雕面砖 embossed tile
浮雕瓶 embossing flask
浮雕漆 texture coating
浮雕器皿 cameo ware
浮雕墙 wall relief
浮雕墙纸 anaglyptic wallpaper; embossed paper;lincrusta
浮雕绒头地毯 sculptured carpet
浮雕设计 embossed design
浮雕式彩绘 < 法国 > grisaille
浮雕式地貌立体表示法 orthographic (al) relief method
浮雕式独立字母 individual relief letter
浮雕饰品 relieved work
浮雕术 toreutics
浮雕塑像 relief modelling
浮雕图 anaglyph map; anaglyph picture;relief map
浮雕图案玻璃 Lalique glass
浮雕图像 cameo graph
浮雕涂覆表面 embossed coating surface
浮雕涂料 relief coating
浮雕纹样 embossed pattern
浮雕细工 embossed work;fretwork; ornamental embossment; raised work
浮雕线脚 < 饰以鸠尾形的 > dovetail mo(u)lding
浮雕像 relief image
浮雕效应 < 电视图像色调深浅不良引起的 > plastic effect;relief effect
浮雕型的 sculptured
浮雕型相位全息图 relief phase hologram
浮雕压花 engraving in relief
浮雕檐壁 relief frieze
浮雕艺术 anaglyphy;anaglyptics
浮雕硬木板 embossed hardboard
浮雕硬纤维板 embossed hardboard; moulded hardboard
浮雕玉石贝壳 cameo
浮雕照相 photorelief
浮雕制品 raised piece
浮雕装饰 anaglyph;bossage;figuline; relief decoration; relief ornament; relieved work;boss
浮雕装饰板 anaglyph board
浮雕装饰的 anaglyptic;anaglyphic
浮雕装饰吊顶 anaglyph ceiling
浮雕装饰画法 grissaille
浮雕装饰术 anaglyptics
浮吊 barge; barge crane; barge derrick;crane barge; crane ship; derrick barge; derrick boat; floating crane; floating shears; lift vessel; pontoon crane;pontoon derrick
浮吊起重船 floating derrick
浮顶 breather roof; breathing roof; buoyant roof; lifter roof; pontoon roof
浮顶储罐 floating roof reservoir
浮顶式池 floating roof tank
浮顶式罐 floating roof tank
浮顶式气罐 gasometer tank
浮顶(油)罐 breather roof tank; breathing tank; floating roof tank; tank with floating top
浮顶找平 floating roof(ing) screed
浮动 drift; float; relocate; relocation; run;swim;waft
浮动摆轮 floating balance
浮动板部件 float plate assembly
浮动板架 floating chase
浮动背衬环 floating head backing device
浮动泵 floating pump
浮动避风港 floating harbo(u)r;floating port
浮动标识浮标 floating mark buoy
浮动标线 floating reticle
浮动标志 floating aid;floating mark
浮动表达式 relocatable expression
浮动并自行装配的平台 floating and self-erecting platform
浮动并自行装配的站台 floating and self-erecting platform
浮动泊位 floating moor
浮动仓库 floating warehouse
浮动槽顶 pontoon-tank roof
浮动测标 floating mark; gliding mark; half-mark; wander; wandering mark
浮动插入 floating insertion
浮动插入编辑 floating insertion editing
浮动插入字符 floating insertion character
浮动差胀结构 kinematic (al) construction
浮动车 floating car
浮动车观测法 floating car method; moving observer method; moving vehicle method

浮动沉箱 floating caisson
浮动衬套【机】 floating bush
浮动衬套轴承 floating bush bearing; floating-sleeve bearing
浮动程序 relocatable routine
浮动程序库 relocatable program(me) library; relocatable library
浮动程序模块 relocatable module
浮动充电 floating charge
浮动充电法 floating battery method of charging
浮动充电器 float charger
浮动触点 afloat contact
浮动床【给】 fluidized bed
浮动打桩装置 floating pile driving plant
浮动代码 relocatable code
浮动贷款 floating loan
浮动贷款利率 floating lending rate
浮动单价半计件工资 floating unit price semi-piecework wage
浮动挡板 floating barrier
浮动刀夹 floating holder
浮动刀架 floating tool holder
浮动刀具 floating tooling
浮动导流板 floating panel
浮动岛 exotic block
浮动的 floating; relocatable
浮动的泡沫 floating foam
浮动的英镑 floating pound
浮动涤气器 floating-bed scrubber
浮动抵押 floating mortgage
浮动地板 floating floor
浮动地板刮条 floating floor screed
浮动地板准条 floating floor screed
浮动地址 floating address; relocatable address; symbolic address
浮动地址表 relocation dictionary
浮动地址寄存器 floating address register
浮动电极 floating electrode
浮动电位仪 floating potential instrumentation
浮动钉柱 crawling peg
浮动动力学 kinetics of flo(a)tation
浮动短轴 full-floating stub axle
浮动段 soft sector
浮动断块【地】 floating fault block
浮动二进制 relocatable binary
浮动阀 floating valve; float trap
浮动阀的针 float valve needle
浮动范围 domain of walker
浮动方法 flooding method
浮动方式 relocatable mode
浮动仿真程序 relocatable emulator
浮动费率 movable exchange rate
浮动费用 floating charges
浮动分配生产 floating production
浮动符号 floating sign; relocatable symbol
浮动符号地址 floating symbolic address; relocatable symbolic address
浮动盖板 floating cover
浮动杆 floating lever; floating link
浮动港(口) floating port; floating harbo(u)r
浮动杠杆 floating lever rod
浮动高度 flying height
浮动工资 floating wage; wage in sliding scale
浮动供给 floating supply
浮动构造 floating construction
浮动购买力 floating purchasing power
浮动股票 floating stock
浮动股息 leverage
浮动刮刀辊涂机 floating knife roll coater
浮动刮刀涂布 flexible blade coating
浮动关税 sliding tariff
浮动管板式给水加热器 floating head type feed water heater
浮动管板式加热器 floating head type heater
浮动管(道) floating pipe; floating tube
浮动管路<装在驳船上的> floating pipeline
浮动管线 floating pipeline
浮动光点 flying spot
浮动轨枕 dancing tie; pumping dancing sleeper
浮动辊 floating roll; rider roller
浮动滚筒 dancer roll; floating roll
浮动过程 location-free procedure
浮动航标 floating sea-mark; swimming sea-mark
浮动河埂 floating boom
浮动滑车 floating block
浮动环密封 floating-ring seal
浮动缓冲区 floating buffer
浮动回转台 floating turntable
浮动汇编程序 relocatable assembler; table assembler
浮动汇率 flexible exchange rate; floating exchange rate; floating rate
浮动汇率制度 floating exchange rate system
浮动活塞 floating piston
浮动活塞销 floating gudgeon pin
浮动货币 floating currency
浮动货栈 floating warehouse
浮动机构 relocation mechanism
浮动基本利率 floating prime rate
浮动基准面 floating datum
浮动集装箱 floating container
浮动寄存器 relocation register
浮动加码 floating markup; floating spread
浮动夹具系统 floating fixture systems
浮动夹钳盘式制动器 floating-caliper disc[disk] brake
浮动夹头 floating clamp
浮动价格 floating price; fluctuating price; slide price; sliding scale price
浮动价格商品 floating item
浮动价值 floating value
浮动建筑物 floating building; floating construction
浮动铰刀 floating reamer; pivot reamer
浮动铰刀刀夹 floating reamer holder
浮动接触 afloat contact
浮动接地 floating earth
浮动接点 afloat contact
浮动结构 floating construction; buoyant structure
浮动卡钳式钢盘制动器 floating-caliper disc[disk] brake
浮动开关 float switch
浮动控制器 floating controller
浮动控制系统 floating type controlled system
浮动库模块 relocatable library module
浮动块 rocker piece; slide pad
浮动拉杆 floating drawbar
浮动力装置 floating power unit
浮动利率 flexible rate; floating(interest) rate
浮动利率本票 floating rate note
浮动利率存单 floating rate certificate of deposit
浮动利率票据 floater; floating rate note
浮动利率市场 floating rate market
浮动利率信贷 roll-over credit
浮动利率债券 bond; floating rate bond; floating rate note
浮动利润合同 cost-plus fluctuating fee contract
浮动利息 floating interest
浮动连接装配程序 relocatable linking loader
浮动炼油厂 floating refinery
浮动链 floating link
浮动零点 floating zero
浮动留置权 floating lien
浮动滤油器 floating oil filter
浮动旅店<水上的> floating hostel
浮动率制度 floating rate system; system of flo(a)tation
浮动罗盘 floating compass; floating disc compass
浮动螺旋 floating auger
浮动码 relocatable code
浮动码头 floating landing stage; floating pier
浮动美元符号 floating dollar sign
浮动门放大器 floating-gate amplifier
浮动密封 floating sealing
浮动密封活塞 floating sealed piston
浮动密封装置 floating seal arrangement
浮动名称 relocatable name
浮动模具 floating die assembly
浮动模型 floating die
浮动目标程序 relocatable object program(me)
浮动目标装配程序 relocating object loader
浮动盘 floating disc[disk]
浮动泡沫 floating foam
浮动喷射塔 floating spray column
浮动喷射塔盘 float jet tray
浮动漂移管 floating drift tube
浮动平台 floating landing stage; floating platform
浮动坡道 floating ramp
浮动期 float period
浮动起重机 derrick barge; floater crane; floating crane; floating derrick
浮动区 floating zone
浮动区域精炼法 floating zone process
浮动区域熔炼法 floating zone melting method
浮动人口 floating population
浮动任务集 relocatable task set
浮动软管 floating hose
浮动塞棒 floating plug; plug die
浮动栅 floating gate
浮动栅极 floating grid
浮动升级 floating raise of wages
浮动十进制(小数)【计】 floating decimal
浮动十字头销 float crosshead pin
浮动式泵站 floating pumping station
浮动式表面转修抹光装置 floating fine surface finisher
浮动式粗轧机 jump roughing mill
浮动式打桩机 floating pile driver
浮动式电动机 floating engine
浮动式发动机 floating engine
浮动式鼓形闸门 floating drum gate
浮动式活塞销 floating piston pin
浮动式接头 floating coupling
浮动式卷取机 shifting winding reel
浮动式联轴节 floating coupling
浮动式曝气器 floating aerator
浮动式气吸机 pneumatic floating elevator
浮动式汽化器 float-type carburettor
浮动式切割器 floating cutterbar
浮动式升降机 floating elevator
浮动式输送机 floating conveyer[conveyor]
浮动式伺服电动机 floating action type servomotor
浮动式挖泥船 floating dredge(r)
浮动式万向支架 float gimbal
浮动式悬挂装置 flexible hitch
浮动式液面调节器 float level controller
浮动式熨平板摊铺机 floating screed paver
浮动式轧机 jumping mill
浮动式整(熨)平板铺路机 floating screed paver
浮动式轴承 floating type bearing
浮动式自记水位计 float actuated recorder
浮动试验车 floating-test-car
浮动输入程序 relocatable program(me) loader
浮动水雷 floating mine
浮动水泥地面 floating concrete screed
浮动(水文)观测平台 floating instrument platform
浮动丝锥卡盘架 floating tap chuck holder
浮动弹簧 floating spring
浮动套环 floating ring
浮动天顶仪 floating zenith telescope
浮动通道 floating channel
浮动通货 floating currency
浮动头 air-supported head; float(ing) head
浮动头磁鼓 floating head magnetic drum
浮动头法兰 floating head flange
浮动投票 floating vote
浮动陀螺仪 floating gyro
浮动外汇 floating exchange
浮动位置 floating position
浮动温控 floating temperature control
浮动文件 relocatable file
浮动稳定性 buoyant stability
浮动污染物 floating pollutant
浮动无线电信标船 radio light vessel
浮动坞门 sliding dock gate; caisson
浮动吸入管 floating suction pipe
浮动吸收剂 floating absorbent
浮动系统 floating system
浮动系统误差 floating systematic error
浮动显示 floating display
浮动箱式液位计 float-cage type ga(u)ge
浮动镶花地板 floating parquet(ry)
浮动项 relocatable term
浮动(小数点)表示法 floating-point representation
浮动芯棒 floating core rod
浮动信标 floating beacon
浮动信号 floating signal
浮动信号灯 floating pilot lamp
浮动形式 relocatable
浮动性 floatability; flo(a)tation
浮动性存款 floating deposit
浮动性设备 floating equipment
浮动修理所 floating machine shop
浮动蓄电池 floating battery
浮动悬挂装置 floating attachment; free linkage
浮动悬架 floating suspension
浮动压板 float(ing) plate(n)
浮动溢流堰 floating overflow weir
浮动因子 float factor
浮动英镑 floating pound
浮动硬件 relocate hardware
浮动优惠利率 floating prime rate of interest
浮动油封【机】 floating seal
浮动预算 sliding scale budget
浮动原点 floating zero
浮动载波 floating carrier
浮动载波发送机 floating carrier transmitter
浮动载波放大器 floating carrier amplifier
浮动载波调制 floating carrier modulation

浮动载波制 < 自动调整载波频率的无线电传输 > floating carrier system
浮动载频放大器 Hapug amplifier
浮动噪声 fluctuation noise
浮动闸门 < 干船坞的 > floating gate
浮动闸瓦承座 float shoe
浮动闸轴 floating brake shaft
浮动债券 floating debenture
浮动债务 floating debt
浮动沼泽 floating moor
浮动整平链 floating chain
浮动支座 floating bearing
浮动执行程序 floating executive program(me)
浮动中梁 floating center sill
浮动中枢销 floating gudgeon pin
浮动轴 float(ing) axle; float(ing) shaft
浮动轴承 floating bearing; hydrostatic bearing; non-locating bearing
浮动轴承端 floating bearing end
浮动属性 float attribute; relocatability attribute
浮动贮油罐 flo(a)tation tank
浮动柱型 floating post type
浮动装配程序 relocatable loader
浮动装入模块 relocatable load module
浮动装置 floating installation
浮动装置压载 ballasting of floating unit
浮动状态 floating condition; quick condition
浮动资金 floating money
浮动子程序 relocatable subroutine
浮动字典 relocation dictionary
浮动租金率 floating rental rate
浮动最优样本容量 floating optimal sample size
浮动作用 floating action
浮趸船 floating pontoon
浮趸架设 erection with pontoon
浮阀 float valve; float mechanism
浮阀塔 floating distillation tower; valve tower
浮阀塔板 float valve tray; valve plate
浮阀塔盘 valve tray
浮阀装置 floating valve gear
浮筏 buoyant raft
浮筏构造 floating raft construction
浮筏基础 buoyancy raft; buoyant foundation; buoyant foundation on raft; buoyant raft foundation; floating foundation; floating raft foundation; foundation on raft; grillage; mat foundation; raft foundation
浮筏基础的锚定设施 anchorage of buoyant foundation
浮法玻璃 float glass
浮法玻璃的浮抛窑 float glass bath
浮法玻璃厚度控制 float glass thickness control
浮法玻璃深加工 float glass processing
浮法玻璃深加工制品 downstream products of float glass
浮法玻璃生产法 float glass process
浮法玻璃着锡面检测装置 tin side detection device
浮法平板玻璃 float glass
浮法生产 float-process
浮放道岔 California switch; jumper switch; move switch; sliding point; superimposed crossing
浮放道岔调车 switching by drop on
浮放双轨调车 switching by float-double track
浮盖 raft of land vegetation
浮盖层 callow; overburden
浮盖池 floating roof tank
浮盖式消化池 floating cover sludge digestion tank
浮盖式油箱 floating roof tank
浮杆 floater; rod float; velocity rod
浮杆校正 float rod correction
浮杆起重机 floating boom
浮杆修正 float rod correction
浮港 < 用浮筏围成的避浪港 > floating harbo(u)r
浮隔结构 floating construction
浮根 floating root
浮工导航机具 floating aid
浮垢 scum
浮垢条纹 scum line
浮箍 float collar; float coupling
浮鼓 floating drum
浮管 floating hose
浮管线 floating pipeline
浮柜 floating camel; air camel < 助船过浅滩用的 >
浮柜式防冲器 floating camel fender
浮柜式护木 floating camel fender
浮柜式护舷 floating camel fender
浮护木 fender spar; floating boom; floating(camel) fender
浮护舷 camel; fender spar; buoyant fender; floating fender
浮花雕饰 emboss; embossed decoration; relief (carving); relievo; embossment
浮花辊压机 embossing calender
浮花压制机 gauffer calender
浮花装饰 embossment; ornamental embossment
浮滑轮 floating sheave
浮环 floating ring
浮环传动 floating ring transmission
浮环离合器 floating-ring clutch
浮环式固结仪 floating-ring consolidation instrument; float(ing) ring consolidometer
浮环式试验仪 floating-ring test instrument
浮环套管 floating-ring shaft
浮灰 laitance
浮货 flotsam
浮机场 floating aerodrome
浮基坝 buoyant foundation dam; floating foundation dam
浮基(础) floating foundation; buoyant foundation
浮基锚固设施 anchorage of buoyant foundation
浮基上浮力 uplift on buoyant foundation
浮集法 flo(a)tation; Fulleborn's method
浮计 overstatement
浮记【测】 floating mark
浮加风 viuga
浮简浮吊 pontoon crane
浮键 floating key
浮浆 < 混凝土或水泥表面因操作不当、水分过多等原因而产生的乳白色薄浆，凝结后称为浆皮 > laitance; bleeding cement
浮浆表层 < 在混凝土表面 > laitance coating; laitance layer
浮浆皮 < 混凝土表面的 > laitance
浮角装板法 floating angle method
浮脚手架 ship scaffold
浮接 suspended joint; suspension joint
浮接中心线 floating neutral
浮进浮出 float on/float off
浮进浮出方式 float on/float off system
浮经装置 lappet
浮具 buoyancy aid; buoying device
浮刻模 embossing die
浮空电压 floating voltage
浮空交叉 suspended transposition
浮空术 aerostation
浮控开关 float switch
浮夸 turgescence
浮夸的 flamboyant
浮夸经营成果 window dressing
浮缆 buoyant line
浮浪幼虫 planula larva
浮肋 floating rib
浮力 buoyance; buoyancy pressure; buoyant force; floatage; floating power; lift; rising force; uplift; uplift force; uplifting pressure
浮力泵 buoyancy pump
浮力参数 buoyancy parameter
浮力舱 buoyancy chamber; buoyancy compartment; buoyancy tank; buoyant chamber; buoyant compartment; flo(a)tation tank
浮力秤 flo(a)tation balance
浮力传感器 buoyancy transducer
浮力管 buoyancy tube
浮力柜 buoyancy chamber
浮力基础 buoyant foundation; floating foundation
浮力计算 buoyancy calculation; buoyancy computation
浮力校正 buoyancy correction of weighing
浮力介质 buoyant medium
浮力救生带 buoyant belt
浮力矩 buoyancy moment; moment of buoyancy
浮力可调救生衣 adjustment buoyancy life jacket
浮力控制系统 buoyancy control system
浮力扩散器 plume
浮力拉条 float bracing
浮力密度 buoyancy density; buoyant density
浮力密度法 buoyant density method
浮力曲线 buoyancy curve; curve of buoyancy; line of flo(a)tation
浮力软木块 < 救生艇上的 > buoyancy block
浮力上升法 buoyant ascent
浮力湿度计 buoyancy moisture meter
浮力式比重传感器 buoyancy-type density transmitter
浮力室 buoyancy chamber
浮力调节系统 buoyancy regulating system
浮力调节橡皮囊 buoyancy regulating rubber pocket
浮力调整舱室 reserve buoyancy tank
浮力下管【岩】 pipe sinking by floating
浮力下套管 floating the casing
浮力效应 buoyancy effect; buoyant effect
浮力烟羽上升 buoyant plume rise
浮力液面指示器 buoyancy level indicator
浮力仪试验 buoyancy meter test
浮力中心 buoyant center[centre]; center[centre] of buoyancy; center[centre] of displacement
浮力轴线 axis of flo(a)tation
浮力纵倾调整 buoyancy trim
浮力作用 buoyancy; flo(a)tation
浮砾石 pumice gravel
浮砾石填料 pumice gravel fill(ing)
浮粒率 < 粗集料中 > ratio of floating particles in coarse aggregate
浮链 < 防止筛孔阻塞的 > floating chain
浮料 float material
浮流式冻结法 fluidized freezing
浮露粗骨料的装饰 exposed-aggregate finish
浮露底土 exposed subsoil
浮露骨料 exposed aggregate
浮露矿床 exposed deposit
浮露岩面 exposed rock surface
浮轮 float(ing) wheel
浮码头 floating dock < 美 >; floating pier; floating jetty < 突堤式的 >; floating wharf < 顺岸式的 >; jetty; landing place; landing platform; landing stage; pierhead pontoon; pontoon; pontoon pier(head); pontoon wharf; wharf boat; landing pontoon; landing stage; floating berth; floating marine terminal; floating pontoon; floating quay; floating(landing) stage; floating terminal; barge berge; barge berth; berthing barge; docking barge; dummy barge
浮码选址 pontoon siting
浮镘饰面 float finish
浮锚 cone anchor; drag anchor; drag sail; drag sheet; drift anchor; drift sheet; driving anchor; drogue; floating anchor; sea anchor; water anchor
浮锚拉索 anchor trip(ping) line; trip line
浮么重 buoyant unit weight; submerged unit weight
浮煤挥发分产率 volatile matter yield of floated coal
浮煤式锅炉 floating bank
浮煤样 float sample
浮门 float(ing) gate
浮密度 immersed density
浮面 floating plane; plane of buoyancy
浮面控制仪 float level controller
浮面土 top soil
浮面液 supernatant fluid
浮面中心 center[centre] of flo(a)tation
浮苗 floating seedling
浮沫 spume
浮沫收集器 flo(a)tation collector
浮墨 tinting
浮木 drift wood; floating log; float timber; floodwood
浮囊 air chamber; drag cone; float
浮囊袋 pneumatosaccus
浮泥 floating mud; fluid mud; mud scum
浮泥层 fluid mud layer
浮排 floating mat
浮排泥管 floating delivery pipe; floating discharge pipe
浮排泥管线 floating discharge pipeline
浮抛窑 float bath; float chamber; float tank
浮泡 blister
浮碰垫 floating camel fender; floating fender
浮漂度试验 floating test
浮漂建筑 floating building
浮漂建筑物 floating structure
浮漂探针 buoyant probe
浮漂污水 buoyant effluent
浮漂线与点污染源扩散模型 buoyant line and point source dispersion model
浮瓶 messenger bottle
浮萍 ducks meat; common duckweed; duckweed; lemna polyrhiza L
浮萍科 < 拉 > Lemnaceae
浮起 buoy; refloat(ing)
浮起吃水线 flo(a)tation line
浮起的 upfloated
浮起盖 floating cover
浮起气泡 emerging bubble; levitating bubble

F

浮起物 raiser
浮桥 aerial ferry;bateau bridge;boat bridge;bridge boat;bridge of boat;ferry;flo(a)tation bridge;float(ing) bridge;flying bridge;pontoon;pontoon bridge;raft bridge;ferry bridge <上下渡船用的>
浮桥船 camel
浮桥墩 bateau
浮桥趸船 bridge boat
浮桥缆索 ferry cable;ferry line
浮桥码头 floating pier;pontoon causeway
浮桥平堵截流 pontoon bridge horizontal closure
浮桥踏板 Chess
浮球 buoyancy ball;buoyancy chamber;float(ing) ball;float(ing) sphere;ball float
浮球(电)开关 floating switch
浮球阀 ball cock;ball-cock tap;ball-float valve;ball tap;ball valve;float-controlled valve;floating globe valve;floating valve;float-operated valve;float stop(valve);float valve;globe cock;spheric(al) cock
浮球阀装配 ball-cock assembly
浮球阀装置 ball-cock assembly
浮球杆 ball lever
浮球开关 ball lap;float switch;infloat switch
浮球控制阀 floating-operated valve;float-operated valve
浮球膨胀阀 float expansion valve
浮球式恒温疏水器 float and thermostatic trap
浮球式疏水器 ball-float(type) trap;float trap
浮球式泄水活门 ball-float(type) trap
浮球式液位传感器 floating level sensor
浮球式阻汽具 ball-float trap
浮球疏水器 float-type steam trap
浮球调节 float regulation
浮球调节阀 float expansion valve;float regulator valve
浮球旋塞 ball cock;spheric(al) cock;water float cock
浮球旋塞装置 ball-cock device
浮球液面计 ball-float(liquid-) level meter
浮球液面控制器 ball-float level controller
浮球液面指示器 ball-float(liquid-) level meter
浮球仪 ball-float meter
浮球与热力综合式疏水器 steam trap, float and thermostatic type
浮球藻 planktosphaeria gelatinosa
浮球阵防波堤 tethered float breakwater
浮区 floating region
浮区法 floating zone technique;float-zone method
浮区晶体 float-zone crystal
浮区熔化 floating zone melting
浮区熔融 floating zone melting
浮区提纯 floating zone refining
浮圈 water wing
浮圈式固结仪 floating ring consolidometer
浮容重 buoyant unit weight;submerged unit weight
浮塞 floating plug
浮散矿物 float mineral
浮色 colo(u)r floating;floating;flood;loose colo(u)r;pigment flo(a)tation
浮色现象 flooding phenomenon
浮沙 living sand;quick sand;shifting sand
浮沙式滤池 drift-sand filter
浮沙罩面 sand-float finish
浮栅放大器 floating-gate amplifier
浮上分离 flo(a)tation separation
浮上浮下 float on/float off
浮舌塔盘 directional float tray
浮射流 buoyancy jet;buoyant jet
浮升补偿器 <海洋钻探船平台> heave compensator
浮升船舶 ascending vessel
浮升力 buoyant lift
浮升式升船机 floating ship lift
浮升员 aeronaut
浮生 epitaxy;overgrowth
浮生植物层 <湖沼的> raft of land vegetation;quaking mat
浮石 loose rock;pumicate;pumice(stone);pumicite;taras;volume foam
浮石粉 powdered pumice(stone);pumice meal;pumice-stone powder;pumicite;float stone;ground pumice <研磨用>
浮石粉末 pumice dust
浮石粉抛光 pumicing
浮石工业 pumice industry
浮石骨料 pumice aggregate
浮石骨料混凝土 pumice aggregate concrete
浮石滚压破碎机 pumice roll crusher
浮石混凝土 expanded pumice concrete;pumeconcrete;pumecrete;pumice concrete;pumiceous concrete;pumice stone concrete
浮石混凝土厚板 pumice concrete plank
浮石混凝土建筑单元 pumice concrete unit
浮石混凝土建筑构件 pumice concrete unit
浮石混凝土浇制 pumice cast(ing)
浮石混凝土浇筑 pumice cast(ing)
浮石混凝土空心板 pumice hollow(core) plank
浮石混凝土空心(砌)块 pumice concrete cavity block
浮石混凝土平砖 pumice tile
浮石混凝土砌块 pumice building block;pumice concrete
浮石混凝土实心板 pumice concrete solid slab
浮石火山灰 trass
浮石火山灰砂浆 trass mortar
浮石集料 pumice aggregate
浮石集料混凝土 pumice aggregate concrete
浮石建筑材料 pumice building material;pumice constructional material
浮石建筑材料厂 pumice building materials factory;pumice constructional materials factory
浮石结构材料 pumice structural material
浮石结构材料厂 pumice structural materials factory
浮石颗粒 pumice grain
浮石块 pumice stone
浮石矿渣砖 pumice-slag brick
浮石流堆积层 pumice flow deposit
浮石凝灰岩 pumiceous tuff;trass
浮石凝灰岩砂浆 mortar from trass
浮石抛光膏 pumice polishing grease
浮石膨胀混凝土 pumice expanded concrete
浮石片 drake
浮石破碎机 pumice breaker
浮石气体混凝土 pumice gas concrete
浮石砌块 pumice block
浮石砂 pumice sand
浮石水泥砖 cementitious brick
浮石碎片 pumice chip(ping)s
浮石小块 pumice chip(ping)s
浮石研磨膏 pumice grinding grease
浮石雨 pumice fall
浮石渣砖 pumice-slag brick
浮石纸 pumice-stone paper
浮石砖 calcareous brick
浮式(半)轴 floating axle
浮式避风港 <浮式防波堤围成的> floating harbour
浮式泊位 floating berth
浮式驳船提升机 marine leg
浮式采油、储存、卸油船 floating production,storage and offloading vessel
浮式采油平台 floating oil production platform
浮式采油系统 floating oil production system
浮式仓库作业区 floating storage terminal
浮式常平架结构 float gimbal structure
浮式潮位标尺 float-operated tide ga(u)ge
浮式沉井 caisson built on bank and floated to the site;floating caisson
浮式沉箱 float(ing) caisson;ship caisson
浮式沉箱导墙 floating caisson guidewall
浮式充气护舷 floating pneumatic fender
浮式储油罐 floating oil storage
浮式打桩导向架 floating template
浮式打桩设备 floating driving plant
浮式打桩装置 floating driving plant
浮式挡水建筑物 floating dam
浮式导航墙 floating caisson guidewall
浮式地板 <地板下有橡胶衬垫> loading slab;floating floor
浮式吊机 floating derrick
浮式顶盖 floating cover
浮式筏基 buoyancy raft
浮式防波堤 floating breakwater
浮式防波堤港(湾) floating harbo(u)r
浮式防冲器 floating fender
浮式防撞装置 floating fender
浮式干船坞 floating dry-dock
浮式钢吊车 floating steel crane
浮式钢丝橡胶软管 floating of steel reinforced rubber hose
浮式港口 floating harbo(u)r;floating port
浮式港口作业区 floating marine terminal;floating terminal
浮式高温计 floating pyrometer
浮式隔汽阀 float steam trap
浮式隔汽具 floating steam trap
浮式跟踪法 float tracking
浮式构造 floating construction
浮式刮刀 floating scraper
浮式管道 floating tube
浮式管路 floating pipeline
浮式管线 floating pipeline
浮式管线系统 floating pipeline system
浮式过驳平台 floating bulk transfer station
浮式航标 floating beacon
浮式虹吸 floating suction
浮式护岸木 floating timber fender
浮式护舷(木) fender spar;floating fender
浮式混凝土干船坞 floating concrete dry dock
浮式混凝土工厂 floating concrete plant
浮式活塞销 floating gudgeon pin;floating piston pin
浮式活塞支座 floating piston bearing
浮式机具 floating rig
浮式机械设备 floating plant
浮式基础 buoyant foundation
浮式基床整平机 floating mattress level(l)ing machine
浮式集装箱 floating container
浮式建筑物 floating structure
浮式绞木机 <集运木材的> pullboat
浮式脚手架 erecting pontoon stage
浮式铰链闸门 buoyant hinged gate
浮式搅拌楼 batcher plant barge
浮式接收储存气化装置 floating storage and re-gasification unit
浮式结构 floating structure
浮式截流器 float-type interceptor
浮式截水器 float-type interceptor
浮式拦河埂 shearwater <拦木材的>;boom;catch boom <木材港池的>
浮式拦污栅 floating boom
浮式拦油臂 oil boom
浮式链斗提升机 floating bucket elevator
浮式粮食提升机 floating grain elevator
浮式龙门吊 floating gantry
浮式楼地面 floating floor
浮式滤头 <水泵吸水的> floating strainer
浮式滤网 floating strainer
浮式码头 floating dock;floating type wharf
浮式皿 floating pan
浮式木地板 floating wood floor
浮式排水管道 floating discharge line
浮式泡沫护舷 foam-filled floating fender
浮式碰垫 floating boom;floating fender
浮式皮带输送机 floating belt conveyer[conveyor]
浮式撇取器 floating skimmer
浮式撇油器 floating skimmer
浮式平台 floating platform
浮式起落架 float landing gear
浮式起重船浮吊 floating crane
浮式起重机 barge crane;crane pontoon;derrick barge;derrick boat;floating crane;floating derrick;pontoon derrick
浮式潜水罩 floating diving bell
浮式潜水钟 floating diving bell
浮式全套拌和设备 floating batching plant
浮式人字起重机 barge derrick
浮式软管 delivery hose
浮式上岸平台 floating landing stage
浮式设备 floater;floating device;floating equipment
浮式生产、储存及卸油设施 floating production, storage and offloading unit
浮式生产系统 floating production system
浮式施工机械 floating craft
浮式施工平台 floating working platform
浮式石油钻井平台 floating oil-production-equipment barge
浮式水标尺 float(ing) ga(u)ge
浮式隧道 floating tunnel
浮式塔形起重机 barge-mounted tower crane
浮式塔型吊车 barge-mounted tower crane
浮式提升机 elevator barge;floating elevator
浮式(突)码头 floating jetty
浮式挖掘机 barge excavator;floating excavator

浮式外海基地 floating offshore base
浮式外海建筑物 floating offshore structure
浮式网箱 floating net cage
浮式围栏 floating boom
浮式桅杆起重机 barge derrick; floating derrick
浮式温度计 floating type thermometer
浮式吸水管 floating suction
浮式系船 floating mooring
浮式系船环 floating mooring ring
浮式系船设备 floating mooring equipment
浮式系船栓 floating bollard
浮式系船柱 floating bollard; floating mooring bitt; floating post
浮式箱 float tank
浮式卸粮机 floating grain elevator
浮式液化天然气生产储卸装置 floating LNG production,storage and offloading unit
浮式液面高程测量仪 float ga(u)ge
浮式液位传感器 floating level transducer
浮式仪表 <检查液面的> float-type controller
浮式油灌 floating reservoir
浮式原油生产储存装卸装置 floating production storage and off loading system
浮式闸门 floating gate
浮式栈桥 floating jetty; floating(landing) pier
浮式找平层 floating screed
浮式振动器 float vibrator
浮式蒸发皿 floating evapo(u)ration pan; float(ing) pan
浮式蒸发器 floating vapo(u)rizer
浮式蒸发仪 floating evapo(u)ration pan; floating evapo(u)rimeter; floating pan
浮式支承 floating mounting
浮式终点港 floating(marine) terminal
浮式贮罐 pontoon storage tank
浮式抓斗起重机 grabbing floating crane
浮式转臂吊车 barge derrick
浮式桩 floating pile
浮式自动潮泊水位计 float-type limnimeter
浮式自记潮汐仪 float mareograph
浮式自记水位仪 float-type water-level recorder
浮式钻井平台 floating drilling platform
浮式钻井装置 floater
浮式自动关闭拦污栅 floating self-closing containment barrier
浮式钻探船 floating drilling ship
浮式钻探平台 floating drilling platform
浮室 buoyance compartment; buoyancy chamber; buoyant chamber
浮室盖 float chamber cap
浮水材 floater
浮水货框 lighter aboard ship
浮水设备 ferry(ing) equipment; floating equipment
浮水生物 floating aquatic
浮水树种 floater
浮水习性 floating habit
浮水皂 floating soap
浮水植物 floating plant; floating vegetation
浮水装置 flo(a)tation gear
浮松布 huckaback
浮送就位 floating into position
浮酸沼 quaking bog
浮台 mooring stall
浮套塑模 floating chase mould
浮体 float; floater; floating body
浮体吃水深度 depth of flo(a)tation; flo(a)tation depth
浮体单元 elemental floating body
浮体定倾中心 metacenter[metacentre]
浮体活动坝 bear-trap dam
浮体(抗倾覆)稳定性 stability of flo(a)tation
浮体理论 theory of floating bodies
浮体锚链 floating chain
浮体平衡 equilibrium of floating bodies
浮体起重机 floating crane
浮体水面形心 centre of flo(a)tation; flo(a)tation center[centre]
浮体水面质量中心 center[centre] of flo(a)tation
浮体稳定性 stability of flo(a)tation
浮体闸 bear-trap dam
浮体(闸)坝 floating dam
浮体闸门 bear-trap gate
浮体重心 center of flo(a)tation
浮烃 floating hydrocarbon
浮桶(标)keg float
浮桶式疏水器 bucket steam trap; steam trap,open float type; upright bucket type steam trap
浮筒 buoy; buoyancy pontoon; can buoy; float bowl; floating buoy; floating camel; floating pontoon; hydrofoil; pontoon; streamer
浮筒标 keg float
浮筒泊位 pontoon berth; buoy-berth
浮筒操纵安全阀 flat-operated relief valve
浮筒沉锤 anchor block sinker
浮筒沉附 mooring block; mooring clump; mooring sinker
浮筒沉坠 mooring block; mooring clump; mooring sinker
浮筒充气 charging air into pontoon
浮筒船席 buoy berth
浮筒磁力式液位计 float magnetism type liquid level ga(u)ge
浮筒打捞法 method of raising with salvage pontoons
浮筒带缆工 buoy jumper
浮筒导杆 float guide
浮筒顶标 perch
浮筒阀 float-and-valve
浮筒筏 barrel raft
浮筒费 buoy dues
浮筒浮力 float buoyancy
浮筒杆 float lever
浮筒杠杆 float counter balance
浮筒隔汽具 float-operated trap
浮筒管 float tube
浮筒号钟 buoy bell
浮筒护板 buoy skirt
浮筒架梁(法)pontoon erection
浮筒救生网 floater net
浮筒捐 buoy dues
浮筒卡环 buoy shackle
浮筒开关 float switch
浮筒码头 pontoon pier(head)
浮筒锚 buoy anchor
浮筒锚泊(装置)buoy mooring
浮筒锚碇装置 buoy mooring
浮筒排水量 float displacement
浮筒平衡梁式升船机 floating balancing ship lift; shiplift with floating balancing beams
浮筒起落装置 float gear
浮筒起重机 floating crane; pontoon crane
浮筒桥 barrel bridge
浮筒式 floating type
浮筒式潮位计 tape ga(u)ge
浮筒式垂直升船机 buoyant vertical ship lift; vertical ship lift with float
浮筒式堤道 pontoon causeway
浮筒式发生器 bell-type generator
浮筒式防波堤 pontoon type breakwater
浮筒式飞机 float plane
浮筒式回水阀 bucket steam trap
浮筒式给水器 float feed apparatus
浮筒式进给 float feed
浮筒式流量计 float-type flow meter [metre]
浮筒式码头 pontoon type wharf
浮筒式起落架 flo(a)tation gear; float under carriage; pontoon under carriage
浮筒式汽水阀 bucket steam trap
浮筒式升船机 float-balanced shiplift; mechanical float barge lift; shiplift with pontoon
浮筒式疏水器 upright bucket type steam trap
浮筒式水上飞机 floating plane; float seaplane
浮筒式水位计 float ga(u)ge
浮筒式验潮仪 floating type tide ga(u)ge
浮筒式乙炔发生器 bell-type generator
浮筒式雨量计 float(-type) rain ga(u)ge
浮筒式自记水位计 float-type water stage recorder
浮筒室【机】float chamber
浮筒室弹簧圈 float chamber spring ring
浮筒水准线 float level
浮筒索套卡环 shackle for pontoon slings
浮筒维修船 buoy tender
浮筒系泊 buoying; buoy mooring
浮筒系泊标志 buoy mooring mark(ing)
浮筒系泊船舶 buoy mooring vessel
浮筒系泊费 buoyage
浮筒系船环 mooring ring
浮筒下部软管 underbuoy hose
浮筒箱 floating barrel box
浮筒卸扣 buoy shackle
浮筒型外海锚泊系统 offshore buoy-type anchoring system
浮筒液位计 floating level meter
浮筒栈桥 pontoon causeway
浮筒针【机】float chamber needle
浮筒针导承 float spindle guide
浮筒支撑 float bracing
浮筒支柱 float strut
浮筒阻力 float resistance
浮头盖 floating head
浮头勾圈 floating head backing device
浮头管板 floating tube sheet
浮头列管式石墨换热器 tubular graphitic heat-exchanger
浮头式换热器 floating-head type heat exchanger
浮头式冷凝器 floating head condenser
浮凸雕刻机 relief engraving machine
浮凸饰 boss
浮凸印刷 cameo printing; embossed printing
浮涂 floating
浮土 capping mass; floating earth; grime; quick soil; regolith; top soil
浮托力 buoyant force; hydraulic uplift pressure; positive buoyancy; uplifting pressure; upward hydraulic pressure; upward hydrostatic(al) pressure; upward pressure; water buoyancy; uplift pressure
浮托(力)荷载 uplift load
浮托力计 uplift cell
浮托力强度系数 uplift intensity factor
浮托力容许量 allowance for uplift
浮托桩 uplift pile
浮围板 floating apron
浮围帘 floating curtain
浮纬花纹 overshot
浮纹织物 broche; lappet
浮涡 swimming vortex
浮污泥 floating sludge
浮坞 air chamber; floating dock; floating pontoon; offshore drydock
浮坞船台联合系统 combined system of floating dock and repairing berth
浮坞的建造 floating dock construction
浮坞锚泊装置 floating dock mooring
浮坞门 caisson gate; dry dock caisson; floating caisson(gate); floating gate; floating pontoon; gate caisson; ship caisson; dock pontoon
浮坞门槽 floating caisson groove
浮坞门尺寸 scantling
浮坞门灌水舱室 gate cell
浮坞门轨道 caisson track
浮坞门就位试验 closure seating test
浮坞门空载倾斜试验 closure inclination test
浮坞门挠度试验 closure deflection test
浮坞门试验 closure test
浮坞门水密试验 closure watertight test
浮坞门座 caisson seat
浮坞墙 wing wall
浮坞式载驳船 sinking platform lighter aboard ship
浮坞下水 floating dock launching
浮坞选址 floating dock siting
浮物 float(ing) matter
浮物曲线 cumulative float curve; float matter curve
浮现 emerge
浮陷阱网 buoyed trap
浮厢 float chamber
浮箱 air buoyancy tank; air case; air compartment; air tank; boat air tank; buoyancy compartment; buoyancy tank; dummy barge; flo(a)tation tank; float chamber; floating box; floating caisson; floating camel; floating chamber; pontoon
浮箱防冲器 floating camel fender
浮箱式防波堤 pontoon type breakwater
浮箱式防舷材 floating-box fender
浮箱式救生艇 decked lifeboat; pontoon lifeboat
浮箱式围堰 suspension box-cofferdam
浮箱式坞门 pontoon dock-gate; ship caisson
浮箱式坞闸 caisson
浮箱式载驳方式 flo-con carrier system
浮箱式闸门 floating bulkhead; gate with float chambers; scuttle tank
浮箱栈桥 pontoon causeway
浮箱舟 pontoon
浮楔 wedge of buoyancy
浮鞋 float shoe
浮心 buoyant center[centre]; center[centre] of buoyancy; center[centre] of flo(a)tation; centroid of buoyancy
浮心垂向位置 vertical location of centre buoyancy
浮心高度 height of center[centre] of buoyancy
浮心横向位置 transverse center of buoyancy

浮心距船中距离 distance from midship to centre of buoyancy
浮心距首垂纵向距离 longitudinal center of buoyancy from forward perpendicular
浮心距尾垂纵向距离 longitudinal center of buoyancy from after perpendicular
浮心曲线 center of buoyancy curve; locus of centre of buoyancy
浮心在龙骨上高度 centre of buoyancy above top of keel
浮心轴 axis of buoyancy
浮心纵向位置 longitudinal center of buoyancy
浮性 buoyancy
浮锈 nonadhering rust
浮悬尘埃 suspended dust
浮旋桥 pontoon swing bridge
浮选捕集剂 collector agent
浮选捕收剂 flo(a)tation collector
浮选槽 cell
浮选槽室 flo(a)tation cell
浮选产物 float product
浮选厂 flo(a)tation plant
浮选车间 flo(a)tation plant; flo(a)tation section
浮选池 flo(a)tation tank; flo(a)tation cell
浮选处理 flo(a)tation treatment
浮选促集剂 collector; flo(a)tation collection agent; flo(a)tation collector
浮选促进剂 flo(a)tation promotor
浮选的尾渣 tailings in flo(a)tation
浮选法 dressing by flo(a)tation; sink-float separation; froth flo(a)tation; flo(a)tation process <选矿用>
浮选法料浆制备 slurry preparation by flo(a)tation
浮选分离 flo(a)tation separation
浮选改良剂 flo(a)tation modifying agent
浮选固体 floating solid
浮选过多起泡 overfrothing
浮选回路 flo(a)tation circuit
浮选混凝剂 flo(a)tation coagulant
浮选机 flo(a)tation cell; flo(a)tation machine; float selecting engine; flotator; hydrosizer
浮选机充气 aeration of the cell
浮选机入料箱 flo(a)tation cell feed box
浮选技术 float technic
浮选剂 flo(a)tation agent; flo(a)tation reagent
浮选加油器 flo(a)tation-oil feeder
浮选浸出法 flo(a)tation soaking method
浮选精矿 flo(a)tation concentrate
浮选精选机 retreatment cell
浮选流程 flo(a)tation circuit
浮选凝结剂 flo(a)tation coagulant; flotation coagulant
浮选浓缩 flo(a)tation concentration
浮选浓缩池 flo(a)tation thickener
浮选浓缩法 flo(a)tation concentration method
浮选起泡剂 flo(a)tation frother
浮选器浮层 <选矿> flo(a)tation crust
浮选试验 flo(a)tation test; float test; froth flo(a)tation test
浮选室 bank of cells
浮选淘汰盘 flo(a)tation table
浮选调整剂 flo(a)tation modifying agent
浮选微粒 floating fine particle
浮选尾矿 flo(a)tation tailings
浮选稳定性 flo(a)tation stability; stability of flo(a)tation
浮选箱 float tank
浮选循环 flo(a)tation circuit
浮选烟 buoyant plume
浮选延绳钩 drift-line fishing
浮选扬性缕烟上升 buoyant plume rise
浮选摇床 flo(a)tation table
浮选药剂 floating process agent
浮选抑制剂 depressing agent; depressor【地】
浮选用鼓风机 flo(a)tation mill blower
浮选油 flo(a)tation oil; floating oil; oil spill
浮选游不定平衡 instable buoyancy equilibrium
浮选在水面的管段 floating section
浮选中的轻料 float material
浮选中级收集剂 collecting reagent in flo(a)tation
浮选柱 column flotator; flo(a)tation column
浮选柱浮选 bubble-column flo(a)tation
浮选装置 flo(a)tation apparatus; flo(a)tation device; flo(a)tation equipment; flo(a)tation plant; flo(a)tation process unit; flo(a)tation unit
浮选作业 operation of flo(a)tation
浮烟 buoyant plume
浮岩 pumice(stone); pumicite; volcanic foam
浮岩层 pumicite
浮岩沉积 pumicite
浮岩构造 pumiceous structure
浮岩火山角砾岩 pumice breccia
浮岩集块岩 pumice agglomerate
浮岩矿床 pumice deposit
浮岩凝灰岩 pumice tuff
浮岩砂 pumice sand
浮岩雨 pumice fall
浮岩状碎屑 pumiceous fragment
浮扬打捞法 salvage by flo(a)tation
浮叶植物 floating-leaf plant; leaf-floating plant
浮液 supernatant liquid
浮移 drop-off
浮移到位 float into position; float out to location
浮移到现场 float out to site
浮移石 float stone
浮油 floating oil; oil slick; oil spills
浮油回收船 oil collection vessel; oil recovery vessel
浮油迁移 transport of a slick
浮油清扫船 oil slick cleaning vessel
浮油松香 pamite; starex
浮油选样 float oil washing sample
浮油在水上扩展 spreading of a slick
浮油栅 floating oil barrier
浮游 suspension
浮游测标 floating mark; gliding mark
浮游的 floating; pelagic(al)
浮游动物 animal plankton; planktonic animal; zooplankton
浮游动物产量 zooplankton production
浮游度 flotability
浮游格网 spatial grid
浮游航标 floating marine navigation aid
浮游环境 pelagic(al) environment
浮游甲壳类 planktonic crustacean
浮游节肢动物 planktonic arthropod
浮游精选机 cleaner cell
浮游垃圾 floating trash
浮游轮虫 planktonic rotifer
浮游期 pelagic(al) period
浮游起重机 floating crane
浮游区 pelagic(al) region
浮游生活 pelagic(al) mode of life
浮游生活阶段 pelagic(al) phase
浮游生物 necton; pelagic(al) organism; plankton inorganism
浮游生物采样器 plankton sampler
浮游生物当量 plankton equivalent
浮游生物的大量繁殖 plankton bloom
浮游生物定量采样器 quantitative plankton sampler
浮游生物定量估测 quantitative estimation of plankton
浮游生物计数框 plankton counting chamber
浮游生物离心机 plankton centrifuge
浮游生物连续采样器 continuous plankton recorder
浮游生物密度 plankton density
浮游生物群落 plankton community
浮游生物食性鱼 plankton feeding fish
浮游生物拖网采集 plankton haul
浮游生物网 plankton net
浮游生物显微镜 plankton microscope
浮游生物型群落 plankton type community
浮游生物异常繁殖 abnormal blooming of plankton; abnormal bloom of plankton
浮游生物有机体 plankter
浮游生物淤泥 pelogloea
浮游生物增殖因素 plankton multiplier
浮游生物组合 plankton association
浮游式比重船 floating derrick
浮游水母 planoblast
浮游微粒子 floating fine particle
浮游微生物 plankton
浮游物 seston
浮游细菌 bacterioplankton
浮游性水面下漂浮生物 plankton hyponeuston
浮游选 flo(a)tation
浮游选矿法 flo(a)tation leaching method
浮游幼体 larval plankton; pelagic(al) larva
浮游鱼 pelagic(al) fish
浮游藻类 floating algae; suspended algae
浮游渣滓 floating trash
浮游植物 phytoplankton; plant plankton
浮游植物勃发 phytoplankton outburst
浮游植物采样瓶 phytoplankton bottle
浮游植物大量繁殖 phytoplankton bloom
浮游植物当量 phytoplankton equivalent
浮游植物丰度 phytoplankton abundance
浮游植物年循环 annual phytoplankton cycle
浮游植物群 phytoplankton population
浮游植物群落 errantia; phytoplankton community
浮游植物生产量 phytoplankton production
浮游植物生物量 phytoplankton biomass
浮游植物增殖 phytoplankton bloom
浮游植物种群 phytoplankton population
浮游资金 floating fund
浮于上层的 supernatant
浮于上层清液 supernatant liquid
浮于水上的 water-borne
浮园耕作法 chinampa
浮云 cloucrack; cloud drift
浮运 rafting
浮运沉箱 floating caisson; self-floating caisson
浮运沉箱法 <防波堤施工> buoyant monolith system
浮运到位 floating in
浮运法 <施工用> floating method
浮运法安装 erection by floating
浮运法架设 erecting by floating
浮运集装箱 floating container
浮运架梁(法) floating erection
浮运架桥法 bridge erection by floating; bridge erection by floating method; erecting by floating; erection by floating
浮运架设法 erecting by floating into position; erection by floating; erecting by floating; erection floating method; floating erection; pontoon erection
浮运脚手架 erecting pontoon scaffolding; erecting pontoon stage
浮运进入 floating in
浮运进入(工地)沉箱 float-in concrete caisson
浮运进水管 <开动浮子开关的> float tube
浮运就位法 erecting by floating into position
浮运路 float road
浮运落梁法 erection by floating
浮运木材 float timber; float wood; logging; rafting
浮运木料的运河 canal for rafting wood
浮运施工法 floating construction method
浮运式起重机 floating crane ship
浮运水槽 chute raft; raft chute; rafting channel
浮运填土 float the fill
浮运条件 floating condition
浮运运河 drift canal
浮运整体厂房 <将预制厂房浮运到厂址的> float-in powerhouse
浮在表层的东西 supernatant
浮在表面的 supernatant
浮在表面的液体层 supernate
浮在水面的 supernatant
浮在水上的 supernatant
浮脏 tinting
浮渣 clay slip; dross; floating scum; floating slag; floss; froth; laitier; recrement; scruff; scum(ming)
浮渣板 squeegee
浮渣捕集器 dross trap
浮渣槽 scum box; skimming kettle; skimming scoop
浮渣层 layer of scum; scum layer
浮渣带 dross band
浮渣挡板 scum baffle; scum board
浮渣导管 scum pipe
浮渣的 scummy
浮渣翻车机 dross tippler
浮渣焚化 scum incineration
浮渣隔板 scum board
浮渣刮板 squeegee
浮渣刮棒 skimming rod
浮渣井 scum chamber; scum well
浮渣坑 scum pit
浮渣空间 scum space
浮渣浓缩和焚化 scum concentration and incineration
浮渣排除槽 scum trough
浮渣排除堰 scum weir
浮渣排水槽 scum trough
浮渣破碎机 scum breaker; scum crusher; crust breaker
浮渣破碎器 scum breaker; scum crusher
浮渣区面积 scum area
浮渣室 scum chamber
浮渣室和挡板 scum box and baffle
浮渣室自由表面 free surface of scum

chamber
浮渣收集器 scum collector
浮渣收集装置 scum collector
浮渣水泥 dross cement
浮渣堰 scum weir
浮闸 floating dam;floating lock
浮闸门 floating caisson(gate);floating gate;ship caisson
浮闸木 floating bulkhead
浮栅 boom;floating barrier;floating boom
浮栈桥 floating landing stage;floating passenger landing;timber composite pier
浮褶皱 decollement fold
浮褶(作用)decollement
浮针 float needle;float spindle
浮针阀 float needle valve
浮止阀 float stop(valve)
浮质 aerosol
浮置 levitation
浮置板 floating slab
浮置电池组 floating battery
浮置端接缝 floating end joint
浮置坩埚 floating crucible
浮置栅极 floating grid;free grid
浮置上盖 floating roof
浮置输入 floating input
浮置心盘 floating center plate
浮置蓄电池 floating battery
浮置整流器 floating commutator
浮置中线 floating neutral
浮钟计压器 bell recorder
浮钟式压力计 bell-type manometer;floating bell pressure ga(u)ge
浮钟压力计 bell manometer
浮肿 o(e)dema
浮重 submerged weight
浮重度 buoyant unit weight;submerged unit weight
浮舟 bateau;pontoon
浮轴 floating axle
浮珠式标准压力发生器 buoy-ball type standard pressure producer
浮柱 floating column;floating post
浮筑式地板 floating floor
浮砖 float(ing) block;float(ing) brick;floater;Rhenish brick
浮桩 floating pile
浮桩基础 floating pile foundation
浮装杆 live lever
浮装式集装箱船 floating container ship;float on/float off ship
浮装式载驳货船 float on/float off barge carrier
浮装闸杆 floating brake lever;live brake lever
浮子 bob;bucket;buoy(age);float(er);surface float
浮子报警器 alarm float
浮子臂 float-arm
浮子操动防爆水银开关 float-operated explosion-proof mercury switch
浮子操纵标 float-operated ga(u)ge
浮子操纵的 float-operated
浮子操纵水表 float-operated ga(u)ge
浮子操作阀 float operated valve
浮子测波仪 float recorder
浮子测流 float ga(u)ging
浮子测流法 float ga(u)ging;float measurement;float method
浮子潮水计 box ga(u)ge
浮子潮位计 float operated tide ga(u)ge
浮子吊网 buoy rope
浮子定位器 floating plunger positioner
浮子阀 ball-float valve;float-controlled valve;float(ing) valve
浮子纲绞车 corkline winch
浮子杠杆 float-arm
浮子跟踪 float tracking
浮子绞链销 float hinge pin
浮子截流器 float-type interceptor
浮子井 floater chamber
浮子开关 float switch;infloat switch
浮子控制的 float-operated
浮子控制阀 float-operated valve;float-controlled valve
浮子控制隔膜阀 diaphragm float operated valve
浮子控制开关 float-controlled switch;float-operated switch
浮子控制排水泵 float-controlled drainage pump
浮子控制平衡阀 equilibrium float operated valve
浮子控制器 float control;float controller
浮子控制水泵开关 float switch
浮子控制针形阀 float-controlled needle valve
浮子流量计 float(ing) flowmeter
浮子黏[粘]度计 float visco(si)meter
浮子凝汽阀 float trap
浮子气体压力计 float ga(u)ge
浮子气压计 float barograph
浮子气压记录仪 float barograph
浮子绳滚筒 float line roller
浮子式比重计 float-type specific gravity meter
浮子式补给水调节器 make-up float
浮子式传感器 float-type transmitter
浮子式的 float-type
浮子式浮尺 float ga(u)ge
浮子式计 displacer-type meter
浮子式流量计 displacer-type flowmeter;float(-type) flow meter[metre];rotameter;tapered-tube flowmeter
浮子式罗盘 float-type compass
浮子式凝汽阀 float trap
浮子式凝器阀 bucket trap
浮子式膨胀阀 float-type expansion valve
浮子式气动测量仪 float-type pneumatic measuring instrument
浮子式气压加水器 float-type pneumatic water feeder
浮子式汽油表 gasoline content ga(u)ge with float
浮子式疏水器 bucket trap;float trap
浮子式水表 float-type meter
浮子式水尺 float-type ga(u)ge
浮子式水位 float-type water stage
浮子式水位计 float ga(u)ge
浮子式水银气压计 mercury float type manometer
浮子式调节器 float governor;float regulator valve
浮子式陀螺仪 floated gyro(scope)
浮子式温度计 float-type thermometer
浮子式压力计 float-type manometer;float-type pressure ga(u)ge
浮子式验潮仪 float-type tank ga(u)ge
浮子式液面计 float(ing) ga(u)ge
浮子式液面控制器 float-type level controller
浮子式液面控制装置 float-type level controller
浮子式液体比重计 displacement meter
浮子式液位计 float-type level ga(u)ge;float-type liquidometer
浮子式液位检测器 ball-float liquid level detector;float-actuated liquid level detector
浮子式液位控制器 ball-float level controller
浮子式液位指示器 float-type ga(u)ge
浮子式油罐液面计 float-type tank ga(u)ge
浮子式雨量计 float(-type) rain ga(u)ge
浮子式自记水位仪 recording float ga(u)ge
浮子式阻汽器 bucket trap
浮子室 <化油器> float chamber
浮子水位计 float(-operated) ga(u)ge
浮子水位控制阀 float valve
浮子水位指示器 float(water) level indicator
浮子水箱 float tank
浮子水准 float level
浮子调节 float regulation
浮子调节阀 float-operated regulating valve
浮子调节进料 float feed
浮子调节器 float controller;float governor
浮子网 buoy line;cork line;cork rope
浮子箱 float tank
浮子修正系数 coefficient of float
浮子压力计式流量指示表 float manometer-type flow indicator
浮子验潮仪 box ga(u)ge
浮子遥控系统 remote float system
浮子液面标尺 float ga(u)ge
浮子液面计 float level controller;liquid level ga(u)ge with float
浮子液位测量仪 float level ga(u)ge
浮子液位计 float level meter
浮子液位指示器 float level ga(u)ge
浮子针 float needle
浮子针阀 float needle valve
浮子装置 ball-cock device
浮子自记水位计 float-type water stage recorder

符

符号保持 mark hold
符号比较触发器 sign compare flip-flop
符号比较器 sign comparator
符号笔画 character stroke
符号编号 symbolic coding
符号编辑 symbolic editing
符号编辑程序 symbolic editor
符号编辑用字符 editing sign control symbol
符号编码 symbolic coding
符号编码技术 symbolic coding format;symbolic programming
符号编码形式 symbolic coding format
符号编排 symbolic editing
符号编址 symbolic addressing
符号便览 symbolic concordance
符号变更 sign reversal;variation of sign
符号变更检验 sign-change test
符号变换 figure shift;handshaking
符号变换放大器 sign changing amplifier
符号变换器 sign changer;sign reverser
符号变量 symbolic variable
符号辨识器 symbol identifier
符号标号 symbolic label
符号标记 sign digit;sign flag
符号标签 symbolic label
符号标识符 symbolic identifier
符号标志 sign indicator;symbolic sign
符号标准化 symbol standardization
符号表 index of symbols;list of signs;list of symbols;symbol list;symbol table;table of conventional signs
符号表程序 symbolic table routine
符号(表达)式 symbolic expression
符号表达式的绝对值 absolute value of a symbolic expression
符号表达式的项 term in a symbolic expression
符号表登记项 symbol table entry
符号表控制 symbolic table control;symbol table control
符号表示 designation;symbolic representation;symbolism
符号表示法 notation;symbolic notation;symbolic representation
符号表算法 symbol table algorithm
符号表项目 symbol(ic) table entry
符号表元素 symbolic table element
符号表指示字 symbolic table pointer
符号表指针 symbolic table pointer
符号波 marking wave;working wave
符号布局 symbolic layout
符号(部分)出错 error in label
符号部件 symbolic unit
符号参数 symbolic parameter
符号参数标准值 symbolic parameter standard value
符号参数初值 symbolic parameter initial value
符号操作 symbolic manipulation;symbolic operation
符号操作码 symbolic operation code
符号操作数 symbolic operand
符号操作系统 symbolic operating system
符号测度 signed measure
符号测试 sign test
符号差 signature
符号差错 error in label
符号常数 notation constant
符号程序 symbolic programming;symbol program(me)
符号程序带 symbolic programming tape
符号程序库 symbolic library
符号程序设计 symbol programming
符号程序设计系统 symbolic programming system
符号处理 symbol manipulation
符号处理语言 symbol manipulating language
符号触发器 flip-flop sign;sign flip-flop
符号传感【计】mark sensing
符号串 symbol(ic) string
符号串的引用符 string quote
符号存储定址 symbolic memory addressing
符号错误 error in label;symbol error
符号大小 size of symbol
符号、代号标准编写规定 rules for drafting symbol and code standards
符号代码 sign code;symbolic code
符号代语 coding
符号到间距转换 mark-to-space transition
符号的 semiotic;symbolic
符号的变更 alternation of signs
符号的嵌套 nest of symbols
符号的意义 symbolic significance
符号灯 code light
符号等价 symbolic equivalent
符号地图 symap
符号地图程序 symap program(me)
符号地址 symbolic address
符号地址程序 symbolic address program(me)
符号地址法 symbolic addressing
符号电铃信号 code bell signal
符号电流 marking current
符号电路 symbolic circuit
符号定义 symbol definition
符号定义指令 symbol definition instruction
符号读出 mark reading;mark sensing
符号读出穿孔机 mark-sensing punch
符号读出机 mark-sensing machine
符号读出卡片 mark sensed card;

mark-sensing card
符号读出器 character reader; mark reader
符号读出行 mark-sensing row
符号段 sign field
符号多项式 character generator; symbolic polynomial
符号发生器 symbolic generator
符号法 symbolic method
符号法则 rule of signs
符号分析 symbolic analysis
符号幅度码 sign-and-magnitude code
符号改变 change of sign; sign change
符号格式序列 mark form sequence
符号工具 symbolic tools
符号功能 mark function
符号关键字 symbolic key
符号惯例 sign convention
符号规定 sign convention
符号函数 symbolic function
符号和货币符 sign and currency symbol character
符号和警告标志 sign and warning indication
符号化 signify; symbolism
符号化程序 symbolic program(me)
符号化数值运算 signed magnitude arithmetic
符号汇编 symbolic assembly
符号汇编程序 symbolic assembler; symbolic assembly program(me)
符号汇编系统 symbolic assembly system
符号汇编语言 symbolic assembly language
符号货币 token money
符号机器 symbolic machine
符号机器代码 symbolic machine code
符号机器语言 symbolic machine language
符号级 symbol rank
符号几何规划 signomial geometric programming
符号计算机 symbolic machine
符号记录笔 mark pen
符号寄存器 sign register
符号间干扰 intersymbol interference
符号间隔 mark space
符号监测表 folded table
符号检查 sign check; sign inspection; sign test; symbolic test
符号检查(指示)器 sign check indicator
符号检定 sign check; symbolic check
符号检验 character check; sign test
符号检验位 sign check indicator
符号键 symbolic key
符号交叉汇编程序 symbolic cross assembler
符号交错 intersymbol error
符号交换 handshaking
符号交换器 sign changer; sign changing unit; sign converter
符号校验 sign check
符号校验指示器 sign check indicator
符号结构 symbolic structure
符号解法 symbolic solution
符号解释 coding legend
符号卡片 mark card
符号卡片组 symbolic deck
符号开始安全校验 sign-on verification security
符号控制 symbolic control
符号控制表 symbol control table
符号控制触发器 sign control flip-flop
符号控制电路 sign-controlled circuit
符号控制符 sign control symbol
符号控制工作程序 character controlled generator
符号库 library of symbols; symbol library
符号框架 sign frame
符号类型 sign pattern
符号量 symbol weight
符号量值运算 signed magnitude arithmetic
符号律 law of signs; rule of sign
符号轮 code wheel; digit wheel
符号逻辑 logistic; mathematic(al) logic; symbolic logic
符号逻辑的 logistic
符号逻辑模型 model of symbolic logic
符号逻辑算子 symbolic logical operator
符号逻辑学 symbolic logic
符号脉冲 sign pulse
符号密度 character density
符号面板 symbolic panel
符号名称 designation; symbolic name
符号名字 symbolic name
符号名作用域 scope of symbolic(al) name
符号命 symbolic name
符号模片 symbol guide; symbol sheet; symbol template
符号模式 pattern of symbol; sign pattern; symbolic mode
符号模型 sign mo(u)ld; symbolic model
符号(排)列 symbol rank
符号盘 multisymbol disc; symbol disc
符号请求 symbol request
符号区 sign field
符号区间乘法器 mark space multiplier
符号取消键 cancel key
符号权系数 symbolic weight coefficient
符号设备名 symbolic device name
符号设计 character design
符号识别 character recognition; symbol discrimination
符号矢量 symbolic vector
符号式 signomial
符号输出 symbolized output
符号输入 symbol input
符号输入程序 symbolic input programme
符号输入输出 symbolic input/output
符号输入输出分配 symbolic input/output assignment
符号输入语言 symbolic input language
符号术语总汇 symbol nomenclature summary
符号数 symbolic number
符号数据集 symbolic data set
符号数位 sign digit
符号数学 symbolic mathematics
符号数学系统 symbolic mathematical system
符号数值 sign magnitude
符号数值表示法 sign-and-magnitude notation; sign magnitude representation
符号数值码 sign magnitude code
符号数值运算 sign magnitude arithmetic
符号数字 sign digit
符号速率 symbolic rate
符号算子 symbolic operator
符号索引 notation index
符号索引程序 symbolic concordance
符号体系 symbolism
符号替代 symbolic
符号替换 symbol substitution
符号条件 sign condition
符号调试 symbolic debugging
符号调试程序 symbolic debugger
符号调试器 symbolic debugger
符号统计量 sign statistic
符号图 graphic(al) diagram; symbolic diagram; symbol map
符号图像字符 sign picture character
符号网络分析程序 symbolic network analysis program(me)
符号微程序 symbolic microprogram(me)
符号微分法 symbolic differentiation
符号微分方程 symbolic differential equation
符号位 <表示正负号的二进位数字> sign(ed) bit; signed digit; symbol rank; sign digit
符号位地震仪 sign bit seismograph
符号位置 sign position; symbol rank
符号文本编辑程序 symbolic text editor
符号文件 symbolic file
符号文件名 symbolic file name
符号误差 error in lable
符号系统 symbolization
符号相反的 opposite in sign
符号信息 symbolic information
符号虚拟地址 symbolic virtual address
符号序列 order of signs; symbol sequence
符号序列变换系统 endomorphic system
符号序列处理 strip manipulation
符号选址 symbolic addressing
符号学 semeiology
符号学习 sign learning
符号寻址方式 symbolic addressing mode
符号掩模 symbol mask
符号引用 symbolic reference
符号有向图 signed digraph
符号语言 algorithmic language; symbolic language
符号语言学 semiotics
符号域 symbol field
符号寓意法 ideography
符号源程序 symbolic source program(me)
符号约定 notational convention
符号约定缺省规则 default sign convention
符号运算 symbolic operation
符号运算数 symbolic operand
符号占位符 symbolic placeholder
符号执行系统【计】 symbolic execution
符号值 value of symbol
符号指令 symbolic instruction
符号指示字 pointer to symbols
符号制 system of notation
符号秩 signed rank; symbol rank
符号秩和检验 signed rank sum test
符号终端名 symbolic terminal name
符号重复 repetition of symbol
符号转换程序 symbolic conversion program(me)
符号转换例行程序 symbolic conversion routine
符号转换器 signal converter
符号转换装置 signal conversion equipment
符号状态 sign condition
符号子程序 subroutine for symbols; symbol subroutine
符号子集 character subset
符号字典 symbol dictionary
符号字段 sign field
符号字符 sign character
符号组 character set(field); language; set of symbols
符号组合 signal combination
符号最佳汇编程序 symbolic optimum assembly program(me)
符合 agree; agreement; coincide; coincidence; coincide with; conformation; conformity; correspondence; fall in with; match up; meet the necessity
符合ISO标准 according to the ISO standard; conformity with ISO
符合比较 matching
符合比例尺的 true-to-scale
符合标准 measure up to standard; meet a criterion
符合测距仪 coincidence range finder
符合测量法 coincidence method of measurement
符合测微器 coincidence micrometer
符合程序 compliance procedure
符合传感器 coincidence sensor
符合磁谱仪 magnetic coincidence spectrometer
符合磁铁 coincidence magnet
符合单元 coincidence unit
符合的 coincidental; congruent
符合点阵 coincidence lattice
符合电路 accordance circuit; coincidence circuit; correspondence circuit; corresponding circuit
符合定标器 coincidence scaler
符合度 conformity
符合对准 coincidence setting; setting-in coincidence
符合法 coincidence method; method of coincidence
符合法规 conformance with code
符合分辨能力 coincidence resolving power
符合分离器 coincidence sorter
符合分析器 coincidence analyser[analyzer]
符合复示继电器 accordance repeating relay
符合公式 coincidence formula
符合公路行驶标准的卡车 highway truck
符合功率学设计 conformance with ergonomical design
符合管 coincidence tube
符合光谱学 coincidence spectroscopy
符合光谱仪 coincidence spectrometer
符合光学系统 coincidence system
符合光掩模 conformable optic(al) mask
符合规程的运行 proper operation
符合规定的期间 compliance period
符合规定的时间 compliance period
符合规定的支出 qualifying expenditures
符合规定要求的设计 point design
符合规范的房屋 conforming building
符合规范的结构 conforming structure
符合规范规定 adherence to specifications; conform to the specification; in conformity with the specifications
符合规范要求 adherence to specifications; meet the requirement of specifications
符合规格 fulfil quality requirements; meet the specification; pass the requirements
符合环保法规的 compliant technology
符合环保法规的底漆 compliant primer
符合环保法规的涂料体系 compliance systems
符合环保法规要求的溶剂 exempt solvent
符合环保要求的漆 environmentally compatible paint
符合环保要求的涂料 compliant coating
符合混频电子管 coincidence mixer

符合货物样品规格 be up to sample
符合基本模数的建筑单元 modular element
符合计数 coincidence counting
符合计数器 coincidence counter
符合计数线路 coincidence set
符合技术标准和工期计划的最低标价 low bid
符合继电器 correspondence relay
符合加法器 coincidence adder
符合加工尺寸 accurate to dimension; accurate to ga(u)ge
符合加工要求 accurate to dimension
符合间隔 coincidence interval
符合检查 correspondence proving
符合建筑设计要求的(模浇混凝土)表面 architectural surfaces
符合校正 coincidence correction
符合校正计数 counts corrected for coincidence
符合接收 identity reception
符合进度表 compliance with schedule
符合科学规律的 scientific
符合棱镜 coincidence prism
符合联邦规范的漆 <美> Federal Specification paint
符合灵敏度分布 coincidence sensitivity distribution
符合率 coincidence rate
符合逻辑的 logic(al)
符合门 coincidence gate; identity gate
符合模数尺寸的黏[粘]土砖 modular clay brick
符合耐火标准的装置 fire rated unit
符合器 coincidence apparatus
符合区划规定高度 zone height compliance
符合人文工程的 human-engineered
符合闪烁分光仪 coincidence scintillation spectrometer
符合设计要求 adherence to design; conform to design specification; in conformity with design specifications
符合设计要求的混凝土模板 architectural grade concrete form panel
符合设计要求的路基 true subgrade
符合生态学法则的建筑 ecologic(al) architecture
符合使用证书 certificate of occupancy
符合水准 contact level
符合水准路线 connecting level line
符合水准器 coincidence bubble; coincidence level; split-bubble level
符合水准仪 coincidence level; contact level; split-bubble level
符合税收抵免条件 eligibility for tax credit
符合所需规格 conform the specification to the requirement
符合所在地区全部法令的结构物 permitted structure
符合条件 match condition
符合条件的投标者 eligible bidder; eligible tenderer
符合调整 coincidence adjustment
符合位置 correspondence position
符合误差 coincidence loss
符合显微镜 coincidence microscope
符合现行体制下各种标准的 overground
符合线圈 identity coil
符合宪法 constitutionality
符合宪法的 constitutional
符合销售要求的质量 good merchantable quality
符合信号混合器 coincidence mixer
符合性 compliance
符合性测试 compliance test
符合性测试的具体审计目标 specific audit objective of compliance test
符合性测试的类型 type of compliance tests
符合性上的错误 compliance error
符合性审计 compliance auditing
符合性审计报告 compliance audit report
符合性投标 responsive bid
符合选择 coincide selection
符合要求 accord with the demands; pass master; satisfactory; satisfy
符合要求的底层 available base
符合要求的基层 available base
符合要求的文件 conformed copy
符合要求计划法 satisfying planning
符合译码 coincidence decoding
符合优度检验 goodness of fit test(ing)
符合于 in harmony with
符合元件 equivalence element; equivalent-to-element
符合运算 match operation
符合真实尺寸 true to size
符合证明(书) certificate of compliance; compliance certificate
符合值 accordant value
符合指数 index of coincidence
符合字 matching word
符合自然规律 in conformity with the law of nature
符拉索夫方程 collisionless Boltzmann equations; Vlaslov equation
符拉索夫-麦克斯韦方程 Vlasov-Maxwell equation
符硼镁石 florovite
符山石 heteromerite; idocrase; Italian chrysolite; vesuvianite
符山石矽卡岩 vesuvianite sharn
符尾 coda

幅 frame

幅板 former
幅比 amplitude ratio
幅边 breadths
幅变 amplitude variation
幅波 amplitude wave
幅度 amplitude; argument; format; magnitude; range
幅度半加法器 amplitude half adder
幅度编码器 amplitude encoder
幅度变动 amplitude variation
幅度变化范围 rangeability
幅度不足 underswing
幅度分层 amplitude quantizing
幅度分离数据检测 amplitude separation data detection
幅度峰值 amplitude peak
幅度畸变 amplitude distortion
幅度加法器 amplitude adder
幅度价格 prices fluctuating within a certain range
幅度检波 amplitude detection
幅度检波器 peak detector
幅度检测 amplitude detection; amplitude sensing
幅度检测文字库 amplitude sensing literal pool
幅度鉴别技术 amplitude discrimination technique
幅度鉴别器 amplitude discriminator; pulse height discriminator
幅度均衡器 amplitude equalizer
幅度脉冲变换电路 sample[sampling] circuit
幅度频率特性曲线 amplitude versus frequency characteristic
幅度平衡 amplitude balance
幅度失真 amplitude distortion
幅度束控 amplitude shading
幅度衰落 amplitude fading
幅度调整 amplitude control
幅度调制 amplitude modulation
幅度限制电路 amplitude gate
幅度相位 amplitude phase
幅度响应 amplitude response
幅度性能 performance range
幅度甄别器 amplitude discriminator; pulse height discriminator
幅度指示器 amplitude indicator; radius indicator
幅度准则 amplitude criterion
幅角 argument
幅角函数 argument function
幅角原理 argument principle
幅距 range
幅面 breadth
幅敏器件 amplitude-sensitive unit; George box
幅频 amplitude-frequency
幅频失真 amplitude-frequency distortion
幅频特性 amplitude-frequency characteristic
幅频特性曲线 amplitude frequency characteristic curve; amplitude-frequency response; amplitude versus frequency curve
幅频响应 amplitude-frequency response
幅频响应特性 amplitude-frequency response; amplitude-frequency response characteristics
幅射冷却电子管 radiating-cooled tube
幅射式供电 radiant supply of electricity
幅速 amplitude velocity
幅调抑制比 amplitude suppression ratio
幅相特性 amplitude-phase characteristic
幅员 breadth
幅员面积 land surface area
幅值 amplitude
幅值包线 amplitude envelope
幅值浮动 amplitude fluctuation
幅值距离图 amplitude distance diagram
幅值深度图 amplitude depth diagram
幅值衰减 amplitude decay
幅值图 amplitude portrait

福岛樱 oriental cherry

福丁气压表 adjustable cistern barometer; Fortin barometer
福丁气压计 adjustable cistern barometer; Fortin barometer
福尔达瓷器 Fulda porcelain
福尔达锡釉陶器 Fulda faience
福尔汉透明瓷器 Fulham china
福尔汉盐釉炻器 Fulham stoneware
福尔克钢轨接头 Falk rail-joint
福尔克曼氏管 Volkmann's canal
福尔克曼氏拉钩 Volkmann's retractor
福尔肯发动机锈蚀试验 Falcon engine rust test
福尔马混(浊)度单位 Formazin turbidity unit
福尔马林 formalin
福尔马林消毒装置 formalin sterilizing unit
福尔特软化点测定仪 Falten apparatus
福尔沃水泥 Vorwohler cement
福耳多传真电报机 Fultograph
福建瓷 Fujian ware [旧称 Fukien ware]
福杰隆窑 Faugeron kiln
福克块规 Foke block; Hoke ga(u)ge <量块中间有孔,组合时用连接杆穿行>
福克兰海流 Falkland Current
福克-普朗克方程 Fokker-Planck equation
福克斯山砂岩 Fox Hills Sandstone
福克斯通层 Folkestone beds
福莱尔标准比色计 Forel's colo(u)r standard
福莱尔水色等级 Forel scale
福浪 <英制长度单位,1 福浪 = 1/8 英里> furlong
福勒函数 Fowler function
福勒级配曲线 Fuller's grading curve
福勒位置 Fowler position
福勒蓄电池 Faure battery
福雷尔环流 Forrel cell
福雷斯特浮选机 Forrester machine
福利 benefits; boon; material benefit; welfare; well-being
福利办事处 welfare office
福利保健费 welfare expenses
福利标准 benefits scale; welfare standard
福利补助金 subsidiary welfare fund; welfare subsidiary fund; welfare subsidies
福利车 welfare car
福利待遇条款 fringe issue
福利单位 welfare premises
福利费(用) fringe benefit; social charges; welfare expenses
福利分析 welfare analysis
福利服务 welfare service
福利工作 welfare work
福利国家 welfare state
福利国家论 welfare statism
福利函数 welfare function
福利机构 welfare premises
福利机关 welfare agency
福利基金 welfare fund
福利基金储备 benefit fund reserve
福利计划 benefit program(me); welfare program(me); welfare project
福利金 benefit cost; fringe benefit
福利经济学 economics of welfare; welfare economics
福利论 theory of welfare
福利设施 facility prosperity; welfare facility
福利事业 welfare work
福利水平 benefit level
福利体系 welfare system
福利项目 welfare project
福利效应 welfare effects
福利性支出 welfare payments
福利医院 welfare hospital
福利政策 welfare policy
福利支付种类 kind of benefits
福利职能 welfare function
福利制度 benefit system
福利中心 welfare center[centre]
福利主义 exclusive stress on material benefits; welfarism
福利租金 welfare rent
福列德克斯工艺 Phoredox process
福林酚活性剂 folin phenol active substance
福磷钙铀矿 phosphuranylite
福伦轧管法 Foren process
福马尔落锤深冲法 Formall process
福曼统【地】 Foreman series
福美铁 ferbam; fermate
福明那特炸药 fulmenite

福默尔 Formal
福内朗式水轮机 <一种早期的离心式水轮机> Fourneyron wheel
福诺青铜 Phono-bronze
福契(气体)乾燥器 Fuchs' drier[dryer]
福契紫金颜料 Fuchs' gold purple
福塞尔聚酯纤维 Forcel
福氏振动沉管灌注桩 vibrated shaft Franki
福思铁路桥苏格 Forth Railway Bridge
福斯利克含磷镍青铜 Phosnic bronze
福斯特高温计 Foster pyrometer
福斯特公式 Foster's formula
福斯特试验 Faust's test
福斯特-威洛蒸气转化法 Foster-Wheeler process
福斯特型跳汰机 Faust jig
福斯特准则 Foster's criteria
福斯湾桥 <英> Firth of Forth Bridge
福碳硅钙石 fukaliye
福特杯式黏[粘]度计 Ford cup type visco(si)meter
福特管理制 Ford's system
福特基金会 Ford Foundation
福特勒尔 <一种聚酯纤维> Fortrel
福特雷脱抛物线 Fortrat parabola
福特黏[粘]度 Ford's viscosity
福特(黏[粘]度)杯 Ford's viscosity cup
福特黏[粘]度计 Ford cup
福特汽车 Ford louse
福特曲线 <又称麦克康奈螺线,一种高速试验跑道或高速道路的缓和曲线形式> Ford's curve
福特式生产方式(流水作业线) Fordism
福特制 <一种工厂管理模式> Ford's system;Fordism
福万风 fowan
福伊泽克光电光度计 Foitzik photoelectric(al)photometer
福音堂 gosphel hall
福音堂读经台 gosphel ambo
福州筒木【建】 Foochow pole

辐板 web plate

辐板车轮 web type wheel
辐板压弯 dishing
辐比 boss ratio
辐辏反射 convergence reflex
辐辏过多 convergence excess
辐辏状卷云 cirrus radiatus
辐辏状云 radiatus
辐管 radial canal
辐合 convergence[convergency]
辐合场 convergence field
辐合带 belt of convergency
辐合点 convergency point
辐合度 convergence
辐合改进 convergent improvement
辐合降水 convergent precipitation
辐合角 angle of convergence[convergency]
辐合进化 convergent evolution
辐合模式 convergence model
辐合区(域) convergence zone; zone of convergence; region of convergence
辐合思维 convergent thinking
辐合条纹 convergent streaks
辐合透镜 convergent lens
辐合线 asymptote of convergence; convergence line
辐合状水道网 convergent channel
辐棘 radiole
辐尖端 spoke dowel
辐角 amplitude
辐角函数 argument function
辐角原理 principle of argument
辐节 actinomere
辐解降解 radiolytic degradation
辐解作用 radiolysis
辐聚水系 convergent drainage
辐肋 ray
辐梁枢轴 radius beam pitman
辐亮度 radiance
辐裂 check in wood;cross shake
辐流背压式汽轮机 radial-flow impulse turbine; radial-flow noncondensing turbine
辐流泵 radial-flow pump
辐流反冲透平 radial-flow reaction turbine
辐流反冲涡轮机 radial-flow reaction turbine
辐流式沉淀池 radial-flow sedimentation tank;radial-flow settling tank
辐流式汽轮机 Ljungstrom(steam) turbine;radial-flow steam turbine
辐流式燃汽轮机 radial-flow gas turbine
辐流式水池 radial-flow basin;radial-flow tank
辐流式水轮机 centripetal turbine;inward flow turbine;radial-flow turbine
辐流式涡轮机 inward flow turbine;radial-flow turbine
辐流式正反双转子汽轮机 radial-flow double-rotation turbine
辐流透平 radial-flow turbine
辐流堰 radial weir
辐流轴流式透平 combined radial and axial flow turbine
辐流轴流式涡轮机 combined radial and axial flow turbine
辐轮 spoke-type wheel
辐轮毂 spoke barrel
辐螺栓 spoke bolt
辐密度 radiant density
辐刨 spokeshave;spokeshave plane
辐刨包铁 spokeshave
辐刨片 spokeshave
辐强 radiation intensity
辐散 divergence
辐散板块 divergent plate
辐散场 divergence field; field of divergence
辐散的 divergent
辐散点 point of divergence
辐散环流 divergent circulation
辐散流 divergent flow
辐散区 divergence zone; divergent zone
辐散热的分布 distribution of radiant heat
辐散线 line of divergence
辐射 beaming;emission of radiation;emittance;radialization;radiate;radiation;raying
辐射安全 radiation safety;radiological health
辐射安全防护 radiological safety protection
辐射安全控制 radiation safety control
辐射凹纹滤板 radial grooved filter plate
辐射板 infrared radiant heater;radial panel;radiant panel
辐射板放热器 panel radiator
辐射板供暖(法) radiant panel heating;panel heating
辐射板供暖器 panel heater; radiant panel heater
辐射板燃烧器 diaphragm burner;surface combustion burner
辐射板式燃烧器 radiant panel burner
辐射板试验 radiant panel test
辐射包壳 radiation skin
辐射保藏 radiation preservation
辐射保护 protection against radiation;rayproof
辐射报警装置 radiation warning assembly
辐射暴露(量) radiation exposure;radiant exposure
辐射背景 radiation background
辐射本领 emissive power;emittance;radiating power
辐射比强度 specific intensity of radiation
辐射壁管 radiant wall tube
辐射编录等值图 radiometric documentary contour map
辐射变换 radial transformation
辐射变压器 radiation transformer
辐射标准 emission standard;radiation standard
辐射表面 radiating surface;radiation surface
辐射表面吸收率 radiant surface absorptivity
辐射病 radiation sickness
辐射波 radiated wave;radio wave
辐射波长 wavelength of radiation
辐射波导 radiating guide
辐射不透明的 radiopaque
辐射不透明度 radio-opacity
辐射采暖 heating by radiation; radiant heating;radiation heating
辐射采暖板组件 panel heating unit
辐射采暖地面 radiant floor; radiant heating floor
辐射采暖顶棚 radiant ceiling;radiant heating ceiling
辐射采暖炉 infrared radiant heater; radiant panel
辐射采暖系统 panel type heating system
辐射测定法 radiometry
辐射测定器 actinoscope;radiation detector
辐射测井 electronic logging;radiation logging
辐射测井记录 radiation log
辐射测井仪 electronic logger
辐射测量 radiation survey(ing);radiometric measurement
辐射测量法 radiometry;actinometry
辐射测量光度学 radiometric photometry
辐射测量计 radiation survey meter
辐射测量术 actinometry;radiometry
辐射测量数据 radiometric data
辐射测量性 radiometric property
辐射测量学 actinometry
辐射测量压力计 radiometric manometer
辐射测量仪 radiation measuring instrument;radiation survey meter
辐射测量装置 radiation measuring assembly;radiationmeter
辐射测微计 radiomicrometer
辐射测温法 radiation thermometry
辐射测压计 radiometer ga(u)ge
辐射层 radiating layer
辐射差额 radiation balance
辐射产生电流 radiation-generated current
辐射长度 cascade unit; radiation length;radiation unit
辐射常数 radiant(ing) constant;radiation constant
辐射场 radiation field
辐射(场)改正 radiative correction
辐射场统计 radiation field statistics
辐射潮 radiational tide
辐射撑 radial stay
辐射撑锅炉 radial stay boiler
辐射澄清池 radiation clarifier
辐射弛豫 radiative relaxation
辐射弛豫时间 radiation relaxation time
辐射翅形滤器 radial fin filter;radiation fin filter
辐射出射度 radiant emittance
辐射出行 radial trip
辐射储藏 irradiation storage
辐射储运 radiation transport and storage
辐射处理 administration of radiation;radiation treatment
辐射处理混凝土 radcrete
辐射处理木料 radwood
辐射传导 radiation conductivity
辐射传递 radiation transfer
辐射传递方程 equation of radioactive transfer
辐射传递率 radiation transfer index
辐射传感器 radiant sensor;radiation sensor
辐射传热 heat radiation;heat-transfer by radiation;radiant heat transfer;radiant heat transmission;radiation heat transfer
辐射传热区 radiation part
辐射传热系数 radiant heat transfer coefficient; radiation heat transfer coefficient
辐射传输 radioactive transfer
辐射传输规律 radioactive transfer code
辐射串级 radiation cascade
辐射窗 radiation window
辐射磁控管 axiotron
辐射催化 radiation catalysis
辐射带 radiation band;radiation belt
辐射单位 radiation unit
辐射单元 radiated element; radiating element
辐射道路 axial road
辐射的 emissive;emit(ting);radial;radiant;radiation-producing;radiative
辐射的参数化 parameterization of radiation
辐射的量子理论 quantum theory of radiation
辐射的生理作用 physiologic(al) effect of radiation
辐射的体质效应 somatic effect of radiation
辐射灯 radial burner
辐射等离子体湍动 radiation plasma turbulence
辐射等值线 isopleth radiation
辐射点 radiant; radiation point; V-point
辐射点密度 radiant density
辐射电场 radiated electric(al)field
辐射电磁场 radiated electro-magnetic field
辐射电导 radioactive conductance
辐射电供热 radiant electric(al) heating
辐射电弧炉 radiant arc furnace
辐射电化学 radiation electrochemistry
辐射电火花钻进 radial spark drilling
辐射电缆 radiating cable
辐射电离 radiation ionization
辐射电流 radiation current
辐射电炉 electric(al) radiant stove; radiation furnace
辐射电路 radiating circuit; radiative circuit
辐射电热器 radiant electric(al)heater

辐射电阻 radiant resistance; radiation resistance
辐射电阻炉 radiant resistance furnace; radiation resistance furnace
辐射顶棚采暖 radiant ceiling heating
辐射定律 law of radiation; radiation law
辐射毒性 radiotoxicity
辐射度 radiancy; radiant emittance
辐射度测绘仪 radiometric mapper
辐射度测量学 radiometry
辐射度差 radiance contrast
辐射度单位 radiometric unit
辐射度的 radiometric
辐射度对比 radiance contrast
辐射度反射比 radiometric reflectance
辐射度分析 radiometric analysis
辐射度函数 radiance function
辐射度校正 radiometric correction
辐射度探测器 radiometric detector
辐射度学 radiometry
辐射段 radiation section
辐射段炉管 heating tube in section of radiation chamber
辐射段外壳 shell of radiation chamber
辐射断裂 radial fracture
辐射对称 radial symmetry; radiation symmetry
辐射对称畸变 radial-symmetric (al) distortion
辐射对流采暖炉 radiant convector gas fire
辐射对流加热 radivection
辐射对流温度 radiation-convection temperature
辐射对免疫反应的影响 effect of radiation on the immune response
辐射发光 radioluminescence
辐射发光涂料 radio luminous paint
辐射发光颜料 radio luminous pigment
辐射发热管 radiant heater
辐射发散度 radiant emittance
辐射发射度 radiant emittance
辐射发射率 radiant emissivity
辐射阀 cut-off radiation
辐射法 method of radiation; radial method; radiation method
辐射法干燥 radiant drying
辐射反射 radiation reflection; reflection of radiation
辐射反射镜 radiating mirror
辐射反射率 radiant reflectance
辐射反应 radioreaction
辐射范围 atomic range; radiation range
辐射方位曲线 directivity diagram
辐射方向 radial direction
辐射方向图 antenna pattern; directional pattern; field pattern; radiation pattern
辐射防护 radiation protection
辐射防护标准 radiation protection criterion; radiation protection standard
辐射防护规定 regulations for radiation protection
辐射防护基标 radiation protection criterion
辐射防护剂 radio-protectant; radioprotector
辐射防护门 radiation-shielding door
辐射防护评价 assessment of radiation protection
辐射防护屏 radiation shield (ing); ray stopper
辐射防护物质 radio-protective substance
辐射防护系数 coefficient in radiation shield
辐射防护闸 radiation shutter
辐射防护罩 radiation shield (ing)
辐射防护指导 radiation protection guide
辐射防护指南 radiation protection guide
辐射防护装置 radio-protector
辐射防护最优化 optimization of radiation protection
辐射防御 radiological defense
辐射放大微波 <由微波激射器逆生而成> mase
辐射放热系数 radiant heat transfer coefficient
辐射废物 radiation waste
辐射分辨率 radiation resolution; radiometric resolution
辐射分解 radiation decomposition; radiolysis; radiolytic decomposition
辐射分解的 radiolytic
辐射分解气体 radiolytic gas
辐射分裂 radial fission
辐射分子效应 radio molecular effect
辐射峰值 radiation peak
辐射俘获 radiation capture; radiation trapping; radiative capture
辐射俘获过程 radiation-trapping process
辐射负荷 radiation burden
辐射复合 radiative recombination
辐射复合寿命 radiative recombination lifetime
辐射复合系数 radiative recombination coefficient
辐射干扰 radiated interference
辐射干线 radiant artery
辐射干燥 radiation drying
辐射干燥器 radiation drier[dryer]
辐射感受器 radioreceptor
辐射感应器 radiant sensor; radiation sensor
辐射高温计 radiant energy thermometer; radiation pyrometer
辐射高温计温度测量系统 radiation pyrometer temperature measurement
辐射高温计元件 radiation detecting element
辐射高温仪表 radiant energy thermometer; radiation pyrometer
辐射高压区 radiation high-pressure area
辐射隔离系统 radiation barrier system
辐射工作 radiation work
辐射公害 radiation hazard
辐射公式 radiation formula
辐射功率 emission power; radiant power; radiated power
辐射功率密度 radiant power density
辐射功率输出 radiated power output
辐射功率探测器 radiant power detector
辐射供电 radiation type electric (al) supply
辐射供暖 beam heating; panel heating; radiant heating
辐射供暖板 radiant heating panel
辐射供暖系统 panel heating system
辐射供热(法) radiant heating
辐射拱形屋顶 radial arch roof
辐射估定 radiation estimation
辐射固化涂料 radiation curable paint
辐射观测站 radiation station
辐射冠 corona radiata; radiate crown
辐射管 beam tube; radiant tube
辐射管层数 layer number of radial pipe
辐射管长度 length of radial pipe
辐射管根数 number of radial pipe
辐射管换热器 radiant tube recuperator
辐射管加热 radiant tube heating
辐射管加热的罩式退火炉 radiant tube-fired cover-type furnace
辐射管加热炉 radiant tube furnace
辐射管加热式退火 radiant tube annealing
辐射管理 radiation control
辐射管炉膛 radiant tube furnace
辐射管倾斜度 inclination of radial pipe
辐射管深度 depth of radial pipe
辐射管式炉 radiant tube furnace
辐射管网 star distribution system; star system
辐射管直径 diameter of radial pipe
辐射光 radiated light
辐射光刺激 radiophotostimulation
辐射光谱 radiation spectrum
辐射光谱学 radio spectroscopy
辐射光学 radio optics
辐射光致发光 radiophotoluminescence
辐射光致法光剂量玻璃 radiiophotoluminescent dose glass
辐射光致激发 radiophotostimulation
辐射轨道 radiant track
辐射过程 radiation process; radioactive process
辐射过度 overradiation
辐射过热器 radiation superheater
辐射函数 radiation function
辐射合成 radiation synthesis
辐射烘干炉 radiant oven
辐射化工 radiation-chemical engineering
辐射化学 radiation chemistry
辐射化学工程 radiation-chemical engineering
辐射化学还原 radiation-chemical reduction
辐射环境 radiation environment
辐射环式的 mushroomed
辐射缓冲 radiation cataract
辐射换热 radiation heat transfer
辐射换热系数 radiation heat transfer coefficient
辐射换算图 radiometric conversion chart
辐射活化 radioactivation
辐射活化传感器 radiation-activated sensor
辐射火感器 radiation fire detector
辐射机制 radiation mechanism
辐射畸变 radial distortion; radiometric distortion
辐射激发 radiant excitation; radiation excitation
辐射激活 radioactivation
辐射激励 radiant excitation; radiation excitation
辐射极隧射线 radiating canal rays
辐射计 actinograph; bolograph; radiationmeter; radiometer; radiometer ga(u)ge
辐射计校准 radiometer calibration
辐射计量仪 radiation dosimeter
辐射计灵敏度 radiometer sensitivity
辐射计频率响应 radiometer frequency response
辐射计频谱分析仪 radiation meter spectral analyser[analyzer]
辐射计式望远镜 radiometer telescope
辐射计数器 hodoscope; radiation counter
辐射计通道 radiometer channel
辐射剂量 exposure dose; radiation dosage
辐射剂量标准 radiation dose standard
辐射剂量测定法 radiation dosimetry
辐射剂量测量 radiation dose measurement
辐射剂量测量设备 radiation measurement equipment
辐射剂量分布 radiation dose distribution
辐射剂量计 dose-meter; radiation dose meter; radiation dosimeter; radiation estimator
辐射剂量率 radiation dose rate
辐射剂量学 radiation dosimetry
辐射剂量指示器 radiation dosage indicator
辐射加工 radiation processing
辐射加宽 radiative broadening
辐射加热 radiant heating; radiation heating
辐射加热的 radiant-heated
辐射加热管式炉 radiant tube heated furnace
辐射加热器 radiant heater; radiation furnace
辐射加热退火 radiant tube annealing
辐射加热元件 radiant heating elements
辐射假定 radial assumption
辐射监测 radiation exposure; radiation monitoring
辐射监测器 radiation monitor
辐射监测系统 radiation monitoring system
辐射监察片 radiation-monitoring film
辐射监察仪器 radiation-monitoring instrument
辐射监控测定法 radiation monitoring
辐射剪力区 radial shear zone
辐射检测计 radiation survey meter
辐射检查 radiation monitoring
辐射降解 radiation degradation
辐射交换 radiant interchange; radiation exchange
辐射交会点 point of radial intersection
辐射交会法【测】 radial intersection method
辐射交联法 radiation crosslinking
辐射角 angle of radiation; radiation angle
辐射接触 radiation exposure
辐射接枝 radiation grafting
辐射截面 radiation cross-section
辐射截止 cut-off of radiation
辐射晶体学 radiocrystallography
辐射井 collector well; horizontal well; radial collector well; radial push well; radial well
辐射井管 Ranney collector
辐射阱 radiation trap
辐射警报网 radiation alarm network
辐射警报信号 radiation alarm
辐射警告标志 radiation precaution sign
辐射矩阵 radiation matrix
辐射距离 radiation length
辐射聚合作用 radiation polymerization; radiopolymerization
辐射聚焦的区域熔炼 zone melting with focused radiation
辐射抗性 radioresistance
辐射抗阻 radioresistance
辐射壳 radiative envelope
辐射孔材 radial porous wood
辐射孔状木材 radial porous wood; wood with radial pore band
辐射控制点 radial control point
辐射宽度 radiation width
辐射扩散率 radiative diffusivity
辐射勒克司 radlux
辐射肋片 radiation fin

辐射冷却 panel cooling;radiant cooling; radiation cooling; radiative cooling
辐射冷却法 radiant cooling method
辐射冷却管 radiation-cooled tube
辐射冷却结构 radiation-cooled structure
辐射冷却系统 radiant cooling system
辐射离解 radiative dissociation
辐射离子聚合作用 radiation ion polymerization
辐射力 radial force;radiometric force
辐射帘 radiating curtain
辐射亮度因数 radiance factor
辐射量 quantity of radiation; radiant quantity; radiation amount; radiation dose;yield of radiation
辐射量比值 ratio of radioactive content
辐射量测法 radiometric method
辐射量测试器 fallout meter
辐射量度 emission measure
辐射量校正 radiant correction
辐射量热计 radio heat meter
辐射裂 <木材的> radial shake
辐射裂解 radiation cleavage
辐射灵敏度 infrared sensitivity; radiosensitivity
辐射流 divergent current; radial flow;radiation fluid
辐射流沉淀池 radial-flow settling basin
辐射流格网池 radial screen tank
辐射流量 radial flux;radiant flux;radiation flux
辐射流密度 radial flux density;radiation flux density
辐射流盘 radial-flow tray
辐射流式沉淀池 radial-flow settling basin
辐射流系统 radial-flow system
辐射流域 radial basin
辐射硫化 radiation vulcanization
辐射炉 all-radiant furnace; radiation oven
辐射滤波器 radiation filter
辐射滤池 radial filter
辐射路 radial;radial road
辐射路通道 radial corridor
辐射率 emissivity; radiance [radiancy];radiant emittance;steradiancy
辐射率定理 radiance theorem
辐射率关系 radiance relationship
辐射率守恒原理 radiance conservation principle
辐射螺旋线 radial spiral; clothoid <一种曲率半径与曲线长度成反比的曲线,用于道路弯道缓和曲线>
辐射脉 radiate vein
辐射盲区 dead angle
辐射迷宫 radiation trap
辐射密度 radial density; radiation density
辐射密度常数 radiation density constant
辐射密度矩阵 radiation density matrix
辐射面(积) radiation surface; radiant surface;radiating surface
辐射灭菌(法) radiation sterilization; radiopasteurization
辐射敏感性 radiosensitivity;radiosusceptibility
辐射敏感中心 radiation sensitive center[centre]
辐射敏化 radiosensitization
辐射敏化剂 radio sensitizer
辐射模式 radiant mode; radiation mode;radiative mode
辐射内向流 radial-inward flow
辐射能 radiant energy;radiated energy;radiation energy;radiative energy;radioactive energy
辐射能变化 variation of radiant energy
辐射能测量设备 radiation measurement equipment
辐射能的散射 scattering of radiant energy
辐射能发射 emission of radiant energy
辐射能级 radiation level
辐射能力 radial capacity;radial power; radiant capacity; radiated power; radiating capacity; radiating power;radiation capacity
辐射能量 emission power; emissive power;quantity of radiant energy; radiant energy
辐射能量密度 radiant energy density
辐射能量视差 radiation energetic parallax
辐射能流 radiant energy flow
辐射能流率 radiant energy fluence rate
辐射能密度 energy density of radiation; radiant density; radiation energy density
辐射能密度的光谱密度 spectral concentration of radiant energy density
辐射能式分析仪 radiant energy type analyser[analyzer]
辐射能通量 radiant energy flux
辐射能温度计 radiation energy thermometer
辐射能指示器 photon detector
辐射逆温 radiation inversion
辐射凝固效应 hardening effect of radiation
辐射浓度指导限值 radiation concentration guide
辐射耦合 radiation coupling
辐射碰撞 radiative collision
辐射疲劳 radiation fatigue
辐射片供暖系统 panel heating system
辐射偏振张量 emission polarization tensor
辐射频带 emission band;radiant band
辐射频率 radiation frequency
辐射频谱 composition of radiance
辐射平衡 radiation balance; radiation equilibrium;radioactive equilibrium
辐射平衡表 radiation balance meter
辐射屏 radiation screen
辐射屏蔽 radiation barrier; radiation shield(ing)
辐射屏蔽玻璃 radiation-shielding glass
辐射屏蔽材料 radiation-shielding material
辐射屏蔽门 radiation-shielding door
辐射屏蔽设计 radiation-shielding design
辐射屏蔽设计者 radiation-shielding designer
辐射谱仪 radiation spectrometer
辐射起动的 radiation-triggered
辐射气候 radiation climate
辐射气体 radiating gas
辐射气体喷灯 radiant gas burner
辐射气压计 radiometer ga(u)ge
辐射器 emitter;exciter;irradiator;radiator
辐射嵌合体 radiation chimera
辐射强度 emission power;intensification of radiation;intensity of radiation; radiant intensity; radiating power;radiation intensity;radiation rate;rate of radiation;yield of radiation
辐射强度测量计 quantometer
辐射强度分辨率 radiance intensity resolution
辐射强度计 pyranometer;quantometer
辐射强度指示器 radiation-level indicator
辐射墙式炉 radiant wall type heater
辐射桥 radiating bridge
辐射区 radiation area;radiation zone
辐射区段 radiant section
辐射曲线 radiation curve
辐射躯体效应 radiation somatic effect
辐射取样铅屏厚度 lead shield thickness of radioactive sampling
辐射取样体积 radiometric sampling volume
辐射去污 radiation decontamination; radioactive decontamination
辐射缺损 radiation defect
辐射燃烧器 radiating burner
辐射热 calorific radiation;heat of radiation;radiant heat;radiant warmth;radiated heat; radiating heat; radiation heat
辐射热测定器 bolometer
辐射热测量计 bolometer
辐射热测量记录器 bologram; bolograph;bolometer
辐射热测量器 bolometer
辐射热测量仪表 bolometric instrument
辐射热测试器 bolometric instrument
辐射热传递 radiation heat transfer
辐射热传动 radiative heat transfer
辐射热灯 radiant heat lamp
辐射热电偶 radiation thermocouple
辐射热度计 pyroscope
辐射热反射器 radiant heat reflector
辐射热分布 distribution of radiant heat
辐射热负荷 radiation heat load
辐射热干燥 radiant heat drying
辐射热干燥器 radiant heat dryer[drier]
辐射热锅炉 radiant boiler; radiant heat boiler
辐射热烘干 radiant heat drying
辐射热计 bolometer
辐射热计测量体大小 bolometric stellar magnitude
辐射热计电阻 bolometer resistance
辐射热检波器 bolometric wave detector
辐射热交换 heat-exchange by radiation; radiant heat exchange; radiation thermal exchange
辐射热量计 bolograph;radiation calorimeter
辐射热量记录仪 bolograph
辐射热流量 radiant heat flux
辐射热楼面 radiant floor
辐射热能源 radiant heat energy source
辐射热强度 radiant heat density
辐射热区 radiant heat zone
辐射热损失 radiant loss; radiation heat loss
辐射热吸收系数 coefficient of absorption of radiant heat
辐射热仪 panradiometer
辐射热致发光 radio-thermoluminescence
辐射容量 radio tolerance
辐射融化 radiation melt
辐射融雪 radiation snowmelt
辐射三角变形锁 radial line plot
辐射三角测量 graphic(al) extension; minor control plot;radial line control;radial plot;radial triangulation
辐射三角测量法 radial line method
辐射三角带 radial line strip
辐射三角网 radial triangulation net
辐射三角仪 aerial triangulator;radial triangulator
辐射伞形花序 radiant umbel
辐射散热 heat-transfer by radiation; panel cooling
辐射散热结构 radiation-cooled structure
辐射散射 radiating scattering;radiation scattering;scattering of radiation
辐射散射分析仪 radiation scattering analyser[analyzer]
辐射色层谱 radiochromatogram
辐射色谱法 radiochromatography
辐射色谱分离法 radiochromatographic separation
辐射色谱图 radiochromatogram
辐射杀菌 radicidation; radiosterilization
辐射杀菌作用 radiopasteurization
辐射杀伤 irradiation breakdown;radiation breakdown;radioactive breakdown
辐射沙洲沉积 radiation sand shoal deposit
辐射伤害 irradiation damage; radiation damage
辐射烧伤 radiation burn
辐射烧蚀 radiation ablation
辐射烧嘴 radiating burner; radiation burner
辐射生态学 radioecology
辐射生物化学 radiation biochemistry
辐射生物物理学 radiation biophysics
辐射生物效应 radiobiologic(al) effect
辐射生物学 radiation biology; radiobiology
辐射声 radiation sound
辐射声场 radiated acoustic(al) field
辐射失真 radiometric distortion
辐射湿度计 radiation moisture ga(u)ge
辐射时代 radiation era
辐射式背压汽轮机 radial-flow back pressure turbine
辐射式布置 <道路、结构等> radial scheme;radial plan
辐射式采暖炉 radiant gas fire
辐射式沉淀池 radial-sedimentation tank
辐射式处理机 sunburst processor
辐射式道路 axial road;radial road
辐射式的 radiused
辐射式堆料机 radial stacker
辐射式阀动装置 radial valve gear
辐射式放热板 panel heater
辐射式放热器 radiation heater
辐射式废热锅炉 radiation waste-heat boiler
辐射式(风格) <指十四世纪法国哥特式以辐射式窗为特色的建筑> Rayonnant style
辐射式干线 radial artery
辐射式缸瓦管线 radial tile line
辐射式高温计 pyroscope; radiation type pyrometer
辐射式公路 radial highway;radial road
辐射式供暖 radiant heating
辐射式供暖器 radiant heater
辐射式供暖系统 radiant heating of street layout;radiant heating system
辐射式供热系统 radiant heating system
辐射式锅炉 radiant boiler; radiant-type boiler
辐射式过热器 radiant superheater
辐射式过热器炉膛 radiant superheater furnace
辐射式环形线布置 <大城市> radial circular layout of lines
辐射式换热器 radiation recuperator; slit recuperator
辐射式绘图器 radiation pattern plotter
辐射式火警探测器 radiation fire de-

tector
辐射式加热炉 radiant heater
辐射式加热系统 radiant heating system
辐射式交叉点 star junction
辐射式街道布置 radial layout of streets;radial system of street layout
辐射式尽头线 <圆形机车库> radial stud-end tracks
辐射式缆索起重机 radial cable crane
辐射式裂缝 radial crack;radial shake
辐射式流速仪 spokevane current meter
辐射式门式起重机 radial gantry crane
辐射式密度计 radiation type density meter
辐射式浓缩剂 radiant densifier
辐射式排水系统 radial drainage system;radial system
辐射式起重机 radial crane
辐射式燃烧器 radiant burner
辐射式绕组 radial winding
辐射式热风供暖系统 hot-air radiant heating system
辐射式热水供暖系统 hot-water radiant heating system
辐射式三角测量 radial line triangulation
辐射式散热器 radiant heater
辐射式时期 Rayonnant period
辐射式水池 radial-flow basin
辐射式调制盘 radial reticle
辐射式外伸叉架 radial outrigger
辐射式外伸支架 radial outrigger
辐射式外伸支腿 radial outrigger
辐射式系统布置 <道路管路线路等的> radial scheme
辐射式下水道系统 radial sewer system; radial system of sewerage; sewerage system of radial patterns
辐射式线路 radial route; radiating track <铁路转车盘>
辐射式小教堂 apse chapel; apsidal chapel
辐射式叶轮 radial bladed impeller
辐射式叶片 radial vane
辐射式液位检测器 radiation type level detector
辐射式增压器 radiant supercharger
辐射式褶裥 sunburst pleat
辐射式真空计 radiometer ga(u)ge
辐射式整流子 radial commutator
辐射式支撑 radial strut; radiation type timbering
辐射式支柱 radial strut
辐射式装饰法 rayonnant
辐射事故 radiation accident
辐射试验 radiation test
辐射室 exposure cell;radiation cave
辐射寿命 radiation lifetime
辐射受激发射 stimulated emission of radiation
辐射受热面 radiation heating-surface
辐射熟化 radiation cure
辐射束 radial strand;radiation beam
辐射数据 radiation data
辐射数据编码 radiative data code
辐射衰变 radiation decay
辐射衰减 radiation damping
辐射衰减量 radiation decrement
辐射霜冻 radiation frost
辐射水沟 radiating canals
辐射水平 radiation level
辐射水系型 centrifugal drainage pattern
辐射死亡 radiation death
辐射松 montery pine
辐射损耗 radiation loss
辐射损伤 irradiation breakdown; radiation breakdown; radiation damage;radioactive breakdown
辐射损伤反应 radiation-damage reaction
辐射损伤敏感性 radiation-damage susceptibility
辐射损伤阈 radiation-damage threshold
辐射损失 loss by radiation;radiation damage;radiation loss
辐射索形斜拉桥 radial-type cable-stayed bridge
辐射探测 detection of radiation;radiation detection
辐射探测器 bolometric detector;radiation detecting instrument; radiation detector;radiation probe
辐射探测仪器 radiation detection instrument
辐射特性 radiated characteristic; radiation characteristic; radiation property
辐射梯度 radiation gradient
辐射体 emitter; irradiator; radiating body;radiator
辐射体形态 form of radiator
辐射天平 radiation balance
辐射天线 active antenna; omnidirectional antenna;radiating antenna
辐射条件 radiation condition
辐射通量 flux radiant;radiant power; radiation flux; radiant flux; energy flux <法定单位为瓦(特)>
辐射通量(测量)计 fluxmeter;radiation fluxmeter
辐射通量密度 irradiance[irradiancy]; radiation flux density; radiation intensity
辐射透 <照度单位> radphot
辐射透不过的 radiopaque
辐射透射率 radiant transmittance
辐射图 radiation chart; radiation diagram;radiation pattern
辐射图测绘 pattern measurement
辐射图绘图器 radiation pattern plotter
辐射图像摄像管 radiation image pickup tube
辐射图形 intensity pattern
辐射退火 radiation annealing
辐射外流 radial outward flow
辐射外向流 radial outward flow
辐射外形图 radiance contour map
辐射危害 radiation hazard
辐射危险 radiation hazard;radiation risk
辐射危险区 radiation danger zone
辐射微热计 radiomicrometer
辐射微热量计 radiomicrometer
辐射维管束 radial bundle;radial vascular;radial vascular bundle
辐射卫生学 radiation hygiene; radiohygience
辐射位置线 radial line of position
辐射温差电偶 radiation thermocouple
辐射温度 radial temperature; radiant temperature; radiation temperature; radiative temperature; radiometric temperature
辐射温度计 radiation thermometer; solar thermometer
辐射温度梯度 radiative temperature gradient
辐射纹 lunar rays;radiating ridge;ray
辐射纹木料 felt wood; silver grain wood
辐射纹系统 ray system; system of rays
辐射稳定性 irradiation stability;radiation stability
辐射武器 radiation weapon
辐射物理学 radiation physics
辐射物质 radiant matter
辐射误差 radiation error;radiometric error
辐射雾 cold fog;radiation fog
辐射吸收 absorption of radiation; radiant absorption; radiative absorption
辐射吸收发光 radiosorption luminescence
辐射吸收分析 radiation absorption analysis
辐射吸收分析仪 radiation absorption analyser[analyzer]
辐射吸收量 radiation absorbed dose
辐射吸收率 absorptive rate of radiation;radiation absorptivity
辐射吸收系数 absorptance; radiant absorptance
辐射吸收因数 radiation absorption factor
辐射吸收作用 radiation absorption
辐射稀化因子 factor of dilution of radiation
辐射系数 coefficient of radiation; emissivity (coefficient); radial coefficient;radial factor;radiation coefficient; radiation factor; radiation value
辐射系统 radiant system
辐射细丝 radial filament
辐射线 radial line;radial ray;radiant ray;radiation;spider lines
辐射线法 radial line method
辐射线格网 radial positioning grid
辐射线固化 radiation curing
辐射线绘图器 radial line plotter
辐射(线)计数管 radiation counter tube
辐射线交会 radial line intersection
辐射线宽电压关系 line width-voltage dependence
辐射线平面测图仪 planimetric(al) plotter;radial planimeter plotter
辐射线平面绘图仪 radial line plotter; radial planimetric(al) plotter; radial plotter
辐射线图 radial line plot
辐射线照相检查 radiographic(al) inspection
辐射线转绘成图 radial line plotting
辐射线转绘仪 radial line plotter
辐射线状的 actinoid
辐射箱 <切割异形砖用> radial box
辐射消毒 radappertization; radiation pasteurization;radiation sterilization
辐射消毒、杀菌及防腐法 radiation and radappertization and radurization
辐射消毒作用 radiosterilization
辐射消融 radiation ablation
辐射消蚀 radiation ablation
辐射效率 efficiency of radiation; radiant efficiency; radiation efficiency;radiative efficiency
辐射效应 radiation effect; radiative effect
辐射泄漏 radiation leakage
辐射信号导航 radial navigation
辐射星等 radiometric magnitude
辐射形 radiating configuration
辐射形沉淀槽 radial-sedimentation tank
辐射形城市 radial city;radiant city
辐射形磁场 radial field
辐射形堆料机 radial stacker
辐射形钢筋 radial bar
辐射形格式 radial format; radiating format
辐射形花格窗 radiating tracery
辐射形交通 city-bound traffic
辐射形裂缝 radial crack
辐射形流域 radial basin
辐射形滤池 radial filter
辐射形排水 radial drainage
辐射形排水系统 radial drainage system
辐射形炮眼排列方式 radial drilling pattern
辐射形喷流 radial jet
辐射形平等建筑 building of radial plan
辐射形平房系统 one-floor finger system
辐射形实心砖 radial solid brick
辐射形水系 radial drainage
辐射形索 radiating cable
辐射形下水道系统 fan sewer system
辐射形线路 <铁路或公路> radial line
辐射形小教堂 radiating chapel;radiating church
辐射形斜拉桥 radial-type of cable stayed bridge
辐射形叶片 spider vane
辐射形硬砖 radial hard brick
辐射形砖 key brick;radial brick;radiating brick;radius brick
辐射形钻口排列型式 radial drilling pattern
辐射型 radial pattern; radiation pattern
辐射型管式炉 radiant tubular heater; radiant-type furnace; radiant-type pipe still
辐射型锅炉 radiation boiler
辐射型气孔 actinocytic type of stomata
辐射型散热器 radiation type heater
辐射型水系【地】 radial drainage pattern
辐射型砖 radial brick;radiating brick
辐射性 radiance;radioactivity
辐射性测量 measurement of radioactivity;radiation measurement
辐射性能 radiance
辐射性嵌合体 irradiation chimera
辐射性伤害 radiation injury
辐射性损伤 radiation damage; radiation injury
辐射性质 radiation property
辐射学 radiology
辐射压力 radial pressure; radiation pressure
辐射压力天平 radiation pressure balance
辐射岩墙 radial dike[dyke]
辐射颜色 radiant colo(u)r
辐射仰角 directivity angle
辐射氧化 radiolytic oxidation
辐射氧化废水处理 radio-oxidation wastewater treatment
辐射冶金学 radiometallurgy
辐射叶 <鞭状天线的> star wheel
辐射仪 actinograph; radiac instrument;radiacmeter;radiac set;radiation ga(u)ge;radiometer
辐射仪背景值 background value of radiometer
辐射仪格值 scale value of radiometer
辐射仪型号 radiometer model
辐射移动式架空索道 radial travel(l)ing cableway
辐射移动式缆索起重机 radial travel(l)ing cableway
辐射因数 radial factor
辐射阴极 radiation cathode
辐射引爆模型 radiative detonation model
辐射引发共聚 radiation-induced copolymerization
辐射引发聚合 radiation-initiated pol-

ymerization
辐射引起氧化 radiation-induced oxidation
辐射应力 radiation stress
辐射荧光 radiofluorescence
辐射硬化 radiation hardening
辐射诱导交联 radiation-induced crosslinking
辐射诱导接枝 radiation-induced grafting
辐射诱导接枝聚合物 radiation-induced graft polymer
辐射诱导聚合 radiation-induced polymerization
辐射诱导离子聚合 radiation-induced ionic polymerization
辐射诱导污染物分解 radiation-induced pollutant decomposition
辐射元 radiating element
辐射元件 radiant element
辐射源 emitter; irradiator; projector; radiant source; radiation source; radiator; source of radiation
辐射源防护罩 protective source housing
辐射源能量分布 radiant source distribution
辐射远期效应 late radiation effect
辐射跃迁 radiation transition; radiative transition
辐射跃迁概率 radiative transition probability
辐射噪声 radiated noise; radiation noise
辐射噪声限制系统 radiation-noise-limited system
辐射增温 heating by radiation; radiation heating
辐射增益 radiation gain
辐射占优气体 radiation dominated gas
辐射照度 irradiance[irradiancy]; pharosage; radiant illumination
辐射照相术 radiography
辐射罩 radiation screen
辐射罩管子 radiant roof tube
辐射蒸发计 radio atmometer; radio evapo(u)rimeter
辐射值 radiation value
辐射指示器 passive detector; radiation indicator
辐射制动 radiative braking
辐射制冷器 radiation refrigerator
辐射质量 radiation quality
辐射致癌 cancer by radiation; radiocarcinogenesis
辐射致发光 radioluminescence
辐射致冷 radiant cooling; radiation cooled; radiation cooling
辐射致冷测辐射热计 radiative cooling bolometer
辐射致命时间 lethal time
辐射致突变 radiomutation
辐射中毒 radiation poisoning
辐射中心 center[centre] of radiation; center point; radial principal point; radical center[centre]
辐射主体 radiating principal
辐射转移 radiative transfer; radioactive transfer
辐射转移方程 equation of radioactive transfer
辐射转移速率 radiation transfer rate
辐射转移张量 transfer tensor
辐射状 radiating pattern
辐射状布井 radial drilling pattern; sunflower pattern
辐射状布孔 radial drilling pattern; sunflower pattern
辐射状道路 radial road
辐射状的 radial; radiating; radiate
辐射状地面斜坡 radial surface slope
辐射状断层 radial fault
辐射状钢筋 radial bar
辐射状格栅 radial grating
辐射状构造 radial structure
辐射状轨道 radiating track
辐射状花格圆窗 marigold window
辐射状集水井 radial collector well
辐射状接地 radial earth
辐射状流域 radial basin
辐射状排水 radial drainage
辐射状配电系统 distribution system
辐射状剖面 radial profile
辐射状渠系 convergent channel
辐射状水系 centrifugal drainage; radial drainage
辐射状水系模式 radial mode
辐射状水系型 radial drainage pattern
辐射状索道 radial cableway
辐射状线条的 rayonnant
辐射状岩脉 radiating vein
辐射状钻进 radial drilling
辐射状钻孔 radial borehole; radial drill hole
辐射锥(体) cone of radiation; radial cone; radiation cone
辐射着色 colo(u)ration by radiation
辐射子 radiator
辐射自动监测系统测试计划 automatic radiation monitoring system detection test program(me)
辐射自氧化 radiation auto-oxidation
辐射阻抗 radiation impedance
辐射阻力 radiation resistance
辐射阻尼 radiation damping
辐射阻尼力 radiation damping force
辐射阻尼系数 radiation damping coefficient
辐射阻器 radioactive resistance
辐射阻滞门 radiation-retarding door
辐射阻滞门框 radiation-retarding frame
辐射作用 actinism; radiation effect
辐式传输线 radial-type transmission line
辐式键合 spider bonding
辐式调制 spoke modulation
辐式通风 radial ventilation
辐式轴 spider
辐水管 radial canal
辐条 arm; spoke
辐条扳手 spoked key
辐条车轮 spider wheel; spoke wheel
辐条钢丝 spoked wire
辐条轮 spoked wheel
辐条螺帽 spoke nipple
辐条状调制盘 spoke reticle
辐条状调制盘叶片 spoke reticle blade
辐头 spoke head
辐透【物】 phot
辐透秒 <曝光单位> photo-second
辐向齿轮 face gear
辐向光栅 radial grating
辐向合力 resultant radial force
辐向剪力区 zone of radial shear(ing)
辐向角尺 radial square
辐向距离 radial distance
辐向裂纹 <木材的> star shake
辐向射流 radial flow
辐向渗透试验 radial percolation test
辐向矢径 radius vector
辐向试验 convergence test
辐向梯阶 radial steps
辐向通风 radial ventilation; radical ventilation
辐向位置 radial position
辐向紊动射流 radial turbulent jet
辐向旋涡 radial whirl
辐向压力 radial thrust
辐向叶片长度 radial height of blade
辐向应力 radial stress
辐向轴流式水轮机 Francis turbine; radial axial flow turbine
辐向轴流式涡轮机 radial-flow turbine; radiaxial turbine
辐向砖 radial brick
辐向转移 radial transfer
辐形流域 radial basin
辐叶式流速仪 spokevane current meter
辐照 bombardment; expose; irradiate; radioactive bomb
辐照饱和电流 irradiation-saturation current
辐照场 irradiation field
辐照处理 irradiation treatment; radiation treatment
辐照度 irradiance[irradiancy]; irradiation
辐照度分布 irradiance distribution
辐照度级 irradiance level
辐照反应度 irradiance responsivity
辐照分解 radiolysis
辐照光谱 spectral irradiation
辐照过的晶体 irradiated crystal
辐照计 irradiatometer
辐照加热 radiation heating
辐照量 exposure; irradiation; radiant exposure
辐照频谱 irradiation spectral
辐照器 irradiation machine; irradiation unit
辐照前 predose
辐照前处理 preirradiation treatment
辐照前后试验 before and after test
辐照强度 intensity of irradiation
辐照区 radiation zone
辐照燃料 irradiation fuel
辐照容器 irradiation container
辐照伤害 irradiation injury
辐照时间 exposure time; irradiation time; range of exposures
辐照寿命 irradiation life
辐照损伤 irradiation damage; radiation damage
辐照探测器 radiation detector
辐照筒 irradiation drum
辐照图 irradiance pattern
辐照稳定性 irradiation stability
辐照效应 effect of irradiation; irradiation effect
辐照用反应堆 irradiation reactor
辐照治疗 irradiation treatment; radiation treatment
辐照装置 irradiation plant; irradiation rig
辐轴流式水轮机 centrevent turbine
辐状部 radiated part
辐状的 rotate
辐状口 actinostome
辐状流 radial flow
辐状纤维 fibrae radial; radiate fibers

幞状积云 cumulus-pileus

幞状(云) pileus

抚熟试验 stroke cure

抚恤费 benefit
抚恤金 gratuity; pensions for the disabled and for survivors
抚恤金授予 pension vesting
抚恤年金 death annuity
抚养津贴 dependency allowance
抚育 after-care; nurture; tend(ing)
抚育采伐 improvement cutting
抚育伐 improvement felling; tending felling
抚育间伐 intermediate improvement cutting; tending and intermittent cutting of forest
抚育森林 tending of wood
抚育性疏伐 improvement thinning; thinning for tending

府绸 mercerized cotton; muslin; poplin <用于做帐帘>

府邸 hotel; mansion(house); palazzo

斧背 back; head of axe

斧柄 axe handle; handle of axe; helve; shaft of an axe
斧柄榫舌 tongue
斧柄眼 eye of axe; eye of hatchet
斧槌 ax(e)[复 axes]; axe hammer; ax-hammer
斧锤 ax(e)[复 axes]; axe hammer; ax-hammer; cross-peen; cross-peen hammer; flat pane hammer; flat peen hammer; flat pein hammer; pane hammer; peen hammer
斧锤石面 peen-hammered face of stone
斧锤琢面 peen-hammered finish
斧刀刃 axe blade
斧垛石面 peen-hammered face of stone
斧工 axed work; ax(e)man
斧拱 axed arch
斧颊 checks
斧砍 ax(e)[复 axes]
斧砍沉排 hewed tie
斧砍的 hewn
斧砍枕木 hewed tie
斧砍砖 axed brick
斧砍砖拱 axed arch
斧刃 axe blade; bit of axe
斧刃面 faces
斧身 blade
斧石 axinite; glass schorl
斧石化作用 axinitization
斧式锤片 hacked-type hammer
斧头 ax(e)[复 axes]; axe head; chopper; hatchet; peen; small axe
斧头面 hatchet face
斧削面 adz(e) finish
斧形锤 hack hammer; hammer hack
斧形烙铁 hatchet iron
斧形琢石锤 hack hammer
斧眼拔钉锤 adz(e)-eye claw hammer
斧凿 pitching chisel; pitching tool; set chisel
斧凿面 axe dressing; daub
斧斩拱面 axed arch
斧斩面 axed; axed face
斧斩砖 axed brick; rough axed brick
斧状的 hatchty
斧状面积仪 hatchet planimeter
斧状求积仪 hatchet planimeter
斧琢石边 tooled margin of stone
斧琢砖 axed brick
斧琢砖拱 axed arch
斧子 chopper

俯采工作面 underhand stope

俯采式爆破 underhand blasting
俯采式的 underhand
俯采式回采 underhand work
俯采式掘进 underhand work
俯采式开挖 underhand work
俯采式凿岩 underhand work
俯冲 dive; downthrust; nose dive;

nose-down pitch;subduction
俯冲板块 descending plate; diving slab; downgoing plate; subducting plate;subduction plate;underthrust plate
俯冲带 subduction zone
俯冲带有机气 subducted organic gas
俯冲带杂岩 subduction complex
俯冲断层【地】underthrust fault
俯冲断层地震 underthrust earthquake
俯冲复合体 subduction complex
俯冲荷载 dive load
俯冲轰炸机 dive-bomber;dive-strafer
俯冲机 diver
俯冲极性 polarity of subduction
俯冲减速器 diving brake
俯冲造山带 subduction orogenic belt
俯冲制动器 dive brake
俯冲作用 subduction
俯垂的 cernuous
俯打 < 桩的 > negative batter; aft batter;front raking pile driving;inbatter pile driving; pile driving inbatter;pile driving of forward rake < 打斜桩 >
俯打斜桩 batter pile driven with negative slope
俯打(斜桩)导向架 in-batter pile driving leaders
俯儋式 < 站台雨棚 > down eaves
俯的 prone
俯伏的 prone
俯伏加压法 prone pressure method
俯伏运动 < 摄影 > tilt
俯焊 downhand welding; downhill welding; flat position welding; flat weld(ing)
俯焊的 downhand
俯焊缝 downhand welding joint
俯极 depressed pole
俯角【测】dip angle;angle of depression; depression angle; descending vertical angle;minus angle;negative altitude; negative angle; negative angle of sight;negative vertical angle;quadrant depression
俯角改正 dip correction; height of eye correction
俯角取景器 depression position finder
俯角圈【测】dip circle
俯角校正 dip correction
俯掘机 down digging excavator
俯瞰 oversee
俯瞰图 aerial view; bird's eye view (drawing); cavalier perspective; vertical view
俯瞰图照相机 kite camera
俯射 plunging fire
俯摄 high shot
俯视 aerial view;aeroplane view;air view;overhead view;overlook
俯视的 bird's eye
俯视观测 waist-level viewing
俯视角 depression;depression of horizon;pitch angle;depression angle
俯视景观 downward landscape
俯视取景器 waist-level finder
俯视图 overhead view; plan view; topside view; top view; vertical view;view form above
俯首沉没 founder head down
俯头丁坝 dip(ping)dike[dyke];dip-(ping)groin[groyne]
俯卧位头靠 prone position headrest
俯卸式 dump-bed
俯仰 luff;pitch;trim;booming in and out;derricking < 起重机吊臂的 >
俯仰臂架 luffing boom;luffing beam
俯仰操纵机构 pitcher;pitch motion
俯仰传动 elevation drive
俯仰改正 tilt adjustment
俯仰功能 pan-and-tilt function
俯仰加速度 acceleration in pitch
俯仰减摆器 pitch-damper servo
俯仰角 angle of pitch(ing);angle of sight;angle of view;pitch(ing angle)
俯仰角变化程序 pitch program(me)
俯仰角测定器 pitch angle detector
俯仰角读数标尺 angle of site scale
俯仰角读数基准 pitch datum
俯仰角度标 pitch scale
俯仰角基准点 pitch datum
俯仰角加法器 pitch adder
俯仰角加速度 pitch acceleration
俯仰角控制 pitch control
俯仰角水准器 angle of site level
俯仰角速度陀螺 pitch rate gyroscope
俯仰角调节杆 < 刀板等的 > pitch arm
俯仰角指示器 longitudinal clinometer
俯仰角转螺 angle of site knob
俯仰控制电路 pitch control channel
俯仰控制喷管 pitch control nozzle
俯仰控制通路 pitch control channel
俯仰力矩 pitching moment
俯仰模型 pitching model
俯仰喷嘴 pitch nozzle
俯仰偏转角 pitching deflection
俯仰起重机 derricking crane
俯仰起重机臂 luffing jib
俯仰时保持货物水平移动 level luffing
俯仰式吊艇柱 luffing davit; pivot type davit;quadrantal davit
俯仰式起重机 luffing crane; luffing winch
俯仰式起重机臂 luffing jib
俯仰速度 boom hoisting speed
俯仰随动系统 pitch follow-up system
俯仰陀螺仪 pitch gyroscope
俯仰限制器 elevation stop
俯仰修正 pitch correction
俯仰旋臂起重机 luffing jib crane
俯仰仪 pitch instrument
俯仰运动 luffing
俯仰运动的限制开关 limit switch for luffing motion
俯仰运动荷自记器 pitch sensing accelerograph
俯仰运动加速表 pitch sensing accelerometer
俯仰指示器 pitch indicator
俯仰指示仪 pitch indicator
俯仰轴 elevation axis;pitch(ing)axis
俯仰转螺 elevation knob
俯仰装置 elevating gear
俯仰状态探测器 pitch phase detector
俯仰姿态 pitch attitude
俯仰姿态控制 pitch attitude control
俯仰阻尼器 pitch damper
俯抑调整机构 aligning elevation gear

釜 ca(u)ldron;pot;sauce pan

釜壁抛光 polish the still wall
釜残渣 stillage residue
釜底残油 bottoms
釜底产品 bottom product
釜顶蒸汽 top steam
釜脚 stillage bottoms
釜壳 still shell
釜馏 stilling
釜馏蜡 still wax
釜馏气 stillage gas
釜馏物 stillage
釜馏液 still liquor
釜山港 < 朝鲜 > Pusan Port
釜式浮头再沸器 floating head kettle type reboiler
釜式重沸器 kettle-type reboiler
釜室 still dome
釜体 autoclave body;kettle
釜体材质 body material
釜形鼎 ca(u)ldron shaped Ding
釜支座 autoclave leg

脯氨酸 proline

辅坝 auxiliary dam;subsidiary dam

辅币 auxiliary coin; coin; fractional coin;fractional currency;fractional money; subsidiary coin; subsidiary money;token(coin);token money;base coin < 美 >
辅表 auxiliary schedule
辅潮位站 subordinate station
辅程序 subprogram(me)
辅处理机 coprocessor
辅触媒 cocatalyst
辅磁改正 auxiliary magnet correction
辅磁改正值 auxiliary magnet correction value
辅催化剂 cocatalyst
辅导电动机 pilot motor
辅导管理员 coaching of supervisors
辅导员 coach
辅导指标 auxiliary characteristics
辅道 auxiliary lane;relief road < 指道路 >; relief channel < 指航道 >; service road
辅堤 secondary levee
辅段 secondary segment
辅对角线 auxiliary diagonal
辅防波堤 auxiliary breakwater
辅峰【电】subsidiary maximum
辅功率 net horsepower
辅管车 pipe-laying vehicle
辅锅炉 donkey boiler
辅航道 false channel
辅簧螺母 auxiliary spring nut
辅机 auxiliary engine; auxiliary machine;auxiliary set;donkey engine; secondary machine
辅机安装位置 skeleton unit
辅机舱 auxiliary engine room;auxiliary machinery room
辅机基座 seat for auxiliary machinery
辅机给水泵 auxiliary feed pump
辅机驱动汽轮机 auxiliary drive turbine
辅机拖动涡轮机 auxiliary driven turbine
辅基 agon;prosthetic group
辅极发电机 interpole generator;pilot generator
辅剂 adjuvant
辅剪 auxiliary shears
辅件盒 auxiliary box
辅腱 supplementary tendon
辅角 < 某角的辅角为 360°减某角 > explement
辅角的 explementary
辅角钢 lug angle
辅锯箱 miter box
辅料 accessory;ancillary
辅路 auxiliary road;service road
辅轮 jockey pulley;jockey wheel
辅螺旋桨 auxiliary propeller;auxiliary screw
辅酶【生】coenzyme;cozymase
辅喷嘴 auxiliary nozzle
辅汽机 donkey engine
辅汽轮机 auxiliary turbine
辅燃区 secondary combustion zone
辅任务 secondary task
辅塑剂 co-plasticizer
辅索 hand cable
辅索引 secondary index
辅台 slave station;substage
辅线 subordinate line
辅向量 secondary vector
辅泄水管 secondary drain
辅修 auxiliary repair
辅因(子) cofactor; complementary factor
辅增电压 booster voltage
辅站 extension station;subcenter[subcentre]
辅属港 subharbo(u)r;subport
辅属公司 subsidiary company
辅助 adminicle;servo
辅助安全机构 secondary safety mechanism
辅助安装位置 skeleton unit
辅助坝 auxiliary dam;subsidiary dam
辅助百米标记录簿 sub-picket notebook
辅助摆 auxiliary pendulum
辅助保护 auxiliary protection
辅助保护装置 backup protection
辅助报表 supplementary statement
辅助报告 satellite report
辅助报警装置 auxiliary box
辅助泵 attached pump; auxiliary pump;booster pump;donkey;jury pump; relief pump; rough pump; service pump;supplementary pump
辅助比特 overhead bit
辅助臂 subarm
辅助编绘原图 secondary compilation
辅助编图资料 collateral information; extra-departmental data
辅助编组【铁】secondary classification
辅助编组场【铁】additional(marshalling)yard;secondary yard
辅助编组调车 secondary marshalling
辅助编组线 secondary sorting siding
辅助编组站【铁】auxiliary marshalling station
辅助变电站 subsidiary substation
辅助变量 auxiliary variable
辅助变量法 instrumental variable technique
辅助变数 auxiliary variable;relieving variable
辅助变速箱 subtransmission
辅助变压器 auxiliary transformer
辅助标尺 auxiliary staff ga(u)ge
辅助标示 auxiliary marker
辅助标志 auxiliary sign;supplementary mark
辅助标准 contributory criterion
辅助标准纬圈 auxiliary standard parallel
辅助表 supplementary table
辅助表面活性剂 cosurfactant
辅助波道 auxiliary channel
辅助部件 ancillary block;auxiliary assembly;auxiliary block
辅助部件用具 accessory
辅助部门 indirect department;service department;subsidiary department
辅助部门成本 service department cost
辅助部门费用 auxiliary department expenses;service department cost
辅助部门费用摊配差异 service department allocated cost variance
辅助簿册 auxiliary books
辅助簿记 subsidiary book
辅助材料 accessory material;auxiliary material;indirect material;seconda-

F

ry material;subsidiary material
辅助材料成本 subsidiary material cost
辅助材料储备 supplies inventory
辅助材料费(用) auxiliary material expenses;auxiliary material cost
辅助材料消耗定额 consumption norm of subsidiary materials
辅助材料需要量 amount needed by subsidiary materials
辅助裁切 auxiliary cut;breaking-out cut
辅助参考剖面 auxiliary reference section
辅助参数 auxiliary parameter
辅助仓库 subdepot;substore
辅助操纵 assisted control;secondary control
辅助操纵板 auxiliary control panel
辅助操纵杆 auxiliary operating rod
辅助操作 aid to operation;auxiliary operation;housekeeping operation;non-productive operation;overhead operation;red-tape operation
辅助操作工 donkeyman
辅助操作时间 overhead time
辅助操作数 suboperand
辅助操作员控制站 secondary operator control station
辅助测潮站 secondary tide station
辅助测量 auxiliary survey;subsidiary survey
辅助测量船 auxiliary survey vessel
辅助测量系统 auxiliary measuring system;secondary measuring system
辅助测试装置 auxiliary test unit
辅助测线 random line;random traverse
辅助测站 auxiliary station;subordinate station;subsidiary station;supplementary station;supplementary survey station
辅助查询 non-productive poll
辅助柴油机 auxiliary diesel engine
辅助产品 subsidiary products
辅助厂房 accessory block;auxiliary plant
辅助潮位站 secondary port;secondary tide station;subordinate tidal station
辅助潮汐站 secondary port;secondary tide station;subordinate tidal station
辅助潮站木桩 subsidiary station peg
辅助车场 auxiliary yard
辅助车道 auxiliary lane;supplementary lane
辅助车间 ancillary plant;auxiliary department;auxiliary plant;auxiliary shop;auxiliary workshop;backshop;branch work;subsidiary workshop
辅助车辆 support vehicle
辅助车站 auxiliary station;substation
辅助衬砌 secondary lining
辅助成本 supplementary cost
辅助成分 subsidiary constituent
辅助承力(缆)索 auxiliary carrier (cable);auxiliary catenary(wire)
辅助惩罚措施 auxiliary penal measure
辅助程式 subprogram(me)
辅助程序 auxiliary routine;bootstrap program(me);bootstrap routine;housekeeping program(me);housekeeping routine;service routine;supplementary program(me);utility program(me)
辅助程序存储器 bootstrap memory
辅助程序状态向量 secondary program(me) status vector

辅助尺 auxiliary scale
辅助齿轮 equipment gear
辅助齿轮箱 auxiliary gearbox
辅助充气 service charge
辅助冲洗 auxiliary scour;auxiliary washing
辅助冲洗设备 auxiliary washing unit
辅助储存器 auxiliary reservoir
辅助储气器 auxiliary air receiver
辅助处理程序 support processor
辅助触点 auxiliary contact
辅助触点簧片 auxiliary contact strip
辅助触排 private bank
辅助触头 auxiliary contact
辅助触头组 auxiliary contactor block
辅助传动电动机 inching motor
辅助传动箱 auxiliary transmission
辅助传动轴 attachment driving shaft;auxiliary drive shaft
辅助传动(装置) accessory drive;ancillary drive;auxiliary drive
辅助船 attached ship;auxiliary boat;auxiliary ship;auxiliary vessel
辅助船舶 supported craft;auxiliary craft
辅助船舶投资 other auxiliary steamers
辅助船队 auxiliary fleet
辅助船观测站 auxiliary ship station
辅助船闸 auxiliary lock
辅助椽(子) auxiliary rafter;cushion rafter
辅助垂直面 auxiliary vertical plane
辅助垂直天线 auxiliary vertical aerial;auxiliary vertical antenna
辅助垂直投影 auxiliary vertical projection
辅助磁场 auxiliary field
辅助磁场熔断器 auxiliary field fuse
辅助磁场熔丝 auxiliary field fuse
辅助磁化线圈 bias winding
辅助存储 supplementary storage
辅助存储法 supplementary storage
辅助存储器 additional storage;auxiliary memory;auxiliary storage;auxiliary store;backing storage;secondary memory;secondary storage;secondary store;supplementary storage
辅助存储器管理 auxiliary storage management
辅助存储器管理程序 auxiliary storage manager
辅助措施 auxiliary measure
辅助大圆 auxiliary great circle
辅助单边会话 secondary half-session
辅助单据 auxiliary documents
辅助单位 auxiliary unit
辅助导管 subsidiary conduit
辅助导航标 auxiliary beacon
辅助导航灯 auxiliary beacon
辅助导航墙 auxiliary guide wall;lock auxiliary wall
辅助导航设备 homing aid
辅助导线 auxiliary traverse;pilot wire
辅助道路 access road;ancillary road;auxiliary road;collector street;relief road;service carriageway;service road;service roadway;subsidiary road
辅助道路指数 service road index
辅助的 adjunct;adjuvant;aided;ancillary;assistant;auxiliary;back-up;complementary;donkey;pony;secondary;segmental;segmentary;stand-by;subordinate;subsidiary;supplementary
辅助的单据 ancillary documents
辅助灯 auxiliary lamp;auxiliary light;subsidiary light

辅助灯丝 auxiliary filament
辅助等高线 auxiliary contour(line);dashed contour line;dashed land line;extra contour;supplemental contour
辅助堤 auxiliary embankment
辅助地址向量表 secondary address vector table
辅助点 auxiliary point;subsidiary point
辅助点定向【测】 auxiliary point orientation
辅助电池后备 auxiliary battery backup
辅助电磁铁 subsidiary magnet
辅助电动机 auxiliary motor;pilot motor;pony motor;secondary motor;servomotor
辅助电花隙 auxiliary spark gap
辅助电话 auxiliary power station
辅助电机 stand-by motor
辅助电机试验台 auxiliary motor test stand;stand-by motor test stand
辅助电极 auxiliary electrode
辅助电加热 electric(al) boosting
辅助电缆 ancillary cable;subsidiary cable
辅助电力传动装置 auxiliary electric(al) drive
辅助电流互感器 auxiliary current transformer
辅助电路 accessory circuit;ancillary circuit;auxiliary circuit;cue circuit;subcircuit
辅助电容器 auxiliary capacitor
辅助电熔 electric(al) boosting
辅助电台 booster station
辅助电梯 service elevator
辅助电梯电动机 auxiliary liftmotor
辅助电压 boosted voltage
辅助电压互感器 auxiliary potential transformer
辅助电源 accessory power;auxiliary electric(al) power supply;auxiliary power (source);auxiliary power supply;auxiliary source
辅助电源设备 auxiliary power plant;auxiliary power unit
辅助电源系统 auxiliary power supply system
辅助电站 auxiliary power station;subsidiary plant;subsidiary station
辅助电阻 auxiliary resistance
辅助吊车 donkey crane
辅助吊升滑轮 auxiliary lifting sheave
辅助吊运车 auxiliary trolley
辅助调查表 subsidiary questionnaire
辅助调车场【铁】 auxiliary classification yard;auxiliary yard;secondary yard
辅助定理 lemma
辅助定向设备 orientation auxiliary equipment;orientation auxiliary plant
辅助动力 accessory power;auxiliary power
辅助动力供应电池 auxiliary battery power supply
辅助动力机组 auxiliary power unit
辅助动力驱动电梯 auxiliary power elevator
辅助动力驱动升降机 auxiliary power elevator
辅助动力系统 backup power system
辅助动力装置 auxiliary power plant;auxiliary power unit;boost power plant
辅助段 secondary segment
辅助断流阀 auxiliary stop valve
辅助断路器 auxiliary isolator
辅助对流段 auxiliary convection section

辅助墩 auxiliary pier
辅助舵 auxiliary rudder
辅助二极管 booster diode
辅助发电厂 auxiliary power plant
辅助发电机 auxiliary generator;pilot generator
辅助发电机开关 auxiliary generator switch
辅助发电机组 auxiliary generator set
辅助发电站 reserve power station
辅助发动机 auxiliary engine;donkey engine;donkey-key;jack engine;kick motor;pilot engine
辅助发动机添水泵 donkey engine feed pump
辅助发射机 auxiliary transmitter;booster transmitter;satellite transmitter
辅助阀 auxiliary valve;booster valve;jockey valve;service valve;supplementary valve;servicing valve
辅助阀座 auxiliary valve seat
辅助帆 auxiliary sail
辅助反光镜 auxiliary reflector
辅助反馈 subsidiary feedback
辅助反射器 auxiliary reflector
辅助反应器 auxiliary reactor
辅助方案 subplan
辅助方程 auxiliary equation;secondary equation;subsidiary equation
辅助方法 ancillary method;auxiliary method
辅助防护措施 auxiliary protection
辅助房屋 accessory building;ancillary building;subordinate building
辅助放大镜 auxiliary enlarging lens
辅助放大器 booster amplifier
辅助放电器 outer gap
辅助飞机场 alternate landing ground;auxiliary airfield
辅助飞机运输舰 auxiliary aircraft transport
辅助飞行 auxiliary flying
辅助费(用) auxiliary expenses;associated cost
辅助分类 subsidiary classification
辅助分类账 auxiliary ledger;special ledger;subsidiary ledger
辅助分类账户 subsidiary ledger account
辅助分区 subpartition
辅助分页设备 secondary paging device
辅助粉磨 subsidiary grinding
辅助风缸 supplementary reservoir
辅助风缸截断塞门 supplementary reservoir cut-out cock
辅助风管路 auxiliary air piping
辅助风机 counter fan system
辅助风口 auxiliary air port
辅助风扇 auxiliary blower;booster fan
辅助封隔器 auxiliary packer
辅助浮船坞 auxiliary floating dock
辅助浮体 auxiliary float
辅助符号 additional character
辅助福利 supplementary benefit
辅助负载 auxiliary load
辅助附件 auxiliary attachment
辅助干道<连接干道与地方道路的> collector street;subarterial street
辅助干管 submain
辅助干线 submain;subsidiary main
辅助杆 auxiliary rod;subsidiary rod;auxiliary bar
辅助杆系 ancillary linkage mechanism
辅助钢板 auxiliary spring
辅助钢板路面 auxiliary steel road

F

辅助钢筋 additional steel; auxiliary bar; auxiliary reinforcement; secondary reinforcement; supplementary bar
辅助钢筋脚手架 auxiliary scaffold(ing)
辅助钢缆 supplementary cable
辅助钢丝绳系统 auxiliary wire rope system
辅助钢桩【疏】auxiliary spud
辅助高程控制 supplementary vertical control
辅助高程注记 auxiliary altitude lettering
辅助格间 service compartment
辅助隔离器 auxiliary isolator
辅助隔热 additional insulation
辅助隔声 additional insulation
辅助给水泵 auxiliary feed water pump
辅助跟踪 aided tracking
辅助工 auxiliary worker; backman; builder's handyman; handy man; helper; hod carrier; hodman; shifter; utility operator
辅助工班 bull gang
辅助工厂 auxiliary plant
辅助工程 ancillary works; associated works; auxiliary project; auxiliary works; offset utilities
辅助工具 appurtenance; appurtenant; attachment; auxiliary means; supplementary means
辅助工人 backup man; underworker
辅助工人的劳动 indirect labo(u)r
辅助工人工资支出 indirect shop labor expenses
辅助工时 unproductive time
辅助工序时间 unproductive time
辅助工资 auxiliary wages
辅助工组 auxiliary work(ers) group
辅助工作 ancillary work; auxiliary work; back work; complementary work; donkey work; less important work; non-productive operation; secondary work
辅助工作队 extra gang
辅助工作阀 service valve
辅助工作管理人员 staff managers
辅助工作时间 auxiliary operation time; handing time
辅助公共交通 paratransit
辅助公共汽车 paratransit vehicle
辅助公交车辆 paratransit vehicle
辅助公交系统 para transit system
辅助公式 auxiliary formula
辅助功能 additional function; auxiliary function; miscellaneous function; secondary function
辅助功能研究 subsidiary functions research
辅助供电 auxiliary power supply
辅助供电标准电气设备 electric(al) standard equipment for auxiliary power supply
辅助供电设备 auxiliary equipment power supply
辅助供水 auxiliary water supply
辅助供水量 secondary yield(ing)
辅助供水水源 supplemental water-supply sources
辅助供水系统 auxiliary water supply system
辅助拱 discharging arch; minor arch; relieving arch; safety arch; saving arch
辅助沟 counterdrain
辅助沟渠 supplementary ditch
辅助钩 auxiliary hook
辅助构架 associated member; subexchange; subframe
辅助构件 subframe; submember; secondary member
辅助估计量 ancillary estimator
辅助估计式 ancillary estimator
辅助估计者 ancillary estimator
辅助鼓风机 auxiliary blower; booster blower; booster fan
辅助挂索 auxiliary messenger wire
辅助关键字 alternate key; secondary key
辅助关键字检索 secondary key retrieval
辅助关键字组合 combination of secondary key
辅助观测 supplementary observation
辅助观测船 ship of opportunity
辅助观测孔 auxiliary observation hole
辅助观测站 auxiliary observation station
辅助观潮站 subordinate tidal station; subordinate tide station
辅助管(道) subline; subsidiary conduit; supplemental pipe
辅助管路 auxiliary piping
辅助管线 auxiliary pipeline
辅助灌溉 supplemental irrigation; supplementary irrigation
辅助灌浆 secondary grouting; supplementary grouting
辅助光 auxiliary light
辅助光学器件 auxiliary optics
辅助光学系统 attachment optic(al) system; auxiliary optic(al) system; auxiliary optics; subsidiary optic(al) system
辅助光源 secondary light source
辅助光照 supplemental illumination
辅助光轴 auxiliary optic(al) axis
辅助轨道扣件 auxiliary track fastening
辅助辊 help(er) roll
辅助锅炉 auxiliary boiler; donkey; donkey boiler; supplementary boiler
辅助锅炉房 auxiliary boiler house
辅助锅炉设备 auxiliary boiler equipment; donkey boiler equipment
辅助过程 ancillary process; supporting process
辅助过梁 auxiliary lintel; safety lintel
辅助过滤器 backup filter
辅助过热器 supplementary superheater
辅助函数符号 auxiliary function symbol
辅助涵洞 relief culvert
辅助航道 subsidiary channel
辅助号 mnemonic mark
辅助桁杆 auxiliary truss member
辅助横断面图 aid-cross section
辅助横梁 auxiliary beam; auxiliary girder; auxiliary transom; cross beam; gate beam; extra transom <客车的>
辅助横移 auxiliary rack
辅助呼吸器 lung
辅助护面层 secondary armo(u)r
辅助护面块石 secondary armo(u)r rock
辅助滑车 fleeting tackle
辅助滑轮 secondary sheave
辅助滑行道 support taxiway
辅助环 inner loop
辅助环节 support program(me)
辅助环路 subsidiary ring road
辅助回归 auxiliary regression
辅助回路 auxiliary circuit
辅助混合器 auxiliary mixer
辅助活塞 auxiliary piston; auxiliary ram; relief piston
辅助火花激励 auxiliary spark excitation
辅助火焰 backup flame; booster flame
辅助货物 complementary goods
辅助机 donkey
辅助机场 auxiliary aerodrome; auxiliary air port; satellite airfield; subbase
辅助机车 assistant engine; assistant locomotive; assisting engine; assisting locomotive; auxiliary engine; booster locomotive; donkey engine; helper; helper engine; pilot engine; pilot locomotive; slave locomotive; auxiliary locomotive
辅助机车公里对实际列车公里的比 ratio of additional engine kilometres to actual train kilometres
辅助机构 auxiliary mechanism; complementary unit; doctor
辅助机器 auxiliary engine; stand-by machine; auxiliary machine
辅助机械 auxiliary machinery
辅助机械设备 accessory machinery equipment; auxiliary machinery equipment
辅助机组 appurtenance
辅助唧筒 auxiliary cylinder
辅助基地 reserve base; satellite base
辅助基点 additional base point
辅助基线 auxiliary base-line
辅助基准 auxiliary base
辅助激活剂 auxiliary activator
辅助极 auxiliary pole; commutating pole; consequent pole
辅助集液器 auxiliary receiver
辅助计数器 auxiliary counter
辅助计算机 satellite computer; secondary computer; supplementary computer
辅助计算机房 secondary computer room; supplementary computer room
辅助计算系统 auxiliary computing system
辅助记录 auxiliary record; subsidiary record; supporting record
辅助记录装置 auxiliary recorder unit
辅助记忆断面扫描 memory-aided profile scanning
辅助剂 accessory ingredient; adjuvant; assistant; auxiliary
辅助继电器 auxiliary relay; backup relay; relief relay; slave relay; supplementary relay
辅助寄存器 auxiliary register
辅助寄存器组 secondary register set
辅助加工设备 satellite plant
辅助加密键 secondary key encrypting key
辅助加热 boosting
辅助加热管 auxiliary heater
辅助加热炉 booster air heater
辅助加热器 auxiliary heater; booster heater
辅助加热器开关 auxiliary heater switch
辅助加热系统 auxiliary heating system
辅助加热用蓄热室 secondary fire regenerator
辅助驾驶系统 driver assistance system
辅助架 auxiliary frame; subframe
辅助架子 auxiliary scaffold
辅助减速装置 supplementary speed reduction means
辅助检查 accessory examination
辅助检验员 subinspector
辅助建筑 annex(e); servicing construction; supplementary building
辅助建筑设备 auxiliary building equipment
辅助建筑物 accessory building; ancillary building; auxiliary structure; subsidiary building; service building
辅助舰船 auxiliary ship; auxiliary vessel
辅助舰艇 auxiliary ship; auxiliary vessel
辅助键 secondary key
辅助交换中心 secondary switching center[centre]
辅助交流发电机 pilot alternator
辅助交通 paratransit
辅助角 auxiliary angle; subsidiary angle; supplementary angle
辅助绞车 auxiliary winch
辅助脚手架 auxiliary scaffold(ing)
辅助接触电缆 auxiliary contact cable
辅助接触器 auxiliary contactor; pilot contactor
辅助接地 auxiliary earth; auxiliary grounding
辅助接点 auxiliary contact; secondary contact
辅助接点组合 auxiliary contact assembly
辅助接力器 auxiliary servomotor
辅助接收机 auxiliary receiver
辅助接头 subjoint
辅助街道 collector street; service street; subsidiary street
辅助结构 secondary structure; supplementary structure
辅助进给泵 auxiliary feed pump
辅助进给阀 auxiliary feed valve
辅助进气口 auxiliary air intake; intake auxiliary air
辅助进汽管 supplementary live steam pipe
辅助进位 auxiliary carry bit
辅助井 service well
辅助警报器 auxiliary alarm
辅助警报系统 auxiliary system; secondary altering system
辅助警报装置 auxiliary box
辅助矩 auxiliary moment
辅助卷筒 auxiliary drum
辅助决策 aid decision making
辅助开关 auxiliary switch; pilot switch; supplementary switch
辅助勘探线 auxiliary exploration line
辅助可分离函数 additively separable function
辅助刻度 high scale
辅助客运 paratransit
辅助课程 cocurriculum
辅助坑道 access adit; auxiliary gallery; service gallery; service tunnel
辅助空间分配 secondary space allocation
辅助空气 auxiliary air; supplementary air
辅助空气泵 auxiliary air pump
辅助空气供给 subsidiary air supply
辅助空气室 air storage chamber
辅助控制 supplementary control; supplemental control
辅助控制处理机(器) ancillary control processor
辅助控制单元 auxiliary control element
辅助控制点 additional control point; supplemental control point; supplementary control point
辅助控制杆 auxiliary control rod
辅助控制机构 auxiliary control mechanism
辅助控制进程 ancillary control process
辅助控制面板 auxiliary control panel

辅助控制盘 auxiliary control panel
辅助控制器 pilot controller;pilot-operated controller
辅助控制台 auxiliary console; subconsole
辅助控制装置 secondary control unit
辅助矿井 service shaft
辅助框架 auxiliary setting; subbuck; subframe
辅助馈线 auxiliary feeder
辅助缆索 auxiliary catenary(wire); guest rope;guest warp;supplementary cable <斜拉桥中用以增强拉索刚度>
辅助劳动 auxiliary works;indirect labo(u)r
辅助劳动力 auxiliary labo(u)r;auxiliary manpower;subsidiary labo(u)r power
辅助雷达 backup radar
辅助肋骨 intermediate frame; relief frame
辅助冷凝器 auxiliary condenser
辅助冷却法 supplemental cooling
辅助冷却系统 auxiliary coolant system
辅助力 auxiliary force;secondary force
辅助励磁机 pilot exciter
辅助励磁绕组 auxiliary exciting winding
辅助例行程序 auxiliary routine
辅助连杆 auxiliary connecting rod
辅助连接器 subconnector
辅助连身齿轮传动器 auxiliary nest actuator
辅助联动 slave drive
辅助链路控制器 secondary link controller
辅助链路站 secondary link station
辅助梁 auxiliary spar; intermediate beam;service girder;subsidiary beam
辅助量板法 auxiliary template method
辅助量测 ancillary measurement
辅助量器 auxiliary ga(u)ge
辅助领示继电器 auxiliary pilot relay
辅助流体 auxiliary fluid
辅助楼梯 auxiliary stair(case); secondary stair(case)
辅助炉 auxiliary furnace; auxiliary water discharge pumping station
辅助滤波器 accessory filter; extension filter
辅助路堤 counter dam
辅助路牌机 auxiliary tablet instrument
辅助路签机 auxiliary staff instrument
辅助路线 reliever route
辅助轮 auxiliary wheels;jockey roller
辅助轮询 non-productive poll
辅助罗经 auxiliary compass; gyrocompass repeater
辅助罗盘 auxiliary compass; gyrocompass repeater
辅助逻辑部件 secondary logical unit
辅助螺钉弧形板 auxiliary screw arc
辅助螺纹保护器 sub saver
辅助螺旋桨 auxiliary propeller;auxiliary rotor
辅助络合剂 auxiliary complexing agent
辅助码 additional code
辅助码头 auxiliary quay; auxiliary wharf;false quay
辅助锚碇 auxiliary anchor
辅助锚碇拉杆 auxiliary tie-back
辅助门 check gate
辅助密封 auxiliary seal
辅助密码装置 crypto ancillary unit
辅助面 auxiliary plane;auxiliary surface;compensating surface
辅助面积 auxiliary floor area;service area;service floor area
辅助瞄准点 auxiliary aiming mark
辅助瞄准线 auxiliary line of sight
辅助明细记录 detailed subsidiary records
辅助模数 auxiliary module;submodule
辅助模型 submodel
辅助模型试验 subsidiary model test
辅助模座 subbolster
辅助磨机 auxiliary mill
辅助磨料 auxiliary abrasive
辅助母线 auxiliary bus-bar
辅助目的地 secondary destination
辅助目镜 auxiliary eyepiece
辅助目录 auxiliary directory
辅助牧草 supplemental pasture
辅助能 auxiliary energy
辅助能源操作调节 power-operated control
辅助能源分系统 auxiliary energy subsystem
辅助能源调节器 pilot-actuated regulator
辅助能源系统 auxiliary energy system
辅助泥浆池 supplementary reservoir
辅助逆变器试验装置 auxiliary inverter test equipment
辅助逆变器箱 auxiliary control box
辅助凝聚剂 coagulant aids
辅助浓泡 accessory vacuole
辅助排气风扇 emergency exhaust fan
辅助排气管 relief vent
辅助排气孔 relief vent
辅助排气口 relief vent
辅助排水泵 auxiliary dewatering pump;auxiliary seepage pump
辅助排水沟 subsidiary drain
辅助盘 bracket panel
辅助炮孔 seat row hole
辅助炮眼 easer;helper hole;lifter hole;relief blasting method;relief hole;reliever;satellite hole;seat row hole;shot easer;slab hole
辅助跑道 secondary runway
辅助配电板 auxiliary switchboard
辅助配电盘 auxiliary switchboard
辅助配电站 subsidiary substation
辅助配件 service fittings
辅助配料 secondary ingredient
辅助喷管 auxiliary jet
辅助喷射口 cap jet
辅助喷射器 auxiliary ejector
辅助喷嘴 auxiliary burner
辅助膨胀阀 auxiliary expansion valve
辅助平衡 auxiliary balance
辅助平面 auxiliary plane; construction plane
辅助平面法 auxiliary plane method; method of auxiliary plane
辅助平面控制 supplementary horizontal control
辅助平台 satellite platform; support platform
辅助平巷 auxiliary level;by-level
辅助评价模型 additive evaluation model
辅助凭证闭塞机 auxiliary token instrument
辅助凭证机 subsidiary token instrument
辅助坡(度) assisting grade; auxiliary grade;helper grade;pusher grade <铁路编组站的>
辅助坡度的经济性 economy of helper grades
辅助破碎 auxiliary crushing
辅助起动激光 auxiliary initiating laser
辅助起动汽口 auxiliary starting port
辅助起落装置 auxiliary landing gear
辅助起重机 auxiliary crane; auxiliary hoist;auxiliary hoisting mechanism; donkey crane;donkey hoist
辅助起重绞车 auxiliary crab
辅助气阀 auxiliary air valve;extra-air valve
辅助汽包 auxiliary dome
辅助汽管 auxiliary steam pipe
辅助汽轮机 auxiliary turbine; helper steam turbine
辅助千斤索 preventer lift
辅助牵引系统 auxiliary traction system
辅助潜水救生船 auxiliary submarine rescue ship
辅助腔 auxiliary chamber;compensated cavity
辅助墙 relieving wall
辅助桥 auxiliary bridge;relief bridge; service bridge
辅助桥孔 relief bridge openings
辅助切割 auxiliary cut
辅助切换阀 auxiliary changeover valve
辅助切刀 auxiliary cutter bit
辅助切线 auxiliary tangent
辅助切线法 auxiliary tangent method
辅助倾斜像片坐标系统 auxiliary tilted photocoordinate system
辅助请求 secondary request
辅助穹顶 auxiliary vault
辅助球面法 auxiliary sphere method; method of auxiliary spheric surface
辅助曲线 auxiliary curve;supplementary contour <等高线的>
辅助驱动(装置) auxiliary drive
辅助渠道 auxiliary channel; subsidiary canal
辅助全息图 auxiliary hologram
辅助燃料 auxiliary fuel;supplementary fuel
辅助燃料箱 auxiliary fuel tank
辅助燃烧器 additional burner;auxiliary burner
辅助燃烧设备 auxiliary combustion equipment
辅助燃烧室 auxiliary chamber;energy cell <柴油机>
辅助燃烧系统 stand-by firing system
辅助绕组 additional winding; auxiliary winding
辅助热风炉 auxiliary air heater
辅助热量 supplementary heat
辅助热系统 subsidiary thermal system
辅助热源 auxiliary heat source; supplementary heat source
辅助人工 indirect labo(u)r
辅助人员 auxiliary force; auxiliary person; supporting staff; support personnel
辅助任务 non-productive task; secondary task
辅助日记账 subsidiary journal
辅助容量 stand-by capacity
辅助容器 auxiliary tank; supplementary reservoir
辅助溶剂 auxiliary flux; secondary solvent
辅助熔断器 auxiliary fuse
辅助熔丝 auxiliary fuse
辅助乳化剂 auxiliary emulsifying agent;coemulsifier
辅助入口 auxiliary entrance
辅助入口点 secondary entry point
辅助润滑油泵 auxiliary lubricating oil pump
辅助塞孔 ancillary jack;auxiliary jack
辅助三角测量 subsidiary triangulation
辅助色 complementary colo(u)r
辅助色素 accessory pigment
辅助筛分装置 auxiliary screening device
辅助扇风机 booster fan;donkey fan
辅助商业 auxiliary commerce
辅助商业交易 subsidiary commercial transaction
辅助商业中心 subsidiary business center[centre]
辅助上桅帆 donkey topsail
辅助烧嘴 pilot burner
辅助设备 accessory(block);accessory equipment; additional equipment;adjustage;ancillary apparatus [equipment/facility];appurtenance; auxiliary apparatus [device/equipment/facility/installation/means/plant];maintenance facility;peripheral equipment;service equipment; servicing unit; slave unit; supplemental equipment; supplementary equipment;ancillary equipment
辅助设备齿轮箱 accessory gearbox
辅助设备电路 auxiliaries circuit
辅助设备间 auxiliary equipment compartment
辅助设备系统 accessory system
辅助设备要求 supplemental equipment requirement
辅助设备用电量 auxiliary power requirement
辅助设计 aided design
辅助设计工具 design aids
辅助设计要求 accessory design specification
辅助设施 auxiliary installation;offset facility; support facility; ancillary furniture
辅助摄影 <用长焦距摄取较大影像以弥补航空或地面摄影之不足> supplemental photography
辅助申请 auxiliary application
辅助伸臂 jib extension
辅助升降机 donkey hoist
辅助升降液压缸 pilot lift cylinder
辅助生产 auxiliary production; subsidiary production
辅助生产部门 auxiliary production unit;subsidiary producing industries
辅助生产部门成本 service department cost
辅助生产部门费用 service department expenses
辅助生产部门费用分配差异 service department allocated cost variance
辅助生产车间 subsidiary production workshop
辅助生产费用 auxiliary production expenses
辅助生产费用分配 auxiliary production expense apportionment
辅助生产过程 subsidiary production process
辅助生产计划 subsidiary production plan
辅助生产建筑 auxiliary production building
辅助生产明细表 auxiliary production subsidiary ledger
辅助生产人员 indirect labo(u)r
辅助生产时间 auxiliary time of production
辅助生产专业化 subsidiary production specialization
辅助失业救济金 supplementary unemployment benefit
辅助施工机具 auxiliary constructional appliance
辅助施工设备 auxiliary construction equipment; supplementary construction equipment
辅助时间 non-cutting time
辅助矢量 co-vector

F

辅助示像 subsidiary aspect
辅助事务员 auxiliary clerk
辅助视场光栏 auxiliary field stop
辅助视图 auxiliary elevation; auxiliary projection; auxiliary view
辅助试验 subsidiary test
辅助收入 miscellaneous income; subsidiary revenue
辅助手段 supplementary means
辅助输入 auxiliary input
辅助输送机 subsidiary conveyer[conveyor]
辅助竖井 auxiliary shaft; service shaft
辅助数据 auxiliary data; contributory data; contributory evidence; secondary data
辅助数据处理设备 auxiliary data processing equipment
辅助数据集组 secondary data set group
辅助数据流到主数据流 secondary-to-primary flow
辅助数据转换装置 auxiliary data translator unit
辅助水泵 auxiliary pump; donkey pump
辅助水表 auxiliary water meter
辅助水尺 auxiliary ga(u)ge; auxiliary staff ga(u)ge; reference water ga(u)ge
辅助水库 subsidiary reservoir
辅助水库及连接水道 secondary reservoir and connecting aqueduct
辅助水流 auxiliary water
辅助水轮机 auxiliary turbine
辅助水平投影 auxiliary horizontal projection
辅助水渠 auxiliary supply
辅助水源 auxiliary supply; auxiliary water sources; secondary supply water resources
辅助水准点 supplementary bench mark
辅助水准器 auxiliary level
辅助水准线 spur
辅助税种 supplementary tax type
辅助说明附图 clarification drawing
辅助四分之一波片 auxiliary quarter-wave plate
辅助伺服电动机 auxiliary servomotor
辅助随动活塞 auxiliary follow up piston
辅助隧道 access adit; liaison tunnel; service tunnel
辅助所【铁】 auxiliary block house; auxiliary block post; auxiliary block station
辅助索 auxiliary cable; auxiliary rope; preventer; secondary cable
辅助索道 auxiliary cableway
辅助索引 alternate index; secondary index
辅助索引表目 alternate index entry
辅助索引簇 alternate index cluster
辅助索引记录 alternate index record
辅助索引升级 alternate index upgrade
辅助索引项 secondary index entry
辅助锁闭力 assistant locking force
辅助塔 stand-by column; stand-by still
辅助台 secondary station
辅助台站 auxiliary station
辅助弹簧 adjunct spring; helper spring; secondary spring; supplementary spring
辅助弹簧垫片 auxiliary spring plate
辅助弹簧夹 auxiliary spring clamp
辅助弹簧片 rebound leaf of the spring
辅助探测孔径 auxiliary finder aperture
辅助梯 auxiliary stair(case)
辅助提升机构 auxiliary hoisting mechanism
辅助提升设备 auxiliary hoist
辅助天气观测 intermediate synoptical observation
辅助天气图 auxiliary weather chart
辅助填料 auxiliary packing
辅助填料压盖 auxiliary gland
辅助条件 subsidiary condition; supplementary condition
辅助条款 subsidiary condition; supplementary condition
辅助调节 auxiliary conditioning
辅助调节器 ancillary governor; auxiliary governor; auxiliary regulator
辅助调试设施 debugging-aid facility
辅助调速机 auxiliary governor
辅助调页设备 secondary paging device
辅助调制器 submodulator
辅助铁鞋 auxiliary brake shoe
辅助停机坪 auxiliary landing ground
辅助通道 accessory channel; additional channel; secondary channel
辅助通风 assisted draught; emergency vent; secondary ventilation; supplementary ventilation
辅助通风管路 auxiliary vent piping
辅助通风机 auxiliary ventilator
辅助通风冷却塔 assisted-draught cooling tower
辅助通气 assisted ventilation
辅助通信[讯] assistance traffic; subsidiary communication
辅助统计量 ancillary statistic
辅助头 auxiliary head
辅助投影面 auxiliary projection plane
辅助投影图 auxiliary projection drawing
辅助投资 ancillary investment
辅助透镜 auxiliary lens; supplementary lens
辅助透镜系统 auxiliary lens system
辅助透气管 relief vent
辅助图 auxiliary chart
辅助图库 advanced map depot
辅助推进 auxiliary propulsion; propulsion assisted; secondary propulsion
辅助推进系统 secondary propulsion system
辅助推进装置 secondary propulsion device; secondary propulsion unit
辅助推力 augmented thrust
辅助拖拉机 complementary tractor
辅助驼峰 additional hump
辅助网络 auxiliary network
辅助网络地址 auxiliary network address
辅助网站 secondary link station
辅助望远镜 ancillary telescope; auxiliary telescope; side telescope
辅助危险信号 extra danger signal
辅助微处理器 support microprocessor
辅助微调滤光片 supplemental trimming filter
辅助围堰 auxiliary cofferdam
辅助维护时间 supplementary maintenance time
辅助维修 supplementary maintenance
辅助维修时间 supplementary maintenance time
辅助位 overhead bit; service bit
辅助温度计 auxiliary thermometer
辅助文件 ancillary documents; secondary file
辅助稳索 preventer guy
辅助稳压器 auxiliary stabilizer
辅助问题 auxiliary problem
辅助涡轮机 auxiliary turbine
辅助物 adminicle; assistant
辅助物镜 attachment objective
辅助物料 accessory ingredient; auxiliary product; supplemental material
辅助吸管 auxiliary suction pipe
辅助吸收器 auxiliary absorber
辅助吸收塔 auxiliary absorber
辅助洗涤剂 ancillary detergent
辅助系绳 auxiliary rope
辅助系绳装置 auxiliary rope-fastening device
辅助系数 contribution factor; contributory factor
辅助系统 auxiliary system; subordinate system; subsystem; supporting system
辅助系统道路 complementary system road
辅助系统控制设备 secondary system control facility
辅助下水渠 relief sewer
辅助显微镜 auxiliary microscope
辅助线 auxiliary conductor; auxiliary line; construction line; split line; subline; supplementary line; auxiliary road <厂矿内道路>
辅助线弧 private bank
辅助线路 secondary track
辅助线路所 auxiliary block post
辅助线圈 auxiliary coil; auxiliary winding
辅助线组 supplementary group
辅助相 auxiliary phase
辅助消能工 auxiliary energy dissipator; subsidiary dissipator
辅助小水泵 gathering pump
辅助楔 easing wedge
辅助泄水系统 secondary drain(age) system
辅助新汽进汽阀 auxiliary live steam admission valve
辅助信标 auxiliary beacon
辅助信贷业务 ancillary credit business
辅助信号 auxiliary signal; subsidiary signal; supplementary signal
辅助信号灯【铁】 auxiliary pilot lamp
辅助信号机 auxiliary signal; subsidiary signal
辅助信号继电器 pilot relay
辅助信息 ancillary information; information; supplementary
辅助信用 ancillary credit
辅助信用贷款 subsidiary credit
辅助行 secondary row
辅助性 subservience
辅助性操作 support operation
辅助性储存 auxiliary storage
辅助性道路 frontage street or road
辅助性等高线 supplementary contour
辅助性服务 subsidiary service
辅助性高速公路 relief motorway
辅助性工作 roughing-in
辅助性合成鞣剂 auxiliary syntan
辅助性零配件 auxiliary accessories
辅助性人防工程 auxiliary civil defense[defence]
辅助性任务 attaching task
辅助性实用新型 auxiliary utility model
辅助性特别存款 supplementary special deposit
辅助性诊断法 accessory diagnostic method
辅助性专题研究 associated case study
辅助性专业 helping professions
辅助修船坞 auxiliary repair dock
辅助修理干船坞 auxiliary repair drydock
辅助絮凝剂 auxiliary flocculent
辅助悬缆线 auxiliary messenger
辅助旋臂 supplementary radial arm
辅助选择器 auxiliary selector
辅助穴 <加强爆破力> relief hole [holing]
辅助巡洋艇 armed merchant; auxiliary cruiser
辅助循环 assisted circulation
辅助循环泵 auxiliary circulating pump
辅助循环管 assisted circulation pipe
辅助循环锅炉 associated circulation boiler
辅助压力泵马达 pilot pressure pump motor
辅助压缩机 auxiliary compressor; booster compressor
辅助压缩空气电动机 auxiliary compressor motor
辅助压载水舱 auxiliary ballast tank
辅助烟火报警钟 auxiliary smoke bell
辅助延伸臂 jib boom
辅助颜料 accessory pigment
辅助眼 supplementary hole
辅助眼爆破 easer shot
辅助验潮站 secondary tide station; subordinate tidal station
辅助堰 secondary weir; subsidiary weir
辅助阳极 auxiliary anode; boosting anode
辅助业务 auxiliary activity; indirect activity
辅助叶片 auxiliary blade
辅助叶片防磨板 auxiliary blade wear strip
辅助液力控制 hydraulic pilot control
辅助液压泵 auxiliary pump
辅助液压水泵 auxiliary water pump
辅助医疗装置 assist devices
辅助医务人员 paramedic; paramedical personnel
辅助仪表 accessory; additional instrument; auxiliary instrument; secondary instrument; supplementary instrument; supporting instrument
辅助仪器 accessory; additional instrument; ancillary instrument; auxiliary instrument; secondary instrument; supplementary instrument; supporting instrument
辅助异洞 auxiliary heading
辅助溢洪道 auxiliary spillway
辅助翼 <飞机的> aileron
辅助翼梁 secondary spar
辅助因素 cofactor
辅助阴极 auxiliary cathode
辅助阴极射线显示管 auxiliary cathode ray display tube
辅助引擎 jack engine
辅助应用块 secondary application block
辅助营救设备 secondary rescue facility
辅助硬质纤维板 service hardboard
辅助用表 supplementary table
辅助用具 auxiliary set
辅助用途 secondary use
辅助油泵 auxiliary oil pump
辅助油缸 slave cylinder
辅助油箱 reserve oil tank; service tank; supplementary reservoir
辅助油毡层 additional layer of felt; supplementary layer of felt
辅助诱导参数 auxiliary inductive parameter
辅助雨水池 storm-water standby; storm-water standby tank

辅助预加应力 auxiliary prestressing; auxiliary tensioning
辅助预算员 auxiliary estimator
辅助预压千斤顶 auxiliary prestressing jack
辅助原材料费用 secondary raw materials cost
辅助原料 auxiliary component; auxiliary(raw)material
辅助圆 auxiliary circle
辅助圆法 method of auxiliary circle
辅助源 auxiliary source; beam source; supplemental source
辅助运输 auxiliary haulage; subsidiary transport
辅助运输支线 branch line carrying feeder traffic
辅助运算 auxiliary operation
辅助增塑剂 extender plasticizer; secondary plasticizer
辅助增益控制 auxiliary gain control
辅助轧机 supplementary mill
辅助战略 supporting strategy
辅助站 auxiliary station; subordinate station; subsidiary station; supplementary station; tributary station
辅助账 auxiliary account
辅助账簿 auxiliary books; subsidiary book; subsidiary record
辅助账户 subsidiary account; subsidiary ledger; supplementary account
辅助照明 floor light; supplementary lighting; auxiliary lighting
辅助照明器 auxiliary illuminator
辅助针阀 auxiliary needle valve
辅助蒸汽阀 auxiliary steam valve
辅助蒸汽闸阀 auxiliary sluice valve
辅助(整流)极 interpole
辅助正交索 secondary trajectory cable
辅助正视图 auxiliary elevation
辅助证据 ancillary documents
辅助支撑 ancillary shoring; auxiliary shoring; relieving timber
辅助支承 auxiliary supporting
辅助支出 miscellaneous expenditures
辅助支管 secondary branch
辅助/支缓设备 auxiliary/support equipment
辅助支架 auxiliary stand; auxiliary support; steady rest; jack boom <挖掘机的>
辅助支索 preventer stay
辅助支柱 catch prop; helper post; jury strut; reinforcing post; relieving timber; subpost
辅助枝 accessory shoot
辅助直线 auxiliary straight line
辅助直线法 method of auxiliary straight line
辅助职工 auxiliary staff
辅助职业 auxiliary profession; supplementary occupation
辅助职业技能 subsidiary trade
辅助职员 auxiliary staff
辅助止回阀 donkey check valve
辅助指标 assistant index
辅助指令 housekeeping instruction
辅助指令缓冲器 auxiliary instruction buffer
辅助指路标志 supplementary direction(al)sign
辅助指示符 secondary indicator
辅助指数 subsidiary index number
辅助指向标 auxiliary beacon
辅助指向灯 auxiliary beacon
辅助指针 <钟表的> auxiliary finger
辅助制动缸 auxiliary brake cylinder
辅助制动管 auxiliary brake pipe
辅助制动机 supplementary brake
辅助制动器 auxiliary brake; retarder; secondary brake
辅助制动系统 secondary braking system
辅助制冷剂 auxiliary refrigerant
辅助制图资料 auxiliary cartographic(al)documents
辅助中继电台 booster station
辅助中心 auxiliary center[centre]
辅助终端 accessory terminal
辅助轴 accessory shaft; auxiliary shaft
辅助轴线 auxiliary axis
辅助主动者角色 coagent case
辅助柱 auxiliary column; princess post <后柱构架中的辅助柱>
辅助柱塞 kicker ram
辅助转储系统 secondary dump system
辅助转向泵 supplemental steering pump
辅助转向阀 supplemental steering valve
辅助转向刷电线束 system aevice supplemental steering harness
辅助转向架 auxiliary bogie
辅助转向系统 supplemental steering arrangement
辅助转向装置 secondary steering device; supplemental steering system; supplemental steering arrangement
辅助桩橛 auxiliary pole
辅助装定器 aided matching
辅助装货港 support of embarkation
辅助装配 auxiliary assembly
辅助装饰 parergon[复 parerga]
辅助装卸费 auxiliary handling charge
辅助装卸作业 auxiliary handling operation
辅助装置 accessory attachment; accessory block; adjunct; ancillary device; assistor; augmenter; auxiliary apparatus; auxiliary assembly; auxiliary device; auxiliary plant; auxiliary unit; booster; stand-by unit; subunit
辅助着陆装置 auxiliary landing gear
辅助资本 auxiliary capital
辅助资产 enabling assets
辅助资料 auxiliary data; auxiliary information; secondary data
辅助资源 auxiliary resources
辅助子程序 interlude; supplementary subroutine
辅助子午线 auxiliary meridian
辅助字 optional word
辅助字符 additional character
辅助总成 auxiliary unit
辅助总账 subsidiary ledger
辅助纵构件 auxiliary longitudinal member
辅助纵梁 false longeron; helper stringer
辅助钻工 driller's helper
辅助钻孔 easer(hole); satellite hole; slab hole
辅助钻孔测井 supplemental borehole logging
辅助钻探装置 auxiliary drilling device
辅助钻眼 satellite drilling
辅助作业 accessory system; auxiliary operation; less important work
辅助作业工时 man hours for auxiliary work
辅助作业过程 processing of auxiliary work
辅助作业人时 man hours for auxiliary work
辅助作业时间 subsidiary operation time
辅助作业拖轮 attendant tug
辅助作用 supplementary role
辅助坐标仪 additional coordinatograph
辅助座席 ancillary position; auxiliary position

腐胺 putrescine

腐败 corruption; decayed; pollution; putrefaction; putrefy; rancidity; septicity; spoil; taint
腐败臭气 putrefactive odo(u)r
腐败带 septic zone
腐败的 corrupt; putrefactive; putrid; rotten; unwholesome
腐败的污水 septic sewage
腐败毒 putromaine
腐败度 rate of spoilage
腐败发酵 putrefactive fermentation
腐败过程 decay process; putrefactive process
腐败剂 septic
腐败菌 putrefactive bacteria; putrefying bacteria
腐败率 decay rate
腐败排泄物 decaying excrement
腐败气泡 putrefying blebs
腐败气体 spoil gas
腐败食物 putrid food
腐败味 stale flavor
腐败稳定性 putrescibility
腐败物 dote; putrefaction; septic
腐败物处理厂 septic treatment plant
腐败下水 foul sewer
腐败性 putrescibility
腐败性的 putrid; septic
腐败性土壤菌 putrefactive earth bacteria
腐败性污水 septic sewage
腐败性物质 putrefactive substance
腐败性有机物 putrefactive organism
腐败有机物质发出的有毒气体 miasma[复 miasmata/miasmas]
腐败状态 septic condition
腐败作用 mo(u)ldering; putrefaction; putrescence; septic action
腐残土 muck
腐草土 grass mo(u)ld
腐臭 rancidity
腐臭的 frowy
腐臭的空气 reek
腐臭废水 stale wastewater
腐臭味 fetid odo(u)r; putrefactive odo(u)r
腐臭污水 stale sewage; stale wastewater; stinking sewage
腐黑酸 humin
腐黑物 humin
腐化 corruption; degeneration; dote; putrefaction; putrefy
腐化变色 foxiness
腐化材料 fossilized material
腐化槽 septic tank
腐化池 digestion tank; septic tank
腐化池加热 digestion tank heating
腐化池污泥 septage; septic tank sludge
腐化池污水 septic tank effluent
腐化池污水抽吸 septic tank effluent pump
腐化处理设备 septic treatment plant
腐化的 corrupt
腐化发酵法 fermentation septization process
腐化废水 septic wastewater; stale wastewater
腐化分子 corrupt element; corruptionist
腐化气体 septic gas
腐化条件 septic condition
腐化污泥 septic sludge
腐化污水 septic sewage; septic wastewater
腐化物 septage
腐化状态 septic condition
腐化作用 putrefaction; putrescence; septicization
腐坏 spoilage
腐坏的 unsound
腐坏木枕 decayed tie
腐坏事故 decay accident
腐坏污水 stale sewage
腐积土(壤)cumulose soil
腐节 <木材的> dead knot; rotted knot; rotten knot
腐解 decomposition
腐刻玻璃试剂 etching reagent
腐孔 <木材的> pocket rot
腐烂 damp off; decay; decomposition; doat; perish; putrefective process; putridity; rottenness; rotting; tainted
腐烂包 decayed sack
腐烂不负责 not responsible for decay
腐烂的 dozy; putrefactive; putrid; rotten; tabid
腐烂的电杆 dozy pole
腐烂的废物 putrescible waste
腐烂掉的 putrid
腐烂发酵 putrid fermentation
腐烂废物 putrescible waste
腐烂了的 carious
腐烂食物链 detritus food chain
腐烂速率 rate of decay
腐烂物 septic; ulcer
腐烂有机物 decaying organic matter
腐烂植物 rotted plant material
腐烂作用 decomposition; putrefaction
腐霉的 <木材> pecky
腐木 frowy; rotten lumber; rotten wood; sap rot
腐木变红 red rot
腐木节 rotted knot
腐木(霉)菌 weeping fungus[复 fungi]; wood-destroying fungus[复 fungi]; wood fungus
腐木污泥 humus sludge
腐木质体 ulminite
腐木状态 druxey; druxiness
腐泥 decay ooze; gyttja[复 gyttjor]; muck; putrid mud; sludge
腐泥泵 digested sludge pump
腐泥的 sapropelic
腐泥腐殖型 sapropelic-humic type
腐泥褐煤 saprodite
腐泥化阶段 saprofication stage
腐泥化组 sapropelinite group
腐泥化作用 saprofication
腐泥基质体 sapropelic groudmassinite
腐泥镜质体 saprovitrinite
腐泥煤 sapropelic coal; sapropelite
腐泥黏[粘]土 sapropel-clay; sapropelic clay
腐泥平原 muck flat
腐泥软褐煤 saprodil
腐泥土 cumulose soil; muckland; muck soil; saprolite
腐泥无烟煤 sapanthracite; sapropelic anthracite
腐泥型 sapropelic type
腐泥型源岩 sapropelic type source rock
腐泥亚烟煤 saprodite
腐泥烟煤 sapanthracon; sapropelic bituminous coal
腐泥岩 sapropetitie
腐泥沼泽土 muck-bog soil; muck-marsh soil

F

腐软泥 decay ooze
腐生的 saprobic; saprobiotic; saprogenic; saprogenous; saprophytic; saprotrophic
腐生动物 saprozoite
腐生过渡侵染 saprophytic transitional infection
腐生阶段 saprophytic phase
腐生菌 metatrophic bacteria; saprobe; saprophyte
腐生链 saprophyte chain
腐生软泥 saprogenous ooze
腐生生活 saprophytism
腐生生物 sapregen; saprobe; saprobic organism; saprobiont; saprophyte
腐生生物带 saprobic zone
腐生物 saprophage
腐生系统 <污水生物系统> saprobic system
腐生细菌 saprophytic bacteria
腐生现象 saprophytism
腐生型 saprophytic form
腐生营养 metatrophy; saprophytic nutrition
腐生真菌 saprophytic fungus
腐生植物 saprophyte; saprophytic plant
腐生植物群落 saprium
腐蚀 attachment attack; attack; bite; biting-in; cauterize; cautery; corrode; corrosion; corrosive attack; eat(ing) away; eat into; erode; erosion; saprophage
腐蚀凹斑 etched dimple
腐蚀凹板 etching plate
腐蚀斑 staining
腐蚀斑点 corrosion pit
腐蚀板 etched plate
腐蚀版印刷用纸 etching paper
腐蚀保护薄膜 corrosion protection foil
腐蚀变质混凝土 spoiled concrete
腐蚀标本 corrosion specimen
腐蚀不敏感区 corrosion immunity region
腐蚀部位 corrosive location
腐蚀残渣 etching residue
腐蚀槽 etching trough
腐蚀槽纹数字化法 deep etched digitizing method
腐蚀层 humus layer; stratum of humus
腐蚀(产生的)污染 corrosion contamination
腐蚀产物 corrosion product
腐蚀沉淀物 crude
腐蚀程度 corrosiveness
腐蚀促进 corrosion-promoting
腐蚀促进剂 corrosion promoter
腐蚀促进室 corrosive attach chamber
腐蚀脆化 corrosion embrittlement
腐蚀脆性 corrosion embrittlement
腐蚀大气 marine atmosphere
腐蚀大气测试器 corrosive atmosphere tester
腐蚀到所需频率 etching to frequency
腐蚀的 eating; erodent; erosive; pyrotic
腐蚀的支柱 erosion pillar
腐蚀的阻力 inhibition of corrosion
腐蚀等级 corrosion scale
腐蚀点 point of attack
腐蚀电池 corrosion cell
腐蚀电极 corroding electrode; corrosion target
腐蚀电流 corrosion current
腐蚀电势 corrosion[corrosive] potential
腐蚀电位 corrosion[corrosive] potential
腐蚀掉 etch off
腐蚀度 corrosivity; erosiveness
腐蚀断裂 corrosion crack(ing); corrosion fracture
腐蚀法 corrosion-tank finishing process; deep-etch method; etched foil process; etching
腐蚀法印成线路 etched wiring
腐蚀法印刷电路 etched wiring
腐蚀反应 corrosion reaction
腐蚀方向 etching orientation
腐蚀防护 corrosion control; corrosion prevention
腐蚀防护打底涂层 corrosion protection prime coat
腐蚀防护盖层 corrosion protection blanket
腐蚀防护灌浆 corrosion protection grout
腐蚀防护剂 corrosion protection agent; corrosion protective(agent)
腐蚀防护砂浆 corrosion protection mortar
腐蚀防护涂层 corrosion protection coat(ing)
腐蚀防护涂料 corrosion protection primer
腐蚀防护稀浆 corrosion protection slurry
腐蚀防护颜料 corrosion protection pigment
腐蚀防护油漆 corrosion protection paint
腐蚀防护组成物 corrosion protection composition
腐蚀防止 corrosion preventive
腐蚀防止法 corrosion control
腐蚀防治 corrosion control
腐蚀废水 waste caustic
腐蚀分类 corrosion classify
腐蚀伏特计 corrosion voltmeter
腐蚀干扰 corrosion troubles
腐蚀干涉法 etching-interfering method
腐蚀海水 corrosion seawater
腐蚀耗损 corrosive wear
腐蚀耗损试验 corrosive wear test
腐蚀和裂缝控制 corrosion and crack control
腐蚀后状态 corroded condition
腐蚀环境 corrosive environment
腐蚀混凝土 etched concrete
腐蚀货 humus
腐蚀机理 corrosion mechanism; mechanism of corrosion
腐蚀机制 corrosion mechanism; mechanism of corrosion
腐蚀计 corrosion ga(u)ge; corrosometer
腐蚀剂 abrasive paste; agent of erosion; aggregate agent; aggressive agent; caustic; cautery; corrodent; corroding agent; corrosive; corrosive agent; corrosive chemicals; erodent; escharotic; etchant; mordant
腐蚀剂点棒 caustic holder
腐蚀加重 surrosion
腐蚀尖峰 corrosion peak
腐蚀监控 monitoring of corrosion
腐蚀减轻 corrosion mitigation
腐蚀(检)测点 corrosion ga(u)ge point
腐蚀检查 corrosion survey
腐蚀胶体 humic colloid
腐蚀截割法 etch cut method
腐蚀介质 corrosion environment
腐蚀金 acid gilding
腐蚀井 corrosive well
腐蚀开裂 cracking due to corrosion
腐蚀开裂倾向 tendency to corrosion cracking
腐蚀颗粒 aquatint grain
腐蚀坑 etch pit
腐蚀坑法 etch-pit method
腐蚀孔点 etch hole
腐蚀控制 corrosion control
腐蚀控制管理 operational corrosion control
腐蚀类型 corrosion type
腐蚀裂缝 corrosive check; corrosive shakes
腐蚀鳞片 corrosion scale
腐蚀瘤 tuberculation
腐蚀铝板 etched alumin(i)um plate
腐蚀率 corrosion rate; rate of corrosion
腐蚀络合物 humic complex
腐蚀麻点 pit hole; pitting corrosion
腐蚀面 etched surface
腐蚀敏感性 corrosion sensitivity; susceptibility to corrosion
腐蚀膜层 corrosion film
腐蚀磨损 corrosive wear
腐蚀墨 etching ink
腐蚀凝胶 humic gel
腐蚀抛光法 attack polishing method
腐蚀疲劳 corrosion fatigue
腐蚀疲劳参数 corrosion-fatigue parameter
腐蚀疲劳极限 corrosion fatigue limit
腐蚀疲劳试验机 corrosion fatigue testing machine
腐蚀品 corrosive article; corrosives
腐蚀破裂 corrosion crack(ing)
腐蚀铅 corroding lead
腐蚀切割 etch cutting
腐蚀切割法 etch cutting method
腐蚀区 corrosion region
腐蚀趋势 corrosion tendency
腐蚀溶液 etching solution
腐蚀蠕变试验 corrosion creep test
腐蚀伤 caustic trauma
腐蚀深度 corrosion depth; etch depth
腐蚀深度指数 corrosion depth index
腐蚀试片 corrosion coupon; corrosion spool
腐蚀试验 corrosion test; etching test
腐蚀试验台试验 corrosion rig test
腐蚀速度 corrosion rate; corrosive velocity; rate of corrosion
腐蚀速度特性 rate-dependent character of corrosion
腐蚀速率 corrosion rate; rate of corrosion
腐蚀酸 corrosive acid; etching acid; humic acid
腐蚀隧道 etch channel
腐蚀损耗 corrosion loss
腐蚀损坏 corrosion damage; corrosion troubles
腐蚀损失 corrosion loss
腐蚀探针 corrosion probe
腐蚀图案 etch pattern
腐蚀图形 etch pattern
腐蚀危害 corrosion hazard
腐蚀稳定性 corrosion stability
腐蚀问题 erosion problem
腐蚀污泥 humus sludge
腐蚀污染 corrosion pollution
腐蚀污染物 corrosion contaminant; corrosion pollutant
腐蚀物 corrosive
腐蚀系数 coefficient of corrosion; corrosion coefficient
腐蚀现象 corrosion phenomenon
腐蚀限度 corrosion allowance
腐蚀陷斑 etch pit
腐蚀效应 corrosion effect; corrosive effect
腐蚀锌板 etched zinc plate
腐蚀行为 corrosion behavio(u)r
腐蚀型突变体 corroded mutant
腐蚀性 aggressive action; causticity; corrosive characteristic; corrosiveness; corrosivity
腐蚀性测定计 corrosometer
腐蚀性脆化 caustic embrittlement
腐蚀性的 aggressive; caustic; corrosive; escharotic; mordant
腐蚀性的木染料 mordant for staining wood
腐蚀性毒物 corrosive poison
腐蚀性废水 corrosive waste; waste caustic
腐蚀性焊剂 corrosive flux
腐蚀性化合物 corrosive compound
腐蚀性化学品 corrosive chemicals
腐蚀性环境 aggressive condition; corrosive environment
腐蚀性货物 corrosive cargo; corrosive goods
腐蚀性检测 corrosivity monitoring
腐蚀性磨损 corrosive wear
腐蚀性磨损试验 corrosive wear test
腐蚀性能 attacking power; corrosion behavio(u)r; corrosive nature
腐蚀性能力 attacking power
腐蚀性气体 active gas; aggressive fume
腐蚀性侵蚀 abrasive erosion
腐蚀性取样器 corrosive sampler
腐蚀性溶液 corrosive solution; aggressive solution
腐蚀性试样 corrosive sample
腐蚀性水 aggressive water; corrosive water
腐蚀性涂料 etching primer
腐蚀性污水 corrosive sewage; strong sewage
腐蚀性物品 corrosive corporation; corrosive substance
腐蚀性物质 corrodent; corrosive substance
腐蚀性掩模 etching mask
腐蚀性液体泵 corrosive liquor pump
腐蚀性因素 corrosive element
腐蚀性元素 corrosive element
腐蚀性杂质 corrosive impurity
腐蚀性灼伤 corrosive burn
腐蚀研究 corrosion research
腐蚀衍生物 corrosion product
腐蚀抑制 corrosion inhibiting
腐蚀抑制剂 corrosion inhibitor
腐蚀抑制作用 effect of corrosion inhibition
腐蚀因素 corrosion factor
腐蚀应力 corrosion stress
腐蚀有机质 humic organic matter
腐蚀淤泥 abrasive silt
腐蚀余度 corrosion allowance
腐蚀余量 corrosion allowance
腐蚀余裕厚度 <钢桩等的预计腐蚀量> corrosion margin
腐蚀裕度 allowance for corrosion; corrosion allowance
腐蚀增重作用 surrosion
腐蚀沾染物 corrosion contaminant
腐蚀枕木 decayed tie; doty sleeper
腐蚀指数 scaling index
腐蚀制版 engraving
腐蚀制版车间 etching room
腐蚀制版法 deep-etching
腐蚀制版机 etching machine
腐蚀质化合物 humic compound
腐蚀阻抑剂 corrosion inhibitor
腐蚀作用 aggressive action; corrosion attack; corrosion behavio(u)r; corrosion process; corrosive action; corrosiveness; corrosivity; erosive attack; work of erosion
腐熟度 putrescibility
腐熟堆肥 matured compost
腐熟腐殖质 mull
腐熟厩肥 rotted manure

腐土 buried soil;mulch
腐土开挖 muck excavation
腐污水 humus sewage;stale sewage
腐心的 pumped
腐朽 decay;dote;rot;doze < 木材 >;doat < 木材瑕疵 >
腐朽变红 red rot
腐朽材 punky wood
腐朽的 carious;doted;punk;putrefective;rotten;doty < 指木材等 >
腐朽过程 putrefective process
腐朽基质 rotten bottom
腐朽节 punky knot;rotted knot;rotten knot;decayed knot
腐朽菌 rot-fungi
腐朽木材 decayed timber;dosy timber;dote;dote timber;doty wood;rotten wood;unsound wood
腐朽木节 unsound knot
腐朽木料 decayed timber
腐朽试验 rot test
腐朽条纹 rotten streak(ing)
腐朽物 dote
腐朽心材 red heart
腐朽枕木 decayed tie;doty sleeper
腐锈斑 aerugo
腐叶 rotted leaf
腐叶层 mull leaf beds
腐叶色 leaf mo(u)ld
腐叶土 leaf mo(u)ld
腐液 ichor;sanies
腐鱼尸碱 septicine
腐沼 palus putredinis
腐殖层 humus layer;humus stratum;stratum of humus
腐殖(沉淀)池 humus tank
腐殖的 humi(di)fied
腐殖肥料 humic fertilizer
腐殖腐泥煤 humosapropelic coal
腐殖腐泥型 humic-sapropelic type
腐殖覆盖物 humic mulch
腐殖黑泥 gyttja[复 gyttjor]
腐殖化 humify
腐殖化的 humified
腐殖化模量 humification modulus
腐殖化有机质 humified organic matter
腐殖化作用 humification
腐殖镜质体 humovitrinite
腐殖硫 humic sulfur
腐殖煤 humic coal;humolite;humus coal
腐殖泥 humic mud;humic soil;putrid mud;sod;sapropel
腐殖泥湖 humic mud lake
腐殖凝胶 < 泥炭中的 > dopplerite
腐殖酸 humic acid;humus acid
腐殖酸分解细菌 humic acid decomposing bacteria
腐殖酸复合肥 humic acid combined fertilizer
腐殖酸钙 calcium humate
腐殖酸钾 potassium humate
腐殖酸铝 alumin(i)um humate
腐殖酸氯化 humic acid chlorination
腐殖酸钠 sodium humate
腐殖酸侵蚀 humic acid attack
腐殖酸水体 humic acid waters
腐殖酸铁 ferric humate
腐殖酸酰胺 humic acid acetamide
腐殖酸盐 humate
腐殖酸用煤 coal for humic acids
腐殖酸酯 humate
腐殖土 earth humus;humic soil;humus(soil);leaf mo(u)ld;muck;vegetable soil;raw humus
腐殖土料 sapric material
腐殖土壤 cumulose soil;vegetable mo(u)ld
腐殖土挖掘铲斗 humus bucket
腐殖微暗煤 humodurite
腐殖物质 humic substance
腐殖型 humic type
腐殖型源岩 humic type source rock
腐殖岩 humulite;humulith
腐殖叶 leaf mo(u)ld
腐殖营养湖 dystrophic lake
腐殖淤泥(沼池) sapropel putrid ooze
腐殖质 humic compound;humic matter;humics;humus;straw mulch
腐殖质层 H-horizon;H-layer;humus horizon;humus-rich layer;layer of humus;mo(u)ld cover
腐殖质沉淀池出水 humus tank effluent
腐殖质沉积池 humus tank
腐殖质的形成 humus-formation
腐殖质沸石复合体 humus-zeolite-complex
腐殖质覆盖层 humic mulch
腐殖质含量 humus content
腐殖质河底 rotten river bottom
腐殖质红壤土 rubrozem
腐殖质红色土 rubrozem
腐殖质化 humification
腐殖质碱土 humus alkali soil
腐殖质块 dopplerite
腐殖质煤 humus coal
腐殖质黏[粘]土复合体 humus-clay complex
腐殖质石灰土 rendizina;rendzina soil
腐殖质水湖 humic water lake
腐殖质碳酸岩土 humic carbonated soil;humus carbonate soil
腐殖质土 humus carbonate soil;humus soil;muck soil
腐殖质污泥 humus sludge
腐殖质物质 humic matter
腐殖质营养理论 theory of humus nutrition
腐殖质有机土 cumulose soil
腐殖质淤泥 sapropel
腐殖质沼泽群落 oxodium;oxylium
腐殖质植物 humus plant
腐殖质植物群落 oxygeophytia
腐殖烛煤 humic-cannel coal
腐殖组 huminite
腐殖作用 humification
腐致靛蓝 rank indigo

父母浴室 parent's bath

付持票人 payable to bearer;payable to holder;pay to bearer
付出 defrayal;defray(ment);paying out;payment
付出代价 pay a price
付出额 disbursement
付出款 disbursement
付代理人 subagent
付定金 pay down
付定钱 buy the refusal of;pay earnest money
付方 credit side;payment side
付费 pay-dues
付费读验机 fare reader
付费区 paid area
付费线 < 地下工程土石方开挖范围 > pay line
付费重量 payload
付高价 pay heavy price;pay through the nose
付给 defrayal;defray(ment)
付给甲银行 pay to the order of A bank
付给来人 payable to bearer
付给者 payer;payor
付工资用的支票 pay cheque
付红利股票 dividend payable shares;dividend paying stock
付还 refund(ing);reimburse;reimbursement;repay
付还不适当的费用 refunding for improper charges
付甲公司 pay A corporation
付价厚度 pay thickness
付价款 in payment for
付价线【岩】 payment line
付款 disburse money;make payment;quittance
付款保证 guarantee of payment;payment guarantee
付款表 list of payment;schedule of payments
付款不足 underpayment
付款簿 pay in book
付款测量 contract payment survey
付款承诺 commitment
付款程序 disbursement procedure
付款处 paying counter;cash
付款单据 documents against payment
付款担保 payment bond
付款到期日 date to which payment becomes due
付款的浚挖竣工高程 pay dredged level
付款地点 place of payment
付款额 in payment of;payment
付款方法 payment
付款方式 basis of payment;terms of payment;type of payment
付款工程量 pay quantity
付款规定 provision as to payment;stipulation of payment
付款国 country of payment
付款后交付单据 documentary against payment
付款后提货 cash before delivery
付款计划 schedule of payments
付款计划表 estimated contract payment
付款交单 cash against payment;documents against payment
付款交单汇票 document against payment bill
付款交货 delivery against payment;delivery on payment
付款截止日 due date for payment
付款进度表 payment schedule
付款命令 payment order
付款票据 bill for payment
付款凭单 disbursement voucher;order of payment;warrant
付款凭单制 voucher system
付款凭据 evidence of payment
付款凭证 certificate for payment;certificate of payment;evidence of payment;paying certificate;payment voucher
付款期(限) payment term;time for payment;time of payment;prompt
付款清单 bill of payment;paying list;schedule of payments
付款区 paid area
付款权 authority for payment
付款人 payee;payer[payor];drawee < 汇票的 >
付款日 cash day;pay day;term day
付款日程表 payment schedule
付款日记账 disbursement journal
付款日期 date of payment;due date
付款申请(书) application for payment;requisition for payment;requisition for payment of money;payment request
付款说明书 schedule of values
付款台 checkout
付款条件 payment terms;credit terms;payment condition;term of payment
付款通知 payment order payment
付款通知单 advice of payment;draft;draft order;notice of payment;payment order;requisition for payment
付款通知书 advice of payment;bill of credit;draft;notice of payment;requisition for payment;payment order
付款委托书 payment order
付款线【岩】 payment line
付款项目 pay item
付款项目说明 contract item
付款协议书 stipulated sum agreement
付款行 drawee bank;paying bank
付款迅速 prompt in answering payment
付款延期 indulgence
付款银行 paying agent;paying bank
付款账单 account rendered
付款账户 account of disbursements;account of payments
付款证明 < 用以解除留置权 > lien release
付款证(明)书 certificate for payment;certificate of payment
付利息的债券 active debt
付讫 account paid;account settled;fully paid;paid;paid-up;payment in full
付讫百分率 percentage paid off
付讫戳记 paid stamp
付讫的 prepaid
付讫的分期支付款项 instal paid
付讫股票 fully paid share
付讫票据 discharged bill
付讫前无佣金 no commission until paid
付讫支票 cancelled check;paid-up cheque
付欠款(结账)日 account day
付清 clear;paid off;pay in full;payoff;pay up;refundment;settle up;take
付清百分率 percentage paid off
付清本息 retire
付清贷款本息 net payoff
付清股份 fully paid share
付清欠账 give a good account of oneself
付清赊账期限 net credit period
付清所欠余款 clean off balance outstanding
付清尾款 final payment
付清债券 settle a debt by payment
付清账 clear off an account;pay the reckoning
付全部工资的休假 leave on full salary
付税 pay-dues;payment of duties
付税后纯利 net profit after taxation
付税后收益 after-tax yield
付税能力 taxable capacity
付税能力原则 ability-to-pay principle
付条件承兑 subsequent acceptance
付土地税 pay land taxes
付息 payment of interest
付息单 interest warrant
付息及税前利润 earnings before interest and tax
付息期 interest payment period
付息日 interest(paying) date;interest payment date
付现 for cash;hard cash;on the barrel head;payment in cash;ready payment
付现成本 outlay cost;out-of-pocket cost
付现后交货 cash before delivery
付现后提货 cash before delivery
付现交单 cash against documents;

F

cash on documents
付现交易 for cash
付现金 cash payment; for cash; pay ready money
付现金价格 cash price
付现金交货 cash before delivery
付现款 ready payment
付现钱 cash payment; for cash; pay ready money
付现市场 cash market
付现条件 cash term
付现无折扣 cash without discount
付现折扣 cash discount; prompt cash discount
付现制造成本 out-of-pocket manufacturing cost
付项 creditor side
付项金额 amount of credit side
付样组合法 composite sampling method of duplicate sample
付一部分 payment in part
付印样 clean proof
付邮 consign a letter to the post
付与拍卖 auction put up for
付与投保人的最高赔偿金额 capital sum
付运费的货物 payload
付运日期 date of shipment
付账 pay a bill; payoff a score; pay one's score; pay the reckoning; pick-up the lab; settle a bill; settle a claim; settle bill; with off a score
付账后离去 checkout
付之拍卖 put up for auction
付执票人 payable to holder
付诸实施 to put into effect; to put into practice
付……租费 pay for the hire of
付租金 pay rent
付足 paid-up; payment in full
付足价值 pay full value

妇

妇产科 department of gynecology and obstetrics

妇产科医院 obstetrical and gynecological hospital
妇产医院 hospital for gynecology and obstetrics; lying-in hospital
妇科用椅 obstetric chair
妇科诊察床 gynecological examining table
妇女更衣室 women's changing room
妇女俱乐部 sorosis
妇女美发厅 women hairdressing shop
妇女室 women quarter
妇女卫生盆 bidet
妇女休息室 women drawing room
妇女用品商店 boutique; ladies' shop; millinery store; women's shop
妇女专用房间 <古希腊、古罗马建筑中的> gynaeceum
妇外科 gynecological surgery
妇婴保健院 maternity and infant healthy institute
妇幼保健站 health center for women and children; maternity and child care center[centre]

负

负……的责任 charged with

负一次方帕(斯卡) Pascal to the power minus one
负板板 negative plate
负半定矩阵 negative semi-definite matrix
负变压的 katabaric; katallobaric
负变压线 katallobar
负变压中心 isallobaric low; katallobar
负变质作用 parametamorphism
负标高 invert elevation
负表面电荷 negative surface charge
负表面摩擦力 negative mantle friction; negative skin friction
负表皮摩(擦)阻力 negative skin friction
负表压 negative ga(u)ge pressure; subatmospheric(al) pressure
负波 negative surge; negative wave
负波带 negative zone
负波带片 negative zone plate
负部 minus zone
负参量器件 negative-parameter device
负残影 negative after-image
负残余结构 para-relict texture
负差 minus tolerance; negative difference
负差额 negative balance; negative spread
负差率 negative difference rate; negative differential
负差异 negative variance; unfavo(u)rable variance
负产出 negative output
负超几何分布 negative hypergeometric distribution
负衬砌抗力 negative lining-resistance
负承压底层 negative confining bed
负承压隔水底层 negative confining bed
负承压水井 negative artesian well
负承压水头 <井内自由水面低于地下水位时> negative artesian head
负持有 negative carry
负赤纬 minus declination
负冲角 negative angle of attack
负出口 negative export
负储蓄 dissaving; negative saving
负触变性 negative thixotropy
负触发脉冲 negative triggering pulse
负穿透性 negative penetrability
负磁极 negative pole
负磁泡点阵 negative bubble lattice
负磁异常区 negative magnetic anomaly area
负磁致电阻 negative magnetoresistance
负催化剂 anti-catalyst; anti-catalyzer; negative catalyst
负催化性 anti-catalytic property
负催化作用 negative catalysis
负单轴晶体 uniaxial negative crystal
负担 bear; burden; encumbrance; imposition; load; onus; responsibility; tax; tote
负担保险损失 contribution
负担不重的 untaxed
负担的义务 obligation assumed
负担法则 law of incidence
负担费用 bear expenses; foot the bill; pay for
负担过度 over-tax
负担经费 bear expenses
负担均等化 equalization of burden
负担利息 bearing interest; bear interest
负担能力定价 price making according to burden capability
负担能力原则 ability-to-pay principle
负担税收 tax loading
负担税收者 tax-loaded
负担损失 bear a loss
负担系数 dependency coefficient
负担载重长度 <车底板> load-bearing length
负担责任令 charging order
负担支付 cover
负担重债 carry heavy debt
负担专利税者 royalties-loaded
负担转嫁 shifting of burden
负氮平衡 negative nitrogen balance
负导抗变换器 negative immittance converter
负导抗转换器 negative immittance converter
负导线 negative conductor
负的 negative
负的渐开线 <齿轮的> minus involute
负的速度匹配 negative stuffing
负的应税利润 negative taxable profits
负的影响面积 negative area of influence
负抵押 negative pledge
负地热梯度 negative geothermal gradient
负地热异常 negative geothermal anomaly
负地形 negative landform; negative relief
负地形单元 negative topographic(al) unit
负地形单元上的负单元 the negative unit on negative unit
负地形单元上的正单元 the positive unit on negative unit
负电 minus electricity; negative electricity
负电导 negative conductance
负电荷 minus charge; negative charge
负电荷基 negative charge group
负电荷离子 negatively charged ion
负电荷离子射线 cathode ray; negative ion ray
负电荷量 amount of negative charge
负电极 negative electrode; cathode
负电极片 negative strap
负电接头 negative contact
负电流 negative current
负电路联锁装置 negative circuit interlock
负电势 negative potential
负电刷 negative brush
负电位 negative potential
负电性 electronegativity
负电性的 electronegative
负电性环境 electronegative ambient
负电性金属 electronegative metal
负电性离子 negatively charged ion; negative ion
负电性凝胶 electronegative gel
负电性气体 electronegative gas
负电性元素 electronegative element
负电压 negative voltage
负电源 negative supply
负电子 negative electron; negatron
负电子衰变 negatron decay
负电阻 negative resistance
负电阻器件 negative resistance device
负电阻区 negative resistance region
负电阻特性 negative resistance property
负电阻温度系数测辐射热计 negative-α bolometer
负电阻中继器 negative resistance repeater
负定函数 negative definite function
负定矩阵 negative definite matrices; negative definite matrix
负定向 negative orientation
负定型 negative definite form
负定义 negative definite
负端 minus side
负端子 negative terminal
负对角占优 dominant negative diagonal
负多项分布 negative multinomial distribution; negative polynomial distribution
负多项式分布 negative multinomial distribution
负鲕 minus ooid
负二进制零 negative binary zero
负二项分布 negative binomial distribution
负二项分布拟合法 negative binomial distribution simulation method
负反馈 degeneration; degenerative feedback; inverse feedback; negative feedback; negative reaction; reverse feedback
负反馈的 degenerative
负反馈电路 negative feedback circuit
负反馈放大器 degenerative amplifier; degenerative feedback amplifier
负反馈环 negative feedback loop
负反馈激光器 negative feedback laser
负反馈控制 negative feedback control
负反馈链 negative feedback link
负反馈耦合 inverse back coupling; negative feedback coupling
负反馈调节 degeneration control
负反馈稳定器 degenerative stabilizer
负反馈系数 degeneration factor; negative feedback factor
负反馈系统 negative feeding system
负反馈线圈 reversed tickler
负反馈因数 negative feedback factor
负反馈自激 negative feedback self-oscillation
负反馈自振 negative feedback self-oscillation
负反力 negative reaction
负反应 negative reaction
负方向 negative direction
负房租 <即免付房租,并得水电、煤气补贴> negative rent
负放水波 negative release wave
负非线性相关 negative non-linear correlation
负分流电导 negative shunt conductance
负封闭层 negative confining bed
负峰(值) negative peak
负浮动 negative float
负浮力 negative buoyancy
负浮射流 negative buoyancy jet
负符号 minus symbol
负符号等级 negative signed rank
负辐射 negative radiation
负赋税 negative tax
负概念 negative concept
负干扰 negative interference
负感密度 solarization density
负感曲线 solarization curve
负感现象 solarization
负感像 solarization image
负感作用 solarization
负刚度 negative rigidity; negative stiffness
负钢筋 negative reinforcement
负高 negative altitude
负根 negative root
负工资税 negative wage tax
负公差 negative tolerance
负公差尺寸 undersize
负功 negative work
负功回线 negative loop
负共同连带责任 liable jointly and severally
负贡献毛益 negative contribution margin
负构造运动 bathygenesis
负关系 negative relationship
负光电导性 light-negative
负光电导性的 photonegative

负光电效应 photonegative effect
负光焦度 negative power
负光性 negative character
负光性晶体 optic(al)negative crystal
负轨道 negative rail
负"鬼影" negative ghost
负过载 minus g;negative g
负过载容限 negative g tolerance
负海滨线 negative shoreline
负函数 negative function
负号 minus;minus sign;negative indication;negative sign
负号的 subtractive
负号端子 minus terminal
负号输入 negative entry
负号树 minus tree
负号位 minus zone
负号指示 negative indication
负河口湾 negative estuary
负荷 load(ing);load up
负荷按比例调整系统 load proportioner system
负荷百分率 percent load
负荷摆动 load swing
负荷板限变换器 load-limit changer
负荷半径 <起重机> load radius
负荷饱和曲线 load saturation curve
负荷比 duty ratio;load ratio
负荷比例线 load ratio line
负荷臂 load arm
负荷变动 load change;load variation
负荷变动图 load chart
负荷变化 change in load;load change;load swing;load variation;variation in load
负荷变化系数 load diversity factor
负荷变化因数 load diversity factor
负荷变化自动控制 loadamatic control
负荷变形 load deformation
负荷变形关系 load-deflection rate
负荷变形曲线 load-deformation curve
负荷变形曲线图 load-deformation diagram
负荷变压器 load transformer
负荷变质作用 load metamorphism
负荷标准 load(ing)criterion
负荷表 load meter
负荷波动 fluctuation of load;load fluctuation;load swing;load variation
负荷波纹 load wave
负荷补偿 load compensating
负荷不足 under load;underloaded;underloading
负荷测定 load measurement
负荷测定装置 load measuring device
负荷层 laying loaded;laying of loaded material
负荷差异 load diversity
负荷差异因数 load diversity factor
负荷程序控制 programmed load control
负荷持续时间曲线 load duration curve
负荷冲动 step-change load swing
负荷冲击 load impact;load shock
负荷传感液压油泵 load sensing hydraulic pump
负荷带上 load thrown on
负荷单位 load unit
负荷导电箱 loading conductivity box
负荷的 load carrying;weighted
负荷的测量 load measure
负荷的分配 burden apportionment
负荷的三角分配 triangular load distance
负荷的时变化 hour-to-hour fluctuation of load
负荷的中断 break of load
负荷等级 load class;load level
负荷点 point of load
负荷电抗 load reactance
负荷电流 load current
负荷电流表 load-current meter
负荷电路 load circuit
负荷电纳 load susceptance
负荷电容器 load capacitor
负荷电压 load voltage
负荷电阻 loading resistor;load resistance
负荷电阻光电管 load-resistance photocell
负荷电阻箱 load box
负荷调度中心 load dispatch center [centre]
负荷定额 load rate;"on tire" load rating
负荷定额表 load rating chart
负荷动态阻抗 loaded motional impedance
负荷端 load side
负荷段 <皮带输送机的> loaded belt
负荷吨/时 capacity ton/hour
负荷反馈 load backfeed;loading-back
负荷反向 load reversal
负荷反应 load reaction;load response
负荷反应器 load governor
负荷范围 load range;load zone;range of load
负荷方向 direction of loading
负荷分布 distribution of load;load diffusion;load distribution
负荷分布曲线 load distribution curve
负荷分布图 load chart
负荷分布性质 load-spreading property
负荷分离点 load separation point
负荷分配 allocation of burden;burden apportionment;burden distribution;load distribution;load sharing;partition of load
负荷分配阀 load-dividing valve
负荷分配矩阵开关 load-sharing matrix switch
负荷分配开关 load-sharing switch
负荷分配中心 load-dispatching center [centre]
负荷分区 load division
负荷分散 load diffusion
负荷分析器 load analyser[analyzer]
负荷峰值 load peak
负荷幅度 load range
负荷改变 changing load
负荷隔离器 load isolator
负荷给定装置 load setting gear
负荷跟踪 load following
负荷工作的发动机 heavy-duty engine
负荷功率 load power
负荷构成 load structure
负荷构造 load structure
负荷估计 load prediction
负荷估算 load estimate;load estimation
负荷贯入曲线 load-penetration curve
负荷滚轮 loading roller
负荷很大的交叉口 busy crossing
负荷滑动曲线 load-slip curve
负荷换挡装置 load-limit changer
负荷活塞式压力表 piston-type pressure ga(u)ge for load
负荷及路面对车辆 loading and road shock
负荷极限 load limit(ation);range of load
负荷极限开关 load limit switch
负荷计 load ga(u)ge
负荷计划 load scheme
负荷计数管 dip counter
负荷计算 loading calculation
负荷计算器 loading calculator
负荷记录 load record
负荷剂量 loading dose
负荷继电器 load relay
负荷尖峰 load peak
负荷减低 load reduction
负荷减少概率 loss of load probability
负荷减少期望值 loss of load expectation
负荷减载 load reduction
负荷检查器 high rate discharge tester
负荷降低 load reduction
负荷降低影响 load-reducting influence
负荷交叉线 load cross line
负荷角 load angle
负荷校准 load verification
负荷截面 cross-section of load
负荷矩阵 matrix of loadings
负荷开关 load switch;on-load switch;switch disconnector
负荷靠背架 load backrest
负荷控制 load control
负荷控制器 load governor
负荷力 holding power;load-carrying force
负荷力矩显示装置 load moment device
负荷历时曲线 load duration curve
负荷联合试车费 expense of overall testing with load
负荷量 load(ing)capacity;magnitude of load;payload
负荷量计算 load flow calculation
负荷量调节器 load proportioner
负荷灵敏度 load sensitivity
负荷流动构造 load-flow structure
负荷率 burden rate;charge volume;demand factor;loading rate;load ratio;rate of loading;rating;specific load
负荷煤气表 demand meter
负荷密度 density of load;load density
负荷面积 area of bearing
负荷敏感元件 load sensitive device
负荷模 load mo(u)ld
负荷模拟试验 simulated toad test
负荷囊 load pocket;load pouch
负荷挠度曲线 load-deflection curve
负荷能力 carrying capacity;load-carrying capacity;loading capacity;overloading capacity;free on wheel duty <起重机车轮无支护时的>
负荷扭矩 load torque
负荷配置 load allocation
负荷偏心率 eccentricity of load
负荷频率控制 load frequency control
负荷平衡 load equalization;load level(l)ing;load matching
负荷期 period of loading
负荷强度 density of load;loading intensity
负荷情况 load condition
负荷球 load ball
负荷区 loading area
负荷区效率因数 efficiency load-range factor
负荷区域 load area
负荷曲线 curve of loads;demand curve;load diagram;load(ing) curve;load profile
负荷曲线低谷 load valley
负荷曲线图 load chart;load diagram;load pattern
负荷曲线峡谷 dip of load curve
负荷扰动 load disturbance
负荷容量 load(-carrying)capacity
负荷容器传感器 load cell transducer
负荷上升率 load uprise;load up variation
负荷伸长曲线 load-elongation curve
负荷升高 loading up
负荷时间 duration of load application
负荷时间率 load hour factor
负荷时清洗 on-load washing
负荷势 <土壤水的> overburden potential
负荷试验 burden test;carrying capacity;load(ing)test(ing)
负荷试验线【铁】 load-carrying test track
负荷数据单 loading data sheet
负荷数量 load magnitude
负荷速度 load speed
负荷速度关系 load velocity relation
负荷损耗 load loss
负荷损失 load loss
负荷损失概率 loss of load probability
负荷索引寄存器指令 load index register instruction
负荷弹簧 loading spring
负荷塘 loading pool
负荷特性 bearing characteristic;load-bearing characteristic;load characteristic;loading property;load pattern
负荷特性试验 load characteristic test
负荷特征试验 load characteristic test
负荷体 carrier compound;carrier material
负荷条件 load(ing)condition
负荷调节 load adjuster;load adjustment;load control;load regulation
负荷调节器 load changer;load controller;load governor;load regulator
负荷调平式减震器 load-leveler shock absorber
负荷调整 load adjustment
负荷调整器 load regulator
负荷同步 synchronizing at load
负荷突变 sudden load change
负荷图 load diagram
负荷图表 <起重设备的> load chart
负荷位置 loading position
负荷温度 negative temperature;subzero
负荷污染源 loading pollution sources
负荷物的称量方法 load weighing
负荷系数 coefficient of charge;load-(ing)coefficient;load(ing)factor
负荷下的轮胎半径 loaded(tire)radius
负荷线 loadline
负荷限度 load limitation
负荷限度报警器 load limit alarm
负荷限制马达 load limit motor
负荷限制器 load limiter;load limiting device;load suppression gear
负荷卸除 load thrown off
负荷卸载 load remove
负荷需要比较仪 load demand comparator
负荷需要量 load demand
负荷选择开关 load selector switch
负荷选择器 job selector;job selector dial;load selector
负荷循环 load cycle
负荷压力 load pressure
负荷压力反馈 load pressure feedback
负荷压迫制动器 load pressure brake
负荷要求 burden requirement;load demand
负荷因数 capacity factor;demand factor;load factor
负荷因素 load factor
负荷因素比率 load factor rate
负荷应变曲线 load-strain curve
负荷应变图 load-strain diagram
负荷-应变自动记录仪 autographic-(al)load-strain recorder
负荷应力 bearing strength test
负荷预测 load forecast;load prediction
负荷预测器 load anticipator
负荷预测曲线 load prediction curve
负荷运转 load running

负荷韵律 loading rhythm
负荷载 negative load
负荷增长 growth of load; load growth
负荷增长期 period of load development
负荷增高 loading up
负荷增加 increase of loading
负荷增加值 load increment
负荷增量 load increment
负荷张力曲线 load tension curve
负荷褶皱 loading fold
负荷值 magnitude of loading
负荷指示器 load-indicating device
负荷指示仪 load indicator
负荷中断 <水力发电> load rejection; load thrown off
负荷中心 load center[centre]
负荷重复计数器 load repeat counter
负荷重量 weight of load
负荷重心 load center[centre]
负荷轴线 load axis
负荷转矩 load moment
负荷转移 load transfer; load transference
负荷转移电阻 load shifting resistor
负荷状态 laden condition; loading state; load(-up) condition; state of lading; state of loading
负荷自动传感系统 load sensing system
负荷自动调节 automatic load regulation
负荷自动调节器 automatic load regulator
负荷自动调节运行 automatic load regulating operation
负荷自动调节装置 automatic load regulator
负荷阻抗 load impedance
负荷作用 load action
负荷作用点 loading point
负后电位 negative after-potential
负后倾角 minus caster
负后像 negative after-image
负弧 arc of excess; negative arc
负弧高 negative camber
负互导管 pliodynatron; transitron
负互导管振荡器 Nieman's oscillator
负滑距 negative slip
负滑脱 negative slip
负化学电离技术 negative chemical ionization technique
负辉灯 negative glow lamp
负辉光 negative glow
负辉光区 negative glow region
负回波 negative echo
负回复力 negative restoring force
负回馈系统 negative feedback system
负回流 negative return
负回流轨 negative current rail; negative return rail
负回流接地轨 minus current connection to earthing rail
负回授 degeneration; degenerative feedback; inverse feedback; negative feedback; negative reaction; reverse feedback
负回授电路 degenerative circuit
负回授调整 degeneration control
负回授稳定器 degenerative stabilizer
负回授系数 degeneration factor
负回输 degenerative feedback
负回输放大器 negative feedback amplifier
负汇票上的债务的人 parties liable on a bill of exchange
负积温 accumulated negative temperature
负基数 negative base number
负基线 base-out
负畸变 negative distortion
负极 minus pole; negative electrode; negative pole; negative terminal
负极板 negative electrode
负极板连接条 negative strap
负极半透膜控制 membrane control of anodic side
负极搭铁制 negative ground system
负极的 cathodal; cathodic
负极端子 negative terminal
负极柜 negative pole cabinet
负极接地充电法 negative ground charging
负极接地系统 negative ground system
负极接头 negative contact; negative terminal
负极接线柱 negative terminal
负极接线柱接线头 negative post adapter
负极性 negative polarity
负极性调制 negative modulation
负极性图像信号 negative picture signal
负加法器 soft adder
负加速度 deceleration; drag acceleration; negative acceleration
负加速相 negative acceleration phase
负价 negative valency
负尖峰【电】 underswing
负尖峰信号 negative spike; undershoot
负剪力 negative shear
负剪力滞后 negative shear lag
负检验 negative test
负胶体 negative colloid
负角 negative angle; drag rake <切削的>
负角落 negative corner
负角切削角 negative cutting angle
负缴税义务 subject to tax; subject to taxation
负校正 negative correction
负阶乘多项式分布 negative factorial multinomial distribution
负节点 negative nodal point
负结果 negative take; negative test
负截止栅压 negative cutoff grid voltage
负劲度 negative stiffness
负进位 negative carry
负晶体 negative crystal
负晶形 negative crystal
负井 negative well
负静水应力 negative hydrostatic(al) stress
负矩阵 negative matrix
负均衡 negative balance
负考顿效应 negative Cotton effect
负可透变扭器 negative permeable torque converter
负孔隙水压力 negative pore water pressure; pore negative water pressure
负孔压力 negative pore pressure
负控制 negative control
负控制闸流管 negative control thyratron
负跨导管 transitron
负跨导管振荡器 transitron oscillator
负跨导振荡器 negative-transconductance oscillator
负矿物 minus mineral
负馈电线 negative feeder
负馈系统 negative feeding system
负拉长 negative elongation
负拉索 negative stay
负离子 anion; negative carrier
负离子发生器 air anion-generator; anion generator; negative ion generator
负离子发生器制造技术 technology of manufacturing anion generator
负离子化学电离 negative ion chemical ionization
负离子激光器 negative ion laser
负离子空位 negative ion vacancy
负离子浓度测定器 negative ion densitometer
负离子缺额 anion gap
负离子形成 negative ion formation
负离子源 negative ion source
负离子转移 anionotropy
负理想解 negative ideal solution
负力矩 negative moment
负力矩钢筋 negative moment reinforcement
负利息 negative interest
负连带偿还责任的人 contributory
负连带责任的债务 several liability
负链 minus strand
负亮度调制 negative light modulation
负量 negative quantity
负留量 negative allowance
负滤波式红外气体分析器 negative-filter type infrared gas analyser[analyzer]
负滤光片 negative filter
负绿方石英 lussatine
负逻辑 negative logic
负螺纹 minus thread; negative spiral striation
负码速调整 negative justification
负脉冲 underswing
负脉冲计数 negative counting
负脉冲塞 negative pulse stuffing
负脉冲信号 negative-going pulse; negative impulse; negative pulse; negative ripple; undershoot; underswing
负密度差 negative density difference
负面环境效应 adverse environment(al) effect; negative environmental effect
负面环境影响 adverse environment(al) impact; negative environmental impact
负模 negative norm
负摩擦 negative friction
负摩擦对桩的下拉力 dragdown force
负摩擦力 downward drag; negative frictional force; drag down; negative friction; negative mantle friction <桩工>; negative skin friction <桩工>
负摩擦桩 negative friction pile
负摩阻力 negative shaft resistance; negative skin friction
负母线 negative bus; negative busbar
负目镜 negative eyepiece; negative ocular
负挠度 negative deflection; negative sag
负挠钢筋 negative reinforcement; negative reinforcement bar
负能波 negative energy wave
负能量 negative energy
负能态 negative energy state
负扭矩 negative torsional moment
负排量泵 negative displacement pump
负旁锋刀面角 negative side rake angle
负赔偿责任 liable for indemnity
负膨胀 negative expansion
负片 film negative; negative copy; negative film; negative picture; negative plate; negative print
负片尺寸 negative size
负片反差 negative contrast
负片加厚 intensification of negative
负片密度 negative density
负片乳胶层 negative layer
负片扫描 negative scanning
负片晒印法 negative copying method
负片图案 negative pattern
负片镶嵌 negative mounting
负片镶嵌图 negative mosaic
负偏差 minus deviation; negative deviation
负偏差中心 anti-pleion
负偏的 negatively skewed
负偏态 negative skewness
负偏态对数正常分布 negative skewed lognormal distribution
负偏态分布 negative skewed distribution
负偏态直方图 minus skewed histogram
负偏斜度 negative skewness
负偏斜分布 negative skew distribution
负偏压 back-biased voltage; negative bias; zinc bias
负偏压间歇振荡器 biased blocking oscillator
负频分量 negative frequency component
负频率 negative frequency
负平衡 negative balance
负平均信息量 information content; negentropy
负平面 negative plane
负坡(度) negative slope
负气压 negative(air) pressure
负迁移 negative transfer
负前角 negative rake(angle)
负强化 negative reinforcement
负强化因素 negative reinforcer
负切削角 negative rake(angle)
负氢离子 negative hydrogen ion
负倾角 negative incidence; negative rake(angle)
负倾斜 reverse caster
负球差 negative spheric(al) aberration
负区 minus zone
负曲率 negative camber
负曲率薄壳 shell of negative curvature
负趋光性的 photonegative
负趋性 negative taxis
负全部责任 in full charge
负全息图 negative hologram
负全责 charge in full
负染法 negative staining
负染色 negative staining
负扰动 negative disturbance
负人口增长 negative population growth
负容差 negative allowance
负柔度 negative rigidity
负蠕变 negative creep
负闰秒 negative leap second
负塞板 side support
负色散 negative dispersion
负栅超高频管 negative grid super high frequency tube
负栅发生器 negative grid generator
负栅管 negative grid tube
负栅极电流 negative grid current
负栅极闸流管 negative grid thyratron
负栅偏压 negative grid bias
负栅压 minus gate voltage
负栅振荡器 negative grid generator; negative grid oscillator
负伤频率 frequency of injuries
负伤事故 accidental injury
负伤事故率 injure-accident rate
负伤严重率 rate of severe injury
负商品 discommodity
负商誉 badwill; negative goodwill
负熵 negentropy

负射线 cathode ray;negative ion ray
负伸长 negative elongation
负深度 minus sounding
负升力 negative lift
负失调 negative incoordination
负失真 negative distortion
负时钟信号 negative clock
负势梯度 negative potential gradient
负视差 negative parallax
负视度 negative diopter
负铈异常 negative cerium anomaly
负释放波 negative release wave
负收缩 negative shrinkage
负收缩孔 negative shrink hole
负收益率曲线 negative(ly sloping) yield curve
负输出量 negative output
负输入 negative entry
负输入电容放大器 negative capacitance amplifier
负输入正输出元件 negative input positive output element
负数 minus quantity;negative number
负数标记 negative flag
负数表示法 negative-number representation
负数补码表示法 complement representation of negative number
负数区 minus zone
负数税收 negative tax
负数修正 minus correction
负双折射 negative birefringence
负水锤梯度 negative water-hammer gradient
负水头 negative head
负水载 negative load
负税计划 negative tax plan
负税能力 ability of bearing taxation; ability to pay
负税能力基准 ability to pay basis
负税能力说 ability theory;ability-to-pay theory
负税能力原则 ability-to-pay principle of taxation
负税人 bearer of tax;tax bearer
负税收计划 negative tax plan
负速铸坯 negative strip
负所得税 demogrant
负台阶 negative step
负坍落度混凝土 negative-slump concrete
负碳离子 carbon ion; negative carbonium ion
负特性 negative characteristic
负梯度 negative gradient
负调制 countermodulation; negative modulation
负调制传送 negative transmission
负调制载波 negative carrier
负投入 negative input
负投资 disinvestment; negative investment
负透穿性 negative permeability
负透镜 minus lens;negative lens
负透镜顶点 vertex of negative lens
负突起 negative relief
负图像相位 negative picture phase
负土深度 <在地下建筑物上土层的深度> depth of overburden
负椭圆环 negative ovality ring
负弯 hogging bending
负弯钢筋 cap cable
负弯矩 hogging moment;negative bending moment;negative moment;support moment
负弯矩钢筋 negative(moment) reinforcement;negative reinforcing
负弯矩配筋 negative reinforcing
负弯液面 negative meniscus
负弯月透镜 diverging meniscus lens; negative meniscus lens
负网 negative reticulum
负位错 negative dislocation
负位移 negative displacement; negative movement
负温材料 negative temperature material
负温(度) negative temperature; subzero(temperature)
负温度激光器 negative temperature laser
负温度水化 hydration at negative temperature
负温度梯度 negative temperature gradient
负温度梯度条件 lapse condition;temperature lapse condition
负温度系数 negative temperature coefficient
负温度系数的电阻器 negative temperature coefficient resistor
负温度系数陶瓷 negative temperature coefficient ceramics
负温度总和 cold sum
负温系数热敏电阻器 negative temperature coefficient thermistor
负温状态 state at negative temperature
负稳定法 negative stability; unstable stability
负稳定矩阵 negative stable matrix
负稳定性 negative stability; unstable stability
负稳心高度 negative metacentric height
负误差 negative error
负吸收材料 negatively absorbing material
负吸收系数 negative absorption coefficient
负吸收作用 negative absorption
负线 minus line;negative line
负线端 negative terminal
负线性相关 negative linear correlation
负相波 negative-phase wave
负相衬 negative-phase contrast
负相关 inverse correlation; negative correlation
负相关的 negatively correlated
负相关系数 negative correlation coefficient
负相关性 negative relativity
负相互作用 negative interaction
负相馈 negative feedback
负相联 negative association
负相区 negative area
负相序 negative-phase sequence
负相序电流继电器 negative-phase sequence current relay
负相序继电器 negative-phase sequence relay
负相运动 bathygenesis;negative movement
负响应区 negative response zone
负向的 negative going
负向地貌 concave relief;negative relief
负向地貌等高线 below sea level contour;depth contour
负向地貌要素 negative element
负向地性 negative geotropism
负向反射脉冲 negative-going reflected pulse
负向光性 negative phototropism
负向继电器 negative-phase relay
负向锯齿波 negative-going sawtooth wave
负向偏态 negative skewness
负向偏斜度 negative skewness
负向箝位 negative clamping
负向倾斜的抉择 negatively sloped trade-off
负向现金流动 negative cash flow
负向削波 negative clipping
负向信号 negative-going signal
负向性 negative tropism
负向压力波 negative pressure wave
负向运动 negative movement
负项所得税 negative income tax
负像 negative(print);negative image; negative picture;reversed image
负效果 negative effects
负效益 disbenefit;loss;negative benefit
负效应 unfavo(u)rable leverage
负效用 disutility
负斜度收益率曲线 negative sloping yield curve
负斜对称 negative skewness
负斜率 negative slope
负斜镶钻头 negative back tipped bit
负斜罩 negative stager
负信号温度 negative signal temperature
负信用 negative credit
负信誉 badwill
负形 negative form
负型光电二极管耦合器 negative photodiode coupler
负型光刻胶 negative photoresist
负型光致抗蚀剂 negative type photoresist
负性 negativity
负性暗点 negative scotoma
负性感光胶 negative-working photoresist
负性光致抗蚀剂 negative photoresist
负性海岸线 negative shoreline
负性海滨线 negative shoreline
负性基 negative group
负性棘波 negative spike wave
负性加速期 negative acceleration phase
负性胶配套试剂 auxiliary reagent for negative photoresist
负性抗蚀剂 negative resist
负性频率作用 negative chronotropic action
负性期 negative phase
负需求 negative demand
负序 negative sequence
负序磁场阻抗 negative sequence field impedance
负序电抗 negative sequence reactance
负序电流 negative sequence current
负序电流方向保护(装置) directional negative phase-sequence current protection
负序电阻 negative sequence resistance
负序功率 negative sequence power
负序列相关 negative serial correlation
负序阻抗 negative sequence impedance
负循环 negative cycle
负循环的 negacyclic
负循环码 negacyclic code
负压 pressure below atmosphere;subatmospheric(al) pressure; subnormal pressure;suction;suction force;suction pressure;under-pressure;vacuum pressure
负压板 suction plate
负压表 negative pressure ga(u)ge; suction ga(u)ge; suction instrument;suction meter
负压波 suction wave
负压操作 operation under negative pressure
负压侧 suction side
负压测定仪 <用于测定孔隙水压力> pressure membrane apparatus
负压层 zone of negative pressure
负压磁头浮动块 negative pressure slider
负压带 zone of negative pressure
负压袋式收尘器 suction type baghouse
负压电效应 reversed piezoelectric effect
负压煅烧 negative pressure burning
负压阀 negative(pressure) valve
负压防漏器 negative pressure leakstopper
负压防止阀 anti-suction valve;vacuum regulator valve
负压工作室 altitude chamber
负压工作箱 altitude chamber
负压供暖系统 subatmospheric(al) heating system
负压管 suction pipe
负压和正压涌浪 negative and positive pressure surges
负压活门 negative pressure valve; vacuum valve
负压计 negative pressure meter;vacuometer
负压浇注 vacuum assisted pouring
负压控制闸流管 negative controlled thyratron
负压力 counterpressure;suction pressure;negative pressure
负压力板 suction plate
负压力板仪 suction plate apparatus
负压力峰值 peak of negative pressure
负压排水 drainage by suction
负压气力输送泵 suction pneumatic conveyer[conveyor]
负压强 counterpressure; negative pressure;suction pressure
负压区 suction zone;zone of negative pressure
负压筛析仪 negative pressure sieving analyser[analyzer]
负压势 potential of negative pressure
负压水工模型 subatmospheric(al) hydraulic model
负压水头 suction head;negative head
负压水柱(高度) suction water column
负压送风 induced draft
负压缩 negative compression
负压梯度 suction gradient
负压调节瓶 negative pressure control bottle
负压通风 inducted draft; negative pressure ventilation
负压通风系统 negative pressure ventilation system
负压头 suction head;vacuum head
负压稳定 negative(-supply) regulation
负压涡流 suction eddy
负压吸引 vacuum suction
负压旋涡 suction eddy
负压运动 negative motion
负压值 draft intensity
负压作用 negative motion; suction effect
负延性 length fast;negative elongation
负沿 negative(-going) edge
负氧离子发生器 negative oxygen ion generator;oxygen anion generator
负液面 negative meniscus
负异常 negative anomaly
负异常区 negative area
负异常梯度溶解氧廓线 negative heterograde profile
负异性石 eucolite
负抑制 suppression of the load

F

负因数 negative factor
负因素 negative factor
负引力 negative gravity
负应变 negative strain
负应答 negative acknowledge
负应力 negative stress
负硬度 negative hardness
负硬质水 negative hard water
负涌(浪) negative surge
负涌泉 negative artesian well
负涌泉水头 negative artesian head
负有(会计)责任的 accountable
负有连带责任的 jointly and severally liable
负有纳税义务 be obligated to pay tax
负有声誉 bear reputation
负有义务 incur obligation
负有义务的 incumbent
负有义务的人 obliger[obligor]
负有责任 obligate
负有责任的支付命令 accountable warrants
负有债务 stand in debt
负有罪责 answer for a crime
负铕异常 negative europium anomaly
负诱导 negative induction
负余差 negative residual
负余留形象 negative after-image
负余面 minus lap
负余像 negative after-image
负元素 negative element
负源 negative source
负约 breach a contract;break agreement
负跃迁 negative transition
负载 burden;charge;load(ing);negative load;on-load(ing)
负载摆动 hunting of load
负载半径 loaded radius
负载饱和曲线 load saturation curve
负载比 duty cycle;duty factor;duty ratio
负载臂 load arm
负载变化 variation in load
负载变化自动控制 loadamatic control
负载变形 deformation under load
负载变压器 load transformer
负载变阻器 loading rheostat
负载波动 fluctuation of load;load fluctuation;load swing
负载补偿 load compensating
负载不敏感元件 load insensitive device
负载不足 underloading
负载不足的 underloaded
负载不足继电器 underload relay
负载测定装置 load measuring device
负载测试机 load testing machine
负载超过 over load;overloading
负载称重 load weigher
负载传感器 load cell;load measuring cell
负载传感式扭矩变换器 load sensing torque converter
负载传输机 load conveyer[conveyor]
负载存储锁定寄存器 load memory lockout register
负载大小检测器 load size detector
负载导纳 load admittance
负载的 laden;weighted
负载的一边 loading side
负载的一侧 loading side
负载的约束 restraint of loads
负载灯排 lamp bank
负载等级<起重机的> grade of load
负载电缆 loaded cable
负载电流 load current
负载电流(安培)表 load-current meter
负载电流计 load-current meter
负载电路 load circuit
负载电路效率 load circuit efficiency
负载电容器 load capacitor;load condenser
负载电压 load voltage
负载电压调整器 load ratio voltage regulator
负载电阻 load(ing) resistance;pull-up resistor
负载电阻光电管 load-resistance photocell
负载电阻器 loading resistor
负载电阻效应 effect of load resistor
负载调度盘 load-dispatching board
负载端 head end
负载端悬臂外伸长 load end overhang
负载断连开关 load-break switch
负载断路开关 load-break switch
负载吨 ton burden
负载额 containment
负载额量 capacity
负载反馈试验 loading-back test
负载分布 partition of load
负载分担 load sharing
负载分配 load allocation
负载分配阀 load-dividing valve
负载分配开关 load-sharing switch
负载分配器 load divider
负载分配曲线 load distribution line
负载分散 load distribution
负载分散器 load spreader
负载分析 load analysis
负载峰值 load peak
负载隔离器 load isolator
负载工件 loaded work piece
负载功率 bearing power;load power;operating power;power loading
负载功率因数 power-factor of load
负载构造 load structure
负载过多 excessive detail
负载过轻 under load
负载过少 exiguous detail
负载滑轮 load sheave
负载还馈法 load-back method
负载换向的 load-commutated
负载换向的电压(电)源逆变器 load-commutation voltage source inverter
负载换向电压 load-commutation voltage
负载回转<挖掘机> loadded-swing
负载及供电情况 load-supply situation
负载计数管 dipping counter;immersion counter
负载夹紧装置 load jaws
负载减轻 dropping of load
负载检测器 load sensor
负载检验器 load calibrating device
负载交通的 traffic-carrying
负载介质 supporting medium
负载卷筒 load drum
负载均分 load sharing
负载均衡 load balancing;load level(l)ing
负载均衡组 load balancing group
负载均匀分布 equal distribution of load
负载开关 load switch
负载控制变阻器 load control rheostat
负载控制器 load controller
负载类型 load type
负载累加器 load accumulator
负载力补偿 compensating of load
负载力矩 load moment;load torque;moment of load(ing)
负载量 capacity;charge number;quantity of charge
负载率 load factor
负载密度 load density
负载面积 loading area
负载敏感元件 load sensitive device
负载模拟试验 simulated load test
负载能力 duty;load-carrying capacity;load-carrying power;load(ing) capacity
负载能力表 capacity chart
负载匹配 load matching;matching of load
负载匹配传输线 match-terminated line
负载平衡 load balance
负载气体 supporting gas
负载强度 load intensity
负载情况 condition of loading
负载曲线 load curve
负载容量 deadweight capacity;load(-carrying) capacity
负载容量表 capacity chart
负载伸长图 load-elongation diagram
负载失配 load mismatching
负载时的Q值 loaded Q(value);working Q(value)
负载时的后桥轴载荷 laden-rear axle
负载时的前桥轴载荷 laden-front axle loading
负载时分接头转换变压器 on-load tap changing transformer
负载时间 load time
负载时间挠度曲线 load-time deflection curve
负载时降落速度 laden lower speed
负载时门架离地间隙 laden-mast ground clearance
负载时提升速度 laden lift speed
负载时重量 laden weight;loaded weight
负载试验 load(-bearing) test(ing);load-carrying test(ing)
负载数 fan out
负载数值累加器 load accumulator with magnitude
负载瞬变量 load transient
负载瞬态 load transient
负载速度 loading speed
负载损耗 load loss
负载损失 load loss
负载特性 characteristics under load;load-bearing characteristic
负载特性曲线 dynamic(al) characteristic;load characteristic;regulating curve;regulation curve
负载条件 loading condition
负载调节 load regulation
负载调节器 load governor;load regulator
负载调整 load level(l)ing
负载调整率 load regulation
负载调整器 load regulator
负载弯曲 bowing under load
负载误差 load error
负载吸收功率 load power
负载系数 capacity factor;load factor;service factor
负载系(统) system of loads
负载线 load(ed) line;loadline
负载线圈 ballast coil;load winding
负载线圈盒 loading case
负载限制电阻器 load limiting resistor
负载限制阀 load limit valve
负载限制继电器 load-level(l)ing relay
负载效率 load efficiency
负载信号调节器 load signal conditioner
负载行驶速度 speed under load
负载型催化剂 supported catalyst
负载型金属氧化物 supported metal oxide
负载型膜催化剂 supported membrane catalyst
负载型纳米二氧化钛催化剂 supported nanometer-sized titanium dioxide photocatalyst
负载型纳米零价铁 supported nanoscale zero-valent iron
负载选择开关 load selector switch
负载循环 duty cycle;load repetition
负载循环程序 duty-cycle program(me)
负载循环计 duty cyclometer
负载压缩图 load-compression diagram
负载引线 load leads
负载油缸 load cylinder
负载运行 load running;underrun
负载增长 growth of load
负载增加器 load booster
负载褶皱 load fold
负载振荡 hunting of load
负载指示灯 load lamp
负载指示器 thermotel
负载制动扭矩 brake-loaded torque
负载中心 load center[centre]
负载周期 duty cycle;duty factor
负载轴 bearing axle;loaded axle
负载铸型 load cast
负载铸型的 load casted
负载铸型作用 load-casting
负载转矩 load torque
负载转弯半径 laden turning-radius
负载转移电阻 load bridging resistor
负载装卸 load handling
负载装置 load(ing) apparatus;load(ing) device
负载状态 load condition;state of loading
负载阻抗 load impedance;terminating impedance
负载作用 loading effect
负载作用下的畸变 distortion under load
负责 charge;chief;preside;take charge of
负责的 responsible
负责兑换票据 back a bill
负责付款 back a check[cheque]
负责付款局 administration responsible for payment
负责该项审计的审计人员 auditor in charge of the audit
负责官员 provost
负责缴纳遗产税者 person accountable for an estate duty
负责井下工作的副矿长 underground undermanager
负责联运清算或付款局 settling administration
负责清算付款局 paying administration
负责清算局 administration responsible for settlement
负责人 accountable person;in charge;officer in charge;principal;take charge of;superintendent <部门、机关、企业>;site safety officer <工地>
负责人办公室 front office
负责一英里线路的养路工 milesman
负责钻机的工长 tool pusher
负增长 negative growth
负增量 negative increment
负增水 negative setup
负债 against us;carry a load of debt;debt;incur debt;indebtedness;in the red;liability;negative assets;owe;plunge;saddled with debt
负债比率 debt ratio
负债比重 debt proportion
负债产权率 debt-equity ratio
负债的 encumbered with debts;in-

debted
负债抵销科目 contra-liability account
负债抵销账户 contra-liability account
负债对出口比率 debt to export ratio
负债对净值比率 debt to net worth ratio
负债对资本比率 liability to capital ratio
负债对资产总额比率 debt-to-total assets ratio
负债额 amount of obligation
负债法 <用于迟延所得税> liability method
负债风险 liability risk
负债股利 liability dividend
负债管理 liability management
负债过多 overindebtedness
负债过多的公司 thin corporation
负债核算 liability account
负债混合报告表 liability mix report
负债及净值总数 total liabilities and net worth
负债及资本净值总额周转率 turnover of total liabilities and net worth
负债结构 liability composition
负债经营 operation on borrowings
负债净额 net debt;net indebtedness;net liability;net obligation
负债净值率 net worth to debts ratio
负债类别 class of liabilities
负债类账户 liability account
负债累累 be up to the neck in debt;debt-ridden;overhead and ears in debt
负债利息 interest on debt
负债率 ratio of debt to net worth
负债人 obliger[obligor]
负债融资 debt financing
负债审计 audit of liabilities
负债系数 debt factor
负债一览表 statement of debt account
负债余额 balance of debt;debit balance
负债余额对照表 liability balance
负债与净值比率 debt to net worth ratio
负债与责任 liability and responsibility
负债与资产比(率) debt-equity ratio;debt-to-assets ratio
负债账户 liability account
负债证明书 liability certificate
负债准备 liability reserve;reserve liability
负债资本率 net worth to debts ratio
负债资金需要量 debt-service requirement
负债总额 total indebtedness
负债总额对净值的比率 ratio of total liability to net worth
负债总额对资产总额的比率 total debt to total assets
负债总额及净值 total liabilities and net worth
负债总额与净值的利益率 profit ratio of total liabilities and net worth
负债总额与净值周转率 turnover ratio of total liabilities and net worth
负债总额周转率 turnover ratio of total liabilities
负遮盖的阀 under lapped valve
负折射 negative refraction
负振动 undervibration
负振幅衰减常数 negative amplitude attenuation constant
负震级 negative magnitude
负整数 negative integer
负正法 negative-positive process
负正照相工艺 negative-positive process
负直流电极 direct current electrode negative
负值 negative quantity;negative value
负值部分<指示图的> negative loop
负值衰减系数 negative amplitude attenuation
负值所得税 negative income tax
负指示符 negative indicator
负指数 negative exponent;negative index
负指数定律 negative exponential law
负指数分布 negative exponential distribution
负指数式衰减 negative exponential decay
负质量不稳定性 negative mass instability
负质子【物】negative proton
负滞后 negative lag
负重 load
负重车 wagon for bearing goods weight
负重叠 underlap
负重力加速度容限 negative g tolerance
负重力异常带 negative strip
负重轮 bogie wheel;loading wheel
负重伤的 maim
负重像 negative ghost image
负重训练 weight training
负重债 carrying heavy debt
负主点 negative principal point
负主面点 anti-principal point;negative principal point
负主平面 anti-principal plane;negative principal plane
负转差率 negative slip
负转动 negative rotation
负资本 negative capital
负资产 negative assets
负资产科目 negative assets account
负资产账户 negative assets account
负子句 negative clause
负自流井 negative artesian well
负宗【植】minus strain
负阻材料 negaohm
负阻磁控管 negative resistance magnetron
负阻存储器 negative resistance memory
负阻电子管 negatron
负阻放大器 negative resistance amplifier
负阻管 dynatron
负阻管频率计 dynatron frequency meter
负阻管振荡器 dynatron oscillator;negative resistance tube oscillator
负阻继电器 negative resistance relay
负阻截止频率 resistive cut-off frequency
负阻晶体管 dynistor
负阻抗 negative impedance
负阻抗变换器 negative impedance converter
负阻抗存储器 negative resistance storage
负阻抗电话中继器 negative impedance telephone repeater
负阻抗电路 negative impedance circuit
负阻抗放大器 negative impedance amplifier
负阻抗管 kallirotron
负阻抗区域 negative impedance region
负阻抗增音机 negative impedance amplifier
负阻抗中继器 negative impedance repeater
负阻尼 negative damping
负阻尼系数 negative damping factor
负阻式脉冲电路 dynatron pulse circuit
负阻特性 negative resistance characteristic
负阻特性二极管 back diode
负阻效应 dynatron effect
负阻振荡器 negative resistance oscillator
负阻装置 negative resistance device

附

附办保险 supplementary insurance
附保留接受 acceptance under reserve
附保证的公司债券 guaranteed bond
附备泵 attached pump
附壁放大器 flip-flop amplifier;wall-attachment amplifier
附壁爬梯 step iron
附壁射流 wall-attached jet
附壁石 stone appended to wall
附壁效应 attachment effect;wall-attachment effect
附壁型放大器 Coanda effect amplifier
附壁型放大元件 wall-attachment amplifier
附壁溢流 adherent nappe
附壁柱 pilaster
附标 affix;index
附标名 index name
附标文法 indexed grammar
附表 annexed table;attached chart;attached list;enclosed list;supporting statement
附表数 amount of attached table
附表系谱 tabulated pedigree
附参数条件平差 condition adjustment with parameters
附仓单汇票 bill accompanied by warehouse receipts
附册 supplement
附产矿物 accessory mineral
附尺 adding tape;secondary division <比例尺>
附尺寸表的图纸 tabular drawing
附抽签权 cum drawing
附从合同 adhesion contract
附催缴款项通知单 cum call
附搭他人汽车等的旅行 hitch hike
附带 obiter;subsidiary;supplementary
附带保证 collateral warranty
附带本票 collateral note
附带成本 incidental cost
附带成果 fallout
附带催缴股款 cum call
附带担保 collateral warranty
附带的 accidental;by(e)
附带的奖惩 extrinsic rewards and punishments
附带的结果 incidental consequence
附带的利益 incidental benefit
附带的切削和钻孔<因吊装需要> incidental cutting and drilling
附带的优点 bonus
附带罚金的提前还款 repayment with penalty
附带费用 accessory charges;associated cost
附带记录 by-product recording
附带交易 incidental transaction
附带结果 fallout;spin-off
附带就业 secondary employment
附带劳动 engage in labo(u)r to a very small extent;supplementary labo(u)r
附带利益 fringe benefit;spin-off
附带民事赔偿 supplementary civil compensation
附带民事诉讼 incidental civil action;subsidiary civil action;supplementary civil action
附带某些条件 with certain qualifications
附带目的 by-end
附带期票 collateral note
附带请求 incidental claim
附带权利 cum right
附带权利要求 accessory claim
附带权益 carried interest
附带认股权 cum right
附带上诉 incidental appeal
附带设备 attendant equipment;auxiliary equipment
附带申明 qualification
附带声明 with certain qualifications
附带施工工程 tie-in
附带时间 incidental time
附带损害 collateral damage
附带损失 collateral damage;incidental loss
附带提存 cum drawing
附带提及 in passing
附带条件 collateral condition;proviso[复 proviso(e)s];provisory
附带条件承兑汇票 conditional acceptance;qualified acceptance
附带条件的报盘 offer with string attached
附带条件的贷款 tied loan
附带条件的援助 tied aid
附带条款 institute clause;proviso[复 proviso(e)s];provisory clause;tied-in clause;tying clause
附带文件 accompanying document
附带现象 epiphenomenon[复 epiphenomena]
附带要求 attendant claim
附带业务 indifferent business;subsidiary service
附带意见 obiter dictum
附带用途 accessory use
附带预支条款的循环信用证 extended credit
附带原因 contributory cause;inherent cause
附带责任和费用 incidental liabilities and expenses
附带资料 auxiliary information
附单 coupon;talons
附单据的汇票 bill accompanied by document
附单据求偿 documentary reimbursement
附单期票 documentary promissory note
附担保承兑 collateral acceptance
附担保的贴现票据 bills discounted with collateral securities
附得利益 boot
附地隔墙龙骨 floor runner track
附电阻的插塞 resistance plug
附顶灯具 ceiling filling
附顶天花板 contact ceiling
附费单位预算 auxiliary unit budget
附分配权 cum distribution
附纲 Infraclass
附各项权利 cum all;cum all rights
附股合伙人 subpartner
附果 accessory fruit
附函 transmittal letter
附合导线【测】annexed traverse;connecting traverse;subtraverse;traverse closed between previously fixed control points;connecting
附合导线总长 total length of connecting traverse
附合路线闭合差 closure error of connecting line
附合契约<同意加入的> adhesion contract
附合三角法 annexed triangulation

F

method
附合三角锁 dependent triangulation chain
附合三角网 annexed triangulation net
附合水准路线 annexed level(l)ing line
附和 siding
附环 follower ring
附环阀 paradox gate
附环滑动闸门 ring-follower gate
附环移滚阀 paradox gate
附环闸门 paradox gate;ring seal gate
附环直滚闸门 ring seal gate
附集冰 agglomeritic ice
附集作用 agglomeration
附记 excursus;remark
附记录纸的圆筒 drum with record sheet
附寄物 enclosure
附加 adjunction;affix(at)ion;annexation;annex(e);attach;engraft;subjoin;supervene;tack
附加安全阀 additional safety valve
附加安全系数 additional safety factor
附加按位计数 bit count appendage
附加百分比 addition percentage
附加保留条款 qualification;reservation
附加保险 accessory risk;additional insurance;effect an insurance
附加保险费 additional premium;bonus loading;extra premium
附加保险弹簧 supplementary spring
附加保证金 additional deposit
附加报酬 added return
附加报头信息 additional header information
附加曝光 supplementary exposure
附加背压 superimposed back pressure
附加比例税 additional percentage tax
附加比率 additional rate
附加边桁材 additional side girder
附加变量 additional variable
附加变频器 adapter converter
附加变数 additional variable;extra variable
附加变压器 adapter transformer
附加标记 attaching label;counter mark
附加标价 additive alternate
附加标志 additional mark
附加表 add list
附加表决权 extra voting rights
附加拨号 additional dialing
附加波 additional wave
附加步 extra step
附加部分 accessories section;extension;addition
附加采暖设备 background heater
附加参数 additional parameter
附加侧向力 additional lateral force
附加侧向压力 additional lateral pressure
附加测量 additional survey
附加层 additional layer;additive layer;extra ply
附加产品 additional products;by-products
附加常数 additional constant;additive constant
附加超速保护装置 backup overspeed governor
附加车道 <交叉口的转弯车道以及变速车道> added lane;auxiliary lane;add-a-lane
附加沉积物 additional sediment
附加沉降量 subsequent settlement
附加成本 fringe cost;imputed cost;loading;supplementary cost
附加成分 supplementary element
附加程序 appendage;extracode
附加充电 recharge
附加充填砂 extra fill sand
附加穿孔 overpunch(ing)
附加穿孔的数字 overpunched numeric
附加穿孔的数字串 overpunched numeric string
附加传墨辊 mouse roller
附加传染源 additional reservoir
附加窗台 sill-drip mo(u)ld(ing)
附加纯收益 added net income
附加磁极 interpole
附加促进剂 additional accelerator
附加存储器 add-on memory;annex(e) memory;annex(e) storage
附加代码 extracode
附加单元 extra cell
附加担保物 collateral security
附加导线 additive wire
附加的 accessory;additional;additive;appendant;building-out;complementary;cumulative;extra;supplementary
附加的背景辐射 additional background radiation
附加的必要条件 additional necessary condition
附加的地界 infilling
附加的墩顶 attached pier capital
附加的二次相位因子 additional secondary phase factor
附加的股息 super-dividend
附加的泥沙 additional sediment
附加的破坏 additional damage
附加的穹顶 auxiliary vault
附加的实质性测试 additional substantive test
附加的弯曲应力 secondary bending stress
附加的张拉 auxiliary tensioning
附加的主存储器 additional main storage
附加地址 extra address
附加点 annex(e) point;extra point
附加电池 balancing cell;end cell
附加电动势 additional electromotive force
附加电荷 additional charge
附加电缆连接电路 attachment feature
附加电路 additional circuit;applique circuit;building-out circuit;by-product circuit;stand-by circuit
附加电容器 <线路加载用> building-out condenser;building-out capacitor
附加电压 additional voltage;boosted voltage
附加电压电路 boosted circuit
附加电源装置 supplementary power supply set
附加电阻 adaptation resistance;adapter resistance;added resistance;additional resistance
附加电阻器 booster resistor
附加吊索管道 additional hanging (pipe) line
附加吊索管线 additional hanging (pipe) line;AG pipe line
附加调用程序库 additional call library
附加定金 additional deposit
附加动荷载 additional dynamic(al) load
附加动水质量 added water mass
附加端部力矩 additional end moment
附加短柱 spliced strut
附加对中望远镜 extra central telescope
附加额 additional amount
附加额外保费 additional premium
附加罚款 surcharge
附加反应 additional reaction
附加方程 additional equation
附加防护 added protection;additional protection
附加房屋 additional building;annex(e);pentee
附加放大器 booster amplifier
附加费率 additional rate;after charges
附加费(用) additional;additional charges [cost/payment];incidental cost;extra charges;assisted charges;associate charges;cost-plus;cover charges;excess fee;extra;option fee;overheads;premium;supplementary charges;surcharges;surtax
附加费用价格 loaded price
附加风险 accessory risks;extraneous risks
附加峰 additional peak
附加服务(项目) additional service;accessorial service
附加符号 additional character;additional symbol
附加福利 fringe benefit;perquisite
附加负荷 additional load(ing);extra charges
附加负载 additional load(ing);extra charges;extra duty
附加钢筋 additional bar;additional reinforcement;auxiliary steel
附加高度 additional height
附加隔离设施 additional means of isolation
附加工程 additional work;extra work
附加工资 additional wage;extra payment;extra wage;supplementary wage
附加工作 additional work
附加公式 auxiliary formula
附加功率 secondary power
附加功能 additional function
附加功能部件 attachment feature
附加供热 additional heating
附加沟 additional drain
附加构造钢筋 head steel;toe steel
附加股利 extra dividend
附加股息 supplementary dividend
附加关税 contingent import duty
附加观测 intermediate observation
附加光 extraneous light
附加光带 additional band
附加光栏 additional stop
附加过程 additional process
附加航空信息 aeronautical information overprint
附加耗热量 additional heat loss
附加合同 accessory contract
附加荷载 accessory load;additional load(ing);imposed load;secondary load(ing);subordinate load;superimposed load(ing);superload;supplementary load(ing);surcharge;surcharge load;auxiliary load
附加荷载作用 effect of surcharge
附加恒载 imposed dead load;superimposed dead load
附加桁材 additional girder
附加宏指令 append macros
附加回归因子 extra regressor
附加回路 redundant mesh
附加混合色 additive colo(u)r mixture
附加活载 superimposed live load
附加货运 additional freight
附加基板 attachment base
附加基金 additional fund
附加极 compensating pole;interpole
附加极绕组 interpole winding
附加极铁芯 interpole core
附加记录 additional record
附加剂 additive;additive agent;adjunct;admixture
附加季节性影响 additive seasonal effect
附加继电器 supplementary relay
附加寄存器 adjunct register
附加寄存器组 adjunct register set
附加加速度 additional acceleration
附加价格 extra price
附加价值 added value;value-added
附加价值对销售额百分比 ratio of value added to sales
附加价值率 value-added rates
附加价值网络业务 value-added network
附加假指令 extra pseudo order
附加监控 additional monitoring
附加检查 additional examination
附加检验 additional survey;additional test
附加建筑 addition;annex(e)
附加槛木 countersill
附加奖金 additional premium
附加降压 parasitic(al) pressure drop
附加校正 additive correction
附加金额 additional sum;surcharge value
附加津贴 fringe benefit
附加进刀架 extra cutter head
附加井 extension well
附加静载 imposed dead load
附加镜(头) additional mirror;auxiliary lens;supplementary lens
附加局部应力 additional local stress
附加矩阵 added matrix;adjoint of a matrix
附加绝缘 additional insulation;superinsulation
附加开支 overhead cost
附加孔隙水压力 additional pore water pressure
附加控制 extra control
附加控制板 attachment base
附加控制器 extra controller
附加库容 additional storage capacity
附加块体 added mass
附加款 accessories clause
附加款目 added entry
附加框架 auxiliary frame
附加累进(所得)税 supertax
附加棱镜 prism attachment
附加冷凝器 building-out condenser
附加力 additional force;additional load(ing);secondary load(ing);subordinate load
附加力矩 secondary moment
附加利息 <分期付款的> add-on interest
附加利益 additional benefit;loading surplus
附加励磁 bias(s)ing
附加励磁电子感应加速器 field biased betatron
附加例行程序 appendage routine
附加量 plus
附加滤光镜 push-on filter
附加滤光片 additive filter
附加滤色镜 additional colo(u)r filter;additive colo(u)r filter
附加螺旋钢筋 head steel
附加码 additional code;extracode
附加码程序 extracode routine
附加码控制寄存器 extracode control register
附加门栓 extension bolt;extension flush bolt
附加灭点 accidental point
附加木杆 adjacent mullion

附加内力 additional internal force
附加内门首 additional inner bow door
附加旁龙骨 additional side girder
附加配重 overbalance
附加膨胀 after-expansion; secondary expansion
附加批注 superimposed notation
附加片 accessory plate
附加偏心 additional eccentricity
附加偏心(距) accidental eccentricity
附加偏转块 additional deviator
附加票 additional ticket; supplementary ticket
附加票价 supplementary fare
附加平衡网络 building-out network
附加起诉状 ancillary bill
附加契约 accessory contract
附加器 adapter; probe; modification kit <自动信号控制器>
附加牵引力 extra traction
附加前视 <水准测量> extra-foresight
附加前提 additional premise
附加强度 additional strength
附加墙 countermure; secondary wall; supplementary wall
附加清车时间 extra clearance period
附加情报 additional information
附加情况 accompanying information
附加取景器 accessory finder
附加全部服务的租赁 full-service lease
附加权利要求 accessory claim
附加燃料 additional fuel
附加扰动力 additional disturbing force
附加绕组 additional winding; overwinding
附加热 added heat
附加热水器 booster water heater
附加热阻 additional thermal resistance
附加人工成本 additional labo(u)r cost
附加任务 appendage task; attachment of a task
附加冗余度 additional redundancy
附加蠕变 secondary creep
附加入口点 addition entry point
附加塞绳 extension cord
附加山墙 attached gable
附加删除表 add-delete list
附加商品 tying products
附加上 affix
附加设备 accessory equipment; additional equipment; auxiliary device; extra equipment; optional equipment; peripheral equipment
附加设施 equipment attached
附加摄动 additional perturbation
附加伸长 auxiliary stretching
附加深度 additional depth
附加审计标准 additional auditing standard
附加审计程序 additional auditing procedure
附加生产装置 extension producer
附加生活费 additional living expenses
附加声明 separate statement
附加时间 additional period; additional time
附加实缴股本 additional paid-in capital
附加适配透镜 adapter lens
附加收入 additional revenue; supplementary income
附加收缩 after-contraction
附加收益 additional income; additional revenue
附加受热面 auxiliary heating surface
附加输出指令 extra output order
附加输入源 additional input source
附加数法 <用平面三角公式计算球面三角形的方法> additament method
附加水 added water; extra water
附加水流 additional stream
附加水深 <航道的> depth clearance; extra depth; over-depth
附加水头损失 additional head loss
附加水压力 extra water pressure
附加税 additional tax; addition to the tax; clauses; earmarked tax; supertax; supplementary tax; surcharge; surtax
附加税调查表 supplementary tax survey; surtax survey
附加税减免 surtax exemption
附加税率 additional tax rate
附加税敏感性 supplementary tax sensitivity
附加税项 additional duty
附加损耗 added loss; additional loss; extra loss; supplementary loss
附加损失 additional loss; extra loss; parasitic (al) loss; supplementary loss
附加所得税 additional income tax
附加所得税申报表 additional income tax return
附加塔柱 secondary pylon
附加弹簧 helper spring
附加提要 docket
附加填土 extra-banking; extra fill; surplus banking
附加条件 additional condition; auxiliary condition; side condition; subsidiary condition; supplementary condition
附加条款 accessories clause; additional article; additional clause; additional provision; clause rider; memorandum clause; reservation; rider; saving clause; subsidiary condition; superimposed clause
附加条文 superimposed clause
附加停车车位 additional parking space
附加投资 additional investment
附加投资偿还年限 payback of added investment
附加投资回收年限 recovery period of added investment
附加投资收益率 rate of return on incremental investment
附加透镜 adapter lens; lens adapter; supplementary lens
附加透镜系统 ancillary lens system
附加透视条件 additional perspective condition
附加涂层 additional coating
附加推(进)力 additional thrust
附加弯矩 additional bending moment; additional bending moment; secondary bending moment
附加网络 additional network; building-out network; complementary network
附加危险 additional perils; additional risks; extraneous risks; accessory risks
附加维修 supplementary maintenance
附加维修时间 supplementary maintenance time
附加位 extra order; overhead bit
附加位势 additional potential
附加位移 addition(al) displacement
附加文件 addition file; appended documents; append file
附加文件属性 additive file attribute
附加物 addendum[复 addenda]; additament; adjunct; affix; annexation; appendage; prosthesis; superaddition; supplement; tagger
附加物件 affixed article
附加物品 overage
附加物质 added mass
附加误差 additional error; additive error; extra error
附加系统 spare system
附加险 accessory risk; additional risks
附加险条款 additional perils clause
附加线路 boosting main; extension wire
附加线圈 <调节变压比> teaser coil
附加线匝 auxiliary winding
附加限幅器 <起重机> extra limiter
附加相 additional phase
附加项 addition(al) item
附加效应 additive effect
附加薪资 supplements to wages and salaries
附加信贷 supplemental credit
附加信息 additional information
附加信息位 preamble bit
附加性能 additional property
附加性原理 complementarity principle
附加徐变 secondary creep
附加压力 additional pressure; additive pressure; supplemental pressure; supplementary pressure
附加延误【交】 additional delay; incremental delay
附加延性 additional ductility
附加阳光间 attached sunspace
附加阳极 intensifying ring; supplementary anode
附加样本特性 extrasample performance
附加要求 additional requirement
附加要素 additional element
附加业务 additional service
附加仪表 extension instrument
附加疑问 question tag
附加议定书 additional protocol
附加因素 additive factor
附加音 adventitious sound
附加印刷 overprinting
附加应急舱底水吸入管 additional emergency bilge suction pipe
附加应力 additional stress; load-induced stress; subsidiary stress; superimposed stress
附加应力法 auxiliary stressing method
附加应力系数法 additional stress factor method
附加油毡层 additional layer of felt; supplementary layer of felt
附加油毡做法 additional felting
附加有效荷载的 piggyback
附加余隙 clearance pocket
附加语 postscript
附加预热器 additional preheater
附加元件 additional component
附加约束 addition of constraints
附加运动 additional motion; increment motion; secondary motion
附加运费 additional freight; extra freight; over on bill
附加载货 additional cargo
附加噪声 additional noise
附加责任事项 additional service
附加增益 additional gain
附加增援处理机 attached support processor
附加张拉 additional tensioning
附加账户 adjunct account
附加照明 fill lighting; supplementary lighting
附加遮光罩 extension tube
附加蒸发 additional vapo(u)rization
附加支出 additional expenses
附加支护 supplementary support
附加支索帆 advance staysail
附加支柱 arm brace
附加值 added value
附加值分析 added value analysis
附加值高 earn foreign exchange; products that yield a high added value
附加职责 additional service
附加指标法 additional indicator system
附加指控 accessory charges
附加指令 extra-instruction; extra order
附加制动缸容积 dummy brake cylinder volume
附加制动器 auxiliary brake
附加质量 added mass; attached mass
附加质量效应 virtual mass effect
附加重量 added weight; additional weight; excess weight
附加属性 additive attribute
附加注册费 additional registration fee
附加柱球齿 hells row
附加著录 added entry
附加桩 additional stake
附加装饰 attached decoration
附加装置 additional equipment; additional unit; add-ons; attachment; fittings; mountings; supplemental equipment
附加装置界面 attachment unit interface
附加状态 additional state
附加准备金 supplementary reserves
附加着色法 additive colo(u)ration method
附加资本 additional paid-in capital
附加资料 backmatter
附加字符 additional character
附加纵桁 additional girder
附加阻力 additional drag; additional resistance; augmented resistance; auxiliary resistance
附加阻力换算坡度 equivalent gradient of additional resistance
附加阻力梯度 added resistance gradient
附加阻尼 additional damping
附加作用 by-effect
附笺 allonge; docket
附件 accessories; accessory attachment[parts]; accommodation; adapter[adaptor]; adjunct; affix; ancillary attachment; annex(e); appendage; appended documents; appendix[复 appendices/appendixes]; appurtenance; armature; attached documents; attached parts; attachment; component parts; document attached; fitment; fittings; sub
附件部分 accessories section
附件草案 draft annex
附件传动机构 accessory drive gear
附件传动机匣 accessory drive casing
附件传动箱 accessory gearbox
附件的连接 attachment of connections
附件吊索管道 accessory sling pipe line
附件改型工具 modification kit
附件架 attachment rack
附件件 annexation
附件类型 type of attachment
附件摩擦力 auxiliary friction
附件商品 complementary product
附件设计任务书 accessory design

specification
附件设计要求 accessory design specification
附件弯矩 secondary moment
附件箱 accessory box; accessory case
附件消耗功率 accessory horsepower
附件罩 accessory cover
附件重量 weight of attachment
附件装配图 fitting arrangement drawing
附近 environs; precinct; vicinity
附近处 offing
附近地产 abutting property
附近地盘图 vicinity map
附近地区 nearby territory; vicinage
附近建筑物 adjacent accommodation; adjacent structure
附近居民的同意 < 交通线 > adjoining concession
附近居民的许可 adjoining concession
附近居民点 nearby residential area
附近可利用物 adjacent accommodation
附晶生长 overgrowth
附聚的 agglomerative
附聚剂 agglomerant
附聚率 agglomeration rate
附聚体积指数 aggregate volume index
附聚(物) agglomerate
附聚作用 agglomeration
附卷 ancillary volume
附廊要塞 zwinger
附类 subordinate class; subsidiary class
附利息票 cum coupon
附利息票据 interest bill
附利息条款票据 interest clause bill
附连三角网 annexed triangulation net
附连试验板 test coupon
附连水 entrained water
附联房屋 attached building
附联建筑物 attached building
附联披屋 attached pent-house
附联式房屋 attached building
附两侧窗的窗子 Venetian window
附楼 attached building
附录 added recording; addendum[复 addenda]; annex(e); appendix[复 appendices/appendixes]; attachment; parergon[复 parerga]; pendant; postscript; supplement; supplementary
附录编号 numbering of annex
附履行条件交付 escrow
附码 extracode
附买回条款债券 debt warrant bond
附面层 boundary layer; near surface layer
附面层表面 boundary layer seam
附面层表面摩擦 boundary layer skin friction
附面层积厚 boundary layer accumulation
附面层理论 boundary layer theory
附面层流 boundary layer flow
附面层特性 behavio(u)r of boundary layer
附面层位移 boundary layer displacement
附面层紊流(度) boundary layer turbulence
附面层效应 boundary effect
附面层压力起伏 fluctuation of pressure in boundary layer
附篇 supporting volume
附器 annexa; appendage
附签 countersign
附签条 tag
附墙半身柱 column engaged to the wall
附墙墩帽 engaged pier capital
附墙方柱 engaged pier
附墙方柱头 attached pier capital
附墙拱肋 formeret; wall rib
附墙式脚手架 bracket scaffold(ing)
附墙竖井 engaged shaft
附墙烟囱 chimney shaft attached to wall; wall-attached chimney
附墙圆柱 attached column; engaged column
附墙柱 inserted column
附墙柱头 blind pier capital
附墙柱子 engaged shaft
附清洗槽及油槽的 LWP 型滤尘器 dust filter, type LWP, accompanied with washing tank and oil tank
附券商品 coupon pack
附认股权 with rights
附入 enclose
附入的 enclosed
附上 affixture; append; attach
附上签条 docket
附设标志 attached sign
附设出口部 built-in export department
附设的立辊轧机 attached edger
附设发生炉 built-in producer
附设服务 extension services
附设建筑物 building annex
附设局 tributary station
附设式标志 attached sign
附设物体 affixed article
附生 epibiont; overgrowth
附生的 accessory; adnascent
附生动物 epizoan
附生副矿物 auxiliary accessories
附生海滩 apposition beach
附生生物 epiorganism
附生微生物 epiphytic microorganism
附生物种 accessory species; accidental species
附生植被 epiphytic vegetation
附生植物 epiphyte; epiphytic plant
附饰 parergon[复 parerga]
附饰物 applique
附室 alcove
附署 countersign
附属 pertaining
附属半圆形建筑 apsidiole
附属保险 subsidiary insurance
附属泵 appendage pump
附属变压器 associated transformer
附属部分 appendage
附属部件 appurtenance
附属材料 appurtenance material; appurtenant material; auxiliary material
附属仓库 subdepot
附属测深艇 satellite boat
附属测站 satellite station
附属产品 auxiliary product
附属车库 attached garage
附属程序【计】 accessory program(me)
附属出口公司 subsidiary export company
附属厨房 secondary kitchen
附属处理机 attached processor
附属船(舶) attached boat; attached ship; attendant craft; auxiliary craft; tender
附属存储器 annex storage
附属贷款 subordinated loan
附属单据 subsidiary documents; supporting memorandum
附属单位 subordinate unit
附属单位会计 accounting of subordinate units; account of subordinate units; auxiliary accounting unit; auxiliary unit accounting
附属单位上缴收入 revenue paid by subordinary unit
附属单位预算 auxiliary unit budget
附属单元 dependent unit
附属担保品 collateral security
附属担保物 collateral security
附属道路 tributary path
附属的 accessorial; accessory; affiliated; ancillary; appendant; appurtenant; auxiliary; collateral; incidental; pertaining; subordinate; subsidiary; tributary
附属的汽车间 accessory garage
附属抵押品 collateral security; secondary security
附属抵押品贷款 collateralized loan
附属地区 tributary area
附属电台 secondary station
附属断层 satellite fault
附属房 levecel; outbuilding; outhouse
附属房间 accessory room
附属房屋 accessory block; minor structure; attached building; building accessory; outbuilding; outhouse
附属服务设施 auxiliary service
附属付款承诺 subordinated payment promises
附属工厂 ancillary plant; captive shop
附属工厂或直式方法 subsidiary or vertical method
附属工程 accessory work; ancillary works; appurtenant structure; appurtenant works; auxiliary project; auxiliary works; outbuilding; subsidiary works
附属公司 affiliate(d) company; auxiliary firm; captive company; consolidated company; constituent company; subcompany; subsidiaries; subsidiary company; underlying company; wholly owned subsidiary
附属公司和联营公司股本 capital stock of subsidiary and affiliated company
附属公司借款 loans to subsidiaries
附属公司债券 subordinated debenture
附属公司证券 underlying securities
附属公司之买入 purchase of a subsidiary
附属构筑物 auxiliary construction; auxiliary structure; building accessory
附属国 dependency; dependent country
附属合同 collateral contract; dependent contract
附属合约 collateral contract
附属荷载 collateral load
附属会计单位 auxiliary accounting unit
附属机构 auxiliary body; secondary organ; subsidiary body; subsidiary organ
附属机构贷款 loan to subsidiaries
附属基地 accessory base; satellite base
附属加工厂 subsidiary factory
附属件装备角铁 fittings
附属建筑 accessory building; annex(e); appurtenance; auxiliary building; dependent block; satellite building; subordinate building; subsidiary building
附属建筑房屋 dependency
附属建筑物 accessory block; accessory structure; addition to structure; adjacency; adjacent accommodation; appurtenant structure; attached building; auxiliary construction; auxiliary structure; dependent building; easement; outhouse; penthouse; outbuilding
附属教堂 chantry; chantry chapel; chapel; chauntry
附属结构 appurtenant structure; auxiliary structure; minor structure
附属结构物 accessories; accessory structure
附属结果 spin-off
附属(课外)读物 collateral readings
附属立法 subsidiary legislation
附属例行程序 appendage routine
附属零售店 affiliated retailer
附属留置权 subordinate lien
附属绿地 attached green space
附属论据 collateral presumption
附属贸易区 subzone
附属目标 subgoal
附属票据 supporting voucher
附属品 accessories; adjunct; attachment; attendant; auxiliary accessories; furniture; gadget; garniture; outhouse
附属品车间 subsidiary workshop
附属普带 satellite band
附属企业 affiliated enterprise; auxiliary enterprise; subsidiary enterprise
附属契约 dependent contract; dependent deed
附属器 accessory organ
附属潜水设备 accessory diving equipment
附属权利 ancillary right; appendant
附属权益 ancillary right
附属人员 supporting staff; support personnel
附属任务 appendage task
附属商店 tied house
附属设备 accessories; accessory equipment; accessory plant; adjacent accommodation; appurtenance; appurtenant; appurtenant works; auxiliary equipment; auxiliary facility; peripheral equipment; peripheral unit; secondary installation; secondary plant; support equipment; support facility
附属设备齿轮箱 accessory gearbox
附属设备事故信号器 miscellaneous alarm
附属设施 accessories; accessory equipment; accessory plant; appendant facility; appurtenance; appurtenant works; peripheral unit; secondary installation; support equipment; support facility; equipment attached
附属生产 subsidiary production
附属生产通知单 subproduction order
附属生活设施间 utility room
附属生活用房 accessory living quarters
附属圣坛 by-altar
附属使用权 appurtenant easement
附属收入 ancillary receipt
附属属性地位 subsidiary attribute
附属树种 ancillary species; auxiliary species
附属塔式起重机 attached tower crane
附属条款 accessory article; collateral term; subparagraph
附属停车场 accessory parking area
附属通道 accessory channel
附属通信[讯]性能 feature for attaching communication
附属通行权 appurtenant easement
附属文件 ancillary documents
附属卧房部分 accessory sleeping quarters
附属物 accessories; adjunct; appendage; appendant; appurtenance; appurtenant; attachment; belongings;

pendant;pertinent;tag;tailpiece
附属物质 accessory substance
附属吸水管 auxiliary suction
附属小教堂 side chapel
附属小屋 outhouse
附属小学 affiliated primary school; attached primary school
附属效益 secondary benefit
附属协定 collateral agreement
附属协议 collateral agreement
附属信息 satellite information
附属信息处理机 attached information processor
附属信用公司债 subordinate debenture
附属信用证 auxiliary letter of credit; secondary letter of credit; subsidiary letter of credit
附属信用状 subsidiary credit
附属性工作 underwork
附属性索赔 accessory claim
附属学校 affiliated school
附属验潮站 subordinate tidal station
附属样本 subsample
附属要求 accessory claim
附属业务 outside venture
附属医院 attached hospital;clinic;infirmary;subsidiary hospital
附属营业 subsidiary business
附属油缸 slave cylinder
附属于大船的供应船 cog
附属于坟墓的 sepulchral
附属于回廊的 claustral
附属于主建筑的披屋 penthouse
附属预算 annexed budget
附属元素 accessory element
附属运输 <指旅客列车上的行李、包裹、邮件、快运货物等> subsidiary traffic
附属债务 subordinated debt
附属站 subordinate station
附属账(户) absorption account;affiliated account
附属褶皱 parasitic(al)fold
附属证据 supporting evidence
附属支管 fixture branch
附属中学 affiliated middle school;attached middle school
附属主动轴 accessory drive shaft
附属柱 princess post
附属铸造车间 attached foundry
附属专利 subsidiary patent
附属转让 collateral assignment
附属装饰 parergon[复 parerga]
附属装置 attachment; auxiliary attachment; auxiliary equipment; fixture
附属子公司 associated undertaking
附属作业 auxiliary activity
附说明的图表 descriptive schedule
附说明的账单 descriptive bill
附说明目录 descriptive catalog(ue)
附说明书的发盘 offer by description
附丝壳属 <拉> Appendiculella
附送赠品的行业 gift enterprise
附随程序 <不另计价的> bundled program(me)
附随的 attendant
附提货单的发票 invoice with documents
附体 accessory
附体海生物 fouling
附体海生物的生长速率 fouling rate
附体激波 attached shock(wave)
附体涡流 bound vortex
附体阻力 appendage resistance
附条 accessory article
附条件保兑 soft confirmation
附条件报告 qualified report
附条件报价 conditional offer
附条件参数平差 parameter adjustment with constraint
附条件承兑 qualified acceptance;subsequent acceptance
附条件承兑汇票 qualified acceptance of a bill of exchange
附条件承认 conditional approval
附条件的 conditional
附条件的背书 conditional endorsement[indorsement]; qualified endorsement
附条件的变数 dependent variable
附条件的承认 conditioned recognition
附条件的大副收据 foul mate's receipt
附条件的贷款 conditional loan; tied loan
附条件的订单 conditional order
附条件的购买 conditional purchase
附条件的股份认购权 qualified stock option
附条件的合同 tying contract
附条件的签署 qualified acceptance
附条件的认支汇票 qualified acceptance
附条件的土地转让契约 bargain and sale deed
附条件的装货单 condition shipping order;foul shipping order
附条件的最后通牒 qualified ultimatum
附条件而定的协定 contigent
附条件发价 conditional offer
附条件交付契据 escrow
附条件买卖 conditional sale
附条件认股权 qualified stock option
附条件认支汇票 qualified acceptance
附条件条款 soft clause
附条件销售 conditional sale
附条件销售单据 conditional bill of sale
附条件要约 conditional offer;subcon offer
附条件债券 double bond
附条件证明书 qualified certificate
附条件证券 conditional security
附条款汇票 claused bills of exchange
附条款票据 claused bill
附条款提单 claused bills of lading
附条款信用证 clause letter of credit
附通知书汇票 bills under letter of instruction
附图 accessory drawing; accompanying diagram; accompanying figure; accompanying map; attached chart;drawing;insert map
附图说明 illustrate with cuts
附文 additional article; proviso[复 proviso(e)s];rider
附物纹孔 vestured pit
附息贷款 lend money on interest
附息的货币 interest money
附息负债 liability with interest
附息合格负债 interest-bearing eligible liabilities
附息汇票 interest bill;interest bill of exchange
附息货币 interest money
附息票的股票 cum coupon
附息票金融债券 coupon bank debenture
附息票据 interest-bearing note
附息票券 coupon;cum coupon
附息票债券 coupon bond
附息银行债券 interest-bearing bank debenture
附息证券 interest-bearing securities
附限股制 restricted share
附销货品 side line
附新股 cum new
附芽 supernumerary bud
附言 obiter dictum;postscript
附样报盘 sampled offer
附样品报盘 sampled offer
附样品发盘 sampled offer
附业单位资金周转额 subordinate industry unit turnover
附业利润 ancillary profit
附业收入 ancillary revenue
附页 attached sheet;follower <合同的>
附以继承权的契约 heritable bond
附益 adjunction
附意合同 adhesion contract
附庸国 dependent country
附庸生产者 captive producer
附有 accompanied by
附有磁灭弧器的保护火花间隙 protective spark gap with magnetic blow-out
附有从路边料堆或卡车取料设备的沥青摊铺机 material transfer paver
附有单据的 documentary
附有担保的期票 collateral note
附有抵押的本票 collateral note
附有阁楼的平房 semi-bungalow
附有购买新股票的权利 cum right
附有股利 cum dividend
附有红利 cum bonus;cum dividend
附有回购条件的售出票据 bill sold on condition of repurchase
附有回购条件票据的贴现 discount on bill sold on condition of repurchase
附有或不带减压阀的高气压浮动式护舷 high-pressure air floating fender with pressure relief valve
附有计量设备的水泥储箱 bulker
附有刻度的玻璃温度计 glass thermometer with etched stem
附有空气的水准管 chambered level tube
附有利息 cum interest
附有某些条件的提单 dirty bill of lading
附有旁座的摩托车 combination
附有凭证 documents attached
附有圈楼的平房 semi-bungalow
附有认股权债券 bond with warrants
附有石棉绳的波形金属垫圈 corrugated metal gasket with asbestos cord
附有水权 <土地的> correlative water rights
附有水权的准则 <土地的> doctrine of relation in water rights
附有说明的目录 descriptive catalog(ue)
附有说明的损益计算书 descriptive financial statement
附有说明的项目表 annotated list of items
附有说明的资料目录 annotated bibliography
附有摊铺机钢轨的道路模板 rail attached road form
附有条件 with proviso
附有条件的 provisory
附有条件的合同 conditional contract;tying contract
附有条件的加工 conditional process
附有条件的交货 conditional delivery
附有条件的交款 qualified contributions
附有条件的票据 claused bill
附有条件的权利 conditional right
附有条件的权益 interest on condition
附有条件的认付 conditional acceptance
附有条件的提单 claused bill of lading;conditional bill of lading
附有条件的销售 condition sale
附有条件的销售合同 conditional sales contract
附有条件的债券 conditional bond
附有条件的债券销售 conditional bond sales
附有条件发行 conditional subscription
附有条件融资 conditional financing
附有挖填方详细资料的道路纵剖面图 mass profile
附有息票 cum coupon
附有限制条款的合同 requirement contract
附有信用证的汇票 bills drawn under letter of credit;bills under letter of credit
附有信用证的押汇汇票 documentary bill of exchange with letter of credit
附有一切权利 cum all
附有优先认购券的债券 bond-plus warrants
附有增大磁场控制的牵引电动机 traction motor with extended field control
附有增资权的股票 stock cum right
附有证书的发货单 invoice with documents attached
附有准则 doctrine of relation
附圆环阀 follower-ring valve
附约 accessory contract; addendum[复 addenda]
附在墙上的书橱 set in bookcase
附在设备上的上一次维修日期 dateometer
附则 additional contract clause; by-(e)-law;collateral clause;miscellaneous provisions;subsidiary criterion;supplementary provision
附赠品包装 kaleidoscopic packaging
附征税 complementary tax
附证件 attach;documents attached
附证明 cum testament annex
附证书 document attached
附支票单 check ticket
附植生物 fouling organism
附植植物 epiphytic plant
附轴 non-coupled axle
附注 annotation; explanatory note; footnote; note; notes appended; remark
附注条款 memorandum clause
附柱 attached column
附铸试棒 attached test bar;attached test coupon
附铸油管 cast-in oil lead
附装温度计 attached thermometer
附着 adhere; agglutination; attachment
附着板 lamina affixed
附着包膜层 coherent coating
附着孢 appressorium
附着表面振捣器 <混凝土> air external vibrator
附着层 substratum[复 substrata]
附着沉积 adventitious deposit
附着的 adherent;adnexed
附着地下水 attached ground water
附着点 point of attachment
附着根 adhering root
附着功 adhesional work;work of adhesion
附着极限 adhesion limit
附着剂 adhesive
附着结疤 bond blister
附着界限 absorption limit
附着空泡 attached cavity
附着空穴 attached cavity
附着力 adherence;adhesional strength; adhesion attraction; adhesive attraction; adhesive force; adhesive strength; aggregation force; cohesive

force;traction
附着力测定仪 adhesion meter;adhesion tester
附着力促进剂 adhesion promoter
附着力拉脱试验 pull-off test of adhesion
附着力试验 adhesion test
附着力试验仪 adhesion tester
附着力损失 adhesion loss
附着锚碇 adhesive anchor
附着膜膨胀床 attached-film expanded bed
附着膜生物膜 membrane-attached biofilm
附着能 adhesion energy
附着能力 adhesive power
附着黏[粘]合 adhesive bonding
附着器 hapteron
附着强度 adhesion strength;adhesive strength
附着强度试验机 adhesive strength tester
附着区域 adhering zone
附着热 adhesion heat;heat of adhesion
附着润湿 adhesional wetting
附着沙丘 attached dune
附着上皮 epithelial attachment;junctional epithelum
附着生长处理法 attached-growth process
附着生长的海洋生物 marine growth
附着生长反应器 attached-growth reactor
附着生长污水稳定塘 attached-growth waste stabilization pond
附着生长硝化处理法 attached-growth nitrification process
附着生活 epiphytism
附着生物 attaching organism;aufwuch;sessile organism;settled organism
附着生物膜反应器 attached biofilm reactor
附着生物生长法 attached-growth biological process
附着石英 bosh
附着式 attached type
附着式标志 additive sign
附着式混凝土振动器 form concrete vibrator;vibrating tamp
附着式模板振动器 form vibrator
附着式模块振捣器 vice clamp vibrator
附着式升降机 anchored hoist
附着式外振捣器 clamp-on vibrator
附着式振捣 external vibration;formwork vibration
附着式振捣器 external vibrator;form vibrator;formwork vibrator;shutter vibrator;surface vibrating machine;surface vibrator
附着式振动器 adhesive type vibrator;annexed type vibrator;attached type vibrator;external vibrator;form vibrator;formwork vibrator;surface type vibrator;surface vibrator
附着式震动器 external vibrator
附着水 adhesive water;adsorption water;adsorptive water;attached water;pellicular moisture;pellicular water
附着水分 adhesive moisture
附着水面 pellicular front
附着水汽 sweating
附着水舌 adhering nappe
附着水生物 attached hydrobiont
附着体 attachment
附着涂层 coherent coating
附着微粒 adhesion of particles
附着微生物膜膨胀床工艺 attached microbial film expanded bed process
附着涡流 bound vortex
附着物 adhesion;attachment;deposit-(e)builder
附着系数 adhesion coefficient;adhesive factor;attachment coefficient;coefficient of adhesion;factor of adhesion
附着系数测定 traction coefficient measurement
附着性 adhesiveness;stickability
附着压力 adherence pressure
附着仪 cohesiometer
附着缢痕 attachment constriction
附着引力 adhesive attraction
附着应力 bond stress
附着油 <黏[粘]着在油箱壁的> clingage
附着油膜 <金属表面> weakly adhering oil film
附着于 attach to
附着在船上的无柄海藻 grass
附着增进涂层 block coat
附着张力 adhesion tension
附着张力分析仪 adhesion tension analyser[analyzer]
附着枝 hyphopodium
附着植物 attached plant
附着重量 adhesion weight;adhesive weight
附着重量控制器 adhesive weight controller
附着作用 adhesion;adhesive action

复

复岸法 bank reinstatement method
复岸工程 bank reinstatement
复胺 complex amines
复白 broken white
复摆 composite pendulum;compound pendulum;physical pendulum
复摆运动 compound motion
复板 doubling plate;escutcheon;sheath;skin plate
复板舵 double plate rudder;plated rudder;side plate rudder
复板轮 double plate wheel;double-webbed wheel
复板平衡舵 double plate semibalanced rudder
复拌 reclaim;remixing;retread
复拌层 recycling course;retread course
复拌处治层 retread treated course
复拌道路 recycling surface;retread road
复拌的沥青混合料 reclaimed asphaltic mixture
复拌法 recycling process;retread process
复拌混凝土 reclaimed concrete;remixed concrete
复拌机 reclaimer;remixer
复拌结合料 recycling binder;retread binder
复拌沥青混合料 reclaimed asphalt mixture
复拌沥青混合料拌和机 asphalt remixer
复拌沥青混合料摊铺机 asphalt remixer
复拌沥青路面 reclaimed bituminous pavement;recycled asphalt pavement
复拌面层 recycling surface;retread surface
复拌式表面处治 recycling surface treatment;retread surface treatment
复包络函数 complex envelope function
复孢锈菌属 <拉> Uredo
复背斜层【地】anticlinorium
复本 counterpart;duplicate;duplicate copy;extra copy;further copy
复本库 duplicate collection
复本利系数 compound factor
复本位 double standard;bimetallic standard;double currency
复本位国 double standard country
复本位货币制度 bimetallic monetary system
复本位制 bimetallism;double standard system;parallel standard
复本位制的 bimetallic
复比 complex ratio;double ratio;duplicate ratio;compound ratio
复比定理 theorem of double ratio
复比估计 double ratio estimation
复比估计量 double ratio estimator
复比估计值 double ratio estimate
复比例 compound proportion
复比例尺 duplex scale;transversal scale
复编码电键 multicode key
复变函数 complex function;complex variable;complex variable function;function of a complex variable
复变函数的虚分量 imaginary component of complex function
复变函数论 complex analysis;theory of function of a complex;theory of functions of complex variable
复变函数求奇点法 singular point method from complex variable function
复变换 complex transformation
复变量 complex variable
复变量正则函数 regular function of complex variable
复变模量 complex modulus
复变数 complex variable
复变数导数 derivative of complex variable
复变态 hypermetamorhism
复变态期 hypermetamorphosis
复变态曲线 complex abnormal curve
复变微积分学 complex calculus
复变形 complex deformation
复标记符 complex-marker
复表皮层 multiple epidermis
复冰现象 regelation
复并励绕组 multiple parallel winding
复并悬挂 cross-wire suspension
复波函数 complex wave function
复波绕组 multiplex wave winding
复不等系数 multiple inequality coefficient
复材 sheathing
复参数 complex parameter
复槽集束器 multiple grooved gathering shoe
复槽路犁 furrow gang plough
复测 check survey;complementary survey;retest;reiteration;repetition measurement
复测次数 repetition number
复测定系数 coefficient of multiple determination
复测度 complex measure
复测法 measurement by repetition;measuring by repetition;method of repetition;repetition method;repetition method of observation
复测法测角 repetition of angles
复测光学经纬仪 repeater optic(al) transit;repeating optic(al) theodolite;repeating optic(al) transit;repetition optic(al) theodolite
复测角法 repetition measurement
复测经纬仪 double-center[centre] theodolite;repeater theodolite;repeating instrument;repetition theodolite;repetition transit
复测经纬仪度盘 repeating circle
复测控制装置 reiteration control
复测流速仪 repeating current meter
复测(式光学)经纬仪 repeating theodolite
复测水准 relevel(l)ing
复测水准(路)线 multiple level line
复测微动螺旋 repetition drive screw
复测仪(器) repeating instrument
复测制动螺旋 repetition clamp(screw)
复测轴 <经纬仪> repeating cone
复层 multiple coat
复层的 irregular
复层法 cladding
复层钢 clad steel;composite steel
复层胶 multiple layer adhesive
复层绝缘 multilayer insulation
复层涂层 sandwich coat
复层土 repeated layer soil
复层序 composite sequence
复层组 coset
复查 call-back;countercheck;cross check;recheck;recontrol;reinspection
复查分析 check analysis
复查试验 control test
复查用试样 check sample
复查资料 backup data
复觇法 method of double sight
复潮 agger;double tide
复称 re-weighing
复成冰川 composite glacier
复成沉积 metagenic deposit
复成沉积物 metagenetics
复成的 polygene;polygenetic
复成地形 polygenetic topography;composite topography
复成分火山角砾岩 polymictic volcanic breccia
复成分集块岩 polymictic agglomerate
复成分角砾岩 polymictic breccia
复成分砾岩 polycomponent conglomerate;polymictic conglomerate
复成分凝灰岩 polymictic tuff
复成分熔结集块岩 polymictic welded agglomerate
复成分熔结角砾岩 polymictic welded breccia
复成分熔结凝灰岩 polymictic welded tuff
复成分砂岩 ploy component sandstone
复成火山 polygenetic volcano;polygene volcano
复成景观 composite landscape
复成岩脉 mixed dike[dyke]
复成岩墙 mixed dike[dyke]
复齿锯 double(spine) saw;double tooth
复齿轮 gear compound
复冲击 oil buffer
复出口 reexport;re-exportation
复初 rejuvenate
复穿孔 gang punch;multiple perforation;multiple punching
复穿孔机 multipunch;reperforator;reproducer;reproducing punch
复穿孔试验 double punch test
复穿孔装置 reproducing unit
复传播矢量 complex propagation vector
复传递函数 complex transfer function
复传力法预加应力 <加应力后使钢筋黏[粘]着的预加应力> prestressing with subsequent bond
复传力法预应力 prestressing by sub-

F

sequent bond
复串联变流器 cascade converter
复床再生 compound regeneration
复磁导率 complex permeability
复打 < 桩工 > re-drilling; redriving; retapping; strike-on
复打桩 replacement pile
复代理 turning agency
复带式拖拉机 crawler tractor
复刀架丝杠刻度圈 compound feed-screw graduated collar
复导磁率 complex permeability
复导纳 vector admittance
复得 recuperate
复得率 recovery rate
复堤 bank reinstatement
复堤法 bank reinstatement method
复堤工程 dike rehabilitation
复地槽 polygeosyncline
复地震 multiple earthquake; multiple shock
复递 ampliation
复碲铅石 girdite
复点 complex point
复点线 multipoint line
复点阵 compound lattice
复电机 compound machine
复电缆 multiple cable
复电容率 complex (dielectricl) permittivity
复电位 complex potential
复电阻率 complex resistivity
复跌式制冷系统 cascade refrigerating system
复跌式制冷循环 cascade refrigeration cycle
复迭式系统 cascade system
复叠 overlapping
复叠标 multiple range
复叠绕组 multiplex lap winding
复顶芽 multiple leader
复定因 compound determiner
复动 double action
复动打桩机 differential acting pile hammer
复动夹头 combination chuck
复动式 double lift
复动式的 double-acting
复动式锻锤 double-acting hammer
复动式多臂机 double-acting dobby
复动式拉丝对轮 co-acting pulling rollers
复动式压缩机 double-acting compressor
复动水泵 double-acting pump
复动制动器 double-acting brake
复动桩锤 double-acting pile hammer
复断层 complex fault; fault complex; multiple fault; rotational fault
复断路器 double break circuit breaker
复锻的 second-worked
复锻模 multiple die
复对比度传递函数 complex contrast transfer function
复对的 multiple twin
复对流层顶 multiple tropopause
复对数【数】complex logarithm
复对数标尺 log-log scale
复对数坐标纸 log-log paper
复鲕 composite ooid
复二辊式平整机 uni-temper mill
复二辊式轧机 double two high mill
复发 relapse
复发的四面体晶相 complex tetrahedral phase
复钒钙石 Hendersonia
复钒矿 vanoxite
复反射率 complex index of reflection
复方 complex prescription
复飞 missed approach
复飞爬高 missed approach climb
复分解 double decomposition
复分解反应 metathetical reaction; replacement reaction
复分解盐 metathetical salt
复分解作用 metathesis [复 metatheses]
复分析【数】complex analysis
复分镶板 subdivided panel
复分样品 replicate sub-sample
复浮子 double float
复钢的 steel-clad
复高积云 alto cumulus duplicatus
复高斯分布 complex Gaussian distribution
复根 complex roots; compound radical; multiple roots; repeated roots
复耕 secondary ploughing; secondary tillage; secondary working
复耕休闲地 twice-ploughed fallow
复工 resumption of work
复工申请 application of returning work
复共轭(的) complex conjugate
复共轭函数 complex conjugate function
复共轭矩阵 complex conjugate matrix
复沟型 leucon; rhagon
复古建筑 revival architecture
复古式装饰 classic (al) revival form of decoration
复古主义 doctrine of back to the ancients; revivalism
复鼓式卷扬机 multiple drum winch
复关联 multiple association
复关税税率制 double tariff system; dual tariff system
复关税税率 double line tariff
复观法 method of double sight
复官能【化】multiple function
复管井 compound well
复管孔 pore multiple
复管排气 < 室内排水系统 > reventing
复管通风 secondary venting
复光束 multiple beam
复光振幅 complex light amplitude
复归 pick-off; reversion
复归磁铁 resetting magnet
复归的红利 reversionary bonus
复归机构 resetter; resetting device
复归键 reset key
复归时间 reset time
复归弹簧 resetting spring
复归凸轮 return cam
复归信号器 slot signal(l)ing
复归值 resetting value
复硅锆钡矿 michaelsonite
复硅作用 resilicification
复轨 rerailing
复轨起重机 rerailing crane
复轨器 car replacer; ramp; replacer; rerailer; rerailing device; rerailing ramp; retracker
复轨设备 rerailing equipment
复轨斜坡台 ramp of rerailing; rerailing ramp
复轨辙叉 rerailing frog
复果 multiple fruit
复果植物 bramble
复含油气聚集带 combinated oil and gas accumulation zone
复函数 complex function
复合 build-up; compounding; multiplicity; recombination
复合安全泄压阀 combination safety relief valve
复合摆动型颚式破碎机 compound swinging type jaw crusher
复合板 cladded plate; composite panel; composite slab; sandwich; composite board
复合板材 composite board
复合板片 composite sheet
复合板蒸发器 compound plate evapo-(u) rator
复合棒激光器 composite rod laser
复合包装 composite packaging
复合背衬 double backing
复合本位制 composite system
复合泵 bi-compound pump; combination pump; integral pump; piggy-back pump
复合比例汇率 compound arbitrated rate
复合边界 compound boundary
复合边界课题 mix boundary problem
复合边坡 complex slope
复合变换 compound transform
复合变换器 converter coupling
复合变量 composite variable
复合变扭器 converter coupling
复合变速箱 compound transmission
复合变形 composite deformation
复合标 composite tower
复合标准差 combined standard error
复合表 combinative table
复合表达式 compound expression
复合表面应力 combined surface pressure
复合滨线 compound shoreline
复合冰川 composite glacier; composition glacier; compound glacier
复合拨号 composite dial(l) ing
复合波 complex wave; composite wave; compound wave
复合波痕 composite ripple mark
复合波特兰水泥 compound Portland cement
复合玻璃 compound glass
复合玻璃光纤 compound glass optic-(al) fiber[fibre]
复合泊松分布 compound Poisson distribution
复合泊松过程【数】compound Poisson process
复合薄膜 coextruded film
复合薄膜胶粘剂 adhesive for laminated film
复合不整合【地】composite unconformity
复合材料 complex material; composite; composite material; composition material; material composite
复合材料薄膜 composite material film
复合材料防火隔热服 composite fireproof and heat-insulation clothing
复合材料工艺 composite technology
复合材料基体 matrices of composite materials
复合材料结构 composite material structure
复合材料界面 composite interface
复合材料力学 complex material mechanics; mechanics of composite materials
复合材料容器 composite material vessel
复合材料纤维 composite fiber[fibre]
复合材料制品 composite product
复合裁定汇率 compound arbitrated rate
复合彩色 composite colo(u)r
复合彩色同步信号 composite colo(u)r sync
复合彩色信号 composite colo (u) r signal; composite picture signal
复合侧限轴向压/剪应力试验 combined confined axial compression/shear stress test
复合层 complex layer; composite bed; multiple bed
复合层理 mixed bedding
复合层型 composite-stratotype
复合层压板 composite laminate
复合掺和料 multicomponent admixture
复合产品 joint product
复合产业 compound industry
复合长丝 bicomponent filament yarn; multiplex yarn
复合超几何分布 compound hypergeomertric distribution
复合潮 compound tide
复合车间距分布 composite headway distribution
复合沉积 composite sediment
复合沉积层 composite deposit
复合沉积颗粒 composite grain
复合衬砌 composite liner; composite lining; compound lining; double lining
复合成像链 complex optic(al) train
复合成型 composite mo(u)lding
复合成因矿床 deposit (e) of compound origin
复合城市 urban complex
复合乘 complex product
复合程序 composite sequence
复合持续时间 duration of load
复合齿轮 combination gear; compound gear
复合齿轮外罩 outer compound gear cover
复合充填树脂 composite filling resin; compound filling resin
复合冲积扇 composite alluvial fan; compound alluvial fan
复合冲模 compound press tool; compound die
复合冲压式发动 recombination ram-jet engine
复合抽样单位 complex sampling unit
复合抽样方案 composite sampling scheme
复合抽样系数 composite sampling factor
复合传动装置 compound gearing
复合传热 complex heat transfer
复合传声器 combination microphone
复合床 composite bed
复合垂直流人工湿地 integrated vertical-flow constructed wetland
复合垂直流渗流系统 integrated vertical-flow infiltration system
复合磁导率 complex magnetic permeability
复合磁体 built-up magnet
复合磁铁 compound magnet; magnetic battery
复合磁铁系制品 combined magnet system
复合磁头 combined record-playback head
复合磁絮凝剂 complex magnetic flocculant
复合催化剂 composite catalyst
复合错位 compound dislocation
复合大小 compound size
复合带 combination of zones
复合带层 composite tape layer
复合单纯形法 composite simplex algorithm
复合单面玻璃 complex-curved glass
复合单位 complex unit; multiunit
复合单位过程线 composite unit graph; composite unit hydrograph
复合单元 composite element; compound unit; multiple unit; multiunit
复合单元体 composite element

F

复合刀具 combination cutting tool; compound tool
复合导体 composite conductor
复合导线 composite conductor; composite wire; compound wire
复合道路噪声 noise of composite road
复合的 built-up; complex; composite; compound; multiway; multiple
复合的塔立夫材积表 compound Tarifs
复合低温雪崩开关 compound cryosar
复合低压 complex low
复合地 multiply
复合地板 composite floor(board); composite floor panel; composite floor slab; compound flooring
复合地板材 composite flooring
复合地板系统 composite floor system
复合地基 <用挤密砂、桩等处理的地基> composite ground; composite foundation; composite subgrade
复合地基设计 design of composite foundation; design of composite ground
复合地沥青 asphalt compound
复合地面 complex surface
复合地堑 compound graben
复合地体 composite terrane
复合地形 polygenetic topography
复合地震 complex earthquake
复合点阵 composite lattice
复合电秤 composite balance
复合电触头合金 composite contact metal
复合电镀 composite plate
复合电杆 coupled pole
复合电接触器材 composite contact metal
复合电解质 composite electrolyte
复合电缆 composite cable; compound cable; multiple unit cable
复合电力系统中的负荷分配 load distribution in a combined power system
复合电流 recombination current
复合电路 composite circuit; compound circuit
复合电路整流器 multiple rectifier
复合电刷 composite brush
复合电阻器 composite resistor
复合吊综 compound harness
复合顶棚体系 integrated ceiling system
复合动作 composite move
复合动作电位 complex action potential
复合度 compositivity
复合镀层 composite deposit; compound fault
复合断层【地】 composition fault; compound fault; multiple faults
复合断层崖 composite fault scarp; composition fault scarp
复合断裂 compound fault
复合断路器 reclosing type circuit breaker
复合断面 composite section; compound cross-section
复合断面水道 two stage channel
复合断崖 compound scarp
复合对称 complex symmetry
复合墩 compound pier
复合多股绞合线 composite stranded wire
复合多元醇 pluronic polyols
复合二次式 compound quadratic form
复合二阶项 composite second order
复合二项分布 compound binomial distribution
复合二氧化氯 compound chlorine dioxide
复合二氧化氯反应器 compound chlorine dioxide generator
复合发动机 hybrid engine
复合阀 combination valve
复合法 composite algorithm
复合反馈 compounding feedback
复合反馈系统 composite feedback system
复合反力式涡轮机 compound reaction turbine
复合反射器 complex reflector
复合反射性反应 complex reflex reaction
复合反向滤波器 complex inverse filter
复合反应 composite reaction
复合方程式 superposition equation
复合方式 complex method
复合防波堤 composite breakwater
复合防潮层 sandwich damp course
复合防火门 composite fire door
复合肥料 combined fertilizer; compound fertilizer
复合费用 compound expenses
复合分布 composite distribution; compound distribution
复合分类 combined entry; compound entry
复合分录 combined entry; compound entry
复合分析 composite analysis; compound analysis
复合分子 compound molecule
复合分组 composite grouping
复合粉粒料 composite compact
复合粉(末) composite powder
复合浮动表达式 complex relocatable expression
复合浮式起重机 compound type floating crane
复合符号 complex symbol; composite symbol; compound symbol; overlapping symbol
复合辐射 recombination radiation
复合负多项式分布 compound negative multinomial distribution
复合附加物 compounded additive
复合覆盖 complex cover
复合覆盖面 complex surface
复合钙基润滑脂 complex calcium lubricating grease
复合概率 compound probability; probability of recombination; recombination probability; composite probability
复合干涉仪系统 compound interferometer system
复合杆 coupled pole
复合杆件 composite member
复合感光材料 complex photographic material
复合感觉 synaesthesia
复合钢 clad(ding) steel; composite steel; compound steel; ply steel
复合钢板 cladded strip; clad(ding) sheet steel; clad metal; composite steel plate; clad plate
复合钢板法 cladding
复合钢桥 <钢梁和桥面板连接在一起> composite steel bridge
复合钢桥构件 composite steel bridge member
复合高分子氯化铝 composite polymeric aluminum chloride
复合高分子絮凝剂 composite polymeric flocculant
复合高聚物 polyblend
复合高斯物镜 compound Gauss objective
复合隔墙 compound partition(wall)
复合各向异性 combined anisotropy
复合工作台 compound table
复合公差 composite tolerance
复合功能 complex function
复合功能陶瓷 composite function ceramics
复合供给 composite supply
复合拱 composite arch; compound arch; lancet arch
复合拱式基层 composite arch base
复合共振腔 combinative resonator
复合构件 complex component; composite component
复合构造 compound structure
复合估计 multiple estimation
复合谷冰川 compound valley glacier
复合固化机理 dual cure mechanism
复合关键词 hyphenated catchword
复合关键字 compound key
复合(关)税 compound duties
复合(关税)税则 complex tariff; compound tariff
复合关系 compositive relation
复合官能 complex function
复合管板 clad tube sheet
复合管(道) clad pipe; complex pipe; composite pipe; compound pipe; compound tube; multiple unit tube; multiunit tube
复合管理 multiple control
复合管气体流量计 compound tube flowmeter
复合管网 complex network
复合管线 complex line; complex pipeline; compound pipeline
复合罐 composite can
复合光 compound light
复合光谱 complex spectrum; composite spectrum
复合光谱线 combined spectral line
复合光校正法 complex light correction method
复合光栅光学微分 composite grating optic(al) differentiation
复合广义刚度 combined generalized stiffness
复合规 compound ga(u)ge
复合硅酸盐 complex silicate
复合硅酸盐水泥 composite Portland cement; mixed Portland cement
复合果 compound fruit
复合过程线 complex hydrograph
复合海岸 composite coast
复合海岸线 composite coastline; compound shoreline
复合海底电缆 composite submarine cable
复合函数 complex function; composite function; function of a function; compound function
复合函数法 compound function method
复合函数法则 function of function rule
复合焊丝 combined wire
复合焊条 composite electrode
复合合成纤维 composite synthetic(al) fibre
复合核 complex nucleus; compound nucleus
复合核激发能 excitation energy of compound nucleus
复合核弹性散射 compound elastic scattering
复合红宝石激光器 composite ruby laser
复合护层光缆 optic(al) fibre cable with composite sheath
复合华伦桁架 double Warren truss
复合滑动面 composite sliding surface
复合滑轮 compound pulley
复合化肥 compound chemical fertilizer
复合化合物 composite chemicals
复合环境 complex environment
复合缓和曲线 compound transition curve
复合回归分析 multiple regression analysis
复合回路 set composite
复合汇兑价率 compound arbitrated rate
复合混凝剂 complex coagulant; compound coagulant
复合火山 complex volcano; stratovolcano
复合火山锥 composite volcanic cone
复合机 combining machine
复合机理 recombination mechanism
复合机组 multiple unit
复合基柱 combined footing
复合基桩 composite foundation pile
复合激光器 recombination laser
复合激振 complex excitation
复合集热器 combined collector
复合给水 plural water supply
复合挤压 combination extrusion; combined extrusion
复合计算机 computer complex
复合记录器 multiple register
复合剂 <与金属铁形成可熔复合离子的物料> complexing agent; composite agent
复合继电器 compound relay
复合加脂剂 fat liquoring complex agent
复合夹杂 duplex impurity
复合家庭 joint family
复合假设 composite hypothesis; compound hypothesis
复合坚实结构 composite solid structure
复合减色法颜色混合 complex subtractive colo(u)rant mixture
复合减水剂 complex water reducer
复合剪切模量 complex shear modulus
复合建筑 complex building
复合建筑板 composite building slab
复合建筑板材 composite building board
复合建筑构件 composite building member
复合交叉(口) <多条道路汇合的交叉口> multiway intersection; compound intersection
复合交混回响 combined reverberation
复合胶合板 composite plywood
复合焦点测距仪 coincidence range finder
复合礁体 complex reef
复合礁型油气田 combinational reef type oil-gas field
复合角 compound angle
复合接头 composite joint
复合结构 compages; complex structure; composite construction; composite structure; multistructure
复合结构的底架 composite underframe
复合结构面滑坡 landslide of compound structural plane
复合截面 compound(cross-) section; recombination(cross-) section
复合解润滑脂 double decomposition grease
复合介质电容器 composite dielectric

capacitor
复合金属 clad metal; composition metal
复合金属板 bimetal; cladding metal sheet; cladmetal sheet
复合金属材料 composite metal material
复合金属导线 bimetallic conductor
复合金属法 pluramelt process
复合金属片 bimetallic strip
复合金属氧化物半导体 combined metal oxide semiconductor
复合进风废气箱 combined wind box
复合晶体管 darlington
复合精馏塔 compound rectifying column
复合井 composite well
复合井筒 compound shaft
复合景观 composite landing; composite landscape
复合净化剂 complex purifying agent
复合静态混合机/热交换机 combination static mixer/heat exchanger
复合镜头 composite lens; compound lens
复合矩阵 compound matrix[复 matrices]
复合聚硅酸絮凝剂 composite polysilicic acid flocculant
复合聚合硫酸铝 multiple polyaluminum sulfate
复合决策问题 compound decision problem
复合绝缘材料 composite insulation
复合菌 complex bacterium
复合卡 composite card
复合开关 combination switch
复合开关网络 combinational switching network
复合开诺全息照片 compound kinoform
复合勘探线 compound system of exploration line
复合可控硅 darlistor
复合空档分布 compound gap distribution
复合控制 compound control; convergent control
复合控制电压 composite controlling voltage
复合控制作用 compound control action
复合矿 grandidierite
复合矿床 complex deposit
复合矿化剂 compound mineralizer
复合矿石 complex ore
复合框形天线 combined frame antenna
复合拉丝抛光装置 combined draw and buffing gear
复合喇叭 compound horn
复合缆 composite rope
复合浪 complex seas; complex sea wave
复合棱镜 composite prism
复合棱形天线 multiple unit steerable antenna
复合冷硬铬钼合金 chromium-molybdenum alloy; duplex chilled
复合离子 compound ion
复合犁铧 composite share
复合理论价格 theoretic(al) prices on a composite basis
复合力 composite force
复合立体模型 compound stereomodel; multiple stereomodel
复合粒子 compound particle
复合连岛沙洲 complex tombolo; tombolo cluster; tombolo series
复合连接 composition joint
复合连续区 recombination continuum
复合链幕 compound chain system
复合梁 composite beam
复合量 compound quantity
复合料 multicomponent admixture
复合裂缝 compound shake
复合林 composite forest
复合磷光体 composite phosphor
复合灵敏度 complex susceptibility
复合流动度 <表示液体流变性质的一种指数> degree of complex flow
复合流量计 compound meter
复合硫黄 combined sulfur
复合楼板 composite floor (board); composite floor panel; composite floor slab
复合楼板系统 composite floor system
复合楼梯 combination stair(case)
复合滤波器 composite filter
复合滤纸 composite filter paper
复合铝板 clad alumin(i)um
复合律 law of composition
复合率 recombination rate
复合氯酸盐 Polybor-chlorate
复合孪晶 compound twin; double twin
复合逻辑元件 compound logic element
复合螺旋线 compound spiral
复合马尔可夫过程 composite Markov process
复合脉冲 composite pulse
复合门 composite door
复合面 composite plane; composition plane
复合面层 composite topping; mixing coat
复合名 compound name; names
复合命题 combination of sentence; composite statement; compound proposition; compound statement
复合模 combination die; gang die
复合模具 composite mo(u)ld
复合模塑 composite mo(u)lding
复合模型 composite model
复合膜 complex film; complex membrane; complex pellicle; composite membrane
复合膜胶粘剂 multiple layer adhesive
复合磨料 abrasive compound; compounded abrasive
复合(木)材 composite wood
复合目标 complex target
复合目的 composite goal
复合目镜 compound eyepiece
复合纳滤膜 composite nanofiltration membrane
复合耐火材料 composite refractory
复合挠曲 compound flexure
复合能 recombination energy
复合能级 combination level
复合年增长率 compound annual rate of growth
复合凝胶 plural gel
复合凝聚 complex coacervation
复合农业化学杀菌剂 synergistic agrochemical fungicide
复合抛物面集热器 compound parabolic collector
复合泡沫 composite foam
复合泡沫塑料 syntactic(al) foam
复合喷嘴 composite nozzle; two-stage injector
复合盆地 complex basin; composite basin
复合膨胀剂 united expansive agent
复合坯块 composite compact; compound compact
复合皮带运输机 complex belt conveyer[conveyor]
复合疲劳试验机 combined load fatigue testing machine
复合片钻头 polycrystalline diamond compact bit
复合频率 combination frequency; complex frequency
复合频率分布 compound frequency distribution
复合品系 strain complex
复合平衡图 complex equilibrium diagram
复合平均数 compound average
复合平面 composition plane
复合平面阻抗谱 complex impedance spectroscopy
复合破断裂 combined rupture
复合破坏 combined failure
复合破裂 combined rupture
复合铺地材料 composite flooring
复合谱 recombination spectrum
复合期 recombination epoch
复合起重机 compound starter
复合器 recombiner
复合器件 multiple device
复合前馈 compounding feedforward
复合潜山油气田 combinational burial hill oil-gas field
复合潜像 combined latent image
复合腔技术 complexed cavity technique
复合强度 <应力状态下> combined strength
复合墙 <多层材料的> composite (plane) wall; multiple wall; compound wall
复合墙板 composite wall panel
复合墙面板材 composition siding
复合墙体 composite wall(body)
复合切削 combined cutting
复合侵入体 composite intrusion
复合青铜 composition bronze
复合氢线 recombination hydrogen-[H]-line
复合曲流 compound meander
复合曲线 combined curve; complex curve; compound curve
复合曲线图 composite curve chart
复合驱动 mixed drive
复合圈闭 combination trap; compound trap
复合全息图 composite hologram
复合缺陷 complex defect
复合群落 multiple community
复合燃烧器 combing burner
复合燃烧室 composite chamber
复合染色法 compound staining
复合热动继电器 compound temperature relay
复合日记账分录 compound journal entry
复合容矿构造 compound ore-containing structures
复合容器 clad vessel
复合溶剂 double solvent
复合溶液 complex solution
复合熔岩流 composite lava flow
复合乳胶 compounded latex
复合软材料 composite soft material
复合润滑油 compounded lubricating oil
复合润滑脂 complex grease; double composition grease
复合三角洲 complex delta
复合三阶差拍 composite triple beat
复合散射 combination scattering
复合沙丘 complex dune
复合沙丘链 compound chain of dune
复合沙嘴 complex spit
复合砂轮 composite wheel
复合扇状构造 composite fan structure
复合商品 composite commodity
复合烧坯 compound sintered compact
复合设备 equipment complex
复合生态系统 compound ecological system
复合生物反应器 complex biologic(al) reactor
复合生物吸附剂 composite biosorbent
复合石英 composite quartz
复合时间 recombination time
复合实用程序的例行程序 complex utility routine
复合式 combined type
复合式变扭器 torque converter combined with fluid coupling
复合式变压器 transformer and choke coil combining set
复合式玻璃破碎检测器 combined glass break detector
复合式柴油机 turbo-compounded diesel
复合式衬砌 composite liner
复合式成本制(度) multiple cost system
复合式冲压火箭发动机 ram rocket
复合式冲压空气喷气发动机 recombination ramjet
复合式处理系统厌氧塘和滴滤池 hybrid treatment system anaerobic pond and trickling filter
复合式传动 multiple transmission
复合式断路器 reclosing type circuit breaker
复合式多谐振荡器 hybrid multivibrator
复合式发动机 compound engine
复合式公寓 compound type apartment house; hall-and-corridor type apartment
复合式光纤连接器 optic(al) fiber[fibre] composite connector
复合式锅炉 composite boiler
复合式恒温器 multiple thermostat
复合式滑轮组 multipart line and sheave block
复合式基层 <兼有柔性和刚性层的> composite base
复合式胶合板 composite panel
复合式接缝 composite joint
复合式接桩 composite pile joint
复合式井底封隔器 bottom wall and anchor packer
复合式卷扬机 two section winch
复合式空气压缩机 compound air compressor
复合式冷却 combined cooling; composite cooling
复合式炉 compound heater
复合式滤光片 composite absorber
复合式路面 composite pavement
复合式膜曝气生物膜反应器 hybrid membrane aerated biofilm reactor
复合式膜生物反应器 hybrid membrane bioreactor
复合式砌体 composite masonry
复合式取(土)样器 composite sampler
复合式生物处理系统 hybrid biological treatment system
复合式生物反应器 hybrid biological reactor
复合式生物膜反应器 hybrid biofilm reactor
复合式绳索取芯钻杆 composite wireline drill rod
复合式双管取芯钻具 combined type double tube core barrel
复合式水泥混凝土路面 composite type concrete pavement

复合式水热喷发 complex hydrothermal eruption
复合水文过程线 compound hydrograph
复合式筒仓 combination cylinder
复合式推土铲运机 combined scraper-bulldozer
复合式涡流 compound vortex
复合屋面板 composition shingle
复合式线脚 double mo(u)ld(ing)
复合相关 multiple correlation
复合式消声器 compound silencer
复合式谐振器 combined resonator
复合式悬挂装置 two-point hitch
复合式厌氧反应器 hybrid anaerobic reactor
复合式厌氧折流板反应器 hybrid anaerobic baffled reactor
复合式引信 combination fuse
复合式真空压力表 compound pressure and vacuum ga(u)ge
复合式蒸汽泵 compound steam pump
复合式蒸汽机 compound steam engine
复合式支承结构 composite bearing structure
复合式中空式纤维膜生物反应器 hybrid-hollow-fiber[fibre] membrane bioreactor
复合式柱子 combination column
复合事件 compound event
复合视频符号 composite video signal
复合视野计 compound perimeter
复合试算表 compound trial balance
复合试验 complex experiment; composite testing
复合试验设计 composite experiment design
复合试样 composite sample
复合收益 compound yield
复合寿命 recombination lifetime
复合受激态 exciplex
复合受激态染料激光器 exciplex dye laser
复合受载结构 composite load bearing structure
复合输出电路 compound output circuit
复合输导系统 combined carrier system
复合树脂 compound resin
复合树脂充填材料 composite resin filling material
复合数 composite number
复合衰变曲线 compound decay curve
复合双晶 polysynthetic(al) twin
复合双面切削法 duplex spread blade cutting method
复合水表 compound meter of water
复合水道 complex conduit
复合水口砖 composite nozzle
复合水泥 composite cement; mix cement
复合水文过程线 complex hydrograph; composite hydrograph; compound hydrograph
复合水文曲线 composite hydrograph; compound hydrograph
复合税率制 composite tariff system
复合税制 multiple tax system
复合丝 multiple fiber[fibre]
复合死亡率 composite death rate
复合四极装置 array for combined symmetric(al) quadripole
复合速度 recombination velocity
复合塑料 composite plastics; plastic composition
复合塑性流 complex plastic flow
复合随机项 composite random terms
复合碎石路 composite macadam
复合碎石锥 coalescent debris cone
复合索引 composite index
复合塔 composite tower
复合探测器 complex detector
复合碳化物 complex carbide; double carbide; multicarbide
复合陶瓷刀具 composite ceramic cutting tool
复合陶瓷过滤芯 composite candle
复合陶瓷型 composite ceramic mo(u)ld
复合套管 combinated string of casing
复合套管柱 graduated string; tapered casing string
复合套汇交易 compound arbitrage
复合套利 compound arbitrage
复合梯度法 composite gradient technique
复合体 complex
复合体建筑 megastructure
复合体系 compound system
复合天线 <由天线和地网组成的辐射网> double antenna; multiple antenna; pair of aerials
复合填充柱 complex column packing
复合条件 complex condition; compound condition
复合条件语句 compound IF statement
复合条图 composite bar-diagram
复合条状图 composite bar chart
复合调节系统 compound regulating system
复合调整 compound adjustment
复合调制 complex modulation; compound modulation; hybrid multiplex modulation
复合调制方式 hybrid multiplex modulation system
复合铁氧体 complex ferrite
复合通货制度 multiple currency standard
复合通信[讯]光缆 optic(al) fibre cable for hybrid communication
复合同步脉冲 composite synchronizing pulse
复合同步信号 composite synchronization signal; composite synchronizing signal
复合铜焊片 clad brazing sheet
复合统计假设 composite statistical hypothesis
复合统计决策问题 compound statistical decision problem
复合透镜 composite lens; compound lens
复合透平机 compound turbine
复合透射比 complex transmittance
复合凸轮 <几个不同工作面的凸轮制成一体> multiple mounted cam
复合突触 complex synapse
复合突触排列 complex synaptic arrangement
复合图 composite diagram; composite graph
复合土工织物 composite geotextile
复合土壤 complex soil
复合土石坝 composite rockfill dam
复合外渗剂 multicomponent admixture
复合望远镜 compound telescope
复合微生物菌剂 compound microbial inoculant
复合尾部 compound tail
复合卫生设备 combination fixture
复合位错 compound dislocation
复合位点 complex locus
复合涡旋 combined vortex
复合窝洞 complex cavity
复合污染 combined pollution; complex pollution; composite pollution
复合污染物 complex contaminant
复合污染物指数 combined pollutant index
复合污染源 multiple pollution sources
复合污染源扩散模型 multiple sources diffusion model
复合污染指数 combined pollutant index
复合污水土地处理系统 complex land treatment system of wastewater
复合屋面 composite roof(ing); composition roof(ing)
复合屋面板 composite roof(ing) slab
复合屋面材料 composition roofing material
复合无机高分子絮凝剂 compound inorganic polymeric flocculant
复合无机颜料 complex inorganic pigment
复合物 complex; composite; compound
复合物涂层 composite coating
复合物质 compound substance
复合误差 combination misalignment
复合误差随机模型 multiple-error-stochastic model
复合洗涤设备 combination fixture
复合系数 build-up factor; recombination coefficient
复合系统 combined system; complex system; composite system; multiple system; multiplexed system
复合先露 compound presentation
复合纤维 complex fiber[fibre]; composition fibre[fiber]; duplex fibre
复合纤维膜 composite cellulosic membrane
复合纤维素 cellulosan
复合显示 complex display
复合显示器 complex display; composite display
复合显微镜 compound microscope
复合线路 composite circuit; composite line
复合线圈 compound coil
复合相关 multiple correlation
复合镶板 composition board
复合响应 complex response
复合向心加速度 Coriolis acceleration
复合向心力 Coriolis force
复合橡胶 compounded rubber
复合消化池 combined digester
复合消解液 complex digestive solution
复合消隐脉冲 composite blanking pulse
复合消隐图像信号 picture signal with composite blanking pulse
复合效应 complex effect; composition effect
复合效应流量仪表 combined effect meter
复合斜纹 combined twills; mixed twill
复合谐波 combined harmonic
复合谐波天线 combined harmonic antenna
复合新月形沙丘 complex barchan dune
复合信号 complex wave; composite signal; compound signal
复合信号装置 multiplexer
复合信托 complex trust
复合行星齿轮组 compound planetary gears
复合形法 complex method
复合形坡 compound slope
复合形式 composite shape
复合形应力图 complex-type stress pattern
复合型 combination type
复合型多角经营 conglomerate diversification
复合型法兰基灌注桩 composite Franki
复合型反击破碎机 compound impact crusher
复合型(方)法 complex method
复合型结晶纤维 composite type
复合型路面 composite type pavement
复合型路面结构 composite type pavement structure
复合型铝土矿矿石 combined bauxite ore
复合型侵蚀 compound erosion
复合型生长层序 compounding growth sequence
复合型生物絮凝剂 compound bioflocculant
复合型微分方程 differential equation of composite type
复合型微控制器 compound type microcontroller
复合型钨矿石 combined tungsten ore
复合型铸造 composite mo(u)ld casting
复合性 healing property
复合性能图 composite performance chart
复合性损伤 compound injury
复合性状 complex character
复合需求 composite demand; joint demand
复合序列 multiplexed sequence
复合絮凝剂 combined flocculant; complex flocculant; composite flocculant; compound flocculant
复合漩涡 compound vortex
复合选择 compound option
复合寻址 compound addressing
复合循环 compound cycle
复合循环锅炉 combined circulation boiler
复合循环作业方式 compound cycle operation
复合压块 composite compact; compound compact
复合压力计 compound(pressure) ga(u)ge
复合压力速度级涡轮机 combination pressure and velocity stage turbine
复合压力/温度传感器 combination pressure/temperature transducer
复合压坯 composite green compact; compound green compact
复合岩床【地】 composite sill; composite dike[dyke]
复合岩基 composite batholith
复合岩浆 composite magma
复合岩类 composite rocks
复合岩脉【地】 composite dike[dyke]; composite vein
复合岩墙 composite dike[dyke]; multiple dike[dyke]
复合岩(石) composite rock
复合岩体 composite dike[dyke]; composite sill
复合颜料 composite pigment; compounded pigment; multicomponent pigment
复合杨氏模量 complex Young's modulus
复合氧化物化学式 combined-oxide formula
复合氧化物颜料 combined-oxide pigment; complex oxide pigment
复合业务 composite service
复合液 complex liquid
复合因素法 multiple factors method
复合因素圈闭 combination factor trap

复合阴极 composite cathode
复合音 combination tone;compound tone;complex tone
复合引发系统 complex initiation system
复合引线 composite leg
复合隐像 combined latent image
复合应变波 complex strain wave
复合应力 combined stress;complex stress;compound stress
复合应力疲劳试验机 combined stress fatigue tester
复合应力强度 combined stress strength
复合营养指数 composite trophic index
复合硬材料 composite hard material
复合硬质合金电接触器材 composite hard metal base contacts
复合永久变形 combined permanent deformation
复合油 compound oil
复合油封 combined seal
复合油(气)藏 combination pool
复合油气田 combinational oil-gas field
复合油毡 built-up membrane
复合有机物 compound organic matter
复合釉 composite glaze
复合语句 compound statement
复合预算制度 multiple budget
复合预压加固 combined surcharge preloading consolidation
复合源 multiple source
复合约束 compound constant
复合运动 compound motion
复合运具 multiple unit
复合运输单位公里 combined unit kilometer
复合运输提单 multimodal transport bill of lading
复合运送 multimodal transport
复合运送单据统一规则 uniform rules for a combined transport documents
复合运送契约 multimodal transport contract
复合运算放大器 compound calculation amplifier
复合运算符 composite operator
复合运用 multiplex operation
复合晕 composite halo
复合载荷试验机 combined load testing machine
复合载体 composite carrier
复合再生炉 compound regenerative oven
复合皂 compound soap
复合皂基润滑脂 complex soap grease
复合噪声 recombination noise
复合增长率 compound growth rate
复合增长年率 compound annual rate of growth
复合增强毡 combination reinforcing mat
复合轧制法 sandwich rolling process
复合闸 U-shaped brake
复合毡 combination mat
复合站 combined station
复合张力 complex tension
复合折板 composite folded slab
复合褶皱 complex fold;composite fold;compound fold
复合振动 compound vibration
复合振动压路机 combined vibrating roller
复合振铃 composite ringing
复合震源机制 composition focal mechanism
复合正态分布 compound normal distribution
复合正弦波信号 combined sine wave signal
复合织物 composite fabric
复合执行机构 combination actuator
复合值 stowed value
复合纸 composite paper
复合指标 composite index
复合指令 compound instruction
复合指示剂 compound indicator
复合指数 complex index;composite index number;index of complexity
复合指数分布 compound exponential distribution;double exponential distribution
复合酯 complex lipid
复合制动 composite braking
复合制动圆筒 composite brake drum
复合制品 laminated products
复合中间(毛)地板 composite intermediate floor
复合中心 deathnium center[centre];recombination center[centre]
复合中心钻 combined center drill
复合种 aggregate species
复合周期断面钢材 double period section steel
复合周转数 composite turnover
复合轴承 composition bearing
复合轴承罩 composite bearing cage
复合助凝剂 composite coagulant aid
复合注浆 combined casting
复合柱 combined column;composite column
复合柱净化法 composite column purification method
复合柱体 compound cylinder
复合砖 composite brick;double layer brick
复合桩 composite pile
复合桩基 composite pile(d) foundation
复合装置 composite fixture
复合状态 composite state
复合资本结构 complex capital structure
复合资产负债表 composite balance sheet
复合子房 compound ovary
复合自变量 complex argument
复合自动空气开关 compound automatic air switch
复合自动控制器 combination automatic controller
复合总量因素 compound amount factor
复合纵向沙垄 compound longitudinal sand-ridge
复合组成 composition
复合组分 composite component
复合组构 composite fabric
复合组织 complex organization;complex tissue
复合钻机 combination drill
复合作业循环 compound operation cycle
复合作用 composite action;composition action;recombination action
复合作用控制器 compound action controller
复核 checked by;checking;double check;recheck;scrutiny
复核表 check matrix;verification sheet
复核程序 proceedings for revision
复核核算 adjust accounts
复核计算 recomputation
复核建筑 check with construction
复核人 verified by
复核试验 inspection test;proof test;proving test;proving trial;revision of test;test trial
复核试样 proof sample
复红 fuchsin(e)
复弧法 multiple arc method
复互相关 complex cross correlation
复滑车 block tackle;burton;compound pulley;double block;multiblock;multisheave block;polyspast;sister block;tackle-block;tackle burton;tackle pulley;tackle <绳索与滑车的联合装置>;rope fall
复滑车索 tackle-fall
复滑车系统 married gear;union purchase
复滑车组 multisheave
复滑轮 compound pulley;sister block
复滑轮绳索 laced fall
复环 shrouding band
复环礁圈 atoll(on)
复簧底油壶 double spring bottom oil can
复辉 recalescence
复辉点 recalescence point
复辉曲线 recalescence curve
复回归 multiple regression
复回归系数 coefficient of multiple regression
复汇率 multiple rate
复汇率制 multiple rate of exchange system
复会后的会议 resumed session
复活 reactivation;resurgence;resurrection;revive
复活冰川 recemented glacier
复活岛破裂带 Easter I fracture zone
复活断层【地】renewed fault;revived fault
复活断层崖 rejuvenated fault scarp;revived fault scarp
复活构造【地】posthumous structure
复活河(流) revived river;rejuvenated river;revived stream
复活剂 revivifier
复活节表 Paschal table
复活节后的星期一 <英国银行休业日> Easter Monday
复活面 reactivation surface
复活破火口 resurgent caldera
复活山地 reactivated mountains
复活顺向河 resequent river;resequent stream
复活温度 reactivating temperature
复活褶皱(作用) posthumous fold(ing);revived fold(ing)
复活周期 reactivation cycle
复活作用 actification
复火山 complex volcano
复积分 complex integration
复基 complex radical
复激 compound excitation;compounding;compound wound;multiple excitation
复激变流机 compound converter
复激电动机 compound(-wound) motor;dual-field motor
复激发电机 compound(-wound) dynamo;compound(-wound) generator
复激交流发电机 compound alternator
复激绕法 compound winding
复激绕组 compound winding
复级压缩 compound(stage) compression
复级蒸汽膨胀 compound steam expansion
复极 multipole
复极过程 process of repolarization
复极化 repolarization
复极式 bipolar type
复极式离子膜电解槽 a bipolar type ion-exchange membrane electrolyzer
复棘的 acanthostegous
复剪 complex shears
复检 recheck
复碱化作用 realkalization
复件 duplicate
复交叉滑移 multiple cross glide
复角 argument
复铰 complex hinge
复校 recalibrate;secondary editing
复接 multiplying;multiple connection
复接部分 section of multiple
复接电缆分支套管 multiple cable joint
复接电缆连接套管 multiple cable joint
复接电路 multiple circuit;multipoint circuit;reset circuit
复接分接器 muldex
复接杆 built mast;compound mast
复接合 covered joint
复接机键 multiswitch
复接开关 multigang switch;multiple (unit) switch;multiplex switch
复接排 multiple bank
复接配线 multiple distribution
复接器 multiplexer
复接塞孔 multijack
复接塞孔排 link block
复接塞绳 multiple cord
复接设备 multiplex equipment
复接设计 multiple design
复接式人工交换机 multiple(type) switchboard
复接天线杆 compound antenna mast
复接线 multiple wire
复接线对 multiple pair
复接线弧 multiple jack field
复接蓄电池 multiple-connected battery
复接选择器 multiselector
复接支路 multiple branch circuit
复接制 multiple connection system
复节 knot cluster
复结构 complex structure
复解法 resetting method
复解析函数 complex analytic(al) function
复解析结构 complex analytic(al) structure
复解析曲线 complex analytic(al) curve
复介电常数 complex dielectric(al) constant
复介质 composite dielectric
复介质常数 complex permittivity
复金本位制 bimetallic standard
复金属本位制 double metallic standard system
复筋 compound reinforcement;double reinforcement
复筋丁字梁 T-beam with double reinforcement
复筋梁 beam with compression steel;beam with double reinforcement;double reinforced beam
复进 counter-recoil
复进簧 driven spring;operating rod spring;recoil spring;return spring
复进活塞 counter-recoil piston
复进弹簧 recoil check spring
复进调节筒 recuperator cylinder
复进筒 counter-recoil cylinder
复晶 composition crystal;compound crystal
复晶的 polycrystalline
复晶体 complex crystal
复晶型 polycrystalline type
复晶质冰川冰 polycrystalline glacier ice
复精梳 double combing;recombing
复旧 relapse

F

复旧不全 subinvolution
复旧继电器 release relay
复旧建筑 revival architecture
复矩阵 complex matrix
复卷 compounding
复卷机 rewinder
复可见度函数 complex visibility function
复空间滤波 complex spatial filtering
复孔机 reperforator
复块的 armo(u)r-clad;armo(u)red plated
复矿(石) complex ore
复矿碎屑岩 polymict;polymictic rock
复矿物黏[粘]土 polymineralic clay
复矿物黏[粘]土岩 polymineralic claystone
复矿岩 polymineralic rock
复馈 multiple way feed
复馈电力网 multiple-feed network
复馈电系统 multiple-feed system
复馈电线 multiple feeder
复拉钢索 pullback cable
复拉绳索 pullback line
复廊 double corridor
复肋材 boxing;futtock;futtock timber
复棱柱式屋顶 multiple prismoid roof
复离心力 compound centrifugal force
复离子【化】 compound ion;complex ion
复理层【地】 flysch
复理层建造 flysch formation
复理石【地】 flysch
复理石地槽 flysch geosyncline
复理石相 flysch facies
复理石组合 flysch association
复理式沉积物 flysch sediment
复理式地层【地】 flysch
复理式推复体【地】 flysch nappe
复利 compound interest
复利报酬率 compound rates of return
复利本利(之和) compound amount
复利表 compound interest table;table of compound interest
复利定律 compound interest law
复利法则 compound interest law
复利方程 equation of compound
复利估计值 compound interest estimate
复利和因数 compound amount factor
复利计算 accumulate at interest;compute compound interest
复利计息周期 compounding period
复利技术 compound technique
复利率 compound rate
复利年金 annuity of compound interest;compound interest annuity
复利曲线【数】 compound interest curve
复利摊销法 compound interest amortization method;compound interest method of amortization
复利贴现 compound discount
复利系数 compounding factor
复利因子 compound interest factor
复利折旧法 compound interest method of depreciation
复利终值 compound sum;compound value
复励 compound excitation;compound wound
复励磁 multiple excitation
复励电动机 compound(-wound) motor
复励发电机 compound(-wound) dynamo;compound(-wound) generator
复励交流发电机 compound alternator
复励绕组 compound winding
复励特性电动机 motor with compound characteristic
复励直流电动机 direct current compound generator
复励直流发电机 compound dynamo
复粒 composite grain
复连通体 multiply connected body
复连通域 multiply connected domain
复连线弧导线 bank wire
复联 multiple connection;multiple series;parallel serial;parallel series
复联结点 contact multiple
复联开关 multigang switch;multiple-switch;multiple unit switch;multiplex switch
复链吊架 compound catenary
复链式悬挂装置 compound suspension
复量 complex quantity
复零 zero reset
复零记录 return-to-zero record(ing)
复零装置 zero resetting device
复流 multiflow;resurgence
复流场 combined flow field
复流形【数】 complex manifold
复六方单锥 dihexagonal pyramid
复六方的 dihexagonal
复六方面体 dihexahedron
复六方双锥 dihexagonal bipyramid
复六方柱 dihexagonal prism
复露断层岸 resurrected fault coast
复露准平原岸线 resurrected peneplain shoreline
复录 copy back
复律 conversion
复轮荷载 multiple-wheel load
复落潮 double ebb
复漫射 double-diffuse
复镘 resmoothing
复煤层 composite coal seam
复幂级数 complex power series
复面 overlay(face)
复面层 chemise
复面层斜坡 <排出雨水用> current
复面焊 facing welding
复面胶合板 face plywood
复面铜板 roofing copper
复名数 compound number
复名数除法 compound division
复模砂 precoated sand;shell coated sand
复模式 complex pattern
复磨 regrinding
复年轮 multiple annual ring
复捻机 compound twister;multitwister;retwister
复捻丝线 compound-twist silk thread
复碾机 repolisher
复扭绞电缆 rope-lay cable
复耦合 complex coupling
复耙 double disking
复排挡 ditriglyphe
复排汽叶片 multiexhaust blade
复盘 counter offer
复泡状腺 compound acinous gland
复配率 return-service rate
复配洗涤剂 built detergent
复配优势菌 compound ascendant fungi
复棚法 double bin method
复膨胀 compound expansion
复片角阀 multiplate angle valve
复片麻岩 composite gneiss
复偏振 complex polarization
复频发送器 multifrequency sender
复频反应特性 complex frequency response
复频率反应 complex frequency response
复频响应函数 complex frequency response function
复频振动 multifrequency vibration
复平面 argand plane;complex plane
复平面分析器 complex plane analyser [analyzer]
复坡屋顶建筑 multigable building
复谱 complex spectrum
复奇点 complex singularity
复奇异点 multiple outliers
复墙内壁 counter murement
复切 re-cut
复切机 rechipper
复切石块 recut stone(block)
复球粒 compound pellet
复球面 complex sphere
复球面双凸透镜 spherotoric lenticular
复球面透镜 spherotoric lens
复曲率 compound curvature
复曲密封环 toric ring
复曲面 complex surface;double curved surface;toric surface;toroid
复曲面的 toric
复曲面结构 toroid structure
复曲面双凸透镜 toric lenticular
复曲面透镜 toric lens
复曲面细磨机 toric smoothing machine
复曲线 crooked curve;three-centered curve;compound curve
复曲线连接点 point of compound curve
复曲线(起)点 point of compound curvature;point of compound curve
复燃 after-combustion
复燃室 after burner
复燃室补燃器 after-heater
复染 redye
复染色 counterstain
复绕 compound wound;parallel wind-(ing)
复绕的 coiled
复绕灯丝 coiled coil
复绕电动机 compound(-wound) motor
复绕电机 cumulative compound machine
复绕机 respooler;respooling machine;rewinder
复绕继电器 compound-wound relay
复绕加热器 coiled-coil heater
复绕冷却管(道) coiled cooling pipe
复绕式电流互感器 compound-wound current transformer
复绕组 multiple winding
复热焚烧 recuperative incineration
复熔 remelt(ing)
复鞣 retan(ning)
复鞣剂 retanning agent
复塞谱滤波 Capstrum filtering
复三方单锥 ditrigonal pyramid
复三方偏三角面体 ditrigonal scalenohedron
复三方双锥 ditrigonal dipyramid
复三方柱 ditrigonal prism
复三角棱镜 ditrigonal prism
复扫描 multiple scanning
复色 broken colo(u)r;compound colo(u)r;secondary colo(u)r
复色长方格衬衫 malticolo(u)r plaid shirt
复色光 polychromatic light
复色光学传递函数 polychromatic optic(al) transfer function
复色结晶釉 complex crystalline glaze
复色拉毛漆 stipple paint
复色拉毛涂层 stippled coating
复色面漆 multicolo(u)r finish
复色喷漆 multicolo(u)r lacquer
复色漆 multicolo(u)r paint
复色现象 pleochroism;polychroism
复色谐调 compound chromatic harmony
复色釉 fancy glaze
复筛板 compound sieve plate
复烧 after-combination;refiring
复舌接 complex whip grafting
复射影空间 complex projective space
复射影平面 complex projective plane
复砷镍矿 chloanthite
复审 judicial review;rehear;retrial;review;revision
复审令 certiorari
复声速 complex velocity of sound
复声源 compound sound source
复识别分析 multiple discriminant analysis
复矢量空间 complex vector space
复始 correcting action
复氏小蠹 Seolytus jacobsoni
复示单元 repeat unit
复示灯 lamp repeater
复示电路 repeater circuit
复示继电器 repeater relay;repeating relay
复示检查 conversion check
复示罗盘 repeater compass
复示器 repeater;repeating device;repeating indicator
复示器电路 repeater circuit
复示设备 repeating device
复示式显示制度 repeating indication system
复示信号 co-acting signal;repeater signal;repeating signal
复示信号机【铁】 co-acting signal(l)er;monoindication repeating signal(l)er;repeater signal(l)er
复示终端 repeating display terminal
复式 dual mode;duplex type
复式百叶窗 multiple louver
复式扳道柄 double-throw lever
复式板刨床 duplex plate planer
复式拌合[和]机 tandem disc;tandem mixer
复式背衬 double back
复式泵 compound pump;double-section pump;dual pump
复式闭路绕组 multiply reentrant winding
复式边坡 multiple slope;composite slope
复式编织 multiplex weave
复式变换 multivertor
复式变换器 multivator
复式波 composite wave
复式波痕 compound ripple
复式簿记 bookkeeping by double entry;double entry bookkeeping
复式簿记记账法 bookkeeping by Italian method;double entry accounting system
复式簿记原则 principle of double-entry bookkeeping
复式材料力学 complex material mechanics
复式采水样器 multiple water sampler
复式槽口量水堰 compound notch weir
复式槽洗机 double-log washer
复式侧移框架 multiple sway frame
复式测压管 compound manometer
复式插孔 multiple jack
复式插头 multiple plug
复式插座 multiple socket
复式车床 double lathe;duplex(spindle) lathe
复式车行道 all-purpose dual carriageway;dual carriageway(road);dual road
复式车行道高速公路 dual carriageway motorway
复式成本法 multiple cost system
复式承梁 compound bolster

复式乘法寄存器 complex multiply register
复式齿锯 peg-raker saw
复式冲床 double punching machine; multiple punch
复式冲积扇海岸 complex alluvial fan coast
复式冲力涡轮机 compound impulse turbine
复式冲模 compound press tool; multiple punch; revolver type multiple punch
复式冲压机 double punching machine
复式抽样 double sampling
复式抽油杆柱 tapered rod string
复式穿孔发送机 reperforator/transmitter
复式出水口 multiple outlets
复式传播 multimode propagation
复式传动 compound drive; dual drive
复式船闸 compound lock; multiple lock; twin lock; twin navigation lock; two-chamber lock
复式萃取器 compound contactor; compound extractor
复式打捞筒 combination socket
复式大梁 double header
复式带锯制材厂 twin band mill
复式袋滤器 multibag filter
复式单位过程线 <特指一次洪水> composite unit(hydro)graph
复式刀架 compound(tool)rest
复式刀架附件 compound (rest) attachment
复式刀架滑台 multiple-tool slide
复式刀架进给量 compound rest feed
复式刀架手柄 compound rest handle
复式刀架丝杠 compound feed-screw
复式刀座 compound rest
复式导坑 multiple drift
复式导向滑轮 multiple runner
复式捣固机 multiple tamper
复式道岔 double points; double turnout; double turnout junction
复式的 doubled; double type; dual; duplex; multiple
复式灯座 current tap; multiple lamp holder
复式登记 double entry
复式地基 complex foundation
复式地震仪 multiple seismometer
复式点焊 multiple spot welding
复式点焊机 multiple spot welding machine
复式点阵 composite lattice
复式电报 multiplex telegraph
复式电极弧光灯 magazine arc lamp
复式电力机车 electric(al) multiple unit
复式电路 multiple circuit
复式电门起动器 multiple-switch starter
复式电阻焊 multiple resistance welding
复式吊杆 double purchase counterweight batten
复式斗桥 multiple bucket ladder
复式读数 multiple metering
复式断层 composite fault
复式断层崖 composite fault scarp
复式断面 composite(cross-)section; compound (cross-) section; double profile
复式断面堰 compound section weir; compound weir
复式对称道岔 double bilateral turnout; symmetric(al) double turnouts
复式多支腿吊索 multilegged sling
复式二极管 multiple diode
复式阀 dual valve
复式法布里-珀罗干涉仪 compound Fabry-Perot interferometer
复式反击汽轮机 compound turbine
复式反击透平 compound turbine
复式(反击)涡轮机 compound turbine
复式反滤层 composite filter
复式反应器 complex reactor
复式防波堤 compound breakwater
复式分度(法) compound indexing
复式风阀 multiple damper
复式缝 multiple joint
复式浮标 composite float; double float
复式浮游生物采样器 multiple plankton sampler
复式附件 duplicating attachment
复式干扰 jaff
复式干涉仪 compound interferometer; multiple interferometer
复式钢轨 binary rail; compound rail
复式钢筋 double armo(u)ring
复式杠(杆) compound lever
复式杠杆系统 multiple lever system
复式格构 multiple latticework
复式隔膜泵 dual diaphragm pump
复式公共汽车系统 dual mode bus system
复式公路 <相对行车方向之间用中央分隔带隔开,俗称两块板道路> dual highway; dual carriageway (road); two-lane road; dual motorroad
复式公寓 duplex apartment; maisonette
复式拱 compound arch
复式构件结构 multiple member structure
复式鼓风机 cross compound blowing engine
复式固定障碍物 <影响交通的> compound stationary obstruction
复式故障指示继电器 double fault indicator relay
复式关系曲线 multiple rating-curve
复式管 multitube
复式管道 <有分叉的> compound pipe
复式管夹 double pipe clamp
复式管理图 two-way control chart
复式盥洗室排风机 duplex lavatory extract fan
复式光电摄像管 super-iconoscope
复式光栅 multiple grating
复式轨距(三轨)线 double ga(u)ge line
复式锅炉 combination boiler
复式过渡段浅滩 compound crossing-shoal
复式过滤器 duplex filter
复式海岸 compound coast; compound shoreline
复式航道 compound channel
复式河槽 compound river channel; dual channel; multiple channel
复式河槽断面 double profile
复式河槽河流 multiple channel stream
复式河床 compound river bed
复式河道 composite river
复式河绠 stiffleg
复式河湾 compound bend
复式桁架 complex truss; compound truss; multiple truss
复式横断面 composite(cross)section
复式弧 complex arc
复式弧焊机 multiple operator arc welding machine
复式华伦桁架 double intersection Warren truss; double Warren truss
复式滑车 group block; polyspast; pulley tackle
复式滑动 compound slide
复式滑动刀架 compound slide rest; slide rest of compound type
复式滑动刀架的底部滑板 compound rest bottom
复式滑动刀架的顶部滑板 compound rest top
复式滑动刀架的转盘 compound rest swivel
复式滑动面 composite surface of sliding
复式滑坡 compound slide
复式化油器 duplex carburetor
复式回波 multiple echoes
复式回转筛 compound revolving screen
复式会计 double entry account
复式会计制度 double entry system
复式混凝土泵 dual concrete pump
复式活动障碍物 <影响交通的> compound moving obstructions
复式机车 compound locomotive; multiple unit; multiunit
复式机构 compound mechanism
复式机器群 multimachine group
复式唧筒 compound pump
复式基础 combined footing; combined foundation
复式基线杆尺 duplex basebar; duplicate basebar
复式几何断面 composite geometric(al) section
复式计次呼叫 multimetered call
复式计费记录 multifee registration
复式计费记录计 multifee metering
复式计数 multimetering
复式计数继电器 multiple metering relay
复式记录 multimetering; multiple registering; multiple registration
复式记账 book by double entry; double entry bookkeeping; double entry
复式记账法 double account system; double bookkeeping method; double entry method
复式记账惯例 dual aspect convention
复式加筋 <如预应力芯棒,预应力芯板等> compound reinforcement
复式加热盘管 multiple-heating coil
复式加热蛇形管 multiple-heating coil
复式架空输送机 power and free conveyer[conveyor]
复式减速【机】 double reduction
复式减速齿轮 double reduction gear
复式减速小正齿轮 double reduction spur pinion
复式减速轴 double reduction axle; double reduction shaft
复式剪床 multiple shearing machine
复式检流计 multiflex galvanometer
复式交叉 compound crossing; multilegs intersection; multiple crossing; multiple intersection; multiple-structure interchange; multiway intersection
复式交叉桁架 double intersecting truss
复式交叉结构 multiple member structure
复式交叉路口 compound intersection
复式交叉木系杆 double cross timber
复式交叉系杆 double intertie
复式交分道岔 double slip points; double slip switch
复式交分菱形交叉 double slip diamond
复式交换机 branching switch board; coupled positions; multiple-switch board; series multiple board
复式交换台 multiple board
复式交通系统 dual mode system
复式铰刀 multicutter; multiple cutter
复式搅拌机 multiplex mixer
复式接点 multiple contact
复式接头 duplex fitting; manifold
复式节流阀 multiple throttle valve
复式结构 duplex
复式进气歧管系统 dual-manifold system
复式进气系统 dual induction system
复式精馏塔 compound rectifying column
复式井架升降机 multimast hoist
复式静电计 multiple electrometer
复式卡盘 combination chuck
复式卡钳 hermaphrodite cal(l)ipers
复式开关起动器 multiple-switch starter
复式刻度压力计 combination dial pressure ga(u)ge
复式空气泵 dual air pump
复式空气调节器 duplex air governor
复式空气压气机 duplex air compressor
复式控制 dual mode control; duplex control; duplicate(d) control; multiple(unit) control; multimode control <既可单点控制,又可网络控制>
复式控制器 multiple controller
复式控制系统 dual control system
复式快门 compound shutter
复式框架 complex frame; multiple frame
复式拉床 multiple head broaching machine
复式拉深模 tandem die
复式拉线机 complex line drawer
复式棱镜 double prism
复式冷却机 combi-cooler; combination cooler
复式离合器 multiple clutch
复式犁 multiple plough
复式立交桥 multiple-bridge intersection
复式立(体)交(叉) complex interchange
复式励磁 compound excitation
复式励磁的 compound wound
复式连岛沙洲 complex tombolo
复式连接 Siamese connection
复式连接件 double coupling piece
复式连接器 multiconnector
复式连续自动工作压床 multiple transfer automatic presses
复式链 multiple chain
复式链节 compound link
复式链形悬挂的接触导线 compound catenary suspension line
复式梁 compound beam; multiple beam girder
复式量水计 compound meter
复式量水器 compound meter
复式流量计 compound meter
复式龙门框架 multiple portal frame
复式陆连岛 complex tombolo; tombolo cluster; tombolo series
复式滤波器 composite wave filter; multiple wave filter
复式滤池 composite filter; multiple filter
复式率定曲线 multiple rating-curve
复式轮系 compound gear train; compound train
复式罗马瓦 double Roman tile
复式螺钉 compound screw
复式螺旋 compound screw
复式螺旋泵 twin volute pump
复式螺旋弹簧 double helical spring
复式码头 compound type wharf
复式码头起重机 combined type of quay crane
复式码头区 compound type wharf ar-

F

ea
复式门吊 combined type of quay crane; compound crane
复式门架 duplex mast
复式模 gang die; multiple die
复式模压机 multiple-die press
复式磨机 compartment mill; compound mill
复式目镜 compound eyepiece
复式内燃机车 diesel multiple unit
复式内外长卡钳 combination cal(l)ipers
复式牛头刨床 double shaping machine
复式耦合器 duplexer coupler
复式排架 compound deal frame
复式排锯 double deal frame; double log frame
复式排气罩 compound hood
复式排水口 multiple outlet
复式排水系统 composite drainage system
复式盘簧 nest spring
复式抛光机 double buffing machine
复式配筋 compound reinforcement
复式配料斗 multiple batcher
复式配重块 double counter-weight
复式喷灯 manifold burner
复式喷射器 double injector
复式喷雾口 duplex-type atomizer
复式喷雾器 duplex-type atomizer
复式喷嘴 duplex-type atomizer
复式破碎机 compound breaker; compound crusher; duplex breaker; duplex crusher
复式起重机 combined type of crane; compound crane
复式气泵 double air pump
复式气腿 double-acting air leg
复式气压调节器 dual gas regulator
复式汽缸 multiple cylinder
复式汽轮机 compound steam turbine
复式汽门 multiple throttle
复式浅滩 compound shoal
复式穹顶 double vault
复式穹隆 compound vault
复式取水样器 multiple water sampler
复式取样 double sampling
复式燃料泵 twin fuel engine
复式人行(天)桥 foot bridge complex
复式柔软剂 complex softening agent
复式塞孔 multijack; multiple jack
复式塞孔部分 section of multiple
复式塞孔盘 multiple jack field
复式塞孔盘导线 bank wire
复式塞子 multiple plug
复式三车道汽车路 dual three-lane motorway
复式三角洲海岸 complex delta coast
复式纱架 magazine creel
复式山谷冰 composite glacier
复式扇形洗涤器 combination fan scrubber
复式伸长计 multiple extensometer
复式声道 multiple sound track
复式湿式洗涤器 combination wet scrubber
复式示像 multiple aspect
复式试剂 complexing reagent
复式收获表 multiple yield table
复式双车道高速公路 dual two-lane motorway
复式双动水泵 duplex double-acting pump
复式双四芯线组 multiple twin quad
复式水泵 compound pump
复式水表 compound meter; compound water-meter[metre]
复式水槽 dual channel
复式水位流量关系曲线 multiple rating-curve
复式税率 complex tariff; multilinear tariff; multiple-schedule tariff; multiple tariff
复式税则 complex tariff
复式弹簧 compound spring; multiple spring
复式碳化物陶瓷 multiple carbide ceramics
复式镗床 duplex boring machine
复式套管 combination casing column; combination string
复式套管柱 tapered casing string
复式梯线 compound ladders
复式提升井 multiple hoistway
复式体层照相术 poly tomography
复式调浆 multiple surge tank
复式调谐耦合电路 multiple-tuned coupled circuit
复式调谐器 multiple tuner
复式调压井 multiple surge tank
复式通气管 dual vent
复式透镜 compound lens
复式突堤码头 double pier
复式图形 multiple pattern
复式土壤蒸发器 double type soil tank
复式托架 duplex bracket
复式挖泥船 compound dredge(r)
复式挖泥机 compound dredge(r)
复式弯曲 compound bent
复式弯压模 compound bending die
复式网络 multibranch network
复式涡轮 compound steam turbine
复式涡轮传动滑车 duplex purchase
复式涡轮发动机 compound turbine engine
复式卧铣床 double horizontal milling machine; duplex horizontal miller
复式屋顶 double roof(ing)
复式无肋壳 multiple ribless shell
复式物性计 polymeter
复式显微镜 compound microscope
复式线 multiple line
复式线脚 dual mo(u)ld
复式线路 multiline
复式箱形虹吸管 multiple box siphon
复式箱形梁 multiple box girder
复式消色差的 apochromat
复式小椽 double jack rafter
复式小梁 double jack rafter
复式信号 multiple signal
复式行星齿轮组 compound planetary gear set
复式悬挂 two point
复式悬链线吊装法 compound catenary system
复式悬链线结构 compound catenary construction
复式旋风分离器 multicyclone
复式旋风集尘器 multicyclone
复式旋风式附尘器 multicyclone dust collector
复式旋风吸尘器 multicyclone; multiple cyclone
复式选择器 multiple selector; multiselector
复式压力级冲动式涡轮机 pressure-compounded impulse turbine
复式压力计 combined pressure ga(u)ge; compound manometer; compound pressure ga(u)ge
复式压力控制器 duplex pressure controller
复式压力速度级汽轮机 pressure velocity compounded turbine
复式压力速度级透平 pressure velocity compounded turbine
复式压力速度级涡轮机 pressure velocity compounded turbine
复式压力调节器 dual gas regulator
复式压力涡轮机 pressure-compounded turbine
复式压力真空计 compound pressure-vacuum ga(u)ge
复式压气机 compound compressor
复式压缩机 compound compressor; multiple compressor; twin compressor
复式芽接 combined bud grafting
复式烟囱 multiple chimney
复式岩体 composite body
复式扬声器 compound loudspeaker
复式叶轮 multiple runner
复式语言 multiple language
复式预算 dual budgets; multiple budget
复式预算制 double budget system
复式寓所系统 multiple-dwelling system
复式圆盘耙 tandem disc[disk] harrow
复式运费账单 multiple freight
复式运输 dual mode transport
复式运算 multiple arithmetic
复式增压器 complex supercharger
复式闸门 compound lock
复式闸瓦 composite brake block; composition brake block
复式账 double account system
复式账册 book by double entry
复式账户制 double account system
复式折板屋顶 multiple folded plate roof
复式折页机 double folder
复式褶皱 complex fold; multiple fold
复式振动加料器 compound vibrating feeder
复式振幅分布 complex-amplitude distribution
复式蒸汽机 compound engine
复式支架 breaking prop
复式直角镜 double angle mirror
复式指示计 compound indicator
复式制榫机 double tenoning machine
复式肘节杠杆碎石机 compound toggle lever stone crusher
复式住宅 maisonette
复式住宅单元 complex flat
复式注油泵 dual injection pump
复式柱 compound column
复式柱形图 composite column-diagram
复式转臂 compound swivel arm; double-hinged swivel arm; double-jointed swivel arm
复式转臂墙钻床 double-hinged swivel wall drilling machine; double-jointed swivel wall drilling machine
复式转轮 multiple runner
复式转线轨道 double crossover
复式转子 multiple runner
复式转座 compound swivel; double-hinged swivel; double-jointed swivel
复式桩垫 composite dolly
复式装置 multiple installation
复式锥轮传动装置 double gear cone transmission
复式资产负债表 double account form of balance sheet
复式字符组 multiple character set
复式自动操舵 dual gyro pilot
复式自激柴油发电机组 compound self-excited diesel generator set
复式组合机床 modular duplex milling machine
复式钻机 combination drilling
复试 duplicate test; reexamination; retest; test revision
复试测量仪 multiga(u)ge
复试验振荡器 synthetic(al) pattern generator
复室的 plurilocular
复室静电伏特计 multicellular electrostatic voltmeter; multicellular static voltmeter; multicellular voltmeter
复室静电计 multicellular electrometer
复室喷砂装置 double chamber sand blast apparatus
复述选择器 repeating selector
复数 complex quantity; pluralism; plurality; complex number; imaginary number
复数表示 complex representation
复数泊松比 complex Poisson's ratio
复数常数 complex constant
复数场矢量 complex field vector
复数场向量 complex field vector
复数乘法 complex multiplication
复数乘法寄存器 complex multiplier register
复数乘积 complex product; multiplication of complex numbers
复数磁导率 complex magnetic permeability
复数导纳 complex admittance
复数的 complex
复数的幅角 argument of a complex number
复数的加法 addition of complex quantities
复数的绝对值 absolute value of a complex number; magnitude of a complex number
复数的模数 modulus of complex number
复数电容率 complex permittivity
复数电压比 complex voltage ratio
复数反应法 complex response method
复数根 complex roots
复数功率 complex power
复数横向模量 <正弦应力施于某一方向,而所指的应变是与此方向垂直的这样一种复数模量,以 T^* 标示> complex transverse modulus
复数绘图法 complex variable mapping method
复数集 set of complex numbers
复数记法 complex notation
复数剪切模量 complex shear modulus
复数介电常数 complex dielectric(al) constant
复数据 complex data
复数空间 complex number space
复数量 complex quantity; phasor
复数滤波器 complex filter
复数模量 complex modulus; modulus of complex number
复数黏[粘]度 complex viscosity
复数人口 plural population
复数柔量 complex compliance
复数矢量 complex vector
复数数据 complex numeric data
复数说明语句 complex declaration statement
复数速度 complex velocity
复数塑性流动 complex plastic flow
复数相对衰减 complex relative attenuation
复数弹性模量 complex elastic modulus
复数谐量 complex harmonic quantity
复数型 complex number type; complex type
复数型常数 complex constant
复数型浮动表达式 complex relocatable expression
复数性 plurality
复数杨氏模量 complex Young's modulus
复数域 complex(number) field
复数域上的向量空间 complex vector

space
复数(运)算符 complex operator
复数正交 complex orthogonal
复数正弦电流 complex sinusoidal current;vector current
复数正弦量 complex sinusoidal quantity
复数(值)数据 complex data
复数属性 complex attribute
复数阻抗 complex impedance
复双晶 compound twin;double twin
复双曲线函数 complex hyperbolic functions
复双轴式(飞机)着陆架 twin-tandem landing gear
复水槽 condensing vessel
复税 double imposition
复税制 double taxation;multiple taxation
复丝 continuous filament yarn; multicord;multifil;multifilament(yarn)
复丝产品 multifilament product
复丝轮胎帘线 multifilament tyre yarn
复丝千分尺 bifilar micrometer
复四方单锥 ditetragonal pyramid
复四方双锥 ditetragonal dipyramid
复四方柱 ditetragonal prism
复苏 recovery;revival;revive;revivification
复苏河(流) revived river; revived stream
复苏器 resuscitator
复速冲动级 velocity-compounded impulse stage
复速级 velocity-compounded stage
复速级的后列 rear row velocity stage
复速级汽轮机 Curtis turbine
复速级式汽轮机 velocity-compounded turbine
复速式叶轮 Curtis wheel
复算 double-calculation;retry
复算汇率 compound arbitrated rate
复算账目 adjust accounts
复随机变量 complex random variable
复随机过程 complex random process
复锁 deadlock
复台高压结型场效应管 fetron
复台结构 multistation configuration
复弹性 complex elasticity
复碳法 carbon restoration
复梯度法 complex gradient method
复体 binary;complex
复填 refilling
复调制 multiple modulation
复铁矾【地】 bilinite
复铁绿纤石 julgoldite
复铁天蓝石 barbosalite
复头状花序 compound head
复投配池 multiple dosing tanks
复土 backfill;earth backing
复土机 backfiller
复土耙 covering harrow
复土压实 backfill consolidation
复退潮 double ebb
复脱器凹板 rethresher concave
复瓦状的 imbricate
复瓦状花被叠式 imbricate aestivation
复微分 complex differentiation
复伪变量 complex pseudo-variable
复位 homing; replacing; repositioning;reset(ting);unset
复位安全机构 breakback mechanism
复位按钮 reset button
复位保持开关 hold reset switch
复位不良 malreduction
复位触发器 reset flip-flop
复位磁铁 reset magnet
复位错误 reset error
复位单元 reset unit
复位到 *n* reset to *n*
复位电路 reset circuit
复位方式 initial condition mode;reset mode
复位杆 ejector return pin;release link
复位杠杆 restoring lever
复位杠杆长度 restoring lever length
复位功能 resetting function
复位滚轮 recovery roller
复位函数 complex potential
复位计数器 reset counter
复位继电器 reset(ring) relay;restoration relay
复位键 reset key
复位开关 reset(ting) key;reset(ting) switch
复位控制 reset control
复位控制器 reset controller
复位连杆 restoring link
复位码 reset code
复位脉冲 reset pulse
复位脉冲形成器 clear shaper
复位门 reset gate
复位偏置电路 reset bias circuit
复位频率 reset rate
复位器 reductor;replacer;repositor;restorer;reverser
复位器电路 reverser circuit
复位时间 reset(ting) time
复位时序机 reset sequential machine
复位式继电器 homing relay
复位势 complex potential
复位输入 reset-input
复位术 reduction;reposition
复位速度 speed of reset
复位弹簧 back-moving spring;offsetting spring;restoring spring;return(ing) spring
复位弹簧压力 return spring pressure
复位条件 reset condition
复位调整 reset adjustment
复位误差 reset error
复位线 reset line
复位相因子 complex phase factor
复位信号 reset signal
复位信息数据集 reset information data set
复位移 complex displacement
复位指令 reset instruction
复位周期 reset cycle
复位柱塞阀 reset spool valve
复位状态 reset state
复温 rewarming
复硒镍矿 ahlfeldite
复稀金矿 polycrase
复洗机 back washer;backwashing machine
复系数 complex coefficient; complex system
复隙式避雷器 multiple gap lightning arrester
复弦杆 multiple chord
复现 emersion; multiple appearance; recurrence;reproduction
复现的 recurrent;reproductive
复现扰动 recurrent disturbance
复现时刻 emersion time
复现性 reproductivity
复现杂波 recurrent noise
复现噪声 recurrent noise
复线 complex line;double line;double track;dual line;multitone circuit
复线半自动闭塞 double line interlocking lock and block; double line semi-automatic block;double track semiautomatic block
复线半自动闭塞机 double line interlocking lock and block apparatus
复线除雪车 double track snow plough
复线船闸 double locks;duplicate lock;parallel locks
复线道路 <有两个车行道,各成一条道路> duplicate carriageway
复线反方向行车 running-in reverse direction in double track district
复线反射性 bistatic reflectivity
复线分配法 multiple routing assignment
复线化 dualization
复线继电半自动闭塞系统 double track all-relay semi-automatic block system
复线交通 double line traffic
复线金钟盆 flower pot bell shape
复线联锁闭塞 double line interlocking lock and block
复线联锁闭塞机 double line interlocking lock and block apparatus
复线铺设 laying of secondary track
复线桥 bridge of complex line;double line bridge;double track bridge
复线桥梁 dual span bridge
复线生产结构 double linear stage pattern
复线隧道 dual tunnels; duplicated tunnels;twin tunnels
复线梯级船闸 twinned flight locks
复线铁路 double tracking railway [railroad];multitrack railway
复线铁索道 wire ropeway of double rope
复线信号桥 double track signal bridge
复线性回归 multiple linear regression
复线性相关 multiple linear correlation
复线运行 double line working
复线自动闭塞 double line automatic block;double track automatic block
复线自动闭塞法 double track automatic block signal(l)ing
复线自动闭塞系统 double line automatic block system; double track automatic block system
复线自动闭塞机 double line automatic block system;double track automatic block system
复线自动闭塞装置 double track automatic block signal(l)ing
复相 complex phase
复相反应 heterogeneous reaction
复相关 complex correlation; multiple correlation;plurality correlation
复相关系数 coefficient of multiple correlation;coefficient of total correlation;multiple correlation coefficient
复相平衡 heterogeneous equilibrium
复相平衡实验 multiphase equilibrium experiment
复相陶瓷 multiphase ceramics
复相系 heterogeneous system
复相造山旋回 polyphasic orogenic cycle
复相造山运动 polycyclic(al) orogenesis
复向量 complex vector
复向量空间 complex vector space
复向斜 synclinore; synclinorium [复 synclinoria]
复项级数 complex series
复消色差 apochromatism
复消色差的 apochromatic
复消色差透镜 apochromat; apochromatic lens;apochromatic objective
复消色差物镜 apochromatic objective
复消色差系统 apochromatic system; complex achromatic system
复消色差显微物镜 apochromatic micro objective
复消色差校正 apochromatic correction
复协方差 complex covariance
复斜率 negative slope
复斜温层 multiple thermocline
复斜屋顶 curb roof; gambrel(roof); knee roof
复斜屋顶转折处的檩条 purlin(e) plate
复谐电流 complex harmonic current
复谐电压 complex harmonic voltage
复谐函数 compound harmonic function
复谐振 multiple resonance
复写三联 copy in triplicate
复写一份 take a carbon copy
复写纸 carbon paper; carbon tissue; copying paper; duplicating paper; papyrograph; polygraphic(al) paper;transfer paper
复屑凝灰岩 poly-clastic tuff
复屑砂状结构 poly-clastic psammitic texture
复兴 rebound; reconstruct(ion); redevelop(ment);re-establish;regeneration; rehabilitation; renaissance; revival;revive
复兴贷款 rehabilitation loan
复兴费(用) rehabilitation expenditures;rehabilitation expenses
复兴工作 rehabilitation work
复兴规划 redevelopment plan
复兴计划 redevelopment plan
复兴开支 rehabilitation expenditures
复兴式 rebirth
复兴丝绒 velours renaissance
复型 complex number
复型表征 complex attribute
复型过程 replication process
复型技术 replica technique
复型剖分 dissection of complex
复型属性 complex attribute
复型数据 complex data
复型纤维 multifiber[multifibre]
复型性 heteromorphism
复型作用 replication process
复性 renaturation
复性河 composite river
复性结构面 composite structural plane
复性散光 compound astigmatism
复修井 recharge well
复旋回地形 composite topography
复旋凸轮 multiple turn cam
复循环 recycle;recycling
复循环地形 composite topography
复压片 multiple compressed tablet
复岩屑砂屑岩 polylitharenite
复盐 complex salt;mixed salt;double salt
复檐绝缘器 groove shed insulator
复眼透镜 fly's-eye lens
复眼微透镜板 fly's eye lens plate
复演 recapitulation
复演法 regenerative method
复演性 reproducibility
复验 recheck;retest;review
复验工 examiner;reinspector
复验合同 re-measurement contract
复验碾压 <检验路基是否有软弱处> proof rolling;check rolling
复验性 reproducibility
复氧 re-aerate; reaeration; reoxygenation
复氧常数 reaeration constant
复氧机理 mechanism of reaeration
复氧速率 rate of reaeration
复氧污泥 reaeration sludge
复氧系数 coefficient of reaeration;reaeration coefficient
复氧作用 reoxygenation

F

复样 duplicate sample
复摇机 hank reeling machine;rereeling machine
复摇丝 redevidees silk;rereeled silk
复叶 compound leaf
复叶形拱券 multifoiled arch
复移相器 complex phaser
复议 reconsider;reconsideration
复议案件 reconsideration of the case
复翼飞机 multiplane
复因子实验 <用于实验设计> multifactor(ial) experiment; multiple factor(ial) experiment
复音 multiple reading
复音听力计 complex tone audiometer
复印 duplication;office printing;photocopy;Xeroxing;reprography
复印本 exact duplicate;further copy;photocopy
复印法 copying process
复印副本 carbon copy
复印机 copier;copier machine;copying apparatus; copying machine; copying press;ditto machine;duplicating machine;duplicator;manifolder; photocopier; photostat; reproducer
复印机印制 photostat printing
复印记录 hard-copy log
复印件 copy;Xerox copy
复印件臭污染 duplicator ozone pollution
复印件监视装置 copier monitor device
复印胶片 duplicate film
复印两份 copy in duplicate
复印片 photographic(al) copy
复印品 autotype
复印三份 copy in triplicate
复印室 copy room;duplicating room;reproduction room
复印文本 hard copy
复印相片 zerographic copy
复印像片 photographic(al) copy
复印效应 <磁带记录信息的> print through
复印油墨 copying ink
复印纸 manifold paper;manifold tissue;multigraph paper
复应变 complex strain
复应力函数 complex stress function
复用 multiplexing
复用包装 multiple use package
复用表 multimeter
复用玻璃料 recycling glass
复用测量仪 multiga(u)ge
复用电路 shared channel
复用段保护 multiplexer section protection
复用段适配 multiplexer section adaptation
复用段终端 multiplexer section termination
复用废玻璃 reclaimed waste glass
复用滤光器 multiplexer-filter
复用率 reusability
复用黏[粘]土 rebonding clay
复用器 multiplexer
复用试样 reusing sample
复用水系统 reuse system; water reuse system
复用系统网络 multisystem network
复用线路 multiplexed circuit
复用信道 multiplying channel
复用性 reusability
复用转换器 transmultiplexer
复游标 double vernier
复域 complex domain; conjugate domains
复域土壤 complex soil
复元素 complex element
复员 demobilization;demobilize
复员的 ex-service
复员费 demobilization pay
复原 initialize; mending; reclaim; recover(y); recuperate; recuperation; re-establishment; rehabilitation; reinstatement; reposition; reset; restoration; restoring; reversion; revert; setting back; unset【计】
复原按扭 carriage return button;reset button;reset push-button;reset-(ting) key;restoration button
复原标桩 recovery peg
复原测标 recovery peg
复原抽样 sampling with replacements
复原出水阀 basin faucet
复原的 recuperative
复原地图 palinspastic map
复原电磁铁 resetting magnet
复原电键 reset(ting) key
复原电路 reset circuit
复原端头 returned end
复原发展 reversionary development
复原法 restoring method
复原分类群 restored taxa
复原工程 reclamation
复原工序 cuttling
复原工作 restoration work
复原构件 restoring component
复原继电器 reset ring relay;restoration relay
复原价值 recovery value
复原碱土 regraded alkali soil
复原阶段 recovery phase
复原接触器 reset contactor
复原卷 recovery volume
复原开关 reset switch
复原控制 restore control
复原控制方式 release control
复原力 restoring force
复原力臂 righting arm(of stability); righting lever
复原力臂曲线 curve of righting arm
复原力矩 restoring moment; righting couple;righting moment
复原脉冲 reset(im) pulse
复原脉冲发生器 reset pulse generator
复原面容 reconstruction of face contour
复原能力 restorability
复原能量 restored energy
复原排水阀 tilting lever drain valve
复原期间 recovery period; recovery phase
复原器 retriever
复原强度 resilient strength
复原商 recovery quotient
复原时间 resetting time
复原式寻线机 homing type line switch
复原式装置 apparatus with homing position
复原试验 recovery test
复原室 recovery room
复原手把销 tilting lever pin
复原手柄 reset handle
复原水阀 tilting lever basin faucet
复原水阀手把 tilting lever
复原水阀手把盖 tilting lever holder
复原弹簧 antagonistic spring; backmoving spring;back spring;centering spring;drawback spring;release spring;restoring spring
复原弹簧鞍 centering spring saddle
复原弹簧杆 centering spring stem
复原弹簧盒 centering spring case
复原弹簧托板 centering spring pocket
复原弹簧座 centering[centring] spring seat
复原图 palinspastic map
复原位 reposit;reposition
复原误差 reset error
复原系数 coefficient of recovery; recovery coefficient; return coefficient
复原信号 release signal;reset signal
复原性 recoverability
复原盐土 regarded alkali soil;regraded saline soil
复原仪器 recovery apparatus
复原钥匙 reset(ting) key
复原指令 release command
复原终止管理程序 recovery termination manager
复原装置 centering device; recovery apparatus;resetting device
复原状态 reset mode
复原作用 reactivation
复圆日 fourth contact;last contact
复圆月蚀 fourth contact;last contact
复源法 source restoration
复源河 composite river; compound river
复云 duplicatus
复杂 perplexity
复杂摆动式颚式破碎机 toggle-type jaw crusher
复杂背斜油气田 complex anticlinal oil-gas field
复杂边界 complicated boundary
复杂变量 aleatory variable
复杂波痕 compound tipple mark
复杂产品 complex product
复杂场地 complex site
复杂程度 degree of complexity
复杂传热 complex heat transfer
复杂磁异常 complex magnetic anomaly
复杂丛结构 complex plex structure
复杂(单)元 sophisticated element
复杂的 complex;elaborate;intricate
复杂的财务 high finance
复杂的打捞工作 bad fishing job
复杂的动态环境 complex dynamic(al) environment
复杂的断面 complicated cross section
复杂的结构 labyrinth
复杂的截面 complicated cross section
复杂的静态环境 complex static environment
复杂的审计任务 complex audit assignment
复杂的事物 complexity
复杂地层 bad ground; troublesome zone
复杂地层掘进法 complex layer tunneling method
复杂地层支护 support of difficult ground
复杂地基 complex foundation
复杂地形 complex topography
复杂度 complexity;order of complexity
复杂断面 intricate cross-section
复杂断面形状 intricate shape
复杂多余系统 complex redundant system
复杂反应 complex reaction
复杂分路 multiple circuit
复杂分子 complex molecule;complicated molecule
复杂管网 integrated network
复杂光谱 complex spectrum
复杂过程 complex process
复杂函数 complicated function
复杂河口 compound estuary
复杂滑坡 mosaic of landslide
复杂化 complexation; sophistication; complication
复杂化学反应 complex chemical reaction
复杂环境 complex environment
复杂混合物 complex mixture
复杂机构 intricate mechanism
复杂交错层理构造 complex cross-bedding structure
复杂交错纹片结构 complex crossed-lamellar texture
复杂胶质 colloid complex
复杂结构 complex texture;labyrinth
复杂结构内各部分系统的差别生长 allometric growth
复杂结晶岩 <如片麻岩、云母片岩等> anisomeric rock
复杂聚氧化乙烯醚混合物 sorethytan
复杂可溶芯 complex leachable core
复杂控制 plurality of control
复杂劳动 complex labo(u)r;complicated labo(u)r
复杂类型分岔 complex splitting
复杂零件 complex parts;complex section
复杂流体 complex liquid
复杂铝硅酸盐 complex alumin(i)um silicate
复杂逻辑 complex logic
复杂模具 intricate mo(u)ld
复杂目的结构 complex goal structure
复杂平衡 heterogeneous equilibrium
复杂浅滩 complicated shoal
复杂情况 complication
复杂群 complex group
复杂人 complex man
复杂蜃景 Fata Morgana
复杂生产 complex production
复杂生产周期 complex production cycle
复杂实体 complex entity
复杂试样 complex sample
复杂受激散射 complex stimulated scattering
复杂调节 multiple control
复杂图形 complex picture
复杂吸附反应 complexities of adsorption reaction
复杂矽卡岩 complex sharn
复杂系统 complex system
复杂系统的分析 analysis of complex system
复杂形状 complex shape;compliance shape;complicated shape
复杂型芯的铸件 intricate cored casting
复杂性 complexity
复杂性分析 complexity analysis
复杂性类 complexity class
复杂性理论【计】complexity theory
复杂性稳定性理论 complexity-stability theory
复杂性状 complex character
复杂循环 complex cycle
复杂应力 complex stress
复杂映象 complex mapping
复杂源 complex source
复杂运动 compound movement
复杂晕 complex halo
复杂展线 multiplex development
复杂折射率耦合器 multiple index coupler
复杂指令集 sophisticated vocabulary
复杂指令系统计算机 complex instruction set computer
复载 reload
复载机 reloader
复凿机 receiving perforator
复凿机构 reperforator mechanism
复凿机头 <电传打字机的> reperforator head
复凿孔机 reperforator

复榨机 reconditioning press
复涨潮 double flood
复涨式(蒸汽)机车 compound locomotive; compound expansion locomotive
复照 map reprography
复照比例尺 reproduction scale
复照材料 process material
复照光源 reprographic light source
复照机 press camera; reproducing camera
复照技术 graphic(al) reproduction technique
复照镜头 printer lens; process lens; reproduction lens
复照设备 reproduction equipment
复照透镜 <窄像角、长焦距、放大率较小的> process lens
复照仪 cartographic(al) camera; copying camera; process camera; projection camera; repro-camera; reproducing camera; reproduction camera
复照仪底座 camera-stand
复照仪器 transformation apparatus
复照用底片 reproduction negative
复照原图 reprographic original
复折椽木 curb rafter
复折接缝 curb roll
复折楼梯斜梁 curb stringer
复折射 birefringence
复折射率 complex refractive index
复折式平板屋顶 mansard flat floor
复折式屋顶 curb roof; French roof; gambrel roof; mansard roof
复折式檐口装饰线脚 mansard cornice mo(u)lding
复折四坡屋顶 hip mansard roof
复折通风 gambrel vent
复折通气窗 gambrel vent
复折屋顶 knee roof; mansard
复折屋顶变坡处的檩条 curb plate
复折屋顶窗 mansard dormer window
复折屋顶桁架 mansard roof truss
复折屋顶山墙顶盖瓦 mansard gable tile
复折屋顶筒形脊 tarus
复折屋顶折线瓦 curb tile; mansard tile
复折屋架 mansard roof truss
复折形屋顶 double pitch roof; gambrel roof
复褶皱 <其轴线也是褶皱的> complex fold
复针孔 multiple-pin-hole
复针孔照相机 multiple-pinhole camera
复真实系统 complex real system
复振 repeated vibration
复振沉桩机 compound vibratory action pile driver
复振荡常数 complex oscillation constant
复振幅透过率函数 complex amplitude transmittance function
复征 complex
复正方楔 disphenoid
复正方柱棱镜 dytetragonal prism
复正态随机过程 complex normal stochastic process
复正态相关 multiple normal correlation
复帧 multiframe
复值 complex value
复值场振幅 complex-valued field amplitude
复值幅 complex amplitude
复值函数 complex(-valued) function
复值入射角 complex angle of incidence
复值振幅 complex amplitude
复值振辐系数 complex amplitude coefficient
复职 rehabilitation; reinstatement
复指数 complex exponent(ial); multi-index
复指数分量 complex-exponential component
复指数函数 complex-exponential function
复酯 co-ester
复制 autotype; breed; copying; duping; duplicating; duplication; printing; rendition; replicate; replication; reproduce; reproducing; reproduction; take-off
复制板 copy board
复制版 duplicate plate
复制本 manifold
复制逼真度 fidelity of reproduction
复制比 reproduction ratio
复制比例尺 make size
复制并改错 copy and correct
复制材料 copying material
复制操作 copy operation
复制叉 replicating fork
复制厂 replica plant
复制成本 cost of reproduction; reproduction cost
复制程序 copying program(me); duplicator; reproducer
复制穿孔机 reproducing punch; reproducing unit
复制磁头 magnetic reproducing head
复制错误 copy error; replication mistake
复制大梁 replica girder
复制的 duplicate; replicate
复制的大理石面砖 reconstituted marble tile
复制底片 dupe negative; duplicate negative
复制电刷 reproducing brush
复制定标 reproduction scale
复制法 reproducing system; reproduction method; reproduction process
复制反射镜 replica mirror
复制副本 reproduction replica
复制工作 feeler; repetition work
复制光栅 replica grating
复制过程 process of the duplication; reproduction process
复制海量存储卷 copy mass storage volume; duplicate mass storage volume
复制航摄像片 air-photo duplicate
复制航摄照片 air-photo duplicate
复制后引用 copy-on-reference
复制机 duplicating unit; duplicator; photomechanical copying equipment; reproducer
复制计数器 copy counter
复制记录 duplicated record
复制技术 reprography
复制价值 reproducible value
复制间隙 copy separation
复制检查 copy check
复制检验 copy check
复制件 copy; hard copy
复制件输出 hard-copy output
复制键 duplicate key
复制胶片 duplicate film
复制镜头 repeat glass
复制聚合 matrix polymerization
复制卷 copy volume; duplicate volume
复制卡片穿孔机 duplicating card punch
复制控制 copy control
复制例行程序 duplicate routine
复制梁 replica beam
复制模 backed stamper
复制模型 reconstructed model
复制能力 graphetic level; reproducibility
复制片 copy of film; duplicated film; replica
复制品 autotype; back-up; copy; dupe; duplicate; ecotype; follower; replica; replication; replication unit; reproduction
复制平板法 replica plating
复制器 duplicator; reproducer
复制签字 facsimile signature
复制区 duplicate field
复制全息图 copying hologram
复制设备 copying equipment
复制石工场 reconstituted stone shop
复制石作业 reconstituted stone work
复制试样 replica
复制室 duplicating room
复制术 reprography
复制数据 replicated data
复制速度 reproduction speed
复制透明正片 duplicate transparency
复制图 copy pattern; drawing reproduction; duplicated drawing; rendering; transfer print
复制文件 copying file
复制物 duplication
复制物镜 copying objective
复制误差 copy error
复制铣床 duplicating milling machine
复制显示器 duplicate indicator
复制像 reproducing image; reproducing picture
复制像片 duplicate picture; duplicate plate; photoduplicate
复制型 replication pattern
复制性 replicability
复制修改 copy modification
复制修改段 copy modification segment
复制循环 replication cycle
复制掩膜 copy mask
复制阳模 positive replica
复制因数 duplication factor
复制印样 duplicate print
复制硬板 process plate
复制用滤光镜 printing filter
复制员 replicator
复制原版 duplicate original
复制云母 reconstituted mica
复制照相机 copying camera; reproducing camera
复制者 duplicator
复制正片 duped print; duplicate positive; duplicate slide
复制纸 transfer sheet
复制铸造 polygram casting
复制转移开关 replicate/transfer switch
复制装置 copying device; duplicating unit; duplicator; reproducing unit
复制资料 backup data; replicated data
复制子 replicon
复制子假说 replicon hypothesis
复质 compound body
复置 replacement
复中层 compound middle lamella
复中柱 axial column
复钟式桥墩 multiple bell pier
复种 multiple cropping
复种面积 area of double or triple cropping; multiple-cropping area
复种指数 cropping index; cropping intensity; double cropping index; multiple-crop(ping) index
复种制 succession of crop
复重 initialization
复周期函数 multiply periodic(al) function
复轴补偿器 dual axis compensator
复柱 biprism
复铸汽缸 dual cast cylinder
复壮 rejuvenation
复自变量 complex argument
复自相关 complex autocorrelation
复宗数 complex argument
复总状花序 compound raceme
复阻抗 complex impedance
复阻抗耦合 double impedance coupling
复作用控制器 multiple action controller
复坐标 complex coordinate

副

副阿拉伯胶素 pararabin
副坝 auxiliary dam; counter dam; minor dam; saddle dam; secondary dam; subdam; subsidiary dam; secondary weir <防止主坝下游冲刷的>
副白苯胺 paraleucaniline
副摆 slave pendulum
副半岛 subpeninsula
副瓣 minor lobe; secondary lobe; side lobe
副保护层 secondary cover layer
副保证人 collateral surety
副北极带 subarctic region; subarctic zone
副北极的 subarctic
副钡长石 paracelsian
副本 additional copy; backup copy; backup file; carbon copy; copy (documents); counterpart; duplicate; duplicate copy; ectype; repetition; secondary sheet; transcript
副本检验 copy check
副本卷 copy volume
副本凭单 duplicate warrant
副本清晰度 copy resolution
副本任选 copy option
副本尚未兑付 secondary of the same tenor and date unpaid; secondary unpaid
副本提单 duplicate bill of lading; non-negotiable bills of lading
副本文件 save file
副泵 jackhead pump; secondary pump
副壁 counter murement
副臂 auxiliary; fly jib; boom fork; jib (boom)
副臂安装角 <起重机的> offset angle of fly jib
副臂长度 jib length
副臂偏角 <起重机> jib offset angle
副臂应力汇总表 jib stress summary sheet
副边定子 <油泵的> secondary stator
副编辑 subeditor
副变速器 demultiplicator
副变速箱 auxiliary transmission; supplementary gear box
副变压器 teaser transformer
副变应原 parallergin
副变质岩 parablastesis; pararock
副变质作用 pararock
副标 secondary mark
副标题 half-title; subheader; subheading; subtitle; drop line <报刊新闻等的>
副标志 counter mark; submark
副标准 secondary standard; substandard
副标准电度表 substandard meter
副标准管 auxiliary standard pipe

副标准海水 substandard sea water
副标准燃料 secondary reference fuel
副标准氧化还原电势 subsidiary standard oxidation reduction potential
副标准仪表 substandard instrument
副表 sublist;subtabulation
副表面 secondary surface
副并联电路 recoil circuit
副波 complementary wave;secondary wave
副波长 complementary wave length
副波道干扰 side channel interference
副部长 undersecretary;vice minister
副参数 secondary parameter
副测试台 secondary test board
副层理【地】stratification within the layer
副层型 parastratotype
副产焦炉 by-product coke oven
副产焦碳 by-product coke
副产炼焦炉墙壁 by-product coke-oven wall
副产品 accessory products;accessory substance; after products; by-pass products; by-products; coproducts; derived products; off-products; outgrowth; residual products; secondary products; side products
副产品成本 by-product cost
副产品成本补偿 by-product recovery
副产品成本计算 by-product costing
副产品存货计价 pricing of by-product inventory
副产品法 by-product method
副产品骨料 by-product aggregate
副产品回收 by-product recovery
副产品回收设备 by-product recovery unit
副产品回收装置 by-product plant
副产品及废料 by-product and scrap
副产品集料 <如煤渣、矿渣等> by-product aggregate
副产品经济 economancy
副产品炼焦炉 by-product oven
副产品年产量 annual output of by-products; annual values of by-products
副产品轻骨料 by-product light (weight) aggregate
副产品轻集料 by-product light (weight) aggregate
副产品生产 by-product production; co-production
副产品石膏 by-product gypsum
副产品石灰 by-product lime
副产品销售 by-product sales
副产品销售成本 cost of by-product sales
副产品再加工费用 additional cost assigned to by-product
副产品综合费用 by-mineral cost
副产品总产量 total by-products
副产石灰 <电石法产生的> by-product lime
副产石灰油灰 <电石法产生的> by-product lime putty
副产水蒸汽 by-product steam
副产物 accessory substance; by-product material; by-products; minor product; off-product; subsidiary products
副产物回收 by-product recovery
副产物污泥 by-product sludge
副长官 assistant commissioner; deputy commissioner
副长细晶岩 aploid
副厂长 assistant director
副厂房 auxiliary plant; auxiliary station
副潮 secondary tide
副潮波 secondary tidal wave
副潮港 secondary port; subordinate station
副车道 passing track
副车架 auxiliary frame; subframe
副车站 subterminal
副衬砌 secondary lining
副撑 substrut
副撑臂 counter brace
副成分 accessory constituent; accessory ingredient
副承包人 associate (d) contractor; subcontractor
副承包商 associate (d) contractor; subcontractor
副承包者 associate (d) contractor
副承力吊缆 auxiliary carrying cable
副承力吊索 auxiliary messenger wire
副承梁材 beam clamp; clamp
副赤道带 subequatorial belt
副充气沟 auxiliary feed groove
副出差分潮 smaller evectional constituent
副出汽管 auxiliary steam pipe
副储气筒 auxiliary air reservoir
副触点 auxiliary contact
副传动轴 counter drive shaft; countershafting
副船长 mate
副船长室 vice captain room
副船首材 apron; stomach piece
副椽 subpurlin (e)
副窗台 subsill
副垂直杆 <桥梁的> subvertical member
副磁场 secondary field
副磁机 pilot exciter
副次产品 substandard product
副脆硫锑铅矿 parajamesonite
副大管轮室【船】junior first engineer's room
副大圆 secondary circle; secondary great circle
副代表 alternate delegate
副代理人 subagent
副担保书 collateral warranty
副道 auxiliary lane; by-road
副的 by (e); collateral; suballern; supplementary
副灯 auxiliary light
副灯丝 auxiliary filament; secondary filament
副低(气)压【气】secondary depression; secondary low
副堤 counter dike [dyke]; second(ary) dike [dyke]; secondary levee; subsidiary levee; surplus banking; counter dam <防止主坝下游冲刷的>; sublevee
副抵押权 submortgage
副地槽【地】intrageosyncline; minor trough; parageosyncline
副地层学 parastratigraphy
副地下层 subbasement
副地下室 subbasement; subcellar
副地震波 secondary seismic wave
副地质年代学 parachronology
副碲铅铜石 parakhinite
副电池 by-pass accumulator; secondary cell
副电动机 secondary motor
副电力 by-product power
副电路 secondary circuit
副电刷 secondary brush
副电源 secondary power supply
副吊缆 auxiliary carrying cable
副吊线 auxiliary messenger wire
副董事 assistant director
副董事长 associate director; vice chairman; vice-president
副董事长职位 vice-presidency
副斗桥 auxiliary bucket ladder
副断层【地】auxiliary fault; branch fault; companion fault
副断面 auxiliary sectional plane
副对角撑 counter brace; counterbracing; cross bracing
副对流层 subtroposphere
副舵机 auxiliary steering gear
副二层台 <钻塔的> double board platform
副伐 subsidiary felling
副阀弹簧 auxiliary valve spring
副法线 binormal
副帆 small sails
副反应 secondary reaction; second order reaction; side reaction; subsidiary reaction
副反应系数 side reaction coefficient
副分水界【地】subdivider
副份 backing sheet (ing)
副份样品 duplicate sample
副风缸 auxiliary air reservoir; auxiliary brake cylinder; auxiliary reservoir
副风缸堵 auxiliary reservoir plug
副峰 secondary peak
副锋【气】secondary front
副钙铝氟石 paragearksutite
副干扰 secondary interference; subclutter
副干扰可见度 subclutter visibility
副干线 submain line; subsidiary main track
副感应线圈 secondary induction coil
副钢板 auxiliary spring; helper spring; supplementary spring
副港 secondary port; subordinate station
副工长 subforeman; sub-ganger
副工程师 assistant engineer; associate engineer
副功率 by-product power
副拱 subarch
副拱结构 subarcuation
副沟 counterdrain
副钩 auxiliary hook; secondary hook
副构件 secondary member; submember
副光轴 secondary axis; secondary (optic) axis
副硅灰石 parawollastonite
副硅钠锆石 parakeldyshite
副硅酸盐 parasilicate
副轨 opposite rail
副锅炉 donkey boiler
副海洋性气候 submarine climate
副涵洞 secondary culvert
副寒带 subfrigid zone
副行 substring
副航道 by-channel; secondary fairway; subchannel
副号 counter mark; flawed article
副号灯 ancillary line lamp
副合同 bilateral contract; subcontract
副河槽 secondary channel
副河汊 anastomosing branch
副核心 secondary core
副黑钒矿 paramontroseite
副黑铜矿 paramelaconite
副横梁 auxiliary cross girder
副横流 secondary transverse current
副虹 secondary rainbow
副后弹簧 auxiliary rear spring
副后角 end relief angle; front clearance angle; secondary clearance; side relief <刀具的>
副后隙面 secondary relief
副弧 minor arc
副花冠 catacorolla; corona; crown
副化合价 subsidiary valence
副还原碱 parareducine
副环 inner loop; minor loop
副环流 secondary circulation
副缓行器 auxiliary retarder; secondary retarder
副缓行器控制 secondary retarder control
副缓行器位置 secondary retarder position
副换接 subcommutation
副黄碲矿 paratellurite
副簧 auxiliary spring
副簧螺母 auxiliary spring nut
副簧螺母销 auxiliary spring nut pin
副灰硅钙石 paraspurrite
副回风煤巷 air endway
副回流管 secondary flow pipe
副回路 subloop
副汇流排 secondary bus
副会长 deputy chairman; vice chairman; vice-president
副会计员 subaccountant
副会员 associate member
副火花隙 auxiliary spark gap
副机 auxiliary machinery; secondary computer; auxiliaries, donkey engine
副机传动 accessory drive
副积线 auxiliary mass curve
副基器 parabasal apparatus
副基体 parabasal body
副基铁矾 parabutlerite
副基准 secondary standard
副基准物 secondary standard substance
副激磁机 pilot exciter
副极带的 subarctic
副极地 subpolar
副极地冰川 subpolar glacier
副极地带 subpolar region
副极地低压 subpolar low
副极地低压带 subpolar low pressure belt
副极地反气旋 subpolar anticyclone
副极地辐合带 subpolar convergence
副极地高压 polar anti-cyclone; polar high; subpolar anticyclone; subpolar high
副极地环流 subpolar gyre
副极地气候 climate of Taiga; taiga climate
副极地区 subpolar region
副极地西风带 subpolar westlies
副极区 subpolar region
副极区的 subpolar
副计算机 secondary computer
副甲基红 paramethyl red
副价 auxiliary valency; side valency
副驾驶台 co-driver's desk
副驾驶员 assistant driver; co-driver; co-pilot; secondary pilot
副架 subframe
副减速器 auxiliary retarder; secondary retarder
副减速器位置 secondary retarder position
副检查员 subinspector
副件 backup file
副建筑师 associate architect
副舰长 executive officer
副键 auxiliary bond; secondary bond
副槛 subsill
副浆 deutoplasm
副交点【测】auxiliary intersection point
副交点法 method of auxiliary intersection points
副角 subangle
副角闪岩 para amphibolite
副教授 associate professor; adjunct professor <北美洲某些大学的>

副教务长 subdean
副接力器 pilot servomotor
副接头 subjoint
副接线箱 slave junction box
副筋 auxiliary reinforcement;nominal steel
副进气口 extra-air inlet
副经理 assistant(director);assistant manager;deputy manager;submanager
副晶粒 subgrain
副井 auxiliary shaft;by-pit;service shaft
副井罐笼 chippy cage
副井绞车 service hoist
副井提升机 chippy hoist;man-and-material hoist
副景 secondary feature
副镜 secondary mirror
副局长 assistant commissioner;deputy commissioner
副卷筒 gypsy wheel
副卡红 paracarmine
副壳 subshell
副控制 subcontrol
副控制机 secondary controller
副控制器【计】submaster
副款目 added entry
副矿脉 companion lode
副矿物 accessory mineral;auxiliary mineral
副馈电线 subfeeder
副拉杆 subtie
副拉力 secondary tension
副拉线 anti-flex flying wire
副拉应力 secondary tensile stress
副蓝磷铝铁矿 paravauxite
副肋骨 reverse frame
副类 subcategory
副冷锋【气】secondary cold front
副理事 alternate governor;assistant director
副力矩 secondary moment
副励磁机 auxiliary exciter;pilot exciter;subexciter
副砾岩 conglomeratic mudstone;paraconglomerate
副连杆 articulating connecting rod
副连杆销 knuckle pin
副连丝 paradesmose
副梁 auxiliary spar;joist;junior beam;secondary beam;subbeam;subfascia;subframe
副林带 auxiliary shelter belt
副林道 by-road subsidiary road
副磷钙锌石 paraschozite
副磷铁铅矿 paravauxite
副磷锌矿 parahopeite
副檩条 subpurlin(e)
副檩条安装 subpurlin(e) installation
副领班 straw boss;sub-ganger
副领工员 subforeman
副领事 deputy consul
副流 secondary current;secondary flow;secondary stream
副流管 secondary flow pipe
副硫锑钴矿 paracostibite
副龙骨 false keel;furring;rider keel
副楼 transept
副路 service road
副氯硼钙石 parahilgardite
副氯羟硼钙石 parahilgardite
副氯铜矿 paratacamite
副螺杆 subscrew
副码 subcode
副锚 back anchor
副玫瑰红 pararosaniline
副门槛 subsill
副面板 subpanel
副名 variant name
副模标本 paratype
副模式 cotype;paratype
副内龙骨 sister keelson
副钠沸石 paranatrolite
副南极带 subantarctic zone
副凝固试验 paracoagulation test
副凝集 paragglutination
副凝集反应 paragglutination reaction
副凝集现象 paraggulation phenomenon
副凝集原 paragglutinogen;partial agglutinogen
副盘 bracket panel
副跑道 secondary runway
副配压阀 pilot relay valve
副喷出物 accessory ejecta
副喷口 cap jet
副皮碗 secondary leather cup
副片麻岩 paragneiss
副片岩 paraschist
副偏角 <刀具的> auxiliary angle;end cutting edge angle
副篇 ancillary volume
副品 substandard goods;substandard product
副品红 parafuchsin;pararosaniline chloride
副品红碱 pararosaniline base
副品红染料 pararosaniline dye
副平流层 substratosphere
副平巷 back heading
副气管螺纹接套 nipple for auxiliary steam connecting
副气囊 ballonet
副气旋 secondary cyclone;secondary low
副汽阀 auxiliary steam valve
副汽阀柄 auxiliary steam valve spindle
副汽缸 auxiliary steam cylinder;countercylinder
副签 countersign;counter signature;subsidiary staff
副前角 front top rake angle;side rake angle
副蔷薇苯胺 pararosaniline
副蔷薇苯胺盐酸盐 pararosaniline hydrochloride
副蔷薇苯胺乙酸盐 pararosaniline acetate
副羟氯铅矿 paralaurionite
副羟砷锌石 paradamite
副切线 auxiliary tangent
副切削刃 end cutting edge;front-cutting edge;side cutting edge
副区 secondary area
副区长 deputy district head
副圈 secondary circle;secondary coil
副醛 paraldehyde
副绕组 secondary winding
副绕组电线 secondary cable
副热带 subtropic(al) belt;subtropic(al) zone;subtropics
副热带的 semitropic(al);subtropic(al)
副热带地区 subtropic(al) convergence;subtropic(al) region
副热带东风带 subtropic(al) easterlies
副热带东风带指数 subtropic(al) easterlies index
副热带反气旋 subtropic(al) anti-cyclone
副热带辐合带 subtropic(al) convergence
副热带高气压 subtropic(al) high
副热带高压 horse latitude high;oceanic anti-cyclone;oceanic high;subtropic(al) anti-cyclone
副热带高压带 subtropic(al) high pressure belt
副热带高压单体 subtropic(al) cell
副热带高压脊 subtropic(al) ridge
副热带高压区 subtropic(al) high pressure belt;subtropic(al) high pressure zone
副热带环流系 subtropic(al) gyre
副热带急流 subtropic(al) jet stream
副热带气候 subtropic(al) climate
副热带气旋 subtropic(al) cyclone
副热带森林气候 climate of subtropic(al) forest
副热带无风带 calms of Cancer;subtropic(al) calms
副热带无风带纬度 <在南北纬30°~35°之间> horse latitude
副热带西风带 subtropic(al) westerlies
副热带雨林 hylaeion hypotropicum;laurilignosa;subtropic(al) rain forest
副热带园艺 subtropic(al) gardening
副热带植物区 subtropic(al) district
副三角洲 paradelta
副扫描 subscanning
副刹车 auxiliary brake
副砂屑岩 pararenite
副伤寒 paratyphoid fever
副社长 assistant director
副砷锑矿 paradoorasite
副砷铁石 parasymplesite
副砷锌矿 paradamite
副神经 accessory nerve
副圣台 subordinate altar
副石英岩 paraquartzite
副食店 grocer's store;grocery;grocery store
副食加工厂 non-staple food processing factory
副食加工间 non-staple food preparation room
副食品 non-staple food(stuff);subsidiary food(stuff)
副食品加工场 packing house;packing plant
副市中心 subcivic center[centre]
副事务官 deputy commissioner
副收获 minor produce
副手 adjunct;assistant;coadjutant;coadjutor;deputy;mate
副首材 stem knee;stemson
副首席法官 vice-chancellor
副署 countersign
副署提单 counter signed bill of lading
副竖杆 subvertical;subvertical member
副水硅锆钾石 paraumbite
副水硼锶石 P-veatchite
副水手长 boatswain's mate
副水碳铝钙石 para-alumohydrocalcite
副丝 paranema
副司机 assistant driver;assistant motorman;second engine driver;helper <内燃或电力机车>
副司炉 donkeyman
副司钻 assistant driller;cathead man;rotary helper
副隧道 service tunnel
副索引 secondary indexing
副锁闭杆 secondary lock rod
副锁闭力 auxiliary locking force
副塔 tail tower
副台 remote set;secondary station;slave station;slave unit;slave set <微波测距的>
副台固定时延 fixed-time delay of slave station
副台信号 slave signal
副台座 slave pedestal
副太阴出差半日分潮 smaller evectional semidiurnal component
副太阴椭圆半日分潮 smaller elliptic(al) semidiurnal component
副太阴椭圆日分潮 smaller lunar diurnal component
副弹簧 auxiliary spring
副弹簧托架 auxiliary spring bracket
副碳钙铀矿 parawydartite
副提单 subbill of lading
副提升机构 auxiliary hoisting mechanism
副条 counterlath
副条件 side condition
副调节池 secondary regulating pond
副调节器 secondary controller;secondary regulator
副调节弹簧 auxiliary governor spring
副调整器 secondary regulator
副调制器 submodulator
副通道 subchannel
副通气立管 assistant vent stack;secondary vent stack
副同温层 substratosphere
副突 anapophysis
副图名 map subtitle
副围堰 auxiliary cofferdam
副位移 secondary displacement
副温带的 subtemperate
副屋 outbuilding
副硒铋矿 paraguanajuatite
副系杆 counter-tie;subtie
副系数 secondary coefficient
副系统 pilot system
副系主任 subdean
副下标 secondary subscript
副纤维 accessory fiber;auxiliary fiber[fibre]
副纤维蛇纹石 parachrysotile
副弦侧厚板 strake below sheer;topside strake
副弦(杆) subchord
副显示器 slave display
副现象 epiphenomenon [复 epiphenomena]
副现象论 epiphenomenonlism
副线 subline
副线产品 sideline product
副线圈 additional winding;secondary coil;secondary winding
副线圈电感 secondary inductance
副相 parafacies
副像 paramorph
副小车 auxiliary crab
副小柱 subpost
副效应 secondary effect
副校长 assistant director
副斜方砷镍矿 pararammelsbergite
副斜杆 counter(brace);subdiagonal
副斜拉杆 counter diagonal
副斜梁 <楼梯的> subrail
副谐波 subharmonic
副泄水管 donkey drain pipe
副信号 secondary signal
副型 paratype;subtype
副许可证 sublicence[sublicense]
副悬缆 auxiliary carrying cable
副悬缆线 auxiliary messenger wire
副循环 secondary cycle
副压杆 substrut
副芽 accessory bud
副崖 undercliff
副烟煤 parabituminous
副胭脂红 paracarmine
副延时 B delay
副研究员 associate research fellow;research associate;associate professor
副盐 secondary salt
副盐效应 secondary salt effect
副堰 secondary weir;subsidiary weir
副洋红 paracarmine
副样 accessory sample;duplicate sample
副业 auxiliary craft;by(e)-work;by

line; parergon [复 parerga]; sideline (occupation); side-occupation; subsidiary business; subsidiary occupation; subsidiary production
副业产品 sideline product
副业生产 subsidiary production; supplementary production; side (line) production
副业收入 ancillary revenue
副业资源 sideline production resources
副溢洪道 auxiliary spillway
副翼 aileron; tail fin
副翼板 flap
副翼操纵索 aileron cable
副翼促动器 aileron actuator
副阴沟 counterdrain
副引航员 co-pilot
副应答插口 ancillary answering jack; secondary answering jack
副应答灯 answer next lamp
副应答塞孔 ancillary answering jack; secondary answering jack
副应力 restressing
副油箱 auxiliary (fuel) tank; droppable tank; drop tank
副羽 accessory plume; aftershaft
副羽毛矿 parajamesonite
副原料 auxiliary material
副原子价 auxiliary valency
副院长 vice-president
副约号 sublet number
副运动 secondary motion
副运营总管 assistant general manager
副载波 subcarrier (wave)
副载波差拍 subcarrier beat
副载波干扰 subcarrier interference
副载波跟踪回路 subcarrier tracking loop
副载波监视器 subcarrier monitor
副载波脉冲 subcarrier pulse
副载波色度信号 subcarrier chrominance signal
副载波调幅 subcarrier amplitude modulation
副载波调频 subcarrier frequency modulation
副载波调制器 subcarrier modulator
副载波信道 subcarrier channel
副载波振荡器 subcarrier generator; subcarrier oscillator
副载频 subcarrier frequency
副站 substation
副站长 assistant station master
副账 duplicate
副锗酸盐 germinate
副褶皱 companion fault
副针绿矾 paracoquimbite
副振动 secondary undulation
副振动器 secondary vibrator
副震 accessory shock; minor shock
副证 adminicle
副帧 subframe
副支撑 substrut
副支梁材 lodger
副枝 accessory branch; ramulus
副职 deputy
副职的 vice
副职职员 deputy staff
副制动器 auxiliary brake
副制动位置 secondary retarder position
副质 paraplasm
副中心 subcenter[subcentre]
副中心规划 subcivic center planning
副终点 subterminal
副钟 slave clock
副周波 subcycle
副周波发生器 subcycle generator
副轴 auxiliary axis; auxiliary shaft; counter; countershaft; jackshaft; layshaft; secondary axis; secondary shaft; transmission shaft
副轴宝塔轮 countershaft cone; countershaft cone pulley
副轴超速齿轮 countershaft over drive gear
副轴衬套 accessory shaft hub
副轴承 supplementary bearing
副轴齿轮 countershaft gear
副轴齿轮轴承 countershaft gear bearing
副轴齿轮组 countershaft gear cluster
副轴齿轮组轴承 countershaft gear cluster bearing
副轴传动 countershaft transmission
副轴传动齿轮 countershaft drive gear
副轴滚柱轴承 countershaft roller bearing
副轴滑轮 countershaft pulley
副轴机构 countershaft mechanism
副轴链轮 countershaft sprocket
副轴前或后轴承 countershaft front or rear bearing
副轴托架 countershaft bracket
副轴中间齿轮 countershaft intermediate gear
副轴轴承 countershaft bearing
副轴轴承盖 countershaft bearing cap; countershaft bearing cover
副轴轴承盖垫密片 countershaft bearing cap gasket
副主任 assistant director
副主题 subtopic
副柱 antae; subpost
副柱头 dosseret; pulvin (o); supercapital
副柱铀矿 paraschoepite
副子 drooping belt stone
副子午线 secondary meridian
副总裁 deputy manager; vice-president
副总工程师 assistant chief engineer
副总经理 assistant general manager; deputy general manager
副总理 vice-chancellor; vice premier
副族 subgroup; subunit
副族元素 subgroup element
副组分 accessory constituent
副作业 by-effect; dragging; side effect
副作用 adverse effect; after effect; by-effect; minus effect; side effect; side reaction; side action【医】
副座 auxiliary seat
副座板 secondary saddle

傅

傅硅钙石 foshagite

傅科摆 Foucault's pendulum
傅科测量 Foucault's measurement
傅科刀口检验 Foucault's knife-edge test
傅科电流 Foucault current
傅科法 Foucault's method; rotating mirrors method
傅科分辨率检验板 Foucault's resolution target
傅科光栅 Foucault's grating
傅科回转仪 Foucault's gyroscope
傅科检验图样 Foucaultgram
傅科镜 Foucault's mirror
傅科棱镜 Foucault's prism
傅科图案 Foucault's chart
傅科陀螺仪 Foucault's gyroscope
傅科转镜法 Foucault's rotating-mirror method
傅立叶-贝塞耳变换式 Fourier-Bessel transform
傅立叶-贝塞耳积分 Fourier-Bessel integral
傅立叶-贝塞耳级数 Fourier-Bessel series
傅立叶-贝塞耳展开式 Fourier-Bessel expansion
傅立叶变换对 Fourier transform pairs
傅立叶变换分光仪 Fourier transform spectrometer
傅立叶变换干涉分光计 Fourier transform interferometer spectrometer
傅立叶变换光谱 Fourier transform spectra
傅立叶变换光谱学 Fourier transform spectroscopy
傅立叶变换核磁共振 Fourier-transform nuclear magnetic resonance
傅立叶变换红外分光光度计 Fourier transform infrared spectrometer
傅立叶变换红外分光镜 Fourier transform infrared spectroscopy
傅立叶变换红外光谱仪 Fourier transform infrared spectrograph
傅立叶变换滤波 Fourier transformation filtering
傅立叶变换平面 Fourier transform plane
傅立叶变换器 Fourier transformer
傅立叶变换全息术 Fourier transform holography
傅立叶变换全息图 Fourier transform hologram
傅立叶变换式 Fourier transform(ation)
傅立叶变换式的反变换 inversion formula for Fourier transform
傅立叶变换算符 Fourier transform operator
傅立叶变换透镜 Fourier transform lens
傅立叶变换限制的光脉冲 limited laser pulse by Fourier transform
傅立叶变换紫外-可见光谱法 Fourier transform ultraviolet and visible spectroscopy
傅立叶变量 Fourier variable
傅立叶表示法 Fourier representation
傅立叶波 Fourier wave
傅立叶成像技术 Fourier image technique
傅立叶导热第一定律 Fourier's first law of heat conduction
傅立叶定理 Fourier theorem
傅立叶定律 Fourier's law; Fourier's theorem
傅立叶反变换 inverse Fourier transform(ation)
傅立叶分解 Fourier decomposition
傅立叶分析 Fourier analysis
傅立叶分析法 Fourier analysis method
傅立叶分析合成 Fourier analysis-synthesis
傅立叶分析器 Fourier analyser[analyzer]
傅立叶分析仪 Fourier analyser[analyzer]
傅立叶复数级数 complex Fourier's series
傅立叶干涉光谱仪 Fourier interferometric spectrometer
傅立叶光谱 Fourier spectrum
傅立叶光谱测量比例法 ratio method of Fourier spectrometry
傅立叶光谱学 Fourier spectroscopy
傅立叶光谱仪 Fourier spectrometer
傅立叶光学 Fourier optics
傅立叶光学成像系统 Fourier optic(al) imaging system
傅立叶积分 Fourier integral
傅立叶积分分析 Fourier integral analysis
傅立叶级数 Fourier series
傅立叶级数展开 Fourier series expansion
傅立叶级数展开 Fourier series expansion; harmonic expansion
傅立叶空间 Fourier space
傅立叶-勒让德级数 Fourier-Legendre series
傅立叶滤波 Fourier filtering
傅立叶滤波图像 Fourier filtered image
傅立叶-梅林变换式 Fourier-Mellin transform
傅立叶逆变换 Fourier inversion; inverse Fourier transform(ation)
傅立叶频率 Fourier frequency
傅立叶频谱图 Fourier spectrum diagram
傅立叶频谱仪 Fourier spectrometer
傅立叶谱 Fourier spectrum
傅立叶全息图 Fourier hologram
傅立叶热传导定律 Fourier heat equation
傅立叶热传导方程 Fourier thermal conductivity equation
傅立叶热流定律 Fourier's law (of heat flow)
傅立叶数 <热传导公式数群> Fourier number
傅立叶数列 Fourier series
傅立叶-司蒂吉斯变换 Fourier Stieltjes transform
傅立叶-司蒂吉斯级数 Fourier Stieltjes series
傅立叶思想 Fourierism
傅立叶投影 Fourier projection
傅立叶系数 Fourier coefficient
傅立叶线性热流方程 Fourier's linear heat flow equation
傅立叶相位谱 Fourier phase spectrum
傅立叶有限转换法 finite Fourier transformation method
傅立叶余弦变换 Fourier cosine transform
傅立叶原理 Fourier principle
傅立叶展开 Fourier expand
傅立叶振幅谱 Fourier amplitude spectrum
傅立叶正弦变换 Fourier sine transform
傅立叶综合法 Fourier synthesis

富

富氨废水 ammonium-rich wastewater

富氨沥滤 ammonium-rich leachate
富拌和料 fat mix (ture); rich mix(ture)
富冰冻土 rich ice content frozen soil
富玻璃的铬钛铁磷酸盐 chromium titanium iron phosphate-rich glasses
富玻璃质的 vitric
富磁铁矿岩 magnetite-rich rock
富的 rich
富碘产物 iodine-rich product
富电子合金 electron-rich alloy
富度级 richness class
富度指数 richness index
富尔德-格罗斯单位 Fuld-Gross unit
富腐殖酸煤 rich humic acids coal
富钙化阶段 stage of enriched calcification
富钙灰岩 high-calcium limestone
富钙煤 calcium-rich coal
富钙泥炭 calcium-rich peat
富橄榄石钙长石岩 olivine anorthitite-rich rock
富橄榄石紫苏辉长岩 olivine-rich hy-

persthene gabbro
富锆矿 zirconium-rich mineral
富铬绿脱石 volchonskoite
富铬铁矿钛铁矿磁铁矿 chromite ilmenite magnetite apatite-rich ultramafic rock group
富铬铁矿钛铁矿磁铁矿岩 chromite ilmenite magnetite-rich rock
富铬铁矿岩 chromite-rich rock
富汞沉积物 mercury-rich sediment
富钴(贫镍铜)型锰结核 Co-rich(Ni/Cu-poor)Mn nodule
富钴铅型锰结核 Co/Pb-rich Mn nodule
富钴型锰结核 Co-rich Mn nodule
富硅高岭石 anauxite;ionite
富硅铝化阶段 stage of enriched alumina-silicification
富硅热水 silica-rich thermal water
富氦核 helium-rich core
富含汽油蒸气的天然气 combination gas
富含营养物质的 eutrophic
富含油砂层 pay sand
富含有机质 very organic soil
富含云母长石砂岩 rich mica-arkose
富含云母砂屑岩 rich mica-arenite
富含云母石英砂岩 rich mica-quartz sandstone
富含云母瓦克岩 rich mica-wacke
富含云母杂砂岩 rich mica-graywacke
富豪 plutocrat
富豪统治(集团)plutocracy
富合金 rich alloy
富湖 rich lake
富花粉泥炭 pollen peat
富化 enrich;enrichment
富化的三氟化硼中子探测器 enriched boron trifluoride neutron detector
富化剂 enriching agent
富化沥青毡层 bitumen rich carpet
富化气 enriched gas
富化气区 enriched gas drive
富化饲料 fortified feed
富化系数 enrichment factor
富化油 enriched oil
富黄铁矿煤 cat coal
富灰副产品 lime-rich by-product
富灰混合比 <水泥、石灰等用量多的> fat mix(ture)
富灰混合料 rich mix(ture)
富灰混凝土 high-cement concrete;rich(mixed)concrete;rich mix(ture);fat concrete
富灰浆 rich mortar
富灰煤 rich-ash coal
富灰碾压混凝土混合料 cement-rich RCC[Rolling Compaction Concrete] mix
富辉橄玄岩 ankaramite;augite-rich olivine basalt
富辉黄斑岩 holmite
富混合料 fat mix(ture);rich mix(ture)
富混合物 rich mix(ture)
富混凝土 <含砂浆比例大的混凝土> rich concrete;fat concrete;high Portland cement concrete
富混凝土拌合[和]物 rich mix(ture)
富积层 enrichment horizon
富集 beneficiation;mineral dressing
富集比 enrichment ratio;ratio of enrichment
富集带【地】zone of enrichment;enrichment zone
富集法 concentration method;enriched oxidation zone
富集介质 concentration medium
富集矿物 heads
富集扩散 uphill diffusion
富集培养 enrichment culture
富集品位 grade of concentration
富集时间 concentration time
富集水平 concentration level
富集系数 concentration factor;enrichment factor
富集氧化带 enriched oxidation zone
富集液 pregnant solution
富集因素 concentration factor
富集柱 enriching column
富集作用 enrichment
富甲烷气 high methane gas
富钾页岩异常 anomaly rich potassium shale
富金属卤水 metal-rich brine
富空气焰 aerated flame
富矿层 pay thickness
富矿带 bonanza
富矿的 pay
富矿颗粒 prill
富矿脉 bonanza;pay streak
富矿砂 pay-dirt
富矿石 high grade ore;pay-ore;rich ore
富矿物 rich mineral
富矿体 bonanza;ore course;ore shoot;shoot
富矿线 pay streak
富拉伯格建筑格式 Vorarlberg school
富拉玄武岩 labradorite
富兰基管 Franki tube
富兰基灌注桩 Franki pile
富兰基(混凝土)打桩机 Franki pile driver
富兰基式位移沉箱 Franki displacement caisson
富兰基式(现场)灌筑桩 Franki pile
富兰克兰法 Frankland's method
富兰克林地槽【地】Franklinian geosyncline
富兰克林方程 Franklin equation
富兰克林阶【地】Franklinian
富兰克林厘米 Franklin centimeter
富兰克林天线 Franklin antenna
富勒·金尼昂泵 Fuller Kinyon pump
富勒·金尼昂粒料输送泵 Fuller Kinyon unloader pump
富勒格栅式(水泥熟料)冷却器 Fuller grate cooler
富勒规则 Fuller rule
富勒级配曲线 Fuller's curve
富勒理想曲线 <求材料最大密度和最小孔隙率的配比> Fuller's ideal curve
富勒·利弗球磨机 Fuller-Lehigh mill
富勒抛物线 Fuller's parabola
富勒气滑式 Fuller air slide
富勒氏颗粒级配最大密(实)度曲线 Fuller's maximum density curve
富勒式水龙头 Fuller's faucet
富勒式圆屋顶 Fuller's dome
富勒最大密实度曲线 Fuller's maximum density curve
富勒最佳混合曲线 Fuller's best mix curve
富雷许-德马格制气法 Flesh-Demag process
富里阿尼风 furiani
富里酸 fulvic acid
富里酸溶液 fulvic acid solution
富里酸盐 fulvate
富丽堂皇的 palatial
富丽堂皇的大厦 pleasure dome
富丽堂皇的厅堂 palatial hall
富丽装饰【建】plateresque architectural ornamentation
富利蒙特冲击试验 Fremont test
富沥青混合料 fat asphalt mixture
富林脱歇尔炼铅法 Flintshire process
富磷灰石岩 apatite-rich rock
富硫铋铅矿 heyrovskyite
富硫煤 rich-sulfur coal
富硫酸盐矿渣水泥 supersulphated metallurgical cement;supersulphated slag cement
富硫酸盐水泥 supersulphated cement
富硫铱锇矿 osmiridisulite
富铝的 allitic
富铝红柱石 <耐高温材料> mullite
富铝红柱石耐火材料 mullite refractory material;mullite refractory
富铝红柱石耐火砖 mullite fire brick
富铝红柱石砖 mullite brick
富铝化风化壳 alumina-riched weathering;alumin(i)um-enriched weathering
富铝化阶段 stage of enriched calorization
富铝化作用 alumin(i)um-enriched process
富铝土 allite
富铝性土 allitic soil
富马松香胶 neuphor
富马酸 boletic acid;fumaric acid;trans-butenediaic acid
富马酸二苄酯 dibenzyl fumarate
富马酸二丁酯 dibutyl fumarate
富马酸二烯丙酯 diallyl fumarate
富马酸二酰胺 fumaramide
富马酸(酐)树脂 fumaric resin
富马酸氢盐 bifumarate;difumarate
富马酸铁 ferrosifumaras;ferrous fumarate
富马酸酰胺 fumaramic acid
富马酸亚铁 ferrous fumarate
富马酸盐 fumarate
富马酰胺 fumaramide
富马酰胺酸 fumaramic acid
富马酰肼 fumarhydrazide
富马酰氯 fumaryl chloride
富马酰亚胺 fumarimide
富马酰乙酰乙酸 fumaroyl acetoacetate
富马型 fumaroid form
富煤带 coal-rich zone
富煤带展布形式 configuration of coal-rich belt
富煤气 enriched water gas;rich gas;strong gas
富煤中心 coal-rich center[centre]
富镁黑 eastonite
富镁蒙脱石 stevensite
富镁硼铁矿 ludwigite;magnesioludwigite
富锰绿泥石 gonyerite
富锰(贫钴镍)型锰结核 Mn-rich(Co/Ni-poor)Mn nodule
富锰赭土 raw umber
富锰棕土 raw umber
富姆泡沫止水剂 Foamseal
富钠土 natric soil
富能河流 water privilege
富能水体 water privilege
富黏[粘]土 fat clay;rich clay
富黏[粘]土的 clay-rich
富镍(贫钴)型锰结核 Ni-rich(Co-poor)Mn nodule
富镍钛型锰结核 Ni/Ti-rich Mn nodule
富镍铜锰型锰结核 Ni/Cu/Mn-rich Mn nodule
富镍铜型锰结核 Ni/Cu-rich Mn nodule
富镍型锰结核 Ni-rich Mn nodule
富配合(比)rich mix(ture);fat mix(ture)
富硼酸和氨的重碳酸钠泉 sodium bicarbonate spring rich in boric acid and ammonia
富普通辉石钙长石岩 augite anorthite-rich gabbro
富铅玻璃 crystal glass;krystal glass
富铅红柱石丝 mullite wool
富铅矿 bing ore
富强 prosperous and strong;rich and mighty;thriving and powerful
富氢的 hydrogenous
富氢的气体 hydrogen-rich gas
富氢的循环气 hydrogen-rich recycle
富氢镜质体 clarovitrinite
富燃分混合物 rich mix(ture)
富燃料燃烧 fuel-rich combustion
富饶的 affluent
富人 man of wealth
富人俱乐部 Richman's Club
富人区 silk-stocking district
富人市郊住宅区 exurb
富色水 colo(u)r water
富砂浆 <水泥较多> fat mortar;rich mortar
富闪深成岩 appinite
富商 merchant prince
富石灰 fat lime;high-calcium lime;rich lime
富石英域 quartz-rich domain
富士电机株式会社 Fuji Electric(al)
富士通 Fujitsu
富氏球磨机 Fuller-Lehigh mill
富氏曲线 Fuller's curve
富树脂表面 resin-rich surface
富树脂层 resin-rich layer
富树脂区 resin-rich area
富水层 prolific water zone
富水镁硼石 kurnakovite
富水泥混凝土 cement-rich concrete;heavy concrete
富水土地 watered ground
富水土壤 water ground
富水系数比拟法 analogic(al)method of coefficient water content
富水性 water abundance;water productivity
富水性的 watery
富钛铁矿岩 ilmenite-rich rock
富碳黄铁矿 coal brass
富碳有机废物 carbon rich waste
富特染色法 Fout's staining method
富天然气 combination gas;wet natural gas
富铁白云石 ankerite;cleat spear;ferroan dolomite
富铁煅黄土 burnt sienna
富铁黑云母 haughtonite
富铁黄土 raw sienna;sienna
富铁辉石 ferroaugite
富铁钠闪石 hastingsite
富铁土 ferruginous soil
富铁锌尖晶石 kreittonite
富铁质超镁铁岩 ferro-rich ultramafic rock
富铜基体 copper-rich matrix
富铜镍型锰结核 Cu-Ni-rich Mn nodule
富钍独居石 cheralite
富纹木 figured wood
富翁 rich guy
富烯 fulvene;methylenecyclopentadiene
富烯烃汽油 highly olefinic gasoline
富线 pay streak
富相 rich phase
富锌底层油漆 zinc rich primer
富锌底漆 zinc-rich primer
富锌防锈漆 zinc-rich anti-rust paint
富锌环氧底漆 zinc-rich epoxy primer
富锌环氧树脂漆 zinc-rich epoxy paint
富锌壳 <冷凝器内壁上的> zinc-rich crust
富锌漆 zinc enriched paint;zinc-rich paint

富锌涂料 zinc enriched paint; zinc-rich paint
富溴化物湖水 bromide-rich lake water
富养分 eutrophy
富养分的 eutrophic
富养湖 eutrophy
富氧 oxygen-enrichment
富氧层 oxygen-rich layer
富氧吹制转炉钢 air-blown steel
富氧底吹转炉钢 air-refined steel
富氧鼓风 enriched blast; oxyboosted blast
富氧湖(泊) oligotrophic lake
富氧空气 oxygen-enriched air; oxygenized air
富氧喷枪 oxy-fuel burner
富氧曝气法 enriched oxygen aeration
富氧气体 oxygen-rich gas
富氧燃烧 oxy-fuel combustion
富氧燃烧器 oxy-fuel burner
富氧推进剂 oxygen propellant
富液 pregnant solution
富乙烯气体 ethylene-rich gas
富营养标准 eutrophic criterion
富营养单对流湖 eutrophic monomictic lake
富营养的 eutrophic
富营养废水 eutrophic wastewater
富营养供水水库 eutrophic water supply reservoir
富营养锅穴湖 eutrophic kettle lake
富营养河道 eutrophic river; eutrophic stream
富营养河流 eutrophic river; eutrophic stream
富营养河系 eutrophic river system
富营养湖(泊) enriched lake; eutrophic lake
富营养湖水 nutrient-rich lake water
富营养化 eutrophia; eutrophy; ultraphication
富营养化成因 eutrophication cause
富营养化调查 eutrophication survey
富营养化分析 eutrophication analysis
富营养化管理优化模型 eutrophication management optimization model
富营养化过程 eutrophication
富营养化河水 eutrophicated river water
富营养化机理 eutrophication mechanism
富营养化监测 eutrophication monitoring
富营养化进程 eutrophication course
富营养化评价基准 eutrophication assessment criteria
富营养化数学模型 eutrophication mathematics model
富营养化水 eutrophic water
富营养化水体 eutrophicated water
富营养化速率 eutrophication rate
富营养化效应 effect of eutrophication; eutrophication effect
富营养化因素 eutrophication factor
富营养化指数 eutrophication index; index of eutrophication
富营养化状况 eutrophication condition
富营养环境 eutrophic environment
富营养泥沼 eutrophic mire
富营养软水 eutrophied softwater
富营养食品 nutritive
富营养水库 eutrophic reservoir
富营养水体 eutrophic water body; nutrient-rich water body
富营养物沉淀 nutrient-rich sediment
富营养性 eutrophy
富营养养殖水体 eutrophic aquaculture waters
富营养原水 eutrophic raw water
富营养沼泽 eutrophic mire
富营养状况 eutrophic condition; eutrophic state; eutrophic status
富营养状态 eutrophic state
富油 rich oil
富油的 oil-rich
富油混合气 enriched mixture
富油井 paying well
富油开关 bulk-oil breaker
富油煤 rich-tar coal
富油调节 rich metering
富铀化 uranium enrichment
富有 enrichment; heavy purse; long purse
富有成果的 fruitful
富有的 well-off; well-to-do
富有的市场 elite market
富有机质沉积 euxinic deposit(ion)
富有机质土 highly organic soil
富有经验的人 veteran
富有浪漫色彩的建筑风格 picturesque romantic style
富有诗意的建筑艺术 poetic architecture
富有石油气的天然气 natural gas rich in oil vapo(u)rs
富有弹性的 highly elastic
富有陶土的 argilliferous
富有远景的地区 highly prospective area
富于贝类的水域 shellfish waters
富于想象力的 pregnant
富于装饰的 adorned
富余接沙能力 residual transport capacity
富余强度 superfluity level
富余水平(强度) superfluity level
富余水深 <航道等的> depth clearance; extra depth; over-depth of water
富余挟带能力 excessive carrying capacity
富余挟沙能力 excessive carrying capacity
富余运输能力 residual transport capacity
富裕 abundance; fat purse; heavy purse; long purse
富裕的 abundant; affluent; properous; substantial; well-off
富裕地 abundantly
富裕经济 economy of abundance; economy of plenty
富裕热 excess of heat
富裕容量 surplus capacity
富裕社会 affluent society
富裕时间 slack time
富裕水深 excess draft; overdraft; overdraught; additional depth; residual depth
富裕水线 underkeel clearance
富裕压力 safety pressure margin
富裕住宅区 belgravia
富源 bonanza
富云母域 mica-rich domain
富藻水 algae-laden water
富渣 rich slag
富脂肪酸沥青 fat pitch
富脂剂 superfatting agent
富脂皂 superfatted soap
富重黏[粘]土 rich clay

赋

词标引 assignment index

赋范的 normed
赋范空间 normed space
赋范线性空间 normed linear space; normed vector space
赋力加速 acceleration by powering
赋名规则 naming rule
赋能脉冲 enable[enabling] pulse
赋能网络 energized network
赋能信号 enabling signal
赋税 scot; tax
赋香剂 odo(u)rant
赋形波束天线 shaped-beam antenna
赋形剂 excipient; vehicle
赋压地层 confining stratum
赋以形体 bodying
赋予 endow; vest(ing)
赋予副名 endow with subname
赋予权利 entitle; vesting
赋予新的使用价值 endow them with new use values
赋与特性 characterize
赋与资格 qualification
赋值【计】 value assessment; assign a value; assignment; call by value
赋值地址 assigned address
赋值调用 call by value
赋值分量 assignment component
赋值分支 assigned branch
赋值符号 assignment symbol
赋值过程 assignment procedure; valuation process
赋值环 valuation ring
赋值阶段 assignment phase
赋值设备 valuator; valuator device
赋值时的切断 truncation on assignment
赋值时的展开值 extended value on assignment
赋值数 designation number; number designation
赋值算符 assignment operator
赋值向量 valuation vector
赋值一个缓冲区 assign a buffer
赋值一个通道 assign a channel
赋值优先级 assignment priority
赋值语句 assignment statement
赋值运算 assignment operation
赋值转向语句 assigned GO TO statement
赋值转移 assigned branch
赋值状态 assigned state

缚

bend; lash; secure; seize

缚带系绳 gripe lashing
缚法 ligate
缚杆 binding post
缚紧 reeve
缚稳舢板 gripe in
缚住舵柄 lash the tiller

腹

板 diaphragm; stalk plate; web; web member; web plate; soffit board <不直接暴露在外面的>

腹板表面处理 plate-stalk(sur)facing
腹板长度 web plate length
腹板撑杆 web stay
腹板撑条 web(plate) stay
腹板承重结构 plate-stalk supporting structure
腹板搭接 web splice
腹板大梁 plate-stalk girder
腹板带孔梁 castellated beam
腹板断裂 web crippling
腹板高度 web plate depth
腹板构造类型 plate-stalk type of construction
腹板构造形式 plate-stalk type of construction
腹板很高的大梁 deep webbed
腹板横向接头 web plate transverse joint
腹板横向连接 web plate transverse joint; web transverse connection
腹板厚(度) web(plate) thickness
腹板加固件 web stiffening
腹板加厚 plate-stalk thickening
腹板加劲件 stalk stiffener; web plate stiffening; web stiffener
腹板加劲角铁 web plate stiffener
腹板加劲肋 stalk stiffener; web stiffener
腹板加劲缀条 web plate stay
腹板夹芯板 web core sandwich panel
腹板角钢间分隔板 plate and angle separator
腹板角铁 web plate angle
腹板接缝 web plate joint; web splice
腹板接合 web plate joint
腹板接头 web plate connection; web plate joint
腹板结构 plate-stalk structure
腹板结合 web joint
腹板劲度 plate-stalk stiffness
腹板宽度 web plate width; web width
腹板理论 plate-stalk theory
腹板力矩 web plate moment
腹板连接 web connection
腹板连结 web plate connection
腹板梁 plate-web girder
腹板梁作用 web-beam action
腹板裂缝 web-cracking
腹板锚固夹板 web cleat
腹板模壳 web form(work)
腹板拼接 web splice
腹板平移 plate-stalk translation
腹板强度 plate-stalk strength
腹板墙 plate-stalk wall
腹板屈曲 web buckling; web crippling
腹板深度 web plate depth
腹板式格形板桩 straight-web sheet piling cell
腹板式翼梁 web-type spar
腹板试验机 plate-stalk testing machine
腹板受弯 web flexing
腹板受压破坏 compression web rupture
腹板弯曲 web flexing
腹板压屈 web buckling; web crippling
腹板应力 web plate stress
腹板折曲 web crippling
腹板纵向连接 web plate longitudinal connection
腹壁外监护 extra-abdominal monitoring
腹变形 web distortion
腹部 belly; web
腹部剪切裂缝 web-shear crack
腹部支撑拱 spandrel-braced arch
腹层 stern layer
腹撑 <机车锅炉的> belly stay
腹带 belly band
腹地 background; backland; hinterland
腹地湿地 back marsh
腹点 anti-nodal point; anti-node
腹杆 king rod; lacing member; web bar; web member
腹杆桁架 diagonal member truss
腹杆系 web(-member) system
腹钢筋 web reinforcement bar
腹拱 spandrel arch
腹拱坝 arch-abdomen dam
腹拱墙 spandrel wall(ing)
腹拱柱 spandrel column
腹股沟 groin(e)
腹剪裂缝 <混凝土梁的> web-crack
腹件 web member

腹筋 web bar;web reinforcement
腹裂缝 web-cracking
腹面 segmental venter
腹面的 adaxial
腹腔 abdominal cavity
腹损伤 web crippling
腹线 underline
腹泻 diarrhea
腹性 friability
腹压曲 web buckling
腹足类灰岩 gastropod limestone
腹足类软体动物 snail

覆

覆板 cleading;pad;sheathing;shroud
覆板梁式桥 slab-and-stringer bridge
覆板套罩 shroud
覆包 cladding
覆被酸沼 blanket bog
覆蔽 overlap
覆冰 icing
覆冰量 ice concentration;ice cover
覆冰系数 ice-cover coefficient
覆布 tilt
覆布模型 drape mo(u)lding
覆彩 overlapping colo(u)rs
覆层 overlying stratum[strata];superincumbent bed
覆层表面 clad surface
覆层玻璃 coat glass
覆层薄板 coated sheet
覆层材料 clad material
覆层钢 clad steel;ply steel
覆层钢板 clad sheet steel
覆层容器 clad vessel
覆道 covered way
覆叠式热电制冷器 cascade thermoelectric(al) refrigerating unit
覆盖 blanketing;canopy cover;clothe;cope;covering;cover over;drape;hover;incumbency;mulch;overcast;overlapping;overshadow;overspread;oversubmergence;plating;roof(ing);sheathe;sheathing;shrouding
覆盖 100 平方英尺的板材单位 < 英尺为长度单位,1 英尺 = 0.3048 米 > square pack
覆盖百分率 overlay percentage;percentage cover
覆盖板 board covering;cladding sheet;covering board;covering plank;overlay
覆盖保护层 protective mulch;protective cover
覆盖变换 covering transformation
覆盖箔叶 covering foil
覆盖薄板 cladding sheet
覆盖不均(油漆)crawl
覆盖不均匀 creep
覆盖布 covering cloth
覆盖材料 blanketing material;cladding material;invest material;capping material;cover material
覆盖策略 overlay strategy
覆盖层 covering stratum【地】;overburden【地】;covering(layer);dressing;facing;mantle rock;nappe;overburden layer;overlay;overlying bed;overlying layer;regolith;sedimentary veneer;shading;superincumbent bed;superincumbent layer;superjacent bed;superstratum[复 superstrata];surface layer;top stratum[复 strata];covering flux < 指熔剂 >;baring;burden;clear cover;coating;cover coat
覆盖层爆破 overburden blasting
覆盖层边坡 overburden slope
覆盖层剥除 overburden stripping
覆盖层剥离 overburden stripping
覆盖层地质图 drift map;overburden map;drift plan
覆盖层冻结法(钻进)freezing overburden
覆盖层灌浆 blanket grout(ing)
覆盖层厚度 coverage thickness;covering depth;depth of overburden;depth of cover;overburden thickness
覆盖层加工 process of coating
覆盖层夹具 blanket clip
覆盖层具穿孔的 tectate-perforate
覆盖层内的 intratectal
覆盖层清除控制 blanket cleaning control
覆盖层清除设备 blanket cleaning device
覆盖层上的 supratectal
覆盖层深度 overburden depth
覆盖层土壤 overburden soil
覆盖层稳定性 cap stability
覆盖层无穿孔的 tectate-imperforate
覆盖层压力 overburden pressure;overlying pressure
覆盖层有效压力 effective overburden pressure
覆盖层柱面 blanket cylinder
覆盖层自重压力 overburden self-weight pressure
覆盖层总压力 total overburden pressure
覆盖层钻进 overburden drilling
覆盖层钻探 overburden drilling
覆盖长度 covering length
覆盖程序 overlay program(me)
覆盖程序段 overlay section
覆盖尺寸 lining size
覆盖处理 < 临时性稳定播种地区 > mulch treatment
覆盖次数 covering fold
覆盖次数图幅号 covering fold map number
覆盖带 blanket conveyor belt
覆盖带条 cladded strip
覆盖挡水板 overcloak
覆盖(道路)基床 overlying bed
覆盖的 covered;overlying;housed
覆盖的具有走道的商业区 enclosed mall shopping centre
覆盖地 mulched ground
覆盖地板的聚乙烯 vinyl flooring
覆盖地区索引图 coverage index
覆盖度 canopy density;cover degree;degree of coverage;coverage
覆盖段区 overlay segment area
覆盖断面 cladding profile
覆盖范围 coverage range
覆盖防旱农作制 mulch farming
覆盖钢带 sheathing tape
覆盖高度 cover height
覆盖耕作 mulch farming
覆盖(耕作)法 mulch method
覆盖工程 covering work
覆盖管理程序 overlay supervisor
覆盖管理程序的例行程序 overlay supervisor routine
覆盖灌浆孔 blanket grout hole
覆盖过滤器 precoated filter
覆盖函数 coverage function
覆盖荷载 overburden load
覆盖厚度 cover thickness;mileage;thickness of backfill
覆盖技术 overlay technique
覆盖间隙 coverage interval
覆盖监视范围 coverage monitoring range
覆盖角 angular coverage
覆盖接缝 overlying seam
覆盖接缝的沥青毡条 taping strip
覆盖接合 covered joint
覆盖结构 area covering structure;covered structure
覆盖结构构件 area covering structural element
覆盖金属箔 cover foil
覆盖绝热层的 lagged
覆盖空间 covering space
覆盖控制程序 overlay control program(me)
覆盖矿层 overlying seam
覆盖类型 cover type
覆盖力 covering power
覆盖料 covering material;overcloak;cover material;mulch;surface mulch < 保护地面用的木屑、砾石、纸等 >
覆盖料的浸制剂 mulch saturant
覆盖路径 overlay path
覆盖路面 road decking
覆盖率 coverage;percentage of coverage
覆盖率级别 degree of coverage
覆盖轮廓 cladding profile
覆盖面 area under canopy;coverage available
覆盖面积 area of coverage;blanket area;coverage;cover(age) area
覆盖面积宽度 width of area to be covered
覆盖模块 overlay module
覆盖目录 overlay directory
覆盖能力 coating ability;cover(ing) capacity;covering power
覆盖农业栽培 mulch farming
覆盖农作制 mulch farming
覆盖平原 covered plain
覆盖桥 < 桥上有房屋覆盖的 > covered bridge
覆盖区(域)area of coverage;coverage area;overlay area
覆盖区域图 coverage diagram
覆盖曲面 covering surface
覆盖曲线 covering curve
覆盖泉 capping spring
覆盖群 covering group
覆盖容土 covering dressed soil
覆盖熔剂 covering flux
覆盖砂 cover sand
覆盖深度 depth of cover;depth of overburden;overburden depth
覆盖时间 cover time
覆盖式道路 covered road;decked road
覆盖式面板 false deck
覆盖式人行道 covered sidewalk
覆盖树形结构 overlay tree structure
覆盖树(形图)overlay tree
覆盖水蒸气 blanket steam
覆盖说明 overlay declaration
覆盖速度 coverage rate
覆盖速率 coverage rate
覆盖算法 covering algorithm
覆盖体系 overlapping system
覆盖铁 roofing iron
覆盖图 coverage diagram;overlay
覆盖土 mulching soil;overburden soil;soil cap;soil mantle;soil cover(ing)
覆盖土爆破(法)mudcap
覆盖土层 earth covering;overlying stratum[strata]
覆盖土荷载 overburden load
覆盖土厚度 depth of overburden;earth covering
覆盖土压力 earth-covering pressure;overburden pressure
覆盖网 nerve of a covering
覆盖文件 overlay file
覆盖问题【交】covering problem
覆盖屋顶的多层纤维 multiple layered fabric for roofing
覆盖物 cladding;covering;cover mass;coverture;epi;garment;incumbency;integument;investiture;mantle;mulch(ing) material;shroud;cloak < 防水用 >
覆盖物分散机 mulch spreader
覆盖物料 cover material
覆盖系数 overlap coefficient
覆盖纤维的化学剂黏[粘]合 tacking
覆盖效率 coverage available;coverage efficiency
覆盖效应(天线)blanketing effect
覆盖性 spreadability
覆盖压力 overburden pressure
覆盖岩 covering rock;overburden rock;overlying rock
覆盖岩层 capping mass;overburden rock;overlying rock;rock cap
覆盖(岩)层平面图 plan of the overburden
覆盖岩层压力 cover load pressure
覆盖岩溶 covered karst
覆盖养护 mat curing
覆盖养护法 mulch method
覆盖养生 mat curing
覆盖因子 blanketing factor
覆盖油毡 sheathing felt
覆盖有玻璃的钢质容器 glassed vessel
覆盖有翼缘板的 Z 形型钢柱 Z-bar column with covers
覆盖域 covering domain
覆盖杂草层 blanket weed
覆盖在……之上 drape over
覆盖在上面的 incumbent
覆盖在下土层上的纸 subsoil paper
覆盖沼泽 blanket bog
覆盖织物 covering fabric;covering woven fabric
覆盖植物 cover plant
覆盖纸 mulching paper;overlay paper
覆盖纸的表层 paper-covered veneer
覆盖纸的镶面 paper-covered veneer
覆盖重叠区 overlapping area
覆盖周期 coverage cycle
覆盖柱面 blanket cylinder
覆盖装载的程序模块 overlay load module
覆盖装置 cladding
覆盖着冰的 icy
覆盖着的 tectorial
覆盖作物 cover crop
覆环 shroud ring
覆铝层 alclad
覆铝铁 alumin(i)um-coated iron
覆埋 burying
覆面 dress
覆面板 match-lining
覆面材料 covering material;facing material
覆面层 chemise
覆面胶合板 faced plywood
覆面铆钉 facing rivet
覆面片材 overlay sheet
覆面漆 camouflage paint;concealment paint
覆面砂 facing sand
覆面贴面板 overlay
覆面镶板 cladding panel
覆面装饰材料 decorating cladding material
覆膜 tectorial membrane
覆膜胶 laminated adhesive
覆镍钢板 Niclad
覆盆子 red raspberry
覆墙板 siding
覆墙窄条 batoon
覆丘状叶 imbricated leaf

覆烧 upside-down firing
覆水冰 floated ice;flooded ice
覆水沼泽沉积 water-logged marsh deposit
覆套 sheathing
覆铜薄层压板 copper-clad laminate
覆土 backfill(ing);earth backing;earth covering;overburden;soil sealing
覆土板 knife coverer
覆土爆破 plaster shooting <孤石的>;mud blasting
覆土爆破法 mudcap method;mudcap process
覆土高度 thickness of backfill
覆土厚度 depth of soil cover;height of cover;overburden thickness
覆土机 backfiller;banking machine
覆土建筑 earth-covered construction
覆土器 coverer
覆土深度 covering depth;depth of overburden
覆土卸料 dumping of overburden
覆土装药爆破 mudcap blasting
覆瓦-底瓦屋面 over-tile and under-tile roofing
覆瓦屋顶 imbricated roof
覆瓦状 imbricate
覆瓦作用 shingling
覆尾羽 tail-coverts;wing bar
覆橡胶的 rubberized
覆雪冰 snow-covered ice
覆雪冰山 snowberg
覆雪跑道 snow-covered runway
覆岩 caprock;mantle regolith;mantle rock
覆岩剥离 removal of overburden
覆以草泥 sod
覆以拱 overarch
覆以拱顶 vault
覆以鳞的 squamose
覆以煤烟 soot
覆以皮壳 encrust
覆以屋顶 overroof
覆以硬壳 incrust
覆以圆屋顶 concamerate
覆硬层 hard-facing
覆有……的 coated

F

G

伽 <重力加速度单位,等于 0.01 米/平方秒> gal

伽柏 Gabor
伽柏波带片 Gabor's zone plate
伽柏法 Gabor's method
伽柏共轴全息图 Gabor's in-line hologram
伽柏全息图 Gabor's hologram
伽柏展开原理 Gabor's expansion theorem
伽尔型重力仪 Gal gravimeter
伽伐尼电池 galvanic battery;galvanic cell
伽勒里斯祈祷室 Oratory of Gallerus
伽利略<重力加速度单位> Gal(ileo)
伽利略变换 Galilean transformation
伽利略惯性定律 Galileo's law of inertia
伽利略滑尺 Galilean slide-ga(u)ge
伽利略目镜 Galilean eyepiece
伽利略取景器 Galilean viewfinder
伽利略数 Galilean number
伽利略双目望远镜 Galilean binoculars
伽利略双筒望远镜 Galilean binoculars
伽利略望远镜 Galilean glass;Galilean telescope
伽利略望远系统 Galilean telescope system
伽利略卫星 Galilean satellite
伽利略准数 Galilean number
伽辽金法 Galerkin's method
伽辽金法节点方程 nodal equation of Galerkin method
伽辽金有限元模型 Galerkin's finite element model
伽仑 imperial gallon
伽罗瓦标准形式 Galois canonical form
伽罗瓦代数<用于纠错> Galois algebra
伽罗瓦方程 Galois equation
伽罗瓦扩张 Galois extension
伽罗瓦理论 Galois theory
伽罗瓦群 Galois group
伽罗瓦域 Galois field;root field
伽马编录值 gamma documentary value
伽马变换 gamma transform
伽马测井 gamma log
伽马测井换算系数 gamma-log converted coefficient
伽马测井曲线面积 area of gamma logging curve
伽马测井曲线图 electronic log
伽马常数 gamma constant
伽马场级限 gamma field grade level
伽马尺 gammeter
伽马断面等值图 contour map of cross section of gamma
伽马法 gamma survey method
伽马放大器 gamma amplifier
伽马放射性 gamma radioactivity
伽马放射性同位表 gamma-emitting radioscope
伽马分布【数】 gamma distribution
伽马辐射 gamma radiation;gamma ray
伽马辐射屏蔽 gamma-ray shielding
伽马辐射器 gamma irradiator
伽马辐射取样 gamma radiation sampling
伽马辐射探测器 gamma radiation detector
伽马辐射体 gamma emitter
伽马辐照 gamma irradiation
伽马概率分布 gamma probability distribution
伽马高区限 high area limit of gamma
伽马光探伤 gamma ray test
伽马光子 gamma photon
伽马光子路径 paths of gamma photos
伽马光子探测器 gamma photo detector
伽马光子源 gamma photo source
伽马函数 gamma function
伽马活化分析法 gamma activation analysis method
伽马矫正<监视摄像机电路中的一种特性> gamma correction
伽马校正 gamma correction
伽马校正器 gamma corrector
伽马径迹换算系数 gamma-trace converted coefficient
伽马空间 gamma space
伽马蜡烷 gammacerane
伽马能谱法 gamma spectrometry
伽马能谱分析 analysis of gamma spectrum method
伽马能谱取样 gamma-spectrum sampling
伽马偏高限 higher area limit of gamma
伽马谱标准剖面图 standard profile of gamma spectrum
伽马谱仪 gamma spectrometer
伽马强度测定法 gamma intensity measurement
伽马强度等值图 contour map of gamma-ray intensity
伽马强度平剖图 profile on plane of gamma intensity
伽马强腐水性地区 gamma polysaprobic zone
伽马热释光法 gamma heat releasing light method
伽马射线 gamma radiation;gamma ray
伽马射线波谱仪 gamma-ray spectrometer
伽马射线测井 gamma-ray logging
伽马射线测井剖面 gamma-ray log
伽马射线穿透仪 penetron
伽马射线传感器 gamma-ray sensor
伽马射线法非破损检验 destructive test by γ-ray method
伽马射线分光计 gamma-ray spectrometer
伽马射线辐射料位计 gamma radiation level indicator
伽马射线辐射器 gamma-ray emitter
伽马射线辐照 gamma-ray irradiation
伽马射线共振 gamma-ray resonance
伽马射线观测 gamma-ray observation
伽马射线光谱测定法 gamma-ray spectrometry
伽马射线激射器 gaser
伽马射线计数器 gamma-ray counter
伽马射线检验 gamma radiography;gamma-ray examination
伽马射线料位控制装置 gamma-ray level controller
伽马射线录井 gamma-ray log
伽马射线(密度)测井记录 gamma-gamma log
伽马射线密度探测仪 gamma-ray density ga(u)ge
伽马射线能量 gamma-ray energy
伽马射线屏蔽 gamma-ray shielding
伽马射线谱法 gamma-ray spectrometry
伽马射线谱(能量及强度)的测井记录 gamma-ray spectral log
伽马射线湿度计 gamma-ray moisture meter
伽马射线试验 gamma ray test
伽马射线衰减法 gamma-ray attenuation method
伽马射线探测 gamma-ray probe
伽马射线探测记录 gamma-ray log
伽马射线探测器 gamma probe;gamma-ray detector
伽马射线无线电探测仪 gamma sonde
伽马射线吸收型流体密度计 gamma-ray absorption fluid density meter
伽马射线源 gamma-ray source
伽马射线照射 gamma-ray irradiation
伽马射线照相术 gamma-ray radiography
伽马时间曲线 gamma-time curve
伽马实际资料图 gamma real data figure
伽马衰变 gamma decay
伽马酸 gamma acid
伽马铁 gamma iron
伽马透射法 gamma-ray attenuation method
伽马线 gamma ray
伽马线规 gamma ray ga(u)ge
伽马线试验 gamma ray test
伽马形天线 gamma-type antenna
伽马异常曲线面积 gamma anomaly curve area
伽马照射 gamma irradiation
伽马指数 gamma exponent
伽马中子测井 gamma-neutron log
伽马中子测井曲线 gamma-neutron log curve
伽密耳 gammil
伽莫夫-康登-哥乃理论 Gamow-Condon-Gurncy theory
伽莫夫势垒 Gamow barrier
伽莫夫-特勒相互作用 Gamow-Teller interaction
伽莫夫-特勒选择定则 Gamow-Teller selection rule
伽特纳摄谱仪 Gaertner spectrograph

嘎啦声 rattling

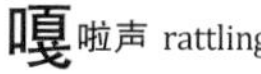

钆镓石榴石 gadolinium gallium garnet

钆镓石榴石型铁氧体 gadolinium gallium garnet
钆矿 gadolinium ore

该责备的 blameworthy

垓 tera;billion <1012>

改版 revision

改编 reassembling;reassignment;reclassification;reclassifying;reforming;reorganize;revise;transcription
改编本 adapter
改编场 resorting yard
改编车场 resorting yard
改编车流 wagon flow to be resorted
改编程序 reprogramming;reprogram(me)
改编列车 resorting(trains)
改编能力<调车场> resorting capacity
改编线 reclassification track
改编者 adapter
改变 alternation;changement;changeover;changing;modify;variate
改变本性 denationalization
改变比降 break grade
改变比例 reproportion;rescaling
改变比例尺 rescaling
改变标准设计 modified design
改变长度字符串 varying length string
改变超高 change of cant;change of super-elevation
改变车道通行方向标志<用于可变向车道上> reversible flow sign
改变车速路线 speed-change lane
改变车叶距 control pitch;feather
改变成分的调节 ratio governing
改变程序 reprogramming
改变尺寸 resize
改变尺度 rescaling
改变稠度 retemper
改变到达站 change in destination
改变等级 change of class
改变地位 reposition
改变地温性质 altering the thermal property of the ground
改变地址程序 readdressing routine
改变点 change point
改变电动机的旋转方向 reversing rotation of motors
改变电流式机车 current conversion locomotive
改变电压发电机方法 variable voltage generator method
改变吊杆位置 regulation of derricks;turning the gear over
改变帆的方向 gibing[gybing];jibing
改变方案 reprogramming
改变方向 alter(ation of) course;change in direction;change of course;change of direction;haul;swerve;veering;zig;U-turn<车辆等的>
改变方向运转 reverse running
改变符号 change sign;reindexing
改变钢的马丁体结构法 mar-ag(e)ing
改变耕作方法 cultivation shifting
改变管路布置 rerouting of lines
改变航道 bear away;gybe
改变航线 alter(ation of) course;change of course;haul
改变航向 aboutship;alter(ation of) course;change of course;haul
改变航向性能 course changing quality
改变互换尺寸 alteration of interchangeable dimensions
改变护罩 alter shield
改变技术 improved technology
改变结构的 metamorphic
改变览视器<用加亮、变颜色等来识别出被其他用户改动之处>【计】 change tracking
改变累积 change accumulation
改变路线 alter(ation of) course;change of course;haul;rerouting
改变路线的 route-deviated
改变锚链在锚链筒部位 freshen a hawse
改变目录【计】 change directory
改变浓缩度的调节 concentration control
改变品种 job change
改变起重臂倾角 derricking
改变起重臂倾角的吊杆 derricking boom
改变绳索摩擦部位 freshen a rope
改变湿润添加剂 reverse-wetting additive
改变数的符号 change sign
改变水流方向 changing the direction of a stream of water
改变调谐点开关 change-tune switch
改变外形 reconfiguration
改变位 change bit
改变位置 relocate
改变相位多脉冲法 transform phase multiimpulse method
改变小气候 modification of the microclimate

改变(行为)机构 mechanism of change
改变形式 refashion
改变形状或容貌 transfigure
改变性质 unmake property
改变颜色 change colo(u)r
改变意见 change one's mind
改变用途 rechannel
改变运行方向 change of running direction; traffic direction reversal
改变指示书 instructions for variations
改变装置 modifier
改变字符 change character
改变宗旨 change one's mind
改变钻法 hitch on
改槽 channel alteration; fairway transferring; shifting of channel
改出 recovery
改错 error of correction; error recovery
改道 avulsion; change a way; divagation; diversion; diverting; redirection; relocation; rerouting
改道河 diverted stream; diverting stream
改道河槽 divagation channel; relocated channel; shifted channel
改道河流 defeated river; defeated stream; diverted river; diverting river; diversion cut
改道渠道 diversion canal
改道运河 diversion canal
改道运量 diverted traffic
改低船体 cut-down a ship
改订 version up
改订版 expurgated edition
改动 alter; change
改发呼叫 redirected call
改港 alteration of port
改革 innovation; reform(ation)
改革计划 reform program(me)
改革、开放、搞活 reform, opening to the outside world and enlivening
改革者 innovator; reformer
改沟 diverted gully
改轨 change of ga(u)ge
改航对磁场影响图 chart of magnetic field affected by direction variation
改河 diversion of river
改后图像 alter image
改后转储 change dump
改化摆长 reduced pendulum length
改化经度 reduced longitude
改化距离 reduced distance
改化为规定比例尺 reduce to scale
改化纬度法 parametric(al) latitude method
改化重力值 reduced gravity value
改换交通方式 change-of-mode
改换路线 rerouting
改换投资 reswitching
改寄新址 redirection
改价单 price change ticket
改建 alteration to a building; betterment; rebuild(ing); reconstruct(ion); reform building; refurbishment; structural alternation; facelift <汽车、建筑物等的>
改建成坞 dockisation[dockization]
改建措施 reconstructional measures
改建地区 improvement area
改建动力装置 repower
改建费(用) reconstruction cost; improvement expenses; rehabilitation cost
改建工成本 cost of reconstruction works
改建工程 alteration works; betterment works; building alteration; improvement works; modification works; reconstructed project; reconstruction engineering; reconstruction works; rehabilitation works
改建工作 renewal works
改建规程 regulations for reconstruction
改建规划 reconstruction plan(ning); renewal plan
改建或修理费用 cost of alternation or repairs
改建界线 improvement line
改建-经营-移交 refurbish-operate-transfer
改建区(域) improvement district; improvement area
改建区域债券 improvement district bonds
改建铁路 reconstructed railway
改建物 reconstruction
改建线路 improvement line; reconstructed line
改建项目 reconstructed item; reconstruction item
改建政策 reconstructive policy
改接符 outconnector
改进 betterment; improve; improvement; innovation; melioration; modify; refine; renovation; retrofit; sophisticate; upgrade; upheaval
改进车间距分布 advanced headway distribution
改进措施 corrective action
改进的 improved; modified; revised
改进的 A 形框架塔柱 modified A-frame tower
改进的巴歇尔量水槽 modified Parshall flume
改进的产品 follow-on
改进的二进制代码 modified binary code
改进的伽利津地震仪 modified Galitzin seismograph
改进的改进调频制 modified-modified frequency modulation
改进的横轴墨卡托投影 modification of the transverse Mercator projection
改进的混凝土弯曲试验 modified cube
改进的活性污泥法 modified activated sludge process
改进的集中管理体制 modified centralization scheme
改进的兰伯特正形海图 modified Lambert conformal chart
改进的兰伯特正形投影 modified Lambert conformal projection
改进的兰伯正形海图 Ney's projection chart
改进的兰伯正形投影 Ney's projection
改进的菱形塔柱 modified diamond tower
改进的美国各州公路工作者协会击实试验 modified AASHTO compaction test
改进的欧拉法 modified Euler method
改进的普洛克托含水量-密度试验法 modified Proctor moisture content-density test
改进的普罗克托(土壤)击实试验 modified Proctor density test
改进的普罗克托(土壤)密实度试验 modified Proctor density test
改进调频制 Miller code; modified frequency modulation system
改进的文丘里槽 <测流量用的> improved Venturi flume
改进的型号 improved type
改进的英国式交叉砌合 modified English bond
改进的阻尼最小二乘法 improved damping least square method
改进低等级石膏性质 beneficiation of low-grade gypsum
改进伐 improvement cutting; improvement felling
改进工具 retool
改进工字梁 modified I beam
改进规划 reconstruction plan(ning)
改进过的技术 improved technology
改进恒定电压充电 modified constant-voltage charge
改进后净增值 sweat equity
改进黄金分割搜索 modified Fibonacci search
改进机械使适应生产新产品 retool
改进及扩充 improvement and extension
改进计划 development program(me)
改进剂 improver; modifying agent
改进间伐 intermediate improvement cutting
改进可采储量 improved recovery
改进模型 redesigned model
改进黏[粘]结性能外加剂 bonding admixture
改进牛顿法 modified Newton method
改进跑道道面 improved runway surface
改进设备 equipment modification
改进设计 improved design; revised design
改进生产设备贷款 capital improvement loan
改进生产设备费用预算 capital improvement budget
改进试验 modified test
改进水车 <印度的> chakram
改进通气 modified aeration
改进通气法 <活性污泥法的改进> modified aeration process
改进限度 improvement threshold
改进型 advanced version; follow-on; second generation
改进型策略 redesigned strategy; retrofit strategy
改进型车间分隔分布 advanced headway distribution
改进型的 follow-on
改进型活性污泥法 modified activated sludge process
改进型精密进场雷达 modified precision approach radar
改进型卡塞格伦天线 modified Cassegrain antenna
改进型开普敦大学工艺 modified University of Capetoen process
改进型两位编码 modified digit encoding
改进型坯料 developed blank
改进型曝气法 modified aeration
改进型气冷反应堆 advanced gas-cooled reactor
改进型三行式氧化沟 ameliorated triple oxidation ditch
改进型调频制 modified frequency modulation
改进型循环式活性污泥系统 modified cyclic activated sludge system process
改进型氧化沟 improved oxidation ditch
改进型装置 redesigned device; retrofit device
改进英国式装置 modified English mounting
改进栽植 improvement planting
改进者 improver
改晶剂 habit modifier
改锯材 resaw lumber
改良 improve; mending; reclamation
改良不锈钢 hybnickel
改良操作法 evolutionary operation
改良纯系法 modification pure line method
改良的 modified
改良的奥斯特瓦尔德黏[粘]度计 modified Ostwald's visco(si)meter
改良的巴歇尔量水槽 modified Parshall flume
改良的波特兰水泥 modified Portland cement
改良的分离比值 modified separation ratio
改良的木笼丁坝 stockade groyne
改良的实心木 modified solid wood
改良的系谱选择法 modified pedigree method of selection
改良的斜撑桁架 modified scissors truss
改良地段 improved land
改良地沥青 modified asphalt
改良地面 improved surface
改良钉 improved nail
改良多圆锥投影 modification polyconic(al) projection; modified polyconic(al) projection
改良范多恩采水样器 modified Van Dorn water sampler
改良方案 improvement program(me)
改良方块 modified block; modified cube
改良费-托法 improved Fischer-Tropsch method
改良费(用) betterment expenses; improvement expenses
改良干性油 improved drying oil
改良工程 improvement works
改良工字梁 modified I beam
改良硅酸盐水泥 modified silicate cement
改良航道 improved channel
改良合金 modified alloy
改良荒漠土 improve desertic soils
改良混合选择 improved mass selection
改良活性污泥法 modified activated sludge process; modified aeration process
改良剂 modifier; modifying agent
改良价值 improvement value
改良剪刀撑桁架 modified scissors truss
改良剪式桁架 modified scissors truss
改良兰伯特投影地图 modified Lambert conformal chart
改良兰伯特正形投影 modified Lambert conformal projection
改良沥青 modified bitumen
改良沥青结合料 modified binder
改良连续压条 modified continuous layering
改良劣质地下水 ameliorating inferior groundwater
改良路 improved surface
改良路基 subgrade improved
改良木材 man-made wood
改良木材性能 improved wood behavio(u)r
改良木料 ameliorated wood
改良木笼丁坝 stockade groin
改良牧地 improved pasture
改良曝气法 modified aeration process
改良轻骨料 improved light-weight aggregate
改良轻集料 improved light-weight aggregate
改良扇形体系 modified fan system
改良石灰法 improved lime process
改良实心木 improved solid wood
改良式等温淬火 modified austempering
改良树脂 modified resin
改良树种 genetically improved strain

of tree
改良水 reclaimed water
改良水泥<抗硫酸盐性能较好于标准水泥,水化热低> modified cement
改良提取程序 improved extraction procedure
改良调配法 modified distribution method
改良投资 betterment;improvement
改良土地规划 developmental project
改良土(壤) modified soil; improved soil
改良土壤耕性 improved soil tilth
改良土壤结构 improved soil texture; soil conditioning
改良污泥曝气 modified sludge aeration
改良限度 improvement threshold
改良橡胶 improved rubber; modified rubber
改良型 modified form
改良型鲍尔-沃尔盖法 modified Bauer-Vogle process
改良型吊杆装卸方式 modified derrick system
改良型膨胀颗粒污泥床 modified expanded granular sludge bed
改良型曝气法<节约送气,缩短时间> modified aeration
改良型锡青铜 Roman bronze
改良型序批间歇式反应器 modified sequencing batch reactor
改良游泳池 modified swimming pool
改良与扩充计划 improvement and extension program(me)
改良圆柱投影 modified cylindric(al) projection
改良圆锥投影 modified conic(al) projection
改良者 improver
改良纸 improved paper
改路线的公共交通 route-deviated transit
改名 rename
改平 level off
改平位置 level-off position
改坡 grade revision;regrading
改砌<内衬的> rebrick(ing)
改善 amendment; betterment; improvement;make amend for;melioration; refine; reformation; refurbish;renovate;renovation;upswing
改善不足 underimprovement
改善测量 betterment survey
改善成本效益 improved cost efficiency
改善道路 improved road
改善道路安全计(规)划 highway safety improvement plan
改善的地基 improved subgrade
改善的木材 reconditioned wood
改善的石灰膏 improved lime putty
改善地区 improvement district
改善费 betterment cost;improvement expenses
改善工程 betterment works;improvement works;road improvement【道】
改善工作环境 job enlargement
改善公众利益设施的地区 improvement district
改善功率因数 power-factor correction
改善和易性的添加剂 workability admixture
改善环境 to improve the environment
改善环境卫生 improving environmental sanitation
改善级配加固法 improved grading stabilization
改善加工性能退火 machinability annealing;workability annealing
改善加工性退火 annealing for workability
改善井眼 condition the hole
改善路基 improved subgrade
改善路线 route improvement
改善人类居住环境最佳范例奖 best practices in human settlement improvement
改善税 betterment levy
改善投资 betterment investment
改善投资环境 betterment investment environment;improving investment environment
改善土 improved soil
改善土掺加料 soil amendment
改善土路 stabilized earth road;stabilized soil road
改善土壤耕性 provide tilth to a soil
改善现有设施 upgrading existing facility
改善辛烷值 octane improvement
改善性能的木料 modified wood
改善质量 improve quality
改水 water improvement
改塑 remo(u)ld
改塑度 degree of remo(u)lding
改塑土 remo(u)lded soil
改算面积 reduced area
改为淡色 relieve dark appearance
改为公制 metricize
改为住户自有公寓 condominium conversion
改线 change of line;line revision;realign(ing); realignment; realining; relocate; relocation; relocation of line;relocation of road;rerouting
改向滚筒 bend pulley
改向河 diverted river; diverted stream
改向轮 bend wheel
改向驶近 haul in with
改向驶离 haul off
改向装置 direction-changing equipment
改斜绘图仪 rectoblique plotter
改写 overwrite;recast;typeover
改写本 adapted edition
改写稿 rewrite
改写规则 rewriting rule
改形 derivative
改形方块<美国的一种防波堤护面混凝土块体> modified cube
改型 remodel(ling); retrofit(ting); variant;version
改型成本 retrofit cost
改型工具 modification kit
改型螺钉 derivating screw
改型斜削边 modified beveled edge
改型支撑 derivating post
改型支柱 derivating post
改性凹凸棒石黏[粘]土 modified attapulgite clay
改性丙烯酸黏[粘]合剂 modified-acrylic adhesive
改性丙烯酸系纤维 modified-acrylic fibre
改性波特兰水泥 modified Portland cement
改性层<金属表面> conversion coating
改性超交联高分子吸附剂 modified hypercross-linked polymeric adsorbent
改性醇酸稠 modified alkyd resin
改性丹宁 improved tannin
改性的醇酸树脂 modified alkyd resin
改性地沥青 modified asphalt
改性淀粉 modified starch
改性淀粉-聚胺复合物 modified starch-polyamine complex
改性淀粉生产废水 metamorphic amylum production wastewater;modified starch production wastewater
改性淀粉絮凝剂 modified starch flocculant
改性二氧化钛 modified titanium dioxide
改性沸石 modified zeolite
改性酚醛树脂 modified phenol formaldehyde resin; phenol formaldehyde resin modified
改性酚醛树脂黏[粘]合剂 phenoweld
改性粉煤灰 modified fly-ash
改性粉煤灰沸石 modified zeolitized fly-ash
改性干性油 modified drying oil
改性隔膜 modified diaphragm
改性硅铝明合金 modified silumin
改性硅酸盐水泥 modified Portland cement
改性硅酮密封膏 modified silicone sealant
改性硅氧烷 silicone-modified
改性硅藻土 modified diatomite
改性过滤介质 modified filter media
改性化学气相沉积工艺 modified chemical vapo(u)r deposition process
改性环氧树脂 modified epoxy
改性混凝土 modified concrete
改性活性炭 modified activated carbon
改性活性炭纤维 modified activated carbon fiber[fibre]
改性剂 additive for improving the property;extender;improver;modifier;modifying agent
改性秸秆 modified straw
改性秸秆-铝盐复合絮凝剂 modified straw-aluminum salt combined flocculant
改性结合料 modified binder
改性聚苯醚 modified polyphenylene oxide
改性聚丙烯腈纤维 modacrylic
改性聚丙烯生物膜载体 modified polypropylene biofilm carrier
改性聚合硫酸铁 modified polymerized ferric sulfate
改性聚环氧磺酸基琥珀酸 modified polyepoxysulfosuccinic acid
改性聚氯乙烯 approved polyvinyl chloride
改性聚碳酸酯 modified polycarbonate
改性聚酰胺纤维 modified polyamine fibre
改性聚酰亚胺 modified polyimide
改性累托石复合絮凝剂 modified rectorite complex flocculant
改性沥青 modified bitumen; modifying asphalt
改性沥青研磨机 modified asphalt grinder
改性沥青油毡 modified asphalt membrane;modified asphalt sheet
改性邻苯二甲酸醇酸树脂 modified phthalic resin
改性木材 behaved wood; modified wood;improved wood
改性木质素磺酸盐 modified lignosulfonate
改性木质素磺酸盐絮凝 modified lignosulfonate flocculation
改性黏[粘]土 modified clay
改性脲甲醛树脂季铵盐 modified urea-formaldehyde resin quaternary ammonium salt
改性膨润土 modified bentonite
改性树脂 modified resin
改性树脂水泥 resin-modified cement
改性水泥 modified cement
改性松香 modified rosin
改性松香施胶剂 modified rosin sizing agent
改性松针浸膏 modified paste of pine needle
改性苏打 modified soda
改性塑料 modified plastics
改性梯度凝胶电泳 denatured gradient gel electrophoresis
改性天然树脂 modified natural resin
改性土桩 modified soil pile
改性物 modifier
改性纤维废水 modified cellulose wastewater
改性纤维素 modified cellulose
改性橡胶 improved rubber; modified rubber
改性絮凝剂 modified flocculant
改性羊毛纤维 modified wool fiber[fibre]
改性阳离子型絮凝剂 modified cationic flocculant
改性油性树脂漆 modified oleoresinous paint
改性有机硅树脂 modified silicone resin
改性藻酸铁 modified ferric alginate
改性致密工艺 modified densification process
改选 reelect
改样 revise
改移供水管道 supply conduit diversion
改移轨道 relocation of track
改移河道 diversion of stream
改移汇合点的河道 shifting channel
改用 adaptation
改用非油类燃料 fuel switching away from oil
改用平衡梁钻进 hitching on
改造 convert;new model;rebuild;reclaim; reclamation; reconstruction; recreate; recreation; redevelopment; reformation; reform(ing); refurbishment; regenerate; regeneration; rehandling; remake; remark(ing);remodel(ling);remo(u)ld; reprocessing;reshaping
改造车 altered car;converted car;rebuilt car;render car
改造的 regenerate
改造工程 alteration works;modification works
改造工作 reclamation works
改造过的轧机 revamped mill
改造花岗岩 transformation granite
改造机 transformation apparatus
改造客车 converted coach
改造线路 upgraded line
改造项目 renovation project
改造重新整顿 rehandling
改造住宅 converted dwelling
改造自然 modification of nature;remaking of nature;remodel(l)ing of nature
改造作用 reformation
改针 adjusting pin
改正 amend;clean-up;correcting;rectification; rectify; red-pencil; redress;revise
改正按钮 correction button
改正板 correcting plate; correction plate;corrector plate
改正边长配赋法 distance propate rule
改正编码 error correcting code
改正表 amendment list;errata; table of correction
改正不足 undercorrection
改正潮候时差 corrected establishment
改正承载比 modified bearing ratio

改正处理 water correction
改正措施 corrective measure
改正错误的 error correcting
改正带 amendment tape
改正的 corrected;rectified;revisory
改正的数据 corrected data
改正读数 corrected reading
改正刚度 modified correction;modified stiffness
改正后的读数 corrected reading
改正计算 computation of correction
改正记录 amendment record
改正剂 improver;improving agent
改正焦距 amended focal length
改正镜 corrector
改正镜室 corrector cell
改正力 corrected force;margin
改正力矩 righting moment
改正量 amendment;correction
改正流速 modified velocity
改正螺旋 correctional screw
改正模型 correction model
改正片 correcting plate; corrector plate
改正平面框架 correction plate carrier
改正湿密度 modified moisture density
改正数表 correction table
改正速度 modified velocity
改正透镜 correcting lens
改正凸轮 correction cam
改正图表 adjusting diagram; adjustment diagram
改正文件 amendment file
改正系数 coefficient of adjustment; coefficient of correction;correction factor;modification factor
改正线 correction line
改正楔 correction wedge
改正行为 correcting behaviour
改正液 correction fluid
改正因数 augmenting factor
改正因素 correction factor
改正者 rectifier
改正值 corrected value; correction value
改正坐标 correction coordinates
改直河道 < 如截弯取直 > rectification
改址 change of address
改制 reprocessing
改制灯 < 一种顶棚灯 > reform lantern
改制炉 reformer
改制气 reformed gas;reformer effluent gases
改质沥青 modified coal tar pitch
改质木料 lignified wood
改种 replant(ing)
改轴标记 marks for axle replacement
改轴符号 axle reworked mark
改铸 rehandling;remo(u)ld
改、转、租、买政策 policy of changing, transferring, renting and selling
改装 adulteration; alteration; re-equipment; refit; repack (age); repacking;retrofit(ting)
改装车 mock-up car
改装船 converted ship; re-equipped ship;refitted ship
改装的航空摄影飞机 photomodified airplane
改装的拖车住房 converted house trailer
改装过的轧机 revamped mill
改装技术 retrofit technology
改装检验 alternation survey; survey for alternation
改装舰船 converted merchant ship
改装力法 conversion arrangement
改装商船 converted merchant ship
改装时间 modification time
改装巡洋舰 converted cruiser; merchant cruiser
改装要求 refit requirements;requests for alternations
改锥 bolt driver; screwdriver; turnscrew
改锥槽 driving slot
改组 realign(ing); realignment; recompose; reorganization; repacking;reshuffle;restructure
改组目录 shifting
改组现有企业 revamping of exiting enterprises
改钻机 drills steel sharpener
改做 recast;rehashing;remake

钙

钙板 calc-slate
钙贝塔石 calciobetafite
钙玻璃 lime glass
钙层土 pedocal
钙长橄长岩 anorthite troctrolite
钙长橄榄岩 harrisite
钙长辉长岩 eucrite
钙长辉长陨石 eucrite
钙长辉绿岩 anorthite diabase
钙长闪长岩 anorthite diorite
钙长石 amphodelite; anorthite; barsowite; biotine; calciclase; calcium feldspar; christianite; cyclopite; labrobite;lime feldspar;thiosauite
钙长石闪长岩 anorthite diorite
钙长斜长岩 anorthite anorthosite
钙长玄武岩 anorthite basalt
钙长岩 anorthitite
钙长紫苏辉石无球粒陨石 howardite
钙尘肺 calcicosis
钙成土 calcimorphic soil
钙处理泥浆 calcium treated mud
钙催干剂 calcium dryer[drier]
钙代谢作用 calcium metabolism
钙的 calcic
钙的补偿深度 calcite compensation depth
钙的供应 calcium supply
钙的淋溶 leaching of calcium
钙电极 calcium electrode
钙电极快速测定法 < 材料试验 > calcium electric rapid determination (method)
钙矾石 ettringite
钙矾土 calcium aluminate
钙钒华 pintadoite
钙钒榴石 goldmanit
钙钒铜矿 calciovolborthite;tangeite
钙钒铀矿 calciocarnotite; tyuyamunite
钙沸石 episcolecite;needlestone;scolecite
钙沸石类 mesotype
钙干料 calcium dryer[drier]
钙锆榴石 kimzeyite
钙锆石 calcium catapleiite
钙锆钛矿 calzirtite;uhligite
钙铬矾 bentorite
钙铬榴石 trautwinite;uvarovite
钙固定 calcipexis
钙硅钡合金 calsibar
钙硅比 lime-silica ratio
钙硅变质岩 calc-silicate
钙硅矾 ellestadite
钙硅合金 calcium-silicon alloy
钙硅角岩 calcic-silicate hornfels
钙硅铍钇矿 calciogadolinite
钙硅石 wollastonite
钙硅酸盐砖 lime-silicate brick
钙硅岩 lime-silicate rock
钙硅铀矿 calcursilite
钙硅质岩 calc-silicate rock
钙含量 calcium content
钙合金 calcium alloy
钙红磷锰矿 calcium hureaulite
钙华 < 由沉淀而成的凝结的碳酸钙 > adarce; calcareous sinter; calcareous tufa;travertine;calc-sinter
钙华大理石 travertine marble
钙华厚片 travertine slab
钙华扇 calc-sinter fan
钙华石板 travertine slab
钙华贴面 travertine facing
钙华镶衬 travertine lining
钙华柱 travertine column
钙化 calcify(ing);liming
钙化不全 hypocalcification
钙化成岩作用 calcify(ing)
钙化椿 palus[复 pali]
钙化的 calcific;lime encrusted
钙化作用 calcification
钙还原法 calcium reduction route
钙黄长石 submellite;velardenite
钙黄乙烯底漆 calcium yellow vinyl primer
钙磺化木质素 calcium lignosulphonate
钙辉沸石 puflerite
钙混合物 calcium compound
钙活化测井 Ca activation log
钙活化反应 calcium activation
钙积层 calcareous crust; calcic horizon;caliche;nari;sabach;tepetate
钙基 calcium base
钙基润滑脂 Albany grease; calcium base lubricating grease; calcium-soap grease; lime base grease; quicklime grease
钙基皂润滑脂 calcium-soap grease
钙基脂 calcium grease
钙钾板锆石 wadeite
钙碱度 calcium alkalinity
钙碱系列 calc-alkaline series
钙碱性粗面岩 calc-alkali trachyte
钙碱性花岗岩 calc-alkali granite
钙碱性煌斑岩 calc-alkali lamprophyre
钙碱性辉长岩 calc-alkali gabbro
钙碱性辉绿岩 calc-alkali diabase
钙碱性微晶正长岩 calc-alkali microsyenite
钙碱性玄武玻璃 calc-alkali basaltic glass
钙碱性玄武岩 calc-alkali basalt
钙碱性正长岩 calc-alkali syenite
钙碱岩类 calc-alkali granite
钙碱质岩系 calc-alkalic rock series
钙交沸石 lime-harmotome
钙结层 caliche
钙结壳 calcareous crust
钙结砾岩 calcicrete;calcirudite
钙结细砾岩 callche fine conglomerate
钙结岩 callche
钙结硬壳砾岩 callche hardened shell conglomerate
钙结石灰岩 calichified limestone
钙孔雀石 calcomalachite
钙块云母 pyrrholite
钙蓝石 didymolite
钙类硫酸盐 sulfate of lime
钙离子 calcium ion
钙离子化黏[粘]土 calcium-ionized clay
钙离子交换二氧化硅防锈颜料 calcium/silica pigment
钙离子交换容量 Ca-ion exchange capacity
钙锂电气石 liddicoatite
钙立索红 calcium lithol red
钙立索色原 calcium lithol toner
钙磷铁矿 calcioferrite
钙磷铁锰矿 graftonite;roscherite
钙龄 calcium age
钙硫化铝酸盐 calcium sulfoaluminate
钙卤水 calcium brine
钙铝矾 ettringite
钙铝氟石 gearksutite
钙铝硅合金 calcium-alumin(i)um-silicon alloy
钙铝合金 calcium-alumin(i)um alloy
钙铝黄长石 cacoclasite;gehlenite
钙铝榴石 gooseberry stone; grossular; hessonite; succinite; tellemarkite;transvoal jade;hyacinth < 其中的一种 >
钙铝硼硅酸盐玻璃 calcium-alumin(i)um borosilicate glass
钙铝石 mayenite
钙铝石榴石 grossularite
钙铝铁榴石 grandite
钙率 calcium rate;lime-silica ratio
钙绿松石 coeruleoactite
钙氯石 calcimurite
钙芒硝 glauberite
钙芒硝岩 glauberite rock
钙镁比率 Ca-Mg ratio;lime-magnesia ratio
钙镁电气石 uvite
钙镁非石 serendibite
钙镁橄(榄)石 monticellite; scacchite;shannonite
钙镁合金 calcium magnesium alloy
钙镁黄长石 akermanite
钙镁磷肥 calcium magnesium phosphate fertilizer;fused calcium magnesium phosphate
钙镁铝酸盐水泥 calcium magnesium aluminate cement
钙镁率 lime-magnesia ratio
钙镁锰矿 delatorreite
钙镁硼石 kurchatovite
钙镁闪石 tschermakite
钙镁试剂 calmagite
钙镁质磷块岩矿石 calcareous-magnesian phosphorite ore
钙镁质碳酸岩熔岩 calcic magnesium carbonatite lava
钙锰矾 despujolsite
钙锰橄榄石 glaucochroite
钙锰硅合金 calcium-manganese-silicon alloy
钙锰辉石 johannsenite
钙锰矿 todorokite
钙锰帘石 macfallite
钙锰石 rancieite
钙锰锌矾 lotharmeyerite
钙冕玻璃 calco-sodium glass; lime crown glass;lime soda glass
钙钠玻璃 calco-sodium glass;lime soda glass
钙钠长石 labradorite;lime-soda-feldspar
钙钠矾 cesanite
钙钠硅石 canasite
钙钠明矾石 minamiite
钙钠闪岩 pedrosite
钙钠斜长石 labradite
钙钠柱石 dipyre
钙钠柱石板岩 dipyre slate
钙铌钛铀矿 mendeleyevite
钙铌钽矿 hielmite
钙硼合金 calcium boride
钙硼铝玻璃 cabal glass
钙谱斑 calcium flocculus; calcium plage
钙铅玻璃 lime lead glass
钙铅合金 calcium-lead alloy
钙铅锌矿 calcium larsenite
钙蔷薇辉石 bustamite
钙球 calcisphere
钙容忍度 calcium tolerance
钙砷铅矿 hedyphane

钙砷铀云母 uranospinite
钙生植物 calcicole
钙十字沸石 phillipsite
钙石灰 calcium lime
钙试剂 calcon
钙铈磷灰石 britholite
钙水碱 pirssonite
钙锶比值系数 calcium-strontium ratio
钙松脂酸盐 calcium resinate
钙塑材料 calcium-plastic material
钙塑瓦楞箱 calp box
钙酸泉 calcareous spring
钙钛锆石 zirconolite;zirkelite
钙钛矿 perofskite;perovskite
钙钛矿结构 perovskite structure
钙钛矿矿石 perovskite ore
钙钛矿色 perovskite
钙钛矿钛磁铁矿矿床 perovskite-titanomagnetite deposit
钙钛矿型结构 perovskite type structure
钙钛铌矿 latrappite
钙钛铁矿 cafetite
钙钽石 calciotantite
钙铁非石 rholnite
钙铁橄榄石 kirschsteinite
钙铁辉石 hedenbergite
钙铁辉石矽卡岩 hedenbergite sharn
钙铁榴石 andradite
钙铁榴石金刚砂 andradite garnet
钙铁铝石 browumillerite
钙铁石 brown millerite
钙铁钛矿 cafetite
钙铜矾 devilline;devillite
钙土 pedocal
钙土植物 calciphilous plant; calciphyte
钙团粒 pellet
钙网络 calcium network
钙吸收视差 calcium parallax
钙霞丁古岩 cancrinite tinguaite
钙霞钠霞云霞正长岩 cancrinite litchfieldite
钙霞钠霞正长岩 cancrinite canadite
钙霞石 cancrinite;kankrinite
钙霞正长岩 cancrinite syenite
钙霞正霞正长岩 cancrinite nordsjoite
钙线 calcium line
钙硝肥料 calnitro
钙硝石 kalk saltpeter; nitrocalcite; wall saltpeter
钙斜煌岩 calc-spessartite
钙屑 calcareous slack
钙屑灰岩 calcarenite
钙屑砂岩 calcarenaceous sandstone
钙星 calcium star
钙性石灰岩 calc-alkali rock
钙性藻类 calcareous algae
钙循环 calcium cycle
钙岩屑砂屑岩 calclithite
钙盐 calcium salt
钙氧同位素相关性 calcium-oxygen isotope correlation
钙叶绿矾 calcicopiapite
钙伊利石 ammersoaite
钙钇石 hellandite
钙钇铈矿 cenosite;kainosite
钙银星石 deltaite
钙硬锰矿 rancieite
钙硬锰石 rancieite
钙油酸脂 calcium oleate
钙铀云母 autunite;lime uranite
钙云 calcium cloud
钙云母 calcium mica
钙云母片岩 lime-mica schist
钙藻 calcareous alga[复 algae]
钙皂 calcium oleate; calcium soap; lime soap
钙皂分散剂 lime soap dispersing agent
钙皂基润滑脂 calcium-soap grease; cup grease
钙皂脂 calcium(-soap) grease
钙脂内用瓷漆 limed rosin enamel-interior
钙脂清漆 gloss oil; limed rosin varnish
钙脂松浆油清漆 limed paint oil
钙脂松香 hardened rosin;limed rosin
钙脂调合漆 lime rosin ready mixed paint
钙脂油 limed oil
钙指示剂 calcon-carboxylic acid;calred
钙质 calc
钙质白云岩 calcareous dolostone
钙质板岩 calcareous slate;calcic slate
钙质薄膜 calcarious film
钙质层 calcareous layer; caliche <包括卵石、砂子、杂土等土壤层>
钙质层分布 calcic horizon distribution
钙质长石 lime feldspar
钙质沉积(物) calcareous sediment; calcareous deposit
钙质沉凝灰岩 calcareous tuffite
钙质冲积土 calcareous alluvial soil
钙质粗砂岩 calcareous grit
钙质的 calcareous;calcic
钙质二长岩 calcimonzonite
钙质粉砂岩 calcareous siltstone
钙质粉屑岩 calcisiltite
钙质风成岩 calcareous aeolianite[eolianite]
钙质骨料 calcareous aggregate
钙质硅镁石 calcio-chondrodite
钙质硅酸盐大理岩 calc-silicate marble
钙质硅酸盐角页岩 calc-silicate hornfels
钙质含水层 calcareous aquifer
钙质花岗岩 calc(ic)granite
钙质花纹 calc-spot
钙质环境 calcareous environment
钙质集料 calcareous aggregate
钙质减少 calcipenia
钙质胶结物 calcareous binding; calcareous cement
钙质角砾岩 calcareous breccia; calcrete
钙质角闪片岩 calc-hornblende schist
钙质结核 calcareous concretion; caliche nodule;doll;lime concretion
钙质结核体 lime nodule
钙质结砾岩 calcrete
钙质介壳 calcareous shell
钙质晶石 calc-spar
钙质壳 calcareous crust; caliche crust;duricrust
钙质烂泥 calcareous mud
钙质砾屑灰岩 calcirudite
钙质砾岩 calcareous conglomerate; calcirudite
钙质料姜石 calcareous ratchel
钙质铝土矿 kalkbauxite
钙质绿泥片岩 calc-chlorite schist
钙质耐火材料 lime refractory
钙质泥灰岩 calcareous marl(ite)
钙质泥炭 calcareous peat
钙质泥岩 calcareous mudstone;calcilutite
钙质黏[粘]板岩 calcareous clay slate
钙质黏[粘]结材料 calcareous cementing material
钙质黏[粘]粒 calcium clay
钙质黏[粘]土 calcareous clay;calcium clay
钙质黏[粘]土沉积层 malm
钙质凝灰岩 calcareous tuff
钙质膨润土 calcium bentonite
钙质膨润土矿石 calc bentonite ore
钙质片麻岩 calc gneiss
钙质片岩 calc-schist
钙质千枚岩 calcareous phyllite; calcic-phyllite
钙质软泥 calcareous ooze
钙质砂 calcareous sand
钙质砂土 malm
钙质砂岩 calcareous sandstone
钙质砂岩结核 dogger
钙质石板 calcareous slate
钙质石膏 calcareous alabaster
钙质石屑岩 calclithite
钙质石英 calcareous silex
钙质石英砂岩 calcareous quartz sandstone
钙质水 calcareous water;limewater
钙质水泥 calcareous cement
钙质松浆油 limed oil
钙质燧石 calcareous chert;calcflinta
钙质碳酸岩熔岩 calcic carbonatite lava
钙质条带 calc-stripe
钙质土 calcareous earth; calcareous soil; calcium earth; calcium soil; lime soil
钙质无光釉 lime matt glaze
钙质矽卡岩 calcareous sharn
钙质系数 calcium coefficient
钙质细土 terra cariosa
钙质细屑岩 calcipulverite
钙质相 calcareous facies
钙质岩 calcarenite; calcarenyte; calcareous rock
钙质岩系 calcic rock series
钙质页岩 calcareous shale
钙质隐晶岩 calcaphanite
钙质硬度 calcium hardness
钙质硬壳 duricrust
钙质云母片岩 calc-mica schist
钙质藻 calcareous algae
钙质砖 calcareous brick
钙柱石 meionite

盖 canopy

盖板 blind flange; brace plate; bridge stone; capping plane; capping plate; capping slab; capping sheet; ceiling board; coverboard; cover(ed) plate; covering plate; cover(ing) slab; decking; deck plate; detent plate cover; dress plate; formwork; patch; raggle block; set bar; sheathing(plate); shield plate; slab capping(ping); strap; tread plate <桥梁伸缩缝的>
盖板边饰 deck curb
盖板疵点 shingle stain
盖板垫板 shingle backer
盖板钉 escutcheon pin
盖板法 cover slab method
盖板涵 slab culvert
盖板涵洞 slab culvert
盖板焊 bridge welding
盖板换能器 Langevin transducer
盖板铰链 <带中间连接片> counter-flap hinge
盖板接合 concealed joint; strapped joint
盖板接头 strapped joint
盖板拼接 cover plate splice
盖板清洁器 flat clearer
盖板渠 channel with cover
盖板色斑 shingle stain
盖板突出边 shingle butt
盖板溢洪道 deck spillway
盖板闸门 beat gate;pin gate
盖板砖 front arch
盖柄 cover handle
盖玻璃 cover glass
盖玻片 cover glass; microglass; slide; cover slip
盖玻片测厚计 cover-glass ga(u)ge
盖玻片厚度 cover-glass thickness
盖勃哈特测斜仪 <测定钻孔倾斜度用> Gebhardt apparatus
盖博码 Gabor code
盖补板 blind patch
盖布 drop cloth
盖舱布 tar sheet
盖舱帆布 hatch canvas;hatch tarpaulin
盖舱油布 hatch tarpaulin
盖草层 straw mulch
盖草法 sod mulch
盖侧壳体法兰 shell flange of cover end
盖层 blanket; coating material; cover coat <指油漆等的>; cover rock【地】; drape; finishing layer; overlay; skin covering of the surface; overlying stratum[复 strata]; covering stratum【地】; caprock <油气田上的相对不透水岩层>
盖层层位 horizon of roof rock
盖层的构造层 structural layer of covering strata
盖层的厚度 thickness of covering strata
盖层底界 bottom of roof rock
盖层顶界 top of roof rock
盖层断层 cover fault
盖层断裂 cover fracture
盖层封闭 roof rock seal
盖层厚度 thickness of caprock; thickness of roof rock
盖层校正值 corrected value of overburden
盖层挠曲 flexure of sedimentary cover
盖层排驱 displacement pressure of roof rock
盖层排驱压力 displacement of roof rock
盖层时代【地】covering strata age
盖层物 capping mass
盖层压缩褶皱 drape fold
盖层岩 capping rock
盖层岩性 lithologic(al) characters of roof rock
盖层褶皱作用 cover fold(ing); mantle fold(ing)
盖层质量 mass of caprock
盖层装置 coating system
盖茨破碎机 Gates crusher
盖错 <建筑、房屋> misconstruction
盖德电离真空计 Gaede's ionization ga(u)ge
盖德高速金属扩散泵 Gaede's high-speed metal pump
盖德回转式真空泵 Gaede-type pump
盖的带束 cover bandage
盖底力 hiding power
盖底色 overtone
盖底颜料 hiding pigment
盖底釉 cladding glaze
盖地釉 all-over glaze
盖垫 cap nut gasket
盖垫板 washer plate
盖垫密片 cap gasket; cover gasket; head gasket
盖顶 cope; coping; fractable; roofing; tabling; top cap
盖顶板 head slab
盖顶边线 cope line
盖顶层 coping
盖顶稻草 haulm
盖顶防护层 capping cover layer
盖顶防护罩 capping cover layer
盖顶接头 copped joint
盖顶块石 capping rock;caprock

盖顶块体 capping block
盖顶料 rider
盖顶石 capping stone; capstone; coping stone; summer beam; topstone
盖顶石板 stone coping slab
盖顶瓦 weather tile
盖顶物 capping mass
盖顶斜撑 rider shore
盖顶预应力钢筋 cap tendon
盖堵 blank cap
盖度 cover degree
盖端排油口 cap end port
盖堆机 clamp covering machine
盖尔卜·洛格占教堂 Church at Qalb Louzeh
盖尔夫泉 Gehlhoff spring
盖尔夫热点 Gehlhoff spring
盖尔氏对偶定理 Gale's duality theorem
盖尔氏公式 Gale's formula
盖泛水 cap flashing
盖房草 thatch
盖封区段 enclosed section
盖封性 holdout
盖缝板 drawboard; joint cover(ing)
盖缝木板条 batoon
盖缝木条 covering fillet; welt
盖缝嵌条 cover fillet
盖缝条 apron strip; closure bar; cover mo(u)ld(ing); panel strip; skirting; taping strip; welt(ing strip); wind stop; cover strip
盖缝瓦片 harmus
盖缝线脚 bilection mo(u)lding; bolection mo(u)ld(ing); cover mo(u)ld(ing)
盖缝油毡条 strip taping
盖缝棕 welt
盖覆作用 coating action
盖革 X 射线钢分析仪 Geiger steel analyser[analyzer]
盖革反射 Geiger reflex
盖革计数管 Geiger(counter) tube
盖革计数器 Geiger probe
盖革计数器探测设备 Geiger probing equipment
盖革计数区 Geiger counting region
盖革计数望远镜 Geiger-tube telescope
盖革离子计数器 < 测量放射能的 > Geiger ion counter
盖革-弥勒计数管 Geiger-Müler tube
盖革-弥勒计数器 Geiger-Müler counter
盖革-弥勒计数器的探测设备 Geiger-Müler probe
盖革坪【物】Geiger plateau
盖革试验 Geiger test
盖革阈【物】Geiger threshold
盖革阈势 Geiger threshold potential
盖格尔氏反射 inguinal reflex
盖脊石板 ridge slate
盖夹 cap clamp; cover clamp
盖痂锈菌属 < 拉 > Thekopsora
盖金属板条 metal cover strip
盖金属带状物 metal cover strip
盖柯型浮选机 Geco flo(a)tation cell
盖克洛磁芯合金 Gecalloy
盖孔板 key drop
盖块 < 防漏用 > raggle block
盖劳特泵 Gerotor pump
盖凉棚构架 ramada
盖梁 bent cap; cap of pile; cap(ping) beam; coping
盖料 cover material
盖裂的 dehiscent by lid
盖·吕萨克定律 Gay-Lussac's law; law of volumes
盖螺母 box nut; capped nut; domed nut
盖螺栓 bonnet bolt; cap bolt; cover tap bolt; keep bolt; lid bolt
盖螺栓销 lid bolt pin
盖洛普调查 Gallup survey
盖马古陆 Gaima old land
盖满 < 常指液体、光、色等 > suffuse
盖满藤壶的 barnacled
盖茅草屋顶 flea bag; thatching
盖帽 nut cap
盖帽泛水 counter flashing; cover flashing
盖帽模型 cap model
盖帽屈服模型 capped yield model
盖帽式螺帽 acorn nut
盖面 capping; coating; topping
盖面层 capping layer
盖面的 faced; facing
盖面骨料 cover aggregate
盖面焊 cosmetic welding
盖面焊道 cover pass; cover run; wash bead
盖面焊缝 cap weld
盖面混凝土 blinding concrete
盖面集料 cover aggregate
盖面块 < 混凝土的 > cover block
盖面石 cover stone
盖面透明釉 Coperta glaze
盖面涂装 baffle painting
盖面溢洪道 deck spillway
盖面砖 facing tile
盖模 cover mo(u)ld(ing)
盖木 cap-sill
盖盘 shrouding disc
盖篷 canopy
盖片 cover glass; cover plate; cover slab; flashing < 防漏用 >
盖片钳 Cornet's forceps; cover-glass forceps
盖墙顶瓦片 weather tiling
盖墙木瓦 weather shingling
盖墙瓦 weather tile
盖圈 cover ring
盖然论 probabilism
盖塞 cap(ping) plug
盖塞搅拌法 Geyser spring method
盖上 button up; closing; surmount
盖上井口 cover the hole
盖上毯子 blanket
盖上有螺纹的 screw-topped
盖石 bridge stone; capping stone; copestone; coping stone; cover stone
盖石板瓦屋面 slate board(ing)
盖石板屋顶 slated roof
盖氏坪 Geiger plateau
盖氏阈势 Geiger threshold potential
盖斯勒泵 Geissler pump
盖斯勒管 Geissler tube
盖锁扣 hood fastener
盖弹簧 lid spring
盖条 binder bar
盖条布 cover fillet
盖条固定夹 < 用于金属薄板螺栓 > holding-down clip
盖条饰 cover fillet
盖铁 top iron and screw
盖筒 cup
盖头 end shield; lid
盖头浪 dollop
盖头燕尾榫 half-blind dovetail
盖土 blinding; bury; earthing
盖土机 mounted spreader
盖土排水瓦管 blinding tile drain
盖土瓦管 blinding tile drain
盖挖法 cover and cut method; cover excavation
盖瓦 bonnet tile; convex tile; coping tile; cover tile; imbex; over-tile; roofing; set tile; tile; tiling
盖瓦叠板式 clinker plating
盖瓦顶 tile roof cladding
盖瓦对角铺砌法 arris ways
盖瓦式叠板 clench planking; clinker built; clinker planking; lapstreak planking
盖瓦屋面 tile roof(ing)
盖碗 tureen; bowl with fitted cover < 瓷器名 >
盖维特色片 Gevaet colo(u)r film
盖屋板 shingle
盖屋顶 placing the roofing; roofing
盖屋顶板 shingle
盖屋顶薄钢板 flexible metal for roofing
盖屋顶材料 roofage
盖屋顶稻草 thatching straw
盖屋顶工 < 用稻草等 > thatcher
盖屋顶芦苇 thatching reed
盖屋顶用柏油纸 tar-impregnated roofing paper
盖屋面白铁皮 sheet zinc roof cladding; sheet zinc roof cover(ing)
盖西氏咬合架 Gysi's articulator
盖硒铜矿 geffroyite
盖线 cap trim
盖箱 mo(u)ld cope
盖箱地面造型 covered floor mo(u)lding
盖箱地面铸型 covered floor mo(u)ld
盖销 overprint
盖销税票 overprint
盖销邮票 overprint
盖芯 cover core
盖芯芯头 cover core print
盖形的 tectiform
盖形螺母 acorn nut; blind nut; cap nut; doomed nut
盖雪表面 snowy surface
盖雪的 snowy
盖岩 caprock
盖檐条 edging strip
盖以薄膜 overfilm
盖以金属 metal(l)ing
盖以篷 tilt
盖印 affixing of seal; affix one's seal; franking; impress(ing); imprint; print a seal; seal; stamp
盖印处 locus sigilli; place of seal
盖印人 sealer
盖用螺钉 cover screw
盖邮戳的 franking
盖有拱顶的 vaulted
盖在上面的 superincumbent; superjacent
盖章 affixing of seal; affix one's seal; franking; impress; imprint; print a seal; seal; signature; stamp
盖章处 locus sigilli; place of seal; stamping office
盖章契约 speciality
盖章人 sealer
盖罩 cap
盖折页螺栓 lid hinge bolt
盖重反滤层 weighted filter
盖重滤水体 weighted filter
盖住 covering-over
盖筑顶层 cope
盖砖 cover block; cover tile; lintel block; overcoat block; patch tile; seal block
盖着冰的 icy
盖着雪的 snow-capped; snow-clad; snow-covered
盖兹水泥 gaize cement
盖子的固定和开启部分有铰链 haffit
盖子失落 lid off

概

概保单 blanket policy
概测 reconnaissance survey
概测法 rule-of-thumb
概查 reconnaissance survey
概差 probability deviation; probable deviation; probable error
概估 interim estimate
概观 general view; surveying
概化等高线 generalized contour
概化估计 generalized estimate
概化平面应力 generalized plane stress
概化曲线图 generalized chart
概化实体模型 generalized physical model
概化调和分析 generalized harmonic analysis
概化系综 generalized ensemble
概极大值 probable maximum
概极小值 probable minimum
概况 general(aspects); general condition; general situation; profile; situation; survey; bird's eye perspective
概况报告 statement of conditions
概况表 synoptic(al) table
概况图 synoptic(al) chart
概括 abstract; coverage; embody; epitomize; generalization; generalize [generalise]; summarization; summarize; summary
概括表示法专题地图 thematic map of synoptic(al) representation
概括地讲 for generality
概括统计量 summary statistics
概括性参数 lumped parameter
概率 chance rate; probability
概率比 likelihood ratio
概率比测试阈值 likelihood ratio test threshold
概率比检验法 likelihood ratio test
概率比例尺 probability scale
概率比例抽样法 probability proportional sampling
概率比顺序探测器 probability ratio sequential detector
概率比特【数】probit
概率表 probability table
概率不明确性 probabilistic indefiniteness
概率参数 probability parameter
概率测度 probability measure
概率超优 probabilistic dominance
概率成因图 genetic(al) probability map
概率抽样 probabilistic sampling; probability sampling
概率单位 probability unit; probit
概率单位变换 transformation of probit; probability unit transformation
概率单位法 probability unit method; probit method
概率单位分析 probit analysis
概率单位加权法 weighted probit method
概率单位模型 < 出行需求分析模型之一 >【交】probable model; probit model
概率的 probabilistic; probable
概率的不等式集 set of inequalities of probability
概率的不确定性 probabilistic uncertainty
概率的单调性 probabilistic monotonicity
概率的公理 axiom for probability
概率的决策论点 decision thesis of probability
概率的频率解释 frequency interpretation of probability
概率的数值估计 numeric(al) estimate of probability
概率的顺序分级 ordinal ranking of probability
概率的有限测度 bounded measure of

probability
概率的直观论点 intuitive thesis of probability
概率的主观观点 subjective view of probability
概率地层学 probabilistic stratigraphy
概率调度 schedule by probability mode
概率定理 probability theory
概率定律 law of probability
概率独立 probable independence
概率度 degree of probability
概率多级模式 probabilistic multistage model
概率法 probability method
概率范围 probable range
概率方程 probabilistic equation; probable equation
概率方法 probabilistic method; probable approach
概率仿真 probabilistic simulation
概率分布 probability distribution; probable distribution
概率分布标准离差 standard deviation of probability distribution
概率分布测试仪 probability distribution recorder
概率分布方差 variance of probability distribution
概率分布分析器 probability distribution analyser [analyzer]; probable distribution analyser
概率分布函数 probability distribution function; probable distribution function
概率分布矩量 moment of probability distribution
概率分布卷积 convolution of probability distribution
概率分布均值 average value of a probability distribution; mean of a probability distribution
概率分布曲线 probability distribution curve
概率分布生成函数 generating function for probability distribution
概率分布特征函数 characterisation function of a probability distribution; characteristic function of a probability distribution
概率分布褶积 convolution of probability distribution
概率分析 probabilistic analysis; probability analysis
概率分析法 probable analysis; stochastic process
概率分析精简数据法 probability analysis compaction
概率分析仪 probability analyser; probability analyser[analyzer]; probable analyser[analyzer]
概率幅值 probable amplitude
概率改正 probable correction
概率概念 probability concept
概率格纸 probability paper
概率构象 constellation of probabilities
概率估计 probability assessment; probability estimate
概率估计值 probable estimate value
概率估算方法 probable evaluation method
概率规划 probabilistic programming
概率函数 function of probability; likelihood function; probability function
概率合成 composition of probabilities
概率回归法 probability regression method
概率火灾模型 probabilistic fire model
概率机能主义 probabilistic functionalism
概率积分 probability integral; probable integral
概率积分计算 calculus of probability integral
概率极限 probability limit
概率极限状态法 probability limit state method
概率极限状态设计法 probability limit state design method
概率计算 calculus of probability
概率计算机 chance machine
概率加权 probability weight
概率解码 probabilistic decoding
概率解释 probability interpretation
概率界限 probability limit
概率矩阵主分量法 principle component method of probability matrix
概率抗震设计 probable seismic design
概率空间 probability space
概率累积曲线 probability cumulative curve
概率离散决策模型【交】probabilistic discrete decision model
概率理论 probabilistic theory
概率连续 continuous in probability
概率流量 probability current
概率律 probability law
概率论 probability theory; probable theory; theory of chances; theory of probability
概率论的古典概念 classic(al) conception of probability
概率论的逻辑概念 logic(al) conception of probability
概率逻辑 probabilistic logic
概率密度 probability density; probable density
概率密度分析器 probability density analyser[analyzer]
概率密度函数 probability density function; relative frequency function
概率描述 probability description
概率模型 probabilistic model; probability model; probable model
概率母函数 probability generating function; probable generating function
概率判断的唯一性 uniqueness of judgements of probability
概率判决函数 probability decision function
概率配额抽样法 probability quota sampling technique
概率配置法 random arrangement
概率偏差 probability deviation; probable deviation
概率评定 probable estimation
概率破坏矩阵 probability damage matrix
概率曲线 error curve; probability curve; probable curve
概率容量 possible capacity
概率筛 probability screen
概率设计 probabilistic (based) design; probable design
概率设计法 probability design method; probabilistic design method
概率设计方法 probabilistic design method
概率时间 probabilistic time
概率事件 probability event
概率收敛 converge in probability
概率寿命 expectancy life; life expectancy
概率树 probability tree
概率水平 probability level
概率水文学 probabilistic hydrology
概率水质控制法 probabilistic water quality control policy
概率思维 probabilitistic thinking
概率搜索法 probabilistic search
概率速度 probable velocity
概率算法 probabilistic algorithm
概率特性 probability nature
概率统计 probability statistics
概率统计法地下水污染评价 probabilistic assessment of groundwater contamination
概率统计方法 probabilistic method; probability method
概率统计分析程序 probability and statistic(al) analysis program(me)
概率统计计算法 computational methods of probabilistically statistics
概率统计曲线图 histogram
概率图 probabilistic graph; probabilistic plot
概率图形法 probability graph method
概率网络 probabilistic network
概率网络估算技术 probabilistic network evaluation technique
概率微分 probability differential
概率文法 probabilistic grammar
概率稳定性 probable stability
概率误差 chance error; possible error; probability error; probable deviation; probable error
概率误差圆 circular error probability; probable error circle
概率系数 probable coefficient
概率系统 probabilistic system; probability system
概率线 probability line; probable line
概率相乘定律 theorem on multiplication of probabilities
概率相关 probability correlation; probable correlation
概率相加定律 theorem on addition of probabilities
概率向量 probability vector
概率星座 constellation of probabilities
概率型动态库存模型 dynamic(al) probabilistic inventory model
概率型静态库存模型 static probabilistic inventory model
概率性 probabilistic nature
概率性的 probabilistic
概率性独立 probability independence
概率性收敛 convergence in probability
概率性探测 likelihood detection
概率性误差估计 probabilistic error estimation
概率性质 probable nature
概率演算 probability calculus
概率样本 probability sample
概率译码 probabilistic decoding
概率因数 probability factor
概率优化法 probabilistic optimality method; probability optimization
概率优先 preference for probability
概率有效极限 probable effect limit
概率预报 probability forecast(ing).
概率预测 probabilistic forecasting; probability prediction
概率预算 probabilistic budgeting
概率元素 probability element
概率原理 principle of probability
概率栈 probability stack
概率振动 probabilistic vibration
概率振幅 probability amplitude
概率正态分布函数 normal probability function
概率支配 probabilistic dominance
概率值 probability value; probable value
概率纸 probability paper
概率纸检验 probability paper test
概率指数 probability index
概率中的频数观点 frequency view of probability
概率中的直观 intuition in probability
概率自动机 probabilistic automator
概率自动模式分析器 probabilistic automatic pattern analyser[analyzer]
概率最大洪水 probable maximum flood
概率坐标纸 probability(graph) paper
概略 abridg(e)ment; outline; skeleton; sketch; summary; synopsis
概略布置 diagrammatic arrangement
概略测量 approximate surveying
概略尺寸 approximate dimension; approximate measurement
概略储量 probable reserves
概略存活率 crude survival rate
概略代码 skeletal code
概略的 approximate; diagrammatic; schematic; skeletal
概略的规范 sketchy specification
概略的技术要求 sketchy specification
概略地图 schematic map
概略定线 approximate align(e)ment; approximate location
概略定向 insufficient orientation; preliminary orientation
概略读数 coarse reading
概略高程 preliminary elevation
概略工程计划 outline program(me)
概略工程量 approximate quantity
概略估计 rule-of-thumb
概略计划 block plan
概略技术经济评价 outline evaluation of technical economics
概略界线 approximate boundary
概略经度 preliminary longitude
概略瞄准器 approximate sight
概略模式 <根据已有经验和实际情况模拟的设计形象> probabilistic model
概略设计 predesign
概略图 delineation; skeleton diagram; skeleton map; skeleton scheme; sketch chart
概略纬度 preliminary latitude
概略位置 approximate position; preliminary position
概略研究 outline study
概略原理图 key diagram
概略照准望远镜 coarse sighting telescope
概略坐标 approximate coordinates; preliminary coordinates
概论 general considerations; general description; generality; introduction
概貌 general picture; general view; profile
概念 concept; idea; notion
概念表 list of notion; notion list
概念不清 misconception
概念层 conceptual level
概念从属性原语 primitive of concept(ual) dependency
概念的前景 conceptual prospect
概念的形成 conception
概念的周延 distribution of concept
概念的组合 association of ideas
概念发展 concept development
概念分类 conceptual category; conceptual classification
概念分析 concept analysis; conceptual analysis
概念化 conceptuatize
概念化路面体制图解 conceptual pavement systems diagram
概念混乱 chaos of conception
概念获得 conceptual attainment
概念建模 conceptual modelling

G

概念阶段 conceptual phase
概念框图 conceptual scheme
概念模式 conceptual mode
概念模型 concept of model
概念配位 concept(ual) coordination
概念确认 concept identification
概念上的 notional
概念设计 conceptual design;idea design
概念设计阶段 conceptual phase
概念识别 concept identification
概念速度 probable velocity
概念图 conceptual drawing;conceptual plan
概念误差 probable error
概念协调 conceptual coordination
概念形成 concept(ual) formation
概念性报告 conception report
概念性方法 conceptual approach
概念性分析 conceptual analysis
概念性刚要 conceptual framework
概念性规划 conceptual planning
概念性理论 conceptual theory
概念性模拟模型 conceptual simulation model;descriptive simulation model
概念性模式 conceptual model
概念性模型 conceptional model;conceptual model
概念性设计 conceptual design
概念性设计阶段 conceptual design stage
概念性再用方案 conceptual scheme
概念依赖 conceptual dependency
概念艺术 conceptual art;process art
概念域 conceptual field
概念掌握 concept acquisition
概念组合 concept coordination
概念组配 conceptual coordination
概念作用 conception
概平方测检 chi-square test
概然速度 probable velocity
概然误差 probable error
概然值 probable value
概述 brief description;general(description);general remark;overview;summary
概数 approximate number;approximate sum;rough approximation
概似比指标 likelihood ratio index
概算 estimate of cost;estimation;general estimate;approximate account;approximate amount;approximate calculation;budget(ary) estimate;budget(ary) proposal;cost estimating;cost estimation;costing;crude calculation;guesstimate;lump off;precalculation;precomputation;preliminary calculation;preliminary computation;preliminary estimate;principal estimate;provisional estimate;rough calculation;rough estimate;schematic estimate
概算编制 budget estimates making
概算补偿方案 supplementary program(me) of budget proposals
概算成本 approximated cost;rough cost
概算粗估法 general estimate method
概算单位 budget estimates unit
概算定额 norm for preliminary estimates;norm of rough estimates for a structure;norms for approximate estimate;norms for preliminary estimate;quota of budgetary estimate;rough estimate norm
概算费用 estimated cost
概算估价单 approximate estimation sheet
概算及补充概算 establishment and supplementary estimates
概算技术 cost estimating technique
概算价值 budget estimation cost
概算借贷对照表 rough balance sheet
概算三角形 preliminary triangle
概算书 bill of approximate estimate;book of estimates;written estimate
概算填补法 estimates system
概算投资总额 total amount of estimated investment
概算文件 documents of approximate estimate
概算员 quantity surveyor
概算造价 approximately estimated cost;cost of primary estimation;estimated cost
概算指标 budgetary target;target of budget
概图 schematic map
概位 approximate position;position approximate
概要 brief;broad outline;compendium[复 compendiums/compendia];general outline;general remark;general view;outline;run-through;scenario;schema[复 schemata];summary;synopsis
概要报表 summary report
概要报告 run down
概要尺寸 general dimension
概要规划法 sketch planning method
概要计划 sketch plan
概要图 general drawing
概要性规划图 concept plan;conceptual plan
概预算 estimate and budget
概值 probability value;probable value

干

干氨法 dry ammonia method
干拔 dry pick
干柏杉 Chinese cypress
干斑 dry area;dry spot
干板 dry plate
干板X线片 xeroradiogram;xeroradiograph
干板X线照片 xeroradiograph
干板X线照相术 xeroradiography
干板暗匣 dry plate sheath;plate sheath
干板玻璃<其边缘为碾压成型> bulb edge
干板摄片 xerograph
干板摄影 xerography
干板式离合器 dry plate clutch
干板照相机 plate camera
干版 dry plate
干拌 dry mixing
干拌步骤 dry mix process
干拌材料 dry batch material;dry mixed material
干拌法 dry batch(ed) method;dry mix process
干拌工艺 dry mix process
干拌和 dry mix(ing)
干拌和混凝土 dry batched concrete;dry mixed concrete
干拌和机 dry mixer
干拌和集料 dry batched aggregate
干拌和喷射混凝土 dry mix shotcrete
干拌合[和]物 dry mix
干拌混合料 dry mix(ture)
干拌混凝土 dry-mix concrete
干拌料输送管 dry mix line
干拌喷射混凝土<一般在喷射口加水> dry mix(ed) shotcrete
干拌喷射混凝土的灌筑 placing of dry-mix shotcrete
干拌设备 dry batching plant;dry-mix equipment
干包环割法 drying-packing
干包装混凝土 packaged concrete
干饱和和压缩 dry saturated compression
干饱和蒸气 dry saturated vapo(u)r
干饱和蒸汽 dry saturated steam
干保存 dry conservancy
干保护 dry conservancy
干保护插座 dry conservancy receptacle
干爆炸剂 nitrocarbonite
干杯法 dry-cup method
干背式锅炉 dry back boiler
干崩解 dry slaking
干比重 dry specific weight
干笔 dry brush
干壁画 al secoo
干壁龛 dry niche
干边 dry edge
干便器 dry closet
干变性土 ustert
干标记蓄电池 dry stamp battery
干裱 dry mounting
干冰 carbon dioxide ice;carbonic snow;drikold;dry ice;solid(ified) carbon dioxide
干冰灭火器 dry ice fire extinguisher
干冰生产全套设备 carbon dioxide complex
干冰洗井 well cleaning with solid carbon dioxide
干冰制冷器 dry ice freezer
干剥膜 dry stripping
干不稳定性 dry instability
干部 cadre
干部聘用制 executive employment system
干擦 xerotripsis
干材 bole;moisture-free material
干材断面积 bole area
干材(栖)白蚁 dry-wood termite
干材形数 stem form factor
干采暖系统 dry heating system
干采石油或天然气 dry mining oil or natural gas
干残渣 dry residue
干舱 dry(compression) chamber;dry tank
干舱载驳货船 dry-wet type carrier
干操作 dry operation;dry run
干草 hay
干草槽 hay manger;hayrack
干草测量 hay measuring
干草叉 hay fork;pitch-fork
干草产量 hay yield
干草尘 hay dust
干草吹送器 hay blower
干草打捆 hay baling
干草带编织机 hay band braider
干草当量 hay equivalent
干草等价 hay equivalent;hay value
干草地 hayfield
干草垫 drying pallet
干草垫块 hay cube
干草堆 haymow;hayrick;haystack;mow
干草堆顶覆盖物 haycap
干草堆垛机 hay cocker;hay cocking machine;hay ricking machine
干草堆垛柱 hay pole
干草堆集器 hay sweep
干草垛 hayrick;rick
干草垛温度传感器 haystack temperature probe
干草翻晒机 hay tedder
干草粉碎机 hay grinder
干草干燥机 tedding machine
干草过滤器 hay filter
干草架 hayloft
干草拣拾压捆机 hay pick-up-press;pick-up baler
干草捡拾器 hay pick-up
干草卷捆式捡拾压捆机 rotobaler for hay
干草捆压机 hay press
干草料 haylaye
干草毛 mushy wool
干草棚 haymow;hay shed
干草棚柱础 staddle stone
干草铺条导向槽 hay-making chute
干草铺条撒布器 hay scatterer;swath(e) scatterer
干草切碎机 hay chopper
干草升运机 hay elevator
干草收割 hay harvest(ing)
干草收割机 reaper for hay
干草收获机 hay harvester
干草收获制备机具 hay-making equipment
干草输送器 mow conveyer[conveyor]
干草摊晒和侧向搂草联合作业机 combined tedder-and-side rake
干草摊晒机 hay maker;swath(e) tedder;tedder
干草箱<保暖用的> haybox
干草压扁辊 hay crushing roll
干草压扁碾折机 hay crimper
干草压饼机 hay pelleter;hay wafering machine
干草压块机 hay wafer
干草压捆 baling hay
干草压捆机 hay press
干草压捆机压实器 hay condenser
干草压缩机 hay press
干草与茎稿升运器 hay-and-straw elevator
干草预压 conditioning of hay crop
干草原 desert steppe;xeropolum
干草运输拖车 hay carrier
干草止退板 hay retainer
干草制备机械 hay-making machinery
干草制备系统 hay-making system
干草制颗粒机 hay pelleter
干草抓斗 hay grab
干草装车机 hay loader
干草装填器 hay packer
干草装载机 hay loader
干厕(所) earth conservancy;conservancy system;not-water-carriage toilet facility;waterless toilet
干厕所容器 dry closet receptacle;dry conservancy receptacle
干测 dry measure
干掺和<又称干搀和> dry blend(ing)
干产量 dry yield
干潮 low water
干潮间隙 low water interval
干车 dry turning
干沉淀池 dry sump
干沉积 dry deposition
干沉积速度 dry deposition velocity
干沉降 dry deposition
干衬壁 dry lining
干衬垫 dry pack(ing);dry sleeve
干衬砌 dry lining
干成孔灌注桩 dry-drilled pile
干成岩石成因论 arid lithogenesis
干充电电池 dry-charged battery
干充蓄电池 dry-charged battery
干冲沟 agouni
干冲积物 dry wash
干抽 dry tap
干稠度 dry consistency[consistence]
干稠度性混凝土 concrete of stiff consistency[consistence]
干稠性油漆 stiff paste paint
干出<落潮时露出> drying;ebb dry;uncover;dries<海图图式>
干出高度 drying height

干出礁 covers and uncovers;drying reef;drying rock
干出滩 drying shoal;foreshore flat
干出小岛 sherry
干储藏 dry storage
干储存 dry storage
干处保管 keep in dry place
干处理 dry process
干处理法 <制混凝土管> dry cast process
干触点 dry contact
干船坞 basin dry dock;floating dry-dock;graving(dry)dock;dry dock
干船坞闭坞装置 closing plant of drydock
干船坞长度 dry dock length
干船坞吃水 dry dock draft
干船坞的尺度 dimensions of drydock
干船坞的能力 capacity of drydock
干船坞底板 drydock floor
干船坞垫船木 docking block
干船坞顶部 drydock cope
干船坞放水设备 dry dock floating arrangement;dry dock flood device
干船坞附属设备 dry dock accessories
干船坞灌水 filing of drydock
干船坞灌水系统 drydock flooding system
干船坞集水坑 drydock sump
干船坞进口 entrance of dry dock
干船坞龙骨墩 dry dock keel-block
干船坞排水 dewatering of drydock
干船坞排水泵 drydock drainage pump
干船坞排水系统 drydock dewatering system
干船坞前港池 basin into which the dock opens
干船坞墙 dry dock wall
干船坞入口 entrance of dry dock
干船坞式建筑物 dry dock type building;dry dock type structure
干船坞水泵系统 drydock pumps
干船坞台阶 dock steps;altar steps
干船坞梯壁 dock steps;altar
干船坞头顶部 apex of dry dock
干船坞(坞)室 chamber of dry dock;interior of dry dock
干船坞型钢筋混凝土船闸 dry-dock reinforced concrete lock
干船坞闸门 dry dock caisson
干磁粉 dry magnetic particle
干磁选 dry magnetic dressing
干脆 dry and brittle
干打基础 ground dry
干打垒 adobe(clay)construction;dry brick building;dry construction;mud wall;rammed earth construction;sod house;tamped-earth house
干打垒房屋 rammed earth house
干打垒建筑 beaten-cob construction;pise de terre
干打磨 dry rubbing
干带燃料电池 dry-tapy fuel cell
干袋 dry bag
干袋等静压机 dry bag isostatic compacting press
干袋法等静压成型 dry bag isostatic pressing
干袋模具 dry bag tooling
干单位重 unit dry weight
干捣 dry tamping
干捣的 dry-rodded
干捣法 dry tamp(ing)method[process];dry rodding<试件制备>;dry-packing
干捣实 dry rodding
干捣实的骨料 dry-rodded aggregate
干捣实法 dry tamp process
干捣实混凝土 dry-tamped concrete
干捣实体积 dry-rodded volume
干捣实重量 dry-rodded weight
干捣体积 dry-rodded volume
干捣重(量)<集料等用棒干捣后的单位重> dry-rodded weight
干的 dry;moisture-free;unhydrous
干的分批计量的骨料 dry batched aggregate
干的理想砂和砾石 dry ideal sands and gravels
干的上光蜡 dry bright polish
干的碎料饲槽 dry-mash hopper
干堤 main dike[dyke];main levee;stem dike[dyke]
干堤的修复加固任务 the task of repairing and reinforcing the main dykes[dikes]
干底层 dry course
干底发生器 dry bottom producer
干底锅炉 dry bottom boiler
干抵押 dry mortgage
干地 dry land
干地表层 dry crust
干地热梯度热源 dry geothermal-gradient heat source
干地热田 dry geothermal field
干地施工 dry construction;dry work
干地植物 xerophyte
干点 dry point;final boiling point
干点控制 end point control
干电池 aneroid battery;dry(element)cell;unit cell
干电池防爆安全帽灯 dry-cell cap light
干电池管 dry-cell tube
干电池空气滤清器 dry element air cleaner
干电池生产线 production line for dry cell
干电池用纸 battery paper
干电池用纸板 battery board
干电池组 assembly battery;dry(-cell) battery
干电解电容器 drilitic
干电解整流器 dry electrolytic rectifier
干电解质电容器 dry electrolytic capacitor
干电瓶 dry cell
干垫层 dry sheet
干冻(结) dry freeze;freeze drying;lyophilization
干冻裂隙 weather shake
干冻土 dry frozen ground
干洞穴 dead cave
干毒漆树叶 toxicodendron
干度 degree of dryness
干度计 drimeter
干度检验器 dryness tester
干镀锌法 dry galvanizing
干端 dry end
干堆积密度 drying bulk density
干堆圬工 loose masonry
干堆原电池 dry pile
干吨 sensible heat load;dry ton<美>
干二相容重 dry two-phase unit weight
干二相砂土 dry two-phase sand
干二相土 dry two-phase soil
干阀 dry valve
干阀避雷器 dry valve arrestor
干阀井 dry valve shaft
干法<常指一种水泥生产法> dry process
干法包膜的 dry coated
干法包膜法 dry coating procedure
干法擦洗 dry scrubbing
干法缠绕 dry winding
干法长窑 long dry process kiln
干法车坯 dry turning
干法成粒 dry granulation;dry process
干法成型 dry press process;dry shaping;dust press
干法成型织物 dry-formed fabric
干法除尘 dry dust removal
干法除鳞 dry-scale disposal
干法磁选 dry cobbing;dry magnetic separation
干法磁选机 dry magnetic separator
干法打眼 dry drilling
干法打眼操作体系 dry drilling system
干法带式制板机 belt-type sheet machine for dry process
干法短窑 short dry process kiln
干法翻滚抛光法 dry tumbling
干法纺丝机 air spinning machine
干法放射线照相术 xeroradiography
干法分级 dry classification
干法分析 dry analysis
干法分选 dry separation
干法粉磨机 drying grinding mill
干法粉磨设备 dry grinding plant
干法粉碎 dry grinding;dry ground;dry mill
干法工艺 dry process
干法(滚)抛光 dry tumbling
干法过筛 dry sieving;dry screening
干法化验 dry assay
干法黄化鼓 dry churn
干法灰化 dry ashing
干法回转窑 dry process rotary kiln
干法机械筛分 dry mechanical grading
干法激碎 dry grinding
干法检验 dry test
干法搅拌的 dry mixed
干法精选 dry cleaning;dry preparation
干法净化 dry purification
干法静电复印 electrostatic dry process print
干法开采 dry mining
干法开炮眼 dry collaring
干法拉丝 dry wire drawing
干法炼油 dry rendering
干法排除氧化皮 dry-scale disposal
干法抛光 dry polishing
干法喷射混凝土 dry process of shotcreting
干法破碎 dry crushing;dry milling
干法起绒 dry-thread raising
干法热压硬质纤维板 dry-pressed hardboard
干法撒釉器 dry glazing dispenser
干法筛分 dry sieving
干法摄影 dry photography
干法渗入碎石铺路 dry process penetration macadam
干法生产<水泥的> dry manufacture
干法施工 dry construction
干法施工技术 dry technical of construction
干法施工系统 dry system of construction
干法施釉 dry glazing
干法施釉器 dry glazing dispenser
干法式转窑 dry process type rotary kiln
干法试验 dry analysis
干法碎石桩 gravel pile by dry method
干法搪瓷 dry process enameling;powder enamel
干法提纯 dry purification
干法填充 dry pack(ing)
干法填装 dry pack(ing)
干法铁 copperas red
干法涂搪 dredging;dry process enameling;dust coat
干法脱氮 dry denitrification
干法脱硫 dry desulfurizing;dry sweetening
干法挖泥 dry dredge(r)
干法无介质磨 aerofall mill
干法熄焦 dry quenching of coke
干法显影 dry process development
干法形成 dust process
干法旋窑水泥 dry process rotary kiln
干法选矿 dry cleaning
干法压片 compressing dry granulation
干法压制 dry pressing
干法烟气脱硫 dry process of flume gas desulfur
干法岩石切割 dry rock cutting
干法研磨 dry grinding;dry ground
干法养护系统 dry system of curing
干法氧化脱臭 drying method of oxidative deodorization
干法窑 dry process kiln
干法冶金 dry process
干法银盐复印 dry silver process
干法印花 dry printing
干法圆筒磨机 dry grinding cylinder mill
干法再生 dry reclamation
干法再生装置 dry scrubber
干法造粒 non-slurry pelletizing
干法毡 dry process mat
干法制备 dry process
干法中空窑 dry process plain kiln
干法重氮复印 dry diazo copy;dry diazo processing
干法重力式捣击机 dry gravity stamp
干法转化工艺 dry conversion process
干法装配屋顶玻璃 dry glazing roof
干法装柱 dry column-packing
干法着色 dry colo(u)ring
干法钻孔 dry drilling
干法钻孔操作体系 dry drilling system
干法钻头刨屑 dry drill cuttings
干纺醋酯人造丝 air-spun acetate rayon
干纺亚麻 dry spinning
干放射性照相术 exroradiography
干放射照相设备 xeroradiography apparatus
干飞弧电压 dry flashover voltage
干分表 indicating ga(u)ge
干分级器 dry classifier
干粉 dry chemical powder
干粉化学灭火剂 dry-chemical fire extinguisher
干粉混合机 dry powder blender
干粉料 dry powder
干粉灭火车 dry-agent fire tender
干粉灭火弹 dry chemical projectile
干粉灭火机 chemical powder extinguisher;dry powder(fire)extinguisher;powder fire extinguisher
干粉灭火器 chemical powder extinguisher;dry powder(fire)extinguisher;powder fire extinguisher
干粉灭火系统 dry chemical extinguishing system;powder extinguishing system
干粉灭火装置 dry powder extinguishing system;powder installation
干粉炮 powder fire monitor;powder handgun
干粉喷嘴 powder nozzle
干粉枪 powder fire branch
干粉软膏和干粉枪 powder hose and handgun
干粉施放站 powder release station
干粉吸尘器 dry dust collector
干粉显影 aerasol development;cascade development
干粉消防车 dry powder appliance;dry powder fire-engine;powder fire truck
干粉形成 dust pressing

G

干粉抑制剂 powder explosion suppressant
干粉状涂料 dry powder paint
干粉自动成型液压机 dry powder automatic forming hydraulic press
干风 dry-air blast
干风暴 drying storm
干风泵 dry-air pump
干风杀菌机 dry-air sterilizer
干封电缆头 dry sealed cable pothead
干封管螺纹 dry seal pipe thread
干封器 dry closure
干缝 dry joint;open joint
干浮槽 dry dross
干腐 dry(ing) rot;hard rot;trunk rot
干腐菌 dry rot
干腐蚀 dry corrosion
干感 dry feel
干缸套 dry sleeve
干割面 dry face
干工况 dry cooling condition
干工施工法 dry method construction
干沟 main ditch;trunk sewer
干沟交叉 dry crossing
干谷 arroyo; blind creek; coombe; dead valley;dry valley;dry wash; gulch;oued;saoura;wadi;main valley;uadi <干旱区的>
干谷低地 wadi-type depression
干谷粒 dry grain
干谷型渠系 wadi[wady] system
干谷型洼地 wadi[wady]-type depression
干骨 longeron
干固白水泥 Keene's marble cement
干固水泥 dry solid cement;Keene's cement
干固体含量 dry solids content
干固体混合 dry solids mixing
干管 collecting channel; collector; header;main pipe;main(pipe) line; master drain;pipe main;trunk line duct;trunk(main)
干管存水弯 main trap
干管阀 dry-pipe valve
干管分水栓 corporation stop
干管敷设 main laying
干管尽端 dead-end main
干管配气管 corporation stop
干管配水管 primary canal-distributor
干管式喷淋系统 dry-pipe sprinkler system
干管式消防喷水系统 dry-pipe(sprinkler) system;dry sprinkler system
干管网 mains
干管系统 trunk system
干管压力 pressure in main
干管自动水幕系统 dry-pipe automatic drencher system
干贯入式沥青碎石(路面) dry penetration surfacing
干贯式地沥青碎石路面 asphalt dry penetration surfacing; asphalt dry process penetration macadam
干灌浆碎石路 dry bound macadam
干过滤 dry filtration
干过滤器 dry filter
干海滩 dry beach
干害防护林 prevention forest for drying damage
干旱 droughtiness
干旱半干旱荒漠土带 arid and half arid desert soil zone
干旱程度 aridness;dryness;aridity
干旱大陆 <一般指澳大利亚> arid continent
干旱带 arid belt;arid tract
干旱的 arid;droughty;thirsty;torrid; xeric;xerophytic
干旱的气候条件 dry climate condition
干旱地 arid land
干旱地带 arid region;arid tract;dry tract;arid zone
干旱地区 arid area;arid region;arid zone;dry land;dry zone
干旱地区潜水区 arid area underground water area
干旱地区生态系统 arid land ecosystem
干旱地区造林 dry-land afforestation
干旱地形 arid landform
干旱锻炼 drought hardening
干旱高原 karoo
干旱过渡生物带 arid transition life zone
干旱和半干旱地 arid and semi-arid land
干旱和半干旱地面 arid and semi-arid area
干旱湖床 dried lake bed
干旱荒漠 arid desert
干旱季节 drought season
干旱救灾 drought relief
干旱可能性图 drought probability map
干旱历时 drought duration; duration of drought
干旱林区 dry forest zone
干旱年(代) drought year;dry year
干旱盆地 dry basin
干旱频率 frequency of drought
干旱平原 arid plain
干旱期 arid period;drought period;dry season;spell of draught;dry spell
干旱气候 arid climate;dry climate
干旱强度指数 drought severity index
干旱侵蚀 <指干旱地区的> arid erosion
干旱区 arid region;arid zone;dry region
干旱区调查 dry zone survey
干旱区计划 dry zone planning; dry zone programming
干旱区土壤 arid soil
干旱区岩溶 arid region karst
干旱区研究 dry zone research; dry zone study
干旱热带气候 dry tropic(al) climate
干旱沙漠地区 arid desert region
干旱生态系(统) arid ecosystem
干旱生物地理区 arid biogeographic zone
干旱时期 dry spell;period of drought
干旱损害 damage by drought
干旱土 aridisol;xerosol
干旱土壤团聚体的稳定性 soil-aggregate stability
干旱土壤质砂土 dry loam sand
干旱性 aridity
干旱演替 xerasium
干旱遗留症 post-effect of drought
干旱引起的火灾 drought fire
干旱预报 drought forecast(ing)
干旱预警 drought early warning
干旱指标 drought index; index of aridity
干旱指数 aridity index;drought code; drought index;index of aridity
干旱周期 arid cycle;arid period;period of drought;dry period
干夯混凝土 dry-packed concrete; dry-tamped concrete
干夯实 dry pack(ing)
干壕底沟 cunette
干壕底渠 cunette
干耗 loss in drying;weight loss
干合料 dry blend
干合料机 dry blender
干河 arroyo; lost river; lost stream; stem stream; trunk river; trunk stream
干河床 blind creek;dry(stream) bed; dry wash;main bed of river
干河床疏浚机 dry earth dredger excavation
干河道 <季节性有水的> arroga; billabong
干河沟 cunette
干河谷 asif;coulee;dry river valley; enneri;koris <北非>
干涸的 dried-out
干涸的沟壑 arroyo
干涸的小河 blind creek
干涸的小溪 blind creek
干涸港湾 dry harbo(u)r
干涸河 lost river
干涸河床 billabong;wadi[wady];dry river bed
干涸河道 arroyo;billabong;draw
干涸湖(泊) evanescent lake; extinct lake;dry lake <已干涸的湖盆>
干涸小河 <只在雨季有水的> spruit
干涸油藏 drying up deposit
干褐腐 true dry rot fungus
干壑 dry wash
干黑色石灰土 xerorendzina
干衡器 dry measure
干烘功率 drying power
干烘窑 dry kiln
干烘油漆法 forced drying
干洪流 dry flood
干后黏[粘]性 tacky dry
干后用喷射法再涂抹 dry-to-recoat by spraying
干后用刷子再涂抹 dry-to-recoat by brushing
干湖地 bolson
干花 dried flower
干滑 <汽车在干燥路面上的滑移> dry skid
干滑道 dry slide
干滑试验 dry-skidding test
干滑油槽 dry sump
干化 anhydration; drying out; mummification;xeransis
干化场 drying yard
干化床 drying bed
干化床系统 drying bed system
干化时间 drying time
干化污泥 dewatered sludge; dried sludge
干化学灭火器 dry chemical(fire) extinguisher
干化学物 dry chemical
干化学药品 dry chemicals
干化学药品灭火系统 dry chemical extinguishing system
干化作用 desiccation
干荒漠群落 siccideserta
干荒盆地 playal salar <美国西南部>
干荒植物 chersophyte
干簧管检测 detection by reed switch
干簧(片)触点 dry reed contact
干灰 dry ash
干灰膏 anhydrous plaster;unhydrated [unhydrous] plaster
干灰消解 dry ash digestion
干回流管 drying return pipe
干回填沙 dry backfill sand
干混合 dry blend(ing);dry mix(ing)
干混合的 dry mixed
干混合物 dry mixture
干混合物混凝土 dry mixture concrete
干混机 dry blender
干混料 dry blend(ing);dry mix
干混凝土 dry batched aggregate;dry concrete
干混时间 dry mixing time
干混着色 dry blend colo(u)ring
干活塞式压缩机 dry piston compressor
干火表 dry test meter
干货 dry cargo;dry goods
干货舱 dry cargo hold
干货船 dry cargo ship
干货店 dry saltery
干货航次 dry voyage
干货货柜 dry cargo container
干货集装箱 dry cargo container
干货琵琶桶 dry barrel
干货栈 dry storage
干击法 <试件制备> dry tamping
干基 butt
干基成分 dry basis
干基分析 dry basis
干基腐朽 butt rot
干基准 dry basis
干挤法 dry pack(ing) method
干挤水法 dry flushing
干季 airing period;arid period;drought season;dry period;dry season
干季风 dry monsoon
干季流量 dry-weather flow
干加工尺寸 dry sized
干加剂量 dry-feed dosage
干加料法 dry-feed method
干加料器 dry feeder
干加氯法 dry-feed chlorination
干加仑 dry gallon
干加药器 dry feeder
干剪强度试验 dry-shear test
干建筑 dry construction
干浆料 dry finish
干胶合 dry gluing
干胶片 wafer
干胶片接触印刷 wafer-contact printing
干胶印 dry offset
干胶印版 dry offset plate
干胶印机 dry offset press
干胶印印刷法 dry offset printing;dry offset process
干胶印油墨 dry offset ink
干脚 butt-swelling
干搅拌 dry mix
干接管 dry connection
干接合 dry connection;dry joint
干接黏[粘]合剂 dry-bond adhesive
干接头 <使用密封垫片的接头> dry joint
干结 hard-drying
干结块石 dry choked stone
干结碎石 dry bound macadam; dry choked stone
干结碎石基层 dry bound crushed stone base
干结碎石路 dry bound macadam
干进料 dry feed
干进料器 dry feeder
干井 dry hole;dry well;unproduction well; rummel <苏格兰用语>; powder hole <指没有油气的钻井>; absorbing well
干井塞 dry hole plug
干井挖掘 dry well cutting
干净 clean
干净穿孔 clean hole punching
干净的 natty
干净的雨水 clean rain
干净工地 bare site
干净海底 <没有危险物、礁石等> clean bottom
干净区 clear area;clear band
干净循环 clean circulation
干净载玻片 clean slide
干净整齐的 spick-and-span
干镜头 dry system lens
干酒精 distiller's dried grains; distiller's dried soluble
干绝热变化 dry adiabatic change
干绝热大气 dry adiabatic atmosphere

干绝热的 dry adiabatic
干绝热递减率 dry adiabatic lapse rate
干绝热过程 dry adiabatic process
干绝热减温率 dry adiabatic lapse rate
干绝热器 dry adiabat
干绝热(线) dry adiabat
干绝热直减率 dry adiabatic lapse rate
干开挖 excavate in dry; dry excavation
干抗压强度 dry compression strength
干渴的 droughty
干坑 dry pit
干坑泵 dry pit pump
干空气干燥机 dried-air drier
干空气冷却器 dried-air cooler; dry-air cooler
干空气温度 drying-air temperature
干孔比 dry hole ratio
干枯 wither; dry rot; sap rot <木材腐朽>
干枯冲积地 dry wash
干枯的 sere; withered; wizened
干枯的河床 nullah
干枯的水路 nullah
干枯含水量系数 wilting moisture-content coefficient
干枯河道 dead channel
干枯裂纹 season crack
干枯面 dead and dry face
干枯木 dry rot
干夸脱 dry quart
干宽谷 uvala; U-valley
干垃圾 dry waste
干垃圾装袋机 bagger
干拉强度 dry tensile strength
干拉强度试验 dry tensile strength test
干拉试验 dry tensile test
干阑建筑 pile-supported building
干老成土 ustult
干老化 dry ag(e)ing
干酪 cheese
干酪根成烃产物分类 generational hydrocarbon product classification of kerogen
干酪根成烃潜量 genetic(al) potential of kerogen
干酪根分离 separation of kerogen
干酪根光学分类 visual classification of kerogen
干酪根结构 texture of kerogen
干酪根类型及其特征 type of kerogen and its characteristic
干酪根煤岩学分类 coal petrography classification of kerogen
干酪根热降解成油说 kerogen thermal degradation theory on origin of petroleum
干酪根热降解数学模拟法 mathematic(al) simulation kerogen thermal degradation
干酪根石油地球化学分类 petroleum geochemical classification of kerogen
干酪根提纯 purification of kerogen
干酪根网络 network of kerogen
干酪根网络运移模式 migration model of kerogen network
干酪根颜色 colo(u)r of kerogen
干酪根演化途径 evolution pathway of kerogen
干酪根原始分类 primary classification of kerogen
干酪根中挥发性烃 volatile hydrocarbon of existing kerogen
干酪根中热解生成烃 pyrolysis genetic hydrocarbon of kerogen
干酪根转化率 transformation ratio of kerogen
干酪工业 cheese industry
干酪胶 casein glue
干酪菌属<拉> Tyromyces
干酪漆 casein paint
干酪室 arcella; cheese room
干酪素【化】casein
干酪素拉毛涂料 plastic paint
干酪素塑胶纤维 Aralac
干雷暴 dry lightning storm
干冷却 dry cooling
干冷却塔 dry cooling tower
干冷式 cold-dry type
干冷弯曲 dry cold bending
干立管 dry riser
干粒<一种釉料> dry granular
干炼的 dry-rendered
干粮袋 haversack
干亮度 dry brightness
干量<体积或重量> dry measure
干料 drier; dryer; dry material; siccative
干料称量装置 dry batching plant
干料分拌法 dry batch(ed) method
干料分流器 dry divider
干料分批拌和混凝土 dry batched concrete
干料给料机 dry feeder
干料混合机 dry batch mixer
干料搅拌机 dry material mixer; dry mixer
干料密度 dry density
干料容积计量 dry-volume measurement
干料熔炼 dry-charge smelting
干冽风 gregale
干裂<木材> air-crack; fire crack; klizoglyph; parch crack; season crack(ing); season(ing) check; sun crack; weather shake; xerochasy; ring shake; ware crack
干裂多边土 desiccation polygon
干裂缝 desiccation crack; drying crack
干裂角砾岩 desiccation breccia
干裂节理 desiccation joint
干裂砾岩 desiccation conglomerate
干临界 dry criticality
干淋溶土 ustalf
干硫化物系统 dry sulfide system
干馏 carbonization; destructive distillation; dry distillation; dry run
干馏的 pyrogenous
干馏的褐煤焦油 retort brown coal tar
干馏的焦油 retort tar
干馏法 cracking process
干馏干材 acid wood
干馏罐内表面的釉层 retort glaze
干馏过程 retort process
干馏褐煤 retort lignite
干馏焦油 dry-run tar
干馏炉 gas retort; retort furnace; shale oven
干馏煤的副产品 coal by-product
干馏煤气 carbonization gas; carburated gas; dry gas; retort gas
干馏木材而得的 pyroligneous
干馏木松节油 destructively distilled wood turpentine
干馏区 carbonization zone
干馏水煤气 coal water gas
干馏松焦油 retort pine tar
干馏松节油 destructive distillation turpentine
干馏松油 destructively distilled pine oil
干馏物 pyrolyzate
干馏用材 acid wood
干馏用煤 distillation coal
干馏甑 gas retort
干馏总水分收率 distillation total moisture yield
干滤器 dry(ing) filter
干滤色片 drying filter
干滤芯 dry filter
干路 main circuit; main highway; main road; major road; primary highway; primary road; primary route; trunk highway; trunk road; principal road <英国第二级公路>
干路交通 arterial traffic
干路紧急停车带 lay by(e)
干路路侧停车处 lay-aside
干路排屋 ribbon building
干路堑 dry cut; dry cutting
干氯 dry chlorine
干罗经 dry(card) compass
干罗盘 dry compass card; dry magnetic compass card
干霾 dry haze
干脉 backbone range
干毛(体积)密度 dry bulk density
干么重 dry bulk density; real density
干煤 dry coal
干煤灰分 ash on dry coal
干煤气 dry gas
干煤制备 dry coal preparation
干密度 dry bulk density
干密度-含水量关系<土在一定压实度下> dry density-moisture ratio
干密度-含水量图 dry density-moisture content graph
干密度与含水量比 dry density-moisture ratio
干密度与含水量的关系 dry density moisture content relationship
干密封 dry seal
干密封管子螺纹 dry-seal pipe thread
干模铸件 dry casting
干膜 dry film
干膜厚度计 elcometer
干膜机 drying film machine
干膜检验 dry film test
干膜质的 scariose
干摩擦(力) dry friction; unlubricated friction; unlubrication friction; solid friction
干摩擦片式离合器 dry plate clutch
干摩擦阻尼 dry friction damping
干摩擦阻尼器 dry friction damper
干摩阻力 dry friction; unlubricated friction; unlubrication friction
干磨 dry grind; dry milling
干磨白垩粉 dry-ground whiting
干磨白云母粉 dry-ground muscovite mica
干磨操作 dry grinding operation
干磨光 dry polishing
干磨黑石灰石粉 grey-black limestone powder dry-ground
干磨机 dry grinder; dry grinding machine; dry mill; dry-milling machine; dry pulverizer
干磨盘 dry pan
干磨纱布 abrasive cloth for dry use
干磨砂布 dry abrasive cloth
干磨砂纸 abrasive paper for dry use; dry abrasive paper
干磨设备 dry grinding plant
干磨石 dry pan mill
干磨碎机 dry crushing mill
干磨细 dry grinding
干磨削 dry abrasive cutting; dry grinding
干木白蚁 dry-wood termite
干木材 dried wood
干木片 fuzz stick
干牧草 tame dry
干泥皮 dry crust
干泥沙 dry sediment
干泥挖掘机 dry earth dredger excavation
干年 dry year
干黏[粘] floating
干黏[粘]大理石米饰面 marblecrete
干黏[粘]合 dry bonding
干黏[粘]胶剂 contact adhesive; dry-bond adhesive
干黏[粘]结强度 dry bond strength
干黏[粘]卵石 pebble dash
干黏[粘]卵石饰面 pebble dash
干黏[粘]砂饰面 sand-float finish
干黏[粘]石 chipped marble finish; pebble dash; rock dash; roughcast
干黏[粘]石或喷黏[粘]石的施工操作 harling
干黏[粘]石面 paint harling; paretta
干黏[粘]石饰面 spar dash
干黏[粘]石饰面板 aggregate-coated panel
干黏[粘]性 aggressive tack; dry tack
干碾 dry grinding; dry rolling; rolled dry
干碾的 dry-rolled
干碾机 dry grinder; dry grinding machine
干碾面层 dry-rolled surface
干碾设备 dry grinding plant
干碾压 dry rodding
干碾压的 dry-rolled
干碾压的混凝土 dry-rodded concrete
干碾压的路面 dry-rolled road surface
干柠檬皮 dried lemon peel
干凝胶 alumin(i)um hydroxide gel; dried gel; xerogel
干盘式离合器 dry plate clutch; dry-disc[disk] clutch
干盘式摩擦离合器 dry plate friction clutch
干抛光 dry-fine; polish till dry
干炮眼 dry hole
干跑道 dry runway
干泡沫清洗法 dry-foam cleaning method
干配料混凝土<按水比加水即可使用> dry batched concrete; packaged concrete
干配料砂浆 package mortar
干配料重量 dry batch weight
干盆地 dry lake
干喷 dry mix shotcreting; dry spray
干喷汽孔 dry fumarole
干喷清理 dry blast(ing) cleaning
干喷砂处理 dry blasting; dry blast(ing) cleaning
干喷砂打净 dry blast(ing) cleaning
干喷砂清洗 dry blast(ing) cleaning
干喷射处理 dry blasting; dry blast(ing) cleaning
干膨胀式冷却器 dry expansion chiller
干膨胀式蒸发器 dry expansion evapo(u)rator
干坯 dried body; dry body
干坯冒霜 dryer white
干坯强度 dry body strength; strength of dried body
干片 dry plate
干片保护层 dry film resist
干片复照 dry plate reprography; lith-film reprography
干片接触整流器 dry contact rectifier
干片器 film dryer[drier]
干片式光电池 dry-disc[disk] photoelectric(al) cell
干片整流器 dry-disc[disk] rectifier; dry-type rectifier; metallic rectifier
干票 dry ticket
干拼接 dry splice
干贫混凝土 dry-lean concrete

干铺(底)基层 dry bottoming
干铺底脚 dry bottoming
干铺砌 dry laying;dry(rock)paving
干铺油毡 dry felt-laying; dry laying of felt;felt carpet
干期 dry period
干漆 patent dryer[drier]
干漆膜厚度 dry film thickness
干漆片 flake shellac
干气防冻剂 dry gas
干气净化 dry gas purification
干气净化器 dry gas purifier
干气生成峰 peak of dry gas generation
干气(体)dry gas;net gas
干气体计量器 dry gas meter
干气消失带 dry gas phase-out zone
干汽 net gas
干汽包 dry drum;steam header
干汽管 dry pipe
干砌 dry paving;laid dry;dry bonding
干砌的 dry-laid;mortarless;laid-dry-(-down)
干砌的格子体 green brick work
干砌缝 dry joint
干砌工作 dry marshalling
干砌合强度 dry bonding strength
干砌护坡 dry masonry protection of slope;dry pitching
干砌护墙 dry wall(ing)
干砌接头 dry-jointed
干砌块石 dry pitching stone; dry stone walling; hand-placed rock; placed rockfill;rock-fill
干砌块石防波堤 dry stone pitching breakwater
干砌块石护面 dry stone facing
干砌块石护坡 dry stone pitching
干砌块石建筑 dry-rubble construction
干砌块石路面 dry rock paving
干砌块石面层 dry rock paving
干砌块石砌体 dry-laid masonry; dry stone masonry
干砌块石圬工 dry rubble masonry
干砌块体 hollow bedding
干砌卵石饰面 pebble ballast
干砌乱石坝 dry rubble dam
干砌乱石圬工 dry rubble masonry
干砌毛石 dry-laid rubble; dry rubble (fill)
干砌毛石工 dry rubble masonry
干砌毛石构造 dry rubble construction
干砌毛石结构 dry rubble construction
干砌毛石圬工 dry(-laid)rubble masonry
干砌面层 dry paving
干砌片石 dry rubble masonry
干砌片石垛 dry rubble-block mass stone
干砌墙 dry wall(ing); dry-laid masonry wall; mortarless wall; drystone wall
干砌墙壁结构 drywall construction
干砌墙的承包人 drywall contractor
干砌施工 dry construction
干砌石 dry-laid stone; loose-stone; stone pitching
干砌石坝 dry-laid masonry dam; loose rock dam;loose-stone dam
干砌石衬砌 dry stone lining
干砌石工 dry masonry
干砌石护面 dry rock paving
干砌石护坡 dry masonry pitching; loose-stone pitching
干砌石基层 dry stone base
干砌石基础 dry stone foundation
干砌石块 placed rockfill
干砌石块护面 placed stone facing
干砌石面层 crane-placed rock face
干砌石排水沟 dry stone drain(age); French drain
干砌石砌体 dry masonry; loose masonry
干砌石墙 dry stone wall
干砌石土 loose masonry
干砌石圬工 dry stone masonry; dry-laid masonry
干砌式隔墙 dry partition wall
干砌体 dry(-laid)masonry;loose masonry
干砌瓦工 loose masonry
干砌围墙 square head
干砌圬工 dry masonry;loose masonry
干砌圬工坝 dry masonry dam
干砌楔块 dry wedging
干砌筑 dry marshalling
干砌砖 dry brick(building);steening
干砌砖房屋 dry brick building
干砌砖工 dry brickwork
干砌砖墙 dry masonry
干砌砖石衬壁 steen(ing)
干嵌石料 dry choked stone
干强度 dry strength;baked strength
干强度低 low dry strength
干强度高 high dry strength
干强度试验 dry strength test
干强度中等 middle dry strength
干墙螺钉 drywall screw
干墙涂胶器 drywall adhesive applicator
干墙系统 drywall system
干墙用材料 drywall material
干墙注胶枪 drywall adhesive gun
干氢 dry hydrogen
干清漆 drying varnish
干泅色试验 dry staining test
干球的 dry bulb
干球水银温度表 dry bulb thermometer
干球水银温度计 dry bulb thermometer
干球温度 dry(ing)bulb temperature; dry bulb thermometry
干球温度表 drying bulb thermometer
干球温度 drying bulb temperature measuring method
干球温度读数 drying bulb reading
干球温度计 drying bulb thermometer
干球温度与湿球温度之差 wet bulb depression
干却 dry out
干燃膛锅炉 dry combustion chamber boiler
干染色 dry dy(e)ing
干壤质砂 dry loamy sand
干扰 backdrop; barge in; beset; bug; confuse; countermeasure; deterrence; disturbance; hindrance; interference; interrelationship; jammer; jamming; mush; noise; obstacle;upset
干扰背景 disturbing background
干扰边纹 interference fringe
干扰变量 disturbance variable
干扰波 disturbance wave; disturbing wave;interference wave
干扰波痕 interference ripple mark
干扰波类型 noise type
干扰波研究 noise analysis
干扰波引起的误差 heiligtag effect
干扰补偿 interference compensation
干扰补偿器 interference inverter
干扰参数 interference parameter
干扰测量 interference measurement; noise measurement
干扰测试 disturbed test
干扰场 field of interference; interference field
干扰场强测试仪 interference-field intensity tester
干扰沉降 hindered settling
干扰程度 interference level
干扰传播 propagation of disturbance
干扰大气层 interference atmosphere
干扰带 interference band; interference fringe
干扰倒相器 interference inverter
干扰倒置法 interference inversion
干扰的 disturbed; interferential; interfering; noisy; spurious
干扰点 noise spot
干扰电流 disturbance current; disturbing current; interference current; noise current
干扰电平 interference level; level of noise; noise level
干扰电台 jamming station
干扰电压 disturbing voltage; interference voltage
干扰定位器 interference locator; interference search gear
干扰发射机 electronic jammer; interfering transmitter; jammer (transmitter); tinsel tin-plate <机上的>
干扰发射台 jammer
干扰发生器 interference generator
干扰发生源 noise-producing source
干扰反射 <低大气层内的> angel
干扰范围 interference range; jamming coverage; range of disturbance; region of disturbance
干扰方程 perturbation equation
干扰防护装置 interference preventer
干扰分光镜 interference spectroscope
干扰分离 interference dissociation
干扰浮动时间 interfering float time
干扰功率 interference power
干扰光谱 interference spectrum
干扰函数 disturbance function
干扰航行 disruption to navigation
干扰黑斑 noisy blacks
干扰黑线 snivet
干扰回波 disturbing echo; strays <回声测深仪的>
干扰级 interference level
干扰计 interferometer
干扰加速度 disturbing acceleration
干扰监控器 interference control monitor
干扰减少 interference reduction; interference suppression
干扰检测 interference checking; interference detection
干扰检测请求重发方式 request repeat system by interference detection
干扰检测仪 interference detector
干扰角跟踪 jam angle tracking
干扰接收机 interference receiver
干扰进气 interference intake
干扰井 interference well
干扰井半经验公式 semi-experiential formula of interfering well
干扰井理论公式 theoretic(al) formula of interfering wells
干扰宽裕时间 interfering float time
干扰雷达的电台 beaver
干扰雷达用的金属带 chaff; selector; window
干扰棱镜 interference prism
干扰离子 interfering ion
干扰力 disturbing force
干扰滤波器 interference filter; interference trap
干扰滤光片 interference filter
干扰滤色镜 interference colo(u)r filter
干扰滤色片 interference filter
干扰脉冲 disturbing pulse; interfering impulse
干扰门限 interference threshold
干扰能量 interfering energy
干扰频带 interference band
干扰频率 disturbing frequency; interference frequency
干扰频谱 interference spectrum
干扰谱带 interference band
干扰器 interference unit
干扰强度 jamming intensity
干扰清除器 clarifier
干扰情况 interference circumstances
干扰区(域) interference region; region of disturbance; disturbed area; interference range; interference zone; interfering space; nuisance area
干扰容差 disturbance allowance
干扰色 interference colo(u)r
干扰哨声 interfere squealing
干扰设备 jamming equipment
干扰施放装置 deception equipment
干扰时间 interference time
干扰式应变计 interferometer strain ga(u)ge
干扰试验 interference test
干扰收听电子信号的外来杂音 background
干扰输出 disturb output
干扰素 interferon
干扰台 interfering station; jammer
干扰探测器 interference locator
干扰特性 frequency response; interference characteristic; noise characteristic
干扰条纹 interference band
干扰调节 deterrence control
干扰通路 noise[noisy] channel
干扰图(像) interference figure; interference pattern; jamming pattern; interfering picture; interaction diagram; interferogram
干扰图像重现 noisy reproduction
干扰图形 interference pattern; jamming pattern
干扰物质 interferent; interfering material; interfering substance
干扰误差 mushing error
干扰吸收器 interference absorber
干扰系数 influence coefficient; interference factor
干扰系统 interference system
干扰下沉式水力分级机 hindered-settling hydraulic classifier
干扰下沉室 hindered-settling column
干扰下沉柱 hindered-settling column
干扰显示器 interferoscope
干扰显微镜 interference microscope
干扰现象 interference phenomenon
干扰线路 disturbing line
干扰限止 clipping of noise
干扰消除法 interference inversion
干扰消除器 eliminator; interference blanker; interference eliminator
干扰效能 jamming effectiveness
干扰效应 interference effect
干扰啸声 interfering singing
干扰信号 disturbing signal; interference signal; interfering signal; jamming signal; undesired signal
干扰信号比 jam-to-signal ratio
干扰信号调制 whistle modulation
干扰形式 interference mode
干扰性沉降 interference settlement
干扰性沉陷 interference settlement
干扰性的 interfering
干扰性反射 veiling reflection
干扰性亮度 veiling brightness
干扰性衰落 interference fading
干扰修正 interference correction
干扰寻迹器 interference finding instrument
干扰仪 interferometer

干扰抑制 interference rejection; interference suppression
干扰抑制电路 interference suppressor circuit; noise suicide circuit
干扰抑制滤波器 interference suppression filter
干扰抑制能力 interference rejection capability
干扰抑制器 broomstick; interference eliminator; interference reducer; interference suppressor
干扰抑制装置 interference rejection unit
干扰因素 influence factor; interference factor
干扰影响区 jamming coverage
干扰与信号之比 jam-to-signal ratio
干扰预测 interference prediction
干扰阈 interference threshold
干扰元素 interference element
干扰源 interference source; noise source; source of disturbance
干扰源探测雷达 jammer finder
干扰源抑制 interference source suppression
干扰运动 disturbed motion
干扰杂波 interference noise; interfering noise; jamming
干扰载波 interfering carrier
干扰噪声 hash noise; interference noise; interfering noise; jamming
干扰折射计 interference refractometer
干扰者 interrupter
干扰侦察 interference detection
干扰振动 interferential vibration
干扰振幅 interference amplitude
干扰值 annoyance value
干扰自动跟踪 home-on-jam
干扰组分 interfering component
干扰作用 interference effect
干热 dry heat
干热储 dry reservoir
干热的 xerothermic
干热焚风 sondo; zonda
干热风 dry hot wind
干热固化 dry heat curing
干热环境 dry hot environment; hot dry environment
干热空气 heated dry air
干热(空气)灭菌法 dry heat sterilization; hot-air sterilization
干热老成土 xerult
干热联压 hot and dry rolling
干热淋溶土 xeralf
干热硫化 dry heat vulcanization
干热灭菌器 dry heat sterilizer; hot-air sterilizer
干热期 xerothermic period
干热气候 hot dry climate
干热气候期 xerothermal period
干热软土 xeroll
干热杀菌法 sterilization with dry heat
干热式空气滤清器 hot dry air cleaner
干热消毒法 sterilization with dry heat
干热消毒器 dry heat sterilizer; hot-air sterilizer
干热学论 xerothermic theory
干热循环箱 hot-air circulating oven
干热岩储 hot dry rock reservoir
干热岩地热系统 dry-hot-rock geothermal system
干热岩体激发 hot dry rocks stimulation
干热岩系统 hot dry rock system
干热指标 xerothermal index; xerothermic
干热状态暴露 dry heat exposure
干容积比重 dry bulk specific gravity
干容积测量法 dry-volume measurement
干容量 dry bulk density
干容量单位 dry measure
干容重 dry density; drying bulk weight; dry (-rodded) unit weight; unit dry weight; unit weight in dry state
干熔剂镀锌 dry galvanizing
干乳胶 dry emulsion
干软地 ustert
干软土 ustoll
干撒 dry shake
干撒豆石饰面 <外墙> pebble dash
干撒抹面 dry topping; dry shake <水泥粉>
干洒抹面 dry shake; dry topping
干三角洲 dry delta
干散货 dry (bulk) cargo; solid bulk (cargo); bulk solids; dry bulk
干散货泊位 dry bulk carrier berth
干散货船 dry bulk carrier; dry bulker; solid bulk ship
干散货码头 dry bulk terminal
干散货集装箱 dry bulk container
干散落物 dry fall-out
干散密度 dry bulk density
干色粉 dry (powder) colo(u)r
干色料 dry colo(u)r
干涩拌和料 stiff mix
干涩感 sensation of dryness
干涩混凝土 stiff consistence concrete
干森林群落 carpohylile
干砂 dried sand
干砂层 dry sand layer
干砂浆 dry mortar
干砂浇铸 dry sand casting
干砂金矿 dry placer
干砂喷射清理 dry grit-blast cleaning
干砂型 dry sand mo(u)ld; roast sand mo(u)ld
干砂形心 baked core; dry sand core
干砂与含水砂体积比系数 bulking factor
干砂造型 dry sand mo(u)lding
干砂铸法 dry sand cast(ing)
干砂铸件 dry sand cast(ing)
干筛 dry(ing) sieve[sieving]
干筛法 dry-sieve method
干筛分 dry sieving
干闪试验 dry flash test
干上光 dry finish
干烧法 dry combustion method
干烧煤 non-coking coal
干舌簧继电器 dry reed relay
干涉 cutting-in; interference; intervention
干涉斑 interference spot
干涉背景 interfering background
干涉比长仪 ga(u)ge-measuring interferometer; interference comparator
干涉波 interference wave; intersecting wave; interwave
干涉波瓣 interference lobe
干涉波痕 interference ripple mark
干涉测量法 interferometer metering technique; interferometry
干涉测量系统 interferometer measuration system
干涉测量显微术 interferometric microscopy
干涉测试图 interfering test pattern
干涉场 interference field
干涉沉降 hindered settling
干涉程差 interference path difference
干涉带 interference fringe
干涉带间距 interorder distance
干涉的 interferential; intervenient
干涉点 interference point
干涉度量学 interference metrology; interferometry
干涉法 interference method
干涉法试验 interferometric test
干涉反射镜 interference reflector
干涉反射仪 interference reflectometer
干涉反应 interference response
干涉放大镜 interference magnifier
干涉分光辐射计 interferometer spectroradiometer
干涉分光(光谱)学 interference spectroscopy
干涉分光计 interferometric spectrometer
干涉分光镜 interference spectroscope
干涉辐射计 interferometric radiometer
干涉管 interference tube
干涉光边缘 circular interference fringe
干涉光带 interference band
干涉光度测量法 interference photometry
干涉光度计 interference photometer
干涉光环 circular interference ring; interference ring
干涉光谱 interference spectrum
干涉光谱辐射计 interferometer spectroradiometer
干涉光谱仪 interferometer spectrometer
干涉光栅 interference grating
干涉光束 interfering beam
干涉函数 interference function
干涉衡消法 interferometric null method
干涉环 interference ring
干涉级 interference order; order of interference
干涉计量式温度监视器 interferometric temperature monitor
干涉检定仪 end ga(u)ge interferometer; ga(u)ge-measuring interferometer
干涉截止滤光片 interference edge filter
干涉镜 interference mirror; interferoscope
干涉雷达 interferometer radar
干涉棱镜 interference prism
干涉理论 interference theory; Weymouth theory <关于集料颗粒适宜级配的一种理论>
干涉量度学 interferometry
干涉灵敏度 interference susceptibility
干涉流量计 interference meter
干涉滤波器 interference filter
干涉滤光镜 interference filter; interferometric filter
干涉滤光片 interference filter; interferometric filter
干涉滤光片单色仪 interference filter monochromator
干涉滤光器 interference light filter
干涉膜 interference film; interferometer coating
干涉目镜 interference eyepiece
干涉配合 interference fit
干涉膨胀仪 interference dilatometer
干涉偏振滤光器 interference polarizing filter; polarization interference filter
干涉偏转 interferometric deflection
干涉平面 interference plane
干涉区 interference range
干涉区对比 interference area correlation
干涉区域 interference region
干涉圈 interference ring
干涉色 interference colo(u)r
干涉色表 interference colo(u)r chart
干涉色不对称色散 dissymmetric(al) dispersion of interference
干涉色单对称分散 monosymmetric(al) dispersion of interference colo(u)rs
干涉色的水平色散 horizontal dispersion of interference colo(u)rs
干涉色级序 interference colo(u)rs order; order of interference colo(u)rs
干涉色倾斜色散 inclined dispersion of interference colo(u)rs
干涉摄影 interference photography
干涉摄影术 interferography
干涉式光纤电流传感器 interferometric fiber [fibre] optic (al) current sensor
干涉术 interferometry
干涉双星 interferometric binary
干涉损耗 interference loss
干涉特性 interference characteristic
干涉特性图 interference pattern
干涉天体测量 interferometric astronometry
干涉条件 interference condition
干涉条纹 interference band; interference fringe; interferometer pattern; interferometric fringe
干涉条纹不规则性 irregularity of interference fringe
干涉条纹对比 fringe contrast
干涉条纹法 interference fringe method
干涉条纹数 number of interference fringes
干涉条纹调制 interference fringe modulation
干涉调制 interference modulation
干涉调制器 interference modulator
干涉图(案) fringe pattern; interference figure; interference pattern; interferogram
干涉图法 interferogram method
干涉图技术 interferogram technique
干涉图式 interference pattern
干涉图形 conoscope image; interference figure
干涉图样 fringe pattern; interference fringe; interference pattern; interferogram
干涉图(照)片 interferogram
干涉无线电测距仪 interference rangefinder
干涉物镜 interference objective
干涉吸收带 interference absorption band
干涉吸收色颜料 Duocreme pigment
干涉吸收体 interference absorber
干涉系数 interference coefficient
干涉显微镜 interference microscope
干涉显微术 interference microscopy
干涉现象 interference phenomenon; phenomenon of interference
干涉相衬 interference contrast
干涉相衬显微镜 interference phase contrast microscope
干涉相衬显微术 interference contrast microscopy
干涉响应 interference response
干涉向量 intervention vector
干涉项 interference term
干涉像 interference image
干涉效应 interference effect
干涉行为 act of interference
干涉型传感器 interferometric sensor
干涉型光纤加速度计 interferometric fiber[fibre] optic(al) accelerometer
干涉型光纤陀螺仪 interferometric fiber[fibre] optic(al) gyroscope
干涉型声光纤声传感器 interferometric optic(al) fiber [fibre] acoustic(al) sensor
干涉压力计 interferometric manometer

G

干涉演示 interference demonstration
干涉仪 interference instrument;interferometer
干涉仪玻璃板 interferometer plate
干涉仪测得的图样 interferometer pattern
干涉仪测定 interferometer measurement
干涉仪法 interferometer method
干涉仪方向图 interferometer pattern
干涉仪光学 interferometer optics
干涉仪基线长度 interferometer base
干涉仪极坐标方向图 interferometer polar diagram
干涉仪类型 interferometer modes
干涉仪片 interferometer plate
干涉仪式测微计 interferometer micrometer
干涉仪天线 interferometer antenna
干涉仪调制 interferometer modulation
干涉仪卫星跟踪系统 minitrack system
干涉仪系统 interferometer system
干涉仪显微镜 interferometer microscope
干涉仪相位 interferometer phase
干涉仪效应 interferometer effect
干涉应变仪 interferometer strain ga(u)ge
干涉折射计 interference refractometer
干涉者 intervenient;intervenor
干涉真空计 interferometric manometer
干涉阻力 interference drag
干绳改正 airline correction
干施工 construction in the dry;dry construction
干施工墙板构造 drywall construction
干施工围堰 land cofferdam
干湿 wetting-and-drying
干湿变色色材 fugitive colo(u)r
干湿表 psychrometer
干湿舱型载驳货船 dry-wet cell type barge carrier
干湿陈化试验 admiralty test
干湿度调节室 conditioning chamber
干湿计 psychrograph;psychrometer
干湿交替 alternate wetting and drying;alternation of wetting and drying
干湿交替腐蚀<发生在潮位变化区的> tidal zone corrosion
干湿交替浸渍耐腐蚀试验 alternating immersion test
干湿交替试验 alternating wetting and drying test
干湿两用潜水服 dry-wet combination diving suit
干湿料两用搅糊机 masher for dry and wet material
干湿年分循环 cycle of dry-and-wet years
干湿配料混凝土拌和机 wet-and-dry batch concrete plant
干湿强度比<混凝土> ratio of wet and dry strength;wet-dry strength ratio
干湿球法 dry-cup method
干湿球湿度表 dry and wet bulb hygrometer;hygrometer;psychrometric table
干湿球湿度计 dry and wet bulb hygrometer;hygrometer;psychrometer;wet-and-dry(bulb) hygrometer
干湿球温差 depression of wet-bulb;wet-bulb depression;wet-dry bulk depression
干湿球温度表 dry and wet bulb thermometer;dry-wet bulb hygrometer;physical hygrometer;psychrometer;wet-and-dry bulb hygrometer
干湿球温度测定法 wet-and-dry bulb thermometry
干湿球温度差 depression of the wet bulb;psychrometric difference
干湿球温度计 catathermometer;wet-and-dry bulb thermometer
干湿球温度条件 dry and wet bulb temperature condition
干湿球自记湿度计 wet-and-dry bulb recording hygrometer
干湿热带气候 wet-dry tropical climate
干湿砂纸 wet-and-dry sand paper
干湿式冷却塔 dry-wet cooling tower
干湿式冷却系统 dry-wet-type cooling system
干湿试验 wet-dry test;wet(ting)-and-dry(ing) test
干湿温差 psychrometric difference
干湿温度计 psychrometer
干湿效应 psychrometer effect
干湿旋风除尘器 dry-wet cyclone
干湿循环 alternation of wetting and drying;wet-dry cycle;wetting-and-drying cycle;wet-dry cycling
干湿循环试验 wetting-drying test
干湿仪 psychrometer
干石 dry stone
干石灰处理法 dry limestone process
干石灰法 lime dry process
干石灰石法 dry limestone process
干石机 stone dryer[drier]
干石块铺砌 dry rock paving
干石墙缝中长满苔藓的墙 dry stone wall with moss-filled joints
干石渣 dry ballast
干蚀刻 dry etching
干蚀平原 plain of desert level(l)ing
干食品库 dry food store
干式变压器 air immersed transformer;dry-type transformer
干式裱贴 dry mounting
干式捕尘的向上式凿岩机 dustless stoper
干式层压机 dry laminating machine
干式充填 dry-placed fill
干式充填法 dry-filling fill method
干式冲击集尘器 dry impinger
干式除尘 dry precipitation
干式除尘器 bolt hole vacuum cleaner;dry dust arrester;dry dust collector;dry duster;dry dust remover;dry(dust) separator
干式除尘装置 dry dust collection device
干式储气罐 dry gas-holder;dry holder;piston-type gasholder
干式储气柜 dry gas-holder;waterless gasholder
干式打印头 dry printing head
干式的 dry-type
干式电除尘器 dry electric(al) dust precipitator
干式电集尘器 dry electric(al) dust precipitator
干式电解电容器 dry-type electrolytic capacitor
干式电滤器 dry electrostatic precipitator
干式电容器 dry condenser
干式电吸尘器 dry-type electric(al) precipitator
干式冻结装置 dry freezing unit
干式多片电磁离合器 dry-type multidisc electromagnetic clutch
干式多片电磁制动器 dry-type multidisc electromagnetic brake
干式多片离合器 dry multiplate clutch
干式阀 dry-pipe valve
干式法 dry process
干式防爆变压器 dried explosion-proof transformer
干式防护 dry preservation
干式房间空气调节器 dry-type room air conditioner
干式粉碎机 dry mill
干式风镐锤 dry pick hammer
干式腐蚀 dry corrosion
干式格子型球磨机 dry grinding grate ball mill
干式给药 dry feeding
干式给药机 dry reagent feeder
干式工厂设计 dry-plant design
干式工艺 dry process
干式鼓风 dry blast
干式管磨机 dry tube mill
干式惯性除尘器 dry inertial collector
干式光聚合物薄膜 dry photopolymer film
干式辊碾机 chaser mill
干式过滤器 dry filter;dry strainer
干式海底采油树 dry subsea X-mass tree
干式鹤嘴锤 dry pick hammer
干式化学剂灭火器 dry chemical (fire) extinguisher
干式化学进料器 dry chemical feeder
干式化学灭火法 dry chemical extinguishing method
干式化学探空仪 dry chemical sonde
干式回火 dry annealing;dry return;dry tempering
干式回水 dry return
干式回水管 dry return pipe
干式回水系统 dry return system
干式回水蒸汽供暖系统 steam-heating system with dry return
干式混合器 dry mixer
干式活套捆束机 dry looper
干式活性炭法 dry activated carbon method
干式集尘器 dry(-type) dust collector
干式集尘装置 dry dust collection device
干式建造 dry construction
干式建造法 dry construction method
干式接缝<桥梁由预制块件装配时形成的接缝> dry joint
干式净化过程 dry purification process
干式静电沉淀器 dry electrostatic precipitator
干式静电除尘器 dry electrostatic cleaner
干式静电吸尘器 dry electrostatic precipitator
干式聚尘器 dry precipitator
干式聚光器 dry condenser
干式绝缘变压器 dry insulation transformer
干式绝缘的 dry insulation
干式卡取(岩芯) dry block(ing)
干式空气过滤器 dry-type air filter
干式空气过滤装置 dry-type air cleaner
干式空气净化设备 dry-type air cleaner
干式空气冷却器 dry-type air cooler
干式空气滤清器 dry air cleaner;dry-type(air) cleaner
干式拉丝机 dry-type wire drawing machine
干式蜡纸 drygum waxed paper
干式冷风机 dry-type air cooler
干式冷凝管 dry condense pipe
干式冷凝回水 dry condense return
干式冷凝回水管 dry condensate return
干式冷凝器 dry condenser
干式冷却 dry cooling;sensible heat cooling
干式冷却盘管 dry(cooling) coil
干式冷却塔 dry-type cooling tower
干式冷却系统 dry-type cooling system
干式离合器 dry(-type) clutch
干式离心除尘器 dry centrifugal collector;dry centrifugal dust remover
干式离心集尘器 dry centrifugal collector
干式力矩马达 air-gap torque motor
干式立管 dry standpipe
干式立管系统 dry standpipe system
干式量热器 dry calorimeter
干式滤光器 dry filter
干式滤清器 dry filter
干式轮碾机 edge runner mill;dry pan
干式轮辗粉碎机 dry pan
干式煤气表 diaphragm meter;dry (gas) meter;dry test meter
干式煤气净化器 iron oxide purifier
干式密封管螺纹 dry seal pipe thread
干式灭火器 powder-type fire extinguisher
干式磨机 dry grinding mill
干式凝结水管 dry return pipe
干式盘 dry pan
干式盘磨机 dry pan mill
干式喷射机 dry spraying machine
干式喷水灭火系统 dry(-pipe) sprinkler system
干式喷头 dry sprinkler
干式喷注机 dry spraying machine
干式膨胀壳管蒸发器 dry expansion shell and tube type evaporator
干式膨胀冷却器 dry expansion cooler
干式膨胀蒸发器 dry expansion evapo(u)rator
干式碰撞器 dry impactor;dry impingement;dry impinger
干式破碎的 dry crushed
干式气缸衬套 dry cylinder liner
干式气缸套 dry-type cylinder liner
干式气量表 dry gas meter
干式气体净化器 iron oxide purifier
干式气压缩机 dry gas compressor
干式汽缸衬套 dry cylinder liner
干式汽缸套 dry sleeve
干式砌墙法 dry masonry work
干式潜水 dry diving
干式潜水服 dry diving dress;dry (diving) suit
干式潜水器 dry submersible
干式墙 drywall
干式清理滚筒 dry tumbling barrel
干式球磨机 dry ball mill
干式曲柄箱 dry crankcase
干式取样 dry sampling
干式取样器 dry sample barrel;dry sampler
干式取样筒 dry sample barrel
干式圈环捆束机 dry looper
干式润滑 dry sump lubrication
干式舌簧继电器 dry-type thin spring relay
干式射线照相干板 xeroradiographic (al) plate
干式射线照相术 xeroradiography
干式施工 dry construction;dry work
干式收尘设备 dry-type dust collection system
干式竖管 dry riser
干式双片摩擦离合器 friction(al) clutch of double-disk dry type
干式水表 dry-type(water) meter;dry water meter
干式水井法 dry-type well method
干式送料 dry feed
干式塔式磨粉机 dry-type tower abrasion mill
干式淘选法 dry vanning

干式填充过滤器 dry filling filter
干式通风管 dry vent
干式通气管 dry vent
干式透镜 dry lens
干式挖泥机 dry dredge(r)
干式文丘里洗涤器 dry Venturi scrubber
干式无电位接点 dry contact;potential free contact
干式物镜 dry objective
干式吸尘 dry suction
干式吸尘凿岩机 <英> dryductor drill
干式系统 dry system
干式下垂型喷头 dry pendent sprinkler
干式显影 dry process development
干式消防立管 dry riser;dry rising main pipe
干式消防喷水系统 sprinkler system-dry pipe
干式消防设备系统 dry system
干式旋风分离器 dry cyclone
干式旋风收尘器 rotoclone dry-type dust collector
干式选矿机 dry concentrator;dry separator;dry washer
干式氧化法控制硫化氢 control of hydrogen sulfide by dry-oxidation process
干式氧化锌静电复印机 electrostat
干式摇床选矿 dry tabling
干式仪表变压器 dry-type instrument transformer
干式仪表用的 dry instrument
干式乙炔发生器 dry residue generator
干式银盐复印机 dry silver printer
干式银盐胶卷 dry silver film
干式银盐像纸 dry silver paper
干式银盐印刷 dry silver print
干式银盐照相纸 dry silver paper
干式印刷 dry printing
干式预先混合 <水泥制造> dry premixing
干式预制配装构造 dry prefabricated construction
干式圆盘离合器 dry-disc[disk] clutch
干式凿岩 air boring;dry drilling;blower-type
干式造粒法 dry pelletizing method
干式真空 dry vacuum
干式真空泵 dry vacuum pump
干式真空气泵 dry vacuum air pump
干式振动料 dry vibrating material
干式蒸发机 dry evapo(u)rator
干式蒸发器 dry evapo(u)rator
干式整流器 contact rectifier;dry-type rectifier;dry(plate) rectifier
干式直立型洒水喷头 dry upright sprinkler
干式制材厂 dry mill
干式制砖机 dry press brick machine
干式转印 dry transfer
干式装配施工法 dry prefabricated frame assembly method
干式装置 dry installation
干式撞击取样器 dry impactor;dry impinger
干式自动喷水(灭火)系统 dry automatic sprinkler system;automatic dry-pipe sprinkler system
干式自冷变压器 dry self-cooled transformer
干式自磨机 aerofall mill
干式钻机 dry drilling
干式钻进 dry drilling
干式钻眼 dry drilling
干式钻眼上向凿井 dry raiser
干事 officer
干试 fire assay
干试车 dry run
干试法 dry test
干试验 dry test
干试样 dry sample
干饰面内墙 drywall
干饰面内墙构造 drywall construction
干室泵房 dry well pumping house
干室(内)条件 <温度 29℃,相对湿度 15%> dry room condition
干适淹 <水底石在低潮时露在水面> dry wash
干收集 dry catchment;dry collection
干手器 hand dryer[drier]
干瘦 bony;skinny
干熟石灰 dry-slaked lime
干树枝 raddle
干竖管 dry standpipe
干刷 dry brush
干刷光 dry brushing
干刷净 dry brushing
干水化石灰 dry hydrated lime
干水化物型副产品石灰 dry-hydrate type by-product lime
干水化物型碳化石灰 dry-hydrate type carbide lime
干水渍 dry water stains
干松 lodgepole pine
干松比重 dry bulk specific gravity
干松单位重 dry loss unit weight
干松容重 loose unit weight
干松散容重 dry loss bulk density
干松体积 dry loss volume
干塑的 dry-mo(u)lded
干塑瓦管 dry-mo(u)lded tile
干碎辊式破碎机 dry crushing roll
干碎屑 dry chip(ping)s
干缩 air shrinkage;desiccation;dry shrinkage;setting shrinkage;shrinkage(on drying);water-loss shrinkage;wastage <木材等的>
干缩变形 shrinkage deformation
干缩变形木材(的蒸汽)处理 reconditioning of collapsed timber
干缩表土层 desiccated crust
干缩的 dried-up
干缩缝 dry joint
干缩节理 desiccation joint
干缩量 drying shrinkage;shrinkage loss
干缩裂缝 desiccation cracking;desiccation fissure;drying shrinkage crack
干缩裂隙 desiccation crack;desiccation fissure;shrinkage crack(ing)
干缩率 drying shrinkage
干缩泥裂 shrinkage crack(ing)
干缩翘起 <木料> cupping
干缩曲线 drying shrinkage curve
干缩试验 shrinkage test
干缩损耗 evaporation
干缩特性 drying shrinkage behavio(u)r
干缩系数 coefficient of shrinkage;shrinkage coefficient
干缩限度 drying shrinkage limit
干缩徐变 drying creep
干缩应力 drying shrinkage stress
干缩折减 reduction of drying shrinkage
干缩值 drying shrinkage value
干塔 dry tower
干态反应 dry reaction
干态干燥剂脱水作用 dry desiccant dehydration
干态机械强度 dry strength
干态明度 dry brightness
干态强度 dry strength
干态修坯 dry finishing
干态硬度 dry hardness
干淘机 dry elutriator
干淘(洗) dry elutriation
干套筒气缸 dry sleeve cylinder
干提取物 dry extract
干体积计量 dry volume measurement
干体积配料计量 dry-volume measurement
干体密度 dry bulk density
干天然气 dry natural gas
干填 dry backfill
干填充(混凝土) dry pack(ing)
干填的 dry filled
干填法 <混凝土或砂浆的> dry pack(ing) method;dry packing
干填方 dry-placed fill
干填混凝土 dry-packed concrete;dry-placed concrete
干填毛石 dry rubble fill
干填砂浆 dry pack(ing) mortar
干填石 dry stone fill
干填实 dry pack(ing)
干填土 dry(-placed) fill
干调谐陀螺仪 dry-tuned gyro
干铜 dry copper
干投 solid feeding
干投法 method of dry dosing
干投料法 dry feed method
干投器 solid feeder
干投设备 dry-feed device
干透 drying through;parch;white-hard
干透的 absolutely dried;absolutely dry;bone dry;hard dry
干透骨料 bone-dry aggregate
干透集料 bone-dry aggregate
干透气性 baked permeability;dry permeability
干涂布量 dry spread
干涂法 dry painting
干涂喷膜 dry film
干土 dry soil;arid soil
干土厕所容器 earth closet receptacle;earth conservancy receptacle
干土吨 tons of dry material
干土密度 density of dry soil;dry bulk density;dry soil density
干土样 dry soil sample
干托粉 dental base acrylic;denture acrylic;resin powder
干脱漆 dry stripping
干挖 dry cut(ting);excavation in dry
干挖土 dry excavation
干弯曲 dryflex
干围级 girth class
干围级界限 girth limit
干围率 girth quotient
干温期 <冰后期> xenothermic period
干稳定性 <材料干燥状态的稳定性> dry stability
干污泥 dry sludge
干污泥固体吨数 tons of dry sludge solid
干坞泵 dry dock pump
干坞长度 length of dry dock
干坞抽水设备 outflow installation of dry dock
干坞出水洞 dock drainage tunnel
干坞的规划 planning of dry dock
干坞的现场调查 site investigation for dry dock
干坞底 dock floor
干坞底板设计 design of dry dock floor
干坞辅排水泵 dry dock drainage pump
干坞供电 electric(al) service to dry dock
干坞灌水 filling of dry dock
干坞横剖面 cross-section of dry dock
干坞集水坑设计 design of dry dock sump
干坞抗浮安全系数 factor of safety of dry dock against flo(a)tation
干坞龙骨墩 keel block of dry dock
干坞排水 dewatering of dry dock
干坞坞墙顶的布置 arrangement at dry dock cope
干坞坞墙顶高 height of dry dock cope
干坞坞墙宽度 width of dry dock barrel
干坞坞墙设计 design of dry dock walls
干坞坞闸 dry dock lock
干坞选址 siting of dry dock
干物料过滤 dry solids filtration
干物质存罐 dry tank
干物质含量 dry matter content;dryness
干物质继续积累 continued accumulation of dry matter
干物重 dry matter
干雾 dry fog;dry haze
干吸杯 dry cup
干吸附 dry adsorption
干溪 dry river bed
干洗 dry cleaning;dry wash
干洗店 dry cleaning building;dry cleaning shop
干洗房 dry cleaning shop
干洗柜 cabinet for dry washing
干洗机 dry cleaner;dry washer
干洗剂 dry cleaner;dry cleaning agent;dry cleaning detergent;dry-wash cleaner
干洗剂清洗法 dry-compound cleaning method
干洗间 cabinet for dry washing
干洗流体 dry cleaning fluid
干洗溶剂汽油 Stoddard solvent
干洗印法 dry process
干峡(口) air gap;wind gap
干舷 dead works;free board;upper works
干舷比 freeboard ratio
干舷标志 freeboard mark;loadline mark;Plimsoll's line;Plimsoll's mark
干舷长度 freeboard length
干舷高的 high freeboarded
干舷高度 free board
干舷规则 freeboard regulation
干舷甲板 freeboard deck
干舷界限 freeboard zones
干舷勘划 freeboard assignment
干舷漆 freeboard paint;topside paint
干舷区 freeboard zones
干舷区域图 map of freeboard zone
干舷深度 freeboard depth
干舷系数 freeboard coefficient
干舷型深比 freeboard depth ratio
干舷证书 certificate of freeboard;freeboard certificate;loadline certificate
干显影 aerasol development;cascade development
干显影剂 dry developer
干镶玻璃窗法 patent glazing
干消化的生石灰 dry-slaked quicklime
干消火栓 dry hydrant
干楔固 dry wedging
干芯变压器 dry-core transformer
干芯电缆 dry core cable
干新成土 ustent
干型 baked mo(u)ld;dried mo(u)ld
干型砂 dry sand
干型涂料 dry sand facing
干型芯 baked core
干型铸造 dry sand casting
干型阻水 dry pack(ing)
干性醇酸树脂 drying alkyd resin
干性过滤器 dry layer filter
干性混合料 stiff mix

干性混合物 harsh mix(ture)
干性混凝土 stiff concrete
干性贫碾压式混凝土 dry-lean rolled concrete
干性试验 drying test
干性调整不正确 drying incorrectly
干性下降阻抑剂 loss of dry inhibitor
干性亚麻子油 bodied linseed oil
干性油 drying siccative oil; dry(ing) oil; siccative oil
干性油底基油墨 drying oil based ink
干性油和天然树脂的掺配物 oleoresins
干性油墨 drying oil ink
干性油黏[粘]结剂 drying oil binder
干性油黏[粘]料 drying oil binder
干性油漆 boiled oil paint
干性油饰面 hard oil finish
干性油涂饰 hard oil finish
干性油载色剂 drying oil vehicle
干性植物油 vegetable drying oil
干休耕地 dry fallow
干修 dry finishing
干修面器 dry shaver
干朽 dry rot; Merulius lacrymans
干朽菌 true dry rot fungus
干朽菌属 <拉> Merulius
干蓄电池 dry accumulator
干悬浮固体 dry suspended solid
干选 dry blowing; dry concentration
干选法 dry cleaning
干选煤 dry-cleaned coal
干雪 dry snow
干雪崩 dry avalanche
干血胶 dried blood
干血黏[粘]结剂 dried blood adhesive
干压 dry rolling; dry press; rolled dry
干压包衣法 dry pressure coating
干压成型 dry pressing
干压成型的 dry-pressed
干压法 dry press method; dry pressing; dry press process
干压光 dry finish
干压机 dry press
干压面层 dry-rolled surface
干压强度试验 dry compression test
干压容重 dry compacted weight
干压缩 dry compression
干压瓦 dry press tile; dust-body tile
干压压砖机 dry press brick machine
干压制砖机 dry press brick machine; dry pressure brick making machine
干压砖 dry press(ed) brick
干亚麻 dry flax
干亚麻子油 boiled linseed oil; linoxyn
干烟气 dry flue gas
干淹 dry curve
干岩样 dry(rock) sample
干研磨 dry lapping
干盐湖 bajir; dry salt lake; playa lake; salar; salt playa
干盐湖沉积(物) playa deposit
干盐化 dry salting
干盐盘相 dry salt-pan phase
干颜料 dry pigment
干颜料片 chips
干养护 dry after treatment; dry curing
干氧化土 ustox
干样品 dry assay
干幺重 unit dry weight
干液离心式连接器 dry fluid centrifugal coupling
干液力传动 dry fluid drive
干衣机 clothes dryer[drier]
干银胶片 dry silver film
干印 drying print; xerox
干印法 xerography; xeroradiography
干印术印刷机 xerographic(al) printer
干硬 hard-drying
干硬稠度 dry consistency [consistence]
干硬度 dry stiffness; harshness (of concrete) <混凝土>
干硬壳层 dry crust
干硬黏[粘]土 dry hard clay
干硬涩拌和料 harsh mix(ture)
干硬涩混凝土 harsh concrete
干硬(细灰泥)抹面 hard finish
干硬性 stiff consistence[consistency]
干硬性拌合[和]物 stiff mix
干硬性拌和料 harsh mix(ture)
干硬性材料压制成人造石 dry-press stone
干硬性测定试验 stiffness test
干硬性灰浆 hard mortar; mortar of harshness; patent plaster; stiff consistency mortar
干硬性混合料 dry mixture; stiff mixture; harsh mix(ture)
干硬性混合物 stiff consistency mix; stiff mix
干硬性混凝土 concrete of dry consistency; concrete of stiff consistency [consistence]; dry mixed concrete; dry-packed concrete; earth-damp concrete; earth moist concrete; harsh concrete; non-plastic concrete; non-slump concrete; stiff (consistency) concrete; zero-slump concrete; dry concrete; hard concrete; no-slump concrete; low-slump concrete
干硬性混凝土拌和料 dry mix
干硬性混凝土拌合[和]物 dry mix
干硬性混凝土混合料 dry concrete mix
干硬性混凝土预制产品方法 dry-cast process
干硬性浆液 <坍落度小于 25 毫米> no-slump grout
干硬性快凝塞洞灰泥 hard stopping
干硬性配合 dry mix
干硬性砂浆 dry mortar; mortar of harshness; patent plaster; stiff consistency mortar; hard mortar
干硬性石浆 chemical plaster
干硬性水泥砂浆 dry mortar
干硬性新拌混凝土 harsh concrete mix
干硬性油灰 hard oil putty
干硬性油腻子 hard oil putty
干硬状态 hard dry state
干永冻层 dry permafrost
干用胶 dry-use adhesive
干油 consistent fat; dry oil
干油和稀油润滑系统 grease and oil system
干油集中压力润滑系统 centralized pressure-grease system
干油墨 dry ink
干油枪 oil gun
干油润滑系统 grease lubricating system
干油吸附法 glycol adsorption method
干油毡 dry felt
干油渍 dry oil stain
干釉 dried glaze
干鱼粕或鱼粉 dried fish scrap or meal
干预 interposition; intervene; intervention; meddle
干预辐射水平 intervention radiation level
干预混料 dry preblend; dry premix
干预经济的税收政策 tax derogation
干预经济的预算政策 budget dirigism
干预水平 action level; intervention level
干圆盘式离合器 dry-disc[disk] type clutch
干运 lifting with dry chamber; lifting without water
干运的 shipping-dry
干运转 dry running; running dry
干皂 dry soap
干燥 arefaction; baking; dehumidify; dehydration; dry(ing); drying out; drying up; dryness; dry slake; expulsion of water; seasoning; thermo-drying; xeransis
干燥斑痕 drying mark
干燥板 drying board
干燥拌和两用机 drying mixer combination
干燥变色 drying discoloration
干燥不匀 uneven drying
干燥材 seasoned timber; seasoned wood
干燥操作 drying process
干燥层 dry layer; dry mulch
干燥层储料 stock of drying zone
干燥产物 desiccate
干燥常数 drying constant
干燥厂 drying plant
干燥场 drying bed
干燥场地 drying ground
干燥车 drying car
干燥车间 drying plant
干燥成型的 dry formed; formed in dry state
干燥程度 degree of drying
干燥程序自动记录 kilnboy
干燥橱 cabinet dryer[drier]
干燥处理 drying process; drying treatment; seasoning
干燥床 drying bed
干燥措施 drying cure
干燥带 dehydration zone; drying zone; evaporating zone; evaporation zone
干燥带、分解带和烧成带扩大的回转窑 rotary kiln with enlarged drying, calcining and burning zone
干燥带或预热带扩大的回转窑 rotary kiln with enlarged drying or preheating zone
干燥的 arid; desiccant; desiccative; dried exsiccant; exsiccative; moisture-free; seasoned; siccative; thirsty; unwatered; xeric; xerophytic; dried
干燥的发酵浸出物 dried extracted fermentation soluble
干燥的房间 dry room
干燥的黏[粘]合强度 dry bonding strength
干燥的土壤 torrid soil
干燥的网膜 webbed dried film
干燥的支架 drying rack
干燥底层 dry bedding
干燥地 arid soil; dry land
干燥地带 airing region
干燥地基 drained ground base
干燥地区 arid area; arid region; drying area
干燥点 drying-up point
干燥冻土地带 dry tundra
干燥度 aridity; dryness(fraction)
干燥度测定器 dry tester
干燥度仪 electric(al) hydrocel
干燥多孔板 perforated plate for drying
干燥法 desiccation; exsiccation; seasoning
干燥法镀锌 dry galvanizing
干燥反应 drying behavio(u)r
干燥房 drying shed
干燥房间 non-wet room
干燥粉 dry powder; xeraphium; xerium
干燥粉磨机 dryer-pulveriser
干燥风 dry wind
干燥感 dry sensation
干燥工 drier
干燥功率 drying power
干燥鼓 dry(er) drum; drying cylinder
干燥鼓筒 dryer drum; drying drum
干燥固体 dry solid matter
干燥故障 drying fault
干燥管 dry(ing) pipe; dry(ing) tube; main steam pipe
干燥管吊带 dry-pipe bridle; dry-pipe hanger
干燥罐 drying chamber
干燥辊道 drying roll
干燥滚筒 dryer; dry(er) drum; drying drum; rotary drum dryer[drier]
干燥过程 drying process
干燥过滤器 device for drying and filtering; drier-filter; dry filter
干燥(黑)斑 drying mark
干燥烘缸 drying cylinder
干燥缓慢 slow drying
干燥混凝土 desiccated concrete
干燥机 baker; dryer [drier]; dryer mill; dry (ing) machine; drying press; mechanical dryer[drier]
干燥机进板分配桥 feeding tipple conveyer[conveyor]
干燥机理 drying mechanism
干燥机输送带 drier conveyer [conveyor]
干燥机械 drying machinery
干燥机组 drying unit
干燥基 dry basis; moisture-free basis
干燥及热定型拉幅机 drying and heat setting stenter
干燥记时钟表 drying time clock
干燥剂 dehumidifier; dehumidizer; dehydrating agent; dehydrator; desiccant; desiccant(ing) agent; desiccative; desiccator; dryer [drier]; dry box; drying agent; exsiccant; liquid siccative; siccative
干燥剂包 desiccant cartridge
干燥剂降温法 desiccant cooling
干燥剂填装机 desiccant salt filling machine
干燥剂脱水器 dry desiccant dehydrator
干燥剂制冷 desiccant cooling
干燥加热器 dehumidifying heater
干燥架 drying rack; rack dryer[drier]
干燥间 drying room
干燥降等 seasoning degrade
干燥降级 seasoning degrade
干燥搅拌筒 drying-mixing drum
干燥阶段 dry stage; stage of drying
干燥结硬 seasoning
干燥介质 drying medium
干燥开裂 season cracking
干燥开始 commencement of drying
干燥抗弯强度 drying transverse strength
干燥坑 hot floor
干燥空气 dry air
干燥空气泵 dry-air pump
干燥空气输入管 drying air duct
干燥空隙 dry void
干燥框架 drying frame
干燥类型 dry-type
干燥离心机 drying centrifuge
干燥凉棚 drying shed
干燥裂缝 <木材的> seasoning check
干燥裂纹 decoction crack; drying crack; seasoning check
干燥裂隙 decoction crack; drying crack; seasoning check
干燥硫酸钙 exsiccated calcium sulfate
干燥炉 baking oven; batch dryer[drier]; drier; drying oven; drying stove; dry kiln; gloom; kiln; treating oven; dry-off oven

干燥炉烘箱 drier
干燥铝矾 desiccated alum;exsiccated alum
干燥率 dryness factor;dryness fraction;index of aridity
干燥密度 dry(bulk)density
干燥敏感系数 coefficient of drying sensitivity; dry sensitivity coefficient
干燥敏感性 drying sensitivity
干燥明矾 dried alum;exsiccated alum
干燥膜 desiccator diaphragm
干燥膜润滑剂 dry film lubricant
干燥木材 desiccated wood;dry wood
干燥木材的连续(作业)窑 progressive kiln
干燥木材而得的 pyroligneous
干燥能力 drying capacity; drying power
干燥黏[粘]土平原 pat
干燥黏[粘]着性 tacky dry
干燥盘 drying pan
干燥盘管 dehumidifier coil;drier coil
干燥棚 drying loft;loft dryer[drier]
干燥平衡水 equilibrium moisture content
干燥瓶 drying bottle
干燥期 drying-out period
干燥气候 arid climate;arid weather;dry climate
干燥气体净化器 dry gas purifier
干燥器 dehumidifier; dehumidizer; dehydrater[dehydrator];desiccator;dryer[drier];dry box;drying apparatus; drying battery; exsiccator; kiln;moisture eliminator;moisture separator;oven;water extractor
干燥器板 desiccator plate
干燥器热平衡 heat balance of dryer
干燥枪 drying pistol
干燥强度 dried strength; drying strength
干燥墙体的散湿孔 knapen system
干燥情况 drying behavio(u)r;drying regime
干燥区 airing region;arid region;arid zone;drying zone;drying region
干燥区地貌 arid region relief;dry region relief
干燥区平原 ariplain
干燥区域 arid region;dry area
干燥曲线 drying curve
干燥趋势 drying tendency
干燥缺陷 seasoning defect;drying defect
干燥燃煤 dry burning coal
干燥热带灌木丛 dry tropic(al) scroll;dry tropic(al) scrub forest
干燥热带林 <半落叶> dry tropic(al)forest
干燥热带森林 dry tropic(al)forest
干燥润滑法 dry sump lubrication
干燥舌 dry tongue
干燥设备 drier;drying apparatus;drying equipment;drying installation;drying machinery;drying plant
干燥失重 loss on drying
干燥时间 drying time;dry-out time
干燥时间测定器 drying time meter
干燥时间自动记录仪 drying time automatic recorder
干燥时期 drying period
干燥式料斗 drying hopper
干燥试验 drying test
干燥室 conditioning chamber; drier chamber; dry closet; drying cabinet;drying chamber;drying house;drying loft;drying room;dry kiln;oven;arid chamber
干燥收缩率 coefficient of dry shrinkage;drying shrinkage
干燥松散状态下的比重 specific gravity bulk-dry
干燥送风 dry blast
干燥速度 drying rate;rate of driving;drying tendency <混凝土>
干燥速率 rate of drying;drying rate
干燥速率曲线 rate of drying curve
干燥隧道 drying tunnel
干燥塔 drying tower; tower dryer [drier]
干燥台地 karoo
干燥体积收缩率 coefficient of dry volume shrinkage
干燥天气 dry weather; weather drying
干燥天然气 dry natural gas
干燥填充过滤器 dry filling filter
干燥条件 drying condition
干燥通风法 dryeration process
干燥通风作业 dryeration
干燥筒 drier; drum dryer[drier]; drying cylinder
干燥筒的倾斜度 dryer inclined degree
干燥涂料拌和机 drier-coating mixing plant
干燥涂膜 dry paint film
干燥土 airing soil;aridisol;arid soil;thirsty soil;dry soil
干燥土室 dry closet;dry conservancy
干燥瓦坯的格栅 hake
干燥瓦片用托架 horse
干燥温度 drying temperature
干燥屋顶油毛毡 dry roofing felt
干燥无灰的 dry ash-free; moisture and ash-free
干燥无灰基 dry ash-free basis
干燥无矿物质基 dry mineral matter free basis
干燥无味的场 arenaceous
干燥物质 dry matter;dry substance
干燥吸附系统 desiccant adsorption system
干燥吸收剂 dry box
干燥系数 aridity coefficient
干燥系统 drying system
干燥系统热效率 heat efficiency of the dryer system
干燥细颗粒骨料 dry sand-size aggregate
干燥线收缩系数 dry constriction coefficient
干燥箱 bake oven;baking oven;cabinet dryer[drier];dryer;drying box;drying cabinet;drying chest;drying hopper;drying oven;glove box;loft dryer[drier]
干燥型电动聚尘器 dry-type electric(al)precipitator
干燥性 aridity;drying property;dryness
干燥性能 drying behavio(u)r;drying power
干燥徐变 drying creep
干燥延缓剂 anti-dryer[drier]
干燥氧化土 Torrox
干燥样品 dry-out sample
干燥窑 drier;dry(ing)kiln
干燥窑出料装置 dryer take-off unit
干燥抑制剂 drying inhibitor
干燥引起的固结 consolidation due to desiccation
干燥应力 dry(ing)stress
干燥用的 desiccant
干燥用空气加热器 drying air unit
干燥用空气温度调节器 drying air temperature control
干燥诱导期 induction period of drying
干燥预压 precompressed by desiccation
干燥毡 drier felt
干燥证明书 dry certificate
干燥指标 drought index
干燥指示剂试验 drying indicator test
干燥指数 aridity index;drying index;index of aridity
干燥至可以装运 dry to permit handling
干燥制度 drying schedule;drying system
干燥重量 dry weight
干燥周期 arid cycle; drying cycle; dry-out period
干燥转筒 drying drum
干燥装置 airer;drying arrangement;drying equipment; drying mechanism;drying plant
干燥状况 <土壤的> torric
干燥状态 dry regime;dry state
干燥状态强度 strength in dry state
干燥作业回转窑 dry process rotary kiln;dry process type rotary kiln
干燥作用 dehumidification; desiccating action;desiccation;drying action;drying effect
干渣 dry slag;solid slag
干毡大卷 dry felt jumbo roll
干毡毛织网 web of dry felt
干毡毛织物 web of dry felt
干毡织物 dry felt web
干毡制造 dry felt manufacture
干沼泽地 fenland
干遮盖 dry hiding
干遮盖力 dry hiding power
干折曲 dryflex
干蔗压榨机 cane masher
干蔗渣 bagasse
干振法 <混凝土楼地板耐磨层施工> dry shake floor
干蒸 dry blowing
干蒸呢机 dry decatizer
干蒸汽 dry saturated steam;dry steam
干蒸汽包 dry steam drum
干蒸汽加湿器 dry steam humidifier
干蒸汽井 dry steam well
干蒸汽田 dry steam field
干支流交汇水域 convergent area of main and branch waterways
干植丛群落 lochmodium
干纸绝缘 dry-paper insulation
干纸型纸 dry flong
干制标本 dry preserved specimen
干制法(水泥)dry process
干制品 dried product
干制陶瓷 dry process porcelain
干中和 dry neutralization
干重 dry weight;parts dry(weight)
干重拌和 dry-weighed batch batch
干重度 dry unit weight
干重分拌 dry-weighed batch
干重分级法 dry weight rank method
干重含水率 moisture weight percentage
干重密度 dry weight density
干重配料 <按干重量配成的一拌材料> dry-weighed batch
干重组成 dry weight basis
干轴承 dry bearing
干皱 kraurosis
干皱的 shriveling
干筑隔墙 dry partition
干铸法 dry casting;dry cast method
干铸管 dry cast pipe
干铸造法 dry cast process
干砖坯 dried brick
干转变 dry inversion
干转移型潜水器 dry transfer submersible
干装玻璃 dry glazing
干装填充法 dry pack(ing)
干着色剂 dry colo(u)rant
干渍 dry stained
干棕仁 dried kernel
干组分 dry basis
干钻 dry drilling; dry running; running dry
干钻的 drilled dry
干钻法 dry drill(ing)method
干钻回次 dry run
干钻孔 dry drilling;dry hole
干钻眼 dry boring hole
干作业隔断 dry construction partition
干作业内墙覆盖面板 drywall finish
干作业墙门框 drywall frame
干作业墙体 drywall construction
干作业施工 dry construction;dry work

甘

甘倍尔分布 Gumbel distribution
甘醇 ethylene glycol;glycol
甘汞 calomel(ite);horn mercury;horn quicksilver;mercurous chloride
甘汞半电池 calomel half cell
甘汞电池 calomel cell
甘汞电极 calomel electrode
甘古列特公式 <计算排水管中水流速度的公式> Ganguillet formula
甘露糖醇 mannite;mannitol
甘露糖醇脂肪酸酯 mannite fatty acid ester
甘冒风险 risk prone
甘泉 sweet spring water
甘薯 potato
甘松 nard
甘松油 spikenard oil
甘松油脂 nard
甘酞树脂 glyptal;glyptal resin
甘特布置图 Gantt layout chart
甘特测链 Gunter's chain
甘特车间负荷图 Gantt shop loading chart
甘特负荷表 Gantt load sheet
甘特工程计划表 Gantt project planning chart
甘特计划进度和控制 Gantt chart scheduling and controlling
甘特进度表 Gantt chart
甘特进行图 Gantt progress chart
甘特桥 <将斜拉索埋置于混凝土壁中的斜拉桥,主跨 174 米,1980 年建于瑞士> Ganter Bridge
甘特日程图 Gantt scheduling chart
甘特式计划工程项目表 Gantt charts for planning engineering project
甘特图(表)Gantt(bar)chart
甘托克 <锡金首都> Gangtok
甘油 glycerin(e);glycerol
甘油保持量试验 <测量土粒的表面积用> glycerol-retention test
甘油蓖麻油酸酯 ricinoleyl glycerine
甘油醇解 glycerolysis
甘油(单)烯丙基醚 allylin
甘油单脂肪酸酯 glycerin(e) monofatty ester
甘油二乙酸酯 diacetin
甘油高岭土浆 glycerin(e)kaolin slurry
甘油基一邻苯二甲酰亚胺 glyceryl monophthalimide
甘油胶泥 glycerin(e)mastic
甘油凝胶 blasting gelatin(e)
甘油膨润土浆 glyben
甘油侵蚀 glycerin(e)attack
甘油醛 glyceraldehyde
甘油三蓖麻油酸酯 ricinoleindin
甘油三反油酸酯 elaidin
甘油三松香酸酯【化】ester gum
甘油三酸酯 triglyceride
甘油三桐酸酯 elaeostearin

甘油三硝酸酯 explosive oil; nitroglycerin(e)
甘油三亚麻酸酯 linolenin; nolenin
甘油三亚油酸酯 linoleic acid glycerol ester; linol(e)in
甘油三乙酸酯 glycerm tri-acetate; glyceryl triacetate; triacetin
甘油三硬脂酸酯 tristearin
甘油三油酸酯 olein
甘油三酯 triglyeride
甘油十八(碳)烯酸酯 linoleic acid glycerol ester
甘油双乙酸酯 glyceryl diacetate
甘油松香(酯) rosin glycerin ester
甘油酞酸树脂 glycerin(e)-phthalic acid resin
甘油型胶泥 glycerin(e) cement
甘油亚麻酸酯 linolenic acid glycerol ester; monolinolein
甘油一甲苯醚二乙酸酯 monocresyl glyceryl ether diacetate
甘油一乙酸酯 monoacetin
甘油硬脂酸酯 glyceryl stearate; stearin(e)
甘油油灰 glycerin(e) mastic
甘油油酸酯 monoolein
甘油炸药 dynamite
甘油酯 glyceride; glycerin(e) ester; glycerol ester; glyceryl ester
甘油酯化作用 glycerol esterification
甘油(酯)酯交换 glyceride transesterification
甘油棕榈酸酯 monopalmitin
甘蔗 cane; sugarcane
甘蔗板 bagasse board; cane fiber[fibre] board; sugarcane board
甘蔗板隔热隔声 cane fiber insulation
甘蔗废料 cane trash
甘蔗废料板 cane trash board
甘蔗废料薄板 cane trash sheet
甘蔗废料焦油 cane trash tar
甘蔗糖厂成套设备 complete equipment for cane sugar factory
甘蔗提升机 cane lifter; cane-lifting machine
甘蔗田 sugarcane field
甘蔗吸声板 celotex board
甘蔗纤维 cane fiber[fibre]; sugarcane fibre
甘蔗纤维板 cane fiber[fibre] board
甘蔗纤维吸声板 acoustic(al) celotex (tile)
甘蔗压榨机 cane crusher; cane masher; cane press; sugarcane crusher; sugar milling machinery
甘蔗叶 sugarcane top
甘蔗渣 < 软质纤维板原料 > bagasse; megass(e)
甘蔗渣板 bagasse board
甘蔗渣薄板 bagasse sheet
甘蔗渣尘 bagasse dust
甘蔗渣废水 bagasse wastewater
甘蔗渣肺【医】bagassosis
甘蔗渣纤维 bagasse fiber[fibre]
甘蔗渣压捆机 bagasse baler
甘蔗榨汁机 cane crusher; cane-juice squeezer
甘蔗装载机 cane loader

杆

杆 bar; lever; pole; rod; staff; stick; wand; perch < 英国计量单位,等于5.5 码,长度 5.029 米,面积 25.29 平方米,体积≈7.008 立方米 >

杆板接法 tenon-bar splice
杆板结构 bar-plate structure
杆臂 lever arm
杆标 pole beacon; pole mark; pole signal
杆材 small pole; stemwood
杆材轨枕 pole tie
杆材树 pole tree
杆材探伤器 woodchecker
杆测法 < 水深探测的 > rod sounding
杆测深 rod sounding; sounding by pole
杆测深法 rod sounding
杆叉 pike pole; rod clevis
杆叉铲 bar spade
杆叉形端 split end; yoke end
杆衬 post gasket
杆撑 post shore
杆秤 beam balance; beam scale; lever scale; quick balance; steelyard
杆尺水准测量 rod level(l)ing
杆尺水准仪 rod level
杆齿耙 lever harrow; pillar harrow
杆传动 rod transmission
杆锤 wiper hammer
杆磁铁 bar magnet
杆簇柱 pillar with clustered shafts
杆挡 pole spacing; pole span
杆导 rod guidance; spindle guide
杆导承 guide of rod; rod guide
杆导架 rod carrier
杆的间隔件 bar distance piece
杆的截面 bar cross-section
杆的连接 bar connection
杆的屈曲 bar buckling; buckling of rod
杆的形状标准 rod shape code
杆的压曲 bar buckling; buckling of rod
杆的一览表 bar schedule
杆的直径 bar diameter
杆的中心线 bar center[centre] line
杆的轴向振动 rods in axial vibration
杆底加固 ground bracing
杆底绳 heel rope
杆顶 masthead; mast top
杆顶抱箍 top of mast clamp
杆顶变压器 pole top transformer
杆顶帽 pole cap
杆端 bar head
杆端叉口 horn
杆端耳圈 horn
杆端刚度 end stiffness of member
杆端连接叉 rod end yoke
杆端弯矩 moment at extremity of rod
杆端销 rod end pin
杆端应力 end stress of member
杆端约束 end restraint
杆端轴承 rod end bearing
杆对 pole pair
杆阀 stem valve
杆沸石 faroelite; fibrous zeolite; thomsonite
杆盖 bowl cover
杆杠 fulcrum lever
杆根 pole footing
杆根横木 < 电杆的 > under-bracing
杆根加固 reinforcement of pole butt
杆钩 pike pole; pole-hook < 一端有钩的长杆 >
杆构件应力 bar stress
杆箍 pole band
杆规 bar ga(u)ge
杆和棒 rods and bars
杆荷载 bar loading
杆环 burr; staple bolt
杆簧 pole spring; post spring
杆簧盖 pole spring cap
杆基 pole footing
杆夹 bar clamp; bar cramp
杆架 bar frame; mast frame
杆架隔离开关 overhead isolator
杆架式变电所 pole type transformer substation
杆架轴套 bracket shaft sleeve
杆间距离 span(between bars)
杆间水平拉线 zero-guy
杆件 member; straight member
杆件编号 member number
杆件承受的荷载 rod loading
杆件代替法 method of exchange of members; method of substitute member
杆件带孔端 eye end
杆件的(相)交点 point of intersection of members
杆件断面扭转中心 twist centre of member section
杆件断面重心 center[centre]-of-gravity member section
杆件互换 member transposition
杆件几何轴线图 geometric(al) axis diagram of member
杆件加工场地 rod field
杆件交换法 method of exchange of members
杆件结构构造 bar field
杆件浸入长度 submerged length of member
杆件类型 bar type; member type
杆件连接 link connection; rod connection
杆件联接 member connection
杆件喷涂 pole spraying
杆件拼接节点 member splice node
杆件平面 plane of bars
杆件屈曲 bar subject to buckling
杆件群 member group
杆件缩短损失 loss due to concrete member shortening
杆件条件 member condition
杆件弯矩 bar moment; member moment; rod moment
杆件弯曲损失 loss due to bending of concrete member
杆件位移 bar transformation; bar transposition
杆件系统 bar system; bracing system; rod system
杆件相对位移 relative displacement of members
杆件斜率 bar slope
杆件移动 rod transposition
杆件应力 bar stress
杆件质变节点 member property change point mode
杆件轴线 member axis
杆件状态 member condition; member state
杆件组装 assembly of members
杆件坐标 member coordinates
杆脚 butt-swelling
杆脚地中拉线 stay fixed to pole at ground level
杆校准 bar calibration; bar check
杆接多触点继电路 bar relay
杆接头 knock-off joint
杆节 link rod
杆进给 bar feed
杆距 pole clearance; pole distance; pole spacing; pole span; span of rod
杆菌 bacillus
杆菌培养 bacilli culture
杆菌性的 bacillary
杆菌性痢疾 bacillary dysentery
杆菌状的 bacillary
杆控聚光灯 pole-control focus lamp; rod-control soft light
杆控针形阀 bar stock needle valve
杆力 bar force
杆栎 box white oak; brash oak; iron oak; post oak
杆连接 rod joint
杆连式挂车 pole wagon
杆联结器 rod coupling
杆链 bar chain
杆链升运式挖掘机 rod-link digger
杆链式升运器 rod-chain elevator; rod-link elevator
杆链式输送带 rod-link conveyer[conveyor]
杆链式输送器 rod-link conveyer[conveyor]
杆料架 stock reel
杆笼螺栓 stem and cage bolt
杆路 pole line
杆铆钉 riveting pin
杆帽 pole cap
杆密封 stem seal
杆密封盖 rod gland
杆面 pole face
杆面积 rod area
杆面型式 wire configuration
杆剖面 bar section
杆钳 bar clamp
杆桥 trestle for pipe
杆球磨机 rod ball mill
杆上电缆盒 cable terminal box on a post
杆上工作台 balcony; pole balcony
杆上交叉 crossing of conductors with connection
杆上开关 mast switch; pole(mounted) switch
杆上信号 semaphore signal
杆上作业台 pole balcony
杆梢 small end of pole
杆式(磅)秤 beam scale
杆式泵 bull pump; insert pump; rocking arm pump; rodliner pump; rod pump; sucker rod pump
杆式避雷针 pole-mounting lightning arrester
杆式变速 column gear shift
杆式变压器 pole type transformer
杆式标志 pole mark; pole signal
杆式补偿摆 gridiron pendulum
杆式车构架 bar type frame
杆式车架 bar type frame
杆式秤 beam scale; steelyard; weighing beam
杆式存储器 rod memory
杆式打磨器 pole sander
杆式打印机 bar printer; type bar printer
杆式的 rod type
杆式底架 bar underframe
杆式吊架 cargo beam
杆式抖动器 boom shaker
杆式多点检验器 bar type multipoint tester
杆式分禾器 rod divider
杆式浮标 rod float; staff float
杆式浮筒 straight-truck buoy
杆式浮子 staff float; rod float
杆式副起重臂 needle type jib
杆式给料器 bar feeder
杆式构架 bar type frame
杆式划行器 bar marker
杆式货物挂车 pole carrier
杆式集装机 jammer
杆式检测校准 < 回声测深仪的 > bar check
杆式接点 lever contact
杆式截煤机 arm coal-cutter; bar coal cutter
杆式聚能射孔器 stick jet gun
杆式开关 pole type switch
杆式控制 column control
杆式控制阀 spool(-type) control valve
杆式控制系统 column control system
杆式拉紧系统 rod lashing system
杆式链 rod-link chain
杆式黏[粘]度计 bar visco(si)meter
杆式耙 lever harrow
杆式平面筛 level screen of bars
杆式破碎机 rod mill
杆式起重机 bar crane

杆式绕组电枢 bar-wound armature
杆式深井泵 bull deep-well pump
杆式升降器 bar lifter
杆式升运链 webbed chain
杆式输送机 bar conveyer[conveyor]
杆式水准器 rod level
杆式探测 rod sounding
杆式镗床 rod boring machine
杆式通沟器 sewer rodder
杆式推钢机 ram-type pusher
杆式系统 stick system
杆式显示装置 bar display
杆式泄水闸 stem sluice gate
杆式旋塞 plug cock
杆式研磨机 rod mill
杆式移送多工位模具 shuttle die
杆式应变计 rod extensometer
杆式油泵 rod oil-pump
杆式振捣器 rod vibrator
杆式止回阀 drill rod check valve
杆式制动器 lever brake
杆式中耕除草机 rod weeder
杆式逐搞轮 rod beater
杆式自动车床 automatic bar type machine
杆式钻 rod borer
杆式钻孔应变仪 rod-type borehole extensometer
杆式钻探 rod boring
杆手柄销 lever handle pin
杆受荷载 bar loading
杆受弯矩 bar moment
杆栓 rock bolt
杆锁 lever lock
杆塔 pole;poles and towers;tower
杆塔顶部 head of mast
杆塔顶点 point of pole
杆塔定位 tower spotting
杆塔基础电阻 footing resistance
杆塔计算负载 tower loading
杆塔接地阻抗 tower-footing impedance
杆塔式变电所 pole type substation
杆套 rod strap;stem bush;stem casing
杆体 body of rod
杆体锥体层 bacillary layer;Jacob's membrane;layer of rods and cones
杆条 bar strip
杆条式滚筒 slatted drum
杆条式链 open carrier chain
杆条式破土犁体 rod breaker bottom
杆条式青贮料集运器 rapier silage rake
杆条式升运器 rod elevator;rod-type elevating conveyer[conveyor]
杆条式升运器链节 rod elevator link
杆条式装干草机 web hay loader
杆头废料 <残留在成型工具上的玻璃> moil
杆头销 gudgeon pin
杆推式调车法 poling switching
杆托 lever bracket;rod support
杆托螺栓及螺母 lever bracket bolt and nut
杆弯矩 bar moment
杆桅灯标 staff light
杆位错 pole dislocation
杆位指示牌 sight-reading chart
杆系 linkage;linkwork;trussing
杆系参数 linkage parameter
杆系传动比临界速率 link ratio critical speed
杆系结构 bar structure;member structure;skeleton structure
杆系结构力学 structural mechanics of beam system
杆系框架结构 braced frame construction
杆销 lever pin;pole pin
杆销联结器 link and pin coupler
杆小球 rod spherule
杆行程 throw of lever
杆形灯桩 spar buoy
杆形浮标 spar buoy
杆形浮子 rod float
杆形构件 rod element
杆形集电路的自动反向器 automatic trolley reverser
杆形联结器 bar coupling
杆形线 bar line
杆穴 fossa(e);pole hole;pole socket
杆穴挖掘机 pole-hole digger
杆应力 member stress
杆凿 cant firmer chisel
杆闸 lever brake
杆支脚手架 pole scaffold(ing)
杆中应力 rod stress
杆轴承 rod bearing
杆住搅拌器 anchor agitator
杆柱 bolt(support);post shore;roof bolt
杆柱安装机 bolting machine;roof-bolting machine
杆柱材 pole stock
杆柱机 roof-bolter
杆柱基脚 post footing
杆柱孔钻车 roof-bolting jumbo;roof-pinning jumbo
杆柱支护 suspension roof support
杆柱钻机 jumbolter
杆柱钻孔机 roof-bolting stopper
杆柱钻孔真空清扫器 bolt hole vacuum cleaner
杆桩基脚 post footing
杆桩遮篷 pole and stake awning
杆装开关 pole switch
杆装式避雷器 pole-mounting lightning arrester
杆装式变电所 pole type station
杆装式变压器 pole type transformer
杆状刀具 rod cutter
杆状的 baculiform;band-form;rod-shaped
杆状浮标 pillar buoy;spar buoy
杆状浮子 pole float
杆状构造 club-shaped structure;rodding structure
杆状机心 bar movement
杆状基线尺 bar apparatus;base bar;base measuring bar;rigid base bar
杆状连锁沟 virgae
杆状目标 bar target
杆状钮扣 bar button
杆状试件 test bar
杆状图 stick plot
杆状(细菌)的 bacillary
杆状信标 spindle
杆状延长筛 tail rake
杆状药柱 rod grain
杆子 tringle;malus <古罗马剧场中支撑帐篷的>
杆组合件 rod assembly
杆钻 bar drill;rod borer;rod boring
杆钻冲击钻进法 pole-tool method
杆钻法 pole-tool method
杆座 pole socket

肝铁矿 hepatic iron ore;hepatic pyrite

肝炎 hepatitides;hepatitis
肝蛭 flood flukes;fluke <一种扁平寄生虫>

矸石 attal;gangue;slagmac;waste rock

矸石仓 refuse bin;rock pocket;waste bunker
矸石场 mine dump;refuse yard
矸石车 muck car
矸石堆 bing;escorial;heap;hillock;spoiled area;spoiled pile;waste bunker;waste dump
矸石块 masses of gangue
矸石料 waste material
矸石墙 puck
矸石山 rock dumping yard
矸石剔除 gangue rejection
矸石填方 waste-fill
矸子堆祸害 tip disaster
矸子堆灾难 tip disaster
矸子土 culm clay

坩埚 copple;crucible;crux[复 cruxes/cruces];fire pot;melting pot

坩埚安装 pot setting
坩埚壁 sidewall of crucible
坩埚车 pot carriage;pot wagon
坩埚衬里 mo(u)ld lining
坩埚衬碳 brasqueing
坩埚底热量 bottom heat
坩埚电器 bushing electric
坩埚耳朵 bushing lug;bushing terminal
坩埚法 crucible method;marble melt process
坩埚盖 bushing lid;crucible cover
坩埚钢 cast steel;crucible steel;pot steel
坩埚红热处理 nailing
坩埚加球孔 bushing feed hole
坩埚口 mouth of pot
坩埚框架 bushing frame
坩埚拉丝法 lowering melt process
坩埚里衬 mo(u)ld lining
坩埚漏板 basic plate
坩埚炉 coke-hole;crucible furnace;crucible oven;fire hole;pot furnace;pot-hole
坩埚炉底 cheese
坩埚炉熔炼 crucible melting
坩埚模型 crucible die
坩埚黏[粘]土 pot clay
坩埚片 crucible disc[disk]
坩埚钳 crucible tongs;hawkbill
坩埚圈 gathering ring
坩埚熔化 crucible melting
坩埚熔制的色料 pot colo(u)r
坩埚熔制乳白玻璃 pot-opal glass
坩埚使用寿命 pot life
坩埚式炉膛 retort type furnace
坩埚试金 crucible assay
坩埚推车 crucible trolley
坩埚位置 bushing position
坩埚盐浴炉 crucible-type salt bath furnace
坩埚颜色 pot colo(u)r
坩埚窑 crucible kiln;pot furnace;pot-(tery)kiln
坩埚窑作业室 hearth of pot furnace
坩埚用三角 crucible triangle
坩埚预热炉 pot arch;pot preheating oven
坩埚制玻璃 pot metal
坩埚铸钢 crucible cast steel;skillet cast steel
坩埚座 crucible holder
坩锅 hearth
坩锅用耐火材料 grog

泔脚 <猪饲料> swill

泔脚饲料 swill
泔脚饲料筒 swill box
泔水 hogwash;slops;swill
泔水处理器 disposal unit

柑 king orange;mandarin

柑桔园 orangery
柑橘果 citrus fruit
柑橘林 citrus grove
柑橘柠檬类(果树)作物 citrus crop
柑橘树 mandarin
柑橘业 citriculture
柑橘园 orangery
柑橘属 citrus

竿 barbing;perch;trammel;wand;vara <测量单位,1 瓦拉 = 847 厘米>

竿探测法 rod sounding

酐 anhydride

秆 culm

赶点 accelerated run

赶工 expedite
赶工成本 crush cost
赶工费 acceleration cost
赶工时间 crash(ed)time
赶光面 trowel finish
赶光抹子 smoothing trowel
赶拢 round up
赶上形势需求 catch-up program(me)
赶上形势需要的规划 catch-up program(me)
赶牲口的人 drover
赶畜道 driveway

感测 sensing

感测开关 sense switch
感测站 sensing station
感察器 detector;sensing device;sensor
感潮泊位 tidal berth
感潮倒灌 tidal backflow
感潮的平缓海滩 tidal smooth profile beach
感潮的狭窄海湾 tidal inlet
感潮地带 tidal land
感潮段 tidal portion
感潮港 tidal harbo(u)r;tidal port
感潮港池 tidal basin;open basin;tidal dock;open dock
感潮港湾 tidal harbo(u)r
感潮海岸区内的 mid-intertidal
感潮海湾 tidal inlet
感潮航道 tidal channel
感潮河 tidal stream
感潮河测站 tidal river station
感潮河道 tidal channel;tidal waterway
感潮河段 fluviomaritime section of stream;maritime section of stream;tidal portion;tidal river reach;tidal stretch;tide stretch;tideway;tidal reach;tidal river
感潮河段上限 tide head
感潮河口 river estuary
感潮河口的 estuarine
感潮河口段界限 limit of tidal river reach
感潮河流 tidal river
感潮界限 tide head
感潮喇叭形河口 tidal funnel estuary
感潮码头 tidal accommodation;tidal dock;tidal quay

感潮区 tidal region
感潮区建港计划 tidal scheme
感潮区上游段 head of tide water
感潮区域 tidal compartment
感潮三角洲 tidal delta
感潮水道 tidal inlet;tidal waterway;tidal channel;tidal inlet;tideway
感潮水域 tidal waters;tidewaters
感潮沼泽 tidal flat;tidal marsh
感触温度 effective temperature
感触延伸仪 feeling elongation meter
感到不适的眩光 discomfort glare
感地性【植】geonasty
感度 sensitivity
感观影响 visual impact
感官 sense organ;sensory organ
感官法 organoleptic method
感官检查 examination by sensory organs
感官水质 esthetic quality
感官污染 esthetic pollution
感官污染指数 sensuous pollution index
感官性指标 sensuous index
感官质量 aesthetic quality
感光 sensitive to light
感光板 sensitive plate
感光板灵敏度 speed of photographic plate
感光保护膜 photoresist
感光标准 criterion of sensitivity;speed criterion
感光玻璃 photoceram
感光不足 under-exposure
感光部份 photosensitive portion
感光材料 light-sensitive material;photosensitive material;sensitive material
感光材料分解力 resolution of photographic(al) material
感光材料助剂 photosensitive material additive
感光测定 sensitive determination
感光测定计 densometer
感光测定术 sensitometry
感光测定数据 sensitometric data
感光测量 sensitometry
感光测量环 film ring
感光测量器 film badge
感光层 copying layer;light-sensitive layer;photographic (al) coating;photographic(al) layer;photosensitive coating;photosensitive layer
感光导构现象 photoisomerism
感光的 light-sensitive;optic(al) sensitive;photic;photoactive
感光度 light sensitivity;photographic(al) sensitivity;photosensibility;photosensitiveness;photosensitivity;sensibility
感光度标准 criterion of sensitivity;speed criterion
感光度测定 sensitometric test
感光度测定法 sensitometry
感光度测定计 sensitometer
感光度测定曲线 sensitometric curve
感光度测定楔 sensitometric wedge
感光度测定仪 photographic(al) sensitometer
感光度测量 sensitometric measurement;speed measurement
感光度测量法 sensitometry
感光度范围 sensitivity margin;speed margin;sensitivity range
感光度试验 sensitivity test(ing)
感光度数字 sensitivity figure
感光度衰减 sensitivity decay
感光度特性曲线 photographic(al) characteristic curve
感光度图 sensitogram
感光度限界 speed margin
感光度增高 sensitivity increment
感光度指数 sensitivity index
感光惰性 inertia of photo
感光放射性 induced radioactivity
感光干板 sensitive plate
感光过度 over-exposure
感光火灾探测器 optic(al) flame detector
感光级谱 step wedge
感光计 sensitometer
感光记录器 actinograph
感光剂 photosensitiser[photosensitizer];sensitizer
感光胶卷 sensitive film
感光胶膜 dry film resist
感光胶片 emulsion-coated film;photographic(al) film;sensitive film
感光胶片特征曲线 D-logE curve
感光聚合物 photopolymer
感光聚合物印版 photopolymer plate
感光灵敏度 luminous sensitivity;photosensitivity;sensitivity to light
感光氯化 photochlorination
感光媒质 sensitized medium
感光面 light-sensitive surface;photosensitive surface;photosurface
感光膜 light-sensitive surface;photographic(al) coating;photosensitive coating;sensitive coating;sensitive layer
感光耐蚀膜 photoresist
感光能力 photoperceptivity
感光器 sensitimeter
感光嵌镶幕 mosaic screen;photomosaic
感光嵌镶屏 mosaic screen
感光去氯 photodechlorination
感光乳剂 light-sensitive emulsion;photoemulsion;photographic(al) emulsion;photosensitive emulsion;sensitive emulsion
感光软片 dry film
感光色素 photopigment
感光设备 lighting apparatus
感光(深浅)曲线 sensitometric curve
感光时间 sensitive time
感光(受)器 photoreceptor
感光树脂 photosensitive resin
感光树脂制板 autotype
感光速度 sensitivity velocity
感光速率 sensitivity rate
感光塑料记录 photoplastic recording
感光特性 photobehavio(u)r
感光特性曲线 characteristic curve;height-to-distance ratio
感光特性镶嵌幕 mosaic;photomosaic
感光特性氧化作用 photooxidation
感光特性异构 photoisomerism
感光微晶玻璃 fotoceram
感光物质 photoactive substance
感光镶嵌幕 mosaic screen
感光镶嵌屏 mosaic;mosaic surface
感光性 light-sensitiveness;light sensitivity;photosensitiveness;photosensitivity;sensitivity;sensitiveness to light;sensitivity to light
感光性卤化物 photohalide
感光性品种 photoperiodic(al) response variety
感光性树脂 light-sensitive resin;photoresist
感光性树脂涂层 photopolymer coating
感光学 sensitometry
感光验光 sensitometric refraction
感光液 coating solution
感光仪 light-scribing device;photo sensitometer;sensitometer
感光异构变化 photoisomeric change
感光折射 sensitometric refraction
感光值 sensitivity value
感光纸 gas light paper;sensitive paper;sensitized paper
感光指南 sensitivity guide
感光中心 center[centre] of sensitization
感光作用 photosensitization
感化院 penitentiary
感胶离子 lyotrope
感胶离子序 lyotropic series
感觉到的噪声分贝 perceived noise level in decibels
感觉的假立体模型 perceived pseudoscopic model
感觉的立体模型 perceived stereomodel
感觉的主观尺度 subjective scale of sensation
感觉地平圈 sensible horizon
感觉气流 sensible air current
感觉水平 sensation level
感觉水砣绳下坠情况 <机械测深> felt the lead
感觉温度 sensible temperature
感觉系统 sensory system
感觉阈 perceptual threshold;threshold of fickle;threshold of intelligibility
感觉阈限 perception threshold;sensory limen;sensory threshold
感觉阈值 sensation threshold;threshold of feelings
感觉运动 sensorimotor
感觉噪声分贝 perceived noise decibel
感觉噪声级 perceived noise level
感觉中枢 sensorium
感抗 inductive impedance;inductive reactance;inductive resistance
感抗线圈 choke[choking] coil;reactance coil
感染 contagion;infection
感染的 infectious
感染疾病 infectious disease
感染区 area of infection
感染性物品 infective articles
感热 sensible heat
感热的 thermolabile
感热式打印机 thermal printer
感热通量 sensible heat flux
感热系数 coefficient of heat perception
感热性 calorific receptivity
感容集总滤波器 inductance and capacitance lumped filter
感容调谐 inductance-capacitor tuning
感色的 colo(u)r-sensitive
感色度 chromatic sensitivity
感色剂 colo(u)r sensitizer
感色灵敏度 colo(u)r sensitivity
感色性 chromatic sensitivity;colo(u)r sensitivity
感生磁 induced magnetism
感生电磁场 induced electromagnetic field
感生电动势 induced electromotive force
感生电荷 induced charge
感生电流 induced current
感生放射性 induced radioactivity
感生放射性同位素 induced radioisotope
感生极化勘探 induced polarization
感生探索(方法)induction exploration
感生应力 induced stress
感生噪声 induced noise
感声的 phonosensitive
感湿性 hydrotropism
感受 taste
感受范围 sensitive volume
感受能力 sensibility
感受器 receptor;sensing device;susceptor
感受效果 perceptual effect
感受性 receptivity;sensibility;susceptiveness
感受性训练 sensitivity training
感受元件 pick-up;sensing unit;sensitive element;sensor;temperature sensing element
感受作用 sensitization
感水性 hydrotropism
感叹词 interjection
感通 rapport
感温比 temperature susceptibility ratio
感温的 temperature sensing;temperature sensitive
感温红外传感器 thermal infrared sensor
感温火灾探测器 heat fire detector
感温极限 threshold of temperature
感温黏[粘]合剂 temperature sensitive adhesive
感温器 heat detector;heat sensing device;temperature detector
感温探测器 heat-sensitive detector
感温探测系统 heat-detection system
感温头式热力膨胀阀 sensitive heat thermostatic expansion valve
感温性 susceptibility to change in temperature
感温阈 threshold of temperature
感温元件 temperature sensing element
感温指标 sensory index of warmth
感现象 self-inductance
感兴趣区 region of interest
感性负载 inductive load
感性阶段 perceptual stage
感性铅 lead susceptibility
感性认识 perceptual knowledge
感性知觉 sense perception
感性知识 feeling
感压管 pressure-sensing line
感压式车辆探测器 pressure-sensitive vehicle detector
感压式温度计 manometric(al) thermometer
感压箱 bellows
感烟火灾探测器 smoke fire detector
感应 aim(ing);impression;induced reaction;influence;sympathy
感应爆炸 explosion by influence
感应泵 induction pump
感应笔跟踪数字化器 pencil-follower digitizing table
感应波谱 response spectrum
感应补偿器 inductive compensator
感应操纵 inductive control
感应测井 induction logging
感应测井电阻率 induction log resistivity
感应测井记录 induction log
感应测井刻度环 calibration loop of induction log
感应测井刻度值 induction log calibration value
感应测井仪 induction logger;induction log tool
感应测速发电机 induction tachogenerator
感应测微计 inductive micrometer
感应场 induction field
感应场定位器 induction field locator
感应充电 induction charging
感应传感器 coil pick-up;induction sensor;inductive pick-off;inductive pick-up
感应船磁 ship induced magnetism
感应磁化 induced magnetization
感应磁化强度 induced magnetization strength
感应磁通量 induced flux
感应磁性 induced magnetism
感应磁阻 inductive reluctance

G

感应淬火 impedance match(ing);induction hardening;induction quenching
感应淬火机 induction hardening machine
感应淬火设备 induction hardening equipment
感应淬火装置 induction hardening equipment
感应导磁率特性曲线 induction permeability characteristic
感应导电性 induced conductivity
感应的 induced;sympathetic(al)
感应地震 induced seismicity;sympathetic(al) earthquake
感应点焊机 induction spot welder
感应电 faradic electricity;influence electricity
感应电测记录 <岩石导电率的> induction log
感应电测井 induction electrolog
感应电测井曲线 induction log curve
感应电磁勘探法 inductive method
感应电动机 induced motor;induction generator;inductive generator;induction motor
感应电动机控制器 <电动机转速随着电源的电压而变化> induction motor controller
感应电动机式同步电动机 induction motor type synchronous motor
感应电动机停转 stalling
感应电动势 induced electromotive force;inductive electromotive force
感应电光轴 induced electrooptic(al) axis
感应电荷 induced charge
感应电弧炉 induction-arc furnace
感应电抗器 induction reactor
感应电流 faradic current;induced current
感应电流的 faradic
感应电流计 faradimeter
感应电流密度 conduction-current density
感应电炉 electric(al) induction furnace;induction(electric) furnace
感应电路 induced wire
感应电桥 induction bridge
感应电热器 inductothermy
感应电势计 inductive potentiometer
感应电压 induced voltage;induction voltage
感应电源 induced power supply;induction power supply
感应电阻器 inductive resistor
感应断续器 induction interrupter
感应发电机 inductive generator;inductor generator;induction generator
感应发射 induced emission
感应发送器 inductive pick-off
感应法 induction method;inductive method;method of induction
感应法测井图 induction log
感应法弯管工艺 induction pipe bending process
感应法钻进 induction drilling
感应反冲 inductive kick
感应放大器 induction amplifier
感应放射性 induced activity;induced radioactivity
感应分流器 inductive shunt
感应伏特计 induction voltmeter
感应辐射 induced action;induced radiation
感应干扰 induction influence;inductive disturbance;inductive interference;stray pick-up
感应坩埚(熔)炉 induction crucible furnace
感应高潮位 induced high-water
感应光发射 induced emission of light
感应光子 induced photon
感应过程 induction process
感应过电压 induced overvoltage
感应焊管 induction weld pipe
感应焊管机 induction weld mill
感应焊接 induction soldering;induction welding
感应焊接机 electromagnetic stored-energy welder
感应哼声 induction hum
感应化学反应 induced chemical reaction
感应环流 induced circulation
感应环式高速继电路 induction-ring type high-speed relay
感应回火 induction tempering
感应回线检查器 inductive loop detector
感应火花 induced spark
感应极化作用 induced polarization
感应计 induction meter
感应加热 eddy current heating;induction heating
感应加热表面淬火 induced surface hardening
感应加热干燥 drying by induction heating
感应加热机 induction heating machine
感应加热器 induction heater;induction heating apparatus
感应加热钎焊 induction brazing
感应加热筛分机 induction-heated screen
感应加热线圈 induction heating coil;load coil
感应加热装置 induction heating apparatus
感应加速机制 induction type acceleration mechanism
感应加速器 induction accelerator;induction machine
感应降落 inductive drop
感应交流发电机 induction alternator
感应交流声 induction hum
感应搅拌电炉 induction stirred furnace
感应搅拌器 induction stirrer
感应接收机 induction receiver
感应接收器 inductive receiver
感应接收线圈 inductive receiver
感应界限 perception threshold
感应矩 induced moment
感应锯齿波发生器 inductive sawtooth generator
感应开关 inductive switch
感应开裂 sympathetic(al) cracking
感应控制 inductive control;traffic-actuated control
感应浪涌 inductive surge
感应雷击 induction lightning stroke
感应雷击过电压 induced lightning over voltage
感应力 induction force
感应裂缝 induced cracking
感应流量计 induction flowmeter
感应炉 induction cooker
感应炉生铁矿石炼钢法 Tanna process
感应滤波器 inductive filter
感应率 inductivity
感应罗经 induction compass
感应罗盘 induction compass
感应脉冲充电 inductive-impulse charger
感应门踏板 sensitised [sensitized] door mat
感应密度 field density;induction density
感应面 response surface
感应耐压试验 induced overvoltage withstand test
感应能 induction energy
感应偶极子 induced dipole
感应耦合器 induction coupling
感应耦合系数 coefficient of inductive coupling
感应盘式磁选机 rapid separator
感应配电帽 ignition head
感应偏振测量 induced polarization survey
感应频率计 induction frequency meter
感应平衡 inductance balance;induction balance
感应屏蔽 induction shield
感应屏蔽层 induction sheath
感应期 sensitive period
感应起爆 induced detonation;sympathetic(al) detonation
感应起电 electrification by influence
感应起电机 electrostatic machine;influence machine;replenisher
感应起动 asynchronous starting
感应起动器 induction starter
感应气浮 induced air flo(a)tation
感应器 inducer;induction apparatus;induction block;inductor(block);sensor
感应钎接 induction brazing
感应强度 induction density
感应区 induction zone
感应驱动扬声器 duode
感应去气法 induction degassing
感应圈 induction loop
感应燃烧器 induction burner
感应热 induction heat
感应热处理 induction heat-treatment
感应热灭菌法 induction heat sterilization
感应熔焊 induction welding
感应熔化 induction melting
感应(软)钎焊 induction soldering
感应色 induced colo(u)r
感应扇 induction fan
感应烧结 induction sintering
感应设备 actuating device
感应失真 babbie
感应时间 induction time;perception time;response time;sensitive time
感应矢量 induction vector
感应式安培计 induction type ammeter
感应式变频机 induction frequency converter
感应式拨号 inductive dial(l)ing
感应式测力计 induction dynamometer
感应式测试仪器 induction instrument
感应式长途拨号制 inductive long-distance selection system
感应式长途选择制 inductive long-distance selection system
感应式车辆检测器 induction vehicle detector
感应式传感器 inductive transducer;inductosyn
感应式传感器倾斜计 inductosyn droop meter
感应式传声器 inductor microphone
感应式磁电机 induction type magneto
感应式磁强计 coil magnetometer;induction magnetometer
感应式电表 motor meter
感应式电动扬声器 inductor dynamic loudspeaker
感应式电度表 induction(motor) meter;motor integrating meter
感应式电话 induction telephone
感应式电机 induction machine
感应式电炉 conduction type furnace;induction type furnace
感应式电位计 induction potentiometer
感应式电压调整器 inductor voltage regulator;magneto voltage regulator
感应式电子加速器 induction electron accelerator
感应式发电机 induction generator;inductor type generator
感应式反时继电器 inverse time induction relay
感应式伏特计 induction type voltmeter
感应式功率定向继电器 induction type power directional relay
感应式功率计 induction dynamometer
感应式过低电压继电器 induction type undervoltage relay
感应式过电压继电路 induction type overvoltage relay
感应式过流继电器 induction type overcurrent relay
感应式航空电磁系统 inductive aero-electromagnetic system
感应式话筒 inductive microphone
感应式环形检测器 inductive loop detector
感应式换频机 induction type frequency converter
感应式机车接收装置 inductive pick-up
感应式机车信号 inductive cab signal(l)ing
感应式机车信号系统 inductive cab signal system
感应式机车信号制 inductive cab signal system
感应式机车自动信号 inductive automatic cab signal
感应式继电器 induction(type) relay
感应式交流发电机 induction type alternative;induction type alternator;inductor type alternator
感应式接收装置 inductive pick-up
感应式可变连续通行(信号控制)系统 flexible progressive system
感应式框形检测器 inductive loop detector
感应式累计功率表 induction type integrating watt-meter
感应式累计瓦特计 induction type integrating watt-meter
感应式列车半自动控制 inductive auto-manual train control
感应式列车通信[讯] inductive train communication
感应式列车自动控制 inductive (type) train control
感应式列车自动控制系统 inductive train control system
感应式列车自动控制制 inductive train control system
感应式列车自动停车 inductive train stop
感应式流量计 inductive flowmeter
感应式内表面分析仪 inductive internal surface analyser[analyzer]
感应式频率计 induction type frequency meter
感应式起动器 induction starter
感应式调压器 induction voltage regulator
感应式同步交流发电机 induction type synchronous alternator;inductor type synchronous alternator
感应式瓦时计 induction watt-hour meter
感应式瓦特计 induction(type) watt-meter
感应式瓦特小时计 induction type watt-hour meter
感应式位移传感器 inductive dis-

G

placement transducer
感应式无功功率继电路 induction type reactive power relay
感应式信号机组 actuated controller assembly
感应式信号控制 actuated controller assembly
感应式信号控制机 actuated controller
感应式旋转磁力仪 rock generator
感应式盐度计 inductive salinometer
感应式盐度仪 inductive salinometer
感应式扬声器 induction loudspeaker; induction speaker
感应式仪表 Ferrari's instrument; induction(type) instrument; inductive meter
感应式应变仪 inductive strain ga(u)ge
感应式远距离继电器 induction type distance relay
感应式转矩计 induction torquemeter
感应式转数调节器 induction regulator
感应式转速表 eddy current tachometer; kinemometer
感应式转速计 inductor tachometer
感应试验 induced test
感应水雷 influence mine
感应探测器 inductive probe
感应探索(方法) induction exploration
感应探头 inductive probe
感应体 inductor
感应体发电机 inductor generator
感应调谐装置 inductuner
感应调压器 induction regulator
感应通量 flux of induction; induced flux; induction flux
感应同步尺 inductosyn scale
感应同步器 inductosyn
感应头 sensing head
感应透射滤光片 induced transmission filter
感应突跳 inductive kick
感应图 influence chart; influence diagram
感应瓦时表 induction watt-hour meter
感应问题 induction problem
感应涡流 inductive loop
感应涡流盘 Arago's disc[disk]
感应吸收带 induced absorption band
感应系数 induced coefficient; inductance; induction coefficient; induction factor; influence factor
感应系仪表 induction instrument
感应显影 induction development
感应现象 inductance; induction phenomenon; induction
感应线 influence line; line of influence
感应线对 inductive line pair
感应线圈 inductance coil; induction coil; inductive coil
感应线圈交通探测器 inductive loop traffic detector
感应消声器 induction silencer
感应效应 induction effect; inductive efficiency
感应协调 inductive coordination
感应信管 influence fuse
感应信号 actuating signal
感应信号控制 actuated signal control; traffic-actuated control
感应信号控制机 traffic-actuated controller
感应性 inductance; inductivity; sensibility; sensitiveness
感应选台装置 program(me) sensor
感应选择 inductive selection
感应盐分计 induction salinometer
感应盐液密度计 inductive salinometer
感应仪 inductance ga(u)ge
感应(移)动磁铁式仪表 induced moving magnet instrument
感应移相器 induction phase shifter
感应引信 acoustic(al) fuse; influence fuze
感应硬度 induced hardness
感应硬化 induction hardening
感应硬化表面 induction hardened surface
感应硬钎焊 induction brazing
感应元件 induction element; sensing element; sensor; susceptor element
感应圆盘式比率差动继电器 induction disc type ratio differential relay
感应圆盘式定向功率继电器 induction disc type directional power relay
感应圆盘式定向继电器 induction disc type directional relay
感应圆盘式反比时限过载流继电器 induction disc type inverse-time overcurrent relay
感应圆盘式继电器 induction disc type relay
感应圆盘瓦特计 induction disc wattmeter
感应跃迁 induced transition
感应跃迁截面 induced transition cross section
感应运动 telecinesis[telekinesis]
感应噪声 induced noise
感应噪声拾波 inductive pick-up
感应张量 induction tensor
感应正弦电压 induced sinusoid
感应值 influence value
感应制动器 induction brake
感应中和 coil neutralization; inductive neutralization
感应(周)期 induction period
感应转矩 induction torque
感应转子 induction rotor
感应装置 actuating device; induction system; sensing device; sensor
感应子传声器 inductor microphone
感应子电动机 inductor motor
感应子电机 inductor machine
感应子发电机 inductor generator
感应子同步电动机 inductor type synchronous motor
感应自差系数 coefficient of induced deviation
感应阻力 induced resistance; inductive drag
感应阻滞 induction drag
感应作用 induced action; induction effect; inductive action; inductive coupling; influential action
感阈 threshold of feelings; tincture of feeling
感运动 nyctinastic movement
感振元件 seismic element
感振运动 seismonastic movement
感震器 seismic element
感震性 seismonasty
感知器 perception
感知信息 perceptual information
感知一侧效应 perceptual laterality effect

橄

橄长岩 allivalite; forellenstein; troctolite

橄沸粒玄岩 crinanite
橄黄岩 alnoite
橄辉安粗岩 absarokite
橄辉斑玄武岩 olivine augite-phyric basalt
橄辉粗面岩 ciminite
橄辉钾霞斑岩 mafurite
橄辉无球粒陨石 ureilite
橄辉霞岩 onkilonite
橄辉云煌岩 prowersite
橄苦岩 picrite
橄榄 Chinese olive; olive-stone carving
橄榄白榴岩 olivine leucitite
橄榄斑岩 olivinophyre
橄榄玻璃 peridotite glass
橄榄粗安玻璃 mugearite glass
橄榄粗安岩 mugearite
橄榄粗面岩 arso-trachyte
橄榄单斜辉石岩 olivine clinopyroxenite
橄榄二长岩 kentallenite
橄榄二辉石 olivine websterite
橄榄沸绿岩 olivine teschenite
橄榄钙长岩 allivalite
橄榄古铜陨铁 lodranite
橄榄核 nucleus olivaris; olive nut
橄榄黄褐色 olive drab
橄榄黄色 olive-yellow
橄榄辉长苏长岩 olivine gabbro norite
橄榄辉长岩 olivine gabbro
橄榄辉绿岩 olivine diabase
橄榄辉石角闪石岩 olivine pyroxene hornblendite
橄榄辉石岩 olivine pyroxenite
橄榄辉玄岩 ankaramite
橄榄辉岩 olivine pyroxenolite
橄榄捡拾装载清理机 pick-up loader and cleaner for olives
橄榄碱性辉长岩 olivine alkali gabbro
橄榄角闪石岩 olivine hornblendite
橄榄拉斑玄武岩 olivine tholeiite
橄榄粒玄岩 absarokite; olivine dolerite
橄榄磷灰岩 olivine-apatite rock
橄榄绿的 olivaceous
橄榄绿(色) olive green
橄榄绿颜料 olive green pigment
橄榄绿至红褐色硬木 <中美洲产> manbarklac
橄榄木雕刻品 olive carving
橄榄泡制油 olive infused oil
橄榄瓶 olive-shaped vase
橄榄普通角闪辉石岩 olivine hornblende pyroxenite
橄榄球 rugby; rugby(foot) ball
橄榄球场 rugby field
橄榄球头盔 football helmet
橄榄色 olive colo(u)r
橄榄色的 olivaceous; olive
橄榄色硬木 <产于印度> Hadang
橄榄蛇纹岩 perido-steatite
橄榄石 olivine; olivinfels; olivinoid; palasite; peridot(e); peridotite
橄榄石化 olivinization
橄榄石结核 olivine-nodule
橄榄石金伯利岩 olivine kimberlite
橄榄石块料 olivine brick
橄榄石耐火材料 olivine refractory material
橄榄石耐火砖 olivine refractory (product)
橄榄石砂 foresterite
橄榄石型巨晶釉 olivine type macrocrystalline glaze
橄榄石岩球 olivine-nodule
橄榄石砖 olivine brick
橄榄树 olea europea; olive(tree); white
橄榄苏长岩 olivine norite
橄榄铜矿 leucochalcite; olivenite; wood copper
橄榄霞斜岩 olivine theralite
橄榄霞岩 ankaratrite; nepheline basalt; olivine nephelinite
橄榄斜方辉石岩 olivine orthopyroxenite
橄榄形大楼 olive building
橄榄形的 olivary
橄榄形铰链 olive butt; olive hinge
橄榄形接头可拆对接铰链 olive knuckle butt hinge
橄榄形孔 olive hole
橄榄形喷嘴 <喷混凝土用> Hamm tip
橄榄形肘状铰链 olive knuckle butt; olive knuckle hinge
橄榄玄武玻璃 olivine basaltic glass
橄榄玄武岩 olivine basalt
橄榄岩 olivine rock; olivinfels; olivinite; peridotite
橄榄岩壳层 peridotite shell
橄榄岩矿床 peridotite deposit
橄榄岩类 peridotite group
橄榄岩石圈 peridosphere
橄榄叶形饰 olive acanthus
橄榄易变辉石无球粒陨石 ureilite
橄榄油 Florence oil; olive oil; sweet oil
橄榄油厂污水 olive oil-mill effluent
橄榄油精炼 olive oil refining
橄榄园 olive orchard
橄榄园林 olivette
橄榄云煌岩 cascadite
橄榄陨铁 pallasite
橄榄皂 castile(soap)
橄榄枝 olive branch
橄榄制品 olive products
橄榄状的 olivaceous
橄榄棕色 olive brown
橄仁木 <产于印度的一种褐色硬木> white bombway
橄仁树 Indian almond
橄闪粗玄斑岩 espichellite
橄闪煌斑岩 espichellite
橄闪歪煌岩 kvellite
橄闪紫苏岩 bahiaite

擀

擀匀 <在新刷油漆表面> laying off

干

干道 arterial highway; arterial road; artery; backbone road; boulevard; catchment; main course; main road; primary road; thoroughfare; through street; trunk highway; trunk road; primary route; major road; trunk route

干道的 arterial
干道等级 arterial class
干道地方道路交叉口 arterial-local type intersection
干道分段 arterial segment
干道附设便道 outer separation
干道交叉口控制 arterial intersection control
干道交通 arterial traffic
干道控制 arterial control
干道类型 arterial pattern
干道路灯 boulevard light
干道区段 arterial section
干道推荐标志 arterial advisory signs
干道网 mains; primary highway system; primary road network
干道砟 dry ballast
干流 dry flow; main river; main stream; master river; master stream; mother current; mother stream; principal river; principal stream; stem stream; trunk river; trunk stream
干流控制站 main river control station; main stream control station
干流量 dry flow
干流沙 dry quicksand
干渠 arterial canal; arterial drainage; main canal; main channel; master drain; parent channel; primary canal; principal canal; principal ditch; trunk canal; trunk line duct
干渠岸 <水面以上的渠岸> free-

board of channel
干渠排水孔道 arterial drainage
干渠排水系统 arterial drainage
干渠配水管 primary canal-distributor
干线 artery; backbone pipeline; common bus; ground line; highway; main line; main route; main track; principal line; skeleton line; trunk line; trunk road; trunk route; trunk railway【铁】; high iron <美>; main circuit; house main <配电>
干线长途通信[讯]网 trunk communication network
干线城市 dynapolis
干线带式运输机 main belt conveyer [conveyor]
干线道 arterial road
干线道路 arterial highway; arterial road; arterial traffic; primary road; trunk highway; trunk(line) road
干线的 arterial
干线的分支 sub-wain
干线的会合 convergence of main lines
干线电话 trunk telephone
干线电缆 main cable; trunk cable
干线电缆管道 trunk line conduit
干线电路 trunk circuit
干线电压 mains voltage; rail voltage
干线电压加热 mains voltage heating
干线调度电话【铁】 trunk dispatching telephone
干线段 main section
干线多组货物列车 multigroup trunk-haul freight train
干线放大器 trunk amplifier
干线分布系统 arterial system of distribution
干线负载 main-line load
干线公路 arterial highway; arterial road; main highway; main road; major highway; principal road; trunk highway; trunk road
干线供电 main-line power supply; mains supply
干线沟渠 main drain
干线管 main-line pipe
干线会议电话 trunk conference telephone
干线货物列车可能编组内容和运行线的列车清单 train list with possible trunk-haul freight train consists and time-table paths
干线货物列车最佳编组方案 optimum formation of trunk-haul freight trains
干线机车 main-line locomotive; road locomotive
干线加热炉 trunk line heating furnace
干线驾驶员 main-line driver
干线架 bay trunk
干线交通 arterial traffic
干线校正 airline correction
干线街道 arterial street
干线均衡器 adjustable static line equalizer
干线客车 main-line coach
干线客机 trunkliner
干线控制 main-line control
干线控制接收机 mains-operated receiver
干线连接 main connection
干线列车 main-line train
干线列车编组顺序表 dispatch consist of road train
干线列车编组预报 advance consist of road train
干线旅客快车 high liner
干线旅客列车 liner train
干线耦合单元 trunk coupling unit
干线排水系统 trunk system
干线气压高程测量 main barometric-(al) level(l) ing
干线式系统 arterial system
干线水表 main-line meter
干线水准测量 base level(l) ing; first-order level(l) ing; primary level(l) ing; principal level(l) ing
干线司机【铁】 main-line driver
干线铁路 arterial railway; main-line railroad; trunk railway; main-line railway
干线铁路电气化 main-line railway electrification
干线铁路网 main-line network
干线通信[讯] trunk communication
干线通行线 main through line
干线网 arterial grid; arteries of communication; trunk grid; trunk network
干线无线电通信[讯] point-to-point
干线系统 trunk grid; trunk system
干线系统道路 main system road
干线相交控制 arterial intersection control
干线信道 main-line channel
干线寻找 trunk hunting
干线用管 line pipe
干线运河 arterial canal
干线运输 line haul; trunk movement
干线运行时间 arterial running time
干线载波信道 trunk line carrier channel
干线站 trunk station
干线组 trunk group

绀青 ultramarine(blue)

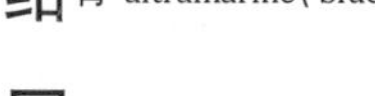

冈 gon; mound; down; fell; hummock; humpy; downs <白垩丘陵>

冈疤 mapping
冈比亚河 <非洲> Gambia River
冈比亚深海平原 Gambia abyssal plain
冈底斯北山前坳陷系 North Gandise piedmont trough system
冈底斯低地 Gandise low-land
冈底斯地槽区 Gandise geosynclinal region
冈底斯古陆 Gandise old land
冈底斯-喜马拉雅海 Gandise-Himalaya sea
冈地 down land
冈克 <商品名> Gunk
冈陵 mound of earth
冈陵泉 mound spring
冈奈特可锻铸铁 gunite
冈泉 <泉的四周有泉水沉淀的矿物质堆集而形成的冈> mound spring
冈瓦纳大陆 <包括现非洲、南美洲、南极洲、阿拉伯半岛、澳大利亚、印度半岛等>【地】 Gondwana land
冈瓦纳大陆解体 Gondwana breakup
冈瓦纳古陆 Gondwana pal(a) eocontinent
冈瓦纳壳块 Gondwana crustal cupola
冈瓦纳珊瑚地理区系 Gondwana coral realm
冈瓦纳型地台 Gondwana-type platform
冈瓦纳植物地理区系 Gondwana floral realm

刚臂 rigid arm

刚变系数 coefficient of rigidity
刚长成的晶体 as-grown crystal
刚出炉的砖 kiln-fresh brick
刚度 hardness; rigidity; stiffness
刚度半径 radius of stiffness
刚度比(例) rigidity ratio; stiffness ratio
刚度测定仪 rigidometer
刚度测量器 stiffness tester
刚度常数 stiffness constant
刚度大的金属梁 rigid metal girder
刚度法 stiffness approach; stiffness method
刚度方程 stiffness equation
刚度分布 stiffness distribution
刚度分析 stiffness analysis
刚度改进 rigidity development
刚度集中 concentration of rigidity
刚度计 rigidimeter[rigidometer]
刚度计算 rigidity computation
刚度降低 rigidity loss; stiffness degradation
刚度矩阵 rigidity matrix; stiffness matrix
刚度矩阵法 stiffness matrix method
刚度力 stiffness force
刚度密度比 stiffness to density ratio
刚度模量 rigidity modulus; modulus of elasticity in shear; modulus of rigidity
刚度耦合 stiff coupling; stiffness coupling
刚度数 rigidity number
刚度损失 loss in rigidity; loss of rigidity; stiffness loss
刚度条件 rigidity condition; stiffness condition
刚度退化模型 stiffness-degrading model
刚度系数 coefficient of stiffness; stiffness coefficient; stiffness parameter
刚度因数 rigidity factor
刚度因子 rigidity factor
刚度影响系数 stiffness influence coefficient
刚度指数 rigidity index
刚度中心 center[centre] of rigidity; stiffness center[centre]
刚度重量比 stiffness to weight ratio; stiffness/ weight ratio
刚度准则 stiffness criterion
刚拱 rigid arch
刚构 rigid(-jointed) frame; rigid structure
刚构基础 rigid frame foundation
刚构架 rigid framework; stiff frame
刚构件 rigidity member
刚构排架 rigid frame bent
刚构桥 rigid frame bridge
刚构桥墩 rigid frame(d) pier
刚果粉红色 Congo pink
刚果河 Congo River
刚果红 Congo red
刚果红染剂 Congo stain
刚果红色热 congolian red fever; murine typhus
刚果红试验 Congo red test
刚果红试纸 Congo red test paper
刚果黄 Congo yellow
刚果胶 Congo copal; Congo gum
刚果金刚石 Congo bo(a) rt; congos
刚果蓝 Congo blue
刚果深海扇 Congo abyssal fan
刚果玉红 Congo rubine
刚果棕 Congo brown
刚焊条 steel welding rod
刚好能觉察出的差别 just noticeable difference
刚架 rigid frame(work); rigid(-jointed) frame
刚架板 stiff frame slab
刚架墩 rigid frame pier
刚架分析 analysis of rigid frame
刚架公式 rigid frame formula
刚架拱桥 rigid framed arch bridge
刚架构造 rigid frame construction
刚架横梁 gantry beam
刚架基础 rigid frame of foundation
刚架建筑 rigid frame construction
刚架结构 rigid frame construction; rigid framed structure
刚架立柱 upright of frame; upright of stiff frame
刚架梁 rigid frame beam
刚架平板 rigid frame plate
刚架桥 frame bridge; portal bridge; rigid frame bridge
刚架上薄板 rigid frame slab
刚架式桥 frame type bridge; rigid frame bridge
刚架式柔性墩 rigid frame type flexible pier
刚架稳定性 stability of rigid frame
刚架斜撑 frame brace
刚架支腿 legs of frame
刚架柱 rigid frame column
刚坚不可弯曲的 flexurally rigid
刚浇制的缝 green seal
刚脚桅杆式旋臂起重机 stiffleg derrick
刚接 rigid connection; rigid coupling
刚接的 rigid-jointed
刚接的框架 stiff-jointed frame
刚接节点 rigid joint
刚接框架板 stiff-jointed frame slab
刚接棱柱结构 rigid-jointed prismatic structure
刚接梁法 rigid connected beam method
刚接门形架 rigidly jointed portal
刚接平面骨架 rigid-jointed plane framework
刚接平面框架 rigid-jointed plane framework; stiff-jointed planar frame
刚节点 moment connection; rigid joint
刚节平面框架 stiff-jointed flat frame
刚结点 fixed joint; rigid joint
刚劲因数 stiffness factor
刚浸过油的 newly-oiled
刚晶 crystalon
刚六轮机 rigid six-wheeler
刚铝黏[粘]合剂 alundum cement
刚铝石 abrasite; alundum
刚铝石地板 norton floor
刚铝石地面 norton floor
刚铝石水泥 alundum cement
刚毛 bristle
刚毛藻 cladophora
刚凝固体 just-freezing solid
刚球散射 hard-sphere scattering
刚润贴观法 profits discounting method
刚砂 corundum
刚砂饼 emery cake
刚砂布 emery sand cloth
刚砂磨盘 emery disk
刚砂石 emery stone; sanding brick
刚砂纸 emery sand paper
刚烧成的水泥 hot cement
刚石 corundum; diamond spar
刚石粉 emery
刚使用过的 least recently used
刚式振动器 rigid type vibrator
刚水泥胶体 cement gel
刚松 pitch pine
刚叟 stiffness stiffener
刚塑性 rigid plasticity
刚塑性材料 rigid plastic material
刚塑性的 rigid plastic
刚塑性结构 rigid plastic structure
刚塑性模型 rigid plastic model
刚塑性体 rigid plastic body
刚塑性体系 rigid plastic system
刚塑性系统 rigid plastic system

刚塑性有限元法 rigid plastic finite element method
刚塑性阻力 rigid plastic resistance
刚弹性方案 rigid elastic scheme
刚弹性状态 rigid elastic condition
刚体 rigid body; rigid solid; blank 【岩】
刚体边界 rigid boundary
刚体的主轴 principal axes of a body
刚体动力学 dynamics of rigid body; rigid body kinetics
刚体货柜 rigid container
刚体极限平衡法 limit equilibrium method; rigid critical equilibrium method
刚体救生筏 rigid lifecraft
刚体力学 geostatics; rigid dynamics
刚体平移 translation of rigid body
刚体全塑性法 rigid-perfectly-plastic method
刚体塑性法 rigid plastic method
刚体运动 rigid body motion
刚体运动的合成 composition of motions of a rigid body
刚体运动学 rigid body kinematics
刚体振型 rigid body mode
刚体转动 rigid body rotation
刚体转动惯量 solid moment of inertia
刚腿人字起重机 stiffleg derrick
刚腿移动式转臂起重机 stiffing derrick travel(l)er
刚腿转臂起重机 stiffleg derrick
刚心 elastic center[centre]
刚性 inflexibility; rigidity; stiffness
刚性安全栏杆 rigid type safety fence
刚性安装 rigid mount
刚性安装的轴 rigid-mounted axle
刚性板 rigid(ity) slab; rigid plate; rigid sheet
刚性板法 method of rigid plate
刚性板荷载法 rigid plate of loading method
刚性板块 rigid plate
刚性板式基础 stiffness mat foundation
刚性臂单点系泊系统 rigid arm mooring system
刚性边界 rigid boundary
刚性变幅机构 rigid derricking mechanism
刚性表面 rigid surface
刚性玻璃 non-breakable glass
刚性薄壳结构 rigid-shell construction
刚性布筋 rigid armo(u)ring
刚性材料 rigid(ly) material
刚性层 rigid layer; stiff layer
刚性插片 rigid insert
刚性铲柄 stiff standard
刚性车架 rigid frame
刚性车架的轮式装载机 rigid frame wheel loader
刚性衬护 rigid armo(u)ring
刚性撑 solid strutting
刚性承台 rigid platform
刚性承载板 rigid plate
刚性传动 rigid drive; solid drive
刚性传力杆 stiff dowel bar
刚性传像束 rigid image guide
刚性瓷器 hard porcelain
刚性从动齿轮 rigid driven gear
刚性挡土墙 non-yielding retaining wall; rigid retaining wall
刚性导管 rigid conduit
刚性导轨接头 rigid conductor rail joint
刚性道面 rigid runway pavement
刚性道面设计 rigid runway design
刚性的 harsh; inflexible; non-deflecting; non-yielding; rigid(ized); stiff; unelastic
刚性底架 integral chassis
刚性底盘 integral chassis
刚性底座 rigid base
刚性地层 rigid stratum
刚性地壳 rigid crust
刚性地球 rigid earth
刚性垫条 rigid piece
刚性吊臂起落机构 rigid derricking mechanism
刚性吊杆 rigid hanger
刚性端部约束 rigid end restraint
刚性墩 rigid pier
刚性墩的设计 design of rigid dolphin
刚性墩作用 rigid pier action
刚性反馈 direct feedback
刚性反扭矩杆 rigid torque arm
刚性方案 rigid scheme
刚性方程 stiff equation
刚性防潮层 rigid damp course
刚性防渗心墙 anti-seep diaphragm
刚性防水 integral waterproof(ing); rigid waterproof(ing)
刚性防水套管 rigid water-tight sleeve
刚性防水屋面 monolithic roofing; single-ply roofing
刚性非金属套管 rigid nonmetallic conductor
刚性风撑 rigid bracing
刚性复合路面 rigid composite pavement
刚性复合面层 rigid composite pavement
刚性盖板 rigid cover plate
刚性盖层 rigid overlay
刚性杆 rigidity bar; stiff pole
刚性钢筋 rigid armo(u)ring; rigid(ity) reinforcement
刚性钢锚固件 rigid steel anchor
刚性格网 rigid grid
刚性隔板 rigid diaphragm
刚性隔热板 insulation board
刚性隔热材料 rigid insulation
刚性隔热装置 board insulation; rigid insulation
刚性公路路面 rigid highway pavement; rigid highway surfacing
刚性拱 rigid arch
刚性拱坝 rigid arch dam
刚性构架 braced frame; rigid frame bent; rigid frame(work); rigid portal
刚性构架 rigid frame
刚性构件 rigid(ity) element; rigid member
刚性构造体系 rigid construction(al) system
刚性固定 rigid attachment; rigid fastening; rigid fixing
刚性管 rigid pipe[piping]; rigid tube[tubing]
刚性管道 rigid conduit; rigid pipeline
刚性管涵 rigid pipe culvert
刚性管渠 rigid conduit
刚性管式涵洞 rigid pipe culvert
刚性管线 rigid line; rigid pipeline
刚性光学系统 rigid optic(al) system
刚性涵洞 rigid culvert
刚性涵管 rigid conduit
刚性核(心) stiff core
刚性荷载 rigid load
刚性桁架 rigid truss
刚性横杆 rigid arm
刚性横梁法 rigid cross beam method
刚性弧 harsh arc; stiff arc
刚性护栏 rigid type safety fence; stiff safety fence
刚性护面 rigid facing
刚性环 stiffening ring
刚性环碰撞 hard-sphere collision
刚性回复装置 rigid return unit
刚性混凝土 rigid concrete
刚性活塞 rigid piston; stiff piston
刚性打桩心轴 pile core
刚性击穿 hard breakdown
刚性击空 hard breakdown
刚性机架 rigid frame; rigid mounting
刚性机架的平地机 rigid frame grader
刚性机架的拖拉机 rigid frame tractor
刚性机械输送机 rigid mechanical conveyer[conveyor]
刚性机座 stiff stand
刚性基层 rigid(type) base
刚性基础 non-deflecting foundation; rigid foundation
刚性基础结构 rigid foundation structure
刚性基底 rigid footing
刚性加劲 rigid reinforcement
刚性加压珩磨 positive honing
刚性夹盘 positive chuck
刚性架 rigid frame
刚性减小 reduction in rigidity
刚性交承 non-yielding proof
刚性角 rigid angle; vertical distribution angle
刚性脚手架 rigid scaffolding
刚性接触网 rigid catenary
刚性接点的 rigid-jointed
刚性接缝条 stiff dowel bar
刚性接合 rigid joint; solid joint
刚性接合构架 rigid-jointed framework
刚性接合架 rigid-jointed frame
刚性接头 rigid(ity) joint(ing); stiff connection; stiff joint; rigid connection
刚性节点 rigid nodal point
刚性结点 rigid joint
刚性结构 rigid(type) construction; rigid(type) structure; stiff structure
刚性结构系统 rigid structural system
刚性结合 rigid joint
刚性金属大梁 rigid metal girder
刚性金属管道 rigid metal conduit
刚性金属套管 rigid metal conductor
刚性筋 rigid rib
刚性晶格 rigid lattice
刚性拘束裂纹试验 rigid restraint cracking test
刚性聚氨酯板 rigid urethane
刚性聚氨酯泡沫 thurane
刚性聚氨酯泡沫材料 rigid urethane foam
刚性聚合物 rigid polymer
刚性聚氯乙烯管 unplasticised rigid polyvinyl chloride pipe
刚性绝热板 rigid insulation board
刚性绝缘(材料) rigid insulation
刚性开关调制器 hard-switch modulator
刚性靠船墩 rigid dolphin
刚性靠船柱 rigid dolphin
刚性壳体 rigid shell
刚性可调整的悬架 controlled suspension
刚性可伸长支柱 rigid extensible prop
刚性控制网 rigid network
刚性扣件 rigid fastening; rigid sleeper clips
刚性块 rigid block
刚性框架 rigid frame; stiff frame
刚性肋 stiff rib
刚性离合器 harsh clutch; positive (acting) clutch; rigid clutch; sleeve clutch
刚性连接 fixed joint; moment connection; rigid attachment; rigid bond; rigid connection; rigid coupling; rigid fastening; solid coupling; staying; stiffening
刚性连接的 rigidity connected; rigid-jointed
刚性连接的圆顶 rigidly jointed cupola
刚性连接结构 rigid-jointed structure
刚性连接框架 rigid-jointed frame
刚性连接门形架 rigidly jointed portal
刚性连接支墩坝 rigid buttress dam
刚性连接轴 solidity coupled shaft
刚性连接装置 rigid hitch
刚性联接 rigid fastening
刚性联结 rigid connection; rigid coupling; rigid fastening
刚性联轴节 closed coupling; coupling rigid; fast coupling; fixed coupling; permanent coupling; rigid coupling; solid coupling
刚性联轴器 butt-muff coupling; cased-muff coupling; rigid coupling; solid coupling
刚性链杆 rigid link
刚性链聚合物 rigid chain polymer
刚性梁 back stay; buttress bracing strut; stiffening bar; strengthener
刚性梁接合 stiff girder connection
刚性梁柔性拱桥 stiff girder-flexible arch bridge; Langer bridge
刚性龙门架 rigid portal
刚性路 rigid road
刚性路基 rigid roadbase; rigid subgrade
刚性路面 rigid(ity)(road) pavement; rigid surface
刚性路面地基 rigid pavement subgrade
刚性路面评价体系(统) concrete pavement evaluation system
刚性路面设计 rigid pavement design
刚性路面修复设计系统 rigid pavement rehabilitation design system
刚性履带 rigid track
刚性锚固 rigidity anchor
刚性门式框架 rigid portal frame
刚性面板 rigid facing
刚性面层 rigid overlay; rigid surface
刚性模量 module of rigidity; modulus of rigidity; modulus of transverse elasticity; rigid modulus; stiff(ness) modulus
刚性模数 module of rigidity; modulus of rigidity; rigidity modulus
刚性模型 rigid model
刚性膜片 rigid membrane
刚性母线 rigid busbar
刚性内芯 rigid core
刚性黏[粘]结剂 rigid adhesive
刚性黏[粘]土管沟 mole drain
刚性凝固 rigid set
刚性凝胶 rigid gel
刚性扭曲 rigid distortion
刚性排架 rigid frame bent
刚性平板 rigid sheet
刚性平面 rigid plane
刚性平台 platform of rigid construction; rigid platform
刚性铺面 rigid pavement
刚性气升吸泥管 rigid airlift mud pipe
刚性牵引杆 rigid tow bar
刚性牵引装置 rigid drawbar
刚性墙 rigid wall
刚性桥轴 rigid axle
刚性圈 stereosphere
刚性全履带车 rigid full track
刚性溶胶 rigid sol
刚性设计 rigid(type) design; stiff design
刚性升船机平台 shiplift platform of rigid construction
刚性施肥开沟器 rigid-shank applicator
刚性石棉幕 rigid asbestos curtain
刚性式 rigid type
刚性试验 implosion test; rigid test; stiff test

刚性试验机 stiff(ing)testing machine
刚性枢接的 rigidly pinned
刚性树脂 rigid resin
刚性刷子 stiff-bristled brush
刚性双唇密封 positive double-lip seal
刚性塑料 rigid plastics
刚性塑料管 rigid plastic tube
刚性隧道支护 rigid tunnel lining
刚性塔 rigid tower
刚性台架 stiff gantry
刚性台面靠船墩 rigid platform dolphin
刚性台面靠船台 rigid platform dolphin
刚性套管 rigid conduit
刚性体 rigid body
刚性条件 condition of rigidity;hard condition
刚性同轴电缆 rigid coaxial cable
刚性铜同轴线 rigid copper coaxial line
刚性透空式桩基结构 rigid open-piled structure
刚性腿桅杆吊 stiff leg derrick
刚性腿移动式转臂起重机 stiffleg derrick travel(l)er
刚性托架 <模板的> stiffback
刚性万向节 rigid universal joint
刚性网格 rigid grid
刚性桅杆起重机 stiffleg
刚性屋面 rigid roofing
刚性物 rigid board
刚性系杆拱桥 stiffened tied-arch bridge
刚性系数 coefficient of rigidity;coefficient of stiffness;factor of rigidity;module of rigidity;modulus of rigidity;rigid factor;rigidity coefficient;stability factor
刚性系统 rigid system
刚性纤维棒 rigid fibre rod
刚性楔块 rigid wedge
刚性心墙 rigid core wall
刚性行车道 stiffened roadway
刚性悬挂 solid mount
刚性悬挂的 solid mounted
刚性悬挂装置 rigid suspension device
刚性悬架 rigid suspension;fix-type suspension
刚性压辊 rigid rolls
刚性压力机 rigid pressure machine
刚性压力水管 rigid penstock
刚性乙烯基合成物 rigid vinyl component
刚性乙烯基组件 rigid vinyl component
刚性元件 stiffener
刚性圆程振动筛 positive circle throw screen
刚性约束 rigid restraint
刚性约束的 rigid restrained
刚性支撑 rigid bracing;rigid support
刚性支承 non-yielding prop;rigid bearing;rigid support
刚性支承点 rigid type bearing
刚性支承连续梁 continuous beam on rigid supports
刚性支承系统 rigidity supported system
刚性支持 rigid support
刚性支船架 rigid cradle
刚性支点 rigid support
刚性支墩坝 rigid buttress dam
刚性支护 rigid support
刚性支架压路机 rigid frame roller
刚性支腿 rigid leg
刚性支腿杆吊 stiffleg derrick
刚性支腿起重机 stiffleg crane
刚性支腿桅杆吊 stiffleg mast crane
刚性支腿桅杆起重机 scotch derrick crane
刚性支柱 non-yielding prop;rigid support;stiffleg
刚性支柱动臂起重机 stiffleg derrick
刚性支柱式导轴承 pivoted-pad guide bearing
刚性支座 rigid mount;rigid support
刚性支座推力轴承 pivoted-pad thrust bearing
刚性直尺 <检查混凝土面平整度或坡度的> straightedge
刚性指式捡拾器 stiff-finger pick-up
刚性指数 rigid(ity)index
刚性轴 rigid axle;rigid shaft;stiff shaft
刚性轴离心式压缩机 stiff-shaft centrifugal compressor
刚性轴汽轮机 stiff-shaft turbine
刚性轴式悬挂 rigid-axle type suspension
刚性柱架 <起重机> stiffleg derrick
刚性砖 inflexible tile;rigid brick;rigid tile
刚性转动体 rigid rotator
刚性转子 rigid rotator
刚性转子平衡品质 balance quality of rigid rotor
刚性装配体(建筑) solid assembly building
刚性组合建筑 solid integration building
刚性组合体 solid integration building
刚性钻铤组合 rigid bottom hole assembly
刚硬的 rigid
刚玉 emery;adamantine spar;alundum;boule;corindon;corundite;corundum(ite);diamond spar;harmophane;oxide of alumina;white sapphire
刚玉奥长岩 plumasite
刚玉粉 alundum powder;emery powder
刚玉粉研磨剂 emery abrasive
刚玉坩埚 corundum crucible
刚玉更长岩 plumasite
刚玉管 alundum tube
刚玉管炉 alundum furnace
刚玉黑云钙长岩 kyschtymite
刚玉绝缘体 alundum insulator
刚玉矿床 corundum deposit
刚玉磨光轮 emery buff
刚玉莫来石瓷 corundum-mullite porcelain
刚玉莫来石陶瓷 corundum-mullite ceramics
刚玉耐火材料 corundum refractory
刚玉耐火砖 corundum brick
刚玉熔块 fused alumina ingot
刚玉砂 pulverised[pulverized] corundum
刚玉砂布 corundum cloth
刚玉砂布带 corundum fillet;emery fillet
刚玉砂层 emery sand layer
刚玉砂轮 corundum wheel
刚玉砂磨床 emery grinder;emery grinding machine
刚玉砂纸 emery paper
刚玉闪长岩 dungannonite
刚玉石 corundum;emery stone
刚玉微晶正长岩 corundum microsyenite
刚玉斜长岩 corundum plagioclasite
刚玉型结构 corundum type structure
刚玉岩 corundolite;emery rock
刚玉正长岩 corundum syenite
刚玉制品 corundum products
刚玉质瓷 corundum porcelain
刚玉质大砖 corundum block
刚玉质耐火质浇注料 corundum castable
刚玉轴承 aloxide bearing
刚玉砖 corundum block;corundum brick
刚纸 hard board
刚竹 Japanese timber bamboo
刚竹属 <拉> Phyllostachys
刚柱柔性梁模型 rigid-column-flexible-beam model
刚做好的 in mint condition

纲

纲领 digest

纲索走向 cable profile
纲要 compendium[复 compendiums/compendia];guideline;program(me)
纲要计划 outline plan
纲要图 key drawing;key map
纲要性规划 advisory plan
纲要性设计 schematic design
纲要性设计图 schematic design drawing

缸

crock;cylinder;jar;keeve;kong;urn

缸壁 casing wall;cylinder wall
缸壁干涉 wall interference
缸壁应力控制器 wall stress controller
缸衬胀圈 cylinder liner packing ring
缸瓷 stoneware
缸瓷管道 stoneware pipeline
缸瓷排水管 stoneware drain pipe
缸瓷土 stoneware clay
缸瓷砖 stoneware tile
缸的缓冲装置 cylinder cushion
缸的有效容积 volume of stroke
缸的找正 cylinder alignment
缸底 cylinder bottom
缸底盖 cylinder bottom head
缸底汽管 cylinder bottom steam pipe
缸端盖 cylinder end cap;cylinder end cover
缸盖 cylinder head
缸盖的螺栓及螺母 cylinder head bolt and nut
缸盖底板 cylinder head plate
缸盖垫片 cylinder gasket
缸盖端 head side
缸盖固定螺钉 cylinder head anchor pin
缸盖固定螺栓 cylinder head fixing stud
缸盖螺栓 cylinder bolt;cylinder head bolt
缸盖喷水嘴 cylinder head water nozzle
缸盖罩 cylinder head cover
缸管 vitrified-clay pipe;vitrified-clay tile
缸化 vitrification
缸化黏[粘]土 vitrified clay
缸化砖 clinker brick;vitrification brick
缸径 bore;cylinder bore(diameter);cylinder diameter
缸径冲程比 bore stroke ratio
缸径规 cylinder ga(u)ge;cylindric(al)ga(u)ge;cylindric(al)plug
缸径量规 bore ga(u)ge
缸径塞规 cylinder plug ga(u)ge
缸径与冲程 <水泵> bore and stroke
缸面积 cylinder area
缸内壁 inside wall of cylinder
缸内径 cylinder bore;cylinder inner diameter;cylinder inside diameter
缸排放塞门 cylinder drainage cock
缸器 stoneware
缸前盖 cylinder front cover;cylinder head cap;cylinder head cover
缸容积 volume of cylinder
缸上盖 cylinder top head
缸上汽管 cylinder top steam pipe
缸式磨机 jar mill
缸数 numbers of liner
缸水消毒 vat water disinfection
缸膛 cylinder bore
缸套 cylinder jacket;cylinder sleeve;liner
缸套密封环 cylinder packing ring
缸套磨损 barrel wear
缸套直径 size of liner
缸体 cylinder body
缸体侧罩 cylinder side cover
缸体衬套 pump liner
缸体固定的缸 stationary body cylinder
缸体润滑法 cylinder lubrication
缸体镗孔 boring of cylinder block
缸体油压探测器 cylinder oil pressure detector
缸体轴瓦镗床 cylinder body bushing boring-machine
缸筒衬套 cylinder bush
缸筒导轨 cylinder guide
缸筒致动系统 ramming system
缸头 cylinder end
缸头密封 cylinder end seal
缸头罩 cowl hood
缸瓦管 ceramic pipe;clinker-tile tube;earthenware pipe;stoneware pipe;vitrified-clay conduit;vitrified-clay pipe[piping];vitrified-clay tube[tubing];vitrified tile
缸瓦排水管 stoneware drain;tile drain;vitrified sewer pipe
缸瓦器 earthenware;stoneware
缸瓦下水管 vitrified sewer pipe[piping];vitrified sewer tube[tubing]
缸用铸铁 cylinder iron
缸砖 burnt brick;ceramic brick;cherry-hard brick;clinker;clinker(y) brick;Dutch brick;klinker brick;quarry tile;vitrified brick
缸砖地面 quarry tile floor
缸砖覆盖 clinker cover;clinker plating
缸砖楼地面 quarry tile floor(ing);clinker floor
缸砖路 clinker road
缸砖路面 clinker pavement;pavement of clinker
缸砖铺地 clinker paving
缸砖砌体 clinker masonry
缸砖砌筑长槽 clinker strake
缸砖踢脚 quarry tile skirting

钢

钢安全扶手 steel safety rail

钢安全臼 steel pad
钢凹板 siderography;steel engraving
钢凹版腐蚀液 spencer's solution
钢凹版术 steel plate engraving
钢凹版印刷机 steel-die engraving press
钢坝 steel dam
钢百叶窗 steel shutter(ing)
钢板 iron plate;plate steel;sheet steel;steel plate;steel sheet;steel slab
钢板板条 steel plate lath(ing)
钢板包镍板 nickel-clad;Niclad
钢板编号 plating numeral
钢板变凹 steel plate concave
钢板变形 steel plate deformed
钢板驳岸 steel bulkhead
钢板部件 steel plate member
钢板材 steel slab
钢板舱壁 steel bulkhead
钢板槽钢组合柱 plate and channel column
钢板测厚仪 steel plate thickness meter

G

钢板层 steel deck(ing)
钢板厂 sheet rolling mill
钢板车库 steel plate garage
钢板车行道 steel plate roadway
钢板沉箱防波堤 steel caisson breakwater
钢板衬背 sheet backing
钢板衬层 steel plate lining
钢板衬垫 plate-steel liner; steel lining;steel skin
钢板衬里 steel plate lining
钢板衬砌 plate-steel liner; steel lining;steel skin
钢板衬砌混凝土 iron plated concrete
钢板衬砌混凝土水管 steel-lined concrete pipe
钢板撑 steel slab prop
钢板承载试验 plate bearing test
钢板承重结构 plate weight-carrying structure
钢板冲件 steel plate stamping
钢板冲孔机 plate-punching machine
钢板冲压 steel plate stamping
钢板冲压制散热器 pressed steel radiator
钢板窗 steel plate window
钢板大梁 steel plate girder
钢板单元 steel plate unit
钢板挡板 steel plate lagging
钢板的边废料 sheet clippings
钢板的边缘 edges of plate
钢板的成对合轧 pair rolling
钢板的翘曲 camber of sheet
钢板等切断处不光滑整齐的 rag
钢板底层地板 steel plate sub-floor
钢板垫圈 plate washer
钢板雕刻 steel engraving
钢板叠 sheet pack
钢板渡槽 sheet steel flume
钢板对头拼接 butt plate splice
钢板法兰 steel plate flange
钢板负垂弯度 negative spring camber
钢板格构岸壁 steel cellular bulkhead
钢板格型岸壁 steel cellular bulkhead
钢板隔板 steel plate lagging
钢板隔壁 steel bulkhead
钢板工 plate erector;plater;tinbender
钢板供暖锅炉 steel plate heating boiler
钢板供热锅炉 steel plate heating boiler
钢板钩 steel plate hook
钢板构件 steel plate element
钢板刮路器 steel dowel;steel drag
钢板管环 collar plate
钢板管桩 steel pipe pile
钢板锅炉 steel boiler
钢板过滤器 steel filter
钢板焊成的柱 column of welded sheet construction
钢板焊接结构 welded steel plate construction
钢板焊接蜗壳 plate-welded spiral case
钢板厚度计 rolling mill ga(u)ge; sheet-iron ga(u)ge
钢板护壁 steel plate lagging
钢板护栏 steel guardrail
钢板护面 steel facing
钢板或钢管厚度负偏差 thickness tolerance of steel plate of pipe
钢板机壳 plate-steel case
钢板继电器箱 sheet steel relay case
钢板加工车间 steel plate shop
钢板夹钳 plate clamps
钢板碱液电镀锡法 alkaline process
钢板角钢组合柱 steel and angle column
钢板矫平 steel planing
钢板矫平机 level(l)er;plate-leveling machine
钢板矫正压力机 bulldozer
钢板矫直机 plate straightener;plate-straightening machine
钢板校直机 steel sheet straightener
钢板结构 steel plate structure
钢板精剪机 reshear of steel sheet
钢板精轧辊 smoothing roll
钢板精整机 plate-working machine
钢板局部压延区 local plate buckling area
钢板卷角 steel sheet corner folded
钢板卷起 steel sheet edge folded
钢板蜡纸 stencil paper
钢板冷轧 cold-rolling
钢板冷轧机 Krause mill
钢板连接方法 plating system
钢板连接方式 plating system
钢板梁 plate girder;steel plate beam
钢板梁坝 steel deck girder dam
钢板梁腹板接合缝盖板 web cover
钢板梁桥 steel plate girder bridge
钢板楼面 steel plate floor
钢板楼梯 steel plate stair(case)
钢板楼梯斜梁 steel plate string;steel string(er)
钢板路刮 steel dowel;steel drag
钢板路面 steel plate roadway
钢板螺母 die nut
钢板毛地板 steel plate sub-floor
钢板锚固的码头 steel plate anchorage wharf
钢板门 steel plate door
钢板模板 block out mo(u)ld; sheet steel form
钢板内衬 inner steel lining
钢板内固定术 internal fixation with steel plate
钢板暖气片 steel panel radiator
钢板盘轮 steel sheet disk wheel
钢板刨边 planing of steel plate
钢板跑道 steel runway
钢板喷砂车间 plate-blasting shop
钢板坯 plate slab;sheet billet
钢板片 spring leaf
钢板瓢曲 bulge
钢板平面拼接 steel plain splice
钢板桥 steel plate bridge; steel slab bridge
钢板桥面 steel plate floor;steel plate roadway
钢板翘曲 camber of sheet
钢板切边 swarf
钢板切割车间 plate cutting shop
钢板清净机 branning machine
钢板热矫正机 hot plate straightening machine
钢板热渗铝 aludip
钢板软化退火 softening annealing
钢板散热器 steel panel radiator
钢板上的油渍 lubricant residue
钢板输送器 steel plate conveyer[conveyor]
钢板水槽 sheet steel flume
钢板弹簧 band spring; laminated spring;leaf spring;plate spring
钢板弹簧吊耳 shackle link; spring hanger
钢板弹簧额定刚性系数 nominal rate of the spring
钢板弹簧拱度 spring arch
钢板弹簧夹箍 spring stirrup
钢板弹簧卷耳 spring eye
钢板弹簧卡箍 bridle
钢板弹簧骑马螺栓 rebound clip
钢板弹簧上油卡子 screw clamp for lubricating leaf spring
钢板弹簧舌片 top plate
钢板弹簧销 spring pilot
钢板弹簧支架 dumb iron
钢板弹簧中心螺栓 leaf spring center bolt
钢板弹簧主(叶)片 main leaf of spring;spring leaf
钢板弹簧座角 seat angle
钢板搪瓷 enamel(l)ing sheet steel; sheet steel enamel
钢板套管 plate coils
钢板体系 steel plate system
钢板条 steel lathing;steel strip
钢板贴面 steel sheet facing
钢板筒仓 steel plate silo
钢板凸轮挡 steel plate catch
钢板凸起 steel plate convex
钢板凸曲 bulge
钢板网 expanded metal (lathing); metal lathing; mild steel expanded sheets;steel screen
钢板网吊顶 suspended expanded metal lath ceiling
钢板网顶棚 expanded metal lath ceiling
钢板网蜂窝填料 expanded steel packing element
钢板网隔断 expanded metal partition
钢板网抹灰 metal lath and plaster; plaster on expanded metal lath
钢板网抹灰吊顶 expanded metal and plaster ceiling
钢板网配筋 expanded metal reinforcement
钢板蜗壳 plate spiral casing; sheet-metal casing
钢板屋顶 steel roof deck(ing)
钢板屋面 steel(roof)deck(ing)
钢板箱形大梁 steel plate box girder
钢板镶护混凝土 armo(u)red concrete
钢板镶面的 steel-faced
钢板镶面的混凝土块衬砌环 steel-lined concrete ring
钢板镶面混凝土板 steel-faced concrete
钢板悬吊屋顶 plate suspension roof(ing)
钢板压成的分隔墙 pressed steel partition(wall)
钢板压成的镶板 pressed steel panel
钢板压痕 roll stop
钢板压环 plate closer
钢板压筋端墙 corrugated steel end
钢板压平 roller flattening;roller level(l)ing
钢板压平机 roller level(l)er
钢板压弯机 press brake
钢板压制的部件 pressed steel section
钢板压制的法兰剪切板 pressed steel flange(d) shear plate
钢板压制的风道 pressed steel duct
钢板压制的构件 pressed steel unit
钢板压制的管道 pressed steel pipe
钢板压制的过梁 pressed steel lintel
钢板压制的检查孔盖 pressed steel manhole cover; pressed steel manway cover
钢板压制的楼梯 pressed steel stair(case)
钢板压制的门框 pressed steel door frame
钢板压制的人孔盖 pressed steel manhole cover; pressed steel manway cover
钢板压制的天沟 pressed steel valley gutter
钢板压制的突缘剪切板 pressed steel flange(d) shear plate
钢板压制的线脚 pressed steel trim
钢板压制的镶板 pressed steel trim
钢板压制的斜沟 pressed steel valley gutter
钢板压制的檐槽 pressed steel eaves trough
钢板压制的檐沟 pressed steel eaves gutter;pressed steel eaves trough
钢板压制的雨水沟 pressed steel valley gutter
钢板压制的雨水管 pressed steel rainwater pipe
钢板延伸机 sheet stretcher
钢板眼孔 spring eye
钢板堰 steel weir
钢板圆筒式码头 steel plate cellular cofferdam type wharf
钢板轧辊 plate mill roll
钢板轧机 sheet rolling mill
钢板轧机机座 plate mill stand
钢板栅 steel sheeting
钢板支撑 steel sheet piling;steel slab prop
钢板制动片 steel plate catch
钢板制动装置 steel plate catch
钢板重剪机 reshears
钢板抓爪 steel plate catch
钢板爪 plate grab
钢板转移印花法 steel plate transfer process
钢板桩 metal sheet pile;piling beam; sheet piling section;steel sheet pile [piling];steel sheeting
钢板桩岸壁 quay wall of steel sheet pile[piling]; steel pile[piling] wall; steel sheet pile quaywall
钢板桩岸墙 quay wall of steel sheet piling
钢板桩驳岸 steel sheet pile bulkhead
钢板桩驳岸壁 steel bulkhead
钢板桩承台式(顺岸)码头 steel sheet pile quaywall with relieving platform
钢板桩船闸 steel-sheet piling lock
钢板桩锤垫板 pants
钢板桩单体 <填充混凝土的> steel sheet pile cell
钢板桩单元 sheet piling cell
钢板桩挡土墙 steel sheet piling retaining wall
钢板桩的经济性 economics in steel sheet pile
钢板桩丁坝 steel sheet pile groyne
钢板桩防波堤 steel sheet pile breakwater
钢板桩防水堰 steel sheet pile cofferdam
钢板桩格体岸壁 cellular steel sheet pile bulkhead; steel cellular bulkhead;steel sheet pile cellular quaywall
钢板桩格体鼓胀 bulging of cell
钢板桩格体围堰 steel cellular bulkhead; steel sheet pile cellular cofferdam
钢板桩格体围堰式岸壁 steel sheet pile cellular cofferdam type quaywall
钢板桩格型岸壁 cellular steel sheet pile bulkhead; steel cellular bulkhead; steel sheet pile cellular quaywall
钢板桩格型堤岸 cellular bulkhead
钢板桩格型防波堤 cellular sheet pile breakwater
钢板桩格型鼓胀 bulging of cell
钢板桩格型结构突堤码头 sheet pile cell pier
钢板桩格型码头的上部结构 bulkhead wall
钢板桩格型围堰 cellular cofferdam; steel cellular bulkhead; steel sheet pile cellular cofferdam
钢板桩格型围堰式岸壁 steel sheet pile cellular cofferdam type quaywall
钢板桩厚度 sheet-pile thickness
钢板桩护岸 steel sheet pile bulkhead
钢板桩截水墙 steel sheet pile[piling] cut-off
钢板桩靠船墩 steel sheet pile type dolphin

G

钢板桩连接器机械装置 sheet-pile connector mechanism
钢板桩码头 quay of steel sheet piling; steel sheet pile quay; steel sheet pile[piling] wharf
钢板桩码头驳岸 steel sheet pile quaywall
钢板桩码头墙 quay wall of steel sheet piling;steel sheet-piling wharf wall
钢板桩锚碇 steel sheet pile anchorage
钢板桩帽 sheet-pile head
钢板桩墙 steel sheet-pile(d) wall; steel sheet-piling wall; cantilever wall <堤坝、码头、护岸等>
钢板桩式墩台 steel sheet-piling type dolphin
钢板桩式系船墩 steel sheet-piling type dolphin
钢板桩锁口 interlocks of steel sheet pile
钢板桩填土围堰 steel sheet pile earth cofferdam
钢板桩围堰 steel sheet pile [piling] cofferdam
钢板桩圆格型围堰 circular-type cellular cofferdam
钢板桩圆筒型系船桩 cellular steel pile dolphin
钢板装甲 plate armo(u)r
钢板装配船首材 fabricated stem; fashion-plate stem
钢板纵梁 steel plate string
钢版雕刻机 steel engraver
钢版雕刻术 siderography
钢版雕刻用纸 steel plate paper
钢棒 billet(steel reinforcing) bar; billet(steel reinforcing) rod; rod iron; steel bar
钢棒测温法 bar test
钢棒存放架 rod storage
钢棒剪切机 steel bar shears
钢棒筛板 bar deck
钢包 ladle; tap ladle
钢包车 buggy ladle
钢包衬砖 ladle brick
钢包吊车 ladle crane trolley
钢包裹物 steel surround
钢包精炼炉 refined-smelting ladle furnace
钢包砂 burn(ing)-in
钢包绳 steel-clad rope
钢包石棉垫片 metal jacket gasket
钢包套 steel capsule
钢包支座 ladle stand
钢保护轨 steel protection rail
钢保护栏 steel protection rail; steel safety rail
钢保护套 steel lagging
钢保护网 steel guard fence
钢杯 steel bowl; steel cup
钢背 steel backing
钢背板 steel backing plate; steel lagging
钢背的 steel-backed
钢背铝表轴瓦 steel-backed aluminum bearing
钢背铝合金精密轴承 steel-backed aluminum alloy bearing
钢背铜面垫圈 steel-backed bronze-faced washer
钢背闸瓦 steel back brake shoe
钢背轴承 steel-backed bearing
钢背轴承合金 steel-backed bearing alloy; steel-backed bearing metal
钢背轴瓦 steel-backed bearing
钢笔 fountain pen
钢笔杆 fountain pen barrel; penholder
钢笔画 drawing with pen and ink; pen(-and-ink) drawing
钢笔尖 fountain pen nib; pen nib; pen point <美>
钢笔墨水 fountain pen ink
钢笔式手电筒 penlight
钢笔形小电筒 penlight; penlite
钢臂施工法 steel cantilever construction method
钢边橡胶止水带 rubber waterstop with steel flanges; steel edged rubber water-stop
钢编胶管 rubber hose braided with steel wire
钢扁销 steel cotter pin
钢扁凿 steel chisel
钢标【测】 steel tower
钢标塔 steel pylon; steel tower
钢表面处理 steel finish
钢表面氮硬化处理 nitriding; nitrogen hardening
钢表面青铜色氧化 browning
钢表面渗铝法 aritieren
钢表面修整 steel conditioning
钢波形瓦 steel pantile
钢玻璃结构体系 steel glass system
钢驳 steel lighter
钢箔 steel foil
钢薄壳 steel shell
钢部件 steel unit
钢材 rolled iron; rolled(steel) products; steel bar; steel products
钢材边缘加工 steel edge processing
钢材秤 weighing machine for iron and steel materials
钢材除锈 steel rust removing
钢材储存 steel savings
钢材疵病 steel defect
钢材淬火油 steel hardening oil
钢材打印跨 marking bay
钢材的屈服 yielding of steel
钢材等级 quality of steel
钢材堆场 steel bay
钢材堆垛跨 piling bay
钢材分选装置 steel grader
钢材腐蚀 corrosion of steel; steel-corroding
钢材焊接围栏 welded steel fences
钢材耗用量 steel consumption
钢材划线用墨 steel ink
钢材混凝土组合梁 steel-concrete composite girder
钢材记号 marking steel material
钢材加工车间 steel workshop
钢材剪切 steel cutting
钢材矫正 steel rectification
钢材截面 steel profile
钢材卷圆 steel plate rolling
钢材面积 area of steel
钢材黏[粘]合剂 steel binder
钢材牌号 type of steels
钢材疲劳应力 fatigue stress of steel members
钢材品种 rolling shapes
钢材剖面 steel profile
钢材切断与弯曲 steel cutting and bending
钢材切割机 notcher
钢材切割设备 steel cutting equipment
钢材清理机组 cleaning unit
钢材取样块 steel test piece
钢材缺点 steel defect
钢材缺陷 steel defect
钢材数量表 gross amount of structural steel
钢材酸洗液 steel pickling liquor
钢材涂层 plating on steel
钢材涂料 steel coating
钢材外观检验 steel visual inspection
钢材弯曲 steel bending
钢材弯曲机 steel bending machine
钢材消耗 steel consumption
钢材型号 steel type
钢材需要量 steel requirement
钢材验收试验 steel acceptance test
钢材一览表 schedule of structural steel
钢材阴极保护法 cathodic protection of steel
钢材硬化深度 hardness penetration
钢材轧机 ferrous rolling mill
钢材轧制 steel rolling
钢材制孔 steel punching
钢材质量 quality of steel
钢舱室 steel chamber
钢槽 steel tank
钢测尺 steel measuring tape
钢叉 steel fork; steel yoke end
钢叉臂 steel yoke
钢叉管 breeches pipe; forked pipe; steel pipe bifurcation
钢叉记 dagger mark
钢叉架 steel yoke; steel jack
钢叉头 steel fork head
钢插板 poling plate; steel spile
钢插口环 steel spigot ring
钢产品 steel production
钢铲 steel shovel
钢厂 steel works
钢厂材料证明书 mill certificate
钢厂废物 steel mill waste
钢厂负公差 mill under tolerance
钢厂锅炉房 steel plant boiler house
钢厂合格证 mill certificate
钢厂检验单资料 mill sheet
钢厂设备 steel works equipment
钢厂用敞车 mill gondola
钢车横梁 needle beam
钢车库 steel garage
钢车体车 steel frame car
钢扯门 steel sliding gate
钢沉井 steel open caisson
钢沉箱 steel caisson; steel cassette; steel coffer
钢沉箱防波堤 steel caisson breakwater
钢沉箱基础 steel caisson breakwater
钢衬板 steel-lined plate
钢衬垫 steel shim; steel sleeve
钢衬里 steel liner; steel lining
钢衬砌 steel lining
钢衬圈 steel liner
钢衬套 steel liner
钢撑 steel shore; spud <挖泥船插在水底的>
钢撑杆 steel bracing
钢撑胶脚 steel prop
钢撑柱 steel shoring column
钢承插管 steel bell and spigot pipe
钢承座 steel bearing
钢尺 steel ruler; steel scale
钢尺测长修正值 tape correction
钢尺法 steel tape method
钢尺检验 testing of steel tape
钢尺拉力校正 tension correction
钢尺量距 steel tape distance measurement
钢尺温度校正 temperature correction for steel tape
钢尺野外比长 field test of steel tape
钢齿 steel tooth
钢齿加工过的石面 dragged work
钢齿耙 wire comb
钢齿牙轮钻头 steel tooth bit
钢齿琢石 combed work; dragged work
钢冲机 steel drift
钢传力杆 <水泥混凝土路面的> steel dowel
钢传墨辊 steel distributor
钢船 steel boat; steel ship; steel vessel
钢船船底漆 steel ship bottom paint
钢船壳 steel ship hull
钢船体 steel ship hull
钢船坞闸门 steel caisson
钢窗 metal casement; metal window; steel casement; steel sash; steel window
钢窗扳手 casement fastener
钢窗扉 steel casement
钢窗框 metal window frame; steel casement; steel window frame; window sash
钢窗框及配件 steel window frame and accessory
钢窗料 sash bar; steel window section
钢窗腻子 putty for steel(plate) windows
钢窗平衡锤箱 steel weight box
钢窗扇 metal window sash; steel sash
钢窗铜配件 brass fitting of steel window
钢窗头板 steel yoke
钢窗型材 iron sash bar
钢窗油灰 putty for steel(plate) windows; steel sash putty
钢窗栅 steel grille
钢窗支子 sliding stay
钢床 steel bed
钢锤 steel beetle; steel mall; steel sledge hammer
钢磁体 steel magnet
钢刺条 burr wire; garnett wire
钢刺线 steel barbed wire
钢簇桩 steel dolphin
钢淬硬法 quench hardening
钢锉 steel file
钢锉屑 steel fillings
钢大梁 steel girder
钢大梁吊钩 beam clamp
钢大梁吊环 beam clamp
钢大梁接头 steel girder joint
钢大梁跨度 steel girder span
钢大梁楼板 steel girder floor
钢大梁楼层 steel girder floor
钢大梁桥 steel girder bridge
钢带 bar strip; steel band; steel belt; steel strap
钢带传动 metal-belt drive; metal-belt transmission
钢带对焊机 steel band butt welder
钢带固定的对接缝 strap joint
钢带滑动剪刀 sliding shears for steel band
钢带夹 band cramp
钢带接头 steel belt lacing
钢带铠装 band-armo(u)ring; steel tape armo(u)ring
钢带铠装电缆 band-armo(u)red cable; tape armo(u)red cable
钢带捆轧机 steel strapping equipment
钢带录音机 steel tape recorder
钢带螺旋绕铁芯 spiracore
钢带毛网分条器 steel tape web divider
钢带模 steel strip die
钢带轻合金活塞 steel belted piston
钢带式浮标液面计 tap float level ga(u)ge
钢带式选针 steel film selection
钢带输送机 steel band conveyer[conveyor]; steel belt conveyer[conveyor]
钢带铁芯 ribbon-wound core
钢带外皮 steel tape sheath
钢带运输机 steel band conveyer[conveyor]
钢带自动进料冲床 automatic strip feed press
钢挡板 steel lagging; steel retainer; steel shoe
钢刀片 steel bit
钢刀刃 steel bit
钢导板 steel skid
钢导电棒 steel collector bar

G

钢导管 steel conduit
钢导管架 steel jacket
钢导管架平台 steel jacket platform
钢导轨 steel skid
钢的板式运输机 steel apron conveyer [conveyor]
钢的标号 steel mark
钢的标号制 steel marking system
钢的表层硬化深度测定法 measuring case depth for steel
钢的表面热处理 case-hardened
钢的表面渗碳硬化 case-harden(ing)
钢的表面修整 steel conditioning
钢的淬硬性 hardenability of steel
钢的打桩架 steel piling frame
钢的等级 steel grade; grade of steel
钢的等级牌号 steel grade
钢的电炉精炼法 electric(al)refining of iron
钢的镀锌 sherardise[sherardize]
钢的腐蚀 steel corrosion
钢的加工 steel working
钢的节省量 steel savings
钢的冷挤压 cold extrusion of steel
钢的皮带运输机 steel apron conveyer [conveyor]
钢的氢脆 hydrogen embrittlement
钢的屈服点 yield of steel
钢的裙式运输机 steel apron conveyer [conveyor]
钢的热处理 heat-treatment of steel
钢的生产 steel working
钢的松弛 relaxation of steel
钢的塑流 plastic flow of steel
钢的塑性流动 plastic flow of steel
钢的酸洗作业 steel pickling operation
钢的徐变 creep of steel; steel creep
钢的压缩应力 steel compressive stress
钢的硬化 hardening of steel
钢等级 steel grade
钢底箍 steel bottom rim
钢底模 steel soffit
钢底盘 steel bottom plate
钢地面钢板 steel floor(ing)plate
钢地面修饰 steel floor(ing)finish
钢垫 copper washer
钢垫板 billet; steel base plate
钢垫跑道 steel mat runway
钢垫片 steel(plate)washer; steel shim
钢垫圈 steel washer
钢雕 steel engraving
钢吊杆桁架 king bolt truss
钢吊架 steel hanger
钢叠层轮胎 steel-studded tire[tyre]
钢碟形轮 steel disc wheel
钢钉 steel nail; steel traffic stud <道路交通用的钮状的>
钢钉板夹 steel nailer clip
钢顶撑 steel lagging; steel shore
钢顶梁 steel bar; steel beam; steel cap
钢顶棚格栅 steel ceiling joist
钢定位器 steel retainer
钢锭 billet steel; bloom; capped ingot; ingot steel; steel bloom; steel ingot; steel pig; steel slab
钢锭斑疤 scar
钢锭表面修整机 ingot scalping machine
钢锭剥皮机床 ingot scalping machine
钢锭仓库 ingot bay
钢锭秤 ingot scales; steel ingot scale
钢锭处理设备 ingot handling equipment
钢锭的氧化皮 scale jacket
钢锭的整修 dressing of steel ingots
钢锭吊车 ingot crane
钢锭顶部电加热保温法 Kellog hot-top method
钢锭管状病 piping
钢锭回转机 turnaround machine
钢锭夹钳 ingot gripper
钢锭溅疤面 shelliness
钢锭浇注法 Harmet process
钢锭浇铸 ingot casting
钢锭角鬼线 corner ghost
钢锭结疤 scab
钢锭跨 ingot bay
钢锭裂纹 ingot crack
钢锭帽 box hat
钢锭模 ingot case; ingot mo(u)ld; steel mo(u)ld
钢锭模车 mo(u)ld buggy
钢锭模添加剂 mo(u)ld addition
钢锭模涂料 mo(u)ld coating material
钢锭模铣床 ingot mo(u)ld milling machine
钢锭模准备和脱锭跨 mo(u)ld setting-and-stripping bay
钢锭模准备跨 mo(u)ld preparation bay
钢锭起重机 block crane; ingot crane
钢锭切分机 slicing machine
钢锭切头 butt ingot
钢锭试样 ingot pattern
钢锭收缩头 crop; feeder head
钢锭头 exterior part of ingot; ingot butt
钢锭推出机 billet pusher; ingot pusher
钢锭推出器 ingot pusher
钢锭脱模吊车 ingot stripping crane
钢锭外皮 exterior part of ingot
钢锭型 ingot case
钢锭修整机 peeling machine
钢锭压断机 ingot-breaker press
钢锭压盖 ingot cap
钢锭折断机 ingot breaker
钢锭装料吊车 ingot charging crane
钢斗手推车 steel-pan wheelbarrow
钢段 cylpebs; steel cylpebs
钢段研磨介质 cylpebs grinding media
钢锻件 forged steelwork
钢锻品 steel forgings
钢堆场 steel storage yard
钢堆栈 steel store
钢趸船 steel pontoon
钢盾 steel shield
钢(盾构)弓形支撑 steel segment
钢轭铁 steel yoke
钢阀(门) steel valve
钢阀座圈 steel insert for valve seat
钢法兰 steel flange
钢房间 steel chamber
钢房屋建筑 steel building construction
钢房屋设计与施工 steel building design and construction
钢房屋正面 steel facade
钢分格式单元 steel cellular unit
钢粉 comminuted steel shot
钢粉末 steel powder
钢扶手 steel railing
钢浮驳 steel pontoon
钢浮船 steel pontoon
钢浮船坞 steel coffer
钢浮码头 steel pontoon
钢浮筒 steel pontoon
钢浮坞门 steel floating caisson; steel floating gate
钢辐射屏蔽墙 steel radiation shielding wall
钢副椽 steel subpurlin(e)
钢副檩 steel subpurlin(e)
钢腹板横向加劲肋 traverse stiffener of steel web
钢腹板梁 steel web girder
钢腹板支承加劲肋 bearing stiffener of steel web
钢腹板中间加劲肋 intermediate stiffener of steel web
钢覆盖 steel cladding
钢覆面 steel cladding; steel linear
钢盖头 <管的> steel bulkhead
钢干竖链型系泊浮筒 bar riser chain-type mooring buoy
钢杆 steel pole; steel stem
钢杆规 steel beam trammel
钢坩埚 steel crucible
钢刚架 steel rigid framing
钢高边敞车 steel car gondola
钢高架道路 steel overhead roadway
钢高架桥 steel trestle
钢镐 pick-mattock; steel pick; steel picks and mattock
钢格吊杆 steel lattice boom; steel-latticed jib
钢格构 steel lattice work
钢格构衬板 steel-latticed lining
钢格构承重系统 steel-latticed load-bearing system
钢格构刚架 steel lattice rigid frame
钢格构拱形板梁桥 steel lattice arch-(ed girder) bridge
钢格构桁架 steel lattice truss
钢格构结构 steel lattice structure
钢格构桅杆 lattice steel mast
钢格构镶衬 steel-latticed lining
钢格构柱 steel-latticed column
钢格构装料斗 steel-latticed loading bucket
钢格构装料罐 steel-latticed loading bucket
钢格构装料勺 steel-latticed loading bucket
钢格基础 steel grid footing
钢格楼板 steel grid floor
钢格排基础 steel grid footing; steel grillage footing; steel grillage foundation
钢格栅 bar joist; steel grille; steel joist; steel retainer
钢格式地板 steel grid decking; steel grid floor
钢格子窗 steel grille
钢格子桥 steel lattice bridge
钢格子支柱 steel lattice support
钢隔板 steel bulkhead; steel diaphragm; steel partition; steel plate diaphragm
钢隔框 steel bulkhead
钢隔墙 steel partition wall
钢公路桥 steel road bridge
钢拱 arches; steel arch
钢拱大梁 steel arched girder
钢拱架 steel centering; steel rib
钢拱架脚边墙支承杆 wall bar
钢拱肋支撑 steel rib support
钢拱桥 steel arch bridge
钢拱心架 steel centering
钢拱形板梁桥 steel arched girder bridge
钢拱形棚子 arch set
钢拱支撑 steel arch(ed) support; steel arched timbering
钢拱支架 steel arch support
钢拱支柱 steel arch post
钢钩 steel hook
钢构架 steel frame(work); steel framing
钢构架工程 steel framework
钢构架脚手架 steel-framed scaffolding
钢构架墙 steel-framed wall
钢构件 steel member
钢构件承包商 fabricator
钢构件出厂前的试安装 trial erection
钢构件断面 steel construction section
钢构件及钢筋安装工 steelworker
钢构件加工厂 fabricator
钢构件均用混凝土包装的钢结构 encased steel structure
钢构件压弯加工 gag process
钢构筑物涂料 structural steel coating
钢毂 box hat
钢箍 lateral tie; reed; reinforcement stirrup; steel hoop; steel tie; stirrup (bolt); tie hoop; wire stirrup; reinforcement link
钢箍带 steel band
钢箍钢筋 stirrup wire
钢箍间距 spacing of stirrups
钢箍筋间距 distance between stirrups; stirrup spacing
钢箍拉力 stirrup tensile force
钢箍应力 stirrup stress
钢骨房屋 steel skeleton building
钢骨钢筋混凝土柱 steel-framed reinforced concrete column
钢骨构架 skeleton frame
钢骨混凝土 steel-framed concrete
钢骨混凝土结构 steel-framed reinforced concrete construction; steel-framed reinforced concrete structure
钢骨混凝土桥 rolled shape steel reinforced concrete bridge
钢骨混凝土柱 combined steel and concrete column
钢骨架 reinforced steel; steel skeleton
钢骨架办公大楼 steel skeleton office building
钢骨架大梁 steel skeleton block
钢骨架多层车库 steel skeleton multistor(e)y
钢骨架房屋 steel skeleton building; steel skeleton house
钢骨架构造 steel cage construction; steel skeleton construction
钢骨架货车 skeletal-frame wagon
钢骨架建筑 steel-framed building; steel skeleton construction
钢骨架建筑物 steel skeleton building
钢骨架结构 steel cage construction; steel skeleton construction; steel skeleton structure
钢骨架坯块 steel skeleton compact
钢骨架停车场 steel skeleton car park
钢固定的三轮滚筒 steel-faced three-wheel roller
钢固定的三轮碾压机 steel-faced three-wheel roller
钢固定件 steel fastener
钢刮刀 steel raking tool; steel spatula
钢管 <舞台吊灯具和布景的> lighting batten; light pipe; steel conduit; steel pipe [piping]; steel tube [tubing]; tubular steel
钢管棒 tubular steel bar
钢管标 steel tube benchmark
钢管标石 survey mark made of steel tube
钢管薄板 steel pipe plate
钢管厂 steel tubing plant
钢管承插式支架 interpose type formwork
钢管承重结构 tubular bearing structure
钢管窗 tubular steel window
钢管丛桩型系船桩 steel-pipe piles dolphin
钢管凑合节 adjuster of steel pipe
钢管倒棱机 pipe chamfering machine
钢管道布置 steel piping
钢管道铺设 steel piping
钢管道系统 steel piping
钢管灯柱 tubular steel lighting column
钢管电杆 tubular pole
钢管定径拉拔法 plug drawing
钢管端部固定杆 steel pipe butter

钢管墩(柱) pipe pier; tubular steel pier
钢管法兰 steel pipe flange
钢管放射形支架 mills type formwork
钢管扶手 steel pipe handrailing; steel tubular handrailing
钢管格构起重机臂 steel tubing lattice jib; tubular jib
钢管格构起重机吊杆 steel tubing lattice jib
钢管格构式塔架 steel tubing lattice tower
钢管拱架 steel tube centering
钢管拱桥 steel pipe arch bridge
钢管构架 steel tubular frame
钢管构件 tubular steel structural member
钢管管壁轧薄机 reckoner
钢管焊成的桁架式双悬臂龙门起重机 double cantilever gantry crane with welded steel-pipe truss
钢管焊接机 pipe welder; pipe-welding machine
钢管和道钉接长木桩 steel pipe and spike splice for timber pile
钢管桁架 pipe truss; tubular steel truss
钢管横梁 tubular girder
钢管混凝土 concrete filled steel pipe; concrete filled steel tube; concrete filled with steel tubular
钢管混凝土结构 steel pipe reinforced concrete structure
钢管混凝土桥 steel pipe-encased concrete bridge
钢管混凝土现场灌注桩 driven cast-in-place pile
钢管混凝土柱 pipe column; steel core concrete column
钢管基础 steel tube foundation
钢管家具 steel pipe furniture; steel tubular furniture; tubular furniture
钢管矫直机 pipe straightener machine
钢管脚手架 pipe scaffold(ing); steel pipe scaffolding; tube-and-coupler scaffold(ing); tubular(steel) scaffold(ing)
钢管接头 coupling of steel pipe
钢管接头螺纹 iron pipe thread
钢管结构 steel pipe construction; steel pipe structure; tubular construction; tubular structure
钢管井 driven well
钢管井架 tubular steel derrick
钢管救火龙头 steel pipe penstock
钢管铠装 steel tube armo(u)r
钢管空间构架 space frame of tubular steel section; steel pipe space frame
钢管框架 tubular(steel) frame
钢管扩口试验 expand test
钢管拉直台 <铺管船上的> line-up station
钢管栏杆 steel pipe railing; steel tubular handrailing
钢管肋拱 pipe arch
钢管连接用电极 panzer mast
钢管零件 steel pipe fittings
钢管楼梯斜梁 steel pipe string; tubular steel string
钢管螺旋桩 hollow screw pile
钢管闷头 bulkhead; closure head
钢管内填混凝土柱 steel core concrete column
钢管内填混凝土桩 steel core concrete pile
钢管配筋 pipe steel reinforcement
钢管棚架法 pipe roofing
钢管片(段) steel segment
钢管普通水准标石 ordinary steel tube benchmark
钢管桥 tubular steel bridge
钢管桥墩 steel cylinder pier
钢管桥台 steel cylinder abutment
钢管轻便钻塔 hollow steel mast
钢管轻型施工吊车 steel tubing light building crane
钢管轻型施工起重机 steel tubing light building crane
钢管扇形支架 mills type formwork
钢管手柄 tubular steel handle
钢管手推车 tubular steel barrow
钢管水银土壤强度计 liquid thermometer
钢管水银温度计 mercury-in-steel thermometer
钢管塔 tubular steel tower
钢管塔架 tubular steel tower
钢管套混凝土桩 <在水中施工的> Breuchaud pile
钢管梯子 tubular steel ladder
钢管体系 tubular steel system
钢管凸缘 steel pipe flange
钢管涂塑工艺 plastic coating technology for steel tube
钢管网穹隆 tubular steel grid dome
钢管桅(杆) tubular steel mast
钢管无心轴现场浇筑桩 monotube
钢管系统 tubular steel system
钢管线路 steel pipe line
钢管斜桩 steel tube raker pile
钢管压扁试验 flatten close test
钢管压力波反射时间 reflection time of penstock
钢管严重碰弯 steel tube badly bent
钢管阴极保护 cathodic protection of steel pipe
钢管膺架 steel tube centering
钢管余量 bend allowance
钢管轧机 pipe mill
钢管轧机机座 pipe-mill rolling stand
钢管折椅 tubular steel folding chair
钢管针 steel pipe needle
钢管支撑 pipe pier; tube-and-coupler shoring
钢管支承 tubular steel support
钢管支承组件 tube-and-coupler shoring
钢管支墩 pier for steel aqueduct
钢管支柱 steel pipe support; tubular steel prop; tubular steel support
钢管制桅杆 hollow steel mast
钢管柱 hollow steel pile; steel cylinder; steel cylindric(al) column; steel pipe column; steel tube column; tubular steel column
钢管柱内填物 steel pipe-column infill
钢管桩 hollow steel pile; pipe pile; steel pipe pile; steel tube pile; tubular steel pile
钢管桩岸壁式码头 steel-pipe-bulkhead type wharf
钢管桩保护层 pipe pile protective covering
钢管桩挡土墙 steel pipe sheeting
钢管桩对焊拼接 steel pipe pile splicing by butt welding
钢管桩栈桥式码头 steel-pipe trestle type wharf
钢管桩自浮运输 self-floating for pile transportation
钢管桩组成的板桩结构 steel pipe-type sheet pile
钢管桌 tubular steel table
钢管纵梁 steel pipe string
钢管钻塔 tubular(steel) derrick
钢管座 steel tube seat
钢罐 steel can; steel tank
钢罐道 steel guide
钢轨 rail; railroad rail; steel rail
钢轨搬移机 rail removing device
钢轨搬运机 rail carrier
钢轨搬运器 rail carrier
钢轨棒条筛 steel rail grizzly
钢轨边缘偏磨 partial side wear of rail
钢轨变质 deterioration of rail
钢轨标志 rail brand
钢轨标准长度 standard length of rail
钢轨表面剥落 shelling of rail
钢轨波浪磨耗 <波长 100 ~ 300 毫米,深度大于 2 毫米的周期性不平顺> undulation
钢轨波磨 rail corrugation
钢轨波纹磨耗 <波长 30 毫米 ~ 60 毫米,深度小于 0.4 毫米的轨面周期性不平顺> rail corrugation
钢轨波状磨耗 undulatory wear
钢轨擦伤 engine burn; wheel burn
钢轨残余应力 residual rail stress
钢轨长度 rail length
钢轨冲压机 rail punch
钢轨储存场 rail depot
钢轨储存架 rail storage stand
钢轨磁铁 track magnet
钢轨打标记 branding and stamping of rails
钢轨打磨 rail grinding
钢轨打磨车 rail grinding wagon
钢轨打磨机 rail grinding machine
钢轨打磨列车 rail grinding train
钢轨打磨轮 rail grinding wheel
钢轨打塌 rail batter
钢轨导电接线 conductor bond; track rail bond
钢轨导电接续线 rail bond
钢轨导接绞线 rope rail bond
钢轨导接线 continuity rail bond; track rail bond
钢轨导接线测试器 rail bond tester
钢轨导接线电阻测试 rail bond resistance test
钢轨导接线电阻测试器 rail bond resistance tester
钢轨导接线铆接装置 rail bond riveting device
钢轨导接线研磨机 rail bond grinder
钢轨导通 track rail bonding
钢轨道 steel track
钢轨道钉 rail spike
钢轨的切头 rail butt
钢轨的研磨 grinding of rail
钢轨低接头 battered joint; depressed joint; dipped rail joint; low joint; rail batter
钢轨底宽 rail foot width
钢轨底裂 half-moon break
钢轨底面 rail foot surface
钢轨底座 rail bed
钢轨电腐蚀 electric(al) corrosion of rail
钢轨电流 rail current
钢轨电流回路 rail return
钢轨电位 rail potential
钢轨电阻 rail resistance
钢轨垫板 bearing plate bar; crosstie plate; rail plate; sole plate; steel sole plate
钢轨垫板轧机 tie plate mill
钢轨调边 rail shifting
钢轨调头 turning of rail; turn rail
钢轨顶部 rail top
钢轨顶梁 rail cap
钢轨顶面 rail surface
钢轨端面铣床 rail-ending machine; rail-end milling machine
钢轨端悬空接头 <接头下面不是以枕木直接垫着的> suspended joint of steel rail
钢轨端钻孔机 rail drilling machine
钢轨断裂 rail breakage; rail failure; rail fracture; rail rupture
钢轨断面 cross-section of rail; railroad profile; railroad section
钢轨断面测定器 apparatus for testing rail profile
钢轨断面测绘仪 rail section drawing instrument
钢轨断面积 rail cross-sectional area
钢轨断面磨耗测量器 rail profile ga(u)ge
钢轨对接 parallel joint; track bond
钢轨对枕木的切压 rail cut
钢轨鹅头 dip at joints
钢轨发送 rail shipment
钢轨翻倒 overturning of rail
钢轨翻新 reprofiling of rail
钢轨防爬器 anti-creeper; rail anchor
钢轨防爬装置 rail anchor device
钢轨肥边 rail lip; spreading of the rail head
钢轨分类 rail classification
钢轨附件 accessories of rail
钢轨感应 rail effect
钢轨钢 rail steel
钢轨钢钢筋 rail steel reinforcement
钢轨钢梁矫直机 cambering machine
钢轨钢梁轧机 structural mill
钢轨钢轧制的钢筋 rail-steel reinforcement
钢轨高度 depth of rail; height of rail; rail height
钢轨更换 rail replacement
钢轨更新 rail renew(al)
钢轨工地焊接 rail field weld
钢轨工作边 ga(u)ge line; working surface of rail
钢轨拱形支架 arched rail set; rail arch
钢轨固定楔 rail key
钢轨固紧件 rail fastenings
钢轨管理 handling of rails
钢轨罐道 rail guide
钢轨规格 rail specification
钢轨轨底 rail flange of rail
钢轨轨头对接 bonded joint
钢轨轨头绝缘对接 bonded insulated joint
钢轨滚轨机 railroad roller
钢轨滚筒 rail expansion rollers
钢轨过渡电阻 rail to earth resistance
钢轨焊补 resurfacing of rail
钢轨焊缝 rail welding
钢轨焊接 rail welding
钢轨焊接机 rail welding machine
钢轨焊接头 welded rail joint
钢轨焊接用铝热剂 rail thermit
钢轨核伤 nucleus flaw; oval flaw; rail flaw
钢轨横向连接 cross-connection of rails
钢轨护栏 guard rail
钢轨滑动 rail slippage
钢轨回流 rail return current
钢轨基础弹性系数 elastic modulus of the rail foundation
钢轨基座 rail support
钢轨及钢梁轧机 rail and structural steel mill
钢轨加热器 rail heater
钢轨夹板螺栓 track bolt
钢轨夹牢 rail grip
钢轨夹钳 rail tongs
钢轨间隙 dilatation joint
钢轨检查 rail examination
钢轨检验 inspection of rail; rail examination
钢轨检验器 rail tester
钢轨角尺 rail square
钢轨矫直机 cambering machine; rail straightener; rail-straightening machine
钢轨校直机 rail-straightening ma-

G

chine
钢轨校直精整机组 rail conditioning unit
钢轨校直器 rail straighter
钢轨接触 rail contact
钢轨接触器 rail contact
钢轨接缝联结零件 rail joint fastenings
钢轨接合 track bond
钢轨接通 track rail bonding
钢轨接头 rail joint(ing)
钢轨接头错牙 joint step
钢轨接头导接线 rail joint bond
钢轨接头导线电阻 bond resistance
钢轨接头垫片 shim for rail joint
钢轨接头缝 play of rail joints
钢轨接头工作状态 behavio(u)r of rail joint
钢轨接头焊缝 cast welded rail joint
钢轨接头焊接 bond welding;rail joint welding
钢轨接头加热器 rail joint heater
钢轨接头马鞍形磨损 rail-end batter; saddle wear of rail end
钢轨接头配件 rail joint fastenings
钢轨接头上下错牙 difference of rail at joint; unevenness in height at joint
钢轨接头填缝料 rail joint filling compound
钢轨接头维修作业 rail joint work
钢轨接头位移 displacement of rail joint
钢轨接头下沉 rail batter
钢轨接头下垂 depression of rail joint
钢轨接头型式 type of rail joint
钢轨接头研磨机 rail bond grinder; rail joint grinder
钢轨接头整修 reconditioning of rail joint
钢轨接续线 <轨道电路> rail bond; bond wire
钢轨接续线类型 type of bond
钢轨接座 joint chair
钢轨截断方法 rail cropping method
钢轨截面 rail section
钢轨紧固件 rail fastener
钢轨锯 rail saw
钢轨锯架 rail saw frame
钢轨锯切机 railroad sawing machine
钢轨绝缘 rail insulation;track insulation
钢轨绝缘不良 rail insulation fault
钢轨绝缘垫片 insulating rail pad
钢轨绝缘接头 insulated rail joint
钢轨绝缘节 insulated(rail) joint; insulated track joint; isolated rail joint
钢轨绝缘节测试 insulated joint test
钢轨绝缘节检验器 insulated joint checker
钢轨绝缘片 rail insulating spacer
钢轨绝缘破损防护法 defective insulated joint protection
钢轨绝缘圈 rail insulating spacer
钢轨绝缘线 rail insulation wire
钢轨抗弯刚度 bending rigidity of rail
钢轨孔型 rail pass
钢轨扣件 clip; rail fastener; rail fastenings;track fastenings
钢轨扣件的方头螺钉 rail fastening coach screw
钢轨扣件的方头螺栓 rail fastening coach screw
钢轨扣件系统 rail fastening system
钢轨拉伸器 rail puller;rail tensor
钢轨拉曳器 rail puller
钢轨冷却器 rail cooler
钢轨连接板 joint bar;joint fastening; rail joint bar
钢轨连接件用钢材 rail joint bar
钢轨连接零件 rail fastenings
钢轨连接线 rail link
钢轨连接板 joint splice
钢轨连续支承 continuous mounting of rail
钢轨联结零件 track fastenings
钢轨梁 rail beam
钢轨两边磨耗不均 unsymmetric(al) wear
钢轨裂缝 rail crack;rail flaw
钢轨裂纹 rail fissure
钢轨铝热剂 railroad thermit
钢轨螺孔周裂 split web near bolt-hole
钢轨螺栓孔 rail bolt hole
钢轨落锤实验机 rail breaker
钢轨落锤试验 drop test of rail
钢轨落锤试验机 rail breaker
钢轨锚碇装置 rail anchor device
钢轨模板 sheet steel form
钢轨磨耗 rail wear
钢轨磨耗测量器 device for measuring rail wear; device for measuring wear on rail;rail abrasion measuring instrument
钢轨磨耗检查车 rail profile measuring coach
钢轨磨耗型断面 wear profile of rail
钢轨磨耗余量 railroad wear tolerance;rail(way) wear tolerance
钢轨磨损测定仪 wear and tear ga(u)ge
钢轨内部应力 internal rail stress
钢轨内部最大总应力 maximum overall stress in rail
钢轨内侧面 guiding surface of rail
钢轨内侧鱼尾板 inner splice bar
钢轨内倾 rail canting
钢轨内倾度 inward cant of rail
钢轨内倾角 cant of rail;inward batter of rail;inward cant of rail
钢轨内倾铺设 canting installation of rail
钢轨内移 rolling in rail
钢轨内应力 rail internal stress
钢轨挠度 rail deflection
钢轨挠曲 deflection of rail;rail buckle;rail deflection;upsweep
钢轨年龄 age of rail
钢轨爬行 creep of rail; rail creep(ing)
钢轨爬行情况【铁】 creep behavio(u)r
钢轨配件 accessories for steel rail; rail component;rail fitting
钢轨疲劳 rail fatigue
钢轨拼装交叉 bolted rail crossing
钢轨平路机 rail level(l)er
钢轨破损 rail breakage
钢轨剖面 cross-section of the rail; section of the rail
钢轨钳 rail-catch;rail clips
钢轨强度 rail strength
钢轨切分轧机 rail-slitting mill
钢轨倾翻 rail overturning;rail tilting
钢轨屈曲 rail buckling
钢轨缺陷 rail flaw
钢轨热剂焊 thermit(e) rail welding
钢轨润滑 rail lubrication
钢轨塞钉 bond(ing) plug
钢轨伤损 rail defects and failure
钢轨上翘 warping of rail
钢轨上扬 lifting-off of rail;lift of rail
钢轨伸缩缝 expansion opening
钢轨伸缩接缝 rail expansion joint
钢轨伸缩调节器 expansion joint; rail expansion adjuster; rail expansion device;rail overlapping device
钢轨使用期 age of rail
钢轨试验 rail test
钢轨寿命 rail life
钢轨束 bundle of rails
钢轨损伤 rail failure
钢轨损伤率 rail failure rate
钢轨缩孔 shelly spot in rail
钢轨锁定 anchorage of rail; rail fastening down
钢轨锁定器 rail anchor
钢轨锁定装置 rail anchor device
钢轨踏面 rail tread;running tread of rail
钢轨踏面角 head corner of rail
钢轨弹性模量 Young's modulus of rail
钢轨探伤 rail detection;rail examination
钢轨探伤车 rail defect detector car; rail detecting car; rail flaw detecting car; rail flaw detection vehicle;ultrasonic train
钢轨探伤器 rail defect detector;rail flaw detector
钢轨探伤仪 rail defect detector;rail flaw detector
钢轨头 railhead
钢轨头部 head of rail
钢轨头部龟裂 head checks(in rail)
钢轨头部纵裂 vertical split head
钢轨头厚 railhead depth
钢轨头宽 railhead width
钢轨涂油 rail oiling
钢轨涂油器 greasing device; rail lubricator
钢轨推凸机 rail shear;rail weld seam shearing machine
钢轨外侧鱼尾板 outer splice bar
钢轨弯矩 rail bending moment
钢轨弯曲机 rail cambering machine
钢轨位移观测桩 rail creep indication posts
钢轨位置 location of rail
钢轨温度 rail temperature
钢轨温度计 rail thermometer
钢轨系杆 rail tie bar
钢轨楔形垫木 wooden chock
钢轨斜切 chamfering of rail
钢轨泄露电阻 rail leakage resistance
钢轨性能 rail property
钢轨锈蚀 rail corrosion
钢轨压力 rail pressure
钢轨研磨 rail grinding
钢轨研磨平整机 rail trimming machine
钢轨验收 acceptance of rail
钢轨腰厚 rail web thickness
钢轨引接线 track lead
钢轨印记 rail brand
钢轨应力 rail stress
钢轨应力放款 de-stress;rail destressing
钢轨应力集中 concentration of rail stresses
钢轨应力自记仪 stremmatograph
钢轨硬度计 durometer
钢轨有效质量 rail effective mass
钢轨鱼尾板 rail splice
钢轨与配件轨料 rails and accessories
钢轨预热器 <焊接> rail warmer
钢轨运行表面 rail running surface
钢轨轧机 rail finishing mill;rail(rolling) mill
钢轨轧制系统 railroad rolling sequence
钢轨涨缩 rail expansion and contraction
钢轨折断 breaking of rail;brittle fractures of rail; runway of rail; rupture of rail;sudden rupture of rail
钢轨折旧摊销及大修费 steel rail depreciation apportion and overhaul charges
钢轨枕 steel sleeper;steel tie
钢轨振动 rail vibration
钢轨整平机 rail level(l)er
钢轨整修 rail recondition(ing)
钢轨整修工厂 rail conditioning shop
钢轨支撑 wood chock
钢轨支承面 bearing surface of rail
钢轨支点间距 distance between rail supports
钢轨支点弹性系数 elastic modulus of the rail support
钢轨支架 rail rest
钢轨支柱 rail upright
钢轨直角规 rail square
钢轨制品 rail-track product
钢轨中心 rail center[centre]
钢轨中心间距离 rail distance
钢轨中性轴 neutral axis of rail
钢轨重量 rail weight
钢轨轴向力 axial force of rail
钢轨逐步超高尺 step block
钢轨桩 raft-pile;rail pile
钢轨装运 rail shipment
钢轨自动埋弧电弧焊 automatic submerged slag welding of rail
钢轨自动研磨机 automatic rail trimming machine
钢轨自动(研磨)平整机 automatic rail trimming machine
钢轨阻抗 rail impedance
钢轨组合锰钢叉心辙叉 rail bound manganese steel frog
钢轨组合辙叉 assembled frog;bolted rigid frog;built-up crossing
钢轨钻 track-drill
钢轨钻机 machine for drilling rails
钢轨钻孔 boring of rail
钢轨钻孔机 bonding drill;rail(bonding) drill
钢轨坐标 rail's coordinates
钢辊 steel rider;steel roller
钢辊筒 steel bowl
钢辊压平法 roller level(l)ing
钢辊轴承 cylindric(al) roller bearing
钢滚珠 friction(al) ball;steel ball
钢滚珠轴承 steel roller bearing
钢滚柱 cylindric(al) steel roller
钢棍 steel rod
钢棍轨距尺 solid steel track ga(u)ge
钢过梁 steel lintel; box form lintel <金属门框上用的>
钢含量分析仪 steel analyser[analyzer]
钢含碳量 carbon content of steel
钢涵管 steel culvert
钢焊接管件 steel-welding fittings
钢焊接件 steel weldment
钢焊接空间框架 welded steel space frame
钢焊条 steel electrode
钢号 designation;grade of steel;number(ing) system for steel;specification number; steel grade; steel mark;steel specification
钢号及钢种 steel grade and type
钢号印模 steel figure punch
钢合尺 steel tape;tape ruler in metallic case
钢合金 steel alloy
钢合皮皮结 steel-hide picker
钢和混凝土组合斜拉结构 composite steel concrete cable-stayed structure
钢和预应力混凝土组合梁 composite steel prestressed concrete beam
钢盒 steel waffle
钢桁架 steel truss
钢桁架大梁 steel trussed girder
钢桁架拱桥 trussed steel arch bridge
钢桁架跨度 steel truss-span
钢桁架起拱大梁 steel trussed arched

girder
钢桁架桥 steel truss bridge
钢桁架式构架 steel truss frame
钢桁肋拱桥 steel braced rib arch bridge
钢桁梁 steel truss; steel trussed girder; trussed steel beam
钢桁梁桥 steel truss bridge
钢桁条 bar joist; steel joist
钢横底座混凝土 curb concrete
钢横梁 gooseneck
钢护板 steel panel
钢护板平台 steel jacket platform
钢护壁 steel lagging
钢护墩桩 steel dolphin
钢护盾 < 载重卡车司机台上方的 > cab guard
钢护轨 steel guardrail
钢护套 steel facing
钢护套滚筒 steel-faced roller
钢护套三轮滚筒 steel-faced three-wheel roller
钢花呢 homespun
钢滑车 steel block
钢滑动模板 steel movable form
钢滑橇 steel skid
钢滑行架 steel skid
钢化 acierage; heat strength; prestrain(ing); steeling; temper(ing); case-hardened < 玻璃的 >
钢化安全玻璃 heat-treated safety glass; tempered safety glass; toughened safety glass
钢化安全玻璃镜片 toughened safety glass lens
钢化杯 durable pressed tumbler
钢化玻璃 armo(u)red glass; case-hardened glass; case-hardening glass; chilled glass; hardened glass; heat-strengthened glass; heat-treated glass; herculite; prestraining glass; reinforced glass; sekurit glass; tempered (safety) glass; tempering glass; toughened glass; non-breakable glass
钢化玻璃板 armo(u)r plate glass; toughened plate; armo(u)red plate glass
钢化玻璃的夹痕 tong mark
钢化玻璃绝缘子 toughened glass (suspension) insulator
钢化玻璃栏板 tempered glass railing panel; toughened glass railing panel
钢化玻璃门 tempered glass door
钢化玻璃器皿 toughened glass ware
钢化玻璃应力斑 mottled patterns in tempered glass plates
钢化彩虹 irising from tempering; tempering bloom
钢化程度 toughening degree
钢化处理 toughening treatment
钢化打磨过的玻璃板 toughened polished plate glass
钢化的 heat-strengthened
钢化度 degree of temper
钢化虹彩 tempering bloom
钢化炉 tempering furnace
钢化平板玻璃 heat-treated plate glass
钢化设备 tempering apparatus
钢化水位计玻璃 toughened water ga(u)ge glass
钢化铁 steel iron
钢化镶面平板玻璃 heat-treated polished plate glass
钢化应力斑 checker pattern; iridescence
钢化指数 temper number
钢化作用 steeling
钢环 steel loop; steel ring
钢环除杂锡林 steel-ring burr cylinder
钢环式 endless-ring lock
钢环式孔径变形计 steel ring borehole deformation ga(u)ge
钢环索 wire strop
钢簧起落架 steel spring undercarriage
钢灰色 steel gray
钢回丝 shredded wire
钢混凝土复合梁 composite concrete-steel girder
钢混凝土混合结构 hybrid steel-concrete structure
钢混凝土结构 steel reinforced concrete structure
钢混凝土组合板 steel-concrete composite slab
钢混凝土组合梁 steel-concrete composite beam
钢混凝土组合桥梁 composite steel concrete bridge
钢活动折叠百叶门 steel sliding folding shutter door
钢机座 steel bed plate
钢基础底板 steel bed plate; steel sole plate
钢基印版 steel-based plate
钢基桩 steel foundation pile
钢级 grade of steel
钢级代号 steel grade character
钢集装箱 steel pallet
钢加工的 steel fabricated
钢加蓝 bluing of steel
钢夹 bar clamp; clip; steel clip; pimco < 固定建筑板材用的 >
钢夹板 steel clamping plate; band clamp
钢夹子 steel clamp
钢家具 furniture of steel; steel furniture
钢甲板 deck plate[plating]; steel decking
钢甲板铺面 steel deck pavement
钢甲两翼护肩 ailette
钢甲绳 steel-clad rope
钢架 steel frame[framing]; steel shelf; steel works; structural steel
钢架坝 steel-framed dam
钢架保护层 cover over reinforcing steel; protective layer
钢架厂房 steel construction; steel frame mill building; steel frame mill plant
钢架的 steel-framed
钢架拱 steel arch
钢架横梁 gantry girder
钢架滑轮 fleet wheel
钢架混凝土 concrete-steel; steel frame concrete
钢架结构 steel frame construction; steel-framed structure
钢架木衬青贮塔 steel-framed wood-lined silo
钢架造型 modeling steel roof truss
钢架支护 steel rib support
钢架装置 erection of steel work
钢架装置机 steel erector
钢剪刀墙 steel shear wall
钢剪力链 steel shear key
钢件 steel works
钢件安装工 steel erector
钢建筑 steel architecture
钢建筑工长 chief steel erector
钢建筑工程 steel construction work
钢建筑块体模数 steel building block module; steel unitized unit
钢建筑类型 steel type of construction
钢建筑物 steel building
钢腱纵向布置 tendon profile
钢鉴别仪 steel sorter
钢键 steel key
钢胶复合弹簧 composite steel-rubber spring
钢礁 < 海洋钻探平台底座上形成的 > steel reef
钢角尺 angle steel ruler; steel square
钢角钉 steel brad
钢绞链 steel hinge
钢绞索锚头 anchorage device of cable
钢绞线 < 组成钢丝绳的单元 > steel (wire) strand; strand(ed) (steel) wire; wire rope
钢绞线层 layer of strands
钢绞线缠绕技术 bending up technique
钢绞线束 multistrand tendon
钢绞线芯 strand core
钢绞线支承滑块 strand shoe
钢绞线中心钢丝 inner wire
钢脚手架 Bettaskaf; burton; scafco; steel scaffold(ing)
钢铰链接合 steel hinge connection
钢铰檩条 steel hinge purlin(e)
钢接头 steel fitting
钢结构 steel construction; steel skeleton construction; steel structure; steel works
钢结构安装 erection of steel work; steel erecting; steel erection; steel installation; steelwork erection; structural steel erection
钢结构安装工 steel erector; constructional fitter and erector
钢结构安装工监工 foreman steel erector
钢结构安装工领班 foreman steel erector
钢结构安装工人 steel erector's labo(u)rer
钢结构安装机 steel erector
钢结构板材 steel structural plate
钢结构材料 structural steel material
钢结构车间 steel-structure shop
钢结构承包人的工场 steel contractor's shop
钢结构承包商 structural steel contractor
钢结构船体 steel structural hull
钢结构窗 steel-framed window
钢结构的车间加工 steel shop work
钢结构的防火处理 fire-protection of structural steelwork
钢结构吊装 structural steel erection
钢结构防火包壳 encased steelwork for fire-proofing; encasing steelwork for fire-protection
钢结构防火涂料 fire-resistant coating for steel structure
钢结构杆件 structural steel member
钢结构工程 steel construction engineering; steel structural engineering; structural steel works
钢结构工程架设者 steelwork erector
钢结构工人组 crew of steel fixers
钢结构构件 structural steelwork
钢结构加工工艺 steel structure processing technology
钢结构架 stiff-jointed frame
钢结构架设 steel erection
钢结构建筑物系统的火灾分析 fire analysis of steel building system
钢结构教堂 steel church
钢结构紧固件 structural steel fastener
钢结构框架 structural steel frame
钢结构类型 steel construction type
钢结构连接点加固板 mending plate
钢结构连接件 structural steel fastener
钢结构剖面图 steel structural section
钢结构设计 design of steel structure; steel structure design; structural steel design
钢结构图 steel drawings
钢结构详图 steelwork details
钢结构型材 steel structural section
钢结构堰 steel framework weir
钢结构制作中心 point of fabrication
钢结构钻孔锥 bull pin
钢结构钻塔 steel structural derrick
钢结硬质合金 steel-bonded carbide; steel-bonded hard alloy
钢结硬质合金产品 steel-bonded carbide products
钢结硬质合金工具 steel-bonded carbide tool
钢筋 bar iron; bar reinforcement; carcase; concrete (reinforcing) bar; rebar; re-bar reinforcing bar; reinforced bar; reinforcement (metal); reinforcement rod; reinforcement steel bar[rod]; reinforcing bar; reinforcing concrete bar; reinforcing steel (bar); rod reinforcement; rod steel; steel bar; steel (bar) reinforcement; steel reinforcing bar; steel rod
钢筋安装工 rod buster
钢筋拔出试验 pull-out test of bars
钢筋拔丝机 wire-drawing machine
钢筋坝 steel dam
钢筋百分比率 percentage of reinforcement; steel ratio
钢筋百分率 percentage of reinforcement; steel area ratio; steel percentage
钢筋绑扎 reinforcement binding; reinforcement tying
钢筋绑扎钩 steel fixer's pliers
钢筋棒 bar reinforcement
钢筋保护层 cover; cover over reinforcing steel; cover to reinforcement; insulation of reinforcement; reinforcement cover; concrete cover over reinforcement
钢筋保护层测定仪 cover protectometer
钢筋比率 ratio of reinforcement; reinforcement ratio; steel (area) ratio
钢筋编号 numbering of reinforcement; bar number
钢筋编号系统 bar mark system
钢筋变位 reinforcement displacement
钢筋变形曲线图 tendon profile
钢筋标称尺寸 nominal size reinforcement
钢筋标号 grade of steel; rod number
钢筋标记 bar mark system
钢筋标记系统 bar mark system
钢筋标牌 bar mark
钢筋标志 bar mark
钢筋表 bar list; bar schedule; bending schedule; cutting list; list of reinforcement; list of schedule
钢筋玻璃镶板 structural glass panel
钢筋布置 arrangement of reinforcement; bar arrangement; layout of reinforcement; reinforcement arrangement; reinforcement layout
钢筋仓库 reinforcement store
钢筋测力计 reinforcement meter[metre]
钢筋测力仪 reinforcement meter[metre]
钢筋长度一览表 cutting list; summary of reinforcement
钢筋承包商 reinforcing steel contractor
钢筋尺寸 bar size; rod size
钢筋充分利用点 fully developed point of bar
钢筋除锈机 steel bar rust cleaner
钢筋储备 bar stock
钢筋传力杆 bar dowel
钢筋磁性检测仪 magnetic steel detector

G

钢筋磁性探测仪 magnetic steel detector
钢筋错位 misplacement of the reinforcing
钢筋搭接 bar splicing; contact splice; overlapping of reinforcement bars; reinforcement lapping; splicing of bars; mutual anchorage <钢筋混凝土内的>
钢筋搭接长度 bond length; lap length of bar splicing
钢筋的搭接 lapping of reinforcing steel
钢筋的搭接及损耗 overlap and wastage of bars
钢筋的断配和弯曲 cutting and bending of reinforcement
钢筋的断配和弯制 cutting and bending reinforcement
钢筋的混凝土保护层 concrete covering for reinforcement
钢筋的经济百分比 economic percentage of steel
钢筋的锚固长度 anchoring reinforcement
钢筋的屈曲 buckling of reinforcement
钢筋的松弛 relaxation of steel
钢筋的有效面积 effective area of reinforcement bar
钢筋等效埋入长度 embedment length equivalent
钢筋抵抗弯矩包络图 moment coverage of reinforcement
钢筋底座 steel bars setting
钢筋电位测量 bar potential measurement
钢筋电渣压力焊 steel bar flux press welding
钢筋电阻测量 bar resistivity measurement
钢筋垫 bar chair
钢筋垫块 bar chair; bar support; slab spacer
钢筋定距块 reinforcement distance piece; reinforcing rod distance piece; reinforcing rod separator; reinforcing rod spacer
钢筋定位附件 steel fixing accessory
钢筋定位隔间(水泥)块 bar spacer
钢筋定位夹 stabil
钢筋定位件 reinforcement spacer; rod spacer
钢筋定位卡 bar spacer; reinforcing bar spacer
钢筋定位器 bar separator; reinforcement spacer; rod spacer; steel fixer
钢筋端部滑移 end slip of bars
钢筋端部检查 bar-end check
钢筋端部锚固 end anchorage of bars; end-anchored reinforcement
钢筋端头滑动 end slip of bars
钢筋断面面积 area of steel
钢筋断面图 sectional view of bars
钢筋堆场 reinforcement storage yard; steelyard
钢筋对焊 reinforcement butt welding; steel butt welding
钢筋对焊机 steel bar butt welder; steel butt welding machine
钢筋对接焊 butt-welded splice
钢筋镦头 upset of steel bar
钢筋墩头机 bar upsetter; steel bar header
钢筋钝化 passivation of steel reinforcement
钢筋筏 re-bar mat
钢筋方格网 rods intermeshed in squares
钢筋分布 bar spacing; spacing of bars
钢筋分隔器 bar separator; bar spacer
钢筋分隔物 bar separator
钢筋分距块 reinforcing rod distance piece; reinforcing rod separator; reinforcing rod spacer
钢筋分类 reinforcement system
钢筋敷设机 steel reinforcement laying machine
钢筋腐蚀 reinforcement corrosion
钢筋腹杆 circular rod web
钢筋覆盖层厚度测定仪 <钢筋混凝土> covermeter
钢筋覆面层 steel sheet facing
钢筋盖 bar welding
钢筋钢 concrete-steel
钢筋钢丝 reinforcing wire
钢筋格构照明灯杆 steel-latticed lighting column
钢筋格构照明柱 steel-latticed lighting column
钢筋格架 reinforced grillage
钢筋格排 steel grid
钢筋隔块 reinforcing bar spacer
钢筋工 bar placer; bar setter; iron worker; reinforcement worker; rodman; steel bender; steel fixer
钢筋工场 steel bending yard
钢筋工程 reinforcing works
钢筋工程分包商 rebar contractor
钢筋工程量清单 bar list
钢筋工人 reinforcing iron worker; rod-setter
钢筋工作 reinforcement work
钢筋工作台 bar bending bench
钢筋钩 hook of rod; reinforcing steel hook
钢筋构成 bar formation
钢筋构架 skeleton frame
钢筋箍 bridle iron; stirrup (strap); ties
钢筋骨构架焊接机 reinforcing cage welding machine
钢筋骨架 cage of reinforcement; framework of steel reinforcement; reinforcement cage; reinforcement skeleton; reinforcing cage
钢筋规格 bar ga(u)ge
钢筋棍 steel reinforcing rod; reinforcing rod
钢筋过多的 over-reinforced
钢筋焊接 steel bar welding
钢筋焊接接头强度试验 welded joint strength test
钢筋号(码) bar number [bar No.]; mark
钢筋横截面 steel cross-section
钢筋滑动 slip(ping) of bar
钢筋环 reinforcement loop; reinforcement ring; reinforcing ring
钢筋混凝土 armo(u)red concrete; ferro-concrete; reinforced concrete; reinforcement concrete; steel (reinforced) concrete
钢筋混凝土T形梁 reinforced concrete T-beam; reinforced T-beam
钢筋混凝土暗扶壁式挡土墙 reinforced concrete counterfort retaining wall
钢筋混凝土坝 reinforced concrete dam
钢筋混凝土板 armo(u)red concrete slab; reinforced concrete plate
钢筋混凝土板沉排 reinforced concrete slab mattress
钢筋混凝土板面组合钢箱梁桥 composite steel box girder bridge with reinforced concrete slab
钢筋混凝土板桥 reinforced concrete slab bridge
钢筋混凝土板桩 reinforced concrete piling; reinforced (concrete) sheet pile
钢筋混凝土板桩墙 reinforced concrete sheet pile wall
钢筋混凝土板桩围堰 reinforced concrete sheet piling cofferdam
钢筋混凝土半球形房屋 block house
钢筋混凝土保护层 covering of reinforced concrete
钢筋混凝土标石 steel-concrete mark
钢筋混凝土薄壳 reinforced concrete shell
钢筋混凝土材料用量表 materials used in reinforced concrete members
钢筋混凝土沉排 mat of reinforced concrete
钢筋混凝土沉箱 reinforced concrete caisson
钢筋混凝土沉箱刃脚 reinforced cutting curb
钢筋混凝土衬砌隧道 reinforced concrete lined tunnel
钢筋混凝土衬砌隧洞 reinforced concrete lined tunnel
钢筋混凝土船 ferro-cement ship; ferro-concrete vessel; reinforced vessel
钢筋混凝土船坞 reinforce concrete dock
钢筋混凝土打桩帽 <英> pile helmet
钢筋混凝土大梁 reinforced concrete girder
钢筋混凝土带肋楼板 reinforced concrete rib(bed) floor
钢筋混凝土带梁楼板 reinforced concrete beam floor
钢筋混凝土单独基础 reinforced single base
钢筋混凝土单元 cast reinforced unit
钢筋混凝土挡土墙 reinforced concrete retaining wall; shelf retaining wall <具有卸载平台的>
钢筋混凝土的保护层 protection course of reinforced concrete
钢筋混凝土的长方形连接筋 rectangular dowel
钢筋混凝土底座 reinforced concrete footing
钢筋混凝土地板 cast reinforced floor; reinforced deck
钢筋混凝土地下连续墙 reinforced concrete diaphragm wall
钢筋混凝土地下室 reinforced concrete vault
钢筋混凝土电杆 reinforced concrete pole
钢筋混凝土垫层 mat of reinforced concrete; reinforced concrete mat (tress); reinforced mat
钢筋混凝土渡槽 reinforced concrete flume
钢筋混凝土趸船 concrete barge; reinforced concrete pontoon
钢筋混凝土筏形基础 reinforced raft
钢筋混凝土反应堆屏蔽外壳 reinforced reactor shield
钢筋混凝土房屋 reinforced building; reinforced(concrete) block
钢筋混凝土敷面 reinforced concrete facing
钢筋混凝土浮船 reinforced concrete pontoon
钢筋混凝土浮船坞 reinforced concrete floating dock
钢筋混凝土(浮式)沉箱 reinforced concrete floating caisson
钢筋混凝土浮坞门 reinforced concrete floating dock gate; concrete floating caisson; concrete caisson gate; reinforced concrete floating gate
钢筋混凝土浮箱式干船坞 reinforced concrete floating tank type graving dock; reinforced concrete graving-dock from floating tank
钢筋混凝土负荷 reinforced concrete problem
钢筋混凝土复合结构 composite reinforced concrete structure
钢筋混凝土干船坞 reinforced concrete dry-dock
钢筋混凝土杆 reinforced pole
钢筋混凝土刚架 reinforced (concrete) rigid frame
钢筋混凝土格构大梁 reinforced lattice girder
钢筋混凝土格栅 reinforced concrete grill
钢筋混凝土格子 reinforced concrete grill
钢筋混凝土隔板 reinforced membrane
钢筋混凝土隔墙 reinforced block partition (wall); reinforced bulkhead <沉箱或沉井的>
钢筋混凝土工厂 reinforced works
钢筋混凝土工程 reinforced concrete works; reinforced works
钢筋混凝土工程船 reinforced concrete service boat
钢筋混凝土工程施工及验收规范 construction and acceptance code for reinforced concrete engineering
钢筋混凝土工程学 reinforced concrete engineering
钢筋混凝土拱 Melan arch; reinforced concrete arch
钢筋混凝土拱顶 reinforced concrete vault; reinforced vault
钢筋混凝土拱肩墙 reinforced breast
钢筋混凝土拱桥 reinforced arched bridge
钢筋混凝土拱桥用预制构件无支架分段施工 reinforced concrete arch bridge by segmental construction without scaffolding
钢筋混凝土构架 cast reinforced frame; reinforced concrete frame [framing]; reinforced framing
钢筋混凝土构件 cast reinforced compound unit; cast reinforced member; reinforced (concrete) element; reinforced concrete member; reinforced unit
钢筋混凝土构件工厂 reinforced factory
钢筋混凝土构件数量表 quantity of reinforced concrete members
钢筋混凝土构造 reinforced concrete construction
钢筋混凝土构造类型 reinforced concrete construction type
钢筋混凝土骨架 reinforced concrete skeleton frame
钢筋混凝土骨架构造 reinforced skeleton construction
钢筋混凝土骨架结构 reinforced concrete skeleton construction
钢筋混凝土骨料 aggregate for reinforced concrete
钢筋混凝土刮平板 reinforced concrete screed
钢筋混凝土管 ferro-concrete pipe; Hume duct; Hume pipe; reinforced concrete pipe [piping]; reinforced concrete tube [tubing]
钢筋混凝土管片 reinforced concrete segment
钢筋混凝土管闸门 reinforced pipe penstock

钢筋混凝土管柱 reinforced concrete pipe column
钢筋混凝土管桩 reinforced concrete cylinder
钢筋混凝土轨道 reinforced concrete rail
钢筋混凝土轨枕 ferro-concrete sleeper; reinforced concrete (railroad) tie[sleeper]
钢筋混凝土滚柱支承 reinforced roller bearing
钢筋混凝土过梁 reinforced concrete lintel;reinforced lintel
钢筋混凝土含钢率 steel ratio of concrete
钢筋混凝土涵洞 reinforced concrete culvert
钢筋混凝土涵管 reinforced (concrete) culvert pipe
钢筋混凝土合成梁 steel-concrete composite girder
钢筋混凝土桁架 reinforced concrete truss
钢筋混凝土桁架拱桥 reinforced concrete trussed arch bridge
钢筋混凝土桁架桥 reinforced (concrete) truss bridge
钢筋混凝土横撑 reinforced waling
钢筋混凝土横挡 reinforced concrete rail
钢筋混凝土横楣 reinforced lintel
钢筋混凝土后扶垛式挡土墙 reinforced concrete counterforted retaining wall
钢筋混凝土弧形闸门 reinforced concrete radial gate
钢筋混凝土护栏 reinforced concrete fence
钢筋混凝土护面层 reinforced (concrete) facing;reinforced membrane
钢筋混凝土混合齿墙 composite reinforced concrete cut-off wall; composite steel concrete cut-off wall
钢筋混凝土混合防渗墙 composite reinforced concrete cut-off wall; composite steel concrete cut-off wall
钢筋混凝土混合截水墙 composite reinforced concrete cut-off wall; composite steel concrete cut-off wall
钢筋混凝土机械井体 reinforced concrete core
钢筋混凝土基础 reinforced concrete foundation
钢筋混凝土基础墩 reinforced foundation pier
钢筋混凝土基脚 reinforced concrete footing
钢筋混凝土集料 aggregate for reinforced concrete
钢筋混凝土夹层板 reinforced concrete sandwich slab
钢筋混凝土剪力墙 reinforced concrete shear wall; reinforced cross wall;reinforced shear wall
钢筋混凝土建筑 cast reinforced construction; concrete-steel building; reinforced concrete construction
钢筋混凝土建筑部件 reinforced concrete compound unit
钢筋混凝土建筑规范 building code requirements for reinforced concrete
钢筋混凝土浇制 reinforced cast(ing)
钢筋混凝土浇制楼板 reinforced concrete cast floor
钢筋混凝土结构 building of reinforced concrete construction; reinforced concrete construction; reinforced concrete structure; reinforced structure
钢筋混凝土结构钢筋屈服形成的破坏 primary tension failure
钢筋混凝土结构地面板 floor slab
钢筋混凝土结构覆盖层 reinforced concrete structural topping
钢筋混凝土结构规范 code for reinforced concrete structure; reinforced concrete structure regulation
钢筋混凝土结构设计规范 design specification for reinforced concrete structure
钢筋混凝土结合力 bond between concrete and steel
钢筋混凝土开口沉箱 reinforced open caisson
钢筋混凝土抗弯框架 reinforced concrete moment resisting frame
钢筋混凝土空间结构 reinforced concrete space structure
钢筋混凝土空心桥墩 reinforced concrete hollow pier
钢筋混凝土空心砖地板 reinforced concrete hollow block floor; reinforced concrete hollow tile floor
钢筋混凝土空心砖楼板 reinforced cored block floor
钢筋混凝土空心桩 reinforced concrete hollow pile
钢筋混凝土块 reinforced concrete block
钢筋混凝土矿井 reinforced shaft
钢筋混凝土矿井壁 reinforced segment
钢筋混凝土矿井巷道支架 reinforced concrete mine support
钢筋混凝土框架 reinforced concrete frame
钢筋混凝土框架建筑 reinforced framed construction
钢筋混凝土框架结构 reinforced concrete frame structure
钢筋混凝土拉杆 reinforced concrete tie rod
钢筋混凝土栏杆 reinforced concrete rail
钢筋混凝土肋板 reinforced concrete rib
钢筋混凝土肋拱桥 reinforced concrete rib arch bridge
钢筋混凝土肋条 cast reinforced concrete rib
钢筋混凝土类(建筑物) reinforced concrete construction type
钢筋混凝土棱柱体 reinforced prism
钢筋混凝土离心旋制管 reinforced spun pipe
钢筋混凝土连接格栅 reinforced(concrete bearer); reinforced concrete binder
钢筋混凝土连接筋 dowel
钢筋混凝土连接框架 reinforced continuous frame
钢筋混凝土连续框架 continuous frame of reinforced concrete
钢筋混凝土连续梁 continuous reinforced concrete beam; continuous reinforced concrete girder
钢筋混凝土连续路面 continuously reinforced concrete pavement
钢筋混凝土梁 cast reinforced beam; reinforced concrete beam
钢筋混凝土梁板 reinforced concrete beam and slab;reinforced concrete girder slab
钢筋混凝土梁楼面 reinforced beam floor
钢筋混凝土梁式楼板 cast reinforced beam floor
钢筋混凝土楼板 reinforced concrete floor;reinforced deck;slab floor
钢筋混凝土楼盖 reinforced concrete floor;slab floor
钢筋混凝土楼梯 reinforced concrete stair(case)
钢筋混凝土路 reinforced concrete road
钢筋混凝土路面 reinforced concrete pavement; reinforced (road) pavement
钢筋混凝土路面板 reinforced concrete road slab
钢筋混凝土卵形拱涵 reinforcement concrete oval arch culvert
钢筋混凝土螺旋形渡槽 reinforced spiral flume
钢筋混凝土螺旋桩 reinforced screw pile
钢筋混凝土码头 reinforced jetty
钢筋混凝土锚杆 cemented roof-bolt
钢筋混凝土帽梁 reinforced concrete cap
钢筋混凝土煤气储罐 reinforced gasholder
钢筋混凝土面板 reinforced concrete deck
钢筋混凝土面板堆石坝 reinforced concrete-faced rockfill dam; reinforced concrete facing dam
钢筋混凝土面层 reinforced concrete (sur)facing;reinforced topping;reinforced concrete pavement
钢筋混凝土面墙 reinforced concrete facing membrane
钢筋混凝土明扶壁式挡土墙 reinforced concrete buttress retaining wall
钢筋混凝土磨光盖面板 cast reinforced fair-faced panel
钢筋混凝土磨光盖面生产场地 cast reinforced fair-faced manufacturing yard
钢筋混凝土磨光盖面桩 cast reinforced fair-faced pile
钢筋混凝土蘑菇顶 reinforced umbrella
钢筋混凝土排水管 reinforced concrete sewer pipe
钢筋混凝土平板 reinforced concrete slab
钢筋混凝土铺路板 armo(u)red concrete paving flag;armo(u)red paving tile
钢筋混凝土铺路砖 armo(u)red concrete paving flag;armo(u)red paving tile
钢筋混凝土铺面 reinforced concrete floor;reinforced concrete pavement
钢筋混凝土砌块 reinforced concrete segment
钢筋混凝土砌体 reinforced concrete masonry
钢筋混凝土前扶垛式挡土墙 reinforced concrete buttressed retaining wall
钢筋混凝土墙 cast reinforced wall; reinforced concrete wall
钢筋混凝土墙板 cast reinforced wall slab;reinforced concrete wall panel
钢筋混凝土桥 reinforced concrete bridge
钢筋混凝土桥的跨度 reinforced span
钢筋混凝土桥墩 reinforced concrete pier
钢筋混凝土桥梁建筑 reinforced bridge construction
钢筋混凝土桥面 reinforced concrete floor;reinforced deck
钢筋混凝土桥面板 reinforced concrete bridge deck
钢筋混凝土桥头搭接板 <一端支承在桥台上、一端在路基上> run-on-slab
钢筋混凝土曲形大梁 reinforced arched girder
钢筋混凝土柔性地基梁 reinforced concrete flexible foundation beam
钢筋混凝土伞形顶 reinforced umbrella
钢筋混凝土伞形结构 reinforced concrete parachute
钢筋混凝土扇形闸门 reinforced concrete sector gate
钢筋混凝土设计 design in reinforced concrete;reinforced design
钢筋混凝土升板施工 reinforced concrete lift-slab construction
钢筋混凝土实体桩 reinforced solid pile
钢筋混凝土实心桥墩 reinforced concrete solid pier
钢筋混凝土受拉件 reinforced concrete tension member
钢筋混凝土竖井 reinforced shaft
钢筋混凝土双程式桥墩身 reinforced concrete double-shaft bridge pier body
钢筋混凝土水库 reinforced concrete reservoir
钢筋混凝土水泥船 reinforced concrete vessel
钢筋混凝土水平肋 reinforced concrete horizontal rib
钢筋混凝土水箱 reinforced water tank
钢筋混凝土四脚锥体 tetrapod
钢筋混凝土塑性理论 plastic theory of reinforced concrete
钢筋混凝土塑性理论设计 plastic theory of reinforced concrete design
钢筋混凝土塔(架) reinforced pylon
钢筋混凝土套环 reinforced concrete collar
钢筋混凝土体系 reinforced concrete system
钢筋混凝土体系构造 cast reinforced system construction
钢筋混凝土调压塔 reinforced concrete surge tank
钢筋混凝土统一预制构件 unified precast reinforced concrete structural element
钢筋混凝土筒仓 reinforced bunker
钢筋混凝土筒形圆顶壳体 reinforced barrel-vault shell
钢筋混凝土筒形圆顶室 reinforced barrel vault
钢筋混凝土突堤 reinforced jetty
钢筋混凝土托梁 reinforced bracket
钢筋混凝土尾水管 reinforced concrete draft tube; reinforced concrete draught tube
钢筋混凝土蜗壳 reinforced concrete spiral casing
钢筋混凝土握裹力 grip between concrete and steel
钢筋混凝土屋顶 reinforced concrete roof
钢筋混凝土屋顶楼面 reinforced block roof floor
钢筋混凝土无梁楼盖 reinforced concrete flat slab floor
钢筋混凝土坞墙 reinforced concrete dock wall
钢筋混凝土箱式沉箱 reinforced concrete box caisson
钢筋混凝土箱形沉箱 reinforced box caisson
钢筋混凝土箱形大梁 reinforced box

G

girder
钢筋混凝土箱形拱桥 reinforced concrete box arch bridge
钢筋混凝土箱形梁桥 reinforced concrete box girder bridge
钢筋混凝土协会<英> Reinforced Concrete Association
钢筋混凝土斜交单跨刚构桥 reinforced skewed rigid frame bridge
钢筋混凝土坞墙 reinforced concrete drydock wall
钢筋混凝土卸荷平台 reinforced concrete relieving platform
钢筋混凝土芯墙 reinforced core wall
钢筋混凝土芯体 reinforced concrete core
钢筋混凝土悬臂桥 reinforced concrete cantilever bridge
钢筋混凝土悬臂式挡土墙 cantilever wall; reinforced concrete cantilever retaining wall
钢筋混凝土悬臂式桥台 reinforced concrete cantilever abutment
钢筋混凝土压力水管 reinforced concrete penstock; reinforced concrete pressure pipe
钢筋混凝土烟囱 reinforced concrete chimney
钢筋混凝土用型钢<凸缘平直,腹板呈S形> waved tee bar
钢筋混凝土油罐 reinforced concrete storage
钢筋混凝土预制板桥 precast reinforced concrete slab bridge
钢筋混凝土预制构架 reinforced concrete precast frame
钢筋混凝土预制构件 precast reinforced concrete member
钢筋混凝土预制梁 reinforced precast concrete beam
钢筋混凝土圆筒形薄壳 cylindric(al) reinforced shell
钢筋混凝土圆屋顶 reinforced concrete cupola
钢筋混凝土圆形蓄水池 reinforced concrete circular water storage tank
钢筋混凝土闸墩 reinforced concrete pier
钢筋混凝土闸门 reinforced concrete gate
钢筋混凝土找平层 armo(u)red concrete screed
钢筋混凝土照明灯杆 reinforced lighting column
钢筋混凝土照明灯柱 reinforced lighting column
钢筋混凝土遮阳板 reinforced concrete sun breaker
钢筋混凝土整平板 reinforced concrete screed
钢筋混凝土支墩坝 reinforced concrete buttressed dam
钢筋混凝土支架 precast reinforced concrete framed support
钢筋混凝土中由扁钢箍定位的圆钢筋 hennibique
钢筋混凝土重块 reinforced concrete clump
钢筋混凝土重型柱 piloti
钢筋混凝土柱 combined steel and concrete column; reinforced concrete column; steel reinforced concrete column
钢筋混凝土柱的横箍筋 lateral ties of column
钢筋混凝土柱的跨度 reinforced span
钢筋混凝土柱的直立筋 column vertical
钢筋混凝土柱箍 concrete collar; doughnut<提升用>
钢筋混凝土桩 reinforced concrete pile; Coignet pile<其中的一种>
钢筋混凝土桩墩 reinforced piled pier
钢筋混凝土桩栈桥式码头 reinforcing concrete trestle type wharf
钢筋混凝土综论<美期刊名> Reinforced Concrete Review
钢筋混凝土组合结构 steel composite construction
钢筋混凝土组合梁 steel-concrete composite girder
钢筋混凝土钻 reinforced concrete drill
钢筋混凝土钻孔灌注桩 reinforced concrete bored cast-in-place pile
钢筋混凝土钻孔桩 bored reinforced concrete pile
钢筋机械连接 steel bar mechanical connecting
钢筋极限强度 critical steel stress
钢筋计 stress meter for reinforcement
钢筋加工 cutting and bending reinforcement; preparation of reinforcement; reinforcing steel work
钢筋加工表 bending schedule; processing schedule of bars
钢筋加工场 re-bar work area; reinforcement shop
钢筋加工场地 reinforcement yard
钢筋加工(工)厂 reinforcing steel workshop; reinforcement (work) shop
钢筋加工机械 reinforcement machine
钢筋加工商 bar fabricator
钢筋加固层 reinforcement layer
钢筋加固端 rodded end
钢筋加气混凝土过梁 reinforced aerated concrete lintel
钢筋加强面积 area of reinforcement
钢筋加强砌体工程 reinforced masonry
钢筋夹 bar clamp
钢筋夹具 reinforcement bar fixture
钢筋家具 steel rod furniture
钢筋架 carcass
钢筋架设 reinforcement erection
钢筋间垫块 rod spacer
钢筋间隔物 rod spacer
钢筋间净距 clear space between bars
钢筋间距 bar spacing; re-bar spacing; reinforcement bar spacing; reinforcing bar spacing; rod spacer; rod spacing; spacing of bars; spacing of reinforcement
钢筋剪刀 reinforcement bar shears
钢筋剪断机 bar cropper; bar cutter
钢筋剪切环 bar shear ring
钢筋剪切机 bar cutter; bar shear; reinforcement bar-cutting machine; reinforcement steel shear machine; reinforcing rod-cropping machine; rod shears
钢筋剪切弯曲设备 reinforcement cutting and bending plant
钢筋检测仪 reinforcement detector
钢筋腱 steel tendon; tendon
钢筋接合 splice of reinforcing bars
钢筋接头 splice; splicing of reinforcement
钢筋结构建筑 structural steel construction
钢筋截断机 bar coupler; bar cropper; bar cutter
钢筋截断器 bar coupler; bar cropper
钢筋截面 reinforcement cross-section
钢筋截面积 area of reinforcement; area of steel; reinforcement area; reinforcing steel area; sectional area of reinforcement
钢筋截面面积 steel area
钢筋净间距 clear opening between bars
钢筋距离 spacing of bars
钢筋捆<美> bundle of bars
钢筋拉力测定仪 tendon tension meter
钢筋拉伸机 concrete-bar drawer; steel extension machine
钢筋拉丝机 wire extruding machine
钢筋拉直切断机 steel bar straightening and shearing machine
钢筋肋 reinforcing rib
钢筋类型 bar type
钢筋冷拔 cold pulling of steel; steel bar cold draw
钢筋冷拔机 steel bar cold-extruding machine; steel bar dieing-drawing machine
钢筋冷镦 steel bar button head forging
钢筋冷镦机 steel bar heading press (machine); bar cold header
钢筋冷加工 steel bar cold working
钢筋冷拉 cold tensioning of steel; steel bar cold draw
钢筋冷拉机 steel bar cold drawing machine; steel stretcher
钢筋冷压连接 steel bar cold-press connecting
钢筋冷轧 steel bar cold flattening
钢筋冷轧机 cold-rolling mill
钢筋理论断点 theoretic(al) cut-off point of bar
钢筋连接套筒 bar coupler
钢筋联结器 bar coupler
钢筋梁 reinforced beam
钢筋量规 bar ga(u)ge
钢筋笼 cage of reinforcement; reinforced case; reinforcement cage; reinforcing cage; steel reinforcement cage; pile cage<现场灌注桩的>
钢筋笼与现场灌注桩管壁之间的垫块 pile cage spacer
钢筋螺纹 spiral rib
钢筋埋入长度 embedded length of bar
钢筋埋入法 embedment of reinforcement
钢筋埋置长度 embedment length
钢筋锚碇垫板 reinforcement plate
钢筋锚固 anchorage of reinforcement
钢筋锚固长度 anchorage length for reinforcement
钢筋锚固环 anchoring loop of reinforced steel
钢筋锚着长度 bond length
钢筋密度 reinforcement density
钢筋密集 congestion of reinforcement
钢筋面积 area of reinforcement; area of reinforcing steel; area of steel; steel area
钢筋面积比 steel area ratio
钢筋明细表 reinforcement summary; rod list; rod schedule; summary of reinforcement
钢筋挠曲器 bar bender
钢筋黏[粘]胶连接 glued joint of steel reinforcement
钢筋黏结应力 flexural bond stress
钢筋排列 arrangement of bars; arrangement of reinforcement; reinforcement arrangement
钢筋盘条 rod bundle; roll of wire; wire roll
钢筋泡沫混凝土镶板 reinforced foam concrete panel
钢筋配筋比 steel ratio of concrete
钢筋配置 reinforcement layout; reinforcement placement
钢筋喷浆混凝土环 reinforced shotcrete ring
钢筋喷浆混凝土圈 reinforced shotcrete ring
钢筋喷射灌浆衬砌 reinforced gunite lining
钢筋拼接 splice of reinforcing bars
钢筋气压焊 steel bar gas-press welding
钢筋气压焊机 steel bar gas-press welding machine
钢筋强化机械 intensification machinery for steel bar
钢筋强面积 area of reinforcement
钢筋鞘管 sheath
钢筋切断 bar cutting; cutting of bars
钢筋切断机 bar cropper; bar cutter; cutting machine; reinforcing shear; reinforcing steel cutter; rod cutter; steel bar cutter; steel bar shearing machine; steel bar shears
钢筋切断器 bar shear
钢筋切断与弯曲 steel cutting and bending
钢筋切割机 bar cutter; reinforcement cutter shear; reinforcement cutting shear; reinforcing shear; rod buster
钢筋屈服 yielding of reinforcement
钢筋屈服点 yielding point of reinforcement; yield point of steel bar
钢筋砂浆锚杆 cement-and-grouted steel bolt; reinforced concrete bolt
钢筋鞘管涂层<预应力混凝土> sheath coat
钢筋设置工 rod buster
钢筋施工图 placing drawing
钢筋收缩率 shrinkage ratio
钢筋手工切割器 hand-operated bar cutter
钢筋输送辊 steel reinforcement bar delivering roller
钢筋束 bundled bar; bundle of bars; bundle reinforcement; group of bars; re-bar bundle; steel tendon; tendon
钢筋束的曲率半径 radius of curvature of tendon
钢筋束金属包皮 metal sheathing tendon
钢筋束锚固式预应力混凝土后张法 OSPA system
钢筋数量表 quantities of bars
钢筋双向制 two-way system of reinforcement
钢筋水泥 reinforced concrete
钢筋水泥管 reinforced concrete pipe
钢筋丝折弯机 mat reinforcement bender
钢筋松弛 steel relaxation
钢筋送料机 steel reinforcement bar feeder
钢筋索 tendon
钢筋探测器 bar detector
钢筋套管 sheath; sleeving of bars
钢筋套筒连接法 sleeve method of splicing reinforcing bars
钢筋填块<置于模板内的> sole piece
钢筋条 reinforcement bar; reinforcing bar; reinforcing rebar; reinforcing (steel) rod
钢筋调整 reinforcement conditioning; mucking<浇注混凝土时>
钢筋调直 bar straightening machine; straightening of bars
钢筋调直机 bar straightening machine; steel bar straightener; steel straighten machine
钢筋调直切断机 bar straighten-cutter; concrete-bar straightening-cutting machine; reinforcing steel ad-

justing cutter; steel bar straightening and shearing machine
钢筋砼渡槽 reinforced concrete flume
钢筋筒箍 reinforcement cylinder
钢筋凸缘(肋)steel lug
钢筋图 steel drawings
钢筋涂层 coating of reinforcement; reinforcement coating
钢筋外面的保护层 coverage
钢筋弯钩 end anchorage of bars
钢筋弯钩半径大于标准值 radius bent
钢筋弯(钩)端 hooked end of bar
钢筋弯箍机 stirrup bender
钢筋弯筋器 staffa
钢筋弯具 bar bender;steel bender
钢筋弯切两用机 bender and cutter
钢筋弯曲 bar bend
钢筋弯曲工场 steel bending yard
钢筋弯曲公差 bend allowance
钢筋弯曲机 angle bender;angle bending machine;bar bender;bar bending machine;concrete-bar bending machine; reinforcement bar-bender; reinforcement bar-bending machine;reinforcing rod bender;reinforcing steel bender; reinforcing steel crooking machine;rod bender;steel bar bender;steel bar bending machine
钢筋弯曲加工 bar bending
钢筋弯曲截断两用机 bender and cutter of steel bars
钢筋弯曲器 bar bender;bar folder
钢筋弯曲切割机 bar bender and cutter
钢筋弯曲一览表 bar bending schedule
钢筋弯头 hook of rod
钢筋弯斜度 rod slope
钢筋弯折 reinforcement bending
钢筋弯折机 angle bender;angle bending machine;bar bender;bar bending machine; bending machine; crib crimper;crimper
钢筋弯折切割机 bender and cutter
钢筋弯制场 steel bending yard
钢筋网 bar-mat reinforcement; bar sheet; fabricated bar; fabric reinforcement;mat reinforcement;mattress;mesh reinforcement;netting; re-bar mat; reinforcement fabric; reinforcement mat;reinforcing fabric; reinforcing mat; reinforcing mesh; reinforcing screen; reinforcing steel mesh;steel fabric(mat); steel fabric sheet; steel mesh reinforcement; wire-mesh reinforcement
钢筋网沉放器 mesh sinker
钢筋网成型机 steel net forming machine
钢筋网格 grid of reinforcement;steel grid; steel grillage; reinforced grillage
钢筋网格地板 steel grid floor
钢筋网混凝土 steel fiber[fibre] reinforced concrete
钢筋网配筋 bar-mat reinforcement; wire fabric reinforcement
钢筋网喷混凝土 mesh-reinforced shotcrete
钢筋网喷射混凝土锚杆支护 wire-mesh-shotcrete-rock bolt support
钢筋网喷射混凝土支护 wire-mesh-shotcrete support
钢筋网片 bar mat
钢筋网铺设大型设备 fabric laying jumbo
钢筋网示意图 schematic arrangement of wire mesh
钢筋网折弯机 mat reinforcement bender
钢筋网中主筋下面的架立钢筋 lacer bar
钢筋位移 reinforcement displacement
钢筋位置测定仪 Fedepth meter
钢筋握固长度 grip length of reinforcement
钢筋握裹 grip length
钢筋握裹长度 grip length of reinforcement
钢筋系 reinforcing system
钢筋细部 reinforcement detail
钢筋先张法 pretensioning
钢筋纤维混凝土 steel fiber reinforced concrete
钢筋线收缩试验 bar-linear shrinkage test
钢筋线条 bar mo(u)lding
钢筋行距 bar ga(u)ge
钢筋锈蚀 corrosion of reinforcement; corrosion of steel;reinforcing steel rust;steel bar corrosion
钢筋锈蚀测定计 bar corrosion activity indicator
钢筋锈蚀活动性评定 bar corrosion activity evaluation
钢筋锈蚀三因素模型 three-factor model of bar corrosion
钢筋锈蚀引起的混凝土剥落 spalling of concrete due to reinforcement corrosion
钢筋需要量 steel requirement
钢筋徐变 creep of steel
钢筋徐舒 creep of steel reinforcement
钢筋一览表 bar schedule
钢筋移动 reinforcement displacement
钢筋移置 reinforcement displacement
钢筋应力 reinforcement stress
钢筋应力测试仪 reinforcement stress detector
钢筋应力检测器 reinforcement stress detector
钢筋有效面积 effective area of reinforcement
钢筋余量 bend allowance
钢筋与混凝土的共同(受力)作用 collaboration of steel and concrete
钢筋与混凝土的结合力 bond between concrete and steel
钢筋与混凝土的黏[粘]结力 mechanical bond
钢筋与混凝土的握裹力 bond between concrete and steel;grip between concrete and steel
钢筋与混凝土间的握固力 grip between concrete and steel
钢筋与混凝土模板之间的垫块 cover block
钢筋预加工 preparation of reinforcement;reinforcement prefabrication
钢筋预拉台 steel reinforcement bar predrawn platform
钢筋预应力张拉油泵 oil pump for prestressed steel bar drawer
钢筋约束区 confining region of reinforcement
钢筋在模板内离开规定的位置 reinforcement displacement
钢筋錾 cold chisel;cold set
钢筋凿 cold chisel;cold set
钢筋扎丝 tie wire
钢筋轧花机 steel bar scoring machine
钢筋轧机 reinforcing bar mill
钢筋张拉台座 tension board
钢筋折弯机 angle bender;angle bending machine
钢筋整理工 on the hook
钢筋整直机 straightening machine
钢筋支垫物 slab bolster
钢筋支架 bar chair;bar support;high chair
钢筋支架座 chairs for reinforcing steel
钢筋支座 arm-chair;bar chair;high chair;stool;bar support;bar bolster
钢筋直端锚固 <无弯钩的> straight embedment of anchorage
钢筋直径 bar diameter
钢筋周长 perimeter of bar;perimeter of reinforcement
钢筋柱箍 lateral ties of column
钢筋铸铁 armo(u)red cast iron
钢筋砖 reinforced brick
钢筋砖过梁 brick beam; reinforced brick lintel
钢筋砖结构 reinforced brick construction;reinforced brick structure
钢筋砖砌体 reinforced brick masonry;reinforced brick work
钢筋砖圬工 reinforced brick masonry;reinforced grouted masonry
钢筋装配车间 reinforcement assembly shop
钢筋装配工场 reinforcement assembly shop
钢筋装饰线条 bar mo(u)lding
钢筋总表 summary of reinforcement
钢筋总材料表 summary of reinforcing;summary of reinforcing steels
钢筋总截面积 aggregate steel area; total reinforcement area
钢筋总截面面积 total cross-section area of reinforcement
钢筋总面积 aggregate reinforcement area;overall reinforcement area;overall reinforcing area;overall steel area;total steel area
钢筋组架 bar formation;cage;cage of reinforcement
钢筋组架柱 cage of reinforcement
钢筋座 bar chair;chair
钢筋座垫 bar support
钢紧固件 steel fastener;steel fastening
钢紧线钳 steel draw vice
钢镜 steel mirror
钢锯 charley paddock;hack saw;jack saw;metal saw;steel saw
钢锯架 hacksaw frame
钢锯片 metal saw blade
钢锯条 hacksaw blade; steel saw blade
钢锯铣刀 hacksaw cutter
钢锯屑 steel fillings
钢卷尺 band chain; builder's tap; chain tape; flex steel tape; long steel tape;metallic band tape;metal tape; pocket tape; push-pull rule; ribbon;steel band tape;steel measuring tape; steel tape; steel tape measure;metallic tape
钢卷尺活动端 ignorant end of tape
钢卷尺涂料 convex rule coating
钢卷尺张拉器 tape tensioner;tension apparatus
钢卷尺丈量 steel tape measurement
钢卷吊钩 coil grab
钢卷夹钳 coil clamp
钢卷帘 steel roller shutter;steel shutter(ing)
钢开关 steel volute casing
钢开口沉箱 steel drop shaft
钢铠 steel armo(u)r
钢抗风墙 steel wind-bracing wall
钢壳 box hat;top hat
钢壳层拱 steel lamella dome
钢壳沉管 steel shell tube
钢壳船 steel ship hull
钢壳船底漆 ship bottom paint for steel ship
钢壳打捞浮筒 steel rigid salvage pontoon
钢壳电解槽 steel cell
钢壳负荷开关 steel shelled box type load switch
钢壳工具箱 steel tool box
钢壳汞弧整流器 steel-tank rectifier
钢壳混凝土 steel shelled concrete
钢壳混凝土桩 case pile;steel shelled concrete pile
钢壳镁砖 metalcase magnesite brick
钢壳水银温度计 mercury-in-steel thermometer
钢壳体 steel shell
钢壳围堰 steel shell cofferdam
钢壳(现浇)混凝土桩 cased pile
钢空间框架结构 steel space frame structure
钢空心框架构件 steel hollow frame section
钢空心柱 steel hollow column
钢扣环 steel loop
钢筘 reed
钢块 bloom;steel ingot
钢块起重机 block setting crane
钢框窗 steel-framed window
钢框钢筋混凝土 steel-framed reinforced concrete
钢框钢筋混凝土柱 steel-framed reinforced concrete column
钢框格 steel frame; steel framing; steel sash
钢框架 steel frame(work);structure-steel frame;sluice frame
钢框架办公大楼 steel-framed office building
钢框架厂房 steel frame mill building
钢框架多层车库 steel-framed multistor(e)y carpark
钢框架房屋 building of steel frame construction; steel-framed block; steel-framed building; steel-framed house
钢框架钢筋混凝土结构 steel-framed reinforced concrete construction [structure]
钢框架构造 steel frame construction; steel frame structure
钢框架建筑 steel-framed block;steel-framed building; steel framework building;steel frame construction
钢框架建筑物 steel framed building
钢框架结构 skeleton construction; steel frame construction; steel frame structure
钢框架门式建筑 steel-framed portal building
钢框架模数化建筑 steel-framed modular construction
钢框架平面图 steel framing plan
钢框架外贴附柔性板围堰 flexible sheeting on steel framing cofferdam
钢盔 helmet;iron hat;steel helmet
钢盔内帽 helmet liner
钢盔式无线电设备 helmet radio
钢盔式无线电收发机 helmet transceiver
钢拉杆 reinforcing pull rod;steel tension bar;steel(tie-)rod
钢拉梁 steel tie beam
钢拉索 steel tension bar; steel guy rope
钢拉条 steel tension bar
钢拉网 steel lathing
钢拉线 steel guy wire
钢栏杆 steel railing;reja <西班牙教堂中保护墓地的>
钢栏杆小柱 steel baluster
钢蓝 steel blue
钢蓝色 chalybeate; chalybeatus; chalybe(o)us;steel blue

G

钢缆 guy(rope);guy wire;hawser;steel cable;steel hawser;steel(wire)rope;wire cable;wire rope
钢缆保护外层 armo(u)red steel rope
钢缆操纵铲 cable-operated shovel
钢缆操纵正铲 cable-operated face shovel
钢缆冲击式钻孔设备 rope tool drilling equipment
钢缆冲击式钻孔装置 rope tool drilling equipment
钢缆冲击钻井 rope tool well
钢缆传送带 steel cord belt conveyer
钢缆敷设 placing of cables
钢缆鼓筒 cable drum
钢缆夹 wire clip
钢缆夹具 wire cable clip
钢缆绞车 cable-spinning equipment;cable winch
钢缆卷筒 cable drum
钢缆抗挠性 stiffness of cables
钢缆锚碇 wire cable anchorage
钢缆锚固 cable anchorage
钢缆千斤顶 cable jack
钢缆牵引航行 rope towing traction
钢缆润滑剂 cable lubricant
钢缆润滑油 wire cable grease
钢缆输送机皮带 steel cable conveyor belt
钢缆索 wire cable
钢缆索道 wire ropeway
钢缆挖掘机 cable excavator
钢缆弯曲 bending up cables
钢缆屋顶 steel cable roof;steel-rope roof
钢缆悬索桥 cable type suspension bridge
钢缆油 cable compound
钢缆张力 tension of cable
钢缆制动器 wire stopper
钢缆抓钩 wire-line grab
钢肋穹顶 steel-ribbed cupola;steel-ribbed dome
钢肋条网 rib mesh
钢肋圆顶 steel-ribbed cupola
钢棱形薄壳屋顶 steel prismatic shell roof
钢立筋 steel stud
钢粒 chilled steel shot;steel grain;steel shot;steel sphere
钢粒供给器 shot feed
钢粒钻进 steel shot drilling
钢粒钻孔 shot boring
钢粒钻探 shot drilling
钢连接件 steel fastener;steel fitting
钢链条 steel link chain
钢梁 girder steel;iron girder;steel beam;steel girder;sheave beam <支承电梯的>
钢梁的顶层 cope in steel beam
钢梁格排 steel beam grillage
钢梁格栅 steel beam grillage
钢梁构造 steel joist construction
钢梁混凝土排架 reinforced concrete trestle
钢梁剪切机 joist shears
钢梁矫直机 beam straightener;cambering machine
钢梁结构 steel joist construction
钢梁结构试装配 trial steel work fixing
钢梁孔型 beam pass;girder pass
钢梁楼梯 steel string stair(case)
钢梁耐火材料覆盖层 beam casing
钢梁挠曲 deflection of a girder
钢梁桥 iron girder bridge
钢梁外包混凝土结构 filler-beam construction
钢梁外壳层 beam casing
钢梁翼缘 flange of steel beam
钢梁轧机 beam(-rolling)mill;girder rolling mill;structural mill
钢梁(组成的)格床 girder grillage
钢料斗 steel bin
钢料矫正 adjustment of steel material
钢裂环 split-ring
钢檩(条)steel purlin(e)
钢零部件 steel fitting
钢领板 ring bar;ring rail
钢领板升降杆 ring plate lifting pillar
钢领板下降装置 rail lowering motion
钢领工人 <指机器人> steel-collar worker
钢领润滑 ring lubrication
钢领丝圈摩擦力测定仪 spin-ring meter
钢领座 ring holder
钢流保护法 shielding practice
钢龙骨 steel joist;steel stud
钢楼板 metal flooring
钢楼板部件 steel floor element
钢楼板大梁 steel floor girder
钢楼板覆盖物 steel floor cover(ing)
钢楼板覆面 steel floor cover(ing)
钢楼板面层 steel floor(ing)
钢楼面钢板 steel floor(ing)plate
钢楼面修饰 steel floor(ing)finish
钢楼梯 steel stair
钢楼梯建造者 steel staircase builder
钢楼梯踏步 steel trench sheeting
钢铝电车线 steel(and)alumin(i)um trolley wire
钢铝电缆 alumin(i)um steel cable
钢铝接触线 alumin(i)um-coated steel contact wire
钢铝线 steel-alumin(i)um conductor
钢轮 steel wheel
钢轮串联压路机 steel tandem roller
钢轮箍 steel tire[tyre]
钢轮箍列车 steel-tyred train
钢轮滑车 steel sheave pulley block
钢轮滑车组 steel tackle block
钢轮路碾 steel(wheeled)roller
钢轮碾压机 steel(wheeled)roller
钢轮式压路机 steel(wheeled)roller
钢轮拖拉机 steel wheeled tractor
钢轮辋 steel rim
钢轮压路机 metal-rimmed compacter;steel(wheeled)roller
钢轮压实机 steel roller;steel wheeled compactor
钢轮支承的滑道承船车 cradle equipped with wheels
钢螺钉 steel screw
钢螺杆系船设备 steel screw mooring
钢螺簧 steel spiral spring
钢螺旋锚系船设备 steel screw mooring
钢螺旋饰 steel helix
钢螺旋桩 steel screw pile
钢杩槎 steel jack
钢镘板 steel trowel
钢镘刀 steel trowel
钢镘抹面混凝土 steel troweled concrete
钢锚板 steel anchor plate
钢锚杆 bar anchor
钢锚件 steel anchor
钢锚筋 steel tie bar
钢锚螺栓 steel anchor bolt
钢铆钉 steel rivet
钢帽梁 <钢板桩结构的> steel cap
钢门 steel(casement)door;steel shutter door
钢门窗框 steel frame
钢门窗配件 steel fitting for window door
钢门更换 replacement steel door assembly
钢门框 steel door frame;steel portal frame
钢门框锚碇夹 steel stud anchor
钢闷头 steel bulkhead
钢棉 steel wool
钢棉面板 steel facing;steel sheathing
钢面板 steel facing;steel sheathing
钢面板梁式坝 steel deck girder dam
钢面板式梁坝 steel deck girder dam
钢模板 metal form(work);punching block;sheet steel form;steel die;steel form(work);steel mo(u)ld;steel mo(u)lding plate;steel sheathing;steel shutter(ing)
钢模板立柱 steel soldier
钢模板清洁机械 steel formwork cleaning machine
钢模板支撑 steel soldier
钢模成型 steel form mo(u)lding
钢模具 steel die;steel mo(u)ld
钢模壳 <用于桥墩> steel can
钢模刻纹机 die milling machine
钢模缩小机 die pantograph machine
钢模台车 steel form jumbo
钢模型 steel mo(u)ld
钢模压印机 die-stamping machine
钢模压铸机 die-casting machine
钢模造型机 die-cast machine
钢模支架 steel arch support
钢膜 steel membrane
钢膜片 steel diaphragm
钢摩天大厦 steel skyscraper
钢磨棒 grinding rod;steel grinding rod
钢抹镘板 steel trowel(l)ing
钢抹镘光 steel trowel(l)ing
钢抹压光 steel troweled
钢抹子 steel trowel(ling)
钢木窗 wood metal window
钢木定形模板 picture-frame form
钢木混合车体客车 coach with wood-framed body with metal panels
钢木混合结构 wood-and-metal construction
钢木混合屋盖 composite roof(ing)
钢木夹合梁 flitched(plate)girder
钢木家具 furniture of steel and wood;steel-wood furniture;wooden and steel furniture
钢木屋架 composite truss;wood-and-steel composite truss
钢木组合板梁 <两根木梁中夹有钢板,作成一个构件> flitched beam
钢木组合车身 composite body
钢木组合大梁 <由方木与金属板构成> flitched(plate)girder
钢木组合桥 steel-wood composite bridge
钢木组合屋架 steel-timber composite roof truss
钢幕墙 steel curtain wall
钢内衬 steel lining
钢内夹杂 inclusion in steel
钢泥中梁 beam in prestressed clay
钢牛腿 steel bracket
钢钮 steel button
钢暖气片 steel radiator
钢暖气片部件 steel radiator section
钢耙船 steel rake boat
钢耙挖泥船 scraper dredge(r);steel rake dredge(r)
钢排架 steel bent
钢排架桥 steel bent bridge;steel trestle
钢盘 steel pan;steel tray;steel waffle
钢盘尺 ribbon
钢盘轮 steel disc wheel
钢刨 adjustable pocket bench plane;steel plane
钢配重箱 steel weight box
钢喷砂处理系统 steel-grit blasting system
钢喷砂清除系统 steel-grit blasting system
钢喷丸处理 steel shot blasting
钢喷丸器 steel shot blasting
钢喷丸系统 steel shot blasting system
钢盆 steel basin
钢棚车 steel box car
钢棚架 steel crib
钢膨胀暗榫 steel expansion dowel
钢膨胀销杆 steel expansion dowel
钢坯 billet(steel);blank;bloom(steel);cheese;steel billet;steel bloom;steel feed
钢坯剥皮机 billeteer
钢坯尺寸 billet bloom size
钢坯和板材卸垛机 bloom and slab piler
钢坯剪床 fillet shears
钢坯剪切机 bloom shears;billet shears
钢坯气动定心机 air hammer
钢坯切口 billet necking
钢坯清理装置 billet chipper
钢坯烧剥器 scarfer
钢坯梳状裂纹 reeds
钢坯推出机 billet pusher
钢坯卸料机 billet unloader
钢坯型钢剪切机 billet and bar shears
钢坯延压机 blooming mill
钢坯运输车 billet
钢坯轧辊 billet roll
钢坯轧机 billet mill;billet roll
钢坯装炉 shove
钢坯自动堆垛机 billet unscrambler
钢皮 sheet iron;sheet metal;sheet steel;steel sheath;steel sheet;steel skin;thin sheet
钢皮衬里 steel sheet lining
钢皮尺 metallic tape;metal tape
钢皮带 cotton tie
钢皮带(滑)轮 steel belt pulley
钢皮覆面 steel sheet surfacing
钢皮环 stripper band
钢皮剪刀 steel sheet shears
钢皮卷尺 pocket tape
钢皮卷推出器 coil-ejector
钢皮捆 sheet pack
钢皮捆扎工具 steel-strapping tool
钢皮切断机 sheet-iron shears
钢皮屋顶 steel sheet roof cladding
钢皮屋顶覆盖物 steel sheet roof cover(ing);steel sheet roof sheathing
钢皮屋面 steel sheet roofing
钢皮折尺 steel folding rule
钢皮砖 steel-clad brick
钢片 sheet steel;steel disc[disk];steel sheet;steel strap
钢片衬 steel-clad
钢片快门 metal focal plane shutter
钢片搪瓷 sheet steel enamel
钢平板 steel flat slab
钢平顶桁架 steel flat roof truss
钢平顶镶板 steel coffer;steel waffle
钢平衡器 steel ballast
钢平衡重箱 steel counterbalance weight box
钢平接铰链 steel butt hinge
钢平台 steel platform
钢平台式单元 steel deck unit
钢平台式屋顶 steel deck roof
钢平旋开启桥 steel swing bridge
钢屏蔽墙 steel shielding wall
钢瓶 carboy;cylinder;gas cylinder;reservoir;steel bottle;steel cylinder
钢瓶气体 bomb gas;cylinder gas
钢瓶运输车 cylinder truck
钢旗杆 steel flagpole
钢汽缸 steel cylinder
钢器材 steel fitting
钢钎 bull point;bull prick;drilling steel;feather bar;gad;jumper;plugging chisel;steel chisel;steel pin
钢钎定位器 steel centralizer
钢钎护圈 drill steel retainer

钢钎肩 steel collar
钢钎支架 drill steel support
钢钎装置 drill steel equipment
钢嵌套支架 steel telescoping form
钢墙 steel wall
钢墙板条 steel wall stave
钢锹 steel shovel;steel spade
钢桥 steel bridge
钢桥墩 steel bridge pier
钢桥工程 steel bridge construction
钢桥桁架 steel bridge truss; steel truss-span
钢桥加固 strengthening of steel bridge
钢桥甲板面层 steel deck surfacing
钢桥架设机 steel bridge fabricating machine
钢桥建筑 steel bridge building
钢桥就位 seating steel bridge on supports
钢桥梁车行道 steel deck(ing)
钢桥梁工人 iron worker
钢桥面 steel floor(ing)
钢桥面板 steel deck(ing);steel deck plate
钢桥面面层 steel deck surfacing
钢桥面铺面 steel deck pavement
钢桥拼装 assembling of steel bridge
钢桥桥面板 steel bridge deck(ing)
钢桥施工 steel bridge construction
钢桥塔 steel pylon;steel tower
钢切削片 steel shavings
钢切屑 steel chip(ping)s
钢琴钢丝 piano wire
钢琴铰(链) continuous hinge; piano hinge
钢琴漆 piano lacquer
钢琴式布线 <自动电话复接线弧的> piano wiring
钢琴丝 piano wire
钢琴型砌块 piano block
钢青色 electric(al) blue; steel blue; steel gray[grey]
钢青铜 steel bronze
钢穹顶 steel cupola
钢球 iron shot; steel ball; steel sphere;friction(al) ball【机】
钢球冲模 ball swage
钢球冲压机 ball press
钢球传动型接触式气动塞规 ball-driving contact-type air plug ga(u)ge
钢球单向阀 ball check valve
钢球镦锻 ball heading
钢球分度装置 ball index
钢球骨料 steel shot aggregate
钢球滚筒式磨煤机 ball tube mill
钢球痕 steel ball indent
钢球活塞式油泵 ball piston pump
钢球集料 steel shot aggregate
钢球挤光机 ball swager
钢球挤光孔法 ball sizing
钢球挤孔 ball sizing
钢球精研机床 ball lapping machine
钢球冷镦机 ball cold header
钢球模锻机 ball header
钢球模具 ball swage
钢球磨床 ball grinding machine
钢球磨管机 steel ball tube mill
钢球磨煤机 low-speed coal mill;steel ball coal mill;tube mill
钢球磨碎机 ball pulverizer(mill)
钢球磨损 grinding ball wear
钢球抛光 ball-burnishing; ball finishing
钢球抛光机 steel ball polishing machine
钢球跑轨磨煤机 ball-race mill
钢球喷射法 cloud burst process
钢球式道岔集中装置 steel ball marshalling apparatus
钢球式顶破强力试验 ball burst testing
钢球式发动机 ball piston motor
钢球式下水 ball launching
钢球式消隙夹头 royal chuck
钢球熟料比 steel to clinker ratio
钢球填充量 grinding ball charge
钢球旋压 ball spinning
钢球压痕 ball indentation
钢球压头 ball indenter;ball penetrator
钢球压印试验法 ball method of testing
钢球研磨机 steel ball lapping machine
钢球硬度 ball hardness
钢球硬度试验机 ball hardness machine
钢球轧机 ball rolling mill
钢球装载量 grinding ball charge
钢球钻头 adamantine drill
钢球座圈式粉碎机 ball-and-race type pulverizer mill
钢球座圈式磨煤机 ball-and-race type pulverizer mill
钢曲尺 steel square
钢圈 rim;solid wheel;steel ring
钢圈底部 base of rim
钢圈轮 steel-tired wheel
钢圈外包布 stiffener
钢圈支架 steel ring set;steel support
钢刃盾构 steel cutting shield
钢绒 steel wool
钢容器 steel vessel
钢熔渣水泥 steel furnace slag cement
钢散热器部件 steel radiator section
钢砂 cast-steel shot; chilled steel shot;metallic grit;steel emery;steel grit;steel shot
钢砂混凝土 steel grit concrete; steel shot concrete
钢砂轮玻璃刀 steel wheel glass cutter
钢砂磨粒 steel shot abrasive
钢砂钻 steel shot drill
钢砂钻进 shot drilling; steel sand drilling
钢砂钻井 shot drilling;steel shot drilling
钢砂钻孔 shot drilling
钢砂钻头 crown for chilled shot
钢上承桥 steel deck bridge
钢上承式桁架桥 steel deck truss bridge
钢渗铝化处理 mollerize
钢升降桥 steel lift bridge
钢生产者 steel producer
钢生物屏蔽墙 steel biological shielding wall
钢绳 cable line;steel cable;steel rope; steel wire
钢绳安全系数 rope safety factor
钢绳安装 rope installation
钢绳操纵式推土板 cable-controlled blade
钢绳冲击法钻孔 kick a hole
钢绳冲击式钻机 cable drill(er);cable system drill;cable tool drill;cable tool outfit;cable tool rig;churn drill(er); churn type percussion drill;free fall drill;jump drill;rope drill(er); rope system drill; spud drill;churn shot drill rig
钢绳冲击式钻架 cable percussion rig
钢绳冲击钻 cable percussion; cable tool drill
钢绳冲击钻法 kicking down
钢绳冲击钻工具 standard tool
钢绳冲击钻机传动轴 band wheel shaft
钢绳冲击钻机组合 cable drill rig line up
钢绳冲击钻接箍 cable tool joint
钢绳冲击钻进 cable drilling;free fall boring;Galician-free fall;spud drilling
钢绳冲击钻进大绳 boom drilling cable
钢绳冲击钻进的岩芯 cable tool core
钢绳冲击钻进的岩芯管 cable tool core barrel
钢绳冲击钻进方法 cable system;cable tool drilling system; Galician method; Pennsylvania system of drilling;rope drilling method; well-drill method
钢绳冲击钻进设备和工具 cable tool drilling outfit
钢绳冲击钻进岩屑 cable tool cuttings
钢绳冲击钻进用打捞工具 cable fishing tool
钢绳冲击钻进装置 cable tool drilling unit
钢绳冲击钻井设备 cable tool drilling equipment
钢绳冲击钻具 cable drilling tool; spudding tools
钢绳冲击钻千斤顶 cable tool jack
钢绳冲击钻探 cable tool drilling
钢绳冲击(钻探)法 cable tool method
钢绳冲击钻头 cable bit; cable tool bit;chisel-bit tool;churn drill bit
钢绳传动凹轮 tug rim
钢绳传动单斗挖掘机 cable type shovel
钢绳传动装置 wire rope gearing
钢绳锤击取土器 wire-line hammer sampler
钢绳打捞筒 rope socket
钢绳导向器 rope guide
钢绳的股 rope strand
钢绳电钻 wire-line electrodrill
钢绳吊车 cableway
钢绳吊带 wire rope sling
钢绳兜 cargo wire net
钢绳斗式提升机 rope bucket elevator
钢绳钢丝 rope wire
钢绳割刀 cable cutter; rope knife; wire rope knife
钢绳割刀加重钻杆 rope knife swivel
钢绳挂钩 wire hanger
钢绳滚筒 calf reel;calf wheel
钢绳滚筒轴承箱 <钢绳冲击钻机上> calf wheel box
钢绳过卷保护装置 hoist overwind device
钢绳合股机 layup machine
钢绳恒张力装置 wire-line constant tensioning system
钢绳滑车 tackle-block; wire rope block
钢绳滑轮 fleet wheel;rope-pulley flywheel; wire-puller; crown pulley <钻机的>
钢绳环 rope splice
钢绳活环 cable clevis
钢绳夹具限止器 jockey stick
钢绳检验机 rope testing machine
钢绳胶带输送机 cable belt conveyer [conveyor]
钢绳绞车 cable winch;cable works; rope hoist
钢绳绞盘 rope winch
钢绳结 mule's foot
钢绳卷筒 rope drum
钢绳卷筒封壳 cable reel capsule
钢绳卷扬机 cable hoist
钢绳卡 rope clamp
钢绳卡子 wire rope clamp
钢绳连接套筒 rope socket
钢绳连接眼环 rope socket
钢绳冒头 wire-line shoe
钢绳磨损 rope wear
钢绳牵引带式输送机 rope-driven belt conveyer [conveyor]; steel-rope tracting belt conveyer[conveyor]
钢绳切断器 wire rope chopper
钢绳润滑油 rope grease
钢绳润滑脂 wire rope compound
钢绳绳环 wire rope thimble
钢绳绳卡 wire-line socket;wire rope socket
钢绳使用寿命 rope life
钢绳式挖掘机 mechanical shovel
钢绳试验 fleet testing
钢绳手 rope spear
钢绳松弛开关 slack cables switch
钢绳索 steel strand
钢绳弹性拉伸 <钢绳冲击钻进过程中的> cable reach
钢绳弹性收缩 <钻头冲击井底后> cable take-up
钢绳铁 cable iron
钢绳托滚 cable suspension idler
钢绳下套管定点塞 wire-line bridge plug
钢绳弦线 steel string(er)
钢绳芯带式输送机 steel-cored belt conveyer[conveyor]
钢绳芯胶带 steel-cored rubber belt
钢绳压力 rope tread pressure
钢绳岩芯钻进 wire-line core drilling
钢绳引力计 cable tension indicator
钢绳油 cable compound;cable oil
钢绳张紧度 spring of the line
钢绳张力指示器 cable tension indicator
钢绳折断 wire-line breakout
钢绳直径 cable diameter; wire rope diameter
钢绳终端最大荷重 maximum end load of cable
钢绳装卸 wire rope handling
钢绳钻进震击器打捞筒 center jar socket
钢绳钻进钻机 rope rig
钢实肋拱桥 steel solid-rib arch bridge
钢手托 steel composing stick
钢书架 steel book shelf; steel book stacks
钢枢销 steel pivot pin
钢梳 steel comb
钢梳刻槽机 steel comb grooving machine
钢梳式接缝 steel comb joint
钢疏水地板条 steel slat
钢束承插 strand socket
钢束间剪力板 shear plate
钢束索接 strand socket
钢竖旋开启桥 steel bascule bridge
钢刷 steel brush;steel comb
钢刷刮管器 brush scraper
钢水 liquid steel;molten steel
钢水包 steel ladle
钢水包起重机 teeming ladle crane
钢水池 steel bath
钢水冲击 breakout break through
钢水分析 tapping analysis
钢水管 steel water pipe
钢水罐车 ladle car
钢水罐回转架 merry-go-round
钢水静压力 ferrostatic pressure
钢水平尺 steel(spirit) level
钢水平弓弦 steel horizontal tie back
钢水平拉杆 steel horizontal tie back
钢水箱 steel storage tank
钢丝 iron wire;reinforcing wire;steel thread; steel wire; string wire; wire-steel;wire binders <预应力混凝土用>
钢丝板条 wire(-mesh) lathing
钢丝板条钉 steel wire lath nail
钢丝板箱 wirebound box
钢丝绑绳 whip; stabilizing guy lines

<钻塔、桅杆用的>
钢丝绑扎 steel wire lashing
钢丝绑扎与封铅 wiring and sealing
钢丝棒 wire rod
钢丝保护套 cable sock
钢丝编信件篮 wire netting letter basket
钢丝编织层 steel wire braid
钢丝编织的筛眼 screen wire mesh
钢丝编织高压管 steel wire braided high-pressure hose
钢丝编织高压胶管 steel wire armo(u)red high-pressure rubber hose
钢丝编织胶管总成 wire-netted colloidal pipe assembly
钢丝编织空气胶管 steel wire armo(u)red air rubber hose
钢丝编织品 wire fabric
钢丝编织网 wire cloth
钢丝编织物 wire braid
钢丝编织液压胶管 wire braid hydraulic hose
钢丝标度线 wire index line
钢丝标记线 wire index line
钢丝玻璃 ferro-glass;glass-crete
钢丝布 belt screen; card clothing; steel cloth sheet;steel fabric sheet; steel wire cloth;wire cloth
钢丝操纵的挖掘机 cable-actuated excavator
钢丝测深索 wire sounding line
钢丝层 <预应力混凝土的> layer of wire
钢丝缠绕的 wire wound
钢丝缠绕机 wire wrapping machine
钢丝缠绕排水胶管 steel wire armo(u)red water rubber hose
钢丝缠束机 steel wire strand strapping machine
钢丝缠扎钳 wire tightener
钢丝车辆检测器 wire vehicle detector
钢丝衬垫 wire spacer
钢丝撑轮圈 wire bead core
钢丝除草耙 wire weeder
钢丝床用钢丝 mattress netting steel wire
钢丝打 steel wire packer
钢丝打结 bird caging
钢丝打轴 spooling
钢丝挡圈 elastic spring; steel cable baffle ring
钢丝刀 steel wire cutter
钢丝刀一次快速成型法 steel wire cutter one step quick forming
钢丝导引器 steel wire inducer; wire introducer
钢丝的交咬角 <钢丝股相邻层内的> crossing angle of wires
钢丝的石灰处理 lime coating
钢丝的直径 ga(u)ge of wire
钢丝地毯 round wire carpet
钢丝电解镀锌法 bethanise; bethanizing process
钢丝垫子 spring mattress; wire mattress
钢丝吊筋 wire hanger
钢丝吊索 sling wire;wire sling
钢丝叠层保险玻璃 laminated wire(d) glass
钢丝钉 steel wire nail
钢丝订书机 wire-stitching machine
钢丝定位件 cable spacer
钢丝镀锌 wire galvanization
钢丝对焊机夹头 clamping die
钢丝法 long wire method
钢丝防喷阀 lubricator valve
钢丝防喷管 lubricator for slick line
钢丝分隔板 wire separator
钢丝辐轮 wire wheel
钢丝辐条 wire spoke
钢丝缚扎器 wire knot tightener
钢丝干式拉拔前的磷酸锌处理 grano-draw
钢丝隔板 wire spacer
钢丝隔离物 wire spacer
钢丝箍 stirrup wire;wire-band
钢丝股 wire strand
钢丝固定 fixation with steel wire; securing of the wires
钢丝管刷 steel wire tube brush
钢丝滚道球轴承 wire race ball-bearing
钢丝号 wire grade
钢丝号码 wire ga(u)ge
钢丝横向刷 transverse wire brushing
钢丝厚度 wire thickness
钢丝护网 wire guard
钢丝滑动 wire slip
钢丝混凝土 steel fiber[fibre] concrete;string-wire concrete
钢丝火封软熔热镀锌法 flame seal galvanizing
钢丝基线尺 base measuring wire
钢丝记录 wire recording
钢丝加工 wire working
钢丝加劲混凝土 wire-reinforced concrete
钢丝加强的 wire reinforced
钢丝夹 wire clamp;wire clip
钢丝夹固定的石板瓦 hung slating
钢丝夹紧设备 wire gripping device
钢丝夹具 wire gripping device
钢丝家具 steel wiring furniture
钢丝剪 wire clip; wire cutter; wire scissors;wiring clip
钢丝剪钳 wire nippers
钢丝矫直机 spinner; wire-straightening machine
钢丝接头 wire-line connection; wire terminal
钢丝截断器 wire cutter
钢丝截面 wire section
钢丝紧缠的 wire-armo(u)red
钢丝紧张器 wire tightener
钢丝径线带 cord belt
钢丝锯 cock saw; fret saw; Gigli's saw;keyhole saw;piercing saw;pietra dura;scroll saw;wire saw
钢丝锯架 fret saw frame
钢丝锯条 fret saw blade;piercing saw blade
钢丝锯条用钢丝 fretwork saw blade wire
钢丝卡板 wire staple
钢丝铠包电缆 steel wire armo(u)red cable
钢丝铠装的 steel wire armo(u)red; wire-armo(u)red
钢丝铠装电缆 steel wire armo(u)red cable;wire-armo(u)red cable
钢丝抗拉断强度 cable breaking strength
钢丝抗力应变仪 wire resistance strain ga(u)ge
钢丝捆绑的 wired
钢丝捆带 tie wire
钢丝拉紧器 wire strainer
钢丝拉力计 wire resistance strain ga(u)ge
钢丝拉力总和 aggregate breaking force
钢丝拉伸机 wire stretcher
钢丝拉条 steel wire stay
钢丝缆 cable rope; steel cable; steel wire rope
钢丝缆剪 wire rope cutter
钢丝缆索 steel hawser; wire rope; wire line
钢丝缆索道 wire cableway
钢丝肋网 wire(-mesh) lathing
钢丝冷拔试验 wire cold-drawn test
钢丝冷顶锻试验 steel wire cold top forging test
钢丝冷镦机 wire cold header
钢丝篱笆 wire fencing
钢丝连接电镀法 Bryanizing
钢丝连接器 wire splicer
钢丝连续电镀法 baylanizing
钢丝帘布 wirecord fabric
钢丝帘布轮胎 metal cord tire
钢丝帘线 all-steel cord
钢丝笼 wire basket
钢丝笼块石 steel gabion
钢丝笼枕垫 wire bolster
钢丝录音机 blattnerphone; wire recorder
钢丝滤芯 wire gauze filter element
钢丝路刷 brush broom;wire broom; wire brush
钢丝轮辐 spoked wire wheel; wire spoke
钢丝轮刷 steel wire rotary brush; steel wire wheel brush;wire wheel brush
钢丝轮胎 rail tire[tyre]; wired tire [tyre]
钢丝螺旋排线器 strand engaging wire component
钢丝毛 steely wool;stringy wool
钢丝锚固 wire anchor
钢丝锚固设备 wire gripping device
钢丝锚固位 wire anchorage
钢丝棉 steel wool
钢丝磨刷轮 scratch brush wheel
钢丝捻距 wire pitch
钢丝盘管式冷凝器 wire and tube condenser
钢丝盘卷不匀 bad cast
钢丝盘卷均匀 dead cast
钢丝盘圈的直径 diameter of coil
钢丝盘条 roll of wire
钢丝配筋的 wire reinforced
钢丝喷漆 wire lacquer
钢丝平头钉 wire tack
钢丝破断拉力总和 aggregate breaking force
钢丝起毛机 steel wire napper
钢丝起绒机 card raising machine; wire raising machine
钢丝牵索 wire guy
钢丝钳 wire pliers; combination pliers; cutting pliers; end cutting pliers; linesmen's pliers; wire clamp; wire cutter;wire rope nippers
钢丝嵌入层 wire insert(ion)
钢丝枪 wire gun
钢丝桥 wire bridge
钢丝切割制砖法 wire-cut brickmaking
钢丝切割砖 wire-cut brick
钢丝切泥坯器 reel cutter
钢丝切砖(法) wire-cut brick
钢丝切(砖)坯法 <用金属线切割泥段的方法> wire-cut process
钢丝圈 ring travel(l)er; steel travel(l)er
钢丝圈颤动 travel(l)er chatter
钢丝圈号数 grain travel(l)er
钢丝圈卷成机 banner bead winding machine;bead former;bead winder
钢丝圈偏倾角 deflecting angle of travel(l)er
钢丝圈烧毁 travel(l)er burnout
钢丝圈刷轮 steel wire ring wheel
钢丝染红处理 liquor finishing
钢丝绕织 wire woven
钢丝热镀锌法 brutonizing
钢丝韧化 patenting
钢丝韧化处理 patentizing
钢丝绒 metal wool;steel wool
钢丝绒滤油器 steel wool filter
钢丝软管 wired hose
钢丝软轴 Bowden cable;wire flexible shaft
钢丝扫床测量 wire sweep survey
钢丝扫海器 wire drag
钢丝筛网 piano-wire screen; steel wire screen
钢丝舌针 bent latch needle
钢丝伸展灰网 expanded metal lath(ing)
钢丝绳 armo(u)red rope; cable wire; hoisting cable; hoisting rope; iron wire rope; rope; steel cable; steel(wire) rope; wire cable; wire rope; wire line; tapered wire rope <变截面的>
钢丝绳安全系数 safety coefficient of steel wire
钢丝绳半连续铸造机 cable semicontinuous casting machine
钢丝绳半牵引小车 semi-rope trolley
钢丝绳保险锁 cable lock
钢丝绳变幅 rope luffing
钢丝绳操纵的 cable-operated
钢丝绳操纵挖掘机 wire rope operated excavation
钢丝绳测井 wire-line measurement
钢丝绳缠绕 reeving of ropes
钢丝绳铲刀 steel wire rope chisel
钢丝绳长插接 wire long splice
钢丝绳长度 rope capacity
钢丝绳衬环 steel wire rope thimble
钢丝绳冲击 cable tool drilling
钢丝绳冲击及钻粒混合钻机 churn shot drill
钢丝绳冲击式钻机 cable churn drill; cable drill(er); cable drilling machine;churn(drill);spudder
钢丝绳冲击式钻进 jump drilling;rope drilling
钢丝绳冲击钻具 cable-system drill; cable tool
钢丝绳冲击钻孔 cable percussion boring
钢丝绳冲击钻孔桩 cable percussion drilling pile
钢丝绳冲击式钻眼 churn drilling; jump drilling;rope drilling
钢丝绳冲击式钻眼法 cable drilling system
钢丝绳冲击钻 churn drill
钢丝绳冲击钻机 churn
钢丝绳冲击钻进 boring with line; churn drilling;rope boring
钢丝绳冲击钻进法 cable tool drilling;rope and drop-pull method
钢丝绳冲击钻井 cable tool well
钢丝绳冲击钻孔桩 cable percussion drilling pile
钢丝绳冲击钻探 cable tool drilling; cable drilling
钢丝绳冲击钻眼用钢丝绳 drilling cable
钢丝绳冲击钻杂 cable rig
钢丝绳冲击钻钻具 cable drilling tool;cable tool
钢丝绳传动 rope drive; wire rope gearing
钢丝绳搓纹 wire rope lay
钢丝绳打捞钩 rope spear;spud spear
钢丝绳导道 wire guide
钢丝绳导管 cable guide
钢丝绳道 ropeway;wireway
钢丝绳的结构 construction of wire rope
钢丝绳的捻比 ratio of lay
钢丝绳的扭转 twisting of wire
钢丝绳的最小破断荷载 minimum breaking load of a rope
钢丝绳电动葫芦 steel wire rope type electric(al) block

钢丝绳吊车 cable hoist
钢丝绳吊钩 steel wire rope hook
钢丝绳吊挂胶带输送机 rope frame (belt) conveyer[conveyor]
钢丝绳吊挂式带输送机 wire rope suspended conveyer[conveyor]
钢丝绳吊环 wire rope sling
钢丝绳吊具 wire rope sling
钢丝绳吊索 whip
钢丝绳顶板锚杆 rope roof bolt
钢丝绳端紧扣 rope socket catch
钢丝绳端(钮)扣 rope socket catch
钢丝绳短插接 wire short splice
钢丝绳断裂强度试验 rope breaking strength test
钢丝绳断裂强度试验计 rope breaking strength tester
钢丝绳断丝测定仪 deflectoscope for wire rope
钢丝绳多层缠绕 multiple reeving
钢丝绳额定拉力 rated pull of rope
钢丝绳防护装置 cable guard; wire cable guard
钢丝绳防喷盒 wire-line preventer
钢丝绳分隔器 wire cable spacer
钢丝绳封头合金 rope capping metal
钢丝绳辅助扣紧装置 auxiliary rope-fastening device
钢丝绳钢丝心 steel wire core
钢丝绳割刀 rope cutter; wire rope cutter
钢丝绳各股钢丝扭向与绳针扭向相反 regular lay
钢丝绳构造 wire cable construction
钢丝绳股 strand wire
钢丝绳固定(卡) wire rope clamp
钢丝绳刮子 wire-line wiper
钢丝绳罐道 flexible cage guide; steel-rope guide
钢丝绳滚筒刹车手把 brake lever for rope drum
钢丝绳和绞筒直径比 rope to drum ratio
钢丝绳和提升容器连接装置 rope capping
钢丝绳后滑 backlash of rope
钢丝绳葫芦 wire rope hoist block
钢丝绳护板 rope guard
钢丝绳滑车支架 cable sheave bracket
钢丝绳滑程 wire-line slippage
钢丝绳滑轮 fleet wheel; wire rope pulley
钢丝绳环 wire-line thimble
钢丝绳回转环 cable swivel collar
钢丝绳机的收线架 take-up stand
钢丝绳夹 bulldog grip; cable clamp; cable grip; rope cramp; wire rope clip
钢丝绳夹卡 rope clamp; rope clip
钢丝绳夹头 shackle; wire jig; wire rope back-tie
钢丝绳夹子 cable clamp; steel wire rope clip
钢丝绳交互捻 crossing
钢丝绳胶皮带 steel cable belt
钢丝绳绞车 rope winch
钢丝绳绞接器 wire joint; wire rope splicer
钢丝绳绞束机 steel wire rope stranding-bundling machine
钢丝绳绞线芯 strand core
钢丝绳接头 cable splicing; steel cable terminal; wire joint; wire rope splicer
钢丝绳井底导向工具 wire-line down-hole guidance tool
钢丝绳锯石机 steel wire quarry machine
钢丝绳锯岩机 wire saw
钢丝绳卷筒 cable drum; wire drum; wire rope drum; cable reel
钢丝绳卷筒弹簧传动旋转底质取样器 cable-and-reel spring-driven rotary-bucket bed material sampler
钢丝绳卡 steel wire rope clamp; wire-line clamp; wire-line shoe; wire rope clip
钢丝绳卡头 steel wire clamp; steel wire rope clip
钢丝绳扣 wire sling
钢丝绳捆 rope coil
钢丝绳拉紧器 wire tensioner
钢丝绳拉力 line pull
钢丝绳联结预制混凝土块沉排 pre-cast cable-tied block mattress
钢丝绳麻芯 hemp center[centre]
钢丝绳麻芯脂 wire rope hempwicking grease
钢丝绳锚杯 rope socket
钢丝绳锚碇 wire rope anchorage
钢丝绳锚碇装置 steel cable anchor
钢丝绳锚杆 wire rope bolt
钢丝绳锚固 wire cable anchorage
钢丝绳锚固设备 wire rope gripping device
钢丝绳锚固台 cable anchorage pier
钢丝绳锚固支墩 cable anchorage pier
钢丝绳锚具 cable anchorage
钢丝绳锚栓 wire rope anchor
钢丝绳磨损试验 bird's test; Brown's test
钢丝绳末端钢锥套 wire cable socket
钢丝绳内芯 independent wire rope core
钢丝绳配件 steel wire rope fitting; wire rope fittings
钢丝绳皮带运输机 steel wire rope belt conveyer[conveyor]
钢丝绳偏角 deflection angle of tope
钢丝绳平均速度 mean speed of rope
钢丝绳起重绞车 rope crab
钢丝绳牵索 wire rope guy
钢丝绳牵引车 cable-driven car
钢丝绳切断器 rope chopper; spang wire rope knife
钢丝绳切割器 rope parting machine
钢丝绳取样器 wire line sampler
钢丝绳绕过极限保安装置 hoist over-wind device
钢丝绳润滑剂 rope lubricant
钢丝绳润滑油 wire rope oil
钢丝绳润滑脂 wire rope grease
钢丝绳扫海 wire sweep
钢丝绳砂浆锚 a rope creep
钢丝绳筛 wire rope screen
钢丝绳伸长计 wire rope extensimeter [extensometer]
钢丝绳绳环 dead eye
钢丝绳绳夹 steel cable clamp
钢丝绳绳头套圈 ferrule
钢丝绳(绳)芯 rope core
钢丝绳石墨润滑油 steel wire rope graphite-base grease
钢丝绳式电动葫芦 steel cable hoist
钢丝绳式升降机 guide rope hoist
钢丝绳试验机 wire rope tester
钢丝绳收紧装置 cable take-up system
钢丝绳手扳葫芦 rope lever block
钢丝绳输送带 steel cord conveyor belt
钢丝绳数据 ropeology
钢丝绳死弯 dogleg
钢丝绳松弛自动断电开关 slack-rope switch
钢丝绳索道 wire cableway
钢丝绳索眼心环 steel wire rope thimble
钢丝绳锁定器 cable lock
钢丝绳探伤器 wire rope detector
钢丝绳套 wire sling
钢丝绳套环 cable eye; steel wire rope socket; wire rope socket
钢丝绳套眼 wire loop
钢丝绳套座 cable holder
钢丝绳外层钢丝 outer wire
钢丝绳系统 rope system
钢丝绳镶圈 endless long splicing of wire rope
钢丝绳效率 wire rope efficiency
钢丝绳楔形接头 wedge socket fitting
钢丝绳芯 wire strand core
钢丝绳芯胶带 steel core belt
钢丝绳芯胶带输送机 steel belt conveyer[conveyor]
钢丝绳芯麻绳 main core
钢丝绳芯纱 steel cable yarn
钢丝绳压头 steel wire rope socket
钢丝绳岩芯管钻探法 wire-line boring method
钢丝绳移动起重机 rope driven travel(l)ing crane
钢丝绳移送机 rope transfer
钢丝绳用钢丝 rope wire
钢丝绳油 cordage oil
钢丝绳有效金属断面 metallic area of wire rope
钢丝绳右向交叉捻绕 regular lay right lay
钢丝绳与绞车卷筒轴线的倾角 fleeting angle
钢丝绳运输带 steel cord conveyor belt
钢丝绳运输绞车 rope haulage hoist
钢丝绳凿子 steel wire rope chisel
钢丝绳扎头 steel wire rope clip; wire clip
钢丝绳张驰调节器 cable slackening switch
钢丝绳张紧 cable threading
钢丝绳张紧轮 cable tensioner
钢丝绳支架金属板 cable support plate
钢丝绳执持扎头 steel wire rope grip
钢丝绳直径 cable diameter; size of steel line
钢丝绳终端保险装置 rope saver
钢丝绳转盘 <桅杆起重机> guy table
钢丝绳转台 <桅杆起重机> guy table
钢丝绳钻机 churn drill
钢丝绳钻进 cable tool drilling
钢丝绳钻进用钻 drill bar
钢丝绳钻井机 cable tool rig
钢丝绳钻头钻探 cable tool drilling
钢丝绳钻眼 cable tool drilling
钢丝绳左向交叉捻绕 regular lay left lay
钢丝石笼 steel gabion; wire bolster; wire cage filled with rubbles; wire gabion
钢丝石笼结构 stoned mesh construction
钢丝梳 wire comb; wire scratcher
钢丝束 bundled steel wire; bundle of steel wire; cable; multiwire tendon; steel strand; steel tendon; tendon; wire bundle; wire tendon; cap cable <安置在预应力混凝土梁负弯矩区域>
钢丝束定位 <预应力> positioning of tendons
钢丝束定位板 wire cable spacer
钢丝束加筋混凝土 steel fiber[fibre] reinforced concrete
钢丝束孔道 cable duct
钢丝束锚具 tendon anchor
钢丝束通道 tendon duct
钢丝束支承滑块 strand shoe
钢丝束制作 wire grouping
钢丝束走向 cable path
钢丝刷 copper wire brush; file steel brush; iron wire brush; scratch (wire) brush; steel (wire) brush; wire broom; wire brush; wire scratcher; wire thread brush; metal brush <用于刷毛混凝土路面>
钢丝刷出面 wire brush finish
钢丝刷除锈 wire brushing
钢丝刷打光 wire brushing
钢丝刷刮蜡器 wire brush scraper
钢丝刷轮 wire wheel
钢丝刷磨光轮 wire buff
钢丝刷清理表面 wire brushing
钢丝刷扫路机 brush broom
钢丝刷刷光 scratch brushing
钢丝刷刷面 wire brush finish
钢丝刷弹簧件 brush spring unit
钢丝刷弹簧组 brush spring assembly
钢丝刷涂漆机 wire lacquering machine
钢丝刷止动器 brush stop
钢丝水泥渔船 seacrete fishing boat
钢丝索 hawser; metallic cable; steel rope; steel wire rope; wire rope; wire strand; wire cable
钢丝索道 wireway
钢丝索缆包扎捆缠物品 keckle
钢丝索轮 wire rope pulley
钢丝套管 wire casing
钢丝套圈 wire loop
钢丝条锁 wire lock
钢丝涂锌 wire galvanizing
钢丝推进 cable feed
钢丝退火 wire annealing
钢丝托座 <灌浆混凝土前临时支承钢筋的> continuous high chair
钢丝拖带装置 steel wire tow gear
钢丝外露 chain mark; raised strands
钢丝外皮 steel wire sheath
钢丝弯边压力机 wiring press
钢丝网 cloth wire; fabric wire; hardware cloth; iron gauze; mat reinforcement; mesh reinforcement; mesh wire; metal gauze; metal lathing; metal mesh; reinforcing fabric; screen reinforcement; steel fabric mat; steel wire fabric; steel (wire) mesh; steel wire netting; wire fabric; wire gauze; wire lath; wire mesh; wire net(ting); woven wire; jhil mill <隔墙和地板中用的>; off-count mesh <支数不规则的>
钢丝网坝 netting dam; wire dam; woven-wire dam
钢丝网板 expanded sheet metal
钢丝网板条 metal lath; wire netting lathing
钢丝网背板 steel mesh lagging
钢丝网玻璃 wire(d) glass
钢丝网布 wire cloth
钢丝网舱壁 wire-mesh bulkhead
钢丝网层 wire layer
钢丝网衬板 steel mesh lagging
钢丝网窗 wire-mesh window
钢丝网床垫 spring bed mattress
钢丝网粗度 diameter of wire
钢丝网带输送机 wire-mesh belt conveyer[conveyor]
钢丝网带运输机 wire-mesh belt conveyer[conveyor]
钢丝网的捱捻法 lay of rope
钢丝网底板 wired mat
钢丝网吊运机 cable conveyer[conveyor]
钢丝网防护的堆石坝 <防洪用> wire wrapped dam
钢丝网粉刷墙 mesh and plaster wall
钢丝网隔断 mesh partition; wire-mesh partition
钢丝网隔墙 mesh partition; wire-mesh partition

G

钢丝网护栏 wire-mesh rail
钢丝网灰泥吊顶棚 wire lath and paster suspended ceiling
钢丝网灰泥墙 wire lath and paster wall
钢丝网混凝土 ferro-concrete; wire-mesh-reinforced concrete
钢丝网混凝土板 wire-mesh concrete plate; wire-mesh-reinforced slab
钢丝网加固喷射混凝土 wire-mesh-reinforced shotcrete
钢丝网加筋的 mesh-reinforced
钢丝网加筋块 wire-mesh with brick-bats
钢丝网加劲筋砖墙 steel wiring reinforced brick wall
钢丝网加强 wire fabric reinforcing; wire-mesh reinforcement
钢丝网加强玻璃 wire(d) glass
钢丝网截断凿 wire chisel
钢丝网块石 stone-mesh
钢丝网框架 wire-mesh frame
钢丝网肋网 wire netting lathing
钢丝网篱笆 mesh fence
钢丝网络 wire net sling
钢丝网门 chain link door; wire-mesh door
钢丝网抹灰 metal lath and plaster; plaster on metal lath(ing)
钢丝网抹灰面 reinforced coating
钢丝网配筋 fabric reinforcement; steel wire reinforcement; wire(-mesh) reinforcement; woven-wire reinforcement; wire fabric reinforcement
钢丝网喷射混凝土 mesh-reinforced shotcrete
钢丝网片 steel fabric mat; steel fabric sheet; steel fabric reinforcement
钢丝网屏障 wire dam
钢丝网铺设机【机】 wire mesh laying machine
钢丝网砂浆 ferrocement
钢丝网筛式凹板 wire-grate concave; wire-rod concave
钢丝网上抹灰 plaster on metal lath(ing)
钢丝网石笼沉排丁坝 saddle groin
钢丝网石棉水泥波瓦 wire-mesh-reinforced asbestos cement corrugated sheet
钢丝网石棉水泥中波瓦 reinforced asbestos-cement middle corrugated tile
钢丝网水泥 ferro-cement; wire-mesh cement
钢丝网水泥板 ferro-cement panel
钢丝网水泥波瓦 ferro-cement corrugated sheet
钢丝网水泥定型房屋 ferro-cement modulus building
钢丝网水泥渡槽 ferro-cement flume
钢丝网水泥分布顶推驳船 ferro-cement knock down pusher barge
钢丝网水泥管 ferro-cement pipe
钢丝网水泥护面 ferro-cement coating
钢丝网水泥活动房屋 ferro-cement mobile home
钢丝网水泥渔船 ferro-cement fishing boat
钢丝网水泥运输船 ferro-cement transport ship
钢丝网水泥闸门 ferro-cement sluice
钢丝网填石沉排 stone-mesh apron; stone-mesh mattress
钢丝网填石丁坝 stone-mesh groin [groyne]
钢丝网填石海漫 stone-mesh apron
钢丝网填石护底 stone-mesh apron; stone-mesh mattress
钢丝网填石护坦 stone-mesh apron
钢丝网条板 wire cloth lath
钢丝网围栏 chain link fence [fencing]; wire-mesh fence
钢丝网围篱 wire netting fence
钢丝网围墙 wire net fencing
钢丝网席垫 wired mat
钢丝网洗汽器 wire-mesh steam washer
钢丝网运输带 mesh-belt; steel wire belt; wire-mesh belt
钢丝网栅栏 wire-mesh fence; woven-wire fence
钢丝网障碍物 wire entanglement
钢丝网织物 woven-wire fabric
钢丝网制青贮筒 steel mesh silo
钢丝网中附加皱折波状丝 inter-crimp
钢丝网状钢筋 wire-mesh reinforcement
钢丝围栅 wire fabric; wire fence
钢丝稳索 wire guy
钢丝系件 wire tie
钢丝细筛 wire lawn
钢丝线规 steel wire ga(u)ge
钢丝橡胶管 flexible metallic hose
钢丝橡皮撑轮圈 wire bead
钢丝橡皮管 flexible metal hose
钢丝芯 <钢丝绳的> wire core
钢丝芯加固橡胶带 steel wire reinforced belt
钢丝型表带 mesh band
钢丝徐舒 relaxation of steel wire
钢丝压尖机 wire pointer
钢丝压延机 steel calendar
钢丝应力 wire stress
钢丝应力变化 wire stress variation
钢丝应力测定仪 steel wire dynamometer
钢丝预应力混凝土 string-wire concrete
钢丝载重轮胎 metal-ply truck tire [tyre]
钢丝凿 wire chisel
钢丝栅栏 post and wire fence; wire fence; wire fencing
钢丝摘钩 wire hook
钢丝针 wire needle
钢丝针布 card fillet; filleting
钢丝针布包卷机 fillet winding machine
钢丝针布置针机 wire setting machine
钢丝针固定 fixation with steel pin
钢丝针入度计的灵敏度 wire sensitivity
钢丝针芯 steel wire stylet
钢丝震击器 wire-line jar
钢丝织机 wire weaver
钢丝织轮胎 steel cord tire[tyre]
钢丝制品 merchant wire; steel wire product; wire article; wire product
钢丝制品用钢丝 manufacturer's wire
钢丝终拔前尺寸 base size; common draw size
钢丝综 steel wire healed; wire healed
钢丝总面积 aggregate area of wires
钢丝作业设备 slick wire line equipment
钢塑复合管道 composite metal plastic pipe
钢塑模 steel mo(u)ld
钢酸洗废液 spent steel pickle liquor; steel pickling waste liquid
钢榫 steel dowel
钢榫钉 steel dowel pin
钢梭子 steel finger
钢索 cable; cable and block tackle; rope; steel cable; steel hawser; steel rope; steel strand rope; steel wire rope; wire rope
钢索鞍 cable saddle
钢索标准 rope level
钢索布置 cable layout
钢索操纵 cable control
钢索操纵刹车 cable-controlled brake
钢索操纵式反铲挖掘机 cable hoe
钢索操纵式正铲挖掘机 cable shovel
钢索操纵式抓斗 <挖掘机> cable clam
钢索操纵推土机 cable type bulldozer
钢索操纵制动器 cable-control brake
钢索操作制动器 cable-operated brake
钢索槽 cable groove
钢索测力仪 cable stress detector
钢索测深法 wire sounding
钢索冲击式钻机 cable drill(er)
钢索冲击式钻进 cable drilling
钢索冲击钻探法 <美式> American system of drilling
钢索传动 rope drive; rope transmission; steel-rope drive
钢索传动斗 cable-drawn scoop
钢索传动装置 rope gearing
钢索传送机 cable conveyer [conveyor]
钢索道 cableway
钢索的精确控制 fine-line control
钢索吊钩 cable sling
钢索吊桥 cable suspension bridge; wire suspension bridge
钢索端眼具 rope socket; socket patent eye
钢索反拱 rope cambered
钢索缸 cable cylinder
钢索钩 steel dog
钢索钩环 wire shackle
钢索股绳 cable yarn; rope yarn
钢索管道摆动摩阻损失系数 wobble coefficient
钢索管套 cable socket
钢索护栏 cable guard rail(ing); guard cable
钢索滑车 wire rope block
钢索滑轮 wire rope pulley
钢索环插接 wire becket splice; wire eye splice
钢索加固的内气压系统 <充气建筑> inside pressure pneumatic system reinforced by cable
钢索夹具 strand grip
钢索夹头 cable clip
钢索夹子 rope clamp; rope clip; wire rope clip
钢索剪断器 cable cutter
钢索绞车 cable winch
钢索绞车附件 rope winch attachment
钢索卷绕速度【机】 cable speed
钢索卷筒 cable drum; rope roll
钢索卡箍 cable band
钢索控制 cable control
钢索矿车运输 car haul
钢索拉紧装置 wire rope tricing lines
钢索拉伸机 wire stretcher
钢索拉条 steel wire stay
钢索连接眼环 rope socket
钢索联结装置 cable type hitch
钢索锚定装置 anchorage device of cable
钢索锚碇 cable anchorage
钢索锚固 cable anchorage
钢索锚固区 cable anchorage area
钢索锚具 anchorage device of cable
钢索帽 <用短钢索在负弯矩区预加应力> cable(s) cap; cap cable
钢索磨损变细 drawing small
钢索扭合 layup
钢索扭绞 layup
钢索皮带机 cable belt
钢索偏心度测量仪 cable eccentricity ga(u)ge
钢索起重滑车 cable hoisting pulley
钢索起重机 cable lift
钢索牵引车 cable-driven car
钢索牵引机 cable-towed machine
钢索牵引犁 cable plough; cable plow
钢索牵引送锭车 cable-driven ingot buggy
钢索钳 strand vise
钢索切割器 hawser cutter
钢索驱动传送带 cable-driven belt conveyor
钢索取芯钻头 wire-line core bit
钢索式起落机构 cable lift
钢索式挖掘机 cable-actuated excavator; cable dredging machine
钢索输送机 cable conveyer [conveyor]; limberope conveyer
钢索栓钩结 cat's-paw knot
钢索速度 speed of rope
钢索套管 cable encasing-tube
钢索套环 rope thimble; wire thimble
钢索套接(工作) cable socketing
钢索铁 cable iron
钢索头承窝 wire rope socket
钢索头套节 wire rope socket
钢索拖斗 cable-draw scoop
钢索拖渡 flying ferry
钢索拖曳式集材机 cable skidder
钢索网(络)结构 cable net(work) structure
钢索斜拉结构 cable stayed structure
钢索悬吊结构 cable suspension structure
钢索悬吊式给料机 cable-suspended feeder
钢索岩心钻管 wire-line core barrel
钢索眼环头 capel
钢索眼夹 wire clip
钢索移动法 moving cable method
钢索运输 cable haulage
钢索运输机 aerial conveyer[conveyor]
钢索运输装置 aerial conveyer [conveyor]
钢索张力 cable pull force
钢索张力重块 cable tension weight
钢索支柱 rope support
钢索自卸卡车 cable-dump truck
钢索组件 cable assembly
钢索钻进 rope boring
钢锁杆 steel locking bar
钢锁簧 steel dog
钢锁条 steel locking bar
钢塔 steel tower; supporting trestle
钢塔架 steel derrick; steel pylon; steel tower
钢塔式烟囱 steel tower supported stack
钢踏步 steel rundle
钢踏步底板 steel sub-tread
钢踏棍 steel rung
钢胎搪瓷制品 enamel(l)ed ironware
钢台座 steel abutment
钢弹 steel bomb; steel shot
钢弹还原的 bomb-reduced
钢弹簧 steel spring
钢弹簧隔离器 steel spring isolator
钢弹簧护木 steel spring fender
钢弹簧护舷 steel spring fender
钢套 steel bushing; steel jacket
钢套管 steel casing; steel sheath; steel sleeve; steel thimble
钢套管架平台 <近海建筑物用> steel jacket platform
钢套节 steel socket
钢套塑杆 steel cap and plastic barrel
钢套索 wire strop
钢套筒 steel fitting; steel lagging
钢套筒管 steel sleeve pipe
钢梯 steel ladder
钢梯级 steel rundle; steel rung
钢提升环 steel lifting collar
钢体长度 shank length

钢体系 steel system
钢条 bar iron; bar steel; billet; iron rod; reinforcing rod; steel bar; steel ribbon; steel strap; steel(wire) rod; universal plate
钢条板 steel slat
钢条板卷帘 steel slat rolling shutter; steel slatted roller blind
钢条端分叉 fork the end of bar
钢条轨 bar rail
钢条网 bar mat
钢条吸热(变黑) decalescence
钢条系件 wire tie
钢条折叠缺陷 pinchers
钢条支座 <小型桥梁的> bearing bar
钢调刀 steel spatula
钢贴面 steel trim
钢铁 ferrous metal; steel
钢铁板材 iron and steel sheet and plate
钢铁表面热浸铝法 mollerising[mollerizing]
钢铁薄铅涂层 terne plate
钢铁材料 ferrous material
钢铁厂 iron and steel plant; iron and steel works; iron works; steel mill; steel plant; steel works
钢铁厂废水 iron and steel wastewater
钢铁的 siderous
钢铁电解镀锌 bethanizing
钢铁防蚀的磷化处理法 Coslett process
钢铁分析学 ferrous analysis
钢铁工程 steel works
钢铁工人 iron man; iron worker; steelworker
钢铁工业 iron and steel industry; steel industry; steel manufacture
钢铁工业废水 steel industry waste (water); waste(water) of steel industry
钢铁工业环境 steel industry environment
钢铁基地 iron and steel base
钢铁加工摩擦学 tribology in iron and steel works
钢铁件 ferrous component
钢铁件的表面滚磨 mill finish
钢铁块 boast
钢铁联合工厂 integrated iron and steel plant
钢铁联合企业 integrated iron and steel works; iron and steel complex; steel complex
钢铁模板 steel formwork
钢铁黏[粘]合胶 steel adhesive
钢铁热浸铝法 mollerizing
钢铁熔炼 manufacture of iron and steel by melting
钢铁生产 steel production
钢铁生产厂 steel producer
钢铁生产商 steel producer
钢铁丝材 iron and steel wire
钢铁酸 steel acid pickling waste liquid
钢铁型材 iron and steel material shaped
钢铁学会 <英> Iron & Steel Institute
钢铁冶金的 siderurgical
钢铁冶金学 ferrous metallurgy
钢铁制品 processed steel products
钢铁制造 iron and steel manufacture
钢铁制造厂 steel maker
钢铁铸件 iron and steel casting
钢通风管 steel stack
钢桶 steel drum
钢桶衬砖 pouring pit brick
钢筒 canister; dan; steel cylinder
钢筒取样器 steel push barrel
钢图 iron wing
钢推拉窗扇 steel sash
钢推拉门 steel sliding gate
钢托板 steel pallet
钢托架 steel bracket; steel tray
钢托梁 steel joist
钢托梁设计 design of steel joist
钢脱氧剂 killer
钢瓦 steel tile
钢外壳 steel facing
钢外壳的碾压机 steel-faced roller
钢外壳的三轮碾压机 steel-faced three-wheel roller
钢外壳滚筒 steel-faced roller
钢外壳混合柱剖面视图 sectional view of steel shell
钢丸 shot; steel grit; steel shot
钢丸喷射 steel shot
钢丸喷洗 steel shot
钢碗滚锥式轴承 cup-and-cone bearing
钢网 steel mesh; steel netting
钢网格 steel grid
钢网格基础 steel grid(age) footing
钢网格楼面 steel grid floor
钢围护栅栏 steel protection fence
钢围囹 steel waling
钢围绕物 steel surround
钢围堰 steel cofferdam
钢桅杆 steel mast
钢稳定索 steel guy rope
钢蜗壳 steel spiral casing; steel volute casing
钢污水管 steel waste pipe
钢屋顶 steel roof(ing)
钢屋顶衬板 steel roof sheathing
钢屋顶大梁 steel rood girder
钢屋顶单元 steel roof unit
钢屋顶断面 steel roof profile
钢屋顶覆盖物 steel roof cladding; steel roof cover(ing)
钢屋顶构件 steel roof section
钢屋顶桁架 steel(flat) roof truss
钢屋顶剖面 steel roof profile
钢屋顶贴面 steel roof trim
钢屋顶瓦 steel roof tile
钢屋顶望板 steel roof sheathing
钢屋顶系统 steel roof system
钢屋顶形状 steel roof shape
钢屋顶型材 steel roof profile
钢屋顶装饰 steel roof trim
钢屋脊 steel ridging
钢屋架结构 steel roof truss structure
钢无头钉 steel brad
钢系船浮标 steel dolphin
钢系船柱 steel dolphin
钢系杆 metal tie; steel binder; steel tie
钢系梁 steel binding beam
钢系条 steel tie bar
钢系住格栅 steel binding joist
钢系住托架 steel binding joist
钢细纤维 steel wool
钢纤混凝土 steel fiber concrete
钢纤维 fiber steel; steel fiber[fibre]; steel wire
钢纤维含量 steel fiber content
钢纤维混凝土 steel fiber(reinforced) concrete; wire-reinforced concrete
钢纤维加筋喷混凝土 steel fiber reinforced concrete
钢纤维加强 steel fibre[fiber] reinforcement
钢纤维加强(筋)混凝土 steel fiber reinforced concrete
钢纤维喷射钢筋混凝土 steel fiber[fibre] reinforced shotcrete
钢纤维喷射混凝土 steel fiber[fibre] shotcrete; steel fibrous shotcrete
钢纤维喷射混凝土衬砌 steel fiber shotcrete lining
钢纤维水泥制品 steel fiber cement product
钢纤维增强混凝土 steel fiber reinforced concrete
钢纤维增强浸渍砂浆 steel fiber reinforced sulphur impregnated mortar
钢纤维增强聚合物钢丝网水泥 polymer ferro-cement with steel fiber
钢弦 piano wire; string wire <预应力用的>
钢弦混凝土 piano-wire concrete; string reinforced concrete; string-wire concrete
钢弦式孔隙水压力计 vibrating wire piezometer
钢弦式孔隙水压力仪 vibrating wire porewater pressure meter
钢弦式(土)压力盒 vibrating wire pressure cell
钢弦式应变计 vibrating string strain meter; vibrating wire indicator; vibrating wire strain ga(u)ge
钢弦式应变仪 vibrating string strain meter; vibrating wire indicator; vibrating wire strain ga(u)ge
钢弦应变计 string strain ga(u)ge
钢线 steel wire
钢线材 steel wire rod
钢线尺丈量 steel wire measurement
钢线规 steel wire ga(u)ge
钢线锯 hacksaw(ing)
钢线卡子 wire clip
钢线铠装 steel wire armo(u)r
钢线铠装电缆 steel wire armo(u)red cable
钢线拉线机 steel line drawer
钢线绳牵引的送锭车 cable-driven ingot buggy
钢箱 steel box; steel cassette
钢箱沉箱 steel box caisson
钢箱防波堤 steel box breakwater
钢箱防冲桩 steel box king pile
钢箱梁 steel box beam
钢箱梁桥 steel box beam bridge; steel box girder bridge
钢箱形梁 steel box girder
钢镶合板 form panel; steel sheet panel <工具式模板>
钢销杆 steel dowel
钢楔 gad
钢楔块 steel wedge
钢楔子 buster
钢斜板屋顶 steel tilted slab roof
钢斜拉桥 steel cable stayed bridge
钢斜梁楼梯 steel string stair(case)
钢斜楼梯梁 steel string(er)
钢斜墙 steel diaphragm
钢斜腿刚构桥 steel strutted rigid frame bridge
钢屑 steel cuttings; steel scrap; steel shavings
钢屑混凝土 steel chip(ping)s concrete; steel shot concrete
钢屑砂浆 steel chips mortar
钢屑刷 cold wool
钢屑水泥砂浆 steel chip(ping)s mortar
钢芯 steel core
钢芯的 steel cored
钢芯雕刻 die and mill engraving
钢芯雕刻机 mill engraving machine
钢芯钢丝绳 independent wire strand core wire rope; steel-cored wire rope
钢芯混凝土柱 steel core column; steel core concrete column
钢芯胶带运输机 cable reinforced rubber belt conveyer[conveyor]
钢芯缆索 wire-cored cable
钢芯铝绞线 alumin(i)um cable steel reinforced; alumin(i)um conductor steel reinforced; steel core alumin(i)um; steel-cored alumin(i)um strand(wire); steel-cored alumin(i)um twisted wire
钢芯铝绞线 aluminum cable steel reinforced; steel core alumin(i)um (wire) strand
钢芯铝线 alumin(i)um cable; steel-cored alumin(i)um cable[wire]; steel reinforced alumin(i)um wire
钢芯铝线的 alumin(i)um conductor steel reinforced
钢芯铝(线)电缆 steel reinforced alumin(i)um cable; aluminum cable steel reinforced; alumin(i)um steel cable
钢芯墙 <坝内的> steel diaphragm
钢芯铜线 steel-cored copper conductor; steel-cored copper wire
钢芯有槽铅条 reinforced cames
钢芯增强铝线 alumin(i)um cable steel reinforced
钢芯增强铅条 reinforced cames
钢芯轧纹机 mill engraving machine
钢芯铸铁焊条 cast-iron electrode with steel core
钢型 steel die
钢型号 steel pattern number
钢性车架的自卸卡车 rigid dumping
钢性管 rigid pipe
钢性横梁 rigid crossbar
钢性离合器 positive clutch
钢性青铜 steel bronze
钢性生铁 half steel; steely pig
钢性拖钩 rigid type drawbar
钢性铸铁 ferrosteel; gun iron; gunite; semi-steel
钢性钻铤 stiff bottom hole hook up
钢锈 steel scale
钢锈蚀 steel corrosion
钢徐变 creep of steel
钢蓄水池 steel storage tank
钢悬臂桁架桥 steel cantilever truss bridge
钢悬臂桥 steel cantilever bridge
钢悬锤线 steel bobwire
钢悬索桥 cable suspension bridge
钢旋转门 steel swing door
钢靴 steel shoe
钢窨井箅盖 steel area grating
钢寻常标 ordinary steel tower
钢压块 steel ballast
钢压力环 steel compression ring
钢压载箱 steel weight box
钢牙钻 steel bur
钢烟囱 steel chimney; steel stack
钢烟囱通风井 steel chimney shaft; steel stack shaft
钢烟囱柱身 steel chimney shaft; steel stack shaft
钢研钵 steel mortar
钢堰 steel weir
钢冶炼学 steel metallurgy
钢叶片 steel leaf
钢液 liquid steel; molten steel
钢液定氧仪 instrument for measuring oxygen in molten steel
钢液快速测温仪 fast molten-steel temperature ga(u)ge
钢液自然脱氧 self-killing
钢翼缘 steel flange
钢阴沟 steel conduit
钢印 branding solid steel wheel; embossing seal; punch mark
钢印标记 steel impression mark
钢应力 steel stress
钢鹰架 steel scaffold(ing)
钢用光谱仪 steeloscope
钢油罐 steel storage
钢与钢筋混凝土 steel-and-reinforced concrete
钢与钢筋混凝土混合结构 steel-and-

G

reinforced concrete structure
钢与混凝土混合柱 combined steel and concrete column
钢与混凝土结合梁 composite girder
钢与混凝土联合柱 combined steel and concrete column
钢与混凝土组合桥面 steel-concrete composite deck
钢玉磨料 aloxite
钢浴盆 steel(bath)tub
钢圆顶 steel cupola
钢圆拱顶 steel dome
钢圆屋顶 steel dome
钢圆锥体 steel cone
钢载重骨架 steel weight-carrying skeleton
钢载重结构 steel weight-carrying structure
钢凿 bull point;chisel;clink;cold set;flat chisel;gad;track chisel
钢凿承托 stump
钢藻井 steel caisson
钢渣 steel(mill)slag;steel scoria;steel scrap
钢渣棒 steel rabble
钢渣铲斗 slag bucket;steel mill bucket
钢渣水泥 slag cement;steel and iron slag cement;steel(furnace)slag cement
钢渣桩 steel slag pile
钢轧地脚板 steel mill shoe
钢轧垫板 tie plate bar
钢轧辊 steel roll
钢轧机座 steel mill shoe
钢轧切分轧机 rail-slitting mill
钢闸门 steel gate;steel(pipe)penstock
钢闸绳 Bowden cable
钢栅格系统 steel grid system
钢栅栏杆 steel fence stake
钢栅栏柱 steel fence[fencing] post
钢栅挠性联轴节 steel flex coupling
钢栅筛 bar screen;bar strainer
钢栈桥 steel trestle
钢站台 steel platform
钢罩 steel cage;steel jacket
钢折板屋顶 steel folded plate roof;steel folded slab roof;steel hipped-plate roof;steel prismatic shell roof
钢折尺 steel folding rule
钢折页门 steel folding door
钢折椅 folding steel chair
钢针滚子 steel needle roller
钢针号数 ga(u)ge of wire
钢针接头 punch connection
钢针拉毛机 card pile-drawing machine
钢砧 riveting stake;steel anvil
钢枕 metal tie;sleeper bar;steel sleeper;steel tie
钢枕孔型 sleeper pass
钢枕木 steel sleeper
钢蒸馏罐 steel retort
钢支撑 steel set;steel shore strut;steel support;steel timbering
钢支撑箍 steel supporting hoop
钢支撑结构 steel support structure
钢支撑喷射混凝土 steel shotcrete
钢支撑物 steel prop
钢支撑应力测量 measuring stress of steel support
钢支承骨架 steel bearing skeleton
钢支承架 steel bracket;steel set;steel support;supporting steel
钢支承结构 steel bearing structure
钢支承框架 steel bearing skeleton
钢支承物 steel bearer
钢支架 iron framing;steel prop;steel pylon;steel stand
钢支柱 steel mast;steel prop;steel shore;steel shoring column;steel stanchion;steel strut;steel upright
钢支柱料柱 steel supporting stock column
钢支座 bridle iron;steel bearing;steel support
钢织物加劲件 steel fabric reinforcement
钢织物加强件 steel fabric reinforcement
钢蜘蛛架 steel jack
钢直尺 steel ruler;straight steel ruler
钢止动器 steel retainer
钢纸 hard fiber[fibre];vulcanized fiber[fibre];vulcanized paper
钢纸板 fish paper
钢纸绝缘垫片 fiber insulating spacer
钢制板式散热器 panel type steel radiator;steel plate radiator
钢制板台 steel pallet
钢制保护栏 steel safety fence
钢制窗钩 steel catch
钢制大门 steel gate
钢制带胀圈的活塞环 cromflex oil piston ring
钢制导轨 steel guideway
钢制的 steely
钢制吊装塔架 steel hoist tower
钢制定型模板 steel form panel
钢制动片 steel catch
钢制动(自动)卸料车 steel dump car
钢制反应釜 steel bomb;steel reactor
钢制方头木螺钉 steel coach screw
钢制防护墙 steel shielding wall
钢制分度器 steel protractor
钢制浮船坞 steel floating dock
钢制辐轮 steel spoke wheel
钢制辐射防护墙 steel radiation shielding wall
钢制副檩条 steel subpurlin(e)
钢制格纹管井盖 steel checkered plate cover
钢制管卡 steel pipe clamp
钢制管片 steel segment
钢制轨枕 sleeper plate
钢制滑车 steel block
钢制滑轮百叶窗 roller blind of steel
钢制货架 steel pallet
钢制集装箱 steel container
钢制集装箱修理手册 repair manual steel freight container
钢制件 steel article;steel works
钢制接头 steel fitting
钢制接头配件 steel fittings
钢制卷帘 steel rolling shutter
钢制卷宗柜 steel file cabinet
钢制峻板 steel belly pan
钢制空心螺旋桨 hole steel propeller
钢制块规 steel slip ga(u)ge
钢制拉杆 king rod
钢制拉门 steel slide gate
钢制冷却盘管 steel cooling coil
钢制冷却蛇管 steel cooling coil
钢制链板式输送机 steel link conveyer[conveyor]
钢制晾衣架 steel dryer[drier]
钢制楼板梁 < 外包混凝土的 > composite beam
钢制炉体 steel shell
钢制螺旋梯 steel spiral stair(case)
钢制门扣 steel catch
钢制摩天大楼 steel skyscraper
钢制泥刀 steel trowel
钢制泥浆罐 steel pits
钢制爬梯 steel rung ladder
钢制盘梯 steel spiral stair(case)
钢制品 steel products;steel works
钢制品船 steel products carrier
钢制气压沉箱 pneumatic steel caisson
钢制倾倒有轨车辆 steel industrial rail car
钢制人字门 steel mitre gate
钢制人字起重机 steel derrick
钢制容器 steel chamber;steel vessel
钢制软管 steel hose
钢制散热器 steel radiator
钢制烧杯 steel beaker
钢制双螺栓管卡 steel double bolt pipe clamp
钢制水利结构 steel hydraulic structure
钢制水塔 steel tower
钢制锁键 steel catch
钢制塔式起重机 steel derrick
钢制填隙片 steel shim
钢制凸轮挡 steel catch
钢制托盘 steel pallet
钢制脱粒机 all-steel threshing machine
钢制网格钻塔地板 steel mesh derrick floor
钢制桅杆起重机 steel derrick
钢制屋面层 steel roof cover(ing)
钢制洗矿槽 steel log washer
钢制小型货车 steel jubilee wagon
钢制烟囱 steel stack
钢制支撑 steel tunnel support
钢制主龙骨 metal runner
钢制抓取器 steel catch
钢制转臂起重机 steel derrick
钢制转门 rolling steel door
钢制桩靴 steel shoe
钢制装配吊车 steel erecting crane
钢制装配卷扬机 steel erection hoist
钢制装配起重机 steel erecting crane;steel erection hoist
钢制自翻有轨车辆 steel industrial rail car
钢质波纹管 steel bellow
钢质薄壁镀铬汽缸衬套 chromium-plated thin-walled steel cylinder liner
钢质舱口盖 steel hatch cover
钢质车身 steel body
钢质挡火网门 steel fire-screen door
钢质刀口 steel knife-edge
钢质导管架 steel jacket
钢质电线杆 steel transmission pole
钢质防护围槛 steel protection coaming
钢质防火门 fire-resistance steel door
钢质隔音薄片 steel acoustic laminate
钢质罐笼 steel cage
钢质机动救生艇 steel motor lifeboat
钢质加硬器 steel stiffener
钢质量 steel quality
钢质模板 steel formwork
钢质平台 steel platform
钢质推样器 steel push barrel
钢质舷窗 ship's steel side scuttle
钢质舷梯 steel accommodation ladder
钢质运输带 steel conveyor belt
钢质钻杆 steel drill rod
钢种 steel grade;type of steels
钢轴环 steel shaft ring
钢珠 steel ball;friction(al)ball < 轴承用 >
钢珠承口环 steel bell ring
钢珠除尘 shot-cleaning
钢珠除灰器 shot cleaner
钢珠滚光 ball-burnishing
钢珠滑道 slipway for steel roller launching
钢珠活门 ball type valve;steel ball-type valve
钢珠抛光 ball-burnishing
钢珠式注油嘴 ball lubricator
钢珠轴承 ball bearing
钢珠钻机 shot drill;steel shot drill
钢珠钻孔 steel shot drill hole
钢珠钻孔法 shot drill(ing)method
钢珠钻探 shot drilling;steel shot boring;steel shot drilling
钢珠钻探法 shot drill method
钢主梁 steel girder
钢住房 steel housing;steel residential housing
钢住宅 steel residence
钢柱 piling bar;steel column;steel mast;steel post;steel prop;steel stanchion;structural steel column
钢柱保护 steel column protection
钢柱单支下锚角钢 termination beam
钢柱的(混凝土)保护层 stanchion casing
钢柱(防火)外壳 column casing
钢柱腹板 support web
钢柱脚板 foot plate
钢柱拉杆底座 eyebase for steel mast
钢柱拉线角钢 back tie bracket for steel mast
钢柱台 steel pylon
钢铸的 steel-cast
钢铸件 steel casting
钢铸件中的夹杂物 snotter
钢桩 steel pile;iron pile;piling bar;spud(pole)【疏】
钢桩抱箍【疏】 spud collar;spud pole keeper
钢桩的局部压屈 local buckling of steel pile
钢桩吊架【疏】 spud gantry
钢桩吊缆【疏】 spud(control)wire
钢桩顶升液压缸 spud hoist ram cylinder
钢桩滑轮 spud sheave
钢桩架【疏】 spud gantry
钢桩局部压曲 local buckling of steel pile
钢桩靠船墩 steel pile type dolphin
钢桩锚碇 steel pile anchorage
钢桩帽 driving cap
钢桩起升装置【疏】 spud hoist
钢桩式系船墩 steel pile(type mooring)dolphin
钢桩台车【疏】 spud carriage
钢桩台车挡【疏】 spud carriage well;spud-carrier well
钢桩系船墩 steel pile type dolphin
钢桩消磁 degaussing steel pile
钢桩液压顶【疏】 spud hydraulic ram
钢桩抓斗挖泥船 grab-dredge(r)with spud poles
钢桩桩靴 cutting shoe
钢装配方法 steel fixing means
钢装配设备 steel fixing device
钢装饰 steel trim
钢锥 broach;bull point
钢字 steel letters
钢字码 letter punch;steel figure
钢字印模 steel letter punch
钢自行车架 steel cycle stand;steel stand
钢纵梁 steel string(er)
钢钻 < 破碎岩石或砖砌石砌体的 > bull point
钢钻杆 steel drill pipe
钢钻头 steel(drill)bit
钢缀条联结成的组合柱 laced column
钢座板 steel baseplate
钢座垫 steel tray

岗

岗房 watch house
岗楼 watch tower
岗上培训 on-going training;on-the-job training
岗哨 watcher
岗亭 guard stand;police box;police stand;sentry box;watch box

岗亭灯 sentry light
岗位 post;station
岗位表 quarter bill;station bill
岗位防火责任制 fire responsibility system for assigned posts
岗位工资制 post wage system
岗位工作评价制 job evaluation system
岗位津贴 duty allowance;job subsidies
岗位培训 on-the-job training;training on the job
岗位事故 on-the-job accident
岗位外事故 off(-the)-job accident
岗位责任 post responsibility
岗位责任制 job responsibility system;post duty;post responsibility rule;responsibility system;system of personal responsibility
岗位职责 job description

港 port;harbo(u)r;haven

港岸 harbo(u)r frontage;harbo(u)r side
港岸起重机 quay crane
港币 Hong Kong currency
港边 harbo(u)r side
港泊区 berth space
港泊图 berth plan;harbo(u)r chart;harbo(u)r plan
港泊值班【船】harbo(u)r watch
港埠 harbo(u)r town;sea port;water terminal
港侧人行道 harbo(u)r side walking
港汊 arm;branch
港池 basin;dock(basin);harbo(u)r basin;inner harbo(u)r;port basin;wet basin;harbo(u)r dock <有闸的>;quay basin
港池边的岸壁 quay wall;basin wall;dock wall;harbo(u)r wall
港池边休闲设施 dockside recreation facility
港池负责人 basin manager;dock manager
港池覆盖 <两突岸码头间的> wet slip coating
港池口门 basin entrance;dock entrance
港池口门宽度 basin entrance width;dock entrance width
港池宽度 basin width
港池码头 basin wharf;dock wharf
港池群 basin groups;dock groups
港池扰动 agitation in basin
港池入口 basin entrance
港池入口船闸 basin entrance lock;dock entrance lock
港池式码头 dock quay
港池式停机坪 holding bay
港池式月台【铁】bay platform
港池水深 basin depth
港池系统 dock system
港池形状 basin geometry
港池闸门 basin lock;entrance lock
港池支汊 basin arm;dock arm
港岛 port island
港到港 port-to-port
港到港交通 port-to-port traffic
港到港运输系统 port-to-port transporting system
港道 gat
港道标界 channel demarcation
港道口 channel firth
港的进口 entrance of port
港的口门 harbo(u)r entrance;port entrance;entrance of harbo(u)r
港的入口 harbo(u)r entrance;port entrance;entrance of harbo(u)r
港灯 harbo(u)r light
港堤 harbo(u)r dam;mole jetty
港地 boat basin;bay <运河中间加宽的>
港方代表 harbo(u)r representative;terminal representative;port representative
港方对进口货的证明 dock weight note
港工 harbo(u)r engineering;dock and harbo(u)r engineering;harbo(u)r works
港工建筑物 port works
港工结构 harbo(u)r structure
港工模型 harbo(u)r(engineering) model
港工模型试验 harbo(u)r engineering model test
港工学 harbo(u)r engineering
港规 harbo(u)r regulation
港航事业部 harbo(u)r services department;harbo(u)r business department
港际集装箱运输业务 pier to pier service;port-to-port container service
港际运输 port-to-port service
港监 port inspector
港监局局长 harbo(u)r master
港界(线) harbo(u)r boundary;harbo(u)r limit;harbo(u)r line;port boundary;port limit
港口 port;harbo(u)r;sea port;dock and harbo(u)r <旧称>;navigation opening;bunder <东南亚各国的>
港口安全 port security;port safety
港口岸壁 harbo(u)r wall
港口岸线 harbo(u)r frontage;port shoreline
港口按照自然法则的规划 physical planning of port
港口保安设施 port security facility
港口保安艇 port security boat
港口保卫处 harbo(u)r defense[defence]
港口避风泊地 harbo(u)r shelter
港口标志 harbo(u)r beacon;port beacon;port mark;port sign
港口驳船 harbo(u)r barge;harbo(u)r lighter
港口泊位 port berth
港口布局 layout of port
港口布局规划 arrangement of harbo(u)r and port spacing;planning of port distribution
港口布置 harbo(u)r layout;port layout
港口仓储设施 port storage facility
港口仓库 port warehouse;harbo(u)r warehouse;transit shed;godown
港口测量 harbo(u)r survey(ing)
港口长期规划 long-range port planning
港口长远规划 long-term port planning;port strategic planning
港口潮高系数 semi-range of the tide at port on a day of mean equinoctial springs
港口车站 harbo(u)r station;port station;port railroad station【铁】;port railway station【铁】;dock station
港口成本 port cost
港口城市 port city
港口尺度 harbo(u)r dimension
港口出口 harbo(u)r exit
港口出入货物的比 load factor
港口船舶掉头区 turning basin
港口船舶交通服务 harbour vessel traffic service
港口船队 harbo(u)r craft;harbo(u)r fleet
港口次干道 secondary trunk road of port
港口大堤 harbo(u)r dike[dyke]
港口代理(处) port agency
港口代理人 port agent
港口耽搁日 lay days
港口当局 harbo(u)r administration;harbo(u)r authority;port authority
港口道路 port road
港口的 maritime
港口灯(标) harbo(u)r light;port light
港口灯塔 harbo(u)r light tower;port light;harbo(u)r light;harbo(u)r beacon;port beacon
港口等级 harbo(u)r classification
港口地区通信[讯] communication in port area
港口电话所 port telephone office
港口电话中心 port telephone switching center[centre]
港口电台 port control;port operation;port operating organization
港口吊车 harbo(u)r crane
港口调度 port dispatching
港口调度电话 port dispatching telephone;telephone system for port dispatching
港口调度员 harbo(u)r operation dispatcher
港口堵塞 congestion in port;port congestion
港口渡船 harbo(u)r ferry
港口渡轮 harbo(u)r ferry
港口短程助航仪器 radar and television aid to navigation
港口短期发展规划 short-run port development planning;short-term port development planning
港口堆场 stack yard;storage yard of port;yard
港口堆存系统 port storage system
港口堆栈 harbo(u)r warehouse
港口趸船起重机 dock barge crane
港口发电机组 harbo(u)r generator
港口发货代理商 port forwarding agent
港口发展 port development
港口发展规划 port development planning
港口发展项目 port expansion project;port development project
港口法 port and harbo(u)r law
港口防波堤 port breakwater;harbo(u)r mole
港口防护建筑物 protective harbo(u)r structure
港口防护结构(物) protective harbo(u)r structure;harbo(u)r protective structure
港口防御机动快艇 harbo(u)r defense[defence] motor launch
港口房屋 terminal building
港口废物接收设施 waste reception facility of port
港口费率 port rates;port tariff;terminal rate;port tolls
港口费(用) harbo(u)r dues;disbursements;port charges;port dues;shore and terminal operating costs;terminal charges
港口服务 port service
港口服务信号 port service signal
港口浮式起重机 port floating crane
港口辅助生产建筑物 building for port auxiliary operation
港口附加费 port additional;port surcharge;port of surcharges
港口复兴 port rehabilitation
港口腹地 <使用港口的内陆> port's hinterland;port backland;tributary area of harbo(u)r;tributary area of port
港口改建 harbo(u)r development;harbo(u)r improvement
港口改善 harbo(u)r improvement;port improvement
港口工程 port engineering;port and harbo(u)r engineering;port and harbo(u)r works;port works;harbo(u)r works;dock and harbo(u)r engineering <旧>
港口工程部 harbo(u)r engineering service;department of port engineering
港口工程测量 harbo(u)r engineering survey
港口工程的可行性研究 feasibility study of port project
港口工程技术规范 technical specifications of harbo(u)r engineering;tentative specification of harbo(u)r works
港口工程建筑物等级 structural class of port engineering
港口工程结构 port structure
港口工程结构可靠度 structural reliability of harbo(u)r engineering
港口工程生态效应 ecologic(al) effect of harbo(u)r engineering;ecologic(al) effect of harbo(u)r works
港口工程师 harbo(u)r engineer;port engineer;dock engineer <旧>
港口工程施工 harbo(u)r construction;port construction
港口工程施工环境影响评价 environmental impact assessment of harbo(u)r construction
港口工程学 harbo(u)r engineering;port engineering
港口工程预可行性研究 prefeasibility study of port project
港口工人 port labo(u)r;alongshoreman;docker;longshoreman;waterside worker;workfront labo(u)r
港口工业 port industry
港口工业发展区 port industrial development area;maritime industrial development area;maritime industrial development zone
港口工业化 port industrialization
港口工艺 port technology
港口工艺发展规划 port technological planning
港口工作 harbo(u)r duty
港口工作船 harbo(u)r craft;port craft;service boat
港口工作人员职务过失 harbo(u)r officer's negligence in duties
港口工作时间 harbo(u)r working hours
港口公安处 port police(force)
港口公安局 port police(force)
港口公安所 port police(force)
港口公务联络艇 administration launch
港口供电 port power supply
港口供应船 harbo(u)r tender
港口构筑物 port structure
港口官员 harbo(u)r officer
港口管理 port administration;port management
港口管理大楼 port administration building
港口管理机构 harbo(u)r authority;port authority;port management body
港口管理局 harbo(u)r administra-

G

tion;harbo(u)r authority;port authority
港口管理人员 port reeve;port warden
港口管理条例 harbo(u)r regulation;harbo(u)r rule;port regulation;port rule
港口管辖范围 port jurisdiction
港口管辖权 port jurisdiction
港口惯例 custom of port;port practices
港口规划 harbo(u)r planning;port (and harbo(u)r) planning
港口规划人员 harbo(u)r planner;port planner
港口规则 harbo(u)r regulation;harbo(u)r rule
港口规章 harbo(u)r rule and regulation
港口国 port state
港口国管理 port state control
港口国管理检验报告 report on inspection of port state control
港口国监督 port state control
港口国监督检察官 port state control officer
港口海工建筑物 harbo(u)r-related marine structure
港口航道 harbo(u)r channel;port channel;harbo(u)r approach;passage of harbo(u)r
港口航线 port seaway;port service
港口号志 harbo(u)r sign;port sign
港口和海港 port and harbo(u)r
港口和航线指南 port and seaway directory
港口河段 harbo(u)r reach
港口后方贸易区 hinterland
港口护岸坡脚线 bulkhead line
港口话台 port control;port operation;port operating organization
港口环境 port environment
港口环境条件调查 port environment condition investigation
港口环境影响报告书 environmental impact statement of port
港口恢复 port rehabilitation
港口回声测距和测向装置 harbo(u)r echo-ranging and listening device
港口货棚 cargo-shed
港口货物吞吐量 cargo throughput of port;port's cargo throughput;port's volume of freight traffic;volume of cargo handled at port
港口货物装卸机械 cargo-handling appliance;harbo(u)r cargo handling appliance
港口货运量 port throughput
港口货物吞吐量 volume of freight goods loaded and unloaded in the port
港口货栈 harbo(u)r warehouse
港口机构 port organization
港口机械装卸 harbo(u)r mechanical handling
港口机械装卸技术 harbo(u)r mechanical technique
港口积压 port congestion
港口基础设施 port infrastructure
港口及航运有关建筑物 port-and-navigation-related marine structure
港口集疏运能力 collecting and dispatching capacity of port for cargoes and passengers
港口集疏运系统 gathering and distributing system of port;hinterland connections;transportation system
港口集团 harbo(u)r group;harbo(u)r complex
港口集运 cargo consolidation of port;collecting cargo of port;gathering cargo of port
港口集运系统 collecting system of port;gathering system of port
港口集装箱化 port containerization
港口给水 port water supply
港口给水系统 port water supply system
港口计划人员 port planner
港口计算机化 port computerization
港口技术 port technology
港口假日 port holiday
港口间的运输 port-to-port traffic
港口监督 port supervision
港口监视指挥雷达 harbo(u)r surveillance control radar
港口检查员 port inspector
港口检疫(人)员 harbo(u)r health officer;port health officer;port medical officer;port health official
港口检疫官员 port health officer;port health official
港口建立 establishment of a port
港口建设 harbo(u)r construction;port and harbo(u)r construction;port construction
港口建设费 port construction dues
港口建筑 port architecture;harbo(u)r construction;port construction;port building
港口建筑物 harbo(u)r building;harbo(u)r structure;harbo(u)r works;port building;port structure;port works;terminal building
港口建筑线 pierhead line
港口交通 harbo(u)r traffic;port traffic
港口交通船 port traffic boat;harbo(u)r ferry
港口结关 port clearance
港口界面 port interface
港口进口导堤 harbo(u)r entrance jetty
港口进口障碍物 harbo(u)r entry obstacles
港口经济 port economy
港口经济分析 port economic analysis
港口经济学 port economics
港口经理 port manager;harbo(u)r manager
港口警察 harbo(u)r police
港口警卫船 port security boat
港口竞争 port competition
港口开发 port development
港口靠泊设施 port docking facility
港口客户 port user
港口客货集疏运能力 collecting and dispatching capacity of port for cargoes and passengers
港口口门 mouth of harbo(u)r;harbo(u)r entrance;entrance of port;entrance to harbo(u)r
港口口门灯标 pierhead light;port entrance light;harbo(u)r entrance light
港口宽度 entrance width of harbo(u)r
港口扩建(工程) enlarging of harbo(u)r;harbo(u)r extension;port extension
港口拦(门)沙(坝) harbo(u)r bar;port bar
港口劳动生产率 port labo(u)r productivity
港口劳工法附加税 surcharge according to port labo(u)r law
港口劳务法附加税 surcharge according to port labo(u)r law
港口雷达 harbo(u)r radar;port radar
港口雷达系统 harbo(u)r radar system;port radar system
港口雷达站 harbo(u)r radar station
港口类别 harbo(u)r types
港口离岸部分 offshore part of port
港口礼仪 port amenity
港口立交桥 estuarial crossing
港口立体模型 three-dimensional harbo(u)r model
港口利润 port's profitability
港口联合企业 port complex
港口联合体 harbo(u)r complex
港口瞭望塔 port tower
港口临水面 harbo(u)r frontage
港口龙门吊车 harbo(u)r portal crane
港口陆上设备 onshore facility of harbo(u)r
港口陆上设施 onshore facility of harbo(u)r
港口陆域 landside area of port;port land area;backup area of port;dock land;harbo(u)r land area;harbo(u)r land territory
港口陆域面积 port land area
港口陆域纵深 width of port land area;depth behind (the port) apron;width of dock land
港口轮胎式起重机 port wheeled crane
港口码头 harbo(u)r quay;harbo(u)r terminal;port terminal
港口码头设备 port and harbo(u)r accommodation;port and harbo(u)r equipment;port and harbo(u)r installation
港口码头设施 port and harbo(u)r accommodation;port and harbo(u)r facility;dockisation;port and harbo(u)r appliances
港口锚泊 port anchorage
港口门式吊车 harbo(u)r portal crane
港口门式起重机 harbo(u)r portal crane;quaternion crane
港口面积 harbo(u)r area
港口面貌 port scene
港口模型 harbo(u)r model
港口能力 harbo(u)r capacity
港口排水 port drainage
港口排水系统 port drainage system
港口平均朔望高潮间隙 establishment of port
港口平均朔望高潮间隔时间 establishment of port
港口平面图 harbo(u)r plan;port plan;port layout
港口企业法 port enterprise law
港口企业人员的职务过失 harbo(u)r worker's negligence in duties
港口起重机 port(al) crane;harbo(u)r crane
港口起重设备 harbo(u)r crane
港口潜水 harbo(u)r diving
港口桥 port bridge
港口清淤 harbo(u)r desilting
港口区 port area
港口区轮载 port area wheel load
港口日耗量 port daily consumption
港口日志 port log
港口容量 harbo(u)r capacity;port capacity
港口容纳量 port accommodation
港口入口(处) harbo(u)r entrance;port entrance
港口入口导堤 harbo(u)r entrance jetty
港口入口灯塔 harbo(u)r entrance light
港口软件 port software
港口沙坝 harbo(u)r bar;port bar
港口沙洲 harbo(u)r bar;port bar
港口上层结构 port superstructure
港口设备 port equipment;port installation;harbo(u)r accommodation;harbo(u)r equipment;harbo(u)r facility;harbo(u)r installation;port accommodation;terminal facility;docking facility
港口设计 harbo(u)r design;port design;port engineering
港口设计和施工 design and construction of port;port design and construction;port engineering and construction
港口设计能力 port design capacity
港口设施 harbo(u)r accommodation;harbo(u)r facility;harbo(u)r installation;harbo(u)r works;port accommodation;port facility;port installation;terminal facility;dock accommodation
港口设施用地 site for harbo(u)r facility
港口生产不平衡系数 unbalanced coefficient of cargo throughput
港口生产辅助建筑物 auxiliary buildings for port operation
港口生产建筑物 buildings for port operation
港口生产率 port productivity
港口生产能力 port output
港口生活辅助建筑物 service buildings for port
港口生态控制 port ecological control
港口使费 port dues;disbursement;port charges;port disbursement
港口使用者 harbo(u)r user;port user
港口市市长 <英> harbo(u)r greve
港口收费 harbo(u)r charges;harbo(u)r dues;port charges;dock charges <英>
港口收费定价 port pricing
港口收入 port revenue
港口疏浚 port dredging
港口疏运系统 distributing system of port
港口属地 tributary area of port
港口水池 port basin
港口水工建筑物 marine structure(of port engineering)
港口水工建筑物等级 technical class of marine structure
港口水工模型 hydraulic model of port
港口水工模型试验 hydraulic model test of port
港口水陆联运设备 port facility for land-waterway transportation
港口水深 harbo(u)r depth;harbo(u)r water depth;port and harbo(u)r depth;port water depth;water depth of port
港口水位 water level at the port
港口水域 harbo(u)r waters;port water area;port waters
港口水域面积 port water area;harbo(u)rage area
港口水域建筑界限线 harbo(u)r line
港口水域浚深 harbo(u)r deepening
港口水域设施 water area facilities of ports;waterside facility;waterside plant
港口水闸 harbo(u)r lock
港口税 port dues;port tax;harbo(u)r dues;harbo(u)r tax
港口税率 port rates;rate of port dues
港口朔望高潮间隙 port establishment
港口私营化 port privatisation[privatization]
港口岁入 port revenue
港口所有权 port ownership
港口所有制 port ownership

港口台架式起重机 port pedestal crane
港口特征 characteristics of harbo(u)r;harbo(u)r feature
港口提升式起重机 port hoisting crane
港口条款 port clause
港口铁路 harbo(u)r railroad; port railroad <美>; dock railway; harbo(u)r railway; port railway <英>;port railroad <旧>
港口铁路线长度 length of port railway
港口停留日 lay days
港口通道 passage of harbo(u)r
港口通过能力 port's throughput capacity;port throughput;capacity of port;harbo(u)r traffic capacity;port capacity for loading and unloading cargo; port trafficability; throughput capacity of port
港口通航性 port accessibility
港口通信[讯] port communication
港口通信[讯]处 port communication office
港口通信[讯]科 port communication office
港口通信[讯]业务 harbo(u)r service;port operation service
港口通信[讯]站 port control;port operation;port operating organization
港口统计 port statistics
港口统计资料 harbo(u)r statistics
港口筒仓 harbo(u)r silo
港口投资额 harbo(u)r investment cost
港口突堤 harbo(u)r mole
港口突堤码头 <英> harbo(u)r jetty
港口图 harbo(u)r chart;port chart
港口土建设施 marine civic facility
港口吞吐量 port throughput; cargo-handling capacity of seaports; harbo(u)r transload; port's throughput capacity; port capacity; traffic of port; traffic through (port); turnover capacity of harbo(u)r; volume handled at coastal ports
港口吞吐量预测 port throughput forecast
港口吞吐量增长率 growth rate of port traffic
港口吞吐能力 harbo(u)r capacity; port's throughput capacity;port capacity
港口托拉斯 port trust
港口拖轮 harbo(u)r tug
港口外堤 breakwater;jetty;mole
港口维修工程车 port maintenance engineering vehicle
港口卫生 maritime hygiene
港口位置 port location
港口污染 harbo(u)r pollution; port pollution
港口无线电话设施 harbo(u)r radio telephone facility
港口无线电台 port radio station
港口无线电通信[讯] harbo(u)r radio (communication)
港口坞池 terminal dock
港口物流 port logistics
港口习惯 custom of port; port customs;port usage
港口习惯快速装卸 customary quick dispatch[despatch]
港口险 harbo(u)r risks;port risks
港口现代化 port modernization
港口线 harbo(u)r line
港口响应模型实验 harbo(u)r response model experiment
港口向船舶收取的航道浮标费 buoy due
港口消防船 harbo(u)r fireboat
港口小型拖轮 harbo(u)r small tug
港口效率 harbo(u)r efficiency;port efficiency
港口效益 port's profitability
港口协会 port association
港口协议 <多个港口合并成为一个组合港的协议> port compact
港口卸货 port discharge
港口信号 approach signal;harbo(u)r signal;port signal;harbo(u)r beacon;port beacon
港口信号台 harbo(u)r signal station
港口修船厂 port ship repair shop
港口修理船 port repair ship
港口需求 port demand
港口需求研究 port demand study
港口选址 port site selection;port siting;harbo(u)r siting
港口巡逻部门 harbo(u)r patrol service
港口巡逻艇 harbo(u)r defense[defence] patrol craft
港口循环泵 port circulating pump
港口压载水 port ballast
港口延误 port delay
港口业 port industry
港口业务 harbo(u)r service; port business
港口业务发展组 harbo(u)r promotion group; harbo(u)r promotion section;port promotion group;port promotion section
港口业务开发 port promotion
港口业务手续 harbo(u)r practices; port practices
港口业务统计资料 harbo(u)r commerce statistics; port commerce statistics
港口医务人员 port medical officer
港口引航 harbo(u)r pilotage
港口引航员 harbo(u)r pilot
港口营运机构 harbo(u)r operating organization;port operating organization
港口营运人员 port operator
港口硬件 port hardware
港口拥挤 congestion in port;harbo(u)r congestion;port congestion
港口拥挤附加费 port congestion surcharge
港口拥塞 harbo(u)r congestion;port congestion
港口拥塞附加费 port congestion surcharge
港口用户 port user
港口用集装箱装卸机 port packer
港口油库 port bulk plant;port depot; shipping terminal
港口油轮 harbo(u)r tanker
港口有关工业 port-related industry
港口与航道工程 port harbour and waterway engineering
港口与油轮安全法 <美国> Port and Tanker Safety Act
港口运输 harbo(u)r transport;port traffic
港口运输部门 port traffic department
港口运输船 harbo(u)r craft
港口运输代理商 port agent
港口运送长期系泊设备的小船 anchor hoy;chain boat;mooring lighter
港口运转储库 storage terminal
港口增加水深 harbo(u)r deepening
港口战略规划 port strategic planning
港口站 port station;port depot;harbo(u)r depot;waterfront station
港口章程 harbo(u)r regulation
港口照明 harbo(u)r illumination; harbo(u)r lighting; port illumination;port lighting
港口整治 harbo(u)r improvement
港口政策 port policy
港口指南 harbo(u)r guide
港口秩序法 port scheme law
港口中型拖轮 harbo(u)r tug medium
港口重建 port reconstruction
港口周转期 <包括进港、卸荷、装货、离港全部过程> port turn round
港口主干道 arterial road of port; trunk road(of port)
港口主任 <负责指定船舶泊位等工作> harbo(u)r master
港口平均朔望高潮间隙 establishment of port
港口主任 harbo(u)r master
港口专用线 harbo(u)r line
港口装货租船合同 port charter
港口装卸 port handling; harbo(u)r handling
港口装卸成本 port-handling cost
港口装卸队 dock gang
港口装卸费用 port-handling cost
港口装卸工艺 harbo(u)r handling technology;port handling process
港口装卸机械 harbo(u)r handling appliance;harbo(u)r handling machinery; port handling machinery; harbo(u)r handling equipment; port handling equipment
港口装卸机械生产率 productivity of handling machinery
港口装卸量 volume of loading and discharging of ports
港口装卸设备 port equipment
港口装卸速度 port handling speed
港口装卸速遣费 port dispatch money
港口装卸效率 harbo(u)r handling efficiency;harbo(u)r speed; port efficiency;port speed
港口装卸滞期费 port demurrage
港口装卸装置 dock gear
港口装卸作业 cargo-handling operation of port;dockside service <旧>
港口装置 port installation
港口状况 port condition
港口咨询雷达 harbo(u)r advisory radar
港口咨询系统 harbo(u)r advisory system
港口资产 harbo(u)r assets;port assets
港口综合通过能力 comprehensive capacity of harbo(u)r;comprehensive capacity of port
港口总管理费 general port overheads
港口总平面设计 general plan design of port;general layout of port
港口总体布置 general layout of port; overall layout of port
港口总体规划 general arrangement of port; general plan of port; master plan of port
港口总体设计 general design of port
港口总图规划 general layout of port; general plan of port
港口租船合同 port charter
港口租约 port charter
港口组织 port organization
港口最大月吞吐量 port's maximum monthly tonnage of cargo transferred
港口最外浮标 farewell buoy
港口作业 harbo(u)r operation;longshore work
港口作业船 harbo(u)r boat (launch);harbo(u)r craft;harbo(u)r launch;harbo(u)r workboat
港口作业区 port handling area;port operating area; port operating district; cargo-handling district of port;harbo(u)r block;port block
港口作业拖轮 dock tug
港内 intraport
港内安全险 port risks
港内波高 wave height inside harbo(u)r
港内波浪 wave inside harbo(u)r
港内驳船 harbo(u)r barge;lighter
港内驳运 lightering
港内泊船能力 harbo(u)r accommodation
港内船舶调动 maneuvering inside harbo(u)r
港内船上交货价 free on board in harbo(u)r
港内船坞 impounded dock
港内当局 harbo(u)r authority
港内的 intra-harbo(u)r;intra-port
港内调车机车 dock shunting locomotive;dockside switcher
港内航道 internal channel; interior (access) channel
港内航速 harbo(u)r speed
港内航行 port navigation;harbo(u)r steaming;harbo(u)r navigation
港内河段 harbo(u)r reach; port reach
港内环行铁路 balloon loop
港内交货 free in harbo(u)r
港内交通 harbo(u)r traffic;port ferry;port traffic
港内交通船 harbo(u)r ferry
港内交通调查 port traffic survey
港内交通流向 port traffic flow
港内禁用品 article prohibited for use in harbo(u)r
港内码头 impounded wharf;impounded dock;dock quay
港内锚地 harbo(u)rage;harbo(u)r anchorage
港内盆地 harbo(u)r camber
港内牵引 harbo(u)r towage
港内区域 harbo(u)r district
港内水面波动 harbo(u)r oscillation; harbo(u)r surging;harbo(u)r water fluctuation
港内水深图 harbo(u)r chart;harbo(u)r sounding map
港内水域 interior water areas;interior waters
港内速度 harbo(u)r speed
港内铁路 port railroad;port railway; harbo(u)r railroad <美>;harbo(u)r railway <英>; dock railing siding;dock railroad;dock railway
港内铁路系统 internal railroad system;internal railway system
港内停泊保险单 port risks policy
港内停泊险 port risks(policy)
港内拖轮 launch tug;towing launch
港内系泊(设备) harbo(u)r mooring
港内系坞池 terminal dock
港内险 port risks
港内险保险 port risks insurance
港内谐振 resonant oscillation in harbo(u)r
港内疫情通告 port sanitary statement
港内引航员 harbo(u)r pilot;port pilot;dock pilot <旧>
港内涌浪 harbo(u)r surge
港内淤积 harbo(u)r siltation;harbo(u)r silting;port silting
港内运量 harbo(u)r traffic
港内运输 harbo(u)r traffic; port traffic;harbo(u)r transport; port transport
港内运输工具 harbo(u)r traffic facility;harbo(u)r traffic tools;port traffic facility; port transportation tools

G

港内运送长期系泊设备的小船 anchor hoy;chain boat;mooring lighter

港内租船(口头)协议 harbo(u)r charter

港内作业拖轮 harbo(u)r tug;dock tug

港平两 Hong Ping Tael

港前车站 port station in advance

港区 port district; harbo(u)r area; harbo(u)r block; dock system; port zone; docks; harbo(u)r region;dockside doctrine of appropriation of water rights; harbo(u)r fairway;port area;port block;portuary area; waterfront area; port complex

港区编组站 dock marshalling yard

港区变电所 transformer substation of harbo(u)r;transformer substation of port area

港区仓库 godown;warehouse

港区车场 harbo(u)r yard;port yard;dock yard

港区车站 harbo(u)r station;marine terminal;waterside station

港区吹填 harbo(u)r hydraulic reclamation; site reclamation of harbo(u)r;site reclamation of port

港区电话 telephone for harbo(u)r district

港区调车场 harbo(u)r marshalling park;dock marshalling yard < 旧 >

港区范围 harbo(u)r bound

港区负责人 harbo(u)r manager;port manager;dockmaster;dock manager

港区工程地质勘察 engineering geologic(al) investigation of harbo(u)r area

港区公路 port road;dock road

港区规划 waterfront planning; port planning

港区河段 harbo(u)r reach

港区货场 freight yard; stacking ground;storage yard

港区机械修理厂 repair plant for handling machineries of port

港区界线 harbo(u)r limit;port line;harbo(u)r line

港区经理 port manager;dock manager

港区聚居地 port colony

港区扩建 port extension

港区临水面 harbo(u)r frontage

港区流动机械库 travel(l)ing crane and car shed of harbo(u)r

港区陆域 port land;dock land

港区陆域纵深 total-width of land area behind quay face

港区锚碇 port anchorage

港区排水设施 drainage facility of port area

港区侨居地 port colony

港区石油污染问题 harbo(u)r oil pollution problem; harbo(u)r oil spill problem

港区水域 harbo(u)r waters

港区填筑 site reclamation

港区铁道 port railway; dock railing siding; dock railway; harbo(u)r railing road

港区铁路 port railway;harbo(u)r railway < 英国 >;dock railing siding; dock railway; harbo(u)r railing road;harbo(u)r railroad < 美国 >

港区铁路接轨点 track junction point of port

港区铁路装卸线通过能力 port trafficability of loading/unloading siding

港区通信[讯]设备 communication apparatus of port

港区图 harbo(u)r chart;harbo(u)r plan;port chart;port plan

港区土地利用率 < = 每公顷堆存集装箱数量 > land utilization

港区消防设施 fire-fighting equipment of port

港区照明 port's territory lighting

港区资产 port assets

港区作业办公室 dock office

港区作业调度室 dispatch station for operation of harbo(u)r

港入口处或突码头端小灯塔 port light

港税 harbo(u)r rates;port dues;port rates;toll

港索 port rope

港塘 harbo(u)r basin

港外 off harbo(u)r;off-port

港外避风锚地 refuge roadstead

港外待运仓收货制度 terminal receiving system

港外浮标 outer buoy

港外工程地质勘察 engineering geologic(al) investigation of outer harbo(u)r

港外工程类型 type of outer harbor engineering

港外航道 exterior(access) channel

港外检疫泊地 outer boarding station

港外锚地 outer road(stead); roadstead;hakuchi

港外沙洲 outlying sands

港外水位 outside water level

港湾 harbo(u)rage; bay; estuarine harbo(u)r;firth;natural harbo(u)r; sinus; bunder; dock and harbo(u)r;ecronic

港湾编组站 harbo(u)r marshalling station

港湾布置图 harbo(u)r master plan

港湾仓库 harbo(u)r warehouse;port warehouse

港湾测量 harbo(u)r survey(ing); port survey(ing)

港湾沉积 estuarine deposit; estuary deposit

港湾沉积物 estuarine sediment

港湾沉积作用【地】estuarine deposition

港湾城市 port city

港湾冲积层 estuarine alluvium

港湾的 estuarine

港湾灯塔 harbo(u)r light;port light

港湾低洼地 estuarine flat

港湾地区 harbo(u)r district

港湾调查 harbo(u)r survey(ing)

港湾碇泊 harbo(u)r mooring

港湾堆积物厚度 accumulation depth of harbor

港湾堆积物岩性 property of accumulation of harbor

港湾法 port and harbo(u)r law;port law < 日本 >

港湾防波堤 harbo(u)r breakwater

港湾浮式起重机 harbo(u)r floating crane

港湾工程 harbo(u)r engineering; harbo(u)r project; harbo(u)r works;sea works;port project

港湾工程地质勘察 engineering geologic(al) investigation of harbo(u)r

港湾工程学 harbo(u)r engineering; dock and harbo(u)r engineering < 旧 >

港湾工作交通艇 harbo(u)r launch;harbo(u)r utility craft

港湾共振 harbo(u)r resonance

港湾关系业 port relation industry

港湾关系业者 port relation industry dealer

港湾管理局 harbo(u)r authority; port authority

港湾海岸 estuary coast

港湾海岸地貌学 gulf coast geomorphy

港湾海岸地质学 gulf coast geology

港湾海底 harbo(u)r bottom

港湾海图 harbo(u)r chart

港湾海洋科学 estuarine marine science

港湾河段 harbo(u)r reach

港湾河口段 harbo(u)r reach

港湾化学 chemistry of estuary;estuarine chemistry

港湾基地 marina

港湾建筑 harbo(u)r construction; port building;harbo(u)or building

港湾建筑工地 harbo(u)r construction site

港湾建筑物 harbo(u)r structure

港湾进口 entrance to harbo(u)r; harbo(u)r entrance

港湾进口导堤 harbo(u)r entrance jetty

港湾进口水道改直 rectification of harbo(u)r approach

港湾进口水道整治 rectification of harbo(u)r approach

港湾局 port and harbo(u)r bureau

港湾浚深 harbo(u)r deepening

港湾开发 harbo(u)r development

港湾口门 harbo(u)r entrance;harbo(u)r mouth;port mouth

港湾口门灯标 harbour entrance light

港湾雷达设备 port radar installation

港湾锚地 harbo(u)r anchorage

港湾锚地图集 harbo(u)r anchorage atlas

港湾模型 harbo(u)r model; port model

港湾模型试验 harbo(u)r model test; port model test

港湾内的停泊场 basin

港湾泥 estuarine mud

港湾平面图 harbo(u)r plan

港湾起重机 harbo(u)r crane

港湾桥 bay bridge;beach bridge

港湾入口 entrance of harbo(u)r; chop

港湾入口港口 harbo(u)r entrance

港湾设备 harbo(u)r accommodation

港湾审议会 council for ports and harbo(u)r

港湾生态系统 estuarine ecosystem

港湾生态学 estuarine ecology

港湾生物群落 estuarine communities

港湾式(停)车站 draw-in

港湾式的 fjord like

港湾式公共汽车站 bus bay

港湾式停车 draw-in

港湾式停车处 parking bay

港湾式停车道 turnout lane; turnout lane for transit vehicle stop

港湾式停车站的限量 limited capacity of bays

港湾式停靠站 bus bay;parking bay

港湾式应急停车处 emergency parking bay

港湾枢纽 harbo(u)r terminal

港湾税 harbo(u)r duty;in-port duty

港湾特征 harbo(u)r feature

港湾铁路枢纽 harbo(u)r railway junction terminal

港湾统【地】estuarine series

港湾图 harbo(u)r map;port chart; port map

港湾洼地 harbo(u)r basin

港湾污染 estuarine pollution;estuary pollution

港湾系泊缆 harbo(u)r mooring

港湾系船缆 harbo(u)r mooring

港湾相【地】estuarine facies;estuary facies

港湾谐振 harbo(u)r resonance

港湾行政办公室 harbo(u)r administrative office; harbo(u)r administration office

港湾应急停车场 emergency parking bay

港湾淤泥 harbo(u)r mud; estuary deposit

港湾站 harbo(u)r station;waterfront station

港湾振荡 harbo(u)r surge

港湾状 embayed

港务 harbo(u)r service;port service

港务办公室 harbo(u)r office;port office

港务长 harbo(u)r master;port captain;haven master;port master

港务长办公室 harbo(u)r master's office

港务处 port office

港务船 general service launch;harbo(u)r boat(launch);service boat

港务船服务处 harbo(u)r boat service

港务当局 port authority; port commissioner

港务费 harbo(u)r charges;harbo(u)r dues;harbo(u)r fees;port charges;wharfage;port dues

港务公司 stevedoring company

港务管理 harbo(u)r administration; port administration;dock and harbo(u)r management < 旧 >

港务管理机构 harbo(u)r authority; port authority;dock and harbo(u)r authority < 旧 >

港务管理机关 port authority

港务管理局 port administration; bureau of harbo(u)r administration; port authority;harbo(u)r authority

港务管理人员 port officer; port reeve;port warden

港务委员会 port commission;harbo(u)r commission

港务管理总局 National Harbo(u)r Board;National Ports Authority

港务规章 harbo(u)r regulation

港务机构 harbo(u)r agency;port agency

港务机关 harbo(u)r authority;harbo(u)r board;port authority

港务监督 harbo(u)r superintendency administration

港务监督(办公)室 harbo(u)r supervision office

港务监督长 harbo(u)r master;harbo(u)r superintendent

港务监督员 harbo(u)r officer;port warden;harbo(u)r superintending officer

港务经理 harbo(u)r manager;port manager

港务警察 harbo(u)r police

港务局 harbo(u)r office;harbo(u)r section;port and harbo(u)r bureau;port commission;harbo(u)r administration;dock and harbo(u)r authority; dock board; harbo(u)r authority;harbo(u)r board;harbo(u)r bureau;port and harbo(u)r authority; port authority; port commissioner's office;port office; port trust

港务局长 port administrator; port commissioner;port manager;harbo(u)r board president;harbo(u)r manager;port director;harbo(u)r master

港务局大楼 port administration building

港务局及附属建筑物所在地段 harbo(u)r quarter
港务局及附属建筑物所在区域 harbo(u)r quarter;port quarter
港务人员 harbo(u)r officer
港务手册 harbo(u)r guide
港务艇 harbo(u)r launch
港务委员会 harbo(u)r board;port commission
港务杂费 harbo(u)r disbursement;petit average;petty average
港务主任 harbo(u)r manager;port manager
港序 calling for order
港养 harbo(u)r culture
港用汽艇 harbo(u)r launch
港用有杆锚 harbo(u)r use stock anchor
港域 harbo(u)r basin
港域边界 harbo(u)r limit
港域海图 harbo(u)r chart;port chart
港域容积 harbo(u)r volume
港域水面振动 harbo(u)r oscillation;harbo(u)r surging
港域水深 harbo(u)r depth
港域总面积 total port area
港元 Hong Kong Dollar
港杂包干费 miscellaneous all-in charges
港章 general regulations of port;harbo(u)r regulation;port regulation
港长 port director;port master;port captain;harbo(u)r master
港长办公室 harbo(u)r master's office
港址 harbo(u)r site;port site
港址选择 harbo(u)r site selection;harbo(u)r siting;port site selection;port siting;selection of port and harbo(u)r site;selection of port site
港至港 port-to-port;pier-to-pier
港至港合同 port-to-port contract
港至港提单 port-to-port bill of lading
港至港条件 port-to-port basis
港至港运输业务 port-to-port protocol
港至户 pier to house
港至门 pier to house
港作船 port service boat;harbo(u)r boat(launch);harbo(u)r(utility) craft;harbo(u)r workboat;harbo(u)r tug;service boat
港作船码头 harbo(u)r workboat wharf;quay for port service boat
港作船突堤码头 tender pier
港作拖轮 barge tug;craft tug;depot tug;harbo(u)r craft;harbo(u)r tug;port tug
港作业船 harbo(u)r launch

杠 板归 smartweed

杠棒 shoulder pole
杠撑系泊 spar-mooring
杠秤 bandspike;heaver;lever scale;pry;stick
杠尺 long float;screed rail
杠杆 lever;hand spike;heaver;prise;pry
杠杆安全阀 lever safety valve
杠杆把 lever harrow
杠杆百分表 lever indicator
杠杆摆动式铡刀剪 rocker guillotine type shears
杠杆泵连软管 lever action pump and hose
杠杆比(率)lever(age) ratio
杠杆臂 arm of lever;lever arm
杠杆臂长比 leverage
杠杆臂挠度计 lever-arm deflection indicator
杠杆操纵 lever control;lever operating
杠杆操纵阀 lever-operated valve
杠杆操纵开关 lever switch
杠杆操纵开合桥 lever draw bridge
杠杆测力计 lever dynamometer
杠杆测试棒 lever test bar
杠杆叉 yoke end
杠杆掣柄 lever latch
杠杆称 beam scale
杠杆程度 degree of leverage
杠杆秤 mechanical scale;weight beam
杠杆尺 lever ga(u)ge
杠杆齿条式千斤顶手把 forgy handle
杠杆抽气泵 lever action air pump
杠杆穿孔机 lever-set punch
杠杆传动 leverage;lever operation;rigging
杠杆传动装置 leverage;rod gear
杠杆传动作用 leverage
杠杆锤 helve hammer;lever hammer;shaft hammer
杠杆带动给油环 snap lever oiler
杠杆挡 lever stopper
杠杆定理 lever principle;lever rule
杠杆定律 lever law
杠杆定则 lever rule
杠杆动作的模具 lever-actuated die
杠杆动作推杆式导料板 lever-actuated pusher type stock guide
杠杆阀 lever valve
杠杆阀冲水厕所 valve closet
杠杆法则 lever principle
杠杆反馈 lever-type feedback
杠杆反馈伺服阀 lever feedback servovalve
杠杆放大式应变计 lever amplification strain ga(u)ge
杠杆放松阀 lever release valve
杠杆分配法 lever distribution method
杠杆钩 lever hook
杠杆关系 lever relationship
杠杆规则 lever rule
杠杆滚轮 lever roller
杠杆和锤摆动式止回阀 lever and weight swing check valve
杠杆回动装置 lever reversing gear
杠杆回弹弯沉(值)Benkelman beam rebound
杠杆机构 leverage;lever mechanism;linkage
杠杆机理 lever mechanism
杠杆加压 lever weighting
杠杆夹具 lever clamp
杠杆夹钳 lever-type clamp
杠杆剪力 lever shear
杠杆检查量规 lever ga(u)ge
杠杆键 lever key
杠杆进给 lever feed
杠杆锯 lever saw
杠杆开关 catch of hook;lever switch
杠杆控制 lever control;lever steering
杠杆类闸门启闭设备 lever class gate lifting device
杠杆冷水器 <残疾人用> handicap water cooler
杠杆力 prying force
杠杆力臂 power arm
杠杆利益 leverage
杠杆连接 lever connection
杠杆挠度仪 <即贝克曼弯度仪> lever deflectometer
杠杆平衡式钟形压力计 balanced lever-type bell ga(u)ge
杠杆起锚机 hand windlass
杠杆起重机 lever jack;lever lift
杠杆千分表 dial test indicator
杠杆千分尺 lever micrometer
杠杆钳 lever tongs
杠杆切断 lever cut-out
杠杆球阀 ball-and-lever valve
杠杆式安全阀 deadweight safety valve;lever-type safety valve
杠杆式百分表 lever dial indicator
杠杆式比长仪 tolerator
杠杆式比较仪 Orthotester
杠杆式测微仪 lever test
杠杆式插销 lever action bolt;lever bolt
杠杆式乘法器 slide multiplier
杠杆式秤 beam balance
杠杆式冲床 arbor press;lever punch
杠杆式冲压机 lever punch(ing machine)
杠杆式窗开关 lever-type operator
杠杆式倒刺铁丝拉紧器 lever-type barbed wire strainer
杠杆式的 lever type
杠杆式等臂天平 lever-equal beam balance
杠杆式地上衡 lever floor weigh bridge
杠杆式地中衡 lever-under-ground weigh bridge
杠杆式点焊钳 lever gun welding head;pincer spot welding head
杠杆式电刷握持器 lever-type brush-holder
杠杆式电阻箱 Varley slide
杠杆式独立悬架 lever-type independent suspension
杠杆式放大应变仪 lever amplification strain ga(u)ge
杠杆式光学比较仪 Mikrolux
杠杆式焊钳 pincer gun
杠杆式焊枪 lever gun
杠杆式衡器 beam counter scale
杠杆式黄油枪 lever-type (hand) grease gun
杠杆式活动桥 lever draw bridge
杠杆式夹具 lever tongs
杠杆式剪床 lever shears
杠杆式剪断机 shearing crocodile machine
杠杆式剪切机 crocodile shears;crocodile shearing machine;lever shears;alligator shears
杠杆式简易秤 simple lever-type weighing machine
杠杆式角铁剪床 angle lever shears
杠杆式卡规 passameter
杠杆式拉力滑车 lever block
杠杆式拉手板 lever handle-plate
杠杆式铃拉手 lever bell pull
杠杆式铆接机 lever riveter
杠杆式门拉手附件 lever handle hardware
杠杆式门拉手设备 lever handle fittings
杠杆式门拉手小五金 lever handle fittings
杠杆式内径指示计 passimeter
杠杆式喷雾机 lever sprayer
杠杆式启门设备 lever-type gate lifting device
杠杆式起动器 lever-type starter
杠杆式起重机 scissors lifter
杠杆式千分 stick micrometer
杠杆式千分表 lever dial indicator;Pictest
杠杆式千斤顶 lever jack
杠杆式擒纵机构 lever escapement
杠杆式热锯 hot drop saw
杠杆式润滑脂枪 lever-type (hand) grease gun
杠杆式升降机 scissors lift
杠杆式试验机 lever testing machine
杠杆式弹簧 lever spring
杠杆式天平 beam balance
杠杆式调速器 lever governor
杠杆式推钢机 lever pusher
杠杆式外圆车刀 external turning tool of lever design
杠杆式弯曲机 alligator squeezer;crocodile squeezer
杠杆式销子挡料器 escapement stop
杠杆式悬置 levered suspension
杠杆式压床 lever punch press
杠杆式压力机 lever punch press
杠杆式指示表 lever-type indicator
杠杆式指示计 lever indicator
杠杆式注压枪 lever-type pressure grease gun
杠杆式转向机构 lever steering
杠杆试棒 lever test bar
杠杆试验 lever test
杠杆手柄 lever handle
杠杆缩放仪 lever pantograph
杠杆索 lever rope
杠杆锁 lever latch;lever(-tumbler) lock;tumbler lock
杠杆弹簧 lever spring
杠杆弹簧摆动式止回阀 lever and weight spring swing check valve
杠杆套筒 lever sleeve
杠杆提升机 lever lift
杠杆提升器 load binder
杠杆提升式耕种机 lever lift cultivator
杠杆天平 lever balance
杠杆调节器 weight-lever regulator
杠杆调整 dash adjustment
杠杆头 lever head
杠杆托(架)lever bracket
杠杆弯沉仪 <即贝克曼弯沉仪> lever deflectometer;beam lever deflectometer;Benkelman beam
杠杆弯沉(值)Benkelman beam deflection
杠杆系 leverage;levers
杠杆系数 leverage factor
杠杆销 lever pin
杠杆效应 leverage effect
杠杆泄放阀 lever relief valve
杠杆型 lever type
杠杆压机 side lever press
杠杆压紧式离合器 overcenter[overcentre] type clutch
杠杆原理 lever principle;principle of lever
杠杆运动 lever motion
杠杆支持 lever dolly
杠杆支点 bait;balance pivot;fulcrum [复 fulcra/fulcrums];lever fulcrum
杠杆支点销 fulcrum pin
杠杆支架 lever bracket;lever guide
杠杆指示器 lever indicator
杠杆制动 lever brake
杠杆制动器 lever stop
杠杆重锤式安全阀 lever and weight safety valve
杠杆轴 lever shaft;rock shaft
杠杆轴臂 lever shaft arm
杠杆轴螺母 lever shaft nut
杠杆轴填密 lever shaft packing
杠杆装置 leverage
杠杆资金 leverage fund
杠杆租赁 leverage(d) lease
杠杆钻 lever drill
杠杆作用 lever action;leverage(action);leveraging;lever effect;purchase
杠杆作用支柱 lever action strut
杠规脚 trammel bar
杠铃 barbell;weight-lift
杠钳 bar pliers
杠梯 balancing ladder
杠托弯沉(值)Benkelman beam deflection

杠销 lever pin
杠轴塞 lever shaft plug
杠子 thick stick
杠钻 car bit

羔

羔羊皮 lambskin

高

高 Q 值 large reactance-resistance ratio
高 Q 值线圈 high-Q coil
高 Q 值音圈 high-Q coil
高矮混合林 parang
高安培数 high amperage
高安全度窗玻璃 high safety glazing
高氨氮废水 high ammonia nitrogen wastewater
高氨氮化工废水 high ammonia nitrogen chemical industry wastewater
高岸 high bank
高岸流量 < 开始漫滩泛滥的流量 > bank high flow; high bank flow
高巴洛克式影响 high Baroque effect
高把链锯 high handle chain saw
高坝 high dam
高坝大库 high dam with large reservoir
高帮敞车 gondola car
高饱和颜色 high-chroma colo(u)r
高饱蒸汽 heavily moisture laden steam
高保线 Goubau line
高保真重放 hi-fi reproduction
高保真单块(集成电路)放大器 hi-fi monolithic amplifier
高保真叠加 high fidelity stack
高保真度 high fidelity
高保真度处理 high fidelity treatment
高保真度动校正 high fidelity dynamic(al) correction
高保真度反褶积 high fidelity deconvolution
高保真度放大器 high fidelity amplifier
高保真度接收机 high fidelity receiver
高保真度录音 hi-fi
高保真度系统 high fidelity system
高保真度音响设备 hi-fi
高保真度元件 hi-fi component
高保真耳机 high-fidelity headphone
高保真再现 hi-fi reproduction
高报酬的 well-paid
高报货价 over-invoicing
高爆塑性装药弹 high-expansion foam extinguisher; high-explosive plastic projectile
高爆炸力成型 high-explosive compacting; compacting by high explosive
高爆炸药 high blasting explosive; high explosive
高背长靠椅 table settle
高背长椅 settle chair
高背缝 princess seam
高背扶手椅 bergere
高背靠椅 saddle check chair
高背手用钢锯 high back hand saw
高背压泡沫发生器 high back pressure foam maker
高背压涡轮机 high back pressure turbine
高背椅 dais
高背椅子 grandfather chair; wing chair
高倍 high power
高倍半氧化物土 high sequioxide soil
高倍放大 high magnification
高倍放大的 microscopic
高倍放大镜 high magnified glass
高倍放大影像 high magnified image
高倍干燥接物镜 high dry objective
高倍(接)物镜 high-power objective
高倍拉伸 super-drawing
高倍立体观测镜 high-power stereoviewer
高倍率 high range
高倍率变焦距镜头 high ratio zoom lens
高倍率地震计 high magnification seismograph
高倍率镜头 high-power objective
高倍率双筒望远镜 high-power binoculars
高倍率望远镜 high-power telescope
高倍率阴极 high rate cathode
高倍目镜 high-power ocular
高倍泡沫灭火系统 high-expansion foam fire-extinguishment system
高倍潜望镜 high-power periscope
高倍生物显微镜 high-power biological microscope
高倍视野 high-power field
高倍数泡沫车 high-expansion foam truck
高倍数泡沫发生器 high-expansion foam generator
高倍数泡沫发生装置 high-expansion foam-generating equipment
高倍数泡沫灭火剂 high-expansion foam extinguishing agent
高倍数泡沫灭火器 extinguisher with high expansion of foam
高倍数泡沫灭火系统 high-expansion foam extinguishing system
高倍数泡沫系统 high-expansion foam system
高倍数泡沫液 high-expansion foam agent
高倍显微镜 high-power microscope; multiplication microscope
高倍照相物镜 high-power photoobjective
高本底水平 high background level
高本底污染 high background contamination; high background pollution
高本底噪声 high background noise
高苯乙烯树脂 high styrene resin
高苯乙烯橡胶 high styrene rubber
高逼真度 high fidelity
高逼真度话路 high fidelity voice channel
高逼真度准则 criterion of perfect fidelity
高比 height ratio
高比电阻粉尘 high resistivity dust
高比放射性 high specific activity
高比能量 high energy-density
高比速辐向轴流式水轮机 higher specific speed Francis turbine
高比速混流式水轮机 higher specific speed Francis turbine
高比速透平 high specific speed turbine
高比特率 high bit rate
高比特率数字用户线 high bit rate digital subscriber line
高比压仿星器 high beta stellarator
高比重固相含量 high weight solids content
高比重合金 high-density alloy
高比重货物 close weight cargo
高比重泥浆 loaded mud; weight drilling mud
高比重燃料 high gravity fuel
高比重水泥 high-density cement
高比重油井水泥 oil-well cement of high density
高比(转)速泵 high specific speed pump
高比阻铜镍合金 advance metal
高闭合度储集层 high closure reservoir
高壁炉 hearth furnace
高边敞车 gondola (car); high-sided gondola car; high-sided open goods wagon; high side gondola (car); high side open wagon; open goods wagon with high sides; open high sided wagon
高边敞棚车辆 high side gondola
高边车 high sided wagon
高边坡 high bank; highwall slope; high wall <基坑>
高变动率 price-earnings ratio
高变区 hypervariable region
高变形速度抗弯试验 quick bending test
高变性比 high modification-ratio
高变质 high grade metamorphosed
高变质镜质组 anthrinoid
高变质无烟煤 paranthracite
高变质烟煤 high grade metamorphic bituminous
高标高 high level
高标高断面 high-level profile
高(标高)码头面板结构 high-level deck structure
高标号的 high quality
高标号混凝土 high grade concrete; high-strength concrete
高标号水泥 high grade cement; high mark cement; high-quality cement; high-strength cement; high-strength Portland cement; super-cement
高标号水泥砂浆 high grade cement mortar
高标准 high level; stringent specification
高标准储料仓 high-level storage bin
高标准环形交叉路 high-level ring interchange; high-level round-about
高冰片 homoborneol
高柄杯 <瓷器名> cup with high handle
高波 high echo; high wave echo
高波幅慢波 high-voltage slow wave
高波能 high wave energy
高勃拉合成闸瓦 Cobra brake shoe
高布齿密度钻头 heavy-set bit
高部 upper curtate
高部位 high order bit; high order digit
高残磷铜 high residual-phosphorus copper
高残留度 high residue level
高残留农药 higher residual pesticide; high persistent pesticide
高草 top grass
高草本层 tall field layer
高草草原 tall-grass steppe; top grassland
高草层 tall herbaceous layer
高草地 prairie land; tall-grass prairie
高草群落 altherbosa
高草稀树草原 high grass savanna
高草型地 grassland of tall grass type
高草原 prairie
高草原联合收获机 prairie combine
高侧板车厢 high stake rack truck
高侧板式输送机 high-sided plate conveyer[conveyor]
高侧窗 clear stor(e)y; clerestor(e)y (window); high side light; high side window; overstor(e)y (window)
高侧窗采光 clearstory lighting
高侧轮碾机 high side roller mill
高侧墙 high lateral wall
高侧限压力试验 high confining pressure test
高侧厢车辆 high-sided vehicle
高侧序 high lateral order
高层 higher grade industry
高层办公大楼 high-rise office building; high rise(r)
高层办公楼 office tower
高层错晶体 heavily faulted crystal
高层大楼 high block; high building; high rise; hi-rise
高层大气 light air; upper air; upper atmosphere
高层大气动力学 upper atmospheric dynamics
高层大气光化学 upper atmospheric photochemistry
高层大气化学 upper atmospheric chemistry
高层大气监测网 upper-air monitoring network
高层大气科学卫星 aeronomy satellite
高层大气空气动力学 upper atmospheric aerodynamics
高层大气热力学 upper atmospheric thermodynamics
高层大气探测火箭 atmospheric sounding projectile; upper atmospheric research rocket
高层大气污染 upper atmospheric pollution
高层大气物理学 aeronomy; upper atmospheric physics
高层大气研究卫星 upper atmosphere research satellite
高层大气资料 upper-air data; upper atmosphere data
高层等高(空)探测气球 Moby Dick balloon; skyhook balloon
高层低密度 high-rise low density
高层段灌浆法 high lift grouting
高层饭店 high-rise hotel
高层房屋 high-rise building; hi-rise; multistoried building; tall building
高层分层设色 gradient tints
高层高密度 high rise/high density
高层公寓 elevator apartment; high apartment; high block of flats; high flat; high-rise apartment; high-rise flat; tall flat <英>
高层公寓单元 high living unit
高层公寓建筑 high-rise apartment building
高层积云 altostrato-cumulus
高层集 upgrade set
高层建筑 building of high-rise; high rise; highrising; multistor(e)y[multistoried] structure; tall block
高层建筑安装 high-rise erection
高层建筑街坊 high-rise block
高层建筑救援 high-rise rescue
高层建筑立面 tall block facade; tall building facade
高层建筑设计 tall building design
高层建筑施工 high-rise building construction
高层建筑物 high-rise building; high-rise structure; multistoried building; skyscraper; tall building
高层建筑物地基勘察 ground exploration of high construction
高层建筑行政办公楼 administration tower
高层建筑中的标准层平面 typical floor plan
高层结构 high-rise structure
高层空气 <对流层以上的大气层> high air; superior air; upper air
高层空气污染潜力 high air pollution potential
高层旅馆 high-rise hotel
高层逆温 elevated temperature inver-

sion;upper inversion
高层贫民窟 high-rise slums
高层算符 high-level operator
高层停车车库 high-rise parking building;high-rise parking garage
高层线综合法 higher layer line synthesis
高层协议互通 high layer protocol interworking
高层云 altostratus cloud; high sheet cloud
高层住房 high-level housing;machine for living in
高层住宅 high-rise dwelling;high-rise housing;high rise(r);machine for living in
高层住宅方案 high-rise residence skeleton plan
高层住宅或办公楼 high rise(r)
高层住宅建筑 elevator residence building
高层住宅区 high-rise residential area
高差 altitude difference; denivellation;difference altitude;difference in elevation or drop;difference of height; differential altitude; differential height;elevation difference
高差表 catheometer
高差测量 measurement of difference in elevation;vertical survey
高差计 cathetometer[kathetometer]
高差偶然中误差【测】accident mean square error of elevation difference
高差判读仪 height difference interpretoscope
高差曲线 departure curve
高差全中误差 total mean square error of elevation difference
高差仪 cathetometer; differential altimeter statoscope; pressure-height corrector;statoscope
高差仪读数 statoscope reading
高差仪记录 statoscope record(ing)
高觇标 high observatory
高掺杂层 heavily doped layer
高掺杂晶体 heavily doped crystal
高产的 heavy-producing;high producing;high yield(ing)
高产地 fertile land
高产额 high yield
高产机 high output machine
高产井 barreler; prolific well; strong well
高产量 high output
高产量机械 high output machine
高产率 high yield
高产品系 high yielding strain
高产品种 high yield(ing) variety
高产潜力 high yield potential
高产区 high production area
高产田 high yield field
高产土壤 high productive soil
高产瓦窑 high production kiln
高产稳产 high and stable yield
高产稳产期 plateau period; production plateau
高产性的 highly yielding
高产性能 highly yielding ability
高产油层 high-capacity reservoir
高产油井 barreler; flush producer; paying well; prolific well; strong well;head well;high yielding well
高产油气层 high production oil-gas bed
高产中央搅拌厂 <混凝土> high production central-mixing plant
高产(砖)窑 high production kiln
高产作物 free cropper; good cropper;heavy cropper;heavy yielder
高颤磁铁 high flutter magnet
高场 high-strength field
高场迁移率 high field mobility
高场强 high field intensity
高场效应 high field effect
高超 excellent;superb
高超的 super-duper
高超声波学 pr(a)etersonics
高超声的 hypersonic
高超声频率 hypersonic frequency
高超声速 hypersonic speed
高超声速风洞 hypersonic wind tunnel
高超声速空气动力学 hypersonic aerodynamics
高超声速流 hypersonic speed flow
高超压阳极 high overvoltage anode
高超音频 hypersonic
高超音速 hypersonic velocity
高超音速飞行 hypersonic flight
高超音速加热 hypersonic heating
高超音速进气口 hypersonic inlet
高超音速空气动力学 hypersonic aerodynamics;hypersonics
高超音速流动 hypersonic flow
高超音速喷管 hypersonic nozzle
高超音速气流 hypersonic flow
高超音速气体动力学 extreme high-speed gas dynamics
高超音速绕流条件 hypersonic flow condition
高超音速研究装置 hypersonic research device
高潮 climax;crest of tide;full tide; high(er) water; spring tide; tidal peak;upsurge;flood tide;high tide
高潮岸线 high tide shoreline
高潮报警器 high tide alarm;high water alarm
高潮标高 high tide elevation
高潮标记 flood mark; high water mark
高潮滨线 high tide shoreline
高潮不等 high water inequality
高潮潮高 height of high tide
高潮潮时 high water time
高潮冲击 <海啸时形成的> bore climb;climb of bore
高潮点 tide mark
高潮高 height of high tide
高潮高程 high tide elevation
高潮高度 height of high water; high tide elevation
高潮高水位 height of high tide;height of high water;higher high water
高潮轨迹 loci of high water
高潮海岸线长度 length of height-tide coastline
高潮河槽 flood tide channel
高潮痕 high water mark
高潮记录器 floodometer
高潮间隔 high water interval
高潮间隙 high water(lunitidal) interval;interval from high-water
高潮间隙缩减 priming
高潮礁 high water rock
高潮浪蚀台 high water platform
高潮历时 duration of flood;time of high water
高潮码头 flood quay;tidal quay
高潮漫滩 high water bed
高潮面 high tide level;high tide surface; high water level; high water plane
高潮面高 height of high water
高潮面以上陆地 fast land
高潮幕 climax episode
高潮平潮 high water stand
高潮平流 high water slack; slack at high water;high water stand
高潮期 high water period
高潮憩流 high tide slack(water); high water slack;high water stand;
slack at high-water
高潮石 high water rock
高潮时 time of high water
高潮时差 time difference in high-water
高潮时桥梁架空高度 bridge airdraft; bridge clearance
高潮水位 full seamark; high tide stage;high water stage;high water stand;high tide level;high tide line
高潮水位线 high water line;high water mark
高潮滩 high water bed
高潮停潮 high water stand
高潮围堰 <高潮时也不被淹没> full-tide cofferdam; whole tide cofferdam
高潮位 flood tide; rising tide; height of tide; high water (level); tidal high water
高潮位轨迹 locus of high water
高潮位痕迹线 tide mark
高潮线 flood line; flood mark; high tide line;high tide mark;high water limit;high water mark;landwash
高潮线上的 supralittoral
高潮淹没的礁石 rock awash
高潮预报 high tide forecasting
高潮月潮间隙 high water lunitidal interval
高衬比 high contrast
高衬度靶 high contrast target
高衬度底片 high contrast plate
高成本能源 high cost energy resource
高成膜性 high build
高成色黄金 high purity gold
高成熟阶段 higher mature stage
高成熟源岩 higher mature source rock
高承台 high-level platform
高承台桩基 elevated footing on piles; high capped pile foundation
高承台桩基础 high-rise platform pile foundation
高程 altitude;elevation;height
高程(测量)等级 elevation order
高程比例尺 scale of elevation
高程闭合差 closure error of elevation
高程变动 changes in the work
高程变化 change of levels;elevation change
高程变形 height distortion
高程标记 spot level
高程标志 elevation mark;elevation post
高程表 elevation table;height table; table elevation;table of altitude
高程不符值【测】discrepancy in elevation
高程布置 elevation scheme
高程测定 elevation determination; height determination; measurement of altitude
高程测量 altimetric measurement; altimetric survey; elevation surveying; height measurement; height survey;high control survey;hypsographic(al) survey; level survey; measurement of altitude; measurement of level;vertical survey
高程测量法 hypsometry
高程测量均方差 mean square error of elevation measurement
高程测量术 hypsometry
高程测量数据 altimetric data
高程测量学 hypsometry
高程差 altitude difference; difference in altitude; difference in level; difference of level; differential altitude;difference in elevation;difference of elevation;discrepancy in elevation;drop in level;height difference;level difference
高程差测量 differential level(l)ing
高程尺 elevation ruler;height arm
高程导线 height traverse
高程导线测量 height traverse survey
高程导线手簿 traverse leveling field book
高程的 altimetric;hypsographic
高程地图 ground map;hypsographic(al) map; hypsometric (al) map; landform map;orographic(al) map; surface counter map;surface situation map
高程点 elevational point; elevation point; ground elevation point; height point; individual elevation; level mark; spot elevation; spot height
高程点注记 stop-height
高程读数 altimetric reading; altitude reading; elevation indication; spot height reading
高程断面 elevation profile
高程范围 range of elevation
高程方程 elevation equation; height equation
高程分层设色 elevation tints;gradient tints;hypsometric(al) tints
高程分带 elevation zone
高程分划尺 altitude scale
高程改正 adjustment for altitude;correction for altitude; elevation correction;height correction
高程归算【测】height reduction; reduction of levels
高程过渡点 vertical pass point
高程滑尺 elevation slide;height slide; vertical slide
高程基准点 vertical datum
高程基准(面) altitude datum; datum level; height datum; sea level datum;vertical datum
高程计 altimeter; altitude ga(u)ge; elevation meter;height measurer
高程计数器 elevation counter; height counter
高程计算 elevation computation; height computation;computation of elevation
高程计算机 elevation computer; height computer
高程加密 vertical bridging
高程加密点 <摄影测量> vertical pass point
高程加密空中三角测量 vertical stereotriangulation
高程间距 altitude interval
高程监测控制网 vertical monitoring control network
高程校正 correction for altitude;correction for elevation;elevation correction;height correction
高程校正系数 elevation correction factor
高程界限 altitude limit
高程精度 height accuracy;vertical accuracy
高程精度因子 vertical dilution of precision
高程净库容曲线 elevation net storage curve
高程净蓄量曲线 <水库的> elevation net storage curve
高程距离曲线 elevation-distance curve
高程刻度投影屏 elevation scale projection screen
高程空中三角测量 vertical aerotriangulation
高程控制 control height; control of levels; elevation control; height

G

control;level control;vertical control
高程控制测量 elevation control survey;vertical control survey
高程控制测量方法 vertical control survey
高程控制测量精度 accuracy of vertical control survey
高程控制测量网 vertical control survey network
高程控制点 elevation control point;standard elevation;vertical control point;vertical control station;height control point
高程控制阀 altitude control valve
高程控制基(准)面 vertical control datum
高程控制加密 vertical extension
高程控制精度 accuracy for vertical control
高程控制网 control network of height;elevation control network;vertical control net;vertical control network;vertical control system
高程控制系统 vertical control system
高程-库容关系 capacity-elevation relation
高程-库容(关系)曲线 capacity-elevation curve;storage-elevation curve;elevation-capacity curve
高程零点 elevation zero;zero meridian;zero of elevation
高程路线长度 length of height line
高程面积曲线 hypsometric(al) curve;elevation-area curve;hypsographic(al) curve
高程偏差 discrepancy in elevation
高程频率曲线 elevation frequency curve
高程平差 vertical adjustment
高程平面 indexed plane
高程起始面 ground reference plane
高程曲线 hypsometric(al) curve
高程容积关系 elevation-capacity relation
高程扫描 profile scanning
高程设计 design of elevation
高程示意图 economic schematization;elevation scheme
高程数据 altitude datum;elevation data;height data;level data
高程数据压缩 elevation data compaction
高程水库容关系曲线 elevation-capacity curve
高程水头 elevation head;position head
高程水准面 elevation datum
高程水准器 altitude bubble;vertical index level
高程碎部点 elevation detail
高程透写图 level(l)ing plan
高程图 altitude chart;hydraulic profile
高程托桥 height bridge
高程网格 grid of elevation;height grid
高程位移 height displacement
高程误差 elevation error;vertical error
高程系数 elevation factor
高程系统 elevation control system;height system;high-level system;system of height
高程线 hypsographic(al) curve;hypsometric(al) curve;line of elevation
高程效应 <宇宙射线强度的> altitude effect
高程泄量关系曲线 elevation-discharge curve
高程压力 elevation pressure
高程要素 hypsographic(al) feature
高程异常 elevation anomaly;height anomaly
高程异常间接效应 indirect effect on height anomaly
高程与位置修订 elevation and position update
高程原点 origin of heights;zero of elevation
高程增量 elevation increment;increment of height
高程障碍 impediment in elevation
高程折算 reduction of levels
高程植被带 altitudinal vegetation zone
高程指示 elevation indication
高程中误差 mean square error of height
高程注记 altitude figure;elevational point;elevation figure;elevation note;elevation number;height mark;hypsographic (al) feature;number of altitude;spot elevation;spotting;individual elevation
高程注记点 elevation point with notes;altimetric point
高程注记图 altimetric map
高程资料 altimetric data;height data;height information;hypsometric(al) data
高程自动控制阀 automatic altitude control valve
高程纵断面 profile in elevation
高弛豫 high relaxation
高池沼泽 high bog
高冲程 high stroke
高冲程摩擦压机 high stroke friction press
高冲击度用陶瓷罩 ceramic cover with high shock degree
高冲击强度 high impact strength
高冲击强度人造丝 high impact rayon
高冲力 high impact
高冲量 heavy impulse
高冲洗水池 high flush cistern
高抽速 high pumping rate
高稠度 heavy body
高稠度的 full-bodied
高稠度黏[粘]度计 high consistency visco(si)meter
高稠度漆 full-bodied paint
高稠度乳胶 high thickness emulsion
高稠度油漆 heavy-bodied paint
高稠性的 full-bodied
高臭氧消耗潜能值 high ozone-depletion potential
高出 overtop(ping)
高出的 proud
高出地面 above-ground level
高出地面的河床 river with bed above ground
高出海面 above sea level;above tide
高出换向条 high bar
高出力 high output
高出路面的人行道 banket(te);banquette
高出平价 above norm;above par
高出油率 high oil recovery
高出周围的水平顶面 raised table
高处 eminence
高处壁橱 ark
高处壁柜 ark
高处壁龛 ark
高处建筑帐篷体系 tent system for construction of high points
高处空气 altitude air
高处恐怖 acrophobia;hypsophobia
高处作业车 aerial lift vehicle
高触变性涂料 tipping-resistant coating composition
高穿透本领 high penetration power
高穿透洒水喷头 high-trust sprinkler
高窗 clear stor(e)y;clerestor(e)y;high (light) window;high-placed window;overhead glazing
高窗厂房 high window workshop
高窗车间 high window workshop
高窗扇固定器 signal sash fastener
高吹尘 blowing dust
高吹沫 blowing spray
高吹沙 blowing sand
高吹雪 blowing snow
高纯铋 high purity bismuth
高纯碲 high purity tellurium
高纯度 high purity
高纯度材料 high purity material
高纯度光电阴极 high absolute photocathode
高纯度铝 raffinal
高纯度氢化锆粉 high purity zirconium hydride powder
高纯度石英砂 glass sand
高纯度水 high purity water
高纯度水处理 polish
高纯度铁 carbonyl iron;puron
高纯度纤维素 high purity cellulose
高纯度压缩石墨 delanium graphite
高纯二氧化氯 high purity chlorine dioxide
高纯钒 high purity vanadium
高纯粉末 high purity powder
高纯锆 high purity zirconium
高纯镉 high purity cadmium
高纯硅铁 high purity ferrosilicon
高纯镓 high purity gallium
高纯金属 high purity metal
高纯金属制取 production method of high pure metals
高纯锂 high purity lithium
高纯磷 high purity phosphorus
高纯硫 high purity sulphur
高纯铝 high purity alumin(i)um
高纯铝箔 high purity alumin(i)um foil
高纯镁砖 high purified magnesia brick
高纯莫来石陶瓷 high purity mullite ceramics
高纯镍 high purity nickel
高纯硼 high purity boron
高纯气体净化设备 highly purified gas purifying equipment
高纯铅 high purity lead
高纯氢气发生器 high purity hydrogen generator
高纯砷 high purity arsenic
高纯石墨制品 high purity graphite products
高纯石英玻璃 super-pure silica glass
高纯试剂 high purity reagent;reagents of high purity
高纯水 ultra-high purity water
高纯四氯化硅 high purity silicon tetrachloride
高纯钛 high purity titanium
高纯锑 high purity antimony
高纯锑化铟单晶 highly pure indium antimonide single crystal;high purity indium antimonide single crystal
高纯铜 high purity copper
高纯锡 high purity tin
高纯洗净剂 high purity detergent
高纯锌 high purity zinc
高纯氧 high purity oxygen
高纯氧化铌 high purity niobium oxide
高纯氧化铍 high purity beryllium oxide
高纯氧化铈 high purity cerium dioxide
高纯氧化钽 high purity tantalum oxide
高纯氧曝气活性污泥法 high purity oxygen aeration activated sludge process
高纯氧曝气系统 high purity oxygen aeration system
高纯铟 high purity indium
高纯锗探测器 high purity germanium detector
高磁场 high field
高磁场强度 high magnetic field intensity
高磁场梯度磁力分选脱硫 desulfurization by high gradient magnetic separator
高磁场位移 upfield shift
高磁场蓄电池升压器 high field booster
高磁导合金 high permeability alloy
高磁导率材料 high permeability material
高磁导率合金 Alperm
高磁拱 high magnetic arcade
高磁密铁芯 high flux core
高磁滞型 high-hysteresis type
高磁阻中间磁极 high reluctance interpole
高次 high(er) order
高次边带 high order sideband
高次变换 higher-order transformation
高次波 higher-order wave
高次波的衰减 higher-order attenuation
高次波形耦合 higher-mode coupling
高次残余像差 higher-order residual aberration
高次差内插 high order interpolation
高次超静定体系 highly statically indeterminate system
高次代数方程式解算器 higher-order algebraic equation solver
高次导数 high order derivative
高次多极辐射 high order multipole radiation
高次多项式 high order moment
高次方程 high ordered equation
高次方程式 equation of higher degree
高次分量 high order component
高次横模 high order transverse mode
高次横向波型 high order transverse mode
高次聚焦 high order focusing
高次连续模型 high order continuum model
高次裂变产物 high order fission product
高次模 higher harmonic mode;higher-order mode
高次模滤除器 high order mode filter
高次模式 higher modes
高次抛物线 high-power parabola
高次平面曲线 higher plane curve
高次曲线 higher degree curve
高次群 nth-order group
高次线栅 high order grating
高次相干函数 higher-order coherence function
高次项 high(order)term
高次像差 high order aberration
高次谐波 higher harmonic wave;higher-order harmonics;ultra-harmonics;upper harmonic
高次谐波电流 higher harmonic current
高次谐波电压 higher harmonic voltage
高次谐波激励 higher-mode coupling
高次谐波励磁 higher-mode excitation
高次谐波滞后 lag of higher order
高次衍射中子 higher-order diffracted neutrons
高次振荡模 high order oscillation
高次振动 higher vibration

高粗榧碱 homoharringtonine
高粗(颗)粒的级配骨料 coarsely graded aggregate
高粗(颗)粒的级配集料 coarsely graded aggregate
高大楼房 tall block
高大门 royal door
高大烟囱 chimney stack; chimney stalk
高大植物的根系 roots of large plant
高带标准 high band standard
高带宽 high bandwidth
高怠速 high idle speed
高单杠 high bar
高氮沥青 algarite
高氮量 high nitrogen
高氮石油 high nitrogen oil
高氮天然气 natural gas with high nitrogen
高氮硝化纤维素 pyrocellulose
高氮压烧结 high nitrogen pressure sintering
高档 high end
高档次设备 top-end facility
高档计算机 top-end computer
高档家具五金连接件 metal connecting fitting of high grade furniture
高档商品 first line;topper
高档石棉镶板 asbestos wallboard
高档微处理机 high end microprocessor
高档住宅 domestic grade block
高导磁硅钢 Hipersil
高导磁合金 Alperm
高导磁率钴铁合金 high permeability Co-Fe alloy
高导磁率硅钢 Hipersil
高导磁率硅铁合金 high permeability silicon alloy
高导磁率合金 high performance alloy; high permeability alloy;Hiperloy
高导磁率镍钢 hipernik
高导磁率镍铁合金 high permeability nickel-iron alloy; hipernik; Hypermalloy;permalloy
高导磁性铁镍合金 Hiperloy;hipernik
高导电化合物 high conductivity compound
高导电流体 highly conductive fluid
高导电率 high conductivity(for electricity)
高导电率钢轨 high conductivity steel rail
高导电率锡镉青铜 phonoelectric(al) bronze
高导电性 high conductivity
高导电性合成纤维 highly conductive synthetic(al) fibre
高导电性铜 high conductivity copper
高导热性 high thermal conductivity
高导热性涂料 high-temperature conductive paint
高导铜铬合金 Kumium
高岛 high island
高的独立的台座 scabellum
高灯芯浮标 <一般在 10 米高以上> high focal plane buoy
高登 horse;trestle
高登便餐柜台 stand-up counter
高等测量 higher-order survey
高等测量学 advance(d) surveying; higher surveying
高等成本会计 advanced cost accounting
高等大地测量学 higher geodesy; higher-order geodesy; superior geodesy
高等代数学 advanced algebra;higher algebra
高等单元 higher taxon
高等定量分析 advanced quantitative analysis
高等法院 higher court;state court
高等法院法官 < 英 > justice
高等级 high order;superior class
高等级的 A-level;high grade
高等级公路 superhighway
高等级绝缘加热带 heavy insulated tape
高等级三角测量 higher-order triangulation
高等级设备 high-rating appliance
高等级水泥 high-strength cement
高等几何学 higher geometry
高等技术 high technology
高等教育 higher education; higher learning
高等阶层住宅区 high class residential zone
高等数学 higher mathematics
高等水生植物 higher aquatic plant
高等细菌 higher bacteria
高等项目 higher category
高等学校 colleges and universities; institutions of higher learning
高等学校建筑 advanced school building
高等院校 colleges and universities; institutions of higher learning
高等真菌 higher fungi
高等植物 higher plant
高等专科学校的 academic(al)
高凳 rung ladder
高凳式钢筋座 high-wire chair; hystool
高低 ups and downs
高低壁式分批 high low walled batch drier
高低冰位控制器 high low ice level control
高低不等的海岸 rugged coast; undulating coast
高低不平 rugosity
高低不平的 wan(e)y
高低不平的地形 quebrada
高低不平的切割 ragged cut
高低不平顺 irregularity of longitudinal level
高低仓位指示信号器 high low level bin signal
高低潮 higher low tide; higher low water
高低潮间隙 <月亮过中天和下高高潮的时间间隔> higher low water interval
高低潮时差 tidal lag
高低潮位 higher low water;high low(er) tide
高低潮位之间的工程 tide works
高低潮线间海滨 landwash
高低成分的低共熔合金 hypereutectic alloy
高低齿 stage teeth
高低齿迷宫汽封 stepped labyrinth gland
高低档变速箱 high low ratio gearbox
高低档手柄 high low lever
高低道式吊桥 high and low railway drawbridge
高低地相间准平原 belted outcrop plain
高低点法 high and low points method; high low method; high low points method
高低垫 high low pad
高低端检查 hi-lo-check
高低法 high low technique
高低方法 high and low points method
高低分划 range scale
高低缝接法 shiplap
高低杠 asymmetric(al) bars;high low bars;uneven paralleled bars
高低跟踪器 elevation tracker
高低归算系统 rise-and-fall system
高低轨 high low rail
高低湖 higher low water
高低机 elevating mechanism
高低机齿轮 elevating pinion
高低机缓冲器 kickdown buffer
高低机瞄准器角 angle of sight instrument
高低机手轮 elevating handwheel
高低机转把 elevating handle
高低交叉穹顶 underpitch vault
高低角 altitude angle;angular altitude
高低角操纵轮 elevation handwheel
高低脚拱 raking arch;rampant arch
高低脚拱的弧心 rampant center[centre]
高低开关杆 range selector lever
高低跨屋顶体系 high low bay roof system
高低两层式车站 double deck station
高低两速点火装置 high low firing appliance
高低量程转换开关 high low-range switch
高低流量警报装置 high low flow alarm device
高低轮式斜面升船机 ship incline with two-level wheels
高低偏差 vertical deviation
高低偏压校验 high low bias check
高低偏置检测 high low bias test
高低频发电机 high low generator
高低频混装接插件 high low frequency connector with mixed contact
高低潜水 altitude diving;diving at altitude
高低射标技术 bracketing technique
高低双位控制 high low action
高低水位报警器 high low water alarm
高低水位调节器 high low level control
高低水准器 longitudinal level
高低速差速器 two speed differential
高低速双转盘水力碎浆机 high low pulper
高低速选择杆 dual-range lever
高低提前量 vertical deflection
高低通滤波器 high(pass) and lowpass filter;low and high-pass filter
高低图 high low graph
高低位报警 high low signal alarm;hi-lo signal alarm
高低位差 vertical parallax
高低温变换 high and low temperature shift
高低温布氏硬度计 high and low temperature Brinell hardness tester
高低温冲击试验台 temperature shock tester
高低温光谱 high low temperature spectrum; spectra at high and low temperatures
高低温试验机 high low temperature tester
高低温型转变 high low transformation
高低温型转化 high low inversion
高低误差 <轨道的> disorder of surface
高低限测定 high low bias test
高低限(值) high low limit
高低相抵 compensating fluctuation
高低相间的地形 swell-and-swale topography
高低信号选择器 high low signal selector
高低压安全切断系统 high low safety system
高低压泵 high low pump
高低压瓷绝缘子 high and low tension porcelain insulator
高低压电容器 high and low voltage power capacitor
高低压回路 high low circuit; hi-lo-circuit
高低压继电器 high low voltage relay
高低压(警报)电压表 high low voltmeter
高低压控制开关 dual-pressure control switch
高低压控制器 dual-pressure controller
高低压冷水清洗机 cold water high low pressure washer
高低压联合式省煤器 hp and lp[high pressure and low pressure] mixed economizer
高低压偏值测试 high low bias test
高低压汽轮机 high(-pressure) and low pressure turbine
高低压室 dual-pressure chamber
高低压转换开关 high low pressure switch
高低液面控制 high low level control
高低液位面 <指控制器上> high low lever
高低音两用喇叭 tweeter-woofer; woofer-and-tweeter
高低音扬声器 duo-cone
高低指数 high low index
高低桩 high low
高低组设计 upper and lower groups design
高低作用 high low action
高低座的筒拱顶 rampant barrel vault
高堤 high bank
高滴点润滑脂 high dropping point grease
高底角 angular height
高地 ascent; ben; blaenau[复 blaen]; chapada; coteau; high ground; high land; hill; loma; moorland; rising ground; topographic (al) high; upland;mott(e) <上建城堡的>
高地边界断层 highland boundary fault
高地冰川 highland glacier;highland ice
高地草原 upland grassland
高地处 eminence
高地的 upland
高地地表水 upland surface water
高地河段 rithron zone; upland river section
高地河流 upland river;upland stream
高地湖泊 highland lake;upland lake
高地汇水 upland catchment water
高地来水 upland water
高地栎 highland oak
高地流域 upland catchment
高地泥炭 hill peat;upland peat
高地泥炭沼泽 upland moor
高地泥沼 upland bog
高地侵蚀 upland erosion
高地区 upland area
高地群落 pediophytia
高地热带雨林 upland tropic(al) rainforest
高地森林 upland forest soil
高地山脉 highland range
高地势 high elevation
高地适应 altitude acclimation
高地水库 elevated reservoir
高地酸性沼泽 moss moor
高地酸泽 high moor;moss moor
高地酸沼 moss moor
高地土壤 upland soil

高地隙喷粉机 high clearance duster
高地隙喷雾机 high clearance sprayer
高地隙拖拉机 high arch tractor;high clearance tractor
高地下水位 high water table;phreatic high
高地玄武岩 highland basalt
高地岩石 highland rock
高地夷平作用 altiplanation
高地应力区位置 locality of high natural stress area
高地月岩 lunar highland rock
高地沼泽 acid bog;high(-elevation) bog; high moor; high moss; hygrosphagnium; raised bog; upland bog;upland moor;upland swamp
高地震波速度带 high seismic-wave velocity zone
高地震区 pleistoseismic area
高地震危险性 high seismic risk
高点 culmination; high-spot; up-station<如利用高建筑物作目标>
高点位置 position of culmination
高碘化物 periodide
高碘酸 periodic(al)acid
高碘酸钾 potassium metaperiodate; potassium periodate
高碘酸钾分光光度法 potassium periodate spectrophotometry
高碘酸钾氧化光度法 potassium periodate oxidation photometry
高碘酸钠 sodium metaperiodate;sodium periodate
高碘酸盐 periodate
高碘酸盐木素 periodate lignin; purves lignin
高碘酸盐氧化 periodate oxidation
高碘酸盐氧化纤维素 periodate oxidized cellulose
高碘酸氧化反应 Malaprade reaction
高碘性甲状腺肿 iodide goiter
高电导率 high conductivity
高电导率铜 high conductivity copper
高电导率铜铬合金 Kumium alloy
高电导性 high conductivity
高电负元素 highly electronegative element
高电抗变压器 low-power factor transformer
高电抗电阻比 large reactance-resistance ratio
高电离层 upper ionized layer
高电离惰性气体 highly ionized noble gas
高电流密度锌电解法 high-density method
高电流熔断器 power fuse
高电平 high level;up level
高电平放电时间 high-level firing time
高电平检波器 high amplitude detector
高电平启动时间 high-level firing time
高电平输入 high-level input
高电平调制 high-level modulation; high-power modulation
高电平信号检波 high-level detection
高电势 noble potential
高电位 high potential
高电位端 hot end;hot side
高电位雷管 high-tension detonator
高电压 high voltage;high potential
高电压的 high tension;high-voltage
高电压电点火 high-tension ignition
高电压电泳法 high-voltage electrophoresis
高电压极限 high-voltage limit
高电压试验 high potential test;high-voltage test
高电压试验器 high-voltage testing device
高电压线 high-voltage transmission line
高电压纸电泳法 high-voltage paper electrophoresis
高电阻材料 high resisting material
高电阻层 resistive bed;resistive formation
高电阻的 high resistance
高电阻电热合金 high resistance electrothermic alloy
高电阻伏特计 high resistance voltmeter
高电阻合金 high resistance alloy
高电阻继电器 high resistance relay
高电阻接头 high resistance joint
高电阻率合金 high resistivity alloy
高电阻耐火杆 high resistance refractory rod
高电阻镍铬合金 karmalloy
高电阻坡莫合金 resist permalloy
高电阻绕组 high resistance wind
高电阻受话器 high resistance telephone receiver
高电阻丝 heating wire;rheostan
高电阻铁镍合金 climax
高电阻铜合金 rheostan
高电阻土壤 high resistance ground; high resistance soil
高电阻阻挡层 high resistance barrier
高殿 high place
高吊回转式装载机 overloader
高调 high contrast;high key
高调层次 highlight gradation
高调图像 high key image
高调照明 high key light(ing)
高丁坝 high groyne
高丁方程式<测定颗粒大小> Gaudi-in equation
高丁烷含量的液化石油气 high altitude LPG[liquid petroleum gas]
高顶板 inaccessible roof
高顶拱 high-crowned arch
高顶滚花螺母 high top knurled nut
高顶帽形梁<一种多孔箱形梁,状如一系列高顶帽组成> top hat beam
高顶棚 high ceiling
高顶棚的 high-ceilinged
高顶针架 higher center cradle
高定额项目 high quantity item
高定向热解石墨 highly oriented pyrolytic graphite
高定值 high set setting
高动力性的 hyperdynamic; hyperkinetic
高动力性循环 hyperdynamic(al)circulation
高动力循环状态 hyperdynamic(al) circulatory state
高动脉压 arterial hypertension
高动态响应 high dynamic(al) response
高冻橡胶 high gel rubbers
高毒性的 highly toxic
高毒性物 highly toxic compound
高毒性物质 highly toxic material; highly toxic substance
高度 altitude; elevation; height; high degree of mechanization
高度 550 毫米的大型工字钢 huge 550-millimetre high I-beams
高度摆动 highly swing
高度板 height board
高度瓣 altitude lobe
高度保险费 high premium
高度保真 high fidelity
高度比 aspect ratio
高度比例尺 altitude scale; height scale;scale of height
高度编码器 altimeter coder
高度变化 altitude variation
高度变化图 height-change chart
高度变换器 altitude converter
高度标尺 altitude scale;height scale
高度标记 height mark;number of altitude
高度标识器 height marker
高度表 altimeter; altitude ga(u)ge; altitude meter;altometer;height indicator;height scale
高度表拨正 altimeter setting
高度表定位 altimeter setting
高度表校正器 altimeter corrector
高度表校准器 altimeter calibrator
高度表气压调定窗 Kollsman window
高度表装置 altimeter setting
高度并行计算机 highly-parallel computer
高度波段开关 altitude selector
高度补偿 altimetric compensation
高度不变平台 constant height platform
高度操纵杆 altitude control lever
高度测定器 height finder;height-finding instrument
高度测绘板 height card
高度测量 height measurement;level(l)ing
高度测量器 height measuring ga(u)ge
高度测微计 height micrometer
高度差 altimeter lagging; altitude difference; difference of altitude; height difference; intercept; difference in height
高度差法 altitude difference method; Hilaire method;intercept method
高度差距 altitude intercept
高度掺杂 highly doped
高度尺 tongue
高度尺寸 height dimension
高度传动器 height driver
高度传感器 altimetric sensor;altitude sensing apparatus;height sensor
高度打光金属 highly polished metal
高度地方性的 hyperendemic
高度地势 hypsographic(al)feature
高度电位器 height potentiometer
高度定向纤维 highly oriented fiber [fibre]
高度对称 high symmetry
高度对称图 highly symmetric(al) graph
高度发育喀斯特 holokarst
高度阀 level(l)ing valve
高度范围 altitude limit;range of altitude
高度方程 height equation
高度方位表 position line table;reduction table;sight reduction table;tables of computed altitude and azimuth<美>
高度方位角 altitude azimuth
高度方位距离位置显示器 height-azimuth-range position indicator
高度方位仪 almucantar;altazimuth
高度方向<横截面中的短边> short transverse
高度方向指示器 altitude-direction indicator
高度防风雨的 highly weather resistant
高度放射性区域 high radioactive area
高度非晶态纤维素结构 highly amorphous cellulose structure
高度分布 altitude distribution
高度分化的 well-differentiated
高度分压器 height potentiometer
高度粉碎的高活性白土 porocel
高度风化土壤 highly weathered soils
高度负相关 high negative correlation
高度附加率 additional rate for room height
高度附件率 additional factor for room height
高度复杂的 highly complicated
高度改正 altimetric compensation;altitude correction
高度改正量 correction in altitude
高度改正值 altitude correction value
高度隔声 high sound insulation
高度工业化 intense industrialization
高度公差 height tolerance
高度功率因数 height power factor
高度固定 altitude hold
高度光滑表面墙板 high gloss wall slab
高度光泽 bright; high finish; highlight;press polish
高度规 height ga(u)ge;height master
高度规定<房屋> height regulation
高度过热蒸汽 highly superheated steam
高度滑尺 altitude slide
高度挥发性液体 highly volatile liquid
高度绘图仪 height card
高度活性炭氢化合物 highly reactive hydrocarbon
高度火灾危险 high fire hazard;high-fire-risk
高度机械化 high mechanization
高度机械化的 high mechanical; super-mechanical
高度机械化的编组场 highly-mechanized marshalling yard
高度机械化施工 high mechanical construction;super-mechanical construction
高度机械化施工的 super-mechanized
高度基准 altitude datum
高度集束的原纱纤维 high strand integrity fibre
高度集团管理模式 high centralized managing pattern
高度集中楼 centralized control box
高度集中所 centralized control box
高度计 altigraph;altimeter;altitude ga(u)ge; depth ga(u)ge; height ga(u)ge;height indicator
高度计编码器 altimeter coder
高度计录器 altigraph
高度计膜盒 altitude capsule
高度计数器 height counter
高度计算机 height computer
高度计装置 altimeter setting
高度记录器 altigraph;altitude recorder
高度间距 altitude interval
高度角 altitude angle; angle of altitude;angular altitude;elevating angle;vertical angle
高度角的 elevation angle
高度校正 adjustment for altitude;altitude correction;height correction
高度校正器 altimeter corrector
高度校正系数 elevation correction coefficient
高度校正因数 altitude correction factor
高度校正值 altitude corrected value; elevation correction value
高度接触类用途 high contact use
高度接收器 altitude receiver
高度节流阀 altitude throttle(valve); altitude valve
高度结晶大理石 high crystalline marble
高度界限 altitude limit
高度近视 high myopia
高度精炼法 superrefining process
高度精密 high precision
高度精确性 pinpoint accuracy
高度精细结构 hyperfine structure
高度精制的 highly refined
高度精制油 highly refined oil

高度警告装置 height warning device
高度净空 headroom
高度距离列线图 altitude distance diagram
高度距离显示器 height range indicator
高度绝缘清漆 electric(al) varnish
高度卡尺 height calipers
高度开发 intensive exploitation
高度抗震的 highly shock resistant
高度可燃的 highly combustible
高度可调的 adjustable for height
高度可调座椅 adjustable-height seat
高度克制的 fully restrained
高度空白 altitude hole
高度控制 altitude control
高度控制阀 altitude control valve; height control valve; level(l)ing valve
高度控制杆 height control lever
高度控制器 height controller
高度跨度比 depth-to-span ratio
高度裂隙化的 highly fissured
高度灵敏的 highly sensitive
高度灵敏黏[粘]土 extra-sensitive clay
高度流动性资产 highly liquid asset
高度硫化 solid cure
高度弥散的 highly dispersed
高度面积曲线 height-area curve
高度敏感的 extremely sensitive
高度磨光 high polish
高度磨光的 mirror finished
高度耐火的 highly fire-resisting; highly refractory
高度耐火构件 highly fire-resisting component
高度耐机械磨损漆 deck paint; wear-resistant paint(ing)
高度耐老化的 highly weather resistant
高度耐磨的 highly abrasion-proof; highly wear-resistant
高度耐水性胶合板 high waterproof plywood
高度挠性的 highly flexible
高度浓缩 high enrichment
高度浓缩铀 high enriched uranium
高度耦合的 highly coupled
高度排空 superevacuation
高度抛光 high polish
高度抛光的 highly polished; mirror finished
高度喷雾器 speed sprayer
高度匹配 highly matched
高度偏离 highly deviated
高度偏斜分布 highly skewed distribution
高度偏振光 highly polarized light
高度平衡树 height balanced tree
高度平齐 accordance of heights
高度平行光 high parallel light rays
高度评价 put a high price on
高度屏蔽 high shielded
高度汽车化 mass motorization
高度千分尺 microheight ga(u)ge
高度青紫的 hypercyanotic
高度清晰的图像 high definition image(ry)
高度情报化社会 advanced information society
高度求方位法 altitude azimuth method
高度曲线 altitude curve
高度圈 altitude circle
高度燃烧物 tinderbox
高度色散的 highly dispersed
高度杀伤率 high killing rate
高度闪光的薄层材料 crystopal
高度深熔岩 diatectite; diatexite
高度深熔作用 diatexis
高度升降速率指示器 altitude vertical velocity indicator
高度失真 high distortion
高度使用的传输线 high usage trunk
高度视差 altitude parallax; parallax in altitude
高度收敛级数 highly convergent series
高度受力的 highly stressed
高度受压的 highly compressed
高度受约束的 fully restrained
高度疏松的 highly porous
高度熟练的操作者 highly skilled operator
高度熟练的技工 highly skilled worker
高度数据发射器 altitude transmitter
高度数据发送器 altitude data unit
高度数据输入 height input
高度双稳态触发器 height flip-flop
高度双稳态多谐振荡器 height flip-flop
高度水化石灰 <其中氧化镁及氧化钙都经水化成氢氧化合物> highly hydrated lime
高度水硬性石灰 gloia cement
高度水准器 altitude level
高度伺服机构 height servo
高度酸性 highly acidic
高度体积曲线 height-volume curve
高度调节 depth control; elevation adjustment; elevation control; height adjustment; height control; height setting
高度调节阀 <平地机> level(l)ing valve
高度调节器 altitude controller
高度调节油缸 height control cylinder
高度调整 adjustment for altitude; adjust vertically
高度调整阀试验装置 level valve test bench
高度统计显著性 highly statistical significance
高度望远镜 altiscope
高度危险房屋 high hazard building
高度危险贮物 high hazard content
高度位置显示器 height-position indicator
高度污染 highly polluted
高度污染带 polysaprobic zone
高度无规分布 highly random distribution
高度误差 error of height; height error
高度吸收性的 bibulous
高度稀释 high dilution
高度稀释原理 highly diluted principle
高度系数 height factor
高度显示器 elevation indicator
高度显著的 highly significant
高度限位 <起重机> height-limitation
高度限位器 height limitator
高度限制 height control
高度限制标志 height limit sign
高度相关 high correlation
高度效应 altitude effect
高度信号 altitude signal
高度形变 high deformation
高度形式 pressure topography; baric topography; height pattern; isobaric topography
高度修正 altitude correction
高度修正系数 altitude correction factor
高度修正值 correction value of altitude
高度选择器 altitude selector
高度压光 super-calendering
高度压光机 super-calender
高度压缩的 highly compressed; highly pressed
高度压下量 reduction in height
高度研光 super-calendering
高度研光机 super-calender
高度延迟 altitude delay
高度液压调节机构 hydraulic height control
高度一致 accordance of heights
高度仪表 altimeter[altometer]
高度乙酰化棉纤维 fully acetylated cotton
高度易变的嵌合体 highly variable chimeric
高度易燃性材料 highly flammable material
高度易燃性构造 highly combustible construction
高度影响 elevation effect
高度游标尺 height vernier cal(l)ipers; height vernier ga(u)ge
高度游标卡尺 height ga(u)ge; height master
高度有限的 limited-height
高度与跨度之比 depth-span ratio
高度与宽度之比 depth-width ratio
高度与直径之比 aspect ratio
高度远视 hyperpresbyopia
高度增量 height gain; increment of altitude
高度增益 height gain
高度增益曲线 height-gain curve
高度增益系数 height-gain factor
高度真空 hard vacuum; perfect vacuum; high vacuum
高度真空泵 high-vacuum pump
高度真空油脂 high-vacuum grease
高度正相关 high-positive correlation
高度直径比 <用于抗剪柱栓> height-diameter ratio
高度指示差 altimeter lag
高度指示雷达 altitude marking radar
高度指示器 altitude indicator; elevation indicator; gradient meter[metre]; height indicator
高度重叠覆盖范围 height overlap coverage
高度周转 high turnover
高度轴 altitude axis
高度专业化 hyperspecialization
高度专业化的 highly specialized
高度转接开关 altitude selector
高度桩 blue top
高度装饰的 ornate
高度准确度 elevation accuracy
高度自动化 supermatic
高度自动化驱动 supermatic drive
高度自动同步机 altitude selsyn
高度自记仪 altigraph
高度自治权 high degree of autonomy
高端内存区 high memory area
高断力熔断器 high breaking capacity fuse
高断裂强度 high rupture strength
高堆储藏物 high piled storage
高堆可燃性材料 high piled combustible material
高对比成像 high contrast imagery
高对比度 high contrast
高对比度图像 high contrast image
高对比度异常 high contrast anomalies
高对比目标 high contrast target
高多岩山岗 high rocky ridge
高多岩山脉 high rocky ridge
高额偿付债务款项 high debt-service obligation
高额地租 rack rent
高额定价法 skimming pricing
高额关税 prohibitive duty; prohibitory duty
高额利润 plum
高额利息 <指高利贷者索取的> vigorish
高额投资 high investment
高额租金 rack rent
高而陡的风浪 hollow sea
高尔顿采暖通风法 Galton's[Galtonian] method
高尔顿等级次序检验 Galton's[Galtonian] rank order test
高尔顿法则 Galton's[Galtonian] law
高尔顿个体差异问题 Galton's[Galtonian] individual difference problem
高尔顿函数 Galton's[Galtonian] function
高尔顿曲线 Galton's[Galtonian] curve
高尔夫球场 golf course; golf links; links
高尔夫球场灌溉 golf course irrigation
高尔夫球场障碍湖 golf course hazard lake
高尔夫球俱乐部 golf club
高尔链 Gall's chain
高尔特阶 <早白垩世晚期>【地】 Gault stage
高尔投影 <一种圆柱投影> Gall's projection
高二氧化碳天然气 natural gas with high carbon dioxide
高发热量 gross calorific power; high calorific value
高发热量煤 high calorific value coal
高发热量气化过程 high Btu gasification process
高发热值 higher calorific value; higher heating value
高发热值油气法 high Btu oil-gas process
高发射光电阴极 high emission photocathode
高发射率 high emissivity
高矾钢 high vanadium steel
高矾水泥 high alumina cement
高矾土水泥 calcium aluminate cement
高钒的 high-vanadium
高反差 hard contrast; high bright contrast; strong contrast
高反差边缘 high contrast edge
高反差胶片 high contrast film
高反差界 abrupt contrast border
高反差全色软片 high contrast pan film
高反差图像 hard image
高反差显影液 high contrast developer
高反力 <护舷> high reaction force
高反力型 high reaction force
高反射 high reflection; high return
高反射玻璃 high reflecting glass
高反射带 high reflectance zone
高反射电介质膜 high reflecting dielectric(al) film
高反射金属薄片 highly reflective foil
高反射膜 highly reflecting film; high reflection coating
高反应性树脂 high reactivity resin
高反照率 high albedo
高泛色 hyperpanchromatic
高方位观测 high azimuthal observation
高方向辐射接收器 very-narrow-beam receiver
高芳烃溶剂 high aromatic solvent
高芳烃石油溶剂 high aromatic white spirit
高放大系数(电子)管 high amplification-factor tube; high-mu tube; high μ tube
高放电率蓄电池 high discharge rate accumulator
高放废物 high-level waste
高放接收机 powerful receiver
高放热室 high-level cave; high-level cell

高放射性 high radioactivity
高放射性侧 hot side
高放射性废水 high-level radioactive wastewater
高放射性废物容器 high activity waste container; high-level waste container
高放射性强度废物 high-level waste
高放射性物质工作室 high-level cell
高放式接收机 high-frequency amplification receiver; tuned-radio-frequency receiver
高飞 soar
高沸点 high boiling point
高沸点苯酚 high boiling phenol
高沸点的 high boiling
高沸点(化合)物 high boiler
高沸点溶剂 high boiling point solvent
高沸点溶剂馏分 tail
高沸点石脑油 high boiling point naphtha
高沸点石油产品 high boiling petroleum products
高沸点烃类 high boiling hydrocarbons
高沸点油 high-boiling oil
高沸点有机溶液 dowtherm
高沸点杂质 high boiling point impurity
高沸点组分 high boiling component
高沸化合物 high boiling compound
高沸溶剂 high boiler
高费率货物 penalty cargo
高分辨板 high resolution plate
高分辨地层倾角测井仪 high resolution dipmeter tool
高分辨地震剖面 high resolution seismic profile
高分辨度计算机图形系统 high resolution computer graphic system
高分辨度缩微胶卷 microfile
高分辨度图形 high resolution graph
高分辨度图形终端 high resolution graphic terminal
高分辨伽马射线测谱学 high resolution gamma spectrometry
高分辨光学 high resolution optics
高分辨红外探测器 high resolution infrared sounder
高分辨力光谱学 very high resolution spectroscopy
高分辨力红外辐射探测器 high resolution infrared radiation sounder
高分辨力显影剂 high definition developer
高分辨率布雷格光谱计 high resolution Bragg spectrometer
高分辨率彩色图像 high resolution colo(u)r picture
高分辨率彩色图形控制板 high resolution colo(u)r graph controlled board
高分辨率测距仪 high definition range finder; high resolution range finder
高分辨率成像雷达 high resolution imaging radar
高分辨率成像微粒 finely divided image forming particles; high resolution photographic(al) particles
高分辨率低频谱分析仪 high resolution low frequency spectrum analyser[analyzer]
高分辨率地层倾角测井 high resolution dip log
高分辨率地层倾角仪 high resolution dipmeter
高分辨率地震 high resolution seismic
高分辨率地震测量 high resolution sensing survey
高分辨率地震剖面仪 high resolution seismic profile
高分辨率地震资料处理 high resolution seismic data processing
高分辨率电视摄像机 high resolution television camera
高分辨率电子显微镜 high resolution electron microscope
高分辨率多光谱扫描器 high resolution multispectral scanner
高分辨率分光计 high resolution spectrometer
高分辨率干涉量度学 high resolution interferometry
高分辨率干涉仪 high resolution interferometer
高分辨率光存储器 high resolution optic(al) memory
高分辨率光谱学 high resolution spectroscopy
高分辨率光栅 high resolution grating
高分辨率光学掩膜 high resolution optic(al) mask
高分辨率光致抗蚀剂 high resolution photoresist
高分辨率航空磁测 high resolution aeromagnetic survey
高分辨率航空照相机 high resolution aerial camera
高分辨率航摄照片 high resolution aerial photograph
高分辨率核磁共振摄谱仪 high resolution nuclear-magnetic-resonance spectrometer
高分辨率红外辐射计 high resolution infrared radiometer
高分辨率红外辐射探测器 high resolution infrared radiation sounder
高分辨率红外辐射仪 high resolution infrared radiometer
高分辨率红外光谱学 high resolution infrared spectroscopy
高分辨率红外探测器 high resolution infrared detector
高分辨率红外探测仪 high resolution infrared sounder
高分辨率激光光谱学 high resolution laser spectroscopy
高分辨率激光雷达 high definition laser radar; high resolution laser radar
高分辨率计算机图形系统 high resolution computer graphic system
高分辨率监视雷达 high definition surveillance radar; high resolution surveillance radar
高分辨率监视雷达站 high resolution surveillance radar station
高分辨率检波器 high resolution detector
高分辨率检波器拖缆 high resolution geophone streamer
高分辨率胶片 high resolution photographic(al) film
高分辨率可见光传感器 high resolution visible sensor
高分辨率雷达 high resolution radar
高分辨率雷达影像 detailed radar image; high resolution radar image
高分辨率迈克尔逊干涉仪 high resolution Michelson interferometer
高分辨率脉冲多普勒雷达 high resolution pulse Doppler radar
高分辨率脉冲发生器 high resolution pulser
高分辨率毛细管柱状气相层析 high resolution capillary column gas chromatography
高分辨率毛细管柱状气相色谱法 high resolution capillary column gas chromatography
高分辨率密度测井 high resolution densilog
高分辨率密度测井曲线 high resolution log curve
高分辨率喷管 high resolution cathode ray tube
高分辨率气相层析 high resolution column gas chromatography
高分辨率气相色谱法 high resolution column gas chromatography
高分辨率气相色谱法高分辨率质谱法计算机联用 high resolution column gas chromatography/high resolution mass spectrometry/computer
高分辨率气相色谱法高分辨率质谱法联用 high resolution column gas chromatography/high resolution mass spectrometry
高分辨率气相色谱法质谱法联用 high resolution column gas chromatography/mass spectrometry
高分辨率扫描系统 high definition scanning system
高分辨率摄影机 high resolution camera
高分辨率深能级瞬态谱仪 high resolution deep-level transient spectrometer
高分辨率探测器 high definition detector; high resolution detector
高分辨率透镜 high resolution lens
高分辨率图像 full-resolution picture; high definition picture; high resolution picture
高分辨率图像传输 high resolution picture transmission
高分辨率图形终端 high resolution graphic terminal
高分辨率望远镜 high resolution telescope
高分辨率温度计 high resolution thermometer
高分辨率显示屏 sharpness screen
高分辨率衍射 high resolution diffraction
高分辨率仪器 high resolution instrument
高分辨能力 high resolution
高分辨(能力)显示管 high resolution cathode ray tube
高分辨倾角仪 high resolution dipmeter
高分辨熔融光纤元件 high resolution fused fibre optics component
高分辨色谱分离 high resolution chromatographic(al) separation
高分辨图像 high resolution image
高分辨图像传感器 high resolution image sensor
高分辨图形 high resolution graphics
高分辨液相色谱法 high resolution liquid chromatography
高分辨液相质谱法 high resolution liquid mass spectrometry
高分辨原子吸收光谱测量术 high resolution atomic absorption spectrometry
高分辨质谱(测定)法 high resolution mass spectrometry
高分辨质谱计 high resolution mass spectrometer
高分辨质谱仪 high resolution mass spectrometer
高分辨柱 high resolution column
高分辩力 high resolution
高分辩率 high resolution
高分解力 fine resolution; high definition; high resolution
高分解力底片 high resolution plate
高分解力扫描系统 high definition scanning system
高分解力摄像 high definition pick-up
高分解细菌 high solution bacteria
高分解有机土 saprist
高分流交通量 high-diverging volume
高分路灵敏继电器 high shunting sensitive relay
高分频监视雷达 high definition surveillance radar
高分散松香胶乳 high dispersing rosin emulsion
高分散性 highly dispersivity
高分子 high polymer; macromolecule
高分子半导体 semiconducting polymer
高分子表面活性剂 high molecular surfactant; macromolecule surfactant; polymeric surface active agent
高分子材料 high molecular material; polymeric high molecular material; polymeric material
高分子材料防水 waterproofing highly polymerized compound
高分子催化剂 polymer(ic) catalyst
高分子的 altimolecular; high molecular; macromolecular
高分子电解质 polyelectrolyte; polymer electrolyte
高分子电介质 polymeric dielectrics
高分子定向作用 polymer orientation
高分子防水材料 polymer waterproof material
高分子废物 high molecular waste; macromolecular waste
高分子分离膜 polymeric membrane for separation
高分子复合材料 polymer based composite
高分子共混物 polymer blend
高分子固体电解质 polymer solid electrolyte
高分子含氧酸 high molecular oxiacid
高分子合成材料 high molecular synthetic(al) material
高分子合成工业 high polymer synthesis industry
高分子化合物 high molecular(weight) compound; macromolecular compound; polymeric compound
高分子化学 high polymeric chemistry; polymer chemistry
高分子混凝 polymer coagulation
高分子减摩复合材料 friction(al) reducing polymer composite
高分子降解 polymer degradation
高分子胶体 polymer colloid
高分子结构 polymeric structure
高分子晶体 polymer crystal
高分子聚合化学 high polymer chemistry
高分子聚合体 high molecular polymer; macromolecular polymer
高分子聚合物 high(er) polymer; polymer; super-polymer
高分子抗磨导轨软带 high polymer anti-wear strip
高分子科学 polymer science
高分子离子 macroion
高分子两性电解质 polyampholyte
高分子量高密度聚乙烯 high molecular weight high density polyethylene
高分子量共聚物 high molecular weight copolymer
高分子量环氧增塑剂 polymeric type epoxy plasticizer
高分子量聚合物 heavy polymer
高分子量烃 high molecular weight hydrocarbon
高分子量物质 high molecular weight material; macromolecular weight material

高分子铝酸盐絮凝剂 polymer aluminate flocculant
高分子络合 polymer complexation
高分子络合物 macromolecular complex
高分子络合絮凝剂 polymeric complex flocculant
高分子膜 polymer film; polymeric membrane
高分子膜层系统 polymer film overlay system
高分子凝结剂 high molecular coagulant; macromolecular coagulant; polymer coagulant
高分子凝聚剂 high molecular coagulant
高分子破乳剂 high molecular weight demulsifier
高分子染料 polymeric dye
高分子溶液 macromolecular solution; polymer solution
高分子生成化学 polymer generative chemistry
高分子微滤膜空腔 polymeric microfiltration membrane plasma
高分子物理化学 physical chemistry of high polymers
高分子吸附 polymeric flocculant
高分子吸附剂 high molecular flocculant
高分子型离子 polyion
高分子型增塑剂 polymeric plasticizer
高分子性 polymolecularity
高分子性质 macromolecular property
高分子絮凝剂 high polymer coagulant; macromolecular flocculant; polymeric flocculant
高分子压电材料 high polymer piezoelectric(al) material
高分子盐 polysalt
高分子药物 polymer drugs
高分子增塑剂 polymeric plasticizer
高分子(重)量 high molecular weight
高分子阻尼材料 polymer damping material
高风化氧化土 acrox
高风险决策 high risk decision
高风险区 high risk area
高风险投资 high risk investment
高峰 height peak; peak; pinnacle; summit; flood tide <指洪峰>
高峰饱和度 saturation of peak hours
高峰变化系数 peaking variation factor
高峰剥采比 peak stripping ratio
高峰产量 flush production; peak production
高峰车 vehicle during the peak period
高峰车流 peak traffic flow
高峰的 alpine
高峰电流 peak current
高峰电压 peak voltage
高峰电压保护 surge protection
高峰调节 peak shaving
高峰发电(容)量 peak generating capacity
高峰方向【交】 peak direction
高峰负荷 load peak; peak consumption; peak demand; peak(ing) load
高峰负荷操作 peak load operation
高峰负荷电站 peak load station; stand-by station
高峰负荷定价 peak load pricing
高峰负荷发电厂 peak load power plant
高峰负荷发电所 peak load power station
高峰负荷发电站 peak load power station
高峰负荷供暖锅炉 peak load heating boiler
高峰负荷控制系统 peak-load controller
高峰负荷期间 peak density period
高峰负荷时间 peak hour; peak load period
高峰负荷运动 peaking service
高峰负荷运行 peaking service
高峰负荷周期 peak load period
高峰负载电压 peak load voltage
高峰负载发电厂 stub station
高峰功率 peak power
高峰供热厂 peak demand heating plant
高峰供应 peak supply
高峰(灌溉)需水率 peak demand rate
高峰耗量 peak demand
高峰耗水量 peak consumption; peak use
高峰荷载 peak(ing) load
高峰后冰期 <北美> deglacial
高峰季节 peak period; peak season
高峰季节交通 peak period traffic
高峰间隔 peak separation
高峰交通量 peak traffic; peak volume
高峰交通量变化 peak volume change
高峰交通流 peak traffic flow
高峰交通期 peak traffic period
高峰交通时间系数 peak hour factor
高峰禁止交通道路 urban clearway
高峰客流量 passenger volume of peak hours
高峰力矩 peak moment
高峰量 peak amount
高峰流量 peak discharge; peak flood; peak flow
高峰流量频率 peak flow frequency
高峰流量期间 peak flow period
高峰能力 peak capacity
高峰能量 peak energy
高峰年施工强度 peak year intensity of construction
高峰浓度 peak concentration
高峰期间 climax; fastigium; peak period; peak time
高峰期间交通 peak period traffic
高峰曲线 peaky curve
高峰热耗 peak consumption
高峰日负荷曲线 peak-day-load curve
高峰容量 peak capacity
高峰设计容量 peak design capacity
高峰生态 climax ecology
高峰时段呼叫尝试 peak hour call attempt
高峰时间【交】 busy hour (of traffic); busy period; heavy hour; peak demand; peak density period; peak hour; peak time; rush hour; rush period
高峰时间的高速公路 peak hour clearway
高峰时间的业务 peak service
高峰时间交通 peak hour traffic
高峰时间旅客 peak hour passenger
高峰时间数值 peak hour value
高峰时间停车站 rush-hour station
高峰时间运输 peak hour traffic
高峰时禁止停车道路 peak hour urban clearway; urban clearway
高峰时期 peak hour; peak period
高峰使用荷载 occupant load
高峰数量 peak quantity
高峰停放比率 ratio of parking for peak phase
高峰系数 peaking factor
高峰线路 peak hour line
高峰消耗量 consumption peak
高峰小时 busy hour (traffic); peak hour
高峰小时比率 peak hour ratio
高峰小时车流 peak hour flow; peak hour traffic
高峰小时单向最大客流量 one-way maximum peak hour passenger volume
高峰小时单向最大输送能力 one-way maximum peak hour passenger capacity
高峰小时交通 peak hour flow
高峰小时交通量 peak hour traffic; peak hour(ly) volume
高峰小时流量比 peak ratio
高峰小时旅客吞吐量 <候机楼> peak hour passenger movements
高峰小时上车率 peak hour boarding rate
高峰小时时速 peak hour speed; rush-hour speed
高峰小时系数 peak hour factor
高峰小时行车方向 rush-hour direction
高峰小时最小行车间隔 minimum running interval on peak hours
高峰效率 peak efficiency
高峰信号放大器 peak pass amplifier
高峰需水量 peak demand
高峰要求 <如电力、供水等> maximum demand
高峰应力 peak stress
高峰用量 peak consumption; peak use
高峰雨天流量 peaking wet-weather flow
高峰允许负荷 peak(ing) load allowance
高峰运输 peak traffic
高峰载重能力 peak capacity
高峰值 peak value; spike
高峰值电流 high peak current
高峰值功率 high peak power
高峰值功率激光器 high peak power laser
高峰主流向 main flow during the peak period
高峰抓货效率 cream-digging rate
高峰最大荷载 peak-peak load
高峰最大载荷 peak-peak load
高弗劳德数水流 flow of high Froude number
高伏特光电转换器 high-voltage photovoltaic converter
高氟饮用水 high-fluoride drinking water
高浮 <空載船舶> flying light
高浮雕 alto-relievo; grand relief
高符合电路 high coincident circuit
高辐射气体 high radiating gas
高辐射区 high radiation area
高辐射通量 high radiation flux
高辐照度 high irradiance
高俯角 high depression angle
高腐殖酸煤 high humic acids coal
高腐殖质淤泥土 cumulose soil
高负荷沉淀池 high rate settling tank
高负荷处理 high rate treatment
高负荷的 high duty
高负荷滴滤池 high rate trickling filter; roughing filter
高负荷过滤 high rate filtration
高负荷好氧处理 high rate aerobic treatment
高负荷好氧藻类塘 high rate aerobic algal ponds
高负荷活性污泥(处理)法 high rate activated sludge process; high rate aeration process
高负荷馈电线 heavy feeder
高负荷扩散器 highly loaded diffuser
高负荷滤池 high rate filter
高负荷模 high-duty die
高负荷喷滤池 high rate sprinkling filter
高负荷曝气 high rate aeration
高负荷曝气沉降法 high rate aeration settling process
高负荷曝气池 high rate aeration basin; high rate aeration tank
高负荷曝气处理 high rate aerobic treatment
高负荷曝气法 high-loading aeration method
高负荷生物过滤系统 high rate biofiltration system
高负荷生物滤池 high-loading biological filter; high rate biofilter; high rate biological filter; high rate trickling filter
高负荷生物滤池通风 ventilation in high rate(biological) filters
高负荷生物滤池污水循环 recirculation of sewage in high rate(biological) filters
高负荷吸附生物氧化处理 high rate adsorption biooxidation
高负荷消化池 high rate digester
高负荷消化法 high rate digestion
高负荷需氧处理 high rate aerobic treatment
高负荷一级消化池 high rate single-stage digestion tank
高负荷因素 high load factor
高负荷运行 hectar service; high-duty running; high-duty service
高负荷运转 high loaded process
高负荷藻塘 high-loading algae pond
高负温距平区 anomaly area of high-negative temperature
高负载 high capacity
高负载馈电线 heavy feeder
高负载能力钢材 heavy-duty
高复合率接触 high recombination rate contact
高复激发电机 overcompound generator
高副【机】 higher pair
高富镧氧化稀土 high lanthanum rare earth chloride
高富营养 hypereutrophication
高富营养湖泊 hypereutrophic lake
高腹板的 deep webbed
高钙粉煤灰 high-calcium flyash; high lime ash
高钙粉煤灰水泥 high-calcium flyash cement
高钙高炉渣 falling slag
高钙矿渣 high limed slag
高钙镁砂 high-calcium magnesite clinker
高钙浓度 high-calcium concentration
高钙膨润土 high-calcium bentonite
高钙生石灰 high-calcium quicklime
高钙石灰 fat lime; high-calcium lime; non-hydraulic lime
高钙石灰浆 high-calcium lime paste; high-calcium lime putty
高钙石灰块 high-calcium lump lime
高钙石灰岩 calcitic limestone; high-calcium limestone
高钙熟料 high lime clinker
高钙水泥 cement high in lime
高钙制砖黏[粘]土 gault(clay)
高干强度 high dry strength
高干缩率混凝土 high dry(ing) shrinkage concrete
高干舷船 high freeboard ship; over-rised vessel
高杆灯 high mast lighting system
高杆固定吊车 high tied static crane
高杆固定起重机 high tied static crane
高杆式照明 high mast lighting
高感光度胶片 high-speed film; speed film; superspeed film
高感应电炉 high induction furnace
高刚度塑料 high rigidity plastics
高刚度轧机 stiff mill

G

高刚性铣床 bed-type milling machine
高刚玉制品 high content corundum product
高岗子 hillock
高钢索 high wire
高高潮 higher high tide; main flood; greater flood <一个潮汐日两次潮流中的>
高高潮间隙 higher high water interval
高高潮位 higher high tide; higher high water
高高程断面 high-level profile; high-elevation profile
高高程减压平台 high-level relieving platform
高高程码头平台 high-level wharf platform
高高的【地】aloft
高锆含量 high zirconium content
高哥特式 high Gothic
高哥特式装饰花纹 high Gothic tracery
高割面 high face
高割型切割器 cutterbar for high cut; high cutting bar
高格条摇床 high riffle table
高隔空铅 high spaces
高隔墙 high partition
高铬不锈钢 high chromium stainless steel
高铬钢 high chrome; high chrome steel; high chromium steel
高铬合金 high chromium alloy
高铬合金钢 high chrome alloy steel
高铬金属陶瓷 high chromium content ceramet
高铬球 high chrome ball
高铬生铁 high chromium iron
高铬轴承钢丝 rich chromium ball-bearing steel wire
高铬铸铁球 high chromium cast-iron ball
高工钢 high-speed tool steel
高工资 higher grade pay; high wage
高工资的 well-paid
高工作度混凝土 high workability concrete
高工作面房柱式开采 high face room-and-pillar mining
高工作面钻车 high back jumbo; high face jumbo
高功力装置 high-capacity unit
高功率 super-power; high power
高功率泵 high-duty pump
高功率操作 high-power operation
高功率测量仪器 high-level instrumentation
高功率瓷介电容器 power ceramic capacitor
高功率的 high capacity; high power
高功率电动机 high-capacity motor
高功率发动机 high-capacity motor
高功率放大器 high-power amplifier
高功率归航信标台 high-power homing beacon
高功率混合机 intensive mixer
高功率火花震源 arcer
高功率激光焊接 high-power laser bonding
高功率激光器 high-power laser; super-power laser
高功率检测仪表 high-level instrumentation
高功率炼胶机 intensive mixer
高功率灵敏度 high-power sensitivity
高功率气体激光器 high-power gas laser
高功率三相感应电动机 high output three-phase induction motor
高功率石墨电极 high-power graphite electrode
高功率调制 high-level modulation; high-power modulation
高功率透镜 high-power lens
高功率微波放大器 gyrocon
高功率微波装置 high-power microwave assembly
高功率现象 high-power phenomenon
高功率因素 high-power factor
高功率质子回旋加速器 bevatron
高功率装置 high-capacity unit
高功率钻床 high-power drilling machine
高功能高分子材料 high function and high molecule material
高功能密封膏 high performance sealant
高汞灯泡 mercuric bulb
高汞镇流器 mercuric ballast
高拱 stilted arch
高拱的 high-arched; high-domed
高拱顶 sky-vault
高共振的 highly resonating
高贡献边际产品 high margined item
高估 overmeasure
高估价值 overvaluation
高钴的 cobaltic
高固体分 high solid
高固体工业用涂料 high solid industrial finish
高固体粒子涂料技术 high solid coating technology
高固体漆 high solid lacquer
高固体性 high build
高固相泥浆 high solid mud
高固有频率自记加速计 high natural frequency accelerograph
高冠齿 hypsodont
高管层 executive level
高灌溉率 high-duty of water
高灌木丛 high brush
高光 <绘画或摄影中物体的最亮部分> highlight
高光曝光 highlight exposure; joining-up exposure
高光层次 highlight details
高光瓷漆 full gloss enamel; high gloss enamel
高光点子 highlight dot
高光度恒星 super-luminous star
高光度星 high luminosity star; luminous star
高光反差 highlight contrast
高光洁度 high gloss
高光蒙片 highlight mask
高光强聚光灯 high-spot; hi-spot
高光强炭弧灯 high-intensity carbon arc lamp
高光强物镜 high-power objective
高光区无网凸版 dropout halftone
高光区域 highlight area
高光乳胶瓷漆 full gloss latex enamel
高光束 high beam
高光修版 highlight retouching
高光泽 high glaze
高光泽表面处理 high gloss finish
高光泽瓷漆 gloss enamel
高光泽电光整理布 de luxe fabric
高光泽防油纸 glazed greaseproof paper
高光泽仿防油纸 glazed imitation greaseproof paper
高光泽胶版印刷纸 glazed offset paper
高光泽胶印油墨 high gloss offset printing ink
高光泽精修 full gloss finish
高光泽面漆 high gloss finish
高光泽抛光 high luster polishing
高光泽墙板 full gloss wall slab
高光泽清漆 high gloss lacquer; high gloss varnish
高光泽色纸 colo(u)r cast paper
高光泽透明纸 glazed transparent paper
高光泽涂布封面纸 glazed coated cover paper
高光泽涂布书籍纸 glazed coated book paper
高光泽涂布纸 glazed coated paper
高光泽涂层 high brightness coating; high luster coating
高光泽涂料 full gloss paint; hard gloss paint; high gloss paint
高光泽锡粉涂布纸 burnished tin coated paper
高光泽修饰 glazed coat(ing)
高光泽印刷纸 cast-coated paper
高光泽油墨 high gloss ink
高光泽油漆 full gloss(oil) paint
高光泽釉瓷砖 high gloss enamel tile
高光泽整理 glazed finish
高光泽纸 burnished paper; glazed paper; high gloss paper
高规格 high format
高硅玻璃 high silica glass; Pyrex glass
高硅电瓷 high silica electric (al) porcelain
高硅沸石 silica-rich zeolite
高硅钙生物玻璃系 ceravital
高硅钢片 high silicon sheet iron
高硅铬铁 high silicon chromium iron
高硅含量玻璃 high silica content glass
高硅含量纤维 high silica content fiber[fibre]
高硅焊剂 high silica flux
高硅铝合金 silumin
高硅镁砖 high silica magnesite brick
高硅蒙奈尔合金 high silicon Monel
高硅锰砂 silicious manganese ore
高硅耐火材料 acid refractory
高硅耐火砖 acid refractory brick
高硅耐热玻璃 vycor
高硅耐热耐酸铸铁 tantiron
高硅耐蚀耐热熟铁 Ironac
高硅耐蚀铁合金 Elianite
高硅耐酸铁 Supiron
高硅黏[粘]土 pocket clay
高硅黏[粘]土砖 Jersey fireclay brick
高硅青铜 high silicon bronze
高硅青铜合金 high silicon bronze alloy
高硅生铁 blazed pig iron; glazed pig; high silicon(pig) iron; silvery pig iron
高硅石灰岩 high silica limestone
高硅石量纤维 high silica content fiber[fibre]
高硅水泥 high silica cement; high silica[siliceous] cement
高硅酸盐玻璃 high silicate glass
高硅钛铁 ferro-silicon-titanium
高硅陶器 flint faience
高硅铁 high silica iron
高硅氧玻璃 vycor glass
高硅氧玻璃布 high silica glass fabric
高硅氧玻璃管 vycor tube
高硅氧玻璃棉 high silica glass wool
高硅氧玻璃纤维 high silica glass fiber [fibre]; leached glass fiber [fibre]; resurrection glass fiber[fibre]; vitreous silica fiber[fibre]
高硅质硅砖 supersilica brick
高硅质石灰石 cherty limestone
高硅质釉 siliceous glaze
高硅质砖 high silica brick
高硅铸铁 ferro-silicon; high silicon (cast) iron
高硅铸铁阳极 high silicon cast-iron anode
高轨道 high altitude orbit
高贵的古代风格 noble antique (style)
高锅 heavy pot
高过 outdo
高过量 high excess
高过热气体 steam-gas
高海岸带 upper shore
高海拔地区 high altitude localities
高海拔火山口 crater of elevation; high altitude crater
高海拔潜水 high altitude diving
高氦天然气 natural gas with high helium
高含灰量 high ash content
高含蜡原油 high wax content oil
高含量放射性废水 high-level radioactive waste
高含量高炉矿渣水泥 high slag blast furnace cement
高含量减水剂 high range water reducer
高含量氧化镁石灰 dolomitic lime
高含量有机废物 high-strength organic waste
高含量有效铅 high-level of available aluminum
高含磷水平 high-level of phosphorus
高含硫轻质原油 high sulphur light crude
高含硫燃料 high sulfur content fuel
高含硫重质原油 high sulphur heavy crude
高含氢煤 perhydrous coal
高含沙采油 high sand content production
高含沙洪流 highly concentrated silt discharge
高含沙量 hyperconcentration; hyperconcentration of sediment
高含沙水流 flow with hyper-concentration of sediment; heavy sediment-laden flow; hyperconcentrated flow; hyperconcentration flow
高含水材 <含水量特高的木材> wetwood; water-core; water soak; water soak timber
高含水井 high water-cut well
高含水量 high moisture content
高含水量乳化液 high irrigated emulsion
高含水原油 high water-content crude oil; high water-cut crude oil
高含碳量 high-carbon content
高含铜焊锡 hard solder
高含盐量 high salinity; high salt content
高涵道流量比 high by-pass ratio
高焓井 high enthalpy well
高焓流体 high enthalpy fluid
高寒草甸 high cold meadow
高寒草原 high cold steppe
高寒带 paramos
高寒的 arctalpine; arctic-alpine
高寒灌丛 high cold scrub
高寒荒漠 high cold desert
高寒气候 puna
高寒群落 alpine-arctic community
高寒水泥 high frigid cement
高寒植物 psychrophyte
高耗能企业 high energy-consuming enterprises
高耗水量 high water consumption
高禾草原群落 prairie community
高合金 alloy of high percentage; high (content) alloy
高合金钢 super-alloy
高合金钢容器 high alloy steel vessel
高合金钢丝 high alloy steel wire
高合金马氏体 high alloy martensite
高和易性 high workability
高和易性混凝土 high workability concrete

高河谷 <崎岖山区中的> hoya
高河漫滩 high flood plain
高核辐射区域 area of high nuclear radiation
高荷载 high load;hi-load
高荷载钉 hi-load nail
高洪水位 high flood level
高厚比 depth-thickness ratio;ratio of height to thickness
高互导管 <电子管> high transconductance tube
高花纹轮胎 ground-grip tire[tyre]
高滑差感应电动机 high slip induction motor
高滑率电机 high slip motor
高滑石含量瓷坯 high-talc body
高环 epipodium
高环境风险区 high environmental risk area
高缓和段 super-elevation runoff
高磺胺 homosulfanilamide mafenide;marfanil
高灰分的 high ash
高灰分煤 ash coal;bone coal;dirty coal;high ash coal;high inerts coal
高灰分燃料 high ash fuel
高灰分印刷纸 imitation art paper
高灰煤 cinder(y)coal
高挥发分煤 highly volatile coal;volatile coal
高挥发煤 highly volatile coal
高挥发性的 highly volatile
高挥发性沥青煤 highly volatile bituminous coal
高挥发性轻制油类 highly volatile cut-backs
高挥发性清漆 spirit varnish
高挥发性稀释剂 highly volatile cutbacks
高挥发性油品 highly volatile product
高挥发烟煤 highly volatile bituminous coal
高挥发油 volatile oil
高回流比 high reflux ratio
高回收率开采法 clean mining
高回压 high back pressure
高混沌态 high chaotic situation
高混杂波 upper hybrid wave
高活性晶体 crystal of high activity
高活性区 high activity area
高火热 fire trap
高火险工业用房 high hazard industry occupancy
高火险区 fire trap area
高火险用房 extra-hazard occupancy;high hazard occupancy
高火灾隐患 high hazard content
高货架仓储系统 high-bay warehousing system;high-storage-racking system
高货架仓库 high bay warehouse
高货量费率 quantity rate
高货位拣选车 high lift order picker
高货位三向叉车 high lift lateral and front stacking truck
高机架式推土机 elevated sprocket bulldozer
高积云 alto cumulus(clouds)
高基 high mound
高基频叶片 high fundamental frequency blade
高基准点 high reference point
高级 premium grade;top grade;upgrade
高级巴比特合金 majestic babbitt alloy
高级白 high order white
高级白干涉色 high grade white interference colo(u)r
高级白纸板 super-patent-coated board
高级包房 <客车列车的> state room
高级包装纸 sealing paper
高级爆轰 high order detonation
高级编程接口 high-level programming interface
高级编辑 senior editor;full senior editor
高级编译程序 high-level compiler
高级编制器接口 high-level programmer interface
高级变址 high-level index
高级变质作用 high grade metamorphism;high rank metamorphism
高级表面处理系统 premium surface dressing system
高级表面处治系统 premium surface dressing system
高级别 high level
高级玻璃 advanced glass
高级薄纸 excelsior tissue
高级部件合格品 quality part
高级材料 advanced material;premium-grade material
高级财务可编程序计算器 advanced financial programmable calculator
高级操作系统 high-level operating system
高级操作员 senior operator
高级查询 advanced query
高级差分放大器 high grade difference amplifier
高级产品 premium product
高级车用机油 premium motor oil
高级车用汽油 premium motor fuel;premium motor oil
高级程序设计 advanced programming
高级程序设计语言 high-level programming language
高级程序员 senior programmer
高级齿轮 high class gear
高级储量 advanced reserves;higher category;proven reserves
高级储量百分比 percentage of higher-category reserves
高级处理 advanced treatment
高级处理法 advanced treatment method;advanced treatment process
高级船员 senior officer
高级醇 high alcohol
高级次氯化物 high test hypochloride
高级次氯酸盐 high test hypochlorite
高级淬火油 super-quench oil
高级大木作 high class carpenters' work
高级弹道导弹防御局 advanced ballistic missile defense agency
高级道路 high-type road
高级道面跑道 hard surface runway
高级的 dulux;high class;high grade;high least;high quality;high rank(ing);high-type;senior;sophisticated;superior;top flight;upper bracket;high level
高级点间线长 line length between higher-class points
高级电池 advanced battery
高级电缆屏蔽 high degree cable shielding
高级电源管理 advanced power management
高级调度 high-level scheduling
高级调度程序 high-level scheduler
高级顶灯 high-level opening light
高级镀锡钢板 best coke grade tin plate
高级段 high-level segment
高级多用钳 super-quality combination pliers
高级发光字符读出器 advanced optic(al)character reader
高级法院 higher court
高级芳烃 higher aromatic hydrocarbon;higher aromatics
高级防腐木材 quality treated wood
高级防腐漆 high grade corrosion resistant unit
高级仿真器 advanced simulator
高级非过程语言 high-level nonprocedural language
高级废水处理 advanced waste(water)treatment;advanced water treatment
高级分布均匀度 uniformity of illumination
高级分散体系 highly dispersed system
高级酚 higher phenols
高级封面纸板 dobby board
高级服务站 <汽车> superservice station
高级负责人 higher authority
高级钢 high grade steel;high-quality steel;high-tensile steel
高级工程师 senior engineer
高级工业 high order manufacturing
高级工资 higher grade pay
高级公路 high-type highway;high-grade highway
高级公司债券 high grade corporate bonds
高级功能 high order function
高级构造 higher-order structure
高级官员 top echelon
高级管理员 top manager
高级光洁度 fine finish
高级光谱技术 advanced spectroscope technique
高级光氧化 advanced photo oxidation
高级硅砖 super-duty silica brick
高级过程控制语言 high-level process control language
高级焊条 high grade electrode
高级航员 officer
高级合金 high grade alloy;super-alloy
高级合金钢 high grade alloy steel
高级合金钢冶炼法 Kelcaloy method
高级合金结构(钢) high grade alloy structure steel
高级红外前视仪器(系统) advanced forward looking infrared
高级化合物 higher-order compound
高级黄铜 high brass
高级灰口铁 high-quality grey iron
高级回收处理 advanced reclamation treatment
高级汇编语言程序设计 high level assembly language programming
高级绘图软件 high-level graphics software
高级混凝土 high-quality concrete;quality concrete
高级货物 high class cargo;high grade cargo
高级机动车道 high-level motorway
高级机器人 advanced robot
高级机油 premium engine oil
高级积分曝光表 advanced integrated light meter
高级集料 quality aggregate
高级记者 full senior reporter
高级计算处理机 advanced computational processor
高级计算机 high-level computer
高级计算器 advanced calculator
高级技工 master mechanician;top labo(u)r
高级技术机器人 high technology robot
高级技术塑料 technologic(al) plastics
高级技术卫星 advanced technology satellite
高级加工产品 high grade processed goods
高级家具手刷漆 high class furniture brushing lacquer
高级家用煤 wallsend
高级监视雷达 advanced surveillance radar
高级检查员 senior inspector
高级建模扩展 advanced modeling extension
高级建筑师 senior architect
高级舰船通信[讯]系统 advanced shipboard command communication system
高级交叉口 <无冲突平面交叉口> high-type intersection
高级交互执行程序 advanced interactive executive
高级胶印卡纸 offset post card
高级焦油酸 higher tar acid
高级教程 advanced course
高级教练 advanced training
高级教练机 advanced training machine
高级接口 high-level interface
高级紧急电话 higher precedence call
高级精度配合 high class fit
高级精加工 fine finish
高级静水压力试验 <英> high-level testing
高级聚烯烃 higher polyolefin
高级绝缘 premium insulation
高级绝缘材料 high grade insulating materials
高级(堪塔尔)电阻丝 Kanthal super
高级科学计算机 advanced scientific computer
高级科研可编程序计算器 advanced scientific programmable calculator
高级客舱甲板 salo(o)n deck
高级客车 de luxe coach
高级课程 advanced course
高级控制 advanced control
高级控制系统 advanced control system
高级会计师 senior accountant
高级快硬水泥 super-rapid hardening cement
高级雷达交通管制系统 advanced radar traffic control system
高级类别 higher category
高级列车 train de luxe
高级磷青铜 Damaxine
高级流线型列车 super-streamlined train
高级路面 high-grade pavement;heavy-duty pavement;high-type pavement;high-type surface
高级旅馆 grand hotel;high grade hotel
高级旅客列车的原型 advanced passenger train prototype
高级煤 high rank coal
高级密织薄纱 percle
高级命令 high-level command
高级模拟方法 advanced simulation method
高级模拟装置 advanced simulator
高级木雕刻刀 top-grade wood carving tool
高级木料 finish lumber
高级耐火材料 high-duty refractory
高级耐火砖 high-duty refractory brick
高级能 high grade energy
高级黏[粘]土 high grade clay
高级黏[粘]土砖 high-duty(fire)clay brick
高级镍钢管 high-quality nickel steel

tube
高级刨花板 fine chipboard
高级跑车 grand touring car
高级膨胀泡沫体 high-expansion foam
高级漂白粉 high test bleaching powder
高级品系 advanced strains
高级品种 top grade variety
高级铺面 high-grade pavement; heavy-duty pavement; high-type pavement
高级气冷却反应堆 advanced gas-cooled reactor
高级气冷却反应器 advanced gas-cooled reactor
高级气体动力学 advanced gas dynamics
高级汽油 altitude grade gasoline
高级潜水系统 advanced diving system
高级潜水员 advanced diver
高级强化生物除营养物工艺 advanced biological enhanced nutrient removal process
高级墙面漆 luxury wall finish
高级青铜 higher bronze
高级曲折形装饰线迹 superzigzag decorative stitch
高级去垢油 highly detergent oil
高级燃料 high grade fuel; high rank fuel; super-fuel; superior fuel
高级染料 high grade dyestuff
高级热交换器 sophisticated heat exchanger
高级人才 high-level man-power; senior talent
高级柔性防热材料 advanced flexible reusable surface insulation
高级软件 higher-order software; high-level software
高级软件技术 higher-order software technology
高级桑蚕丝筛网 fine silk sieve
高级商品 quality merchandise
高级商业 quality merchandise
高级上光纸 bright enamels
高级设计 high-level-design
高级设计工程师 senior design engineer
高级深海钻探计划 advanced ocean drilling project
高级深熔作用方式 diatexis way
高级神经活动 higher nervous activity
高级甚高分辨率辐射计 advanced very high resolution radiometer
高级生化技术 advanced biochemical technique
高级生物化学 advanced biochemistry
高级石料 quality stone
高级石棉 amiant(h)us; earth flax
高级石棉墙板 asbestos wallboard
高级石棉纤维 pampakopetra fibre
高级石油 green oil
高级时间继电器 high grade time relay
高级实验师 senior experimentalist
高级示波器 advanced oscilloscope
高级试验车 all-terrain vehicle
高级适向管理 top oriented management
高级手表游丝自动定长仪 super-spiromatic
高级书写纸 bond paper; super-fine writing paper
高级数据处理 advanced data processing
高级数据管理系统 advanced data management system
高级数据库系统 advanced data base system
高级数据库语言 high-level data base language
高级数据链接 high-level data link
高级数据链接控制程序 high-level data link control procedure
高级数据链路 high-level data link
高级数据链路控制 high-level data link control
高级数据链路控制程序 high-level data link control
高级数据链路控制规程 data link control procedure; high-level data link control procedure; high-level data link control protocol
高级数据链路控制器 advanced data link controller
高级数据通信[讯]线路控制过程 high-level data link control procedure
高级数据系统 advanced data system
高级水泥 high grade cement; high-quality cement; high test cement; premium cement; super-cement
高级水热蚀变 high rank hydrothermal alteration
高级水生生物学 advanced aquatic biology
高级碎裂作用方式 high grade cataclasis way
高级碳化无烟煤 meta-anthracite
高级碳素钢 high grade carbon steel
高级陶瓷 advanced ceramics
高级套房 suite deluxe
高级烃 higher hydrocarbon
高级通信[讯]功能 advanced communication function; advanced function for communication
高级通信[讯]系统 advanced communication system
高级同步气象卫星 advanced synchronous meteorological satellite
高级同系物 higher homologue
高级统计分析程序语言 advanced statistical analysis program(me) language
高级统计学 advanced statistics
高级图形编程指令 high-level graphics programming instruction
高级图形显示控制器 advanced graphic display controller
高级图形语言 high-level graphic language
高级涂层 high grade coating
高级网络 high-level network
高级网络服务 high-level network service
高级微程序设计 high-level microprogramming
高级微程序设计语言 high-level micro-programming language
高级文本管理系统 advanced text management system
高级系统设计员 senior system designer
高级细木作 good-class joinery; high class joiners' work; superior joinery
高级纤维增强复合材 advanced fiber reinforced composite
高级相变 higher-order phase transition
高级消费品 high grade consumer goods
高级效应 high order effect
高级协议 high-level protocol
高级信号处理机 advanced signal processor
高级信息技术 advanced information technology
高级信息系统 advanced information system
高级型 de luxe model
高级修车加油站 superservice station
高级烟煤 chimney coal; gas(flame) coal
高级衍生物 higher derivative
高级宴会厅 grand hall
高级氧化工艺 advanced oxidation process
高级氧化锌生产技术 production technique of high grade zinc oxide
高级氧化锌制取 production technology of high grade zinc oxide
高级夜总会 super club
高级仪表盘 premium instrument panel
高级印刷纸 text paper
高级硬红木 Chippendale mahogany
高级用户接口 advanced user interface
高级用品商店 luxury shop
高级(优质)铸铁 high-duty cast iron
高级油 special oil
高级语言 higher-order language; high-level language
高级预报观测系统 advanced forecast observation system
高级预测技术 advanced forecasting technique
高级跃迁 higher-order transition
高级云母 high mica
高级运输 high grade traffic
高级杂砂岩 high rank graywacke
高级再入系统 advanced reentry system
高级皂石 alberene; alberene stone
高级炸药 high explosive; high grade dynamite
高级债券 underlying bonds
高级照相机 advanced camera
高级真菌 higher fungi
高级真空泵 low-pressure vacuum pump
高级整理 high grade finish; high(-quality) finish(ing)
高级证券 senior issue
高级知识 high-level knowledge
高级脂肪酸 higher fatty acid
高级职工 senior staff
高级职员 executive staff; high-ranking officer; official; senior staff
高级纸(张) fine paper; high grade paper
高级指示器 high-level indicator
高级中学 secondary school; seminary; senior high school; senior middle school
高级住室 sollar
高级住宅 high grade residence; luxury house
高级住宅区 cocktall belt; exclusive residential district; high class residential zone; brownstone district <19 世纪>
高级注册 advanced registry
高级铸钢 high test cast steel
高级铸铁 high grade cast iron; high-quality cast iron; high test cast iron; semi-steel
高级专业人才 highly specialized personnel
高级专员 high commissioner
高级砖 super-duty brick
高级转向架"premium" truck
高级综合 polysynthesis; polysynthetism
高级综合数据系统 advanced integrated data system
高级作业车 aerial work carriage
高级作业吊篮 aerial work basket
高级作业控制语言 high-level job control language
高级作业平台 aerial work platform
高极地冰川 high polar glacier
高极纬度 high polar latitude
高集成数字存储器 high-density digital storage
高集灰比 high aggregate/cement ratio
高集料水泥比 high aggregate/cement ratio
高集装箱 high cube container
高记录速度示波管 high writing speed socilloscope tube
高技能 high professional qualification
高技派 <在建筑造型风格上着重表现高度生产技术> High Tech
高技术 high tech(nics)
高技术部门 high technology sector
高技术产品 high tech products
高技术产业 high tech(nology) industry
高技术产业发展规划 plans for the development of high technology industries
高技术计划领导新体制 new system of high technology program(me) leadership
高技术技能 higher level skill
高技术建筑 high tech architecture
高技术铺管法 high performance piping
高技术汽车 hi-tech car
高技术圈 high tech circle
高技术水泥复合材料 high tech cement based composite
高技术陶瓷 high performance ceramics; high technology ceramics
高技术威慑力 high technology deterrence
高剂量耐受性 high dose tolerance
高祭坛后的礼拜堂 retro-choir
高加浓反应堆 high enrichment reactor
高加浓燃料浸取器 high enrichment leacher
高加索 Caucasia
高加索地槽 Caucasus geosyncline
高加索枫扬 Caucasian wingnut
高加索山脉 Montes Caucasus
高加索式地毯 Caucasia carpet
高加索型造山带 orogenic zone of Caucasus type
高岬 head
高钾碱性花岗岩 karlsteinite
高钾膨润土 high-potassium bentonite
高价 extra over price; fancy price; heavy price; high price; high valence; long price; top price
高价出卖 selling at premium
高价出售 sell goods at high price
高价的 big ticket; expensive
高价购买 paid dearly for; give a long price for
高价货物 expensive goods; valuable cargo
高价劳务 high priced service
高价离子 high valence ion
高价耐用消费品 high priced durable consumer goods
高价商品 big ticket items
高价收盘 closing high
高价铜 cupric
高价位魅力股 high-flying glamor stocks
高价销售 sell goods at a high figure; sell goods at high price
高价氧化物 high oxide
高价银的 argentic
高架变压器 overhead transformer
高架标志 overhead sign
高架步行桥 overhead floor bridge
高架仓 overhead bin; overhead cabin
高架仓库 high rack storage
高架操纵台 elevated pulpit
高架岔线 elevated spur track
高架铲运机 flip-over bucket loader
高架长臂(堆煤)起重机 viaduct and beam crane
高架超速干道 elevated freeway
高架车道 overhead roadway

高架车站 elevated station
高架称料存仓 elevated weighing bunker
高架撑架 tower bracing
高架冲洗水箱 high flush tank
高架储藏 high stacked storage
高架储存系统 high rack storage system;elevated storage system
高架储罐 elevated tank
高架储料斗 elevated storage bin
高架村舍小屋 raised cottage
高架存煤漏斗仓 elevated storage hopper
高架带电电缆 overhead live cable
高架单轨道 overhead monorail
高架单轨电车 elevated single-track trolley bus
高架单轨起重机 overhead monorail crane
高架单轨铁路 overhead monorail; supported monorail; suspended monorail(way)
高架单轨铁路系统 overhead monorail system
高架导轨 elevated guideway;troll(e)-y track
高架导线管 elevated conduit
高架道 aerial conveyer
高架道口 raised crossing
高架道路 elevated line; elevated road; elevated street; elevation line; flyover; overhead road; overpass;road on stilts;viaduct
高架道路交通 elevated road traffic
高架的 elevated;overhead
高架的直升机屋顶停机场 elevated heliport
高架灯具 high bay lighting
高架地板 raised floor(ing)
高架地板系统 raised flooring system
高架电车 elevated car
高架电车道 aerial tramway;elevated tramway;jig back
高架电缆 overhead conductor
高架电网 overhead network
高架电线 overhead wire
高架电线连接装置 overhead wire pick-up
高架吊车 aerial car;gantry crane
高架吊车索道 elevated tramway
高架吊杆 elevating boom
高架吊运桥 <江河、港湾上的> transfer bridge
高架斗式搅拌机 elevating hopper mixer
高架渡槽 elevated aqueduct;elevated chute;elevated flume;trestle flume
高架端卸料 discharge over the head end
高架(分)支轨道 elevated spur track
高架钢柜 elevated steel tank
高架高速道路 elevated freeway
高架高速干道 overbuilding freeway
高架高速公路 elevated expressway; elevated freeway
高架高压输电线 high-voltage overhead transmission line
高架公路 elevated highway; flyover; high-flying highway; highway on stilts;overhead highway;skyway
高架公路桥 elevated highway bridge; overhead highway bridge; skyway bridge
高架供电引入线 overhead service entry
高架供暖系统 overhead system of heating
高架供水塔 elevated supply tank
高架拱桥 arch viaduct
高架沟渠 elevated ditch
高架构筑物 elevated structure
高架管道 elevated duct; elevated pipeline; overhead pipe; upper-header pipe
高架罐 gravitation tank
高架轨道<卸货用> aerial conveyer [conveyor]; carrier track; elevated track
高架轨道挖土机 trestle track excavator
高架桁架 overhead truss
高架桁架梁 overhead truss beam
高架候车厅 overhead waiting hall
高架滑车 elevating tackle
高架环行铁路 elevated loop railroad
高架环形交叉 elevated round-about
高架环形铁路 elevated loop railway
高架换载机法 transtainer system
高架混凝土喷射机 tower concrete spouting plant
高架货物线 elevated goods track
高架集装箱轮胎起重机 mobile container crane
高架挤奶台 elevated milking parlor
高架加热器 overhead heater
高架检修车 tower wagon
高架交叉道 elevated crossing; overhead crossing
高架胶带输送机 overhead belt conveyer[conveyor]
高架脚手架 trestle scaffold(ing)
高架街道桥 elevated street bridge
高架结构 aerial structure; elevated structure; overhead structure; trestle structure
高架跨线候车室 elevated overcrossing waiting room
高架跨线起重机 frame overcrossing crane
高架跨越 high-level crossings
高架快车道 elevated expressway;elevated freeway
高架快速道 elevated expressway
高架快速公路 viaduct expressway
高架快速交通桥 skyway bridge
高架缆索 telferage
高架缆索式挖掘机 trestle cable excavation
高架缆索挖土机 trestle cable excavator;trestle excavator
高架廊道 elevated gallery
高架冷却器 overhead cooler
高架犁 high beam plow; overhead frame plow
高架立交桥 viaduct over bridge
高架立体交叉公路 overhead crossing highway
高架链斗挖泥船 overhead bucket dredge(r)
高架链轮 elevated sprocket
高架梁 overhead girder
高架列车 L-train
高架溜槽链斗挖泥船 bucket dredge(r) with elevated chute
高架龙门架 overhead gantry
高架龙门起重机 overhead gantry crane
高架楼板 elevated floor
高架漏斗仓<装车用> elevated hopper bunker
高架路 bridge road; elevated road(way)
高架路拌和机 elevating roadmixer
高架辘轳 elevating tackle
高架门 up-and-over door
高架门(式起重)机 high framed portal crane;high portal-framed crane
高架模板工程 elevated formwork
高架盘式输送机 overhead pan conveyer[conveyor]
高架喷灌系统 overhead sprinkling system
高架皮带输送机 elevating belt conveyer[conveyor]
高架偏心颚式破碎机 overhead eccentric jaw crusher
高架起重机 abutment crane; bridge crane;full portal gantry;gantry;goliath(crane);overhang crane;overhead crane;portal jib crane;travel(l)ing bridge;trestle crane
高架起重机架 overhead crane frame
高架起重机梁 gantry beam
高架起重机桥架 overhead crane bridge
高架汽车路 elevated motorway
高架桥 elevated bridge;flyover crossing;grade-crossing-elimination structure;grade elimination;head bridge;high-flying bridge;high-level bridge; loading bridge; open jetty; overbridge; overhead bridge; overhead viaduct;overpass bridge;separation structure; trestle bridge; viaduct bridge
高架桥墩 viaduct pier
高架桥排架 trestle bent
高架桥式输送带 bridge conveyer [conveyor]
高架桥下人行通道 pedestrian underpass
高架桥下通道 underpass
高架桥引道 elevated approach
高架渠道 aqueduct
高架人行道 causeway;elevated footway;elevated sidewalk
高架设备 elevating appliance
高架式并条机 suspension type drawing frame
高架式储液器 overhead reservoir
高架式道路枢纽 elevated junction
高架式分隔带 raised separator
高架式机械手 castle manipulator
高架式潜孔钻机 drillmaster
高架式推土机 high drive bulldozer
高架式拖拉机 stilt-tractor
高架式显示屏 overhead display
高架式支座 overhead support
高架式装载机 overhead loader
高架式钻机 drillmaster
高架输电线 power current overhead transmission line
高架输电线路 overhead transmission line
高架输水道 water-carrying bridge
高架输送带 gantry conveying belt;overhead conveyer[conveyor]
高架输送机 aerial conveyer[conveyor];gantry conveyer[conveyor]
高架输送器 overhead conveyer[conveyor]
高架双导路<高架快速道路用> elevated double guideway
高架水槽 elevated flume; elevated trough;trestle flume
高架水池 elevated basin
高架水道 aqueduct
高架水柜 elevated reservoir;high-level tank;elevated tank
高架水渠 aqueduct bridge; aqueduct trough
高架水塔 elevated reservoir;elevated tank;gravity tank;high flush tank; high-level tank; overhead storage; overhead tank;tank on tower;head tank
高架水箱 elevated reservoir;elevated tank;gravity tank;high-level tank; overhead storage; overhead (water) tank;tank on tower
高架索道 cable telpher;telfer[telpher](line); telfer railroad; telpherage line;tower cable way
高架索道输送机 telpher conveyer [conveyor]
高架索道挖土机 trestle cable excavator;trestle track excavator
高架索道系统 telpherage
高架索道运输法 telpherage
高架塔 anchor tower
高架塔式起重机 tower gantry crane
高架台面 high-level deck
高架天线 elevated antenna
高架铁道 aerial railway;elevated railroad; elevated railway; overhead rail; overhead railway [railroad]; suspended railroad; suspended railway;suspension railway;viaduct
高架铁道车 aerial car
高架铁轨 suspension
高架铁路 aerial railway;elevated railroad; elevated railway; overhead railway;overhead railroad;suspended railroad; suspended railway; suspension railway;viaduct
高架铁路电气车 el-train
高架铁路轨(行)梁 running beam; runway beam
高架铁路环线 elevated loop
高架铁路桥 overhead railway bridge
高架通信[讯]线路 overhead post office line
高架投影机 overhead projector
高架投影仪 overhead projector
高架托板 raising plate
高架挖土机 trestle excavator
高架系船柱 overhead dolphin
高架系统 overhead system
高架狭窄人行道 catwalk
高架线(路) elevated line; elevation line;span line;overhead cable【电】
高架线路段 elevated section
高架线路桥 elevated line bridge
高架箱形桥 motor duct
高架小车 overhead trolley
高架小屋 overhead cabin
高架卸船机 unloading tower
高架卸货线<直立式低货位>【铁】 elevated unloading track
高架蓄水柜 elevated(water) storage tank
高架蓄水箱 elevated water storage tank;overhead storage water tank
高架悬吊单轨铁路 suspended monorail railway
高架移动(式)起重机 overhead travel(l)ing crane; gantry crane; frame crane
高架移动下悬起重机 underhung crane
高架引道 elevated approach
高架引桥 approach viaduct
高架有轨交通 elevated rail traffic
高架圆库 elevated silo
高架圆盘犁 overhead beam disc plough
高架源 elevated source
高架源排放 elevated emission
高架运输 elevated transportation; overhead transportation
高架运输机 overhead conveyer[conveyor]
高架运输结构 elevated transportation structure; overhead transportation structure
高架运输设备 elevating unit
高架运输装置 elevating unit
高架运送机 overhead conveyer[conveyor]
高架栈桥 viaduct
高架站台 elevated platform
高架张索 tensioned highline
高架支撑 tower brace[bracing]

G

高架支轨 elevated spur track
高架支柱 overhead strut
高架贮料仓 elevated storage bin
高架贮水池 elevated storage tank;overhead reservoir
高架贮液容器 elevated liquid container
高架抓斗吊车 overhead grabbing crane
高架装车 overhead loading
高架装料吊车 charging gantry crane
高架装料坡道 elevated loading ramp
高架装料起重机 charging gantry crane
高架装料台 elevated loading ramp
高架装卸机 overhead loader
高剪力区 area of high shear
高剪切 high shear
高剪切混和器 high shear mixer
高剪切连续搅拌机 high shear continuous mixer
高剪切黏[粘]度 high shear viscosity
高剪切区 area of high shear
高剪切型混合器 high shearing-type mixer
高剪切研磨 high shear grinding
高碱玻璃 A glass;alkali glass;high alkali glass
高碱玻璃纤维 A glass fibre; alkali glass fibre;high alkali glass fibre
高碱的 highly basic
高碱度 high alkalinity
高碱度泥浆 high pH mud
高碱度水泥 high alkali cement; high pH value cement
高碱湖 natron lake;soda lake
高碱矿渣 highly basis slag
高碱泥浆 high alkalinity mud
高碱熟料 high alkali clinker;high basic clinker
高碱水泥 high pH value cement
高碱水泥熟料 high alkali cement clinker
高碱性 high alkalinity
高碱性表面 hot surface
高碱性的 overbasic;perbasic
高碱性磺酸钙 overbased calcium sulfonate
高碱性清洁剂 overbased detergent
高建设性三角洲 high constructive delta
高建筑标准的桥 high-level bridge
高建筑物的 high building
高鉴别力 fine resolution
高槛溢洪道 high sill spillway
高降雨强度 high rate of rainfall
高交通量道路 high volume road
高焦面浮标 high focal plane buoy
高角 promontary;super-elevation
高角动量态 high angular momentum state
高角度 high angle
高角度边界 high angle boundary
高角度冲断层 high angle thrust
高角度拍摄 high angle shot
高角断层 high angle fault
高角平底钢刨 high angle smooth bottom steel bench plane
高矫顽磁力 high coercivity
高矫顽磁性 high coercivity
高矫顽磁性的 high coercive
高脚杯 stem-cup
高脚杯梃模 glass footed stem mo(u)ld
高脚杯自动成型法 stem-ware automatic forming process
高脚玻璃绝缘体 glass standoff insulator;stand-off glass insulator
高脚橱柜 tallboy
高脚吊车 ore-handling bridge
高脚碟形的 hypocrateriform
高脚柜 high boy;tallboy
高脚酒杯 chalice
高脚盘 stem-dish
高脚七斗橱【建】 high boy
高脚器皿 stem-ware
高脚双柄大酒杯 cylix[kylix]
高脚椅 high chair
高阶 high(er)order
高阶逼近 higher-order approximation
高阶表面波 higher-order surface wave
高阶差分 higher difference
高阶导数 derivative of higher order; higher derivative
高阶导数法 higher derivative method
高阶导数微商 higher derivative
高阶对合 involution of high order
高阶多次反射波 high order multiples
高阶方程 equation of higher order
高阶干扰 higher-mode interference
高阶函数 high order function
高阶合并 high order merge
高阶横波 high order transverse wave
高阶横波型 high order transverse mode
高阶环路 high order loop
高阶加法电路 high order add circuit
高阶接口 high order interface
高阶近似 high order approximation
高阶聚焦 high order focusing
高阶连接监控 high connection supervision
高阶灵敏度 high order sensitivity
高阶逻辑 high order logic
高阶马尔柯夫过程 higher-order Markov process
高阶模 high(er)(order)mode
高阶目的 high order goal
高阶抛物线 high order parabola; parabola of higher order
高阶偏微商 higher partial derivative
高阶数据链控制 high-level data link control
高阶数字 high order digit
高阶双曲线 hyperbola of higher order
高阶算术级 arithmetic(al) series of higher order
高阶弹性力学 high order elasticity
高阶弹性模量 high order elastic modulus
高阶弹性模型 high order elastic model
高阶通道开销监视 high order path overhead monitoring
高阶通道连接 high order path connection
高阶通道适配器 high order path adaptor
高阶通道未装载发生器 high order path unequipped generator
高阶通道终端 high order path termination
高阶微分 differential of higher order
高阶微分方程 differential equation of higher order
高阶微量 high(er)-order of minuteness
高阶微商 higher derivative
高阶位 high order position
高阶线性方程 linear equation of higher order
高阶线性微分方程 linear differential equation of high order
高阶相变 higher-order phase transition
高阶相干效应 higher-order coherence effect
高阶相切 contact of higher order
高阶虚容器 high order virtual container
高阶一次方程 linear equation of higher order
高阶优先文法 high(er)-order precedence grammar
高阶圆 circle of higher order
高阶振型 higher(-order) mode
高阶滞后结构 higher-order lag structure
高阶转移概率 higher transition probability
高阶自差系数 coefficient of high order deviation
高阶自回归型式 higher-order autoregressive scheme
高阶组装器 high order assembler
高节链节 stud link
高截面梁 deep beam
高截频率 high cut frequency
高截频徒度 high cut frequency slope
高截止滤波器 high stop filter
高介电玻璃 super-dielectric(al) glass
高介质烘干炉 high-frequency drying stove
高界面张力 high interfacial tension
高进气测压管测头 high air entry piezometer tip
高进气孔隙水压力测头 high air entry piezometer tip
高进气透水石 high entry porous stone
高进气值陶瓷板 high air entry disc
高精度 high degree of accuracy
高精度半自动万能外圆磨床 high fine semi-auto universal cylindrical grinder
高精度标准齿轮 high precision master gear
高精度测量 high accuracy survey; high precision survey
高精度测头系统 high precision probe and its system
高精度测重仪 precision weighing equipment
高精度齿轮 high precision gear
高精度磁(测量)法 high accuracy magnetic survey(method)
高精度大地测量学 high precision geodesy
高精度的 high precision
高精度等级的 high class
高精度低频信号发生器 high precision low frequency signal generator
高精度调谐 hair-breadth tuning; high accuracy tuning
高精度定位系统 Hi-Fix; high accuracy position system; high fix
高精度定向装置 highly directional device
高精度多功能转速计 high precision and multifunction speed meter
高精度工具 tool master
高精度管 high precision tube
高精度光学比较仪 omtimeter
高精度光学跟踪仪 cinetheodolite
高精度光学平板 high precision optic(al) plate
高精度轨道衡 high precision track scale
高精度滚齿机 high precision gear hobber
高精度滚刀刃磨床 high accuracy hob sharpening machine; high precision hob sharpening grinding machine
高精度航空磁测 high precision aeromagnetic survey
高精度恒流源 high precise current source
高精度花岗岩平台 high precision granite surface plate
高精度激光器 high precision laser
高精度激光装置 high precision laser installation
高精度级的 high class
高精度计算 high precision computation
高精度减压阀 high limit relay
高精度交流伺服数控机械滑台 high precision AC servo number-control mechanical slide unit
高精度控制点 high accuracy control point; rigid point
高精度快速绘图机 high accuracy and fast edit plotter
高精度雷达数据传输 high accuracy radar data transmission
高精度立式圆盘锯床 high precision vertical circular sawing machine
高精度立体量测仪 high precision stereometer
高精度磨床 high precision grinding machine
高精度平面磨床 high precision face grinder; high precision surface grinding machine
高精度气流测试系统 high accuracy air flow measuring system
高精度摄影测量学 high precision photogrammetry
高精度深度记录仪 high precision depth recorder
高精度数控镗头 high precision number-control boring head
高精度数字式万用表 high precision digital multimeter
高精度水准测量 high precision level(l)ing
高精度水准尺 meter rod
高精度水准仪 high precision level (instrument)
高精度丝杠车床 high precision leadscrew cutting lathe
高精度塑料连接器 high precision plastic connector
高精度太阳传感器 high precision sun sensor
高精度弹簧夹头 high precision collet chuck
高精度外圆磨床 high precision cylindrical grinder
高精度万能车床 high precision universal lathe
高精度微机控制坐标镗床 high precision micro computer-controlled jig borer
高精度无线电定位 high accuracy radio-fix
高精度无心磨床 high accuracy centerless grinding machine; high precision centerless grinder
高精度小模数卧式滚齿机 high precision small-module horizontal gear hobber
高精度肖兰(导航系统) high precision shoran; hiran; short-range navigation
高精度谐波测微仪 high precision harmonic micrometer
高精度压力计 high grade pressure ga(u)ge
高精度硬质合金工具磨床 high precision hard alloy cutter grinder
高精度油膜轴承组 high precision kelmet set
高精度运算 high accuracy arithmetic; high precision arithmetic
高精度制图系统 <瑞士产的一种精密仪器> coragraph
高精度重力法 high accuracy gravimetric survey
高精度重力仪 high accuracy gravimeter

高精度坐标测量机 high precision coordinate measuring instrument
高精尖 high grade; precision and advanced
高精尖产品 high-grade precision and advanced high products
高精密度 high precision
高精密度部件 high precision components
高精密度切削工具 high precision cutting tool
高精密行程控制校直压力机 high precision travel-control straightening press
高精确度 pinpoint accuracy; super-precision; high accuracy
高精确度公式 high accuracy formula
高精确度调整 fine control
高颈 high neck; hub
高颈法兰 hubbed flange; welded neck flange; weld(ing) neck flange
高颈凸缘 welded neck flange
高净空粉磨车间 high headroom grinding plant
高径比 height-diameter ratio
高静压式暖风机 unit heater-high-static type
高静压型风机盘管 high-static type fan-coil
高镜度 high acuity
高镜台显微镜 high stage microscope
高居里点合金 high curie point alloy
高举 high lift
高举升车 high lift truck
高举式平地机 high lift blade grader
高举式起重车 high lift truck
高举式起重机 high lift truck
高巨柱式神庙 colossal temple
高巨柱形建筑 grand order of architecture
高巨柱型 colossal order
高巨柱型壁柱 colossal pilaster
高巨柱型雕像 colossal statue
高距离喷雾机 hi-clear sprayer
高距离卸料铲斗 high dump bucket; roll-out bucket
高聚合度浆粕 high polymerised pulp
高聚合物 super-polymer
高聚合物传声器 high polymer microphone
高聚合物混凝土材料 concrete-polymer material
高聚合物网格 <土工用> high polymer grid
高聚化合物 high polymeric compound
高聚焦束 well-focused beam
高聚物 higher molecular polymer; high polymer
高聚物电解质 high polymer electrolyte
高聚物反应 polymer reaction
高聚物废物 high polymer waste
高聚物共混体 polyblend
高聚物化学 polymer chemistry
高聚合物水泥混凝土 polymer-cement concrete
高聚物物理学 polymer physics
高聚物系统物理化学 physical chemistry of high polymer systems
高聚物扬声器 high polymer microphone
高聚物组系 polymer series
高聚酰胺 super-polyamide
高聚酯 super-polyester
高踞的 perched
高绝缘性能 high insulating property
高峻地形 high relief
高卡值 high(er) calorific value
高开路电压 high open circuit voltage
高瞰图 aeroplane view
高抗爆燃料 high anti-knock fuel
高抗爆性汽油 super-gasoline
高抗冲级 high impact grade
高抗冲聚苯乙烯 high impact polystyrene
高抗穿透夹层 high impact interlayer
高抗穿透性 high penetration resistance
高抗电路 high threshold logic circuit
高抗贯穿性玻璃 high penetration resistance glass
高抗拉钢 high-tensile steel
高抗拉合金 high-tensile alloy
高抗拉结构钢 high-tensile structural steel
高抗拉强度 high-tensile strength
高抗拉强度钢丝 high-tensile strength wire
高抗拉性能 high-tensile quality
高抗硫水泥 high sulfate-resistant cement
高抗硫酸盐水泥 cement with high sulphate resistance; high resistant sulfate cement
高抗硫油井水泥 high sulfate-resistant oil well cement
高抗磨性 high wearing feature
高抗扭螺栓 high-torque bolt
高抗扰度接口器件 high noise immunity logic interface device
高抗扰度逻辑 high noise immunity logic
高抗性工程砖 highly resistant engineering brick
高抗性硅酸盐砖 highly resistant calcium silicate brick
高抗性弧形(工程)砖 highly resistant compass engineering brick
高抗性弧形灰砂砖 highly resistant compass sand-lime
高抗性径向(工程)砖 highly resistant radial engineering brick
高抗性径向灰砂砖 highly resistant radial lime sand brick
高抗性扇形灰砂砖 highly resistant radial lime sand brick
高抗性扇形砖 highly resistant radial engineering brick
高抗张强度 high-tensile strength
高靠背 high back
高靠背座椅 high back seat
高苛刻度裂化 high severity cracking
高科技 hi-tech; sophisticated science and high technology
高科技产业 high technology industry
高科技开发 development of high technology
高可见度漆 high visibility paint
高可见度颜料 high visibility pigment
高可见反射织物 high visibility reflective fabrics
高可靠性 high reliability
高可靠性软件 reliable software
高可靠性项目 high reliability item
高可靠性智能化船舶 highly reliable and intelligent ship
高空 upper air
高空冰汽转相高度 ice evapo(u)ration level
高空病 airsickness; altitude sickness; hypobaropathy
高空彩色像片 high altitude colo(u)r photograph
高空舱 altitude chamber; stratochamber
高空操作座椅 boatswain's chair
高空槽 high-level trough; trough aloft; upper trough
高空测风报告 pibal
高空测风气球 pibal
高空测高计 aerohypsometer
高空测高仪 aerohypsometer
高空测候气球 balloon sonde
高空臭氧 high-level ozone
高空磁场 high altitude magnetic field
高空大气 light air
高空大气层 outer atmosphere; upper atmosphere
高空大气(物理)学 aeronomy
高空的 <指 10000 米以上高度> high altitude
高空的绷索 high wire
高空等高线 upper-air contour
高空低气压旋风 high-level cyclone; upper-level cyclone
高空低温试验 altitude low temperature test
高空低压 upper low
高空低压槽 upper-level trough
高空电开关 altitude switch
高空电缆 aerial cable
高空电位计 alti-electrograph
高空电线检修工 <俚语> hiker
高空吊运车 overhead trolley
高空吊运输送机 overhead trolley conveyer[conveyor]
高空发动机 altitude engine
高空反气旋 high aloft; high-level anticyclone; upper (-level) anti-cyclone; upper(-level) high
高空分析 upper-air analysis
高空分析图 hodograph
高空风 upper-level wind; upper wind; wind aloft
高空风观测 upper wind observation; wind aloft observation
高空风(速)分析图 hodograph
高空风图 upper wind chart
高空锋 upper-air front; upper front
高空俯瞰图 aeroplane view; aeroview
高空俯视图 aeroplane view; aeroview
高空高度法 high altitude method
高空高气压反旋风 high-level anticyclone; upper-level anticyclone
高空高压【气】 upper high
高空工作安全绳 tag line
高空观测 aerologic(al) observation; upper-air observation
高空观测日 aerologic(al) days
高空观测站 aerologic(al) station; high altitude observatory
高空广告牌 sky sign
高空航空像片 high altitude aircraft photograph
高空航路 upper-air route; upper airway
高空航线图 high altitude strip chart
高空核爆炸 high altitude nuclear burst
高空红外传感器系统 high altitude infrared sensor system
高空化油器 altitude carburetor
高空环境 high altitude environment
高空环境试验系统 high environmental test system
高空环流 upper-air circulation
高空混合层 upper mixing layer
高空脊 high-level ridge; ridge aloft; upper-level ridge; upper ridge
高空计数 <交通量> sky count
高空减压症 altitude decompression sickness
高空节流阀 aerologic(al) throttle valve; upper-air throttle
高空经纬仪 aerologic(al) theodolite
高空痉挛 altitude tetany
高空空气 altitude air
高空空气调节设备 high altitude air-conditioning equipment
高空空气动力学 super-aerodynamics
高空空气活门 altitude valve
高空恐怖 aerophobia
高空恐惧症 acrophobia
高空冷锋【气】 upper cold front
高空模拟室 altitude chamber
高空模拟装置 altitude simulator
高空逆温 overhead inversion
高空气层 aerosphere
高空气候 upper-air climate
高空气候的 aeroclimatic
高空气候学 aeroclimatology; upper-air climatology
高空气流 upper(-air) current
高空气球 aerostat; high altitude balloon
高空气团 upper-air mass
高空气温 temperature aloft; upper-air temperature
高空气象报告 upper-air report
高空气象的 aerologic(al)
高空气象(观测)站 aerologic(al) station; upper-air synoptic(al) station
高空气象计 aerograph; aerometeorograph
高空气象记录仪 aerograph
高空气象探测气球 sounding balloon
高空气象探测仪 sonde
高空气象图 aerographic(al) chart
高空气象网 aerometric network
高空气象学 aerology
高空气象学家 aerologist
高空气旋 high-level cyclone; upper-level cyclone
高空砌筑作业工 steeplejack
高空取样计划 high altitude sampling program(me)
高空缺氧 altitude anoxia; altitude hypoxia
高空扰动 upper-air disturbance; upper-level disturbance
高空设备 altitude plant
高空摄影(术) high altitude (aerial) photography; space photography
高空摄影学 aerophotography
高空甚高频全向信标 high altitude very high frequency omniranger
高空升降台 giraffe
高空生物学 aerobiology
高空失事 high altitude accident
高空施工作业工人 steeplejack
高空使用权 overhead easement
高空试车台 altitude test facility
高空试验 high altitude test
高空试验舱 altitude chamber
高空试验飞行器 high altitude test vehicle
高空试验(模拟)室 altichamber; altitude chamber; high altitude laboratory
高空适应 altitude acclimation
高空适应性 altitude acclimatization
高空搜摄 high altitude reconnaissance
高空索道 overhead cable way
高空探测 aerologic(al) ascent; aerologic(al) sounding; sound ranging; upper-air sounding
高空探测火箭 <气球带到高空发射的> high altitude rocket; rockoon; sounding vehicle; skyrocket
高空探测技术 altitude acquisition technique
高空探测站 upper-air sounding station
高空探测装置 sonde
高空天气图 upper-air map; upper-air chart
高空投放 high drop
高空图 upper-level chart; upper-air chart
高空图解 aerogram
高空卫星 high altitude satellite
高空物理学 aerophysics

高空下沉空气 superior air
高空像片 high altitude photograph
高空信风 overtrades;overtrade wind
高空悬浮物 high altitude suspension
高空烟 smoke aloft
高空研究 high altitude research
高空仪器 aerologic(al)instrument
高空阴天 undercast
高空预报 high-level forecasting
高空预报图 protour chart
高空云 upper cloud
高空云层 upper cloud layer
高空载的 high idle
高空增压器 altitude supercharger
高空站 upper-air station
高空照相机 altitude camera
高空侦察 high altitude reconnaissance
高空自动同步机 altitude selsyn
高空作业 aloft work;high-rise operation;work high above the ground;working aloft;work in mid-air
高空作业车 aerial work truck;lifting truck of high altitude working;overhead working truck
高空作业费 height money;high time allowance;high pay <美>;high money <英>
高空作业辅助工 steeplejack's mate
高空作业工 high climber
高空作业工人 steeplejack
高空作业津贴 height money;high pay;high time allowance
高空作业升降车 elevator for high altitude working
高孔进水口 high-level intake
高孔隙度的 highly porous
高孔隙率凝胶态纤维 high porosity gel-state fibre
高孔隙率填料 high porosity media
高库 high basin;upper basin;upper pool
高库水面 high pool level
高跨比 <高度与跨度之比> depth ratio;depth(-to)-span ratio;pitch;ratio of rise to space;ratio of rise to span;rise(-to)-span ratio
高跨比为单数的屋顶 odd-pitch roof
高跨不等的筒形体交叉的 cylindro-cylindric(al)
高跨不等球体与筒形交叉拱 cylindro-spheric groin
高跨导管 high transconductance tube
高跨导孪生管 biotron
高跨相等面坡 full pitch
高跨一与四比 quarter pitch
高块 <混凝土浇筑层> high lift
高块浇筑 high lift concreting;high lift placing
高块施工 <大体积混凝土的> high lift construction for mass concrete
高宽比 depth(-to)-width ratio;height-to-width ratio;high-to-width ratio;rise and run <楼梯踏步>
高宽装载检测器 height-width contour detector;high and wide load detector
高矿房回采 high roof mining system
高矿化地热卤水 highly mineralized geothermal brine
高矿化度 high salinity;hypersalinity
高矿化度处理 highly mineralized water treatment
高矿化度泥浆 high salinity mud
高矿化水 high salinity water
高矿化作用 high mineralization
高阔比 depth(-to)-width ratio;high-to-width ratio
高拉力 high-tensile strength;high tension
高拉力钢筋 high-tensile steel
高拉力钢筋的电加热 electric(al) heating of high-tensile bars
高拉力异形钢筋 high-tensile deformed steel bar
高拉强钢筋 high-tensile steel bar
高拉索塔 tall guyed tower
高蜡沥青 high wax containing asphalt
高蜡石油 high wax oil
高栏板卡车 high-sided truck
高栏板拖车 rack-type wagon
高缆索运木法 high line logging
高浪 high sea
高雷诺数风洞 high Reynold number wind tunnel
高雷诺数水流 high Reynold number flow
高肋金属网 high rib lath
高离析液相色谱法 high resolution liquid chromatography
高篱 high hedge
高立式拦沙障 tall sand arresting hedge
高丽窑 Korean ware
高利 high interest
高利产品 high margined item;high margin product;high profit product
高利贷 dear money;usurious loan;usury
高利贷的 usurious
高利贷款项 dear money
高利贷者 loan shark;usurer
高利的 usurious
高利率 dear money;high interest rate
高利率限值 usury ceiling
高利率资金 dear money
高利项目 high profit item
高利用率 high usage
高利用率车 heavy utilization car;high mileage car
高利用率传输线 high usage trunk
高利用率干线组 high usage group
高沥青褐煤 distillation coal
高沥青泥炭 creashy peat
高粒位极限指示器 high-level limit indicator
高粒性流性 high-viscosity fluid
高链板输送机 push-plate conveyer [conveyor]
高链节 high link
高良姜油 galangal oil
高梁架指示灯 <起重机> high beam light
高梁桥 grade elimination
高粱 broomcorn;Indian millet;sorghum;Arabian millet;grain sorghum;guinea corn;kafir corn;non-saccharine
高粱杆画 picture made of sorghum stalk
高粱杆帘 sorghum stalk curtain
高粱杆制品 sorghum stalk products
高粱壳 sorghum husk
高粱酸 kafiroic acid
高亮度 high brightness;highlight
高亮度分光计 high luminosity spectrometer
高亮度固定式放映机 high brightness stationary cine projector
高亮度光束 high brightness beam
高亮度光源 higher source luminance
高亮度后向反射板栅 high-intensity retro-reflect sheeting
高亮度幻灯机 high brightness slide projector
高亮度进场照明 high-intensity approach lights
高亮度聚光因子 high brightness concentration factor
高亮度均衡器 highlight equalizer
高亮度色 high luminance colo(u)r
高亮度显示器 high brightness indicator
高亮度阴极射线管 high-intensity cathode-ray tube
高量程 high range
高量负荷 crest load
高量子数 high quantum number
高烈度 high intensity
高烈度区 highly seismic region;highly seismic zone
高临界流速 higher critical velocity;upper critical velocity
高临界温度超导体 high critical temperature superconductor
高临界压强 high critical pressure
高磷含量 high content of phosphorus
高磷煤 high phosphorus coal
高磷浓度 high phosphorus concentration
高磷生铁 high phosphorous pig iron;phosphoric(pig)iron
高磷水平 high levels of phosphorus
高磷闸瓦 high phosphor brake shoe
高磷铸铁 ferrophosphor;high phosphorous cast iron
高磷铸铁闸瓦 high phosphorous cast iron brake shoe
高灵敏度 high sensitivity
高灵敏度曝光表 ultra-sensitive exposure meter
高灵敏度的 highly sensitive;high resistive;hypersensitized;super-sensitive;ultra-sensitive
高灵敏度低温超导磁力线 ultra-sensitive super-conduction cryogenic magnetometer
高灵敏度地震仪 high sensitivity seismograph
高灵敏度电流计 high sensitivity galvanometer
高灵敏度调节器 superregulator
高灵敏度感烟探测器 high sensitive smoke detector
高灵敏度激光探测系统 high sensitivity laser detection system
高灵敏度继电器 high sensitive relay;super-sensitive relay
高灵敏度检测器 high sensitivity detector
高灵敏度解调器 high sensitivity demodulator
高灵敏度控制系统 quick-response control system
高灵敏度量程 high range
高灵敏度流量计 high sensitivity flowmeter
高灵敏度黏[粘]土 quick clay
高灵敏度软黏[粘]土 quick soft clay
高灵敏度摄像管 pesticon;photicon
高灵敏度示波器 high sensitivity oscilloscope
高灵敏度试验器 high sensibility tester
高灵敏度钍显色剂 high sensitive chromogenic reagent for thorium
高灵敏度肖兰系统 extended range Shoran
高灵敏度压力计 ultra-sensitive pressure ga(u)ge
高灵敏度真空管电压表 high sensitive vacuum tube voltmeter
高灵敏钍显色剂 high sensitive chromogenic
高岭化土 kaolinsol
高岭棉 kaowool
高岭黏[粘]土 kaolinfon
高岭砂 kaolin sand
高岭砂岩 kaolin-sandstone
高岭石 ancudite;clayite;kaolinite;smalite
高岭石埃洛石型高岭土 kaolin ore of kaolinite-halloysite type
高岭石化 kaolinisation
高岭石化作用 kaolinization[kaolinisation]
高岭石结构 kaolinite structure
高岭石晶体 kaolin crystal
高岭石类 kaolinite group
高岭石泥岩 kaolinite mudstone
高岭石泥岩夹矸 tonstein
高岭石黏[粘]土 kaolinite clay;kaolinitic clay
高岭石无定形中间体 prokaolin
高岭石型高岭土矿石 kaolin ore of kaolinite type
高岭石岩矿石 kaolinite ore
高岭石页岩 kaolinic shale
高岭石组 kandite
高岭土 alumin(i)um flake;argilla;bolus alba;carclazyte;china clay;kaolin(clay);kaoline;kaolin mineral;kleit;porcelain clay;porcelain earth;white bole;white clay
高岭土尘肺 kaolinosis
高岭土催化剂 kaolin catalyst
高岭土捣浆 blunging of kaolin
高岭土的 kaolinic
高岭土动力膜 kaolin dynamic membrane
高岭土粉 kaoline powder;powdered kaolin
高岭土粉末 kaolin powder
高岭土甘油酰浆 <一种偶联剂> kaolin glycerol paste
高岭土化的 kaolinised[kaolinized]
高岭土化花岗岩 china stone
高岭土化作用 kaolinisation[kaolinization]
高岭土棉 kaolin wool
高岭土囊 kaoline pocket
高岭土黏[粘]土 kaolin(ite)clay
高岭土散凝作用 kaolinite deflocculation
高岭土砂 kaolinitic sand
高岭土稀释剂 Barden
高岭土纤维 kaolin fiber
高岭土型风化壳 residuum of kaolin type
高岭土悬浊液 kaolin suspension
高岭土质耐火纤维 kaolin wool;kaowool
高岭土质黏[粘]土 kaolinitic clay
高岭土属 kaolinite group
高岭土砖 kaolin brick
高岭土自动絮凝作用 kaolinite autoflocculation
高岭土族 kaolin group
高岭质土 kaolinsol
高菱镁水泥 magnesia cement;magnesium oxychloride cement
高领的 high necked
高流动度混凝土 free fluidity concrete
高流动性 deep flow;easy flow;free flowing;high flow;high fluidity;high workability;soft flow
高流动性混凝土 buttery concrete;high fluidity concrete
高流动性液体 searching fluid
高流量 high flow capacity
高流率 high flow rate
高流速 high flow speed
高流速河道水流 high river flow
高流速双室床 high-velocity double-chamber bed
高流态 upper flow regime
高流态混凝土 <坍落度大的> quaking concrete
高流体热能带 high fluid potential belt
高硫残渣 high sulfur[sulphur] residues
高硫的 doctor positive;high sulfur

高硫低级煤 grizzle
高硫钢 high sulfur[sulphur] steel
高硫含量 high sulfur[sulphur] content
高硫化氢天然气 natural gas with high sour
高硫焦碳 high sulfur[sulphur] coke
高硫矿物燃料 high sulfur[sulphur] fossil fuel
高硫劣煤 grizzle
高硫煤 high sulfur[sulphur] coal
高硫燃料 high sulfur[sulphur] combustor;high sulfur[sulphur] fuel
高硫燃料油 high sulfur[sulphur] fuel oil
高硫石油 high sulfur[sulphur] oil
高硫酸 persulphuric acid
高硫酸铵 ammonium persulfate
高硫酸铵试法 ammonium persulfate test
高硫酸钾 potassium persulfate
高硫酸盐 supersulfate [supersulphate];persulphate
高硫酸盐法 persulfate method
高硫酸盐矿渣水泥 supersulfated slag cement
高硫酸盐水泥 supersulphated cement
高硫瓦斯油 high sulfur[sulphur] gas oil
高硫原油 high sulfur[sulphur] crude (oil);sour crude
高楼 tall building;high-rise building
高楼菜馆 tower restaurant
高楼餐馆 tower restaurant
高楼底层架空柱 pilotis
高楼顶瞭望台 sky deck
高楼饭店 tower restaurant
高楼架空底层用柱子 pilotis
高楼建筑物 high-rise building; tall building
高楼楼层 tower floor;tower stor(e)y
高楼楼梯 tower stair(case)
高楼屋顶直升飞机停机场 elevated heliport
高漏磁变压器 stray transformer
高漏泄变压器 high leakage transformer
高炉 blast furnace;high furnace;shaft furnace;blast furnace
高炉产量 furnace processor
高炉车间 blast-furnace plant
高炉衬砌 blast-furnace lining
高炉出铁 blast-furnace casting;blast-furnace tapping
高炉出渣 tap cinder
高炉大砖 blast-furnace block
高炉吊罐 hoisting bucket
高炉翻斗车 skip
高炉翻斗绞车 blast-furnace skip hoist
高炉废水的组成 composition of wastewater of blast furnace
高炉风阀 blast-furnace gate
高炉工 blast-furnace man
高炉工作台 blast-furnace platform
高炉鼓风 blast-furnace air
高炉鼓风机 blast-furnace blower
高炉硅酸盐水泥 blast-furnace Portland cement
高炉硅铁 silvery pig iron
高炉横烟囱 furnace bridge
高炉环梁壳 mantle
高炉环形排水槽 garlane
高炉环状风管 blast-furnace bustle pipe
高炉灰 blast-furnace dust
高炉火山灰水泥 blast-furnace trass cement
高炉加速鼓风 overblow
高炉焦 blast-furnace coke
高炉焦产率 furnace coke yield
高炉焦炭 blast-furnace coke;metallurgic(al) coke
高炉焦炭水分计 coke moisture meter for blast furnace
高炉焦油沥青 blast-furnace pitch;blast-furnace tar
高炉绞车 blast-furnace hoist
高炉结晶渣 melilite
高炉旧炉衬拆除设备 blast-furnace tear down apparatus
高炉开口机 tap-hole of blast furnace
高炉块矿 blast-furnace lump ore
高炉块矿渣 blast-furnace lump slag
高炉块渣 blast-furnace lump slag
高炉矿粉 blast-furnace iron powder
高炉矿渣 blast-furnace cinder;blast-furnace slag
高炉矿渣波特兰水泥 blast-furnace slag Portland cement
高炉矿渣粗骨料 blast-furnace slag coarse aggregate
高炉矿渣粉 ground granulated(blast) furnace slag
高炉矿渣骨料 blast-furnace slag aggregate
高炉矿渣硅酸盐水泥 Portland blast furnace cement; silicate blast-furnace cement
高炉矿渣混凝土 blast-furnace slag concrete
高炉矿渣集料 blast-furnace slag aggregate
高炉矿渣铺路石 blast-furnace slag (paving) sett
高炉矿渣砂 blast-furnace slag sand
高炉矿渣砂混凝土 blast-furnace slag sand concrete
高炉矿渣水泥 blast-furnace slag cement
高炉矿渣水泥木屑板 blast-furnace slag cement flake board
高炉矿渣填充料 blast-furnace slag filler
高炉矿渣纤维 blast-furnace slag fiber [fibre]
高炉矿渣扎石砂 blast-furnace slag sand; broken blast furnace slag sand; broken cinder sand; broken slag sand
高炉矿渣砖 blast-furnace brick
高炉矿渣组合铺屋面 blast-furnace built-up roof(ing)
高炉冷料柱 pillaring
高炉冷炉缸 chill in the hearth
高炉利用系数 capacity factor of a blast furnace;utilization coefficient of a blast furnace
高炉料罐车 blast-furnace car
高炉料罐起重机 blast-furnace bucket hoist
高炉料钟 blast-furnace top bell
高炉炉尘泥 blast-furnace top gas mud
高炉炉衬 blast-furnace lining;shirt
高炉炉衬顶气压发电 furnace top pressure power generation
高炉炉底风冷盘 plenum[复 plenums/plana]
高炉炉底结块 horse;Salamander
高炉炉底铁块 Salamander
高炉炉腹 bosh
高炉炉腹砖 bosh brick
高炉炉盖 bell
高炉炉缸 blast-furnace crucible; blast-furnace well
高炉炉喉 blast-furnace throat
高炉炉架 blast-furnace frame
高炉炉身 blast-furnace shaft;inwall;stack
高炉炉身外壳 blast-furnace stack casing
高炉炉头 top cone
高炉炉腰 belly of blast furnace;saucer bosh
高炉炉渣 blast-furnace slag
高炉炉渣粗骨料 blast-furnace slag coarse aggregate
高炉炉渣粗集料 blast-furnace slag coarse aggregate
高炉炉渣粉末 blast-furnace slag dust
高炉炉渣铺路小方块 blast-furnace slag(paving) sett
高炉炉渣砂混凝土 blast-furnace slag sand concrete
高炉炉渣碎屑 blast-furnace slag chip(ping)s
高炉炉渣填塞 blast-furnace slag fill(ing)
高炉煤焦油 blast-furnace(coal) tar
高炉煤焦油沥青 blast-furnace coal tar pitch
高炉煤沥青 blast-furnace(coal) tar
高炉煤气 blast-furnace gas
高炉煤气调节器 blast-furnace gas regulator
高炉煤气阀 blast-furnace gas valve
高炉煤气机 blast-furnace gas engine
高炉煤气净化器 blast-furnace gas cleaner
高炉煤气汽轮机 blast-furnace gas turbine
高炉煤气燃烧器 blast-furnace gas burner
高炉煤气洗涤废水 blast-furnace gas scrubbing wastewater; wastewater from blast furnace
高炉煤气洗涤水 blast-furnace gas scrubbing water
高炉煤气洗涤塔 blast-furnace gas scrubber
高炉锰铁 blast-furnace ferromanganese
高炉内型 blast-furnace profile
高炉泥炮 blast-furnace gun
高炉凝灰岩水泥 blast-furnace trass cement
高炉暖气 furnace heating
高炉暖气设备 warm-air furnace heating
高炉排水 blast-furnace drainage
高炉泡沫矿渣 <一种水淬矿渣> foamed slag
高炉泡沫熔渣粉 foamed blast-furnace slag powder
高炉泡沫熔渣混凝土砌块 foamed blast-furnace slag concrete building block
高炉配料 blast-furnace burden
高炉配料秤 blast-furnace burden scale
高炉配料钟 bell-type distributing gear
高炉配装料 blast-furnace burden
高炉喷煤粉设备 coal powder injection equipment
高炉砌砖 blast-furnace brickwork
高炉燃油 furnace oil
高炉热风采暖 warm-air furnace heating
高炉热风炉 blast-furnace hot blast-stove
高炉热风器 hot-blast stove
高炉热行 run hot
高炉熔矿渣 blast-furnace slag
高炉熔渣 blast-furnace cinder;blast-furnace slag;furnace clinker;thermocrete
高炉熔渣骨料 blast-furnace slag aggregate
高炉升降机 blast-furnace lift
高炉生产炉周期 blast-furnace production campaign
高炉生铁 blast-furnace cast iron
高炉石墨 blast-furnace graphite;kish graphite
高炉寿命 life of blast furnace
高炉水泥 blast-furnace cement;fondu
高炉死铁 bear
高炉探尺孔 try hole
高炉提升机 furnace hoisting machine
高炉瓦斯 blast-furnace gas; furnace exhaust
高炉下气道 downcomer
高炉下渣 tap cinder
高炉型线 blast-furnace line
高炉烟囱 blast-furnace stack
高炉用焦炭 blast-furnace coke
高炉用耐火砖 furnace brick
高炉用泥炮 blast-furnace mud gun
高炉用装料斗 foundry bucket
高炉渣 furnace slag;hot oven slag
高炉渣口冷却器 jumbo
高炉渣水泥 blast-furnace cement
高炉渣碎粒砂 crushed ballast-furnace slag sand
高炉渣铸石 blast-furnace slag cast stone
高炉蒸汽鼓风机 blast-furnace steam blower
高炉铸铁 blast-furnace cast iron
高炉砖 blast-furnace block;blast-furnace brick
高炉自动化 automation of blast furnace
高炉自动控制系统 automatic control system for blast furnace
高路堤 high fill
高路拱 high camber;high crown
高路拱的 high-crowned
高路基 <卸货用> elevated formation level
高铝的 rich in alumina
高铝电瓷 high alumina electric(al) porcelain
高铝矾土熟料 bauxite chamot(te); high alumina clay chamot(te)
高铝矾土水泥 aluminous cement
高铝刚玉 bauxite based fused corundum
高铝硅酸盐砖 aluminous silicate brick
高铝红柱石 mullite
高铝红柱石砖 mullite brick
高铝火泥砖 aluminous fire(clay) brick
高铝绝热砖 high alumina insulation firebrick
高铝矿渣 aluminous clinker; aluminous slag
高铝炉渣 aluminous clinker; aluminous slag
高铝耐火材料 alumina[aluminous] refractory
高铝耐火材料制品 high alumina refractory product
高铝耐火浇注料 high alumina castable
高铝耐火纤维及其制品 high alumina refractory fiber and its products
高铝耐火制品 aluminous refractory product;bauxite refractory product
高铝耐火砖 aluminous fire(clay) brick;high alumina fireclay brick
高铝黏[粘]土 bauxite clay;high alumina clay
高铝黏[粘]土矿石 alumina clay ore
高铝砌块 alumina block
高铝球磨球 high alumin(i)um grinding ball
高铝熔渣 aluminous clinker
高铝砂 high alumina sand

高铝生料 raw bauxite
高铝水泥 alumina(te) cement; alumin(i)um cement; aluminous cement; bauxite cement; bauxitic cement; calcium aluminate cement; fondu; high alumina cement
高铝水泥混凝土 aluminous cement concrete; high alumina cement concrete
高铝水泥浇注料 alumina cement castable refractory
高铝水泥熟料 high alumina cement clinker
高铝酸盐 perhafnate
高铝陶瓷 alumina ceramics
高铝陶瓷分段绝缘器 alumina porcelain sectional insulator
高铝氧的 high alumina
高铝(氧)玄武岩 high alumina basalt
高铝(氧)砖 high alumina brick
高铝叶蜡石 hydralsite
高铝渣 high alumina slag
高铝制品 high alumina products
高铝质耐火材料 high alumina refractory
高铝质耐火纤维 high alumina fiber [fibre]
高铝铸铁 alumin(i)um cast iron
高铝砖 alumina brick; alumina refractory; bauxite brick; high alumin(i)um brick
高铝砖抗剥落性 spalling resistance of alumina brick
高率保险 hazardous insurance
高氯的 perchloric
高氯化物 perchloride
高氯化物水平 high chloride level
高氯煤 high chlorine coal
高氯酸 Fraude's reagent; perchloric acid
高氯酸铵 ammonium perchlorate
高氯酸铵炸药 ammonium perchlorate explosive
高氯酸钡 barium perchlorate
高氯酸分解 decomposition with HClO4
高氯酸钙 Calcium perchlorate
高氯酸汞 mercuric perchlorate
高氯酸钴 cobaltous perchlorate
高氯酸钾 potassium hyperchlorate; potassium perchlorate
高氯酸钾电解液 perchloric acid bath
高氯酸钾炸药 potassium perchlorate explosive
高氯酸肼 hydrazine perchlorate
高氯酸锂 lithium perchlorate
高氯酸镁 dehydrite; magnesium perchlorate
高氯酸钠 sodium perchlorate
高氯酸镍 nickelous perchlorate
高氯酸铅 lead perchlorate
高氯酸羟胺 hydroxylamine perchlorate
高氯酸氢氟酸分解 decomposition with mixture of HClO4 and HF
高氯酸铷 rubidium perchlorate
高氯酸铯 cesium perchlorate
高氯酸锌 zinc perchlorate
高氯酸盐 perchlorate
高氯酸盐酸分解 decomposition with mixture of HClO4 and HCl
高氯酸盐炸药 perchlorate explosive
高氯酸氧硫 sulfur oxide perchlorate
高氯酸乙酰酯 acetylperchlorate
高氯酸乙酯 perchloric acid ether
高氯酸银 silver perchlorate
高氯酰氟 perchloryl fluoride
高氯乙烯 perchloro-vinyl
高轮车 high wheeled car
高轮拖木车 carry log
高轮运材挂车 katydid; logging wheels
高罗汉松 brown pine
高螺旋钻头 high helix drill
高落差水轮机阀 Johnson valve
高落搅拌 agitation cascade
高落式浮选机 cascade machine
高马赫数发动机 high Mach number engine
高马炸药 homomartonite
高码头面板的透空式桩基码头 <即高桩码头> high-level open wharf
高脉冲重复率激光器 high pulse repetition laser
高锚链孔 bold hawse
高帽窑 high hat kiln; top hat kiln
高煤化褐煤 metalignitous coal
高煤化壳质组 meta-exinite
高煤化类脂体 meta-liptinite
高煤化沥青体 meta-bituminite
高煤化渗出沥青体 meta-exsudatinite
高煤化微暗煤 metadurite
高煤化微亮煤 meta-clarite
高煤化无烟煤 meta-anthracite; metabituminous coal
高煤化藻类体 meta-alginite
高煤化藻煤 meta-boghead coal
高煤化烛煤 metacannel coal
高镁白云石 huntite
高镁波特兰水泥 high magnesia Portland cement
高镁方解石 high magnesian calcite
高镁硅酸盐水泥 high magnesia Portland cement
高镁生石灰 dolomite quicklime
高镁石灰 dolomitic(quick) lime; high magnesium lime
高镁水泥 high magnesian cement
高镁文石 high magnesian aragonite
高猛度炸药 rending explosive
高锰不锈钢 high manganese stainless steel
高锰钢 austenite manganese steel; austenitic(manganese) steel; Hadfield manganese steel; high manganese steel
高锰钢辙叉 high manganese steel frog
高锰钢辙叉及护轨 high manganese steel rail and guard rail
高锰钢整铸辙叉 solid-cast manganese steel frog
高锰钢铸件 high manganese steel casting
高锰高氮不锈钢 Tenelon
高锰合金钢 high manganese steel
高锰镍耐磨钢 Tisco steel
高锰生铁 high manganese pig iron
高锰酸 permanganic acid
高锰酸铵 ammonium permanganate
高锰酸钡 barium permanganate
高锰酸的 permanganic
高锰酸钙 acerdol; calcium permanganate
高锰酸钾 acerdol; potassium hypermanganate; potassium permanganate
高锰酸钾滴定法 permanganimetric method; permanganate method
高锰酸钾法 permanganimetric method; potassium permanganate method
高锰酸钾耗氧量 potassium permanganate oxygen demand
高锰酸钾净化器 potassium permanganate purifier
高锰酸钾试法 potassium permanganate test
高锰酸钾消耗量 potassium permanganate consumption
高锰酸钾中毒 potassium permanganate poisoning
高锰酸镁 magnesium permanganate
高锰酸钠 sodium permanganate
高锰酸锌 zinc permanganate
高锰酸盐 hypermanganate; permanganate
高锰酸盐滴定法 permanganate method
高锰酸盐氯处理 permanganate-chlorine treatment
高锰酸盐需要量 permanganate demand
高锰酸盐值 permanganate number; permanganate value
高锰酸盐指数 permanganate index
高锰酸银 silver permanganate
高锰碳钢 high manganese carbon steel
高锰锌合金 high manganese zinc alloy
高锰铸钢 high manganese cast steel
高密层压木板 densified laminated wood
高密度 high density
高密度铵爆炸药 high-density ammonia dynamite
高密度材料 high density material
高密度长途电话业务 high-density toll-quality telephone set
高密度吹袋机 high-density bag blaster
高密度存储器 high-density storage
高密度地区 heavily developed populated area
高密度电子束光学 high-density electron beam optics
高密度电阻率法 resistivity imaging tomography
高密度发展 high-density development
高密度法 high-density method
高密度粉末 high-density powder
高密度高导热性炉料 high-density high-conductivity charge
高密度合金 heavy alloy
高密度化 densification
高密度混凝土 <通常用于防辐射> heavy(-density) concrete; heavy weight concrete
高密度级配 high-density grading
高密度集成 superintegration
高密度集成存储器 superintegrated memory; superintegrated storage
高密度加重材料 high-density weighting material
高密度加重剂 high-density weighing materials
高密度捡拾压捆机 high-density pick-up baler
高密度交通 close-packed traffic; high-density traffic
高密度胶合板 super-pressed plywood; superpress wood
高密度紧包 high-density bale
高密度经济 high-density economy and society
高密度聚氯乙烯扭结膜 high-density PVC tangle film
高密度聚氯乙烯扭结膜玻璃纸 high-density PVC tangle film glassine
高密度聚乙烯 high-density polyethylene; high-density polythene; polyethylene high density
高密度聚乙烯玻璃纸 high-density polyethylene glass paper
高密度聚乙烯管 high-density polyethylene pipe
高密度聚乙烯合成纸 Arathene; Einoplas; Miraplast; Polyart
高密度聚乙烯套管 <体外预应力筋等处用> high-density polyethylene duct
高密度流 hyperpycnal flow
高密度流沉积 hyperpycnal flow deposit
高密度炉衬 super-dense lining
高密度炉料 high-density charge
高密度木材 densified wood; high-density wood
高密度耐火材料 Monofrax
高密度刨花板 high-density particle board
高密度泡沫 high-density foam
高密度坯块 high-density pressing
高密度漂白器 high-density bleacher
高密度气相色谱法 dense gas chromatography
高密度且防水的硬板 super-hard-board
高密度区 high-density zone
高密度燃料 high-density propellant
高密度入流 hyperpycnal inflow
高密度石墨 high-density graphite
高密度数据系统 high-density data system
高密度数字存储器 high-density digital storage
高密度数字记录 high-density digital recording
高密度双极性码 high-density bipolar code
高密度水泥 weighted cement
高密度碎木板 high-density wood chipboard
高密度特硬蜡 ouropardo wax
高密度特征点 high-density point of interest
高密度贴面胶合板 high-density overlay; high-density plywood
高密度通信[讯]业务 high-density traffic
高密度钨合金 high-density tungsten alloy
高密度芯片 superchip
高密度压捆 high-density baling
高密度液体 liquid of high density
高密度硬质纤维板 densified hardboard; high-density hard board
高密度油井水泥 oil-well cement of high density
高密度云天空 high overcast
高密度载波机 high-density carrier
高密度炸药 high-density explosive
高密度值 high-density current
高密度制造的门 densified wood door
高密度中等纤维板 high density medium board
高密度住宅区 high-density residential district
高密度砖 dense brick
高密度装配 high-density assembly
高密度组装 high-density assembly
高密度组装技术 high-density packaging technique
高密封度护栏 high containment parapet
高密实度级配 high-density grading
高幂项 high-power term
高棉建筑 Khmer architecture
高苗地 terrain with high stem crops
高灭磷 acephate
高敏感土 highly sensitive soil
高敏感性的 extra-sensitive; hypersensible; hypersensitive; extrasensory
高敏性 extra-sensitivity; hypersensitivity
高明筹资 high finance
高明度 high brightness
高模量 high modulus
高模量包体 high modulus inclusion
高模量比岩石 high ratio of modulus
高模量玻璃 high modulus glass
高模量玻璃纤维 high modulus glass

fiber[fibre]; M-glass fiber[fibre]
高模量插入体 high modulus inclusion
高模量基层 high modulus base
高模量聚合物纤维 high modulus polymer fiber[fibre]
高模量聚乙烯醇纤维 high modulus polyvinyl alcohol fiber[fibre]
高模量碳纤维 high modulus carbon fiber
高模量纤维 high modulus fiber[fibre]
高模量有机纤维 high modulus organic fiber[fibre]
高模量有机纤维增强塑料 high modulus organic fiber reinforced plastic
高模量织物 high modulus fabric
高模量组合板桩 high modulus composite sheet pile
高模数玻璃纤维 high modulus glass fiber[fibre]
高模数聚酯纱 high modulus polyester yarns
高模数炉黑 high modulus furnace black
高模数纤维 high modulus fiber[fibre]
高钼酸 permolybdic acid
高钠长石 high albite
高钠高硫燃料油 high sodium high sulfur fuel oil
高钠膨润土 sodium bentonite
高钠膨润土防水料 volclay
高耐冲击夹层 high impact interlayer
高耐腐蚀处理 immunizing
高耐火玻璃 Pyrex glass
高耐火的 high refractory
高耐火度黏[粘]土 high-duty fireclay
高耐火黏[粘]土砖 high heat duty firebrick
高耐久性 high durability
高耐火性氧化物 high refractory oxide
高耐磨聚氨酯清漆 high abrasion-resistance polyurethane varnish
高耐磨炉法炭黑 high abrasion furnace black
高耐磨炉黑 high abrasion furnace black
高耐磨性 high wearing feature
高耐热性苯乙烯树脂 styremic
高耐蚀铅合金 Asarco lead
高耐蚀状态 immunity
高耐水性胶合板 high waterproof plywood
高耐酸性硅铁 ihrigized iron
高难度工作 extreme service
高难度作业【机】extreme service
高能 X 射线仪 sigmatron
高能暴粒子 energetic storm particle
高能成分 high energy component
高能磁带 high energy tape
高能簇射 energetic shower
高能的 energetic; high energy
高能等离子体 energetic plasma
高能地球物理学 high energy geophysics
高能点火 high energy ignition
高能点火器 high energy igniter
高能点火系统 high energy ignition system
高能电池 high energy battery
高能电子 energetic electronic; hard electron; high energy electron
高能电子聚束加速器 rebatron
高能电子束辐照 high energy electron beam irradiation
高能电子学 high energy electronics
高能电子衍射 high energy electron diffraction
高能动量 high energy momentum
高能端 high energy tail
高能短脉冲闪光灯 high energy short-pulse flashlamp
高能发射 energetic emission
高能反冲核 energetic recoil nucleus
高能反冲粒子 energetic recoil particle
高能反冲原子 energetic recoil atom
高能反射 energetic reflection
高能辐射 high energy radiation; supervoltage radiation
高能辐照处理 high energy irradiation treatment
高能伽马光子发生器 high energy gamma photon generator
高能伽马射线 energetic gamma-ray; high energy gamma-ray
高能干电池 capacity battery
高能感应加速器 high energy betatron
高能高速成型 high energy rate forming
高能高速(锤)锻造 high energy rate forging
高能高速锻(造)机 high energy rate forging machine
高能高速压机 Dynapak press
高能共振 high energy resonance
高能构象 energized conformation
高能轨道 higher energy orbital
高能海岸 high energy coast
高能焊 high grade energy welding
高能航空燃料 high energy aviation fuel
高能核磁共振仪 high energy nuclear magnetic resonance detector
高能核反应 nuclear reaction at high energy
高能核物理学 high energy nuclear physics
高能核转变 high energy event
高能红外光栅光谱仪 high energy throughput echelle spectrometer
高能化合物 energy-rich compound
高能化物合成 anakinesis
高能化学 high energy chemistry
高能化学燃料 energy-rich chemical fuel
高能环境 high energy environment
高能活化 high energy activation
高能火焰 hard flame
高能激光泵 high energy laser pump
高能激光大气传输 atmospheric propagation of high energy laser
高能激光器 high energy laser; superlaser
高能激光系统 high energy laser system
高能及低能湿式洗涤器 high and low energy wet scrubber
高能级 top level; upper level; high level
高能级辐射 high-level radiation
高能级太阳辐射 high-level of solar radiation
高能加速器 high energy accelerator
高能加速器物理学 high energy accelerator physics
高能见度 high visibility
高能键 energy-rich bond; high energy bond
高能结合 high energy combination
高能介子 energetic meson
高能快速成型 high energy rate forming
高能快速锻造 high energy rate forging
高能离子分析仪 high energy ion analyser[analyzer]
高能锂电池 high-power lithium battery
高能粒子 energetic particle; high energy particle
高能粒子爆 energetic particle burst
高能粒子的 high energy
高能粒子摄影 high energy particle radiography
高能粒子事件 energetic particle event
高能粒子天文学 particle astronomy
高能粒子物理学 high energy physics
高能粒子仪器 energetic particle instrument
高能量 high energy
高能量粒子 high energy particle
高能量平衡 high energy balance
高能量状态 higher energy state
高能磷酸化物 energy-rich phosphate; higher energy phosphate
高能磷酸键 high energy phosphate bond energy-rich phosphate bond
高能磷酸盐 high energy phosphate
高能硫酯键 energy-rich thioester bond; higher energy thioester bond
高能率 high energy
高能率泵 high-duty pump
高能率成型 high energy rate forming
高能率的 high duty
高能率电火花成型 high energy spark forming
高能率锅炉 high-duty boiler
高能螺旋压力机 high-power screw press
高能脉冲激光器 high energy pulse laser
高能敏处理 energy-efficient treatment
高能泡沫发射器 high energy foam generator
高能泡沫发生系统 high energy foam generation system
高能碰撞 energetic encounter
高能青储料 high energy silage
高能全吸收探测器 high energy total absorption detector
高能燃料 high energy fuel; high energy propellant
高能热离子管 bright emitter
高能韧致辐射 high energy bremsstrahlung
高能散射 high energy scattering
高能闪光灯 high energy flashlamp
高能射线 high energy radiation
高能束 high energy beam
高能(束)冲压 high energy impact pressing
高能束压机 Dynapak press
高能束压制 very high rates of pressing
高能衰变 energetic decay
高能水下动力源 high energy underwater power source
高能速 high energy rate
高能速变形 high energy rate deformation
高能速压制 high rate pressing
高能太阳粒子 energetic solar particle
高能太阳质子 energetic solar proton
高能弹性橡胶护舷 high-energy-capacity resilient rubber fender
高能态 high energy state; higher state
高能探测器 high energy detector
高能体温观测站 high energy astronomy observatory
高能天体物理学 high energy astrophysics
高能天文学 high energy astronomy
高能同步稳相加速器 cosmotron
高能蜕变 high energy disintegration
高能尾 high energy tail
高能位地热田 high energy geothermal field
高能位释放 high-level relief
高能物理学 high energy physics
高能洗涤器 high energy scrubber
高能效的 energy-efficient
高能谐振子 high energy harmonic oscillator
高能形成 high energy rate forming
高能液体激光器 high energy liquid laser
高能液体氧化剂 high energy liquid oxidizer
高能仪表 high energy instrument
高能银锌电池 high energy silver zinc battery
高能原子 energetic atom
高能炸药 high explosive
高能照射 high energy irradiation
高能振动 high energy vibration
高能正电子 high energy positron
高能直线碰撞机 high energy linear collider
高能质子 high energy proton
高能质子探测器 high energy proton detector
高能质子同步稳相加速器 bevatron
高能中子 high energy neutron
高能中子探测器 high energy neutron detector
高能重离子反应堆 high energy heavy ion nuclear reactor
高能重子 high energy baryon
高能装置 high energy rig
高能状态 upper state
高逆温雾 high inversion fog
高年级生 senior
高年资的 senior
高黏[粘]充填 viscous packing
高黏[粘]度 heavy body; high viscosity
高黏[粘]度的 full-bodied; heavy-bodied
高黏[粘]度磨机 viscomill
高黏[粘]度燃料油 heavy fuel
高黏[粘]度燃油 high-viscosity fuel oil
高黏[粘]度溶剂精制油 high-viscosity solvent refined oil
高黏[粘]度三螺杆泵 high-viscosity triple screw pump
高黏[粘]度涂胶机 high-viscosity glue spraying machine
高黏[粘]度硝化纤维素 high-viscosity nitrocellulose
高黏[粘]度性 high viscosity
高黏[粘]度压裂液 high-viscosity fracturing fluid
高黏[粘]度用(转子)黏[粘]度计 high consistency rotational visco(si)meter
高黏[粘]度油 bright stock; heavy oil; heavy viscous oil
高黏[粘]度油气田 high-viscosity crude oil field
高黏[粘]度指数 high-viscosity index
高黏[粘]度指数润滑油 high-viscosity index lubricating oil
高黏[粘]度指数油液 high-viscosity index oil
高黏[粘]泥浆 heavy viscous mud
高黏[粘]前置液 high-viscosity pad
高黏[粘]石油 highly viscous[viscosity] oil; sticky oil
高黏[粘]土型砂 loam sand
高黏[粘]携砂液 highly viscous sand-laden fluid
高黏[粘]性 high viscosity
高黏[粘]性焦油 high-viscosity tar
高黏[粘]性流体 high-viscosity fluid
高黏[粘]性涂料 heavy-bonded paint; high-viscosity paint
高黏[粘]性油 heavy body oil; high-viscosity oil
高黏[粘]性原油 viscous oil
高黏[粘]性指数 high-viscosity index
高黏[粘]液 viscous pill
高黏[粘](滞)度液体沥青 high-viscosity asphalt(ic) cutback
高黏[粘]重质原油 viscous heavy oil

高黏[粘]着力钢筋 high-bond concrete reinforcing bar
高镍 high nickel
高镍的 nickelic
高镍钢合金 platinite alloy
高镍铬钢 high nickel-chrome steel
高镍合金 high nickel alloy;Langaloy
高镍合金钢 maraging steel;platinite;high nickel steel
高镍化合物 nickelic compound
高镍耐热铸铁 nickel-resist cast iron
高镍耐蚀铸铁镶环座 nickel-resist ring insert
高镍球墨铸铁 ductile nickel-resist cast iron
高镍弹簧钢 Isoelastic
高镍铁基合金 high nickel iron-base alloy
高镍铁矿 bobrovkite
高镍铜锡合金 high nickel-copper-tin alloys
高凝结状态 hypercoagulability
高凝状态 hypercoagulative state
高扭矩回转钻机 high-torque rotary drill
高扭矩螺母扳手 high-torque nut runner
高扭矩试验 high-torque test
高扭矩增殖的 high-torque-rise
高浓度 high concentration;hyperconcentration
高浓度氨氮 highly concentrated ammonia-nitrogen
高浓度氨氮工业废水 highly concentrated ammonia-nitrogen industrial wastewater
高浓度氨污水 highly concentrated ammonial sewage
高浓度白色废水 highly concentrated ammoniacal wastewater
高浓度臭氧处理废水系统 wastewater treatment using highly concentrated ozone
高浓度的 high concentrate;rich
高浓度粉尘 high concentrate dust
高浓度粉剂 high concentrate dust agent
高浓度(化工)废水 highly concentrated wastewater
高浓度浑水 sediment-water mixture with hyperconcentration
高浓度活性污泥法 highly concentrated activated sludge process
高浓度煤油混合燃料 high concentration coal oil mixture
高浓度难降解有机废水 highly concentrated refractory organic wastewater
高浓度漂白池 high-density bleacher
高浓度气力输送机 high mixture ratio pneumatic conveyer[conveyor]
高浓度染料废水 highly concentrated dye wastewater
高浓度染料中间体废水 highly concentrated dye intermediate wastewater
高浓度溶液 highly concentrated solution
高浓度四氮唑生产废水 highly concentrated tetrazoline production wastewater
高浓度污染地区 heavily polluted area
高浓度污水 sewage of strong concentration
高浓度洗毛废水 highly concentrated wool scouring wastewater
高浓度咸水 highly concentrated saline water
高浓度悬浮泥沙 thick suspended sediment
高浓度盐池 hypersaline sink
高浓度氧 high concentration oxygen
高浓度印染废水 highly concentrated printing and dyeing wastewater
高浓度油脂废水 highly concentrated lipidic wastewater
高浓度有机废水 high concentrated organic wastewater
高浓度有机废水处理 high concentrated organic wastewater treatment
高浓度有机农药废水 high concentrated organic wastewater pesticide wastewater
高浓度有机氰化物废水 high concentrated organic cyanide wastewater
高浓度有机污染物 high concentrated organic wastewater pollutant
高浓度有机制药废水 high concentrated organic pharmaceutical wastewater
高浓度支撑剂压裂 enhanced prop treatment
高浓度制剂 high concentrate formulation
高浓度制污水 high concentration sewage
高浓度综合废水 high-strength integrated wastewater
高浓缩燃料 high enriched fuel;high enrichment fuel
高浓缩燃料反应堆 high enrichment reactor
高浓缩性反应堆 high enrichment reactor
高浓缩铀 highly enriched uranium
高浓纸浆 high consistency pulp
高女儿墙 high parapet
高欧姆电枢 intensity armature
高欧姆电阻 high ohmic resistance
高欧姆电阻合金 high ohmic resistance alloy
高欧姆铁铬铝电阻合金 Ohmax
高排架 elevated bent
高盘抽水马桶 <粪便承盘在存水弯之上> washout W.C.
高炮降雨弹 rain shell
高泡沫洗涤剂 high sudsing detergent
高喷水塔 <救火用> water tower
高硼钢 high boron steel
高硼硅酸盐耐热耐蚀玻璃 vycor glass
高硼酸钠 sodium perborate
高蓬松度织物 high loft fabric
高膨化 high bulking
高膨松体 higher bulk
高膨体纤维 high bulk fiber[fibre]
高膨胀 high swell
高膨胀合金 high-expansion alloy
高膨胀混凝土 high-expansion concrete
高膨胀黏[粘]土 high yield clay
高膨胀泡沫发生器灭火装置 high-expansion foam generator
高膨胀水泥 high expansive cement
高膨胀水泥混凝土 high-expansion cement concrete
高膨胀水泥砂浆 high-expansion cement mortar
高膨胀(系数)材料 high-expansion material
高膨胀性煤 high expanding coal
高膨胀性水水泥 high-expansion cement
高偏角 high drift angle
高偏心轨道卫星 highly eccentric orbit satellite
高偏振星 polars
高偏转接头 high deflection coupling
高漂浮性轮胎 high flotation tire
高票价旅客运输 high-fare traffic
高频 high-frequency preheater
高频 Q 表 high-frequency Q meter
高频摆动 high-frequency oscillation
高频饱和扼流圈 high-frequency saturable reactor
高频保安器 high-frequency protector
高频保安器盘 high-frequency protector panel
高频保护(装置) carrier current protection;high-frequency protection
高频逼真度 brilliance
高频闭锁 carrier current blocking
高频闭锁方向保护(装置) directional protection with carrier current blocking
高频闭锁距离保护(装置) distance protection with carrier current blocking
高频变换器 high-frequency converter
高频变流器 high-frequency current transformer
高频变压器 high-frequency transformer
高频变压器硅钢片 high-frequency transformer silicon steel sheet
高频表面淬火 high-frequency surface hardening
高频表面平整机 high-frequency surface finishing machine
高频波 high-frequency wave
高频波动 high-frequency fluctuation
高频波动负荷 fringe load
高频波分析仪 high-frequency wave analyser[analyzer]
高频薄膜厚度计 high-frequency thin film thickness meter
高频补偿 high boost;high-frequency compensation
高频补偿电路 high peaker;high-frequency compensation circuit
高频补偿控制 peaking control
高频补偿网络 peaking network
高频部件 high-frequency unit
高频操纵 high-frequency control
高频测量电桥 high-frequency bridge
高频测量仪器 high-frequency measuring instrument
高频测深仪 high-frequency sounder
高频测试架 high-frequency test bay
高频测试仪器 high-frequency instrument
高频测试装置 high-frequency testing apparatus
高频测向 high-frequency direction finding
高频测向器 high-frequency direction finder
高频测向台 high-frequency direction finding station
高频测向仪 high-frequency direction finder
高频插入式振捣器 high-frequency poker vibrator
高频颤动 buzz;dither
高频颤动臂 dither arm
高频场 radio-frequency field
高频场强 field intensity of high frequency
高频场强测量仪 high-frequency field strength measuring meter
高频场强度 radio field intensity
高频超声 high-frequency ultrasound
高频成分 radio-frequency component
高频冲击 high-frequency percussion
高频冲击力 high-frequency impact loads
高频冲击钻进 high-frequency drilling;quick blow drilling
高频处理 high-frequency treatment
高频传布 high-frequency propagation
高频传导 high-frequency transduction
高频瓷 radio ceramics
高频磁电机 alternator transmitter
高频磁化 electronic curing
高频磁化率 high-frequency susceptibility
高频磁镜 high-frequency magnetic mirror
高频磁芯 high-frequency core;high-frequency magnetic core
高频磁芯线圈 high-frequency coil with core
高频磁异常 high-frequency magnetic anomaly
高频次重组菌株 high-frequency recombination strain
高频淬火 hardening by high frequency current;high-frequency (induction) hardening;high-frequency quenching;induction hardening
高频淬火机 high-frequency hardening machine
高频淬火机床 high-frequency quenching machine
高频淬火涂漆钢锯条 high-frequency hacksaw blade painted
高频淬硬处理 hi-electro harden
高频打结机 high-frequency knotter
高频带 high-frequency band;upper side band;high band
高频带方式 high band system
高频单边带 high-frequency single sideband
高频单边带无线电话 high-frequency single sideband radio telephone
高频捣实机 high-frequency stamper
高频的 high cycle
高频等离子发生器 high-frequency plasma generator
高频等离子管 high-frequency plasmatron
高频等离子熔融体法 high-frequency plasma melting method
高频等离子体 high-frequency plasma
高频低噪声晶体管 high-frequency and low noise transistor
高频滴定法 high-frequency titration;oscillometric titration
高频滴定计 high-frequency titrimeter
高频笛音 beep
高频地震 high-frequency seism
高频地震勘探 high-frequency seismic survey
高频地震仪 high-frequency seismograph
高频电波 high-frequency radio wave
高频电波传播 propagation of high frequency radio wave
高频电场 high-frequency electric(al) field
高频电传无线电(设备) high-frequency telex radio
高频电磁场 electromagnetic field of high frequency;high-frequency electromagnetic field
高频电磁线 Litz wire
高频电刀 electric(al) knife;endotherm knife
高频电动发电机 high-frequency motor generator
高频电动机 high-frequency motor
高频电干燥 high-frequency electric(al) drying
高频电感加热 high-frequency induction heating
高频电感(加热)炉 high-frequency induction furnace
高频电焊 high-frequency welding
高频电焊钢管 high-frequency electric(al) welded steel pipe
高频电焊机 high-frequency welder
高频电荷激励 high-frequency charge drive

高频电话 high-frequency telephone
高频电火花室 high-frequency spark chamber
高频电火花隙发生器 high-frequency spark gap oscillator
高频电机 high-frequency electric(al) machines
高频电解 high-frequency electrolysis
高频电解质 high-frequency dielectric
高频电介质加热的 heatronic
高频电抗器 radio-frequency reactor
高频电缆 high-frequency cable;radio cable
高频电离色谱检测器 high-frequency ionization chromatographic(al) detector
高频电流 high-frequency current
高频电流表 high-frequency ammeter; high-frequency amperemeter
高频电流镀层测厚仪 Dermitron
高频电流互感器 high-frequency current transformer
高频电流离心铸造机 high-frequency centrifugal casting machine
高频电流漏泄 radio-frequency leakage
高频电流灭菌法 high-frequency electric(al) current sterilization
高频电流稳弧焊机 flex arc welder
高频电炉 coreless-type induction furnace; high-frequency electric (al) furnace;high-frequency heat
高频电路 high-frequency channel; high-frequency circuit; radio circuit;radio-frequency channel
高频电桥 radio-frequency bridge
高频电热 high-frequency diathermy heating
高频电热的 heatronic
高频电热焊接 heatronic welding
高频电热模塑法 heatronic mo(u)lding
高频电热塑造法 heatronic mo(u)lding
高频电热钻进 high-frequency electric(al) drilling
高频电容器 high-frequency capacitor
高频电位器 high-frequency potentiometer
高频电压 high-frequency voltage
高频电压表 high-frequency voltmeter
高频电源水银灯 Meggers lamp
高频电灼 high-frequency cauterization
高频电子管振荡器 high-frequency valve oscillator
高频电阻 alternating-current resistance; effective resistance; high-frequency resistance; radio-frequency resistance
高频电阻淬火 high-frequency resistance hardening
高频电阻焊(接) high-frequency resistance welding
高频电阻器 high-frequency resistor
高频抖动 high dither
高频镀铬法 Hausner process
高频端 front end;radio-frequency head
高频段 high band; high-frequency section
高频对称电缆 high-frequency symmetrical cable
高频对称天线 high-frequency doublet antenna
高频多路通信[讯] high-frequency multiplex communication
高频多谐振荡器 high-frequency flip-flop
高频扼流圈 high-frequency choke; radio-frequency choke
高频发电机 high-frequency generator
高频发电机式发射机 alternator transmitter
高频发热电极 applicator
高频发射管 vapotron
高频发射机 high-frequency transmitter
高频发生器 high-frequency alternator; high-frequency generator; radio-frequency alternator
高频返回散射 high-frequency backscatter
高频方向保护装置 high-frequency orientation protector
高频方向测定仪 high-frequency direction finder
高频放大 high-frequency amplification
高频放大管 high-frequency amplifier tube
高频放大器 high-frequency amplifier;radioamplifier
高频放电 high-frequency discharge
高频放电管 high-frequency discharge lamp
高频分量 high-frequency component
高频封接 high-frequency sealing
高频峰化电路 high peaker circuit
高频峰化器 high peaker
高频峰化器测试 high peaker test
高频峰化网络 high peaking network
高频蜂鸣器 high-frequency buzzer; high-pitched buzzer
高频伏特计 high-frequency voltmeter
高频辐射 high-frequency radiation
高频干扰 high-frequency interference
高频干扰场 radio-influence field
高频干燥 high-frequency seasoning; radio-frequency drying
高频干燥法 high-frequency drying
高频干燥炉 dielectric(al) drier; high-frequency drying stove
高频感应 radio influence
高频感应电炉 high-frequency induction furnace
高频感应发生器 high-frequency induction generator
高频感应焊接 high-frequency induction soldering; high-frequency induction welding
高频感应加热淬火 high-frequency induction quenching
高频感应加热淬火式炉 high-frequency induction heating equipment
高频感应加热电解槽 high-frequency induction-heated cell
高频感应加热设备 high-frequency induction heating apparatus;high-frequency induction heating equipment
高频感应加热蒸镀设备 high-frequency induction heating coating equipment
高频感应喷涂 high-frequency spraying
高频感应屏蔽 radio shielding
高频感应熔化炉 high-frequency induction melting furnace
高频感应式焊机 high-frequency induction welder
高频感应线圈 radio-frequency induction coil; high-frequency induction coil
高频高压电源设备房 dog house
高频高压电源(设备)屏蔽罩 dog house
高频高压加速器 Dynamitron
高频隔直流电容(器) chokon;chopass
高频工程学 high-frequency engineering
高频工具 high-frequency tool
高频功率 high-frequency power
高频功率发生器 high-frequency power generator
高频固化 electronic curing
高频管 high-frequency tube; radio-frequency tube
高频光电导法 method of high frequency photoconductivity
高频光谱 high-frequency spectrum
高频广播 high-frequency broadcast(ing)
高频广播时间表 high-frequency broadcasting schedule
高频轨道电路 high-frequency track circuit
高频轨道电路收发器 transmitting receiving device of high frequency track circuit
高频焊 radio-frequency welding
高频焊机 high-frequency induction welder
高频焊接 high-frequency(induction) welding; high-frequency soldering; radio-frequency welding
高频焊接磁棒 high-frequency welding magnetic bar
高频焊接螺旋翅片管 high-frequency welded spiral fin tube
高频毫伏表 high-frequency millivoltmeter
高频毫伏表定度仪 high-frequency millivoltmeter division calibrator
高频烘烤 dielectric(al) drying
高频烘芯炉 dielectric(al) core baker;dielectric(al) core oven
高频烘燥机 high-frequency drier[dryer]
高频回旋质谱仪 omegatron
高频混合传送 gray[grey] transmission
高频混合信号 mixed high frequency signal;mixed high signal
高频混合制 mixed high system
高频混凝土振动器 high-frequency concrete vibrator
高频火花检漏仪 radio-frequency spark tester;Tesla coil
高频激发 high-frequency excitation
高频级 high-frequency stage; radio-frequency stage
高频极谱 high-frequency polarography
高频极谱仪 high-frequency polarograph
高频继电器 high-frequency relay
高频加热 diathermic heating; dielectric (al) heating; radio-frequency heating
高频加热淬火法 high-frequency quenching;Tocco process
高频加热电极 applicator
高频加热干燥机 high-frequency drier;dielectric(al) drier
高频加热模 high-frequency electrically heated mo(u)ld
高频加热器 heating generator; heating oscillator;radio heater
高频加热装置 thermatron
高频夹心式复合材料 high-frequency sandwich composite
高频检波器 high-frequency geophone;redresser
高频建峰网络 peaking network
高频溅射设备 high-frequency sputtering equipment
高频交流电焊机 high-frequency alternate current welding machine
高频交流发电机 high-frequency alternate current generator; high-frequency alternator
高频接插件 high-frequency connector
高频接触焊 high-frequency resistance welding
高频接收机 high-frequency receiver
高频解调器 high-frequency demodulator
高频介电分离法 high-frequency dielectric(al) separation method
高频介电分离仪 high-frequency dielectric(al) separator; high-frequency medium electric(al) separator
高频介电焊 high-frequency dielectric(al) welding
高频介质 high-frequency dielectric(al)
高频介质热合设备 high-frequency medium hot combination equipment
高频金属 electric(al) metal
高频晶体管 high-frequency transistor
高频晶体滤波器 high-frequency crystal filter
高频晶体振荡器 high-frequency crystal oscillator
高频局部加热淬火法 Tocco process
高频局用电缆 high-frequency office cable
高频绝缘 high-frequency insulation
高频绝缘试验器 dielectric (al) test set
高频绝缘陶瓷 isolantite
高频绝缘子 high-frequency insulator
高频抗流圈 high-frequency choke
高频可控硅 high-frequency thyristor
高频跨导 conversive transconductance
高频宽带滤波器 high-bandwidth filter
高频馈电线 high-frequency feeder
高频馈路 high-frequency feeder
高频拉压疲劳试验机 high-frequency push-pull fatigue tester
高频炼钢炉 high-frequency steel furnace
高频硫化装置 electronic vulcanizer
高频漏泄 microwave leakage
高频炉法 high-frequency process
高频率 <3~30 兆赫兹> high-frequency
高频率变形试验 high-frequency deformation test
高频率波段 high-frequency band
高频率淬火表面 induction hardened surface
高频率工作取样 high-frequency work sampling
高频率永磁发电机 high-frequency magneto
高频率振动器 high-frequency vibrator
高频马达 high-frequency motor
高频脉冲 high-frequency impulse; high-frequency pulse
高频脉冲电蚀机床 high-frequency impulse electro-erosion machine
高频脉冲发生器 high-frequency pulse generator
高频脉动 dither
高频脉动泵 ditcher pump
高频脉动力 dithering force
高频密度计 high-frequency densimeter
高频内振捣器 high-frequency internal vibrator
高频内振动 high-frequency internal vibration
高频内振动器 high-frequency internal vibrator
高频黏[粘]结 high-frequency gluing
高频扭转疲劳试验机 high-frequency torque fatigue tester
高频浓度计 high-frequency concentration meter
高频偶极天线 high-frequency doublet antenna
高频疲劳 high cycle fatigue
高频疲劳试验机 high-frequency fa-

tigue testing machine
高频偏磁 high-frequency bias
高频频谱 high-frequency spectrum
高频频谱分析仪 high-frequency frequency-spectrum analyser
高频品质因数 high-frequency figure of merit
高频平整器 high-frequency finisher
高频屏蔽 radio shielding
高频谱计 radio-frequency spectrometer
高频气腿式凿岩机 high-frequency air-leg rock drill
高频钎焊 high-frequency brazing; high-frequency soldering; induction brazing
高频钎焊机 high-frequency brazing machine
高频前级放大器 booster amplifier
高频球面波喇叭 high-frequency spherical wave horn
高频热解 high-frequency pyrolysis
高频熔接机 high-frequency seal machine; impulse sealer
高频熔炼法 high-frequency melting process
高频塞 high-frequency plug
高频三极管振荡器 high-frequency triode oscillator
高频筛 high-frequency screen
高频筛浆机 high-frequency pulp screen
高频设备调谐技术 Lowson technique
高频声隔 high-frequency sound insulation
高频失真 high-frequency distortion
高频失真仪 high-frequency distortion finder
高频示波器 high-frequency oscillograph; ondograph
高频适应器 radio-frequency adapter
高频收发两用机 high-frequency transceiver
高频手表 high-frequency watch
高频疏解机 deflaker
高频输送机 high-frequency conveyer [conveyor]
高频双极晶体管 high-frequency bipolar transistor
高频瞬变 high-frequency instantaneous variation
高频四极管 high-frequency tetrode
高频塑料热合机 high-frequency plastic hot-bonding machine; high-frequency plastic welder
高频损耗 high-frequency loss
高频探伤法 high-frequency flaw detection method
高频探头 high-frequency probe
高频探针 high-frequency probe
高频陶瓷 high-frequency ceramics; radio ceramics
高频陶瓷焊接机 high-frequency ceramic soldering machine
高频陶瓷滤波器 high-frequency ceramic filter
高频陶瓷元件 high-frequency ceramic element
高频提升 high boost; peaking
高频替代法 high-frequency substitution method
高频天波场强 high-frequency sky wave field strength
高频天线 high-frequency antenna
高频调谐器 high-frequency tuner
高频调制 high-frequency modulation
高频调制器 high-frequency modulator
高频跳汰机 high-frequency jig
高频铁 high-frequency iron
高频铁粉芯 high-frequency iron dust core; magicore
高频铁芯 high-frequency (iron) core
高频铁氧磁性材料 ferroxplana
高频通信[讯]电缆 high-frequency communication cable
高频通信[讯]工程 high-frequency communication engineering
高频同步发电机 radio-frequency alternator
高频同轴电缆 high-frequency coaxial cable
高频铜焊 induction brazing
高频头 radio-frequency head; tuner
高频头录像机 high-frequency head video recorder
高频透热电凝器 high-frequency diathermy electrocoagulation device
高频瓦特计 high-frequency wattmeter
高频弯管机 high-frequency pipe bending machine
高频微调 high-frequency fine
高频微调电容(器) high-frequency trimmer
高频微伏表 high-frequency microvoltmeter
高频位垒 high-frequency barrier
高频稳弧器 high-frequency arc stabilizer
高频无线电测向仪 buff-duff
高频无线电传导 high-frequency radio transmission
高频无线电发射机 high-frequency radio transmitter
高频无线电通信[讯]链路 high-frequency radio (communication) link
高频无线电通信[讯]线路 high-frequency radio (communication) link
高频无线电物理学 high-frequency radio physics
高频误差 high-frequency error
高频误差函数 high-frequency error function
高频吸收 high-frequency absorption
高频吸收剖面 high-frequency absorption section
高频吸收器 high-frequency absorber
高频吸收装置 high-frequency absorber
高频线路及调度架 high-frequency line and patching bay
高频线圈 high-frequency coil; radio-frequency coil
高频线绕电阻器 high-frequency wire-wound resistor
高频陷波器 high-frequency trap
高频响应 high-frequency response
高频响应传感器 high-frequency response pick-up
高频响应函数 high-frequency response function
高频消磁 high-frequency erasure
高频效应 high-frequency effect
高频谐振器 radio-frequency cavity
高频谐振子 high-frequency harmonic oscillator
高频信道 high-frequency channel
高频信道鉴定和选叫系统 high-frequency channel evaluation and selective call system
高频信道天线 high channel antenna
高频信号发生器 high-frequency signal generator
高频旋转开关 high-frequency rotating switch
高频选择法 high-frequency selectivity
高频选择性 high-frequency selectivity
高频压花 dielectric (al) embossing
高频压力指示器 high-frequency pressure indicator
高频扬声器 high-frequency speaker; tweeter; tweeter speaker
高频仪 high-frequency ga(u)ge
高频仪表 high-frequency instrument
高频移脉冲 high-frequency shift pulse
高频抑制器 high-frequency rejector; radio-frequency suppressor
高频影响 high-frequency effect
高频硬化 high-frequency curing
高频用瓷料 high-frequency porcelain
高频有线分配系统 high-frequency wired distribution system
高频有线通信[讯] high-frequency wire communication
高频预热 high-frequency preheating
高频预选滤波器 preselector
高频远方跳闸 remote trip protection with carrier current
高频约束 high-frequency confinement
高频杂音试验 high-frequency cracks test
高频载波 high-frequency carrier; radio-frequency carrier
高频载波电报 high-frequency carrier telegraphy
高频载波电报信道 high-frequency carrier telegraph channel
高频载波电报制 high-frequency carrier telegraph system
高频载波通道 high-frequency carrier channel
高频凿岩 high-frequency drilling
高频凿岩机 high-frequency drill
高频噪声 canaries; high-frequency noise
高频噪声滤波器 high filter
高频增益提高电路 high peaker
高频真空测定计 high-frequency vacuum-meter
高频真空测试仪 high-frequency vacuum-meter
高频振荡 higher-order of oscillation; high-frequency oscillation
高频振荡器 high-frequency alternator; high-frequency generator; high-frequency oscillator
高频振捣技术 high-frequency vibration technics
高频振捣器 high-speed vibrator
高频振动 high-frequency vibration; high mode vibration
高频振动泵 dither pump
高频振动臂 ditcher arm
高频振动传感器 high-frequency vibration transducer
高频振动捣实器 high-frequency vibratory compactor
高频振动混凝土 high-frequency vibrated concrete
高频振动器 high-speed vibrator; dither
高频振动筛 high-frequency shale shaker; high-frequency vibrating screen
高频振动用电动机 dither motor
高频振幅 high-frequency amplitude
高频振频器 alarm horn
高频震动 jolt
高频整修器 high-frequency finisher
高频直缝焊接钢管 high-frequency straight seam welded pipe
高频指示 oscillometry
高频质谱计 mass synchrometer; omegatron
高频质谱仪 mass synchrometer; omegatron
高频中电压标准仪 high-frequency mid-voltage standard apparatus
高频中继(器)配线架 high-frequency repeater distribution frame
高频终端架 high-frequency terminal bay
高频重组 high-frequency recombination
高频注模技术及设备 high-frequency mo(u)lding technology and equipment
高频铸造用钴铬合金 cobalt-chromium alloy for high frequency casting
高频转动跃迁 high-frequency rotational transition
高频转换开关 high-frequency change over switch
高频转接段 high-frequency section
高频转移 high-frequency transfer
高频紫外线灯 high-frequency ultraviolet lamp
高频自动离心铸造炉 high-frequency auto centrifugal casting furnace
高频总线 high-frequency bus
高频阻波器 high-frequency rejector; high-frequency trap
高频阻抗 high-frequency impedance
高频阻抗焊接 high-frequency resistance welding
高频阻流圈 radio-frequency choke
高频钻眼 high-frequency drilling
高品位测量 high-quality measuring
高品位产量 high grade product
高品位产品 high grade product
高品位的 high grade; rich
高品位放射性废液 high-level radioactive liquid waste
高品位废金属 high grade melting scrap
高品位矿床 higher grade deposit
高品位矿石 high grade ore
高品位矿石选矿厂 high grade mill
高品位矿物 high grade mineral
高品质 high quality
高品质电感 high-quality inductor
高品质放大器 high-quality amplifier
高品质因数 high-quality factor
高品质因数滤波器系统 high-Q filter system
高品质因素 high-quality factor
高平板车 <搬运用> stillage
高平板车牵引车 stillage truck
高平潮 flood slack
高平地 high level
高平房 bungalow; dabbing <有凉台的>
高平衡浓度 high equilibrium concentration
高平流层 upper stratosphere
高平头 cheese head
高平头螺栓 cheese head bolt
高平头螺丝 cheese head screw
高平头铆钉 cheese head rivet
高平原 <绝对高度 200 ~ 600 米> high plain; upland plain; planalto
高坡 high bank; high grade
高坡的 <屋顶等> high-pitched
高坡屋顶 high-pitched roof
高破坏性三角洲 high destructive delta
高起 uprise
高起表面 raised face
高起道口 raised crossing
高起动转矩电机 high-torque motor
高起交叉道 raised crossing
高起路面标志 raised pavement marker
高起路缘 raised curb
高气压 anti-cyclone; barometric (al) height; high atmospheric pressure; high barometric (al) pressure; hyperbar
高气压病 air illness; hyperbarism; hyperbaropathy
高气压的 high-pressure
高气压的最高值 high barometric (al) maximum
高气压等值线 pleiobar
高气压开关 high gas pressure switch
高气压区 region of high barometric-

(al) pressure;high-pressure area
高气压试验 high gas pressure test
高气压室 plenum air chamber
高气压水汽氧化 high-pressure steam oxidation
高气压中心 center[centre] of high
高气油比 high gas-oil ratio
高千伏 X 射线照相术 high kilovoltage radiography
高迁移率 high mobility
高铅的 plumbic
高铅赫石 plumbic ocher
高铅黄铜 high leaded brass
高铅黄铜合金 high leaded brass alloy
高铅晶质玻璃 high lead crystal glass
高铅青铜 high lead bronze
高铅酸 plumbic acid
高铅酸钙 calcium plumbate
高铅酸钙包膜二氧化硅 calcium plumbate-coated silica
高铅酸钙包膜颜料 calcium plumbate-coated pigment
高铅酸钙防锈漆 calcium plumbate antirust paint
高铅酸钠 sodium plumbate
高铅酸铅 lead plumbate
高铅酸盐 plumbate
高铅锑 high lead-antimony
高铅赭石 plumbic ocher
高铅轴承合金 high lead bearing alloy
高前沿饲槽 high front manger
高潜水位 high water table; phreatic high
高强安全螺栓 load-indicating bolt
高强半轻质混凝土 high-strength semi-lightweight concrete
高强波特兰水泥 high-strength Portland cement
高强薄钢板 high-tensile thin steel plate
高强传送带帆布 high-strength canvas for conveyor belts
高强窗玻璃 double-strength window glass
高强瓷套管 high-strength porcelain bushing
高强低合金钢 high-strength low-alloy steel
高强电弧 high-intensity arc
高强度 double strength; high strength; high tension; hi-strength; strong intensity
高强度半镇静钢 high-strength semi-killed steel
高强度玻璃 double-strength glass; hard glass
高强度玻璃盘 high-strength glass disc
高强度玻璃纤维 high-strength glass fiber[fibre]
高强度部件 high-strength parts
高强度材料 high-strength material
高强度超硬砂轮 high-strength super-abrasive wheel
高强度冲洗 high rate water wash-(ing)
高强度传动轴 high-strength driving shaft
高强度船体结构钢 high-strength hull steel
高强度串连冲击器 high volume cascade impactor
高强度瓷 high-strength china
高强度瓷套壳 high-strength porcelain bushing shell
高强度磁场 high-intensity magnetic field
高强度粗钢筋 high-strength bar; high-tensile steel bar; high-tension rod
高强度的 high duty
高强度灯 high-intensity lamp
高强度低合金钢 Aldecor; high yield low-alloy steel; high-strength low-alloy steel
高强度低镍铬合金钢 Nykrom
高强度电焊条 high-tensile electric (al) welding rod
高强度电流 high-intensity current
高强度发射 high-intensity emission
高强度放电灯 high-intensity discharge lamp
高强度放电电源 high-intensity discharge power supply
高强度放射 high-level radio; high-strength radio
高强度废水处理 high-intensity wastewater treatment
高强度分选 high-intensity separation
高强度辐照器 high-level irradiator
高强度复合材料 high-strength composite
高强度钢 dead-hard steel; high-tensile steel; high-duty steel; high-tension steel; silten steel
高强度钢材 heavy-duty steel; high-strength steel
高强度钢垫圈 high-strength steel washer
高强度钢管 high-tensile steel tube
高强度钢轨 high-strength rail
高强度钢焊条 high-strength steel electrode
高强度钢筋 high-strength bar; high-strength reinforcing steel; high-strength steel reinforcing; high-tensile reinforcing steel; high-tensile steel bar
高强度钢丝 <抗拉强度大于 120 ~ 200 千克/平方毫米> high-strength (steel) wire; high-tensile (steel) wire; piano wire
高强度钢丝的张拉锚固法 Maguel
高强度钢丝后张锚固法 Maguel
高强度钢线 <加固货物装载> high-tension wire
高强度钢斜垫圈 high-strength bevel steel washer
高强度高模量聚合物 high-strength high-modulus polymer
高强度管 double-strength pipe; high-strength pipe; high-strength tube
高强度光缆 ruggedized fiber optic (al) cable
高强度光纤 high-strength optic (al) fiber
高强度光源 high-intensity light source
高强度硅橡胶 high-strength silicone rubber
高强度焊接 strength weld
高强度焊接钢管 high-strength welded steel pipe
高强度焊接管 high-strength welded pipe
高强度焊条 high-strength electrode; high-tensile strength steel welding rod
高强度合成纤维 high-strength synthetic (al) fiber[fibre]
高强度合金 hard alloy; hard metal alloy
高强度弧光灯 high-intensity arc lamp
高强度黄铜 delta metal; high-strength (yellow) brass; immadium
高强度混凝土 high grade concrete; strong concrete; high-strength concrete
高强度混凝土小块 high-strength small concrete block
高强度及高延性 transformation induced plasticity
高强度计数 high-level counting
高强度降雨 high-intensity rainfall; high ratio of rainfall
高强度搅拌机 high-intensity mixer
高强度接头 high strength joint
高强度结构钢 high-strength structural steel; high-tensile structural steel
高强度结构黏[粘]合剂 high-strength structural adhesive
高强度金刚石 high-strength diamond
高强度金属合金 high-strength metallic alloy
高强度绝缘子 high-strength insulator
高强度颗粒炉渣地砖 high-strength granulated slag tile
高强度颗粒煤渣地砖 high-strength granulated cinder tile
高强度可锻铸铁 high-duty malleable cast iron
高强度可焊铝合金 high-strength weldable alumin(i)um alloy
高强度冷光源 high-intensity cold light supply
高强度连接 high resistance joint
高强度连接的过盈 powerful grip
高强度链条 high test chain
高强度铝合金 high-strength alumin(i)um alloy; Zicral
高强度螺帽 high-strength nut
高强度螺母 high-strength nut
高强度螺栓 high-strength bolt; high-tensile[tension] bolt
高强度脉冲激光照明 high-intensity pulsed laser illumination
高强度煤 high-strength coal
高强度煤渣砂砌块 high-strength cinder sand block
高强度摩擦紧固螺栓 high-strength friction grip bolt
高强度摩阻螺栓 high-strength friction grip bolt
高强度抹灰材料 veneer plaster
高强度耐低温钢 high-strength low-alloy steel
高强度耐火纤维 high-strength flame resistant fiber[fibre]
高强度耐热合金 high-strength thermal resistant alloy
高强度耐蚀铬镍钢 chromium-nickel steel
高强度耐蚀铝合金 anti-corodal
高强度耐蚀镍铜合金 Monel metal
高强度膨胀性浆液 high-strength expanding grout
高强度膨胀性水(泥)浆 high-strength expanding grout
高强度平垫圈 high-strength plain washer
高强度平钢垫圈 high-strength plain steel washer
高强度漆包线 high-strength enamelled wire
高强度墙板 heavy panel
高强度青铜 high-strength bronze; high-tensile bronze; super-bronze
高强度热处理 mar-ag(e)ing
高强度热轧钢筋 high-strength hot rolled reinforced bar
高强度人造丝 high tenacity rayon
高强度砂浆 high-strength mortar; strong mortar
高强度闪光仪 strobolume
高强度施工 heavy construction
高强度石膏 high-strength gypsum; high-strength plaster
高强度石膏水泥 Hydrocal plaster
高强度石料 high stone
高强度输送带 reinforced belt
高强度水泥 high-quality cement; high-strength cement
高强度瞬时光源 microflash
高强度炭弧灯 high-intensity carbon arc; high-intensity carbon arc lamp
高强度弹性铲柄 heavy-spring standard
高强度瓦楞纸 highly intensified corrugated paper
高强度微晶玻璃 high-strength microcrystalline glass
高强度雾化器 high-intensity atomizer
高强度纤维 high-strength fiber[fibre]
高强度悬式绝缘子 high-strength suspension insulator
高强度岩石锚杆 high strength rock bolt
高强度液压缸 high-strength hydraulic cylinder
高强度荧光灯 hinelight
高强度有机废水 high-strength organic waste
高强度羽状电缆 heavily feathered cable
高强度圆环链 high-tensile round-link chain
高强度噪声 high-intensity noise
高强度炸药 high-power explosive
高强度纸浆 strong pulp
高强度珠光体铸铁 perlite
高强度铸铁 high-strength cast iron; high-tensile cast iron
高强度铸铁管 high-strength casting pipe; semi-steel pipe
高强度砖 engineered brick; high-duty brick; engineering brick
高强度锥形曝气器 high-intensity cone aerator
高强度钻探管 high-strength drill pipe
高强钢 high-duty steel; high-strength (reinforcing) steel; high-tensile steel bar; strong steel
高强钢板 high-strength steel plate; high-tensile steel plate
高强钢管 extra-strong pipe
高强钢筋 high grade reinforcement steel; high-strength bar; high-strength reinforcement
高强钢筋夹具 high-tensile steel reinforcement bar fixture
高强钢丝 best patent wire; best plough wire; high-tension steel wire; piano wire; wire of high tensile strength
高强钢丝缠绕混凝土构件 strand wrapping(concrete member)
高强钢丝混凝土 piano-wire concrete
高强高弹玻璃 high-strength and high-modulus glass
高强光 high-intensity light
高强硅酸盐水泥 high-strength Portland cement
高强硅藻土砖 high-strength diatomaceous brick
高强焊条 high-tensile electric (al) welding rod
高强合金 high-strength alloy; high-tensile alloy
高强合金钢 high-strength alloyed steel
高强合金钢钢筋 high-tensile alloy steel bar
高强混凝土 strong concrete; high strength concrete
高强夹紧螺栓 <用于钢梁拼装> high-strength friction grip bolt
高强降雨量 high rate of rainfall
高强接头 extra-strong coupling
高强结构钢 high grade structural steel; high-strength construction steel
高强绝缘子 high-tension insulator
高强抗拉螺栓 high-tension bolt
高强抗蚀砖 engineering brick

高强抗蚀砖铺面道路 road with engineering brick paving
高强力钢丝 high-tensile strength wire
高强力帘线 high tenacity cord
高强力耐纶丝 high tenacity nylon filament
高强力黏[粘]胶丝 viscose high tenacity yarn
高强力黏[粘]胶纤维 high tenacity staple fiber[fibre];high tenacity viscose fiber[fibre]
高强力纤维 high tenacity fiber[fibre]
高强铝铬砖 high-strength alumina-chrome brick
高强铝合金 aldural
高强螺钉 high-strength screw
高强螺栓 high-strength bolt;high-tension bolt; tensile bolt; interference body bolt
高强螺栓紧固张力 pretension load of bolt
高强铆钉 high-strength rivet
高强模塑料 high strength mo(u)lding plastics
高强摩擦传力螺栓 high strength friction grip bolt
高强摩擦夹紧螺栓 high-strength friction grip bolt
高强耐磨混凝土 granolithic concrete
高强耐水硬纤维板 tempered hardboard
高强耐锈蚀钢 weathering steel
高强耐锈蚀桥梁钢 weathering bridge-steel
高强尼龙编结绳 braid nylon rope
高强捻 extra hard twist
高强喷射混凝土 high-strength shotcrete
高强膨胀性灌浆 high-strength expanding grout
高强膨胀性浇灌 high-strength expanding grout
高强轻质混凝土 high-strength lightweight concrete
高强石膏调凝灰浆 high-strength gypsum ga(u)ged plaster
高强石膏罩面灰泥 high-strength gypsum ga(u)ged plaster
高强(受拉)钢筋 high-tensile reinforcement
高强碳钢 high-tensile strength carbon steel
高强型壳 unbacked shell
高强异形钢筋 high-strength deformed bar;high-tensile deformed bar
高强优质钢丝 high-strength quality steel wire
高强油井水泥 high-strength oil well cement
高强(预应力)钢筋束 high-tensile steel tendon
高强(预应力)钢丝束 high-tensile steel tendon
高强炸药 gelatin(e)dynamite
高强砖 high-strength brick
高跷 stilt
高跷根 stilt root
高跷拱 stilted arch
高跷形路面板 stilted slab
高桥墩 tall pier
高桥排架 viaduct bent
高桥移动式抓斗起重机 overhead travel(l)ing grab crane
高且长的涌浪 blind roller;blind seas
高切变模量 high shear modulus
高切断容量 high rupturing capacity
高切力区 area of high shear
高切力研磨 high shear grinding
高切应变 high shearing stress
高侵 increased resistance invasion
高氢镜质体 perhydrous vitrinite
高氢镜质组 perhydrous vitrinite
高氢微镜煤 perhydrous vitrite
高氢烟煤 perbituminous coal
高倾点原油 high pour-point crude
高倾角 high dip angle
高倾角卫星 high inclination satellite
高倾斜的 high oblique
高倾斜航摄像片 high-oblique aerial photograph
高倾卸式车厢 high dump box
高清晰度 fine definition;fine resolution;high definition;high resolution
高清晰度的黑白(彩色)图像 full-resolution monochrome colour piece
高清晰度的图像 complete high-resolution picture
高清晰度底片 high resolution plate
高清晰度电视 high definition television;Hi-vision
高清晰度电视功能样机 functional prototype of high definition television
高清晰度图像 fine definition image(ry);high definition image(ry)
高清晰度显微摄影 high-resolution photomicrogram
高丘 eminence
高丘陵 crick
高球度 high-sphericity
高区供水厂 high service works
高屈服点 high yield point
高屈服点钢 high yield strength steel
高屈服强度 high yield strength
高屈服强度钢 high yield strength steel;high yield stress steel
高屈服强度钢筋 high yield strength reinforcement
高屈服强度冷扎的 high yield cold-rolled
高全自动化传动 supermatic drive
高群 high-group
高燃耗燃料 high burn up fuel
高燃炸药 high incendiary explosive
高惹烯 homoretene
高热 < 500 ~ 900℃ > red heat
高热变质作用 pyrometamorphism
高热导率 high heat conductivity
高热导率铜铬合金 Kumium alloy
高热法 high heat method
高热辐射 high heating radiation
高热负荷燃烧器 high heat release burner
高热焓 high enthalpy
高热焊条 high heat solder
高热互换率 high heat interchange rate
高热剂 thermit(e)
高热剂燃烧弹 thermit(e)bomb
高热交代 pyrometasomatism
高热交换率 high heat exchange rate
高热竭染法 hot dy(e)ing exhaust process
高热矿泉 high hot mineral spring
高热量 high heat
高热量煤气 high heating value gas
高热量煤气化工程 project of high calorie coal gasification
高热流带 high heat flow zone
高热面蒸发器 high heat level evapo(u)rator
高热能工作剂 thermoenergetic agent
高热期 altithermal
高热容量 high heat capacity
高热水泥 high heat cement
高热炭丝红外线灯 thermolite
高热应变仪 high-temperature strain ga(u)ge
高热影响区 heat-affected zone
高热油井水泥 high heat oil well cement
高热源温度 high source temperature
高热值 high calorific power;high calorific value;high heat(ing)value
高热值管道气 high Btu pipeline gas
高热值煤气 high heat calorie gas;rich gas
高热值燃料 exotic fuel;high performance propellant
高热轴环 thermit(e)collar
高人口密度 high population density
高人口容量 high population capacity
高韧度 high tenacity
高韧性 high tenacity
高韧性钢 high ductility steel
高韧性合金 high ductility alloy
高绒粗毛地毯 Rya
高容车量车道 < 供高容量车辆如公共汽车、合用汽车等优先通行或专用的车道 > high-occupancy vehicle lane
高容积负荷 highly volumetric loading
高容量 high(-power)capacity;high volume
高容量采暖设备 high-capacity heating equipment
高容量采样器 high volume sampler
高容量车辆车道 high-occupancy vehicle lane
高容量电缆 high capacitance cable
高容量发射机 high capacitance transmitter
高容量法 high volume method
高容量过滤器 high volume filter
高容量机组 high-capacity unit
高容量空气采样器 high volume air sampler
高容量空气采样装置 high volume air sampling system
高容量滤池 high-capacity filter
高容量喷布 high volume spray(ing)
高容量喷雾 high volume spray(ing)
高容量取样器 high volume sampler
高容量送风系统 high-capacity unit
高容量通信[讯] large-capacity communication
高容量烟囱采样器 high volume stack sampler
高容重骨料 high-density aggregate
高容重混凝土 high-density concrete
高容重集料 high-density aggregate
高溶合性增塑剂 high solvating plasticizer
高溶解度黏[粘]合剂玻璃纤维毡 high solubility binder glass mat
高溶解度石脑油 high solvency naphtha
高溶解力石脑油 high solvency naphtha
高溶解氧 high-dissolved oxygen
高溶陷盆地 perched sinkhole plain
高熔点 high melting point
高熔点的 dystectic;high fusing;high melt(ing)
高熔点芳香族聚酰胺 nomex
高熔点合金 high melting point alloy
高熔点金属 high melting point metal;refractory metal
高熔点金属陶瓷层压材料 refractory metal-ceramics laminate
高熔点金属纤维增强陶瓷 refractory metal fibre reinforced ceramics
高熔点金属船 < 真空镀膜用 > boat of refractory metal
高熔点蜡 high melting wax
高熔点沥青 high melting point asphalt
高熔点耐火材料 high melting point refractory
高熔点塑料 high melting plastics
高熔点天然沥青 asphaltite
高熔点纤维 high melting fiber[fibre]
高熔点硬质合金 refractory hard metal
高熔灰分 high fusibility ash;high fusible ash
高熔灰煤 high fusion-ash coal
高熔混合物 dystectic mixture
高熔金属 high melting metal; hot metal
高熔铸金包埋料 high melting casting metal investment
高融点冰 hot ice
高柔结构 tall and slender structure
高柔性钢 high ductility steel
高柔性构筑物 slender flexible structure
高蠕变强度钢 high-creep strength steel
高入先出法 highest-in first-out
高软化点浸渍沥青 super-steep asphalt
高软化点树脂 high softening point resin
高锐度显影液 acutance developer;high acutance developer
高色散玻璃 high dispersion glass
高色散光谱 high dispersion spectrum
高色散冕玻璃 high dispersion crown glass
高山 < 绝对高度 3500 ~ 5000 米 > high mountain; alp; high altitude station
高山矮曲林 elfin(tree);elfinwood;krummholz
高山桉 grampian eucalyptus
高山冰川 alpine glacier; mountain glacier;valley glacier
高山病 alpine disease;mountain sickness
高山剥夷阶地 altiplanation terrace;goletz terrace
高山剥夷面 altiplanation surface;altiplanation terrace
高山剥夷作用 altiplanation
高山草地 < 在树线以上 > marg;alp;alpine meadow
高山草地土 alpine meadow soil
高山草甸 aim;alpine meadow;coryphfle;mesophorbium
高山草甸风景区 alpine tundra landscape spot
高山草甸群落 coryphilum
高山草甸土 alpine meadow soil
高山草甸土及草原土区 high mountain meadow soil and timber soil area
高山草原土 alpine steppe soil
高山草原土灰化土带 high mountain timber soil illimerized soil zone
高山测站 high mountain station
高山带 < 森林线以上的植物带 > alpine zone;alpine belt
高山道路 alpine road
高山的 alpine
高山低草原 mayen
高山地 high mountainous terrain
高山地带 alpine belt
高山地貌 alpine relief
高山地貌学 alpine geomorphology
高山地区均夷作用【地】altiplanation
高山地形 alpine form;alpine relief
高山地夷平作用 altiplanation
高山垫状植被 alpine cushion-like vegetation
高山调查 alpine survey
高山冻原 alpine tundra; mountain tundra
高山反应 altitude reaction; altitude stress
高山放牧 alpine scrub
高山风景区 alpine scenic spot
高山高原荒漠土带 high mountain high plateau desert soil zone
高山谷 high valley
高山观测台 high altitude observatory

高山观察 mountain observation
高山河谷 alpine valley
高山湖(泊) alpine lake;mountain lake
高山花园 alpine garden
高山滑坡 mountain landslip
高山缓坡 alp
高山荒漠 alpine desert
高山荒原 puna
高山辉 alpenglow;alpine glow
高山景观 mountain landscape
高山冷杉 alpine fir
高山林 high forest
高山麓 alpine piedmont
高山落叶松 alpine larch
高山脉 high range
高山牧场 alp;alpine pasture
高山暖温带 tierra caliente
高山平地 alb
高山屏障 mountain barrier
高山气候 alp(ine) climate;mountain climate
高山气候表 mountain barometer
高山气象学 mountain meteorology
高山气压计 orometer
高山潜水区 high mountain underground water area
高山丘 ben
高山区 alpine region;high land;mountain(ous) area
高山缺氧 mountain hypoxia
高山生态系(统) alpine ecosystem
高山生态学 alpine ecology
高山适应 altitude acclimation
高山树林 montane forest;mountain forest
高山水库 hilltop reservoir
高山水文地理模型 orohydrographic-(al) model
高山水文地理学 orohydrography
高山松树林 pinares
高山太阳灯 alpine-sun lamp
高山天文台 high altitude observatory
高山温带 tierra templada
高山稀疏植被 alpine sparse vegetation;alpine talus vegetation
高山夏牧场 alpage
高山象白蚁 Nasutitermes takasagoensis
高山泄泻 hill diarrhoea
高山雪地 alpine snowfield
高山雪原 alpine snowfield
高山岩溶 high mountainous karst
高山夷平阶地 alpine planation terrace
高山硬叶灌木群落 fynbos
高山永冻带 tierra helada
高山站 mountain station
高山沼泽 apline marsh
高山植被 alpine vegetation;mountain vegetation;sierra
高山植物 acrophyta;alpine plant;mountain plant
高山植物带 alpine zone
高山植物群落 acrophytia
高山植物园 alpine garden
高山作用 altitude effect
高闪点 high flash point
高闪点精炼油 quench oil
高闪点燃料 high flash fuel
高闪点石脑油 high flash naphtha
高闪点油 high flash oil
高熵社会 society of high entropy
高上推力 high thrust
高尚的艺术 elegant art
高尚住宅区 high class residential zone
高蛇曲带沉积 high meander belt deposit
高设花台 raised flower bed
高设温床 raised hotbed
高射炮 anti-aircraft gun
高摄 high shot
高伸长醋酯纤维 high elongation acetate yarn
高深梁弯曲 bending of deep beam
高深曲线 hypsographic(al) curve
高审计风险 high audit risk
高渗的 hyperosmotic;hypertonic
高渗溶液 hyperosmotic solution
高渗透层 high permeability zone
高渗透通道 preferential path
高渗透系统 most permeable system
高渗透性沥青 high penetration bitumen
高渗透性土层 highly permeable ground
高渗脱水 hyperosmotic anhydration
高渗压 hypertonia
高渗状态 hyperosmotic state
高升程叉车 high-lift truck
高升程船闸 high-rise lock
高升程阀 high lift valve
高升程灌浆 high lift grouting
高升距叉车 high lift truck
高升距工作台 high lift table
高升距取货车 order picker high lift-truck
高升空中的烟羽 lofting plume
高升平台车 platform high lift-truck
高生产率 high production rate;high productivity
高生产率的 high capacity;high productive;large-duty;high duty
高生产能力 high productive capacity;high-rise capacity
高生物质密度 high biomass concentration
高声 loudness
高声的 loud
高声频交流电 high-pitched alternating current
高声强 high intensity
高声强传声器 high-intensity microphone
高声强实验室 high-intensity sound room
高声信号器 hailer;howler
高剩磁的 high remanence
高湿度测试箱 high humidity test chamber
高湿度处理 high humidity treatment
高湿度谷粒 high moisture grain
高湿度结露试验 high humidity and condensation test;high moisture and condensation test
高湿度空气 damp air;damp atmosphere;wet air
高湿度养护 high humidity treatment
高湿度养护室 <养护混凝土用的> damp-storage closet
高湿模量 high wet modulus
高湿模量黏[粘]胶纤维 high wet modulus viscose fiber[fibre];polynosic
高湿模量人造丝 high wet modulus rayon
高湿模量纤维 high wet modulus fiber [fibre]
高湿强纸 high wet strength paper
高石灰粉煤灰 <一种石灰含量高达24%具有水硬性的粉煤灰> high lime ash
高石灰含量 high lime
高石灰含量矿渣 extra-limy slag
高石英瓷 quartz enriched porcelain
高石英质砾石 high quartz gravel
高矢拱 stilted arch
高矢拱桥 stilted arch bridge
高矢拱穹顶 stilted vault
高使用极限值耐火材料 high utilization limit refractory
高士杯 <瓷器名> cup with picture of lofty gentlemen
高氏沉箱 Gow caisson
高氏沉箱桩 Gow caisson pile
高氏公式 <柱体破坏荷载计算公式> Gordon's formula
高氏硬度 <摩擦材料> Gogan hardness
高世代 advanced lines
高式布置 <机电> high-type layout
高势能 high potential
高铈的 ceric
高收入 booming
高收缩率骨料 high shrinking aggregate
高收缩率集料 high shrinking aggregate
高收缩率原油 high shrinkage oil
高收缩纤维 high shrinkage fiber[fibre]
高收益投资 high coupon
高首尾船 deep waisted vessel
高输 high output laser system
高输出燃气发生器 high output gas generator
高输出日光灯 high output fluorescent lamp
高输入阻抗 high input impedance
高输沙量 high sediment discharge
高树层 upper tree layer
高树脂泥炭 torch peat
高竖炉 high shaft furnace
高数据率存储系统 high data rate storage system
高数据速率激光系统 high data rate laser system
高数位 highest significant position;high order digit;most significant position;top digit;high order position
高衰减带 high attenuation zone
高衰减量 high attenuation
高双折射光纤 high birefringence optic(al) fiber
高水坝 high water dam
高水舱 <浮箱式闸门的> tidal chamber
高水槽 high water channel
高水池 elevated basin
高水导治 high water training
高水分煤 high moisture coal;hydrogenous coal
高水分青储料仓 silo for high moisture silage
高水河槽 major river bed
高水河床 major river bed
高水护岸 high water revetment
高水基叶片泵 high water base vane pump
高水级船闸 high lift lock
高水量 high water run-off
高水面 high water plane
高水泥含量混凝土 rich concrete
高水平潮 high water slack
高水平出版物 highbrow publication
高水平的 high level
高水平的栽培措施 higher level of cultural practices
高水平客车 high-level coach
高水平苗木培育圃 completely plant school
高水平热室 high-level cave
高水平专家 highly qualified specialist
高水期 high water period;high water season
高水苏碱 homostachydrine
高水头 high drop;high head
高水头坝 high drop dam;high lift dam;high-head dam
高水头船闸 high drop lock;high lift lock;lock with high lift
高水头电站 high head development;high head plant
高水头方案 high head scheme
高水头过船建筑物 high drop ship passing structure;high head ship passing structure
高水头过船设施 high drop ship passing through facility;high head ship passing through facility
高水头建筑物 high-head structure
高水头开发项目 high head development;high head scheme
高水头升船机 high drop ship lift;high lift shiplift
高水头水坝 high head dam
高水头水电站 high head water power plant
高水头水力发电厂 high head hydropower plant
高水头水力发电站 high head hydropower station;high head water power station
高水头水力枢纽 high waterhead hydraulic system
高水头水轮机 high head hydraulic turbine;high head turbine
高水头闸门 high-pressure gate
高水位 higher water;high flood;high rate water level;high tide(level);high tide line;high water(level);high water stage;HW high water
高水位报警器 high water alarm
高水位边线 flood line
高水位标志 flood mark;high water mark
高水位泊位 high water berth
高水位差 high water difference
高水位差码头 large water range wharf
高水位春潮 high water spring tide
高水位高程 <提高水位与基准面之差> rise of tide;rise of high tide
高水位轨迹 locus of high water
高水位河槽 secondary flood channel
高水位河床 high water(river) bed
高水位护岸 high water revetment
高水位间隔 high water interval
高水位检测器 high water detector
高水位警报(器) high water alarm
高水位控制 high water control
高水位跨度 <桥梁> high water span;flood span
高水位流量 high water difference
高水位码头 high water dock;high water quay;high water wharf
高水位面 high water plane
高水位期 high stand;period of high water level
高水位桥 high water level bridge;inundation bridge
高水位曲线 stage hydrograph of flood
高水位曲线图 high water level diagram
高水位时的静止水位 slack at high-water
高水位时段 high water interval
高水位线 high tide line;high water line;high water mark
高水位以上的 above high water level;above high water mark
高水位支汊 secondary flood channel
高水位注记 high water mark
高水温开关 high water temperature switch
高水箱 bell cistern;high flush tank
高水箱抽水马桶 high-level flush toilet
高水准标尺 high rod;long rod
高水准尺 high rod
高顺式聚丁二烯橡胶 cis-rich polybutadiene rubber
高斯 Gauss
高斯白噪声 Gaussian white noise
高斯半径 Gaussian radius;mean radi-

G

us of curvature
高斯变换 Gaussian transformation
高斯标准正态曲线 Gaussian standard normal curve
高斯波列 Gaussian wave train
高斯波群 Gaussian wave group; Gaussian wave packet
高斯-泊松分布 Gauss-Poisson distribution
高斯不变坐标 Gauss-invariant coordinates
高斯参考球 Gaussian reference sphere
高斯插值公式 Gaussian interpolation formula
高斯常数 Gaussian constant
高斯超几何方程 Gaussian hypergeometric(al) equation
高斯超几何微分方程 Gaussian hypergeometric(al) differential equation
高斯磁力仪 Gaussian magneto meter
高斯带通滤波器 Gaussian band-pass filter
高斯单位制 Gaussian (system of) units
高斯第二位置 the second position of Gauss
高斯第一位置 the first position of Gauss
高斯点 Gaussian point; nodal point
高斯电通定律 Gaussian law of flux
高斯迭代法 Gaussian iteration method
高斯定理 Gauss'[Gaussian] theorem
高斯定律 Gauss(ian) law
高斯度空间正态分布定律 three-dimensional normal distribution law
高斯发散量 Gaussian divergence
高斯法 Gaussian process
高斯反射率 Gaussian reflectivity
高斯泛函 Gaussian functional
高斯方程 Gaussian equation
高斯方法 Gaussian method
高斯方向图 Gaussian pattern
高斯分布 Gaussian (normal) distribution; normal distribution
高斯分布曲线 Gaussian distribution curve
高斯峰 Gaussian peak
高斯复整数 Gaussian complex integers
高斯概率分布 Gaussian probability distribution
高斯概率过程 Gaussian probability process
高斯概率积分 Gaussian probability integral
高斯概率密度函数 Gaussian probability-density function
高斯概率曲线 Gaussian probability curve
高斯公式 Gaussian formula
高斯光束 Gaussian beam
高斯光束腰 waist of Gaussian beam
高斯光学 first-order theory
高斯光学装置 Gaussian optics
高斯过程 Gaussian process
高斯函数 Gaussian function
高斯积分 Gaussian integration
高斯积分公式 Gaussian integral formula; Gaussian integration formula
高斯基本光束 Gaussian elementary beam
高斯激光束 Gaussian laser beam
高斯几率曲线 Gaussian curve
高斯计 Gaussian meter; gaussmeter
高斯焦点 Gaussian focus
高斯截短曲线 truncated Gaussian
高斯近似法 Gaussian approximation
高斯静电静磁定律 Gaussian laws of electrostatics and magnetostatics
高斯聚焦激光束 focused Gaussian laser beam
高斯-柯达齐方程 Gauss-Codozzi equation
高斯-克吕格平面直角坐标系 Gauss-Kruger plane rectangular coordinate system
高斯-克吕格投影 Gauss-Kruger projection
高斯-克吕格坐标 Gauss-Kruger coordinate system
高斯扩散 Gaussian diffusion
高斯扩展函数 Gaussian spread function
高斯-拉普拉斯曲线 Gauss-Laplace curve
高斯-勒让德法则 Gauss-Legendre rule
高斯沥青 Gaussasphalt; Gaussian asphalt
高斯(粒度)分布曲线 Gaussian distribution curve
高斯连续铸造 Goss process for the continuous casting of metals
高斯滤波器 Gaussian filter
高斯-马尔可夫定理 Gauss-Markov theorem
高斯-马尔可夫估计量 Gauss-Markov estimator
高斯-马尔可夫过程 Gauss-Markov process
高斯-马尔可夫判别准则 Gauss-Markov criterion
高斯-马尔可夫推论 Gauss-Markov corollary
高斯脉冲 Gaussian pulse
高斯密度 Gaussian density
高斯模 Gaussian mode
高斯模型 Gaussian model
高斯目镜 Gaussian eyepiece
高斯年 Gaussian year
高斯-牛顿法 Gauss-Newton method
高斯判别法 Gaussian test
高斯频率曲线 normal frequency curve
高斯频率特性 Gaussian frequency response
高斯频率特性放大器 Gaussian amplifier
高斯频率响应 Gaussian frequency response
高斯频响特性 Gaussian response
高斯频移键控 Gaussian frequency shift key
高斯平均引数公式 Gaussian mid-latitude formula
高斯平均值定理 Gaussian mean value theorem
高斯平面 Gaussian plane
高斯平面直角坐标 Gaussian rectangular plane coordinate
高斯平面子午线收敛角 Gaussian grid convergence
高斯平面坐标 Gaussian plane coordinates
高斯平面坐标系 Gaussian plane coordinate system
高斯剖面 Gaussian profile
高斯-乔丹消去法 Gaussian-Jordan elimination
高斯求积 Gaussian quadrature
高斯求积公式 Gaussian quadrature formula
高斯球面表示 Gaussian spherical representation
高斯区域 Gaussian region
高斯曲率 Gaussian curvature
高斯曲率度量 Gaussian measure of curvature
高斯曲线 curve of Gauss; normal probability curve
高斯-若尔当消去法 Gauss-Jordan elimination
高斯-塞德尔法 Gauss-Seidal method
高斯-赛德尔迭代法 Gauss-Seidel iteration method; iteration according to Gauss-Seidel
高斯-赛德尔法 Gauss-Seidel method
高斯-赛德尔矩阵 Gauss-Seidel matrix
高斯势阱 Gaussian well
高斯收敛判别法 Gaussian convergence test
高斯数 Gaussage
高斯似然函数 Gaussian likelihood function
高斯算法 Gaussian algorithm
高斯算术平均定律 Gaussian law of the arithmetic mean
高斯随机变量 Gaussian random variable
高斯随机过程 Gaussian random process; Gaussian stochastic process
高斯随机数 Gaussian number; Gauss number
高斯随机向量 Gaussian random vector
高斯随机噪声 Gaussian random noise
高斯随机振动 Gaussian random vibration
高斯条件误差 Gaussian condition error
高斯通量定律 Gaussian flux law
高斯投影 Gaussian projection
高斯投影长度变形 scale error of Gaussian projection
高斯投影方向校正 arc-to-chord correction in Gaussian projection
高斯投影方向修正 arc-to-chord correction in Gaussian projection
高斯投影分带 belt of Gaussian projection; zone-diving of Gaussian projection
高斯投影距离改正 distance correction in Gaussian projection
高斯投影距离校正 distance correction in Gaussian projection
高斯投影面 Gaussian projection plane
高斯透镜公式 Gaussian lens formula
高斯微分方程 Gaussian difference equation; Gaussian differential equation; hypergeometric(al) equation
高斯位阱 Gaussian well
高斯位置 Gaussian positions
高斯物镜 Gauss objective lens
高斯误差 Gaussian error
高斯误差定律【数】 Gaussian law of error
高斯误差曲线 Gaussian error curve
高斯线型 Gaussian line shape
高斯线性二次问题 linear-quadratic-Gaussian problem
高斯线性模型 Gaussian linear model
高斯相似双投影 Gaussian conformal double projection
高斯响应 Gaussian response
高斯像 Gaussian image
高斯像点 Gaussian image point
高斯像面 Gaussian image plane
高斯消去法 Gaussian elimination (method); Gaussian reduction; method of Gaussian elimination
高斯消元 Gaussian elimination
高斯消元法 Gaussian elimination method
高斯效应 Gaussian effect
高斯信道 Gaussian channel
高斯型 Gaussian form
高斯型变幅杆 Gaussian horn
高斯型脉冲 Gaussian-shaped pulse
高斯型浓度分布 Gaussian-shaped concentration distribution
高斯型曲线 Gaussian curve
高斯型衰减曲线 Gaussian roll-off curve
高斯型双合透镜 Gaussian doublet
高斯烟流模式 Gaussian plume model
高斯引力常数 Gaussian gravitational constant
高斯应力曲面 Gaussian stress quadric
高斯原理 Gaussian principle
高斯约化法 Gaussian method of reduction; Gaussian reduction method
高斯噪声 Gaussian noise
高斯噪声发生器 Gaussian noise generator
高斯正极性期 Gaussian normal polarity epoch
高斯正态分布曲线 Gaussian normal distribution curve
高斯正向磁极期 Gaussian normal epoch
高斯正向极性带 Gaussian normal polarity zone
高斯正向极性时 Gaussian normal polarity chron
高斯正向极性时间带 Gaussian normal polarity chronzone
高斯正向期 Gaussian normal epoch
高斯正形投影 Gaussian conformal projection
高斯制单位 Gaussian units
高斯中纬度公式 Gaussian mid-latitude formula
高斯子午线收敛角 Gaussian meridianal convergence
高斯最大似然分类器 Gaussian maximum likelihood classifier
高斯最小频移键控 Gaussian minimum shift key
高斯最小约束原理 Gaussian principle of least constraint
高斯作用函数 Gaussian kernel
高斯坐标 Gaussian coordinates
高死亡率 excess death rate; high mortality
高松厚度书籍纸 high bulk book paper
高耸 soar; tower
高耸的 dominant; high rise; topping; towered
高耸的烟羽 lofting plume
高耸孤立丘 dominant mountain spur
高耸建筑 high-rise construction; tall building; tall structure
高耸结构(物) high-rise structure; tall (and slender) structure
高耸庙门 <印度> toran
高耸入云的 cloud-kissing
高耸蜃景 towering
高速 high rate; high-speed test; quick-speed
高速半自动除霜 fast semi-automatic defrosting
高速拌和 high-speed mixing
高速拌和机 high-speed mixer
高速拌料器 high-speed agitator
高速帮电机 fast speed repeater
高速泵 express pump; high-speed pump
高速比传动装置 high ratio gear
高速比较器 high-speed comparator
高速编带机 rapid rotary braiding machine
高速标签织机 high-speed label loom
高速波谱学 high-speed spectroscopy
高速步行机器人 high speed walking robot
高速操纵 high-geared operation; high-speed handling
高速测光 high-speed photometry
高速测试控制器 high-speed test controller

高速层速度 velocity in high velocity-layer
高速插齿机 high-speed gear shaper
高速差动保护(装置) high-speed differential protection
高速柴油 high-speed diesel fuel
高速柴油机 high-speed diesel engine
高速柴油汽车 high-speed diesel vehicle
高速缠绕机 high-speed winder; high-speed winding machine
高速车 go-kart; hot shot; speed car
高速车床 high-speed lathe; speed lathe
高速车刀 high-speed turning tool
高速车道 fast-moving vehicle lane; high-speed(vehicle) lane; rapid vehicle lane; speed way
高速车道的栏式(路)缘石 <用以防止车辆驶出车道> high-speed barrier curb
高速尘笼 high-speed cage
高速沉淀装置 high rate settler
高速成像装置 high-speed imaging device
高速成型 high-speed compaction; high-speed forming; high rate forming; high-velocity forming
高速成型机 high energy rate forming machine; high-speed forming machine
高速成型模具 high-velocity forming die
高速城市间运输 high-speed intercity traffic
高速乘 high-speed multiply
高速乘法 high-speed multiplication
高速乘法器 fast multiplier; high-speed multiplier
高速齿轮 high-speed gear; speed gear; top gear
高速齿轮传动 gear up
高速齿轮联轴节 high-speed gear coupling
高速充电 high rate charger
高速冲槽机 high-speed slot-puncher
高速冲床 high-velocity ram machine
高速冲刺旅客列车 <瑞典铁路> high-speed tilting train
高速冲洗 high-speed wash; high-velocity wash
高速冲压机 high-velocity ram machine
高速抽气装置 high-speed pumping unit
高速抽水装置 fast pumping installation; high-speed pumping installation
高速出口滑行道 high-speed exit taxiway
高速处理能力 high-speed processing capability
高速穿线订书机 high-speed thread book sewing machine
高速传动 high gear
高速传输 high-speed transmission
高速传输电路 high-velocity-carrier type circuit
高速传输数据系统 rapid transmission data system
高速传真 high-speed facsimile; speed-fax
高速传真机 high-speed facsimile apparatus
高速船舶 high-speed ship; high-speed vessel
高速串联断路法 high-speed series tripping
高速串行打印机 high-speed serial printer
高速锤 high energy rate forging hammer; high-speed-energy forging machine; Petro-forge
高速锤磨机 high-speed hammer mill
高速磁放大器 high-speed magnetic amplifier
高速磁浮 high-speed magnetic levitation
高速磁鼓 high-speed drum
高速磁悬浮系统 high-speed maglev system
高速脆性 high-speed brittleness; high-velocity brittleness
高速淬火炉 high-speed hardening furnace
高速存储器 high-speed memory; high-speed storage; high-speed store
高速存储区 scratch-pad area
高速存取 rapid access; zero access
高速存取存储器 rapid access storage
高速存取环 rapid access loop
高速打印 flying print
高速打印机 flying printer; high-speed printer
高速大量运输 high speed mass transport
高速大量运输铁路 mass rand transit railway; mass rapid transit railway
高速带 high-speed bed; high-velocity layer; hypertape
高速带刀平缝机 high-speed flat bed sewing machine with blade
高速挡 high(-speed) gear; top gear
高速挡齿轮 over-drive gear
高速挡换挡阀 over-drive shift valve
高速挡换挡阀蓄能器 over-drive shift valve accumulator
高速挡速度 over-drive speed
高速刀具 high-speed cutter; high-speed tool bit; high-speed turning tool
高速导轨 high-speed guideway
高速道岔 high-speed turnouts
高速道路 autoline; clearway; freeway; motorway; speed way
高速道路牵引 high-speed road towing
高速道路入口处 interchange
高速道路拖曳 high-speed road towing
高速的 fast speed; high-speed; quick response
高速等静压制 high-speed isostatic pressing
高速等离子色谱 high-speed plasma chromatography
高速等温烧嘴 iso-jet burner
高速低飞航空摄影 dicing
高速低噪声异步电动机 high-speed low-noise synchronous motor
高速滴滤器 high rate trickling filter
高速涤气器 high-speed scrubber
高速地滚(波) high-velocity ground roll
高速地面运输 high-speed ground transport(ation)
高速地下铁道 high-speed underground railroad; high-speed underground railway
高速点扫描器 flying-spot scanner
高速电车路 rapid transit tramway
高速电动机 high-speed motor
高速电动转辙机 high-speed operating machine; high-speed point machine; high-speed switch machine
高速电话电路 express voice circuit
高速电火花打孔电极管 high-speed electrospark perforating electrode tube
高速电火花小孔加工机床 high-speed microhole electron discharge machining tool
高速电力机车 electric(al) express locomotive; electric(al) high-speed locomotive
高速电码系统 high-speed coding system
高速电码制 high-speed coding system
高速电气化铁路 high-speed electrified line
高速电摄影打印机 high-speed xerographic(al) printer
高速电梯 express elevator; express lift; high-speed elevator; high-speed lift
高速电压比较器 high-speed voltage comparator
高速电影经纬仪 high-speed cine theodolite
高速电影摄影机 high-speed cinecamera; high-speed motion-picture camera; ultra-rapid cinematograph
高速电影摄影术 ultra-rapid cinematography
高速电子 high-speed electron; high-velocity electron
高速电子打印机 high-speed electronic printer
高速电子带刀削薄机 high-speed electronic bandknife splitting machine
高速电子计算机 high-speed electronic computer
高速电子开关 high-speed electronic switch
高速电子扫描 high-velocity scanning
高速电子扫描摄像管 camera tube with high velocity scanning beam
高速电子摄像管 high-velocity electron camera tube
高速电子束 high-velocity electron beam
高速电子数字计算机 maniac
高速垫压机 high-speed hot press
高速调节器 high-speed regulator
高速调节器及柄式安全阀 high-speed controller and lever safety valve
高速调流断路器 high-speed reducing breaker
高速调整 high-speed adjustment
高速碟式雾化器 high-speed disc atomizer
高速定向过流继电器 high-speed directional overcurrent relay
高速锭子油 high-speed spindle oil
高速动平衡 high-speed balancing
高速动态疲劳试验法 high-speed dynamic(al) fatigue testing
高速动压轴承 high-speed dynamic-(al) pressure bearing
高速读出机 high-speed reader
高速读出器 high-speed reader
高速读卡/穿孔诊断 high-speed read/punch diagnostic
高速读卡机 high-speed card reader
高速读数方式 high-speed reading system
高速度 high-speed; high-velocity
高速度处峰的线宽 linear width of peak at high-speed
高速度传动 high-speed drive
高速度高密度精密压铸法 accurate rapid dense method
高速度化 speed-up
高速度回路 high-velocity loop
高速度滤池 high rate filter
高速渡船 high-speed ferry
高速渡线 high-speed crossover
高速端铣刀 high-speed type end mill
高速短路开关 high-speed short circuiting switch
高速断路开关 high-speed circuit breaker
高速断路器 quick breaker; quick-break switch
高速断路器配置 high-speed circuit breaker arrangement
高速断路器试验装置 rapid chopper tester
高速断面仪 high-speed profilometer
高速锻造法 high impact-velocity forging; high-speed forging; high-velocity forging
高速锻造机 high-velocity forging machine
高速对流燃烧器 high-velocity convection burner
高速多刀复刃切削法 high-speed and multitool cutting method
高速多缸压缩机 multicylinder high speed compressor
高速多缸制冷机 multicylinder high speed refrigerator
高速多路复用器 high-speed multiplexer
高速发电机 high-speed generator
高速发动机 high-speed engine
高速发展 developed at top speed
高速阀 fast valve; high-speed valve
高速方形穴播阀 high-speed checkrow valve
高速仿真 high-speed simulation
高速仿真存储器 high-speed emulation memory
高速放大器 high-speed amplifier
高速放映机 high-speed projector
高速飞机 high-speed aircraft
高速分幅立体摄影机 stereoscopic(al) high-speed framing camera
高速分光学 high-speed spectroscopy
高速分离锭子 high-speed separating spindle
高速分流器开关 high-speed diverter switch
高速分配轮 high-speed spinner
高速分散 high-speed dispersion
高速分散机 high-speed dissolver
高速粉磨机 high-speed crushing mill; high-speed pulverizer
高速粉碎机 high-speed disintegrator
高速风道系统 high-velocity duct system
高速风洞 high-speed wind tunnel
高速风管 high-speed duct
高速风扇 high-pressure fan
高速风扇式混和器 high-speed fan blender
高速缝合机 extra-rapid stitching machine
高速浮动式曝气机 high-speed floating aerator
高速浮动式曝气器 high-speed floating aerator
高速浮游生物取样器 high-speed plankton sampler
高速复式终端机 high-speed compound terminal
高速复印机 high-speed copier; high-speed copying machine
高速干道 express artery; expressway; freeway; speed way; throughway
高速干道辅助道路 freeway frontage road(way)
高速干道互通式立体交叉 freeway-to-freeway interchange
高速干道监视 freeway surveillance
高速干道主线 freeway mainline; main line
高速干道主线控制 freeway main-line control
高速干道主线限流 freeway main-line metering

G

高速干线 high-speed trunk line
高速感光胶片 high-speed film
高速感光乳剂 high-speed emulsion
高速钢 high-speed steel; quick cutting steel; quick-speed steel; rapid steel
高速钢槽钻 high-speed steel ground groove drill
高速钢车刀 high-speed steel bit; high-speed steel lathe tool; high-speed steel turning tool
高速钢车刀条 high-speed steel turning bit
高速钢刀具 high-speed steel cutter; high-speed steel tool(bit)
高速钢锭 high-speed steel ingot
高速钢镀硬铬法 Lundbye process
高速钢端铣刀 high-speed steel end mill
高速钢工具 rapid steel tool
高速钢机用锯条 high-speed steel machine saw blade; high-speed steel power hacksaw blade
高速钢铰刀 high-speed reamer
高速钢锯片 high-speed steel sawblade
高速钢锯条 high-speed (hack) saw blade
高速钢麻花钻 high-speed steel twist drill
高速钢模具铣刀 high-speed steel die milling cutter
高速钢磨削丝锥 high-speed steel ground tap
高速钢磨牙丝锥 high-speed steel geared tap
高速钢丝 high-speed steel wire
高速钢钻头 high-speed steel bit; high-speed steel drill
高速高能锻造法 Dynapak method
高速高阻计数器 high-speed high resistance counter
高速割嘴 high-speed cutting nozzle
高速跟踪激光器 high-speed tracking laser
高速耕耘铲 flat-crowned sweep
高速工具 high-speed tool; high-velocity tool; rapid tool
高速工具钢 high-speed tool steel; rapid tool steel; red-hard steel
高速工业平缝机 high-speed industrial flat bed sewing machine
高速公路 autoline; auto route; clearway; express highway; express road; expressway; freeway; high-speed highway; high-speed road; rapid road; speed-track; speed way; superhighway; through route; throughway; thruway; motorway <英国控制进出口的>
高速公路餐馆 motorway restaurant; freeway restaurant
高速公路车道 freeway lane
高速公路出口滑行道 high-speed exit taxiway
高速公路挡土墙 <多为直立式> freeway wall
高速公路的噪声影响 impact of freeway noise
高速公路管理 freeway operation
高速公路互通式立交 freeway interchange; interchange of express highway
高速公路划线漆 marking paint
高速公路基本路段 basic freeway segment
高速公路监控 freeway surveillance
高速公路交点 motor way "nodes"
高速公路交通管理系统 freeway traffic management system
高速公路节点 motor way "nodes"
高速公路雷达监控系统 autobahn radar monitor system
高速公路路标漆 marking paint
高速公路绿化带 freeway green belt
高速公路旁加宽道路 outer separation
高速公路坡道 freeway ramp
高速公路铺面 motorway pavement
高速公路桥 motorway bridge
高速公路入口界石(标志) freeway access monument
高速公路上公共汽车停靠站 freeway bus stop
高速公路(上)快速公共汽车 express-bus on freeway
高速公路通道 freeway corridor
高速公路网 highway net(work); motorway network
高速公路系统 freeway system; superhighway system
高速公路狭长绿草地边上的护栏 center barrier
高速公路运输 freeway traffic; freeway transportation
高速公路匝道 freeway ramp; ramp of freeway
高速公路中间狭长绿草边上的护栏 centre barrier
高速公路中央护栏 <英> crash barrier
高速公路主线控制 freeway mainline control
高速公园道路 parkway
高速构造深度仪 high-speed texture meter
高速鼓包 speed bulges
高速固定 fast action cramp
高速管道 high-speed duct; high-velocity duct
高速灌装机 high-speed fluid filler
高速光电探测器 high-speed photodetector
高速光度计 high-speed photometer
高速光学开关 high-speed optic(al) switch
高速光学示功器 manograph
高速轨道车 high-speed rail vehicle
高速轨道检查车 high-speed track inspection car
高速辊磨 high-speed roller mill
高速辊式破碎机 high-speed rolls
高速滚齿机 high-speed gear hobber
高速滚筒平缝机 high-speed flat bed sewing machine with puller
高速滚削 high-speed hobbing
高速国家公路 express motorway
高速过滤 high rate filtration; supper-speed filtration
高速过滤池 superspeed filter; super-speed filtration tank
高速过滤池法 superspeed filtration method; superspeed filtration process
高速过滤器 accelofilter; high rate filter; rapid filter
高速航空火箭 high-velocity aircraft rocket
高速航空学 high-speed aeronautics
高速红外辐射计 high-speed infrared radiometer
高速红外胶片 high-speed infrared film
高速红外探测器 high-speed infrared detector
高速滑出道 high-speed exit taxiway
高速化 speed-up
高速环 high-speed loop
高速环形跑道 high-speed circuit runway
高速缓冲存储卡 cache card
高速缓冲存储器 cache buffer memory; cache storage; cache memory
高速缓冲存储系统 cache memory system
高速缓冲动态随机存取存储器【计】 cached DRAM
高速缓冲寄存器 high-speed buffer register
高速缓冲器 high-speed buffer
高速缓存 cache
高速换挡范围 up-shift range
高速回转式起重机 high-speed whirly crane
高速回转头铣床 high-speed rotary head milling machine
高速会计机 high-speed accounting machine
高速绘图机 high-speed plotter
高速绘图仪 high-speed plotter
高速混合 high-speed mixing
高速混合机 high-speed mixer
高速混合器 super-mixer
高速混合研磨机 high-speed mixer grinder
高速混合终端 high-speed compound terminal
高速活性污泥(处理)法 high rate activated sludge process
高速火车 highball
高速货车 <英> high-speed freight vehicle
高速机车 express locomotive; high-speed locomotive; high-speed machine tool
高速机动车道路 autoline
高速机构 high-speed mechanism
高速机器 high-speed machine
高速机头 high-speed handpiece
高速激光打印机 high-speed laser printer
高速激光记录设备 high-speed laser recording equipment
高速激光印刷 high-speed laser print
高速集流 high-speed current collection
高速集装箱运输 <英> speedlink container service
高速挤压 high-speed extrusion
高速挤压机 high-speed extruder
高速计数 high-speed counting
高速计数电路 high-speed counting circuit
高速计数器 high-speed counter
高速计算机 high-speed accounting computer; high speed computer; high-velocity computer
高速计算能力 high-speed computational capability
高速计算器 high-speed calculator
高速记录 high-speed record; histogram record
高速记录器 high-speed recorder; histogram recorder
高速记录示波器 high-speed oscilloscope
高速记录示波术 speed oscillograph
高速记账机 high-speed accounting machine
高速继电器 fast(-acting) relay; high-speed relay
高速寄存器 high-speed register
高速加法器 high-speed adder
高速加热 high-speed heat
高速加脱密机 high-speed encryptordecryptor
高速驾驶者 scorcher
高速减压 rapid decompression
高速减压阀 high-speed reducing valve
高速剪断 high-speed cropping
高速建筑吊车 high-speed building hoist
高速桨叶式碎土机 Kady mill
高速降落 <飞机> hot landing; speed landing
高速交通 high-speed traffic; high-speed transit; rapid transit
高速交通艇 fast tender; launch; rapid traffic boat
高速交通系统 rapid transit system
高速交通线 rapid transit line
高速胶带运输机 accelerator conveyer [conveyor]
高速搅拌机 high-speed mixer; homogenizer; homo-mixer
高速搅拌器 high-speed agitator; homogenizer
高速搅拌筒 high-speed conditioner
高速接收 high-speed reception
高速金刚石穿孔机 high-speed diamond perforator
高速进路方向指示器 directional high-speed route indicator
高速进位 standing-on-nines carry; high-speed carry
高速精 high-speed precision lathe
高速精密冲床 dieing machine
高速径向钻孔机 high-speed radial drilling machine
高速静电打印机 high-speed electrostatic printer
高速静压轴承 high-speed static pressure bearing
高速镜头 high-speed lens
高速卷取 high-speed wind-up
高速卡片穿孔机 high-speed card punch
高速卡片电传打字机 high-speed card-teletype
高速卡片电传打字机终端 high-speed card-teletype terminal
高速卡片凿孔机 high-speed card punch
高速开关 high-speed switch; speed-sensitive switch
高速开卷机 biflaker
高速抗滑性 high-speed skid resistance
高速可变形反射镜 high-speed deformable mirror
高速客梯 high-speed passenger lift
高速客运线路 high-speed passenger line; passenger carrying line
高速空调系统 high-velocity air conditioning system
高速空气动力学 high-speed aerodynamics
高速空气过滤器 high velocity air filter
高速空气开关 high-speed air switch
高速空行程用凸轮 fast idle cam
高速空转 fast idle[idling]
高速控制 high-speed control
高速控制器 high-speed controller
高速快滤池 high rate rapid filter
高速快门 high-speed shutter
高速快艇 speed boat; speedster
高速宽行打印机 high-speed line printer
高速扩散泵 high-speed diffusion pump
高速拉伸 high-speed stretch
高速拉削 high-speed broaching
高速拉制 drawn at a very high-speed
高速缆道 speedy cableway
高速冷冻离心机 high-speed freezing centrifuge
高速冷凝器 high-speed condenser
高速冷轧管机 blast-furnace skip hoist; high-speed cold Pilger mill
高速离合器 high-speed clutch
高速离心的 ultra-centrifugal
高速离心机 high-speed centrifuge; super-centrifuge
高速犁 high-speed plough
高速犁体 hi-bottom; high-speed bottom

高速力学研究所<日本仙台> Institute of High Speed Mechanics
高速立式外拉床 high-speed vertical external broacher
高速立式万能铣床 high-speed vertical universal milling machine
高速立式铣床 high-speed vertical miller
高速励磁 high-speed excitation
高速励磁机 high-speed exciter
高速励磁系统 high-speed excitation system
高速粒子减速器 spirotron
高速连续流动离心机 continuous flow ultra centrifuge
高速联络线列车<英国铁路的一种高速货物列车,全部用风闸,速度为60~75英里/小时,1英里=1.609千米> speedlink train
高速联运线业务<整列车运送长大笨重货物使专用线货主有较大灵活性>【铁】speedlink service
高速列车 high-speed train
高速列车的先驱 van of the advance
高速列车系列 high-speed train system
高速列车制动机 high-speed brake
高速流 high current
高速流出 outrush
高速流化床 high-velocity fluidized bed
高速流口 outrush
高速流气体激光器 high flow gas laser
高速流水 high-velocity water
高速陆地运输 high-speed ground transportation transport
高速滤池 high-speed filter;ultra-filter
高速路【计】gateway
高速旅客列车 advanced passenger train;high-speed passenger train
高速率消化 high rate digestion
高速轮转印刷机 high-speed rotary press
高速轮转油墨 high-speed rotary printing ink
高速螺纹切削附件 high-speed thread cutting attachment
高速螺旋钻 fast-spiral drill;high helix drill
高速络筒机 high-speed cone winder;super-coner
高速马达 high-speed motor
高速慢扫描示波器 high-speed slow-scanning oscillograph
高速描绘器 high-speed plotter
高速模拟计算机 high-speed analog(ue) computer
高速模数转换器 high-speed analog(ue) digital converter
高速膜渗透计 high-speed membrane osmometer
高速磨机 fast running mill; high-speed mill
高速磨削 high-speed grinding
高速母线 high-speed bus
高速目标 high-speed target
高速内磨床 high-speed internal grinder
高速牛滑脂 high-speed grease
高速牛头刨床 high-speed shaping machine
高速排挡 high range speed
高速排气扇 high-pressure fan
高速抛光 high-speed polishing
高速抛光轮 high-speed buff
高速刨床 high-speed planer; high-speed planing machine
高速刨煤机 high-speed plough
高速喷浆 high-velocity gunite
高速喷口 high-velocity injection nozzle
高速喷射 high-velocity jet
高速喷射烧嘴 jet burner
高速喷蚀钻进 erosion drilling
高速喷雾 high-speed spray; high-velocity fog
高速喷雾机 speed sprayer
高速喷雾器 high-speed sprayer
高速喷嘴 high combustion rate burner
高速碰撞 high-velocity impact
高速皮带输送机 high-speed belt conveyer[conveyor]
高速平网洗涤机 high-speed flat-screen washer
高速破碎机 high-speed disintegrator
高速曝气 high rate aeration
高速曝气沉淀池 high rate aeration settling tank
高速曝气沉淀法 high rate aeration settling process
高速曝气池 high rate aeration basin
高速起动 high-speed starting
高速气动工具 high-speed pneumatic tool
高速气流 high-velocity air
高速气流输送 fluidization
高速气体动力学 high-speed aerodynamics
高速气相色谱法 high-speed gas chromatography
高速气钻 high-speed drill
高速汽车 high-speed car
高速汽车路 express motorway
高速汽船 hydroairplane
高速强制搅拌机 rapid action mixer
高速切割器 high-speed cutterbar; high-speed knife
高速切割砂轮 high-speed cutting-off wheel
高速切削 free cutting; free machining; high-speed cutting; quick cutting
高速切削刀 fly-cutter
高速切削法 high-speed metal cutting
高速切削钢 free cutting steel; free-machining steel; rapid steel; shear steel
高速切削工具合金 high-speed cutting tool alloy;Tizit
高速切削黄铜 high-speed brass
高速切纸机 high-speed paper cutter; high-speed paper cutting machine
高速球磨机 high-speed ball mill
高速区段 high-speed section
高速曲线调整 high-speed curve re-alignment
高速渠道 high-velocity channel
高速全息摄影机 high-speed holographic(al) camera
高速燃烧 high-velocity combustion
高速燃烧发动机 fast burn engine
高速燃烧器 fast burner; high-velocity burner; Pyro-Jet-burner
高速染色机 high-speed dy(e)ing machine
高速染色络筒机 high-speed die winder
高速热压机 high-speed hot press
高速溶解器 high-speed dissolver
高速熔断器 high-speed circuit breaker
高速润滑脂 high-speed grease
高速洒滴池 high rate trickling filter
高速赛车 dragster
高速三辊磨 high-speed three roller mill
高速扫描 high-speed sweep
高速砂滤法 high-speed sand filtration
高速砂轮 high-speed grinding wheel
高速砂轮切断机 high-speed cutting machine
高速闪光灯 stroboscope light; stroboscopic light(ing)
高速闪烁放射自显影术 high-speed scintillation autoradiography
高速商标印刷机 high-speed trademark printing machine
高速烧嘴 high-velocity burner
高速射流 high-speed jet; high-velocity jet(flow); high-velocity shooting flow; high-velocity shooting jet
高速射流机加工 high-velocity liquid jet machining
高速射束扫描摄像管 high-velocity beam scanning image pick-up tube
高速摄谱仪 high-speed spectrograph
高速摄像管 high-velocity camera tube
高速摄影 high-speed photography
高速摄影机 high-speed camera
高速摄影术 high-speed photography
高速生物过滤系统 high rate biofiltration system
高速生物滤池 accelofilter; high rate filter
高速生物脱氮 high rate biological denitrification
高速失步继电器 high-speed step-out relay
高速施工吊车 high-speed building hoist
高速示波器 high-speed oscillograph
高速示踪 high-speed track
高速试验 speed-up test
高速试验段 test section of high-speed line
高速试验方法 high-speed testing technique
高速试验轨道 high-speed test track
高速试验机 high-speed tester
高速试验技术 high-speed testing technique
高速试验跑道 high-speed test track
高速收报 high-speed reception
高速手压台钻 sensitive bench drill
高速手压钻机 sensitive drill
高速手摇砂轮 high-speed hand grinder
高速输送机 high-speed conveyer [conveyor]
高速数据 high-speed data
高速数据采集系统 high-speed data acquisition system; high-speed data collection system
高速数据传送 high-speed data transfer
高速数据端机 high speed terminal
高速数据采集 high-speed data acquisition
高速数据集合 high-speed data acquisition
高速数据收集 high-speed data acquisition
高速数据线路 high-speed data link
高速数字 high-speed data word; high-speed figure
高速数字计数器 high-speed numerical counter; high-speed digital counter
高速数字计算机 high-speed digital computer
高速数字记录器 high-speed digital recorder
高速双稳态触发器 high-speed flip-flop
高速水锤 high-speed hammer
高速水道 high-velocity conduit; high-velocity flow; ultra-rapid flow
高速水流 high-speed flow; high-velocity flow; ultra-rapid flow
高速水流管道 high-velocity duct
高速水流轨迹线 locus of high-speed flow; locus of high velocity flow
高速水流渠道 high-velocity channel
高速水流水道 high-velocity conduit
高速水平记录器 high-speed level recorder
高速伺服电动机 high-speed servo motor
高速送风系统 high-velocity supply air system
高速隧道施工 high-speed tunnel(l)ing
高速台式离心机 high-speed tabletop centrifuge
高速台钻 high-speed bench drilling machine
高速太阳风 high-speed solar wind
高速镗床 high-speed boring machine
高速镗头 high-speed boring head
高速套结机 high-speed bar tacking machine
高速条码打印机 high-speed bar code printer
高速条纹摄影机 high-speed streak camera
高速铁路 high-speed railway; rapid transit railway
高速铁路道床 high-speed railbed
高速铁路联络线整车运输网<英> speedlink wagonload network
高速铁路网 high-speed railway network
高速铁路线养护 maintenance of high-speed track
高速铁路协会<美> High Speed Rail Association
高速艇 high-speed boat; high-speed craft; high-speed ship; high-velocity boat; high-velocity craft; speed boat
高速通道 corridor; high-speed channel
高速通道调查 corridor study
高速通道交通 corridor traffic
高速通道交通控制 corridor control
高速通道研究 corridor study
高速通气法 high rate aeration (process)
高速通行 rapid transit
高速通行车 rapid transit car
高速通行地下铁道 rapid transit subway
高速通行交通网 rapid transit network
高速通行自行式车辆 rapid transit self-propelled car
高速同步器 high-speed synchroniser
高速头 high-speed head; high-velocity head
高速透平曝气器 high-speed turbine aerator
高速土方压实机 high-speed earth compactor
高速土壤压实机 high-speed earth compactor
高速拖行<道路上> rapid trailing
高速脱离滑行道 fast-exit taxiway; high-speed exit taxiway; rapid exit taxiway
高速挖沟机 high-speed trenching machine
高速外围设备 high-speed peripheral
高速外圆磨床 high-speed external cylindrical grinder
高速弯曲力矩 high-speed bending moment
高速万能车床 high-speed universal lathe
高速网络 high-speed network
高速网络摄影术 high-speed raster photography
高速往复式摩擦试验机 high-speed reciprocating friction testing machine
高速望远镜 high-speed telescope
高速微波功率开关 multipactor
高速微波转换 high-speed microwave switch

高速微继电器 fast-acting microrelay
高速文件通信[讯]终端 high-speed document communication terminal
高速纹影摄影 high-speed schlieren photograph
高速涡轮机 high-speed turbine
高速涡轮机曝气器 high-speed turbine aerator
高速涡轮式搅拌器 high-speed turbine stirrer
高速无粉腐蚀机 high-speed powder-less etching machine
高速无心磨床 high-speed centerless grinding machine
高速洗涤器 high-speed scrubber
高速铣床 high-speed milling machine
高速铣工附件 high-speed milling attachment
高速铣子 rotary file
高速系数 high-speed coefficient
高速先行进位发生器 high-speed look ahead carry generator
高速显影 high-speed development
高速显影液 high-speed developer
高速显字管 compositron
高速线 <钢轨重于支线> high iron
高速线材精轧机 high-speed wire rod finishing block
高速线路 high-speed line; high-speed track
高速线磨 high-speed line mill
高速限制螺钉 high-speed limiting screw
高速消毒器 high-speed sterilizer
高速消化池 high rate digester
高速消化法 high rate digestion
高速硝化甘油炸药 <其中的一种> blasting gelatin(e)
高速小仿形铣床 high-speed small copy milling machine
高速小转矩液压马达 low torque high-speed hydraulic motor
高速卸料搅拌机 inclined axis mixer
高速信道 high-speed channel
高速信号技术作业 high speed signal-(l)ing technology
高速信号装置 high speed signal(l)-ing
高速星 high-velocity star
高速行车轨道 high-speed track
高速行驶的车辆 speed-mobile carriage
高速行线打印机 on-the-line printer
高速型 high-speed type
高速型运算放大器 high-speed operational amplifier
高速性能汽车 high performing car
高速需氧处理 high rate aerobic treatment
高速旋转 spinning
高速旋转的氧气顶吹转炉 rotovert process
高速旋转接头 high-speed joint
高速旋转台 high-speed rotary table
高速选择器 high-speed selector
高速选择通道 high-speed selector channel
高速寻线机 high-speed switch
高速寻址 real-time addressing
高速巡线 high-speed survey; patrol survey
高速压干机 high-speed drying press
高速压合机 high-speed pressing machine
高速压机 high-speed press
高速压力机 high-speed blanking press
高速压路机 high-speed compactor
高速压片机 high-speed tablet press
高速压实 <用于粉末冶金> high-speed compaction
高速压缩机 high-speed compressor
高速氧化处理(法) high rate aeration process
高速氧化法 method of high-rate oxidation
高速遥测 high rate telemetry; high-speed telemetry
高速叶轮 quick runner
高速液体色层分析仪 high-speed liquid chromatograph
高速液相色谱法 high-speed liquid chromatography
高速液相色谱仪 high-speed liquid chromatograph
高速液压锤 high-speed hydraulic hammer
高速液压打桩机 high-speed hydraulic
高速液压缸 high-speed hydraulic cylinder
高速液压马达 high-speed hydraulic motor
高速液压软管接管机 high-speed hydraulic hose coupling machine
高速液液色谱法 high-speed liquid-liquid chromatography
高速阴极射线印刷机 videograph
高速引爆剂 high-velocity booster
高速引擎 high-speed engine
高速印刷机 high-speed printer; high-speed printing press; on-the-fly-(ing) printer
高速印刷装置 high-speed printer
高速应变现象 high strain-rate phenomenon
高速油路 high-speed circuit
高速诱导系统 high-velocity induction system
高速圆形精磨机 high-speed conical refiner
高速远距离继电器 high-speed distance relay
高速运输货物 high-speed freight
高速运输隧道 rapid transit tunnel
高速运行在对向道岔处出轨 high-speed derailment at facing points
高速载客电梯 high-speed passenger elevator; high-speed passenger lift
高速载人电梯 high-speed passenger elevator
高速再循环预热器 recirculating high pass velocity preheater
高速暂存 scratch-pad
高速暂存存储器 scratch-pad memory; scratch-pad storage
高速凿孔机 high-speed perforator
高速凿岩机 high-speed drill
高速造纸机 high-speed paper machine
高速增量绘图机 high-speed increment plotter
高速轧机 fast mill; high-speed mill
高速炸药 fast powder; high-velocity blasting agent; high-velocity explosive
高速照相 high-speed photograph
高速照相机 high-speed camera
高速照相技术 high-speed photographic(al) technique
高速照相术 high-speed photography
高速针阀 high-speed needle valve
高速真空封罐机 high-speed vacuum seamer
高速振动剪床 vibroshears
高速振动器 high-speed vibrator
高速振动筛 high-speed vibratory screen
高速直线电机 high-speed line electric(al) machine
高速纸带穿孔机 high-speed paper tape punch; high-speed tape perforator; high-speed tape punch(er)
高速纸带读出器 high-speed tape reader
高速纸带输入机 high-speed paper tape reader
高速纸袋封底机 high-speed paper sack bottomer
高速纸条穿孔机 high-speed tape perforator
高速指示器 high-speed indicator
高速制版机 high-speed plate drier
高速制动器 high-speed brake
高速中子炉 fast reactor
高速重复操作 high-speed repetitive operation
高速重合 high-speed reclosing
高速轴 high-speed shaft
高速铸铁 high-strength cast iron
高速转发器 fast speed repeater
高速转轮 high-speed runner
高速转盘喷雾干燥机 high-speed rotating dish spray drier
高速转速计 top drive tachometer
高速转运破碎机 cage-mill disintegrator
高速撞车 high-speed collision
高速锥 upper speed cone
高速资本 high-geared capital
高速资料存储系统 high data rate storage system
高速字标管 typotron
高速字符印字机 high-speed alphanumeric printer
高速自动程序装置 high-speed automatic program(me) unit
高速自动冲床 rapid automatic press
高速自动断路器 quick-acting automatic switch; high-speed circuit breaker
高速自动发射机 high-speed automatic transmitter
高速自动精密冲床 dieing machine; high-speed automatic fine puncher
高速自动开关 quick-acting automatic switch
高速自动压床 high-speed automatic press
高速总线 high-speed bus
高速走廊 corridor
高速走廊调查 corridor study
高速走廊交通 corridor traffic
高速走廊交通控制 corridor control
高速走廊研究 corridor study
高速钻床 high-speed drilling machine
高速钻机 high-speed drill; high-speed machine
高速钻进 run-in high
高速钻孔附件 high-speed drilling attachment
高速钻头 high-speed bit
高速作业选择 high-speed job selection
高塑化混合物 super-plasticizing admix
高塑限 high plastic limit; upper plastic limit
高塑性 high plasticity
高塑性的 highly plastic
高塑性肥黏[粘]土 fat clay of high plasticity
高塑性粉土 high plastic silt
高塑性钢 high ductility steel
高塑性合金 high ductile alloy
高塑性混凝土 highly plastic concrete; high slump concrete
高塑性黏[粘]土 clay of high plasticity; fat clay; highly plastic clay; botting clay; long clay; rich clay
高塑性黏[粘]质土 high plastic clay soil
高塑性土 highly plastic soil; high plasticity soil
高塑性有机质土 organic clay of high plasticity
高酸 peracid
高酸的 highly acid
高酸渣 highly acid slag
高损耗光纤 high loss fiber[fibre]
高损耗铁粉材料 high loss polyiron material
高损耗线 lossy line
高损伤因素 high damage factor
高缩率短纤维 high shrink staple
高缩率纤维 high shrinkage fiber[fibre]
高缩微率 high reduction
高索架设者 high rigger
高塔式拌和厂 gravity plant; stack-up plant; tower plant
高塔式搅拌厂 gravity plant
高塔式搅拌楼 stack-up plant
高塔型桥墩 pylon pier
高台 dais; mesa <美>
高台架缆索粗碎机 high-gantry cable bulldozer
高台架缆索推土机 high-gantry cable bulldozer
高台建筑 high platform building; high terrace building
高抬市价 profiteering
高钛合金 titanium master alloy
高钛渣 high titanium slag
高坍落度混凝土 butter(y) concrete; high slump concrete
高滩地 high bottom phase
高滩曲折河道 incised river
高坛 chancel
高坛拱顶 chancel arch
高弹变形 high elastic deformation
高弹玻璃 high modulus glass
高弹偶极损耗 dipole-elastic loss
高弹态 elastomeric state
高弹体 elastomer
高弹形变 high elastic deformation
高弹性 high elasticity; long-range elasticity
高弹性材料 elastomeric material
高弹性触压胶浆 elastomer-based contact solution
高弹性的 highly elastic
高弹性合金线 highly elastic alloy wire
高弹(性极)限钢 high elastic limit steel
高弹性能 elastomeric property
高弹性伸缩 action stretch
高弹性塑料 elastomer
高弹性限 high elastic limit steel
高弹性限度钢 high elastic limit steel
高弹性橡胶 high elastic rubber; live rubber; snappy rubber
高炭焦 high-carbon coke
高炭泥煤 sapanthrakon
高探测率探测机 high detectivity detector
高碳醇 high alcohol
高碳的 high-carbon
高碳钒铁 carvan
高碳钢 hard steel; high(-carbon) steel
高碳钢板 high-carbon steel
高碳钢(钢)丝 high-carbon (steel) wire; hard-wire
高碳钢管圆钢 high-carbon tubular steel
高碳钢滚动轴承 high-carbon steel rolling journal bearing
高碳钢矿石脱碳法 oreing
高碳钢索 plow steel rope
高碳高张力钢 high-carbon high-tensile steel
高碳高张力钢线 high-carbon high-tensile steel wire

高碳铬 high-carbon chromium
高碳铬钢 high-carbon chromium steel
高碳铬镍耐磨铸铁轧辊 adamite roll
高碳铬铁 high-carbon ferro-chrome
高碳工具钢 high-carbon tool steel
高碳工具钢淬火试验 shepherd test
高碳工具钢的淬火性试验 shepherd test
高碳合金钢 high-carbon alloy steel; naturally hard steel; high carbon steel alloy
高碳焦炭 high-carbon coke
高碳焦油 high-carbon tar
高碳焦油沥青 high-carbon tar
高碳马氏体 high-carbon martensite
高碳炔 high-carbon alkyne
高碳生铁 high-carbon iron
高碳酸 high-carbon acid
高碳酸钾 anti-hypo
高碳铁粉 high-carbon iron powder
高碳铁合金 high-carbon iron alloy
高碳性橡胶 live rubber
高碳中铬合金钢衬板 liners of high carbon medium-chromium alloy steel
高特对 Goto pair
高梯度 high gradient
高梯度磁分离法 high gradient magnetic separation
高梯度磁分离技术 high gradient magnetic separation technology
高梯度磁分离器 high gradient magnetic separator
高梯度磁选 high gradient magnetic separation
高梯度磁选机 high gradient magnetic separator
高提升船闸 high lift lock
高天沟 high valley
高填充(剂用)量 high loading
高填土 high fill
高萜酸 homoterpenylic acid
高铁埃洛石 ferrihalloysite
高铁胺 sideramine
高铁波特兰水泥 high iron Portland cement
高铁卟啉 ferriporphyrin
高铁橄榄石 talasskite
高铁高钙水泥 cement high in lime and iron oxide
高铁硅酸盐水泥 high iron Portland cement
高铁褐闪石 weinschenkite
高铁黑云母 oxybiotite
高铁红闪石 ferrikatophorite
高铁离子 ferric ion
高铁锂大隅石 emeleusite
高铁力铸铁 high-strength cast iron
高铁镁电气石 ferridravite
高铁锰砂 ferruginous manganese ore
高铁钼华 ferrimolybdite
高铁氰化物 ferricyanide
高铁闪石 ferriamphibole
高铁水泥 cement high in iron oxide; ferro-cement; high ferric cement; high ferrite cement; high iron cement
高铁酸 ferric acid
高铁酸钡 barium ferrate
高铁酸钾 potassium ferrate
高铁酸钾复合剂 potassium ferrate composite aids
高铁酸钾水处理剂 potassium ferrate water treatment agent
高铁酸盐 ferrate; perferrate
高铁酸盐氧化 ferrate oxidation
高铁酸盐预氧化 ferrate pre-oxidation
高铁钛铁矿 kalkowskite
高铁铁云母 ferri-annite
高铁透闪石 ferritremolite
高铁钨华 ferritungstite
高铁盐 ferric salt
高铁叶绿矾 ferricopiapite
高铁原卟啉 ferric protoporphyrin
高通 high pass
高通道 high channel
高通过性车辆 <多种地面都适用的车辆> all-terrain vehicle
高通过性宽断面轮胎 flo(a)tation tire[tyre]
高通过性轮胎 ground-grip tire[tyre]
高通过性汽车 ground car
高通量反应堆 high flux reactor
高通量同位素反应堆 high flux isotope reactor
高通量研究反应堆 high flux research reactor
高通量照射 high flux bomb
高通量中空纤维 high flux hollow fibre
高通量(中子)束堆 high flux beam reactor
高通滤波 high pass filtering
高通滤波器 condenser filter; high pass filter; lower limiting filter
高通滤光片 high pass filter
高通网络 high pass network
高通信[讯]业务灵船舶 high traffic ship
高通主频 high pass main frequency
高铜 high copper
高铜低锌黄铜 rich low brass
高铜合金 copper master alloy
高铜黄铜 composition metal; oreide; ounce metal; red brass
高铜青铜 oreide bronze
高统橡胶靴 sea boots
高筒橡胶套鞋 galosh
高头撬车 <其中的一种> stone boat
高头型 hypsicephalic
高透光玻璃 high transmission glass
高透力 X 射线 hard X-ray
高透明玻璃 high transmission glass
高透明度 high grade of transparency
高透射玻璃 high transmission glass
高透射光学玻璃 high transmittance optic(al) glass
高透水性土壤 soil of high permeability
高凸浮雕 alto-relievo; full relief; high relief
高突刺 high protrusion barb
高土台 <城堡中的> cavalier
高推进速度 high rate of advance
高推力钻机 high thrust drill; high thrust rig
高驼峰【铁】high hump
高瓦斯矿井 highly gassy mine
高瓦特密度型锻圆筒加热器 high watt-density-swaged cartridge heater
高弯度河道 high sinuosity channel
高顽磁性的 high remanence
高网口拖网 high opening trawl
高危害性组群 high hazard group
高危险工业建筑物 high hazard industrial occupancy
高危险品房屋群 high hazard group
高危险区 higher hazard area
高威力炸药 high(-strength) explosive
高韦尔得草原 high veld
高桅杆 taunt mast
高维空间 higher dimensional space
高维模式 high dimensional pattern
高维模式文法 high dimensional pattern grammar
高维修性 high maintainability
高维阵列 higher array
高纬度 high latitude
高纬度地区 high latitude area; high latitude region
高纬度均夷作用 equiplanation
高纬度气候 high latitude climate
高纬度适应能力 altitude capability; altitude capacity
高纬极地冰川 high polar glacier
高位 high order; perch; top digit
高位玻璃球仓 elevated marble bin
高位槽 elevated tank; header tank; overhead tank
高位唱诗班席 coro alto
高位储仓 high-level storage bin
高位穿孔 high punch
高位地址 high address
高位地址字节 high address byte
高位端 high order end
高位二进制数组 high order byte
高位发热量 gross calorific value; high calorific power; higher heating value
高位翻卸挂车 high-level delivery tipping trailer
高位共振(能级) high lying resonance
高位罐 high-level tank
高位花岗岩 high lever granite
高位环形交叉 high-level round-about
高位机械排烟系统 high-level mechanical extract system
高位集水射流 elevated master stream
高位集水箱 water collecting header
高位加法器 left-hand adder
高位搅拌机 elevated mixer
高位警报(器) high alarm
高位控制变更 major control change
高位累加器 upper accumulator
高位冷凝器 high-level condenser
高位冷却水箱 cooling water head tank
高位料槽 elevated bunker
高位列 high order column
高位煤斗 overhead coal bunker
高位泥炭 high located peat; moss peat
高位侵蚀面 upland plain
高位倾卸式拖车 high dump wagon
高位缺损 high positioned defect
高位热回收 high-level heat recovery
高位热值 higher calorific value
高位湿原 high moor
高位式挤奶台 elevated stall
高位数 high order digit; seniority; top digit
高位数位 left-hand digit
高位水槽 high-level cistern; high-level tank
高位水池 head tank; elevated basin
高位水带卷 high stand hose reel
高位水库 elevated reservoir; high-level reservoir; high order reservoir; overhead reservoir
高位水箱 elevated water tank; high-level tank; head tank; upper water box; high-level cistern <厕所用>
高位铁路桥梁 high-level railway bridge
高位蓄水 elevated storage
高位蓄水池 overhead water-storage tank
高位溢流门 high-level overflow gate
高位油罐 gravitation tank; high oil-level tank
高位迂回路线 high-level round-about
高位云母 high mica
高位沼泽 continental raised bog; high bog; high-elevation bog; high moor; mountain bog; raised bog
高位直升机场 elevated heliport
高位值 high value
高位装油栈桥 overhead filling rack
高位资本构成 higher composition of capital
高位字符 high order character
高位字节 high order byte
高位自流系统 high head gravity flow system
高温 <常指40℃以上> thermophile; elevated temperature; high-temperature; intense heat; megatherm; peak temperature
高温 X 射线衍射分析 high-temperature X-ray diffraction analysis
高温安装线 high-temperature hook-up wire
高温巴氏灭菌法 high-temperature pasteurization
高温包埋料 high-temperature investment
高温保藏法 high-temperature preservation
高温保持器 pyrostat
高温保温 soak(ing)
高温保温阶段 soaking period
高温保温时间 soaking time; soak period
高温焙烘机 baker; polymerizer
高温焙煤箱 baking oven
高温焙烧 high-temperature roasting
高温焙烧的 hard burnt
高温焙烧的石膏 hard-burned gypsum
高温焙烧过的 high burned; high fired
高温焙烧沥青纤维 high fired pitch fiber[fibre]
高温焙烧砖 facing pavio(u)r
高温焙制石膏 hard-burned plaster
高温变换 high-temperature shift
高温变换催化剂 high-temperature conversion catalyst
高温变色 high-temperature discolo(u)ration
高温变色釉瓷 high-temperature colo(u)r-changing porcelain
高温变相 pyrometamorphism
高温变形 high-temperature deformation; high-temperature distortion; hot deformation
高温变质作用 pyrometamorphism
高温表 pyrometer; pyrometric scale
高温病 caloric disease
高温剥落 high-temperature scaling
高温材料 high-temperature material
高温材料工艺学 high-temperature material technology
高温操作 high-temperature operation
高温侧 high-temperature side
高温测定法 pyrometry
高温测定学 pyrometry
高温测定指示器 pyrometric indicator
高温测量的 pyrometric
高温测量法 pyrometry
高温测量计 superheating calorimeter
高温测量器 superheating calorimeter
高温测量学 pyrometry
高温测试箱 high-temperature test chamber
高温层 heat zone
高温场 high-temperature field
高温超导体 high-temperature superconductor
高温超导体材料 high-temperature superconducting material
高温超导体陶瓷 high-temperature superconducting ceramics
高温车间 high-temperature workshop
高温成型 hot forming
高温持久强度试验机 high-temperature lasting tester
高温冲击试验 elevated temperature impact test
高温除尘器 hot precipitator
高温储存寿命试验 high-temperature storage life test
高温储热器 high-temperature reservoir

G

高温处理 coronizing; high-temperature processing; high-temperature treatment; pyroprocessing
高温处理设备 high-temperature process equipment; pyroprocessing plant
高温传感器 high-temperature sensor; pyrostat
高温传热介质 high-temperature heat transfer medium
高温瓷 pate dure
高温瓷漆 high-temperature enamel
高温瓷器 high fired porcelain
高温磁学 pyromagnetism
高温脆性 high-temperature brittleness; red brittleness
高温淬火 hot quenching; quench hot
高温搭接焊 thermit(e) splice
高温打箱 <落砂用> hot shake-out
高温带 high-temperature belt; hot space; megathermal zone; thermal belt; thermal zone; mega-temperature zone
高温导电性 pyroconductivity
高温导热性 pyroconductivity
高温的 high heat; pyrogenic; pyrogenous
高温等静压 high-temperature isostatic pressing; hot isostatic press(ing)
高温低压变质带 high-temperature/low-pressure metamorphic belt
高温地蜡 pietrisikite
高温地热系统 high-temperature thermal system
高温电除尘器 hot electrostatic precipitator
高温电动机 heat-resistant motor
高温电化学 high-temperature electrochemistry
高温电极盐浴电阻炉 high-temperature salt bath electrode furnace
高温电绝缘涂层 high-temperature electric(al) insulating coating
高温电离 thermal ionization
高温电炉 high-temperature electric(al) resistance furnace
高温电路 high-temperature circuit
高温电热板 high-temperature electric-(al) heating panel
高温电热合金丝 high-temperature electrothermal alloy wire
高温电渗析 high temperature electrodialysis
高温电位差计 potentiometer pyrometer
高温电吸尘器 hot cottrel(l)
高温电线 high-temperature electric(al) wire
高温电子显微镜 hot stage electron microscope
高温调查 high temperate controlling
高温顶燃式热风炉 high-temperature top burning hot blast stove
高温定形 high-temperature setting
高温动力学 kinetics of high temperature
高温度纺织品 high-temperature textile
高温度绝缘 high-temperature insulation
高温度锰钢 high-temperature manganese steel; AR steel
高温度稳定晶体管 higher ambient transistor
高温镀锌 hot galvanizing
高温镀银卡他温度计 silver-plating katathermometer
高温短时(巴氏)灭菌法 high-temperature short-time pasteurization
高温段 hot bay
高温煅烧石膏 high-temperature burned anhydrite; high-temperature calcinations of(raw) gypsum
高温多雨地区 area of high temperature and rainfall
高温发酵 thermophilic fermentation
高温反应 high-temperature reaction; pyrogenic reaction
高温反应堆 high-temperature reactor
高温防黏[粘]涂层 high-temperature anti-sticking coating
高温放射性物质 high-temperature radioactive substance
高温废气 hot gas
高温废水 high-temperature waste(water); hot temperature wastewater; hot wastewater
高温沸腾 high boiling
高温分解 pyrogenic decomposition; pyrolysis; pyrolytic decomposition
高温分解焚烧 incineration by pyrolysis
高温分解石墨 pyrolytic graphite
高温分解损伤 pyrolytic damage
高温分散剂 high-temperature dispersant
高温辐射板 high-temperature radiant panel
高温辐射供暖 high temperature radiant heating
高温辐射供暖系统 high-temperature radiant heating system
高温辐射计 bolograph
高温腐蚀 heat erosion; high-temperature corrosion
高温干馏 high-temperature carbonization
高温干燥 high-temperature drying
高温干燥机 high-temperature dryer [drier]
高温感应加热 high-temperature induction heating
高温(高强)合金 super-alloy
高温高效稀释剂 hi-temp hi-effective thinner
高温高压稠度仪 high-temperature and high-pressure consistometer
高温高压电化学 high-temperature and pressure electrochemistry
高温高压技术 techniques for high temperature and high-pressure
高温高压截止阀 high-temperature and high-pressure cut-off valve
高温高压卷染机 barotor machine; high-temperature pressure jigger
高温高压泥饼 high-temperature and high-pressure cake
高温高压染色 high-temperature and high-pressure dy(e)ing
高温高压染色机 high-temperature and high-pressure dy(e)ing machine; high-temperature-pressure dy(e)ing machine
高温高压设备 high-temperature-high-pressure apparatus
高温高压绳状染色机 high-temperature-pressure beck; high-temperature winch-beck
高温高压失水 high-temperature and high-pressure filter loss
高温高压失水仪 high-temperature and high-pressure filter press
高温高压样品染色机 high-temperature-pressure sample dy(e)ing machine
高温高压用润滑油 high-duty lubricating
高温隔热材料 high-temperature insulating material
高温隔热涂层 high-temperature insulating coating; high-temperature insulation coating
高温工程材料 high-temperature engineering material
高温工艺学 high-temperature technology
高温工作面 hot-working face
高温工作寿命试验 high-temperature operation life test
高温功率老化筛选 burn-in screen
高温鼓风机 high-temperature blower
高温固化 high-temperature curing
高温固化胶 high-temperature setting glue
高温光电倍增管 high-temperature photomultiplier
高温光谱仪 spectropyrometer
高温光纤传感器 high-temperature optic(al) fiber sensor
高温规 pyrometric ga(u)ge
高温锅炉温度控制器 temperature control for high temperature boiler
高温过程 pyroprocess
高温含硫热水 high-temperature sulfur-containing solution thermal water
高温毫伏计 high-temperature millivoltmeter
高温好氧反应器 thermophilic aerobic reactor
高温好氧消化 thermophilic aerobic digestion
高温合金 high-temperature alloy; refractory alloy
高温核粒子探测器 high-temperature nuclear particle detector
高温荷载能力 thermal load capacity
高温恒温器 pyrostat
高温烘焙机 cure box
高温烘烤 high bake; high-temperature baking
高温烘燥 flint dry
高温红外窗口 high-temperature infrared window
高温红外透射玻璃 high-temperature infrared transmitting glass
高温湖 boiling lake
高温化学 high-temperature chemistry; pyrochemistry
高温化学处理 pyrochemical processing
高温化学反应工程 high-temperature chemical reaction engineering
高温环境 high-temperature environment; hot environment
高温回火 high temperature tempering; high tempering; toughening
高温回火钢 high temper steel
高温回路 high-temperature circuit
高温火焰 hot flame; luminous flame
高温机器 hot machine
高温及特种无机涂层 high-temperature and special inorganic coating
高温级数展开 high-temperature series expansion
高温计 pyrometer; pyroscope; sentinel pyrometer
高温计保护管 pyrometer(-protecting) tube
高温计表 pyrometric scale
高温计的 pyrometric
高温计管 pyrometer tube
高温计记录器 pyrometer recorder
高温计刻度 pyrometric scale
高温计窥视管 pyrometer sighting tube
高温计量泵 high-temperature metering pump
高温计热电偶 pyrometer couple
高温计热端 pyrometer fire-end
高温计探头 pyrometer probe; temperature detecting element
高温计望远镜 pyrometric telescope
高温技术 high-temperature technology
高温加工 high-temperature machining; pyroprocessing
高温加热器 high-temperature heater
高温加压养护 high-temperature curing under pressure
高温交代变质(作用) pyrometasomatism
高温胶粘剂 high-temperature adhesive
高温焦炭 high-temperature coke
高温焦油 coking tar
高温焦油沥青 high-temperature coal tar
高温接点 measuring junction
高温结构材料 high-temperature structural material
高温介电涂层 high-temperature dielectric(al) coating
高温金相显微镜 high-temperature metallographic(al) microscope
高温金相学 high-temperature metallography
高温津贴 allowance for work in high temperature
高温晶体生长 high-temperature crystal growth
高温井 high-temperature well; hot well
高温警报器 heat alarm
高温静电沉淀器 high-temperature electrostatic precipitator
高温聚合 high-temperature polymerization
高温抗弯强度测试仪 high-temperature flexural strength tester; high-temperature MOR [moment of resistance] tester
高温抗氧化涂层 high-temperature oxidation-resistant coating
高温抗折强度 bending strength under high temperature
高温烤漆饰面 high-temperature baked enamel finish
高温科学 high-temperature science
高温空气透平 hot-air turbine
高温控制器 pyrostat
高温快烧 high-temperature rapid firing
高温快烧斑点 high-temperature rapid firing stains
高温快烧颜料 rapid firing stain
高温快速加热炉 high-speed heating furnace
高温快速灭菌法 high-temperature short-time pasteurization
高温扩散 high-temperature diffusion
高温扩散炉 high-temperature dispersing furnace
高温扩散正火 diffusion normalizing
高温拉力试验 elevated temperature tension test; hot tension test
高温蜡 high-temperature wax
高温冷却弃水 cooling waste water of high temperature
高温力学性能 mechanical behavio(u)r under high temperature
高温裂化 high-temperature cracking
高温裂解石脑油 pyrolysis naphtha
高温裂纹 heat crack
高温磷酸盐 high-temperature phosphate
高温炉 high-temperature furnace; muffle furnace
高温炉顶 high top heat
高温马氏体 high-temperature martensite
高温煤焦油 coal-tar heavy oil; high-temperature(coal) tar
高温煤焦油沥青 high-temperature

coal tar
高温煤沥青 high-temperature coal tar
高温密封 elevated temperature seal
高温灭菌法 high-temperature sterilization
高温灭菌隧道烘箱 high-temperature sterilizing tunnel oven
高温模具钢 hot die steel
高温模拟试验 simulated hot climate test
高温耐火材料 high-temperature refractory material
高温耐火砖 high heat duty firebrick
高温耐蚀铅锡黄铜 Barronia
高温耐压强度 crushing strength under high temperature
高温泥炭沼泽 raised moss
高温年龄 high-temperature age
高温黏[粘]度计 high-temperature visco(si)meter
高温黏[粘]合剂 high-temperature adhesive
高温凝胶 high-temperature gel
高温扭曲强度 high-temperature torsional strength
高温排放 high-temperature exhaust
高温排风机 hot fan
高温喷砂处理 hot peening
高温喷水器 high-temperature sprinkler
高温喷涂 pyrolytic coating;pyrolytic plating
高温膨胀仪 high-temperature dilatometer
高温疲劳 fatigue at high temperature
高温疲劳试验 fatigue testing at elevated temperature
高温疲劳试验机 high-temperature fatigue testing machine
高温平衡法 high-temperature equilibrium method
高温破坏 heat erosion
高温破碎 thermal crossing
高温谱 high temperature spectra;high-temperature spectrum
高温曝晒试验 high-temperature exposure test
高温期 hypsithermal interval;megathermal period
高温漆 high heat paint;high-temperature lacquer
高温气候 megathermal climate
高温气冷反应堆 high-temperature gas-cooled reactor
高温气体 hot gas
高温气体电吸尘器 hot-gas electrostatic precipitator
高温气体动力学 high-temperature aerodynamics
高温气体冷却式反应堆 high-temperature gas-cooled reactor
高温气体物理力学 high-temperature gas physical mechanics
高温气相色谱法 high-temperature gas chromatography
高温汽蒸法 high-temperature steaming
高温器 pyrotron
高温钎焊气冷炉 high-temperature brazing gas cooling furnace
高温强度 elevated temperature strength;high-temperature strength;hot strength;strength at high temperature
高温强度试验 heat-rupture test;high-temperature strength test;hot loading test
高温强度稳定剂 high-temperature strength stabilizer
高温切口效果 notch effect at high temperature
高温切削 high-temperature machining;hot machining
高温氢氟化作用 high-temperature hydrofluorination
高温氢气炉 high-temperature hydrogen furnace
高温清漆 high-temperature varnish
高温清整 <铸件用> hot trimming
高温区 high-temperature region;high-temperature zone;hot space;thermal belt;thermal region;thermal zone
高温区域变质作用 hypo thermal regional metamorphism
高温曲绕试验台 high-temperature deflection test bed
高温去水 high-temperature dehydration
高温全息照相 elevated temperature holograph
高温泉 boiling spring
高温燃料电池 high-temperature fuel cell
高温燃气过滤器 high-temperature gas filter
高温染色工 hot dyer
高温染色机 high-temperature dy(e)ing machine
高温热泵 high-temperature heat pump
高温热处理 high heat treatment
高温热电炉 high-temperature thermoelectric(al) furnace
高温热电偶 high-temperature thermocouple;pyrometer couple
高温热定形 high-temperature thermosetting
高温热解法 high-temperature pyrolytic cracking
高温热力学 high-temperature thermodynamics
高温热卤水 high-temperature brine
高温热敏电阻器 high-temperature thermistor
高温热敏陶瓷 high-temperature thermal resistor ceramics
高温热水 high-pressure hot water;high thermal water;high-temperature(hot) water
高温热水泵 high-temperature hot water pump
高温热水储 high-temperature water reservoir
高温热水供暖 high-temperature (hot) water heating
高温热水供暖系统 high-temperature water heating system
高温热水锅炉 high-temperature water boiler
高温热水系统 high-temperature water system
高温热学 pyrology
高温热液 hypothermal;katathermal solution
高温热液矿床 hypothermal deposit
高温热源 high-temperature heat source
高温热重力测定仪 high-temperature thermogravimetric(al) apparatus
高温容器 elevated temperature vessel
高温溶胶 pyrosol
高温溶胶镀膜法 pyrocoal coating process
高温溶解 high-temperature digestion
高温溶液 high-temperature solution;pyrosol
高温溶液法 high-temperature solution method
高温溶液生长 high-temperature solution growth
高温熔剂 anti-flux
高温熔炼 high melt(ing);high-temperature heat
高温蠕变 elevated temperature creep;high-temperature creep
高温蠕变成型 elevated temperature creep forming
高温蠕变及持久强度试验机 high-temperature creep and rupture testing machine
高温润滑剂 high-temperature lubricant
高温润滑涂层 high-temperature lubricating coating
高温润滑油 high-temperature grease
高温洒水喷头 high-temperature sprinkler
高温三角锥 pyrometric cone
高温色料 high-temperature decorating colo(u)r
高温烧成 hard fire
高温烧成的瓷器 hard-fired ware
高温烧成的陶瓷 hard-fired ware
高温烧成的窑具 hard-fired ware
高温烧成镁铬砖 high-temperature fired magnesite chrome brick
高温烧结 high-temperature sintering
高温烧结零件 high sintered parts
高温烧结砖 Dutch brick
高温烧透的 hard-burned
高温设备 high heat appliance;high-temperature service
高温射电 pyrradio
高温射频电缆 high-temperature radio-frequency cable
高温摄影学 pyrometric photography
高温渗碳 high-temperature carburizing
高温渗透部 steaming part for permeation
高温生活 thermobiosis
高温生物学 thermobiology
高温湿度试验 tropicalization test
高温湿润气候带 yungas
高温石墨 pyrocarbon;pyrographite
高温石英 high-temperature quartz
高温石英固溶体 high quartz solid solution
高温时效 high-temperature ag(e)ing
高温使用性能 application property at high temperature
高温试验 elevated temperature test(ing);high-temperature test;hot test(ing)
高温试验室 high-temperature test chamber;hot climate cell
高温试验箱 high-temperature test chamber
高温适应 adaptation to high temperature
高温受热面 high-temperature surface
高温水 high-temperature water
高温水泵结合组 high-temperature water pump assembly
高温水泵总成 high-temperature water pump assembly
高温水采暖系统 high-temperature water heating system
高温水解 pyrohydrolysis
高温水解好氧接触氧化法 thermophilic hydrolysis-oxic contact oxidation process
高温水泥 high-temperature cement
高温瞬间灭菌法 flash pasteurization
高温素爆 bisque firing
高温素烧 bisque firing
高温塑性 pyroplasticity
高温塑性变形 pyroplastic deformation
高温塑性状态 pyroplastic state
高温隧道窑 high-temperature tunnel kiln
高温太阳能收集器 high-temperature solar energy collector
高温炭 pyrocarbon;pyrographite
高温探测器 high-temperature detector
高温探针 pyrometric probe
高温碳化 high-temperature carbonization
高温碳素还原制镁法 Hansgirg process
高温搪瓷 high-temperature enamel
高温陶瓷 high-temperature ceramics;pyroceram;refractory ceramics
高温特性 high-temperature property
高温体积稳定 volume stability under high temperature
高温天平 thermal balance;thermobalance
高温调节器 pyrostat
高温同轴电缆 high-temperature coaxial cable
高温铜焊接头 high-temperature brazed joint
高温筒子染色机 high-temperature package dy(e)ing machine
高温透气性 high-temperature permeability;hot permeability
高温土 altithermal soil
高温退火 high annealing;high-temperature annealing;soft annealing
高温脱膜剂 high-temperature demo(u)lding agent
高温弯曲试验 hot bending test
高温温室 hothouse
高温温度计 high-temperature thermometer;pyrometer;meldometer <测熔点用>
高温稳定性 high-temperature stability
高温稳定性试验 high-temperature stability test;thimble test
高温污泥消化 <温度控制在 55℃ 左右> thermophilic digestion
高温污染 thermal pollution
高温无机涂层 high-temperature inorganic coating
高温物理学 high-temperature physics
高温系统 piping tract
高温下抗弯强度 bending strength under high temperature
高温下使用 heat service
高温下使用寿命 high-temperature life
高温纤维素分解菌 high-temperature cellulose-decomposing bacteria;thermophilic cellulose decomposing bacteria
高温显微镜 heating microscope;high-temperature microscope
高温显微照相 hot stage photomicrograph
高温现象 high-temperature phenomenon
高温限制开关 high-temperature limit switch
高温箱 high-temperature cabinet;hot bin
高温箱形电炉 high-temperature box-type furnace
高温消毒 uperization
高温消化处理 high-temperature digestive treatment;thermophilic digestion treatment
高温消化法 high-temperature digestion
高温消蚀 heat erosion
高温效应 high-temperature effect
高温形变热处理 high-temperature thermomechanical treatment
高温型 high-temperature modification

高温型方石 high cristobalite
高温型石英 high quartz
高温型透长石 high sanidine
高温型吸收式热泵 high-temperature absorption heat pump
高温性能 elevated temperature property;high-temperature behavio(u)r
高温修切边缘 hot scarfing
高温锈蚀 high-temperature corrosion
高温蓄冷 high-temperature cool storage
高温旋风筒 hot cyclone
高温学 pyrometry
高温循环回路 high-temperature circuit
高温循环路线 high-temperature circulation path
高温压块 hot press
高温压制 high-temperature pressing
高温烟囱 high-temperature chimney
高温烟气 high-temperature flue gas
高温延性试验 hot-ductility test
高温颜料 full-fired colo(u)r; hard-fire colo(u)r
高温颜色釉 high-temperature colo(u)red glaze
高温厌氧消化 thermophilic anaerobic digestion
高温养护法 high-temperature curing; tropic(al)curing
高温养护混凝土 tropic(al)curing
高温氧化 high-temperature oxidation
高温氧化法 high-temperature oxidation method
高温氧化还原 pyro-oxidation-reduction
高温氧化试验 oxidation test at high temperature
高温氧化物 high-temperature oxide
高温氧化淤渣 high-temperature sludge
高温样品染色机 high-temperature sample dy(e)ing machine
高温窑干 high-temperature kiln drying
高温耀斑 high-temperature flare
高温冶金 pyrometallurgy; thermometallurgy
高温冶金处理 pyroprocessing
高温冶金法 pyrometallurgical method
高温冶金过程 pyrometallurgical process
高温冶金加工 pyroprocessing
高温冶金设备 pyrometallurgical plant
高温冶金学 igneous metallurgy
高温冶炼 pyrometallurgy
高温仪 pyroscope
高温仪表 pyrometer
高温引伸计 high-temperature extensometer
高温印染废水 high-temperature textile printing wastewater
高温应变仪 high-temperature strain ga(u)ge
高温硬度 hot hardness
高温硬焊接合 high-temperature brazed joint
高温硬沥青 high-temperature pitch
高温硬耐火砂浆 heat-setting refractory mortar
高温油井水泥 high-temperature oil well cement;hot well cement
高温油炉 high-temperature oil furnace
高温釉 hard glaze; high fired glaze; high melting glaze; high-temperature glaze
高温釉烧 grand feu
高温浴 hyperthermal bath
高温浴室 <古罗马澡堂> caldarium
高温元件 high-temperature components
高温圆盘给料机 high-temperature disc feeder
高温匀染剂 high-temperature levelling agent
高温运行 hot operation
高温熨烫 hot iron
高温载热体 heating medium for high temperature
高温载物台显微镜 hot stage microscope
高温再热 hot reheat
高温再热蒸汽管 high temperature reheat pipe
高温造山带 high-temperature orogenic zone
高温增益下降 high-temperature gain fall
高温轧制铁鳞 high-temperature mill scale
高温闸阀 high-temperature cut-off valve
高温照相机 high-temperature camera
高温真空处理 hot vacuum treatment
高温真空炉 high-temperature vacuum furnace; vacuum high temperature furnace
高温真空炉显微术 high-temperature vacuum furnace microscopy
高温振动坩埚黏[粘]度计 high-temperature oscillating crucible visco(si)meter
高温蒸馏 high-temperature distillation
高温蒸馏温度计 high distillation thermometer
高温蒸汽养护 high-temperature steam curing
高温蒸煮 thermophilic digestion
高温植物 macrothermophyte;megathermophyte;megatherm plant
高温植物群落 macrothermophytia
高温植物型 megathermal type
高温指示器 high-temperature indicator;pyrometer indicator
高温致脆 high-temperature embrittlement
高温致死地带 zone of high fatal temperature
高温煮解 high-temperature digestion
高温转化 pyrolytic conversion
高温状态 condition of high temperature
高温状态方程 high-temperature state equation
高温锥 fire check key
高温灼烧炉 ignition muffle
高温紫外显微镜 high-temperature ultraviolet microscope
高温自动放水阀 high-temperature relief valve
高温总烃量分析仪 high-temperature total hydrocarbon analyser[analyzer]
高温钻孔 thermal boring; thermal drilling; thermic boring; thermic drilling
高温作业 high-temperature operation; high-temperature service; work in hot environment
高文艺复兴式 high Renaissance
高紊流燃烧 high-turbulence combustion
高紊流燃烧室 high turbulence combustion chamber
高稳定度 high stability
高稳定度变温仪 high stability temperature variation meter
高稳定度电阻器 very stable resistor
高稳定度晶体振荡器 high stability crystal oscillator
高稳定度石英晶体振荡器 high stability quartz crystal oscillator
高稳定度振荡器 high stable oscillator
高稳定光电倍增管 high stabilized photomultiplier; stabilized photomultiplier
高稳定激光器 high stable laser
高稳定石英振荡器 high-stability quartz oscillator
高稳定性 high stability
高稳式超外差电路 stabilidyne
高稳式接收机 stabilidyne receiver
高握裹力钢筋 high-bond(reinforcing)bar
高污染废水 highly contaminated wastewater
高污着势 high fouling potential
高屋顶 high-rise roof
高无噪声电动机 supersilent motor
高五斗橱 high boy
高雾 high fog
高雾化细度喷嘴 high dispersion nozzle
高吸光度法 high absorption spectrophotometry
高吸收滤光镜 narrow cut filter
高吸收体 high absorber
高吸收性表面 hot surface
高吸水性树脂 super-absorbent resin
高矽铁 high silicon iron
高息 high interest;usurious interest
高息借款 dear money;tight money
高息政策 dearer-money policy
高息资金 dear money;tight money
高稀释 highly diluted
高锡巴氏合金 high tin babbit
高锡钢双金属板 stanniol steel bimetal sheet
高锡含锑轴承合金 plastic metal
高锡耐蚀合金 stanniol
高锡青铜 high tin bronze
高喜马拉雅地穹系【地】Higher Himalayan geodome system
高细长柱 <长细比达 50 的> tall slender column
高细粒含量骨料 finely graded aggregate
高细粒含量集料 finely graded aggregate
高下沉逆温 subsidence inversion aloft
高咸水 haline[halite] water
高显色荧光灯 high colo(u)r rendering fluorescent lamp
高线【数】altitude
高线管渠 high line conduit
高线路 <卸货用> high-level track; elevated track
高线性放大器 ultra-linear amplifier
高线引水道 high line conduit
高线引水渠 high line conduit
高限控制 high limit control
高限效应 ceiling effect
高限压力中断器 high limit relay
高限自动开关 maximum cut-out
高镶条 high cam
高像差激光束 highly aberrated laser beam
高削波器 high chopper
高硝酸铵含量炸药 high-ammonium-nitrate-content dynamites
高硝酸盐废水 high nitrate wastewater
高硝酸盐高盐度废水 high nitrate high-salinity wastewater
高效 highly active
高效边缘检测器 efficient edge detector
高效薄层层析法 high performance thin-layer chromatography
高效薄层色谱法 high performance thin-layer chromatography
高效超外差式接收机 high performance superheterodyne receiver
高效沉淀池 high rate settling tank
高效澄清池 high efficiency clarifier
高效除草剂 highly potent herbicide
高效除杂机 ultra-cleaner
高效处理 high activity processing
高效措施 expedient measure
高效带宽 high efficient band width
高效导热脂 high efficacy heat conduction grease
高效倒相液相层析 high performance reverse phase liquid chromatography
高效倒相液相色谱法 high performance reverse phase liquid chromatography
高效的 efficient;highly effective
高效的动力变换输送 efficient power-shift transmission
高效滴滤 high rate trickling filtration
高效滴滤池 high rate trickling filter
高效滴滤池装置 high rate trickling filter plant
高效电集尘器 high efficiency electrostatic precipitator
高效镀镍光亮剂 efficient nickel plating brightener
高效反向散射电子探测器 efficient backscattered electron detector
高效方法 systems approach
高效防霉剂 highly effective anti-mo(u)ld
高效分布 highly effective distribution
高效风机 airfoil fan
高效复合流化床生物反应器 highly effective compound fluidized bed bio-reactor
高效复合微生物菌群 highly effective complex microorganism
高效鼓风机 high efficiency blower
高效固着膜 high rate fixed film
高效滚齿机 high efficiency gear hobbing machine
高效过滤(结构)high rate filtration
高效过滤器 high efficiency filter
高效过滤设备 high efficiency filtration equipment
高效好氧处理 high rate aerobic treatment
高效混凝过滤 high efficiency coagulation sedimentation filtration
高效活性污泥法 high rate activated sludge process
高效活性污泥污水处理 high rate activated sludge waste(water)treatment
高效货币 high-powered money
高效兼性塘 advanced facultative pond
高效减水剂 high efficiency water reducing agent; high range water reducer; high range water-reducing admixture;super-plasticizer
高效降解菌 highly effective degrading bacteria;high rate degrading bacteria
高效降解细菌菌群 highly effective degrading bacteria flora
高效接收机 powerful receiver
高效结构 efficient structure
高效精炼渗透剂 highly effective scouring penetrant
高效菌 superior bacteria
高效菌株 highly effective strain
高效抗磨白口铸铁 unique wear-resistant white cast iron
高效颗粒型空气过滤器 high efficiency particulate air filter

高效空气过滤器 high efficiency air filter
高效空气过滤器设备 high efficiency air filter unit
高效空气过滤纸 aeroultra filter paper
高效空气滤净器 super-air-filter
高效空气滤清器 high efficiency air filter
高效空气选粉 high efficient air separation
高效空气选粉机 high efficient air separator; high performance air separator
高效扩散路径 high diffusivity path
高效离子层析 high performance chromatography
高效离子排斥色谱法 high performance ion exclusion chromatography
高效离子色谱法 high performance ion chromatography
高效粒子过滤器 high efficiency particle filter
高效炼助剂 highly effective scouring agent
高效路由 high usage route
高效率 high efficiency;high performance;high rate
高效率的 highly efficient
高效率概率筛 high probability sizer
高效率光电倍增管 photomultiplier with high quantum efficiency
高效率焊条 high efficiency electrode
高效率计算机 powerful computer
高效率扩压器 highly efficient diffuser
高效率滤池 high rate filter
高效率滤器 high rate filter
高效率设备 highly efficient equipment
高效率生物滤池 high rate filter
高效率调整时间长的机器 high production long-set-up machines
高效率调制 high efficiency modulation
高效螺旋桨 high performance airscrew
高效埋弧自动焊接法 high efficiency submerged automatic arc welding process
高效密封剂 high-performance sealant
高效耐火砖 high-duty (fire) clay brick
高效能 high performance;high potency
高效能泵 high-duty pump
高效能的固定资产 more efficient fixed assets
高效能混凝土搅拌机 high discharge mixer
高效能计算机数控车床 high efficiency computer number control turning machine
高效能量转换技术 high efficiency energy conversion technique
高效能设备 high performance equipment
高效能循环 multiple effect cycle
高效喷滤池 high rate sprinkling filter
高效漂白粉 higher bleaching powder
高效曝气 high rate aeration
高效曝气沉淀工艺 high rate aeration settling process
高效曝气池 high rate aeration basin
高效曝气过滤系统 high rate biofiltration system
高效曝气生物滤池 highly efficient biological aerated filter
高效砌合 <砖墙的> effective bond
高效氢纯化器 high efficiency hydrogen purifier
高效热回收器 high efficiency heat recovery unit
高效色谱仪 high performance chromatograph
高效生物滤池 high rate biofilter;high rate biological filter
高效生物强化技术 high efficient bioaugmentation technique
高效熟化塘 advanced maturation pond
高效数据处理 high activity data processing
高效水冲洗 high rate water wash
高效四冲程低速柴油机 highly efficient 4-stroke low-speed diesel engine
高效塑化剂 super-plasticizer
高效探测器 high detectivity detector
高效塘 high rate pond
高效体积排阻层析 high performance size exclusion chromatography
高效体积排阻色谱法 high performance size exclusion chromatography
高效填充塔气相层色法 gas chromatography with high efficiency packed column
高效填料塔 high efficiency packing tower
高效脱氧剂 high efficiency deoxidiser [deoxidizer]
高效微波放大器 high performance microwave amplifier
高效微粒空气过滤器 high efficiency particular[particulated] air filter
高效吸尘器 high efficiency dust collector
高效吸尘设备 high efficiency dust collection equipment
高效吸附生物氧化处理 high rate adsorption bio-oxidation treatment
高效洗涤剂 high-duty detergent
高效洗涤器 high energy scrubber
高效显影液 energetic developer
高效消化 high rate digestion
高效消化池 high rate digestor
高效消泡剂 highly effective anti-foaming agent
高效消音器 efficient silencer
高效小直径深孔钻削系统 high efficiency drilling system for small and deep hole
高效新光源 new light source of high transform efficiency
高效型产业结构 efficient production structure
高效旋风筒 high efficiency cyclone
高效选粉机 high efficiency classifier
高效压榨辊筒 high expression roll
高效厌氧处理 high rate anaerobic treatment
高效厌氧消化 high rate anaerobic digestion
高效氧化塘 high rate oxidation pond
高效液相色谱法 high efficiency liquid chromatography; high performance liquid chromatography
高效液相色谱分离 separation of high performance liquid chromatography
高效液相色谱仪 high performance liquid chromatograph
高效益高风险 high return high risk
高效益田 high benefit field
高效银锌蓄电池 high rate silver zinc battery
高效应埋弧自动焊接法 high effect buried arc self-welding;KIS process
高效用水率 high-duty of water
高效有机硅消泡剂 silicone anti-foaming agent
高效诱变剂 supermutagen
高效匀染剂 highly effective levelling agent
高效再生 highly efficient regeneration
高效增塑剂 super-plasticizer
高效轧车 high-capacity squeezer
高效炸药 high explosive
高效阻燃增效剂 highly effective flame retardant synergist
高校运输研究中心 council of university transportation centers
高谐波共振 higher harmonic resonance
高谐音 upper harmonic
高泄漏变压器 high leakage transformer
高卸料(小)车 high discharge skip
高卸料型 <翻斗车> high discharge model
高辛斯基投影 Goussinsky projection
高辛烷的 high octane
高辛烷号 high octane rating
高辛烷值 high octane(rating)
高辛烷值成分 anti-knock component
高辛烷值的 high octane
高辛烷值汽油 anti-pinking fuel; high knock rating gasoline; high octane gasoline
高辛烷值燃料 anti-knock gasoline; anti-knock petrol; high octane fuel
高辛烷值组分 anti-knock component; high octane number component
高锌粉底漆 galvanized primer; galvanizing primer
高锌黄铜 hard brass; high brass; Mock platina; reversed brass; white brass
高新技术 high and new technology; high technology
高新技术产业区 high-technical industrial development area
高薪 fat salary
高信息增量调制 high information delta modulation
高型称量瓶 tall regular weighing bottle
高型的 high profile
高型烧杯 beaker in tall form
高性能部件 high performance unit
高性能材料 high performance material
高性能层次板 high-performance laminate
高性能超外差式接收机 high performance superheterodyne receiver
高性能存储器 high performance memory
高性能导航系统 high performance navigation system
高性能的 high performance; high-powered
高性能发动机 high performance engine
高性能防护涂层 high performance protective coating
高性能光缆连接器 high performance optic(al) cable connector
高性能焊剂 high performance weld flux
高性能滑翔机 sail plane
高性能混凝土 <具有除高强外其他许多优良性能的新材料> high performance concrete
高性能激光器 high performance laser
高性能集烟灰装置 sophisticated smoke and soot collection device
高性能减震器 high damping device
高性能抗静电纤维 high performance anti-static fibre
高性能路面 superior performance pavement
高性能路面剪切试验机 superpave shear tester
高性能漆料 high performance vehicle
高性能汽车 high performing car
高性能汽垫车 high-performance ACV [air-cushion vehicle]
高性能设备 high performance equipment
高性能树脂 high performance resin
高性能树脂基体 high performance resin matrix
高性能陶瓷 high performance ceramics
高性能透镜 high performance lens
高性能卧式加工中心 high performance horizontal machining centre
高性能物镜 high performance objective
高性能显示器 high performance display
高性能叶片泵 high performance vane pump;high-quality vane pump
高性能液体色谱法 high performance liquid chromatography
高性能液压泵 high performance hydraulic pump
高性能纸带 high performance tape
高性能柱 high performance column
高雄港 Gaoxiong Port
高溴酸 hyperbromic acid
高序 high order
高悬式储仓 suspension bunker
高悬罩 overhead hood
高悬着的 superincumbent
高选择性 high selectivity
高选择性超外差接收电路 stenode circuit
高选择性树脂 highly selective resin
高学术水平刊物 highbrow publication
高血压 hypertension
高循环疲劳 high cycle fatigue
高压 high(-tension) voltage【电】; anti-cyclone【气】;high pressure
高压 X 线摄影机 high-tension radiographic(al) apparatus
高压安培计 high-tension ammeter
高压安全瓣 high-pressure safety valve
高压安全阀 high-pressure safety valve
高压安全切断器 high-pressure safety cut-out
高压氨气管 high-pressure gaseous ammonia pipe
高压白炽灯 high-pressure incandescent lamp
高压板 hard board; panel board; solid fiberboard
高压板机 hardboard machine
高压保护 high-voltage protection
高压保护电路 high-voltage protection circuit
高压保险装置 high-pressure cut-out
高压倍增器 Cockcroft-Walton accelerator
高压泵 high lift pump; high-pressure pump
高压泵车 high-pressure pumper
高压避雷装置 high-tension lightning arrester
高压边 hot side
高压变电所(站) high-voltage substation
高压变换器 high-tension transformer
高压变量叶片泵 high-pressure variable vane pump
高压变流机 high-voltage converter
高压变流器 high-voltage converter
高压变率成型 high strain-rate forming
高压变压器 high-tension transformer; high-voltage transformer
高压波纹管式压力计 high-pressure bellows manometer
高压不锈钢软管 high-pressure stain-

G

less steel hose
高压部分 high-pressure section;high-voltage compartment
高压舱 hyperbaric chamber;pressure cabin;pressure chamber
高压侧 high potential side;high-pressure side;high(-tension) side;on the pressure side;step-up side
高压侧端子 high-voltage side terminal
高压测电笔 high-tension test pencil
高压测量仪器 high-tension measuring instrument
高压测试器 high-voltage testing device
高压层 high-pressure zone
高压层积材 high-pressure laminate
高压层(压)板 high-pressure laminate
高压差示热分析仪 high-pressure differential thermal analysis apparatus;high-pressure differential thermal analysis unit
高压柴油机 diesel high compression engine
高压长管 delivery long pipe
高压沉箱作业 high-pressure caisson operation
高压成型 high-pressure forming
高压迟加时间 high-tension delay time
高压齿轮型泵 high-pressure gear type pump
高压充油电缆 high-pressure oil-filled cable;high-tension oil filled cable;oil compression cable
高压冲蚀钻头 high-pressure erosion bit
高压冲水机 high pressure hose for hydraulic
高压冲洗 high-pressure scouring;high-pressure washing
高压抽水机 high-pressure pump
高压除气器 higher pressure deaerator
高压除砂器 high-pressure desander
高压储气罐 high-pressure gasholder;pressure holder;pressure-type cloth filter dust collector
高压传感器 high-pressure cell
高压传输 high tension transmission
高压传送器 high-pressure housing
高压纯氧浸透法 hyperbaric oxygen drenching
高压瓷绝缘子 high-tension porcelain insulator;high-voltage porcelain insulator
高压瓷瓶 <俗名> high-tension porcelain insulator;high-voltage porcelain insulator
高压磁点火 high-pressure magneto-ignition
高压磁电机 high-tension magneto
高压磁石发电机 high-voltage magnet dynamo
高压催化设备 high-pressure catalytic unit
高压打包机 high-pressure baler
高压打捆机 high-pressure baler
高压大电流开关 loud-break switch
高压带 high-pressure belt
高压蛋形绝缘子 high-tension egg insulator
高压导电率 high-voltage conductivity
高压导电性 high-voltage conductivity
高压导线 high-voltage conductor;high-voltage line
高压的 highly compressed;hyperbaric;high-pressure
高压灯 high-pressure lamp;high-voltage lamp
高压等值线 pleiobar
高压/低温变质带 high-pressure/low temperature metamorphic belt
高压地保护 high-voltage ground protection
高压点 high-pressure spot
高压点火 high-tension ignition
高压电 high-tension electricity
高压电厂 high-voltage plant
高压电场 high-voltage field
高压电池组 anode battery;high-tension battery
高压电瓷 high-tension insulator;high-voltage electric(al) porcelain
高压电瓷绝缘子 high-tension electric(al) porcelain insulator;high-tension porcelain insulator;high-voltage porcelain insulator
高压电的 high-tension
高压电动机 high-tension motor
高压电动转辙机 high-tension point machine;high-voltage switch machine
高压电度表 high-tension kilowatt-hour meter
高压电弧 high-tension arc;high-voltage arc
高压电弧技术 high-pressure arc technique;high-voltage arc technique
高压电极 high-pressure electrode;high-voltage electrode;high-voltage terminal;top terminal
高压电极电压 terminal voltage
高压电解 high-pressure electrolysis
高压电缆 high line;high-tension cable;high-voltage cable
高压电缆掣 grapevine stopper
高压电缆塔 pylon
高压电缆头 high-voltage pothead
高压电缆终端盒 high-voltage cable end box
高压电离规 high-pressure ionization ga(u)ge
高压电离室 high-pressure ionization chamber
高压电离维持激光器 high-pressure ionizer-sustainer laser
高压电离真空规 high-pressure ionization vacuum ga(u)ge
高压电力熔断器 high-pressure power fuse;high-voltage power fuse
高压电力熔丝 high-pressure power fuse;high-voltage power fuse
高压电力网 high-tension network
高压电力网探测器 power grid detector
高压电流 high-tension current;high-voltage current
高压电流互感器 high-tension current inductor;high-tension current transformer;high-voltage current transformer
高压电流计 high-tension ammeter
高压电路 high-tension circuit;high-voltage circuit
高压电路测试器 high-voltage circuit tester
高压电路电器设备检查器 electric(al) equipment universal testing stand
高压电路试验灯 high-voltage lamp
高压电器 high-voltage electric(al) apparatus
高压电桥 high-tension bridge;high-voltage bridge
高压电容器 high-voltage capacitor;high-voltage condenser;primary capacitor
高压电容纸 high-voltage condenser paper
高压电陶瓷水听器 high-pressure piezoelectric(al) ceramic hydrophone
高压电网 grid(transmission) system
高压电网围篱 high-voltage fence
高压电线 high-tension wire;high-tension busbar;high(-voltage) line
高压电线支架 tower support
高压电压互感器 high-voltage potential transformer
高压电泳 high-voltage electrophoresis
高压电源 high-tension power supply;high-voltage power supply
高压电源箱 high-voltage source box
高压电源装置 high-voltage power unit
高压电晕 high-voltage corona
高压电晕装置 high-voltage corona device
高压电子显微法 high-voltage electron microscopy
高压电子显微镜 high-voltage electron microscope
高压电子显微术 high-voltage electron microscopy
高压电子谐振器 palletron
高压电阻器 high-voltage resistor
高压调节变压器 high-tension regulating transformer
高压调节器 high-pressure regulator
高压调整系数 high-voltage regulation factor
高压跌落式熔断器 high-tension drop type fuse;high-voltage dropout type fuse cutout
高压叠层 high-pressure laminating
高压定量叶片泵 high-pressure fixed displacement vane pump
高压定子线圈 high-tension stator coil
高压堵气罐 high-pressure holder
高压端子 high-voltage terminal
高压断路器 high-pressure cut-out;high-voltage circuit breaker;primary cut-out
高压断路装置 high-pressure cut-out
高压堆 high-voltage block
高压多层胶合板 high-pressure laminate
高压二极整流管 kenotron rectifier
高压发电厂 high-tension power plant
高压发电机 high-voltage generator
高压发动机 high-pressure engine
高压发火线圈 high-tension ignition coil
高压发生器 high-pressure generator;high-pressure producer;high-voltage generator;high-voltage unit
高压阀(门) high-pressure valve;high-tension valve;pressure valve;high lift valve
高压阀式避雷器 high-tension valve type lightning arrester
高压法 high-pressure process
高压反应器 high-pressure reactor
高压防护 high-voltage protection;pressure voltage protection
高压防油器 high-pressure oil saver
高压放电 effluve;electrion;high-voltage discharge
高压放电法 electrion process
高压放电分选 spray discharge
高压放电合成油 electrionised oil
高压放电极 high-voltage discharge electrode
高压放电聚合油 voltol oil
高压放电曲线 electron process
高压放电润滑油 electrion oil
高压放气阀 blowdown valve
高压放热器 high-pressure radiator
高压分电器 high-tension distributor
高压分离器 high-pressure separator
高压分配器 high-pressure distributor
高压分压器 high-voltage bleeder
高压粉磨 high-pressure comminution
高压风 high-pressure blast
高压风道 density tunnel
高压风洞 high-density funnel;high-pressure wind tunnel;pressure wind tunnel
高压风扇 high-pressure fan
高压伏特计 high-tension voltmeter
高压浮球阀 high-pressure float valve;high side float valve
高压辐射 supervoltage radiation
高压辐射化学激光器 high-pressure radiation-chemical laser
高压釜 autoclave;high-pressure autoclave;pressure cooker;pressure pan
高压釜成型 autoclave mo(u)lding
高压釜处理的 autoclave treated
高压釜定形 autoclave-setting
高压釜模塑 autoclave mo(u)lding
高压釜式染色机 autoclave-style beck
高压釜试验 autoclave test
高压釜养护 autoclave curing
高压釜组 battery of autoclaves
高压负荷切断开关 high-voltage load (disconnecting) switch
高压负离子发生器 high-voltage negative-ion generator
高压复式汽轮机 pressure-compounded turbine
高压复式透平 pressure-compounded turbine
高压复式涡轮机 pressure-compounded turbine
高压干气驱 high-pressure dry gas flooding
高压干式水表 dry high-pressure water ga(u)ge
高压缸套 <水泵> pressure liner;pressure sleeve
高压钢管 penstock
高压钢丝编织胶管 high-pressure wire braided hose
高压/高频 high-voltage/high frequency
高压高速滤波器 high-speed and high-tension filter
高压高速示波器 high-voltage high-speed oscilloscope
高压高温 super-pressure-high temperature
高压高温养护 autoclave curing
高压高效液相色谱法 high-pressure/performance liquid chromatography
高压隔离开关 high-voltage isolator
高压隔膜泵 high-pressure diaphragm pump
高压给水加热器 high-pressure feed-water heater
高压供电系统 high-voltage supply system
高压供暖 high-pressure heating
高压供暖系统 high-pressure heating system
高压供水 high service
高压供水系统 high service system
高压汞灯 high-intensity discharge lamp;mercury high-pressure lamp
高压汞灯外镇流器 auxiliary ballast high-pressure mercury lamp
高压汞放电灯 high-pressure mercury discharge lamp
高压汞气灯 high-pressure mercury vapo(u)r lamp
高压鼓风机 high-pressure blower;pressure blower
高压固结仪 high-pressure consolidometer
高压管 high-pressure pipe;high-pressure tube;high-voltage tube
高压管道 high-pressure pipeline;high-pressure piping;penstock;pump discharge line
高压管道泵 high-pressure pipe pump

高压管法兰 high-pressure pipe flange
高压管法校准 high-pressure tube calibration
高压管路 high-pressure duct; high-pressure line; pressure duct
高压管路系统 high-pressure duct system
高压管式熔断器 high-voltage tube fuse
高压管线 high-pressure line; high-pressure pipeline; pump discharge line
高压灌浆 high-pressure grouting; compaction grouting
高压灌浆泵 high-pressure grouting pump
高压罐 high-pressure pan
高压光谱 high-pressure spectrum
高压光谱学 high-pressure spectroscopy
高压硅堆 high-voltage silicon rectifier stack
高压柜 high-tension cab(in); high-voltage board; high-voltage cab(in); high-voltage cabinet
高压锅 autoclave; high-pressure cooker; pressure cooker
高压锅里衬 autoclave liner
高压锅炉 high-duty boiler; high-pressure boiler
高压锅炉给水泵 high-pressure boiler-feed pump; high-pressure water feeding pump for boiler
高压锅炉管 high-pressure boiler tube
高压锅圈 seal ring for pressure cooker
高压果园喷雾机 high-pressure orchard sprayer
高压过滤器 high-pressure filter
高压过热器 high-pressure superheater
高压过热蒸汽 high-pressure superheated steam
高压氦气闪烁计数器 high-pressure helium gas scintillation counter
高压焊矩 high-pressure blowpipe
高压核电池 high-voltage nuclear battery
高压核心 high-pressure nucleus; nucleus of high-pressure
高压户内穿墙套管 high-tension indoor wall entrance bushing sleeve
高压户外隔离开关 high-voltage outdoor disconnector
高压滑阀 high-pressure slide valve
高压滑润器 high-pressure lubricator
高压化学 high-pressure chemistry; piezochemistry
高压环 high compression ring
高压环境 hyperbaric environment
高压黄油枪 injection grease gun
高压辉光放电灯 high-voltage glow discharge lamp
高压辉光管 high-voltage glow tube
高压回路 high-tension loop
高压回热循环 high-pressure extraction cycle
高压汇流排 high-tension busbar
高压活门 high-pressure valve
高压活塞 high-pressure piston
高压活塞杆 high-pressure piston rod
高压火花 high-tension spark; high-voltage spark
高压火花法 high-tension spark method
高压火花塞 high-tension spark plug
高压火力发电厂 high-pressure steam power plant
高压击穿 high-voltage flashover
高压激励管 high-voltage drive tube
高压极 high-pressure stage
高压挤水泥法 high-pressure squeeze method
高压脊 high-pressure ridge; ridge; ridge of high-pressure; wedge
高压计 high-pressure ga(u)ge; high-pressure meter; high-voltage meter
高压计数管 high-pressure counter
高压技术 high-pressure technology; pressure technique
高压继电器 high-tension relay; high-voltage relay
高压加气混凝土 autoclaved cellular concrete
高压加氢 high-pressure hydrogenation
高压加热器 high-pressure heater
高压加速器 high-voltage accelerator
高压架空配电系统 high-voltage overhead distribution system
高压架空线路 high-tension overhead line
高压间 high-tension compartment; high-tension room; high-voltage compartment
高压间隔室 high-tension cell
高压减荷弹簧 high-pressure load reducing spring
高压交流电动机 high-voltage alternate current motor
高压胶管 high-pressure hose; wire wrapped hose
高压胶合板 high-density plywood; high-pressure laminate; superpressed plywood; superpress wood
高压胶(黏)[粘]结 high-pressure cementation
高压接地放电 high-voltage earth discharge
高压接合 high-pressure jointing
高压接头 high-pressure connection
高压接线 high-voltage connection
高压接柱 high-tension terminal
高压节煤器 high-pressure economizer
高压结型场效应管 fetron
高压介质 high-pressure medium
高压金刚石 high-pressure diamond
高压金属卤化物灯 high-intensity discharge lamp
高压紧急制动 high-pressure emergency
高压进料 high-pressure charging
高压进气 high-pressure admission; high-pressure gas injection
高压进气口 high-pressure inlet; high-pressure intake
高压进水口 high-pressure inlet; high-pressure intake
高压进水设备 high-pressure intake unit
高压浸出系统 pressure leaching train
高压晶体生长炉 high-pressure crystal growth furnace
高压精炼锅 high-pressure kier
高压井 high-pressure well
高压井控制 control of high-pressure well
高压井中起下钻具 snubbing
高压警报(器) high-pressure alarm
高压静电除尘系统 high-voltage electrostatic precipitating system
高压静电电压表 high-voltage electrostatic voltmeter
高压静电分离仪 high-voltage electrostatic separator
高压静电伏特计 rotary voltmeter
高压静电吸尘器 high-voltage electrostatic vacuum cleaner
高压静水分离法 high-voltage stillwater separation method
高压聚合 high-pressure polymerization
高压聚合釜 polymerization autoclave; polymer-making autoclave
高压聚乙烯 <即低密度及中密度聚乙烯高压合成> high-pressure polyethylene; branched polyethylene
高压聚乙烯薄膜 high-pressure polyethylene film
高压聚乙烯盘根 high-pressure polyethylene packing
高压卷染机 high-pressure jig; pressure jig
高压卷线异步电动机 high-voltage wound asynchronous motor
高压绝缘 high-tension insulation; high-voltage insulation
高压绝缘瓷瓶 high-tension shackle insulator
高压绝缘试验 flash(ing) test; high-voltage test for insulation; hipot
高压绝缘手套 high-tension insulating gloves; high-voltage insulating gloves
高压绝缘靴 high-voltage insulating boots
高压绝缘油 high-voltage insulating oil
高压绝缘子 high-voltage insulator
高压绝缘子室 high-voltage insulator compartment
高压开关 high-pressure cock; high-tension switch; high-voltage circuit breaker; high-voltage switch
高压开关板 high-tension switchboard; high-voltage switchboard
高压开关管 injectron
高压开关柜 high-tension switch cabinet; high-tension switch gear; high-voltage cubicle; high-voltage switch cabinet
高压开关和保护元件 high-voltage switch and protection element
高压开关设备 high-tension switch gear; high-voltage switchgear
高压开关装置 high-tension switch gear
高压科学 high-pressure science
高压空调设备 high-pressure air-conditioning plant
高压空气 high(-pressure) air; pressure air
高压空气导管 air blast connection pipe; high-pressure air pipe
高压空气调(节)系统 high-pressure air-conditioning system
高压空气管 high-pressure air-outlet pipe
高压空气罐 high-pressure air tank
高压空气喷雾法 high-pressure air atomization
高压空气喷雾器 high-pressure air atomizer
高压空气枪 high-pressure airgun
高压空气系统 high-pressure air system
高压空气压缩机 high-pressure air compressor
高压空气制冷系统 dense air system
高压控制 high-pressure control
高压控制变压器 high-voltage controlling transformer
高压控制部件 high tension control block
高压控制器 high-pressure controller
高压控制组 high tension control block
高压馈电干线 high-tension supply main
高压馈电线 high-tension main
高压冷凝器 high-pressure condenser
高压冷水 high-pressure cold water
高压离心鼓风机 high-pressure centrifugal blower
高压离心通风机 high-pressure centrifugal ventilator
高压离子交换 high-pressure ion exchange
高压力 heavy pressure; high-pressure
高压力表 high-pressure manometer
高压力电离真空计 high-pressure ionization ga(u)ge
高压连杆 high-pressure connecting rod
高压流 high-pressure stream
高压流体系统 high-pressure liquid system
高压龙头 high-pressure hose; high-pressure tap
高压炉 high-pressure furnace
高压滤油器 high-pressure filter
高压轮胎 high-pressure tire[tyre]
高压螺纹滚轧机 high-tension thread rolling machine
高压螺旋泵 high-pressure screw pump
高压脉冲 high-tension pulse; high-voltage pulse
高压脉冲电晕 high-voltage pulse corona
高压脉冲发生器 high-voltage pulse generator
高压脉冲放电臭氧氧化法 high-voltage pulse discharge-ozonation process
高压脉冲轨道电路 high-voltage impulse track circuit
高压脉动泵 high-pressure pulse pump
高压毛细管流变仪 high-pressure capillary rheometer
高压煤气 compressed gas
高压煤气表 high-pressure meter
高压煤气储气器 compressed gas reservoir
高压煤气发生炉 high-pressure gas producer
高压煤气发生器 high-pressure gas producer
高压煤气管 high-pressure gas pipe
高压煤气管线 high-pressure gas pipeline
高压煤气喷烧器 injector gas burner
高压煤气燃烧器 pressure gas burner
高压煤气系统 high-pressure gas system
高压密封出入舱 pressurized access chamber
高压密集射流 high-pressure solid jet
高压面板 high-pressure overlay
高压灭火 high-pressure extinction
高压灭菌 autoclaving
高压灭菌器 autoclave
高压模塑 high-pressure mo(u)lding
高压模制沥青瓦 asphaltic tile made under high-pressure
高压模制沥青砖 asphaltic tile made under high-pressure
高压模座 high-pressure die block
高压磨辊 high-pressure grinding roll
高压母线 high-tension busbar
高压木材 super-pressed wood
高压钠灯 high-pressure sodium lamp
高压钠汽灯 high-pressure sodium vapo(u)r lamp
高压耐久试验 time voltage test
高压泥浆泵 high-pressure dredge pump
高压黏[粘]结 high-pressure cementation
高压暖管卷盘 high-pressure hose reel
高压耦合电容器 high-tension coupling condenser
高压排气管接头 high-pressure exhaust pipe connection
高压盘 high-voltage panel

G

高压刨花板 hard-pressed particle board
高压配电板 high-voltage panel
高压配电盘 high-tension distribution panel; high-tension distributor; high-voltage cubicle
高压配电系统 high tension distribution system
高压配电箱 high-tension distribution box
高压配电站 high tension substation
高压配电中心 high-tension distribution center[centre]
高压配电装置 high-voltage distribution equipment; high-voltage switchgear
高压喷淋器 high-pressure sprinkler
高压喷漆 high-pressure spraying
高压喷汽孔 high-pressure fumarole
高压喷洒装置 high-pressure spraying set-up
高压喷射泵 jetting pump
高压喷射法 <用于地基加固或防渗的> geojet method
高压喷射灌浆 high-pressure jet grouting; jet grouting
高压喷射燃料 solid injection
高压喷射注浆 high-pressure jet grouting; jet grouting
高压喷射注浆法 jet grouting method
高压喷射装置 high-pressure spraying set-up
高压喷射嘴 high-pressure water jet
高压喷水 high-pressure injection
高压喷水剥皮机 jet barker
高压喷水除锈法 high-pressure water blast
高压喷水机 high-pressure water blasting
高压喷水器 high-pressure water jet
高压喷水清理 high-pressure water blasting
高压喷涂装置 high-pressure spraying set-up
高压喷雾 high-pressure fog; high-pressure spray
高压喷雾机 high-pressure spray machine
高压喷雾剂 high-pressure fog
高压喷雾灭火 high-pressure fog extinction
高压喷雾射流 high-pressure fog stream
高压喷雾装置 high-pressure spraying set-up
高压喷油泵 fuel injection pump
高压喷嘴 high-pressure(jet) nozzle; jetting nozzle
高压偏心轮 high-pressure eccentric
高压偏振型传感器 high-pressure polarimetric sensor
高压屏蔽 high-tension shielding
高压起爆剂 high-tension detonator
高压起爆雷管 high-tension detonator
高压气动激光器 high-pressure gas dynamic(al) laser
高压气动技术 high-pressure pneumatics
高压气缸 high-pressure cylinder
高压气柜 high-pressure tank
高压气流 high-pressure draft; high-pressure draught
高压气流式输送器 high-pressure pneumatic conveyer[conveyor]
高压气瓶 gas cylinder; high-pressure cylinder; high-pressure tank; pressure bottle
高压气枪 high-pressure air rifle
高压气腔 air chamber
高压气驱 high-pressure gas drive
高压气室 plenum chamber
高压气态源 high-pressure gaseous source
高压气体 pressure gas; high-pressure gas
高压气体储罐 high-pressure receiver
高压气体吹洗 high-pressure purge
高压气体放电 high-pressure discharge
高压气体管制法 high-pressure gas control law
高压气体容器 gas cylinder; high-pressure gas container
高压气体注射法 high-pressure gas injection
高压气筒 gas cylinder; high-pressure bicycle pump; high-pressure inflater
高压气相色谱法 high-pressure gas chromatography
高压汽缸 high-pressure cylinder
高压汽化冷剂 pressure-type evapo(u)rative cooling
高压汽轮机 high-pressure turbine
高压汽暖 high-pressure steam heating
高压钳 high-voltage tongs
高压潜水员救生船 hyperbaric diver rescue lift boat
高压腔 high-pressure cell
高压腔箱 high-pressure chest
高压强放电灯 high-pressure discharge lamp
高压强真空计 high-pressure ionization ga(u)ge
高压切边水针 high-pressure tail cutter shower
高压氢化 high-pressure hydrogenation
高压氢碳气化 hydrogasification
高压轻质混凝土 autoclaved lightweight concrete
高压清洗机 jetting machine
高压区 high-pressure district; high-pressure zone; pleiobar; region of high-pressure
高压区风暴 high-pressure area storm
高压区及低压区 high and low pressure area
高压区域 high-pressure area
高压区域变质相系 high-pressure regional metamorphic facies series
高压区域变质作用 high-pressure regional metamorphism
高压取样器 high-pressure sampler
高压燃料泵 high-pressure fuel pump
高压燃料箱 high-pressure propellant tank
高压燃气 high-pressure gas
高压燃烧 high-pressure combustion
高压燃烧过程 high-pressure combustion process
高压燃烧器 blast burner; high-pressure burner; mechanical burner
高压燃烧室 high compression combustion chamber; high-pressure combustion chamber
高压燃油管 injection line; high-pressure fuel pipe
高压燃油炉 high-pressure oil burner
高压燃油喷射泵 jerk pump
高压染色 dye under pressure
高压染色法 high-pressure dy(e)ing
高压染色机 pressure dy(e)ing machine
高压绕线 high-tension winding
高压绕组 high-tension winding; high-voltage winding
高压绕组边 step-up side
高压热风供暖系统 hot blast fan high pressure system
高压热水 high-pressure hot water
高压热水供暖 high-pressure hot water heating; hot-water pressure heating
高压热水供暖系统 high-pressure hot water heating system
高压热水溶气 dissolved gas in high-pressure thermal water
高压热压器 high-pressure autoclave
高压人工降雨装置 high-pressure sprinkler
高压人造石英 coesite
高压韧性离心球墨铸铁管 centrifugal ductile iron pipe
高压容器 high-pressure bottle; high-pressure vessel; pressure vessel
高压溶液生长 high-pressure solution growth
高压熔断器 high-tension fuse; high-voltage fuse
高压熔化方程 fusion formulae under high-pressure
高压熔融法 high-pressure melting method
高压熔丝 high-tension fuse
高压入口 high-pressure intake
高压软管 heavy-duty hose; high-pressure hose; pressure hose
高压软管线(路) high-pressure hose line
高压润滑器 high-pressure lubricator
高压润滑系统 high-pressure lubricating system
高压润滑油 high-pressure lubricant
高压润滑油枪 high-pressure grease gun; injection grease gun
高压润滑油脂 high-pressure lubrication grease
高压洒水车 high-pressure sprinkler
高压洒水器 high-pressure sprinkler
高压三冲程泵 high-pressure three-throw pump
高压三向射流泵 high-pressure three-throw pump
高压三轴仪 high-pressure triaxial apparatus
高压扫描管 high-voltage scanning tube
高压闪络测试仪 high-voltage flash-over tester
高压闪络试验 flashover test
高压烧嘴 high-pressure burner
高压蛇形管线 high-pressure hose line
高压设备 high-pressure apparatus; high-tension apparatus; high-voltage plant; high-voltage unit
高压射流 high-pressure spray
高压射流泵 high-pressure injection pump
高压射流挖掘机 jetting gear; jetting sled <汽车式>
高压射流钻进 jetting drilling
高压射流钻头 jetting bit
高压射水 high-pressure water jet; water-jetting at high-pressure; hydraulic jetting
高压射水冲矿机 jetting gear
高压射水处理 blasting treatment
高压射水打磨 water blast
高压射水设备 high pressure water jetting equipment
高压射线摄影术 high-voltage radiography
高压摄影 X 线机 high-tension radiographic(al) apparatus
高压绳状染槽 high-pressure beck
高压失水仪 high-pressure filter
高压十字头 high-pressure cross head
高压石棉橡胶板 high-pressure asbestos rubber board
高压时间试验 high-voltage time test
高压示波器 high-voltage oscilloscope
高压视频耦合器 high-voltage video coupler
高压试压泵 high-pressure testing pump
高压试验 high potting; high-pressure test; high potential test【电】
高压试验设备 high-voltage testing equipment
高压试验室 high-tension laboratory
高压试验用变压器 high-voltage testing transformer
高压室 high-pressure cell; high-pressure chamber; high-tension cab(in); high-tension cubicle; high-tension room; high-voltage cab(in); hyperbaric cabinet; pressure chamber
高压释放阀 high-pressure relief valve
高压手段 strong measure
高压输电电缆 power supply cable
高压输电电线干 high-voltage transmission mast
高压输电电线塔 high-voltage transmission mast
高压输电路网 grid
高压输电网线 grid line
高压输电线(路) high-tension transmission line; high-voltage transmission line; high-tension power line; high-voltage power line
高压输电线网 gridiron
高压输水管道 high-pressure penstock
高压输水胶管 high-pressure water hose
高压输送泵 high-pressure pump
高压输送氧气软管 oxygen hose
高压双缸液压泵 high-pressure twin hydraulic pump
高压双缸油泵 high-pressure double-cylinder oil pump
高压双辊磨 high-pressure twin-roll mill
高压双(向)水泵 high-pressure twin hydraulic pump
高压水 high-pressure water
高压水泵 high-pressure hydraulic pump; high-pressure water pump
高压水泵房 high-pressure water pump room
高压水舱 high-pressure water jet
高压水冲洗 water jet blasting
高压水冲洗机 pressure washer
高压水冲洗设备 pressure washer
高压水除锈 high-pressure water derusting; high pressure water blasting
高压水法 water pressure method
高压水管 pressure water pipe
高压水环境 high-pressure aqueous environment
高压水或空气 high-pressure water or air
高压水力灭火系统 high-pressure hydraulic fire system
高压水流控制设施 hydraulic monitor
高压水龙头 high-pressure cock
高压水灭火器 pressurised[pressurized]-water fire extinguisher
高压水泥浆法 squeeze cementing
高压水喷射器 high-pressure water jet
高压水喷射清洗 hydroblast(ing)
高压水破裂带深度 depth of fractured zone of high-pressure water
高压水汽氧化法 high-pressure vapo(u)r oxidation method
高压水枪 giant; high-pressure water jet; hydraulic giant; hydraulic monitor; monitor
高压水清洗 high-pressure water

cleaning
高压水软管 high-pressure water hose
高压水砂破裂法 hydraulic fracturing
高压水射流 high-pressure water jet
高压水射流器 high-pressure hydraulic jet machine
高压水束 water-jet;water shoot
高压水水雾系统 high-pressure water mist system
高压水头钻头 hydraulic high-pressure bit
高压水箱 pressure tank
高压水箱汽车 pressure tank lorry
高压水消防系统 high-pressure fire system
高压水消防总管 high-pressure fire service main
高压水银灯 high-pressure(fluorescent) mercury lamp;high-pressure mercury vapo(u)r lamp
高压水银灯泡 high-tension mercuric bulb
高压水银灯镇流器 high-tension mercury lamp ballast
高压水银路灯 high-tension mercury street light
高压水银投光灯 high-tension mercury search light;high-tension mercury-vapo(u)r spotlight
高压送电 high tension transmission
高压送风器 high-pressure unit
高压送水管 high-pressure discharge hose
高压塑料面板 high-pressure plastic overlay
高压碎料板 <比重 0.8 ~ 1.3> hard-pressed particle board;high pressed particle board
高压隧洞 heavy-duty pressure tunnel;high-pressure tunnel
高压缩比 high compression ratio
高压缩比发动机 high compression engine
高压缩比汽缸盖 high compression cylinder head
高压缩比稀混合气体发动机 high compression lean burn engine
高压缩发动机 high compression motor
高压缩性 high compressibility
高压缩性软土 highly compressible soft soil
高压缩性软土地基 highly compressible soft soil foundation
高压缩性土 highly compressible soil
高压塔 high-pressure tower
高压探针 high-voltage probe
高压陶瓷 high-tension ceramics
高压陶瓷电容器 high-voltage ceramic capacitor
高压陶瓷真空开关管 high-voltage ceramic vacuum switch tube
高压套管 high-tension bushing;high-voltage bushing
高压提升 high-tension boost
高压天然气水渗出 high-pressure natural gas-water leakage
高压添加剂 <润滑油> extreme pressure additive
高压填料 high-pressure packing
高压通电试验 hipot
高压同步电动机 high-voltage synchronous motor
高压筒 pressure-type storage cylinder
高压头 high head;high-pressure head
高压头簧箱 spring box for maximum pressure
高压头喷灌机 high-pressure sprinkler
高压透平 high-pressure turbine
高压涂药机 high-pressure extruding machine
高压推力轴承 high-pressure thrust bearing
高压推销 high-pressure selling
高压脱落式熔断器 high-voltage drop-out explosion fuse
高压瓦斯包 bag of foulness
高压微量喷油断路器 orthojector circuit-breaker
高压位差 high-pressure head
高压涡轮机 high-pressure turbine
高压涡轮增压器 high-pressure turbocharger
高压卧式消毒器 high-pressure horizontal autoclave
高压无(空)气喷涂 high-pressure airless spray
高压无(空)气喷涂机 high-pressure airless spraying machine
高压物理学 high-pressure physics
高压雾化器 high-pressure atomizer
高压吸收器 high-pressure absorber
高压硒整流器 high-tension selenium rectifier
高压洗涤器塔 high-pressure scrubber
高压系统 high-pressure system;high-voltage system
高压系统测漏气装置 high-pressure leak detector
高压系统测漏器 high-pressure leak detector
高压纤维板 hard pressed fiberboard
高压氙灯 high-pressure xenon lamp;xenon high-pressure lamp
高压氙弧光灯 high-pressure xenon arc lamp
高压现象 high-pressure phenomenon
高压线 high-pressure line;high-voltage cable
高压线干扰 high line interference
高压线干扰消除器 high line eliminator
高压线汇流排连接 bus(s)ing
高压线缆 high-tension cable
高压线路 high(-tension) line;high-voltage line[wire]
高压线路针式绝缘子 pin type insulator for high-voltage line
高压线圈 high-tension circuit;high-tension coil;high-voltage coil;jump spark coil
高压线悬式绝缘子 high-voltage line suspension insulator
高压线与汇流排的连接 bus(s)ing
高压线走廊 corridor of high voltage electricity
高压相变 phase transition under high-pressure
高压箱 high-voltage compartment;pressure tank
高压橡胶管 high-pressure rubber tube
高压橡胶软管 high-pressure rubber hose
高压橡胶手套 high-tension rubber gloves
高压消毒器 autoclave(sterilizer)
高压消毒设备 autoclaving equipment
高压消防泵 high-pressure service fire pump
高压楔 wedge of high-pressure
高压新蒸汽 high-pressure live steam
高压行波管 crestatron
高压蓄电池 high-tension battery
高压蓄力器 high-pressure accumulator
高压悬式绝缘子半自动成型机 semi-automatic machine for disc insulator forming
高压旋喷水泥土桩 high-pressure rotating pile
高压旋喷桩 high-pressure injection pile
高压选择阀 high selector relay
高压压风机 high-pressure compressor
高压压力表 delivery ga(u)ge;discharge ga(u)ge;high-pressure manometer;high-pressure ga(u)ge
高压压敏电阻器 high-pressure varistor
高压压气机 high-pressure compressor
高压压实 high-pressure compression
高压压缩机 high-pressure compressor;high stage compressor
高压岩层 abnormal pressure formation
高压岩石三轴试验仪 high-pressure rock triaxial testing machine
高压阳极 high-voltage anode;ultor
高压养护试验 <测定水泥稳定性> autoclave test
高压氧 high-pressure oxygen;hyperbaric oxygen
高压氧舱 hyperbaric oxygen chamber
高压氧法 hyperbaric oxygenation
高压叶片泵 high-pressure vane pump
高压液氮气化车 high-pressure nitrogen liquid-gas truck
高压液封直拉法 high-pressure liquid encapsulation pulling method
高压液化气 compressed air gas
高压液化气容器 bomb;high-pressure liquid gas volume
高压液面计 high-pressure liquid level ga(u)ge
高压液面调节器 high-pressure level controller
高压液体色谱法 high-pressure liquid chromatography
高压液相层析 high-pressure liquid chromatography
高压液相色谱法 high-pressure liquid chromatography
高压液相色谱分析 high-pressure liquid chromatography
高压液相色谱仪 high-pressure liquid chromatograph
高压液压泵 high-pressure hydraulic pump
高压液压齿轮泵 high-pressure hydraulic gear pump
高压液压阀 high hydraulic valve
高压液压管路 high-pressure hydraulic circuit
高压液压手泵 high-pressure hydraulic hand pump
高压液压系统 high-pressure hydraulic
高压仪表盘 high-voltage panel
高压仪器 high-pressure instrument
高压乙炔发生器 high-pressure acetylene generator
高压引爆剂 high-tension detonator
高压引爆雷管 high-tension detonator
高压引燃剂 high-tension detonator
高压引水管 penstock
高压引线 high-tension lead;high-voltage connection
高压荧光汞灯 fluorescent high-pressure mercury lamp
高压永磁(发)电机 high-tension magneto;magnetodynamo
高压油 hydraulic(head) oil
高压油泵 high-pressure oil pump;injection pump;injector pump
高压油泵试验机 high-pressure oil pump tester
高压油泵试验台 high-pressure oil pump testing platform
高压油泵总成 high-pressure fuel injection pump assembly
高压油顶起装置 pressurized oil jack
高压油断路器 high-voltage oil circuit breaker
高压油管 fuel injection pipe;high-pressure oil tube
高压油管路 fuel oil injection piping
高压油开关 high-tension oil switch
高压油(喷)灯 high-pressure oil burner
高压油气井注水泥 high-pressure oil-gas well cementing
高压油千斤顶 high-pressure oil jack
高压油田 high-pressure field
高压油箱 pressure oil tank
高压油脂润滑 high-pressure grease lubrication
高压诱导器 high-pressure induction unit
高压预热器 high-pressure preheater
高压预热时间 high-tension warm-up time
高压预填柱 hibar prepacked column
高压远射程喷嘴 driven nozzle
高压云母电容器 high-voltage micaceous condenser
高压云母纸介电容器 high-pressure mica-paper capacitor
高压云室 high-pressure cloud chamber
高压运转 high-pressure service
高压凿岩 high-pressure drilling
高压造型 high-pressure mo(u)lding
高压造型机 high-pressure mo(u)lding machine
高压轧液机 high-pressure mangle
高压闸阀 high-pressure sluice valve
高压闸门 high-pressure(sluice) gate
高压兆欧表 high-tension megger
高压罩 high-pressure cage
高压针式绝缘子 high-tension pin-type insulator;high-voltage pin insulator
高压蒸发塔 high-pressure evapo(u)ration tower
高压蒸锅 autoclave
高压蒸炼厂 pressure treating plant
高压蒸汽 highly compressed steam;high(-pressure) steam;live steam
高压蒸汽采暖 high-pressure steam heating
高压蒸汽处理 high-pressure steam treatment
高压蒸汽法 high-pressure steam process
高压蒸汽腐蚀 high-pressure steam etching
高压蒸汽供暖 high-pressure steam heating
高压蒸汽供暖系统 high-pressure steam heating system
高压蒸汽供热系统 high-pressure steam heating system
高压蒸汽管线 high-pressure steam line
高压蒸汽锅炉 high-pressure steam boiler
高压蒸汽机 high-pressure steam engine
高压蒸汽加热 high-pressure steam heating
高压蒸汽灭菌器 autoclave sterilizer;high-pressure steam sterilizer
高压蒸汽喷嘴 high-pressure steam jet
高压蒸汽清洁机 steam cleaner
高压蒸汽清洁器 steam cleaner
高压蒸汽溶出 high-pressure steam digestion
高压蒸汽设备 high-pressure steam plant
高压蒸汽套管预热器 jacketed-pipe high-pressure steam preheater
高压蒸汽涡轮 high-pressure steam

turbine
高压蒸汽系统 high-pressure steam system
高压蒸汽消毒柜 high-pressure steam sterilizer
高压蒸汽消毒灭菌法 autoclaving; high-pressure sterilization
高压蒸汽消毒器 autoclave(sterilizer); autoclave curing; high-pressure steam curing; high-pressure (steam) sterilizer
高压蒸汽养护 <混凝土> cured by autoclaving; atmospheric steam curing; high-pressure steam treatment; steam curing at high pressure
高压蒸汽养护的 high-pressure steam cured
高压蒸汽养护的蜂窝状混凝土 autoclaved cellular concrete; autoclaved aerated concrete
高压蒸汽养护的加气混凝土 autoclaved aerated concrete
高压蒸汽养护法 autoclave curing; autoclaving; high-pressure steam curing process
高压蒸汽养护混凝土 autoclaved concrete
高压蒸汽养护混凝土制品 autoclaved concrete article; autoclaved concrete product
高压蒸汽养护石膏 autoclaved gypsum
高压蒸汽养护室 autoclave
高压蒸汽周期 autoclave cycle; autoclaving cycle
高压蒸汽装置 high-pressure steam installation
高压蒸压器 high-pressure autoclave
高压蒸养充气混凝土块体 concrete autoclaved aerated
高压蒸养加气混凝土 autoclaved aerated concrete
高压蒸养预制件 autoclaved unit
高压整流二极管 kenotron
高压整流管 high-voltage rectifier
高压整流器 high-voltage rectifier
高压(正鼓)风机 high-pressure positive blower
高压政策 coercion policy
高压症 hyperbarism
高压支架 high-voltage support frame
高压直接纺丝技术 high-pressure direct spinning technology
高压直接蒸汽 high-pressure live steam
高压直流变电站 high-voltage direct current substation
高压直流电 high-voltage direct current
高压直流电缆 high-voltage direct current cable
高压直流电位差计 high-tension direct current potentiometer
高压直流发电机 high-tension direct current generator
高压直流输电 high-voltage direct current transmission
高压直流输电线 high-voltage direct current transmission line
高压直流系统 direct current high-voltage system; high-voltage direct current system
高压直流制 high-voltage direct current system; Thury system
高压直流装置 high-tension direct current plant
高压纸电泳 high-voltage paper electrophoresis
高压指示器 high-voltage indicator
高压中心 high-pressure center[centre]
高压中性点 high-voltage neutral
高压轴线 axis of high-pressure
高压轴向活塞泵 high-pressure axial piston pump
高压注浆 high-pressure grouting
高压注浆法 high-pressure injection method
高压注气 high-pressure gas injection
高压注气工艺 high-pressure process
高压注射泵 high-pressure injection pump
高压注射器 high-pressure injector
高压注水爆破 pulsed infusion shot
高压注水泵 high-pressure water-injection pump
高压注水管 infusion tube
高压注水泥 cementing under pressure
高压注水式凿岩机 water-fed drill; water hammer drill
高压注水式钻机 water-fed drill; water hammer drill
高压注油泵 high-pressure oiling pump; high-pressure oil injection pump
高压注油电缆 high-pressure oil-filled cable
高压贮氨器 high-pressure ammonia receiver
高压铸铁锅 cast-iron pressure cooker
高压铸造 high-pressure casting
高压转换管 high-pressure turn; injectron
高压转辙电动机 high-voltage point motor
高压装料 high-pressure charging
高压装置 high-pressure installation; high-pressure unit
高压子母叶片泵 high-pressure complex master and auxiliary vane pump
高压自动保险开关 automatic high voltage safety switch
高压自耦变压器绕组 high-voltage autotransformer winding
高压综合启动器 high-voltage combination starter
高压总管 high-pressure main
高压总管线 <水、电、煤气、下水道等的> high-pressure main
高压总水管 high-pressure water main
高压阻尼器 high-tension damper
高压阻尼线圈 high-voltage damper
高压钻进 high-pressure drilling
高压钻孔 high-pressure hole
高压钻探胶管 high-pressure drilling hose
高崖海岸 high cliff coast
高雅 chastity
高烟囱 chimney tun; stalk; tall chimney
高烟囱排放 emission by high chimney
高烟囱污染源 tall stack source
高烟酸 homonicotinic acid
高延伸度纤维 high extensibility fiber [fibre]
高岩质山脊 high rocky ridge
高岩质山岭 high rocky ridge
高岩质山脉 high rocky ridge
高研磨性岩石 very abrasive rock
高盐度苯胺废水 high salinity aniline-containing wastewater
高盐度地下水 hypersalinity groundwater
高盐度废水 high saline wastewater
高盐度热储 high salinity reservoir
高盐度水 high salinity water
高盐分 high salinity
高盐分水 polyhalide water
高盐湖 salina
高盐量废水 high salinity waste; high salt waste
高盐跃值 high salinity bump
高颜料分不稠油墨 short ink
高颜料含量 high pigment level
高颜料浓度 high pigment level
高堰 high weir
高堰式螺旋分级机 high weir type screw classifier
高扬程 high head; high lift
高扬程泵站 high lift pumping station
高扬程抽水站 high lift pumping station
高扬程喷洒机 high clearance sprayer
高扬程水泵 high head pump; high lift pump
高仰角通过 high altitude passage
高氧化钙处理 high lime treatment
高氧化铝陶瓷 high alumina ceramic
高氧化钛型焊条 high titanium oxide type electrode
高氧烯烃沥青 mutabilite
高要价单位 unit of higher order
高液面 high liquid level
高液面排矿磨碎机 high-level mill
高液气比 high liquid-gas ratio
高液位开关 high-level switch
高液限黏[粘]土 high liquid limit clay
高液限黏[粘]土质砂 high liquid limit clay sand
高液限土 high liquid limit soil
高液压 high fluid pressure
高液压系统 high-pressure hydraulic system
高伊层 Gouy-layer
高移频 high shift frequency
高椅背幔 dossal
高异常压力 abnormal overpressure; high abnormal pressure
高溢流堰式分级机 high weir type classifier
高翼开沟铲 high wing furrower
高音长号 tenor trombone
高音重发逼真度 brilliance
高音传声器 treble loudspeaker
高音电动扬声器 high volume electric(al) speaker
高音调 high pitch; high-pitched tone
高音调的尖叫声 high-pitched screeching noise
高音(调)蜂鸣器 high note buzzer
高音控制 treble control
高音喇叭 high sounding horn; high tone loudspeaker; tweeter
高音频率 treble frequency
高音气笛 high-pitched buzzer
高音调节器 high pitch regulator
高音雾笛 nautophone
高音扬声器 high-pitch loudspeaker; tweeter
高银壳 high silver crust
高应变法 high strain dynamic(al) testing
高应变率成型 high strain-rate forming
高应变率试验 high strain-rate testing
高应力 high-stress
高应力部位 high stressed region
高应力部位铸件冒口 raiser
高应力的 heavily stressed
高应力区 area of high stress; highly stressed zone; high-stress area; region of high stress
高应力纤维 high stress fibre
高营养 high nutrient
高营养环境 hypertrophic environment
高营养污泥与堆肥 high nutrient sludge and compost
高硬玻璃 Pyrex glass
高硬度 glass hard; high hardness
高硬度低碱性废水 high hardness and low-alkalinity wastewater
高硬度地砖 promenade tile
高硬度敷面焊条 hard surfacing welding rod
高硬钢 dead-hard steel
高硬性亮漆 high solid lacquer
高用水率 high-duty of water
高优等级 high precedence
高优先等级的通信[讯] high priority communication
高优先级记录队列 high priority record queue
高优先通道授予 channel grant high
高油 talloel; tall oil
高油量 high oil
高油煤 high tar coal
高油温开关 high oil temperature switch
高油压电缆 high oil pressure cable
高游离松香胶 high free rosin size
高有机负荷率 high organic loading rate
高有机土 highest organic soil
高于饱和点压力 pressure above bubble point
高于粗饲料 concentrate fodder
高于地壳平均值的热流 higher-than-average crustal heat flow
高于地面高程 above floor level
高于工人肩膀的工作 overhead work
高于公路面的人行道 causeway; causey
高于海面的大面积平地 high plain
高于建筑物的高速干线 overbuilding freeway
高于票面价格 above par
高于平均数的增长 higher-than-average increase
高于平均数额费用 higher than the average cost
高于水面的岸边活性沉积物 active stream sediment above water level
高于一般纯度 better-than-average purity
高于原定级别 <指质量或技巧> above-grade
高雨云 altonimbus
高阈值 high threshold
高阈值逻辑电路 high threshold logic circuit
高原 coteau; elevated plain; high land; high plain; massif; meseta; plateau[复 plateaus/ plateaux]; tableland; upland; wold
高原边沿岩石 rimrock
高原变压器 high altitude transformer; plateau transformer
高原冰川【地】plateau glacier
高原病 altitude disease; high altitude sickness; mountain sickness
高原草本群落 altoherbiprata
高原测站 plateau station
高原的 upland
高原地带性 high plateau zonation
高原地貌调查 survey of plateau morphology
高原地区 plateau section
高原地震 plateau earthquake
高原电机 high altitude machine
高原陡缘 klint[复 klintar]
高原反应 altitude stress
高原管 platinotron
高原寒带 plateau frigid zone
高原湖(泊) plateau lake
高原湖沼 highland lake; highland moor; plateau lake
高原环境 altitude environment
高原荒漠土区 high plateau desert soil area
高原机场 high altitude aerodrome; high altitude airport
高原空盒气压计 aneroid barometer
高原砾石 plateau gravel
高原耐性 tolerance to high altitude

高原泥炭崖 hagg;peat-hag(g)
高原跑道 high runway
高原喷发 plateau eruption
高原平原 plateau plain
高原坡地 plateau escarpment
高原气候 plateau-climate
高原气候模拟试验 simulated highland climate test
高原缺氧 high altitude anoxia
高原群落 altoherbosa
高原热带北缘山区 plateau tropical north-fringe mountainous region
高原山 plateau mountain
高原生态系统 highland ecosystems
高原适应 altitude acclimation
高原适应性 altitude acclimatization
高原土 <一种天然砂土混合物> upland soil
高原洼地 daga
高原温带 plateau temperate zone
高原玄武岩 flood basalt;plateau basalt
高原训练 altitude training
高原亚寒带 plateau subfrigid zone
高原亚热带山地 plateau subtropic(al) mountainous region
高原岩溶 plateau karst
高原晕厥 high altitude syncope
高原沼泽 acid moor;upland swamp
高原植被 upland vegetation
高原纵坡折减 highland grade compensation
高圆筒阀 high cylindrical valve
高云 high(-level) cloud
高云密布 high overcast
高云族 family of high cloud
高运量 high transportation volume;high volume
高运输密度线路 high-density line
高载客量车辆 high-occupancy vehicle
高再循环材料含量 high recycled content
高早强砂浆 high initial strength mortar
高早强水泥 high-early strength cement
高藻 high algae-laden
高藻原水 high algae-laden raw water
高噪声 strong noise
高增容的 full-bodied
高增塑剂 super-plasticizing admix
高增压器 high blower
高增益帮电机 high gain repeater
高增益成像阵列 high gain imaging array
高增益带宽差动放大器 high gain band-width differential amplifier
高增益的 high gain
高增益低漂移运算放大器 high gain and low-drift operational amplifier
高增益地震仪 high gain seismograph
高增益电子管 high gain tube
高增益放大器 high gain amplifier
高增益管 high gain tube
高增益环路 high gain loop
高增益激光器 high gain laser
高增益控制回路 high gain control loop
高增益气体激光器 high gain gas laser
高增益曲线 high gain curve
高增益示波器 high gain oscilloscope
高增益天线 high gain antenna
高增益微波激射器 high gain maser
高增益线性电路 high gain linear circuit
高增益像增强器 high gain image intensifier
高增益跃迁 high gain transition
高增益运算放大器 high gain operational amplifier
高增益增音机 high gain repeater
高增益振荡 high gain oscillation
高增益转发器 high gain repeater
高站 <微波接力> high station
高站台 higher goods platform;raised platform;high platform <货运>
高站台底开门仓 <装车设备> elevated platform-drop bottom store
高站台溜槽(装车设备) elevated platform-sliding chute
高绽边 high crack edge
高张的 hypertonic
高张拉 high tension
高张拉的 high-tensile
高张拉钢 high-tensile steel
高张拉合金 high-tensile alloy
高张拉孔隙度试验机 high-tension porosity tester
高张力 high-tensile strength;high tension;hypertonia
高张力钢筋 high-tensile reinforcing steel
高张力异形钢筋 high-tensile deformation bar
高张力釉 stiff glaze
高樟脑 homocamphor
高樟脑酸 homophoric acid
高涨 swell;upsurge;upswing
高涨的 <指物价> skyrocketing
高涨的海浪 full sea
高掌子面钻车 high face jumbo
高沼 moor
高沼草原 moorland
高沼地 high moor;moorland;upland moor
高沼地土壤 moor(land) soil
高沼面腐殖层 tirr
高沼泥 moor peat
高沼泥炭 highmoor peat;moor peat;moss peat
高沼气矿井 high methane mine
高遮挡 higher potential barrier
高遮断容量熔丝 high rupturing capacity fuse
高遮盖力着色料 high hiding colo(u)r
高折价债券 deep discount bond
高折射玻璃微珠 high refractive glass beads
高折射低色散玻璃 high refractive low dispersive glass
高折射光线 highly refracted ray
高折射率 high index of refraction
高折射率材料 high index material
高折射率低色散光学玻璃 high refractive index and low dispersion optic(al) glass;high refractive low dispersive optic(al) glass
高折射率光学玻璃 high refractive index optic(al) glass
高折射率耦合媒质 high index coupling medium
高针入度沥青 high penetration bitumen
高真空 fine vacuum;perfect vacuum
高真空泵 hyvac pump;perfect vacuum pump
高真空测量压力表 high-vacuum ga(u)ge
高真空超绝热低温容器 high-vacuum superinsulation cryogenic container
高真空的 high vacuum
高真空电子倍增管 augetron
高真空电子管 hard valve;high-vacuum electron tube;hard tube
高真空电子管脉冲发生器 hard-tube pulser
高真空电子束焊机 full vacuum electron beam welder
高真空电子束熔焊 high-vacuum electron-beam fusion welding
高真空度 high vacuum
高真空镀膜机 high-vacuum coating machine;high-vacuum coating unit
高真空镀膜台 high-vacuum film plating table
高真空阀(门) high-vacuum valve
高真空法兰 high-vacuum flange
高真空敷镀金属 high-vacuum metallizing
高真空感应加热炉 high-vacuum induction heater furnace
高真空隔热 high-vacuum insulation
高真空管 high-vacuum tube
高真空管调制器 hard-tube modulator
高真空光电管 high-vacuum phototube
高真空轨道运行模拟器 high-vacuum orbital simulator
高真空焊料 high-vacuum brazing material
高真空击穿 high-vacuum breakdown
高真空计 high-vacuum ga(u)ge
高真空技术 high-vacuum technology
高真空接插件 high-vacuum connector
高真空绝热 high-vacuum insulation
高真空开关管 high-vacuum switching tube
高真空冷却系统 evacuator cooling system
高真空沥青 high-vacuum asphalt
高真空炉 high-vacuum furnace
高真空密封 high-vacuum seal;high-vacuum tight
高真空配件 high-vacuum fittings
高真空瓶 high-vacuum jar
高真空钎料 high-vacuum brazing material
高真空设备 high-vacuum apparatus
高真空维持泵 appendage vacuum pump
高真空系统 high-vacuum system
高真空显像管 high-vacuum television tube
高真空冶炼炉 high-vacuum melting furnace
高真空油泵 hyvac oil pump
高真空油扩散泵 high-vacuum oil diffuse pump
高真空蒸镀技术 high-vacuum evapo(u)ration technique
高真空蒸发器 high-vacuum evapo(u)rator
高真空蒸馏 high-vacuum distillation
高真空整流管 high-vacuum rectifier tube;high-vacuum valve
高真空整流器 high-vacuum rectifier
高真空装置 high-vacuum installation
高真空组件 high-vacuum fittings
高振幅 high amplitude
高振幅锚座 high amplitude socket
高振型 higher mode
高振型表面波 higher-mode surface wave
高振型瑞利波 higher-mode Rayleigh wave
高振型影响 higher-mode effect
高振型振动 higher-mode of vibration
高蒸汽压开关 high steam pressure switch
高正指示器 high-positive indicator
高支度纤维 high denier-fiber[fibre]
高支座 acropodium
高脂环溶剂 high alicyclic solvent
高脂溶性 fat solubility
高脂族醇 higher aliphatic alcohol
高直位 sincipital presentation
高直型有圆鼻钟罩 bell jar high straight form with knob
高直型钟罩 bell jar high straight form
高值废料 high value scrap
高值检测器 high set detector
高值燃料 premium fuel
高值整定 high set setting
高值指示符 high indicator
高值指示装置 high set detector
高纸堆自动给纸机 high pile feeder
高指标 high performance
高指标样品 high assay
高指数 high index
高指数玻璃棒 high index glass rod
高质的 high rank(ing)
高质法 quality method
高质合金钢 high alloy steel
高质量 high quality
高质量的 high grade;high class;high duty;super-fine
高质量钢 high-quality steel
高质量混凝土 high-quality concrete;quality concrete
高质量激光棒 high-quality laser rod
高质量校正图像 high-quality rectified image
高质量接收 natural colo(u)r reception
高质量金刚石 excellent diamond
高质量金属 high test metal
高质量平板玻璃 mirror glazing quality
高质量扫描 fine scanning
高质量温度表 high-quality thermometer
高质量养料 quality nutrient
高质量铸铁 high-duty iron
高质量砖块 <用冲洗过的泥土制成的> bright front
高质扫描 fine scanning
高质通信[讯]线路 conditioned line
高质页岩油 high-quality shale oil
高致密锆英石砖 ultradense zircon brick
高致密铸件 high integrity casting
高致死温度带 zone of high fatal temperature
高滞变型 high-hysteresis type
高滞后温度表 high lag thermometer
高滞效温度计 high lag thermometer
高置式动力输出轴 raised power takeoff
高置式桥台 raised-up abutment
高置式清理装载机 high-level cleaner-loader
高置式小桥台 raised-up small abutment
高置行道 raised walkway
高中山 <绝对高度 1000 ~ 3500 米> high medium mountain
高中心风 central air blow at higher location;central blowing at higher position
高终沸点 high end point
高重负耐火砖 high-duty fireclay
高重力加速环境 high gravity environment
高重心 high center[centre] of gravity
高重心船 tender ship;tender vessel
高周波 high-frequency;radio-frequency
高周次疲劳 high cycle fatigue
高周率 high-frequency
高周率变压器 jigger
高轴承 pedestal bearing
高轴向承载能力 high axial loadability
高柱式 colossal order;giant order;grand order
高柱信号(机) high signal
高柱信号机基础 high-type signal (mast) foundation
高转差率电机 high slip motor
高转矩 high torque
高转速法兰西斯式水轮机 high-speed

Francis turbine
高转速辐向轴流式水轮机 high-speed Francis turbine
高转速混流式水轮机 high-speed Francis turbine
高转速螺旋 high-speed auger
高桩承基 elevated pile foundation
高桩承台 elevated footing on piles; elevated pile footing; high capped pile foundation; high-level deck; high-level platform supported on pile; high-rise pile cap; elevated pile foundation
高桩承台格栅 elevated pile grating
高桩房屋 stilt house
高桩基础 elevated pile foundation
高桩拉线 guy with stub; stub stay
高桩梁板结构 elevated pile and beam-slab structure; suspended deck structure
高桩梁板码头 elevated pile and beam-slab quay
高桩码头 high-level platform supported bearing piles; high piled jetty; high piled pier; high pile(d) wharf; open jetty; open pier; open(-type) pier on piles; open wharf; high-level deck
高桩码头结构 jetty structure of high level platform supported on pile; pier structure of high level platform supported on pile; wharf structure of high level platform supported on pile
高桩码头靠船构件 shield unit of the high leveled platform pier for berthing
高桩台 elevated pile grating
高准确度 high accuracy; high performance
高准直光束 highly collimated beam; well-collimated beam
高浊带 high turbidity zone
高浊度水 high turbidity water; ultra-turbid water
高浊度水沉淀 high turbidity water sedimentation
高浊度污水净水器 heavy sewage purifier
高自旋 high-spin
高自旋络合物 high-spin complex
高自旋态 high-spin state
高租金的 high rented
高阻比较器 high megohm resistance comparator
高阻表 earth(o)meter; megameter; megger; tramegger
高阻材料 highly resistant material
高阻测量 high resistance measurement
高阻层厚度 thickness of high resistance layer
高阻层外延 high resistivity layer epitaxy
高阻导线 resistive conductor
高阻电解质 high resistivity electrolyte
高阻电桥 megohm bridge
高阻电位计 high resistance potentiometer
高阻电压表 high resistance voltmeter
高阻电阻器 high resistance resistor
高阻耳机 high resistance headphone
高阻高温计 high resistance pyrometer
高阻合金 high resistance alloy
高阻厚层 thick resistive bed
高阻计 high resistance meter; megger; megohmmeter
高阻交点 high resistive interesting point
高阻接地方式 high grounding
高阻金属 high resistance metal
高阻抗 high impedance
高阻抗电极 high impedance electrode
高阻抗电缆 high impedance cable
高阻抗端混合反馈 high impedance side hybrid feedback
高阻抗分流器 high impedance shunt
高阻抗伏特计 high impedance voltmeter
高阻抗光敏电阻 high impedance photoresistor
高阻抗核磁共振波谱仪 high impedance nuclear magnetic resonance spectrometer
高阻抗继电器 high impedance relay
高阻抗前置放大器 high impedance preamplifier
高阻抗输入级 high input-impedance stage
高阻抗速率话筒 high impedance velocity microphone
高阻抗速率送话器 high impedance velocity microphone
高阻抗线圈 high impedance coil
高阻抗转子 high impedance rotor
高阻力 high drag
高阻力体 high-drag body
高阻滤波器 high cut filter; low-pass filter
高阻尼的 heavily damped
高阻尼合金 Hidamet; high damping metal
高阻尼器 high damping device
高阻尼仪表 highly damped instrument
高阻镍钢 climax
高阻屏蔽 high resistivity shielding
高阻屏蔽层 high resistive shielding layer
高阻屏蔽干扰 high resistive shielding disturbance
高阻取样示波器 high impedance sampling oscilloscope
高阻式送话器 high resistance transmitter
高阻铜合金 rheostan
高阻箱 megohm box
高阻状态 high impedance state
高钻速完整取芯岩层 smooth drilling formation
高钻压钻机 high thrust drill; high thrust rig
高座 ambo(n); dais
高座起重机 abutment crane

膏

膏的 pasted
膏化 live ring
膏化度 degree of creaming
膏基 cream base
膏剂 electuary; medicinal extract; slurry
膏剂自动包装机 automatic paste packaging machine
膏浆 syrup
膏溶角砾岩 corroded gypsum breccia
膏体地沥青 asphalt(ic) cement
膏体级精制石油沥青 refinery asphaltic bitumen of penetration-grade
膏体沥青 bituminous cement
膏体石油沥青 penetration-grade asphalt <美>; penetration-grade bitumen <英>
膏药 plaster
膏状催干剂 paste dryer[drier]
膏状的 pasty
膏状干料 paste dryer[drier]
膏状树脂 paste resin
膏状体质颜料 paste filler
膏状填孔剂 paste filler
膏状填料 paste filler
膏状物 cream
膏状皂 paste soap

篙

篙 boat pole; punt pole
篙测行驶 keep the sounding-pole going

搞

搞活经济 invigorating the economy; stimulating the economy

缟

缟玛瑙 onyx
缟玉髓 strip jasper
缟状层理 banding bedding
缟状构造 varved structure
缟状黏[粘]土 banded clay
缟状石灰华 onyx
缟状燧石 onyx
缟状云 fumulus; velum

镐

镐 drag bit; pick-mattock; pick with handle; pike
镐柄 pick handle; pick pole
镐锄 pick-hoe
镐尖 pick point
镐钎 pick rod
镐头 chisel-pointed steel; pick point; steel pick head; pick ax(e)
镐头柄 bit shank

稿

稿本目录 written catalogue
稿草吹送器 straw blower
稿草打捆机 straw binder
稿费 copy-money; hono(u)rarium; royalty
稿秆 straw
稿秆捆束机 straw binder
稿秆压捆机 straw compressor
稿件 contribution
稿件夹 copyhold
稿件夹持器 copyholder
稿图 compilation plot; edit plot; manuscript base; manuscript map
稿图架 copyholder; suck board
稿纸 flimsy; French folio

告

告别浮标 <出港航路最后一个浮标> farewell buoy
告别汽笛 farewell whistle
告船法 action in rem
告货 ask for loan
告警传感器 alarm sensor
告警灯 guard lamp; stand by lamp
告警灯光 danger light
告警电路 alarm circuit; warning circuit
告警阀 alarm valve
告警区域末端 end of warning area
告警条 alarm bar
告警系统 alarm system
告警信号 telltale signal; warning sign
告警信号灯光 danger light; warning light
告警信号电路 alarm circuit
告警指示器 alarm indicator
告警装置 alarm device
告盘 lopolith
告示 placard; sticker
告示板 billboard; post panel
告示牌 billboard; caution warning sign
告衣醇 goyol

锆

锆 95 辐射 radiation of 95Zr
锆白 zirconium white
锆白釉 zirconia enamel
锆玻璃 zirconium glass
锆厂 zirconium plant
锆超滤动态膜 zirconium ultrafiltration dynamic membrane
锆催干剂 zirconium drier
锆的 zirconic
锆电极 zirconium electrode
锆电解槽 zirconium electrolysis cell
锆锭 zirconium ingot
锆矾 white vitriol
锆钒蓝 zirconium vanadium blue
锆粉 zirconium powder
锆覆盖层 zirconium coating
锆钙砂 calcium zirconate clinker
锆钙钛矿 uhligite
锆干料 zirconium drier[dryer]
锆刚玉 zirconia alumina
锆刚玉磨料 fused alumina-zirconia abrasive
锆刚玉耐火材料 zircon-corundum refractory
锆刚玉砖 zirconia corundum block
锆钢 zirconium steel
锆硅胶 zirconium silicate gel
锆硅铁 zirconium ferrosilicon
锆硅铁中间合金 silvax
锆含量分析仪 zirconium analyser[analyzer]
锆合金 zirconium alloy
锆弧灯 zirconium lamp
锆化钨 tungsten zirconium
锆化锡 tin-zirconium
锆尖晶石 zirconium spinel
锆矿床 zirconium deposit
锆矿石 zirconium ore
锆锂大隅石 sogdianite
锆榴石 kimzeyite
锆镁耐火水泥 zircon cement
锆锰大隅石 darapiockite
锆莫来石砖 zircon mullite block
锆青铜 zirconium copper
锆鞣剂 zirconium tanning agent
锆砂粉浆料 zircon slurry
锆闪光灯 zirconium filled flash lamp
锆石 azorite; diocrome; hyacinth; jacinth
锆石灯 zircon lamp
锆石-电气石-金红石成熟度指数 zircon-taltalite-rutile maturity index
锆石含量 zircon content
锆石弧(光)灯 zircon arc lamp
锆石耐火水泥 zircon cement
锆始锭 zirconium starter plug
锆试剂 zirconin
锆酸 zirconic acid
锆酸钡 barium zirconate
锆酸钙 calcium zirconate
锆酸钙陶瓷 calcium zirconate ceramics
锆酸镉 cadmium zirconate
锆酸锂 lithium zirconate; strontium zirconate
锆酸镁 magnesium zirconate
锆酸铅 lead zirconate
锆酸锶陶瓷 strontium zirconate ceramics
锆酸盐 zirconate
锆酸盐(陶)瓷 zirconate ceramics
锆钛钙石 belyankinite
锆钛酸铅 lead zirconate titanate
锆钛酸铅镧 lead lanthanum zirconate titanate
锆钛酸铅陶瓷 plumbeous zirconate-

titanate ceramics
锆钼矿 laavenite
锆碳烧结合金 zirten
锆铁 ferrozirconium
锆铁(粉)红 iron-zirconium pink;zirconium iron pink
锆铜钼合金 zirconium-copper-molybdenum alloy
锆土 acorite;azorite;zirconite
锆钨电极 zirconiated tungsten;zirconiated tungsten electrode
锆锡合金 <耐热、耐腐蚀> zircal(l)oy
锆星叶石 zircophyllite
锆盐 zirconium salt;zircon salt
锆氧 zirconia
锆叶石 zirkophyllite
锆英石 azorite;zirconite
锆英石瓷 zircon whiteware
锆英石火泥 zircon mortar
锆英石矿石 zircon ore
锆英石耐火材料 zircon refractory
锆英石热补料 zircon hot repair patch
锆(英石)砂 zircon sand
锆英石-碳化硅砖 zircon-SiC brick
锆英石陶瓷 zircon ceramics
锆英石-氧化铝砖 zircon-alumina brick
锆英石-叶蜡石砖 zircon-pyrophyllite brick
锆英石质瓷 zircon porcelain
锆(英石)砖 zircon brick
锆英石转轮版印刷机 zircon web offset printing machine
锆质瓷 zirconia whiteware
锆质耐火材料 zirconia refractory
锆砖 zirconia brick

戈安马斯聂法 <一种桥梁横向分布计算> Guyon-Massonet method

戈壁 rocky desert;stone desert
戈壁阿尔泰【地】gobi Altai
戈壁沉积 Gobi deposit;serir deposit
戈壁藜 regel iljinia
戈壁藜属 iljinia
戈壁盆地 Gobi basin
戈壁滩 gobi
戈壁相 Gobi facies
戈茨粒度分离器 Goetz size separator
戈德堡光楔 Goldberg wedge
戈德堡莫恩摩擦力 Goldberg Mohn friction
戈德布拉特单位 Goldblatt unit
戈德霍普陆核 Godthaab nucleus
戈德曼氏气化器 Goldman vapo(u)rizer
戈德曼图 <疲劳试验用> Goodman diagram
戈德斯坦玻色子 Goldstone bosons
戈德斯通-海斯塔克干涉仪 Goldstone-Haystack interferometer
戈登方程 Gordon's equation
戈登公式 Gordon's formula
戈登模拟程序 Gordon's simulator
戈端 <吸收剂量单位> grey
戈尔布打桩分析仪 Goble pile-driving analyser[analyzer]
戈尔布打桩机 Goble pile-driver
戈尔德计算尺 Gold slide(scale)
戈尔法达风 Golfada
戈尔特氏反射 cochleopalpebral reflex;Gault's reflex
戈硅钠铝石 gobbinsite
戈雷池 <红外指示器> Golay cell
戈雷池探测器 Golay cell detector
戈雷方程式 Golay's equation
戈雷辐射计 Golay cell
戈雷氏柱 capillary column;Golay's column
戈雷探测器 Golay cell;Golay detector
戈里阿耶夫氏划线 Goryaef's ruling
戈里瓷 <中国青瓷称谓> Ghori ware
戈培滑轮槽内衬 Koepe pulley groove lining
戈培滑轮卷扬系统 Koepe system of winding
戈培卷扬机 Koepe winder
戈培轮 Koepe reel;Koepe wheel
戈培式矿井提升机 Koepe mine hoist
戈培式提升 Koepe winding
戈培式提升机 Koepe hoist;Koepe winder
戈培式提升机制动 Koepe winder brake
戈培(提升滑)轮 Koepe pulley
戈硼钙石 gowerite
戈瑞 <吸收剂量单位> gray
戈斯拉尔的凯撒沃斯住宅 Kaiserworth at Goslar
戈塔镜头 Gotar lens
戈特兰纪【地】Gothlandian period
戈特勒参数 Goertler parameter
戈维思氏液 Gauvain's fluid

疙瘩 protuberance;body bloating <陶瓷缺陷>;pimple

疙瘩釉 uneven glaze
疙瘩砖 chuffy brick

哥白尼纪【地】Copernican era

哥白尼体系 Copernican;Copernican system
哥白尼卫星 Copernicus
哥本哈根 <丹麦首都> Copenhagen
哥本哈根港 <丹麦> Port Copenhagen
哥布朗玲珑器皿 Gombroon ware
哥瓷青花加紫瓶 Koware blue on white vase with purple colo(u)r
哥瓷青花水盂 Koware blue on white water jar
哥瓷铁箍兽耳瓶 Koware vase with double animal ears
哥瓷铁箍天球瓶 Koware globular shape vase
哥瓷铁龙瓶 Koware vase with black dragon design
哥德巴赫猜想 Goldbach conjecture
哥德堡层积单位 <层积 180 英尺,实积 120 英尺,1 英尺 = 0.3048 米> Gothenburg standard
哥德堡反向极性亚带 Gothenburg reversed polarity subzone
哥德堡港 <瑞典> Port Gothenburg
哥德垂直式花格窗 panel tracery
哥德尔数 Godel number
哥德复兴式 Gothic revival;revived Gothic style
哥德哈伯三角形 Goldhaber triangle
哥德施密特定律 Goldschmidt's law
哥德施密特方法 Goldschmidt's process
哥德施密特间断解 Goldschmidt's discontinuous solution
哥德施密特交流发电机 Goldschmidt's alternator
哥德施密特矿物相律 Goldschmidt's mineralogical phase rule
哥德施密特相律 Goldschmidt's phase rule
哥恩 <角度单位,等于直角的 1%> gon
哥里科合金 Glyco
哥磷铁铝石 gormanite
哥伦比亚单位 Columbia unit
哥伦比亚河 Columbia River
哥伦比亚蓝色 Columbia blue
哥伦比亚木材分类 ukay
哥伦比亚前期建筑 pre-Columbian architecture
哥罗仿 chloroform
哥罗米酚 clomiphene
哥罗特苏斯-德雷伯定律 Grotthus-Draper law
哥尼斯堡七桥问题 Konigsberg bridges problem
哥普塔长臂离心管 Gupta's long arm centrifugal pipette
哥瑞内青铜 Graney bronze
哥赛欧脱 <一种缓凝的半水化合灰浆> Gothite
哥斯达黎加 <拉丁美洲> Costa Rica
哥斯卡干燥室 Goskar dryer
哥特大教堂式 cathedral Gothic
哥特兰纪【地】Gotlandian
哥特培克公式 <一种设计柔性路面厚度的公式> Goldbeck formula
哥特培克路面设计法 Goldbeck's method of pavement design
哥特培克压力盒 Goldbeck(pressure) cell
哥特式 Gothicism;Gothic style;pointed style
哥特式长方形建筑 Gothic basilica
哥特式窗 Gothic window
哥特式窗子装饰 Gothic window tracery
哥特式大教堂 perpendicular cathedral
哥特式大教堂建筑风格 Gothic cathedral style
哥特式的 Gothic
哥特式等边尖(顶)拱 Gothic equilateral pointed arch
哥特式地窖 Gothic crypt
哥特式独立支柱 Gothic pillar
哥特式风格的最末期 very end of the late Gothic style
哥特式扶壁 Gothic buttress
哥特式扶壁墩 Gothic buttressing pier
哥特式扶垛 Gothic buttress
哥特式复合墩 pier cantone
哥特式复式柱 cantoned pier
哥特式复兴时代 Gothic revival
哥特式宫殿 Gothic palace
哥特式拱 pointed arch
哥特式拱顶 Gothic vault
哥特式拱门平砖 Gothic arch plain tile
哥特式拱座 Gothic abutment
哥特式冠板 <圆柱顶上的> Gothic abacus
哥特式弧形拱 segmental Gothic arch
哥特式祭坛 Gothic altar
哥特式家具 Gothic Chippendale
哥特式尖拱 Gothic arch;pointed arch
哥特式建筑 Gothic;the Gothic style of architecture;backstein Gothic <14 世纪在德国北部发展的>;perpendicular architecture;Gothic architecture;pointed architecture <公元 12～16 世纪时盛行于西欧>;rectilinear building <以垂直线条为特征的>
哥特式建筑大师 Gothic master
哥特式建筑的圆柱顶 chaptrel
哥特式建筑风格 Gothic building style;particularistic Gothic;perpendicular style
哥特式建筑风格支持者 Gothicist
哥特式建筑勒脚顶部 grass table
哥特式建筑零件 Gothic detail
哥特式建筑穹顶的分隔间 severy
哥特式建筑细部 Gothic detail
哥特式建筑形式 decorated style
哥特式建筑元件 Gothic detail
哥特式讲坛 Gothic pulpit
哥特式教堂 Gothic cathedral;Gothic church;hall-church
哥特式教堂的正堂 Gothic church nave;Gothic middle vessel
哥特式教堂的中堂 Gothic church nave;Gothic middle vessel
哥特式金属窗 Halford window
哥特式连拱廊 Gothic arcade
哥特式木建筑 Carpenter Gothic
哥特式墓穴 Gothic crypt
哥特式穹顶的装饰性肋 lierne rib
哥特式圣坛 Gothic quire choir
哥特式圣威特斯大教堂 Gothic cathedral St. Vitus
哥特式石雕花格窗 Gothic window tracery
哥特式双尖卵状图形 <古建筑> vesica-piscis
哥特式塔(楼) Gothic tower
哥特式挑出面层 pointed arched corbel-table
哥特式筒形拱顶 pointed barrel vault
哥特式屋顶 Gothic roof
哥特式屋顶坡度 <60°> Gothic pitch
哥特式屋面坡度 <60°> Gothic pitch
哥特式翼 Gothic wing
哥特式支墩 Gothic buttress
哥特式支座 Gothic abutment
哥特式柱顶板 <圆柱顶上的> Gothic abacus;Gothic raised table
哥特式柱头 capital of Gothic column
哥特式砖建筑 Gothic brick architecture
哥特式砖石砌合 Gothic (masonry) bond
哥特式装饰线脚 keel mo(u)lding
哥特式装饰艺术 Gothic decoration art;Gothic ornamental art
哥特体(字) Gothic
哥特艺术 Gothic art
哥窑器 Geware
哥窑釉 Geware glaze

鸽房 columbarium

鸽灰色 dove grey
鸽笼 Culverhouse
鸽笼式文件夹(架) cubbyhole
鸽棚 columbary;cot;dove-cot;pigeonry
鸽栅式文件分类架 pigeon hole
鸽舍 dove-cot;loft;pigeon hole;pigeon-house
鸽舍砌筑法 pigeon-hole(d) bond
鸽舍式停车结构 piegeonhole parking structure
鸽尾接合 dovetail fastening
鸽形掣子 dove catch
鸽胸雕花 talons

割板机 lath(e) cutter

割边关联矩阵 cut-edge incidence matrix
割变换 cut transformation
割玻璃用的金刚钻石 glasizer's diamond
割玻璃钻 glass diamond
割草 mow
割草船 weed-cutting launch
割草工 weeder
割草(工)人 mower
割草工作 mowing operation
割草机 cropper;field mower;grass cutter;grass mower;grass mowing machine;grass sod cutter;hay mower;lawn mower;mower;mowing machine;sod cutter;weed cutter;weed mower;weed remover
割草机传动装置 mowing-drive
割草机刀刃磨石 mower knife grinder

G

割草机的集堆附加装置 bunching attachment
割草机动刀片 mower section
割草机割刀 mower knife
割草机后轴 mower backshaft
割草机起落机构 mower lift
割草机切割器 mower cutter; mower cutterbar attachment
割草机切割器割刀 mower sickle
割草机切割器护刃器 mower guard
割草机切割器松脱装置 mower cutterbar release
割草机注油器 mowing machine oiler
割草搂草机 cutrake
割草切碎机 mower-shredder; shredder-mower
割草压扁机 mower-crusher
割草装载机 cutlift
割草装置 mowing apparatus
割插 cleft cutting
割除路边杂草【道】mowing of verge turf
割除檐口杂草【建】mowing of verge turf
割刀 cutting knife;cutting-off tool;drag bit;stick bite;tool bit;ploughed blade < 采煤机的 >
割刀舱 cutting chamber
割刀传动曲柄 knife drive crank
割刀刀杆 knife strap
割刀导向板 knife guide
割刀机 jadder
割刀角 < 钻头的 > rake angle
割刀外壳 cutter body
割刀销 cutter pin
割刀行程 knife stroke
割刀摇臂 knife lever
割刀制造机 cutter making machine
割点 cut-point;point of secant
割点图 cut-point graph
割电压 cut voltage
割定线 cut orientation
割断湖 cut-off lake
割断曲流 cut-off meander
割断山嘴 cut-off spur;meander core
割缝 kerf[复 kerve];kerfing
割缝衬管 slotted liner
割干草刀 hay knife
割秆刀 stalk cutter
割沟 streaking
割管机 pipe cutter
割管轮 pipe cutting wheel
割管螺纹刀具 pipe-threading tool
割管器 chain cutter;pipe cutter;collar buster【岩】; drill pipe cutter【岩】
割灌大镰刀 brush scythe
割灌刀 bush knife;machete
割灌机 brush breaker
割灌弯刀 brush hook
割焊两用机 welding and cutting combine
割痕 score
割后退火 post-annealing
割集 cut-set
割集饱和算法 cut-set saturation algorithm
割集方程 cut-set equation
割集矩阵 cut-set matrix
割集矩阵方程 cut-set matrix equation
割集码 cut-set code
割蓟机 thistle cutter
割价位错 jogged dislocation
割尖 cutting tip
割肩刀具 shoulder tool
割浆 tapping
割胶 tapping
割胶刀 tapping knife
割角 bevel;chamfer
割解锯 dissecting saw
割经线 secant meridian
割矩 flame cutter
割矩阵 cut matrix
割炬 cutter;cutting blowpipe;cutting torch;torch cutting outfit
割炬附件 cutting attachment
割开 exscind;rip;splitting
割开片砖成为饰面砖 split tile brick veneer
割口电阻棒 split-rod resistor
割口石墨电阻棒 split-rod graphite resistor
割捆机 gleaner; reaper (-and) -binder;sheaf binder
割捆机的维护 care of grain binder
割捆机帆布输送带 binder canvases
割捆机切割器割刀 binder sickle
割理【地】cleat
割链 cutting chain
割链式挖掘机 cutter chain excavator
割裂 cut up;rend
割裂工具 parting tool
割裂靠接 inarching by cleaving
割螺栓器 bolt cropper
割铆钉喷嘴 rivet cutting nozzle
割面 face
割面拱形体 secant ogive
割面尖拱 secant ogive
割面间隔带 interspace
割面肩 shoulder
割木片机 splint cutting machine
割坯黄铜丝 brass wire
割平面 cutting plane
割平面法 cutting plane method
割平面算法 cutting plane algorithm
割漆 tapping
割枪 cutting gun
割切 crossing
割切剖面 mutilated profile
割切伤 incised wound
割切焰 cutting torch
割切桩 secant pile
割曲面法 cutting surface method
割取松脂 boxing
割去 cut off
割缺口 necked in operation; necking in operation
割让证书 < 财产、权力等 > cutting session deed
割绒 cut pile;cut velvet;velvet pile
割绒刀 trivet;trivette;velvet knife
割绒地毯 cut-pile carpet;velvet carpet
割绒机 cutting machine
割绒织物 pile weave
割容许矩阵 cut-admittance matrix
割入 cut-in
割晒机 cutter-rower;cutter windrower;harvesting dryer;swather;windrower
割晒压扁机 conditioner windrower
割伤 incised wound
割绳 < 砖工 > cutting wire
割绳刀 twine knife
割石机 block chopper;jadder;rock cutter
割碎 mangle
割碎机 masticator
割铁凿 chisel for cutting iron
割头 cutter head
割头机 nubbin cut-off machine
割脱两用机 harvester thresher
割苇机 reed cutter
割下的干草 cut hay
割线 cutting line; secant line; secant【数】
割线变形模量 secant deformation modulus
割线法 secant method
割线刚度 secant stiffness
割线理论 secant theory
割线模量 secant modulus
割线钳 cutting pliers
割线设计 cut grade design
割线弹性模量 secant modulus of elasticity
割线体积弹性模数 secant bulk modulus
割线系数 secant modulus
割线阻尼 secant damping
割岩机 rock cutter
割圆多项式 cyclotomic polynomial
割圆法 cyclotomy
割圆方程 cyclotomic equation
割圆曲线 quadratrix
割圆术 cyclotomy
割圆锥投影 secant cone projection
割圆锥投影地图 secant conic (al) chart
割毡刀 lino(leum) knife
割桩头 cutting-down of pile head
割嘴 cutting nozzle;cutting tip;nozzle

搁岸 cast ashore;run on shore

搁板 berm(e);shelf(board)
搁板部分 shelving section
搁板材料 shelving
搁板钉 shelf support
搁板扶壁式挡土墙 shelf(-type) retaining wall
搁板活动支架 shelf support
搁板木砖 shelf nog
搁板木桩 shelf nog
搁板托架 shelf rest;shelf support
搁板托木 shelf cleat;shelf strip
搁板托座 shelf bracket
搁板销架 shelf pin
搁板支撑 shelf pin
搁板支架 shelf bracket;shelf pin
搁板支座 shelf support
搁板桌 trestle table
搁板座 shelf pin; shelf support; shelf rest
搁臂架 arm rest;arm supporter
搁船地点 beaching site
搁钉 rest button
搁架 horse;overshelves;shelf;storage rack
搁架分隔 < 室内 > bearer frame separation(indoor)
搁架绘图板 trestle table
搁架炉 shelf burner; shelf furnace; shelf kiln;shelf oven
搁架式储藏 shaft storage
搁架式挡土墙 shelf retaining wall
搁架式冻结间 shelf freezer
搁架式集装箱 < 只有柱架及底板 > flat rack container; platform container
搁礁 driven on rock
搁脚 leg rest;leg supporter
搁脚板 foot rest;toe board
搁脚凳 foot bench
搁脚空间 < 汽车驾驶员及前座乘客的 > foot well
搁口板 book shelf
搁浅 aground; beaching; going aground;grounding;run ashore;run-(ning) aground; severity sew; standstill; strand (ing); take the ground;running aground
搁浅冰 grounded ice;stranded ice
搁浅冰脚 stranded(floe) ice foot
搁浅冰山 stamukha[stamukhi]
搁浅沉箱 < 具有实心板面的不透水箱,浮运至桥墩位置,即在板面上施工,最后下沉至已平整的基床上,箱壁部分始终露出水面 > stranded caisson
搁浅船(舶) grounded ship; stranded ship
搁浅的 beneaped;grounded
搁浅掉头 beach turning
搁浅堆积冰 stamukha[stamukhi]
搁浅救助设备 beach gear
搁浅事故 grounding accident
搁浅线 strand line
搁墙撑头木 walling slab; wall piece; wall plate
搁栅 bridging joist
搁栅间横撑 joist bridging
搁栅间距 joist spacing
搁栅平面图 joist plan
搁栅与梁的连接件 joist hanger
搁栅在墙上的锚定设施 joist anchor
搁栅之间的横撑 cross nogging
搁栅锚件 joint hanger
搁手凳 foot bench
搁手用的手杖 mahlstick
搁书架 bookrack
搁滩 beaching
搁滩沉船绞至较高位置 heaving a beached wreck to higher position
搁滩卸货驳 beach discharge lighter
搁梯 gang boarding
搁在架上 pedestal
搁在一旁 lay-aside;side
搁置 hang-up; laid up; postpone(ment);shelf;shunt;tabling < 议案等 >
搁置不付 leave outstanding
搁置不管 leave outstanding
搁置不用 layup
搁置储存 shelf storage
搁置的 suspensory
搁置腐蚀 shelf corrosion
搁置老化 shelf ag(e)ing
搁置时间 lay days;shelf life
搁置寿命 shelf life
搁置议案 tabling of a bill
搁置/注销期 lay/cancel days
搁座 shelf stand
搁座力 grounding reaction

歌唱队席位 quire

歌唱廊 singing gallery
歌剧院 opera house

阁 pavilion;two-stor(e)y pavilion

阁楼 attic (stor(e)y); cockloft; garret; half stor(e)y; loft; mansard; mo(u)ld loft; paint loft; pentee; penthouse;soler;jube < 教堂放十字架坛上的 >;entresol < 两个楼层之间的 >
阁楼层 attic floor; attic stor(e)y; garret floor;split-level
阁楼层格栅 attic joist
阁楼椽檐板 frieze block
阁楼窗 attic window; Athenian window < 希腊 >
阁楼地板 garret floor
阁楼房间 attic room;loft room
阁楼扶梯 loft ladder
阁楼公寓单元 penthouse apartment unit
阁楼骨架 attic cladding element
阁楼活动楼梯 folding stair(case)
阁楼机器房 penthouse machine room
阁楼立柱 ashlering
阁楼立柱砌琢石 ashlering
阁楼瞭望所 watch loft
阁楼楼梯 attic stair(case)
阁楼炉 attic furnace
阁楼爬梯 loft ladder
阁楼(排)风机 attic fan

阁楼式车顶 clear stor(e)y; deck roof; monitor top; raised roof
阁楼式车顶的两侧车顶 lower deck
阁楼式车顶的雨檐 upper-deck eaves moulding
阁楼式车顶上弯梁 upper-deck carline
阁楼式车顶弯梁 profile carline
阁楼式顶棚上的顶弯梁 deck carline
阁楼式顶棚纵向梁 deck top rail
阁楼式上顶棚端梁 deck end sill
阁楼式上顶棚上端梁 deck end plate
阁楼梯子 disappearing stair(case)
阁楼天窗 clear stor(e)y; clerestor(e)y window
阁楼通风 attic ventilation
阁楼通风孔 attic vent opening
阁楼通风口 attic vent opening
阁楼屋顶 clerestor(e)y roof
阁楼主柱 ashlering
阁员 minister

革带 leather strap

革砥 <磨剃刀用> leather strop; strop
革耳属 <拉> Panus
革盖菌属 <拉> Coriolus
革裥菌属 <拉> Lenzites
革胶 leather glue
革菌科 <拉> Thelephoraceae
革菌属 Echinodontium tinctorium leader fungus; thelephoraceous fungus; Thelephora <拉>
革兰氏阳性 Gram positive
革片 corium
革新 innovation; reclaim; reformation; refurbish; regenerate; regeneration; renovate; renovation
革新成本 innovation cost
革新成就 innovative performance
革新代用技术 innovative and alternative technique
革新的措施 innovative approach
革新的交货方法 innovative delivery method
革新改造 modification
革新理论 innovation theory
革新能力 innovation ability
革新者 innovator; renovator
革新职能 innovation function
革制板 leather board
革制品 leather
革质 keratin; leather substance
革质的 coriaceous; leathery

格坝 checked dam; checker dam; latticed dike[dyke]

格板 septum[复 septa]
格板安排 panel arrangement
格板薄壳 panel shell
格板布置 panel arrangement
格板底面 panel soffit
格板地板 pan floor
格板地板用的镶板 pan floor panel
格板格栅 panel grid
格板架 panel frame
格板结点 panel joint
格板炉顶 checkerboard roof
格板门 panel door
格板模板工程 panel formwork
格板平顶采暖 panel ceiling heating
格板式共振器 panel type resonator
格板式闸门 panel shuttering
格板围篱 panel fence
格板圬工墙 panel masonry wall
格板屋顶 panel roof
格孢属 <拉> Macrosporium
格贝尔自动绘图系统 Geber model automatic drafting system
格箅式焚化炉 cell-type incinerator
格波 lattice wave
格布箱 check-cloth suitcase
格仓 <筒仓的> storage cell
格仓墙 bin wall
格仓型挡土墙 bin-type retaining wall
格舱导轨 cell guide
格舱高度 cellular height
格舱式集装箱 cellular container
格舱式集装箱船 cellular container ship
格舱形状 cellular configuration
格槽导引装置 cell guide
格床 grillage
格床基础 foundation cross; grillage foundation
格床梁 grillage girder
格床梁桥 grillage girder bridge
格但斯克港 <波兰> Port Godank
格导 cell guide
格的中心 center of a lattice
格迪奇合金 Gedge's alloy
格点 lattice point
格点公式 lattice point formula
格点荷载 grid point load
格点水头值 water head value of grid point
格点搜索 lattice search
格点搜索法 grid search technique; lattice search technique
格点搜索技术 grid search technique; lattice search technique
格点寻查 lattice search
格点寻优法 lattice search
格点总数 total number of grid point
格点钻探 grid boring
格点坐标 coordinates of grid point
格丁尼亚港 <波兰> Port Gdynia
格斗 combat
格斗行为 agonistic behavio(u)r
格多尔水泥砂造型法 Godel process
格尔塞万诺夫(打桩)公式 Galshivanoff formula
格尔瓦纳姆铝合金 Galvanum
格尔修正 Gill modification
格筏基础 grid-mat foundation
格沟 treillage
格沟工程 trelliswork
格构 cancel(l)ed structure; cancellation; framing; grill(e); trellis
格构抱杆 lattice mast; lattice pole
格构比拟 grillage analogy
格构比拟理论 theory of lattice analogy
格构臂汽车式起重机 lattice boom truck-mounted crane
格构标塔 lattice pylon
格构薄壳 lattice shell
格构部件 lattice member
格构撑架 lattice bracing
格构窗 lattice window; trellis window
格构大梁 half-lattice(d) girder; lattice(d) girder; open-web girder; trellis girder
格构大梁桥 lattice girder bridge
格构的 lattice-like
格构吊杆 lattice jib
格构分格 panel
格构腹板 latticed web
格构杆 lattice bar
格构杆件 lattice rod
格构钢杆 steel-latticed mast
格构钢筋网 lattice reinforcement
格构钢梁 latticed steel girder; steel-latticed girder
格构钢柱 latticed steel column
格构工程 lattice work; trellis work
格构工作 trelliswork; trellis work
格构构架 lattice frame; trellis work
格构构件 lattice work; latticing; trellis member
格构桁架 lattice truss
格构桁架桥 lattice girder bridge
格构桁条 lattice purlin(e)
格构架 lattice frame
格构框架 lattice(d) framework; lattice(type) frame
格构类比理论 theory of lattice analogy
格构理论 lattice theory
格构连接 open trellis bond
格构梁 lattice beam; open-web girder; panel girder; trellis girder
格构梁桥 lattice bridge
格构檩条 lattice purlin(e)
格构牌楼 lattice pylon
格构配筋 lattice reinforcement
格构起落架 lattice undercarriage
格构桥 trellis bridge; trellis-work bridge
格构桥门 lattice portal
格构穹顶 latticed cupola
格构穹隆 trellis dome
格构伸臂 lattice boom
格构式 lattice form; lattice type
格构式岸壁 cell quay wall
格构式布置 grid formation
格构式大梁 timber latticed girder
格构式大门 heck
格构式的 cellular
格构式防波堤 cellular breakwater
格构式钢柱 spaced steel column; steel-latticed column
格构式构件 latticed member
格构式间壁 trussed partition(wall)
格构式结构 cancelled structure; latticed structure
格构式框架 lattice-type portal frame
格构式栏污栅 lattice screen
格构式梁腹 trellis web
格构式檩条 trussed purlin(e)
格构式木梁 timber latticed beam
格构式起重臂 lattice boom
格构式砌合 open trellis bond
格构式墙 open trellis wall
格构式双坡屋顶 trussed ridge roof
格构式桅杆 lattice pole
格构式圆屋顶 timber latticed cupola
格构塔 trellis tower; lattice tower
格构体系 grid system
格构条 latticing bar
格构挺杆 lattice boom; lattice jib
格构外罩 surface shell
格构围栏 lattice fence
格构桅杆 lattice mast
格构屋顶 lattice roof
格构屋面 <一种钢制的> preweld
格构细工 lattice work; trellis work
格构细工栅栏 lattice-work fence
格构斜臂式起重机 cherry picker
格构斜条 latticing bar
格构形成 grid formation
格构形塔 lattice tower
格构型框架 lattice-type portal frame
格构圆顶 lattice dome
格构圆屋顶 trellis cupola
格构罩 trellis casing
格构支撑 latticed bracing; latticed strut
格构柱 combination column; lattice(d) column
格构状图 <海上勘探测量定位图> lattice chart
格构缀条 lattice bar; lattice brace; lattice tracing
格机空间 green space
格架 grill; grillage; grillwork; hake
格架结构 lattice construction
格架式挡土墙 crib retaining wall
格架式筒体建筑 braced core building
格架式柱 space(d) column
格架塔 lattice tower
格架型码头 crib wharf
格架支撑 latticed strut
格架柱 spaced columns
格架装窑 pocket setting
格间式挡土墙 cellular retaining wall
格间式桥台 cellular abutment
格接 panel joint
格局 configuration; pattern
格距 grid interval
格孔板 <雨水井口的> catch frame
格孔方块 cellular block
格孔间距 interior distance between brick courses; width of checker channel
格孔检查 checkering test
格孔砌块 cellular block
格孔式沉箱 cellular caisson
格孔式围堰 cellular cofferdam
格孔栅 perforated grid
格框 catch frame; grillage
格框板条箱 crate
格框船台 careening grid; gridiron; gridiron dock
格框铁 branding iron
格拉风 Gharra
格拉夫方法 Graeffe's method
格拉夫海洋重力仪 Graf sea gravimeter
格拉夫马斯特图形生成系统 Grafmaster
格拉格 <质量单位,用于油脂> Glug
格拉海姆定律 Graham's law
格拉海姆式擒纵机构 Graham escapement
格拉海姆盐 <可溶性偏磷酸钠> Graham salt
格拉海姆正向极性巨带【地】Graham normal polarity hyperzone
格拉海姆正向极性巨时 Graham normal polarity hyperchron
格拉海姆正向极性巨时间带 Graham normal polarity hyperchronzone
格拉姆扩散定律 Grahm's law of diffusion
格拉舍夫数 Gradhov number
格拉斯顿-代尔定律 Gladstone Dale law
格拉斯哥式水煤气发生炉 Glasgow type generator
格拉斯曼定律 Grassmann's law
格拉斯曼流形 Grassmann(ian) manifold
格拉索特磁通计 grassot fluxmeter
格拉瓦特(定镜)水准仪 Gravatt level
格拉瓦特水准尺 Gravatt level(l)ing rod
格拉威斯风 Glavis
格拉西减摩合金 Glacier-antifriction alloy
格拉西莫夫斯基石 Gerasimovskite
格拉肖夫公式 Grashof formula
格拉肖夫数 free convection number; Grashof number
格拉兹数 Graselz number
格腊硬瓷 Gera porcelain
格莱姆-施密特正交化 Gram-Schmidt orthogonalization
格莱姆-施密特正交化程序 Gram-Schmidt orthogonalization procedure
格莱姆-施密特正交化方法 Gram-Schmidt process
格莱姆行列式 Gram determinant
格莱兹维尔桥 <澳大利亚> Gladesville Bridge
格兰贝型侧卸出砟车 Granby type trolley

格兰贝型矿车 Granby car
格兰茨石 grantsite
格兰德河 Rio Grande River
格兰顿砂岩 Granton sandstone
格兰-傅科棱镜 Glan-Foucault prism
格兰-傅科偏振棱镜 Glan-Foucault polarizing prism
格兰棱镜 Glan prism
格兰马草 gramagrass
格兰姆-查利尔级数 Gram-Charlier series
格兰姆行列式 Gramian
格兰纳达木 Granadilla[Grenadilla]
格兰庞德粗砂岩 Grampound grits
格兰起偏振镜 Glan polarizer
格兰-汤普森棱镜 Glan-Thompson prism
格兰特-马内斯模型 Grant-Manes model
格兰特纳达教堂圣器室 Charterhouse at Granada
格兰特纳达教堂议事厅 Charterhouse at Granada
格廊 enterclose
格朗达汞 <德国的105°广角镜头> Grandagon
格雷伯-乌尔曼反应 Graebe-Ulmann reaction
格雷伯-乌尔曼咔唑合成法 Graebe-Ulmann carbazole synthesis
格雷大风 <地中海中部西部和欧洲沿岸的东北大风> Gregale
格雷弗克反虹吸作用的密封 Grevak
格雷戈里反射镜 Gregorian mirror
格雷戈里(反射式)望远镜 Gregorian telescope
格雷戈里粉 compound rhubarb powder;Gregory's powder
格雷戈里历 Gregorian calendar
格雷戈里年 Gregorian year
格雷戈里天线 Gregorian antenna
格雷戈里折叠系统 Gregorian system
格雷科风 Greco
格雷式大梁 Grey's girder
格雷式梁 <宽缘工字钢> Grey's beam
格雷式轧机 Grey's mill
格雷松油 Gerard's pine oil
格雷特黑德盾构 Greathead shield
格雷依沃克型油管接箍 Grayioc tubing joint
格雷兹布鲁克棱镜 Glazebrook prism
格雷兹数 Graetz number
格雷兹问题 Graetz problem
格里巴赫范式 Greibach normal form
格里巴赫范式定理 Greibach normal form theorem
格里伯哈特环 Griebhard's rings
格里茨塔盘 Glitsch trays
格里菲脆性破坏准则 Griffith criterion of brittle failure
格里菲方程 Griffith equation
格里菲方法 Griffith method
格里菲裂纹 Griffith crack
格里菲裂隙理论 Griffith crack theory
格里菲破裂 Griffith crack; Griffith fracture
格里菲破裂理论 Griffith crack theory
格里菲强度理论 Griffith strength criterion
格里菲思理论 Griffiths theory
格里菲四铰链式管钳 Griffith casing tongs
格里菲微裂纹 Griffith flaw
格里菲微裂纹理论 Griffith crack theory
格里菲微裂纹模型 Griffith microcrack model
格里菲-伊文理论 Griffith-Irwin theory
格里芬车轮低压浇注法 Griffin wheel pressure forming process
格里芬空气预热法 Griffin system
格里芬轮 Griffin wheel
格里芬磨碎机 Griffin mill
格里高里历 new style
格里姆放电灯 Grimm discharge lamp
格里姆放电光谱分析 Grimm discharge spectroscopic analysis
格里纳德合成 Grignard synthesis
格里纳德化合物 Grignard compound
格里纳德试剂 Grignard reagent
格里森螺旋伞齿轮滚齿机 Gleason spiral bevel gear generator
格里森螺旋伞齿轮铣刀 Gleason spiral bevel gear cutter
格里森刨齿刀盘 Gleason cutter
格里森伞齿轮滚齿机 Gleason bevel gear generator
格里森伞齿轮刨齿机 Gleason bevel gear shaper
格里森伞齿轮刨刀 Gleason cutter
格里森伞齿轮铣刀 Gleason bevel gear cutter
格里森伞齿轮系 Gleason bevel gear system
格里森直伞齿轮刨刀 Gleason straight bevel gear cutter
格利克斯木纤维墙板 Gliksten
格利马克斯电解液 Gleamax
格利希蒸馏塔板 Glitsch distillation tray
格梁 grid beam;grid girder
格梁动臂起重机 lattice derrick crane
格梁结点 grid node
格列茨全波整流器 Gretz rectifier
格列齐特制药废水 Gliclazide pharmaceutical wastewater
格列土 glei[gley] soil
格列土化 gleying
格林-安普特模型 <研究入渗的> Green-Ampt model
格林柏格-史密斯型撞击式检尘器 Greenburg-Smith impinger
格林伯格-史密斯撞击滤尘器 Greenburg-Smith impinger
格林大气污染综合指数 Green comprehensive air pollution index
格林定理 Green's theorem
格林定律 Green's law
格林公式 Green's formula
格林函数 Green's function
格林豪显微镜 Greenhough microscope
格林恒等式 Green's identity
格林互易定理 Green's reciprocation theorem
格林纳达(岛) <拉丁美洲> Grenada
格林尼治东 east of Greenwich
格林尼治民用时 universal time
格林黏[粘]度计 Green's viscosity
格林式省煤器 Green's economizer
格林式橡胶模 Guerin press
格林试验 green test
格林威尔造山运动 Greville orogeny
格林威治 <本初子午线经过的地方> Greenwich
格林威治标准平均时间 Greenwich mean time
格林威治标准时间 Greenwich standard time
格林威治东 east of Greenwich
格林威治恒星日 Greenwich sidereal date
格林威治恒星时 Greenwich sidereal time
格林威治民用时 Greenwich civil time
格林威治平恒星时 Greenwich mean sidereal time
格林威治平均时 Zebra time
格林威治平均时间 Greenwich mean time
格林威治平时 Greenwich civil time; Greenwich mean time; universal time;Z time;Zulu time
格林威治平正午 Greenwich mean noon
格林威治区时 Greenwich zone time
格林威治时间 Greenwich time; universal time
格林威治时间间隔 Greenwich interval
格林威治时角 Greenwich hour angle
格林威治视时 Greenwich apparent time
格林威治视正午 Greenwich apparent noon
格林威治太阴时 Greenwich lunar time
格林威治天文时 Greenwich astronomical time
格林威治真恒星时 Greenwich apparent time
格林威治正午 Greenwich moon
格林威治子圈 lower branch of Greenwich
格林威治子午面 meridian plane of Greenwich
格林威治子午线 Greenwich meridian
格林韦尔公式 Greenwell formula
格林伍德通风机 <该品牌通风机的总称> Greenwood Airvac
格林希尔德交通流法 Greenshield's traffic flow mould
格林橡胶模冲压法 Guerin process
格林旋转黏[粘]度计 Green rotational viscosity
格林镇砂岩 <产于美国宾州的一种浅灰色砂岩> Green Country sandstone
格林重算子 Green's dyadic
格陵兰岛与北美大陆分离 Greenland-north America separation
格陵兰地盾 Greenland shield
格陵兰反气旋 Greenland anti-cyclone
格陵兰古陆 pal(a)eo-Greenland
格陵兰海 Greenland Sea
格陵兰式冰川 Greenland type glacier
格陵兰型冰川 Greenland type glacier;inlandsis
格陵兰洋流 Greenland current
格令 <英美制质量单位,1格令=0.064克> grain
格令/加仑 grain per gallon
格硫锑铅矿 guettardite
格笼式挡土墙 <混凝土> crib retaining wall
格笼式构造物 cribwork
格笼式建筑 cellular building
格笼填石式 rock-filled crib type
格卢姆自动记录光谱辐射计 Grum recording spectroradiometer
格鲁吉亚 <国名> Georgia
格鲁兹气压式孔隙水压力计 Glotzl piezometer
格鲁兹双金属铸造法 Grusz process
格鲁兹液压式土压力盒 Glotzl hydraulic cell
格滤室 screen chamber
格律 regime(n)
格伦变形丝 Glen-bulk
格伦沉降器 Glen's sedimentator
格伦加里夫粗砂岩 Glengarriff grit
格伦金页岩 Glenkiln shale
格伦罗斯灰岩 Glen Rose limestone
格伦维尔统【地】 Grenville Series
格伦维尔造山运动 Grenville orogeny
格伦效应 Glenn effect
格论 lattice theory
格罗巴硅碳棒加热元件 Globar heating element
格罗巴碳化硅电阻加热元件 Globar
格罗夫合成 Grove's synthesis
格罗斯伯格单位 Grossberg unit
格洛拜洛伊耐热铸铁 Globeloy
格洛保环境评价方案 Grobal environmental assessment program(me)
格洛弗式建筑 <一种钢筋混凝土房屋的建筑型式> Glover construction
格洛弗塔 Glover tower
格门 lattice door
格姆逊法 <钻孔弯曲度测量法> Gommeson method
格排 crib;grillage
格排底座 grillage footing
格排筏式基础 grillage raft foundation
格排基础 grid-mat foundation; grillage footing; grillage foundation; grill(e) foundation;grillage foundation
格排基底 grillage footing
格排梁 beam grill(ag)e; girder grillage;grillage beam;grillage girder
格排梁桥 grillage girder bridge
格排梁式基础 beam grill(ag)e
格排式结构 grating structure
格排式梁 beam grid
格排式楼板 grillage floor
格排柱基 grillage column base
格排柱座 grillage column base
格片顶棚 eggcrate ceiling
格片散光罩 eggcrate diffuser
格片式百叶窗 eggcrate type louver
格片挑棚 eggcrate canopy; eggcrate overhang
格片遮阳装置 eggcrate type shading device
格铺砌 laid in panels
格墙沉井 open caisson with cross walls
格墙沉箱 cellular caisson
格群 lattice group
格桑炸药 <硝铵,三硝基萘,硝酸钾混合炸药> grisounite
格筛 bar grizzly;bar screen;bar sieve; diagrid; grate rack bar screen; grill(e); grizzly bar; grizzly screen; rack bar screen;screen strainer
格筛工 grizzlyman
格筛破碎机 grizzly crusher
格筛式挖掘机 riddle type digger
格筛室 dozing chamber; grizzly chamber
格筛条 grizzly bar
格栅 barrack;bar screen;bridging joist; catch frame; crate; grate rack bar screen;grating;grid;grillage;grill(e); grilling; grizzly; grizzly screen; joist; parapet grill(e); rack; rack bar screen; rack screen; lattice; tail joist <搁置在短横梁上的>; case bay <跨搁在大梁上的>
格栅坝 stone-grid dam
格栅板 false floor
格栅保护层 <阴井的> area grating cover(ing)
格栅布 grill(e) cloth
格栅测云器 grid nephosope
格栅铲斗 tine bucket
格栅撑 bridging (piece); cross nogging;herringbone strut(ting); joist bridging
格栅撑板 bridging board
格栅撑楼板 bridging floor
格栅承座 joist bearing;joist hanger
格栅池 barrack
格栅的剪刀撑 joist bridging
格栅地板 bridge (d) floor; framed floor;joist floor
格栅吊钩 joist hanger
格栅吊件 joist hanger
格栅丁坝 permeable groin;permeable

groyne
格栅钉 joist nail
格栅顶撑 single bridging
格栅端头大梁 header joist
格栅垛 grillage
格栅风口 air grill(e);grid vent
格栅盖 area grating cover(ing);grill-(e)cover
格栅钢筋 joist bar
格栅钢支撑 grid steel support
格栅滚轮 grid drum
格栅横撑 block bridging;solid bridging;solid strutting
格栅横担 <在格栅之间的一块木料，承载隔断墙> bridging piece
格栅横梁 header
格栅横托 ledger board
格栅横托木 ledger plate;ledger strip
格栅化 gridding
格栅基础 waffle footing
格栅加斜撑 bridging joist
格栅间 interjoist
格栅间横撑 joist bridging
格栅间距 bay of joist;joist spacing
格栅截余物 material retained on trash rack
格栅(金属)配件 joist trimmer
格栅进水口 grated intake;grating inlet;grating intake;grated inlet
格栅卷帘 rolling grille
格栅空档 interjoist; space between joists
格栅跨板 bridging board
格栅跨度 floor span
格栅类比法 grillage analogy method
格栅量规 grid ga(u)ge
格栅楼板 <仅由格栅承载的木楼板> bridging floor;joist floor;single upper floor
格栅楼盖 joist(ed)floor
格栅楼面 <仅由格栅承载的木楼板> bridging floor; joist floor; grid floor;grillage flooring
格栅楼面面层 grid floor cover(ing)
格栅锚垫 joist anchor
格栅锚件 joist hanger;wall anchor
格栅锚栓 joist anchor
格栅门 grilled door
格栅耙 rack rake
格栅排格 joist grillage
格栅平顶 joist ceiling
格栅平面图 joist plan
格栅区 grid area
格栅筛 grizzly feeder;grizzly screen;rod-deck screen
格栅十字撑 cross bridging
格栅式薄板体系 grid sheet system
格栅式舱盖 hatch grating
格栅式铲斗 skeleton bucket
格栅式出风口 air outlet with vanes
格栅式储蓄器 grid-type accumulator
格栅式风口 grill(e)
格栅式基础 grid foundation
格栅式街沟 grating gutter
格栅式进水口 grated inlet
格栅式进水器 gutter grating inlet
格栅式冷却器 grate type cooler
格栅式明沟 grating gutter
格栅式盘管 grid-type coil
格栅式天棚 grill(e)ceiling
格栅式压路机 grid roller
格栅室 rack chamber
格栅数字化器 mat-type digitizer
格栅双行剪刀撑 double bridging
格栅水平位置 grizzly level
格栅填料楼板 filler joist floor
格栅通过量 throughput of screen
格栅图表 grid chart
格栅托架 bridle iron
格栅托梁下的横木 sleeper support
格栅托座 bridle iron
格栅尾端 tail joist
格栅污物破碎机 grill(e)-grid crusher
格栅系统 grid system
格栅斜撑 cross(ing)bridging
格栅型集装箱船 cell-type container ship
格栅与厚板 joists and planks
格栅与梁的连接件 joist hanger
格栅在墙上的锚定设施 joist anchor
格栅渣 rackings
格栅枕 joist head(er)
格栅支承的毛地板 joisted sub-floor;joisted underfloor
格栅支座 joist chair
格栅之间的毛地板 cross nogging
格栅之间的混凝土块 filler block
格栅座法 method of bearing
格扇 partition door
格氏齿 Gleason tooth
格氏拉杆 Garbutt attachment;Garbutt rod
格氏黏[粘]度计 O. Graf visco(si)meter
格氏器官 Graber's organ
格式 form;format;layout;mode;scenario;style
格式岸壁 cell quay wall;cellular bulkhead
格式板 coffer slab
格式编排 formatting
格式变换 reformatting transformation
格式变速杆 gate type gear shift lever
格式变速器 gate type gear shift
格式标号 format label
格式标识 format identification
格式标识字段 format identification field
格式标志符 format designator
格式标准 format standard
格式表 format list;form sheet
格式常数 layout constant
格式程序 format program(me)
格式初等量 format primary
格式串 format string
格式存储(器)format storage
格式存储数据 format memory data
格式错误 format error
格式大梁 trellis girder
格式代码 format code
格式地板 pan panel floor
格式地址 form address
格式定量器 lattice-type quantity equip-ment
格式定义 formal definition
格式二次项 format secondary
格式翻译 format translate
格式分析器 format analyser[analyzer]
格式服务程序 format service program(me)
格式符 format character; format specifier
格式符号 format symbol
格式构架 lattice frame
格式构造 cellular construction
格式规定 format specification
格式过程 format procedure
格式化 formatting
格式化程序 formatted program(me);formatter
格式化记录 formatted record
格式化屏幕映象 formatted screen image
格式化请求 formatted request
格式化软件容量 formatted software capacity
格式化输入输出 formatted input-output
格式化数据集控制块 formatted data set control block
格式化图像 formatted image
格式化文件 formatted file
格式化系统服务(程序)formatted system services
格式化显示 formatted display
格式化转储 formatted dump
格式集 format set
格式检查装置 format verification device
格式检查子系统 layout check subsystem
格式检验 format check
格式结构 cellular construction; format structure
格式进纸 form feed(ing)
格式开始控制 start-of-format control
格式控制 format control
格式控制缓冲 form control buffer
格式控制卡片 format control card
格式控制图像 form control image
格式控制字符 effector;format effector(character);layout character
格式框架 grill(e)framing;lattice column;lattice frame
格式馈给 form feed(ing)
格式馈给符号 form feed character
格式馈送 form feed(ing)
格式馈送符号 form feed character
格式量 gestalt
格式楼面 coffered floor
格式逻辑记录 formatted logic record
格式码 form type code;trellis code
格式描述 format description
格式描述类型 format description type
格式(明细)符 format effector
格式桥面 coffered bridge floor;coffered floor;grid deck
格式桥台 cellular abutment
格式闪烁 form flash
格式升流过滤 grid-type medium upflow filtration
格式生效符 format effector character
格式识别 format identification;format recognition
格式数据 formatted data;layout data
格式说明 formal description; format specification; qualification to the form
格式说明类型 format description type
格式投影 form flash
格式图 format chart
格式图表 format sheet
格式图像 format-pattern
格式围堰 cellular cofferdam
格式桅 trellis mast
格式喂料机 rotary air lock feeder
格式文卷 formatted file
格式误差 format error
格式系统 grid system
格式显示 format display;form flash
格式项 format item
格式项精度 precision of format items
格式项说明 format item specification
格式行 format line;format string
格式选择 format select
格式页 format sheet
格式隐地址指令 format implicit address instruction
格式有效符 format effector character
格式域描述符 format field descriptor
格式元素 format item
格式原文 format text
格式栅栏 grill(e)fence
格式正文 format text
格式纸 format sheet
格式指令 format instruction; format order
格式重叠 form overlay
格式柱 lattice column
格式桩基承台 pile grating
格式装饰 form flash
格式装置 checkerwork
格式组 format set
格水砷钙石 guerinite
格水系 espalier drainage
格思里树皮胶 Gutherie cutch extract
格斯特单位 Guest unit
格斯特纳波 Gerstner wave
格特拉飑 guttra
格体 cellular cell
格体岸壁 cellular bulkhead
格体间的连接圆弧 <圆形格型钢板桩的> connecting circular arc
格体结构 cellular construction
格体式坝 cellular dam
格体式沉箱 cellular caisson
格体式的 cellular
格体式集装箱船 cellular container ship
格体式靠船墩 dock cell
格体式码头岸壁 cellular quaywall
格体式芯墙 cellular core wall
格体式重力坝 cellular gravity dam
格体填料 cell fill
格体围堰 cellular cofferdam
格田 check basin
格田灌溉 check irrigation
格田漫灌 basin check irrigation
格条 lace bar;ladder bracing;lattice bar; lattice rod; lattice stanchion; lattice strut;riffle <采矿中用的摇床等>
格条麻纱 dimity
格同构 lattice homomorphism;lattice isomorphism
格同态 lattice homomorphism
格图 trellis diagram
格外的 excessive
格网 grate; graticule mesh; mesh screen;reseau grid;screen
格网北 grid north
格网编号 finder key
格网标记 grid tick
格网玻璃 wire glass
格网觇标 grid target
格网承片板 reseau register plate
格网赤道 grid equator
格网磁方位角校正 grid magnetic azimuth adjustment
格网磁偏角 <坐标格网北与磁北之间的角度> grid variation
格网导航 grid air navigation
格网导向 lattice homing
格网点 grid point
格网叠置片 grid overlay
格网段 mesh segment
格网法 grid method
格网法地形测量 grid survey
格网飞行 grid air navigation
格网幅度 <东西方向的> grid amplitude
格网护坡 diagonal pavement of slope
格网畸变 mesh distortion
格网计算 grid computation
格网间隔 mesh spacing
格网间距 grid interval
格网交点 graticule intersection;grid intersection;reseau crossing
格网结构系统 lamella system
格网经度 grid longitude
格网宽度 width of ruled area
格网立体观测 reseau stereoscopy
格网连接线 grid junction
格网区域 mesh region
格网十字 reseau cross
格网式测量 grid survey
格网式路碾 mesh roller
格网首子午线 prime grid meridian
格网图形 grid pattern
格网围堰 cellular cofferdam

格网纬度 grid latitude
格网纬线 grid parallel
格网位置 grid position
格网线 grid line;mesh lines
格网线宽度 width of ruling
格网像片 reseau photograph
格网照片 reseau photograph
格网真北偏角 grid declination;declination of grid north
格网质点法 particle in cell method
格网中的质点法 particle in cell method
格网(中空)桥台 cellular abutment
格网自动量测设备 automatic reseau measuring equipment
格网坐标 mesh coordinates
格网坐标航向 grid heading
格纹 waffle grid
格纹板 sheet waffle
格纹防滑效应 <路面> waffle effect
格纹剪力墙 checkered shear wall
格纹楼面 waffle floor
格纹面 checked surface
格纹平板地板 waffle slab floor
格纹平板楼板 waffle slab floor
格纹桥面 <华夫饼干式的> waffle floor
格纹设计图案 waffle design
格纹式 waffle type
格纹挑檐底面 waffle soffit
格纹铁 checkered iron
格纹图案 waffle pattern
格纹镶板楼板 waffle panel floor
格纹轧辊 <钢板防滑> island roller
格箱式坝 cellular(-type) dam
格箱式浮基 buoyant hollow box foundation
格箱式重力坝 cellular gravity dam
格箱芯墙 cellular core wall
格形岸壁 cellular bulkhead
格形百叶窗 grill(e) louver
格形板式基础 cellular raft
格形板桩 cellular sheet pile
格形板桩墩 cellular sheet pile dolphin
格形板桩结构 cellular sheet pile structure;sheet-pile cell structure
格形板桩码头 cellular sheet pile jetty;cellular sheet pile piper;cellular sheet pile wharf
格形板桩墙 cellular sheet pile wall
格形板桩围堰防波堤 cellular sheet pile breakwater
格形边墩 cellular abutment
格形波 cellular wave
格形大梁 cellular girder
格形挡土墙 cellular retaining wall
格形的 cellular
格形堤岸 cellular bulkhead
格形地面 grid floor
格形顶棚 cassette ceiling
格形墩 cellular pier
格形筏形基础 cellular raft
格形方块 cellular block
格形方(区组)【数】lattice square
格形扶壁式重力坝 cellular buttress gravity dam
格形盖板 check(er) plate;chequered plate
格形杆 derrick-style antenna mast;lattice mast
格形钢板桩 cellular steel sheet pile
格形钢板桩岸壁 cellular steel sheet pile quaywall;cellular steel sheet pile bulkhead
格形钢板桩导流堤 cellular steel sheet pile jetty
格形钢板桩丁坝 cellular sheet pile groyne
格形钢板桩防波堤 cellular steel sheet pile breakwater
格形钢板桩结构 steel sheet pile cellular structure
格形钢板桩码头 cellular steel sheet pile jetty;cellular steel sheet pile pier;cellular steel sheet pile wharf
格形钢板桩围堰 cellular steel sheet pile cofferdam
格形钢楼板 cellular steel floor
格形隔板围堰 <由两排连续弧形板桩构成> diaphragm cellular cofferdam
格形拱 arch in trellis work
格形拱顶 cell vault
格形构架 cancellated frame;cellular frame
格形构造 cancellated structure;cellular construction;grating structure;lattice structure
格形混凝土块体 cellular concrete block
格形基础 grillage foundation;grid foundation
格形建筑(物) cellular construction
格形结构 grating texture
格形结构面稳定性分析 stability analysis of cells
格形结构物 cellular structure
格形空心混凝土 cellular concrete block
格形块体防波堤 cellular block breakwater
格形块体护岸 cellular block revetment
格形梁 cellular beam
格形楼板 cellular floor;Q-floor
格形檩条 trussed purlin
格形炉栅 grid bar
格形码头 cellular wharf
格形码头岸壁 cellular quaywall
格形模板 panel form
格形碾 grid roller
格形排水系统 trellis drainage
格形起重机 trellis tower
格形砌合 cellular bond
格形砌筑墙 trellis masonry wall
格形墙设计 design of cellular wall
格形桥面板 Q-floor;cellular deck
格形桥台 cellular abutment
格形塔 trellis tower
格形天花板 groin ceiling
格形围堰 cellular cofferdam
格形桅杆 lattice column mast
格形下部结构 cellular substructure
格形线槽 cellular raceway
格形心墙 cellular core wall
格形支撑 lattice bracing;cellular buttress
格形支墩 cellular buttress
格形柱 trellis column;trellis post
格形自来水网干管 grid system water main
格形钻塔 lattice column mast
格序环 lattice-ordered ring
格序群 lattice-ordered group
格言 dictum[复 dicta/dictums];maxim;precept;proverb
格运算 lattice operation
格晕光阑 vignetting stop
格值 calibration;scale unit
格值测定精度 accuracy of scale value determination
格纸 ruled paper
格砖炉箅 steel grid
格砖支柱 checker supporting column
格状板 cassette panel
格状布置 gridiron
格状道路布置 gridiron fashion street layout
格状的 cellular
格状拱底 cassette soffit
格状拱腹 cassette soffit
格状构造 grating structure;lattice structure;mesh structure
格状管网 gridiron
格状桁架 lattice truss
格状剪切 cellular shear
格状校平模 waffle die
格状结构金属塔 lattice steel tower
格状坑道支撑 lamellar(pit) prop
格状梁腹 trellis web
格状楼板 cassette floor
格状门芯 grid core
格状排水系统 trellised drainage;gridiron system;lattice drainage
格状起重机 trellis tower
格状沙丘 trellis dune
格状沙障 sand barrier of grid shape
格状水系 drainage pattern;grapevine drainage;gridiron drainage;lattice drainage;trellis drainage(pattern);trellised drainage
格状水系模式 trellis mode
格状网 lattice-type network
格状网络 lattice network
格状桅杆 girder pole
格状物 cascade;gridiron
格状系统 lattice system
格状闸门 lattice gate;trellis gate
格状组构 fenestral fabric
格子 lattice;trellis;grid <篦板筛的>
格子安全栅 grate guard
格子板 cassette slab;form board(ing);grid plate;lattice board;pan plate;waffle slab;grating
格子板翻船架 careening grid
格子采样 cell sampling
格子舱壁 batten and space bulkhead
格子舱口 grating hatch;hatch grating
格子舱(口)盖 grated hatch cover;grating hatch covering
格子撑架 lattice bracing
格子船台 careening grid;gridiron
格子窗 grill(e);lattice window
格子大梁 panel girder
格子底板 grating;grill(e) flooring
格子底面 pan soffit
格子点 grid point
格子点分布 grid point distribution
格子点阵 lattice
格子吊杆 lattice boom
格子吊杆起重机 latticed derrick crane
格子顶棚 coffered ceiling;compartment ceiling;lattice ceiling
格子阀 gridiron valve
格子方 lattice square
格子分隔墙 batten and space partition wall
格子盖 grating cover;hatch grating
格子桁架 lattice truss
格子花板 <用于厨房炉灶下面通风> chequer(ed) plate;checker plate
格子花的 checked
格子花纹 carreau
格子火砖 check firebrick
格子加煤机 compartment stoker
格子架 treillage
格子假说 lattice hypothesis
格子结构 lattice texture;treillage;trellis
格子结构连接 trellis bond
格子栏杆 openworked balustrade
格子栏木 lattice barrier;lattice gate
格子篱 treillage;trellis
格子连接 open trellis bond
格子凉亭 trellis
格子梁 grid work girder;grillage beam;lattice girder;panel beam;panel girder;lattice beam
格子门 day gate;grated door;grill(e) type door;latticed door
格子模型 pan pattern
格子耐火砖 checker fire brick
格子排料式球磨机 grate ball mill
格子排盘管盐水冷却方式 brine pipe grid coil system
格子排盘管盐水冷却系统 brine pipe grid coil system
格子排盘管盐水冷却装置 brine pipe grid coil system
格子平顶 coffered ceiling;compartment ceiling;waffle ceiling
格子平面 lattice plane
格子平台 grating platform
格子墙 treillage;trellis
格子筛 bare grizzly
格子式顶棚 paneled ceiling
格子式结构 grid structure
格子式料仓 circuit bin compartment
格子式料仓室 silo compartment
格子式磨碎机 grate mill
格子式平顶 panel(l)ed ceiling
格子式热交换器 cellular heat exchanger
格子式热交换装置 cellular inserts
格子式镶板门 multiple panel door;panel door
格子式悬浮预热器 cross suspension preheater
格子式圆筒形球磨机 cylindric(al) grate ball mill
格子饰的线脚 trellis mo(u)lding
格子双晶 tartan twin
格子水系 trellis drainage pattern
格子踏板 foot grating
格子体 checker;checkwork
格子体充填系数 brick volume per unit chamber space
格子体堆砌 grid checker packing
格子体构筑系数 coefficient checker work structure
格子体流通断面 cross-section of free passage in checkwork;open cross-section of checker
格子体排列方式 method of checker packing
格子体热负荷值 heat duty of checker
格子体受热比面积 specific heating surface of checker
格子体受热面积 available surface area of checker
格子体填充系数 packing coefficient of checkwork
格子体有效断面 cross-section of free passage in checkwork
格子体有效面积 available surface area of checker
格子体有效受热面积 effective heating surface of checker
格子天花板 coffered ceiling;compartment ceiling;laquear
格子图案 chequer
格子托架 crank
格子网络 lattice network
格子桅 basket mast;cage mast;lattice mast;structural mast;tower mast
格子圬工墙 open trellis masonry wall
格子细工 fretwork;lattice work;trellis work
格子细工装饰 fret
格子舷墙 lattice bulwarks
格子绡 checked gauze
格子形杆架 lattice tower
格子形滤波器 lattice-type filter
格子形模式 cassette pattern
格子形砌合墙体 checkerboard masonry bond
格子形设计 cassette design
格子形图案 cassette pattern
格子形装饰工程 checker work
格子型 trellis pattern
格子型球磨机 grate mill

格子旋桥 lattice swing bridge
格子窑 chequer
格子罩 trellis casing
格子纸 profile paper;ruled paper
格子砖 check-brick; checker(ed) brick;lattice brick
格子砖换热面积 heat-exchange area of checker
格子砖码法 checker setting
格子砖砌体 checker brickwork; checkerwork
格子砖受热面积 heated area of checkers
格子状 clathrate
格子状风化 fretwork weathering
格子状海堤 lattice seawall
格子状结构 grating texture
格组构架 cancelled structure
格组构件 cancelled structure
格坐标 grid coordinates

葛

葛巴特脚手架 gabbart scaffold
葛布带 cambric tape
葛布卷帘 cambric shade
葛尔培大梁 Gerber girder
葛尔培桁条 Gerber purlin(e)
葛尔培花格大梁 Gerber lattice(d) girder
葛尔培铰链 Gerber hinge
葛尔培力矩图 Gerber's diagram of moments
葛尔培檩条 Gerber purlin(e)
葛尔培式梁 Gerber's beam
葛尔培式梁桥 Gerber's beam bridge
葛尔培试验 Gerber's test
葛金标准焦型 Gray-king standard coke type
葛金干馏试验 Gray-king assay
葛金试验 Gray-king assay
葛莱白土处理法 Gray clay treating
葛莱(编)码 Gray code
葛莱编码器 Gray encoder
葛莱生划线 Grayson's ruling
葛莱氏点 Gray's point
葛莱氏公式 <设计柔性路面厚度的一种古典公式> Gray's formula
葛莱脱硫法 Gray desulfurization process
葛莱循环码 Gray code;Gray cyclic code
葛兰氏阴性 <水处理> Gram-negative
葛里炸药 <含有硝酸甘油等> gelignite
葛氯砷铅石 gebhardite
葛尼-鲁利传热图 Gurney-Lurie chart
葛氏脆沥青 grahamite
葛氏滚筒闸门 Greisser rolling gate
葛藤 kudzu;vine
葛纹纸 cambric paper

蛤 clam

蛤瓣式抓斗 clamshell
蛤贝 mussel
蛤贝毒 mytilotoxin
蛤斗 clamp bucket;clamshell(scoop)
蛤斗式挖泥机 clamshell dredge(r)
蛤斗式蒸汽挖泥机 clamshell bucket steam dredge(r)
蛤斗式抓岩机 clamshell grab
蛤灰 chalk
蛤壳 clam(shell)
蛤壳铲斗 clamshell;crab bucket
蛤壳铲斗齿处最大开度 maximum tooth opening of clamshell
蛤壳斗 clamshell bucket
蛤壳斗磁盘比重能力 clamshell-magnet capacity
蛤壳式铲斗 clamshell bucket
蛤壳式炉 clamshell furnace
蛤壳式挖泥船 clamshell dredge(r)
蛤壳式抓斗 clamshell[bucket] bucket; clamshell grab; clamshell grabbing crane
蛤壳式抓岩机 clamshell grab
蛤壳型铲斗 clamshell
蛤壳型抓斗 clamshell
蛤壳状挖泥机 clamshell
蛤蜊 clam;hard shell clam;long surf clam
蛤蟆背形(楼梯)扶手 toadback handrail(ing);frogback handrail
蛤耙 clam rake
蛤形抓斗 clamshell grab

隔 separate

隔板 baffle(board);baffle plate;baffler; balk board; blocking plate; boundary bulkhead;brattice;building quilt; bulkhead (pad); clapboard;closure;compartment;cover block;cross wall;deflecting plate; diaphragm;distance block;distance piece;diversion plate;divider;division plate;dummy plate;inner bar; inserter; membrane; mid-feather; orifice plate;partition block[board/plate/sheet];screen board;separator(y wall); septum[复 septa]; shallow dam;spacer(plate);swash plate;timing plate;separating[separation] plate
隔板材料 partitioning
隔板定中心 centring of diaphragm
隔板反应池 baffle reaction chamber
隔板反应室 baffle reaction chamber
隔板防火 membrane fireproofing
隔板浮子 <流速仪率定车上的> diaphragm float
隔板隔膜 separator diaphragm
隔板固定架 spacer
隔板混合槽 baffled mixing tank
隔板集尘区 baffle chamber
隔板角铁 <卧铺> corner iron
隔板铆钉 <车钩缓冲器> partition block rivet
隔板屏蔽 baffle shield
隔板曝气池 baffle aerator
隔板式泵 diaphragm pump
隔板式反应池 baffled reaction chamber
隔板式反应室 baffled reaction chamber
隔板式混合槽 partition board mixer
隔板式混合池 baffled mixing chamber
隔板式混合器 baffled flocculating tank
隔板式输送带 cell belt
隔板式吸声装置 plate-type absorber
隔板式消声器 plate muffler; splitter plate type sound absorber
隔板式鱼道 diaphragm plate fish pass
隔板式增压器 diaphragm compressor
隔板室 baffle chamber
隔孢伏革菌属 <拉> Peniophora
隔孢黑盘菌属 <拉> karschia
隔爆的 explosion-proof;flameproof
隔爆接线盒 explosion-proof connection box
隔爆母线盒 explosion-proof generating line box
隔爆熔断器盒 explosion-proof safety fuse box
隔爆移动式变电站 explosion-proof moving substation
隔壁 bulkhead;dissepiment;septum[复 septa];brattice <矿坑通气用的>
隔壁房间 next door
隔壁间 bulkhead lock
隔壁孔 septal ostium
隔壁邻居 next-door neighbour
隔壁内墙 phyllotheca
隔壁闸 <有两金属隔壁洞道的闸> bulkhead lock
隔壁褶皱 septal folding
隔冰 ice segregation
隔仓 steel bulkhead; alternate bay (construction) <指混凝土路面施工>
隔仓板 diaphragm;division head;division surface; intermediate diaphragm; partition plate; transfer partition;separating wall
隔仓法摊铺混凝土(路面) concrete laid in alternate bay
隔仓施工法 alternate bay construction; alternate lane construction; chequer board construction
隔仓式挡土墙 bin-type retaining wall;bin wall
隔仓式男旅舍 men's cubicle hotels
隔仓式桥台 bin wall;cellular abutment
隔舱 bay; bulkhead; compartment; fluid compartment;separation
隔舱板 cellular board
隔舱壁 boundary bulkhead
隔舱壁上装的可移动式铁门 detachable plate;plate door
隔舱式货轮 cellular ship
隔槽式褶皱 widely spaced syncline
隔层 diaphragm;interlayer;interstratification; isolated layer; isolating membrane;separation layer
隔层玻璃 insulating glass
隔层抛光轮 space buff
隔层纸 intermediary paper
隔潮 dampproof insulation
隔潮层 moisture barrier;sealer
隔车道施工法 alternate lane construction
隔撑 range spacer
隔成小间 box off
隔成小间的 boxed-off
隔成小室的 camerated
隔窗线条 parting bead
隔磁片 residual plate
隔代遗传 atavism
隔担耳属 <拉> Septobasidium
隔挡 <船舱的> bulkhead
隔挡层 impermeable barrier
隔挡机 partition slotter
隔档式褶皱 widely spaced anticline
隔档褶皱 ejective fold
隔道换热器 recuperator
隔堤 baffle dike; screen dike[dyke]; separation levee
隔底河流 <和地下水饱和区隔开的> insulated stream
隔底盘 tray
隔底水流 insulated stream
隔点扫描 dot interlacing
隔电磁电机 shielded magneto
隔电胶 insulating gum
隔电纸 fiber sheet
隔电子和穿管布电线 knob-and-tube wiring
隔电子试验 insulator test
隔垫 distance plate;shock insulator
隔垫用螺母 distance nut
隔斗式载重提升机 boot loading elevator
隔段施工法 <混凝土道路施工中的> alternate bay construction
隔断 block up;cancelli;compartmentation; disconnect; divider; exclusion; isolating partition; partition screen;parclose <中世纪教堂中分隔空间的>
隔断板 partition panel
隔断板墙 suspended wall
隔断操作 blocked operation
隔断层 broken course; insulating course
隔断窗 faux jour
隔断阀 closing valve; cross-over valve
隔断截面 partition section
隔断镜 wall mirror
隔断立筋墙 stud wall(partition)
隔断立柱 partition post
隔断楼板 compartment floor
隔断器 breaker; cut-off; disconnector;intercepter[interceptor]
隔断墙 compartment wall; vertical partition wall;wall partition
隔断探井 disconnecting manhole
隔断系统 partition system
隔墩 dividing pier;division pier;separation pier
隔分 segregation
隔风板 air louver
隔风墙 air partition;brattice wall
隔杆 distance rod
隔高温材料 high-temperature insulant
隔根法 separation of roots
隔沟施灌 alternate furrow irrigation
隔光器 diaphragm
隔行 interlacing; interleave; interleaving;interstage
隔行比 interlacing ratio
隔行穿孔 interstage punching
隔行(打印)的 double-spaced
隔行打桩 alternate row driving pile
隔行盖草 alternate row mutching
隔行驱动 non-staging drive
隔行扫描 alternate-line scanning; intercalation;interlace(d scanning); interlace scan; interleave; interleaved scanning; interleaving; line interlace;staggered scanning
隔行扫描场 interlaced field
隔行扫描传输 horizontal-interlaced transmission
隔行扫描技术 horizontal-interlace technique
隔行扫描图像 horizontal interlaced image
隔行书写 interline
隔行析像 interlace
隔行帧配置 pairing of interlaced field
隔红外(线)玻璃 infrared ray insulating glass
隔弧板 flash barrier
隔环 ca(u)lking ring;distance collar; distance ring;separation ring;spacer ring
隔火道 fired guard
隔火楼板 compartment floor;fire division floor
隔火路 firebreak
隔火墙 compartment wall; engine firewall; fire bulkhead; fire-cutting partition; fire division wall; fire partition;fire(-proof) wall
隔火墙保护法 firewall protection
隔火设施 fire barrier;firebreak
隔火石膏板 fire block gypsum board
隔货席子 cargo mat
隔尖瓣 cuspis septalis;septal cusp
隔间 compartment; control cubicle; cubicle; cubiculo; interstratification;partitioning
隔颈 septal neck
隔距 spacing
隔绝 decouple;seclusion
隔绝材料 barrier material;impermeable material
隔绝电阻器 isolating resistor

G

隔绝红外(线)玻璃 infrared ray insulating glass
隔绝脚步声 footstep sound insulation
隔绝楼梯 enclosed stair(case)
隔绝盆地 barred basin
隔绝器 excluder
隔绝式通风 isolated ventilation;isolation ventilation
隔绝通风的密封装置 draft excluder
隔绝位置 isolated location;protected location
隔绝装置 isolation mounting
隔开 cut off;aloof;compartmentalization;compartmentalize;curtain;divide;hold off;isolation;partition;screening out
隔开板 partition
隔开隔膜 cut-off disc
隔空齐行 spacing out
隔块 partition block;spacer block;range spacer <保持间距的>
隔框 bulkhead
隔栏 jube
隔肋棒 crossbar over frames
隔冷软木板 cork slab for cold insulation
隔离 buffer(ing);close off;isolate;isolation;seclusion;segregate;separation;severance;shielding
隔离板条 separation wood stripe
隔离棒 spacer rod;spacer strip
隔离保护 insulation blocking
隔离壁 dividing wall
隔离变压器 insulating transformer;isolating transformer;isolation transformer
隔离病房 isolated ward;isolation ward;lazaret(to)
隔离病室 infectious room
隔离病院 detention hospital
隔离玻璃管 glass tube separator
隔离薄膜 barrier film;isolating membrane;isolation membrane
隔离材料 bond-breaking medium;separating compound;separating material
隔离舱 coffer;cofferdam
隔离槽 isolation trench
隔离层 barrier layer;buttering;cut-off blanket;insulating course;insulating layer;insulating sheath;insulation course;insulation layer;isolated layer;isolating layer;layer of insulation;layer of non-conducting materials;seal;sealing coat;separate layer
隔离层电容 isolation capacitance
隔离层堆焊 buttering
隔离车 guard car;guard wagon;idler;isolated vehicle;protection wagon;runner wagon;separation vehicle;shock-absorbing wagon;dummy carriage <客车>
隔离衬套 dividing bushing
隔离触点 spacing contact
隔离带 isolated area;isolation belt;isolation strip
隔离单元区 isolated location
隔离导线 code wire
隔离的 isolated;shielded;separate
隔离的浅层底脚及基础 blob foundation
隔离底座 isolated base
隔离地带 isolation strip
隔离电机间 isolated motor room
隔离电极 isolated electrode
隔离电路 isolating circuit;isolation circuit
隔离垫圈 spacing ring
隔离扼流圈 retarder

隔离二极管 isolating diode;isolation diode
隔离阀 closing valve;isolated valve;isolating valve;isolation valve;isolator valve;section valve;separating valve
隔离法 isolation method
隔离反相器 buffer inverter
隔离反向器 disconnecting switch reverser
隔离方法 partition method
隔离放大器 buffer amplifier;floating amplifier;isolated amplifier;isolation amplifier
隔离粉 parting powder
隔离粪尿池 isolated lagoon
隔离缝 isolation joint
隔离工艺 isolation technology
隔离管 shielding pipe
隔离海盆 silled basin
隔离壕 isolation moat
隔离河流 insulated river;insulated stream
隔离湖 insulated lake
隔离环 circular spacer;seal cage;spacer ring
隔离活塞 separator piston
隔离机制 isolating mechanism
隔离基础 isolated footing;isolated foundation
隔离剂 chalking compound;form release agent;formwork oil;mo(u)ld lubricant;mo(u)ld oil;mo(u)ld release;parting agent;parting compound;powdering agent;release agent;separant
隔离继电器 cut-off relay
隔离间 isolated partition
隔离间壁 isolating partition
隔离检验 isolation test
隔离胶 squeegee
隔离焦 coke split
隔离接缝 isolation joint
隔离接头 isolation joint
隔离节 barrier
隔离节间 isolated panel
隔离截阀 isolating shut-off valve
隔离介质 <混凝土下的塑料薄膜垫底> separation medium;spacer medium
隔离井框支架 prop-crib timbering
隔离卡片 apartute card
隔离开关 disconnected switch;disconnecting switch;disconnector;isolating link;isolating switch;isolation switch;isolator;section insulator
隔离空舱 caisson
隔离控制 isolation control
隔离矿柱 barrier pillar
隔离扩散 isolation diffusion
隔离栏 separation fence
隔离劣质水层 separated inferior aquifer
隔离林带 barrier planting
隔离漏流 isolation leakage
隔离绿带 buffer green(ground)
隔离绿地 intercepted green;intercepting green
隔离码 barrier code
隔离码垛 separately stowed
隔离膜 isolating film;separation membrane
隔离幕 parclose
隔离配装 matched loading to separate one consignment from another
隔离盆地 restricted basin
隔离片 spacer;spacing block
隔离屏 detention screen
隔离屏障 isolation barrier
隔离期 isolation period

隔离期限 isolation period
隔离器 isolator;liner;segregating unit;segregator;shield retaining
隔离牵引电动机 isolation of traction motor
隔离墙 division wall
隔离区 isolated area;isolated plot;isolation region;separation area
隔离区处理 treatment of insular species
隔离区或分道线 separation zone or line
隔离圈 cage ring;spacing ring
隔离塞 plug go-devil
隔离塞门 isolating cock
隔离设施 separation installation
隔离石油层 screened oil accumulation
隔离式单块集成电路 isolith
隔离式防护 protective isolation
隔离式封隔器 straddle packer
隔离式混凝土加厚层 unbonded concrete overlay
隔离式试验涂层 isolating test paint coating
隔离式蓄能器 separated accumulator;separator accumulator
隔离式自适应路由选择 isolated adaptive routing
隔离室 disconnecting chamber;isolation chamber;isolation room;shield room
隔离数字输出组件 isolated digital output module
隔离双键 isolated double bond
隔离水库 insulated impounded body
隔离水体 insulated impounded body
隔离所 place of detention
隔离太阳能得热 isolated solar gain
隔离弹簧 spacer spring
隔离套筒 distance sleeve;distance tube;insulating sleeve;spacing sleeve;spacing tube
隔离体 free body;isolated body;isolator;slider
隔离体图 flee-body diagram
隔离条 insulating strip;isolation strip
隔离涂层 barrier coating
隔离涂料 barrier coating
隔离网 separation net
隔离网络 isolated network;isolation network
隔离围墙 separation kerb
隔离位置 isolated location;isolated position
隔离文件 off-limit file
隔离物 barrier;insulator;isolator;spacer
隔离物件 isolating body
隔离系统 isolated system;isolation system;shielding system
隔离线 shielded wire
隔离相开关设备 isolated phase switchgear
隔离销 spacer pin
隔离行 isolation strip
隔离性能 barrier property
隔离畜圈 isolated corral
隔离烟气门 smoke-stop door
隔离样条 isolation transect
隔离液 sealing liquid
隔离液比重 gravity of spacer
隔离液罐 sealing pot
隔离液类型 spacer type
隔离液配比 ratio spacer
隔离液数量 amount of spacer
隔离医院 isolation hospital;lazaret(to);pest house
隔离影响 <指延误行人和自行车穿越道路的影响> barrier effect;isolation effect
隔离油箱设备 oil separator
隔离栅 isolated gate;separation fence
隔离障碍 sovereignty nuisance
隔离罩 cage;shielding can
隔离者 isolator
隔离诊室 isolated consultation room
隔离整步响应 isolated pacing response
隔离支柱 spacer leg
隔离止回阀 isolating non-return valve
隔离纸 barrier paper
隔离种子园 isolated seed garden
隔离猪舍 isolating pig house
隔离柱 insulated column
隔离组织 shielding system
隔离作用 buffer action;buffer function;isolation
隔立柱 insulated column
隔两行扫描 triple interlacing
隔料栅 feed retainer
隔流堤 dividing dike[dyke]
隔流电容器 blocking condenser;isolating capacitor;isolating condenser;stopping capacitor;stopping condenser
隔滤 straining
隔滤涂层 straining coating
隔滤指数 straining index
隔膜 aperture stop;barrier diaphragm;compartment;diaphragm;disc;membrane barrier;partition wall;septum[复 septa];sieve diaphragm;spacing mold
隔膜板 diaphragm plate
隔膜泵 bellows pump;membrane pump;membranous pump;surge pump
隔膜操作 diaphragm operation
隔膜尺寸 diaphragm size
隔膜电池 diaphragm cell
隔膜电机 septum electrode
隔膜电解槽 diaphragm electrolytic cell
隔膜电解法 membrane electrolysis
隔膜电流 diaphragm current
隔膜阀 diaphragm valve;diaphragm van
隔膜法 diaphragm process;film separating system;membrane method;membrane system
隔膜法成型 diaphragm forming
隔膜法改型 diaphragm retrofit
隔膜防水法 membrane method of water-proofing
隔膜分离器 membrane separator
隔膜改动的 diaphragm-actuated
隔膜给料器 diaphragm feeder
隔膜化学作用 chemosmosis[复 chemosmoses]
隔膜缓冲器 septum buffer
隔膜簧 diaphragm(type)spring
隔膜混合器 knothole mixer
隔膜孔口 diaphragm orifice
隔膜流量表 diaphragm meter
隔膜煤气计 diaphragm gas meter
隔膜密封 diaphragm seal
隔膜密封压力计 diaphragm seal pressure ga(u)ge
隔膜汽化器 diaphragm carbureter
隔膜墙 diaphragm wall
隔膜球阀 diaphragm ball valve
隔膜圈 diaphragm ring
隔膜石棉布 diaphragm asbestos cloth
隔膜式 diaphragm type
隔膜式泵 diaphragm pump
隔膜式抽水机 diaphragm pump
隔膜式工程用泵 membrane contractor's pump
隔膜式化油器 diaphragm car

隔膜式灰浆泵 diaphragm mortar pump
隔膜式控制器 diaphragm type controller
隔膜式跳汰机 diaphragm type jig;diaphragm type washbox
隔膜式污泥泵 diaphragm type sludge pump
隔膜式压滤机 diaphragm type filter press
隔膜式压气机 diaphragm compressor
隔膜式压缩机 diaphragm compressor;membrane compressor
隔膜水箱 diaphragm tank
隔膜调节板 diaphragm apron
隔膜跳汰机 diaphragm jig
隔膜型格型钢板桩的横隔墙 transverse diaphragm
隔膜型格型钢板桩结构 steel sheet pile cellular structure of diaphragm cells
隔膜型蓄能器 diaphragm type accumulator
隔膜型雨淋阀 diaphragm deluge valve
隔膜型正排量计量泵 diaphragm type positive displacement metering pump
隔膜压力计 diaphragm manometer
隔膜压滤机 diaphragm filter press
隔膜执行机构 diaphragm-operated control valve
隔膜纸 diaphragm paper
隔沫板 spray plate
隔沫薄膜 anti-spray film
隔沫层 anti-spray film
隔年冰 second year ice
隔年作业 intermittent working
隔黏[粘]材料 adhesive;bond breaker
隔黏[粘]层 bond breaker
隔黏[粘]剂 bond breaker
隔片 diaphragm plate;distance piece;distance plate;horizontal spacer;parting beat;parting slip;range spacer;septum[复 septa];spacer;vent segment
隔片波导 septate waveguide
隔片泥芯 washburn core
隔片型芯 breaker core
隔飘网 cargo separate net
隔票 segregation;separation
隔票布 separation cloth
隔票木板 separation board
隔票席 separation mat
隔坡梯田 zing bench terrace
隔气薄膜 membrane barrier
隔气材料 air retarder material
隔气层 barrier vapo(u)r;moisture barrier;vapo(u)r barrier;vapo(u)r-proof course;water vapo(u)r retarder
隔气带 vapo(u)r check
隔气的 draftproof
隔气阀 air trap
隔气间 draftproof lobby
隔气具 air trap;vapo(u)r barrier
隔气门 draftproof door
隔气膜 membrane barrier
隔气器 air separator
隔气套管 air casing
隔气涂层 coating barrier
隔气纸 condenser tissue paper
隔汽层 moisture barrier
隔汽具 steam separator;steam trap
隔汽油具 petrol-intercepting trap;petrol trap
隔腔 separate chamber
隔墙 altar;baffle(wall);ballast wall;barrier(wall);boundary bulkhead;bulkhead;cavity wall;cross wall;cut-off wall;dam;enterclose;flash wall;framework wall;middle wall;panel wall;partition(wall);parts fence[wall];separating[separation] partition;separation wall;septum[复 septa];splitter wall;stopping;wall division[partition/ stopping];double tier partition <贯穿中间层楼的>;astillen <平硐的>
隔墙坝 diaphragm dam
隔墙板 partition board;partition panel;partition plate
隔墙沉井 open caisson with cross walls
隔墙承托梁 partition wall beam
隔墙穿透 partition wall penetration
隔墙窗 faux jour
隔墙瓷砖 partition tile
隔墙单元 partition wall unit
隔墙底槛 abutment piece;sole plate
隔墙地槛 sole
隔墙地龙骨 floor runner track
隔墙顶部垫板 partition plate
隔墙顶杆 partition head
隔墙顶木条 partition head
隔墙顶砖 partition coping brick
隔墙堵塞工作 partition blockwork
隔墙端部装饰 partition end cap
隔墙端部装头 partition end cap
隔墙端帽 partition end cap
隔墙风扇 wall fan
隔墙高度 partition height
隔墙沟 cut-off trench
隔墙构件 partition(building) component;partition member;partition wall unit
隔墙骨架 curtain-wall framework
隔墙花座 partition pot
隔墙架 stud partition
隔墙空心砌块 partition block
隔墙空心陶土砖 partition tile
隔墙块砌筑 partition blockwork
隔墙块(体) partition block
隔墙立柱 partition stud
隔墙门 door separation
隔墙内填充物 partition infilling
隔墙平板 cafferata
隔墙砌块 partition block;partition wall block;Tiltman block <侧面有双槽榫接合>
隔墙砌筑工作 partition blockwork
隔墙墙板 partition slab;partition wall panel
隔墙墙帽 partition cap
隔墙上的洞口 pass-through
隔墙上槛 ceiling track;partition cap;partition head;partition plate
隔墙渗透 partition wall penetration
隔墙石板 cafferata
隔墙式格体 diaphragm cell
隔墙式格型围堰 diaphragm type cellular cofferdam
隔墙竖根 inner stud
隔墙竖筋 inside stud;internal stud
隔墙体系 partitioning system
隔墙托梁 partition wall beam
隔墙瓦 partition tile
隔墙系统 partition system
隔墙镶板 partition wall panel
隔墙形格型围堰 diaphragm-type cellular cofferdam
隔墙形状 partition wall shape
隔墙修饰 partition trim
隔墙用瓷砖 partition tile
隔墙用空心砖 partition tile
隔墙砖 partition block;partition tile;partition(wall) brick;partition wall tile
隔墙纵断面图 partition profile
隔区 septal area
隔区段进行交通管制系统 alternate block progressive(traffic) system
隔区段通行制度 <一种交通管制体系> alternate block progressive (traffic) system
隔圈 distance ring;space ring;spacer (ring);space washer;spacing collar;spacing washer
隔热 capacity insulation;heat shield (ing);shielding heat;thermal insulation
隔热板 cleading;dead plate;heat insulating slab;heat shield(ing);insulating board;insulating plate;insulation board;plate insulation;thermal baffle;thermal insulation board;thermal insulation plate;thermal insulation slab;Thermalite;celotex board <木质纤维毡压制的>
隔热保护 fire-resistive protection
隔热保护层 heat barrier coating;heat insulating coat(ing);heat-protective coating;insulating finish
隔热保温材料 insulation material
隔热保温层 heat insulation
隔热保温窗 insulating window
隔热保温工程 insulating work
隔热保温建筑板 insulating structural panel
隔热保温屋面充填材料 insulating roof fill
隔热壁 heat insulating wall
隔热玻璃 anti-actinic glass;heat-absorbing glass;heat excluding glass;heat insulating glass;heat insulation glass;heat-intercepting glass;heat-proof glass;insulating glass;thermal insulating glass;Thermopane glass <一种专利产品>
隔热玻璃构件 heat insulating glazing unit
隔热箔 insulating foil
隔热薄片 heat insulating sheet
隔热材料 heat barrier material;heat (ing)-insulating material [mass];heat insulation(-grade) material;heat insulator;heat insulant;heat-protection material;insulant;insulated[insulating] material;multilayer insulant;thermal insulating material;thermal insulator;thermalite;thermic insulant
隔热材料制品 mo(u)lded insulation product
隔热舱 insulated hold
隔热舱盖 insulated hatch cover;plug hatch
隔热槽 isolation trench
隔热层 heat insulating course;heat insulating layer;heat insulation course;heat shield(ing);isolation layer;lagging;layer of insulation;radiation shield casing;thermal cover;thermal insulating course;thermal insulating layer;thermal protective coating;granular-fill insulation <松散颗粒填充的>
隔热车 insulated truck
隔热衬垫 insulation blanket
隔热衬里 insulating lining
隔热衬料 insulating lining
隔热处所 insulation space
隔热措施 heat insulation measures
隔热挡板 insulating jacket;thermal baffle
隔热稻草板 insulating straw board
隔热的 heat-insulated [insulating];heat-proof;insulating;thermally insulated
隔热垫 heat mat;insulation mat
隔热垫砖 insulating pack-up block
隔热吊顶 counter ceiling
隔热顶棚 insulating ceiling
隔热方式 isolated system
隔热防寒纤维板 insulating fiber board
隔热防护服 protective clothing for proximity fire fighting
隔热防火玻璃 insulating fire-retarding glass
隔热服 fire approach suit;proximity clothing;proximity suit
隔热覆盖层 blanket insulation
隔热隔声玻璃 insulating glass;insulation glass
隔热隔声玻璃窗(安装) insulating glazing
隔热隔声材料 insulation material
隔热隔声层 insulation layer
隔热隔声产品 insulation product
隔热隔声窗 insulating window
隔热隔声单元 insulating unit
隔热隔声建筑材料 insulation building material
隔热隔声结构材料 insulating structural material;insulation structural material
隔热隔声绝缘材料 insulating building material
隔热隔声面层 insulation facing
隔热隔声内衬 insulation lining
隔热隔声能力 insulating capacity
隔热隔声墙 insulating wall
隔热隔声墙板 insulating panel;insulation wallboard
隔热隔声软木 insulating cork
隔热隔声软木板 insulating corkboard
隔热隔声软木薄板 insulating cork sheet(ing)
隔热隔声软木薄片 insulating cork sheet(ing)
隔热隔声填充(物) insulating insert-(ion)
隔热隔声瓦楞纸板 insulating corrugated cardboard
隔热隔声系统 insulating system
隔热隔声纤维板 insulating fiber[fibre] board;insulation straw board
隔热隔声型材 insulation profile;insulation section
隔热隔声型材料 insulating section
隔热隔声毡 insulating felt
隔热隔声质量 insulating quality
隔热隔声砖 insulation brick
隔热隔声装置 insulation installation
隔热隔音装饰板内墙 insulating plasterboard
隔热骨材 breaker
隔热缓冷 insulated cooling
隔热灰泥板 insulating plasterboard
隔热混凝土 heat insulating concrete;insulating concrete;insulcrete
隔热货车 insulated wagon;isothermic wagon
隔热货柜 insulated container
隔热集装箱 insulated(produce) container
隔热计算 calculation of heat insulation
隔热夹套 insulating jacket
隔热夹套爆破膜 bursting disk of heat-insulating jacketed wall
隔热间壁 insulating bulk-head
隔热降温 heat insulation and heat control
隔热胶 insulator
隔热接头 insulated joint
隔热结构传声材料 insulation material against structure-borne sounds
隔热结构墙板 heat insulating structural panel
隔热金属屋顶 insulated metal roof;

G

insulating metal roofing
隔热金属屋面 insulating metal roofing
隔热块体 thermal insulation block; heat insulating block
隔热冷却 insulated cooling
隔热滤光镜 heat protecting filter
隔热玛𤥔脂 insulating mastic
隔热麦杆板 insulating straw board
隔热面层 insulating coating
隔热面砖 heat insulating tile
隔热抹灰 heat insulating plaster; heat insulation-grade plaster
隔热内衬 insulation lining
隔热耐火材料 fireclay insulating refractory; heat insulating refractory; insulating refractory
隔热耐火炉衬 insulating refractory furnace lining
隔热耐火砖 insulating firebrick; insulating refractory brick; refractory insulating brick
隔热能力 heat insulating power; insulating power; capacity insulation
隔热泥炭 insulating peat
隔热黏[粘]合剂 insulating cement
隔热泡沫 insulating foam
隔热泡沫塑料板 insulating foam board
隔热棚车 bunkerless refrigerator car
隔热片 heat spacer
隔热平板集热器 insulated plate collector
隔热平顶 insulated ceiling
隔热屏(障) fire screen; heat screen; heat shield(ing); heat deflector
隔热砌体 heat insulating block
隔热墙 insulating wall; refractory wall
隔热墙纸 heat insulating paper
隔热轻混凝土 insulating light concrete
隔热轻集料混凝土板 filler concrete panel
隔热区 heat insulating zone
隔热热水加热器 insulated hot water heater
隔热容器 heat-insulated container; insulation can
隔热软木 cork for heat insulation; cork for heat lagging
隔热软木板 insulation cork board; vegetable cork
隔热软木厚板 insulating cork slab
隔热软木块 cork block for heating lagging; cork block for heat insulation
隔热砂浆 heat insulating mortar; insulating mortar; thermal insulating mortar
隔热石膏 insulating gypsum
隔热石膏板 insulating gypsum board; insulating plasterboard
隔热石膏材料 gypsum insulation
隔热石膏灰泥板 insulating gypsum plasterboard
隔热石棉板 insulating asbestos board sheet
隔热式水套 water-shielded jacket
隔热试验 heat leakage test
隔热室 air lock; insulated room
隔热手把 thermally insulated handle
隔热手套 proximity gloves
隔热水帘 fluid curtain
隔热水泥 insulating cement; thermal insulating cement
隔热水箱 water-cooled absorptive shielding; water tank for heat insulation; water tank for thermal insulation
隔热套 heat-insulating covering; insulation cover; lag
隔热套管 thermal sleeve
隔热特种玻璃 special glazing for heat insulation
隔热天花板 insulating ceiling
隔热填料 backup insulation; insulating packing
隔热头盔 proximity helmet
隔热涂层 heat barrier coating; heat insulating coat(ing)
隔热涂料 insulating mo(u)ld coating; thermal insulating coating
隔热瓦 heat insulating tile; insulating (roofing) tile
隔热帷幔 heat insulating hanging
隔热屋顶 insulating roof(ing); thermal insulating roof
隔热屋面材料 insulating roof(ing) material
隔热物 heat insulator; insulator; thermal insulator
隔热系数 coefficient of heat insulation; heat insulation coefficient; partition factor
隔热系统 thermal insulation system
隔热纤维板 insulating straw board; insulating board; softboard
隔热纤维板条 insulating fiber board lath
隔热纤维板条墙 insulating fiber board lath wall
隔热纤维材料 insulating fiber material
隔热效率 heat insulating efficiency; heat insulation efficiency
隔热效能率定 insulation rating
隔热型材 mo(u)lded insulation
隔热性 ablative insulating quality
隔热性能 heat insulating capacity; heat insulating property; heat-proof quality; heat-shielding performance; solar heat controlling property
隔热烟囱砖 insulating flue brick
隔热烟道管 insulated flue pipe
隔热养护 <对封闭在容器内的混凝土进行养护> mass curing; adiabatic curing
隔热用泡沫聚苯乙烯板 polystyrene foam board for thermal insulation purpose
隔热与防潮工程 thermal and moisture protection
隔热毡 blanket insulation; heat blanket; heat quilt; heat insulating blanket[mat(t)/quilt]
隔热找平材料 insulating screed material
隔热找平层 insulating screed
隔热罩 heat-protection shield; heat shield(ing); thermal cover; thermally insulated shroud; thermal shroud
隔热蒸发皿 insulated evapo(u)ration pan
隔热蒸发器 insulated evapo(u)ration pan
隔热纸 heat mixed paper; insulating paper; insulation paper; sheathing paper
隔热(纸)板 heat insulating board
隔热质量 heat insulating quality
隔热贮藏 adiabatic storage
隔热贮箱 insulated storage container
隔热铸块 insulating castable
隔热砖 heat insulating brick; heat insulation brick; insulating brick; insulation brick; insulating brick
隔热作用 heat-blocking action
隔日潮 double day tide
隔三行扫描 fourfold interlacing
隔色胶合板 stripe(d) veneer
隔纱板 anti-balloon plate
隔栅照明 spill shield louver lighting
隔扇 partition board
隔扇条 <窗框> parting bead
隔声 acoustic(al) isolation; acoustics insulation; dead deafening; deafen; heat-proof; insulation; isolation of noise; noise deadening; noise insulation; sound impermeability; sound imperviousness; sound insulation; sound isolation; sound-proofing; sound-proofness
隔声板 acoustic(al) baffle; acoustic(al) barrier; acoustic(al) (insulation) board; acoustic(al) sheet; baffle(board); guide blade; insulating board; insulation board; noise barrier; sound boarding; sound-deadening board; sound-insulating panel; sound insulation board; celotex board <木质纤维毡压制的>
隔声壁 acoustic(al) barrier
隔声壁板 acoustic(al) wallboard
隔声标准 sound insulation standard; standard for sound-insulation
隔声玻璃 acoustic(al) control glass; acoustic(al) glass; sound-control glass; sound-insulating glass; sound insulation glass; sound-resistive[resisting] glass
隔声玻璃窗墙 acoustic(al) window wall
隔声材料 absorbing material; acoustic(al) insulant; acoustic(al) material; celotex board; deafening; draping; sound-absorbent material; sound-absorbing material; sound-damping material; sound-insulated material; sound insulation material; sound insulator; sound-proofing material; acoustic(al) insulation
隔声舱壁 acoustic(al) bulkhead; sound-insulated bulkhead; sound-proof bulkhead
隔声测量 measurement of sound insulation; sound insulation measurement
隔声层 acoustic(al) barrier; dead sounding; insulating course; sound-insulating layer; sound-proof course
隔声衬砌层 acoustic(al) cover(ing)
隔声窗 dead window; sound-insulating window; sound-proof window
隔声道 sound isolated road
隔声的 impermeable to sound; impervious to sound; sound damping; sound-deaden; sound-proof
隔声的质量定律 mass law of sound insulation
隔声等级 sound-insulating grading; sound insulation class; sound insulation grading; sound-proof class
隔声地板 floating floor; sound-proof floor
隔声地面 sound-proof floor
隔声电话间 acoustic(al) phone booth
隔声垫 absorbent pad; acoustic(al) pad
隔声垫夹 acoustic(al) clip
隔声顶棚 acoustic(al) plaster ceiling; insulating ceiling
隔声度 noise insulation factor; noise insulator factor; sound isolation
隔声法 sound deadening; sound-insulating; sound insulation; sound-proofing
隔声方法 acoustic(al) insulation
隔声防火 sound-and-fire proof
隔声防火门 sound-insulated fire door
隔声粉刷骨料 acoustic(al) plaster aggregate
隔声粉刷集料 acoustic(al) plaster aggregate
隔声工程 sound-proof work
隔声构造 acoustic(al) construction; acoustic(al) structure; discontinuous construction; sound-insulating construction; sound-proof construction
隔声混凝土 sound-insulating concrete; sound-proof concrete
隔声剂 acoustic(al) sealant
隔声间 acoustic(al) booth; acoustic(al) enclosure
隔声建造法 acoustic(al) construction
隔声建筑 sound-proof construction
隔声建筑材料 absorptive construction material; insulation building material
隔声结构 sound-insulating structure; sound-proof structure
隔声金属面板 acoustic(al) metal deck
隔声金属面层 acoustic(al) metal deck
隔声绝缘材料 insulating building material
隔声空间 sound lock
隔声帘 draping
隔声梁 baffle beam
隔声量 acoustic(al) reduction coefficient; acoustic(al) reduction factor; noise insulation factor; sound-reduction factor; sound-reduction index; sound transmission loss
隔声料 acoustic(al) sealant
隔声楼板 sound boarded floor
隔声楼板构造 sound insulation floor construction
隔声绿化带 sound isolate(d) greenbelt
隔声门 acoustic(al) door; insulating door; sound-insulating door; sound-proof door
隔声密封膏 acoustic(al) sealant
隔声密封剂 acoustic(al) sealant
隔声密封料 acoustic(al) sealant
隔声面层 insulating coating
隔声幕 acoustic(al) curtain; sound insulation curtain
隔声内衬 insulation lining
隔声能力 capacity insulation; sound insulation capability
隔声泥灰吊顶 suspended acoustic(al) plaster ceiling
隔声泡沫 insulating foam
隔声喷涂材料 acoustic(al) sprayed-on material
隔声喷涂粉饰 acoustic(al) sprayed-on plaster
隔声频率特性曲线 sound insulation frequency characteristic curve
隔声评价 sound insulation assessment
隔声屏 sound screen
隔声屏障 acoustic(al) barrier; noise baffle; noise barrier; sound barrier; plenum barrier <悬挂顶棚结构中,隔墙顶上的>
隔声器 deadfender; sound-deadener; sound-proof machine
隔声器材 sound-proofing
隔声前室 sound-insulating anteroom; sound lock
隔声嵌板 acoustic(al) panel
隔声墙 baffle wall; noise abatement wall; sound-insulating wall; sound-proof wall; sound separate wall
隔声墙板 acoustic(al) wallboard
隔声清漆 sound-proof varnish; varnish for deadening sound
隔声设施 acoustic(al) enclosure e-

quipment; sound insulation equipment
隔声摄影机 sound-proof film camera
隔声试验 sound insulation test
隔声室 acoustic(al) room; isolation booth; lock room; silence cab; silence cabinet; sound-insulating room; sound insulation room; sound-proof cabin; sound-proof chamber; sound-proof room
隔声特性 sound insulation character
隔声体 sound insulator
隔声天花板 acoustic(al) plaster ceiling
隔声涂料 sound-deadening paint; sound-insulating paint
隔声外套 sound-proofing lagging
隔声围墙 sound-proof enclosure
隔声系数 acoustic(al) reduction coefficient; noise insulation factor; noise insulator factor; sound insulation coefficient; sound-proof coefficient; sound reduction coefficient
隔声纤维板 acoustic(al) fiber[fibre] board; insulating straw board; sound-proof fiber[fibre] board
隔声箱 sound-control cassette; sound-proof box
隔声镶板 sound-control panel
隔声小室 acoustic(al) booth
隔声效果 isolation effectiveness
隔声效率 isolation effectiveness
隔声性 acoustic(al) insulation; capacity to sound; impermeability to sound; imperviousness sound; opacity to sound
隔声性能 sound insulation value; sound-proofing property
隔声要求 sound isolating requirement; sound isolation requirement
隔声用人造石 Maycoustic
隔声油漆 silent paint
隔声栽植 sound-proof planting
隔声毡 blanket insulation
隔声罩 acoustic(al) enclosure; acoustic(al) shield; sound insulation enclosure; sound-proof cover
隔声遮板 acoustic(al) screen; acoustic(al) shed
隔声值 sound insulation value
隔声纸 building paper
隔声指数 sound insulation index
隔声砖 acoustic(al) brick; sound-proof tile
隔声砖吊顶 suspended acoustic(al) tile ceiling
隔声装置 deafening; silent block; sound arrester; sound barrier
隔声钻探设备 sound-proof drilling rig
隔时法 time interval method
隔蚀晶体 brotocrystal
隔室 cell; compartment; fluid compartment
隔室模型 compartment model
隔室式混合器 compartmented agitator
隔霜措施 defrosting measures
隔霜装置 defrosting device; defrosting unit
隔水板 water-stop board; water stop sheet
隔水板桩 cut(ting)-off piling[pile]
隔水薄膜 waterproofing membrane; membrane barrier
隔水采油树 encapsulated tree
隔水槽 isolation trench
隔水层 aquiclude; aquitard; barrier; confined stratum; confining bed; confining layer; confining stratum; impermeable bed; impermeable layer; impermeable stratum; impervious bed; impervious layer; intermediate water belt; intermediate water zone; water insulation course; waterproofer; water-resistant layer; water-resisting layer; water-tight layer; water-tight stratum
隔水层不完整 incomplete aquifuge
隔水层厚度 thickness of aquifuge
隔水层局部缺失 partly incomplete aquifuge
隔水层时代【地】 age of aquifuge
隔水层实际厚度 real thickness of aquifuge
隔水层完整 complete aquifuge
隔水层完整性 completeness of aquifuge
隔水层稳定性 stability of aquifuge
隔水层岩性 lithologic(al) characters of aquifuge
隔水层最小安全厚度 minimum safe thickness of aquifuge
隔水带 intermediate water belt; intermediate water zone
隔水导管 riser
隔水导管紧轴 riser mandrel
隔水导管连接器 riser-connector
隔水导管张紧器 riser tensioner
隔水的 waterproof; water-resistant; water-resisting; water-tight
隔水底板 negative confining bed
隔水底板高程 elevation of impervious bottom plate
隔水底层 confining(underlying) bed
隔水地层 confining stratum
隔水顶板天窗 louver of upper impervious layer
隔水顶层 confining overlying bed
隔水封闭层 confining stratum
隔水盖 water interception cover; water separation cover
隔水管 riser joint
隔水管系统 marine riser system
隔水河 insulated stream
隔水核心 impervious core
隔水湖 insulated lake
隔水胶 water-resistant glue
隔水距离 water clearance
隔水膜 membrane barrier
隔水黏[粘]土 roof clay
隔水黏[粘]土层 clay pan
隔水盘 clay pan
隔水墙 cut-off wall; impermeable wall; diaphragm wall; dividing wall
隔水墙截水墙 diaphragm wall
隔水套管 water pipe; waterproof casing(pipe); water tube
隔水体 moisture barrier
隔水性 water-resisting property
隔水岩层 impermeable barrier
隔水岩体 impermeable rock
隔丝 paraphysis
隔套 distance piece; distance sleeve; spacer ring; spacer sleeve
隔套螺母 bushing nut
隔条 crosser; division bar; parting bead; parting stop; parting strip; space bar; spacer; spacing timber; wagtail
隔条变色 stiker stain
隔条对线 stiker alignment
隔条间距 stiker spacing
隔铁 distance piece; filler
隔厅卧室 hall bedroom
隔温材料 insulating material
隔温层 heat insulator; insulating layer; thermal insulating course; thermal insulating layer; thermal insulation course
隔温覆盖层 thermal insulating cover
隔线 cutting-in
隔嗅 diaphragm
隔烟板 smoke baffle plate
隔烟墙 smoke-stop
隔岩层的 grit-proof
隔焰的 flameproof
隔焰炉 muffle furnace
隔焰器 flame trap
隔焰式退火窑 muffle lehr
隔焰窑 muffle kiln
隔焰窑烧成的颜料 muffle colo(u)r
隔焰甑【化】 muffler
隔夜抹光 overnight finishing
隔夜(旋工)缝 night joint
隔音 acoustic(al) insulation; acoustics insulation; deafen(ing); drape; draping; insulation; noise abatement; noise insulation; noise isolation; sound damping; sound insulation; sound protection
隔音板 absorbing board; absorbing coffer; absorptive board; acoustic(al)(celotex) board; acoustic(al) septum; acoustic(al) tile; baffle (board); baffler; celotex; coffer; dampboard; insulating sheet; insulation board; sonic barrier; sound-absorbing baffler; sound barrier; sound panel
隔音板条 absorbing sheet
隔音壁板 acoustic(al) wallboard
隔音玻璃 absorbing glass; acoustic(al) glass; muffled glass; sound-insulating glass
隔音玻璃窗墙 acoustic(al) window wall
隔音箔 absorbing foil
隔音布 deadening fabric
隔音材料 absorbing material; acoustic(al) absorbent; acoustic(al) material; damping material; deadener; deadening; draping; pugging; sound insulator; sound-proofing material; sound-shielding material; Celotex <商品名>
隔音层 dead sounding; deafening; pugging; noise insulation
隔音衬板 acoustic(al) lining
隔音措施 acoustic(al) treatment
隔音的 noise-proof; sound-proof
隔音等级 noise isolation class
隔音堤 noise bund
隔音地板 sound-proof floor
隔音垫 absorbent blanket; absorbing pad
隔音吊顶 absorbing hung ceiling; absorbing suspended ceiling; counter ceiling
隔音顶棚 acoustic(al) ceiling
隔音顶蓬 acoustic(al) proof ceiling; acoustic(al) proof deck
隔音度 noise insulator factor
隔音方形块 absorbing waffle
隔音粉刷灰浆集料 absorbing plaster aggregate
隔音隔板 absorptive blanket
隔音隔热平顶 coom ceiling
隔音构造 acoustic(al) construction; sound-proof construction
隔音管道 attenuation duct
隔音灰膏 absorbing plaster
隔音混凝土 insulating concrete; insulcrete; vermex concrete
隔音基础 sound-proof foundation
隔音间 acoustic(al) booth; acoustic(al) enclosure
隔音建筑 sound-proof construction
隔音结构材料 absorbing construction material
隔音空心砖 absorbing hollow tile
隔音空心砖顶篷 absorbing tile ceiling
隔音空心砖天花板 absorbing tile ceiling
隔音块 absorbent wall block
隔音量 transmission loss
隔音门 acoustic(al) door; insulating door
隔音密封材料 acoustic(al) sealant
隔音密封剂 acoustic(al) sealant
隔音木质纤维板 absorbing wood fiber[fibre] board
隔音泡沫材料 noise deadening foam
隔音平顶 coom ceiling
隔音漆 anti-noise paint
隔音器 deafener
隔音墙 absorbent wall; acoustic(al) barrier; dead wall; pug; sound-insulating wall
隔音墙板 absorbent wall block
隔音墙空心砖 absorbent wall tile
隔音墙面砖 acoustic(al) tile
隔音墙纸 absorbent wallpaper
隔音墙砖 absorbent wall brick
隔音清漆 varnish for deadening sound
隔音人造石 man-acoustic(al) stone
隔音设备 absorbent unit
隔音室 absorbing chamber; absorptive chamber; cry room; lock room; silence cabinet
隔音毯 absorbing felted fabric
隔音套 barney
隔音天花板 absorbing ceiling(board); acoustic(al) proof ceiling; acoustic(al) proof deck
隔音天花板板条 absorbent ceiling sheet
隔音天花贴面板 absorbing ceiling tile
隔音填料 acoustic(al) backing
隔音贴面 absorbing lining
隔音贴面层 absorbing cover(ing)
隔音贴砖 acoustic(al) tile
隔音涂料 deadener
隔音涂面 absorbing lining
隔音涂面层 absorbing cover(ing)
隔音涂刷层 anti-drumming coat(ing)
隔音土 pug
隔音系数 acoustic(al) reduction factor; coefficient of sound insulation; noise insulator factor
隔音系统 absorbing system
隔音纤维板 absorbing fiber[fibre] board; acoustic(al) filter board; celotex board
隔音纤维板条 insulating fiber board lath
隔音箱 sound-proof box
隔音镶板 absorbing panel
隔音镶面板 absorbing cassette
隔音镶面层 absorbing cover(ing)
隔音效果 deadening effect
隔音用人造石 Maycoustic
隔音油漆 absorbing paint
隔音与减震 noise and vibration dampening
隔音栅 noise barrier
隔音栅板 acoustic(al) baffle
隔音毡 deadening felt
隔音毡纸 deadening felt paper
隔音障板 acoustic(al) baffle
隔音罩 acoustic(al) cladding; acoustic(al) enclosure; noise reduction mantle
隔音遮板 acoustic(al) screen
隔音值 sound insulation value
隔音止响 deafening
隔音纸 acoustic(al) paper; building paper; deadening felt
隔音纸板 acoustic(al) celotex board
隔音砖 absorbent brick; acoustic(al) brick
隔音砖砌墙 absorbing masonry wall
隔音装备 noise insulation installation

隔音装置 absorbent unit; absorbing system; deafening device; sound arrester[arrestor]
隔音组合设备 absorbing building unit
隔音作用 deadening
隔油驳船 filter barge; oil-separating barge
隔油池 grease trap; isolating-oil pool; oil removal; oil-separating tank; oil separation tank; oil separator; separation tank
隔油环 oil flinger ring
隔油井 grease interceptor [interceptser]; grease trap
隔油曝气生物反应器 isolated aeration bioreactor
隔油器 grease interceptor [interceptser]; grease separator; oil separator
隔油器层 grease trap
隔月 every other month
隔月的 bimonthly
隔载波扼流线圈 carrier isolating choke coil
隔噪声因数 noise insulation factor; noise insulator factor
隔噪罩 noise shield
隔展比 gap span ratio
隔站法 alternate station method
隔站观测法 alternate station method
隔振 insulation against vibration; isolation; oscillating insulation; oscillation insulation; vibrating isolation
隔振安装 isolation mounting
隔振安装的散热器 isolation mounted radiator
隔振材料 vibration insulation material; vibration isolation material
隔振槽 isolation trench
隔振层 vibration isolator
隔振措施 vibration isolation countermeasure
隔振底座 resilient mount
隔振垫 shock mount; vibration insulation; vibration isolator; vibration isolation
隔振沟 isolation trench; vibration isolate ditch; vibration trench
隔振机座 isolation mounting
隔振基础 vibration insulating foundation
隔振基座 resilient mount; vibro-damping mount
隔振器 oscillating insulator; oscillation isolator; shock mount; vibration isolator
隔振台 anti-vibrational platform
隔振体 isolator; vibration indicator; vibration insulator; vibration isolator
隔振系数 factor of vibration insulation
隔振系统 isolated system; isolation system; vibration system
隔振效果 vibration isolation effectiveness
隔振效率 vibration isolation effectiveness
隔振性能 shock insulation behavio(u)r
隔振支座 vibration mount
隔振装置 isolation mounting; vibrate absorber; vibration isolation mounting; vibration isolator
隔振子 isolator
隔震 base isolation; insulation against oscillation; shock insulation
隔震器 shock isolator
隔震套筒 seismal isolation sleeve
隔震体 shock isolator
隔震系统 shock isolation system
隔震悬柱 vibration isolating suspension
隔直流 stopping direct current
隔直流电容器 block(ing) condenser; blocking capacitor; bridging capacitor; insulating condenser; isolating capacitor; stopping capacitor; feed-through capacitor
隔柱 quoin post
隔紫外滤光片 barrier filter
隔阻法 isolating method

镉

镉板 cadmium sheet
镉棒 cadmium stick
镉棒测试 cadmium test
镉棒测试专用伏特计 cadmium test voltmeter
镉钡颜料 cadmium lithopone
镉比 cadmium ratio
镉标准电池 cadmium standard cell
镉草黄颜料 cadmium primrose
镉尘肺 cadmiosis
镉橙 cadmium orange; orange cadmium
镉大红颜料 cadmium crimson
镉灯 cadmium lamp
镉等离子 cadmium plasma
镉电池 cadmium cell; standard cell; Weston cell
镉电瓶 cadmium cell
镉锭 cadmium ingot
镉镀层 cadmium plating
镉覆盖层 cadmium coating
镉汞 cadmium mercury
镉汞钡颜料 cadmium mercury lithopone
镉汞橙颜料 cadmium mercury sulphide
镉汞合金 cadmium amalgam
镉汞红颜料 cadmium mercury red; cadmium vermil(l)ion
镉光电池 cadmium photocell
镉光泽彩 cadmium luster[lustre]
镉过滤器 cadmium filter
镉焊料 cadmium solder
镉合金 cadmium metal
镉红 cadmium red
镉红颜料 cadmium red pigment
镉化合物 cadmium compound
镉环 yellow cadmium fringe on teeth
镉黄 cadmium yellow; aurora yellow; cadmium lithopone; cadmopone
镉黄色 daffodil(e) yellow
镉黄颜料 cadmium yellow pigment
镉极 cadmium electrode
镉金装饰合金 cadmium gold
镉桔黄 cadmium orange
镉矿 cadmium ore
镉矿床 cadmium deposit
镉离子 cadmium ion
镉绿(色) cadmium green
镉镁合金 cadmium magnesium alloy; cadmium nickel alloy
镉镍扣式电池 Cd-Ni button cell
镉镍蓄电池 cadmium-nickel accumulator; cadmium nickel storage battery; cadmium-nickel storage cell
镉镍蓄电池充电机 special charging machine for cadmium-nickel accumulator
镉柠檬黄颜料 cadmium lemon yellow
镉片 cadmium sheet
镉谱线 cadmium line
镉汽弧灯 cadmium vapo(u)r arc lamp
镉铅红 derby red
镉试剂 cadion
镉铜 cadmium copper
镉铜合金线 cadmium copper wire
镉铜绞线 cadmium copper stranded conductor; copper cadmium stranded conductor
镉污染 cadmium pollution
镉污染肥料 cadmium polluted fertilizer
镉污染物 cadmium pollutant
镉吸收 cadmium absorption
镉硒红 cadmium-selenium red
镉硒矿 kadmoselite
镉锌共晶合金 cadmium-zinc eutectic alloy
镉锌焊料 cazin
镉锌合金 cazin
镉猩红颜料 cadmium scarlet
镉循环 cadmium cycle
镉盐 cadmium salt
镉颜料 cadmium colo(u)r; cadmium pigment
镉氧化银电池 cadmium-silver oxide cell
镉冶金 cadmium metallurgy
镉银合金 cadmium silver alloy
镉银氧化物电池 cadmium-silver oxide cell
镉油中毒症状 cadmium oil poisoning symptom
镉枣红颜料 cadmium maroon
镉锗探测器 cadmium-germanium detector
镉中毒 cadmium poisoning
镉中子 cadmium neutron
镉轴承合金 cadmium bearing alloy
镉柱法 cadmium column method
镉柱还原法 cadmium column reduction
镉紫红颜料 cadmium maroon
镉紫色 cadmium purple
镉紫颜料 cadmium purple

个

个案 individual case
个案调查 case investigation
个别 unicum
个别编译 separate compilation
个别变化 individual variation
个别部分试验 partial system test
个别操纵 individual operation
个别道岔控制 unit switch control
个别道岔锁闭 individual switch locking
个别的 discrete; distributive; partial
个别地块 individual field
个别点区划 spot zoning
个别定时设备 individual timing device
个别防毒 individual protection
个别改正 individual correction
个别管理 individual management
个别呼叫 individual calling; particular calling
个别呼叫电键 individual calling key
个别货物特别运价 commodity rate
个别及分类折旧 unit and group bases of depreciation accounting
个别建筑物 individual building
个别教学方式 tutorial mode
个别节点位移法 method of separate joint displacement
个别结构 discrete structure
个别进口许可证 individual import licence[license]
个别控制 individual control; isolated control
个别来源 individual source
个别劳动力流动 individual labo(u)r movement
个别量 discrete amount
个别零件 individual part
个别能级 single level
个别批准 <指集装箱等> approval of individual container
个别取样 spot sample
个别热系数 individual coefficient of heat
个别润滑器 separate lubricator
个别商品运费率 commodity rate
个别设计 individual design
个别申请的独户住宅贷款 spot loan
个别式传动 individual transmission
个别式供暖机组 unit heater
个别试验 subtest
个别试样 individual sample
个别谈判 individual bargaining
个别调制 individual modulation
个别图像误差 pattern-sensitive fault
个别误差 discrete error; individual error
个别项目 end item; individual item
个别谐波 discrete harmonic
个别性需要 individual need
个别液体样(品) individual liquid sample
个别意见 individual opinion
个别优先 individual priority
个别预制的屋顶盖板 individual pre-pared-roofing shingle
个别运价 individual rate
个别折旧法 depreciation-unit method; individual depreciation; unit depreciation
个例研究 case study
个人安全保护设备 personal protection equipment
个人安全保护装置 personal protection equipment
个人安全报警系统 personal alert safety system
个人安全感 personal security
个人办公室 individual office
个人保有权 severalty
个人报警定位器 personal alarm locator
个人报警监测器 personnel alarm monitor
个人报警装 personal alarm device
个人便携式计算机 personal handheld computer
个人不满的调整 adjustment of individual grievances
个人财产 personal property; personal effects; personal possessions; personal property; things personal
个人财物 personal possessions
个人采样器 personal sampler
个人差别待遇 personal discrimination
个人产业 severalty
个人成就 individual fulfilment
个人乘车出行 person trip
个人程序设计工具 personal programming tool
个人出行 individual trip
个人出行调查 trip survey
个人代码 personal code
个人的动产 chattel personal
个人抵押 individual mortgage
个人抵押保险 private mortgage insurance
个人地产与国家公路之间的界线 front property line
个人电脑 personal computer
个人定位器信标 personal locator beacon
个人对集体不契合 nonconformity
个人防护 personal protection
个人防护设备 personal safety equipment
个人服务 personal service
个人福利和惯例待遇 mandatory and customary benefits
个人副业 avocation

个人感觉阈 individual perception threshold

个人观察误差 personal equation

个人呼吸器安全绳 personal breathing apparatus safety line

个人机器接口 person machine interface

个人计算 personal computing

个人计算机 personal computer; personal machine

个人计算机圆度仪 personal computer roundness instrument

个人剂量计 individual dosimeter; personal dose monitor; personal dosimeter

个人剂量学 personal dosimetry

个人家庭 private home

个人监测 individual monitoring

个人监测仪 personal monitor

个人检测器 personal monitor

个人简历 vita[复 vitae]

个人奖励(制度) individual incentives

个人津贴 personal subsidies

个人经济和私营经济 self-employed and private businesses

个人经历 biography

个人经营农场 individual farm

个人居所 personal residence

个人居住单元体系 personal living unit system

个人捐税 charge on money

个人决策 personal decision making

个人决策分析 personal decision analysis

个人可支配的收入 disposable personal income

个人空间 personal space

个人空气取样器 personal air sampler

个人快速交通 <一种假想的公共交通方式,它可能包括一些小容量客厢,在一个精巧的导向系统上自动地运行> personal rapid transit

个人劳务 individual service; personal service

个人履历表 <拉> curriculum vitae

个人纳税 personal tax

个人偏好集合 aggregation of individual preferences

个人评价 personal evaluation

个人签名 idiograph

个人求救定位器 personal distress locator

个人求救装置 personal distress device

个人人格 individual personality

个人容限 personal allowance

个人伤害 personal injury

个人身份号码 personal identification number[PIN]

个人生物学 autobiology; idiobiology

个人识别号码 personal identification number[PIN]

个人识别数据 personal identification data

个人史 personal history

个人事务管理软件 <一种用于日程管理,邮件信息交换等的软件> Outlook

个人收藏夹 private favorite

个人收入 individual earnings; personal income

个人收听 personal reception

个人数据终端 personal data terminal

个人数量 number of individuals

个人数字助理 <介于电脑和电子笔记本之间> personal digital assistant

个人税率 personal tax rate

个人税收减免 personal tax relief

个人损害 personal damage

个人损害保险 personal injury insurance

个人所得 individual income

个人所得税 income tax for individual; individual income tax; personal income tax; tax on personal income

个人所有权 individual proprietorship

个人所有制 individual ownership; individual proprietorship

个人台式旅行信息系统 personal portable traveler information system

个人(体)选择模型【交】 individual choice model

个人(体)选择行为 individual choice behavio(u)r

个人通信[讯] personal communication; person-to-person communication

个人通信[讯]器 personal communicator

个人通信[讯]网 personal communication network

个人通信[讯]系统 personal communication system

个人通信[讯]业务 personal communication service

个人推销 personal selling

个人卫生 individual hygiene; personal hygiene

个人无线电话机 personal radio telephone

个人误差 personal error

个人险 individual policy

个人信函符号 individual letter sign

个人信息终端 personal information terminal

个人选择 individual selection

个人衣物 notions

个人义务保险 liability insurance

个人因素 personal factor

个人营业用地 individual lots

个人用房间 private room

个人用舒适小室 snuggery

个人预防 individual prophylaxis; personal prophylaxis

个人在观察上的误差 personal equation

个人责任 individual responsibility; personal responsibility

个人责任保险 personal liability insurance

个人占用空间 private space

个人占用面积 private space

个人账号 private account

个人照射量计 individual dosimeter; personal dosimeter

个人支出 personal outlay

个人支票 individual check

个人直接税 direct taxes and charges on person; personal tax

个人种 individual species

个人主义 individualism

个人助浮标准 personal buoyancy aids standard

个人专用通信[讯] personal communication

个人转让 individual negotiation

个人装备 personal equipment

个人资本 individual capital

个人自动化 personal automation

个体 individual; monad; unity

个体比较 individual comparisons

个体变量 individual variable

个体变项 individual variable

个体测验 individual test

个体常量 individual constant

个体单位 discrete unit

个体递推模型【交】 disaggregate recursive model

个体防护 individual protection

个体分析 ontoanalysis

个体服务行业 individual service

个体工业 distributive industry

个体合理性 individual rationality

个体户 individual business; self-employed individual; small business

个体化 individuation

个体计算 individual's account

个体记录 individual record

个体价值 individual value

个体间的相互关系 interaction among individuals

个体建筑 <建筑群中的> individual building; individual construction; unit body

个体奖励制度 individual incentive schemes

个体交通 individual traffic

个体节律 individual rhythm

个体经济 individual economy

个体决策 individual decision making

个体快速交通 personal rapid traffic

个体劳动者 individual labo(u)r(er); individual working people; labo(u)r working on his own; self-employed worker

个体旅运需求模型【交】 disaggregate travel demand model

个体敏感性 individual sensitivity

个体耐受性 individual tolerance

个体栖息地 individual habitat

个体企业 individual enterprise

个体迁移 individual migration

个体群密度 individual community density

个体生产性能测定 individual merit testing

个体生产者 individual producer

个体生境 individual habitat

个体生态学 aut(o)ecology; bionomics

个体数过剩 overpopulation

个体死亡 individual death

个体饲喂栏 individual feeding bail

个体所有制 individual ownership; individual proprietorship

个体特异性 individual specificity

个体特征 personal feature

个体误差 individual error

个体行为 individual behavio(u)r

个体型 idiotype

个体循序模型【交】 disaggregate sequential model

个体意识 individual consciousness

个体用户 individual consumer

个体域 universe of discourse

个体职业者 free-lance

个体植物 biont

个体植物群丛 stand

个体资料 disaggregate data

个位公里里程记录鼓 unit oneth kilometric indicating drum

个位数 number with one digit

个性 individuality; personality

个性决策理论 personalistic decision theory

个性模块 personality module

个性品质 individual character

个性倾向性 individual inclination

个性艺术 art of the individual

个叶卷叠式 ptyxis

个员 zooid

各

各半 fifty-fifty; half-and-half

各半接头 half-and-half joint

各别编组线特性 <包括坡度、曲度、道岔配置等> individual classification track characteristic

各别的目标管理模式 <主管部门对所有基层分别实施目标管理的模式> individual-orientated MBO model

各部门概算 department estimate

各部门间货物运输合理化委员会 <苏联> Inter-Departmental Commission of Freight Traffic Rationalization

各舱口报关单 declaration of hatches

各舱装卸作业总时间 hatch hour

各层位样品 all-level sample

各层消防面积 fire area

各车厢分离式照明 individual coach lighting

各车厢有走廊相通的列车 corridor train

各次活动特征 active feature of each movement

各档差别不大的速度 closely spaced speeds

各道平均计数率 counting rate of every channel

各地区间货物特别快车 inter-regional freight express train

各地用户间通信[讯] intersite user communication

各段(路)运价(或票价)加总计算的运价表连接点 tariff connecting point

各方面 every bit

各方向的隔墙 curtain-wall in all direction

各费在内的费率 all-in rate

各费在内的价格 all prices

各国货币和度量衡比值手册 cambist

各国政府间海事(运)咨询组织 <联合国> Inter-Governmental Maritime Consultative Organization

各货运中心间直达快运列车 <中途不需改编> interblock train

各级的反馈 feedback to all levels

各级决策(机构) decision level

各级水位 at all level; at all stages of water

各级政府 all level of government

各阶段最多允许时间标准 elapsed time standard

各界 all walks of life

各进程状态之间的转换 transition between process states

各块土地财产价值图 land value map

各栏标题索引 key to column headings

各类管子 pipes and tubes

各类交通方式划分比例 modal split

各类提升钻具 various hoisting devices

各类养鸡场 different poultry farming

各路列车接续图 diagram of connection

各路线装车数 car loading by directions

各履带单独工作的马达 industrial electric(al) motor

各轮会谈 rounds of talks

各区楼层 <高层建筑分区缩进的> zoned

各色扳指 thumb rings with various decorations

各色丙烯酸烘干瓷漆 various colo(u)r acrylic baking enamel

各色丙烯酸无光涂料 various colo(u)r acrylic matt coating

各色丙烯酸有光涂料 various colo(u)r acrylic gloss coating

各色各样光的灯 mixed light lamp

各色环氧酯底漆 various colo(u)r epoxy ester primer

各色环氧酯腻子 various colo(u)r epoxy ester putty

各色聚氨酯瓷漆 various colo(u)r polyurethane enamel

各色氯化橡胶瓷漆 various colo(u)r chlorinated rubber enamel

各色氯化橡胶水线漆 various colo-

(u)r chlorinated rubber boot topping paint
各色平胶板 rubber sheeting various colo(u)r
各色细平布 broadcloth
各世代线理优选方位 preferred orientation of each generation of lineation
各式钢筋 deformed bars
各式各样的 diversiform; mixed; sundry
各式木屋顶结构 roof structures of timber
各式熏烟清毒器 different fumigator
各司法机关间的互相配合 coordination of judicial organs
各台联播(同一节目) spot broadcast(ing)
各态历程定理 ergodic theorem
各态历程过程 ergodic process
各态历程假说 ergodic hypotheses
各态历程理论 ergodic theory
各态历程随机过程 ergodic random process
各态历程性 ergodicity
各态历程性质 ergodic property
各态历程运动 ergodic motion
各态历程状态 ergodic state
各态历经的 ergodic
各态历经定律 ergodicity law
各态历经随机过程 ergodic random process
各态历经特性 ergodic property
各态历经性 ergodicity
各铁路间车辆流动情报 interroad car movement information
各铁路线之间的联系 interline
各向不等压固结 anisotropic(al) consolidation; non-hydrostatic(al) consolidation
各向不等压固结不排水(剪切)试验 consolidated anisotropically undrained test; anisotropically consolidated undrained test
各向不等压固结排水试验 anisotropically consolidated drained test
各向不等硬化 anisotropic(al) hardening
各向不均应力 anisotropic(al) stress
各向不匀的 anisotropic(al)
各向不匀固结的 anisotropically consolidated
各向不匀散射 anisotropic(al) scattering
各向等压固结 isotropic(al) consolidation
各向等压固结不排水(剪切)试验 consolidated isotropically undrained test; isotropically consolidated undrained test
各向等压固结排水试验 isotropically consolidated drained test
各向等应力 isotropic(al) stress
各向等应力状态 spheric(al) state of stress
各向等硬化 isotropic(al) hardening
各向均匀沉积物 isotropic(al) deposit
各向均匀压缩 homogeneous compression; isotropic(al) compression
各向均质沉积物 isotropic(al) deposit
各向同等吸光的 monochromic
各向同性 isotropism; isotropy
各向同性板 isotropic(al) plate
各向同性半空间 isotropic(al) half-space
各向同性半无限体 isotropic(al) semi-infinite solid
各向同性饱和土 isotropic(al) saturated soil
各向同性变形 isotropic(al) deformation
各向同性表面噪声 isotropic(al) surface noise
各向同性材料 isotropic(al) material
各向同性层 isotropic(al) layer
各向同性超滤器 isotropic(al) diffusive ultrafilter
各向同性沉积物 isotropic(al) deposit
各向同性弹性梁 isotropic(al) elastic beam
各向同性的 isotropic(al)
各向同性的深层水 isotropic(al) deep water
各向同性等离子体 isotropic-(al) plasma
各向同性等离子体层 isotropic(al) plasma slab
各向同性等压线 isotropic(al) normal compression line
各向同性点<该点上三个主应力相等并且方向明显> isotropic(al) point
各向同性电介质 isotropic(al) dielectric
各向同性对称 isotropic(al) symmetry
各向同性反演 isotropic(al) inversion
各向同性分布 isotropic(al) distribution
各向同性辐射 isotropic(al) radiation
各向同性辐射场 isotropic(al) radiation field
各向同性辐射体 isotropic(al) radiator
各向同性固结作用 isotropic(al) consolidation
各向同性含水层 isotropic(al) aquifer
各向同性化 isotropization
各向同性假设 assumption of isotropy
各向同性结构 isotropic(al) structure
各向同性介质 isotropic(al) medium
各向同性晶体 isotrope; isotropic(al) crystal
各向同性均质土 homogeneous isotropic soil
各向同性可压缩等离子体 isotropic (al) compressible plasma
各向同性空间 isotropic(al) space
各向同性连续斜交板 isotropic(al) continuous skew(ed) plate
各向同性流体 isotropic(al) fluid
各向同性媒质 isotropic(al) medium
各向同性强化模型 isotropic(al) hardening model
各向同性扰动 isotropic(al) turbulence
各向同性热振动 isotropic(al) thermal vibration
各向同性乳胶 isotropic(al) emulsion
各向同性软化模型 isotropic(al) softening model
各向同性散射 ionospheric scatter(ing); isotropic(al) scattering
各向同性散射体 isotropic(al) scatter
各向同性室压 isotropic(al) cell pressure
各向同性受照面 isotropic(al) illuminated surface
各向同性体 isotropic(al) body; isotropic(al) mass
各向同性天体 isotropic(al) body
各向同性天线 isotropic(al) antenna
各向同性通量 isotropic(al) flux
各向同性筒形薄壳屋顶 isotropic(al) cylindrical shell roof
各向同性透明材料 isotropic(al) transparent material
各向同性土 isotropic(al) soil
各向同性湍动 isotropic(al) turbulence
各向同性湍流 isotropic(al) turbulence
各向同性温度系数 isotropic(al) temperature factor
各向同性紊流度 isotropic(al) turbulence
各向同性物质 isotropic(al) substance
各向同性纤维 isotropic(al) fiber[fibre]
各向同性现像 isotropism
各向同性线性弹性 isotropic(al) linear elasticity
各向同性压缩 isotropic(al) compression
各向同性压缩等离子体 isotropic(al) compressible plasma
各向同性应力 isotropic(al) stress
各向同性应力状态 isotropic(al) stress state
各向同性硬化 isotropic(al) hardening
各向同性硬化理论 isotropic(al) hardening theory
各向同性硬化模型 isotropic(al) hardening model
各向同性宇宙 isotropic(al) universe
各向同性源 isotropic(al) source
各向同性噪声 isotropic(al) noise
各向同性张量 isotropic(al) tensor
各向同性震源 isotropic(al) seismic source
各向同性组构 isotropic(al) fabric
各向同性坐标 isotropic(al) coordinates
各向悬臂板 slab cantilevering in all directions
各向压力 pressure all around
各向异性 anisotropic(al) property; anisotropism; directional property
各向异性表面波 anisotropic(al) surface wave
各向异性薄壳 anisotropic(al) shell
各向异性不稳定性 anisotropy instability
各向异性材料 aeolotropic material; anisotropic(al) material; heterogeneous material
各向异性层 anisotropic(al) shell
各向异性常数 anisotropy constant
各向异性传播 anisotropic(al) propagation
各向异性传声介质 anisotropic(al) sound bearing medium
各向异性磁场 anisotropy field
各向异性磁流力学 anisotropic(al) magnetohydrodynamics
各向异性的 anisotropic(al); non-isotropic
各向异性等离子喷流不稳定性 anisotropic(al) plasma jet instability
各向异性电介质 anisotropic(al) dielectric; anisotropic(al) medium
各向异性发射 anisotropic(al) emission
各向异性反常 anomaly of anisotropy
各向异性分布 anisotropic(al) distribution
各向异性钢片 anisotropic(al) steel; oriented steel
各向异性固结黏[粘]土 anisotropically consolidated clay
各向异性固结作用 anisotropic(al) consolidation
各向异性硅钢 directional silicon steel
各向异性硅钢片 anisotropy silicon steel; directional silicon steel strip
各向异性含水层 anisotropic(al) aquifer
各向异性河谷 anisotropic(al) valley
各向异性化作用 anisotropisation
各向异性晶体 aeolotropic crystal; anisotropic(al) crystal
各向异性刻蚀 anisotropic(al) etching
各向异性力系 anisotropic(al) force system
各向异性流体 anisotropic(al) fluid
各向异性媒质 anisotropic(al) medium
各向异性模型丝 anisotropic(al) model filament
各向异性膜 anisotropic(al) membrane
各向异性(木)板 anisotropic(al) plate
各向异性能 anisotropic(al) energy; anisotropy energy
各向异性剖面 anisotropic(al) section
各向异性球 aeolosphere
各向异性曲面 anisotropic(al) surface; anisotropy surface
各向异性取向媒质 anisotropic(al) oriented media
各向异性热膨胀材料 material with anisotropic thermal expansion
各向异性散射 anisotropic(al) scattering
各向异性色散 anisotropic(al) dispersion
各向异性渗流 anisotropic(al) seepage
各向异性失真 spiral distortion
各向异性石英晶体 anisotropic(al) crystal quartz
各向异性弹性 anisoelasticity; anisotropic(al) elasticity; non-isotropic elasticity
各向异性弹性板 anisotropic(al) elastic plate
各向异性弹性地面 anisotropic(al) elastic ground
各向异性弹性梁 anisotropic(al) elastic beam
各向异性弹性体 anisotropic(al) elastic body
各向异性陶瓷 anisotropic(al) ceramics
各向异性体 anisotropic(al) body
各向异性土 anisotropic(al) soil
各向异性物质 anisotropic(al) substance
各向异性误差 anisotropic(al) error
各向异性吸收 anisotropic(al) absorption
各向异性系数 anisotropic(al) coefficient
各向异性现象 aeolotropy; anisotropy; aeolotropism
各向异性像散现象 anisotropic(al) astigmatism
各向异性效应 anisotropic(al) effect
各向异性斜板 anisotropic(al) skew plate
各向异性形状 shape anisotropy
各向异性压力 anisotropic(al) pressure
各向异性岩石 anisotropic(al) rock
各向异性岩体 anisotropic(al) rock mass
各向异性因数 anisotropy factor
各向异性应力 anisotropic(al) stress
各向异性硬化 anisotropic(al) hardening
各向异性硬化模型 anisotropic(al) hardening model
各向异性增益 anisotropic(al) gain
各向异性折射 anisotropic(al) refraction
各向异性指数 anisotropic(al) index
各向异性组构 anisotropic(al) fabric
各向异性组织 anisotropic(al) structure
各项费用付讫 charge paid
各项投资 miscellaneous investment
各项需用量计划 plan of necessities
各项支出费用 expenditure of outlay cost

各行标题索引 key to line headings
各行各业 all trades and professions; all walks of life; every industry or trade; numerous walks of life; various walks of life
各型门芯 door type cores
各型汽车共用车道【交】general lane
各学科间的 inter-disciplining
各学科之间的 interdisciplinary
各迂回径路都可通用的客票 ticket available over alternative routes
各月平均流量 monthly discharge
各运输方式 intermodal
各运输方式间的竞争 intermodal competition
各运输方式交接站背负式挂车枢纽 intermodal exchange
各运输方式交接站背驮式挂车枢纽 intermodal exchange
各运输方式联运直达列车 intermodal train
各载波(频率)之间的差别 intercarrier distance
各站电话 interstation telephone
各站(养路)电话机 interstation/track maintenance telephone set
各种比例尺的 multiscale
各种标志清晰度 definition of mark image
各种标志清晰度差 bad sharpness
各种标志清晰度好 good sharpness
各种标志清晰度中等 middle sharpness
各种不同长度的钻杆 steel change
各种不同的运输方式 alternative modes of transportation
各种车辆出租行 livery
各种尺寸的 varisized
各种大小的 varisized
各种道路场地通用的起重机 all-terrain crane
各种的 sundry
各种店铺 <包括服务业> commercial establishment
各种方式的 multimedia
各种费用价目表 miscellaneous charges
各种格子 panel
各种各类的聚合 assortment
各种各样的 assorted; diversified; omnifarious; varied; various
各种各样的部件 miscellaneous parts
各种涵义的年龄 ages of various meanings
各种回填 miscellaneous backfill
各种会计方法 accounting alternatives
各种集食量 many feed intake capacity
各种技术服务站 one-stop station
各种加价清算收入 sundry increased prices liquidated revenue
各种夹具 nippers
各种交通方式(废气)排放模型 modal-emissions model
各种晶出体 different crystallite
各种面 different surface
各种权益 various interests
各种色彩的砖石接头 masonry joints of different colo(u)rs
各种设备 miscellaneous
各种声音级别之总和 total sound level
各种湿度 different moisture levels
各种输入能源的核计 energy audit
各种胎体 <金刚石钻头> various matrixes
各种提取剂 various extractant
各种挖泥业务 a variety of dredging activities
各种温度点 different temperature point
各种污染物质比例 ratio of pollutants
各种系统备选方案 various system alternatives
各种线 different line
各种小零件 miscellaneous small parts
各种型式攻丝机 miscellaneous tapping machine
各种修改 various revisions
各种永久性 various permanent
各种用途 various uses
各种运输方式间定期联运列车 scheduled intermodal train
各种直径的半圆钢 half-round
各种状态 different state
各种自动饮水器 different size of autodrinker
各种阻火剂 many fire retardant chemicals
各种钻探情况 various drilling condition
各州建筑规范 state building code
各主要编组场间编组工作的分配 distribution of marshalling work between major yards
各主要车站间运价表 principal station-to-station rate table
各专业 varied discipline
各自责任 several liability

铬 埃洛石 chromhalloysite

铬氨络合物法 chromium ammino complex method
铬白云石砖 chrome-dolomite brick
铬白云质耐火材料 chrome-dolomite refractory
铬板 chromium plate; chromium sheet
铬变素 chromotrope
铬变酸 chromotropic acid
铬表面处理 chromium finish
铬波莫合金 chrome permalloy
铬玻璃 chromium glass
铬不锈钢 chromium stainless steel; straight-chromium stainless steel
铬橙(色) chrome orange; chromic orange
铬橙颜料 chrome orange pigment
铬处理 chrome treatment
铬磁性钢 chromium magnet steel
铬淡黄色 chrome primrose
铬当量的 dichromic
铬的 chromic
铬电池 pneumatic cell
铬锭 chromium ingot
铬钒 chrome-vanadium
铬钒钢 chrome-vanadium steel
铬钒系工具钢 Halvan tool steel
铬分析仪 chromium analyser [analyzer]
铬粉 chromium powder
铬覆盖层 chromium coating
铬钙矿 chromatite
铬钙石 chromaite
铬钙铁榴石 ugrandite
铬酐 chromic acid; chromic anhydride
铬刚玉 pink fused alumina
铬刚玉耐火材料 chrome-corundum refractory
铬刚玉质耐火材料 chrome-silica refractory
铬刚玉砖 chrome-corundum brick
铬钢 chrome steel; chromium steel
铬高岭石 volchonskoite
铬革 chrome leather
铬革套 chrome leather sleeve
铬钴磁性钢 chromium-cobalt magnet steel
铬硅 chrome-silicon
铬硅不起皮钢 chromium-silicon nonsealing steel
铬硅齿轮钢 chromium-silicon gear steel
铬硅镀层 chromium-silicon coating
铬硅钢 chrome-silicon steel
铬硅耐热钢 silchrome
铬硅线石耐火材料 chromesillimanite refractory
铬硅云母 chromian phengite; mariposite
铬硅砖 chrome-silica brick
铬合金 chrome alloy
铬合金(钢)转轮 chromium alloy runner
铬合金工具钢 Ontario
铬黑 chrome black
铬红 chromate red; chrome red; derby red; Persian red
铬红颜料 red cedar pigment
铬华 chrome ochre
铬化 chromaking; chromising [chromizing]; chromium impregnation; Iriditing
铬化处理 chromising [chromizing] process
铬化处理涂层 chromate coating
铬化镀层 iridite
铬化合物 chromic compound; chromium compound
铬化镧陶瓷 lanthanum chromite ceramics
铬化氢 hydrogen chrome
铬化砷酸铜 chromated copper arsenate
铬化锌底漆 zinc chromate primer
铬黄 chrome; lead chromate; Leipzig yellow; yellow chrome
铬黄漆 chrome yellow paint
铬黄铜 chrome brass
铬黄颜料 chrome orange pigment; chrome yellow pigment
铬基腐植酸 chromium humic acid
铬基合金 chromium base alloy; Croloy
铬基和钼基耐热合金 alpha alloy
铬基耐火材料 chrome-base refractory
铬钾矾 chromic potassium sulfur; potassium chromic sulfur
铬钾矿 lopraite
铬尖晶石 chrome spinel(le); picotite
铬尖晶石砖 chrome-spinel brick
铬坚牢橙 chrome fast orange
铬坚牢花青 chrome fast cyanine
铬坚牢黄 chrome fast yellow
铬坚牢绿 chrome fast green
铬胶 chromate gelatin
铬胶翻版【测】chromate duplicate copy
铬接触掩模 chromium-in-contact mask
铬金红石 chromrutile; redledgeite
铬金属陶瓷镀层 chromium cermet coating
铬精 chromogen
铬精染料 <商品名> Chromogene dye
铬孔雀绿 chrome peacock green
铬矿砂 chrome ore; chromium ore
铬矿石 chrome ore; chromium ore
铬矿物 chromium mineral
铬矿渣 chromium slag
铬矿砖 chrome brick
铬蓝黑 eriochrome blue black
铬离子 chromium ion
铬粒 chromium shot
铬磷铝石 tangaite
铬铝工具钢 chromium-aluminium tool steel
铬铝钴耐热钢 Kanthal
铬铝钴铁合金 Kanthal alloy
铬铝硅合金钢 sichromal steel
铬铝红 chrome-alumina red
铬铝耐热钢 chromium-aluminum heat-resisting steel
铬铝热电偶 chromel-alumel couple
铬铝石 selwynite
铬铝丝 chrome-alumin(i)um wire
铬铝桃红 chrome-alumina pink
铬铝陶瓷金属 metamic
铬铝英石 miloschite
铬铝质耐火材料 chrome-alumina refractory
铬铝砖 chrome-alumina brick
铬绿 chrome ochre; chromium oxide; hydrated chromium oxide green; viridian <水合氧化铬>
铬绿帘石 tawmawite
铬绿泥石 chromium-chlorite; kammererite; rhodochrome; rhodophllite
铬绿色 chrome green
铬绿色玻璃 chrome green glass
铬绿颜料 chrome green pigment; green oxide chromium pigment; milori green pigment
铬络合物 chrome complex
铬媒染剂 chrome mordant; chromium mordant
铬媒染料 chrome dye
铬镁尖晶石 magnesiochromite; picrochromite
铬镁(耐火)砖 chrome-magnesite brick
铬镁质耐火材料 chrome-magnesia refractory; chrome-magnesite refractory
铬镁质耐火砖 chrome-magnesite firebrick
铬镁砖 chromium-magnesium brick; magnesic chrome brick; magnesite chrome brick
铬蒙脱石 volchonskoite
铬锰氮钢 chrome-manganese nitrogen steel
铬锰钢 chromador; chrome-manganese steel; chromium-manganese steel
铬锰硅钢 chromansil
铬锰硅合金钢 chrome-manganese-silicon alloy steel
铬锰合金 chromansil
铬明矾 chrome alum; chromic alum; chrome potash alum
铬膜电阻器 chromium film resistor
铬木素 <化学灌浆材料> chrome lignin(e)
铬钼 chrome molybdenum
铬钼不锈钢 chromium-molybdenum stainless steel
铬钼(合金)钢 chrome-molybdenum steel; chromium-molybdenum steel; Hascrome
铬钼结构钢 chromium-molybdenum structural steel
铬钼耐热合金钢 Croloy
铬钼铅矿 chromowulfenite
铬钼特殊耐磨钢 adamant steel
铬钼钨钢 Chromow
铬耐火砖 chrome firebrick; chrome refractory brick; chromium firebrick
铬泥浆 chrome mud
铬黏[粘]土 alexandrolite
铬镍奥氏体不锈钢 chromium-nickel austenite stainless steel
铬镍不锈钢 chromium-nickel stainless steel
铬镍齿轮钢 chromium-nickel gear steel
铬镍低碳合金钢 chromium-nickel low carbon steel
铬镍钢 chrome-nickel steel; chromium-nickel steel
铬镍焊条 chromium-nickel electrode

G

铬镍合金 chrome-nickel alloy; chronel; Uniloy alloy
铬镍化探 geochemical exploration for chromium and nickel
铬镍结构钢 chromium-nickel structural steel
铬镍康铜热电偶 chromel-constantan thermocouple; chromel-copel thermocouple
铬镍铝镍热电偶 chromel-alumel thermocouple
铬镍铝镍温度计 chromel-alumel thermometer
铬镍钼耐热钢 Timken
铬镍耐蚀耐热钢 pyrasteel
铬镍耐酸钢 chromium-nickel acid-resisting steel
铬镍特种合金 chronite
铬镍铁合金 inconel; ineonel
铬镍铁耐热合金 Silfram
铬镍铁耐热耐蚀合金 inconel
铬镍铜镍热电偶 chromel-copel thermocouple
铬镍线 chrome-nickel wire
铬柠檬色 chrome citron; chrome lemon
铬偶氮配合染料 chrome azo complex dye
铬抛光剂 chromium polish
铬硼化锆镀层 chromium-zirconium-boride coating
铬铅红颜料 chrome red pigment
铬铅矿 crocoite
铬青铜 chromium-bronze
铬染废水 chrome dye ing waste
铬染料 chromic colo(u)r
铬鞣羔革 chrome kid
铬鞣革 chrome tanned leather
铬鞣液回收 chrome recovery
铬色 chrome colo(u)r
铬砷酚合剂 <木材防腐剂> flour-chrome-arsenate-phenol
铬砷合剂 <木材防腐剂> green salt
铬砷铅铜矿 fornacite
铬酸 chrome acid; chromic acid
铬酸铵 ammonium chromate
铬酸铵铁 ferriammonium chromate
铬酸钡 baryta yellow; lemon chrome; barium chromate
铬酸钡分光光度法 barium chromate spectrophotometry
铬酸钡黄颜料 lemon chrome yellow
铬酸钡间接分光光度法 barium chromate indirect spectrophotometry
铬酸钡间接原子吸收分光光度法 barium chromate indirect atomic absorption spectrophotometry
铬酸铋 bismuth chromate
铬酸处理 chromadizing; chromating; chrome acid treatment
铬酸电池 chromic acid battery; chromic acid cell
铬酸锌底漆 zinc chromate primer
铬酸废物处理 chrome acid waste treatment
铬酸钙 calcium chromate
铬酸钴 cobalt-chromate
铬酸混合液 chromic acid mixture
铬酸钾 potassium chromate
铬酸钾锌 zinc potassium chromate
铬酸镧陶瓷 chromic lanthanum ceramics
铬酸钠 sodium chromate
铬酸铅 lead chromate; plumbous chromate
铬酸铅包核颜料 lead chromate coated pigment
铬酸铅包膜颜料 lead chromate coated pigment
铬酸铅颜料 lead chromate pigment
铬酸清洗 chrome pickle
铬酸铯 c(a)esium chromate
铬酸锶 strontium chromate; strontium yellow
铬酸锶镧陶瓷 strontium lanthanum chromate ceramics
铬酸铊 thallium yellow
铬酸铁 ferric chromate; iron chromate
铬酸铜 <木材防腐剂> celcure; copper chromate
铬酸雾 mist of chromic acid
铬酸锡玻璃 mineral lake
铬酸锌 zinc chromate
铬酸锌包二氧化硅 zinc chromate-coated silica
铬酸锌包核颜料 zinc chromate-coated pigment
铬酸锌防锈涂料 zinc chromate rust-proofing paint
铬酸锌钾 potassium zinc chromate
铬酸锌涂底料 zinc chromate primer
铬酸亚汞 <绿色色料> mercurous chromate
铬酸(亚)锡 stannous chromate
铬酸盐 chromate
铬酸盐处理 chromate treatment; chromating
铬酸盐钝化处理 chromatizing; chromate passivation treatment
铬酸盐废水 chromate wastewater
铬酸盐化合物 chromate compound
铬酸盐浸渍处理 pylumin process
铬酸盐涂料 chromate coating
铬酸盐颜料 chromate pigment
铬酸盐抑制剂 chromate inhibitor
铬酸(阳极)氧化膜 chromic acid oxidation coating
铬酸银 silver chromate
铬钛锑氧化物复合阳极 chromium-titanium-antimony oxide composite anode
铬碳钢 chrome-carbon steel
铬天青 chromazurine; chrome azurol
铬铁 chromic iron; chromium iron; ferro-chrome(iron)
铬铁比 Gr-Fe ratio
铬铁合金 chromium iron; chrome iron; ferro-chromium
铬铁矿 chromic iron ore; chromite
铬铁矿矿石 chromite ore
铬铁矿耐火材料 chromite refractory
铬铁矿石 chrome iron ore
铬铁岩 chromitite
铬铁砖 chromite brick
铬铜合金 chrome copper alloy; chromium-copper alloy
铬铜建筑钢 chromador
铬铜耐腐蚀钢 cupritic steel
铬铜线 chromium-copper wire
铬透磁钢 chrome permalloy
铬污染 pollution by chromium; pollution of chromium
铬污染物 chromium pollutant
铬钨钒钢 chromium-tungsten vanadium steel
铬钨钢 chrome-tungsten steel
铬雾抑制剂 chromium fog inhibitor
铬锡红 chrome tin pink; chrome-tin red; pink colo(u)r
铬心肯 germanium pellet
铬锌合剂 chromated zinc chloride
铬星 chromium star
铬猩红 chrome scarlet; scarlet chrome
铬循环 chromium cycle
铬盐 chromic salt; chromium salt
铬盐分解 chromatolysis
铬盐相片 chromatype
铬颜料 chrome pigment
铬掩模 chrome mask
铬氧化铝金属陶瓷 metamic
铬氧化物 chromium oxide
铬伊利石 avalite
铬印染黄 chrome printing yellow
铬硬化钢 chrome hardened steel
铬云母 avalite; chrome mica; fuchsite; verdite
铬皂 chromium soap
铬渣 chromic slag
铬赭石 chrome ochre
铬质金星玻璃 chrome aventurine
铬质耐火材料 chrome refractory
铬质颜料 chrome colo(u)r
铬中毒 chromium poisoning
铬重晶石 hashemite
铬朱红 chrome vermil(l)ion
铬铸铁 chromium cast iron
铬砖 chromium brick
铬族元素 chromium group element
铬唑黄 chromazol yellow

给

给爆破孔填充炸药的工人 powderman
给泵灌水使之起动 prime a pump
给变量赋初值 initialize a variable
给操作员送信息 write-to-operator
给车轮装链 chaining
给出"线路开通"信号 signal clear
给船上煤 coal a ship
给电 power-on
给订单元 setter cell
给定程序 preset sequence
给定程序的 preset
给定弹道 prescribing trajectory
给定的 given
给定点 given point; set point
给定点调节器 set point adjuster; set value adjuster
给定点整定器 set point adjuster
给定方式 set mode
给定方位的长度应变 longitudinal strain of given direction
给定方位的剪应变 shear strain of given direction
给定分布 specified distribution
给定极限 prescribed limit
给定技术条件 specified criterion
给定精度 given accuracy
给定镜像面 given mirror plane
给定量 specified rate
给定偏差法 method of a given deviation
给定器 control point adjustment
给定时间 given time; preset time
给定式增压器 positive-displacement supercharger
给定输出功率 given power output
给定速度 set speed; specified speed
给定条件 specified criterion
给定温度控制 limit control
给定序列时间 numeric(al) time
给定压力 setting pressure
给定约束条件 specifying constraint
给定值 desired value; given value; set point value; set(ting) value; specified value
给定值变换器 set point station
给定值调节器 set point adjuster; set value adjuster
给定值调整 control index setting
给定值范围 range of set value
给定值控制 set point control
给定值控制系统 set point computer control system
给定装置 setter
给定状态 set mode
给房屋安装设备 plenish
给粉机 pulverised [pulverized] fuel feeder
给附件传动 accessory drive
给钢筋加预应力 prestressing reinforcement
给工程配套的铲斗 job-matched bucket
给光量 light supply
给光效应 on-effect
给加润滑脂 slush
给浆筒 furnisher
给奖金 subsidize
给金属打标志的冲凿 prick punch
给进 feed-in
给进变速把手 feed change lever
给进变速装置 feed change unit
给进变向把 feed-shifter
给进长度 <钻机的> feed length; length of feed
给进齿轮 feed gear
给进齿条 feed rack
给进范围 feed range
给进弓形杆 chopper bar
给进和冲洗液调节器 flume-and-flow controller
给进和提升 feed and pull-out
给进机构 <钻机的> feeding mechanism
给进机构上举能 lifting capacity of feed mechanism
给进控制阀 feed control valve
给进力 feeding thrust
给进立轴 feed spindle
给进率 feed ratio
给进轮 feed wheel
给进螺杆 feed screw
给进手把 feed lever
给进速度 <钻进时> penetration feed; penetration speed; feed speed
给进速度指示器 feed rate indicator
给进套筒 feed quill
给进调节液压缸 <转盘钻进时> tension controlled cylinder
给进蜗杆 feed worm
给进系统 feed system
给进行程 feed stroke; feed travel
给进压力 feeding pressure; forward thrust
给进油缸 feed cylinder
给进支架 feed leg
给进轴 feed shaft
给井内事故打印痕 take a picture
给卡车装载 truck loading
给矿槽 feed launder
给矿方法 method of feeding
给料 deliver; feed; supply
给料泵 charge pump; charging pump; delivery pump; feed(ing) pump; steam feed pump
给料仓 hopper feeder
给料槽 feeder trough; feed trough
给料称量器 extractor-weigher
给料秤料器 feeder weigher
给料传送带 feeder conveyer[conveyor]
给料带 charging conveyer[conveyor]
给料斗 boot; feed bin; feed(ing) skip
给料端 feed end
给料端排渣室 feed end refuse extraction chamber
给料分配箱 distributing box
给料杠齿轮 gear for feed rod
给料刮板 feed shoe
给料管 feed pipe; raw material feed pipe
给料机 batcher; distributor; feed bar; feeder(machine); feeding machine; material feeder; mechanical feeder
给料机杆 feed bar
给料机器 aggregate feeder
给料截止阀 feed stop valve
给料颗粒 feed particle

给料孔 feed well
给料口 material inlet
给料口排料口宽度比 < 破碎机 > gape-to-set ratio
给料口最大宽度 gape
给料粒度级 feed-fraction
给料量 pick-up
给料量斗 batchmeter [batchmetre]; measuring pocket
给料(溜)槽 feed chute; chute feeder
给料溜管 feed spout
给料漏斗 batchmeter [batchmetre]; feed hopper
给料履带 transition belt
给料螺旋 spreader screw
给料螺旋中心 feed screw center
给料盘 delivery plate; feed tray
给料皮带 feed belt
给料皮带机 transition belt
给料偏心轮 feeder drive eccentric
给料器 batch feeder; bunk feeder; dispenser; feeder; hopper; materials feeder
给料取样机 feed sampler
给料筛 feeder screen
给料筛带 feeder belt
给料设备 feeding equipment
给料室 feed compartment; feeder compartment
给料输送带 feed belt
给料输送机 feed belt; feed(er) conveyer[conveyor]
给料速度 feed speed
给料速率 delivery rate; feed rate
给料台 feeder floor
给料调节器 delivery regulator; feed controller; feed regulator
给料物质 feed material
给料箱 feed box
给料效率 charge efficiency
给料运输机 feed conveyer [conveyor]; infeed conveyer[conveyor]
给料装置 feed apparatus
给煤 coal supply
给煤粉机 pulverised[pulverized] coal feeder
给煤机 coal feeder; fuel feeder
给煤机挡板 feeder baffle
给煤机平台 feeder floor
给煤设备 coal handling facility
给棉机 cotton feeder; cotton feeding machine
给免费乘车 deadhead
给铺石板 slate
给漆辊 fountain roller
给漆盘 fountain pan
给气 feed; give gas
给气阀 feed valve
给气管网 supply net
给气开关 feeding cock
给气上升管 rising service pipe
给气上竖管 rising service pipe
给气式通风 supply ventilation
给汽油泵 gasoline feed pump
给燃料泵 fuel feed pump
给燃油泵 oil fuel feed pump
给热能力 heating capacity
给人承包 put out to contract
给色量 colo(u)r value; colo(u)r yield
给沙器 furnisher
给砂管出口 sanding outlet
给砂机 sand feeder
给湿 conditioning; dewing; humidifying
给湿机 conditioning machine; damping machine; dewing machine; moistening machine
给湿拉幅机 conditioning tentering machine
给湿刷毛机 brush-dewing machine
给湿脱湿机 wet spreader and extractor
给湿装置 moistening installation; wetting apparatus
给石机 rock feeder
给时者 zeitgeber
给体 donor
给挖掘机清理工作面 shovel cleanup
给文件加边 indent
给许可证 licensing
给药 administration
给药机 reagent feeder
给药机组 reagent-feeder battery
给以装嵌隅石块 quoin
给用户维修履带的业务 custom track service
给油 fuel feed; oil feed; oil supply
给油泵 oil feed pump
给油泵轴 oil pump shaft
给油导管 feed block
给油阀 filling valve
给油阀组 valve block
给油工 oilman
给油管网 supply net
给油辊 finish roll
给油机 grease lubricator
给油计 fuel supply ga(u)ge
给油器 oil feeder
给油套节 oil feeding socket
给油停闭阀杆 oil cut-out valve spindle
给油系统 feed system; oil feeding system
给油箱 oil dropping apparatus; refueling tank; supply tank
给油箱加油口盖 breather filler cap
给油压力 feed oil pressure
给油指示器 feed glass
给油总阀 oil cut-out valve
给油总阀盖 cap for plugging oil cut-out valve
给油嘴 feed cock
给予 afford; giving; vest(ing)
给予货运有利条件 concessions for goods traffic
给予记过处分 gig
给予赔偿 indemnification; pay an indemnity
给予特许者 franchiser
给予特许证 franchiser
给予体【化】donor; donator
给予物 giving
给予信贷 allow a credit
给予优先权 afford priority
给予折扣 discount granted
给与 impart; rendition
给与的 furnished
给与感光力 sensitize
给与权利或资格 entitle
给与特权 privilege
给与物 impartment
给与资格 qualify
给皂水器 soap dispenser
给纸辊 feed roll
给纸键 paper feed key
给纸装置 feeding device; feeding unit
给质子溶剂 protogenic yield
给质子溶质 proton donor solute

根 radix; root【数】

根拔坑凸地 cradle knoll
根被皮 epiblem
根本 grass roots; parent body; radix
根本变化 radical change
根本法 constitutional law
根本法则 underlying principle
根本方针 principle
根本利益 basic interests; fundamental interests
根本目的 fundamental goal
根本区别 basic difference
根本性 fundamentality
根本性变更 cardinal change
根本性违约 fundamental breach
根本原理 cardinal principle; fundamental principle
根本原因 basic reason; root cause
根本原则 cardinal principle; fundamental principle
根本战略思想 fundamental strategic concept
根本转变 right-about-face
根壁 end wall
根编译程序 root compiler
根部 root(age); root segment
根部半径 radius of root
根部单板 butt veneer
根部断面 root section
根部防护的 root-resisting
根部焊道 penetration head; root pass; root run; root sealer bead
根部焊缝 root run
根部焊接 root pass welding; root run welding
根部焊接机 root pass welder
根部焊透层 root penetration
根部加固 < 焊接 > root reinforcement
根部间隙 root gap; root opening
根部冷却叶片 root-cooled blade
根部裂纹 root crack
根部膨大 root swelling
根部坡口 root groove
根部切除装置 butt severing device
根部切割器 bottom cutter
根部缺陷 root defect
根部熔深 root penetration
根部施焊用焊条 reverse side welding electrode
根部受拉的弯曲试验 root-bend test
根部受拉的弯曲试样 root bend specimen
根部突起 root swelling
根部弯曲试验 root-bend test
根部未焊透 incomplete root penetration; lack of root fusion
根部直径 root diameter
根材 root timber
根菜单 root menu
根菜类蔬菜 root vegetation
根层区 rhizosphere
根插(条) root cutting
根长 root length
根常数 root constant
根出条 root sucker; shoot; sobole; sucker
根除 deracinate; eradicate; eradication; stub(bing); subdue; uproot
根除器 eradicator
根除杂草 extirpate
根窗口 root window
根丛 network of roots
根簇 root mat
根带 root band; root zone
根带的地层 strata of rootzone
根单贴现本票 documented discount note
根的集中度 root concentration
根的阶 multiplicity of root
根的近似求法 approximation of root
根的精度 precision of root
根的平方法 root-squaring method
根的实性 reality of roots
根的位置 location of root
根的种类 kinds of root
根底 bed rock; foundation stone
根雕 root carving
根端 butt end
根端部 radicle; radicula
根端处理 butt treatment
根端膨大的 butt-swell; swell-butted
根端跳起 kick
根端原木 butt log
根端直径 butt diameter
根段 root segment
根段材 < 跳过采脂面的 > jump butt
根段可寻址区 root segment addressable area
根方程 radical equation
根方法 root-squaring method
根分叉部 root furcation
根腐 bite rot; butt rot; root rot
根冠 root cap
根冠形状 shape of the root cap
根管 root canal
根管长度测量器 root canal depth ga(u)ge
根管超填术 root canal overfilling
根管充填 root canal filling
根管充填器 canal plugger; root canal filler; root canal plugger; root plugger
根管冲洗 root canal irrigation
根管锉 root canal file
根管分支 root canal ramification
根管封闭剂 root canal sealant
根管干燥器 root canal dryer[drier]
根管扩大针 reamer
根管扩孔钻 root canal reamer
根管清扫剂 root canal cleaner
根管塑化 liquid root canal filling
根管塑化剂 root canal resinifying agent
根管塑化术 resinifying therapy of root canal
根管塑化液 resinifying solution for root canal
根管钻 pulp canal drill
根轨迹 root locus
根轨迹法 root locus method
根轨迹图 root locus diagram
根轨迹图示 root locus plot
根焊 root pass
根号 radical; sign of evolution; sign of root; radical sign【数】
根号下的 subradical
根环 whorl of roots
根基 staddle; underwork
根基段 root segment
根基官能名称 radico functional name
根际 rhizosphere; rooting zone
根际材积 stump scale
根际效应 rhizosphere effect
根寄生物 root parasite
根尖 apex radicis dentis; root apex; root tip
根检验法 root test
根接 piece-root grafting
根节点 root node
根茎【植】rhizome; rhizocaul
根茎草 bent grass
根茎发达的 root growth
根茎泥球 < 带泥扎成球形的树木根茎 > root ball
根颈 collar; collet; root collar; root neck
根据保险公司意愿继续承保 held covered at the discretion of the underwriter
根据本船全损的全损险 total loss only by total loss of vessel
根据标准的 measured
根据标准罗经 per standard compass
根据标准样品 according to standard sample
根据测量记录折算高程 reduction of levels
根据长期使用而获得的 prescriptive

G

根据成本定价 cost-oriented pricing
根据地 strong hold
根据地图辨认 identify by the map
根据地图判读 identify by the map
根据电压调节 volts-to-hertz regulation
根据短期记录推算 extending of short-term records
根据断续线勾绘的等高线图 line drop contour chart
根据费用定价 cost-oriented pricing
根据钢绳冲程的特点确定钻头在孔底的工作状态 talk to the line[rope]
根据航空照片修正的 photorevised
根据合同 excontractu
根据合同的诉讼 action ex contractu
根据和解作出的仲裁裁决 avoidance upon settlement
根据恒星测定的 sidereal
根据监测结果进行的保养 monitored maintenance
根据经验 as a matter of experience; rule-of-thumb
根据科学成果制成的 science-oriented
根据可靠性准则 reliability-based criterion
根据控制点定向 adjust on control points
根据陆地确定方位 make land
根据罗经 per compass
根据买方通知发货 delivery on call; on demand; on request
根据买方通知交货 delivery on call
根据排代原理运转的流量计 displacement type liquid meter
根据频率计算洪水 frequency-basis flood
根据期票领取现款 cash a bill
根据其典型形状识别出来 be recognized by their characteristic shape
根据契约 excontractu
根据契约的诉讼 action ex contractu
根据侵权行为的诉讼 action ex delicto
根据情况 according to circumstances
根据权利的干涉 intervention by right
根据燃料计算 based on fuel
根据人身要求设计的 human-engineered
根据事件的模拟 event-based simulation
根据事件模拟法 event-based simulation
根据所对角度测量的 subtense
根据通话次数计费的用户 message rate subscriber
根据同类型已建工程费用估算费用 degree estimate
根据统计的可能性 percentage
根据图纸 figuring
根据土壤化学反应 according to the chemical reaction of soil
根据土质条件设计 designing for soil conditions
根据……推测 found a conjecture on
根据推算结果进行保养 predicted maintenance
根据陀螺罗经 per gyrocompass
根据陀螺罗经航向 per gyrocompass course
根据现场资料 on the field basis
根据协定救助 salvage by agreement
根据信号显示行车 train operation by signal indications
根据需求调配公共汽车系统 demand activated bus system
根据需要 as circumstances demand
根据样品 per example; per sample
根据要求 on request
根据照片修测地图 photo revision
根据制造成本分配 distribution based on manufacturing cost
根距 root distance
根绝 cut up; uproot(ing)
根靠接 root grafting by approach
根孔 root hole
根瘤 nodule; root nodule; root tubercle
根瘤菌 nodule bacteria; rhizobium
根路径 root path
根络 earth anchor
根母 back nut
根目录 root directory
根纳斯机车火箱 Gaines locomotive furnace
根攀植物 root climber
根劈作用 rootwedging
根平均直径 average root diameter
根铺表土 surface matting of roots
根区 root zone
根圈灌溉 pan irrigation
根群 root mass
根深(蒂固)的 deep-rooted; deep-seated
根渗出物 root exudate
根生杂草 root weeds
根实验室 root laboratory
根式 radical expression; radical【化】; surd【数】
根式的指数 index of radicals
根树 rooted tree
根数 radical; root
根数变值法 variation of elements
根死甲虫 death watch beetle
根算 rough calculation
根套 cuff
根特港 < 比利时 > Port Ghent
根特纳矿 gentnerite
根挺 root elevator
根土 seat earth
根土岩 root clay; root seat
根团 root ball
根托 rhizophore
根弯试验 < 焊缝的 > root-bend test
根围 rhizosphere
根系 descending axis; network of roots; rhizotaxy; root system
根系层 rootlet bed; root zone
根系的长度 extent of the root system
根系发展区 root room
根系分布 root distribution
根系分布区 root room; root spread
根系分枝 root system branches
根系活动层 root room; root zone
根系交织 matting of roots
根系扩张 root expansion
根心 radical center[centre]
根须 < 焊点边缘的 > coring; intrusion
根压 bleeding pressure; root pressure
根用作物 root crop
根由 mother
根域 root field
根圆 radical circle
根圆直径 root diameter
根源 germ; parent body; rootage
根砧木 rootstock
根枝过滤法 rhizofiltration
根枝接 scion grafting on root
根值 radix; root
根值记数法 base notation; radix notation
根值判别法 root test
根值数 radices; radix
根指数 index of a radical
根肿菌属 < 拉 > Plasmodiophera
根轴 radical axis
根株 nog; stool
根株材 root wood; stumpwood
根株花纹 stump figure
根株压条 stool layer(ing)
根主区 root-hair zone
根桩 rootstock
根状结核 rhizocretion concretion
根状茎 rhizome; rootstock
根状菌索 rhizomorph

跟

跟不上进度 behind schedule
跟部 heel
跟部固定式尖轨 rigid switch heel type
跟车测速法 car following method
跟车工 run rider; trip rider < 卸料车的 >
跟车距离 following distance
跟车理论 car-following theory
跟车模式 car-following model
跟单承兑 documentary acceptance
跟单承兑汇票 documentary acceptance bill
跟单汇票 documentary bill; documentary draft; documentary remittance; documented bill
跟单期票 documentary promissory note
跟单托收 collection on documents; documentary collection
跟单销售 documentary sale
跟单信用证 documentary letter of credit
跟单信用证业务 documentary credit operation
跟单信用状 documentary letter credit
跟刀架 follow(er) rest; movable support; moving stay follow-rest; travel(l)ing stay; travel(l)ing steady
跟端缓动铜环 heel end slug
跟管钻进 drilling with casing; follow-down drilling
跟焦镜头 follow focus lens
跟进起飞 stream takeoff
跟进装置 inshot
跟距 < 辙叉的 > heel distance
跟距扣板 heel spread clip
跟面 heel
跟片 < 继电器的 > heel piece
跟区 calcaneal region
跟日风 round wind
跟上时代 keep up with the times
跟上预计的吞吐量增长 keep pace with the predicted growth in throughput
跟随控制 follow-up control; self-aligning control
跟随列车 following train
跟随器 follower
跟随系统 following system
跟随运动 accompany movement
跟外侧支 lateral calcaneal branches
跟网 calcaneus rete
跟膝试验 heel-knee test
跟压力 heel pressure
跟延长【铁】 heel extension
跟震 heel-jar
跟支 calcaneus branches
跟着而来 ensue from; ensue on
跟踪 following; lock-on; padding; tracing; tracking; trail
跟踪棒 rod follow-up
跟踪包 trace packet
跟踪保持 track hold
跟踪本领 tracking power
跟踪笔 travel(l)ing pencil
跟踪边缘 following limb
跟踪编码经纬仪 tracking encoded theodolite
跟踪标志 tracking mark
跟踪表 trace table
跟踪波道 tracking channel
跟踪波束 locked-on beam; tracking beam
跟踪程序 trace program(me); trace(r) routine; tracing routine; tracking program(me); tracking routine
跟踪传动装置 tracking driven device
跟踪船 ocean range vessel
跟踪窗 tracking window
跟踪磁北基准 continuous magnetic north reference
跟踪等高线的 contour-following
跟踪地址寄存器 track address register
跟踪电路 tracking circuit
跟踪电视 tracking television
跟踪电位计 follow-up potentiometer
跟踪垫 tracing backing
跟踪读出 follow-up readout
跟踪读数 follow-up reading; follow-up readout
跟踪发射机 track transmitter
跟踪发生器 tracking generator
跟踪阀 tracer valve
跟踪法 tagging method; tracing; tracking
跟踪反射镜 tracking mirror
跟踪范围 following range; trace range; tracking coverage; tracking range
跟踪方式 tracking mode
跟踪放大器 follower amplifier; follow-up amplifier
跟踪分辨率 track resolution
跟踪符号 tracking symbol
跟踪功能 trace facility
跟踪航行 track
跟踪和数据获得 tracking and data acquisition
跟踪和数据获得系统 tracking and data acquisition system
跟踪和数据获取 tracking and data acquisition
跟踪和数据获取系统 tracking and data acquisition system
跟踪和数据中继卫星系统 tracking and data relay satellite system
跟踪河底沙丘测流量法 riverbed dune tracking method
跟踪回波起伏 tracking jitter
跟踪机构 follower; tracer; tracker
跟踪激光雷达 tracking laser radar; tracking lidar
跟踪计数器 tracking counter
跟踪计算机 tracking computer
跟踪检查 audit trial
跟踪接收机 tracking receiver
跟踪精度 tracking accuracy
跟踪距离 tracking range
跟踪聚光灯 follow spotlight
跟踪控制球 tracking and control ball
跟踪控制中心 tracking and control centre tracking and control center [centre]
跟踪馈电 tracking feed
跟踪雷达 tracking radar
跟踪雷达站 radar tracking station
跟踪例行程序 tracking routine
跟踪灵敏度 tracking sensitivity
跟踪流程 trace flow
跟踪滤波 tracing filtering
跟踪滤波器 tracking filter
跟踪瞄准点 sight tracking line; tracking point
跟踪模开关 tracking mode switch
跟踪目标 trackdown
跟踪能力 traceability
跟踪飘流浮标 tracking drift buoy
跟踪频率 tracking frequency
跟踪评估 follow-up evaluation
跟踪器 tracker
跟踪情报 tracking information
跟踪球 track(er) ball
跟踪区 tracking area
跟踪人造卫星天线 satellite tracking antenna
跟踪扫描程序 track-while-scan pro-

gram(me)
跟踪扫描器 follow scanner
跟踪闪光 tracking flare
跟踪设备 tracking equipment
跟踪摄影 follow(ing) shot
跟踪摄影机 tracking camera
跟踪十字光标 tracking cross(ing)
跟踪式 tracking mode
跟踪式照相机 tracking camera
跟踪市场趋势 monitor the market trend
跟踪术 tracing;tracking
跟踪数据 tracking data
跟踪数据处理机 tracking data processor
跟踪数字化 lock-on digitizing
跟踪数字化器 lock-on digitizer
跟踪伺服机构 follow-up servo mechanism
跟踪搜索 track-while-scan
跟踪速度 rate of following;tracking velocity
跟踪速率 following rate;tracking rate
跟踪台 tracking station
跟踪逃避问题 pursuit-evasion problem
跟踪天线 tracking antenna
跟踪天线系统 tracking antenna system
跟踪调焦装置 follow focus attachment
跟踪调节 follow-up control
跟踪头 follower head;tracer head;tracing head
跟踪网 tracking network
跟踪望远镜 tracking telescope
跟踪位 trace bit
跟踪问题 tracking problem
跟踪误差 following error;tracing error
跟踪误差读数 reading of tracking error
跟踪系统 following(-up) system;follow-up system;servo;tracker;tracking system
跟踪系统转发器 follower
跟踪显示系统 tracking display system
跟踪线 tag line;tracker wire
跟踪向量 trace vector
跟踪信号 tracking signal
跟踪信息 tracking information
跟踪寻的 track homing
跟踪研究 tracking study
跟踪遥测船 instrumental tracking and telemetry ship
跟踪遥测和指令船 tracking telemetry and command station
跟踪仪 tracking instrument
跟踪与数据中继卫星 tracking and data relay satellite
跟踪语句 trace statement
跟踪预处理机 tracking preprocessor
跟踪运动 following motion
跟踪噪声 tracking noise
跟踪站 tracking station
跟踪找矿 heavy mineral prospecting
跟踪照明激光雷达 tracking and illuminating laser radar
跟踪振荡器分析器 tracking oscillator-analyser[analyzer]
跟踪指令 trace command
跟踪指示器 chase indicator
跟踪制导 tracking-and-guidance
跟踪制导激光雷达 track-and-guidance laser radar
跟踪制导雷达 tracking-and-guiding radar
跟踪滞后 tracking lag
跟踪重空车 tracking heavy empty vehicle
跟踪轴 tracking axis
跟踪抓住技术【计】 track and hold technology
跟踪装置 follower unit;following mechanism;follow-up device;hunting gear;servo-system;tracker;tracking device;tracking system
跟踪(装置)控制 follow-up control
跟踪准确度 tracking accuracy
跟踪组件 tracking module
跟座 heels seat

艮

艮岳 Genyue Imperial Garden

更

更比 proportion by alternation

更变开关 alternation switch;sense switch
更长粗面岩 oligoclase trachyte
更长花岗岩 oligoclase granite
更长环斑花岗岩 rapakivite granite
更长石 oligoclase
更长石岩 oligoclasite
更长玄武岩 oligoclase basalt
更迭 alternation;intersperse;supersede
更迭的 alternate;alternating;alternative
更迭定律 alternate law
更迭对称轴 alternating axis of symmetry
更迭荷载 fluctuation of load;load fluctuation
更迭假设 alternative hypothesis
更迭律 alternation law
更迭双键 alternating double bond
更迭载荷 reversal load
更非新 gamfexine
更夫 night watchman
更改 modify
更改……上的姓名地址 redirect
更改报告 change report
更改的票据 altered bill
更改的先期通知 advance change notice
更改的支票 altered cheque
更改地址通知单 arrival card
更改费用 alternation cost
更改和修补工作 alternation and remedy work
更改令 change order
更改签字 amendment to authorized signatures
更改清单 list of modification
更改设计操作规程 design change work order
更改设计要求 design change request
更改设计建议 design change proposal
更改通知单 change order;notice of change
更改图纸 drawing change
更改图纸的要求 drawing change request
更改项目 amended subject
更改(信件的)姓名地址 readdress
更改语句 alter statement
更改正时 timing modification
更改指令 change directive;change order
更换 change;renewal;renovation;replacement;supersede;transpose
更换包 exchange package
更换变量 change of variable
更换部分 removable parts
更换叉槽 <集装箱等> replacement fork pocket
更换成本 replacement cost
更换带 change tape
更换导线 restringing
更换底座 reseat
更换地址寄存器 exchange address register
更换电子管 revalve;revalving
更换顶梁 <集装箱等> replacement roof bow
更换阀门 revalving
更换方式 substitute mode
更换费(用) renewal charges;renewal cost
更换钢轨 relaying rail;replacement of rail
更换钢轨机 rail relaying machine;rail renewal machine
更换功能 exchange function
更换固定衬板时间 time to change concave
更换管件 retubing
更换管子 repipe;repiping;retube;retubing
更换罐底 tank bottom replacement
更换罐顶 tank top replacement
更换缓冲 exchange buffering
更换混凝土 replacement concrete
更换活塞环 rering
更换机车 change of engine
更换及预测 update and forecast
更换件 replacement parts
更换角件 replacement corner fitting
更换角柱 replacement corner post
更换矫正措施的成本 cost to replace remedial measure
更换接头 tap changing
更换金属挡板 remetal
更换可动衬板时间 time to change mantle
更换离合器片 reface clutch disc
更换零件 renewal parts
更换零件目录 replacement item
更换炉底 renewal of furnace bottom
更换滤色镜 filter change
更换滤芯 cartridge replacement
更换轮箍 tire[tyre] changing
更换模具的时间 lead time
更换磨擦衬面 refacing
更换磨损零件 replace worn part
更换木支撑 replacing of timber support
更换泥浆 mud fluid displacement
更换品种 job change
更换钎头 drill change;steel change
更换曲柄 displacement of the crank
更换设备 replacement equipment;replacement outfit
更换时间 changing time
更换式暗盒 interchangeable cassette
更换损坏的灯具 relamping
更换套筒工具 bushing renewing tool
更换铁道路渣 remetal
更换通路 alternate path
更换投资 replacement investment
更换拖动方式 repower
更换位 change bit
更换显示 alter display
更换型元件 throwaway element
更换性 replaceability
更换窑衬 relining a kiln
更换页面 page change
更换因数 replacement factor
更换用材料 replacement material
更换用户接管 replacement of service laterals
更换油罐 tank replacement
更换周期 change-over period
更换状态 exchange state
更换钻头 bit change;steel change
更列【数】 derangement
更名 change of name;rename
更生 revive
更生的 rejuvenated
更生断层崖 rejuvenated fault scarp;revived fault scarp
更生河 regenerated river;regenerated stream;rejuvenated river;rejuvenated stream;revived stream
更生河流 revived river
更生水 regenerated water
更替 alternation;interchange
更替插入再试 alternate path retry
更替程序库功能 alternate library facility
更替磁道 alternate track
更替定时器 alternate timer
更替功能键 alternate function key
更替记录关键子句 alternate record key clause
更替卷宗 alternate volume
更替扩充的路径选择 alternate extended route
更替扩充路由 alternate extended route
更替路径 alternate path
更替路径选择 alternate routing
更替通路 alternate route[routing]
更替通路的指定 alternate routing
更替通路再试 alternate path retry
更替文件 alternate file
更替运动不能 adiadochokinesis
更替指针 alternative pointer
更新 build-up;instauration;maintain;reconditioning;refreshen;rejuvenate;rejuvenation;renew(al);renovate;renovation;retrofit;update;updating;novation <债务、义务等的>
更新安装 update install
更新标记 update mark
更新部件 renewable elements;renewable parts
更新采伐 regeneration felling
更新测试 refresh test
更新常数 updated constant
更新成本 renewal cost
更新程序 refresh routine
更新冲突 update inconsistency
更新存储器 refresh memory
更新的 updated
更新的财政准备 financial provision for renewal
更新地带 renewal zone;revived zone
更新地图 up-to-date map
更新地址 refresh address
更新调度程序 refresh scheduler
更新定理【数】 renewal theorem
更新发盘 renew offer
更新伐 reproduction cutting;reproduction felling
更新范围 renewal zone;revived range
更新方案 updated version
更新方程 renewal equation
更新方式 update mode
更新放大器 refresh amplifier
更新费(用) renewal charges;renewal cost;renewal expenses;renewal fees;replacement cost;renovation cost
更新分区 regeneration block
更新分析 replacement analysis
更新改进 retrofit
更新改造 alteration
更新改造措施投资 industrial modernization investment
更新改造措施项目 industrial modernization project
更新改造基金 renewal and reconstruction fund;renovation fund;updating and alteration funds
更新改造项目 renovation and reformation project
更新改造资金 renovation and reformation fund

更新工作 renewal works
更新关键字 transaction key
更新过程 renewal process
更新过记录标志 update-record mark
更新号 update number
更新合同 contract of renovation
更新后图像 alter image
更新后转储 dump after update
更新机具 renovator
更新基金 renewal fund; replacement fund
更新计划 renewal plan
更新计数器 refresh counter
更新记录标记 updated-record mark
更新价值 recovery value; renewal value; replacement value
更新价值保险 replacement value insurance
更新间隔期 regeneration interval
更新校正维修 renewal corrective maintenance
更新理论 replacement theory; renewal theory
更新了的 updated
更新林地 regenerating forest land
更新漏水接头 renewing leaking joint
更新率 turnover rate
更新轮伐期 silvicultural rotation
更新矛盾 update inconsistency
更新面积 regeneration area
更新牧地 renovated pasture
更新期 regeneration period; regeneration time
更新期限 replacement period
更新器 renovator
更新前转储 dump before update
更新请求 refresh request
更新曲线 regeneration curve
更新时间 refresh time; turnover time; update time
更新使用方式 update usage mode
更新世【地】Pleistocene(epoch)
更新世冰川作用【地】Pleistocene glaciation
更新世冰期 Drift period; ice age
更新世的【地】Pleistocene
更新世时期【地】Pleistocene period
更新事务(处理) update transaction
更新事项(处理) update transaction
更新试验 recovery test
更新数据 transaction data
更新数据带 transaction tape
更新速度 refresh rate
更新态 refresh mode
更新条款 obsolescence clause
更新统【地】Pleistocene series
更新统的【地】Pleistocene
更新投资 replacement investment
更新维护 updating maintenance
更新文件 transaction file; update file
更新问题 replacement problem
更新系统 refresh system
更新信息 refresh information
更新修复 renew
更新修剪 rejuvenating pruning; renewal pruning
更新页 refresh page
更新意图 update intent
更新意向 update intent
更新幼林 regeneration
更新与维修 replacement and maintenance
更新造林 reforestation
更新整理操作时间 refresh overhead time
更新枝 innovation shoot
更新周期 replacement cycle; revision cycle; update cycle
更新装设 replacement set
更新状态 update mode
更新作业法 reproduction method
更衣车 bathing machine; changing cabin
更衣隔间 changing room
更衣间 dressing room
更衣棚 bathing box
更衣室 change house; change room; changing room; changing cabin; check room; dressing room; locker room; pavilion; undressing room; field house <运动场的>
更衣梳洗室 amenity room
更衣箱 locker
更衣小室 changing cubicle
更正 amendment; averaging out; make correction; readjust; readjustment; revise
更正的项目 amended item; amended subject
更正分录 correcting entry
更正记录 adjustment entry
更正契据 deed of confirmation
更正通知 revision notice
更正通知书 alternation sheet; correction advice; correction memo
更正维修 corrective maintenance

庚

庚胺 heptyl amice; heptyl amine
庚巴比妥 heptabarbital; medomin
庚醇 enathol; heptanol
庚二醇 heptamethylene glycol; heptandiol
庚二腈 pimelic dinitrile
庚二炔 heptadiyne
庚二酸 heptane diacid; heptanedicic acid; pentane dicarboxylic acid; pimelic acid
庚二酸氢盐 bipimelate
庚二酸盐 pimelate
庚二烯 heptadiene
庚环氧化物 heptaepoxide
庚基 heptyl
庚基苯 heptyl benzene
庚硫醇 heptanthiol
庚醚 heptyl ether
庚醛 aldehyde; enanthal; enanthic aldehyde; heptaldehyde; heptyl aldehyde
庚炔 amylacetylene; enanthine; heptine; heptyne
庚炔酸 heptynoic acid
庚三烯 heptantriene
庚省 heptacene
庚酸 enanthic acid; enanthylic acid; heptylic acid
庚酸酐 heptanoic anhydride; heptylic anhydride
庚酸庚酯 heptyl heptylate
庚酸季戊四醇酯 pentaerythritol tetran-haptanoate
庚酸甲酯 methyl heptanoate
庚酸炔诺酮 norethisterone enanthate
庚酸乙酯 cognac oil; ethyl enanthate; ethyl heptanoate; ethyl oenanthate
庚糖 heptose
庚糖酐铁 gleptoferron
庚酮 heptanone; propyl ketone
庚酮糖 heptulose
庚烷 heptane
庚烷-二甲苯当量 <一种指示沥青材料的不均质程度的指标> heptane-xylene equivalent
庚烷值 heptane number
庚烯 heptylene
庚烯二酸 heptylene diacid
庚烯基 heptenyl
庚烯酸 heptenoic acid
庚烯酮 heptenone

耕

耕不到B层土 tillage doesn't reach the B horizon
耕层 plough layer; tilth; top soil
耕层底心土层 plow pan
耕地 arable land; cropland; cultivated area; cultivated field; cultivated land; cultivated soil; farmland; ploughed field; ploughed land; tillage; tilled land; tilth
耕地的 agrarian
耕地符号 culture symbol
耕地工具 tillage implement
耕地海岸 cultivated coast
耕地或耙地之后 followed either by plowing or disking
耕地机 cultivator
耕地季节 ploughing season
耕地面积 agricultural acreage; cultivated area
耕地前施上淤泥 put the sludge on before cultivate
耕地图形 tillage pattern
耕地英亩数 agricultural acreage
耕地杂草 segetal
耕地占用税 farmland possession tax
耕地种植 arable cropping
耕地总面积 total cultivated area
耕翻 biasi
耕翻层 plough layer
耕翻地 broken ground
耕幅 working width
耕沟宽度调节器 furrow width adjuster
耕沟土垄压平器 furrow presser
耕沟土垄镇压轮 furrow press
耕过的土层 tilth
耕划 impressing
耕犁式除雪车 Macly snow-spreading car
耕深调节 <拖拉机> depth control
耕深调节轮 depth wheel
耕深调节螺杆 depth-adjusting screw; depth screw gear
耕深调节器 depth control device
耕深调节凸轮 depth control cam
耕田 agricultural land
耕填 cultivated fill
耕土 plaggen
耕性指数 index of tilth
耕畜 draught animal
耕耘 tilth
耕耘滚筒刀 cultivating rotor
耕耘机 cultivating machine; cultivator; hoe
耕耘机铲斗 hoe bucket; hoe dipper
耕耘机锄铲 cultivator steel
耕耘机构架 hoe boom
耕耘机机架地隙 trash clearance
耕耘机具测试装置 tillage meter
耕耘机伸臂 hoe boom
耕耘土壤 mellow tilth
耕耘旋转锄 tiller rotor; tilth rotor
耕织图 design of farm work and weaving
耕植土 top soil
耕种 farming; tillage; tilth
耕种层表土 tilled soil
耕种方法 cultural practice
耕种龟裂土 cultivated takyr
耕种过度 overcropping; overcultivation
耕种面积 <以英亩计算的> acreage under cultivation
耕种期 ploughing season; plowing season
耕种(土)层 arable layer
耕种土(壤) agricultural soil; cultivated soil
耕种系数 <包括耕种和不耕种周期年份内的耕种年份 cultivation factor
耕种者 cultivator
耕作 cropping; cultivate; cultivation; culture; farming; geoponics; husbandry; ploughing; till(age); tilth
耕作表层 anthropic epipedon
耕作层 arable layer; plough horizon; plough layer; tillage pan
耕作的 agricultural; geoponic
耕作底层 plough bed
耕作地 cropland; cultivated land
耕作地潜育土 tilled field gley soil
耕作法 cultivation method; farming method
耕作方法 agricultural practice; cropping treatment; farming method; method of tillage
耕作方向 plowing direction
耕作防治 cultural control
耕作机 cultivator; tiller
耕作机具 tiller
耕作季节 period of tillage
耕作季节过于潮湿 be too wet during the period of tillage
耕作界限 margin of cultivation
耕作砍伐导致的冲蚀 culturally induced erosion
耕作面积 cultural area
耕作亩数 agricultural acreage
耕作目的 tillage objective
耕作农机具 the tools and machines used in farm operations
耕作农具 tillage implement
耕作坡地 cultivated slope
耕作期 farming season
耕作起来费劲 be hard to cultivate
耕作器 tiller
耕作情况 state of cultivation
耕作区(域) cultural area; area cultivation; area of cultivation; cropped location; cultivated area
耕作设备 tillage equipment
耕作深度 depth of plowing; tilth
耕作熟化层 agric horizon
耕作田园化 garden-styled farming
耕作土层 agric
耕作土(壤) agricultural soil; cropped soil; cultivated soil; tilled soil; anthropic soil; mo(u)ld; tilled soil; vegetable soil
耕作土壤保护 protecting cultivated soil
耕作土壤处理 treatment of cultivated soil
耕作土壤发生过程 anthropogenic process
耕作位置 plowing position
耕作线 line of cultivation
耕作限度 margin of cultivation
耕作形式 cropping pattern
耕作要求 tillage requirement
耕作圆盘耙 ploughing disc harrow
耕作者 tiller
耕作制度 cropping system; farming system
耕作自流灌溉面积 culturable commanded area
耕作总面积 total area under cultivation
耕作作业 tillage action

羹

羹状的 soupy

埂

埂硬 hard
埂子 border
埂作 ridge culture

绠 interlacing ornament

绠存木 boom
绠缆 boom cable;boom chain
绠漂木 boom stick

耿氏模式 Gunn mode

耿氏效应固态频率发生器 Gunn effect solid state frequency source
耿氏效应振荡器 Gunn effect oscillator
耿氏振荡器 Gunn diode;Gunn oscillator
耿氏振荡元件 Gunn oscillation element

梗柄 foot stalk

梗概 bare bones;epitome;skeleton
梗概表示 skeletal representation
梗节 pedicel

更大耐性 greater tolerance

更大收获 high yield
更多耕地 more land
更高级的层次结构 higher level hierarchy
更高世代材料 more advanced generations
更好地利用 make better use of
更可取的条件 preferability condition
更浓缩 reenrichment
更稀的空气燃油比 leaner air fuel ratio
更细 over-thin
更现代化 neo-modern
更有利的趋势 healthier trend

工班 crew;gang(of labo(u)rers);gang of workmen;operating crew;working gang;working party;working shift;working team

工班长 foreman;shifter
工班费 crew time cost
工班劳动生产率 output per manshift
工班时间 shift length
工班与减压 crew and decompression
工本费 cost of production
工笔画 collaborate-style painting
工兵 engineer
工兵装备 engineer construction equipment
工步 operation step;working step
工厂 fabric;factory;industrial plant;manufactory;mill;plant;shop;works;workshop
工厂安全条例 plant safety rules
工厂拌和 plant mix
工厂拌和的 plant-mixed
工厂拌和机 plant mixer
工厂拌制混凝土 ready mixed concrete
工厂保健 factory hygiene
工厂保险协会 factory insurance association
工厂保养工作 plant upkeep work
工厂备件 plant spare
工厂编号 construction number
工厂编制程序 factory programming
工厂玻璃窗(安装)industrial glazing
工厂泊位 work's berth
工厂不动产 industrial premises
工厂布置 plant layout
工厂簿记 factory bookkeeping
工厂材料报告单 shop material report
工厂材料单 shop bill
工厂参观 works visit
工厂仓库修理 plant depot repair
工厂操作人员 plant hand
工厂测试 factory testing
工厂测试压力 factory test pressure
工厂产量 output of plant
工厂产品 factory products;mill products
工厂厂长 shop superintendent;works manager
工厂场地 factory ground
工厂车库 industrial garage
工厂车站 workshop station
工厂成本 manufacturing cost
工厂成套设备 plant equipment package
工厂出厂价 free on board plant
工厂厨房 factory kitchen
工厂储备料 stock carried at shop
工厂存料 shop stock
工厂打底板 factory-primed board
工厂打底漆的 mill-primed
工厂大门 factory entrance
工厂代号 works code
工厂的 factorial
工厂的标准生产方法和程序 mill practice
工厂底漆 mill primer;shop primer
工厂地面 industrial floor;shop floor
工厂地面铺块 industrial floor(ing)tile
工厂电耗量 plant power consumption
工厂电消耗 plant power consumption
工厂定级木材 factory lumber;shop lumber
工厂动力设备工程 plant engineering
工厂法 factory act;factory law
工厂法规 factory regulation
工厂防险队 plant emergency organization
工厂废料 factory waste;manufacturing wastes
工厂废料焚化炉 wigwam burner
工厂废品 mill scrap
工厂废石/垃圾 factory tailings/rejects
工厂废水 factory effluent;factory sewage;factory wastewater;plant effluent;plant wastewater
工厂废物 factory waste
工厂废液 plant effluent
工厂费(用)factory overhead;factory charges;factory expenses
工厂分录簿 factory journal
工厂负荷 factory burden;factory load
工厂负荷系数 plant load factor
工厂负责人 plant executive
工厂附属设备 mill auxiliaries
工厂干道 factory main road
工厂港口 work's harbo(u)r;work's port
工厂高烟囱 chimney stalk
工厂隔墙 factory partition(wall)
工厂工程检验 factory engineering inspection
工厂工程师 plant engineer
工厂工程学 factory engineering;plant engineering
工厂工业化制造房屋 factory-industrialized building
工厂工艺科 plant engineering department
工厂工作细则 shop instruction
工厂供料输送系统 plant feed conveyor system
工厂鼓风机 factory blower
工厂管道系统 plant piping
工厂管理(部门) factory management;plant management;shop management;works management
工厂管理处 plant management department
工厂管理费用 factory general expenses;plant overhead
工厂管理条例 factory act;factory regulation
工厂管路 plant piping
工厂规程 shop manual
工厂规模 plant layout;plant-scale;plant size
工厂规模设备 plant-scale equipment
工厂规章 factory regulation;shop rule
工厂焊接 mill weld;shop weld(ing)
工厂焊接部件 shop welded parts
工厂焊接的 shop welded
工厂合同 factory contract;works contract
工厂和工艺管道安装 plant process piping
工厂和设备 facility and equipment
工厂和设备的资产摊提 amortization of plant and equipment
工厂化建筑 factory built
工厂化农场 factory farm
工厂环境 factory environment
工厂环境保护 environmental protection of plant
工厂环境卫生 plant sanitation
工厂(回炉)废碎玻璃 factory cullet
工厂会计 factory accounting
工厂混凝土试验强度 works cube strength
工厂机场 factory airfield;make airfield;plant airfield
工厂机车 plant locomotive
工厂机加工任务单 plant machining shop-order
工厂机械的安装 millwork
工厂技术试验 plant technical test
工厂加工的板材 factory planks
工厂加工木板 factory planks
工厂加工木材 factory lumber
工厂加工木料 shop lumber
工厂价 price at factory
工厂间接费用 factory burden
工厂监造费用 on-site inspection expenses
工厂检查 works inspection
工厂检查证明书 work's inspection certificate
工厂检定 shop calibration
工厂检验 factory inspection
工厂建设计划 industrial construction project
工厂建筑 factory building;factory construction;mill construction;plant construction
工厂建筑方案 industrial construction project
工厂交活 at factory
工厂交货 delivered at the job;ex-works;ex-factory;ex-mill
工厂交货价 price of ex-factory
工厂交货价格 ex-factory price;ex-works price;FOB factory price
工厂浇制 factory casting;factory pre-casting
工厂搅拌 plant mix(ing)
工厂搅拌的 plant-mixed
工厂搅拌的混凝土 plant-mixed concrete
工厂搅拌法 plant-mix(ing)method
工厂搅拌铺面材料 plant-mix(ing)surfacing
工厂校准 factory calibration
工厂接缝强度 factory seam strength
工厂接合 factory bonding
工厂经理 work's manager
工厂绝缘的 mill-coated
工厂空调 plant air conditioning
工厂空间采暖 industrial space-heating
工厂扩建 enlarging plant;extension of factory;extension of work;plant expansion;work extension
工厂垃圾 trade refuse
工厂冷却的熟料 plant cooled clinker
工厂领工员 works foreman
工厂另配件 factory-fitting
工厂楼房 industrial storied building
工厂绿化 factory gardening;planting of plants
工厂码头 work's quay;work's wharf
工厂铆合的铆钉 shop driven rivet
工厂铆钉 shop rivet
工厂铆接 shop riveting
工厂每班废水 factory wastes per shift
工厂门市部直接销售 direct marketing at the factory door
工厂苗木成活率 plant percent
工厂模型 plant form;plant pattern
工厂内部搬运 internal plant haulage
工厂内未加工产品储存室 green room
工厂内油罐的焊接装置 shop-field erection of tank
工厂能量 plant capacity
工厂排放物 factory effluent
工厂排放液 factory effluent
工厂排水 plant drainage;shop effluent
工厂培训计划 in-plant training program(me)
工厂棚屋 factory hangar;factory shed
工厂拼接 shop splice
工厂拼装 shop assembly
工厂铺地砖 industrial floor brick
工厂汽笛 brummer;factory hooter
工厂区 factory district
工厂取热 industrial heating
工厂热拌材料 hot-mix plant mixture
工厂热拌混合料 hot-mix plant mixture
工厂认可 works approval
工厂容差 shop allowance
工厂熔焊 mill weld
工厂熔炼炉 merchant furnace
工厂入口 factory entrance
工厂商标 manufacturer's mark
工厂上油漆 shop paint finish
工厂设备 factory equipment;factory plant;plant equipment;shop equipment;works equipment
工厂设备安装部门 plant engineering division
工厂设备布置 plant layout
工厂设备科 plant engineering department
工厂设备利用率 plant factor
工厂设备利用情况预算表 plant utilization budget
工厂设备能力 plant capacity
工厂设备配套工程 plant engineering
工厂设备容量 plant capacity
工厂设备事故率 accident rate of factory equipment
工厂设备输出资金筹措 financing of plant equipment export
工厂设备预算 plant and equipment budget
工厂设计 design of the plant;plant design
工厂设计部门 plant layout department
工厂设计图纸 plant layout drawings
工厂设施 plant facility;plant service
工厂生产 factory production;plant production
工厂生产的钻头 processed bit

G

工厂生产费 mill cost
工厂生产构件的房屋制造商 home manufacturer
工厂生产量 output of plant; plant capacity
工厂生产能力 factory capacity; plant capacity
工厂生产组织 line structure
工厂施工 factory construction; plant construction
工厂施工现场 industrial construction site
工厂施工详图 shop detail drawing
工厂实际生产能力 practical plant capacity
工厂实习 plant practice
工厂食堂 works canteen
工厂食堂的厨房 kitchen of works canteen
工厂事务费用 shop office expenses
工厂试块 <混凝土> works cube
工厂试验 factory test; manufacturer trial; shop test(ing)
工厂试验规范 shop test specification
工厂试验设备 factory test equipment
工厂试验室 factory laboratory
工厂试验压力 factory test pressure
工厂试验与检查计划 factory test and inspection plan
工厂饰面板 factory-finished board
工厂手册 shop manual
工厂树脂 plant resin
工厂树脂基的混凝土养护剂 plant resin-based concrete curing agent
工厂碎玻璃 domestic cullet; factory cullet
工厂所在地 industrial site
工厂条件下加工 factory processing
工厂条件下试验 factory testing
工厂条件下试用 plant trial
工厂铁道 factory railway
工厂投资 factory investment; plant investment
工厂投资周转率 plant investment turnover
工厂涂底漆 factory priming
工厂涂底漆的 factory primed
工厂涂了底漆的 factory primed
工厂退火 mill anneal
工厂维持费 plant maintenance
工厂位置 factory location; plant location
工厂位置模型 factory location model; plant location model
工厂污水 factory sewage; manufacturing sewage; plant effluent
工厂污水排放 industrial facility discharge
工厂下脚料 mill cull
工厂线 plant track
工厂相互保险公司 factory mutual company; factory mutual system
工厂相互保险研究所 factory mutual laboratory
工厂消防组织 plant fire protection organization
工厂效率 plant efficiency
工厂需用量 factory requirement; plant requirement
工厂巡察员 works inspector
工厂巡视 works visit
工厂烟囱 factory chimney; factory stack; industrial chimney
工厂研究 factory research
工厂验收试验 factory acceptance test(ing)
工厂样板 plant pattern
工厂样品 plant sample
工厂应用 plant use
工厂用地 factory site
工厂用地交易的经纪业务 industrial brokerage
工厂用电需求 plant load demand
工厂用和再加工用木料 factory and shop lumber
工厂用煤 mill coal
工厂用设备 plant-scale equipment
工厂用水 service water
工厂用水系统 service water system
工厂用压缩空气 plant air; shop air
工厂油漆的 factory-painted; mill-painted
工厂预拌和的材料 mill mixed
工厂预浇单元 factory precast unit
工厂预制 factory precasting; factory prefabrication; factory production; prefabrication
工厂预制并组装好 factory-built housing
工厂预制并组装好的 factory-built
工厂预制部件 prefabricated parts; ready-made unit
工厂预制的 prefabricate; shop-fabricated
工厂预制的钢板房屋 churchill
工厂预制的构件 factory-made component; shop-fabricated member; factory-made member
工厂预制的过滤系统 factory prefabricated filtration system
工厂预制的门 factory-built door
工厂预制的门构件 factory-built door element
工厂预制房屋 factory-built house; factory-made block; factory-made house; unit-built block; unit-built building; unit-built house
工厂预制房屋制造商 factory builder
工厂预制隔墙 factory-built partition (wall)
工厂预制构件 factory-produced component
工厂预制建筑物 factory-made building; factory-built construction
工厂预制接头 shop-fabricated joint; shop joint
工厂预制梁 factory-built girder
工厂预制楼梯 factory-built stair (case)
工厂预制模板 shop-built forms
工厂预制(木构)件 millwork
工厂预制耐火构件 fire-proof prefabricated element
工厂预制内墙多层装饰板的面层 face layer
工厂预制内墙装饰板建筑 drywall construction
工厂预制石膏灰泥墙板 gypsum board
工厂预制弯头 factory pipe bend
工厂预制烟囱 factory-built chimney
工厂预制住房 factory-made housing; manufactured housing
工厂预装配 factory preassembly
工厂预装饰的 factory finished
工厂运行质量指标 plant performance figure
工厂杂项支出 factory overhead
工厂噪声 factory noise
工厂照明 factory illumination; factory lighting; industrial lighting
工厂照明反射器 industrial reflector
工厂照明器 industrial light; shop illuminator
工厂照明设备 industrial light(ing) fixture
工厂照明设施 industrial light(ing) fixture; industrial luminaire (fixture)
工厂照明装置 factory-fitting
工厂证明书 certificate of manufacture
工厂之间的 interplant
工厂之间的操作指令 interplant operations directive
工厂直接服务 factory direct service
工厂制黄油 creamery butter
工厂制仪器 professional instrument
工厂制造 shopwork
工厂制造的 shop-made; factory-made
工厂制造的构件 factory-made component
工厂制造的过滤系统 factory fabricated filtration system
工厂制造的弯头 factory pipe bend
工厂制造构件 shop-fabricated member
工厂制造屋架 factory-built roof truss
工厂主 manufacturer
工厂(专用)铁道 works railway
工厂(专用)铁路 factory railway; works railway
工厂专用线 factory railway; factory siding; plant track; service road; shop track; works siding
工厂装配 factory assembly; factory fabricated; factory installed; shop assembling; shop assembly; shop fabrication; workshop assembly
工厂装配的 shop-fabricated
工厂装瓶 works bottling
工厂装饰 plant decoration
工厂装饰特色 plant ornament(al) feature
工厂装饰特征 plant ornament(al) feature
工厂装修终饰 plant ornament(al) finish
工厂装置 full-scale plant
工厂资产 industrial property
工厂资产的估价 apposition of plant assets
工厂资产分类账 plant ledger
工厂资产分类账卡 plant ledger card
工厂资产估价 appraisal of plant assets
工厂资产增值 plant assets appreciation
工厂自动化 factory automation
工厂自用气 company-used gas
工厂总效率 overall plant efficiency
工厂总账 factory ledger
工厂组装的机组 factory assembled system
工厂组装机组 shop assembled unit; shop-fabricated unit
工厂最高生产能力 plant peak capacity
工厂作业 factory operation; factory work; shopwork
工场 shop; work-house; workshop; construction yard
工场场长 yardmaster
工场废渣 mill tailings
工场管理 shop management
工场管理条例 workshops regulation act
工场加工图 shop drawing
工场交货 delivered at the job
工场内搬运设备 loader
工场施工 factory finishing
工场试验 factory test
工场用图 shop drawing
工场装配 workshop assembly
工潮 labo(u)r disturbance; labo(u)r trouble
工程 project; works
工程安全 engineering of survey
工程安全性检查 engineering reliability review
工程安装顺序清单 <指在常温湿度下> erecting bill
工程包定总价 lump sum
工程保险 engineering insurance; insurance of works; project insurance
工程保险费 construction insurance premium
工程保证书 consent of surety; construction warranty
工程报表 bill of works; work report form
工程报废井 engineering rejection well
工程报告 project report
工程备忘录 engineering memorandum
工程编号 construction number; engineering number; job number(ing)
工程编录 engineering documentation
工程变更 alteration of works; changes in the work; construction change; job change; variation of works
工程变更申请 engineering change request
工程变更通知(单) change order; variation order; field order <工程师或业主的>
工程变量 project variable
工程标底 tender price of project
工程标准 engineering specification; standard of construction; engineering criterion
工程标准部门 engineering standard department
工程兵 military engineer
工程兵存储仓库 engineer stores depot
工程兵分局 <美> District Engineer's Office
工程兵司令 chief of engineer
工程补偿费 reimbursable expenses
工程布置 job layout
工程布置平面图 distribution map of engineering
工程布置图 location plan of a project
工程部分进度计划 partially control schedule of a project
工程部门 engineering department
工程部门说明书 engineering department(al) instruction
工程部门通知书 engineering department notice
工程材料 constructional material
工程材料规范 engineering material specification
工程材料学 engineering material
工程材料研究实验室 engineering materials research laboratory
工程财产保险 builder's risk insurance
工程财务支付 project financial payment
工程采购 engineering procurement
工程采购规格 engineering purchasing specification
工程采购规格手册 engineering purchasing specification manual
工程采购经理 procurement manager
工程测链 chain; engineer's chain
工程测量 engineering survey(ing); engineering measurement; project survey; technical survey
工程测量学 engineering survey(ing)
工程测图仪 <德国蔡司厂制造> Technocart
工程场外估工 off-the-job
工程车 construction car; crew cab; engineering car; engineering truck; engineering van; machineshop car; machineshop truck; service car; shop truck; technical vehicle; truck; engineering train【铁】
工程车计划员 worktrain scheduler
工程车手册 worktrain manual
工程车通告 worktrain notice

工程车运输管理手册 worktrain management manual
工程车运输实施细则 implementation details of work train running and operation
工程成本 construction cost; engineering cost
工程成本费用 cost of of work
工程成本分类账 job cost ledger
工程成本估计 estimated cost of construction work
工程成本记录 job cost record
工程成本日记账 job cost journal
工程成本系统 job cost system
工程成本账 job cost record
工程承包 project contracting; work contracting
工程承包单位 building contractor
工程承包合同 project contract; engineering contract; contract for construction
工程承包人 building contractor; engineering contractor; project contractor
工程承包商 building contractor; engineering contractor; project contractor
工程承包者 building contractor; project contractor
工程承发包审计 engineering contraction audit
工程程序 engineering process
工程程序图 working plan
工程尺寸记录册 dimension book
工程筹款 financing of projects
工程初步规划 conceptual engineering planning; preliminary project planning; preliminary project programming
工程处 construction department; construction division; engineering department; job office
工程处理方法 engineering process
工程船 construction boat; construction ship; construction vessel; engineering boat; engineering ship; engineering vessel
工程锤 engineer's hammer
工程粗略的 jerry
工程粗略总预算 general estimate method
工程措施 engineering measure; structural approach; structural measure; mechanical control <水土保持的>; mechanical practice <水土保持的>
工程大气压 <1 工程大气压 = 98065.5 帕 = 1kgf/cm^2> engineering atmosphere (pressure); technical atmosphere
工程大事记录卡 job history card
工程大事卡片 job history card
工程代表 project representative
工程代号 engineering number; construction number
工程代理人 project representative
工程带 <拉筋> geotechnic(al) strip
工程贷款 financing of projects; construction loan
工程单位 construction company; construction firm; engineering unit
工程单位造价 rates of executing work; unit price for work
工程单位制 engineering system of units; engineering unit system
工程单位转换系数 engineering unit conversion factor
工程单项 work item
工程单元 engineering unit
工程的测量 job survey
工程的初期效益 primary project benefit
工程的基本部分已可使用 substantial performance
工程的继续 works to continue
工程的拒收 rejection of work
工程的扫尾竣工 job completion
工程的详细时间表 engineering detail schedule
工程的有关当事人 parties to the project
工程的照管 care of works
工程的主管人 master of the work
工程的准备工作 development
工程等级 class of construction; engineering order
工程地点 job site; project site; site (location)
工程地点调查 site investigation
工程地理学 engineering geography
工程地貌学 engineering geomorphology
工程地球物理测探 engineering geophysical sounding
工程地球物理勘探 engineering geophysical prospecting; engineering geophysical exploration
工程地球物理学 engineering geophysics
工程地图 engineering map
工程地震 engineering seismics
工程地震学 earthquake engineering; engineering seismology; engysseismology
工程地震仪 engineering seismograph
工程地址调查 site inspection; site investigation; site survey
工程地址鉴定 site appraisal
工程地址勘测 site exploration
工程地址勘察 site investigation
工程地质 engineering geology
工程地质测绘 engineering geologic(al) mapping
工程地质测试 engineering geologic(al) measuring; engineering geologic(al) test; engineering geologic(al) test instrument
工程地质长期观测 engineering geologic(al) long-term observation; long-term observation of engineering geology
工程地质单元 engineering geologic(al) unit
工程地质调查 engineering geologic(al) investigation
工程地质调绘 engineering geologic(al) mapping
工程地质断面图 engineering geologic(al) section
工程地质分区 engineering geologic(al) zoning
工程地质分区图 engineering geologic(al) divisional map; engineering geologic(al) zoning map
工程地质分析 engineering geologic(al) analysis
工程地质分析图 engineering geologic(al) analysis map
工程地质改造 engineering geologic(al) improvement
工程地质横断面图 cross-section of engineering geologic(al)
工程地质计算 engineering geologic(al) calculation
工程地质建议 engineering geologic(al) recommendation
工程地质鉴定 engineering geologic(al) appraisal; site appraisal
工程地质结论 engineering geologic(al) conclusion
工程地质勘察 engineering geologic(al) investigation; engineering geologic(al) prospecting; engineering geology investigation
工程地质勘察报告 engineering geologic(al) investigation report
工程地质勘察钻机 engineering geologic(al) exploratory drill
工程地质勘探 engineering geologic(al) exploration; engineering geologic(al) prospecting; subsurface investigation
工程地质坑探 engineering geologic(al) exploring mining
工程地质类比法 engineering geologic(al) analogy
工程地质力学 engineering geomechanics
工程地质略图 engineering geologic(al) scheme map; engineering geologic(al) sketch
工程地质论证 engineering geologic(al) demonstration
工程地质模拟试验 simulated test of engineering geology
工程地质评价 engineering geologic(al) estimate; engineering geologic(al) evaluation
工程地质剖面图 engineering geologic(al) profile; engineering geologic(al) section
工程地质区等级 divisional grade of engineering geology
工程地质区划 engineering geologic(al) zoning
工程地质师 engineering geologist
工程地质试验 engineering geologic(al) test
工程地质特征 engineering geologic(al) characteristic
工程地质条件 engineering geologic(al) condition
工程地质条件分析 engineering geologic(al) condition analysis
工程地质图 engineering geologic(al) map
工程地质问题 engineering geologic(al) problem
工程地质物探 engineering geologic(al) geophysical exploration
工程地质详图 engineering geologic(al) detail map
工程地质详细勘察 detail geotechnical investigation
工程地质性质 engineering geologic(al) property
工程地质选线 engineering geologic(al) location of line
工程地质学 engineering geology; geologic(al) engineering
工程地质学分科 engineering geologic(al) division
工程地质学季刊 <英> The Quarterly Journal of Engineering Geology
工程地质学家 engineering geologist
工程地质学家联合会 <美> Association of Engineering Geologists
工程地质岩组 engineering geology petrofabric
工程地质研究方法 method of engineering geologic(al) studies
工程地质预测 engineering geologic(al) predicting
工程地质预测图 engineering geologic(al) predicting map
工程地质制图 engineering mapping
工程地质柱状图 engineering geologic(al) columnar section
工程地质纵断面图 vertical section of engineering geology
工程地质纵剖面图 profile of engineering geology
工程地质钻机 engineering geologic(al) drilling rig
工程地质钻进 engineering geologic(al) drilling; exploratory boring
工程地质钻孔 engineering geologic(al) hole
工程地质钻探 engineering boring; engineering(geologic) drilling
工程地质作用 engineering geologic(al) process
工程电磁学 engineering electromagnetics
工程电物理学 engineering electrophysics
工程调查资料 inventory survey
工程定额 engineering quota; project norm
工程动力地质学 engineering dynamic(al) geology
工程度量 engineering measure
工程断裂力学 <英国月刊> Engineering Fracture Mechanics
工程队 constructional force; construction brigade; construction team; engineer corps
工程法规 engineering act; engineering legislation; engineering regulation
工程法则 engineering legislation
工程法制 engineering legislation
工程范围 scope of project; scope of works; works scope
工程范围改变 change in scope
工程方案 engineering alternate; engineering proposal; project layout
工程放线 job layout; laying out
工程废水 construction waste water
工程费变更条文 cost variation clause
工程费概算说明 statement of probable construction cost
工程费(用) construction cost; engineering cost; project cost; construction expenses; expenditures of work
工程费用的固定限额 fixed limit of construction cost
工程费用分摊 allocation of cost
工程费用估算 project estimate
工程费用预算 construction cost estimate
工程费指数 construction cost index
工程分包 engineering sub-contract; works sub-contracting
工程分部进度计划 control schedule
工程分类 engineering classification
工程分析 engineering economy; engineering job analysis; project analysis; work analysis
工程分析报告 engineering analysis report; project analysis report; work analysis report
工程分析法 engineering analysis
工程分项价值表 schedule of values
工程风险 project risk; construction risk
工程服务贷款 engineering service loan
工程辅助设备 auxiliary project plant; project support equipment; project support plant
工程付款申请书 project application for payment
工程付款证明书 project certificate for payment
工程负责人 job captain; project director; project manager
工程改变 engineering change
工程改变能力 engineering change capability
工程改变指示书 instructions for variations
工程改建 engineering improvement
工程改进时间 engineering improvement time

G

工程改善和预算 budgetary estimates and budget of a project

工程概念 engineering concept

工程概算 engineering approximate estimate; estimate of construction; project estimate

工程概算表 priced bill; priced bill of quantities

工程概要 outline of project

工程概预算 project estimation and budget

工程更改 engineering change

工程更改程序 engineering change procedure

工程更改建议书 engineering change proposal

工程更改日程 engineering change schedule

工程更改申请 engineering change request

工程更改说明书 engineering change statement

工程更改指令 engineering change order

工程工期 duration on a project

工程工时成本权衡图 project time-cost trade-off graph

工程工业协会 engineering industry association

工程公司 construction company; construction corporation; construction enterprise; construction firm; engineering company; engineering corporation; engineering firm

工程构筑物 engineering structure

工程估价师 construction estimator

工程估价试验 engineering evaluation test

工程估算 project estimate

工程估算方法 estimate method of work

工程顾问 engineering adviser [advisor]

工程观点 engineering viewpoint

工程管理 construction supervision; engineering management; engineering supervision; job management; project management; works management

工程管理承包商 management contractor

工程管理费 job overhead

工程管理机构 project management organization

工程管理经理 director of project management

工程管理手册 engineering administration manual

工程管理数据采集系统 engineering and administration data-acquisition system

工程管理员 clerk of works; engineering officer; job superintendent

工程管线综合 utility engineering

工程惯例 engineering practice

工程光学 engineering optics

工程规定 engineering discipline

工程规范 engineering discipline; project specification; specification of the works

工程规格(书) engineering specification; project specification

工程规划 job layout; project planning; project programming

工程规划人员 engineering planner

工程规模 engineering scale; project configuration; scale of project; scale of works; project scale

工程规则 engineering regulation

工程海洋学 engineering oceanography

工程号 job number

工程合同 contract of project; project contract

工程合同监督官 <代表政府或发包方> contracting officer

工程合同总造价 total contract sum

工程合约 contract bond

工程核准证明书 certificate approval of works

工程滑坡 engineering landslide

工程化学 engineering chemistry

工程画 engineering drawing; engineering painting; engineering picture

工程环境报告影响报告书草案 project draft environmental impact report

工程环境水文地质学 engineering environmental hydrogeology

工程环境影响评价 project environmental impact assessment

工程回访 project revisit

工程机撼 engineer construction equipment

工程机械 construction machinery; work(ing) machinery

工程机械轮胎 off-the-road tire[tyre]

工程机械图 machine drawing

工程机械用柴油机 industrial diesel engine

工程基本收益 primary project benefit

工程基础水中修整 submerged grading of foundation

工程集资 financing of projects

工程计划 engineering planning; engineering project; project plan(ning); project program(ming); project schedule

工程计划分析系统 engineering planning and analysis system

工程计划进度 program(me) of project; program(me) of works; progress schedule of project; engineering schedule

工程计划进度图 project schedule chart; program(me) with progress

工程计划面积 project area

工程计划确定 project identification

工程计划人员 engineering planner

工程计划实施 project implementation

工程计划图 work(ing) plan; work project

工程计划文件 project documentation

工程计量 measurement in construction

工程计量精度 accuracy of measurement

工程计量学 engineering metrology

工程计量员 taker-off

工程计算 engineering calculation

工程记录 engineering record

工程纪实 case history

工程技巧 engineering technique

工程技术 engineering(technique); hard technology

工程技术报告 engineering report

工程技术标准 engineering standard; book of specifications; specification of works

工程技术标准手册 engineering standards manual

工程技术档案制度 engineering technique files system

工程技术发展 engineering advancement; engineering development

工程技术方面 engineering-orientated

工程技术费 engineering cost

工程技术服务 engineering service

工程技术工场备忘录 engineering shop memo

工程技术关键问题 critical engineering problem

工程技术规范 engineering legislation; engineering specification

工程技术规格书 project technical specification

工程技术经历 engineering background

工程技术开发 engineering development

工程技术可行性研究 engineering feasibility study

工程技术来源资料 engineering source data

工程技术情报管理系统 engineering information control system

工程技术人员 engineering staff; engineering technical personnel; engineers and technicians; technologist

工程技术设计标准 engineering technical design specification

工程技术设计规范 engineering technical design specification

工程技术实验室 engineering laboratory

工程技术试验室 engineering laboratory

工程技术数据 engineering data; technical data

工程技术说明书 specification of works; engineering specification

工程技术文献索引 engineering index

工程技术许可证 engineering technical latter

工程技术研究 engineering and technologic(al) research

工程技术业绩 engineering feat

工程技术业务出版物 engineering service publication

工程技术有关的 engineering-oriented

工程技术助手 technical engineering aid

工程技术资料 engineering data; engineering material

工程甲方负责人 person in charge of owner's project

工程价款结算的审计 project price settlement audit

工程间接费 indirect construction cost; indirect expense of project; job overhead

工程监察 engineering supervision

工程监督 engineering supervision; supervision of works

工程监督的 engineered

工程监督员 project inspector

工程监理 engineering supervision; project supervision; supervision of works

工程监理费 construction supervision fee

工程监理公司 construction supervision corporation; engineering supervision company; work supervision company

工程监理人员 construction supervision personnel; engineering supervision personnel

工程监理员 work supervisor

工程监理制 project supervision system

工程监视 observation of the work

工程检查 engineering supervision; observation of the work

工程检查标准 engineering inspection specification

工程检查员 district surveyor; chartered surveyor <英国政府注册的>

工程检修 works test

工程检验人员 building official

工程简介 brief introduction of project; project description

工程简图 sketch of job

工程简讯 engineering brief

工程建成以后的 post-construction; post-project; post-works

工程建设 engineering construction

工程建设标准 engineering construction standard

工程建设规划区 prospective area of engineering construction

工程建设合同 construction contract

工程建设监理 construction supervision

工程建设界 <荷兰期刊名> Engineering Construction World

工程建设进度控制 progress controlling of construction

工程建设其他费用 other construction costs

工程建设投资控制 investment controlling of construction

工程建设项目 construction project

工程建设质量控制 quality controlling of construction

工程建造预算 budget of construction

工程建筑 engineering architecture; engineering work

工程建筑费用详细估价 detailed estimate(of construction cost)

工程建筑费用详细估价表 estimate of construction cost

工程建筑物 construction works; engineering structure; engineering works; structure of engineering

工程建筑物轮廓线 outline of engineering structure

工程建筑资料 data of engineering construction

工程降水 engineering dewatering

工程教育 engineering education

工程接管 hand-over of the works

工程结构 engineering structure; building and civil engineering structures

工程结构模型 engineering model

工程结构设计 design of building and civil engineering structures

工程结构性能试验室 <美> Structural Behavio(u)r Engineering Laboratory

工程结算审计 audit of completion settlement

工程介绍图 display drawing; presentation drawing

工程界 engineering community

工程近似法 engineering approximation

工程进程 progress of works; stage of project; stage of works; works progress

工程进度 construction progress; job progress; job schedule; progress of project; progress of works; project progress; work-schedule

工程进度报告 progress report(for project)

工程进度表 execution program(me) for works; progress chart; progress schedule; project schedule; schedule of construction; schedule of works

工程进度计划 engineering schedule plan; project scheduling; job schedule

工程进度记录 progress record

工程进度控制 control schedule

工程进度款 progress payment; progress payment for a project

工程进度款账单 progress billing

工程进度评审技术 progress evaluation and review technique

工程进度说明 description of construction progress
工程进度通知 advice of works in progress
工程进度图 progress map
工程进度图表 description of construction progress
工程进行中 under construction
工程进行中的混凝土立方体试验 works cube test
工程经济 engineering economy
工程经济分析 cost-effectiveness analysis; engineering-economic analysis; value analysis; value control; value engineering;engineering analysis
工程经济分析法 cost-effectiveness analysis method
工程经济价值 economic value of a project;economic worth of a project
工程经济评价 economic evaluation of a project
工程经济效益 economic effect of a project; effect of a construction project;project economic effect
工程经济学 engineering economics; value engineering; engineering economy
工程经济学家 engineering economist
工程经济研究 engineering economy study
工程经理 engineer manager; project manager; construction manager; contracts manager <英国工程管理制度中承包商管理大型工程或几个小型工程的>
工程经纬仪 engineer's theodolite; engineer's transit; engineering theodolite; engineering transit; transit instrument
工程井 engineering well
工程净效益 net project benefits
工程救险车 breakdown lorry;hurry-up wagon;wrecker
工程局 engineering department
工程决策 engineering decision
工程决算 final accounts of the project;final(engineering) cost
工程决算单 penultimate certificate
工程决算列表总汇 abstracting
工程菌 engineering bacteria
工程菌构建 engineering bacteria construction
工程菌种 engineering bacteria species
工程竣工 completion of works
工程竣工报告 project completion report
工程竣工后的效益估算 ex post measurement of benefit
工程竣工前的效益估算 ex ante measurement of benefit
工程竣工证书 certificate of completion of works
工程开工 commencement of works
工程开工日期 commencement date; construction starting date
工程勘察 engineering investigation (and survey)
工程科 division of construction
工程科学 engineering science
工程可靠性 engineering reliability
工程可靠性与质量控制 engineering reliability and quality control
工程可行性 engineering feasibility; project feasibility;work feasibility
工程可行性分析 project feasibility analysis
工程空气动力学 engineering aerodynamics
工程控制 engineering control
工程控制经理 control manager;engineering control manager
工程控制论 cybernetics;engineering cybernetics
工程控制室 engineering control room
工程控制网 engineering control network
工程控制与检查 engineering control inspection
工程会计(师) project accountant
工程会计员 project accountant
工程类别 construction classification
工程类型 type of engineering
工程力学 engineering mechanics; technical mechanics
工程力学学报 <美国土木工程学会月刊> Journal of Engineering Mechanics
工程立项 approval of project
工程量 amount of works;engineering workload; quantity of work; work amount
工程量变更 variation of quantity
工程量标价清单 priced bill of quantities
工程量表 bill of quantities; quantity bill;quantity list;quantity sheet
工程量表附件 appendixes of the bill of quantities
工程量表合同 bill of quantity contract
工程量测算师 quantity surveyor
工程量差额 quantity underrun
工程量超额 quantity overrun
工程量改变 quantity variance
工程量估计 quantity survey(ing)
工程量估计表 quantity estimate sheet
工程量估价 quantity pricing
工程量估算 estimation of approximate quantities; quantity surveying)
工程量估算员 quantity surveyor
工程量计算 measurement of quantities;quantity take off
工程量计算的审计 workload calculation audit
工程量平面及图解 pache
工程量评估 quantity survey(ing)
工程量清单 bill of quantities;quantity sheet;abstracting
工程量清单的说明汇集 library of description
工程量清单或其说明汇集的代码 library code
工程量清单前面的说明条款 measurement preambles
工程量清单中拆迁、改建或扩建的项目 spot item
工程量清单中的项目 bill item
工程量清单中非标准说明的项目 rogue item
工程量清单中汇总金额 bill summary;bill summary
工程量清单中可调整数量的项目 adjustable item
工程量统计员 quantity surveyor
工程量逊额 <实际完工数量低于原估计合同数量的差额> quantity underrun
工程列车 construction train; engineering train; service train; work train
工程烈度 engineering intensity
工程烈度表 engineering intensity scale
工程(零)部件清单 engineering component parts list
工程流体力学 engineering fluid mechanics
工程论证 justification of project;project justification;work justification
工程秘书 <代表业主检查工程的> clerk of works
工程面积 project area
工程描述 description of project; description of works
工程名称 name of project; project designation;project name
工程明细表 working list
工程模拟器 engineering simulator
工程内聚强度 technical cohesive strength
工程内容 scope of works
工程难题 engineering road-blocks
工程能力 engineering capability
工程用黏[粘]度计 technical visco(si)meter
工程评定 assessment of project;project assessment;project evaluation
工程评估 project appraisal
工程评估试验 engineering evaluation test
工程评价 engineering evaluation;engineering judgment;project appraisal;project evaluation
工程评审技术 project evaluation and review technique
工程期限 period of construction
工程气象学 engineering meteorology
工程器材 engineering goods; engineering plant
工程器械库 works depot
工程前期测量 preengineering survey
工程前期工作 engineering preliminaries
工程抢修 salvage(a project);salvage of engineering
工程区 project area
工程区局 division engineer's office
工程区外围地震危险区 active seismic zones around the project area
工程曲线 engineering curve
工程缺陷 work defect
工程缺陷补偿 defect compensation
工程热力学 engineering thermodynamics
工程热塑性弹性体 engineering thermoplastic elastomer
工程任务单 work order;engineering job order; job assignment notice; job order
工程任务分配 engineering task assignment
工程任务分析 engineering job analysis
工程任务书 construction order; project order;work order
工程蠕变 engineering creep
工程(上的)职能 engineering function
工程上用扇形砖 radial engineering brick
工程设备 engineering equipment;engineering facility;plant
工程设备安装 install
工程设备的估计使用期限 estimated life of plant
工程设计 engineering design; engineering design review; engineering project;job layout; project design; project engineering; project planning
工程设计标准 engineering design standards
工程设计部门 engineering design department; engineering design division
工程设计测量 design(data) survey
工程设计的变更 engineering design change
工程设计的改变 engineering design change
工程设计的修改 engineering design modification
工程设计方案 engineering design alternate;engineering design plan
工程设计服务 engineering services
工程设计更改 engineering design change
工程设计工作站 engineering work station
工程设计公司 engineering design firm
工程设计洪水 project design flood
工程设计基本数据 basic engineering design data
工程设计经理 engineering manager
工程设计评审委员会 Engineering Design Review Board
工程设计人员 project designer; project planner
工程设计施工详图 general engineering set
工程设计数据 engineering design data
工程设计系统分析 design engineering system approach
工程设计研究公司 engineering firm
工程设计与施工投标 all-in-bid
工程设计制定的锯材 sawed engineered timber
工程设计资料 engineering design data
工程设计资料包 engineering design data package
工程设施 engineering operation;engineering works;job facility
工程摄影测量 engineering photogrammetry
工程摄影学 engineering photography
工程生理学 ergonomics;ergonomy
工程生理研究 ergomomic study
工程生物学 engineering biology
工程生物学施工方法 engineering-biological method of construction
工程声学 engineering acoustics
工程师 engineer;technician engineer
工程师承包商 engineer-contractor
工程师代表 engineer's representative
工程师的工地办公室 engineer's site office
工程师的设计 engineer design
工程师登记局 Engineers Registration Board
工程师对各承包商投标书的复核 tender review
工程师兼水文学家 engineer-hydrologist
工程师联合会 Amalgamated Society of Engineers
工程师联合理事会 Engineers Joint Council
工程师认可证明 engineer's approval
工程师用链 engineer's chain
工程师用水准仪 engineer's level
工程师用有限单元模型及分析计算机程序 finite element model and anacom program(me) for engineers
工程师助理 assistant of the engineer
工程师注册局 Engineers Registration Board
工程施工 engineering construction; execution of the works; project construction;construction works
工程施工标准化 construction standardization
工程施工承包合同 project construction contract
工程施工及工业机械 construction and industrial machinery
工程施工前可减免的开支 preentry losses
工程施工投资 initial outlay
工程施工招标 inviting bids of project

construction
工程施工总进度 general schedule of project construction
工程施工钻机 engineering construction drill
工程施工钻孔 engineering construction(bore) hole
工程施工钻探 civil engineering drilling; construction engineering drilling
工程实绩评定 performance assessment
工程实际标准 <符合注册工程师要求的> accepted engineering practices
工程实际进度图 record drawing
工程实践 engineering practice
工程实践手册 manuals of engineering practices
工程实践修正 engineering practice amendment
工程实例 case history; case record; case study; engineering case; engineering example
工程实录 case history; case record
工程实施 execution of construction work
工程实施方法 means of execution for project
工程实施计划 execution plan
工程史料档案 case history file
工程使用年限 life of project
工程事例 case history
工程视察 engineering supervision
工程试验 engineering test
工程试验报告 engineering test report
工程试验程序 engineering test procedure
工程试验堆临界装置 engineering test reactor critical assembly
工程试验反应堆 engineering test reactor
工程试验规划 engineering test program(me)
工程试验鉴定 engineering test evaluation; identification; qualification
工程试验设备 engineering test facility
工程试验实验室 engineering test laboratory
工程试验要求 engineering test request
工程试验仪器 engineering testing equipment
工程试验指令 engineering test order
工程试验装置 engineering test unit
工程适用桩 production pile
工程室 engineering office
工程收尾 clean-up
工程收益 income on construction job
工程手册 engineering manual; project manual
工程寿命 project life; term of life
工程受益 project benefit
工程输送机 engineering conveyer [conveyor]
工程数据 field data
工程数据处理 engineering data processing; engineering data treatment
工程数据的要求 engineering data requirement
工程数据库【计】 engineering database
工程数据信息系统 engineering data information system
工程数量表 bill of quantities; quantity sheet; schedule of quantities
工程数量计量误差 measurement error
工程数学 engineering mathematics
工程甩大气压 <等于 735.5 毫米水银柱> effective atmosphere
工程水处理系统 engineered water treatment system
工程水力学 engineering hydraulics; engineering hydrology
工程水平(仪) engineering level
工程水文地质勘察 hydrologic(al) investigation of engineering
工程水文学 engineering hydrology
工程水系统 engineered aquatic system; engineered water system
工程水准测量 engineering level(l)ing; engineering level or technical level; technical level(l)ing
工程水准仪 engineering level; surveyor's level
工程说明书 description of project; engineering instruction; project description; project specification
工程硕士 master of engineering
工程塑料 <制造齿轮和结构部件用> engineering plastics
工程所在地 project site
工程索引 engineering index; The Engineering Index <美期刊名>
工程谈判 project negotiation
工程弹性力学 engineering elasticity
工程陶瓷 engineering ceramics
工程特殊试验设备 engineering special test equipment
工程特性 engineering property
工程特征 engineering characteristic; engineering feature; feature of project
工程条件 engineering condition; job condition
工程条例 engineering regulation
工程停顿 suspension of works; works suspension
工程停工 suspension of works; works suspension
工程停建 cessation of works
工程通信[讯]业务(谈话)电路 engineering traffic speaker circuit
工程通知单 work order
工程统计 work statistics
工程投标 bidding for project
工程投资 engineering investment; investment of engineering; project investment
工程投资预算 construction investment budget
工程图 engineering plan; engineering plat(e); engineering plot; mechanical drawing; schedule drawing
工程图编号 engineering drawing number
工程图副本 deposited drawings
工程图画学 engineering graphics
工程图及布置图 project chart and layout
工程图明细表 <方框图表> title block
工程图示学 engineering graphics
工程图学 engineering graphics
工程图样 engineering drawing
工程图纸 engineering drawing
工程图纸的变更 engineering drawing change
工程图纸的改变 engineering drawing change
工程图纸清单 engineering drawing list
工程土的分类体系 engineering soils' classification system
工程土壤测量 engineering soil survey
工程土壤状态 engineering soil condition
工程完成百分数 percent of completion
工程完成额 amount of work done
工程完成交付使用日期 date of substantial completion
工程完成量 amount of work done
工程完工后沉降 post-construction settlement
工程完工前业主先使用部分项目 partial occupancy
工程完工日期 completion date
工程网络图 project network
工程违约 construction defect
工程维持费 engineering maintenance fee; engineering turnover; turnover
工程维护时间 engineering time
工程维修 maintenance of work
工程维修备忘录 engineering service memo
工程维修组 engineering service group
工程委员会 board of work
工程位置 engineering site; project position
工程文件 construction documents
工程物探 engineering geophysics
工程系 engineering department
工程系数估算法 estimating method of construction coefficient
工程系统 engineering system
工程系统的开发阶段 initiate stage of the engineering system
工程系统工程 project systems engineering
工程细节 detailed engineering
工程细目 engineering details; work classification
工程细目估价单 detail estimate sheet
工程细则 detailed engineering rules and regulations; engineering instruction
工程显示图 display drawing; presentation drawing
工程现场 job site; project site
工程现场代表 field representative
工程现场估工 on-the-job
工程现场监工 clerk of the works; supervisor of works
工程现场评价 site appraisal
工程现实性 engineering feasibility
工程现状报告 status report
工程限期 construction time limit
工程限制 working limit
工程详细报告 detailed project report
工程详细设计 detailed project design
工程项目 engineering project; project item; work item; bill item <工程量清单中列出的>
工程项目办公室 project office
工程项目背景 background of the project
工程项目成本 project cost
工程项目成本计划 cost plan
工程项目筹资 financing a project
工程项目贷款 project loan
工程项目的批准 authority for project
工程项目分解结构 work breakdown structure
工程项目更动 changes in the work
工程项目管理 construction project management; project management
工程项目管理信息系统 project management information system
工程项目合资 joint venture for project
工程项目计划 plan of work
工程项目计划与进度安排 project planning and scheduling
工程项目监督 project supervision
工程项目经济评价 economic evaluation of a project
工程项目经理 projects manager
工程项目明细表 details of work items
工程项目评价 project appraisal
工程项目实施的决定 decision to proceed with the project
工程项目说明(书) engineering item description; project description
工程项目通知与检查制度 project notification and review system
工程项目文件 <不可工程说明书、招标文件、合同条件等> project manual
工程项目预算 project budget
工程项目招标投标 bidding and inviting bids of projects
工程项目综合成本制 sequential cost system
工程小修 minor overhaul
工程小组 project gang; project group; project team
工程效率 project efficiency
工程效率指标 engineering effective target
工程效益 project benefit; usefulness of a project; use of a project
工程协调 coordination of work
工程协会 engineering association
工程协议 engineering agreement; project agreement
工程协议书 job order
工程心理实验室 human laboratory
工程心理学 applied experimental psychology; biomechanics; engineering psychology; human (factors) engineering; psychotechnology
工程新闻打桩公式 engineering news formula for driven pile; engineering news pile driving formula
工程新闻公式 engineering news formula
工程新闻公式估算单桩承载力 estimating pile bearing capacity by Engineering News Formula
工程新闻记录 engineering news record; Engineering News Record <美期刊名>
工程新闻杂志打桩公式 Engineering News Record pile formula
工程行业 earthmoving industry
工程形象进度 description of construction progress; project progress in physical shape
工程形象进度图 project progress chart in physical shape
工程性能 engineering property
工程性能标准 engineering performance standard
工程性能审查报告 project performance audit report
工程性质 engineering property; nature of works
工程修改 change in the work
工程修改层 engineering change plane
工程修理车 breakdown car; engineering repair truck; shop truck
工程序号 construction number; serial number of project
工程选点 siting
工程学 engineering
工程学博士 doctor of engineering
工程学馆 engineering building
工程学会 engineering society
工程学科 engineering discipline
工程学术研究 engineering research
工程学院 engineering college; factory of engineering
工程延期 extension of the works; postponement of the works
工程延期协议 extension agreement
工程岩体 engineering rock mass
工程岩土学 science of engineering rock and soil
工程研究 engineering study
工程研究报告 engineering research report

工程研究院 engineering institute
工程研制 engineering development
工程验收 acceptance check; acceptance of a project; acceptance of (constructional) works; acceptance of project; acceptance of works; acceptance on examination; engineering acceptance; engineering receiving; final inspection
工程验收规范 engineering inspection and acceptance specification
工程验收检查 engineering receiving inspection
工程验收证书 taking-over certificate
工程验证 engineering examination
工程养护 maintenance engineering
工程遥感 engineering remote sensing
工程要求 engineering requirement; job requirement; project requirement
工程要素 engineering element
工程冶金学 engineering metallurgy
工程业务 engineering undertaking; professional practice
工程移交 project hand-over
工程移交给甲方 hand a project to client
工程因素 engineering factor
工程引起的 project-induced
工程应变 engineering strain
工程应用 technical application
工程用比例尺 engineer's scale; engineering scale
工程用低碳钢 <英国标准> En steel
工程用款清单 schedule docket
工程用料与设备清单 quantity survey(ing)
工程用黏[粘]土砖 clay engineering brick
工程用水效率 project water-use efficiency
工程用砖 engineered brick; engineering brick
工程有效期限 engineering valid period
工程与承包记事 <加拿大期刊名> Engineering and Contract Record
工程预防 engineering precaution
工程预决算书 penultimate certificate
工程预算 detailed estimate; detailed estimation; estimate of construction; estimation of construction; project budget; construction budget
工程预算更改通知 project budget change; project budget change notice
工程预算曲线 fee curve
工程原理 engineering factor; engineering philosophy
工程院士 engineering academician
工程运动学 engineering kinematics
工程暂停 suspension of works; works suspension
工程造价 building cost of a project; construction cost; cost of a construction (project); cost of the works; project cost
工程造价详细预算 detailed estimate (of construction cost)
工程造价与工期合标法 cost-plus-time bidding
工程造价增长预留费 provision fee for the growth of project costs
工程摘要表 works abstract
工程展期 deferment of a project; postponement of the works
工程招标 bid invitation for project; invitation to bid for a project; invitation to tender for a project; project invitation for bid
工程折衷方案 engineering compromise
工程征地 requisitioned land for project
工程整体浮运就位的施工方法 float-in
工程证书 engineering diploma
工程支援组 engineering support group
工程执照 engineering diploma
工程直接成本 direct cost of project
工程直接费 direct expense of project
工程直接管理费 job overhead
工程指标 engineering target
工程指导者 project leader
工程指挥部 construction headquarters
工程制 gravitational system of units; gravitational unit system
工程制图 engineering drafting; engineering drawing
工程质量 construction quality; engineering quality; project quality; quality of construction; quality of works; workmanship
工程质量保证书 completion bond
工程质量的审计 project quality audit
工程质量低劣 poor workmanship
工程质量管理 engineering quality control; project supervision
工程质量控制 engineering quality control
工程质量评定 comment on quality of works
工程质量事故 accidents resulting from poor quality of projects
工程质量预控 quality pre-controlling of works
工程周边环境 environment around engineering
工程主办人 project promoter; project sponsor
工程主持人 person in charge of the project
工程主管人 bull of the woods
工程主任 project manager; section engineer
工程铸件 engineering casting; engineering cast iron
工程专用的 exclusive use for the works
工程专用设备 equipment dedicated to project; plant dedicated to project
工程砖铺砌(路面) engineering brick paving; paving of engineering bricks
工程砖圬工墙 engineering brick masonry
工程转包 works subletting
工程桩 production pile
工程装配零件单 engineering assembly parts list
工程状况 situation of project; state of project
工程状态 project status
工程准备事项 <勘察、设计、预算等> engineering preliminaries; engineering preparation
工程咨询 engineering consultation
工程咨询服务 engineering consultation service
工程咨询公司 engineering consultancy firm; engineering consulting firm
工程咨询合同 engineering consulting contract
工程资料中心 engineering data center [centre]
工程字 technical lettering
工程综合考虑 engineering compromise
工程总段 district; engineering district
工程总费用最高限额 guaranteed maximum cost
工程总负责人 project director
工程总结 engineering summary
工程总结报告 engineering summary report
工程总体布置 general arrangement of works; general layout of project
工程总体布置图 general arrangement drawing
工程总体策划 overall planning of works
工程总体规划 project master plan
工程总投资 total cost of engineering
工程总造价 project cost
工程组织机构 job organization; project organization; organization of works
工程钻机 engineering driller
工程钻钻头 engineering drill bit
工单 work order
工地 attendant's place; building site; camp site; construction plant; construction site; job site; lot; placement area; project site; site of work; work area; work(ing) site
工地安全负责人 safety officer
工地安全座谈 safety toolbox talk
工地安装 field connection; field installation; site arrangement; site settlement
工地安装的 field-installed; field-mounted
工地搬迁 job-to-job hauling
工地办公室 field office; site office
工地办公室拖(挂)车 field office trailer
工地办事处 site office
工地拌和 field mix; job mix; mixing at site; mixing-in-place; site mixing
工地拌和厂 site mixing plant
工地拌和的 mixed-in-place
工地拌和的水泥 mixed-in-place cement
工地拌和法 mixed-in-place method; mixing-in-place method
工地拌和混和料 field mix; job mix
工地拌和混凝土 site mixed concrete
工地拌和施工 mixed-in-place construction
工地拌和装置 site mixing plant
工地拌制混凝土 site-mixed concrete
工地报告 field reporting
工地便道 service road
工地补助费 construction site premium; site subsidy; worksite allowance
工地布置图 site layout; site plan
工地财产保险 builder's risk insurance
工地仓库 field depot
工地操作技术 field technic; field technique
工地厕所 building site latrine; shot tower
工地测量 on-the-job measurement; site measuring; survey of site; field survey; site survey
工地车间 field workshop; site plant; site workshop
工地承载试验 field bearing test
工地储存的 job-stored
工地储罐区 field bulk plant; field bulk station; field station; field tank farm
工地炊事员 gut burglar; crumb boss <俚语>
工地存料 field storage; material at site
工地存料账 material-at-site account
工地代表 field man
工地道路 construction road; site road
工地的 on-site
工地的准备工作 site preparation
工地灯具 site lantern
工地电话 buzzer; site telephone
工地电缆槽 in-situ cable duct
工地调查 field investigation; site exploration
工地调查研究 field study
工地调度员 area dispatcher
工地多用搬运机 mobile site handling unit
工地发电站 site power plant
工地发电装置 site power plant
工地房屋 camp building; site hut
工地废弃物 on-site disposal
工地废水 demolition wastewater
工地废物燃烧炉 on-site incinerator
工地废渣料 demolition waste
工地服务 field service
工地服务主任 field service manager
工地辅助设备 worksite equipment
工地负责人 job captain; site supervisor; job superintendent
工地负责人办公室 site supervisor's office
工地高度 site altitude
工地工厂 field factory; site factory
工地工程师 resident engineer <代表业主的>; field engineer <施工单位的>; site engineer <施工单位的>
工地工棚 site hut
工地供热 site heating
工地供水 water supply of the site
工地管理 field management; job's housekeeping; job management; site management; field control
工地管理费 field overhead
工地含水当量 field moisture content; field moisture equivalent
工地焊缝 field welding seam
工地焊接 field weld(ing); site weld(ing); welding on building site
工地焊接技术 field welding technique
工地回收再生路面的车队 recycling train
工地活动厕所 <俚语> donegan
工地机械工 lob mechanic
工地机修工 site mechanic
工地基准点 site datum
工地基准面 site datum
工地计量 site measuring; site measurement
工地记录 field note; job record; site records
工地记录本 field note
工地记录簿 field book
工地技工 site mechanic
工地技术主任 site technical director
工地加工车间 contractor workshop
工地架设 field erection
工地监督人 field superintendent; site superintendent
工地监工员 contractor supervisor; contract(or) surveyor; site surveyor
工地监理 field supervision; site supervision
工地监理工程人员 contract surveyor
工地监理者 site supervisor
工地检查 field inspection; site inspection
工地检查员 field inspector
工地建造 site built
工地建筑师 resident architect; site architect
工地鉴定 field identification
工地奖金 construction site premium; worksite premium
工地交付 jobsite delivery
工地交货 delivered at the job
工地交通 building traffic; site traffic
工地浇制场 site casting yard
工地浇注混凝土 cast-in-site

G

工地搅拌 field mix; mixed-in-place; mixing at site; mixing-in-place
工地搅拌厂 mix-in-place plant; site mixing plant
工地搅拌混凝土 site-mixed concrete
工地搅拌机 site mixer
工地搅拌列车 <用于浇筑混凝土隧道> mixing-placing train
工地搅拌装置 site mixing plant
工地金属棚屋 metal site hut
工地经理 construction manager; site manager; site agent <英国工程管理制度中代表承包商管理小型工程的代表>
工地净面积 net site area
工地勘测 site investigation
工地勘察 site investigation
工地控制 field control
工地控制试验 field control testing
工地宽度 width of site
工地劳动力 on(-the)-site labo(u)r; site labo(u)r
工地立方体强度 <混凝土的> works cube strength
工地梁试验 works beam test
工地量方验收员 contract surveyor
工地料斗 candy bucket; site bin
工地临时办公室 shanty
工地临时单元房屋 accommodation unit
工地临时道路 pioneer(ing) road
工地临时房屋建设 camp construction
工地临时铁路 field railway
工地临时围篱 hoarding
工地临时小房 kip
工地临时栅栏 site fence
工地流动办公室 mobile site office
工地码头 site wharf
工地铆钉 field rivet(ing)
工地铆接 field rivet(ing); site riveting
工地模制的 modeled-in-placed
工地内燃机车 diesel field loco(motive)
工地排出的水 site drainage
工地排水(系统) site drainage
工地配合(比) field proportioning; field mix
工地配料器 site weigh batcher
工地拼接 field splice
工地拼装 field erection
工地平面(布置)图 job plan; site plan
工地平整 site formation
工地剖面 partition section
工地铺面拌和机 on-site paving mixer
工地其他负责人 <俚语> crumb boss
工地钳工 job mechanic
工地轻便的临时铁道 carryable track
工地轻便轨道 baby track; light service track
工地轻便铁道 field portable railway; portable railroad; portable railway; field railway
工地轻便铁路 portable railway
工地轻便窄轨铁路 narrow field railway
工地清理 job cleanup; site cleaning; site clean-up
工地清洗车轮设备 site wheel wash unit
工地取样 field sampling
工地人行(便)桥 field path bridge
工地人行通道 field path
工地人员 site personnel
工地日记 site diary
工地入口 site approach
工地上厕所 <俚语> shot tower
工地上的小房 boar's nest
工地上盥洗室 shot tower
工地设备 building site installation; job site installation; stand-by plant
工地设计负责人 job captain
工地设施 construction site service; site equipment; site facility
工地设施费用 mobilization cost
工地设施平面图 site facility plan; site installations plan
工地审计 site audit
工地生活设施 site accommodation
工地施工厂房 construction plant
工地施工设备 site equipment
工地实践 site practice
工地实验 test on site
工地实验室 field lab(oratory); job lab(oratory); on-job lab(oratory); site lab(oratory)
工地食堂 canteen; field canteen; site canteen; works canteen
工地使用 field applied
工地式凿岩机 stopper hammer drill
工地视察 field inspection
工地试验 field experiment; field test(ing); field test in place; in-situ test(ing); in situ test in place; on-job trial; on-site test; site test(in place); test in place; test on site
工地试验法 field test method
工地试验室 field(test) laboratory; job laboratory; on-job lab(oratory); site laboratory
工地试验压力 <验收管线的> site test pressure
工地熟化(石灰) site slaking
工地栓接 field bolt(ing); site bolting
工地水电供应 site water-and-electricity supply
工地水罐 field tank
工地宿舍 camp building
工地提升料斗 <俚语> candy bucket
工地条件 field condition; site condition
工地铁道 constructor's railroad; constructor's railway; site railway
工地铁轨 site rail
工地铁路 constructor's railroad; constructor's railway; field railway; site railway
工地通知书 field note; field order
工地筒仓 site silo
工地涂层 field coat
工地涂料 field coat
工地土壤 site soil
工地拖车 site trailer
工地外 off-site
工地外的 off-site
工地外的施工费用 off-site cost
工地外估工 production off the job
工地外控制 off-site control
工地外设施 off-site facility
工地弯制钢筋 field bending
工地完工清理 clearance of site on completion
工地完工清扫 job cleanup
工地围栏 construction site barrier; site fence
工地围篱 site fence
工地围墙 area wall; site enclosure
工地位置(图) site location
工地系统 fielded system
工地消防队 works fire brigade
工地消化(石灰) site slaking
工地销售经理 field sales manager
工地小轨道 <美> baby track
工地小卖部 works canteen
工地信息 site information
工地修配厂 field repair workshop
工地修整 field finish
工地压实 field compaction
工地养护 field curing
工地养护混凝土 job-cured concrete
工地因素 site factor
工地营房设备 camp equipment
工地用杆件 field pole piece
工地用家具 site furniture
工地用铆钉 site rivet
工地用配料秤 weigh batcher
工地用移动式吊车 mobile job crane
工地油漆 field painting
工地油漆的 site-painted
工地淤泥 site mud
工地雨水径流 construction runoff
工地预制吊装施工法 site prefabrication method
工地预装配 on-site prefabrication
工地运货升降机 building site freight elevator; building site goods lift
工地运料工人 hod carrier
工地(运料)交通 jobsite traffic
工地运料路 haul road
工地运输 transportation within the project site
工地运输车 candy wagon
工地杂工 topman
工地载人升降机 personnel job hoist
工地造的 job made
工地造的梯子 job made ladder
工地窄轨铁路 <装运集料的> aggregate railroad[railway]
工地招牌 site sign
工地照明 field lighting; lighting of site; site lighting; working place illumination
工地照明车 mobilite
工地职员 site staff
工地指挥者 field superintendent; site superintendent
工地指示牌 site sign
工地制造 site manufacture
工地制造的 field fabricated
工地制作 field applied
工地主管 field superintendent; site superintendent
工地主任 director of site management; project manager; section engineer; site director
工地住宿车 camp car
工地桩的浇捣场 site pile casting yard
工地装焊转轮 site fabricated runner
工地装配 field connection; field erection; field mounting; on-site prefabrication; tentative assembling; site assembly
工地装配场 field assembly yard
工地装卸 site handling
工地准备 site preparation
工地准备工作机械 pilot machine
工地自卸车 site tipper
工地阻塞 site stoppage
工地组焊的转轮 site fabricated runner
工地组织 job's housekeeping; site organization
工地组装 site assembly
工地坐标方格 site grid
工点地形图 topographic(al) map of construction site
工段 ai(s)le; construction section; section chief construction site; section of construction project; work-(shop) section
工段负责人 sector boss
工段工长 unit-foreman
工段工程师 section engineer
工段经理 section manager
工段领工 section foreman
工段长 chief of section; foreman; section chief
工段主任工程师 chief resident engineer
工队 crew
工法 construction method
工法勘察 geotechnic(al) investigation for construction methods
工法钻探 geotechnic(al) investigation for construction methods
工房 barrack; bunkhouse; boar's nest <俚语,施工场地的>
工房修建 construction of barracks
工分 workpoint
工分值 point value
工分制度 point system
工蜂 worker
工附业 industry and side-line business
工附业收入 ancillary revenue
工附业支出 industry and subordinary industry expenses
工钢轧机 joist(rolling) mill
工号 job number
工后沉降 settlement after construction
工后处理 post-construction treatment
工会 labo(u)r union; trade union; union
工会代表 business agent
工会法 labo(u)r union law; trade union law
工会会所 trade hall
工会基金 union fund
工会经费 labo(u)r-union expenditures
工会联合会 <英> Trades Union Congress
工会主席 chairman labo(u)r union
工夹具 clamping apparatus
工价编码制 cost code
工间的 intervallic
工间小憩 <供吃茶点用> coffee break; tea break
工间休息 intermission; interval break; spot time; stop; coffee break
工件 working piece; workpiece
工件边缘 edge of work
工件变流器 work head transformer
工件表面直线速度 surface work speed
工件定位点 locating point
工件定位器 work retainer
工件定位销 locating pin
工件垛 stack of work
工件滚花 knurl
工件回转直径 swing diameter of work
工件加工图 manuscript
工件夹持装置 workholder
工件夹紧 workholding
工件夹紧工作台 workholding table
工件夹具 fixture; work fixture; workholder; workholding device; workholding fixture; workpiece holder
工件夹爪 workholding jaw
工件架 work rest; work steady
工件锯割或锉削最大厚度 maximum sawing or filling thickness of work
工件卡 operation job card
工件宽度 width of the workpiece
工件毛面 rough workpiece surface
工件磨损 wear of work
工件排序问题 job sequencing problem
工件数目 number piece
工件速度 work(ing) speed
工件套承 work horn
工件为阴极的电解清洗 direct cleaning
工件温度 workpiece temperature
工件旋转 workpiece revolution
工件旋转内圆磨床 work-rotating internal grinder
工件引线 ground lead; welding ground; work lead
工件支架 work rest; work support-

(ing device);work trestle
工件直径 diameter of work
工件中心 workpiece center[centre]
工件中心线 work center[centre] line
工件转速范围 general range of work speeds
工件装卸 work-handling
工件装卸时间 piece handling time
工件状态选择开关 mode selector switch
工件自动拆卸机构 ejection mechanism;ejector mechanism
工件自动拆卸器 ejector
工件最大长度 maximum length of workpiece
工件最大尺寸 maximum dimensions of workpiece
工件最大厚度 maximum thickness of work
工件最大许可直径 maximum admitted diameter of work
工件最大许可重量 maximum admitted weight of work
工件最大直径 maximum diameter of workpiece
工件最大重量 maximum workpiece weight
工件座 workseat
工匠 artisan;craftsman;tradesman
工匠技能 craftsmanship
工匠住处 lodge
工教结合 industry-education marriage
工具 agency;aid;contrivance;equipment;implement(ation);instrument(ality);machinery;means;outfit;tool(ing);work equipment;work horse
工具拔出器 tool extractor
工具板 instrument panel
工具包 engineer's kit;kit;tool bag;tool kit
工具备品 tools and supplies
工具背 back of tool
工具编号 identification of tool
工具变钝 dulling
工具标准 tool standard
工具标准化 standardization of tool;tool standardization
工具柄 tool holder
工具柄部 tool shank
工具材 implement stock
工具材料 tool material
工具仓库 implement shed;tool crib
工具操作 tool operation
工具测量显微镜 toolmakers measuring microscope
工具拆卸器 tool ejector
工具厂 tools factory
工具车 maintenance car;station wagon;tool car(rier);tool lorry;tool truck;tool trailer;tool van;tool vehicle;tool wagon;window van
工具车床 cutter grinder;toolmaker's lathe;toolmaking lathe;toolroom lathe
工具车间 toolmaker's shop;toolroom;tool shop
工具承盘 tool retainer
工具承座 tool retainer
工具抽斗 tool drawer
工具储备 deposition of tools
工具传递窗 tool window
工具淬火 tool tempering
工具袋 glove compartment;holdall;kit bag;tool bag;utility pouch;work bag;work box
工具的 instrumental
工具的把 hilt
工具的柄 hilt
工具的储备 provision of facility
工具登记簿 tools register
工具等级型平板 flat board to the tool grade
工具底账 tools register
工具房 tool house;toolroom;toolshed
工具费 tools cost
工具分发 tool distribution
工具改革 improvement of tools
工具钢 chisel tool steel;tool steel
工具工人 toolmaker
工具沟通 <传达情报> instrumental communication
工具固定头 tool holder
工具管理 tool control;tool management
工具管理员 property man
工具柜 tool cupboard
工具盒 tool holder
工具痕 tool mark
工具或设备最重的一头 ignorant end
工具机 machine tool;toolroom machine
工具机构 tool mechanism
工具机控制程序 automatic programming tool
工具加长段 tool extension
工具夹 tool clamp
工具架 storage rack;tool carrier;tool pad;tool post;tool rack;tool rest;tool retainer;tool shelf;tool stand
工具间 tool house;toolroom;utensil room
工具角色 instrument case
工具经纬仪 jib transit;jig transit;job theodolite;transit square
工具控制 tool control
工具库 tool storage room
工具量规 tool ga(u)ge
工具锚 tool anchorage
工具锚具 clamper
工具磨床 cutter and tool grinder;cutter and tool grinding machine;tool and cutter grinder;tool and cutter grinding machine;tool grinder;tool-grinding machine
工具磨机 tool grinder sharpener
工具磨具 tool sharpener
工具磨削 cutter grinding;tool grinding
工具磨削装置 tool-grinding installation
工具磨整机 tool-grinding machine
工具木柄 wooden tool handle
工具盘 tool pan;tool shelf
工具棚 implement shed;instrument shed;tool house;toolshed
工具清单 tool list
工具曲线磨床 tool profile grinding machine
工具刃磨 tool and cutter grinding
工具刃磨机 tool sharpening grinding machine
工具商标 tool mark
工具设备 tool equipment
工具设计 facility design;tool design
工具失效 tool failures
工具使用寿命 tool life
工具世界 tool world
工具式钢模板 collapsible steel form;collapsible steel shuttering
工具式锚具 removable fixture
工具试验 tool test;trying out tool
工具试验机 tool tester
工具室 instrument house[housing];tool cabinet;tool house;toolroom
工具寿命 tool life
工具书 reference book
工具树脂 tooling resin
工具损耗量 tool breakage
工具台 tool stand;tool table
工具台座 stock
工具陶瓷 tool ceramics
工具套 tool belt frog;tool chuck
工具调整 tool-setting
工具调整时间 tool-setting time
工具图 instrument drawing;tool drawing
工具图纸 drawing of tools
工具尾柄 tool shank
工具匣 tool kit
工具显微测定器 toolmaker's microscope;tool(room) microscope
工具显微镜 toolmaker's microscope;tool(room) microscope
工具箱 chest;holdall;kit;toolbox;tool cabinet;tool case;tool chest;tool compartment;tool kit;work box
工具箱门铰链 tool-box-door hinge
工具箱门闩 tool-box-door latch
工具箱门闩扣 tool-box-door latch hasp
工具性能 tool performance
工具学 tool engineering;tool work
工具样板 toolmaker's ga(u)ge
工具咬齿 undercut
工具仪表室 instrument cubicle
工具语言 implementation language
工具制造 toolmaking
工具制造厂 toolmaker
工具制造更改单 tool fabrication change sheet
工具制造工 toolmaker
工具装备(箱) tool outfit
工具装夹尺寸规格 tools fixture size
工具自动转换装置 automatic tool change
工科大学毕业生 engineering graduate
工况 condition at operation;operating duty;operating mode;operating status;working condition;working order
工况报警装置 status alarm unit
工况观测 conditional observation
工况计算 performance calculation
工况曲线 condition curve;performance curve
工况图 performance diagram
工况系数 coefficient of performance
工况选择开关 condition switch
工况仪 tractometer
工况因数 performance factor
工况自动转换 multioperating mode automatic conversion
工矿车 industrial car
工矿企业 industrial and mining establishment
工矿企业所属的 industry-owned
工矿企业专用铁路线 industrial railroad;industrial railway
工矿牵引车 industrial tractor
工矿区 industrial and mining area
工矿信号设备 industrial signal device
工料 labo(u)r and material;material and labo(u)r
工料测量师 quantity surveyor
工料成本加利润费 <建筑合同> time and materials
工料单 list of labo(u)r and materials;list of materials and labo(u)r
工料定价单 priced bill of labo(u)r and material;priced bill of material and labo(u)r;priced bill of quantities;priced catalog of labo(u)r and material;priced list of labo(u)r and material;priced list of material and labo(u)r
工料费 flat cost
工料费合约 labo(u)r and material payment bond
工料费用分析 labo(u)r and material cost analysis;material and labo(u)r cost analysis
工料分析 labo(u)r and material analysis;material and labo(u)r analysis
工料付款承诺书 labo(u)r and material payment bond
工料付讫 lien release
工料估算员 <英国政府注册的> chartered surveyor
工料合算单价 composite cost
工料合算价 composite cost of labo(u)r and material[material and labo(u)r]
工料数 quantities of labo(u)r and material[material and labo(u)r]
工料支付保证(书) guaranty bond
工龄 length of services;length of time employed;seniority(in service);working age;working years
工率 labo(u)r capacity;labo(u)r efficiency;labo(u)r productivity
工贸部 <美> Department of Trade and Industry
工民建地基规范法 industrial-civil foundation ga(u)ge method
工民建及土木工程 building construction and civil engineering
工农联合企业 industrial-agricultural enterprise
工农业产品 industrial and agricultural products
工农业选址 siting of industry
工农业用药品 heavy chemical
工农业综合结构 agroindustrial complex
工农业总产值 gross industrial and agricultural value of output;total (value) industrial and agricultural output;total value industrial and agricultural production
工棚 barrack;block house;boar's nest;builders' temporary shed;construction camp;shed;shelter;site hut;temporary block;worker('s) shed;workmen's shelter;lodge <中世纪用语>
工棚房 barracks room
工棚施工 <临时的> building barracks
工票 job ticket;work sheet;work ticket
工频 commercial frequency;power frequency
工频电干燥 industrial electric(al) drying
工频电加热 industrial electric(al) heating
工频电流 <50 赫兹或 60 赫兹> power current;industrial frequency current
工频电炉 industrial frequency furnace
工频放电电压 power frequency discharge voltage
工频干扰防卫度 signal to low frequency interference ratio
工频感应 line-frequency induction
工频感应电炉 line-frequency furnace
工频感应炉 main frequency furnace
工频过电压 frequency overvoltage
工频火花电压试验 power frequency sparking test
工频交流电力牵引制 industrial frequency alternate current electric(al) traction system
工频炉 line-frequency furnace;main frequency furnace
工频耐压水平 power frequency withstanding voltage

工频牵引 industrial frequency traction
工频跳火电压 power frequency sparkover voltage
工频无芯感应炉 mains frequency coreless induction furnace
工频无芯感应熔炼炉 mains frequency coreless induction melting furnace
工期 completion period; completion time; construction period; construction term (limit); downtime; term of works; time of completion; work period; period for completion
工期安排 scheduling
工期超过 time overrun
工期定额 workday quota; working day norm
工期索赔 claim of deferring time limit of a project
工期拖延 construction delay
工期延长 extension of time; time extension
工期延误 delayed time of the works
工期延误补偿金 liquidated damages
工器具车间 tools workshop
工前扫测 presweeping
工钱 labo(u)rage
工区 construction division; division; lot; section; work place; work section; work site
工区测量员 district surveyor
工区测线数 line number of the working area
工区房屋 section house
工区工程师 district engineer; division engineer
工区管理员 division controller
工区划分 lot division
工区监工 district surveyor
工区土石方量图 section of earthwork
工区协调员 area coordinates; area coordinator
工人 factory hand; grunt; labo(u)r(er); maker; runner; worker; workman; wright
工人保护面罩 protective mask for workman
工人保险 worker's insurance; workmen's insurance
工人病假补助 worker's compensation
工人补偿保险 workmen's compensation insurance
工人补缺 turnover
工人参与管理 workers' participation in management
工人成本 labo(u)r cost
工人出勤率 percentage of worker's attending work; worker's rate of attendance
工人代号 worker's number
工人的事故保险 insurance against accident to workmen
工人的卫生条件 hygienic(al) condition of labo(u)r
工人防炉面罩 workman's protective face-shield
工人费用周报表 labo(u)r weekly cost report
工人更衣室 dog house
工人工程师 work-engineer
工人工作面积率 worker occupancy rate
工人雇佣 <超过需要的> featherbedding
工人红利股票 labo(u)r profit shares
工人技能 craftsmanship
工人阶级 labo(u)ring class; working class
工人进出舱室 man lock
工人居住处 worker's dwelling unit
工人居住区 zone of worker's homes
工人俱乐部 worker's club
工人劳动保护保险 workman's compensation insurance
工人劳动保护及员工福利保险 workman's compensation and employee benefits insurance
工人劳动生产率 workers' labo(u)r productivity
工人疗养院 worker's sanatorium
工人列车 workmen's train
工人入口 worker entrance
工人伤残赔偿 workman's compensation
工人伤害赔偿法 <英> Workmen's Compensation Law
工人伤害赔偿条例 <美> Workmen's Compensation Regulation
工人生活区 worker's main camp
工人食堂 canteen
工人宿舍 worker's accommodation; worker's quarters
工人宿舍区 worker estate; worker's living quarters
工人宿营车 camp car; workmen's sleeping coach
工人体育场 worker's stadium
工人体育馆 worker's gymnasium
工人文化宫 worker's cultural palace
工人新村 new workers' housing estate
工人休息室 swing room
工人恤金 workmen's compensation
工人医生 worker doctor
工人营地 camp; labo(u)r camp
工人寓所 worker's quarters
工人运动 labo(u)r movement
工人运输 workmen's traffic
工人住房 labo(u)r housing; worker's housing
工人住房的修建 construction of worker's dwellings
工人住居 working-class dwelling
工人住宅区 zone of workingmen's homes
工人装窑 take in
工人自定最高生产额 bogey
工人总数 work force
工人组织 labo(u)r organization
工日 man-day
工伤 injury; injury (suffered) on the job; on-the-job injury; work-related injury
工伤补偿 compensation for injury
工伤抚养基金 industrial accident fund
工伤抚养准备基金 industrial accident fund reserve
工伤赔偿费 compo; indemnity for injury
工伤缺勤率 disabling injury severity rate
工伤事故 accident in factory; accident on duty; accident on the job; industrial accident; working accident
工伤事故原因准则 accident-cause code
工伤性故障 critical failure
工商法规 law and regulation of commerce and industry
工商管理 management engineering
工商会 chamber of commerce and industry
工商界 commercial and industrial circles
工商界领袖 captain of industry
工商金融 industrial, commercial and banking communities
工商局 Bureau of Commerce and Industry
工商企业管理 management of commercial and industrial firms
工商企业名录 directory
工商税率 business tax rate
工商所得税 business income tax; industrial and commercial income tax
工商统一标准评估表 uniform commercial industrial appraisal report
工商协会 business association
工商行名录 directory
工商行政管理 industrial and commercial administration
工商行政管理局 administrative bureau for industry and commerce
工商业贷款 business borrowing; business loan
工商业房产 trade premises
工商业税 business tax; industrial and commercial tax
工商业统一税 combined industrial and commercial tax; consolidated industrial and commercial tax; industrial and commercial consolidated tax; unified industrial and commercial tax
工商业萧条的地区 depressed area
工商业用水 trade water
工商业责任保险 industrial and commercial responsibility insurance
工商业者 businessman
工商业者投资 businessman's investment
工商业组成 business formation
工商营业税 business sales tax
工时 hour of labo(u)r; labo(u)r hour; man-hour; work(ing) hour
工时报表 job time report
工时标定 time and motion
工时测定 time keeping
工时测定表 time sheet
工时差异 time variance
工时产量 output per man-hour
工时成本 man-hour cost; time cost
工时定额 hour norm; job rate; man-hour norm; man-hour quota; norm of working hour; task time; time allowance; time standard
工时(定额)研究 time study
工时法 working hour method
工时分配 time distribution
工时分析 motion time analysis; time study
工时和材料 time hours and materials
工时计 working hour meter
工时记录 man-hour record; record of work; time keeping; time log
工时记录表 time sheet
工时记录卡 time card
工时记录卡片 clocking-in card
工时记录员 timekeeper
工时记录钟 time clock
工时卡 time card; time sheet
工时扣除 checkout
工时累计表 service meter
工时利用 utilization of hour
工时利用率 operator utilization; utilization factor of man-hours; utilization rate of working hours
工时率 labo(u)r hour rate
工时数折旧法 working hour method of depreciation
工时消耗 expenditure of time
工时效率 output per man-hour
工时需要 man-hour requirement
工时研究 work output
工时与动作分析 time and motion study
工头 foreman; ganger; headman; master-builder; overman; overseer; task master; tender <监督工人堆码木料的>; bull <俚语>; honcho <俚语>
工头助手 <俚语> hook tender
工务 permanent way maintenance
工务部门支出 way and structure sector expenses
工务处 engineering department; job office; maintenance (way) department; permanent way maintenance department; way and structures department; way and works department
工务处长 chief maintenance superintendent
工务的 permanent way
工务段 maintenance of way division; permanent-engineering district; track district; track (maintenance) division
工务段办公室 section house
工务段长 chief maintenance; division engineer; superintendent
工务段工程师【铁】division engineer; district engineer
工务段工区领工员 section foreman
工务段轨道巡查员 district permanent-way inspector
工务段线路主任 roadmaster
工务分段 engineering section; track maintenance section; engineering district; maintenance of way section; permanent way district; workshop section
工务分段长 section engineer
工务工厂 permanent way workshop
工务进度委员会 works progress committee
工务科 division of construction
工务维修工厂 engineering repair works
工务系统经济效益审计指标体系 indices system of economic efficiency audit of engineering system
工务修配厂 maintenance of way shop
工务总段长 district engineer
工务总工程师 chief engineering maintenance of works
工效 efficiency of labo(u)r; work efficiency
工效分析 performance analysis
工效估算系数 job efficiency estimator
工效计量 work measurement
工效学 ergonometrics; ergonomics; ergonomy; human engineering
工效专家 efficiency expert
工薪表 payroll register
工薪补贴 salary compensation
工薪成本 payroll cost
工薪单 payroll
工薪分析 payroll analysis
工薪日记账 payroll journal
工薪审计 payroll audit
工薪税 payroll tax
工薪账户 payroll account
工形材 I-bar
工形槽 I-groove
工形钢梁 flange beam
工形截面 I-section
工形梁 flange beam
工形梁地板 double T floor(ing) system
工形汽缸头 I-head cylinder
工形头发动机 I-head engine
工形头汽缸 I-head cylinder
工形柱 H-column
工型铲斗连杆 Z-bar linkage
工雄蚁 ergatandromorph
工休日 day off; holiday
工序 execution program(me) for works; operating sequence; operation(al) sequence; process(step);

program(me) of works; scheduling; sequence of operations; sequence of trades; stage of execution works; working operation; work(ing) procedure
工序表 progress schedule
工序成本 process cost
工序吨 unit operation ton
工序分析 procedure analysis
工序计划 operation sequence plan
工序技术检查 procedure control
工序间 interprocess
工序间防锈 rust prevention during manufacture
工序间检验 in-process inspection; inspection between process
工序间热处理 heat-treatment between working procedures
工序间退火 interprocess annealing; process annealing
工序检验 process inspection
工序解体分析法 job breakdown method
工序卡 from-to chart; instruction sheet; operations card; operations record; operations sheet; travel chart
工序控制 process control
工序内质量管理 in-process quality control
工序说明 specification
工序图 flow chart; process chart; process picture sheet; progress chart; route chart; schedule drawing; schematic drawing of work program(me)
工序巡回检验 patrol inspection
工序状态 process condition
工序自动化 process automation
工学院 technical institute
工业 industry
工业U形管压力计 commercial U-tube manometer
工业X光胶片 industrial X-ray film; X-ray technic-film
工业X射线胶片 film for industrial radiography; X-ray technic-film
工业安全 industrial security
工业安全保护色 industrial safety colo(u)r
工业安全及卫生条例 ordinance on industrial safety and hygiene
工业安全手册 industrial security manual
工业安全颜色 industrial safety colo(u)r
工业百叶门 industrial shutter door
工业磅秤 industrial scale
工业包装 industrial packaging
工业宝石 industrial jewel
工业保健 industrial health
工业苯 commercial benzene
工业泵 industrial pump
工业泵厂 industrial pump factory
工业泵送 industrial pumping
工业闭路电视系统 industrial closed-circuit TV system
工业编组站 industrial marshalling station
工业标准 industrial standard
工业标准规范 industry standard specification
工业标准规格 industry standard specification
工业标准绘图软件包 industry standard plotting package
工业标准结构 Industrial Standard Architecture
工业标准结构总线 industry standard architecture bus
工业标准数 industry standard number; Renard number
工业标准说明书 trade association specification
工业标准体系结构 industry standard architecture
工业标准项目 industry standard item
工业病 industrial illness
工业玻璃 industrial glass; technical glass
工业布点因素 industrial location factor
工业布局 allocation of industry; distribution of industry; industrial distribution; industrial layout; industrial location; location of industry
工业布局理论 industrial location theory; theory of the location of industries
工业部 <英> Department of Industry
工业部门 industrial administration; industrial concern; industrial department; industrial sector
工业部门结构 industrial structure
工业部门结构合理化 rational structure of industrial sectors
工业材料 industrial material
工业采光 industrial daylighting
工业参数 technologic(al) parameter
工业残渣 industrial residue
工业测量 commercial measurement
工业测量仪表 industrial instrument(ation); industrial measurement instrument
工业测量仪器 industrial instrument
工业测试仪表 industrial instrumentation
工业产量 industrial output
工业产品 industrial products; manufactured products
工业产品涂料 original equipment manufacturer coating
工业产品质量的统计检查 statistic(al) inspection on the quality of industrial products
工业产权 industrial property rights
工业产权保护巴黎公约 Paris Convention for the Protection of Industrial Property
工业产业协会 Industrial Estate Society
工业产值 industrial output value
工业厂房 industrial factory building; industrial premises; industrial structure
工业厂房钢窗 industrial steel window
工业厂商名录 industrial directory
工业厂商目录 industrial catalog
工业场地 industrial ground
工业车辆轮胎 industrial tyre
工业尘 industrial dust
工业尘末 occupational dust
工业成本 industrial cost
工业成本回收 industrial cost recovery
工业成本控制 cost control; industrial cost control
工业城市 industrial city; industrial town; manufacturing town
工业城市化 industrial urbanization
工业城镇 industrial town
工业抽汽 extraction steam for factories
工业抽水 industrial abstraction; industrial pumping
工业储罐 industrial reservoir
工业储量 commercial reservoir; industrial reserves
工业纯的 commercially pure; technical pure
工业纯度 technical purity
工业纯净 technical pure
工业纯铝 commercially pure alumin(i)um
工业纯品 technical-pure grade
工业纯钛 industrially pure titanium
工业纯铁 industrial pure iron; ingot iron
工业瓷 industrial porcelain
工业大气污染 industrial air pollution
工业大厦 industrial building
工业大学 poltechnic(al) college; poltechnic(al) institute; polytechnic college
工业代码 industry code
工业贷款 industrial loan
工业道口 industry crossing
工业道路 industrial road; production road
工业的 technical
工业的多种经营公司 multiindustry company
工业的分散化 decentralization of industry
工业的共同发展 industrial symbiosis
工业的或商业的 industrial or commercial
工业地产 industrial estate
工业地带 industrial belt
工业地点 location of manufacturing
工业地理学 industrial geography
工业地热田 commercial field
工业电池 industrial battery
工业电导仪 industrial electric(al) conduction meter
工业电加热 industrial electric(al) heating
工业电解槽 industrial cell; industrial electrolyzer
工业电频率 commercial frequency
工业电器 industrial electric(al) equipment
工业电视 closed circuit television; community television; industrial television; piped television
工业电视电缆 video cable
工业电视监控系统 industrial television monitoring system
工业电视监视 industrial television monitoring
工业电视摄像机 industrial television camera; television eye
工业电视摄像头 industrial television camera
工业电视装置 utiliscope
工业电梯 industrial lift
工业电子学 industrial electronics
工业调查 census of industry; census of manufacturing; industry survey
工业动力 industrial power
工业动力学 industrial dynamics
工业动态 industrial dynamics
工业都市 industrial city; industrial town
工业毒剂 industrial toxicant
工业毒理学 industrial toxicology
工业毒物 industrial poison; industrial toxicant
工业毒物学 industrial toxicology
工业度日 industrial degree-day
工业多种经营的 multiindustry
工业二甲苯 commercial xylene
工业发展 industrial development
工业发展区 industrial development park; industrial development zone
工业发展委员会 Committee for Industrial Development
工业法 industry law
工业法规 industrial code
工业法建造法 industrialized building method
工业法令 industrial legislation ordinance
工业砝码 industrial weight; technical weights
工业繁荣 industrial boom
工业反应时间 industry response time
工业方法 technical tip
工业芳香烃 industrial aromatic hydrocarbons
工业防腐剂 industrial preservative
工业房产连地基 industrial premises
工业房地产经纪人 industrial broker
工业房屋 industrial building; industrial housing
工业放射性废物 industrial radioactive waste
工业放射学 industrial radiology
工业非饮用水 non-potable water for industrial purposes
工业废料 factory waste; industrial waste; trade refusing
工业废料管理 industrial waste gas
工业废料石膏 chemical gypsum
工业废气 industrial gaseous waste; industrial waste gas; process gas
工业废气排放系统 industrial exhaust system
工业废(弃)物 industrial waste
工业废汽 industrial waste steam
工业废热 industrial waste heat
工业废石膏 accessory gypsum
工业废水 factory wastewater; industrial discharge; industrial effluent; industrial sewage; industrial waste (water); industry wastewater; manufactured waste; production waste; trade effluent; trade waste (sewage); trade wastewater
工业废水变化 industrial wastewater variation
工业废水处理 industrial waste disposal; industrial wastewater disposal; industrial wastewater treatment
工业废水的加氯处理 chlorination in trade-waste treatment
工业废水地下处置 underground disposal of industrial wastewater
工业废水调查 industrial waste survey
工业废水分类 classification of industrial wastewater
工业废水管线 industrial wastewater line
工业废水集中处理 centralized industrial wastewater treatment
工业废水检验法 testing method for industrial wastewater
工业废水排放标准 drainage standard of industrial waste water
工业废水人口当量 population equivalent of industrial waste(water)
工业废水再使用 reusing of industrial effluent
工业废物 industrial discharge; industrial producing waste; industry waste; manufacturing waste; trade refuse; waste products
工业废物处理 industrial waste disposal; treatment of industrial wastes
工业废物处置 disposal of industrial wastes; industrial waste disposal
工业废物最终处理 ultimate disposal of industrial waste
工业废液 industrial effluent; industrial waste(fluid); trade liquid; trade waste
工业废液处理法的管理单位 regulator of industrial waste handling practices
工业废液附件罚款 industrial waste

G

surcharge;trade waste surcharge
工业废油 wasted industrial oil
工业废渣 industrial waste(residue); industrial solid waste <路用的>
工业废渣处理 treatment of industrial residue
工业废渣处理方法 industrial waste residue treatment method
工业废渣混合料类基层 industrial waste mixture base course
工业废渣基层 industrial waste base (course)
工业废渣建筑材料 building materials from industrial solid wastes
工业废渣污染 industrial residue pollution
工业肺尘埃尘着病 industrial pneumoconiosis
工业分布 industrial diffusion; industrial dispersion
工业分布图 industrial profile
工业分类 classification of industry; industrial classification
工业分离 industrial separation
工业分区 industrial compound
工业分散化 industrial decentralization
工业分析 industrial analysis;technical analysis
工业焚化炉 industrial incinerator
工业粉尘 industrial dust
工业粉尘排放 industrial dust discharge
工业粉尘污染 industrial dust pollution
工业粉末 technical powder
工业粉末分级 fractional of technical powder
工业粉砂 industrial silt
工业缝纫机 industrial sewing machine
工业缝纫机机架 industrial sewing machine stand
工业缝纫机及零件 industrial sewing machine and spare parts
工业辐照 industrial exposure
工业腐蚀 industrial corrosion
工业腐殖酸 commercial humic acid
工业副产品 industrial by-products
工业干道 industrial trunk route
工业干扰 industrial interference; industrial noise; man-made interference;man-made noise
工业干线 industrial trunk route
工业钢球 industrial ball
工业港(口) industrial harbo(u)r; industrial port;private port
工业高层建筑 industrial storied building
工业革命 industrial revolution
工业革新 industrial innovation;industrial renovation;restructuring of industry
工业隔墙 industrial partition(wall)
工业更新 industrial rehabilitation
工业工程的功能范围 function area of industrial engineering
工业工程控制 industrial process control
工业工程师协会<英> Society of Industrial Engineers
工业工程学 industrial engineering
工业公害 industrial hazard;industrial (public) nuisance; industrial pollution
工业公司 industrial company
工业功能 industrial function
工业供电 industrial power supply
工业供暖装置 industrial heating facility
工业供气 industrial service
工业供热设备 industrial heating equipment
工业供水 industrial water service; production water supply
工业供水标准 industrial water supply standard
工业供水工程 industrial water supply works
工业供水量 amount of industrial water supply
工业鼓风机 industrial fan
工业固氮 technical azotification
工业固体废料 industrial solid waste
工业固体废物 industrial refuse; industrial solid waste;industry refuse
工业固体废物处理 treatment of industrial solid waste
工业固体废物处置 disposal of industrial solid waste
工业关系分析法 interindustry relation analysis
工业关系政策 industrial-relation policy
工业馆 industrial building
工业管理 industrial administration; industrial control
工业管理程序 industrial management program(me)
工业管理工程师 industrial engineer
工业管理体制 system of industrial management
工业管理学 industrial management
工业管理学院 school of industrial administration
工业惯性 industrial inertia
工业光学孔径计 industrial borescope
工业广场 industrial square
工业规范 industrial code
工业规划条件 condition of industrial planning
工业规模 industrial scale
工业规模的 commercial size;in commercial industry;plant-scaler
工业规模地 in commercial quantity
工业规模设备 commercial size unit
工业滚针 industrial rolling needle
工业锅炉 industrial boiler
工业锅炉补给水 industrial boiler make-up water
工业锅炉自控装置 automatic control system for industrial boiler
工业过程控制 industrial process control
工业过分集中 over-crowding
工业含矿率 industrial ore ratio
工业耗能量 industrial consumption
工业耗水量 industrial consumption (of water); industrial water consumption
工业合理重安排 proper redistribution of industry
工业合作 industrial cooperation
工业和环境办事处 industry and environment office
工业河流 industrial river; industrial stream
工业黑化现象 industrial melanism
工业衡器 industrial weighing machinery
工业后备军 industrial reserve army
工业滑石 industrial talc
工业化 industrialization
工业化单元 industrialized unit
工业化的建筑工业 industrialized construction industry
工业化发达国家 industrialized country
工业化房屋 industrialized building
工业化房屋建造 industrialized production of houses
工业化房屋建筑体系 industrialized building system
工业化钢筋混凝土体系施工 industrialized reinforced concrete(system) construction
工业化高层公寓 high industrial block (of flats)
工业化公寓 industrially built block (of flats)
工业化公寓建筑 industrialized apartment building
工业化混凝土工程 industrialized concrete construction
工业化或市场采用的合理尺寸 preferred dimension used in industry and market
工业化建造法 industrialized building method
工业化建造方法 industrialized construction method
工业化建筑 industrialized system; system building
工业化建筑构件 industrialized building component
工业化建筑技术 industrialized building technique
工业化建筑物 industrialized building
工业化建筑系统 industrial build system;industrialized building system
工业化建筑(预制)高层(塔楼)公寓<英> tall industrialized block
工业化结构 industrialized structure
工业化墙壁 industrialized wall
工业化生产(过程) industrialized process;commercial process
工业化施工 industrialized(building) construction
工业化施工建筑物 industrialized building
工业化施工体系 industrialized building system
工业化体系建筑法 industrialized system building
工业化涂层 technologic(al) coating
工业化系统建筑法 industrialized system building
工业化学 industrial chemistry
工业化学计算 industrial stoichiometry
工业化学品 industrial chemicals
工业化学盐酸 industrial chemical muriatic acid
工业化住房 industrial housing;industrialized housing
工业化住房建设 industrialized housing construction
工业环境 industrial environment
工业环境卫生 industrial environment-(al) health
工业环流供暖 industrial space-heating
工业黄铜 yellow ingot metal
工业灰化炉 industrial incinerator
工业会计 industrial accounting;industry accounting
工业会所 trade hall
工业绘图子程序 industry plotting subroutine
工业活动 industrial activity
工业活性炭 industrial activated carbon
工业机动车 industrial car
工业机械通风冷却塔 industrial mechanical draught cooling tower
工业积累程度 degree of industrial accumulation
工业基础结构 industrial infrastructure
工业基地 industrial base
工业基金 industrial fund
工业级 commercial grade; technical grade
工业级甲苯 industrial grade toluene
工业级三氧化钼 industry molybdenum trioxide
工业级油酸 red oil
工业(疾)病 industrial disease
工业集结 agglomeration of industry
工业集中 agglomeration of industry; concentration of industry
工业集中化 industrial centralization
工业给水 industrial water service; industrial water supply
工业计算 industrial computation
工业计算机 industrial computer
工业技术 industrial technology
工业加工机床 master tools of industry
工业加工精洁面 industrial finish
工业加工系统 industrial processing system
工业加热 industrial heating
工业加热炉 industrial fire; industrial furnace
工业加热设施 industrial heating facility
工业价值 commercial value; economic value
工业间排放控制 interindustry emission control
工业建设 industrial construction; industry construction
工业建筑 building of industry; industrial building
工业建筑工程 industrial construction project
工业建筑面层处理 industrial finish
工业建筑师 industrial architect
工业建筑物 industrial building;industrial construction; manufactured building; industrial occupancy; industrial structure
工业建筑物免税额 industrial buildings allowances
工业建筑学 industrial architecture
工业建筑用的建筑板 building board for industrial construction
工业建筑用的建筑薄板 building sheet for industrial construction
工业建筑用钢窗 steel window for industrial building
工业胶脂地板 industrial mastic
工业酵母 industrial yeast
工业接触 industrial exposure
工业结构改革 industrial restructuring
工业结晶 industrial crystallization
工业界 industrial sector
工业金刚石 industrial diamond
工业经济 industrial economy
工业经济学 industrial economics
工业经营学 industrial administration
工业晶级边界线 boundary between technologic(al) classes of ores
工业精神病学 industrial psychiatry
工业景观 industrial landscape
工业净产值 net value of industrial output
工业酒精 denatured alcohol; industrial alcohol; industrial spirit
工业局 Bureau of Industry
工业矩形插头座 rectangle connector for industry
工业巨头 captain of industry
工业抗污染技术 industrial anti-pollution technique
工业空气调节 industrial air conditioning
工业空气污染 industrial air pollution
工业控制 industrial control
工业控制按钮 industrial control push button
工业控制部件 industrial control component

工业控制继电器 relay for industry control
工业控制模拟设备 industrial control analog(ue) module
工业控制器 industrial control unit
工业控制通信[讯] industrial control communication
工业控制微机 industrial personal computer
工业控制用 industrial controlling
工业控制用计算机 industrial control computer;industrial control unit
工业控制用计算机语言 industrial control computer language
工业控制组件 industrial control module
工业矿泉水标准 quality standard of mineral spring water for industry
工业矿物 industrial mineral
工业矿渣 industrial slag
工业垃圾 industrial refuse;industrial waste;industry refuse;trade refuse
工业雷管 detonating cap;industrial detonator
工业类型边界线 boundary between industrial types of ores
工业冷却 industrial cooling
工业冷却水塔 industrial cooling tower
工业离散 industrial dispersion
工业立法 industrial legislation
工业沥青瓦 industrial asphalt(ic) tile
工业联合企业 industrial complex
工业联合体 industry complex
工业联系 industrial linkage
工业链条 industrial chain
工业流变学 industrial rheology
工业流出物 industrial effluent
工业流动资金 industrial circulating fund
工业硫酸 industrial sulphuric acid
工业硫酸铝 industrial aluminum sulphate
工业楼板 industrial floor
工业楼面 industrial floor
工业楼面修饰 industrial floor finish
工业楼面整修 industrial floor finish
工业楼梯间 industrial stair(case)
工业炉离心鼓风机 industrial furnace centrifugal blower
工业炉落地拱 sprung arch
工业炉喷枪 furnace gun
工业炉窑 industrial kilns and furnaces
工业履带式牵引车 industrial caterpillar tractor
工业履带式拖拉机 industrial crawler tractor
工业煤气 industrial gas
工业煤气设备 gas-fired equipment
工业美术 industrial art
工业镁 commercial magnesium
工业密度 agglomeration of industry;industrial density
工业密封结合体 industrial sealants bonds
工业密集 agglomeration of industry
工业明胶 industrial gelatine;technical gelatine
工业模具石膏 industrial plaster for mo(u)lding
工业磨光机 industrial glazing
工业目标 manufacturing target
工业幕墙 industrial curtain wall
工业内部 intra-industry
工业内部的 intra-industrial
工业钠度计 industrial sodium densimeter
工业萘 crude naphthalene;industrial naphthalene
工业黏[粘]度计 industrial visco(si)-meter;technical visco(si)meter
工业黏[粘]合剂 industrial adhesive;industrial glue
工业黏[粘]胶 industrial glue
工业镍 commercial nickel
工业柠檬酸钠 sodium citrate technical;technical sodium citrate
工业排出物 industrial discharge;industrial effluent
工业排出源 industrial emission source
工业排放 industrial withdrawal
工业排放控制 interindustry emission control
工业排放物 industrial effluent;industrial discharge;industrial emission
工业排放源 industrial emission source
工业排风系统 industrial exhaust system
工业排水 industrial effluent;industrial outlet water;industrial water drainage;trade effluent
工业排水泵 trade effluent pump
工业排水工程 industrial sewerage
工业排污泵 trade effluent pump
工业排污管网 industrial sewerage system
工业排污监察员 trade effluent officer
工业排污控制 interindustry emission control
工业排污阈限值 industrial threshold limit
工业排污源 industrial emission source
工业配置 industrial layout
工业喷砂清理(表面) commercial blast cleaning
工业频率 industrial frequency;mains frequency;power frequency
工业品 commercial products;industrial goods;industrial product;manufactured product
工业品比价 parity rate of manufactured goods
工业品等级 technical grade
工业品位 industrial grade;production-grade
工业品位金刚石 industrial grade diamond
工业平缝机 industrial flat bed sewing machine
工业漆 industrial paint
工业企业 industrial enterprise;industrial establishment;industrial undertakings
工业企业法 industrial-enterprise law
工业企业环境管理 environmental management of industrial enterprise
工业企业(经营的)铁路 industrial carrier;industrial line;industrial road
工业企业设计卫生标准 hygienic standard for design of industrial enterprise
工业企业铁路 industry and factory railway
工业企业卫生标准 industry hygiene standard
工业企业污染物排放控制指标 guidelines of pollutant control for industries
工业气氛 industrial atmosphere
工业气候学 industrial climatology
工业气体 industrial gas;technologic(al) gas
工业气相色谱 industrial gas chromatographic method
工业气相色谱仪 industrial gas chromatograph
工业气象学 industrial meteorology
工业汽车吊 industrial lift truck
工业汽轮机 industrial steam turbine
工业汽轮机组 industrial turbine set
工业汽油 industrial gasoline
工业迁徙 industrial migration
工业铅 commercial lead
工业潜力 industrial potential
工业墙砖 industrial wall tile
工业青铜 commercial bronze
工业轻便轨道 industrial portable track
工业清洗 industrial cleaning
工业情报中心 industrial information center[centre]
工业区 industrial area;industrial center[centre];industrial district;industrial estate;industrial occupancy;industrial park;industrial quarter;industrial terrain;industrial zone;manufacturing district
工业区布局 layout of industrial districts;location of industrial districts;layout arrangement
工业区道路 industrial district road;industrial road
工业区发展计划 industrial estate development plan
工业区公园 industrial park
工业区规划 industrial zone planning
工业区环境 industrial atmosphere
工业区空气 industrial atmosphere
工业区停车场 industrial park
工业区位 industrial location
工业区区位转移 industrial relocation
工业区污染控制规划 pollution control planning of industrial area
工业燃料消耗 industrial fuel consumption
工业燃气轮机 industrial gas turbine;industry gas turbine
工业燃(气用)具 industrial gas appliance
工业燃烧器 industrial burning appliance
工业热泵 industrial heat pump
工业人口 industrial population
工业人体测量 industrial anthropometry
工业人造粗砂 manufactured coarse sand
工业人造大理石 manufactured marble
工业人造胶水 manufactured glue
工业人造塑料材料 manufactured plastics material
工业人造细砂 manufactured fine sand
工业溶剂 industrial solvent
工业润滑油 industrial lubricant
工业润滑油脂 industrial grease
工业三废 three-industrial wastes
工业三废排放试行标准 trial discharge standards of industrial three wastes;trial standards of industrial three wastes discharge
工业色谱 industrial chromatography
工业色谱仪 plant chromatograph
工业纱 industrial yarn
工业烧结青铜制品 commercial sintered bronze product
工业烧结制品 commercial sintered product
工业设备 commercial installation;commercial plant;commercial unit;industrial facility;industrial plant equipment;industrial unit
工业设备安装 industrial installation
工业设备试验 plant test
工业设施 industrial facility;industrial provision
工业社会 industrial society
工业社会化 socialization of industry
工业社会学 industrial sociology
工业摄影测量 industrial photogrammetry
工业升降式装卸车 industrial lift truck
工业生产 commercial manufacture;commercial run;industrial produce;industrial production;plant-scale operation
工业生产方法 commercial run;industrial process
工业生产过程 commercial run;industrial process
工业生产、机械作业、辅助生产审计 audit of industrial production, mechanical work and auxiliary production
工业生产计划 production plan of industry
工业生产垃圾 process waste
工业生产利润 profit of industrial production
工业生产能力 industrial productivity
工业生产设备 industrial installation
工业生产树脂 big-volume resin
工业生产统计 industrial production statistics
工业生产消费 industrial consumption
工业生产性伤害 industrial injury
工业生产液流 process stream
工业生产用汽 process steam
工业生产用水 industrial process water
工业生产预测法 <根据基底时间、劳动力、工具、管理等的> parameter
工业生产指数 index number of industrial production;industrial production index
工业生产住房 industrially manufactured house
工业生产专业化 specialization of industrial production
工业生产装置 industrial installation
工业生理学 physics of industry
工业施工工地 industrial construction site
工业施工现场 industrial construction site
工业石脑油 industrial naphtha
工业市郊 industrial suburb
工业市镇 industrial town
工业事故 industrial accident;industrial hazard
工业试验 industrial test
工业枢纽 industrial terminal
工业疏散 industrial decentralization
工业熟料 industrial clinker
工业数据处理 industrial data processing
工业数据收集 factory-data collection
工业水厂 industrial water works
工业水场 industrial water reservoir
工业水处理 industrial water conditioning;industrial water treatment
工业水塔 industrial water tower
工业水箱 industrial reservoir;industrial tank
工业水杨酸 sublimed salicylic acid
工业水贮存箱 industrial water receive tank
工业税豁免 industrial tax exemption
工业酸 commercial acid
工业酸度计 industrial acidity meter
工业损伤 industrial injury
工业缩小模型 industrial reduced model
工业所在地点 location of industry;industrial location
工业钛 commercial titanium
工业探伤仪 industrial stethoscope
工业陶瓷 industrial ceramics;technical ceramics
工业特性 industrial property
工业特许使用费 industrial royalties

G

工业体系 industrial system
工业体制 industrial organization
工业天平 industrial balance
工业调整 industrial control
工业铁路枢纽 industrial railway junction terminal
工业停车房 industrial garage
工业停滞 industrial stagnancy
工业通风 industrial ventilation
工业通风机 industrial extraction unit; industrial extractor; industrial extract ventilation unit; industrial fan
工业通水量 industrial water consumption
工业通信[讯]协会 Industrial Communication Association
工业铜 <大于 96% Cu> standard copper
工业统计 industrial statistics
工业投资 industrial investment
工业涂料 industrial paint
工业涂装 industrial coating
工业土地利用 industrial land use
工业外伤 industrial injury
工业危害性 industrial hazard
工业微生物学 industrial microbiology
工业维护用涂料 industrial maintenance paint
工业卫生 industrial health; industrial hygiene
工业卫生标准 industrial hygiene standard
工业卫生化学 industrial sanitary chemistry
工业卫生设施 industrial sanitary facility
工业卫生条例 industrial hygiene regulation
工业卫生统计 industrial health statistics
工业卫生学 industrial hygienics; industrial hygienology
工业卫生学家 industrial hygienist
工业卫生医师 industrial physician
工业位置 industrial location; location of industry; location of manufacturing
工业文明 industrial civilization
工业污泥 industrial sludge
工业污染 industrial contamination; industrial pollution
工业污染控制 industrial pollution control
工业污染控制规划 industrial pollution control planning
工业污染控制计划 industrial pollution control planning
工业污染垃圾 polluted industrial waste
工业污染物 industrial contaminant; industrial pollutant
工业污染物排放 release of industrial contaminants; release of industrial pollutants
工业污染阈限值 industrial pollution threshold limit
工业污染源 industrial pollution source
工业污染源管理 industrial pollution source management
工业污染源排污预测 discharge prediction of industrial pollution sources
工业污染源评价 industrial pollution source rating
工业污染云 cloud resulting from industry
工业污染肇事者 industrial polluter
工业污水 industrial effluent; industrial sewage; industrial wastewater; manufacture [manufacturing] sewage; trade effluent; trade sew(er) age; trade waste sewage; trade wastewater
工业污水处理 industrial wastewater treatment
工业污水处理厂 industrial sewage treatment works; industrial wastewater treatment plant; industrial wastewater works
工业污水处理后出水 industrial sewage effluent
工业污水工程 industrial sewerage
工业污水管 industrial sewer; manufacture sewer
工业污水管理 commercial waste management
工业污水流 industrial waste stream; industrial wastewater flow
工业污水流量 industrial wastewater discharge
工业污水排放 industrial emission; industrial wastewater discharge
工业污水人口当量 population equivalent of industrial waste(water)
工业污水输送 industrial effluent transport
工业污水委员会 Industrial Wastes Committee
工业污物排放系统 industrial sewerage system
工业屋顶 industrial roof
工业屋面铺盖 industrial roofing
工业戊醇 pentasol
工业吸风装置 industrial extract ventilation unit; industrial fan
工业吸收塔 industrial absorption tower
工业锡 commercial tin
工业洗涤剂 commercial washing compound; industrial detergent
工业系统 industrial system
工业细菌学 industrial bacteriology
工业纤维镜 industrial fiber [fibre] scope
工业相互关系研究协会 Industrial Relations Research Association
工业镶木地板块料 industrial parquetry block
工业项目 industrial project
工业消耗 industrial consumption
工业消音器 industrial silencer
工业心理卫生 industrial mental health
工业心理学 industrial psychology
工业锌 commercial zinc
工业行动 industrial action
工业行业或经济部门 industry or economic sector; industry or economic department
工业型窗 industrial window
工业型煤 industrial coal briquette
工业型式 industrial pattern
工业型试验 full-scale test
工业性可采石油(储量) economically recoverable oil
工业性林业 industrial forestry
工业性皮肤病 industrial dermatosis; occupational dermatitis
工业性皮炎 industrial dermatitis
工业性实验 industrial trial
工业性试验 commercial test(ing); industrial test; large-scale trial; type approval test
工业性吸入物 industrial inhalant
工业性烟气 industrial fume
工业锈花机 industrial embroidery machine
工业需水量 industrial water requirement
工业蓄水池 industrial reservoir
工业选址 industrial location
工业学校 industrial school; polytechnic; school of technology
工业循环水系统 industrial circulating water system
工业训练中心 industrial training center[centre]
工业烟尘 industrial fume; mineral dust
工业烟囱 industrial chimney
工业烟囱群 industrial stack
工业烟囱修建工 factory-chimney builder
工业氧化铝 commercial alumina; manufactured alumina
工业样品 industrial standard
工业样品法 designs act
工业窑 industrial kiln
工业(窑)炉 industrial furnace
工业窑炉炉龄 campaign
工业遥测 industrial telemetry
工业遥测术 industrial telemetering
工业液体废物 industrial liquid waste
工业医学 industrial medicine
工业仪表 commercial-type appliance; industrial meter
工业乙醇 industrial alcohol
工业银行 industrial bank
工业应用程序 industry application program(me)
工业用 industrial grade
工业用 X 射线机 industrial X-ray apparatus
工业用 X 射线照相设备 industrial X-ray radiographic equipment
工业用白油 technical white oil
工业用苯 industrial grade benzene
工业用苯甲酸钠 sodium benzoate technical
工业用玻璃织物 industrial glass fabric
工业用材 industrial cut stock
工业用层压板 industrial laminate
工业用叉车 powered industrial truck; industrial lift truck
工业用车(辆) industrial truck; industrial vehicle
工业用吹氧管 industrial oxygen blow-pipe
工业用大理石 commercial marble
工业用大气压力 technical atmosphere
工业用地 industrial estate; industrial land
工业用电 industrial electricity
工业用电动货车 electric(al) industrial truck
工业用电负荷 industrial load
工业用电量 industrial load
工业用电炉 industrial electric(al) furnace
工业用电马达 internal vane motor
工业用电频率 commercial frequency
工业用电频率计 commercial frequency meter
工业用电视机 industrial television set
工业用电位计 industrial potentiometer
工业用电子管 industrial electron tube
工业用电阻炉 industrial resistance furnace
工业用动力费用 technical power expense
工业用房 industrial building; industrial housing
工业用工作装置 industrial attachment
工业用供水 industrial water supply
工业用管 industrial pipe
工业用核动力 industrial nuclear power
工业用户 industrial consumer; industrial user
工业用滑石粉 industrial talc
工业用滑油 commercial oil
工业用机车 industrial locomotive
工业用机动车(辆) powered industrial truck
工业用机器人 industrial robot
工业用机械 industrial machinery
工业用甲醇变性酒精 industrial methylated spirit
工业用甲基化酒精 industrial methylated spirit
工业用简易机器人 fixed sequence robot
工业用脚轮 industrial caster
工业用金刚石 Ballas; industrial diamond stone
工业用金属箔 industrial foils
工业用浸入式酸碱计 immersion pH
工业用酒精 industrial alcohol
工业用具 commercial-type appliance; industrial appliance
工业用空调 process air-conditioning
工业用空气调节 process air-conditioning
工业用矿石 industrial mineral
工业用硫酸 commercial sulphuric acid
工业用轮式牵引车 industrial wheel tractor
工业用逻辑顺序控制器 industrial logic-sequence controller
工业用面漆 industrial finish
工业用膜片式压力表 industrial diaphragm pressure ga(u)ge
工业用木材 industrial wood
工业用铺地砖 industrial floor brick
工业用铺楼面砖 industrial floor(ing) tile
工业用漆 industrial paint
工业用气 industrial utilization of gas
工业用汽车 industrial truck
工业用牵引车 industrial tractor
工业用清漆 industrial varnish
工业用曲管温度计 angular industrial thermometer
工业用燃气轮机 industrial gas turbine
工业用燃烧油 commercial burner oil
工业用筛 industrial screen
工业用设计子程序 industry plotting subroutine
工业用石灰 industrial lime
工业用炻器 stoneware for industrial purposes; technical stoneware
工业用示波器 industrial oscillograph
工业用刷 industrial brush
工业用双开弹簧门 flexible industrial door
工业用水 industrial use of water; industrial water(use); service water; trade water; water for industrial use
工业用水道 water work for industrial use
工业用水的回用和再用 industrial recycling and reuse
工业用水法规 industrial waste law; industrial water law and regulation
工业用水工程 industrial water works
工业用水合理性评价 rationality assessment of water consumption in industry
工业用水井 well for industrial use
工业用水量 industrial water consumption
工业用水设施 industrial water service
工业用水水厂 industrial water works
工业用水水质 industrial water quality
工业用水水质标准 industrial water quality standard; standard of indus-

trial water-quality
工业用水水质评价 industrial water quality assessment
工业用水水质要求 industrial water quality requirement
工业用水污染 industrial water pollution
工业用水系统 industrial water system
工业用水质量评价 industrial water quality assessment
工业用涂料 industrial finishes or coatings
工业用拖拉机 industrial tractor
工业用微计算机 industrial microcomputer
工业用微计算机系统 industrial microcomputer system
工业用帷幕墙 industrial curtain wall
工业用纤维 industrial fiber[fibre]
工业用显微镜 industrial microscope
工业用压缩冷凝机组 industrial condensing unit
工业用盐 industrial salt
工业用盐酸 industrial muriatic acid
工业用氧 tonnage oxygen
工业用曳引式拖拉机 industrial tow tractor
工业用液体 industrial type fluid
工业用液压油 industrial hydraulic oil
工业用乙醇 industrial ethyl alcohol
工业用阴极射线管 industrial cathode ray tube
工业用油 industrial oil
工业用原子反应堆 industrial reactor
工业用蒸压器 industrial autoclave
工业用织物 duck fabric; mechanical fabric
工业用植物油 industrial vegetable oil
工业用制冷 industrial refrigeration
工业用自走式起重机 industrial mobile crane
工业用钻石 industrial diamond
工业油漆 industrial varnish
工业油气层 industrial oil-gas bed
工业油箱 industrial tank
工业有害废水 hazardous industrial wastewater
工业有害废渣 hazardous industrial slag; hazardous industrial waste
工业有机废水 industrial organic wastewater
工业淤泥 industrial silt
工业余热 industrial exhaust heat; industrial waste heat
工业余热供热系统 heat-supply system based upon industrial waste heat
工业与应用数学学会 Society of Industrial and Applied Mathematics
工业预处理标准 industrial pretreatment standard
工业园区 industrial park
工业原材料 raw materials for industry
工业原地扩张势头 industrial momentum
工业原地维持趋势 industrial inertia
工业原料 industrial raw medical
工业原料滑石 industrial material talc
工业原料矿产 commodities for industrial material
工业原料用地下水 industrial raw ground water
工业原料云母 industrial raw mica
工业原料作物 industrial crop
工业原型电解槽 industrial prototype cell
工业允许排水量 permissible discharged water of industry
工业允许水循环利用率 permissible water cycle of industry
工业运输协会 <英> Industrial Transport Association
工业灾害 industrial disaster; industrial hazard
工业再用 industrial reuse
工业再造 restructuring of industry
工业皂 industrial soap
工业噪声 industrial noise; man-made noise
工业噪声标准 industrial noise criterion
工业噪声管理 industrial noise management
工业择地因素 industrial localization factor
工业增长 industrial growth
工业增长潜力 industrial growth potential
工业增加值 industrial added value
工业渣 industrial slag
工业债券 industrial(revenue)bond
工业展览 industries fair
工业展览馆 polytechnic exhibition
工业展览会 industrial exhibition; industrial fair
工业展销会 industries fair
工业站 industrial station
工业照明 industrial illumination; industrial lighting
工业照明设备 industrial light(ing) fixture; industrial luminaire (fixture)
工业照明装置 industrial light fitting
工业蒸气 industrial vapo(u)r
工业证券 industrial security
工业政策 industrial policy; policy for industry
工业支线 industrial line
工业织物 industrial fabric
工业植物 technical plant
工业植物油 vegetable oil for industry purpose
工业指南 industrial directory
工业制冷系统 industrial refrigerating system
工业制冷装置 industrial refrigerating plant
工业制品 industrial products; manufactured products; mechanicals
工业制品设计 industrial product design
工业制造 commercial manufacture
工业制造的建筑产品 manufactured building product; manufactured construction(al) product
工业质量管理 industrial quality control
工业中毒 industrial poisoning
工业中心 industrial hub; hub of industry; industrial center[centre]
工业中心人口过剩 overspill in industrial centers[centres]
工业轴承 industrial bearing
工业贮池 industrial reservoir
工业贮罐 industrial reservoir
工业专科学校 technical institute
工业专利设计 design patent
工业专用地区 exclusive industrial district; restricted industrial district; restriction area of industry
工业专用铁路 industrial track; industrial railway
工业专用线 industrial siding【铁】; industrial track【铁】; industry track【铁】; industrial line <供输入原材料与运出成品之用>
工业专用线调车 industrial switching
工业砖(瓦) industrial tile
工业转移 industrial shift
工业装载机 industrial loader
工业装置 industrial unit
工业资本 industrial capital
工业资金 industrial fund
工业资源管理处 <美> Office of Industrial Resource Administration
工业自动化 industrial automation
工业自动化仪表 industrial automation instrument
工业综合体 industrial complex
工业总产值 gross industrial output value; gross value of industrial output; total industrial output value
工业组合 industrial grouping
工业作物 manufacturing crop
工业作业标准 industrial performance standard
工蚁 ergate
工艺 craft; craftsmanship; industrial art; technic; technique; technology; useful arts; workmanship
工艺安全限度 process safety limit
工艺安装 technologic(al) fix
工艺泵 process pump
工艺变量 process variable
工艺变数 process variable
工艺标准 process specification; process standard; workmanship standard; engineering standard
工艺表达式 technical form of expression
工艺玻璃 art glass
工艺布置 plant layout; processing setup; technologic(al) arrangement
工艺步聚 process step
工艺部经理 process engineering manager
工艺材料矿产 technologic(al) material commodities
工艺参数 processing parameter; technologic(al) parameter
工艺残渣 process residues
工艺操作 technologic(al) operation
工艺操作控制器 process controller
工艺操作条件 process condition
工艺侧污垢热阻 process-side fouling resistance
工艺侧污垢系数 process-side fouling factor
工艺成熟度 technical maturity
工艺程序 technologic(al) sequence
工艺程序表 process chart
工艺程序管理 process management
工艺程序计算机 process computer
工艺程序控制 process control
工艺程序控制装置 process control instrument
工艺程序链 process train
工艺程序设计 process design
工艺程序图 process chart
工艺程序自动化 process automation; technologic(al) process automation
工艺窗 processing window
工艺单 tag
工艺的 technical; tectonic
工艺的实施方式 embodiment of process
工艺低劣 poor workmanship
工艺地质学 geotechnology
工艺发展 technologic(al) development; technologic(al) progress
工艺伐期令 technical final age
工艺方案 processing scheme
工艺方法 technique
工艺废料 process residues
工艺废气 reaction gas
工艺废物 process wastes
工艺费用 technologic(al) cost
工艺分级 technical grading
工艺分析 engineering analysis; technical analysis; technologic(al) analysis
工艺负荷 technical load
工艺负荷标准 process loading criterion
工艺革新 technologic(al) innovation; technology innovation
工艺工程师 efficiency engineer; manufacturing engineer; methods engineer; process(ing) engineer
工艺公用工程 process utilities
工艺构成 engineering mechanism
工艺管道 process channel; process line; process pipe(line)
工艺管理 process control; process service
工艺管线 process pipe line
工艺规程 code of procedures; instruction manual; operation sheet; procedure; process specification; technical schedule; technologic(al) procedure; technology
工艺规程说明书 work programme specification
工艺规定 process stipulation
工艺过程 processing; technical process; technologic (al) chain; technologic(al) flow; technologic (al) process; technologic (al) progress; work process
工艺过程参数监测 monitoring of process variables
工艺过程厂房 process building
工艺过程程序控制 program(me) control of technologic(al) process
工艺过程的评定 rate the process
工艺过程动力费 power cost of technologic(al) process
工艺过程放大问题 scale-up problems of technical process
工艺过程公用事业 process utilities
工艺过程管理 process engineering management
工艺过程监督报警系统 process monitoring alarm system
工艺过程监视系统 process monitoring supervisory system
工艺过程卡(片) flow process chart; process sheet; process chart
工艺过程开发 process development
工艺过程控制 process control
工艺过程控制技术 process control technique
工艺过程控制装置 process controller
工艺过程排列 process configuration
工艺过程评价 process evaluation
工艺过程设计 process design
工艺过程图 process drawing
工艺过程用泵 process pump
工艺过程优化 process optimization
工艺过程自动化 process automation
工艺焊接性 fabrication weldability
工艺耗能 process energy consumption
工艺化学 process chemistry
工艺环裂 processed shake
工艺计算 process design
工艺技术改革 technologic(al) transformation
工艺技术革命 technologic(al) revolution
工艺技术进步 technologic(al) programming
工艺技术控制系统 technologic(al) control system
工艺加热 process heating
工艺家 technologist
工艺简化 work simplification
工艺结构 engineering mechanism
工艺卡(片) process chart; progress chart; tool write-up card; from-to chart; operation card; process

sheet;route card
工艺卡头 locating pad
工艺科经理 process engineering department manager
工艺可焊性 operative weldability
工艺可靠性 process reliability
工艺空气 plant air
工艺孔 pierce;supplementary hole
工艺控制 process control
工艺控制图 process control chart
工艺控制中心 process control center [centre]
工艺矿物学 technologic(al) mineralogy
工艺连接件 process connection
工艺流程 process equipment;process flow;technologic(al) chain;technologic(al) process
工艺流程调节 process monitoring
工艺流程分析 flow analysis
工艺流程及布置图 process flow diagram and layout
工艺流程监测 process monitoring
工艺流程监控 process monitoring
工艺流程简述 brief description of the process
工艺流程设计 design of process(ing) flow;process design
工艺流程特点 process flowsheet feature
工艺流程特性 process characteristic
工艺流程图 flow(process) chart;engineering flow sheet;flow diagram;flow scheme;flow sheet;process chart;process flow diagram;process flow sheet;technologic(al) flow sheet;control diagram
工艺流程线 flow line
工艺流程中心控制器 central processing unit
工艺流水作业线设备 processing equipment
工艺流体 process fluid
工艺流体试车 process fluid test
工艺轮伐期 technical rotation
工艺美术 arts and crafts;industrial art
工艺美术壁毯 artistic tapestry
工艺、美术、电影 arts, crafts and movies
工艺美术工厂 arts and crafts factory
工艺美术学院 arts and crafts college
工艺美术原料矿物 mineral material for artware
工艺品 artware;artwork;handicraft(article);handiwork;work of art
工艺品出口公司 Art and Crafts Export Corporation
工艺品馆 hall of arts and crafts
工艺评定 procedure qualification
工艺气体 process gas
工艺缺陷 defective workmanship
工艺溶液 mill solution
工艺(上)的 technologic(al)
工艺上的依赖性 technologic(al) dependence
工艺上可行的 technologically feasible
工艺设备 industrial process equipment;process(ing) equipment;process(ing) machinery;process(ing) unit
工艺设备排气率 air discharge rate of process equipment
工艺设备与机器 process equipment and machine
工艺设计 methods engineering;processing;technologic(al) design
工艺生产规律 technonomy
工艺师 technologist
工艺石英 quartz for artifacts
工艺试点(验) procedure trial
工艺试验 engineer testing;technology test;experimental technology
工艺试验机 technology tester
工艺室 craft room
工艺适应性 process adaptability
工艺水 fresh water
工艺水晶 quartz crystal for artifacts
工艺水平 engineering level;level of technology;technologic(al) level
工艺说明 description of the process
工艺说明书 process specification
工艺塑料 technologic(al) plastics
工艺特性 operational characteristic;processing property;technologic(al) property
工艺条件 technic condition;technologic(al) condition
工艺图 artwork;flow sheet;process chart;process diagram;process drawing
工艺图纸 artwork sheet
工艺危害 technologic(al) hazard
工艺稳定性 process stability
工艺系数 technologic(al) coefficient
工艺系统图 sheet drift
工艺现状 state-of-the-art
工艺镶嵌 inlay
工艺效率分析 technical efficiency analysis
工艺性 manufacturability;technicality;workability
工艺性空调 industrial air conditioner
工艺性空气调节 industrial air conditioning;process air-conditioning
工艺性能 processing property;shop characteristic;technical property;technologic(al) characteristic;technologic(al) property
工艺性能保证 process performance guarantees
工艺性能未保证赔偿费 liquidated damages for process performance failure
工艺性湿斑 manufacture damp
工艺性涂层 technologic(al) coating;temporary coating
工艺学 technics;technology;tectonics
工艺学的 technologic(al)
工艺学校 industrial school;poltechnic(al) school;polytechnic;technologic(al) school
工艺学院 technical institute
工艺学者 technologist
工艺岩石学 technologic(al) petrology
工艺研究 method study;technologic(al) study
工艺要求 process requirement;technologic(al) requirement;workshop requirement
工艺仪表流程图 process instrumentation drawing
工艺用汽 process steam
工艺用水 process water
工艺用水回收和回用 process water reclamation and reuse
工艺员 method man
工艺展览会 poltechnic(al) exhibition
工艺障 technical barrier
工艺知识 craft knowledge
工艺指标 technic index
工艺制造参数 manufacturing parameter
工艺周期 technologic(al) cycle
工艺专家 method expert
工艺装备 tooling
工艺装置 processing installation
工艺状况 state of art
工艺作物 technical crop
工友 fellow worker
工余的 off-the-job
工娱治疗 work and recreational therapy
工长 big bull;big savage;boss;charge hand;foreman;gang-boss;ganger;gang foreland;gang foreman;gang leader;gang master;headman;leading hand;main squeeze;overman;section chief;task master;workmaster;cut boss <操纵重型挖土机的,俚语>;gaffer <英>
工长助理 assistant foreman
工长助手 <俚语> hook tender
工赈 labo(u)rer relief
工质 operating fluid;operating medium;working medium;working substance;actuating medium <如蒸汽、水等>
工质特性 working-fluid characteristic
工质状态曲线 condition curve
工种 branch of work;craft;profession;trade;type of work in production
工种分类 job category
工种工长 trade foreman
工种名称 kind of works
工种评价 job evaluation
工装 frock;save-all
工装裤 denims;jeans;overalls
工资 emoluments;labo(u)rage;pay(cheque);salary;wage
工资标准 pay scale;rates of wages;wage rate;wage scale;wage standard
工资表 pay list;payroll;pay schedule;paysheet;wage sheet
工资表格 payroll forms
工资部门 wages department;wages office
工资差别 wage differential;wage disparity
工资差额 variance in wages
工资差额法 wage differential method
工资成本 manpower cost;staff cost;wage cost
工资刺激 wage incentive
工资袋 pay envelope;pay packet;wage packet
工资单 paybill;pay list;wage bill;wage list;wage payroll;payroll;paysheet <英>
工资单价 wage rate
工资单上虚额 <挂假名> phantom(line)
工资等级 grade of wage;wage bracket;wage category;wage scale
工资等级标准 standard of wage grades
工资等级表 standard base-rate structure;wage scale
工资等级制度 wage ranking system
工资定律 law of wages
工资冻结 pay freeze;pay pause;wage freeze
工资发放日 wage day
工资发放员 paymaster
工资法规 legging on wages
工资费用 cost incidental to wages;direction labo(u)r cost;labo(u)r charges;staff cost
工资分类 wage category
工资分类账 wage ledger
工资分配表 wage allocation sheet
工资分配权 appropriate right of wage
工资分配日记账 payroll distribution journal
工资浮动 fluctuation in wage rates;wage drift
工资浮动条款 wage variation clause
工资负担 payload
工资附加费 wage and related expenses;wage surcharge
工资改革 reform of wage system
工资构成 wage pattern;wage structure of pattern
工资关系 pay relationship
工资管理 wage(and salary) administration;wage control
工资管理系统 payroll system
工资合同 wage contract
工资和物价管制 wage and price control
工资核算 payroll accounting;payroll records
工资汇总表 wages summary
工资基本率 wage floor
工资基金 wages fund
工资基金管理 wages fund management
工资基金计划 plan of wage fund;wages fund plan
工资基金收入表 wage funds income statement
工资基金说 theory of wage fund
工资基金支出表 wage funds expense statement
工资基金追加计划 additional plan of wage fund
工资基数 wage base
工资及薪金 wages and salaries
工资级别 wage category
工资级差 differential;pay differential;wage scale
工资级差别 wage scale system
工资计划 wage plan
工资奖金方案 premium plan of wage payment
工资奖金制度 bonus system of wages
工资奖励制度 bonus system of wages
工资结构 wage structure of pattern
工资结算员 paymaster
工资津贴方案 bonus plan of wage payment
工资净额 net pay
工资决定 wage determination
工资卡片 pay card
工资扣除 wage deduction
工资劳动 wage work
工资劳动者 wage earner;wage labo(u)r(er);wage worker
工资类别 wage category
工资利润率 profit margin of wage
工资留置权 wage lien
工资率 daily wage;hired labo(u)r rate;rate of wages;rating;wage fraction;wage rate
工资率标准 labo(u)r rate standard
工资率差异 rate variance;wage rate variance
工资名册 pay list
工资膨胀 wage inflation
工资清单核对 payroll inventory control
工资收入 earned income;wage earnings;wage income
工资水平 wage level
工资税 employment tax;payroll tax
工资所得税 wage tax
工资铁律 iron law of wages
工资统计 wage statistics
工资微薄的 underpaid
工资物价捐税螺旋 wage-price-tax spiral
工资削减 cutting of wages;wage cutting
工资薪金账簿 wages and salaries book
工资要素费用控制 staff cost control
工资与薪金支付 wage and salary payment
工资与薪金支付额 wage and salary disbursement

工资员 wages clerk
工资增长 rise in wage;wage growth;wage increase
工资账(簿)wage book
工资支出 manning cost
工资支付单 wage payroll
工资支付汇总表 wage payment summary
工资支付期 pay period
工资支票 pay check;payroll check
工资指定 wage assignment
工资指数 index number of wages;index of wage;wage exponent;wage index
工资制度 wage system
工资种类 wage category
工资转账 payroll credit
工资总额 gross payroll;gross wages;total(amount of) wages;total wage bill
工资总额计划 total wage plan
工资最高额 wage ceiling
工字板梁 plate girder joist
工字撑 I(-shaped) prop
工字大梁 flanged girder;H-girder
工字杆 H-post;I-bar
工字钢 double T-iron;double T-steel;flange(d) beam;H-bar;H-iron;I-bar;I-beam section;I-beam steel;I-iron;I-section (joist);I-shaped beam;I-steel;joist steel;steel joist;girder steel;universal beam
工字钢T形贴角 split T fillet
工字钢T形贴角连接 split T fillet connection
工字钢窗扇 H-section sash
工字钢底砖 clip tile
工字钢顶梁 H-beam cap
工字钢罐道梁 H-beam bunton
工字钢轨 bull head;bull-head(ed) rail
工字钢剪切机 joist shears
工字钢矫直机 beam straightener
工字钢孔型 joist pass
工字钢梁 double T-beam;flange(d) beam;H-beam section;steel I-beam
工字钢梁混凝土桥面 steel I-beam bridge with reinforced concrete deck
工字钢梁木面桥 steel I-beam bridge with timber floor
工字钢支撑 I-strut
工字钢柱 steel I-column
工字钢桩 H-beam pile
工字钢组合柱 I-steel column;Larimer column <十字形的>
工字轨 I-rail;H-rail
工字合页 H-hinge
工字脊屋顶 H-ridge roof
工字铰链 H-hinge
工字截面 H-section
工字截面轨枕 I-section sleeper
工字梁 axle I beam;double T-rail;flange beam;girder steel;H-bar;H-beam;H-girder;H-shaped beam;I-girder;I-shaped beam
工字梁地板 double tee[T] floor(ing) system
工字梁腹板 H-beam web;web plate of I-beam
工字梁钢 H-beam steel
工字梁格排 H-beam grillage
工字梁(横)撑 H-beam bunton
工字梁矫直机 beam straightener
工字梁梁边 toe of beam
工字梁桥 I-beam bridge
工字轮 bobbin;spool
工字轮梁 creel stand
工字轮式擒纵机构 cylinder escapement;horizontal escapement
工字砌块 H-block
工字铁 double T[tee] iron;H-iron;I-bar;I-iron
工字铁剪机 joist shearing machine
工字铁剪切机 I-iron shearing machine
工字铁支撑 I-strut
工字形 aitch;H-shape;I-shape
工字形T形贴角连接 split tee fillet connection
工字形大梁 I-girder
工字形的 I-shaped
工字形断面 double T-section;H(-beam) section;I(-shaped cross)-section
工字形钢 I-steel
工字形钢轨 double T-trail
工字形钢桩 I-section steel pile;I-steel pile
工字形极限卡规 I-ga(u)ge
工字形截面 I-shaped cross-section
工字形卷线框 hank
工字形框子 hank
工字形梁 I-beam
工字形梁钳 I-beam dog
工字形平面 H-shaped plan;I-shaped plan
工字形剖面 double T-section;H-section;I-section
工字形无压阀门 H-type balanced valve;T-type equal pressure valve
工字形衔铁 H-armature
工字形小梁 I-section joist
工字形翼梁 I-section spar
工字形柱 I-column;H(-shaped) column
工字形桩 H-beam pile;H(-shaped) pile
工字形纵梁 I-shaped stringer
工字形钻头 Swedish bit;California pattern bit <冲击钻用>
工字悬挂轴 I-shaped suspension shaft
工字柱 H-beam pile;I-beam column
工组 gang of workmen;group of work;operating crew;working shift
工组小时 gang hour;screw hour;team hour
工作 affair;job;occupation;schedule chart;task;work
工作安排 organization of works;working arrangement
工作安全系数 performance margin
工作安匝 operating ampere turn
工作按钮 play button
工作摆 working pendulum
工作班 gang of labo(u)rs;operating gang;operating party;operating team;operational crew;party;team;work shift;shift
工作班人员 operating crew
工作班制 working shift
工作班组 gang;gang of labo(u)rs;working crew
工作板 working plate
工作半径 handling radius;operating radius;outreach;radius of action;radius of clean-up;reach;swing radius;working radius
工作半径大的挖掘机 tong range shovel
工作帮 working slope
工作帮坡面 working slope face
工作包络 working envelope
工作保障 job security
工作报表 work statement
工作报酬 job evaluation;job pricing
工作报告 job report;working paper;working report
工作报告书 statement of work;working statement
工作备忘录 engagement memorandum
工作泵 duty pump
工作泵压 pump working pressure
工作比 duty cycle;stacking factor;activity ratio <对一个题目或一段时间内,有用的资料与全部资料之比>
工作比例尺 working scale
工作臂 actuating arm;work(ing) arm
工作边 working edge
工作编号 job code
工作便道 service walkway
工作便桥 distributing bridge;gangway;service bridge
工作变幅 <起重机> operating luffing
工作变更分析 job change analysis
工作变更要求 job change request
工作标准 working standard
工作标准化 job standardization;work standardization
工作表 workmeter
工作表面 work(ing) surface
工作表面横撑 face waling
工作波 working wave
工作波长 operating wavelength
工作驳 working barge
工作不平衡 operating unbalance
工作步骤 job step
工作部 branch of work
工作部分 functional part;working portion
工作部件 running gear;working component;working element;working parts;workpiece
工作部门 job department
工作材料 working material
工作参数 operating parameter;operating variable;operational parameter;running parameter;working parameter
工作舱 working barge;working hold;working room;working chamber
工作草案 working draft
工作草率 scamping
工作草图 base map;sketch
工作测定 work measurement
工作测定表 tractometer
工作测规 working ga(u)ge;workshop ga(u)ge
工作测量器具 working measuring instrument
工作策划 job design
工作层 working lining
工作层面 working level
工作差异 activity variance
工作产生的噪声 pipe-borne noise
工作长臂挖掘机 tong range shovel
工作长度 active length;operative length;working length
工作常规 work routinization
工作场 yard
工作场存料账 material-at-site account
工作场地 job site;working area;working place;working site;working space;work(ing) yard
工作场地布局 workplace layout
工作场地布置 workplace layout
工作场面 working space
工作场所 operational site;working space;work place
工作场所监测 monitoring of the workplace
工作超荷 operating overload
工作车 crew cab;operation vehicle;work car
工作车辆数 working vehicles
工作车率 working vehicle rate
工作车日 working vehicle-day
工作车时 working vehicle hour
工作车速 working speed
工作衬(里) working lining;wear lining
工作成本 working cost
工作成本估计 job cost estimating
工作成本制度 operation cost system
工作程序 job program(me);program(me) of works;work(ing) order;working procedure;working program(me);working routine;working sequence
工作程序表 operation record
工作程序的分析 job analysis
工作程序库 job library
工作程序图 process chart;working plan
工作池 working end;working tank
工作尺寸 working dimension
工作齿高 working depth of tooth
工作齿面 drive side of tooth
工作冲程 driving stroke;firing stroke;forced stroke;forward motion;power stroke;progressive motion;working path;working stroke
工作冲程皮带轮 cut pulley
工作抽查法 work sampling
工作抽样 work sampling
工作抽样检查 activity sampling
工作稠度 working consistency
工作酬劳制度 task system
工作出行 working trip
工作储备 active redundancy
工作储备料的盘存 working stock inventory
工作处理调度程序 work process scheduler
工作处理控制 job management;job processing control
工作处理能力 job throughput
工作传输量 working transmission
工作船 service boat;service craft;service vessel;work(ing) boat;work(ing) craft
工作磁道 work track
工作磁通量 working flux
工作次序 job order;order of work
工作存储节 working storage section
工作存储器 scratch-pad memory;working memory;working storage
工作存储器段 working storage section
工作存储区 work area;working storage section
工作大纲 term of reference
工作大气压 working air pressure
工作带 working tape
工作单 job note;shop order;working order;work sheet
工作单位 unit of work;work unit
工作单元 working cell
工作单元表 temporary table
工作单元块 temporary block
工作单元区 temporary storage
工作单元区的分配 allocation of temporary storage
工作导槽 throat
工作道 gangway
工作的 active;operational;operative;working;operating
工作的抽样检验 activity sampling;frequency study;ratio delay study;work sampling
工作的连续性 continuity of work
工作的直接费与历时关系图 activity time cost trade-off graph
工作的中止 banking
工作的总重吨公里 <包括机车在内> gross ton-kilometers [kilometres] worked
工作灯 inspection lamp;work(ing) lamp;work(ing) light
工作登记 job logging

G

工作底图 base map
工作地点 job site; work(ing) place; work location; working site
工作地点布置 workplace layout
工作地点布置图 workplace layout chart
工作地点存料 material at site
工作地点空气流速 air velocity at work place
工作地点起讫调查 origin-destination survey of place of employment
工作地点人口 workplace population
工作地点温度 spot temperature; temperature at work place
工作地段 job site
工作地面 operating surface
工作地面条件 underfoot condition; under footing
工作地面条件不佳 poor underfooting
工作地面条件恶劣 poor underfooting
工作地区 operational area; working area; working space
工作地图 working map
工作地修理 field repair; spotlight repair
工作点 action spot; operating bias; operating point; working point
工作点寄存器 work-point register
工作点稳定 stabilization of operating point
工作电池 working battery
工作电机 work drive motor
工作电机按钮 work motor push button
工作电极 working electrode
工作电键 operating key
工作电抗 working reactance
工作电缆 operating cable
工作电流 operate current; operating current; working current
工作电流范围 current margin
工作电路 operating circuit; operation circuit; pull-up circuit
工作电平 operating level; operation level
工作电梯 service elevator; service lift
工作电压 operate tension; operating tension; operating [operational] voltage; running voltage; working voltage
工作电压控制 running tension control
工作电压指示器 operating voltage indicator
工作电源 operating power supply; working power supply
工作电阻 pull-up resistor
工作吊板 hanging stage
工作吊架 hanging
工作吊篮 work boat
工作定单 work(ing) order
工作定额 work index; work rate
工作度 workability
工作度试验 workability test
工作端 central end; working end <杠杆的>
工作段 <皮带输送机的> loaded belt
工作断观察窗 working section window
工作断面 working section
工作队 brigade; gang; gang of labo(u)rers; gang of labo(u)rs; gang of workmen; operating gang; working crew
工作队长 chief of party; gang-boss; ganger; gang foreman; gang master; job foreman
工作队车 crew cab
工作队列 work queue
工作队列目录 work queue entry
工作队临时棚屋 dispersal hut
工作队员 crew member
工作对话期 work session
工作趸船 working barge; working pontoon
工作阀(门) service valve; working valve
工作筏 working raft
工作法 workmanship
工作法向后角 working normal clearance
工作法向前角 working normal rake
工作法向楔角 working normal wedge angle
工作范围 active zone; counting region; coverage area; functional range; job limit; motion range; operating radius; operating range; operating space; operational range; operational specification; operative range; scope of works; working content; working extent; working range
工作范围限制证 limitation of access
工作方法 method of operation; operating procedure; operational approach; working method
工作方式 mode of operation; operate [operating] mode; operating practice; operating type; operation mode
工作费用 working cost; working expenditures; working expenses
工作分等 job grading
工作分解 job breakdown
工作分解结构 work breakdown structure; work breaking structure
工作分解结构图 work breakdown structure chart; work breaking structure chart
工作分类 subtask
工作分配 work allocation
工作分配计划 work assignment plan
工作分析 work analysis
工作分析程序 work analysis program(me)
工作分析规划 work analysis program(me)
工作分项账户 job account
工作丰富化 < 增进工作乐趣 job enlargement
工作风压 working air pressure
工作缝 construction joint; functional joint; working joint
工作缝表面 construction joint surface
工作缝缝面 construction joint surface
工作服 blouse; coverall; fatigue dress; fatigue uniform; gabardine [gabardine]; jumper; overalls; slop; smock; union suit; working clothes; working suit
工作幅度 working radius; working width
工作福利 workfare; work feed
工作辅助能头 normally open interlock
工作负担 work load
工作负荷 operating duty; operating load; running load; work(ing) load
工作负荷范围 service load limit
工作负荷分析 workload analysis
工作负荷管理程序 workload manager
工作负荷管理人 workload manager
工作负荷极限 service load limit
工作负荷极限值 working load limit
工作负荷条件 workload condition
工作负载 live load; operating duty; operating load; operating mass; work(ing) load
工作复位 power-on reset
工作副偏角 working minor cutting edge angle
工作副切削刃 working minor cutting edge
工作改革 work reorganization
工作杆 working beam; working stem
工作岗位 operating position; operating post
工作岗位责任制 organization of worker's position
工作钢丝绳 load cable
工作(钢)桩【疏】working spud
工作高度 operational altitude; operational height; working height
工作工具 working tool
工作工人 operating labo(u)r
工作功率 operating power
工作构件 working element
工作估计 job evaluation
工作关系分布图 work-distribution chart
工作管道 service pipe
工作管理 working management
工作规程 service regulation; working regulation
工作规程书 workbook
工作规范 job specification; method of operation; work specification
工作规范选择器 job selector
工作规划 working plan(ning); working program(me)
工作规划单 job route sheet
工作规律 working rule
工作规模 level of effort
工作规则 routine of work; service regulation
工作辊 working roll
工作辊的换辊装置 work roll change
工作辊支撑装置 work roller supporting apparatus
工作滚笼 work roll cage
工作过程 course of work(ing)
工作过程表 operation process chart
工作过程操作过程 working process
工作过的润滑脂 worked grease
工作过度 overwork
工作海区 work sea area
工作函数 working function
工作号 job number
工作荷载 operating load; useful load; work(ing) load; actual load(ing)
工作荷载能力 serviced capacity
工作荷载弯矩 service-load moment
工作荷载设计 working load design
工作恒(荷)载 service dead load
工作横向剖面 working plane
工作后角 working orthogonal clearance; working relief <刀具的>
工作呼叫电话 active call
工作呼叫电路 active call path
工作环 building ring; operating ring
工作环境 environment of work; working atmosphere; work(ing) environment
工作环境改造学 human engineering
工作环境监测 monitoring of working environment
工作换班 job rotation; working in shifts
工作会话 work session
工作会议 task session; working session; workshop conference
工作混合气 <内燃机等用的>【机】working mixture
工作活动面 working surface
工作活荷载 service live load
工作机 service machine; working machine
工作机车 working locomotive
工作机构 actor; operating mechanism
工作机会 job opportunity
工作基的煤 coal as fired
工作基地 operational base; operational port; working base
工作基点 operating control point
工作基面 working reference plane
工作基准 working standard
工作基座 working basic stand
工作级别 classification group; job grade; labo(u)r grade
工作极限 operating limit; working limit
工作极限应力 useful limit stress
工作集 working set
工作集交换程序 working set swapper
工作计划 job plan; plan of action; job program(me); operating program(me); scheme of work; work(ing) plan; working program(me); working scheme
工作计划进度表 calendar progress chart
工作计量 work measurement
工作计时器 working hour meter
工作记录 job logging; job record; logging; operating data; operating log; operating record; operational data; operation record
工作记录器 operation recorder
工作技术监督 procedure control
工作季节 working season
工作继电器 operating relay; operational relay
工作寄存器 operational register; working register
工作寄存器组 working register group
工作加压 working press
工作夹具 assembling jig; workholder
工作甲板 spar deck; working deck
工作架 erecting frame; falsework; hanging-up; scaffold; service stand; work(ing) bench; working jig; working scaffold(ing); working stand
工作架直柱 stage bent; staging upright; upright
工作间 cab(in); plant room; working chamber; workroom; workshop
工作间隔 operating range
工作间隙 working clearance
工作监督 supervision of works
工作监视器 performeter
工作检查 job review
工作检查证 work's inspection certificate
工作简化 work simplification
工作件 workpiece
工作件边缘 edge of work
工作键 job key; operating key; operational key
工作交换容量 operating exchange capacity; through capacity; working exchange capacity
工作角度 operating angle; working angle
工作脚手架 working scaffold(ing)
工作脚手台 catwalk
工作阶段 lap
工作接地 service ground; working earthing
工作接点 operating contact
工作(接)缝 construction joint
工作节圆半径 operating pitch radius
工作结束 end of job; finish up a job
工作介质 active medium; actuating medium; working fluid; working medium; working substance
工作介质压力 working medium pressure
工作进程 progress of works; work feed; work(ing) progress
工作进出人孔 manhole
工作进度 stage of works; work progress

工作进度表 job schedule; operation schedule; time schedule; working schedule; system diagram; time chart; time schedule(chart); work-schedule
工作进度卡 job card; job ticket
工作进给 work feed
工作进行情况 state of work
工作进展报告 advice of works in progress; progress report
工作经验 hand-on background
工作经验训练 job experience training
工作井 working shaft
工作井推出的盾构 shield-driven from working shaft
工作救生艇 work-life boat
工作救生衣 working vest
工作局限性 job limit
工作距离 operating distance; operating range; working distance
工作卡 job card; job ticket; work card; work sheet
工作开关 function switch; operating switch; operation switch; play switch
工作开始时间 attack time
工作开展 development of work
工作考绩 assessment performance
工作可靠但性能下降 fail soft
工作可靠但性能有下降 fail passive
工作可靠的 <但出故障时性能有所下降> fail soft
工作可靠性 achieved reliability; functional reliability; operating reliability; operation(al) reliability; safety in operation
工作客流 work passenger flow
工作坑 working pit
工作空间 operating space; work(ing) place; work(ing) space
工作空间寄存器 work space register
工作空间指示字 work space pointer
工作空间指针 work space pointer
工作空气 actuating air
工作空闲时间比 work-leisure time ratio
工作孔 operation opening; working hole
工作孔垫片 handhole cover gasket
工作孔盖 handhole cover
工作孔径 working aperture
工作孔型 live pass; working pass
工作口 working hole; work orifice
工作库容 operating storage; usable capacity; working storage
工作裤 jeans
工作宽度 working width
工作框 process box
工作扩大 job enlargement
工作(蓝)图 working map
工作篮 working barge
工作类别 branch of work
工作历史 work history
工作例行程序 work routine
工作连锁 operating linkage
工作联络电话 backtalk
工作联络通话电路 speak-back circuit; talk-back circuit
工作链 working chain
工作良好度 grade of service
工作梁 walking beam
工作量 amount of works; operational capacity; quantity of work; throughput; volume of work; work-done; working capacity; work load; work productivity
工作量表 quantity sheet
工作量的极限 amount limit
工作量分析 workload analysis
工作量估计表 workload estimate sheet
工作量估算表 <建筑成本> quantity estimate sheet
工作量规 operational level; shop ga(u)ge; working ga(u)ge; workshop ga(u)ge
工作量计划 plan of work in goods traffic
工作量完成率 working amount accomplishment rate
工作量验收量 quantity surveyor
工作量一览表 table of amount of work
工作疗法 occupational therapy; work therapy
工作列车 work(ing) train
工作灵敏度 operating sensitivity
工作零件目录 job parts list
工作领袖 <能推行组织的目标> task-leader
工作领域 area of work
工作流程 flow of work; work(ing) flow; job stream
工作流程分析 workflow analysis
工作流程时间 job flow-time
工作流程图 workflow diagram
工作流程中断 interruption in the work flow
工作流体 driving fluid; working fluid
工作流体特性 working-fluid characteristic
工作流语言 workflow language
工作楼 head-house
工作炉 furnace
工作炉衬 working lining
工作旅程 journey-to-work
工作轮 active wheel; moving runner; operating wheel; pump runner; rotor wheel; runner; running wheel; working sheave <天车或滑车的>
工作轮换法 <员工训练> job-rotation method
工作轮外径 external diameter of disc wheel
工作轮叶片 <涡轮机的> runner vane
工作轮叶片伺服发动机 runner vane servomotor
工作螺母 operating nut
工作马道 gang boarding; gangway
工作马力 service horsepower; working horsepower
工作锚 work(ing) anchor
工作锚板 working anchoring plate
工作锚夹片 clamp slice
工作帽 helmet shield
工作门 cleaning door; working hole
工作密封比压 operating unit sealing load
工作面 acting surface; breast; driving surface; face side; face surface; front; leading face; operational area; wall; work(ing) area; work(ing) face; work(ing) plane; backwall <斜井井筒的>; active face
工作面爆破 heading blast(ing)
工作面爆破装药 heading blasting charge
工作面长度 wall length
工作面超前 place advance
工作面冲洗 face flushing
工作面单元模壳 face unit formwork
工作面的工人 face man; faceworker
工作面的生产率 face recovery coefficient
工作面的外露角 nook
工作面电压 face voltage
工作面端部 buttock
工作面端头 face end
工作面多斗式挖土机 face bucket ladder excavator
工作面辅助工(人) auxiliary face labo(u)r
工作面高度 face height
工作面横撑 face waling
工作面回采年限 face life
工作面机械化 face mechanization
工作面机械化装载设备 face-loading equipment
工作面积 active area; area of work; effective area; operating area; work(ing) area
工作面胶带运输机 face belt conveyer [conveyor]
工作面进度 advance of the face; face advance
工作面局部爆破 part face blast
工作面掘进 place advance
工作面开采速率 rate of face advance
工作面开车年限 <采矿> life of face
工作面链式输送机 piggyback
工作面排水(沟) service drain
工作面皮带运输机 face belt
工作面皮带运输机道 face belt track
工作面前壁 breast; drift face; heading face; wall face
工作面切顶 collapsed face
工作面情况 face condition
工作面深度 face depth; working depth
工作面输送机 face conveyer [conveyor]
工作面塌跨 face fall
工作面坍垮 collapsed face
工作面通风 face flushing; heading ventilation; blowing-over <爆破后>; face airing <开凿隧道>
工作面推进 advance of the face; driving of working face; face advance
工作面推进量 increment of face advance
工作面推进速率 rate of face advance
工作面弯曲度 bending degree of work surface
工作面围图 <沟槽开挖端头的> face-piece; face waling
工作面稳定 face stabilization
工作面效率 working face efficiency
工作面斜支柱 face sprag
工作面需风量 air volume requirement at face; compressed-air requirement at face
工作面压气压力 compressed-air pressure at face
工作面用钻机 face drill
工作面预注浆 pregrouting from face
工作面凿岩机 face drill
工作面照明 face lighting
工作面整修 trimming of working face
工作面支撑 face timbering
工作面支撑千斤顶 secondary ram for supporting face
工作面支护 face support; face timbering
工作面支架 force piece; foreset
工作面支柱 face sprag
工作面终点 face end
工作面自行式液压回转螺旋钻机 self-propelled hydraulic rotary auger face drill
工作名称 job title; work title
工作命令 working instruction; working order
工作模具 working mo(u)ld
工作模式 working mode
工作模型 working model; working mo(u)ld
工作磨损 service wear
工作母机 machine tool; mother machine; tool
工作目录 working directory
工作内容 job content
工作能力 ability to work operation(al) capability; calibre of performance; discharge capacity; operational capability; operational capacity; rating; serviceability; work capacity; working ability; working capacity
工作能力测验 workout
工作能力差别 variation in abilities
工作能力指标 ability factor
工作年限 the number of years for a work; working life
工作扭矩 working torque
工作排水道 service drain
工作盘 working disc[disk]
工作批量法 job lot system
工作偏压 operating bias
工作频率 assigned frequency; frequency of operation; frequency of working; operating frequency; working band; working frequency
工作平面 construction plane; working plane
工作平盘 working bench
工作平台 foot platform; operating desk; toe bead; service platform; work(ing) deck; work(ing) platform; docking platform <斜架车上面两旁的>
工作平台臂 service platform boom
工作平台线路故障警报器 platform wiring alarm
工作平台支臂 working platform boom
工作平台自重 deadweight of platform
工作评估 job evaluation
工作评级 job rating
工作评价 job assessment; job evaluation; job rating
工作评价方案 job-evaluation program(me)
工作评价计划 job-evaluation plan
工作破碎比 working reduction ratio
工作剖面 working section
工作期间 duration of work; on period
工作期限 service life; working deadline; working life
工作期限试验 life test(ing)
工作气体 working gas
工作气压 operating air pressure; service air pressure; working air pressure
工作汽缸 working cylinder
工作汽压 working steam pressure
工作前针入度 unworked penetration
工作腔 operating chamber; working space
工作强度 rate of work; working intensity; working strength
工作桥 gate operation platform; operating bridge; operating deck
工作勤奋的人 beaver
工作情况 condition at operation; operative condition; service behavio(u)r; service condition; working condition; working situation
工作情况评估 performance evaluation
工作区 service area; service space; working place; working region; working area
工作区单元 work space location
工作区地址 work space address
工作区段 working zone
工作区概况 circumstances of survey region
工作区寄存器 work space register
工作区寄存器地址 work space register address
工作区寄存器内容 work space regis-

G

ter content
工作区寄存器寻址 work space register addressing
工作区间管理 commitment control
工作区间通道 cross head(ing)
工作区交通位置图 traffic map of research area
工作区结构 work space architecture; work space structure
工作区名称 name of surveyed region
工作区文件寄存器 work space file register
工作区性质 character of surveyed region
工作区域 work(ing) area; work(ing) range; work(ing) space
工作区指示器 work space pointer
工作区指示器地址 work space pointer address
工作区指示字 work space pointer
工作曲线 practice curve; running curve; working curve
工作曲线模拟计算机 running curve simulator
工作取样 work sampling
工作圈数 number of effective coils
工作权利法 right to work
工作燃料 fuel as burnt; fuel as fired; fuel as received
工作人孔 manhole
工作人口 working population
工作人员 fellow worker; officer; operating force; operator; staff; worker; functionary <机关等的>; rough neck <钻探井架上的>
工作人员编制 staff establishment
工作人员变动 labo(u)r overturn
工作人员补偿基金 staff compensation fund
工作人员电梯 staff elevator
工作人员更动 labo(u)r turnover
工作人员进出口 manhole
工作人员空气取样器 personal air sampler
工作人员履历表 staff history-sheet
工作人员时间费 crew time cost
工作人员卫生消毒设施 sterilizing facility for staff
工作人员薪资税 staff assessment
工作人员休息室 crew rest room
工作人员预算 staff estimate
工作人员资历 staff qualification
工作刃倾角 working cutting edge inclination
工作任务分析 job task analysis
工作日 labo(u)r day; operating day; workday; working day
工作日报单 daily work report
工作日程 program(me) of works; work-schedule
工作日程表 calendar progress chart; job schedule; schedule sheet
工作日的 workaday
工作日记 logbook
工作日礼拜堂 week-day chapel
工作日数 days worked; working days
工作日延长 prolongation of working day
工作容积 placing volume; stroke volume; swept volume; working volume
工作容量 carrying capacity; displacement volume; job capacity; operating capacity; service capacity; working capacity
工作容器 process vessel
工作溶液 process solution
工作设备 working equipment
工作设备附件 work attachment
工作设计 job design; task design; work design
工作深度 permissible drawdown; operating water depth【水文】
工作深度储备浮力 reserve buoyancy for operating depth
工作深度应急浮力 emergency buoyancy for operating depth
工作升降台支臂 working platform boom
工作失常概率 malfunction probability
工作失误 operating failure
工作时的尺寸 operating dimension
工作时间 active session; business hours; combustion time; duration; hour of operation; hour of service; on time; operating[operation] time; pick-up time; production time; running time; service time; time card; time of operation; up-time; working hours; working time; hours run
工作时间报告 job time report
工作时间表 operating schedule; timetable; duty chart <长途局或电报局的>
工作时间分配表 distribution sheet of job time
工作时间过长 overwork
工作时间记录表 time sheet
工作时间记录簿 time book
工作时间进度表 time schedule(variable control)
工作时间卡 job time card; job time ticket
工作时间片 work slice
工作时间日报(单) daily working time report
工作时间数 work time
工作时间系数 percentage running time
工作时间研究 job time study
工作时间折旧法 working hours depreciation method
工作时冷作硬化的螺纹 work-hardened threads
工作时数 number of hours worked; operating time; working hours
工作时数与产出 hour of work and output
工作时数折旧 depreciation-working hour
工作时外形尺寸 working outer size
工作时重量 in-service weight
工作实践 working practice
工作史记录 job history record
工作事故 accident; operation irregularity
工作试验 service test; work test
工作试验(电路)板 operating breadboard
工作室 atelier; opening house; operating chamber; operating house; operatory; work(ing) apartment; work(ing) chamber; working room; workroom
工作手册 service manual; workbook
工作手套 safety and industrial gloves; work gloves
工作寿命 operating head; operating life; operation life; overhaul period; service life; working life
工作寿命试验 operating life test
工作授权 job order
工作舒适 operating comfort
工作输出队列 work output queue
工作输出排队 work output queue
工作熟练的 workmanlike
工作竖井 working shaft
工作数据 field data; operating data; operational data
工作数据集 work data set
工作数据文件 work(ing) date file
工作数据组 work data set
工作衰减 effective attenuation
工作水池 service basin
工作水分 tempering water; working moisture
工作水分范围 workability range
工作水流 working flow
工作水平 service level; working level
工作水深 work water depth
工作水头 acting head; operating head; service head; work(ing) head
工作水位 operating water level; operational water level; service level
工作顺序 job order; operational sequence; process line; sequence of processes; working order; working routine
工作顺序分析 operational sequence analysis
工作说明 job description; job specification
工作说明单 job description sheet; job instruction sheet
工作艘班 shift-ship; working shipshift
工作速度 load speed; operating rate; operating speed; running speed; service speed; speed of working; work(ing) speed; work(ing) velocity; work rate
工作速率 operating rate; working speed
工作隧洞 service tunnel
工作损耗 working loss
工作索 working cable
工作塔 service tower
工作台 banker; bench(belt); booth; gallery; mounting rack; operating board; operating floor; operating platform; operation area; scaffold service stand; stage; staging; work(ing) bench; working head; working stand; working table; worktable; racking platform <钻塔的>
工作台车 carriage
工作台尺寸 bed dimension; table size
工作台冲程 stroke of table
工作台传动 table drive
工作台垂直运动 table vertical movement
工作台挡板 bench apron; work head bridge
工作台挡块 bench dog
工作台导承 table slide
工作台底座 table base
工作台返向轧头 table reversing dogs
工作台分度式特种加工机床 special production machines indexing table type
工作台横动 worktable traverse
工作台横动速率 rate of table traverse
工作台横向进给 table traverse
工作台横向运动 table crosswise movement
工作台滑鞍 table saddle; work saddle
工作台滑板 table saddle; work head slide
工作台滑座 table saddle
工作台回动杆 table reverse-lever
工作台回转式压力机 rotary press
工作台回转运动 table revolving movement
工作台机构 table mechanism
工作台架(级)试验 bench-scale test(ing)
工作台检验 bench check
工作台阶 working bank
工作台紧固 table setting
工作台进给 table feed
工作台进给螺杆 table-traverse screw
工作台进给螺旋 table-feed screw
工作台进给手柄 table-feed lever
工作台进给手轮 table-feed wheel
工作台可调式压力机 adjustable bed press
工作台栏杆 platform railing
工作台面板 bench apron
工作台面积 table area
工作台驱动电动机 table-drive motor
工作台驱动机构 table-driving mechanism
工作台驱动马达 table-drive motor
工作台试验 bench test; caption test; captive test
工作台手轮 table hand-wheel
工作台手轮捏手 table handwheel knob
工作台丝杠 table lead screw
工作台速度 speed of table
工作台锁紧夹头 table locking clamp
工作台台脚 table foot
工作台台面 working surface of table
工作台外端 outer end of table
工作台涡轮传动装置 table worm gearing
工作台行程 table stroke; table travel
工作台旋转 worktable rotation
工作台移动型 traversing table type
工作台运动 table movement
工作台支架 support of table; table arm; table support
工作台止动器 table stop
工作台制动器 table stop
工作台纵向移动速度 lengthwise travel rate of table
工作台纵向运动 table longitudinal movement
工作台最大回转度数 maximum swivel of table
工作台最大速度 maximum table speed
工作台最小调整速度 minimum adjustable table speed
工作台坐标定位 location of table at coordinates
工作台座 table rest
工作特性 operational characteristic; operational factor; performance characteristic; running characteristic; task performance
工作特性的变动范围 spread in performance
工作特性曲线 operating characteristic curve
工作特性数据 working characteristic data
工作特性图 performance chart
工作特征 operating characteristic; performance characteristic; running characteristic; task performance
工作特征曲线 operating characteristic curve; performance curve
工作梯 service ladder; service stand; working stand
工作体积 working volume
工作条件 condition at operation; job condition; operating condition; running condition; service condition; working condition
工作条件系数 coefficient of working condition; conditions factor; service factor
工作条件下的出力【机】 rating under working condition
工作条件性能试验 service test
工作条件研究 ergomomic study
工作条例 working regulation
工作调节阀 working valve

工作艇 service boat; service craft; service launch; traffic boat; utility boat; working boat
工作通道 service walking; working access; working aisle; subway < 船坞的 >
工作通知 work notice
工作通知单 work order; work ticket
工作通知书 work notice; work order; work ticket
工作同位标磁道组 work cylinder
工作筒 < 如金属管或泵筒 > working barrel
工作筒衬套 working barrel seat
工作筒皮碗 working barrel cups
工作筒座 working barrel seat
工作头 work(ing) head
工作头转速 work head rotatory speed
工作凸轮 driving cam
工作凸轮曲线 working cam curve
工作图 work(ing) diagram; work(ing) drawing
工作图板 operative sheet
工作拖轮 tug boat; work tugboat
工作完毕 end of work
工作完毕信号 end-of-work signal
工作维修 operating maintenance
工作委员会 task committee; working committee
工作位置 application position; attendant's place; on position; operating position; operator's position; running position; service position; work(ing) location; working position; working place
工作温度 operating temperature; operative temperature; running temperature; service temperature; working temperature
工作温度范围 operating temperature range
工作文件 working documents; working file; working paper
工作(文)卷 work volume
工作物 working substance
工作物质 operation material
工作系数 duty factor; operating coefficient; operating factor
工作系数作用 duty factor action
工作系统 operating system; operation system
工作细分 job breakdown
工作细节 service instruction
工作细则 working instruction; work rule
工作下降 work decrement
工作现场 site of work; working field
工作线 front
工作线路 active line; operating line; working line
工作线圈 active coil; actuating coil; work coil
工作限制 working limit
工作项目 job; working item
工作项目表 worktable
工作项目分析 job analysis
工作项目规程 job description
工作项目评价 job evaluation
工作项目因素 job factor
工作小时 operating hours; running hours; working hours
工作小时报表 running hours sheet
工作小时工资 rate per working hour
工作小组 gang of labo(u)rs
工作效率 availability; job efficiency; operating efficiency; operation efficiency; rate of working; worked efficiency; working efficiency
工作效率完成率 accomplishment rate of working efficiency
工作效率系数 job efficiency factor
工作效率研究 study on operating efficiency; work study
工作效能 efficacy in work
工作楔角 working orthogonal wedge angle
工作协议 working agreement
工作心理学 occupational psychology; professional psychology; vocational psychology
工作心轴 work arbor
工作(新)蒸汽 working steam
工作信息 operating information
工作星历 operational ephemeris
工作行程 forward motion; impulse stroke; operating stroke; operational stroke; progressive motion; working interval; working motion; working operation; working stroke; working tour
工作行程速度 speed of working stroke
工作性改善剂 workability agent
工作性能 in-service behavio(u)r; operating performancer; operational function; service behavio(u)r; service performance; working performance
工作性能的测量 operating performance measurement
工作性能检查周期 functional proof cycle
工作性能试验 in-service test(ing); usability test
工作性能优于 out perform
工作休息间 smoko
工作许可证 work permit
工作许用应力 working allowable stress
工作巡视 working tour
工作循环 cycle of operation; duty-cycle operation; motive cycle; operating cycle; operation cycle; running cycle; work(ing) cycle
工作循环负载比 duty-cycle ratio
工作循环容量 duty-cycle capacity
工作循环时间 net cycle time; round-trip cycle
工作循环试验 work cycle test
工作循环数 number of work cycles
工作训练 job training
工作训练标准 job training standards
工作压力 actuating pressure; operating pressure; operation pressure; service pressure; working pressure
工作压力水头 service pressure head; working pressure head
工作压缩机 service compressor
工作压头 operating pressure head; working head
工作延迟 operating delay
工作延续时间 duration of work
工作研究 job study; operational research; working study
工作掩蔽 working mask
工作扬程 operating head
工作要求 job requirement
工作页面区 working set
工作页面组控制 working set control
工作页面组置换 work set replacement
工作液 operating fluid; pressure fluid
工作液面 working-fluid level
工作液输送管 power string tubing
工作液体 driving fluid; hydraulic fluid; hydraulic medium; operating fluid; operating liquid; working fluid
工作液污染 contamination of working fluid
工作液压力 hydraulic working pressure
工作仪器 operating instrument
工作因数 duty cycle; duty factor; service factor; work factor
工作因素 job characteristic; job factor; service factor
工作因子法 work factor system
工作应变 working strain
工作应变丝 < 电阻应变片的 > active ga(u)ge
工作应力 handling stress; operating stress; working stress
工作应力法 working stress method
工作应力基础 basis of working stresses
工作应力设计 working stress design
工作荧光屏 work screen
工作用负荷 service load
工作用负载 service load
工作用荷载 service load
工作用料储备的管理 handling of working stock
工作用物 working substance
工作用纸 construction paper
工作油缸 operating cylinder; slave ram
工作油罐 service tank
工作油口 actuator port; working port
工作油路 working connection
工作油箱 service reservoir
工作油压 loading oil pressure
工作有准备 ready for work
工作语言 working language
工作元件 working cell
工作原理 operating principle; operational principle; principle of operation; principle of work; work(ing) principle
工作原理图 function(al) diagram; functional scheme
工作约会 work session
工作运动 working motion
工作运动限位器 motion limiter
工作运行承受力 operational resistance
工作运行电压 running voltage
工作再设计 working redesign
工作噪声 work noise
工作噪声因数 operating noise factor
工作轧辊 work roll
工作闸门 main gate; service gate; work(ing) gate
工作栈 work stack
工作站 active station; operating station; working bench; working station; working gate
工作站变换 workstation transformation
工作站窗口 workstation window
工作站打印 workstation printer
工作站过程 workstation process
工作站接口 workstation interface
工作站类型 workstation category
工作站视区 workstation viewpoint
工作站显示 workstation display
工作站硬拷贝设备 workstation hardcopy unit
工作站状态表 workstation state table
工作张力 working tension
工作账 job account
工作照度试验 operating luminance test
工作照明 operating illumination; work(ing) light(ing)
工作照明配电箱 general lighting distribution box
工作者 worker; workman
工作者的门 service door
工作振动 operating shock; operation shock
工作蒸汽 motive steam
工作证 employee's card; identity card; working licence
工作直径 working diameter
工作值 operating value; working value
工作(职位)考核表 job rating sheet
工作职员 operational staff
工作指标 work(ing) index
工作指导 instruction clerk
工作指导卡 instructive card; job instruction sheet
工作指令 operation command; work order
工作指示 directive to work
工作指数 performance figure; performance index; working index
工作制动 service brake
工作制动器 operational brake
工作制度 character of service; operating mode; routine of work; system of working
工作制式 working form
工作质量 operating mass; quality of works; working quality; workmanship
工作质量合格率 working quality qualified rate
工作中短时间 work-break
工作中断 total failure; work interruption
工作中小憩 work-break
工作中心 work center[centre]
工作重点 focal point of working; working highlights
工作重量 operating weight; operation weight; working weight; service weight
工作周 service week; working-week; workweek
工作周期 action cycle; duty cycle; duty period; length of working cycle; motive cycle; occupation period; operating cycle; operational period; running cycle; service cycle; turnaround; work(ing) cycle; work(ing) period; work-up period
工作周期数 number of work cycles
工作周期缩短率 working period shortening rate
工作周期指标 working period target
工作轴 running axis; working shaft
工作主偏角 working cutting edge angle
工作主剖面 working orthogonal plane
工作主切削刃 working major cutting edge
工作主轴 work spindle
工作专业化 professionalization
工作转换开关 function switch
工作转速 working speed
工作转台 positioner
工作桩【疏】 working pile
工作装置 attachment; augmenter; functional part; implement; operating device; working attachment; working component; working device; working equipment; working implement; working unit
工作装置安装板 < 平地机 > attachment plate
工作装置的动态 tool movement
工作装置底座 < 平地机 > tool block
工作装置电气回路 implement circuit
工作装置回路 implement circuit
工作装置系统 implement system
工作装置液压回路 implement circuit
工作装置液压系统 hydraulic system for equipments

G

工作装置运动时间 tool movement time
工作装置支承梁托架 toolbar carrier
工作装置座架液压缸 cylinder of tool bar
工作状况 condition at operation; operational condition; service (able) condition; working condition
工作状况记录 service behavio(u)r record
工作状态 active state; busy condition; character of service; functional mode; in-service behavio(u)r; mode of operation; on position; operate mode; operating condition; operating duty; operating mode; operating state; operative condition; running condition; service behavio(u)r; service condition; working order; working position
工作状态参数 duty parameter
工作状态测试设备 operational test set
工作状态记录 service-behavio(u)r record
工作状态全长 overall operating length
工作状态全宽 overall operating width
工作状态稳定性 stability under working conditions
工作状态选择开关 mode selection switch
工作状态正常 in working order
工作状态值 operating state value
工作状态转换开关 mode switching
工作准备 dead works
工作着的 operative
工作资料 work documents
工作总站 master workstation
工作纵向剖面 <车刀的> working back plane
工作走道 <脚手架的> gangway; service gangway
工作走道铺板 gang boarding
工作走道梯板 gang boarding
工作阻力 working resistance
工作组 brigade; task force; task group; working group; working party; working set; working team
工作组班 squad
工作组算法 working set algorithm
工作组文件 working group documents
工作组织 job engineering
工作钻机 active rig
工作钻机台数 amount of operating rigs
工作最大静压 most working hydrostatic pressure
工作最忙时期 peak workload period

弓

弓背 roach back
弓背板 camber board
弓背垫座 camber bed
弓背构架 hog frame
弓背连接线 overlapping or interlacing of lines
弓背梁 camber(ed) beam
弓背桥 hump-back bridge
弓背消能池 hump-type stilling basin
弓柄钻机 arch bar drilling machine
弓材 bowstave
弓拱 segmental arch
弓弧沙坝 meander bar; point bar
弓弧形房屋 bow
弓架 pan head
弓箭室 balistraria
弓角 corner; horn
弓角石壳 cyrtoceracone
弓锯 back saw; bow saw; bucksaw <美>; frame saw; hack saw; pad saw; piercing saw; sash saw
弓锯床 hacksaw(ing) machine
弓锯机 hacksaw(ing) machine
弓锯架 hacksaw frame
弓锯框 hacksaw frame bow saw frame
弓锯片 hacksaw blade
弓锯刃磨机 hacksaw sharpening machine
弓锯条 hacksaw blade
弓力 bow weight
弓面 bow face
弓片 arcuale[arcualia]
弓曲 lateral bow
弓矢形横担 bow-arrow cross arm
弓式集电器 bow trolley
弓式接线 martingale
弓弯 lateral bow
弓弯木材 bowed
弓纬 bowed filling
弓弦 arc chord
弓弦大梁 bowstring girder
弓弦拱 bowstring arch
弓弦拱梁 bowstring beam
弓弦拱桥 bowstring arch bridge
弓弦拱形大梁 bowstring arched girder
弓弦桁架 bowstring truss
弓弦梁 bowstring beam; bowstring girder
弓弦梁桥 bowstring girder bridge
弓弦桥 bowstring bridge
弓弦三心(平圆)拱 surbased arch
弓弦式 bowstring
弓弦式大梁 bowstring girder
弓弦式拱 bowstring arch
弓弦式拱桥 bowstring arch bridge
弓弦式桁架 bowstring truss
弓弦式桁梁 bow and string girder; bowstring(truss) girder
弓弦式桁桥 bowstring truss bridge
弓弦式梁 bowstring beam
弓弦式桥 bowstring(arch) bridge
弓弦式屋顶 bowstring roof
弓弦式屋架 bowstring roof truss
弓弦屋盖 bowstring roof
弓弦屋面 bowstring roof
弓弦形的 bowstring
弓形 arch; lune; segment (of a circle); bow
弓形暗点 arcuate scotoma
弓形板 cambered board; cambered plate; segmental plate; segmental slab
弓形棒嵌饰 segmental billet
弓形波 bow wave
弓形槽钢组合圆柱 phoenix column
弓形撑(车辆) sole bar reinforcement
弓形窗 bow window
弓形床架 column with cranked head; standard with cranked head
弓形大梁 bow girder; hog-backed girder; segmental girder
弓形大梁弦杆 arched girder chord
弓形大梁翼缘 arched girder chord
弓形带 arcuate zone
弓形导板 bowguide
弓形道尺 bow-type track ga(u)ge
弓形的 arched; arch-type; arciform; arcuated; cambered; segmental; segmentary; bow-shaped
弓形的三角楣饰 segmental pediment
弓形的三角山墙 segmental pediment
弓形电动机 arch motor
弓形顶棚 cambered ceiling; segmental ceiling
弓形定位管 curved steady tube
弓形堵漏夹 C-clamp
弓形阀 segment valve
弓形防波堤 arched mole
弓形杆 arch bar
弓形(钢)锯 hack saw
弓形钢丝 bow-shaped steel wire
弓形钢丝绳夹头 bow shackle
弓形高 sagitta
弓形拱 bowstring arch; curved arch; segment(al) arch; sprung arch
弓形拱洞 segmental arch culvert
弓形拱涵 segmental arch culvert
弓形拱桥 segmental arch bridge
弓形钩环 bow shackle
弓形构件 bow(-shaped) member
弓形构造 arcual construction
弓形骨锯 bow saw
弓形管弯头 segmental pipe bend
弓形辊 bowed roll
弓形涵洞 arched culvert
弓形河漫滩 bow flood plain
弓形河曲 oxbow
弓形河湾 oxbow loop
弓形桁架 arch-type truss; Belfast truss; bowstring truss; camber back truss; cambered truss; camel-back truss; crescent truss; hogback truss; segmental truss
弓形桁架桥 segmental truss bridge
弓形横梁 bowstring girder
弓形湖 banc(o); crescent(ic) lake; cut-off meander; lunate lake; meander lake; mort; mortlake; oxbow lake
弓形滑接线 <电车上的> bow trolley
弓形混合机 sigma mixer
弓形激波 bowshock
弓形集电器 bow collector; collecting bow
弓形夹 cramp frame
弓形夹具 bent clamp
弓形夹铁 cramp iron
弓形夹系固 staple fastening
弓形架 segmental support
弓形尖拱 segmental pointed arch
弓形件 camber member
弓形建筑形式 arcual style
弓形角【数】 angle in a circular segment
弓形搅松块 scarifying segment block
弓形接触 bow contact
弓形接线 martingale
弓形结构 arch structure; arcual structure
弓形截面导线 segmental conductor
弓形界限法 arch-bound method
弓形锯 bow saw; hacksaw(ing); coping saw; charley paddock <俚语>
弓形锯床用双金属锯条 bimetallic saw blade for hack sawing machine
弓形卡钳 bow cal(l)ipers
弓形开度钳 crook tongs
弓形壳 segmental shell
弓形快门 segment shutter
弓形框架 bow frame; upswept frame
弓形拉线 martingale
弓形栏杆小柱 bow-shaped
弓形链锯 bow chain saw
弓形梁 bow(string) beam; camber beam; hog-backed beam; segmental beam
弓形两脚规 wing compasses
弓形炉衬 line segment
弓形炉条 segmental fire bar
弓形螺旋夹 cramp
弓形镘刀 bow trowel
弓形面 quadrant
弓形模板 camber board
弓形磨瓦 bow-shaped abrasive tile
弓形木支撑 segmental timbering
弓形挠曲 bow warp
弓形扭绞机 bow-twister
弓形排水渠 arched culvert
弓形片弹簧 bow spring
弓形平顶 cambered ceiling
弓形铅笔圆规 bow pencil
弓形桥 hump-back bridge
弓形翘曲 bowing
弓形切坯器 bowl-type cutter
弓形穹隆 segmental vault
弓形曲线 bow curve; bowline; segmental curve
弓形三角洲 acuate delta
弓形山墙封檐板 camber barge board (gable)
弓形式梁 bow beam
弓形室 bow room
弓形受力筋 deflected tendon; draped tendon
弓形弹簧 half elliptic (al) spring; semi-elliptic(al) spring
弓形碳精喷灯 carbon arc torch
弓形凸窗 bow window; compass window
弓形瓦 segmental tile
弓形弯 bow
弓形弯曲 bow action
弓形腕臂 curved cantilever
弓形纹 arch pattern
弓形屋顶 camber roof; rainbow roof; testudo <罗马建筑>
弓形弦杆 arched chord
弓形线 bowline
弓形斜杆 arched diagonal
弓形斜(支)撑 arched diagonal
弓形卸扣 bow shackle
弓形堰 segment weir
弓形预应力钢索 deflected tendon; draped tendon
弓形预应力钢索的鞍形支座 deflecting tendon saddle
弓形云 arch clouds
弓形闸门 segment gate
弓形沼泽 oxbow swamp
弓形折流板 segmental baffle
弓形褶皱 kyrtom
弓形支撑 taper ring
弓形支撑安装器 segment erector
弓形趾 claw foot
弓形轴承 multipart bearing; segmental bearing
弓形锥体 arch centrum
弓形纵断面 hump profile
弓形足 claw foot
弓形钻 bow drill; Chinese drill stock
弓摇钻 ratchet bit brace
弓轴承 bearing of bow
弓转钻 fiddle drill
弓状的 fornicate
弓状集合小管 arcuate collecting tubule
弓状隆起 arcuate eminence; eminentia arcuata
弓状物 arch; bow
弓钻 bow drill; brace bit; drill with ferrule; fiddle drill
弓座 stop bracket

公

公安办公室 public security office
公安大楼 police building
公安大厦 police building
公安机关 organs of public security; public security agency; public security organ
公安局 police station
公安疗养院 police hostel
公安人员 police
公安宿舍 police hostel
公安消防队 public security fire brigade

公安休养所 police hostel
公安招待所 police hostel
公办工程 public development
公办中等小学 council school
公报 bulletin;gazette;official gazette;official journal;release
公倍(数)common multiple
公比 common ratio
公布 proclamation;promulgate;publication;to make public
公布标价 letting
公布的关税表 published tariff
公布的价目表 published tariff
公布的水深 advertised depth;announced depth;declared depth;promulgated depth;published depth
公布的运价表 published tariff
公布法规后修建的房屋 post-code building
公布价格 value declared
公布容量 posted capacity
公布送达 service by publication
公布细则 open specification
公布者 publisher
公测度【数】common measure
公差 acceptance off-size;acceptance permissible variation;admission;admittance;allowable deviation;allowable variation;allowance(tolerance);limit;permissible error;remedy allowance;tolerable deviation;tolerance(deviation);common difference【数】;public errand <指办事>
公差标准 tolerance standard
公差表 table of limits
公差带 allowed band;band tolerance;tolerance range;tolerance zone;variation of tolerance
公差单位 allowance unit;tolerance unit
公差等级 grade of tolerance;quality of tolerance;tolerance class
公差对照表 balance tolerance
公差范围 limit of tolerance;margin of tolerance;tolerance range;tolerance zone
公差范围上限 upper bound
公差规格说明 tolerance specification
公差规律 law of tolerance
公差及配合 tolerance and fit
公差极限 limit of tolerance;tolerance limit
公差界限 limit of tolerance
公差控制 tolerance control
公差量测 tolerance measurement
公差配合曲线 allowance curve
公差配合试验 allowance test;tolerance test
公差上限 upper tolerance limit
公差数号顺序 tolerance number sequence
公差图表 tolerance chart
公差下限 lower tolerance
公差限度 tolerance limit
公差限值 limit tolerance range
公差因素 allowance factor
公差制 limit system
公差制度 dimension limit system;tolerance system
公产 public domain;public property
公产住房 public housing
公称 indicated;rated
公称标准 nominal standard
公称长度 nominal length
公称成分 nominal composition
公称尺寸 basic size;intended size;nominal dimension;nominal measurement;nominal size;normal dimension;specified size
公称尺寸范围 nominal dimension range
公称出力 nominal rating
公称的 nominal
公称电压 nominal voltage
公称额定压力 nominal pressure rating
公称额定值 nominal rating
公称负荷 nominal load
公称刚度 nominal rigidity
公称刚性 nominal rigidity
公称工作压力 nominal operating pressure;nominal working pressure
公称公差 published tolerance
公称功率 nominal power
公称管径 nominal bore
公称过滤精度 nominal filter fineness
公称厚度 nominal thickness
公称滑距 nominal slip
公称节距 nominal pitch
公称截面 nominal cross-section
公称截面积 nominal area
公称劲度 nominal stiffness
公称颗粒大小 nominal particle-size
公称孔径 nominal bore;nominal pore size
公称立方强度 nominal cube strength
公称粒径 nominal size
公称粒子大小 nominal particle-size
公称流量 nominal flow rate
公称螺距 nominal pitch
公称螺距比 nominal pitch ratio
公称马力 nominal horsepower
公称捻度 nominal twist
公称偏差 nominal deviation
公称强度 nominal strength
公称容积 nominal capacity;nominal volume
公称容量 nominal capacity
公称筛孔 nominal screen aperture
公称升船能力 nominal lifting capacity
公称寿命 nominal life
公称输出功率 dimensional output
公称速度 nominal speed
公称通径 inside nominal diameter
公称瓦管直径 nominal tile diameter
公称误差 nominal error
公称细度 nominal size
公称线 nominal line
公称行 nominal line
公称压力 nominal pressure
公称压力等级 nominal pressure grade
公称压力行程 nominal working stroke
公称应变 apparent strain;conventional strain;nominal strain
公称应力 nominal stress
公称用气量 nominal gas rate
公称载重量 nominal capacity of holding weight
公称张拉力 nominal tension force
公称整坡曲线 nominal grading curve
公称支数 nominal yardage
公称直径 basic size;characteristic diameter;nominal diameter
公称直径以毫米表示 millimeter for nominal size
公称直径以英寸表示 inch for nominal size
公称值 nominal value;tolerance value
公称值的调整 nominal value of adjustment
公称质量 nominal mass
公称重量 nominal weight
公称周长 nominal perimeter
公尺 meter[metre];metroum
公担 <质量单位,1 公担 = 100 千克> quintal;metric(al)centner;metric(al)hundred weight
公道 equity
公地 commonage;common ground;common land;commons;communal land;government land;public domain land;state land
公定保险费率 bureau rate
公定计量 sworn measure
公定遗产管理人 public administrator
公度 commensurability
公断 arbitrage;arbitration;umpire
公断价格 price arbitration
公断人 arbiter;arbitrator;referee;umpire
公断书 arbitration award
公断(仲裁)人的职权 umpirage
公吨 < = 1000 千克> metric(al)ton;gram ton;meter ton;tonne
公法 public law
公法千分尺 plate micrometer
公法线 common normal line
公法线长度 base tangent length;length of common normal
公法线卡规 gear tooth comparator
公房 public housing
公费代价 public cost
公费教育 free education
公费医疗 free medical care;free medical service;Public Health Service
公费医疗制度 public medical care;socialized medicine;state medicine
公分 centimeter[centrometre]
公分波 centimetre wave
公分母【数】common denominator
公告 bulletin;declaration;enunciation;formal advertising;gazette;proclaim;proclamation;pronouncement
公告板 call-board
公告板服务 bulletin board service
公告费用 publicity expenses
公告某船动态 post a ship
公告牌 billboard;bulletin board
公告牌系统 bulletin board system
公告牌用漆 bulletin paint
公告牌支架 advertising board holder
公告水深 promulgated depth
公告贴示站(给乘务员阅读)bulletin station
公根【数】common root
公共 commonality
公共安全 public safety;public security
公共安全频带 public safety frequency band
公共安全无线电服务 public safety radio service
公共安全无线电频率 public safety radio frequency
公共包交换网络 public packet switching network
公共保健法规 public health acts
公共保健门诊 public health clinic
公共备用堆置场 common back-up area
公共标识电路 common marker circuit
公共表达式 common expression
公共泊位 common user berth;public berth
公共博物馆 public museum
公共部分 public sector
公共部门投资 investment in public sector
公共财产 public goods;public property
公共财产资源 common property resources
公共草地 dole meadow
公共厕所 comfort room;comfort station;public(-assisted)convenience;public-assisted toilet;public bench for washing;public comfort room;public comfort station;public latrine;public sew(er)age disposal;public toilet;latrine <沟形或坑形的>;sanitary <有抽水设备的>
公共厕所结构单元 sanitary building block module
公共场所 public area;public place;public space;place of public accommodation <供游乐、饮食等的>
公共场所名称 names of public places
公共场所废水 public space waste
公共场所废物 institutional waste
公共场所垃圾 institutional waste;public waste
公共场所噪声 community noise
公共场所照明 public space light(ing)
公共车库 public(parking)garage
公共车辆 public service vehicle
公共车辆交通 public vehicle traffic
公共车辆站台 mass transportation loading zone
公共成本 social cost
公共承运人 common carrier
公共磁通 mutual flux
公共存车库 public storage garage
公共存储器 common storage
公共存储器区 common storage area
公共存停车场 public car park
公共大厅 <在疗养区的> kursaal
公共大浴场 <罗马> balnea
公共代码 common code
公共导线 common wire
公共的 common;unenclosed
公共地界线 common property line
公共点 common point
公共电报电路 omnibus circuit
公共电车运输系统 <英> tramcar
公共电话间 booth;telephone booth
公共电话室 kiosk
公共电话亭 kiosk;public station
公共电信网络 public telecommunication network
公共端 common port
公共队列 public queue
公共对象请求中介结构体系 common object request broker architecture
公共法线 common normal
公共防护标准 public health standard
公共防空避护所 public air-raid shelter;public-assisted bomb shelter
公共防空洞 collective shelter
公共房屋 public building;public housing
公共废水 institutional wastewater
公共废水处理 community wastewater disposal;community wastewater treatment
公共废水处理厂 public owned treatment works
公共废水处置 community wastewater disposal
公共费用 common cost;public expenses
公共分组交换网 public packet switched network
公共服务 communal service;community service;public service
公共服务楼 public service building
公共服务设施 public service facility
公共服务事业 utility undertaking
公共福利 public welfare
公共福利设施 public welfare facility
公共辅助交通 public paratransit
公共干燥室 communal drying room
公共港 public port
公共隔板 common bulkhead
公共给排水系统 public system
公共给水 public water supply
公共给水厂 public water works
公共给水工程 public water project;public water supply;public water works
公共给水管道 public aqueduct
公共给水系统 public water supply

G

system
公共给水站 public water supply station
公共工程 civil works; public development; public utility; public works; utility
公共工程部 Ministry of Public Works
公共工程部门 department of public works
公共工程承包人 public works contractor
公共工程承包商 public works contractor
公共工程承包者 public works contractor
公共工程的松土作业 utility ripper
公共工程局 Bureau of Public Works
公共工程体系 public utility system
公共工程投资项目 capital grant
公共工程项目投资 capital grant
公共工程政策 public work policy
公共工程支出 expenditure for public works
公共工期 common due date
公共供水设备 public water supply equipment
公共供水系统 community water system
公共供水总管 public water main
公共拱 party arch
公共拱廊步道 public arcade
公共关系 public relation
公共关系部 public relations department
公共关系管理员 community relations administrator
公共管道 utility pipe
公共管沟 common trench
公共管理 public administration
公共管理机构 public authority
公共管路式阴沟 public-assisted conduit-type sewer
公共管线廊道 service gallery
公共管制 public control
公共盥洗室 common washroom; communal washroom; public comfort room; public lavatory; public toilet rooms; public washroom
公共广播系统 public address system; public broadcasting system
公共广场 public area; public place; public square
公共轨道交通运输系统多功能模拟器 multifunction-simulator for railbound public transport
公共过道 common aisle; common hallway
公共海域 public sea area; public waters
公共海运码头 public marine terminal
公共航道 thoroughfare
公共合同 public contract
公共花园 public garden
公共滑架 common carriage
公共话路 highway
公共回路 common return
公共回线 common return
公共汇流排馈电 bussed supply
公共会场 public assembly hall
公共会堂 community center[centre]; public assembly hall
公共活动广场 public square
公共活动室 common room
公共火灾报告系统 public fire reporting system
公共机场 public airport
公共机构 <指孤儿院、医院、学校等> public institution
公共机构代表 public official
公共机构固体废物 institutional solid waste
公共机构污水 institutional wastewater
公共机关用房 institutional occupancy
公共积累 accumulated public funds; common accumulation; public accumulation
公共集会场所 rendezvous
公共集会的大礼堂 town hall
公共集会广场 citizen's square
公共集会厅 state chamber
公共集会用的临时棚舍 pandal
公共纪念碑 public monument
公共纪念馆 public monument
公共纪念物 public monument
公共假日 public holiday (and vocation)
公共建设 public works
公共建设合同 public contract
公共建筑 communal building; public-assisted structure; public facility; public (service) building
公共建筑承包人 public works contractor
公共建筑承包商 public works contractor
公共建筑承包者 public works contractor
公共建筑绿化 public building planting
公共建筑密室 camarin
公共建筑群 public building groups
公共建筑物 prytaneum; public building; public works
公共交通 common traffic; common transport (ation); mass transit; mass transport; mass transportation; motor service; public (-assisted) traffic; public transit; public transport
公共交通班次频率 frequency of services for public traffic
公共交通标准车 standard bus of public transportation; standard transit bus
公共交通标准船 standard ship of public transportation; standard transit ship
公共交通场站布局 public transport yard and station arrangement
公共交通车上乘客调查 on-board transit survey
公共交通车站 public transport station; public transport stop
公共交通乘客信息服务 public transport passenger information services
公共交通出行 transit trip
公共交通道口 public crossing
公共交通的服务 performance of public vehicles
公共交通的运行 performance of public vehicles
公共交通的招呼站 request stop of traffic
公共交通工具 public transport means; public vehicle
公共交通工具折旧里程 means depreciation kilometer[kilometre]
公共交通工具折旧期限 means depreciation time limit
公共交通公司 common traffic service; common transport service; mass transit service; public transport company; public transport service
公共交通固定乘客 captive transit rider
公共交通规划 public transit planning; public transport planning
公共交通国际联合会 International Union of Public Transport
公共交通客流 transit riders
公共交通客流调查 public transportation usage study
公共交通客流图 transit usage map
公共交通客运分配 public transport assignment
公共交通连接站 public transport connection
公共交通联络线无定向客票 public transport link rovers ticket
公共交通联运站 public transport connection
公共交通设施 common traffic facility; common transit facility; mass transit facility; mass transportation facility; public transit facility
公共交通手段 public transport medium
公共交通枢纽 public transport junction
公共交通停车场 public transport parking place
公共交通停车站 transit stop
公共交通停车站的避车道 turnout lane for transit vehicle stop
公共交通系统 public traffic system; public transit system; public transportation system
公共交通线路 public transport line
公共交通线路布局 public transport line network distribution
公共交通线路设施 public transport line facility
公共交通线路网 public transport network
公共交通线路网密度 road net density of public transportation
公共交通线路重复系数 recurrence factor of public transport line
公共交通信息系统 public transport information system
公共交通优先 public transport priority
公共交通优先系统 public transportation priority system
公共交通载客量图 passenger load profile; transit load profile
公共教育 public education
公共接地线 earth line
公共接收机 public address receiver
公共结构 public-assisted structure
公共界面 common interface
公共金库 <古罗马> aerarium
公共净化 public cleaning
公共决策 public decision making
公共客运网 bus transport network
公共空地 public open space
公共空间 public space
公共空旷地 public-assisted open area
公共控制单元 common control unit
公共控制开关装置 common control switching arrangement
公共控制器 common control unit
公共控制设备 common controlling equipment
公共库 public library
公共旷地 public open space
公共垃圾储藏箱 communal waste storage container
公共垃圾收集器 public-assisted collector
公共劳动力 public forces
公共礼仪大厦 <古希腊城市的> prytaneion
公共利益 common good; public interest
公共利益准则 public policy
公共淋浴 spray shower public baths
公共零点 common zero point
公共流通软件 public-domain software
公共龙头 public tap
公共旅客运输 public passenger transport
公共绿地 green public space; public(-assisted) green area; public garden plot; public green space
公共绿地率 public green area ratio
公共绿地指标 public green space norm
公共绿化 park land
公共逻辑网络 comlognet
公共马车 diligence; horsedrawn omnibus; omnibus; stage carriage; stage coach
公共码头 common user terminal
公共门厅 common hallway
公共密钥基础结构 public key infrastructure
公共排水管道 public sewer
公共铺设装置 steel pipe laying plant
公共企业 public enterprise; public utility undertaking
公共汽车 autobus; bus; motor bus; motor coach; motor omnibus; omnibus; public service vehicle
公共汽车车场 buspool
公共汽车车道 bus lane
公共汽车车票本 carnet
公共汽车(车厢)中间走道 bus gangway
公共汽车道路 busway
公共汽车底盘 bus chassis
公共汽车电子票证 bus electronic ticket
公共汽车队 bus fleet
公共汽车港湾式停车站 bus bay; bus pocket
公共汽车公司 bus company
公共汽车/合用汽车优先控制 bus/carpool priority control
公共汽车候车栏 bus-queue barrier
公共汽车候车亭 bus shelter
公共汽车及无轨电车系统 bus and trolleybus system
公共汽车驾驶员 busman
公共汽车间断流 bus interrupted flow
公共汽车检修厂 bus overhaul works
公共汽车交通企业 mass transportation bus service
公共汽车库 bus depot; public garage
公共汽车快速交通 bus rapid transit
公共汽车连续流 bus uninterrupted flow
公共汽车联络线 bus links
公共汽车露天停车场 open air parking of houses
公共汽车路线 bus route
公共汽车旅游 bus travel
公共汽车排队(候车用)栅栏 bus-queue barrier
公共汽车时刻表 bus schedule
公共汽车驶出(用分支)车道 bus turnout
公共汽车式的 omnibus
公共汽车售票员 bus conductor
公共汽车司机 bus driver
公共汽车停车场 bus depot
公共汽车停车处 bus-stop area
公共汽车停车带 bus bay
公共汽车停车港 bus-loading-bay
公共汽车停车站 bus stop; bus-loading-bay
公共汽车停靠站 bus stop
公共汽车拖车 bus trailer
公共汽车线路 bus line
公共汽车小站 minor stop
公共汽车溢流道 bus sluices
公共汽车优先车道 bus priority lane
公共汽车优先交通网络研究法 BusTRANSYT
公共汽车优先控制 bus priority control
公共汽车优先(通行) bus priority
公共汽车优先通行道 bus priority lane
公共汽车优先通行系统 bus priority system
公共汽车优先通行信号 bus priority signal

公共汽车优先网络研究法 bus traffic network study tool
公共汽车优先信号 bus preemption signal
公共汽车与合用汽车优先通行的控制 bus carpool priority control
公共汽车与自行车专用街道 bus and cycle only street
公共汽车运输 bus transit;bus transportation;mass transit
公共汽车运输能力 bus production capacity
公共汽车运载量 bus-load
公共汽车闸门<交叉口进口道处一种公共汽车优先通行的信号控制> bus gate
公共汽车站 bus depot;bus station
公共汽车站台 bus platform;loading island
公共汽车站台设备 loading facilities of buses
公共汽车站罩棚 bus shelter
公共汽车正点主 on-schedule bus run rate
公共汽车支线系统 feeder bus system
公共汽车终点停车处 layover
公共汽车终点站 bus depot;bus terminal
公共汽车专用车道 bus lane;exclusive bus lane;bus-only lane;busway
公共汽车专用车行道 exclusive busway
公共汽车专用街道 bus-only street
公共汽车专用快速车道 exclusive busway
公共汽车专用路 bus exclusive way
公共汽车自动定位系统 automatic bus location system
公共汽车自动定位与通讯系统 automatic bus location and communications system
公共汽车自动通信[讯]系统 automatic bus communication system
公共汽车总站 bus depot;bus terminal
公共墙<堤坝的> common wall
公共倾倒垃圾 public dump material
公共清洁<指街道> public clean(s)ing
公共区 common block;common zone
公共取暖设备 communal heating facility
公共燃烧空窝<鼓风炉风嘴处焦炭的> common raceway
公共入口 public entrance
公共入口地点 public access site
公共散步场所<尤指海边的宽阔而有装饰的人行道> parade
公共设备 plumbing fixture;public utility
公共设施 common facility;communal facility;community facility;general improvement;infrastructure;public accommodation; public facility; public utility;public works;utility (undertaking);collective goods<公园、道路等>
公共设施保留地 land reservation for public facilities
公共设施不足的 underserviced
公共设施不足的城市 underserviced city
公共设施的改进 public improvement
公共设施沟槽 service trench
公共设施用地 land for public facility
公共食堂 canteen;mess;public canteen;public restaurant
公(共使)用存取切换设备 common access switching equipment
公共使用集装箱 common-user container
公共市场 public market
公共(市政)工程管理局<美> Public Works Administration
公共事业 public service;public use;public utility
公共事业公司 public corporations;public undertaking
公共事业沟槽 utility trench
公共事业决策 public decision making
公共受托人 public trustee
公共受益者 co-beneficiary
公共疏散口 public escape
公共疏散门 public evacuation door
公共数据网 public data network
公共数据网络 public data network
公共水封 common trap
公共水龙头 public water tap
公共水用户收费 service charges for public water
公共水域 public water area
公共说明 common declaration;common denominator
公共天线 cable TV;community antenna
公共庭园 communal garden
公共停车场 common carport;common parking area;communal carport;public car park;public parking place
公共停车场地 public parking lot
公共停车处 public parking place
公共停车地 public parking place
公共停车库 common carport;communal carport;public garage
公共停车区 public parking area
公共停车台 public parking deck
公共通道 common aisle;public-assisted corridor;public passage(way);through block connection<建筑物内的>
公共通话电路 omnibus speaker circuit
公共通气管 common vent
公共通信[讯]适配器 common communication adapter
公共投资 going public;public investment
公共透气管 common vent
公共图书馆 lending library;public (-assisted) library
公共突堤码头 public pier
公共土地 unclosed land
公共团体 public body
公共团体投资 instructional investment
公共托儿所 public nursery
公共网关接口 common gateway interface
公共网络 public network
公共卫生 community health;public hygiene;public health
公共卫生法规 public health acts
公共卫生服务 Public Health Service
公共卫生工程 public-assisted health engineering;public health engineering
公共卫生工程师 sanitation engineer
公共卫生工程学 public health engineering;sanitation engineering
公共卫生工作者 public health worker
公共卫生管理部门 public health authority
公共卫生管理机构 public health authority
公共卫生护士 public health nurse
公共卫生机构 Public Health Service
公共卫生间 comfort station
公共卫生检验室 public health laboratory
公共卫生情况调查 sanitary survey
公共卫生设备 public plumbing fixture
公共卫生实施 public health practice
公共卫生收入 public health revenue
公共卫生署<美> Public Health Service
公共卫生危害 public health hazard
公共卫生细菌学 public health bacteriology
公共卫生学 public health;sanitary science
公共卫生学家 sanitarian
公共卫生医师 public health doctor
公共污染 public pollution
公共污水 common waste;continuous waste
公共污水道 public sewer
公共污水工程 public sew(er)age works
公共污水管 public sewer
公共舞厅 public dance hall
公共物品 public goods
公共洗手池 wash fountain
公共洗衣店 laundry club
公共下水道 public(-assisted) sewer
公共线 common wire;concentration line;concentric(al) line
公共消防 public fire protection
公共消防队 public fire brigade
公共消防设施 public fire supply
公共消费 public consumption;public expenses
公共消耗量 public consumption
公共消火栓 public hydrant
公共小汽车 shuttle bus
公共信道 common signal channel
公共信道局间信号传输 common channel interoffice signalling
公共信道模块 common channel module
公共信道信号(方式) common channel signal(l)ing
公共信道信号子系统 common channel signal(l)ing subsystem
公共信道终端 common channel terminal
公共信息 public information
公共信息官员 public information officer
公共信息模型 common information model
公共信息援助队 public information assist team
公共信息组 common field
公共行政机构 public administration
公共性 publicity
公共休息室 common lounge;common room; communal lounge; lounge; public lounge
公共休闲用地 public open space
公共休养 public recreation
公共休养(场)所 place of public resort
公共选路信道 common routing channel
公共意见听证会 public hearing
公共因素方差 communality square error
公共因子 common factor
公共阴沟 public-assisted sewer
公共饮食业 catering
公共饮水处 public drinking fountain
公共隐蔽处 collective shelter;public shelter
公共用地 government land;land for public use;public area;public easement;public land;public space
公共用地率 ratio of land for public utilization
公共用户电路 common user circuit
公共用户服务 common user service
公共用户通信[讯] common user communication
公共用户网 common user network
公共用水 public(use of) water;water for public use
公共用水量 public water consumption
公共用水系统 public water system
公共游乐场 amusement ground;amusement park
公共游泳池 public swimming pool
公共娱乐 public recreation
公共娱乐场所 place of public amusement;place of public entertainment
公共娱乐设施 public recreation facility
公共语言【计】 common language
公共浴室 bathhouse;public (-assisted) bath;public bath house;public bath room
公共运输 public(-assisted) transport
公共运输工具 common carriage;common carrier;public transit
公共运输事业 haulage business
公共运输业 pulbic carrying trade;public transport trade;traction
公共运输业者 common carrier;public transport carrier
公共载波制 common carrier
公共责任 public liability
公共责任保险 public liability insurance
公共增益控制 common gain control;ganged gain control
公共照明 communal illumination;communal lighting;public illumination;public lighting
公共争业用卡车<运送生活给养的> utility truck
公共政策 public policy
公共政策条款 public policy clause
公共支出 public spending
公共秩序 public order;public policy
公共秩序条款 public order clause
公共中心 civic center[centre];public center[centre]
公共中性线 common neutral
公共重心 common center[centre] of gravity
公共轴线 common axis
公共住房 public housing
公共住房机构 public housing agency
公共住房计划的总协议 master cooperation agreement
公共住房建设项目 public housing project
公共住宅 apartment house
公共锥顶 common apex
公共准备金 joint reserve
公共资金 community fund
公共资助的 publicly assisted
公共子表达式 common subexpression
公共子表达式消去 common subexpression elimination
公共综合处理器 common integrated processor
公共走廊 common corridor;public (-assisted) corridor
公共阻抗耦合 common-impedance coupling
公估人 assessor
公关部经理 public relation manager
公关文秘室 public relation and secretary office
公国 dukedom
公海 blue waters;broad ocean;broad seas;high sea;international waters;mare liberum; mid-ocean; open ocean;open seas(and oceans);public seas;public waters
公海法 law of the open seas
公海公约 Convention on the High Sea
公海海床 bed of the high sea

公海航标 public beacon
公海航行权 freedom of the seas
公海区 broad ocean area
公海生物资源捕捞及养护公约 Convention on Fishing and Conservation of Aquatic Resources of High Seas
公海污染 open sea pollution
公海系泊平台 open-ocean mooring platform
公海制度 regime(n) of high seas
公海自由(航行权) freedom of open seas; freedom of seas; freedom of the high sea
公海走廊 corridor of high seas
公海作业 open ocean operation; operation on open seas
公害 environmental disruption; environmental ill; environment pollution; nuisance; public damage; public disaster; public hazard; public menace; public nuisance
公害病 pollution-related disease; pollution-related illness; public nuisance disease
公害等级 hazard classification
公害法 public nuisance law
公害防治工作 public pollution control work
公害防治设施 common pollution control facility
公害分析 nuisance analysis; public nuisance analysis
公害机体 nuisance organism
公害津贴 hazard bonus
公害事件 public hazard incident; public nuisance event
公害输出 exportation of public nuisance
公害效应 nuisance effect
公害预测 prediction of nuisance
公害组织 nuisance organism
公害罪 crime relating to environment pollution
公函 missive; official documents; official letter
公函采购 letter purchase order
公函订单 letter order
公毫 centigram(me)
公耗 draftage
公侯的包厢 enclosed space
公会 conference; institute
公会10%费用条款 institute ten percent disbursement clause
公会保证条款 institute warranties
公会条款 conference terms; institute clause
公会运费率 conference rate
公会运价表 conference tariff
公积金 accumulated fund; common accumulation fund; common reserve fund; public accumulation fund; public reserve fund; reserve capital; reserve funds
公积金账户 reserve account
公积金政策 reserve policy
公计量 metric(al) unit
公建民助房屋 privately aided public housing
公建民助住房 private-aid public housing
公交步行街 <步行街或林荫道内,中间专辟两条车行道,只准公共汽车(或电车)通行,其他车辆不得入内> transit mall
公交车和合乘车专用车道【交】 bus and carpool lanes
公交车极限(客)容量 crush capacity
公交车可供容量 crush capacity
公交(车辆)港湾式停靠站 bus bay
公交车拥挤容量 crush capacity
公交车站 bus station; bus stop
公交车站安全岛 loading island
公交乘客周转量 mass transit passenger turnover
公交乘行人次总数 total travel passenger/time for mass transit
公交出行比例 ratio by public traffic
公交服务水平 level of transport service
公交服务信息系统 transit service information system
公交服务信息系统备拌制法速 travel service information system
公交管理系统 public transport management system
公交换乘设施 change-of-mode facility
公交换乘中心 transit center[centre]
公交及行人专用区 transit/pedestrian mall
公交客运 public transport
公交路线分配模型 transit route assignment model
公交旅客一条龙服务 bus streamlined service
公交平均出行时间 average trip time by public traffic
公交企业 mass transportation bus service
公交停靠站 bus bay; parking station
公交运营 public transport operation
公交(专用)车道 bus lane
公铰链 centre drawer hinge bracket
公接头 pin joint; tool joint pin
公斤 kilogram
公斤当量 kilogram-equivalent
公斤卡 great calorie; kilogram-calorie; major calorie
公斤米 kilogram-meter[metre]
公斤推力 thrust-kilogram
公斤重 kilogram-weight
公爵裁 duke
公爵住宅 Ducal Palace
公开 disclose; unfurl
公开报告 public offering statement; public report
公开报价 public offer
公开比赛 open competition
公开标价 opening of bids; open price
公开承认的 self-confessed
公开出售 public sale
公开储备金 open reserves
公开的 exoteric; open and notorious; overt; undisguised
公开的地 above-board
公开调查 public inquiry
公开定价 open pricing
公开发表 published
公开发表的 on record
公开发表意见 vend
公开发展 open development
公开法庭 open court
公开放弃(意见等) abjuration
公开分层次 open gradation
公开分等级 open gradation
公开公司 corporation; public company
公开合并 outright merger
公开会议 public sitting
公开警告 public warning
公开竞标 public tender bid
公开竞争 open competition
公开竞争投标 open competitive tender
公开开标 letting; opening of bids; public bid opening
公开密钥【计】 public key
公开拍卖 public auction; sales by public auction
公开申明 manifestation
公开审判 open trial
公开审讯 public hearing; public sitting
公开声明的 self-confessed
公开市场 market overt; open market
公开市场操作 open market operation
公开市场贷款 open credit
公开市场汇率 open market rate
公开市场票据 open market paper
公开视察 open inspection
公开数据 public data
公开听证会 public hearing
公开投标 competitive bid; competitive tender; general bid; office submission; official submission; open bid(ding); open tender; public bid(ding); public tender
公开投票 official submission; open ballot; open vote
公开投资公司 open-end investment company
公开投资基金 open-end fund
公开委托人 disclosed principal
公开信用贷款 open fiduciary loan
公开信用状 open credit
公开许可证 open license[licence]
公开宣称 avow
公开询价 advertisement for bids; open inquiry of the offer
公开询问 open question
公开议价 unrestricted negotiation
公开展示 public view; spectacle
公开占有 notorious possession
公开招标 call for tenders; competitive bid(ding); competitive tender(ing); invite public bidding; inviting tender; open bid(ding); opening of bids; open tender(ing); open the bid; public bid(ding); public tender; advertisement for bids <建筑工程>
公开招标公司 public bidding corporation
公开证券交易所 open house
公扣端 pin end
公款 public fund; public money
公款条例 common-money-rule
公厘 millimeter
公里 kilom; kilometer
公里标 kilometer post; kilometer sign; kilometer stone; kilopost
公里表 kilometrage
公里的 kilometric(al)
公里吨 kilometer-ton
公里价率表 kilometric scale
公里里程 kilometerage[kilometrage]
公里平均通过车辆数 <车公里除以路线长度> weighted average traffic
公里图尺 kilometer scale; kilometric scale
公里网 kilometer grid
公里/小时 kilometer per hour
公理【数】 axiom; generally acknowledged; postulate
公理的 axiomatic
公理法 axiomatic theory
公理方法 axiomatic approach
公理格式 axiom schema
公理化 axiomatization; axiomatize
公理化S矩阵理论 axiomatic S matrix theory
公理化量子理论 axiomatic quantum theory
公理会清真寺 congregational mosque
公理论 axiomatic theory
公理探索 axiomatic approach
公理系统【数】 axiomatics; axiom system; system of axioms
公理学 axiomatics
公理语义学 axiomatic semantics
公力 kilogram force
公历 Gregorian calendar; solar calendar
公历年 solar year
公立小学 elementary primary school
公立学校 common school; council school
公两 hectogram(me)
公量 <用科学方法抽掉货物中的水分> conditioned weight; conditional weight
公路 causeway; causey; driveway; high road; highway; interurban road; motor road; motorway; public highway; public road; public street; railless line; road; trafficway
公路安全 highway safety
公路安全保险协会 <美> Insurance Institute for Highway Safety
公路安全工程研究 highway safety engineering study
公路安全研究 highway safety research
公路半挂车 road semitrailer
公路包工 highway contractor
公路保养设备 highway-maintenance equipment
公路背驮式运输 highway piggyback
公路边沟 roadside ditch
公路边排水沟清理铲斗 roadway bucket
公路边上的飞机紧急降落场 flight strip
公路边上的飞机紧急降落带 flight strip
公路边(缘)石 road curb
公路边专为自驾汽车旅行者开设的旅馆 motorist's hotel
公路编号 highway number
公路编号标志 road number sign
公路编码 highway number
公路标示柱 marker post
公路标志 highway mark(er); highway sign
公路标志机 highway marking machine
公路标准车 typical highway vehicle
公路标准化美化工程 highway standardized and beautified project
公路冰冻控制 highway ice-control
公路病害 highway distress
公路补给站 highway depot
公路布置 highway layout; highway location; highway setting-out
公路材料 highway material
公路材料调查 highway material survey
公路材料检测 highway material survey
公路材料试验 highway material testing
公路财务 highway finance
公路残值 highway residual value
公路仓库 highway depot
公路侧道 highway siding
公路测量 highway survey(ing)
公路常规养护 highway routine maintenance
公路车辆 highway vehicle; on-highway vehicle; road vehicle
公路车辆荷载标准 standard highway vehicle load
公路车辆建勤 civilian vehicle duty on highway project
公路车辆噪声 highway vehicle noise
公路车辆租用人 road vehicle charterer
公路车速限制 highway speed limit
公路承包人 highway contractor
公路承包商 highway contractor
公路承包者 highway contractor
公路除冰盐 highway deicing salt
公路除草机 highway mower
公路穿越 highway crossing
公路大修 highway major maintenance
公路道班 highway maintenance squad
公路道口 highway crossing
公路的调查研究 study of highway

公路等级 class of highway;highway classification
公路等级编号 road marker
公路地秤 road weigh bridge
公路吊桥 motorway suspension bridge;suspension road bridge
公路调查研究局 <美> Highway Research Board
公路定线 alignment of road;highway location;highway setting-out;motorway location;route location
公路段车站仓库 highway depot
公路段车站储藏所 highway depot
公路发展 highway development
公路法 highway act
公路法规 highway code;highway law
公路法令 highway code
公路饭店 motorway restaurant
公路方案 highway project
公路防冰冻措施 highway ice-control
公路防冲措施 highway erosion control
公路防冲控制 highway erosion control
公路防冻盐 highway salt
公路防滑性 highway skid resistance
公路放射线 radial highway
公路费(用) highway expenditures;highway cost
公路分叉 highway fork
公路分道标志 divided highway sign
公路分段 highway division
公路分界石 road divider
公路分类 administrative classification of highway;classification of highway;highway classification;road classification
公路分区 division of highway
公路风景 highway landscape;highway landscaping
公路服务(设施) highway service
公路负荷 highway load
公路附属设施 highway appurtenance
公路改建线 improvement line
公路改良 highway improvement
公路改善 highway improvement
公路改线 highway relocation;relocation of road
公路干道出入口 access connection
公路干线 arteria[复 arteriae];arterial highway;backbone road;main highway;primary highway;primary route;trunk highway;autostrada <多车道高速的>
公路干线网 primary highway system
公路干线系统 primary highway system
公路高架桥 motorway viaduct
公路割草机 highway mower
公路工程 highway engineering;highway works;highway construction;Journal of the Highway Division <美期刊名>
公路工程发展 highway engineering progress
公路工程概算定额 approximate estimate norm of highway project
公路工程估算指标 estimate index of highway project
公路工程基本建设管理办法 capital construction management for highway engineering
公路工程技术标准 technical standard of highway engineering
公路工程进度 highway engineering progress
公路工程师 highway engineer
公路工程师学会 Institute of Highway Engineers
公路工程学 highway engineering
公路工程中黄土的分类 classification of loess in highway engineering
公路工程中盐渍土分类 classification of salty soil in highway engineering
公路工地 highway field
公路工业 highway industry
公路工作 highway work
公路公债 highway bond
公路功能设计 highway functional design
公路构筑物 highway structure
公路挂车 <可装在铁路转向架平车上> road trailer;highway trailer
公路管道 highway tube
公路(管理)处 highway department
公路管理机构 highway administrative organization;highway authority
公路管理局 Bureau of Highway Administration;Bureau of Public Roads;highway authorities;public Roads Administration;Road Directorate;highway administration;Public Road Administration <美>
公路管理局长 roadmaster
公路光亮表面的眩光 highway glare
公路规程 highway code
公路规范中土分类总表 general table of soil classification in highway specification;the general table of soil classification in highway tunnels
公路规划 highway planning;highway programming;highway project
公路规划处 highway planning section
公路规划调查 highway planning survey
公路规划科 highway planning section
公路规划组 highway planning section
公路、轨道车概念 <公路及铁路两用车辆的设想> roadrailer concept
公路过渡曲线 highway transition curve
公路旱桥立体交叉 highway over crossing
公路航空摄影测量 highway aerial photogrammetry
公路和桥梁 road and bridge
公路荷载标准 highway load standard
公路横断面 motorway cross-sectional profile
公路横截面图 motorway cross-sectional profile
公路互通式立体交叉 highway interchange
公路护栏 highway guardrail
公路环境 highway environment
公路环境保护设计 highway environmental protection design
公路环境影响评价 highway environmental impact evaluation
公路环形道 motorway ring
公路缓和过渡线 highway transition spiral
公路缓和螺旋线 highway transition spiral
公路缓和曲线 highway spiral;highway transition curve
公路回填 highway fill
公路会计 highway accounting
公路混凝土 motorway concrete
公路混凝土车行道 motorway concrete
公路混凝土施工现场 motorway concrete
公路活载 highway live load
公路货车地衡 highway truck scale
公路货物运输 road haulier
公路货物运输工业 road haulage industry
公路货运 highway freight transportation;road delivery;road haulage
公路货运公司 freightways
公路机械 highway machinery
公路基本建设程序 highway capital construction proceeding
公路基础设施 highway infrastructure
公路几何设计 highway geometric(al) design
公路计划 highway planning;highway programming
公路技术标准 highway technical standard
公路技术档案 highway technical file
公路技术管理 highway technical administration
公路技术计划方案 highway technical project
公路加热 highway heating
公路加热装置 highway heating installation
公路假定设计车速 <快车群的最大平均行驶速率> assumed design speed of a highway
公路监理 highway regulatory
公路检查站 checkpoint
公路建设 highway construction
公路建设管理 highway construction administration
公路建设和维护 highway construction and maintenance
公路建设基金 highway construction fund
公路建设用地图 right-of-way map
公路建造 motorway construction
公路建筑 highway construction
公路建筑物 highway structure
公路建筑限界 building limit of highway;clearance of highway
公路建筑用乳胶 emulsion for road construction
公路建筑预算 highway construction budget
公路渐变曲线 highway transition curve
公路交叉 motorway intersection;road intersection
公路交叉防护 highway crossing protection
公路交叉警铃 highway crossing bell
公路交叉口 highway crossing;highway intersection;highway junction
公路交叉口标志 highway crossing signal
公路交叉口防护 highway crossing protection
公路交叉口设计 highway junction design
公路交叉信号 highway crossing signal
公路交通 high-road traffic;highway communication;highway traffic;motorway traffic;road traffic
公路交通安全 highway traffic safety;road safety
公路交通标志 highway marking;highway traffic sign;motorway traffic sign
公路交通车道 motorway traffic lane
公路交通车流 road traffic flow
公路交通调查 highway traffic survey
公路交通调度 highway dispatch
公路交通法(规) highway traffic law
公路交通费 road use toll
公路交通工程 highway traffic engineering
公路交通观测 highway traffic survey;road traffic survey
公路交通管理 handling of traffic;highway traffic control;road traffic control
公路交通管制 highway traffic control;road traffic control
公路交通技术工作者协会 The Highway and Traffic Technicians Association
公路交通控制 highway traffic control;road traffic control
公路交通事故法律适用公约 Convention on the Law Applicable to Traffic Accidents
公路交通图 highway map;motoring map;road map
公路交通信[讯]号 highway traffic signal
公路交通用燃料 highway traffic fuel;road traffic fuel
公路交通噪声 highway traffic noise
公路接缝 highway joint
公路接合处 highway joint
公路截面 motorway section
公路界线 highway boundary line
公路紧急电话 motorway emergency telephone
公路经费 highway expenditures
公路经济 highway economics
公路景观 highway landscape[landscaping]
公路景观设计 highway landscape design
公路景色 highway landscape[landscaping]
公路径流 motorway runoff
公路竞争 road competition
公路局 Bureau of Public Roads;road board
公路局长 highway commissioner
公路开槽机 highway grooving machine
公路开挖 highway cut
公路勘测 highway survey(ing)
公路勘测规程 highway reconnaissance and survey regulations
公路客运量 highway transportation volume
公路客运站 highway bus station
公路快送 highway dispatch
公路宽度 highway width
公路类型 highway type
公路里程 highway mileage
公路里程碑 highway mark(er)
公路立交道口 highway grade separation
公路立交桥 highway over crossing bridge
公路立体交叉 highway grade separation;highway interchange;highway over crossing
公路利益 highway benefit
公路利用 highway utilization
公路连接点 highway junction
公路连接线 highway connection;road link
公路梁式桥 highway beam bridge
公路两侧 roadside
公路两旁的建筑物界限 building line
公路两旁的旅馆 motel-tourist cabins
公路两用牵引车 truck tractor for highway
公路列车 road train
公路路边 verge of road
公路路边餐厅 motorway restaurant
公路路标 highway mark(er);highway marking;road mark(er);road sign
公路路灯 highway lantern
公路路灯杆 highway lighting mast
公路路堤 highway embankment;highway fill
公路路基 carriageway foundation;highway subgrade
公路路基土 highway subgrade soil
公路路基整型 highway grading
公路路肩 scarcement
公路路面 highway pavement;highway surfacing;motorway pave-

G

ment; motorway surfacing; pavement of highway
公路路面部分 surface(d) portion of highway
公路路面冲撞指数 < 公路路面质量指标之一 > highway shock index
公路路面基层骨料 aggregate base course
公路路面基础 highway pavement foundation; highway surfacing foundation
公路路面试验机 highway pavement tester; highway surfacing tester
公路路面钻样机 highway pavement coring machine
公路路牌 highway road marker
公路路刷 highway broom
公路路线 highway route
公路路线图 highway map
公路路帚 highway broom
公路旅馆 cabin court; motel
公路旅客运输 highway passenger transportation
公路旅客运业 road passenger industry
公路旅行路线图 motoring map
公路绿化 highway afforestation; highway greening; highway planting; landscape development of highway
公路绿化里程 road green(ing) mileage
公路螺旋曲线 highway spiral
公路美化 highway beautification
公路美学 aesthetics of highway; highway aesthetics; motorway aesthetics
公路民工建勤 civilian laborer duty on highway project
公路名称 name of road
公路排水 highway discharge
公路排水沟 highway ditch
公路排水管 highway drainage pipe
公路排水设施 highway under drainage facility
公路排水系统 highway drainage system
公路旁教堂 motorway church
公路旁设有停车场的旅馆 motor inn
公路平交道口 road grade crossing
公路平面交叉 highway grade crossing
公路平整 highway grading; motorway planing
公路平整机 highway planing machine
公路铺路沥青(黏[粘]结料) highway binder
公路铺面 highway surfacing
公路起重机 highway crane
公路汽车槽车 road tank(er); tank truck
公路汽车队 road convey
公路契约 highway contracting
公路牵引车 highway trailer
公路牵引索 highway tractor
公路桥(梁) highway bridge; motorway bridge; road bridge; vehicular bridge; wagon bridge; roadway bridge
公路桥梁减震支座 damping bearing of highway bridge
公路桥梁用大梁混凝土搅拌器 super-highway-bridge mixer
公路桥引道 highway bridge approach
公路情报 highway information
公路曲线 highway curve
公路曲线测设用表 highway curve table
公路劝导广播 highway advisory radio
公路缺陷分级 highway deficiency rating
公路燃油经济性试验 highway fuel economy test
公路让车车道 passing lane
公路日常养护(勘查)系统 < 英 > Routine Highway Maintenance Investigation System
公路容车量 capacity of highway
公路容量 highway capacity
公路入口 motorway entrance
公路赛 road racing
公路三角地带 road triangle
公路扫路机 motorway sweeper
公路上不准抛垃圾 unlawful to litter highways
公路上的车辆 on-highway vehicle
公路上的汽车 on-highway vehicle
公路上(飞散)的垃圾 highway litter
公路上跨(立体)交叉 highway over crossing
公路设备 highway equipment
公路设计 highway design; highway layout; highway planning; highway project
公路设计标准 highway design standard
公路设计处 highway planning section
公路设计工程师 highway design engineer
公路设计规范 highway design standard
公路设计科 highway planning section
公路设计养护模型 highway design maintenance model
公路设计要素 highway(design) element
公路设计用的螺旋线表 spiral table for highway design
公路设计组 highway planning section
公路设施 highway facility; highway furniture; public highway facility
公路设施的受益人 beneficiary of highway facilities
公路施工 highway construction; motorway construction
公路施工工作 highway construction work
公路施工管理 highway construction management
公路施工技术 highway building technique; highway construction technique
公路施工前管理 highway preconstruction management
公路施工试验机 highway construction tester
公路施工试验者 highway construction tester
公路施工现场 highway construction site
公路施工预算 highway construction budget
公路使用的沥青混合料 bituminous road mix(ture)
公路使用年限 highway life
公路使用税 highway tax
公路使用者 highway user
公路事故 highway accident
公路事故电话 motorway emergency telephone
公路事故伤亡率 highway fatality and injury rate
公路试验 highway test
公路试验室 highway laboratory
公路输送量 highway delivery
公路送货车 road delivery vehicle
公路岁入法令 Highway Revenue Act
公路碎石 road metal
公路碎石机 highway grinder
公路隧道 car tunnel; highway tube; highway tunnel; motor traffic tunnel; motorway tunnel; non-station tunnel; road tunnel; vehicle tunnel; vehicular tunnel
公路隧道的排列和坡度 alignment and grades for highway tunnels
公路隧道界限 clearances for highway tunnels
公路隧道照明 illumination of highway tunnels
公路隧洞 highway tunnel; motorway tunnel; road tube; road tunnel; vehicular tunnel
公路填方 highway fill
公路填土 highway fill
公路条例 highway act; highway code
公路铁路间的换装 road/rail trans(s)hipment
公路铁路间的货物中转 road-rail freight transfer
公路铁路交替运输 road-rail combined transport
公路铁路立交 high-railway grade separation
公路铁路联合运输公司 < 美 > Road-Rail Transportation Company
公路铁路联运 road-rail combined transport
公路铁路联运货物 road-rail freight
公路铁路两用车 highway-railway car; railroad omnibus; railvan; road railer; roadrailer car
公路铁路两用的 road-rail
公路铁路两用货车 hybrid road-rail vehicle
公路铁路两用桥 combined bridge; double deck bridge for highway and railway; highway and rail transit bridge; highway and railway double use bridge; highway-railway double usage bridge; road-cum-rail bridge; road-rail bridge
公路铁路两用隧道 road-railway tunnel; highway-and-rail-transit tunnel
公路铁路平交叉(道口) highway railroad crossing; road and railroad crossing; road-rail crossing
公路铁路平交道口 highway-railway crossing; railway-high way(grade) crossing
公路铁路平面交叉 highway-railway level crossing
公路铁路桥 highway rail bridge
公路铁路桥梁 highway-railway bridge
公路铁栅墙 park railing
公路通道 highway corridor
公路通过能力 highway capability
公路通信[讯] highway communication
公路通行能力 capacity of highway; highway capacity; trafficability of highway
公路通行能力手册 Highway Capacity Manual
公路投资标准 highway investment criteria
公路投资公债 highway finance bond
公路投资及支出 highway investment and expenditures
公路图 automobile map; bus and truck map; general map of highway and transportation
公路土方整平 highway earthwork grading
公路土分类中黄土分类 classification of loess in highway engineering
公路土分类中盐渍土分类 classification of salty soil in highway engineering
公路土工试验规程 the specifications of highway soil test
公路土(壤) highway soil
公路拖车 highway trailer; road tractor
公路拓宽 highway widening
公路外观 highway show
公路外行驶车辆 off-highway truck
公路弯尺 highway curve
公路弯道 highway curve
公路网 highway net(work); highway system; motorway network; road net(work)
公路网发展策略 roading strategy
公路网规划 highway network planning
公路网密度 density of highway network
公路委员会 highway commission
公路委员会委员 highway commissioner
公路污染源 highway pollution sources
公路系统 highway net(work); highway system
公路下穿交叉 highway under crossing
公路下(立体交叉)牲畜通道 cattle pass
公路线 throughway; thruway
公路线路 highway alignment
公路线形 highway alignment; highway geometry
公路线形(对车辆行驶的)干扰 highway geometry disturbance
公路线形设计 highway alignment design
公路限界架 highway boundary frame
公路限速 highway speed
公路小修保养 highway routine maintenance
公路斜坡断面 highway grade intersection
公路信托基金 highway trust fund
公路信息广播 highway advisory radio
公路信用基金 highway trust fund
公路行车道 highway lane
公路行驶条例 highway regulation
公路形式 highway type
公路修建计划 highway construction project
公路修建投资 highway construction financing
公路修建用土壤 highway construction soil
公路需求量(调查)研究 road needs study; road requirement study
公路需要研究 highway need study
公路需用品 highway needs
公路悬索桥 motorway suspension bridge
公路旋工现场 highway field
公路眩光 highway glare
公路选线 route selection
公路压缩机 highway compaction machine
公路研究 highway research
公路研究情报所 < 美 > Highway Research Information Service
公路研究委员会 < 美 > Highway Research Board
公路研究委员会土分类法 Highway Research Board System of Soil Classification < 美 >
公路研究文摘 < 美国期刊名 > Highway Research Abstracts
公路盐渍 highway salting
公路养护 highway maintenance
公路养护标志 highway maintenance sign
公路养护系统 maintenance assessment rating and costing for highways
公路养路费 highway maintenance fee
公路业务 highway service
公路引道 approach ramp; highway approach
公路应急通信[讯]系统 motorway emergency communication system

公路拥挤 highway congestion; road congestion
公路用泵 highway pump
公路用地 highway right-of-way; right of way
公路用防冻剂 highway salt
公路用卡车 highway using truck
公路用沥青混合料 bituminous highway mix(ture)
公路用乳化沥青 asphalt highway emulsion
公路与桥梁和工程建筑物 <英国期刊名> Highway & Bridges and Engineering Works
公路与铁路交叉口自动启闭栅 automatic highway crossing gate
公路与运输 <英期刊名> Highway and Transportation
公路预留发展边界线 improvement line
公路原木运输车 highway logging truck; on-highway logging truck
公路运价表 haulage tariff
公路运量观测 highway transportation survey
公路运输 carriage by road; high-road traffic; highway traffic; highway transport(ation); road haulage; road traffic; road transportation
公路运输车辆实有数 actual number of highway transport vehicles
公路运输调查 highway transportation survey
公路运输法规 highway transport statute
公路运输方式 highway transportation means
公路运输费 highway transportation cost
公路运输服务 highway transportation service
公路运输工程师 highway transport engineer
公路运输公司 highway carrier; road-haul carrier
公路运输经济运距 break-even distance for highway transport
公路运输净产值 net highway transport production output value
公路运输开拓 development of highway
公路运输手段 highway transportation means
公路运输系统 highway carrier
公路运输行业管理 administration of highway transport industry
公路运输行政管理 administration of highway transportation
公路运输业 highway carrier; road haulage undertaking
公路运输业务 highway transportation service
公路运输业者 motor carrier; road-haul carrier
公路运营 highway operation
公路运油车 road tank(er)
公路运载车辆 highway carrier
公路运载工具 highway carrier
公路灾害 highway disaster
公路灾害防治 prevention-and cure against highway disaster
公路载重车 on-highway truck
公路载重能力 highway tonnage capability
公路在铁路下面的立体交叉 undergrade crossing
公路造价 highway construction cost
公路噪声 highway noise
公路展览 highway show
公路照明 highway illumination; highway lighting; motorway lighting; road lighting
公路整型 highway grading
公路政策 highway policy
公路支道 by-pass highway
公路支路 feeder highway; feeder road
公路支线 feeder highway; feeder road; secondary road
公路植树 motorway plantation
公路指示器 highway mark(er)
公路中(心)线 highway center[centre]
公路中心线调直 realignment
公路中央分隔带 highway median
公路中修 highway intermediate maintenance
公路主干道 principal arterial highway
公路主干线 main trunk highway
公路转向 diversion of highway
公路自然区划 climatic zoning for highway; highway natural zoning; nature-divisions for highway
公路总段 highway district
公路组织 highway organization
公路最优化程序系统 highway optimum processing system
公率 common ratio
公螺纹 male thread
公卖 distress sale
公民的环境权力和义务 citizen's rights and duties for environment
公母接头 male-female adaptor; male-female fittings piece
公母接头型抽油杆 box and pin type
公母扣管子 pin-to-box pipe; pin-to-box tube
公母扣(接头) box and pin; box-to-pin; pin and box; pin-to-box sub
公母扣直接连接的套管 extreme-line casing
公母榫 mortise and tenon
公母榫接合 mortise-and-tenon joint
公母榫接头 mortice and tenon joint
公亩 <1 公亩=100 平方米> are
公亩数 hectarage
公木瓜树 staminate papaya tree
公墓 cemetery; God's acre; graveyard
公墓公园 memorial park
公墓教堂 mortuary church
公墓陵园 memorial park
公墓用地 cemetery site
公墓中的教堂 mortuary basilica
公墓中的小礼拜堂 mortuary chapel
公年 <拉> Anno domini
公牛棍 bull pole
公牛棚 bullock shed
公牛牵引杆 bull stock
公牛站 bull station
公平 equity; good faith; impartiality
公平报酬 fair returns
公平报酬率 fair rate of return
公平比 <上游分水口与下游分水口供水量的比值> equity ratio
公平博弈 fair game
公平的 equitable; impartial; unbias(s)ed
公平的价值 fair value
公平地租 fair rent
公平分担原则 principle of equitable burden-sharing
公平分配 equitable distribution
公平合理 fair and reasonable; fair and square; just and reasonable
公平价格 fair price; just price; reasonable price
公平价值的公平报酬 fair-return on fair-value
公平交易 arm's-length transaction; bona transaction; even bargain; fair deal(ing); square deal
公平解决 equitable settlement
公平课税 impartial taxation
公平贸易的 fair trade
公平评估 disinterested appraisal
公平市场价格 fair market price
公平市场价值 fair market value
公平市价 fair market value
公平收税体系 equitable taxing system
公平税 equity tax
公平调整 equitable adjustment
公平销售 ethical sales
公平住房计划 fair housing program(me)
公平住房销售计划 affirmative fair housing marketing
公平住房政策 fair housing
公平租价 fair rental
公切点 common tangent point
公切线【数】 common tangent
公顷 <1 公顷=100 公亩,等于 1 万平方米> hectare
公然破坏 flagrant violation
公然侵犯 flagrant violation
公认程序 authorized program(me)
公认的观点 received view
公认的国际惯例 established international practice
公认的会计原理 acceptable accounting principle
公认的技术规则 acknowledged rule of technology
公认的权利 recongnized right
公认度 <评定交通标志设计质量指标之一> recognition
公认(符合工程)质量标准 accepted engineering practices; accepted engineering requirements
公认规则 absolute rule
公认航运惯例 recognized custom of trade
公认互换相等 approved equal
公认无害 general recognized as safe
公认原理 acceptable principle
公认原则 recognized principle
公伤 work-related injury
公设 postulate
公设信托人 public trustee
公社道路 communal road
公社中心 settlement house
公升 hectoliter[hectolitre]
公升功率 horsepower per liter
公升容积 liter capacity
公升水 liters of water
公石 hectoliter[hectolitre]
公使 minister
公使馆 legation
公使衔参赞 minister-counselor
公式 formula[复 formulae/ formulas]
公式编号 numbering of equation
公式变换 formula transformation
公式变换语言 Fortran
公式操作 formula manipulation
公式翻译程序 formula translation; formula translator
公式翻译语言 formula translator
公式化 formalism; formularization; formulate; formulation
公式汇编 formulary; recapitulation
公式汇编摘要说明 <文件的> recapitulation
公式计数器 formula counter
公式计算器 formula calculator
公式控制 formula manipulation
公式模型 formula model
公式认辨 formula recognition
公式识别 formula recognition
公式铁芯 core type core
公式推导 derivation of equation; derivation of formula; development of formula
公式误差 formula error
公式译码机 formula translator
公式语言 formula language
公式展开 development of formula
公式转换器 formula translator
公事包 portfolio
公丝 milligram(me)
公丝扣 pin thread
公司 company; corporation; incorporation
公司办公室 company office
公司保障 corporate veil
公司财产 company property
公司仓库 company store
公司策略 company strategy
公司城 company town
公司创办人 incorporation
公司大楼 company's tower
公司贷款 corporate loan
公司的行政大楼 company's administration building
公司登记执照 certificate of incorporation
公司董事会决定 corporate resolution
公司断流阀 corporation stop
公司发起人 company promoter
公司法 company law; corporation law; law of company
公司法律顾问 corporation attorney; corporation lawyer
公司法人 corporate juridical person
公司法人治理结构 management structure of company legal body
公司改组 corporation readjustment
公司工会 company union
公司股东决定 corporate action
公司股票 stocks
公司股票持有者 corporator
公司管理费 contractor's overhead
公司合同 company contract
公司核算 company account
公司会计 corporation accounting
公司间应收及应付款项 inter-company receivable and payable
公司简介 brochure
公司解散 dissolution of company
公司经理 syndic
公司捐税 charge on corporation
公司亏损 corporate deficit
公司利润 corporate profit
公司螺旋 corporation cock
公司名称 corporate name
公司目标 company object
公司内部贷款 inter-company loan
公司内部刊物 house organ
公司内部账单 house bill
公司内部资金的转拨 inter-company receivable and payable
公司内的 intracompany; in-house
公司内部的专家 in-house expertise
公司培训计划指南 guideline for firm's training plan
公司评价 company evaluation
公司旗 company flag; house flag
公司契约 company contract
公司商誉 company image
公司市场发展部 market development-division
公司市场开发部 market development-division
公司收入 corporate income
公司税 tax on a corporation
公司税法 corporation tax act
公司所得税 corporate income tax; corporation income tax
公司(提供的)住房 company housing
公司条例 articles of incorporation
公司条例和组织章程 memorandum and articles of an association
公司投资 corporate investment
公司信贷 company credit

G

公司信息库 data warehouse
公司信用债务折扣 discount on debenture
公司形象 company image
公司已倒闭的 defunct
公司印章 corporate seal
公司盈余 corporate surplus
公司用车 firm's car
公司债 corporation bond; legal bond
公司债票的分配 distributing of security and bond
公司债券 corporate bond; debenture bond; debenture stock
公司债券本金偿还 retirement of bonds
公司债务 private debt
公司债吸收 absorption of corporate bond
公司债息票 bond coupon
公司章程 articles of association; articles of corporation; articles of incorporation; by-law of corporation; charter of company; memorandum of association; regulations of company; statute
公司章程及合同 company's article of association and contract
公司政策 company policy
公司执照 charter; corporate charter
公司直接税及应付费用 direct taxes and charges on corporation
公司注册证 certificate of incorporation
公司资本 corporate assets; corporate capital
公司资本额 capital stock
公司资产 corporate assets
公司总部费用 central corporate expenses
公司组织章程 company's articles of association
公私合营 joint venture of government and private citizen
公私合营公司 company partially owned by the state; semi-public company
公私合营企业 joint state-private enterprise
公私合营组织 quasi-public organization
公私合作 public-private partnership
公诉 public prosecution
公诉人方面证人 witness for the prosecution
公孙树 maidenhair tree
公摊方案 pool scheme
公铁两用车 Buda car; hi-rail(car)
公铁两用桥 bi-purposed bridge; highway and rail transit bridge
公铁平交道口 highway grade crossing; highway-railroad crossing; highway-railway(grade) crossing
公文包 briefcase; portfolio
公文升降机 office dumbwaiter
公务波道 service channel
公务波段 service band
公务舱 business class
公务车 business car; officer's car; official vehicle; service car
公务车侧门 platform gate
公务出行 business trip
公务船(舶) public vessel
公务的 official
公务电报 official telegram; service message
公务电话 business telephone; official telephone; service telephone
公务电话机 office telephone
公务管理 public administration
公务间 <铁路客车> service compartment
公务列车 service train
公务签证 official visa
公务人员 official
公务通话 official call
公务通信[讯]系统 business communication system
公务通信[讯]专用电台 station open to official correspondence exclusively
公务统计 official statistics
公务信道 service channel
公务用车 business car; firm car
公务预算工作 public budgeting
公务员 civilian; civil servant; functionary; officer; official; public officer; public servant; servant; jobholder <美>; office holder
公务员制 civil service system
公隙值 amount of looseness
公弦 common chord
公享空地 public open space
公休 agreed holiday
公休工日 man-day of legal holiday
公休工日数 man days of legal holidays
公需证书 certificate of public necessity
公羊 ram
公羊头狮身像 ram-headed sphinx
公椰子树 male coconut
公役服务 statute labo(u)r
公益 public benefit
公益带 public goods
公益服务 common service; public service
公益广告 public service announcement
公益机关 welfare agency
公益金 community chest; public welfare fund
公益使用 beneficial use; common divisor
公益事业 parliamentary company; public welfare establishment
公益信托 community trust
公因数 common divisor; common factor
公因子 common divisor
公因子方差 common factor variance; communality
公盈配合 interference fit; pinch fit
公营部门 public sector
公营部门业主 public sector client
公营电话局 official phone station
公营建筑公司 public construction agency
公营企业 public enterprise; public interest
公营企业会计 accounting for public enterprise
公营商港 public port
公营铁路 public railway
公营住宅 public operated house
公营租房 public owned rental house
公用 public use
公用标号 common label
公用表达式 common expression
公用泊位 multiuser berth; common-user berth; public berth
公用部分 common area
公用部分的维护 common area maintenance
公用部件 global facility
公用舱室 public room; public space
公用厕所 public sewage disposal; public toilet
公用场 <存储器> common field
公用场地 common area
公用敞地 common open space
公用车道 public driveway
公用车道通行能力【交】 shared lane capacity
公用车库 communal garage
公用车辆 utility vehicle
公用车辆性能 performance of public vehicles
公用乘车证 service pass
公用程序 common program(me); utility【计】
公用程序段 common program(me) segment
公用程序库 public library; public program(me) library
公用池 pool
公用尺寸 common-use size
公用厨房 common kitchen; communal kitchen
公用传动设备 common drive
公用存储 common storage
公用存储器 common memory
公用存储器信息传送 common memory information transfer
公用存储区 common memory area; common storage area
公用存储体 common bank
公用道路 public road; public way; right of way
公用道路与铁路平交道口 public crossing
公用的 publicly owned
公用的硬设备 common hardware
公用的子程序 common subroutine
公用底座 common bed
公用地 common area; communal land; public land
公用地测量 public land survey
公用地区优化 common local optimization
公用地下道 public utility tunnel
公用地址空间段 common address space section
公用电报业务 public telegram service
公用电话 pay phone; public(-assisted) phone; public telephone
公用电话服务(站) answering service
公用电话隔音间 public telephone station
公用电话机 pay station set
公用电话间 booth; call box; kiosk; pay station; public telephone booth; telephone box
公用电话交换网 public switched telephone network
公用电话室 kiosk; public telephone cabin; public telephone kiosk; public telephone room
公用电话台 pay station board; telephone station
公用电话亭 call box; phone booth; public phone booth; public telephone cabin; public telephone station; public telephone kiosk
公用电话通话所 public call office
公用电话通路网 general network of telecommunication channels
公用电话投币箱 public-assisted telephone coin box
公用电话网 general telephone network; public telephone network
公用电话网传真 telefax
公用电话系统 public telephone station
公用电话线 pay station line; public wire; party wire
公用电力系统 municipal power supply system
公用电气事业 public electricity supply
公用电视 public television
公用电视天线 community antenna television
公用电源 utility power
公用电源供电局 common battery central office
公用电源中心站 common battery central office
公用动力线 high line
公用段 common section; common segment; public segment
公用段位 common segment bit
公用队列 common queue; public queue
公用发电 utility generation
公用发电厂 municipal power plant; public power station
公用房间 communal room
公用放大电路 common amplifier circuit
公用服务区 common service area
公用(服务)事业 utility service
公用浮动 common relocation
公用福利设施 public welfare facility
公用干管隧洞 tunnel of utility mains
公用港(口) public port; open port
公用港口设施 public port facility
公用隔墙 part wall; public wall
公用给水 public water supply
公用给水系统 community water system
公用工程 public works; utility
公用工程工程师 utilization engineer
公用工程管线 utility(pipe) line
公用工业 public utility industry
公用公路 <美期刊名> Public Roads [Journal of Highway Research]
公用功能 utility function
公用供水 public water supply
公用供水干管 public water main
公用供水水源 source of public water supply
公用供水需求量 public water supply demand
公用拱门 party arch; public arch
公用管道 common duct; service pipe
公用管理信息服务 common management information service
公用管理信息协议 common management information protocol
公用管线廊道 service pipeline gallery; service pipeline subway
公用航空通信[讯] public aviation service
公用耗水量 public water consumption
公用花园 <公寓式住宅的> communal garden
公用缓冲区 common buffer
公用汇编程序 common assembler
公用火灾报警器 public fire alarm
公用货物运输 public haulier
公用机器语言 common machine language
公用计算机软件 common computer software
公用计算机语言 common machine language
公用记发器 universal sender
公用建筑 communal building
公用建筑设计 public works project
公用交换 public exchange
公用交换电话网 public switched telephone network
公用交换局 public exchange
公用交换网(络) public switched network
公用交通 common transport(ation)
公用接口语言 common interface language
公用接收机 public address receiver
公用结合 common association
公用局部优化 common local optimization
公用卷(宗) public volume

公用空间 common space
公用控制部件 common control unit
公用控制交换网 common control switching arrangement
公用控制节 common control section
公用控制转换设备 common control switching arrangement
公用块 common block
公用块表 common block list
公用旷地 common open space
公用例程 utility routine
公用量度 common measure
公用楼梯 public stair(case)
公用绿化地(带)public green space
公用逻辑地址 common logic address
公用逻辑地址空间 common logical address space
公用马棚 public stable
公用码头 public dock;common user terminal;multiuser berth;non-captive terminal;public berth;public float;public terminal;public wharf
公用煤气 utility gas
公用煤气事业 gas utility
公用面积 public area
公用民航机场 public use civil aerodrome
公用命名 named common
公用排泄口 common vent
公用屏蔽 common mask
公用气源 utility air
公用汽车间 common garage
公用器件 common unit
公用墙 common wall;party wall
公用区 common area;common field;global area
公用区控制 common area control
公用区收费 < 房屋 > common area charges
公用区项 common area item
公用区域 common area
公用权 commonage
公用容量表 public volume table
公用软件 common software
公用设备 shared device
公用设施 general service;municipal facility;municipal service;public facility;public utility;service installation;utility
公用设施垂直管线 vertical utility line;vertical utility run
公用设施地沟平面图 utilities trench plan
公用设施调查 utility survey
公用设施费用 utility cost
公用设施敷管 utility piping
公用设施管线 utility piping
公用设施涵洞 < 船坞或码头的 > service culvert;service tunnel
公用设施基槽 common trench
公用设施廊道 service gallery
公用设施利用范围圈 utility circle
公用设施条件 utility availability
公用设施通过权 public utility easement
公用设施系统 service systems
公用设施线路下的预先勘察 preaugering
公用设施项目 < 如水、电、煤气管线等 > utility element
公用设施用房 public utility building
公用设施中心 utility core
公用生活污染 domestic pollution
公用事件标志束 common event flag cluster
公用事件块 common event block
公用事业 public-assisted utility;public facility;public service;public use;public utility;supply undertaking;utility billing
公用事业保证金 deposit(e) with public utility corporate
公用事业壁橱 utility closet
公用事业偿付债务补助金 public service obligation grant
公用事业承揽者 utility undertaker
公用事业程序 utility program(me)
公用事业穿墙洞 pocket-through
公用事业穿墙洞结构 pocket-through construction
公用事业的职责 public service obligation
公用事业电杆 utility pole
公用事业废水 utility wastewater
公用事业废物 utility refuse;utility waste
公用事业费 public utility charges;utility cost
公用事业费率 utility rate
公用事业服务机构 public utility and service
公用事业干管隧洞 tunnel for utility mains
公用事业工程 public utility project
公用事业工程测量 utility survey
公用事业公司 common carrier;public utility corporation
公用(事业管理)局 < 美 > Public Works Administration
公用事业管线 utility conduit;utility (pipe) line;utility piping
公用事业管线廊道 utility gallery
公用事业或其他企业基金 utility or other enterprise fund
公用事业机构 utility company
公用事业建筑 utility structures
公用事业掘路壕 service cut
公用事业掘路堑 service cut of public utilities
公用事业垃圾 utility refuse;utility waste
公用事业设备 public utility undertaking;utilization equipment;utility equipment
公用事业设备塔 utility tower
公用事业设施 public utility facility;utility facility
公用事业收费率 service rate of utilities
公用事业税 utility tax
公用事业图 utility map
公用事业网 public utility network
公用事业委员会 < 美 > Public Utility Commission
公用事业系统 public utility system;utility system
公用事业系统工程 public system engineering
公用事业相互开票 interactive utility billing
公用事业项目 public utility project
公用事业用隧道 public utility tunnel
公用事业债务 public service obligation
公用事业制图 utility mapping
公用事业专用税 < 对房地产征收的 > special assessment
公用数据传输服务 public data transmission service
公用数据库 common data base
公用数据区 common data area
公用数据网 common data network;public data network
公用数据网络 common data network;public data network
公用水 public water
公用水道 public waters;public waterway
公用水费 service charge for public water
公用水库 public reservoir
公用水龙头 common cock;common tap
公用水域 public waters
公用水源 source for public water supply
公用说明语句 common declaration statement
公用隧道 public utility tunnel
公用隧管 cable duct;utility gallery < 用以通过各种公用事业管线 >
公用躺椅 common lounge
公用天线 common antenna
公用天线插座 aerial plug-in point
公用天线电视 common antenna television;community antenna television
公用天线电视线路扩展器 community antenna television line extender
公用天线电视主线放大器 community antenna television main-line amplifier
公用天线接线点 aerial plug-in point
公用通道 public way
公用通信[讯] public correspondence
公用通信[讯]事业全部设施 plant
公用通信[讯]适配器 common communication adapter
公用通信[讯]线 common communication line
公用通信[讯]业务 public communication service
公用通信[讯]载波(公司)communication common carrier
公用土地 right of way;common ground;common land
公用土地系统 public land system
公用外围接口 common peripheral interface
公用外围通道 common peripheral channel
公用网(络)common network;public network
公用文件 shared file
公用污水道 common sewer
公用污水管道 common sewer
公用无线电通信[讯]业务 public radio communications service
公用洗涤池 wash fountain
公用洗衣间 common laundry
公用系统 synergic system
公用下水道 common sewer;public sewer
公用线 common line;multiparty line
公用线杆 service pole
公用小块地 subdivision of common land
公用协议 common protocol
公用信道 shared channel
公用信号量 global semaphore
公用信号通道方式 common channel signal(l)ing system
公用信息业务 public message service
公用行车时刻表 public timetable
公用虚拟终端 common virtual terminal
公用掩码 common mask
公用页 common page
公用因数 factor of utilization
公用音响通道 public music channel
公用饮用喷泉 drinking foundation
公用硬件 shared hardware;common hardware
公用语句 common statement
公用语言 common language
公用域 common field
公用源 common source
公用月票 service monthly ticket
公用运输业 common carrier
公用载波 common carrier
公用载波地面站 common carrier earth station
公用载波网 common carrier network
公用载重汽车 utility truck
公用再定位 common relocation
公用照明 common illumination;common lighting;pubic lighting
公用周期 < 联动控制系统的 > common period
公用周期时间 < 联动信号的 > common cycle time
公用装置 public facility
公用状态 common state
公用资源悲剧 tragedy of the commons
公用子程序区 common subroutine area
公用自动电话交换 community automatic exchange
公用自动电话局 community dial office
公用自动交换机 community automatic exchange
公用自动收费电话亭 pay station
公用自来水系统 public water system
公用总线 common bus
公用总线多处理机 common bus multiprocessing;common bus multiprocessor
公用总线系统 common bus system
公有 government-owned
公有部分 public sector
公有财产 public domain;public property
公有财产土地 public property land
公有垂线 common perpendicular
公有地 state land
公有房地产转让 homesteading
公有空气团 common air mass
公有林 communal forest;community forest
公有土地 public land
公有土地划分法 < 美国采用的 > general land office survey
公有污水处理厂 public wastewater treatment facility
公有制 public ownership;public property
公有自然资源 common natural resources
公与母 male and female
公寓 boarding house;flat;hostel;lodging house;mansion(house);multiple living quarter;rooming house;tenement(building);tenement house
公寓厨房 flat kitchen
公寓大楼 apartment block;apartment building;apartment complex;apartment skyscraper;condominium
公寓大楼的管理 condominium management
公寓大楼的管理协议 condominium management agreement
公寓大楼塔楼 apartment tower
公寓大门 flat entrance door
公寓大厦 apartment block;apartment complex < 美 >
公寓带商店 flats with shops
公寓单元 condominium unit
公寓单元式套房 apartment
公寓单元总面积 gross apartment unit area
公寓的共用设施 common dement
公寓的一个单元 tenement
公寓饭店 apartment hotel
公寓房间 floor-through
公寓、房间或大厅 < 古罗马住宅中的 > oecus
公寓房屋 apartment building;apartment house
公寓服务面积 apartment service area

G

公寓辅助面积 < 包括、大厅、会议室、卸货台、游泳池等 > supplemental area

公寓和办公室大楼 flats-and-officers building

公寓和办公室建筑(物) flats-and-officers building

公寓建设项目 apartment project

公寓建筑 apartment block; apartment building; apartment complex

公寓净面积 net apartment unit area

公寓酒店 apartotel

公寓居住单元 apartment unit

公寓居住单元厨房 apartment unit kitchen

公寓居住单元大门 apartment unit entrance door

公寓居住单元楼板面积 apartment unit floor space

公寓居住单元面积 apartment unit floor space

公寓居住单元入口 apartment unit entrance

公寓可使用面积 net apartment unit area

公寓楼层 apartment floor; apartment storey

公寓楼层空间 flat floor space

公寓楼(房) apartment housing; block of flats; apartment of building <美>

公寓楼区 block of flats

公寓楼住宅区 apartment dwelling zone; R-3 zone

公寓摩天大楼 apartment skyscraper

公寓入口 flat entrance

公寓式房屋 apartment house

公寓式旅馆 apartment hotel; residential-type hotel

公寓式住宅 apartment area; apartment house

公寓套房 apartment unit; duplex apartment; maisonette < 跨二层的 >

公寓外面的面积 < 阳台等 > exterior apartment

公寓游泳池 residential-apartment pool

公寓与分租房屋合一 apartment and lodging house combined; apartment and rooming house combined

公寓钥匙系统 apartment house keying

公寓住宅 building with dwellings; maisonette

公元 anno domini; Christian era

公元前 ante christum; Before Christ [BC]; pre-Christian era

公元前的 pre-Christian

公元前的建筑风格 pre-Christian building style

公园 park; public park

公园般的 parklike

公园长凳 park bench

公园大道 parkway

公园大路 park highway; parkway

公园道路 park road

公园风景区干道 parkway

公园公路 park highway

公园供游人穿行的暗道 tunnel of love

公园供游人穿行的隧道 tunnel of love

公园管理 park administration

公园及绿化规划 planning of parks and greens

公园间距 distance between parks

公园建筑学 park architecture

公园路 parkway

公园、绿地规划 planning of parks and greens

公园苗圃 park nursery

公园桥梁 park bridge

公园水陆面积比率 land-water ratio

公园铁栅栏 park railing

公园小路 park path

公园园界 park boundary

公约 convention; pact

公约区 convention area

公约数 common divisor; common measure; divisor

公约信托基金 conversion trust funds

公允差 margin tolerance

公允收益率 fair rate of return

公杂费 other cost

公债 government loan; government securities; loan; national bond; public debt; public loan

公债持有人 < 英 > fund holder

公债担保 guaranty of bonds

公债担保贷款 bond collateral loan

公债及股票账户 bond and shares account

公债价值 bond value

公债期限 bond life

公债券 government bond; public bond; public stock

公债限额 bond limit

公债支出 expenditure on public debt

公章 broad seal; chop; official seal

公正的报酬 just compensation

公正吨 < 英国, 1 公正吨 = 1.0165 千克 > just ton

公正(公平)运价 equitable rate

公正性 impartiality

公证 notarization; notarize

公证处 notary (public) office

公证衡量员 public weigher

公证会计师 certified public accountant

公证机构 public notary organization

公证签证 certification

公证权 right of notary

公证人 notary (public); public notary; scrivener

公证人认定 notarial acknowledgement

公证手续 notarialacts

公证书 notarial deed; notarized certificate; affidavit < 银行 >

公证文件 certified documents

公证行 notary; public weigher; surveyor; sworn measurer; sworn weigher

公证员 notary (public); public notary

公证证明 notarization

公证证书 notarial deed; notarization

公证执照管理会计师 certified management accountant

公证状 notarization

公职 government post; public office; public service

公职人员 civilian; functionary; officer; public official; public officer

公制 meter-kilogram-second system; metric (al) system (of units)

公制比例尺 metric (al) scale; scale of meter

公制尺寸 metric (al) dimension; metric (al) measure; metric (al) size

公制粗牙螺纹 metric (al) coarse thread; metric (al) screw thread

公制大气压 metric (al) atmosphere

公制单位 metric (al) measure; metric (al) unit

公制单位制 metric (al) system (of units)

公制当量 metric (al) equivalent

公制的 metric (al)

公制等值 metric (al) equivalent

公制度量单位 metric (al) measure

公制和英制游标卡尺 metric (al) and inch vernier calipers

公制化 metrication

公制计量 metric (al) measure

公制克拉 metric (al) carat

公制链条 metric (al) chain

公制两 mounce

公制螺钉 meter screw; SI screw

公制螺杆 metric (al) screw

公制螺距规 metric (al) screw pitch ga (u) ge

公制螺母 metric (al) nut

公制螺丝扳牙 international die

公制螺丝钉 metric (al) screw

公制螺丝钢板 international screw die

公制螺纹 International Standard thread; meter screw; metric (al) screw; metric (al) thread

公制螺纹螺距范围 range of metric thread cut

公制螺纹丝锥 metric (al) thread tap; tap for metric thread

公制螺纹头数 number of metric threads cut

公制螺旋 metric (al) screw

公制马力 < 1 公制马力 = 0.986 马力, 1 马力 = 745.70 瓦 > continental electric (al) horsepower; metric (al) horsepower

公制模数 metre module

公制丝锥 international screw tap

公制系列 meter series; metric (al) series

公制细螺纹丝锥 tap for metric fine-thread

公制细(牙)螺纹 metric (al) fine thread

公制细(牙)螺纹板牙 die for metric fine thread

公制支数 metric (al) count

公制直径尺 metric (al) diameter tape

公制锥度 metric (al) taper

公众便利和需要证明书 certificate of public convenience and necessity

公众参与 public involvement; public participation

公众场地 community ground

公众传真局 public facsimile bureau

公众大学 < 如电视、广播、函授等授课 > open university

公众电报 public telegraphy

公众电话局 public telephone network

公众电信网络 public telecommunications network

公众对土地的获取 public access to land

公众防火安全教育 public fire safety education

公众访问 public inquiry

公众广播中心 public broadcasting center[centre]

公众健康 public health

公众健康风险评估 health risk assessment

公众健身房 community gymnasium

公众交换电话网 public switched telephone network

公众教育 public education

公众接待处 public liaison office

公众经济 public economy

公众联络处 public liaison office

公众陆地移动网 public land mobile network

公众数据网(络) public data network

公众通行权 public rights of way

公众卫生 community health

公众消防教育 public fire education

公众休闲空地 public open space

公众要求 public requirements

公众意见 public participation; public view

公众用地 public area

公众噪声 community noise

公众咨询 public consultation

公重 conditioned weight

公助电流网 public-assisted electric current grid

公助房屋建筑 publicly assisted house-building

公助基金 public-assisted funds

公助寄宿学校 public-assisted boarding school

公助建筑 public-assisted building

公助水耗量 public-assisted water consumption

公助水库 public-assisted water supply

公助卫生管理部门 public-assisted heath authority

公助用水量 public-assisted water consumption

公助住房 assisted housing; public-assisted authority housing; subsidized apartment

公助住房建设 public-assisted dwelling construction

公助住宅建设 public-assisted dwelling construction

公助住宅街坊 public-assisted block

公助自来水 public-assisted water supply

公转 revolution

公转周期 period of revolution; revolution period

公转轴 axis of revolution

公锥 die nipple; pin tap

功 work (done)

功单位 unit of work

功当量 equivalent of work; mechanical equivalent

功的等熵变化 isentropic work change

功动能定理 work-kinetic energy theorem

功法 method of work

功分配 distribution of work

功分器 power splitter; splitter/combiner

功函 work content

功函数 work function

功耗 power consumption; power dissipation

功耗量 power loss quantity

功绩 merit

功角 power angle

功角曲线 power angle curve

功角特性曲线 power angle curve; torque-angle curve

功课 task

功劳 merit

功利主义 utilitarianism

功量计 ergometer

功率 capacity factor; capacity value; horse power (rating); power (efficiency); power rating; rate of doing work; rate of work; rating

功率摆动 power fluctuation; power swing

功率半导体器件 power semiconductor

功率保护系统 power level safety system

功率保护(装置) power protection

功率倍数 power magnification

功率比 power ratio

功率变化 power change; power fluctuation; power swing

功率变化率 power variation rate

功率变换 power conversion

功率变换开关 power change switch

功率变换器 power inverter; power

transformer
功率变流器 power converter
功率变容二极管倍频器 varactor frequency multiplier
功率变阻器 power rheostat
功率表 power meter;watt-meter
功率表法 wattmeter method
功率波动 power fluctuation; power surge;power swing
功率补偿差示扫描量热法 power compensation differential scanning calorimetry
功率不变性 invariance of power
功率不够的 under-powered
功率不足 deficit power;undercapacity;under power
功率不足继电器 under-power relay
功率参量 power parameter
功率操作 power operation
功率测定 horsepower determination; measurement of power
功率测定装置 dynamometric device; power-measuring device
功率测量电路 power-measuring circuit
功率测量设备 power-measuring device
功率测试器 power detector; power tester
功率差动继电器 power differential relay
功率产额 power yield
功率潮流 power flow
功率冲击 power rush
功率储备 margin of power; powerman margin;power reserves
功率传递系统 system of power transmission
功率传感器 power sensing device; power sensor
功率传输 power transfer
功率大小 watt level
功率代价 power penalty
功率带宽 power bandwidth
功率带宽指标 power-band merit
功率带宽比 power bandwidth ratio
功率单位 power unit;unit of power
功率的波形曲线 power wave
功率等级 power level
功率点 power point
功率电感调整 hysterset
功率电平 power level
功率电平调整 power level(l)ing
功率电平图 power level diagram
功率电平增益 power level gain
功率电平指示器 power level indicator
功率电容 power capacity
功率电子管 pliotron; power (amplifier) tube;power output tube
功率电子学 power electronics
功率电阻 power resistance
功率电阻器 power resistor
功率叠加 power stack
功率定额 power rating
功率定额的定义 rating definition
功率吨位 power tonnage
功率额定值 power rating
功率二极管 epicap;power diode
功率反应度 power responsivity
功率范围 power bracket; power range
功率方向保护(装置) directional power protection; protection of power direction
功率方向继电器 network master relay
功率方向图 power(radiation) pattern
功率放大 energy amplification; powerman magnification
功率放大管 power amplifier tube
功率放大级 power amplifier stage
功率放大率 power amplification
功率放大器 power amplifier; power magnifier; station amplifier; terminal amplifier
功率放大五极管 power pentode
功率放大系数 power amplification coefficient; power amplification ratio; power-control ratio;power gain
功率分布 power distribution
功率分隔板 power-dividing septum
功率分流 power dividing
功率分流传动 split transmission
功率分流器 splitter
功率分配 power budget;power splitting
功率分配放大器 distribution amplifier
功率分配器 power-divider;power splitter
功率分析仪 power analyser[analyzer]
功率分支减速齿轮 locked train reduction gear
功率负荷 power load;power termination
功率富裕量 power surplus
功率公式 horsepower formula
功率鼓 power drum
功率管 amplifier tube;power tube
功率函数 power function
功率耗散 power dissipation
功率耗损 power dissipation; power expenditures
功率和落体(结合的)输送系统 power and free system
功率和落体(结合的)输送装置 power and free conveyer[conveyor]
功率荷载 power loading
功率荷载容量 power carrying capacity
功率互换 power interchange
功率回收透平 power recovery turbine
功率激励器 power driver
功率级 power level;power stage
功率级范围 range of power levels
功率极限 margin of power
功率计 dynamometer (instrument); ergometer; load indicator; power meter;pressure capsule
功率计式安培计 dynamometer-type ammeter
功率计式乘法器 dynamometer-type multiplier
功率计式伏特表 dynamometer-type voltmeter
功率计式瓦特计 dynamometer-type wattmeter
功率计算 performance calculation; power calculation
功率计算公式 rating formula
功率记录 power trace
功率记录表 power recorder
功率继电器 power relay
功率尖峰 power peak
功率监察器 power monitor
功率监视器 power monitor
功率减小 power reduction
功率检波 power detection
功率检波器 power detector
功率降低 decay of power
功率交换 power exchange
功率角 power angle
功率校正 capability correction
功率校准 calibration of power
功率晶体管 power transistor
功率晶体管开关单元 power transistor switching unit
功率均衡器 power equalizer
功率控制 power control
功率控制棒 power-control rod
功率控制器 power controller
功率控制伺服机构 power-control servo
功率扣除系数 power deduction factor
功率历时曲线 power-duration curve
功率利用率 power availability
功率利用因素 power utilization factor
功率利用指数 power utilization index
功率量孔 <化油器的> power jet
功率灵敏度 power sensitivity
功率流示意图 power-flow diagram
功率密度 power density;watt density
功率密度分布 power density distribution
功率密度谱 power density spectrum
功率频率试验 power frequency test
功率频谱 power spectrum
功率频谱计算机 power-spectral computer
功率频谱密度 power-spectral density
功率频谱密度函数 power-spectral density function
功率平衡 power balance
功率平衡方程 power balance equation
功率谱 power spectrum
功率谱包线法 power spectrum envelope method
功率谱分析 power-spectral analysis
功率谱分析仪 power-spectral analyser[analyzer]
功率谱密度 power spectral density
功率谱曲线 power spectrum curve
功率谱值 power spectrum value
功率起伏 power fluctuation; power swing
功率器件 power device
功率钳 power tongs
功率切换 power switching
功率曲线 efficiency curve;horsepower curve;power curve;power trace
功率曲线图 power graph
功率驱动器电路 power driver circuit
功率确定 determination of output
功率绕组 power winding
功率容量 power capacity
功率三角形 power triangle
功率失常激增 power excursion
功率矢量图 geometric(al)power diagram
功率使用容量 power-handling capability
功率示波器 power oscillograph
功率试验 output test
功率输出 power export; power output;power takeoff
功率输出方式 power output system
功率输出放大器 power output amplifier
功率输出器 power takeoff
功率输出器件 power-output device
功率输出系统 power output system
功率输出轴 power output shaft;power takeoff shaft;take-off shaft
功率输出轴离合器 power takeoff clutch
功率输出装置 power takeoff
功率输入 power input
功率衰减器 power attenuator
功率双曲线 power hyperbola
功率速调管 power klystron
功率随纬度升高而下降 altitude deration
功率损耗 power consumption;power dissipation; power loss; power waste;watt loss
功率损失 horsepower loss; power loss;power penalty
功率特性 power characteristic
功率调定 power setting
功率调节 capacity control
功率调节器 capacity regulator;power conditioning unit; power controller;power governor;power regulator
功率调节手柄 power-regulating handle
功率调整 power control;power level(l)ing; power regulation; power setting
功率调制 power modulation
功率通量 power flow;power flux
功率图 power diagram
功率图集 power monograph
功率吸收 absorption of power
功率吸收端盖 power termination
功率系数 power coefficient; power density;power factor;specific power
功率系数的补偿 power-factor compensation
功率下降 decay of power; deration; power coastdown
功率下降参数表 deration data chart
功率下降数据 deration data
功率下调参数表 deration data chart
功率限制 power limitation
功率限制器 power limiter
功率限制器手柄 load limit hand wheel
功率相加法 power summation
功率削减 power extraction
功率消耗 power consumption; watt(age)consumption
功率小的机器 weak machine
功率效率 power efficiency
功率信号发生器 power signal generator
功率信息 power information
功率行波管 power traveling wave tube
功率需(求)量 power demand
功率需要量 power demand
功率循环 cycling;power cycle
功率要求 horsepower requirement; power demand
功率因数 power factor
功率因数表 phase meter; phasometer; power-factor indicator; power-factor meter
功率因数补偿 power-factor compensation;power-factor correction
功率因数补偿电容器 power-factor compensation capacitor
功率因数补偿器 power-factor compensator
功率因数补偿装置 power-factor compensation device
功率因数测量 power-factor measurement
功率因数的补偿 compensation of power factor
功率因数等于一的电机试验 unity power-factor test
功率因数电容器 power-factor capacitor
功率因数动荡 power-factor swing
功率因数改善 power-factor improvement
功率因数改善了的焊机 welding machine with power factor correction
功率因数计 phasometer; power-factor indicator;power-factor meter
功率因数调节 power-factor control
功率因数调节继电器 power-factor regulating relay
功率因数调整器 power-factor regulator
功率因数调整装置 power-factor ad-

G

justment
功率因数指示器 power-factor indicator
功率因素 activity coefficient; power factor
功率因子 power factor
功率余量 power-allowance
功率与速度关系特性 power-speed characteristic
功率源 power source
功率增长值 power increment
功率增大 power boost
功率增加 increase of power
功率增益 power amplification; power gain; power gas
功率增益测量仪 power gain tester
功率增益函数 power gain function
功率展宽 power broadening
功率振荡 chugging; power oscillation
功率振荡闭锁复归继电器 power-swing-block releasing relay
功率振荡器 power oscillator
功率整流器 power rectifier
功率值 magnitude of power; performance number; power value
功率指标 power rating
功率指示计 power indicator
功率指示器 power detector; power (level) indicator
功率指数 power number; work index of crusher
功率重量比 power-(to-) weight ratio
功率重量特性 strength-weight characteristics
功率重整 powerforming
功率骤增 excursion
功率转换电路 power switch circuit
功率转换效率 power conversion efficiency
功率转移定理 power transfer theorem
功率转子 power rotor
功率自动分配 automatic power apportioning
功率自动调节器 automatic power regulator
功率自动同步机 power selsyn
功率自记器 power recorder
功率自整角机 power selsyn
功率自整角机组 power synchro-system
功率总需要量 total power requirement
功能 function (al performance); performance; serviceability
功能安全性 functional safety
功能按钮 function(al) button
功能标记 functional label
功能标识符 functional identifier
功能标准 performance standard
功能标准区划 performance standard zoning
功能并行性 functional parallelism
功能不良 dysfunction; malfunctioning
功能不全 incompetence [incompetency]; insufficiency
功能部分 functional part
功能部件 functional device; function(al) unit
功能部件耗时 functional unit time
功能部件名 functional name
功能部件设计 functional design
功能参数 functional parameter
功能操作符 functional operator
功能测量 measurement of function
功能测试 functional test(ing)
功能测试器 functional tester
功能层 functional layer
功能层系 functional hierarchy
功能产生子程序 functional generating subroutine
功能成本分析 functional cost analysis
功能成分 functional component
功能城市 functional city
功能程序 functional program(me)
功能池 functional pool
功能处理模块 functional processing module
功能穿孔 functional punch
功能存储器 functional memory; functional storage
功能代偿 functional compensation
功能单位 functional unit
功能单元 functional unit
功能的表达 expression of function
功能低下 hypofunction
功能地址指令 functional address instruction; operational address instruction
功能电路 functional circuit
功能定义 function(al) definition
功能定义(程序)模块 functional definition module
功能定义语言 functional definition language
功能度 functionality
功能锻炼 dirigation
功能发生器 forcing function(al) generator
功能法规 performance code
功能范围 functional range
功能方块 function box
功能方框图 functional block diagram
功能分布式计算机系统 distributed function(al) computer system
功能分布式计算系统 functionally distributed computer system
功能分布式网络 functionally distributed network
功能分布式系统 functionally distributed system
功能分化 functional segregation
功能分解 function decomposition
功能分类 functional category; functional classification
功能分类法 function classification
功能分配 functional allocation
功能分区 functional zoning; use zoning; sectorization of functions; sectorization <按不同使用功能将城市分为若干区>
功能分析 function(al) analysis
功能分析的系统方法 functional analysis system technique
功能分析方法 functional analysis approach
功能丰余性 functional redundancy
功能风险 functional risk
功能符 functional character
功能符号 functional symbol
功能复合材料 functional composite material
功能复位 functional reduction
功能杠杆开关 functional lever switch
功能高聚物 functionalized polymer
功能格栅 functional grille
功能公差 functional tolerance
功能估计 reliability
功能故障警报信号 malfunction(al) alarm
功能关系 work-energy relation
功能管理 functional management
功能管理报头 functional management header
功能管理层 functional management layer
功能管理概念说明 functional management profile
功能管理简要表 functional management profile
功能管理数据 functional management data
功能管理数据服务(程序) functional management data service
功能规范<交通控制系统的> functional specialization; functional specification
功能规划 functional plan
功能规约 functional specialization
功能函数 performance function
功能核查 function checkout
功能宏指令 functional macro instruction
功能互换性(标准) functional interchangeability
功能划分 functional partition
功能恢复 functional recovery; functional restoration
功能恢复例行程序 functional recovery routine
功能绘图子程序 functional plot subroutine
功能机理 functional mechanism
功能积木化 functional modularity
功能基团 functional group
功能减退 hypofunction
功能检测 functional test
功能检查 functional check
功能检查法 functional examination
功能检验 functional check; operational check
功能建筑 functional architecture; functional building
功能健全程度 functional viability
功能键 function(al) key
功能键盘 function(al) keyboard
功能交叉 functional interleaving
功能交插 functional interleaving
功能交错 functional interleaving
功能接口 functional interface
功能结构 functional configuration; functional structure; architecture【计】
功能解释程序 functional interpreter
功能晶体 functional crystal
功能精细复合材料 functional fine material
功能聚乙烯亚胺水溶性高聚物 functionalized polyethylene imine water-soluble polymer
功能开发 functional development
功能空间一览表 functional space schedule
功能孔 functional hole; functional punch
功能控制 functional control
功能控制符 functional character
功能控制改变 change of control
功能控制开关 functional control switch
功能控制块 functional control block
功能控制器 functional control device
功能块 functional block
功能块框图 functional block diagram
功能框 functional block
功能例行程序 functional routine
功能联系 functional connection
功能灵活性 functional mobility
功能路面<能满足速度、粗糙度、安全、养护和造价等要求的路面> functional surface
功能路面设计 functional pavement design
功能逻辑 functional logic
功能码 function(al) code
功能美 functional beauty
功能描述表 functional description table
功能名 functional name
功能命令 command function
功能模块 functional module
功能模块化 functional modularity
功能模块控制器 function(al) modular controller
功能模拟 function(al) simulation
功能模拟程序 functional simulator
功能模式化 functional modularity
功能膜子 membron
功能目标 functional objective
功能配色(建筑) functional colo(u)ring
功能评定 assessment of function
功能评价 function(al) evaluation
功能器件 functional block; functional device; functional element; functional unit
功能墙 functional wall
功能请求者 functional requester
功能区 domain; functional zone; zone of function
功能区假说 domain hypothesis
功能区域 functional sphere
功能确定 functional determination
功能容量<建筑构件的> functional capability
功能设计 functional design
功能设计图 functional diagram
功能失常 disfunction
功能失调 dysfunction
功能失效 disabler
功能识别符 functional identifier
功能使用权凭证 functional authority credential
功能试验 functional test; functioning test; go-no-go test; performance testing
功能适应 functional adaptation
功能授权凭证 functional authority credential
功能输入部分 functional input section
功能数 functional digit
功能数据 functional data; performance data
功能数据表 functional data table
功能数字组 functional digit
功能衰减 functional depreciation; graceful degradation <个别部件发生故障时,工作可靠性下降>
功能衰退 functional obsolescence
功能陶瓷 functional ceramics
功能特点 functional characteristics
功能特定区 functionally designated area
功能特许证 functional authority credentials
功能梯度材料 functional gradient material
功能梯度陶瓷 functional gradient ceramics
功能条件说明书 functional requirement
功能停止装置 disabler
功能图 block schematization; block scheme; functional arrangement
功能图解工作原理图【建】 functional diagram
功能涂料 functional coating
功能退化 graceful degradation
功能完备性 functional completeness
功能完工 mechanical completion
功能完全性 functional completeness
功能完整性 functional completeness
功能微生物群体 functional microorganism
功能微型组件 functional module
功能位 functional digit; functional position
功能位石膏 plaster bandage in function(al) position
功能紊乱 dysfunction
功能无关检测 function(al) independ-

ent testing
功能误差 functional error
功能系列试验 functionally observational battery test
功能系数 coefficient of useful effect
功能系统 functional system
功能系统分析 functional analysis system technique
功能纤维 functional fiber[fibre]
功能相关性 functional dependence [dependency]
功能相似的 intimate
功能消失 afunction
功能信号 functional signal
功能信息组 functional field
功能形式 functional form
功能形态分析 functional morphological analysis
功能形态学 functional morphology
功能型 functional form
功能性保护 functional protection
功能性变化 functional change
功能性材料 functional material
功能性残气量 functional residual capacity
功能性陈旧 functional obsolescence
功能性的 functional
功能性分布网络 functionally distributed network
功能性分配 functional distribution
功能性复位 functional reduction
功能性规划 functional planning
功能性过时 functional obsolescence
功能性减速 functional deceleration
功能性设计 functional design
功能性填料 functional filler
功能性涂层 functional coating
功能性需求 functional demand
功能性颜料 functional pigment
功能性要求 functional demand; functional requirement
功能性余气量 functional residual capacity
功能性质 functional character
功能选通 functional strobe
功能选择表 option list
功能选择单 menu
功能研究 functional study
功能异常 dysfunction
功能引线 functional pins
功能优势酚降解菌 functionally dominant phenol-degrading bacteria
功能预选 functional preselection
功能元件 functional element; functor
功能原理 principle of work and energy; principle of work and power; work-energy principle
功能栽植 <在路中或路旁着眼于某一功能的栽植> function(al) planting
功能增强程序包 functional enhancement package
功能障碍 dysfunction
功能折旧 functional depreciation
功能针脚 <集成电路> functional pins
功能阵列 functional array
功能正常的 normally functioning
功能指示符 role indicator
功能质量 service quality
功能主义 functionalism
功能主义建筑 functionalism architecture
功能主义者 functionalist
功能专用化 functional specialization
功能转变 functional change; functional conversion; functional shift
功能转化 functional differentiation
功能转换 functional changeover
功能转换开关 functional changeover switch
功能装置 functional unit
功能准则 performance code; performance criterion
功能子程序 functional subprogram(me)
功能字 functional word
功能(字)符 functional character
功能组合 functional grouping
功能组件 function(al) unit; function(al) block
功谱密度 power-spectral density
功热当量 heat equivalent of work
功图 force-displacement diagram
功图因子 diagram factor
功系数 work factor
功效 behavio(u)r; efficacy; efficiency
功效比值 efficiency ratio
功效函数 performance function; power function
功效谱密度 power-spectral density
功效系数法 efficiency coefficient method
功用 function; utility
功用不合 functional inadequacy
功用块 function block
功用因数 <容许应力和最大应力的比值> factor of utilization
功用指数 <路面行车> serviceability index
功与能 work and power
功指数 work index

攻出螺纹 tap-out

攻穿千斤顶 passing lifting slings under bottom
攻关队伍 project team
攻击单位 challenging unit
攻击反射 offensive reflex
攻击航线 target pattern
攻击航向 attack heading
攻击阶段 <开会争辩> attack stage
攻击能力 attacking power
攻击潜望镜 attack periscope
攻击声呐 attack sonar; fire control sonar
攻击行为 aggressive behavio(u)r
攻击型气垫船 assault air cushion vehicle
攻击性隧道 offensive tunnel
攻角 angle of attack; angle of import
攻角指示器 angle of attack indicator
攻螺母机 nut tapping machine
攻螺丝 riffling; tapping; tapping screw
攻螺丝衬套 tapping bushing
攻螺丝的机械化工具 torquing unit
攻螺丝机 tapping machine
攻螺丝套筒 screwed-gland joint
攻螺纹 tapping(screw)
攻螺纹夹头 tapping chuck
攻泥器 <管道清通工具> pig
攻丝 tapping; thread(ing)
攻丝扳手 tap wrench
攻丝板牙 thread cutter
攻丝机 machine-working taps; tapper; tapping machine; threading machine
攻丝夹头 tap holder; tapping attachment; tapping chuck
攻丝卡盘 threading chuck
攻丝扣 tapping
攻丝螺钉 thread-cutting screw
攻丝螺帽 threading nut
攻丝螺纹 tapping
攻丝器 thread tapper
攻丝润滑剂 tapping paste; threading lubricant
攻丝用板牙 thread-cutting die
攻丝装置 chasing bar; tapping attachment
攻丝钻床 tapping drilling machine

供冰码头 ice supply quay[wharf]

供不应求 in short supply; scarcity; supple falls short of demands
供不应求的市场 tight market
供布辊 backing roll
供采光通风用 for light and air
供参观的场所 show place
供餐设备 catering facility
供餐用的推拉窗 service slide
供查询的信息 referral information
供车辆通过的 vehicular(y)
供乘坐者伸腿的面积 <车辆、飞机上的> legroom
供出售的多户住房建设项目 multi-family sales project
供出租的多户住房建设项目 multi-family rental project
供出租多户住房 multifamily rental housing
供出租用 onhire
供磁继电器 field application relay
供存储保护用的界限寄存器 bound register for memory protection
供带机 feed-tape
供带卷轴 supply reel
供带轮 feed wheel
供带盘 feed reel; supply reel
供带锁定臂 supply lock arm
供带轴 reel spindle
供氮设备 nitrogen supply unit
供电 current supply; electric(al) current supply; electric(al)(power) supply; electricity supply; energy supply; feeding; load dispatching; power supply
供电板 power strip
供电臂 power supply arm
供电臂短路电流 short-circuit current of feeding section
供电臂干扰计算电流 disturbing calculation current of feeding section
供电臂平均电流 average current of feeding section
供电臂瞬时最大电流 instantaneous maximum current of feeding section
供电臂最大负荷电流 maximum load current of feeding section
供电变压器 supply transformer
供电波动 <电压或频率> supply variation
供电部分 power pack
供电侧 supply side
供电插座 power supply socket
供电车间 power supply workshop
供电船 generator ship
供电单位电源设备 power supply unit
供电导线 electric(al) power conductor; service conductor
供电点 supply terminal
供电点阻抗 driving point impedance
供电电度表 supply meter
供电电极 current electrode
供电电缆 power supply cable; service cable; supply cable
供电电流 supply current
供电电流制检测电路 supply detection circuit
供电电路 feed circuit; power circuit
供电电压 mains voltage; power-line voltage; power supply voltage; service voltage; supply voltage
供电调度所 load-dispatching office
供电端 feeder ear; power supply terminal
供电段 power feed section; supply section
供电断开装置 service disconnecting means
供电范围 power market area; region of power supply; supply district
供电方式 power supply system
供电分支电路 take-off circuit
供电分支线 service lateral
供电负载 supply load
供电干线 electric(al) supply line; main supply line; power supply main; supply main; trunk feeder
供电工程贴费 compensating fee for electricity supply works
供电公司 electric(al) supply company; electricity supply company
供电故障 power failure
供电光催化剂 powered photocatalyst
供电合约 power supply contract
供电滑接线 third rail
供电机组 power supply unit
供电极距 interval between current electrode
供电继电器 supply relay
供电间隔 supply cell
供电建设 electric(al) source building
供电接口 power supply interface
供电结构 power supply architecture
供电井道 electric(al) supply shaft
供电局 administration of power supply; power supply bureau
供电可靠性 power distribution reliability
供电馈线 service feeder
供电量 delivery; power supply kilowattage
供电配电盘 load-dispatching board
供电频率 supply frequency
供电瓶 power board; power panel
供电区 power supply area; service area; service district
供电绕组 supply winding
供电设备 electric(al) supply equipment; power supply equipment; power supply unit; service equipment; supply unit
供电设备系统包 package of power supply equipment
供电时间 power-on time; supplying current time
供电事故 power failure
供电所 administration of power supply; power substation
供电调节 feed control
供电网 supply main; grid current; grid electricity; supply net
供电网络 power(supply) network; supply network
供电系统 electric(al) grid; electric(al) utility supply system; electricity grid; feeder system; power feeder system; power supply system
供电系统高压线 hot wire
供电系统图 diagram of power supply system
供电线 power line; supply services; supply wire
供电线路 charging line; supply line; electric(al) supply line; service line; service conductors
供电线路箱 service box
供电箱 power supply box; supply reservoir
供电协议 power supply agreement
供电延迟时间 time delay of supplying current
供电业务 power service
供电引入段 service entrance
供电用计算机 power supply computer

G

供电暂停 load rejection;load thrown off
供电站 electric(al) supply station; supply station
供电整流器 mains unit
供电中断 outage;power failure;power interruption;service failure
供电中心 center[centre] of supply
供电主干线 large supply main
供电装置 power set;power supply unit;supply unit
供电子原子 donor atom
供电组织 power supply architecture
供短期消费的 non-durable
供发电的贮水量 power storage
供方补助 supply-side subsidy
供分配使用的园地 allotment garden
供风 aerate; air-feed(ing); air supply;blast supply
供风保持制动 flat maintaining (brake) application
供风道 air supply duct;delivery duct
供风风缸 supply reservoir
供风管 air supply pipe
供风管道 air supply line
供风井 intake shaft
供风口 intake adit
供风能力 delivery volume
供风通道 intake adit
供风中心 central ventilating station
供给 delivery; feeding; feed motion; furnishing;provision;supply
供给泵 charge[charging] pump; feed pump;fill pump;supply pump
供给标准 pay standard
供给表 supply schedule
供给不足 power starvation; short supply
供给的 furnished
供给电压 service voltage; supply pressure
供给调整器 feed regulator
供给阀 feed valve;inlet valve;supply valve
供给阀充气阀 filling valve
供给阀簧 supply valve spring
供给阀胶垫 rubber gasket of feed valve
供给阀弹簧 supply valve spring
供给阀座 supply valve seat
供给范围 area of supply
供给风缸 supply reservoir
供给干管 supply main
供给管 charging pipe;feed hose;nursing tube; service pipe; supply conduit;supply pipe;supply tube
供给管道 donor canal;supply line
供给管线 service pipe line; supply line;supply piping
供给函数 supply function
供给空气 air-in
供给空气于燃烧区 combustion air inlet
供给矿质法 mineralization
供给冷气 cool-air feed
供给量 pumpability
供给密封 supply to seal
供给能量 energize;energizing
供给配件 service fittings
供给喷嘴 supply nozzle
供给器具 implementation
供给区 contributing region
供给区等效半径 equivalence radius of supply area
供给区岩层渗透率 permeability of strata in supply area
供给曲线 supply curve
供(给)燃料 fuel(l)ing
供给容量 feeding capacity
供给射流 supply jet
供给食物 alimentation
供给水源 source of supply
供给弹性 elasticity of supply
供给系数 coefficient of feeding
供给系统 feed system;logistics;supply system
供给线 charging line;feed line
供给效率 efficiency of supply
供给压力 discharge pressure; supply pressure
供给压力零漂 supply pressure null shift
供给压力值 supply pressure level
供给约束条件 supply constraint
供给者 provider;supplier
供给者效益 supplier benefit
供给中心 backbone
供给住宿 quarterage;quartering
供给装置 feedway
供给锥形细流 <喷油嘴> conic(al) discharge
供给总管 feeder main; main supply line;supply main
供给钻粒 shot feeding
供给座位 seating
供过于求 glut; overstock; oversupply;supply exceeds demands
供回水温差 temperature difference between supply and return water
供货 delivery of goods
供货单 offering list
供货范围 scope of supply; supplies compass
供货方 seller
供货方发票 supplier's invoice
供货规格 specification for delivery
供货合同 delivery contract
供货价格 supply price
供货界限 supplies compass
供货楼层 delivery floor
供货面 supply level
供货能力 supply capacity
供货人 supplier
供货人保证信函 supplier's letter of guarantees
供货人发票 supplier's invoice
供货商 supplier;vendor
供货商保证金 supply bond
供货商保证信函 supplier's letter of guarantees
供货商保函 supply bond
供货商的工厂检验报告 supplier's factory inspection report
供货商的技术人员 supplier's technical personnel
供货商发票 supplier's invoice
供货商声明 supplier's declaration
供货水平 service level
供货水平费用曲线 service level cost curve
供货误期 delivery failure
供货斜面 supply ramp
供货者 supplier
供加压舱的空气 low air
供浆管 flow inlet;slurry delivery pipe
供校正用的无线电信标 calibration radio beacon
供居住的拖(挂)车 house trailer
供居住用 residential use
供卷筒 supply spool
供卷运输机 entry coil conveyer[conveyor]
供客户选购的工作装置 optional working tool
供冷方法 cooling method
供冷时间表 cooling schedule
供冷水的公寓单元 cold water apartment unit
供两家居住的房屋 duplex
供料 aggregate feeding;delivery;feed(ing);feed material;fill(ing)
供料泵 charging pump
供料不充分 underfeed(ing)
供料不足 underfeed(ing)
供料仓 supply bin
供料槽 alcove; feed tank; loading chute;trough feeder
供料车 charging wagon
供料传动比 feeder ratio
供料传送带 feeder conveyor
供料道 feeding channel
供料道外壳 forehearth casing
供料点 feeding point
供料定量器 batcher
供料斗 charging hopper; charging magazine;feed hopper;feeding skip
供料阀 feed valve
供料方法 feeding process;method of feeding
供料干管 trunk feeder
供料罐笼 supply cage
供料辊成粒机 feed-roll granulator
供料辊子 feed roller
供料过程 <生产流程的> material feed(ing);feeder process
供料滑槽 loading chute
供料机 feeder machine; feeding machine
供料机冲头 feeder needle;feed plunger;plunger
供料机传动比 feeder ratio
供料机盖砖 front spout cover
供料机杆 feed bar
供料机构 feeding mechanism
供料机开口 feeder opening
供料机料盒 deep spout;feeder bowl; feeder spout
供料机料盆 feeder bowl; feeder spout;feeder well block
供料机通道口 connecting box;feeder connection; feeder opening; letter box
供料机旋转管托架 tube carrier
供料机匀料筒 feeder sleeve; feeder tube
供料机闸砖 feeder gate;feeder plug
供料井 loading well
供料控制 feed control
供料口 feed well;inlet
供料料盆 feeder nose
供料溜子 feeding chute
供料轮 feed wheel
供料螺杆 feed screw
供料门 delivery gate;supply gate
供料皮带 feed belt;feeder conveyer [conveyor]
供料器 charger;feeder;hopper
供料器杆 feed bar
供料设备 feed equipment;feed plant
供料时间 charging time
供料室 loading well
供料速度 feed rate;rate of feed
供料台 rollway
供料调节器 feed regulator
供料通路 feeder channel;forehearth
供料桶 charge cask
供料系数 coefficient of feeding; efficiency of supply
供料系统 delivery system;feeder system;feed(ing) system
供料线 charging line;supply line
供料箱 feed box;feed tank
供料(液)管线 feed line
供料闸板 feeder gate
供料罩 feeder boot
供料支线 delivery track
供料装置 feed apparatus;feed device
供煤驳 coal barge
供煤船 coaling ship;coal tender;haul-about
供煤机 <加煤用> coal feeder
供煤里程 coal supply kilometerage
供煤量 coal supply tonnage
供煤码头 coal-bunkering wharf
供煤气管道 <横向通往用户的> lateral service piping
供煤气区 service district
供煤设备 coal supplying facility
供墨不匀 backing away from fountain
供能 energization;energy supply
供能电刷 energy brush
供能中断 power failure
供你方参考 for your information;for your reference
供暖 calefaction;heating;warm heating
供暖标准 heating standard
供暖部件 heating element
供暖车 heater car;heating van;heating wagon
供暖地沟 heating channel
供暖电炉 electric(al) heating furnace
供暖顶棚板 ceiling heating panel
供暖度/日 heating degree-day
供暖方法 heating method
供暖房间 heating room
供暖负荷 heating load
供暖干管 heating main
供暖工程 heating engineering
供暖公司 heating firm
供暖管 heating pipe
供暖管道 heating pipeline; heating trough
供暖管沟 heating trench
供暖管路输送与空气调节 <美国月刊> Heating/Piping/Air Conditioning
供暖锅炉 heating boiler
供暖耗汽量 heating steam consumption
供暖机组 heating unit;unit heater
供暖机组控制 heating unit control
供暖计划 heating plan
供暖计算室外温度 calculating outdoor temperature for heating
供暖技工 heating technician
供暖技师 heating technician
供暖技术 heating technics
供暖技术员 heating technician
供暖季节 heating season
供暖控制 heating control
供暖理论 heating theory
供暖立管 heating riser
供暖面积 heating area
供暖能力 heating capacity; heating power
供暖盘管 heating coil
供暖期 heating period;heating season
供暖期度日数 degree days of heating period; number of degree-day of heating period
供暖期室外平均温度 outdoor mean (air) temperature during heating period; outside mean temperature of heating period
供暖器 calorifier
供暖墙管 wall stack
供暖燃料 heating fuel
供暖热泵 heating heat pump
供暖热负荷 space heating load
供暖散热片 heating radiator
供暖散热器 heating radiator
供暖设备 heating device;heating equipment;heating plant;warm heating installation
供暖设计 heating design
供暖时间 heating duration; heating hour;heating time
供暖时间表 heating schedule
供暖实验 heating experiment
供暖室外计算温度 outdoor design

temperature for heating; outside air temperature for heating
供暖室外临界温度 outdoor critical air temperature for heating
供暖室外设计温度 outdoor design temperature for heating; temperature of TAC [technical advisory committee] <美国供暖冷冻空调协会技术顾问委员会建议采用的>
供暖输送泵 heating pump
供暖通风 heating-ventilation
供暖、通风和热水供应的耗热量 heat consumption for heating, ventilating and hot water supply
供暖通风机组 heating-ventilating unit
供暖通风两用机组 heating-ventilating assembly
供暖通风射明细表 detailed list of heating and ventilation equipment
供暖温度 heating temperature
供暖系统 heating circulation; heating system
供暖效率 heating efficiency
供暖效应 heating effect
供暖效用 heating effect
供暖形式 heating type
供暖需热量 energy requirements for heating
供暖烟道 heating flue
供暖用空调机组 heating air conditioning unit
供暖用炉墙 oven wall
供暖用煤 fire coal
供暖用热交换器 heating calorifier
供暖与烹调设备 heating and cooking equipment
供暖与通风 heating and ventilating
供暖与通风系统 heating and ventilation system
供暖运行 heating operation
供暖蒸汽 heating steam
供暖蒸汽管 heating steam pipe
供暖蒸汽锅炉 steam-heating boiler
供暖蒸汽压力 heating steam pressure
供暖装置 heating arrangement; heating device; heating installation; heating unit
供暖装置装配工 fitter for heating installations
供暖总管 heating main
供暖总站 central heating plant
供配系统 logistic system
供配与设备管理 logistics and equipment management
供片 feed
供片盒 film supply; supply spool
供片卷轴 feed(ing) spool
供片时间 feeding time
供片轴 feed spool
供铺油毡的(地砖)毛地板 subfloor for lino(leum)
供起重用的直升飞机 helicopter for crane work
供气 air delivery; air-feed(ing); air-in; gassing; gas supply; on-flow; supply
供气泵 air feed pump; supply pump
供气不足 deficiency in air supply
供气出口 air supply outlet
供气道 air supply duct
供气阀 air supply valve; feed valve
供气方式 plenum system; supply system
供气风机 supply air fan
供气风扇 air-feeding ventilator
供气干线 feeder line; feeder main; feeder system
供气管道 air supply duct; air supply pipe; gas supply line; supply air pipe; supply air tube; delivery duct
供气管道损失 transport duct loss
供气管路 supply air line
供气管网 gas grid
供气胶管 pneumatic hose
供气开关 air supply cock; air supply valve
供气孔 supply air hole
供气控制台 control panel of gas supply
供气量 air demand; gas supply cubic meterage; air supply; gas delivery
供气量测定仪 air-measuring device
供气量测定装置 air-measuring device
供气量与污水之比率 air-waste feed ratio
供气量自动调节式防毒面具 demand-type mask
供气率 air supply rate; supply rate
供气面罩 air-supplied respirator
供气培养 aerobic incubation
供气器 aerarium
供气区段 block of gas supply
供气软管 air supply hose
供气栅 supply air grille
供气设备 air supply equipment
供气室 delivery air chamber
供气条件 conditions of gas supply
供气通风筒 downcast ventilator
供气系统 airing system; air supply system; gas system
供气协议 gas supply agreement
供气压力 pressure of steam supply; sendout pressure
供气优先顺序 gas supply priorities
供气罩 supply air boot
供气支管 gas manifold
供气中断 failure of air supply
供气总管 gas main
供汽 steam supply
供汽阀 steam supply valve
供汽管 steam line; steam supply pipe
供汽管道 steam supply pipeline
供氢溶剂法 supply hydrogenating solvent method
供求 demand and supply
供求超重机柱 water crane stand
供求定律 law of supply and demand
供求法则 law of demand and supply
供求关系 relation between supply and demand; supply-demand relation
供求关系定价 price making according to supply and demand relations
供求规律 law of supply and demand
供求价格 supply-demand price
供求均衡 supply and demand equilibrium
供求平衡 demand and supply balance; equilibrium of supply and demand
供求平衡价格 equilibrium price
供求相互作用 interaction of supply and demand
供燃料 stoke
供燃料油管 fuel oil supply
供热 advection of heat; delivered heat; heat addition; heat additive; heat application; heating; heat input; heat-supply; supply of heat
供热半径 heating radius; heat range of heat-supply service
供热泵 heat pump
供热并发电 combined heat and power generation
供热厂 heating plant
供热车间 heat plant
供热导管 heating duct; heat-supply pipe(line)
供热地沟 heating channel
供热地下室 heating basement
供热电路 heating circuit
供热电站 heating power station
供热反应堆 heat reactor
供热范围 heating circulation; heating range
供热方案 heat-supply program(me)
供热负荷 heating load
供热干管 heating main
供热工程师 heating engineer
供热工业 heating industry
供热公司 heating firm
供热供冷联合系统 combined heating and refrigerating system
供热管 heating(supply) pipe[piping]; heating(supply) tube[tubing]
供热管道 heat(ing)-supply pipe(line)
供热管道口的金属托盘 register box
供热管道平面图 heat-supply piping plan
供热管道系统图 diagram of heat supply system
供热管沟 heating trench
供热管线 heat-supply pipe(line)
供热管线构造 structure of heating pipeline
供热锅炉 heating boiler
供热机 heating machine
供热机组 heat-supply set; heat-supply unit
供热及通风工程师 heating and ventilating engineer
供热计算 heating calculation
供热介质 heating medium
供热介质参数 parameter of heating medium
供热开关 heat switch
供热口 combination grate
供热量 heating load; heat output
供热面 heat delivery surface
供热面积 heating area
供热能力 heat(ing) capacity; heating power; heat storage capacity
供热盘管 heating coil
供热片供暖系统 panel heating system
供热企业 heating industry
供热热泵 heating heat pump
供热热源 heat source
供热设备 heating appliance; heat(ing) plant
供热式汽轮机 cogeneration turbine
供热竖管 riser heat pipe
供热水管 flow pipe of heat supply
供热系统 boiler system; heating circulation; heating system; heat-supply system
供热系统水击 water hammer of heat-supply system
供热循环(水)泵 heating circulating pump
供热与供水的蒸汽 process steam
供热元件 heating cartridge
供热值 heating value
供热质量 quality of heat supply
供热装置 heating apparatus; heating plant; heating unit; heat-supply installation
供热装置循环 heat cycle
供热总站 central heating plant
供日光浴或休憩用的草坪 grass-covered ground for sunbathing or resting
供入液流 feed stream
供散步的广场 parade
供砂不充分剖面 undernourished profile
供砂充分的剖面 sufficiently nourished profile
供砂过量的剖面 overnourished profile
供砂海滩 feeder beach
供砂浆软管 mortar supply hose
供膳食、服务的成套公寓房间 service flat
供膳宿的 boarding
供膳宿的居民护理所 residential custodial care facility
供膳宿的私家住宅 boarding house
供膳宿的住房 boarding-lodging house
供膳宿舍 boarding house
供膳宿住 boarding-lodging house
供食中心 feeding center[centre]
供使用的设备 fare
供水 feed water; water service; water supply; application of water; feeding water; supply of water; water delivery; water feed; watering; water service
供水保护 water supply protection
供水泵 bank pump; feed pump; make-up(water) pump; supply(water) pump; water-feed pump; water supply pump
供水驳 water barge
供水不足 scant supply of water; water deficiency
供水部件 water supply fittings
供水部门 water supply board
供水槽 supply flume; water supply flume
供水车 tanker; water tender
供水池 feed cistern; noria basin; supply cistern
供水处理 water supply treatment
供水船 supply of water by water-boat; supply ship; water bark; water boat; water carrier; water ship; water supply boat; water tender
供水道 feeding conduit
供水地层 water-yielding stratum
供水定额 water supply norm
供水阀 feed valve
供水法规 water supply law
供水方案 water scheme
供水方式 water supply scheme
供水干管 flow main; supply water main; water main
供水干管和建筑物水管之间的阀门 municipal stop
供水干管破裂 break-in water main
供水干渠 carrier canal
供水干线 distributing main
供水工程 supply works; water supply engineering; water supply works
供水工程师 water engineer; water supply engineer
供水沟 feeding ditch
供水管 feed pipe; flow pipe; inflow pipe; service conduit; service pipe; service tube; supplying conduit; supplying pipe; supply(ing) tube; supply line; water feeder; water pipe; water service conduit; water service pipe; water service tube; supply of water from mains
供水管道 charging line; feeding conduit; feed piping; feed-water duct; supply conduit; supply pipeline; water-feeding conduit; water line; water supply pipe; lateral service piping <横向通往用户的>
供水管井 water supply pipe well
供水管理局 water authority
供水管理区 water district
供水管路 flow line
供水管网 water(supply) pipe network
供水管网压力 flow pressure
供水管线 charging line; delivery manifold; delivery pipe line; hydraulic supply line; water delivery manifold; water(supply)(pipe) line; supply line

G

供水规划 water supply scheme
供水柜 supply tank; water supply tank
供水合同 water delivery contract
供水河流 donor stream
供水户线 service pipe
供水汇管 delivery manifold
供水机 feed engine
供水集管 flow header
供水技术 hydrotechny
供水加热器 feed-water heater; service water heater
供水建设 aqueous resources building
供水井 supply well; water supply well
供水局 water supply board
供水控制 feed-water control
供水控制阀 feed-water control valve
供水控制装置 feed-water control system
供水口 feed-water inlet
供水里程 water supply distance
供水立管 supply riser
供水联箱 supply header
供水量 service discharge; water output; water supply output
供水量预报 water-supply forecasting
供水量中不使用的部分 unaccounted for water
供水零配件 supply fittings
供水流量 duty of water
供水流域 donor basin
供水率 rate[rating] of water supply; supply rate; water application rate
供水码头 water supply quay; water supply terminal; water supply wharf
供水目标 water(supply) object
供水能力 water furnishing ability
供水配件 supply fittings; water(supply) fittings
供水频率曲线 frequency curve of water supply
供水评议 water delivery assessment
供水期 delivery period
供水企业 water undertaking
供水起重机臂 water crane jib
供水起重机柱 water crane column
供水器 water feeder
供水区(域) water supply area; contributing region; contributory zone; donor region; service district; water district
供水曲线 curve of water supply; delivery curve; water supply curve
供水渠 feed(ing) canal; supply canal; supply channel; supply ditch
供水渠道 feeder channel
供水渠灌溉 supply channel irrigation
供水入口 water supply intake
供水软管 supply hose
供水商 water purveyor
供水设备 supply equipment; water service; water supply facility; water supply plant
供水设施安装 water installation
供水竖管 feed riser; supply riser
供水水带 delivery hose
供水水带接口 delivery hose adapter; delivery hose coupling
供水水带线 delivery hose line
供水水库 feeding reservoir
供水水头 delivery head
供水水文地质调查 hydrogeologic(al) survey of water supply
供水水文地质勘察 hydrologic(al) investigation of water-supply
供水水文地质图 hydrogeologic(al) map on water supply
供水水压 supply pressure
供水水域 fed waters
供水水源 source of water supply; water supply source
供水水源净出水量曲线图 Ripple diagram
供水水质 water supply quality
供水水质浊度指标 water supply quality turbidity index
供水速率 water supply rate
供水隧道 supply tunnel; water and sewer tunnel; water(supply) tunnel
供水隧洞 supply tunnel; water and sewer tunnel; water(supply) tunnel
供水调节器 feed-water regulator
供水调节装置 feed-water regulator
供水通道 <从含水层引出的> water supply adit
供水网 water supply network
供水温度 supply water temperature
供水污泥处理 water supply sludge treatment
供水系数 supply coefficient; supply factor
供水系统 feeder system; feed-water system; supply system; water-feeding system; water supply scheme; water supply system; water system
供水系统规划 waterworks planning
供水系统减压阀 reducing valve for water supply system
供水线路 charging line
供水箱 feed cistern; service tank; supply tank
供水橡皮软管 water supply rubber hose
供水效率 water application efficiency
供水旋塞 water service cock
供水压力 feed pressure
供水压头 delivery pressure head; discharge head <水泵的>
供水用坝 dam for water supply
供水与排水系统 waterworks and sewerage system
供水与排污管道工程 water and wastewater piping engineering
供水预报 forecast(ing) of water supply; water-supply forecasting
供水预热器 preheater of supply water
供水增压系统 water booster system
供水站 tank station; water(supply) station
供水支管 delivery manifold; lateral service piping; supply(ing) branch
供水止回阀 feed-check valve
供水质量 quality of water supply
供水中断 interruption of service
供水主管 main supply line
供水装置 water supply installation
供水总管 delivery manifold; feed-water main; supply main; water main
供水总水头 total delivery head
供水总线 supply main
供水钻孔 water supply well
供丝区 fiber feedstock area
供体 donor
供体部位 donor site
供体离子 donor ion
供体选择 donor selection
供体杂质含量 donor impurity level
供投标用的设计 tender design
供投标用设计的范围 scope of tender design
供图 chart feed
供我参考 for our information; for our reference
供销成本预算 distribution cost budget
供销处 supply and sales agency
供销分处 subsupplier
供销分店 subsupplier
供销合同 supply and marketing contract
供销合作社 purchasing cooperative; sellers cooperative; supply and marketing cooperative; trading cooperative
供销会计 supply and selling accounting
供销价 offer for sale
供需比 ratio of reed divided by supply
供需法则 law of supply and demand
供需矛盾 contradiction between supply and demand
供需模型 supply-demand model
供需平衡 balance of supply and demand; economic equilibrium; equilibrium of supply and demand
供需曲线结构 demand-and-supply-curve framework
供选购的设备 optional equipment
供选购的装置 optional equipment
供选用的操作系统 alternating operating system
供选择的清单 optional list
供压泵 pressure maintaining pump
供压陡降点 surge point
供压设备 voltage supply equipment
供压指示器 supply voltage indicator
供盐过多 hyperchloridation
供氧 air supply; breathing; oxygen supply
供氧量 oxygen supply volume
供氧面具 oxygen mask
供氧培养 aerobic incubation
供氧气量 oxygen air supply
供氧潜水罩 aqualung
供氧软管 oxygen hose
供氧设备 oxygen-breathing apparatus; oxygen equipment
供氧调节装置 oxygen supply control
供氧系统 oxygen system
供氧装置 apparatus of oxygen supply
供液 feed liquid
供液泵 feed liquid pump; solution feed pump
供液管 feed pipe
供液过多 over-feeding
供液壶 feeding pot; water pitcher
供液机 flow feeder
供液口 feed liquid inlet; flow inlet
供一个家庭所需的限额地 homestall
供应 furnish; supply
供应保证书 supply bond
供应驳 supply barge
供应不足 dearth; failure of supply; under-supply
供应部门 supply department
供应槽 supply tank
供应厂 supply plant
供应厂商 supplier
供应成绩结构 demand-and-supply-curve framework
供应充足 ample supply
供应充足的 well-off
供应储备食物 victuals
供应处 supply department; supply point
供应船 logistical vessel; supply boat; supply ship; supply tender; support ship; support vessel; tender; victual(l)er
供应单位 supplying unit
供应导管 feed line
供应等待时间 supply delay time
供应点 feed point; feed station; supply point
供应订货 fill an order
供应动力的 power-producing
供应对应 supply correspondence
供应阀 supply valve
供应范围 extent of supply; scope of supply; supply zone
供应方 supplier
供应方面 supply side
供应方信贷 supplier's credit
供应干管 supply main
供应港口 port of supply
供应公司 supply corporation
供应管 supply pipe
供应管道 supply duct; supply pipeline
供应管理 supply management
供应管线 <电、气、水等的> supply line
供应罐 charging-tank; supply reservoir
供应规格 specification for delivery
供应过程 supply process
供应过度 oversupply
供应过多 oversupply
供应过剩 glut; overstock
供应函数 supply function
供应耗尽 depletion of supply
供应合同 supply contract
供应混乱 supply disruption
供应伙食 cater for; cater to; purveyance
供应机构 organization of supply
供应基地 logistical base; supply service base
供应计划 plan of supply
供应价格 supply price
供应间断 supply failure
供应检查 survey of stores
供应紧张的材料 critical material
供应经济学 supply-side economics
供应距离 delivery distance
供应科 purchasing and store department
供应空气 supply air
供应孔道 feeding channel
供应控制板 service entrance switch
供应来源 sources of supply
供应来源的可靠性 reliability of source of supply
供应劳务合同 labo(u)r-only contract
供应链 supply chain
供应链管理 supply chain management
供应楼层 supply floor; supply stor(e)y
供应率 supply rate
供应码头 victual(l)ing quay; victual(l)ing terminal; victual(l)ing wharf
供应煤气 provision of gas
供应面 supply level
供应能力 deliverability
供应品 supplies
供应期 period of supply
供应契约 supply bond
供应区 district; service area; supply area
供应曲线 supply curve
供应渠道 supply passage
供应人发票 supplier's invoice
供应人卡片 supplier's card
供应人账照 supplier's account bill
供应容器 supply container
供应入口 service entry
供应商 provider; purveyor; supplier
供应商担保 supply bond
供应商时间表 schedule of accommodation
供应设备 implementation; supply equipment; accommodation
供应设施用竖井 service shaft
供应市场的菜园 market garden
供应室 supply room
供应水 feed water
供应水平 supply level

供应塔 supply column
供应弹性 elasticity supply
供应条款 delivery specification
供应通道 duct for service;service duct
供应网 supply system
供应网的不平衡 unbalance in the supply network
供应网络 supply network
供应维修工作船 depot ship
供应系数 accommodation coefficient
供应系统 supply system
供应线 supply route
供应箱 supply bin
供应压力 supply pressure
供应油罐 supply tank
供应与安装 supply and installation
供应与保养 supply and maintenance
供应与运输 supply and transport
供应与装设 supply and erection
供应源 supply source
供应运输船 store carrier
供应站 supply depot; supply point; supply station
供应者 provider;purveyor;supplier
供应者目录 supplier's catalogue
供应制 system of supply
供应中断 supply disruption; supply failure
供应中心 supply center[centre]; support center[centre]
供应装置 feeding mechanism; supply installation;supply plant
供应桌 side board
供应总管 supply main manifold
供用量 service discharge
供油 fuel supply;oil feed;oil supply
供油半径 drainage radius
供油泵 filling pump;fuel feed pump; oil supply pump;supply pump;fuel transfer pump
供油驳 oil barge
供油槽 oil supply tank
供油船 bunkering tanker;fuel tanker; oil supply tanker
供油港(口)oil port
供油管 fuel supply line; oil service tank;oil supply line;supply tube
供油接头 fuel-intake connection
供油量调节 fuel oil supply regulating
供油率 oil supply rate
供油码头 oil supply pier;oil supply quay
供油设备 oil-supplying equipment; oil-supplying plant
供油设施 oil-supplying facility
供油始点 commencement of fuel supply;commencement of injection
供油调节 feed control;fuel control
供油调节器 fuel flow proportioner
供油系数 coefficient of fuel feeding
供油系统 fuel feed system;oil(-pressure) supply system
供油箱 oil feeding reservoir;oil feeding tank;service tank;supply tank
供油压力 feed pressure
供油延续时间 duration of feeding
供油正时系统 timing fuel system
供油装置 fuel(l)er
供游览休养用 recreational use
供右手用的 right-handed
供纸板 feedboard
供纸板升降控制 feedboard raising and lowering control
供纸板升降控制器 feedboard raising and lowering controller
供纸检测器 sheet detector
供纸控制 feed control
供纸控制器 feed controller
供纸量 paper delivery
供纸器 feeder;sheet feeder
供纸系统 paper supply system
供主机(用的)支援程序 host based support program(me)
供住宿的客店 common house
供装配构件 assembly element;assembly unit
供装配配件 assembly fitting

肱

肱层 corbel course
肱梁 cantilever beam
肱木【建】bolster;corbel piece

宫

宫城 imperial palace
宫灯 palace lantern
宫殿 palace;palatium <尤指古罗马之皇宫>
宫殿侧翼 palace wing
宫殿的 palatial
宫殿风格 palatial style
宫殿集合体 palace complex
宫殿建筑 castle building; palace architecture;palace construction
宫殿建筑艺术 castle architecture
宫殿施工 palace construction
宫殿式 palatial style
宫殿式建筑 palatial architecture
宫殿似的 palatial
宫内教堂 chapel royal
宫室内陈列品 palatial furnishings
宫廷 court
宫廷花园 court garden
宫廷建筑 court architect
宫廷马厩 court stable
宫廷戏院 court theatre[theater]
宫廷小教堂 court chapel
宫庭 royal court
宫庭画家 court painter
宫庭灰色 court grey
宫庭陶瓷器皿 court ware
宫庭艺术 court art
宫中密室 penetralia
宫中平台 palace terrace
宫中阳台 palace terrace

巩

巩贝兹曲线<交通量增长曲线的一种> Gompert's curve
巩固 consolidate;consolidation
巩固期 consolidation period

汞

汞钯矿 potarite
汞白垩 mercury with chalk
汞泵 mercury pump
汞捕集器 mercury trap
汞残留物 mercury residue
汞残渣 mercury remains
汞槽 mercury tank
汞槽整流器 mercury tank rectifier
汞测压计 mercury ga(u)ge
汞沉积 mercury deposition
汞池 mercury pool
汞池阴极 mercury pool cathode
汞存储器 mercury memory; mercury storage
汞代谢 mercury metabolism
汞的 mercurial;mercuric;mercurous
汞的背景含量 background content of mercury
汞的处理 mercury handling
汞的甲基化作用 methylation of mercury
汞的络合物 mercury complex
汞的平均含量 average content of mercury
汞的四苯基卟吩络合物 tetraphenylprophin complex of mercury
汞的异常值 anomaly value of mercury
汞灯 mercury(spectrum)lamp
汞灯金属膜电阻器 mercurial lamp metal-film resistor
汞滴电极 mercury dropping electrode
汞滴定法 mercurimetric(al)determination;mercurimetry
汞电极 mercury electrode
汞电解池 mercury cell
汞电钥 mercury contact
汞毒 mercury poisoning
汞断路器 mercury circuit breaker
汞法电解 mercury process electrolysis
汞矾 schuettite
汞封的 mercury-sealed
汞封(口)mercury seal
汞干电池 mercury(oxide)cell
汞膏 amalgam; calomelene; calomel(ite);horn mercury;horn quicksilver;mercurial horn ore
汞膏蒸馏罐 amalgam pot retort
汞镉钡黄 mercury-cadmium lithopone
汞光谱灯 mercury spectral lamp
汞锅炉 mercury boiler
汞含量 mercury content
汞含量分析法 analysis method of mercury content
汞合金 alloy of mercury;amalgam;amalgamate
汞合金化 amalgamation
汞合金盘 amalgamating-pan
汞合金调制器 amalgamator
汞合金型片 amalgam matrix
汞合金研棒 amalgam pestle
汞合金研钵 amalgam mortar
汞合金研光器 amalgam burnisher
汞弧 mercury arc
汞弧变换器 mercury-arc converter
汞弧灯 mercurous discharge lamp; mercury-arc lamp; mercury discharge lamp
汞弧功率变换器 mercury-arc power converter
汞弧离子管 empretron
汞弧阴极 pool cathode
汞弧阴极整流管 pool-cathode tube
汞弧振荡器 mercury-arc oscillator
汞弧整流管 mercury pool tube;mercury pool valve;mercury vapo(u)r tube;pool-cathode tube;pool tube
汞弧整流器 glass bulb rectifier;mercury-arc rectifier; mercury pool tube; mercury vapo(u)r converter;mercury vapo(u)r tube;pool-cathode rectifier;vapo(u)r rectifier
汞弧整流式机车 mercury vapo(u)r rectifier locomotive
汞化 mercurate
汞化合物 mercuric compound
汞化合物的微生物转化 microbial conversion of mercury compound
汞化剂 mercurating agent
汞化物 mercuride
汞化作用 mercuration
汞积累 mercury accumulation
汞激光器 mercury laser
汞极电池 mercury cell
汞极电量计 mercury coulometer
汞剂化 mercurialization
汞检波器 mercury coherer
汞接点 mercurial contact; mercury contact
汞接点继电器 mercury-contact relay
汞接继电器 mercury-contact relay
汞开关 mercury switch
汞控恒温器 mercury thermostat
汞矿石 mercury ore
汞矿异常 anomaly of mercury ore
汞扩散泵 mercury diffusion pump
汞累积 mercury accumulation
汞离子 mercury ion
汞量测量 mercurimetry
汞量滴定法 mercurimetric(al)titration
汞量法 mercurimetry
汞流整流器 mercury jet rectifier
汞硫锑矿 livingstonite
汞绿光 green mercury light
汞络合物 mercuric complex
汞膜电极 mercury film electrode
汞浓度 mercury concentration
汞谱线 mercury line
汞齐 amalgam
汞齐捕集器 amalgam catcher
汞齐灯 amalgam vapo(u)r lamp
汞齐电池 amalgam cell
汞齐电极 amalgam electrode
汞齐法 amalgamation process
汞齐化 amalgamate
汞齐化法 amalgamation method
汞齐化过程 amalgamation process
汞齐化作用 amalgamation
汞齐挤压机 amalgam press
汞齐交换 amalgam exchange
汞齐压榨机 amalgam squeezer
汞齐冶金 amalgam metallurgy
汞齐荧光灯 amalgam fluorescent lamp
汞齐蒸馏罐 amalgam retort
汞气 mercury vapo(u)r
汞气泵 mercury air pump
汞气灯 mercury vapo(u)r lamp; mercury vapo(u)r light
汞气管 mercury vapo(u)r tube
汞气弧灯 mercury vapo(u)r arc lamp
汞气扩散泵 mercury vapo(u)r diffusion pump
汞气冷凝泵 mercury condensation pump
汞气喷射 mercury vapo(u)r jet pump
汞气整流管 mercury vapo(u)r rectifier tube
汞气整流器 cathetron
汞汽轮机 mercury turbine
汞铅矿 leadamalgam
汞取代 mercury replacement
汞醛碘 mercuro-iodo-formaline
汞醛碘沉淀法 mercuro-iodo-formaline precipitation method
汞醛碘浓集法 mercuro-iodo-formaline concentration method
汞软膏 mercurial ointment; mercury ointment
汞杀菌剂 mercurial fungicide
汞杀黏[粘]菌剂 mercurial slimicide
汞收集器 mercury trap
汞水平仪 mercury level
汞未饱和的孔隙体积 pore volume of unsaturation by mercury
汞温度计 mercurial thermometer; mercury thermometer
汞污染 mercury contamination; mercury pollution
汞污染的 mercury contaminated
汞污染物 mercury contaminant;mercury pollutant
汞吸收 mercury absorption
汞系防霉剂 mercurial fungicide
汞氙灯 mercury xenon-arc lamp;xenon-mercury lamp
汞线 mercury line
汞锌 amalgamated zinc
汞溴红 merbromin(e); mercurochrome

汞循环 mercury cycle
汞压表 pump pressure meter
汞压测孔仪 mercury porosimeter
汞压孔隙计 mercury pressure porosimeter
汞压入法 mercury intrusion method; mercury porosimetering
汞延迟线 mercury[Hg] delay line
汞盐 mercury salt
汞氧化物 mercury oxide
汞液大气压力计 mercurous barometer
汞液滴定法 mercurimetry
汞异常下限值 low limit value of mercury anomaly
汞阴极 mercury cathode
汞阴极电(解)池 mercury cathode cell
汞阴极分离法 mercury cathode separation
汞铟电池 indium-mercuric-oxide cell
汞银矿 kongsbergite
汞蒸气 mercury vapo(u)r
汞蒸气泵 mercury vapo(u)r pump
汞蒸气测定器 mercury vapo(u)r meter
汞蒸气测定仪 mercury vapo(u)r meter
汞蒸气测量 mercury vapo(u)r survey
汞蒸气(测量)仪 mercury vapo(u)r meter
汞蒸气放电灯 mercury vapo(u)r discharge lamp
汞蒸气分析仪 mercury vapo(u)r analyser[analyzer]
汞蒸气锅炉 mercury vapo(u)r boiler
汞蒸气检波器 mercury vapo(u)r detector
汞蒸气整流器 mercury vapo(u)r rectifier
汞制剂 mercurial
汞制农药 mercurial pesticide
汞置换法 mercury replacement method
汞中毒 hydrargyria; hydrargyrism; mercurialism; mercurial poisoning; mercury poisoning
汞珠 mercury globule
汞注入孔隙计 mercury intrusion porosimeter
汞柱 column of mercury; mercury column
汞柱式 mercury column type
汞柱弯液面 meniscus[复 menisci/meniscuses]

拱 arch;corbel arm;imbowment

拱坝 arch(ed)dam;vaulted dam
拱坝坝顶弦长 crest arc chord
拱坝坝座 arch dam pad
拱坝垫座 arch dam pad
拱坝顶拱圈中心 arch center[centre] for crest
拱坝拱冠断面 section at key
拱坝轮廓布置 layout of arch dam
拱板 arch(ed)bar; arch(ed) cover(ing);arch(ed)sheeting
拱板撑螺栓 arch bar column bolt
拱板转向架 arch bar truck;diamond arch bar truck
拱半径 arch radius
拱背 arch back; arch extrados; back of arch; extrados of arch; half-arch;hogback
拱背层 ring course
拱背桁架 hogback truss
拱背(脊)瓦 hogback tile
拱背梁 haunched beam
拱背起拱(线)点 extrados springing; soffit spring;springing of extrados
拱背穹隆 back of vault
拱背圈 arch haunch;haunch of arch
拱背线 arch extrados;extrados
拱壁 arch buttress
拱臂 arch spandrel
拱边圆线条 arch corner bead
拱边支柱 buckstay
拱边装饰线脚 archivolt
拱波 arch tile;bow wave;cross curved plate;two-way curved arch tile
拱部的下开挖 excavation below arch
拱部混凝土 arch concrete
拱部开挖 arch excavation
拱材 camber piece
拱材料 arch material
拱侧墙 arch spandrel
拱侧翼 flank
拱长 arch length
拱撑桁架 arch braced truss
拱窗 arcaded window; archaic window;arched window
拱带 arch band
拱道 arch way
拱的包角 included angle of arch
拱的断面 arch section
拱的放射形接缝 bed joint
拱的高跨比 pitch of arch
拱的构造 fornication
拱的厚度 depth of arch;thickness of arch
拱的加劲 arch reinforcing;arch stiffening
拱的加劲杆 arch stay;arch stiffener
拱的夹角 included angle of arch
拱的净孔 clear arch span
拱的锚定 grappling of arch
拱的内表面 inner surface of arch;intrados
拱的内侧 underside of arch
拱的内弧面 underside of arch
拱的起拱线 arch springing line; springing of extrados
拱的刹尖 wedging
拱的矢高 rise of arch
拱的托臂 haunch of arch
拱的影响线 influence line for an arch
拱的中线 arch center[centre] line
拱的中心轨迹线 line of centers[centres]
拱的轴向压力 arch thrust
拱的组成部分 arch element
拱的作用 arching;arch action <土壤>
拱底板 plancier
拱底衬砌 soffit lining
拱底面 barrel;intrados;springer;arch intrados
拱底面宽度 intrados width
拱底石 elbow; rein; springer; springing block
拱底推力 thrust of springer
拱点 apse[复 apsides]; apsis[复 apsides]
拱点力心距 apsidal distance
拱吊杆 spandrel hanger
拱吊钩 spandrel hanger
拱顶 apex[复 apices/apexes]; apex of arch;apsis[复 apsides]; arch apex; arch crest;arch(ed) crown;arched vault;arch roof;arch top;arch vertex;crown of arch;roof arch;vaulting;vault roof
拱顶岸墙 quay wall on arches
拱顶扁倚柱头 vaulting capital
拱顶表面 vaulting surface
拱顶沉落 crown settlement
拱顶衬砌 vault lining
拱顶(撑)杆 crown bar
拱顶承剪板 arch peak shear plate
拱顶储藏室 vault
拱顶处理断面 section at crown of arch
拱顶带钩托梁 crown bar on arch top
拱顶的顶尖块 vault apex block;vault crown block
拱顶的顶块　vault top block;vault vertex block
拱顶的端块 vault top block; vault vertex block
拱顶的墩座 vault impost
拱顶的隔舱 vault compartment
拱顶的拱背 vault back
拱顶的拱腋 vault haunch
拱顶的砌合 vault bond
拱顶的水平位移 horizontal displacement of crown
拱顶的楔形块 vault block
拱顶的压顶 vault coping
拱顶地下室 arched vault
拱顶地下室照明 vault light
拱顶顶 vault top
拱顶顶尖 vault crown
拱顶顶棚 vaulted ceiling
拱顶端 vault top;vault vertex
拱顶段 crown section;top section
拱顶断陷盆地 rifted arch basin
拱顶分隔块 vault severy
拱顶风格 vault style
拱顶封合 top closing
拱顶扶垛 segment-headed counterfort
拱顶腐蚀 crown corrosion
拱顶腹面 soffit of vault(ing)
拱顶覆盖的 vault-covered
拱顶盖 vault cover
拱顶高 vault rise
拱顶高度 crown height; spring of arch;vault depth
拱顶工程 vaulting engineering
拱顶沟背 vault extrados
拱顶构造 fornication
拱顶罐 tank with vault top
拱顶横肋 cross-springer
拱顶厚度 vault thickness
拱顶花边【建】cymatium[复 symatia]
拱顶混凝土 vaulted concrete
拱顶基石 tas-de-charge
拱顶加高量 key hog
拱顶加楔封拱 closure by wedging-in crown
拱顶尖 vault apex
拱顶肩部 vault spandrel
拱顶建造技艺 art of vaulting
拱顶建造艺术 art of vaulting
拱顶建筑 vault construction
拱顶建筑材料 vault construction material
拱顶交线 waving groin
拱顶角宽度 angular width of arch at crest
拱顶脚石 vault springer
拱顶脚手架 arch centering[centring]; centering of arch
拱顶铰 apex hinge;crown hinge;hinge in the key; key hinge; top hinge of arch
拱顶窖 vault
拱顶接缝 crown joint
拱顶接合段 closing section of vaulting
拱顶接头 crown joint
拱顶接头缝隙 gapping of the joints of a vault
拱顶节点 apex joint
拱顶结构 vaulted structure
拱顶截面 crown section;top section
拱顶壳 cupola
拱顶跨度 vault span
拱顶力矩变化 crown moment variation
拱顶梁 crown bar
拱顶隆起 apex hog
拱顶炉 arch furnace
拱顶轮廓 vault line
拱顶面 cupola
拱顶庙宇 monopteral
拱顶模架 vault shuttering
拱顶内表面 inner surface of vault(ing)
拱顶内侧(面) underside of vault
拱顶内拱面 vaulting intrados
拱顶挠度 crown deflection
拱顶棚 arch ceiling;cupola
拱顶砌筑 vaulting masonry work
拱顶砌筑工作 vaulted work
拱顶曲线 outline of vault
拱顶圣殿 monopteral
拱顶石 apex piece; apex stone; arch crown block; arch key; capstone; choke aggregate; choke stone; clavel; clavis; crown block; crown stone; filler stone; key block; keystone;lech;mensole;soffit cusp;top block;vault key(block);arch keystone <砌拱到拱顶时的刹尖石,俗称龙口石>
拱顶石层 key course;keystone layer
拱顶石勾缝 key joint pointing
拱顶石饰 headworks;intake heading
拱顶石饰工作 heading work
拱顶石饰细工 heading working
拱顶石头 vertex stone
拱顶矢高 rising of a vault
拱顶式顶棚 vault ceiling
拱顶饰面 vault facing
拱顶锁砖 bulkhead
拱顶推力 vault thrust
拱顶外拱面 vault back;vault extrados
拱顶位移 crown displacement
拱顶屋面 vaulted roof
拱顶下沉 crown subsidence; settlement of arch crown
拱顶下垂 apex sag
拱顶下垂度 key sag
拱顶下面积 vaulted area
拱顶线 line of vault
拱顶线脚 apex mo(u)ld
拱顶相交出的肋 waving groin
拱顶楔形砖 arch brick
拱顶楔砖 arch brick
拱顶形式 vault pattern
拱顶压低 vault abatement
拱顶压力 vault pressure
拱顶窑 arch furnace
拱顶应力 cupola stress
拱顶膺架 centering of arch
拱顶油漆 vault painting
拱顶支架 bow supporter
拱顶支柱 vaulting shaft
拱顶支座 bow support;vault abutment
拱顶中间的弯曲拱梁 angle rib
拱顶中心线 vault center line
拱顶中央 center of top
拱顶轴线 vault axis;vault center line
拱顶砖 crown brick;key brick
拱顶(砖)石 apex block
拱顶纵梁 steel arched support
拱顶作用 vault action
拱洞 arch cave
拱度 amount of camber; amount of crown; arching factor; bilge; camber;crown;rise
拱度曲线 camber curve
拱度增量 camber increment
拱端 arch abutment
拱端铰(链) impost hinge
拱端石 impost;springer
拱端石推力 thruput at springer
拱端推力 thrust at springer
拱端托 impost;superabacus
拱端托块 impost block;pulvinus
拱端砖 end arch brick

拱墩 arch abutment; arch impost; chaptrel; impost; superabacus; vaulting horse
拱墩侧座 al(l)ette
拱墩断面 impost section
拱墩反力 reaction of imposts
拱墩块体 impost block
拱墩帽 impost capital
拱墩系统 arch and pier system
拱墩压力 impost pressure
拱墩制 arch and pier system
拱墩柱头 impost capital
拱墩柱头铰(链) impost hinge
拱墩柱头接缝 impost joint
拱墩柱头造型 impost mo(u)lding
拱扶垛 archaic buttress; arch(ed) buttress; flier arch; flying buttress
拱副梁 arched beam
拱腹 arch soffit; soffit(of arch); vault soffit
拱腹板 soffit slab
拱腹板桩 arch web type sheet pile
拱腹半径 radius of intrados; radius of soffit
拱腹标高 sodium level; soffit level
拱腹高程 soffit level
拱腹架 sodium scaffolding; soffit scaffold(ing)
拱腹尖饰 soffit cusp
拱腹宽度 soffit width
拱腹面 soffit surface
拱腹模板 sodium formwork; soffit formwork
拱腹起拱点 springing of intrados; springing of soffit
拱腹起拱线 intrados springing line; springing of intrados; springing of soffit
拱腹曲线 soffit curve
拱腹式导轨 soffit conductor rail
拱腹图的展开 development of soffit
拱腹线【建】 arch intrados; sodium line; soffit line; intrados of arch
拱腹线的起拱点 springing of intrados
拱腹形地板填块 soffit floor filler block
拱腹形块 soffit block
拱腹形砖 soffit tile
拱腹形砖地板 soffit tile floor
拱腹形砖块地面 soffit block floor
拱腹展开 soffit development
拱盖 arch(ed) cover(ing)
拱杆 arch bar
拱杆板 arch bar
拱高 amount of camber; amount of crown; arch crest; arch rise; crown; depth of arch; height of arch; hench; rise of arch; arch <椭圆弹簧>
拱高度 amount of crown; pitch of arch
拱高与跨度比 arch rise-span ratio
拱工 arcuation
拱构造 arch construction
拱箍 arch band
拱冠 apex of arch; arch(ed) crown; crown(of arch)
拱冠断面 arch crown section; cross-section at crown; crown section; section at key
拱冠断面下游面轮廓 downstream profile of crown section
拱冠铰 crown hinge; hinge in the key; key hinge
拱冠梁 crown cantilever
拱冠梁法 <拱坝受力分析> arch and crown cantilever method
拱冠上游剖面线 <拱坝的> upstream profile at crown
拱冠石 arch keystone; crown block; keystone; arch vertex
拱冠下游面轮廓 <拱坝的> downstream profile at crown
拱冠悬臂梁 crown cantilever beam
拱冠悬臂梁分析法 crown cantilever analysis
拱冠悬臂梁校正 crown cantilever adjustment
拱冠悬臂梁调整 crown cantilever adjustment
拱管 arch tube
拱管堵 arch tube plug
拱管扩口工具 arch tube flaring tool
拱涵(洞) arch(ed) culvert
拱和扶壁块体 arch and buttress blockwork
拱荷载 arch load
拱桁 arch truss
拱弧的外曲线 extrados
拱花 blind stamping
拱滑 cascade
拱滑褶皱 cascade fold
拱环 arch ring; boom of arch; horizontal arch element <拱坝的>
拱或穹 concameration
拱基 chaptrel; impost; skewback; springing block; super-capital
拱基垫块 dosseret
拱基石 coussinet; skewback
拱基压力 pressure on imposts
拱极区 circumpolar region; circumpolar zone
拱极星 circumpolar star
拱极星大距 elongation of circumpolar star
拱极星座 circumpolar constellation
拱脊同高的交叉拱顶 level ridge vaults
拱架 arch action; arch center[centre]; arch centering [centring]; arched falsework; arch formwork; arch scaffolding; arch set; arch timbering; arch-type truss; centering[centring]; gooseneck; lagging jack; rider arch; bridge frame <仪器的>
拱架揣数 set of arch
拱架垫块 camber block
拱架顶纵木 lagging
拱架定心机 centering machine
拱架法 arch method; framework method
拱架构件 centering member
拱架模板 lagging of arch-center[centre]
拱架施工方法 arched construction
拱架下横梁 auxiliary arch bar
拱架卸荷木楔 wood wedge for centring unloading
拱架卸荷砂筒 sand cylinder for centring unloading
拱架卸落 centering[centring] unloading
拱架预压 preloading centering[centring]
拱架支护 protective arch rib; protective center[centre]
拱架柱 truck column
拱架柱螺栓 <拱板转向架> column bolt
拱架钻机 drill centering machine
拱尖 soffit cusp
拱肩 arch spandrel; camber; shoulder; spandrel of arch; spandril
拱肩玻璃 spandrel glass
拱肩吊钩 spandrel hanger
拱肩拱 <主拱背上的小拱> spandrel arch
拱肩铰链 skewback hinge
拱肩空间 spandrel space
拱肩墙 parallel wing; spandrel wall(ing); spandril; spandrel
拱肩上的悬臂踏步 spandrel cantilevered step
拱肩上的悬臂梯级 spandrel cantilevered step
拱肩上空洞 spandrel space
拱肩石 arch haunch
拱肩托板 spandrel panel
拱肩镶板 spandrel panel; apron panel <窗户的>
拱肩以上空间 spandrel space
拱肩柱 spandrel column
拱建筑 arcuate construction
拱键 soffit cusp
拱交项 apse node terms
拱角护条 arch corner bead
拱角斜石块 skewback
拱角砖 skew brick
拱脚 angle of skew-back; arch springer; arch springing(line); balance of roof; impost; skewback; spring(ing) block
拱脚垫梁 wall plate
拱脚铰 arch springing hinge; foot hinge of arch
拱脚石 impost springer; springer; springing(block)
拱脚手架 arch scaffolding; centring
拱脚推力 thrust at springer
拱脚托梁 curb concrete
拱脚线 spring line
拱脚斜块 arch skew block; skewback
拱脚压力 abutment pressure; pressure on imposts
拱脚支撑松弛 yielding of springing support
拱脚砖 bevel brick; cap starter brick; skew brick
拱结构 arch construction; arch structure; vault construction
拱结构分析 arch structural analysis
拱结构高度 arch depth
拱结构支承 arch bearing
拱筋 arch bar
拱静力学分析 arch analysis
拱距 apsidal distance
拱锯 arch saw
拱券 <中世纪教堂中殿听众席与圣台间的> arcus ecclesiae
拱壳砖 brick for arch(ed) roof; hollow brick for arches or shells
拱跨 arch bay; arch space; arch spalling; arch span; span of arch
拱块 arch block
拱块(砌)缝 voussoir joint
拱宽 arch span; crown width
拱拉杆 arch tie; vault anchor
拱拉焊 arch tie
拱廊 arcade; arch arcade; arch way; cloister; piazza; stoa; blind stor(e)y <哥特式教堂大门上的>; poecile; poikile <古雅典大会场的>
拱廊顶 arcade apex
拱廊顶部 arcade crown; arcade vertex
拱廊顶石 arcade key
拱廊架设 enframing arcades
拱廊墙顶线脚 arcade cornice
拱廊人行道 arcade sidewalk
拱廊入口 entrance to arcade
拱廊式岸壁 arcade type wall
拱廊式墙 arcade type wall
拱廊似的 archwise
拱廊下分隔唱诗座与走道的柱间墙 choir wall
拱廊装配 enframing arcades
拱肋 arcade rib; arch band; arch(ed) rib; flank; groin(e)[groyne] rib; rib arch; steel set
拱肋弧的圆心 rib center[centre]
拱肋基 arch rib footing
拱肋基础 rib footing
拱肋基脚 rib footing
拱肋旁的腹线 cell line
拱肋缩短 rib shortening
拱肋外形 profile of rib
拱肋压缩 rib shortening
拱肋与背板支护 rib and lagging
拱棱 rib
拱梨形轮廓 pyriform profile
拱里 intrados
拱里壁 backing
拱理论 arching theory
拱梁 arch(ed) beam; arched girder; carline
拱梁法 arch cantilever method
拱梁抛物线 arched girder parabola
拱梁平面 arched girder plane
拱梁桥 arched beam bridge
拱路 arch way
拱门 arch; arch(ed) door; arch way; vault arch; memorial arch <纪念性的>
拱门侧墙饰 archivolt
拱门窗上的葱形线饰 accolade
拱门岛 island barrier
拱门两旁的塔楼 buttress tower
拱门两旁的小塔 buttress tower
拱门墙侧装饰线条 archivolt
拱门三角墙尖顶 <早期英国建筑> gentes
拱门上升线 arch springing line
拱门式冲床 arch press
拱门式扶壁 arc-boutant
拱门式压力机 arch press
拱门饰 archivolt; decorated archivolt; ornamental archivolt
拱门桅 arch mast
拱门缘饰 archivolt
拱面 arch face; face of an arch
拱面墙 <桥拱平面内的墙> head wall
拱面石 arch ringstone; ring stone; arch block <楔形的>
拱面支墩坝 arch-deck buttress dam
拱模 arched falsework; arched timbering; falsework
拱模板 vault form(work)
拱模架 arch center[centre]
拱模起重行车 arch form traveler
拱模移运器 arch form carrier
拱模支架 arched scaffold(ing); arched timbering
拱木条 arch bar
拱内表面部分 archivolt
拱内侧面 intrados; soffit
拱内弧半径 radius of soffit; radius of intrados
拱内弧起拱点 springing of soffit
拱内弧起拱线 intrados springing line; soffit springing; springing of soffit
拱内圈 arch intrados
拱内圈起拱线 intrados springing line
拱抛物线 arch parabola
拱片桥 arch slice bridge
拱平面 arch plane
拱起 arch(ing); crowning; haunch up; hog; shoulder up
拱起假设 blister hypothesis
拱起气孔 raised stomata
拱起特征 crown feature
拱起物 hogback
拱砌合 arch(ed) bond
拱墙 arch(ed) wall
拱桥 archaic bridge; arch(ed) bridge
拱桥的弯梁 rib
拱桥墩 arched abutment
拱桥构造 arched formation; bridge formation
拱桥建筑 arched bridge construction

G

拱桥结构 arch formation
拱桥跨 bridge arch span
拱桥上部建筑 spandrel construction; structures on arch ring
拱桥伸缩缝 arch expansion joint
拱桥水平推力 bridge thrust
拱桥台 arched abutment
拱桥推力 bridge thrust
拱桥弯梁 rib
拱桥现象 arch formation
拱桥悬砌施工法 arched ring laid by cantilever method
拱桥悬装施工法 arched ring laid by cantilever method
拱锲块 arch ringstone
拱穹 vault
拱曲 hog(ging)
拱曲大梁 hog-backed girder
拱曲顶 apex hog
拱曲率 arch curvature
拱曲线 arch line;outline of arch
拱曲运动 arcogeny
拱曲作用 bending
拱圈 arc;arch block;arch ring;arch slice;ring;arch barrel <横截面高度小于宽度的板拱桥的>
拱圈层 ring course
拱圈衬砌 arch lining
拱圈的中心轨迹线 locus of center [centre]
拱圈底面 planceer
拱圈耳状线脚 crossette
拱圈封顶 closing;closure of arch ring
拱圈合拢 closing up of the arch ring
拱圈结合层 lacing course
拱圈块 arch block
拱圈轮廓 arch profile
拱圈模型架 centering
拱圈内弧起拱线 springing of intrados
拱圈内面 arch soffit;soffit
拱圈砌块 arch block
拱圈上游剖面线 upstream profile at crown
拱圈线脚 head mo(u)ld(ing)
拱圈悬砌法施工 arch ring laid by cantilever method
拱圈应力 ring stress
拱圈应力调整 arch ring stress adjustment
拱圈与拉梁间的弧形部分 tympan
拱圈与门头间的弧形部分 tympanum enclosed by arch
拱圈中心 arch center[centre]
拱圈中心角 central angle of arch;included angle of arch;included(central) angle of crest
拱圈砖 circle brick
拱圈作用 arch action;arching
拱券结构 arch construction
拱券内表面 inner surface
拱上侧墙 spandrel wall(ing)
拱上敞开的空间 open-spandrel
拱上挡土墙 spandrel wall(ing)
拱上高墙 spandrel wall(ing)
拱上构架 spandrel frame
拱上横墙 spandrel cross wall
拱上建筑 spandrel construction; structural over arch ring
拱上结构 deck structure of arch; spandrel structure
拱上空间 spandrel space;spandril
拱上框架 spandrel frame
拱上立柱 spandrel column
拱上铺装 arch cover(ing)
拱上填平层 arch cover(ing)
拱深 depth of arch
拱石 arch key;arch stone;voussoir; wedge-shaped stone
拱石拱门落水洞 arch ponor
拱石接合 voussoir joint
拱石圈饰 head band
拱石圈线条 head mo(u)ld(ing)
拱石饰 headworks
拱石楔块 ring stone;voussoir
拱石砖 voussoir key
拱矢 arch(ed) camber;arch(ed) rise; arch vector;rise of arch
拱矢度 pitch of arch
拱矢高 arch rise;height of camber; pitch of arch
拱式 vault type
拱式挡土墙 curved plate retaining wall
拱式的 arcuate(d)
拱式渡槽 arch aqueduct
拱式飞檐 arcade cornice
拱式扶垛 arched buttress; flying arch;flying buttress
拱式扶垛拱 flying buttress arch
拱式杆件 bar of arch
拱式钢拱架 steel arch centering
拱式构造 arched construction;arcuated construction; arcuation construction
拱式桁架 arch-type truss
拱式建筑 arched construction;arcuate(d) architecture;arcuated building;arcuated construction
拱式建筑风格 arcuated style
拱式结构 arched construction;arch-type structure; arcuated construction;arcuated structure
拱式拉杆 camber rod
拱式炉顶 sprung arch
拱式桥台 arched abutment
拱式弹性密封垫 fir cone gasket
拱式体系 arch-type system
拱式挑檐 arcade cornice
拱式停车架 <停自行车用> arch rack
拱式系统 arcuated system
拱式小压力机 arch-type sub press
拱式悬臂桥 arch cantilever bridge
拱式压力机 arch-type press
拱式支撑 rafter timbering
拱式支墩 arched buttress;flying buttress(arch)
拱式支墩坝 <平面上呈弧形的支墩坝> arch buttress dam
拱式支架 arch set
拱式重力坝 arched gravity dam
拱式自由锻锤 arch-type steam hammer
拱势 arch camber
拱势拉杆 camber rod
拱饰 arch(ed) mo(u)lding
拱饰门 head band
拱似地 archwise
拱锁石 sagitta
拱台 arch(ed) abutment
拱天顶仪 circumzenithal
拱条 arch bar;carline
拱筒 <连拱坝的> arch barrel
拱凸 domed
拱凸应力 bulge stress
拱推力 arch thrust;thrust of arch
拱外弧半径 extrados radius;radius of extrados
拱外弧起拱线 extrados springing line
拱尾形船 arch-stern ship
拱屋顶顶盖 coping of a vault
拱系统 arch system; arcual system; arcuated system
拱弦 arch chord; choppy of arch; chord of(bowstring) arch
拱线 apse line;apsidal line;line of apsides;line of arch
拱线长度 line of apsides
拱线脚 arch mo(u)lding
拱线旋转运动 apsidal rotational motion
拱线运动 apsidal motion
拱线运动常数 constant of apsidal motion
拱线运动周期 apsidal period
拱线转动 apsidal motion;apsidal rotation;rotation of the line of apsides
拱线转动周期 apsidal period
拱镶(边) arch bound
拱效应 arching effect
拱楔肩 cropping;crosette
拱楔块 arch block;voussoir
拱楔块键 voussoir key
拱楔块形空心砖 inverted block
拱楔石 arched solid; arched stone; voussoir key;wedge stone
拱楔砖 voussoir brick
拱斜石 arched solid;arched stone
拱心 arch (ed) core; arched center [centre];center[centre] of arch
拱心断面 section at key
拱心角 apsidal angle
拱心石 arched keystone;choke stone; head stone;keystone
拱心石层 keystone layer
拱形 arched dome;concave
拱形坝 archaic dam;arch(ed) dam
拱形板 arched sheeting; vaulted plate;vaulted slab
拱形板桩 arch timbering; deep-arc piling
拱形壁龛 arched recess
拱形冰堆 tented ice
拱形冰山 arched ice;arched iceberg
拱形玻璃 glass curved in two planes
拱形薄壳 arched shell;domical shell
拱形舱面 crown deck
拱形层顶 concave ceiling
拱形衬砌 arch lining
拱形撑板 arch sheeting
拱形撑架 arch(ed) brace
拱形窗 arch window
拱形大桁梁 arched principal
拱形大梁 arch(ed) girder
拱形挡土墙 arched retaining wall
拱形的 archaic;arched;arch form;archy; arciform; arcuate; cambered; fornicate;wagon-headed
拱形底 cupola bottom
拱形底板 arch floor;crown bottom; crown deck
拱形底层 arcaded ground floor
拱形顶 arched roof;cap vault
拱形顶板 coom
拱形顶部 vault roof
拱形顶盖 vault roof
拱形顶棚 arch (ed) ceiling; vaulted ceiling;vault roof
拱形洞门 arched portal
拱形断面 crowned section
拱形防波堤 arched mole
拱形房屋 arched building
拱形飞檐 arched cornice
拱形扶壁 arch (ed) buttress; flying buttress
拱形钢板桩 archaic type piling bar; arched(type) piling bar;arch(ed)-type sheet pile
拱形钢轨 arch rail
拱形钢闸门 steel arch gate
拱形高架桥 arched viaduct
拱形格栅 vault grid
拱形构架 arched frame
拱形构造 arched construction;arched work;arcual construction;arcuated construction
拱形古墓穴 archaic sepulcher[sepulchre]
拱形管 arched pipe;arch tube
拱形管道 arched conduit;arched pipe
拱形轨隙连接器 crown rail-bond
拱形涵洞 arch(ed)(type) culvert
拱形涵管 arched culvert pipe
拱形旱桥 arched viaduct
拱形黑云风暴 arched squall
拱形桁架 arch(ed) truss;braced arch; curved chord truss;truss(ed) arch
拱形桁架梁桥 trussed arched girder bridge
拱形桁架桥 braced arched bridge
拱形桁架式大梁 arched trussed girder
拱形桁架式桥 arched truss bridge
拱形横撑 arched strut
拱形弧 radial arch
拱形护墙板 arch sheeting
拱形混凝土坝 arched concrete dam
拱形混凝土砌块 arched concrete block
拱形混凝土砌块坝 arched concrete block dam
拱形活动房屋 quonset hut
拱形基础 arched foundation
拱形纪念门 memorial arch
拱形甲板 cambered deck
拱形建筑 arch(ed) building
拱形建筑风格 arched style(of architecture);arcual style
拱形建筑物 arcade;arched structure; arcuated structure; arcuated construction;arched construction
拱形建筑物正面 arcaded facade
拱形脚手架 archaic falsework; arch centring; arch (ed) falsework; arched scaffold(ing)
拱形结构 arched construction;arched element; arched structure; arch frame; arcual structure; arcuate construction
拱形卡环 hog ring
拱形看台 arcaded tribune
拱形壳 cupola shell
拱形块(体) <砌拱用> arch voussoir;cupola block
拱形框架 arch(ed) frame
拱形框架结构 arch(ed) frame construction
拱形廊道 arched gallery
拱形肋骨 arch framing
拱形肋骨船体 arc form hull
拱形梁 archaic beam;arch(ed) beam
拱形梁长度 arched girder length
拱形梁荷载 arched girder load
拱形梁式桥 arch(ed) beam bridge
拱形楼板 arch(ed) floor
拱形楼盖 archaic floor;arched floor
拱形楼梯 arch(ed) stair(case)
拱形炉顶 arched furnace roof
拱形路 cambered road
拱形路面 cambered road
拱形码头岸壁 arch-type quay wall
拱形门 arched door;arched portal
拱形门洞 arched opening
拱形面板支墩坝 arch-deck buttress dam
拱形模板 arched form(work);arched framework;arched shuttering
拱形排架 arched bent
拱形排水沟 arch drain
拱形喷杆 <喷雾器的> spraying arch
拱形坡顶 rainbow roof; whaleback roof
拱形铺装 arch cover(ing)
拱形起重行车 arch form traveler
拱形砌缝 voussoir joint
拱形砌体工程 arch blockwork
拱形墙 arch wall
拱形墙角装饰线条 arch corner bead
拱形桥 arched bridge
拱形桥门 arched portal
拱形桥面 crown deck
拱形桥台 archaic abutment;arch(ed) abutment

拱形桥轴 gantry axle
拱形曲线 arched outline;ogive curve
拱形入口 arched entrance
拱形三角檐饰 <山墙的> interrupted arch
拱形上弦 camel-back top chord
拱形石 <砌拱用> arch voussoir
拱形水槽 arched flume
拱形隧道 arch(ed) tunnel
拱形隧洞 arch(ed) tunnel
拱形踏步 arch-shaped step
拱形弹性扣件 arch spring fastening
拱形体 ogive
拱形体系 arched system;dome system
拱形天花板 arch(ed) ceiling;cove ceiling;domed ceiling
拱形条铁 arched bar
拱形铁条 arch bar
拱形筒顶 arched roof
拱形筒壳 arch barrel
拱形头部 nose ogive
拱形突堤 arched mole
拱形瓦 mission roofing tile; mission tile;sole tile
拱形围堰 arch cofferdam;arch weir
拱形屋顶 archaic roof; arch(ed) roof; concave ceiling; roof arch; roof vault;vaulted roof
拱形屋顶桁架 arched roof truss
拱形屋盖 arch(ed) cover(ing); arched floor
拱形屋架 arch(ed) roof truss; bowstring roof truss
拱形屋面 arch(ed) cover(ing); arched roof;vault roof;wagon roof
拱形弦杆 arched chord
拱形橡胶护舷 arch-type rubber fender;rubber arch fender
拱形悬臂桁架 cantilever arch truss
拱形悬臂桁架桥 archaic cantilever truss bridge;arched cantilever truss bridge
拱形悬臂桥 arch cantilever bridge
拱形压花钢板 Bernold sheet
拱形压力机 arch press
拱形檐 arch cornice
拱形檐壁 arched frieze
拱形溢洪道 arched spillway
拱形圆顶 dome;vault
拱形圆屋顶 arched dome
拱形云 arched squall
拱形闸门 arch gate
拱形栈桥 arch(ed) viaduct
拱形罩篷 arch canopy
拱形支撑 arch brace;arched timbering;arch falsework;arch-type support
拱形支护 arching;arch timbering; arch-type support;arch walling
拱形支架 arch lining; arch set; arch support
拱形支座 arched abutment
拱形重力坝 arch(ed) gravity dam; curved gravity dam
拱形主梁 archaic girder;arched girder;arched principal(girder)
拱形砖 arched brick
拱形砖砌屋盖 arched brick roofing
拱形装饰 blank arch
拱形锥 vaulting cone
拱形走廊 arched gallery
拱形组件 arch element
拱旋块 arch block
拱压力 arch compression;arch pressure
拱压力线 line of arch pressure
拱檐 arch cornice
拱檐线脚 hood mo(u)lding
拱腰 arch(ed) haunch;hance
拱腰梁 haunched beam
拱腋(托) haunch of arch;arch haunch
拱翼 arch limb
拱应力 arch stress;arch thrust
拱膺架 arch center[centre];arch scaffolding; lagging jack; centring; arch centering[centring]
拱膺架装置 centering system
拱用砖 voussoir brick
拱圆顶 dome cupola
拱缘装饰 archivolt
拱胀【道】 blow-up
拱胀修补处 blow-up patches
拱支撑 arch brace[bracing];arch support
拱支承 arch bearing
拱支墩 arcade pier;arch buttress
拱支桁架 arch braced roof; arch braced truss
拱支架屋顶 arch braced roof
拱支楼梯 stairs resting on arches
拱支屋顶 arch braced roof
拱支座 arch bearing
拱枝压 arching layer
拱趾 arch springing
拱趾断面 impost section
拱趾铰 impost hinge
拱中下垂 key sag
拱中心 arch center[centre]
拱中心线 arch center[centre] line; line of arch center[centre]
拱轴 arch axis
拱轴切线角 angle of tangent on the arch axis
拱轴系数 arch axis coefficient
拱轴线 arch center[centre] line;arch(ed) axis;centerline of arch
拱轴线试用形状 trial shape of axis
拱主梁 arched beam;arched girder
拱柱 arch buttress;counterfort;counterpilaster;vaulting horse
拱柱式 arch order
拱砖 compass brick;dome brick
拱砖管 generating tube
拱状暗条 arch filament
拱状暗条系 arch filaments system
拱状保险丝 crown support
拱状的 archwise; arciform; testudinate;vaulted
拱状屋顶 vaulted roof
拱状云飑 arched squall
拱子午线高度 circummeridian altitude
拱作用 arch action; arching effect; bridge action
拱作用系数 arching factor
拱座 abut(ment);abutment of arch; arch abutment; arch impost; arch seat;arch skewback;arch springing line; arch support; butment; buttressing pier;heel;skewback;spring block
拱座岸壁 quay wall on arches
拱座变形 abutment deformation
拱座码头 quay wall on arches
拱座墙 abutment wall
拱座石 abutment stone
拱座圬工 abutment masonry
拱座系统 abutment system
拱座斜块 skewback
拱座压力 abutment pressure
拱座支承墙 abutment support wall

珙

珙桐【植】 Chinese dove tree

共

共板极放大器 common-anode amplifier
共保 co-insurance
共保交叉责任条款 joint insured cross liability clause
共焙烧 cofiring
共边角 coterminal angles
共变 covariance
共变导数 covariant derivative
共变的 covariant
共变分量 covariant component
共变函子 covariant functor
共变曲线 covariant curve
共变式 covariant
共变数分析 analysis of covariance
共变微分法 covariant differentiation
共变向量 covariant vector
共变张量 covariant tensor
共变指数 covariant index
共差矩阵 covariance matrix
共掺杂 codope
共沉淀法 coprecipitation method
共沉淀复合稳定剂 coprecipitation complex stabilizer
共沉淀剂 coprecipitator
共沉淀作用 coprecipitation
共(沉)积 codeposition
共沉相 coexisting phases
共衬底 common substrate
共成的 syngenetic
共筹资金 cofinancing
共处 coexistence
共促进剂 copromotor
共催化剂 cocatalyst
共存 coexistence
共存程序 symboints
共存的 concurrent
共存管理程序 symbiont manager
共存控制 symbiont control
共存离子 concomitant ion
共存三角形 compatibility
共存相 coexisting phases
共存延限带 <生物地层单位> concurrent-range zone
共存有机物 coexisting organics
共存元素 coexistence element
共代谢作用 co-metabolism
共低聚 co-oligomerization
共点变换 concurrent transformation
共点成像 stigmatic imaging
共点的 concurrent; copunct(u)al; stigmatic
共点力 concurrent force
共点力平衡 equilibrium of concurrent force
共点平面 concurrent planes
共点深度 common depth point
共点线 concurrent line
共电(磁石)专线中继器 trunk circuit for CB(LB)[circuit breaker(line buffer)] private line
共电电话交换机 common battery telephone switchboard
共电电源 central battery supply
共电路 cocircuit
共电式长途交换机 central battery toll switch board
共电式电池 common battery
共电式电话 central battery telephone;common battery telephone
共电式电话机 common battery telephone set
共电式电话局 common battery telephone station
共电式交换机 common battery exchange
共电式市内交换机 central battery local switch board
共电制 central battery;common battery system
共电制长途电话交换机 common battery toll switchboard
共电制电话交换机(局) common battery telephone exchange
共电制电话局 central battery telephone exchange
共电制电话信号设备 central battery signal(l)ing device
共电制电话信号装置 central battery signal(l)ing unit
共电制电话振铃 battery ringing
共电制电话总局 common battery central office
共电制复式塞孔盘 central battery multiple;common battery multiple
共电制交换台 common battery switchboard
共淀积 codeposition
共动坐标 comoving coordinates
共动坐标系 comoving coordinate system
共轭 conjugate;explementary;twin axles
共轭保角的 conformal conjugate
共轭变换 conjugate transformation
共轭变量 conjugate variable
共轭并矢式 conjugate dyadic
共轭次梯度法 conjugate subgradient method
共轭的 conjugate;coupled
共轭点 conjugate points;conjugate foci
共轭点解释法 conjugate point method
共轭电流 conjugate current
共轭电路 conjugate circuit
共轭电桥 conjugate bridge
共轭断层【地】 conjugate(d) faults
共轭断裂 conjugate fracture
共轭对 conjugate pairs
共轭多余力 conjugate redundant force
共轭二次曲线 conjugate conics
共轭阀动装置 conjugate valve gear
共轭方程 conjugate equation
共轭方向 conjugate directions
共轭方向法 conjugate direction method
共轭方向搜索 conjugate direction search
共轭分支 conjugate branch
共轭复的 conjugate complex
共轭复函数 conjugate complex function
共轭复数 conjugate complex(numbers)
共轭根 conjugate roots
共轭函数 adjoin(t) functions; conjugate functions
共轭化合物 conjugated compound
共轭化学 conjugation chemistry
共轭还原剂 conjugate reductant
共轭剪切角 conjugate shear angle
共轭剪切应力 conjugate shearing stress
共轭碱 conjugate base
共轭键 conjugated bond; conjugated linkage
共轭焦点 conjugated focus;conjugate foci
共轭焦面 conjugate focal planes
共轭角 conjugate angles
共轭阶段 conjugate stages
共轭节理 conjugate joint
共轭节理系 conjugate joint system
共轭截面 conjugate section
共轭解 conjugate solution
共轭矩阵 adjoint matrix; associated matrix;conjugate matrix
共轭距 conjugate distance
共轭开裂 conjugated fracture
共轭链 conjugate(d) chain
共轭梁 conjugate beam
共轭梁定理 theory of conjugate beam
共轭梁法 conjugate beam method
共轭梁理论 theory of conjugate beam

G

共轭梁原理 theory of conjugate beam
共轭裂缝 conjugate fissures
共轭脉 conjugate(d) veins
共轭盆地 yoked basin
共轭劈理 conjugate cleavages
共轭匹配 conjugate match
共轭平面 conjugate planes
共轭破裂 conjugate fracture
共轭破裂系 conjugate fracture system;system of conjugate fracture
共轭切线 conjugate tangents
共轭曲线 conjugate curve
共轭射线 conjugate ray
共轭深度 alternate depth
共轭势函数 conjugate potential function
共轭树【数】 cotree
共轭数 conjugate numbers
共轭双曲线 conjugate hyperbola
共轭水深 alternate depth;conjugated depth;sequent depth
共轭水位 alternate stage
共轭四元数 conjugate quaternion
共轭酸 conjugate acid
共轭算子 adjoint operator;conjugate operator
共轭特征标 conjugate character
共轭梯度 conjugate gradient
共轭梯度法 conjugate gradient method
共轭条件 distance condition
共轭调和函数 conjugate harmonic function
共轭位函数 conjugate potential function
共轭位置 conjugate position
共轭膝折带 conjugate kink-band
共轭系 conjugate system
共轭先验概念 conjugate prior concept
共轭弦 conjugate chord
共轭线 conjugate line
共轭线性算符子 conjugate linear operator
共轭相 conjugate phases
共轭向量 conjugate vector
共轭像 conjugate image
共轭像点 conjugate image points;conjugate photo points
共轭斜量法 conjugate gradient method
共轭性 conjugacy;conjugation
共轭虚数 conjugate imageries
共轭虚线 conjugate imaginary lines
共轭压力 conjugate pressure
共轭应力 conjugate stress
共轭应力理论 theory of conjugate stress
共轭元素 conjugate elements
共轭原理 theory of conjugation
共轭约束条件 conjugate constraint
共轭运算 conjugate operation
共轭张量 conjugate tensor
共轭褶皱 conjugate folds
共轭褶皱系 conjugate fold system
共轭支路 conjugate branch
共轭脂肪酸 conjugated fatty acid
共轭直径 conjugate diameters
共轭值 conjugate value
共轭制约 conjugate constraint
共轭中心 <本张像片上识别出来的邻片主点> conjugate center[centre]
共轭轴 twin axis
共轭轴线 conjugate axes;twin axles
共轭转置矩阵 associate matrix
共轭转置正交系 adjoint orthogonal system
共轭缀合 conjugation
共轭阻抗 conjugate impedance
共二聚体 codimer
共发电设施 cogeneration facility;cogeneration plant
共发射极 common emitter
共发射极放大级 grounded-emitter stage
共发射极放大器 common emitter amplifier
共发射极结型光电晶体管 common emitter junction phototransistor
共发射极晶体管 common emitter transistor
共发射极输出阻抗 common emitter output impedance
共法线 conormal
共反射点 common depth point
共反射点道集数 common-reflected-point channels number
共反射点叠加 common-reflection-point stack
共反射点数 common-reflected-point number
共反射面元的反射点数 point number of common reflection area element
共反射面元的混波道数 mixing traces within common reflection area element
共反射面元划分 common-reflection-fin dividing
共反应剂 coreactant
共反应树脂 coreacting resin
共反应物 coreactant
共反应性 coreactivity
共沸的 azeotropic
共沸点 azeotropic point;azeotropy point
共沸点变换 azeotropic transformation
共沸共聚物 azeotropic copolymer
共沸过程 azeotropic process
共沸化合物 azeotrope
共沸化合物锅炉 azeotrope boiler
共沸混合冷剂 azeotrope
共沸混合物【化】 azeotrope;azeotropic mixture
共沸混合物锅炉 azeotrope boiler
共沸混合制冷剂 azeotropic refrigerant
共沸剂 entrainer
共沸溶液 azeotropic solution
共沸溶液制冷剂 azeotropic solution mixture refrigerant
共沸生成液体 azeotrope forming liquid
共沸性 azeotropy
共沸学 azeotropy
共沸蒸馏 azeotropic distillation
共沸蒸馏塔 azeotrope tower
共沸作用 azeotropism
共分离 coseparation
共分支 common branch;mutual branch
共焚化 co-incineration
共辅角 explementary angles
共格 coherence
共格边界 coincidence boundary
共格的 coherent
共格性 coherency
共固化 co-curing
共管(领土) condominium
共管下政府 condominium
共光程参考波 commonopath reference wave
共光程干涉仪 common path interferometer
共轨喷射制 common rail injection system
共合体 cointegrate
共和国 commonwealth;republic
共和政体 republic
共核分子 homonuclear molecule
共混 blend
共混聚合物 polymer blend
共混凝气浮生物接触氧化工艺 co-coagulation flo(a)tation-biocontact oxidation process
共混性 blendability
共混组分 blend composition
共活化剂 coactivator
共活化作用 coactivating
共积作用 codeposition
共基极 common base;grounded base
共基极放大器 common-base amplifier
共基极连接 common-base connection
共基极输出电容 common-base output capacitance
共基极特性 common-base characteristic
共激活 coactivating
共激活剂 coactivator
共激活作用 coactivating
共极板接地 grounded collector
共极的 copolar
共集电极 common-collector;grounded collector <接地的>
共集电极放大级 grounded-collector stage
共集电极放大器 common-collector amplifier; ground-collector transistor amplifier
共挤出 co-extrude
共挤聚乙烯塑料管 coextruded polyvinyl chloride plastic pipe
共挤流延 coextrusion casting
共挤贴合 coextrusion coating
共挤涂覆 coextrusion coating
共挤涂机 coextrusion coater
共挤压 coextrusion
共计 add up to; aggregate; all-round(all);amount;grand total
共济失调计 ataxiameter
共寄生 symparasitism
共加热 cofiring
共价 contravalence[contravency];covalence[covalency]
共价半径 covalent radius
共价的 covalent;homopolar
共价电子 shared electron
共价分子 covalent molecule
共价化合物 covalent compound
共价键 covalent bond;shared bond
共价键碳化物 covalent carbide
共价结合理论 covalent binding theory
共价(结)晶 covalent crystal
共价晶体 covalent crystal; valence crystal
共价均成 colligation
共价配合物 covalent complex
共浆体 symplasm
共焦 confocus
共焦点的 confocal;parfocal
共焦点平面 common focal plane
共焦点曲线 confocal curve
共焦点双曲线 confocal hyperbola
共焦点圆锥面 confocal cone
共焦端面 confocal ends
共焦二次曲面 confocal quadrics
共焦二次曲线 confocal conics
共焦反射镜 confocal mirror
共焦反射镜系统 confocal mirror system
共焦反射镜谐振器 confocal mirror resonator
共焦反向散射激光测速仪 confocal backscatter laser velocimeter
共焦光学谐振腔 confocal optic(al) resonator
共焦红宝石激光器 confocal ruby laser
共焦环形谐振器 confocal ring resonator
共焦距 confocal distance
共焦抛物面坐标 confocal paraboloidal coordinate
共焦腔 confocal cavity
共焦球面反射器 confocal spheric(al) reflector
共焦球形激光谐振腔 confocal spheric(al) laser resonator
共焦式不稳定谐振腔 confocal unstable resonator
共焦双曲面 confocal hyperboloid
共焦双曲线网 homofocal hyperbola
共焦双曲线网格 homofocal hyperbolic grid
共焦条状激光谐振腔 confocal strip laser resonator
共焦透镜系统 confocal lens system
共焦椭圆 confocal ellipse
共焦椭圆面 confocal ellipsoid
共焦谐振 confocal resonance
共焦谐振器 confocal resonator
共焦锥面 confocus cone
共焦坐标 confocal coordinates
共角顶 share apex
共接收点道集剖面 common-receiver-point gather section
共接头 common terminal
共节点 conode
共结斑岩 eutectophyre
共结点 eutectic point
共结点法 eutectic point method
共结霏细岩 eutectofelsite
共结构造 eutectic structure
共结混合物 eutectic mixture
共结结构 eutectic texture
共结晶 co-crystallization
共结条纹长石 eutectoperthite
共晶 eutecticum;eutropic crystal
共晶奥氏体 eutectic austenite
共晶比 eutectic ratio
共晶变形 eutectic deformation
共晶冰 eutectic ice
共晶成分 eutectic composition
共晶点 eutectic point
共晶反应 eutectic reaction
共晶粉末 eutectic powder
共晶复合型颜料 mixed metal oxide pigment
共晶钢 eutectic steel
共晶焊焊条 eutecrod
共晶合金 cazin;eutectic alloy
共晶混合物 eutectic mixture
共晶混合物板 eutectic plate
共晶混合物片 eutectic plate
共晶结构 eutectic texture
共晶结晶 eutectic crystallization
共晶铝硅合金 co-crystallized Al-Si alloy
共晶凝固 eutectic freezing
共晶熔化 eutectic melting
共晶渗碳体 eutectic cementite
共晶生铁 eutectic cast iron;eutectic pig iron
共晶石墨 eutectic graphite
共晶水平线 eutectic horizontal
共晶碳化物 eutectic carbide
共晶体 eutectic crystal;mix crystal
共晶体的 eutectiferous;eutectic
共晶团 eutectic cell;eutectic colony
共晶团组织 eutectic cell structure
共晶温度 eutectic temperature
共晶系统 eutectic system
共晶盐蓄冷 eutectic salt cool storage
共晶铸铁 eutectic cast iron
共晶转变 eutectic change; eutectic transformation
共晶状 eutectiform
共晶组织 eutectic structure
共居的 synanthropic
共聚多醚 copolyether
共聚多酯 copolyester
共聚合反应 copolymerization
共聚合作用 combined polymerization;copolymerization
共聚焦激光扫描显微镜 confocal laser scanning microscope
共聚醚酯纤维 copolyether ester fibre

共聚树脂 copolymer resin
共聚塑料 copolymeric plastics
共聚体 interpolymer
共聚体黏[粘]合剂 venamul
共聚物 copolymer;interpolymer
共聚物乳胶漆 copolymer resin
共聚物纤维 copolymer fiber[fibre]
共聚烯烃 copoly alkylene oxide
共聚用单体【化】comonomer
共聚用单体配比 comonomer ratio
共聚作用 copolymerization; interpolymerization
共空间 cospace
共棱 share edge
共离散 covariance
共离散矩阵 covariance matrix
共力点 concurrent force
共力线 collinear forces
共漏极 common drain
共路信号网 common channel signal(l)ing network
共路信令 common channel signal(l)ing
共面 coplane;share plane
共面点 coplanar points
共面电极 coplanar electrodes
共面法 coplane method
共面方程 coplanarity equation
共面光栅 coplanar grating
共面力 coplanar force
共面力系 coplanar force system
共面栅极 coplanar grid
共面栅极管 coplanar-grid valve
共面矢量 coplanar vector
共面条件 coplanar condition
共面条件方程 coplanarity condition equation
共面位移 coplanar displacement
共面稳定器 coplanar stabilizers
共面线栅 coplanar grating
共面线向量 coplanar line vector
共面向量 coplanar vector
共面像对 basal coplane
共面应变 coplanar strain
共面应力 coplanar stress
共面坐标系 coplanar coordinate system
共鸣 acoustic(al) resistance; acoustic(al) resonance; resonance; resonate; sympathetic (al) resonance; sympathy
共鸣板 acoustic (al) board; sound(ing) board; sounding tester
共鸣的 resonant; resound(ing); sympathetic(al)
共鸣反响 resonance
共鸣管 resonance tube
共鸣罐 harmonical vase
共鸣火花 resonant electric(al) spark
共鸣偏差 acoustic(al) resonance deviation
共鸣偏移 acoustic(al) resonance deviation
共鸣频率 resonance frequency
共鸣器 acoustic (al) resonance device; acoustic (al) resonator; resonant chamber; resonator; sound box
共鸣声 sound resonance
共鸣式防波堤 resonance breakwater
共鸣试验 resonance test
共鸣现象 mesomerism
共鸣箱 harmonical vase; resonance box; resonator
共鸣消音器 resonant sound absorber
共鸣学说 resonance theory
共鸣振动 sympathetic vibration
共鸣作用 resonance action; resonation
共模 common mode
共模操作 common-mode operation
共模电压 common-mode voltage
共模扼流圈 common-mode choke
共模干扰 common-mode disturbance
共模信号 common-mode signal
共模抑制比 common-mode rejection ratio
共模噪声 common-mode noise
共谋 collusion;dicker
共谋关系 complicity
共母线制 common bus system
共能量 co-energy
共凝胶的 cogelled
共凝聚作用 conglutination
共炮点道集剖面 common-shot-point gather section
共炮点射线追踪偏移 common-shot ray tracing migration
共炮点深度偏移 common-shot depth migration
共炮检距集合剖面 common offset gather section
共平面的 coplanar
共平面力 coplanar force
共平面网络 coplanar network
共平面形波导 coplanar waveguide
共平面性 coplanarity
共平面应变 coplanar strain
共谱 co-spectrum
共谱密度 coincident spectral density
共栖【生】commensalism;symbiosis
共栖的 commensal
共栖生物 commensal;mutualist
共栖体 commensal
共栖现象 commensalism
共栖者 commensal
共齐聚 co-oligomerization
共切线段 tangential path
共曲率 common curvature
共圈结合层 lacing
共确定系统 codeterministic system
共溶 mutual solution
共溶剂 cosolvent;coupling solvent
共溶性 cosolvency
共溶性的 consolute
共熔 congruent melting
共熔点 eutectic point
共熔晶界线 eutectic boundary curve
共融点 eutectic point
共乳化剂 coemulsifier
共栅(场效应管)放大器 common-gate amplifier;cathode-input amplifier
共栅极 common gate
共栅极放大器 grounded grid amplifier
共栅连接 common-gate connection
共射放大器 grounded emitter amplifier
共射共基放大器 cascode amplifier
共深点 common depth point
共深点爆炸 common-depth-point shooting
共深点叠加 common-depth-point stack
共深度点 common depth point
共深度点爆炸 common-depth-point shooting
共深度点叠加 common-depth-point stack
共深度点集合剖面 common-depth-point gather section
共深度点数 common-depth-point number
共渗 infiltrate
共生 intergrow;intergrowth;paragenesis;syngenesis
共生变化 combination variable;symbiotic variable
共生次序 mineral sequence;paragenesis;paragenetic sequence
共生次序图 paragenetic diagram
共生的 symbiotic;syngenetic
共生固氮生物 symbiotic nitrogen fixer
共生固氮作用 symbiotic nitrogen fixation
共生关系 mutualism; paragenetic relation; symbiosis; symbiotic relationship
共生金属 associated metal
共生矿 paragenetic ore
共生矿产 associated deposit
共生矿产储量 reserves of paragenic ore
共生矿物 associated mineral; paragenetic mineral
共生矿物名称 title of paragenesis mineral
共生矿物学 paragenetic mineralogy
共生蓝藻 Syncyanosen
共生培养 co-cultivation
共生生态系统 symbiotic ecosystem
共生生物 mutualist;parabiont;symbiont
共生双晶 paragenetic twin
共生水 associated water
共生体 cyanelles;homobium
共生体系 syntaxial system
共生条件下 under symbiotic conditions
共生微生物 table companion microbe
共生细菌 symbiotic bacteria
共生现象 commensalism; symbiosis; mutualism
共生相 coexisting phases
共生藻 phycobiont
共生藻类 symbiotic algae
共生者 sumbiont
共生作用 syngenetism
共式扼流圈 common-mode choke
共室 coenecium
共水解作用 cohydrolysis
共缩合作用 co-condensation
共缩聚物 co-condensation polymer
共缩聚作用 copolycondensation
共态变换【电】common-mode conversion
共态失效 common-mode failure
共态输入 common-mode input
共态误差 common-mode error
共态协调 costate coordination
共态性能 common-mode performance
共态抑制 common-mode rejection
共态抑制比 common-mode rejection ratio
共态噪声 common-mode noise
共态增益 common-mode gain
共体 coenosarc
共通性 commonality
共同安全 common safety
共同保险 co-insurance; concurrent insurance
共同保险人 coinsurer
共同保险条款 co-insurance clause
共同保障保险单 joint protection policy
共同保证人 co-guarantee
共同边界 common border; common boundary
共同边境 common border
共同变形理论 general deformation theory
共同财产 collective goods; common property;community property
共同参与贷款 participation loan
共同沉淀 coprecipitation
共同成本 common cost
共同承兑人 co-acceptor
共同承揽人 cocontractor
共同承租人 coleassee
共同尺寸 joint measurement
共同筹资 cofinance;cofinancing
共同出票人 codrawer
共同出资 joint contribution
共同处理 <废水污水的> joint disposal
共同创立者 co-founder
共同萃取 co-extraction
共同贷款 participation loan
共同贷款人 participating loaner
共同担保 co-insurance;common collateral
共同担保人 co-guarantor
共同当事人 coparties
共同的 collective; common; concurrent;conjoint;corporate;mutual
共同的创立者 co-adaptation-founder
共同的和各自的责任 joint and several liability
共同的利益关系 to have common interests
共同的目标 common cause;common goal
共同的曲率中心 common centre of curvature
共同的未知方差 common unknown variance
共同的旋转轴 common axis of rotation
共同点法 reference point method
共同定价 common pricing
共同段 common section
共同发票人 codrawer
共同发起国 cosponsor
共同发起人 cosponsor
共同发起者 cosponsor
共同法人经营 corporate management
共同法人责任 corporate responsibility
共同犯罪 complicity
共同费用 common cost;common expenses;joint cost
共同分配 collective distribution
共同分配法 collective distribution method
共同分摊费用收益 cost-and-benefit-sharing
共同风险 concurrent risk
共同风险投资 joint venture
共同负担 joint burden
共同负责 share the blame
共同负责式合同 joint venture type of contract
共同富裕的道路 the road of common property
共同工作者 co-worker;workmate
共同沟 collector duct;composite pipe line;multi service tunnel
共同关税率 common customs tariff
共同关心的问题 problems of common concern; question of common interest
共同管理 co-management; joint administration
共同管理权 co-management
共同管辖区 condominium
共同管辖权 concurrent jurisdiction
共同规律性 common regularity
共同过失 contributory negligence
共同海关税则 common customs tariff
共同海损(保险)general average
共同海损备用金 general average deposit;gross average deposit
共同海损补偿 make good as general average
共同海损不保 free from general average
共同海损不赔 free of general average
共同海损担保 general average security
共同海损担保书 general average guarantee
共同海损的分摊数额 apportionment
共同海损分担 general average contribution
共同海损分担额 proportion in a gen-

G

eral average
共同海损分摊 contribution in general average
共同海损分摊保证 security for payment of contribution
共同海损分摊额 apportionment of general average; general average contribution; general average deposit
共同海损负担 contribution of general average
共同海损货物分摊额 cargoes proportion of general average
共同海损及救助 general average and salvage
共同海损、救助及特别费用 gross average; salvage and special charges
共同海损理算 adjustment of general average; adjustment of gross average
共同海损理算师 general average adjuster
共同海损理算书 general average adjustment; statement of general average
共同海损损失 general average loss
共同海损条例 general average act
共同海损无限保证书 unlimited general average guarantee
共同海损牺牲 general average sacrifice
共同海损行为 general average act
共同海损支配 appointment of general average
共同回归系数 common regression coefficient
共同回路 common return
共同货币 common dollar
共同基础 common base
共同基金 common fund; mutual fund
共同基座 common base
共同计时装置 common timing system
共同计算 joint account
共同计账 joint account
共同继承的财产 common heritage
共同价格 blanket price
共同交战国 cobelligerent
共同接触面 common interface
共同解法 overall solution
共同借款人 co-borrower
共同经验 pooled experience
共同孔(校验)cordonnier check
共同控制器 shared control unit
共同扩张 <时间、空间等的> coextension
共同扩张的 coextensive
共同离子 common ion
共同离子效应 common ion effect
共同利害关系 common stake
共同利益 community of interest; corporate profit
共同利益关系 privity
共同路由 joint route
共同目的 common purpose
共同碾磨 intergrind(ing)
共同努力 joint effort
共同排气系统 common venting system
共同配额 common quota
共同契约 joint agreement
共同签约人 cocontractor
共同墙 parts wall
共同权利 common rights
共同权益 common interest
共同社团经营 corporate management
共同声明 agreed statement
共同使用 pooling
共同使用的车辆 pool car
共同使用的线 associated line
共同市场 common market; general market
共同事务 common service
共同事业 joint enterprise; joint undertaking
共同收益 joint income
共同受托人 co-executor
共同署名者 co-signatory
共同所有权 concurrent ownership; co-ownership; joint ownership
共同所有人 co-owner
共同所有制 common ownership; corporate ownership
共同特性 denominator
共同提案国 cosponsor
共同提案者 cosponsor
共同体 commonwealth; community
共同天线 community antenna
共同统治 condominium
共同投保 simultaneous issue
共同投标 joint bid(ding)
共同投资 joint (ad) venture; joint (capital) investment
共同投资公司 mutual investment company
共同投资账户 joint venture account
共同团体 commonalty
共同危险 common peril
共同位移 mutual displacement
共同文件 document jointly agreed upon
共同析晶 co-crystallization
共同现额 common quota
共同协商者 co-consultant
共同信托基金 common trust
共同行动 coaction; concerted action
共同性 community; relation(ship)
共同需求 joint demand
共同烟道 shared flue
共同延误 concurrent delay
共同沿岸国家 co-riparian states
共同研究 collaboration; seminar; team work
共同研究者 collaborator
共同意见 consensus
共同意向 community view
共同因素 common factor
共同引文索引 co-citation indexing
共同营业费 joint expenses
共同用水组织 mutual water company
共同语言 common language
共同愿望 collective will
共同运输政策 <欧洲经济共同体> common transport policy
共同责任 corporate responsibility; joint liability
共同责任及各自责任 joint and several liability
共同债权 joint credit
共同债权人 joint creditor
共同债务 common obligation; joint bond; joint debt
共同债务人 co-debtor
共同账户 common account
共同执行人 co-executor
共同指针 common guideline
共同中间代谢产物 common product of intermediate metabolism
共同轴性 coaxality
共同主办者 cosponsor
共同装载舱 compartment loaded in combination
共同准则 common guideline
共同咨询人 co-consultant
共同资本 joint capital; joint-stock
共同资金 common financing fund; common purse
共同资料 shared file
共同租地权 joint tenancy
共同租户 cotenant
共同租赁 joint tenancy
共同租赁服务 shared tenant services
共同租用 cotenancy
共同作用 coaction; combined action; synergism
共同作用的有效面积 effective interrelated area
共同作用宽度 interaction width
共同作用拖期 concurrent delay
共同坐标 common coordinates
共同坐标系 common coordinate system
共尾 cofinal
共稳定剂 co-stabilizer
共稳润滑剂 co-stabilizing lubricant
共吸附作用 coabsorption
共吸收作用 coabsorption
共析成分 eutectoid composition
共析点 eutectoid point
共析法 eutectrol process
共析反应 eutectoid reaction
共析钢 saturated steel; true steel; eutectoid steel <珠光体>
共析合金 eutectoid alloy
共析混合物 eutectoid
共析结构 eutectoid structure
共析熔融物 eutectoid
共析渗碳体 eutectoid cementite
共析石墨化 eutectoid graphitization
共析水平线 eutectoid horizontal
共析体 eutectoid
共析铁素体 eutectoid ferrite
共析蜕变 eutectoid transformation
共析温度 eutectoid temperature
共析转变 eutectoid reaction
共析转变温度范围 eutectoid interval
共显性 codominance
共显性的 co-dominant
共线 party line
共线变换 corresponding line transformation; isotopic transformation
共线成像 collinear image formation
共线的【数】colinear
共线点 collinear points
共线电话 multiparty telephone; party-line telephone
共线电话制 party-line system
共线二次谐波振荡 collinear second harmonic generation
共线法 collinearity method
共线光线 collinear ray
共线解 collinear solution
共线理论 collinear theory
共线力 collinear forces
共线面 collinear planes
共线偶极子 colinear dipole
共线区段 community section of line; joint section
共线全息术 collinear holography
共线声光可调滤波器 collinear acousto-optic(al) tunable filter
共线声光相互作用 collinear acousto-optic(al) interaction
共线条件 collinearity condition
共线条件方程 collinearity condition equation
共线图 nomographic(al) chart
共线图解交会法 corresponding line graphic(al) intersected method
共线外差 collinear heterodyning
共线问题 <公共交通网络分析> common line problem
共线系统 common line system
共线相位匹配 collinear phase matching
共线向量 collinear vectors
共线型 collinear pattern
共线型水系 collinear drainage
共线性 collinearity; collineation
共线性方程 collinearity equation
共线中心 center[centre] of collineation
共相抑制 in-phase rejection
共享 pooling; sharing
共享变量 shared variable
共享变量集 shared variable set
共享操作系统【计】shared operating system
共享策略 sharing policy
共享程序 shared routine; sharer
共享存储管理程序 shared storage manager
共享存储块 block of shared memory
共享存储器的多级处理机 memory shared multiprocessor
共享存储区 shared memory
共享存取 shared access
共享打印机 printer sharing
共享单元 shared cell
共享的 common
共享地址 shared address
共享电子 shared electron
共享段 shared segment
共享多重处理 sharing multiprocessing
共享分类 shared class
共享分通道 shared subchannel
共享封闭 shared lock
共享更新 shared update
共享环境 shared environment
共享汇编程序 shared assembly program(me)
共享计算 share count
共享假脱机 shared spooling
共享结构 shared structure
共享空间 communal space; shared space
共享控制 shared control
共享控制器 shared control unit
共享流域测站管理 shared management of catchment points
共享绿地 public open space
共享逻辑 shared logic
共享目录 share directories
共享批处理区 shared batch area
共享请求 share request
共享墙 <不同业主建筑物的> party wall
共享任务组 shared task set
共享入口 shared port
共享软件 shareware
共享设备 shared device
共享数据传输网络 shared data transmission network
共享数据集 shared data set
共享数据库 shared data base
共享数目 share count
共享水域管理 shared waters management
共享索引数据库 shared index database
共享锁 shared lock
共享通信[讯]资源 shared communication resource
共享伪脱机 shared spooling
共享文件 file shared; file sharing; shared file
共享文件系统 shared file system
共享系统 shared system; sharing system
共享限量 shared limit
共享型锁 shared lock
共享虚存区 shared virtual area
共享虚拟存储 shared visual memory
共享页表 shared page table
共享者 sharer
共享直接存取存储器设备选择 shared direct access storage device option
共享主存储器 shared main storage
共享主存储器多道处理 shared main storage multiprocessing
共享主存多重处理 shared main storage multiprocessing
共享专利企业 patent pool
共享资源 shared resources; sharing

resources
共享子程序 shared subroutine
共享子通道 shared subchannel; sharing subchannel
共享总线 shared bus
共享租赁 shared tenant services
共心的 concentric(al); homocentric
共心发动机簇 concentric(al) cluster
共心反射镜 concentric(al) mirror
共心反射系统 concentric(al) mirror system
共心缝 <与拱同心但把两层拱分开> coursing joint
共心光束 homocentric beam; homocentric pencil of rays
共心光线 homocentric rays
共心光锥 homocentric pencil
共心透镜 homocentric lens
共心物镜 homocentric objective
共心系统 concentric(al) system
共心谐振腔 concentric(al) resonator
共心性 homocentricity
共心照明 homocentric illumination
共信息 co-information
共行操作 concurrent operation
共行程序 coroutine
共行程序的历史 history of coroutine
共行程序的连接 linkage of coroutine
共行处理 concurrent processing
共行的 concurrent
共行工作 concurrent working
共行进程【计】concurrent process
共行控制系统 concurrent control system
共形矩阵 conformable matrix
共形天线 conformal antenna
共形天线阵 conformal array
共形映射 conformal mapping
共形阵天线 conformal array antenna
共型 cotype; syntype
共性 common property; general character; generality; similarity
共性相似率 percent similarity of community
共絮凝助剂 coflocculant aid
共阳极放大器 grounded-anode amplifier
共氧化 co-oxidation
共氧化(生成)的氧化铝 co-oxidized alumina
共益 bootstrap
共阴极放大器 grounded-cathode amplifier
共用 joint use; share; sharing
共用矮隔墙 party parapet
共用包交换网络接口 public packet network interface
共用保护环 shared protection ring
共用部件 common component
共用操作系统 share operating system
共用车站 joint station
共用成批程序区域 shared batch area
共用程序段 common segment
共用出口点 common exit point
共用厨房 community kitchen
共用厨房的住房 service flat
共用储油箱 common reservoir
共用处理机 shared processor
共用处理装置 shared processor
共用椽木 common rafter
共用磁道 shared track
共用存储技术 shared memory technique
共用存储器 common memory; common storage; shared storage
共用存储器系统 shared memory system
共用存储区 common storage area
共用存水弯 common trap; gang trapped
共用的废水管道 common waste pipe
共用的梁 <两楼板之间的> common beam
共用的流域 shared watershed
共用底座 common base
共用电池组 common battery
共用(电话)线 party wire
共用电键 passing key
共用电视天线 communal television aerial
共用电锁 passing key
共用电信设备 shared telecommunication facility
共用调车场 combined yard
共用多重处理 sharing multiprocessing
共用飞机棚 public airplane hangar
共用费用 joint cost
共用分通道 shared subchannel
共用格栅 common grate; common joist
共用隔篱 party fence
共用隔墙 common partition; common wall; party fence; party wall
共用拱门 party arch
共用管理程序 sharer; share supervisor
共用管理知识 shared management knowledge
共用焊缝 common weld
共用户电路 common user circuit
共用基座 common base
共用集气箱 common header
共用集水箱 common header
共用集液箱 common header
共用集装箱 common header
共用接收天线 central receiving aerial
共用节 common section
共用卷宗 public volume
共用空间 common space
共用控制 shared control
共用控制器 shared control unit
共用库容 common storage
共用离子 common ion
共用例程 shared routine
共用(例行)程序 shared routine
共用路径 shared path
共用门 communicating door
共用门锁 communicating door lock
共用面积 common area; common space
共用目录 directory shared
共用牛腿 party corbel
共用墙 parts wall; common wall
共用区 common field
共用设备 shared device
共用疏水器 common trap
共用输入输出设备 shared input-output device
共用数据集 sharing data set
共用数据库 sharing database
共用水封 gang trapped
共用水龙头 common cock; common tap
共用索引数据库 shared index database
共用天线 block antenna; central receiving aerial; collective antenna; combined antenna; common antenna; master antenna
共用天线电视 central aerial television; community antenna television; master antenna television
共用天线电视系统 common antenna television system; community antenna television system; master antenna television system
共用天线接收制电视放大器 line amplifier for community TV receiving system
共用天线耦合器 diplexer; telecoupler
共用天线制 communal-antenna system
共用通风管 common vent
共用托臂 party corbel
共用外围设备 shared peripheral
共用(围)篱 party fence
共用文件 file sharing; shared file
共用圬工墙 party masonry wall
共用无线电信道 radio common channel
共用洗衣房 laundry club
共用系统 sharing system; common system <环境卫生工程>
共用下水道 common sewer
共用线 bridging line; common line; line in common use
共用线路 associated line; community line; joint trackage; party line
共用限制 share limit
共用信道 common user channel; shared channel
共用行分配 shared row assignment
共用虚拟区 shared virtual area
共用烟道 common flue
共用元件结构 common element structure
共用栅篱 party fence
共用者 sharer
共用直接访问存储器 shared direct access storage device
共用中线 common neutral
共用(资)源 common source
共用资源多道处理 shared source multichannel processing
共用子程序 shared subroutine
共用总线 shared bus
共有 commonage; condominium; co-ownership; joint ownership
共有包层 common envelope
共有不动产权 joint tenancy
共有财产 common property; joint estate
共有成本 joint cost
共有存储器 shared storage
共有的 communal; joint
共有的公寓大楼平面图 condominium plan
共有的公寓大楼详图 condominium map
共有的自然资源 shared natural resources
共有隔墙 party fence; party wall
共有公寓住宅法案 Horizontal Property Act
共有海湾 shared bay
共有空气域 shared air-shed
共有权 condominium
共有水域 shared waters
共有土地 public domain
共有物 common property
共有相反性质的 hermaphroditic(al)
共有者 co-owner
共有资产 mutual property
共有资金投资 mutual fund investment
共有资源 shared resources
共有资源国 co-sharing state
共圆 concycle
共圆的 concyclic(al)
共圆点 concyclic(al) points
共源极 common source
共源连接 common-source connection
共源小信号输入电容 common-source small-signal input capacitance
共载波远距离通信[讯] common carrier telecommunication
共增溶解作用 cosolubilization
共砧 free stock
共振 coscillation; resonance oscillation; resonant vibration; resonate; sympathetic(al) vibration; sympathetic vibration; sympathy; syntony
共振摆 resonance pendulum
共振摆动 resonance oscillation
共振板 sound(ing) board
共振伴线 resonance line satellite
共振变压器 resonance transformer
共振波 resonance wave
共振波长 resonance wave length
共振波模 resonant mode
共振不稳定性 instability at resonance
共振材 resonance wood
共振槽 resonance trough
共振测定法 <测混凝土强度的> resonance method
共振测试技术 resonance technique
共振潮 co-oscillating tide
共振窗口 resonant window
共振打桩法 resonant pile driving method
共振打桩机 resonant pile driver
共振带宽 resonance bandwidth
共振的 resonant; resound(ing); sympathetic(al)
共振的水面波动 resonant seiche
共振灯 resonance lamp
共振点 resonance point; resonant point
共振电路 resonant circuit
共振电势 resonance potential
共振电位 resonance potential
共振叠加 resonance overlap
共振抖动 resonant whip
共振法 resonance method; syntonization; sonic method <一种无损试验>
共振法测桩 resonance inspection for pile
共振法非破损检验 non-destructive test by resonance
共振反射体 cavity reflector
共振反应 resonance reaction; resonance response
共振反应原理 resonance response principle
共振范围 resonance range
共振方式 resonant mode
共振放大器 resonance amplifier
共振放大系数 resonance ratio
共振分光计 resonance spectrometer
共振分裂 resonance splitter
共振峰 formant; resonance hump; resonance peak
共振峰发生器 formant generator
共振峰频率 formant frequency
共振峰声码器 formant vocoder
共振俘获 resonance capture
共振辐射 resonance radiation
共振辐射声 resonant radiation sound
共振干扰 resonant interaction; resonant interference
共振光谱 resonance of spectrum; resonant spectrum
共振光学法拉第转子 resonant optic(al) Faraday's rotator
共振光学纹影仪系统 resonant optic(al) schlieren system
共振轨道 resonance orbit; resonant orbit
共振和超声试验 <测水泥混凝土性质用> resonance and ultrasonic test
共振回转速度 whirling speed
共振积分 resonance integral
共振激发 resonant excitation
共振加超声波试验 resonance and ultrasonic test
共振加宽 resonance broadening
共振加热 resonance heat
共振加速度 resonance acceleration
共振检测器 resonance detector
共振键 resonance bond
共振结构 resonant structure
共振截面 resonance cross-section
共振空间阻碍 steric inhibition of resonance
共振空腔 resonating cavity

共振宽度 resonance width
共振拉曼光谱学 resonance Raman spectroscopy
共振拉曼光谱仪 resonance Raman spectrometer
共振拉曼散射 resonant Raman scattering
共振理论 resonance theory
共振粒子 resonant particle
共振脉动器 resonance pulsator
共振模 mode of resonance; resonant mode
共振模分析 resonant mode analysis
共振模结构 resonant mode structure
共振模量 <即动力模量> resonance modulus; resonant modulus
共振模式 resonance model; resonant model
共振模态 resonant mode
共振膜片 resonant diaphragm
共振内反射 resonant internal reflection
共振能 resonance energy
共振能级 resonance level
共振能量传递 resonance energy transfer
共振拍打 resonant whip
共振判据 resonance criterion
共振劈 resonant wedge
共振疲劳特性 resonance fatigue characteristic
共振频率 frequency at resonance; resonance frequency; resonant frequency
共振频率仪 resonance frequency meter; resonant frequency meter
共振频谱 resonance spectrum
共振谱 resonance spectrum
共振谱仪 resonance spectrometer
共振器 resonator; syntonizer
共振器波长计 resonator wavemeter
共振器模 resonator mode
共振器熵 resonator entropy
共振器型消声器 resonator type absorber
共振腔 resonant air space; resonant cavity; resonator
共振腔波长计 cavity wavemeter
共振腔反射镜 resonator mirror
共振腔反射镜调准 cavity reflector alignment
共振腔反射器 cavity reflecting element
共振腔扩散长度 cavity diffusion length
共振腔模式 cavity mode
共振腔频率计 cavity frequency meter
共振强度 strength of resonance
共振墙 resonator wall
共振区 resonance area; resonance region
共振曲线 resonance curve
共振群 resonating group
共振锐度 resonance sharpness
共振散射 resonance scattering
共振色散 resonance dispersion
共振筛 resonance sieve; resonance screen
共振筛分 resonance screening
共振筛分机 resonance vibrating screen
共振射电暴 sympathetic (al) radio burst
共振示波器 resonoscope
共振示振仪 resonant vibrometer
共振式沉桩机 resonant type vibrating pile driver
共振式频率表 resonant frequency meter
共振试验 resonance test; resonant test
共振试验法 <弹性模量的> resonance test method
共振室 resonance chamber
共振输送机 resonance conveyer[conveyor]
共振速度 resonant speed
共振塑性 resonance plastic
共振态 resonances
共振弹性计 resonance elastometer
共振探针 resonance probe
共振特性 resonance response
共振特性曲线 resonance characteristic(curve)
共振天线 resonant antenna
共振条件 resonance condition
共振调音 aliquot scaling; aliquot tuning
共振卫星 resonance satellite
共振问题 resonance problem
共振吸声材料 resonant absorbent material
共振吸收 resonance absorption
共振吸收材料 resonant absorbent material
共振吸收峰 resonance absorption peak
共振吸收剂 resonance absorber
共振吸收能量 energy of resonance absorption
共振吸收器 resonance absorber; resonant absorber
共振吸收体效应 resonance absorber effect
共振吸音材料 resonant absorbent material
共振吸音器 resonant sound absorber
共振系数 resonant coefficient; resonant factor
共振现象 covibration; mesomerism; resonance effect; resonance phenomenon
共振线 resonance line; resonant line
共振线圈 resonance coil
共振箱 resonance box
共振效率 resonance efficiency
共振效应 resonance effect
共振型消声器 resonant type muffler
共振性 resonance quality
共振学说 resonance theory
共振荧光 resonance fluorescence
共振域 resonance domain
共振源 source of resonant excitation
共振跃迁 resonant transition
共振增强 resonance enhancement
共振展宽 resonance broadening
共振振荡 resonance oscillation
共振振动 resonance vibration
共振振动台 resonance table vibrator
共振振幅 resonance amplitude; resonant amplitude
共振震荡 resonant oscillation
共振中子活化 resonance neutron activation
共振中子探测器 resonance neutron detector
共振周期 resonant period
共振轴 turn axis
共振柱 resonant column
共振柱法 resonance column method; resonant column method
共振柱三轴(试验)仪 resonant column triaxial test apparatus
共振柱试验 resonant column test
共振转速 resonance speed
共振转移 resonance transfer; resonant transfer
共振状态 resonance condition; resonance state
共振自聚焦 resonance self-focusing
共振作用 resonance action; resonance effect; resonation
共酯 co-ester
共质态 symplasmatic state
共质体 symplast
共质轴 coenenchyma
共中心点叠加 common midpoint stack
共中心点数 common midpoint number
共轴 co-axis; common axis
共轴传动 in-line drive
共轴的 coaxial
共轴的组构 coaxial fabric
共轴递进变形 coaxial progressive deformation
共轴电缆 coaxial cable
共轴电容器 gang condenser
共轴叠加褶皱 coaxial superposed folds
共轴复心射线 homocentric axial rays
共轴光束光谱仪 coaxial beam spectrometer
共轴光学系统 centred optic(al) system
共轴火花隙 coaxial spark-gap
共轴孔 line boring
共轴球面波 coaxial spheric(al) wave
共轴球面系统 coaxial spheric(al) system
共轴曲线图 coaxial diagram
共轴闪光灯 coaxial flashlamp
共轴生长胶结物结构 syntaxial overgrowth cement texture
共轴调整 alignment
共轴系统 coaxial system
共轴线 coaxial line
共轴相关 coaxial correlation
共轴性 centration; coaxiality
共轴性误差 centration error; error of centration
共轴圆 coaxial circles
共轴圆柱 coaxial cylinder
共轴圆锥 coaxial cone
共注型结构泡沫成型机 coinjection type structural foam machine
共驻主存的 co-resident
共转 isorotation
共转半径 corotation radius
共转带 corotation zone
共转圈 corotation circle
共阻遏物 corepressor
共阻抗耦口 common impedance coupling
共作用配合物 cooperation complex

贡

贡金 gavel

贡蓝 royal blue
贡蓝色 Prussian blue
贡蓝颜料 royal blue pigment
贡献单元 contributive cell
贡献毛利 contribution margin
贡献毛利分析 contribution margin analysis
贡兹冰期【地】 Gunz glacial stage; Gunz glaciation
贡兹-民德间冰期【地】 Gunz-Mindel interglacial stage

供

供祭品坛 thole

供礼拜的塑像 cult image; cult statue
供礼拜的肖像 cult image; cult statue
供献仪式 dedication of ceremony
供养 sustenance; susten(ta)tion
供养者 supporter
供桌 credence

勾

勾凹缝 recessed(joint) pointing

勾扳子 beaked key
勾边 contour accentuation; edge enhancement
勾出 rake-out(of joint); raking out
勾滴瓦 eaves tile
勾钉 stapling tacker
勾缝 build joint; ding; joint pointing; keyed jointing; pointed joint; pointing(of) joint; rejointing; strike off; striking off; struck joint; repress
勾缝尺 jointing rule; pointing rule
勾缝刀 frenchman; pointing trowel
勾缝工具 jointing tool; pointing tool
勾缝混合料 pointing compound
勾缝机 pointing machine
勾缝料 jointing material; pointing stuff
勾缝溜子 frenchman; pointing trowel
勾缝镘刀 pointed trowel; pointing trowel
勾缝抹子 pointing trowel
勾缝砌体 pointing masonry; repointing masonry
勾缝器 jointer
勾缝砂浆 pointing mortar
勾缝圬工 point(ing) masonry
勾缝系统 system of jointing
勾缝用的工具 <石砌的> sword
勾缝准备 racking out
勾股【数】 legs of a right triangle
勾股定理 Pythagoras' theorem; Pythagorean proposition; Pythagorean theorem
勾股弦法 three-four-five rule
勾号 tick
勾衡区编号 number of balance area
勾划 cropping
勾划轮廓 block out; delineation; depiction in outline; lineation
勾划外形 delineate
勾划线 striking-off lines
勾画 limn
勾画轮廓 adumbrate
勾画轮廓的水磨石图案 outlining terrazzo patterns
勾灰刀 tuck-pointer trowel
勾灰缝 point mortar joint; tooling
勾键 striking off
勾接强度 hook joint strength
勾结 collaboration; collusion
勾栏槛窗 balustraded caged-in window
勾连搭 continuous span construction
勾轮廓 crayon
勾轮廓规划 block out
勾泥尺 basebead
勾平缝 <砌体的> flush joint; flushing up; flat-joint point(ing)
勾墙缝 point a brick wall
勾三股四弦五法则 three-four-five rule
勾锁锁闭道岔 clamp lock point
勾藤 ramulus et uncus uncariae; rhynohophylla
勾填平缝 flat pointing
勾头丁坝 bend-ended spur dike; hooked groin; L-head groin; L-head spur dike[dyke]; trail dike
勾头钉 nail dog
勾头瓦 eaves tile
勾凸缝 <砖砌体> tuck pointing
勾突缝 raking out joint
勾销 delete; deletion; expunction
勾销呆账 bad debt written off
勾销的 crossed
勾斜缝 struck joint work
勾泻水缝 weather-struck
勾住 hitch

沟

ditch; canal; chamfer; chase; clough; couloir; fossa(e); groove; gullet; gutter; kluf; quirk; trough

沟岸蚀道 berm(e) of ditch
沟岸小道 berm(e) of ditch

沟壁 furrow bank;trench side;trench wall;wall
沟壁横撑 trench bracing
沟壁支撑 trench shoring
沟壁支护 shoring
沟边 limes margins
沟边斜度 side slope
沟边支护 shoring
沟波砖 grooved brick
沟播 chisel planting; sowing in furrows
沟播地中耕机 lister cultivator
沟播机 lister planter
沟漕中沉淀物 channel fills
沟槽 ditch; flume; flute; grooving; plow groove; riffle; surface work trench; troughing; trench; electric(al) duct <安装电缆的>; cannelure; channel groove; furrow; plough groove;slot <物体表面的>
沟槽板道 duck board
沟槽板桩 trench sheetpile
沟槽刀柄 shank with groove
沟槽底 trench bottom
沟槽底标高 elevation of trench bottom
沟槽断面 trench section
沟槽断面堤法 trench section
沟槽法 groove method
沟槽钢板桩 steel trench sheeting
沟槽钢板桩与撑杆 trench sheeting and bracing
沟槽工程 gutter work
沟槽管道 ditch conduit
沟槽光谱 channel(l)ed spectrum
沟槽滚压机 trench roller
沟槽横向支撑用的千斤顶 trench jack
沟槽护板 trench sheeting
沟槽还土 refilling of trench;trench refilling
沟槽回填 backfilling of trench;trench backfill(ing)
沟槽混凝土回填 trench fill(concrete)
沟槽活塞裙 split piston skirt
沟槽脚手斜撑 breast timber
沟槽(节)段 trough section
沟槽掘进防护板 trench shield
沟槽掘进防护箱 trench box
沟槽开挖 channel excavation
沟槽宽度 trench width
沟槽路槽 trench
沟槽路碾 <用于滚压狭条路面> trench roller
沟槽模型 flume model
沟槽磨床 spline grinder
沟槽磨损 groove wear
沟槽木支撑 timbering of trenches
沟槽泥浆壁 slurry trench wall
沟槽排水 trench drain(age)
沟槽排水费 cost of trench draining
沟槽刨 dado plane;trenching plane
沟槽坡度 gutter gradient
沟槽铺面 gutter paving
沟槽铺设 gutter paving
沟槽千分尺 fluted micrometer
沟槽式排水 trench drain(age)
沟槽式直线型空间 channel(l)ed linear space
沟槽竖撑板 poling board
沟槽水沟 furrow
沟槽凸饰 ploughed bead
沟槽凸圆线脚 ploughed bead;plowed bead
沟槽效应 channel effect
沟槽形衬板 grooved liner plate
沟槽修复材料 trench reinstatement material
沟槽压路机 trench compactor;trench roller
沟槽压实机 trench roller
沟槽液压斜撑 trench jack
沟槽圆饰 ploughed bead
沟槽圆珠饰 ploughed bead mo(u)lding
沟槽胀接 grooved expansion joint
沟槽整修平地机 trench grader
沟槽支撑 bearer of a gutter; cornice bracket; shoring of trench; trench brace; trench shuttering; trench timbering
沟槽支撑系统 trench shoring system
沟槽铸型 furrow flute cast;sludge cast
沟槽作畦 basin listing
沟侧摆(轴承)groove out of square
沟侧开挖法 ditch-side excavating process
沟厕 latrine
沟齿系 holcodont
沟椽 <四坡屋顶的> valley rafter
沟床糙度 bed roughness; channel roughness
沟挡板 ditch check
沟道 channel
沟道布线 channel wiring
沟道衬底击穿 channel-substrate breakdown
沟道衬底平面结构 channel(l)ed-substrate-planar structure
沟道衬砌 ditch lining
沟道电导 channel conductance
沟道电流 channel current
沟道耗尽型结 channel depletion mode junction
沟道检验 testing drain
沟道交接点 ditch junction; junction of ditch
沟道截断环 channel stopper
沟道金属氧化物半导体 channel metal oxide semiconductor
沟道晶体管 channel transistor
沟道刻蚀 channel etching
沟道坡度 fall of channel
沟道气 sewer gas
沟道器件 channel device
沟道图案 channel pattern
沟道系统 water-carriage system
沟道效应 channel(ling) effect
沟道抑制环 channel stopper
沟道引进道 approach trench
沟道噪声 channel noise
沟道制 water-carriage system
沟的出口 ditch outlet
沟低 floor
沟堤 furrow dam
沟底 bottom of trench;gutter sole
沟底半径 radius of flute
沟底标高 level of the trench bottom; subgrade
沟底高程 level of the trench bottom
沟底泥沙(拦截)箱 silt box
沟底坡度 gradient of side ditch; gutter grade;ditch grade
沟底施肥机 furrow applicator
沟底石 gutter stone
沟底填方量 bedding volume
沟底压实 trench compaction
沟底振动压实机 vibratory trench compactor
沟底纵坡度线 gutter grade line
沟电导 channel conduction
沟钉 channel pin
沟顶台阶 bench at top of ditch
沟端开挖法 ditch-end excavating process
沟额白蚁 <拉> Arrhinotermes japonicas
沟伏断层 trench fault
沟盖板 drain cover; gull(e)y cover; trench cover
沟耕铲 plowing sweep
沟埂 furrow dam
沟工队 drainage gang; drainage party;drainage team
沟沟式转换断层 trench-trench transform fault
沟谷 gulch;valley
沟谷交错地带 broken country; broken terrain
沟管 sewer pipe(drain)
沟管积垢 scum
沟管基础费 cost of sewer foundation
沟管基座 sewer cradle
沟管模板 dod(d)
沟管入口 access to sewer
沟管中心定线 alignment of sewer central line
沟灌 border irrigation;corrugation irrigation;ditch irrigation;furrow irrigation;irrigation by furrow;ridge and furrow irrigation
沟棍疏通 rod rigid clean
沟壕回土夯实器 trench backfill compactor
沟壕上口 trench opening
沟壑 ditch; ghyll; gill; gulch; gull(e)y;nulla(h);ravine;trench
沟壑冲蚀 gull(e)y erosion
沟壑地表 gullied surface
沟壑防护工程 gull(e)y stabilization structure
沟壑控制 gull(e)y control
沟壑桥 mullah bridge;nullah bridge
沟壑侵蚀控制 gull(e)y control
沟壑侵蚀作用 gulling
沟壑稳定工程 gull(e)y stabilization work
沟壑稳定建筑物 gull(e)y stabilization structure
沟壑形成 ravinement
沟壑造林 ravine afforestation
沟壑整治 gull(e)y correction
沟壑治理 reclamation of gull(e)y
沟痕 chipped grain;groove mark;guttering
沟横梗 tie-ridge
沟脊模 groove cast
沟间加厚 intercolpar thickening
沟角开挖法 ditch-corner excavating process
沟胫天牛科 <拉> Lamiidae
沟口冲积扇 outfall fan
沟宽 furrow width
沟宽范围 range of furrow width
沟犁 ditch(ing) plough
沟裂舌 fissured tongue; furrowed tongue
沟流 channel in;channeling
沟流的形成 <玻璃液中> channel(l)ing
沟流特性 channel(l)ing characteristic
沟陇 gull(e)y
沟路曲折系数 tortuosity coefficient
沟轮 furrow wheel
沟轮机构操纵杆 furrow lever
沟轮轴 furrow axle
沟埋管 trenched pipeline
沟埋式管道 ditch conduit
沟面 groove face
沟面盘车 grooved drum
沟膜 furrow membrane
沟内防冲挡板 ditch retard
沟内管道 trench pipe
沟内灌筑管道 pit-cast pipe
沟内浇铸管道 pit-cast pipe
沟内毛石铺砌 ditch sett paving
沟内土壤密度 density in trench
沟内铸管 pipe-casting in trenches
沟内阻水堰 ditch check
沟刨 plough;plough plane(r);plow plane; router plane; old woman's tooth <婆婆牙>
沟刨的 ploughed
沟坡冲蚀后退 gull(e)y gravure
沟畦 grike
沟堑振实机 vibrating trench compactor;vibrator trench compactor
沟墙 wall in trench
沟切高原 grooved upland
沟渠 aqueduct; channel; ditch; furrow;grindle;gull(e)y;kennel;killesse;leat;sewerage
沟渠衬砌 ditch lining
沟渠成型挖掘铲斗 formed ditch digging bucket
沟渠出水口 ditch outlet
沟渠的伸缩节 gutter expansion joint
沟渠断面 ditch section
沟渠分流制 separate sewage system
沟渠腐化力 sewer septicity
沟渠盖 drainage cover;drain cover
沟渠管道混凝土底座 equalizing bed
沟渠合流制 combined sew(er)age system;water-borne sew(er)age
沟渠化 canalization
沟渠或管道分流结构 bifurcation (head)gate
沟渠集水孔 gull(e)y hole
沟渠开挖 channel excavation
沟渠开挖机 trencher
沟渠连接支管 canal branch
沟渠内灰泥灰水泥抹面 <古罗马> signunum opus
沟渠清理机 dike cleaner;ditch dredge(r)
沟渠清洗机 crowder
沟渠群落 taphrium
沟渠扫污机 crowder
沟渠上口 trench opening
沟渠水位 ditch water level
沟渠填石护坡法 toe trench method
沟渠挖掘 ditch-and-trench excavation
沟渠网 net of canals and ditches
沟渠系统 sewerage
沟渠效应 channel effect
沟渠养护 ditch maintenance
沟渠氧化 ditch oxidation
沟渠中的消力池 stilling basin in ditch
沟身边坡 ditch slope
沟身断面 cross-section of side drain
沟深 check face; depth of channel; depth of ditch;ditch depth
沟蚀 channel erosion; ditch erosion; grooving;gull(e)y drainage;gull(e)y erosion;ravinement
沟蚀冲切 gull(e)y cutting
沟蚀地区 gullied area
沟蚀防治 gull(e)y control
沟蚀防治种植 gull(e)y control planting
沟蚀高原 grooved upland
沟蚀控制 gull(e)y control
沟蚀切割 gull(e)y cutting
沟蚀形态 gull(e)y erosion form
沟蚀作用 gull(e)ying
沟式地窖 trench silo
沟式青贮窖 trench silo
沟试验 channel test
沟填法 trench method
沟铁 <高炉的> crude pig iron;sow iron
沟通(交流)结构 communication structure
沟通语言 vehicular language
沟头 head sod revetment;top of furrow
沟头草皮护坡 head sod revetment
沟头冲蚀 gull(e)y head erosion; head cut in gully;head erosion
沟头冲刷 headcutting;head(ward) erosion
沟头防护 ravine head protection
沟头防护工程 protection measures of gull(e)y head

沟头后退 gull(e)y advance
沟头切割 headcut(ting)
沟头侵蚀 gull(e)y head erosion; head erosion
沟头瓦 gull(e)y head tile
沟瓦 gutter tile
沟纹 riffling;rill(e);scoring
沟纹滑接线 grooved trolley wire
沟纹环形山 rill crater
沟纹模型 groove cast
沟纹耐久性 grooveability
沟纹砖 grooved-back brick
沟纹装饰面砖 scored-finish tile
沟形轨条 channel rail
沟形侵蚀 gull(e)y drainage;gull(e)y erosion
沟形水槽 canal flush
沟形瓦 courtrail tile
沟形锥体 trenched cone
沟型转刷曝气器 ditch type brush aerator
沟沿 edge of ditch
沟堰 ditch cheek
沟缘 edge of ditch
沟栽 furrow planting; trench transplanting
沟遭作用 channel(l)ing
沟褶菌属 <拉> Trogia
沟植 trench planting
沟中边篱 hah-hah fence
沟中堤板 timber ditch dike
沟中跌水设备 ditch check
沟中死水 ditchwater
沟中线 colpus median;medianum colpi
沟中消能槛 ditch check
沟种 chisel planting
沟周薄壁组织 epithelial parenchyma
沟柱 <使闸门滑动的> cullis
沟铸型 groove cast
沟状冲刷 channel(l)ized erosion; gull(e)y erosion;gull(e)ying
沟状的 trenched
沟状断层 trench fault
沟状构造 gull(e)y structure
沟状侵蚀 gull(e)y erosion;gull(e)ying
沟状栽植 trench planting

钩板 hook plate

钩边 edge lining
钩边电流 crispening current
钩编机 crochet(ing) machine
钩编经编机 crochet warp-knitting machine
钩编织带机 crochet galloon machine
钩编织品 fancy work
钩柄 neck of hook
钩叉 grapple fork
钩车 hook on;set of wagons
钩车长度 cut length
钩车车组 cars per cut;cut
钩车出口速度 cut release speed
钩车间隔制动 spaced braking
钩车间空隙 gap between cuts of cars
钩车空档 open gap between humped cuts
钩车速度 cut speed
钩尺 hook rule
钩齿 <锯的> briar tooth
钩齿锯 gullet saw
钩虫病 hookworm
钩刺铁丝网 abat(t)is
钩刀 bush hook
钩的底座 hook bottom block
钩的负载量 hook capacity
钩的附件 hook accessories
钩吊 hook block
钩吊货物 hook cargo;hook goods
钩钉 hook
钩耳 couple lug;pivot lug
钩耳孔 coupler knuckle pin hole
钩缝 dinging
钩杆 cant dog;cant hook;catch;gaff; grapple;hitcher;pole-hook;tripper (device);tripping bar
钩杆开关 <高窗上扣窗用的> sash pole socket
钩竿 grapple;picaroon
钩高 coupler height
钩篙 boat hook stave;pole-hook
钩规 hooked ga(u)ge;hook(ed) rule
钩规尺 <测液面高度的> hook ga(u)ge
钩棍 murderer;peav(e)y
钩环 looped link;shackle;staple;U-bolt
钩环扁钻 eye bit
钩环架 shackle bracket
钩环接头 hook joint;shackle joint
钩环节链 hook link chain;vaucanson chain
钩环扣 hook and loop fastener
钩环链 ladder chain
钩环螺栓 shackle bolt
钩环销 shackle pin
钩环柱螺栓 shackle stud
钩缓装置拆装小车 push cart for mounting-dismounting of coupling cushion system
钩架 hook housing
钩肩 buffer safety horn;buffer safety lug; coupler horn; drawbar safety lug;striking horn
钩肩间隙 coupler horn clearance
钩键 heaver;hook switch;shackle;U-bolt;switch hook <旧式电话机>
钩接 clasp joint;hem joint
钩接合 hook joint
钩接链 hook joint chain
钩接式铲斗 hook-on bucket
钩接式吊斗 hook-on bucket
钩接式夹具 hook-on grab
钩接式料斗 hook-on bucket
钩接式仪表 hook-on instrument; hook-on type meter
钩接式抓斗 hook-on grab
钩结 hook junction
钩筋 hooked bar
钩紧 clasp;clinch
钩颈 coupler neck
钩卷云 cirrus uncinus
钩卡 dogging
钩口 mouth of hook
钩口尺寸 size of hook mouth
钩口宽度 hook opening width
钩口直径 diameter of hook mouth
钩扣 fastener;gimmer
钩扣铰接 hook and eye;hook and eye hinge
钩扣铰链 hook and eye hinge
钩扣连接 hook and butt joint;hook joint
钩筐 hook basket
钩栏 balustrade
钩连丁坝 hooked groin;hooked groyne
钩连块体 <一种防波堤护面异形块体> accropode block
钩镰 bill-hook;brush hook
钩镰枪 bill
钩链 hook(link) chain
钩链释放电路(电话机) hook release circuit
钩螺栓 hook stud
钩螺旋 <混凝土轨枕> hook screw
钩起装置 pick-up gear
钩曲构造 hook-shaped structure
钩取装置 pick-up gear
钩人孔盖的钩 manhole hook
钩伤 hook(hole) damage
钩上 hook on
钩舌 coupler knuckle; death hook; knuckle(of coupling)
钩舌带销孔部分 knackle hub
钩舌架 coupler knuckle rack
钩舌内侧面 coupling face; pulling face of coupler
钩舌内侧弯角 knuckle pulling face
钩舌锁铁 <机车的> coupler knuckle thrower; coupler knuckle kicker; coupler knuckle opener;knuckle opener;knuckle thrower
钩舌尾部 knuckle tail
钩舌销 coupler knuckle pin; knuckle pin;pivot pin
钩身 shank;shank of a hook
钩式底座 hook type bottom block
钩式翻钢机 finger tilt mechanism; hook turn-over device
钩式接头 hook joint
钩式起重机 hook type crane
钩式嵌接 hook scarf
钩式输送机 hook conveyer[conveyor]
钩式送料 hook feed
钩式送料装置 hook feeder
钩式提升闸门 <双层平板闸门的上门扉> lifting hook-type gate
钩式外锁闭 hook type outside locking device
钩式下滑轮 hook type bottom block
钩式卸料板 hook type stripper
钩式运输机 hook conveyer[conveyor]
钩释放电路 hook release circuit
钩丝壳属 <拉> Uncinula
钩损 damaged by hooks
钩损及沾污险 hook damage and contamination
钩损险 risk of hook damage;risk of hook hole
钩索 hook cable;sling
钩索杆 <捆木用> canary
钩锁 padlocking
钩锁闭 hook locking
钩锁道岔 padlocked switch
钩锁卡 pintle hook lock
钩锁器 padlock
钩锁铁 coupler knuckle lock;knuckle lock
钩锁销 coupler lock lifter;lock lifter
钩锁销链 top lock lifter chain
钩梯形卡车 hook and ladder truck
钩体 coupler
钩体托板 coupler carrier; coupler carry iron;coupler support
钩体托板摩擦板 carry iron wearing plate
钩铁 lock-up hook
钩头 coupler head
钩头鞍子 hook end clamp
钩头插销锁 hook bolt block
钩头道钉 brob; crooked nail; cut (track) spike; dog (headed) spike; hook(ed-headed) spike;plate nail
钩头垫板 hooked sole plate; hook plate
钩头钉 clasp-headed nail;hooked nail
钩头篙 boat fall;boat hook
钩头键 gib(head taper stock) key;taper key
钩头缆桩 bollard cleat
钩头链 detachable-hook chain; detachable-link chain;link belt chain; openhook link chain
钩头螺钉 hook screw
钩头螺栓 gib-headed bolt;hook(ed) bolt;J-bolt
钩头企口槽 hook rebate
钩头栓 hook pin
钩头外形 coupler contour
钩头楔 nose key
钩头楔键 gib-head(ed) key
钩头斜键 gib head taper key
钩头状的 hamate
钩土轮胎 ground-grip tire[tyre]
钩腕 coupler guard arm
钩尾框 coupler yoke;draft gear yoke
钩尾锁孔 key slot
钩尾销 coupler yoke key
钩下高度 height under hook
钩销 hook pin;knuckle pin
钩销链 uncoupling chain
钩形凹凸榫 hook rebate
钩形把手 hook wrench
钩形扳手 claw wrench;hooked key; hook (ed) spanner; hook (ed) wrench;spanner
钩形变流器 hook type current transformer
钩形标尺 hook ga(u)ge
钩形表法 <加气混凝土配料法的一种> hook-ga(u)ge(d) method
钩形表规 hook ga(u)ge
钩形测针蒸发器 hook evapo(u)ration ga(u)ge
钩形长规 <外圆磨床用> grinding ga(u)ge
钩形犁链器 riding slip
钩形除荆机 brush hook
钩形刀具 hook tool
钩形的 unciform
钩形底板 hooked sole plate; shouldered sole plate
钩形(丁)坝 hooked groin; hooked groyne
钩形丁坝束水工程 hooked groin contraction work
钩形反弧段 hook-on bucket
钩形缝合针 fishhook needle
钩形杆 hook-shaped rod
钩形刮刀 hooked scraper;shave hook
钩形光电晶体管 hook phototransistor
钩形集电极 hook collector
钩形接缝 hook joint
钩形精密水位计 micrometer hook ga(u)ge
钩形锚具 hook anchorage
钩形挠曲 crook warp
钩形企口 clutch
钩形嵌接 hook scarf
钩形沙嘴 hooked spit;recurved spit
钩形双扇闸门 hook-shaped double leaf gate; hook type double leaf gate
钩形水表 hook ga(u)ge
钩形水尺 hook ga(u)ge
钩形水位测针 hook ga(u)ge
钩形水位计 hook ga(u)ge
钩形挑流鼻坎 hook-on bucket
钩形物 crook;hook
钩形卸料装置 stripping folk
钩形信件整理器 hook file
钩形芽接 fork budding
钩形凿 hook chisel
钩型道岔锁闭器 hatchet point locking device;hook point lock
钩型连接杆 hook link
钩眼 hook eye
钩眼连接系统 hook and eye brake
钩与扣眼 hook and butt eye
钩与螺旋扣眼 hook and eye
钩针 bearded needle; crochet hook; crochet needle;latch needle;needle with hook
钩针结地毯 hooked rug
钩针经编机 bearded needle warp knitting machine; bearded needle warp loom
钩钟柳 harebell
钩住 clasp; grapple; hitch; hook on; hookup;meshing

钩爪 knuckle
钩爪钥 knuckle opener
钩状的 ancyroid;aquiline;hooked
钩状丁坝 hook groin;hook groyne
钩状对搭接头 hook-like halving
钩状岬 hooked spit;recurved spit
钩状锚 hook anchor
钩状刃口 hook
钩状砂嘴 hooked spit
钩状铁 hook iron
钩状物 crotchet;hook
钩状线道 hooked line
钩着物 bur
钩子 agraf(f)e;clasp;holdfast;hanger;hook
钩子和单耳连接绝缘子 hook and torque cap insulator
钩嘴 beak
钩座 stirrup

篝

篝灯 cresset;jack light
篝火 bonfire;jack light
篝火处 fireplace

耩

耩杆套圈 piston rod swab holder

狗

狗固定器 dog holder
狗拉雪橇 cariole
狗头道钉 dog(headed)spike;dog nail
狗头钉 iron dog
狗头固定器 dog-head fixator
狗头链钩 <吊运原木用> dog hook
狗头矛 <打捞套管用> bulldog
狗头石 dog's head
狗腿式楼梯 staircase of dog-legged type
狗窝 dog hole
狗咬伤 dog bite

枸

枸橼酸 citric acid
枸骨冬青树 English holly
枸杞 Chinese matrimony-vine
枸橼 citron
枸橼黄色 citreous;citron yellow
枸橼灰色 citron grey
枸橼绿色 citron green

构

构成比 constituent ratio
构成部分 component element; constituent;intergrant
构成储油灌的壁 generatrix of tank
构成的 constructive;formative;framed
构成的统一性 unity of composition
构成地球的元素 earth-forming element
构成电弧 arcing
构成分析法 morphologic(al)analysis
构成覆盖物的 tectorial
构成钢格栅 trussed steel joist
构成拱 framed arch
构成拱梁 trussed arch girder
构成桁架梁 trussed girder
构成环形 looping
构成派运动 constructivist movement
构成嵌套 nesting
构成墙的 wall-forming
构成砂岩 weald-clay
构成水垢的物质 matter forming a scum
构成算法 constructive algorithm
构成文法 constituent grammar
构成物 construct;formation
构成圆顶 framed dome
构成者 former
构成帧 configuration frame
构成主椽 trussed rafter principal
构成主梁 trussed rafter principal
构成主义 <其特点系以抽象及几何图案构图> constructivism;constructionism
构成柱状图 percentage bar chart
构成纵梁 trussed stringer
构杆交换法 method of exchange of members
构桁 frame girder
构化黏[粘]度 structural viscosity
构架 backbone;boom;carcase;frame;framing; gallows; skeleton frame; staging;structural frame;structural framing;structure;strut;timber support;airframe <火箭等用的>
构架安装 erection of framing
构架安装机具 frame raising gear
构架材 carcas(s)ing timber;framing lumber
构架槽 boom well
构架车间 frame shop
构架(大)梁 frame(d)girder
构架单体 single frame
构架的 trussframed
构架地板 framed floor(ing)
构架地板覆盖层 framed floor cover(ing)
构架地面 framed ground
构架法 framework method
构架翻转机 reversing frame for truss frames
构架房屋 building of skeleton construction;frame(d)building;frame(d)house
构架覆盖 exterior cladding
构架杆 truss bar
构架杆件 trussed member
构架高架桥 framed trestle
构架隔断 framed partition(wall)
构架隔间 frame bay
构架工程 frame works;panel works
构架工作 lattice work
构架拱 framed arch
构架构造 framed construction
构架航带 control strip
构架航线 control(photo)strip;tie flight
构架航线飞行 control flight
构架航线摄影 cross-flight photography
构架荷载 frame loading
构架基础 stabilizer base
构架架设的齿轮 frame erecting gear
构架架设的机具 frame erecting gear
构架间距 frame space
构架件 framing member
构架建筑 frame(d)building;frame(d)construction;framework construction
构架节点 joint of framework
构架结构 frame construction;frame(d)structure;frame system;framing structure
构架结合 framed connection
构架拉条 frame brace
构架肋板 bracket floor;open floor;skeleton floor
构架类比 framework analogy
构架力学 airframe dynamics
构架立柱 upright of frame
构架梁 frame(d)beam
构架楼板 double-ended floor;framed flooring;framed ground
构架楼板覆盖层 framed floor cover(ing)
构架楼面 double-ended floor
构架面板隔墙 framed facing partition (wall)
构架模拟 framework analogy
构架模型 frame mo(u)ld
构架木材 framing timber
构架木栏杆 framework timber rail
构架木料 carcass
构架内部支承 frame inner bearing
构架内端梁 <转向梁> inside end piece
构架平面布置 framing plan
构架平面图 framing plan
构架平台 framing table
构架平台施工法 platform framing
构架墙 framed wall(ing);frame(d)(work)wall
构架桥墩 frame pier
构架桥面 framed floor
构架施工法 framework construction method
构架式的 framed
构架式底板 framed floor;framed mattress
构架式格栅 framed joist
构架式隔墙 framed partition
构架式拱架(托) trussed center[centre]
构架式固定拱 fixed framed arch
构架式固端拱 fixed framed arch
构架式间壁 framed partition(wall)
构架式建筑物 framed building
构架式拦河堰 barrage with frames
构架式码头 skeleton pier
构架式竖杆 montant
构架式天线杆 derrick-style antenna mast
构架式堰 framed weir
构架式闸杆 brake truss bar
构架式栈道 framed trestle
构架式栈桥 framed trestle
构架式转 framework bogie
构架台 framing table
构架提升机具 frame raising gear
构架图 skeleton diagram; skeleton sketch
构架图解 frame diagram
构架腿 frame leg
构架外端 outside end
构架屋顶 framed roof
构架屋面 framed roof
构架系统 framing system;trussing
构架线 skeleton line
构架悬挂电动机 frame suspended motor
构架栈道 framed trestle
构架支柱 frame leg;frame post;framing column;leg of frame
构架支座 frame support
构架(直)角尺 framing square
构架柱 framing post
构架装配工 framer
构架组件 frame sub-assembly
构架作业 panel work
构件 building block;building member; component element; component parts;constructional element; constructional member; construction unit;frame member;member; parent member;structural component;structural member;structural parts;structural unit;structure detail; unit of construction; unit of structure
构件变换 member transformation; member transposition
构件变形 deformation of element
构件长度 element length; member length
构件厂 building component manufactory
构件场 member field
构件成本估价法 unit cost in place method
构件成型工艺 gag process
构件尺寸 element size;member size
构件尺寸配合 dimensional coordination
构件尺度表 table of scantlings
构件大小 member size
构件单位长度质量 mass per unit length of member
构件的承载面 bearing face
构件的存储类属性 storage class attribute with structures; structure with storage class attribute
构件的横截面 element cross-section
构件的中心线 member center line
构件的纵向应力 fiber stress
构件地貌学 building geomorphology
构件端头开口槽榫 slot mortise
构件范围 element field
构件分子 building block molecule
构件赋值 structure assignment
构件刚度 element stiffness
构件刚度检验 stiffness test of structural member
构件更换 component replacement
构件估价法 component method
构件间垫圈 stitch washer
构件间接缝 joints between units
构件建造 component construction
构件交换 exchange of members
构件交换法 method of exchange of members
构件接合 structural component connection
构件截面 member cross-section
构件劲度 element stiffness
构件抗裂度检验 crack resistance test of structural member
构件力矩 member moment
构件连接 element connection; member connection
构件名称 member name; name of members
构件明细表 erecting bill
构件模型 element model
构件拼接 splicing of steel structural members
构件平面 plane of elements
构件强度检验 strength test of structural member
构件曲面 element buckling
构件设计 element design
构件受力 member force
构件受屈曲 member buckling
构件受弯曲 member buckling
构件受压变形引起的预应力损失 sequence-stressing loss
构件数组 array of structures
构件特征系数 characteristic coefficient of member
构件图 structural drawing;structural plan
构件外伸钢筋 starter rods
构件弯曲试验 element buckling test
构件位移 element displacement
构件系(统) member system
构件衔接 filleting
构件项升法 jack block
构件斜度 element slope; member slope
构件形状 element shape
构件形状系数 coefficient concerning the form of member
构件延性 member ductility
构件应力 element stress; member stress
构件在现场建造或安装的 field applied
构件支撑 <隧道等> element support

G

构件中心线 element center[centre] line
构件中心线图 line diagram
构件属性 structure attribute
构件装配机 component assembly machine
构件装配体系 component system
构件自由端 expansion end
构件总厚 aggregate depth of elements
构件组合结构 modular construction
构件组合系统 component system
构壳结构构造类型 type of crustal architecture and structures
构块 building block
构梁 frame
构码 encoding
构膜的 film building
构树 broussonetia papyrifera
构树皮 bark of paper mulberry
构思<建筑师或工程师的初步设想> concept(ion);idea;framing
构思方案 schematization of thinking
构思阶段 concept phase; conceptual phase
构思模型 mental model
构思设计 concept design; conceptual design
构思性规划 conceptual plan
构思障碍 dyssymbolia
构台<起重机的> gantree; guard board; gantry
构台支柱 gantry column
构图 compose; composition; map development
构图方式 mode of composition
构图、颜色调和 symphony
构想再用系统 conceptual reuse system
构像 image formation
构像变化 conformational change
构像的【化】conformational
构像反差 picture contrast
构像方程 imaging equation
构像分析 conformation analysis
构像理论 conformation theory
构像异构体 conformational isomer
构效关系 structure-activity relationship
构型 configuration
构型变化 configurative change
构型的 conformational
构型的双中心规整性 ditactic
构型对称 configurational symmetry
构型法 formbuilding
构型分析 conformational analysis
构型管理 configuration management
构型计数级数 configuration counting series
构型矩阵 configuration matrix
构型空间 configuration space
构型配位模型 configuration coordinate model
构型熵 configurational entropy
构型式 configurational formula
构型相互作用 configuration interaction
构型学说 conformational theory
构造 architecture; build-up; conformation; construction; constructional detail; contexture; formation; setup; structure
构造凹槽 structural trough
构造凹处 embayment
构造坳陷 structural depression; tectonic depression
构造板 constructional board
构造板块运动 tectonic plate movement
构造半开放系统 tectonic semi-open system
构造背景 tectonic background; tectonic setting
构造鼻 anticlinal bowing; structural nose; structure nose
构造鼻型水动力圈闭 structural nose type of hydrodynamic(al) trap
构造闭合度 structure closure
构造闭合高度 height of structural closure
构造边界<地质图> system boundary; structural boundary
构造边界井 off structure well
构造边界泉【地】border spring; boundary spring
构造编织 tectonic weaving
构造扁豆体 tectonic lens
构造变动【地】tectonism
构造变动标志 tectonization marker
构造变动带 zone of tectonic disturbance
构造变动顺序 tectonization sequence
构造变动特征 tectonization feature
构造变化 conformational change
构造变晶的【地】tectonoblastic
构造变形 tectonic deformation
构造变形尖灭 tectonized pinch out
构造变形图 tectonic deformation map
构造变型次数 time number of tectonization
构造变质带 tectono-metamorphic belt
构造变质带分区 division of tectono-metamorphic belt
构造变质图 tectonic-metamorphic map
构造变质作用 tectonic metamorphism
构造标本 structural specimen
构造标志 structural indication; structural marker
构造标准面 index horizon; index plane
构造表象的 tectosequent
构造冰碛物 tectonic moraine
构造剥蚀 tectonic denudation
构造不混合 tectonic unmixing
构造不稳定地区 extreme tension region
构造不整合【地】structural discordance; structural unconformity
构造参数 structural parameter
构造残积土 saprolite
构造草图 primary structural map
构造层【地】tectonic layer; tectosphere
构造层层间关系 relation between tectonic layers
构造层分布地区 distributed area of tectonic layer
构造层厚度 thickness of tectonic layer
构造层划分 dividing tectonic layer; structural layer division
构造层划分标志 dividing mark of tectonic layer
构造层类型 classes of tectonic layer; type of tectonic layer
构造层名称 name of tectonic layer
构造层时带 age of tectonic layer
构造层位【地】tectonic level; structural level; structural position
构造长度 structural length
构造长石砂岩 tectonic arkose
构造常数 structure constant
构造沉降部分 structural saddle
构造成矿类型 tectono-metallogenic type
构造成矿条件 tectono-metallogenic condition
构造成矿作用 tectono-metallogenic process
构造成因 cause of formation
构造成因坡 structural slope
构造程序 constructor
构造尺度 structural scale
构造冲积扇-三角洲复合体 tectonic fan-delta complex
构造窗 fenster; inlier; window
构造窗面积 area of window
构造窗位置 location of window
构造带 tectogene; tectonic belt; tectonic zone
构造单位 structure unit
构造单元 structure unit; tectonic element; tectonic unit; unit of structure
构造单元划分依据 criterion for recognition of tectonic element
构造单元种类 kind of tectonic element
构造的 architectonic; structural; tectonic
构造的壁骨类型 studs type of construction
构造的均质性 uniformity of structure
构造的支柱类型 studs type of construction
构造等高线 structure contour; subsurface contour
构造等高线法 structure-contour method
构造等高线图 structural contour map; structure-contour map
构造等级 constructional class; tectonic grade; tectonic magnitude; tectonic order
构造等间距控矿 equidistant structural control of ore deposits
构造等值线图 structural contour map
构造低地 structure low
构造低陷 structural low
构造地层单元 tectono-stratigraphic(al) unit
构造地层的 tectostratigraphic
构造地层地体 tectono-stratigraphic(al) terrane
构造地层分区 tectono-stratigraphic(al) division
构造地层复合圈闭 structural-stratigraphic(al) combination trap
构造地磁学 tectonomagnetism
构造地块 tectonic land mass
构造地貌 morphostructure
构造地貌标志 morphostructure marker
构造地貌调查 survey of morphostructure
构造地貌图 structural geomorphological map
构造地貌学 morphotectonics
构造地面沉降 tectonic land subsidence
构造地球化学 tectono-geochemistry
构造地球化学场 tectono-geochemical field
构造地球物理场 tectono-geophysical field
构造地图 structure map
构造地形 constructional landfill; constructional landform; structural landform; structural relief; tectonic landform
构造地震 tectonic earthquake
构造地质的 architectonic
构造地质调查 survey of structural geology
构造地质图 geologic(al) structure map; tectonic map
构造地质学 architectonic geology; geognosy; geotectonics; structural geology; tectonic geology; tectonics; formational geology
构造调查方法 methods of structural survey
构造叠加 tectonic overprinting; tectonic superimposing
构造叠加作用 tectonic superimposition
构造动力学 tectonodynamics
构造洞 structural cave
构造断块 tectonic block
构造断裂强度指数 intensive index of faulting
构造断面 structure section
构造钝感性 structure insensitive property
构造发育史分析 structural growth history analysis
构造法 structured approach
构造反差强度 intensity of tectonic contrast
构造反演技术 structural inversion technique
构造方式 mode of construction
构造防水 constructional waterproofing
构造非均质性 structural anisotropy
构造分带 structural zonation
构造分期 stage of tectogenesis
构造分区 structural division
构造分区图 tectonic division map
构造分析 structural analysis; tectonic analysis【地】
构造分析模型 structure analysis model
构造封闭系统 tectonic closed system
构造缝 build joint; construction(al) joint; functional joint; structural joint; tectonic joint
构造附加压力 tectonic overpressure
构造改变 structural change
构造干涉带 structural interference belt
构造纲要图 outline map of structure; structural outline map; structure outline map; tectonic outline map
构造钢 constructional steel
构造钢筋 constructional reinforcement; steel for construction(al) requirement; structural bar
构造高差 structural relief
构造高点 high point of structure
构造高度 structure height
构造格架 tectonic framework
构造格架图 tectonic framework map
构造格式 tectonic framework
构造各向异性 structural anisotropy
构造古地理图 tectonic-pal(a)eotopographic(al) map
构造谷 geotectonic valley; tectonic valley
构造关系 tectonic relationship
构造观测点记录表 record table of structural observation point
构造轨缝【铁】maximum joint gap structurally obtainable; structural joint gap; rail joint gap of structure
构造海面变动 tectono-eustatism
构造海面升降 tectonic eustatism
构造海震 tectonic seaquake
构造含矿性评价 assessment of the productivity of structure
构造河 tectonic stream
构造河流 constructional stream
构造横剖面图 structural cross-section map
构造后的【地】post-tectonic; apotectonic
构造后结晶 post-tectonic crystallization
构造厚度 structure depth
构造湖 tectonic lake
构造滑动断层 tectonic slide fault
构造化 tectonization
构造划分面 divisional plane
构造环境 structural environment
构造回旋 geosynclinal cycle
构造混合体 tectonic mixture
构造混杂岩 tectonic melange
构造活动带 tectonic active belt
构造活动区域 tectonic active area;

tectonic active region
构造活动性 tectonic activity
构造机构学 constructive mechanism
构造基底 infrastructure; tectonic foundation
构造级别 structural grade; tectonic grade; tectonic order
构造级次 tectonic scale
构造级序 tectonic order and tectonic generation
构造极地 tectonic pole
构造几何 constructive geometry
构造挤压煤 pressed coal
构造计算 design calculation
构造继承 structural inheritance
构造坚固 heavy building
构造简单的 simply constructed
构造交汇 structural intersection
构造角砾岩 dynamic (al) breccia; pressure breccia; structural breccia; tectonic breccia
构造阶地【地】structural terrace; constructional terrace; cut-and-fill terrace; rock bench; tectonic terrace
构造阶地型水动力圈闭 structural terrace type of hydrodynamic(al) trap
构造阶梯【地】structural terrace
构造接触 structural contact; tectonic contact
构造接触类型 structural contact type
构造节 tectonic knot
构造节理【地】structure joint; tectonic joint
构造结 tectonic knot
构造结构面 tectonic discontinuity
构造结晶学 structural crystallography
构造筋 constructional steel; nominal steel; structural bar; structural reinforcement
构造境 tectotope
构造聚集作用 tectonic accumulation
构造开放系统 tectonic open system
构造勘探 structural exploration
构造孔 record hole
构造控岩作用 tectonic rock-controlling process
构造控制 structural control
构造控制孔 structure drilling
构造控制盆地 structural control basin
构造矿物 tectonic mineral
构造类别 classification of structure
构造类型 structural type; tectonic model
构造立体图(解) structural block diagram
构造良好的程序 well-formed program(me)
构造砾岩 tectonic conglomerate
构造裂缝【地】diaclase; tectonic fissure; texture cracking
构造裂隙 separation fracture; structural fracture; structure fissure; tectonic fracture
构造裂隙水 structural fissure water
构造临界面 tectonic critical surface
构造零件 constructional detail
构造流 <泥浆的> structural flow
构造隆起【地】tectonic uplift; anticlinal bowing; structural high; structural upheave
构造隆起边缘 margin of tectonic upwarping
构造陆地 tectonic land
构造滤波 structure filtering
构造轮廓 tectonic framework
构造论 constructionism
构造面 constitutive surface; structural plane; structure plane; tectonic level
构造面滑坡 structural plane landslide
构造面积 area of structure
构造模拟实验 experiment of tectonic simulation; tectonic model experiment
构造模拟试验 tectonic analog(ue) experiment
构造模式 structural pattern; structure pattern
构造模式图 tectonic model map
构造模型 structural model
构造模型实验 tectonic model experiment
构造模型试验 tectonic model experiment
构造模型图 structural model map
构造幕 tectonic phase
构造内窗层 nappe inlier
构造能量 tectonic energy
构造年代 tectonic chronology
构造宁静期 tectonic still stand period
构造配筋 constructional reinforcement
构造盆地 structural basin; tectonic basin
构造盆地环形体 circular features of structural basins
构造品质 structural behavio(u)r
构造平接 construction butt joint
构造平面 construction plane
构造平原 constructional plain; tectonic plain
构造破碎带宽度 width of structural broken zone
构造剖面 structure section
构造剖面图 constructional profile; structural profile; structural section; tectonic profile
构造期结晶 paratectonic crystallization
构造起伏 structural relief
构造迁移的时代【地】age of tectonic migration
构造迁移机制 tectonic migration mechanism
构造迁移形式 tectonic migration form
构造前结晶 pretectonic crystallization
构造切面 tectonic profile
构造侵蚀 structural erosion; tectonic erosion
构造侵位 tectonic emplacement
构造倾角 dip of structure
构造区 structural province; tectonic province
构造区边界类型 boundary type of tectonic region
构造区的长度 length of tectonic region
构造区的宽度 width of tectonic region
构造区的面积 area of tectonic region
构造区结构 constructional of tectonic region
构造区位置 position of tectonic region
构造驱动力 tectonic driving force
构造圈【地】tecto(no)sphere
构造圈闭【地】structural trap; structure trap
构造缺失【地】structural deficiency
构造群落 tectonic community
构造扰动带 tectonic disturbance zone
构造热事件 tectono-thermal event
构造容许误差 construction(al) tolerance
构造蠕变 tectonic creep
构造蠕动 tectonic creep
构造山 tectonic mountain
构造上的 anatomic(al)
构造上升 tectonic uplift
构造上位置 structural location
构造设计 architectonics
构造深度 structural depth
构造深度仪 structural meter
构造世代 structural generation
构造示意图 structural sketch
构造式 structural formula
构造式打捞法 method of salvaging a stranded vessel with frameworks
构造事件 tectonic event
构造数学分析 constructive mathematical analysis
构造水 constitutional water; formation; interstitial water; oil reservoir water; structural water; structure water
构造水动力地层复合圈闭 structural-unconformity-stratigraphic (al) combination trap
构造水动力复合圈闭 structural-unconformity combination trap
构造说明 general description of construction
构造说明书 description of structural construction; specification for construction
构造素描图 structure sketch
构造速度 construction(al) speed; design velocity; speed limited by construction
构造碎裂的【地】tectonoblastic
构造台地【地】structural platform
构造特点 constructional feature
构造特征 structural characteristic; structural feature; structural property; tectonic characteristic; tectonic feature
构造体 structural element; tectosome
构造体系 structural system; tectonic system
构造体系成生时期 time of tectonic system formation
构造体系的复合 compound(ing) of tectonic system; compounding of structural system
构造体系的联合 conjunction of tectonic systems
构造体系多级控矿 control of ore deposits by multiorder of tectonic system
构造体系复合控矿 control of ore deposits by compounding of tectonic system
构造体系复合类型 compounding type of tectonic systems
构造体系控矿类型 structural system control of ore types
构造体系控矿作用 structural system control of ore deposition; tectonic system control of ore deposition
构造体系控岩控矿 structural system control of rocks and minerals
构造体系控震类型 type of tectonic system controlling earthquakes
构造体系类型 type of tectonic system
构造体系联合 conjunction of structures
构造体系图 structural systems map
构造体系图类型 type of tectonic system map
构造体系与地下热水分布图 map of structural systems and ground hot water
构造体系与地下水分布图 map of structural systems and ground water
构造体系与地震图 tectonic systems and earthquake map
构造体系与地震震中分布图 map of structural systems and earthquake epicenters
构造体系与矿产分布图 map showing the relation between structural systems and the distribution of ore
构造体系组成 composition of tectonic system
构造条件 structural condition
构造调整 tectonic adjustment
构造透镜体 tectonic lens; tectonic lenticle
构造图 construction(al) drawing; construction plan; structural drawing; structural map; structure diagram; tectonic map; tectosphere
构造土 structure soil
构造脱顶 decollement
构造洼地 structural depression; tectonic depression
构造外露层 klippe[复 klippen]; tectonic outlier
构造湾 tectonic bay
构造完整性 structural integrity
构造网 tectonic network
构造网结 knots of tectonic network
构造网线 threads of tectonic network
构造网眼 meshes of tectonic network
构造位置 tectonic location
构造温泉 tectonic spring
构造纹花岗岩 potkinomatic granite
构造纹理 texture
构造无序 structural disorder
构造物 structure
构造系 tectonic system
构造系统的联合 tectonic syntaxis
构造细部 structural feature
构造细节 details of construction
构造下沉 tectonic down-sinking
构造线 structural line; structure line; tectonic line
构造线方向 direction of structural lineament
构造相 tectofacies; tectonic facies
构造相层 tectosome
构造相图 tecto(no)facies map
构造详查 detailed survey
构造详图 constructional detail; details of construction
构造形变 tectonic deformation
构造形变相 structural deformation facies
构造形迹 structural feature
构造形迹的研究 structural feature researches
构造形迹类形 type of structural trace
构造形面图 structural form surface map
构造形式 structural form
构造形态 structural form
构造型式 structural model; structural pattern; structural type; tectonic model; tectonic pattern; tectonic type
构造型式图 structural type map
构造型相 structural feature
构造型油气田 structural oil-gas field
构造性布局算法 constructive placement algorithm
构造性地裂缝 tectonic ground fissure
构造性海面升降运动 diastrophic eustatism; tectono-eustatism
构造性能 behavio(u)r of structures
构造性质 fabric property
构造序次 tectonic generation; tectonic order
构造序列 structural sequence
构造序幕 tectonic episode
构造旋回 geosynclinal cycle; structural cycle; tectonic cycle
构造旋回及构造运动 tectonic cycles and movements
构造旋转 tectonic rotation

G

构造学 structurology
构造循环 geosynclinal cycle;tectonic cycle
构造岩 structural tectonite;tectonite
构造岩浆带 division of tectono-magmatic belt;tectono-magmatic belt
构造岩浆图 tectonic-magmatic map
构造岩类型 type of tectonite
构造岩溶洼地 tectono-karstic depression
构造岩石阶地 structural rock bench
构造岩石学 petromorphology;petrotectonics;structural petrology
构造岩石组合 association of tectono-sedimentary rocks
构造岩相带分区 division of tectono-sedimentary facies belt
构造岩相图 structural-facies map;tectonic-sedimentary facies map
构造岩性图 structure-lithologic(al) map
构造岩性柱状图 tectonic-lithologic-(al)columnar section
构造岩组构 tectonite fabric
构造岩组学 petrotectonics
构造研究和评价 research and evaluation of structure
构造研究图件 graphic(al) representations of structure
构造演化 tectonic evolution
构造演化史 structural history
构造演化图
structural evolution map; tectonic evolution diagram
构造样式 structural style;tectonic style
构造样式法 method of structural style
构造要求 structural requirement
构造要素 element of structure;structural element;tectonic element
构造要素测量 measuring of structural element
构造要素统计图 statistic(al) map of structural element
构造异常类型 type of structural anomaly
构造翼部圈闭 structure-flank trap
构造因素 structure factor
构造应变 tectonic strain
构造应变测量 structure strain measurement
构造应变能 tectonic strain energy
构造应变效应 tectonic strain effect
构造应力【地】 tectonic stress
构造应力场 formation stress field;tectonic stress field
构造应力场分析 tectonic stress analysis
构造应力场控矿 tectonic stress field control of ore
构造应力场类型 type of tectonic stress field
构造应力场数据 data of tectonic stress field
构造应力场数学模拟图 mathematic(al) modeling map of tectonic stress field
构造应力场图 tectonic stress field map
构造应力场图解 diagram of tectonic stress field
构造应力作用过程 tectonic stress history
构造油气藏 structural pool
构造油田 structural oil pool;tectonic oil pool
构造域 tectonic domain
构造运动 tectogenesis;tectonic motion;tectonic movement;tectonic process
构造运动程式 process of tectonic movement
构造运动定时性 timing of tectonic movement
构造运动定向性 orientation of tectonic movement
构造运动发生的地区 occurred region of tectonic movement
构造运动方向 tectonic movement direction
构造运动规模 scale of tectonic movement
构造运动继承性 succession of tectonic movement
构造运动类型 type of tectonic movement
构造运动名称 name of tectonic movement
构造运动名称创立的时间 established time of name of tectonic movement
构造运动名称的创始人 originator of name of tectonic movement
构造运动强度 intensity of tectonic movement; tectonic movement intensity
构造运动全球性 global scale of tectonic movement
构造运动时带 age of tectonic movement
构造运动时期 period of tectonic movement
构造运动统一性 unity of tectonic movement
构造运动新生性 recurrence of tectonic movement
构造运动周期性 periodicity of tectonic movement
构造运移 tectonic transport
构造再造作用 tectonic rebuilding
构造者 constructor
构造褶皱 tectonic fold
构造整合 structure conformity
构造支点带 tectonic hinge
构造指数 structure index
构造质量 structural behavio(u)r
构造轴 tectonic axis
构造柱 constructional column;structural pillar;tie column
构造转换 restructuring
构造转向【地】 vergence[vergency]
构造转折线 hinge line
构造综合法 tectonic synthesis method
构造综合分析 tectonic synthesis
构造纵剖面图 structural longitudinal-section map
构造纵深部位 tectonic level
构造走向线图 tectonic strike-line map
构造阻尼<由结构体系本身固有频率相互干扰所形成的推动阻尼> systematic damping;constructional damping
构造组合 structural associations
构造钻机 structural drill(ing machine)
构造钻井 structural boring;structural drilling; structure boring; structure drilling
构造钻孔 province(bore) hole;province(drill) hole; stratigraphic(al) bore(hole);stratigraphic(al) hole; structure bore (hole); structure drillhole;structure hole
构造钻探 structural boring;structural drilling; structure boring; structure drilling
构造最底层 basal complex;basement complex
构造作用【地】 tectonism; tectonic process;tectonization
构柱脚 bent
构筑工事 fortify
构筑河流的石块 stone for stream work
构筑基础 found
构筑框架 framing
构筑模式 building pattern
构筑桥梁的石块 bridge stone
构筑体 masonry
构筑物 building structure;frame work; special engineering structure; structure;construction work
构筑物的基坑开挖 structure excavation
构筑物的突出部分 structure nose
构筑物面积 area of structure
构筑物引道 structure approach

购

购得货品得保证 warranty of merchandise purchased
购地 acquisition of land;purchase of land
购地建屋经营者 tract builder
购房款抵押债券 purchase money bond
购房款信托证券 purchase money trust deed
购房能力指数 housing affordability
购货成本 purchase cost
购货单 order; order form; purchase list;purchase order
购货单位 purchasing unit
购货订单 purchase order
购货发票 purchase invoice
购货合同 contract for purchase;purchase contract
购货核算流程图 purchases flow chart
购货检验 purchasing inspection
购货款抵押 purchase money mortgage
购货量 purchase quantity
购货确认书 purchase confirmation
购货协议 purchase agreement;agreement of sale;contract of purchase
购货佣金 buying commission;purchasing commission
购货预算 purchasing budget
购货欲望 desire for goods
购货账目 account of goods purchased
购货折扣 discount received;purchase discount
购货者 shopper
购建销租业务 buy-build-sell-lease transaction
购进材料控制 incoming material control
购进业务 buying operation
购料单 material purchase contrast; material purchase order; ordering of materials
购料合同 material contract
购料账 purchase account
购买 buying;market
购买材料 materials purchasing; procurement of materials
购买财产担保 purchase money mortgage
购买代理人 buying agent
购买的设计图样 purchase design
购买地点 place of purchase
购买分类账 bought ledger
购买分配额 buying quota
购买合并 consolidation by purchase
购买合同余额 balance of buying contract
购买和使用长期车票 commute
购买后分期收款售出 purchase and installment saleback
购买后租出 purchase and leaseback
购买价格 buying price;purchase price
购买建筑用地 acquisition of building land
购买力 ability to pay;buying capacity; buying power; purchasing capacity;purchasing power
购买力平价 purchasing power parity
购买期货 buy forward
购买前咨询 prepurchase consultation
购买倾向 buying inclination
购买人 buyer;purchaser
购买数量 quantity purchased
购买外国公司证券 buy foreign securities
购买限度 buying limit
购买协议 purchase agreement
购买选择权 call option
购买意向 buying intention
购买佣金 purchase commitment
购买与租赁价格比 purchase-to-lease ratio
购买折扣 discount on purchase;purchase allowance
购买者 purchaser
购买证书 certificate of redemption; certificate of purchase<房屋、房地产等的>
购票 ticketing
购票处 ticket office
购入产权 buying title
购入成本 buying cost
购入价 purchase value
购入价格 cover price
购入检验 purchasing inspection
购入票据 bill bought
购入票据得贴现 discount on bill bought
购入优先权 preferment
购入原价 buying cost
购入债券折价 discount on bond purchased
购入重置 replacement by purchase
购物 shopping
购物和商业区 shopping and business area
购物旅程 journey to shop
购物旅行 shopping trip
购物区 shopping precinct
购物散布广场 shopping promenade
购物商场 shopping mall
购物中心 shopping center[centre]; shopping complex
购物中心区 shopping center district
购销代理人 commission agent
购销合同 purchase and sale contract
购销渠道 buying and selling channels
购置不动产借款 real estate financing
购置财产 acquisition of property
购置成本 acquisition cost; purchase cost
购置成本法 acquisition cost method
购置的零件 purchased parts
购置费 acquisition cost;first cost;initial cost
购置及使用固定资产而产生的费用 expenditures subsequent to acquisition and use of fixed assets
购置价格 acquisition price
购置年份 year acquired
购置资本 acquisition cost
购置资产 acquisition of assets

垢

垢层 scale crust
垢壳 incrustant
垢下腐蚀 under-deposit corrosion

够

够本点 break-even point
够本分析 break-even analysis
够劲锚栓 buck anchor

估测 appraisal survey
估测地震烈度 estimated seismic intensity
估测调查 estimate survey
估测动态 estimated performance
估测误差 estimation error
估测震中位置 estimated location of epicenter;estimation of position of epicentre
估错 miscalculation
估定 assess(ment);estimation;evaluate;evaluation
估定拨款数额 estimated appropriation
估定残值 estimated residual or scrap value
估定的 evaluating
估定地价 assessed value of land
估定价格 appraised price
估定价值 appraisal value;appraised value;assessed valuation;constructed value;estimated value
估定款项 scot
估定亮度 estimated luminance
估定耐用年限表 observed life table
估定黏[粘]度 estimated viscosity
估定使用年限 reckoning of useful life;useful life estimation
估定使用期 estimated usable period
估定税额 assessed tax
估定损失 loss assessment
估定折旧法 depreciation-appraisal method
估定资本额 appraisal capital
估读 reading by estimation
估读误差 error of estimation;interpolation error
估工表 estimating forms;estimating worksheet
估计 account(valuation);calculate by inspection;compute;estimating;estimation;evaluation;reckon(ing);size up
估计饱和水的导电性 estimating saturated hydraulic conductivity
估计保险费 estimate(d) premium
估计报表 estimated statement
估计标准差 estimated standard deviation;estimation standard deviation
估计标准误差 standard error of estimate
估计不足 underestimate;underestimation;undervaluation
估计残值 estimated residual value;estimated scrap value
估计产量 estimated production
估计成本 estimated cost;pro forma cost
估计成本会计 estimated cost accounting
估计成本计算 estimated cost calculating
估计成本收回的可能性 estimating cost recoverability
估计成本制度 estimated cost system
估计出发时间 estimated time of departure
估计储量 probable reserves
估计船位 estimated ship's position
估计存货 estimated inventory;stock at valuation
估计错误 miscalculate;miscalculation;misjudgement;out in reckoning
估计大小 size up
估计到 take into consideration
估计到达日期 estimated date of arrival
估计到达时间 estimated time of arrival
估计的 estimated
估计的成本 estimated cost
估计的经济年限 estimated economic life
估计的设计荷载 estimated design load
估计的数字 estimative figure
估计的完工日期 estimated date of completion
估计的完工时间 estimated time of completion
估计的现场混凝土立方体强度 estimated in situ cube strength
估计地震烈变 estimation of intensity
估计毒性 assess toxicity
估计毒性阈值 estimated toxic threshold
估计法 method of estimation;rule-of-thumb method
估计方差 estimated variance;estimation variance
估计方程【数】estimating equation
估计费用 cost estimate;estimated cost;pro forma cost
估计工程量与实际竣工量之差 quantity overrun/underrun
估计工作量 sizing up a job
估计过低 underestimate;underrate;undervaluation
估计过高 overestimate;overestimation
估计耗气率 estimated steam rate
估计滑距 estimate slip
估计获得日期 estimated date of availability
估计价格 estimated price;imputed price
估计建造成本 estimating construction cost
估计交货(日)期 delivery date estimating;estimated delivery date
估计交货时间 estimated delivery time
估计经度 estimated longitude
估计精度 accuracy of estimate;estimated accuracy
估计净能 estimated net energy
估计净能值 estimated net energy value
估计均值 estimation mean
估计开航日期 estimated date of departure
估计孔隙压力 estimated pore pressure
估计块段 estimation block
估计离距 estimate separation
估计理论 estimated theory;estimation theory
估计利润 estimated profit
估计利益 assessable benefit
估计量 estimate;estimator
估计(量的)误差 error of estimate
估计量的有效性 efficiency of estimator
估计邻域 estimation neighbo(u)rhood
估计邻域法 estimating neighbo(u)rhood method
估计流量 estimated flow
估计马力 estimated horse power
估计每年营业费用 estimated yearly operating cost
估计耐用年限 endurance expectation
估计能力 estimated capacity
估计年限 estimated life
估计排污量 presumptive waste discharge
估计皮重 computed tare
估计频率 estimated frequency
估计平方尺 estimated square feet
估计器 estimator
估计桥址洪水 estimating floods at bridge site
估计区间 estimation interval
估计曲线 appraisal curve
估计人口 estimation population
估计容量 estimated capacity
估计设计负荷 estimated design load
估计声阻抗函数 estimate acoustic-(al) impedance function
估计实际年限 estimated physical life
估计使用年限 endurance expectation;estimated service life;estimated useful life
估计使用期 estimated usage
估计使用期限 endurance expectation;estimated performance
估计使用寿命 endurance expectation;estimated service life
估计市价 estimated market value
估计收入 estimated income
估计收益 estimated income
估计寿命 estimated life;expectation of life;life expectancy
估计数据 estimated data
估计数量 estimated amount
估计数目为 put the number at
估计税额申报 declaration of estimated tax
估计损益表 estimated profit and loss statement
估计所需增加费用 estimated additional requirements
估计他人的反应 expected objective group ranking
估计投资量 estimated investment
估计途中时间 estimated time of enroute
估计完成日期 estimated completion date;estimated date of completion
估计完工日期 estimated completion date
估计纬度 estimated latitude
估计未来交通量 estimated future traffic
估计位置 estimated position
估计误差 error of estimation;estimated error;evaluated error
估计误差的方差 variance of estimation error
估计性能 estimated performance
估计应付所得税 estimated income tax payable
估计有效负荷 estimated payload
估计员 quantity surveyor
估计远景运量 estimated future traffic
估计陨石大小 estimative size of meteorite
估计折旧额 estimated theoretic(al) depreciation
估计者 estimator;quantity surveyor
估计真实镭含量分析仪 estimated actual radium analyser[analyzer]
估计支出 estimated expenditures
估计值 advance estimate;anticipated value;estimated value
估计值标准误差 standard error of estimate
估计重量 estimated weight
估计资产负债表 estimated balance sheet
估计资金表 estimated fund statement
估计资金的流转时间和数量 estimate time and amount of the flow of funds
估计总额 total estimates
估计总损失 estimated total loss
估计总误差 estimate total errors
估计最大负荷 estimated maximum load
估计最大损失 maximum loss expectancy
估计最低成本 minimum-cost estimating
估价 account transaction;account valuation;appraisal price;appraise(d price);appraisement;appreciate;assess(ment);cost estimate[estimating];costing;estimate of cost;estimate price;estimating;estimation of cost;evaluation;guess value;pricing;rating;vaiorisation;valuation
估价备抵 valuation allowance
估价标准 appraisal criterion;basis of valuation
估价表 cost sheet;estimating forms;schedule of prices
估价财产 subject property
估价财产目录 appraisal inventory
估价程序 appraisal procedure;evaluation process
估价单 bill of estimate;estimate sheet;list of cost estimate;price quotation;pro forma invoice;quotation;value bill;cost estimation
估价单记录 quotation record
估价调查 appraisal survey
估价发票 pro forma bill;pro forma invoice
估价法 appraisal method
估价法则 valuation principle
估价方法 evaluating method;appraisal approach;appraisal method
估价分录 appraisal entry
估价服务 pricing service
估价工程 value engineering
估价工作组 appraisal mission
估价公司 appraisal company
估价过低 underestimation
估价过高 over estimating;overprice;overrate
估价基础 appraisal basis;basis of valuation
估价及价值自动指示器 automatic rate-(and-)price indicator
估价建筑物 subject building
估价目的 appraisal purpose
估价签定书 certificate of valuation
估价人 appraiser;assessor;rater;valuator
估价日期 appraisal date
估价师 adjuster;appraisal person;estimator;appraiser
估价师预留的不可预见费 estimator's contingency
估价条款 appraisal clause;evaluation clause;valuation clause
估价调整 appraisal adjustment
估价项目 appraisal item
估价语言 assessment language
估价员 estimator;valuer
估价原理 appraisal tenet;valuation principle
估价原则 principle of valuation
估价增益 profit accrued from evaluation
估价账户 account valuation;appraisal account
估价折旧法 depreciation-appraisal method;valuation method of depreciation
估价者 estimator;valuator;valuer
估价证书 certificate of appraisal
估价准备 appraisal reserve;valuation reserves
估价最低投标 lowest evaluated bid
估价作业 appraisal operation
估界的改进 on improved bounds
估量 estimate;make allowance for;ponder;scalage;size up;stock taking
估量估计助理员 <英> technical as-

sistant
估量过大 overmeasure
估量过高 overrate
估量积分 weighed integral
估量噪声 psophometric noise
估量噪声电动势 psophometric electromotive force
估量噪声电压 psophometric voltage
估量值 estimator
估料 quantity survey(ing)
估税价格 assessed valuation
估税价值 assessed (cost) value; assessed valuation
估税员 assessor
估算 budget estimate; approximate estimate; calculation of reserves; compute; estimate; estimating; estimation; preliminary estimate; projection; provisional estimate
估算成本 approximate cost; estimated capital
估算成本与实际成本的差异 cost variance
估算储量参数 parameter of estimated reserves
估算储量的其他参数 other parameter of estimated reserves
估算储量精度 accuracy of the estimated ore reserves
估算单 pro forma bill; pro forma invoice
估算调查 estimate survey
估算额 assessed amount
估算方程 estimating equation
估算房租 imputed rent
估算风流压差 predicted drift and leeway
估算工料 taking-off
估算基建投资 estimation of capital cost
估算技术 estimating technique
估算价格 calculation price; rough estimation; estimated price
估算经济学 econometrics
估算精度 accuracy of estimate; estimate accuracy
估算距离 estimated distance
估算矿石储量误差 error of the estimated ore reserves
估算拉格朗日乘子 estimate Lagrange multipliers
估算利息 calculated interest; imputed interest
估算年 budget year
估算排队长度 estimated queue length
估算排污量 presumptive waste discharge
估算漂流角 predicted drift angle
估算曲线 estimator curve
估算人员 estimator
估算师 quantity surveyor
估算实际镭含量 estimated actual radium content
估算收入 inputted income
估算数据 estimated data
估算损害比 estimated damage ratio
估算碳 14 原始放射性的模式 estimate method of primary radioactive carbon-14
估算位置 estimated position
估算误差 error of assessment; error of estimate; error of estimation; estimation error
估算系数 estimator
估算项目 terms of estimate
估算性能 estimated performance
估算员 chartered building surveyor; estimator; quantity surveyor
估算造价 cost of initial estimation; estimated cost
估算者 assessor
估算指标 estimating index
估算最终储量 estimated ultimate reserves
估损 appraisal of damage; assessment of loss
估损保险 apposition of damage
估损人 claim(s) assessor
估需生产 stock production
估衣市场 rag fair
估征额 assessment
估值 assessed value; estimate value
估值标准 value measurement basis
估值标准误差 standard error of estimate
估值区(域) assessment district
估值与售价之比 sales-assessment ratio
估值账户 valuation account

咕

咕吨(酮) xanthone

姑

姑息剂 palliative

姑息手段 half measure

孤

孤本 unique copy

孤波 solitary wave
孤残层 klippe[复 klippen]
孤残推覆体 nappe outlier
孤残岩块 detached mass
孤存林 forest outlier
孤岛 solitary island
孤点 acnode; isolated point
孤儿院 creche; orphanage; orphan asylum
孤峰 butte; isolated peak
孤岗子 butte
孤基岩丘 island hill
孤礁 isolated reef; chapeirao <巴西>
孤立 isolate; isolation
孤立碍航物标志 isolated danger mark
孤立暴 isolated burst
孤立暴雨 isolated storm
孤立波 acnode; solitary wave
孤立波痕 isolated ripple
孤立波理论 solitary wave theory
孤立残丘 lost hill; lost mountain
孤立残山 lost hill; lost mountain
孤立场地 island site
孤立岛 detached island; solitary island
孤立的 detached; solitary
孤立的小块地区 pocket
孤立的圆形屋顶柱 drum-built pillar
孤立等离子体 individual plasma
孤立地点 isle(t)
孤立地热流体 isolating geothermal fluid
孤立点 isolated point; isolated vertex; acnode【数】
孤立电厂 isolated electric(al) power station; isolated station
孤立顶点 isolated vertex
孤立发电装置 isolated plant
孤立发生的 allopatric
孤立反应 isolated reaction
孤立防波堤 detached breakwater; detached mole
孤立海盆 isolated basin; silled basin
孤立荷载 isolated load
孤立积分 isolating integral
孤立间隙 isolated interstice
孤立礁 isolated reef; isolated rock; detached rock
孤立节点 isolated node
孤立结点 isolated node
孤立解 isolated solution
孤立局部最小化 isolated local minimization
孤立孔隙 isolated interstice
孤立雷暴 isolated thunderstorm
孤立裂缝 isolated interstice
孤立内波 internal solitary wave; solitary internal wave
孤立盆地 barred basin; isolated basin; restricted basin
孤立奇点 isolated singularity; isolated singular points
孤立色 unrelated colo(u)r
孤立式防波堤 isolated breakwater
孤立事件 isolated event
孤立数据 orphan
孤立双键 isolated double bond
孤立水区 enclosed(bodies of) waters
孤立水域 enclosed(bodies of) waters
孤立体 free body
孤立体图 free body diagram
孤立体系 isolated system
孤立网络 isolated network
孤立危险物标 isolated danger buoy
孤立危险浮标 isolated danger buoy
孤立系统 isolated system
孤立险标 isolated danger mark
孤立效应 isolation effect
孤立星系 isolated galaxy
孤立烟囱 isolated chimney
孤立岩石 carrig; isolated rock
孤立源 isolated source
孤立在河流弯道中的山嘴 cutoff spur; meander core; rock island
孤立障碍(浮)标 isolated danger buoy; isolated obstruction buoy
孤立障碍物 isolated danger; isolated obstruction
孤立值 isolated value
孤立柱 post pole
孤立状分布 isolated distribution
孤立状态 isolated state
孤立锥形冰堆 haycock
孤立子系统 isolated subsystem
孤立字 isolated word
孤立作用 isolation effect
孤粒子【物】 soliton
孤平衡成分 unique equilibrium composition
孤平衡分布 unique equilibrium distribution
孤丘 kopfe; kopje; koppie
孤丘树 isolated tree
孤色 unrelated perceived colo(u)r
孤山 butte; island hill; isolated hill
孤赏石 monolith; standing stone
孤石 boulder stone; erratic block(of rock); erratic boulder; solitary stone
孤双链 independent double bonds; independent double linkages
孤挺花 amaryllis; belladonnality
孤形的 parenthetic(al)
孤岩 sca(u)r; skerry
孤值 isolated value
孤植 isolated planting; single planting; specimen planting

菇

菇形阀 mushroom valve

菇形清沟器 mushroom anchor

毂

毂【机】 nave

毂边(圈) hub flange
毂衬 hub plate
毂衬垫 hub liner
毂衬套 skein
毂盖 hub cap; hub cover
毂箍 boss ring
毂环 nave collar
毂肩 hub fillet
毂键 hub key
毂径比 boss ratio
毂孔 hub bore
毂孔镗床 hub borer
毂轮 hub wheel
毂盘 hub
毂套 hub sleeve
毂套对接 hub docking
毂涡空化 hub vortex cavitation
毂缘 hub flange
毂组件 hub assembly

箍

箍 band; buckle; collar; ferrule; nip; staple bolt

箍边帽 cuffed brim hat
箍带 bandage; securing band
箍带钢 hoop steel
箍的 banded
箍断 pinch-off
箍断电压 pinch-off voltage
箍断效应 pinch-off effect
箍钢 banding steel; hoop iron; stirrup wire
箍钢带 hoop steel
箍钢筋(混凝土)柱 column with lateral ties
箍钢丝 stirrup wire
箍钢轧机 hoop mill
箍工 bander
箍钩 cranse[crance]
箍管 banded penstock; banded steel pipe
箍环 hooping; ring; shroud ring
箍环接合 shoe connection
箍环缆索 locked coil rope
箍筋 bridle iron; closed tie; column tie; hooped reinforcement; hooping; hoop reinforcement; lateral reinforcement; reinforcement loop; reinforcement ring; stirrup(-tie); ties; vertical stirrup; web bar; web reinforcement; wire wrapping; reinforcement link
箍筋法 stirrup method
箍筋混凝土 hooped concrete
箍筋间距 interstirrup space; spacing of hoops; stirrup spacing; spacing of links; spacing of stirrups
箍筋锚固 anchorage of stirrup
箍筋图 link diagram
箍筋弯钩 stirrup hoop
箍筋柱 hooped column
箍筋桩 hooped pile
箍紧 banding; buckle; handling tight
箍紧螺栓 clamp bolt
箍壳狭长薄壳墙 band shell
箍拉力 hoop tension
箍梁 gird; ledger board
箍轮 trying a wheel
箍锚钢管 lock bar steel pipe
箍篾 hoop bamboo
箍器 clip
箍圈 hoop; tension band; tension sleeve; chimb(e) <木桶两端的>
箍失落 hoops bangs missing; hoops missing
箍式悬挑 frame corbel
箍缩 pinch
箍缩不稳定性 pinch instability
箍缩放电 pinch-discharge
箍缩机 pinch machine
箍缩效应 pinch effect; rheostriction
箍条 strain strake; strake; wale
箍条脱落 cases with bands off
箍铁结合 hoop-iron bond
箍铁皮 hoop-iron bond

G

箍铁(条) hoop iron;steel flat;strap iron

箍铁轧机 hoop mill

箍桶工人 cooper

箍头 end portion of painted beam

箍土法 hoop soil method

箍脱落 hoops off

箍形柱 banded column; ringed column;rusticated column

箍窑 kiln bracing

箍应力 circumferential stress; hoop stress

箍用角条 boom angle

箍张力 hoop tension

箍柱 banded column; banded shaft; ringed column

古阿巴拉契亚山脉 old Appalachian mountain

古阿尔卑斯山 old Alps

古阿尔泰山 old Altay mountain

古阿颜料 gouache

古埃及雕像室 serdab

古埃及木乃伊 mummy

古埃及墓上线结构 Mastobas

古埃及神庙 typhon

古埃及寺庙进口处及前方(与寺庙不相连)之大门 propylon

古埃及园圃 ancient Egyptian gardens

古澳大利亚大陆 pal(a)eo-Australia land

古巴<拉丁美洲> Cuba

古巴红木 Cuban mahogany

古巴建筑 Cuba architecture

古巴沥青<其中的一种> Chapapate

古巴松 Caribbean pine

古巴桃花心木 Cuban mahogany

古柏荷载 Caper's loading

古柏氏荷载系统 Cooper's loading system

古板块 ancient plate

古宝石 anthrax

古堡 old castle

古堡角楼 echauguette

古杯绝灭 archaeocyathid extinction

古北矿 gupaiite

古北区 pal(a)eoarctic region

古北区的 palearctic

古滨线 ancient strand line

古冰川 former glacier;fossil glacier

古冰川图 pal(a)eoglacial map

古冰川作用 ancient glaciation;former glaciation

古冰气泡中的空气 trapped air in old ice

古波里特镍锆合金 Cooperite

古波斯皇宫中柱式宫殿大厅 apad(h)ana

古玻璃 ancient glass;antique glass

古彩 ancient colo(u)r;ancient colo(u)red drawing;antique colo(u)r;traditional decoration

古彩涂饰剂 antiquing finish

古潮汐 pal(a)eo-tide

古沉积物 ancient sediment

古成体 pal(a)eosome

古城 ancient city;old town

古城墙 ancient wall; historic (al) wall;old wall

古城市 historic(al)city

古城体 pal(a)eosome

古赤道 pal(a)eoequator

古赤道位置 pal(a)eoequator position

古瓷 ancient porcelain

古磁极 pal(a)eomagnetic pole

古磁学 pal(a)eomagnetism

古翠 patina

古村落 historic(al)village

古大陆分布图 map showing distribution of pal(a)eocontinents

古大陆名称 name of pal(a)eocontinents

古大陆漂移轨迹图 map showing drifting path of pal(a)eocontinents

古大气环流图 map showing pal(a)eoatmospheric circulation

古大洋名称 name of pal(a)eo-ocean

古代 antiquity

古代冰川作用 ancient glaciation

古代玻璃 ancient glass

古代彩陶 ancient painted pottery

古代残留物 archaeologic(al)remain

古代沉积物 ancient sediment

古代城市 ancient city

古代的 ancient;antique;archaic

古代的滴漏 water glass

古代地下墓室 hypogeum

古代坩埚 ancient crucible

古代河系 ancestral rivers

古代红或黑色陶器 terra sigillata

古代湖泊 ancient lakes

古代湖上桩承茅舍 palafitte

古代湖上桩承棚屋 palafitte

古代湖上桩承住房 palafitte

古代纪念性建筑 ancient monument

古代建筑 ancient architecture

古代剧场舞台 scena

古代历史地图集 classic(al)atlas

古代临街开的门 thyroma

古代罗马的寺庙 delubrum

古代墓葬 archaic sepulcher [sepulchre]

古代气象台 ancient meteorological observatory

古代桥梁 ancient bridge

古代侵蚀 ancient erosion

古代人物 ancient character

古代石壁画 pictograph

古代世界七大奇迹 Seven Wonders of Antiquity

古代陶瓷 ancient ceramics

古代特点 ancient character

古代特色 ancient character

古代文化 ancient civilization

古代文明 old civilization

古代文物 ancient cultural

古代习俗 antiquity

古代亚述及巴比伦之宝塔式建筑 ziggurat

古代遗存 archaic

古代遗物 ancient relics

古代艺术 ancient art;antique art

古代钟楼 bell tower

古代作坟墓用的以石板筑成的地 hallcist

古岛 pal(a)eo-island

古德柏和瓦治定律<质量作用定律> law of Guldberg and Waage

古德带【地】Gould belt

古德分瓣等积投影 Goode's interrupted homolosine projection

古德分瓣投影 Good's interrupted projection

古德绘图仪 Gould plotter

古德洛填料 Goodloe packing

古德曼函数 Gudermannian

古德曼型鸭嘴铲式装载机 Goodman's duckbill loader

古德曼液压装载机 Goodman's loader

古德曼应力图 Goodman's stress diagram

古登堡不连续面 Gutenberg discontinuity

古登堡-里克特分级表 Gutenberg-Richter magnitude scale

古登堡-里克特关系式 Gutenberg-Richter relation

古登堡-里克特震级定律 Gutenberg-Richter's law of magnitude

古登堡-里克特走时表 Gutenberg-Richter table

古登堡能量-震级关系式 Gutenberg magnitude relation

古登-波尔效应 Gudden-Pohl effect

古等深线图 pal(a)eobathymetric map

古低地 pal(a)eo-lowland

古迪夫旋转黏[粘]度计 Goodeve's rotational visco(si)meter

古迪随机模式 Goody random model

古地磁北极 pal(a)eomagnetic north pole

古地磁北极位置 pal(a)eomagnetic north pole position

古地磁测量 pal(a)eomagnetic measurement

古地磁测年法 pal(a)eomagnetic dating method

古地磁场 pal(a)eomagnetic field

古地磁场的长期变化 secular variation of geomagnetic field

古地磁场方向 pal(a)eodirection of geomagnetic field

古地磁场活动方式 type of motion of pal(a)eomagnetic field

古地磁场强度 pal(a)eointensity of geomagnetic field

古地磁的 pal(a)eomagnetic

古地磁地层学 pal(a)eomagnetic stratigraphy

古地磁地层学单位 pal(a)eomagnetic stratigraphic(al)unit

古地磁法 method of pal(a)eomagnetite

古地磁分析 pal(a)eomagnetism analysis

古地磁极 pal(a)eomagnetic pole

古地磁极类型 type of pal(a)eomagnetic pole

古地磁极位置 pal(a)eomagnetic pole position

古地磁南极 pal(a)eomagnetic south pole

古地磁南极位置 pal(a)eomagnetic south pole position

古地磁年表 pal(a)eomagnetic time scale

古地磁年代表 pal(a)eomagnetic chronological scale

古地磁年龄测定 pal(a)eomagnetic dating

古地磁平均方向 pal(a)eomagnetic mean direction

古地磁数据处理 pal(a)eomagnetic data processing

古地磁条带 pal(a)eomagnetic belt

古地磁学 pal(a)eomagnetics

古地磁样品 sample for pal(a)eomagnetic measurement

古地磁作用 archaeomagnetism; pal(a)eomagnetism

古地地形 pal(a)eo-continent topography

古地极 pal(a)eogeographic(al)pole

古地块 kern

古地理单元 pal(a)eogeographic(al) unit

古地理的 pal(a)eogeographic(al)

古地理法 pal(a)eogeographic(al) method

古地理阶段 palstage

古地理控制 pal(a)eogeographic(al) control

古地理时期 pal(a)eogeographic(al) stage;palstage

古地理事件 pal(a)eogeographic(al) event

古地理特征 pal(a)eogeographic(al) feature

古地理图 pal(a)eogeographic(al) chart;pal(a)eogeographic(al)map

古地理稳定期 pal(a)eogeographic(al)stage;palstage

古地理学 pal(a)eogeography

古地貌 ancient landform

古地貌复原图 restoration map of pal(a)eomorphology

古地貌图 pal(a)eogeomorphologic(al)map

古地面等高线 eohypse;eoisohypse

古地球物理学 pal(a)eogeophysics

古地热系统 fossil geothermal system

古地台 pal(a)eoplatform

古地图 ancient map;archaic map;old map

古地温梯度 pal(a)eogeothermal gradient

古地温条件 pal(a)eo-ground temperature condition

古地下水 fossil ground water

古地形 ancient landform;dead form; fossil landscape; pal(a)eotopography

古地形单元 pal(a)eotopographic (al)unit

古地形的 pal(a)eotopographic(al)

古地形图 pal(a)eotopographic(al) map

古地形学 pal(a)eotopography

古地应力场 pal(a)eocrustal stress field

古地震 pal(a)eoearthquake

古地震崩塌 pal(a)eoseismic collapse

古地震地质 pal(a)eoseismogeology

古地震陡崖 pal(a)eoseismic cliff

古地震断裂 pal(a)eoseismic fault

古地震沟 pal(a)eoseismic ditch

古地震滑坡 pal(a)eoseismic landslip

古地震活动性 pal(a)eoseismicity

古地震裂缝 pal(a)eoseismic fracture

古地震砂脉 pal(a)eoseismic sand vein

古地震剩余形变 pal(a)eoseismic remainder deformation

古地震楔 pal(a)eoseismic wedge

古地震学 pal(a)eoseismology

古地震液化形变 pal(a)eoseismic liquefaction deformation

古地震遗迹 fossil remains of seismicity

古地震遗迹类型 type of pal(a)eoseismic trace

古地震资料 pal(a)eoseismic data

古地质的 pal(a)eogeologic(al)

古地质构造图 pal(a)eotectonic map

古地质构造学 pal(a)eotectonics

古地质图 pal(a)eogeologic(al)map

古地质学 pal(a)eogeology

古地中构造带 Tethys tectonic zone

古地中海 Tethys

古地中海北部大区 north pal(a)eo-Mediterranean region

古地中海南部大区 south pal(a)eo-Mediterranean region

古第三纪【地】Pal(a)eogene period

古蒂天气 Guti weather

古典巴洛克式(建筑) classic(al) Baroque

古典的 classic(al)

古典法电诊断仪 classic(al) electrodiagnosis apparatus

古典方法 classic(al)approach

古典风格 noble antique(style)

古典风景 classic(al)landscape

古典复兴建筑 classic(al) revival architecture

古典复兴式 classic(al)revival

古典概念 classic(al)conception

古典合作对策 classic(al)cooperative game

古典合作对策的核心 core of a classic (al) cooperative game
古典画 classic(al) painting
古典计算方法 classic(al) calculation method
古典建筑的格子柱式 orders of architecture
古典建筑庙宇屋檐下兽头或檐饰 antefix(ae)
古典建筑柱顶装饰线脚 cymatium
古典建筑柱式 architectural order
古典建筑装饰的建筑形式 Adam architecture
古典经济学 classic(al) economics
古典控制 classic(al) control
古典流体动力学 classic(al) hydrodynamics
古典流体力学 classic(al) fluid mechanics; classic(al) hydromechanics
古典门窗过梁上挑出的线脚 orillon
古典庙宇建筑 <只前后有排柱的建筑> amphirostylos
古典熔融法 classic(al) melting method
古典设计法 classic(al) design method
古典实利主义 utilitarian classicism
古典式 classic(al) style
古典式房屋上雨水槽 sima
古典式建筑 classic(al) architecture; classic(al) building
古典式建筑物 classic(al) structure
古典式庙宇 classic(al) temple
古典式朴素 classic(al) severity
古典式人行道 <用面砖、大理石、石头和硬质砖等材料与水泥铺筑而成> pavimentum
古典式神殿 classic(al) temple
古典式主题 classic(al) motif
古典式柱型 classic(al) order
古典文物 <地下的> articles of antiquity
古典形式 classic(al) form
古典艺术 classic(al) art
古典主义 classicism
古典柱式 classic(al) order; orders
古典柱式顶部 entablature
古典柱型 classic(al) order
古典组织理论 classic(al) organization theory
古碉堡塔楼 guerite
古董 ancient object; antique; curio; virtu
古董商 curio dealer
古动力图 pal(a) eodynamic(al) map
古动物 ancient animals
古都 ancient capital
古都保护 preservation of ancient capitals
古都隆锡釉陶 Gudumlund faience
古尔脱伯格-瓦格数 Guldberg Waage group
古法拉制玻璃 antique drawn glass
古法平板玻璃 antique flat glass
古泛滥平原 fossil flood plain
古方解石 pal(a) eo-calcite
古方位 pal(a) eo-orientation
古非洲大陆 pal(a) eo-Africa
古坟 tumulus[复 tumuli]
古粉彩业 antique famille rose enterprise
古风 ancientry; pal(a) eowind
古风风格 noble antique(style)
古风化壳 pal(a) eocrust of weathering
古风化壳古土壤分析 pal(a) eoweathered crust and pal(a) eosoil analysis
古风化壳溶蚀带 corrosion zone in fossil weathered crust
古风建筑 antique architecture; antique building
古风气 ancient custom; archaism
古风图 pal(a) eowind map
古副极地 pal(a) eosubpolar zone
古干水道 chabka
古高地 pal(a) eo-upland
古高原 pal(a) eo-plateau
古戈尔普勒克斯 googolplex
古工程学 pal(a) eoengineering
古宫 ancient palace
古构造【地】 pal(a) eostructure; pal(a) eotectonics
古构造的 pal(a) eotectonic
古构造分析 analyzing pal(a) eostructure
古构造体系 pal(a) eotectonic system
古构造图 pal(a) eostructure map; pal(a) eotectonic map
古构造应力 pal(a) eotectonic stress
古构造应力场 pal(a) eotectonic stress field
古构造应力场图 pal(a) eotectonic stress field map
古冠 antique crown
古海岸 old coast
古海岸线 pal(a) eoshoreline
古海岸线名称 name of pal(a) eoshoreline
古海岸线年代 age of pal(a) eoshoreline
古海岸线位置 position of pal(a) eoshoreline
古海底峡谷 fossil submarine canyon
古海流 pal(a) eocurrent
古海陆分布图 map showing pal(a) eolatitude
古海路名称 name of ancient seaway
古海盆 pal(a) eobasin
古海蚀崖 old cliff
古海滩 raised beach
古海滩脊 accretion ridge; falaise
古海图 first approximation chart; historic(al) chart
古海崖 falaise
古海洋 old coast
古海洋地形 pal(a) eo-ocean topography
古海洋环境参数 pal(a) eo-oceanographic(al) environment parameter
古海洋学 pal(a) eooceanology
古海洋学与古气候学 pal(a) eo-oceanography and pal(a) eo-climatology
古海洋与古气候事件 pal(a) eo-oceanic and pal(a) eoclimatic event
古海洋再造 pal(a) eo-oceanographic (al) reconstruction
古寒温带 pal(a) eocool-temperate zone
古河槽 ancient river channel; buried channel; old channel; pal(a) eochannel
古河床 old channel; old river bed
古河道 buried channel; ancient river course; buried river; fossil river course; fossil stream channel; fossil stream course; old channel; old river; old stream; pal(a) eochannel
古河道地下水 groundwater in old course
古河道渗漏 leakage through the old channel
古河道下的封闭含水层 deep lead
古河谷 ancient valley; buried valley
古河漫滩 fossil flood plain
古河系 ancestral rivers
古褐色 antique brown
古湖 fossil lake
古湖沼学 pal(a) eolimnology
古花岗岩 urgranite
古华夏式【地】 Pal(a) eocathaysian
古华夏系【地】 Pal(a) eocathaysian
古滑坡 ancient(rock) slide; fossil landslide; old land slide
古滑移面 ancient slip plane
古画 ancient picture
古画修复艺术家 artist restorer of ancient paintings
古环境 pal(a) eoenvironment
古环流 pal(a) eocirculation
古皇冠 antique crown
古火山 ancient volcano; pal(a) eovolcano
古火山的 pal(a) eovolcanic
古火山学 pal(a) eovolcanic pal(a) eontology
古火山岩 old volcanic rock; pal(a) eovolcanic rock
古机架 right frame
古迹 ancient monument; ancient relics; antique site; antiquity; classic(al) ground; historic(al) monument; historic(al) site; historic(al) spot; land mark; old ruins; place of historic(al) interest; point of (cultural) interest; reliquary
古迹保存 historic(al) preservation
古迹保护 conservation of historic (al) monument
古迹公园 historic(al) site park
古迹条例 Ancient Mouments Acts
古迹园 ruin garden
古吉拉特建筑 <15～17 世纪印度的伊斯兰建筑> Gujarat architecture
古计时单位长度 pal(a) eolength of time units
古剂量 pal(a) eodose
古建筑 antique building; antique structure
古建筑保护 conservation of ancient architecture; conservation of classic(al) architecture; conservation of historic(al) buildings; historic(al) building preservation
古建筑翅膀托盘装饰 winged disc
古建筑的天花板枝条 ceiling panel strip
古建筑妇女内室 thalamus
古建筑十字交叉通道的凯旋门 tetrapylon
古建筑挑檐腰线上的人或兽形装饰 zoophorus
古建筑挑檐装饰 zoophorus
古建筑物 ancient architecture; classic(al) architecture; historic(al) building; venerable building
古建筑学 archaic architecture
古建筑中带翅膀形的托盘装饰 winged disc
古建筑中的藻井 caisson ceiling
古降水量图 pal(a) eorecipitational map
古礁(石) fossil reef
古角闪石 pal(a) eoamphibole
古教科书字体 century schoolbook font
古教堂前廊 narthex
古教堂中至圣所两侧的房间 pastophorium
古结晶冰 pal(a) eocrystic ice
古结晶岩区 old land
古金色 antique gold
古经向位置 pal(a) eo-longitude position
古景观 fossil landscape
古景观图 pal(a) eolandscape picture
古镜 antique glass; antique mirror
古菌氨氧化 archaeal ammonia oxidation
古喀斯特 ancient karst; fossil karst; pal(a) eokarst
古柯 coca
古柯属 cocainetree
古克-罗斯悬浮粒计数器 Gucker and Rose aerosol counter
古老冰 pal(a) eocrystic ice
古老的 greyish; hoary
古老的特点 antique character
古老的主题 antique motif
古老地形 ancient landfill; ancient landform
古老房屋 antique building
古老建筑 antique building
古老结构 antique structure
古老漆法 broken-colo(u)r work
古老形式 old form
古老装饰品 antique ornament
古雷维治效应 Gurevich effect
古流 pal(a) eocurrent
古流图 pal(a) eocurrent map
古流向 pal(a) eocurrent direction
古陆 block mass; old land
古陆核 craton; pal(a) eonucleus
古陆块 old landmass
古陆特征 character of pal(a) eoland
古陆位置 location of pal(a) eoland
古绿石 verd(e) antique
古罗得海商法 Rhodian Law
古罗马 ancient Roman
古罗马尺 <相当于 296 毫米> Roman foot
古罗马厨房 culina
古罗马粗毛石建筑 caementicius
古罗马粗毛石砌法 opus antiquum
古罗马大理石马赛克装饰铺面 opus tesselatum
古罗马档案库 archeion; archivium
古罗马的圆形大剧场 Colosseum
古罗马地道 cryptoportmus
古罗马地下囚牢 carnificina
古罗马法 Roman Law
古罗马法院 Ulpian basilica
古罗马拱形构筑物 arcuatio
古罗马广场 forum Romanum
古罗马花园 ancient Roman garden
古罗马家庭正式餐厅 c(o) enatio
古罗马建筑中环形柱廊且近似方形的中梃 quadriporticus
古罗马角斗场 Roman amphitheatre
古罗马竞技场 circus
古罗马剧院舞台中门 regia
古罗马凯旋门 cancel arch
古罗马庙宇内举行圣餐的房间 pulvinarium
古罗马内庭水沟 arcae
古罗马砌体用碎瓷瓦贴面 opus testaceum
古罗马人字形铺砌 opus spicatum
古罗马式建筑 al(l) ette
古罗马司法行政房屋 chalcidicum
古罗马瓦 old Roman tile
古罗马小餐室 c(o) enaculum
古罗马一种内墙抹面 opus tectorium
古罗马引水渠内灰泥或水泥抹面 opus signinum
古罗马营造司官员 aedile
古罗马用拱建的构筑物 arcuatio
古罗马浴室中的热气浴室 laconicum
古罗马圆形剧场的主入口 additus maximus
古罗马砖 old Roman tile
古玛隆 coumarone
古玛隆树脂 coumarone resin
古庙 antique temple
古墨西哥建筑 Aztec architecture
古木屋顶拉杆 capreolus
古木屋顶支撑 capreolus
古木作 asser
古墓 ancient mausoleum; ancient tomb; burial mound
古墓葬 archaic sepulcher[sepulchre]
古墓中放骨灰瓮的凹处 loculus

古纳特绿 Guinea green;viridian green
古南极大陆 pal(a)eo-Antarctica
古暖温带 pal(a)eowarm-temperate zone
古喷出岩 pal(a)eoeffusive
古盆地 pal(a)eobasin
古盆地特征 character of pal(a)eobasin
古蓬香树脂 galbanum
古篷法 <一种计算桥梁荷载分布的方法> Courbon method
古片麻岩 urgneiss
古平原 fossil plain;old land;pal-(a)eoplain
古坡向 pal(a)eoslope
古奇坩埚 Gooch filter;Gooth crucible
古气候 geologic(al) climate;pal(a)eoclimate
古气候测定方法 method of pal(a)eoclimate determination
古气候带 climatic pal(a)eozone;pal(a)eoclimate zone
古气候带分布图 map showing pal(a)eoclimatic zonation
古气候带名称 name of pal(a)eoclimate zone
古气候带植被 vegetation of pal(a)eoclimate zone
古气候单元 pal(a)eoclimatologic(al) unit
古气候分带 pal(a)eoclimatic zonation
古气候-古水文图 pal(a)eoclimatologic(al)-pal(a)eohydrologic(al) map
古气候期 pal(a)eoclimate epoch
古气候特征 character of pal(a)eoclimate
古气候图 pal(a)eoclimatologic(al) map
古气候信息相关分析法 correlation analysis method of pal(a)eoclimate data
古气候序列 pal(a)eoclimatic sequence
古气候学 pal(a)eoclimtology
古气候学家 pal(a)eoclimtologist
古钱 ancient coin
古潜山 buried hill
古侵蚀面 fossil erosion surface
古侵蚀平原 fossil plain
古青铜色 antique bronze
古群落迁移图 map showing pal(a)eocommunity migration
古壤 barn yard
古热带 pal(a)eotropic(al) zone
古热带区 pal(a)eotropic(al) region
古热带区的 pal(a)eotropic(al)
古人类化石 pal(a)eohuman fossil
古人类学 pal(a)eoanchropology
古人类学家 pal(a)eoanthropologist
古溶跃面 pal(a)eolysocline
古三角洲 fossil delta;pal(a)eodelta
古色古香效果 antique effect
古色镜 antique mirror
古沙丘 fossil dune
古砂矿 pal(a)eoplacer
古深度 pal(a)eodepth
古神殿 antique temple
古生代【地】Pal(a)eozoic era;Primary era
古生代阿尔卑斯山 Pal(a)eozoic Alps
古生物残骸 paleontological remain
古生代的 Pal(a)eozoic
古生代地层 Pal(a)eozoic layer
古生代海洋 Pal(a)eozoic ocean
古生代盆地 Pal(a)eozoic basin
古生代岩层 Pal(a)eozoic stratum
古生代演替系列 pal(a)eosere
古生代植物 Pal(a)eophyte
古生界【地】Pal(a)eozoic erathem;Pal(a)eozoic group
古生界的【地】Pal(a)eozoic
古生态的再现 pal(a)eoecological reconstruction
古生态事件 pal(a)eoecological event
古生态图 pal(a)eobioecology map
古生态学 pal(a)eoecology
古生态学法 method of pal(a)eo-bioecology
古生物 pal(a)eobiology
古生物地理学 pal(a)eobiogeography
古生物分类 pal(a)eotologic taxon
古生物化学 pal(a)eobiochemistry
古生物鉴定采样 sampling for fossil identification
古生物学 pal(a)eontology
古生物学家 pal(a)eontologist
古生物种 pal(a)eospecies
古生灾变说【地】catastrophism
古湿 pal(a)eohumidity
古氏阀动装置 Gooch valve motion
古氏坩埚 Gooch crucible
古氏漏斗 Gooch funnel
古氏滤锅 Gooch crucible
古氏滤器 Gooch filter
古式(彩色)玻璃 antique glass
古式窗 ancient light
古式的 antique;archaic
古式的主题 antique motif
古式家具 ancient furniture;period furniture
古式镜 antique mirror
古式落地钟 grandfather clock
古式特征 antique character
古式外部抹灰作业 parg(et)ing
古式斜边 <小于 7.5°> antique bevel;vauxhall bevel
古式砖 antique brick
古式装饰 ancient decoration
古树 ancient tree
古树名木 aged and role tree
古水动力条件 pal(a)eo-hydrodynamic(al) condition
古水化学成分 pal(a)eo-hydrochemical condition
古水流 pal(a)eocurrent
古水流方向图 map of pal(a)eocurrent direction
古水能量 pal(a)eo-water-energy
古水深度 pal(a)eoturbulence
古水体 fossil water
古水温 pal(a)eo-water temperature
古水文地球化学图 pal(a)eo-hydrogeochemical map
古水文地质图 pal(a)eo-hydrogeologic(al) map
古水文学 pal(a)eohydrology
古水系复原图 restoration map of pal(a)eodrainage
古斯塔维诺法 <穹隆顶内壳砌筑的> Guastavino
古寺庙 antique temple
古隧道 ancient tunnel
古塔波胶 gutta percha
古塔胶 gutta[复 guttae];gutta percha
古太平洋 pal(a)eo-Pacific ocean
古太平洋-乌苏里海湾 pal(a)eo-Pacific-Wusuli gulf
古碳质岩 thucolite
古陶罐 stean
古陶器 ancient Chinese pottery
古特提斯 Pal(a)eotethys
古特泽特砷检测法 Gutzeit's test
古铜 metal bronze
古铜彩 ancient bronze colo(u)rs
古铜钙长无球粒陨石 howardite
古铜黄色 bronze yellow
古铜辉石 bronzite;bronzitfels
古铜辉石橄榄石铁陨石 lodranite
古铜辉石橄榄岩 bronzite peridotite
古铜辉石苦橄岩 bronzite picrite
古铜辉石鳞石英铁陨石 siderophyry
古铜辉石球粒陨石 bronzite chondrite
古铜辉岩 bronzitite
古铜鳞英铁镍陨石 siderophyry
古铜绿 verd(e) antique
古铜螺丝钩 bronze screw hook
古铜器 antique copper and bronze ware
古铜色 antique brass;antique bronze colo(u)r;bronze colo(u)r
古铜色玻璃 bronze glass
古铜色布 copper colo(u)r cloth
古铜色浮雕 bronze relief
古铜色铝粉漆 alumin(i)um paint
古铜色摩天楼 bronze skyscraper
古铜色喷漆 bronzing lacquer
古铜色漆 greening lacquer
古铜色陶瓷器 bronze pottery
古铜色涂料 bronze paint
古铜色外包皮 bronze surround
古铜色镶嵌 bronze surround
古铜色形象 bronze profile
古铜色型材 bronze section
古铜色颜料 bronze pigment
古铜色油漆 bronze paint
古铜色轴心铁方铰链 antique-copper iron square hinge loose pin
古土层 <有干湿气候变化遗迹> duricrust
古土(壤) ancient soil;buried soil;fossil soil;oil soil;pal(a)eosoil
古土壤学 pal(a)eopedology
古玩 antique;bric-a-brac;curio;curiosity
古玩店 antique shop;curiosity shop
古玩铺 antique-and-curio dealer
古玩商店 antique shop
古玩收藏家 virtuoso
古微生物学 micropal(a)eontology
古围柱式寺院中绕圣堂墙 peridrome
古纬度 pal(a)eolatitude
古纬度分带 pal(a)eolatitude zonation
古纬度图 map showing pal(a)eolatitude
古温标 geologic(al) thermometer;geothermometer
古温测量 geologic(al) thermometry;geothermometry
古温度 pal(a)eotemperature
古温度测定 pal(a)eothermometry
古温度判定 pal(a)eotemperature determination
古温度图 pal(a)eotemperature map
古温跃面 pal(a)eothermocline
古文化街 traditional culture street
古文化遗迹 ancient culture relic
古文化遗址 archaeologic(al) area;archaeologic(al) site
古文物 antique;The Antique <泛指古希腊、古罗马遗物>
古文字瓶 <瓷器名> vase with ancient chinese characters
古物 antique;antiquity;curio
古物陈列馆 Museum of Antiquities
古物室 antiquarium
古物贴金用的黏[粘]性清漆液 size
古物研究者 archaist
古物种 pal(a)eospecies
古希腊波状花边 lesbian cyma(tium)
古希腊长度单位 stadia
古希腊船 phiale
古希腊档案库 archeion;archivium
古希腊或罗马建筑中有脊的屋顶 pinaculum
古希腊或罗马剧院舞台后柱间装饰板 pinax
古希腊或罗马庙宇的中央部分 naos
古希腊或罗马庙宇里的内殿 cella
古希腊建筑 Greek architecture
古希腊建筑式的 Hellenistic
古希腊建筑特征 grecian
古希腊建筑之形式 proto-Doric
古希腊建筑中的贯穿砌合石、突隅石 diatoni
古希腊教堂圣堂 prothesis
古希腊刻有汉密士神象的石碑 herm
古希腊露天剧院 Greek theatre
古希腊罗马建筑物立面 Graeco-Roman facade
古希腊罗马建筑物正面 Graeco-Roman facade
古希腊罗马考林辛式柱 Graeco-Roman Corinthian column
古希腊男宾室 andron
古希腊前建筑 pre-Hellenic architecture
古希腊少女雕像 canephora
古希腊神庙 Theseion
古希腊神坛 secos[sekos]
古希腊式柱间雕带 <神庙饰带> Panathenaic frieze
古希腊饰 old Greek mo(u)lding
古希腊宴会厅 lesche
古希腊住宅的楼层 hyperoon
古希腊柱颈 hypotrachelium
古希腊装饰线脚 old Greek mo(u)lding
古峡谷 ancient geologic(al) gorge
古相岩 pal(a)eotypal rock
古斜坡 pal(a)eoslope
古新世【地】Pal(a)eocene epoch
古新统【地】Pal(a)eocene series
古新统的【地】Pal(a)eocene
古叙利亚宫殿 beit hilani
古雅典城内集会场所 Pnyx
古雅典人宝库 Treasury of the Athenians
古亚热带 pal(a)eosubtropical zone
古亚细亚洲 pal(a)eo-Asia
古亚洲大陆 Pal-Asia
古亚洲断裂体系 Pal-Asiatic system
古亚洲构造域 Pal-Asiatic tectonic domain
古岩溶 ancient karst;fossil karst;pal(a)eokarst
古岩溶面构造 pal(a)eokarstic surface structure
古岩性图 pal(a)eolithologic map
古盐度 pal(a)eosalinity
古洋流 pal(a)eo-oceanic current
古窑器 ancient Chinese ware
古伊 <动电学单位> Gouy
古伊-查普曼方程 Gouy-Chapman equation
古伊天平 Gouy balance
古夷平面 ancient planation surface
古遗迹学 <古生态学的一支,研究化石的踪迹、扭动和潜穴> pal(a)eoichnology;palichnology
古意大利柱型 Italic order
古油藏 fossil oil pool
古余纬度 pal(a)eocolatitude
古元古代 Pal(a)eoproterozoic era
古元古界【地】Pal(a)eoproterozoic erathem
古园林 historic(al) garden
古芸香胶 gurjun
古芸香脂 gurjun balsam
古陨石坑 astrobleme
古运动区系统 pal(a)eokinetic system
古沼泽 pal(a)eo-swamp
古镇 historic(al) town
古植物地理图 pal(a)eophytogeographic(al) map
古植物分布学 synchronology
古植物群落学 synpiontology
古植物学 phytopal(a)eontology
古址 ancient monument;historic(al)

G

monument;historic(al) site
古柱沸石 goosecreekite
古砖 antique brick
古准平原 fossil peneplain;pal(a)eo-peneplain
古准平原残丘 catoctin
古桌式墓标 dolmen;table stone
古浊流 pal(a)eoturbidity current

谷 paddy;vale

谷桉 Smith eucalyptus
谷氨酸 glutamic acid
谷岸后退 recession of valley sides
谷壁 valley wall
谷壁岩石 valley slope rock
谷边 valley flank;valley side
谷边坡度 valley side slope
谷边碛 valley train
谷边泉 valley spring
谷冰川 valley glacier
谷仓 barn;bin;cornloft;garner;grain bin;grain elevator;grain silo;grain storage;grain warehouse;granary;grange;silo
谷仓大门 barn door
谷仓顶棚 loft
谷仓阁楼 catloft[cotloft]
谷仓构造 silo construction
谷仓红 barn red
谷仓压力 silo pressure
谷仓组 battery of silos
谷舱 grain cargo hold
谷舱灌补器 feeder;grain feeder
谷槽蓄水 valley storage
谷侧圈闭 valley side trap
谷侧渗流 seepage through valley flanks
谷铲 grain shovel
谷长度 valley length
谷长区 trough length region
谷场 check dam
谷尘 grain dust
谷盗 grawing beetle
谷盗科(昆虫)<拉> Ostom(at)idea
谷道迁移 migration of valley
谷底 bottom glade;bottom of valley;valley bottom;valley floor
谷底沉积物 valley flat sediment
谷底堆积物 valley fill
谷底阶地 flood terraces
谷底平地 valley flat
谷底平原 valley flat;valley floor plain
谷底土壤 valley soil
谷底线 talweg;valley line
谷底小平原 valley flat
谷底肿胀<冻土区> bulging in valley
谷地 bottom glade;bottom land;dimple
谷地黄土 valley loess
谷地陵削作用 valley degradation
谷地圈闭 buried valley trap
谷地土壤 valley soil
谷地小平原 valley flat
谷点 valley point
谷堆 field stack;grain mass
谷坊(坝) check(ing) dam;debris dam;drop structure;erosion control dam;gull(e)y-control dam
谷粉 farina
谷风 anabatic;talwind;valley wind
谷沟 trough
谷/加仑 grain per gallon
谷肩 replat;shoulder
谷肩圈闭 valley shoulder trap
谷涧 dean
谷胶酪朊【化】 glutin
谷坎【地】 threshold
谷糠 grain chaff
谷糠灰 rice hull ash
谷壳 chaff;rice husk
谷壳灰 rice husk ash
谷口凹顶坝 basin dam
谷口三角洲 canyon delta
谷宽 valley width
谷类 grain
谷类的 cereal
谷类防动隔舱设备 grain fitting
谷类货 cereal
谷类货物 grain cargo
谷类植物的 cereal
谷类制的食品 cereal
谷类作物 cereal crops;grain crop
谷粒 grain
谷粒秤 grain scale
谷粒吹送器 grain blower
谷粒分配螺旋 grain levelling auger
谷粒干燥机 grain dryer[drier]
谷粒烘干机用加热炉 grain drier burner
谷粒滑板 grain board
谷粒滑槽 grain chute;grain spout
谷粒节流器 grain sluice
谷粒径选机 grain sizing machine
谷粒螺旋 grain auger;grain screw
谷粒磨粉机 grain grinder
谷粒盘 grain(returns) pan;seed pan
谷粒盘指杆筛 grain pan finger bar;grain pan finger rake
谷粒品质 grain quality
谷粒破碎率 percentage of broken grain
谷粒清洗机 grain washer
谷粒清选风扇 grain clearing fan
谷粒取样器 grain probe;grain trier
谷粒容重 grain unit
谷粒色 corn colo(u)r
谷粒筛 grain sieve
谷粒升运机 grain elevator
谷粒试验筛 grain testing sieve
谷粒收集器 corn catcher;grain saving pan
谷粒输送器 grain drag
谷粒推运螺旋皮带轮 pulley for main grain auger
谷粒脱壳滚筒 scourer cylinder
谷粒喂入螺旋 grain feed auger
谷粒状的 graniform
谷硫磷 azinphos;guthion
谷脑【地】 valley head
谷盆 valley basin
谷坡 valley slope
谷碛 valley drift
谷泉 valley spring
谷朊 gluten
谷朊胶 gluten glue
谷深 valley depth
谷石 cornstone
谷式屋顶 upside-down roof
谷首侵蚀 head(ward) erosion
谷穗导板 ear lifter
谷穗的须 beard of a cereal spike
谷塔 grain elevator
谷特曼化学加固法 Guttman process
谷筒 grain silo
谷头 valley head
谷(微)风 valley breeze
谷物 grain;corn<英>;dry goods<英>
谷物包装机 grain packaging machine
谷物变质 grain deterioration
谷物仓库 grain warehouse;warehousing of grain
谷物舱壁 grain bulkhead
谷物成熟度 grain maturity
谷物抽吸卸载系统 pneumatic grain unloading system
谷物处理 grain handling
谷物传送器 grain feeder
谷物船 grain carrier
谷物大害虫 chinch
谷物导板<用于调整割晒机的铺条宽度> grain deflector
谷物的 cereal
谷物淀粉加工废水 waste from corn starch processing
谷物斗式提升机 grain elevator
谷物毒素 sitotoxin
谷物防动隔舱设备 grain fitting
谷物防漏板条 grain strip
谷物分隔舱壁 grain-tight divisional bulkhead
谷物风选机 grain fanning-sorting machine
谷物干燥和储存设备 grain drying-and-storage equipment
谷物干燥机 grain dryer[drier];grain drying machine
谷物干燥设备 grain drying device;grain drying plant;grain drying unit
谷物干燥系统 grain drying system
谷物干燥装置 grain drying plant
谷物港 grain harbo(u)r
谷物港埠 grain port
谷物工业 grain industry
谷物烘干机 grain drying machine
谷物积载安排 arrangement for stowage of grain cargo
谷物计量器 grain meter
谷物加工设备 crop-processing equipment
谷物加热 heat grain
谷物降温系统 grain cooling system
谷物搅拌装置 grain-stirring device
谷物搅动器 grain agitator
谷物空心联样器 stabber
谷物历史 grain history
谷物粒度计 grain micrometer;grain-size counter
谷物流量计 grain flow meter
谷物码头 grain terminal
谷物贸易条款 corn trade clauses
谷物挠性输送器 flexible grain conveyer[conveyor]
谷物碾碎机 grain crusher
谷物膨化机 cereal expanding machine
谷物平衡的水分测定 grain equilibrium moisture content determination
谷物气吸机 grain suction elevator
谷物汽化热 heat of vapo(u)rization for grain
谷物切割器 corn cutterbar
谷物取样器 grain sampler
谷物入仓 warehousing of grain
谷物商 corn-factor
谷物升运器 crop elevator;grain elevator
谷物生产 cereal production;grain production
谷物生产和加工 grain production and processing
谷物湿度计 grain moisture meter
谷物试验机 cereal testing machine
谷物输送 grain handling
谷物输送管 grain pipe
谷物输送机 grain elevator
谷物输送器 grain conveyer[conveyor]
谷物输送铁路 granger railroad
谷物刷 grain-brush
谷物饲料 grain feed
谷物饲料加工厂 plant for processing grain feeding
谷物提升机 grain elevator
谷物条播机 grain drill
谷物通风 grain aeration
谷物通风器 grain aerator
谷物筒仓 grain silo(bin)
谷物温度计 grain thermometer
谷物温度监测设备 grain temperature monitoring equipment
谷物熏蒸剂 grain fumigant
谷物压送升运带 grain cover
谷物压碎辊 grain roller
谷物硬度测定仪 grain hardness tester
谷物预净器 grain precleaner
谷物圆筒储仓 grain silo bin
谷物匀布机 grain spreader
谷物运输船 grain carrier;grain laden ship
谷物运输条款 corn trade clauses
谷物运输许可证 grain cargo certificate
谷物运送器 grain carrier
谷物运载车厢 grain body
谷物质量 grain quality
谷物质量标准 grain standard
谷物种植地 corn clad field
谷物皱缩 grain shrinkage
谷物装卸 grain handling
谷物装卸工人 corn porter
谷物装卸运输机 grain handling unit
谷物最终水分 grain final moisture
谷雾 valley fog
谷系 valley system
谷线 valley route;thalweg<河流横断面中最低点连成一线,在平面图上表示出来>
谷形洼地 valley sink
谷型 valley pattern
谷崖 cleuch;dough
谷翼圈闭 valley flak trap
谷与草之比 grain to straw ratio
谷雨 grain rain
谷缘 valley edge
谷源 valley head
谷源冲刷 head(ward) erosion
谷沼【地】 valley fen
谷沼泽地 valley fen
谷值 valley
谷值点 valley point
谷值电流 valley point current
谷值电压 valley point voltage
谷中谷 two-stor(e)y valley;valley-in-valley
谷中谷构造【地】 valley-in-valley structure
谷中穴 valley sink
谷中岩滩 co(o)mbe rock
谷状暖异常 valley-shaped warm anomalies
谷子 foxtail millet;millet in husk

股<动、植物分类系统上所用的单位> cohort

股本 capital stock;money invested;share capital;stock capital
股本筹措 equity financing
股本回报率 equity yield rate
股本投资 equity investment
股本溢价 capital stock premium;premium on capital stock
股本油 equity crude oil
股本账面价值 book value of capital stock
股道【铁】 siding;station track;track
股道编号 numbering of tracks
股道表示灯 track indication lamp;track light
股道表示光带 track strip light
股道表示器 track indicator
股道长度 siding length;track length;track span
股道存车程度 track fullness
股道存车程度表示器 track fullness indicator
股道存车程序判定装置 track fullness device
股道存车记录 track log
股道存车记录报告 track logging re-

port
股道存车情况 track fullness
股道存车情况报导 track fullness information
股道存车情况表示器 track fullness indicator
股道光带 track strip light
股道号码 track number
股道间导接线 cross(rail)bond
股道间导通 cross bonding
股道间钢轨导接线 intertrack rail bond
股道间距 clear distance between tracks;distance between track centers [centres]; distance between tracks;siding spacing;track spacing
股道间空地 intertrack area; intertrack space
股道距离测量 measurement of track distance
股道平行错移 tracks by parallel shifting apart
股道情况询问按钮 track interrogation push button
股道情况询问器 track interrogator
股道区 track area
股道全长 total length of track
股道容量 track capacity
股道数目标 number of sign tracks sign
股道有车 track occupancy
股道有限长度 effective length of track;usable length of track
股道有效长 effective length of track
股道有效长度 usable length of track; useful length of track
股道占用 track occupancy
股道占用报导 track occupation information
股道占用表示 track occupancy indication
股道占用表示灯 track occupancy light;track occupation light
股道占用表示器 track occupancy indicator;track occupation indicator
股道占用控制 track occupancy control
股道占用时间 track occupancy time; track occupation time
股道占用图 track occupation diagram;track occupation graph
股道占用信息 track occupation information
股道终端连接 connection at ends of tracks
股道总长 total track length
股道总延长 track miles
股的捻距 lay of strands
股东 partner; part owner; shareholder;stockholder
股东个人账户 capital personal account
股东情况调查 census of shareholder
股东权益 stockholder's equity
股东人数有限公司 closely held company
股东授权书 proxy
股东委托公司将其股息存入银行的委托书 dividend mandate
股东拥有的资产净值 shareholder's equity;stockholder's equity
股东资本 equity capital
股份 shares;stocks
股份保证承受人 underwriter
股份持有 share holding
股份储蓄银行 stock saving bank
股份分配 allocation of shares
股份公司 joint-stock company; stock company
股份固定投资公司 closed-end investment company
股份合并 share consolidation
股份合营(企业)equity joint venture
股份合作社 stock cooperative
股份两合公司 joint stock limited partner
股份认购 stock subscription
股份式合营企业 equality joint venture
股份投资 share investment
股份信托证券 stock trust certificate
股份银行 joint-stock bank
股份有限公司 company limited by shares; corporation; incorporated company;limited liability company <英>
股份证书 share warrant
股份制 stock company
股份转让 share transfer; transfer of shares
股份资本 joint-stock capital; share capital;stock capital
股份资金 share capital
股份组织的 joint-stock
股骨 femur
股价走势 trend of stock price
股绞电焊条 stranded welding wire; strand electrode
股绞电缆 strand(ed)cable
股绞电缆超导线 stranded cable superconducting wire
股绞电线 stranded wire
股绞钢丝索 stranded rope
股绞合电缆 stranded cable
股绞金属索 strand
股绞绳 stranded rope
股金 share capital
股金利率 dividend rate
股金投资 stock investment
股金总额 capital stock
股款付还 repayment of shares
股利保证金 dividend coverage
股流 plume
股票报酬 stock compensation
股票发行 capital issue;stock issue
股票股利 capital bonus
股票红利 stock dividend
股票基金 equity fund
股票价格 price of share;stock price
股票价格下跌的符合 down-tick
股票交易 equity transaction; stock deal
股票交易所 stock exchange
股票所有权 stock ownership
股票投机 agiotage;stock speculation
股票投资 equity investment; investment in stock
股票投资审计 equity investment audit
股票值 shares worth
股票转让 stock transfer
股票转让授权书 stock power
股权 stock right
股权比率 equity ratio
股权法 law of interest
股权公司 holding company
股权式合资经营 equity joint venture
股权收购 tender offers
股权收益减损 dilution
股权信托证 voting trust certificate
股权资本 equity capital
股绳 bunch
股绳横截面 strand cross-section
股绳直径 strand diameter
股数 number of plies; number of strands
股丝同向右捻 <钢丝绳> right-handed lang's lay
股息 dividend on shares; equity dividend;stock bonus;stock dividend
股息簿 dividend book
股息储备金 dividend reserve
股息单 dividend warrants
股息单调换券 talons
股息发放率 payment ratio
股息基金 dividend fund
股息率 dividend rate;dividend yield; equity dividend rate
股息免税额 dividend exemption
股息券 dividend coupon;subshare
股息收益 divided yield; dividend income
股息委托书 dividend mandate
股息息票 dividend coupon
股息账户 dividend account
股线 stranded wire

骨

骨柏油 bone tar
骨板 bone plate;osseous lamella
骨板接合钉 dowel
骨包壳 bony shell
骨不连接 non-union
骨材 skeletal material
骨层 bone bed
骨锤 bone hammer;bone mallet
骨瓷 bone china
骨刺 spur
骨锉 scalper
骨打孔凿 bone punch
骨雕 bone sculpture
骨粉 bone ash;bone dust;bone meal
骨(粉)肥料 bone manure
骨粉土面层 granular soil stabilization
骨干 backbone;cadre;hard core
骨干船员 nucleus crew;skeleton crew
骨干的 skeletal
骨干工程 major project
骨干公园 basic park
骨干管线 backbone pipeline
骨干企业 backbone enterprise
骨干曲线 backbone curve
骨干梯田 key terrace
骨干元 skeleton element
骨骼 skeleton
骨骼的 skeletal
骨骼氟中毒 Kaschin-Beck disease
骨骼颗粒 skeletal grain
骨骼物质 skeletal material;solid matrix
骨骼组构 skeletal fabric
骨黑 bone black
骨化作用 calcification
骨灰 bone ash;bone black;cremains
骨灰安置所 columbarium
骨灰白 bone ash;bone white
骨灰比 <混凝土配料> aggregate-cement ratio
骨灰瓷 alabaster glass
骨灰存放处 cinerarium
骨灰罐 cinerary urn;mortuary urn
骨灰墓 cremation urn pit
骨灰坛 cinerary urn;cremation urn
骨灰坛墓穴 cinerary urn pit
骨灰堂 sepulchral chapel
骨灰瓮 cremation urn
骨灰瓮坑 urn pit
骨灰瓮坑穴 cremation urn pit
骨基质 ground substance of bone
骨架【建】 skeletal; backbone; basic structure; bedstead; bone; carcase; compages; framing; open construction; skeleton frame; solid matrix; structural skeleton
骨架板材式房屋 frame-panel building
骨架材料 skeletal material
骨架层 casing ply
骨架铲斗 skeleton bucket
骨架充填墙 cladding
骨架大板墙 skeleton of panel wall
骨架代码 skeletal code;skeleton code
骨架底板 skeleton shoe
骨架定律 skeleton law
骨架房屋 building of skeleton construction
骨架隔间 frame bay
骨架隔框 frame bulkhead
骨架工程 stud work <墙和房屋的>; carcase works <通常埋设在基础中>
骨架构架 skeleton frame
骨架构件 skeleton member
骨架构造 skeleton construction
骨架构造建筑 building of skeleton construction
骨架管 framework tube
骨架过滤器 framework filter
骨架航线 control strip
骨架建筑 skeleton building
骨架建筑法 skeleton construction
骨架结构 cage construction; frame construction; post-and-beam construction; post-and-lintel construction; skeletal structure; skeleton construction; skeleton structure; frame work
骨架结构建筑 building of skeleton construction; skeleton construction building
骨架结构类型 skeleton construction type
骨架聚合物 skeleton polymer
骨架颗粒 skeleton particle
骨架空间 framework space
骨架锚固件 framing anchor
骨架密封 reinforced seal
骨架模 skeleton pattern; special pattern
骨架桥台 skeleton abutment
骨架曲线 skeleton curve
骨架式 slot-type
骨架式半拖车 skeletal semi-trailer
骨架式房屋 framed building; framed house
骨架式隔墙板 partition studding board
骨架式隔墙覆盖板 partition studding board
骨架式隔墙覆面板 partition studding board
骨架式构造 cage construction
骨架式关节平车 <不同运输方式联运用车> skeletonized articulated car
骨架式光缆 slotted core cable
骨架式货车 skeleton wagon
骨架式集装箱 skeleton container
骨架式建造术 exoskeletal construction
骨架式结构 cage construction; skeleton type construction
骨架式立标 skeleton beacon
骨架式配电盘 frame type switchboard;skeleton type switchboard
骨架式碎石沥青混合料 stone matrix asphalt
骨架式拖车 skeletal trailer
骨架式岩石铲斗 skeleton rock bucket;skeleton type bucket
骨架式自紧油封 skeleton type self-tightening oil seal
骨架体 skeleton body
骨架体系 skeleton system
骨架填充板材 cladding sheet
骨架图 skeleton drawing; skeleton view
骨架外墙 cladding
骨架网 skeleton
骨架物质 skeletal substance
骨架吸力 matrix suction
骨架系统 skeletal system; skeleton system
骨架线 skeleton line
骨架相 skeleton facies

骨架型光缆 groove-type optic(al) cable;V-grooved core cable
骨架岩 framestone
骨架验收 acceptance of the carcass
骨架元 skeleton element
骨架支撑 skeleton sheeting
骨架制作 carcasing
骨架状结构 skeletal texture
骨剪 bone shears
骨胶 bone gelatin;bone glue
骨胶原 ossein(e)
骨焦油 bone-tar oil; Dippel's oil < 指一种污染饮水的物质 >
骨焦油沥青 bone(-tar) pitch
骨角砾岩 bone breccia
骨结构 bone structure
骨刻 bone carving
骨蜡 bone wax
骨沥青 bone(-tar) pitch
骨粒 bone grain;skeletal grain
骨料饱和 aggregate saturation
骨粒等级 grading of aggregate
骨粒灰岩 skeletal limestone
骨粒石灰岩 skeletal limestone
骨粒石灰岩基质 skeletal limestone matrix
骨料 < 又称集料 > aggregate; retainer;skeletal material
骨料安定性 soundness of aggregate
骨料比重 specific gravity of aggregate
骨料标称最大粒径 nominal maximum size of aggregate
骨料表面 aggregate surface
骨料表面面积 surface area of aggregate
骨料表面湿度 < 未经吸收的湿度,自由水 > free moisture of aggregate
骨料表面水 surface water of aggregate
骨料剥落 stripping of aggregate
骨料采掘设备 aggregate excavator; aggregate reclaiming equipment;aggregate reclaiming plant
骨料仓 aggregate(storage) bin
骨料仓库 aggregate storage
骨料称量斗 aggregate weighing hopper
骨料称量机 aggregate batcher
骨料称量计 aggremeter
骨料称量器 aggregate batcher;aggregate meter; aggregate weigher; aggremeter
骨料称量设备 aggregate weighing equipment
骨料尺寸 aggregate size
骨料冲洗 aggregate washing
骨料冲洗设备 aggregate washing equipment;aggregate washing plant
骨料储存 aggregate storage
骨料储存场 aggregate storage
骨料的内部孔隙度 internal porosity of the aggregate
骨料的片状指数 flakiness index
骨料的锁结 interlocking of aggregate
骨料的锁结作用 keying action of aggregate
骨料的细度模数 fineness modulus of aggregate
骨料的制备 aggregate processing
骨料的组合粒度 combined gradation of aggregate
骨料等级 gradation of aggregate
骨料等效平均粒径 equivalent mean diameter of aggregate
骨料底层 aggregate base
骨料底基层 aggregate subbase course
骨料斗式提升机 aggregate bucket elevator
骨料堆场 aggregate yard
骨料分级 aggregate gradation
骨料分级规格尺寸 graded sizes
骨料分级机 aggregate grader
骨料分批进料计量器 aggregate weighing batcher(with scale)
骨料分选箱 riffle box
骨料浮露 exposure of aggregate
骨料改善 beneficiation of aggregate
骨料干重 dry weight of the aggregate
骨料工厂 aggregate plant
骨料供给 < 喂料入搅拌车 > aggregate feeding;aggregated feed
骨料供应码头 aggregate supply wharf
骨料供应铁路 aggregate railroad[railway]
骨料灌浆混凝土 grouted aggregate concrete
骨料含泥量 mud content in aggregate
骨料含泥量现场试验 field settling test
骨料含水量 moisture content of aggregate
骨料含水集料含水 water contained in aggregate
骨料和混凝土制备 manufacture of aggregates and concrete
骨料回采设备 aggregate recovery unit
骨料混合 aggregate blending
骨料混合级配 combined aggregate grading;combined gradation of aggregate
骨料火车 stone supply train
骨料基层 aggregate base course
骨料级配 aggregate gradation;aggregate grading; gradation of aggregate;grading(of aggregate);gradation
骨料级配机 aggregate grader
骨料级配要求 grading requirements of aggregate
骨料计量计 aggremeter
骨料计量器 aggregate batcher;aggregate meter
骨料加工厂 aggregate preparation plant;aggregate processing plant
骨料加工系统 aggregate preparation system
骨料加料斗 aggregate charging hopper
骨料加热 aggregate heating
骨料加热混凝土 aggregate heating concrete
骨料架空(混凝土) rock pocket
骨料坚固性试验 test for soundness of aggregate
骨料间断级配 gap aggregate gradation;gapped aggregate grading
骨料间隔 aggregate partition
骨料碱性反应 alkali-aggregate reaction;aggregate-alkali reaction;alkali reactivity of aggregate
骨料进给装置 aggregate feeder
骨料进料斗 aggregate loading bucket
骨料进料口 aggregate filling port
骨料进料器 aggregate feeder
骨料绝对干燥比重 aggregate specific gravity under oven dry condition
骨料开采场 aggregate reclaiming plant
骨料开采设备 aggregate excavator; aggregate reclaiming plant
骨料抗冲击强度 aggregate impact value
骨料抗冲击值 aggregate impact value
骨料抗磨值 aggregate abrasion value
骨料抗碎试验 aggregate crushing test
骨料颗粒 aggregate grain; aggregate particle;particles of aggregates
骨料颗粒相互接触 aggregate-to-aggregate contact
骨料棱角性 aggregate angularity
骨料立方形颗粒 cubic(al) piece of aggregate
骨料沥青拌和装置 aggregate bituminizing plant
骨料沥青搅拌装置 aggregate bituminizing plant
骨料粒度 aggregate granulosity
骨料粒径 aggregate size
骨料粒径(级配)曲线 aggregate grading curve
骨料粒质 aggregate granulosity;granulosity
骨料连锁 aggregate interlock
骨料硫化物合量 sulphating in aggregate
骨料盲沟 aggregate drain
骨料磨光现象 aggregate polishing
骨料磨耗试验 aggregate attrition test
骨料耐磨性 aggregate resistance to abrasion
骨料配料仓 aggregate batching bin
骨料配料机(器) aggregate batcher
骨料配料设备 aggregate measuring plant
骨料配料箱 aggregate batcher
骨料配料装置 aggregate measuring plant;aggregate proportioning plant
骨料平均粒径 aggregate averaging size;average size of aggregate
骨料平均粒径测定 aggregate averaging
骨料平均粒径的测定 aggregate average
骨料破裂 aggregate fracture
骨料嵌锁模量 aggregate interlock(ing) modulus
骨料嵌锁 aggregate interlock
骨料嵌锁作用 aggregate interlocking
骨料强度 aggregate strength
骨料取样 sample taking of aggregate; sampling of aggregate
骨料柔软度 aggregate softness
骨料撒布机 aggregate spreader
骨料筛分厂 aggregate processing plant
骨料筛选 processing of aggregates
骨料生产厂 aggregate producer
骨料生产者 aggregate producer
骨料实际断裂强度 actual aggregate breaking strength
骨料试配比 trial combination of aggregates
骨料试验 aggregate test(ing)
骨料饰面 aggregate finish
骨料水泥比 aggregate-cement rating; aggregate-cement ratio
骨料输送机下面防止大块石通过的钢框架 rock ladder
骨料松隙度 internal porosity of the aggregate
骨料填塞层 choker course of aggregate
骨料投配器 aggregate batcher;aggregate batching plant
骨料土 soil aggregate
骨料土面层 soil-aggregate surface
骨料拖运车 aggregate trailer
骨料外露 < 混凝土墙 > aggregate exposure;exposure of aggregate
骨料外露长度 < 门窗口侧面的 > reveal lining
骨料稳定性 soundness of aggregate
骨料吸收水分的质量和骨料干质量的百分比值 water absorption value
骨料细度 fineness of aggregate
骨料下沉 < 新浇混凝土或砂浆在初凝前的 > settlement of aggregate
骨料性能 aggregate property
骨料修正系数 aggregate correction factor;coefficient of aggregate correction
骨料压碎试验 aggregate crushing test
骨料压碎指标 aggregate crushing index
骨料咬合 aggregate interlock
骨料咬合力 aggregate interlocking force
骨料有害颗料含量 deleterious particle content in aggregate
骨料有机质含量 organic content in aggregate
骨料预冷 aggregate precooling
骨料预先浸湿 aggregate presoaking
骨料原有湿度 inherent moisture of aggregates
骨料云母含量 mica content in aggregate
骨料轧制设备 aggregate(preparation) plant
骨料振动筛的末道筛 < 混凝土拌和工厂的 > finish screen
骨料制备 processing of aggregates
骨料制备厂 aggregate processing plant
骨料制备机 aggregate preparation machine;aggregate producer
骨料质量 aggregate quality
骨料中的固有水分 water contained in aggregate
骨料中粉末含量百分比 < 美国标准为粒径小于 0.074 毫米的颗粒 > percent fines
骨料重量配料机 aggregate weighing batcher(with scale)
骨料最大尺寸 top-size aggregate
骨料最大粒径 maximum aggregate size
骨磷灰石 osteolith
骨螺钉螺栓器械包 bone screw and bolt outfit
骨煤 bone[bony] coal
骨面 surface of bone
骨内滞留 bone retention
骨片 exoskeletal plate;sclerite
骨器 bone article
骨器时代 Bone Age
骨软化病 osteomalacia
骨润滑脂 bone grease
骨石磁铁岩 calawberite
骨髓 medulla
骨炭 animal charcoal;bone charcoal; bone coal; carbonized bones; charred bones
骨炭粉 bone black
骨炭黑 < 活性炭 > bone black
骨炭颜料 bone black pigment
骨痛病 < 由矿山排出的镉所引起,症状是剧烈的疼痛和骨折 > ouch-ouch disease
骨头 bone
骨屑 bone trimmings; skeletal fragment
骨屑磷块岩 skeletal phosphorite
骨屑砂 skeletal sand
骨学 osteology
骨油 animal oil;bone oil
骨针 bone needle;spicule
骨制品 bone
骨质疏松症 osteoprosis
骨质碎屑 skeletal detritus
骨状物 bone
骨状柱子 bone-shaped column
骨棕(色) bone brown
骨组织 bone formation

钴

钴胺络合物 cobaltamine complex
钴焙砂 zaffer[zaffre]
钴玻璃 cobalt glass
钴尘肺 cobaltosis
钴催干剂 cobalt dryer[drier]
钴弹 cobalt bomb

钴的树脂酸盐 resinate of cobalt
钴毒砂 danaite
钴矾 bieberite
钴方解石 cobaltocalcite
钴粉 cobalt powder
钴粉干燥剂 cobalt dryer[drier]
钴干料 cobalt dryer[drier]
钴干燥剂 cobalt siccative
钴高速钢 cobalt high-speed steel
钴铬钢 cobalt-chromium steel
钴铬合金焊 chrome-cobalt alloy solder
钴铬合金用砂石针 abrasive points for chrome-cobalt alloy
钴铬绿 Turkey blue
钴铬铁矿 cochromite
钴铬钨工具合金 Akrit
钴铬钨合金 cobalt-chromium-tungsten alloy
钴铬(铸造)合金 cobalt-chromium alloy
钴光泽彩 cobalt lustre
钴合金 cobalt alloy
钴合金钢 cobalt steel
钴黑 cobalt black
钴红色 cobalt red
钴红颜料 cobalt red
钴华 cobalt bloom; cobalt ocher; erythrine; erythrite peach blossom ore; red cobalt
钴黄 aureolin(e)
钴黄色 cobalt yellow
钴黄颜料 Fischer's yellow pigment
钴回收系统 cobalt recovery circuit
钴基合金 cobalt-base alloys; Stellite
钴尖晶石 cobalt spinel
钴胶结剂 cobalt-bonder
钴精矿 cobalt concentrate
钴矿床 cobalt deposit
钴矿砂 cobalt ore
钴矿石 cobalt ore
钴蓝玻璃 cobalt blue glass; king's blue glass
钴蓝(色) king's blue; cobalt blue
钴蓝色料 zaffer[zaffre]
钴蓝色料熔块 smalt
钴蓝颜料 ceramic cobalt blue; cobalt aluminate; Thenard's blue pigment; cobalt ultramarine
钴蓝釉 cobalt blue glaze; zaffer[zaffre]
钴离子 cobalt ion
钴粒 cobalt shot
钴硫砷铁矿 glaucodot(e)
钴铝尖晶石 cobalt aluminate
钴绿(色) cobalt green
钴绿颜料 cobalt zincate
钴镁明矾 kasparite
钴锰催干剂 cobalt-manganese drier
钴锰土 cobaltiferous wad
钴钼磁钢 Comol
钴黏[粘]结相 cobalt-cementing phase
钴镍合金 cobalt-nickel alloy
钴镍黄铁矿 cobalt pentlandite
钴镍铸铁 cobalt-nickel cast iron
钴铅晶质玻璃 cobalt lead crystal glass
钴青 cobalt blue
钴青铜 cobalt bronze
钴青颜料 cobalt blue pigment
钴氰化钾 potassium cobalticyanide
钴砷矿 cobalt smaltite
钴十字石 cobaltoan staurolite; lusakite
钴水合物 cobalt hydrate; cobalt hydroxide
钴钛硬质合金 cobalt cemented titanium carbide
钴碳化钨硬质合金 Kennametal
钴桃红 cobalt magnesia red
钴桃红色 cobalt pink
钴天蓝 cerulean blue
钴铁 ferrocobalt
钴铁镍锰合金 Mangelinvar
钴铁氧体 cobalt ferrite; vectolite
钴铜铝合金 sun bronze
钴铜铝铁合金 Mataline
钴土 black cobalt; cobalt ocher; earthy cobalt
钴土矿 aithalite; asbolan(e); asbolite
钴土矿石 asbolan(e) ore
钴污染 pollution by cobalt
钴钨硬质合金 cobalt cemented tungsten carbide
钴效应 cobalt effect
钴亚硝酸钾 aureolin(e); potassium cobaltinitrite
钴亚硝酸钠试法 sodium cobaltinitrite test
钴盐 cobalt salt
钴阳极板 cobalt anode
钴氧化处理 cobalt oxide treatment
钴氧化镁红 cobalt magnesia red
钴源装置 cobalt unit
钴皂 cobalt soap
钴针钠钙石 rosenbuschite
钴中毒 cobalt poisoning
钴紫(色) cobalt violet
钴紫颜料 cobalt violet pigment
钴棕颜料 cobalt brown
钴作黏[粘]结金属的碳化钨粉末 cobalt-bonded tungsten carbide

鼓 drum; trommel

鼓拌和机 dual-drum mixer
鼓波 barbotage
鼓出部 bellying; convex camber
鼓出部分 bilge; protrusion
鼓出外板 bulging shell
鼓唇缘 tympanic lip
鼓带系统 drum tape system
鼓动车水机 aquometer
鼓动床 pulsated bed
鼓动力 incentive force
鼓风 air blast; air blow(ing); airing; blast air; blast(ing); blow(ing) in; blowout; forced air blast; forced ventilation; force-in air; furnace blast; supply of blast
鼓风焙烧法 blast roasting; roast sintering
鼓风焙烧炉 blast roaster
鼓风操作 blasting operation
鼓风掺气(过程) blow-run
鼓风除尘机 air blast dusting machine
鼓风吹扫 air purge; blast purge; blow purge
鼓风淬冷 air blast quench
鼓风的帆 belly
鼓风电动机 blower motor
鼓风冻结 blank freezing
鼓风煅烧 blast-furnace roasting; blast roasting
鼓风锻造炉 forge blast
鼓风浮选装置 air blow flo(a)tation device; air blow flo(a)tation unit
鼓风盖 blast cap
鼓风盖垫密片 blast cap gasket
鼓风盖螺钉 blast cap screw
鼓风干燥风机 up-draught drying fan
鼓风干燥室 blower kiln
鼓风干燥箱 blast drying box
鼓风高炉煤焦沥青 blast-furnace coke-oven-plant tar
鼓风供应 blast supply
鼓风管 blast line; blast pipe
鼓风管嘴 tuyere
鼓风管嘴耐火砖 tuyere brick
鼓风化铁炉 blast cupola furnace
鼓风环式冷却机 rotary forced-air cooler
鼓风混流式冷却塔 forced draught mixed cooling tower
鼓风机 aerator blower; air bellows; air blast; air blower; air-ejecting fan; air propeller; blast airfan; blast blower; blast box; blast engine; blaster; blast fan; blow engine; blower(fan); blower wind machine; blow(ing) fan; blowing machine; blowing plant; booster fan; compressor fan; fan blower; fan engine; forced draft fan; forced draught fan; force fan; gas pump; induced draught fan; pressure fan; ventilating fan
鼓风机部分 blower section
鼓风机传动装置 blower drive
鼓风机底部 blower bottom
鼓风机底座 blower base
鼓风机惰轮 fan idler
鼓风机阀 blower valve
鼓风机房 blower house
鼓风机放泄阀 blower drain valve
鼓风机杆 blower rod
鼓风机关闭器 blower shutoff
鼓风机壳(体) blower casing
鼓风机控制器 blower control
鼓风机冷却的 blower-cooled
鼓风机炉煤沥青 blast-furnace(coal) tar
鼓风机排气口 windthroat
鼓风机燃烧采暖炉 fan-assisted heater
鼓风机生产线 blower production line
鼓风机室 blower room; fan room
鼓风机体 blower body
鼓风机头模件 blast head modules
鼓风机透平 blower turbine
鼓风机外壳 blower drum
鼓风机效率 blast efficiency
鼓风机械 blowing engine
鼓风机械通风冷却塔 forced draft mechanical cooling tower
鼓风机压力记录器 pressure recorder for blower
鼓风机压缩机噪声 noise of blower and compressor
鼓风机叶 air vane
鼓风机叶轮 blower wheel
鼓风机用马达 blower motor
鼓风机增压比 blower ratio
鼓风机转子 blower rotor
鼓风加热供暖 hot-blast heating
鼓风加热炉 forced air furnace
鼓风加热器 blast-furnace heater
鼓风搅拌电解 electrolysis with air blowing
鼓风进口 blast inlet
鼓风口 blast nozzle; blast orifice; blower nozzle
鼓风冷冻室 blast freezer
鼓风冷却 blast cooling; blower cooling; fan-cooled cooling; mechanical cooling
鼓风冷却式柴油机 blower-cooled diesel engine
鼓风冷却式发动机 blower-cooled engine
鼓风冷却循环系统 forced circulation air cooler
鼓风量 blast capacity; volume of blast
鼓风炉 air furnace; blast furnace; forced air furnace; shaft furnace
鼓风炉柏油层炉渣碎片 tar blast-furnace slag chip(ping)s
鼓风炉柏油层炉渣小块 tar blast-furnace slag chip(ping)s
鼓风炉本床 internal crucible
鼓风炉产量 blast-furnace output
鼓风炉的操作 operation of blast furnace
鼓风炉工 blast-furnace man
鼓风炉环梁 blast-furnace ring
鼓风炉焦炭 blast-furnace coke
鼓风炉焦油沥青(或煤沥青) blast-furnace(coal) tar
鼓风炉锍 blast-furnace matte
鼓风炉炉底 blast-furnace bottom
鼓风炉炉腹 blast-furnace bosh
鼓风炉炉缸 blast-furnace well
鼓风炉炉气除尘器 blast-furnace gas cleaner
鼓风炉煤气 blast-furnace gas
鼓风炉砌砖 blast-furnace brickwork
鼓风炉前床 external crucible; external reservoir; receiver
鼓风炉熔炼 shaft furnace smelting
鼓风炉熔炼法 blast-furnace method
鼓风炉熔渣 blast-furnace slag
鼓风炉渣 blast-furnace cinder; hot oven slag
鼓风炉装料 blast-furnace charge
鼓风煤气喷灯 air blast gas burner
鼓风门测定仪 blower door equipment
鼓风弥雾器 mist blower
鼓风能力 blast capacity
鼓风排雪机 snow blower
鼓风盘管 blast coil
鼓风抛送升运器 blower elevator
鼓风喷射 air blast(ing)
鼓风喷雾机 air blast sprayer
鼓风喷雾器 blower sprayer
鼓风喷嘴 air blast nozzle
鼓风曝气 blast aeration; blower aeration; blown aeration; diffused air aeration
鼓风曝气池 air blow aeration tank; blast aeration tank
鼓风曝气器 blast aerator
鼓风曝气装置 blast aerator
鼓风强度 blast intensity; blowing intensity
鼓风清扫器 scavenging blower
鼓风清洗机 air blast cleaner
鼓风容积 blast volume
鼓风扇 blower fan; boost fan; starting fan
鼓风烧结机 updraft sintering machine
鼓风设备 blast apparatus; blowing equipment; blowing plant; fan unit
鼓风设施 air-blowing installation
鼓风时间 period of blowing
鼓风式 forced draft
鼓风式常压干燥器 atmospheric drum drier
鼓风式对流加热器 fan convector heater
鼓风式冷却塔 blowing cooling tower; forced draught cooling tower
鼓风式弥雾机 air mist sprayer
鼓风式喷粉机 blower duster
鼓风式喷气发动机 fan jet
鼓风式喷气飞机 fan jet
鼓风式燃烧器 air blast burner; fan-resisted burner
鼓风室 blast chamber; blast room
鼓风速度 blast velocity
鼓风速率 blast rate; blowing rate
鼓风调剂 blast conditioning
鼓风调节 blast governing
鼓风调节阀 blast regulation valve
鼓风调节器 blast governor
鼓风通风 blowing ventilation
鼓风通气系统 input system
鼓风温度 blast temperature
鼓风系数 aeration coefficient
鼓风系统 air blow system; blower system
鼓风箱<冲天炉的> wind chamber
鼓风效应 action of blast; fanning effect
鼓风卸料器 discharge blower
鼓风压力 blast pressure
鼓风压头 blast head

鼓风预热器 blast preheater
鼓风增热 draughting up
鼓风罩 blast hood
鼓风指示器 blast indicator
鼓风制气 blow-run
鼓风装置 blowing installation
鼓风作用 blasting action
鼓岬电极 tympanum electrode
鼓阶 tympanic canal
鼓掘式盾构 drum-digger type shield
鼓廊 drum gallery
鼓浪 barbotage
鼓冷风 blow cold
鼓励工资 incentive wage; wage incentive
鼓励基金 stimulation fund
鼓励开发区 development promotion area
鼓励企业政策 business encouragement policy
鼓励性价格 incentive price
鼓励性减免 incentive reduction
鼓励性区划 incentive zoning
鼓励政策 encouragement policy
鼓鳞裂 fissura tympanosquamosa; tympanosquamous fissure
鼓楼 drum-tower
鼓轮 bobbin; drum wheel; micrometer drum
鼓轮风箱 bucket wheel blower; fan blower
鼓轮盖 drum head
鼓轮给料机构 drum feeder
鼓轮六分仪 drum sextant; rapid-reader sextant
鼓轮绕索长度 coiling length of drum
鼓轮刹车 drum brake
鼓轮式飞剪机 drum-type flying shears
鼓轮式开卷机 drum-type uncoiler
鼓轮式摄影机 drum camera
鼓轮套 drum jacket
鼓轮型洗片机 drum processor
鼓轮轴 drum shaft; drum axle
鼓面镶板 fielded panel; raised panel
鼓膜【医】ear drum; tympanum drum
鼓膜镜 myringoscope
鼓膜照相机 myringo-camera
鼓盘 drum
鼓泡 bubble formation; bubbling; dobying
鼓泡池 bubble tank
鼓泡传热 bubble heat transfer
鼓泡管 bubble tube
鼓泡湖 bubble lake
鼓泡流化床 bubbling fluidized bed
鼓泡曝气 bubble aeration
鼓泡器 bubbler
鼓泡泉 bubbling spring
鼓泡式气体吸收器 bubble gas scrubber
鼓泡试验 bubble test
鼓泡室 ebullience chamber
鼓泡塔 bubble[bubbling] tower
鼓泡塔盘 bubble tray
鼓泡洗涤塔 bubble scrubber
鼓泡装置 bubbling device
鼓盆地形 hummock-and-hollow topography; roche moutonnee
鼓起 belly; blow-up; bulge; bulging; free-swelling
鼓起的 plump; torose
鼓起的雕带 swelled frieze
鼓起的镶板 raised panel
鼓起嵌镶板 raised panel
鼓气 blowing
鼓气浮选装置 air blow flo(a)tation unit
鼓气机 blower
鼓气油 blown oil
鼓气转炉 air-blown converter
鼓汽式除氧器 steam-jet deaerator
鼓丘【地】mammillary hill; drumlin <冰河堆积物所成的>
鼓热风 blast heating
鼓入空气 blast air
鼓筛 drum screen; trammel(screen)
鼓式 drum type
鼓式拌和机 barrel mixer; drum(-type) mixer; drum-type tumbler
鼓式剥皮机 barking drum
鼓式采样器 drum-type sampler
鼓式测流浮标 drum float; drum-type float
鼓式磁力分离器 magnetic drum-type separator
鼓式磁选机 magnetic drum-type separator
鼓式存储器 drum-type storage
鼓式存水弯 drum-type trap
鼓式打印机 barrel printer; drum-type printer
鼓式反应器 drum-type reactor
鼓式分离器 drum-type separator
鼓式干燥法 drum-type drying
鼓式干燥器 drum-type dryer[drier]
鼓式干燥筒拌和机 drum-drier-mixer
鼓式格栅 drum-type screen
鼓式过滤机 drum-type filter
鼓式烘干器 drum-type dryer[drier]
鼓式绘图机 drum-type plotter
鼓式混合机 drum-type mixer
鼓式记录器 drum-type recorder
鼓式加料机 drum-type feeder
鼓式加热机 drum-type heater
鼓式加热器 drum-type heater
鼓式搅拌机 drum-type mixer
鼓式搅拌器 drum-type mixer
鼓式控制器 drum-type controller
鼓式宽行打印机 drum-type line printer
鼓式拉拔机 drum-type drawbench
鼓式冷凝器 drum-type cooler
鼓式冷却机 drum-type cooler
鼓式冷却器 drum-type cooler
鼓式粒化器 drum-type granulator
鼓式硫化机 drum-type vulcanizing press
鼓式煤气表 drum-type gas meter
鼓式凝气阀 drum-type trap
鼓式喷射鼓式喷注机 drum spraying machine
鼓式启动器 drum-type starter
鼓式气体洗涤器 drum-type gas scrubber
鼓式切片机 drum-type slicer
鼓式热交换器 drum-type heat exchanger
鼓式容器 drum
鼓式水表 drum(-type) water meter
鼓式丝束烘燥机 drum-type tow dryer
鼓式胎成型机 drum-type building machine
鼓式涂铸机 drum-type cast coater
鼓式喂料机 drum-type feeder
鼓式洗涤机 drum-type washer; drum-type washing machine
鼓式洗涤器 drum-type scrubber
鼓式洗浆机 drum-type washer
鼓式旋转筛 drum-type screen
鼓式研磨机 barrel-type mill
鼓式印刷 barrel-type printing
鼓式预热器 drum-type preheater
鼓式闸门堰 drum-type weir
鼓式真空过滤机 drum-type vacuum filter
鼓式真空过滤器 drum-type vacuum filter
鼓式振动轮振幅测定 drum-type vibration amplitude measurement
鼓式制动器 drum-type brake
鼓筒钢丝绳容量 coiling length
鼓筒容量 drum capacity
鼓筒式锅炉 drum-type boiler
鼓筒式搅拌机 barrel mixer; drum-type mixer
鼓筒式溶剂染色机 solvent drum dy(e)ing machine
鼓筒式熔炉 drum melting furnace
鼓筒形自落式混凝土搅拌机 gravity concrete drum-mixer
鼓突的 pulvinated
鼓突线脚 pulvinated mo(u)lding
鼓响 tympany
鼓响的 tympanitic
鼓响性 tympanicity
鼓形 cydariform
鼓形拌和机 drum mix plant
鼓形泵 barrel-type pump
鼓形笔写记录器 drum penning recorder
鼓形壁上的穹隆 dome on tambour
鼓形表尺 drum back-sight mechanism
鼓形(薄)壳 drum shell
鼓形齿 crowning
鼓形打印机 drum printer
鼓形导叶 drum wicket
鼓形地铁电动客车 broad-body metro transit; drum-shaped metro passenger rolling stock
鼓形电池 drum cell
鼓形电动机 drum motor
鼓形电枢 cylinder armature; cylindric(al) armature; drum armature
鼓形度盘 drum dial
鼓形锻件 cheese
鼓形发送器 drum transmitter
鼓形阀 drum valve
鼓形分级机 classifying drum
鼓形分像器 drum scanner
鼓形风琴 barrel organ
鼓形浮标 drum buoy; drum float
鼓形浮子 drum float
鼓形干式整流器 drum disk[disc] rectifier
鼓形格筛 drum sieve
鼓形格体 diaphragm cell
鼓形隔电子 knob insulator
鼓形管接头 banjo union
鼓形光闸 drum shutter
鼓形辊 barrel-type roller
鼓形滚柱轴承 barrel-type roller bearing; spheric(al) roller bearing
鼓形烘干器 dry(ing) drum
鼓形护弦 cell fender
鼓形护弦本体 cell-type buffer
鼓形换向器 drum-type recorder
鼓形混凝土拌和机 drum-type concrete mixer
鼓形记录器 drum(-type) recorder
鼓形浇包 cylindric(al) ladle; drum-type ladle; drum-type pouring ladle
鼓形搅拌机 drum-type mixer
鼓形绝缘子 drum insulator; knob insulator
鼓形开关 barrel switch; drum switch
鼓形壳 drum shell
鼓形刻度盘 knob dial
鼓形空心橡胶护舷 cell(-type) fender
鼓形空心橡胶碰垫 cell(-type) fender
鼓形控制器 drum-type controller
鼓形快门 drum shutter
鼓形炉 drum furnace
鼓形路缘石 drum curb
鼓形轮斗取料机 rail mounted drum-type reclaimer
鼓形磨床 drum sander
鼓形磨光机 drum sander
鼓形平展机 drum setting-out machine
鼓形起动器 drum starter
鼓形墙上的拱顶 cupola
鼓形清洗器 drum cleaner
鼓形绕法 drum winding
鼓形绕圈 drum winding
鼓形绕线电枢 drum-wound armature
鼓形绕组 drum winding
鼓形三位置转换接触器 three-position drum type switching contactor
鼓形扫描机 drum scanner
鼓形扫描设备 drum scanner
鼓形筛 drum sieve
鼓形筛网 drum screen
鼓形疏水器 drum trap
鼓形伺服机构 drum servo
鼓形铁电瓷介质电容器 drum iron-electric(al) porcelain capacitor
鼓形透镜 drum lens
鼓形凸轮 drum cam
鼓形图像扫描数字化器 rotating drum image scanning digitizer
鼓形涡轮机 drum turbine
鼓形蜗杆蜗轮 drum worm wheel
鼓形物 drum
鼓形洗涤机 drum scrubber
鼓形铣床 drum-type miller; drum-type milling machine
鼓形系船浮筒 drum mooring buoy
鼓形线卷 drum winding
鼓形橡胶减振器 drum-type rubber damper; drum rubber device for reducing vibration
鼓形泄水闸(门) drum sluice
鼓形旋转的天幕 cone-drum cyclorama
鼓形选矿机 separator drum
鼓形压瓷电容器 drum high-voltage ceramic capacitor
鼓形圆桌 drum table
鼓形闸门 drum gate; drum wicket
鼓形闸门堰 drum weir
鼓形罩 dog house; drum trap
鼓形枕木 two-faced tie
鼓形指示器 drum-type indicator
鼓形制动器 drum brake
鼓形制球机 balling drum
鼓形柱 drum-built column; drum-built pillar; swelled column
鼓形柱身 tambour
鼓形柱座 drum; drum-shaped column base; tambour
鼓形转子 cylindric(al) rotor; drum rotor
鼓形自落式搅拌机 non-tilting-drum mixer
鼓氧机 oxygen blower
鼓氧器 oxygen blower
鼓液皮老虎 hydraulic bellows
鼓音 tymapanitic note; tympanic resonance; tympany
鼓藻科 Desmidiaceae
鼓藻(类) Desmids
鼓张裂缝 blowing-tensile crack
鼓掌通过 adoption by acclamation
鼓胀 addling; bulge; pulvinate
鼓胀的 mammilar
鼓胀形 pulvination
鼓钟机心 drum movement
鼓转 tumble
鼓转速 speed of drum
鼓状物 drum
鼓状柱段 drum of column
鼓状柱身 drum of column
鼓座 drum
鼓座上的圆顶 dome on tambour

臌

臌出 bulge

臌曲 buckling

固

固边板 clamped edges plate

固冰丘 grounded hummock

固船柱 anchorage spud;spud
固床 stabilization of river bed
固床覆盖灌浆 blanket grouting
固床建筑物 grade stabilization structure;grade stabilizing structure
固床设施 grade stabilizing structure
固氮菌 azotobacter; nitrogen fixing bacteria
固氮植物 nitrogen-fixing vegetation
固氮作用 azofication;nitrogen fixation
固地笛卡尔坐标 earth-fixed Cartesian coordinate
固定 anchor(ing); attachment; build in; built-in; clamp; clamping operation; constraint; fasten; fixed bed groundwater; fixedness; fix(ing); immobilization; lock; make fast; mounting; peg; seat; setting up; settlement; standing; staying; tack; tie rod
固定 0 故障 stuck-at-zero fault
固定 1 故障 stuck-at-one fault
固定安装的玻璃 fixed glazing
固定(岸)冰 fast ice
固定凹圆形淘汰盘 concave buddle
固定把手 integral cast handle
固定坝 permanent dam; fixed (crest) dam < 坝顶上无滑动闸门 >
固定百分率 flat per cent
固定百叶窗 cross louver [louvre] shielding; fixed louver; fixed shutter; jalousie (window); Venetian shutter; shutter; abat-vent; louver [louvre]
固定扳手 fixed wrench; non-adjustable wrench
固定板 built-up plate; fixed plate; fixing plate; ledger plate; mounted plate; mounting plate; retaining plate; stationary plate; stationary slab; tie plate
固定板块 fixed plate
固定棒 hold-down bar
固定保持器 fixed retainer
固定报价 firm offer; firm-price bid
固定备修止水圈 maintenance seating ring
固定备用方式 permanent spare system
固定倍率显微镜 fixed-power microscope
固定泵 fixed pump; stationary pump
固定比降 constant gradient
固定比例 fixed proportion
固定比例计 fixed ratio meter
固定比例税 proportional tax
固定比例缩放仪 fixed ratio pantograph
固定比率打印机 fixed ratio printer
固定比率强化 fixed ratio reinforcement
固定闭塞 fixed block
固定篦条筛 fixed grizzly; static grizzly; stationary bar screen; stationary grizzly
固定臂 fixed jib
固定臂板 stationary arm
固定臂式起重机 fixed boom crane
固定边界 fixed boundary
固定边(缘) built-in edge; clamped edge; fixed edge
固定边缘的板 fixed-edge-slab
固定编成列车组 fixed train-set
固定编码经纬仪 fixed encoded theodolite
固定编组的列车 integral train
固定编组的整列车运价率 block train rate
固定编组的整列列车 block train; merry-go-round train
固定编组顶推驳船队 unit tow
固定编组集装箱列车 container unit train
固定编组列车 < 直达的 > fixed formation train; articulated train; solid train; unit train
固定编组列车的车辆 < 运输特种货物用 > unitrain car
固定编组列车的高边敞车 < 用于运输特种货物 > unitrain gondola
固定编组列车的联运径路 through routing of solid trains
固定变换器 fixed converter
固定变量 fixed variable
固定标本 fixed preparation
固定标尺 fixed staff; non-adjustable signal
固定标高 fixed elevation
固定标记 fixation mark; mark hold
固定标价合同 fixed-price contract
固定标识 constant mark
固定标识和间隔代码 constant mark and space code
固定标识检查法 constant mark check method
固定标题前缀 fixed header prefix
固定标志 fixed mark(er); fixed sign
固定标志桩 fixed monument; fixed post
固定标桩 fixed peg
固定标准的 permanent
固定冰 border ice; coastal ice; immobile ice
固定冰边界 fast ice boundary
固定冰边缘 fast ice edge
固定冰川 inactive glacier
固定柄 fixed handle
固定拨禾轮 fixed-bat reel
固定波动 stationary undulation
固定波数 fixed wave number
固定波形发生器 fixed wave form generator
固定玻璃 < 墙上 > fixed sash
固定玻璃百叶窗 fixed glass louver
固定玻璃壁 fixed glass wall
固定玻璃窗 fast sheet
固定玻璃片的卡钉 storm clip
固定玻璃用的弹簧夹 glazing clip
固定玻璃用钉 glazing pin
固定泊位 fixed anchorage
固定铂微电极 stationary platinum microelectrode
固定薄膜电阻器 fixed film resistor
固定不变的制铅版 stereotype
固定不动 hanging
固定布水器 fixed distributor; stational distributor; stationary distributor
固定布线法 fixed wiring method
固定部分 fixed part; fixed portion; stationary part
固定部件 fixed part
固定材料 fixing material
固定参考点 fixed reference point
固定参考点海拔高度 elevation of per datum
固定参考调制 modulation with a fixed reference
固定参考线 fixed reference line
固定参数 preset parameter
固定残渣 fixed residue
固定操作 fixing
固定槽 hold-down groove; mounting channel
固定侧板 fixed side
固定测流缆索 stay line cable
固定测验条件 stationary test condition
固定测站 regular survey station
固定测站点 regular survey station point
固定测针 fixed-point ga(u)ge
固定层 fixed bed; fixed layer
固定插入 fixed insertion
固定插入编辑 fixed insertion editing
固定插头 locking-type plug
固定觇标 fixed target; stationary target
固定产量 settled production
固定长度 constant length; fixed-length; fixing length
固定长度(编)码 fixed-length code
固定长度格式 fixed-length format
固定长度记录 constant length record; fixed-length record
固定长度记录格式 fixed-length record format
固定长度记录文卷 fixed-length record file
固定长度记录系统 fixed-length record system
固定长度块 fixed-length block
固定长度命令 fixed-size command
固定长度数据区 fixed-length data area
固定长度文件记录 fixed-length file record
固定长度项 fixed-length item
固定长度信息组 fixed-length field
固定长度指令 fixed-size command
固定长度字段 fixed-length field
固定长格式 fixed format
固定长记录 fixed-size record
固定长记录文件 fixed-length record file
固定长块传送 fixed block transmission
固定长数据 fixed-length data
固定长字 fixed-length word
固定厂 stationary plant
固定场加速器 fixed field accelerator
固定超前 constant advance; fixed lead
固定车底 specialized train-set
固定车底敞车 solid-bottom gondola car
固定车底的短途循环列车 shuttle short-haul block train
固定车底的直达循环列车 shuttle through block train
固定车底循环运用的列车 despatching shuttled through block trains
固定车钩 fixed coupler
固定车架机车 rigid frame locomotive
固定车轴距 right wheel base
固定沉淀 permanent set
固定沉降 constant settlement
固定衬板 permanent lining
固定衬板寿命 < 破碎机 > concave life
固定衬垫螺栓 shim bolt
固定衬砌 permanent lining
固定衬套 permanent lining; stationary bushing
固定撑脚 fixing foot
固定成本 constant cost; fixed charge; fixed cost; sunk cost; unavoidable cost
固定成分 frozen composition
固定成分编码 fixed-composition encoding
固定成分律 law of definite composition
固定成员 fixed member
固定承包价格合同 firm fixed price contract
固定乘法区 fixed-product area
固定乘积存储区 fixed-product area
固定程度 degree of fixation; fixing degree
固定程序 fixed-program(me); fixed routine; program(me) fix
固定程序段 permanent segment
固定程序工业机器人 industrial robot for fixed program
固定程序机 fixed-program(me) machine
固定程序机器人 fixed sequence robot
固定程序计算机 fixed program computer
固定尺寸 fixing dimension; set dimension
固定尺寸节点 fixed-size node
固定齿板 fixed tooth plate
固定齿轮 dead wheel
固定齿轮爪 stationary pawl
固定出力 firm output
固定储存器 non-volatile memory
固定储罐 standing tank
固定储料斗 stationary hopper
固定触点 fixed contact; stationary breaker contact; stationary contact point
固定触点部件 stationary contact member
固定触头 stationary contact
固定传感型测流仪 solid state sensor type current meter
固定传送带 fixed belt conveyer[conveyor]
固定船首水翼 fixed bow fins
固定窗 fast(casement) window; fixed light; fixed window; stationary window
固定窗扉 standing leaf
固定窗框 fixed sash; permanent sash
固定窗扇 fixed sash; permanent sash; stand sheet
固定床 fixed bed; rigid bed; static bed; stationary bed
固定床操作 fixed bed operation
固定床催化臭氧氧化工艺 fixed bed catalytic ozonation process
固定床催化反应器 fixed bed catalyst chamber; fixed bed catalytic reactor
固定床催化过程 fixed bed catalytic process
固定床催化剂 fixed bed catalyst
固定床催化裂化 fixed bed catalytic cracking
固定床矾土催化脱硫法 cycloversion desulfurization
固定床矾土催化重整过程 cycloversion reforming process
固定床反应器 fixed bed reactor
固定床反应设备 fixed bed reaction equipment
固定床过程 fixed bed process
固定床活性炭接触器 fixed bed activated carbon contactor
固定床积分反应器 integral fixed bed reactor
固定床加氢重整 fixed bed hydroforming
固定床离子交换 fixed bed ion exchange
固定床离子交换器 fixed bed ion exchanger
固定床(面)水流 stationary bed flow
固定床气化 fixed bed gasification
固定床气体吸附剂 fixed bed gas absorber
固定床氢重整 fixed bed hydroforming
固定床燃烧室 fixed combustion source
固定床设备 fixed bed unit
固定床身式铣床 fixed bed-type milling machine
固定床生物反应器 fixed bed bioreactor
固定床式干燥系统 fixed bed drying system
固定床吸附 fixed bed absorption
固定床吸附器 fixed bed absorber
固定床吸附柱 fixed bed adsorption

G

column
固定垂直偏振 fixed vertical polarization
固定锤碎机 rigid-hammer crusher
固定锤头 fixed hammer
固定磁场加速器 fixed field accelerator
固定磁场削弱 fixed field weakening
固定磁鼓存储面积 fixed area
固定磁头 fixed head
固定磁针测量 fixed-needle surveying
固定催化剂 fixed catalyst; stagnant catalyst
固定存储器 fixed memory; fixed storage; fixed store; inherent memory; non-erasable storage; non-volatile storage; permanent memory; permanent storage; readout memory
固定存储区 permanent storage area
固定存储装置 fixed memory apparatus
固定错误 permanent error
固定搭接接头 fixed lapped joint
固定打花箍 <绳结> standing Turk's head
固定大钳 backup tongs; backup wrench
固定代码顺序 fixed sequence of code
固定带环 anchor band
固定带式运输机 fixed belt conveyer [conveyor]
固定贷款 standing loan
固定单价 constant unit price
固定单价合同 fixed unit price contract
固定单元 fixing unit
固定担保器 dead security
固定氮 fixed nitrogen
固定挡板 fixed dam; standing baffle; stationary stop
固定挡块 positive stop
固定挡泥板 in-built anti-splash
固定挡水板 in-built anti-splash
固定挡土墙 fixed retaining wall
固定挡销 fix stopper
固定刀 bed knife; stationary knife
固定刀架 immovable support
固定刀片 dead knife; fixed cutter
固定刀刃 counteredge
固定刀式刨床 fixed-knife planer
固定导板 resting guide; stationary guide shoe
固定导标 fixed beacon
固定导管法水下灌注混凝土 fixed tremie concrete
固定导轨 stationary cross-rail
固定导航设施 fixed aid
固定导水瓣 stay vane
固定导向架 fixed lead
固定导叶 fixed guide vane; stationary guide vane; stay vane
固定导叶环 stay vane ring
固定到站客票 fixed destination ticket
固定的 anchored; built-in; bulkheaded; dormant; fixed; immobile; immovable; motionless; non-erasable; non-removable; nonrotatable; retaining; self-contained; standing; stationary; steadfast; wired-in; without articulations
固定的百叶板 blind slat
固定的半型 stationary die half
固定的泵 fixed pump
固定的变焦距物镜 fixed zoom lens
固定的部件 built-in element
固定的厨房碗柜 in-built kitchen cabinet
固定的雕刻物 stabile
固定的翻松路面附件 fixed scarifying attachment
固定的防溅装置 in-built anti-splash
固定的格栅 fixed screen
固定的晶格 fixed screen
固定的垃圾压紧机 stationary refuse compactor
固定的链节 fixed link
固定的滤光镜 fixed screen
固定的滤光器 fixed screen
固定的滤网 fixed screen
固定的轮伐更新区 fixed periodic(al) block
固定的螺栓桨式转子 fixed propeller runner
固定的码头起重机 fixed quay crane
固定的铆钉模 stationary rivet die
固定的名字 fixed name
固定的木构件 wood built-in unit
固定的木装置 wood built-in unit
固定的目录 fixed schedule
固定的碾压机 steel-faced roller
固定的喷淋系统 stationary sprinkling system
固定的屏幕 fixed screen
固定的牵引装置 fixed drawbar
固定的筛子 fixed screen
固定的晒砖场 permanent hack
固定的收费时间表 fixed schedule of charges
固定的碎矿颚板 fixed jaw crushing plate
固定的铁路信号装置 fixed tripper
固定的土方机械 stationary earthmoving machinery
固定的推进器连接法 fixed-feed attachment
固定的消耗量 fixed charge; fixed consumption
固定的斜盘 stationary swash plate
固定的卸料装置 fixed tripper
固定的型芯 stationary core
固定灯标 fixed(-structure light) beacon
固定灯(光) fixed light
固定灯丝 anchored filament
固定低点 fixed low point
固定滴法 sessile drop method
固定底板 shoe nog plate; holdfast <在墙上的>
固定底基的海洋结构物 bottom-fixed marine structure
固定底座 fixed base; stationary base
固定底座门式刚架 portal frame with fixed ends
固定抵押品 dead security mortgage
固定地板 solid bottom
固定地点停车 fixed-point stopping
固定地基 fixing base
固定地面站 <卫星通信[讯]> earth-fixed station; fixed earth station
固定地球站 fixed earth station
固定地下水 attached ground water; fixed groundwater
固定地下水位 permanent groundwater level
固定地下水位面 permanent groundwater level
固定地震计 fixed seismometer
固定地址 fixed address
固定点 attachment point; fixed point; fixed station; fixing point; point of fixity; point of rigid support; datum point【测】
固定点火 fixed ignition
固定点(火灾)探测 fixed-point detection
固定点深度 <桩的> depth of fixity; point of fixity
固定点位 fixed position
固定点与移动车辆之间的无线电 fixed-mobile radio
固定点重力效应 gravity point of attachment effect
固定电池 built-in battery; self-contained battery; stationary battery
固定电池组 stationary battery
固定电动往复式压气机 static electric reciprocating compressor
固定电感 fixed inductance
固定电荷 fixed charge
固定电荷模型 fixed-charge model
固定电极 stationary electrode
固定电极法 fixed-electrode method
固定电极静电选矿机 impact separator
固定电流计 stationary galvanometer
固定电容 fixed capacity
固定电容器 fixed capacitor
固定电势 fixed potential
固定电刷 fixed brush
固定电刷式多相串激电动机 fixed brush type polyphase series motor
固定电台 fixed base station; fixed(radio) station
固定电位 constant potential
固定电位测斜仪 fixed electrolevel inclinometer
固定电压 fixed voltage
固定电子 fixed electron(ic)
固定电阻器 fixed resistor
固定垫舱物 permanent dunnage
固定垫片 setting-up piece
固定吊臂的轨道式起重机 rail-mounted crane with fixed jib
固定吊车 fixed crane; stationary crane
固定吊杆 fixed derrick
固定吊杆起重机 crane with fixed boom; crane with non-slewing jib
固定钉 nail
固定顶尖 fixed center [centre]; stationary center[centre]
固定顶尖距 fixed center distance
固定顶梁 rigid bar
固定订货量关系 fixed order-quantity system
固定订货量系统 fixed order-quantity system
固定动力装置 rigidly fixed power plant
固定动作模式 fixed-action pattern
固定度 fixity
固定端 attachment end; built-in end; clamped edge; end fixing; fixed end; restrained end; stiffened end; tailing down; tailing in
固定端板 fixing cap
固定端板高边敞车 fixed end gondola
固定端传递系数 fixed-end carry-over factor
固定端大梁 <两端固定> built-in girder
固定端力矩 fixed-end moment; restraint moment
固定端力矩校正 correction to fixed-end moment
固定端梁 beam with anchored end; fixed-end beam
固定端锚定块 <张拉预应力的> dead-end anchorage
固定端锚固件 dead-end anchorage
固定端锚具 dead-end anchorage
固定端弯矩 end bending moment; fixed-end moment
固定端位置 position fixed ends
固定端支承 fixed-end support
固定端柱 column with clamped ends; fixed-end column
固定段 canned paragraph
固定断电器触点 stationary breaker contact
固定断裂点 fixed breakage point
固定断路器 fixed-handle circuit breaker; fixed trip
固定断面 constant cross-section; fixed section; fixing section
固定锻炉 stationary forge
固定对称拱 fixed symmetrical arch
固定墩(柱) fixed column
固定多项式 fixed polynomial
固定轭 tie clown yoke
固定颚板 <颚式碎石机的> fixed jaw; stationary jaw; stationary lip
固定耳 fixing lug
固定发电设备 fixed generating equipment
固定发动机 stationary engine
固定发价 <一定期限内有效的> firm offer
固定发料时间表 consolidated shipping schedule
固定发射机 fixed transmitter; stationary transmitter
固定发射装置 fixed launcher
固定阀 standing valve
固定法 fixation(method)
固定法兰(盘) fast flange; fixed flange; retention flange
固定反射镜 stationary mirror
固定反应 fixation reaction
固定方差分析 fixed analysis of variance
固定方法 fixation method; fixing method; method of anchoring; mounting system
固定方式 fixed form; fixed mode
固定方式操作 fixed form operation
固定方式记录 fixed-mode record
固定方向负荷 load of fixed direction
固定放电器 fixed discharger
固定放牧 set grazing; set stocking
固定废物 immobilize waste
固定费率 flat rate
固定费用 constant expenses; fixed charges; fixed cost; fixed fee; standing charges; fixed expenses
固定费用比率 fixed-charge ratio
固定费用合同 fixed cost contract
固定费用明细表 schedule of fixed charges
固定费用问题 fixed-charge problem
固定费用月明细表 monthly schedule of fixed charges
固定分保合同 obligatory treaty
固定分布 frozen-in distribution
固定分划板 fixed retic(u)le
固定分流电阻器 fixed shunting resistor
固定分区 fixed partition
固定分相的单相电容式电动机 perma-split capacity motor
固定分相电容器式电动机 capacitor start-run motor; permanent-split capacitor motor
固定分支 fixture branch
固定浮标 fixed buoy
固定浮坞 float bridge
固定符号 mark hold
固定符号表 permanent symbol table
固定服务费 fixed fee
固定浮码头水平位置 restraining dolphin
固定辐射点 stationary radiant
固定辅助设备 fixing accessories
固定负荷 dead load; firm demand; fixed load
固定负荷挠曲 dead-load deflection
固定负载 constant load; dead load; firm demand; fixed load; fixed load
固定负载状态 continuous rating
固定负债 capital liabilities; fixed liability
固定附件 masonry fixing
固定赋值 fixed assignment
固定腹板 fixing web
固定盖 blank cover; fixed cover
固定盖缝条 standing welt

固定盖式消耗池 fixed cover sludge digestion tank
固定杆 fixed link;stationary rod
固定感应线圈 fixed inductor(coil)
固定钢百叶窗 fixed steel window shutter
固定钢格栅 fixed-bar grille
固定钢丝集材 fixed-wire logging
固定钢套 stationary steel bushing
固定钢楔 steel cleat
固定钢桩【疏】fixed spud
固定杠杆 fixed lever;dead lever
固定杠杆支点 dead lever fulcrum;dead lever guide
固定杠杆支点托架 dead lever fulcrum bracket
固定杠杆支托 dead lever guide lug
固定高度 fixed elevation
固定高度伽马测量 constant altitude gamma survey
固定高架起重机 fixed gantry crane
固定割样器 stationary cutter
固定格筛 fixed grizzly;static grizzly;stationary bar screen;stationary grizzly
固定格式 canned format
固定格式报文 fixed format message
固定格式输入 fixed format input
固定格式文件 fixed format file
固定格式消息 fixed format message
固定格栅 fixed grate;fixed grizzly;immovable grate;static grizzly;stationary bar screen;stationary grate;stationary grizzly
固定隔板 fixed partition wall
固定隔板沉淀池 fixed partition cell
固定隔墙 fixed partition wall
固定根 anchor root
固定跟踪站 fixed tracking station
固定工厂 centralized factory
固定工程量总价合同 fixed quantity price contract
固定工件夹板 plate for fixing work
固定工人 regular worker
固定工资 fixed wage;set wage
固定工作 fixing work
固定工作台 fixed table
固定工作组 squad cohesive
固定公式 set formula
固定功率 fixed power
固定功能 fixed function
固定功能生成程序 fixed function generator
固定供水竖管系统 permanent water supply system
固定拱 fixed arch(at both ends)
固定拱桥 fixed arch bridge
固定拱圈理论 built(-in)arch theory
固定钩 anchoring hook;fixation hook
固定钩身 rigid shank
固定箍 fixing stirrup
固定股息 regular dividend
固定固体 fixed solids
固定固体床【给】stationary solid bed
固定固相 stationary solid phase
固定故障 permanent fault
固定关键字方式 fixed key word mode
固定关联矩阵 fixed interconnection matrix
固定观测台 fixed observatory
固定管扳手 solid pipe wrench
固定管板 fixed tube sheet;stationary tube sheet
固定管板换热器 fixed tube sheet exchanger
固定管板式 fixed tube sheet type
固定管板式换热器 fixed tube sheet exchanger
固定管板式热交换器 fixed tube sheet type heat exchanger;fixed type heat exchanger
固定管道接头 coupling for fixed pipe installations
固定管混合器 static tube mixer
固定管理费 fixed overhead
固定管曝气系统 static tube aeration system
固定罐道钢夹子 guide bracket
固定光 fixed light
固定光和闪光 fixed and flashing light
固定光阑 fixed aperture
固定光圈 fixed aperture
固定光束云幂仪 fixed beam ceilometer
固定光衰减器 fixed optic(al)attenuator
固定光位 fixed light position
固定光纤连接器 fixed fiber[fibre] optic(al)connector
固定光纤连接器插座 fixed fiber[fibre] optic(al)connectors receptacle
固定光学 fixed optics
固定规 fixed ga(u)ge
固定规律 fixed rule
固定规则 hard-and-fast rule
固定轨道加速器 fixed-orbit accelerator
固定轨道侦察卫星 fixed-orbit reconnaissance satellite
固定(轨)锯 stationary saw
固定辊 back(up)roll;fixed roll(er)
固定滚筒 fixed roll(er);immovable roll;resting barrel;steel-faced roller
固定滚轴【机】fixed roll(er)
固定锅炉 stationary boiler
固定锅体手把 lever for pan position
固定过滤网 stationary screen
固定海上标志 fixed sea-mark
固定海洋观测站 fixed oceanographic(al)station
固定海洋气象站 fixed oceanographic(al)weather station
固定含水量 fixed moisture content
固定函数发生器 fixed function generator
固定焊缝屋面盖板 standing seam roof cladding
固定焊机 stationary welding machine
固定航标灯 fixed flashing light
固定航道标志 fixed-structure channel marker
固定航向指示器 fixed-course detector
固定和组合闪光灯 fixed and group of flashing light
固定河槽 fixed channel
固定河床 fixed river bed;permanent bed;rigid bed
固定(河)床模型 fixed bed model
固定荷载 constantly acting load;fixed load;permanent load(ing);quiescent load;seating load
固定荷载的应力 fixed load stress
固定荷载力矩 fixed load moment
固定荷载纱线张力测定仪 statotensiometer
固定荷重 deadweight
固定恒星日 fixed sidereal day
固定横梁 fixed cross beam;stationary cross-rail
固定红外寻的头 fixed infrared seeker head
固定虎钳 standing vice
固定互连布线 fixed interconnection wiring;fixed interconnect wiring
固定护栏 non-floating rail
固定护舷材 fender bar;fender guard;permanent fender
固定护舷木护栏 fender bar;fender guard;permanent fender
固定滑车 fixed block
固定滑道 fixed way;standing way;fixed slipway;fixed ship way;ground ship way;standing ship way【船】
固定滑块曲柄机构 fixed block slider crank mechanism
固定滑轮 fast pulley;fixed pulley;tight pulley
固定化 immobilization
固定化氨氧化菌 immobilized ammonia-oxidizing bacteria
固定化纯培养微生物 immobilized pure culture microorganism
固定化丹宁 immobilized tannin
固定化二氧化钛催化剂 immobilized titanium dioxide catalyst
固定化粉末生物活性炭 immobilized powdered biological activated carbon
固定化光催化剂 immobilized photocatalyst
固定化活性污泥槽 immobilized activated sludge cell
固定化技术 immobilized technology
固定化酶 immobilized enzyme
固定化膨润土 immobilized bentonite
固定化生物活性炭 immobilized biological activated carbon
固定化生物体 immobilized biomass
固定化微生物 immobilized microbe
固定化微生物技术 immobilized microorganism technology
固定化微生物小球 immobilized microbe pellets
固定化硝化菌 immobilized nitrobacteria
固定化絮凝剂 immobilized flocculant
固定环 anchoring collar;fixed ring;fixing ring;retainer ring;retaining ring;set collar
固定环路连接器 permanent loop junctor
固定环式固结仪 fixed-ring consolidometer
固定环形天线 fixed-coil antenna;fixed loop aerial;fixed loop antenna
固定环支座 locking ring mount
固定环状天线 fixed loop aerial
固定缓冲板 standing baffle
固定黄道坐标系 system of fixed ecliptic
固定簧眼 spring fixed eye
固定回波 fixed echo
固定回波消除器 fixed echo suppressor
固定回转堆料机 fixed thrust roller
固定汇兑平价 fixed par of exchange
固定汇价 pegging the exchange
固定汇率 fixed exchange rate;pegged rate
固定汇率制度 pegged exchange rate system
固定(混凝土)拌和机 central mixer
固定活度 fixed activity
固定活塞 fixed piston
固定活塞式打入取土器 <用于塑性土层> stationary piston drive sampler;stationary piston type sampler
固定活塞式取土器 fixed piston sampler;stationary piston sampler
固定活塞式取样器 fixed piston sampler;stationary piston sampler
固定活性炭床 fixed activated carbon bed
固定火花隙调制器 fixed spark-gap modulator
固定火险性 constant danger
固定机械 fixed plant
固定机械用的撑杆 peg point
固定迹线 fixed trace
固定基尺视距仪 single station range finder
固定基础 fixing base
固定基极偏流 fixed base current bias
固定基记数制 fixed radix numeration system
固定基金 fixed capital;fixed funds
固定基面 fixed base
固定基期法 fixed base system
固定基数 fixed radix
固定基数表示法 fixed base representation
固定基数记数法 fixed radix notation;fixed radix scale
固定基数记数体系 fixed radix numeration system
固定基线 fixed base;fixed baseline
固定基准点 fixed datum
固定基(准)面 fixed datum
固定基准(线)fixed datum
固定基座 permanent seat
固定激励 constant excitation
固定棘轮系 stationary ratchet train
固定几何形状喷管 constant geometry nozzle
固定挤压压力 stationary extrusion pressure
固定计入期 crediting period-fixed
固定记号 steady mark
固定记时标记 fixed timing mark
固定技术 fixing technique
固定剂 fixative;fixer;fixing agent;setting(-up)agent
固定加可变结构 plus variable structure
固定加权 fixed weighting
固定加热 permanent heating
固定加热器 fixed heater
固定加油站 stationary filling station
固定夹 attaching clamp;bracket;fixing clip;hold-down clip;retaining clip
固定夹板 tie clamping plate
固定夹片 tingle
固定夹钳 stationary clamp
固定夹钳(盘)式制动器 fixed-cal(l)ipers disk[disc] brake
固定夹子 bracket
固定价格 constant price;fixed price;fixed price tendering;peg;set price
固定价格报价 firm-price offer
固定价格比率 fixed-price proportion
固定价格估价 fixed-price estimate
固定价格合同 fixed-price contract
固定价格或者按照规定的费率表计价合同 fixed price contract
固定价格加奖励合同 fixed price contract with incentive
固定价格竞争 fixed-price competition
固定价格投标 firm-price proposal;firm-price tender;fixed-price tender
固定价格协议 price fixing agreement
固定架 fixed frame;fixed mount;mount(ing bracket);rack;setting block;supporting structure;yoke clamping frame
固定间隔 fixed interval;fixed spacing
固定间接差异 fixed overhead variance
固定间接费 fixed overhead;inflexible burden
固定间接费率 fixed overhead rate
固定间隙 fixed interval
固定监测设备 fixed testing plant
固定监测站 fixed station monitoring;stationary monitoring station
固定减振器 fixed buffer
固定检查 built-in checking
固定简单框架 fixed simple frame

固定碱 fixed base
固定件 built-in fitment; built-in fitting; fixing piece; mounting
固定建筑物 fixed structure
固定建筑物高度【船】 ship's height from light loadline to tip untitled mast
固定键 retaining key; solid key
固定桨叶螺旋桨 fixed blade propeller
固定胶片照相机 stationary film camera
固定焦点 fixed focus
固定焦距 fixed focal length
固定焦距摄影机 fixed-focus camera
固定焦距透镜 universal focus lens
固定焦距物镜 fixed-focus lens; fixed-focus objective
固定角定位测深法 fixed angle sounding
固定角观测平差 station adjustment of fixed angle observation
固定角铁 fastening angle
固定绞车 jinny
固定脚起重机 stiffened derrick; stiff-leg derrick
固定铰链 fast pin butt; fixed hinge
固定铰支座 fixed hinged support; pin bearing
固定搅拌机 central mixer; motionless mixer
固定搅拌装置 stationary mixing plant
固定接触 stationary contact
固定接地 dead earth; fixed earthing; fixed ground connection; fixed grounding; solid earth(ing)
固定接点 dead earth; fixed contact
固定接合 solid joint; static coupling
固定接合器 <可避免在钢构件上的钻孔> Lindapter
固定接头 fixed joint; permanent joint; restrained joint; splice
固定接头连接 set-up the tool joint
固定接头与预应力非圆筒管 restrained joint and prestressed non-cylinder pipe
固定接线 fixed connection; link
固定节 fixed knot
固定节流孔 fixed (choke) orifice; fixed restrictor; non-adjustable restrictor
固定结构 fixed structure
固定结筛 fixed grizzly
固定截面 constant cross-section
固定截面喷嘴 fixed-area nozzle
固定结构 fixed structure
固定解 fixed solution
固定介质 mounting medium
固定金属百叶窗 fixed metal louver
固定金属板的螺钉 sheet-metal screw
固定金属件 anchor
固定进给磨削 fixed-feed grinding
固定经纪费 dead commission
固定晶体 fixed crystal
固定晶体检波器 fixed crystal detector
固定静负荷挠曲 dead-load deflection
固定镜 fixed mirror
固定距标 fixed range rings; stable range rings
固定距标距离校准 range calibration
固定距标框 fixed range marker
固定距标圈 fixed range marker; fixed range rings; stable range rings
固定距离 fixed distance; stable range
固定距离标记发生器 fixed range mark generator
固定距离圈 fixed range marker; fixed range rings; stable range rings
固定锯片的工具 <锉锯时> saw chop
固定卷筒 <拉丝机的> dead block
固定均衡器 fixed equalizer; statistic(al) equalizer
固定卡 fixing clip
固定卡钳式钢盘制动器 fixed-cal(l)ipers disk[disc] brake
固定卡瓦 stationary slip
固定卡销 hold-open catch
固定卡爪 stationary jaw
固定卡子 fixing stirrup
固定开口环 retaining snap ring
固定开支 fixed charge; fixed cost; fixed expenditures; fixed expenses; long-term cost
固定开支保险 use and occupancy insurance
固定壳 set casing
固定可覆盖段 fixed overlayable segment
固定可折叠容器 stationary collapsible container
固定刻图仪 rigid graver
固定坑线 permanent ramp
固定空气 fixed air
固定空气电容器 air fixed capacitor
固定空气污染源 stationary source of air pollution
固定空腔谐振器 fixed cavity
固定空蚀 fixed cavitation
固定空隙 fixed air gap
固定空穴 fixed cavitation; stationary cavity
固定孔 fixing hole
固定孔径 constant aperture
固定控制器 static controller
固定控制区 fixed control area
固定扣钉 fixing lug
固定跨(度) constant advance; fixed span; fixed spalling
固定块 bracket; fixed block; fixing piece
固定块长度 fixed block length
固定块传输 fixed block transmission
固定块格式 fixed block format
固定块结构 fixed block architecture
固定块结构设备 fixed block architecture device
固定块设备 fixed block device
固定快剪试验 fixed quick shear test [r-test]
固定框 fixed frame
固定框架 fixing frame
固定框扇 fixed sash
固定框子 fixed frame
固定扩散器 stationary diffuser
固定拉杆 dead guy; non-floating rail; permanent bracing
固定拉索 standing rope; stay guy; staying wire; stay rope
固定拉索帽 guy cap
固定拉锁 stay fastener
固定栏杆 non-floating rail
固定缆 dead guy
固定缆风 dead guy
固定缆索道 fixed cableway
固定捞管器 bulldog(casing) spear
固定劳动量 labo(u)r contract
固定劳务 determinate service
固定棱镜 fixed prism
固定冷却板 dead cooling plate
固定力矩 constant moment; fixed-end moment; fixing moment; moment at fixed end; moment taken about the point of fixation
固定立标 fixed beacon
固定立式柴油机 stationary vertical diesel engine
固定立柱 stationary mast
固定利率 constant rate
固定利率抵押 fixed rate mortgage
固定利率抵押贷款 fixed rate mortgage
固定利益保单 interest policy
固定例行程序 canned routine; fixed routine
固定连接 dead joint; fixed coupling; fixed joint; fixed link; fixture joint; permanent connection; fast joint; set-on connection
固定连接泵 closed-coupled pump
固定连接套 fixed operating sleeve
固定连接装配区 fixed link pack area
固定连续挤出系统 stationary continuous extrusion machine
固定联系 constant connection
固定联轴节 fixed coupling; permanent coupling
固定链钳 backup chain tong
固定链系 closed chain; locked chain
固定梁 built-in beam; constrained beam; dormant; encastre beam; fixed beam
固定梁或板 built-in beam or slab
固定梁理论 theory of fixed beams
固定亮子 fixed transom
固定量订货方式 fixed quantity ordering system
固定列车组 specialized train-set
固定邻域分类 fixed neighbo(u)rhood classification
固定零点系统 fixed zero system
固定零件 fastening; fixed part
固定溜槽 fixed chute
固定流 stationary stream
固定流量 firm discharge; fixed flow rate; uniform flow rate
固定流量曲线 Q constant curve
固定流通膜压 fixed transmembrane pressure
固定硫 fixed sulfur
固定楼梯 fixed stairway
固定楼梯地毯条 stair clip
固定楼梯地毯压条 stair clip
固定炉 stationary furnace
固定炉板 furnace dead plate
固定炉箅 dead grate; dead plate; fixed grate
固定炉箅焚烧炉 fixed grate incinerator
固定炉顶式电弧炉 fixed roof type electric(al) arc furnace
固定炉排 stationary grate
固定炉条 dead bar
固定炉栅 fixed grate
固定滤线栅 stationary grid
固定路径 fixed route
固定轮和动滑轮 fast and loose pulley; pulley-and-loose pulley
固定轮和滑动轮 tight and loose pulley
固定轮和游滑轮 fast and loose pulley; pulley-and-loose pulley; tight and loose pulley
固定轮距 rigid wheel base; fixed wheel base
固定轮系列 series of fixed wheels
固定轮叶 fixed blade; fixed vane
固定轮座 rigid wheel base
固定逻辑 fixed logic
固定螺钉 anchor(ing) screw; check screw; clamping screw; fix(ing) screw; gib screw; grub screw; headless set screw; lock(ing) screw; mounting screw; pinching screw; retaining screw; securing screw; set(ting-up) screw; stop screw; terminal screw
固定螺钉扳手 set-screw wrench
固定螺钉式活塞销 set-screw piston pin
固定螺距 fixed pitch; securing screw
固定螺距推进器 fixed pitch propeller
固定螺母 fixing nut; grip nut; hold-down nut; retaining nut; tie nut; anchor nut
固定螺栓 anchor(age) bolt; cape bolt; captive bolt; fixation bolt; fixed bolt; fixing bolt; hold bolt; holding-down bolt; retaining bolt; set bolt; site bolt; standing bolt
固定螺栓螺母 anchor bolt nut
固定螺丝 anchor screw; check screw; clamping screw; pinching screw; retaining screw; securing screw; setting(-up) screw; stop(bead) screw; tap bolt; terminal screw; setscrew
固定螺丝针 fixation screw needle
固定玛琋脂拌制厂 stationary mastic cooking plant
固定锚 bonding anchor; fixed anchor; deadman anchor
固定锚地 fixed anchorage
固定锚杆 fixed bolt; fixing bolt
固定锚销 anchor key; anchor pin
固定铆机 stationary riveting machine
固定帽 locking cap
固定煤气发生炉 simple stationary gas producer
固定门扉 dead leaf; inactive leaf; standing leaf
固定门页 <折叠门的> standing leaf
固定密封 gasket seal
固定密封环 stationary seal ring
固定密封装置 fixed seal arrangement
固定面 standing face; stationary plane
固定面板式配电盘 dead front type switchboard
固定面积流量计 constant area flowmeter
固定苗圃 permanent nursery
固定瞄准具 fixed sight
固定瞄准器 fixed index
固定灭火装置 fixed fire suppression device
固定名 fixed name
固定名片金属板 <门上或箱子上> card plate
固定模 fixed mo(u)ld
固定模板 fixed shuttering; ordinary formwork; permanent form; stay-in-place form(work); fixed formwork
固定模板摊铺机 fixed form paver
固定模板用拉杆 rod-type form tie
固定模拟 fixed analog(ue)
固定模平板机 unit vulcanizer
固定模式 fixed mode
固定模台压机 non-rotary press
固定模子 stationary die
固定膜 stationary film
固定膜法 fixed film process
固定膜反消化 fixed film denitrification
固定膜生物反应器 fixed film biological reactor
固定膜系统 fixed film system
固定膜消化 fixed film nitrification
固定目标 fixed object; fixed target; stationary object; stationary target
固定目标回波 permanent(fixed) echo; fixed echo; stationary echo
固定目镜 fixed eyepiece
固定内齿圈 fixed annulus
固定年租金 <矿山、采石场> dead rent
固定啮合齿轮 constant mesh gear
固定啮合齿轮变速箱 constant mesh gear box
固定啮合传动 constant mesh gearing
固定镊 fixation forceps
固定扭矩 even twisting moment
固定钮 lock knob

固定耦合 rigid coupling; solid coupling
固定排锯 deal frame-saw
固定排量 fixed displacement
固定排量泵 fixed-displacement pump
固定排量的马达 fixed-displacement motor; fixed motor
固定排序过程 fixed ordering procedure
固定排渣炉底 dry bottom
固定盘 anchor disc[disk]; fixed disk; fixed tray; stator
固定盘式拌和机 stationary pan mixer
固定抛锚地 fixed anchorage
固定抛物反射面 fixed parabolic reflector
固定炮瞄准具 fixed gun sight
固定泡法 sessile bubble method
固定泡沫混合发生器 fixed foam generator
固定培养基 film solid media
固定配电器 fixed distributor; stationary distributor
固定配合 close fit; heavy keying fit; stationary fit
固定配件 standing finish
固定配水器 fixed distributor; stationary distributor
固定配线 permanent wiring
固定喷灌器 stationary sprinkler
固定喷灌系统 solid-set sprinkler system
固定喷洒布水器 fixed jet distributor
固定喷洒配水器 fixed jet distributor
固定喷洒器 fixed spray
固定喷射布水器 fixed jet distributor
固定喷射配水器 fixed jet distributor
固定喷水灭火系统 fixed sprinkler system
固定喷头 stationary nozzle
固定喷头喷灌机 fixed head sprinkler
固定喷雾灭火系统 fixed water spray system
固定喷雾(器) fixed spray
固定喷嘴 fixed nozzle; static jet
固定喷嘴洒布器 fixed jet distributor
固定膨胀 fixed expansion
固定皮带轮 fast pulley
固定片 stator
固定偏差 droop
固定偏频雷达应答器 fixed offset frequency agile racon
固定偏心轮 fixed eccentric
固定偏压 clamp bias; fixed bias
固定偏置电路 fixed-bias circuit
固定偏转系统 fixed yoke
固定偏转线圈组 fixed yoke
固定频率 fixed frequency
固定频率泵浦 unswept pumping
固定频率变点法 constant frequency variable dot method
固定频率多谐振荡器 fixed frequency multivibrator
固定频率发电机 fixed frequency generator
固定频率发射机 fixed frequency transmitter
固定频率发生器 fixed frequency generator; fixed oscillator
固定频率回旋加速器 fixed frequency cyclotron
固定频率雷达应答标 fixed frequency radar responder beacon
固定频率雷达应答器 fixed frequency agile racon
固定频率雷康 fixed frequency agile racon
固定频率滤波器 fixed frequency filter
固定频率源 fixed frequency source
固定频率振荡器 fixed frequency oscillator
固定频塞 established frequency
固定平板卡车 fixed platform truck
固定平衡重 fixed counter weight
固定平极 fixed mean pole
固定平价 fixed parity
固定平台 fixed platform; stationary platform
固定平台车 fixed platform truck
固定屏幕 fixed mask
固定谱系顺序 fixed set order
固定曝气 fixing aeration
固定鳍 non-retractable fins
固定起点线 <测流断面的> pivot-point line
固定起伏 stationary undulation
固定起始值 fixed datum
固定起重器 built-in jack
固定气窗 fixed transom
固定气体 fixed gas
固定气压计 fixed pressure ga(u)ge
固定器 fastener; fixator; fixer; gripping device; holdfast; locking device
固定器具 stationary appliance
固定牵索 dead guy
固定钳口 regular jaw
固定嵌带 fixing slip
固定嵌条 fixing fillet; fixing slip
固定墙 fixed boundary; fixing wall
固定桥 fixed bridge
固定桥式刮泥机 fixed bridge scraper
固定桥式刮泥器 fixed bridge scraper
固定桥支座 fixed end bearing of bridge
固定桥轴 fixed bridge axle
固定桥座 fixed shoe; fixed shoe of bridge
固定切刀 fixed cutting tool
固定切向的摇杆轴承 fixed tangential rocker bearing
固定倾斜 constant tilt
固定情报 fixed information
固定球面射电望远镜 fixed spheric(al) radio telescope
固定球形支座 fixed ball support
固定区长度 non-breaking length
固定区(域) deformation-free zone; fixed area; fixed field; non-breaking zone
固定曲线法 method of steady graph
固定圈 fastening ring; fixed ring
固定燃料仓 fixed bunker
固定燃料发动机 dry-fuel engine
固定燃料箱 fixed fuel tank
固定燃烧源 stationary combustion source
固定刃口 clamp cutting edge
固定任务数多道程序设计系统 multiprogramming with a fixed number of tasks
固定容积干式潜水服 volume-constant dry diving suit
固定容积式潜水服 volume-constant diving suit
固定容量 fixed capacity
固定溶液 fixed solution
固定熔点 definite melting point
固定软件 canned software
固定洒布器 stationary distributor
固定洒水机 spray distributor
固定散射角能谱仪 fixed-scattering angle spectrometer
固定沙丘 anchored dune; arrested dune; bult; dikaka; fixed dune; stabilized dune
固定纱窗 fixed screen; fixed screen window
固定砂浆 fixing mortar
固定砂箱 tight flask
固定筛 fixed screen; grate; gravity flow screen; stationary screen
固定栅压振荡器 constant-grid potential oscillator
固定闪光灯 fixed flashing light
固定设备 built-in unit; capital equipment; fixed appliance; fixed facility; fixed installation; fixed plant; permanent plant; plant equipment; static installation; stationary appliance; stationary plant; immovable equipment; immovable plant
固定设备设计 stationary equipment design
固定设备周转率 plant turnover ratio
固定设施安装 fix servicing installation
固定射束 fixed beam; holding beam
固定摄影观测法 stationary camera technique
固定摄影机座架 fixed camera mounting
固定伸臂起重机 stiff-boom crane
固定伸长 permanent set
固定深度 fixed depth
固定渗透通量 fixed permeate flux
固定升降变压器 step-up-and-down transformer
固定生产平台 permanent production platform
固定声学浮标 fixed acoustic(al) buoy
固定施工进度计划 keep to program(me)
固定湿度 fixed moisture
固定十进制 fixed decimal
固定十进制小数点 fixed decimal point
固定十字标线 fixed retic(u)le
固定十字丝 fixed retic(u)le
固定石 anchor stone
固定时间序列 stationary time series
固定时间增长 fixed-time incrementing
固定时间增量 fixed-time increment
固定时限继电器 definite time limit relay
固定时延 fixed delay
固定时延输出 fixed-delay output
固定市场 captive market; fixed market
固定式 fixed type; stationary mode; stationary type
固定式 X 射线机 stationary X-ray equipment
固定式 X 射线探伤机 stationary X-ray detection apparatus
固定式岸上坡道 fixed shore ramp
固定式拌和机 fixed mixer; stationary mixer; static mixer
固定式包装机 multispout in-line packer
固定式保温炉 bail-out pot furnace
固定式编码 fixed form coding
固定式表面喷射冲洗装置 fixed-surface jet washer
固定式玻璃百叶窗 glass jalousie
固定式步行扶架 rigid walker
固定式采掘船 stationary dredge(r)
固定式采掘机 stationary dredge(r)
固定式槽车 fixed-tank vehicle
固定式测斜仪 fixed-in-place inclinometer; fixed position inclinometer; in-place inclinometer
固定式柴油机 stationary diesel engine
固定式车床头 fast head
固定式沉箱 stationary caisson
固定式称量装置 stationary batch plant
固定式充气护舷 fixed pneumatic fender
固定式储罐 stationary tank
固定式锤头型起重机 stationary hammer head crane
固定式磁盘 <通常指硬盘> fixed disc[disk]
固定式带式输送机 stationary belt conveyer[conveyor]
固定式带砧台虎钳 bench vice with anvil stationary base
固定式单拉杆 non-adjustable simplex pull rod
固定式挡料装置 solid stop
固定式挡土墙 fixed retaining wall
固定式导口 fixed type entry guide
固定式导料装置 solid stock guide
固定式登陆桥 fixed landing bridge
固定式地热电站 fixed geothermal power station
固定式点焊机 fixed spot welder
固定式电动泵组 stationary electric(al) pumping set
固定式电动起重机 electric(al) motor-operated fixed crane
固定式电镀槽 stationary electroplating bath
固定式电焊机 stationary welder
固定式电弧喷涂枪 fixed arc metallizing gun
固定式电容器 fixed condenser
固定式电阻焊机 stationary resistance welder
固定式吊具 fixed spreader
固定式动力臂起重机 fixed derrick crane
固定式动力活塞泵 stationary motor piston pump
固定式动力装置 land-based power plant
固定式堆料机 fixed stacker
固定式二氧化碳灭火系统 built-in carbon dioxide fire extinguishing system
固定式发动机 fixed engine; industrial engine; static engine; stationary engine
固定式翻锭机 stationary ingot tilting pot
固定式反应器 fixed reactor; stationary reactor
固定式防波堤 fixed breakwater
固定式防舷材 solid fender
固定式放映机 stationary cine projector
固定式封隔器 static type packer
固定式干粉灭火系统 fixed dry chemical system
固定式刚性联轴节 fixed type rigid coupling
固定式钢锯架 hacksaw frame; solid type
固定式高精度模具 no-draft close-tolerance die
固定式隔道换热器 fixed recuperator
固定式轨撑 rigid rail brace
固定式轨撑的实底滑床板 solid base slide plate for rigid rail brace
固定式锅炉 stationary boiler
固定式海缆增音机 rigid submarine repeater
固定式海上平台 fixed offshore platform
固定式焊机 fixed welding machine; stationary welding machine
固定式夯具 stationary compactor
固定式后轴 dead rear axle
固定式虎钳 stationary base vise
固定式换流器 static converter
固定式灰浆搅拌机 stationary mortar mixer
固定式混凝土泵 stationary concrete

pump
固定式混凝土(储)料斗 stationary hopper
固定式混凝土骨料厂 stationary aggregates plant
固定式混凝土集料厂 stationary aggregates plant
固定式货叉 stationary fork
固定式机工虎钳 stationary base machinist's vise[vice]
固定式机关枪 fixed gun
固定式机架 stationary frame
固定式机器 stationary machine
固定式机械 stationary machinery
固定式集装箱 <非折叠式> rigid container
固定式集装箱装卸设备 fixed container handling equipment
固定式挤奶室 parlo(u)r milker
固定式计数器 stationary counter
固定式加压舱 fixed compression chamber
固定式家具 in-built furniture
固定式监测器 fixed monitor
固定式交叉辙叉 rigid crossing frog
固定式交换机 floor type switchboard
固定式搅拌机 fixed mixer; stationary mixer
固定式搅拌装置 stationary batch plant
固定式接电器 current with fixed base; with fixed base collector
固定式结构 fixed structure
固定式茎稿压捆机 stationary straw press
固定式聚漆盘 fixed drip tray
固定式卷筒 stationary block
固定式空气压气机 stationary air compressor
固定式空(气)压(缩)机 stationary air compressor
固定式筐架 stationary type cradle
固定式矿车 fixed mine wagon; fixed mining car; solid-end car
固定式垃圾箱 permanent garbage can
固定式拦污栅 fixed rack
固定式缆道 fixed cableway
固定式缆索起重机 stationary cable crane
固定式沥青混凝土搅拌设备 stationary asphalt plant
固定式沥青加热炉 stationary asphalt cooker
固定式沥青加热器 stationary asphalt cooker
固定式沥青熔化装置 stationary asphalt melting unit
固定式连续烧砖窑 stationary continuous brick kiln
固定式连续蒸煮设备 stationary continuous steaming plant
固定式链叉升运器 chain-and-flight type stationary elevator
固定式链斗挖泥船 stationary bucket dredger
固定式料斗 fixed hopper; stationary hopper
固定式龙门起重机 fixed gantry crane
固定式漏斗 stationary hopper
固定式炉箅 grizzly
固定式炉底 <带卷退火用的> coil base
固定式落砂栅 stationary knockout grid
固定式码头起重机 fixed quay crane
固定式脉动空气喷气发动机 static pulse jet
固定式门式起重机 fixed gantry crane; frame crane
固定式密垫 fixed packing
固定式码头 fixed dock
固定式瞄准器 fixed index
固定式灭火器 fixed fire extinguisher
固定式灭火系统 fixed fire extinguishing system; fixed fire suppression system
固定式模板 stationary formwork; fixed formwork <对滑动模板而言>
固定式抛砂机 stationary sandslinger; stationary slinger
固定式配料拌和设备 stationary batching and mixing plant
固定式喷灌机 fixed sprinkler
固定式喷灌系统 permanent sprinkler system; solid sprinkler system; stationary sprinkler system
固定式喷燃器 stationary burner
固定式喷头 fixed nozzle
固定式喷雾泵 stationary spray pump
固定式皮带运输机 stationary belt conveyer[conveyor]
固定式疲劳试验机 stationary fatigue testing machine
固定式拼装辙叉 bolted rigid frog
固定式平台 fixed platform
固定式平台压板 fixed flat bed platen
固定式破碎机 static crusher; stationary crusher
固定式起重机 fixed (base) crane; fixed type crane; stationary crane; stationary derrick
固定式器具 stationary appliance
固定式牵引杆【机】 rigid type drawbar
固定式前顶针座 fast headstock
固定式前炉 stationary forehearth
固定式钳口 fixed jaw
固定式倾料器 stationary tripper
固定式燃气发生器 seated gas generator
固定式燃气轮机 land-based gas turbine engine; stationary gas turbine
固定式人卫照相机 stationary satellite camera
固定式洒布管 stationary spraybar
固定式散射通信[讯]设备 fixed scatter communication equipment; stationary scatter communication equipment
固定式砂轮机 floor grinder; stationary stand grinder
固定式闪光灯 fixed and flashing light
固定式烧结冷却机 stationary sinter cooler
固定式设备 fixed equipment; stationary appliance
固定式升降机 fixed hoist
固定式生产平台 fixed production platform
固定式输纸装置 stationary paper carrier
固定式双臂树脂砂混砂装置 stationary two-arm resin sand mixing unit
固定式双筒放大镜 fixed binocular loupe
固定式水冷燃烧器 fixed water cooled burner
固定式水力铆机 hydraulic fixed riveter
固定式水污染源 stationary source of water pollution
固定式送奶管路 fixed milk line
固定式塑柄钢锯架 hacksaw frame with plastic handle solid type
固定式碎石机 stationary crusher
固定式塔身 fixed tower
固定式套管换热器 fixed type double-pipe heat exchanger
固定式填充床光催化反应器 fix-packed bed photocatalystic reactor
固定式调幅起重机 stationary derrick
固定式通风 stationary ventilation
固定式通风机 stationary ventilator
固定式通风器 stationary ventilator
固定式透平 stationary turbine
固定式突堤码头 fixed pier
固定式挖掘机 steady digger
固定式挖泥船 stationary dredge(r)
固定式挖泥机 stationary dredge(r)
固定式外海建筑物 fixed offshore structure
固定式桅杆 <桅杆起重机的> fixed mast
固定式桅杆吊 stationary derrick
固定式桅杆起重机 stationary derrick crane
固定式稳船架 fixed bilge arm
固定式吸附剂床 fixed adsorbent bed
固定式吸扬挖泥船 stationary suction dredger
固定式系船处 fixed mooring berth
固定式悬臂 fixed boom
固定式悬臂起重机 fixed derrick; fixed jib crane
固定式悬挂装置 fixed linkage
固定式压捆机 stationary baler
固定式压铆机 stationary squeezer
固定式压入钻机 drill press
固定式压实工具 stationary compactor
固定式压实机 stationary compactor
固定式压缩机 stationary compressor
固定式压缩空气机 stationary air compressor
固定式堰 fixed weir
固定式液化气储罐 stationary liquid petroleum gas tank
固定式溢流坝 fixed overflow dam
固定式翼轨 rigid wing rail
固定式应变指示器 static strain indicator
固定式轧碎机 stationary crusher; stationary breaker
固定式照相机 stationary camera
固定式照准器 fixed index
固定式辙叉 rigid frog
固定式真空吸尘器 installed vacuum cleaner
固定式支座 dead abutment
固定式抓斗挖泥船 stationary grab dredger
固定式转速记录仪 stationary tachograph
固定式装船机 stationary shiploader
固定式装船塔架 stationary loading tower
固定式装修吊篮 stationary basket
固定式装置 stationary appliance
固定式锥形分级器 stationary cone classifier
固定式自动闭塞 fixed automatic block
固定式钻进平台 fixed drilling platform
固定式座椅套 static seat cover
固定试验 restraint test; stationary test
固定试验条件 stationary test condition
固定饰面的砖(预)锚件 brick anchor
固定收入 determinable income; fixed income; settled return
固定收益率 constant return
固定手把 dead handle
固定手柄 dead handle; fixed handle
固定手段 fixing means
固定书架 bookstack
固定书架室 bookstack room
固定书库 bookstack room
固定枢轴 anchor pintle
固定术 immobilization
固定竖撑 dead-shore(needle); fixed shore
固定数据 fixed data
固定数据名 fixed data-name
固定数据文件 data file; permanent
固定数字组格式 fixed block format
固定衰耗器数据 data of fixed attenuation pad
固定衰减器 fixed attenuator; pad; stationary attenuator
固定栓 dead bolt; hold-down bolt
固定双位继电器 throw-over relay
固定水尺 fixed ga(u)ge; fixed staff
固定水分 fixed moisture; fixed water
固定水泥系(数)法 <一种水泥混凝土配料法> fixed-cement factor method
固定水平偏振 fixed horizontal polarization
固定水平筛 fixed horizontal screen
固定水听器 fixed hydrophone
固定水头喷灌机 fixed head sprinkler
固定水源 stationary source
固定水准点 permanent bench mark
固定水准点塔系统 fixed tower system
固定水准基点 fixed benchmark; unchanging benchmark
固定税率 national tariff
固定税则 autonomous tariff
固定顺序 permanent order
固定顺序接线分析仪 fixed sequence wiring analyser[analyzer]
固定丝 fixed thread; fixed wire
固定丝锥扳手 solid tap wrench
固定速率信源 fixed rate source
固定酸 fixed acid
固定损失 <与负载无关的> dead loss; fixed loss
固定索 anti-lift rope; anti-lift wire; dead rope; dead wire; fixed rope; gripe; standing cable; standing guy rope
固定索具 standing rigging
固定锁 integral lock; lock pin
固定锁弹簧 lock spring
固定塔 fixed tower
固定塔单点系泊 fixed tower mooring
固定塔式起重机 stationary tower crane
固定塔桩系统 fixed tower system
固定台 base station; fixed station; mounting plate; stationary station
固定台架 fixed way; standing way
固定台肩 landing shoulder
固定台式对讲机 mounted fixed radio system
固定台网 permanent station network
固定台压力机 power press with fixed bed
固定台站 permanent station
固定台阵 permanent array
固定太平梯 fixed fire escape
固定态 stationary state
固定态钾 fixed potassium
固定探向器 stationary direction finder
固定碳【化】 fixed carbon
固定碳含量 content of fixed carbon; fixed carbon content
固定碳含量百分率 percentage of fixed carbon
固定碳氢化合物 fixed hydrocarbon
固定淘汰盘 buddle frame; sleeping table
固定套管柱 set pipe
固定梯 fixed ladder
固定梯度 constant gradient
固定提成 fixed royalty
固定提成率 fixed scale royalty
固定提升设备 stationary lifting device
固定天窗 dead light; fixed skylight
固定天篷 fixed awning

固定天线 fixed aerial; fixed antenna; non-canning antenna
固定天线测向器 fixed antenna direction finder
固定天线测向仪 fixed antenna direction finder
固定天线定向台 fixed antenna direction finder
固定天线杆 dead-end tower
固定条带 fixing strip
固定条件 restraint condition; stability condition
固定条筛 static grizzly; stationary bar screen; stationary grizzly
固定调谐放大器 fixed-tuned amplifier
固定调谐晶体检波器 fixed-tuned crystal detector
固定调谐式线圈检测器 fixed-tuned loop detector
固定调制盘 fixed retic(u)le
固定跳板 fixed landing bridge
固定跳闸 fixed-handle circuit breaker; fixed trip
固定贴边 standing welt
固定铁格栅 fixed-bar grille
固定铁箍的螺栓 toggle bolt
固定铁件 masonry fixing
固定铁丝 fixing wire
固定铁心 fixed core
固定停泊的 permanently moored
固定停泊港 home port
固定停车地点 fixed stopping point
固定停止机器人 fixed stop robot
固定通道 mounting channel
固定同轴衰减器 fixed coaxial attenuator
固定头 fixed head
固定头磁鼓 fixed head magnetic drum
固定头磁盘【计】fixed head disk
固定头磁盘机 fixed head disk drive
固定头存储器 fixed head storage
固定头盖板 fixed head
固定头焊枪 torch with non-variable head
固定头模 < 平锻机上的 > stationary gripper die
固定投入 fixed input
固定投资 capital expenditures
固定投资额 fixed investment
固定投资费 fixed capital cost
固定透镜 fixed lens
固定凸圆形淘汰盘 circular stationary buddle
固定凸缘(盘) fast flange; cast flange; fixed flange; holding flange; retainer flange
固定突缘接头 supported flange joint
固定图案法 fixed pattern method
固定图像 fixed image
固定图像图形学 fixed image graphics
固定图形噪声 fixed pattern noise
固定推力环 stationary thrust collar
固定腿三脚架 solid-leg tripod
固定托架 analog(ue) bracket; fixed cantilever; fixing bracket
固定脱粒机 stationary thresher
固定脱水筛 fixed dewatering screen
固定挖掘机 static excavator
固定外形 fixing profile
固定网络 fixed network
固定围屏 spere; spier; speer < 古英国 >
固定尾座顶尖 stationary tailstock center[centre]
固定卫星 fixed satellite
固定位置 stationary position
固定位置访问 fixed-position addressing
固定温床 permanent hotbed
固定温感式火灾探测器 fixed temperature heat detector
固定温室 stationary greenhouse
固定涡流区 captive eddy region
固定蜗壳 abtes squamigerus
固定卧式柴油机 stationary horizontal diesel engines
固定污染源 stationary pollution source
固定屋面的墙上槽口 raggle
固定无杆锚的短链 < 在锚链孔 > outboard shot
固定无线存取 fixed radio access
固定无线电台 fixed radio station; permanent radio station
固定无形资产 intangible assets; passive assets
固定舞台口的外延部分 apron stage
固定物 fixedness; fixity
固定物标示 object mark(ing)
固定物体 fixed object
固定物质 fixed matter
固定误差 built-in error; constant error; fixed error; permanent error
固定吸附剂 fixed adsorbent
固定吸扫【疏】stationary suction
固定吸水设施 fixed suction installation
固定洗涤器 fixed bed scrubber
固定洗提液 fixed eluant
固定系泊 fixed mooring; permanent mooring
固定系泊泊位 fixed mooring berth
固定系船码头 fixed mooring berth; fixed mooring quay; fixed mooring wharf
固定系船柱 fixed bollard
固定系次序 < 数据库用 > fixed set order
固定系缆 fixed mooring
固定系统 fixed system; fixing system; mounting system
固定狭缝 fixed slit
固定下冲杆 stationary lower punch
固定纤维 anchoring fiber[fibre]
固定弦 constant chord
固定弦齿厚 chordal thickness
固定舷窗 dead light; fixed scuttle; fixed side light; non-opening side scuttle
固定衔铁 fixed armature
固定线 fixing cord
固定线圈 fixed coil
固定相 constant phase; fixed phase; locking phase; stationary phase
固定相波 fixed phase wave
固定相的流失 bleeding
固定相梯度 stationary phase gradient
固定相位关系 fixed phase relationship
固定相位基准 fixed phase reference
固定相序 fixed phasing sequence
固定相移 fixed phase shift; stationary phase shift
固定相移网络 constant-phase-shifting network
固定镶边 fixing trim
固定项目划分原则 segmentation of fixed items principle
固定像差 constant aberration
固定消防泵 fixed fire pump
固定销 adjusting pin; anchor pin; fixed pin; lock(ing) pin; prisoner; register pin; retaining pin; set pin; static pin; steady brace; steady pin; fast pin
固定销铰(链) fast pin hinge; security hinge
固定销路 captive market
固定小数 fixed decimal
固定小数点十进制常数 fixed-point decimal constant
固定效力 internal validity
固定校验 built-in check
固定楔 keying wedge
固定楔块 fixing wedge
固定斜面 constant inclined surface
固定卸料板 positive unloading stripper
固定心轨式辙叉 rigid crossing
固定心子 fixed core
固定芯棒 stationary core rod
固定薪金 fixed salary; stated salary
固定信标 fixed beacon
固定信号(机) fixed signal(ling apparatus)
固定信息标志 fixed message sign
固定信息存储器 fixed information file
固定信息源 stationary information source; stationary message source
固定信息组 fixed field
固定行车费 fixed operating cost
固定行数 fixed line number
固定形式 fixed format
固定形式编码 fixed form coding
固定形状 fixing shape
固定型导架【船】fixed type entry guide
固定型滴汞电极 static mercury drop electrode
固定型集装箱 non-collapsible container
固定型交叉线叉 fixed crossing clamp
固定型铠装开关装置 fixed type metal-clad switchgear
固定型小室 fixing cabin
固定性 fastness; fixedness; fixity; immovability; soundness
固定性错误 solid error
固定性故障 constant fault
固定性观测点 fixed observation point
固定性空气污染源 stationary air pollution sources
固定性磷 immobile phosphorus
固定性试验 soundness test
固定性投资信托 fixed investment trust; non-discretionary trust
固定性周转资本 permanent current capital
固定性自动机 fixed automaton
固定修复 fixed recovery
固定修正量 fixed correction
固定需量收费制 flat demand rate
固定需求 regular demand
固定序列格式 fixed-sequential format
固定蓄电池 stationary storage battery
固定悬浮物 fixed suspended solids
固定悬挂件 fixed suspender
固定旋涡 confined eddy; stationary vortex
固定旋转式输送机 solid rotary conveyer[conveyor]
固定选径 invariant routing
固定选通脉冲 fixed gate
固定选通脉冲发生器 fixed-gate generator
固定靴 fixed shoe
固定循环 canned cycle
固定压紧 static compaction
固定压紧板 fixed pressure plate
固定压力比 built-in pressure ratio
固定压力中心 stationary center of pressure
固定压模 stationary die
固定压载(物) fixed ballast; permanent ballast
固定延时 constant time-lag; definite time-lag; fixed-time-lag
固定延误时间 fixed delay time
固定堰 fixed weir
固定堰顶式堰 fixed crest weir
固定堰顶式溢洪道 fixed crest spillway
固定阳极 fixed anode
固定氧 fixed oxygen
固定样本量 fixed sample-size
固定遥测地面台 fixed telemetering land station
固定业务 fixed service
固定业务卫星通信[讯] fixed service satellite communication
固定叶列 stationary blade row
固定叶轮直通式旋风分离器 fixed impeller straight through cyclone
固定叶(片) fixed blade; fixed grid baffles; stationary blade; stator blade
固定叶片组 stationary set of vanes
固定叶栅 stationary cascade
固定页面 fixed page
固定液 fixation liquid; fixative; fixing solution; immobile liquid; stationary liquid
固定衣柜 in-built wardrobe
固定移相器 fixed phase shifter
固定椅 floor-affixed chair
固定义齿 fixed denture
固定溢出 fixed overflow
固定溢流堰 fixed weir
固定翼飞机 fixed wing aircraft
固定翼飞机基地经理 fixed wing base manager
固定翼缘 fixing flange
固定因子 immobilisation factor
固定音响浮标 fixed acoustic(al) buoy
固定引爆线 permanent blasting wire
固定印料板 stationary stripper
固定应力 permanent stress
固定影像图形技术 fixed image graphics
固定佣金 dead commission
固定永久段 fixed permanent segment
固定用横档 < 钢结构的 > fixing rail
固定用户管的管夹 service clip
固定用户铅管的管箍 split service collar
固定用龙骨的预埋件 furring insert
固定用凸缘 clamping flange
固定用途 specialization
固定优先方式 fixed priority scheme
固定优先级 fixed priority
固定油 fixed oil
固定于空间的坐标系 space-fixed coordinate system
固定于三点悬挂装置上 attachment to three point linkage
固定于物体的坐标系 body oriented coordinate system
固定鱼网 fixed net; ground net
固定浴盆 built-in tub
固定预分配多址(连接) fixed preassigned multiple access
固定预算 constant budget; fixed budget; static budget
固定域 fixed field
固定域格式 fixed field format
固定圆筒形抽提器 stationary extraction cylinder
固定圆形淘汰盘 dumb buddle
固定源 fixed source; stationary source
固定源空气排放 emission from a stationary source
固定源熵 fixed source entropy
固定约束 immovable restraint
固定运输路线 permanent haulage line
固定匝 securing loop
固定载荷 dead load; deadweight; fixed load
固定在壁上的卷扬机 wall hoist
固定在舱口上空的吊杆 hatch boom; inside arm
固定在地面上的细木工作 grounded work
固定在(电路)地板上的机器人 on-

floor robot
固定在框架外的加强表面板 stressed-skin panel
固定在墙上的照明设备 wall light fitting
固定在水底的锚链 <供系船用> ground chain
固定在摇梯或伸缩梯顶级梯档的绳子 escape line
固定凿岩机支座 rigging bar
固定造斜器 permanent whipstock
固定增量法 static increment method
固定增量规则 fixed increment rule
固定增益阻尼 fixed-gain damping
固定轧板 stationary crushing plate; stationary jaw
固定闸杆 dead bake lever; dead brake lever
固定闸杆导承 dead brake lever guide
固定栅栏 fixed fence
固定栅条式栅网 stationary bar type of screen; stationary bar ultimate of screen
固定债务 consolidated debt; fixed debt; fixed liability
固定站数据搜集器 fixed station data collector
固定照明 built-in light; priming illumination
固定遮篷 fixed awning
固定辙叉 fixed frog; stiff frog
固定阵列多元激光雷达 fixed array multielement lidar; fixed array multilaser radar
固定阵列法 fixed array method
固定振荡 built-in oscillation
固定振动 stationary vibration
固定支撑 anchoring support; fixed stay; permanent support
固定支撑杆 dead-shore needle
固定支承 fixed bearing; stationary support
固定支承轴 layshaft
固定支承座 fixed mounting base
固定支出 fixed charge
固定支点 fixed support; stationary support
固定支护 permanent support
固定支架 clamp stand; fixed pivot main; fixed support; stationary barrier; steady rest
固定支架桅杆式起重机 stiffleg derrick
固定支索 standing line; standing rigging; standing stay
固定支索的防擦板 scotchman
固定支腿 <起重机的> fixed leg
固定支柱 anchor post; anchor prop
固定支座 anchorage; clamp stand; fixed anchor; fixed bearing; fixed support; hold-down support; nohinged support; standing support; stationary bearing
固定值 fixed value
固定值命令控制 fixed command control
固定职业 constant employment
固定止块 stationary stop
固定止漏环 stationary seal ring
固定指针导线 fixed-needle traverse
固定指重表 weight indicator tie down
固定制材厂 stationary sawmill
固定制动杠杆导承 brake lever stop
固定制造费用价格差异 fixed overhead price variance
固定制造费用明细表 schedule of fixed overhead charges
固定制造费用数量差异 fixed overhead quantity variance
固定中密度滤光器 fixed neutral density filter
固定中心 fixed center[centre]
固定中心架 backrest; back stay; stationary steady; steady center rest
固定中心距变速齿轮 fixed-center change gear
固定中心距变速齿轮泵 fixed-center change gear pump
固定终点时间 fixed terminal time
固定重量 fixed weight
固定重量型手压辊 fixed weight type hand roller
固定周期 fixed period; fixed (-time) cycle
固定周期操作 fixed cycle operation
固定周期(的信号)控制 fixed-time control
固定周期(色灯)交通信号 fixed cycle signal
固定周期运算 fixed cycle operation
固定周期自动信号 automatic fixed cycle signal
固定轴 axle-dead; fixed axis; fixed shaft; solid axle; stationary axis; stationary shaft; dead axle
固定轴衬 fixed bushing
固定轴承 fixed bearing; rigid bearing; solid bearing; stationary bearing
固定轴承端 fixed bearing end
固定轴承环 set collar
固定轴环 set collar
固定轴铰链 fix-pin butt
固定轴距 fixed wheel base; inflexible wheel base; rigid wheel base
固定轴旋转圆锥破碎机 fixed-spindle gyratory crusher
固定轴因数 stationary shaft factor
固定主动轴 rigid drive shaft
固定属籍类别 fixed membership class
固定属性 fixed attribute
固定贮槽 stationary storage vessel
固定驻地职工 stationary staff
固定柱 fixed column; fixed leg; fixed post
固定铸造起重机 fixed foundry crane
固定爪 fixed claw; fixed jaw; holding pawl; solid jaw; stationary dog; stationary jaw; stationary pawl
固定砖的介质 tile fixing medium
固定砖胶合剂 tile fixing adhesive
固定转速 fixed speed
固定转辙机 fixed-point machine
固定转辙器 fixed-point machine
固定装备 built-in fitment
固定装船机 <塔式> stationary loading tower
固定装料机 rigid charging
固定装配 fixation
固定装设 built-in fitment
固定装修 immovable fixture
固定装置 clamping device; fixed installation; fixing device; fixture; holding device; holdings; hold-off device; positioning; securing device; setter; setting mechanism; solid set; standing gear; stationary appliance; stationary installation; stationary setting
固定装置的下水道 fixture drain
固定装置的浴缸 in-built (bath) tub
固定装置分支 <供水管的> fixture branch
固定装置给水管 fixture-supply pipe
固定装置设施 built-in items
固定装置物 fixture
固定状态 fixed state; permanent state
固定追加的(交叉口)清车时间 fixed extra clearance
固定资本 capital facility; fixed capital
固定资本构成净值 net fixed capital formation
固定资本清单 stock inventory
固定资本投资 capital expenditures; fixed capital investment
固定资本形成总值 gross fixed capital formation
固定资本值 fixed capital cost
固定资本周转率 turnover ratio fixed assets
固定资本资金 capital fund
固定资产 capital assets; fixed assets; fixed-price property; long-term assets; permanent assets
固定资产保管负责制 system of responsible custody of fixed assets
固定资产报废 retirement of fixed assets
固定资产报废清理的审计 fixed assets scraping and liquidation audit
固定资产报废日期 date of retirement
固定资产报废损失 loss on retirement of fixed assets
固定资产比率 fixed-assets ratio
固定资产贬值特定费用 specified carrying cost
固定资产变价收入 receipt from realization of fixed assets
固定资产变卖 sale of fixed assets
固定资产变现(清理)收入 sale incomes of fixed assets
固定资产表 fixed assets statement
固定资产残值 salvage value of fixed assets; scrap value of fixed assets
固定资产拆除损益 loss and gains on retirement of fixed assets
固定资产拆除系数 coefficient of abandoned fixed assets
固定资产产值率 production rate of fixed capital
固定资产出售损益 profit and loss on disposal of fixed assets
固定资产存量 inventory of fixed assets
固定资产大修理 main repairs of fixed assets
固定资产大修理提存率 drawing rate of real assets heavy repairing
固定资产大修折旧额 amount of overhaul depreciation of fixed assets
固定资产的动态 dynamic(al) state of fixed assets; dynamic (al) status of fixed assets
固定资产的更新改造 renewal and reform of fixed asset
固定资产的估计 evaluation of fixed assets; fixed assets appraisal
固定资产的估价 valuation of fixed assets
固定资产的重估价值 revaluation value of fixed assets
固定资产的组成 composition of fixed assets
固定资产登记表 fixed assets register; plant register
固定资产登记制度 register system of fixed assets
固定资产动态表 dynamic(al) sheet of fixed assets
固定资产对资本比率 fixed assets to capital ratio
固定资产对资产总额比率 ratio of fixed assets to fixed liability
固定资产分类 fixed assets classification
固定资产分类账 fixed assets ledger
固定资产分类折旧率 classified depreciation rate of fixed assets
固定资产改进费用 betterment cost; improvement expenses
固定资产个别折旧率 individual depreciation rate of fixed assets
固定资产更新改造资金 renovation fund of fixed assets
固定资产更新率 updating rate of real assets
固定资产更新资金 renewal capital of fixed assets
固定资产构成 composition of fixed assets
固定资产估价 appreciation of fixed assets
固定资产核算 fixed assets accounting
固定资产基本折旧 basic depreciation rate of fixed assets
固定资产减少的审计 audit of decrease of fixed assets
固定资产检查 inspection of fixed assets
固定资产简单再生产 simple reproduction of fixed assets
固定资产净额 net fixed assets
固定资产净值 net value of fixed assets
固定资产捐赠 endowment of fixed assets
固定资产卡片 fixed assets card
固定资产扩大再生产 extensive reproduction of fixed assets
固定资产利用率 percentage of utilization of fixed assets
固定资产每年清查 annual inventory of fixed assets
固定资产明细表 fixed assets schedule
固定资产磨损 wear of fixed asset
固定资产内部控制制度的审计 fixed assets internal control system audit
固定资产内部转移的审计 fixed assets internal transfer audit
固定资产盘盈盘亏和毁损的审计 audit of profiteer loss and impairment of fixed assets
固定资产平均使用年限 average serviceable years of fixed assets
固定资产清理 liquidation of fixed assets
固定资产清理报废 liquidation and retirement of fixed assets
固定资产清理费用 liquidation expenses of fixed assets
固定资产清理收入 receipts from retirement of fixed assets
固定资产审计 audit of fixed assets
固定资产实物形态的审计 fixed assets physical form audit
固定资产使用年限 life of a depreciable assets
固定资产数量 quantity of fixed assets
固定资产损耗 wear and tear of fixed assets
固定资产损耗率 wasting rate of fixed assets
固定资产损失 loss on capital assets
固定资产摊提 amortization of fixed assets
固定资产摊销 amortization of fixed assets
固定资产统计 statistics of fixed assets
固定资产统计师 actuary of fixed assets
固定资产投资 fixed assets investment; investment of fixed assets
固定资产投资计划 investment plan of real assets
固定资产投资总额 gross fixed assets formation
固定资产退废率 quit and deposed rate of fixed assets
固定资产无偿转拨 unpaid transmis-

sion of fixed assets; voluntary appropriation of fixed assets
固定资产效率 fixed capital efficiency
固定资产修理费的审计 fixed assets repairs cost audit
固定资产验收记录 record of examining and accepting of fixed assets
固定资产有偿调拨 one rouse appropriation of fixed assets; paid transmission of fixed assets
固定资产原始成本 original cost of fixed assets
固定资产原始价值 original value of fixed assets
固定资产原值 original cost of fixed assets; original value of fixed assets
固定资产再估价 reappraisal of fixed assets
固定资产增长率 growth rate of real assets
固定资产增加的审计 audit of increase of fixed assets
固定资产增减明细表 lapsing schedule
固定资产增值 appreciation of fixed assets
固定资产增值盈余 surplus on appreciation of capital assets
固定资产账户 capital account
固定资产账面价值 book value of fixed assets
固定资产折旧 capital depreciation; depreciation of fixed assets; real assets depreciation
固定资产折旧费 charges for the depreciation of fixed assets
固定资产折旧率 depreciation rate of fixed assets
固定资产折旧审计 fixed assets depreciation audit
固定资产折旧余值 depreciated value
固定资产重估损失 loss from reappraisal of fixed assets
固定资产重置价值 replacement value of fixed assets
固定资产总清查 general inspection of fixed assets
固定资产总折价率 rate of cost reduction to total assets
固定资产租赁的审计 fixed assets leasing audit
固定资产租赁制 leasing system for fixed assets
固定资产组成 fixed assets formation
固定资金 consolidated fund service; fixed capital
固定资金管理 fixed capital management
固定资金利润率 profit margin of fixed capital
固定资金占用率 occupancy rate of fixed capital
固定资金占用税 fixed assets tax
固定资金占用税率 fixed assets tax rate
固定子【电】 stator
固定字长【计】 fixed word length
固定字长计算机 fixed-word length computer
固定自差 <无线电测向仪的> fixed deviation
固定自动机 fixed automa(tiza)tion
固定总价 firm lumpsum price
固定总价合同 firm lumpsum contract; fixed-price contract
固定总价契约 lump-sum agreement
固定租金 dead rent; sleeping rent
固定租赁 fixed lease
固定阻抗 blocked impedance
固定作用 fixation; fixed action
固定座 fixed seat; fixing base; landing shoulder; permanent seat
固定座位 bleacher; fixed seating
固定座椅 fixed seat
固定座凿 shank chisel
固端 end built-in
固端板 clamped edges plate; clamp rail; restrained expansion; restrained slab
固端变矩 clamping moment
固端大梁 fixed-ended girder
固端的 built-in
固端刚度 fixed-end stiffener
固端拱 arch with built-in ends; arch with fixed ends; built-in arch; fixed arch(at both ends); fixed-end arch
固端拱桥 fixed(-end) arch bridge
固端跨 fixed spalling; fixed span; span with fixed ends
固端力矩 restraining moment
固端梁 beam restrained at one end; beam with both ends built-in; beam with fixed ends; built-in beam; constrained beam; encastre; encastred beam; fixed beam; fixed-end(ed) beam; fully restrained beam; nohinged beam; pin-ended beam; restrained beam
固端螺帽 retaining nut
固端条件 fixed-end condition
固端弯矩 clamp(ing) moment; end restraint moment; fixed-end bending moment; fixed end moment; moment at fixed end
固端约束 end restraint; fixed-end restraint
固端支柱 no-hinged column
固端柱 fixed-end column
固二氧化碳作用 carbon dioxide fixation
固封接合剂 seal cement
固缚索 lacing line
固杆铰链 fast pin butt hinge
固固混合物 solid-solid mix(ture)
固固模型 solid-solid model
固固相 solid-solid phase
固固相接触 solid-solid contact
固氦 solid helium
固化 cure; petrify; solidify(ing); welding
固化不良 residual tack
固化不足 undercure
固化程度 amount of cure; level of solidification; state of cure
固化池 consolidation tank; solidification tank
固化处理 curing process; solidification treatment
固化窗 cure window
固化促进剂 cure[curing] accelerator; hardening accelerating admixture; hardening accelerator(admixture)
固化催化剂 curing catalyst
固化点 point of solidification; solidification point; solidification temperature; solidifying point; solid point
固化电测监控 cure electric(al) monitoring
固化度 curing degree; degree of cure
固化法 solidification process
固化反应 curing reaction
固化范围 solidification range
固化方法 ways to cure
固化规程 cure schedule
固化过度 overcure
固化机理 curing mechanism
固化剂 catalyst; curing agent; firming agent; hardener; hardening agent; solidified agent; solidifying pressure
固化剂泛白 curing agent blush
固化剂浓度 curative concentration
固化减慢 cure retardation
固化结构 solidification structure
固化酒精 solidified alcohol
固化理论 theory of hardening
固化炉 curing oven
固化率 rate of hardening
固化能力 <散块沥青的> power of curing
固化泥浆 solidified slip
固化(刨花)板 cured panel
固化期 curing time
固化潜热 latent heat of solidification
固化热 heat of solidification; solidification heat
固化湿水膜 solidified moisture film
固化石蜡 solidified paraffin
固化石油产品 solidified petroleum product
固化时间 curing time; setting time
固化收缩率 cure shrinkage
固化树脂 cured resin
固化水 solidified water
固化水膜 solidified moisture film
固化水泥 solidified cement
固化速度 curing speed
固化速率 curing rate
固化体系 cure system
固化条件 condition of consolidation; condition of cure
固化温度 curing temperature; setting temperature; solidification temperature; solidifying point; temperature of solidification
固化温度范围 solidification temperature range
固化物老化 ag(e)ing of solidified product
固化系统 curing system
固化性能 curability
固化压力 solidification pressure
固化应力 cure stress
固化油 solidified oil
固化原理 principle of solidification; Stevin principle
固化制度 cure schedule
固化周期 cure cycle; curing period
固化装置 cure system
固化阻滞剂 cure retarder
固化作用 solidification
固基混凝土 foot-protecting concrete
固夹(滑车)带 strap
固碱 solid caustic soda
固碱工段 solid caustic soda section
固碱锅 pot for caustic soda concentration
固件 <软件硬件相结合的> firm ware
固件监视 firmware monitoring
固件结构 firmware structure
固件开发 firmware development
固件扩充模件 firmware expansion module
固件设备 firmware device
固件算法【计】 firmware algorithm
固件微代码 firmware microcode
固件微指令 firmware microinstruction
固件选择 firmware optimum; firmware option
固件支撑 firmware support
固件支持 firmware support
固键板 key fixing plate
固脚螺帽 hold-down nut
固脚螺母 hold-down nut
固接 build(ing) in; rigid coupling; solid coupling
固接管道 <其中的一种方法> knock over
固接桁架 stiff-jointed truss
固接结点 moment transmitting joint
固接卡钳 firm-joint cal(l)ipers
固接联轴节 hold-fast coupling
固接式泵 built-on pump
固结 concretion; hardening; solidify(ing)
固结百分比 percentage of consolidation; percent consolidation
固结百分率 percentage of consolidation
固结百分数 percentage of consolidation; percent consolidation
固结比 consolidation ratio
固结变形 consolidation deformation
固结冰 firm ice
固结冰盖层 consolidated ice cover
固结不良 poor consolidation
固结不排水剪力试验 consolidated-undrained shear test
固结不排水剪切 consolidated-undrained shear
固结不排水剪切试验 consolidated-undrained shear test[R-test]
固结不排水三轴试验 consolidated-undrained triaxial test
固结不排水三轴压缩试验 consolidated-undrained triaxial compression test[CU-test]
固结不排水试验 consolidated-undrained test
固结不排水压缩试验 consolidated-undrained compression test
固结部分 consolidation section
固结材料 concreting material
固结参数 consolidation parameter
固结测量仪 consolidometer
固结层 bonding course; bonding layer; concretionary layer; consolidating layer
固结层厚度 <注水泥的> depth of case
固结沉淀作用 consolidation sedimentation
固结沉积层 coherent deposit
固结沉降 consolidation settlement; oedometer settlement; settlement due to consolidation
固结沉降曲线 consolidation settlement curve
固结沉陷 consolidation settlement
固结成皮 encrust
固结程度 degree of consolidation
固结的 concrete; concretionary; consolidated; indurated; solidified
固结地层 concretionary horizon
固结地基 consolidated subsoil
固结点 consolidated point
固结电子 cementing electron
固结定理 theorem of consolidation; theory of consolidation
固结度 consolidation degree; degree of consolidation; degree of induration; percent consolidation
固结法 consolidation method; consolidation process
固结浮冰(群) consolidated pack ice
固结灌浆 area grouting; consolidated grouting; consolidation grouting; stabilizing grout; compaction grouting
固结灌浆孔 consolidation grouting hole
固结过程 process of consolidation; process of solidification; solidification process
固结厚度 consolidated thickness
固结积冰 consolidated pack ice
固结剪力试验 consolidated shear test
固结阶段 consolidation stage
固结孔眼 <向破碎岩石中注入胶结液> consolidated hole
固结快剪强度 consolidated quick

shear(ing) resistance; consolidated quick shear strength
固结快剪试验 consolidated immediate shear test; consolidated quick shear test[R-test]
固结快剪直剪试验 consolidated quick direct shear test
固结快剪值 consolidated quick shear value
固结快速三轴压缩试验 consolidated quick triaxial compression test
固结快速试验 <土壤> consolidated quick test
固结快压缩试验 consolidated quick compression test
固结理论 consolidation theory; theory of consolidation
固结率 degree of consolidation; percentage consolidation; rate of consolidation
固结慢剪试验 consolidated-drained shear(ing) test; consolidated slow shear test; consolidation slow shear test
固结慢剪直剪试验 consolidated slow direct shear test
固结慢速压缩试验 consolidated slow compression test; consolidation slow compression test
固结慢压缩试验 consolidated slow compression test
固结面层 bonded surface
固结模量 oedometric modulus
固结磨具 bonded abrasive products
固结磨粒 fixed grain
固结能力 caking capacity
固结年龄 solidification age
固结黏[粘]土 indurated clay
固结排水 drainage by consolidation
固结排水剪力试验 consolidated-drained shear(ing) test
固结排水剪切试验 consolidated-drained shear(ing) test
固结排水三轴试验 consolidated-drained triaxial test
固结排水三轴压缩试验 consolidated-drained triaxial compression test
固结排水试验 consolidated-drained test
固结排水压缩试验 consolidated-drained compression test
固结排水直剪试验 consolidated-drained direct shear test
固结破坏【岩】 consolidated failure; consolidation failure
固结强度 consolidated strength; consolidation strength
固结曲线 consolidation curve; consolidation line; oedometer curve
固结三轴快压缩试验 consolidated quick triaxial compression test
固结三轴试验 consolidated triaxial test
固结三轴压缩试验 consolidated triaxial compression test
固结砂 concrete sand; consolidated sand
固结设备 consolidation device
固结深度 consolidated depth
固结渗透理论 filtration theory of consolidation
固结石灰 lime encrusted
固结时间 consolidation time; time of concentration; time of consolidation
固结时间曲线 consolidation-time curve
固结试验 consolidation test; oedometer test; oedometric test
固结试验进程 consolidation test progress
固结试验仪器 consolidation test apparatus
固结试验装置 consolidation test device
固结室 consolidation chamber
固结水分 solidified water
固结速度 velocity of consolidation
固结速率 rate of consolidation
固结速率参数 consolidation rate parameter
固结特性 consolidation characteristic
固结体 induration
固结体积 consolidated volume
固结土(壤) consolidated soil; indurated soil
固结温度值 solidification temperature value
固结稳定 stabilization by consolidation
固结系数 coefficient of consolidation; consolidation coefficient
固结型沉降 consolidation type settlement
固结性 consolidation
固结雪 concrete snow
固结雪崩 packed snow avalanche
固结压力 consolidation pressure
固结压缩机 consolidation press
固结岩石 consolidated rock; indurated rock
固结岩屑土 lithosol
固结研究 consolidation research
固结仪 consolidation apparatus; consolidation cell; consolidation device; consolidation machine; consolidation meter; consolidation test apparatus; o(e)dometer; plastometer <可测侧向变形的>
固结仪三轴仪联合试验法 oedotriaxial test method
固结引起的破坏 consolidation failure
固结应力 consolidation stress
固结淤泥 consolidated silt
固结于基座 basing
固结原理 consolidation theory; theory of consolidation
固结指数 consolidation index; solidification index
固结注浆 consolidation grouting
固结桩 consolidation pile
固结状态 anchor behavio(u)r
固结作用 consolidation; induration; solidification
固紧 fastening; securing
固紧钉 loose tongue
固紧夹盘 brace chuck; brace jaws
固紧件 fastening
固紧螺钉 binding screw; tightening screw
固紧螺杆 tightening up screw
固紧螺栓 binding bolt; clamping bolt; tightening bolt
固紧螺丝 binding screw; tightening screw
固紧钳 brace jaws
固紧装置 battening arrangement; fastening arrangement
固井 cementing
固井泵 cementing pump
固井费用 cementing cost
固井评价测井 cement evaluation log
固井评价和岗位 cementing evaluation and station
固井设计 design of cementing casing
固井声波测试图 cement-bond sonic log
固井时间 cementing time
固井仪表分类 instrument-type of cementing
固井用工程模拟器 engineering simulator for consolidation well
固立的 insistent
固粒流体喂料机 solids flow feeder
固敛级数 steadily convergent series
固流体 rheid
固流限 rheidity
固流褶皱 rheid folding
固膜润滑剂 solid-film
固黏[粘]性 firmoviscosity
固坡结构 grade stabilizing structure
固气平衡线 sublimation curve
固气溶胶 sogasoid; solid-gas sol
固墙撑木 dead shore; needling
固墙埋撑 dead shoring
固墙竖撑 dead-shore needle; dead shoring
固溶饱和率 solid solution saturation ratio
固溶处理 solution treatment
固溶淬火 solution hardening
固溶度 solid solubility
固溶度极限 solid solubility limit
固溶合金 solid solution alloy
固溶化 solutionizing
固溶胶 solid sol
固溶量 solid solubility
固溶强化 solid solution hardening; solution strengthening
固溶热处理 solid solution heat treatment; solution heat treatment
固溶热处理状态 solution heattreated condition
固溶体 mixed crystal; solid solution; sosoloid
固溶体半导体 solid solution semiconductor
固溶体分解结构 exsolution texture
固溶体分解曲线 solvus
固溶体合金 solid solution alloy
固溶体金属陶瓷 solid solution cement
固溶体离溶 exsolution of solid-solution
固溶退火 solution annealing; solution treatment
固溶线 liquidoid
固溶相 solid solution phase
固溶性 solid solubility
固溶液 solid solution
固溶硬化 solution hardening
固熔体 mischcrystal
固色粉 fixing powder
固色剂 fixing agent
固沙 <又称固砂> fixation of sand dunes; sand consolidation; sand fixation; petrification of sand
固沙坝 debris barrier
固沙草 sand-binding grasses
固沙措施 measure of fixed sand; sand fixation
固沙防护林 protection forest for shifting sand
固沙林 dune-fixing forest; sand fixation forest; sand-shifting control forest; sand stabilization forest
固沙群落 enaulium
固沙造林 afforestation sand-fixation
固沙植物 sand binder; sand binding plant
固守 cling; stand-by
固死锁舌的附加锁闩 auxiliary dead latch
固缩 pycnosis
固塔树脂 fluavil
固态 solid form; solidity; solid phase; solid state
固态比例控制器 solid-state-proportioning controller
固态编码系统 solid-state coding system
固态变像器 solid-state image converter
固态表面 solid surface
固态波导管 solid guide
固态材料 solid-state materials
固态参比电极 solid-state reference electrode
固态超声延迟线 solid ultrasonic delay-line
固态成核 solid-state nucleation
固态成像法 solid-state imaging method
固态成像系统 solid-state imaging system
固态稠度 block consistency
固态储存器 solid-state memory
固态传感器 solid-state sensor
固态等离子体 solid-state plasma
固态电感 solid-state inductance
固态电极 solid-state electrode
固态电解质 solid electrolyte
固态电离探测器 solid-state ionization detector
固态电路 solid-state circuit
固态电路的 monolithic
固态电路学 solid-state circuitry
固态电容器 solid-state capacitor
固态电子器件 solid-state electronic device
固态电子学 solid-state electronics
固态二氧化碳 solid carbon dioxide
固态发码系统 solid-state coding system
固态反馈 permanent feedback
固态反应法 solid-state reaction
固态放大器 solid-state amplifier
固态废料 solid waste
固态废物限制地区 containment of solid waste
固态分散体 solid dispersion
固态功率放大器 solid-state power amplifier
固态光导摄像管 solid-state vidicon
固态光电二极管 solid-state photodiode
固态光电继电器 solid-state photorelay
固态光阀 solid-state light valve
固态光伏器件 solid-state photovoltaic device
固态光敏器件 solid-state photosensor
固态光谱 solid-state spectrum
固态光探测器 solid-state light detector
固态光源 solid-state light emitter
固态焊(接) solid-state welding
固态红外调制器 solid-state infrared modulator
固态化学 solid-state chemistry
固态环形激光器 solid-state ring laser
固态激光材料 solid-state laser material
固态激光器运转 solid-state laser operation
固态计数继电器 solid-state metering relay
固态计数器 solid counter
固态计算机 <第二代以后计算机> solid-state computer
固态继电器 solid-state relay
固态键盘 solid-state keyboard
固态降水 frozen precipitation; solid precipitation
固态降水量 solid precipitation quantity
固态结传感器 solid-state junction sensor
固态径迹检测器 solid-state track detector
固态开关 solid-state switch
固态开关装置 solid state switching device
固态控制 solid-state control
固态控制系统 solid state control system
固态扩散技术 solid-state diffusion

technique
固态雷达 solid-state radar
固态离子学 solid-state ionics
固态理论【物】solid-state theory
固态沥青 solid asphalt;solid bitumen
固态量子电子学 solid-state quantum electronics
固态磷光体激光器 solid phosphor laser
固态流 solid flow
固态炉 dry bottom furnace
固态炉渣 solid-state cinder; solid-state slag
固态逻辑工艺 solid logic technology
固态逻辑技术 solid logic technology
固态马氏体 solid-state martensite
固态脉冲 solid-state pulse
固态脉塞 solid-state maser
固态脉泽振荡器 solid-state oscillator
固态(面)等温线 solid isotherm
固态排渣锅炉 dry bottom boiler
固态排渣燃烧方式 dry bottom firing system
固态排渣式燃烧室 dry slagging combustion chamber
固态盘 solid-state disc[disk]
固态起动器 solid-state starter
固态器件 croystron; solid-state device
固态侵入的 protrusive
固态侵入体 protrusion
固态侵位 solid emplacement
固态燃料 solid fuel
固态溶解度 solid solubility
固态溶液 sosoloid
固态熔液低共熔点 eutectoid point
固态蠕变机制 mechanism of solid state creep
固态软件 solid-state software
固态扫描激光器 solid-state sweep laser
固态扫频器 solid-state sweeper
固态扫频信号振荡器 solid-state sweep oscillator
固态声学图像变换器 solid-state acoustic(al)image converter
固态石墨化 solid-state graphitization
固态收缩 solid shrinkage
固态树枝状晶体 solid-state dendrite
固态数据收集器 solid-state data collector
固态水 frozen water;solid water
固态水泥结构 solid-cement structure
固态水文学 solid-state hydrology
固态探测器 solid-state detector
固态调制 solid-state modulation
固态调制器 solid-state modulator
固态微波放大器 solid-state microwave amplifier
固态微波激射器 solid-state maser
固态微波激射振荡器 solid-state maser oscillator
固态微波振荡器 solid-state microwave oscillator
固态微电极 solid microelectrode
固态污泥 sludge solid
固态物理学 solid-state physics
固态物质 solid substance
固态显示器 solid-state display
固态线 solidus[复 solidi](line)
固态相变 solid-state phase change
固态相平衡线 solidus[复 solidi]
固态相位跃迁 solid-state phase transition
固态选择器 solid state selector
固态压力传感器 solid-state pressure sensor
固态延迟管 phantastran
固态氧 solid oxygen
固态音频计轴器 <在钢枕轨道区段> solid-state audio-frequency axle counter
固态音频无绝缘节轨道电路 audio-frequency jointless solid state track circuit
固态元件 solid-state component; solid-state device;solid-state element; solid-state unit
固态照相机 solid-state camera
固态阵列 solid-state array
固态阵列摄像机 solid-state array camera
固态振荡器 solid-state oscillator
固态整流器 solid-state rectifier
固态质谱法 solid-state mass spectrometry
固态质谱仪 solid-state mass spectrometer
固态置换方法 solid-state cementation process
固态重水 heavy ice
固态转变温度 temperature of a solid-state transition
固态转差率 permanent drop
固态转差系数 steady-state speed drop
固态转接装置 solid state switching device
固态转速变化 steady-state speed variation
固态转速率 permanent drop
固滩 stabilization of river flats
固体 solid(-state) body
固体靶 solid target
固体包裹体 solid inclusion
固体(包装)渗碳 pack carburizating
固体比重 specific gravity of solid
固体边壁 solid boundary
固体变像管 solid-state image converter
固体标准物质 solid standard substance
固体表观体积 apparent solid volume
固体表面体积 apparent solid volume
固体冰 solid ice
固体部分 solid portion
固体部分悬浮 partial suspension of solids
固体材料 solid(-state) material
固体材料磨损 specific solid discharge
固体采样 solid sampling
固体残渣 solid residual[residue]
固体潮 bodily tide; body tide; earth tide;solid tide
固体潮的日差值 daily difference of solid tides
固体潮改正值 earth tidal correction value
固体潮校正 earth tide correction
固体潮理论值 theoretic(al) value of earth tides
固体潮摄动 body tide perturbation
固体潮异常 earth tide anomaly
固体潮影响 earth tide effect; the effect of earth tides
固体潮值表 earth tide table
固体潮重力仪 earth tide gravimeter
固体尘粒 solid particulate
固体沉淀物 solid precipitates
固体沉积层 solid deposit layer
固体沉积物 solid deposit
固体沉降槽 scale trap;setting tank
固体沉降器 scale trap
固体成分 solid ingredient
固体成像探测器 solid-state imaging detector
固体成型机 solid forming machine
固体除臭剂 solid deodorizer
固体除湿 solid dehumidifying
固体处理 solid handling
固体处理系统 solids treatment system
固体处置系统 solids disposal system
固体传导性 solid conductivity
固体传声 solid-borne sound transmission
固体吹散泵 solid pump
固体瓷套管 solid bushing
固体萃取原料 solid extract
固体存储器 solid-state memory
固体存积腔 solid collecting chamber
固体单位体积强度 bulk strength
固体导电 solid conduction
固体的 solid
固体的组成分子 group composition
固体低温致冷器 solid cryogenic cooler
固体地球 solid earth
固体地球潮汐 solid earth tide
固体地球化学 geochemistry of solids
固体地球物理学 solid earth geophysics
固体电池 solid-state battery
固体电极 solid electrode
固体电极探头 solid electrolyte sensor
固体电解电容器 solid electrolytic capacitor
固体电解探测器 slid electrolyte probe
固体电解质 solid electrolyte
固体电解质测氧仪 solid electrolyte oxygen sensor
固体电解质电池 solid electrolyte battery
固体电解质燃料电池 solid electrolyte fuel cell
固体电解质探测器 solid electrolyte probe
固体电介质 solid dielectric
固体电路 solid-state circuit; solid-state electronic system
固体电路块 solid circuit board
固体电子技术 solid-state electronic technique
固体电子学 solid electronics; solid-state electronics
固体电阻 solid resistance
固体电阻器 fixed solid resistor
固体淀积物 solid deposit
固体多路调制器 solid-state multiplexer
固体二极管阵 solid-state diode array
固体二氧化碳 <俗称干冰> carbon dioxide ice;dry ice;solid carbon dioxide;solidified carbon dioxide
固体放射性废物 solid radwaste
固体放射性废物储存工程试验设备 solid storage engineering test facility
固体非金属夹杂物 solid nonmetallic impurity;sonims
固体肥料 solid fertilizer
固体废料 solid waste
固体废料处理 solid waste disposal
固体废料处置 solid waste disposal
固体废料管理 solid waste management
固体废料填埋 landfill
固体废弃物 solid waste
固体废水 solid wastewater
固体废物 solid waste; solid refuge; waste solid
固体废物储存区 solid waste storage area
固体废物处理 solid waste handling; treatment of solid wastes
固体废物处理技术 solid waste disposal technique
固体废物处理设备 solid waste treatment facility
固体废物处理装置 solid waste treatment equipment
固体废物处置 disposal of solid wastes;solid waste disposal
固体废物处置和利用 disposal and reclamation of solid wastes
固体废物处置环境影响评价 environmental impact assessment of solid waste disposal
固体废物处置区 solid waste disposal area
固体废物的处理和利用 disposal and reclamation of solid wastes
固体废物的可回取性 retrievability of solid wastes
固体废物的微生物降解 biodegradation of solid wastes
固体废物堆肥 composting of solid wastes
固体废物废物工业材料 industrial materials from solid wastes
固体废物分类 solid waste classification
固体废物分选 selective classification of solid waste
固体废物焚化 incineration of solid wastes
固体废物焚化炉 solid waste incinerator
固体废物焚烧 incineration of solid wastes
固体废物辐射处理 irradiation of solid wastes
固体废物高压成型 compaction of solid wastes
固体废物管理 management of solid wastes;solid waste management
固体废物管理法 solid waste management law
固体废物含热量 heat content of solid waste
固体废物环境研究 solid waste environmental study
固体废物回收 solid waste recovery
固体废物技术转移 solid waste engineering transfer system
固体废物减容 volume reduction of solid wastes
固体废物建筑材料 building material from solid wastes
固体废物利用 utilization of solid wastes
固体废物埋藏地下技术 subsurface containment of solid wastes
固体废物能源 energy recovery from solid wastes
固体废物破碎 crushing of solid wastes
固体废物收集 collection of solid wastes
固体废物填埋 landfill of solid wastes
固体废物污染 solid waste pollution
固体废物污染监测 solid waste pollution monitoring
固体废物污染控制 pollution control of solid wastes
固体废物污染预测 pollution prediction of solid wastes
固体废物箱 litter bin
固体废物压实机 solid waste compactor
固体废物压缩 compaction of solid wastes
固体废物压缩成型 compaction of solid wastes
固体废物运输 solid waste transport
固体废物资源化 reclamation of solid wastes;resources of solid wastes
固体废物资源回收 solid waste resource recovery
固体废物综合利用 comprehensive utilization of solid wastes
固体废物综合利用奖 comprehensive utilization reward of solid wastes
固体废物综合利用率 comprehensive utilization factor of solid wastes

固体废渣 solid waste refuge
固体分离 solid separation
固体分离设施 solid separation facility
固体分量 solid content
固体分散胶溶沥青 bitusol
固体分析 solid analysis;solid component
固体粉粒流量计 solids flow meter
固体粉末铝化处理 pack powder calorizing
固体粉碎机械 solid pulverizing machinery
固体浮力材料 solid buoyancy material
固体腐蚀产物 solid corrosion product
固体负荷 solid loading
固体负荷率 solid loading rate
固体负荷率容量 solid loading rate capacity
固体改性剂 solid modifier
固体镉 solid cadmium
固体骨架 solid frame work; solid skeleton
固体光敏元件 solid-state photosensor
固体光谱 spectrum of solid
固体硅酸钠 sodium silicate solid
固体氦 <低温> solid helium
固体含量 solid content; solid load; volume solid
固体焊剂 solid flux
固体荷载 solid loading
固体化的 solidified
固体化作用 solidification; solidify(ing)
固体还原 solid reduction
固体环形激光器 solid-state ring laser
固体混合物 solid mixture
固体火箭 solid rocket
固体基质 solid matrix
固体激光材料 solid-state laser material
固体激光器 crystal laser; solid(-state) laser
固体激光器热效应 heat effect of solid laser
固体计数继电器 solid-state metering relay
固体计数器 solid-state counter
固体剂型 solid dosage forms
固体继电器 solid-state relay
固体加料口 solid feed inlet
固体夹杂物 solid inclusion
固体碱催化剂 solid base catalyst
固体降低 solids reduction
固体胶 solid glue
固体胶体物质 solid colloidal substance
固体接触澄清池 solids-contact clarifier
固体接触反应 solids-contact reaction
固体接触软化 solids-contact softening
固体接触装置 solids-contact unit
固体介质 solid dielectric;solid medium
固体界面 solid interface
固体金属 solid metal
固体金属波导 solid metal guide
固体径迹检测器 solid-state track detector
固体径流 flow of solid matter;sediment discharge;sediment load;sediment runoff; silt discharge; solid flow
固体径流含量 solid runoff content
固体径流量 discharge of solids;sediment yield;solid discharge
固体径流曲线 sediment runoff curve
固体径流总量 <指悬移质推移质等之和> total solids
固体酒精 solid alcohol
固体聚 solid polymer ferric sulfate
固体聚合电解质 solid polymer electrolyte
固体聚合物 solid polymer
固体聚焦波导 solid-state focusing waveguide
固体聚乙烯绝缘 solid polyethylene insulation
固体绝缘 solid insulation
固体绝缘材料 solid insulator
固体绝缘子 solid insulator
固体开关 solid-state switch; solid switch
固体颗粒 solid particle;solid particulate;solids
固体颗粒密度 density of solid particle
固体颗粒物分离装置 particulate separation equipment
固体壳罩 solid bossing
固体可溶性 solid solubility
固体矿产 solid commodity
固体矿产储量分级 grades of solid mineral reserves
固体矿产储量分类 classification of solid mineral reserves
固体矿产钻探 solid mineral drilling
固体矿物燃料 solid mineral fuel
固体扩散 diffusion of solids
固体扩散法 solid-state diffusion method
固体垃圾 solid refuse;solid waste
固体垃圾储藏箱 waste storage container
固体垃圾分带 picking belt
固体垃圾分选台 picking table
固体垃圾管理 solid waste management
固体垃圾弃置 solid waste disposal
固体垃圾收集 waste collection
固体垃圾提取燃料 solid waste derived fuel
固体垃圾箱 litter bin
固体垃圾压实运输车 packer truck
固体垃圾装料斗 solid waste hopper; waste hopper;solids
固体离子激光器 solid ion laser
固体理论 theory of solids
固体力学 mechanics of solids; solid(body) mechanics
固体沥青 acid coke;solid asphalt;solid bitumen
固体沥青材料 <一般针入度在 10 以下> solid bituminous material
固体沥青的化学性质 chemical property of solid bitumen
固体沥青的物理性质 physical property of solid bitumen
固体沥青类型 type of solid bitumen
固体沥青岩脉 vein filling of solid bitumen
固体沥青岩墙 dikes filling of solid bitumen
固体粒子 solid particle
固体粒子混合速度 solids velocity
固体粒子停留时间 solids holdup
固体联锁 solid-state interlocking
固体量指数 solid volume index
固体量子放大器 solid-state maser
固体料面 solid level
固体料面调节器 solid level controller
固体料位计 solids level meter
固体磷光体激光器 solid phosphor laser
固体流(动) flow of solid matter;solid flow <冰土沙石等的>
固体流量计 solid flow meter
固体流态化 fluidization of solid
固体流态化工艺 solids fluidization process
固体硫化碱 solid alcali sulphide
固体硫化物 solid sulfate
固体锍 solid matte
固体铝化处理 pack calorizing
固体逻辑 solid-state logic
固体逻辑技术 solid logic technology
固体络合物 solid complex
固体媒质 solid medium
固体膜电极 solid membrane electrode
固体膜润滑 solid film lubrication
固体膜润滑剂 solid film lubricant
固体摩擦 dry friction
固体摩擦定律 law of solid friction
固体摩擦力 solid friction
固体内光散射 light scattering in solids
固体能带论 band theory of solid
固体黏[粘]度 solid viscosity
固体凝聚 solid aggregation
固体凝聚状态 solid aggregate state
固体浓度 solid concentration
固体培养法 solid culture
固体培养基 solid medium
固体喷气燃料 solid explosive
固体喷射柴油机 solid injection diesel
固体喷射发动机 solid injection engine
固体喷射器 <在循环中形成泡沫用> solids pump
固体喷射引擎 solid injection engine
固体膨胀温度计 solid expansion thermometer
固体平衡 solids balance
固体气体断路器 solid gas circuit breaker
固体气压表 holosteric barometer
固体汽油 gasoline gel;solidified gasoline
固体器件 solid-state device
固体侵入 solid intrusion
固体取样器 solid sampler
固体燃料 dry fuel;solid fuel
固体燃料的热水供暖 solid fuel-fired water heating
固体燃料发动机 dry-fuel engine
固体燃料锅炉 solid fuel boiler
固体燃料家用锅炉 solid fuel domestic boiler
固体燃料矿产 solid fuel commodities
固体燃料炉 solid fuel-fired furnace; solid fuel-fired stove
固体燃料燃烧室 solid fuel combustion chamber
固体燃料室内加热器 solid fuel-fired room heater
固体容积 solid volume; volume of solids
固体溶剂 solid solvent
固体溶解 solid dissolution
固体溶解度 solid solubility
固体溶解度曲线 solvus
固体溶性极限 solid solubility limit
固体溶液 solid solution
固体溶液化 solid dissolved
固体熔化蜡 solid melting wax
固体熔剂 solid fluxing agent
固体熔融硫化钠 solid fused sodium sulphide
固体熔融硫氢化钠 sodium hydrosulphide solid fused
固体熔融氯化钙 calcium chloride solid fused; solid fused calcium chloride
固体熔融烧碱 caustic soda solid fused;solid fused caustic soda
固体润滑法 solid lubrication
固体润滑剂 consistent lubricant; kollage;solid lubricant
固体润滑油 kollage; solid lubrication oil;solid oil
固体散货集装箱 solid bulk container
固体闪烁测量 solid scintillator measurement
固体闪烁计数器 solid-state scintillation counter
固体烧碱 solid caustic soda
固体摄像机 solid-state camera
固体渗铬 pack chromizing
固体渗铬法 Inkrom process
固体渗硅 ihrigizing
固体渗铝 power calorizing
固体渗碳 carburizing by solid matters; pack carburizing; solid carburization;solid carburizing
固体渗碳剂 solid carburizer
固体渗碳剂渗碳 granulated gas carburizing
固体渗碳硬化 pack-hardening
固体渗碳硬化钢 Harvey steel
固体渗碳直接淬火 pot quenching
固体渗锌 sherardizing
固体生活垃圾 solid household refuse
固体声 solid-borne sound
固体湿度计 solid hygrometer
固体石蜡 hard paraffin; paraffinum durum;solid paraffin
固体石油 petroleum coal;solid petroleum
固体实际停留时间 actual solid retention time
固体食物 solid food
固体试剂 solid reagent
固体试样 solid sample
固体收缩 solid contraction
固体输送泵 solid conveying pump
固体输送机械 solid conveying machinery
固体输移量 discharge of solids
固体树脂 hard(ness) resin
固体水化 <水泥的> solid-state hydration
固体塑性系统 solid-plastic system
固体酸催化剂 solid acid catalyst
固体碎屑物质 solid detrital material
固体体积 solid measure;solid volume
固体体积百分率 volume percent of solids
固体体积比 volume fraction of solid
固体调谐器 solid-state tuner
固体铁淦氧 solid ferrite
固体停留 solid retention
固体停留期 solid retention period
固体停留时间 solid-residence time; solid-retention time
固体通量 solid flux
固体通量分析 solid flux analysis
固体铜 solid copper
固体图像传感装置 solid-state image sensing device
固体涂层 solid cladding
固体涂料 solid coating
固体推进剂 solid rocket fuel; solid rocket propellant
固体推进剂主发动机 solid propellant sustainer
固体微波激射器 microwave solid state maser;solid-state maser
固体微波器件 solid-state microwave device
固体微粒 solid particle
固体位 potential of solid body
固体污泥 solid waste
固体污染物 solid contaminant; solid pollutant
固体污物 solid waste
固体无机碳 solid inorganic carbon
固体物理电子学 solid-state physical electronics
固体物理学 solid-state physics
固体物料 solid material

固体物料(抽)吸泵 solid pump
固体物质 solid matter;solid material
固体物质回收设备 solid recovery equipment
固体物质输送技术 solids handling technique
固体物质输移 solid transport
固体物质污染 solid substance pollution
固体物种 solid species
固体吸附剂 solid adsorbent
固体吸附物收集系统 solid adsorbent collecting system
固体吸收剂 solid absorbent
固体吸收剂收集系统 solid absorbent collecting system
固体显示 solid-state display
固体相 solid phase
固体相曲线 solidus[复 solidi]
固体橡胶 solid rubber
固体性 solidity
固体性质 solid character
固体悬浮物 solid suspension
固体压载 dry ballast;solid ballast
固体压载系统 solid ballast system
固体延迟线 solid delay line
固体颜料制备物 solid pigment preparation
固体氧化铝 solid alumina
固体氧化物燃料电池 solid oxide fuel cell
固体氧缓冲剂 solid oxygen-buffer
固体液体藕联系统 solid-liquid interface system
固体液体燃料 hybrid propellant
固体液体提取 solid-liquid extraction
固体音调发生器 sonalert
固体应力 solid stress
固体荧光法 solid fluorimetry
固体有机碳 solid organic carbon
固体有机物 solid suspension
固体元件 solid-state component;solid-state element
固体原料入口 solid feed inlet
固体圆盘 solid disc[disk]
固体圆片 solid disc[disk]
固体源噪声 solid-borne noise
固体源质谱计 spark-source mass spectrometer
固体杂质 solid impurity
固体载声 solid-borne noise;solid-borne sound
固体载体 solid carrier
固体载振动 solid borne vibration
固体造型 solid mo(u)ld(ing)
固体闸流管 solid-state thyratron
固体炸药 solid explosive
固体整流器 dry-disc[disk] rectifier
固体制冷器 solid refrigerator
固体质洪流 flood of solid matter
固体重量百分率 weight percent solids
固体周围边界 solid surrounding boundary
固体助滤剂 solid filter-aid
固体助滤器 solid filter-aid
固体助燃剂 oxidizing solid
固体注入式激光器 solid-state injection laser
固体转变 solid-state transformation
固体状态 solid condition;solid state
固体资源回收 reclamation of solid resources
固体自转 solid body rotation
固体总量 total solid
固体总重量 total solids
固体组分 solid constituent;solid ingredient
固体组件 solid(-state)unit
固体组件雷达 solid-state unit radar
固酮 sterone
固土作用 fixation
固瓦弹簧夹 tile clip
固位法 maintenance;retention
固位论 elastic theory
固位螺钉扳手 set-screw wrench
固位期 period of retention
固位体 retainer
固位网 retention mesh
固位形 retention form
固位用红蜡网 red wax mesh for retention
固线 solidus[复 solidi]
固相 solidoid;solid phase
固相成分 composition of solid phase
固相成分测定 solid-phase composition determination
固相萃取 solid-phase extraction
固相萃取反相液相色谱法 solid-phase extraction-reversed phase liquid chromatography
固相萃取高效液相色谱法 solid-phase extraction-high performance liquid chromatography
固相反硝化法 solid-phase denitrification process
固相反应 solid-phase reaction;solid reaction phase;solid-state reaction
固相反应法 solid-phase reaction process
固相分离 exsolution;liquation
固相含量 solid content
固相焊接 solid-phase welding
固相焊接法 solid-phase bonding process
固相合成 solid-phase synthesis
固相加工颜料 solid pigment preparation
固相聚合 solid-phase polymerization;solid-state polymerization
固相聚合法 solid polymerization
固相颗粒形状 solid shape
固相颗粒直径 solid diameter
固相扩散 solid-phase diffusion
固相料面调节器 solid level controller
固相流量控制阀 solid flow control valve
固相面 solid-phase(sur)face
固相区熔 solid-phase zone melting
固相区域熔炼 solid-phase zone melting
固相曲线 solidus[复 solidi] curve
固相乳浊剂 solid suspension opacifier
固相烧结 solid-phase sintering;solid-state sintering
固相缩合 solid-phase condensation
固相缩聚作用 solid-phase poly condensation
固相脱氮法 solid-phase denitrification method
固相外延 solid-phase epitaxial
固相吸附法 solid-phase adsorption method
固相吸附剂 solid-phase adsorbent
固相吸浓度法 solid-phase adsorbed concentration
固相线 solidus curve;solidus line
固相线烧结 solidus sintering
固相线温度 solidus temperature
固相线以下 subsolidus
固相压焊 solid-phase pressure welding
固旋流分离器 solid vortex separator
固液比 solid-to-liquid ratio
固液掺和剂 solid-liquid blender
固液萃取 solid-liquid extraction
固液分界面 solid-liquid interface
固液分离 solid-liquid separation
固液分离器 solid-liquid separator
固液混合 solid-liquid mixing
固液两态变化 eutectic change
固液平衡 solid-liquid equilibrium[复 equilibria]
固液平衡线 melting curve
固液色谱法 solid-liquid micromatography
固液(水力)旋流器 solid-liquid cyclone
固液态 mushy stage
固液态的 soliqueous
固液线 solidus line
固液相 solid-liquid phase
固液相互作用 solid-liquid interaction
固液(相交)界面 solid-liquid interface
固液相曲线 solidus-liquidus curve
固液转变 solid-liquid transformation
固有 originality
固有安定法 natural stability
固有安全的 intrinsically safe
固有半导体 proper semi-conductor
固有保安设备 built-in safeguard
固有保护 inherent protection
固有保留机制 intrinsic(al) retention mechanism
固有比例区域 inherent proportional band
固有变动率 inherent regulation
固有并行性 inherent parallelism
固有波 natural wave
固有波长 intrinsic(al) wavelength;natural wavelength
固有不稳性定 intrinsic(al) instability
固有部分 permanent component
固有材料 intrinsic(al) semiconductor material
固有参考架 proper reference frame
固有长度 natural length
固有常数 intrinsic(al) constant
固有场 self-field
固有沉降 inherent settlement
固有沉陷 inherent settlement
固有传导 proper conduction
固有存储器 inherent storage
固有错误 inherent error;inherited error
固有导磁率 intrinsic(al) permeability
固有导电性 intrinsic(al) conductivity
固有导纳 intrinsic(al) admittance;natural admittance;self-admittance
固有的 built-in;connatural;constitutional;eigen;immanent;indigenous;inherent;in-house;innate;intrinsic(al);natural;propriate;resident;underived
固有的不稳定性 inherent instability
固有的差别 built-in distinction
固有的大信号电流增益 inherent large-signal current gain
固有的短路保护 inherent short circuit protection
固有的非线性 unintentional non-linearity
固有的各向异性 inherent anisotropy
固有的透明性 inherent transparency
固有等级 natural equivalence
固有等效电路 natural equivalent circuit
固有地应力 indigenous ground stress
固有电感 natural inductance
固有电抗 self-reactance
固有电容 natural capacitance;self capacitance;self-capacity
固有电容率 free permittivity
固有电阻 inherent resistance;intrinsic(al) resistance;self-resistance
固有动力黏[粘]度 intrinsic(al) dynamic(al) viscosity
固有动物 aborigines
固有多义语言 inherently ambiguous language
固有二义性 inherent ambiguity
固有反馈 inherent feedback;self feedback
固有反射 inborn reflex
固有方法 orthodox practice
固有放大系数 absolute amplification
固有分流期间 inherent shunting period
固有福利 built-in welfare
固有概率 intrinsic(al) probability
固有刚度 inherent rigidity;inherent stiffness;natural rigidity;natural stiffness;self-stiffing;self-stiffness
固有功能 proper function
固有共振 natural resonance
固有共振频率 natural resonant frequency
固有沟道效应 proper channeling
固有故障 indigenous fault
固有光 intrinsic(al) light
固有过程 intrinsic(al) procedure
固有函数 intrinsic(al) function
固有灰 fixed ash
固有灰分 inherent ash
固有回授 self feedback
固有活性 intrinsic(al) activity
固有寄生物 autistic parasite;autochthonous parasite
固有加速度 natural acceleration
固有价值 indigenous value
固有碱度 intrinsic(al) alkalinity;intrinsic(al) basicity
固有角频率 natural angular frequency;specific angular frequency
固有角速度 natural angular velocity
固有接触电位差 intrinsic(al) contact potential difference
固有筋膜 fascia propria
固有精度 intrinsic(al) accuracy
固有矩阵 natural matrix
固有抗剪强度 inherent shear strength;intrinsic(al) shear strength
固有抗剪强度包络线 intrinsic(al) shear strength envelope
固有抗剪强度曲线 intrinsic(al) shear strength curve
固有可浮性 inherent floatability;native floatability
固有可靠性 inherent reliability;intrinsic(al) reliability
固有孔隙 inherent porosity
固有宽度 natural width
固有类型 own type
固有利用率 inherent availability
固有亮度 intrinsic(al) brightness
固有量 own quantity
固有裂纹 inherent flaw
固有灵敏度 inherent sensitivity
固有路权 inherent roadway rights
固有码 own code
固有密度 intrinsic(al) density
固有名字 proper name
固有命令 inherent command
固有内力 natural internal force
固有内摩擦角 intrinsic(al) internal angle of friction
固有能力 inherent capability
固有能量 intrinsic(al) energy;self energy
固有黏[粘]度 inherent viscosity;intrinsic(al) viscosity
固有黏[粘]附 specific adhesion
固有黏附系数 self-sticking coefficient
固有黏[粘]合 inherent adhesion
固有偏磁 declination constant
固有频率 base frequency;eigenfrequency;free(running) frequency;natural frequency;self(-natural) frequency
固有频谱 eigenfrequency spectrum
固有频塞 free frequency
固有平衡 <发动机等本身结构决定的>

G

inherent balance
固有平衡常数 original equilibrium constant
固有平面 own plane
固有歧义性 inherent ambiguity
固有强度 inherent strength; intrinsic(al) strength; original strength
固有权利 inherent right; vested right
固有缺陷 inherent defect; inherent vice; vice proper
固有热 intrinsic(al) heat; natural heat
固有热量 inherent heat
固有容积 natural scale
固有溶(解)度 intrinsic(al) solubility
固有弱点带来的损坏 inherent weakness failure
固有色 natural colo(u)r
固有色差 inherent colo(u)r variation
固有色指数 intrinsic(al) colo(u)r index
固有声阻抗 natural acoustic(al) impedance
固有剩余磁化 natural remanent magnetization
固有失真度 degree of inherent distortion
固有湿度 inherent moisture; natural humidity
固有时间 intrinsic(al) time
固有树 proper tree
固有衰减 natural attenuation; non-reflection attenuation
固有水 indigenous water; inherent water
固有水分 inherent moisture
固有顺序 proper sequence
固有酸度 intrinsic(al) acidity
固有损耗 inherent loss
固有损失 inherent loss
固有特性 inherent characteristic; inherent nature; intrinsic(al) property
固有特征数据 inherent characteristic data
固有天线频率 natural antenna frequency
固有调节 inherent regulation
固有头 inherent head
固有透水性 intrinsic(al) permeability
固有涂布率 natural spreading rate
固有微生物 autochthonous microorganism
固有尾 proper tail
固有稳定度 inherent stability; intrinsic(al) stability
固有稳定性 inherent stability; intrinsic(al) stability
固有误差 bias error; inherent error; inherited error; intrinsic(al) error; original error
固有吸附常数 intrinsic(al) adsorption constant
固有吸附平衡常数 intrinsic(al) adsorption equilibrium constant
固有瑕疵 inherent vice
固有线宽 natural line width
固有相位 proper phase
固有效率 intrinsic(al) efficiency
固有谐振 natural resonance; periodic(al) resonance
固有形状 inherence[inherency]
固有性能 inherent property
固有性质 inherent nature; intrinsic(al) property
固有性状 intrinsic(al) property
固有寻址 inherent addressing
固有压力 intrinsic(al) pressure
固有延时 inherent delay
固有岩爆 inherent burst
固有曳力 proper drag
固有音 eigentone
固有应变 natural strain
固有应力 inherent stress; natural stress
固有优先性 implicit precedence
固有语言 build-in language
固有圆频率 natural circular frequency
固有运动 proper motion
固有杂质 inherent impurity; intrinsic(al) contaminant
固有再击穿电压 inherent restriking voltage
固有噪声 inherent noise; natural noise; self-noise
固有噪声级 inherent noise level
固有噪声源 internal noise source
固有振荡 built-in oscillation; inherent oscillation; natural oscillation
固有振荡频率 natural mode shape; natural oscillation frequency
固有振荡时间 natural time of oscillation
固有振荡特性 natural mode shape
固有振动 characteristic vibration; inherent vibration; natural vibration; proper vibration
固有振动法 self-oscillation method
固有振动方式 natural mode of vibration
固有振动频率 eigentone; natural vibration frequency
固有振动周期 natural period of oscillation; natural period of vibration; period of natural vibration
固有振型 natural mode of vibration; normal mode of vibration
固有震荡 natural oscillation
固有值 eigenvalue; intrinsic(al) value; proper value
固有植物 aborigines
固有周期 eigenperiod; natural period (of vibration); proper period
固有装置系统 proper set system
固有状态 intrinsic(al) state
固有字符串 proper string
固有阻抗 intrinsic(al) impedance; natural impedance; self-impedance
固有阻力 inherent resistance; intrinsic(al) resistance; proper drag
固有阻力系数 proper drag coefficient
固有阻尼 inherent damping; natural damping
固源噪声 solid-borne noise
固载的 solid borne
固渣木条 <屋顶> slag strip
固支梁 clamped beam
固执 tenacity
固执的 tenacious
固致水力的 sterhydraulic
固轴铰链 fast joint butt
固桩 stake stiffening
固着 curing; set
固着冰 fast ice
固着的 sessile
固着端 fixed end
固着硅藻 sessile diatom
固着积极防护的 fail-active
固着剂 fixative
固着检验 diagnostic check
固着力 holding power; pull-out capacity; pull-out resistance
固着力生物岩 statobiolith
固着力试验 pull-out test
固着力值 pull-out value
固着锚头 fixed anchorage
固着膜法 fixed film process
固着膜反应器 fixed film reactor
固着盘 fixation disk[disc]
固着器 holdfast
固着生物 periphyton; sessile organism
固着生物膜 fixed biofilm
固着生物膜系统 fixed biofilm system
固着生物质载体 fixed biomass carrier
固着水 echard; fixed water; thin-film water; unfree water
固着水生植物 adnate hydrophyte
固着体 tight
固着效果 anchor effect
固着楔 cleat
固着型 sessile form
固着性 anchorage
固着性胞外聚合物 bound extracellular polymeric substance
固着液滴法 sessile drop method
固着植物 fixed plant
固着植物区系 sessile flora
固着种类 sessile form

故 都 ancient capital

故宫 <北京> Meridian Gate
故宫博物院 palace museum
故宫御花园 Palace Garden
故河道 abandoned channel; billabong; defeated stream; old channel; old river course; dead river
故事画板 storyboard
故乡 home town
故意干扰 deliberate interference
故意搁浅 intensity run on shore
故意破坏 <故意破坏文化、艺术和他人财产的行为> vandalism
故意破坏的行为 vandalism
故意破坏航标 vandalism of aids-to-navigation
故意弃船 scuttling
故意杀害 wilful killing
故意损害 <对他人不动产的> voluntary waste
故意损失 voluntary loss
故意拖延 merry-go-round
故意行为 deliberate act; wilful act
故意压低的报价 artificially low tender
故意阻碍列车运行 intentional obstacle to train
故障 abort; accident; blunder; breakdown; bug; complaint; conk; disturbance; fail to go; failure; fault; fouling; functional trouble; glitch; impairment; inaction; lepton; malfunction (ing); mischance; mischief; missing; out-of-order; pravity; road block; stoppage
故障安全 fail safe; fault safe
故障安全电路 fault secure circuit
故障安全动作 fail-safe operation
故障安全阀 fail-safe valve
故障安全工作 fail-safe operation; failure-to-safety performance
故障安全集成电路学 fail-safe integrated circuitry
故障安全特性 failure-to-safety characteristic
故障安全特征 fail-safe feature
故障安全系统 fail-safe system
故障安全性能 fail-safe performance; failure-to-safety performance
故障安全原则 fail-safe principle
故障安全装置 fail-safe device
故障按钮 failure button; stop-all button
故障百分率 percent failure
故障办理 emergency treatment after failure
故障保护 error protection
故障保护电路 fault secure circuit
故障保护设备 fail-safe system
故障保险 fault secure
故障保险的 fail safe
故障保险防护装置 fail-safe safety interlock
故障保险概念 fail-safe concept
故障保险切断 fail-safe disconnect
故障保险设施 fail-safe facility
故障保险系统 fail-safe system
故障报告 deficiency report; failure report; fault report; malfunction advisory
故障报警 failure alarm; malfunction(al) alarm
故障报警器 malfunction(ing) alert
故障报警信号 fault alarm signal
故障备用汇流条 hospital busbar
故障避免 fault-avoidance
故障标记 fault flag
故障标识 failure identification
故障表 error list; fault dictionary
故障表示 failure indication
故障表示器 fault indicator
故障表征 fault signature
故障部分 faulty component; fault section
故障部件 trouble unit
故障部位测定 fault location
故障部位寻找时间 fault location time
故障测定 abort sensing; failure term
故障测试 failure testing; fault testing
故障测试生成 fault test generation
故障查找 trouble-locating; trouble-shooting
故障查找器 fault finder
故障查找手册 trouble-shooting manual
故障查找问题 fault location problem
故障成因 failure mechanism
故障处 fault point
故障处理 emergency treatment after failure; fault treatment; recovery processing; trouble-shooting
故障传感和处理仪表系统 abort sensing and implementation instrumentation system
故障传感控制装置 abort sensing control unit
故障传感器 fault sensor
故障辞典 fault dictionary
故障磁道 defective track
故障单元 trouble unit
故障的检查及排除 trouble-shooting
故障的排除 debugging【计】; removal of faults
故障的所在地 offender
故障的原始 D 立方 primitive D-cube of failure; primitive D-cube of fault
故障灯 trouble lamp; trouble light
故障登记 failure logging
故障等效 fault equivalence
故障地点 position of fault
故障地点电阻 fault resistance
故障地址 fail address
故障点 fault point; fault spot; point of fault; trouble spot
故障点测定 trouble location
故障点探测器 fault localizer
故障点再启动 point-of-failure restart
故障电极电流 fault electrode current
故障电流 failure current; fault current
故障电流断路器 fault current circuit breaker
故障电路 fault(y) circuit
故障定位 fault locating; fault location
故障定位测试 fault locating test; fault location test
故障定位测试法 fault location test method
故障定位程度 degree of isolation
故障定位程序 fault locating program(me); fault location program(me)
故障定位技术 fault locating technology
故障定位器 fault locator
故障定位题目 trouble-location prob-

lem
故障定位问题 fault location problem; trouble-location problem
故障定位仪 fault locating instrument
故障范围 failure criterion
故障防护 emergency protection
故障防治 fault control
故障费用 failure cost
故障费用函数 failure cost function
故障分布 distribution of failures; failure distribution
故障分析 failure analysis; fault analysis; malfunction analysis; trouble analysis; trouble-shooting
故障分析报告 failure analysis report
故障分析检查与记录 malfunction analysis detection and recording
故障分析员 failure analyst
故障复原 restoration after failure; restoration due to a failure
故障覆盖率 fault coverage
故障概率 failure probability; fault probability; probability of malfunction
故障告警指示器 failure warning indicator
故障隔离 failure isolation
故障跟踪 fault trace
故障跟踪装置 trouble finder
故障估价例行程序 damage assessment routine
故障函数 failure function
故障后的恢复 failure recovery
故障后平衡 post-fault equilibrium
故障恢复 failure recovery
故障恢复(例行)程序 damage assessment routine
故障机理 failure mechanism
故障积累 failure accumulation
故障计时钟 elapsed time clock
故障记录 error recording; failure logging; failure record; fault recording; out-of-service record; trouble record
故障记录卡片 trouble history card
故障记录控制单元 control unit with fault storage
故障记录器 fault recorder; trouble recorder
故障记录数据集 error recording data set
故障记录准则 failure scoring criterion
故障继电器 fault relay; power-off relay; power transfer relay
故障间隔平均时间 mean time between failures
故障间平均运行时间 mean operating time between failures
故障监控器 failure monitor
故障监控仪 failure monitor
故障监视系统 fault monitoring system
故障检测 failure detection; failure testing; fault detect(ion); stoppage examination
故障检测定位 trouble-shooting
故障检测定位示号报警器 trouble-shooting annunciator
故障检测和监控 trouble detection and monitoring
故障检测判定 stoppage examination system
故障检测器 defect detector; flaw detector
故障检测系统 fault detection system; malfunction detection system
故障检查 fault detect(ion); trouble-shooting
故障检查表 trouble check list
故障检查程序 malfunction routine
故障检查分析装置 trouble-shooter
故障检查设备 fault finder
故障检查手册 fault inspecting manual book
故障检查数据 trouble-shooting data
故障检索 trouble-locating
故障检修 corrective maintenance; trouble shoot(ing)
故障检修手册 trouble-shooting manual
故障检修员 trouble man; trouble-shooter
故障检寻 trouble-locating
故障检寻器 trouble tracer
故障接地母线 fault ground bus
故障解除 trouble-shooting
故障紧急转换 emergency transfer
故障警报 failure warning; fault warning
故障警报灯 trouble lamp
故障警报发送设备 fault warning routing equipment
故障警报接收站 fault warning receiving station
故障警告 failure warning
故障警告继电器 failure warning relay
故障矩阵 fault matrix
故障绝缘子 faulty insulator
故障开关 breakdown switch
故障可靠性 <某一部件损坏时,整个系统仍能工作> fail-safety
故障控制 fault control
故障控制存储器 fault-controlled memory
故障控制开关 emergency control switch
故障块 trouble block
故障来源 source of failure
故障类别 failure classes; classification of defects
故障类型和故障影响分析 failure mode-failure effect analysis
故障列表 error listing
故障列车 fault train; malfunction train
故障率 defects per unit; error rate; failure rate; fault rate; possibility of trouble
故障率采样计划 failure rate sampling plan
故障率分配 failure rate allocation
故障率函数 failure rate function
故障率加速系数 failure rate acceleration factor
故障率门限 fault rate threshold
故障率曲线 bathtub curve; failure rate characteristic
故障率试验 failure rate test
故障率数据 failure rate data
故障率水平 failure rate level
故障率特性 failure rate characteristic
故障率阈值 fault rate threshold
故障门限 fault threshold
故障免除 fault-avoidance
故障面分析 surface analysis
故障敏感程序 sensitive fault program(me)
故障敏感电路 fault sensing circuit
故障敏感系统 fault sensing system
故障模拟 fault simulation
故障模式 failure mode
故障模式分析 failure mode analysis
故障模式和影响分析 failure mode and effect analysis
故障模型 failure mode; fault model
故障排除 breakdown maintenance; failure recovery; fault clearance; trouble clearing; trouble removal
故障排除不良 <未完全排除故障> imperfect debugging
故障判定标准 failure criterion
故障判据 failure criterion
故障频率 fault frequency
故障平均间隔时间 mean time between defects
故障平均时间 mean failure rate
故障平均周期 mean failure rate
故障屏蔽 fault masking
故障前平均工作时间 mean working time to failure
故障前平均时间 mean time before failure; mean time to failure
故障前试验 test to failure
故障前作时间 time to failure
故障潜伏 failure latency
故障潜伏期 fault-latency period
故障轻微的 fail soft
故障清除 clearing of a fault; fault clearance
故障清除时间 fault clearing time
故障情况下的功率 fault power
故障区分 fault distinguish
故障日 downtime day
故障容忍度 fault-tolerance
故障冗长度 fault redundancy
故障软化特性 fail-soft behaviour
故障弱化 fail passive; graceful degradation; fail soft
故障弱化能力 fail-soft capability
故障弱化系统 fail-soft system
故障撒播 bug seed(ing); fault seeding
故障闪烁信号 trouble blinking
故障设备 malfunction(ing) equipment
故障升级 progression of failure
故障时间累积器 downtime accumulator
故障识别 fault recognition
故障识别程序 fault-recognition program(me)
故障示波器 fault oscillograph
故障事故报告 trouble and failure report
故障收缩 fault collapse[collapsing]
故障树 fault tree
故障树分析法 failure tree analysis; fault tree analysis
故障数据的分析 failure data analysis
故障瞬间 instant of failure
故障速度 failure rate
故障损失 loss due to obstruction
故障探测 failure detection; fault detect(ion); fault finding; location of faults; trouble-locating; trouble-shooting
故障探测器 fault detector; fault finder; fault indicator; fault locator; trouble detector; trouble finder; trouble locator
故障探测时间 fault location time
故障探测系统 malfunction detection system
故障探查 trouble shoot(ing)
故障探示器 tracing probe
故障探头 tracing probe
故障探寻 trouble-shooting
故障探寻仪 chanalyst
故障提示 troubles predicting
故障条件 fault condition
故障条款 breakdown clause
故障停车 scram
故障停车信号 shut-down alarm
故障停工平均时间 mean downtime
故障停机 disorderly closedown
故障停机时间 downtime
故障停机维修时间 fault time
故障图 trouble chart
故障维修 breakdown maintenance
故障维修费 cost of breakdown maintenance
故障位 failure bit; fault bit
故障位置 abort situation; fault location
故障位置测定 fault localization; fault location determination; localization of a failure; localization of faults; trouble localization
故障位置测定器 fault locator
故障位置监测器 fault location monitor
故障位置探查 spotting
故障系数 breakdown factor
故障线路 fault(y) line
故障线收容继电器群 hospital relay group
故障限度 failure criterion
故障消除器 debugger
故障消除时间 clearing time of fault
故障信号 abort signal; breakdown signal; fault signal(ling); obstruction signal; trouble(back) signal
故障信号表 error alarm list
故障信号灯 emergency light
故障信号塞孔 trouble back jack
故障信息 fault information
故障形结皮 objectionable coating
故障修复 breakdown maintenance; emergency repair
故障修复时间 fault correction time
故障修理 breakdown repair; failure repair
故障寻迹 fault tracing
故障寻迹器 fault finder; trouble finder
故障寻找 fault finding; tracing; trouble shoot
故障寻找时间 trouble-shooting time
故障寻找示号报警器 trouble-shooting annunciator
故障译码 syndrome decoding
故障音 <电话> trouble back tone
故障影响分析 failure effect analysis
故障预测 failure prediction
故障预测装置 fault prediction device
故障预防 fault prevention
故障预防分析 fault prevention analysis
故障预检 early failure detection
故障原因 cause of failure; failure cause; source of trouble
故障原因数据报告 failure cause data report
故障源 source of trouble
故障找寻器 fault finder
故障找寻顺序表 trouble shooting chart
故障诊断 fault diagnosis
故障诊断检查点 diagnostic checking
故障诊断时间 failure diagnosis time
故障诊断位置 diagnostic point
故障诊断系统 fault diagnostic system
故障支配 fault dominance
故障指示灯 breakdown light; fault indicating lamp; fault light; non-under command light; trouble lamp
故障指示继电器 tattle-tale relay
故障指示器 fault detector; fault finder; fault indicator; obstacle indicator; trouble indicator
故障致命性分析 failure criticality analysis
故障中断 malfunction(ing) interrupt
故障种类 failure mode
故障周期 mean time between failures
故障周期平均时间 mean time between failures
故障转储 disaster dump
故障转换开关 hospital switch
故障状态 fault condition; fault state
故障追索 fault trace[tracing]
故障追踪 fault trace[tracing]
故障准则 criteria of failure
故障字典 fault dictionary

G

故障自动保护的 fail safe
故障自动保险 fail safe
故障自动防护系统 fail-safe system
故障自动防护准则 fail-safe concept
故障自动缓和的 fail soft
故障自动矫正 fail safe
故障自动探测装置 automatic trouble-locating arrangement
故障总周期 time-to-failure

顾

顾家石 gugiaite

顾客 client; clientage; clientele; correspondent; customer; patron; shopper
顾客报告 custom report
顾客采购延误 delay in purchase at consumer sector
顾客车库 customer parking building
顾客车辆流通量 customer vehicle circulation
顾客成本计算 customer costing
顾客出口处 buyer's exit
顾客的有限总体 finite population of customer
顾客动向模型 consumer behavio(u)r model
顾客服务 customer's service
顾客记录 customer's service
顾客监督系统 custom-engineered system
顾客配给 rationing
顾客入口处 buyer's entrance
顾客商店 custom shop
顾客赊欠账簿 pass book
顾客事务 customer affairs
顾客损失率 customer loss ratio
顾客停车场 customer parking area
顾客停车处 customer parking area
顾客停车建筑 customer parking building
顾客行为模型 consumer behavio(u)r model
顾客需求 customer needs and wants
顾客需要 in demand
顾客拥有并维护的通信[讯]设备 customer own and maintenance communication equipment
顾客与行李接送平台 passenger and luggage handling level
顾客预付款 advance from customers
顾客运费率 customer rate
顾客账单 custom billform
顾客账户 account customer; account holder <在银行的>
顾客账(目) customer's account
顾客账贴现 customer's account discounted
顾客终端系统 client terminal system
顾客自洗洗衣店 self-service laundry
顾客自选的百货商店 self-service department(al) store
顾客总账 client ledger
顾硫锑汞铜矿 gruzdevite
顾问 adviser [advisor]; consultant; council(l)or; counsel(l)or
顾问班子 council
顾问程序 consultant program(me)
顾问的 advisory
顾问费 consultant fee; consultation charges
顾问工程师 advisory engineer; consultant engineer; consulting engineer; engineering consultant
顾问工程师收费等级 fee scale
顾问工程师协会 Association of Consulting Engineers
顾问工程事务所 consulting engineering firm
顾问公司 consultant firm; consulting company; consulting firm
顾问建筑师 advisory architect; consultant architect; consulting architect
顾问建筑师的综合服务 comprehensive services
顾问室 consultants' office; consultants' room; consulting room
顾问土木工程师 consulting civil engineer
顾问团 advisory body; advisory council; advisory panel; consultant mission
顾问团会 advisory board
顾问委员会 advisory board; advisory commission; advisory committee; board of advisors; board of consultants; consultative committee; steering committee
顾问小组 advisory group; panel of consultants
顾问验船师 consulting surveyor
顾问引航员 consulting pilot
顾问智囊团 consultant thinktank
顾问中心 consulting center[centre]
顾问资格的 consulting
顾问组 advisory panel
顾主的义务 obligation of client
顾主的责任 obligation of client
顾主欠账款 account due from customers
顾主违约 default by client

雇

雇船契约 affreightment

雇工 hired labo(u)r; hired man; hired hands; journey-man; servant; workhand
雇工合同 contract of hire of labo(u)r and service
雇工运输行业 carrier's trade
雇农 farm labo(u)rer; peon
雇佣 employ
雇佣工人 hiring of labo(u)r
雇佣工作 journey work
雇佣合同 contact of employment; contact of engagement; employment agreement; employment contract
雇佣劳动力 employed labor force
雇佣劳动者 wage earner; wage labo(u)r(er)
雇佣期 period of employment
雇佣期满 termination of employment
雇佣契约 mandate
雇佣前的体格检查 pre-employment examination
雇佣日工 peonage
雇佣条件 terms of employment; conditions of engagement <业主与顾问工程师之间的>
雇佣条款 employment clause
雇佣问题 employment issue
雇佣折扣 employee discount
雇用 employment
雇用合同 employment contract
雇用零工 part-time employment
雇用职员 staffing
雇员 employee; servant; staff
雇员保险 employee insurance
雇员保险合同 servant's security agreement
雇员调动 employee turnover
雇员工伤保险 employee injuries liability insurance
雇员工时数 employee hours
雇员食堂 employee's canteen
雇员小卖部 employee's canteen
雇员/员工培训 employee training
雇员忠诚险 employee loyalty insurance
雇主 employer; hirer; master
雇主变更事项 employer variation
雇主代理人 employer's agent
雇主的过失 employer's default
雇主的图纸 employer's drawings
雇主的责任 employer's liability
雇主风险 employer's risks
雇主服务者关系 client-server relationship; employer-server relationship
雇主提供的保障 indemnity by employer
雇主网 client network
雇主义务保险 employer's liability insurance
雇主责任保险 employer's liability insurance
雇主责任和工人赔偿保险 employer's liability and worker's compensation insurance

锢

锢囚低压【气】 occluded depression

锢囚锋 frontal occlusion; occluded front
锢囚气旋 occluded cyclone
锢囚作用 occlusion

瓜

瓜孢属<拉> Coccospora

瓜耳树胶 guar gum
瓜分 partition
瓜拱 oval arm
瓜果 amphisarca
瓜类作物 melon crop
瓜棱瓶 ridged melon vase
瓜皮绿 cucumber green
瓜皮绿釉 cucumber green glaze
瓜形穹顶 melon-shaped dome
瓜形圆屋顶 melon-shaped dome
瓜柱【建】 queen post; short column
瓜状体 legena
瓜子拱 oval arm
瓜子形锉刀 melon seed file
瓜子玉 andesite

刮

刮 raking; scrape; scraping plate; shave; strickling

刮板 board drag; bulldozing blade; darby; drawing strickle; drawing template; elevator; flight; float pan; kick plate; loam board; mason's float; pattern; plow blade; rake blade; scale slate; scalper (bar); scraper flight; scraper plate; scratch board; screed; screed (ing) board; screed plate; skimmer blade; skimmer float; strickle; strike (-off) board; wooden float; grading board <平整表面用>; strike board <用以刮平混凝土面的>
刮板泵 scraper pump; sliding-vane pump
刮板槽 stripper cell
刮板除尘机 dust scraper
刮板定位杆 size stick
刮板分级器 drag classifier
刮板分粒机 drag classifier
刮板给料机 scraper feeder
刮板给料器 bar feeder; drag scraper feeder
刮板供料机 flight feeder
刮板固定销 set pin for scraper blade
刮板回填机 backfill blade; blade backfiller
刮板机 scraper unit
刮板架<铲土机> elevator frame
刮板链节 flight link
刮板链式输送机 drag chain conveyer [conveyor]
刮板轮毂 scraper boss
刮板螺旋输送机 broken-bladed conveyer[conveyor]
刮板模型 sweep pattern
刮板抹平<混凝土> finish by screeding board
刮板平土机 blade grader
刮板筛 drag screen
刮板升运器 flight elevator; paddle-type elevator; scraper elevator
刮板式铲泥机 scraping dredge(r)
刮板式铲运机 elevated loading scraper; tongue scraper
刮板式除渣机 scraping plate type eliminator
刮板式传送器 drag link conveyer [conveyor]
刮板式堆煤机 scraper
刮板式分级机 drag-type classifier
刮板式分粒机 drag-type classifier
刮板式分选机 drag-type classifier; rake classifier
刮板式给料机 apron feeder; drag-type feeder
刮板式给煤机 scraper feeder
刮板式鼓风机 slotted-blade blower
刮板式刮路机 metal blade drag
刮板式刮泥器 flight scraper
刮板式换热器 scraped surface heat exchanger
刮板式(混合料)分布机 blade spreader
刮板式(混合料)摊铺机 blade spreader
刮板式混凝土布料机 slat type concrete spreader
刮板式混凝土摊铺机 blade type concrete paver
刮板式搅拌机 blade mixer
刮板式搅拌器 raker stirrer
刮板式颗粒分级机 drag classifier
刮板式平路机 scraping grader
刮板式清管器 pipe scraper
刮板式取料机 scraper reclaimer
刮板式升运器 drag-flight elevator; trowel elevator
刮板式输送带 drag(-flight) conveyer [conveyor]
刮板式输送机 apron conveyer[conveyor]; blade type conveyer[conveyor]; flight conveyer [conveyor]; paddle conveyer[conveyor]; plate conveyer [conveyor]; scraper chain conveyer [conveyor]; scraper conveyer [conveyor]; drag conveyer [conveyor]; flight conveyer [conveyor]; scraper flight conveyer[conveyor]
刮板式输送器 chain drag; drag-flight conveyer[conveyor]; drag link conveyer [conveyor]; paddle conveyer [conveyor]; scraper conveyer [conveyor]
刮板式水泥装卸机 cement hog
刮板式梯格 drag flights
刮板式提升机 scraper elevator
刮板式涂布机 blade coater
刮板式脱水机 drag dewaterer
刮板式挖泥船 scraper dredge(r)
刮板式旋转泵 slide vane-type rotary pump
刮板式选分机 rake classifier
刮板式运输机 drag link conveyer [conveyor]; scraper transporter; scraping transporter
刮板式运送机 pushing conveyer[conveyor]; scraper conveyer[conveyor]
刮板式装填器 scraper loader
刮板手摇泵 scraper type hand pump
刮板输送机 flow conveyer [conveyor]; pushing conveyer[conveyor]
刮板输送链 paddle(d) conveyer[con-

veyor] chain
刮板输送器 chain drag
刮板速度 scraper speed
刮板涂布 blade coating
刮板推土机 blade dozer;rake dozer
刮板脱水机 scraper dewater
刮板喂料机 scraper feeder
刮板细度计 fineness(grind) ga(u)ge
刮板运输带 rake conveyer[conveyor];scrape conveyer
刮板运输机 flight conveyer[conveyor]; rake conveyer [conveyor]; scraper (chain) conveyer [conveyor]; scraper flight conveyer [conveyor]; scraping blade conveyer [conveyor]
刮板运输器 bar feeder;flight conveyer[conveyor]
刮板运行速度 flight travel speed
刮板造型 strickle mo(u)lding;sweep mo(u)lding;sweep-work;template mo(u)lding
刮板支架 screed chair
刮板支座 screed chair
刮板指 sweep finger
刮板制膜器 bird applicator
刮板转轮式给料机 pulley-and-finer feeder;pulley-and-scraper feeder
刮板装载机 Lambton flight
刮棒 doctor bar;scraper
刮边 edge brushing
刮边模 shaving die
刮冰机 ice removing wheel;ice scraper
刮冰器 ice scraper
刮玻璃用金刚钻 glazier's diamond
刮擦试验机 scratching machine
刮糙 first coat;scratch course
刮糙工具 scratch tool
刮草打底 coarse stuff
刮产量 bulldozing output
刮铲 palette knife;spattle;spatula
刮铲刀 spatula blade
刮铲角 angle of spatula
刮铲抹刀 spatula
刮铲上料机 scraper loader
刮铲式平地机 blade scraper
刮铲推土机 blade dozer
刮铲推土机附件 shovel dozer attachment
刮尘圈 dust scraping ring
刮匙 curet;curette
刮尺 darby (float); derby; floating rod; float (ing) rule; level (l) ing beam;scraping straight edge;screed board; screed guide; screed strip; straight edge;slicker <找平用>
刮除 scraping operation; screed; sweep(ing)
刮除浮土整平表面 skim-grading
刮除很细切屑 scraping cut
刮除机 carryall
刮除器 abrasor;scraper bar
刮除水面浮渣板 scum board
刮窗嵌槽木 latterkin
刮粗 scratch;develling <抹灰底面上的>
刮粗层 guide coat
刮袋器 bag cutter
刮刀 blade; broad knife; carryall; cleaner;cutting float;doctor knife; eraser knife; erasing knife; facer; hatchet;laying trowel;mangle;rabbler; rip blade; scaler; scraper (blade); scraper plate; scraper teeth cutter;scraping cutter;scraping knife;scraping tool;scratcher; scratch tool; scrub; shave hook; shaver;skimmer blade;slick(er); spatula;spokeshave;striking tool; xyster;draw knife;draw shave <木工用>; planning blade <平地机>;adz(e)
刮刀臂 scraping arm
刮刀稠度 <油灰的> knife consistency;knife grade
刮刀垫带涂布机 knife-on-blanket coater
刮刀工 adzed work
刮刀辊 doctor roll
刮刀混合法 spatula rub-out method
刮刀结晶器 scrape chiller
刮刀磨石 scraper hone
刮刀片 film scraper
刮刀式清管器 knife type scraper
刮刀式涂胶机 knife coater
刮刀式挖泥船 scraper dredge(r)
刮刀式钻头 <回转钻进时用于覆盖层,有时亦用于软岩层> drag(-type) bit;blade type cutter head
刮刀套 scraper trap
刮刀条花 knife mark
刮刀头 scraper bit
刮刀涂布 blade coater;blade coating machine;coating with a knife;knife coater
刮刀涂布法 knife coating
刮刀涂层机 knife coater
刮刀纹 doctor line
刮刀卸泥量 knife discharge
刮刀型取料机 scraper reclaimer
刮刀型钻头 drag bit
刮刀钻头 blade bit;digging bit;single-bladed bit; winged scraping bit; drag bit
刮刀钻头结构 drag bit structure
刮刀钻头销 finger of drag bits
刮刀钻头翼片 bit prong
刮刀钻头钻进 drag bit cutting;drag bit drilling
刮导线末端绝缘包皮的工具 wire skinner
刮底腻子 rough puttying
刮底漆腻子 putty up
刮底油灰 rough puttying
刮掉 skim;scale off <锅垢、铁锈等>
刮斗取样器 drag-bucket sampler
刮斗容量 struck capacity
刮斗式装载机 scraper loader
刮斗式装渣机 slusher
刮斗索道 slackline cableway
刮斗装载机 scraper loader; hoe scraper
刮饭式升运器 paddle-type elevator
刮粉刀 doctor blade
刮风持续时间 wind duration
刮风沙 blowing dust;blowing sand
刮缝 raked joint;rake-out(of joint); struck joint
刮缝刀 clearing iron;cutting iron;raising iron; raising knife; raising scriber;rave iron;reefing iron;ripping iron
刮缝钩 rave hook;reef hook
刮缝器 raker
刮缝凿 clearing iron;cutting iron;raising iron; raising knife; raising scriber;rave iron;reefing iron;ripping iron
刮浮渣板 scum baffle
刮干地面 blading and dragging
刮杆 doctor bar;floating rule
刮杆刮平 rodding
刮钢尺 steel scraper
刮杠 base screed; darby (slicker); screed
刮弓 scratching of pantograph; touched horn of pantograph
刮沟刀 <筑路机的> back sloper
刮沟机 side scraper
刮垢板 cleaner bar
刮垢环 wiper ring
刮垢效果 scraping effect
刮谷机 grain scraper
刮管刀 pipe scraper;tube scraper
刮管工具 pipe scraping tool
刮管器 bullet;go-devil(bullet);pipe go-devil; pipeline scraper; pipe scraper; scraper; scraping apparatus;tube scraper
刮光 dub;slicing
刮光板 scraped board
刮光的拉毛粉刷 scraped rendering; scraped stucco
刮光面 scraped surface
刮棍 doctor bar;doctor blade
刮痕 arrow mark; scrape; scratch(ing)
刮痕工具 scratcher
刮痕抹子 devil float;wire scratcher
刮痕器 scratcher
刮痕试验 scratch test
刮痕硬度 scratch hardness
刮痕硬度试验 scratch hardness test
刮花 sgraffi(a)to
刮画板 scratch board
刮环 scraper ring
刮灰刀 hacking knife
刮灰平面标点 dots
刮秽 scraping iron
刮浆 squeegee
刮浆刀 cleansing doctor;doctor blade
刮浆缝 struck joint
刮浆机 mortar scraping machine;solutioning machine
刮浆填缝 slush grouting
刮胶 frictioning;proofing
刮胶法 spreader process
刮胶机 spread coater;spreader
刮胶片 doctor blade
刮净器 cleaner
刮具 carry scraper; eraser knife; scraper(blade)
刮具缆索 scraper cable
刮刻硬度 dynamic(al) hardness
刮孔具 coring tool
刮孔口刀 spot faceplate
刮孔口平面 spot-facing
刮孔器 scrape boring bar
刮蜡器 paraffin(e) knife;wax scraper
刮里机 shaving machine
刮链 scraping belt;scraping chain
刮链式输送机 trough-chain conveyer [conveyor]
刮料工具 skimming tool
刮料机 scraper
刮料器 batch scraper
刮料装置 scraper
刮路 blading
刮路机 <耙平路面用> road drag; blade drag;drag broom;drag planer;hone;roadpacker;road scraper; skimmer(shovel);smoother
刮路机铲工 dragman
刮路机驾驶员 dragman
刮路机手 dragman
刮路器 drag;hone;road drag
刮路刷 broom drag;brush drag;drag broom
刮路作业 dragging
刮毛搓齿 sliver tooth
刮毛刀 grainer
刮毛机 hog depilating device
刮毛饰面 scraped finish
刮毛刷 scratch brush
刮煤机 carbon scraper
刮煤器 coal wiper
刮煤深度 depth of scraping coal
刮面 facing;scraped finish;scudding; shaving
刮面法 <一种填缝法> surface removal method
刮面机 facing machine
刮面热交换器 scraped surface exchanger
刮面石 shaving stone
刮面式换热器 scraped surface heat exchanger
刮面式套管结晶机 scraped surface exchanger
刮模 sweep mo(u)lding
刮模面 mo(u)ld facing
刮膜机 film applicator(blade)
刮膜式蒸发器 scraped film evapo(u)rator
刮膜蒸发器 thin-film evapo(u)rator
刮磨(面) scraped finish
刮磨抹灰 scraped rendering
刮抹 skimming
刮墨板 doctor scraper;squeegee
刮墨不正确 doctoring of inks incorrect
刮墨刀角度 angle of wipe
刮墨刀(片) doctor blade; scraping blade
刮墨水字迹刮刀 steel eraser
刮泥板 mud relief; mud scraper; roll scraper
刮泥澄清池 scraper type clarifier
刮泥刀 drag broom;mud scraper
刮泥机 carryall; mud drag; mud dredge (r); mud scraper; sludge-collecting machine; sludge collector;sludge scraper
刮泥机板 scraper bar;scraper blade
刮泥机构 sludge-collecting mechanism
刮泥刨刀 scraper plane
刮泥器 scraper
刮泥设备 scraping equipment
刮泥式沉淀池 scraper type settling tank
刮泥型 sweeping loam mo(u)ld
刮泥絮凝池 scraper type flocculator
刮腻刀 <安装玻璃用> hacking knife
刮腻子 scratch in
刮腻子刀 glazier's chisel;putty knife; stopping knife
刮腻子方法 putty method
刮腻子及砂光 stopping and smoothing down
刮抛机 scraping-throwing machine
刮刨 adz(e) plane;scraper plane
刮泡刷 collecting brush
刮泡装置 float skimming device
刮配 bedding-in
刮皮铲 spud
刮皮刀 beam knife;lap shaver
刮皮工具 skinner
刮皮器 bark blazer
刮片 darby;doctor bar;doctor knife; screed
刮片法 doctor-blading process
刮平 drag(ging);dubbing;level off; scalping; screed (ing); shaving; skim(-grading);strike(off);striking(off);dubbing out <打底抹面找平>
刮平板 strike(-off) board;striking board
刮平层 drag level(l)ing course
刮平尺 darby float
刮平刀 grooved butt ca(u)lking tool; paint scraper;reeding tool
刮平道路 scalp
刮平的 struck
刮平的木材 dressed lumber
刮平法 strike-off method
刮平缝 struck joint
刮平缝内多余砂浆 stricking joint
刮平工作 scratch work;screed work

G

刮平计量 strike-off measure
刮平梁 strike-off beam
刮平路机 road drag
刮平路面 hone;skim-grading;honing
刮平镘板 derby slicker
刮平镘刀 taper trowel
刮平面层 screed-coat
刮平器 strickle
刮平容量 <容器装料后顶面刮平相当于装水状态时的容量> struck capacity
刮平线 striking-off lines
刮平修整机 screed finisher
刮平压实 blading compaction
刮平样板 screeding board; strike-off screed
刮平用样板 <混凝土> cutting screed
刮平匀泥尺 strike-off screed
刮平准条 strike-off screed
刮铺垫层 screeded bed
刮铺法 screeding
刮铺(混凝土路面)修整机 screed finisher
刮漆 scrape paint
刮漆板 doctor scraper
刮漆铲 stripper
刮漆刀 doctor blade; paint chipping chisel
刮漆机 paint scraper
刮器 rabbler
刮去 dub(bed) off; grind off; pare; raze;scrape off;scratch off
刮去导线上的绝缘层 skinning
刮去法 sweeping-out method
刮去金属水垢 metal furring
刮刃 scrape blade
刮软机 staking machine
刮扫式输送螺旋 sweep auger
刮砂 striking off
刮砂板 sand plow; sand scraper; strike-off bar
刮砂机 sand drag
刮伤 scuffing
刮伤表面阻力 scoring resistance
刮伤记录 score
刮伤汽缸 scored cylinder
刮伤曲柄销 scored crank pin
刮伤趋势 <表面摩擦时的> scoring susceptibility
刮勺 spattle;spatula
刮舌板 tongue scraper
刮式链板传送机 drag link conveyer [conveyor]
刮式链板传送器 drag link conveyer [conveyor]
刮式链板输送机 drag link conveyer [conveyor]
刮术 erasion
刮树皮器 bark scraper
刮刷车 squeegee buggy
刮水片 windshield wiper blade;wiper blade;wiper <汽车风挡的>
刮水器 screen wiper; window wiper; windscreen wiper;windshield wiper; wiper <汽车风挡的>;wiper arm
刮水器柄 wiper handle
刮水器的间歇擦拭 intermittent wiping
刮水器电动机 electric(al) wiper motor;wiper motor
刮水器杆 wiper rod
刮水器开关 wind shield wiper switch
刮水器真空调节器 wiper vacuum governor
刮水器真空助力器 wiper vacuum booster
刮水器轴 wiper shaft
刮碳器 carbon scraper
刮条 doctor bar
刮铁刀 iron scraper
刮涂 blade coating;doctor(kiss) coating;doctor knife coating;knife applied;scratch coat
刮涂棒 bar coater;drawdown rod;equalizer rod
刮涂法 doctor blade method; spread coating;knife coating
刮涂机 bar coater; doctor coater; spread coater
刮涂卡片 drawdown card
刮涂膜 casting;drawdown
刮涂腻子 knifing filler
刮涂施工 doctor-blade application
刮涂用高黏[粘]度清漆 knife varnish
刮土板 cleaner bar;clean-up scraper
刮土柄 trash bar
刮土铲运机 buck scraper;slip scraper
刮土戽斗 scraper bucket;scraper pan
刮土机 bull-clam shovel;cable-hauled bucket;carry scraper;draw shave; earth scraper; maintainer; road-packer; scraper; scraping tool; skimmer shovel;surface scraper
刮土机斗 <箱形的> box-shaped scraper bucket;box type scraper bucket
刮土机刮板 scraper flight
刮土机抓斗 scraper grab
刮土机组 scraper fleet
刮土平地机 scraping grader
刮土平地造坡机 grader scraper
刮土拖拉机 pulling scraper
刮微风 breeze
刮污泥机 sludge scraper
刮洗 decrusting
刮洗井壁 wall scrape
刮线勾缝 struck joint pointing
刮削 facing;scraping;shave;shaving; skiving;skive <皮革表面的>
刮削机 drag scraper
刮削磨损 skimming wear
刮削刨 cabinet scraper
刮削器 flake tool;scraper
刮削式热交换器 scraped heat exchanger
刮削损耗 skimming wear
刮削作用 gouging acting
刮鞋板 foot scraper
刮屑 shave
刮屑收集器 scraper trap
刮型板 stricking board;sweep board
刮型器 strickle
刮雪板 snow scraper
刮雪机 snow scraper;snow spreader
刮雪样器 snow sample cutter
刮压 broom
刮研 bedding-in; rescrape; scraping; spotting-in
刮研表面 scraped surface
刮研产生的铁屑 scraping iron
刮研磨法 scraping and grinding method
刮油边 scraping land
刮油刀 oil scraper
刮油环 cutter oil ring; oil scraper ring; oil scraping ring; oil wiper; scraper ring;scraping ring
刮油灰 putting
刮油灰安装玻璃 putty glazing
刮油活塞环 oil scraper piston ring
刮油棱缘 scraping edge
刮油密封环 wiper seal
刮油器 oil scraper; oil wiper; wiper; wiper arm
刮油圈 oil scraper ring;scraper ring
刮油效率 scraping effectiveness
刮油压缩环 scraper compression ring
刮油涨环 fettling disk
刮油胀圈 scraper ring
刮运机 scraper transporter; scraping tool
刮运推土机 scrape dozer
刮运装置 drag scraper
刮渣板 scum board
刮整表面 skim-grading
刮脂 dipping
刮脂工 dipper
刮制 striking(-up)
刮制芯 strickling core
刮治术 scaling
刮轴衬用的刀 bush knife
刮砖 brick raking
刮准直边 scraped straight edge
刮子 <铸造用> slicker
刮走 blow-off

胍 carbamidine

胍醛树脂 guanidine aldehyde resin
胍唑 guanazole

剐槽 necking-groove

寡腐生生物带 oligosaprobic zone

寡头 oligarch
寡味 insipid taste
寡污带 oligotrophic zone
寡污水腐的 oligosaprobic
寡污水腐生带 oligosaprobic zone
寡盐的 oligohalobic
寡盐生物 oligohaline
寡盐水 oligosaline water
寡养沼泽 oligotrophic swamp
寡营养的 oligotrophic
寡营养湖泊 oligotrophic lake
寡营养湖型水体 waters of oligotrophic lake type

卦限 octant

卦限消声室 octant anechoic chamber;octant anechoic room

挂 impend

挂板 clevis for phone rack
挂壁式仪表显示 wall panel display
挂布 valance
挂彩旗的船 flag dressed vessel
挂叉板 finger bar;finger-board
挂车 attach a vehicle; bogie truck; drawbar trailer; hand car; hauled vehicle; semi-trailer; towed vehicle;trail car;trailer;two-wheeler; wagon;picking-up of wagons
挂车编组场 trailer yard
挂车车体 trailer body
挂车船 trailer ship
挂车灯电线插座 trailer lamp socket
挂车灯接头 trailer light coupling
挂车底盘 trailer chassis
挂车队 <卡车牵引的> trailer train
挂车和起重联合机 combination trailer and crane
挂车甲板 trailer deck
挂车联结孔 trailer pintle eye
挂车联结器 trailer hitch
挂车链工 lasher-on
挂车列车 tractor train;trailer-drawn train
挂车列车公司 <美> Trailer Train Company
挂车坡道区 trailer ramp area
挂车栓钩 trailer hitch
挂车停放场 trailer park;trailer standing area
挂车拖挂器 trailer coupling
挂车脱钩制动电开关 breakaway switch
挂车驮运 trailers-on-flat-car
挂车制动器 trailer brake
挂车重量 trailing weight
挂车转向架 trailer truck
挂车作业 coupling operation
挂带的活动住房 dependent mobile home
挂袋架 bag-hanger
挂袋器 bag retainer
挂挡 engage a gear; engager; engaging;put into gear;put into stalk
挂刀灰砖缝 slushed joint
挂灯 hanging lamp; lantern light; pendant lamp
挂灯浮标 light buoy
挂低速挡 drag down
挂吊篮 <桥梁施工时浇筑混凝土用> casting travel(l)er
挂顶吊架 <起吊集装箱的> top lift(ing) spreader
挂斗 trailer car
挂斗振浆法 hopper-pressing and vibrocasting process; hopper vibration method
挂断电话 hang-up telephone
挂舵钩 rudder hanger
挂耳 <电解极板上的> hangers;suspension loop;lifting lug
挂耳式阳极 coped-lug type anode
挂耳砖 hanger brick
挂帆 bend a sail
挂帆钩 gunter iron
挂杆 lug pole
挂港 port of call
挂港顺序 port rotation
挂钩 dropper; hanging bolt; hitch clevis;hook(er);hook hitch;hooking; hookup; latch hook; peg; prong; shackle; suspender; suspension clip;towing eye
挂钩板条 <衣服> hook strip
挂钩槽 hanger pocket
挂钩工 knuckle man
挂钩工人 hooker-on;slinger
挂钩荷载 draft load
挂钩痕迹 tong mark
挂钩滑轮 hook block
挂钩开关 <电话机的> hook switch; switch hook
挂钩孔 trailer pintle eye
挂钩拉力 drawbar load;drawbar pull
挂钩能力 drawbar capacity
挂钩牵引功率测定 drawbar power measurement
挂钩牵引力 drawbar pull
挂钩牵引马力 drawbar(horse)power
挂钩牵引拖车 drawbar trailer
挂钩牵引效率测定 drawbar efficiency measurement
挂钩速度 coupling speed
挂钩套 hanger pocket
挂钩梯链 <在楼房的窗口挂数架挂钩梯> pompier chain
挂钩销 coupled pin; coupler pin; hanger pin
挂钩眼 towing eye
挂钩支承 hanger bearing
挂钩砖 filler brick; plate block; tuck stone
挂钩组件 hook sub-assembly
挂管钩 pipe hanger
挂号 log-in; recording of calls; register;registration;registry
挂号处 registration office;registry
挂号单分配台 <电话> ticket distribution table
挂号费 registration fee
挂号接续制 delay working

挂号通报 booking call
挂号通话有效百分比 percentage of effective to booked calls
挂号通信[讯] poll
挂号线<电话> order wire;call wire;recording circuit; record operator's line
挂号线分配器 order wire distributor
挂号信 registered letter;registered mail
挂号信间<邮政车> register cage
挂号信箱<邮政车> register case
挂号用户 client;clientage
挂号员 registrar
挂号制<长途电话> delay base
挂号制接续 delay basis operation
挂花树 sweet osmanthus
挂滑块<地下连续墙> running block
挂滑坡 cascade
挂画钩 picture hook
挂环 suspension loop
挂环螺栓 suspension bolt
挂环座 link bracket
挂机 on-hook
挂机继电器 hung over relay
挂机艇 outboard motor
挂机信号 hang-up signal
挂机状态<电话> hook state;receiver-on-hook condition
挂架 gallows
挂架浴槽显影 rack-and-tank processing
挂桨 outboard motor
挂桨艇 outbound craft
挂脚手 swing(ing) scaffold
挂脚手架 hanging scaffold(ing);needle scaffold;suspended scaffold(ing)
挂接机构 hitch mechanism
挂接索引 articulated index
挂结层 lacing course
挂结和脱开轨道<索道的> locking and unlocking rail
挂镜条 picture rail
挂镜线(条) picture mo(u)lding; picture rail;wall wooden mo(u)lding
挂具 rack
挂靠港 port of call
挂孔 drop-in span; suspended space; suspended span
挂跨 drop-in span
挂篮 aerial car;basket;cradle;suspended wagon;travel(l)er;travel-(l)ing forms;form traveler <用于桥梁悬臂施工的吊装机械>
挂缆柱 checking bollard
挂离合器 engage a clutch
挂历 wall calendar
挂帘 dorsal
挂帘杆 curtain rod
挂帘横杆 tringle
挂帘子 curtain
挂帘子的横杆 tringle
挂链式多斗挖掘机 hanging-chain excavator
挂梁 drop in girder;drop-in span;suspended beam; suspended girder; drop-in beam
挂料 bridging;hanging(of a charge); hang(ing)-up
挂留<喷射混凝土立面或顶面上的> sagging
挂柳 curtain of willow
挂炉 beading-down
挂轮 change gear;gear change
挂轮板 quadrant plate
挂轮架 change gear plate; horse's head;strap frame gridiron;tumbler arm;tumbler gear reverse
挂落【建】 interior tracery;decorative overhang;hanging fascia;spier
挂满旗【船】 dressed full; dress ship overall;full dress;rainbow dressing
挂满旗的船 dressing ship
挂帽钩 hat hook;hat peg;hat pin
挂门钩 door bolt;door hanger
挂门柱 hanging post
挂名的 fictitious;titular
挂名董事 dummy director
挂名公司 sleeping company
挂名账户 fictitious account
挂名职务 sinecure
挂名资产 fictitious assets
挂木索 chocker
挂木索钩 chocker hook
挂幕 cancelli
挂牌 go-public
挂牌汇价 posted rate
挂牌价格 listed price
挂牌证券 listed securities;quoted securities
挂盘 hanging plate
挂片试验 coupon test
挂起 hang(ing)-up;hoist up;put up;suspend
挂起终端 held terminal
挂起状态 suspended state;suspension
挂铅的 lead-lined
挂墙板 hanging wall panel
挂墙绞车 overhung wall winch
挂墙面板 vertical shingling
挂墙散热器 wall radiator
挂墙石板 slate hanging;weather slating
挂墙式 wall-hung type;wall-mounted type
挂墙式风扇 wall-mounted fan
挂墙式混合机 wall mixer
挂墙式淋浴器 wall(-hung) shower
挂墙式器具 wall-hung fixtures
挂墙式散热器 wall-type radiator
挂墙洗手盆 wall-hung lavatory
挂肉架<冷藏车> beef rack; meat rack
挂三角旗 hoist pennants
挂上 hook
挂上汽车的重载转向架<装有集装箱的> loaded bogie attached to truck
挂石板瓦 slate hanging
挂石板瓦和瓦的木板条 slating-and-tiling batten
挂石板瓦(木板)条 slating battens
挂式板瓦 weather tiling
挂式大便器 wall-hung water closet
挂式电话 hang-up telephone
挂式电话机 hanging telephone set
挂式罗盘悬挂环 suspension ring of hanging compass
挂式散热器 wall(-hung) radiator
挂式推进器 outboard motor
挂式驮运业务 piggyback service
挂式温度计 sling thermometer
挂式洗脸盆 wall-hung lavatory
挂式小便器 hang-type urinal; wall-hung urinal
挂式饮水泉 hang-type drinking fountain
挂水准器 hanging level;suspend level
挂丝 suspended wire; suspending wire;suspension wire
挂索 messenger
挂索工 rig-up man
挂索驱动装置 pintle hitch
挂索桩 toggle
挂锁 padlock;portable lock;ring latch
挂锁式滑轮<挖掘机> bucket sheave
挂锁用的金属环 staple
挂锁支架 paddock holder
挂毯 arras;tapestry
挂毯地图 tapestry map
挂毯式玻璃<一种不透明花纹玻璃> tapestry glass
挂梯 hook ladder
挂提引器 put elevator on links
挂铁 hanger iron
挂艇索 davit;davit guy
挂铜 coppering
挂筒 cup
挂图 hanging chart; wall chart; wall map
挂图架 scroll picture rack
挂图像用金属线 picture wire
挂瓦 hang(ing) tiling; hung tile [tiling];vertical tiling
挂瓦板条 tile[tiling] batten
挂瓦钉 head nailing
挂瓦法 tile hanging
挂瓦钩 tile hook
挂瓦条 batoon;batten(stri)p;ga(u)ge lath;ground work;roof batten;roofing beam; roof lath; slate batten;slate lath;tile batten;tile lath;tile strip;tiling batten;wood batten
挂瓦条间距按瓦材尺寸决定 battens spaced for roof tiles
挂瓦条中心距 margin
挂弯点 knee point;point of curvature
挂网 netting;suspended net
挂网法 screen method
挂网片 half-tone photograph; screen copy
挂网图像 screening imaginary
挂网阳片 screened diapositive
挂网阴片 broken-tone negative;negative for screening; screened base; screened negative
挂网正射像片 screening orthophoto
挂物架 rack
挂物索 jack stay
挂线 drainage thread;set-on
挂线标杆 line pin
挂线盒 ceiling rose
挂线销钉 line pin
挂信号旗 hoist a signal;hoist of flag
挂胸电话机 breast telephone
挂牙刷瓷砖 tooth-brush holder tile
挂檐板 eaves-hung fascia
挂窑皮 coating adhering;coating formation
挂窑皮能力 capacity for picking up coating;coatability
挂窑皮试验 coating test
挂衣板 cloak rail
挂衣钉 cloak nail;coat nail
挂衣钩 cloak hook; clothes-hook; robe hook
挂衣棍 dress pole
挂衣集装箱 hanger container;hanger-pack clothing container
挂衣架 coat rack;dress rack
挂鹰钩 dog
挂有邮政车的旅客列车 mail train
挂釉面 glazed finish
挂釉素地 all clay body
挂在墙上的烘箱 wall-mounted oven
挂在水平钢丝绳上 line level
挂直 set plumb
挂钟 hanging clock;wall clock
挂钟机芯 wall clock movement
挂钟菌<拉> Cyphella
挂钟线<机械、电气设备用的可移动的> bell hanging
挂重锤电晕线的集尘器 weighted wire precipitator
挂重法断裂试验 hanging test
挂轴器 shaft hanger

拐臂 connecting lever;guide blade arm; regulating crank; regulating lever

拐臂液压挖掘机 offset hydraulic excavator
拐档表 crank deflection ga(u)ge
拐档差 crank deflection
拐点 buckling point;flex point;inflecting point; inflection point; inflecture point; inflexion point; knee point;point contra-flexure;point of contraflexure; point of inflection; point of inflexion; spinodal; yield point;knick point<曲线图的>
拐点处的降深 drawdown at inflection point
拐点处的时间 time at inflection point
拐点处的斜率 slope at inflection point
拐点的横坐标 abscissa of crippling point
拐点读值 reading value of inflection point
拐点发射电流 inflection point emission current
拐点法 inflection point method
拐点分解曲线 spinodal curve
拐点灵敏度 knee sensitivity
拐点频率 break frequency; corner frequency;knee frequency
拐点数 number of inflection point
拐点温度 inflection temperature
拐点正交切线法 inflection-tangent-intersection method
拐钉 dog nail
拐度 flexion
拐法线 inflectional normal
拐渐近线 inflectional asymptote
拐角 corner;inflection angle;round a corner
拐角侧房<建筑物> return wing
拐角点 corner point
拐角环筋 looped bar
拐角混凝土砌块 offset block
拐角频率 corner frequency
拐角式气钻 corner drill
拐角条砖<釉面砖的配件砖> curb bend
拐角凿子 cape chisel
拐角周期 corner period
拐结点 flecnode
拐切线【数】 inflectional tangent
拐弯 round a corner;wreath<楼梯扶手>
拐弯架线拉张器 pull-off
拐弯角柱 newel
拐弯井段 dogleg
拐弯拉张线 pull-off wire
拐弯木材 knee timber
拐弯式构架 knee frame
拐弯式构造 knee structure
拐弯托座 knee-braced bracket
拐杖 crosier [crozier]; crutch; lean stick
拐折 stagger
拐折管排 staggered tubes
拐折空气加热器 staggered air heater
拐折伸展 inflexion stretch
拐肘 crank
拐肘臂 crank arm
拐肘动作锁闭杆 crank actuating locking bar
拐肘机构 crank mechanism
拐肘角 crank angle
拐肘箱 crank box;crankcase
拐肘销 crankpin
拐肘座 crank base; crank frame; crank stand

怪诞的装饰图形 grotesque

怪峰效应 ghosting effect
怪坡屋顶 odd-pitch roof
怪氰酸 isocyanilic acid

怪球 exotic sphere
怪物 monster
怪异 monstrosity
怪引子 strange absorber
怪状丑角像装饰 marmoset
怪状动物雕像 antic
怪状人面装饰【建】mask
怪状人面装饰石 <在线脚终止端的> mask stop
怪状头饰 mascaron

关 turnout;shutoff

关闭 blackout; blankoff; closedown; close up; closing(in); cut-out; fold up(wards); gag; lay-off; locking; phase down; remove from the line; setting off; shut-down; shut-off; stoppage; switch(ing)-out; throw off; winding up; cut off
关闭把手 blind catch
关闭标记 closing flag
关闭博奕 closed game
关闭不全 incompetence [incompetency]; insufficiency
关闭部分 closed portion
关闭部件 shut-off block
关闭迟延 delayed occlusion
关闭出口匝道 exit ramp closure
关闭的 blocked
关闭的电动机 dead motor
关闭电流 switch current
关闭动作 closing action; closing movement
关闭发动机 engine cut-off
关闭发动机信号 cut-off command
关闭发送机 transmitter off
关闭阀 closed in pressure valve; cut-off valve; cut-out valve; isolating valve; shut-off valve
关闭阀门 water stop
关闭方向 closing direction
关闭分程序 close block
关闭风门 shut-off damper
关闭杆 pole shut-off
关闭工厂 close the plant
关闭管 blank(ed) off pipe
关闭管路 blind off a line
关闭规律 closing law
关闭过程 close procedure
关闭航空站 closed aerodrome
关闭横木 shutting post
关闭环 closing ring
关闭活门 water stop
关闭机构 closing organ
关闭机械装置 closing mechanism
关闭间隔 off-interval
关闭件 closing member; closure member
关闭建议 closure proposal
关闭节点 closed node
关闭进路 closed route
关闭井 shut in a well
关闭井压力 shut in pressure
关闭拉索 closing cable
关闭连接 close junction
关闭龙头 cut-off tap
关闭螺线管 shut-off solenoid
关闭脉冲 stop pulse
关闭暖气 turning off steam
关闭汽缸 shifter cylinder
关闭器 blanker; shut-off device
关闭区段 closed block
关闭区间 closed block
关闭曲柄 locking crank
关闭日 shut-down day
关闭入口匝道 entrance ramp closure
关闭塞 closing plug
关闭设备 closing device
关闭时间 shut in time; time of closure
关闭式闸门 shut-off trap
关闭事件 closed incident
关闭速度 closing speed
关闭体系 closing system
关闭调节器运行 running with regulator closed
关闭图段 closing segment
关闭网络管 shut-off solenoid
关闭位置 closed position; off position; release position; on position <指信号机>
关闭文件 closed file; closing file
关闭文件或设备 closing a file or device
关闭物 closure
关闭系统 shut-down system
关闭线路 shut-down circuit
关闭线路停止行车 closing a line to traffic
关闭效应 blackout effect
关闭信号 closing signal; holdout signal; put a signal at stop; shut-down signal
关闭信号检查 off signal proving
关闭行程 closing stroke; shut-off stroke
关闭旋塞 cut-off tap; cut-out tap
关闭选别器 drop-off slot
关闭压力 closing pressure; shut-off pressure
关闭压头 shut-off head
关闭牙间隙 closing(inter) dental space
关闭引流法 closed drainage
关闭语句 closed statement
关闭闸门的临界时间 critical time of gate closure
关闭闸门时船闸内水域 lock bay
关闭者 shutter
关闭指令【计】out code
关闭、制动联合动作 closing and checking action
关闭中心电极 <发火栓> core bridging
关闭终端 closing a terminal
关闭装置 shut-off unit; shutting-off device
关闭状态 off position
关并 closing in
关不上闩 failure to breech
关仓交货 ex bonded warehouse
关车 power cut-off
关戴耳机 head set
关灯 switch off; switch out
关灯驾驶 blind driving
关电 switch off; switch out
关店 shut-down
关掉主汽缸 kickout master cylinder
关东槭 manchurian maple
关断 cut-out; shut-off
关断瓣 shutting flap
关断位置 scram position
关断行程 closing stroke
关断旋塞 shut-off cock; shut-out cock
关断装置 shutting-down device; shutting-off device
关阀器 valve-closure member
关封 customs cover; customs seal
关封装置 customs sealing device
关机 closedown; cut-off; logoff; shutdown; switch off; tail off
关机后的 postboost
关机时间 off-time; unused time
关机条件 cut-off condition
关机信号 disconnecting signal; shut-off signal
关键 crux [复 cruxes/cruces]; hinge; juncture
关键步骤 committed step
关键部分 key component
关键部分第一 critical piece first
关键部件 critical component
关键部门 key sector
关键部位 juncture; key point
关键材料 critical material
关键参数 key parameter
关键操作 key operation
关键产业 key industry
关键车道 critical lane
关键车道法 <信号配时> critical lane technique
关键车道检测 critical lane detection
关键程序 critical sequence
关键船闸 controlling lock
关键词表 anti-stop list; go-list
关键地区 critical region; key area
关键点 critical point; key position; key point
关键断面 critical cross-section
关键反应 key reaction
关键方案 dominant alternatives
关键工程 critical job; key construction; key project; key works
关键工程项目 key engineering project
关键工点 key point in construction
关键工序 critical activity; critical process; key manufacturing operation
关键工序线路法 critical path method
关键工业 key industry
关键工作 critical activity; key job
关键顾客 career customer
关键规定 key criterion
关键河段 critical reach; critical section
关键环路 critical loop
关键机械 key machine
关键基面 critical reference surface
关键技术 key technique; key technology
关键检验 critical examination
关键件 critical part
关键交叉口 critical intersection; key intersection <联动信号系统的>
关键交叉口控制 critical intersection control; key intersection control
关键阶段 critical phase
关键结点 key event
关键列 key column
关键零件 crucial element
关键流向 critical movement
关键流向分析技术【交】critical movement analysis technique
关键路方法 critical path method
关键路径 <运筹学> critical path
关键路径调度 critical path scheduling
关键路径法 critical path method
关键路线 critical path
关键路线程序 critical path scheduling
关键路线法 critical path method
关键路线法安排进度表 critical path scheduling
关键路线法编制计划 critical path planning
关键路线法进度表 critical path method schedule
关键路线法网络计划中的虚假作业 dummy activity
关键路线分析 critical path analysis
关键路线规划 critical path planning
关键路线模式 critical path model
关键路线图 critical path scheduling
关键路线制表 critical path scheduling
关键码 key code
关键码表 key code table
关键码串 cluster of keys
关键码方案 key scheme
关键码分类 key sort
关键码改变 key change
关键码技术 key technique
关键码间隔 gap of keys
关键码取样方案 key sampling scheme
关键码压缩 key compression
关键码元组 key tuple
关键码元组文件 key tuple file
关键面 critical plane
关键目标群 component target system
关键人群组 critical group
关键人物 keyman
关键人员 key person
关键日期 key date
关键少数 vital few
关键设备 vital plant
关键设备包 key equipment package
关键时刻 critical moment; critical point; crucial point; crunch; important juncture; key point
关键时期 critical period
关键事件 key event
关键事件计划 key event schedule
关键术语 key term
关键水深计算流量法 critical depth discharge measurement
关键特性 key feature
关键停车站 critical stop
关键微操作 critical microoperation
关键位置 key pollution; key position
关键问题 crux problem; governing aspect
关键物资 critical material
关键误差 critical error
关键系统参数 key system parameter
关键线进度计划 critical path method schedule
关键线路 <运筹学> critical path
关键项 key term
关键项目 key activity; key item; milestone activity
关键项目进度表 key schedule
关键信息 critical information
关键性部件 critical piece
关键性的 crucial
关键性定线特征 key layout feature
关键性工程项目 critical activities or work items
关键性功能 critical function
关键性故障 major failure
关键性技术 critical technique; gordian technique
关键性技术问题 critical engineering problem; gordian technique problem
关键性设计的检查 critical design review
关键性投入 critical input
关键性污染物 critical pollutant; key pollutant
关键性误差 critical error; key error
关键因素 critical factor; governing factor; key factor
关键因素分析 critical factor analysis
关键语 key word
关键域 key domain
关键元件 key element
关键元素 key element
关键运行 critical movement
关键照射途径 critical exposure pathway
关键指令 key instruction
关键中间体 key intermediate
关键属性 keyed attribute
关键转移途径 critical transfer pathway
关键状态 key state; milestone state
关键准则 key criterion
关键资源 key resources
关键资源的工业 key resource type

industry
关键字 key word
关键字参数 keyword parameter
关键字到地址转换 key-to-address conversion
关键字段 key field
关键字检索 key joint pointing; key search
关键字数据项 key data item
关键字项 key item
关键字值 key value
关键字值长度 key value size
关键字值集 key value set
关键字组合 combination of key
关键租户 anchor tenant
关键组分 key component
关键组件 key component
关节 articulation;elbow;joint;knuckle
关节凹底平车 well articulated car
关节变形 joint deformity
关节传动凸缘 knuckle drive flange
关节的 articulatory
关节点 articulation point
关节动臂 articulated boom
关节动车 articulated rail-car
关节动车组 articulated train unit
关节耳轴 knuckle trunnion
关节(杆)臂 knuckle arm
关节构架转向架 articulated frame truck
关节构造 ball and socket structure
关节骨架车 articulated car
关节活节式货车 articulated wagon
关节接合 articulated joint; knuckle joint
关节立柱(货车)articulated stanchion
关节连接积木式公共交通车 articulated modular transit vehicle
关节连接装置 oscillating hitch
关节联轴节 articulated coupling
关节链 articulated chain
关节列车 articulated train
关节式机车 articulated locomotive
关节式机器人 prosthetic robot
关节式机械手 articulated manipulator
关节式集电弓系统 articulated pantograph system
关节式列车的一节 section of articulated train
关节式内燃液力传动机车 articulated type diesel hydraulic locomotive
关节式平板车 articulated platform
关节式潜水服 articulated diving suit
关节式轻型轨道车 articulated light rail vehicle
关节式深水潜水系统 articulated deepwater atmospheric diving system
关节式载人潜水器 articulated manned submersible
关节式装油臂 articulated loading arm;articulated operation arm
关节枢轴 knuckle pivot
关节痛 joint evil
关节头 caput articularis
关节凸缘毡弹簧 knuckle flange felt spring
关节推力轴承 knuckle thrust bearing
关节橡胶接头 articulated rubber joint
关节橡皮垫 articulated rubber joint
关节销 articulating pin;knuckle pin
关节销盖 knuckle-pin cover
关节销螺母 knuckle-pin nut
关节销内倾角 knuckle-pin angle
关节形转向臂 knuckle arm
关节型道岔设备包 package of joint turnout
关节型道岔锁闭器 joint type switch lock
关节型三开道岔 joint three-way turnout
关节型五开道岔 joint five-way turnout
关节炎 arthritis
关节液 joint fluid
关节液力起重机 articulated hydraulic crane
关节有轨车 articulated rail-car
关节支 articular branches
关节支架 knuckle support
关节止推轴承 knuckle thrust bearing
关节轴承 joint bearing;knuckle bearing;oscillating bearing;spheric(al) plain bearing;swivel joint bearing
关节轴承锥 knuckle bearing cone
关节转向架 articulated bogie;articulated truck
关节转向架中心距 articulation bogie centers
关节状的 kneed
关节状节理 ball-and-socket jointing; cup-and-ball joint(ing)
关紧 make fast
关进 locking in
关井井口压力 well-head pressure
关井立管压力 well-off stand pipe pressure
关井时产量 closed in production
关井时井底压力 closed in bottom hole pressure
关井压力 shut in pressure
关境 customs area
关卡 barrier; bottleneck; checkpoint; customs barrier
关连工业 linked industry
关连团体 <个体将自己与团体关连在一起,并心理上切望与其相关连的团体协调一致> reference group
关连形体间的方向 orientation of related features
关联 correlation;linkage;relevance
关联(边缘)学科的 interdisciplinary
关联变址 context indexing
关联标量类型 associated scalar type
关联表 association list; contingency table
关联参数 relevant parameter
关联产品 related product
关联词 associated word;correlative
关联存储器 associative storage
关联的 associated;incident
关联电路 parallel circuit
关联度 degree of incidence
关联方程 tie-in equation
关联分光计 correlation spectrometer
关联分析 correlation analysis
关联公理 axiom of alignment; axiom of connection;incidence axiom
关联公式【数】incidence formula
关联关系 incidence relation
关联含数 incidence function
关联化合物 allied compound
关联集合类型 associated set type
关联界限 bound of interconnection
关联矩阵 associated matrix;incidence matrix
关联流动法则 associated flow rule
关联内存储器 associative memory
关联平衡 interaction balance
关联平衡原理 interaction balance principle
关联色 relative colo(u)r
关联失效 relevant failure
关联数 incidence number
关联数据 associated data
关联图 associated diagram; association diagram
关联系数 coefficient of association; incidence coefficient
关联向量 interconnection vector
关联信令 associated signal(l)ing
关联性 relevance
关联性反馈 relevance feedback
关联性分析 association analysis
关联因子 association factor
关联预测 interaction prediction
关联预测法 interaction prediction approach
关联预测原理 interaction prediction principle
关联约束 interconnection constraint; tie-in constraint
关联张量 associated tensor
关联转换 context switch(ing)
关联装置 correlating device;correlator device
关联子 correlator
关贸总协定 General Agreement on Tariff and Trade
关门横木 shutting post
关门及制动装置 closing and checking mechanism for doors
关门木桩 shutting post
关门器 door check;door closer;overhead device for closing; overhead door closer
关门器装置 door closer mounting
关门器座 door closer bracket
关门套加固器 closer reinforcing sleeve
关门装置 closing device
关灭停车灯及尾灯 <防空时> blackout stop and tall light
关起来 lock in
关气阀 air shut-off valve
关气杆 air shutter lever
关气机 air shutter
关区 customs district
关入 lock in
关入小室 cab(in)
关税 customs due; customs duty; duty;tariff(duty)
关税保护 tariff protection
关税保护政策 protectionism
关税保险 duty insurance
关税报告表 customs union
关税报关 customs debenture
关税壁垒 customs barrier; tariff barrier;tariff wall
关税表 customs tariff; tariff; tariff schedule
关税的估定 evaluation for customs purpose
关税的支付 payment of customs
关税地区 customs area
关税定额 tariff quota
关税法 tariff act
关税分类草案 draft customs nomenclature
关税负担者 incidence of duty
关税附加税 customs fee
关税港 customs harbo(u)r
关税归宿 incidence of duty
关税豁免 customs franchise;relief of customs
关税减免 exemption from custom duty;tariff concession
关税减让 concession of tariff; tariff concession;tariff diminution
关税鉴定人员 duty appraiser
关税局 tariff bureau
关税控制 customs control
关税率 customs tariff;rate of duty
关税率配额 tariff-rate quota
关税配额 customs quota;tariff quota
关税评定 customs appraisal
关税升级 tariff escalation
关税水平 tariff level
关税税率 customs duty rate;customs tariff;tariff rate
关税同盟 customs union;tariff report
关税退款 duty drawback
关税未付 duty unpaid
关税限额 duty quotas;tariff quota
关税协定 tariff agreement
关税协作理事会 Custom Cooperation Council
关税休战 tariff truce
关税已付 free of customs
关税已付价 ex customs
关税优惠 preferential duty; tariff preference
关税优惠制 preferential tariff system
关税折扣 tariff discount
关税征收 collection of customs duty
关税政策 customs policy;tariff policy
关税自主 tariff autonomy
关税最高限额 tariff ceiling
关死的天窗 dead light
关死扬程 nodischarge pump head
关态电流 off-state current
关、停、并、转、迁制度 system of shifting down and moving polluting enterprise
关务员 customs officer
关系 relation(ship);sake
关系T代数 relational T-algebra
关系表达式 relational expression
关系操作符 relational operator
关系查询 relational query
关系查询语言 relational query language
关系程序设计 relational programming
关系代数 relational algebra
关系单位折扣 channel discount
关系的传递闭包 transitive closure of relations
关系的度 degree of a relation
关系的合成 composition of relations; relational composite
关系的划分 division of relation
关系的完备性 relational completeness
关系的值域 range of a relation
关系的转置 transpose of a relation
关系第一范式 first normal form
关系度 degree of relation
关系方法 relational approach
关系分析 relation analysis
关系符 relation character
关系符号 relational symbol
关系记录 relation(al) record
关系结构 positionality
关系矩阵 relational matrix
关系理论 relational theory
关系逻辑 logic(al) of relations
关系模式 relation schema
关系模式的分解 decomposition of relation schema
关系模型 relation(al) model
关系曲线 rating curve;relation curve; relative curve
关系曲线确定 determination of rating curve; determination of relation curve
关系曲线延长 extension of rating curve;extension of relation curve
关系生态学 ecology of relationship
关系示线图 conventional diagram
关系式 comparison expression; relation(ship);relationship expression
关系式数据库 relational database
关系式数据库模型 relational model of database
关系树 relational tree
关系数据库 relation data base
关系数据库模式 relational database schema
关系数据模型 relational data model
关系水位 correlated water level
关系条件 relation condition
关系调节 ratio control
关系调整器 ratio controller

G

关系图 graph of a relation; relation graph; relation schema
关系完备语言 relational complete language
关系妄想 litigious delusion of reference
关系文件 relational file
关系系统 relational system
关系相同 homology
关系行为 relation behavio(u)r
关系型数据库 relational database
关系型数据库管理系统 relational database management system
关系演算 relation(al) calculus
关系银行 correspondent bank
关系原则 relativism
关系运算 relational calculus
关系运算符 relational operator
关系运算子 relational operator
关系直接存取法 relational direct access method
关系重大 make all the difference
关系重大的 crucial
关系属性 attribute of a relation
关系状态 relation condition
关系字符 relation character
关系自动机 relational automaton
关厢 outskirt
关小气门 throttle down
关押 imprisonment
关窑(器) imperial kiln; official ware
关于度量的 mensural
关于化学品的环境资料 environmental data on chemicals
关于基本变量的星号用法 asterisk with based variables
关于建筑的 architective; architectonic; architectural
关于气候与生物的关系的 bioclimatic
关于权利义务的 jural
关于世界的布局 disposition about world
关于随机化的历史见解 historic(al) remark about randomization
关于外国的报告 foreign report
关于研制过程的研究 research-on-research
关于一模的类型 class with respect to a module
关栈 bonded warehouse
关栈费 bonding fee
关栈货值 bonded value
关栈交货 <纳税后> exbond
关栈区 bonded area
关状态 off status

观测 collimation; diagram of observation and experiment; observation(measurement); scan; sighting; take sights

观测板 observation board; observation plate
观测报告 observation report
观测比 observed ratio
观测变量 observation variable
观测标类型 type of point survey signal
观测标石 observation monument
观测标志 observation monument
观测标准 observed criterion; observed standard
观测表 observation watch
观测玻璃 sight glass
观测步骤 observational procedure
观测参数 observed parameter
观测场 observation spot
观测车 test vehicle
观测程序 observation procedure
观测程序表 observational program(me); observing program(me)
观测船 observation boat; observed boat
观测船位 observed position; position by observation
观测船站 observing ship station
观测窗 observation window; observed window
观测次数 number of observation; observation frequency
观测的综合工作 observational synthesis
观测地点 observation place; observation spot
观测地球系统 observation earth system
观测地震图 observation seismogram
观测地震学 observed seismology
观测点 fixed point; observation monument; observation point; observation spot; observed point; observing point; point of observation; point of sight; sight
观测点到抽水孔距离 distance between observation point and pumping well
观测点到投源点距离 distance between observation and reagent dropping point
观测点号 observation point number
观测点距离 space of observation points
观测点类型 type of observation points
观测点密度 density of observation points
观测点数 number of observed points
观测点位移 displacement of observation points
观测点位置图 plan of observation points
观测点研究 investigation of geologic(al) observation point
观测顶距 observed zenith distance
观测订正 reduction of observation
观测读数 observed reading
观测读数值 observed reading value
观测段 measuring section
观测断面 measuring section
观测墩 observation pillar; observation post
观测方差 observing variance
观测方程 observation(al) equation
观测方法 method of observation; observation procedure
观测方位 observed bearing
观测方位角 observed azimuth
观测方向 direction of view; look direction; observed direction; observed ray; X-direction <图形平差时用>
观测分布 observed distribution
观测分量 observation component
观测纲要 observational program(me); observing outline; observing program(me)
观测高度 altitude by observation; calibrated altitude; height of eye; observed altitude
观测高度误差 error in observed altitude
观测工程位置 location of observation project
观测工作延续时间 continuance of observation
观测故障率 observed failure rate
观测管 observation pipe
观测光线 viewing ray
观测机 observation aeroplane
观测机构 sampling mechanism
观测基线 observation base
观测及计算手簿 observation and calculation book
观测计 sight ga(u)ge
观测计划 surveillance program(me)
观测计量振动仪 vibrometer
观测记簿 abstract of observations
观测记录 observational record(ing)
观测记录表 field sheet
观测记录间断 gap in record
观测甲板 observation deck
观测架 observation platform; observing scaffold
观测角 observation angle; look angle <卫星在指定时刻的仰角和方位角>
观测校正向量 vector of observational correction
观测结果 observation result
观测经度 longitude by observation; observed longitude
观测经纬仪 observing theodolite
观测精度 accuracy of observation; observation accuracy
观测井 ga(u)ge[ga(u)ging] well; inspection well; log well; measuring well; observation well; recorder well; terminal well
观测井基准点 reference mark on observation well
观测井群 nested observation wells
观测井设计 observation well design
观测镜 peep hole; sight glass; surveillance mirror; viewing mirror; viewing spectacles
观测距离 observation range
观测均值 observed mean value
观测孔 aperture of sight; measuring well; observation borehole; observation port; observation well; observation window; observed borehole; peep hole; spyhole; viewing port
观测孔到抽水孔距离 distance between pumping well and observation well
观测孔的水位降深 drawdown of water level in observation well
观测孔基准点 reference mark on observation hole
观测孔间距离 distance between observation wells
观测孔深度 depth of observation well
观测廊道 instrument(al) gallery; observation gallery
观测棱镜 observing prism; viewing prism
观测历元 epoch of observation
观测量 observed quantity
观测列 series of measurement; series of observations
观测笼 observing cage
观测楼 observation floor
观测楼层 observation stor(e)y
观测路线长度 mapping route length
观测路线分布定额 distributed quota of observation line
观测路线间距 interval of observation line
观测落差 head-on view
观测弥散度 observational dispersion
观测目标 observed object; sighting target
观测目镜 observing eyepiece
观测幕 observing curtain; observing tent
观测偏差时间 time of observation bias
观测频度 frequency of measurement; observation frequency; observing frequency
观测频率 frequency of measurement; observation frequency; observing frequency
观测平差 adjustment of observation; observation adjustment
观测平硐 testing tunnel
观测平硐编号 number of observation tunnel
观测平硐长度 length of observation tunnel
观测平硐底深 bottom depth of observation tunnel
观测平硐断面尺寸 cross-section size of observation tunnel
观测平硐方法 orientation of observation tunnel
观测平均值 mean value of observation
观测平台 observation platform; survey platform
观测剖面图 observed profile
观测剖面线 measuring(profile) line; observation(profile) line
观测气球 observation balloon
观测器 observer; view finder
观测区 area of coverage; observation zone; zone of observation
观测权数 weight of observation
观测日 observational day
观测哨 observation post
观测设备 observation apparatus; observation device; scope
观测摄影机 view camera
观测深度 accepted depth; observation depth; observed depth
观测时间 time of observation
观测时间段 time interval of observation
观测时间和频率 duration and frequency of observation
观测时间间隔 interval of observation time
观测时期 period of record
观测时有雪 recent snow
观测时有雨 recent rain
观测时有阵雪 recent snow shower
观测试验 observation and model test
观测视差 observation parallax
观测室 observation room; sight chamber
观测手簿 observation book
观测手册 observer's handbook
观测手轮 displacement knob
观测竖井编号 number of observation shaft well
观测竖井深度 depth of observation shaft
观测竖井直径 diameter of observation shaft
观测数 number of observed quantities
观测数据 data of observation; findings; observation(al) data; observed data
观测数据误差 error of observation data
观测水位 measured stage; observed stage
观测水位小井 <与河渠相通的> stilling well
观测水准仪 sight level ga(u)ge
观测所 observation point; observatory(post)
观测塔 observation tower; observing tower
观测台 access panel; measuring platform; observation desk; observation floor; observation platform; observation tower; observatory
观测台扭曲(觇标) twist of pillar
观测天文学 observational astronomy
观测条件 observation condition; viewing condition
观测透镜 observer's eye
观测透视 viewing perspective
观测网 observational network; surveillance network
观测网点类型 type of observation net

and points
观测网点数据采集 data collection of observation net and points
观测网格 observational grid
观测网控制面积 control area of observation net
观测网设置时间 laying time of observation net
观测望远镜 observation telescope
观测纬度 altitude by observation; observed latitude
观测卫星 observation satellite
观测温度 observed temperature
观测物镜 viewing lens
观测误差【测】 error in observation; error of observation; malobservation; observational error; observation differential
观测系列 observation series; series of observations
观测系统 observation system; surveillance system; viewing system
观测系统类型 type of layout chart
观测系统模拟试验 observation system simulation experiment
观测系统图 layout chart
观测线 directional line; line of direction; observation route; observed line; surveyed line; viewing line
观测线长度 length of observing line
观测线方向 direction of observation line
观测线号 observation line number
观测线间距 space of observation line
观测线与地表水流向夹角 angle between observation line and surface water flow direction
观测线与地下水流向夹角 angle between observation line and ground water flow direction
观测项目 observation item; observed items
观测项目不全测站 partial record(ing) station
观测小孔 spyhole
观测效率 observation efficiency
观测星表 observational catalog(ue)
观测需要 observational need
观测选择 observational selection
观测压力 observed pressure
观测演算 calculus of observations
观测仪 visualizer
观测仪表 observing apparatus
观测仪器 observation instrument; observed instrument
观测仪器的相互校准 intercalibration of observational instrumentation
观测异常 observed anomaly
观测用浮标系统 observation(al) buoy system
观测有雷暴 recent thunderstorm
观测员 examiner; observer
观测员手册 observer's handbook
观测站 ga(u)ging station; observation(al) place; observation(al) point; observation(al) post; observation(al) station; observatory; observing station; position of spectator; reading station
观测站位图 station map
观测者 observer; viewer
观测者误差 personal equation; personal error
观测者子午线 observer's meridian; principal vertical circle
观测者子午线的上子午圈 upper branch of the observer's meridian
观测值 measured value; observation value; observed reading; observed value; recorded value
观测值差 difference of observation
观测值的权 weight of observation
观测值的秩 ranks of observation
观测值更新 measurement updating
观测值鉴定 identification of measured values
观测值修正 correction for observed value; measurement update [updating]
观测值摘录表 abstraction of observed values
观测值中数 mean of observation
观测指示器 sight indicator
观测指数 observation index
观测钟面时 observed clock time
观测重力值 observed gravity value
观测装置 observation device; viewing unit
观测资料 observational data; observational material; observed data
观测资料不足分析 observation-minus-analysis
观测资料积累年数 years of observation data
观测组 series of observations
观测组次 series of observations
观测钻孔 observation(al)(bore) hole
观查输出 observing output
观察 eyesight; observation(measurement); observe; oversight; remark; review; sighting; supervise; survey; viewing; watch
观察板 access panel
观察半径 cruising radius
观察报告 observation
观察比例尺 viewing scale
观察变换 viewing transformation
观察病室 observation ward; probationary ward
观察玻璃 sight glass
观察部件 observation element
观察舱 observation tank
观察车 observation car
观察船 observation boat; spotter; survey boat
观察窗 eyeglass; inspection window; observation panel; observation port; observation window; sight glass; sight window; viewing port; viewing window; vision light; window
观察单位 unit of observation
观察点 locating point; observation point; supervising point; viewpoint; point of observation
观察点号 observation point number
观察点网络 observation grid
观察定位法 sight locating
观察读数 observed reading
观察对象 object of observation
观察墩 observation post
观察法 method of observation
观察方程 observation equation
观察房 observation cabin
观察放大镜 viewing magnifier
观察缝 eye slit; eye split; viewing slot
观察盖 inspection cover
观察沟 inspection ditch
观察管 observation pipe; observation tube; sight tube
观察光学系统 viewing optic(al) system; viewing optics
观察柜 observation tank; test tank
观察计算 calculate by inspection
观察记录表 summary sheet
观察架 observation platform
观察检查盘 access panel
观察检验 sight control
观察检验孔 look box
观察角 viewing angle
观察结果 observed result
观察井 measuring well; observation well; sight well
观察镜 eyeglass; observation mirror; sight glass; sight mirror
观察距离 viewing distance
观察孔 aperture of sight; disconnecting manhole; eye hole; eyesight; eye slit; glass; inspection door; inspection eye; inspection hole; inspection opening; look box; loophole; observation door; observation hole; observation port; observation well; observation window; peep door; peep hole; porthole; sight glass; sight hole; sight port; sight tube; sight window; spyhole; viewing hole; viewing port; viewing slot; viewing window; visor; wicket
观察孔盖 handhole cover; sight cap
观察孔径 observation aperture
观察孔塞 inspection plug
观察口 inspection port; observation hole; porthole; viewing port; viewing slot
观察口玻璃 porthole glass
观察口斜滑板导轨 porthole taper slide guide
观察口转板 porthole swivel plate
观察棱镜 viewing prism
观察门 inspection door; observation door
观察模式 observing pattern
观察目镜 observation eyepiece; working ocular
观察平台 observation gallery
观察屏 observer screen; viewing screen
观察器 run-down box; viewer; view finder
观察求积分法 integration by inspection
观察区 observation zone; zone of observation
观察人年 person-year of observation
观察入口 inspection entrance
观察塞 viewing plug
观察扇面 arc of visibility
观察深度表 observation of depth ga(u)ge
观察时间 observing time; viewing time
观察时有细雨 recent drizzle
观察时有雨 recent rain
观察视差 observation parallax
观察室 observation cabin; observation ward; viewing booth
观察数 observed number
观察数据 observational data
观察水平 eye-level
观察算符【数】 observable
观察台 observation desk; observation platform; observation table; viewing deck
观察台网 surveillance network
观察天窗 astral
观察条件 viewing condition
观察眺台 observation gallery
观察筒 observing tube
观察头 viewing head
观察望远镜 observation telescope
观察卫星 observation satellite
观察位置 observation place; observation station
观察温室区 display greenhouse area
观察物镜 viewing objective
观察误差 error in observation; error of observation; observational error; observed differential
观察系统 observing system; surveillance system; viewing system
观察显微镜 viewing microscope
观察线 observation line
观察箱 inspection box
观察项目 observation item
观察斜滑板 porthole taper slide
观察型潜水器 observation submersible
观察性流域 vigil basin
观察仪 visualizer[visualiser]
观察仪器属性缺省规则 default for scope attribute
观察用装置 observer's apparatus
观察员 observer member; spotter
观察员身份 observer status
观察站 observation station; observatory; station; observation post <在靠近峰顶处观察上峰车辆的情况及轴箱>
观察障碍 obstacle to visibility
观察照相机 view camera
观察者 observer; scrutator; spotter; viewer
观察者偏差 observer bias
观察帧高比 viewing ratio
观察值 observed value
观察中心 center[centre] of view
观察装置 finder
观察桌 viewing desk
观察组 series of observations
观潮冰穴 <冰中钻孔观测潮高> tide hole
观潮水尺 tidal scale
观点 angle of view; outlook; point of view; point or view; standpoint
观点进化 attitude evolution
观读精度 reading accuracy
观读误差 error of reading
观光 sightsee(ing); tourism; tour
观光城市 city for sight-seeing; pleasure city; resort city
观光船 pleasure steamer; sightseeing ship
观光道路 sightseeing road
观光电梯 observation elevator; panorama lift
观光公路 scenic highway
观光客 tourist
观光楼层 viewing floor; viewing stor(e)y
观光潜水器 underwater sight-seeing boat
观光区 aesthetic area; sightseeing area
观光胜地 sightseeing resort
观光塔 tourist tower
观光台 viewing gondola; viewing platform
观光通道 viewing gallery
观光业 tourist industry
观光者 tourist; touristry
观光走廊 viewing gallery
观果植物 fruit-effect plant
观花窗 picture window
观花灌木 flowering shrub
观花树木 flowering tree
观火孔 spyhole
观景 scenic overlooks
观景处 lookout place
观景窗 picture window; view window
观景点 viewpoint
观景楼 belvedere; gazebo[复 gazebo(e)s]
观景器 slide viewer
观景塔 sightseeing tower
观景台 sightseeing stand; viewing deck
观剧望远镜 opera glass; theater[theatre] glass
观看 watch

G

观看屏 viewing screen
观看者 beholder;looker
观礼壁龛 tribune niche
观礼台 grandstand; reviewing stand; visitors stand
观礼坛柱 tribune column
观念 awareness
观念奔逸 flight of idea
观念的形成 conception
观念联合 association of ideas
观念联想 association of ideas
观念说 idealism
观念作用 ideation
观日望远镜 helioscope
观赏道路 sightseeing road
观赏地点 view-endowed site
观赏灌木 ornamental shrub
观赏花卉 ornamental flower
观赏花圃 ornamental flower bed
观赏林 ornamental plantation
观赏苗圃 bedder
观赏品种 fancy breed
观赏树木 ornamental tree
观赏温室区 display conservatory area
观赏性状 fancy points
观赏栽植 view planting
观赏植物 decorative plant;ornament(al) plant
观赏植物圃 ornamental bed
观赏植物园 amenity garden; ornamental garden
观象等高仪 astrolabe
观象台 observatory
观象仪 astrolabe;equiangulator
观演建筑 theatrical building
观叶树 foliage tree
观叶植物 foliage plant; ornamental foliage plant
观鱼窗 fish viewing window
观照片镜 neomanoscope
观众 audience;spectator;viewer
观众大厅灯光 <剧场> houselights
观众大厅照明 houselights
观众看台 spectator's stand
观众厅 auditorium space
观众厅部分 assembly space
观众厅坡度线 line of auditorium rake
观众厅上空 upper part of auditorium
观众厅走道 gangway
观众席 auditorium [复 auditoria] (space); spectator's stand; theatre seating; maenianum <古罗马剧场或比武场的>
观众席灯光 <剧场> houselights
观众席位 auditorium seatings
观众席照明 houselight
观众座椅 audience;auditorium seating

官办铁路 government-owned railroad[railway]

官报 official gazette
官邸 big house; chancellery; government house; mansion (house); official mansion; official residence; prefecture
官方 authority;official authority
官方出版物 government publication
官方担保的私人出口信贷 officially guaranteed private export credit
官方的 official
官方发展援助 official development assistance
官方公证人 official notary;official referee
官方规定运费率 official tariff
官方汇率 official exchange rate
官方汇率上下限 upper and lower limits of official rate of exchange
官方机构 public agency
官方计划 official plan
官方检查 official inspection
官方检定 <煤炭等容量或重量的> metage
官方鉴定人 official appraiser
官方净(资产)流量 net official flow
官方命令 rescript
官方命令的测量 ordnance survey
官方牌价 official market quotation
官方平价汇率 par exchange rate
官方旗 seniority flag
官方情报 official information
官方市场 official market
官方随从人员 official suite
官方所有的 authority-owned
官方填写 official use only
官方委任书 official commission
官方委任状 official commission
官方文件 government document
官方消息 official information
官方信息 official information
官方语言 official language
官方援助的 publicly assisted
官方证书 agreement certificate
官方仲裁人 official referee
官方住宅 <古罗马省级官员的> pr(a)etorium
官方注册 official register
官方资本 official capital
官价 fixed price;official price;official rate
官价上下限 upper and lower intervention limit
官僚机构 bureaucracy
官僚模式 <即注重严格的规定程序分工和等级的一种组织形式> bureaucratic model
官僚主义延误 bureaucratic delay
官僚主义组织 bureaucratic organization
官僚作风 government red tape; redtapism
官卖 <由法院组织的拍卖> sheriff's sale
官能 faculty
官能度 degree of functionality; functionality
官能高聚物 functional polymer
官能化合物 functional compound
官能聚合物 functional polymer
官能团 functional group
官能心理学 faculty psychology
官契 <由县法院出具的所有权证书> sheriff's deed
官厅水库 <日本> Kwanting Reservoir
官窑 official ware
官窑器 Guan ware
官窑匣体 Imperial Kiln's sagger
官员 commissioner; functionary; officer; official; office-bearer <英>; office-holder <英>
官员的官邸 <英国住印度各邦的> residency
官宅 official residence

冠板 abacus [复 abaci/abacuses]; multiform abacus <多形式的圆柱顶上的>

冠瓣 corolla lobes
冠部 crown
冠叉 serration between points
冠长 crown length
冠长树比高 crown length ratio
冠齿轮 crown gear;ring gear
冠滴 crown drip
冠顶 crown;crown imperial
冠顶的水平位移 horizontal displacement of crown
冠顶塞焊 bellhole welding
冠顶饰 crown mo(u)lding
冠高 crown height
冠根比率 top root ratio
冠瑚菌属 <拉> Clavicorona
冠基 crown base
冠脊(瓦) crest ridge
冠剪 crown scissors
冠接 crown grafting
冠接点 top union
冠茎 crown shaft
冠颈剪 collar scissors
冠径 width of tree
冠径量楔 crown diameter wedge
冠梁 capping beam
冠轮 <钻机的> crown sheave
冠脉循环 coronary circulation
冠毛 pappus
冠醚 crown ether
冠木 crossbar;crown-tree
冠内固位体 intracoronal retainer
冠内龙骨 <木船> false keelson
冠囊菌属 <拉> Coronophora
冠片 corol lobe
冠桥及嵌体用黏[粘]固粉 cement for crown bridge and inlay
冠石 keystone
冠矢点 bregema
冠丝 <钢丝绳外围与滑轮沟接触的钢丝> crown wire
冠筒 corolla tube
冠头 crown head
冠突 coronoid process
冠瓦 crown tile;plane tile
冠外固位体 extracoronal retainer
冠形盖瓶口 crown finish
冠形螺母 castellated nut; castle nut; horned screw nut
冠形螺母开槽机 nut-castellating machine
冠形瓶口 crown cork finish
冠形瓶塞 crown cork
冠芽 crown bud
冠芽接 crown budding
冠岩 caprock
冠岩结构 capped rock structure; caprock structure
冠闸门 crown gate
冠注 head notes
冠柱晶 capped column
冠状 T 波 coronary T wave
冠状衬垫 crown lining
冠状衬砌 crown lining
冠状齿轮 crown wheel
冠状的 coronal;coronary
冠状拱顶 crown vault
冠状化合物 crown compound
冠状尖塔 crown steeple
冠状绞刀 crown cutter
冠状结构 corona texture
冠状面 coronal section
冠状剖面 crown cross-section
冠状石英 capped quartz
冠状物 corona

棺材 coffin

棺材架 bier
棺架 feretory

馆藏立体地图印膜 library negative mo(u)ld

馆藏目录 depository catalogue
馆藏资料 holdings
馆长 <图书馆、博物馆等的> curator
馆际互借 interlibrary loan

管 tube;pipe;canal;tract

管扳手 crocodile wrench; pipe gripper; pipe spanner; pipe stock; pipe wrench
管扳子 crab winch
管板 flue sheet; pipe sheet; tube plate; tube sheet
管板衬里 tube sheet lining
管板撑 tube sheet stay
管板干汽管圈 tube sheet ring
管板管口 tube holes on tube sheet
管板孔 tube sheet holes
管板拉条 tube sheet brace
管板密套 plate ferrule
管板支承板 tube sheet support
管板制造 tube sheet manufacture
管板钻孔 drilling of tubesheet
管棒法 rod-in-tube technique
管棒矫直机 bar and tube straightening machine
管包弯头 male bend
管胞 <木材> tracheid
管爆裂 pipe explosion
管壁 channel border; pipe wall; shell of pipe; shell of tube; tube wall; wall of pipe;wall of tube
管壁层流膜层 laminar film in pipe
管壁厚 thickness of pipe wall
管壁厚度 thickness of pipe; tube wall thickness; wall thickness; wall thickness of pipe
管壁厚度测量仪 pipe-wall ga(u)ge
管壁厚度电测仪 electric(al) tube cal(l)ipers
管壁厚度计 tube wall thickness ga(u)ge
管壁减薄扎机 trammel roll
管壁孔 pipe tap
管壁冷却 wall cooling
管壁摩擦 pipe friction
管壁曲率 wall curvature
管壁热阻 wall resistance
管壁涂料 pipe enamel
管壁效应 wall effect
管柄锤 hammer with tubular shaft
管材 pipe material; piping; skelp; tabular goods; tubes and pipes; tubing; tubular; tubular goods; tubular product
管材搬运机 pipe handler
管材车丝机 pipe thread cutting machine
管材成型机 tube-forming machine; tube-forming mill
管材尺寸 size of pipe and tubing
管材的公称尺寸 nominal size of pipes
管材的公称直径 nominal diameter of pipes
管材的平滑端 <未套丝的> plain end
管材定径时的减径量 sizing reduction
管材端头预加工 end conditioning
管材堆(置)场 pipe yard
管材附件 pipe fittings
管材供应合同 pipe supply contract
管材供应商 pipe supplier
管材和套管滚压器 tubing and casing rollers
管材矫直机 tube straightener; tube straightening machine; tube straightening press
管材矫直器 swedge
管材卡钳 tubing catcher
管材扩张制膜法 expanded tube method
管材拉拔 tube drawing

管材拉伸矫直机 tube stretching machine
管材冷轧 cold reduction of tubes
管材量规 tubular ga(u)ge
管材配件 pipe fittings
管材清理机 pipe-swabbing machine
管材试验 pipe testing
管材试验机 pipe-testing machine
管材试验前的端头预加工 end conditioning
管材水压试验机 hydraulic pipe testing machine
管材摊消费 cost of shared tubulars
管材提升夹板 pipe grab
管材运输设备 stem attachment
管材轧钢厂 skelp mill
管材轧机 pipe mill;skelp mill;tube(-rolling) mill
管材张力减轻机 tube stretch reducing mill
管材整形器 pipe swedge
管材支护 pipe support
管槽 pipe chase;trunking
管槽隔墙 chase partition
管槽结合式配水系统 pipe-troughing distribution system
管测试仪 tube checker
管插销 tower bolt
管长 length of pipe;pipe range
管车 pipe car
管车床 pipe lathe
管衬垫 sleeve
管衬里 pipelining
管衬砌 lining of a pipe
管衬套 pipe bushing
管承插端 bellend pipe
管承插口 bell of pipe
管承口 mouthpiece;pipe socket
管承窝 tube socket
管程 tube pass
管程分程隔板 tube pass partition
管程接管口 inner pipe nozzle
管程数 number of tube passes
管尺寸 pipe dimension
管齿式 aulodont dentition
管筹人 tallyman
管出口段压头损失 loss of head due to exit
管窗口 window of tube
管床 bedding of pipes
管簇 pipe bank;tube bundle
管带【给】construction right-of-way
管带开拓 development of right-of-way;right-of-way operation
管带开拓班 right-of-way gang;right-of-way party;right-of-way screw;right-of-way term
管导片 constrictor
管道 cable channel;canalis;conduit(pipe);conduit tube;couloir;delf;drain tile line;ducting;duct way;line of pipes;line pipe[piping];pipe alley;pipe channel;pipe culvert;pipe duct;pipe line;pipe range;pipe run;pipe trunk;piping;plumbing;troughing;trunking;tubing;duct
管道安装 pipe installation;pipe(line) laying;pipelining;pipelining erection;pipe rigging;piping erection;piping installation
管道安装工 pipe erector;pipe fitter;pipe layer;pipe-laying man;piping layer;pipe liner
管道安装工程 pipe installation
管道安装工附件 pipe layer attachment
管道安装工作 pipe fittings
管道安装机 pipe layer;pipe-laying machine
管道安装览表 list of piping erection
管道安装图 isometrics;piping erection drawing
管道安装者 pipeline installer
管道包裹物 duct wrap
管道包扎布 pipe lagging cloth;pipe wrapping cloth
管道包扎毡 pipe covering mate;pipe wrapping mate
管道保护 pipeline protection;pipe protection
管道保温 insulation of pipeline;insulation of pipes in heating network;pipe insulation;pipe lagging
管道保温材料 pipe insulation
管道保温层 insulation cover pipe;pipe covering
管道保温绝热层 pipeline lagging
管道爆炸 explosion of sewer
管道本体 conduit body
管道泵 in-line pump;line pump;pipe-(line) pump;pump in pipeline
管道泵站 pipeline pumping station
管道变径接头 pipe reducer
管道标称尺寸 nominal dimension of pipeline;size of pipe and tubing
管道标记 line identification
管道标志 pipe mandrel
管道标准 pipe standard
管道补压泵 line booster pump
管道不通用的一端 dead end
管道布置 pipe arrangement;pipe layout;pipeline laying;piping arrangement;piping layout;tube arrangement
管道布置图 piping diagram;piping drawing
管道步行者 line walker
管道部件 piping parts;piping unit
管道材料 pipeline materials
管道采样 sampling in duct
管道测量 duct survey;pipeline survey
管道超负荷 surcharging of sewers
管道衬层 conduit liner;duct lining;piping lining
管道衬里 conduit liner;duct lining;piping lining
管道衬砌 conduit liner;duct lining;piping lining;duct liner
管道成型 duct forming
管道承包商 pipeline contractor
管道承插接口 bell and spigot pipe joint
管道承受的静压力 duct static pressure
管道承载 pipe capacity
管道尺寸 line size
管道尺寸选择 pipe sizing
管道冲洗 purging of pipe;sewer flushing
管道出流 sewer outflow
管道除尘器 pipe duster
管道除垢器 pig
管道除锈机 pipe rust removal
管道储存量 pipeline storage
管道储气 gas line packing;line packing
管道吹扫 emptying;gassing out;purging
管道粗糙系数 roughness coefficient of pipe
管道萃取器 tube extractor
管道存储能力 storage capacity of sewers
管道存水弯 plumbing trap
管道带气检测器 on-line inspection device
管道当量长度 equivalent length of pipe
管道的承插端 bell end
管道的大直径弯曲段 slow bend
管道的隔热外包层 jacket
管道的固定 fixing of pipe
管道的机动接头 mechanical pipe joint
管道的机械接头 mechanical pipe joint
管道的清理孔 rodding eye
管道的温度膨胀 temperature expansion of pipes
管道的温度收缩 temperature contraction of pipes
管道的阴极保护 cathodic protection of pipeline
管道堤 pipeline jetty
管道地沟 pipe trench
管道电缆 conduit cable;duct cable;underground cable
管道垫层 bedding of pipes;pipe bedding;tube bedding;pipe bed
管道垫床 bedding of pipes
管道垫块基座 cradle bedding
管道吊钩 conduit hanger
管道吊环 pipe ring
管道吊架 conduit hanger;pipe bridge;pipe hanger(support)
管道吊筋 pipe hanger
管道顶入 pipe jacking
管道定边坡 benching
管道定位 pipeline positioning;pipe location
管道定位器 pipe locator
管道定位仪 apparatus for locating pipe
管道定线 alignment of pipeline;pipe alignment
管道定线设计 sewer alignment design
管道陡坡连接 ramped connection
管道堵塞 clogging of sewers;pipe close;plug of tube
管道堵塞器 pipeline plugging pig
管道堵头 pipe stop(per)
管道渡槽 pipe aqueduct
管道断裂 piping fracture
管道断面 conduit section;pipe cross section;sewer section
管道对接 end-to-end joint
管道对接口 butt joint for sewer
管道二重接头 Siamese joint
管道阀(门) conduit valve;pipe(line) valve
管道阀门接头 ground joint
管道阀驱动器 pipeline valve actuator
管道法兰(盘) pipe(line) flange
管道法兰(盘)螺栓连接 flange joint of pipe;mechanical(pipe) joint
管道泛水 pipe collar;pipe flashing
管道范围 pipe range
管道方向 sewer alignment
管道防腐蚀 corrosion prevention for pipes;corrosion prevention of sewers
管道防水 waterproofing of pipes
管道分叉 tapping
管道分隔器 pipe separator
管道分流 pipe canal
管道分支点 tapping point
管道敷设 laying of pipeline;pipe installation;pipe laying;pipelining;pipe(line) setting pipeline spread
管道敷设驳 pipe-laying barge
管道敷设层 piping course
管道敷设工 pipe fitter
管道敷设工程 pipeline spreading work
管道敷设机 pipe layer
管道敷设绞盘 laying winch
管道敷设式光缆 optic(al) fiber[fibre] cable for installation in duct
管道敷设作业 duct work
管道腐蚀 corrosion of pipe;sewer corrosion
管道负荷 pipe tax
管道附件 pipe accessories
管道附属设备 sewer appurtenances
管道覆盖层 covering of piping
管道覆盖物 pipe covering
管道盖 duct cover
管道干线 main line;trunk main;trunk (pipe) line
管道干燥器 canal dryer[drier]
管道干燥清管器 pipeline drying pig
管道隔冰机 pipe thawing machine
管道隔热层性能试验 pipe cover test(ing)
管道隔热套 pipe lagging
管道给料机 tubing feeder
管道工 pipe erector;pipe fitment;pipe layer;piper
管道工程 conduit works;duct works;pipe engineering;pipeline works;pipeworks;plumber's works;plumbing(works);plumping fitting
管道工程承包人 plumbing contractor
管道工程承包商 plumbing contractor
管道工程承包者 plumbing contractor
管道工程地窖 pipework cellar
管道工程队 pipe gang
管道工程分支 plumbing branch
管道工程附件 plumbing appurtenance
管道工程附属设备 plumbing appurtenance
管道工程回收作业 retrieval operation
管道工程基础 pipework basement
管道工程技师 master plumber
管道工程检查员 plumbing inspector
管道工程建筑 plumbing appurtenance
管道工程配件 plumbing appurtenance
管道工程设备 plumbing appliance
管道工程使用的电加热焊铁 plumbing iron
管道工程试验的管内压力 works test pressure
管道工程系统 plumbing system
管道工程用具 plumbing appliance
管道工程装置 plumbing appurtenance
管道工人 pipe fitter;pipe-man
管道工业 <美期刊名> Pipe Line Industry
管道工用圆烙铁 plumber's round iron
管道工作 pipe work
管道公称直径 nominal diameter of pipes
管道公用设施 piped services
管道供水 piped water supply
管道沟 duct trench;pipe alley;pipe trench
管道沟槽 conduit groove;duct way
管道沟槽开挖机 pipe groove machine
管道沟底标高 elevation of sewer invert
管道固定支座 anchor block
管道挂钩 piping hanger
管道贯入度 pipe penetration
管道灌浆 duct grouting;grouting of ducts
管道灌铅接缝 poured lead joints for pipes
管道光缆 duct optic(al) cable;optic(al) fibre cable for installation in duct or tunnel
管道过流能力 carrying capacity of pipe
管道过滤器 piping filter
管道过水面积 free area
管道过水能力 carrying capacity of pipe
管道涵洞 pipe culvert
管道焊接 pipe welding

G

管道和导风锥的冲洗装置 inlet flushing system for pipe and cone
管道荷载 pipe load;piping load
管道荷载检验仪 load pipe tester
管道横截面内部最高高程 invert level
管道护旁 sewer cradle
管道滑动接头 slip-joint conduit
管道化 channelization
管道环流系统 pipe circulating system
管道恢复能力 pipeline rehabilitation
管道回转弯头 pipe return bend
管道混合 in-line blending;line-blending
管道混合器 in-line blender;pipeline mixer
管道机械接口 mechanical pipe joint
管道基槽 pipeline trench
管道基层 cradle bedding
管道基础 sewer foundation
管道基础标高 elevation of sewer foundation
管道基床 pipe bedding
管道基座 pipe saddle
管道计算 mains calculation;pipe sizing
管道加热 flue heating
管道加热机 pipeline heater
管道加热(解冻)设备 pipe defrosting equipment
管道加热温床 flue heated hot bed
管道夹握器 pipe grip
管道架 staging of pipeline
管道间 pipeline enclosure;pipeline room;pipe space
管道检查井 pipe manhole
管道检查孔 access eye
管道检查器 tube searcher
管道检查清淤孔 inspection fitting
管道检查用潜水器 pipeline inspection vehicle
管道检漏器 leak detector for pipeline
管道检验仪 pipe prover
管道建设者 pipeline contractor
管道交汇 sewer junction
管道交接(处)junction of sewers
管道浇灌接缝 poured joints for pipes
管道铰接头 chute swivel joint
管道铰栏 pipe rail
管道接缝 joints of sewers
管道接缝麻丝垫圈接缝 oakum gasket joints for pipes
管道接缝石棉垫圈接缝 asbestos gasket joints for pipes
管道接缝水泥砂浆 mortar joints for pipes
管道接缝橡胶圈接缝 rubber-ring joints for pipes
管道接缝止水垫圈 joint ring
管道接口 conduit joint;pipeline connection;piping joint;victaulic joint
管道接口腐朽 deterioration of pipe joint
管道接头 conduit joint;manifold block;pipe fittings;pipe joint;pipeline connection;piping joint;victaulic joint <安装后能变动几度仍保持不漏水>
管道接头垫圈 pipe gasket
管道接头封口胶 pipe joint seal(ing) compound
管道接头密封胶 pipe joint seal(ing) compound
管道接头铅封工具 joint runner
管道接头填料 pipe jointing compound
管道接头填塞料 pipe joint compound
管道接头用水泥砂浆嵌实 pipe joint set in cement mortar
管道接头总成 pipe joint assembly
管道接头总装 pipe joint assembly
管道接头组合 pipe joint assembly
管道结垢 encrustation of pipes
管道截止频率 cut-off frequency of duct
管道金属接头 junction of metal for pipes
管道进口 conduit entrance
管道进口端 pipe head(ing)
管道进出孔口的有效面积 free area
管道进入孔 pipe manhole
管道井 pipe shaft;piping shaft
管道镜 borescope
管道局部阻力损失 minor losses in pipe
管道距离 pipe range
管道绝缘 pipeline wrapping
管道绝缘等级断面 pipe insulation grade section
管道绝缘松填等级 pipe insulation grade loose fill
管道绝缘套 pipe lagging
管道开口 duct opening
管道开口接缝 open joints for pipes
管道坑 conduit pit
管道空间 duct space
管道空气试验 air testing of pipe
管道口径 pipe size
管道跨距 pipeline span
管道宽度 conduit breadth
管道老化 ag(e)ing of pipe
管道冷凝液 drip oil
管道冷却法 pipe cooling
管道冷却器 pipe-cooler
管道沥青接缝 bituminous joints for pipes
管道连接 sewer connection
管道连接件 conduit body
管道连接螺钉 <用于水暖卫生工程> long screw
管道连接螺丝 long screw
管道连接密封 sealing for tubing joints
管道联结节 pipe junction
管道零件 pipe fittings
管道流(量)pipe flow
管道流量调节闸门 conduit flow regulator
管道流量计 pipeline flowmeter
管道流速分布 velocity distribution in pipe
管道流速计 pipeline ga(u)ge
管道流速仪 mass flowmeter
管道流体传感器 flow transmitter
管道漏斗 pipe funnel
管道漏水 pipe leakage
管道漏水试验的塞子 test plug
管道滤网 line strainer
管道路径 pipe track
管道路线 duct route;pipe run
管道路由 line of ducts
管道麻绳垫圈接缝 hemp gasket joints for pipes
管道埋地 pipe earthing
管道埋深 height of cover
管道埋土 pipe earthing
管道埋置深度 laying depth of pipe
管道煤气 grid gas;pipeline gas
管道煤气取暖 heating by town gas
管道密封 line packing;seal for pipe joints
管道明细表 pipe schedule
管道模制 pipe mould
管道摩擦 pipe friction
管道摩擦的压头损失 loss of head due to pipe friction
管道摩擦阻力 friction of piping
管道摩擦水头损失 pipe friction loss
管道摩擦损失 loss due to duct friction
管道摩阻(力)conduit resistance;pipe friction;pipe friction resistance;tube-friction;wobble friction
管道摩阻力公式 pipe friction formula
管道摩阻损失系数 pipe friction-loss coefficient
管道摩阻系数 pipe friction coefficient;pipe friction factor
管道末端法 <污水治理的> end-of-pipe solution
管道末端盖子 end cap
管道末端检查、清淤盖子 inspection cap
管道内壁检测器 cal(l)iper pig
管道内壁摩擦损失 pipe friction loss
管道内衬 conduit liner;pipelining
管道内的蜂窝 honeycombing inside duct
管道内底 <管道内壁最低点> invert
管道内底标高 invert level
管道内底高程 <管道内壁最低点的高程> invert elevation
管道内底坡度 invert grade
管道内顶 crown;soffit
管道内检测器 inspection pig;intelligent pig
管道内介质温度传感器 medium temperature sensor in pipeline
管道内径底点高程 invert elevation
管道内线路 <带有接地带电外皮的> concentric(al) wiring;concenter [concentre] wiring
管道内压 internal pressure of pipe
管道内压力 manifold pressure
管道黏[粘]土槽 conduit clay pot
管道暖气 warm-air duct(ing)
管道排水 pipe drain(age);tube drain(age)
管道排水工程 pipe drainage work
管道排水涵洞 pipe culvert
管道排水系统 pipe drainage system;tube drainage system
管道旁通闸门 pipeline by-pass gate
管道配件 conduit fittings;duct fittings;fittings;pipe(line) parts;tube fittings;conductor fittings
管道配件的压头损失 loss of head due to pipe fitting
管道配水系统 duct water distribution system
管道平接 end-to-end joint
管道平面图 conduit plan;piping plan;tubing plan
管道坡度 conduit slope;fall of pipes;pitch of pipes;slope of pipeline
管道破裂 pipe break;pipe fracture;pipeline failure
管道破裂试验 pipe fracture test
管道铺设 duct work;laying of pipe;pipe installation;pipe(line) laying
管道铺设船 laying ship
管道铺设附属设备 laying attachment
管道铺设机 pipe-laying machine
管道铺设技术 pipeline laying technique
管道铺设系统 pipe-laying system
管道企口接口 tongue and groove joint of sewer
管道气流噪声 duct air flow noise
管道气蚀 cavitation of tube
管道气体 sewer gas
管道气压运输 pneumatic transportation by pipeline
管道桥 conduit bridge;pipe aqueduct;pipe(line) bridge
管道桥架 aerial pipe crossing
管道侵蚀 piping erosion
管道清洁工 swab man
管道清洁工具 duct cleaning tool
管道清洁剂 pipe cleaning agent
管道清洁器 go-devil;pipeline cleaner;pipeline inspection pig
管道清理器 badger;pipe badger;pipeline cleaner;pipeline inspection pig
管道清扫 pigging(of pipe);pipeline purging
管道清扫孔 access eye;clean-out;inspection eye
管道清洗 pipe cleaning;pipe purging
管道区回填料 pipe-zone backfill
管道曲面 canal surface
管道取样 pipe sampling
管道全位置自动弧焊 all-position pipeline automatic arc welding
管道热补偿 thermal compensation of pipe
管道热绝缘截面 pipe insulating section
管道热空气 ducted warm air
管道热损 pipe loss
管道热损失 heat loss of pipeline;piping loss(of heat)
管道人孔 pipe manhole
管道容量 pipe capacity
管道入孔 conduit box
管道入口 intake;tube entry
管道软木绝缘 cork pipe covering
管道上滤清器 in-line filter
管道设备 pipeline equipment
管道设计 channel design;duct design;pipe[piping] design
管道设施 duct work
管道渗漏 leakage of pipe;pipe leakage;sewer leakage
管道施工 construction of sewers;duct construction;pipeline construction;pipeline spread;piping installation
管道施工大样图 duct construction details
管道施工迂回障碍物再回到原来的定线 return offset
管道式 duct type
管道式反应器 pipeline reactor;pipe reactor
管道式干燥机 duct type dryer[drier]
管道式过滤结构 filter tube structure
管道式加热器 pipeline heater
管道式冷机 ducted cooling
管道式流动反应器 tubular flow reactor
管道式输奶挤奶厅 pipeline system milking parlor
管道式通风 duct ventilation
管道式制冷法 pipeline refrigeration
管道试验器 pipe tester
管道试运行 commissioning test run of pipeline
管道收缩(部分)pipe constriction
管道受热面 heating surface of tubes
管道疏通器 plumbing snake;snake
管道输沙 sediment transport through pipeline
管道输水 piping;water delivery by pipeline
管道输水能力 carrying capacity of pipe
管道输送 pipage;pipeline conveyer [conveyor];pipeline transport(ation);piping;tube freight traffic
管道输送混凝土 piping of concrete
管道输送浆液 slurry pipeline transportation
管道输送量 pipe capacity;pipeline run
管道输送系统 pipeline transmission system;tube freight traffic system
管道输油 piping oil
管道输油量 pipeline oil run
管道竖管 piping riser
管道水 piping water

管道水锤 water hammer in pipeline
管道水力检验计 pipe prover
管道水力检验仪 pipe prover
管道水力学 hydraulic of sewers
管道水力运输 hydraulic conduit transport;hydraulic pipe transport;hydraulic tube transport
管道水流 pipe flow
管道水头损失 head loss of pipeline;loss in pipe;pipe(line) loss
管道水压力试验 water test
管道顺列布置 in-line position
管道隧洞 pipe tunnel
管道损失 duct loss;pipe loss;trunking loss
管道探测镜 borescope
管道套管接口 collar joint
管道套圈 flashing ring
管道套筒接口 butt and collar joint for sewer
管道特征曲线 characteristics of line
管道提升井 duct riser
管道填缝 ca(u)lking
管道填缝锤 ca(u)lking hammer
管道填缝工具 ca(u)lking tool
管道填缝混合料 ca(u)lking compound
管道填缝混合物 joint compound
管道填缝凿 ca(u)lking chisel
管道通风 air-handling ducting;sewer ventilation
管道通风电动机 pipe-ventilated motor
管道通风机 duct fan
管道通过能力 pipe capacity
管道通条 rodding
管道突堤 pipeline jetty
管道突缘 pipeline flange
管道图 piping drawing;piping plan
管道涂层 pipelining
管道涂敷法 pipe coating process
管道涂料 pipeline coating
管道土壤 pipe soil
管道土壤电势 pipe-to-soil potential
管道推进地坑 pipe-pushing pit
管道推进器 pipe pusher
管道托架 pipe holder
管道托座 pipe bracket
管道外套 pipe covering
管道外载 external load of pipe
管道弯头 channel bend;sweep of duct;sweep of pipe;sweep of tube
管道弯头外侧 high-pressure side;high side
管道网 conduit network;line network;pipeline net(work);pipe range;piping network;network of pipe lines
管道网络 network of piping;duct network
管道网状系统 network of sewer system
管道维护 pipeline maintenance
管道维氏接头 victaulic joint
管道位移 displacement of pipe
管道位置 location of pipe;pipe location
管道窝膀 sewer cradle
管道系统 canalization;conduit system;duck work;duct assembly;duct system;network of pipes;pipe network;pipe system;pipeworks;pipework system;piping(system);system of pipes;tubing;pip(e)age;conductor system;pipeline system
管道系统染色试验 dye test
管道系统设计 duct system design
管道系统示意图 schematic piping diagram
管道系统图 piping diagram;piping drawing
管道系统完整性 integrity of sewer system
管道系统压力试验 hydraulic test for pipeline system
管道线 conduit line
管道详图 piping plan
管道(向下)立管 piping drop
管道消声 duct attenuation
管道消音装置 duct silencer
管道消振器 pipeline vibration eliminator
管道效率 pipeline flow efficiency
管道泄漏 leakage of piping;pipe leakage
管道形成 channeling
管道形式 sewer section
管道形式箱形管 box section
管道形通风机 tubular fan
管道型离心式分离器 line type centrifugal separator
管道修理 pipeline reclamation
管道修理工 pipe fitter
管道絮凝 in-line flocculation
管道悬索桥 pipeline suspension bridge
管道旋塞 pipeline stopcock
管道选线 section selecting for piping
管道巡视员 pipeline walker
管道压浆 grouted in their conduits
管道压力 conduit pressure;line pressure;pipeline pressure
管道压力比率控制装置 ratio regulator
管道压力波动 pipeline surge
管道压力损失 resistance of ducting
管道压气运输 compressed-air conduit conveyance
管道压入法 pipe-forcing method
管道压损 pipe loss
管道压缩机 pipeline compressor
管道仰拱 invert
管道养护 pipeline maintenance;maintenance of sewers <污水的>
管道遥测 pipeline telemetering
管道医用气体供应系统 piped medical gas supply system
管道移动器 pipe-mover
管道阴阳榫接头 tongue and groove joint
管道引绳器 prover
管道应力 stress of sewer pipe
管道涌波 surge in pipeline
管道与风道洗涤器 pipe and duct snipping machine
管道预留分叉接头 jointer junction
管道允许流速 permissible pipe velocity
管道运输 pipage;pipe(line) transport(ation)
管道运输系统 pipe transport system
管道在线更换 on line replacement
管道再造 recanalisation
管道噪声 flow noise in duct;pipeline noise
管道炸裂 pipe bursting
管道栈桥 bridge for supporting pipe;trestle for pipe
管道找中器 pipeline centring device
管道针状阀 in-line needle valve
管道支撑架 pipe support;support of pipeline
管道支承 pipe bearing
管道支架 pipe rack;pipe trestle;support(ing) of pipelines;support of piping lines;support of tube lines;support of tubing lines;tubular frame
管道支架一览表 list of piping supports
管道支肋 pipeline stiffener
管道支线 pipe string;spur pipeline
管道支座 pipe(line) installer;pipe(line) support
管道直段 straight run
管道止回阀 line check valve
管道制 conduit system
管道制冷 pipeline refrigeration
管道中的 ducted
管道中集流时间 time of concentration in conduits;time of concentration in pipe[tube]
管道中水流摩擦损失水头 friction loss
管道中涌波 surge in pipeline
管道终点汇流接头管 pipeline end manifold
管道终端检查盖板 pipeline inspection cap
管道砖 conduit tile
管道转角摩阻系数 friction(al) curvature coefficient
管道转弯产生的水头损失 loss of head in bends;loss on head in bends
管道转辙器 pipe switch
管道装配工 conduit fitter;pipe fitter;tube fitter
管道装配工作 metallic piping fitting
管道装设费用 main laying cost
管道装修工 swabber
管道装置 pipe run;plumbing installation
管道状溶洞 pipe-shaped cave
管道自动清洗坡度 self-cleansing gradient
管道自清流速 self-cleansing velocity of sewer
管道综合 combination of pipelines
管道综合平面图 combined plan of pipelines;composite plan of pipelines
管道综合图 general layout of piping system;synthetic(al) chart of pipelines
管道总平面布置图 general layout of pipelines
管道纵断面 longitudinal profile of sewers
管道走向 pipe run
管道阻火器 flame arrester for pipe
管道阻力 line resistance;pipe(line) resistance;resistance of conduit;resistance of ducting;system resistance
管道阻力系数 resistance coefficient of pipe
管道阻塞 pipe clogging
管道最小埋深 minimum depth of pipe
管道座架 pipe saddle
管的 piped;tubal;tubular;tubulose
管的封密 tube closing
管的接合 pipe joint
管的空蚀作用 cavitation of tube[tubing]
管的裂缝或漏洞 leaker
管的漏出量 leakage of piping
管的内径 bore of pipe;internal pipe size;internal diameter of pipe
管的内螺纹 internal pipe thread
管的气蚀 tube cavitation
管的损坏 pipe fracture
管的外径 external diameter of tube
管的旋转接头 pipe swivel
管灯 tubing lamp
管灯照明 tubular lighting
管登记的人 registrar
管底 pipe bed;socle;tube base
管底安装机 basing machine
管底阀 foot valve
管底盖 end cap
管底规 valve base ga(u)ge
管底基 pipe base
管底纵坡度线 pipe drain grade line
管垫 pipe cushion
管垫圈 pipe gasket
管吊带 pipe strap
管吊灯 pipe pendant lamp
管吊环 pipe pendant
管顶 pipe crown;pipe summit;pipe top
管顶覆盖 coverage of piping;cover(ing) of piping
管顶覆盖层 pipe covering
管顶盖 top-end cap;end cap
管顶退解 over-end unwinding
管堵 casing cap;flue plug;pipe blocking
管堵棍 plugging bar
管堵头 pipe plug
管堵头法兰 blind flange
管端 pipe end
管端标高 pipe end elevation
管端部内加厚管子 interior upset pipe
管端成平坦线的套管 extreme-line casing
管端锤头压力机 tube end swaging press
管端倒棱机 pipe end chamfering machine
管端垫圈 pipe end washer
管端定径压力机 tube end sizing press
管端堵头 blind plug
管端对准器 pipe end aligner
管端镦厚机 tube upsetting machine;tube upsetting press
管端墩粗 swedged
管端盖板 end cap
管端盖帽 end cap
管端加工要求 end finish
管端加厚 end upsetting
管端扩粗机 tube end expanding machine
管端扩大的接头 flare fitting
管端扩口压力机 slapping press;tube end belling press
管端螺纹 pipe thread(ing)
管端帽盖 pipe cap
管端凝汽阀 end trap
管端喷灌器 hose end sprinkler
管端切割机 tube end cutting machine
管端清扫口 end clean out
管端湿切 end cutting of green pipe
管端套筒接合 bell and spigot joint
管端止回阀 terminal check valve
管端至手旋紧面长度 pipe end to handtight face length
管段 length of pipe section;pipeline length;pipe run;pipe section;portion of pipeline;tube section;caisson <隧道>
管段安放 tube placing
管段长度 length of pipe section
管段沉放 tube sinking
管段防水 waterproofing of tube
管段刚性接头 rigid joint between elements
管段基础处理 bedding for immersed tubes
管段柔性接头 flexible joint between elements
管段制作 construction of tube
管堆 stack of conduits;stack of pipes;stack of tubes
管对地位势 pipe-to-soil potential
管阀 pipe valve;tube valve
管阀凸缘 flange of valve
管法兰衬片 pipe flange facing
管法兰密封面加工 pipe flange facing
管风琴 organ
管风琴效应 pipe organ effect
管封 jointing of pipes
管缝 pipe seal;tube seam

管缝填塞 packing of pipe joints
管腐 pipe rot
管腐原木 piped log
管腹工字梁 tubular girder
管腹梁 tubular girder
管覆盖层 pipe covering
管盖 line bonnet;pipe cap
管钢 pipe steel
管格桥 tubular bridge
管格栅 pipe grid
管根 pipe base;union
管工 pipe assembler;pipe-man;plumber;tubing
管工车间 plumbery
管工粗锉 plumber's rasp
管工工具 plumber's tool
管工焊接灰 plumber's smudge
管工焊料 plumber's solder
管工黑胶 plumber's soil;plumber black
管工黑漆 plumber's black
管工黑油 plumber's(black)soil
管工用黑漆 plumber's black
管工用油灰 plumber's dope
管供式混合气潜水 tethered mixed gas diving
管供式空气潜水系统 tethered air diving system
管供式潜水 hose-fed diving
管供式潜水装具 umbilic(al)type diving equipment
管拱 arched pipe;pipe arch
管拱桥 tubular arch bridge
管沟 drain pipe;duct way;pipe alley;pipe canal;pipe ditch;pipe drain;pipe duct;pipe gallery;pipe sewer;pipe trench;pipe tunnel;piping trench;tube alley;tube canal;tube ditch;tube duct;tube sewer;tube trench;tube tunnel
管沟除尘器 pipe duct cleaning
管沟垫层 equalizing bed
管沟敷设 in-duct installation
管沟敷线体系 draw-in system
管沟盖板 trench cover
管沟模板 dod(d)
管沟清泥机 sewer cleaner
管沟损坏 spoil bank
管沟挖掘机 pipeline excavator
管沟中浇灌管子 pipe-casting in trenches
管沟纵断面图 longitudinal section of pipe trench
管沟纵剖面图 longitudinal section of pipe trench
管钩 pipe bracket;pipe hook
管构桁架 tubular framework
管构架 tubing frame;tubular frame
管垢 pipe scale;tube scale
管垢桩 tube scale
管箍 band clamp;collar clamp;holdbat;pipe clamp;pipe collar;pipe ferrule;pipe hoop;pipe ring;pipe union;saddle clip
管箍座 band shoe
管罐法质量损失试验 mass loss test of steel pipe
管罐裂化过程 tube and tank process
管光度计 tube photometer
管涵 pipe culvert;tile culvert
管涵的普通基床 ordinary bedding for pipe culvert
管核 tube nucleus
管桁桥 tubular bridge
管厚 pipe thickness;thickness of pipe
管厚规 pipe ga(u)ge
管虎钳 tube vice[vise]
管护口 pipe orifice protection
管环 pipe ring;pipe strap;tore
管簧 tube spring
管簧压力计 spoon manometer
管簧真空规 spoon ga(u)ge
管汇车 manifold truck
管汇总站 manifold center[centre]
管迹 <遗迹化石> fucoid
管基 bedding;lamp base;pipe base
管基漏泄 base leakage
管际空间 tube space;shell side <热交换器的>
管加工工具 pipe tool
管夹 pipe clip;pipe forceps;pipe grapple;spacer;tube[tubing] clip;stirrup bolt <暖气管上用的>
管夹板 manifold clamp;pipe clamp;tube clamp
管夹带 pipe band
管夹钉 pipe nail
管夹接头 clamps coupling;pipe clip connection
管夹头锻制机 tube pointer
管架 mount;pipe carrier;pipe frame;pipeline support;pipe rack;pipe support;scaffolding of pipeline;staging of pipeline;staying of pipeline;tubular frame;tubular support
管架床铺 pipe berth
管架打桩机 tubular frame pile driving plant
管架底座混凝土 pipe support concrete
管架顶棚 tube-mounted ceiling
管架干燥器 pipe-rack dryer[drier]
管架锯 tubular frame saw
管架零件 pipe supporting element
管架天花板 tube-mounted ceiling
管间变压器 intervalve transformer
管间的 intertube;intervascular
管间距 tube pitch;tube spacing
管间耦合 intervalve coupling
管间通道 tube lane
管间纹孔式 intervascular pitting
管间斜距 diagonal ligament
管件 appurtenance;fitting;pipe fittings;pipeworks;plumbing
管件安装 plumbing(fittings)
管件构架 piping element framing;tubular skeleton
管件连接接头 tubing coupling
管件连接钳 tubing coupling tongs
管件图 pipe piece detail
管脚 base pin;prong;socle
管脚插孔 pin jack
管脚出线 pinouts
管脚符号系统 pin-index system
管脚固定 bayonet fixing
管脚互换性 pin compatible
管脚间屏蔽 interpin shield
管脚结构 mount structure
管脚连接 pin connection
管脚排列 pin configuration
管铰刀 pipe reamer
管接 rod joint;splicing sleeve;union(joint)
管接法兰 union flange
管接缝 tube seam
管接箍 pipe sleeve
管接合 pipe joint;union coupling;union joint
管接口 mouthpiece;pipe spigot
管接口填料 packing of pipe joints
管接螺母 union nut
管接套 tube joint
管接头 adjustage;blowout patch;connecting;coupler;coupling;hose nipple;mouthpiece;nipple;nozzle stub;pipe adapter;pipe branch;pipe connector;pipe fittings;pipe head;pipe joint;pipe junction;pipe socket;plug end fitting;socket;tube adapter;tube connect(tion);tube coupling;tube fittings;tube junction;tube nipple;tube union;union coupling;union fitting;union pipe joint;adjutage;pipe connection;port fitting
管接头扳手 coupling wrench;union wrench
管接头处垫料 pipe joint composition
管接头对动螺纹 union screw
管接头夹(子) pipe joint clamp;union clip
管接头接合 nipple joint
管接头联轴器 adapter coupling
管接头螺母 nipple nut
管接头密封 packing of pipe joints;pipe seal
管接头拧装机 coupling machine
管接头配件 pipe fittings;union fittings
管接头填塞 packing of pipe joints
管接头外缠绳 joint runner
管接头自动旋拧装置 automatic coupling screwing on unit
管接弯头 socket bend
管接嘴 pipe joint nozzle;pipe nipple
管节 branch sleeve;pipe course;splicing sleeve;tube coupling
管节安装 pipe unit installation
管节顶进 pipe propulsion
管节法兰 union flange
管节连接 union joint
管节弯头 socket bend
管界标 section post;section sign
管界线 section line
管进口段的压头损失 loss of head due to entrance
管茎改正 stem correction
管井 cased well;deep well;drill(ed) well;pipe shaft;tube well;tubular well;driven well <打入式的>
管井泵 Abyssinian pump;tube well pump
管井的取水方式 extracting water pattern from casing well
管井堵塞 silting-up of casing well
管井堵塞程度 blocking degree of casing well
管井腐蚀 corrosion of casing well
管井腐蚀程度 corrosion degree of casing well
管井灌溉 tube well irrigation
管井降水 tube well dewatering;pumped wells of dewatering
管井结构 well structure
管井结构参数 parameter of borehole construction
管井结垢物成分 incrustation composition of casing well
管井滤水管 deep-well filter;deep-well screen
管井排水 tube well drainage
管井水力学 hydraulics of well;well hydraulics
管颈 cut-off collar;neck;neck of tube
管颈连接机 bulb-neck splicing machine
管颈阴影 neck shadow
管径 bore pipe;caliber[calibre];diameter of pipe;diameter of tube;pipe diameter;pipe size;size of conduit;size of pipe[piping];size of tube[tubing]
管径测量器 calibrator(unit)
管径大小 caliber[calibre] size
管径选算图 pipe sizing chart
管具承座 pipe retainer
管具涂料 pipe dope
管距 pipe space[spacing];tube space[spacing]
管锯 pipe saw
管绝缘 pipe insulation
管卡 holderbat;pipe grapple;pipe strap;saddle clip;tube clip;pipe clamp
管卡箍 pipe clip
管卡子 pipe clamp
管壳 cartridge;cellpacking;package;pipe cover;pipe section;pipe shell;piping housing
管壳壁 shell of pipe
管壳电容 package capacitance
管壳封装 case package
管壳耗散电阻 package dissipative resistance
管壳换热器 shell-and-tube heat exchanger
管壳机 pipe section machine
管壳计数 can count
管壳漏泄 case leak
管壳式表面减温器 shell-type surface attemperator
管壳式发酵器 shell-and-tube fermentor
管壳式浮头换热器 shell-and-tube-type floating head heat exchanger
管壳式锅炉 shell-type boiler
管壳式换热器 shell-and-tube exchanger
管壳式冷凝器 shell-and-tube condenser;shell-and-tube cooler
管壳式冷却器 shell-and-tube cooler
管壳式热交换器 shell-and-tube exchanger;shell-and-tube heat exchanger
管壳式蒸发器 shell-and-tube evapo(u)rator
管壳筒 cartridge
管壳装药 <用小于炮眼直径的> string loading
管孔 cable channel;pipe orifice;pore;syrinx;tube orifice
管孔带 pore zone
管孔带型排列 banded pores;zonate pores
管孔堵 tube plug
管孔加工 holes processing in tube sheet
管孔绞刀 pipe reamer
管孔链 pore chain
管孔流 orifice flow
管孔流差计 orifice meter[metre] in tubes
管孔流量计 orifice meter[metre] in tubes
管孔木屑板 tubular particle(chip) board
管孔黏[粘]度计 orifice(-type) visco(si)meter
管孔刨花板 tubular particle(chip) board
管孔碎料板 tubular particle(chip) board
管孔线 vessel line
管孔钻 pipe reamer
管口 feather;mouth of pipe;mouthpiece;nosepiece;orifice of pipe;orificium;pipe opening;pipe orifice;snout;spout
管口表 table of pipe connection
管口车丝 pipe threading
管口打磨工 <焊管前的> pipe buffer
管口带中的应力 stress in ligaments
管口的 orificial
管口端 nose end
管口方位图 connection orientation
管口盖板 blank flange;blind flange
管口盖凸缘 bland flange;blind flange
管口箍 cut-off collar
管口和筒体间焊缝 welding between pipe connect
管口铰刀 pipe reamer

管口节流圈 tube inlet orifice
管口扩大器 socket former
管口扩张试验 drift test; pipe expansion test
管口螺纹丝 pipe threading
管口式流动度测定仪 orifice rheometer; orimet
管口栓接法兰 screwed flange of pipes; screwed flange of tubes
管库员 storekeeper; warehouse keeper
管筐式过滤器 basket filter
管框架 tube[tubing] frame
管扩角 angle of flare
管拉拔 pipe drawing
管拉杆 tubular tie
管廊 pipe gallery; tube lane
管乐器黄铜 trumpet brass; trumpet metal
管类材料 tubular goods
管冷凝 pipework condensation
管理 administer; conduct; engineer; executive; govern (ing); handling operation; intendance; management; oversee; oversight; regulate; regulating; ruling; stewardship; superintend; superintendence; supervise; supervision; wield
管理办法 rule of administration
管理报表 managerial report
管理报表系统 managerial report system
管理报告 managerial report
管理报告系统 managerial report system
管理标准 administrative standard; management standard
管理不善 ill-management; maladministration; misadministration
管理部门 administration section; administrative authority; administrative section; control department; control section; operating unit
管理部门间接成本 management indirect cost
管理操作台 administrative operator station
管理操作系统 management operating system; supervisor operation system; supervisory operating system
管理操作员 administrative operator
管理操作员站 administrative operator station
管理策略 management game
管理层次 management hierarchy; management level
管理差距 management gap
管理成本 administration cost; handling cost
管理成本会计 management cost accounting
管理成本控制 management cost control
管理成效 management performance
管理承包商 management contractor
管理程序 administration program(me); administrative procedure; executive program(me); general manager; hypervisor; management procedure; manager; master routine; monitor program(me); supervising program(me); supervisor; supervisory program(me); supervisory routine
管理程序测试 supervisor program(me) test
管理程序常驻区域 supervisor resident area
管理程序的例行程序 supervisor routine
管理程序的试验程序 supervisor test program(me)
管理程序的组成 executive program(me) component
管理程序调入 supervisor call
管理程序调入码 supervisor call code
管理程序调入指令 supervisor call instruction
管理程序调用 supervisor call
管理程序调用命令 supervisor call instruction
管理程序调用命令中断 supervisor call interruption
管理程序调用命令子程序 supervisor call routine
管理程序调用中断 supervisor call interrupt; supervisor call interruption
管理程序队列区 supervisor queue area
管理程序方式 supervisor mode
管理程序仿真 supervisory program(me) simulation
管理程序封锁 supervisor lock
管理程序卡片组 executive deck
管理程序模拟 supervisory program(me) simulation
管理程序锁定 supervisor lock
管理程序条例 administrative procedure act
管理程序通信[讯]区 supervisor communication region
管理程序暂驻区 supervisor transient area
管理程序中断 supervisor interrupt
管理程序驻留区 supervisor resident area
管理程序状态 supervisor mode; supervisor state
管理处 management agency; management office
管理处理机 administrative processor
管理磁盘 hyperdisk
管理促进协会 Society for Advancement of Management
管理措施 control measure
管理错误 mismanagement
管理大权 <企业等的> ball
管理单位 regulatory body
管理单元 administration unit
管理单元指针 administration unit pointer
管理单元组 administration unit group
管理当局 administering authority; administrative authority
管理的 administrative; custodial; directive; managerial; regulative; supervisory
管理的任务 managerial role
管理的行为 regulatory action
管理的作用 managerial role
管理等级系统 management hierarchy
管理点污染源 managing point source
管理调用程序 supervisor call program(me)
管理动态 dynamics of management
管理对策 management game; management strategy
管理法 management system
管理法规 administrative regulation; administrative rule
管理范围 control limit; span of control; span of management
管理方法 administrative process; management procedure; managerial approach; managerial method; office procedure
管理方格理论 managerial gird theory
管理方针 administrative policy; control strategy; management policy
管理方阵 managerial grid
管理废水 managing wastewater
管理费费率 overhead rate
管理费分配 overhead allocation
管理费(用) administration cost; administration expenses; administrative cost; overhead charges; overhead cost; administrative expenses; management expense; operating expenses; overhead expenses; administrate cost; administration fee; allowance of overhead; conservancy charges; control cost; cost of management; cost of operation; cost of supervision; custodian fee; establishment charges; management cost; managing expenditures; operating cost; overhead; overhead charges; overhead expenses; over heads; handling charges
管理费用表 administrative expense statement
管理费用分车间核算 departmentalization of overhead
管理费用分摊 overhead allocation
管理费用审计 administrative expense audit
管理费用预算 administrative expense budget
管理费用账户 overhead account
管理费预算 administrative budget
管理费增加 extended overhead
管理分局 administration branch
管理分析 management analysis
管理分析报告系统 management analysis reporting system
管理分析中心 management analysis center[centre]
管理服务程序 supervisor service
管理服务(处) management service; supervisor service
管理幅度 span of management
管理覆盖程序 supervisor overlay
管理改革 management reform
管理工 supervisor
管理工程 administrative engineering; control engineering; management project
管理工程师 administration engineer; administrative engineer; authority engineer; management engineer
管理工程学 management engineering
管理工作 handling operation
管理工作间隔的约会块 session commitment unit
管理工作系统 management operating system
管理工作站 management work station
管理工作制度 working system in management
管理工作自动化 mecanography
管理公司 controlling company
管理顾问工程师协会 <美> Association of Consulting Management Engineers
管理顾问公司 management consulting firm
管理规定 administrative rule
管理规划 management plan(ning)
管理规划及监督 management planning and control
管理规则 administrative regulation; administrative rule
管理国 administering power; administering state
管理过程 administrative process; management procedure; management process
管理过程控制 supervisory process control
管理过程学派 management process school
管理合同 management contract
管理画面 supervisory frame
管理环境 management environment
管理会计 management accounting
管理活动 management activity
管理活力 dynamics of management
管理或导航的过失 fault in management or navigation
管理或驾驶的过失 fault in management or pilot
管理货币 managed currency
管理机 supervisor
管理机构 administrative agency; administrative machinery; administrative organization; administrative structure; governing body; management organization; management service; regulatory body; supervisory authority
管理机构检查 administration survey
管理机关 administrative organ; regulatory agency; ruling body
管理机能 management function
管理机制 mechanics of management
管理及维护费用 administrative and maintenance expenses
管理及销售费用 administrative and selling expenses
管理级别 supervisory level
管理级计算机 management level computer
管理级用户 administrative-level user
管理集团 managerial body
管理计划 control plan; control program(me); management plan(ning); management schedule
管理计划范围 management plan area
管理计划系统 management planning system
管理计算 management accounting
管理计算机 supervisory computer
管理记录 management record
管理技能 administrative skill
管理技巧 management game
管理技术 administrative skill; management technique
管理寄存器 supervisor register
管理甲板机械的人员 deck engineer
管理价格 administrative price
管理间接费 administrative overhead
管理、监护、支配等意外保险 care, custody and control insurance
管理监视系统 management supervisory system
管理建筑物自动化系统的计算机 management host computer
管理键盘 supervisory keyboard
管理结构 management science; management service; management structure; mechanics of management
管理界限 control limit
管理经济学 economics of management; managerial economics
管理经营系统 management operating system
管理局 authority; Bureau of Administration; directorate; conservancy <河道、港口等的>; administration
管理决策 administrative decision; management decision
管理决策系统 management decision system
管理均衡论 management balance
管理科目 administration account
管理科学 administrative science; management science
管理科学工作者 management scientist
管理控制 management control; supervisory control

G

管理控制程序 supervisor control program(me)
管理控制级 management control level
管理控制盘 supervisory control disk
管理控制台 management control console;supervisor(y) console
管理控制系统 management control system
管理框图法 control chart method
管理理论与方法研究 management theory and method research
管理例行程序 supervisory routine;executive routine
管理良好的 well-regulated
管理流程 management cycle
管理妙策 brainstorm(ing)
管理模式 management model
管理模型 management model
管理目标 management objective
管理能力 operating capability;supervisory capability
管理排队区 supervisor queue area
管理排污监测 manage discharge monitoring
管理培训模式化方法 modular approach to management training
管理评审 management review
管理期间 administrative time
管理器 supervisor
管理情报系统 management information system;management operating system
管理情报系统计算机 management information system computer
管理情报中心 management information center[centre]
管理情况审计 management audit
管理请求分程序 supervisor request block
管理区 administration area;administrative area
管理区段 administrative division
管理权力 administration authority
管理权限 administering authority;administrative authority
管理缺陷 administrative fault
管理人 administrator;conductor;custodian;guardian;handler;overseer;superintendent;warder
管理人力 managing force
管理人员 administrative officer;administrative personnel;control staff;handling crew;manager;managerial staff;opening personnel;operating personnel;superintendent;superintending staff;supervisory personnel;supervisory staff;administrator;supervisor
管理人员专用铁道车辆 director's railcar
管理人责任 custodianship
管理人资格 custodianship
管理软件 administrative software;management software
管理上允许缺水量 management allowed deficiency
管理设备 supervisory unit
管理审计 administrative audit
管理审阅 management review
管理生态学 management ecology
管理失当 misadministration
管理时间 administrative time
管理市场 regulate the market
管理手段 ladder of management
管理熟练程度 degree of management sophistication
管理数据 management data;managerial data
管理水环境容量 managing water environmental capacity
管理水平 control level;level of control;level of management
管理水质 managing water quality
管理顺序 supervisory sequence
管理所 control house;control station
管理特许指令 supervisor-privileged instruction
管理体系 management hierarchy;system of management
管理体制 regulating system
管理条例 administrative rule
管理通信[讯]宏指令 supervisor communication macro
管理图(表) control chart
管理土壤资源 managing soil resources
管理维护实用程序 management support utility
管理委员会 administrative committee;management committee;steering committee
管理文件程序 documentor
管理系统 management service;management system;supervising control system;supervisory system
管理系统多道程序设计 executive system multiprogramming
管理下限 lower control limit
管理限值 authorized limit
管理限制 authorized limit
管理项目 management project
管理小组 managing team
管理效率 efficiency of management;management effectiveness
管理信号 management signal;supervisory signal
管理信息 administrative information;management information
管理信息和文本系统 management information and text system
管理信息计算机系统 computer-based management information system
管理信息目录 management content
管理信息系统 management information system;management operating system
管理信息要求 management information requirement
管理行为 administration behavio(u)r;administrative behavio(u)r
管理性数据处理 administrative data processing
管理序列 supervisory sequence
管理学 management study
管理学家 managerialist
管理学模型 management science model
管理学院 academy of management;management institute;school of management
管理循环 management cycle
管理训练 management training
管理研究 management research;management review;management study
管理研究所 management Institute
管理研究院 academy of management
管理业务 management service;supervisory service
管理业务培训 management training
管理因素 management factors
管理应用程序包 management package
管理用房 building for management
管理与训练 administration and training
管理预算 administration of budget;administrative budget
管理员 administrative officer;bailiff;clerk;controller;guardian;keeper;stewardship;superintendent;warden
管理员室 caretakers' room
管理员住房 caretaker's flat
管理原理 management principle
管理原则 administrative principle;principle of management
管理允许缺水量 management allowed deficit
管理责任 administrative fault
管理者 curator;custodian;custos;director;guardian;handler;manager;ruler
管理者能力 ability of manager
管理政策 administrative policy;management policy;regulatory policy
管理支持实用程序 management support utility
管理支援应用程序 management support utility
管理职能 management function
管理职责 stewardship
管理指标 level of control
管理指令 executive instruction;executive program(me);housekeeping instruction;supervisory instruction
管理制度 administrative regulation;management system;regulatory regime(n)
管理质量 management quality
管理中断 supervisor interrupt
管理终端 office terminal
管理终端系统 administrative terminal system
管理周期 control cycle;management cycle
管理专业化 professionalization of management
管理专业训练软件 management training software
管理转接 supervisory relay
管理状况 management condition
管理状态 controlled state;supervisor status
管理咨询服务 management advisory service
管理资料 administrative data;management data;management information
管理子程序 supervisory sub-routine
管理组 administrative division;handling crew
管理组织 administrative structure;management organization
管连接 pipe connection
管连接套 pipe adapter
管梁 hollow beam
管梁桥 tubular bridge
管料 pipe material
管料切断机 tube shears
管流 pipe flow;piping;tube flow
管流材 drift wood
管流式反应器 tubular flow reactor
管流水力学 pipe hydraulics
管流速度 velocity in pipes
管流效率 pipeline flow efficiency
管流阻力系数 pipe resistance coefficient
管瘤 <铁管内侧黏[粘]附物> tubercule;tuberculation
管漏水探测器 leakage detector;leakage finder
管炉热解器 tube furnace pyrolyzer
管路 conduit;pipe conduit;pipe line;pipe run;pipe trunk;piping;route of pipe line
管路被空气阻塞不通的 air-logged
管路布置 pipe arrangement;pipeline layout;piping(arrangement);piping layout;tube arrangement
管路冲击 line shock
管路错接 misconnecting
管路单向阀 line check valve
管路的挠性 flexibility of piping system
管路冻结 freezing of lines
管路阀 pipeline valve
管路分布 distribution of pipe
管路给油器 airline lubricator;line lubricator;line oiler
管路过滤器 in-line filter
管路户线通道 service duct
管路或储罐内的储存油 oil in reserves
管路交汇处检查井 junction manhole
管路交汇处人孔 junction manhole
管路控制方法 control methods for pipe lines
管路连接 conduit coupling
管路滤油器 in-line filter
管路平面图 piping plan
管路破坏 ling rupture
管路破坏保护阀 line rupture protection valve
管路铺设图 laying drawing
管路岐管 piping manifold
管路清除 blowout
管路清洁工作 boiler cleaning
管路上活门 in-line valve
管路上行 up-run
管路上钻孔 tap a line
管路试压 pressure test for piping
管路输送 pipelining
管路水头损失 head loss of pipeline
管路损失 line loss
管路图 piping diagram;piping drawing;piping layout
管路网 piping network;piping system
管路网式过滤器 line strainer
管路温度计 pipe thermometer
管路系统 ducting system;pipe(line) system;piping system;system of pipes
管路压力 line pressure
管路中继站 route relay
管路注油器 line oiler
管路装置 pipe run
管路阻力 pipe resistance
管路阻塞 line clogging
管螺纹 gas thread;pipe thread;V-thread
管螺纹板牙 die for pipe thread;pipe thread die
管螺纹车床 pipe-threading machine
管螺纹公锥 pipe thread tap
管螺纹护套 pipe thread casing;pipe thread protector
管螺纹环 pipe thread ring
管螺纹机 pipe thread cutting machine
管螺纹加工机械 pipe-threading machine
管螺纹接套 pipe nipple
管螺纹连接的最少螺纹牙数 minimum number of pipe threads for connections
管螺纹器 pipe threader
管螺纹切割机 pipe thread cutter;pipe thread cutting machine
管螺纹切丝机 pipe machine
管螺纹塞规 pipe thread plug ga(u)ge
管螺纹梳形板牙 oster chaser
管螺纹丝锥 gas tap;pipe tap(drill)
管锚(墩) pipe anchor
管帽 cap;hose cap;line bonnet;pipe cap;top cap;tube cap
管门 stop cock
管萌发 tube germination
管密封 seal of tube
管面涂层 pipe coating
管模 pipe die
管磨 cylindric(al) mill;tube mill
管磨粉碎机 tube milling
管磨机 cylinder mill;grinding cylin-

der;tube mill;tubing mill
管磨机磨头 tube mill head
管木楦 tampin
管内布线 conduit wiring
管内层流 laminar tube flow
管内车站 local station
管内除垢器 tube cleaner
管内底标高 invert elevation
管内敷线 conduit wiring
管内各站列车运行 local service
管内工作车保有量计划 plan of number of local wagons for unloading to be kept
管内工作车编组 local classification
管内工作车编组线【铁】sorting local wagons siding
管内工作车场 local yard
管内工作车或车站作业车调车作业 local switching movement
管内工作车输送和空车配送计划 local cars and empty cars dispatching plan
管内工作车停留线 local siding
管内工作车周转时间 average turn-around time of local wagons to be unloaded
管内工作(或车站作业)车组 local rake of wagons
管内工作量 local cars to be unloaded
管内灌浆 pipe grout
管内过滤器 blank pipe
管内货物列车 <如摘挂列车> local freight train
管内货物列车在驼峰场上同时编组 simultaneous formation at the hump of local goods trains
管内货物运输 local goods transportation
管内积垢 incrustation in pipes
管内检查镜 introscope;tube scope
管内浇灌混凝土 tubular concrete
管内径 bore of pipe;caliber
管内客流 local passenger flow
管内客流图 local passenger flow diagram
管内空腔谐振器 built-in cavity
管内列车 local train
管内流动摩擦 friction in conduit
管内流速 velocity in pipes
管内流速分布图 duct velocity profile
管内流行时间 time of flow
管内旅客列车 accommodation train; local passenger train
管内螺丝攻 threaded insert
管内螺纹 internal pipe thread
管内螺旋形衬里 spiral lining
管内落锤 internal drop hammer
管内喷嘴 nozzle in tube
管内喷嘴流量计 nozzle flow meter in tubes
管内票价 local fare
管内气相氧化法 inside vapo(u)r phase oxidation process
管内水流速度 velocity of water flow in pipe
管内水泥砂浆衬砌 cement liner
管内填塞 <弯管时> loading of pipe
管内现收清算 settlement of income from self-administrated district
管内烟灰 flue dust
管内烟灰吹除器 flue blower
管内运价率 local rate
管内运输 local traffic
管内运输经营权 operation right of transport within an administrative district
管内运输收入 local traffic revenue
管内运送货物 local consignment
管内噪声 tube noise
管内止水 water sealing within the casing
管内装卸率 average number of wagon loadings and unloadings per unit of work in goods traffic;local loading and unloading rate
管弄 pipe tunnel
管排 bank of tubes;row of tubes
管排间 interbank
管泡表面 tube face
管泡底面玻璃 face glass
管棚 canopy tube; pipe roof; pipe-shed;pipe-shed support
管棚护顶 pipe roof protection;pipe-shed support
管坯 pipe stock
管坯回转定径机 billet sizer
管坯炉 bending furnace
管片 duct piece;segment
管片安装机 segment erector
管片安装机导向辊 segment erector guide roller
管片安装器 segment erector
管片布置 segment layout
管片衬砌 segment lining
管片衬砌环分块数目 number of(divided) segments
管片吊钩 segment hanger
管片堵缝 ca(u)lking of segment
管片防水 waterproofing of segment; water-tighting of segment
管片高度 height of segment
管片环 segment ring
管片间的填缝槽 <隧道衬砌> ca(u)lking grooves between segments
管片接头 joint of segment; segment joint
管片宽度 segment width
管片拼装架 erecting arm;segment erector
管片起重机 segment lifter
管片式散热器 gilled tube radiator
管片式散热器心 tube-and-plate fin core
管片台车 segment wagon
管片提升机 segment lifter
管片调整器千斤顶 segment adjuster jack
管片预制厂 segment prefabrication plant
管屏粗磨机 panel rough grinding machine
管屏连续细磨抛光机 in-line panel grinding and polishing machine
管瓶 phial
管剖面图 profiled tube
管牵条 tube stay
管钳 alligator wrench;footprint;movable pipe clamp;pipe dog;pipe forceps;pipe gripper;pipe pliers;pipe spanner;pipe tongs;pipe twist;pipe vice[vise]; rod tong; screw clip; slide tongs;Stillson;tube spanner; boring rod clamp <钻探用的>
管钳扳手 pipe tongs wrench
管钳板牙 tong dies;tong keys
管钳操作工 lead-tong man
管钳长度 size of a wrench
管钳工 breakout man
管钳链条 pipe vise chain
管钳子 pipe clip;pipe wrench
管腔 lumen[复 lumina/lumens]
管桥 pipe bridge;trestle for pipe
管桥梁 pipe bridge beam
管区 precinct
管区降温度系数 temperature coefficient of voltage drop
管渠 conduit;pipe culvert;pipe duct
管渠外弥散场 off-channel spreading ground
管圈 pipe loop;tube coil;tubing loop
管群 nest of tubes;tube bundle
管容存储器 diode-capacitor storage
管塞 pipe clogging;pipe closer;stop cock
管塞口 opening of cock
管塞头 pipe closer
管塞子 bull plug; pipe close; pipe plug;pipe stop(per);socket plug; tube drift; tube plug; tube stop(per)
管纱 cop
管纱线 cotton sewing thread on cop
管身 pipe shaft
管身漏泄 body leak
管使用时间图表 tube-life chart
管式 tube-type;tubular shape
管式暗沟 pipe-type underdrain
管式白炽灯 tubular line lamp
管式爆炸压力机 tube-type explosive press
管式泵 tubing pump;tubular pump
管式柄独角锤 roofing hammer with tubular handle
管式采暖锅炉 small bore system
管式采样 pipe-type sample
管式采样器 tube-type sampler
管式测微计 tube-type micrometer
管式超速离心机 tubular-bowl ultracentrifuge
管式沉淀器 pipe-type precipitator; tube(-type) settler
管式沉降器 pipe-type precipitator; tube(-type) settler
管式承窝 tube-type socket
管式澄清法 tube-type clarification process
管式澄清器 tubular-bowl clarifier
管式充电器 bulb-type charger
管式冲压压力机 tube press dies
管式抽油泵 tubing pump
管式抽油杆 tubular rod
管式臭氧发生器 tubular ozone generator
管式出水口 pipe(-type) outlet
管式除尘极 tubular collection electrode
管式除尘器 pipe-type precipitator; tube-type precipitator;tubular type precipitator
管式储气罐 pipe storage;pipe(-type) holder;storage pipe array
管式大梁 tubular girder
管式袋 tube-type bag
管式导线 transition wire; tripping wire
管式地(下)铁(道) pipe(-type) subway
管式电沉降器 electric(al) pipe-type precipitator
管式电除尘器 pipe-type electrostatic precipitator; tube-type and wire electrofilter;tubular electrode precipitator
管式电炉 electric(al) tube-type furnace;tube-type electric(al) furnace
管式电热器 tubular electric(al) heater
管式电收尘器 pipe-type electric(al) precipitator
管式电梯 casing elevator
管式电线杆 tubular pole
管式电阻炉 tube-type resistance furnace
管式镀铬钢锯架 tubular hacksaw frame chrome plated
管式断线钳 bolt clippers with pipe-type handle; bolt clippers with tubular handle
管式多孔壁氧化反应器 tubular foraminous wall reactor
管式发生器 tube-type type generator
管式阀 tube-type valve
管式反应堆 tubular reactor
管式反应器 tubular reactor
管式分级机 pipe-type classifier;tube-type classifier
管式分粒器 pipe-type classifier
管式分束镜 tube-type beam splitter
管式浮标 tube-type buoy; tube-type float
管式浮阀塔盘 pipe-type valve tray
管式干燥机 pipe-type dryer[drier]; tube-type dryer[drier];tubular dryer[drier]
管式干燥器 pipe-type dryer[drier]; tube-type dryer[drier];tubular dryer[drier]
管式钢筋 pipe steel reinforcement
管式钢锯架 tubular hacksaw frame
管式格构吊杆 tubular lattice boom
管式给料机 tubing feeder
管式工作坑 pipe shaft
管式罐 tubular tank
管式滚筒 pipe-type roller
管式锅炉 fire tube boiler; tube-type boiler;tubular boiler;tubulous boiler
管式过滤器 pipe-type filter;tube-type filter;tubular filter
管式涵洞 culvert aqueduct;pipe-type culvert
管式合绳机 tubular type closer
管式护栏 pipe guardrail;pipe rail
管式换热器 tubular heat exchanger
管式绘图笔 tubular drawing pen
管式级联蒸发器 tubular cascade evapo(u)rator
管式集尘器 tubular dust collector
管式加料机 pipe-type feeder; tube-type feeder
管式加捻机 tube-type drive twister
管式加热炉 cell-type heater;pipe-still heater; tube-type heating furnace; tubular oven
管式加热器 line heater;pipe heater; tube-type heater;tubular calandria; tubular heater
管式绞刀 screw tube-type conveyer [conveyor]
管式绞线机 tube-type line strander; tubular wire-stranding machine
管式脚手架 pipe-type scaffold(ing); tube-type scaffold(ing); tubular scaffold(ing)
管式脚手架连接器 camloc
管式节煤器 steel tube economizer
管式结构 tube-type format; tubular construction
管式净化器 tubular clarifier
管式静电除尘器 tubular electrostatic precipitator
管式静电计放大器 tube-type electrometer amplifier
管式静电收尘器 pipe-type electrostatic dust-precipitator
管式静态混合器 tube static mixer
管式空间结构 tubular space structure
管式空气加热器 tubular air heater
管式空气冷却器 tubular air cooler
管式空气预热器 tubular air preheater
管式框架 tubular frame
管式扩散器 tube-type diffuser
管式栏杆 pipe-type rail;tubular rail
管式缆索挖土机 tower cable excavation
管式冷凝器 trumpet cooler; tubular (surface) condenser
管式冷却器 chimney cooler; pipe-type cooler;tube-type cooler;tubular cooler
管式冷油器 oil pipe-type cooler; oil tube(-type) cooler
管式离心机 tube-type centrifuge;tu-

bular-bowl centrifuge
管式连接阀 line-mounted valve
管式连续浸煮器 tubular continuous digester
管式裂解炉 tube-type cracking furnace
管式流 tubular flow
管式流反应堆 tubular flow reactor
管式流反应器 tubular flow reactor
管式炉 pipe-type furnace; pipe-type heater; pipe-type still; tube-type furnace; tubular furnace
管式炉的坝墙 bridge wall
管式炉加热器 pipe-still heater
管式炉裂解 pyrolysis in tubular furnace
管式炉渗碳 tube carburizating
管式炉蒸馏 pipe-still distillation
管式轮胎 tubular tire[tyre]
管式罗经 tubular compass
管式罗盘 tubular compass
管式罗针 tubular compass
管式螺旋泵 tubular screw pump
管式螺旋运输机 tubular screw conveyer[conveyor]
管式煤磨机 coal grinding tube-type mill
管式膜 tubular membrane
管式磨 tube-type mill(ing)
管式磨衬里 tube-type mill liner
管式磨头 tube-type mill head
管式磨外壳 tube-type mill shell
管式内换热器 tubular heat interchanger
管式内径千分尺 tubular inside micrometer
管式挠性输送机 tubular flexible conveyer[conveyor]
管式黏[粘]度计 tube-type visco(si)meter
管式捻股机 tubular stranding machine; tubular type strander
管式牛轭 tubular yoke
管式排水 pipe drain; pipe-type drain(ing)
管式配水系统 piping distribution system
管式喷射染色机 tube-type jet dy(e)ing machine
管式喷雾器 tubular atomizer
管式曝气器 pipe aerator; pipe-type aerator
管式气动传送器 tube conveyer[conveyor]
管式气压计 tube-type ga(u)ge
管式清洁机 mechanical tube-type cleaner
管式球磨机 ball tube-type mill
管式取土器 tube sampler
管式取土样钻孔 tube sample boring
管式取样品 pipe-type sample; tube-type sample
管式取样器 pipe-type sampler; tube-type sampler
管式燃料电池 tube fuel cell
管式热风炉 ducted air heater; pipe-type stove
管式热风器 tubular air heater
管式热交换器 tubing heat exchanger; tubular exchanger
管式散热器 pipe-type radiator; tube-type radiator; tubular type radiator
管式射孔器 tubing perforator
管式升降机 casing elevator; trunk lift
管式升运器 tubular elevator
管式生物滤池 tubular biological filter
管式湿磨机 wet tube-type mill
管式收尘器 tubular deduster; tubular dust collector
管式收集器 tubular collector
管式输水斗门 tube(-type) delivery gate
管式水轮机 tube-type turbine
管式隧道 pipe-type tunnel
管式隧道断面 tunnel tube section
管式陶瓷电容器 tubular ceramic capacitor
管式套筒 pipe-type sleeve
管式提取器 tube-type extractor
管式提升机 tubing elevator
管式调压阀 tube valve
管式通道 duct way
管式透空防波堤 hollow pipe-type breakwater
管式望远镜 tube-type telescope
管式围盘 looping pipe
管式桅杆起重机 pipe derrick
管式温度计 pipe thermometer
管式污泥脱水机 multiple tube-type press
管式吸尘器 tubular dust collector
管式旋风分离器 tubular cyclones
管式压力机 pipe-type press
管式预热器 tubular preheater
管式钥匙 pipe key
管式凿岩机 tubing perforator
管式照相机 tube-type camera
管式振荡器 tube-type oscillator
管式振动器 pipe-type vibrator
管式蒸发器 tubular evaporator
管式蒸馏釜 tube-type still
管式蒸馏釜加热器 tube-still heater
管式蒸馏器 pipe-type still
管式制动器 tube-type brake
管式轴 tubular axis; tubular axle
管式轴流风机 tube-type axial fan
管式转筒离心机 tubular-bowl centrifuge
管式钻塔 tubular derrick
管事 chief steward; purser
管事者 steward
管输送机 tube conveyer[conveyor]
管输送时间 pipeline time
管束 bundle of pipes; bundle of tube; pipe bundle; pipe column; stack of pipes; tube bunch; tube bundle; tube nest
管束包切圆直径 sheared circle diameter covering a tube bundle
管束布置 tube bundle arrangement
管束储气 pipe storage of gas
管束的振动 bundle vibration
管束间 interbank
管束间隙 interbank space
管束筐架 bundling cradle
管束群 tube bank
管束式换热器 tube bundle heat exchanger
管刷 badger; pipe brush; tube brush
管闩 stop cock
管双耳接头 clevis end fitting for tube
管水官员 watermaster
管水机构 water board
管水员 <灌区的> waterman
管丝锥 pipe thread tap
管丝锥钻头复合刀具 combined pipe tap and drill
管送混凝土 piping of concrete
管送暖气 warm-air with duct
管送热气 warm-air with duct
管态 privileged mode; supervisor state; supervisor status; supervisor (y) mode
管膛 barrel of pipe
管套 pipe box; pipe casing; pipe covering; pipe liner; pipe shroud; pipe sleeve; pipe socket; pipe thimble; shroud
管套焊接配件 socket-weld fitting
管套节 fitting union
管套筒 pipelining
管套筒扳手 tubular box spanner
管套转接 adapter coupling
管套座 trunnion carrier
管体 ducted body
管体抗拉强度 pipe body tensile strength
管体抗内压强度 pipe body internal pressure strength
管体膨胀 hose expansion
管体屈服强度 pipe body yield strength
管体式水塔 standpipe
管体丝扣连接强度 pipe body thread joint strength
管调直器 pipe straightener
管通深度 tubing depth
管筒 barrel of pipe; close joint tube; pipe barrel
管筒式接头 barrel fitting
管筒式结构 tube structure; tubular structure
管筒式配件 barrel fitting
管筒轧制机 rod mill
管头 mouthpiece; pipe[piping] head; shoe; tube[tubing] head
管头成型机 jam socket machine
管头塞 end cap
管头弦杆 tubular chord
管头压力 tubing head pressure
管头凿密 ca(u)lking
管凸缘 pipe flange
管土 pipe clay
管托 conduit saddle; pipe bracket; pipe carrier; pipe chair; pipe cradle; pipe shoe
管托架 pipe(support) bracket
管外 outside tube
管外保护层 pipe covering; pipe lagging
管外伽马射线探测仪 external gamma ray detector
管外(隔气)套管 air casing
管外加压注水泥 block squeeze
管外接头 male union
管外径 external diameter of pipe
管外扩孔器 side heel
管外砾石充填 external casing perforation gravel pack
管外气相氧化法 outside vapo(u)r phase oxidation process
管外止水 water sealing outside the casing
管弯 <同平面内弯成的弯管> wrinkle bend
管弯头 pipe bend
管弯头直线长度 tangent length of pipe
管网 duct work; gridiron; network of pipes; network of piping (lines); pipe grid; pipe (line) net (work); pipe system; piping network; utilities
管网定线 location of pipe system; pipe net alignment
管网分析 pipe network analysis
管网分析仪 pipe network analyser [analyzer]
管网负荷 net load
管网构型 network configuration
管网间隔 grid spacing
管网节点 mains junction
管网连接件 cross-over
管网漏失量 pipe network leakage
管网配件 pipe network parts
管网平差 net adjustment; network linking up
管网设计 design of pipe system
管网水质监测 water quality monitoring in pipe network
管网特性 characteristics of pipe-net; system head curve
管网图纸 pipe network drawing
管网系统 network system; pipe network system
管网系统中单项设备的工作阀 service valve
管网综合 pipeline coordination; utilities engineering
管围 circumference of cannon bone
管围壁 pipe casing; tube casing
管桅(杆) tube mast
管位探测器 pipe locator
管位指示器 pipe position indicator
管系 line piping; pipage; pipeline system; piping line; system of pipes; tubing
管系安装 pipe installation
管系布置 pipe arrangement; pipe layout; pipe system layout; piping arrangement; piping layout; tube arrangement
管系供给系统 pipe line feed system
管系减振器 line regulator
管系渗漏量 leakage of piping
管系统 complete piping system; piping
管系图 pipe arrangement; pipe plan; piping arrangement; piping diagram
管细纹密封软胶 plumber's dope
管辖 administer; have jurisdiction over; presidency; regimentation; yoke
管辖地区以外的 extraterrestrial
管辖范围 extent of jurisdiction; jurisdiction; jurisdictional limit; span of control; sphere of jurisdiction
管辖豁免(权) jurisdictional immunity; immunity from jurisdiction
管辖区(域) administering country; area under the jurisdiction; area within the jurisdiction; jurisdiction area
管辖权 jurisdiction
管辖权前提 prequisite of jurisdiction
管辖异议 objection to the jurisdiction
管下扩眼偏心钻头 eccentric underreaming bit
管弦乐吹管 mouthpiece for musical instrument
管弦乐队演奏楼层 orchestra floor
管弦乐队演奏台 orchestra floor
管线 leading-off; lead (ing)-out; line pipe; pipe line; pipe run; piping; run of pipe[piping]; tube line
管线安装工 line insulator
管线班 connection gang
管线泵 in-line pump; line pump; pipeline pump
管线标 cable mark (er); pipeline mark
管线标记 line identification
管线标志 pipeline identification
管线布置 layout of pipeline; pipe arrangement; pipeline layout; piping arrangement; service layout; tube arrangement; tubing arrangement
管线槽 chase; wall chase
管线测量 pipeline survey
管线长度 length of pipeline
管线初始铺设 rough in
管线传输系统 pipeline transmission system
管线垂度 sag of line
管线代号 line symbol
管线导出 lead-out
管线导通 conduit break-over
管线的布置 distribution of pipe
管线的立面图 profile of pipe-line route
管线的弯扁 deflection of pipe line
管线的正常工作压力 operating pressure
管线地沟 pipeline trench(ing)
管线断水 line stopping

管线额定输送能力 rated pipeline capacity
管线分支配件 branch fitting
管线敷设 pipeline construction
管线符号 line symbol
管线改移 pipeline relocation
管线工 collar pounher
管线工长 connection foreman
管线工程师 line engineer
管线沟槽 pipeline trench(ing)
管线固定 pipeline anchorage
管线过滤器 pipeline filter
管线后段设施 downstream facility; downstream installation; downstream plant
管线混凝器 in-line blender
管线机 pipeline machine
管线间距 clearance between lines
管线检查井 line manhole
管线检验员 pipeline inspector
管线鉴别 pipeline identification
管线接头 conduit joint
管线节点 knot of pipeline
管线警卫 line rider;pipeline rider
管线静态混合器 in-line stationary mixer
管线绝缘 pipeline wrapping
管线空间 crawl space
管线跨距 pipeline spans
管线廊 utility gallery
管线廊道 pipe[piping] gallery; pipeline corridor;utility tunnel
管线连接 pipeline jointing
管线路 route of pipe line
管线埋设机 pipeline burying machine
管线内物品 line fill
管线排泥的链斗挖泥船 pipeline bucket dredger
管线坡度 pipeline gradient
管线铺设 pipe installation
管线桥 conduit bridge; pipe (line) bridge
管线清理 conduit cleaning
管线人孔 line manhole
管线容许最大运作压力 maximum allowable operating pressure
管线上泵送 line pumping
管线上的插入板 pipeline blind
管线上的流量孔板 pipeline blind
管线上普通阀 line valve
管线设备 line equipment
管线始点 initial point of pipeline
管线首站 pipeline head
管线输送 put through by line
管线输送的 pipage
管线输油泵 oil pipeline pump
管线水力学 hydraulics of pipeline
管线水头损失 head loss of pipeline
管线死头 dead end of a line
管线隧道 pipeline tunnel;service tunnel
管线通气阀 pipeline breathing valve
管线图 piping diagram; piping drawing;piping plan
管线图纸 pipe drawing
管线系统 pipeline system;piping system
管线下水 launching of pipeline section
管线下水坡道 launching ramp;launching stand
管线下游 downstream of pipeline
管线泄漏 pipe leak
管线悬挂支架 pipe hanger
管线压力 line pressure;pipeline pressure
管线颜色标准化 colo(u)r identification of pipe lines
管线用管 line pipe
管线用燃气轮机 pipeline turbine
管线原地清洗 in-place pipe cleaning
管线运行报告 pipeline operation report;pipeline run report
管线增压泵 line booster pump
管线之间的横向联系 cross connection between pipelines
管线支架 pipe rigging;wall stud
管线制约 pipeline restraint
管线中的高度控制阀 altitude control valve in pipeline
管线中的锚基 anchorage on pipeline
管线中混合 in-line mixing
管线中石油产品分批点 batch end point
管线综合设计 underground pipelines comprehensive design
管线总平面布置图 general layout of pipeline
管线总英里数 total pipeline mileage
管线走轴 ordinate of a pipeline
管箱 channel;header
管箱侧壳体法兰 shell flange of channel end
管箱盖 channel cover
管箱接管 channel nozzle
管销 barrel bolt;tower bolt
管斜度 rake of tubes
管鞋 drive shoe;pipe shoe
管鞋下扩眼偏心钻头 eccentric under-reaming bit
管鞋钻头 pipe-shoe bit
管心焊接模 die bonding jig
管心距 tube pitch
管心切割 die separation
管心针 stilet;stylet;stylus
管芯 pipe core;die;tube core
管形白炽灯 tubular incandescent light
管形保温 cylindric(al) insulation
管形鼻 tubular nose
管形薄膜 tubular-film
管形插销 barrel bolt;tower bolt
管形储水绘图笔 reservoir pen;tubular drawing point pen
管形单梁龙门起重机 single tubular girder gantry crane
管形导轨 tubular guide
管形的 tubular;vasiform
管形灯(泡) tube lamp; tubular lamp bulb;lumiline lamp
管形地沟 tube trench
管形电解电容器 cylindric(al) type electrolytic condenser
管形电炉 tube electric(al) furnace
管形电容器 tubular capacitor
管形电阻炉 tube resistance furnace
管形阀 pipe-type valve;tube valve
管形放矿槽 pipe chute
管形钢材 tubular section
管形钢结构 tubular steel structure
管形个体 siphonozooid
管形个体员 siphonozooid
管形拱桥 tubular arch bridge
管形骨架 pipe skeleton
管形轨道输送机 hollow track conveyer
管形桁架 tubular frame
管形胶带输送机 pipe-shaped rubber belt conveyer[conveyor]
管形结构 tube construction
管形截面 tubular section
管形截面桁条 top hat-section stringer
管形井筒 pipe shaft
管形开关 tubular switch
管形孔口 pipe orifice
管形框架 pipe skeleton
管形拉丝机 pipe spinning machine
管形梁 tubular girder
管形炉 tube furnace
管形螺丝扳手 tubular key
管形铆钉 pipe rivet;tubular rivet
管形排线器 tubular traverse
管形瓶 phial;vial
管形起重机 column crane
管形燃烧室 pipe-type combustion chamber
管形绕线机 tubular wire winder
管形热电偶 pipe thermocouple
管形熔断片 enclosed fuse
管形熔断器 cartridge fuse
管形融雪器 tubular type snow melter
管形砂轮 cylinder wheel
管形水准器 tubular level
管形锁 tubular lock
管形塔式起重机 column crane
管形套 tubular casing
管形提泥钻头 mud tubular bit
管形调压阀 tube pressure-regulating valve;tube valve
管形铁板 tube sheet
管形弯头 pipe bend;pipe elbow
管形氙灯 tubular xenon lamp
管形褶裥 cartridge pleats
管形真空灯泡 <表面温度较低的> barlux lamp
管形整体结构件 tubular integral structure
管形支柱 tubular strut
管形直线感应电动机 tubular linear induction motor
管形贮水绘图笔 tubular drawing pen
管形柱 tubular(type)column
管型 tube-type;cast
管型白炽灯 lumiline lamp
管型避雷器 tubular arrester
管型臂起重机 pipe-boom crane
管型电极除尘器 electric (al) pipe precipitator
管型垫带 tubular gasket
管型桥轴 tubular axle
管型石膏夹 plaster cast
管型碎料板 hollow core particle board;tubular particle board
管型透析器 coil dialyzer
管型悬臂起重机 pipe-jib crane
管旋压 tube spinning
管靴 drive shoe
管靴承托环 bottom ring
管靴钻头 pipe-shoe bit
管压机 tube press
管压降 tube voltage drop;valve voltage drop
管压力 pipe pressure
管压力表 hook ga(u)ge
管压力计法 <测定新拌混凝土中含气量> hook-ga(u)ged method
管压滤法 pressure-filter-tube method
管压平机 pipe crushing machine
管眼余隙 tube clearance
管翼垫片 pipe sleeve with gasket
管涌 sand boil;boil(ing) of sand;piping(effect); quick(en)ing; subsoil erosion; subsurface erosion; water creep;water piping
管涌比 coefficient between layers; piping ratio
管涌范围 boiling range
管涌隆起 piping by heave
管涌破坏 failure by piping
管涌侵蚀 piping erosion
管涌水 piping water
管涌现象 boiling;piping
管涌作用 quicking action
管用丝锥 gas tap;pipe tap
管用锥形丝锥 taper gas tap
管用钻孔攻丝复合刀具 combined pipe tap and drill
管用钻孔攻丝复合丝锥 pipe tap drill
管运架设 carcassing
管造桁架桥 tubular bridge
管闸 pipe clogging
管闸板防喷器 pine rams blowout preventer
管栅式分布器 pipe grid distributor
管账 keep account
管真空规 alphatron ga(u)ge
管阵 network of pipes
管支撑 tubular brace
管支承 tubular support
管支承板 tube support plate
管支墩 pipe cushion;pipe pedestal
管支架 pipe holder; pipe rack; pipe support
管支柱 tube support
管支座 pipe base;pipe bearer
管枝迹 choudrite
管直径 tube diameter
管制 control;governing;regulating
管制标志 <指示行车或使用道路方式> regulation sign;regulatory sign
管制的结构系统 tubular structure system
管制法 police law
管制防冲垫 cane fender
管制格构桅 tubular lattice mast
管制拱形大梁 tubular arched girder
管制横向构件 tubular cross member
管制价格 administered price;administrated price
管制交叉口 regulated crossing
管制脚手架 tubular stage
管制井筒 pipe shaft
管制框架 tube frame
管制拦污栅 pipe debris rack
管制瓶 tube-formed bottle;vial
管制汽车底盘 tubular chassis
管制室 control building
管制条件 control condition
管制物质 controlled substance
管制物资 regulatory products
管制线圈 control coil
管制约管接头 pipe joint restraint
管中布线接线盒 condulet
管中层流 laminar flow in pipe
管中缆索 ducted cable
管中心距 pitch;tube center distance
管中涌波 surge in piping; surge in tube
管重力污水管 gravity sewer pipe
管周膜 peritubular membrane
管轴 hollow shaft(ing);tubular axis
管轴成型法 tubular process
管肘 pipe bend
管肘流速计 pipe elbow meter
管注册的人 registrar
管柱 cylinder caisson; cylinder column; cylinder post; cylindric (al) shaft; drilled caisson; driven caisson; mounting pipe; pipe column; pipe cylinder; pipe string; tubular column;tubular prop;light tormentor <舞台口竖边安装灯具的>
管柱沉井施工法 Boston caisson;caisson pile
管柱底部 shoe joint
管柱基础 colonnade foundation; cylinder pile foundation;cylindric(al) shaft foundation; shaft foundation; tube caisson foundation; tubular column foundation; tubular piling foundation
管柱基础施工法 colonnade foundation process
管柱接头 casing adapter
管柱码头 cylinder wharf; pile and cylinder jetty;pile-cylinder pier
管柱式散热器 column type radiator
管柱系船墩 pipe cylinder dolphin
管柱型沉井 open caisson
管柱型桩 cylindrical pile
管柱桩 caisson pile;hollow tube pile
管柱桩基础 hollow tube pile founda-

G

tion;tubular piling foundation
管柱钻孔法 colonnade foundation process; tubular column drilling method
管砖 tubing brick;tubular brick
管桩 caisson pile; cylinder pile; pipe pile;prestressed concrete tube pile; tubular pile;rotinoff pile <有混凝土浇筑的>
管桩机 pipe driver
管桩基础 colonnade foundation; cylinder pile foundation;pipe pile[piling] foundation; tube caisson foundation; tube-pile foundation; tubular colonnade foundation; tubular pile foundation
管桩基础施工方法 colonnade foundation process
管桩孔 pipe pile hole
管桩码头 cylinder pile wharf;tubular pile quay;tubular pile wharf
管桩内的波纹钢管 helical shell
管桩式防波堤 pipe-pile type breakwater
管装式轴流风机 tube-axial fan
管装土样 tube sample
管状白炽灯 lumiline; tubular discharge lamp; tubular incandescent lamp
管状白炽灯照明 strip lighting
管状保险丝 tube fuse;tube guard;tubular fuse
管状冰 tube ice
管状薄板 pipe plate
管状产品 tubular product
管状抽气式通风机组 tubular extract ventilation unit
管状抽气式通风设备 tubular extract ventilation unit
管状抽提器 tubular extractor
管状抽吸机组 tubular extraction unit
管状磁膜存储器 cylindric(al) magnetic thin film memory
管状存水弯 pipe trap
管状大梁 tubular girder
管状导线 cellular conductor
管状的 cannular;pipy;tubulate;tubulose;vasiform;tubular
管状的平焊接 tubular butt seal
管状灯 argand; strip lamp; tubular lamp
管状地下通道 pipe way
管状电解电容器 tubular type electrolytic condenser
管状电缆 pipe-type cable
管状电炉 tubular electric(al) furnace
管状电容器 tubular capacitor
管状电阻 resistance tube;tubular rheostat
管状吊杆 hollow derrick; tubular boom;tubular derrick
管状反渗透 tubular reverse osmosis
管状反应器 tubular reactor
管状房屋 tubular-shaped house
管状放电灯 tubular discharge lamp
管状分离机组 tubular extraction unit
管状分离轮 pipe picker
管状分离器 tubular extractor
管状分子 tracheary element
管状风速表 tube-anemometer
管状扶手 tubular handrail
管状浮标 tube buoy
管状浮标液面指示器 tubular float level indicator
管状钢材 tubular section
管状钢墩柱 tubular steel pier
管状钢墙墩 tubular steel pier
管状钢桥墩 tubular steel pier
管状钢闸墩 tubular steel pier
管状个员 siphonozooid
管状构件 tubular member; tubular section
管状构造 tubular structure
管状过滤器 cartridge filter
管状焊接框架脚手架 tubular welded frame scaffold
管状焊丝 cored electrode;flux-cored wire;tubular wire
管状焊条 flux-cored electrode;tubular electrode;cored electrode <带焊剂芯的>
管状桁条 pipe purlin(e)
管状花冠 tubular corolla
管状换热器 tubular exchanger
管状基础 tubular foundation
管状加热炉 tube still
管状加热器 cartridge heater
管状建筑 tubular construction
管状建筑物 tubular building; tubular structure
管状胶带输送机 tube belt conveyer [conveyor]
管状结构 tubular structure; tubular texture
管状截面 cored section; tubular section
管状金属结构 tubular metal construction
管状静态混合器 tubal static mixer
管状绝缘器 full-cored insulator
管状空气辐射冷却器 air tube cooler
管状孔隙 piping porosity
管状口器 siphon
管状矿采取器 pipe ore sampler
管状矿脉 chimney; neck; ore chimney;ore pipe;pipe;stock
管状矿体 tubular orebody
管状扩孔器 reaming barrel
管状扩孔钻具 reaming barrel
管状拉条 brace tube
管状栏杆 barrel railing;tubular handrail(ing)
管状栏杆配件 barrel railing fitting
管状梁 tubular beam
管状料滚压 tubular rolling
管状檩条 barrel purlin(e);pipe purlin(e)
管状楼梯扶手中柱 pipe newel
管状膜 tubular membrane
管状捏手把 tubular grip handle
管状排水系统 network of conduit-type sewers
管状气体透镜 tubular gas lens
管状桥 tubular bridge
管状曲面 tubular surface
管状取土器 pipe soil sampler; tube soil sampler
管状取样器 pipe sampler
管状泉 tubular spring
管状燃料 fuel tube
管状燃烧器 line burner;pipe burner
管状容器 tubular container
管状散热器 tubular cooler; tubular radiator
管状沙袋土工排 sand-sausage mattress
管状筛 tube screen
管状栅极 pipe grid
管状设备 tubular equipment
管状生物膜反应器 tubular biofilm reactor
管状视 tunnel vision
管状视野 tubular visual field
管状视野缩小 tubular contraction of visual field
管状水槽 pipe launcher
管状水准器 bubble tube; cylindric(al) level;level tube;tubular level
管状水准器轴 axis of level tube
管状隧道 tube tunnel
管状弹簧式压力计 tube-spring manometer
管状探杆 pipe probe
管状提泥钻头 miser
管状提泥钻头钻进 misering
管状通道 pipe-like conduit; pipe-like passage
管状通风器 tubular ventilator
管状外壳 tubular housing
管状外罩 jacket tube
管状微调电容器 billi capacitor;billi-condenser
管状桅杆 pipe mast
管状物 pipe
管状洗涤器 tubular washer
管状线 hollow wire
管状线圈 tubular coil
管状卸料 rat hole discharge
管状型芯铁 core barrel
管状旋风除尘器 tubular cyclone collector
管状旋风分离器 tubular cyclone separator
管状芽接 tubular budding; whistle budding
管状仪器 endoscope
管状阴极 sleeve cathode
管状钥匙 barrel key
管状云 pendant cloud;tornado cloud;tuba
管状蒸气冷却器 tubular vapo(u)r cooler
管状织物 hollow fabric;sleeving
管状制品 tubular product
管状中间支柱 tubular intermediate column
管状中柱 siphonostele;solenostele
管状轴承 tubular bearing
管状逐搞轮 pipe beater
管状柱 tubular post
管状装药 hollow charge
管状钻头 overman bit;pipe bit;structure bit;tubular bit
管子 pipe(age);piping;tube
管子 T 形接头 pipe tee joint
管子安装 pipe fittings; pipe installation;plumb
管子安装方位 pipe alignment
管子安装工 pipe layer;pipe fitter
管子鞍形支座 pipe saddle
管子凹下 pipe sag
管子凹陷 pipe dented
管子凹形接头 female fitting
管子扳手 bulldog wrench;come-along; cylinder wrench; pipe wrench; Stillson wrench; tube spanner; alligator wrench <俚语>
管子扳手绝缘 pipehook insulation
管子扳手液压系统 pipehook hydraulics
管子扳手装置 pipehook installation
管子扳牙 oster;spring die
管子包扎 pipe wrapping
管子包装 pipe wrapping
管子保护层 pipe revetment
管子保温层 insulation layer of pipe
管子爆裂 bursting of a tube; pipe burst;pipe explosion
管子闭塞 clogged tube
管子变径接头 pipe reducer
管子变形 tube swelling
管子标本 tubular specimen
管子标准规格 pipe standard specification
管子表号 schedule number
管子瘪入 pipe dented
管子补充弯头 pipe expansion bend
管子槽 chase(hole);pipe chase
管子插承接合 ogee joint
管子插端 spigot end of pipe
管子插口 pipe spigot
管子长度 length of pipe; length of tube
管子车间 pipe shop;plumber's shop
管子车丝 pipe threading
管子车丝机 pipe cutting machine; pipe-threading machine
管子承插接合 spigot and socket joint
管子承插口 faucet;pipe spigot
管子承端 female end of pipe; socket end of pipe
管子承接口 bell of pipe; pipe bell; pipe socket
管子承口 female end of pipe;hub of pipe;pipe socket;tube socket
管子承头 female end of pipe
管子尺寸 pipe size
管子尺寸选择表 pipe sizing chart
管子出厂长度 mill length
管子穿孔器 drift for knocking out of tubes
管子搭钩 pipe dog
管子搭头 pipe dog
管子大头 bell-mouth of pipe
管子的粗接头 upset-end joint
管子的分支 divergence of pipe
管子的滚压 tube rolling
管子的胶接头 cement joint of pipes
管子的接合口 faucet
管子的绝对粗糙系数 coefficient of absolute roughness of pipe
管子的抗压试验 compression test of tubes
管子的升降 rise and down of pipe
管子的双弯头 twin-pipe elbow
管子的一节 length of pipe
管子的应力破裂试验 stress-rupture testing of tube
管子的直线长度 straight length of pipe
管子的锥形连接 tapered pipe junction
管子的锥状入口 tapered pipe branch
管子灯柱 tubular lamp post
管子等级 grade of pipe
管子垫圈 pipe packing
管子吊挂 pipe suspension
管子吊环 faucet ear
管子吊架 pipe cradle; pipe hanger; tube cradle;tube hanger
管子吊具 pipe hanger
管子吊托 pipe hanger
管子调直器 pipe straightener
管子顶托 pipe jacking
管子堵塞 cramming;pipe blockade
管子堵头 end cap; pipe chocking; pipe closer; plug of pipe[piping]; plug of tube[tubing]
管子端部封闭物 end closure
管子端头扩大的接头 flared joint
管子断面 pipe(cross) section; tube (cross)section
管子堆场 pipe rack
管子对管板 tube-to-tube sheet
管子对管板的连接 tube-to-tube sheet joint
管子法兰 pipe flange
管子法兰接头 pipe flange joint;flange union
管子法兰密封垫圈 pipe flange gasket
管子法兰(盘) casing flange;flange of pipe;pipe flange
管子防腐 pipe protection against corrosion
管子分叉 pipe branch
管子分支 pipe branch
管子敷设 pipe grout
管子扶手 pipe handrail
管子腐蚀 tube corrosion
管子覆盖 coverage of piping; cover-

ing pipe;covering tube;pipe covering
管子覆盖层 pipe covering
管子覆盖带 pipe covering tape
管子割刀 pipe cutter
管子格间 pipe compartment
管子给水 piped water
管子工 lead burner;pipe erector;pipe fitter;pipe-man;plumber
管子工测尺 plumber's rule
管子工场 plumber's works;plumbery;workshop for plumbing
管子工刀 plumber's knife
管子工工具 plumber's tool
管子工焊剂 plumber's solder
管子工黑油 plumber's soil
管子工胶泥 plumber's dope
管子工接头 <位于两根铅管成直角处> knuckle soldered joint
管子工具 flue tool
管子工人 jointer;plumber
管子工熔炉 plumber's furnace
管子公称尺寸 nominal pipe size;size of pipe and tubing
管子钩 pipe hook
管子箍 escutcheon;holderbat;pipe angle
管子骨架 tube skeleton;tubular skeleton
管子鼓胀 ballooning
管子固定件 pipe bracket
管子固有频率 natural frequency of tube
管子刮刀 pipe scraper;tube scraper
管子刮垢机 pipe scale cropping machine
管子规格 size of pipe
管子滚丝机 pipe-threading machine
管子焊接脚手架 tubular-welded-frame scaffold
管子和扣件联结的脚手架 tube-and-coupler scaffold(ing)
管子和配件 piping and fittings
管子桁条 tube purlin(e)
管子虎钳 pipe vice[vise];tube vice
管子护丝 pipe thread protector
管子滑动接头 slip joint
管子环缝自动焊机 orbital pipe welder
管子活接头 pipe union
管子积垢 pipe incrustation
管子及配件 piping and fittings
管子机械接合 mechanical pipe joint
管子挤压法 pipe extrusion
管子加工车床 pipe lathe
管子加工车间 piping shop
管子加工机具 pipeworking device
管子夹箍 pipe band
管子夹具 pipe clamp;pipe tongs
管子夹钳 pipe gripper
管子夹头 conduit saddle
管子架 pipe bridge;stem rack
管子间耦合 interstage coupling;intervalve coupling
管子检查孔 inspection eye
管子检验器 pipe prover
管子胶合剂 pipe jointing compound
管子胶黏[粘]剂 pipe bonding adhesive;pipe glue
管子绞板 <包括板牙和板牙架> pipe stock and dies
管子矫直机 pipe straightener
管子脚手架 pipe scaffold(ing);tubular scaffold(ing)
管子脚手架安装工 tubular scaffolder
管子铰板板牙 stock die
管子铰刀 pipe reamer
管子接缝填料 pipe joint compound
管子接口 mouthpiece;pipe spigot
管子接偏 angular misalignment
管子接头 pipe angle;pipe connection;pipe joint(ing);pipe union;sub;swages;tube connector;union connection;pipe coupling;pipe nipple;union(joint)
管子接头防漏铅油 pipe joint cement
管子接头麻布 pipe diaper
管子接头弯头 adaptor bend
管子结壳 pipe incrustation
管子截面 pipe section
管子卷边工具 tube beader;tube ca(u)lker
管子卷边器 tube beader
管子绝缘 pipe insulation;pipe warping
管子卡 pipe fastener
管子卡尺 tubing calipers
管子卡环 collar;single-pipe ring
管子卡盘 pipe chuck
管子卡钳 pipe clip;pipe fastener
管子刻丝机 pipe-threading machine
管子刻纹机 pipe-threading machine
管子口裂 pipe ends split
管子扩口工具 pipe flaring tool;tube flaring tool
管子扩口器 tube flaring kit
管子扩口试验 expanding test
管子拉杆 hanging rod for pipe;tubular towing pole
管子拉紧装置 pipe jack
管子喇叭口 pipe spigot
管子栏杆 pipe handrail;tube railing
管子栏杆附件 tube railing fittings
管子栏杆零件 tube railing fittings
管子类型标记 pipe-type character
管子冷减径 cold reduction of tuber
管子冷却面 pipe cooling surface
管子连接 jointing of pipes;pipe coupling;pipe junction;pipe connection
管子连接管 plumber's union
管子连接件 coupling of pipes;pipe connector;pipe joint piece;tubular splice
管子连接密封带 pipe jointing tape
管子连接密封环 pipe jointing ring
管子连接密封圈 pipe jointing ring
管子连接密封条 pipe jointing tape
管子连接用涂料 pipe joint composition
管子联管节 pipe union
管子两头凹进 pipe dented on both ends
管子裂 pipes tube split
管子裂口 pipe burst
管子檩条 tube purlin(e)
管子楼梯端柱 tube newel
管子漏缝 pipe leak
管子漏失量 tube wastage
管子螺帽 pipe nut
管子螺丝车床 tube screw machine
管子螺丝锥 pipe tap
管子螺纹 pipe thread(ing);pipe worms
管子螺纹缠棉纱 wrinkle a joint of pipe
管子螺纹车床 pipe screw-cutting lathe;pipe-threading lathe
管子螺纹堵头 pipe screw stopper
管子螺纹端 pipe screw end
管子螺纹接管 pipe nipple
管子每米理论重量 theoretic(al) weight per meter pipe
管子门 tube door
管子密封 pipe sealing
管子密封环 tubercule
管子摩擦损失 pipe friction loss
管子摩阻 pipe friction resistance
管子摩阻因数 pipe friction factor
管子磨损 tube wear
管子内侧 pipe bore side
管子内衬 pipe lining
管子内铰刀 inner pipe reamer
管子内接头 female union
管子内径 inside diameter;internal diameter of pipe;pipe bore
管子偶接 pipe coupling
管子排列 the arrangement of tubes
管子配件 fittings for pipe;fittings for tube;pipe and tube fittings;pipe fittings;tube fittings
管子配件车间 pipe-fitting shop
管子喷油 bar spraying
管子膨胀接头 pipe expansion joint
管子膨胀弯头 pipe expansion bend
管子破裂 pipe burst
管子破裂强度 pipe bursting strength
管子起拔机 pulling unit
管子起拔器 tubing pulling unit
管子气动起重器 pneumatic jack
管子钳 grip wrench;monkey wrench;motor wrench;pipe dog;pipe forceps;pipe grip;pipe pliers;pipe spanner;pipe tongs;pipe vice[vise];pipe wrench;Stillson wrench
管子钳专用加工设备 special equipment for making pipe twist
管子桥 tubular bridge
管子翘曲 pipe warp
管子切断器 pipe cutter
管子切割 pipe cutting
管子切割刀片 cutter blade for pipe
管子切割机床 tube cutting machine tool
管子切割器 pipe cutter
管子切丝机 pipe-threading machine
管子清洁器 go-devil;tube cleaner
管子柔性连接 pipe swing
管子软连接 pipe swing
管子润滑剂 pipe dope
管子塞头 pipe chocking;pipe plug
管子商店 pipe shop
管子上焊法兰 welded neck flange
管子上加销钉 studding of tubes
管子上螺旋法兰 screwed flange of pipes
管子射孔 shoot pipe
管子渗水 pipe weep
管子生产线 pipe train
管子式管道 tube
管子适配器 tube adapter
管子手柄 tubular handle
管子竖井 <隧道通气孔> pipe shaft
管子水垢 pipe incrustation
管子水泥接口 cement joint for pipe
管子丝口扳牙 pipe die
管子丝扣扳钳 oster;pipe die;spring die
管子丝扣连接 threaded pipe connection
管子丝锥 pipe tap
管子隧道 pipe tunnel
管子损坏 pipe fracture
管子台虎钳 clamp-on pipe vise;hinged pipe vice[vise];pipe(anvil) vice[vise]
管子台钳 pipe vise
管子套口接头 taper joint
管子套筒扳手 pipe socket wrench
管子提升器 pipe lifter;pipe riser
管子填料 packing of tube
管子通道 pipe duct;pipe line
管子凸缘 flange of pipe;pipe flange
管子突口 hub of pipe[piping]
管子涂包沥青机 dope machine
管子涂层 pipe coating
管子涂层过程 pipe coating process
管子涂料 painting of pipe;painting of tube;pipe coating;pipe dope
管子推顶法 pipe jacking
管子腿 tubular leg
管子托架 pipe bracket
管子外包裹 pipe wrapping
管子外径 pipe outside diameter
管子外螺纹 external pipe thread
管子外涂层 external pipe coating
管子弯道的内曲线 hass
管子弯曲 elbow bend;pipe bend;tube bend
管子弯头 connector bend;elbow bend;pipe angle;pipe bend;pipe elbow
管子弯头内侧曲线 inside curve of pipe bend;Hass
管子系数 tube coefficient
管子细螺纹 gas thread
管子斜度 pitch of pipes
管子斜杆件 tubular diagonal(rod)
管子泄漏 pipe leak;tube leak
管子泄漏量 tube leakage
管子芯撑 pipe chaplet;stalk-pipe chaplet
管子芯骨 hinge tube
管子芯轴 pipe mandrel
管子型芯 pipe core
管子修理架 pipe repair stand
管子旋上凸缘 screwed flange of pipes
管子悬吊设施 pipe hanger
管子旋梯中柱 tube newel
管子液压试验器 pipe prover
管子液压试验仪 pipe prover
管子翼缘板 puddle flange
管子应力分析 pipe stress analysis
管子与管板的连接 jointing of tubes with tube sheet
管子与管板的胀接或焊接 expanding or welding of tube with tube sheet
管子与管板焊接的主要参数 essential variables of tube-to-tube sheet welds
管子与管板氩弧焊接 welding of tube-tube sheet
管子展开长度 length of straight pipe
管子张紧器 <铺管船上的> tensioner
管子找中装置 pipe centering apparatus
管子支吊架 pipe strap
管子支架 tube skeleton
管子支柱 tubular leg
管子直角弯头 quarter pipe
管子中的热应力 thermal stress in pipes
管子钟口 tube socket
管子柱 pipe column
管子铸件 pipe casting
管子铸造 pipe mo(u)lding
管子抓取器 pipe grab
管子装配工 pipe fitter
管子纵剖面图 route profile
管子钻塔 tube derrick
管足 podium[复 podiums/podia];tube foot
管阻力 pipe resistance
管阻塞 pipe choking
管组 bundle of pipes;nest of tubes;pipe bank;set of conduits;set of machines;set of pipes;set of tubes
管组蒸发炉 series pipe still
管组蒸馏釜 series pipe still
管钻 hole saw;pipe drill;tubing drill;tubular drill;tubular saw
管钻头 pipe bit;tubular borer
管嘴 adjutage;flow nozzle;mouthpiece;nozzle;orifice piece;pipe orifice;nosing piece <水道、管道等的>
管嘴量水计 flow nozzle meter[metre]
管嘴流量计 flow nozzle meter[metre]
管嘴流量系数 coefficient of nozzle discharge
管嘴式流速计 nozzle meter

管嘴式排气口 nozzle outlet
管嘴系数 nozzle coefficient; coefficient of nozzle
管座 lampholder; lamp panel; pipe bracket; pipe clip; pipe saddle; pipe support; tube holder; tube seat; tube socket; tube support; valve base; valve holder; valve panel; benching <混凝土通基>
管座电容 header capacitance; socket capacitance
管座勒脚 felt collar(of pipe)
管座漏电 base leak
管座屏蔽 base shield
管座装置 header assembly

贯

贯层侵入 transgressive intrusion
贯长 continuous length
贯彻 bring into effect; carry forward; carry through; carry out
贯穿 breakthrough; interpenetrate; penetration; transfixation; weld penetration
贯穿本领 penetrability; penetrating power
贯穿波 penetrating wave
贯穿的 pierced
贯穿对焊 complete penetration butt weld
贯穿对流 penetrative convection
贯穿辐射 penetrating radiation; penetration radiation; penetrative radiation
贯穿焊缝 through weld
贯穿机件的托座 through bracket
贯穿计 penetrator; penetrometer
贯穿件 penetrating item; penetration piece
贯穿降水量 through rainfall
贯穿结扎 penetrating ligature
贯穿进给 through feed
贯穿进给法 through-feed method; thrufeed method
贯穿进给磨法 through-feed grinding
贯穿进给无心磨削 through-feed centerless grinding
贯穿井 fully penetrating well; penetrating well
贯穿距离 penetration distance
贯穿开挖 through cut
贯穿坑 penetration pit
贯穿裂缝 through check; transverse crack; through crack; through shake <木材或石料的>
贯穿漏斗 penetration funnel
贯穿孪晶 penetration twin
贯穿螺栓 in-and-out bolt; tie bolt; through bolt; arrangement of stay bolt
贯穿螺栓设计 through bolt design
贯穿磨法 through-feed method
贯穿能力 penetrability; penetrating ability; penetration ability; penetrating power
贯穿能量损失 penetration energy loss
贯穿墙厚的黏[粘]合 through bond
贯穿切割 through cutting
贯穿切割法 through cutting method
贯穿深度 depth of penetration; penetrating depth
贯穿式固定 through-fixing
贯穿试验 piercing test
贯穿术 transfixion
贯穿水系 through drainage
贯穿套管绝缘器 piercing bushing insulator
贯穿系数 penetration coefficient
贯穿纤维 perforating fiber [fibre]; Sharpey's fibre
贯穿性 penetrability; penetrance
贯穿雄榫 through tenon
贯穿燕尾榫 through dovetail
贯穿叶 perfoliate-leaf
贯穿应变 penetration strain
贯穿针 transfixion pin
贯穿轴 through-going shaft
贯地槽 through geosyncline
贯顶的 excurrent
贯击数 blow count
贯孔作用 piping
贯流 through-flow; breakthrough <离子交换>
贯流泵 straight-flow pump; tubular axial-flow pump
贯流能力 breakthrough capacity
贯流容量 breakthrough capacity
贯流式 cross-flow type
贯流式电站 stream-flow plant
贯流式蝶阀 through-flow butterfly valve
贯流式风机 cross-flow blower
贯流式冷却塔 cross-flow type cooling tower
贯流式润滑 environmental lubrication
贯流式水力发电厂 river-run plant
贯流式水轮机 straflo turbine; straight-flow turbine; through-flow turbine; tubular turbine
贯流式通风机 cross-flow fan; tangential fan
贯流通风 cross ventilation
贯欧集装箱快车 trans-Europe container express
贯欧快运业务 trans-Europe express merchandises
贯墙丁砌 through bond
贯墙石 <贯穿墙壁而露其两端的长石> through stone; perpend (stone); watershot <乱石墙中的>
贯任 duty
贯入 penetrating
贯入变质作用 injection metamorphism; penetration metamorphism
贯入层 penetration coat; penetration course; penetration layer
贯入处治(道路) penetration treatment
贯入触探 penetration sounding
贯入的 injected
贯入碟 penetration dish
贯入顶端 penetration tip
贯入度【岩】 length of penetration; penetrated set; penetrating quality; penetration; set of penetration
贯入度荷载曲线 penetration-load curve
贯入度试验 penetrated test; penetration resistance test; penetration test(ing)
贯入度图 blow diagram
贯入度仪 penetrometer; wash-point penetrometer; penetration test apparatus
贯入度指数 <一种表示沥青材料温度敏感性的指数> penetration index
贯入法 penetration method
贯入法表面处理 penetration surface treatment
贯入法测土的密度 needle density
贯入法施工 penetration construction
贯入法(修筑)路面 penetration pavement
贯入法筑路 penetration construction
贯入杆钻孔 penetration rod drilling
贯入焊接 penetration welding
贯入荷载 penetration load
贯入滑动面 penetration slip surface
贯入混凝土 penetration concrete
贯入击数 blow count; blow number; number of blows
贯入极限 penetration limit
贯入记录 penetrated record; penetration record
贯入技术 penetration technique
贯入交代作用 injection metasomatism
贯入角砾岩 penetration breccia
贯入截面 penetration cross-section
贯入矿体 injected orebody
贯入力 force of penetration; penetrated force; penetrating force; penetrating power; penetration force; penetration strength
贯入沥青 penetration oil
贯入量 penetration quantity; penetration rate
贯入料 penetrant
贯入铆接 penetration riveting
贯入能力 capacity of penetration
贯入泥浆的路面 slurry-mud jacked pavement
贯入片麻岩 injection gneiss; leaf gneiss; penetration gneiss
贯入器 penetrator; penetrometer; split barrel sampler; spoon sampler <英>
贯入强度 penetration strength
贯入砂岩 injection sandstone
贯入深度 depth of penetration; penetration depth; penetration distance
贯入深度调整机构 depth adjustment holing
贯入石灰岩 penetration limestone
贯入式表面处理 penetration surface treatment
贯入式表面处治 penetration surface treatment
贯入式沥青路面 bituminous penetration road(pavement)
贯入式沥青碎石路面 penetration bituminous macadam surface
贯入式沥青碎石面层 penetration bituminous macadam surface
贯入式面层 penetration surface course
贯入式黏[粘]度计 penetro-visco(si)meter
贯入式水泥结碎石(路) penetration type cement-bound macadam
贯入式碎石路 penetration macadam
贯入式碎石路面 penetration macadam pavement
贯入试验锤击数 blow of penetration test; number of standard penetration
贯入试验法 penetration technique
贯入试验仪 penetrometer; grief stem <其中的一种>
贯入试针 penetration testing needle
贯入数 number of blows
贯入速度 velocity of penetration
贯入速率 rate of penetration
贯入体 injected body; injected mass
贯入推进 push-in of cutting edge
贯入系数 penetration coefficient
贯入限度 penetration limit
贯入性 penetrability; penetrating quality
贯入岩层 injected rock; penetrative rock
贯入岩石 penetration rock
贯入仪 penetrometer
贯入异离体 injection schlieren
贯入用沥青 penetrating asphalt; penetrating oil
贯入杂岩 injection complex
贯入载荷 penetration load
贯入针 needle penetrometer; penetration needle
贯入值 penetration value
贯入柱(塞)<CBR试验用的> penetration piston
贯入桩 penetration pile
贯入锥 penetrating cone; penetration cone
贯入阻抗 penetration resistance
贯入阻力 penetration resistance
贯入阻力曲线 penetration resistance curve
贯入阻力试验 Proctor hardening test; penetration resistance test <测定水泥砂浆硬化速率的试验>
贯入阻力试验法 method of test for resistance to penetration
贯入阻力随深度增长率 cone index gradient
贯入阻力探针 <测硬化混凝土的> penetration(rate)probe
贯入阻力值 penetration resistance value
贯石 <贯穿墙壁而露其两端的长石> perpen(d); perpend stone
贯索四 Alphacca
贯通 cut-through; hole through; holing (through); impenetrate; perforated; piercing; run-through
贯通测量 breakthrough survey; holding-through survey; through survey
贯通城市的铁路直径线 through railway diameter
贯通传动杆 continuous line of shafting
贯通的 holding-through
贯通的深断裂 through deep fracture
贯通点 breakthrough point; point of breakthrough
贯通电线路 through line
贯通电压 reachthrough voltage
贯通阀 through valve
贯通法磁粉探伤 central conductor (magnetizing) method
贯通谷 through-valley
贯通过梁 through lintel
贯通结构面 through structural plane
贯通精度 accuracy of breaking through
贯通孔隙率 connected porosity
贯通里程 through chainage
贯通裂缝 through check; through crack
贯通裂纹 through check
贯通流动 through-flow
贯通路堑 through cut
贯通轮裂 through shake
贯通螺栓 in-and-out bolt
贯通面【铁】 through plane; meeting front of breakthrough <隧道开挖>
贯通砌缝 through bond
贯通石 bond header
贯通式变流器 through-type current transformer; window type current transformer
贯通式车站 through station
贯通式高温计 through-type pyrometer
贯通式机车库 through type shed
贯通式炉 passing-type furnace
贯通榫 through tenon
贯通误差 <隧道的> error of piercing; piercing error; through error
贯通误差预计 estimation of through-error
贯通线 through track
贯通性 connectivity
贯通支承桩 bearing pile through structure
贯通制动机 through brake
贯通轴 through shaft; thru shaft
贯通装置 pass-through facility
贯头螺钉 tommy screw

贯头螺丝 tommy screw
贯投影 project
贯透裂 < 顺木纹方向的 > through shake
贯线 transversal
贯线图 alignment chart
贯芯碳条 cored carbon
贯眼 full bore;full hole
贯眼接头 full hole (tool) joint;streamline(d) tool joint
贯眼扣 full hole thread
贯眼式钻杆接头 internal flush jointed coupling;internal flush tool joint
贯眼完成法 perforated pipe completion method
贯眼型 full hole
贯眼油管测试器 full-bore tubing tester
贯眼钻杆接头 full hole tool joint;streamline tool joint
贯叶连翘树脂 hyperesin
贯砖 perpen(d)

冠

冠军 champion

惯

惯常险 customary risk
惯常性误差 systematic error
惯常做法 wont
惯犯 inveterate criminal;recidivism;recidivist;scoff laws < 美国,尤指违反交通规则 >
惯积 product of inertia
惯极矩 polar moment of inertia
惯矩 moment of inertia;second moment
惯矩椭圆 ellipse of inertia
惯例 convention;conventional method;customary rule;established practice;routine practice;tradition;use and wont;usual practice
惯例的 accustomed;customary;orthodox;prescriptive;traditional
惯例法 customary law
惯例方法 custom approach;institutional approach
惯例设计 convectional design
惯例式 conventional form
惯例折旧 conventional depreciation
惯例做法 custom approach
惯量 inertia
惯量半径 radius of inertia
惯量棒 inertia bar
惯量乘积 products of inertia
惯量的 momental
惯量飞轮 inertia flywheel
惯量椭球 ellipsoidal of inertia;momental ellipsoid
惯量椭圆 ellipse of inertia;momental ellipse
惯量轴 axis of inertia
惯量主轴 principal axis of inertia
惯态 habit
惯态平面 habit plane
惯习面 habit plane
惯心 center[centre] of inertia
惯性 inertance;inertia;speed of response
惯性半径 inertia radius;radius of gyration;radius of inertia
惯性保险丝 time-lag fuse
惯性比 inertia ratio;ratio of inertia
惯性边界层 inertial boundary layer
惯性波 inertia(l) wave
惯性补偿 inertia compensation
惯性不稳定性 dynamic(al) instability;inertial instability
惯性参考系 inertial reference system
惯性参考坐标系 inertial reference frame
惯性参照系 inertial reference system
惯性测量 inertia measurement
惯性测量系统 inertial surveying system
惯性测量装置 inertial surveying device;inertial surveying unit
惯性常数 constant of inertia;inertia constant
惯性沉降 inertial settling
惯性冲击力 inertial impact
惯性冲撞 inertial impingement
惯性除尘 gravity dedusting;inertial dust collection
惯性除尘器 gravitational dust precipitator;inertial dust separator
惯性除尘装置 inertial dust collection equipment
惯性传感器 inertial sensor
惯性传感系统 inertial sensor system
惯性导航 inertial guidance;inertial navigation
惯性导航计算机 inertial navigation computer
惯性导航设备 inertial navigation equipment;inertial navigation set
惯性导航系统 inertial navigation system
惯性导航仪 inertial navigator
惯性导航与制导 inertial navigation and guidance
惯性导线测量 inertia traverse surveying
惯性导引 inertial control
惯性的 inert;reactionless
惯性地震计 inertia seismometer
惯性地震仪 inertia seismograph
惯性定理 initial theorem
惯性定律 law of inertia
惯性定位系统 inertial positioning system
惯性定位仪 inertial positioning system;inertial platform
惯性定向测量法 inertial directional survey
惯性动量 moment of gyration
惯性抖动器 inertia type shaker
惯性断面仪 inertial profilometer
惯性多普勒导航设备 inertial Doppler navigation equipment
惯性反作用矩测试仪 inertia reactionary torque testing instrument
惯性反作用力 inertia reaction
惯性反作用力矩测试仪 inertia reaction moment tester
惯性飞行 coasting flight;inertia(l) flight
惯性飞行时的有效荷载 free-coasting payload
惯性分离器 impaction separator;inertia(l) separator
惯性分量 inertial component
惯性风力分级机 inertia type air classifier
惯性浮标 mass float
惯性跟踪 coast
惯性过坝 dam crossover by inertia
惯性焊 inertia weld
惯性焊接 inertia(l) welding
惯性荷载 inertia(l) load;mass load(ing)
惯性荷载分量 inertial loading component
惯性滑距 brake[braking] way
惯性滑行 coast(ing);free wheel;freewheeling
惯性滑行车辆 free running vehicle
惯性滑行制动器 freewheeling brake
惯性积 product of inertia
惯性基准法 inertial measurement
惯性基准分陀螺仪 inertial reference integrating gyroscope
惯性激光传感器 inertial laser sensor
惯性极 inertia pole;pole of inertia
惯性极矩 polar moment of inertia;second moment of mass
惯性集尘器 inertial separator
惯性加载 inertia loading
惯性架 inertial frame
惯性减振块 inertia block
惯性减震器 inertia damper
惯性剪力 inertia shear
惯性角 inertial angular acceleration sensor
惯性静矩 first moment of mass
惯性矩 moment of inertia;inertia couple;inertial moment;moment of gyration;moment of inertia;processional moment;rotational inertia;second moment
惯性矩比 inertia ratio;ratio of moment of inertia
惯性矩面积仪 integrometer
惯性矩求积仪 integrometer
惯性矩阵 inertial matrix
惯性开关 inertial switch
惯性抗力 inertial reactance
惯性空间 inertial space
惯性空间基准系统 inertial space reference system
惯性空气分级机 inertia type air classifier
惯性控制 inertial control
惯性控制的除气装置 flywheel controlled radiator bleeder
惯性控制系数 inertial control system
惯性离心力矩 deviation moment
惯性离心力位 potential of inertial centrifugal force
惯性离心式分离器 inertial centrifugal separator
惯性理论 inertial theory
惯性力 apparent force;body force;force of inertia;inertia(l) force;mass force;mass load(ing)
惯性力除尘器 inertia force separator
惯性力分级机 inertia force classifier
惯性力分选器 inertia force separator
惯性力矩 moment of inertia
惯性力矩法 moment of inertia method
惯性力矩阵 inertia matrix
惯性力偶 inertia couple
惯性力平衡 balancing of inertia forces
惯性力系数 inertia force coefficient
惯性粒度分级装置 inertial sizing device
惯性联轴节 inertia coupling
惯性流 inertia current;inertia flow
惯性流动 inertial flow
惯性轮 fly wheel;inertia wheel
惯性落砂机 inertia knock-out grid;inertial shakeout machine
惯性面积 inertia area
惯性模量 inertia modulus;modulus of inertia;moment of inertia
惯性模拟 inertia simulation
惯性模数 modulus of inertia
惯性摩擦焊 flywheel friction welding
惯性扭矩 inertia torque
惯性欧米伽组合导航系统 inertial-omega integrated navigation system
惯性耦合 inertial coupling
惯性耦联 inertia coupling
惯性碰撞法 inertial impaction
惯性平衡 inertia balance;inertia equalization
惯性平衡稳定平台 inertially balanced stabilized platform
惯性平台 inertial platform
惯性坡度 inertia(l) grade
惯性起动开关 inertia starting switch
惯性起动器 inertia(l) starter;inertia type starter
惯性砌块 inertia block
惯性筛 unbalanced-throw screen
惯性时 inertial time
惯性时间常数 inertia time constant
惯性式制动试验台 inertial type brake tester;inert type brake tester
惯性式转速表 inertia revolution counter
惯性试验 inertia test;stop inertia test;internal restraint test < 集装箱等 >
惯性输送机 < 垃圾的 > inertia grate stoker
惯性水头 inertia head
惯性速度表 inertial velocity meter
惯性速率积分陀螺仪 inertial rate integrating gyroscope
惯性特性 inertia characteristic
惯性特征 inertia characteristic
惯性体 coasting body;inertial mass
惯性体轴承 inertia mass bearing
惯性调节器 inertia governor
惯性调速器 inertia governor
惯性同步电路 flywheel circuit;inertia immunity sync circuit
惯性图 inertia diagram
惯性陀螺罗盘 inertial gyrocompass
惯性椭球 inertial ellipsoid;Poinsot ellipsoid
惯性椭圆 ellipse of inertia;inertial ellipse
惯性椭圆体 ellipsoid of inertia
惯性稳定平台 inertially stabilized platform
惯性稳定器 inertia stabilizer
惯性误差 ballistic deflection;inertial error
惯性雾滴分离器 inertial mist separator
惯性吸尘装置 inertial dust collector
惯性系数 inertia(l) coefficient
惯性系(统) inertial system
惯性相互作用分析 inertia interaction analysis
惯性销 setback pin
惯性效应 effect of inertia;inertia effect
惯性旋流冷却油分离器 cyclonic coolant separator-inertial
惯性压力 inertial pressure;pressure exerted by massed
惯性压力法 Gibson method;inertial pressure method
惯性压头 inertial pressure head
惯性延迟 inertial delay
惯性颜料 inert pigment
惯性仪表系统 inertial instrument system
惯性因数 inertia factor
惯性应变仪 inertia strain instrument
惯性元件 inertia element
惯性圆 circle of inertia;inertia(l) circle
惯性圆盘式振动筛 lead-belt screen
惯性约束 inertial confinement
惯性约束聚变 inertial confinement fusion
惯性运动 coasting;free fall;inertia motion
惯性运动阀 coasting valve
惯性运动轨迹 coasting trajectory
惯性运动期间 coasting period
惯性运行 coasting
惯性载荷 inertial load
惯性张量 inertial tensor;inertia tensor
惯性折断 inertia break-off
惯性振荡 inertia(l) oscillation

惯性振动 inertial vibration
惯性振动落砂机 inert vibrating shakeout
惯性振动筛 inertial vibrating screen; inertia vibrating screen; initial vibrating screen
惯性指数 index of inertia
惯性制导 inertial guidance
惯性制导工程 inertial guidance engineering
惯性制导积分陀螺 inertial guidance integrating gyro
惯性制导计算机 inertial guidance computer
惯性制导系统 inertial guidance system
惯性制导信息 inertial guidance information
惯性质量 inertia(l) mass
惯性质量矩阵 inertia mass matrix
惯性中线 centre line of inertia
惯性中心 center[centre] of inertia
惯性中心系统 center[centre] of inertia system
惯性重力波 inertia-gravitational wave; inertia-gravity wave
惯性周期 inertial period
惯性轴 axis of inertia; inertial axis
惯性主矩 principal moment of inertia
惯性主轴 principal axis of inertia
惯性装置 inertial system
惯性状态 state of inertia
惯性撞击 inertial impaction
惯性自动导航仪 inertial autonavigator
惯性自动相位控制 flywheel automatic phase control
惯性自锁 inertial lock
惯性阻力 inertia(l) resistance
惯性阻尼 inertia(l) damping
惯性阻尼器 inertia damper
惯性作用 effect of inertia; inertial effect
惯性作用区 inertial space
惯性坐标 inertial coordinates
惯性坐标系 inertial coordinate system
惯用包装 customary tare
惯用比例尺 representative scale
惯用表示法 conventional representation
惯用车速 prevailing speed
惯用的 conventional
惯用的手段 conventional approach
惯用地名 conventional place name
惯用法 conventional method
惯用方法 conventional method; conventional process; traditional method
惯用方式 conventional system
惯用丰度 conventional abundance
惯用符号 conventional sign; conventional symbol(ization)
惯用符号表 conventional sign card; conventional symbol card; table of conventional signs
惯用骨料 conventional aggregate
惯用集料 conventional aggregate
惯用结构 conventional design
惯用名 traditional name
惯用式喷洒器 conventional type sprinkler
惯用数字代号 conventional figure
惯用投影 conventional projection
惯用图表 conventional diagram
惯用图形 conventional figure
惯用铣法 conventional milling
惯用系数 habit factor
惯用险别 customary risk
惯用译名 conventional spelling; conventional transcription
惯用右手 dexterity
惯用右手的人 right-handed person
惯用字符 conventional letter
惯用字母 conventional letter
惯用坐标系 conventional coordinate system

掼炮 torpedo

盥洗槽 lavatory basin; wash basin
盥洗架 wash stand
盥洗间 lavatory; wash basin; washroom
盥洗淋浴室 toilet-and-shower room
盥洗排水管 lavatory waste pipe
盥洗盘 lavatory basin range
盥洗盆 lavatory basin; lavabo <固定在墙上的>
盥洗器 <固定在墙上的> lavabo
盥洗设备 sanitation; toilet facility
盥洗室 bathroom; closet (room); dunny; lavabo; lav(atory); toilet (compartment); toilet room; washing chamber; water closet; washroom <美>
盥洗室冲水箱 lavatory flush
盥洗室冲洗 closet flushing; lavatory flush(ing); toilet flushing
盥洗室冲洗水箱 closet flushing cistern; lavatory flushing cistern; toilet flushing cistern
盥洗室地板 lavatory floor
盥洗室风扇 toilet fan
盥洗室灰缸 wash room tray
盥洗室龙头 toilet faucet
盥洗室门 closet door
盥洗室排气扇 lavatory fan
盥洗室排水管 lavatory waste pipe
盥洗室全套设备 closet suite
盥洗室设备 lavatory equipment; toilet facility; toilet unit; wash room equipment
盥洗室设施 closet facility
盥洗室水盘 lavatory tray
盥洗室水盆 closet basin
盥洗室铁板 lavatory door threshold plate
盥洗室通风机 toilet fan
盥洗室通风扇 closet fan
盥洗室污水 toilet wastewater
盥洗室污水管 toilet wastewater pipe
盥洗室洗涤盆 trough lavatory basin
盥洗室小分隔间 toilet stall
盥洗室用器皿 toilet-pot
盥洗水柜 sanitary tank
盥洗台 wash stand
盥洗污物储存罐 <到终点站再加处理> toilet waste tank
盥斜边砂轮 one-side tapered grinding wheel
盥折射反光器 single-refraction reflector unit

灌柏油碎石路面 tar-grouted surfacing
灌柏油碎石面层 tar-grouted surfacing
灌包 bag filling
灌包缝包设备 bagging and stitching plant
灌包机 bagging machine; bagging packer; sacking filler; sacking filling machine; sacking plant
灌包作业 sacking operation
灌薄浆 larry
灌薄水泥浆 grouting with cement slurry
灌补舱口 trimming hatch (way); trimming hole
灌草丛 grass thicket; shrub-grassland
灌床 bed irrigation
灌丛 brush (wood); bush fallow; bush-wood; shrub
灌丛草原 retama bushland; bushveld <南非>
灌丛带 shrub land
灌丛地 bushland
灌丛火 brush fire
灌丛林 shrub forest
灌丛沙丘 shrub-coppice dune
灌丛沙滩 shrub sand mound
灌地沥青碎石(路面) grouted asphalt macadam
灌封 embed(ment); encapsulation; imbed
灌缝 cementation of fissures; crack grouting; crack pouring; fissure grouting; grouting; joint grouting; joint pouring; top sealing
灌缝锅 bougie
灌缝机 joint sealing machine
灌缝剂 top sealer
灌缝浆 crack pouring paste; jointing paste
灌缝沥青混合物 asphalt joint pouring compound
灌缝喷枪 ca(u)lking gun; pressure gun
灌缝器 pouring can
灌缝式块料路面 grouted block pavement
灌缝圬工 grouted masonry
灌缝用(薄)砂浆 grout filler
灌溉 irrigate; irrigation; watering
灌溉暗渠 kanat; karez[kariz]; qanat <伊朗等国从山上引水至平原的>
灌溉泵 irrigation pump
灌溉泵站 irrigation pumping station
灌溉标准 irrigation norm; irrigation rate
灌溉长度 irrigation run
灌溉场 irrigation field
灌溉车 irrigator
灌溉程序 irrigation procedure; irrigation program(me)
灌溉冲积平原 huerta
灌溉抽水 irrigation pumping
灌溉抽水站 irrigation pumping station
灌溉出口工程 irrigation outlet works
灌溉处理 irrigation treatment
灌溉次数 frequency of irrigation; irrigation frequency
灌溉次序 irrigation procedure
灌溉措施 irrigation practice
灌溉单元 irrigating unit
灌溉(挡水)田埂 irrigation border
灌溉的不良影响 negative side-effect of irrigation
灌溉的负作用 negative side-effect of irrigation
灌溉地 irrigated land; irrigation field; irrigation land
灌溉地段 irrigated plot
灌溉地段灌溉需水量 unit irrigation requirement
灌溉地段需水量 block irrigation requirement
灌溉地区 irrigated area; irrigated plot
灌溉定额 irrigating water quota; irrigation norm; irrigation requirement; water duty
灌溉定量 irrigation requirement
灌溉对作物的冷却作用 crop cooling
灌溉额 duty water
灌溉阀 irrigation valve
灌溉反应 response to irrigation
灌溉方案 irrigation program(me); irrigation scheme
灌溉方法 irrigation method
灌溉方法及应用 irrigation methods and practices
灌溉方式 irrigation pattern; irrigation regime
灌溉方向 direction of irrigation
灌溉干管 irrigation main
灌溉干渠 irrigation main; main (irrigation) canal
灌溉耕作 irrigation farming
灌溉耕作系统 irrigated farming system
灌溉工程 irrigation engineering; irrigation project; irrigation work
灌溉工程师 irrigation engineer
灌溉工程施工与维修 irrigation engineering and maintenance
灌溉工程现金收益可能性 farm financing viability
灌溉供水 irrigation delivery
灌溉供水制度 demand system of irrigation
灌溉沟 feed ditch
灌溉沟槽 irrigation furrow
灌溉沟渠 catch feeder; irrigation trench
灌溉沟筑物 irrigation structure
灌溉管 irrigation pipe
灌溉管道 irrigation(pipe) line
灌溉管理区 irrigation district
灌溉管水员 ditch rider
灌溉管拖车 irrigation pipe trailer
灌溉龟裂土 irrigated takyr
灌溉规范 irrigation norm
灌溉和动力季刊 <印度季刊> Bhagirath, Irrigation and Power Quarterly
灌溉河流 irrigating river; irrigating stream
灌溉虹吸管 irrigation siphon
灌溉回(归)水 irrigation return flow
灌溉回渗法 recharge with irrigation water
灌溉唧站 irrigation pumping station
灌溉基础设施 irrigation infrastructure
灌溉计划 irrigation plan; irrigation project
灌溉季节 irrigation period; irrigation season
灌溉间隔期 interirrigation
灌溉建筑物 irrigation structure
灌溉进度表 irrigation schedule
灌溉进水口 inlet for irrigation water
灌溉井 irrigation well
灌溉净效益 net irrigation benefit
灌溉径流水质 irrigation runoff water quality
灌溉开沟铲 irrigating shovel; irrigation shovel
灌溉科学 irrigation science
灌溉控制面积 command area
灌溉库容 irrigation storage
灌溉量英亩·英寸/天 irrigation yields acre-inch per day
灌溉流程图 irrigation program(me); irrigation scheme
灌溉龙头 irrigation hydrant
灌溉率 irrigation intensity; water duty
灌溉轮换 irrigation rotation
灌溉面积 irrigated area; irrigation area
灌溉面积比 irrigation area ratio
灌溉明沟 irrigation ditch
灌溉亩数 irrigated acreage
灌溉目的 irrigation purpose
灌溉牧场 irrigated pasture; irrigation pasture

灌溉牧地 irrigated pasture
灌溉农场 irrigated farm
灌溉农渠 catch feeder
灌溉农田 irrigated farmland
灌溉农业 humid farming; irrigating farming; irrigation agriculture; irrigation farming
灌溉农业发展 hydroagriculture development
灌溉农作 irrigation farming
灌溉农作系统 irrigated farming system
灌溉配水系统 water disposal system
灌溉盆地 irrigation basin
灌溉频率 frequency of irrigation
灌溉评价 irrigation assessment
灌溉期 irrigation period; irrigation season
灌溉期间 interirrigation
灌溉畦 irrigation border
灌溉器具 irrigator
灌溉强度 irrigation intensity
灌溉区 irrigation district
灌溉区域 heavily water area; irrigated region; irrigated area
灌溉渠 absorption trench; feeding ditch; irrigation canal
灌溉渠道 absorption field trench; disposal trench; feed ditch; irrigation canal; irrigation channel
灌溉渠道网 irrigation canal network
灌溉渠道系统 irrigation canal system
灌溉渠进水口 irrigation canal intake
灌溉渠水 catchwater; irrigation draft
灌溉取水 irrigation draft; irrigation draught
灌溉人员配备 irrigation staffing
灌溉塞 duty of water
灌溉设备 irrigation equipment; irrigation installation; irrigation plant; irrigator
灌溉设计 irrigation design
灌溉设施 irrigation(al) facility; irrigation plant
灌溉生态系统 irrigation ecosystem
灌溉时代 <美国双月刊> Irrigation Age
灌溉时度和长度 irrigation timing and length
灌溉时距 irrigation interval
灌溉试验 irrigation experiment; irrigation test
灌溉试验站 experimental irrigation station
灌溉枢纽 irrigation junction
灌溉输水供水效率 water conveyance and delivery efficiency
灌溉水 irrigated water; irrigation water
灌溉水泵 irrigation pump
灌溉水池 irrigation pool
灌溉水的输送 conveyance of irrigation water
灌溉水的盐度 salinity of irrigation water
灌溉水阀 alfalfa valve
灌溉水费 irrigation value; water charges of irrigation
灌溉水沟 absorption field trench; disposal trench; irrigation furrow
灌溉水管 irrigation pipe
灌溉水管接头 irrigation pipe coupler
灌溉水含盐度 salinity of irrigation water
灌溉水技术 irrigation technique
灌溉水碱度 alkalinity of irrigation water
灌溉水井 irrigation well; well for irrigating
灌溉水库 irrigation reservoir; irrigation storage
灌溉水量 irrigation duty
灌溉水量损失 irrigation flow loss
灌溉水流 irrigating stream; irrigation stream
灌溉水流失 operation waste
灌溉水渠 catchwork; irrigation canal; irrigation channel; acequia <美西南部的>
灌溉水舌 irrigation head
灌溉水渗入 irrigation water leakage
灌溉水栓 irrigation hydrant
灌溉水头 irrigating head; irrigation head
灌溉水位 irrigation level
灌溉水有效利用率 irrigation application efficiency
灌溉水源 sources of irrigation water
灌溉水质 quality of irrigation water
灌溉税 <单位面积的年灌溉水费> irrigation cess
灌溉税额 irrigation assessment
灌溉隧道 irrigation tunnel
灌溉隧洞 irrigation tunnel
灌溉田【给】sewage farming
灌溉田地 <每年收获一次的> vega
灌溉田块 irrigation border
灌溉条 irrigation strip
灌溉条件 irrigation condition
灌溉外部性 <问题> irrigation externality
灌溉网 irrigating net(work); irrigation net(work); irrigation scheme
灌溉尾水回收系统 irrigation tailwater recovery system
灌溉污水处理 irrigation sewage disposal
灌溉系数 irrigation coefficient
灌溉系统 irrigating system; irrigation system
灌溉系统模拟 simulation of irrigation system
灌溉线 irrigation line
灌溉橡胶管 garden hose
灌溉橡皮管 garden hose
灌溉小坝 an(n)icut
灌溉小沟 catch feeder
灌溉效率 distribution efficiency; efficiency of irrigation; irrigation (application) efficiency
灌溉效应 response to irrigation
灌溉协议地区 agreement area
灌溉协议面积 agreement area
灌溉型 irrigation type
灌溉需水量 duty of water; irrigation water demand; irrigation water requirement
灌溉需水指数 index of irrigation need
灌溉需水(总)量 irrigation requirement
灌溉蓄水 irrigation storage
灌溉蓄水池 reservoir for irrigation
灌溉蓄水库 reservoir for irrigation
灌溉学报 <美国月刊> Irrigation Journal
灌溉烟草 irrigation tobacco
灌溉堰 <低坝的> irrigation weir
灌溉秧田 irrigated nursery
灌溉扬水 irrigation pumping
灌溉引水 irrigation diversion
灌溉引水量 diversion duty
灌溉引水渠 feed canal; feed ditch for irrigation
灌溉引水隧洞 irrigation tunnel
灌溉英亩数 irrigated acreage
灌溉用坝 irrigation dam
灌溉用泵 irrigation pump
灌溉用水 duty water; irrigation water; water for irrigation; irrigating water
灌溉用水定额 rate of irrigation
灌溉用水管理 irrigation water management
灌溉用水库 reservoir for irrigation
灌溉用水率 duty of water; farm duty (of water); irrigation rate
灌溉用水水质 irrigation water quality
灌溉用水水质标准 irrigation water quality standard
灌溉用水水质评价 irrigation water quality assessment
灌溉用水损失 irrigation operation waste
灌溉用水效率 consumptive use efficiency
灌溉用水泄水工程 irrigation water outlet works
灌溉用水源 irrigating stream source
灌溉用堰 irrigation weir
灌溉与动力 <印度季刊> Irrigation and Power
灌溉与排水工程学报 <美国土木工程学会季刊> Journal of Irrigation and Drainage
灌溉原则 irrigation principle
灌溉月份 irrigation month
灌溉运用 irrigation operation
灌溉站 irrigation plant; irrigation station
灌溉者 irrigationist; irrigator
灌溉支渠 irrigation ditch; irrigation lateral (canal); secondary canal; lateral canal
灌溉直接效益 direct irrigation benefit
灌溉制度 irrigation practice; irrigation procedure; irrigation program(me); irrigation regime
灌溉种植(园) irrigated plantation
灌溉周界 perimeter of irrigation
灌溉周期 irrigation cycle; irrigation interval
灌溉主渠 main irrigation canal
灌溉装置 irrigation installation; irrigation rig; water applicator
灌溉准则 irrigation normal
灌溉总渠 main irrigation canal
灌溉最低租用预付水费 <不论是否用水> minimum water rental charge
灌溉作物 irrigated crop; irrigation crop
灌溉作业 irrigation operation
灌后 post-flood
灌后中耕 post-irrigation cultivation
灌浆 grout; grouting (up); injection (grout); larrying; mortar grouting; mud accumulation; rejointing; slurring; slurry penetration; milking【农】
灌浆凹槽 <圬工接缝处> grout nick
灌浆半径 grouting radius
灌浆拌和设备 grout mixing plant
灌浆棒 grouting dolly
灌浆泵 cement slurry pump; grouting pan; grout(ing) pump
灌浆泵送设备 grout pumping rig
灌浆闭气技术 grouting and sealing technique
灌浆补强 grouting
灌浆不好的籽粒 sparing grain
灌浆材料 grouting agent; grouting material; injection material; mortar grouting; terranier grouts <低分子量多酚聚合物>
灌浆操作 grouting operation
灌浆槽 grout groove; grout recess
灌浆槽孔砖 grout-lock brick
灌浆层 grout blanket; penetration course
灌浆场 grouting plant
灌浆成分 grout ingredient
灌浆成型 slurry mo(u)lding
灌浆成型加工 slurry mo(u)lding process
灌浆承口 grouting socket
灌浆承窝 grouting socket
灌浆程序 grouting procedure
灌浆齿墙 grouted cut-off
灌浆冲积土式截水墙 grouted alluvium cut-off wall
灌浆处理 penetration treatment
灌浆次数 times of pumping slurry
灌浆的 grouted
灌浆的环形空间 grouted annulus
灌浆的环形筒体 grouted annulus
灌浆的力筋管道 grouted tendon duct
灌浆的岩石锚栓 grouted rock bolt
灌浆的(预应力混凝土中的)钢筋束或钢丝束 bonded tendon
灌浆的预应力束管道 grouted tendon duct
灌浆叠砌 grout
灌浆顶升 slab jacking
灌浆堵裂隙 grouted barrier
灌浆堵水技术 grouting and sealing technique
灌浆段长度 grouting level length
灌浆段高程 grouting level height
灌浆对接式 grouted butt-type
灌浆阀 grout valve
灌浆法 grouting procedure; grout injection method <加固土壤>
灌浆法凿井 cementation sinking
灌浆方法 grouted procedure; grouting method; injection method; injection process; penetration method
灌浆防渗技术 grouting and sealing technique
灌浆防渗墙 grouted cut-off wall
灌浆封闭裂缝防漏 slug
灌浆封堵技术 grouting and sealing technique
灌浆封缝 slushed-up
灌浆封隔器 grout packer
灌浆封孔 grout hole sealing
灌浆封孔技术 grouting and sealing technique
灌浆缝 grout joint; jointing paste; poured jointing
灌浆杆 grouting rod
灌浆高度 grout life
灌浆工 grouter
灌浆工具 grouting tool
灌浆工序 grouted procedure; grouting procedure
灌浆工艺 grouting technology
灌浆工作 cementing job; grouting job; grouting work
灌浆工作台 grouting gantry
灌浆固结的冲积层 grouted alluvium
灌浆固结的钢筋束 grouted tendon
灌浆固结的钢丝束 grouted tendon
灌浆管 grout(ing) pipe; injection pipe
灌浆管道 grout line
灌浆管道系统 grout pipe system
灌浆管接头 grouting nipple
灌浆管路系统 grout pipe system
灌浆管螺纹接套 grout nipple; nipple for grout
灌浆管系 grout pipe system
灌浆管系统 grout pipe system
灌浆管柱 injection column
灌浆管座 cementing shoe
灌浆灌系 grout pipe system
灌浆轨道构造 grout-filled track structure
灌浆过程 cementation process
灌浆盒 grout box; grout cell
灌浆环带 grouted annulus
灌浆灰浆 grouting mortar; intrusion

of mortar
灌浆混合机 grout mixer
灌浆混合料 grouting compound; grout mix(ture)
灌浆混凝土 < 先放集料,然后灌入水泥砂浆 > grout(ed)(aggregate) concrete; prepacked aggregate concrete; preplaced-aggregate concrete; grouting concrete
灌浆机 grouter; grouting injector; grouting pan; grout(ing) machine; grout injector
灌浆机操作工 guniter
灌浆机管嘴 injector nozzle
灌浆机械 grouting machine
灌浆基础 grouted foundation; injected foundation
灌浆集管 grout header
灌浆计划 planning of grouting
灌浆技术 grouting technique; injection technique
灌浆剂 grouting agent; injection agent
灌浆加固的基础 foundation by means of grouting
灌浆胶结塞 cementing plug
灌浆阶段 filling stage; milking stage
灌浆接缝 grouted joint
灌浆接头 grouted joint
灌浆结构 grouting structure
灌浆结石 set grout
灌浆截水墙 grouted cut-off; grouted cut-off wall
灌浆坑道 grouting gallery; injection gallery
灌浆空斗墙 grouted cavity wall
灌浆空隙 grouting space
灌浆空心墙 grouted cavity wall
灌浆空心砖墙 grouted masonry
灌浆孔 cementing hole; drilled grout hole; grout(ing)(bore) hole; injection hole
灌浆孔道 grout duct
灌浆孔距离 grouting drill hole space
灌浆孔塞子 grout plug
灌浆孔深度 grouting hole depth
灌浆孔数 number of grouting(bore) holes
灌浆孔隙 grout pocket
灌浆孔钻进 grout-hole drilling
灌浆控制与灌浆作业 control of grouts and grouting operations
灌浆口 grouting inlet; grout vent
灌浆块石 grouted rubble
灌浆块石护岸 grouted pitching
灌浆廊道 grouting gallery; injection gallery
灌浆垒砌 grouting laying
灌浆类型 grouting type
灌浆(连续)键 grout key
灌浆量 grout amount
灌浆流动性 fluidity of grout
灌浆流度 fluidity of grout
灌浆流率曲线 flow curve for grout
灌浆漏斗 grouting cup; grouting hole
灌浆乱石 grouted riprap
灌浆螺栓 grouted bolt
灌浆毛石砌体 grouted rubble masonry
灌浆毛石圬工 grouted rubble masonry
灌浆锚定的螺杆 grout anchored deformed bar
灌浆锚定的螺纹钢杆 grout anchored deformed bar
灌浆锚杆 cement grouted bolt; grouted anchor; grouted bolt; injected tendon anchor
灌浆帽 grout cap
灌浆目的 purpose of grouting
灌浆凝固钻孔 injected hole
灌浆排气管 grout vent
灌浆排气孔 grout opening(vent); grout vent
灌浆排气口 grouting air vent
灌浆抛石 grouted riprap; grouted stone
灌浆喷枪 grouting lance
灌浆喷嘴 grout nipple; grout nozzle
灌浆平巷 injection gallery
灌浆屏幕 grout curtain
灌浆坡度 grout slope
灌浆铺盖 grout blanket
灌浆铺砌 grout laying
灌浆砌块 grouted rubble
灌浆砌体 grouted masonry
灌浆砌筑 grout laying
灌浆器 grouting gun
灌浆枪 grouting gun; grouting rod
灌浆区 grout compartment; grouted area; grouted zone
灌浆区段 grout compartment
灌浆区范围 boundary of grout zone
灌浆软管 cementing hose; grout(ing) hose
灌浆塞 packer
灌浆设备 cementing equipment; cementing outfit; grouting apparatus; grouting device; grouting equipment; grouting injection apparatus; injection apparatus
灌浆深度 grouting depth
灌浆时间 grouting time
灌浆式块料路面 grouted block pavement
灌浆试验 grouting test; grouting trial
灌浆输送线 grout feed line
灌浆水泥 cement for grouting; cement for injection; grouting cement
灌浆碎石路 penetration macadam
灌浆梯度 grout slope
灌浆添加剂 intrusion aid
灌浆填衬器 packer
灌浆填缝堵眼 slush grouting
灌浆填缝料 grout filler
灌浆桶 liquid dump bailer
灌浆筒 grouting dolly
灌浆筒座 cementing shoe
灌浆头 grout head
灌浆土工布护排 grout-filled fabric mat
灌浆外加剂 grouting admixture
灌浆围堰 grouting cofferdam
灌浆帷幕 curtain grouting; grout(ed) curtain; grouted cut-off wall; grouting curtain; grouting screen
灌浆帷幕顶部覆盖层 grout cap
灌浆圬工 grouted masonry
灌浆箱 grouting chamber
灌浆效果 grouting effect
灌浆(形成的)拦浆墙 grouting curtain; grouting cut-off wall
灌浆修补 grout repairing
灌浆悬凝 grouting suspension
灌浆压力 grouting pressure; injectable pressure
灌浆岩石锚杆 grouted rock bolt
灌浆溢出孔 grout outlet
灌浆用流化剂 grout fluidifier
灌浆用砂 grouting sand
灌浆用砂浆 grouting mortar
灌浆用砂浆稠度仪 grout consistency meter
灌浆用增塑剂 grout fluidifier
灌浆有效半径 effective radius of grouting
灌浆原理 principle of grouting
灌浆止水 grouted barrier
灌浆止水技术 grouting and sealing technique
灌浆质量 grouting quality
灌浆注入管 grout injection tube
灌浆注射器 grout ejector
灌浆砖砌体 grouted brick masonry
灌浆桩 grouted pile
灌浆装置 cementing outfit; grouting installation; grouting plant
灌浆钻孔 drilled grout hole
灌浇 douche
灌浇层 penetration coat; penetration course
灌浇工作 penetration work
灌浇混凝土 < 具有某种稠度,可用泵送或凭重力浇筑 > poured concrete
灌焦油沥青碎石路 tar-grouted macadam
灌焦油沥青碎石路面 tar-grouted surfacing
灌焦油沥青碎石面层 tar-grouted surfacing
灌焦油沥青碎石磨耗层 tar-macadam carpet
灌进漏斗 funnel
灌口自封袋包装机 valve bag filling machine; valve sack-filling machine
灌冷沥青路面施工 cold penetration construction
灌沥青 grouting with asphalt; pitch grout(ing); grouting < 灌入式 >
灌沥青处理 penetration treatment
灌沥青浆碎石路 grouted macadam
灌沥青面层 penetration surface course
灌沥青碎石 grouted asphalt macadam; pitch grout(ing)
灌沥青碎石路 asphalt-grouted macadam; asphaltic-bitumen grouted macadam; grouted macadam
灌沥青碎石路面 asphaltic grouted macadam; penetration macadam; pitch-grouted surface[surfacing]
灌沥青碎石面层 penetration macadam; pitch-grouted surface [surfacing]
灌沥青碎石铺面 pitch-grouted surfacing
灌流 perfusion
灌流泵 infusion pump
灌流导管 perfusion catheter
灌流固定 perfusion fixation
灌流量 perfusion flow
灌玛琋脂路面 mastic-grouted surfacing
灌满泵的吸水部分 < 开泵前 > flood of the suction of the pump
灌煤 boghead(ite) coal
灌木 arboret; arbuscle; chat wood; frutex [复 frutices]; nanophanerophyte; raddle; shrubbery; scrub
灌木病 bush sickness; pine
灌木材 brush wood
灌木层 brushwood layer
灌木柴把屏障 brushwood faggot screen
灌木柴排 mat of bush
灌木铲除机 brush breaker; brush chipper; brush cutter; brushwood cutter; bush chipper; bush cutter; scrub-clearing machine; scrub slasher
灌木铲除器 brush colter
灌木丛 boscage; brush(wood); droke; fruiticetum; shrubbery; thicket; tod; bush
灌木丛铲除机 brush rake
灌木丛控制 brush control
灌木丛林 scrub forest
灌木丛林地区 brush country
灌木丛喷洒头 shrub head
灌木丛生的 shrubby
灌木丛压碎器 bush crusher
灌木丛沼泽 carr-lands
灌木带 shrub zone
灌木的 shrub
灌木地 bushland; shrub land
灌木干草原 shrub savanna
灌木胡枝子 bush clover
灌木护岸 coppicing
灌木花境 shrub border
灌木花坛 shrub bed
灌木荒漠 shrubby desert
灌木掘根机 bush puller
灌木犁 brush wood; bush breaker
灌木篱 live fence
灌木林 brush-field; bush-wood; scrub forest; scrub growth; shrubbery; shrub forest; sibljack; thicket; fruticetum[复 fruticeta]
灌木林带 shrub belt
灌木林沼泽 bush swamp
灌木搂集机 scrub rake
灌木路 shrubbery
灌木泥炭 heath peat
灌木耙 brushwood rake; bush rake
灌木切除机 brush shredder; scrub clearer; scrub cutter; tree clearer
灌木切除器 brush buster
灌木切刀 brush sickle
灌木切割器 brushwood chipper; brushwood cutter
灌木切碎机 bush chipper; scrub pulverizer
灌木清除 bush cleaning; bush sweep
灌木清除机 brush-breaker(plough); brush cutter; brush plough; land cleaning[clearing] blade; land grader; scrub clearer; swamper(for brush cutting)
灌木群落 fruticetum [复 fruticeta]; chaparral < 常绿阔叶 >
灌木扫除机 bush sweep
灌木树篱 hedgerow
灌木树种 shrub species
灌木韦尔德草原 bush veldt
灌木型 bush tree
灌木型草地 shrub-grassland
灌木型树冠 bushy crown
灌木性果树 bush fruit
灌木修剪 brush cutting
灌木堰 brush dam
灌木樱 awarf cherry
灌木园 shrub bed; shrub garden
灌木栽成的篱笆 brushwood hurdle
灌木遮盖的 brush-topped
灌木枝条 branches of shrubs
灌木状的 frutescent; fruticose
灌囊法 < 沉管隧道的基础处理方法之一 > sack-filling
灌泥浆 injection slush grouting; mud grouting; slush grouting
灌泥浆于 slush
灌泥浆指示器 mudflow fill indicator
灌泥土浆 clay grouting
灌排闸门 irrigation and take-out gate
灌瓶 bottling
灌瓶厂 bottle shop; filling plant
灌瓶车间 bottle shop; filling plant
灌瓶机 bottle filling machine
灌瓶器 bottler
灌瓶站 bottle shop; filling plant
灌气管 gas-filled tube
灌铅 lead ca(u)lking
灌铅机 lead seal casting machine
灌铅接缝 plumb joint
灌铅接合 lead joint
灌铅接头 plumb joint
灌前土壤含水量 antecedent soil water
灌区 command area; irrigated area; irrigation district
灌区布置规划 irrigation layout plan
灌区测绘面积 geologic(al) mapping area of irrigation region
灌区工程地质测绘 engineering geolo-

gy mapping of irrigation area
灌区管理员 ditch rider
灌区管水员 water bailiff
灌区灌溉需水量 project irrigation requirement
灌区规划 irrigation area planning
灌区护渠员 ditch tender
灌区内部建筑 irrigation infrastructure
灌区配水效率 distribution efficiency
灌区平面布置图 irrigation layout plan
灌区潜水动态 phreatic water regime in irrigation area
灌区生态系统 irrigation ecosystem
灌区输水效率 conveyance efficiency
灌区水文地质图 hydrogeologic(al) map on irrigation
灌区效率 project efficiency
灌区用水效率 project water-use efficiency
灌渠 irrigation canal
灌渠出水口 irrigation ditch outlet
灌渠斗门 ditch check
灌渠挖掘机 irrigation ditcher
灌入 inject;injection
灌入泵 infusion pump;injection pump
灌入层 penetration coat
灌入的 grouted-in
灌入的水 <水泵的> priming charge
灌入法 injection method; injection procedure;penetration method
灌入法碎石路 penetration macadam
灌入高度比 grouting height ratio
灌入混凝土 penetration concrete
灌入剂 intrusion agent
灌入结合料 penetration binder
灌入沥青的设备 bituminous injection device
灌入留声机 phonograph
灌入水 injection water
灌入水泥砂浆 intrusion mortar of cement
灌砂法 <现场测粗粒土密度的> sand replacement method; calibrated sand method;sand cone method
灌砂量 filling sand amount
灌砂漏斗 sand funnel
灌输 breathe;infusion;transfusion
灌树原木 <护岸用的> bush log
灌树脂锚杆 resin grouted bolt
灌水 flashing;irrigation;water filling;watering
灌水标准 watering rate[rating]
灌水池 recharging basin
灌水池口门 bay outlet;bay stop
灌水池门口 bay stop
灌水船坞 filling-up dock; flooding dock
灌水次数 frequency of irrigation;irrigating frequency; irrigation number;number of irrigation
灌水稻田 rice bay
灌水的 watered
灌水底舱 floor tank
灌水定额 duty of water;irrigate water quota;irrigating water quota;irrigation module;irrigation requirement;irrigation water quota
灌水阀(门) filling valve; flooding valve
灌水法 <现场测粗粒料密度的> water replacement method;water cone method;water infusion method
灌水方法 irrigation method
灌水方式 irrigation method;irrigation way
灌水工具 irrigation tool
灌水沟 feed ditch;irrigation ditch;irrigation furrow
灌水固位【救】 flooding a stranded vessel to prevent pounding or shifting
灌水管理 irrigation water management
灌水管理员 <美国用语> zanjero
灌水过多 overirrigation
灌水过多的 watersick
灌水涵洞 impounding culvert; level(l)ing culvert <船闸、船坞的>; filling culvert;flooding culvert;impounding culvert; filling culvert; flooding culvert;flooding tunnel
灌水涵管 impounding culvert
灌水后土壤中含水量 after-irrigation moisture content of soil
灌水机 drenching apparatus
灌水技术 irrigation technique
灌水间隔 irrigation interval
灌水间距 irrigation interval
灌水井 inverted well;negative well
灌水均匀度 uniformity of water application
灌水口 filling opening;irrigation mouth
灌水廊道 filling culvert; level(l)ing culvert
灌水量 irrigation capacity;quantity of water pouring
灌水流量 watering rate
灌水垄沟 corrugation
灌水垄沟堵塞 furrow damming
灌水率 irrigation rate;rate of irrigation;water application rate;water(ing) rate
灌水泥的 cemented
灌水泥浆 cement grouting;cement injection;mortar grouting
灌水泥浆的 cement-grouted
灌水泥浆吊桶 cementing basket
灌水泥浆机械 grouting machine
灌水泥浆枪 grouting gun
灌水泥浆碎石路 grouted macadam
灌水泥砂浆 cement-sand grout
灌水配置系统 water disposal system
灌水频率 frequency of irrigation;frequency of watering; irrigation frequency;watering frequency
灌水器 douche
灌水情况 moisture regime(n)
灌水曲线 filling curve
灌水渠 flooding channel
灌水渠埂 irrigation border
灌水日期 irrigation date
灌水入渗深度 depth of infiltration by water pouring
灌水入渗时间 time of infiltration by water pouring
灌水入渗试验面积 area of water infiltration test
灌水入渗速度 velocity of infiltration by water pouring
灌水软管 water hose
灌水设备 flooding plant
灌水时间 filling time;irrigation period; irrigation time; time of irrigation;flooding time;time to flood
灌水时间表 irrigation schedule
灌水使土砂紧密 water bind(ing)
灌水式船坞 impounded dock
灌水栓 alfalfa valve;irrigation valve
灌水提高水位 raise by filling
灌水通道 <船闸> flashway
灌水洗盐 washing salinity by irrigation
灌水系统 filling system;hydraulic filling system;flooding system
灌水下沉的浮船坞 filling floating dry dock;flooded floating dry dock
灌水效率 application water efficiency
灌水泄水阀液压启闭机械 hydraulic machinery of filling and emptying valves
灌水泄水特征 filling and emptying characteristics
灌水泄水通道 flashway
灌水泄水系统 filling(-and)-emptying system
灌水一次的时间 <作物耗水高峰阶段> irrigation period
灌水引动 fang
灌水引动水泵 primed
灌水员 irrigator;waterman
灌水闸门 recharge lock;lock paddle
灌水站 irrigation station
灌水振动(压实)法 vibroflo(a)tation process
灌水制度 irrigation regime
灌水周期 catering period; watering period
灌水装置系统 water disposal system
灌水状况 filling regime
灌水组织 irrigation organization
灌填砂浆 grouting mortar
灌铁水 iron filling
灌桶机 barrel filler
灌涂层 pour coat
灌土 soil grouting
灌完水的船坞 flooded drydock
灌洗法 lavage;lavation
灌洗剂 douche solution;lavage solution
灌洗(器)douche
灌锌锚杯 zinc filled socket
灌压浆管 grout tube
灌秧田 irrigated nursery
灌氧站 oxygen filling station
灌液泵 priming pump
灌油 pouring
灌油罐 pouring can
灌油壶 pouring kettle
灌油口 oil filler
灌油口开度 fuel filler opening
灌油漏斗 pouring funnel
灌油碎石 oil macadam
灌油碎石路 oil macadam road
灌油碎石铺面 oil macadam pavement
灌有水的(预应力)管道 water-filled duct
灌淤土 anthropogenic alluvial soil
灌渣铁 <高炉风口的> ironing
灌中显影 tank development
灌注 bottling;dabble;imbue;impregnate;infuse;overfill;perfuse;pouring
灌注泵 charging pump;priming pump
灌注不足 hypoperfusion
灌注槽 injection tank
灌注抽筒 <带铰链弹簧挡销的> latch-jack dump bailer
灌注稠度 pour consistency
灌注的 dabbling
灌注地沥青 poured asphalt
灌注点 pouring point
灌注法 <灌注土稳定剂> injection method;filling;perfusion
灌注防腐油 creosote
灌注缝 poured joint;pouring joint
灌注管 filling tube;placer pipe;intrusion pipe <灌水泥浆用>
灌注管路 priming line
灌注硅酸钙 silicatization
灌注硅酸钠和铝酸钠施工法 chemiject construction method
灌注壶 pouring pot
灌注化学品加固 chemical grouting
灌注化学品加固法 chemical injection process
灌注化学溶液 solution injection
灌注混凝土 concreting
灌注混凝土巨型台车 concrete jumbo
灌注混凝土时间 concreting time
灌注机 botter;placer
灌注机器 filling machine
灌注加气混凝土 poured aerated concrete
灌注井 injection well
灌注孔 fill orifice
灌注老油井 oil-well plugging back
灌注类颗粒的绝缘材料 pouring-type granular insulation material
灌注量 groundwater increment;groundwater recharge;groundwater replenishment;increment;intake;recharge
灌注锚定 grouted anchor
灌注黏[粘]合料 binder injection
灌注黏[粘]土浆 clay grouting
灌注培养 perfusion culture
灌注期 replenishing period
灌注器 injector;irrigator
灌注扫描 perfusion scanning
灌注砂浆 intrusion of mortar;mortar intrusion
灌注石块路面缝的混合物 sett paving joint pouring compound
灌注式锚定 injection anchor
灌注式填缝料 poured joint filler
灌注树脂 grouting resin
灌注树脂固定锚杆法 resin roof bolting
灌注水泥的模架 formwork
灌注水周期 watering period
灌注塔 pouring tower
灌注套管 perfusion cannula
灌注橡胶 castable rubber
灌注型锚杆嵌岩桩 cast-in-situ pile rock-socketed pile
灌注型嵌岩桩 cast-in-situ pile socketed-in-rock
灌注悬浮液 grouting suspension
灌注压力 injection pressure
灌注液 perfusate
灌注液态氮 injection of liquid nitrogen
灌注用的化学药剂 grouting chemicals
灌注周期 irrigation interval
灌注桩 caisson pile; cast-in-place pile; compresol pile; filling pile; grout pile; injection pile; cast-in-situ pile; driven cast-in-place pile; driven cast-in-situ pile <打入式>; bored cast-in-situ pile <钻孔的>
灌注桩定位 positioning of cast-in-place pile
灌注桩后灌浆 post grouting for cast-in-situ pile
灌注桩后注浆 post grouting for cast-in-situ pile
灌注桩孔施工 grouting pile hole construction
灌注桩施工法 grouting pile hole construction
灌注桩托换 cast-in-place pile underpinning
灌注桩钻孔机 cast-in-place concrete pile rig
灌筑 placing
灌筑的混凝土混合物 concrete deposit(e)
灌筑的数量 quantities placed
灌筑地沥青 poured asphalt
灌筑队 placing crew
灌筑混凝土 concrete placement
灌筑混凝土料车设施 concreting skip attachment
灌筑混凝土入模 packing concrete in formwork
灌筑器 packer
灌筑水下混凝土用漏斗管 tremie pipe
灌筑塔 dump tower
灌筑桩 cast-in-situ pile

G

灌装 can pack
灌装秤 filling balance
灌装管 filling tube
灌装过满 can overfilling
灌装货物 liquid goods
灌装机 liquid filling machine
灌装集流管 loading manifold
灌装煤气 butane
灌装软管 filling sleeve
灌装时间 filling time
灌装台 <液化气> filling ramp
灌装提升管 filling riser
灌装栈桥 loading rack

罐

罐安装 tanker erection
罐板 tank shell
罐包装 <集装箱等> compartment
罐壁 tank skin
罐壁阀 tank valve
罐壁烫压机 wall ironing machine
罐壁应力 wall stress
罐壁永久外胀 permanent volumetric expansion
罐壁总外胀 total volumetric expansion
罐藏稳定性 <油漆等的> can stability
罐拆毁 demolition of tank
罐车 road lorry; road tank(er); tank car; tanker(vehicle); tanker wagon
罐车车内加热器 interior heater
罐车调度员 tank cars controller
罐车两门工作台 two way entry
罐车排队区 waiting area; waiting zone
罐车容积 shell full capacity
罐车四门工作台 four way entry
罐车卸油点 tank car clearance point
罐车蒸洗站 tank car steam cleaning depot
罐车装油 filling of tank cars
罐秤 tank scale
罐存材料 bin stored material
罐存稳定性 can stability
罐大的 momentous
罐道 cage guide
罐道滑槽 sliding guide; slotted guide
罐道梁 cage beam; bunton <井筒的>
罐底滑动接合板 sliding tank base joint
罐底加热器 tank bottom heater
罐底脚 tank bottom; tank heels
罐底双重封缝机 bottom double seaming machine
罐底校正系数 tank bottom connection factor
罐底杂质 bottom sediment
罐顶打破 heads broken
罐顶附件 tank top outfit
罐顶空气 top tank air; ullage
罐顶人行栈桥 duck board
罐端板外隆 convex outward
罐端撑铁 head block; tank head block
罐耳 cage shoe
罐阀 pot valve
罐阀泵 pot valve pump
罐法 pot process
罐分解 decomposition by bombs
罐封 potting
罐腐蚀检验机 can-corrosion tester
罐盖冲床 can-end press
罐盖烘干机 can-cap dryer
罐盖压花机 lid embossing machine
罐盖印字机 lid printing machine
罐柜驳 tank barge
罐柜车 tank wagon
罐或坛装货 cargo in cans; cargo in jars
罐基本容量 base tankage; basic tankage
罐绝缘 tank insulation
罐壳 ladle bowl; tank shell
罐空残留容积 shell outage
罐口量油法 outage method
罐笼 cage; rod basket; horsehead <升降机的>
罐笼顶部 cage roof
罐笼(断绳)防坠装置 catch gear
罐笼附属装置 auxiliary device of cage
罐笼隔间 cage compartment
罐笼箕斗混合提升容器 combined cage and skip
罐笼间隙 cage clearance
罐笼卷场设备 cage winding plant
罐笼全高 total height of cage
罐笼提升 cage winding
罐笼提升机 cage hoist
罐笼提升设备 cage winding plant
罐笼提升天轮 cage sheave
罐笼悬挂装置 cage hanger
罐炉 crucible furnace; pan furnace; pot furnace
罐磨机 jar mill; pot mill
罐内 in-tank
罐内防腐剂 in-can preservative
罐内混合 in-tank mixing
罐内加料 ladle addition
罐内面涂料 coating for internal surface of can
罐内污油 tank sludge
罐内稀释 tank dilution
罐喷镀金属 tank metallizing
罐区 group of bulk plants; group of depot; group of stations; group of tank farms; tank farm; tank field
罐区开关 tank switch
罐区主任 depot superintendent
罐群 battery of tanks; tank battery; tank group
罐容量 tankage; volume of tank
罐容曲线 capacity curve
罐熔炉 pot melting furnace
罐烧法 potting process
罐身爆破压力 bursting pressure of tank shell
罐身成型机 body forming machine
罐身成圆机 body rolling machine; roll form body maker
罐身翻边机 can flanging machine
罐身焊接机 body welding machine
罐身截断机 body slitting machine
罐身商标纸 body label
罐身收颈机 body necking-in machine
罐式半挂车 tank semitrailer
罐式反应堆 tank reactor
罐式肥皂配出器 tank-type soap dispenser
罐式灌溉 pitcher irrigation
罐式锅炉 pot-type boiler
罐式混 can mixer
罐式集装箱 liquid bulk container; tank container; tanktainer
罐式喷射机 chamber spraying machine
罐式喷雾机 chamber spraying machine
罐式破碎机 pot crusher
罐式燃烧器 can burner; pot-type burner
罐式燃烧室 can-type (combustion) chamber; can-type combustor
罐式溶解器 pot dissolver
罐式水轮机 barrel cased turbine; boiler-type turbine
罐式洗涤盆 pot sink
罐式压碎机 pot crusher
罐式雨量计 can-type precipitation ga(u)ge
罐式蒸馏器 pot still
罐坛货 cans and jars
罐体 container; shell of tank
罐体鞍座 tank anchor; tank cradle
罐体端板护板 head shield
罐体破损压力 basting pressure
罐体容积残余变形率 residual expansion rate of tank volume
罐体容积残余变形值 residual expansion of tank volume
罐体容积全变形值 total expansion of tank volume
罐体外包板 clad plate
罐体预留容积测量装置 ga(u)ging device
罐头 can
罐头厂 cannery; packery; packing house
罐头厂废水 cannery waste
罐头厂废物 cannery waste
罐头称重机 can weigher; can weight machine
罐头代号打印机 can coding machine; can coding set
罐头刀 can opener; tin opener
罐头的 canned
罐头防蚀剂 can corrosion inhibitor
罐头封顶压力机 can-end press
罐头封口机 can seamer
罐头腐蚀 can corrosion
罐头和容器制造机 can and container making machinery
罐头盒 tin can
罐头卷边试验 can top crimp test
罐头开合机 can draw press
罐头冷却器 can cooler
罐头密封器 can sealer
罐头内壁涂料 can lining enamel
罐头内壁涂漆机 can liner
罐头品车间 cannery shop
罐头渗漏检验机 can bleeding tester
罐头生产废水 canned food production wastewater
罐头食品 canned food; tinned food
罐头食品厂 cannery; canning plant
罐头食品厂废料 canning(industry) waste; canny waste
罐头食品厂废水 canning(industry) wastewater; canny wastewater
罐头食品制造厂 canning factory
罐头蔬菜工业 canned fruit industry
罐头贴标机 can labeller; tin labeller
罐头涂层 can coating
罐头涂料 can coating; can lacquer
罐头涂漆机 can lining machine
罐头外壁涂料 external can coating
罐头洗涤机 can rinser
罐头真空检测仪 can vacuum tester
罐头制造人 potter
罐托 cagekep; chair; dog; folding board; kep; lander <混凝土吊罐>
罐托联锁系统 kep interlock
罐外控制杠杆 <压缩空气> outside lever
罐微漏 can slightly leaking
罐形泵 pitcher pump
罐形传感器 ampullaceous sensor
罐形磁芯 pot core
罐形的 can-type
罐形电磁铁 pot electromagnet
罐形浮标 can buoy; cylindric(al) buoy
罐形浮筒 can buoy
罐形锅炉 cylindric(al) boiler
罐形绝缘子 pot insulator
罐形煤水车 Vandarbilt tender
罐形球磨机 jar mill
罐形燃烧室 can-type (combustion) chamber
罐形容器 can; canister
罐形三通 pitcher tee
罐形吸入 pitcher suction
罐形吸入泵 pitcher pump
罐形吸水泵 pitcher pump
罐形下水道 tank sewer
罐形阳极 can anode
罐形窑 jar-shaped kiln
罐形柱齿 conic(al) button
罐型车 tank car
罐修整 tank finishing
罐窑 jar-shaped kiln
罐用冷却售货柜 can vendor
罐用软管 tank hose
罐中硫化 kettle cure
罐中硫化法 pan vulcanization
罐贮藏 bin storage
罐爪 cage shoe
罐装的 canned; tinned
罐装货物 goods loaded in tank wagon; tank car freight; wet goods
罐装机 can packing machine
罐装搅拌好的灰浆 tank mixed plaster
罐装喷漆 aerosol paint
罐装气体 stored gas
罐装清洁空气 clean air package
罐装式 can-type
罐状集装箱 tank container
罐座 cage chair; cagekep; keps; lander; tank block
罐座操纵手把 bankman's handle
罐座联动装置 kep interlock

光

光按钮 light button
光暗化效应 photodarkening effect
光拔钢 bright-drawn steel
光斑 facula; flare; photospheric facula
光斑比色法 photocolo(u)rimetry
光斑比色计 photocolo(u)rimeter
光斑尺寸 spot size
光斑点 path of light
光斑亮点 facular point
光斑米粒 facular granule
光斑片试验 photopatch test
光斑清晰度 spot definition
光斑区 facular area; facular region; faculous region
光斑直径 spot diameter
光板 tabula rasa
光板地块 slick spot
光板皮 shine skin
光棒 optic(al) wand
光饱和点 light saturated point; light saturation point
光报警信号 visual alarm
光曝光头 optic(al) exposure head
光倍频 optic(al) second-harmonic generation
光倍增干涉法 multipass interferometry
光泵 light pump; optic(al) pump
光泵磁力仪 optically pumped magnetometer; optic(al) pumping magnetometer
光泵激 optic(al) pumping
光泵浦系统 optic(al) pumping system
光泵液体激光器 optically pumped liquid laser
光比 light ratio; magnitude ratio
光比色测定 photocolo(u)rimetric determination
光比色法 photocolo(u)rimetry
光比色计 photocolo(u)rimeter
光笔 electronic pen; electronic stylus; light gun; light pen(cil); light stylus; mouse; write pen; touch pen <它类似光笔操作，但经由触摸位于图形监视器前面的专用平板而使其工作>
光笔编码 pen-code
光笔触击 light pen strike
光笔触碰 light pen strike

光笔跟踪 light pen tracking
光笔记录寄存器 write pen register
光笔记录装置 write pen unit
光笔寄存器 light pen register
光笔检测 light pen detection; light pen hit; light pen strike
光笔检出 light pen detection
光笔控制 light pen control
光笔命中 light pen hit
光笔系统 pen system
光笔显示器 light pen display; magic scanner
光笔指点 light pen hit
光笔中断 light pen attention; light pen interrupt
光笔注意信号 selector pen attention
光笔注意装置 light pen attention
光笔装置 light pen device; light pen unit
光壁聚氯乙烯导管 smooth-wall polyvinyl chloride conduit
光壁聚氯乙烯塑料管地下系统 smooth-wall polyvinyl chloride plastic underdrain system
光壁聚乙烯管 smooth-wall polyethylene pipe
光壁无螺纹接头 coupling with plain ends
光壁钻孔铜管 smooth-bore copper tube
光边 finished edge; plain edge
光边板的 buffedge
光边角线 trim mark
光编码器 optic(al) encoder
光扁锉 dead smooth equaling file
光变方程 light equation
光变幅 range of light-variation
光变曲线 light-curve
光变色体 phototropic body
光变态反应 photoallergic reaction
光变像器 light image converter
光变性 phototropism
光变应性 photoallergy
光变周期 period of light variation
光标 cursor【计】; illuminating mark
光标比较器 cursor comparator
光标存储器 cursor memory
光标的虚拟环绕移动 vertical wrap-around
光标地址 cursor address
光标地址寄存器 cursor address register
光标定位 cursor positioning
光标度 optoscale
光标方位仪 optic(al) target coordinator; ordinatograph
光标格式 cursor format
光标跟踪 cursor tracking
光标回零 cursor home
光标记识别 optic(al) mark recognition
光标寄存器 cursor register
光标检流计 light mark galvanometer
光标键 cursor key
光标控制 cursor control
光标控制寄存器 cursor control register
光标控制键 cursor control key; cursor controller
光标上下 cursor up down
光标识别 optic(al) character recognition
光标式测量仪表 light spot type meter
光标式千分电压表 light spot millivoltmeter
光标式直流电流表 light spot direct current ammeter; light spot direct current voltmeter
光标数据 cursor data
光标位置 cursor home; cursor location; cursor position
光标线 cursor line
光标移动 cursor movement; cursor remove
光标右移 cursor right
光标阅读机 optic(al) character reader; optic(al) mark reader
光标左移 cursor left
光表面板材 surfaced lumber
光柄菇属 <拉> Pluteus
光波 blip; light wave; optic(al) wave
光波波长继电器 colo(u)rimetric relay
光波波列 light wave train
光波波面变形 wavefront distortion of light wave
光波波形分析仪 optic(al) waveform meter
光波测距仪 light wave rangefinder
光波长 optic(al) wavelength
光波长计 optic(al) wavelength meter
光波场 light wave fields
光波传信法 telefax
光波垂直分量 vertical light component
光波导 fiber waveguide; light guide; optic(al) waveguide
光波导反射镜 optic(al) waveguide reflector
光波导隔离器 optic(al) waveguide isolator
光波导管 optic(al) waveguide
光波导接头 optic(al) waveguide splice
光波导开关 optic(al) waveguide switch
光波导棱镜 optic(al) waveguide prism
光波导连接器 optic(al) waveguide connector
光波导耦合器 optic(al) waveguide coupler
光波导探测器 optic(al) waveguide detector
光波导透镜 optic(al) waveguide lens
光波导纤维 optic(al) waveguide fiber [fibre]
光波导纤维的带宽度 bandwidth of waveguide fiber
光波导纤维的增强 optic(al) waveguide fiber strengthening
光波导应用 optic(al) waveguide application
光波道 optic(al) channel
光波动说 wave theory of light
光波段 optic(al) band
光波段天线 optic(al) antenna
光波干涉 optic(al) interference
光波干涉法 optic(al) interference method
光波干涉膜 optic(al) interference coating
光波光谱分析仪 light wave spectrum analyser[analyzer]
光波矢量 light wave vector
光波束引导 optic(al) beam riding
光波水平分量 horizontal light component
光波通信[讯] light wave communication
光波相干性 coherence of light wave
光波形图 photooscillogram
光波延时作用 light wave retardation
光波再生器 light wave regenerator
光波振荡 optic(al) generation
光薄介质 optically thin medium
光薄膜 optic(al) thin film
光薄膜纤维耦合器 optic(al) film-fibre coupler
光薄片 polished thin section
光补偿 colo(u)r compensation
光补偿点 light compensation point
光材 finish
光彩 dazzle; gloss; highlight; sheen gloss
光彩色的 photochromic
光彩石 augelite
光参 beche-de-mer without spike
光参量二极管 photoparametric(al) diode
光参量放大 optic(al) parameter amplification; optic(al) parametric amplification
光参量放大器 optic(al) parameter amplifier
光参量放大振荡器 optic(al) parameter oscillator
光参量噪声 optic(al) parametric noise
光参量振荡器 optic(al) parametric oscillator
光参量振荡阈值条件 parametric(al) oscillator threshold condition
光参数 optic(al) parameter
光侧石 raised curb
光测 flash ranging
光测垂球 optic(al) plumb
光测垂线 optic(al) plumb
光测垂准器 optic(al) plumb
光测定法 light detection and ranging
光测读数 optic(al) reading
光测法 flash spotting
光测高度计 optic(al) altimeter
光测高计 optic(al) altimeter
光测高温计 ardometer; heat radiation pyrometer; optic(al) pyrometer; photometric(al) pyrometer
光测高温器 ardometer; heat radiation pyrometer; optic(al) pyrometer
光测角法 photogoniometric method
光测距 light-ranging
光测力学 photomechanics
光测粒径 optic(al) diameter
光测挠度计 sphingometer
光测偏振仪 polariscope
光测器 photodetector; photodevice
光测铅垂线 optic(al) plumb; optic(al) plummet
光测试仪 optic(al) tester
光测速仪 light kinemometer
光测弹性 photoelasticity; photo elastics
光测弹性的 photoelastic
光测弹性分析 photoelastic analysis
光测弹性模型 photoelastic model
光测弹性实验 photoelastic experiment
光测弹性(试验)法 photoelastic method
光测弹性(试验)台 photoelastic bench
光测弹性试验装置 photoelastic test installation
光测弹性术 photoelastometry
光测弹性学 photoelasticimetry; photoelasticity
光测弹性仪 photoelasticimeter
光测弹性应力 photoelastic stress
光测弹性照相 photoelastic photograph
光测弹性照相术 photoelastic
光测微计 optic(al) micrometer
光测温学 photothermometry
光测误差 photometric(al) error
光测系统 light measuring system
光测修正 flash ranging adjustment
光测悬锤 optic(al) plummet
光测悬线 optic(al) plumb
光测学 photometry
光差 equation of light
光差量热扫描仪 differential photocalorimetry
光产额 photoyield
光场 light field; optic(al) field
光场法 light field method
光场像 light field image
光场效应晶体管 optic(al) field effect transistor
光车刀 finishing tool
光车削 smooth turning
光呈色反应 photocolo(u)ration
光程 luminous range; optic(al) distance; optic(al) length; optic(al) path; range of light; ray path
光程差 optic(al) path difference
光程长 light path length; optic(al) path length
光程函数 eikonal; iconal[ikonal]
光程计算机 optic(al) path computer
光程起伏 optic(al) path fluctuation
光程失配 optic(al) path mismatch
光程提前量 advance in path
光程误差 optic(al) path-length error
光齿 <牙轮钻头的> chisel teeth
光齿的 sharp-toothed
光冲量 photoimpact
光抽运 optic(al) pumping
光抽运半导体激光器 light pumping semiconductor laser
光抽运辐射 optic(al) pumping radiation
光抽运固体激光器 light-pumped solid state laser; optically pumped solid laser
光抽运激光器 optically pumped laser
光抽运系统 optic(al) pump system
光稠计 photodensitometer
光臭氧探针 optic(al) ozone sonde
光出射度 luminous exitance
光储存放大器 storage light amplifier
光储存器 optic(al) memory
光处理 optic(al) processing
光处理电路 optic(al) processing circuit
光处理系统 optic(al) processing system
光触发报警器 light-triggered alarm
光穿透 light penetration; optic(al) penetration
光穿透器 optic(al) penetrator
光传播 optic(al) propagation; propagation of light
光传播矢量 light propagation vector
光传播线 line of light propagating
光传导 light conduction; optic(al) conduction
光传电话 phototelephone
光传感器 light transducer; optic(al) sensor; opto-sensor; photosensor
光传输 light transmission
光传输媒质 light-transmitting medium
光传输系数 optic(al) transmission coefficient
光传输系统 optic(al) transmission system
光传输线 optic(al) transmission line
光船(体) bare hull; naked hull
光船条款 bare boat clause
光船租船合同 bare boat charter; bare-hull charter; bare pole charter; charter party by demise
光垂准仪 optic(al) collimator
光磁 photomagnetic
光磁存储器 photomagnetic memory
光磁的 optomagnetic; photomagnetic
光磁电的 photomagnetoelectric; photoelectromagnetic
光磁电效应 photoelectromagnetic effect; photomagnetoelectric(al) effect
光磁分裂 photomagnetic disintegration
光磁探针 optic(al) magnetic probe
光磁蜕变 photomagnetic disintegra-

G

tion
光磁效应 photomagnetic effect
光磁性 photomagnetism
光刺激 photostimulation
光刺激器 photic stimulator; photostimulator
光猝发 burst of light
光猝灭 optic(al) quenching
光催化 photochemical catalysis
光催化处理 photocatalytic treatment
光催化的 light-catalysed; photocatalysed
光催化反应器 photocatalytic reactor
光催化工艺 photocatalytic process
光催化活性 photocatalytic activity
光催化剂 photocatalyst; photocatalyzer; photochemical catalyst
光催化剂改性 photocatalyst modification
光催化剂稳定 photocatalyst fixation
光催化降解 photocatalytic degradation
光催化降解活性 photocatalytic degradation activity
光催化速率 photocatalytic rate
光催化蜕变 photocatalyzed destruction
光催化脱色 photocatalytic decolo(u)ration
光催化效率 photocatalytic efficiency
光催化性能 photocatalytic property
光催化氧化 photocatalytic oxidation
光催化氧化处理 photocatalytic oxidation treatment
光催化氧化法 photocatalytic oxidation method
光催化作用 photocatalysis; photochemical catalyst
光存储 light storage; optic(al) storage
光存储玻璃半导体 optic(al) memory glass semiconductor
光存储材料 optic(al) memory material
光存储电路 optic(al) memory circuit
光存储晶体 optic(al) memory crystal
光存储器 light memory; optic(al) memory; optic(al) storage; photomemory; photooptic(al) memory
光存储器件 light storage device
光存储容量 optic(al) storage capacity
光存储系统【计】 optic(al) memory system
光存储元件 optic(al) memory element
光存储装置 light storage device
光锉 dead smooth(cut) file
光达距离 luminous range
光带 light band; line of light; luminous band; slit of light; strip light
光带表示灯 strip lamp; strip light
光带槽 light trough
光带式 strip light type
光带式表示 strip light indication
光带式轨道照明盘 slot-illuminated track diagram
光带通滤光器 optic(al) bandpass filter
光带吸收 band absorption
光带阅读器 optic(al) tape reader
光单信用证 documentary clean credit
光刀 smoothing tool
光刀锉 dead smooth knife file
光导 light guide
光导靶 photoconductive target
光导编码器 optic(al) encoder
光导变换 optically derived transform
光导操纵 pilot operate
光导层 photoresistance
光导电池 photoconductive cell
光导电缆 optic(al) cable
光导电视摄机 staticon
光导电视摄影机 staticon
光导二极管阵 photodiode array
光导发光的 optronic
光导发光学 optronics
光导发光元件 optron
光导鼓 photoconductor drum
光导管 conduit; optic(al) pipe; wave beam guide; light pipe
光导聚合物 photoconductive polymer
光导膜 light-guiding film
光导能力 light-transmitting capacity
光导器件 photocon
光导热塑体 photoconductive thermoplastic
光导摄像管 sensicon; vidicon camera tube
光导摄像管检测器 vidicon detector
光导摄像管摄像机 vidicon camera
光导式传感器 photoconductive sensor
光导式光传感器 photoconductive optic(al) sensor
光导式摄像管 photoconductive camera tube; photoconductive pick-up tube
光导束 light carrier bundle; light wire
光导束脑内窥镜 fiber optic(al) cranioscope
光导丝 light-transmitting filament
光导陶瓷 photoconductive ceramics
光导特性 photoconductive property
光导体 optic(al) conductor; photoconductor
光导体间隙 photoconductor gap
光导体损耗 optic(al) conductor loss
光导纤维 fiber [fibre] optics; light-conducting fiber; optic(al) fiber [fibre]; optic(al) waveguide fiber [fibre]; photoelectric(al) transfer fibre
光导纤维板 optic(al) fibre plate
光导纤维的 fibre optic(al)
光导纤维电缆 fiber [fibre] optic(al) cable; fiber [fibre] optics cable
光导纤维干涉仪 optic(al) fibre interferometer
光导纤维功率计 fiber optics power meter
光导纤维管 optic(al) fibre tube; optic(al) waveguide
光导纤维环 ring of fibre optics
光导纤维记录器 fiber optics recorder
光导纤维摄像机 fibre optic(al) camera; optic(al) fibre camera
光导纤维束 fibre optic(al) bundle
光导纤维水声探测 optic(al) fibre acoustic(al) sounding
光导纤维涂料 coating composition for optic(al) fibre; coating material for optic(al) fibre; optic(al) fibre coating
光导向小车 light guide cart
光导向装置 light pipe
光导效率 light guide efficiency
光导效应 photoconductive effect
光导元件 photocon
光导阅读器 optic(al) reader device
光导照相机系统 vidion camera system
光导折射计 light guide refractometer
光岛栅 photoisland grid
光的 photic
光的波长 light wavelength; wavelength of light
光的波动概念 wave concept of light
光的波动理论 wave theory of light
光的波动说 wave theory of light
光的出射率 luminous exitance
光的传输特性 light-transfer characteristic
光的垂直分布 vertical distribution of light
光的刺激作用 optic(al) stimulation
光的单位 unit of light
光的电磁理论 electromagnetic theory of light
光的独立传播律 law of independent propagation of light
光的二象性理论 theories of light
光的反射 reflection of light
光的反射能力 luminous reflectance
光的方向 direction of light
光的干涉 interference of light
光的各向同等吸收 monochromism
光的光谱重心 spectral centroid of light
光的回程 flyback
光的机械当量 <单位:瓦/流明> mechanical equivalent of light
光的均匀性 uniformity of light
光的连续吸收 continuous light absorption
光的量子性质 quantum nature of light
光的漫射 diffusion of light; light diffusion
光的偏振 polarization of light
光的偏振状态 polarized state of light
光的强度 degree of light
光的强弱 beam intensity; degree of light
光的散射 scattering of light
光的色散 dispersion of light
光的输入 admission of light
光的隧道效应 optic(al) tunneling
光的特性 optic(al) behavio(u)r
光的透射 optic(al) transmission
光的透射 transmission of light
光的图像 pattern of light
光的微粒理论 corpuscular theory of light; Newton's theory of light
光的微粒性 corpuscular nature of light
光的吸收系数 coefficient of absorption of light
光的吸收作用 absorption of light; light absorption; optic(al) absorption
光的选择吸收 selective absorption of light
光的选择性散射 selective scattering of light
光的衍射 diffraction of light
光的折射 light refraction; refraction of light
光的直线传播 linear propagation of light; rectilinear propagation of light
光的作用 action of light
光灯 dimmer
光灯管 photocell; photoelectric(al) cell; phototube
光谛合 photoassociation
光点 dot of light; light point; light spot; luminescent spot; luminous point; luminous spot; point of light; radiant; self-illuminated dot; smudge; spot
光点测标 gliding mark; illuminating mark; luminous measuring mark
光点尺寸 spot definition
光点尺寸测量 spot measurement
光点尺寸误差 spot-size error
光点大小测定 spot measurement
光点的电位移 electric(al) spot displacement; leakage spot displacement
光点的机械位移 mechanical spot displacement; mechanical spot misalignment
光点电流计 light spot galvanometer
光点反射检流计 spot reflecting galvanometer
光点分辨率 spot-size resolution
光点伏特计 luminous-spot voltmeter
光点辉度 point brilliance
光点几何光学 spot assuming geometrical optics
光点记录器 light spot recorder
光点检流计 light spot galvanometer
光点亮度 brightness of the spot; point brilliance
光点强度 spot intensity
光点扫描 spot scan(ning)
光点扫描法 light spot scanning
光点扫描光电倍增管法 spot-scan photomultiplier method
光点扫描器 light spot scanner
光点扫描设备 light spot scanner
光点扫描速率 spot speed
光点式表示 spotlight indication
光点调整 spot adjustment
光点投影器 light spot projector
光点图形 dot pattern
光点微安表 light mark microammeter
光点微电计 light spot galvanometer
光点位移 spot displacement
光点消除器 spot remover
光点摇摆 spot wobble
光点直径误差 spot-size error
光点指示式仪表 light spot type meter
光电 <把光能转化为电能> photovoltaics
光电安培计 photoammeter
光电板 solar panel
光电报 optic(al) telegraph
光电报警器 photoelectric(al) alarm
光电曝光表 photoelectric(al) exposure meter
光电倍增管 multiplier phototube; photoelectric(al) multiplier; photomultiplier (cell); photomultiplier tube; scaleratemeter
光电倍增管的阳极灵敏度 anodic sensitivity of photomultiplier tube
光电倍增管的阴极灵敏度 cathodic sensitivity of photomultiplier tube
光电倍增管放大系数 multiplier gain
光电倍增管光度计 photomultiplier tube microphotometer
光电倍增管计数器 photomultiplier counter
光电倍增管监控器 photomultiplier monitor
光电倍增管检测器 photomultiplier detector
光电倍增管探测器 photomultiplier detector
光电倍增管探测器扫描器 scanner with photomultiplier detector
光电倍增管噪声脉冲 photomultiplier noise pulse
光电倍增晶体管 photomultiplier cell
光电倍增器 enlarger; multiplier phototube; photoelectric(al) multiplier; photomultiplier(cell)
光电倍增器光笔 photomultiplier light pen
光电比测器 photoelectric(al) comparator
光电比较仪 electronic optic(al) comparator; photoelectric(al) comparator
光电比色 interference of light
光电比色测定法 photoelectric(al) colo(u)r method
光电比色法 photoelectric(al) colo(u)ring
光电比色分析 photoelectric(al) colo(u)rimetric analysis; photoelectro-

colorimetric(al) analysis
光电比色分析法 photoelectric(al) colo(u) rimetry
光电比色高温计 photoelectric(al) colo(u) r pyrometer
光电比色计 electrophotometer; optimeter; photoelectric(al) colo(u) r(i) meter; photoelectrometer; photolometer
光电比色剂 photoelectrometric agent
光电比浊法 photoelectric(al) turbidimetry
光电笔 light pen
光电笔记录器 photopen recorder
光电编码盘 photoelectric(al) coded disc[disk]
光电编码器 photoelectric(al) encoder
光电变换 light-to-current conversion; light-to-current inversion
光电变换器 image converter; photoelectric(al) transducer; photoelectric(al) transformer; photovoltaic converter
光电变换器材 photoactor
光电变换器件 photoactor
光电变换元件 components of photoelectric(al) conversion
光电变像管 photoelectric(al) image converter
光电变阻器 photovariator
光电表 photoelectric(al) meter
光电波形发生器 photoformer
光电玻璃 photovoltaic glass
光电补偿器 photoelectric(al) compensator
光电材料 photoelectric(al) material
光电彩色计 photoelectric(al) colo(u) rimeter
光电测长系统 photocell type length measurement system
光电测尘器 photoelectric(al) dust meter
光电测尘仪 photoelectric(al) examination of dust sampler
光电测定法 photometric(al) measurement
光电测光 electrophotometry; photoelectric(al) photometry
光电测角计 photogoniometer
光电测距 electrooptic(al) distance measurement
光电测距导线 electrooptic(al) distance measuring traverse
光电测距计 electrooptic(al) distance measuring instrument; electrooptic(al) distancemeter; electrooptic(al) telemeter; geodimeter
光电测距系统 photocell type length measurement system
光电测距仪 electrooptic(al) distance; electrooptic(al) distance measuring instrument; electrooptic(al) distancemeter; electrooptic(al) range finder; electrooptic(al) telemeter; geodimeter; mekometer
光电测量系统 electro-optic(al) surveying system
光电测量显微镜 photoelectric(al) measuring microscope
光电测量装置 photoelectric(al) measuring device
光电测沙仪 photovoltaic turbidimeter
光电测速计输出脉冲频率 output impulse frequency of photoelectric(al) tachometer
光电测速仪 light electric(al) tachometer
光电测微光度计 photoelectric(al) microphotometer
光电测微计 optiminimeter; optominiter
光电测微显微镜 photoelectric(al) micrometer microscope
光电沉淤计 photoelectric(al) siltmeter
光电沉淤仪 photoelectric(al) siltmeter
光电成像和录像磁带 electrooptic(al) imaged and storage tape
光电成像 electrooptic(al) imaging
光电成像管 photoelectric(al) image tube
光电池 barrage photocell; electric(al) eye; light cell; optoelectronic cell; photocell (pick-off); photoelectric(al) atomic(al) battery; photoelectric(al) cell; photoelectric(al) element; photoelement; photoemissive element; photosensitive cell; phototube; photronic cell; photovoltaic cell <将光能转为电能的装置>
光电池的 photovoltaic; photronic
光电池放大器 photoelectric(al) cell amplifier
光电池高温计 photocell pyrometer
光电池继电器 photocell relay; photoelectric(al) cell-operated relay; photoelectric(al) eye
光电池灵敏度 photocell sensitivity
光电池式白色度计 photocell whiteness meter
光电池水泵 photovoltaic water pump
光电池组 photoelectric(al) cell unit
光电冲击量 photoimpact
光电储存器 optoelectronic memory
光电处理机 optoelectronic processor
光电穿孔带 phototape
光电穿孔带读出器 phototape reader
光电传感器 photoelectric(al) pick-up; photoelectric(al) sensor; photosensor
光电传感头 light head; photohead
光电传感头绘图机 photohead plotter
光电传感系统 electrooptic(al) sensor system
光电传声器 photophone
光电传真 photofacsimile
光电磁的 photoelectromagnetic
光电磁光电管 photoelectromagnetic cell
光电磁光电检测器 photoelectromagnetic photodetector
光电磁光检测器 photoelectromagnetic photodetector
光电磁检测器 photoelectromagnetic detector
光电磁理论 photomagnetoelectric(al) theory
光电磁探测器 photoelectromagnetic detector
光电磁效应 photoelectromagnetic effect
光电催化 photoelectrocatalysis
光电催化反应器 photoelectrocatalytic reactor
光电催化降解 photoelectrocatalytic degradation
光电催化氧化 photoelectrocatalytic oxidation
光电存储器 optic(al) storage; photoelectric(al) storage; photomemory
光电带读出器 photoelectric(al) tape reader; phototape reader
光电带录像机 phototape camera
光电带输入机 optic(al) tape reader
光电单函数发生器 monoformer
光电导 photoconductance; photoconduction
光电导薄膜 photoconductive film
光电导补偿器 photoconductive compensator
光电导材料 photoconductive material
光电导层 photoconductive layer
光电导弛豫 photoconductive lag
光电导的光谱响应 spectral resonance of photo conductivity
光电导电池 photoconductive cell
光电导电流 photoconductive current
光电导法 photoconductive method
光电导管 photoconductive cell; photoconductive tube; photoresistive cell; photoresistor
光电导航信号发射机 transmityper
光电导红外线探测器 photoconductive infrared detector
光电导混频 photoconductive mixing
光电导计 photoconductive meter
光电导检测器 photoconductive detector
光电导开关 photoconductivity switching
光电导刻蚀术 photoconductography
光电导灵敏度 photoconduction sensitivity
光电导率 optic(al) conductivity; photoconductance; photoconductivity
光电导膜 photoconductive film
光电导器件 photoconductive device
光电导热塑料膜 photoconductor-thermoplastic film
光电导摄像管 conductron; photoconductive tube
光电导时间常数 photoconductive time constant
光电导探测器 photoconductive detector
光电导陶瓷 photoconductive ceramics
光电导特性 photoconductive property
光电导体 photoconductor
光电导体表面 photoconductor surface
光电导体惰性 photoconductor lag
光电导体间隙 photoconductor gap
光电导体阵列 photoconductor array
光电导体阵列轴 photoconductor array axis
光电导图像变换器 photoconductive image transducer
光电导响应 photoconductive response
光电导效应 photoconduction effect; photoconductive effect
光电导星镜 photoelectric(al) guider
光电导性 photoconductivity; photoelectric(al) conductivity
光电导性能 photoconductive property
光电导元件 photoconductive element
光电导增益系数 photoconductive gain factor
光电导增益因子 photoconductive gain factor
光电倒效应 inverse photo-electric(al) effect
光电的 photoelectric(al)
光电等高仪 photoelectric(al) astrolabe
光电滴定 photoelectric(al) titration
光电地图发送机 video-mapping transmitter
光电地震计 photoelectric(al) seismometer
光电地震仪 photoelectric(al) seismometer
光电点火器 photoelectric(al) igniter
光电电池 photogalvanic cell
光电电动势 photoelectromotive force
光电电话 phototelephone
光电电离 photoelectric(al) ionization
光电电流 photoelectric(al) current
光电电流表 photoammeter
光电电流计 photoelectric(al) galvanometer
光电电势计 photoelectric(al) potentiometer
光电电位器 photopotentiometer
光电电眼 photoelectric(al) cell-operated relay; photoelectric(al) eye
光电电子倍增管 photoelectric(al) electron multiplier tube
光电定律 law of photoelectricity
光电定时器 photoelectric(al) timer; phototimer
光电定位 photoelectric(al) positioning
光电定位控制 photoelectric(al) register control
光电定位控制器 photoelectric(al) register controller
光电定位排字机 photoelectric(al) position photosetter
光电定线仪 photoelectric(al) line setting instrument
光电定向耦合器 optoelectronic directional coupler
光电动的 photoelectromotive
光电读出 photoelectric(al) reading
光电读出标记 photosensing marker
光电读出器 photoelectric(al) reader; photoreader
光电读带器 photoelectric(al) tape reader
光电读数 photoreading
光电读数器 photoelectric(al) reader; photoreader
光电读数系统 photoelectric(al) translating system
光电读像仪 iconolog
光电读验机 photoelectric(al) reader
光电多幅照相机 electrooptic(al) multiframe camera
光电多路传感器 photomultisensor
光电二极管 optoelectronic diode; photod; photodiode; photorectifier
光电二极管暗电流 photodiode dark current
光电二极管传感器 photodiode sensor
光电二极管电路 photodiode circuit
光电二极管检测器 photodiode detector
光电二极管耦合管 photodiode coupler
光电二极管显示器 photodiode displayer
光电二极管阵列 photodiode array
光电发出 effluence
光电发射 photoelectric(al) emission; photoemission
光电发射材料 photoemissive material
光电发射层 photoemissive layer
光电发射管 photoemissive cell; photoemissive tube
光电发射管光电检波器 photoemissive tube photometer
光电发射管光度计 photoemissive tube photometer
光电发射光电检波器 photoemissive photodetector
光电发射硅探测阵列 photoemissive silicon detection array
光电发射检测器 photoemissive detector
光电发射率 photoelectric(al) emissivity
光电发射能力 photoemissivity
光电发射器件 photoemissive device
光电发射摄像管 photoemissive camera tube
光电发射探测器 photoemissive detector
光电发射体 photoelectric(al) emitter; photoemitter
光电发射显微镜 photoemission mi-

G

croscope
光电发射阴极 photoemissive cathode
光电发射元件 photoemissive cell; photoemissive element
光电发生器 photocurrent generator
光电发送器 photoelectric(al)sender
光电法 photoelectric(al)method
光电法光波调制 electrooptic(al)light modulation
光电翻译程序 photointerpretive program(me)
光电反射计 photoelectric(al) reflectometer;photronreflectometer
光电防盗报警器 photoelectric(al)intrusion detector
光电放大电路 photoamplifier circuit
光电放大器 optic(al) amplifier; photoamplifier; photoelectric(al) amplifier
光电放射 photoelectric(al)emission; photoemission
光电放射管 photoemissive cell
光电放射式继电器 photoemissive relay
光电放射元件 photoemissive element
光电分光测色计 photoelectric(al) spectrocolo(u)rimeter
光电分光法 photoelectron spectroscopy
光电分光光度测量 photoelectric(al) spectrophotometry
光电分光光度学 electric(al)spectrophotography
光电分光计 photoelectric(al) spectrometer
光电分类器 photoelectric(al)sorter
光电分离 photodetachment
光电分离机 electronic colo(u)r separator
光电分裂 photoelectric(al) disintegration
光电分析 photoelectric(al)analysis
光电分析法 photoelectric(al)analysis method
光电分析天平 photoelectric(al) analytical balance
光电分选机 photometric(al)sorter
光电分子 electrogen
光电芬顿氧化法 photoelectron-Fenton oxidation method
光电粉尘计数器 phototube dust counter
光电粉尘检测器 photoelectric(al) dust detector
光电峰 photopeak
光电伏打效应 photovoltaic effect
光电辐射探测器 photoelectric(al)radiation detector
光电复合晶体管检测器 photo Darlington detector
光电傅立叶变换 photoelectric(al) Fourier transformation
光电感察器 photoelectric(al)detector
光电感烟探测器 photoelectric(al) type smoke detector
光电感应设备 photoelectric(al)sensing equipment
光电高速记录高温计 photoelectric(al) high-speed recording pyrometer
光电高温计 optic(al) pyrometer; photoelectric(al) pyrometer; rayotube <测量运行中轧件温度>
光电隔离的 photoisolated
光电跟迹切割机 sicomat
光电跟踪 photoelectric(al)tracking
光电跟踪气割机 photoelectric(al) tracing flame cutting machine
光电跟踪器 photoelectric(al)tracker
光电跟踪头 optoelectronic director head
光电跟踪系统 electrooptic(al)tracker system;photoelectric(al)follow-up system;photoelectric(al)tracking system
光电跟踪装置 photoelectric(al)follow-up
光电功函数 photoelectric(al) work function
光电功率变换器 photoelectric(al) power converter
光电功率发生器 optoelectronic power generator
光电鼓 drum
光电固体器件 photoelectric(al)solid-state device
光电观测 photoelectric(al)observation
光电观象(等高)仪 photoelectric(al) astrolabe
光电管 electric(al)cell;electric(al) eye; electrooptic(al) tube; light cell;light-scribing device;light-sensitive tube;photocell;photoelectric(al)cell; photoelectric(al) tube; photoelement;photoelement photoelectric (al) cell; photoemissive cell;photoemissive element;photosensitive cell; phototube; photovalve;photovoltaic cell;solar cell; sylvatron
光电管传感器 photocell pick-off
光电管电路 photoelectric(al)circuit
光电管发送器 photocell pick-off
光电管放大器 photocell amplifier; photoelectric (al) cell amplifier; photoelectric(al)tube amplifier
光电管高温计 photocell pyrometer
光电管光灵敏度 luminous sensitivity of phototube
光电管荷载指示器 photoelectric load indicator
光电管火焰探测器 photocell flame detector
光电管继电器 photocell relay;phototube relay
光电管开门器 photoelectric door opener
光电管控制塑液限流仪 photocell control plastic flow limit instrument
光电管老化 photoelectric(al)fatigue
光电管灵敏度 photocell sensitivity
光电管露点计 phototube dew-point meter
光电管式探测器 photoelectric(al)detector
光电管受光器 photocell pick-up
光电管显示器 photocell indicator
光电管型分次收集器 phototube-type fractional collector
光电管遥测换向器 photocell telemetering commutator
光电管阴极 phototube cathode
光电管照度计 photocell illuminometer
光电管振荡器 photoformer
光电管指示器 photocell indicator; photoconductive detector
光电光变曲线 photoelectric(al)light curve
光电光波比较仪 photoelectric(al) light wave comparator
光电光度测量法 photoelectric(al) photometry
光电光度法 photoelectric(al) photometer method
光电光度计 electrophotometer;photoelectric(al)photometer
光电光度学 electrophotometry;photographic(al)photometry
光电光谱比色计 photoelectric(al) spectrocolo(u)rimeter
光电光泽计 photoelectric(al)glossmeter
光电函数发生器 photoformer
光电核计数器 photoelectric(al) nucleus counter
光电黑度计 photoelectric(al)nigrometer
光电红色阈 photoelectric(al) red threshold
光电红外探测器 photovoltaic infrared detector
光电化学 photoelectrochemistry
光电化学的 photoelectrochemical
光电化学效应 photoelectrochemical effect
光电话 optic(al)telephone
光电话机 photophone; phototelephone
光电换能器 light electric(al) transducer; optic(al) electronic transducer
光电绘图系统 <美国研发的> geospace
光电绘图仪 photoplotter
光电混频 photomixing
光电混频器 photoelectric(al)mixer; photomixer
光电混频实验 photoelectric(al)mixing experiment
光电火陷故障探测器 photoelectric (al)flame-failure detector
光电火焰调节器 magic eye flame control
光电积分器 photoelectric(al)integrator
光电激活度 photoelectric(al)activity
光电集成 optoelectronic integration
光电集成电路 optic(al)electronic integrated circuit
光电计 photoelectrometer
光电计量器 photoelectric(al)counter
光电记录 photoelectric(al) record(ing)
光电记录器 photoelectric(al)recorder;photoelectric(al) recording instrument
光电记录仪 photoelectric(al)recording instrument
光电技术 photoelectric(al)technology;photovoltaic technology
光电继电器 light relay;photoelectric (al)relay;scanner
光电继电器架 photoelectric(al)relay rack
光电继电器装置 radiovisor
光电加工 photofabrication
光电监视器 radiovisor
光电检波管 photorectifier
光电检波器 photorectifier
光电检波器响应度 photodetector responsivity
光电检波器信噪比 photodetector signal-to-noise ratio
光电检测 photodetection; photoelectric(al)detection
光电检测标志 photosensing marker
光电检测器 optoelectronic detector; photodetector
光电检查 photoelectric(al)inspection
光电校验 photocell light check
光电接收机 optoelectronic receiver
光电接收器 electrooptic(al)recipient target;photoelectric(al)receiver
光电结电池 photojunction battery
光电介质效应 photodielectric(al) effect
光电经纬仪 electrooptic(al)theodolite;electrooptic(al)transit
光电晶体 photoelectric(al)crystal
光电晶体管 optoelectronic transistor; phototransistor
光电晶体管电路 phototransistor circuit
光电晶体管检测器 phototransistor detector
光电精密编码器 photoelectric(al) precision encoder
光电矩阵 photocell matrix
光电矩阵存储器 optoelectronic matrix memory
光电开关 photoelectric(al)switch
光电开门器 photoelectric(al)door opener
光电颗粒分析仪 photoelectric-(al) particle size meter
光电刻板机 electric(al)photoengraver
光电控制 light ray control;photoelectric(al)control
光电控制道口栏木 selective light barrier
光电控制器 photoelectric(al)controller
光电控制切割机 photoelectrically controlled cutting machine
光电控制设备 photoelectric(al)control equipment
光电控制装置 photoelectric(al)celloperated relay; photoelectric(al) control unit;photoelectric(al)eye
光电控制自动门 photocell-controlled automatic door
光电宽度计 photoelectric(al) width ga(u)ge
光电勒克司计 photoelectric(al) luxmeter
光电累进器 photosummator
光电离检测器 photoionization detector
光电离能 optic(al)ionization energy
光电离跃迁 photoionization transition
光电粒子计数器 photoelectric(al) particle counter
光电亮度 photoelectric(al) bright; photoelectric(al)brightness
光电量尘计 photoelectric(al) dust meter
光电灵敏度 photoelectric(al) sensitivity
光电流 light current; photocurrent; photoelectric(al)current
光电流辐射探测器 photovoltaic radiation detector
光电流计 photogalvanometer
光电流记录 photogalvanometric registration
光电流谱 optogalvanic spectrum
光电流信号 optogalvanic signals;photocurrent signal;photosignal
光电流噪声 photocurrent noise
光电六分仪 photoelectric(al)sextant
光电律 law of photoelectricity
光电脉搏描记器 photoelectric(al) sphygmograph
光电脉冲 photoimpact
光电脉冲放大器 optoelectronic pulse amplifier
光电脉压计 photoelectric(al)sphygmograph
光电密度计 photoelectric(al)densimeter
光电面 photoelectric(al)surface
光电模板比色计 photoelectric(al) template colo(u)rimeter
光电膜测压计 photoelectric(al) membrane manometer
光电能量变换器 photovoltaic converter
光电泥沙颗粒分析仪 photoelectric (al)sediment analyser[analyzer]
光电泥沙量测器 photoelectric(al) siltmeter

光电黏[粘]度计 photoelectric(al) visco(si)meter
光电耦合器 light electric(al) coupler;optoelectronic coupler;photocoupler
光电排版 photocomposition
光电判读仪 photointerpreter
光电疲劳 photoelectric(al) fatigue
光电偏振测量 photoelectric(al) polarimetry
光电偏振计 photoelectric(al) polarimeter
光电频谱仪 photoelectric(al) spectrometer
光电平衡滑线式电势计 photoelectrically balanced slide-wire potentiometer
光电旗形开关 light-sensitive flag switch
光电气体分析仪 photoelectric(al) gas analyser[analyzer]
光电器件 photoelectric(al) device
光电切断点控制 photoelectric(al) cut-off register control
光电切割控制 photoelectric(al) cut-off control
光电侵入检测器 photoelectric(al) intrusion detector
光电容 photocapacitance
光电容积脉波检查 photoelectric(al) plethysmography
光电容积描记器 photoelectric(al) plethysmograph
光电容积描记图测量换能器 photoelectric(al) plethysmometer pick-up
光电入侵探测器 photoelectric(al) intrusion detector
光电三极管 photoelectric(al) triode;phototriode
光电三色激励比色计 photoelectric(al) tristimulus colo(u)rimeter
光电扫描 optoelectric(al) scanning;optoelectronic scanning;photoelectric(al) scanning
光电扫描单色仪 photoelectric(al) scanning monochromator
光电扫描机 photoelectric(al) scanning machine
光电扫描器 photoelectric(al) scanner
光电扫描云纹栅 photoelectric(al) scanning moiré grid
光电色度计 photoelectric(al) colo(u)rimeter
光电色度学 photoelectric(al) colo(u)rimetry
光电设备 optoelectronic device
光电摄像管 eikonoscope;emitron;eriscope;iconoscope(tube);image photocell;photicon;storage camera;storage-type camera tube
光电摄像管摄像机 emitron camera;iconoscope camera
光电摄像管式电视片摄像机 iconoscope film camera
光电摄像机 emitron camera
光电摄影 photogalvanography
光电湿度表 photoelectric(al) hygrometer
光电拾音器 photoelectric(al) pick-up
光电式安全装置 photoelectric(al) safety device
光电式测微计 photoelectric(al) micrometer
光电式电流计 photoelectric(al) type ammeter
光电式调制器 electrooptic(al) modulator
光电式多功能水位计 photoelectric(al) multipurpose water-level meter
光电式分光光度计 photoelectric(al) spectrophotometer
光电式分级机 photoelectric(al) grader
光电式感烟探测器 photoelectric(al) smoke detector
光电式感应探测器 light scattering detector
光电式高温计 optimatic pyrometer
光电式轨道电路 optic(al) track circuit
光电式函数发生器 photoelectric(al) function generator
光电式火焰切断器 photoelectric(al) flame failure device
光电式火焰探测器 photoelectric(al) flame detector
光电式计数器 photoelectric(al) counter
光电式计数仪 photoelectric(al) counter
光电式继电器电表 photoelectric(al) relay meter
光电式检测器 photoelectric(al) detector
光电式均匀度测定仪 evenometer
光电式列车控制 optic(al) train control
光电式列车运行描述器 optic(al) train describer
光电式密度计 photoelectric(al) densitometer
光电式纱线均匀度检验仪 photoelectric(al) yarn regularity tester
光电式拾音头 photoelectric(al) cartridge
光电式体积描记器 photoelectric(al) plethysmograph
光电式显像密度计 photoelectric(al) densitometer
光电式烟尘检测器 photoelectric(al) dust detector
光电式烟感气 scattered light smoke detector
光电式液位传感器 photoelectric(al) level transducer
光电式音频信号发生器 photoaudio generator
光电式照度计 photoelectric(al) illuminometer
光电式转换装置 photocell type reset equipment
光电势计 semi-potentiometer
光电势效应 photovoltaic effect
光电视向速度 photoelectric(al) radial velocity
光电视向速度仪 photoelectric(al) radial velocity spectrometer;radial velocity scanner
光电输入机 paper tape reader;photoelectric(al) input machine;photoelectric(al) tape reader;photoreader
光电数据存储 optoelectronic data storage
光电数码管 photoelectric(al) numeral tube
光电数字化器 photodigitizer;photodigitizing unit
光电数字逻辑 optoelectronic digital logic
光电数字逻辑系统 optoelectronic digital logic system
光电衰减系数 photoelectric(al) attenuation coefficient
光电双二极管 photo duodiode
光电双筒望远镜 photobinocular
光电双狭缝干涉仪 photoelectric(al) double-slit interferometer
光电速调管 photoklystron
光电速度仪 photoelectric(al) speedometer
光电随动系统 photoelectric(al) follow-up
光电探测 photodetection;photoelectric(al) detection
光电探测器 electrophotonic detector;light-sensitive cell;light-sensitive detector;light sensor;photodetector;photodevice;photoelectric(al) pick-off;photosensor;photovoltaic detector
光电探测器阵列 photodetector array
光电探测头 photodetector head assembly
光电探测头装置 photodetector head assembly
光电探伤器 photoelectric(al) scanner
光电探伤仪 photo defectoscope;photoelectric(al) scanner
光电探纬器 photoelectric(al) weft-finder
光电特性 current-illumination characteristic;current luminous flux characteristic
光电天体测量 photoelectric(al) astrometry
光电天体光度学 photoelectric(al) astrophotometry
光电天线 optoelectronic antenna
光电调节器 photoelectric(al) regulator
光电通信[讯]工具 electrooptic(al) means of communication;electrooptic(al) of communication means
光电同步拾波器 photosynchronous pick-up
光电头 photometer head
光电透镜摄像机 electroplane camera
光电透射计 photoelectric(al) transmissometer
光电图像变换管 image converter;photoelectric(al) image converter
光电蜕变 photoelectric(al) disintegration
光电微型旋桨流速仪 photoelectric(al) miniature propeller current meter
光电温度 photoelectric(al) temperature
光电文字识别法 optic(al) character recognition
光电文字输入法 optic(al) character recognition
光电污泥面指示仪 photoelectric(al) sludge-level indicator
光电吸收 photoelectric(al) absorption
光电吸收分析法 photoelectric(al) absorption analysis
光电吸收系数 photoelectric(al) absorption coefficient;photoelectric(al) absorption index
光电析钢仪 photoelectric(al) steelscope
光电析色器 photoelectric(al) colo(u)r analyser
光电析像管 eriscope;iconoscope;image dissector tube
光电系统 electrooptic(al) system
光电显微光度计 photoelectric(al) microphotometer
光电显微镜 photoelectric(al) microscope
光电显像管 iconoscope;photoelectric(al) viewing tube
光电现象 photoelectric(al) phenomenon;photoelectricity phenomenon;photoelectricity
光电相互作用 photoelectric(al) interaction
光电响应 photoelectric(al) response
光电像管 photoelectric(al) image tube
光电消防探测器 photoelectric(al) fire detector
光电效率 photoelectric(al) efficiency
光电效应 electrooptic(al) effect;Hallwach's effect;Hertz-Hallwachs effect;optogalvanic effect;photoelectric(al) effect;photovoltaic effect;photoeffect
光电效应常数 photoelectric(al) constant
光电效应的 photoelectric(al)
光电效应方程 photoelectric(al) equation
光电效应管 photosensitive cell
光电效应检波器 photoeffect detector
光电效应界限 photoelectric(al) threshold
光电效应衰减系数 photoelectric(al) effect attenuation coefficient
光电信号发生器 photo generator
光电信号接收器 photoelectric(al) receiver
光电信号器 photoelectric(al) cell-operated relay;photoelectric(al) eye
光电星等 photoelectric(al) magnitude
光电行波管 travel(l)ing-wave phototube
光电形式 photovoltaic mode
光电型行波管 phototype travel(l)ing wave tube
光电性能 photoelectric(al) property
光电性能检测仪 photoelectric(al) performance tester
光电旋光分光光度计 photoelectric(al) spectropolarimeter
光电选矿 optic(al) sorting;photoelectric(al) separation
光电选矿法 photoelectric(al) separation method
光电选矿机 optic(al) sorter;photoelectric(al) separator
光电学 photoelectricity
光电压 photovoltage
光电压力传感器 photoelectric(al) pressure transducer
光电烟密度控制 photoelectric(al) smoke-density control
光电烟密度控制器 photoelectric(al) smoke-density controller
光电颜色测定法 photoelectric(al) colo(u)r method
光电阳极 photoanode
光电遥感仪 remote electro-optic(al) sensor
光电液位指示器 photoelectric(al) liquid-level indicator
光电仪器 photoelectric(al) instrument
光电移位寄存器 optoelectric(al) shift register;optoelectronic shift register
光电移像管 electrooptic(al) image tube
光电阴极 photocathode;photoelectric(al) cathode
光电阴极的光电效率 photoefficiency of photocathode
光电荧光计 photoelectric(al) fluorimeter
光电硬度计 photoelectric(al) scleroscope
光电泳照相机 photoelectrophoretic camera
光电阈 photoelectric(al) threshold
光电阈衬比 photoelectric(al) threshold contrast
光电元分布 photocount distribution
光电元件 light cell;photocell;photoe-

lectric (al) device; photoelectric-(al) element; phototube; photounit; photovalve
光电(元件)电路 photoelectric (al) circuit
光电原料矿产 photoelectric (al) raw material commodity
光电阅读器 photoelectric (al) reader; photoreader
光电载流子 photocurrent carrier
光电噪声抑制器 optoelectronic noise rejector
光电斩波器 photoelectric (al) chopper
光电照度计 photoelectric (al) luxmeter
光电照明控制 photoelectric (al) lighting control
光电照准器 photoalidade
光电遮断器 photointerrupter
光电正比定律 photoelectric (al) proportionality law
光电织物密度分析器 photoelectric (al) pick counter
光电直读光谱仪 photoelectric (al) direct reading spectrometer
光电直读计 quantometer
光电纸带输入机 optic (al) tape reader; photoelectric (al) paper tape reader
光电纸带阅读器 photoelectric (al) tape reader
光电指示器 photoelectric (al) indicator
光电制冷 photoelectric (al) refrigeration
光电制图 photodrawing
光电中星仪 photoelectric (al) transit instrument
光电轴角编码器 optic (al) electric (al) axial angle encoder
光电铸版 photoelectro-type
光电转换 photoelectric (al) conversion
光电转换开关 optoelectronic multiplex switch
光电转换器 optic (al) electric (al) converter; optic (al) to electric (al) transducer; photoelectric (al) converter
光电转换器件 electrooptic (al) device
光电转换特性 light-transfer characteristic
光电转换系统 phototranslating system
光电转换效率 photoelectric (al) transformation efficiency
光电转换装置 electro-light converting device
光电转速测量仪 photoelectric (al) whirl measuring apparatus
光电转速计 photoelectric (al) tach (e) ometer; photo tach (e) ometer
光电装置 electrooptic (al) device; photoelectric (al) device; photoelectric (al) mounting
光电浊度计 photoelectric (al) turbidimeter; photonephelometer; photovoltaic turbidimeter
光电浊度仪 photoelectric (al) turbidimeter; photonephelometer; photovoltaic turbidimeter
光电子 phoelectron; photoelectron; photon
光电子板 optoelectronic panel; optoelectronic plate
光电子倍增管 photoelectron-multiplier-tube
光电子变换器 photoelectronic transducer
光电子产额 photoelectric (al) yield
光电子存储器 optoelectronic memory; optoelectronic storage
光电子的 optoelectronic; photoelectronic
光电子电路 optoelectronic circuit
光电子二极管 photoelectronic diode
光电子发射 photoelectric (al) emission; photoelectronic emission; photoemission
光电子发射机 optoelectronic transmitter
光电子发射式光传感器 photoelectric-(al) emittance optic (al) sensor
光电子发射装置 photoelectron device
光电子放大 photoelectronic amplification
光电子放大器 optoelectronic amplifier
光电子放电 photoelectron discharge
光电子分析光谱仪 photoelectron analytic (al) spectrometer
光电子隔离器 optoelectronic isolator
光电子光电池 phototronic photocell
光电子光谱学 photoelectron spectroscopy
光电子换能器 photoelectronic transducer
光电子集成电路 optoelectronic integrated circuit
光电子计数 photoelectron counting
光电子计数器 photoelectron counter
光电子技术 optic (al) electronic technology
光电子继电器 optronic relay
光电子开关 optoelectronic switch
光电子冷阴极 optoelectronic cold cathode
光电子流 photoelectron stream
光电子脉冲放大器 photoelectronic pulse amplifier
光电子能量 energy of photoelectron
光电子能谱法 photoelectron spectroscopy; photoelectron spectrum
光电子能谱仪 photoelectron spectrograph; photoelectron spectroscope
光电子谱 photoelectronic spectrum
光电子器件 photoelectronic device
光电子枪 light gun; photogun
光电子扫描器 optoelectronic scanner
光电子设备 photoelectronic device
光电子式图面注记机 map surface lettering photoelectronic machine
光电子束 photoelectron beam
光电子数据处理机 optoelectronic data processor
光电子调制器 optoelectronic modulator
光电子统计 photoelectron statistics
光电子图像 photoelectron image
光电子图像处理 optoelectronic image processing
光电子稳定的高敏摄像管 pesticon
光电子稳定摄像管 photo-electron-stabilized-photicon
光电子显微术 photoelectron microscopy
光电子限制的分辨本领 photoelectron limited resolving power
光电子像 photoelectron image
光电子行波管 photoelectronic travel(l) ing waveguide
光电子学 optic (al) electronics; optoelectronics; optronics; photoelectronics
光电子学光闸 optoelectronic shutter
光电子学系统 optoelectronic system
光电子逸出 photoelectronic liberation
光电子逸出时间 photoelectron escape time
光电子元件 optoelectronics element
光电子噪声 photoelectron noise
光电子转换器 optoelectronic converter
光电自动关门器 photoelectric (al) door closer
光电自动照准仪 photoelectric (al) auto-collimator
光电自准直 photoelectric (al) autocollimation
光电自准直平行光管 photoelectric (al) auto-collimator
光电自准直仪 photoelectric (al) autocollimator
光电阻 light resistance
光垫圈 bright washer
光叠加 optic (al) superposition
光顶尺寸 stripped top
光顶高度 stripped top height
光定位 light-seeking; photofixation
光定向耦合器 optic (al) directional coupler
光动力学 photodynamics
光动力学效应 photodynamic (al) effect
光动力学作用 photodynamic (al) action
光动势 photomotive force
光动态 photokinesis
光动现象 photokinesis
光毒性 phototoxicity
光读出 optic (al) readout
光读出器 optic (al) reader
光读数 photoreading
光度 lighting level; luminosity; luminous flux; photometric (al) bright
光度变动 luminance fluctuation
光度变化段 <车辆出入隧道的> transition zone
光度标 photometric (al) scale
光度标准 luminous standard ruler; photometric standard
光度标准尺 luminous standard
光度标准灯 luminous standard lamp
光度测定 photometering; photometric-(al) determination; photometric-(al) measurement
光度测定法 photometric (al) method; photometry
光度测定纸 photometric (al) paper
光度测量 measurement of light; photometric (al) measurement
光度测量法 photometric (al) method
光度测量楔 photometric (al) wedge
光度层化 luminosity segregation
光度插入法 method of photometric-(al) interpolation
光度传递函数 photometric (al) transfer function
光度单位 light unit; photometric (al) unit
光度的 photometric (al)
光度的色衬比 photometric (al) colo(u) r contrast
光度等效值 photometric (al) radiation equivalent
光度滴定 photometric (al) titration
光度滴定法 photometric (al) titrimetry; photometry
光度分布计 distribution photometer; light-distribution photometer
光度分析 photometric (al) analysis
光度分析法 analytic (al) photometry
光度分析器 photometric (al) analyser [analyzer]
光度高温仪 photometric (al) pyrometer
光度关系 photometric (al) relationship
光度光变率关系 luminosity rate of variation relation
光度过大星 overluminous star
光度函数 luminosity function; relative luminosity factor
光度积分器 photometric (al) integrator
光度积分球 photometric (al) integrating sphere
光度基准 primary photometric standard
光度级 luminosity class
光度计 brightness meter; candle balance; foot-candle meter; light meter; lux (o) meter; optimeter; photometer; photometric (al) receiver; pycnometer; Aerolux <商品名>
光度计常数 photometer constant
光度计场 photometer field
光度计的 photometric (al)
光度(计)法 photometric (al) method
光度计架 photometer bench; photometric (al) bench
光度计目镜 photometer eyepiece
光度计屏 photometer screen
光度计数 luminometer number
光度计头 photometer head; photometric (al) head
光度计座 photometer bench
光度降低 decrease of light
光度校正 photometric (al) calibration
光度距离 luminosity distance
光度孔径 photometric (al) aperture
光度控制系统 light control system
光度控制装置 light control device
光度块光测高温计 photometric (al)-cube optic (al) pyrometer
光度亮度范围 photometric (al) brightness scale
光度亮度划分 photometric (al) brightness scale
光度量 light quantity; photometric (al) quantity
光度密度 luminosity density
光度曲线 luminous curve
光度扫描 photometric (al) scanning
光度示距天体 luminosity distance indicator
光度视差 photometric (al) parallax
光度试验板 photometer test plate; photometric (al) test plate
光度适应计 biophotometer
光度衰减特性 light-decay characteristic
光度台 photometric (al) bench
光度特大恒星 overluminous star
光度特性 photometric (al) property
光度体积检验 luminosity-volume test
光度头 optic (al) head; photometer head
光度图形分析仪 photofigure analyser [analyzer]
光度位相 photometric (al) phase
光度系数 luminosity coefficient
光度相 photometric (al) phase
光度校准 photo calibration; photometric (al) calibration
光度型 luminosity class
光度学 light measurement; photometry
光度学代替法 substitution method of photometry
光度学单位 photometric (al) unit
光度学灰色光楔 grey photometric-(al) wedge
光度学亮度 photometric (al) brightness
光度学术语 photometric (al) term
光度演化 luminosity evolution
光度佯谬 luminosity paradox; photometric (al) paradox
光度遥测法 telephotometry

光度遥测术 telephotometry
光度要求 photometric(al) requirement
光度值 amount of photometry;photometric(al) quantity; photometric(al) value
光度质量 luminosity mass;photometric(al) quality
光度周期 photometric(al) period
光端机 optic(al) transmitter and receiver
光端砖 cull of brick
光端作用 action of points
光断续器 optic(al) chopper; photochopper
光对比度 optic(al) contrast ratio
光对映体 optic(al) antipode
光对准 optic(al) registration
光钝化作用 photoinactivation
光多路传输 optic(al) multiplexing
光多路复用器 optic(al) multiplexer
光多模色散 optic(al) multimode dispersion
光尔格 <光强度单位> lum(b) erg
光二极管 optic(al) diode
光二聚 photodimerization
光二聚物 photodimer
光二色性 photodichroism
光发射 light emission;light reflex;luminous emission
光发射材料 light-emitting material
光发射传感器 photoemission pick-off
光发射二极管 light-emitting diode
光发射光谱法 optic(al) emission spectrometry
光发射能力 photoemissivity
光发射器 light emitter;light transmitter;optic(al) transmitting set
光发射探测器 photoemissive detector
光发射体 light emitter;photoemitter
光发射图样 light pattern
光发射系统孔径 optic(al) transmitter aperture
光发生器 optic(al) generator
光发送机 optic(al) transmitter
光阀 light tube;light valve(shutter)
光阀管 light valve
光阀阵列 light valve array
光反常 optic(al) anomaly
光反馈 optic(al) feedback
光反射 light reflection; light reflex; optic(al) refraction
光反射比 luminous reflectance
光反射传感器 optic(al) reflective sensor
光反射计 optic(al) reflectometer
光反射率 light reflectance; light reflectivity; luminous (fractional) reflectance
光反射偏振耦合器 photoreflective polarization coupler
光反射器 optic(al) reflector; reflective optic(al) system
光反射系数 luminous (fractional) reflectance;luminous reflectivity
光反射性 light reflectivity; luminous reflectance of pavement surface
光反射性质 light-reflecting property
光反射值 light reflective value
光反应器 photo-reactor
光反应性 photoreactivity
光反应性叶绿素 photoreactive chlorophyll
光范性的 photoplastic
光范性效应 photoplastic effect
光防护 light occluder
光放大 light amplification; optic(al) amplification
光放大器 image intensifier; light amplifier; optic (al) amplifier; photoamplifier;photo enlarger
光放大器带宽 optic(al) amplifier bandwidth
光放大纸 photo enlarging paper
光放射 light emission
光放射色谱法 photoradiochromatography
光分布曲线 light distribution curve; polar curve
光分出 optic(al) tapoff
光分光光谱图 spectroheliogram
光分接 optic(al) tapoff
光分解沉积 photodeposition
光分解作用 photodecomposition; photolysis
光分离 photoseparation
光分离铀同位素 photoseparating uranium isotopes
光分路滤波器 optic(al) branching filter
光分路器 light-way divider;optic(al) branching device
光分析器 light analyser[analyzer];optic(al) analyser[analyzer]
光芬顿反应 photo-Fenton reaction
光芬顿降解 photo-Fenton degradation
光芬顿氧化 photo-Fenton oxidation
光峰 photopeak
光缝 light slit
光伏变换器 photovoltaic converter
光伏革菌 Corticium laeve
光伏管 photovoltaic cell
光伏红外探测器 photovoltaic infrared detector
光伏计 photovoltaic meter
光伏式传感器 photovoltaic sensor
光伏式光传感器 photovoltaic optic(al) sensor
光伏式光检测器 photovoltaic photodetector
光伏效应 photovoltaic effect
光符号卡读出器 optic(al) mark card reader
光符号识别 optic(al) character recognition
光符号识别机 optic (al) character recognition machine
光符号识别系统 optic(al) character recognition system
光符号阅读器 optic (al) character reader
光符识别用字体 optic(al) font
光符阅读机 optic(al) character reader
光辐射 light output; light radiation; luminous emission; optic(al) radiation;radiation of light;ray radiation
光辐射电光探测器 electrooptic(al) light detecting apparatus
光辐射度函数 spectroradiometric function
光辐射计 photoradiometer
光辐射敏感元件 light radiation sensor
光辐射探测器 optic(al) detector
光辅助降解 photo-assisted degradation
光复合 photorecombination
光复合激光器 photorecombination laser
光复合系数 optic(al) recombination coefficient
光复活作用 photoreactivation
光复印机 photocopier
光复用器 optic(al) multiplexer
光副载波通信[讯] optic(al) subcarrier communication
光赋色 photocolo(u)r
光赋色材料 photocolo(u)r material
光干扰 optic(al) interference
光干涉 light interference
光干涉比长器 interference comparator;light interference comparator
光干涉比较仪 light interference comparator
光干涉测量控制技术 light interference control technique
光干涉式气体分析器 optic(al) interference type gas analyser[analyzer]
光干涉仪 optic(al) interferometer
光杆 <深井泵的> polish rod
光感 light sensation;light sense
光感检车器 <用光电池探测车辆> light-sensitive(vehicle) detector
光感觉 light perception
光感期 photophil phase
光感器 optic(al) flame detector
光感生的 photoinduced
光感受 photo-reception
光感受器 photoreceptor
光感性 photosensitivity
光感应 photoinduction
光感应化学 photoinduced chemistry
光感应调制 light-induced modulation
光感作用 photosensitization
光杠 feed shaft
光格吊顶 luminaire grid suspension ceiling
光隔离触发器 photoisolator trigger
光隔离器 optic(al) coupler;optic(al) isolator;optically coupled isolator; optocoupler; optoisolator; photocoupler;photoisolator
光跟踪 optic(al) tracking
光跟踪系统 optic(al) tracker system
光功当量 mechanical equivalent of light
光功率 light power;luminous power; optic(al) power
光功率分路器 optic(al) power divider
光功率分配 optic(al) power budget
光功率计 light power meter; optic(al) power meter
光功率均衡器 optic(al) power equalizer
光功率密度 optic(al) power density
光功率谱 optic(al) spectrum
光功率输出 optic(al) power output
光功率效率 optic(al) power efficiency
光供电源传感器 optically powered sensor
光孤立子传输光纤 soliton transmission fiber[fibre]
光固定 photofixation
光固化 photocuring;photosetting
光固化涂料 photocurable coating; photocured paint
光故障定位器 optic(al) fault locator
光管 bare pipe;light pipe;light tube; plain(-end) tube
光管长度 optic(al) tube length
光管光学(装置) light-pipe optics
光管省煤气器 plain tube economizer [economiser]
光管水冷壁炉膛 bare tube furnace
光管振荡 light-pipe oscillation
光管铸铁省煤器 Green's economizer
光辊 smooth roll(er)
光辊破碎机 pain roll crusher
光辊压路机 smooth drum
光辊振动压路机 smooth drum vibrator;smooth drum vibratory compactor;smooth drum vibratory roller
光过渡 transition zone of illumination
光焊接机 photocoagulator
光焊丝 bare wire
光焊丝电弧焊 bare wire arc welding
光焊条 bare welding rod
光合比值 photosynthetic(al) number
光合层 photosynthetic(al) layer
光合充氧 photosynthetic(al) oxygen
光合反应 photosynthetic(al) reaction
光合根 assimilatory root
光合供氧 photosynthetic(al) oxygenation
光合过程 photosynthetic(al) process
光合活性 photosynthetic(al) activity
光合磷酸化作用 photosynthetic(al) phosphorylation
光合硫化物氧化作用 photosynthetic(al) sulfide oxidation
光合面积 photosynthetic(al) area
光合能力 photosynthetic(al) ability
光合强度 rate of photosynthesis
光合色素 photosynthetic(al) pigment
光合商 photosynthetic (al) quotient; photosynthetic(al) ratio
光合生产率 photosynthetic (al) productivity
光合生物 photosynthetic (al) organism
光合体系 photosystem
光合温度的相互作用 interaction of light and temperature
光合系统 photosynthetic(al) system; photosystem
光合系统活性 photosystem activity
光合细菌 photosynthetic(al) bacteria
光合效率 photosynthetic(al) efficiency
光合循环 photosynthetic(al) cycle
光合颜料 photosynthetic(al) pigment
光合氧 photosynthetic(al) oxygen
光合藻类 photosynthetic(al) algae
光合转化效率 photosynthetic (al) conversion efficiency
光合自养的 photoautotrophic
光合自养生物 photosynthetic(al) autotroph
光合作用 photosynthesis; photosynthetic (al) acting; photosynthetic(al) action
光合作用产物 products of photosynthesis
光合作用带的 epipelagic
光合作用强度 intensity of photosynthesis
光合作用受限地区 aphotic zone
光合作用仪 photosynthetic(al) apparatus
光和 light sum
光核的 photonuclear
光核反应 photonuclear reaction
光核反应阈 photonuclear reaction threshold
光核吸收 photonuclear absorption
光核子分析装置 apparatus of photonuclear analysis
光盒 <筑隧道等用> light box
光厚绘图纸 egg-shell paper
光厚介质 optically thick medium
光呼吸作用 photorespiration
光弧 arc of visibility;sector of light
光弧玻璃 actinic glass
光弧极限 limit of sector
光弧界线 limit of sector
光弧区 light zone
光互阻抗 optic(al) transimpedance
光滑 burnishing; glossiness; lubricity; sleekness
光滑白润的 alabaster
光滑板 smooth plate
光滑壁面 smooth-walled
光滑边界 smooth boundary
光滑表面 burnished appearance; smooth surface
光滑表面的 smooth-surfaced
光滑表面的滚筒 smooth-faced drum
光滑表面修整 smooth surface finish

光滑并有条纹的土体表面 slickenside
光滑冰 glare ice;smooth ice
光滑操作 smoothing operation
光滑侧 smooth side
光滑层 glaze
光滑冲积层 slickens
光滑床面 smooth bed
光滑带 smooth zone
光滑的 frictionless; glossy; laevis; lubric(i)ous; sleeky; slick; smooth(ed)
光滑的表面 slick-surface
光滑的地沥青路面 slippery asphalt(ic) pavement
光滑的地沥青铺面 slippery asphalt(ic) pavement
光滑的块石路面 slippery sett paving
光滑的块石铺面 slippery sett paving
光滑的瓦 smooth tile
光滑的外形 smooth contour
光滑的砖 smooth tile
光滑点 slick spot
光滑冬青 gallberry; hoop wood; inkberry
光滑度 smoothness
光滑骨料 smooth aggregate
光滑管 plain tube;smooth pipe
光滑管伸缩器 smooth piping compressor
光滑滚筒辗压机 smooth drum roller; smooth-wheel roller
光滑海面 <波高小于 1 英尺,1 英尺 = 0.3048 米>【气】smooth sea
光滑黄铜管 smooth brass pipe
光滑或浅木纹饰面 type B finish
光滑集料 smooth aggregate
光滑剂 smoothing agent
光滑加工工具 smoothing tool
光滑铰链 smooth hinge
光滑接点 smooth joint
光滑接头 slick joint
光滑结构面 smooth discontinuity
光滑解 smoothing solution
光滑孔 smooth hole
光滑连接 smooth joint
光滑流形 smooth manifold
光滑轮胎 slick tire[tyre]
光滑轮胎压路机 smooth-tires[tyres] roller
光滑轮辗压机 smooth-wheel roller
光滑面 glaze; shiny surface; smooth face
光滑面衬砌 lining of smooth face
光滑面电机 plain surface machine
光滑面骨料 glazed aggregate
光滑面集料 glazed aggregate
光滑抹灰面 smooth plaster finish
光滑刨 smoothing plane
光滑剖面 smooth profile
光滑曲面 smooth surface
光滑曲线 easy curve; fair curve; flat curve; gentle curve; shallow curve; smooth(ed) curve; wide curve
光滑山核桃 pignut hickory
光滑树皮 smooth back
光滑铁芯 smooth core
光滑铁芯转子 smooth-core rotor
光滑通道 smooth passage
光滑外壳轧碎滚筒 smooth-shell crushing rolls
光滑屋面卷材 smooth roofing
光滑纤维 smooth fiber[fibre]
光滑线 even line
光滑型 smooth type
光滑性 slipperiness
光滑旋管 flat spiral
光滑映射 smooth map
光滑硬面层 <用细砂灰浆抹成的> hard finish
光滑油 gloss oil
光滑约束 smooth constraint
光滑直摘锭 straight smooth spindle
光滑轴瓦 plain insert
光化玻璃 actinic glass
光化层 chemosphere
光化产品 photoproduct
光化臭氧化 photochemical ozonization
光化催化剂 photoactive catalysis
光化当量 photochemical equivalent
光化当量的爱因斯坦定律 Einstein's law of photochemical equivalence
光化当量定律 law of photochemical equivalence
光化的 actinic;photoactinic
光化灯 actinic lamp
光化电 actinoelectricity
光化电池 photochemical cell
光化电离 atomic photoelectric(al) effect;photoionization
光化动力学 photochemical kinetics
光化度 actinicity;actinism;actinity
光化反应 light reaction; photoreaction;photochemical reaction
光化反应性 photochemical reactivity
光化分解 photochemical decomposition
光化分离 photochemical separation
光化辐射 actinic radiation
光化腐蚀 photochemical etching
光化感应 photochemical induction
光化光 actinic light
光化还原作用 photoreduction
光化活化 photochemical activation; photochemical activity
光化激发 photochemical excitation
光化计记录 actinogram
光化加成 photochemical addition
光化加成反应 photoaddition
光化加工 photo-chemical machining
光化降解 photochemical degradation
光化焦点 actinic focus; chemical focus
光化聚合作用 photopolymerization
光化刻图 photochemical engraving
光化离解 photochemical dissociation
光化力 actinism
光化力测定器 actinograph
光化力测定术 actinography
光化滤光镜 photochemical filter
光化率 photicity
光化绿 actinic green
光化绿玻璃 <毒物瓶用的> actinic-green glass
光化密度 actinic opacity
光化敏化 photochemical sensitization
光化圈 chemosphere
光化燃烧 photochemical combustion
光化热弥散 photochemical blooming
光化射线 actinic rays
光化射线的 photoactinic
光化生物学 actinobiology
光化视觉消色差性 photovisual achromatism
光化同位素分离 photochemical isotope separation
光化稳定性 actinic stability
光化吸收定律 law of photochemical absorption; photochemical absorption law
光化吸收作用 actinic absorption;photochemical absorption
光化现象 photochemical phenomenon
光化线强度测定法 actinography
光化线强度测定器 actinograph
光化线强度计 actinometer
光化线强度记录器 actinograph
光化线强度记录纸 actinometer paper
光化消色差 actinic achromatism
光化效率 photochemical efficiency
光化效应 actinic effect; photochemical effect
光化性 actinicity;actinism
光化性的 actinic
光化性光 actinic light
光化性黑色素原 actinic melanogen
光化学 actinic chemistry;actinochemistry;actinology;photochemistry
光化学 Q 开关 photochemical Q-switch
光化学测定法 spectrochemical method
光化学臭氧平衡 spectrochemical ozone equilibrium
光化学处理 photochemical process
光化学催化作用 photochemical catalysis
光化学当量定律 law of photochemistry equivalence
光化学的 actinic;photochemical
光化学电池 spectrochemical cell
光化学定律 law of photochemistry
光化学发光 photochemiluminescence
光化学反应 photochemical reaction
光化学反应性 spectrochemical reactivity
光化学反应性溶剂 photochemical reactive solvent
光化学反应性有机物 photochemically reactive organic material
光化学分散模型 spectrochemical dispersion model
光化学辐照 photochemical irradiation
光化学工艺 photochemical process
光化学固定 photochemical fixation
光化学过程 photochemical process
光化学还原法 photochemical reduction
光化学活性 photochemical activity
光化学活性的 spectrochemical reactive
光化学激活 photochemical activation
光化学加工 photochemical processing;photochemical treatment
光化学降解 photochemical degradation
光化学空气污染 spectrochemical air pollution
光化学氯化 photochemical chlorination
光化学敏感性 spectrochemical sensitivity
光化学模型 spectrochemical model
光化学平衡 spectrochemical equilibrium
光化学平衡理论 spectrochemical equilibrium theory
光化学气溶胶 photochemical aerosol
光化学生物气候学 photochemical bioclimatology
光化学试剂 spectrochemical reagent
光化学烷基化作用 spectrochemical alkylation
光化学污染 spectrochemical pollution
光化学污染物 photochemical pollutant
光化学硝化作用 photochemical nitrification
光化学效应 photochemical effect
光化学烟雾 <受污染大气中的> photochemical fog; photochemical smoke; smog; spectrochemical fog; photochemical smog
光化学烟雾动力学 spectrochemical smog kinetics
光化学烟雾警报标准 warning level for spectrochemical smog
光化学烟雾模式 spectrochemical smog model
光化学烟雾事件 spectrochemical smog incident
光化学烟雾效应 effect of spectrochemical smog
光化学烟雾形成机理 mechanism of formation of spectrochemical smog
光化学氧化 photochemical oxidation
光化学氧化法 photochemical oxidation method
光化学氧化剂 photochemical oxidant;photo-oxidant
光化学氧化剂指数 photochemical oxidant index
光化学异构化 photoisomeric change; photoisomerization
光化学诱导氧化 photochemically induced oxidation
光化学转化 photochemical transformation
光化诱导 photochemical induction
光化作用 actinism; photoactinic action; photochemical action; photochemical reaction; photochemical process <大气中气体的>
光话音转接器 optic(al) voice communicator
光还原作用 photoreduction
光环 corona; crown; halo; light loop; ring of light;almond <神像画中的>
光环境 luminous environment
光环摄影机 sight reticle camera
光环适配器 optic(al) ring adapter
光环效应 <凭印象评价一个人> halo effect
光环谐振器 optic(al) ring resonator
光环行器 optic(al) circulator
光幻觉 pseudophotoesthesia
光换能器 light converter; optic(al) transducer
光灰雾 light fog
光辉 fulguration; irradiance [irradiancy]; radiance; sheen gloss
光辉活染红 brilliant vital red
光辉岩 websterite
光回波损耗 optic(al) return loss
光回转 photogyration
光绘曝光头 photographic(al) plotting head
光绘装置 lightprinting device
光混合棒 optic(al) mixing rod
光混合发射机 opto-hybrid transmitter
光混合盒 optic(al) mixing box
光混合集成电路 opto-hybrid integrated circuit
光混合接收机 opto-hybrid receiver
光混合器 optic(al) mixer
光混合柱 optic(al) mixing rod
光混频 optic(al) frequency mixing; optic(al) mixing;photomixing
光混频二极管 photomixer diode
光混频技术 photomixing technique
光混频器 optic(al) mixer unit;photomixer
光活 photoactive
光活化反应 photoactivation reaction
光活化分析 photoactivation analysis
光活化剂 photoactivator
光活化作用 photoactivation
光活物质 photoactive substance
光活性 photoactivity
光活性测定仪 photoactivity detector
光活性聚合物 photoactive polymer
光活性物质 optic(al) active substance
光霍耳效应 photo Hall effect
光机电的 optic(al) mechanical electrical
光机扫描热像仪 optic(al) mechanical scanning thermal imager
光机效应 photomechanical effect
光机械式图面注记机 map surface let-

tering photomechanical machine
光机械效应 photomechanical effect
光畸变点 spot distortion point
光畸变分析仪 optic(al) distortion analyser[analyzer]
光激 photoexcitation
光激电流法 light excited current
光激发 light excitation;optic(al) excitation
光激发光 photoluminescence
光激发激光器 optic(al) excited laser;optically excited laser
光激发晶体 optically stimulated crystal
光激发脉冲 light exciting pulse;optic(al) exciting pulse
光激发作用 photostimulation
光激硅开关 light-activated silicon switch
光激核 photoexcited nucleus
光激开关 light-activated switch
光激可控硅闸晶体管 light-activated silicon-controlled rectifier;light-activated thyristor
光激可控硅整流器 photothyristor
光激励 light stimulus;photoexitation
光激励率 optic(al) excitation rate
光激励型激光器 optic(al) excited laser
光激射器 optic(al) maser
光激射振荡器 optic(al) oscillator
光激氧化作用 photoactivated oxidation
光激荧光的 photoluminescent
光激荧光现象 photofluerescence phenomenon;photophoshorescene phenomenon
光激运动 photoexciting motion
光激中子【物】 photoneutron
光级 <航道标灯的> light-order
光极大后光谱 post maximum spectrum
光极谱法 photopolarography
光集成电路 optic(al) integrated circuit
光计辐射仪 actinograph
光计量器 light counter
光计量系统 optic(al) measuring system
光计数差 optic(al) count difference
光计数器 photo counter
光计算 optic(al) computing
光计算机 optic(al) calculating machine;optic(al) computer
光继电器 optic(al) relay
光继电器电路 photorelay circuit
光加工 photofabrication
光甲板 bare deck
光假目标 optic(al) decoy
光坚膜 light-hardening
光肩星天牛 <拉> Anoplophora glabripennis
光检波器 optic(al) detector
光检测 photodetection
光检测器 optic(al) detector;optic(al) photodetector;photodetector
光检测器矩阵 photodetector array
光检查 optic(al) test
光检偏器 light analyser[analyzer]
光检验 lighting inspection
光检验器 photosensor
光见度 luminous efficacy of radiant flux
光渐显 fade in
光渐隐 fade out
光键阀 ground key valve
光降解的 photodegradative
光降解聚合物 photodegradable polymer
光降解效率 photodegradation efficiency
光降解作用 degradation by light;photodegradation
光交互作用分光法 photo correlation spectroscopy
光胶 optic(al) cement
光胶合标准具 optically contacted etalon
光胶盘 contact block
光胶上盘 contact blocking
光焦点 optic(al) focus
光焦度 focal power
光角 optic(al) angle
光铰 finish ream
光阶 light step
光阶法 step method
光接触 optic(al) contact
光接口适配器 optic(al) interface adapter
光接入网 optic(al) access network
光接收机 optic(al) receiver;photoreceiver
光接收器 light receiver;optic(al) receiver;photooptic(al) receiving unit;photoreceiver
光接收器孔径 optic(al) receiver aperture
光接受器 optic(al) receiving set
光接线板 optic(al) patch panel
光洁 clean
光洁表面 mirror finish;smooth surface
光洁尺寸 <木器和细木工件> neat size
光洁的 clean-cut
光洁的裁切 clean-cut
光洁的石面 dressed fair face
光洁度 cleanliness;coefficient of fineness;degree of finish;degree of smoothness;fineness degree;finishness;purity;smooth finish;smoothness
光洁度测定 fineness determination
光洁度符号 finish mark
光洁螺纹 clean thread
光洁木板 clean-cut timber;clean-cut wood;clean-deal;clean-out timber
光洁木板的 clean-cut
光洁木材 clean-cut timber;clean-cut wood;clean-deal;clean-out timber
光洁石面 clean back
光洁整理 clear finish
光结电池 photojunction battery;photojunction cell
光截面 light cut;optic(al) cross-section
光解薄膜 photolyzable film
光解的 photolytic
光解多路复用器 optic(al) demultiplexer
光解机理 photodegradation mechanism
光解聚作用 photodepolymerization
光解气相色谱 photolysis gas chromatography
光解循环 photolytic cycle
光解银 photolytic silver
光解原子激光器 atomic photodissociation laser
光解质 photolyte
光解作用 <因光的作而发生的化学变化> photolysis;photodecomposition;photodissociation
光介电常数 optic(al) dielectric(al) constant
光介子 photomeson
光金属蚀刻 photometallic etching
光紧张 phototonus
光浸没式探测器 optic(al) immersed detector
光禁带 optic(al) band gap
光晶体管 optotransistor
光阱 light trap
光颈缩系数 photoconstriction coefficient
光颈缩效应 photoconstriction effect
光矩 optic(al) moment
光具板 optic(al) panel
光具组 optic(al) train
光具组计算 computation of optic(al) system
光具组轴 axis of optic(al) system
光具座 bench;optic(al) bench
光具座式光度计 bench photometer
光距 foot-candle
光距单位 electric(al) distance unit
光距离单位 <光微秒> electric(al) distance
光距条件 electric(al) distance condition
光锯锉 dead smooth mill saw file
光聚合的 photopolymerisable
光聚合剂 photopolymerizer
光聚合物 photopolymer
光聚合物全息术 photopolymer holography
光聚合作用 photopolymerization
光聚焦 optic(al) focusing;point focusing
光聚焦加热炉 image furnace
光聚焦开关 optic(al) focus switch
光聚焦塑料纤维 light-focusing plastic fiber[fibre]
光聚区 spot of light
光聚作用 photopolymerization
光觉计 photoptometer
光觉异常 photoparesthesia
光开关 light switch;optic(al) switch
光开关电路 light commutation circuit;optic(al) commutation circuit
光壳贫属 <拉> Limacinia
光壳小麦 glabrous chaffed wheat
光刻 light scribing;photoengraving;photofabrication;photoetch(ing)
光刻版 photoglyph
光刻材料 sensitized etch material
光刻成型法 photofabrication
光刻电子轰击法 optic(al) etching and electron bombardment
光刻法 photoetching method;photofabrication;photofabrication;photolithography
光刻法的 photolithographic
光刻机 photoetching machine
光刻技术 photoetch(ing);photoetching technique
光刻胶 light-sensitive lacquer;photoresist;photosensitive resist
光刻慢波结构 photoetched slow wave structure
光刻蚀法 photoetch method;photolithography
光刻图案 photoengraving pattern;photoetch pattern
光刻掩蔽 masking
光刻掩模 mask;photoetched mask
光刻照相术 lithophotography
光刻蒸发掩膜 photoetched evapo(u)ration mask
光刻装置 light-scribing device
光刻字机 light writer
光空分复用 optic(al) space division multiplexing
光空间调制器 optic(al) spatial modulator
光孔 plain hole;pupil;unthreaded hole
光孔径 light aperture
光孔色 aperture colo(u)r
光控变阻器 raysistor
光控场致发光 photoelectron-luminescence
光控电致发光 photoelectroluminescence
光控二极管 photodiode
光控继电器 photorelay;photoswitch;phototroller
光控开关 light-operated switch;photoswitch
光控脉冲 photoimpact
光控万向关节 optic(al) cardan link
光控制 light guide
光扣 sharp thread
光快门管 light-shutter tube
光扩散器 light diffuser
光扩散系数 coefficient of light diffusion
光栏 shut
光阑 diaphragm;flare stop;lens screen;light diaphragm;optic(al) stop;orifice(plate)
光阑薄片 leaf of diaphragm
光阑成像 stop imagery
光阑定位 diaphragm setting
光阑结构 mechanism of diaphragm
光阑刻度标记值 F stop
光阑刻度盘 stop scale
光阑孔 diaphragm orifice
光阑孔径 aperture of diaphragm;diaphragm aperture;diaphragm opening;iris aperture
光阑孔径测量 diaphragm aperture measurement
光阑控制组 diaphragm control knob
光阑驱动电动机 diaphragm motor
光阑视场 diaphragm field
光阑缩小 stop down
光阑调节 setting of diaphragm;stopping
光阑调节杆 diaphragm adjusting lever
光阑调节环 aperture setting ring
光阑调整 stop setting
光阑调整指标器 iris setting indicator
光阑透镜 diaphragm lens
光阑位移 stop shift
光阑位置 stop position
光阑小孔畸变 aperture distortion
光阑叶片 blade of diaphragm
光阑值 stop value
光阑指数 diaphragm index;stop index
光阑装置环 aperture setting ring
光缆 fibre optic(al) cable;optic(al) (fibre) cable
光缆保持力 cable retention
光缆敷设设备 working vehicle for optic(al)-fibre cable
光缆护层 optic(al) cable sheath
光缆护套 cable jacket
光缆激励器 optic(al) cable driver
光缆捆束 optic(al) harness
光缆捆束组件 optic(al) harness assembly
光缆缆芯填充料 filling material for optic(al) fiber cable
光缆连接器 fiber optic(al) cable connector;optic(al) cable connector
光缆皮 cable sheath
光缆软绳 optic(al) fibre cord
光缆填料 fiber[fibre] buffer
光缆主干 cable run
光缆组件 cable assembly;fiber cable assembly;optic(al) cable assembly
光老化 light ag(e)ing
光雷达 colidar;ladar;laser radar
光雷达测高计 optic(al) radar altimeter
光雷达发射机 optic(al) radar transmitter
光雷达探测技术 optic(al) radar detection technique
光离解作用 photodissociation
光离子 photoion
光离子化 photoionization
光离子化检测器 photoionization detector
光离子学 opto-ionics

G

光力 luminous intensity; luminous power
光力测度台 photometer bench
光力摄影法 calotype
光粒子假目标 optic(al)particle decoy
光连接模件 optic(al)link module
光连接器 optic(al)connector
光连续波反射计 optic(al)continuous wave reflectometer
光连续区 optic(al)continuum
光链路 optic(al)link
光亮 blaze;bright finish;brightness
光亮沉积 bright plate
光亮程度 degree of brightness;degree of glossiness
光亮淬火 bright quenching
光亮带 euphotic zone
光亮带深度 <水中的> light-zone depth
光亮的 auroral;bright
光亮的标志柱 illuminated bollard
光亮的火焰 luminous flame
光亮电镀 bright plating;gloss electroplating
光亮电镀能力 bright-throwing power
光亮度 gloss;lightness;optic(al)density;radiance
光亮度计 luminometer
光亮度控制 beam control; light brightness control
光亮度曲线 luminosity curve
光亮度因素 luminance factor
光亮镀镉 cadux HS
光亮镀锌 gloss galvanization
光亮钢 bright steel
光亮钢板 bright luster sheet
光亮钢棒 <高级精整表面的> bright steel bar
光亮钢丝 bright wire
光亮钢丝索 bright rope
光亮计时器 phototimer
光亮剂 brightener;gloss agent;lustre-coating agent
光亮金属 <装饰> bright metal
光亮浸渍 bright dipping;bright pickling
光亮精整钢 bright-finished steel
光亮拉拔 bright-drawing
光亮拉拔钢材 bright-drawn steel
光亮零件 brightwork
光亮炉 furnace for brightness
光亮煤 bright coal;glance coal;lustrous coal
光亮面 spar finish
光亮抛光 brilliant polish
光亮漆 luminous paint
光亮区 euphonic zone
光亮热处理 bright heat treatment
光亮软钢开尾销 bright mild steel cotter pin
光亮软钢六角冲压螺丝帽 bright mild steel hexagonal pressed nut
光亮软钢六角螺丝帽 bright mild steel hexagonal nut
光亮软钢平头木螺丝 bright mild steel countersunk head wood screw
光亮软钢丝 bright soft wire
光亮软钢圆头木螺丝 bright mild steel round head wood screw
光亮色(彩)gloss colo(u)r;glowing colo(u)r
光亮色控制 light brightness control
光亮式 slick style
光亮数量 luminous quantity
光亮水 <镀镍用> liquid brightener
光亮丝 illumine yarn
光亮酸蚀刻 bright etching
光亮酸洗 bright dipped finish
光亮条带煤 bright-banded coal
光亮涂层 gloss coat
光亮退火 bright annealing;clean annealing;light annealing
光亮退火钢丝 bright annealed wire
光亮退火作业线 bright annealed wire
光亮型钢 bright steel bar
光亮性 brilliance
光亮釉 gloss enamel
光亮釉面瓦 satin-glazed tile
光亮正火 bright normalizing
光量 magnitude of light; quantity of light
光量测定法 actinography
光量传感器 optic(al)sensor
光量积分仪 light-integrating meter
光量计 quantometer;quantorecorder
光量开关 Q-switch
光量控制 fader control;light control
光量控制器 fader
光量热处理 bright heat treatment
光量调节器 fader
光量值 light value
光量子 light quantum
光量子发生器 optic(al)quantum generator
光量子放大器 optic(al)maser
光量子激射器 light quantum maser
光量子能量测定器 quantameter
光量子振荡器 quantum-optic(al) generator
光疗法 phototherapy
光磷酸化作用 photophosphorylation
光零拍接收机 optic(al) homodyne receiver
光流 light stream;pencil of rays
光流测量 measurement of luminous flux
光流量 luminous flux
光流输入 light input
光流与暗流之比 light-to-dark current ratio
光硫化 photovulcanization
光六角螺栓 finished hexagon head bolt
光漏失 light spill
光漏损失 light leakage loss
光漏泄损耗 light leakage loss
光卤化 photohalogenation
光卤化作用 photohalogenation
光卤石 carnallite
光卤石岩 carnallitolite
光录声 photographic(al)recording
光录声机 optic(al)sound recorder;photographic(al)sound recorder
光录像盘 optic(al)video disc[disk]
光录像圆盘 optic(al)video disc[disk]
光路 beam path;light path;optic(al) lane;path of rays;ray path;run of rays
光路畸变 optic(al)path distortion
光路径差 optic(al)path difference
光路偏转 deflection of the optic(al) path
光路曲率 curvature of path
光路图 index path
光路弯曲误差 curved-path error
光路选择杆 light path selector;light selecting lever
光路追迹计算 ray tracing calculation
光率体 indicatrix
光率体对称轴 optic(al) indicatrix symmetric(al)axis
光率体位置测定法 optic(al)indicatrix place determination method
光轮 aureola[aureole];vesica <耶稣像周围的>
光轮串联式压路机 smooth-wheeled tandem roller
光轮路碾 flat-wheel roller;smooth-wheel roller
光轮路碾平轮压路机 smooth-wheel roller
光轮碾压机 plain tread roller
光轮破碎辊 smooth-shell crushing rolls
光轮破碎机 smooth-shell crushing rolls
光轮压路机 flat steel roller;flat-wheel roller; plain tread roller; smooth drum roller; smooth roller compactor;smooth-wheel(ed)roller
光轮压实机 plain tread roller;smooth roller compactor
光罗汉 Arhat
光逻辑 light logic
光逻辑合成器 photologic synthesizer
光螺栓 bright bolt;finishing bolt
光螺纹 sharp thread
光码读数杆 optic(al) code reading wand
光霾 optic(al)haze
光脉冲 light(im)pulse;pulsed light
光脉冲编码调制 optic(al)pulse code modulation
光脉冲传播 light pulse propagation
光脉冲发生器 optic(al)pulse generator
光脉冲反射计 optic(al)pulse reflectometer
光脉冲放大技术 amplifying technique for light pulse
光脉冲辐射 pulse optic(al)radiation
光脉冲高度 optic(al)pulse height
光脉冲焊接 light pulse bonding
光脉冲计数器 optic(al)pulse counter
光脉冲计数系统 optic(al) pulse counting system
光脉冲群 light packet
光脉冲调制 light pulse modulation
光脉冲压缩 compression for laser pulse
光脉冲压缩技术 compression technique of light pulse
光脉冲整形技术 shaping technique for light pulse
光脉冲重复频率 light pulse repetition rate
光漫射 light scatter
光漫射板 light-diffusing ceiling panel
光漫射玻璃 light-diffusing glass
光漫射窗 light-diffusing window
光漫射器 lighting diffuser
光漫射墙(面)light-diffusing ceiling wall
光漫射系统 light-diffusing ceiling system
光毛相间条带状石砌层 banded rustication
光密度 absorbence[absorbency];luminous density
光密度测定法 light densitometry
光密度测量 optic(al) density measurement
光密度测量法 photodensitometry
光密度测量术 optic(al)densitometry
光密度定量 photodensitometric quantization
光密度法 optic(al) densitometric method
光密度分析法 photodensitometry
光密度计 densimeter;light densimeter;optic(al)densitometer;photodensitometer
光密度计光孔 densi(to)meter aperture
光密度计刻度 densi(to)meter scale
光密度阶 tone wedge
光密度色度 optic(al) density colo(u)r
光密介质 optically denser medium;optically thicker medium
光面 grain side;smooth surface
光面 Z 形钢 plain zed
光面 Z 形铁 plain zed
光面爆破 blasting of profiles;contour blasting; perimeter blasting; sculpture blasting;smooth(surface)blasting;smooth-wall blasting
光面爆破法 smooth-wall blasting techniques
光面边缘 plain edge
光面传力杆 smooth dowel
光面船壳 smooth surface
光面瓷砖 smooth finish tile
光面顶棚吊钩 plain stirrup for ceilings
光面方石 smooth ashlar
光面腹板 plain web
光面腹板钢大梁 steel plain web girder
光面腹板钢梁 steel plain web beam
光面钢板 plain plate
光面钢管 smooth steel pipe;smooth steel tube
光面钢筋 plain bar(of reinforcement);plain reinforcement(bar);plain reinforcing bar; unnotched bar
光面钢筋混凝土 reinforced fair-faced concrete
光面钢轮压路机 smooth steel roller;smooth drum steel wheel roller
光面钢丝 plain wire;smoothly surfaced steel wire
光面钢丝绳 bright wire rope
光面钢制品 bright steel products
光面工作 millwork
光面拱 plain arch
光面拱腹 smooth soffit
光面管 plain pipe;smooth pipe
光面管补偿器 smooth pipe compensator;smooth pipe expansion joint
光面管散热器 pipe radiator;smooth pipe radiator
光面管伸缩器 smooth pipe compensator;smooth pipe expansion joint
光面辊 plain roller
光面滚轮 smooth drum
光面红橡胶管 smooth surface red rubber hose
光面滑轮 bare pulley
光面混凝土 fair-faced concrete;smooth concrete
光面混凝土脱模剂 release agent for fair-face concrete
光面机 polishing machine;bottom facing machine <底郡转动>
光面胶体磨 smooth surface colloid mill
光面接缝 faced joint
光面接头 faced joint
光面卷筒 smooth drum
光面宽带 jute webbing
光面理论 smooth surface theory
光面梁 plain girder
光面路碾 flat-wheel roller; plain towed roller
光面轮胎 slick tire[tyre];smooth trend tire
光面镘刀 finishing trowel
光面门 flush door;plain door;sanitary door;single-measure door
光面抹灰 plain dressing
光面墨辊 smooth leather
光面木材 planed timber
光面木料 planed timber; surfaced timber
光面内质网 smooth surfaced endoplasmic reticulum
光面黏[粘]土瓦 smooth-face clay tile
光面黏[粘]土砖 smooth-face clay tile
光面碾压 smooth rolled
光面刨 smoothing plane

光面皮革 slick-surfaced leather
光面破碎机辊 smooth-faced crushing rolls
光面器 refacer;surfacer
光面墙 faced wall; flat wall; naked wall
光面墙角 <为保持清洁而做成的> sanitary corner
光面人造石 plain artificial stone; plain cast stone
光面深纹 smooth deep tread
光面石板 puncheon
光面石膏粉刷 smooth gypsum plaster
光面石灰粉刷 smooth lime finish
光面石灰修整 smooth lime finish
光面石块 plain ashlar;smoothed surface stone
光面双尖夹缝钉 smooth double-pointed dowel
光面摊铺机 finishing machine
光面特深花纹 smooth extra deep tread
光面天花板 plain acoustic(al) tile
光面铁条榫 smooth dowel
光面屋顶 smooth surfaced roofing
光面屋面 smooth surfaced roofing
光面线 bright wire
光面镶板门 flush paneled door
光面修整 plain dressing;smooth machine finish;smooth planer finish
光面压路机 flat wheel;flat-wheel roller;road roller;smooth roller;static roller
光面压实 finish rolling
光面压实机 smooth compactor
光面压土轮 flat covering roller
光面压土器 flat roll
光面验讫 <木工作业> clean-up
光面易滑轮胎 skidding tire;skidding tyre
光面硬纸板 smooth millboard
光面油毡 smooth surfaced roll roofing
光面预裂爆破 smooth and presplit blasting
光面圆棒 plain round rod
光面圆钢材 plain round bar
光面圆钢筋 plain round bar
光面圆钢条 plain round bar
光面轧辊 smooth roll
光面照片 glossy print
光面纸 glossy paper
光面纸板 glassy millboard
光面制砖 smooth finish tile
光面柱 plain column;plain post
光面铸石 plain cast stone
光面铸铁管 <未涂保护层的> uncoated cast-iron pipe
光面砖 lugless brick
光面桩 plain pile
光面琢石 plane ashlar;smooth ashlar
光灭活作用 photoinactivation
光敏 light sensation
光敏半导体 photosensitive semiconductor
光敏半导体材料 light-sensitive semiconductor material
光敏半导体增感剂 photosensitive semiconductor sensitizer
光敏变阻器 photovariator
光敏表面 photosensitive surface
光敏玻璃 light-sensitive glass;photosensitive glass
光敏玻璃陶瓷 fotoceram
光敏玻璃纤维 phototropic glass fiber
光敏薄膜 photoconductive film;photosensitive film
光敏材料 light-sensitive material; photochromic;photosensing material; photosensitive material; photosensitiser[photosenstizer]
光敏材料分辨仪 resolution meter for photosensitive materials
光敏层 light-sensitive layer
光敏层中径迹 photolayer trace
光敏成像管 light-sensitive imaging tube
光敏传声器 light microphone
光敏达林顿放大器 photodarlington
光敏导体 photoconductor
光敏的 light-activated; light sensing; light-sensitive; photoactive; photosensitive
光敏电池 light-sensitive cell; photosensitive cell
光敏电子管 light-sensitive electron tube
光敏电阻 photoactive resistance;photoconductive cell; photoconductive detector; photoconductor; photoresistance; photoresistor; photosensitive cell;photosensitive resistance; photovariator
光敏电阻补偿器 photoresistance compensator
光敏电阻管灵敏度 sensitivity of a photoresistive cell
光敏电阻继电器 photoresistance relay
光敏电阻器 photoresistor; light dependent resistor; light (-sensitive) resistor
光敏电阻元件 photoresistance cell
光敏度 light sensitivity;optic(al) sensitivity
光敏镀层 photosensitive coating
光敏二极管 light-sensitive diode;photodiode;photosensitive diode
光敏反应 photosensitized reaction
光敏封闭剂 photosensitive sealant; photosensitive sealer
光敏感试验 photosensitivity test
光敏感性 photosensitivity; sensitiveness of light
光敏感元件 optic(al) sensor
光敏感作用 light sensitization
光敏管 light-sensitive tube;photosensitive tube
光敏光纤传感器 photosensitive fiber optic(al) sensor
光敏化 photoactivate;photoactive
光敏化测试器 photoactivity detector
光敏化合物 light-sensitive compound
光敏化剂 photosensitizer
光敏化氧化作用 photosensitized oxidation
光敏化作用 optic(al) sensibilization; photosensitization
光敏计 photoptometer
光敏记录法 photosensitive recording
光敏剂 photosensitizer
光敏继电器 light-sensible relay;light-sensitive relay;sun relay
光敏检测器 light-sensitive (vehicle) detector
光敏检车器 light-sensitive detector
光敏胶 light-sensitive emulsion
光敏胶黏[粘]剂 photosensitive adhesive
光敏接收器件 photoreceptor
光敏介电的 actinodielectric(al)
光敏金属 light-sensitive metal
光敏晶体管 optic(al) transistor;photistor;phototransistor
光敏晶体三极管 photosensitive transistor;phototransistor
光敏聚合 photosensitive polymerization
光敏聚合物 light-sensitive polymer; photopolymer; photosensitive polymer
光敏开关 light action switch;light-activated switch;light active switch; photosensitive switch;photoswitch
光敏抗蚀剂 photoresist; photosensitive resist
光敏刻图 light-sensitive engraving
光敏媒质 photosensitive medium
光敏面 light-sensitive surface; photosurface
光敏面光谱响应 photosurface spectral response
光敏面积 photosensitive area
光敏膜 photosensitive film
光敏器件 light-scribing device;photosensor
光敏区 photosensitive area
光敏乳胶 photosensitive emulsion
光敏三极管 photistor
光敏色素 photopigment;phytochrome
光敏树脂 photosensitive resin
光敏水生物 light-sensitive aquatic organism
光敏塑料 photoplastics
光敏探测器 light-sensitive detector
光敏陶瓷 light-sensitive ceramics
光敏涂层 light-sensitive coating;photosensitizing coating
光敏涂层应力分析法 photostress method
光敏涂料 light-sensitive coating;photosensitizing coating
光敏微晶陶瓷 photosensitive glass-ceramics
光敏物质 photoactive substance
光敏镶嵌面 light-sensitive mosaic
光敏镶嵌屏 photosensitive mosaic
光敏效应 light-sensitive effect
光敏性 photosensitiveness
光敏性变色纤维 chameleon fibre
光敏学 sensitometry
光敏烟雾探测器 optic(al) smoke detector
光敏仪器 light-sensitive device
光敏阴极 light-sensitive cathode;photosensitive cathode
光敏引发作用 photosensitized initiation
光敏阈值 luminous sensitivity threshold
光敏元件 light-activated element; light-sensitive cell;light-sensitive element; photoconductive element; photoelectric(al) sensor;photosensitive cell;photosensor
光敏元件高温计 light-sensitive cell pyrometer
光敏元件继电器 photoresistor-cell relay
光敏阵列 light-sensitive array
光敏纸 light-sensitive paper
光敏装置 light-sensitive device;photosensitive device
光敏作用 photoactivation
光明 luminosity
光明的 bright
光模 optic(al) mode
光模拟存储器 optic(al) analog(ue) memory
光模拟计算机 luminous analogue computer
光模像 optic(al) model
光模消除器 optic(al) mode stripper
光膜 photopolymer
光膜反射 veiling reflection
光目标坐标方位仪 optic(al) target coordinator;ordinatograph
光幕 streamer
光幕反射 veiling reflection
光幕眩光 veiling glare
光内窥镜 optic(al) endoscope
光能 energy of light; light energy; lighting power; luminous energy; optic(al) energy
光能测定法 actinometry
光能测定器 actinoscope
光能测定术 actinography;actinometry
光能测定仪 actinograph
光能电阻器 light resistor
光能分布 light-energy distribution
光能分布曲线 light-energy distribution curve
光能合成 photosynthesis
光能化学固定 photochemical fixation
光能利用菌 phototroph;phototrophic bacteria
光能利用率 utilization coefficient of light energy
光能量 light energy
光能密度 luminous energy density; optic(al) energy density
光能谱分析 optic (al) power spectrum analysis
光能强度测定术 actinometry
光能(强度)测定学 actinometry
光能曲线图 actinogram
光能输出 light output
光能自养菌 photoautotrophic bacteria
光能自养生物 facultative photoautotroph;photoautotroph
光年 light year;lyear
光黏[粘]弹性 photoviscoelasticity
光碾 smooth steel roller
光碾精加工 bright rolled finish
光碾压路机 flat-wheel roller;smooth roller
光凝固 photocoagulation
光凝固器 photocoagulator
光凝固术 photocoagulation
光凝结器 photocoagulator
光钮 light button
光耦合 optic(al) coupling
光耦合半导体开关 light-coupled semiconductor switch
光耦合电路 optically coupled circuit
光耦合隔离器 optically coupled isolator
光耦合集成电路 optically coupled integrated circuit
光耦合脉冲放大器 optically coupled pulse amplifier
光耦合门电路 photocoupled gate
光耦合器 light coupler;optic(al) coupler;optocoupler;optoisolator;photocoupler
光耦合系统 optically coupled system
光耦合装置 optically coupled device
光拍 light beat;photobeat
光拍斗形接收器 light beating bucket receiver
光盘 CD[compact disc];light disk;optic(al) disc[disk]
光盘电视系统 optic (al) video disk system
光盘盒 optic(al) disk cartridge
光盘控制卡 optic (al) disk control card
光盘录像机 optic(al) disk recorder
光盘驱动器 optic(al) driver
光盘系统 optic(al) disk system;video disk system
光盘显像系统 discvision
光刨 finish plane;smoothing plane
光配线网 optic (al) distribution network
光碰撞 photoimpact
光劈 optic(al) wedge
光劈常数 wedge constant
光劈光度计 wedge photometer
光皮木瓜 shine skin papaya
光皮铅包电缆 plain lead-covered ca-

ble
光匹配晶体 optically matched crystal
光片 polished section
光偏差 deviation of light
光偏移 optic(al) deviation; optic(al) displacement
光偏振 optic(al) polarization; polarization; polarization of light
光偏振表 photopolarimeter
光偏振分析器 polarization analyser [analyzer]
光偏振计 photopolarimeter
光偏振解调器 light polarization demodulation; light polarization demodulator
光偏振面的右旋 dextrorotation
光偏振调制 light polarization modulation
光偏振调制器 light polarization modulator
光偏转 light deflection; optic(al) deflection
光偏转技术 light deflecting technique
光偏转器 light deflector; optic(al) deflector; optodeflector
光偏转仪 optic(al) deflectometer
光漂白剂 optic(al) bleach; optic(al) bleaching agent
光漂泊 photobleaching
光票 clean bill; clean draft; white paper
光票付款信用证 clean payment credit
光票托收 clean collection
光票信用证 clean letter of credit
光频 light frequency
光频变换 optic(al) frequency translation
光频变换器 optic(al) frequency converter
光频差拍 photobeat
光频段 optic(al) frequency
光频放大 light frequency amplification
光频放射率 spectrum emission
光频分复用 optic(al) frequency division multiplex
光频隔离器 optic(al) isolator
光频介电常数 optic(al) dielectric-(al) constant
光频率 light frequency; optic(al) frequency
光频率调制 light frequency modulation
光频声子 optic(al) phonon
光频外差光谱学 optic(al) heterodyne spectroscopy
光频外差接收器 optic(al) heterodyne receiver
光频外差雷达 optic(al) heterodyne radar
光频外差探测 optic(al) heterodyne detection
光频响应 optic(al) frequency response
光频移 optic(al) frequency shift
光频域反射计 optic(al) frequency domain reflectometer
光频振动模式 optic(al) mode
光频整相阵列 optic(al) phased array
光频支 optic(al) branch
光频支路 optic(al) frequency branch
光平衡法 optic(al) null method
光平衡滤光镜 light-balancing filter
光平门 hospital door
光平面滤光片 optically flat filter
光屏蔽剂 ultraviolet barrier; ultraviolet light screening agent
光屏法 photoscreen method
光谱 light spectrum; optic(al) spectrum; prism; spectrum
光谱板 spectroscopic(al) plate
光谱半定量分析 semi-quantitative spectroanalysis; semi-quantitative spectrochemical analysis
光谱半宽度 spectral half width
光谱背景 spectral background
光谱本底 spectrophone
光谱比长仪 spectral comparator; spectrocomparator; spectrum comparator
光谱比较器 spectral comparator; spectrocomparator; spectrum comparator
光谱比较仪 spectral comparator; spectrocomparator; spectrum comparator
光谱比值 spectral ratio
光谱变星 spectrum variable
光谱标准空气 spectroscopic(al) standard air
光谱波长 spectral wavelength
光谱测定 spectrometric survey; spectrometry; spectroscopic(al) assay
光谱测定的 spectrometric
光谱测定法 spectrometry
光谱测定分析 spectrometric analysis
光谱测角光度计 spectrogoniophotometer
光谱测量 spectral measurement
光谱测量数据 spectrometric data
光谱测量投影仪 spectrum measuring projector
光谱测量学 spectrometry
光谱测声器 spectrophone
光谱差 spectral differential
光谱成分 spectral component
光谱传播系数 coefficient of spectral transmission; spectral transmission factor
光谱纯 specpure; spectroscopic(al) pure
光谱纯的 specpure; spectroscopically pure; spectroscopic(al) pure
光谱纯度 spectral purity; spectrographic(al) purity; spectroscopic(al) purity
光谱纯净的 specpure
光谱纯滤光片 spectral purity filter
光谱纯色 spectrally pure color
光谱纯石英 spectrosil
光谱纯试剂 spectrally pure reagent
光谱纯锌 spectroscopically pure zinc
光谱带 spectral band
光谱带底片 spectrozonal film
光谱带宽 spectral bandwidth
光谱带头 band head
光谱带吸收 band absorption; spectral band absorption
光谱的 spectral; spectrographic(al)
光谱的红外部分 dark heat; invisible heat
光谱的量子理论 quantum theory of spectra
光谱的七色 prisms
光谱的重心 spectral centroid
光谱灯 spectral lamp; spectroscopic(al) lamp; spectrum lamp
光谱等色 spectral match
光谱点扫描仪 multispectral point scanner
光谱电化学 spectroelectrochemistry
光谱定量分析 spectral quantitative spectroanalysis; spectrum quantitative analysis
光谱定性分析 qualitative spectroanalysis
光谱段 spectral band
光谱发光度 spectral emittance
光谱发光率 spectral luminous efficiency
光谱发射度 spectral emittance
光谱发射率 spectral emissive power; spectral emissivity; spectral radiant emissivity
光谱法 spectral method; spectrography; spectrometry; spectroscopic-(al) methodology; spectroscopic-(al) technique
光谱法测定 spectrographic(al) determination
光谱反射 spectral reflection
光谱反射比 spectral reflectance; spectral reflection factor
光谱反射计 spectroreflectometer
光谱反射率 spectral reflectance; spectral reflection factor; spectral reflectivity
光谱反射特性 spectral reflection characteristic
光谱反射系数 spectral reflectance; spectral reflection factor; spectral reflectivity
光谱反射因数 spectral reflectance factor
光谱范围 spectral coverage; spectral range; spectrum range
光谱方向反射因子 spectral directional reflectance factor
光谱分辨率 spectral resolution
光谱分辨能力 spectral resolving power
光谱分布 spectral distribution; spectrum distribution
光谱分布函数 spectral distribution function; spectrum distribution function
光谱分布曲线 spectral distribution curve; spectral distribution graph
光谱分布图 spectral distribution graph; spectral pattern
光谱分阶器 spectrum order sorter
光谱分类 spectral classification
光谱分析 decomposition of spectrum; dry analysis; optic(al) analysis; optic(al) spectrum analysis; spectral analysis; spectral decomposition; spectroanalysis; spectroscopic(al) analysis; spectroscopic(al) test; spectrum analysis
光谱分析报告 report of analysis spectrum
光谱分析法 spectral method; spectrometer method; spectrometry; spectrophotometric (al) method; spectrographic(al) analysis
光谱分析记录器 recording spectrum analyser[analyzer]
光谱分析器 optic(al) spectrum analyser[analyzer]; spectroscopic(al) analyser[analyzer]; spectrum analyser
光谱分析误差 error in spectrochemical analysis
光谱分析样品 sample for spectrometric analysis
光谱分析仪 optic(al) analyzer spectroanalyser; optic(al) spectrum analyser [analyzer]; quantometer; spectral analyser [analyzer]; spectroanalysis instrument; spectroscopic(al) analyser[analyzer]
光谱辐亮度因数 spectral radiance factor
光谱辐射测量 spectroradiometric measurement
光谱辐射出射度 spectral radiant existence
光谱辐射度 spectral radiant emittance
光谱辐射度学 spectral radiometry; spectroradiometry
光谱辐射功率 spectral radiant power
光谱辐射计 spectral radiometer; spectroradiometer
光谱辐射亮度因子 spectral radiance factor
光谱辐射率 spectral emissivity; spectral radiance; spectral radiant emissivity; spectral radiant emittance
光谱辐射率校准 spectral radiance calibration
光谱辐射率增量 spectral radiance increment
光谱辐射能量 spectral radiant energy
光谱辐射能密度 spectral radiant energy density
光谱辐射强度 spectral radiance; spectral radiant intensity
光谱辐射特性曲线 spectrometric characteristic
光谱辐射通量 spectral radiant flux
光谱辐射仪 spectroradiometer
光谱辐照度 spectral irradiance
光谱复度 spectral multiplicity
光谱干扰 spectral interference
光谱干涉图样 spectral interference pattern
光谱干涉仪 etalon
光谱感光度 spectral sensitivity
光谱感光计 spectrosensitometer
光谱感光图 spectrosensitogram
光谱感应灵敏度曲线 colo(u)r response curve
光谱高温计 spectral pyrometer
光谱功率分布函数 function of spectral power distribution
光谱功率密度 spectral power density
光谱管 spectrograph tube
光谱光变率关系 spectrum-rate of variation relation
光谱光度测定法 spectrophotometry
光谱光度测定中的遮盖 spectrophotometric(al) hiding
光谱光度测量的 spectrophotometric-(al)
光谱光度测色法 spectrophotometry
光谱光度法配色 spectrophotometric-(al) colo(u)r match
光谱光度分析 spectrophotometric-(al) analysis
光谱光度分析法 spectrophotometric-(al) method
光谱光度计 spectrophotometer
光谱光度曲线 spectrophotometric-(al) curve
光谱光度图 spectrum-luminosity diagram
光谱光度学 spectrometry
光谱光栏 spectral diaphragm
光谱光视效率 spectral luminous efficiency
光谱光视效能 spectral luminous efficacy
光谱光响应 spectral photoresponse
光谱光学 spectroscopic(al) optics
光谱轨迹 spectral locus; spectrum locus
光谱过滤器 spectral filter
光谱含量 spectral content
光谱函数 spectral function
光谱化学 spectrochemistry
光谱化学测定法 spectrochemical method
光谱化学定量分析 quantitative spectrochemical analysis
光谱化学分析 spectral-chemical analysis; spectrochemical analysis
光谱化学分析直接读数法 direct-reading spectrochemical methods
光谱化学缓冲剂 spectrochemical buffer
光谱化学系列 spectrochemical series
光谱化学载体 spectrochemical carrier
光谱缓冲剂 spectroscopic(al) buffer

光谱激发 excitation of spectra
光谱级 order of spectrum; spectrographic(al) grade
光谱级的 spectrograde
光谱计 spectrometer
光谱计算 spectral calculation
光谱技术 spectroscopic(al) technique
光谱间隔 spectral interval
光谱监测仪 spectromonitor
光谱检定 spectroscopic(al) assay
光谱鉴别 spectral discrimination
光谱鉴别器 spectral discriminator
光谱鉴定 spectrographic(al) identification
光谱接收器 spectral receiver
光谱截取曲线 spectral intercept curve
光谱镜 spectral mirror
光谱矩心 spectral centroid
光谱矩阵电路 matrix unit
光谱聚光镜 spectral condenser
光谱雷达 spectroradar
光谱类 spectral class
光谱类型 spectral type; spectrum type
光谱棱晶 spectrum prism
光谱棱镜 spectroscope prism; spectroscopic(al) prism
光谱亮度图 spectral radiance map; spectrum-luminosity diagram
光谱亮度因数 spectral luminance factor
光谱量子辐射率 spectral quantum radiance
光谱灵敏度 colo(u)r sensitivity; spectral selectivity; spectral sensitivity; spectrum sensitivity
光谱灵敏度分布 spectral sensitivity distribution
光谱灵敏度峰值 spectral sensitivity peak
光谱灵敏度曲线 spectral response curve
光谱灵敏度特性 spectral sensitivity characteristic
光谱灵敏高温计 spectral sensitive pyrometer
光谱灵敏特性 spectral response characteristic
光谱滤光镜 skylight filter
光谱密度 spectral concentration; spectral density
光谱密度计 spectral density meter; spectrodensitometer
光谱密度图 spectrum density diagram
光谱敏感性 colo(u)r response; spectral response
光谱能级 spectrum level
光谱能量 spectral energy
光谱能量测定仪 spectrobolometer
光谱能量分布 spectral energy distribution
光谱能量分布曲线 spectral power distribution curve
光谱排列 spectral arrangement
光谱配色 spectral match
光谱匹配 spectrum matching
光谱片 spectrogram
光谱偏光计 spectropolarimeter
光谱频率 spectral frequency
光谱七色 prismatic(al) colo(u)rs
光谱强度 optic(al) intensity; spectral intensity; light intensity
光谱强度分布 spectral distribution
光谱区(域) spectral region; spectral zone
光谱曲线 curve of spectrum; spectral curve
光谱染色密度 spectral dye density
光谱三色激励值 spectral tristimulus value
光谱扫描法 spectral scanning method
光谱扫描仪 spectrum scanner
光谱色 spectral colo(u)r; spectrum colo(u)r
光谱色度计 spectrocolo(u)rimeter
光谱色度学 spectrocolo(u)rimetry
光谱色品坐标 spectral chromaticity coordinate
光谱色谱法 spectral chromatography
光谱色散率 spectral dispersion power
光谱闪光灯 spectral flash lamp
光谱熵 spectroscopic(al) entropy
光谱摄像管 spectracon
光谱摄影机 spectroscopic(al) camera
光谱摄影术 spectroscopic(al) photography
光谱渗透性 spectral transmittance
光谱湿度表 spectral hygrometer
光谱识别 spectral recognition
光谱实验室 spectrographic(al) laboratory
光谱式气体分析器 photometric(al) gas analyser[analyzer]
光谱试验 spectroscopic(al) test; spectrum test
光谱收缩 spectral condensation
光谱输出 spectral output
光谱术 spectrometry
光谱数据 spectroscopic(al) data
光谱数据系统 spectral data system
光谱双星 spectrum binary
光谱太阳单色光照相术 spectra-spectroheliography
光谱炭棒 spectral carbon rod
光谱探测度 spectral detectivity
光谱探测灵敏度 spectral detectivity
光谱特性 spectral character; spectral characteristic; spectral property; spectral response
光谱特性曲线 spectral pattern
光谱特征 spectral signature
光谱特征库法 spectral signature bank approach
光谱调谐激光器 spectral tuning laser
光谱通道 spectral channel
光谱同位素效应 spectrum isotope effect
光谱同位素移动 spectroscopic(al) isotope shift
光谱投射器 spectroprojector
光谱投影仪 spectral projector; spectrum projector
光谱透射 spectral transmission
光谱透射比 spectral transmittance
光谱透射率 spectral transmission factor; spectral transmittance
光谱透射系数 spectral transmission factor; spectral transmittance
光谱透射因数 spectral transmission factor
光谱图 spectral pattern; spectrogram; spectrum chart
光谱图册 spectrum atlas
光谱外的 extraspectral
光谱外推法 spectral extrapolation
光谱位移律 spectroscopic(al) displacement law
光谱吸收 spectral absorption
光谱吸收比 spectral absorptance
光谱吸收法 spectral absorption method
光谱吸收力 spectral absorptivity
光谱吸收率 spectral absorption factor
光谱吸收曲线 spectral absorption curve
光谱吸收系数 spectral absorbance; spectral absorbing coefficient; spectral absorptance
光谱吸收因数 spectral absorption factor
光谱系 spectral series
光谱线 line of spectrum; spectral line; spectrum line
光谱线波长表 table of spectrum lines
光谱线的位移 spectral line shift
光谱线的自蚀 reversal of a spectral line
光谱线宽度 spectral line width
光谱线扫描仪 multispectral line scanner
光谱线系 series of spectral lines; spectral line series; spectral series; spectrum series
光谱线增宽 broadening of spectral line
光谱限 spectral range
光谱相关 spectral correlation
光谱响应 spectral response
光谱响应度 spectral responsivity
光谱响应峰值波长 spectral response peak wavelength
光谱响应函数 spectral response function
光谱响应率 spectral responsivity
光谱响应曲线 spectral response curve
光谱项 spectral term; spectroscopic(al) term
光谱项分析 term analysis
光谱像 spectral image
光谱像平面 spectrum image plane
光谱消色 spectral extinction
光谱型 spectral class
光谱序 spectral order; spectral sequence
光谱序列 spectral sequence; spectrum sequence
光谱选择器 spectrum selector
光谱选择性 spectrally selective nature; spectral selection; spectral selectivity; spectrum selectivity
光谱选择性光电探测器 spectrally selective photodetector
光谱学 optic(al) spectroscopy; spectrography; spectrometry; spectroscopy
光谱颜色 spectral colo(u)r
光谱仪 optic(al) spectrometer; spectrograph; spectrometer
光谱仪狭缝 spectrograph slit
光谱移动 spectral shift
光谱荧光测量 spectrofluorometry
光谱荧光计 spectrofluorimeter
光谱载体 spectroscopic(al) carrier
光谱增感 spectral sensitization
光谱展开 spectral evolution; spectral presentation
光谱照明器 spectroscopic(al) illuminator
光谱照相机 spectrographic(al) camera
光谱支 spectral branch
光谱指数 spectral index
光谱最后线 persistent line
光曝光头 optic(al) exposure head
光期钝感植物 day neutral plant
光气 carbonyl chloride; chloroformyl chloride; phosgene
光气喷枪(喷出的)抛射体 light-gas gun projectile
光气中毒 phosgene poisoning; phosgenismus
光牵引 light drag
光前置放大接收机 optically preamplified receiver
光枪 light gun
光腔二极管 optic(al) cavity diode
光腔镜式传感器 optic(al) cavity mirror sensor
光强 intensity of light; light intensity; photometric(al) intensity
光强比 beam intensity ratio
光强标准 standard of luminous intensity
光强波动 light intensity fluctuation; light intensity variation
光强测定 light intensity measurement; luminous intensity measurement
光强测定仪 actinograph; actinoscope
光强度 light intensity; lumen output; luminous intensity; optic(al) power; lighting strength; photometric(al) intensity; intensity of light
光强度比 specific intensity
光强度调节器 light intensity equalizer
光强度分配 distribution of luminous intensity
光强分布 light distribution
光强分布测定仪 goniophotometer
光强分布曲面图 solid of light distribution; solid of luminous-intensity distribution
光强分布曲线 curve of candle-power; curve of luminous intensity distribution; light distribution curve; luminous intensity distribution curve; curve of light distribution
光强分布图 surface of intensity distribution
光强干涉仪 intensity interferometer
光强计 light intensity meter
光强检测器 light intensity detector
光强控制器 light intensity controller; printer control unit
光强灵敏度 luminous intensity sensitivity
光强起伏 light intensity fluctuation
光强调节 regulation of luminous intensity
光强调节器 dimmer
光强调制 light intensity modulation
光强调制器 light intensity modulator
光强透射系数 intensity transmission coefficient
光强系数 coefficient of luminous intensity
光强直接测定法 light intensity direct determination method
光强指示器 light intensity indicator
光墙 wall blank
光墙的建筑处理 placage
光桥路 optic(al) bridge circuit
光切断法 light(cross-) section method
光切法 light(cross-) section method
光切面 optic(al) section
光切显微镜 light section microscope
光亲和标记 photoaffinity label(l)ing
光清漆 lac varnish
光秋水仙碱 lumicolchiceine
光球爆发 photospheric eruption
光球表面 photospheric surface
光球层 photosphere
光球辐射 photospheric radiation
光球光斑 photospheric facula
光球光谱 photospheric spectrum
光球活动区 active photospheric region
光球机 ball flashing machine
光球模型 model photosphere; photospheric model
光球网络 photospheric network
光球望远镜 photospheric telescope
光球温度 photospheric temperature
光曲线 light-curve
光驱【计】CD-ROM
光驱动器 light driver
光去极化 photodepolarization
光圈 aperture(of the diaphragm); diaphragm; iris(diaphragm); light circle; light loop; light ring; Newton's

ring;stop;spot of light <投射到舞台的人物上的>
光圈瓣 leaf of diaphragm
光圈变动范围 diaphragm range
光圈拨杆 aperture lever
光圈大小 stop size
光圈挡片 aperture plate
光圈分划 diaphragm scale
光圈风门 iris damper
光圈号数 f-number; number of diaphragm;stop number
光圈快门 diaphragm shutter
光圈盘 aperture disc[disk]
光圈数 f-number; focal ratio; stop number
光圈数系列 series of f-number
光圈调节环 preset aperture ring
光圈系统 stop system
光圈效应 halo effect
光圈优先式 aperture-priority mode
光圈优先式曝光量自动控制照相机 aperture-priority automatic exposure camera
光圈直径 stop diameter
光圈值 stop value
光圈指数 stop number
光圈自动调节装置 automatic aperture control device
光全息记录材料 optic(al) holographic(al) recording material
光缺陷 optic(al) defect
光燃烧 photo combustion
光扰(动) light disturbance;optic(al) disturbance
光热 optothermal;photothermal
光热磁性的 photothermomagnetic
光热灯泡 incandescent lamp; light bulb
光热分离膜 heat-reflecting film
光热辐射计 optitherm radiometer
光热老化 light-heat ag(e)ing
光热离子变像管 photothermionic image converter
光热离子的 photothermionic
光热力学 opto-thermodynamics
光热弹性 photothermoelasticity
光热弹性法 photothermoelastic method
光热探测器 optothermal detector
光热箱 photothermal cabinet
光热照相术 photothermography
光热转换 photothermal conversion
光热转换制冷 photothermal refrigeration
光热作用 photothermy
光刃刀片 plain knife
光刃刀片割刀 smooth-section sickle
光刃动刀片 smooth-edged knife
光认别 optic(al) recognition
光日 <约160亿英里,1英里=1609.34米> light day
光蠕变 photocreep
光入射角 angle of light;light angle
光润 smooth
光散射 light diffusion; light scattering;scattered light
光散射表 light scattering table
光散射表图解 light scattering diagram
光散射玻璃器皿 light scattering glassware
光散射法 light scattering method; light scattering technique
光散射光度计 light scattering photometer
光散射技术 light scattering technique
光散射粒径分析仪 photoscattering particle-size analyser[analyzer]
光散射仪 light scattering apparatus; light scattering meter
光扫描 optic(al) scanning;photoscanning
光扫描比浊法 optic(al) scanning turbidimetry
光扫描器 visual scanner
光扫描器用条线代码 optic(al) scanner bar code
光扫描图 photoscan
光扫描系统 photoscanning system
光扫描浊度测定法 optic(al) scanning turbidimetry
光色 photochromic
光色玻璃 photochromic glass
光色材料 photochromic material; photochromics;phototropic material
光色度 photochromism
光色互变现象 phototropism; phototropy
光色化合物 photochromic compound
光色晶体 photochromic crystal
光色敏的 photochromic
光色散衰减 optic(al) dispersion attenuation
光色散值 nu value
光色素 photopigment
光色素原 actinic melanogen
光色随入射波长的变化 phototropy
光色体 photochromics
光色效应 photochromic effect
光色性 photochromism;photochromy
光色中心吸收 colo(u)r centre absorption
光砂刀 foundry sleeker
光栅 grating;optic(al) grating;raster
光栅板 raster plate
光栅伴线 grating satellite
光栅边缘鉴别力 edge resolution
光栅编码 grating encoding
光栅变换器 grating converter
光栅变小 shrinking of raster
光栅波瓣 grating lobe
光栅玻璃测量装置 raster glass measuring device
光栅操作法 raster operation method
光栅测量系统 optic(al) grating measuring system
光栅常数 grating constant
光栅传感器 grating sensor
光栅单色仪 grating monochromator
光栅单元 raster unit
光栅到矢量 raster to vector
光栅的偏心线圈 off-centering yoke
光栅的衍射 grating diffraction
光栅点 raster point
光栅定时 raster timing
光栅度盘 grating graduated circle; raster dial
光栅段发生器 raster segment generator
光栅对 grating pair
光栅对准中心 centring
光栅多色仪 grating polychromator
光栅摄谱仪 grating spectrograph
光栅发生器 raster generator
光栅反射器 grating reflector
光栅方程 grating equation; raster equation
光栅方式绘图 raster mode plot
光栅分光度计 grating spectrophotometer
光栅分光计 grating spectrometer
光栅分光镜 grating spectroscope
光栅干涉仪 grating interferometer
光栅格 raster grid
光栅公式 grating formula
光栅光比色计 grating light colo(u)rimeter
光栅光谱 grating spectrum
光栅光谱伴线 grating spectrum satellite
光栅光谱级 grating spectral order
光栅光谱仪 grating spectrograph; grating spectrometer
光栅光谱重叠 overlapping of grating spectra
光栅光束分配器 grating beam-divider
光栅光束重合器 grating recombiner
光栅鬼线 grating ghost
光栅红外分光光度计 grating infrared spectrometer
光栅红外光谱仪 grating infrared spectrometer
光栅红外系统 reticle infrared system
光栅化 rasterization
光栅化图案 rasterization scheme
光栅划线 grating line
光栅绘图机 automatic raster plotter
光栅绘图技术 graphic(al) raster
光栅绘图器 raster plotter
光栅绘图仪 raster plotter
光栅激光绘图机 raster laser plotter
光栅间距 grating space[spacing]
光栅剪切干涉仪 grating shearing interferometer
光栅焦点 grating focus
光栅矩阵 raster matrix
光栅刻线 grating line;grating ruling
光栅刻线槽 grating groove
光栅刻线机 grating dividing engine; grating-ruling engine
光栅孔径 raster aperture
光栅类型 raster shape
光栅立体地图 grating stereographic(al) map
光栅滤波 gratin filtering
光栅滤光片 grating filter
光栅密度 raster density
光栅面积 raster area
光栅模式 raster pattern
光栅能量测定仪 grating energy measuring device
光栅耦合辐射 grating-coupled radiation
光栅耦合器 grating coupler
光栅排列 grating assembly
光栅配准测视图 registration chart
光栅破坏 raster burn
光栅区域 raster area
光栅取样法 grating sampling method
光栅入射装置 grating incidence mount
光栅锐度 grating acuity
光栅扫描 raster scan(ning)
光栅扫描程序 raster scanning program(me)
光栅扫描方式 raster scanning model
光栅扫描绘图机 raster scanning plotter
光栅扫描绘图数据 raster plotted cartographic(al) data
光栅扫描绘图仪 raster-scan plotter
光栅扫描机 grating scanner; raster scanner
光栅扫描计算机图形 raster scan computer graphics
光栅扫描记录 raster scanning recorder
光栅扫描技术 raster-scan technique
光栅扫描器 grating scanner
光栅扫描式显示器 ratchet scan tube
光栅扫描数字化器 raster digitizer
光栅扫描图 raster formatted picture
光栅扫描图像 raster-scanned image
光栅扫描系统 raster scanning system
光栅扫描显示 raster scan display
光栅扫描显示系统 raster scan display system
光栅色分辨率 grating chromatic resolving power
光栅色散 grating dispersion
光栅闪耀 blaze of grating
光栅烧伤 raster burn
光栅摄谱仪 grating spectrograph
光栅失真 pattern distortion
光栅式线位移测量装置 digital linear measuring system
光栅式阴极射线管 raster scope
光栅数测铣床 grating digital measurement milling machine
光栅数据 raster data
光栅数(目) raster count
光栅数显表 grating digital readout
光栅数字显示器 grating digital display
光栅算法 raster algorithm
光栅调节 grating setting
光栅图 raster pattern
光栅图像 raster image
光栅图形 raster graphic
光栅图形扩充 raster graphic extension
光栅图形显示器 raster plotter
光栅图形学 raster graphics
光栅图样 raster pattern
光栅网络 raster grid
光栅位移 pattern displacement
光栅系统 bay system; optic(al) mechanical system
光栅显示(器) raster display
光栅显示设备 raster display device
光栅显微镜 raster microscope
光栅线 grid stroke;raster line
光栅镶嵌系统 reticle-mosaic system
光栅效率 grating efficiency
光栅信息存储靶 grating storage target
光栅星像 grating image
光栅形式 raster form
光栅形状 raster shape
光栅型机械扫描系统 mechanical raster scanning type system
光栅选频共振腔 grating selected resonator
光栅要素 grating element
光栅移位 pattern displacement
光栅异常方程 grating anomaly equation
光栅元素 raster element
光栅原理 raster principle
光栅制图术 raster graphics
光栅装置法 mounting of grating
光栅字型 raster font
光闪 lighting flash
光闪频率 flicker-fusion frequency
光闪烁器 photoscintillater
光舌 bald tongue;smooth tongue
光射病 light stroke
光射海区 photic region
光射角 angle of light
光射距 optic(al) range
光射式检测器 light-emission detector
光射束灯 beam lamp
光射线 light ray;luminous ray;ray of light
光摄谱仪 light spectrograph
光身车头刀 bank cutter bit
光身旗铰链 bright iron flag hinge
光身铁链 iron single jack chain
光身铜丝链 brass single jack chain
光深度 optic(al) depth
光渗 irradiation
光渗差 error of irradiation; irradiation error
光渗强度 intensity of irradiation
光渗塑料 irradiated plastic(material)
光渗透性 light permeability
光生 photoproduction
光生电动势 photoelectromotive force
光生电位 photo potential
光生伏打曝光表 photovoltaic meter
光生伏打变换器 photovoltaic converter
光生伏打的 photovoltaic
光生伏打电池 barrier-layer cell; barrier-layer photocell;boundary layer photocell; photoelement; photovol-

taic cell
光生伏打光电检测器 photovoltaic photodetector
光生伏打过程 photovoltaic process
光生伏打计 photovoltaic meter
光生伏打结 photovoltaic junction
光生伏打器件 photovoltaic device
光生伏打摄像管 photovoltaic pick-up tube
光生伏打探测 photovoltaic detection
光生伏打探测器 photovoltaic detector
光生伏打效应 photovoltaic effect
光生霍尔效应 photoinduced Hall effect
光生介子 photoproduced meson
光生气 <一种毒气> phosgene
光生物传感器 optic(al) biosensor
光生物学 photobiology
光生有效截面 photoproduction cross-section
光生载流子 photoinduced carrier; photon-generated carrier
光生中微子 photoneutrino
光生中微子过程 photoneutrino process
光声变换器 optoacoustic (al) transducer
光声播放 optic(al) sound reproduction
光声处理机 optoacoustic(al) processor
光声传播 optic(al) sound propagation
光声带用光电管 optic(al) track photocell
光声的 optoacoustic(al)
光声辅助方法 audible-visual aid
光声光谱学 optoacoustic (al) spectroscopy; photoacoustic (al) spectroscopy
光声化学降解 photosonochemical degradation
光声换能器 optoacoustic (al) transducer
光声技术 optic (al) sound technique; photoacoustic(al) technique
光声检测 optoacoustic(al) detection
光声检测法 optoacoustic (al) detection method
光声检测技术 photoacoustic (al) detection technique
光声偏折技术 photoacoustic (al) deflection technique
光声探测器 optoacoustic(al) detector
光声探测头 optic(al) sound head
光声调制 optoacoustic(al) modulation
光声调制器 optoacoustic(al) modulator
光声头 optic(al) electronic reproducer; optic(al) sound head
光声吸收盒 optoacoustic(al) absorption cell
光声显微镜 photoacoustic(al) microscope
光声效应 optico-acoustic (al) phenomenon; optoacoustic (al) effect; thermoacoustic(al) effect
光声信号 photoacoustic(al) signals
光时 light time
光时分复用 optic (al) time division multiplexing
光时效 light ag(e) ing
光时域反射计 optic (al) time domain reflectometer
光时域折射器 optic (al) time domain refractor
光识别字体 optic(al) font
光蚀 photoetching
光蚀法 photoetching method
光蚀刻 photoengraving
光蚀刻法 photoetch(ing)
光矢量 light vector; ray vector
光势 photo potential
光势垒 light barrier
光视距 optic(al) range
光视盘 optic(al) video disc[disk]
光视频圆盘 optic(al) video disc[disk]
光视效率 luminous efficiency
光视效能 luminous flux
光适应 light adaptability; luminance adaptation; photopia (adaptation); photopic adaptation
光适应条件 photopic condition
光适应性 light adaptation; photopia
光收发机 optic(al) transceiver; optic(al) transmitter and receiver
光受激亚稳态能级 optically excited metastable level
光受器 photoreceptor
光疏介质 optically thinner medium
光输出 light output; light yield; lumen output
光输出比 light output ratio
光输入 optic(al) input
光输入机 optic(al) reader
光束 beam(of) light; light beam; light pencil; light ray; linear light; luminous ray; optic (al) rarity; pencil; pencil of light; pencil of rays; ray cone; streamer; luminous flux <单位流明>
光束包络 ray envelop
光束比 beam ratio
光束波导 beam waveguide
光束传播误差 light beam propagation error
光束传感器 beam sensor
光束传输矩阵 beam transformation matrix
光束存取存储器 beam-accessible memory
光束导向天线 light antenna
光束对准 beam alignment
光束对准装置 beam alignment target
光束发散 beam divergence
光束发散度 beam spread; luminous exitance
光束发散角 beam divergence angle; light beam divergence angle
光束法 bundle method; flux of light method
光束法平差 bundle adjustment
光束法区域空中三角测量 bundle block aerial triangulation
光束法区域网平差 block adjustment by using bundle method
光束翻转 beam reversal
光束返回透镜 beam reversing lens
光束方向控制 optic (al) beam-direction control
光束方向稳定度 directional stability of beam
光束方向稳定性 directional stability of beam
光束方向性 beam directionality
光束分叉 beam bifurcation
光束分光计 beam spectrometer
光束分光镜 light beam splitter; optic (al) beam splitter
光束分离 beam splitting
光束分离器 beam separator; beam splitter
光束分裂器 beam splitter
光束分裂显微(镜)测厚仪 split-beam microscope
光束复原 recovery of bundle of rays
光束改正 bundle adjustment
光束隔膜 light beam diaphragm
光束光通量 beam luminous flux
光束焊机 light beam welding machine
光束焊接 light ray welding
光束恢复 recovery of bundle of rays
光束记录示波器 light beam recording oscillograph
光束间距 beam separation
光束角 beam angle
光束截面 beam cross-section
光束界限 beam boundary
光束晶体管 beam-of-light-transistor
光束聚光部件 beam-condensing unit
光束聚焦 beam focusing
光束空中三角测量 bundle aerotriangulation
光束孔径角 beam angle
光束控制 beam control; beam steering
光束控制技术 light control technique
光束宽度 light beam width; optic(al) width
光束扩展器 beam expander; optic(al) beam expander
光束扩展望远镜 beam-expanding telescope
光束扩张器 optic(al) beam expander
光束利用系数 coefficient of beam utilization
光束亮度 beam brightness
光束轮廓 beam profile
光束漫射镜 diffusing lens
光束密度 beam density
光束瞄准 light beam acquiring
光束耦合 beam coupling
光束耦合系数 beam coupling coefficient
光束偏折器 light beam deflector
光束偏振 beam polarization
光束偏振效应 effect of beam polarization
光束偏转 beam deflection; deflection of light beam; optic (al) deflection beam
光束偏转晶体 beam deflecting crystal
光束偏转器 beam deflector; light beam deflector
光束偏转系数 beam deflection system
光束偏转装置 beam rotation attachment
光束平衡比 beam balance ratio
光束平行光管 beam collimator
光束平移器 beam translator
光束强度 beam intensity
光束强度比 beam-intensity ratio
光束驱动电气动马达 diaphragm motor
光束锐化 beam sharpening
光束散度 beam divergence
光束扫描 beam flying; light beam scanning; optic(al) beam flying
光束扫描器 optic(al) beam scanner
光束失聚 beam misconvergence
光束拾声器 light beam pick-up
光束拾音器 light beam pick-in
光束示波器 light beam oscillograph
光束式探测器 photoelectric (al) detector
光束式遥控 light beam remote control
光束受阻 interruption of light beam
光束衰减器 beam attenuator
光束调整 beam alignment
光束调制 beam modulation
光束调制盘 beam-modulating disk
光束调制器 beam modulator
光束位移 pattern displacement
光束效应 beaming effect
光束腰 <收敛部分> beam waist; waist
光束腰半径 waist radius
光束遥控 light ray remote control
光束折叠 beam-folding
光束直径 beam diameter
光束指数 ray index
光束致偏器 light beam deflector
光束轴 beam axis
光束转换器 beam converter
光束转向 beam steering
光束准直 beam collimation
光束准直仪 beam collimator
光束自陷效应 self-trapping effect
光束组合棱镜 beam recombination prism
光束组合器 beam combiner
光数据传输通道 optic(al) data transmission channel
光数据传输信道 optic(al) data transmission channel
光数据母线 optic(al) data bus
光数据线路 optic(al) data link
光数据总线 optic(al) data bus
光数字存储器 photodigital memory
光数字计算机 optic (al) digital computer
光数字显示器 luminescent digital indicator
光衰减 light attenuation; light decay
光衰减器 optic(al) attenuator
光顺 fairing
光顺曲线 fair curve
光顺线 fair line
光丝 chevilled silk
光丝高温计 disappearing filament optic(al) pyrometer
光丝弧焊 bare wire arc welding
光搜索 optic(al) search
光速 electromagnetic constant; light velocity; ray velocity; speed of light; velocity of light
光速半径 velocity-of-light radius
光速测距仪 geodimeter
光速面 ray velocity surface
光速圈 speed of light circle
光速圆柱面 light cylinder
光速柱面 velocity-of-light cylinder
光塑材料 photoplastic material
光塑记录 photoplastic recording
光塑胶片 photoplastic film
光塑性测量 photoplastic measurement
光塑性法 photoplasticity method
光塑性(力学) photoplasticity
光塑性模拟试验 photoplastic model test
光塑性效应 photoplastic effect
光塑性学 photoplasticity
光损耗 falling-off illumination
光损耗测试仪 optic(al) loss test set
光损伤 light injury; optic(al) damage
光损伤防护 photoprotection
光损伤阈值 optic (al) damage threshold
光损失 light loss; loss of light; optic(al) loss
光损失系数 coefficient of light loss; light loss factor
光锁定 photolocking
光弹测力计 photoelastic load indicator
光弹法 photoelastic method
光弹技术 photoelasticity technique
光弹模型 photoelastic model
光弹模型法 photoelastic model method
光弹模型切片 slice of photoelastic model
光弹实验 experiment by photoelastic method
光弹实验等倾线图 isocline chart of photoelastic test
光弹实验等色线图 isochrome map of photoelastic
光弹试验 photoelastic experiment; photoelastic test
光弹涂敷法 photoelastic coating method
光弹系数 stress-optic(al) coefficient
光弹效应 photoelastic effect

光弹性 photoelasticity
光弹性材料 elasto-optic(al) material; photoelastic material
光弹性测定法 photoelastimetric method
光弹性测定术 photoelastimetry
光弹性常量 photoelastic constant
光弹性常数 photoelastic constant
光弹性传感器 photoelastic sensor
光弹性冻结法 photoelastic freezing method
光弹性镀层 photoelastic coating
光弹性法 <测应力的> photoelastic method
光弹性分析 photoelastic analysis; photoelastic study
光弹性分析仪 photoelastic analyser [analyzer]
光弹性酚醛塑料 photoelastic bakelite
光弹性技术 photoelastic technique
光弹性夹片法 photoelastic sandwich method
光弹性矩阵理论 matrix theory of photoelasticity
光弹性力学 photoelasticity mechanics
光弹性灵敏度 photoelastic sensibility
光弹性模拟试验 photoelastic model test
光弹性模型 photoelastic model
光弹性确定应力法 photoelastic stress method of stress determination
光弹性设备 photoelastic apparatus
光弹性实验室 laboratory for photoelasticity
光弹性试验 photoelasticity[photoelastic] test
光弹性双向应变计 photoelastic biaxial ga(u)ge
光弹性塑料 photoelastic plastics
光弹性锁模 photoelastic mode-locking
光弹性体 photoelastic body
光弹性条纹图 photoelastic fringe pattern
光弹性贴片 birefringent coating
光弹性贴片法 photoelastic coating method
光弹性涂层 photoelastic coating
光弹性系数 photoelastic coefficient
光弹性系统 photoelastic system
光弹性现象 photoelastic phenomenon
光弹性效应 photoelastic effect
光弹性斜射法 photoelastic oblique incidence method
光弹性学 photoelasticity
光弹性压力传感器 photoelastic pressure sensor
光弹性研究 photoelastic investigation
光弹性仪 photoelastic apparatus; photoelastic equipment; photoelastic meter; polariscope; photoelastic ga(u)ge
光弹性应变计 photoelastic strain ga(u)ge; photoelastic strainmeter
光弹性应变仪 photoelastic strain ga(u)ge; photoelastic strainmeter
光弹性应力冻结法 stress-freezing method of photo elasticity
光弹性应力法 photoelastic method of stress determination
光弹性应力分析 photoelastic stress analysis; photoelastic stress study
光弹性应力分析法 photoelastic stress analysis method
光弹性应力计 photoelastic stress ga(u)ge; photoelastic stress(o)meter
光弹性张量 photoelastic tensor
光弹性轴 optic(al) elastic axis
光弹应变分析 photoelastic strain analysis
光弹应力测定法 photoelastic stress determination
光弹作用 photoelastic effect
光探测 light detection; optic(al) probing; photodetection
光探测磁共振波谱仪 optic(al) detection magnetic resonance spectrometer
光探测技术 optic(al) detector technology
光探测器 photodetector(pick-off)
光探测顺磁共振 optic(al) detected magnetic resonance
光探测与测距装置 laser radar
光探针 light probe
光体积描记器 light plethysmograph; photoplethysmograph
光天线 light antenna
光调 light conditioning
光调幅器 optic(al) amplitude modulator; optic(al) phase modulator
光调节 light modulation; light regulation
光调节器 light modulator
光调谐指示管 magic eye
光调谐指示器 magic(tuning) eye
光调制 light modulation; optic(al) modulation
光调制管 light tube
光调制检测器 light modulation detector
光调制气体放电管 light modulated gas discharge tube
光调制器 light modulator; optic(al) modulator; photomodulator
光调制探测器 light modulation detector
光铁电体 photoferro-electrics
光铁线 bright iron wire
光通报警器 light-triggered alarm
光通表面密度 light flux surface density
光通道 optic(al) channel
光通道衰减滤光器 optic(al) channel-dropping filter
光通话 photophone
光通利用率 utilance
光通量 light flux; light luminous flux; light quantity; luminous flux; luminous intensity; optic(al) flux; optics flux
光通量比 light flux ratio
光通量法 flux of light method
光通量计 light flux meter
光通量密度 luminous flux density
光通量曲线 flux curve
光通量时间曲线 light-time curve
光通路 optic(al) pass
光通视距离 optic(al) range
光通信[讯] light communication; optic(al) communication; photocommunication
光通信[讯]复合导线 composite optic(al) communication conductor
光通信[讯]技术 optic(al) communication technique
光通信[讯]接收机 optic(al) communication receiver
光通信[讯]系统 optic(al) communication system
光通信[讯]纤维 optic(al) communication fiber[fibre]
光通信[讯]线路 optic(al) communication link
光通信[讯]信道 optic(al) communication channel
光同步 phototiming
光桐油 Aleurites fordii oil
光瞳光度计 iris(diaphragm) photometer
光筒振动碾 smooth drum vibratory roller
光投射 light projection
光投射角 emission angle
光透过率 light transmission; light transmittance
光透入 light penetration
光透射 light penetration; light transmission; transmission of light
光透射比 luminous transmission; luminous transmittance
光透射抽样 light-transmitting specimen
光透射系数 optic(al) transmission coefficient
光透射线 optic(al) transmission line
光透式粒度测定仪 micro-photosizer; photosedimentometer
光秃 bare
光秃的 bald; nude
光秃点 bare spot
光秃墙 naked wall
光秃山坡 cleared slope
光图像 light pattern
光图像存储器 photographic(al) storage
光图像抑制混频器 optic(al) image rejection mixer
光褪色 photobleaching; photodecolo(u)rization
光陀螺仪 optic(al) gyroscope
光椭圆 light ellipse
光椭圆扁率 ellipticity of light ellipse
光椭圆方位角 azimuth of light ellipse
光瓦特 light-watt
光外差接收机 optic(al) heterodyne receiver
光外差探测系统 optic(al) heterodyne detection system
光外差中继器 optic(al) heterodyne repeater
光外差作用 optic(al) heterodyning
光微秒 light microsecond
光微弱 tenuity
光微子 photino
光帷眩光 veiling glare
光位置编码器 optic(al) position encoder
光文件阅读机 optic(al) document reader
光纹的 smooth tread
光纹轮胎 smooth-tread tire[tyre]
光稳定不饱和聚酯树脂 light-stable unsaturated polyester resin
光稳定度 light stability
光稳定化 photostabilization
光稳定剂 light stabilizer
光稳定器 light regulator
光稳定物质 light stabilizing(agent)
光稳定性 light stability; stability to light
光污染 light pollution
光污染防护 protection against light pollution
光雾 haze
光吸收 light absorption; luminous absorption; photoabsorption
光吸收带 optic(al) absorption band; photoabsorption band
光吸收定律 law of light
光吸收光谱法 light absorption spectrometry
光吸收截面 photoabsorption cross-section
光吸收率 optic(al) absorptivity; light absorptivity
光吸收能力 luminous absorptivity; optic(al) absorptivity
光吸收谱线 light absorption line
光吸收特性 optic(al) absorbing property
光吸收系数 photoabsorption coefficient
光吸收系统 photoabsorption system
光吸收线 light absorption line
光吸收限 optic(al) absorption edge
光吸收烟雾剂 light-absorbing aerosols
光铣 fine mill
光铣法 photomilling
光细琢石 smooth ashlar
光隙 light gap; light slit
光隙测微器 light gap micrometer
光隙法 light gap method
光隙试验 light test
光狭缝 optic(al) slits
光纤 fiber optic(al); optic(al)(waveguide) fiber[fibre]
光纤棒状复用滤光器 fibre optic(al) rod multiplexer-filter
光纤棒状耦合器 fibre optic(al) rod coupler
光纤包层 cladding of fibre; fibre cladding
光纤包皮 fibre optic(al) sheath; fibre sheath
光纤保密器 fiber optic(al) scrambler; fibre optics scrambler
光纤被覆层 optic(al) fibre coating
光纤本征值方程 fibre eigenvalue equation
光纤变形 fibre strain
光纤标志 optic(al) fibre sign
光纤波导 fiber optic(al) waveguide; fibre(light) guide; optic(al) fibre waveguide
光纤波分复用器 optic(al) fibre wavelength division multiplexer
光纤剥皮器 fibre stripper
光纤测裂计 optic(al) fibre sensor for crack monitor
光纤测试仪 fibre optic(al) test instrument
光纤超声传感器 optic(al) fibre ultrasonic sensor
光纤成缆机 optic(al) fibre cable stranding machine
光纤尺寸稳定性 fibre dimensional stability
光纤传递函数 fiber[fibre] transfer function; optic(al) fiber[fibre] transfer function
光纤传感 optic(al) fibre sensing
光纤传感耦合器 optic(al) fibre pick-off coupler
光纤传感器 fibre optic(al) sensor; fibre sensor; optic(al) fibre sensor
光纤传输 optic(al) fibre transmission
光纤传输设备 fibre optic(al) transmission equipment; optic(al) fibre transmission facility
光纤传输系统 fiber[fibre] optic(al) transmission system
光纤串扰 fibre crosstalk
光纤串音 fiber crosstalk
光纤磁场传感器 fibre optic(al) magnetic field sensor
光纤磁场强度传感器 optic(al) fibre magnetic field strength sensor
光纤磁性传感器 magnetic fibre sensor
光纤磁致伸缩传感器 fiber[fibre] magnetostrictive sensor
光纤存储器 fibre optic(al) memory
光纤带 fibre ribbon; optic(al) fibre ribbon
光纤带缆连接器 fibre ribbon connector
光纤单元 fiber unit; fibre optic(al) unit
光纤导管 fibre optic(al) catheter
光纤到路边 fiber-to-the-curb
光纤电场强度传感器 optic(al) fibre

electric(al) field strength sensor
光纤电缆 fiber[fibre] cable
光纤电力线组合缆 optic(al) power composite cable
光纤电流传感器 fibre optic(al) current sensor; optic(al) fibre current sensor
光纤电流计 optic (al) fibre amperemeter
光纤电路 optic(al) fibre circuit
光纤电压传感器 optic(al) fibre voltage sensor
光纤断裂测试器 optic(al) fibre abruption tester
光纤对接连接器 fibre optic(al) butting connector
光纤对准连接器 fibre alignment connector
光纤多端口耦合器 fibre optic(al) multiport coupler
光纤多路复用器 fibre(optic(al)) multiplexer; optic(al) fibre multiplexer
光纤发射机 fibre optic(al) transmitter
光纤发送耦合器 optic(al) fibre pick-off coupler
光纤反射传感器 fibre optic(al) reflective sensor
光纤放大器 fibre amplifier; optic(al) fibre amplifier
光纤放大器多路复用器 optic(al) fibre amplifier multiplexer
光纤飞点扫描器 fibre optic(al) flying spot scanner
光纤分布数据接口 fiber distributed data interface
光纤分布数据接口标准 optic(al) fibre distributed data interface standard
光纤分光仪 fibre optic(al) spectrometer
光纤分线盒 fiber[fibre] distribution box
光纤分线箱 optic(al) fibre distribution box
光纤辐射损害 fibre radiation damage; optic(al) fibre radiation damage
光纤辐照传感器 fibre optic(al) radiation sensor
光纤复绕机 optic(al) fibre rewinder
光纤干涉测量传感器 fibre optic(al) interferometric sensor
光纤干涉传感器 optic(al) fibre interferometric sensor
光纤干涉仪 fibre optic(al) interferometer
光纤高速绞合机 high-speed fibre optics strander
光纤隔离器 fibre optic(al) isolator
光纤共振腔 optic(al) fibre resonator
光纤管 fiber optic(al) tube
光纤管道 light piping
光纤管道镜 fibre(optic(al)) borescope
光纤贯穿器 fibre optic(al) penetrator
光纤光导 fibre optic(al) light guide
光纤光电检测器 fibre optic(al) photodetector
光纤光缆连接器 photofibre and light cable jointer
光纤光谱分析仪 fibre optic(al) spectral analyser[analyzer]
光纤光声仪 fibre optic(al) spectrophone
光纤光源 fibre source; optic(al) fibre source
光纤核子硬化 fibre optic(al) nuclear hardening
光纤化学传感器 fibre optic(al) chemical sensor; optic(al) fibre chemical sensor
光纤环路 fiber optic(al) ring; optic(al) fibre ring
光纤环路系统 fiber[fibre] in the loop
光纤环媒体存取控制器 fibre optic(al) ring media access controller
光纤环形干涉仪 fibre ring interferometer
光纤环形谐振器 fibre optic(al) ring resonator
光纤缓冲层 fibre buffer
光纤混合器 fibre optic(al) mixer
光纤活动连接器 fiber[fibre] connector
光纤激光器 fibre laser
光纤集线器 fibre concentrator
光纤集中器 optic(al) fibre concentrator
光纤剂量计 fibre optic(al) dosimeter
光纤加速度计 fibre optic(al) accelerometer
光纤夹持器 fibre holder
光纤监控器 optic(al) fibre monitor
光纤检波器耦合 fibre detector coupling
光纤检验机 optic(al) fibre proof-tester
光纤绞线器 optic(al) fibre strander
光纤搅频器 fibre optic(al) scrambler
光纤接口器件 fiber optic(al) interface device
光纤接口设备 fibre optic(al) interface device
光纤接收机 fibre optic(al) receiver
光纤接头 fiber[fibre] optic(al) splice
光纤接线板 fibre optic(al) patch panel
光纤接续 fiber[fibre] junction; optic(al) fibre junction
光纤节点 fiber[fibre] node
光纤解多路复用器 optic(al) fibre demultiplexer
光纤阱 fibre trap; optic(al) fibre trap
光纤镜 fibre scope
光纤卷绕机 fibre optic(al) winder
光纤抗拉强度 fiber[fibre] tensile strength; optic (al) fibre tensile strength
光纤可见红外自旋扫描辐射仪 fibre optic(al) visible-infrared spins can radiometer
光纤捆束 fibre harness
光纤拉曼激光器 fibre optic(al) Raman laser
光纤拉丝炉 fibre drawing furnace
光纤拉制 fibre drawing
光纤离子传感器 optic(al) fibre ion sensor
光纤连接 fibre optic(al) link
光纤连接器 fibre connector; optic(al) fibre connector
光纤连接器界面 fibre optics connector interface
光纤连接器转接器 fibre optics connector adaptor
光纤联结技术 fibre splicing technique
光纤流量计 optic(al) fibre flowmeter
光纤螺旋微弯传感器 fibre optic(al) helical microbend sensor; optic(al) fibre helical microbend sensor
光纤脉冲压缩 fibre pulse compression; optic(al) fibre pulse compression
光纤面板 fibre faceplate; optic(al) fibre faceplate
光纤模拟发射机 fibre optic(al) analog(ue) transmitter
光纤模拟接收机 fibre optic(al) analog(ue) receiver
光纤模式变换器 fibre optic(al) mode converter
光纤内窥镜 fibre optic(al) endoscope
光纤浓度传感器 fibre optic(al) concentration sensor
光纤耦合 fibre optic(al) coupling; optic(al) fibre coupling
光纤耦合二极管抽运激光器 fibre coupled diode-pumped laser
光纤耦合功率 fibre coupled power
光纤耦合激光二极管 fibre coupled laser diode
光纤耦合级联式图像增强器 fibre optically coupled cascaded image intensifier
光纤耦合器 fibre optic(al) coupler; optic(al) fibre coupler; photofibre coupler
光纤耦合图像放大器 fibre optics coupled image amplifier
光纤抛光机 fibre optic(al) polisher
光纤配线架 fiber[fibre] optic(al) distribution frame
光纤品质因数 fibre merit figure; optic(al) fibre merit figure
光纤剖面 fibre profile
光纤气体分析仪 fibre optic(al) gas analyser[analyzer]
光纤强度筛选 optic(al) fibre strength proof
光纤切割工具 fiber[fibre] cutting tool
光纤热色效应温度计 optic(al) fibre thermometer on thermal colo(u)r effect
光纤熔接机 optic(al) fibre fusion splicer; splicer
光纤熔接器 optic(al) fibre fusion splicer
光纤软线 optic(al) fibre cord
光纤散射 fiber[fibre] scattering
光纤扫描变换器 fibre optic(al) scan converter
光纤扫描器 fibre optic(al) scanner
光纤扫描系统 fibre optics scan system
光纤扫描装置 fibre optic(al) scanner
光纤色散 fiber[fibre] dispersion; optic(al) fibre dispersion
光纤色散测试仪 optic(al) fibre dispersion tester
光纤色心传感器 fibre optic(al) colo(u)r centre sensor
光纤射线传感器 optic(al) fibre radiation sensor
光纤声传感器 fiber optic(al) acoustic sensor; fibre acoustic(al) sensor
光纤声压传感器 optic(al) fibre acoustic(al) sensor; optic(al) fibre biosensor; optic (al) fibre sound pressure sensor
光纤时延线 optic(al) fibre delay line
光纤识别器 fibre optic(al) identifier
光纤视频调制解调器 fibre optic(al) video modem
光纤视频干线 fiber[fibre] video trunk; optic(al) fibre video trunk
光纤收发两用机 fibre optic(al) transceiver
光纤束 fiber[fibre] optic(al) bundle; fibre bundle; optic(al)(fibre) bundle
光纤束传递函数 bundle transfer function; fibre bundle transfer function
光纤束分辨率 bundle resolving power
光纤束分辨能力 bundle resolving power
光纤束护套 bundle jacket
光纤数 fibre count
光纤数据联路 fibre optic(al) data link
光纤数据耦合器 fibre optic(al) data coupler
光纤数据线路 fiber[fibre] optic(al) data link
光纤数字接收机 fibre optic(al) digital receiver
光纤衰减测试仪 fibre optic(al) attenuation tester
光纤衰减器 fibre optic(al) attenuator
光纤双绞线对 fiber[fibre] twisted pair
光纤水听器 fibre optic(al) hydrophone; optic(al) fibre hydrophone
光纤松放器 optic(al) fibre dispenser
光纤速度传感器 optic(al) fibre velocity sensor
光纤损耗 fiber[fibre] loss
光纤损耗调制光纤传感器 fibre loss modulated fibre optic(al) sensor
光纤探头 optic(al) fibre probe
光纤套层 fiber[fibre] jacket; optic(al) fibre jacket
光纤调幅激光发射器 fibre optic(al) AM laser transmitter
光纤调制解调器 fibre optic(al) modem
光纤通信[讯] fiber[fibre] optic(al) communication; optic (al) fibre communication
光纤通信[讯]光缆 fibre optic(al) telecommunication cable
光纤通信[讯]系统 fiber optic(al) communication system
光纤通信[讯]信息协会 Fibre Optic(al) Communication Information Society
光纤通信[讯]中继器 optic(al) fibre communication repeater
光纤同轴电缆混合网 hybrid fiber-coaxial
光纤图像传感器 optic(al) fibre image sensor
光纤图形 fibre pattern
光纤涂层 fiber[fibre] coating; optic(al) fibre coating
光纤涂覆材料 fibre coating material
光纤陀螺 fiber optic(al) gyro
光纤陀螺仪 fibre optic(al) gyroscope; optic(al) fibre gyroscope
光纤外包层 extramural cladding
光纤外部吸收 extramural absorption
光纤万用 fibre optic(al) multimeter
光纤网络设备 optic(al) network unit
光纤危害 fibre hazard; optic(al) fibre hazard
光纤维传像装置 fiber optic(al) image transfer device
光纤维电缆 fibre cable
光纤维通信[讯]线路 fibre link
光纤维圆直变换器 glass fiber round-straight converter
光纤位移传感器 optic(al) fibre displacement sensor
光纤位移调制传感器 fibre displacement modulated sensor
光纤温度传感器 optic(al) fibre temperature sensor
光纤温度计 fibre optic(al) thermometer
光纤吸收 fibre absorption
光纤析像摄像机 fibre optics image dissection camera
光纤析像照相机 fibre optic(al) image dissection camera
光纤系统 fibre system; optic(al) fibre system
光纤线路 fiber[fibre] circuit; fibre link; optic(al) fibre circuit; optic(al) fibre line; optic(al) fibre link
光纤相位调制器 fibre optic(al) phase modulator
光纤谐振器 optic(al) fibre resonator
光纤信号器 fibre ringer; optic(al) fi-

G

bre ringer
光纤旋转器 optic(al) fibre rotator
光纤选择器 fibre selector
光纤压力传感器 optic(al) fibre compression sensor; optic (al) fibre pressure sensor
光纤延迟线 fibre delay line
光纤液位报警器 fibre optic(al) liquid level alarm
光纤液位传感器 fibre optic(al) liquid level sensor
光纤以太网收发信机 fibre optic(al) Ethernet transceiver
光纤阴极射线管 fibre optic(al) cathode ray tube
光纤应变 fibre strain
光纤应变传感器 fibre optic(al) strain sensor; fibre strain-induced sensor
光纤荧光温度计 fibre optic(al) fluorescence thermometer
光纤有源连接器 fiber[fibre] active connector; optic (al) fibre active connector
光纤预成型 optic(al) fibre preform
光纤预制件 fibre preform; optic(al) fibre preform
光纤圆直变换器 optic(al) fibre line-to-circle converter
光纤源 optic(al) fibre source
光纤振动传感器 optic(al) fibre vibration sensor
光纤振铃器 optic(al) fibre ringer
光纤支气管镜 fibre optic(al) bronchoscope
光纤直径 fibre diameter
光纤直径监控器 fibre diameter monitor
光纤制导 fibre optic(al) guidance; optic(al) fibre guidance
光纤置乱器 fibre optic(al) scrambler
光纤中继器 fibre optic(al) repeater
光纤终端 fiber[fibre] optic(al) terminus
光纤轴向位移传感器 fibre axial displacement sensor
光纤锥 optic(al) taper
光显示 lightshow
光显示绘图仪 optic(al) display plotter
光显示键盘 optic(al) display keyboard
光显示终端 optic(al) display terminal
光显示终端设备 optic(al) display terminal
光显微镜 light microscope
光显影 photodeveloping; photodevelopment
光线 beam of light; light beam; light ray; linear light; luminous ray; ray (of light)
光线不对称分布的灯具 angle lighting luminaire
光线操纵交通信号 ray-operated traffic signal
光线成像 image formation by rays
光线的折射作用 interception of rays
光线电话 light beam telephone; phototelephony
光线电话机 photophone
光线断路器 photochopper
光线断续器 light chopper
光线对消 beam cancellation
光线发射 emission of light
光线法 radial method
光线方位 <房屋的> solar orientation
光线方向 direction of light
光线分布 distribution of light; light distribution
光线跟踪 ray tracing
光线跟踪器 ray tracing apparatus
光线跟踪装置 ray tracing device
光线很暗的 poorly lighted
光线会聚 convergence of rays
光线绘迹器 ray plotter
光线交点轨迹 ray intercept curve
光线交会 ray intersection
光线交会距离 distance of rays intersection
光线径迹 ray trajectory
光线矩阵法 ray-matrix method
光线矿 clinoclase; clinoclasite
光线扩散器 diffusing unit
光线路 optic(al) link
光线路径 optic(al) path
光线路终端 optic(al) line terminal
光线偏离角 divergence angle
光线偏向 light bias
光线偏折 deflection of light
光线屈折镜 dioptric glass
光线圈 plain coil
光线入射 sunlight penetration
光线入射角 incidence of light
光线入射面 plane of light incidence
光线散射器 light diffuser
光线扇面 ray fan
光线射程的三角计算 ray tracing
光线射入 sunlight penetration
光线石 clinoclase; clinoclasite
光线示波器 light oscillograph; ray oscilloscope
光线束 beam of light; bundle of rays
光线束法 bundle triangulation
光线速度面 ray velocity surface
光线损害 phototoxis
光线投向地面的前灯 dipped head lamp
光线椭球 ray ellipsoid
光线/瓦特 light-watt
光线弯曲 bending of light
光线位移 ray displacement
光线吸收 absorption of light
光线限制器 occluder
光线相对论偏折 relativistic deflection of light
光线像差 ray aberration
光线照明效果 illumination effect
光线折射的 dioptric
光线指示器 optic(al) indicator
光线指针式检流计 light ray pointer galvanometer
光线转折 light ray bending
光线状况 light status
光线追迹 ray trace
光线追迹公式 ray tracing formulas
光线锥【物】 pencil
光线足迹器 ray projector
光线最强部分 highlight
光线最强的 highlighting
光线作用 effect of light
光陷阱 light trapping
光相关器 optic(al) correlator
光相关性 photo correlation
光相位偏差 optic(al) phase deviation
光相位调制器 optic(al) phase modulator
光相应 photophase
光相应调制 light phase modulation
光相应偏差 optic(al) phase deviation
光箱 light box
光响应 photoresponse
光像 light figure
光像变换器 light image converter
光像测定器 eikonometer; iconometer
光像同量学 iconometry
光削刀具 finishing bit
光消色反应 photodecolo(u)ration
光小六角扁螺母 finished small hexagon flat nut
光小六角螺母 finished small hexagon nut
光效率 efficiency of light; optic(al) efficiency
光效能 light-transmittance efficiency; luminous efficacy
光效应 light effect; luminous effect
光效应检测器 photoeffect detector
光效应艺术 optic(al) art
光校正滤光片 light correction filter
光楔 <偏差极小的折射棱镜> optic(al) wedge; step wedge; wedge
光楔附件 wedge attachment
光楔感光仪 wedge sensitometer
光楔光度计 wedge photometer
光楔(形镜)测距法 optic(al)-wedge system
光谐波 light harmonic; light overtone; optic(al) harmonic
光谐振 optic(al) resonance
光谐振激光干涉仪 optic(al) cavity laser interferometer
光谐振器 optic(al) resonator
光谐振腔 optic(al) cavity
光心 center[centre] of light; optic(al) center[centre]; photocenter[photocentre]; principal point
光心高度 focal center length
光心轨道 photocentric orbit
光信标系统 light beacon system
光信道 optic(al) channel
光信号 light signal; optic(al) signal; photosignal; visual signal
光信号处理 optic(al) signal processing
光信号传播 light ray propagation
光信号工具 means of light signalling
光信号畸变 optic(al) signal distortion
光信号熵 optic(al) signal entropy
光信号失真 optic(al) signal distortion
光信号探测 optic(al) signal detection
光信号调制 optic(al) signal modulation
光信号调制器 optic(al) signal modulator
光信号通道 optic(al) channel
光信号通路 photosignal channel
光信号载波 optic(al) signal carrier
光信号转换特性 light signal transfer characteristic
光信息处理 optic(al) information processing
光信息处理技术 optic(al) information processing technique
光信息存储器 optic(al) information storage
光信载波 optic(al) signal carrier
光行波调制器 light traveling modulator
光行差 aberration (of light); ray aberration; light equation
光行差常数 aberration constant; constant of aberration
光行差改正 aberration correction
光行差恒量 aberration constant
光行差角 aberration angle; angle of aberration
光行差较差 differential aberration
光行差日数 aberration day numbers
光行差椭圆 aberration ellipse
光行差位移 aberration shift
光行差校正 aberration correction
光行扫描器 optic(al) linescan device
光行时 light time
光行时差 equation of light; light equation
光形成的 photoproduced
光形态发生 photomorphism; photomorphogenesis; photomorphosis
光形态建成 photomorphism; photomorphogenesis; photomorphosis
光性方位 optic(al) orientation
光性符号 optic(al) sign
光性矿物学 optic(al) mineralogy
光性(能) optic(al) property
光性异常 optic(al) anomaly
光性躁狂 photomania
光修复机制 photorepair mechanism
光旋能力 optic(al) rotary power
光旋色散 optic(al) rotary dispersion
光旋转器 optic(al) rotator
光选通 light gating
光镟 finish turning; smooth turning
光穴 photohole; photo pot
光学 optics; photics; photology
光学安培计 optic(al) ammeter
光学靶 optic(al) target
光学板 optic(al) target
光学棒状复用滤波器 optic(al) rod multiplexer-filter
光学棒状耦合器 optic(al) rod coupler
光学薄等离子体 optically thin plasma
光学薄膜 optic(al) thin film; thin-film optic(al) coating
光学薄膜的散射损耗 scattering loss in optic(al) thin-film
光学薄膜的吸收损耗 absorption loss in optic(al) thin-film
光学薄膜监测仪 optic(al) thin film monitor
光学保护涂层 optic(al) protective coating
光学曝光表 optic(al) exposure meter
光学爆裂法 optic(al) decrepitation method
光学倍率计 optic(al) dynameter
光学倍增 optic(al) multiplication
光学本机振荡器 optic(al) local oscillator
光学比长仪 optic(al) lever; optimeter
光学比较仪 optic(al) comparator; optimeter
光学比较仪光管 optimeter tube
光学比色计 optic(al) comparator
光学臂 optic(al) arm
光学边缘增强 optic(al) edge enhancement
光学边缘增强图像 optic(al) edge-enhanced image
光学编绘仪 compilation camera
光学编码器 optic(al) encoder
光学编码系统 optic-encoded system
光学扁平滤光器 optically flat filter
光学变换 optic(al) transformation
光学变换器 optic(al) converter
光学变位仪 optic(al) deflection apparatus
光学变星 optic(al) variable
光学标尺 visual scale
光学标度 visual scale
光学标号 optic(al) designation
光学标志读出器 optic(al) mark reader
光学标志阅读器 optic(al) mark reader
光学标准 optic(al) standard
光学表面 optic(al) surface
光学表面光洁度测量仪 surfascope
光学表面检查仪 optic(al) surface inspection ga(u)ge
光学表面曲率 optic(al) surface curvature
光学波导 optic(al) waveguide
光学波导传输 optic(al) waveguide transmission
光学波导探测器 optic(al) waveguide detector
光学玻璃 borosilicate glass; optic(al) crown; optic(al) glass; spectralite
光学玻璃凹面磨具 concave optic(al) tool
光学玻璃板 optic(al) glass sheet
光学玻璃标号 numeric(al) designation of optic(al) glass

光学玻璃材料 optic(al) glass material
光学玻璃坩埚熔炼法 pot melting method for optic(al) glass
光学玻璃块 transfer glass
光学玻璃连续熔制法 continuous melting process for optic(al) glass
光学玻璃滤色镜 optic(al) flat glass filter
光学玻璃毛坯 optic(al) glass blank
光学玻璃皿 optic(al) cell
光学玻璃坯块 raw pot glass
光学玻璃平面研磨盘 flat optic(al) tool
光学玻璃色散值 dispersing value of optic(al) glass;V-value
光学玻璃凸面磨具 convex optic(al) tool
光学玻璃纤维 optic(al) glass fiber
光学玻璃压形法 optic(al) glass pressing process
光学补偿 optic(al) balance;optic(al) compensation
光学补偿板 optic(al) compensation plate
光学补偿器 optic(al) compensator
光学补偿摄影机 optic(al) compensation camera
光学补偿系统 optic(al) compensating system
光学捕获 optic(al) acquisition;optic(al) trapping
光学不变量 optic(al) invariant
光学不对称 optic(al) asymmetry
光学不均匀 optic(al) heterogeneity;optic(al) inhomogeneity;optic(al) non-uniformity
光学布氏硬度计 optic(al) Brinell hardness tester
光学部件 optic(al) component;optic(al) parts
光学部件的装配 mounting of optics
光学材料 optic(al) material
光学彩色合成仪 optic(al) colo(u)r compositor
光学彩色镜片 colo(u)red optic(al) lens
光学参考面 optic(al) reference plane
光学参考线 optic(al) reference line
光学参量 optic(al) parameter
光学参量振荡器 optic(al) parametric oscillator
光学测标 optic(al) mark
光学测尘仪 optic(al) dust instrument
光学测程器 optic(al) log
光学测程仪 optic(al) log
光学测锤 optical plummet
光学测点 optic(al) mark
光学测定法 optic(al) measurement
光学测高计 optic(al) altimeter
光学测高温 optic(al) pyrometry
光学测高温计 optic(al) pyrometer;optic(al) radiation pyrometer
光学测高仪 optic(al) altimeter;optic(al) height finder
光学测厚仪 optic(al) thickness ga(u)ge
光学测角计 optic(al) goniometer
光学测角器 optic(al) protractor
光学测角水准器 optic(al) protractor level
光学测角仪 <由棱镜组成,能测定45°、90°等固定角度> optic(al) scale;autocollimator;optic(al) angle ga(u)ge
光学测距(法) optic(al) distance measurement;optic(al) ranging;optic(al) telemetry;optic(al) measurement of distance
光学测距机 anallatic
光学测距机的理论误差 theoretic(al) error of optic(al) range-finder
光学测距机的失调 dislocation of optic(al) range-finder
光学测距技术 optic(al) range finding technique
光学测距镜 anallatic lens
光学测距器 <用以测量至少1公里的距离,精度可达1厘米的几分之一> mekometer
光学测距系统 optic(al) ranging system
光学测距仪 macrometer;mekometer;optic(al) distance meter;optic(al) range finder;optic(al) telemeter;self-contained range finder;telemeter;telescopic(al) range finder
光学测量 optic(al) measurement
光学测量机 optic(al) measuring machine
光学测量技术 optic(al) measuring technique
光学测量系统 optic(al) measuring system
光学测量仪器的可调螺旋底脚 plate screw
光学测量仪器 optic(al) ga(u)ge;optic(al) measuring instrument
光学测量装置 optic(al) measuring device
光学测平仪 optic(al) flat
光学测试卡 optic(al) test chart
光学测试仪器 optic(al) testing instrument
光学测头 optic(al) measuring head
光学测微尺 optic(al) scale
光学测微法 optic(al) micrometry
光学测微计 optic(al) micrometer;optiminimeter
光学测微经纬仪 microoptic(al) theodolite;optic(al) micrometer theodolite
光学测微刻度值 optic(al) scale interval
光学测微器 optic(al) indicator;optic(al) micrometer
光学测微器分划值 graduation of optic(al) micrometer
光学测微器经纬仪 glass-arc theodolite;optic(al) micrometer theodolite;optic(al) microoptic(al) theodolite
光学测微水准器 microoptic(al) level;microptic level
光学测微仪 telescope cal(l)ipers
光学测温计 heat radiation pyrometer
光学测向 optic(al) direction finding
光学测向器 optic(al) goniometer
光学测斜仪 optic(al) clinometer
光学测烟仪 carboscope
光学测远机 anallatic
光学插补 optic(al) interpolation
光学觇板【测】 optic(al) target
光学常量 optic(al) constant
光学常数 optic(al) constant
光学场叠加 addition of optic(al) fields
光学车间 optic(al) workshop
光学沉淀扫描仪 analysetter
光学衬比 optic(al) contrast
光学成像系统 optic(al) imaging system
光学成像装置 optic(al) imaging device
光学秤 optic(al) scale
光学臭氧探空仪 optic(al) ozone sonde
光学处理 optic(al) processing;photoprocess
光学处理电路 optic(al) processing circuit
光学处理废液 photoprocessing waste solution
光学处理机 optic(al) processor
光学处理系统 optic(al) processing system
光学传播体 optic(al) propagator
光学传递函数 optic(al) transfer function
光学传递函数测定仪 optic(al) transfer function instrument
光学传递特性 optic(al) transfer characteristic
光学传感器 optic(al) pick-off;optics transducer;optic(al) sensor
光学传感头 optic(al) sensing head
光学传感系统 optic(al) sensor system
光学串扰 optic(al) crosstalk
光学窗 optic(al) window
光学窗干涉图 optic(al) window interferogram
光学窗口 optic(al) window
光学垂球 optic(al) plummet
光学垂线 optic(al) pendulum wire
光学垂线对中 optic(al) plummet centring
光学垂线坐标仪 ordinatograph
光学垂准 optic(al) plumbing
光学垂准器 optic(al) plumb;optic(al) plumbing instrument;optic(al) plummet
光学垂准线 optic(al) plumb line
光学垂准仪 optic(al) plummet;vertical collimator
光学纯 optic(al) voidless
光学纯的 optically pure
光学纯度 optic(al) purity
光学次微(胶)粒 optic(al) amicron
光学存储矩阵 optic(al) memory matrix
光学存储器 optic(al) memory
光学存储系统 optic(al) memory system
光学存储元件 optic(al) memory element
光学存储元件矩阵 optic(al) memory matrix
光学大气透射仪 optic(al) transmissometer
光学大容量存储器 optic(al) mass memory
光学代码阅读器 optic(al) code reader
光学带通滤光片 optic(al) bandpass filter
光学单色仪 optic(al) monochromator
光学导杆 optic(al) bar
光学导航 optic(al) guidance
光学导航系统 optic(al) navigation system
光学导航装置 optic(al) navigator
光学导纳 optic(al) admittance
光学导引头瞄准轴 optic(al) homing head axis
光学的 optic
光学的各向异性 optic(al) anisotropy
光学的空间相位调制器 optic(al) spatial phase modulator
光学的温度测量 optic(al) temperature measurement
光学灯 optic(al) lamp
光学等效 optic(al) equivalence
光学等效原理 principle of optic(al) equivalence
光学低通滤波器 optic(al) low-pass filter
光学底点对点器 optic(al) foot mark plummet
光学地平仪 optic(al) horizon sensor
光学电流计 optic(al) ammeter
光学电子 optic(al) electron
光学电子测速计 optic(al) electronic tachometer
光学电子顺磁共振高斯计 optic(al) electron paramagnetic resonance Gauss meter
光学电子显微镜 optic(al) electron microscope
光学电子学 optoelectronics
光学叠合水准器 optic(al) coincidence bubble
光学叠像装置 optic(al) superposition device
光学定理 optic(al) theorem
光学定向 optic(al) orientation
光学定向测距仪 optic(al) radar
光学定向和测距 optic(al) direction and ranging
光学定向耦合器 optic(al) directional coupler
光学定向器 optic(al) direction finder
光学定心磨边 optic(al) centering and edging
光学读出系统 optic(al) readout system
光学读出装置 optic(al) readout device
光学读卡器 optic(al) card reader
光学读数经纬仪 optic(al) reading theodolite
光学读数头 optic(al) reading head
光学读数系统 optic(al) reading system
光学读数仪器 optically read instrument
光学度盘 glass limb;optic(al) circle;optically graduated circle;optic(al) scale
光学镀层 optic(al) coating
光学镀层激光损伤 laser damage of optic(al) coatings
光学镀膜 optic(al) coating;optic(al) filming
光学镀膜的 optically coated
光学端面光洁度 optic(al) end finish
光学对称 optic(al) symmetry
光学对称轴 optic(al) axis of symmetry
光学对点器 centring device;optic(al) centring device;optic(al) plumbing instrument;optic(al) plummet
光学对抗 optic(al) countermeasures
光学对应体 optic(al) counterpart
光学对中 optic(al) plummet centering
光学对中器 optic(al) centering device;optic(al) centring device;optic(al) plummet
光学钝性 optic(al) inactivity
光学多倍投影仪 optic(al) multiplexing camera
光学多端口耦合器 optic(al) multiport coupler
光学多路传输 optic(al) multiplexing transmission
光学多面棱镜 optic(al) multisurface prism
光学多面体 polygon mirror
光学多普勒效应 optic(al) Doppler effect
光学多谱段扫描 optic(al) multispectral scanning
光学多谱段扫描仪 optic(al) multispectral scanner
光学多通道分析 optic(al) multichannel analysis
光学多通道分析器 optic(al) multichannel analyser[analyzer]
光学二次谐波 optic(al) second harmonic
光学二次谐波振荡 optic(al) second harmonic generation

光学二向色性 optic(al) dichroism
光学发射线 optic(al) emission line
光学法测湿润角 optic(al) method
光学法假色合成 optic(al) false colo(u)r composite
光学法拉第旋转隔离器 optic(al) Farday rotation isolator
光学法线 optic(al) normal line
光学反差调整 optic(al) contrast modulation
光学反差增强 optic(al) contrast enhancement
光学反差增强图像 optic(al) contrast-enhanced image
光学反馈图像增强系统 optic(al) feedback image intensifying system
光学反射计 optic(al) reflectometer
光学反射镜 optic(al) mirror
光学方法 optic(al) means
光学放大 optic(al) enlargement; optic(al) magnification
光学放大器 optic(al) amplifier
光学放样 optic(al) lofting; photolofting
光学非均匀性 optic(al) heterogeneity
光学非球面 optic(al) aspheric(al) surface
光学非线性晶体 optically non-linear crystal
光学非匀性 optic(al) non-uniformity
光学分辨率 optic(al) resolution
光学分辨能力 optic(al) resolution
光学分度顶尖架 index center[centre]
光学分度台 optic(al) dividing table; optic(al) rotary table
光学分度头 optic(al) dividing head
光学分光镜 optic(al) spectrometer; optic(al) spectroscope
光学分析 optic(al) analysis
光学分析法 optic(al) (method of) analysis
光学分析器 optic(al) analyser[analyzer]
光学分析仪器 optic(al) analytical instrument
光学分系统 optic(al) subsystem
光学分像系统 image dividing optic(al) system
光学风速计 optic(al) anemometer
光学符号 optic(al) designation
光学符号读出 optic(al) character recognition
光学符号识别机 optic(al) character recognition machine
光学符号识别通用语言 optic(al) character recognition common language
光学辐射 optic(al) radiation
光学辐射比较器 optic(al) radiation comparator
光学辐射剂量计 optic(al) dosimeter
光学辅助工具 optic(al) aid
光学附件 optic(al) accessory
光学复制 photometric(al) copying
光学傅立叶变换 optic(al) Fourier transform; optic(al) Fourier transformation
光学傅立叶分析法 optic(al) Fourier analysis method
光学干涉 optic(al) interference
光学干涉测量法 optic(al) interference measurement
光学干涉量度法 optic(al) interferometry
光学干涉滤光片 optic(al) interference filter
光学干涉膜 optic(al) interference coating
光学干涉仪 optic(al) interferometer
光学杠杆 optic(al) lever
光学高度计 optic(al) altimeter
光学高温测量术 optic(al) pyrometry
光学高温计 brightness-temperature pyrometer; disappearing filament; leucoscope; optic(al) pyrometer
光学高温计用灯泡 lamp bulb for optic(al) pyrometer
光学隔板 optic(al) baffle
光学隔离 optic(al) isolation
光学隔离器 optic(al) isolator
光学各向同性 optic(al) isotropy
光学跟踪 optic(al) look-on; optic(al) tracking
光学跟踪的 optically tracked
光学跟踪记录仪 recording optic(al) tracking instrument
光学跟踪经纬仪 optic(al) tracking theodolite
光学跟踪控制器 optic(al) tracking control unit
光学跟踪卫星 optic(al) tracking satellite
光学跟踪系统 optic(al) tracking system
光学跟踪制导 optic(al) track guidance
光学跟踪装置 optic(al) homing device; optic(al) tracker
光学工程 optic(al) engineering
光学工具 optic(al) tooling
光学工具尺 optic(al) tooling scale
光学工具检测仪 optic(al) tool measuring machine
光学工具轴 optic(al) tooling bar
光学工业 optic(al) industry
光学工艺品 optic(al) artware
光学工艺学 optics technology
光学公差 optic(al) tolerance
光学功率计 optic(al) power meter
光学共振 optic(al) resonance
光学共振器 optic(al) resonator
光学共振器熵 optic(al) resonator entropy
光学共振腔 optic(al) resonator
光学共振腔模 mode of optic(al) cavity; optic(al) cavity mode
光学共振腔模式 optic(al) cavity mode
光学构像 optic(al) image formation
光学固定环瞄准具 optic(al) fixed reticule sight
光学观测 optic(al) observation
光学观测系统 viewing optic(al) system
光学观察 optic(al) observation
光学观察装置 optic(al) viewing device
光学惯性六分仪 optic(al) inertial sextant
光学惯性制导和导航系统 optic(al) inertial guidance and navigation system
光学光标 optic(al) fiducial marks
光学光滑度 optic(al) flatness
光学光亮剂 optic(al) brightener
光学光谱 optic(al) spectrum
光学光谱范围 optic(al) spectral region
光学光谱学 optic(al) spectroscopy
光学光栅刻线 optic(al) grid lines
光学轨道飞行器 optic(al) orbiting device
光学海洋学 optic(al) oceanography
光学合像仪 optic(al) image combinator
光学黑色涂料 optic(al) blacking
光学黑体 optic(al) black
光学恒量 optic(al) constant
光学衡消法 optic(al) null method
光学厚度 optic(al) thickness
光学厚度公差 optic(al) thickness tolerances
光学厚度监控器 optic(al) thickness monitor
光学互接 optic(al) interconnection
光学划线机 photo marking equipment
光学还音器 optic(al) reproducer
光学灰雾 light fog; optic(al) fog
光学回波 optic(al) echo
光学回转工作台 optic(al) rotary table
光学回转台 optic(al) turn table
光学绘图头 optic(al) exposure head
光学混频器 optic(al) mixer
光学混浊度仪 nephelometer
光学活性 optic(al) activity
光学活性材料 optically active material
光学活性的 optically active
光学活性树脂 optically active resin
光学活性吸收谱带 optically active absorption band
光学或连续取样 optical or acoustic continuous sampling
光学机械 optic(al) machinery
光学机械编图 optic(al) mechanical compilation
光学机械测图仪 optic(al) mechanical plotter
光学机械的 photomechanical
光学机械法 photomechanical method
光学机械纠正 optic(al) mechanical rectification
光学机械扫描仪 optic(al) mechanical scanner
光学机械式比较仪 optic(al) mechanical comparator
光学机械投影法 optic(al) mechanical projection
光学机械行扫描 optomechanical line scan
光学机械行扫描记录器 optomechanical line scan recorder
光学机械形变 optic(al) mechanical deformation
光学机械型测图机 optic(al) mechanical plotter
光学积分器 light integrator; optic(al) integrator
光学基线测量仪 <显微镜读数> optic(al) base-line measuring apparatus
光学基准面 optic(al) reference plane
光学基准线 optic(al) reference line
光学畸变 optic(al) distortion
光学畸变校正 optic(al) distortion correction
光学及电子光学图像处理设备 optic(al) and electro-optic(al) image processing equipment
光学及声学取样器 optical and acoustic sampler
光学级联脉冲 optically cascaded pulse
光学集成 optic(al) integration
光学计 optimeter
光学计程仪 optic(al) log
光学计量 optic(al) metrology
光学计量仪器 optic(al) metrological instrument
光学计数 optic(al) count
光学计算 optic(al) calculation; optic(al) computing
光学计算尺 optic(al) slide rule
光学计算机 optic(al) computer
光学记录 optic(al) registration
光学记录法 optic(al) record(ing)
光学记录系统 optic(al) recording system
光学技师 optician
光学技术 optic(al) technology
光学技术卫星 optic(al) technique satellite
光学加工 optic(al) fabrication; optic(al) manufacture; optic(al) working; photoprocessing
光学家 optician
光学假彩色处理仪 optic(al) pseudocolo(u)r processor
光学假彩色合成图像 optic(al) pseudo-colo(u)r composite image
光学假目标 optic(al) decoy
光学间距 optic(al) interval
光学监视系统 optic(al) surveillance system
光学检出器 optic(al) receiver
光学检偏镜 optic(al) analyser[analyzer]
光学检偏振器 optic(al) analyser[analyzer]
光学检验 optic(al) check; optic(al) examination
光学检验劈 optic(al) test wedge
光学检验设备 optic(al) evaluation device; optic(al) evaluation equipment; optic(al) evaluation facility
光学检验装置 optic(al) evaluation device; optic(al) evaluation equipment; optic(al) evaluation plant
光学鉴定 optic(al) specification
光学鉴定仪器 optic(al) identification instrument
光学胶 optic(al) cement
光学胶合剂 optic(al) cement
光学角尺 optic(al) square
光学角运动传感器 optic(al) angular motion sensor
光学校正 optic(al) correction; optic(al) rectification
光学校准 optic(al) calibration
光学校准器 optic(al) cal(l)iper
光学校准设备 optic(al) alignment equipment; optic(al) alignment unit
光学接触 optic(al) contact
光学接触标准具 optically contacted etalon
光学接触器 optic(al) feeler
光学接近探测器 optic(al) proximity detector
光学接口设备 optic(al) interface device
光学接收装置 optic(al) receiver assembly
光学接头 optic(al) splice
光学截面 optic(al) (cross-) section
光学介质 optic(al) medium
光学浸没 optic(al) immersion
光学浸没增益 immersion gain; optic(al) immersion gain
光学浸液 optic(al) liquid
光学经纬仪 micrometer instrument; optic(al) theodolite; optic(al) transit
光学经纬仪直角器 optic(al) transit square
光学晶体 optic(al) crystal
光学晶体管 optic(al) transistor
光学晶体检验 inspection of optic(al) crystal
光学晶体热处理 heat-treatment of optic(al) crystal
光学精加工 optic(al) finishing
光学精密测距仪 mekometer
光学精密零件 optic(al) precision component
光学静电像 photoelectrostatic image
光学镜片 optic(al) lens; optic(al) mirror slip
光学镜筒 optic(al) barrel; optic(al) tube
光学镜头 Lianr
光学纠正 optic(al) rectification

光学距离 optic(al) distance; optic(al) path length
光学距离选通 optic(al) range gating
光学聚光器 optic(al) condenser
光学聚焦 optic(al) convergence[convergency]
光学聚焦光束 optically focused beam
光学聚焦太阳光束 optically focused solar beam
光学聚焦转换开关 optic(al) focus switch
光学聚焦装置 optic(al) focusing device
光学卷积 optic(al) convolution
光学绝缘 optic(al) insulation
光学均匀的玻璃 optic(al) quality homogeneous glass
光学均匀性 optic(al) homogeneity; optic(al) uniformity
光学开关 optic(al) switch
光学可见天体 optically visible object
光学克尔盒 optics Kerr cell
光学克尔效应 optic(al) Kerr effect
光学刻尺 optic(al) length scale
光学刻度尺经纬仪 optic(al) scale theodolite
光学刻度盘 optic(al) disc[disk]
光学空气质量 optic(al) air mass
光学孔径(测试)仪 borescope
光学快门 optic(al) shutter
光学雷达 optic(al) radar
光学棱镜 optic(al) prism
光学力学常数 stress-optic(al) constant
光学立体模型 optic(al) relief model; optic(al) stereoscopic model
光学亮度 optic(al) brightness
光学量测系统 optic(al) measuring system
光学量角器 optic(al) bevel protractor; optic(al) protractor
光学零差 optic(al) homodyne
光学零件 optic(al) element; optic(al) parts
光学零拍接收机 optic(al) homodyne receiver
光学零位双光束远红外光谱仪 optic(al) null double-beam far infrared spectrometer
光学零位系统 optic(al) null system
光学零位原理 optic(al) null principle
光学流速仪 optic(al) current meter
光学流体流动测量法 optic(al) fluid-flow measurement
光学录声 optic(al) sound recording
光学录像机 optic(al) viewfinder
光学录音机 photographic(al) sound recorder; photograph one
光学录音头 photographic(al) sound recording head
光学滤波式气体分析器 optic(al) filter gas analyser[analyzer]
光学滤光镜 optic(al) filter
光学滤光器 optic(al) light filter
光学滤色玻璃 optic(al) colo(u)r filter
光学轮尺 optic(al) cal(l)iper
光学轮廓磨床 optic(al) contour grinder
光学逻辑功能 optic(al) logic operations
光学螺纹工具显微镜 optic(al) thread tool microscope
光学码尺 optic(al) yardstick
光学脉冲 optic(al) pulse
光学脉冲测距 optic(al) pulsed ranging
光学脉冲星 optic(al) pulsar
光学脉冲压缩 optic(al) pulse compression
光学脉动 optic(al) pulsation
光学脉塞 optic(al) maser
光学玫瑰图 optic(al) rosette diagram
光学媒质 optic(al) medium
光学密度 optic(al) density
光学密度表 opacity density table
光学密度分割 optic(al) density slicing
光学密度分割图像 optic(al) density slicing image
光学密度计 optic(al) densitometer
光学冕玻璃 optic(al) crown
光学描迹笔 optic(al) tracer arm
光学瞄准 optic(al) laying; optic(al) sight
光学瞄准具 optic(al) sighting device
光学瞄准具十字线 scope-sight reticule
光学瞄准器 director telescope; optic(al) foresight; optic(al) laying equipment; optic(al) sight; optic(al) viewfinder
光学瞄准线 optic(al) line of sight
光学模 optic(al) mode
光学模糊 optic(al) dimming
光学模拟 optic(al) analog; optic(al) simulation
光学模拟变换技术 optic(al) analog(ue) transform technique
光学模拟计算机 optic(al) analogue computer
光学模拟装置 optic(al) analog(ue) device
光学模散射 optic(al) mode scattering
光学模型 optic(al) model
光学膜 bloom film
光学目标探测 optic(al) target sounding
光学目视双星 optic(al) visual binary
光学内插系统 optic(al) interpolation system
光学泥沙测量仪 optical silt meter
光学扭簧测微仪 opticator
光学扭曲 optic(al) distortion; warp
光学浓度 optic(al) density
光学耦合激光器 optically coupled laser
光学抛光 optic(al) polishing
光学泡沫 optic(al) foam
光学配准 optic(al) register(ing); optic(al) registration
光学膨胀计 optic(al) dilatometer
光学匹配滤波 optic(al) matched spatial filtering
光学匹配滤波器 optic(al) matched filter
光学匹配滤波像相关器 optic(al) matched-filter image correlator
光学偏向计 optic(al) deflectometer
光学偏移 optic(al) deflection; optic(al) shift
光学频率的拍频 beating of optic(al) frequencies
光学频闪观测仪 optic(al) strobe
光学平板 optic(al) flat
光学平玻璃 optic(al) flat glass
光学平度 optic(al) flat; optic(al) flatness
光学平滑度 optic(al) flatness
光学平晶 optic(al) parallel
光学平面 optic(al) flat; optically flat surface; optic(al) plane
光学平面玻璃 optically flat glass; optically plane glass
光学平面窗 optically flat window
光学平面规 optic(al) flat ga(u)ge
光学平面滤光片 optically flat filter
光学平片 optic(al) flat
光学平台 optic(al) table
光学平行光束 optic(al) parallel rays
光学平行计 optic(al) parallel
光学平行平板玻璃 optic(al) flat
光学平行性 optic(al) parallelism
光学平直度 optic(al) flatness
光学平直仪 optic(al) flatness ga(u)ge
光学坡度改正器 optic(al) slope corrector
光学气团 optic(al) air mass
光学气象 optic(al) meteor
光学器件 optic(al) device; optics
光学器械 optic(al) instrument
光学千分比较仪 optominimeter
光学铅垂线 optic(al) plumb line
光学强度 optic(al) strength
光学切面 optic(al) section
光学切片 optic(al) slicing
光学轻雾 optic(al) haze
光学倾斜仪 optic(al) clinometer
光学求心器 optic(al) centering device
光学球径仪 optic(al) spherometer
光学球面 optic(al) spheric(al) surface
光学区间 optic(al) interval
光学曲线磨床 optic(al) contour grinder; optic(al) curve grinding machine; optic(al) profile grinder; profile grinder; projection grinder
光学取景器 optic(al) finder; optic(al) viewfinder
光学取数耦合器 optic(al) access coupler
光学取向器 optic(al) orientation device
光学取样 optic(al) sampling
光学全息干涉测量技术 optic(al) holographic(al) interferometry
光学全息摄影 optic(al) holography
光学全息摄影测量 optic(al) hologrammetry
光学全息术 optic(al) holography
光学全息图 optic(al) hologram
光学缺陷 optic(al) defect
光学缺陷探测仪 optic(al) boroscope
光学扰频器 optic(al) scrambler
光学容限 optic(al) tolerance
光学三角测量 optic(al) triangulation
光学散射 optic(al) scattering
光学扫描 optic(al) scanning
光学扫描器 optic(al) scanner
光学扫描系统 optic(al) scanning system
光学扫描仪 optic(al) scanner
光学扫描装置 optic(al) scanning device
光学色度计 optic(al) colo(u)rimeter
光学晒印法 optic(al) print process
光学设备 optic(al) equipment
光学设计 optic(al) design
光学设计程序 optic(al) design procedure
光学设计师 optic(al) designer
光学设计最佳化 optic(al) design optimization
光学射击控制仪器 optic(al) fire control instrument
光学射击指挥仪 optic(al) fire director
光学摄谱学 optic(al) spectrography
光学摄谱仪 optic(al) spectrograph
光学摄像管 optic(al) pick-up
光学摄影 optophotography
光学摄影跟踪数据 photooptic(al) tracking data
光学伸长计 optic(al) type extensometer
光学伸长仪 optic(al) extensometer
光学深度 optic(al) depth
光学生物显微镜 biologic(al) photomicroscope
光学声样片 optic(al) sound rushes
光学声子 optic(al) phonon
光学湿度表 optic(al) hygrometer
光学石英 optic(al) quartz
光学石英玻璃 optic(al) fused silica; optic(al) silica glass
光学时域反射计 optic(al) time domain reflectometer
光学识别字体 optic(al) font
光学实验 optic(al) experiment
光学实验室 optic(al) laboratory
光学拾波器 optic(al) pick-up
光学蚀刻法 Fotoform process
光学示功计 optic(al) indicator
光学式 optic(al) profile type
光学式地震计 optic(al) seismograph
光学式位移传感器 optic(al) displacement sensor
光学视差 optic(al) parallax
光学视距仪 optic(al) tach(e) ometer
光学视面 optic(al) disc[disk]
光学视线 optic(al) line of sight
光学试验 optic(al) test
光学试验室 optics laboratory
光学试验台 optic(al) test bed
光学树脂 optic(al) resin
光学树脂胶 optic(al) resin gum
光学数据 optic(al) data
光学数据处理 optic(al) data handling; optic(al) data processing
光学数据处理机 optic(al) data handling device; optic(al) data processing device; optic(al) data processor
光学数据处理系统 optic(al) data processing system
光学数据传输信道 optic(al) data transmission channel
光学数据数字化器 optic(al) data digitizer
光学数据校正器 optic(al) data corrector
光学数字混合处理系统 hybrid optic(al)-digital processing system
光学数字计算机 optic(al) digital computer
光学数字音频唱机 optic(al) digital audio player
光学数字转速表 optic(al) digital tachometer
光学衰减器 optic(al) attenuator
光学双稳态 optic(al) bistability
光学双线 optic(al) doublet
光学双星 optic(al) binary; optic(al) double(t) star
光学水分分析器 optic(al) moisture analyser[analyzer]
光学水晶 optic(al) crystal
光学水平仪 optic(al) tooling level
光学水团 optic(al) water mass
光学水准仪 optic(al) (tooling) level
光学斯塔克效应 optic(al) Stark effect
光学搜索 optic(al) search
光学塑料 optic(al) plastics
光学塑料透镜 optic(al) plastic lens
光学隧道滤光片 optic(al) tunnel filter
光学损耗系数 optic(al) loss coefficient
光学损伤 optic(al) damage
光学损伤阈 optic(al) damage threshold
光学缩放仪 optic(al) pantograph
光学缩小转绘 optic(al) reduction
光学锁定 optic(al) lock-on
光学台 bench; optic(al) table
光学太阳 optic(al) sun
光学太阳模拟器 optic(al) solar simulator
光学探测 optic(al) acquisition; optic(al) detection
光学探测器 optic(al) detector

光学探测仪 optic(al) probe
光学探头 optic(al) probe
光学陶瓷 optic(al) ceramics
光学特性 optic(al) behavio(u)r; optic(al) character; optic(al) characteristics; optic(al) property
光学特性曲线 optic(al) indicatrix
光学天平 optic(al) balance
光学天平动 optic(al) liberation
光学天体 optic(al) object
光学天体测量学 optic(al) astrometry
光学天体物理学 optic(al) astrophysics
光学天文学 optic(al) astronomy
光学天线 optic(al) antenna
光学天线孔径 optic(al) antenna aperture
光学天线模型 antenna optic(al) modeling
光学天线增益 optic(al) antenna gain
光学天线张角 optic(al) antenna angle
光学天线罩 optic(al) radome
光学天线罩的吸收 optic(al) radome absorption
光学条件 optic(al) condition
光学条件配色 metamerism
光学调节 optic(al) modulation
光学调零 optic(al) zeroing
光学调制 optic(al) modulation
光学调制传递函数 optic(al) modulation transfer function
光学调制器 optic(al) modulator
光学调准 optic(al) alignment
光学通视区 zone of optic(al) visibility
光学通信[讯] optic(al) communication
光学通信[讯]线路 optic(al) communication link
光学同步发射机 optic(al) encoder
光学同步系统 optic(al) synchro system
光学投影 optic(al) projection
光学投影比较仪 optic(al) projection comparator; projection comparator
光学投影彩色增强 optic(al) projecting colo(u)r enhancement
光学投影读数分度头 optic(al) dividing head with projection readout
光学投影读数装置 optic(al) projection reading device
光学投影放大 optic(al) projection magnification
光学投影机 optic(al) projector
光学投影磨削 optic(al) projection grinding
光学投影缩放仪 optic(al) projection pantograph
光学投影系统 optic(al) projection system
光学投影显示器 optic(al) projected display
光学投影仪 optic(al) projection instrument; optic(al) projector
光学透镜 optic(al) lens
光学透镜波导 optic(al) lens waveguide
光学透镜面 optic(al) lens face
光学透镜磨光器 optic(al) lens polisher
光学透镜系统 optic(al) lens system
光学透明介质 optically transparent medium
光学图 optic(al) picture
光学图案 optic(al) pattern
光学图解纠正 optic(al) graphical rectification
光学图像 optic(al) image formation; optic(al) imagery
光学图像处理 optic(al) image processing
光学图像处理产品 optic(al) image processing product
光学图像处理方法 optic(al) image processing method
光学图像处理器 optic(al) image processor
光学图像传输装置 optic(al) image transmission device
光学图像反馈 optic(al) image feedback
光学图像输入器 optic(al) image unit
光学图像形成 optic(al) image formation
光学图像转换器 optic(al) image converter
光学图形识别 optic(al) pattern recognition
光学图样 optic(al) pattern
光学涂层 blooming; optic(al) coating
光学湍流 optic(al) turbulence
光学外差 optic(al) heterodyne
光学外观 optic(al) appearance
光学弯沉仪 optic(al) deflection apparatus; optic(al) deflectometer
光学弯度计 optic(al) deflectometer
光学万向(关)节 optic(al) cardan link
光学望远镜 optic(al) telescope
光学微波分光镜 optic(al) microwave spectroscope
光学微分纠正 optic(al) differential rectification
光学维带 fiber optic(al) ribbon
光学卫星 optic(al) satellite
光学位移传感器 optic(al) displacement sensor
光学位置编码器 optic(al) position encoder
光学文字识读油墨 optic(al) character recognition ink
光学稳定器 optic(al) stabilizer
光学稳像望远镜 optic(al) image stabilized telescope
光学无感生衰减 optic(al) free induction decay
光学物镜 optic(al) objective; Liar
光学物理 optic(al) physics
光学误差 optic(al) error
光学吸收 optic(al) absorption
光学吸收限 optic(al) absorption edge
光学析像器 optic(al) scanner
光学系统 optic(al) block; optic(al) system; visual system
光学系统部分 opticator
光学系统设计 optic(al) system design
光学系统图解设计 graphic(al) design of optic(al) system
光学纤维 fibre optics; light guide; optic(al) fiber[fibre]
光学纤维传感器 optic(al) fibre sensor
光学纤维的 fibre optic(al)
光学纤维电缆 optic(al) fibre cable
光学纤(维)接头 optic(al) fibre splice
光学纤维束 fiber bundle
光学纤维谐振腔 optic(al) fibre resonator
光学显示系统 optic(al) display system
光学显微镜 light microscope photon microscope; optic(al) microscope
光学显微镜技术 light microscope technique
光学显微镜(检查)法 light microscopy; optic(al) microscopy
光学显微密度计 optic(al) microdensitometer
光学显微术 optic(al) microscopy
光学现象 optic(al) phenomenon
光学相关 optic(al) correlation
光学相关法 optic(al) correlation method
光学相关技术 optic(al) correlation technique
光学相关器 optic(al) correlator
光学相互作用 optic(al) interaction
光学相减 optic(al) subtraction
光学相位 optic(al) phase
光学镶嵌 optic(al) mosaic
光学像 optic(al) image
光学像差 optic(al) aberration
光学像限仪 optic(al) quadrant
光学像移因数 optic(al) displacement factor
光学效能 optic(al) performance
光学效应 optic(al) effect
光学斜度规 optic(al) bevel protractor
光学谐波 optic(al) harmonic
光学谐波振荡 optic(al) harmonic generation
光学谐振腔 optic(al) resonator
光学信号处理机 optic(al) signal processor
光学信号发生器 optic(al) signal generator
光学信息 optic(al) information
光学信息储存 optic(al) information storage
光学信息处理 optic(al) information handling
光学信息传递 optic(al) information transfer
光学信息存储 optic(al) information storage
光学信息脉冲 optic(al) information pulse
光学星 visual star
光学星系 optic(al) galaxy
光学行扫描 optic(al) line-scan
光学形变 optic(al) deformation
光学形状识别【计】 optic(al) character recognition
光学性反常 optic(al) anomaly
光学性负的 optically negative
光学性能 optic(al) performance; optic(al) property; optic(al) quality
光学性能检测仪 optic(al) performance detector
光学性正的 optically positive
光学性质 light character; optic(al) property
光学修整 optic(al) figuring
光学修正 optic(al) correction; optidress
光学修正投影显示器 optidress projector scope
光学悬浮 optic(al) levitation
光学悬浮粒子 optically levitated particle
光学旋转器 optic(al) rotator
光学选矿 optic(al) sorting
光学选矿机 optic(al) separator
光学选通 optic(al) stroke
光学选择定则 optic(al) selection rule
光学雪崩式激光器 optic(al) avalanche laser
光学寻的头 optic(al) homer
光学寻像器 optic(al) finder; optic(al) viewfinder
光学循环器 optic(al) circulator
光学循环周期 period of optic(al) cycle
光学压力计 optic(al) ga(u)ge
光学烟感器 optic(al) smoke detector
光学延迟板 optic(al) retardation plate
光学延迟回路 optic(al) delay circuit
光学研磨 optic(al) grinding
光学衍射 optic(al) diffraction
光学衍射图 optic(al) diffraction pattern
光学掩模 optic(al) mask
光学样板 test glass; test plate
光学遥感 optic(al) remote sensing
光学遥感技术 optic(al) remote sensing technology
光学仪 optic(al) instrument
光学仪表 optic(al) instrument and meter
光学仪表车间 optic(al) instrument and meter shop
光学仪器 optic(al) apparatus; optic(al) instrument
光学仪器定位 optic(al) instrument positioning
光学仪器检定 optic(al) calibration
光学仪器霉雾自动检测仪 optic(al) instrument mo(u)ld and fog autodetector
光学仪器商 optician
光学仪器设备 optic(al) instrumentation
光学仪器设计 optic(al) instrument design
光学仪器制造 optic(al) instrument making
光学移相器 optic(al) phase shifter
光学异构 optic(al) isomerism
光学异构体 optic(al) isomer
光学异向性 optic(al) anisotropy
光学印片 optic(al) printing
光学印片机 optic(al) cine duplicating machine; optic(al) printer
光学印刷 projection printing
光学印刷机 optic(al) printer
光学应变 optic(al) distortion
光学应变测尘器 optic(al) strain meter
光学应变计 optic(al) strain ga(u)ge; optic(al) strain meter
光学应变仪 optic(al) strain ga(u)ge; optic(al) strain meter
光学萤石 optic(al) fluorite
光学影像 optic(al) image
光学映象 optic(al) mapping
光学游标 optic(al) vernier
光学有效大气 effective atmosphere; optically effective atmosphere
光学元件 optic(al) component; optic(al) element
光学元件表面疵病检查仪 optic(al) surface inspection ga(u)ge
光学元件和仪器 optics and optic(al) instrument
光学原料 raw material for optic(al) use
光学圆分度台 optic(al) circular table
光学远距离测量法 optic(al) telemetry
光学阅读机 optic(al) character recognition
光学阅读器 optic(al) reader; optic(al) reading equipment
光学载波 optic(al) carrier
光学再现 optic(al) reconstruction
光学噪声 optic(al) noise
光学噪声电平 optic(al) noise level
光学噪声级 optic(al) noise level
光学噪声图 optic(al) noise map
光学噪声自相关 optic(al) noise autocorrelation
光学增白剂 optic(al) bright
光学增衬器 optic(al) contraster
光学增感 optic(al) sensitization
光学增感剂 optic(al) sensitizer
光学增感作用 optic(al) sensibilization
光学增亮剂 optic(al) brightener
光学增强 optic(al) enhancement
光学增强解释 optic(al) enhancement

interpretation
光学增益 optic(al) gain
光学增益系数 optic(al) gain coefficient
光学章动 optic(al) nutation
光学照相编码 photooptic(al) coding
光学照相模拟记录器 optic(al) photographic(al) analogy recorder
光学照准镜 sighting glass
光学照准装置 optic(al) sighting device
光学振动模 optic(al) mode of vibration
光学正射投影纠正仪 optic(al) orthophotoscope
光学正射相片晒印机 optic(al) orthophoto printer
光学证认 optic(al) identification
光学证认源 optically identified source
光学直角测量器 optic(al) square
光学直角反射器 optic(al) corner reflector
光学直角器 optic(al) square
光学直径 optic(al) diameter
光学直视水平瞄准器 optic(al) eye level finder
光学直视寻像器 optic(al) direct vision finder
光学指标 optic(al) index
光学指示器 optic(al) indicator
光学指数 optic(al) index
光学指针测微计 optominimeter
光学制导 optic(al) guidance
光学制导系统 optic(al) guidance system
光学质量 optic(al) quality
光学中心 optic(al) center[centre]
光学中心节点 nodular point
光学终端头 optic(al) terminus
光学周期 optic(al) cycle
光学注入 optic(al) injection
光学转速计 optic(al) tach(e) ometer
光学转台 optic(al) radial table; optic(al) rotating stage
光学转向 optic(al) inversion
光学转像系统 optic(al) inversion system
光学装校 optic(al) alignment
光学装置 optic(al) apparatus; optic(al) arrangement; optic(al) device; optic(al) means; optic(al) unit
光学装置底盘 optic(al) chassis
光学准直 optic(al) alignment
光学着陆系统 optic(al) landing system
光学着色 optic(al) colouration
光学资料 optic(al) data
光学子星 optic(al) component
光学字符辨识机 optic(al) character recognition machine
光学字符读出器 optic(al) character reader
光学字符扫描器 optic(al) character scanner
光学字符识别 electrooptic(al) character recognition; optic(al) character recognition
光学字符识别电传打字机 optic(al) character recognition teleprinter
光学字符阅读器 optic(al) character recognition reader
光学字体 optic(al) font
光学自动测距 optic(al) automatic ranging
光学自动测距计 optic(al) automatic ranging finder
光学自动测距仪 optic(al) automatic ranging finder
光学自动导航 optic(al) homing
光学自动导引头 optic(al) homing head; optic(al) seeker
光学自动滴定仪 optic(al) automatic titrimeter
光学自动跟踪 optic(al) automatic tracking; optic(al) homing; optic(al) lock-on
光学自动跟踪器 optic(al) automatic tracer
光学自动跟踪头 optic(al) homer
光学自动照准仪 optic(al) compensation
光学自动追迹气割机 monopole automatic flame cutter
光学自适应技术 optic(al) adaptive technique
光学组件 optic(al) module
光学钻孔探测仪 borescope
光学坐标量测仪 optic(al) comparator; optic(al) coordinate measuring apparatus
光学坐标镗床 optic(al) jig boring machine
光学座 optic(al) support; support
光寻的头 light homer
光寻的制导 light homing guidance
光压 light pressure; pressure of light
光压测量 light pressure measurement
光压电效应 photopiezo-electric(al) effect
光亚硝(基)化 photonitrosation
光延迟 light delay
光延迟电路 optic(al) delay circuit
光延迟线 optic(al) delay line
光衍射计 optic(al) diffractometer
光衍射图像 optic(al) diffraction image
光掩蔽 photographic(al) masking; photo masking
光掩模 photomask
光焰分光 flame spectrometry
光焰光度分析 flame photometry
光焰燃烧器 diffusion flame burner; neat gas burner; non-aerated burner; post-aerated burner
光养型 phototroph
光养性的 phototrophic
光氧化处理 photooxidation treatment
光氧化反应 photooxidation reaction
光氧化还原反应 photoredox reaction
光氧化降解 photooxidative degradation
光氧化脱色 photooxidation decolo(u) rization; photooxidative decolo(u) rization
光氧化稳定剂 photooxidant stabilizer
光氧化物 photoxide
光氧化作用 photooxidation
光遥测术 optic(al) telemetry
光叶榉树 Japanese zelkova
光叶美国梧桐 smooth American sycamore
光叶七叶树 Ohio buckeye
光叶槭 dwarf maple
光叶蔷薇 memorial rose
光叶榆 smooth-leaved elm
光曳 light drag
光移相器 optic(al) phase shifter
光阴极 photocathode
光阴极辐射灵敏度 photocathode radiant sensitivity
光阴极光灵敏度 photocathode luminous sensitivity
光阴极磷光体像增强器 photocathode-phosphor image intensifier
光阴极效率 photocathode efficiency
光阴极有效直径 photocathode effective diameter
光阴似箭 <拉> tempus fugit
光荫交映 interplay of light and shade
光音机 photophone
光音器 photophone
光引发作用 photoinitiation
光引信 optic(al) fuse
光印机 photoprinter
光应力 photostress
光营养 phototrophy
光营养微生物 photoautotrophic microorganism
光影 shade and shadow
光影划线 shadow line
光影图形 pattern of light and shade
光硬表面 glass-hard surface
光硬化 light-hardening; photohardening
光硬化剂 light-hardening agent
光硬化作用 light-induced tanning
光泳现象 photophoresis
光油 gloss oil
光有机营养 photoorganotrophy
光诱导 photoinduction
光与阴影的模式 pattern of light and shade
光与影的运用 play of light and shadow
光玉髓 carnelian
光玉髓红色 carnelian red
光浴 light bath
光元素 photoelement
光原性的 photogenic; photogenous
光圆边缘 eased edge
光圆钢筋 plain bar (of reinforcement)
光圆钢丝 plain steel wire
光源 illuminant; illuminating source; light source; luminaire; luminary; luminous source; optic(al) source; photosource; radian; source of illumination; source of light; lamp house <仪器上的>
光源的眩目影响 glare interference of light source
光源电压 luminaire voltage
光源功率 light source power
光源功效 light source efficacy
光源光纤耦合 source-fibre coupling
光源光纤损耗 source-to-fiber [fibre] loss
光源灰尘的减光补偿率 luminaire dirt depreciation factor
光源激励器 light source driver
光源监视器 light source monitor
光源聚光镜 light source condenser
光源聚光透镜 lamp condenser lens
光源量子效率 light source quantum efficiency
光源面 surface of light source
光源耦合器 light source coupler
光源耦合器损耗 source coupler loss
光源耦合效率 source coupling efficiency
光源评价 cost of light
光源强度 intensity of light source
光源色 <光源所显示的颜色,如钠光灯的光色是黄橙色> light source colo(u)r
光源设备 luminaire fixture
光源特性与寿命的关系曲线 life performance curve
光源稳压器 light source stabilizer
光源显色性 colo(u)r rendering of light source
光源效率 light source efficiency
光源颜色 light source colo(u)r
光源中心 light center[centre]
光源中心长度 light-center [centre] length
光源周围温度 luminaire ambient temperature
光阅读器 optic(al) reader
光跃迁 optic(al) transition
光跃迁率 optic(al) transition rate
光晕 halation; halo; light halo
光晕纤维 halo fiber[fibre]
光晕效应 halo effect
光载波 light carrier
光载波注入 light carrier injection; light modulation
光载流子 photocarrier
光再生中继器 optic(al) regenerative repeater
光噪声 photonoise
光泽 blare; brightness; burnishing; glitter; luster; politure; shading; sheen gloss; sweating; watering <织物等的>
光泽暗淡发白 chalkiness
光泽白 gloss white
光泽斑 luster mottling
光泽保持性 gloss retention
光泽变暗 tarnish
光泽变(混)浊 gloss haze
光泽不够的 under lustred
光泽不佳 dullness
光泽不均匀 lustre lacking uniformity
光泽不如玻璃的 subvitreous
光泽不匀 gloss shitting; uneven brightness; uneven lustre
光泽不足 insufficient gloss
光泽彩料 lustre pigment
光泽彩溶液 luster solution
光泽测定 measurement of gloss
光泽测定器 glarimeter
光泽出面 gloss type of finish
光泽次于玻璃的 subvileous
光泽的 glossy; lucidus; sleek
光泽等级 gloss rating
光泽地沥青石 <地沥青石的一种> glance pitch
光泽度 gloss finish; gloss index; glossiness; lustrousness
光泽度试验 glossiness test; shine test
光泽度仪 vancometer
光泽镀镍法 nickelex; nubrite
光泽镀锌处理 unichrome process
光泽凡立水 gloss clear varnish
光泽反应 luster reaction
光泽辊 intermediates; nip roller; nip rolls
光泽计 glarimeter; gloss(i) meter
光泽技术 flash technique
光泽剂 gloss agent; polishing material
光泽加工轮 glazer
光泽减弱 scumming
光泽减少 gloss reduction
光泽均匀度 glass uniformity
光泽沥青 glance pitch
光泽面 glossy surface
光泽面处理 luster finish
光泽膜 gloss coat
光泽木材 bright lumber
光泽镍 satin nickel
光泽漆 gloss paint
光泽清漆 gloss clear varnish; gloss varnish
光泽似缎的(漆膜) satin sheen
光泽损失 loss of gloss
光泽透明的铝皂脂 lucid compound
光泽涂层 gloss coat
光泽涂料 gloss paint
光泽稳定性 stability of gloss
光泽消退 mat finish
光泽性 glossiness
光泽硬质薄膜层 hard glossy film
光泽油 gloss oil
光泽油墨 glossy ink
光泽釉 bright glaze; glossy glaze
光泽罩面 glitter finish; gloss(type of) finish; glossy finish(ing)
光泽整理 gloss finish
光泽汁 lustre meter
光泽纸 glossy paper
光泽纸板 Bristol board
光泽种类 type of luster

G

光增强器 light amplifier;light intensifier
光增益 gain of light;light gain
光闸 light gate; light valve shutter; optic(al) gate; optic(al) shutter; shutter
光闸法立体观察 flicker method
光闸孔 light-trapped opening
光闸流管 photothyristor
光闸阴极射线管 light-gating cathode-ray tube
光斩波器 optic(al) chopper; photochopper;photointerrupter
光辗压路机 smooth roller compactor
光辗压实机 smooth roller compactor
光照暗淡 ill-lit
光照保护法 photoprotection
光照比 light application ratio
光照变色性 photallochromy
光照充足的地区 region with abundant light supply
光照处理 light treatment
光照单位测定计 lux(o)meter
光照的 irradiant
光照读数 light on reading
光照度 illuminance;illumination;photometric(al) brightness;light intensity
光照度计 lux(o)meter
光照锻练 light-hardening
光照钝感的 day neutral
光照发光 photoluminescence
光照分布 illumination distribution
光照活化作用 photoreactivation;photorecovery;photoreversal
光照阶段 photostage
光照控制玻璃 solar control glass
光照量 lumination
光照灵敏度 luminous sensitivity
光照面 plane of illumination
光照敏感性 photoperiod sensitivity
光照明 daylighting
光照逆转 photoreactivation
光照逆转作用 photoreactivation;photoreversal
光照培养法 lighting culture
光照疲劳效应 illumination fatigue effect
光照期 light period;photoperiod
光照期的 photoperiodic(al)
光照气候 illumination climate; light climate
光照气候系数 light climate factor
光照强度 day length;strength of illumination;intensity of illumination
光照扇形区 light sector
光照射的 light-struck
光照时间 light application time
光照蚀刻术 photohyalography
光照数据 photometric(al) data
光照条件 lighting condition
光照稳定性 light irradiation stability
光照延续 duration of illumination
光照延续时间 light duration
光照指数 light index
光照制度 light regime
光照质量定法 photometric(al) quality
光照周期性 photoperiodicity
光照作用 effect of illumination
光折变效应 photorefractive effect
光折角 optic(al) sag
光折射 photorefraction
光折射模内交换器 photorefractive intermodal exchanger
光折射耦合器 photorefractive coupler
光折射椭球 optic(al) indicatrix
光折射效应 photorefractive effect
光振荡 light generation
光振荡器 optic(al) generator
光振动 light vibration
光振动矢量图解 vector diagram of light vibration
光振幅 light amplitude
光振幅调制 light amplitude modulation
光振幅调制器 light amplitude modulator; optic(al) amplitude modulator
光整冷轧 skin pass
光整冷轧薄钢板 skin-passed sheet
光整冷轧软回火薄钢板 <布氏 4 号硬度> skin-rolled temper sheet
光正交各向异性弹性 photoorthotropic elasticity
光正性的 photopositive
光值记录仪 selagraph
光止效应 off-effect
光指示器 optic(al) indicator
光指向标 optic(al) beacon
光制 finish(ing);high finish
光制表面 finish(ed) surface
光制成型 photofabrication
光制刀尖 finishing bit
光制导 light guide;optic(al) guidance
光制导系统 optic(al) guiding system
光制的 finished
光制垫圈 finished washer; finishing washer
光制垫斟 bright washer
光制辊颈轧辊 necked roll
光制机 second process machine
光制精加工进刀 finishing feed
光制留量 allowance for finish
光制螺母 bright nut;finishing nut
光制螺栓 bright bolt; finished bolt; turned bolt
光制品 finish product
光制条件 finishing condition
光制图仪 photomapper
光制小五金 finish hardware
光制轧辊 finished roll
光质子 photoproton
光致 photoinduced
光致变色 photochromism
光致变色玻璃 photochromic glass
光致变色玻璃纤维 photochromic glass fiber
光致变色材料 photochromic material
光致变色的 photochromic;photosensitive
光致变色的检验和评定 detection and assessment of photochromism
光致变色法 photoconduction
光致变色镜片毛坯 photochromic lens blank
光致变色滤光器 photochromic filter
光致变色纤维 photochromic fiber[fibre]
光致变色现象 photochromism;phototropy
光致变色性 photochromism
光致变色眼镜玻璃 photochromic spectacle glass
光致变色油墨 photochromatic ink
光致变色釉 photochromic glaze
光致成核 photographic(al) nucleation
光致的 photoproduced
光致电离 ionization by light;photoelectric(al) ionization; photoionization
光致电离辐射 photoionization radiation
光致电离检测器 photoionization detector
光致电离截面 photoionization cross-section
光致电离离子源 photoionization ion source
光致电离效率 photoionization efficiency
光致电离阈 threshold for photoionization
光致电离源 photoionization source
光致电压玻璃 photovoltaic glass
光致二向色 photodichroic
光致二向色材料 photodichroic material
光致二向色存储器 photodichromic memory
光致二向色匹配空间滤波器 photodichroic matched spatial filter
光致二向色性 photodichroism
光致发光 photo luminance; photoluminescence
光致发光粉 photoluminescence powder;photoluminescent powder
光致发光探测器 photoluminescence detector;photoluminescent detector
光致发光温度计 photoluminescence thermometer;photoluminescent thermometer
光致发光效率曲线 photoluminescence efficiency curve; photoluminescent efficiency curve
光致反应 photoreaction
光致分解 photodecomposition
光致分离 photodetachment
光致分裂 photodisintegration;photofission
光致负感像 solarized image
光致复合 photorecombination
光致复活作用 photorecovery;photoreversal
光致核反应 photonuclear reaction
光致核活化分析 photonuclear activation analysis
光致还原 photoreduction
光致激发 photoexcitation
光致简并机理 photodegradation mechanism
光致降级 photodegradation
光致降解 degradation by light;photodegradation
光致交联 photo crosslinking
光致介电效应 photodielectric(al) effect
光致晶核形成 photographically catalyzed nucleation;photonucleation
光致聚合的 photopolymerisable
光致聚合物 photopolymer
光致聚合作用 photopolymerization
光致抗蚀工艺 photoresist process
光致抗蚀剂 photoresist
光致抗蚀剂树脂 etch-resistant resin; photoetch-resist resin
光致抗蚀通道 photoresist flow
光致老化 light ag(e)ing
光致离解 photodissociation
光致离解激光器 photodissociation laser
光致裂变 photofission
光致磷光 photophosphorescence
光致磷酸化作用 photophosphorylation
光致敏作用 photosensitization
光致凝结 photocoagulation
光致漂泊 photobleaching
光致平衡 photoequilibrium
光致迁动 photophoresis
光致容变 photocapacitance
光致生氧 photooxygenation
光致收缩系数 photoconstriction coefficient
光致收缩效应 photoconstriction effect
光致同分异构体 photoisomer
光致突变反应 photoextrusion reaction
光致退色材料 photobleach material
光致蜕变 photoconductive disintegration;photodisintegration
光致褪色 photobleaching
光致吸附 photoadsorption
光致吸收 photoabsorption
光致消除 photoelimination
光致旋转编码器 photorotary encoder
光致氧化感光计 photooxydation actinometer
光致氧化作用 photooxidation
光致异构化 photoisomerization
光致引发剂 photoinitiator
光致应变 photoinduced strain
光致预离解 photopredissociation
光致中微子效应 photoneutrino effect
光致注入电子摄影 photoinjection electro-photography
光致作用 photoproduction
光致作用截面 photoproduction cross-section
光中继 repeated optic(al) link
光中继器 optic(al) repeater
光中子 photoneutron
光中子法 light neutron method
光钟 light clock
光重复机 photorepeater
光重合比孔索引 optic(al) coincidence index
光重合化索引 optic(al) coincidence index
光周期 photoperiod
光周期的敏感性 photoperiodic(al) sensitivity
光周期反应 photoperiodic(al) reaction;photoperiodic(al) response
光周期感应 photoperiodic(al) perception
光周期性 photoperiodism
光周期抑制 photoperiodic(al) inhibition
光周期诱导 photoperiodic(al) induction
光周期余效 photoperiodic(al) aftereffect
光周期状况 photoperiodic(al) regime
光轴 axis of sight; camera axis; finished axle; optic(al) axis; principal axis;ray axis
光轴编码器 optic(al) shaft encoder
光轴车床 axle finishing lathe
光轴点 foot of optic(al) axis; melatope;optic(al) center[centre]
光轴法线 optic(al) normal
光轴方向 beam of optical axis; bearing of optic(al) axis
光轴计 axometer
光轴间夹角 angle of optic(al) axis
光轴角 optic(al) axial angle
光轴面 optic(al) plane;plane of optic(al) axis
光轴平面 optic(al) axial plane
光轴平行度 parallelism of optic(al) axis
光轴色散 axial dispersion; dispersion of optic(al) axis
光轴图形 optic(al) axial figure
光轴仪 collimator
光注入 photoinjection
光注入电荷 photoinjected charge
光注入器 optic(al) injector
光注拾声器 light beam pick-up
光注拾音器 light beam pick-up
光驻极体 photoelectret
光柱 light beam;light cross;light pillar;streamer
光转化 phototransformation
光转换器 photoconverter
光转筒记录器 photokymograph; recording camera
光转移阻抗 optic(al) transimpedance
光锥 optic(al) taper;pencil
光锥聚光器 cone-channel condenser
光锥体 cone of light; illuminating

cone; light cone; light pencil; pencil; ray cone
光锥轴 axis of pencil
光着头的 bare-headed
光子 photon
光子波动 photon fluctuation
光子布居 photon population
光子测井 photon log
光子层 photon sphere
光子产额 photon yield
光子场 photon field
光子出度 photon existence
光子传感器 photon sensor
光子猝灭 photon quenching
光子单色仪 photon monochromator
光子电离截面 photoionization cross-section
光子动量 photon momentum
光子发动机 photon engine
光子发射 photon emission
光子发射谱 photon emission spectrum
光子发射噪声 photon emission noise
光子放大 photon amplification
光子分量 photon component
光子俘获 photon capture; photon trapping
光子辐射 photon radiation
光子辐射度 photon irradiance
光子感生作用 photon-induced action
光子感应波动 photon-induced fluctuation
光子关联能谱法 photon correlation spectroscopy
光子光子相互作用 photon-photon interaction
光子轰击 photon bombardment
光子回波 photon echo
光子活化分析 photon activation analysis
光子激发电子 photon excited electron
光子激发原子 photon excited atom
光子计 photon meter
光子计数 photon counting
光子计数分光度计 photon counting spectrophotometer
光子计数辐射计 photon counting radiometer
光子计数检测器 photon counting detector
光子计数模式 photon counting mode
光子计数器 photon counter; quantometer
光子计数统计学 photon counting statistics
光子检波器 photon detector
光子简并度 photon degeneracy
光子交联 photon crosslink
光子结构 photon structure
光子聚束 photon bunching
光子聚束效应 bunching effect of photons
光子理论 photon theory
光子流 photon stream
光子密度 photon density
光子能量 photon energy; quantum energy
光子耦合 photon coupling
光子耦合对 photon-coupled pair
光子耦合隔离器 photon-coupled isolator(device)
光子耦合阵列 photon-coupled array
光子起动开关 photon activated switch
光子起伏 photon fluctuation
光子气(体) photon gas
光子牵引光探测器 photon drag photodetector
光子牵引探测器 photon drag detector
光子牵引效应 photon drag effect
光子铅板 Lymar
光子强度 photon intensity
光子曲线 photon curve
光子热导率 photon thermal conductivity
光子散射过程 photon scattering
光子摄像机 photon camera
光子生载流子 photon-generated carrier
光子声子碰撞 photon-phonon collision
光子事件 photoevent
光子释放 photon liberation
光子寿命 photon lifetime
光子束 photon beam; photon bunching
光子速率 photon velocity
光子探测器 detector of photon; photon detector
光子通量 photon flux
光子通量密度 photon flux density
光子统计学 photon statistics
光子吸收 photon absorption
光子限灵敏度 photon limited sensitivity
光子限信号 photon limited signal
光子相关 photon correlation
光子相关光谱仪 photon correlation spectrometer
光子效应 photon effect
光子学 photonics
光子噪声 photon noise
光子噪声极限 photon noise limit
光子增益 photon gain
光子指示器 photon detector
光子转换体 photon converter
光紫质 rhodopsin; visual purple
光字符识别系统 optic(al) character recognition system
光字符阅读机 optic(al) character reader; optic(al) mark reader
光字体 optic(al) type font
光自动导引头 light-scribing device
光自动跟踪 light homing
光自动寻的 light-seeking
光自动寻的头 light homing head
光自适应技术 optic(al) adaptive technique
光自陷 light self-trapping
光踪分析器 spectrum analyser[analyzer]
光阻材料 photoresist
光阻抗突变 optic(al) impedance discontinuity
光阻摄像管 resistron
光组合器 optic(al) combiner
光钻 drill finish
光作用 photosynthesis
光作用测量术 actinometry

桄

桄榔【植】 sugar palm

桄榔属 <拉> Arenga

广

广播 broadcast(ing); loudspeaker; rediffusion

广播报时 time signal in broadcasting
广播波段 broadcast band; standard broadcast band
广播(波段)频盘 broadcasting frequency
广播车 radio diffusion van; sound truck
广播传呼 paging
广播传呼扬声器 long range paging speaker
广播地址 all-stations address; broadcast address
广播电话 broadcast(ing) call
广播电视 broadcast television; radio and television
广播电视联播公司 network
广播电台 broadcast(ing)(transmission station); broadcast transmitting station; radio broadcasting station; radio (transmitting) station; sound broadcasting studio
广播发射机 broadcast(ing) transmitter
广播发射机智能测试仪 broadcast transmitter intellect test instrument
广播发射台 broadcast transmitting station
广播服务区 service area
广播呼叫 broadcast(ing) call
广播或电视中答问的主持人 question-master
广播监听器 studio monitor
广播节目 programming; radio program(me)
广播节目说明 continuity
广播警报 broadcast warning
广播扩音系统 public-address loudspeaker system
广播喇叭 loudspeaker set
广播录音 sound programme recording
广播频道 broadcast channel
广播器材厂 broadcasting equipment plant
广播区域 legal service area
广播设备 broadcast equipment
广播设备模型 broadcaster model
广播声学 radio acoustics
广播时间 air space; air-time
广播试验卫星 broadcasting satellite experiment
广播室 announcer's booth; announce [announcing] room; broadcasting room; broadcasting studio; sound broadcasting studio
广播室广播 direct pick-up; live pick-up
广播收音机 broadcast receiver
广播数据 broadcast data
广播台 rediffusion station
广播停止 sign-off
广播网 broadcasting network; network
广播卫星 broadcast satellite
广播卫星业务 broadcasting satellite service
广播系统 loudspeaker system; public address system; public announcing system
广播消息 broadcast message
广播信道 clear channel
广播星历 broadcast ephemeris
广播学校 radio school
广播员 announcer; broadcaster; speaker
广播员用话筒 speaker microphone
广播员用送话器 speaker microphone
广播增音机 broadcasting repeater
广播站 broadcasting station; rediffusion station
广播中 on-the-air
广播中继设备 broadcasting junctioning equipment
广播中继网络 program(me) relaying network
广播中继线 program(me) line
广播中心 broadcasting center[centre]
广播转播 broadcast relaying
广播转播电台 relay broadcast station; repeating station
广播装置 broadcaster
广播桌式播控台 broadcast control desk
广播子网 broadcast subnetwork
广博 width
广布的 widespread
广布网络 wide area network
广布植物区系 macroflora
广彩 Guang colo(u)rs
广场 aula; carrefour; esplanade; forum [复 forums/fora]; maidan; open area; piazza; plaza; public square; square; agora(e) <古希腊贸易及集会用>
广场出入街道 <分散车流及人流用的> contributory street
广场恐惧症 agoraphobia
广场绿化 public square planting
广场入口 entrance piazza; throats of crossing
广场外 out-of-square
广场系统 place system; plaza system
广出力喷嘴 wide range atomizer
广翠 Guang kingfisher blue
广大的 areal
广大公众 public at large
广大领土(地区) immense territory
广大面积 sizable area
广大区域 sizable area
广大厅【铁】 public hall
广大无边的 cosmic(al); immeasurable
广带性 euryzonous
广岛变动 Hiroshima orogeny
广岛和长崎核爆炸 Hiroshima and Nagasaki nuclear explosion
广东瓷 Canton china
广东蓝 <紫蓝色陶瓷色料> Canton blue
广东松 Canto pine
广东万年青 Canto green
广动物区系 macrofauna
广度 breadth; broadness; extension; extent; horizontal range; width
广对称的 persymmetric(al)
广对数螺线 logarithmoid
广泛的 comprehensive; extensive; wide-ranging; widespread
广泛的利用 widespread availability
广泛地说 broadly speaking
广泛调查 extensive survey
广泛分布 wide distribution
广泛分布的矿藏 widespread occurrence
广泛雇工 extensive employment
广泛规划 comprehensive plan(ning)
广泛流行的 pandemic
广泛使用 widespread use
广泛搜索 broad search
广泛污染 pollution in wide areas; regional pollution
广泛性 universality
广泛应用 extensive use
广泛栽培 widely grown
广泛转移 widespread metastasis
广范围弹性 long-range elasticity
广分布的 eurytopic
广分布海洋生物类模型 panthalassic type
广分配厅【铁】 public hall
广幅营养性的 eurytropic
广告 advertisement; advertising; bill-posting; flack; hand-bill; leaflet; placard; poster; show bill; sticker
广告板 poster board
广告板牌 poster
广告标志 advertising sign
广告部 advertising department
广告传单 flyer
广告代理处 advertising agency
广告单 <美> shopper

广告灯 advertising lamp
广告灯箱 advertising lamp box
广告法 advertisement regulation act; advertising
广告费 advertisement charges; advertising expenses; outlay for advertisement
广告风景 adscape
广告公司 advertising agency
广告构筑物 advertising structure
广告画 poster; poster colo(u)r
广告节目 sponsored program(me)
广告景观 adscape
广告栏 billboard
广告幕 advertisement curtain
广告牌 advertisement board; advertising board; advertising sign; billboard; hoarding; placard; show card; sign board
广告牌漆 sign paint
广告品 <免费奉送的> hand out
广告破坏沿路景色 advertising encroachment
广告墙 advertising wall
广告侵占 <公路用地或破坏沿路景色> advertising encroachment
广告色 advertising colo(u)r; poster colo(u)r; tempera
广告商 advertising agent
广告商品 door buster
广告社 advertising agent
广告手段 medium of advertisement
广告塔 advertising tower; kiosk
广告亭 advertising kiosk
广告涂料 bulletin paint; poster paint; show card colo(u)r
广告业 advertising
广告员 publicist; publicity agent; adman[复 admen] <俚语>
广告招贴板 advertisement boarding
广告招贴布 poster cloth
广告照明 advertisement lighting; advertising lighting
广告纸 advertising paper; poster paper
广告字体 signwriting
广耕法 extensive farming
广光性的 euryphotic
广光性动物 euryphotic animal
广光性藻类 euryphotic algae
广海沉积 open sea deposit
广海陆架 open sea shelf
广海陆架相 open sea shelf facies
广海台地相 open marine platform facies
广环 ringoid
广渐屈线 evolutoid
广胶 Canton glue
广角簇射 wide-angle shower
广角的 wide angle
广角地平仪 wide-angle horizon sensor
广角电视摄影机 full-scan television camera
广角多倍投影(测图)仪 wide-angle multiplex projector
广角反射 wide-angle reflection
广角反射地震调查 wide-angle reflection seismic survey
广角方向 wide-angle direction
广角放大镜 wide-angle magnifier
广角辐射计 wide-angle radiometer
广角观察装置 wide-angle viewing device
广角光谱辐射计 wide-angle spectroradiometer
广角光学系统 wide-angle optics
广角航摄仪 wide-angle aerial camera
广角畸变 wide-angle distortion
广角镜 moonwatch telescope
广角镜头 wide-angle lens
广角漫射 wide-angle diffusion
广角瞄准具 wide-angle sight
广角目镜 wide-angle eyepiece
广角喷嘴 wide-angle nozzle
广角潜望镜 wide-angle periscope
广角倾斜投影测图仪 oblique wide-angle multiplex projector
广角去像散透镜 wide-angle anastigmat
广角全景照片 wide-angle panoramic photo
广角全息图 wide-angle hologram
广角扫描 large-angle scanning; wide-angle scanning
广角扫描器 wide-angle scanner
广角摄影 wide-angle photography
广角摄影测量照相机 wide-angle photogrammetric camera
广角摄影机 wide-angle camera
广角失真 wide-angle distortion
广角视场 wide-angle field; wide-angular field
广角视界 wide-angle coverage
广角视野 wide angle visibility
广角透镜 pantoscope; wide-angle lens
广角透视 wide-angle perspective
广角望远镜 wide-angle telescope
广角物镜 wide-angled object glass; wide-angle objective; wide-angle object lens
广角像 wide-angle image
广角消像散透镜 wide-angle anastigmat
广角型灯具 wide-angle luminaire
广角型照明器 wide-angle lighting fittings; wide-angle luminaire
广角远摄变焦镜 wide-to-tele zoom lens
广角照明 wide-angle lighting
广角照片 wide angle photograph
广角照相机 pantoscope; wide-angle camera
广角照相术 wide-angle photography
广角照相系统 wide-angle photographic system
广角制图物镜 wide-angle mapping objective
广角准直仪 wide-angle collimator
广角坐标方位仪 wide-angle coordinator
广钧釉 Guang Jun glaze
广口平底抽提瓶 wide-mouthed flat-bottom extraction flask
广口瓶 jar; wide-mouth bottle; wide-necked bottle
广口烧瓶 wide neck flask; wild-mouth bottle
广口制品 wide mouth ware
广阔的 broad; capacious; extensive; spacious; vast; wide
广阔的市场 broad market
广阔地面 tract
广阔深的 eurybathic
广阔搜索 broad search
广阔搜索布局 broad search allocation
广阔搜索方案 broad search plan
广阔搜索时间 broad search time
广阔搜索探测设备 broad search sensor
广阔一亩城市 <美国等特设想的城市规划方案> Broad Acre City
广量程浊度计 extended range turbidimeter
广木香内酯 costunolide
广平岩溶高原 planina[复 planine]
广谱 broad spectrum
广谱防腐剂 broad spectrum preservative
广谱性农药 broad spectrum pesticide
广栖性的 euryoecic; euryoecious
广群 groupoid
广深性的 eurybathic
广生境的 eurytope
广湿性动物 euryhygric animal
广食性动物 euryhagy animal
广井式波压仪 <为日人广井博士在早期所创制,装设于防波堤或岩礁上测量波压的仪器> Hiroi wave pressure meter
广视场 wide field
广视角透镜 lens covering a wide angle of field
广视角系统 wide-angle system
广视野目镜 wide-field eyepiece; wide-field ocular
广室船闸 basin lock; wide chamber lock
广适性的 eurytopic
广酸性动物 euryoxybiotic animal
广蹄 open hooves
广为应用的工具 work horse
广温动物 eurythermic animal
广温生的 eurythermal
广温生物 eurytherm; eurythermal organism
广温性 eurytherm
广温性的 eurythermal; eurythermic
广限调整器 broad range regulator
广延空气簇射 extensive air shower
广延量 extensive quantity
广延态 extended state
广延性质 extensive property
广盐度性 euryhaline
广盐性的 <海洋生物> euryhaline; euryhalinous
广盐性动物 euryhaline animal; euryhaline organism
广盐性海洋动物 euryhaline marine animal
广盐性生物 euryhaline organism; eurythermal organism
广盐性鱼类 euryhaline fishes
广盐性种 euryhaline
广氧性生物 euryoxybiont; eurythermal organism
广义 broad sense
广义 X^2 分布 generalized X^2-distribution
广义本征值问题 generalized eigenvalue problem
广义边界条件 general boundary condition
广义变分原理 generalized variational principle
广义表达式 generalized expression
广义泊松分布【数】 generalized Poisson distribution
广义泊松过程 generalized Poisson process
广义布隆斯方程 generalized Bruns equation
广义成本 generalized cost
广义出行费用 generalized journey fee
广义传递函数 generalized transmission function
广义大地水准面 generalized geoid
广义单纯形法 generalized simplex method
广义单态速度密度模型【交】 generalized single-regime speed concentration model
广义单位函数 generalized identity function
广义导数 generalized derivative
广义倒数 general reciprocal
广义的 generalized
广义的误差校正树状自动机 generalized error-correcting tree automaton
广义等晕定理 generalized isoplanatism theorem
广义电同步加速 generalized electric(al) synchrotron
广义动量 generalized momentum
广义二维傅立叶变换 generalized two-dimensional Fourier transform
广义二项分布 generalized binomial distribution
广义二项试验模型 generalized binomial trials model; Poisson's binomial trials model
广义方差 generalized variance
广义方程 generalized equation
广义费用 generalized cost
广义分析 generalized analysis
广义傅立叶变换 generalized Fourier transform
广义傅立叶分析 generalized Fourier analysis
广义刚度 generalized stiffness
广义跟踪功能 generalized trace facility
广义固体模型 generalized solid model
广义惯性力 generalized inertia force
广义光瞳函数 generalized pupil function
广义规则 generalized rule
广义函数 generalized function
广义汉明码 generalized Hamming code
广义荷载 generalized load
广义虎克定律 generalized Hooke's law
广义虎克应力应变定律 Hooke's generalized stress-strain law
广义换码 general escape
广义回路 generalized circuit
广义绘图图元 generalized drawing primitive
广义货币 generalized monetary
广义积分 improper integral
广义激振力 generalized exciting force
广义级数 generalized series
广义极端值 generalized extreme value
广义极限 generalized limit
广义几何刚度 generalized geometric(al) stiffness
广义既约梯度法 generalized reduced gradient method
广义加速度 generalized acceleration
广义假言推理 generalized modus ponens
广义节点变换 generalized node transformation
广义节点力 generalized nodal force
广义节点位移 generalized nodal displacement
广义解 generalized solution
广义解释 extensive interpretation
广义近似式 generalized approximants
广义均值 extended mean value
广义库仑方程 generalized Coulomb's equation
广义库仑公式 generalized Coulomb's formula
广义拉盖尔多项式 generalized Laguerre polynomial
广义拉盖尔函数 generalized Laguerre function
广义拉格朗日不变量 generalized Lagrange invariant
广义拉格朗日解 generalized solution of Lagrange
广义拉姆齐数 generalized Ramsey number
广义力 generalized force
广义力函数 generalized forcing function
广义例程 generalized routine
广义例行程序 generalized routine
广义连续力学 generalized continuum mechanics

广义(链)表 generalized list
广义量度 generalized measure
广义量(值)【数】generalized quantity
广义林氏无关系统 extended zero-sided Lindenmayer system
广义流变体 generalized rheological body
广义流态化 generalized fluidization
广义流体静力学方程 generalized hydrostatic(al) equation
广义毛管势 generalized capillary potential
广义毛管吸力 matrix suction
广义模数 generalized modulus
广义逆矩阵 extended inverse matrix; generalized inverse matrix; generalized matrix inverse
广义牛顿流体 generalized Newtonian fluid; non-linear Newtonian fluid
广义排列 generalized arrangement
广义平均值 general mean
广义平面定理 general plane theorem
广义平稳过程 wide-sense stationary process
广义平稳随机过程 stationary random process in the wide sense
广义平稳性 wide-sense stationarity
广义普朗克定律 universal Planck law
广义谱密度 generalized spectral density
广义奇偶校验 generalized parity check
广义散度 generalized divergence
广义实数 extended real number
广义矢量光栅追迹方程 generalized vector grating ray-tracing equation
广义市场 generalized marketing
广义数学归纳法 generalized mathematical induction
广义司托克斯公式 extended Stokes formula; generalized Stokes formula
广义速度 generalized velocity; Lagrangian generalized velocity
广义随机过程 general stochastic process
广义特性 generalized property
广义特征值 generalized eigenvalue
广义特征值问题 generalized eigenvalue problem
广义条分法 generalized procedure of slices; generalized slice method
广义条件 generalized condition
广义调和分析 generalized harmonic analysis
广义投影 generalized projection
广义透射函数 generalized transmission function
广义凸规则 generalized convex programming
广义凸性 generalized convexity
广义网论 general net theory
广义位移 generalized displacement
广义文件处理 generalized file processing
广义五级像差 generalized fifth order aberration
广义误差 generalized error
广义系统 generalized ensemble
广义线性系统 generalized linear system; generated linear system
广义相对孔径 generalized relative aperture
广义相对论 general relativity theory; general theory of relativity
广义相对论效应 general relativistic effect
广义相对论性坍缩 general relativistic collapse
广义相关 generalized correlation
广义效用函数值 generalized effectiveness function value
广义性 generalization
广义旋量 undor
广义衍射光栅 generalized diffraction grating
广义应力 generalized stress
广义应力状态 generalized stress condition
广义有限自动机理论 generalized finite automaton theory
广义圆柱体 generalized cylinder
广义褶合式 generalized convolution
广义褶积 generalized convolution
广义振荡控制伺服机构 general oscillating control servomechanism
广义振动方程 generalized vibration equation
广义指令【计】extra-instruction; macroinstruction
广义质量 generalized mass
广义中值定理 extended theorem of mean value
广义主序 generalized main sequence
广义子例程 generalized subroutine
广义阻抗 generalized impedance
广义阻尼 generalized damping
广义组合 generalized ensemble
广义最小二乘法 generalized least square method
广义最小二乘方【数】generalized least square
广义作业选择 generalized job selection
广义坐标 generalized coordinates
广义坐标矢量 vector of generalized coordinates
广用的 universal
广用夹 universal clamp
广用台 universal stand
广用万能铣床 universal milling machine
广玉兰 bull bay; Southern Magnolia
广域 wide area
广域车辆监视 wide area vehicle monitoring
广域地形 macrorelief
广域分布物种 eurychoric species
广域分布植物 eurychoric plant
广域缓冲剂 universal buffer
广域检测器 wide area detector
广域流域水量水质规划 basin-wide water quantity and quality planning
广域数据服务 wide area data service
广域水污染综合调查 wide area comprehensive water pollution survey
广域水质规划与管理 areawide water quality planning and management
广域网(络) wide area network
广域污染 pollution in wide areas
广域系统 large regional system
广域信息服务器 wide area information server
广域信息服务系统 wide area information server
广域组合 megasociation
广占土地工业 land extensive industry
广州搪瓷 Canton enamel

归

归并 apposition; merge
归并分类 merge sort(ing)
归并海滩 apposition beach
归并交换法 merge exchange
归并命令 merge command
归并排序 merge sort; ordering by merging; sequencing by merging
归并顺序 order by merging; order of merge
归并网络 merge network
归参考记录 return-to-reference recording
归成一排 windrow
归程货物 back cargo
归档 filing(-up); on file
归档处理 archiving process
归档过程 archiving process
归档日期 date of filing
归档时间 filing time; time of filing
归档文件 archived file
归堆 bunch(ing)
归堆机 buncher
归垛 stack
归国航次 homeward voyage; return voyage
归航 homeward return voyage; homing; resail
归航船只 inbound ship
归航的 inbound; homeward bound
归航附加器 homing adapter
归航设备 homing aid; homing device
归航台 <机场> homer; homing aid; homing station
归航信标 home homing beacon; homing beacon; radio homing beacon
归航仪 <飞机> homing adapter
归航应答器 homing transponder
归航有效距离 homing range
归航指点标 homer
归化 naturalization
归化的 naturalized
归化法 normalization method
归化方程组 reduced system of equations
归化辐照度 normalized irradiance
归化高程 reduced level
归化海面的天文纬度 reduced astronomical latitude
归化纬度 geometric(al) latitude; parametric(al) latitude; reduced latitude
归化系数 transformation coefficient
归化植物 naturalized plant
归化植物率 rate of naturalized plants
归还 make restitution; refunding; restitution; retrocede; returning
归还贷款 repayment of bank loan; replace borrowed money
归还抵押借款 payoff the mortgage
归还款项 return a sum
归还欠款 payback
归还文据 reconveyance deed
归基准记录 return-to-reference recording
归结 eventuate; termination
归结反驳 resolution refutation
归结起来 the long and the short of it
归井 annexation
归咎 reckon
归类 groupage; subsumption
归楞 banking; piling
归楞机 log stacker
归零 adjust(ment) to zero; make zero; mulling operation; zero adjustment
归零编码 return-to-zero coding
归零表示 return-to-zero representation
归零差 misclosure of round
归零代码 return-to-zero code
归零动作 flyback action
归零法 return-to-zero method
归零方式 return-to-zero mode
归零记录法 return-to-bias recording; return-to-reference recording
归零脉冲 return-to-zero pulse
归零器 zero adjuster
归零式电测力计 zero-type dynamometer
归零输入 clear input
归零校正 zero-in
归零制 return-to-zero(method); return-to-bias
归零制记录 return-to-zero record(ing)
归零制逻辑 return-to-zero logic
归零制系统 return-to-zero system
归龙 hank
归路 return circuit
归谬法 reduction to absurdity; reduction ad absurdum <拉>
归谬证法 reduction ad absurdum proof
归纳 extrapolation; generalization; induction; summary; summing-up
归纳边 inductive edge
归纳变量 induction variable
归纳步骤 induction step
归纳成本 absorption cost
归纳成本计算法 absorption costing
归纳的 a posteriori; inductive
归纳断言法 inductive assertion method
归纳法 induction method; inductive approach; inductive method; method of induction
归纳法规则 rule of induction
归纳法文法推断 grammatical inference by induction
归纳公式 inductive formula
归纳还原【数】induction reduction
归纳积 reduced product
归纳基础 induction base
归纳假设 inductive assumption; inductive hypothesis
归纳论证 inductive demonstration of argumentation
归纳逻辑 inductive logic
归纳统计学 inductive statistics
归纳推理 inductive inference; inductive reasoning
归纳-演绎推理 inductive-deductive reasoning
归纳原理 induction principle
归纳证法 proof by induction
归纳证明 proof by induction
归纳证明法 inductive proof method
归偏制 return-to-bias
归偏制记录 return-to-bias recording
归入 come under; count in; fall under
归属成本 attributable cost
归属概率 grouping probability
归属价值向量 imputed cost vector
归属利益 vested benefit
归属路 home line
归属任务 attaching task
归属于 relegate
归算 reducing calculus
归算表 reduction table
归算参数 reduction parameter
归算成比例 reduction of scale; reduction to scale
归算到测站中心 reduction to the centre of station
归算改正 correction for reduction
归算价格 imputed price
归算视距仪 reduction tacheometer
归算系数 reduction coefficient
归算线 line of regression
归算校正 correction for reduction
归算至标准条件 reduction to standard condition
归投资者所有的公共事 investor-owned utility
归位 homing; index
归位式 homing type
归位式导线机 homing type line switch
归位式旋转机键 homing type rotary switch
归位式选择器 homing finder; homing type line switch
归位式寻线机 homing finder; homing type line switch
归线 return wire
归心点 plumb point
归心改正 correction for centering;

correction for reduction to centre; reduction to centre correction
归心计算 reduction to center[centre]
归心投影 centering[centring] projection
归心投影法 centroclinal dip projection method
归心纬度 geometric(al) latitude; reduced latitude
归心校正 correction for centering; correction for reduction to centre; reduction to centre correction
归心元素 centering element; element of centering
归一 normalizing
归一化 normalization; normalize
归一化 Q 值 normalized Q(value)
归一化比值 normalized ratio
归一化标准 normalization criterion
归一化参量 normalized parameter
归一化常数 normalization constant
归一化超孔压曲线 normalized overpore water pressure curve
归一化传递函数 normalized transfer function
归一化单位 normalization unit
归一化导纳 normalized admittance
归一化的土性质 normalized soil property
归一化电流 normalized current
归一化电纳 normalized susceptance
归一化电压 normalized voltage
归一化法 normalization method
归一化分布 normalized distribution
归一化功率方向图 normalized power pattern
归一化矩阵 normalized matrix
归一化能量 normalized energy
归一化耦合系数 normalized coupling coefficient
归一化判定 normalized decision
归一化频率 normalized frequency
归一化探测率 normalized detectivity
归一化条件 normalization condition
归一化系数 normalization factor
归一化型 normalized form
归一化性状 normalized behavio(u)r
归一化因数 normalization factor; normalizing factor
归一化因子 normalized factor
归一化约束 normalization constraint
归一化噪声隔绝类 normalized noise isolation class
归一化噪声降低 normalized noise reduction
归一化振型 normalized mode shape
归一化正交函数 normalized orthogonal functions
归一化阻抗 normalized impedance; reduced impedance
归一化作用力 normalized force
归一化坐标 normalized coordinates
归因危险度 attributable risk
归因于 impute
归用户操纵的栏木 user-operated barrier
归于 accredit; ascribe; fall through
归约 reduced; reduction
归约操作 reduction operation
归约定理 deduction theorem
归约公式 reduction formula
归约规则程序的解释 interpretation of a reduction rule program(me)
归约规则的代元部分 replacement part of a reduction rule
归约规则的解释程序 interpreter for reduction rules
归约规则的推导 derivation of reduction rules
归约积分 integration by reduction
归约算法 reduction algorithm
归约自动机 reduced automaton
归正【测】 reduction
归正仪 reductor
归组 grouping
归组分类码 group classification code
归组校正 correction for grouping

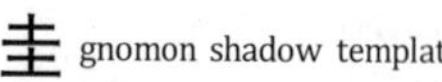

圭 gnomon shadow template

圭表 gnomon
圭羟铬矿 guyanaite
圭亚那地盾【地】 Guyana shield
圭亚那古陆 Guyana old land
圭亚那海盆 Guyana basin

龟 板 tortoise plastron

龟板胶 glue of tortoise plastron
龟背 turtle back
龟背甲板 arch deck
龟背石【地】 septarium; beetle stone; septarian boulder; septarian nodule; turtle stone
龟背石黏[粘]土 septarian clay
龟背式地形 turtle-back
龟背纹 tortoiseshell pattern
龟背状地形 turtle-back
龟标 turtle
龟标几何 turtle geometry
龟标制图 turtle graphics
龟鳖类爬行动物 terrapin
龟鳖族 terrapin
龟海鞘 Chelyosoma siboja Oka
龟甲 tortoise shell
龟甲木 tortoise shell wood
龟甲网衬里 monolithic
龟甲形大盾或屏风 <古罗马> testudo
龟甲形拱顶的 testudinate

规 ga(u)ge

规板 guiding rule; lute; shaping plate; straight edge
规避的 evasive
规避角 avoiding angle
规测 ga(u)ging; tentative
规测距离 ga(u)ge[ga(u)ging] distance
规程 code of rules; directive rule; regulation; rule
规程的实施 application of regulation
规程曲线 rule curve
规程条款 clause of regulations
规尺 jig
规定 assignment; enactment; establishing; prescribe; prescription; provide; provision; regulate; specification; specification term; specify; statute; stipulate; stipulation
规定比例尺 established scale; expressed scale; preset scale; required scale
规定标准 governing criterion; standard rate
规定不明确的 undefined
规定操作时间 scheduled operating time
规定层位采样 sampling at a definite horizon
规定长度 ruled length; specific length
规定场强 legal required field intensity
规定车辆滞留时间标准 establishment of car detention standards
规定成本 specification cost
规定程序 due process; routine procedure
规定尺寸 basic size; fixing dimension; given size; set dimension; specified dimension
规定尺寸的琢石 dimension stone
规定尺寸石板 sized slate
规定尺寸石块 dimension stone
规定冲击声级 normalized impact sound level
规定的 official; prescribed; prescriptive; specified; statutory
规定的安装方法 specified method of erection
规定的标准 specified standard
规定的材料规格 specified material specification
规定的操作程序 established procedure
规定的操作法 established procedure
规定的费率 administrative rate
规定的混凝土配合比系列 designated mixes
规定的活荷载 required live load
规定的基础 basis for establishing
规定的架设方法 specified method of erection
规定的精确度 claimed accuracy
规定的竣工日期 time limit
规定的列车间隔安全距离 regulation safety distance
规定的频率 assigned frequency
规定的期限 prescribed time-limit
规定的牵引力 required tractive effort
规定的强度 required strength
规定的权 prescribed rights
规定的权限 specified power
规定的上限 set-upper limit
规定的施工时间 specified construction time
规定的时间 specific time
规定的条件 defined terms
规定的通航流向 established direction of traffic flow
规定的完成时间 specified time for completion
规定的违约偿金 liquidated damages
规定的运行点 specified operating point
规定的运行工况 specified operation condition
规定的制动试验 standing brake test
规定的总限度 specified over-all limit
规定的最大供水量 authorized full supply
规定电压 assigned voltage
规定定额 rate fixing; rate setting
规定范围 prescribed limit
规定费率 open rate; tariff rate
规定负荷 given load; specified load
规定附设停车场 obligated parking lot
规定钢筋 nominal reinforcement
规定高度 present level; specified height
规定格式 prescribed form; specified form(at)
规定个人费用的 sumptuary
规定工程维修改进时间 scheduled engineering time
规定工资 union wage
规定公差 accepted tolerance; tolerance stipulated
规定功能部件 specify feature
规定贯入度 specified penetration
规定海上使用雷达的国际会议 International Conference to Discipline the Use of Radar in Maritime Navigation
规定航道 lane
规定航路点 define way-point
规定航线 specified course
规定号灯 regulation light
规定耗料率 specified rate of consumption
规定荷载 legal load; ordinance load; prescribed load; specified (rated) load
规定化 normalize
规定混合料 prescribed mix
规定基准(面) ordinance(survey) datum
规定及付款的浚挖竣工高程 nominal and pay dredged level
规定级配 specified grading
规定极限 prescribed limit; specified limit
规定价格 fixed the price; stipulated price
规定交换量 scheduled net interchange
规定浚挖竣工高程 nominal dredged level
规定抗压强度 specified compressive strength
规定块 ga(u)ge block
规定利率 normal rate
规定粒度采样 sampling at a definite size fraction
规定量 prescribed amount; specified amount
规定列车运行时刻 train scheduling
规定灵敏度 specified sensitivity
规定流量 minimum acceptable flow
规定轮载 legal wheel load
规定螺旋钻 ga(u)ge auger
规定名的最右部分 simple name
规定模式 square pattern
规定挠曲强度 specified flexural strength
规定能力 regulation capacity
规定浓度 normal concentration; normality
规定排污量 specify mass discharge
规定牌号 code designation
规定配合 specified mix
规定配(合)比 specified mix
规定频带强级差 normalised band level difference
规定频率 assigned frequency
规定频率差度 scheduled frequency offset
规定期间 prescribed period
规定期限 stated period; stated time-limit
规定期限的工作量 work load
规定汽笛 regulation whistle
规定强度 specified strength
规定日期 specified date
规定容量 regulation capacity
规定容限 accepted tolerance
规定溶液 standard solution
规定砂浆 ga(u)ged mortar
规定烧除 prescribed burning
规定设计和运转的法则 construction and use regulations
规定深度 selected depth; stipulated depth
规定深度采样 sampling at a definite depth
规定时间 official hours; prescribed hour; preset time; scheduled time; set period; set time
规定时间间隔 specified time interval
规定使用期限 required life
规定试验步骤 specified testing procedure
规定试验压力 specified testing pressure
规定收获量 prescribed yield
规定属具 statutory equipment
规定双方权利义务的契约 indenture deed
规定水权 prescribed water rights

规定水头 prescribed water head; specific head; specified head
规定水位 dimensioned water level
规定水准(标)点 ordinance bench mark
规定税率 tariff rate
规定速度 limited speed; official speed; set speed; specified speed
规定速度极限 official speed limit
规定速度进行示像 limited-clear aspect
规定速度区 limited speed zone
规定速率 schedule speed
规定提纲 outline specifications
规定条件 rated condition
规定停车地段 controlled parking zone
规定通过车站的进路 routing through stations
规定挖掘条件 rated digging condition
规定外的路径 route beyond
规定完成的业绩 performance requirement
规定完成的指标 build in achievement indicator
规定维护 routine maintenance; scheduled maintenance
规定维修 routine maintenance; scheduled maintenance
规定维修时间 scheduled maintenance time
规定位置 position
规定温度 set point of temperature; specified temperature
规定文字 authentic language
规定系数 defined coefficient; determinate coefficient
规定限差 accepted tolerance
规定限度 prescribed limit
规定性能 required function; specified performance
规定徐变极限 conventional creep limit
规定徐变限度 conventional creep limit
规定循环时间 definite cycle time
规定压力 authorised[authorized] pressure; regime(n) pressure; set pressure
规定颜色 code colo(u)r
规定样品 official sample
规定用火 prescribed burning; ga(u)ging water < 拌和水泥时 >
规定语言 authorized language
规定原理 principle of specification
规定运行速度 scheduled running speed
规定运转时间 scheduled operating time
规定载荷 specified load
规定载重 prescribed load
规定者 stipulator
规定直径 nominal diameter
规定值 codified value; default value; index value; rating; set point; set value; specified rate
规定制度 rules and regulations
规定重空车在调车场运行时间标准 establishment of yard movement standards for load and empties
规定住房密度的区划 cluster zoning
规定砖 ga(u)ged brick
规定状态 specified attitude
规定准板 ga(u)ge board
规定准确度 given accuracy
规定总压头 specified total head
规定最大速限 absolute speed limit
规定最高温度 ceiling temperature
规定最小和最大范围的设计 minimax design
规定最小厚度 mandatory minimum thickness
规度 normality
规度化 normalization
规度溶液【化】 normal solution
规范 code; code and standard; code of practice; code specification; norm; performance specification; procedure; regulation; series specification; standard
规范案例 code cases
规范变换 ga(u)ge transformation
规范不变量 ga(u)ge invariant
规范不变性 ga(u)ge invariance
规范不等式组 normalized system of inequalities
规范草案 preliminary specification
规范场 ga(u)ge field
规范场论 ga(u)ge theory
规范的 canonic(al)
规范的趋势变化 canonic(al) trend variation
规范的泰勒系数 normalized Taylor coefficient
规范符号 code symbol
规范符号标志的认可证书 certificate of authorization of code symbol stamp
规范管理 standardized administration
规范和标准 code and standard; criterion and standard
规范和标准分类 criterion and standard division
规范化 normalization; normalize; specification term; standardization
规范化处理 normative approach
规范化词表 controlled vocabulary
规范化的 normalized
规范化的财政管理 standardized financial management
规范化的向量 normalized vector
规范化函数 normalized function
规范化结构 normalized structure
规范化条件 normalization condition; normalized condition
规范化吞吐量 normalized throughput
规范化向量图 canonization vectogram
规范化形式 normalized form
规范回答 canonic(al) answer
规范混凝土 average concrete
规范价值函数 normalized cost function
规范经济学 normative economics
规范句型 canonic(al) sentential form
规范理论 ga(u)ge theory
规范粒子 ga(u)ge particle
规范模型 normative model
规范破产 standardize bankruptcy procedure
规范群 ga(u)ge group
规范生成 canonic(al) generation
规范实现 canonic(al) realization
规范式 normative form
规范树 normal tree
规范税制 standardize the tax system
规范说明书 specification(limit)
规范条件 normality condition
规范文件 authority file; authorization file
规范系统 canonic(al) system
规范形式 canonic(al) form
规范型 canonic(al) form
规范性法规 regularity rule
规范性模型 normative model
规范性推荐 codified recommendation
规范要求 specification requirements
规范印章 code stamp
规范印章的使用 application for code stamp
规范语法分析 canonic(al) parse
规范语言 specification language
规范预测技术 normative forecasting technique
规范正交函数展开式 orthonormal function expansion
规范转移矩阵 canonic(al) transition matrix
规范准则 normative criterion
规费 fee
规费收入 fee revenue
规杆 ga(u)ge bar
规格 etalon; format; ordinance; ordination; quality requirement; specification
规格板 < 一般宽 8、10 或 12 英寸,1 英寸 = 0.0254 米 > dimension board
规格板材 dimension stock; stock board
规格标准 specification standard
规格部分 specification part
规格材 dimension lumber
规格参数表 characteristics
规格差异表 specification of derivation form
规格尺寸 format dimensions
规格尺寸检查 dimensional check
规格单 specification sheet
规格的粗骨料 size coarse aggregate
规格的粗集料 size coarse aggregate
规格法规 specification code
规格范围 specification limit
规格钢板 structural quality plate
规格号 ga(u)ge; specification number
规格和性能 specifications and characteristics
规格化 normalization; normalize; normalizing; rating; standardization; standardizing; unitize; utilization
规格化变换 normalization transformation
规格化操作 normalization operation
规格化程序 normalization routine
规格化的 normalized
规格化浮点 normalized floating point
规格化浮点计位数 normalized floating-point number
规格化面生产量 normalized areal productivity
规格化设备坐标 normalized device coordinates
规格化数 normalized number; standardizing number
规格化锁 standardizing lock
规格化微程序 normalization microroutine
规格化响应 normalized response
规格化形式 normalized form
规格化因子 normalization factor
规格化浴室单元 bathroom building block module; unitized bathroom unit
规格化正交的 orthonormal
规格化正交函数系 orthonormal system of functions
规格化正交集 orthonormal set
规格化正交系 orthonormal system
规格化正交性 orthonormality
规格化正交正射投影像片 orthonormal
规格化指令 standardizing order
规格化中心矩 normalized central moment
规格化坐标 normalized coordinates
规格剪切 trimming
规格界限 specification limit
规格控制 standard control
规格块石 < 古罗马、希腊整齐砌筑的 > opus isodomum
规格名称 dimensional term
规格明细表 specification
规格木板 dimension stuff
规格木材 dimension stock; dimensional timber; dimensioned timber; dimension lumber; sized lumber
规格木料 dimension staff; dimension stock
规格木瓦 dimension shingle
规格砌块 < 古罗马、希腊整齐砌筑的 > opus isodomum
规格墙面板 dimension shingle
规格切纸 cut form
规格石板(瓦) sized slate
规格石料 dimension(al) stone
规格食品 institutional food
规格术语 dimensional term
规格说明书 specification manual
规格外的石油馏出物 off-specification petroleum distillate
规格线套合 guide cross registration
规格响应表 specification compliance form
规格形式 normalized form
规格以下的底层粒料 < 多指不合规格、夹泥超量的 > submarginal granular base material
规格证书 certificate of specification
规格准则 guideline specification
规管 ga(u)ge head
规管连接 ga(u)ge connection
规化纬度 reduced latitude
规划 blockout; contemplation; laying out; layout plan; plan(ning); planning scheme; programming; project; projection; scavenging scheme; working-out; preliminary planning
规划办公室 planning office
规划保留区 holding zone
规划比较方案 alternative plan
规划编程预算系统 planning-programming-budgeting system
规划标准 planning criterion; planning standard
规划标准(技术)规范 planning standard specification
规划测量 planning survey; project survey
规划成本作计划 programmed cost
规划程序 planning process
规划程序预算系统 planning-programming-budgeting system
规划程序预算制度 planning-programming-budgeting system
规划船队 planned fleet
规划船宽 planned ship-width
规划船型 planned ship-type; planning shipform
规划大纲 framework plan
规划单位 planning unit
规划道路红线 property line of planned road
规划的城区发展 planned urban development
规划的基础 planning basis
规划地区 planning region
规划地图 planning map
规划调查 planning investigation; planning survey
规划发展单元 planned unit development
规划法 law of planning; planning law
规划法规 planning legislation
规划法令 planning legislation
规划范围 planning area
规划方法 planning method
规划分类 planning group
规划分析 planning analysis
规划分析和检查 program(me) analysis and review
规划纲要 outline program(me)
规划格网 planning grid
规划工程师 project engineer
规划工作 planning work
规划工作者 planner

规划功能 planning function
规划构想 planning concept
规划顾问工程师 planning consultant
规划海图 planning chart
规划环境评价 plan environmental assessment
规划环境影响评价 plan environmental impact assessment
规划获准 planning consent
规划机构 city planning office; planning administration; planning bureau; planning office
规划及初步设计 conceptual engineering planning
规划建议 planning proposal
规划建筑线 construction ga(u)ge; track clearance
规划阶段 concept phase; conceptual phase; conceptual stage; planning phase; planning stage; projection period <投资的>
规划竞赛 planning competition
规划居住发展单元 planned unit residential development
规划局 planning board; planning office; planning authority
规划决策 programmed decision-making
规划控制元件 program(me) controlling element
规划蓝图 blueprint
规划类型 plan type
规划理论 planning theory; theory of planning
规划灵活性 flexibility in planning
规划论 programming theory; theory of programming
规划模型 plan model
规划目标 planning goal; program(me) objective
规划批准 planning permission
规划平面图 master plan
规划期限 plan period; target dates
规划区 planning area; planning region; planning space; planning zone; project area
规划人口 planned population
规划人员 planner
规划上诉调查 planning appeal inquiry
规划设计 conceptual design; conceptual planning; development design
规划设计办公室 planning and design office
规划设计工作 planning and design work
规划-设计-预算-核算系统 planning-programming-budgeting-accounting system
规划设计预算系统 planning-programming-budgeting system
规划设想 planning idea
规划设想图 draft plan
规划师 planner
规划实施 planning operation
规划手册 <尤指发给工人的> rulebook
规划数据 planning data
规划数学 mathematics for programming
规划水平 planning level
规划所要进行港口发展的费用 cost of port development planned to take place
规划图 planning graph(ics); planning map
规划土地 laying-out land
规划网络 planning grid
规划委员会 planning board; planning commission
规划文件 planning documents
规划线 plotted line
规划限制 planning restriction
规划项目 planned project; planning item
规划性勘察 planning exploration
规划性勘察计划 planning exploration plan
规划性设计 conceptual design
规划许可证 planning permission
规划选点阶段 stage of planning and selecting site
规划研究 panning study
规划与估算 planning and estimating
规划与论文 program(me) and papers
规划预测 planning forecast
规划预期要求 planning to anticipated requirements
规划原则 planning principle
规划远景 planning horizon; planning perspective
规划者 planner
规划指令 planning directive
规划指向 planning directive
规划中线 planning center line
规划周期 planning cycle
规划住宅发展区 planned residential development
规划助理员 project assistant
规划咨询 planning inquiry
规划总图 main plan; master plan; principal plan
规划组 planning group; planning party; planning team
规矩 ethics
规矩线 lay marks; register corner; register mark; registration mark
规距线 tick mark
规锯 compass saw
规块 size block
规块干涉仪 ga(u)ge interferometer
规量门 ga(u)ge door
规律 law; regular pattern
规律变形钢筋 deformed bar
规律变形钢丝 well-deformed wire
规律层组式层序 regular bedset sequence
规律化 regularization
规律间隔式潮后周期层序 regular tidal-cyclic sequence
规律顺序 systematic sequence
规律误差 regular error; systematic error
规律性 history; regularity
规律性搓板 rhythmic(al) corrugation
规律性搓板现象 phenomena of rhythmic(al) corrugation
规律性随机样本 systematic random sample
规轮 ga(u)ge wheel
规模 dimensions; scale; scope; size
规模报酬 returns of scale
规模报酬递减 diminishing returns to scale
规模不经济 diseconomy of scale
规模估计 sizing
规模价值 scale merit
规模结构 structure of size
规模经济 economic of scale; economy of scale; scale economy
规模经济学 economics of scale
规模经营 appropriate scale of operation
规模框架理论 the framework of theory on site-dimensions
规模收益 scale advantage
规模收益递减 decreasing returns to scale
规模损失 scale advantage
规模投资比率 size-investment ratio
规模效益 scale merit
规模指标 scale merit
规劝驶出【交】 exit recommendation
规线 ga(u)ge line
规压密度 orthobaric density
规压容积 orthobaric volume
规一化振型 normalized mode
规约 code; convention; protocol
规约层次 protocol level
规则 canon; ordination; regulation; rule
规则包体 regular inclusion
规则变化 regular variation
规则变数折旧法 uniformity varying amounts method of depreciation
规则变星 regular variable
规则、标准与说明 rules and standards and instructions
规则波 regular sea; regular wave; monochromatic wave
规则波列 regular wave train
规则波造波机 regular wave generator
规则层 regular bed
规则层理 regular bedding
规则场 regular field
规则的间歇泉 steady geyser
规则的生长方式 regular growth patterns
规则的专家系统 rule-based expert system
规则等级的不平衡 unbalanced class of procedures
规则点图样 regular dot pattern
规则点阵型磁铁 super-lattice type magnet
规则多面体 regular polyhedron
规则反射 mirror reflection; regular reflection; specular reflection
规则干扰 regular noise
规则格网 regular net
规则海岸 regular coast
规则化 regularization; systematization
规则化光子传播函数 regularized-photon propagator
规则畸变 regular distortion
规则尖峰 regular spike
规则节点 regular node
规则解释程序 rule interpreter
规则金刚石 regular diamond
规则镜 regular mirror
规则矩阵 regular matrix
规则库 rule base
规则棱镜 regular prism
规则连接图 rule connection graph
规则裂缝 pattern crack(ing); regular crack(ing)
规则路面 regulating course
规则轮廓 regular contour
规则码激励长期预测 regular pulse excitation-long term prediction
规则脉动激光器 regularly pulsating laser
规则命令 regular command
规则跑道 regulating course
规则匹配 rule match
规则砌体 marshalling masonry
规则溶液 regular solution
规则散光 regular astigmatism
规则式庭园 formal garden
规则手册 rulebook
规则填料 regular packing; stacked packing
规则条纹 regular streaks
规则透射 regular transmission
规则网 regular network
规则网格 regular net
规则网格区域 regular net region
规则卫星 regular satellite
规则现状 regular shape
规则像散性 regular astigmatism
规则消光 regular extinction
规则形状技术 uniform geometry technique
规则型 regular pattern composite
规则性 regularity
规则性失真 systematic distortion
规则引用 rule reference
规则右部 right part of a rule
规则状 regular
规则组 set of rules
规则左部 left part of a rule
规章 regulation; rule; standing rule; statute
规章草案 rough rule
规章的 regulatory
规章费率 manual rate
规章手册 rulebook
规章所许可的 <美> rulable
规章制定权 regulatory power
规章制度 rules and regulations
规章总纲 regulatory framework
规枕面 tied plan
规整边 sharp-edged
规整地质图图幅 standard sheet of geologic(al) map
规整聚合物 regular polymer
规整器 normalizer
规整式道路系统 formal road system
规整式园林 formal garden style
规整填料 structured packing
规正 lining-up
规正量 correction
规准 guiding rule
规准板 ga(u)ge board; ga(u)ging board
规准标线 ga(u)ge line
规准尺 ga(u)ge stick
规准的 ga(u)ged
规准度 ga(u)ge length
规准杆 ga(u)ge bar; ga(u)ge rod; ga(u)ging rod; ga(u)ge stick
规准灰浆 ga(u)ged mortar
规准块 ga(u)ge block
规准量料箱 ga(u)ge box
规准螺旋钻 ga(u)ge auger
规准面 work(ing) face
规准面边 face edge
规准抹灰工作 ga(u)ged work
规准黏[粘]土砖 ga(u)ged clay brick
规准黏[粘]土砖拱 bonded clay brick arch
规准清水砖 ga(u)ged brick
规准清水砖砌拱 ga(u)ge arch
规准箱 ga(u)ge[ga(u)ging] box
规准砖 ga(u)ge brick
规准砖工 ga(u)ged(brick) work
规准砖拱 <用规准砖建筑成的> ga(u)ged brick arch
规准砌砖工程 ga(u)ged brickwork
规准砖砌体 rubbed brickwork

闺

闺房 bower; women quarter; gynaeceum <古希腊、古罗马或伊斯兰教的、中国回教的>; daughter house; harem [haram]; seraglio <伊斯兰教的>

硅

硅氮烷 silazane
硅靶 silicon target
硅靶管 silicon target camera tube
硅靶光导摄像管 silicon target vidicon
硅靶视像管 silicon target vidicon; telecon
硅半导体 silicon semiconductor
硅半导体开关 silicon switch
硅半导体探测器 silicon semiconductor detector
硅胞 silicoblast

硅饱和 silicon saturation
硅钡铍矿 barylite
硅钡石 sanbornite
硅钡钛石 fresnoite
硅钡铁矿 taramellite
硅钡铁石 andremeyerite
硅钡铁钛矿 bafertisite
硅钡铁钛石 bafertisite
硅铋石 eulytite
硅铋铁矿 bismutoferrite
硅变压整流器 silicoformer
硅表面 silicon face
硅表面活性剂 silicon surfactant
硅玻璃布层压片 silicon glass cloth laminated sheet
硅补强剂 silica-gel filler; silica pigment; siliceous reinforcing agent
硅不饱和 silicon unsaturation
硅尘 silica dust; siliceous dust
硅尘混凝土 silica fume concrete
硅尘吸入 inhalation of siliceous dust
硅沉积 siliceous deposit
硅衬底 silicon substrate
硅充电机 silicon charger
硅充电整流器 silicon rectifier for charging
硅醇 siloxanol
硅存储管 lithocon
硅大功率开关三极管 silicon large power switch triode
硅单晶 silicon single crystal
硅单位 silicon cell
硅单向开关 silicon unilateral switch
硅氮烷 silazane
硅岛 <日本> Silicon Island
硅的 silicic
硅的气味 silica fume
硅滴 silica drop
硅碲铁铅石 burckhardtite
硅电池 silicon cell
硅电池方阵 silicon battery array
硅电容器 silicon capacitor
硅电阻(器) silicon resistor; sensistor
硅冻 silica gel
硅堆 silicon stack
硅对称二端开关元件 sidac
硅对称开关 silicon-symmetrical switch
硅对称双二极管 silicon symmetric(al) twin-diode
硅对称限幅器 silicon symmetric(al) amplitude limiter
硅二极管 silicon diode
硅法 silicon method
硅钒锰石 mediate
硅钒钼蓝 silicovanadomolybdenum blue
硅钒锶石 haradaite
硅钒锌铅石 kurumsakite
硅方解石 spurrite
硅肥 silicon-containing fertilizer
硅肺 silicosis
硅肺病 anthracosilicosis; silicosis
硅粉 <一种高活性水泥、混凝土混合材料> condensed silica fume; gan(n) ister sand; silica dust; volatilized silica; silica fume; microsilica
硅粉混凝土 silica fume concrete
硅氟化钙 calcium silicofluoride
硅氟化铝 alumin(i) um silico-fluoride
硅氟化钠 sodium silicofluoride
硅氟化铅 lead silicofluoride
硅氟化铜 copper fluosilicate
硅氟化物 fluorosilicate; silicofluoride
硅氟酸 silicofluoric acid
硅氟酸镁 magnesium fluosilicate
硅氟酸钠铝 sodium alumin(i) um silicofluoride
硅氟酸盐 fluorosilicate
硅氟铁钇矿 rowlandite
硅负离子 silanion
硅钙复合型聚合氯化铝镁锌 silicon-calcium compound type polyaluminum magnesium zinc chloride
硅钙复合型聚合氯化铝铁 silicon-calcium compound type polyaluminum ferric chloride
硅钙合金 calcium silicon; ferro-silicon calcium alloy; silicocalcium; silicon-calcium alloy
硅钙镁合金 silico-calcium magnesium alloy
硅钙镁石 jurupaite
硅钙铅矿 ganomalite
硅钙铅锌矿 esperite
硅钙铅铀矿 coffinite; nenadkevite
硅钙石 afwillite; rankinite; silicoglaserite
硅钙钛铁合金 Graphidox
硅钙钛锌硼合金 Silcaz alloy
硅钙铁合金 Silcaz
硅钙铁镁石 roedderite
硅钙铁石 tungusite
硅钙铁铀钍矿 ekanite
硅钙锡矿 stokesite
硅钙锡石 stokesite
硅钙铀矿 uranophane; uranophanite; uranotile
硅钙铀钍矿 ekanite
硅钙质磷块岩 siliceous-calcareous phosphorite ore
硅钢 ferro-silicon iron; silica steel; siliceous steel; silicium steel; silicon iron; silicon steel; Si-steel
硅钢板 electric(al) grade sheet
硅钢薄板 silicon plate; silicon sheet
硅钢带 silicon strip; Si-steel strip
硅钢叠片 silicon steel lamination
硅钢合金 iron-silicon alloy
硅钢片 silicon iron sheet; silicon(ized) plate; silicon sheet; silicon steel plate; silicon steel sheet; stalloy
硅钢片漆 lamination coating; silicon steel sheet coating
硅钢片清漆 silicon steel sheet varnish
硅钢片涂漆 core plating
硅钢铀矿 jacky mourite
硅锆钡石 bazirite
硅锆钙钾石 wadeite
硅锆钙钠石 zirsinalite
硅锆钙石 gittinsite
硅锆钠锂石 zektzerite
硅锆钠石 vlasovite
硅锆铁矿 zirfesite
硅铬 silicochromium; silicon chromium
硅铬钢 silichrome steel; silicon chrome-steel; silicon chromium steel
硅铬工具钢 silicon chromium tool steel
硅铬合金 silicochromium
硅铬合金钢 silchrome
硅铬铝耐酸钢 Sichromal
硅铬镁石 krinvoite
硅铬锰耐热铸铁 Globeloy
硅铬钠矿 kosmochlor; ureyite
硅铬耐热钢 silchrome steel
硅铬酸铅 lead silico-chromate
硅铬弹簧钢 silicon chromium spring steel
硅铬铁 ferro-chrome silicon
硅铬铁合金 silicon chromium
硅铬锌铅矿 hemi-hihedrite
硅功率二极管 silicon power diode
硅垢 silicate scale
硅谷 <美国旧金山以南尖端技术研究开发集中的山谷> Silicon Valley
硅钴铀矿 oursinite
硅固体摄像传感器 silicon solid photographic sensor
硅光电池 silicon photocell; silicon photoelectric(al) generator
硅光电池片 silicon photoelectric(al) cell slice
硅光电二极管 silicon photoelectric(al) diode
硅光电二极管真空紫外探测器 silicon photodiode vacuum ultraviolet detector
硅光电发生器 silicon photoelectric(al) generator
硅光电管 silicon photocell
硅光电晶体管 silicon photoelectric(al) transistor; silicon phototransistor
硅光电探测器 silicon photodetector
硅光敏开关 activated silicon switch
硅过饱和 silicon oversaturation
硅含量 silica content
硅含量测定 silica test
硅含量分析仪 silicon analyser[analyzer]
硅焊接整流器 silicon rectifier for welding; silicon welding rectifier
硅褐铁矿 avasite
硅华【地】 siliceous sinter; fiorite; geyserite; pearl sinter; silica sinter; siliceous tufa; sinter; tufa
硅滑石 talcoid
硅化 silicify
硅化钡 barium silicide
硅化处理 silicatization; siliconize; siliconizing
硅化带 silicification zone
硅化道路面层 silicated road surfacing
硅化的 silicified
硅化铥 thulium silicide
硅化法 ihrigizing; silicatization process; silicification(method)
硅化钒 vanadium silicide
硅化钙 calcium silicide
硅化锆 zirconium silicide
硅化铬 chromium silicide
硅化构造岩 silicified tectonite
硅化灌浆 silicification grouting
硅化合成纤维 siliconized synthetic(al) fiber[fibre]
硅化灰岩 siliceous limestone
硅化加固 silicification
硅化锂 lithium silicide
硅化六硼 hexaboron silicide
硅化路 silicated road
硅化路面 silicated surface; silicificated surface
硅化镁 magnesium silicide
硅化木 agatized wood; chinarump; opalized wood; petrified wood; siliceous wood; silicified wood; woodstone
硅化钼 molybdenum silicide
硅化钼陶瓷 molybdenum silicide ceramics
硅化铌 niobium silicide
硅化漆 silicon varnish
硅化人造橡胶密封环 silicone elastomer seal ring
硅化砂浆 siliceous mortar
硅化树脂 silicone resin
硅化水结碎石路面 silicated water-bound surface[surfacing]
硅化水结碎石面层 silicated water-bound surface[surfacing]
硅化碎石 silicated macadam
硅化碎石路(面) silicated road
硅化钛 titanium silicide
硅化钽 tantalum silicide
硅化碳酸盐岩 silicified carbonate rock
硅化铽 terbium silicide
硅化钍 thorium silicide
硅化稳定 stabilization with silicatization
硅化钨 tungsten silicide
硅化物 silicide
硅化物敷层 silicide coating
硅化物耐火材料 silicide refractory
硅化物陶瓷 silicide ceramics
硅化物涂层 silicide coating
硅化岩石 silicified rock
硅化钇 yttrium silicide
硅化镱 ytterbium silicide
硅化铀 uranium silicide
硅化状火成岩 silicified igneous rock
硅化作用 silication; silicification; silicatization; silification
硅黄长石 humboldtilite
硅黄铜 silicon brass; Silzin
硅灰 silica fume
硅灰石 aedelforsite; grammite; okenite; table spar; tabular spar; vilnite; wollastonite
硅灰石 B larnite B
硅灰石瓷 wollastonite porcelain
硅灰石大理岩 wollastonite marble
硅灰石粉 wollastonite in powder
硅灰石膏 thaumasite
硅灰石含量 wollastonite content
硅灰石块 wollastonite in lump
硅灰石矿床 wollastonite deposit
硅灰石矿石 wollastonite ore
硅灰石片麻岩 wollastonite-gneiss
硅灰石水性乳胶涂料 styrene-acrylic latex coating
硅灰石陶瓷 wollastonite ceramics
硅灰石透辉石钙铝榴石角岩 wollastonite diopside grossular hornfels
硅活化测井 Si activation log
硅活化核反应 silicon activation
硅火泥 gan(n) ister
硅基催化剂 silica-base catalyst
硅基极阳离子交换剂 silica-based cation exchanger
硅基接头 silicone bond
硅基黏[粘]合剂 silicone bond
硅基片 silicon chip; silicon substrate
硅基漆 silicon varnish
硅基孕育剂 silicon based inoculant
硅集成电路 silicon integrated circuit
硅剂 silicea
硅甲烷 silicomethane
硅钾钡钛矿 noonkambahite
硅钾锆石 dalyite
硅钾铝石 offretite
硅钾镁铁矿 zussmanite
硅钾钛石 davanite
硅钾铀矿 boltwoodite
硅检波器 silicon detector
硅碱钙石 canasite
硅碱钙钇石 ashcroftine
硅碱铜矿 litidionite
硅碱钇石 monteregianite
硅胶 blangel; silica gel; silicon gel
硅胶板 silica-gel plate
硅胶薄层色谱法 silica-gel thin-layer chromatography
硅胶干燥剂 silica-gel desiccant; silica-gel drier
硅胶干燥器 silica-gel desiccator
硅胶管 silicone tube
硅胶冷气系统 silica-gel system
硅胶粒径 silica-gel particle size
硅胶泥 silica cement
硅胶漆 silicate paint
硅胶球 silica-gel sphere
硅胶渗透 silica-gel percolation
硅胶探漏器 silica-gel leak detector
硅胶体 silica colloid; silicon colloid
硅胶填充剂 silica-gel filler
硅胶填充润滑脂 silica-gel grease
硅胶吸附 silica-gel adsorption
硅胶吸附法脱氮 control of NO_x by adsorption process with silica gel

硅胶植入术 implantation of silicone
硅胶柱 silica-gel column chromatography
硅结构 siliceous skeleton
硅结节 silicotic nodule
硅结砾岩 kollanite;silcrete
硅晶体 silicon crystal
硅晶体管 silicon transistor
硅晶体混频器 silicon crystal mixer
硅镜铁 silico-spiegel iron
硅聚合物 silicon polymer
硅开关 transwitch
硅开关晶体管 silicon switch transistor
硅开关三极管 silicon switching triode
硅可变电容器 silicon variable capacitor
硅可控开关 silicon controlled switch
硅可控整流器 silicon controlled rectifier;thyrode
硅孔雀石 chrysocolla;liparite
硅控整流器 thyristor
硅块 silicon briquette
硅蓝宝石工艺 silicon on sapphire
硅蓝宝石技术 silicon-on-sapphire technique
硅蓝光电池 silicon blue cell
硅锂铝石 bikitaite
硅锂石 virgilite
硅砾岩 silico-rudite
硅磷灰石 abukumalite;ellestadite
硅磷钪石 kolbeckite
硅磷镍矿 perryite
硅磷铈石 erikite
硅磷酸锌黏固粉 silico-phosphate cement
硅流体 silicon fluid
硅硫磷灰石 wilkeite
硅硫烷 silthiane
硅铝 V 合金 silal V
硅铝比率 ratio of silica to alumin(i)um
硅铝层【地】 sial;sialsphere
硅铝层地槽 ensialic geosyncline
硅铝层断裂 sialspheric fracture
硅铝层盆地 ensialic basin
硅铝层上的 ensialic
硅铝催化剂 silica-alumina catalyst
硅铝带【地】 sial;granitic layer
硅铝的 siallitic
硅铝钙石 chalcomorphite
硅铝硅镁层 salsima
硅铝合金 alader; sical; silafont; silicon-alumin(i)um alloy
硅铝化合物 silicoaluminate
硅铝壳 sialic crust
硅铝壳表层变形 epidermal deformation
硅铝壳盆地 ensialic basin
硅铝壳(上)地槽 ensialic geosyncline
硅铝矿物 sialic mineral
硅铝磷酸盐 aluminosilicophosphate
硅铝率 silic-alum rate
硅铝镁带 sialma;sialsima
硅铝锰矿 akatoreite
硅铝明 alpax
硅铝明合金 alpax;kupfelsilumin;silumin
硅铝耐火砖 alumina-silica firebrick; silica-alumina refractory brick
硅铝凝胶 silica-alumina gel
硅铝铅石 plunalsite
硅铝青铜 alumin(i)um-silicon bronze
硅铝石 anchosine;cimita
硅铝酸钠 sodium aluminosilicate
硅铝酸盐 aluminosilicate
硅铝酸盐玻璃纤维 aluminosilicate fiber[fibre]
硅铝锑锰矿 karoptrite
硅铝铁 ferro-silico alumin(i)um
硅铝铁合金 Alsimin
硅铝铁率 silica-sesquioxide ratio
硅铝铁镁质 salfemic
硅铝铁钠石 naujakasite
硅铝铁氧化物分子比 silica-sesquioxide ratio
硅铝铜钙石 papagoite
硅铝土 siallite
硅铝土灰 silico-aluminous ash
硅铝锡钙石 eakerite
硅铝型风化壳 silica-alumina weathering crust
硅铝性砖红壤 siallitic laterite
硅铝氧氮陶瓷 Sialon ceramics
硅铝铀矿 kasolite
硅铝质 salic
硅铝质的 sialic
硅铝砖 alumina-silica brick;alumina-silicate block;alumina-silicate brick
硅率 silica modulus;silicon rate;silica ratio <水泥的>
硅氯仿 silicochloroform
硅氯钙铅石 nasonite
硅镁钡石 magbasite
硅镁层 basaltic layer; intermediate layer;sima
硅镁层地槽 ensimatic geosyncline
硅镁层断裂 simaspheric fracture
硅镁层上的 ensimatic
硅镁带【地】 sima sphere; intermediate layer
硅镁地层 sima sphere
硅镁铬钛矿 redledgeite
硅镁壳 simatic crust
硅镁壳上地槽 ensimatic geosyncline
硅镁铝 simaldrate
硅镁铝合金 magnesia-alumina-silica; simgal
硅镁铝青铜 HE alloy
硅镁铝石 surinamite
硅镁耐火砖 magnorite
硅镁黏[粘]土 allapulgite clay
硅镁镍矿 garnierite;nepuite;noumeite
硅镁镍石 nepouite
硅镁铅矿 molybdophyllite
硅镁圈 sima sphere
硅镁石 humite;umite
硅镁石金云母矽卡岩 humite phlogopite sharn
硅镁土 <可湿性粉剂掺和剂> Attagel;attapulgite
硅镁铀矿 sklodowskite
硅镁质 simatic
硅锰 silicon-manganese[Si-Mn]
硅锰钙合金 calcium-manganese-silicon alloy
硅锰钢 Martinel steel; siliceous manganese steel; silicomanganese steel; silicon-manganese steel
硅锰合金 silicon-manganese alloy
硅锰合金钢 silicomanganese alloy steel;silicon-manganese alloy steel
硅锰灰石 manganbabingtonite
硅锰结构钢 Martinel steel
硅锰矿 bannisterite;bementite
硅锰铝铁合金 Simanal
硅锰钠钙石 marsturite
硅锰钠锂石 nambulite
硅锰铅矿 barysilite
硅锰青铜 silicomanganese bronze
硅锰石 manganhumite
硅锰铁 ferro-silico-manganese
硅锰锌矿 hodgkinsonite
硅锰渣铸石 silicomanganese slag cast stone
硅锰质亚建造 silica-manganese subformation
硅密封胶 silicone sealant
硅面结合型晶体管 silicon-junction transistor
硅灭鼠 silatranes
硅钼酸 silicomolybdic acid
硅钼弹簧钢 Sicroma
硅钼特殊钢 silmo
硅钼杂多酸 silico-molybdoheteropoly acid
硅纳米粒子稳定分散液 silica nanoparticles stable dispersion solution
硅钠钡钛石 joaquinite
硅钠钙石 fedorite
硅钠锆石 hilairite;keldyshite
硅钠石 natrosilite
硅钠锶钡钛石 strontiojoaquinite
硅钠锶镧石 nordite
硅钠钛钙石 fersmanite
硅钠钛石 lorenzenite
硅耐火材料 quartzite fireproofing material
硅铌钙石 komarovite
硅铌锆钙钠石 woehlerite
硅铌钛碱石 shcherbakovite
硅铌钛矿 epistolite
硅铌钛石 epistolite
硅黏[粘]固粉 silicate cement
硅黏[粘]固粉充填 silicate cement filling
硅黏[粘]固粉充填器 silicate cement plugger
硅黏[粘]固粉调刀 silicate cement spatula
硅黏[粘]固粉液 liquid of silicate cement
硅黏[粘]合 silicone coupling
硅镍矿 konnarite
硅镍铁 ferro-silicon-nickel
硅泡沫塑料 silicone foam plastics
硅硼钡石 garrelsite
硅硼钙铝石 painite
硅硼钙镁矿 Holmilite
硅硼钙石 datholite[datolite/datolith(e)]; dystome spar; howlite; humboldtite
硅硼钙铁矿 homilite
硅硼锂铝石 manandonite
硅硼镁铝矿 grandiderite
硅硼钠钡石 garrelsite
硅硼钠石 reedmergnerite
硅硼铍钇钙石 calcybeborosillite
硅硼钛铝合金 bortam
硅铍钙锰石 trimerite
硅铍钙石 bavenite
硅铍铝钠石 tugtupite
硅铍锰钙石 harstigite
硅铍钠石 chkalovite
硅铍石 bertrandite;phenacite[phenakite];sphaeroberandite
硅铍稀土矿 semenovite
硅铍锡钠石 sorensenite
硅铍钇矿 gadolinite
硅皮 siliceous skin
硅片 silicon chip;silicon dice;silicon die;silicon pellet;silicon slice;silicon wafer
硅片磨光机 silicon sheet polisher
硅片抛光液 silicon slice polishing liquid
硅片清洗剂 silicon slice detergent
硅漆 silicon lacquer
硅漆涂玻璃布 silicon varnish coated glass cloth
硅齐纳稳压器 silicon Zener voltage regulator
硅铅黄铜 silicon lead brass
硅铅矿 barysilite
硅铅锰矿 kentrolite
硅铅石 alamosite
硅铅铁矿 melanotekite
硅铅锌矿 larsenite
硅铅性土 siallitic soil
硅铅铀矿 kasolite
硅青铜 Herculoy;silicon bronze
硅青铜合金 silicon bronze alloy
硅氢化合物 hydrosilicon
硅氢化作用 hydrosilation
硅泉 silica spring
硅人造橡胶 silicone elastomer
硅溶胶 silica sol
硅溶胶黏[粘]结剂 silica sol binder
硅熔接晶体管 silicon fusion transistor
硅乳石 liver opal;menilite
硅软件 silicon software
硅润滑剂 silicon lubricant
硅润滑油 silicon grease
硅润滑脂 silicon grease
硅三铁矿 suessite
硅砂 silica sand;siliceous sand
硅砂体(装饰)浮雕 ajarcara
硅栅极 silicon gate
硅栅自对准工艺 silicon gate self-aligned technology
硅砷锰石 tiragalloite
硅砷锑锰矿 parwelite
硅生的 silicolous
硅失效层 silicon dead layer
硅石 dimple rock; dinas; earth silicon;gan(n)ister;silex;silica
硅石玻璃 fused silica;silica glass-vitreous silica
硅石的 oversaturated;persilicic;silicic
硅石粉 Cab-O-sil; silica flour; silica powder
硅石粉尘 silica dust
硅石敷层 silica coating
硅石磨盘 buhr(stone)mill
硅石耐火砖 dinas firebrick
硅石水泥 silica cement
硅石条 stegma
硅石微粒 silica particle
硅石纤维 silica fibre
硅石岩 silexite
硅石砖 dinas brick;lime sand brick
硅铈钙钾石 miserilite
硅铈钠石 sazhinite
硅铈铌钡矿 ilimaussite
硅铈石 cerite
硅树脂 silicone;silicon resin
硅树脂防水剂 silicon water repellent
硅树脂胶黏[粘]剂 silicon resin adhesive
硅树脂绝缘 silicon insulation
硅树脂抗水涂料 silicon water repellent paint
硅树脂清漆 silicon resin varnish;silicon varnish
硅树脂增水剂 silicon water repellent
硅树脂憎水涂料 silicon water repellent paint
硅双向开关 silicon bilateral switch
硅水泥 silica cement
硅丝 silicon filament
硅塑料 silastomer;silicon plastics
硅酸 hydrated silica; silica; silicic acid;silicon acid
硅酸白(粉)clay silicate
硅酸钡 barium metasilicate; barium silicate
硅酸钡水泥 barium silicate cement
硅酸钡钛矿 benitoite
硅酸比 silica modulus;silica ratio
硅酸沉积 silica deposit
硅酸瓷 santocel
硅酸二钙 belite;bicalcium[dicalcium] silicate
硅酸钙 calcium silicate;silicate of lime
硅酸钙板 calcium silicate board
硅酸钙玻璃 calcic silicate glass
硅酸钙大砖 calcium silicate block
硅酸钙的形成 formation of calcium silicate
硅酸钙隔热材料 calcium silicate insulation

硅酸钙混凝土 calcium silicate concrete
硅酸钙绝缘材料 calcium silicate (thermal) insulation (material)
硅酸钙镁 calcium magnesium silicate
硅酸钙面砖 calcium silicate face [facing] brick
硅酸钙钠 sodium-calcium silicate
硅酸钙水化物 calcium silicate hydrate
硅酸钙钛 calcium titanium silicate
硅酸钙岩石 lime-silicate rock
硅酸钙盐 calsil
硅酸钙质高温绝缘材料 Kaylo insulation
硅酸钙砖 calcium-silicate brick; Midhurst white
硅酸钙砖过梁 calcium silicate brick lintel
硅酸酐 silicic acid anhydride
硅酸锆 zirconium silicate
硅酸镉 cadmium metasilicate
硅酸黑 silica black
硅酸甲酯 methyl silicate; tetramethyl orthosilicate
硅酸钾 potassium metasilicate; potassium silicate; silicate of potash
硅酸钾玻璃 water-pearl-ash glass; water-potash glass
硅酸钾铝石 kaliophilite
硅酸钾钠 sodium potassium silicate
硅酸碱 silicate of soda
硅酸碱金属盐 alkali silicate
硅酸钪 scandium silicate
硅酸矿泉水 silicate mineral spring water
硅酸镧 lanthanum silicate
硅酸锂 lithium metasilicate; lithium silicate
硅酸铝 alumina-silicate; alumin(i)um silicate; aluminosilicate; aluminous silicate; silicate of alumina
硅酸铝肺 alumin(i)um silicate pneumoconiosis
硅酸铝钾 potassium-alumin(i)um silicate
硅酸铝矿 physalite
硅酸铝钠 lagoriolite; sodium aluminosilicate
硅酸铝耐火材料 alumina-silica refractory; alumina-silicate refractory; aluminosilicate refractory
硅酸铝黏[粘]土 aluminosilicate clay
硅酸铝陶瓷纤维 alumina-silica ceramics fiber
硅酸铝纤维 alumina-silicate fiber [fibre]; alumin(i)um silicate fiber [fibre]; aluminosilicate fiber [fibre]
硅酸铝颜料 alumin(i)um silicate pigment
硅酸铝质耐火材料 aluminate-silicate refractory
硅酸铝砖 aluminosilicate brick
硅酸率 silica ratio
硅酸镁 magnesium metasilicate; magnesium silicate; silicate of magnesia; silicate of magnesium
硅酸镁钙 calcium magnesium metasilicate; calcium magnesium silicate
硅酸镁铁 magnesium-iron silicate
硅酸镁纤维 fibrous magnesium silicate
硅酸镁颜料 magnesium silicate pigment
硅酸镁载体 florisil
硅酸锰 manganous silicate
硅酸钠 liquid glass; silicate of soda; sodium metasilicate; sodium silicate; soluble glass; water (soda) glass
硅酸钠防水剂 sodium silicate waterproofer; sodium silicate waterproofing agent
硅酸钠胶 sodium silicate glue
硅酸钠胶结料 sodium silicate adhesive; sodium silicate cement
硅酸钠结合剂 sodium silicate bond
硅酸钠黏[粘]结的砂 sodium silicate bonded sand
硅酸钠黏[粘]结剂 sodium silicate binder
硅酸钠溶液 sodium silicate solution
硅酸钠试验 sodium silicate test
硅酸钠水泥 sodium silicate cement
硅酸钠铁 crocidolite
硅酸钠盐 portil
硅酸镍镁矿 desaulesite; pimelite
硅酸硼 borosilicate
硅酸硼钙石 danburite
硅酸硼(冕牌)玻璃 borosilicate glass
硅酸铍 beryllium silicate
硅酸铍钡矿 barylite
硅酸铅 lead metasilicate; lead silicate; silicate of lead
硅酸铅白 lead silicate white
硅酸铅玻璃 lead silicate glass
硅酸溶胶 silica sol
硅酸三钙 <水泥中化学成分> tricalcium silicate
硅酸三钙石 alite; janeckeite
硅酸钐 samarium silicate
硅酸锶 strontium silicate
硅酸四乙酯 tetraethyl silicate
硅酸苏打 silicate of soda
硅酸铁 ferrosilite; iron silicate
硅酸铁胶 iron-silicate gel
硅酸铁锰矿 karpholite
硅酸铜 cupric silicate
硅酸铜蓝 egypt blue
硅酸铜绿 egypt green
硅酸钍 thorium silicate
硅酸钍矿 thoride
硅酸烷基酯 silicon alkoxide
硅酸烷基酯涂料 silicon alkoxide coating
硅酸锌 silicate of zinc; zinc silicate
硅酸锌玻璃 zinc silicate glass
硅酸锌车间底 zinc silicate shop primer
硅酸锌底漆漆 zinc silicate primer
硅酸锌锆 zinc zirconium silicate
硅酸锌钾 potassium zinc silicate
硅酸锌铍 beryllium zinc silicate
硅酸锌型结晶釉 zinc silicate type crystalline glaze
硅酸锌釉 zinc silicate glaze
硅酸亚铁 ferrous metasilicate
硅酸盐 metasilicate; silicate
硅酸盐玻璃 silicate glass
硅酸盐玻璃结构 structure of silicate glass
硅酸盐材料 silicate material
硅酸盐层 layer silicate
硅酸盐层状结构 layer silicate structure
硅酸盐产品 calcium silicate
硅酸盐沉着病 pneumonoultramicroscopic siliccovolcanoconiosis
硅酸盐大坝水泥 Portland cement for dam
硅酸盐道路水泥 Portland cement for highway
硅酸盐防火漆 Mountford's paint
硅酸盐肺 silicatosis
硅酸盐富锌底漆 zinc silicate primer
硅酸盐钙钇氧磷灰石激光器 calcium-yttrium silicate oxyapatite laser
硅酸盐(高炉)矿渣水泥 Portland blast furnace slag cement
硅酸盐工业 silicate industry
硅酸盐焊剂 silicate flux
硅酸盐化 silicatization
硅酸盐化的 silicated
硅酸盐化作用 silication
硅酸盐混凝土 calcium silicate concrete; lime-silicate concrete; silicate concrete
硅酸盐混凝土砌块 lime-silicate concrete block
硅酸盐火山灰水泥 Portland-pozzolana cement; Portland-pozzolan (ic) cement; Portland trass cement
硅酸盐夹杂物 silicate inclusion
硅酸盐胶 silicate cement
硅酸盐胶结磨轮 silicate-bond wheel
硅酸盐胶结砂轮 silicate grinding wheel
硅酸盐结构 structure of silicates
硅酸盐结合剂 silicate bond
硅酸盐浸渍石棉 silicate impregnated asbestos
硅酸盐绝缘材料 calcium silicate insulation
硅酸盐矿石 silicate ore
硅酸盐矿物 silicate mineral
硅酸盐矿渣 silicate slag
硅酸盐矿渣水泥 Portland-slag cement; silicate slag cement
硅酸盐类 silicates
硅酸盐类地下水 silicate groundwater
硅酸盐冕玻璃 silicate crown
硅酸盐面砖 calcium silicate face brick
硅酸盐耐火砖 aluminosilicate brick
硅酸盐黏[粘]结剂 silicate binder
硅酸盐膨胀水泥 silicate expansive cement
硅酸盐漆 silicate paint
硅酸盐砌块 silica block
硅酸盐溶液 silicate solution
硅酸盐熔化物 silicate melt; siliceous melt
硅酸盐砂轮 semi-vitrified wheel; silicate wheel
硅酸盐石料 perrycot
硅酸盐熟料组分 Portland clinker composition
硅酸盐水泥 Portland cement; silicate cement
硅酸盐水泥板 Portland cement panel
硅酸盐水泥灌缝浆 Portland cement grouting compound
硅酸盐水泥混凝土 Portland cement concrete
硅酸盐水泥浆 Portland cement grout; Portland cement plaster
硅酸盐水泥耐火混凝土 Portland cement refractory concrete
硅酸盐水泥耐火浇注料 Portland cement refractory castable
硅酸盐水泥人造大理石 Portland cement artificial marble; Portland cement imitation marble; Portland cement man-made marble; Portland cement manufactured marble
硅酸盐水泥砂灌缝 Portland cement-sand grout
硅酸盐水泥砂浆 Portland cement mortar; Portland cement slurry
硅酸盐水泥砂浆拉毛粉刷 Portland cement mortar stucco
硅酸盐水泥烧结块 Portland-cement clinker
硅酸盐水泥石灰混合料 Portland-cement-lime plaster
硅酸盐水泥石灰砂浆 Portland-cement-lime mortar
硅酸盐水泥熟料 Portland cement clinker; Portland clinker
硅酸盐水泥涂料 <表面装饰，又可防水> Portland cement paint
硅酸盐水泥外墙粉刷 Portland cement exterior plaster
硅酸盐水泥用量的混凝土 high Portland cement concrete
硅酸盐水泥与火山灰水泥的混合物 pozzolan(a) cement
硅酸盐燧石玻璃 silicate flintglass
硅酸盐陶瓷 silicate ceramics
硅酸盐填料 silicate filler
硅酸盐涂层 silicate coat
硅酸盐涂料 silicate paint; water-glass paint
硅酸盐系统 silicate system
硅酸盐纤维 ceramic fiber [fibre]
硅酸盐相铁建造【地】 silicate facies iron formation
硅酸盐形成物质 silicate-forming matter
硅酸盐岩石 silicate rock
硅酸盐颜料 water-glass enamel
硅酸盐阳离子交换剂 Zeo-Dur
硅酸盐油漆 water-glass paint
硅酸盐酯 silicate ester
硅酸盐制品 silicate product
硅酸盐砖 calcium silicate brick; lime-silicate brick; silica (te) brick
硅酸氧磷灰石激光器 silicate oxyapatite laser
硅酸一钙 monocalcium silicate
硅酸乙酯 ethyl orthosilicate; ethyl silicate
硅酸乙酯薄膜 ethyl silicate film
硅酸钇 yttrium silicate
硅酸铀 uranyl silicate
硅酸脂黏[粘]结剂 silicate bond
硅酸酯 silicate; silicon ester
硅酸酯黏[粘]合剂 silicate bond
硅酸酯黏[粘]结砂轮 silicate bonded grinding wheel
硅太阳电池 silicon photocell; silicon solar battery
硅太阳电池板 silicon solar cell panel
硅太阳电池方阵 silicon solar cell array
硅太阳能电池 silicon solar cell
硅钛钡钾石 jonesite
硅钛钡石 fresnoite; muirite
硅钛钙钾石 tinalsiite
硅钛钙钠石 koashvite
硅钛钙石 fersmanite
硅钛钾钡矿 labuntsovite
硅钛锂钙石 baratovite
硅钛锰钡石 yoshimuraite
硅钛锰钠石 jianhaugite
硅钛钠钡石 innelite
硅钛钠石 murmanite
硅钛铌钠矿 nenadkevichite
硅钛铈矿 chevkinite
硅钛铈钠石 laplandite
硅钛铈铁矿 chevkinite
硅钛酸铅 lead silico-titanate
硅钛铁 ferro-silicon-titanium
硅钛铁钡石 traskite
硅碳棒 silicon carbide rod; silicon-carbon rod; Kryptol; Elema; siliconit
硅碳刚石 silundum
硅碳耐火材料 Silit; siloxicon
硅碳耐火料 siloxicon
硅碳石膏 birunite
硅碳氧 siloxicon
硅碳银 agysical
硅锑铝锰矿 katoptrite
硅锑锰矿 langbanite
硅锑铁矿 chapmanite
硅锑铁铝锰矿 catoptrite [katoptrite]
硅锑锌锰矿 yeatmanite
硅涕 silica rundown; silica wash
硅调压晶体管 silicon voltage-regulative transistor
硅铁 ferro-silicium; ferrous silicon; silicoferrite; silicon iron
硅铁钡矿 gillespite
硅铁钡钛矿 traskite

G

硅铁叠片 silicon-iron lamination
硅铁粉发热自硬砂法 N-precess
硅铁钙钡石 pellyite
硅铁管 silicon iron pipe; silicon iron tube
硅铁合金 ferro-silicon alloy; ferro-silicon iron; iron-silicon alloy
硅铁灰石 babingtonite
硅铁矿 avasite; fersilicite
硅铁铝合金 ferro-silicon-alumin(i)um
硅铁锰钠石 howieite
硅铁模数 iron-silicon modulus
硅铁钠钾石 fenaksite
硅铁钠石 tuhualite
硅铁耐酸合金 thermsilid
硅铁石 canbyite; degeroite; hisingerite
硅铁体 silicoferrite
硅铁铜铅石 creaseyite
硅铁土 degeroite
硅铁渣 ferro-silicon slag
硅铁质亚建造 silica-ferric sub-formation
硅铜 copper-silicon
硅铜钙石 cuprorivaite
硅铜合金 silicon copper alloy
硅铜线 silicon bronze wire
硅铜铀矿 cuprosklodowskite
硅酮 <多种有机硅材料常用的俗称> silicone
硅酮包层石英光纤 silicone-clad silica fibre
硅酮包衣的 silicone coated
硅酮表面活性剂 silicone surfactant
硅酮处理 silicone treatment
硅酮滚轴模 silicone rotor dies
硅酮合成液 silicone synthetic fluid
硅酮环氧敷层 silicone-epoxy coating
硅酮胶 silicone glue
硅酮蜡 silicone wax
硅酮冷却 silicone cooling
硅酮密封层 silicone sealant
硅酮密封膏 silicone sealant
硅酮黏[粘]合剂 silicone adhesive agent
硅酮泡沫塑料 silicone foam
硅酮嵌缝膏 silicone building sealant; silicone sealant
硅酮轻移印花 silicone transfer printing
硅酮润滑脂 silicone grease
硅酮砂纸 silicone-carbide paper
硅酮树脂 silicone resin
硅酮树脂溶液 silicone resin solution
硅酮树脂乳液 silicone resin emulsion
硅酮树脂填充电容器 silicone-filled capacitor
硅酮树脂涂层 silicone coating
硅酮陶瓷敷层 silicone-ceramic coating
硅酮涂层玻纤织物 silicone coated glass fabric
硅酮涂层聚酯织物 silicone coated polyester fabric
硅酮涂层织物 silicone coated fabric
硅酮涂料 silicone paint
硅酮脱模液 silicone parting solution
硅酮橡胶 silicone rubber
硅酮橡胶敷层 silicone rubber coating
硅酮橡胶印头 silicone rubber pad
硅酮油 silicone oil
硅酮酯 silicon ester
硅筒砖 <一种硅砖的商品名> Sil-o-cell brick
硅涂层 silicon coating
硅土 silica(soil); siliceous clay; siliceous earth
硅土过滤法 diatomite system
硅土矿渣 siliceous slag
硅土耐火材料 silica refractory
硅土气凝胶 silica aerogel
硅土烧结 silicate bond
硅土水泥砂浆 silica cement

硅钍锆石 tachyaphalite
硅钍钠锶石 umbozerite
硅钍石 huttonite
硅钍钇矿 yttrialite
硅外延 silicon epitaxy
硅外延平面晶体管 silicone epitaxial planar transistor
硅烷 silicohydride; silicon alkyl; silicon hydride; silane <一种固体物胶黏[粘]剂>
硅烷醇 silanol
硅烷二醇 silanediol
硅烷化 silanization
硅烷化剂 silanizing agent
硅烷类 silanes
硅烷密封料层 silane sealer
硅烷三醇 silantriol
硅烷树脂 silicon resin
硅微囊 silicon micro encapsulization
硅微球体 silica microsphere
硅稳压二极管外观图 silicon voltage regulating diode appearance
硅稳压晶体管 silicon voltage stable transistor
硅钨镁矿 farallonite
硅钨锰矿 welinite
硅钨酸 silico-tungstic acid
硅钨酸试验 silico-tungstic acid test
硅钨弹簧钢 silicon-tungsten spring steel
硅稀土钙石 iraqite
硅稀土石 tornebohmite
硅锡钡石 pabstite
硅系配方 silicon series prescription
硅纤维 silica fibre
硅线石 fibrolite; sillimanite; zenolite
硅线石坩埚 sillimanite crucible
硅线石耐火材料 sillimanite refractory; sillimanite refractory material
硅线石砖 sillimanite brick
硅橡胶 polysiloxane rubber; silicon(e) rubber
硅橡胶玻璃漆布 silicon rubber glass paint cloth
硅橡胶垫圈 silicon washer
硅橡胶隔片 silicone rubber septum
硅橡胶胶黏[粘]剂 silicon rubber adhesive
硅橡胶绝缘 siliconized rubber-insulated; silicon rubber insulation
硅橡胶绝缘电缆 silicon rubber insulated cable
硅橡胶绝缘子 silicon rubber insulator
硅橡胶密封剂 silicone rubber sealant
硅橡胶密封物 silastic
硅橡胶腻子 silicone rubber putty
硅橡胶平板复合膜 silicone rubber composite flat membrane
硅橡胶印模材料 silicone rubber impression material
硅锌矿 belgite; galmey; willemite
硅锌矿结晶釉 willemite crystalline glaze
硅锌铝石 zinalsite
硅雄酮 silandrone
硅雪崩二极管 avalanche silicon diode
硅雪崩光电二极管检测器 silicon-avalanche photodiode detector
硅雪崩光源 silicon avalanche light source
硅压敏电阻器 silicon varistor
硅亚甲基 silmethylene
硅烟 silica fume
硅岩 quartzite
硅氧 silica
硅氧层 silica layer
硅氧化锆催化剂 silica-zirconia catalyst
硅氧基 silicone base
硅氧胶 silicone jelly

硅氧矿物 silica mineral
硅氧淋失作用 desilication
硅氧铝氧总含量 silica and alumina content
硅氧片层 silica sheet
硅氧树脂 silicone resin
硅氧四面体 silica tetrahedron; silicon-oxy tetrahedron
硅氧同位素相关性 silicon-oxygen isotope correlation
硅氧烷 oxosilane; siloxane
硅氧烷醇 siloxanol
硅氧烷带 silicone tape
硅氧烷底涂料 silicone primer
硅氧烷防护剂 silicone protection agent
硅氧烷防水掺和料 silicone repellent admixture
硅氧烷防水剂 silicone proofer; silicone repellent; silicone waterproof(ing) agent
硅氧烷浆 silicone paste
硅氧烷聚合物 silicone polymer
硅氧烷流体 silicone fluid
硅氧烷密封料层 siloxane sealer
硅氧烷润滑脂 silicone grease; siloxane grease
硅氧烷树脂 silicone resin
硅氧烷酯 silicone ester
硅氧烯 siloxen
硅氧烯指示剂 siloxen indicator
硅氧系数 silica modulus
硅氧橡胶 silica rubber; silicone rubber
硅氧橡胶密封混合物 silicone rubber seal(ing) composition
硅氧橡胶密封料 silicone rubber sealant
硅乙酸 silicoacetic acid
硅镱石 keiviite
硅油 silicone oil
硅油脱模剂 silicone release agent
硅铀矿 soddyite
硅元件 silicon cell
硅元件综合系数调试仪 comprehensive parameter measurement apparatus for silicon elements
硅圆片 silicon wafer
硅杂盐 kieserohalocarnallite
硅藻 diatom
硅藻测定仪 distometer
硅藻大量密集 swarming of diatoms
硅藻方解石 diatomaceous calcite
硅藻分析 diatom analysis
硅藻腐泥 diatom-sapropel
硅藻腐泥褐煤 dysodile
硅藻纲 Diatomacae
硅藻海棉 siliceous sponge; spongioid
硅藻壳 silica crust
硅藻类 diatoms
硅藻泥 diatom ooze
硅藻泥岩 moler
硅藻黏[粘]土 diatomaceous clay
硅藻软泥 diatom(aceous) ooze; diatomic ooze
硅藻生物指数 diatom biological index
硅藻石 mountain flour; randan(n)ite; tripolite; zeyssatite
硅藻水花 diatom bloom
硅藻燧石 diatomaceous chert
硅藻土 andanite; Barbados earth; bergmeal; celite; desmid earth; diatomaceous earth; diatomaceous soil; diatom-earth; diatomite; earthy tripolite; fossil flour; fossil meal; Fuller's earth; guhr; infusorial earth; kieselguhr; moler(earth); mount meal; siliceous earth; siliceous marl; terra cariosa; tripoli(te)
硅藻土板 kieselguhr slab

硅藻土包线 kieselguhr covering cord
硅藻土保温材料 diatomite insulator
硅藻土保温层 diatomite insulating layer
硅藻土保温块 diatomite insulating block
硅藻土保温砖 diatomite insulating brick
硅藻土的 diatomaceous; diatomic
硅藻土粉 diatomite in powder; tripoli-powder
硅藻土粉混凝土 tripoli-powder concrete
硅藻土粉砖 tripoli-powder brick
硅藻土过滤 diatomite filtration; siliceous algae clay filtration
硅藻土过滤层 diatomaceous earth filter
硅藻土过滤池 diatomaceous earth filter; diatomic filter; diatomite(earth) filter; earth filter
硅藻土过滤器 diatomaceous earth filter; diatomic filter; diatomite(earth) filter; earth filter
硅藻土混凝土 diacrete; diatomaceous concrete; diatomic concrete; infusorians concrete; kieselguhr concrete
硅藻土绝缘器 diatom insulator
硅藻土块 moler block
硅藻土矿床 diatomite deposit
硅藻土滤层 diatomaceous earth filter; diatomic filter; diatomite filter
硅藻土滤床 diatomite bed
硅藻土滤料 kieselguhr as a rapid filter medium
硅藻土耐火砖载体 Kacelite-B
硅藻土平板 tripoli-powder slab
硅藻土石棉灰浆 diatomite asbestos plaster
硅藻土水处理剂 diamonite water treatment agent
硅藻土水泥 moler cement
硅藻土筒瓦 diatomaceous-earth block
硅藻土型色谱载体 anakrom
硅藻土载体 diatomaceous support; diatomite support
硅藻土炸药 guhr dynamite
硅藻土支护 diatomite support
硅藻土质隔热砖 Sigur brick
硅藻土助滤池 diatomite filter-aid
硅藻土助滤剂 super-cell
硅藻土砖 diatomaceous brick; diatomaceous-earth block; diatom brick; diatomite brick; kieselguhr brick; moler block; moler brick
硅藻岩 diatomite; tripoli
硅藻页岩 diatomaceous shale
硅藻淤泥 diatom ooze
硅增强视像管 silicon intensifier vidicon
硅渣 siliceous sinter; white residue; white slime
硅闸流管 silicon thyratron; silicon thyristor
硅整流电池 silicon rectifying cell
硅整流二极管外观图 silicon rectifier diode appearance
硅整流焊机 silicon rectifier welder
硅整流器 silicon rectifier
硅整流设备 silicon rectifier equipment; silicon rectifying equipment
硅酯 Estersil
硅质 silica
硅质板岩 siliceous slate
硅质材料 silica material; siliceous material
硅质残渣 siliceous residue
硅质沉积(物) siliceous deposit; siliceous sediment
硅质沉凝灰岩 siliceous tuffite

硅质储集层 siliceous reservoir
硅质的 flinty;siliceous;silicious
硅质电阻器 silicide resistor
硅质粉尘 siliceous dust
硅质高岭土 siliceous kaolin
硅质骨料 siliceous aggregate
硅质海绵 glass sponge;siliceous sponge
硅质红土 siliceous laterite
硅质环境 siliceous environment
硅质灰岩 siliceous limestone
硅质混凝土骨料 siliceous concrete aggregate
硅质混凝土集料 siliceous concrete aggregate
硅质火山建造 siliceous volcanic formation
硅质火山岩 siliceous volcanic rock; silicic volcanic rock
硅质集料 siliceous aggregate
硅质胶结料 siliceous cement
硅质胶结物 siliceous cement
硅质角砾岩 siliceous breccia
硅质角岩 siliceous hornfels
硅质角页岩 siliceous hornfels
硅质结核 siliceous concretion
硅质结核灰岩 siliceous nodule limestone
硅质壳层 silcrete
硅质颗粒 siliceous granule
硅质空心团块 pedode
硅质矿物 silicoide
硅质砾岩 siliceous conglomerate
硅质磷块岩矿石 siliceous phosphorite ore
硅质磷酸盐水泥 silico-phosphate cement
硅质垆坶 siliceous loam
硅质煤 carbosilicite
硅质蒙脱岩 daunialite
硅质内衬 silex lining
硅质耐火材料 silica refractory; siliceous refractory
硅质耐火材料制品 siliceous refractory product
硅质耐火黏[粘]土 silica fire clay; siliceous fire clay
硅质泥 siliceous mud
硅质泥浆 siliceous mortar
硅质泥岩 siliceous mudstone
硅质黏[粘]粒 siliceous clay
硅质黏[粘]土 silicate clay; siliceous clay;distribond <含膨润土的>
硅质黏[粘]土耐火砖 siliceous fireclay brick
硅质黏[粘]土熟料 quartz chamotte
硅质片岩 siliceous schist
硅质千枚岩 siliceous phyllite
硅质泉华 siliceous sinter
硅质壤土 siliceous loam
硅质软泥 siliceous ooze
硅质砂 silica sand;siliceous sand
硅质砂浆 silica mortar
硅质砂屑岩 siliceous arenite
硅质砂岩 silica sandstone; siliceous sandstone
硅质生物岩 silicilith
硅质石灰 siliceous lime
硅质石灰岩 cherty limestone; siliceous limestone
硅质石英砂岩 siliceous quartz sandstone
硅质蚀变 silicic alteration
硅质水泥 siliceous cement
硅质塑料 silicon plastics
硅质碎屑的 siliciclastic
硅质条带灰岩 siliceous streaked limestone
硅质土 siliceous earth;silicon earth
硅质土壤 siliceous soil
硅质细砂 silica fine sand
硅质烟灰 silicajume
硅质岩 acidite; silicalite; siliceous rock;silicic rock;silicilith
硅质岩骨料 chert aggregate
硅质岩集料 chert aggregate
硅质岩矿床 siliceous rock deposit
硅质岩类 silicolites
硅质岩相 siliceous facies
硅质页母岩 siliceous shale
硅质页岩 hornstone;siliceous shale
硅质淤泥 siliceous silt mud
硅质原料矿床 siliceous materials deposit
硅质渣 siliceous waste
硅质砖 siliceous brick
硅重晶石 schcarite
硅铸铁 Silel cast iron
硅砖 dinas;Dinus brick;gan(n)ister brick; quartzite brick; silica block; silica brick; silicon brick; silicon liner
硅砖格子蓄热室 silica-brick checkers regenerator
硅砖上的肝色斑点 liver spotting
硅紫铜 silicon copper
硅渍油 silicon fluid
硅阻尼晶体管 silicon damping transistor
硅佐剂 silica adjuvant

鲑

鲑洄游 salmon migration

鲑肉红色 salmon pink
鲑色 salmon
鲑鱼 salmon
鲑鱼的定向 salmon orientation
鲑鱼漂网 whammel
鲑鱼梯 salmon ladder

轨

轨边磨损 partial side wear of rail

轨边(轧)道 edging pass
轨叉 rail fork
轨撑【铁】 thrust block; rail brace; strut;wood chock
轨撑垫板 rail brace tie plate
轨承 rail bearing
轨承式料斗 hopper-on-rail
轨承行斗式 hopper-on-rail type
轨承行斗式拌和机 <拌和机的进料斗在轨道上滑行装料> hopper on-rails type mixer
轨道 rail(ing)track; railway track; railroad track 【铁】; trackway; creteway;guide track; guide way; line of rail; orbit(al path); orbital trajectory; permanent way; track(age);trajectory;tram road;tramway
轨道安全设备 track safety appliance
轨道暗坑 blind sag;loose tie
轨道凹槽 <两站台间的> track well
轨道扳手 track wrench
轨道搬运车 drum carrier
轨道半径 orbital radius
轨道保护 track protection
轨道壁 guideway wall
轨道变化控制 track change control
轨道变形 irregularity of track; track deformation; track disorder; track distortion;track irregularity
轨道变形指数 track irregularity index
轨道变压器 rail circuit transformer; rail feed transformer; track transformer
轨道变压器箱 track transformer box
轨道变阻器 track rheostat
轨道辨别 track telling
轨道标高 track level
轨道标志 track sign
轨道标准 track standard
轨道表示灯 track indication lamp
轨道表示盘 model board; track diagram;track indicator(chart);track model board
轨道表示盘凹槽 track model groove
轨道拨移量 throw of track
轨道波形弯曲 waving of track
轨道不平顺 track irregularity
轨道布置 <站线的分布、数量及构成> track configuration; track arrangement
轨道布置图 track layout;track plan; track diagram
轨道部件 track components
轨道材料 track material
轨道参数 orbit parameter
轨道残余变形 track residual deformation
轨道槽 rail slot
轨道测定 determination of orbit
轨道测验车 track measuring car
轨道拆除 dismantling of track
轨道长度 track length
轨道超高度 cant of track
轨道超声波检测车 ultrasonic rail inspection car
轨道车 motor trolley;rail(way)(motor)car;track car
轨道车辆 rail bound vehicle
轨道车制动机 railcar brake
轨道撑 bunton;distance bar
轨道冲击疲劳试验机 track impact fatigue testing machine
轨道出清 track clear
轨道磁矩 orbital magnetic moment
轨道磁铁 track magnet
轨道当量 parity of the track
轨道导航仪 orbit navigator
轨道导数 trajectory derivative
轨道导向器 rail guide
轨道捣固车 tamping car
轨道的 orbital;permanent way
轨道的爬行 creep of the rails
轨道地球物理观测站 orbiting geophysical observatory
轨道电池 rail current battery; track battery
轨道电池引接线 track battery lead
轨道电磁式车轮制动 electromagnetic wheel brake
轨道电磁制动 electromagnetic rail brake
轨道电抗器 track reactor
轨道电流 rail current;track current
轨道电路【铁】 track circuit; rail circuit
轨道电路闭塞 track circuit block
轨道电路变压器 track circuit transformer
轨道电路布置 track circuit arrangement
轨道电路长度 track circuit length
轨道电路的分流 shunting of track circuit
轨道电路的分路 shunting of track circuit
轨道电路的正当分路 proper shunting of track circuit
轨道电路电流频率 track circuit current frequency
轨道电路电码 track code
轨道电路电码化 coding of continuous track circuit;coding of track circuit
轨道电路调整状态 regulated state of track circuit
轨道电路断续器 track circuit interrupter
轨道电路分割 cut-section of a track circuit
轨道电路分路 track circuit shunting
轨道电路分路灵敏度 drop shunt of a track circuit
轨道电路分路状态 shunted state of track circuit
轨道电路复示继电器 track circuit repeater
轨道电路工作 track circuit operation
轨道电路供电电缆 rail feeder cable
轨道电路控制的道岔闭锁器 ground track point lock
轨道电路控制的道岔锁闭器 ground track point lock
轨道电路控制的锁闭电路 ground track lock circuit
轨道电路控制信号法 track circuit-controlled signal(l)ing
轨道电路馈电 track circuit feed
轨道电路理论 track circuit theory
轨道电路连接器 track circuit connector
轨道电路连接线 track circuit wire
轨道电路区 track-circuited area; track circuit zone
轨道电路区段 section of bonded rails; track circuit(ed) district; track-circuit(ed) section
轨道电路区域 circuited territory; track circuit territory
轨道电路设备 track circuit arrangement
轨道电路瞬间故障 momentary track circuit failure
轨道电路死区段 dead section of track circuit
轨道电路锁闭 track circuit-controlled locking
轨道电路未被分路的极限分路电阻 prevent shunt of a track circuit
轨道电路相位调整 track circuit phasing
轨道电路信号 track-circuit signalling
轨道电路选择 track circuit selection
轨道电路引线盒 bootleg
轨道电路运动检测器 track circuit motion detector
轨道电路占用 track circuit occupation
轨道电视系统 orbit television system
轨道电子 orbital electron; planetary electron
轨道电子捕获 orbital electron capture
轨道电阻器 track resistor
轨道垫板 track pad;rail tie plate
轨道垫块 track skims
轨道垫木 skim;track skids
轨道垫实 track packing; track tamping
轨道吊车 derrick crane; gantry crane; rail crane
轨道顶升机 <一种千斤顶> track lifting jack
轨道定时 orbital timing
轨道定线 alignment of track
轨道定向 orbital orientation
轨道动车 <工务段的> track motor car
轨道动车司机 railcar driver
轨道动车组 railcar set; rail motor set;rail motor unit
轨道动力稳定机 track dynamic stabilizer
轨道动力响应 dynamic(al) track response
轨道动力学 dynamics of orbits; orbital dynamics; track dynamics; track kinetics

轨道动量矩矢量 orbital angular momentum vector
轨道对称 orbital symmetry
轨道对称定则 orbital symmetry rule
轨道对称守恒 conservation of orbital symmetry
轨道对称性 orbital symmetry
轨道对接信息 docking information
轨道发动机 track mobile
轨道法 <动力卫星大地测量> orbital method
轨道翻浆冒泥 mud-pumping of track
轨道反射镜 orbiting reflection
轨道方程 orbital equation
轨道方向 orbital direction; track alignment
轨道防滑砂 track sand
轨道放线 marking out of track
轨道飞行器 orbital vehicle; orbiter
轨道分岔 rail fork
轨道分段室 track-sectioning cabin
轨道分开 track split
轨道分析 trajectory analysis
轨道分中点 middle point of track gauge
轨道敷设 installation of track; track grout; truck laying
轨道附件 track accessories
轨道附属设备 track fixture
轨道复示(继电)器 track repeater
轨道改进 improvement of orbit; orbit improvement
轨道改正 orbit correction
轨道干(船)坞 broadside railway dry dock
轨道感应电磁铁 track electromagnet
轨道感应器 track inductor; track magnet; wayside indicator
轨道刚度 track rigidity; track stiffness
轨道钢 rail steel
轨道高程 track elevation
轨道高度 orbital altitude
轨道给水槽 track pan
轨道根数 elements of an orbit; orbital elements
轨道跟踪 orbital tracking; path tracking
轨道跟踪数据 orbital tracking data
轨道更换 track renewal; track replacement
轨道工 snipe
轨道工班长 king snipe
轨道工程 track works
轨道工程吊车 track building crane for loading and handling track panel; track construction crane
轨道工程师 engineer of tracks
轨道工区 permanent way gang
轨道工人 track labo(u)r
轨道工作 track work
轨道工作室 orbital workshop
轨道共面性 coplanarity of orbits
轨道共振 orbit resonance
轨道鼓出 track buckling
轨道鼓曲 rail buckle
轨道固定 rail fastenings
轨道挂车 trailer rail
轨道过渡 orbit transfer; transfer between orbits
轨道焊接 track welding
轨道焊接修整机 rail welding trimming machine
轨道夯实机 track tamping machine
轨道夯实器 track tamper
轨道合理化 track rationalization
轨道荷载 track loading
轨道荷载谱 track load spectrum
轨道横断面 track cross-section
轨道横向刚度 lateral stiffness of track
轨道横向水平偏差 cross level deviation
轨道横向位移阻力 resistance to transverse displacement of track
轨道横向稳定性 lateral track stability
轨道衡 <用于称量铁路货车重量> railway scale; railroad track scale; rail weighbridge; track scale; weighbridge
轨道衡轨 scale rail
轨道衡检验车 weigh bridge testing wagon
轨道衡器 scale track
轨道衡试验车 scale test car; test weight car
轨道衡线 scale track; weigh bridge track; weighing machine track
轨道滑船台 railway slip
轨道滑杆 track slide bar
轨道滑行集装箱 track slide container; PA container
轨道划分 track dividing
轨道换新 renewal of track
轨道回流系统 track return system
轨道回线 track return
轨道会合 orbital rendezvous
轨道会合用光学装置 optic(al) orbital rendezvous apparatus
轨道机动系统 orbital maneuvering system
轨道机械化维修 mechanized track maintenance
轨道基础结构 foundation structure of rail track
轨道极 pole of orbit
轨道几何测量 track geometry measurement
轨道几何尺寸容许偏差 track geometry tolerance
轨道几何形位 track geometry
轨道计算 orbit(al) determination
轨道继电器 track relay
轨道继电器箱 track relay box
轨道继电器引接线 track relay lead
轨道加固 anchor; anchorage
轨道加宽 track widening
轨道加速度 orbital acceleration
轨道夹紧器 rail bond
轨道间的 intertrack
轨道间连接线 intertrack bond
轨道监察员 <工务段的> track supervisor
轨道检测 track inspection
轨道检测车 observation railcar; rail-inspection vehicle; track inspecting and measuring car
轨道检查 inspection of track; permanent track inspection; permanent way inspection; track inspection
轨道检查车 track inspection car; track inspection railcar; track measuring car
轨道检查记录查 track recording vehicle
轨道检查记录车 track recording car; track recording coach
轨道简并度 orbital degeneracy
轨道降低 <交叉口或路堑中的> track depression
轨道降压器 track booster
轨道交叉 rail crossing; track crossing; track crossover
轨道交叉中心 rail center[centre]
轨道交点 node of orbit; orbital node
轨道交会点 rail center[centre]
轨道交货 track delivery
轨道交角 inclination of an orbit
轨道交通 rail transit
轨道交通乘客周转量 rail transit passenger turnover
轨道交通路网 metro network
轨道交通系统 rail transit system
轨道交通线网规划 rail transit network planning
轨道交通走廊 rail transit corridor
轨道角动量 orbital angular momentum; orbital moment
轨道角动量矢量 orbital angular momentum vector
轨道角色 trajectory case
轨道绞车 rail winch
轨道矫正水平 correction of cross-level
轨道矫直机 rail-straightening machine
轨道校正 correction of track; adjustment of track
轨道接触器 electric(al) treadle; pedal; rail treadle; track instrument; track treadle; treadle(bar)
轨道接触器电路 pedal circuit
轨道接头 tracking joint
轨道接头及道岔打磨机 rail joint and point grinding machine
轨道接头阻抗 rail joint impedance
轨道节点 node of orbit; orbital node
轨道结构 track assembly; track formation; track structure
轨道结构参数 parameter of track laying
轨道进动 orbital precession
轨道经度 orbital longitude
轨道净距 track clearance
轨道净空 <保持轨道上的一定空间> track clearance
轨道绝缘 rail insulation; track insulation
轨道绝缘轨缝和连接线 isolating rail seam and linking line
轨道绝缘区段 track-insulated section
轨道绝缘纸 track fiber
轨道开关 track switch
轨道可变电阻器 adjustable track resistor
轨道可动(撞击)臂 track movable arm
轨道空间 orbit(al) space; track clear【铁】
轨道空间站 orbital space station
轨道空闲 track clear
轨道空闲状态检测 track vacancy detection
轨道控制 orbit control
轨道控制系统 track control system
轨道控制制 track control system
轨道跨接电缆 track jumper cable
轨道宽度 track width
轨道框架 track framework
轨道框架刚度 rigid of track panel; track framework rigidity; track stiffness
轨道垃圾装载系统 <一种垃圾清运方法> refuse rail-loading system
轨道拉力 rail pull
轨道类型 classification of tracks; track standard; type of track
轨道里程 trackage
轨道力学分析 track mechanical analysis
轨道连接 between tracks connection; track layout
轨道连接点 linking point of track
轨道连接箱 track connection box
轨道联结 track conjunction
轨道联结点 track conjunction
轨道链式输送机 track chain conveyer[conveyor]
轨道梁 rail bearer; track girder; track stringer; crane girder <起重机的>
轨道梁板基础 slab-and-beam floor
轨道量子数 orbital quantum number
轨道列车动力学 track-train dynamics
轨道滤波器 track fiber
轨道螺栓 track bolt
轨道马力 rail horsepower
轨道密度 track density
轨道面 orbital plane
轨道模量 track modulus
轨道模型 track model
轨道模型盘 miniature replica-of-track diagram; model track diagram; track model board
轨道模型图 miniature replica-of-track diagram; model track diagram
轨道摩擦力 traction of tracks
轨道摩擦阻力 friction(al) resistance on rail
轨道摩托车 motorcar; motor trolley; rail motor car
轨道磨光机 orbital sander
轨道磨耗容限 rail wear tolerance
轨道木倾卸车 track wheel wood dump wagon
轨道内侧 ga(u)ge side of rail
轨道爬行 track creeping
轨道排列 orbital arrangement
轨道排障器 track-clearer
轨道旁列车保护开关 <巡道工发现不安全情况时,按压开关,使接近开关地点的列车自动停车> track-side protective switch
轨道配线 track layout
轨道配置 track layout
轨道碰撞 orbiting collision
轨道皮带运输机 rail belt conveyer [conveyor]
轨道偏心率 eccentricity of orbit
轨道偏移 crookedness of track; track irregulating
轨道偏移线圈 orbit shift coil
轨道平板倾卸车 track wheel flat dump car
轨道平面 orbital plane
轨道坡度 track grade; track gradient; slope of track
轨道铺设 track laying
轨道起重车 track lifting truck
轨道起重机 goliath(crane); rail crane; track crane; wrecking crane
轨道汽车 railbus
轨道牵引车 <调车用> railroad hauling car; track tractor; rail motor tractor
轨道牵引式输送机 track towing conveyer[conveyor]
轨道前后高低 longitudinal level of rail; track profile
轨道钳 rail pincers
轨道轻便三轮车 velocipede troll(e)y
轨道倾角 inclination of an orbit; orbit-(al) inclination(angle)
轨道倾斜 orbital tilt
轨道清理机 track-clearer
轨道区段 track section; track segment
轨道区段绝缘节 track section insulator
轨道曲率半径 track curvature radius
轨道曲线 orbital curve; track curve
轨道全起道 general raiser
轨道蠕动 rail creep(ing)
轨道入水口 track inlet
轨道三轮车 track velocipede
轨道扫雪装置 track-clearer
轨道上部建筑 superstructure of track
轨道上的动力学 dynamics on the track
轨道上摇车 track-cycle
轨道设备 track device
轨道射电望远镜 orbital radio telescope
轨道摄影 orbit photography
轨道伸缩缝的调整 rail adjustment
轨道升高 track elevation
轨道生电效应 track galvanic effect

轨道施工 track work
轨道式 rail haulage; rail-mounted
轨道式缠绕机 racetrack type winder
轨道式车辆 rail-mounted traffic; rail-mounted vehicle
轨道式带式输送机 rail-mounted belt conveyer[conveyor]
轨道式单斗动力铲 rail-mounted power shovel
轨道式单斗挖掘机 rail-mounted power shovel
轨道式道路 strip road
轨道式的 rail-mounted
轨道式底盘 rail carriage
轨道式斗轮挖掘机 rail-mounted bucket wheel excavator
轨道式堆垛机 rail-mounted stacker
轨道式堆料机 rail-mounted stacker
轨道式发动机 orbital engine
轨道式高架起重机 rail-mounted overhead crane
轨道式回转起重机 rail-mounted slewing crane
轨道式混凝土翻斗车 rail-mounted tipping concrete skip
轨道式混凝土整面机 rail type concrete finisher
轨道式集装箱起重机 rail container crane; track container crane
轨道式集装箱装卸设备 rail-mounted container handling equipment
轨道式交通 rail-mounted traffic
轨道式连续挖掘机 rail-mounted continuous excavator
轨道式链斗挖掘机 rail-mounted bucket ladder excavator
轨道式龙门吊 rail-mounted gantry crane
轨道式龙门起重机 rail-mounted gantry crane
轨道式路面防胀切缝机 rail type expansion joint cutter
轨道式路面填缝机 rail type joint filler
轨道式起重机 locomotive crane; rail-mounted hoisting gear; railway crane; track crane; rail-mounted crane
轨道式起重设备 rail-mounted hoisting gear
轨道式起重机停放轨道 parking track
轨道式千斤顶 track jack
轨道式倾斜货车 rail-mounted tip wagon
轨道式设备 rail-mounted equipment
轨道式手动起重机 hand power track crane
轨道式提升机 rail-mounted hoisting gear
轨道式挖沟机 rail-mounted trenching machine
轨道式挖掘机 rail-mounted excavator
轨道式卸货起重机 rail unloading crane
轨道式悬臂起重机 rail-mounted slewing crane
轨道式蒸汽单斗挖掘机 rail-mounted steam shovel
轨道式蒸汽动力铲 rail-mounted steam shovel
轨道式蒸汽抓斗起重机 rail-mounted steam grabbing crane
轨道式支架 rail carriage
轨道式抓斗起重机 grabbing goliath
轨道式桩架 rail-mounted pile frame
轨道式自动车 railway motor car
轨道式钻 drill jumbo
轨道式钻车 rail jumbo; rail-mounted wagon drill
轨道式钻机 drilling jumbo; wagon drill
轨道试验 track experiment
轨道试验车 dynagraph car
轨道试验器 dynagraph
轨道手车【铁】track barrow
轨道手推 rail carriage
轨道受电变压器 track relay transformer
轨道数 track number
轨道数据 orbital data
轨道衰减 orbital decay
轨道水槽 <蒸汽机车在运行中上水用> track tank
轨道水平 cross level; track cross level
轨道水平变化 cross level variation
轨道水平尺 track level
轨道送电变压器 track transformer
轨道速度 orbital velocity
轨道索 track cable
轨道踏板 rail treadle; track instrument; track treadle
轨道太阳观测台 orbiting solar observatory
轨道太阳望远镜 orbiting solar telescope
轨道探伤车 rail defect detector
轨道探伤器 rail defect detector
轨道提升机 track lifting machine
轨道天文观测站 orbiting astronomic(al) observatory
轨道填隙片 track shim
轨道条件表 track condition table
轨道调整 adjustment of track; track adjusting[adjustment]
轨道调整分系统 orbit adjust(ing) subsystem
轨道调整器 track adjuster
轨道调整系统 orbit adjusting system
轨道调整子系统 orbit adjusting subsystem
轨道调直 level(l)ing of the track
轨道挺直器 jim crow
轨道退行 regression of the orbit
轨道椭圆 orbital ellipse
轨道挖掘机 railroad shovel
轨道外维修 off-track maintenance
轨道弯曲器 jack rail bender
轨道望远镜 orbiting telescope
轨道维修标准 standard of track maintenance
轨道维修工作车 engineering truck
轨道维修规则 rule of track maintenance
轨道纬度 orbital latitude
轨道位相守恒 orbital phase conservation
轨道稳定性 orbital stability; track stability
轨道涡流制动机 eddy current rail brake
轨道系统 track system
轨道下垂 depression of rail
轨道下面的漏斗输送系统 undertrack hopper conveyor system
轨道下通道 passageway under tracks
轨道下陷 track depression
轨道显示 track display
轨道线路 permanent way; superstructure
轨道线圈 track coil
轨道线形分析器【铁】track geometry analyser
轨道限额合同 target estimate type
轨道限界 track clearance
轨道相关动力学 track-induced dynamics
轨道相关图 orbital correlation diagram
轨道相互结合 intermeshing of tracks
轨道相位 orbital phase
轨道小车 small rail car
轨道效应 orbital effect; rack track effect
轨道斜坡 track ramp
轨道谐振部件 track resonating unit
轨道谐振单元 track resonating unit
轨道卸料斗 track hopper
轨道修正 orbit trimming
轨道蓄电效应 track storage effect
轨道巡查 track patrolling
轨道淹没 inundation on tracks
轨道研磨车 rail grinding train
轨道研磨列车 rail grinding train
轨道养护维修 maintenance of tracks
轨道要素 elements of orbit; orbital elements
轨道移动器 track-shifter
轨道应力 track stress
轨道影像 orbit imaginary
轨道永久变形 track permanent deformation
轨道预报 orbital prediction
轨道预测 orbital prediction
轨道元件 track element
轨道元(素) orbital element
轨道运动 orbital motion; orbital movement; orbital motive <水质点的>
轨道运动速度 orbital velocity
轨道运动周期 orbital period
轨道运输 rail haulage
轨道运输系统 rail-guided transport system
轨道运行 orbit; orbital motion
轨道运行频率 orbital running frequency
轨道运行式底盘小车 rail-travel(l)ing under-carriage
轨道运行体 orbital body; orbiting body
轨道运行卫星 orbiting satellite
轨道杂化 orbital hybridization
轨道占用 track occupied
轨道占用表示 track occupancy indication
轨道占用表示灯 track occupancy light; track occupation light
轨道占用表示器 track occupancy indicator; track occupation indicator
轨道占用状态监视 track vacancy monitoring
轨道照明表示器 illuminated track indicator
轨道照明盘 illuminated diagram; illuminated track model; illuminated track panel; track indicator; track indicator chart
轨道照明盘表示灯 track chart indicator; track diagram lamp; track diagram light
轨道照明盘灯光 track diagram light
轨道照明盘点灯 track diagram lighting
轨道蒸汽吊 track steam crane
轨道整流器 track rectifier
轨道整正 correction of track; adjustment of track
轨道直线电机 long-stator linear motor
轨道指示器 track pointer
轨道制动夹钳 track-brake jaws
轨道制动(器) rail brake; track brace
轨道制动系统 rail-brake system
轨道质量指数 track quality index
轨道中线 track center[centre]
轨道中线距 track center[centre] distance
轨道中心 center[centre] of the trace
轨道中心距 track center-to-center spacing
轨道中心距离 track center[centre] distance
轨道中心线 center line of track; track center[centre] line; track center to center
轨道中修 medium maintenance of track
轨道周长 orbit circumference
轨道周期 orbital period
轨道轴 axis of an orbit
轨道轴线 centre line of track
轨道转动频率 orbital frequency
轨道转换 track switching
轨道转盘 turnplate of rail way
轨道转向架 railway bogie
轨道转移问题 orbit-transfer problem
轨道桩 track stake
轨道装载系统 <一种垃圾清运方法> rail-loading system
轨道装置 track assembly; track set
轨道状态 track condition
轨道自动车 rail motorcycle; rail trolley; track motor car; troll(e)y
轨道自行车 railbike; track-cycle
轨道总表示图显示 overall track plan display
轨道总有效负载 cumulative orbital payload
轨道纵梁 track stringer; way beam
轨道走行机械 on-track equipment
轨道阻力 track resistance
轨道组成部分 track components
轨道钻孔机 rail drilling machine
轨道作业地点 track working site
轨道作业地点信号 working site signal
轨道作业计划图 schedugraph
轨道坐标系 orbital coordinate system
轨道座 railroad shoe
轨底 base of rail; flange; rail bottom; rail chair
轨底崩裂 broken rail base; burst of rail base; burst of rail bottom
轨底夹板 foot clamp
轨底坡 rail cant; rail inclination
轨底破裂 broken base
轨底座 rail base; rail foot
轨电位限制设备 rail potential limiting device
轨顶 railhead; rail top; top of rail
轨顶标高 railhead elevation; rail(head) level; top-of-rail level
轨顶高差 cross level
轨顶高程 rail level
轨顶水平 top-of-rail level
轨端 rail end
轨端补焊 rail-end welding
轨端淬火 rail-end-hardening
轨端淬火机 rail-end-hardening machine
轨端错缝 alternate joint
轨端导接线 railhead bond
轨端电气连接 rail bond
轨端断裂 rail-end chipping
轨端焊补 rail-end rebuilding
轨端接头 pinned bond
轨端绝缘板 end post; fiber end post
轨端抗流线圈 impedance bond
轨端连接线 track rail bond
轨端裂缝 split heads
轨端流坍 rail-end flow
轨端刨平 planimeter of rail end
轨端下倾 dip at joints
轨端削角 rail-end chamfering
轨段 stretch of rail
轨缝 gap at rail joint; rail(joint) gap
轨缝测量器 gap measuring wedge
轨缝尺 measuring triangle; rail joint clearance ga(u)ge
轨缝间隙 rail joint gap
轨缝扩张器 rail joint expander
轨缝连接器 rail joint bond

G

轨缝量测器 gap measuring wedge
轨缝平衡图 gap equalization diagram
轨缝平衡线 gap equalization line
轨缝伸缩间距 expansion spacing of rail joint
轨缝填料 rail joint filling compound
轨缝调整 adjustment of joint clearance;rail gap adjusting
轨缝调整器 joint squaring tool;rail gap adjuster;rail joint expander;rail puller;rail stretcher
轨缝图 gap diagram
轨腹(板)rail web;web of rail
轨腹接续线 rail web bond
轨钢 rail steel
轨钢的线膨胀系数 linear expansion coefficient of rail steel
轨高 rail height
轨跟块【铁】toe block
轨跟枢 heel chair;heel pivot
轨跟座 heel chair
轨拱 rail arch
轨轨共振 orbit-orbit resonance
轨函数【数】orbital(function)
轨函数说 orbital theory
轨迹 footprint;locus;pathway;print;trace;trajectory
轨迹标绘仪 track plotter
轨迹长度 path length
轨迹的方程 equation of locus
轨迹点 tracing point
轨迹法 trajectory method
轨迹方程 trajectory-equation
轨迹分析 trajectory analysis
轨迹函数 locus function
轨迹焊 orbital welding
轨迹记录器 course writer
轨迹角 track angle
轨迹角长度 angular path length
轨迹空间 orbit space
轨迹控制 <自动绘图机的一种数控法> path control
轨迹控制法 path control method
轨迹宽度 tread width
轨迹灵敏度 trace sensitivity
轨迹模样 contact pattern
轨迹球 tracker ball
轨迹曲线 geometric(al)locus
轨迹摄影 cyclegraph
轨迹线 isostatics;line of travel;path curve;path line;trajectory
轨迹消除器 track eradicator
轨迹形成 track-forming
轨迹中心转弯半径 turning radius
轨迹坐标 trailing coordinates
轨基 base of the rail
轨夹 rail clamp;rail clamping device;rail clips;rail tongs
轨夹分流 rail clamp shunt
轨尖摆幅 throw of the points
轨尖块 point block
轨间绝缘 ga(u)ge insulation
轨检车 track
轨件前端上弯 turn up
轨节 track panel;track skeleton
轨节垫板 rail joint base plate
轨节翻边器 device for turn over track panel
轨节分离器 rail joint expander
轨节拖拉架 skid for pulling track panel
轨距 ga(u)ge(length);ga(u)ge of tracks;ga(u)ging distance;railroad ga(u)ge;railroad span;railway span;track;track ga(u)ge;track spacing;track width;wheel center[centre];wheel track width;rail span
轨距板 ga(u)ge plate
轨距保持杆 ga(u)ge strut
轨距测量仪 track ga(u)ge meter
轨距叉 spacing rule
轨距撑 rail brace
轨距尺【铁】spacing rule;ga(u)ge bar;ga(u)ge measure;ga(u)ging rod;ga(u)ging rule;rail ga(u)ge templet;track ga(u)ge
轨距挡板 ga(u)ge apron;ga(u)ge block
轨距垫板 bridle plate;ga(u)ge plate
轨距改变 ga(u)ge changing;ga(u)ge conversion
轨距杆 cross-rod;ga(u)ge rod;ga(u)ge-tie;track rod
轨距杆挡板 ga(u)ge rod apron
轨距规 ga(u)ge rule;platelayer's ga(u)ge;rail ga(u)ge template;track ga(u)ge
轨距规的调整 adjustment of track ga(u)ge
轨距加宽 amplification of ga(u)ge;ga(u)ge widening;slacking of ga(u)ge
轨距角 ga(u)ge corner
轨距校正 adjustment of track ga(u)ge;correction of ga(u)ge
轨距扩大 enlargement of rail ga(u)ge
轨距拉杆 ga(u)ge rod;ga(u)ge tie-bar;ga(u)ge tie(-rod)
轨距拉条 track brace
轨距联杆 cross tie;tie rod
轨距量仪 metre-ga(u)ge track
轨距水平测量仪 track-ga(u)ge level ga(u)ge
轨距水平仪 ga(u)ge level instrument
轨距水准仪调整 adjustment of track level
轨距缩小 narrowing of ga(u)ge
轨距弹性挤开 ga(u)ge elastically widened;ga(u)ge elastic squeeze-out
轨距调节扣板 ga(u)ge-adjusting clip
轨距调整器 tie spacer
轨距误差 disorder of ga(u)ge
轨距线 ga(u)ge line
轨距线的交叉点 <辙叉理论尖端> intersection of ga(u)ge line
轨距支撑 ga(u)ge strut
轨距支杆 ga(u)ge strut
轨卡 rail anchor;rail clips
轨框 track skeleton
轨联结 rail coupling
轨梁 beam-and-rail;track beam
轨梁精轧机 rail finishing mill
轨梁弯曲压力机 beam-and-rail bender
轨梁轧机 girder and rail mill;rail and structural steel mill;rail beam and section mill
轨梁轧机精轧机座 rail finishing mill
轨路两用车 autorail
轨轮 rail wheel
轨轮式钻车 rail jumbo;rail-mounted drill
轨面 rail level;rail surface;rail top;top of(running)rail
轨面变形 rail surface irregularity
轨面电压 rail surface voltage
轨面高程 elevation of rail top
轨面埋深 buried depth of rail top
轨面欠平整 rail surface irregularity
轨面以上 above rail
轨面以下 below rail
轨面找平 surfacing
轨模 rail-form
轨模式混凝土摊铺机 rail-form(type) concrete paver
轨模式水泥混凝土摊铺机 rail-form cement concrete paver
轨模式摊铺机 rail-guided machine;rail-guided paver
轨模式整面机 rail-guided finisher
轨排 panel track;section of track;track panel;track skeleton
轨排车 fabricated rail-section car
轨排更新 lumping
轨排列车 track-carrying train;track string train
轨排起重机 track building crane for loading and handling track panel;track construction crane
轨排组装 track panel assembly
轨旁电路 trackside circuit
轨旁隔离开关 lineside isolator;trackside isolator
轨旁盒 trackside box
轨旁列车自动保护装置 automatic train protection trackside unit
轨刨 raft plane;rail plane
轨疲劳 rail fatigue
轨上运输工具 rolling stock
轨上运行设备 rolling equipment
轨上轴重 axle load on rail
轨身内倾 tilt of rail
轨身倾斜 canted rail;tilting of rail
轨式输送机 rail conveyer[conveyor]
轨式温床 rail type hot bed
轨束 rail bond
轨束梁 packed rail beam;rail(-pack) beam
轨条 rail(bar);skid bed;skid bar <滑道或台架的>
轨条钢 rail iron
轨条钢筋 rail steel reinforcement bar
轨条固定楔 rail key
轨条接触点 rail contact
轨条绝缘节 insulated rail joint
轨条扣件 rail fastenings
轨条螺栓 track bolt
轨条挠曲器 jim crow
轨条筛 bar screen;rail grizzly
轨条钻 rail borer
轨头 railhead
轨头波纹磨损 corrugation of rail head
轨头波形磨损 wave-type deformation of rail head
轨头侧面磨损 lateral wear of rail head;side wear of rail head
轨头垂直磨损 vertical wear of rail head
轨头肥边 flow of rail head;lipping of rail head
轨头高度 height of rail head
轨头轨腰分裂 head-web separation
轨头横平裂隙 horizontal fissure
轨头流铁 end overflow;flowed head
轨头磨耗 head-wear
轨头平裂 horizontal split head
轨头涂油机 railhead lubricator
轨头涂油器 railhead lubricator
轨头微裂纹 detail fracture of rail head
轨头压溃 crushed head;crushing of rail head
轨头压裂 crushing of rail head
轨头与轨腰分离 head-and-web separation
轨头整形 railhead reprofiling
轨头总磨损 total wear of rail head
轨头座栓 rail clamp;rail clamping device
轨托 rail bearer
轨托纵梁 rail bearer
轨外房屋 off-track housing
轨温测量表 rail thermometer
轨隙 gap at rail joint;ga(u)ge play;joint clearance;rail(joint)gap
轨隙规 joint clearance ga(u)ge;rail joint clearance ga(u)ge
轨下储仓 bunker under track
轨下垫板 rail pad
轨下基础 foundation under rail;subrail foundation;track bed foundation
轨下胶垫 rail pad
轨下料箱 undertrack hopper
轨下螺旋输送机 undertrack screw conveyer[conveyor]
轨线 trajectory;path(curve)
轨线缆索 <空运索道的> track cable
轨向不平顺 irregularity of alignment
轨行车辆 tracked vehicle
轨行车辆橡胶轮胎车轮装置 rubber-tyred unit of tracked vehicles
轨行磁浮车 tracked magnetic levitated vehicle
轨行高架起重机 rail-mounted overhead crane;travel(l)ing overhead rail-mounted crane
轨行机具 rail-mounted plant
轨行机械 track-mounted machinery
轨行梁 running beam;runway beam
轨行列车 rail train
轨行摩托车 motor rail coach
轨行跑车 <起重机上的> track-mounted troll(e)y
轨行起重机 rail crane
轨行气垫车 tracked air cushion vehicle;tracked hovercraft
轨行汽车 railbus
轨行式的 rail-mounted
轨行式混凝土搅拌车 rail concrete mixer
轨行式漏斗 track hopper
轨行式门式集装箱装卸机 rail-mounted transtainer
轨行式门式起重机 rail-mounted gantry crane
轨行式起重机 rail-mounted crane
轨行式提升绞车 rail-mounted hoisting gear
轨行式挖沟机 rail-mounted excavator
轨行式挖掘机 rail-mounted excavator
轨行式挖土机 rail-mounted excavator
轨行式运料矿车 rail bogie;rail buggy
轨行式运料台车 rail bogie;rail buggy
轨行式重型锤头起重机 titan crane
轨行悬浮式车 tracked hovercraft
轨行装岩机 rock loader on rail
轨形钢筋 rail steel reinforcement
轨形截面 bulb tee
轨形起重机 walking crane
轨旋共振 spin-orbit resonance
轨旋管 orbitron
轨旋耦合 spin-orbit coupling
轨旋式泵 orbitron pump
轨旋跃迁 spin-orbit transition
轨压 rail pressure
轨腰 rail web;web of rail
轨腰裂缝 split web
轨腰裂纹 cracked rail web;split rail web
轨腰挠曲 crippling of web of rail
轨用钢 rail iron
轨用钢筋 rail steel bar;rail steel reinforcement
轨域 orbital
轨运设备 rail-borne equipment
轨载千斤顶 traversing screw jack
轨辙车印 tracking ruts
轨枕 cross sill;cross-sleeper;cross tie;joint sleeper;sleeper;tie;track tie;transverse sleeper
轨枕板 broad concrete tie;concrete track slab
轨枕表面 upper surface of sleeper
轨枕布置根数 rule to number of ties
轨枕槽 sleeper bed
轨枕槽扒松 loosening of sleeper bed
轨枕槽规 adzing ga(u)ge
轨枕长 tie length

轨枕衬垫 packing of sleepers;tie pad
轨枕抽换机 tie replacing machine
轨枕捣固车 tie tamper car
轨枕捣固机 tie tamper
轨枕道基础 ballast and sleeper
轨枕的捣实 tamping of the sleeper
轨枕底面 underneath surface of sleeper
轨枕垫板 sleeper clip;sleeper plate;tie plate
轨枕端的外伸部分 protruding end of sleeper
轨枕方正 sleeper respacing
轨枕分布 spacing of sleepers
轨枕刚度 sleeper stiffness
轨枕钢 sleeper bar
轨枕钢模 sleeper steel mo(u)ld
轨枕更换 sleeper replacement
轨枕更新 sleeper renew;tie renew
轨枕规格 sleeper specification
轨枕夯实 tamping of sleepers
轨枕盒 sleeper box;sleeper mo(u)ld;tie crib;crib【铁】
轨枕护木 guard sleeper
轨枕夹钳 sleeper tongs
轨枕间道砟 boxed-in ballast
轨枕间隔 space between sleepers;spacing of sleepers
轨枕间距 pitch of sleepers;sleeper pitch;sleeper spacing;tie distance;tie spacing
轨枕间距调整器 tie spacer
轨枕距 pitch of sleepers
轨枕距尺 ga(u)ge for sleepers distance;ga(u)ge for ties distance
轨枕锯面机 tie scoring machine
轨枕空吊板 loose sleeper
轨枕扣件 sleeper fastening
轨枕连接点 tie joint
轨枕梁 sleeper joist
轨枕帽 <锁定用的> locking cap
轨枕密间隔 closed spacing of sleepers
轨枕密间距 closed spacing of sleepers
轨枕面 top of sleeper
轨枕铺设机 sleeper-layer;tie laying machine
轨枕铺置机 tie spreader
轨枕铺装机 tie spreader
轨枕起重机 sleeper handling crane
轨枕钳 sleeper tongs;tie tongs
轨枕塞孔栓 tie plug
轨枕寿命 tie life
轨枕输送机 sleeper conveyor truck
轨枕歪斜 cant of sleeper
轨枕位移 displacement of sleepers
轨枕压力 sleeper pressure
轨枕整修 reconditioning of sleeper
轨枕钻机 sleeper drilling machine;tie drilling machine
轨制动器 track brace
轨制动装置 rail brake
轨制钢 roller steel
轨阻测量器 device for measuring rail resistance
轨钻 track drill
轨座 chair;fish chair;rail chair;rail rest;rail support;sleeper chain
轨座颚 jaw of the chair

诡

诡感觉 paradoxical sensation

癸

癸胺 decyl amine

癸醇 decanol;decatyl alcohol;decyl alcohol;nonyl carbinol
癸二腈 sebacic dinitrile
癸二酸 decanedioic acid;sebacic acid;sebacylic acid
癸二酸丁酯 dibutyl sebacate
癸二酸二丙酯 dipropyl sebacate
癸二酸二丁氧基乙酯 dibutoxy ethyl sebacate
癸二酸二丁酯 dibutyl sebacate
癸二酸二甲酯 dimethyl sebacate
癸二酸二壬酯 di-n-nonyl sebacate
癸二酸二辛酯 di-n-octyl sebacate;di-octyl sebacate
癸二酸二乙酯 diethyl sebacate
癸二酸二异辛酯 diisooctyl sebacate
癸二酸氢盐 bisebacate;disebacate
癸二酸盐 sebacate
癸二酸酯 sebacate
癸二烯 decadiene
癸二烯酸 decadienoic acid
癸二酰 decanedioyl
癸基 decyl
癸基苯醚 decyl phenyl ether
癸基碘 decyl iodide;iododecane
癸基硫酸钠 sodium decyl sulfate
癸基三甲基硅 decyl-trimethylsilicane
癸基三氯硅烷 decyltrichlorosilane
癸基溴 decyl bromide
癸腈 capric nitrile
癸磷锡 decafentin;stannoplus;stannoram
癸硼烷 decaborane
癸醛 capraldehyde;capric aldehyde;decyl aldehyde
癸炔 decine;decyne
癸炔酸 decynic acid
癸炔羧酸 decyne carboxylic acid
癸酸 capric acid;decanic acid;decyclic acid;n-decoic acid;octylacetic acid
癸酸甘油酯 caprin
癸酸酐 capric anhydride
癸酸甲酯 methyl caprate;methyl decanoate;methyl n-caprate
癸酸盐 caprate
癸酸乙酯 ethyl decylate
癸酸酯 caprate
癸酮 decanone
癸烷 decane;decyl hydride
癸烷的溶解度 solubility of decane
癸烷二羧酸 decane dicarboxylic acid
癸烯 decene;decylene;diamylene
癸烯二酸 decenedioic acid
癸烯二羧酸 decene dicarboxylic acid
癸烯酸 caproleic acid;decylenic acid
癸酰 caprinoyl
癸酰胺 capramide;capric amide;decyl amide
癸酰基 decanoyl
癸酰氯 capric acid chloride;decanoyl chloride
癸酰乙醛 decanoyl acetaldehyde
癸酰乙醛亚硫酸氢钠 decanoyl acetaldehyde sodium hydrosulfite;houttuynium syntheticum
癸烟酯 hepronicate

鬼

鬼笔属 <拉> Phallus

鬼岛 <车行道路面上画有斜条线指导交通的"岛"> ghost island
鬼脸纹 <一种金属的离析条纹,一般含硫、磷、氧较集中而含碳较少> ghost
鬼脸纹油漆 ghosting
鬼伞属 <拉> Coprinus
鬼线 ferrite ghost;ghost band;phosphorus band
鬼影 ghost
鬼爪 devil claw;wire grip;come-along <俚语>

晷

晷针 stile

柜

柜 ark;chest;cubicle;locker

柜车 tank car;tanker
柜橱 cabinet
柜橱工艺 thurm
柜橱拉门 cabinet sliding door
柜橱碰锁 cabinet latch
柜底护板 apron mo(u)lding
柜阀 tank valve
柜格式沉箱 cellular caisson
柜架 tank bracket
柜镜 cabinet mirror
柜马 cheval-de-frise
柜门 cabinet door
柜式 chest type
柜式采暖器 cabinet heater
柜式炊具设备 counter-mounted cooking unit
柜式电动液(压)传动装置 electro-hydraulic cabinet actuator
柜式电气液(压)调速器 electro-hydraulic cabinet actuator
柜式电气液(压)执行装置 electro-hydraulic cabinet actuator
柜式防水开关 cabinet water-proof switch
柜式干燥机 shelf dryer[drier]
柜式供暖 cabinet heating
柜式供暖器 cabinet heater
柜式接收机 console type receiver
柜式净空气器 cabinet air purifier
柜式开关 cabinet-type switch
柜式烤炉 cabinet oven
柜式空调机 packed air handling unit
柜式空调器 cabinet air conditioner;self-contained air conditioner
柜式控制板 cubicle control panel
柜式煤气用具 counter appliance
柜式取暖 cabinet heating
柜式取暖器 cabinet heater
柜式燃具 counter appliance
柜式石棺 tomb-chest
柜式用具 <如煤气、家具等> counter appliance
柜台 bar;counter;back counter <饭店服务柜台后面的>
柜台矮帘 counter screen
柜台矮围屏 counter screen
柜台边棱线脚 bar mo(u)lding;bar-rail mo(u)lding
柜台顶面 countertop
柜台搁板 counter shelf
柜台隔屏 counter screen
柜台栏杆 counter rail
柜台冷柜 reach-in refrigerator
柜台踏脚板 counter footrest
柜台下冰箱 undercounter refrigerator
柜台下小型运货升送机 undercounter dumbwaiter
柜下防踢的凹进处 kicking recess
柜形吸气罩 booth hood
柜液面指示器 pneumeractor;tank level indicator
柜桌 hutch table
柜子 cabinet;cupboard

贵

贵宾候车室 distinguished guests' waiting room

贵宾间 <剧院、教堂等> camarin
贵宾休息室 reserved lounge;VIP lounge
贵蛋白石 precious opal
贵的 expensive;noble
贵电势 noble potential
贵方电报 your cable
贵方电传 your telex
贵橄榄石 chrysolite[chrysolyte]
贵橄石 chrysolite;peridot
贵尖晶石 noble spinel
贵金属 precious metal
贵金属薄片轧机 laminating rolling mill
贵金属催化剂 noble metal catalyst
贵金属分析 noble metal analysis
贵金属粉 precious metal powder
贵金属含量 bullion content
贵金属化合物 precious metal chemical complex
贵金属回收 precious metal recovery
贵金属精炼厂 precious metal refiner
贵金属矿产 precious metal commodity
贵金属矿化探 geochemical exploration for precious metals
贵金属离子 precious metal ion
贵金属热电偶 noble metal thermocouple;rare-metal couple
贵金属温差电偶 noble metal thermocouple
贵金属元素 noble metals
贵榴石 almandine;almandite
贵榴石尖晶石 almandine spinel
贵蛇纹石 noble serpentine
贵重包裹 value parcel
贵重大钻石 Kohinoor
贵重的 noble;precious;valuable;valued
贵重地皮 prime site
贵重货舱 treasure room
贵重货(物) costly goods;expensive goods;precious goods;valuable cargo;valuable goods;precious cargo
贵重货物运费 ad valorem
贵重金属 noble metal;precious metal
贵重木材 choice wood;fancy wood;precious wood
贵重品 muniment
贵重品储藏室 treasure room
贵重品袋 valuable holder
贵重品库 muniments house
贵重品室 muniments room
贵重器材 assets
贵重物 valuable
贵重物品 bona notabilia;valuable article;valuables
贵重物品保管室 treasure room
贵重物品库 storage of valuables

桂

桂冠 laurel

桂冠花饰【建】 bay leaf garland;bay leaf swag
桂花 <即木樨> fragrant flower;sweet osier
桂花边 osmanthus edge
桂花耳属 <拉> Guepinia
桂榴石 cinnamon stone;hessonite
桂皮(色) cinnamon
桂皮树 cassia;cinnamon
桂皮紫 purple of cassius
桂芯 cassia scrapped
桂芯碎 cassia scrapped broken
桂芯条 cassia scrapped whole
桂叶栎 laurel oak
桂叶芫花 spurge laurel
桂叶油 bayleaves oil
桂油 oil of bay

跪

跪板 kneeling board

跪几 <祈祷用的> faldstool

辊

辊 corners broken off main body

辊棒篦筛 roller bar grate
辊边痕迹 edge tracking

G

辊不圆 out-of-round of roller
辊衬刮刀涂布机 knife-over-roll coater
辊成边 rolled edge
辊成的 rolled
辊承弯曲试验 roller bend test
辊触刮涂机 doctor kiss coater
辊锤破碎机 roll hammer crusher
辊带式浸润器 roller-plus-belt applicator
辊道 roller bed;roller conveyer;roller path;roller-table gear;roller track;roller way;table roller;wheel conveyer[conveyor]
辊道传动 roller drive
辊道的带槽辊 grooved table roller
辊道的正置辊 straight table rolls
辊道电动机 electric(al) motor for rolling way;roll motor
辊道顶棚式货车 wagon with roller roof
辊道横梁<放辊子轴承用> table beam
辊道控制箱 roller way control case
辊道炉床 roller hearth
辊道炉膛运输带 roller hearth conveyer[conveyor]
辊道烧结机 roller-type sinterer
辊道式退火窑 roll table annealing lehr
辊道输送机 live-roller conveyer[conveyor];roller conveyer[conveyor]
辊道窑 roller hearth furnace;roller(hearth) kiln;roller-type furnace
辊底式炉 roller hearth(type) furnace
辊底式送锭车 roller-type ingot buggy
辊动格筛 roller bar grizzly
辊动筛 disk grizzly
辊端 roller end
辊锻 roll forging
辊锻锻模 roll die
辊锻机 forge roll;forge rolling machine;roll forging machine
辊锻模 roll forming die
辊锻线 line of roll forming
辊锻型槽系 system of groove for roll forging
辊封 roller seal
辊缝 bite;cleaning between rolls;gap;opening(between rolls);roll bite;roller spacing;roll gap
辊缝锁口 roll parting
辊缝调整机构 roll-separating mechanism
辊缝调整器 roll gap setter
辊缝指示器 roll gap indicator;roll opening indicator
辊光 burnishing-in
辊光机 burnishing machine
辊光器 burnisher
辊痕<板材带材表面热轧缺陷> slivering
辊花 roller bump;roller mark
辊花机 cotton roller
辊环 collars;roll collar
辊环痕 collar marks
辊环式磨机 roll ring mill
辊间间隙 clearance between rolls
辊间距离 roll gap
辊交叉 roll crossing
辊颈 journal;roll neck
辊颈润滑油试块 neck grease briquette
辊颈折断 neck break
辊距 opening between rolls;roller spacing
辊开槽机 roll fluting machine
辊口 spin in
辊拉边器夹出的波纹 grip
辊冷式挤塑 cast film extrusion;chill-roll extrusion
辊裂印痕<热轧钢材表面上的> chill crack
辊轮 drum;round die<滚制螺纹用>
辊轮架 roller carrier
辊轮拉丝模 roller dies
辊轮偏移机构 drum off-set mechanism
辊轮驱动 drum drive
辊轮油腔 drum oil chamber
辊帽脊瓦 roll-capped ridge tile
辊面 roll surface
辊磨 grinding mill;roller
辊磨机 chaser mill;roll grinding mill
辊碾制粉机 roll mill
辊盘 grinding bowl
辊平 roll-out
辊切机 roll-splitter guillotine
辊球立磨 ball-race mill
辊球磨 ball ring mill
辊身 body of roll;roll barrel
辊身表面 body surface
辊身长度 barrel length;length on face;roll body length
辊身对角折断 diagonally body break
辊身轮廓 roll camber
辊身平孔型 bull-head(ed) pass
辊身沿轴线垂直面折断 vertical body break
辊身折断 body break
辊身做出凸度 barreling
辊式板材矫直机 mangle
辊式板材拉伸(矫直)机 roller-stretcher machine
辊式板坯装料台 roller-type slab magazine
辊式棒料矫直机 straightening roll
辊式侧导板 roller side guard
辊式侧支座 roller side bearing
辊式测厚规 roller-type thickness ga(u)ge
辊式成球机 roll mill granulator
辊式穿轧机 Mannesmann piercer
辊式传动运输机 driven roller conveyer[conveyor]
辊式磁力分离器 roll-type magnetic separator
辊式磁选机 roll-type magnetic separator
辊式导板 roller-type guide
辊式导卫装置 roller-type guide apron
辊式地上卷取机 roll-type upcoiler
辊式地下卷取机 roll-type down coiler
辊式地下卷绕机 mandrel down coiler
辊式点缝焊机 roller spot-and-seam welding machine
辊式翻钢机 roller tilter
辊式分级机 roller grader;roller sizer;roller sorter;roll-type grader
辊式分配器 roller distributor
辊式粉磨机 break roller mill;ring roll pulverizer;roller mill;roll(mill) pulverizer[pulveriser]
辊式粉碎机 ring roll pulverizer
辊式缝焊机 roller-type seam welding machine
辊式钢板切断机 roll slitter
辊式给料机 roll(er) feeder
辊式混合机 roll mixer
辊式挤涂机 squeeze-roll coater
辊式夹具 roller Kelly bushing
辊式剪断机 roll shears
辊式矫直<钢管型钢的> roller straightening
辊式矫直机 roller leveling machine;roller straightening machine;roll level(l)er;roll-type straightener
辊式进给装置 roll feed
辊式进料器 live-roll feeder
辊式浸润器 roller applicator
辊式卷取机 coiler gear;roller reel;roll-type coiler
辊式卷线机 winding reel
辊式拉边机 edge roll machine
辊式拉边器 edge roll(er);knurls
辊式拉伸矫直机 roller stretcher
辊式冷床 roller cooling bed
辊式冷弯(成型)机 cold-roll forming machine
辊式炉箅 cylindric(al) grate
辊式炉底 roller hearth
辊式模顶管机 roller die push bench
辊式磨 roller mill;roll mill
辊式磨的磨盘 roller table
辊式磨光机 dram sander;drum brake;drum sander
辊式磨机 ring-roller mill
辊式磨碎机 roller-type mill
辊式碾米机 roller-type rice mill
辊式碾碎机 roller grinding mill;roll grinding machine
辊式碾压机 nip roller
辊式捏炼机 roll kneader
辊式扭转导板 roller twist guide
辊式排肥装置 roller feed mechanism
辊式破碎 roll crushing
辊式破碎机 crushing roller;kibble(r) roll;muller crusher;roll(er) crusher;roll(er-type) breaker;roll(ing) mill;roll-type crusher
辊式牵引装置 rollers drawing
辊式切纸机 roll cutter
辊式软土挖运机 shutter mucker
辊式输送机 driven roller conveyer[conveyor];live roller;roller conveyer[conveyor];roller path
辊式输送器 live roller;roller conveyer[conveyor];roller path
辊式送料装置 roller feeder
辊式碎茎机 roller breaking machine
辊式碎石机 roll crusher
辊式涂镀设备 roller coater
辊式涂油机 oil roll machine
辊式推料装置 roller pusher
辊式推土机附件 shutter dozer attachment
辊式退火窑 roller-type annealing lehr
辊式脱壳机 roll-type decorticator
辊式弯板机 plate bending roll
辊式碗磨 roller bowl mill
辊式喂料机 roller feeder
辊式细磨机 fine roller mill
辊式卸料篦子 roller-type discharge grate
辊式型材矫直机 roller section[shape] straightening machine
辊式压板机 rolling machine
辊式压平机 roll level(l)er
辊式压球机 double roll pelletizer
辊式压延机 roller calender
辊式压渣机 alligator
辊式压制机 roll press
辊式研磨机 roll(er) mill
辊式摇床 roller table
辊式运输机 roller conveyer[conveyor]
辊式轧花机 roller gin
辊式轧碎机 crusher roll;roller crusher
辊式闸门 roller gate
辊式摘棉铃机 roll stripper
辊式摘棉铃装置 roll-type stripping unit
辊式摘穗器 roller stripper
辊式张紧装置 bridle
辊式振动器 roller vibrator
辊式中碎机 merchant roll
辊式种子清选机 roll seed separator
辊舐刮涂机 doctor kiss coater
辊碎机 roll breaker;roller
辊台间歇压延法 table cast process
辊套 roller cover
辊筒 bowl;cylinder
辊筒(防护)罩 roller shell
辊筒封口 roller seal
辊筒混合 mill mixing
辊筒交叉 roll crossing
辊筒磨光 drum sanding
辊筒式干燥 roller drying
辊筒式干燥机 roller dryer[drier]
辊筒式烘干机 roller dryer[drier]
辊筒式卷纸机 friction(al) reel
辊筒式碎石机 roll crusher
辊筒式压碎机 roll crushing machine
辊筒刷 brush roll
辊筒涂色法 roller coating
辊筒压力机 roller press
辊筒压碎机 crushing roll
辊筒印花 roller printing
辊筒闸门 roller drum gate
辊筒组 set of the rolls
辊涂 roller application;roller coating;roller painting
辊涂瓷漆 roller-coating enamel
辊涂花纹漆 roller pattern paint
辊涂机 roll coater
辊涂机刮边刀 edge doctor of roll paint
辊涂施工法 roller application
辊涂压花法 design roller coating
辊涂装饰机 roll-on decorating machine
辊弯 roll bending
辊弯曲效应 oxbow effect
辊铣 surface milling
辊隙 nip;roll gap(opening)
辊心 roll center[centre]
辊型 roll shape;roll forming
辊型磨制自动装置<轧辊磨床上> cambering mechanism
辊型调整<轧制过程中的> crown adjustment
辊压 roll-in;rolling pressure
辊压斑点 calender spot
辊压板材 calendered sheet
辊压层(压) roll laminating
辊压淬火 rolled hardening
辊压的材料 material to be rolled
辊压钢板 rolled sheet iron;rolled sheet steel
辊压钢梁 rolled steel beam
辊压钢梁拱 rolled steel beam arch
辊压钢丝 rolled wire
辊压黑道 calender blackening
辊压痕 roller bump;roller wave
辊压混凝土<大多用于基层> roller-compacted concrete
辊压机 calender press;high-pressure grinding roll;high-pressure twin-roll mill;roller press;roll squeezer
辊压机辊子表面磨损测试仪 Rolcam;roller surface wearing tester
辊压机控制系统 Rolcox;roller control system
辊压机涂漆 calender(ed) coating
辊压挤泥机 Euro-press
辊压痂点 calender scabs
辊压接合 roll bonding
辊压梁 rolled beam
辊压料饼 roller press cake
辊压密实 roller consolidating;roller consolidation
辊压捏合 roll mixing
辊压条痕 calender mark(ing)
辊压涂布 calender coating
辊压涂布机 calender coater
辊压用测厚仪 calender ga(u)ge
辊堰 roller weir
辊印 collar marks;knurl mark;pluck;roller mark;roll pick-up
辊印涂饰皮革表面技术 technology of roller coating for leather surface
辊轧 rolling
辊轧板 rolled plate;rolled sheet
辊轧扁钢 float(ing)-rolled steel

辊轧厂 becking mill
辊轧成型 compaction by rolling; roll forming; rolled shape
辊轧成型机 roll former
辊轧法 roll process
辊轧钢 rolled steel
辊轧钢板 rolled plate; rolled sheet steel
辊轧钢材截面 rolled steel section
辊轧钢格栅 rolled steel joist
辊轧钢梁 rolled steel beam
辊轧钢丝 rolled wire
辊轧工字型小钢梁 rolled I-section joist
辊轧工作 rolling work
辊轧花纹的 rolled figured
辊轧机 reduction roller mill; roll(ing) mill
辊轧校平 roll flattening
辊轧金属板 rolled sheet metal
辊轧梁 rolled beam; rolled girder
辊轧式脱水机脱水 dewatering by roll
辊轧铁 rolled iron
辊轧铁板 rolled sheet steel
辊轧小钢梁 rolled steel joist(beam)
辊轧型材 roll formed section; roll formed shape; roll formed unit
辊轧制品 rolling mill product
辊轧铸钢 rolled cast steel
辊轴 roller axle; roll shaft
辊轴承 roller bearing
辊轴垫圈 rolling gasket
辊轴吊车 rolling truck
辊轴法兰 shaft centre flange
辊轴筛 roller bar grizzly; rotary grizzly; rotating grizzly
辊轴式波纹轧机 roller-type corrugator
辊轴式电报机 roll telegraph
辊轴式碎石机 roll crusher
辊轴式瓦楞轧机 roller-type corrugator
辊轴凸缘 roller flange; roller rim
辊轴涂面 coating of rolls
辊轴系统 <滑道承船车的> roller train
辊轴系统支承的滑道承船车 cradle supporting by the roller system
辊轴圆周速度 roll peripheral speed
辊轴闸门 Stoney gate
辊轴支座 roller bearing; roller support
辊轴直升式闸门 vertical lift gate; tractor
辊转箱 roller box
辊子 muller; roller
辊子冲压模 roller stamping die
辊子吊架 rolling cradle
辊子隔距 roller ga(u)ge
辊子矫平 roller leveling
辊子卷板机 bending rolls
辊子卡规 roller ga(u)ge
辊子链 rod-ink chain
辊子链装配夹具 roller chain assembly jig
辊子磨床 roll grinding machine
辊子清洗机 roller cleaning device
辊子式带锯校正机 band-saw roll stretcher
辊子式胀管器 roller expander
辊子释放杆 roll release lever
辊子输送机 coro conveyer[conveyor]; roller conveyer[conveyor]
辊子台 roller table
辊子弯板机 bending rolls
辊子洗涤剂 roller cleaner
辊子引起的擦伤 roller scratch
辊子有效顶端 live center of roller
辊子闸门 <密封缝隙用> roll seal
辊子组合的悬挂结构 <输送机> roller assembly suspension structure
辊座 roller seat

滚

滚板机 bending roller; plate roller
滚棒输送机 <重力式> gravity conveyer[conveyor]
滚棒轴头润滑脂 <热轧机> hot-neck grease
滚奔破浪 collapsing breaker
滚比挂轮 ratio of roll gears
滚边 border; selvedge; welted nosing; welting
滚边机 edge knurling machine; trimming machine
滚边线 binder thread
滚擦 abrasive tumbling
滚槽法 rolled groove method
滚槽机 channel(l)ing machine
滚草机 grass roller
滚成球 ball up
滚齿 gear hobbing
滚齿刀 generating hob; hobbing cutter
滚齿刀磨床 hob grinding machine
滚齿刀磨机 hob resharpening machine
滚齿法 generating process
滚齿机 gear hobber; gear hobbing machine; hobbing machine
滚齿刨煤机 shearer
滚齿切削法 generating cutting
滚齿铣 generating milling
滚出齿槽的 milled
滚出口 tapping
滚存费用 deferred charges
滚存余额 balance down; balance forward
滚搓法塑限试验 plastic limit test with thread twisting method
滚带式表面处理机 rolling belt type surface treatment machine
滚刀 cutter; disc[disk] cutter; hob; jagger; roller(cutter) <隧道掘进机用>
滚刀铲磨床 hob relieving grinding machine
滚刀刀架 cutter bracket
滚刀的沟槽导程 hollow lead
滚刀架 hob head
滚刀检查仪 hob checking equipment; hob tester; hob testing machine
滚刀轮 cutter wheel
滚刀磨床 hob sharpener
滚刀盘钻头 hobbing bit
滚刀刃磨床 hob sharpening machine
滚刀刃磨机床 hob sharpening grinding machine
滚刀式剥皮机 cutter-head barker
滚刀式切碎机 rotobeater
滚刀轴承 cutter bearing
滚道 ball race; moving roller path; race; rollaway nest; roller conveyer [conveyor]; roller path; rollway; runway
滚道炉膛 roller hearth
滚道升运器 rollgang elevator
滚道式输送机 glide-wheel conveyer [conveyor]
滚道柱塞 roller carried plunger
滚底式隧道窑 roller hearth kiln
滚点焊 roll spot welding
滚垫法 pad-rolling
滚吊船 hybrid container ship
滚动 breaking-in; overrolling; roll; rolling(motion); tumble; tumbling; wheel
滚动(半浮式)浮坞门 rolling floating caisson
滚动半径 rolling radius
滚动崩落 rolling avalanche
滚动波 roll wave
滚动薄膜式液压缸 rolling diaphragm actuator
滚动舱口梁 rolling hatch beam
滚动沉箱式闸门 rolling caisson
滚动承载疲劳试验机 rolling-load fatigue testing machine
滚动传感器 roll sensor
滚动导轨 rolling guide
滚动导轨柱塞 roller ram
滚动的 rolling
滚动电极 roller electrode
滚动电刷 roller brush
滚动度 rollability
滚动颚式碎石机 roll-jaw crusher
滚动扶梯 rolling ladder
滚动副 rolling pair
滚动隔膜 rolling diaphragm
滚动隔震 roller bearing isolation
滚动刮土机 tumble-bug scraper
滚动光栅检测头 detector with rolling grating
滚动焊剂法 flow solder method
滚动荷载 rolling load(ing)
滚动痕 roll mark
滚动滑轮 rolling pulley
滚动滑坡 bottleneck slides; rotational slip
滚动缓冲区 scroll buffer
滚动机 roller press
滚动计划 rolling plan
滚动剪切 rolling shear
滚动检修 trip service
滚动角 roll position
滚动角基准点 roll datum
滚动角加速度 angular acceleration in roll
滚动角试验 roll angle test
滚动角速度陀螺传感器 roll-rate gyro pick-up
滚动角位移 roll displacement
滚动脚手架 rolling scaffold(ing)
滚动铰接 roll articulation
滚动铰支座 rolling hinged support
滚动接触 roller contact; rolling contact
滚动接触齿轮系 rolling contact gears
滚动接触缝 rolling contact joint
滚动接触轴承 rolling contact bearing
滚动开合桥 rolling bridge
滚动控制 rotating control; rotational control
滚动框 scroll box
滚动犁侧板 rolling landside
滚动力矩 rolling couple
滚动力矩平衡 equilibrium about rolling axis
滚动利率抵押贷款 roll-over mortgage
滚动梁 roller beam
滚动料斗 roll magazines
滚动零件 <滑动门的> runner fittings
滚动轮式吊桥 rolling lift bridge
滚动轮压 rolling load
滚动门 rolling door
滚动面 rolling surface
滚动摩擦力 friction of rolling; rolling friction
滚动摩擦系数 coefficient of rolling friction
滚动摩擦阻力 rolling friction(al) resistance
滚动磨 roller mill
滚动抛光 tumbling
滚动喷嘴 roll nozzle
滚动碰垫 child fender; roller fender
滚动偏转 rolling deflection
滚动平行尺 roller rule
滚动屏幕 roll screen
滚动器 roll packer
滚动千斤顶 roller jack
滚动切削钻头 rolling cutter(rock) bit
滚动倾斜角 roll angle
滚动球磨机 rotary mill
滚动曲面 surface of rolling
滚动扰动动力特性 dynamic(al) roll response
滚动筛 drum screen; roller grizzly; roller screen; trammel(screen)
滚动升降桥 rolling lift bridge
滚动式 tumbling-type
滚动式拌和机 drum mixer
滚动式船闸闸门 rolling lock gate
滚动式防火钢门 rolling steel door
滚动式浮筒 rolling pontoon
滚动式隔断 rolling partition(wall)
滚动式活动坝 rolling dam
滚动式开合桥 roller bridge balance; roller lift bascule bridge; rolling bascule bridge; Sherzer bascule bridge; rolling lift bridge
滚动式栏木 crossing gate on wheels
滚动式铝格栅 alumin(i)um rolling grill(e)
滚动式切削头 roller cutter
滚动式竖旋桥 roller bascule bridge; rolling bascule bridge; rolling lift bridge; roller bridge balance; roller lift bascule bridge; Sherzer bascule bridge
滚动式坞门 rolling caisson
滚动式仰开桥 roller bridge balance; roller lift bascule bridge; rolling bascule bridge; rolling lift bridge; Sherzer bascule bridge
滚动式液膜密封装置 rolling liquid sealing apparatus
滚动式圆筒闸门 rolling cylinder gate
滚动式轧碎机 roll breaker
滚动式闸门 rolling gate; rolling lock gate; rolling caisson
滚动式直尺 rolling straight-edge
滚动试验 rolling test
滚动输送 rolling transport
滚动竖旋桥 roller draw bridge; roller lift bridge; rolling drawbridge
滚动数字显示器 roller digital indicator
滚动水平焊 horizontal-rolled position welding
滚动丝网印花机 roll-off screen printing machine
滚动伺服机构 roll servo
滚动损失 rolling loss
滚动台 roller tray
滚动台锯 rolling-table saw
滚动特性 roll behavio(u)r
滚动体 rolling element; tumbling body
滚动体隔离体 separating element
滚动体间的圆周间隙量 circumferential clearance per rolling element
滚动条 scroll bar
滚动涂漆 barreling
滚动推力 rolling impulse
滚动托轮 slide roller
滚动文件 scroll file
滚动稳定的 roll stabilized
滚动箱形门 pontoon on rollers
滚动性 rollability
滚动性能 rolling characteristic
滚动雪崩 rolling avalanche
滚动印刷机 rolling press
滚动预算 budget rollover; moving budgeting
滚动元件 rolling element
滚动元件的疲劳 rolling-element fatigue
滚动圆 rolling tread circle

滚动圆周 rolling circum(ference)
滚动运动加速表 roll sensing accelerometer
滚动运输 rolling transport
滚动载重 rolling load
滚动噪声 rolling noise
滚动闸门 roller bearing gate; rolling caisson
滚动振荡 rolling impact
滚动支撑 rolling support
滚动支承 rolling bearing; rolling support
滚动支架 rolling rack
滚动支座 rolling bearing; rolling support
滚动支座底板 roller block
滚动挚子 rolling dog
滚动轴 axis of rolling
滚动轴承 anti-friction bearing; roller bearing; rolling bearing; ball bearing
滚动轴承保持架 bearing cable
滚动轴承保持器 bearing retainer
滚动轴承杯 bearing cup
滚动轴承感应加 induction heater and control panel for rolling bearing
滚动轴承滚道 raceway
滚动轴承夹套 taper clamping sleeve
滚动轴承检测仪 roller bearing tester
滚动轴承检查装配工作台 rolling bearing inspecting and mounting table
滚动轴承油封 rolling bearing oil seal
滚动轴承轴箱 ball-bearing axle-box; roller bearing axle-box
滚动轴承座圈 bearing race
滚动轴基准 roll axis reference
滚动轴线 rolling axis
滚动转子式压缩机 rolling rotor compressor
滚动装船(斜坡)跳板 tail-gate ramp
滚动装卸 roll on/roll off
滚动装置 tourelle
滚动自动稳定系统 position roll stabilization system
滚动阻力 resistance to rolling; rolling friction; rolling resistance
滚动阻力测定 rolling resistance measurement
滚动阻力测试 rolling resistance test
滚动阻力和斜坡阻力之和 total resistance
滚动阻力试验 rolling resistance test
滚动阻力系数 coefficient of rolling resistance; rolling resistance factor
滚动阻尼 damping in roll; lateral damping; roll damping
滚动阻尼器 roll damper
滚动作用 <路面磨损微粒的> ball-bearing action; rolling action
滚洞戽斗喷雾器 spillway bucket
滚洞戽斗式消能器 spillway bucket
滚斗式消能器 roller-bucket type energy dissipater
滚镀 barrel plating; drum plating; roll forging
滚镀法 roller application
滚镀机 roller-coating machine
滚锻 roll forging
滚锻机 roll-forging equipment
滚对焊 butt seam welding
滚翻 roll
滚翻防护装置 roll-over protective structure
滚沸 boiling; boil up; blocking; plugging <玻璃液>
滚浮船 ro/ro barge carrier
滚改器 roll-over
滚管机 pipe roller
滚光 press finish(ing); roll finish
滚光机 sanding machine
滚光间 rumbling room
滚光筒 rolling barrel
滚焊 line weld(ing); ring welding; roll(ing) welding; seam weld(ing); stitch bonding; stitch weld(ing)
滚焊钢管 resistance weld pipe
滚焊机 circular seam welder; seam welder
滚痕 roller mark
滚花 annular knurl; knurl(ing) milling; ragging; rose work
滚花扁螺母 knurled thin nut; thin knurled nut
滚花玻璃 figured rolled glass; rolled glass
滚花刀 knurling cutter; roulette
滚花刀具 knurling tool
滚花的 knurled
滚花高螺母 high top knurled nut
滚花工具 checkering tool; knurling tool; kurled tool
滚花辊 design roller
滚花辊筒 knurled roll
滚花环 milled ring
滚花活塞 knurled piston
滚花机 edge knurling machine; knurlizing machine
滚花节距 milling pitch
滚花轮 knurl(ed) wheel; roller turner; roulette
滚花螺钉 knurled screw
滚花螺杆 knurled screw; knurled thumb screw
滚花螺母 hand nut; knurled nut; milled nut
滚花模 knurl dies
滚花抹面 rag-rolled finish
滚花捏手 knurled knob
滚花套圈 knurled collet
滚花天花板 knurled acoustic(al) tile
滚花头 knurled head
滚花头螺钉 milled screw; mill headed screw; screw with knurled head
滚花凸圆头螺钉 knurled fillister head screw
滚花托架 checkering cradle
滚花旋钮 knurled knob
滚花旋盘 knurled knob
滚花中心冲头 knurled grip center[centre] punch
滚环模型 rolling circle model
滚环细磨机 ring-roller mill
滚回 roll back
滚极 contact wheel; seam-welding electrode; wheel electrode
滚挤 edge rolling; edging
滚挤模腔 edger impression
滚剪机 rolling shear; slitting mill; slitting roller
滚筒式沥青混凝土搅拌机 asphalt drum mixer
滚筒式沥青混凝土搅拌设备 asphalt drum mixer
滚浆法 rolling slurry process
滚绞支承 movable support
滚接式平衡杆 rolling contact-type equalizer bar
滚接式平衡横梁 rolling contact-type equalizer bar
滚进波 roll wave
滚进滚出船 ro/ro ship
滚净筒 cleaning cage; cleaning mill
滚距 bite; nip
滚卷背斜 roll-over anticline
滚卷背斜圈闭 roll-over anticlinal trap
滚浪 beach comber; comber; roller; rolling sea; roll wave
滚利作本 capitalization of interests; capitalized interest
滚帘式空气过滤器 roller curtain type filter
滚链 roller chain
滚料板 forming block
滚料工 marverer
滚路 <使重物自动滚行的倾斜路> rollway
滚轮 contact roller; disc roller; face roller; idler pulley; jockey pulley; muller; roller(drum); roller wheel; troll(e)y wheel; door roller <推拉门的>
滚轮沉箱式闸门 rolling caisson
滚轮衬套 roller bush
滚轮冲头 <滚光孔用> rolling head
滚轮从动杆 roller follower
滚轮导缆耳 rolling cleat
滚轮电极 roller electrode
滚轮对 pair of rollers
滚轮防冲设备 roller bumper
滚轮杆接电器 troll(e)y pole current collector
滚轮给进 roller feed
滚轮工具 roller tool
滚轮轨 roller track
滚轮滚针轴承 cam follower needle roller bearing; outer ring and roll assembly
滚轮荷载 rolling wheelload
滚轮滑板 roller skid
滚轮滑轨 troll(e)y track
滚轮活动桥 rolling drawbridge
滚轮架 roller seat; turning roll
滚轮架拉力弹簧 carriage draw spring
滚轮间隙 roller play
滚轮剪机 rotary shears
滚轮剪切机 rotary shear
滚轮静线压力测定 drum static linear pressure measurement
滚轮开关 roller switch
滚轮拉丝模 roller dies
滚轮链 roller chain
滚轮链串 <在闸门两侧的> roller train
滚轮溜冰场 roller-skating rink
滚轮碾压法 rolling wheel method
滚轮破碎机 muller crusher
滚轮起重杆 bobbin derrick
滚轮取料机 rolling wheel taker
滚轮式吊桥 rolling drawbridge
滚轮式活动桥 roller bridge; rolling bridge
滚轮式开合桥 rolling bascule bridge
滚轮式伸长计 roller extensometer
滚轮式压实 rolling wheel compaction
滚轮式压实机 rolling wheel compactor
滚轮式液压千斤顶 roller hydraulic jack
滚轮式游标卡尺 roller-type vernier cal(l)ipers; vernier cal(l)ipers model roller type
滚轮式钻头 roller bit
滚轮凸缘 roller flange
滚轮弯沉(比) rolling wheel deflection(ratio)
滚轮箱 roller box
滚轮销 roller pin
滚轮压花 beading
滚轮压路机 roller
滚轮摇臂 <柴油机的> cam follower rocker; roller rock arm
滚轮摇臂轴 cam follower rocker shaft
滚轮摇杆 roller rocker
滚轮移动式喷灌系统 side-roll type sprinkler system
滚轮缘 roll shell
滚轮熨斗 roller iron
滚轮闸门 free roller gate; roller bearing gate
滚轮支架 roller carrier bracket; sheave bracket
滚轮轴 cam follower shaft; roller pin; roller shaft
滚轮组 roller train
滚磨 barrel finish(ing); barreling; roller mill
滚磨机 roller crusher; roll mill; tumbling mill
滚磨试验 rattler test
滚磨筒 tumbling barrel; tumbling box
滚木工 ball-hooter
滚木坡 rollway
滚木球场 bowling center[centre]; bowling stadium; skittle alley
滚木头 logrolling
滚囊式超低压轮胎 rolligon tire
滚碾裂纹 roller check
滚碾裂隙 roller check
滚碾压实 compaction by rolling
滚盘滚道 roller path
滚抛磨具 roll-polishing tool
滚刨 spokeshave
滚泡 beading
滚皮机 rolling machine
滚漆筒 paint roller
滚切 hobbing
滚切方法 generating method; hobbing method
滚切机 slitting mill
滚切交换挂轮架 ratio change gears
滚切阶段 generating phase
滚切钳 rotary clippers
滚切式除荆机 rolling brush cutter
滚切式挖掘机 milling excavation; milling excavator; rotary excavator; rotor excavator
滚球 bowl
滚球草场 rink
滚球导槽 guide track
滚球房 bowling hall
滚球抗阻塞试验 <排水系统中> ball test
滚球旁承 ball-bearing side bearing
滚球强度测试器 bowling-alley tester
滚球筛 rotex-screen
滚球式地板 bowled floor
滚球式黏[粘]度计 rolling ball visco(si)meter; rolling sphere visco(si)meter
滚球式求积仪 rolling ball planimeter
滚球式仪器 rolling sphere instrument
滚球下水法 ball launching
滚球研磨机 bowl grinding machine
滚球中心 bowling center[centre]
滚球轴承 ball bearing
滚球轴承铰 ball-bearing hinge
滚球轴承类型 type of ball journal bearing
滚球轴承座圈 ball race
滚球座圈 ball race
滚球座圈钢 ball-race steel
滚圈 box tire; live ring; rolling ring; supporting tire[tyre]
滚圈支座 <平地机> circle support shoe
滚热的 boiling hot
滚入 roll-in
滚筛 roller screen
滚上滚下船 roll on/roll off ship
滚上滚下 roll-on/roll-off
滚上滚下船 roll-on/roll-off vessel
滚上、滚下、滑移搬运法 <集装箱> roll-on/roll-off and skid system of transfer
滚上滚下集装箱叉车 roll-on/roll-off container fork lift
滚上滚下垃圾箱 roll-on/roll-off waste container
滚上滚下码头 roll-on/roll-off terminal; ro/ro terminal
滚上滚下系统 roll-on/roll-off system

滚上滚下运输 roll-on/roll-off traffic
滚升式开合桥 rolling lift bridge
滚式干燥筒(沥青)拌和厂 drum-drier-coating plant
滚式滚压机 roller mill
滚式缘石 roll(ed)curb
滚式装(卸)的 roll-on
滚梳式水稻拔秧机 rolling comb type seedling puller
滚水坝 anicut;free overflow weir;overflow dam;overflow weir;rolling dam;spillway dam;spillweir dam
滚水坝面 roller-way face
滚水坝消能池 tumbling bay
滚水堆石坝 rock-fill spilling dam
滚水面 rollway
滚水堰 anicut;overflow dam
滚丝 rolled thread;thread rolling
滚丝机 screw rolling machine;screw-thread rolling machine;thread roller;thread rolling machine
滚丝螺钉 rolled-thread screw
滚丝模 thread rolling die
滚碎机 roll(er)crusher
滚烫 boiling hot
滚桶 rowing box
滚桶干燥机 drum dryer[drier]
滚桶式混砂机 barrel mixer
滚筒 drum;expansion cylinder;rattler;revolver;revolving drum;roller;rolling drum;rotary drum;rotor;rumble(r)
滚筒凹板间隙 cylinder concave clearance
滚筒板 roller plate
滚筒拌和机 tumbling mixer
滚筒泵 drum pump
滚筒薄毡 drum drawn mat
滚筒长度 drum length
滚筒掣子 roller pawl
滚筒处理机 cylinder-processing machine
滚筒传动装置 rotor drive
滚筒传送带 roller conveyer[conveyor]
滚筒传送机 roller conveyer[conveyor]
滚筒错齿线脚 roll billet mo(u)lding
滚筒刀式茎杆切碎机 cylinder cutter type chaff
滚筒刀式切碎机 cylinder(-type)cutter
滚筒导缆钩 open roller chock
滚筒导座 roller guide housing
滚筒的传动装置 cylinder drive
滚筒法 Schullar process
滚筒分级机 rotary drum grader
滚筒干燥器 drum dryer[drier]
滚筒轨 roller rail
滚筒和转车盘搬运法<搬运挂车或集装箱至铁路货车时> roller and turntable method
滚筒烘干拉幅机 tentering machine with drying cylinders
滚筒滑曳设备 roller launcher
滚筒绘图机 drum plotter
滚筒混合机 drum mixer
滚筒混色 barrel colo(u)ring
滚筒记录 drum recording
滚筒记录法 kymography
滚筒记录器 drum recorder;kymograph
滚筒加料器 roller feeder
滚筒夹条<脱粒机的> cylinder bar
滚筒减速机 reducer for doffer
滚筒胶带式过滤机 rotobelt filter
滚筒搅拌机 rotary mixer
滚筒进给抛光机 bowl-feed polishing machine
滚筒可变机构 platen variable mechanism
滚筒可变旋钮 platen variable knob
滚筒控制 drum control
滚筒拉丝法 drum drawing process
滚筒冷却落砂机 knockout barrel
滚筒搂耙式装干草机 cylinder rake bar loader
滚筒墁灰板 roller pallet
滚筒每分钟转数 drum rotations per minute
滚筒门 roller gate
滚筒面 winding face
滚筒抛光(法) barrel polishing;barrel-tumbling;tumble polishing;barrel finishing;barreling;bowl-feed polish
滚筒抛光过程 bowl-feed polishing process
滚筒抛光技术 bowl-feed technique
滚筒喷砂机 blasting-tumbling machine
滚筒碰垫 child fender;roller fender
滚筒破碎机 roll(er)crusher;rotary breaker
滚筒漆刷 paint roller brush;roller brush
滚筒牵拉的绳索 reeving line
滚筒切割机 roll fluting machine
滚筒清理 barrel cleaning;barrel finishing;drum cleaning;roller cleaning
滚筒清理法 rattling;tumbling
滚筒清砂 rumble
滚筒清砂法 barrel polishing
滚筒清洗 barreling
滚筒清洗法 tumbling barrel method
滚筒清洗矿石机 rotocleaner
滚筒容量 capacity of drum;drum capacity
滚筒扫描 drum scanning
滚筒筛 cylindric(al)trommel;drum screen;revolving drum screen;rolled screen;rotary screen;screening trommel;separating trommel;trommel(screen(ing))
滚筒筛喂器 grizzly feeder
滚筒筛选 drum screening;trommel(l)ing
滚筒式 drum type
滚筒式坝闸 cylindric(al)barrage
滚筒式拌和机 drum mixer;drum-type mixer;drum mix plant
滚筒式包装机 drum packager
滚筒式草坪割草装置 cylinder lawn mower attachment
滚筒式侧向搂草机 cylinder-type side delivery rake
滚筒式铡草机 cylinder-type chaff-cutter
滚筒式磁选机 rotor-type magnetic separator
滚筒式电磁分离器 drum-type electromagnetic separator
滚筒式电阻炉 rotary retort type electric(al)resistance furnace
滚筒式盾构 drum shield
滚筒式飞剪 rotary flying shears;rotating drum shears
滚筒式分批拌和机 rotary batch mixer
滚筒式粉碎机 drum mill
滚筒式干燥机 roller dryer[drier]
滚筒式干燥器 rotary drum dryer[drier]
滚筒式焊缝清理机 rotary type flash trimmer
滚筒式烘干机 drum-type rotary drier[dryer]
滚筒式混凝土搅拌机 concrete mixer with rotating drum;drum concrete mixer
滚筒式混砂机 barrel-type mixer
滚筒式活动坝 rolling dam
滚筒式激光绘图机 laser drum plotter
滚筒式捡拾器 collecting reel;cylinder pick-up;drum-type pick-up;pick-up cylinder
滚筒式捡拾切碎机 pick-up cylinder chopper
滚筒式剪切机 drum-type shears;rotating drum shears
滚筒式绞车 drum hoist
滚筒式搅拌 rotary mixing
滚筒式茎杆切碎器 cylinder-type shredder
滚筒式卷扬机 drum hoist;rotary draw works;winding-drum machine
滚筒式空心节水围堰 sector regulator
滚筒式空心节制闸门 sector regulator
滚筒式块根切碎机 barrel-type root cutter;drum-type root cutter
滚筒式沥青混合料搅拌设备 drum-mixing asphalt plant
滚筒式连续混砂机 rotary muller
滚筒式料仓闭锁器 roller bin gate
滚筒式搂草机 cylinder(reel)rake
滚筒式路碾 drum roller
滚筒式磨机 drum mill;rattle barrel;tumbling mill
滚筒式碾压机 drum roller
滚筒式抛丸清理机 barrel-type airless shot-blasting machine
滚筒式刨光机 drum glazer
滚筒式喷砂机 blast sand with tumbling barrel
滚筒式起绒机 cylinder teaseling machine
滚筒式起网机 net roller
滚筒式切分剪 rotary dividing shears
滚筒式切料机 drum cutter
滚筒式切碎机 cylinder chopper
滚筒式切碎机刀片 cylinder knife
滚筒式切碎器 cylinder-type cutterhead
滚筒式切碎装置 cylinder cutting mechanism;cylindric(al)cutting unit;reel-type cutting unit
滚筒式切头 cylinder cutting head
滚筒式切头飞剪 rotary flying crop shears
滚筒式切头剪 rotary crop shears
滚筒式清洗机 rotary drum washer
滚筒式清选器 rotocleaner
滚筒式染色机 rotary dy(e)ing machine
滚筒式砂光机 drum sander
滚筒式升运器 cylindric(al)elevator;drum conveyer[conveyor];drum elevator
滚筒式数字化器 rotary digitiser[digitizer]
滚筒式双层筛砂机 cylinder double layer sand siftering machine
滚筒式酸洗机 drum-type pickling machine
滚筒式酸洗装置 drum-type pickler
滚筒式碎石机 roll(er)crusher;roll granulator
滚筒式碎选机 Bradford breaker
滚筒式缩呢机 rotary falling mill
滚筒式缩绒机 rotary milling machine
滚筒式提升机 drum winder;rotary draw works
滚筒式条铺摊晒通风机 drum-type swath aerator
滚筒式投料机 rotary batch charge;rotary batch feeder
滚筒式挖掘机 drum digger
滚筒式尾门 rolling tail gate
滚筒式洗石机 drum washer
滚筒式下闸门 rolling tail gate
滚筒式卸载机 rotary drum unloader
滚筒式型砂冷却机 cylinder sand cooling machine
滚筒式压路机 drum(of)roller
滚筒式压泥机 cylindric(al)press
滚筒式溢流坝 rolling dam
滚筒式玉米脱粒机 cylinder corn sheller
滚筒式预热器 drum preheater
滚筒式闸坝 cylindric(al)barrage
滚筒式闸门 drum gate
滚筒式闸堰 rolling dam
滚筒式摘锭 drum-type spindle
滚筒式真空吸滤机 rotary drum vacuum filter
滚筒式整面机 roller finisher
滚筒式整平板 roller screed
滚筒式制法 rolling process
滚筒式制粒机 drum pelletizer
滚筒式装干草机 cylinder hay loader;drum-type hay loader
滚筒式(自动)绘图机 drum plotter
滚筒释放杆 platen release lever
滚筒刷 rotary broom
滚筒速比 friction(al)ratio
滚筒速率 drum rate
滚筒炭黑 roller carbon black
滚筒凸缘 drum flange
滚筒涂漆 rumbling
滚筒涂漆法 barrel finishing;tumbling barrel process
滚筒托板法 precast beams moved rollers
滚筒托辊 pulley idler
滚筒托移运预制梁法 precast beams moved on rollers
滚筒脱模机 drum-type stripper
滚筒喂入轮 cylinder feed beater;drum feed beater
滚筒温度 bowl temperature
滚筒洗矿 trammel(l)ing
滚筒洗矿机 drum washer
滚筒下谷粒盘 under-cylinder pan
滚筒显影 drum development
滚筒芯 rollcore
滚筒形间歇式磨坊 cylindric(al)batch mill
滚筒形间歇式磨碎机 cylindric(al)batch mill
滚筒型静电分选机 roll-type electrostatic separator
滚筒悬置式制管机 roller suspension pipemaking machine
滚筒旋钮 platen knob
滚筒旋转计数器 drum revolution counter
滚筒压平 drum rolling
滚筒压碎机 crushing roll
滚筒研磨机 roll grinding machine
滚筒堰 roller core;roller drum gate;roller weir
滚筒叶轮泵 roller vane pump
滚筒印花机 rotary printing machine
滚筒印花墙纸 roller-printed wallpaper
滚筒印刷机 cylinder press;cylinder printing-machine;rolling press
滚筒油印机 mimeograph
滚筒鱼栅 drum screen
滚筒轧石机 roll crusher
滚筒闸门 rolling gate
滚筒摘锭式采棉机 drum-type spindle picker
滚筒罩 drum shell
滚筒直径 drum diameter
滚筒中高度 arching of cylinder
滚筒轴 drum shaft;roller spindle
滚筒转速 drum speed;speed of drum
滚筒状构造 cylindric(al)structure
滚筒自动脱开 automatic throw-off of roll
滚筒组 rollers set

G

滚涂 roll(er)coat(ing)
滚涂法 roller painting
滚涂花饰面 rag-rolled finish
滚涂搪瓷 roller-coating enamel
滚涂印刷油墨 roller-coating printing ink
滚涂釉 roller-coating enamel
滚弯机 bending roll machine
滚物道 rollway
滚物斜坡道 rollway
滚铣 hob(bing)
滚铣齿轮 hobbed gear
滚铣刀 plain spiral milling cutter
滚铣法 < 齿轮的 > self-generating method
滚铣过程 generation process
滚铣轮齿 < 滚齿法所得到的 > generated teeth
滚隙 mill roll opening
滚下 tumble down
滚线 rolling curve
滚削 gear hobbing
滚削齿 pin tooth;roller tooth
滚销齿轮 mangle gear
滚形机 roll forming machine
滚旋 roll spin;roll spinning
滚雪球式的累积(或扩大)过程 snowballing process
滚雪球式增大的事物 snowball
滚压 calender run;roll extrusion;rolling depression;stitching
滚压边缘修饰 edging
滚压波纹 roller wave
滚压玻璃 rolled(translucent)glass
滚压玻璃雨棚 rolled glass canopy
滚压层 squeegee coat
滚压层压管 rolled laminated tube
滚压超载 rolling surcharge
滚压车 squeeze buggy
滚压成型 roller forming;rolling shaping
滚压成型机 roller forming machine;roller head machine
滚压成型壳体 roll formed case
滚压成型模具 roll forming die
滚压齿纹摘锭 curled spindle
滚压的 rolled
滚压电阻缝焊 mash seam weld(ing)
滚压叠层法 < 氯乙烯叠层金属板的 > Marvibond method
滚压颚板 roller jaw
滚压法 rolling process
滚压工步 edge rolling;edging
滚压工艺 rolling process
滚压管 rolled tube
滚压焊(接) mash seam weld(ing);roll welding
滚压花纹 impressed decoration
滚压混凝土 roller-compacted concrete;rolled concrete < 沥青路面基层用 >
滚压机 roller machine;roller mill;roller press;rolling machine;rotary press;squeegee buggy;wheeling machine;drum roller < 修路用 >
滚压加工 surface rolling
滚压加工样板 roll template
滚压截面 rolled section
滚压扩管 rotary rolling
滚压扩管机 rotary expander
滚压沥青 rolled asphalt
滚压料泡 marvering
滚压泥饼机 roller-bat machine
滚压黏[粘]合单块片 stitch-bonded monolithic chip
滚压碾 compaction roller
滚压泡 roller blister
滚压贫混凝土 rolled lean concrete
滚压式板牙头用圆滚子 roller for self-opening thread rolling head
滚压试验 < 测可塑性 > rolling-out test
滚压闩 roller latch
滚压丝锥 rolled tap
滚压台 roller tray
滚压头 milled head;roller head;rolling head
滚压瓦棱玻璃 corrugated rolled glass
滚压弯曲试验 roller bend test
滚压硬化 hard rolling
滚压油 stitching oil
滚压周边花 knurling
滚研磨 barreling
滚移 rolling transport
滚移式喷灌机 roll move sprinkler
滚印 roll mark
滚印用陶瓷显色氧化物 graining oxides
滚釉 crawling;creeping;rollaway glaze;rolling
滚圆 rolling circle
滚圆半径 radius of rolling circle
滚圆的 rounded;well-rounded
滚越 rolling plan;roll-over
滚轧 roll(ing)
滚轧扁钢 floating-rolled steel
滚轧玻璃 rolled glass
滚轧不等边角钢 rolled L-section
滚轧槽钢 rolled channel(section)
滚轧成型 rolled shape
滚轧大梁 rolled girder
滚轧的 rolled
滚轧的铸钢件 rolled cast steel
滚轧电动机 rolling mill motor
滚轧钢 rolled steel
滚轧钢板 rolled sheet steel;rolled steel plate
滚轧钢梁 rolled girder
滚轧工字形小钢梁 rolled I-section joist
滚轧环 rolling ring
滚轧机 roller(mill);roll(ing)machine;rolling mill(machine)
滚轧机应用 roller application
滚轧角钢 rolled angle bar;rolled angle(section)
滚轧接合 rolled joint
滚轧梁 rolled beam;rolled girder
滚轧裂纹 < 由于轧制引起金属表面的细小裂纹 > rolling seam
滚轧面 plane roll
滚轧铅皮 rolled lead
滚轧曲面 roll curving
滚轧铁 rolled iron
滚轧铜条 rolled copper strip
滚轧小梁 rolled joist
滚轧型材与螺纹模具 profile and thread rolling die
滚轧与锤击 < 齿面塑变形式 > rolling and peening
滚轧直柄钻头 roll-forged straight shank drill
滚轧铸钢 rolled cast steel
滚辗厚薄计 rolling mill ga(u)ge
滚辗厚度计 roll thickness ga(u)ge
滚辗式压铆机 roller compaction riveting press
滚针 king pin;quill roller;roller pin;rolling needle;needle roller
滚针导轨 roller guide
滚针关节轴承 needle knuckle bearing
滚针式磨光机 roller pin sander
滚针套 needle bush;needle sleeve
滚针推力轴承 needle thrust bearing
滚针轴承 multiroll bearing;needle bearing;needle roller;needle roller(journal)bearing;quill bearing
滚针轴承衬套 needle bearing bushing;roller cup
滚针轴承滚针 roller bearing needle
滚纸筒 paper roller
滚制法 roller application
滚制管 rolled tube
滚制混凝土管 rolled concrete pipe
滚制沥青 rolled asphalt
滚轴 belt roller;roller;rolling shaft
滚轴承 rolled bearing
滚轴承座 roller bearing
滚轴吊桥 roller(lift)bascule bridge
滚轴颚式破碎机 roll-jaw crusher
滚轴防冲设备 roller bumper
滚轴挂车 roll trailer
滚轴滑道 roller track marine railway
滚轴滑行器 roller skid
滚轴架 roller carriage
滚轴开启吊桥 rolled bascule bridge
滚轴链 roller chain
滚轴门 roller gate
滚轴筛 live-roll grizzly;revolving grizzly;roller-type grizzly;rotating grizzly;spool grizzly
滚轴式回转泵 roller-type rotary pump
滚轴式活动桥 roller bridge
滚轴式破碎机 rod mill;roller breaker;roller crusher
滚轴式切皮刀 rolling dermatome
滚轴式输送机 roller conveyer[conveyor]
滚轴式碎石机 rod mill;roller breaker;roller crusher
滚轴式下水 roller launching
滚轴式闸门 roller bearing gate
滚轴式振动器 roller vibrator
滚轴输送机 live-roller conveyer[conveyor];live rolls;roller conveyer;roller train
滚轴橡胶垫圈接头 rolling rubber O-ring joint
滚轴移动脚手架 rolling movable scaffold(ing)
滚轴运输机 live-roll(er)conveyer[conveyor];roller conveyer[conveyor];roller train
滚轴支承 roller bearing;roller shoe;roller support
滚轴支座 roller bearing;roller shoe
滚轴支座型自动人行道 roller-bed-type moving walkway
滚轴轴座 roller shaft seat
滚轴座桥 rolled bridge
滚珠 ball;roller ball;steel ball
滚珠槽 ball cage
滚珠带 ball band
滚珠导轨 spheric(al)guide
滚珠导筒 ball guide
滚珠钢 bearing quality steel
滚珠隔离圈 ball cage
滚珠滚柱轴承 ball and roller bearing
滚珠滚柱轴承润滑脂 ball roller bearing grease
滚珠和承窝 ball-and-socket
滚珠和柱轴承 ball and roller bearing
滚珠护圈 ball retainer
滚珠花键 ball spline
滚珠环 ball collar;ball ring
滚珠环推力轴承 ball collar thrust bearing
滚珠回位弹簧 ball retaining spring
滚珠夹圈 ball holder
滚珠进给 roller feed
滚珠螺杆 ball screw
滚珠螺母 ball nut
滚珠门碰头 roller door stop
滚珠抛光 roller burnishing
滚珠倾斜指示器 ball bank indicator
滚珠倾斜装置 ball bank unit
滚珠式蜗杆机构 < 转向装置的 > circulating ball gear
滚珠丝杠 ball lead screw
滚珠心盘 ball bearing center plate
滚珠旋压 ball spinning
滚珠循环导管 < 滚球丝杠的 > ball tube
滚珠支枢 ball pivot
滚珠支座 ball-frame carriage
滚珠止推轴承 < 环形的 > ball(collar)thrust bearing
滚珠轴承 anti-friction bearing;ball bearer;ball bearing;ball-race bearing;pin bearing;spot contact bearing;tilting bearing
滚珠轴承保持架 retainer ring
滚珠轴承拆卸工具 ball-bearing puller
滚珠轴承承重轮 ball-bearing load wheel
滚珠轴承底座 ball-bearing seat
滚珠轴承抵盖 ball-bearing thrust cap
滚珠轴承电机 ball-bearing motor
滚珠轴承盖 ball-bearing cover
滚珠轴承盖螺钉 ball-bearing cap screw
滚珠轴承钢 ball-bearing steel
滚珠轴承钢带 ball-bearing steel strip
滚珠轴承钢丝 ball-bearing wire
滚珠轴承隔离圈 ball-bearing holder
滚珠轴承铬合金钢 chromium ball bearing steel
滚珠轴承管 ball-bearing tube
滚珠轴承合金钢 alloy ball bearing steel
滚珠轴承合页 ball-bearing hinge
滚珠轴承架 ball bearing casing
滚珠轴承铰 ball-bearing butt
滚珠轴承铰链 ball-bearing butt hinge
滚珠轴承轮 ball-bearing wheel
滚珠轴承螺母 ball-bearing nut
滚珠轴承内锥体 roller bearing cone
滚珠轴承配合 ball-bearing fit
滚珠轴承偏置铰链 offset hinges with ball-bearing
滚珠轴承圈钢 ball-race steel
滚珠轴承润滑油 ball-bearing luboil
滚珠轴承润滑脂 ball-bearing grease;lubricating grease for ball-bearing
滚珠轴承式球磨机 ball-bearing mill
滚珠轴承式岩芯管 < 单动双层岩芯管 > ball-bearing core barrel
滚珠轴承套 sleeve of ball-bearing
滚珠轴承铜垫圈 ball-bearing brass washer
滚珠轴承外圈 roller bearing cup
滚珠轴承压盖 ball case cover
滚珠轴承用牛油 ball-bearing grease;lubricating grease for ball-bearing
滚珠轴承噪声 ball-bearing noise
滚珠轴承罩 ball cage
滚珠轴承中心 ball-bearing center[centre]
滚珠轴承轴台 ball-bearing pillow block;ball-bearing plumber block
滚珠轴承主动簧 ball-bearing drive spring
滚珠轴承转车台 ball-bearing slewing crown
滚珠轴承转动连接 ball-bearing slewing joint
滚珠轴承装置 ball-bearing head
滚珠轴承阻油毡 ball-bearing felt packing
滚珠轴承座 ball-bearing housing;pillow block for ball-bearing
滚珠轴承座圈 ball distance ring;roller race
滚珠座圈 ball race;bearing race
滚珠座圈配合 ball-race fit
滚柱 castor;roller;cylindric(al)roller;pin roller < 测量齿厚或节圆直径用 >;dandy roll < 印透明纹的 >
滚柱保持器 roller retainer
滚柱泵 roller pump
滚柱齿轮 roller gear

滚柱传动链 roller drive chain
滚柱床 roller bed
滚柱导轨 roller guide
滚柱导缆器 fairlead; roller chock; roller fairleader
滚柱导缆钳 fairlead; roller chock; roller fairleader
滚柱导向器 roller guide
滚柱隔离环 roller separator
滚柱和隔圈 rollers and cage
滚柱架 roller stand
滚柱接触式定时器 roller contact timer
滚柱接电器 roller current collector
滚柱冷镦机 roller cold header
滚柱离合器 roller clutch
滚柱链 roller chain
滚柱链进给 roller chain feed
滚柱链推进 roller chain feed
滚柱螺栓 roller bolt
滚柱螺纹卡规 roller snap thread ga(u)ge
滚柱模型 roller pattern
滚柱盘磨机 pin disc mill
滚柱碰闩 roller latch
滚柱润滑法 roller lubrication
滚柱润滑喷嘴 roller lube nozzle
滚柱润滑装置 roller operated lubricating apparatus
滚柱式泵 roller-type pump
滚柱式超越离合器 roller-type overrunning clutch
滚柱式单向离合器 roller-type one way clutch
滚柱式电动斜道 roller-type moving ramp
滚柱式电动走道 roller-type moving walk
滚柱式棘轮机构 roller-type ratchet
滚柱式进给机构 roll-type feed mechanism
滚柱式螺纹 roller-type thread
滚柱式输送机 roller(-type) conveyer [conveyor]
滚柱式输送器 roller(-type) conveyer [conveyor]
滚柱式旋转喷雾泵 roll-type rotary sprayer pump
滚柱锁舌 roller strike
滚柱停止器 roller stopper
滚柱挺杆 roller tapper
滚柱凸轮转向机构 roller cam steering
滚柱推力轴承 roller thrust bearing
滚柱窝 roller nest
滚柱小齿轮 lantern pinion
滚柱压路机 roller
滚柱与滚道间的接触点 rollers and races contact
滚柱罩 roll cage
滚柱支承 pin-bearing support
滚柱支座 bearing roller
滚柱止推轴承 roller step bearing; roller thrust bearing
滚柱轴承 cylindric(al)(roller) bearing; journal bearing; pin bearing; roll(er) bearing; spindle bearing
滚柱轴承保持架 roller holder
滚柱轴承的凸形滚道 crowned roller path
滚柱轴承钢 roller bearing steel
滚柱轴承环 roller race
滚柱轴承轮 roller bearing wheel
滚柱轴承曲轴 roller bearing crankshaft
滚柱轴承润滑 roller bearing lubrication
滚柱轴承锁环 roller bearing lock ring
滚柱轴承套 roller bearing sleeve
滚柱轴承中心 roller bearing center [centre]
滚柱轴承轴 roller bearing axle
滚柱轴承轴台 roller bearing pillow block
滚柱轴承座 roller bearing cup
滚柱轴承座圈 roller bearing race
滚爪式碎石机 roll-jaw crusher
滚转负荷 contact load
滚转惯性矩 rolling-moment inertia
滚转痕 tumbling mark
滚转角 angle of bank
滚转抛光 tumble polish; turnable polish
滚转偏心轴 wobble shaft
滚转式拼装机 <隧道掘进机用> roller-type erector
滚转跳开吊桥 roller bascule bridge
滚转筒 tumbling barrel
滚转凸轮轴 wobble shaft
滚转者 tumbler
滚转振动阻尼 damping for rolling oscillations
滚转轴 wabble shaft
滚装 roll-on/roll off
滚装泊位 roll-on/roll-off berth
滚装船 ro(ll on)/ro(ll off) vessel; ro(ll on)/ro(ll off) ship
滚装船吊桥与岸的连接跨 link span
滚装船固定装置 fixture of ro/ro ship
滚装船跳板 ro-ro ramp; ship ramp
滚装船通风装置 ventilator of ro/ro ship
滚装吊装集装箱船 hybrid container ship
滚装吊装兼用船 hybrid ro-ro/lo-lo vessel
滚装吊装两用集装箱船 hybrid ro-ro container ship
滚装堆场 roll on/roll off yard
滚装法 roll on/roll off method; roll on/roll off system; ro/ro system
滚装挂车荷载 rolling trailer loading
滚装集装箱船 go-ro ship
滚装可调平台 roll on-off adjustable platform
滚装码头 roll on/roll off berth; roll on/roll off terminal
滚装坡道 roll on/roll off ramp; ro/ro ramp
滚装设备 ro/ro equipment
滚装设施 roll on/roll off facility
滚装跳板 ro/ro rampway
滚装通道设备 ro/ro access equipment
滚装系统 roll-on/roll-off system
滚装引桥 roll on/roll off ramp
滚装运输 ferry traffic; roll on/roll off transport; roll on/roll off transportation; roll-on traffic
滚装运输业 roll on/roll off service
滚装装卸方式 roll on/roll off system
滚装作业 roll-on/roll-off operation
滚锥 rolling cone; taper; tapered roller
滚锥轴承 tapered roller bearing
滚子 castor; roller; running pulley; whole beam
滚子保持架 roller cage; roller holder
滚子保持架总成 cage and roller assembly
滚子泵 roller pump
滚子操纵的阀 roller operated valve
滚子齿轮 roller gear
滚子传动链条 roller transmission chain
滚子从动件 roller follower
滚子单向轮 roller free wheel
滚子道 roller path
滚子电极 roller electrode
滚子跟刀架 roller stay
滚子护舷 roller fender
滚子加油 roller lubrication
滚子夹套式回转支承环 roller slewing ring
滚子接封 roll seal
滚子开关 roller actuator
滚子框 <下旁承> roller frame
滚子扩张器 roller expander
滚子链 bush chain; roller chain
滚子链的滚子 chain roller
滚子链联轴器 roller chain coupling
滚子链轮铣刀 roller chain sprocket fraise
滚子链条 roller chain
滚子链条驱动 roller chain dive
滚子笼架 cage
滚子轮轴 roller axle
滚子圈 roller path
滚子式单向超越离合器 roller clutch
滚子式扩管器 roller-type tube expander
滚子式旁承 roller side bearing
滚子式气门挺杆 roller lifter
滚子式镇压器 roller packer
滚子凸轮 roller cam; rolling cam
滚子下旁承 Creco roller side bearing <A 型>; Creco covered roller side bearing <B 型>
滚子心杆 roller spindle
滚子心盘 roller center plate
滚子旋锥 roller bit
滚子叶轮泵 roller impeller (rotary) pump; roller vane pump
滚子叶片泵 roller vane pump
滚子叶片式(液压)马达 roller vane motor
滚子支座 roller carriage
滚子轴承 journal bearing; roller bearing
滚子轴承扁销 roller bearing key
滚子轴承连杆 roller connecting rod
滚子轴承座 roller bearing adapter
滚座 roller bearing

棍板接合法 tenon-bar splice

棍棒 <一端较粗> club
棍棒状的 club-shaped
棍铁花格 bar grizzly

锅熬聚合油 kettle bodied oil

锅焙烧 pot roasting
锅柄 pan handle
锅铲 turner
锅底石 pot-bottom
锅顶注水 top feed
锅胴 boiler shell
锅缝搭接 seam lap
锅垢 bird nest; boiler deposit; boiler scale; fur (ring); iron scale; lime deposit; pan scale; scale incrustation
锅垢层 scale crust
锅垢锤 boiler pick; boiler scaling hammer
锅垢盖 scale crust
锅垢清除器 scale breaker
锅垢总量 total weight of pot filth
锅罐铸铁 pot metal
锅后过热器 downtake superheater
锅架 burner grate; panrest; pan support; pot shelving
锅精炼 <低熔点金属> kettle refining
锅酒槽 pot ale
锅类产品 pot products
锅炉 boiler; steamer
锅炉安全 boiler safety
锅炉安全阀 boiler safety valve; safety valve of boiler
锅炉安全塞合金 boiler plug alloy
锅炉安装 boiler erection; boiler installation; boiler mounting; boiler setting
锅炉板 boiler plate; shell plate
锅炉板弯曲机 boiler plate bending machine
锅炉板削边刨床 boiler plate planer
锅炉板摺边机 boiler plate bending machine
锅炉包 boiler drum
锅炉包板 boiler-shell plate
锅炉保温 boiler insulation
锅炉保险 boiler insurance; boiler safety
锅炉爆炸 boiler blasting; bursting of boiler
锅炉壁 boiler wall
锅炉补给水 boiler feedwater
锅炉补给水泵 feed pump
锅炉补块拧紧螺栓 boiler patch bolt
锅炉部件组成 boiler composition
锅炉舱 boiler compartment; boiler space; fire room; stokehold
锅炉舱壁 stokehold bulkhead
锅炉舱(顶)棚 fid(d)ley
锅炉产汽率 boiler steam rate
锅炉铲 boiler shovel
锅炉厂 boiler plant; boiler works
锅炉车 fire wagon
锅炉车间 boilermaker's shop; boiler shop
锅炉衬砌工 boiler masonry(work)
锅炉衬砖 boiler brickwork
锅炉撑条 boiler stay
锅炉程序控制 boiler sequence control
锅炉出厂号码 boilermaker's number
锅炉出力 boiler capacity; boiler output; boiler rating; boiler steam rate; capacity of boiler
锅炉储备器 boiler storage
锅炉传热率 boiler heat-transfer rate
锅炉吹灰管 blowing boiler tube
锅炉吹洗 boiler blow-off
锅炉带圈接合板 boiler band joint piece
锅炉带圈连接螺栓 boiler band joining bolt
锅炉带圈连接眼螺栓 boiler band joining eye bolt
锅炉的比容 specific capacity of boiler
锅炉的比体积 specific capacity of boiler
锅炉的炉内水 boiler water
锅炉的受热面积 heating area of boiler
锅炉低水位断流装置 low-water cut-off device
锅炉底 boiler bottom
锅炉底板 boiler bottom plate
锅炉底座 boiler foot; boiler foundation
锅炉垫密片 boiler gasket
锅炉吊架 boiler suspension
锅炉顶 boiler crown
锅炉动力站 boiler house for power station
锅炉锻工车间 boiler forge
锅炉额定出力 boiler rated output; boiler rating output
锅炉额定容量 boiler rating; rated capacity of boiler
锅炉额定输出功率 normal power of boiler; rated output of boiler
锅炉额定蒸发量 boiler rating; rated capacity of boiler
锅炉额定值 boiler rating
锅炉额度功率 boiler rating
锅炉法规 boiler code
锅炉防垢剂 anti-incrustator; anti-scale; boiler(antiscaling) composition; boiler

compound;boiler deposit
锅炉防垢液 anti-scale boiler fluid
锅炉防锈剂 boiler antiscaling composition;boiler composition;boiler compound
锅炉房 boiler and furnace room;boiler plant; fire room; furnace room; heating plant room;steam plant
锅炉房布置 boiler house layout
锅炉房分汽缸 boiler room header
锅炉房集管箱 boiler room header
锅炉房间 boiler house; boiler room; boiler space
锅炉房面积 boiler house area
锅炉房烟囱 boiler house stack; heating plant stack
锅炉房作业 boiler room operation
锅炉飞灰 boiler fly ash
锅炉废水 boiler waste liquor
锅炉沸腾延迟 carry-over
锅炉焚烧炉联合装置 boiler-incinerator composite
锅炉粉尘 boiler dust
锅炉风机透平 boiler fan turbine
锅炉辐射 boiler radiation
锅炉辅机 boiler auxiliary
锅炉辅助设备 boiler auxiliary
锅炉腐蚀 boiler corrosion
锅炉负荷 boiler load
锅炉负荷系数 boiler load factor
锅炉附件 boiler accessory;boiler auxiliary;boiler fittings;boiler trimming
锅炉附件安装垫 boiler pad
锅炉附件连接管 boiler trim
锅炉附属设备 boiler fixture
锅炉附属装置 boiler fittings
锅炉改进 boiler improvement
锅炉钢 boiler iron;boiler steel
锅炉钢板 boiler(-shell)plate; boiler steel plate;steel boiler plate
锅炉钢板量尺 boiler plate ga(u)ge
锅炉(钢)管 boiler tube
锅炉隔热(套)层 boiler lagging
锅炉隔热套层板 boiler lagging plate
锅炉隔热外套 boiler lagging
锅炉给煤耗电量 power to feed coal to the boiler
锅炉给煤机 boiler stoker
锅炉工 boiler maker; boilermaker; kettleman
锅炉工场 boiler shop
锅炉工(人)用锤 boilermaker's hammer
锅炉工人用轧轮 boilermaker's roll
锅炉工作压力 boiler working pressure
锅炉功率 boiler rating
锅炉供水 boiler feeding
锅炉构架与护板 boiler setting
锅炉构造 boiler construction
锅炉垢 boiler scale
锅炉箍圈 boiler band
锅炉鼓 boiler drum
锅炉鼓风机 boiler blower
锅炉管 boiler pipe
锅炉管安全端 safe end
锅炉管距 spacing of boiler tubes
锅炉管密套 ferrule
锅炉管清洁器 boiler tube cleaner
锅炉管塞子 boiler tube stopper
锅炉管受热面积 tube heating surface
锅炉管刷 boiler tube brush
锅炉灌水 boiler water filling
锅炉规范 boiler code
锅炉规范透度计 boiler code penetrometer
锅炉锅筒 boiler drum
锅炉过热器 boiler superheater
锅炉过压报警器 boiler alarm
锅炉焊缝加强 upgrading of boiler weld
锅炉和燃烧器 boiler and burner
锅炉和压力容器规范 boiler and pressure vessel code
锅炉和压力容器用钢板 steel plates for boiler and pressure vessels
锅炉恒温控制器 boiler thermostat
锅炉横撑 boiler cross brace
锅炉后挡板 boiler back end plate
锅炉护板 boiler clothing
锅炉环流 boiler circulation
锅炉灰 boiler ashes
锅炉灰尘 boiler dust
锅炉灰渣 boiler ash
锅炉回路 boiler return
锅炉回水 boiler blow-down water; boiler return
锅炉回水存水湾 boiler return trap
锅炉回水隔汽具 boiler return trap
锅炉火坝 fire bridge;flame bridge
锅炉火箱 boiler furnace
锅炉火箱热脊 thermic syphon
锅炉机组 boiler unit;steam generator block
锅炉机组装置 boiler arrangement
锅炉积垢 sediment incrustation
锅炉基础 boiler foundation; boiler setting
锅炉基座 seating block
锅炉及压力容器 boiler and pressure vessel
锅炉给水 boiler feed(water); feed water
锅炉给水泵 boiler feed pump; boiler (feed)water pump
锅炉给水泵透平 boiler feed pump turbine
锅炉给水除氧 deoxygen of the boiler feed water
锅炉给水处理 boiler feedwater treatment
锅炉给水调节 boiler feedwater regulation
锅炉给水阀 boiler feed valve
锅炉给水分析仪 analyzer for supplying water for boiler
锅炉给水管 boiler feed pipe
锅炉给水和冷凝水 boiler feed and condensate
锅炉给水加热 boiler feedwater heating
锅炉给水器 boiler feeder;water feeder for boiler
锅炉给水箱 boiler feed tank
锅炉给水总管 boiler feed main
锅炉加料 boiler feeding
锅炉加煤机 boiler stoker
锅炉加煤设备 boiler coaling plant
锅炉加煤装置 boiler coaling installation
锅炉加水泵 boiler feedwater pump
锅炉架座 boiler mounting block
锅炉间 boiler plant;boiler room;boiler shop; fire room; steam shop; stokehold
锅炉间费用 boiler room expenses
锅炉监察规程 boiler code
锅炉监察员 boiler inspector
锅炉检查 boiler inspection
锅炉检查完毕 boiler surveyed
锅炉检查员 boiler inspector
锅炉检验 boiler survey; boiler test; inspection of the boiler
锅炉检验泵 boiler proving pump
锅炉角铁环 angle iron boiler ring
锅炉接缝 boiler seam
锅炉节汽阀 boiler throttle valve
锅炉进水管 boiler feed pipe
锅炉警报器 alarm ga(u)ge;boiler alarm
锅炉警器 boiler alarm
锅炉静压试验 boiler hydrostatic test
锅炉聚汽室 dome of boiler
锅炉绝热罩 boiler covering
锅炉开始工作 starting-up boiler
锅炉壳 boiler casing;boiler drum
锅炉壳体 boiler shell
锅炉空气加热器 boiler air heater
锅炉空气预热器 boiler air heater; boiler air preheater
锅炉控制 boiler control
锅炉控制盘 boiler control panel
锅炉控制箱 boiler control box
锅炉控制仪 boiler control instrument
锅炉控制原理图 diagram of boiler control
锅炉框架 boiler frame
锅炉扩管器 expander
锅炉拉杆 boiler stay
锅炉拉条 boiler brace
锅炉拉条角座 boiler brace foot
锅炉冷凝水 boiler blow-down water
锅炉冷态起动 boiler cold start
锅炉联合控制 unified boiler control
锅炉流转水泵 boiler circulation pump
锅炉炉箅 boiler grate
锅炉炉箅面积 boiler grate area
锅炉炉胆 boiler furnace
锅炉炉膛 boiler furnace
锅炉炉罩 boiler hood
锅炉炉子 boiler furnace
锅炉螺撑 boiler stay-bolt
锅炉螺撑丝锥 boiler stay-bolt tap
锅炉马力 <功率单位> boiler horse power
锅炉满功率容量 <每小时能产生的蒸气量> boiler fullpower capacity
锅炉铆接机 boiler riveting machine
锅炉煤 navigation-coal; short flaming coal;steam coal
锅炉面积 boiler area
锅炉内部沉淀的效应 effect of deposits within the boiler
锅炉内侧氧化皮 boiler scale furring
锅炉内的水垢 scale in boiler
锅炉内压力 pressure in boiler
锅炉能量 boiler capacity; boiler rating;capacity of boiler
锅炉泥渣调节剂 boiler sludge conditioning agent
锅炉年检 boiler certificate renewal
锅炉排污 blow-off boiler;boiler blowdown;boiler blow-off;drain of boiler
锅炉排污安全阀 boiler blow-off safety valve
锅炉排污阀 boiler blow(-off)valve
锅炉排污水 boiler blow-down water
锅炉排污旋塞 scum cock
锅炉配件 boiler fittings
锅炉皮阀 mounting valve of boiler
锅炉平台 boiler platform
锅炉漆 boiler paint
锅炉汽包 boiler barrel
锅炉汽包中的配水槽 feeding box
锅炉汽笛 boiler whistle
锅炉汽泡 boiler steam dome
锅炉汽水分离器 boiler water separator;steam generator water separator
锅炉汽水共腾 priming of boiler
锅炉汽水系统 steam-generating circuit
锅炉汽压 boiler pressure
锅炉砌体 boiler brickwork
锅炉牵条 boiler stay
锅炉牵条螺丝攻 boiler stay tap
锅炉牵引力 boiler tractive force; boiler tractive power
锅炉前挡板 boiler front plate
锅炉前膛 boiler front
锅炉清洁剂 boiler compound
锅炉清洁器 boiler tube cleaner
锅炉清洗 boiler cleaning
锅炉清洗剂 boiler antiscaling composition;boiler composition
锅炉去水锈工具 boiler scaling tool
锅炉缺水报警器 boiler alarm
锅炉燃料 boiler fuel
锅炉燃料油 boiler oil
锅炉燃烧 boiler combustion
锅炉热平衡(计算) boiler heat balance
锅炉认证 boiler certificating
锅炉容积 volume of boiler
锅炉容量 boiler capacity; boiler rating;capacity of boiler
锅炉塞 boiler plug
锅炉上接头 top boiler connection
锅炉上燃烧器安装孔 burner opening
锅炉上水 boiler filling
锅炉烧烟器 smoke burning apparatus
锅炉设备 boiler equipment; boiler plant
锅炉设计 boiler design
锅炉省煤器 boiler economizer
锅炉试车 boiler trial
锅炉试验 boiler test
锅炉试验泵 boiler proving pump
锅炉试验器 boiler tester
锅炉受热面 boiler heating surface; heating surface of boiler
锅炉输出(功率) boiler output
锅炉输出能力 boiler output
锅炉双头螺栓 boiler stud
锅炉水泵 donkey pump
锅炉水除氧 boiler water deaeration
锅炉水处理 boiler feedwater treatment;boiler water treatment
锅炉水垢 boiler furring; boiler incrustant; boiler incrustation; boiler scale;scum
锅炉水管 boiler water tube
锅炉水管口密套 tube ferrule
锅炉水柜 boiler(water)tank
锅炉水含盐量 boiler water concentration
锅炉水环流器 syphon; thermic syphon
锅炉水冷壁冷却 water-wall cooling
锅炉水取样器 water sampling condenser
锅炉水容积 water capacity of the boiler
锅炉水软化 water conditioning boiler
锅炉水软化处理 boiler water conditioning
锅炉水受热环吸管 thermic syphon
锅炉水塔 boiler tower
锅炉水位表 boiler water ga(u)ge
锅炉水位玻璃管 ga(u)ge glass
锅炉水位调节器 boiler water level regulator
锅炉水位计 boiler ga(u)ge
锅炉水循环 boiler water circulation
锅炉水循环泵 boiler water circulating pump
锅炉水压试验 hydraulic boiler test
锅炉水质允许限度 quality tolerance of boiler water
锅炉送风调节器 furnace pressure controller
锅炉损耗 boiler losses
锅炉套 boiler case[casing]; boiler jacket;shell of boiler
锅炉套板接合板 boiler lagging plate joint piece
锅炉套板止动螺钉 boiler lagging plate set screw
锅炉套间隔垫片 boiler lagging spac-

ing piece
锅炉套铜圈 boiler lagging brass strap
锅炉套箱 boiler case;boiler lagging
锅炉体 boiler body
锅炉添煤器 stoker drive chain
锅炉调节 boiler control
锅炉调节器 boiler regulator
锅炉调整盘 boiler regulating station
锅炉铁板 boiler iron
锅炉停炉保养 boiler storage
锅炉通风力 boiler draft
锅炉筒钢皮 boiler sheet
锅炉筒体 boiler shell
锅炉筒体卡箍 boiler-shell ring
锅炉托板 waist sheet
锅炉托板角 waist sheet angle
锅炉托板角铁垫 waist sheet angle liner
锅炉托架 boiler bracket;boiler cradle;boiler saddle
锅炉外被 boiler lagging
锅炉外处理 out-boiler treatment
锅炉外壳 boiler casing;boiler jacket;boiler shell;shell of boiler
锅炉外壳箍 boiler lagging band
锅炉外壳环箍 boiler-shell ring
锅炉外套 boiler case;boiler jacket;boiler lagging;lag of boiler
锅炉外套板带头 boiler lagging plate band lug
锅炉外套板箍 boiler lagging plate band
锅炉外套带 boiler lagging band
锅炉外罩 boiler casing;boiler drum;shell of boiler
锅炉围壁 boiler case[casing]
锅炉维护 boiler attendance;boiler maintenance
锅炉温度计 boiler thermometer
锅炉圬工 boiler masonry(work)
锅炉污垢 boiler fouling
锅炉洗涤剂 boiler detergent
锅炉洗管机 boiler tube washer
锅炉下接头 bottom boiler connection
锅炉小隔仓 basket
锅炉效率 boiler efficiency
锅炉泄水 boiler blow-down water
锅炉形式 boiler shape
锅炉型式 boiler type
锅炉性能 boiler performance;performance of boiler
锅炉悬撑 sling stay
锅炉悬挂架 boiler suspender
锅炉旋塞 boiler cock
锅炉循环泵 boiler circulation pump
锅炉循环回路 steam-generating circuit
锅炉循环水回路 boiler circuit
锅炉压力 boiler pressure
锅炉压力表 boiler pressure ga(u)ge
锅炉压力计 boiler pressure ga(u)ge
锅炉压强 boiler pressure
锅炉烟道 boiler flue
锅炉烟道衬 flue lining
锅炉烟管后板 boiler back tube plate
锅炉烟管前板 boiler front tube plate
锅炉烟管套圈 boiler ferrule
锅炉烟火 boiler soot
锅炉烟气 boiler flue gas
锅炉盐水 boiler saline
锅炉用锤 boilermaker's hammer
锅炉用煤 steam coal
锅炉用水 boiler feedwater;boiler (supply) water;kettle water;water use for boiler
锅炉用水评价等级 evaluation grade of boiler water quality
锅炉用水水质标准 quality standard of boiler water
锅炉用水循环加热器 circulation feed water heater
锅炉用旋塞 boiler cock
锅炉圆筒 boiler barrel;boiler shell
锅炉运行 boiler operation
锅炉运行热效率 heat efficiency of boiler operation
锅炉运行自动装置 automatic system for boiler operation
锅炉在压力放气 blowing down
锅炉渣 boiler slag
锅炉站 boiler house
锅炉蒸发量 boiler capacity;boiler rating;boiler steam rate;capacity of boiler
锅炉蒸汽 boiler steam
锅炉正常输出功率 normal power of boiler
锅炉支撑架 boiler support
锅炉支架 boiler holder;boiler support(ing structure)
锅炉支座 boiler saddle
锅炉止回阀 boiler check valve;boiler feed valve
锅炉指示器 boiler indicator
锅炉制造 boiler making
锅炉制造安装法规 boiler construction code
锅炉制造厂 boilermaker;boiler manufacturer
锅炉制造工 boilermaker
锅炉制造工业 boiler industry
锅炉制造商 boilermaker;boiler manufacturer
锅炉中隔板 boiler dash plate
锅炉重量 boiler weight
锅炉重油 furnace oil
锅炉周边面积 boiler circumferential surface area
锅炉轴线 axis of boiler;centre line of boiler
锅炉主蒸汽管 steam generator lead
锅炉注水堵 boiler filler
锅炉注水器 boiler filling
锅炉砖衬 < 用于绝热 > boiler brickwork
锅炉砖砌面层 boiler clothing
锅炉砖墙 boiler brickwork
锅炉装配附件 boiler accessories;boiler fittings
锅炉装置 boiler equipment;boiler plant;boiler setting
锅炉自动控制 automatic boiler control;boiler automatic control
锅炉自动控制装置 automatic boiler control device
锅炉自动燃烧控制装置 automatic combination boiler control system
锅炉总效率 boiler overall efficiency
锅炉纵向撑条 longitudinal stay
锅炉阻流板 boiler retarder
锅炉组 battery of boilers;boiler unit
锅炉钻机 boiler drilling machine
锅炉钻孔 boiler drill
锅炉最低水位报警器 boiler alarm
锅炉座 bed of boiler;boiler bearer;boiler bearing;boiler bedding;boiler stool;saddle;seating of boiler
锅炉座架 boiler seat(ing)
锅盘中燃烧的石膏 pan-calcined gypsum
锅身容量 volume of shell
锅式 cooking-pot type
锅式拌和机 < 有立式鼓筒的拌和机 > pan mixer
锅体水平调节螺杆 adjusting screw for pan position
锅铁 pot metal
锅筒 boiler barrel;drum
锅筒封头 drum head
锅筒给水管道 drum feed piping
锅筒加强板 stiffening liner
锅筒外壳 drum shell
锅头螺钉 pan head screw
锅头螺栓 pan head bolt
锅头铆钉 pan head rivet
锅驼机 locomobile;portable-steam engine
锅驼机犁 steam engine plow
锅形冰碛 kettle moraine
锅形底 dome-shaped bottom
锅形断层 kettle fault
锅形湖 kettle lake
锅形铆钉 pan rivet
锅形铆(钉)头 pan rivet head
锅形树冠 caldron-shaped crown
锅形头 < 铆钉或螺栓的 > pan head
锅形陷洞 < 冰碛物的 > kettle hole
锅形陷落 kettle depression
锅形再沸器 kettle reboiler
锅锈锤 scaling hammer
锅穴 churn hole;colk;eddy mill;evorsion hollow;giant's kettle;kettle hole;pot;pot-hole【地】
锅穴湖 kettle lake
锅穴坑 pot-hole
锅腰 waist
锅腰板 waist sheet
锅腰拉条 belly brace
锅腰洗炉孔 belly washout hole
锅制法 kettle process
锅制石膏 gypsum heated in kettle
锅状的 kettle
锅状断层 kettle fault;pit fault
锅状火山口 pit crater;volcanic sink
锅状盆地 ca(u)ldron basin
锅状洼地 ca(u)ldron basin
锅状洼地带 kettle chain
锅状陷落 kettle depression
锅状支承 pot bearing

国宝 national treasure

国币汇票 domestic currency bill
国标 Chinese Standard;state-specified standard
国别码 country code
国别配额 country quota
国宾馆 state guesthouse
国策 national policy
国产大理石 domestic marble
国产的 home-made
国产风机 local fan
国产隔热板 domestic baseboard heating
国产化 indigenization;localization
国产货物税 excise tax
国产集装箱 domestic container
国产集装箱证书 certificate of domestic container
国产建筑材料 domestic construction material
国产矿石 home ore
国产木材 domestic wood;home-grown timber
国产(品)domestic production
国产燃料 domestic fuel
国产设备 hoist equipment;home equipment;home-made rig
国产石油 domestic oil
国产钻具 home-made rig
国道 federal highway;national(trunk) highway;national road < 指公路 >;national channel;national waterway < 指航道 >
国道法令 federal highway act
国道网 national trunk road network
国道系统 national highway system;federal highway system < 美 >
国道主干线 national main trunk line
国定单位的符号 n mile[nautical mile]
国定精度 national fineness
国定税率 national tariff
国定税则 authorized tariff;national tariff;statutory tariff
国定子午线 national meridian
国法 national law
国防 national defence
国防部 < 美 > Defense;Department of Defense
国防部技术规范 department of defence specifications
国防导航卫星系统 defense navigation satellite system
国防工业 national defence industry
国防公路 national defence highway
国防技术情报中心 < 美 > Defence Technical Information Center
国防经济 national defence economy
国防科学委员会 Defence Science Board
国防力量 national defence capabilities
国防通信[讯]系统 defence communications system
国防委员会 National Defence Council
国防原子支援局 < 美 > Defence Atomic Support Agency
国防运输 defence transport;defense transportation
国防支出 expenditure on national defence
国防制图局 < 美 > Defence Mapping Agency
国花 national flower
国画 national drawing;traditional Chinese painting
国徽 state emblem
国会 parliament
国会大厦 congress building;congress house;parliament building;parliament house;The Houses Parliament < 美 >
国会区段 parliament block
国货 domestic goods;domestic products
国籍 citizenship;nationality
国籍法 nationality law
国籍证书 certificate of nationality
国计民生 national welfare and people's livelihood
国际 NAVTEX 业务 international NAVTEX service
国际埃 international angstrom
国际癌症研究所 International Agency for Research on Cancer
国际安培 international ampere
国际安全集装箱公约 International Convention for Safe Container
国际安全网 international safety net
国际百分之一世界地图 international one-in-a-million map
国际百分之一世界地图图幅编号 international one-in-a-million map numbering
国际包方式接口 international packet mode interface
国际保赔协会集团 International Group of Protection and Indemnity Associations
国际保险与分保险公司协会 International Association of Producers of Insurance and Reinsurance
国际保险与分保协会 International Association of Producers of Insurance and Reinsurance
国际报价 international quotation of price
国际北大西洋极峰研究计划 international north Atlantic polar front program(me)
国际避免双重收税协定 international agreement on prevention of double taxation

国际边界和水委员会 International boundary and Water Commission
国际编号方案 international numbering scheme
国际便利海上运输公约 Convention of Facilitation of International Maritime Traffic
国际标尺 international scale
国际标志 international symbols
国际标准 international standard
国际标准草案 draft international standard
国际标准大气情况 international standard atmosphere conditions
国际标准大气(压) International Standard Atmosphere
国际标准单位 International Standard Unit;standard international unit
国际标准的间接应用 indirect application of international standard
国际标准的直接应用 direct application of international standard
国际标准公制螺纹 international standard metric thread
国际标准化方法 international standards method
国际标准化联合委员会 International Generalization Joint Commission
国际标准化协会 International Standardization Association
国际标准化组织 International Standardization Organization[ISO]
国际标准化组织推荐标准 International Standardization Organization Recommendation
国际标准会议 International Standard Conference
国际标准机构编码 International Standards Organization code
国际标准集装箱 International Standardization Organization (freight) container
国际标准集装箱规格 International Standardization Organization standards for container
国际标准螺纹 international screw thread;international standard thread
国际标准米 international prototype meter;international standard meter
国际标准期刊号 International Standard Serial Number
国际标准气压 standard international atmosphere
国际标准千克 international prototype kilogram
国际标准筛 international standard sieves
国际标准筛系列 international test sieve series
国际标准深度 international standard depth
国际标准时 International Standard Time
国际标准时间 universal time
国际标准试验筛 ISO sieves
国际标准书号 International Standard Book Number[ISBN]
国际标准推荐草案 draft recommendation of International Standardization Organization
国际标准退火铜 international standard annealed copper
国际标准托盘 International Standardization Organization pallet
国际标准协会 International Standards Association;International Standards Organization
国际标准纸张尺寸 International Standardization Organization paper sizes
国际标准烛光 international standard candle power
国际标准组织 International Standard Organization[ISO]
国际标准组织编码 International Standardization Organization code
国际标准组织的观察员 observer member
国际冰情巡逻 International Ice Patrol
国际冰情侦察 International Ice Patrol
国际冰情侦察机构 International Icepatrol Service
国际冰雪委员会 International Commission of Snow and Ice
国际玻璃协会 International Commission on Glass
国际博览会 international fair
国际薄壳结构协会 International Association of Shell Structures
国际薄壳结构学会 International ASSO of Shell Structures
国际薄壳结构与空间结构协会 International Association for Shell and Spatial Structure
国际捕鲸公约 International Convention for Regulation of Whaling
国际捕鲸委员会 International Whaling Commission
国际部 international department
国际部经理 international manager
国际材料试验协会 International Association for Testing Materials;International Society for Testing Materials
国际财团 international consortium
国际采购 international shopping
国际参考大气 international reference atmosphere
国际参考椭球 international ellipsoid of reference; international reference ellipsoid
国际参考椭圆 international ellipsoid of reference; international reference ellipsoid
国际册页票票价表 <西欧> international coupon tariff
国际测地协会 International Association of Geodesy
国际测绘联合会 International Union of Surveying and Mapping
国际测量工作者联合会 International Federation of Surveyors
国际测量师联合会 International Federation of Surveyors
国际测量协会 International Geodetic Association
国际查询系统 International Referral System
国际长途电话 international call
国际长途电话交换机 international toll switching system
国际长途电路 long-distance international circuit
国际长途航线 long international voyage
国际车辆自动洗刷协会 International Association of Automatic Car Wash
国际成套试验筛 <包括19种筛号> international test sieve series
国际承包 international contract
国际承包公司 international tendering company
国际承包商联合会 Confederation of International Contractors Association
国际城市 global city
国际城市管理协会 International City Management Association
国际城市信号协会 International Municipal Signal Association
国际臭氧委员会 International Ozone Commission
国际臭氧学会 International Ozone Institute
国际储备 international reserve
国际传输中心 international transmission center[centre]
国际传真呼叫 international phototelegraph call
国际传真通报 international photo telegraph call
国际传真网络 international phototelegraph network
国际传真业务 international phototelegraph service
国际传真终端中心 international phototelegraph terminal center[centre]
国际传真座台 international phototelegraph position
国际传真座席 international phototelegraph position
国际船舶安全证书 international safety certificate
国际船舶(材料)供应协会 International Ship Suppliers Association
国际船舶吨位丈量规则 International Regulation for Tonnage Measurement
国际船舶防污染公约 International Convection for the Prevention of Pollution from Ship
国际船舶结构会议 International Ship Structure Congress
国际船舶无线电台一览表 International List of Ship Stations
国际船舶营运服务公司 International Ship Operating Service
国际船舶运输联合会 International Shipping Federation
国际船舶载重线公约 International Loadline Convention
国际船舶载重线证书 international load line certificate
国际船长协会联合会 International Federation of Shipmaster's Association
国际船东协会 International Shipowners' Association
国际船级社协会 International Association of Classification Societies
国际船模水池试验会议 International Towing Tank Conference
国际船用无线电的导航设备 international marine radio aids to navigation
国际船用医药指南 International Medical Guide
国际船员训练、发证和值班标准公约 Certification and Watchkeeping for Seafarers; International Convention on Standards for Training
国际大坝委员会 International Commission on Large Dams
国际大地测量协会 International Association of Geodesy
国际大地测量学委员会 Committee on International Geodesy
国际大地测量学与地球物理联合会 International Union of Geodesy and Geophysics
国际大动荡 international storm
国际大陆侵蚀委员会 International Commission on Continental Erosion
国际大气科学和水文计划 International Programs in Atmosphere
国际大型标准集装箱 transcontainer
国际代理机构 foreign agency
国际代数语言 international algebraic language
国际贷款 international loan
国际贷款机构 international lending institution
国际单位 international unit
国际(单位)卡路里 <热量单位,1卡路里=4.1868焦耳> International Table Calorie
国际单位制 international unit system;SI system;System International
国际单位制螺丝板牙 international die
国际担保 international guarantee
国际氮素小组 International Nitrogen Unit
国际导航会议 International Navigation Congress
国际导航系统 international navigation system
国际道路 international road
国际道路会议 International Road Congress
国际道路会议常设委员会 Permanent International Association of Road Congress
国际道路焦油会议 International Road Tar Conference
国际道路联合会 <简称国际路联> International Road Federation
国际道路平整度试验 International Road Roughness Experiment
国际道路网 international road network
国际道路研究文献(库) International Road Research Documentation
国际道路运输联合会 International Road Transport Union
国际稻米研究所 International Rice Research Institute
国际的 international
国际灯塔管理协会 International Association of Lighthouse Authorities
国际低潮面 international low water
国际低潮位 international low water
国际低温材料会议 International Cryogenic Engineering Conference
国际地表水委员会 International Commission on Surface Water
国际地磁参考场 international geomagnetic reference field
国际地磁与高层大气物理学会 International Association of Geomagnetism & Aeronomy
国际地理协会 International Geographic(al) Corporation
国际地名标准化 international standardization of geographic(al) names
国际地球动力计划 international geodynamic(al) project
国际地球极年 International Polar Year
国际地球物理年 International Geophysical Year
国际地球物理日 world days of International Geophysical Year
国际地球物理学委员会 Committee on International Geophysics
国际地球自转服务 International Earth Rotation Service
国际地热资源局 Geothermal Resources International
国际地图 international map
国际地位 international standing
国际地下水委员会 International Commission on Groundwater
国际地震工程协会 International Association for Earthquake Engineering
国际地震和地球内心物理学协会 International Association of Seismology and Physics of the Earth's Interior
国际地震简报 International Seismologic(al) Summary
国际地震协会 International Association of Seismology

国际地震学和抗震工程学会 International Institute of Seismology and Earthquake Engineering
国际地震学与地震工程研究所 International Institute of Seismology and Earthquake Engineering
国际地震学中心通报 <英国月刊> Bulletin of the International Seismologic(al) Centre
国际地震中心 International Seismologic(al) Centre
国际地震资料汇编 International Seismologic(al) Summary
国际地质大会 International Geologic(al) Congress
国际地质对比方案 international geologic(al) correlation program(me)
国际地质会议 International Geologic(al) Congress
国际地质科学联合会 International Union of Geologic(al) Sciences
国际地质科学协会 International Union of Geologic(al) Sciences
国际地质图编号 international number of geologic(al) map
国际地质相关方案 international geologic(al) correlation program(me)
国际地质协会 International Geologic(al) Commission
国际地质学会 International Geologic(al) Society
国际地质与地球物理学联合会 International Union of Geology and Geophysics
国际第二号电码 international alphabetic numerical code No.2
国际电报 international message; international telegram
国际电报电话局 foreign exchange service
国际电报电话咨询委员会 Consultative Committee of International Telegraph and Telephone; International Telegraph and Telephone Consultative Committee
国际电报挂号 international cable address
国际电报联盟 International Telegraph Union
国际电报信函业务 international mailgram service
国际电报字母表 international telegraph alphabet
国际电传打字机电码 international teletype code
国际电传打字机交换业务 international teleprinter exchange service
国际电传号码簿信息 international telex directory information
国际电工单位制 International System of Electric(al) Units
国际电工技术委员会 International Electrotechnical Commission
国际电话电报公司 International Telephone and Telegraph Company; International Telephone and Telegraph Corporation
国际电话电报通信[讯]系统 international telephone and telegraph communication system
国际电话电路 international telephone circuit
国际电话号码本 International Telephone Directory
国际电话号码簿 International Telephone Directory
国际电话局 international exchange; International Telephone Exchange; International Telephone Office; outgoing international exchange
国际电话线路 international telephone line
国际电话中心 International Telephone Centre
国际电缆保护委员会 International Cable Protection Committee
国际电离层研究卫星 international satellite for ionospheric research
国际电路占用时间 holding time of an international circuit
国际电码 international code
国际电码信号 International Code of Signals
国际电码用户 international code user
国际电气单位制 International System of Electric(al) Units
国际电视广播 international television broadcasting
国际电视中心 International Television centre
国际电台表 International List of Stations
国际电信 international telecommunication
国际电信公约 International Telecommunication Conversion
国际电信会议 International Telecommunication Congress
国际电信监测系统 International Telecommunication Monitoring System
国际电信交换维护中心 International Switching Maintenance Centre
国际电信交换与测试中心 International Switching and Testing Centre
国际电信局 international telecommunication office
国际电信联合会 International Telecommunications Union
国际电信联盟 <联合国> International Telecommunications Union
国际电信联盟规则 International Telecommunications Union Regulations
国际电信联盟无线电会议 International Telecommunications Union Radio Conference
国际电信司 International Telecommunication Division
国际电信卫星 International Telecommunication Satellite[INTELSAT]
国际电信卫星地面终端 INTELSAT earth terminal
国际电信卫星通信[讯]网 INTELSAT communication network
国际电信卫星系统管理部门 International Telecommunication Satellite system Management
国际电信卫星系统记录 INTELSAT system records
国际电信卫星型商用卫星地面站 Intelsat-type commercial satellite earth station
国际电信卫星型商用卫星地球站 INTELSAT-type commercial satellite earth station
国际电信卫星组织 International Telecommunication Satellite Organization
国际电信卫星组织操作中心 INTELSAT operation centre
国际电信卫星组织管理部门 INTELSAT Management Division
国际电信卫星组织控制中心 INTELSAT control centre
国际电信卫星组织永久管理安排 permanent management arrangement of INTELSAT organization
国际电信业务 international telecommunication service
国际电信业务协调中心 International Telecommunication Coordination Centre
国际电信咨询委员会 International Radio Consultative Committee
国际电学单位 international electric (al) units
国际电子技术委员会 International Electrotechnical Commission
国际电子委员会 International Electronic Commission
国际电子协会 International Electronics Association
国际都市 cosmopolis
国际独立油船船东协会 International Association of Independent Tanker Owners
国际度量衡局 International Bureau of Weights and Measures
国际渡船运费 international ferry freight
国际吨位丈量公约 International Tonnage Convention
国际吨位证书 International Tonnage Certificate
国际多边贷款 international multilateral loans
国际额定马力 international rated horsepower
国际发展法 international development law
国际法 International Law; law of nations
国际法典 international code
国际法定计量组织 International Organization of Legal Metrology
国际法规范 norm of international law
国际法规与惯例 international laws and practices
国际法拉 international farad
国际法(律)协会 International Law Association
国际法庭 International Court of Justice
国际法委员会 International Law Commission
国际法学 science of international law
国际法学家 international jurist
国际法学者 publicist
国际法制 international legality
国际反噪声协会 International Association Against Noise
国际防止海上油污染公约 International Convention for Prevention of Oil Spill Pollution of the Sea; International Convention for the Prevention of Pollution of the Sea by Oil
国际防止空气污染协会联合会 International Union of Air Pollution Prevention Association
国际防止散装运输有毒物质污染证书 international Pollution Prevention certificate for the carriage of Noxious Substance in Bulk
国际防止油污染证书 international oil Pollution Prevention certificate
国际房地产购买协会 International Right of Way Association
国际房地产联合会 International Real Estate Federation
国际房地产税务评估者协会 International Association of Assessing Officers
国际房屋及木工协会 International Federation of Building and Wood Workers
国际房主与经理协会 Building Owners and Managers Association International
国际房主与经理协会标准 Building Owners and Managers Association International standard
国际放射性辐射防护委员会 International Commission on Radiological Protection
国际非法行为 internationally wrongful act
国际废物处置咨询中心 International Reference Center for Waste Disposal
国际分包(办法) International subcontracting
国际分包合同 International subcontracting
国际分包商 International subcontractor
国际分幅编号 international nomenclature; international number
国际分工 international division of labo(u)r
国际分类 International classification
国际分类法 International classification system
国际分析电码 international analysis code
国际分组交换流(业务) international packet switch stream
国际分组交换业务 international packet switching service
国际纷争 international controversy
国际风暴 international storm
国际风暴警报目视信号 international visual storm warning signal
国际伏特 international volt; legal volt
国际符号 international signs; international symbols
国际辐射单位 International radiation unit
国际辐射防护委员会 International Commission on Radiological Protection
国际辐射委员会 International Radiological Commission
国际负债 international indebtedness
国际复兴开发银行 International Bank for Reconstruction and Development
国际复兴开发银行贷款 International Bank for Reconstruction and Development Loan
国际复兴开发银行贷款国际开发协会信贷采购指南 Guideline for Procurement under International Bank for Reconstruction and Development loans and International Development Association
国际复兴开发银行贷款国际开发协会信贷提款指南 Guideline for Withdrawal of Precedes of International Bank for Reconstruction and Development loans and International Development Association
国际改进工作条件和环境方案 International Program(me) for the Improvement of Working Conditions and Environment
国际干线 international artery
国际干预公海油污染事件公约 International Convention Relating to Intervention on the High Seas in Cases of Oil Pollution Casualties
国际干燥区域农业研究中心 International Centre for Agricultural Research on Dry Areas
国际感光度标准 ISO speed standard
国际钢铁学会 International Iron and Steel Institute
国际港(口) international port; intonation harbo(u)r
国际港口会议 International Harbo(u)r Conference
国际港口协会 International Association of Port and Harbo(u)rs

G

国际港湾协会 International Association of Port and Harbo(u)rs
国际高层建筑联合委员会 International Joint Committee for Tall Buildings
国际高级系统研究源 International Institute for Advanced System Analysis
国际(哥本哈根)标准海水 Copenhagen water
国际给水(工程)协会 < 英 > International Water Supply Association
国际工程承包 international project contract
国际工程承包合同 international plant-engineering contract
国际工程地质协会 International Association of Engineering Geology
国际工程发包 international project contract
国际工程机构联合 Union of International Engineering Organizations
国际工程数值方法学报 < 美国、英国 > International Journal for Numerical Methods in Engineering
国际工业电视协会 International Industrial Television Association
国际工业和环境中心 International Centre for Industry and Environment
国际工业排气控制 International Industrial Exhaust Control
国际公差标准 International tolerance standard
国际公地 international commons
国际公法 international public law; public international law
国际公斤原型 international prototype kilogram
国际公开招标 competitive international bidding
国际公路 international highway
国际公路文献研究所 < 欧洲 > International Documentation of Road Research
国际公路协会 International Road Association
国际公路运输海关公约批准单 international road transport approval plate
国际公路运输联盟 < 总部设在瑞士的日内瓦 > International Road Transport Union
国际公认的 internationally recognized
国际公司法 international corporation law
国际公有物 international commons
国际公约 international convention; international covenant
国际公约和议定书登记簿 Register of International Conventions and Protocols
国际公制 international metric system
国际公众电报 international public telegraph
国际公众电报业务 international public telegraph service
国际公众运输联盟 < 设在比京布鲁塞尔 > International Union of Public Transport
国际估价员协会 International Association of Assessing Officers
国际关税与贸易总协定 General Agreement on Tariff and Trade
国际关系 international relations
国际关系缓和 international-relations relentingly
国际关系紧张 international-relations relentlessly
国际管材标准 International pipe standard
国际管理频带 international control frequency band
国际惯例 customary international law; international convention; international customs and usages; international practice; international usage; usage of nations
国际惯用极 conventional international polar
国际惯用原点 conventional international origin
国际灌溉和排水委员会 < 印度 > International Commission on Irrigation and Drainage
国际灌溉排水委员会通报 < 半年刊 > ICID [International Commission on Irrigation and Drainage] Bulletin
国际广播 international broadcasting
国际广播电台 International broadcast station
国际广播中继 international broadcast relay
国际规范和标准 international norms and standards
国际规格 international standards
国际轨距 < 1 国际轨距 = 1.435 米 > international ga(u)ge
国际过境 international transit
国际海岸工程会议 International Conference on Coastal Engineering
国际海道测量局 International Hydrographic(al) Bureau
国际海道测量组织 International Hydrographic(al) Organization
国际海底区域 international seabed area
国际海法 International Law of the Sea
国际海港制度公约 Convention on the International Regime of Maritime Ports
国际海况电码 International Code for State of Sea
国际(海)里 < 长度单位,1 国际(海)里 = 1.852 千米/标准数 > international nautical mile
国际海难救助联盟 International Salvage Union
国际海上保险联盟 International Union of Marine Insurance
国际海上避碰规则 International Regulations for Preventing Collisions at Sea; international rules of the road
国际海上避碰规则公约 Convention on International Regulations for Preventing Collisions at Sea
国际海上法 International Maritime Law
国际海上浮标统一系统 uniform system of maritime buoyage
国际海上航道规则 International rules of the road
国际海上核材料运输民事责任公约 Conventional Relating to Civil Liability in the Field of Maritime Carriage of Nuclear Material
国际海上货物运输公约 convention of international maritime transport of goods
国际海上货物运输契约 contract of international maritime transport of goods
国际海上交通组织委员会 International Committee for the Organization of Traffic at Sea
国际海上人命安全公约 International Convention for the Safety of Life at Sea
国际海上人命安全会议 International Conference for the Safety of Life at Sea
国际海上搜寻救助公约 International Convention on Maritime Search
国际海上危险货物运输规则 International Maritime Dangerous Goods Code
国际海上无线电(通信[讯])委员会 International Radio-Maritime Committee
国际海上引航协会 International Maritime Pilots' Association
国际海事保险联合会 International Union of Marine Insurance
国际海事保险联盟 International Union of Marine Insurance
国际海事法 International Maritime Law
国际海事局 international maritime Bureau
国际海事科学委员会 International Advisory Committee on marine Sciences
国际海事通信[讯]卫星 inmarsat
国际海事委员会 International Maritime Committee
国际海事卫星 international maritime satellite[INMARSAT]
国际海事卫星备用遇险报警系统 INMARSAT back-up distress altering network
国际海事卫星船舶地面站 INMARSAT ship earth station
国际海事卫星通信[讯] international maritime satellite communication
国际海事卫星系统 international maritime satellite system
国际海事卫星组织 International Maritime Satellite Organization
国际海事无线电(通信)委员会 International Radio-Maritime Committee
国际海事与海运会议 International Marine and Shipping Conference
国际海事组织 International Maritime Organization
国际海事组织搜救系统 International Maritime Organization Search and Rescue System
国际海水巡逻队 International Ice Patrol
国际海峡 international strait
国际海啸情报中心 International Tsunami Information Center[Centre]
国际海洋法 International Law of the Sea; International Maritime Law
国际海洋工程协作委员会 International Cooperation on Marine Engineering System
国际海洋工业协会理事会 International Council of Marine Industry Association
国际海洋航线 International marine highway
国际海洋和石油开发公司 International Marine and Oil Development Company
国际海洋环境工程会议 International Conferences on Engineering in the Ocean Environment
国际海洋开发理事会 International Council for Exploration of the Sea
国际海洋考察理事会 International Council for the Exploration of the Sea
国际海洋考察十年 international decade of ocean exploration
国际海洋科学联合会 International Union on marine Science
国际海洋科学咨询委员会 International Advisory Committee on marine Sciences
国际海洋空间 International ocean space
国际海洋领域 International maritime domain
国际海洋贸易 international seaborne trade
国际海洋事务委员会 Committee on International Ocean Affairs
国际海洋数据交换简介 guide to international ocean graphic(al) data exchange
国际海洋委员会 International Oceanographic(al) Commission; International Sea Commission
国际海洋污染会议 International Conference on marine Pollution
国际海洋物理协会 International Association of the Physical Sciences of the Ocean
国际海洋学会 International Ocean Institute
国际海洋学委员会 International Commission on Oceanography
国际海洋资料交换所 International Oceanographic Data Exchange
国际海洋钻探计划 international program(me) of ocean drilling
国际海域 international sea area; international seas; international waters
国际海员联合会 International Seaman's Union
国际海员联盟 International Seaman's Union
国际海运船舶吨数 international seaborne shipping
国际海运公会 International Chamber of Shipping
国际海运集装箱 international marine container
国际海运联合会 International Shipping Federation
国际海运联盟 International Chamber of Shipping
国际海运委员会 International Maritime Committee
国际海藻学会 International Phycological Society
国际含水层 international aquifer
国际焊接学会 International Institute of welding
国际航班出港 international departure
国际航班旅客 international passenger
国际航标协会 International Association of Lighthouse Authorities
国际航程 foreign voyage
国际航道 international navigational route; international waterway
国际航道测量组织 International Hydrographic(al) Organization
国际航海会议 International Navigation Conference
国际航海教师模拟器会议 International Navigation Simulator Lecturers Conference
国际航海卫星组织 International Maritime Satellite Organization
国际航海学会联合会 International Association of Institutes of Navigation
国际航空公司 international airline; international route; oversea line
国际航空货物运输公约 international convention on carriage of goods by air
国际航空线 international airway
国际航空用锥形管螺纹标准 aeronautical national taper pipe threads
国际航空运输 international aerial navigation
国际航空运输契约 contract of international air transport
国际航空运输协会 International Air

G

Transport Association
国际航空站 outgoing air station
国际航空终点站 international terminal
国际航线 international route;international voyage;oversea line
国际航行 foreign navigation;international voyage
国际航行船 foreign going vessel
国际航行船舶进口报告书 report of entry for foreign-going ship
国际航行灯号码 international number of light
国际航行委员会 International Commission for Air Navigation
国际航行学会联合会 International Association of Institutes of Navigation
国际航业公会 International Chamber of Shipping
国际航业协会 International Chamber of Shipping
国际航运 international aerial navigation
国际航运公会 International Chamber of Shipping
国际航运会议 International Navigation Conference;International Navigation Congress
国际航运会议常设委员会 Permanent International Association of Navigation Congress
国际航运协会 International Chamber of Shipping
国际豪华型旅馆 international deluxe type hotel
国际号码 international number
国际合作 international collaboration; international convention; international cooperation
国际合作开发 international cooperation exploitation
国际和国内采购 international and local shopping
国际河流 international river;international stream
国际河流沉积作用学术讨论会 International Symposium on River Sedimentation
国际河流盆地 international river basin
国际河流与湖泊保护法 law of protection of international rivers and lakes
国际河流整治法令 International River Improvements Act
国际核查 international verification
国际核资料系统 International Nuclear Information System
国际褐煤显微组分分类 the macerals classification of brown coals and lignites
国际亨利 international henry; quadrant;secohm
国际红十字会 International Red Cross
国际候车室 international waiting room
国际候船室 international waiting room
国际候机室 international waiting room
国际候机楼 international terminal
国际呼号 international call letters;international call sign
国际呼号序列划分表 <出版物> Table of Allocation of International Call Sign Series
国际呼叫 international call
国际呼救信号 <在海事遇难时代替 SOS 信号> GMDSS
国际湖泊环境委员会 International Lake Environment Committee
国际互联网【计】 internet
国际互联网服务供应商 internet service provider
国际互联网信息内容供应商 internet content provider
国际化 internationalization
国际化肥工业协会 International fertilizer Industry Association
国际化学联合会 International Union of Chemistry
国际化学物质安全性计划 International Program(me) pm Chemical Safety
国际化学元素符号 international chemical symbols for the element
国际话音线路 international sound circuit
国际环境 international environment
国际环境保护公约 International Convention on Environmental Protection
国际环境标本库 international environmental specimen bank
国际环境标准 international environment(al) standard
国际环境法 International Environmental Law
国际环境法理事会 International Council for Environmental Law
国际环境关系 international environmental relation
国际环境和发展研究所 International Institute for Environment and Development
国际环境教育方案 International Environmental Education Program(me)
国际环境教育计划 International Environmental Education Program(me)
国际环境局 International Environmental Bureau
国际环境事务(研究)所 International Institute of Environmental Affairs
国际环境未来会议 International Conference on Environmental Future
国际环境信息中心 Centre for International environmental Information
国际环境研究和发展中心 Center for International Research of Environment and Development
国际环境与发展学会 International Institute for Environment and Development
国际环境政策 International Environmental Policy
国际环境中心 International Center for Environment
国际环境资料调查系统 International Referral System for Sources of Environmental Information
国际环境资料系统 International Environmental Information System
国际环境自动检测与估价会议 International Conference on Environmental Sensing and Assessment
国际换日线 international date line
国际汇兑 international exchange; international remittance
国际汇款单 international money order
国际汇票 international bill of exchange; international money order
国际会计标准 international accounting standard
国际会议 international conference; international convention
国际混凝土设计和施工 <美国混凝土学会月刊> Concrete International Design & Construction
国际货币 convertible foreign exchange; international currency
国际货币储备 international monetary reserve
国际货币法 international monetary law
国际货币基金组织 <联合国机构,设在美国华盛顿> International Monetary Fund Organization
国际货币基金组织部分 tranche
国际货币基金组织黄金部分 gold tranche
国际货币基金组织提款权 drawing rights of international monetary fund
国际货币基金组织协定 Agreement of International Monetary Fund Organization
国际货币基金组织协议会 agreement of IMF[International Money Fund]
国际货币基金组织信贷 international monetary fund credit
国际货币流动 international movements of money
国际货币协定 international monetary arrangement
国际货币政策 international monetary policy
国际货币制度 international monetary;international monetary system
国际货车联盟 <西欧> International Wagon Union
国际货物联运 international goods through transport
国际货物列车时刻表 <西欧> International Goods-Train Timetable
国际货物托运单 international consignment note
国际货物运输保险 international cargo transportation insurance
国际货物运输规程 <西欧> International Goods Regulations
国际货物装卸协调联合会 International Cargo Handling Coordination Association
国际货物装卸协会 International Cargo Handling Coordination Association
国际货运代理人 international freight forwarder
国际货运代理人联合会 international Federation of Forwarding Agent's Association
国际机场 international airport; international airfield; aerodrome of entry
国际机构 international agency; international body;international Cartel
国际基群 international group
国际极年 International Polar Year
国际极移服务 International Polar Motion Service
国际疾病分类 international classification of diseases
国际集装箱 freight container for international trade; international pallet;transcontainer
国际集装箱安全公约 International Convention for Safe Container
国际集装箱出租商协会 Institute of International Container Lessors
国际集装箱出租者协会 Institute of International Container Lessors
国际集装箱公司 intercontainer company
国际集装箱局 International Container Bureau
国际集装箱快运列车 <跨国、跨海> transcontainer express
国际集装箱联运 <始发或到达北美内地> microbridge
国际集装箱协会 International Container Association
国际集装箱运输公司 International Container Transport Company
国际集装箱运输规程 <西欧> International Regulation Concerning the Carriage of Containers
国际计划生育联合会 International Planned Parenthood Federation
国际计量大会 General Conference of Weights and Measures
国际计量单位制 international system of units[SI]
国际计量局 International Bureau of Weights and Measures
国际计时协会 International Association for Time-keeping
国际计算机科学联合会 International Federation of Computer Sciences
国际计算机通信[讯]会议 International Conference on Computer Communication
国际计算机有限公司 International Computer's Limited
国际计算机中心 International Computer Center[Centre]
国际计算中心 International Computation Center[Centre]
国际记录载波 international record carrier
国际技术控制中心 international technical control centre
国际技术转让 international transfer of technology
国际技术转让法 law of international transfer of technology
国际价格 international price
国际价格水平 international price level
国际驾驶执照 international driving permit
国际间的比较 international comparison
国际间债权 international claim
国际监察 international supervision
国际监督 international control
国际监督措施 international monitoring measures
国际减灾十年 <1990—2000 年> International Decade for Natural Hazards Reduction 1990 to 2000
国际检疫 international quarantine
国际建房信贷联合会 International Union of Building Societies and Loan Associations
国际建筑材料及结构试验及研究实验所联合会 International Union of Testing and Research Laboratories for Materials and Structures
国际建筑工程承包 international construction engineering contract
国际建筑官员大会 International Conference of Building Officials
国际建筑会议组织 The International Conference of Building Officials
国际建筑师联合会 International Union of Architects
国际建筑师协会 UIA[Union of International Architects]
国际建筑研究与文献委员会 International Council for Building Research;Studies and Documentation
国际建筑中心联合会 International Union of Building Centers
国际疆界 international boundary
国际降水 International Workshop on Precipitation Measurement
国际交换台 international control
国际交通冲突技术委员会 International Committee on Traffic Conflict Techniques
国际交通终点站 international terminal
国际交往 international intercourse; international transaction

G

国际教育规划研究所 International Institute for Educational Planning
国际接续 international connection
国际节 <速度单位,1 国际节 = 1.852 千米/小时> international knot
国际结算 international clearing; international settlement
国际结算单位 international liquidity unit
国际结算平衡表 foreign balance
国际借贷 international borrow(ing); international indebtedness
国际借款 international loan
国际金融公司 <联合国> International Finance Corporation
国际金融机构 international financial institution
国际金融市场 international monetary market
国际金融中心 international financial center[centre]
国际金融组织 International Monetary Fund
国际金融组织贷款 international finance organization loans
国际经济 international economy
国际经济法学 science of international economic law
国际经济关系 international economic relations
国际经济合作 international economic cooperation
国际经济合作银行 International Bank for Economic Cooperation
国际经济和社会事务部 Department of International Economic and Social Affairs
国际经济新秩序 new international economic[economy] order
国际经济秩序 international economic order
国际竞赛 international competition
国际竞争性投标 international competitive bid(ding); tendering on an international competitive basic
国际竞争性招标 international competitive bid(ding); tendering on an international competitive basic
国际(旧)烛光 international candle
国际救捞联合会 International Salvage Union
国际救捞联盟 International Salvage Union
国际救生设备制造商协会 International Lifesaving Appliance manufacturers' Association
国际救生艇会议 International Lifeboat Federation
国际救生艇联合会 International Lifeboat Federation
国际救援与急救协会 International Rescue and First Aid Association
国际救灾委员会 Committee on International Disaster Assistance
国际救助公约 International Convention on Salvage
国际决定 international decision
国际卡特尔 international Cartel
国际开发署 <美> Agency for International Development
国际开发协会 <联合国机构, 美国华盛顿> International Development Association
国际开发协会信贷 International Development Association credit
国际科技常数 International Critical Tables
国际科技词汇 international scientific vocabulary
国际科联环境问题科学委员会 Scientific Committee on Problems of the Environment
国际科学联合会理事会 International Council of Scientific Unions
国际科学情报会议 International Conference on Scientific Information
国际科学式【无】International Rhythmic
国际科学协会理事会 International Council of Scientific Unions
国际科学组织 International Science Organization
国际壳体结构协会 International Association for Shell Structures
国际可比性 international comparability
国际克拉 <金刚石重量单位> international carat
国际客票样本集 collection of model international tickets
国际客运站 international passenger station
国际客运站屋 international passenger terminal building
国际空城 international space
国际空气污染保护协会 International Air Pollution Protection Association
国际空域 international air space
国际控制电台 international control station
国际跨国跨海集装箱运输公司 <总部设在瑞士的巴塞尔> Company for International Transport by Transcontainers
国际矿山测量学会 International Society of Mine Surveying
国际莱茵河船舶注册协会 International Association for the Rhine Ships Register
国际浪级表 International Sea Scale
国际劳动补偿办法 international labo(u)r compensation facility
国际劳动分工 international division of labo(u)r
国际劳工组织 International Labo(u)r Organization
国际劳务合作 international service cooperation
国际冷藏库协会 International Association of Refrigerated warehouses
国际理论和应用湖沼学协会 International Association of Theoretic(al) and Applied Limnology
国际理论和应用化学联合会 International Union for Pure and Applied Chemistry
国际沥青会议 International Tar Conference
国际沥青路面结构设计会议 International Conference on the Structural Design of Asphalt pavements
国际例行维护测量 international routine maintenance measurement
国际连续出版物号码 International Standard Serial Number
国际联播 international dissemination
国际联合运输人 intermodal carrier; transmodalist
国际联机信息检索服务机构 international on-line information retrieval service
国际联盟大厦 League of Nations Building
国际联运固定编组列车 international block train
国际联运货车互用规程 regulations governing the reciprocal use of wagons in international traffic
国际联运货物换装 goods transshipment of international through transport at frontier station
国际联运货运票据 shipping documents for international goods through transport
国际联运集装箱(公司的)列车 intercontainer train
国际联运进出口运输计划 international through goods traffic plan for imports and exports
国际联运客车和守车互用规程 regulations governing the reciprocal use of carriages and brake-vans in international traffic
国际联运客票 international ticket
国际联运旅客乘车票据 international through traffic passenger shipping documents
国际联运旅客特别快车 international express train
国际联运清单管理 liquidation management of international through-transport
国际联运运价表 international tariff
国际联运站 international through traffic station
国际链路 international connection
国际谅解 international understanding
国际列车 international train
国际列车候车室 international train passenger waiting-room
国际林业研究组织联合会 International Union of Forest Research Organizations
国际领海法协会 International Association for Water Law
国际流明 International Lumen
国际流域 international river basin
国际流域组织站网 International Network of Basin Organization
国际垄断 international monopoly
国际陆地无线电台委员会 International Committee of Ground Radio Stations
国际陆界生物圈方案 International Geosphere-Biosphere Program(me)
国际陆线费 international landline charges
国际陆运联盟 Road Transport Union
国际路由 international route
国际旅客度假村 international passenger terminal building
国际旅客联运协定 agreement of international through passenger traffic
国际旅客列车 international passenger train
国际旅行社 International Travel Service
国际旅行社协会联合会 <西欧> International Federation of Associations of Travel Agents
国际旅行支票 international cheque
国际旅游宾馆 international tourist hotel
国际旅游观光协会 international Sight-seeing and Tours Association
国际螺距规 international screw pitch ga(u)ge; metric(al) screw pitch ga(u)ge
国际螺纹 international thread
国际马力 international horse power
国际码头 international quay; international wharf; international pier
国际码头工人联合会 International Docker's Federation
国际码语言 International Code of Signals
国际麦克斯韦 international maxwell
国际贸易 foreign trade; international commerce; international trade
国际贸易标准分类 standard international trade classification
国际贸易额 value of international trade
国际贸易法 international trade law
国际贸易惯例 convention of international trade
国际贸易伙伴 international trading partner
国际贸易局 Board of Foreign Trade
国际贸易量 quantum of international trade
国际贸易术语解释通则 incoterms
国际贸易条件解释通则 Inconterms; International Rules for the Interpretation of Trade Terms
国际贸易条款准则 incoterms
国际贸易往来手续简化法 simplification of international trade procedures
国际贸易系统 international trade system
国际贸易宪章 international trade charter
国际贸易协定 international trade agreement
国际贸易学会标准分类 Standard Classification of International Trade Society
国际贸易政策 international trade policy
国际贸易中心 International Trade Centre
国际贸易组织 International Trade Organization
国际煤岩委员会分类 the microlithotypes of coal international coal committee petrology
国际盟约 international covenant
国际米原器 International Standard Meter
国际米制 international metric system
国际免费乘车证 international free ticket
国际民航组织 <联合国> International Civil Aviation Organization
国际民用航空组织 <联合国> International Civil Aviation Organization
国际名胜古迹理事会 International Council on Monuments and Sites
国际命名法 international nomenclature
国际模数制组织 International Modular Group
国际莫尔斯电码 international Morse code
国际内燃机额定值 Universal Internal Combustion Engine rating
国际南极气象研究委员会 International Antarctic Meteorological Research Committee
国际能见度码 International Visibility code
国际能源机构 International Energy Agency
国际能源计划 International Energy Programme
国际能源局 International Energy Agency
国际泥沙研究培训中心 <中国> International Research and Training Center on Erosion and Sedimentation
国际鸟类保护公约 International Convention for Protection of Birds
国际鸟类保护理事会 International Council for Protection of Birds
国际宁静太阳年 International Quiet Sun Year; the International Year of the Quiet Sun
国际农林研究中心 International Centre for Research in Agroforestry
国际农药合作分析委员会 Interna-

tional Collaborative Pesticides Analytical Committee
国际农药化学大会 International Congress of Pesticide Chemistry
国际农业发展基金 International Fund for Agricultural Development
国际农业工程委员会 International Commission of Agricultural Engineering
国际农业统计年鉴 International Yearbook of Agricultural Statistics
国际欧(姆) international ohm
国际欧洲共同海损理算师协会 International Association of European General Average Adjusters
国际拍卖 international auction
国际排水盆地 international drain basin
国际排印工人协会 National Composition Association
国际判决 international decision
国际判例 international jurisprudence
国际判例法 international case-law
国际频率表 International Frequency List
国际频率登记委员会 International Frequency Registration Board
国际频率登记总表 Master International Frequency Register
国际频率分配计划 international frequency assignment plan
国际频率指配程序 international procedure of frequency assignment
国际频率总表 Master International Frequency List
国际平整度指数 international roughness index
国际七单元检错电码 international seven-unit error detecting code
国际企业 international business
国际(企业)科学管理委员会 International Committee of Scientific Management
国际气候公约 international climate convention
国际气候基金 international climate funds
国际气体船及码头操作者协会 Society of International Gas Tanker and Terminal Operators Limited
国际气体船及码头经营人协会 Society of International Gas Tanker and Terminal Operators Limited
国际气象电码 international meteorological code
国际气象符号 international meteorological code
国际气象和大气科学协会 International Association of Meteorological and Atmospheric Sciences
国际气象和大气物理协会 International Association of Meteorology and Atmospheric Physics
国际气象学会 International Association of Meteorology
国际气象中心 International Meteorological Center[Centre]
国际气象组织 International Meteorological Organization
国际千卡 international kilocalorie
国际千克原型 international prototype kilogram
国际迁移 international migration
国际前置符号 international prefix
国际潜在有毒化学品登记中心 International Registry of Potentially Toxic Chemicals
国际潜在有毒化学品注册处 International Registry of Potentially Toxic Chemicals
国际强震台阵委员会 International Strong-Motion Array Council
国际桥梁和结构协会 International Association for Bridge and Structural Engineering
国际桥梁、隧道、高架桥协会 International Bridge, Tunnel and Turnpike Association
国际桥梁与结构工程协会 Association for Bridge and Structural Engineering; International Association for Bridge and Structural Engineering
国际桥隧栅道协会 International Bridge Tunnel and Turnpike Association
国际清算 international clearing
国际清算银行 Bank for International Settlements
国际区站号 international index number
国际全球大气化学计划 International Global Atmospheric Chemistry Program(me)
国际热带木材协定 International Tropic(al) Timber Agreement
国际热带木材组织 International Tropic(al) Timber Organization
国际热带农业研究所 International Institute of Tropic(al) Agriculture
国际热量表 International Table of Calorie
国际人口科学研究联合会 International Union for the Scientific Study of Population
国际日界线 international date line
国际日期变更线 calendar date line; date line; international date line
国际日期更改线 date line
国际散装化学品规则 International Bulk Chemical Code
国际色指数 international colo(u)r index
国际森林研究组织协会 International Union of Forestry Research Organizations
国际筛规 international sieve unit
国际山地开发中心 International Centre for Integrated Mountain Development
国际闪光通信[讯]信号 International Flashing Light Signaling
国际商标 international trade mark
国际商会 International Chamber of Commerce
国际商品 international commodity
国际商品交易所 international commercial exchange
国际商品协定 international commodity agreement
国际商事仲裁 international commerce arbitration
国际商业 international business
国际商业贷款 international commercial loan
国际商业条款 international commercial term
国际商业无线电 international commercial radio
国际商用机器公司 <美> International Business Machine Corporation
国际上地幔计划 international upper mantle project
国际社会 international community
国际摄影测量学会 International Society for Photogrammetry
国际摄影测量与遥感学会 International Society for Photogrammetry and Remote Sensing
国际生境和人类住区基金 International Habitat and Human Settlement Foundation
国际生态修复学会 International Society of Ecological Restoration
国际生态学大会 International Congress of Ecology
国际生态学协会 International Association for Ecology
国际生物多样性日 International Biodiversity Day
国际生物计划 International Biological Program(me)
国际生物科学联合会 International Union of Biological Science
国际生物科学协会 International Union of Biological Science
国际生物学计划 International Biological Program(me)
国际声学委员会 International Committee on Acoustics
国际十进制分类法 universal decimal classification
国际石油工业 International oil industry
国际石油工业环境保护协会 International Petroleum Industry Environment(al) Conservation Association
国际石油污染防护展览与会议 International Oil Pollution Prevention Exhibition and Conference
国际时间局 International Time Bureau
国际实用单位制 international practical system of units
国际实用温标<一种尽可能接近热力温标的实用温标> international practical temperature scale
国际市场 international market; oversea market
国际市场价格 international market price; world market price
国际式 intonation style
国际式建筑 international architecture; international modern; international style
国际式时号 ONOGO type time signal; time signal in international system
国际式无线电时号 international radio signals
国际事务 international affairs
国际视听中心 International Audio-Vision Center[Centre]
国际收支 balance of payment
国际收支差额 balance of international payments
国际收支逆差 balance of payments deficit
国际收支平衡 balance of international payments; foreign balance; international balance of payments
国际收支顺差 balance of payments surplus
国际疏浚公司协会 International Association of Dredging Companies
国际疏浚市场 international dredging market
国际数据协调中心 International Data Co-ordination Centre
国际数学联合会 International Mathematical Union
国际数字数据业务 international digital data service
国际双向中继线 international both way trunk
国际水<IWRA季刊> Water International
国际水道 international watercourse; international waterway
国际水道测量局 International Hydrographic(al) Bureau
国际水道系统 international watercourse system
国际水法 international water law
国际水法协会<西班牙> International Association for Water Law
国际水工程中心 International Water Engineering Center[Centre]
国际水会议 International Water Conference
国际水力学研究协会<荷兰> International Association for Hydraulic Research
国际水泥强度测试法 ISO method for cement strength; ISO method for cement strength test
国际水泥讨论会 International Cement Seminar
国际水鸟研究局 International Waterfowl Research Bureau
国际水平 international standard; world standard
国际水平的 world-class
国际水禽托拉斯 International Waterfowl Trust
国际水示踪学术讨论会 International Symposium on Water Tracing
国际水事研究会 International Union for Water Research
国际水文地质工作者协会 International Association of Hydrogeologist
国际水文地质学家协会 International Association of Hydrogeologist
国际水文会议 International Hydrographic(al) Conference
国际水文计划 international hydrological program(me)
国际水文局 International Hydrographic(al) Bureau
国际水文科学协会 International Association of Hydrology Sciences
国际水文科学学会 International Society of Hydrological Sciences
国际水文十年 International Hydrological Decade
国际水文十年测站 international decade station
国际水文协会水研究委员会 Committee on Water Research
国际水文学方案 international hydrological program(me)
国际水文学规划 international hydrological program(me)
国际水文学学会 International Association of Hydrology
国际水文研讨会 International Hydrologic Seminar
国际水文组织 International Hydrologic Organization
国际水污染研究学会 International Association on Water Pollution Research
国际水污染研究与控制协会 International Association on Water Pollution Research and Control
国际水协会<总部在伦敦> International Water Association
国际水研究联合会 International Union for Water Research
国际水与环境会议 International Conference on Water and Environment
国际水域 international sea area; international waters
国际水质标准 international standard of water quality
国际水质委员会 International Commission on Water Quality
国际水资源管理培训中心 International Training Center for Water Resources Management
国际水资源开发学报<季刊> International Journal of Water Resources Development

国际水资源系统委员会 International Commission on Water Resource Systems
国际水资源协会 International Water Resources Association
国际司法标准 international standard of justice
国际私法 international private law; private international law
国际私法统一协会 International Institute for the Unification of Private Law
国际私法学说 doctrine of private international law
国际诉讼 international litigation
国际算法语言 international algorithmic language
国际隧道协会 International Tunnel(l)ing Association
国际隧道学会 International Tunnel(l)ing Association
国际太阳活动年 International Active Sun Year
国际太阳联合观测 international coordinated solar observations
国际太阳宁静年 International Quiet Sun Year
国际讨论会 international seminar
国际天气电码 international synoptic(al) code
国际天气分析电码 international synoptic(al) analysis code
国际天文学联合会 International Astronomical Union
国际条约 international treaty
国际铁路-公路联合运输公司联盟 <欧洲> International Union of Rail-Road Companies
国际铁路货物运输协定 <西欧> Agreement Concerning the International Carriage of Goods by Rail; International Convention Concerning the Carriage of Goods by Rail
国际铁路集装箱联运 international railway container through transport
国际铁路客车和行车邮政车联盟 <西欧> International Carriage and Van Union
国际铁路控制讨论会 International Symposium on Railway Cybernetics
国际铁路冷藏货物运输公司(社) <欧洲> International Society for the Carriage of Refrigerated Goods by Rail
国际铁路冷藏运输公司 <西欧> International Railway-owned Refrigerated Transport Company
国际铁路联盟 <设在巴黎> International Union of Railways; International Railway Union
国际铁路联盟标记 International Railway Union mark
国际铁路联盟出版的小册子 International Railway Union leaflet
国际铁路联盟管理委员会 Board of Management of UIC
国际铁路联盟集装箱标准 International Railway Union Standard of Container
国际铁路联运 international through traffic of railway
国际铁路旅客和行李运输协定 <西欧> Agreement Concerning the International Carriage of Passengers and Luggage by Rail; International Convention Concerning, the Carriage of Passengers and Luggage by Rail
国际铁路设计和环境会议 Rail International Design and Environment Conference
国际铁路文件资料局 International Railway Documentation Bureau
国际铁路协会 <设在布鲁塞尔> International Railway Congress Association
国际铁路研究实验所 <UIC 的分支机构> Office for Research and Experiments
国际铁路运输委员会 International Rail-Transport Committee
国际铁路运输中心事务所 The Central Office for International Rail Transport
国际铁路运输中央事务局 The Central Office for International Rail Transport
国际铁路运输总办公处 <西欧> Central Office for International Rail-Transport
国际通岸消防接头 international shore connection
国际通航海峡 International Transit Strait
国际通话 international call
国际通话符号 international call letters; international call sign
国际通路 international route
国际通信[讯] international communication
国际通信卫星 international communication satellite[Intelsat]
国际通信[讯]卫星地面终端 international communication satellite earth terminal
国际通信[讯]卫星联合组织 International Communications Satellite Consortium
国际通信[讯]卫星组织 International Telecommunication Satellite Organization
国际通信[讯]协会 International Communication Association; International Institute of Communications
国际通信[讯]业务 foreign traffic; international telecommunication service
国际通行的吸引外资方式 internationally accepted methods of absorbing foreign investment
国际通行货币 international currency
国际通用浮标 universal buoyage
国际通用浮标制 uniform system of maritime buoyage
国际通用科技词汇 international scientific vocabulary
国际通用旗号 international code
国际通用视力表 international universal test chart
国际通用银道坐标系 international universal galactic coordinate system
国际同等价格 international parity price
国际统一规格协会 International Federation of National Standardization Association
国际统一海上浮标系统 uniform system of maritime buoyage
国际投标 international bidding
国际投资 international investment
国际投资保护协定 international agreement of investment protection
国际投资法 international investment law
国际投资法典 International Investment Code
国际投资托拉斯 international investment trust
国际投资信托 international investment trust
国际投资银行 International Investment Bank
国际投资争议 international investment dispute
国际投资状况 international investment position
国际土地改良研究所 International Institute for Land Reclamation and Improvement
国际土地和水 <荷兰> Land and Water International
国际土工合成材料协会 International Geosynthetics Society
国际土工织物学会 International Geotextile Society
国际土力学及岩土工程协会 International Society for Soil Mechanics and Geotechnical Engineering
国际土力学与基础工程学会 International Conference on Soil Mechanics and Foundation Engineering; International Society for Soil Mechanics and Foundation Engineering; International Society of Soil Mechanics and Foundation Engineering
国际土力学杂志 <英国出版> The International Journal of Soil Mechanics
国际土木工程技术团体联络了委员会 Liaison Committee of International Technical Associations of Civil Engineering
国际土壤博物馆 International Soil museum
国际土壤分类 international soil classification
国际土壤会议 International Congress of Soil Science
国际土壤学会 International Society of Soil Science
国际土壤质地等级 international textural grade
国际土壤质地分级 international soil texture grade
国际土壤资料系统 international soil data system
国际退火铜标准 International Annealed Copper Standard
国际椭球(体) international ellipsoid; international spheroid
国际外汇危机 international exchange crisis
国际网络 international network; international system
国际网络管理 international network management
国际危险货物运输规程 <西欧> International Regulations Governing the Carriage of Dangerous Goods
国际危险物品海运规则 International Maritime Dangerous Goods Code
国际微波功率协会 International Microwave Power Institute
国际微生物学会联合会 International Union of Microbiological Societies
国际维护中心 international maintenance center[centre]
国际纬度服务 International Latitude Service
国际纬度快速服务 International Rapid Latitude Service
国际纬度站 International Latitude Service; International Latitude Station
国际卫生法规 International Sanitary Regulations
国际卫生公约 International Sanitary Conventions
国际卫生规则 International Sanitary Regulations
国际卫星 international satellite
国际卫星云气候学计划 International Satellite Cloud Climatology Project
国际温标 international practical temperature scale; international temperature scale; international thermometric scale
国际文化馆 <位于日本东京> International House
国际文件传输业务 international record carrier
国际文献资料中心 International Documentation Center[centre]
国际卧车公司 <设在比京布鲁塞尔> International Sleeping Car Company
国际污染控制协会 International Association on Water Pollution control
国际污染研究协会 International Association on Water Pollution Research
国际无线电 international radio
国际无线电对时信号 international time signals
国际无线电工作时间表 International Radio Watch-keeping Period
国际无线电呼号 International Radio Call Sign
国际无线电呼号分类表 International Radio Service of Call Signs
国际无线电静寂时间 International Radio Silence
国际无线电科学联合会 International Radio Scientific Union
国际无线电频率委员会 International Radio Frequency Board
国际无线电停歇规定 International Radio Silence
国际无线电通信[讯]波段分配联盟 Alliance International de la Distribution
国际无线电通信[讯]会议 International Telecommunication Conversion
国际无线电证书 International Wireless Certificate
国际无线电助航设备会议 International Meeting on Radio Aid to Marine Navigation
国际无线电咨询委员会 International Radio Advisory Committee; International Radio Consultative Committee
国际无障碍物通用标志 international symbol mark of the disabled
国际习用(原)点 conventional international origin
国际系统 international system; SI system international
国际系统单位 SI units
国际现代建筑会议 International Congress for Modern Architecture
国际橡胶硬度(等级) International Rubber Hardness Degree
国际消除污染大会 International Pollution Abatement Conference
国际协调标准 internationally harmonized standard
国际协定 international agreement; international convention
国际协商分配的频段 internationally allocated band
国际协议书 international Cartel
国际协议原点 conventional international origin
国际协约法 conventional international law
国际协作 international cooperation
国际新闻电信委员会 International Press Telecommunications Committee
国际信贷协会 International Credit Association
国际信号(代)码 International Code of Signals; international signal code
国际信号公司委员会 International

Commission Signal Company
国际信号旗 international code flag; international signal flag
国际信号系统 international signal system
国际信息处理联合会 International Federation for Information Processing
国际信息交换线路 foreign exchange line
国际信息网 international information network
国际信誉 international reputation
国际刑法 international criminal law
国际行为 international act
国际行为标准 code of international conduct; international code of conduct
国际行为准则 code of international conduct; international code of conduct
国际形势 international situation
国际性 internationality
国际性大城市 cosmopolis
国际性的 cosmopolitan
国际性港口 international port
国际性过错行为 international wrong
国际性航道 navigable waterway of international concern
国际性会议 consortium
国际性投标 international tender
国际性协会 international association
国际性协议 consortium
国际性重要生态系统 internationally important ecosystem
国际性组织 International Organization
国际旋转椭球 international ellipsoid of rotation
国际学术出版社协会 International Association of Scholarly Publishers
国际雪分类 International Snow Classification
国际询价采购 international shopping
国际压力容器学会理事会 International Council of Pressel Vessel Technology
国际烟煤和无烟煤显微组分分类 the macerals classification of hard coal international coal petrology committee
国际岩石力学局 International Bureau for Rock Mechanics
国际岩石力学学会 International Society for Rock Mechanics
国际岩石力学与矿业工程杂志 International Journal of Rock Mechanics and Mining sciences
国际岩石力学与矿业科学学报及地球力学文摘 <英国双月刊> International Journal of Rock Mechanics and Mining Sciences & Geomechanics Abstracts
国际岩石圈研究计划 international lithosphere project
国际岩土工程分类系统 International Geotechnical Classification System
国际沿海航行 international navigation
国际遥感及资料传送委员会 International Committee on Remote Sensing and Data Transmission
国际业务协调中心 International Service Coordination Centre
国际业余无线电爱好者协会 International Amateur Radio Union
国际医疗水文和气候学会 International Society of Medical Hydrology and climatology
国际移动通信[讯] international mobile telecommunication
国际移民组织 International Organization for Migration
国际音频带宽信道 international voice bandwidth channel
国际银行贷款 international syndicated bank loans
国际引航员协会 International Maritime Pilots' Association
国际饮用水标准 International Drinking Water Standards
国际饮用水供应与环境卫生十年 International Drinking Water Supply and Sanitation Decade
国际饮用水规程或标准 International Drinking Water Regulations or Standards
国际印度洋考查 international Indian ocean expedition
国际应用卫星 international application satellite
国际应用系统分析研究院 International Institute for Applied System Analysis
国际用户电报业务 international telex service
国际邮政电报电话联合会 Postal; Telegraph and Telephone International
国际邮政电信局 International Post Telecommunication Office
国际油轮船东会 International Tanker Owner's Association
国际油轮船东污染联合会 The International Tanker Owners Pollution Federation Ltd.
国际油轮及码头安全指南 International Oil Tankers and Terminals Safety Guide
国际油轮委员会 International Oil Tank Commission
国际油轮污染控制联合会 International Tanker Owners' Pollution Federation
国际油污赔偿基金(组织) International Oil Pollution Compensation Fund
国际油污损害民事责任公约 International Convention on Civil Liability for Oil Pollution Damage
国际油压与气压委员会 CETOP[international Oil-Hydraulic and Pneumatic Commission]
国际游艇联盟 International Yacht Racing Union
国际游资 hot money
国际有限投标 international limited bidding
国际有限招标 limited international bidding
国际渔业贸易许可证 permit to fishery and trade
国际宇航联合会 International Astronautical Federation
国际宇宙研究委员会 Commission of Space Research
国际雨水集水系统协会 International Rainwater Catchment System Association
国际玉米小麦改良中心 International Maize and Wheat Improvement Centre
国际预应力混凝土联合会 Federation of International prestressing concrete
国际预应力混凝土协会 International Federation of Prestressing
国际预应力技术联合会 International Federation for Prestressing
国际预应力协会 International Federation of Prestressing
国际预应力学会 Federation Internationale de la precon-trainte
国际遇险呼叫电码 international distress code
国际遇险呼叫频率 international distress frequency
国际遇险呼救电码 international distress code
国际遇险求救电码 international distress code
国际遇险求救频率 international distress frequency
国际园林设计师协会 International Federation of Landscape Architects
国际原木板积表 <英尺材> international rule
国际原子量 international atomic weight
国际原子量表 international atomic weight table
国际原子能机构 <联合国机构,设在奥地利维也纳> International Atomic Energy Agency
国际原子时间 International Atomic Time
国际援助 international aid
国际云图 International Cloud Atlas
国际云物理学委员会 International Commission on Cloud Physics
国际运筹协会联合会 International Federation of Operational Research Societies
国际运筹学文摘 International Abstracts in Operations Research
国际运筹学学会联合会 International Federation of Operational Research Societies
国际运费工会 International Freight Conference
国际运输 international traffic; international transport
国际运输博览会 International Transportation Exposition
国际运输博物馆协会 International Association of Transport Museums
国际运输服务公司 International Transportation Service
国际运输工作者联盟 <西欧> International Transport Worker's Federation
国际运输和贸易界 international transport and trade community
国际运输使用者事务局 International Bureau of Transport Users
国际运输委员会 International Transport Committee
国际灾害研究所 International Disaster Institute
国际载重线勘定记录 International Loadline Record
国际载重线证书 international load line certificate
国际造船研究会 International Shipbuilding Research Association
国际造价工程联合会 International Cost Engineering Congress
国际噪声控制工程学会 International Institute of Noise Control Engineering
国际责任 international liability
国际债务 international debt; international obligation
国际展览会 international exhibition; international shower
国际招标 international bidding; international tender
国际照明委员会 International Commission on Illumination
国际照明委员会日光照明体 International Commission on Illumination daylight illuminant(s)
国际照明委员会色差方程 International Commission on Illumination colo(u)r difference equation
国际照明委员会色度坐标 International Commission on Illumination chromaticity coordinate
国际照明委员会制定的标准阴天天空 standard overcast sky of International Commission on illumination
国际照明协会 International Commission of Illumination
国际争端的司法解决 judicial settlement of international disputes
国际蒸汽表 international steam table
国际正常重力公式 international normal gravity formula
国际证券 international security
国际政策 international policy
国际支付 international payment; external payment
国际支付手段 medium of international payment
国际支票 international check
国际直拨电话 international direct dialing; international direct dial telephone
国际直接拨号 international direct dialing
国际直接长途拨号 international direct distance dial(l)ing
国际直通长途电话 international direct distance dial(l)ing
国际直通电路 direct international circuit
国际职业和卫生资料中心 International Occupational and Health Information Center[Centre]
国际植物保护公约 International Plant Protection Convention
国际指南 International Directory
国际指数 international index number
国际制裁 international sanction
国际制冷大会 International Congress of Refrigeration
国际制冷学报 International Journal of Refrigeration
国际制冷学会 International Institute of Refrigeration
国际制式计算机 international computer
国际制图标准 draft international standard
国际制图年鉴 International Yearbook of Cartography
国际制图协会 International Cartographic Association
国际制土粒分级 international classification system of soil fractions
国际制土壤质地等级 international textural grade
国际质量管理协会 International Association (or Academy) of Quality Control
国际中断 international program(me) change relay
国际中继电路 international junction circuit
国际终端交换局 international terminal exchange
国际仲裁 international arbitration
国际仲裁法庭 international tribunal of arbitration
国际仲裁法院 international court of arbitration
国际仲裁联盟 International Arbitration League
国际仲裁人 international arbitrator
国际仲裁委员会 International Arbitration Commission
国际仲裁员 international arbitrator
国际重大项目经理 major international accounts manager

国际重力测量委员会 International Gravimetric Commission
国际重力公式 international gravity formula
国际重力基点网 international gravity station network
国际重力基准 international gravity standard
国际烛光 standard candle(light)
国际主义 internationalism
国际住宅和城市规划委员会 International Housing and Planning Committee
国际住宅和城市规划协会 International Federation for Housing and Planning
国际助航浮标统一系统 uniform system of maritime buoyage
国际专利 international patent
国际专利合作联盟 International Patent Cooperation Union
国际专利研究所 International Patent Institution
国际专利制度 international patent system
国际专业化 international specialization
国际转接电路 international transit circuit
国际转接呼叫 international transit call
国际转让 international transfer
国际转账电报业务 international transfer account telegraph service
国际准则 international standards
国际咨询工程师联合会 International Association of Consulting Engineers; Federation Internationale de Ingenieurs Conseils[FIDIC] <法语>
国际咨询工程师协会 Federation Internationale de Ingenieurs Consultation <法语>
国际咨询专家 international consultant
国际资金筹措机构 International Funding Sources
国际资料抢救协调中心 International Data Rescue Coordination Center [Centre]
国际子午线 International Meridian
国际字符组 national character set
国际字首<国际长话使用> international prefix
国际自动控制联合会 International Federation of Automatic Control
国际自动用户电报网 international automatic telex network
国际自然保护联合会 International Union for the Protection of Nature
国际自然海洋协会 International Association of Physical Oceanography
国际自然和自然资源保护联合会 International Union for Conservation of Nature and Nature Resources
国际自然资源保护法 International Law of Natural Resources Protection
国际自由工会联合会 International Confederation of Free Trade Unions
国际自由贸易联盟会议 International Conference of Free Trade Unions
国际租借 international lease
国际钻井承包商协会 International Association of Drilling Contractors
国际钻井契约者协会 International Association of Drilling Contractors
国际罪行 international crime
国家 commonwealth; country; nation
国家安全 national security
国家安全网络 nation safety net service
国家安全委员会 National Safety Council
国家保存的文物建筑 national treasure building
国家保护计划 national conservation program(me)
国家保护文物 national monument
国家保险 national insurance; state insurance
国家报告 national report
国家边界 national boundary
国家标准 national standard; state-specified standard
国家标准参考数据 national standard reference data
国家标准地图 national standard map
国家标准符号 national characters
国家标准化 national standardization
国家标准化计划 national standardization plan
国家标准化协会国际联盟 International Federation of National Standardization Association
国家标准机构 national standards body
国家标准集装箱 GB freight container; national standard freight container
国家标准局<美> National Bureau of Standards
国家标准局原子时标 NBS-A time scale
国家标准螺纹 national standard thread
国家标准软管联结器 national standard hose coupling
国家标准枢轴 national standard arbor
国家标准水龙带接头 national standard hose coupling
国家标准锥度 national tape
国家濒危物种进出口管理机构 national administration on import and export of endangered species
国家拨款账户 state appropriation account
国家拨入流动资金 current capital allocated by government
国家补贴 state subsidy
国家补助 national aid; Federal aid <美>
国家财产 national assets
国家财富 national wealth; wealth of nation
国家财政 national finance; natural finance; state finance
国家财政预算 state budget
国家测绘总局 National Surveying and Mapping Administration; State Surveying and Mapping Bureau
国家测量网 national grid
国家产值 national product
国家超高压电网 national supergrid
国家超级电力网 national superfrequency; national supergrid
国家车辆增长系数<私人车和重型车除外> national growth factor; national vehicle growth factor
国家城市银行 national city bank
国家大地测量局<美> National Geodetic Survey
国家大地(测量)网 national-geodetic nets
国家大地坐标系 national coordinate system
国家大气监测网 National Air Surveillance Network
国家大气数据库 National Aerometric Data Bank
国家大气研究中心 National Center for Atmospheric Research
国家代号 country code
国家代码 country code
国家代码标志码 country code indicator
国家待遇 national treatment
国家贷款 state-provided credit
国家档案 state archives
国家的 national
国家的全面运输组合 overall transportation complex of the nation
国家的岁入 revenue
国家的特性 identity of the state
国家地理学会 National Geographic Society
国家地名机构 national name authority
国家地图集 national atlas
国家地图精度标准 national map accuracy standard
国家地位 nationhood
国家地形图系列 national topographical series
国家地震工程情报服务处<美> National Information Service for Earthquake Engineering
国家地震情报中心<美> National Earthquake Information Center
国家地震台网 national network of seismograph
国家地质局 National geologic(al) Survey
国家电力安全规程<美> National Electric Safety Code
国家电力安全规范<美> National Electric Safety Code
国家电力规范 national electric(al) code
国家电视标准委员会 national television standards committee
国家二级排放标准 second-grade of national discharge standard
国家二级饮用水条例 national secondary drinking water regulation
国家法 law of land; state law
国家法定假日 national holiday
国家法制计量部门 national service of legal metrology
国家法制计量局 National Bureau of Legal Metrology
国家法制计量研究所 National Institute of Legal Metrology
国家反应堆试验场 national reactor test site
国家方格网【测】national grid square; National Grid Square <英国 100 公里坐标网>
国家防火部标记 National Board of Fire Under Writer's Label
国家防灾研究中心<日本> National Research Centre for Disaster Prevention
国家废水处理标准 national pretreatment standard
国家分配指标 allocate income ratio for nation
国家风景保护区 national park
国家辐射防护委员会 National Radiation Protection Committee
国家辐射防护与测量委员会 National Committee on Radiation Protection and Measurement
国家概况 country profile
国家干线公路 national trunk highway
国家干预运输 state intervention in transport
国家港口 national harbo(u)r
国家港口管理局 National Harbo(u)r Board; National Harbo(u)r Management Bureau
国家港务委员会 national ports council
国家高程起算面 national vertical datum
国家格网 national grid
国家工程师 government engineer
国家工业化 industrialization of the country
国家公费医疗 socialized medicine; state medical service; state medicine
国家公路 national highway; national road
国家公路网(系统)<美> national highway system
国家公路移动污染源标准 national mobile highway source standards
国家公用事业 national utility
国家公园 national park
国家公园图 national park map
国家公债 national bond
国家宫 Palace of Nations; Palace of States
国家固定价格 state fixed price
国家管理 state administration
国家管辖范围外 beyond national jurisdiction
国家管辖权 national jurisdiction
国家规定标准 state-specified standard
国家规定价格 state-set price
国家规范 national regulation
国家海事局 National Maritime Bureau
国家海洋管理部门 administration in charge of marine affairs
国家海洋和大气管理署<美> National Oceanic and Atmospheric Administration
国家海洋卫星系统 national oceanic satellite system
国家海洋资料中心 National Oceanographic(al) Data Center[Centre]
国家海运部门 national maritime board
国家海运局 national maritime board
国家航道 national channel; national waterway
国家航空航天局<美> National Aeronautics and Space Administration
国家航运电子协会 National Maritime Electronics Association
国家合格证书 national certificate
国家合同 state contract
国家和地方所得税 state and local income tax
国家和区域中心点网 network of national and regional focal points
国家和区域主要测站网 network of national and regional focal points
国家河流质量统计网 national stream quality accounting network
国家核安全局 National Nuclear Safety Bureau
国家化 nationalization; nationalize
国家环境法 National Environment Act
国家环境保护法<美> National Environmental Protection Act
国家环境保护法规 national environment policy act
国家环境保护规划 national environment protection planning
国家环境保护机构 National Environmental Protection Agency
国家环境保护局 National Environmental Protection Agency
国家环境保护总局 National Environmental Protection Administration
国家环境空气质量标准 national ambient air quality standard
国家环境空气质量目标 national ambient air quality objective
国家环境卫生科学研究所 National Institute of Environmental Health Science
国家环境卫生科学研究院 National Institute of Environmental Health

Science
国家环境卫星局 National Environmental Satellite Service
国家环境行动计划 National Environmental Action Plans
国家环境研究中心 National Environmental Research Center[Centre]
国家环境政策法 National Environmental Policy Act
国家混凝土圬工协会 <美> National Concrete Masonry Association
国家机构 state organization; state structure
国家机关 government offices; state organs
国家机器 state apparatus; state machine
国家积累 national accumulation
国家基本地图 national base map; state base map
国家基本建设委员会 State Capital Construction Commission
国家基本义务 fundamental duty of states
国家基础设施建设银行计划 <美> State Infrastructure Bank Program(me)
国家基准点 national datum
国家基准面 national datum plane
国家级交通分输道(路) national distributor
国家级生态示范区 Nationally Designated Eco-Demonstration Region
国家级园林城市 nationally designated garden city
国家集团 national group
国家计划 national plan; national program(me); state plan(ning)
国家计划委员会 State Planning Commission
国家计划系统 national planning system
国家计量系统 national measurement system
国家技术委员会 national council for technologic(al) awards
国家价格 state price
国家监督 state control
国家建设 nation-building
国家建设用地程序 procedure of using land for state construction
国家建筑法规 National Building Code
国家建筑规范 National Building Code
国家鉴定 state verification
国家交通安全管理局 <美> National Traffic Safety Administration
国家交通运输政策 National transportation policy
国家津贴 national subsidies
国家经济 state economy
国家经济发展目标 national economical development target
国家经济开发署 National Economic Development Office
国家经济委员会 National Economic Commission
国家经济研究局 National Bureau of Economic Research
国家经纬网 national grid
国家飓风中心 national hurricane centre
国家决算 final account of state revenue and expenditures
国家科学基金会 <美> National Science Foundation
国家科学技术委员会 State Science and Technology Commission
国家科学研究委员会 National Research Council
国家科学院 <美> National Academy of Sciences
国家空域系统 national airspace system
国家控制测量网 national control survey net
国家控制污染物排放制度 national control pollutant discharge elimination system
国家利益 national interest
国家领域 state domain
国家垄断 state monopoly
国家路网铁路 railway of national network
国家贸易差额 country's balance of trade
国家煤炭管理局 National Coal Board
国家美术展览馆 National Art Gallery
国家猛烈风暴预报中心 national hurricane severe storms forecast center[centre]
国家农具文物 national tools monument
国家农业历史 national farm historic
国家农业土地经纪人协会 National Institute of Farm and Land Brokers
国家农业展览馆 National Agricultural Exhibition Center[Centre]
国家排放标准 national discharge standard
国家牌价 official counter quotation
国家配额 country quotas
国家平面直角坐标系统 state plane right-angle coordinate system
国家平面坐标 state plane coordinates
国家平面坐标系 state plane coordinate system
国家平面坐标系统 state rectangular coordinate system
国家旗帜 ensign; national flag
国家情报系统 national information system
国家情报中心 national information center[centre]
国家确定的重点领域投资 investment in the key areas designated by the state
国家人格化 personification of the state
国家三角(测量)网 national triangulation network; basis triangulation network; national triangulation system
国家三角点 national triangulation point
国家森林 national forest
国家森林公园 national forest park
国家商船船队 national marine service ship
国家生产 national production
国家收入 national revenue
国家收入账户 national income account
国家首都特区 national capital region
国家水道 interstate waters
国家水法 water law of state
国家水委员会 national water council
国家水文基准点网 national hydrological benchmark network
国家水政策 national water policy
国家水质网络 national water quality network
国家水质委员会 National Commission on Water Quality
国家水准网 national level(l)ing network
国家水资源 national water resources
国家税率 rate of national taxes
国家税收 internal revenue
国家所有者权益 owner's equity of state
国家所有制 government ownership; state ownership
国家特有要求 national requirements
国家特有要求功能 national requirements feature
国家特有要求功能部件 national requirements feature
国家特有字符 national character
国家提供的设备 government furnished equipment
国家条约 national treaty
国家贴补 state subsidy
国家铁路 government railway; national railroad[railway]; public railway; state-owned railway
国家铁路网 national railway network
国家统计局 State Statistics Bureau
国家统配物资 state unified distribution material
国家统一坐标网 national grid square
国家投资 government investment; public investment; state investment
国家投资资金 national investment fund; state investment fund
国家土地基金 national land fund
国家团体 national body
国家外汇管理局 State Administration of Exchange Control
国家网 national grid
国家卫生城市 national hygienic city
国家文物保护法 national historic(al) preservation act
国家污染控制基金会 National Pollution Control Foundation
国家污染物排放标准 national pollutant discharge standards
国家物价局 State Price Bureau
国家物理试验室 <英> National Physical Laboratory
国家项目 national project
国家协调中心 national focal point
国家信贷 state credit; state-provided credit
国家信托 national trust
国家信息基础结构 national information infrastructure
国家信息系统 national information system
国家行为抗辩 plea of "act of state"
国家压力管道规范 national code for pressure piping
国家研究委员会 <加拿大> National Research Council
国家遥感中心地面部 ground department/national remote sensing center[centre]
国家遥感中心资料部 information department/national remote sensing center[centre]
国家要求 national requirement
国家要求的年运输能力 annual transporting capacity required by the state
国家要求特点 national requirements feature
国家一等重力点 national first grade gravity base station
国家一级环境空气质量标准 national primary ambient quality standard
国家一级排放标准 first grade of national discharge standard
国家一级饮用水暂行法令 National Interim Primary Drinking Water Regulations
国家议会大厦 state convention hall
国家银行 national bank; state bank
国家银行利率 bank rate
国家饮用水标准 National Drinking Water Standard
国家渔区界线 limit of national fishing zone
国家渔政渔港监督管理机构 state agency in charge of fishery administration and fishing ports superintendence
国家雨量记录档案馆 National Archives on Rainfall
国家育林区界 state forest boundary
国家预算 state budget
国家预算编制 national budgeting
国家预算拨款 appropriation from state treasury
国家预算法 Budget and Accounting Act
国家预算内投资 state budgeted investment
国家预算平衡项目 above line accounts
国家预算收入 state budget(ary) revenue
国家预算支出 state budget(ary) expenditures
国家预算制度 national budget system
国家元首 chief of state; head of state
国家运输安全局 <美> National Transportation Safety Board
国家运输规划 national transportation planning
国家运输记录机构 National Transport Account
国家运输系统 national transportation system
国家暂行初级饮用水基本规程条例 National Interim Primary Water Regulations
国家暂行一级和二级标准 national interim primary and secondary standard
国家责任 state responsibility
国家债券 national bond
国家占有 national appropriation
国家政策 national policy; public policy
国家直角坐标系 state rectangular coordinate system
国家指令性生产计划 state mandatory production plan
国家制图计划 national mapping program(me)
国家重点保护野生动物 wild animal of national priority protection
国家重点科研项目 national key scientific research project
国家重力基本网 national gravity base station network
国家重力基准点 national gravity base station
国家主权 national sovereignty
国家住房银行 National Housing Bank
国家住房政策 national housing policy
国家注册局 national registry
国家专利 national patent
国家专营 state monopoly
国家资本 national capital; official capital; state capital
国家资本主义 state capitalism
国家资产 national assets; state assets
国家资产负债表 national balance sheet
国家资金 state fund
国家资料管理系统 national data management system
国家资源 national resources
国家资源委员会 national resource committee
国家自动化科学和技术信息系统 state automated scientific and technical information system
国家综合电信系统 integrated national telecommunication system
国家综合(多方式)运输规划 national multimodal transportation planning
国家综合排污标准 national integrated wastewater discharge standard
国家总预算 national budget

国家坐标网 national grid
国家坐标系(统) national coordinate system;state coordinate system
国界 border line;frontier;international boundary;national boundary
国界线水道的主航道中央线 thalweg
国境 border;frontier
国境车站 border station;frontier depot;frontier station
国境地方的 limitrophe
国境分界点 <铁路> frontier point
国境关税 frontier customs dues
国境河流 boundary river
国境技术检查站 technical inspection station at frontier
国境桥 international bridge
国境铁路协定 protocol of frontier railways between two neighbo(u)ring countries
国境外领土 exclave
国境卫生检疫 territory health quarantine
国境线 border line;boundary line;international boundary;national boundary;range line
国境站 border station
国库 coffers;exchequer;fisc;national purse; national treasury; public purse;public treasury;purse;state treasury; treasure-house; aerarium <古罗马>
国库的 fiscal
国库券 exchequer bill;treasury bill;treasury certificate;treasury security;treasury note <美国中期的>
国库收入 Public revenue
国库透支 treasury overdraft
国库债券 treasury bill;treasury bond
国库账目 account of the exchequer;account of treasury
国立大学 national university
国立的 national
国立科学院 National Academy of Sciences
国立农艺研究中心 National Agronomical Research Center[Centre]
国立乳业研究所 National Dairy Research Institute
国立学校 national school
国立职业安全卫生研究所 National Institute for Occupational Safety and Health
国民 nationality
国民保险 national insurance
国民产值 national product
国民储蓄率 rate of national savings
国民的 national
国民经济 national economy
国民经济的恢复 rehabilitation of national economy
国民经济发展规律 laws of development of national economy
国民经济和社会发展计划 national economic and social development planning
国民经济计划 national economic plan;plan of national economy
国民经济平衡 balance of national economy
国民经济评价 national economic appraisal; national economic evaluation
国民经济效益 national economic benefit
国民经济效益费用流量表 flowchart of national economic benefit and cost
国民经济总产值 total value of production in national economy
国民净产值 net national product
国民净增值收益率 net increment ratio of national economy
国民农业经济 national farming economy
国民农业净产值 net national farm product
国民农业生产总值 gross national farm product
国民平均最高限额原则 per capita ceiling principle
国民生产 national product
国民生产净值 net national product
国民(生产)总值 gross national product
国民收入 national income
国民收入分配 distribution of national income
国民收入净增值 net increment of national economy
国民收入余量 surplus of national income
国民所得 national dividend
国民卫生规划 National health planning
国民习俗 national customs
国民消费总值 gross national consumption
国民小学 elementary primary school
国民住宅建设 public housing
国民总供给 gross national supply
国民总收入 gross national income
国民总所得 gross dividend
国民总支出 charge against gross national balance; gross national expenditure
国名代号 country code
国名代码 country code
国内 inland;native country
国内办事处 domestic office
国内编号计划 national numbering plan
国内标准化 domestic standardization
国内财政储存 domestic storage financing
国内采购 local shopping;onshore purchase
国内查询 national inquiry
国内产品总值 gross domestic product
国内产业 domestic industry
国内长途拨号 national distance dialing
国内长途电话 home-area toll;inland trunk call
国内长途呼叫 inland trunk call
国内长途话务 national trunk traffic
国内乘客候机楼 domestic terminal building
国内冲突 civil strife
国内存款 domestic deposit
国内代理商 domestic agent
国内贷款 domestic loan;internal loan
国内的 civil;domestic
国内电报 domestic telegram;inland telegram;inland telegraph
国内电报挂号 domestic cable address
国内电话 domestic telephone
国内电话网(络) inland telephone network
国内电路 national circuit
国内电信部门 internal telecommunication department
国内发行 domestic distribution
国内法 domestic law;internal law;municipal law
国内法规 domestic legislation
国内法人 domestic legal person
国内费用 domestic cost
国内分类 classification used in China
国内分行 domestic branch
国内负荷 domestic load
国内港(口) home port;domestic port
国内高速公路 internal freeway
国内工程 domestic project
国内工业 home industry
国内公司 domestic corporation
国内公司发行 domestic corporate issues
国内公用电报网 national public-message network
国内公用频带 domestic public frequency bands
国内关税 inland customs dues
国内管辖 domestic jurisdiction
国内广播 domestic broadcast(ing);home broadcasting
国内海港间运输 intercoastal transportation
国内航班出站 domestic departure
国内航空港 domestic airport
国内航空站 domestic terminal building
国内航线 domestic flight;domestic line
国内航线飞行事故 domestic operation accident
国内航线货物 domestic cargo
国内航运 domestic shipping
国内号码 national number
国内河道 inland waterway
国内河流 national river
国内候机室 domestic terminal building;domestic waiting room
国内呼叫 national call
国内汇兑 domestic exchange;domestic remittance;home exchange
国内汇兑未清账户 domestic exchange unsettled account
国内汇票 domestic currency bill;domestic draft; domestic money order;inland bill
国内汇票兑现 domestic money order cashing
国内汇票发行 domestic money order issuing
国内活动 domestic activity
国内货币 local currency
国内货物税 excise;excise tax
国内机场 domestic aerodrome;domestic airport
国内集装箱 domestic container
国内价格 domestic price;local price
国内价格水平 domestic price level
国内兼并 domestic consolidation
国内检疫 internal quarantine
国内交换台 national exchange
国内交通 domestic communication
国内交通运输权 cabotage
国内接转网络 national switching network
国内节目 domestic program(me)
国内结关 internal customs clearance
国内经济 domestic economy
国内净生产值 net domestic product
国内竞争性投标 local competitive bidding; national competitive bid(ding)
国内竞争性招标 local competitive bidding
国内客票 internal ticket
国内空编号信号 vacant-national-number signal
国内空运 air cabotage
国内立法 domestic legislation;municipal legging; national legging; national legislation
国内联轨站 internal junction station
国内旅客 domestic passenger
国内旅客区 domestic quarter
国内旅行 home journey
国内旅游 domestic travel
国内贸易 domestic commerce; domestic trade; home trade; inland trade;interior trade;internal commerce; internal trade; intrastate commerce
国内木材 domestic timber
国内年生产总值 gross domestic product per year
国内判例 municipal jurisprudence
国内票据 domestic bill
国内企业 domestic enterprise
国内情报 domestic information
国内赊售 domestic trust
国内生产 domestic product
国内生产的 home-produced
国内生产净值 net domestic product
国内生产总值 gross domestic product
国内市场 domestic market; home market
国内市际汽车货运 domestic intercity trucking
国内售票窗口 domestic window
国内水道 inland waterway; internal water course;internal waterway
国内水道运输公司 domestic water carrier
国内水道运输业 domestic water carrier
国内水陆集装箱港口收费办法 container terminal tariffs for domestic trade
国内水路 internal water course;internal waterway
国内水域 home waters;internal waters
国内水质标准 domestic standard of water quality
国内税 inland duty;internal tax
国内税收 domestic tariff;domestic tax;inland revenue;internal revenue
国内提供的设备 locally supplied equipment
国内通货膨胀 domestic inflation
国内通信[讯]电路 inland circuit
国内通信[讯]卫星 domestic satellite [DOMSAT]
国内投标人 domestic bidder
国内投标人优惠 preference for domestic bidders
国内投资 domestic investment
国内投资总额 gross domestic investment
国内外 homes outs
国内外电信业务 overseas and domestic telecommunication service
国内网络 national network
国内卫星 domestic satellite[DOMSAT]
国内无线电报 inland radiotelegraph
国内无线电报台 domestic radio telegraph station
国内消费 domestic consumption;home use
国内消费税 excise tax
国内消费总值 gross domestic consumption
国内信贷 domestic credit
国内信道 national channel
国内信用 domestic credit
国内信用增加额 domestic credit expansion
国内信用证 domestic letter of credit
国内形势 domestic situation
国内需求 domestic demand;domestic needs
国内业务 internal service; national service
国内银行 home bank
国内优惠 domestic preference
国内优先 domestic preference
国内邮资 inland postage
国内运费 home freight;inland freight;internal traffic
国内运价表 internal tariff
国内运输 domestic carriage;domestic

trade; domestic traffic; domestic transportation; inland transport(ation);internal transport(ation)
国内运输船 home trader;home trade ship
国内运输提单 local bill of lading;local B/L
国内债券 domestic bond;internal bond
国内政策 domestic policy
国内支出 domestic expenditures
国内支付手段 domestic means of payment
国内直拨电话 domestic direct dialing
国内制造工业 domestic manufacture
国内治安 internal security
国内中间商 domestic merchant
国内仲裁裁决 domestic arbitration award
国内注册证书 home registration certificate
国内专业化 domestic specialization
国内资本市场 national capital market
国内资产 domestic assets
国内资金的筹措 mobilization of domestic resources
国内资金市场 domestic money market
国内资源保证程度 feed degree of domestic resources
国内自动长途网 national automatic trunk network
国内总产值 gross domestic product
国内(总)公司 home office
国内最大城市 primate city
国旗 national flag
国情调查法 census method
国税 central tax;national revenue;national tax;state tax
国铁定期直达列车集装箱底盘车 container chassis for freight liner of JNR
国土 country;land;territory
国土发展规划 national development planning
国土法 law of territory
国土工程 territorial engineering
国土管理 territorial management
国土规划 motherland program(me); national land planning; territorial planning
国土计划 territorial planning
国土经济学 land economics;territory economics
国土卫星 national land satellite
国土整治 territorial control
国土整治计划 territory management program(me)
国土资源 territorial resources
国土资源法 law of territorial resources
国土综合开发计划 national comprehensive development plan
国外 abroad;beyond the sea;oversea
国外报价人 foreign bidder
国外标准规范 foreign standards and codes
国外采购 offshore procurement;offshore purchase
国外存款 foreign deposit
国外代办处 agency abroad
国外代表 representative abroad
国外代理免费 free foreign agency
国外贷款 foreign loan
国外的中间地块 foreign median massifs
国外地壳运动 names for tectonic movements recognized commonly used in abroad
国外地图 foreign map
国外订购 offshore procurement;offshore purchase;oversea purchase
国外定货单 foreign order
国外分行 overseas branch
国外付款 external payment
国外公认的有关标准 foreign applicable standards
国外共同投资基金 offshore mutual fund
国外航行 foreign navigation
国外航行船 foreign going vessel
国外汇兑 foreign remittance
国外汇票 foreign bill
国外货运代理人 foreign freight agent
国外货主 oversea shipper
国外机车 foreign locomotive
国外技术部 foreign technology division
国外价格 offshore cost
国外借款本金偿还 principal repayment of foreign loan
国外借款利息支付 interest payment of foreign loan
国外可付索赔 claims payable abroad
国外来件装配 assembly with foreign custom's goods
国外虏获不保 free of foreign capture
国外企业 foreign enterprise
国外勤务津贴 foreign duty pay
国外区域构造 foreign regional tectonics
国外商业银行贷款 foreign commercial bank loans
国外市场 abroad market;foreign market; market overseas; oversea market
国外市场报价 quotation on foreign market
国外市场价值 foreign market value
国外套汇账 arbitrage account
国外投标人 foreign bidder
国外投资 external investment;foreign investment;investment abroad
国外托运人 oversea shipper
国外文献 foreign literature
国外小水电 oversea small hydropower
国外业务会计 accounting investment; investment abroad
国外债券 foreign bond
国外支付 external payment; foreign payment
国外直接投资 direct investment abroad
国外直接投资净额 net direct investment abroad
国外职业工作 out-of-the country job
国外职业活动 out-of-the country job
国外转汇账 arbitrage account
国外资金 offshore fund
国外总代理人 foreign general agent
国王之墓室 <金字塔中> king's chamber
国徽 national emblem
国务院 State Council;State Department <美>
国营 government-owned
国营保险 state insurance
国营保险企业 state insurance enterprise
国营部门 state sector
国营船舶豁免权 state immunity
国营船厂 state-owned shipyard;state-run shipyard
国营的 state owned;state-run
国营公司 national corporation
国营经济 state operated economy
国营贸易 state trading
国营农场 state farm
国营牌价 statelisted prices
国营企业 government enterprise; national enterprise; nationalized undertaking;state-owned enterprise
国营企业调节税 regulation tax of state enterprise
国营铁道 government-owned railroad [railway]
国营铁路 government-owned railroad [railway]; national railway; state-owned railway
国营拖轮 government tug boat
国营专卖 state monopoly
国有 government-owned
国有船舶豁免权公约 Convention on the Immunity of State-owned Vessel
国有船队 national-owned fleet;state-owned fleet
国有的 national;state owned
国有地 public domain land
国有地产 national estate
国有港口 national port
国有公路 national highway
国有化 nationalization;nationalize
国有化产业 nationalized industries
国有化法 nationalization law
国有化工业 nationalised industry
国有化企业股票 compensation stock
国有化银行 nationalized bank
国有建筑公司 state-owned construction company
国有经济 state-owned economy
国有林 state forest
国有林木 royal tree
国有林区界 state forest boundary
国有农场 state farm
国有企业 government enterprise;government facility; national enterprise;state-owned enterprise;state-run-enterprise
国有企业资产产权登记 register of ownership of state-owned assets
国有森林 national forest;state forest
国有商业部门 state trading department
国有水域 national waters
国有铁道 national railroad[railway]; state-owned railroad[railway]
国有铁路 national railroad[railway]; state-owned railroad[railway]
国有土地 federal land; government property; public domain; state demesne;state land
国有土地有偿使用制度 pay system of using state-owned land
国有制 state ownership
国有州际公路和国防公路系统 <美> National System of Interstate and Defense Highways
国有州际公路系统 <美> National System of Interstate Highways
国有资本 government capital
国有资财 national assets
国有资产保值增值率 maintenance and increase ratio of state-owned assets value
国有资产管理 state-owned assets management
国有资产管理信息系统 state-owned assets management information system
国有资源有偿使用 paid use of state-owned resources
国与国之间的 interstate
国债 government bond; government securities;national debt
国债资金 the capital obtained from insurance of government bonds

果

果菜园 garden plot
果断的 drastic
果尔达板块 Corde plate
果胶 pectin
果胶粉 jelly powder
果胶含量 pectin content
果胶糊 pasta pectini
果胶糖 arabinose;pectinose
果胶物质 pectin substance
果胶质纤维素 pecto-cellulose
果壳粉 <堵漏材料> walnut shells
果壳形花饰 husk garland
果林 fruit bearing forest
果农 fruit grower
果皮 pericarp;rind
果皮箱 litter basket
果品蔬菜加工厂 fruit and vegetable processing plant
果期 fruit period
果实 fruit
果实储藏库 fruit storage
果实的静物画 <雕刻> fruit piece
果实去芯器 corer
果蔬干燥机 fruit and vegetable dryer [drier]
果蔬去皮机 fruit and vegetable peeler
果蔬装填机 fruit and vegetable filler
果树 fruit tree;orchard tree
果树花 blossom
果树温室 orchard house
果树学 pomology
果树园 orchard
果树栽培 fruit culture;fruit farming; fruit gardening; fruit growing; orcharding;pomiculture
果树作物 <如杏、枣等> tree crop
果松 Korean pine
果糖 fructose
果心变褐 brounheart
果园 fruit garden;ranch
果园草地耕耘铲 culti-cutter
果园动力喷雾机 carriage sprayer
果园工具 orchard tool
果园灌溉 irrigation of orchards;orchard irrigation
果园加热器 orchard heater
果园犁 orchard plough
果园土 orchard soil;planting soil
果园拖拉机 grove tractor; orchard tractor
果园用低速喷灌器 slows orchard sprinkler
果园用分选机 orchard grader
果园用喷杆 orchard boom
果园用喷雾器 orchard mist sprayer
果园用拖拉机 orchard tractor
果园用中耕机 orchard cultivator
果园作物 orchard crop
果汁糖块包装机 fruit-juice tablet wrapper
果汁甜酒 shrub
果枝 fruit(ing) branch; sympodial branch
果子剥离机 macerater[macerator]
果子狸 masked civet

裹

裹被 wrapping
裹布 wiping cloth
裹入的空气 trapped air
裹入式加料机 enfolding charger
裹上面包粉 bread
裹胎防滑链 tire chain
裹胎链网 twist-link type tire chain
裹头 wrap-around
裹腿 leggings
裹有沥青的石屑 coated chippings

过

过坝摆滑轮组 dam-crossing pendulum pulley block
过坝交通 dam-crossing traffic

G

过坝运量 dam-crossing tonnage;traffic passing through dam
过坝运输 transportation passing through the dam
过坝运输方式 dam-crossing transportation mode; mode of transportation passing through the dam
过坝运输组织 organization of transportation passing through the dam
过坝转运 dam crossing transshipment
过版 blinding printing
过半数 majority;plurality
过磅处 weighhouse
过磅房 weighhouse
过磅费 weighing charges
过磅塔 weigh tower
过饱和安全系数 safe coefficient of oversaturation; safe coefficient of supersaturation
过饱和比率 supersaturation ratio
过饱和的 oversaturated; super-saturated
过饱和度 degree of supersaturation
过饱和固溶体 super-saturated solid solution
过饱和核化 supersaturation nucleation
过饱和空气 super-saturated air
过饱和率 supersaturation ratio
过饱和曲线 supersaturation curve
过饱和溶液 super-saturated solution
过饱和水 super-saturated water;water of supersaturation;water of dilatation <沉积层中的>
过饱和水汽 super-saturated vapo(u)r
过饱和现象 oversaturation; supersaturation;super-solubility
过饱和延误 oversaturation delay
过饱和岩 oversaturated rock
过饱和永冻层 super-saturated permafrost
过饱和釉 super-saturated glaze
过饱和淤积 super-saturated deposit
过饱和蒸气 oversaturated vapo(u)r; super-saturated vapo(u)r
过饱和蒸汽 oversaturated steam; super-saturated steam
过饱和状态 hypersaturated state; super saturated state
过饱和作用 supersaturation
过饱进料 choke feeding
过曝光区 over-exposure region
过曝光全息图 overexposed hologram
过苯甲酸 benzylhydroperoxide; perbenzoic acid;peroxybenzoic acid
过苯甲酸叔丁酯 tert-butyl perbenzoate
过驳 lighterage
过驳港 lighterage port;outside port
过驳货 overside goods
过驳交货 overside delivery
过驳交货条款 overside delivery clause; Sous-Palan clause
过驳锚地 lighterage anchorage
过驳卸货 overside discharging
过驳装货 overside loading
过驳作业 lighterage operation
过泊船舶装载系数 load factor of locked ship
过泊通过能力 capacity of lighterage
过补偿 overcompensation; overneutralizing
过补偿电度表 overcompensated meter
过补偿光纤 overcompensated optic(al) fiber[fibre]
过补偿盆地 overcompensated basin
过补偿线路上的响应 rain barrel effect
过布居 overpopulation
过岔速度 speed through turnout;turnout through speed
过长 over-length;over-long
过超高 cant excess;excess cant;excess elevation;overbalanced super elevation; over-super-elevation; surplus superelevation
过车器 car passer
过车中转 transshipment from one part-load wagon to another directly
过沉井盾构 shield through cofferdam
过称 weighted by scale
过称河 overfit river
过成熟干气 overmature dry gas
过成熟阶段 overmature stage
过成熟阶段产烃率 hydrocarbon productivity of overmature stage
过成熟烃源岩的体积 volume of overmature source rock
过成熟源岩 overmature source rock
过程 course;process
过程包 procedure package
过程变量 process variable
过程辨识 process identification
过程标识符 procedure identification
过程标题 prelude;procedure heading
过程标准 procedural standard
过程表目 process entry
过程表示 process express
过程步 procedure step
过程部分 procedure division
过程部分结尾 end of procedure division
过程参数 procedure parameter
过程操作 process operation
过程测试 procedural test(ing)
过程层次 procedure level
过程成分 procedure component
过程成员 procedure member
过程程序库 procedure library
过程持续时间 control time
过程出口 procedure exit
过程处理单 process sheet
过程导引 procedure heading
过程的 procedural
过程的附加段 procedural attachment
过程的激活 activation of a procedure
过程的现行记录 current of run-unit
过程的正文 text of a procedure
过程定义 procedure definition
过程段 procedure section; procedure segment
过程段的共享 sharing of procedure segments
过程段的目标卡片叠 object deck for a procedure segment
过程队列 process queue
过程反应 process reaction
过程返回 procedure return
过程仿真 process simulation
过程废水 spent process water
过程分程序 procedure block
过程分析 procedure analysis;process analysis
过程符号 procedure symbol
过程辅程序 procedure subprogram(me)
过程负荷系数 process-loading factor
过程工程 process engineering
过程工艺 process technology
过程管理低级模块 process management lower module
过程函数 procedure function
过程化学 process chemistry
过程划分 procedure division
过程活动 procedure activation
过程激励 procedure activation
过程激励树 tree of procedure activation
过程级 procedure level
过程计算机 process computer
过程间分析 interprocedural analysis
过程监测 process monitoring
过程监督程序 process supervisory program(me)
过程检查 process check
过程接口模块 process interface module
过程节 procedure section
过程节点 process node
过程结构 procedure structure;process structure
过程结尾部分 end of procedure division
过程决策程序图 <运筹学中的手法,PDPC 法为全面质量管理的一种方法> process decision program(me) chart
过程空裕 delay allowance
过程控制 process control;process monitoring
过程控制编译程序 process control compiler
过程控制编译器 process control compiler
过程控制程序 process control block
过程控制单元 process control unit
过程控制环 process control loop
过程控制回路 process control loop
过程控制集合 process control ensemble
过程控制计算机 process control computer
过程控制接口 process control interface
过程控制块 process control block
过程控制模拟组件 process control analog(ue) module
过程控制模型 process control model
过程控制器 process controller
过程控制软件 process control software
过程控制设备 process control equipment
过程控制台 process console
过程控制微处理机 process control micro processor
过程控制系统 process control system
过程控制信号群 process control ensemble
过程控制仪表 process control instrument
过程控制语言 process control language
过程控制装置 operating control; operation control
过程库 procedure library
过程块 procedural[procedure] block
过程流程图 flow process diagram
过程码 process code
过程描述符 procedure descriptor
过程名字 procedure name
过程命令 procedure command
过程命令语言 procedural command language
过程模拟 process simulation
过程模拟器 process simulator
过程模式 procedure schema
过程模型 procedural model; process model
过程内质量控制 in-process quality control
过程耦合单元 process coupling unit
过程平均 process average
过程评估 process evaluation
过程评价 process evaluation
过程曲线 conditional curve; graph; process curve
过程扰动 process disturbance
过程入口 procedure entry; process entry
过程入口标记 procedure entry mark
过程入口屏蔽码 procedure entry mask
过程设计 procedure design; process design;process planning
过程设计员 procedure designer
过程生产 procedure formation
过程生成 process construction
过程实体 procedure incarnation
过程事件 process event
过程手册 procedures manual
过程首部 procedure head
过程输出映象 process output image
过程输入 procedure input
过程输入输出 process input-output
过程输入映象 process input image
过程数据 process data
过程数据区 procedure data area
过程水质监测仪 process water quality monitor
过程说明 procedure declaration; procedure specification
过程特性 process characteristic
过程体 procedure body
过程调节 process regulation
过程调用 invocation of procedure; procedure call
过程调用请求 procedure call request
过程调用信息 procedure call information
过程通信[讯]系统 process communication system
过程图 procedure chart; procedure map
过程图表 process picture sheet
过程位置图 process location plan
过程文法 procedural grammar;procedure grammar
过程文件 procedure file
过程线 chronological chart; graph; hydrograph;process curve
过程线分割 hydrograph analysis; hydrograph separation; runoff separation;separation of hydrograph
过程线分析 hydrograph analysis; hydrograph separation; runoff separation
过程线合成 hydrograph synthesis; synthesis of hydrograph
过程线上升段 hydrograph ascending limb;rising limb of hydrograph;rising-stage curve
过程线下降段 falling limb;hydrograph recession limb;recession limb
过程线形状 shape of hydrograph
过程线综合 hydrograph synthesis; synthesis of hydrograph
过程向量 process vector
过程型子程序 procedure subroutine
过程选择 process selection
过程延迟 process lag
过程研究 process study
过程冶金学 process metallurgy
过程异常 process exception
过程引用 procedure invocation; procedure reference
过程用汽 process steam
过程优化 process optimization
过程语句 procedure statement
过程语句所要求的输入名 entry name required for procedure statement
过程语言 procedural language
过程语义模型 procedural semantic model
过程预置 procedure initialization
过程增益 process gain
过程之化学 chemistry of process
过程知识 procedural knowledge
过程知识表示法 procedural knowledge representation
过程执行 procedure execution
过程直减率 process lapse rate

过程值输入 procedure value input
过程指示字 procedure pointer
过程指针 procedure pointer
过程中的损耗量 ullage
过程中断 process interrupt
过程中投入量 in-process inventory
过程终端网络 process termination racks
过程终结 termination of procedure
过程终止 termination of procedure
过程周期自动控制器 automatic process cycle controller
过程状态 process status
过程子程序(段) procedure subprogram(me)
过程自动调节器 automatic process controller
过程自动化 process automation
过程自动控制 automatic process control
过程自动控制器 automatic process controller
过程自动蒸馏分析仪 automatic process distillator
过程自调节 process self-regulation
过程最佳化 process optimization
过秤 weigh(ing)
过秤拌和两用机 combined weighing and mixing machine
过秤车 weighing lorry;weighing truck
过秤单 weight docket
过秤房 weighhouse;weighing house
过秤费 weighage
过秤灌包机 sacking-weighing machine
过秤灌包设备 sacking-weighing plant
过秤机 weighing machine
过秤室 weighing office
过秤台 weighing station
过秤误差 weighing error
过秤员 scalesman;weigher;weighman
过秤员报单 weigher's return
过弛豫因子 overrelaxation factor
过充电 overcharge;overcharging
过充电保护器 overcharge protector
过充电期间 overcharge period
过充满 overfill
过充气 overcharge
过冲 overshoot;overswing
过冲边界 overshoot boundary
过冲程 overstroke;overthrow
过冲电流 overriding current; overshoot current
过冲脉冲 overshoot pulse
过冲失真 overshoot distortion; overthrow distortion
过冲时间 time to peak
过冲限制器 overshoot clipper
过稠 feeding-up
过船道 ship pass;shipway
过船建筑物 navigation structure; navigation construction; ship-passing structure
过船设施 ship-passing through facility;ship-passing works
过船闸 lockage
过吹 overblowing
过吹钢 overblown steel
过醋酸 peracetic acid
过大包装 over-size package
过大产品 over-size product
过大沉降 excessive settlement
过大城市 overdeveloped city
过大的 over-size
过大的材料 over-size(d) material
过大的鹅卵石 over-size cobbles
过大的离合器 over-size clutch
过大的路拱 excessive crown
过大的刹车 over-size brake
过大的熟料 over-size clinker
过大的制动器 over-size brake
过大放牧度 overstocking
过大骨料 over-size aggregate
过大厚度 excess thickness
过大集料 over-size aggregate
过大路拱 excessive camber
过大落差 excess(ive) fall
过大坡度 excessive grade; excessive gradient
过大坡浆 excessive fall
过大坡降 <道路的> excessive fall
过大剖面 over-size section
过大伸长 overstretched
过大石块 over-size stone
过大损耗 excessive loss
过大位移 excessive displacement
过大压力 excessive pressure
过大应变 over-straining;undue strain
过大应力 excessive stress
过大振动 excessive vibration
过当量的 super-normal; super-stoichiometric
过道 ai(s)le;communication gangway; corridor; dogtrot; enterclose; gangway; hallway; passageway; porch; through pass;walkway;areaway <地下室的>;breezeway <房屋之间的>;parodos <古戏剧院观众厅两旁的>;hall way <美>
过道及过道门 <古希腊住宅中连接餐厅和女宾室的> mesaulos
过道空间 <用于仓库内操作及防火> aisle space
过道宽度 walkway clearance
过道墙 aisle wall
过道墙上的窗 aisle(wall) window
过道椅 tip-up seat
过道折棚 gangway bellows
过道支架 passageway strut-frame
过低的估价 underestimate
过底绳 bottom line;hogging line;keel haul line
过碘酸 periodic(al) acid
过碘酸钠 sodium periodate
过碘酸盐 periodate
过电流 excessive current
过电流保护 excessive electric(al) current protection; overcurrent protection
过电流保护开关 overcurrent protective breaker
过电流保护闸 overcurrent protective breaker
过电流保护装置 overcurrent protective device;overcurrent protective unit
过电流的 overcurrent
过电流断路器 overcurrent circuit breaker
过电流继电保护方式 overcurrent relay system
过电流继电保护系统 overcurrent relay system
过电流继电保护装置 overcurrent relay system
过电流继电器 maximum relay; overcurrent relay
过电流检验器 overcurrent detector
过电流时间继电器 overcurrent time relay
过电流释放 overcurrent release
过电流速断 overcurrent cut-off
过电流脱扣器 overcurrent trip
过电流系数 overcurrent factor
过电流限制器 overcurrent limiter
过电平 overlevel
过电压 excess voltage;overpotential; overtension; overvoltage; supertension
过电压保护 excess voltage protection; overvoltage protection; surge protection
过电压保护可控硅整流器 overvoltage protection thyristor
过电压保护器 overvoltage protector
过电压报警器 high-voltage annunciator
过电压倍数 overvoltage multiple
过电压电路接地器 Cardew earthing device
过电压分流器 overvoltage diverter
过电压记录图 klydonogram
过电压继电器 excess voltage relay; overtension relay; overvoltage relay
过电压检测器 overvoltage detector
过电压摄测仪 klydonograph
过电压特性 surge characteristic
过电压跳闸装置 overvoltage trip
过电压显示照片 klydonogram
过电压限制器 overshoot clipper
过电压抑制器 overvoltage suppressing device;overvoltage suppressor
过电压状态 overvoltage condition
过顶铲 overhead shovel
过顶流量 crest discharge;crest flow
过顶式装载机 overhead loader
过顶式装渣机 overhead loader
过定的 over-determined
过定的数 over-determined
过冬 overwintering;overyearing;winter
过冬港 winter harbo(u)r;winter port
过冬装置 winterized unit
过冬准备 subzero winterization; winterization
过动程 overstroke;overthrow
过陡坡度 excessive grade; excessive gradient
过陡作用 oversteepening
过度 carry too far; excess; extravagance; out of measure; overshoot; ultra;without measure
过度拌和 overmix
过度饱和着色氧化物的釉 super-saturated glaze
过度饱食 overeating
过度曝光 over-exposure
过度曝光法 heavy exposure method
过度焙烧 overbaking
过度崩落 overbreakage
过度泵吸地下水 overpumping
过度变形 excessive deformation
过度变形的 over-strained
过度变形状态 over-strained state
过度播云 <人工降雨> overseeding
过度补偿 overcompensate
过度捕捞 overfishing
过度操纵 oversteer(ing)
过度沉降 excessive settlement
过度沉陷 excessive settlement
过度城市化 excessive urbanization
过度充电 surcharge
过度充盈 over-filling
过度抽汲 <地下水的> overdraft
过度抽取 overdraft
过度抽取地下水 groundwater overdraft
过度抽水 overpumping
过度抽水井 overpumped well
过度催化 overseeding
过度淬火 overquenching
过度捣实的 overramming
过度的 excessive; exorbitant; inordinate; intemperate; overdue; ultra; undue;unmeasured
过度的狗腿【建】excessive dogleg
过度地 exceedingly;unduly
过度地带 intermediate zone
过度点 annex point
过度都市化 excessive urbanization
过度断裂 overbook;overbreak
过度发达 overdevelop(ment)
过度发育 overdevelop(ment)
过度发展 overdevelop(ment)
过度法兰 spacer flange
过度繁荣 overheated
过度防护 overprotection
过度放牧 overgrazing;overstocking
过度粉碎 overgrind(ing);overground; overpulverization
过度粉碎的 overground
过度辐照 overirradiation
过度负担 overburden
过度负荷 over load
过度改正 overcorrection
过度改正系数 overcorrection factor
过度感光 over-exposure
过度感染 superinfection
过度刚性 excessive stiffness
过度耕作 overcrop
过度工作 overwork
过度供应 oversupply
过度估价 overestimate; overestimation
过度固结 over-consolidation
过度固结的 over-consolidated
过度固结黏[粘]土 over-consolidated clay
过度灌溉 heavy irrigation; overirrigation
过度夯实 overcompaction; overramming
过度还原 overreduction
过度还原气氛 superreducing atmosphere
过度缓冲 oversnubbing
过度换气 hyperventilation; overventilation
过度回火 overheated;overtempering
过度混合 overmix
过度激发 overexcitation
过度集中 over-centralization
过度剂量 overdosage;overdose
过度加剂量 overdosing
过度加热 overheat(ing);superheat
过度溅泼 oversplash
过度降低 overlower
过度角化 hyperkeratosis
过度搅拌 over-agitation;overmixing
过度校正系数 overcorrection coefficient;overcorrection factor
过度紧张 hypertension; over-strain; over-stress
过度精制 overrefine
过度卷绕 overwind
过度开采 excessive production; overdevelop(ment); exhaustive exploitation
过度开采地下水 overdevelopment; overmining groundwater
过度开发 overdevelop(ment); overexploitation
过度开放 overimprovement
过度刻划 overcutting
过度啃牧 overbrowsing
过度控制 overcontrolling
过度冷却 <指使液体冷到凝固点以下而不凝结> undercool;supercooling
过度冷却器 under cooler
过度冷却现象 supercooling
过度利用 overuse
过度粒化 overgraining;overgrind(ing)
过度粒化器 overgrainer
过度粒化饰纹刷 overgrinding brush
过度裂化 overcrack
过度硫化 overcure;overvulcanization
过度密集 over-crowding
过度密集农业 overintensive agriculture
过度磨耗 excessive wear;undue wear
过度磨碎 overgrind(ing)

过度磨损 excessive wear; undue wear
过度碾磨 overgrind(ing)
过度碾压 excess rolling; overroll-(ing)
过度拧紧 <螺纹件> overtorquing
过度排水 overdrainage
过度膨胀 overexpansion
过度疲劳 overfatigue
过渡平衡 transient equilibrium
过度破碎 overbreakage; overcrushing
过度曝气 overaeration
过渡曝气污泥 transition aeration sludge
过度牵引 hypertraction
过度切割 overcut
过度切削 overcutting
过度区 intermediate zone
过度屈曲 hyperflexion
过度燃烧 overfire; overfiring
过度染色 overstain
过度软化 overbate
过度散布 overdisperse
过度伸长 excess elongation; overstretch
过度伸展 hyperextension
过度渗入 oversoaking
过度渗碳 excess carburizing; overcarburizing
过度升降 excessive rise and fall
过度生产 excessive production
过度生长 overgrowth
过度施打 overdrive
过度施打以致使桩受损 overdriving
过度施肥 overfertilization
过度湿润 excessive moistening; excessive moisture
过度时效 overag(e)ing
过度时效的 overaged
过度使用 hard usage; overuse
过度收敛 overconvergence
过度受辐射 overexpose
过度熟化 overcure
过度衰减 over-damp(ing)
过度松弛 over-relaxation
过度酸洗 overpickling
过度酸性 super-acidity
过度碎磨 overgrind(ing)
过度条件下检验 exaggerated test
过度调量 overshoot
过度调湿处理 overconditioning
过度调制 overcut
过度通风 overdraft; overdraught; overventilation
过度通风的窑 overdraft kiln
过度通货膨胀 excessive inflation
过度投资 overinvestment
过度退火 overanneal(ing)
过度退火的 over-annealed; overanneal(ing)
过度弯曲的 overbend(ing)
过度稳定性 over-stability
过度污染带 supersaprobic zone
过度析出气体 over gassing
过度析皂器 overgrainer
过度细致的 overrefined
过度下蚀 overdeepening
过度显影 overdevelop(ment)
过度消费 overconsumption
过度消耗 luxus consumption; overconsumption
过度兴奋 overexcitation
过度性接触 transient contact
过度修整 overfinishing
过度修正 overcorrection
过度需求 excess demand
过度絮凝 overflocculation
过度训练 overtraining
过度压力 excess pressure
过度压密 overcompaction; overdamming
过度压实 overcompaction; overdamming
过度压实的 overcompacted; overcompacting
过度压缩 super-compression
过度岩层 passage rock bed
过度研磨 overmastication; overmilling
过度研磨的 overground
过度堰塞 overdamming
过度阳片 interpositive
过度抑制 overinhibition
过度应变 over-strain
过度应力 over-stress
过度营养 overnutrition
过度硬化 overcure; overhardening
过度拥挤 overcrowded; over-crowding
过度拥挤的共同住宅 rabbit warren
过度拥挤的住宅 overcrowded dwelling
过度壅水 overdam(ming)
过度运行 overrun
过度振捣 overvibrate; overvibration
过度振动 excessive shock; overvibrate; overvibration
过度振动作用 overvibration
过度整流 overcommutation
过度种植 overcropping; overcultivation
过度贮备 overstocking
过度转动螺管 overriding solenoid
过度转弯 oversteer(ing)
过度转向 oversteer(ing)
过度装饰 overdress
过度装饰的 overornamented
过度阻泥 over-damp(ing)
过渡 above measure; switchover; transit; transition
过渡按钮 intermediate button
过渡班霞正长岩 transitional pulaskite
过渡版 intermediate publication
过渡办法 interim measure
过渡半径 knuckle radius
过渡比 transition ratio
过渡比例尺 intermediate scale
过渡边界 gradational boundary; transitional boundary
过渡编码 transitional coding
过渡标描 intermediate drawing
过渡表面 transitional surface
过渡玻璃 intermediate glass
过渡步骤 transient process
过渡部分 transitional section
过渡舱 entrance lock; entry locker
过渡舱观察窗 outer lock viewport
过渡舱照明灯 outer lock light
过渡层 bed of passage; buffer region; cambic horizon; carrier bed; intermediate belt; intermediate layer; layer of transition; mid-shaft; passage bed; transitional bed; transition course; transition lamella; transition layer
过渡层地下水 intermediate ground water
过渡层晶体管 depleting-layer transistor
过渡长度 transition(al) length
过渡场电法仪 transient electromagnetic instrument
过渡衬套 reducing bushing
过渡程序 transient program(me)
过渡程序表 transient program(me) table
过渡程序库 transient program(me) library
过渡程序区 transient program(me) area
过渡处 transfer
过渡传送带 transitional belt
过渡粗糙区 transitional rough zone
过渡措施 transitional measure
过渡带 transition zone
过渡带沉积 transitional zone deposit
过渡带水 intermediate water
过渡带水层 intermediate water layer
过渡导标 transitional leading marks; transitional range marks
过渡导纳 indicial admittance
过渡的 indicatrix; interim; transient; transitional; transitionary; transitive; transitory; unrestrained
过渡地带 belt of transition; intermediate belt; transitional belt; transitional zone; zone of transition
过渡地区 transitional zone; twilight area
过渡点 adaptation point; annex(e) point; point of transition; transfer point; transitional point; transition point; transit point; transship point
过渡点阵 transitional lattice
过渡电弧 transferred arc
过渡电流 transient current
过渡电容 transition(al) capacitance
过渡电压 transient voltage
过渡电阻 transitional resistance; transitional resistor
过渡淀粉 transitory starch
过渡斗仓 transitional hopper
过渡段 transition(al) part; transition(al) section; transition(al) zone; transitory section
过渡段摩擦损失 friction(al) loss in transition(al)(section)
过渡段皮带机 transition belt
过渡段浅滩 crossing bar; crossing shoal; shoal crossing
过渡段水面曲线 transitional profile
过渡段水深 crossing depth
过渡段损失 transition loss
过渡段纵剖面 transitional profile
过渡断面 transition(al) section
过渡发券 transition arch
过渡反应 transient response
过渡方案 interim scheme
过渡放牧 heavy grazing
过渡飞行 transitional flight
过渡沸腾 transitional boiling
过渡沸腾区 transient boiling range
过渡费 ferry toll
过渡风格 transitional style
过渡封接玻璃 intermediate sealing glass
过渡钢轨 taper rail
过渡港池 transitional basin; vestibule basin; vestibule dock
过渡高程 supplemental elevation
过渡高度 transitional altitude
过渡工况 transient condition
过渡拱 transition arch; fantail arch <平炉沉渣室和蓄热室间的>
过渡构造带 <海洋中脊与岛弧之间的> vulcanorium
过渡关系 transitive relation
过渡管段 transition pipe
过渡光纤 transitional fiber[fibre]
过渡辊台 life-up roller; liftout roller; tray roll(er)
过渡过程 transient process
过渡过程持续时间 recovery time
过渡过程的特性 transient response data
过渡过程分析器 transient analyser [analyzer]
过渡过程曲线 recovery curve
过渡过程时间 response time; transient time
过渡过程数据 transient data
过渡焊接 graded seal; overweld(ing)
过渡航速 <气垫船> hump speed
过渡河段 river crossing (-over); crossing reach
过渡环 adapter ring
过渡环境 transitional environment
过渡计划 interim plan
过渡季节 transitional season
过渡寄主 bridging host
过渡交换机 hypothetical exchange
过渡阶段 period of transition; transitional phase; transitional stage; change-over portion
过渡阶段编绘 interim compilation
过渡阶段河槽 transitional bed
过渡阶段河床 transition(al) bed
过渡接触 transitional contact
过渡接头 adapter; compromise joint; reducer union
过渡结构 transition(al) structure
过渡截面 transition(al) section
过渡金属 transition(al) metal
过渡金属氮 transitional metal nitride
过渡金属离子 transitional metal ion
过渡金属碳化物 transitional metal carbide
过渡金属元素 transitional metal
过渡晶格 transitional lattice
过渡景色小路 transition path
过渡距离 transitional range
过渡卡 transfer card; transition(al) card
过渡开采 exhaustive exploitation
过渡壳 intermediate crust; transitional crust
过渡垦植 over-reclaim and cultivate wasteland
过渡孔 transitional span
过渡控制执行区 transient control executive area
过渡类型 transitional form; transitional type
过渡例行程序 transient routine
过渡连接 <汽液的> transitional joint
过渡连接轨 compromise rail
过渡流 transitional flow
过渡流量 <换向时阀口间的> interflow
过渡流态 transitional flow regime; transitional state of flow
过渡面积 transitional area
过渡模 stage die
过渡配合 transition(al) fit; transition coupling
过渡配件 transitional fittings
过渡皮带机 transition belt
过渡频带 transition band
过渡频率 cross-over frequency; transition(al) frequency; turnover frequency
过渡期 transition; transition(al) period
过渡期内力矩 transient moment
过渡桥孔板 transition space(slab); transition span(slab)
过渡切割 undercut
过渡侵染 bridge infection
过渡球面 aposphere
过渡区 buffer region; transient region; transition(al) range; transition(al) region; transition(al) area; transition(al) zone; zone of transition
过渡区控制表 transient area control table
过渡区描述符 transient area descriptor
过渡区延伸段 transition(al) zone extension
过渡区域 transitional region; transitional zone; twilight area
过渡曲线 easement curve; junction curve; transient curve; transitional (circular) curve; transition curve; turning circle

过渡曲线生成 translational surface generation
过渡群体 transitional population
过渡热状态 transient heating condition
过渡刃长度 chamfered corner length
过渡蠕变 transient creep; transition creep
过渡散布 hyperdispersion
过渡色 intermediate colo(u)r
过渡森林沼泽土 transition wood moor(soil)
过渡沙洲 diagonal bar
过渡设备 transitional equipment
过渡渗碳 supercarburize
过渡石灰 transition lime
过渡时超声波流量计 transit time ultrasonic flowmeter
过渡时间 time of transit; transient time; transition(al) time
过渡时期 interim period; period of transition; transitional period
过渡使用地区 transitional area
过渡式 transitional style; transition ultimate
过渡式建筑 transitional architecture
过渡式路面 intermediate class pavement
过渡室 transitional housing
过渡水 transitional water
过渡水流动态 transitional regime
过渡水区 transitional waters
过渡水深 transitional depth
过渡水深区波浪 transitional-water wave
过渡水域 transitional waters
过渡宿主 bridge host
过渡态 transitional state
过渡套管 reducing bushing; transitional sleeve
过渡特性 step response; transient behavio(u)r; transient characteristic; transient performance; transitional response
过渡条款 transitional provision; transitory provisions
过渡调节 transitional regulation
过渡庭院 transitional yard
过渡停止位置 transitional stops
过渡通路 connector forehearth; distributor channel
过渡图 transitional map
过渡涂层 block coat; gradated coating; tie buffer coat; transitional primer
过渡土层 transition soil
过渡土壤 intermediate soil
过渡微生物 transient microbe
过渡温度 transition temperature
过渡温度梯度 transient temperature gradient
过渡纹 cross-over spiral; lead-overgroove
过渡误差 transient error
过渡系数 transfer coefficient
过渡纤维 transitional fiber[fibre]
过渡现象 transient phenomenon; transitional phenomenon
过渡线 taper line; transitional line; transition wire; tripping wire
过渡线圈 transitional coil
过渡相 transitional phase; transitional facies【地】
过渡相带 transitional facies zone
过渡响应 indicial response
过渡效应 transition(al) effect
过渡形结晶的 malcrystalline
过渡形状 transitional form
过渡型 intermediate form
过渡型波 transitional wave
过渡型沉积建造 transitional type formation
过渡型离子 ions of the siderophile type
过渡型路面 intermediate type pavement
过渡型气候 transitional climate
过渡型三角洲 transitional type delta
过渡型湿润状况 transpercolation hydric
过渡形式 transitional form
过渡型褶皱 transition-type fold
过渡性 intergrade
过渡性残积景观 trans-eluvial landscape
过渡性筹款 bridge financing
过渡性措施 interim means
过渡性贷款 bridging loan; stopgap loan
过渡性技术 bridge technology; transitional technology
过渡性路面板 transition(al) slab
过渡性泥炭沼泽 transitional moor
过渡性气候 transitional climate
过渡性三角洲平原 transitional delta-plain
过渡性三角洲平原沉积 transitional delta-plain deposit
过渡性条款 transitional provision
过渡性土壤 transitional soil
过渡性信贷 transitional credit
过渡性岩体 intermediate rock mass
过渡性沼泽 transition(al) bog; transition(al) swamp
过渡性政府 interim government
过渡性支出 transitional payment
过渡性植物群丛 transitional association
过渡性住宅区 transitional settlement
过渡循环 intermediate cycle
过渡压力 transient pressure
过渡延时 transient delay
过渡岩层 passage bed; transition rock
过渡岩系 transitional rock series
过渡氧化还原环境 transitional redox environment
过渡液压烧结 transient liquid sintering
过渡用途 interim use
过渡鱼尾板 step joint bar
过渡元素 transition(al) element
过渡元素分析 transitional element analysis
过渡元素激活离子 active ion of transition(al) element
过渡原图 intermediate original plan
过渡圆弧 transition arc
过渡圆角 knuckle
过渡照明 transition lighting
过渡政府 transitional government
过渡周期 transient period; transitional period
过渡肘板 taper bracket
过渡状态 transient condition; transition(al) condition; transition(al) state; transient state
过渡锥 transitional cone
过渡组织 transition(al) structure; transition tissue
过端 <极限量规的> go side
过端量规 go-ga(u)ge
过段(局)车辆互相维修 reciprocal maintenance
过多 excess; overabundance; overage; plethora; superabound; super-abundance; overplus
过多沉降 excessive settlement
过多陈化 overseasoning
过多存货 excessive stock; overstock
过多的 excessive; overmany; profuse; redundant
过多的工作 overwork
过多的雨水 excessive rain(fall of long duration)
过多的装备 overrigged
过多干燥 overseasoning
过多过剩 overag(e)ing
过多进货 overstock
过多库存 inflated stock; inflated store
过多燃烧的石灰 overburnt lime
过多水分 excess moisture
过多支付 redundancy payment
过多装填 surcharge
过二硫酸钡 barium peroxydisulfate; barium persulfate
过二硫酸铅 lead peroxydisulfate
过二硫酸盐 persulfate
过筏道 raft passage-way; raft sluice
过筏斜槽 raft chute
过筏闸 raft lock
过坊式布置 cross block layout
过访性交通 visiting traffic
过放电 overdischarge
过肥水 eutrophic water
过分 carry too far
过分安全的 over-designed
过分保守的 overconservative
过分保守设计的 over-designed
过分保险设计的 over-designed
过分捕捞 overfishing
过分潮湿 over-damp(ing)
过分抽水 excessive pumping
过分的 excessive; undue
过分的褶皱 steep folding
过分的装修 superadequancy
过分雕刻和怪诞的 <巴洛克艺术风格> barcoque
过分发展的势垒 overdeveloped barrier
过分放大 overamplification
过分粉碎 excessive comminution
过分干燥 overdry
过分华丽的建筑风格 Churrigueresgue style
过分华丽的装饰风格 Churrigueresgue style
过分华丽地 showily
过分加热 overheat(ing)
过分简单化的 simplistic
过分简单化的方法 simplistic approach
过分简化 oversimplification
过分校正 overcorrection
过分精雕细琢的 barococo
过分精细的 super-fine
过分开采 excessive-exploitation; over-exploitation
过分夸大 overexaggerate
过分夸大的数值 over-exaggerated value
过分困难 unduly difficult
过分扩大资本 overcapitalization
过分硫化的原料 overcured stock
过分露光 over-exposure
过分摩擦 excessive friction
过分强调的 over-emphasized
过分润饰 over colo(u)r
过分危险 excess risk
过分洗井 overflush
过分纤巧的 barococo
过分鲜艳的 noisy
过分限制 overregulation
过分压密 overcompaction
过分压密的 overcompacted
过分拥挤 over-crowding
过分折旧 over-depreciation
过分装饰的 barococo; overdecorated; overornamented
过风管路润滑器 airline lubricator
过峰补偿放大器 overpeaked compensating amplifier
过峰车辆的最大间隔 maximum spread of cars being humped
过峰车组 humped unit
过氟化物 perfluoro-compound
过幅限制 overswing limiting
过腐蚀 overetching
过负荷 overcapacity; overcharge; overcharging; overlade; over load; overpower
过负荷的 over-laden
过负荷继电器 overcurrent relay; overpower relay
过负荷燃烧 overload firing
过负载 excess load; over load
过负载保护 overload protection
过负载畸变 overload distortion
过负载失真 overload distortion
过复激电机 overcompound dynamo
过复激励 overcompound excitation
过复激式发电机 overcompound generator
过复励 overcompound
过复绕 overcompound
过富拌合[和]物 overrich mixture
过富的 overrich
过富混合物 overrich mixture
过干 overdry
过干的 overdried
过干接合 dried joint
过干燥 super-dry
过刚的 overrigid
过岗龙 climbing entada
过岗龙酸 entagenic acid
过港速度 velocity through ports
过港隧道 cross-harbo(u)r tunnel
过高 overtop
过高的价格 exorbitant price
过高的磷水平 excessively high level of phosphorus
过高吊装 over hoisting
过高订费 overrate
过高定额 overrate
过高给分 overmark
过高估计 overestimate; overestimation
过高估价 inflated appraisal
过高含硫量 excessive sulphur content
过高价格 prohibitive price
过高举起 over hoisting
过高灵敏度 excessive sensitivity
过高流速 excessive velocity
过高硫含量 excessive sulfur content
过高路拱 excessive camber
过高评等级 overmark
过高评价 overrate
过高上拱度 excessive camber
过高升起 over hoisting
过高死亡率 excess death rate
过高溴酸 perbromic acid
过高盐渍度水 excessively high salinity
过高要价 overcharge price
过高壅水 check flooding
过高运价 exorbitant rate
过铬酸 perchromic acid
过铬酸铵 ammonium perchromate
过铬酸钾 potassium perchromate; potassium peroxy-chromate
过铬酸钠 sodium perchromate; sodium peroxy-chromate
过铬酸盐 perchromate
过功率 overpower
过功率继电器 overpower relay
过共晶 hypereutectic overeutectic
过共晶的 hypereutectic
过共晶合金 hypereutectic alloy
过共晶铝硅合金 transcocrystallized Al-Si alloy
过共晶生铁 hypereutectic cast iron
过共晶铸铁 hypereutectic cast iron
过共熔的 hypereutectic
过共析的 hypereutectoid
过共析钢 graphitic steel; hypereutec-

toid steel
过共析合金 hypereutectoid alloy
过共析(体) hypereutectoid
过固结裂缝黏[粘]土 over-consolidated fissured clay
过关后交货条件 duty-paid term
过规 go plug ga(u)ge
过硅铝质 persalic
过硅酸质 persilicic
过轨 interchange
过轨的自备车 private car
过轨使用权 trackage rights
过轨线 siding for ga(u)ge changing
过轨运输 interchange service; transit traffic
过轨站 break-of-ga(u)ge station
过焊 overweld(ing)
过行 space
过耗 outwear; overrun
过河标 crossing mark; cross-river buoy; river-crossing mark
过河的 overriver
过河电缆 cable crossing; estuary cable; river cable; shore-end cable; subaqueous cable
过河渡船 river ferry
过河浮标 crossing buoy
过河管 river crossing
过河管道 river(-crossing) pipe [piping]
过河管线 pipeline river crossing
过河航道 crossing (channel); river channel
过河建筑物 river-crossing structure
过河交通 cross-river traffic
过河缆 < 测流用 > stay line cable
过河缆索 ferry rope
过河轮渡 river ferry
过河设施 river-crossing facility
过河水准测量 overriver level(l)ing; river-crossing level(l)ing
过河索吊船 boat anchored by cableway
过荷 g-load; over load; superimposed load(ing)

过荷保护 overload protection
过荷指示器 accelerometer
过烘 overbake
过厚 blocked up
过厚壁角 heavy corner
过厚釉 excess glaze
过户 assignment of title; attorn; make over; transfer of names; transfer ownership
过户编号 transfer number
过户册 transfer book
过户费 transfer fee
过户结账日 pay day
过户契据 transfer deed
过户日 transfer day
过户手续费 transfer charges
过户条款 demise clause
过户协议 attornment agreement
过户账目 transfer ledger
过还原钢 overreduced steel
过混 < 混砂时间过多 > overmull
过火的 hard-burned; hard burnt
过火面砖 facing pavio(u)r; stocks
过火石灰 overburnt lime
过火硬砖 stocks
过火砖 burr; chuff brick; crozzle; hard-burned brick; overburned [overburnt] brick
过激保护 over-drive protection
过激的 overexcited
过激(励) overdrive; overexcitation
过激励的 over-driven
过激励电机 superexcition
过激励放大器 over-driven amplifier
过激五极管 over-driven pentode
过激系数 over-drive factor
过极化 hyperpolarization
过急承认 precipitate recognition
过寄生物 hyperparasite
过甲酸 performic acid; peroxyformic acid
过碱性 peralkaline
过江电缆 subaqueous cable
过江交通 cross-river traffic
过江水准测量 river-crossing level(l)ing
过江隧道 tunnel cross river
过奖 overgenerous comment
过焦点 overfocus
过校正 overcorrect
过街道 footway crossing; pedestrian crossing
过街沟 cross drainage
过街护卫员 crossing guider
过街楼 bridge[bridging] gallery; flight stairway; flyover
过街楼面 bridging floor
过街人行道 crosswalk
过街通道 foot crossing; street passageway
过近运输 unduly short-haul traffic
过晶质 percrystalline
过境 through traffic; transit
过境保管 transit storage
过境保函 transit bond
过境报关手续 transit entry
过境车辆 transit vehicle
过境车(行)道 through roadway
过境出行 through trip
过境单据 transit document
过境道路 through (traffic) road; throughway; thruway; transit road
过境费 transit charges; transit fee
过境干道 major through road
过境港 transit port; port of transit
过境公路 through(traffic) highway
过境国 state of transit; transit country; transit state
过境货(物) cargo in transit; transit cargo; floating goods; goods in transit
过境货物结关 clearance through customs of traffic in transit
过境货物运输 through-freight traffic; through-freight transportation
过境货运 through-freight
过境货运路线 through truck route
过境检修 through service
过境交通 corridor traffic; through trip; traffic in transit; transit traffic
过境交通车道 through traffic lane
过境交通道 through traffic road
过境交通(行)车道 through traffic roadway
过境交通运行 through movement
过境交通专用车道 transit lane
过境快速道路 transit expressway
过境快速公路 transit expressway
过境路线 through route; transit route
过境旅客 transit passenger
过境贸易 transit trade
过境签证 transit visa
过境申报单 transit declaration
过境声明书 transit declaration
过境手续 transit formality
过境税 transit dues; transit duty; transit tax
过境税收税人 toll man
过境铁路 transit railway
过境通行 transit passage
过境运价表 transit tariff
过境运输 bridge traffic; traffic in transit; transit traffic; transit transportation
过境运输路线 transit route; transit traffic line
过境运输条款 transit terms
过境阵雨 passing shower
过境证件 transit document
过境直达交通 through traffic
过境总站 through terminal
过境走廊 transit corridor
过聚束 overbunch(ing)
过卷 pulleying
过卷防止器 overwinder; overwinding apparatus
过卷距离 overwind clearance
过馈给 over-feeding
过拉伸 overstretch
过栏杆前不负责任 no risk till overrail
过劳 overfatigue; overwork; strain
过劳病 epersalgia
过劳的 overwrought
过老 overage
过老化 overag(e)ing
过老木材 overripe wood
过冷 subcool(ing); superchilling; super-cool; superfusion; undercool; under cooler
过冷奥氏体 overcooling austenite; subcooling austenite; supercooled austenite
过冷奥氏体等温转变图 time-temperature-transformation diagram
过冷冰片 subcooled flake ice
过冷程度 degree of supercooling
过冷淬火 overquenching
过冷的 overcooling; supercooling; undercooling; subcooled; undercooled
过冷的水滴 supercooled water droplet
过冷点 undercooling point
过冷度 condensate depression; condenser depression; degree of subcooling; degree of undercooling; subcooling degree
过冷段排热效能 subcooling heat rejection effect
过冷沸腾 subcooled boiling
过冷灌溉 heavy irrigation; overirrigation
过冷降水 abundant precipitation
过冷降雪 abundant snowfall
过冷空气 supercooled air
过冷控制阀 subcooling control valve
过冷毛毛雨 freezing drizzle
过冷凝液 subcooling condensate
过冷盘管 subcooling coil
过冷器 subcooler
过冷却 overcooling; subcooling; supercooling; undercooling
过冷却的 overcooled; supercooled
过冷却度 overcooling extent
过冷却器 subcooler
过冷却水 subcooled water; supercooled water
过冷却雾 supercooled fog
过冷却液体 subcooled liquid
过冷热量 heat of subcooling
过冷石墨 undercooled graphite
过冷水 subcooled water; supercooled water
过冷水冰滴 droxtal
过冷水滴 supercooled water droplet
过冷水蒸气 supercooled vapo(u)r
过冷土 supercooled soil
过冷现象 supercooling; undercooling; surfusion
过冷液态水 supercooled liquid water
过冷液态水浓度 supercooled liquid water concentration
过冷液体 overcooling fluid; subcooled liquid; supercooled liquid; surfused liquid; undercooled liquid
过冷雨 freezing rain; supercooled rain
过冷云 supercooled cloud
过冷蒸汽 supercooled steam; supercooled vapo(u)r; undercooled steam
过冷状态 subcooled state; supercooled state
过励(磁) overexcitation; overexcite
过励磁保护(装置) overexcitation protection
过励(磁)的 overexcited
过励(磁)电机 overexcited machine
过励(磁)限制器 overexcitation limiter
过梁 architrave; breast beam; bressummer; bridging beam; cross piece; header; lintel (beam); over beam; summer beam; tailpiece; trimming joist; astillen < 坑道中的 >
过梁表 list of lintels
过梁层 < 门窗的 > lintel course
过梁底面 lintel soffit; soffit
过梁防潮层 lintel-damp-course
过梁格栅 < 支承短格栅的梁 > header joist
过梁拱 discharging arch
过梁缓冲层 lintel-damp-course
过梁机械 lintel machine
过梁面砖 beam brick
过梁模块 lintel-falseblock
过梁模块增强物 lintel-falseblock reinforcement
过梁木 breast summer
过梁平面布置图 layout of lintel arrangement
过梁砌块 lintel block
过梁线条 head mo(u)ld(ing)
过梁支架 lintel-falseblock
过梁柱 post-and-lintel
过梁柱结构 post and lintel construction
过梁砖 lintel brick
过量 excess; overcapacity; overdose; surfeit
过量暴雨 excess(ive) storm
过量变形 excessive deflection
过量播出 overseeding
过量播撒 overseeding
过量采伐 excess deforestation
过量尘埃 excess amount of dust
过量程保护 overrange protection
过量吃水 < 船舶 > excess draft; excess draught
过量充电 overcharge; overcharging; over load
过量抽水 overdevelop(ment); overpumping
过量抽吸(地下水) overpumping
过量代谢 excess metabolism
过量的 excessive
过量的护壁泥浆 excess sludge
过量的噪声影响 excess noise contribution
过量电流 overcurrent; overriding current
过量繁殖 excessive multiplication
过量反应性 excess reactivity
过量放大 overamplification
过量放电 overdischarge
过量给油 overfueling
过量供给 over-feeding
过量供暖 excess(ive) heating
过量供应 excess supply
过量灌溉 overirrigation
过量罐溉 heavy irrigation
过量光子噪声 excess photon noise
过量滑移 excessive slippage
过量回流 excess reflux
过量回填 overfill
过量混凝土 excess of concrete
过量计 excess meter
过量加班 excessive overtime
过量加料 over-feeding
过量加氯 super-chlorination

过量加热 excess(ive) heating
过量加入云的催化物 cloud super-seeding
过量加药 overdose
过量减压位 overreduction position
过量降水 abundant precipitation; excessive precipitation
过量降雪 abundant snowfall; excessive snowfall
过量降雨 excess rainfall
过量结合料 excess of binder
过量进料 over-feed(ing)
过量开采 over-exploitation
过量开发 overdevelop(ment)
过量开挖 excess excavation
过量空气 excess(ive) air
过量空气燃烧器 excess air burner
过量空气系数 excess air coefficient; excess air factor; factor of excess air
过量空气效应 effect of excess air
过量流失 excess bleed
过量氯化(处理) excess-chlorinating
过量氯化法 excess chlorination; super-chlorination
过量氯消毒法 super-chlorination
过量曝气 overaeration; super aeration
过量气流 excess draft; excess draught
过量取水 excess draft
过量燃烧空气 excess combustion air
过量热振荡 excessive thermal shock
过量乳酸盐 excess lactate
过量润滑 overlubricate
过量石灰 excessive lime
过量石灰法 excessive lime process
过量石灰软化法 excess-lime softening
过量试验 overtest
过量收缩 excessive shrinking
过量疏浚 excess dredging
过量树脂 excess resin
过量水 <水泥砂浆水量过多> free water content
过量水分 excessive moisture; excess of water; excessive water
过量死亡 excess death
过量酸的 super-acid
过量填注 overfill
过量涂布涂层 overweight coating
过量系数 excess coefficient
过量下蚀 overdeepening
过量需求 excess demand
过量需求对应 excess demand correspondence
过量压力 overpressure
过量压头 excess head
过量颜料的弥散 excess pigment dispersion
过量印刷 overprint
过量营养 supernutrition
过量用水 excessive use of water
过量用药 overdose
过量油回输管道 excess-oil return line
过量余隙 excessive clearance
过量雨量 excess rainfall
过量噪声 excess(ive) noise
过量增压 overpressurization
过量蒸发 excessive evapo(u)ration
过量装料 over-feed
过量装药 overloading
过量装药爆破 overloading blasting
过临界耦合 overcoupling
过磷酸 peroxy-phosphoric acid; ultraphosphate
过磷酸铵 ammonium superphosphate
过磷酸肥料 superphosphate fertilizer
过磷酸钙 calcium superphosphate; superphosphate
过磷酸钾 potassium persulfate
过磷酸钾钼蓝法 potassium persulfate-molybdenum blue method
过磷酸钾消解 potassium persulfate digestion
过磷酸钾氧化 potassium persulfate oxidation
过磷酸钾氧化法 potassium persulfate oxidation method
过磷酸钠 sodium persulfate
过磷酸钕 neodymium ultraphosphate
过磷酸石灰 perphosphoric lime
过磷酸体晶体 neodymium-ultraphosphate crystal
过磷酸盐 persulfate; superphosphate
过灵敏的 oversensitive
过灵敏控制 oversensitive control
过零 zero passage
过零点检测器 zero crossing detector
过零检查 zero cross detection
过零控制 zero set control
过流 overcurrent; overflow(ing)
过流保护 overcurrent protection
过流保护电路 current foldback circuit
过流保护器 overcurrent protector
过流表面 water surface
过流部件表面 water passage surface
过流断面 area of waterway; wetted cross-section
过流继电器 overcurrent relay
过流量试验 excess flow test
过流率 overflow rate
过流面积 area of passage
过流区 zone of flowage
过流设备 overflow installation
过流时间 flowing-through period; flowing-through time
过流时限保护 overcurrent time protection
过流状态 discharge condition
过流自动断路器 maximum cut-out
过硫代氰酸 perthiocyanic acid
过硫化铵 ammonium persulphate
过硫化钠 sodium persulfide
过硫化物 persulfide[persulphide]
过硫化作用 overvulcanization
过硫酸 persulfuric acid; persulphuric acid
过硫酸铵 ammonium persulfate[persulphate]
过硫酸的 persulfuric[persulphuric]
过硫酸钾 potassium peroxydisulfate; potassium persulfate
过硫酸钠 sodium peroxydisulfate; sodium persulfate[persulphate]
过硫酸盐 peroxy-disulfate; persulfate[persulphate]
过硫碳酸 perthiocarbonic acid
过路费 <美> road toll
过路毛细水 passing capillary water
过路人 passer(-by)
过滤 colation; colature; filtrate; lauter; screening; sieving
过滤白噪声 filtered white noise
过滤板 filter board; sieve plate
过滤本领 filterability
过滤泵 filter pump; filtration pump
过滤比阻 specific resistance to filtration
过滤表面 filtering[filtration] surface
过滤饼 filter cake
过滤泊松过程 filtered Poisson process
过滤薄膜 filter film
过滤布 filter cloth; filtration fabric
过滤材料 filter(ing) material
过滤材料组件 filter element
过滤采样 sampling by filtration
过滤操作 filter operation
过滤槽 desilting channel; filter tank
过滤层 filter base; filter blanket; filter(ing) bed; filter layer; sand blanket; filter course <不是透水层,而是用来防止土壤由下向上侵入的>
过滤层材料 filter material; filter medium
过滤层沉积的泥块 filter cake; mud cake
过滤层底部 filter bottom
过滤层垫层 filter matting
过滤层堵塞 filter blockage
过滤层额定流量 filter rated flow
过滤层额定值 filter rating
过滤层率定 filter rating
过滤层土 soil for filter layer
过滤层效率 filter efficiency
过滤层淤塞 filter clogging
过滤厂 filter station; filtration plant
过滤场 filtration field; subirrigation
过滤场污水灌溉 subirrigation
过滤车间 filter plant; filtration plant
过滤承托层 holding layer for filtration
过滤程序 filter
过滤澄清器 gravitation filter
过滤池 filter(ing) basin; filter(ing) tank; leaching basin
过滤池暗沟 underdrain of filler
过滤池的水力负荷 hydraulic loading of filter
过滤出水 filter effluent
过滤除尘法 dedusting by filtration; screening dedusting
过滤除尘器 filter collector; filter (dust) separator; filtration equipment for particle removal
过滤除菌 filtration sterilization
过滤处理 filtering treatment
过滤瓷环 filter porcelain
过滤袋 bag filter; filter bag
过滤袋插帽 filter bag cap
过滤袋框架 filter bag holder
过滤袋支承架 filter bag retainer
过滤单位阻力 specific resistance to filtration
过滤道床 filter bed
过滤的 filterable; filtering
过滤的空气 filtered air
过滤的水 filtered water
过滤的污水 filtered sewage
过滤的油料 filtered stock
过滤地带 desilting strip; filter zone
过滤电场 infiltration electric(al) field
过滤电位 electrofiltration potential
过滤垫 filter pad
过滤垫层 filter blanket
过滤动力学 kinetics of filtration
过滤斗 filter cone
过滤度 degree of filtration
过滤段 filter section
过滤阀 filter valve; strainer valve
过滤法 filtering method; filter process; filtration method
过滤法回收 reclaiming by filtration
过滤法消毒 filter sterilized
过滤方式 filter type
过滤废水 filtered wastewater
过滤分离器 filter separator
过滤分异 filtration differentiation
过滤风速 media velocity; superficial air velocity
过滤干燥器 filter dehydrator; filter dryer[drier]
过滤坩埚 filter(ing) crucible
过滤公式 filtration formula
过滤管 filter candle; filter drain; filter pipe; filter tube; screen(ed) pipe; strainer tube
过滤罐 hay tank
过滤光束 filtered beam
过滤过程 filter course; filtering process; filtration process
过滤荷载 filter loading
过滤盒 filter box; filter cartridge
过滤回填层 filter packing
过滤机 filter; filtering machine; strainer
过滤机架 filter rack
过滤机理 filtration mechanism
过滤机组 filter bank
过滤基床 filter bed
过滤集尘装置 <沥青混凝土拌和机的> fabric filter collector
过滤记录台 filter record position
过滤剂 filtering agent; filtering medium
过滤间 filtering chamber
过滤介质 filter(ing) medium; filtration medium
过滤介质阻力 filtering medium resistance
过滤进程 filter course
过滤浸出 filter leaching
过滤精度 filtration accuracy; filtration precision
过滤井 filter(ing) well; screened well; strainer well
过滤空气面具 filtered air helmet
过滤块 filter block; filtration block
过滤冷冻 filter freezing
过滤离心机 filtering centrifuge
过滤量 filter capacity; filtration capacity; fitter capacity
过滤料 filter medium
过滤漏斗 filter(ing) cone; filter(ing) funnel
过滤率 filterableness; filtering ratio; flit(e) rability
过滤氯化法 filtration-chlorination
过滤面 filter surface
过滤面积 filter(ing) area; filtration area
过滤面积额定能力 filter area rating
过滤灭菌法 sterilization by filtration
过滤明碳弧灯照射老化仪 filtered open-flame carbon-arc exposure apparatus
过滤膜 filter septum; filtration film
过滤母液 filtrated mother liquor; filtrated stock solution
过滤木笼 filter crib; filtration crib
过滤囊 straining bag
过滤能力 filterability; filter(ing) efficiency; filter(ing) capacity; filtration capacity; infiltration capacity
过滤泥饼 filter cake
过滤泥块 filter cake
过滤浓缩槽 filter thickener
过滤浓缩法 filtration enrichment
过滤浓缩机 filter thickener
过滤排水开关 drainage cock on strainer
过滤瓶 filter flask; filtering flask
过滤器 cleaner; cleaning strainer; collector filter; filter; filtrator; mesh screen; pass filter; percolator; sifter; strainer; well screen
过滤器安装框架 filter mounting frame
过滤器编织物介质 worm medium for filter
过滤器充电电流 filter-charging current
过滤器初阻力 initial resistance of filter
过滤器的水力负荷 hydraulic loading of filter
过滤器底板 filter bottom
过滤器第一层滤芯 prime cartridge
过滤器堵塞 filter clogging
过滤器堵塞开关 filter clogged switch
过滤器额定能力 filter rating
过滤器负荷 filter loading
过滤器盖 strainer cover
过滤器钢管 steel filter pipe
过滤器骨架 framework of filter
过滤器骨架种类 type of filter frame-

work
过滤器管井 strainer well
过滤器和隔水顶板连接 connection of filter and impervious top bed
过滤器回流阀 filter bypass valve
过滤器结构 construction of filter
过滤器井 screen(ed) well
过滤器井点 screen well point
过滤器净化管 canister purge line
过滤器孔径 filter pore size
过滤器孔径分布 filter pore size distribution
过滤器孔隙度 porosity of filter
过滤器孔隙率 porosity of filter
过滤器孔眼 mesh of filter
过滤器框架 filter frame
过滤器漏斗 filter hopper
过滤器滤网 strainer screen
过滤器摩阻系数 friction(al) and resistance coefficient of filter
过滤器旁通阀 filter bypass valve
过滤器喷嘴 filter nozzle
过滤器器身 filter body
过滤器容量 filter capacity
过滤器水头 strainer head
过滤器特性 filter performance
过滤器体 filter body
过滤器箱 filter box
过滤器效能 filter performance
过滤器芯子 filter cartridge
过滤器性能 filter performance
过滤器选择 filter selection
过滤器有效长度 effective length of filter
过滤器有效孔隙率 effective porosity of filter
过滤器与隔水底板连接 connection of filter and impervious bottom bed
过滤器元件 filter cartridge;filter cell
过滤器在含水层中部 filter laid in the middle of aquifer
过滤器罩 filter hood
过滤器中下放的器具 suspending tool
过滤器终阻力 final resistance of filter
过滤器种类 type of filter
过滤器组件 air filter module; filter module
过滤墙 filter wall
过滤泉 filtration spring
过滤燃烧 filtration combustion
过滤容量 filtering capacity
过滤砂层 layer of filter sand
过滤砂砾 filter gravel
过滤筛 filter sieve
过滤筛网 filter screen
过滤设备 filtering equipment; filter(ing) plant; filtration equipment; filtration plant
过滤设施残留物系数 residual dirt factor
过滤设施拦截残留物能力 retained dirt capacity
过滤生物反应器 filtration bio-reactor
过滤式沉降器 screen clarifier; screen settler
过滤式除尘器 dust filter
过滤式防毒面具 filter type breathing mask
过滤式呼吸器 dust respirator; filter type respirator
过滤式离心分离机 perforated basket centrifuge
过滤式离心机 basket centrifuge; filtration centrifuge; perforated wall centrifuge
过滤式浓缩机 filter type thickener
过滤式通风机 filter type ventilation
过滤式雾滴分离器 mist filter
过滤式消声器 filter-silencer
过滤式厌氧折流板反应器 filtered anaerobic baffled reactor
过滤室 filter(ing) cell; filter(ing) chamber
过滤试验 filter experiment
过滤水 filtration water; infiltration water
过滤水池 filtered water reservoir
过滤水分离器 filtration water separator
过滤水头 filtering head
过滤水头损失 filtration head loss; water head loss by filtration
过滤水贮水池 filtered water reservoir
过滤速度 filter efficiency; filter(ing) velocity; filter rate; filtration speed; filtration velocity; media velocity; rate[rating] of filtration; speed of filtration
过滤速率 filtering rate; rate[rating] of filtration; filtration rate
过滤特性 filtration characteristic
过滤填层 filtration packing
过滤桶 filter tank; filter vat
过滤筒 cartridge filter
过滤土工布 filter fabric
过滤脱水法 filter dehydration; filtration dehydration
过滤网 filter screen
过滤网板 screen pack
过滤微分群 filtered differential group
过滤位场 electrofiltration potential field
过滤污泥水 filter sludge water
过滤物质 filter mass
过滤吸管 filter pipet
过滤洗涤 filtration washing
过滤系数 filter factor; filtration coefficient; transmittance[transmittancy]
过滤系统 filtration system
过滤细度 filtering fineness
过滤线 filter line
过滤箱 filter box
过滤像 filtered image
过滤消毒器 filter-sterilizer
过滤效果 filtering efficiency; filtration effect
过滤效率 filter efficiency; filtration efficiency; separation efficiency
过滤芯 filter candle
过滤形式 filter type
过滤性 filterableness; filt(e)rability
过滤性病毒 filtrable virus; filtration virus
过滤性能 filtration characteristic; filtration performance
过滤性数 filterability number
过滤性土工织物 filter textile
过滤压力 filtration pressure
过滤盐水槽 filtrated brine tank
过滤叶片 filter leaf
过滤叶片接口 filter leaf nozzle
过滤叶片驱动电机 leaf driving motor
过滤叶片驱动装置 leaf driving unit
过滤叶片支架 leaf support
过滤叶片组 filter leaf group
过滤仪 filtrator
过滤仪环和盘 ring and disc for filtrator
过滤仪器 filtering apparatus
过滤用白土 filtering clay; filtering earth
过滤用玻璃纤维 glass fiber filter wool
过滤用玻璃纤维织物 filtration glass fabric
过滤用焦炭 filter coke; filtration coke
过滤用碳 carbon for filter
过滤用无烟煤 anthrafilt
过滤与分离 filtration and separation
过滤元件 filter element; kit element
过滤增稠剂 filtering thickener
过滤增稠器 filtering thickener
过滤毡 filter felt; filtration mat
过滤站 filter house; filtration station
过滤蒸汽输送管 dry pipe
过滤织物 <土工织物的别名> filter fabric; filter cloth
过滤植物 filter plant
过滤纸 filter paper
过滤指数 filterability index
过滤终点 filtration end point
过滤周期 filter cycle; filter period; filter run
过滤柱 filtration column
过滤转换函数 filter transfer function
过滤装置 defecator; filtrating device; filtrating equipment; filtrating plant; filtrating unit; filtration device; filtration equipment
过滤状况 filtered state
过滤阻力 filtering resistance; filtration resistance; resistance of filtration
过滤组合件 air filter bank; filter pack
过滤嘴 filter tip
过滤作物 filter crop
过滤作用 filtration
过铝质 peraluminous
过氯化钡 barium bioxide
过氯化丙酰 propionyl peroxide
过氯化的 overchlorinated
过氯化铅 lead perchloride
过氯化作用 overchlorination; superchlorination
过氯甲烷 perchloromethane
过氯酸钾 potassium perchlorate
过氯酸铯 cesium perchlorate
过氯酸盐 perchlorate
过氯酸盐炸药 Carlit explosive
过氯酰氟 perchloryl fluoride
过氯乙烯 chlorinated polyvinyl chloride
过氯乙烯白漆 ethylene perchloride white varnish
过氯乙烯半光瓷漆 vinyl perchloride semigloss enamel
过氯乙烯标志漆 vinyl perchloride marking paint
过氯乙烯瓷漆 ethylene perchloride enamel paint; vinyl perchloride enamel
过氯乙烯底漆 ethylene perchloride primer; perchlorovinyl primer; priming coat of perchloro-ethylene
过氯乙烯防腐瓷漆 ethylene perchloride anti-corrosive enamel paint; ferric red
过氯乙烯防腐漆 vinyl perchloride anti-corrosion paint
过氯乙烯防火漆 vinyl perchloride fire retardant paint
过氯乙烯管 chlorinated polyvinyl chloride pipe
过氯乙烯胶液 chlorinated polyvinyl chloride solution adhesive; vinyl perchloride adhesive solution
过氯乙烯耐海水腐蚀底漆 vinyl perchloride sea water resistance primer
过氯乙烯腻子 vinyl perchloride putty
过氯乙烯漆防潮剂 blush proof for vinyl perchloside coating
过氯乙烯清漆 perchloro-ethylene lacquer; vinyl perchloride varnish
过氯乙烯软性清漆 vinyl perchloride soft varnish
过氯乙烯树脂 chlorinated polyvinyl chloride resin; perchloro-ethylene resin
过氯乙烯塑料 chlorinated polyvinyl chloride plastics
过氯乙烯无光瓷漆 vinyl perchloride matt enamel
过氯乙烯纤维 chlorinated polyvinyl chloride fibre
过脉冲 extra pulse
过满 overfill
过锰酸钾 potassium permanganate
过密 over-crowding
过密的 over-stocked
过密就寝 <每人三平方米以下> overcrowding sleeping
过密拥挤 <住房> over-dwelling
过敏的 anaphylactic; hypersensitive; super-sensitive
过敏反应 anaphylactic reaction; anaphylaxis
过敏反应性 pathergy
过敏性 anaphylaxis; hypersensitivity; super-sensitivity
过敏性的 allergic; extra-sensitive; extrasensory
过敏性反应 allergic reaction
过敏性黏[粘]土 extra-sensitive clay; quick clay; super-sensitive clay
过敏性失调 allergic disorder
过敏原 anaphylactogen
过敏症 allergy
过膜压力 transmembrane pressure
过膜阻力 throughput membrane resistance
过磨的 overground
过磨铁粉 heavily milled iron powder
过磨细的 overground
过木机 log pass
过木建筑物 log pass structure
过木设施 log pass
过木闸 log lock
过牧 heavy grazing
过钼酸 permolybdic acid
过钼酸盐 permolybdate
过黏[粘]的 hypermatic
过黏[粘]土 excessive clay
过黏[粘]土壤 overclayey soil
过凝固现象 super-solidification
过凝结 <水泥的> false setting
过浓的 over-proof; overrich
过耦合变压器 overcoupled transformer
过耦合的 overcoupled
过耦合电路 overcoupled circuit
过配合 overcompound
过硼酸 perboric acid
过硼酸钠 perborate of soda; peroxydol; sodium perborate
过硼酸盐 perborate
过膨胀 overexpansion
过膨胀喷嘴 overexpanded nozzle
过偏量 excess in deviation
过偏压放大器 overbiased amplifier
过平衡 overbalance
过曝(露) over-exposure
过曝气 super aeration
过期 behind time; demurrage; past due
过期案卷 backfile
过期报刊合订本 backfile
过期拨款 experimentation expired appropriation
过期成本 expired cost
过期存车费 demurrage
过期的 aged; behindhand; belated; outdated; out-of-date; overdue
过期的维修 overdue maintenance
过期而未偿还的贷款 bad loan
过期罚金 default interest
过期费 extension fee
过期付款 overdue fine
过期汇票 overdue bill
过期胶卷 out-of-date film
过期客票 expired ticket
过期利率 rate of overdue interest

过期利息 overdue interest;overinterest
过期票 out-of-date ticket
过期票据 overdue bill;pastdue bill
过期票券 void documents
过期期刊 back issue;back number
过期水泥 aged cement
过期提单 stale bill of lading
过期未付 overdue
过期未付的欠款 arrears
过期未付款 back money
过期未付账款 overdue account
过期未付租金 rent arrear
过期未还银行借款 overdue debt bank loan;overdue debts on bank loans
过期文件 scratch file
过期像片 stale paper
过期应付款 overdue payment
过期杂志 back number
过期债款 debt overdue
过期债务 overdue debt
过期账款 overdue account
过期账收入 delayed income credit
过期账支出 delayed income debt
过期支票 overdue check;overdue cheque;stale check;stale cheque
过期专利 expired patent
过墙泛水 thru-wall flashing
过墙式空调器 through-wall air conditioner
过羟基 perhydroxyl radical;peroxyl radical
过桥 gap bridge;bridge piece < 车床的 >;truck < 升降机门槛与井口门框间的 >
过桥阀 cross-over valve
过桥费 bridge toll;toll through
过桥盖砖 mantle bloc
过桥管 cross-over pipe;cross under pipe
过桥夹板 bridge
过桥轮 idler
过桥式磁力分离机 overbridge magnetic separator
过桥式磁铁分离器 overbridge magnetic separator
过桥式磁选机 overbridge magnetic separator
过桥税 toll thorough
过桥线 tie jumper
过氢化物 perhydride
过驱动 overdrive
过去的 overpassed
过去的天气 past weather
过去降水量 past precipitation
过去天气 past weather
过去租金 ancient rent
过染 overstain
过染色的 hyperchromatic
过热 excess(ive) heat;generation of excess heat;hot shot;overheat(ing);over-temperature;superheat(ing)
过热安全控制 overheat control
过热保护 overheat(ing) protection;thermal protection
过热保护继电器 overheat protective relay
过热保护开关 overheat switch
过热保护器 overheat protector
过热保护装置 thermal protector
过热保险器 over-temperature cutout
过热报警信号 heat alarm;temperature alarm
过热部位 hot spot
过热材料 hyperthermal material
过热层 overheating layer
过热程度 degree of superheat
过热的 hyperthermal;overheated;superheated
过热的轴颈箱 hot box
过热点 heat spot;hot point;hot spot;overheat(ed) spot
过热段 superheat section
过热发动机 superheated engine
过热沸水塘 superheated pool
过热分散作用 demolization
过热钢 open-heated steel;overheated steel
过热钢液 superheated molten steel
过热骨料 superheated aggregate
过热故障 overheating fault
过热管 superheater pipe;superheater tube;superheating tube
过热管箍 superheater pipe band
过热管夹 superheater pipe support
过热管弯头 superheater pipe return bend
过热管组 superheater unit
过热管组夹 superheater unit clamp
过热锅 overheat pan
过热后冷却 desuperheat
过热或再热强制循环蒸汽锅炉 superheat/reheat controlled circulation steam generator
过热集料 superheated aggregate
过热计 superheat meter
过热继电器 over-temperature relay;temperature limiting relay
过热监测器 overheat detector
过热降低器 desuperheater
过热降低区 desuperheating zone
过热降温盘管 desuperheating coil
过热结构 < 焊接部分的 > overheated structure
过热经济 overheated economy
过热警报器 overheat alarm
过热开关 overheat switch
过热控制 overheat control
过热控制膨胀阀 superheat-controlled expansion valve
过热量 superheat
过热量热器 superheating calorimeter
过热炉 superheater
过热面 superheating surface
过热面积 superheater heating surface;superheating surface area
过热汽缸油 superheated steam cylinder oil
过热器 overheater;superheater(unit)
过热器单元 superheater element
过热器调节风门 superheater damper
过热器调节风门缸 superheater damper cylinder
过热器调节风门缸臂 superheater damper cylinder arm
过热器调节风门缸汽管 superheater damper cylinder steam pipe
过热器调节风门平衡铁 superheater damper counterweight
过热器调节风门轴 superheater damper shaft
过热器调节风门轴臂 superheater damper shaft arm
过热器调节风门轴承 superheater damper shaft bearing
过热器高温计 superheater pyrometer
过热器管束 superheater bank
过热器管系 superheater tube circuit
过热器管子 superheater tube
过热器夹螺栓垫圈 superheater unit clamp bolt washer
过热器紧固杆 superheater unit anchorage bar
过热器紧固夹 superheater unit anchorage
过热器聚汽箱 superheater collector box
过热器联管箱 superheater header
过热器联管箱端板 superheater header end plate
过热器量热器 superheater calorimeter
过热器面积 superheater surface
过热器盘管 superheater coil
过热器区 superheater cavity
过热器蛇形管 superheater coil;superheater tube circuit
过热器室 superheater cavity
过热器弯头 superheater elbow
过热器焰管 superheater flue
过热切断装置 overheat cutoff device
过热区 overheated zone;superheated area
过热区域 superheat region
过热泉 hyperthermal spring
过热热量 heat of superheat(ing)
过热熵 entropy of superheating
过热生裂 thermal checking
过热受热面 superheating surface
过热水 superheated water
过热水采暖 superheated water heating
过热水供暖装置 superheated water heating installation
过热水供热 superheated water heating
过热水管网 superheated water network
过热水井 superheated water well
过热水散热片 superheated water radiant panel
过热水蒸气 superheated vapo(u)r
过热水蒸汽 superheated steam
过热水蒸汽裂解 superheated steam cracking
过热水总管 superheated water main
过热送风 overheat blowing
过热态喷汽孔 superheated fumarole
过热探测器 overheat detector
过热调节器 attemperator
过热温度 over(heating) temperature;superheat(ing) temperature
过热温度界限 hyperpyrexial temperature limit
过热下降 desuperheating
过热箱 superheater header
过热箱端板 superheater header end plate
过热箱支座 superheater header support
过热信号 over-temperature signal
过热信号器 heat alarm
过热液体 superheated liquid
过热增力器 superheat booster
过热蒸气 superheated vapo(u)r
过热蒸气干燥器 superheated vapo(u)r dryer[drier]
过热蒸汽 dry saturated steam;gaseous steam;overheat steam;steam-gas;surcharged steam
过热蒸汽扁平式气流粉碎机 steam micronizer
过热蒸汽操作 superheated steam operation
过热蒸汽发动机 superheated steam engine
过热蒸汽缸(润滑)油 superheated steam cylinder oil
过热蒸汽管 superheated steam tube[pipe];superheating steam tube[pipe]
过热蒸汽锅炉 superheated steam boiler
过热蒸汽机车 superheated steam locomotive
过热蒸汽冷却器 desuperheater
过热蒸汽流 superheated steam current
过热蒸汽区 superheated steam area
过热蒸汽系统 superheated steam system
过热指示器 overheat detector
过热装置 superheater
过热组织 overheated structure
过日界线日期 anti-podean day
过容量检查 < 加法器的 > exceed capacity check
过溶度 super-solubility
过熔 superfusion
过熔作用 transfusion
过熔作用方式 transfusion way
过软雪 overripe snow
过扫 overscan
过扫描 overscanning
过砂土壤 oversandy soil
过筛 bolting;griddle;passage of a screen;riddle;riddling;screening;sieving;sifting;size up
过筛百分率 percentage of passing;percentage passing screen;percentage sieving;percent passing
过筛百分数 percentage of passing;percentage passing screen;percentage sieving;percent passing
过筛材料 screened material;sieved material;sifted material
过筛产品 finishing pass;screened product
过筛的 screened;subsize
过筛的材料 material passing the screen
过筛的砾石混合料 screened gravel mix(ture)
过筛的水泥 sifted cement
过筛的物料 screened material
过筛分析 grain-size analysis;mechanical analysis;sieve analysis
过筛分析试验 screen sizing test
过筛骨料 screened aggregate;sieved aggregate
过筛黄土 screened loess soil
过筛集料 screened aggregate;sieved aggregate
过筛检查 screening examination
过筛矿石 sized ore
过筛累计百分率 cumulative percentage passing sieve;cumulative percent passing sieve
过筛砾石 screened gravel
过筛粒度 passing-screen size
过筛粒径 passing-screen size
过筛量 undersize
过筛料 screen-throughs
过筛率 sieving rate
过筛煤 grate coal
过筛砂 graded sand;screened sand;sifted sand
过筛试验 sieve test(ing)
过筛碎石 hoggin
过筛土 < 种植草皮用 > top dressing
过筛物 throughs
过筛物料 material passing the screen;undersize
过筛小颗粒料 undersize particle
过筛眼的 thrus
过筛重量通过率 percentage of passing weight
过烧 burning;overbake;overburning;overfiring;overroasting;superburning
过烧变形砖 hard brick;hard stock
过烧的 hard-burned;overburnt;oversintered
过烧的陶器 overburnt ware
过烧钢 burned steel;burnt iron;burnt steel;fiery steel
过烧金属 burnt metal
过烧面砖 hard-burnt facade brick
过烧石膏 dead plaster
过烧石灰 hard-burnt lime;overburnt lime
过烧熟料 hard-burned clinker;overburned[overburnt] clinker
过烧铸铁 burnt iron

过烧砖 clinker brick;crozzle;klinker brick;overburned brick;picking
过烧组织 burnt structure
过伸 hyperextension
过深炮 shooting into the solid
过深桩 over-driven pile; pile over-drive
过渗碳 overcarburizing
过渗碳钢 perished steel
过剩 congestion; overabundance; overplus;plethora;super-abundance
过剩倍增常数 excess multiplication constant
过剩倍增系数 excess multiplication factor
过剩部分 <美元或存货的> overhang
过剩材料 excess material;surplus material
过剩产品 overaged product
过剩传送比 excess carrier ratio
过剩的 redundant; superfluous; surplus
过剩的人口 overspill
过剩电荷 excess charge
过剩电力 residual electric(al) power;surplus power
过剩电流 excess current
过剩电能 dump energy
过剩电压 <充电机超过蓄电池的电压> spurious voltage
过剩电子 excess electron
过剩电子的 excess electronic
过剩电子密度 excess electronic density
过剩反应性 excess reactivity
过剩供应能力 excess supply capacity
过剩共振积分 excess resonance integral
过剩购买力 excess purchasing power
过剩焓 excess enthalpy
过剩活性污泥 excess activated sludge
过剩货物 astray freight
过剩几何压头 excess geometric(al) head
过剩碱 base excess
过剩金属 excess metal
过剩近似 approximation in excess
过剩静水压力 hydrostatic excess pressure
过剩静压头 excess pressure head
过剩空气量 excess(ive) air;surplus air
过剩空气率 excess air ratio; percent of excess air;rate of excess air
过剩空气排放管 excess air stack
过剩空气系数 air-fuel ratio; coefficient of excess air;excess air coefficient;excess air factor;excess air number;excess air ratio;percentage of excess air
过剩空气烟囱 excess air chimney
过剩空气因数 excess air factor
过剩空穴密度 excess hole density
过剩粒子数 excess population
过剩量 excess quantity
过剩流体压头 excess fluid head
过剩率 overflow rate
过剩氯处理 super-chlorination
过剩能力 excess capacity
过剩能量 excess energy
过剩气压 excessive air pressure
过剩热 surplus heat
过剩热量 superfluous heat
过剩人口 redundant population; surplus population
过剩人员 excess workers
过剩砂浆 surplus mortar
过剩生产能力 redundant capacity; surplus capacity
过剩湿度 excess humidity
过剩湿分 excess moisture
过剩数 abundant number
过剩水分 excess moisture; superfluous water
过剩水量 excess water; excessive rainfall;surplus water
过剩水量蓄存 storage of surplus water
过剩水气 superfluous water vapo(u)r
过剩体积 excess volume
过剩污泥 excess sludge;sludge excess
过剩物 surplusage
过剩吸收 excess absorption
过剩型导电 excess conduction
过剩型导电率 excess conductivity
过剩压力 overpressure; pressure above the atmosphere
过剩氩 excess argon
过剩氧含量 excess oxygen level
过剩载流子 additional carrier;excess carrier
过剩中子 excess neutron
过剩准备 excess reserve
过剩资本 surplus capital
过失 aberration;defection;delinquency; demerit; error; fault; misdemeano(u)r; mistake; negligence; onus
过失保险 errors and omissions insurance
过失程度 degree of blame
过失赔偿责任 fault liability
过失误差 gross error;mistake error
过失险 risk of error
过失者 delinquent
过湿拌和料 overwet mix
过湿带范围 range of super-humid zone
过湿的 overwet;perhumid
过湿地 overwet land
过湿混合料 overwet mix
过湿类型 excessive dampness type
过湿气候 perhumid climate
过湿条件 overdamped condition
过湿土(壤) super-humid soil
过湿状态 overdamped condition
过时 behind time; obsolescence; out-of-dateness; out of season; out of time;rustiness
过时材料 obsolete material
过时车票 overtime ticket
过时错误 time-out error
过时的 antiquated; dated; moth-eaten; mo(u)ldy; obsolete; old fashioned; outdated; outmoded; out-of-date;outworn;passe;worm-eaten
过时地图 obsolete map; out-of-date map;superseded map
过时方法 outdated method; back number
过时废料 sterile material
过时工业 ag(e)ing industry
过时观念 antiquated idea
过时规范 outdated specification
过时机车 ex-locomotive
过时检查 overtime check
过时情报 obsolete information
过时设备 obsolete equipment; outmoded equipment
过时线划图 outdated line map
过时效 overag(e)ing
过时效的债务 stale debt
过时住房 obsolescent housing
过时资料 outdated data
过手佣金 commission past us
过熟 overmaturity;overripe
过熟材 overripe wood
过熟化 overcure;overcuring
过水坝 overfall dam; overflow dam; self-spillway dam;spillweir dam
过水沉箱 water-passing caisson
过水堤 overflow dike[dyke]; overflow embankment
过水丁坝 overfall dike[dyke]; overflow dike[dyke]
过水断面 active cross-section;area of flowing cross-section; discharge (cross-) section; flow section; hydraulic conduit sections; overflow section; water carrying section; wetted(cross-) section
过水断面积 <河流或渠道的> discharge area;flow area
过水断面宽度 width of water cross-section
过水断面面积 area of wetted cross-section;discharge section(al) area
过水断面湿周 wetted perimeter of cross-section area
过水公路 water plash;water splash
过水涵洞 hydraulic culvert
过水合物 perhydrate
过水横断面 cross-section of discharge
过水横断面面积 area of wetted cross-section
过水横截面面积 area of wetted cross-section
过水截面积 wet cross-section
过水孔道 pore entry radius
过水孔径 discharging bridge openings;waterway opening
过水口 trapezia notch
过水路面 causeway;ford;Irish bridge; overflow pavement;water splash
过水面 flow surface
过水面积 area of passage; discharge section;wetted area
过水能力 carrying capacity of water; discharge capacity;flow capacity
过水桥 overflow bridge
过水输沙能力 ability of water and sediment conveyance; water and silt carrying capacity
过水隧道 waterway tunnel
过水隧洞 waterway tunnel
过水土石坝 overflow earth-rock fill(ed) dam
过水土石围堰 overflow earth and rock cofferdam; overtopped earth and rock cofferdam
过水围堰 overflow cofferdam; overtopped cofferdam
过松弛 over-relaxation
过速 over-speed
过速保护 over-speed protection
过速检测器 over-speed detector
过速离合器 over running clutch
过速调节器 runaway governor
过酸 peracid;super-acid
过酸化的 superacidulated
过酸化作用 superacidulation
过酸洗 <板材等的> overpickling
过酸性 peracidity
过酸盐 peroxy salt;persalt
过酸酯 percarbonic acid;perester
过碎 overbreak;overgrind(ing)
过隧费 tunnel toll
过隧经历时间 duration of tunnel passage
过滩吃水 bar draught
过碳酸钾 percarbonate; potassium percarbonate
过碳酸氢盐 perdicarbonate
过碳酸盐 percarbonate
过天顶测天 back observational sight
过天顶高度 altitude of back sight; backsight angle;supplementary altitude
过调 overcorrection;over-travel
过调节 overregulate;overshoot
过调节控制 override control
过调量 overcorrection;overshoot
过调指示器 overmodulation indicator
过调制 excessive modulation;overexcitation;overmodulation
过调制容量 overmodulation capacity
过调制失真 overmodulation distortion
过调制指示器 overmodulation indicator
过铁镁质 perfemic
过铁酸盐 perferrate
过凸 <焊接的> excess convexity
过晚收缩 hysterosystole
过网眼的 thrus
过微调 overtrimming
过温度 excess temperature
过稳船 stiff ship;stiff vessel
过稳定性 over-stability
过钨酸盐 pertungstate
过稀 too lean
过膝长统靴 jack boot
过细的 meticulous;ultra-fine
过细的预算 overbudgeting
过细颗粒 undersize particle
过夏季 aestivate
过显性 over-dominance
过硝酸 pernitric acid; peroxy nitric acid
过硝酸盐 peroxy nitrate
过小 undersize
过效率 overpower
过性石灰 dead lime
过性水泥 aged cement
过选砖 cull of brick
过压 excessive pressure;overdrive;overpressure; overtension; overvoltage
过压保护 overvoltage crowbar;overvoltage protection
过压保护旁通管 excess pressure relief by-pass
过压保护系统 overvoltage protective system
过压保护装置 overvoltage protective device
过压保险丝 arrester[arrestor]
过压报警(器) overvoltage alarm
过压的 over-stressed
过压断路器 overvoltage release
过压阀 excess pressure valve; overpressure valve
过压范围 overvoltage region
过压放电器 lightning arrester
过压继电器 overvoltage relay
过压冷却 overpressure cooling
过压密实 overdamming
过压熔断器 overvoltage fuse
过压试验 overpotential test
过压试验法 overpressure method
过压释放 overvoltage release
过压缩 covercompression; excessive rolling
过压梯度 excess pressure gradient
过压吸收电容器 surge absorber condenser
过压吸收器 surge absorber
过压抑制器 excess voltage suppressor
过压阈值 overvoltage threshold
过压状态 overvoltage condition
过堰流量 weir flow
过堰水舌 nappe of weir;nappe over weir
过氧苯甲酸 benzo(yl)-hydroperoxide
过氧苯(甲)酰 benzoyl peroxide
过氧苯酰硝酸酯 peroxy benzoyl nitrate
过氧丙酰硝酸酯 peroxypropiony nitrate

过氧草酸乙基特丁酯 ethyl-t-butyl peroxyoxalate
过氧丁酰硝酸酯 peroxybutyryl nitrate
过氧二碳酸双-3-甲基丁酯 bis-3-methyylbutyl peroxydicarbonate
过氧铬酸铵 ammonium peroxy-chromate
过氧铬酸盐 peroxychromates
过氧化胺 peroxamine
过氧化钡 barium dioxide;barium peroxide;barium superoxide
过氧化苯二甲酸二叔丁酯 di-tertbutyl peroxyphthalate
过氧化苯甲酰 benzoperoxide;benzoyl peroxide
过氧化苯酰 benzoperoxide
过氧化丙酮 acetone peroxide
过氧化氮 nitrogen peroxide
过氧化丁二酰 disuccinic acid peroxide
过氧化丁酮 methyl ethyl ketone peroxide
过氧化二苯甲酰 benzoperoxide;benzoyl peroxide;dibenzoyl peroxide
过氧化二癸酰 decanoyl peroxide
过氧化二枯基 dicumyl peroxide
过氧化二氯苯甲酰 dichlorobenzoyl peroxide
过氧化二叔丁基 ditertiary butyl peroxide
过氧化二碳酸二苄酯 dibenzyl peroxydicarbonate
过氧化二碳酸二丙酯 dipropyl peroxydicarbonate
过氧化二碳酸二环己酯 dicyclohexyl peroxydicarbonate
过氧化二碳酸二异丙酯 diisopropyl peroxydicarbonate
过氧化二烷基 dialkyl peroxide
过氧化二酰 diacyl peroxide
过氧化二乙基 diethyl peroxide;ethyl peroxide
过氧化二乙醚 ether peroxide
过氧化二乙酰 diacetyl peroxide
过氧化反应 peroxidation
过氧化钙 calcium peroxide;calcium superoxide
过氧化汞 mercury peroxide
过氧化合物 peralcohol
过氧化环已酮 cyclohexanone peroxide
过氧化甲乙酮 methyl ethyl ketone peroxide
过氧化钾 potassium peroxide
过氧化聚丁二烯 oxiron
过氧化氯 chlorine peroxide
过氧化酶 catalase
过氧化镁 magnesium peroxide
过氧化锰 manganese peroxide
过氧化钠 sodium peroxide;sodium super-oxide
过氧化钠-氢氧化钾熔融 fusion with Na_2O_2 and KOH
过氧化钠-氢氧化钠熔融 fusion with Na_2O_2 and NaOH
过氧化钠熔融 fusion with Na_2O_2
过氧化钠烧结 sintering with Na_2O_2
过氧化钠弹量热器 sodium peroxide bomb calorimeter
过氧化脲 carbamide peroxide;urea peroxide
过氧化铅法 lead peroxide method
过氧化氢 hydrogen dioxide;hydrogen peroxide;hydro peroxide;peroxide of hydrogen
过氧化氢催化氧化 hydrogen peroxide catalytic oxidation
过氧化氢废水 hydrogen peroxide wastewater
过氧化氢分解 hydrogen peroxide decomposition
过氧化氢硫酸分解 decomposition wit mixture of H_2O_2 and H_2SO_4
过氧化氢强化光催化氧化 hydrogen peroxide enhanced photocatalytic oxidation
过氧化氢溶液 hydrogen peroxide solution
过氧化氢水溶液 aqueous hydrogen peroxide solution
过氧化氢稳定剂 stabilizer of hydrogen peroxide
过氧化氢物 hydroperoxide
过氧化氢消毒 disinfection by hydrogen peroxide
过氧化氢氧 hydrogen peroxide oxygen
过氧化氢氧化 hydrogen peroxide oxidation
过氧化氢异丙苯 hydrogen peroxide isopropyl benzene
过氧化熔炼 overoxidized heat
过氧化十二酰 dilauroyl peroxide
过氧化锶 strontium dioxide;strontium peroxide
过氧化钛 titanium superoxide
过氧化铁 peroxide of iron;rubigo
过氧化铁粉 roude
过氧化铜 copper peroxide
过氧化物 hydrogen peroxide;hyperoxide;super-oxide;peroxide
过氧化物催化剂 peroxide catalyst
过氧化物分解剂 peroxide decomposer
过氧化物混凝工艺 peroxide-coagulation process
过氧化物硫化 peroxide cure;peroxide vulcanization
过氧化物硫化剂 peroxide vulcanizing agent
过氧化物漂白 peroxide bleaching
过氧化物漂白剂 peroxide bleach
过氧化物漂白液 peroxide bleaching liquor
过氧化物效应 peroxide effect
过氧化锌 zinc perhydrol;zinc peroxide
过氧化性 peroxidizing property
过氧化银 silver peroxide
过氧化铀 uranium peroxide
过氧化值 peroxide number;peroxide value
过氧化作用 peroxidation;peroxidization
过氧甲酸 peroxyformic acid
过氧链 peroxide bond
过氧桥 peroxide bridge
过氧氢自由基 hydroperoxyl radical
过氧酰基硝酸酯 peroxyacetyl nitrate
过氧酰硝酸 peroxy nitric acid
过氧乙醚 ethyl peroxide
过氧乙酸 peracetic acid;peroxyacetic acid
过氧乙烷 ethane peroxide
过氧乙酰 acetylperoxide
过氧乙酰硝酸酯 peroxyacetyl nitrate
过氧游离基 peroxy radical
过一硫酸 permonosulfuric[permonosulphuric] acid
过一硫酸盐 peroxy-monosulfate
过乙酸 acetic peracid;peracetic acid
过乙酸化橡胶 berperacetylated rubber
过应变时效 over-strain ag(e)ing
过应力 over-stress(ing)
过应力测试 over-stress testing
过应力岩体 over-stressed rock mass
过盈公差 interference tolerance
过盈量 magnitude of interference;shrink range
过盈配合 interference fit
过硬的 overhardening;super-hard
过硬的特性 job-proven feature
过油管射孔枪 through tubing perforating gun
过于安全的设计 overdesign
过于逼风驶帆 gripping
过于成熟 oversophistication
过于繁荣的经济 overheated economy
过于丰富 overabundance
过于复杂 oversophistication
过于简化 oversimplify
过于精致的 over-delicate
过于劳累 overfatigue;over-strain
过于努力 overexertion
过于强调 overemphasis
过于松弛 over-relaxation
过于重视 overestimate;over-value
过于注意小节的 meticulous
过于着重 overemphasis
过余焓 excess enthalpy
过鱼槽 fish chute
过鱼道 fish pass;fish way;salmon ladder
过鱼建筑物 fish pass structure
过鱼设备 fish passage facility
过鱼设施 fish passage facility
过鱼堰 fish weir
过鱼闸 fish lock
过缘加厚的 heavy edge
过远运输 excessively long-distance traffic;unduly long-haul traffic
过载 excess load;extra duty;overburden;overcharge;overlade;overload(ing);supercharge load(ing);superimposed load(ing);surcharge (load)
过载安全阀 overload relief valve;overload relieve valve
过载安全系数 service factor
过载安全装置 overload safety device;safety device
过载保护 overcurrent protection;overload cutout;overload protection;overpower protection
过载保护继电器 overload protective relay
过载保护开关 cut-out
过载保护系统 overload protective system
过载保护装置 load capacity limiter;overload protection device;overload protective unit;overload protector;overload safeguard;overcurrent protective device【电】
过载保险丝 overload fuse
过载传感器 accelerometer
过载传感器图表 accelerometer chart
过载的 over-driven;over-laden
过载点 overload point
过载电流 excess current;overcurrent;overload current
过载电流保护 excess-current protection;overcurrent protection
过载电流保护断路器 excess-current protective breaker
过载电流保护装置 overcurrent protection
过载电流断路器 over load current interrupter
过载电流继电器 overcurrent relay
过载电路 overload circuit
过载电平 overload level
过载定额 overload margin
过载断流器 overload circuit breaker;distribution cutout
过载断路器 overcircuit breaker;overcurrent breaker;overload circuit breaker;overload cutout;overloading breaker;overload release;overload switch;overload trip
过载额量 overload capacity
过载阀 overload valve
过载反应 acceleration response
过载负荷 overcharge load
过载恢复时间 overload recovery time
过载畸变图 load-deformation curve
过载继电器 maximum relay;overcurrent relay;overload relay;overload release
过载减弱 g-alleviation
过载减压阀 overload relief valve;overload relieve valve
过载检测器 overload detector
过载检测装置 <叉车> overload detecting system
过载界限 overload level
过载警报灯 overload warning lamp
过载警报控制 overload alarm control
过载警报装置 overload alarm;overload warning device
过载警戒控制 overload alarm control
过载开关 overload cutout;overload switch
过载控制 demand control
过载控制阀 overrun brake
过载离合器 overload clutch
过载裂缝 overload crack
过载模拟程序 overload simulator
过载磨损 overload wear
过载能力 overload capability;overload capacity;overload rating
过载容量 overload capacity
过载失真 blasting
过载试验 overload(running) test
过载释放 overload release
过载弹簧 overload spring
过载探测器 overload detector
过载特性 overloading characteristic
过载跳闸 overload trip
过载跳闸装置 overload trip device
过载脱开装置 overload trip device
过载污水管 surcharge sewer
过载系数 overload factor;overload ratio
过载限时继电器 overload time relay
过载限制器 overload limiter;overload stop
过载限制装置 overload limiter
过载效率 overload efficiency
过载信号灯 overload light
过载压力 overburden pressure
过载溢流阀 overload relief valve;overload relieve valve
过载因数 factor for overcapacity
过载正向电流 overload forward current
过载值 overload value
过载指示器 accelerometer(unit);overload detector;overload indicator
过载中间继电器 overload repeater relay
过载装置 overload device
过载状态 overload condition
过早爆燃 early detonation
过早爆炸 early burst;premature blast;premature explosion
过早变稠 early stiffening
过早剥离 prerelease
过早的 premature;rash;timeless;untimely
过早的道岔转换 premature point movement
过早的摘钩 <溜放时> premature uncoupling
过早干燥 dry out;premature drying-out
过早固化 procuring
过早揭纸 prerelease
过早解锁 premature release

过早硫化【化】scorch
过早磨耗 premature wear
过早磨损 earlier wear
过早凝固 premature freezing
过早凝结 false set;premature setting;premature stiffening
过早破坏 preloading deterioration;premature failure
过早起爆 premature explosion;premature firing
过早切断 premature disconnection
过早缺失 premature loss
过早烧坏 premature burn-out
过早失效 premature failure
过早收缩 extra systole;premature beat;premature systole;proiosystole
过早衰坏 premature failure
过早损坏 earlier failure;early failure;preloading failure;premature damage;premature failure
过早提钻 <为更换钻头> pull in green
过早硬化 premature hardening;premature stiffening <混凝土>;preloading stiffening;false set
过闸 lockage;passing through a lock;lock through
过闸操作系统 locking system
过闸船舶装载系数 load factor of locked ship
过闸次数 number of lockages
过闸调度 lockage despatching[dispatching]
过闸方式 lockage mode
过闸费 lockage
过闸航行 slack-water navigation;still water navigation
过闸耗水量 lockage water;loss by lockage
过闸计数器 lock counter
过闸技术 lockage technique
过闸排档 lockage arrangement
过闸设施 lockage facility
过闸时间 lockage time;locking time;time of lockage;lock operation time
过闸收费 lock-due
过闸水量损失 loss by lockage
过闸需水量 locking water demand
过闸用水 lockage water;water used in lockage
过闸用水量耗损 loss from lockage
过闸运量不均衡常数 imbalance factor of locked traffic
过闸总时间 total lockage time
过闸作业 locking operation;lock operation;lockage
过闸作业周期 locking cycle
过站车票 over ridden ticket
过张的 over-stressed
过账 posting account;posting of accounts
过账表 abstract of posting
过账错误 error in posting
过账登记 adjustment entries
过账分类表 abstract of posting
过账根据 basis of posting;posting medium
过账记录 book of posting entry;post(ing)
过账顺序 sequence of posting
过账循环 posting cycle
过账依据 posting reference
过折射 super-refraction
过振捣 overvibration
过止量规 go-no-go ga(u)ge
过指试验 past pointing test
过重 excess(ive) weight;overburden;overcharge;over load;surcharge
过重的 overweight
过重负担(责任等) supercharge
过滋育 eutrophication
过滋育湖 eutrophic lake
过滋育沼泽 eutrophic mire
过自旋 overspin;overstabilization
过阻尼 over-damp(ing)
过阻尼的 overdamped
过阻尼电流计地震仪 overdamped galvanometer seismograph
过阻尼响应 overdamped response
过钻 drill over
过坐标原点的 zeroaxial

G

H

铪块 hafnium regulus

铪矿 hafnium ore
铪矿床 hafnium deposit
铪离子 hafnium ion
铪钕同位素相关性 hafnium-neodymium isotope correlation
铪石 hafnon
铪锶同位素相关性 hafnium-strontium isotope correlation

哈巴德冰川 Hubbard glacier

哈巴-费尔(沥青)混合料配合设计法 Hubard-Field mix-design method
哈巴-费尔稳定度 Hubard-Field stability
哈巴-费尔稳定度试验 Hubard-Field stability test
哈巴-费尔稳定性试验 Hubard-Field stability test
哈巴粉 raw umber
哈邦尔德式调压机 Habbord type booster
哈波士吨 Hoppus ton
哈勃半径 Hubble radius
哈布尘暴 <见于埃及和阿拉伯沙漠地区及印度平原> haboob
哈布沙暴 haboob
哈达马德变换 Hadamard transformation
哈达马德变换光谱 Hadamard transform spectroscopy
哈达马德变换图像 Hadamard transformed image
哈达马德反变换 inverse Hadamard transform
哈代式弹性万向联轴器 Hardy joint
哈代特耐热镍铬硅合金 Hardite
哈得果洛夫指数 <煤的磨碎性> Hardgrove index
哈得来环流 Hadley cell
哈德菲尔德高锰钢 Hadfield steel
哈德菲钢 Hadfield steel
哈德格罗夫可磨度指数 Hardgrove grindability index; Hardgrove number
哈德格罗夫砂岩 Hardgrove sandstone
哈德格罗夫易磨性 Hardgrove grindability
哈德来环流 Hadley cell
哈德森公式 Hudsen formula
哈德威克型运输机集尘装置 Hardwick conveyor loader head
哈德逊海峡 Hudsonian Strait
哈德逊河蓝灰砂岩 Hudson River Bluestone
哈德逊峡谷 Hudsonian Canyon
哈德逊运动【地】 Hudsonian orogeny
哈登法斯特混凝土快速凝结剂 Harden fast
哈登法斯特混凝土硬化剂 Hardfast
哈迪浮游生物指示器 Hardy plankton indicator
哈迪·克罗斯法【给】 Hardy Cross method
哈迪·克罗斯弯矩分配法 Hardy Cross moment distribution method
哈迪克斯型凿岩机 Hardix machine
哈迪皮克型平巷电钻机组 Hardypick drifting machine
哈丁磨 Hardinge mill
哈丁奇型超细分级机 Hardinge superfine classifier
哈丁奇型沉降槽 Hardinge thickener
哈丁奇型称量给料器 Hardinge feeder-weigher
哈丁奇型回路分级机 Hardinge type loop classifier
哈丁奇型逆流分级机 Hardinge countercurrent classifier
哈丁奇型浓缩机 Hardinge thickener
哈丁奇型球磨机 Hardinge mill
哈丁奇型水力分级机 Hardinge hydroclassifier
哈丁奇型水平转盘给料机 Hardinge disk feeder
哈丁奇型泻落式磨机 Hardinge cascade mill
哈丁奇型圆锥球磨机 Hardinge ball mill; Hardinge conic(al) mill
哈顿地板 <一种玻璃弹簧跳舞地板> Hayton floor
哈尔丹空气分析器 Haldane's apparatus
哈尔迪铬钢 Haldi
哈尔芬锚固槽钢 <混凝土预埋件> Halfen anchor channel
哈尔芬-希克斯松香定性检验法 Halphen-Hicks test
哈尔芬预埋件 Halfen concrete insert
哈尔卡特铬钨钢 Halcut
哈尔科铬钢 Halco
哈尔克构造段【地】 Haik tectonic segment
哈尔库姆合金钢 Halcomb
哈尔纳格页岩 Harnage shale
哈菲尔德角砾岩 Haffield breccia
哈菲克斯导航 Hi-Fix navigation
哈-费氏稳定度仪 Huggard-Field stability-machine
哈佛标准天区 Harvard Standard Region
哈佛分类法 Harvard classification
哈佛海槽 Havre trough
哈佛克硅钼钒钢 Havoc
哈佛(氏)管 Haversian canal
哈佛小型压实试验 Harvard miniature compaction test
哈夫内陶器 <16世纪中期德国的陶器,常制成炉瓦和厚壁容器> Hafner ware
哈弗特页岩 Haffotty shale
哈格多恩状态方程 Hagedorn equation of state
哈格雷火山灰 Hagley ashes
哈根-泊肃叶定律 Hagen-Poiseuille's law
哈根-泊肃叶方程 Hagen-Poiseuille's equation
哈根假说 Hagen's hypothesis
哈根马歇方程式 Haggen-Macher equation
哈古斯锰钢 hargus
哈硅钙石 hatrurite
哈哈镜 distorting mirror; magic mirror; shock mirror
哈吉夫桩 <一种沉管灌注桩> Hardrive pile
哈-焦气体吸附法 <测粉末比表面> Harkins and Jura method
哈卡斯铬锰钢 Harcus
哈科巴连续膨化变形法 Hacoba bulking system
哈科特港 <尼日利亚> port Harcount
哈壳线脚 clamshell
哈可试验法 Harkort test
哈克公式 Hark formula
哈克沃斯阀动装置 Hackworth valve gear
哈拉德记录仪 Hallade recorder
哈莱奇阶【地】 Harlechian
哈莱奇穹丘 Harlech dome
哈莱奇统【地】 Harlech Series
哈勒定律 Haller's law
哈勒姆计量所 <荷兰> Weigh House at Haarlem
哈里卡纳苏斯陵墓 Halicarnassos Mausoleum
哈里克套-博格达深断裂系 Kharktan-Bogda deep fracture zone
哈里森圆锥体 Harrison cone
哈里斯-乌尔曼复核心模式 Harris-Ullman's multi-nuclei model
哈里逊坚硬岩芯提取器 Harrison hardrock corer
哈利伯顿试验 Halliburton test
哈利伯顿水泥稠化试验仪 <英> Halliburton thickening time tester
哈利伯顿(水泥浆)变硬时间测试仪 Halliburton thickening time tester
哈利伯顿(水泥浆)增稠时间测试仪 Halliburton thickening time tester
哈利法克斯港 <加拿大> Halifax Port
哈利根铁铤 Halligan tool
哈利阶【地】 Hallian stage
哈利卡那索斯陵墓 Mausoleum at Halicarnassos
哈利凯南滑板式黏[粘]度计 Hallikainen sliding-plate viscometer
哈利凯南毛细管黏[粘]度计 Hallikainen capillary viscometer
哈利凯南转盘式黏[粘]度计 Hallikainen rotating-disk viscometer
哈列梯摇床 Hallett table
哈林顿耐磨轴承青铜 Harrington's bronze
哈林顿喷水抽气泵 Harrington's water-jet pump
哈林顿青铜合金 Harrington's bronze alloy
哈林格盾构(法) Hallinger shield
哈硫铋铜铅矿 hammarite
哈龙管理计划 Halon management plan
哈龙管理中心 Halon Management Center[Centre]
哈轮吊杆方式【机】 Hallen derrick system
哈洛威尔石 <产于美国缅因州的一种浅灰色花岗岩> Hallowell granite
哈蟆背形(楼梯)扶手 toadback handrail
哈马德变换 Hadamard transform
哈马德不等式 Hadamard's inequality
哈马德评价式 Hadamard's evaluation
哈马黑拉海 Halmahera Sea
哈马型冲击式电磁振动筛 hummer screen
哈梅塔格旋涡冲击式磨机 Hametag impact mill
哈梅特方程式 Hammett equation
哈梅特酸标度 Hammett scale
哈梅特酸指标指示剂 Hammett indicator
哈密地块 Hami block
哈密顿法 Hamiltonian method
哈密顿函数 Hamiltonian; Hamiltonian function
哈密顿合金 Hamiltonian metal
哈密顿-凯莱定理 Hamilton-Cayley theorem
哈密顿(能量)算符 Hamiltonian operator
哈密顿群【地】 Hamilton group
哈密顿算子 Hamiltonian; operator
哈密顿特征函数 Hamiltonian characteristic function
哈密顿图 Hamiltonian graph
哈密顿循环 Hamiltonian cycle
哈密顿原理 Hamiltonian principle
哈密顿运动方程 Hamiltonian equations of motion
哈密顿坐标 Hamiltonian coordinate
哈密-塔里木地块带【地】 Hami-Talimu block-zone
哈明窗 Hamming window
哈明漆油 hubbeck pale boiled linseed oil
哈明型滤波器 Hamming window
哈默尔基 Hamel basis
哈默斯利型铁矿床 Hamersley-type iron deposit
哈姆喷嘴 Hamm tip
哈姆丘陵岩 Ham Hill stone
哈姆斯特德层 Hamstead beds
哈拿克第一收敛定理 Harnack's first convergence theorem
哈内尔深度法则 Haanel depth rule
哈宁窗 Hanning window
哈宁型滤波器 Hanning window
哈纽斯碘值 Hanusiodine number
哈纽斯碘值测定法 Hanus method
哈硼镁石 halurgite
哈萨克-克什迷古陆【地】 Kazakhkashmir old land
哈萨克斯坦 Kazak(h)stan
哈萨克斯坦板块【地】 Kazakhstanian plate
哈萨克斯坦古陆【地】 Kazakhstanian old land
哈森和辛格修正法 modified method of Hassan and Singh
哈氏高锰钢 Hadfield manganese steel
哈氏钴铬钨合金 Hayne's alloy; Hayne's stellite
哈氏可磨性指数 Hardgrave grindability index
哈氏切片机 hand microtome; Hardy's thin cross-section(al) device
哈司特合金焊条 Hastelloy electrode
哈司特莱镍(基)合金 Hastelloy
哈斯丁沙滩 <英国南部一个城市> Hastings sand
哈斯丁砂 Hastings sand
哈斯拉自动交换机 Hasler automatic exchange
哈斯铝合金 bass; Hass
哈斯特矿 hastite
哈素氏公式 <设计柔性、路面厚度的一种公式> Housel's formula
哈索尔接头 <一种排水管上用的双重沥青密封接头> Hassall's joint
哈特费尔页岩 Hartfell shale
哈特福特28型成型机 Hartford No.28 press-blow machine
哈特福特回水连接法 Hartford return connection
哈特莱 <信息量单位,1哈特莱=3.323位> Hartley
哈特莱电路 Hartley circuit
哈特莱公式 Hartley formula
哈特莱原理 Hartley principle
哈特莱振荡器 Hartley oscillator
哈特勒斯深海平原 Hatteras abyssal plain
哈特冷凝器 Hart condenser
哈特里 <能量单位,1哈特里=27.211652电子伏特> Hartree
哈特里方程 Hartree equation
哈特里方法 Hartree method; self-consistent field method
哈特里奇烟度计 Hartridge smokemeter
哈特曼单位 Hartmann unit
哈特曼公式 Hartmann formula
哈特曼光阑 Hartmann diaphragm
哈特曼检验 Hartmann test
哈特曼流动 Hartmann flow
哈特曼判据 Hartmann criterion

哈特曼溶液 Hartmann solution
哈特曼色散公式 Hartmann dispersion formula
哈特曼哨 Hartmann oscillator
哈特曼试验 Hartmann test
哈特曼数 Hartmann number
哈特曼线 Hartmann lines
哈特式冲击强度试验机 Hart impact tester
哈特斯莱复动式多臂机 Hattersley dobby
哈特韦尔黏[粘]土 Hartwell clay
哈特谢尔石英岩 Hartshill quartzite
哈通钨钼钢 hartung
哈托尔面具(饰)Hathor mask
哈托尔神庙 <古埃及女神> Hathor temple
哈托尔头像 <古埃及女神> Hathor head
哈托尔头像柱头 <古埃及女神> Hathor headed capital
哈瓦那 <古巴首都> Havana
哈瓦那杉木 Havana wood
哈瓦那式浮船坞 Havana dock
哈威奇水泥 <一种罗马水泥> Harwich cement
哈维法 Harvey process
哈维特成像分光计 Harwit's imaging spectrometer
哈雾 <苏格兰东部一种海雾> haar
哈谢可法 Hatscek process
哈泽管桩凿井法 Haase system
哈兹型活塞跳汰机 Harz jig

蛤

蛤蟆夯 frog compactor; frog rammer; jump rammer; leapfrog; ramming machine

骸

骸骨 skeleton

骸骨构造 skeletal structure
骸骨石灰岩 skeletal limestone
骸骨相 skeletal facies
骸晶【地】skeleton crystal
骸晶结构 skeletal texture
骸晶生长 skeletal crystal growth
骸晶生成包裹体 inclusion of skeletal growth
骸泥 faulschlamm

海

海霭 sea mist

海岸 coast; fringe of sea; naval shore; sea bank; seaboard line; sea-coast; sea front; seashore; seaside; seastrand; shore; bund; sea board
海岸凹进处 recess
海岸凹入处 coastal indentation
海岸保持 coastal preservation
海岸保护 coastal conservation; coastal protection; coast guard; sea-coast defense[defence]; shore protection
海岸保护工程 coast protection works
海岸保护工事 coastal defence work; shore defence work
海岸保留 coastal preservation
海岸被淹地 wash
海岸边 shoreside
海岸边的 longshore
海岸边漂流 longshore drift
海岸边咸水湖 lagoon
海岸边缘波 edge wave
海岸边缘珊瑚礁 fringing reef; shore reef
海岸变迁 coast change; coast vicissitude
海岸变迁趋向 coast change in trend
海岸冰 lolly ice
海岸冰沟 coastal lead; shore lead
海岸冰崖 coastal ice blink; ice blink
海岸剥蚀 coastline denudation; shoreline denudation
海岸草原 <英> links
海岸测绘 coastal mapping
海岸测量 coast(al) survey
海岸测图 coastal mapping
海岸沉积沙带 linksland
海岸沉积(物) coast(al) deposit; coastal sediment; littoral deposit; marginal-marine formation
海岸沉陷 shore subsidence
海岸池沼 coastal pond
海岸冲积地 alluvion
海岸冲蚀 coast(al) erosion; coast scour
海岸冲刷 alluvion; coastal erosion; coast scour
海岸船场 dock yard
海岸大地测量局 <美> Coast and Geodetic Survey Board
海岸大砾石 aquafact
海岸大陆地区 supralittoral zone
海岸大陆架 coast shelf
海岸带 coastal area; coastal strip; coastal zone; littoral zone; tidal land
海岸带边界 littoral fringe
海岸带彩色扫描器 coastal zone colo(u)r scanner
海岸带沉积(物) sediment of coastal zone
海岸带的一般走向 general direction of coast
海岸带地貌图 coast zone geomorphologic(al) map
海岸带管理 coastal zone management
海岸带管理法 Coastal Zone Management Act; coastal zone management law
海岸带开发 coastal development
海岸带宽度 width of coast zone
海岸带名称 name of coast zone
海岸带上的 epilittoral zone
海岸带污染 coastal zone contamination
海岸带污染物 coastal contamination; coastal pollutant
海岸带熏烟 fumigation in shoreline regions
海岸带溢油模型 coastal zone oil spill model
海岸带与海涂调查 coast zone and mudflat survey
海岸带综合开发与利用 comprehensive development and utilization of coastal zone
海岸的 coastal; littoral; maritime
海岸灯标 seacoast light; coast(al) lighting
海岸灯(光) coastal light
海岸灯塔 shore light
海岸低悬崖 coastal nip; nip
海岸堤 tide embankment; coastal levee
海岸堤防 sea defense[defence]; sea dike[dyke]; sea embankment; sea levee; shore protection embankment
海岸堤防工程 sea defence[defence] works; sea works
海岸堤堰工程 coastal barrier project
海岸地带 coastal belt
海岸地貌 coastal geomorphy; coastal landform; coastal terrain; coastal morphology
海岸地貌学 coastal geomorphology; coastal morphology
海岸地面站 coast earth station
海岸地球站 coast earth station
海岸地下水 coastal groundwater
海岸地形 coastal feature; coastal landform; coastal topography; coast feature; coastline; littoral landfill; littoral landform; shoreline feature
海岸地形线 coastal contour line
海岸地形学 coastal geomorphology
海岸地衣 marine lichen
海岸地震带 beach seismic belt
海岸电台 coast(al) station; shore station
海岸电台业务 coastal station service; harbo(u)r service
海岸调查 coast investigation; coast survey; shore investigation
海岸丁坝 coastal groin; coastal groyne
海岸顶起 coastal toplap
海岸动向 development of coast
海岸陡岸 sea scarp
海岸堆积 beaching; coast aggradation
海岸对切 coastal bevel
海岸发育 coastal development
海岸发展 coastal development
海岸发展后退 coastal development setback
海岸法规 hovering act
海岸反射 coastal reflection
海岸防波堤 coastal groin; coastal groyne; sea dike[dyke]
海岸防洪堤 coastal dike; coastal flood embankment
海岸防护 coast(al) protection; coast guard; protection of coastline; sea coastal protection; sea-coast defense[defence]; sea coast protection; shore protection; coastal defence[defence]
海岸防护坝 coast-protection dam
海岸防护堤 coastal protection embankment; sea dike[dyke]; shore protection embankment
海岸防护工程 coast(al) protection works; sea defense[defence] works; sea works; shore protection works; coastal defence works
海岸防护构筑物 coast-protection structure
海岸防护活动 coastal guard activity
海岸防护建筑物 coastal protection structure; shore protection structure; coastal defence structure; shore protective structure
海岸防护林 coast protective forest; coast shelter forest; shore protection forest
海岸防护设施 coast(al) protection works; sea defence works; shore protection facility; shore protection works
海岸防护手册 shore protection manual
海岸防护系统 coastal protection system; shore protection system
海岸防卫舰 coast defence ship; coast guard ship
海岸防御系统 coast defence system
海岸防止泛滥工程 sea defence works
海岸防止泛滥设施 sea defence facility
海岸费 coast charges
海岸风 alongshore wind; longshore wind
海岸风成岩 ramleh
海岸风景 coastal landscape
海岸港 coast(al) port; sea coast(al) harbo(u)r; shoreline harbo(u)r; shoreline port
海岸港池 coastal basin
海岸港口 coastal harbo(u)r
海岸各种现象 coastal phenomena
海岸工程 coastal works; coastal construction; coastal engineering
海岸工程会议 Coastal Engineering Conference
海岸工程技术 coastal engineering
海岸工程结构物 coastal engineering structure
海岸工程局 Beach Erosion Board
海岸工程师 coastal engineer
海岸工程水力模型 coastal engineering hydraulic model
海岸工程学 coastal engineering; ocean engineering
海岸工程研究中心 <美> coastal engineering research center
海岸固定闪光灯 barrier flashing light
海岸观测 coastal observation
海岸管理 coastal management
海岸管理单位 coastal management unit
海岸管理计划 coastal management plan
海岸管理问题 coastal management problem
海岸规划 coastal planning
海岸过程 shore progress
海岸海啸 shoreline tsunami
海岸核电站 offshore nuclear power plant
海岸后方地区 hinterland
海岸后面地区 backland; hinderland
海岸后面陆地 backland; hinderland
海岸后退 coast recession; retrogression of coast; shore recession; coastal setback
海岸护卫船 coast guard ship
海岸滑动 coastal landslide
海岸滑坡 coastal landslide
海岸环境 coastal environment
海岸环境噪声 coastal environment noise; shore ambient noise
海岸缉私员 preventive officer
海岸急流 sea push
海岸集流区 coastal convergence zone
海岸加积 coastal accretion; coastal aggradation
海岸加固处理 coastal stabilization
海岸监测 coastal monitoring
海岸监视中心 coast surveillance center[centre]
海岸建设 coastal construction
海岸建设控制线 coastal construction control line
海岸建筑物 waterfront structure; coastal structure; shoreline structure
海岸礁 coast reef; coast riegel; coast rift
海岸礁湖 coastal lagoon; shore lagoon
海岸角 cape
海岸阶地 coast(al) terrace; face terrace; littoral terrace; shore terrace
海岸阶地类型 type of coastal terrace
海岸阶地名称 name of coastal terrace
海岸结构 coastal structure; marine structure
海岸进积作用 coastal progradation
海岸进侵 coastal encroachment
海岸进水构筑物 shore intake
海岸进展 coastal progress; shore progress
海岸警卫队 coast guard
海岸警卫队官员 coast guard officer
海岸径流 littoral current
海岸均衡剖面 equilibrium profile of coast
海岸潟湖 coastal lagoon
海岸浪流 coast wave current
海岸浪蚀 wave quarrying
海岸雷达 coastal radar; shore radar
海岸雷达电视 coastal radar television; shore radar television
海岸雷达链 coastal radar chain; shore radar chain

海岸雷达系统 shore radar system
海岸雷达站 coast(al) radar station
海岸雷达装置 shore-based radar unit; shore radar installation
海岸类型 type of coast
海岸利用 coastal utilization; utilization of a coast
海岸砾石 shore gravel
海岸瞭望哨 coast watcher
海岸流 coastal current; nearshore current; shore current
海岸轮廓 shore profile; coastal contour
海岸落水洞 coastal swallow hole
海岸面貌 coast feature
海岸名称 name of coast
海岸摩擦 coastal friction
海岸泥 coast mud
海岸泥坪 coastal mudflat
海岸泥沙 coastal material; coastal sediment
海岸排放 coastal discharge; coastal drainage
海岸盆地 coastal basin
海岸漂积物 shore drift
海岸漂流带 zone of littoral drift
海岸漂沙 coastal drift(sand); littoral drift; shore drift
海岸漂沙区 zone of littoral drift
海岸平原 coast(al) plain; littoral plain
海岸平原河口 coastal plain estuary
海岸平原土 coastal plain soil
海岸平原沼泽 coastal plain swamp; littoral plain swamp
海岸平原沼泽地 coastal plain swamp
海岸剖面 shore profile
海岸气候 coastal climate; littoral climate
海岸汽船 coastal motor boat
海岸汽艇 coastal motor boat
海岸迁移 coastal drifting
海岸前沿 shore front(age)
海岸浅滩 bank; littoral shelf
海岸峭壁 coastal cliff
海岸侵蚀 beach erosion; coast(al) erosion; shore erosion; wave quarrying
海岸侵蚀管理 coastal erosion management
海岸侵蚀速率 rate of coast(al) erosion; rate of shore(line) erosion
海岸倾向 run of the coast
海岸区 coastal area; coastal region; coastal zone; littoral area; littoral region; offshore area
海岸区管理 coastal area management
海岸区开发 coastal area development
海岸权 littoral right
海岸全长 fetch
海岸溺湖 coastal lagoon
海岸沙堤 coastal barrier
海岸沙漠 coastal desert
海岸沙漠气候 coastal desert climate
海岸沙丘 coastal dune; shore dune; strand dune
海岸沙丘原 coastal dune field
海岸沙滩 links; coast beach
海岸沙洲 longshore bar; offshore bar
海岸沙嘴 coastal spit
海岸砂 coast sand
海岸砂坝 longshore bar; offshore bar
海岸砂矿 sea placer
海岸砂砾石的开采 beach combing
海岸山链 bank chain; coastal chain
海岸山系海槽 coast range marine trough
海岸上超 coastal onlap
海岸上升 coast elevation
海岸上升阶地 elevated shore face terrace
海岸社区带 coastal community zone
海岸设施 coastal facility; marine installation
海岸生态系统 coastal ecosystem
海岸生物种类 coastal species
海岸使用权 littoral right
海岸输沙观测 observation of seashore sediment transport
海岸水底平原 coast shelf
海岸水环境 coastal water environment
海岸水文学特征 offshore hydrological feature
海岸水域 coastal waters; offshore waters
海岸水域污染 coastal waters pollution; pollution of coastal waters
海岸松 cluster pine; maritime pine
海岸台 offshore bench
海岸台地 coastal platform; coastal terrace
海岸台地类型 type of coastal platform
海岸台站 coastal station
海岸塌岸 shore recession
海岸塌陷 coastal subsidence; shore subsidence
海岸滩台地 coastal plain
海岸探照灯 barrier light
海岸特征 alongshore feature; coastal feature
海岸铁路 coast railway
海岸图 coast(al) chart; coastal map
海岸图制图 coastal mapping
海岸推进 progradation of coast
海岸弯度 coastal curvature; curvature of a coast
海岸围垦 sea reclamation
海岸维护 coastal protection
海岸维护工程 coastal protection works; sea works
海岸委员会 Coastal Commission
海岸稳定 coastal stabilization; shore stabilization
海岸稳定性 beach stability
海岸污染 coastal pollution; offshore pollution; shore pollution
海岸污染评估 coastal ocean pollution assessment
海岸污染责任协定 offshore pollution liability agreement
海岸(无线)电台 coastal radio station
海岸物质 shore material
海岸误差 coastline error
海岸下沉 shore subsidence
海岸现象 coastal phenomenon
海岸线 beach line; bundline; coastal (out) line; coasting; coastline; seaboard(coast) line; sea line; shoreline; strand line; water line
海岸线凹入处 indentation
海岸线标定 marking of the bank line
海岸线测绘 coast lining
海岸线测量 coastline measurement; coastline survey
海岸线测图 coastline mapping
海岸线定向 shoreline orientation
海岸线方向 direction of shore; direction of coast
海岸线工地 shoreline construction
海岸线后退 retrogradation
海岸线勘测 coast lining
海岸线雷达站 coast radar station
海岸线轮廓 shoreline configuration
海岸线名称 name of coastline
海岸线侵蚀 shoreline erosion; erosion of coastline
海岸线踏勘 shoreline reconnaissance
海岸线特征 coastal feature; coastline feature; shoreline feature
海岸线弯入处 indentation
海岸线稳定处理 shoreline stabilization
海岸线效应 land effect; shore(line) effect
海岸线形态 shape of coastline
海岸线形状 shoreline feature
海岸削平 coastal bevel
海岸效应 coastal effect; coastline effect
海岸泻湖 coastal lagoon
海岸信标 beacon point; coast beacon
海岸形成 shore building
海岸形态(学) coastal morphology
海岸线形状 shoreline configuration
海岸潟湖 coastal lagoon
海岸型 coastal type
海岸性空气 sea air
海岸性质 nature of coast
海岸崖 marginal escarpment
海岸崖圈闭 coastal cliff trap
海岸岩石 scalp
海岸沿岸漂沙 drift sand
海岸淹没 coastal flooding
海岸淹没水中 coastal submergence
海岸演变 coastal change; coastal evolution; shore change; shore progress
海岸演变过程 coastal process; littoral process
海岸演化 coast evolution
海岸要素 alongshore feature
海岸溢油 offshore oil spillage
海岸迎冲段 outburst bank
海岸用水权 littoral water right
海岸油库 coastal depot
海岸淤积 coastal accretion
海岸淤积泥沙 coastal sediment
海岸淤积土 beach fill
海岸淤填土 beach fill
海岸与大地测量局 <美> Coast and Geodetic Survey
海岸与大地测量局地震会刊 Coast and Geodetic Survey Seismologic(al) Bulletin
海岸灾害 coastal hazard
海岸遭受危险区域 coastal hazard zone
海岸遭受危险区域模型 coastal hazard zone model
海岸噪声 coast noise
海岸增长 coastal accretion
海岸增涨 shore accretion
海岸站 coastal station
海岸沼地 coastal marsh
海岸沼泽 coastal marsh; coastal swamp
海岸照明 coastal lighting
海岸折射 coastal refraction
海岸折射误差 coastal refraction error
海岸阵雨 coast shower
海岸整体防护系统 shore integrated protection system
海岸整治 coastal regulation
海岸植被 coastal vegetation; littoral vegetation
海岸中心 maritime center[centre]
海岸资源 coastal resources
海岸资源管理 coastal resources management
海岸总图 general chart of coast
海岸走向 coast trend; trend of coast; run of the coast
海拔 absolute altitude; absolute height; altitude; elevation(number); height; orthometric elevation; above tide
海拔标高 elevation above sea level
海拔改正 correction for altitude
海拔高程 altitude; elevation above sea level; sea elevation; sea level; above sea level; absolute elevation; height above sea level; sea level elevation
海拔高程基准(面) sea level datum
海拔高达 2 千米 two-thousand metres above sea level; with an elevation of 2000 metres
海拔高的植被区 altitudinal zones; vegetation zone
海拔高度 altitude; altitude above sea level; sea level elevation; above sea level; height above sea level; absolute altitude
海拔高度对大气压力的影响 elevation effect on atmospheric pressure
海拔高度影响压力 elevation affection pressure
海拔和纬度 elevation and latitude
海拔校正 correction for altitude; elevation correction; sea level correction <测定发动机功率用>
海拔平均高度 elevation above mean sea level
海拔适应能力 altitude capability; altitude capacity
海拔梯度 altitudinal gradient
海拔修正系数 altitude coefficient
海白垩 sea-chalk
海百合 sea lily
海百合纲 Crinoidea
海百合灰石 crinoidal limestone
海百合灰岩 crinoidal limestone; encrinite
海柏尔怀特-格雷火焰安全灯 Hepple Whilte-Gray lamp
海蚌式波能发电机 sea clam wave energy generator
海报 poster
海报会 poster session
海豹 seal
海豹猎船 sealer
海豹油 seal oil
海贝壳 marine shell; sea shell
海边 fringe of sea; sea front; seaside
海边波涛线 surge line
海边草地 shore meadow
海边城市 beach city
海边陡崖 marginal escarpment
海边价格 beach price; coastal price
海边空地 marina
海边浪蚀岩柱 marine stack
海边沙丘 dene; frontal dune
海边沙丘上长的草 marram grass
海边沙质地带 dene
海边生草沙泥 links
海边松 seaside pine
海边围垦 impolder
海边小溪崖 combe
海边新生土地 seashore new land
海边休养地 coastal resort
海边悬崖 marine cliff; coastal cliff
海边岩粒 sea stack
海边盐滩 marine saline
海边盐沼 marine saline
海边沼泽 marine swamp; paralic swamp
海边沼泽地 sea marsh
海边沼泽中的沙脊 chenier
海滨 beach; fringe of sea; oceanfront; sea board; sea-coast; seashore; seastrand; strand
海滨比降 beach slope
海滨避暑地 seaside resort
海滨边滩 strand flat
海滨别墅 beach house; villa marina
海滨驳岸 shore wall
海滨布呢 beach cloth
海滨采砂场 sea-beach placer
海滨草原 littorideserta
海滨产权 littoral right
海滨沉积 beach deposit; shoreline deposit
海滨沉积层 shore formation

H

海滨沉积物 shore deposit;strand deposit
海滨城市 seaside city
海滨冲刷 shore cutting
海滨带 shore zone
海滨的 circumlittoral;seaside;waterside
海滨低地 tideland
海滨低地沉积带 perezone
海滨地槽 parallageosyncline
海滨地产面海一面的界线长度 frontage boundary length of estates
海滨地带 littoral area;sea front;waterfrontage
海滨地貌 coastal landform
海滨地区 beachfront;near shore area
海滨地区开发与保护 coastal development and protection
海滨顶点 beach crest
海滨陡坎 beach scarp
海滨堆移物 shore drift
海滨防护 shore protection
海滨房舍 villa marina
海滨房屋 beach building;villa marina
海滨风景 beachscape
海滨高潮线 landwash
海滨公园 coastal park;seaside park
海滨观测 coastal observation
海滨广场 marina
海滨和海岸 beaches and sea shores
海滨河 coastal bar
海滨后阶地 backshore terrace
海滨湖 seashore lake
海滨护岸 coastal revetment
海滨荒地 littorideserta
海滨荒漠群落 littorideserta
海滨激浪 kalema
海滨建造 beach formation
海滨阶地 foreshore step;littoral terrace;seashore terrace;shore terrace
海滨进展 shore progress
海滨巨大砂石 boulder shingle
海滨开发 shore development;waterside development
海滨科学 coastal science
海滨矿床 shore deposit;shoreline deposit
海滨拉船硬斜道 hard beach
海滨砾石 beach gravel;seashore gravel;shore gravel
海滨疗养 marinotherapy
海滨疗养地 seaside resort
海滨疗养院 seaside sanatorium
海滨流 nearshore current
海滨路 bund
海滨旅馆 seaside hotel
海滨旅游胜地 riviera
海滨泥地 mudflat
海滨泥滩 mudflat
海滨漂积物 shore drift
海滨漂流 beach drifting
海滨平衡剖面 beach profile of equilibrium
海滨平台 scar;shore platform
海滨平原 littoral plain
海滨平原沙嘴 beach plain spit
海滨坪 strand flat
海滨坡度 beach slope
海滨气候 littoral climate
海滨前沿地 foreland;flat shore
海滨浅滩 strand flat
海滨切蚀 shore cutting
海滨倾斜(角)度 beach angle
海滨区 beach zone;maritime belt
海滨群落 agium;litus;psammic
海滨人行道 sea front
海滨三角洲 shore delta
海滨三角洲相 deltaic strand facies
海滨沙 beach sand
海滨沙坝沉积 shore sand bar deposit
海滨沙丘带 meal
海滨沙滩 sea beach
海滨砂 beach drift;beach sand
海滨砂矿 beach placer;marine placer;sea-beach placer
海滨砂生群落 psamathium
海滨砂石 shingle
海滨砂淤积 beach accretion
海滨社区 near-shore community
海滨生态系统 coastal ecosystem
海滨胜地 plage;seaside resort
海滨碎石 coastal debris
海滨踏勘 shoreline reconnaissance
海滨台地 raised beach
海滨太阳伞 beach umbrella
海滨滩 strand flat
海滨滩肩 beach berm(e)
海滨滩肩外缘 beach berm crest
海滨填土 beach fill
海滨挖泥 sea dredging
海滨洼地电站 seat depression plant
海滨围垦地 <英> impolder
海滨稳定 shore stabilization
海滨污染 beach pollution;coastal pollution;pollution of beach
海滨无线电话站 coast radio-telephone station
海滨线 <指平均低水位线> beach line;coastline;shoreline;strand line
海滨小划子 beach boat
海滨小丘 backshore terrace
海滨小圆石 shingle
海滨新生地 seashore new land
海滨悬崖 sea cliff
海滨延伸 beach extension
海滨沿岸流 beach drift
海滨盐盘 marginal salt pan
海滨盐沼 marginal salt pan
海滨盐沼地 marine salina
海滨盐渍区 salinized zone in seashore
海滨演替 coastal succession
海滨油田 onshore oil field
海滨游戏场 seaside promenade
海滨游泳 bathing
海滨游泳场 swimming beach
海滨淤泥 sea mud
海滨淤填 beach nourishment
海滨淤涨 beach nourishment
海滨浴场 bathing beach;bathing place;seaside resort;swimming beach;watering-place;lido <豪华的>
海滨运动场 marina
海滨沼泽 coastal marsh;coastal salt marshes and mangrove swamps;coastal swamp;paralic swamp
海滨植物 agad;strand plant
海滨治疗 marinotherapy
海滨重建 nourishment
海冰 salt-water ice;sea ice
海冰表千金藤碱 hypopistephanine
海冰大气相互作用 sea-ice atmospheric interaction
海冰动力学 sea-ice dynamics
海冰分界面 sea-ice margin
海冰分界线 sea-ice divide
海冰观测 sea-ice observation
海冰过渡带 broken belt
海冰架 sea-ice shelf
海冰可变性 sea-ice variability
海冰隆起 tenting
海冰密度 density of sea-ice
海冰密集度 sea-ice concentration;sea-ice cover
海冰平台 sea-ice platform
海冰气候周期 sea-ice climatic cycle
海冰上盐花 salt flowers
海冰受剪产生的裂缝 shear crack
海冰受压拱起成帐幕状 tenting
海冰数据编码 sea-ice coding
海冰图 sea-ice chart
海冰问题工作组 working group on sea-ice
海冰消除 hypo elimination
海冰学 cryology;glaciology of the seas
海冰盐度 salinity of sea-ice
海冰与岸之间水道 shore lead
海冰预报 sea-ice forecast(ing);sea-ice prediction
海波 hypo;sodium hyposulfite;sodium thiosulfate
海波斑点 hypo stain
海波齿轮 hypoid gear
海波定影液 hypo bath
海波检验 hypo test
海波可合金 Hipercon alloy
海波明矾调色法 hypo-alum toning
海波施音磁性合金 Hiperthin
海波西尔 <一种磁性合金> Hypersil
海波消除剂 hypo clearing acid;hypo eliminator
海波消除液 hypo eliminator
海波浴槽 hypo bath
海波(直角交错轴双曲面)齿轮加工机床 hypoid generator
海玻琅高湿模量黏[粘]胶纤维 Hipolan
海驳 barge ship;ocean barge;sea(-going) barge;sea-going lighter
海布拉姆铝镁硅合金 Hyblum alloy
海菜 edible seaweed
海菜花 Ottelia acuminate Dandy
海参 beche-de-mer;cucumber of the sea;sea cucumber;trepang
海参玛瑙 trepang agate
海参青 trepang blue
海参釉 trepang glaze
海槽 ocean trough;trench
海槽断层 trench fault
海槽名称 name of trough
海槽型陆外下陷盆地 trough downwarped extracontinental basin
海草 kelp;sea grass;sea plant;seaweed;sea wrack;varech
海草粉 seaweed meal
海草海床 sea-grass bed
海草灰 kelp ashes
海草灰盐 kelp salt
海草建筑垫席 sea-grass building mat
海草绝缘等级带 sea-grass insulation grade strip
海草生态系统 sea-grass ecosystem
海草油 kelp oil
海草藻素 algin
海草沼泽 marine grass marsh
海侧有抛石棱体的结构 structure with rubble mound at seaward face
海测航次 hydrographic(al) cruise
海测原图 fair sheet
海产的 marine;sea-borne
海产骨料 marine ballast;sea dredged aggregate;marine aggregate
海产集料 marine ballast;sea dredged aggregate
海产皮革 marine leather;sea leather
海产品 marine products
海产生物 halobios
海产食品 sea food
海产食品工业 seafood industry
海产食品加工厂 seafood factory
海产食物 sea food
海产碎石 marine ballast
海产物 aquatic products;marine products;sea products
海产养殖 mariculture;marine aquaculture
海产养殖场 marine land;prawn and fish farming
海产用水 marine products water
海产珍珠养殖 marine pearl feed
海昌蓝 Hydron blue
海潮 marine tide;ocean(ic) tide;sea tide
海潮能 ocean tidal power
海成 marine origin
海成沉积物 halmeic deposit
海成的 pelagochthonous
海成地形 marine landform
海成腐殖质 marine humus
海成覆蔽 marine progressive overlap
海成骨料 marine aggregate
海成灰泥 marine marl
海成集料 marine aggregate
海成阶地 marine-built terrace;marine terrace;sea terrace;shore terrace
海成矿床 marine deposit
海成矿物 marine mineral
海成泥灰岩 marine marl
海成泥炭 sea peat
海成黏[粘]土 marine clay;sea-clay
海成砂矿 marine placer
海成台地 marine-built platform;marine-built terrace
海成岩 neptunic rock
海成岩石 marine rock
海成盐土 marine solonchak
海成资源 marine resources
海程长度 nautical measure
海程图 itinerary chart;itinerary map
海虫 <蛀船的> marine borer
海船 ocean-going vessel;sea boat;sea condition going vessel;sea craft;sea-going vessel;sea ship
海船备用药物器材标准 medical scales
海船附着生物 marine fouling organism
海船进江航道 inland waterway for sea-going vessel
海船碰撞 collision between seagoing vessels
海船油漆 marine paint
海船闸 sea lock
海床 marine bed;seabed;sea floor
海床冲刷 seabed scour(ing)
海床处理 seabed disposal;seabed treatment
海床处置 seabed disposal
海床的勘探开发 exploration and exploitation of seabed
海床和平利用 peaceful use of seabed
海床绘图系统 sea-floor mapping systems
海床静力触探试验 seabed CPT[cone penetration test]
海床区域 seabed area
海茨层 Hythe bed
海茨曼炮塞 Haizman plug
海存 mass storage
海存段 book
海带分布带 laminarian belt
海带分布区 laminarian zone
海带止水 water sealing with kelp
海胆 sea-hedgehog;sea-urchin;urchin;echinoidea
海胆类 echinoids
海胆状的 echinoid
海岛 sea island;sea islet
海岛港 offshore island port
海岛架 insular shelf;island shelf
海岛连接大陆的沙坝 pendent terrace
海岛式玄武岩 oceanic-island basalt
海盗 pirate
海盗船 corsair;picaroon;sea rover
海盗航天飞船 Viking spacecraft
海岛坡 insular slope;island slope
海盗行为 piracy
海道 sea channel;seaway
海道测量 hydrographic(al) survey(ing);marine hydrographic(al) survey(ing);nautical survey(ing)

海道测量船 hydrographic(al) ship; hydrographic(al) vessel
海道测量基线 hydrographic(al) survey baseline
海道测量局 hydrographic(al) department; hydrographic(al) office; hydrographic(al) service
海道测量局刊印的海图 hydrographic(al) chart
海道测量学 hydrography; marine hydrography; nautical hydrography
海道测量员 hydrographer; hydrographic(al) surveyor; nautical surveyor
海道测量作业与符号 hydrographic(al) practice and symbols
海道地理 nautical geography
海道图 hydrographic(al) chart; hydrographic(al) map
海德公园 <伦敦> Hyde Park
海德华效应 Hedvall effect
海德拉合金钢 Hydra metal
海德拉热模具钢 Hydra steel
海德隆铅钠合金 Hydrone
海德罗 T 锌合金 hydro-T-metal
海德罗纳留姆镁铝合金 Hydronalium alloy
海德赛尔磨矿机 Hadsel mill
海德选粉机 Heyd separator
海的环境 sea environment
海的深渊 oceanic abyss
海的状况 condition of the sea
海堤 causeway; coastal dike[dyke]; groin(e); marine head; sea bank; sea defence; sea dike[dyke]; sea embankment; sea levee; seawall
海堤工程 sea dike[dyke] construction; sea dike[dyke] works
海堤后水沟 delf
海堤建设 sea dike[dyke] construction
海堤决口 sea breach
海堤排水道 delf
海堤坡底防冲刷墙 toe wall
海堤上段 swash bank
海堤中段 outburst bank
海底 below sea floor; bottom ground; ocean(ic) floor; seabed; sea bottom; sea floor
海底岸滩 submarine bank
海底暗流 bathycurrent
海底半岛 submarine peninsula
海底半球状突出地 <水深在 600 英尺以下> dome
海底爆破 submarine blasting
海底爆炸 ocean bottom explosion
海底泵 sea bed pump
海底崩坍 submarine slumping
海底边界 submarine frontier
海底变质作用 ocean-floor metamorphism
海底表层取样 sea-floor surficial sampling
海底波浪方向仪 bottom-mounted wave direction meter
海底波浪自记分析仪 self-recording bottom-mounted wave recorder and analyser[analyzer]
海底剥蚀 submarine denudation
海底材料 sea bed material
海底材料吹填区 marine fill reclamation sea
海底材料填充 marine fill
海底采矿 marine mining; ocean-floor mining; offshore mining; seabed mining; sea-bottom mining; submarine mining; undersea mining
海底采矿技术 undersea mining technology
海底采样 bottom sampling; submarine sampling
海底采样器 bottom sampler; grab sampler; sea-floor sampler; submariner sampler
海底采样装置 bottom sampling device
海底草地 submarine meadow
海底测深仪 bottom sounder
海底测试树 subsea test tree
海底测试树管缆绞车 hose reel unit for subsea test tree
海底测试树控制装置 surface hydraulic control manifold for subsea test tree
海底测站 ocean bottom station; sea-floor station
海底潮汐记录仪 bottom-mounted tide recorder
海底沉淀物连续取样器 continuous seafloor sediment sampler
海底沉积层的速度 velocity of sea floor sediments
海底沉积剖面仪 sediment profiler
海底沉积取样 grab sample
海底沉积沙洲 bank deposit
海底沉积扇 sea fan; submarine fan
海底沉积(物) benthal deposit; benthic deposit; benthic sediment; bottom deposit; bottom sediment; marine bottom sediment; sea-bottom deposit; sea-floor deposit; submarine deposit
海底沉积物取芯管 sediment corer
海底沉积学 submarine sedimentology
海底沉积作用 thalassogenic sedimentation
海底沉陷 submarine slump
海底城市 submarine city
海底冲积平原 marine abrasion plain
海底冲积扇 submarine alluvial fan
海底冲积锥 submarine cone; subsea cone
海底冲刷 bed scour; bottom scour; seabed scour(ing)
海底储油罐 submerged storage tank; undersea oil storage tank
海底处置法 seabed disposal
海底粗砂收集器 load bed sampler for coarse material
海底单模光缆 submarine single-mode fiber[fibre] cable
海底的 benth(on)ic; submarine; undersea
海底等高线 submarine contour
海底等深图 bottom contour chart
海底等深线 bathymetric(al) contour; sea-bottom contour
海底等深线图 bathometric(al) chart
海底低地 bathymetric(al) low
海底底质取样 sea-floor soil sampling
海底地槽 sea channel
海底地层 subbottom formation
海底地层记录仪 subbottom depth recorder
海底地层剖面 subbottom profile
海底地层剖面测量 sea-floor profile survey
海底地层剖面仪 ocean bottom profiler; subbottom profiler
海底地层学 submarine stratigraphy
海底地滑 sea slide; submarine landslide
海底地壳 oceanic crust
海底地貌 sea-floor geomorphy; submarine relief; terrain of sea bottom
海底地貌测定仪 hydrosonde
海底地貌记录仪 bottom chart recorder
海底地貌探测仪 bottom sounder
海底地貌图 bathymetric(al) map; bottom contour chart[map]; submarine geomorphologic chart
海底地貌学 submarine geomorphology; submarine relief
海底地貌仪 bottom sonar; ocean bottom topographic meter
海底地球物理学 submarine geophysics
海底地势 submarine relief
海底地图 map of the ocean floor
海底地峡 submarine isthmus
海底地形 bottom configuration[contour/relief]; bottom topography; sea-bottom contour [relief]; sea-floor relief; shape of the sea floor; submarine feature [relief/topography]; undersea feature; underwater topography; geometry of sea bed
海底地形测绘仪 bottom-charting fathometer
海底地形测量 submarine topography surveying
海底地形测量系统 bottom topography survey system
海底地形地质调查 bathymetric(al) and geotechnical survey
海底地形调查 subsea topographic survey
海底地形区 subsea physiographic provinces
海底地形图 bathymetric(al) chart; bathyorographic(al) map; bottom contour chart; sea-bottom topographical map; sea-floor relief map; submarine topographic(al) map
海底地形学 submarine morphology
海底地震 earthquake undersea bottom; ocean bottom earthquake; sea-floor earthquake; seaquake; submarine earthquake; submarine shock
海底地震测量 submarine earthquake observation
海底地震测量系统 sea-floor earthquake measurement system
海底地震观测 submarine earthquake observation
海底地震勘探法 sea seismic method
海底地震仪 ocean bottom seismograph; sea-bottom seismograph; submarine seismograph
海底地质构造 submarine geologic(al) structure
海底地质构造图 map of submarine geologic(al) structure
海底地质构造位移 underwater tectonic displacement
海底地质探测仪 subbottom depth recorder
海底地质学 geologic(al) oceanography; submarine geology; sea-bottom geology
海底电报 cablegram; cabling; submarine telegraph
海底电报浮标 telegraph buoy
海底电话 submarine telephone
海底电话电缆 submarine telephone cable
海底电话线浮标 submarine telegraph buoy
海底电话增音机 submerged telephone repeater
海底电缆 marine cable; ocean cable; submarine cable; telegraph cable; undersea cable
海底电缆电报 submarine telegraphy
海底电缆敷设船 cable layer; cable laying ship; cable ship; submarine cable ship; subsea cable ship
海底电缆浮标 cable buoy; submarine cable buoy; submarine telegraph buoy
海底电缆接岸的一端 shore end of submarine cable
海底电缆接岸浮标 telegraph cable landing buoy
海底电缆接地 sea earth
海底电缆均衡器 submarine cable equalizer
海底电缆铺设船 cable layer; cable laying ship; cable ship; submarine cable ship; subsea cable ship
海底电缆区 cable area; submarine cable area
海底电缆通信[讯] submarine cable communication
海底电缆维修船 cable repair ship
海底电缆载波通信[讯]系统 submarine cable carrier communication system
海底电力电缆 sea electric(al) power cable
海底电线 submarine pipeline
海底电线标 submarine telegraph buoy
海底电线浮标 submarine telegraph buoy
海底电信 cablegram
海底淀积(物) benthal deposit; benthic deposit; benthic sediment; bottom deposit; bottom sediment; marine bottom sediment; sea-bottom deposit; sea-floor deposit; submarine deposit
海底调查 bottom survey; marine survey(ing)
海底调车 bottom-crawling vehicle
海底定向系统 bottom-oriented system
海底动物 infauna
海底动物区系 bottom fauna
海底洞 marine cave; submarine pit
海底陡岸 sea scarp
海底断层 submarine fault
海底断块 submarine block
海底断裂 submarine rift
海底断崖 submarine fault scarp
海底堆积阶地 lee bank
海底多次波 ocean bottom multiple; sea-bottom multiple
海底多次反射 multiple bottom reflection
海底多金属软泥 sea-floor polymetallic ooze
海底发射 bottom shooting
海底阀 sea valve; sea cock
海底繁殖鱼类 fish bred at the bottom of sea
海底反射 bottom bounce; bottom reflection
海底反射波 bottom reflection echo
海底反射率 bottom reflectance
海底反射脉冲 bottom reflected pulse
海底反射声呐 bottom-bounce sonar
海底反射声线 bottom reflected ray
海底反射损失 bottom reflection loss
海底反射系数 bottom reflected coefficient
海底防喷器 subsea blowout preventer
海底防喷器组 subsea blowout preventer stack
海底风化作用 halmyrolysis; submarine weathering
海底封闭 bottom lock
海底峰 bottom crest; sea peak
海底浮游生物取样器 bottom-plankton sampler
海底腐殖质 submarine humus
海底负地形 negative form of sea floor
海底钢管 submarine steel pipeline
海底高程 seabed elevation
海底高地 sea-floor height; sea-high tableland
海底高原 microcontinent; oceanic plateau; sea plateau
海底高原运动形成的山 mountain

H

formed by plateau-forming movements
海底跟踪 bottom track
海底更新 sea-floor renewal
海底工作舱 subsea work enclosure
海底工作区 ocean-floor work site
海底公园 marine park
海底沟 submarine trench
海底构造 subbottom structure;underwater structure
海底构造地质学 submarine tectonic geology
海底构造运动 submarine tectonism
海底谷 sea(-floor) valley;sea gully;slope gully;submarine valley
海底谷扇系 canyon-fan system
海底固定活塞柱状取样器 bottom-reference piston corer
海底固定静水压柱状取样器 bottom standing hydrostatic(al) corer
海底固定具 ground tackle
海底观测球 bathysphere
海底观测站 ocean bottom station
海底观察员 aquanaut
海底观察站 ocean bottom station
海底管 submarine conduit
海底管道 offshore pipeline;sea-going pipeline;submarine conduit;submarine pipe;submarine pipeline;subsea pipeline;undersea pipeline
海底管道锚座 under-water pipeline anchorage
海底管汇系统 subsea manifold system
海底管路 submarine pipeline;submerged pipeline;undersea pipeline
海底管式取水法 seabed pipe intake method
海底管线 submarine line;submarine pipe(line);submerged pipeline
海底管线浮标 submarine telegraph buoy
海底光缆 submarine optic(al) fiber[fibre] cable;undersea fiber-optic cable;undersea light wave cable
海底光纤电缆 submarine optic(al) fiber[fibre] cable
海底光纤连接器 undersea fiber-optic connector
海底硅质淤泥 siliceous ooze
海底锅状盆地 oceanic ca(u)ldron
海底海流计 bottom-mounted current meter
海底含油地层 submarine oil formation
海底含油构造 submarine oil formation
海底红泥 submarine red mud
海底滑动 submarine slide
海底滑坡 sea slide;submarine landslide
海底滑移 submarine slumping
海底环境传感系统 bottom-environmental sensing system
海底环状洼地 sea moat
海底荒漠 aqueous desert
海底灰岩滩 marine bank
海底回波 seabed echo
海底回声 seabed echo
海底混响 bottom reverberation
海底火山 oceanic volcano;submarine volcano;volcanic seamount
海底火山地震 submarine volcanic earthquake
海底火山活动 submarine volcanic activity
海底火山岩锥 submarine volcanic pile
海底火山作用 submarine volcanism
海底基板系统 subsea template system
海底基础 sea-floor foundation
海底基岩 sea-bottom basement
海底基阵 bottom-mounted array
海底集料 sea dredged aggregate
海底集声器 submarine sound receiver
海底集油装置 undersea oil production plant
海底脊 oceanic ridge
海底峭 threshold
海底技术 undersea technology
海底岬 submarine spur
海底监视系统 sea-floor surveillance system
海底阶地 submarine terrace
海底结构图 submarine structural chart
海底结构物 submarine structure
海底救援 submarine relief
海底开采 offshore mining;submarine mining
海底开发 seabed exploration
海底开挖 undersea excavation
海底勘测 sea-bottom survey
海底勘坑 submarine pit
海底勘探 exploration of seabed;sea-bottom exploration;sea-floor exploration;undersea exploration;undersea prospecting
海底勘探取样器 cambridge sampler
海底坑 submarine pit;submarine well
海底坑道 underwater tunnel
海底矿 submarine mine
海底矿产资源 submarine mineral resources;undersea mineral resources
海底矿床 ocean-floor deposit;sea-floor deposit;submarine mineral deposit
海底矿山 undersea mine
海底矿物资源 seabed mineral resources
海底扩展 sea-floor spread
海底扩张 ocean-floor spread(ing);sea-floor spread(ing)
海底扩张的脉动 pulse of sea-floor spreading
海底扩张假说 ocean-floor spreading hypothesis;spreading floor hypothesis
海底扩张说 sea-floor spreading hypothesis;sea-floor spreading theory;spreading concept of seafloor
海底扩张中心 sea-floor spreading center[centre]
海底链路 submarine link
海底列山 seamount chain
海底裂谷 submarine rift
海底领地 submarine domain
海底流 bottom current
海底隆起 submarine rise;submarine swell;swell of seafloor
海底漏 fistula of perineum
海底陆源沉积扇 submarine land-source fan
海底绿色淤泥 green mud
海底履带爬行型潜水器 bottom-crawling submersible vehicle
海底埋设 sea-bottom embedment
海底锚链 ground chain
海底煤田 offshore coal field;submarine coal field;undersea coal field
海底锰结核 pelagite;sea-floor manganese nodule
海底锰块 halobolite;pelagite
海底泥沙 bottom sediment
海底泥沙流强度 strength of mud and sand flow
海底泥炭 sea peat
海底爬行潜水器 bottom-crawling vehicle
海底耙 drag-irons
海底耙平器【疏】 bed leveller
海底喷发 submarine effusion;submarine eruption
海底喷气孔 submarine fumarde
海底盆地 basin
海底漂流瓶 seabed drifter
海底漂移 bottom drift;sea-bottom drift
海底平顶山 guyot;tablemount;undersea table-top mount
海底平流沉积 contourite
海底平台 submarine bank
海底平原 sea-bottom plain;submarine plain
海底平整器 seabed leveller
海底坡度 underwater gradient
海底铺管 submarine laying
海底栖居者 bottom dweller
海底起伏 submarine relief
海底潜流 subsea current;undercurrent;underflow
海底潜望镜 bathyscope
海底浅层 subbottom
海底浅层剖面测绘 subbottom profiling
海底浅层深度记录仪 subbottom depth recorder
海底浅地层剖面仪 continuous seismic profiler;subbottom profiler;subbottom profiling system
海底侵蚀 submarine erosion
海底侵蚀平原 submarine plain
海底侵蚀台地 submarine platform
海底丘 < 高出海底 500 ~ 1000 米 > knoll;sea knoll
海底球房虫淤泥 globigerina ooze;globigerine
海底区划 benthic division
海底区(域) benthonic region;seabed area
海底取土器 seabed sampler;submarine soil sampler
海底取土区的污泥评估 dredging assessments of marine borrow areas
海底取岩心 bottom coring;sea-floor coring
海底取样 submarine sampling
海底取样机 submersible shallow coring rig
海底取样器 grab sampler;sea-floor sampler;snapper
海底取油管 marine riser
海底泉 subaqueous spring;submarine spring;underwater spring
海底缺氧状态 anoxic bottom condition
海底群落 marine bottom community
海底热卤水 sea-floor brine
海底热泉 submarine hydrothermal spring
海底热泉喷孔 submarine hot spring vent
海底热水 seabed thermal water
海底热水成分 component of seabed thermal water
海底热水类型 type of seabed thermal water
海底热水温度 temperature of seabed thermal water
海底溶解作用 subsolution
海底软泥 < 由海面小虫石灰质甲壳沉积而成 > globigerina[复 globigernae] ooze;ooze
海底三角洲 submarine delta
海底散射 bottom scattering
海底散射层 bottom scattering layer
海底扫描器 submarine bottom scanner
海底扫描声呐 bottom scanning sonar;ocean bottom scanning sonar;scanning ocean bottom sonar
海底沙坝 submarine bar
海底沙丘 submarine barchans;submarine dune
海底沙土质 submarine sandy soil
海底沙洲 submarine bar;submarine delta
海底砂土质 submarine sandy soil
海底山脊 submarine sill
海底山阶地 seamount terrace
海底山脉 sea range;seamount range
海底山群 seamount group
海底扇 abyssal cave;abyssal fan;submarine alluvial fan;submarine cave;submarine delta;subocean fan;subsea apron;undersea fan;sea fan
海底扇谷 submarine fan valley
海底扇圈闭 marine-fan trap
海底扇形地 submarine cone;submarine fan
海底设备 subsea equipment;subsea facility;undersea device
海底摄影 submarine photography
海底摄影观测 underwater camera observation
海底摄影机 submarine camera
海底深槽 oceanic trench
海底深度测量 subsea depth measurement
海底深度记录仪 subbottom depth recorder
海底深谷 submarine canyon;ocean trench
海底渗漏 sea-bottom percolation
海底生产管汇 subsea production manifold
海底生根植物 rhizobenthos
海底生态系统 benthic ecosystem
海底生态学 benthic ecology
海底生物 benthic organism;benthon[benthos];bottom organism;epibiota;marine benthic organism;submarine
海底生物群 benthic biota
海底声标 acoustic(al) beacon on sea-bottom
海底声反射 bottom reflection
海底声呐 bottom-mounted sonar
海底声呐网 bottom-mounted sonar network
海底声呐测图 undersea sonar mapping
海底声呐探测装置 seabed sonar survey system
海底声速 bed velocity
海底声学特性 acoustic(al) property of sea floor
海底失稳 bottom failure
海底施工测量 submarine construction survey
海底施工导向架 seafloor template
海底石油 sea-bottom petroleum;submarine oil
海底石嘴 submarine spur
海底实验室 sea-lab(oratory)
海底试验系统 seabed testing system
海底输油管 offshore pipeline
海底水雷 dormant mine;ground mine
海底水听仪器 ocean bottom hydrophone instrument
海底松 jellyfish soup with parsley
海底送电线 submarine cable;underwater cable
海底搜索 submarine search
海底隧道 submarine tunnel;subsea tunnel;tunnel beneath ocean;undersea tunnel;underwater tunnel
海底隧道测量 submarine tunnel survey;undersea tunnel survey
海底台地 submarine plateau;submarine platform;submarine terrace;sunken flat;terrace
海底坍塌 sea slide;submarine landslide
海底探测船 habitat
海底探测器 submarine detector
海底探测与开发 exploration and exploitation of seabed

海底天然气 blue water gas
海底特性 sea bed characteristic
海底条件 seabed condition
海底铁路 submarine railway
海底铁路隧道 undersea rail tunnel
海底铁锰结核 sea-floor Fe-Mn nodules
海底通量 benthic fluxes
海底通信[讯]电光缆 submarine communication cable
海底同轴电缆 submarine coaxial cable
海底凸槛 sill
海底凸起 submarine bulge
海底土 sea-floor soil;submarine soil
海底土壤力学 submarine soil mechanics
海底土质 sea soil condition
海底土质调查 sea soil condition survey
海底土质取样 sea-floor soil sampling
海底挖泥船 bed dredge(r)
海底挖式取土器 bottom grab
海底洼地 submarine depression
海底湾 sac
海底完井 subsea completed well
海底微震 ocean bottom microseism
海底温度 subsea temperature
海底温度计 deep-sea thermometer
海底温度仪 benthithermoprobe
海底纹理叠层 basal lamina
海底稳定性 sea-floor stability
海底稳定性调查 sea-floor stability survey
海底污着 marine fouling
海底物质 seabed material; sea-floor material
海底系泊塔 bottom-mounted mooring pylon
海底峡沟 ocean canyon sea channel; sea channel;submarine canyon
海底峡谷 ocean canyon sea channel; sea channel;submarine canyon
海底狭沟 <伸入陆地> gull(e)y
海底线路 submarine line
海底斜坡 clino
海底斜坡沉积 clinoform
海底斜坡地形 clinoform
海底形成 bed formation
海底形态 seabed configuration
海底形状 bed form;bottom contour
海底性质 quality of bottom
海底学 hole
海底崖 submarine scarp
海底延伸 sea-floor spreading
海底岩床 submarine sill
海底岩颈 underwater plug
海底岩石学 petrology of ocean-floor
海底岩芯钻 submarine core drill
海底岩钻 submarine core drill
海底养殖 bottom culture; cultivation of sea bottom; sea-bottom cultivation
海底遥控操作 subsea telemanipulation
海底易变区 area of mobile bottom
海底涌潮 underwater eagre
海底用清漆 <用于海底结构物> submarine varnish
海底油管 sea-going pipeline
海底油管输送 offshore oil delivery
海底油库 submerged tank
海底油苗 marine seepage
海底油田 offshore oil field;submarine oil field
海底油田反应堆 subsea oil field reactor
海底淤泥 bottom silt; sea mud; sea ooze
海底鱼雷 ground torpedo
海底圆谷 pot-hole
海底圆丘 <从海底升起不到 1000 米> seaknoll
海底运动 thalassogenic movement
海底张力 sea-bottom tension
海底障碍物 submarine obstacle
海底照片 bottom photograph; underwater photograph
海底照相 bottom photography; underwater photography
海底震 submarine earthquake
海底植物 benthophyte
海底植物区系 benthic flora; sea-bottom flora
海底植物群 benthic flora; sea-bottom flora
海底质采样 sea-floor sampling
海底中继站 submerged repeater
海底重力调查 sea-floor gravity survey
海底重力计 sea-bottom gravity meter [metre]
海底重力仪 bottom gravimeter; on-the-bottom gravimeter; sea-borne bottom gravimeter; sea-bottom gravimeter; sea-floor gravimeter
海底洲(滩) submarine bank; submarine bar
海底装置 subsea equipment
海底锥 subsea cone
海底锥形山 <从海底升起 1000 米以上> seamount; seapeak
海底桌状山 undersea table-top mount
海底浊度 bottom turbidity
海底资料 ocean bottom information
海底资源 seabed resources; submarine resources
海底资源开发 development of submarine resources
海底自然地理区 subsea physiographic provinces
海底阻限 submarine barrier
海底钻井 marine drilling; ocean-floor drilling; offshore boring; offshore drilling; submarine drilling
海底钻井船 drilling boat; drill ship
海底钻井工程 submarine drilling engineering
海底钻井平台 bottom contact platform
海底钻井作业 submarine drilling operation; submarine works
海底钻入 submarine penetration
海底钻探 marine drilling; ocean-floor drilling; offshore boring; offshore drilling; submarine drilling
海底钻探船 drilling boat; drill ship; submarine floater
海底钻探工程 submarine drilling engineering
海底钻探平台 bottom contact platform
海底钻探作业 submarine drilling operation; submarine works
海底钻油设备 oil rig
海底作业车 underwater vehicle
海地 Haiti
海地平(线) sea horizon
海地平(线)俯角 depression of sea horizon; dip of sea horizon
海地油 American pennyroyal oil; hedeoma oil; pulegium oil
海丁格尔干涉条纹 Haidinger fringe; Haidinger rings
海丁格尔干涉条纹法 Haidinger fringe technique
海杜拉克斯铜合金 Hidurax
海对陆电台 ship-to-shore radio
海多罗里提克防水材料 Hydrolithic
海多思石 heidornite
海恩应力 Heyn stress
海尔勃朗基 Herbrand base
海尔勃朗全域 Herbrand universe
海尔望远镜 Hale telescope
海尔微阶 <中新世>【地】 Helvetian stage
海尔微(造山)运动 Helvetian orogeny
海发光 luminescence of sea
海法 marine law; maritime code
海法尔港 <以色列> Port Haifa
海法委员会 maritime law committee
海泛 ingression
海泛面 marine flooding surface
海防工程 sea defence works
海防工事 sea defense
海防舰 frigate
海防雷达 coast defence radar
海防林 shelter belt
海防哨兵 coast guard
海防守卫队 coast guard
海菲尔 <一种玻璃纤维> Hyfil
海风 landward wind; off-sea wind; offshore wind; onshore wind; salt wind; sea breeze; sea wind
海风锋面 sea breeze front surface
海峰 seamount
海峰驳船 seapeak barge
海蜂船 sea-bee ship
海蜂式载驳驳船 sea-bee barge
海蜂式载驳(货)船 sea-bee carrier; sea-bee ship
海蜂型子母船 sea-barge clipper; sea-bee ship
海浮石 bryozoatum
海福特-鲍伊均衡归算法 Hayford-Bowie method of isostatic reduction
海福特-布拉德均衡归算法 Hayford-Bullard method of isostatic reduction
海福特椭球 Hayford ellipsoid; Hayford spheroid
海福特效应 Hayford effect
海福特重力异常 Hayford gravity anomaly
海釜 caldron
海港 harbo(u)r; marine port; maritime port; ocean port; ocean terminal; sea coast harbo(u)r; sea harbo(u)r; sea inlet; sea port
海港保护 harbour protection
海港测量 harbo(u)r survey(ing)
海港超声波(回声)测听器 harbo(u)r echo-ranging and listening device
海港车站 tidewater railroad station; tidewater railway station
海港城市 harbo(u)r city; port city; port town; maritime town
海港出口货物量 export cargo at all harbo(u)rs
海港当局 harbo(u)r authority; harbo(u)r board
海港底部 harbo(u)r bottom
海港发展 harbo(u)r development
海港法规 port regulation
海港防坡堤 breakwater of sea port; harbo(u)r mole
海港防御用声呐和测听装置 HERALD equipment
海港改进 harbo(u)r improvement
海港工程 harbo(u)r works; port engineering; port works; port project
海港工程地质测绘 engineering geology mapping of harbo(u)r
海港工程学 harbo(u)r engineering
海港工程种类 type of harbor work
海港工作 harbo(u)r working
海港公约 maritime ports convention
海港航图 harbo(u)r chart
海港机械 port equipment
海港加深 harbo(u)r deepening
海港检疫 maritime quarantine
海港建设 harbo(u)r construction
海港建设工程师 harbo(u)r construction engineer
海港建筑 harbo(u)r building
海港建筑现场 harbo(u)r construction site
海港交通 harbo(u)r traffic
海港结构 harbo(u)r structure
海港进口检查站 harbo(u)r entrance control post
海港口门浮标 sea buoy
海港雷达 harbo(u)r radar
海港雷达站 harbo(u)r radar station
海港码头 maritime terminal; marine terminal
海港区 waterfront area
海港入口 boca; harbo(u)r entrance; sea harbo(u)r entrance; seaport entrance
海港入口导堤 harbo(u)r entrance jetty
海港设备 harbo(u)r accommodation; harbo(u)r installation; port equipment; port installation; port plant; sea harbo(u)r accommodation
海港设施 harbo(u)r facility; harbo(u)r installation; port facility
海港施工现场 harbo(u)r construction site
海港停泊(设备) harbo(u)r mooring
海港图 nautical harbo(u)r chart
海港拖驳 harbo(u)r tug
海港拖轮 harbo(u)r tug
海港挖深 harbo(u)r deepening
海港围墙 harbo(u)r wall
海港线 harbo(u)r line
海港油库设备 marine bunker facility; marine tanker facility
海港运输 harbo(u)r traffic
海港转运 seaport transshipment
海港作业 harbo(u)r working
海港作业范围 port premises
海港作业区 maritime terminal
海高原 plateau[复 plateaus/plateaux]
海格离心盘 Hager disc
海格立斯除尘机 cone duster
海格准则 Hagg's principle
海蛤 sea clam
海工 maritime engineering
海工工程学 marine engineering; maritime engineering
海工混凝土 concrete for marine structure; marine concrete
海工基础 marine foundation
海工建筑(物) marine structure; marine works; maritime works; sea construction; sea structure; maritime structure
海工建筑物内部在液面以上部分 internal atmospheric zone
海工建筑物外部在大气区的部分 external atmospheric zone
海工结构 marine structure; maritime structure
海工结构工程 marine structure engineering
海工结构物 sea structure; marine structure; maritime structure
海工清漆 marine varnish
海工水泥 marine cement
海沟 fossa(e); ocean trench; sea channel; sea-floor trench; submarine trench
海沟大陆坡盆地 trench-slope basin
海沟的 hadal
海沟底平地 trench abyssal plain
海沟地震 trough earthquake
海沟弧前地质学 trench-fore arc geology
海沟名称 name of trench
海沟平原 trench plain

海沟坡折 trench-slope break
海沟洋侧长波低幅正异常 long wavelength low-amplitude positive anomaly at ocean side of trench
海沟重力异常 gravity anomaly over trench
海沟轴 trench axis
海钩锚 <小型长掌锚> sea claw anchor
海狗 fur seal
海谷 submarine canyon; submarine valley; sea valley
海谷底线 thalweg
海谷深泓线 thalweg
海关 customoffice; customs house; customs office; maritime customs; the customs
海关办公处 customoffice; customs house
海关办公楼 customs house; customs
海关保管 customs custody
海关保税 customs bond
海关保税保证书 customs bond certificate
海关保税仓库 bonded warehouse
海关保税仓库费用 bonding fee
海关保税输出证 bond note
海关报告 customs house report
海关编号 customs number
海关标示牌 custom directory
海关仓库 customs shed; customs storage; customs warehouse; public store
海关仓库货物出仓单 customs warrant
海关册 customs bills of entry
海关成本会计 customs cost accounting
海关出口货物分类表 export list
海关出口许可证 customs clearance
海关处分通知书 customs decision
海关船 customs boat
海关存款 customs deposit
海关大楼 customs building
海关大厅 customs hall
海关代理人 customs broker
海关代理行 customs broker
海关单据 customs document; customs form
海关担保制度 customs guarantee system
海关当局 customs authorities
海关登记 customs entry
海关发票 customs invoice
海关罚款 customs bond
海关法 customs code; customs law
海关法庭 <美> Customs Court
海关法则 customs regulation
海关放行 clearance; customs clearance; give customs clearance
海关放行货物 clear goods
海关放行证 cocket
海关封条 customs seal
海关负责上船监视卸货的人员 tidewaiter
海关副税务司 deputy commissioner of customs
海关港口 customs port
海关格式 customs form
海关工作人员 customs officer
海关估价 customs appraised value; customs valuation
海关估价规约 Customs Valuation Code
海关关长 chief of customs; commissioner; customs commissioner
海关关卡 barrier
海关关票 customs invoice
海关关税 customs duty
海关关栈仓库 customs bonded warehouse
海关关栈仓租费 bond fee
海关官员 customs officer
海关管辖边境界 customs frontier
海关规定皮重 customs tare
海关规费 customs fee
海关规章 customs regulation
海关过境保结 transit bond; transit receipt; transshipment bond
海关过境单 customs transit documents
海关合作理会税则商品分类目录 Customs Co-operation Council Nomenclature
海关合作理事会 customs cooperation council
海关货栈 customs depot
海关缉私船 customs guard vessel
海关缉私官员 customs preventive officers; jerquer
海关稽查员 coastal waiter; customs guard; customs officer; water guard
海关加封 customs seal
海关价值 customs value
海关监督 custom control; superintendent of customs
海关监督区 customs supervision zone
海关监管费 customs supervision charges
海关检查 customs examination; customs inspection; customs search; rummage; customs check
海关检查场所 customs examination area
海关检查官 customs inspector
海关检查(人)员 customs examiner; examining officer; searcher; search officer; surveyor of customs; customs appraiser; customs surveyor
海关检查用叉 spit
海关检查站 customs inspection post
海关检查组 customs searching party
海关检验单 certificate of inward clearance; inward clearing bill; jerque note
海关检疫 customs quarantine control
海关简化法 <美> Customs Simplification Act
海关疆界 customs boundary
海关交货价 ex customs compound
海关结关 customs clearance
海关进口船舶名单 customs bill of entry; customs report
海关进口货物分类表 import list
海关进口手续 customs entry
海关进口税缴纳证 import duty memo of customs
海关进口税缴税单 import duty memo of customs
海关进口税则 customs import tariff
海关经纪人 customs house broker
海关境界 customs area; customs clearance area; customs control area
海关局 bureau of customs; customs administration
海关卡 customs shed
海关控制区 customs controlled area
海关扣留 customs detention
海关扣押的货物 seized goods
海关扣押未完税货 bonded goods
海关库存货物 goods in customs storage
海关联络员 board officer
海关联盟 customs union
海关临时免税进口 <对再出口货物> temporary admission
海关落货许可 sufferance
海关落货许可单 bill of sufferance
海关没收物品出售 rummager sale
海关免税仓库 customs free depot
海关免税单 bill of stores
海关免税品(目录) free list
海关免税提货单 bond note; customs warrant
海关内部通知书 bureau of customs letter
海关拍卖 customs auction
海关配额 customs quota
海关平衡税 tariff equalization tax
海关凭证 customs certificate
海关起卸货监督员 landing waiter
海关清单 customs specification
海关清税 clearance
海关人员 customs (house) officer; landwaiter
海关申报 customs declaration
海关申报单 custom manifest; customs declaration form
海关使用费 customs user fee
海关收据 customs receipt
海关手续 customs (house) formality
海关手续和规定 customs formalities and requirements
海关手续和准则 customs procedures and norms
海关水上巡逻队 waterguard branch
海关水域 customs waters
海关税 customs duty
海关税费 hidden tax
海关税率 rate of customs duty
海关税率表 customs tariff
海关税收 customs revenue
海关税司 commissioner of customs
海关税务检查人员 <英> landwaiter
海关税则 customs tariff
海关税则分类 customs nomenclature
海关税则目录 nomenclature
海关搜查 jerking
海关艇 customs boat
海关通路 customs route
海关通行证 customs pass
海关退税 customs drawback; export drawback
海关退税单 debenture
海关退税凭单 customs debenture; debenture
海关退税证明 debenture
海关完税证 docket
海关委托人 customs consignee
海关卫生条例 Sanitary Custom-house Regulations
海关文件 carnet
海关限额 duty quotas
海关小艇 customs launch
海关协定 customs agreement
海关许可证 customs permit
海关巡查员 customs patrol inspector
海关巡逻船 customs patrol vessel; revenue cruiser
海关巡逻检查员 customs patrol inspector
海关巡逻艇 customs cruiser; revenue cutter; revenue vessel
海关验关员 examining officer
海关验货单 customs examination list
海关验货棚 customs shed
海关验货员 surveyor
海关业务 customs service
海关印 cocket
海关佣金 customs brokerage
海关再进口凭证 customs re-entry permit
海关暂时起货报单 bill of sight
海关则例 customs regulation
海关栈单 customs warrant
海关证件 customs papers
海关指定号码 customs assigned number
海关总署 Bureau of Customs; Maritime Customs Administration
海关作业和手续 customs operation and procedure
海龟 turtle
海龟类 terrapin
海壕 moat; sea moat
海河界面 sea-river interface
海红豆属 beadtree
海湖滨后 backshore
海荒滩 strand
海货 marine products
海迹湖 lake with marine vestiges
海积 sea deposit
海积岸 marine accumulation coast
海积地貌 marine deposit topography; marine sediment topography
海积海岸 marine accumulation coast; marine deposition coast
海积海岸地貌 coast geomorphology of marine accumulation
海积环境 marine accumulation environment
海积阶地 marine-built terrace; marine deposition terrace
海积平原 marine deposition plain; marine plain
海积台地 marine-built platform; marine deposition platform
海积土 marine soil
海积物 marine deposit
海积夷平海岸 coast leveled of marine accumulation
海集料 sea aggregate
海脊 ocean ridge; sea ridge; submarine ridge
海脊块段 ridge segment
海脊山口 abyssal gap
海岬 gut; marine foreland; ness; head land; neck of land
海岬云 cape cloud
海槛 sill; submarine sill
海槛盆地 barred basin; sill basin
海槛深度 sill depth; threshold depth
海江河联运 combined maritime-riverine shipment
海礁 fjord
海角 beak head; cabo; cove; foreland; head land; marine foreland; mull; naze; ness; promontory; spit; hoved <丹麦>
海角半岛 horn
海角顶 cape point
海阶 marine terrace
海解沉积 halmyrolytic deposit
海解锰结核 halmyrolytic Mn nodule
海解作用 halmyrolysis; submarine weathering
海界浮标 farewell buoy; sea buoy
海进 advance of sea; ingression; marine onlap; sea advance; transgression
海进层序 transgressive sequence
海进超覆 transgressive overlap
海进的 transgressive
海进规程 canon of marine transgression
海进交错 transgressive overlap
海进相 transgression phase; transgressive facies; transgressive phase
海进序列 transgressive succession
海浸的 transgressive
海禁 ban on maritime voyages
海景 seascape
海景画 sea piece
海韭菜 sea grass
海军哔叽 navy serge
海军标准链卸扣 navy standard shackle
海军兵工厂 naval arsenal
海军补给品 naval stores
海军部 admiralty; department of navy; navy; Navy Department <美>
海军部海里 admiralty measured mile
海军常数 admiralty coefficient; admiralty constant

海军船厂 naval shipyard;navy yard;naval dockyard < 英 >
海军船坞 naval dockyard; naval yard;dock yard
海军大国 maritime power
海军导航卫星系统 < 美 > navy navigation satellite system
海军的 naval;navy
海军电子作战模拟器 naval electronic warfare simulator
海军封锁 naval blockade
海军辅助舰艇 naval auxiliary
海军港口 naval port
海军港(湾) naval harbo(u)r
海军工厂 naval yard
海军工厂船坞起重机 naval yard crane
海军海洋气象自动观测装置 < 美 > Navy Oceanographic(al) and Meteorological Automatic Device
海军航空兵 fleet air arm
海军航空兵基地 naval air station
海军航空港 marine airport
海军后备队 naval reserves
海军黄铜 admiralty brass;admiralty metal;naval brass;naval bronze
海军混合黄铜 admiralty mixture brass
海军基本技术工程 technical engineering of naval-base
海军基地 naval base
海军基地福利商店 navy exchange
海军舰艇 naval vessel
海军金属 admiralty metal
海军军官学校 naval academy
海军军票 < 英 > navy bill
海军军械库 naval arsenal
海军(科学)研究部 < 美 > Office of Naval Research
海军拉裂试验 navy tear test
海军蓝 naval blue;navy blue
海军雷达 navy radar
海军力量 maritime power;naval power
海军陆战队 marine corps
海军轮机员 naval engineer
海军码头 naval quay;naval wharf
海军锚 admiral(ty)(pattern) anchor;admiralty stockless anchor
海军锚地 naval anchorage
海军呢 admiralty cloth;navy coating
海军镍 Adnic
海军炮金属 abmiralty gun metal
海军炮筒 admiralty gun metal
海军汽油 navy gasoline
海军潜水医学 naval diving medicine
海军青铜 admiralty bronze; naval bronze;navy bronze
海军人员 navy
海军上将的职位 admiralty
海军上校 captain
海军式锚 administration anchor;navy type anchor
海军撕裂试验 navy tear test
海军通信[讯] naval communication
海军铜 < 一种耐腐蚀合金 > admiralty brass;complex brass
海军卫生学 naval hygienics
海军无杆锚 navy stockless anchor
海军无线电台 naval wireless service
海军小艇 flivver
海军行动基地 naval operating base
海军修造船厂 navy yard
海军巡逻队 coast patrol
海军研究实验室 naval research laboratory
海军演习 naval maneuvers
海军要塞 admiralty port
海军一级航空站 naval class 1 air station
海军医学 navy medicine
海军医院 navy hospital
海军用电子管座 navy socket
海军用接收机 navy receiver
海军造船厂 navy dock-yard;navy yard
海军造船师 naval architect;naval constructor
海军作战基地 naval operating base
海均夷平原 marine plain;plain of marine gradation
海康摄影仪 < 商品名 > Hycon
海空的 aeromarine
海空航用表 sea and air navigation tables
海空核子旋进磁力仪 sea-air nuclear precession magnetometer
海空兼用航标灯 aeromarine light
海空救助 air-sea rescue
海空立标 aeronautical beacon
海空联运 sea-jet-one
海空两用灯标 marine and air navigation light
海空旅游 fly-cruise
海控点 control point of hydrographic(al) survey;sea central point
海口 coastal inlet;frith;sea gate;sea port
海口底质 harbo(u)r bottom
海口浮标 farewell buoy;sea buoy
海口港 Port Haikou
海口砂洲 coastal bar
海况 oceanic condition;oceanographic(al) condition;sea condition;sea state;condition of the sea
海况测量装置 sea state sensor
海况调查 sea survey
海况海洋学 synoptic(al) oceanography
海况谱 sea state spectrum
海况学 descriptive oceanography
海况预报 oceanic forecast;oceanic prediction;sea state prediction
海况预测 oceanic prediction
海葵 sea-anemone
海拉尔地块 Hailar block
海蜡 sea wax
海兰 < 类似于绍兰的一种电子测距仪,精度较高 > high precision shoran[hiran]
海蓝宝石 aquamarine
海蓝宝石玻璃 aquamarine glass
海蓝玻璃 aquamarine glass
海蓝贵橄榄石 aquamarine chrysolite
海蓝色 aquamarine;sea blue
海缆登陆站 submarine cable landing station
海缆电报 cable;cablegram
海缆电报转发器 submerged telegraph repeater
海缆电话增音机 submerged telephone repeater
海缆增音机 submarine cable repeater
海缆中继器 submarine cable repeater
海缆中继站 submarine cable repeater
海榄雌 blackwood;Rhizophora mangle black mangrove
海浪 ocean wave;sea swell;sea wave;tidal wave
海浪冲击 sea beat(en)
海浪冲积滩地 beach formation by waves
海浪冲刷 alluvion;wash of sea
海浪发电 wave power;wave power generation
海浪发电系统 sea wave electric(al) power system
海浪反射 reflection of ocean waves
海浪幅度 dimension of waves
海浪干扰 sea clutter; sea return; wave clutter
海浪干扰抑制 anti-clutter gain control; anti-clutter sea; sea clutter suppression
海浪观测 sea wave observation
海浪回波 sea clutter;sea echo
海浪进入 entering of tidal wave
海浪开花 sea bloom
海浪拍击 sea beat(en)
海浪谱 ocean wave spectrum
海浪谱分析 analysis of ocean wave spectrum;wave spectrum analysis
海浪侵蚀 marine erosion
海浪绕射 diffraction of ocean(ic) waves
海浪生成 generation of ocean wave
海浪汹涌 run high
海浪要素 wave parameter
海浪游泳池 seawater wave swimming pool
海浪预报 ocean wave forecasting;sea wave prediction
海浪杂波 sea clutter; sea echo; sea return
海浪杂波抑制 seal clutter suppression
海浪折射 refraction of ocean wave
海捞法规 fishery law
海勒喇斯坐标 Hylleraas coordinates
海蕾绝灭 blastoid extinction
海类型 type of Sea
海狸灰色 castor grey
海狸毛皮 beaver
海狸尾形瓦 beaver-tail tile
海里 maritime mile;sea mile < 航海长度单位,1 国际海里 = 1.852 千米 >; nautical mile[n mile] < 美国,1 海里 = 1853.25 米 >;admiralty knot;admiralty nautical mile < 英国,1 海里 = 1853.24 米 >
海里程运费 distance freight
海里/小时 knot
海立柴林涂料 Helizarin pigment colo(u)rs
海利定理 Helly's theorem
海利钢丝网 < 一种钢丝网,用作轻型水泥混凝土板中的钢筋 > Hy-rib
海利米制 Helly's metric(al) system
海砾石 sea gravel
海蛎子 sea acorn
海量传输协议 bulk transfer protocol
海量存储系统 mass memory system
海量数据 mass data
海量数据处理 mass data processing
海岭 ocean ridge; seamount range; submarine ridge
海岭脊区 crest province
海岭块段 ridge segment
海岭名称 name of ridge
海岭跳动 ridge jump
海岭玄武岩 ridge basalt
海岭轴 axis of ridge
海流 marine current;marine drift;ocean(ic) current;oceanic flow;sea current
海流测定 ocean current determination
海流测量装置 current sensor unit
海流出口 marine outfall
海流传感器 current sensor
海流动力学 dynamics of ocean currents;ocean current dynamics;sea current dynamics
海流发电 current power generation; ocean current generation; power generation from sea current
海流发电厂 power plant operated by currents
海流方向 sea current direction
海流分量 current component
海流观测 ocean current observation
海流计 current meter;ocean current meter; oceanographic(al) current meter;sea current meter
海流静力学 statics of ocean current
海流流动系数 current coefficient
海流流速分布 current velocity profile
海流玫瑰图 current rose
海流名称 name of current
海流能 energy by ocean current;energy of sea current;ocean current energy;sea current energy
海流能转换 current energy conversion
海流能转换技术 current energy conversion technology
海流能转换开发 current energy conversion development
海流能转换商业化 current energy conversion commercialization
海流能转换装置 current energy conversion installation
海流瓶 current bottle
海流强度 sea current strength
海流侵蚀循环 cycle of sea current erosion
海流速度 sea current velocity
海流探测设备 current sensor
海流图 current chart;ocean current chart;current diagram
海流温度记录仪 current and temperature recording system
海流系统 current system
海流携砂量 current sand capacity carried
海流状态 current regime
海流资料 current information
海流走向 course of current
海流自记仪 self-recording current meter
海龙 pipefish;sea dragon
海龙卷 water spout
海隆 rise
海隆名称 name of rise
海陆边界 water line
海陆地形图 topographic(al) bathymetric(al) map
海陆法 sea-land method
海陆风 land-and-sea breeze;sea and land wind;solar wind;sun wind
海陆公司方式 sea-land system
海陆过渡带地貌 continent-sea transition zone
海陆过渡相 oligomitic facies
海陆交互的 paralic
海陆接转服务 interchange service
海陆界面 sea level interface
海陆空 sea, air and land
海陆空(联合)的 aero-amphibious
海陆联运 joint sea-and-rail transportation;ocean and rail
海陆联运港 continental marine terminal
海陆每天交替变向的微风循环 land and sea breeze;land-sea breeze
海陆升降 bradyseism
海陆相互作用 continental-ocean(ic) interaction
海陆效应 effect of land and sea
海陆运输 ocean and rail
海陆运输公司 sea-land service incorporation
海路 sea road;sea route
海路风 breeze
海路图 road map
海绿白垩 glauconite chalk
海绿方解石 hislopite
海绿灰岩 glauconitic limestone
海绿泥 green mud
海绿色 aquamarine;aquamarinus;beryl;sea green
海绿色青瓷 sea green celadon
海绿砂 greensand
海绿石 glauconite;green earth tere verte
海绿石白垩 glauconitic chalk

海绿石斑脱岩 glauconitic bentonite
海绿石长石砂岩 glauconitic arkose
海绿石蛋白石质石英砂岩 glauconitic opaline quartz sandstone
海绿石蛋白石质岩 glauconitic opaline rock
海绿石蛋白岩 glauconitic opaline
海绿石硅质页岩 glauconitic siliceous shale
海绿石化 glauconization
海绿石胶结物 glauconite cement
海绿石结核状磷块岩 glauconitic nodular phosphorite
海绿石矿床 glauconite deposit
海绿石磷块岩 glauconitic phosphorite
海绿石磷质岩亚建造 glauconite phosphatic rock sub-formation
海绿石泥 glauconite mud
海绿石砂 glauconite sand;greensand
海绿石砂岩【地】 glauconitic sandstone
海绿石石灰岩 glauconitic limestone
海绿石石英砂岩 glauconitic quartz sandstone
海绿石石英岩 glaucoquartzite
海绿石页岩 glauconitic shale
海绿石硬石膏岩 glauconitic anhydrock
海绿石质砂屑灰岩 glauconitic arenitic-limestone
海绿石质岩 glauconitic rock
海绿云母细砂岩 gaize
海卵石 sea gravel
海伦尼克造船公司 Hellenic Shipyards Company
海轮 sea-going ship;sea-going vessel
海轮航道 sea-going vessel waterway
海轮运河 maritime canal;ship canal
海螺 conch
海洛因 diamorphine;heroin(e)
海马 sea horse
海马格短纤维状石棉 Hymag
海码斯山脉 Montes haemus
海曼铝合金 Hyman
海墁天花 flat ceiling
海漫 apron(extension);pitching;riprap
海漫滩 valley flat
海锚 cone anchor;drag anchor;drag sail;drag sheet;drift anchor;drift sail;drift sheet;drogue;floating anchor;flying anchor;sea anchor;water anchor
海门 channel firth;sea gate
海门口 geo;gio
海米成本 cost per meter
海绵 air foam;sponge
海绵斑 spongy spot
海绵冰 ice sludge;sludge
海绵铂 spongy platinum
海绵材料 sponge material
海绵层 spongy layer;stratum spongiosum
海绵层构造 spongiostrome structure
海绵衬底橡胶地板 sponge-backed rubber floor
海绵底层 sponge underlay
海绵垫 foam rubber cushion;spongy cushion
海绵垫圈 sponge pad
海绵动物 sponge
海绵法 sponge method
海绵缸 sponge holder
海绵硅灰石 spongiolite
海绵过滤器 sponge filter
海绵和肥皂合用盛器 combined sponge and soap holder
海绵剂 sponginum
海绵夹 sponge holder
海绵胶 blown rubber;blown sponge;gelatin(e) sponge
海绵礁 sponge reef
海绵金属 sponge
海绵金属料 feed-sponge
海绵抹灰镘刀 sponge float
海绵镊 sponge holding forceps
海绵镍 sponge nickel
海绵排水孔 osculum
海绵盘 sponge tray
海绵铅 lead sponge;spongy lead
海绵钳 sponge holding forceps
海绵球 sponge ball
海绵容器 sponge holder
海绵塞条 sponge tent
海绵刷 sponge brush
海绵燧石 sponge chert
海绵毯 sponge blanket
海绵陶器 <用海绵上釉> sponge ware
海绵体 cavernous body;spongy mass
海绵体结构 sponge
海绵田 mellow-soil field;spongy soil
海绵铁 sponge[spongy] iron
海绵铁粉 iron sponge powder
海绵铁球 bloom;sponge ball
海绵铜 copper sponge;spongy copper
海绵头 spongy top
海绵土 mellow earth;mellow soil;spongy soil
海绵网格状灰华 spongework
海绵吸水式干燥器 sponge drier
海绵橡胶 cellular rubber;foam rubber;porous rubber;rubber foam;sponge rubber
海绵橡胶底层 sponge rubber underlay
海绵橡胶戽斗式座位 sponge rubber bucket-type seat
海绵橡胶戽斗式座椅 sponge rubber bucket-type seat
海绵橡胶模型 sponge rubber model
海绵橡胶潜水服 sponge rubber diving suit
海绵橡胶心轮胎 cellular tile
海绵橡皮 sponge;sponge rubber
海绵性 sponginess
海绵岩 spongolite
海绵样的 sponge-like;spongioid
海绵陨铁结构 sideronitic texture
海绵毡 sponge rubber quilt
海绵制品 sponge product
海绵质 sponginess
海绵质的 spongy
海绵状 sponge-like;sponginess
海绵状白腐 white spongy rot
海绵状表面外观 spongy surface appearance
海绵状冰 shuga
海绵状冰晶团块 frazil ice
海绵状玻璃 sponge glass
海绵状材料 sponged material;spongy material
海绵状层 spongy layer
海绵状的 cavernous;foam;spongeous;spongiform;spongy
海绵状顶板 <洞穴的> spongework
海绵状粉粒 spongy particle
海绵状粉末 spongy powder
海绵状腐朽 spongy rot
海绵状构造 flocculent structure;sponge-like structure;spongeous structure;spongy structure
海绵状骨 spongy bone
海绵状褐腐 brown spongy rot
海绵状灰 sponge ash
海绵状焦 sponge coke
海绵状结构 flocculent texture;sponge-like texture;spongeous texture;spongy texture
海绵状金属 spongy metal
海绵状金属块 sponge cake
海绵状空化剥蚀 spongy appearance cavitation pitting
海绵状孔隙 sponge-type porosity;spongy porosity
海绵状硫化 spongy cure
海绵状尼尤单长丝 spongy nylon monofilament
海绵状铅 spongy lead
海绵状铅板 spongy lead plate
海绵状铅泥 spongy lead paste
海绵状泉华 corky sinter
海绵状熔岩 spongy lava
海绵状润滑脂 sponge grease
海绵状塑料 plastic foam
海绵状钛 sponge titanium
海绵状物 sponge
海绵状物质 cellular material;spongy material
海绵状橡胶 sponge rubber;spongy rubber
海绵状锌 mossy zinc
海绵状银 sponge silver
海绵状组织 spongy tissue
海绵座垫 sponge seat cushion
海棉质材料 spongeous material
海面 ocean(ic) surface;offing;sea surface;sea level
海面变动 sea fluctuation
海面变动阶地 thalassostatic terrace
海面标志 sea mark
海面波 offing wave;surface wave
海面波动 sea agitation;sea fluctuation
海面波速 velocity of offing wave;velocity of sea-surface wave
海面补偿流 compensating current of sea-surface
海面草场 sea meadow
海面测温仪 sea-surface probe
海面层 sea slick
海面粗糙度 sea-surface roughness
海面导航 marine guidance
海面的 oversea(s)
海面等高线 sea level contour
海面碇泊 offshore anchorage
海面反射 reflection of sea-surface
海面反射波散射 sea echo scattering
海面反射干扰波 sea clutter;sea return
海面反射干扰消除装置 sea clutter suppresser
海面反射模拟 sea clutter simulation
海面反射信号 sea echo;sea return
海面防污(染)空投转移系统 air deliverable anti-pollution transfer system
海面防油扩散设施 oil fence
海面防油污转移系统 air delivered anti-pollution transfer system
海面飞机场 seadrome
海面风 sea-surface wind;surface wind
海面风浪状态 sea condition
海面风速 sea-surface wind speed
海面浮标 jellyfish
海面浮标系统 sea-surface buoy system
海面干扰 sea clutter
海面高程 sea level elevation;sea level height
海面高程校正(值) sea level correction
海面高度 sea level elevation;sea level height
海面观测 sea-surface observation;surface observation
海面环境噪声 sea-surface ambient noise
海面环流 surface circulation
海面辉光 sea glow
海面回波 sea echo
海面混响 sea-surface reverberation
海面基准面 ultimate base level
海面进退 eustasism;eustasy
海面进退运动 eustatic movement
海面雷达模型 sea-surface radar model
海面磷光 brimming;milky sea
海面乱冰 dense sludge;slob
海面锚地 offshore anchorage
海面泡沫 seafoam
海面漂浮浮标 surface drifting buoy
海面坡度 slope of sea-surface;sea-surface slope
海面起伏 shifting
海面气交换 ocean-atmospheric exchange;ocean-atmospheric interchange
海面气温 sea-surface air temperature
海面气压 sea-surface pressure
海面倾斜 wind set-up
海面情况 sea condition
海面群落 pelagium
海面热图 thermal map of sea surface
海面散射 sea-surface scattering
海面散射强度 sea-surface scattering strength
海面散射系数 sea-surface scattering coefficient
海面闪光 seashine
海面上升 increase of sea level;positive movement of sea level
海面升高 sea level rise
海面升降 eustasy;eustatism
海面升降变动 eustatic fluctuation
海面升降变化 eustatic change
海面升降的 eustatic
海面升降更新 eustatic rejuvenation
海面升降回春 eustatic rejuvenation
海面升降阶地 thalassostatic terrace
海面升降事件 eustatic event
海面升降运动 eustatic movement
海面声径 sea-surface patch
海面水平面 geoidal horizon
海面水温 sea-surface temperature
海面搜索 sea-surface search
海面搜寻协调船 surface search coordinating vessel;surface search coordinator
海面天气图 sea level chart;surface chart
海面未结冰处 polynya
海面温度 sea-surface temperature;water surface temperature
海面温度计 surface thermometer
海面温度异常 sea-surface temperature anomaly
海面稳定期 thalassostatic period
海面细浪 choppy sea;rippling sea
海面下测波仪系统 sub-surface system of wave recorder
海面下陡崖 seascarp
海面下环流 subsurface circulation
海面下降 negative movement;negative movement of sea level;recession of sea level
海面下区域 hydrospace
海面相对变化准旋回 paracycle of relative change of sea level
海面相对上升 relative rise of sea level
海面向上光辐射 light radiation from sea-surface
海面养殖 seawater culture
海面叶绿素浓集 sea-surface chlorophyll concentration
海面溢油 oil spills on sea surface
海面油膜 greyslick;slick
海面幼虫 pelagic(al)larva
海面杂乱回波 wave clutter;sea clutter;sea return

海面噪声 sea-surface noise
海面涨落 eustatism
海面蒸发 sea-surface evapo(u)ration
海面蒸汽雾 sea fog
海面支撑浮标系统 surface-support buoy system
海面装置测波仪系统 surface-mounted system of wave recorder
海面状况 sea condition;sea regime;sea state;state of sea
海面状态 motion of sea;state of sea
海面钻进结构 offshore drilling structure
海面钻井岛 offshore drilling island
海名称 name of sea
海鸣 oceanic noise
海姆合金 Hymm
海姆静水压假说 Heim's hypothesis
海内等温线 isobathytherm
海纳克护膜耐蚀钢板 Hynack steel plate
海南大白蚁 < 拉 > Odontotermes hainanensis
海南热 Hainan craze
海南五针松 Fenzel pine
海难 marine casualty;marine disaster;maritime casualty;maritime disaster;maritime distress;maritime peril;perils of sea;sea casualty;sea risks;shipping casualty
海难报告书 statement of marine disaster;protest
海难补充报告 extended protest
海难船漂到岸边的货物 stranded goods
海难紧急呼叫 distress call
海难救援 marine salvage;salvage at sea
海难救援费 salvage;salvage at sea
海难救援公司 salvage company
海难救助 salvage
海难救助船 rescue ship;salvage ship;salvage work boat
海难救助公司 salvage company
海难救助机构 marine rescue and salvage organization
海难救助损害 salvage loss
海难救助拖轮 salvage tug;wrecking tug
海难救助协定 salvage agreement
海难救助协会 salvage association
海难救助作业 salvage operation;salvaging;wrecking(operation)
海难抗辩书 sea protest
海难抗议书 captain's protest;marine protest;master's protest;ship's protest
海难抢救船 salvage vessel
海难抢救损失 salvage loss
海难现场通信[讯] on-scene communication
海难现场指挥员 on-scene commander
海难与救助程序 distress and rescue procedure
海泥 ooze;sea mud;sea ooze
海溺地形 drowned topography
海鸟粪 guano
海鸟式破冰护墩 < 防止冰块冲击桥墩的护栏木设施 > shearwater
海镍钴磁性合金 Hynico
海鸥 gull;sea gull;sea mew
海帕伦 < 一种硫化塑料 > chlorosulfonated polyethylene;hypalon
海帕伦胶泥 Hypalon cement
海帕伦密封膏 Hypalon sealant
海帕伦填缝材料 Hypalon ca(u)lking
海帕伦涂料 Hypalon coating
海帕伦屋面材料 Hypalon roofing
海帕伦橡胶 hypalon;Hypalon rubber
海派克斯过程 Hepex process
海泡石 magnesite;meerschaum;seafoam;sepiolite
海泡石矿床 sepiolite deposit
海泡石黏[粘]土 sepiolite clay
海泡石黏[粘]土矿床 sepiolite clay deposit
海泡石吸附剂 sepiolite adsorbent
海泡石组 hormites
海盆 ocean basin;pan;sea basin
海盆巨地块 ocean basin block
海盆名称 name of basin
海盆重力异常 gravity anomaly over basin
海皮考磁性合金 < 一种高导磁率与高饱和磁通密度的磁性合金 > Hiperco
海皮考合金 Hiperco
海平基准面 sea level datum
海平面 level of sea;sea horizon;sea level(surface);seawater level
海平面变动 fluctuation of sea level
海平面变化 change in sea level;sea level change;sea level variation
海平面变化观测 eustatic observation
海平面变化原因 cause of eustatic movement
海平面变化周期 period of eustatism
海平面订正 reduction to sea level
海平面改正 sea level correction
海平面观测 sea level observation
海平面归算 reduction to sea level;sea level reduction
海平面基准 sea level datum
海平面校正 sea level correction
海平面零点 sea level datum
海平面气压 sea level pressure
海平面上升 rise of sea level;sea level rise
海平面升高 rise of sea level;sea level rise
海平面升降变化 eustatic sea level change
海平面位 potential at sea level
海平面温度 sea level temperature
海平面相对变化全球性亚周期 subperiod of sea level relative change
海平面相对变化准周期 paracycle of relative change of sea level;paracycle of relative variation of sea level
海平面相对升降曲线 curve of relative eustatic sea level
海平面压力 sea level pressure
海平面以下 below sea level
海平面运河 sea level canal
海平坡度 geoidal slope
海平如镜 calm sea;glassy calm(sea)
海平线 sea horizon
海平原 plain
海平重力异常 free air gravity anomaly
海坡马尔高导磁率铁铝合金 Hypermal
海坡马洛伊高导磁率铁镍合金 Hypermalloy
海泼斯尔合金 Hypersil
海埔(新生)地 tidal land
海栖的 maricolous
海栖植物 maritime plant
海墙 seawall
海鞘 styela;styela clava
海鞘目 Ascidiacea
海鞘状动物 ascidian
海切阶地 marine-cut bench;marine-cut terrace
海侵 advance of sea;ingression;invasion;marine invasion;marine transgression;transgress;transgression of sea
海侵层序 transgressive sequence
海侵超覆 marine progressive overlap;sedimentary overlap;transgressive overlap
海侵沉积物 transgressive deposit;transgressive sediment
海侵底脊 transgressive sill
海侵地区 transgressing sea
海侵范围 range of transgression
海侵过程 marine process
海侵海退 transgression regression
海侵河 dismembered stream
海侵礁 transgressive reef
海侵时间 time of transgression
海侵速率 ingression speed
海侵相 transgressive facies;transgressive phase
海侵旋回 progressive cycle;transgressive cycle
海侵岩系 transgressive series
海穹 sea arch
海丘 knoll;seaknoll;sea zone
海区 maritime region
海区反射信号 sea echo
海区航标 maritime aids to navigation
海区界线 sea area boundary line
海区形势图 sea area situation chart
海区域 submarine area
海区资料调查 sea information investigation
海区总图 general chart of sea
海蛆 ship-worm
海蛆形 onisciform
海渠 faro
海若蒙黏[粘]合剂 < 商品名 > Hydroment
海赛矩阵 hessian
海色 sea colo(u)r
海色指数 sea colo(u)r index
海森伯测不准关系 Heisenberg's uncertainty relation
海森伯测不准原理 Heisenberg's uncertainty principle
海森伯矩阵力学 Heisenberg's matrix mechanics
海砂 < 又称沙海 > sea sand;marine aggregate;marine sand
海砂地林 Hexadiline
海山 seamount
海山磁异常 magnetic anomaly of seamount
海山阶地 seamount terrace
海山链 seamount chain
海山链名称 name of seamount chain
海山名称 name of seamount
海山群 seamount group
海山重力异常 gravity anomaly over seamount
海商队 flotilla
海商法 admiralty law;law of maritime commerce;maritime law;merchant marine act;merchant shipping act;merchant shipping law
海商法上的抵押 maritime mortgage
海商法上的债权 maritime claim
海商法协会 Maritime Law Association
海商利率 marine interests
海上 brine water;offing;outshore
海上安全 marine safety;offshore safety;safety at sea
海上安全队 marine safety corps
海上安全法 marine safety law
海上安全机构 maritime safety agency;maritime safety organization
海上安全局 Maritime Safety Board
海上安全委员会 Maritime Safety Committee
海上安全信息 marine safety information
海上安全信息系统 marine safety information system
海上安全资料 marine safety information
海上半潜式核发电站 semi-submerged offshore nuclear generating station
海上保安部门 Maritime Safety Board
海上保安厅 < 日本 > Maritime Safety Board
海上保险 marine insurance;maritime insurance
海上保险单 marine insurance policy;marine policy
海上保险法 marine insurance law
海上保险公司 marine insurance Co., Ltd.
海上保险契约 contract of marine insurance
海上保险人 marine underwriter
海上保险申请书 application for marine insurance
海上备用时间 spare-time at sea
海上避碰规则 law for preventing collisions at sea;regulations for preventing collisions at sea;rule of Navigation;rule of the road at sea
海上避碰规章 law for preventing collisions at sea;regulations for preventing collisions at sea;rule of Navigation;rule of the road;rule of the road at sea
海上标志 sea marker
海上兵力 sea power
海上驳运 marine lightering;ocean barging
海上泊位 sea berth
海上薄雾 sea mist
海上补给 sea-borne supply;sea lift;sealift replenishment at sea
海上补给传送索具 underway transfer rigging
海上补给船 marine supply ship;sealift ship
海上捕获法 law of maritime prize;law of marque
海上不成文法 unwritten law of sea
海上部分来回票价 half-round trip fare
海上财产 maritime property
海上采气 offshore gas
海上采油系统 marine production system;offshore production system
海上测距仪 trisponder
海上测量 sea survey
海上测量定位桩 offshore range pile
海上测站 artificial observation installation;offshore observation installation;offshore observation station;offshore station
海上城市 floating town;marine city
海上储油柜 offshore storage tank
海上传送装置 transfer-at-sea gear
海上船舶碰撞 collision at sea
海上船舶无线电检疫报告 radio quarantine reports from ship at sea
海上垂直地震剖面 marine vertical seismic profile
海上磁力测量 sea-borne magnetic survey
海上打捞法 marine salvage service
海上打捞费 salvage charges
海上打桩 marine piling
海上大气 marine atmosphere
海上导航灯标 marine light
海上导航定位 navigation and positioning at sea
海上导航设备 marine navigation aid
海上的 maritime;nautical;oversea(s);sea going;offshore;outshore
海上抵押权 maritime mortgage
海上抵押权和留置权公约 Convention on Maritime Mortgages and Liens
海上地球物理测量 offshore geophysi-

cal survey
海上地震 offshore earthquake
海上地震勘测 offshore seismic exploration;offshore shooting
海上地震勘探 marine seismic survey
海上地震数据的空间滤波 spatial filtering of marine seismic data
海上电话 seaphone
海上电力系统 offshore power system
海上电子测距仪 < 商品名 > hydrodist
海上调查 survey on the sea
海上定期直达列车 sea freight liner
海上定位 marine positioning;offshore location
海上堵漏 fother
海上短程运输 short-sea trade
海上多道电缆系统 marine multiplexed streamer system
海上发射装置 sea-going launcher
海上法规 law of the sea;maritime law
海上方位 bearing on vessel
海上防护建筑物 maritime protection work
海上飞机 marine aircraft; open sea aeroplane
海上飞行 aeromarine
海上飞雪 marine snow
海上废物倾倒监测系统 ocean dumping surveillance system
海上焚化区 incineration areas at sea
海上焚烧 marine incineration
海上风波 wind-generated sea wave
海上风力发电系统 offshore wind power system
海上风险 marine risks;maritime peril;perils of sea;risks of sea
海上封锁 naval blockade
海上服务 offshore services;sea service
海上浮标 maritime buoy; oceanographic(al) buoy
海上浮标制式 maritime buoyage system
海上浮冰 lolly ice;sea floe;sea ice
海上浮(船)坞 offshore floating dock
海上浮式装卸作业站 offshore floating terminal
海上浮式钻井 offshore floating drilling
海上腐蚀 offshore corrosion
海上高精度无线电定位测量系统 SEA-FIX
海上跟踪与测距站 sea-borne tracking and ranging station
海上工程 maritime engineering; offshore works; marine construction; maritime works
海上工程基础 marine foundation
海上工程技术 maritime engineering
海上工程施工 maritime engineering works
海上公园 marine park
海上供应品 sea stock;sea stores
海上供应业 marine supply industry
海上共同事业 common adventure
海上构筑物 marine structure
海上骨料 marine aggregate
海上观测飞机 observation seaplane
海上观测站 offshore observation station;offshore station
海上管道 offshore pipeline
海上管路输油 offshore oil delivery
海上管线 marine pipeline; offshore pipeline
海上惯例 sea manners
海上过驳 lighting-at-sea
海上过失 maritime negligence
海上航标 marine navigation aid;navigational aids;sea mark
海上航道 sea passage
海上航空的 aeromarine
海上航空器 marine aircraft
海上航空学 naval aeronautics
海上航路 sea lane;seaway
海上航路标志 <设在浅水中> sea mark
海上航线 sea lane; maritime route; sea route
海上航行 marine navigation;maritime navigation;sail
海上航行的 sea going
海上航行平稳性 sea kindliness
海上虹 marine rainbow;sea rainbow
海上划界 marine boundary delimitation; maritime boundary delimitation;sea boundary delimitation
海上环境 maritime environment
海上环境保护区域组织 Regional Organization for the Protection of the Marine Environment
海上混凝土结构物 concrete offshore structure
海上活动域 sea room
海上火车轮渡 marine railway ferry; sea train
海上火车轮渡码头 marine railway ferry terminal
海上货物保险单 marine cargo insurance policy; ship goods insurance policy
海上货物运输 sea-borne goods traffic
海上货物运输法 Carriage of Goods by Sea Act
海上货物运输契约 contract of carriage by sea
海上货运单 freight receipt; ocean waybill;sea waybill
海上机场 offshore airport;seadrome
海上机动无线电话设备 maritime mobile radio-telephone equipment
海上机械 marine plant
海上基线测距仪 taut-wire gear
海上架桥 oversea bridge
海上监视 ocean surveillance;offshore surveillance
海上监视系统 offshore surveillance system
海上建筑工程师 marine construction engineer
海上建筑物 marine structure; offshore construction; offshore structure
海上建筑物用清漆 marine varnish
海上交通 marine traffic; maritime traffic;navigation;sea-borne traffic
海上交通调查 marine traffic investigation; marine traffic observation; marine traffic survey
海上交通工程 marine traffic engineering
海上交通管制 marine traffic control
海上交通事故 marine traffic accident
海上交通系统 marine traffic system
海上交通线 sea lane; sea line; sea route
海上劫掠 piracy
海上结构物 marine structure
海上界线 maritime limit
海上借土区 marine borrow area
海上金刚石取芯设备 marine diamond coring apparatus
海上禁捕(渔)区 marine preserve
海上鲸和鱼加工 whale and fish processing at sea
海上井架 drilling platform
海上景观 seascape
海上警卫艇 coast guard boat; coast guard ship
海上救护工作 salvage work
海上救护(设施) marine navigation aid
海上救捞 marine salvage
海上救难 salvage
海上救生 marine life-saving
海上救生设备 marine life-saving equipment
海上救生艇 marine survival craft
海上救生衣 Mae vest;marine life jacket
海上救生站 marine salvage station
海上救援 salvage service at sea
海上救助 assistance and salvage at sea;marine rescue;salvage at sea; sea rescue
海上救助船 rescue boat
海上救助费 salvage
海上救助分中心 maritime rescue sub-center[centre]
海上救助拖轮 deep-sea salvage tug
海上救助业务 life-saving service;rescue service
海上军事演习 marine parade;marine regatta
海上开采 offshore producing; offshore production
海上勘探 offshore exploration
海上空间 air-space above sea
海上空气 sea air
海上空中交通管制 ocean air traffic control
海上控制区 maritime control area
海上垃圾 marine debris
海上雷达询问应答器 maritime radar interrogator transponder
海上雷达站 offshore radar platform; radar island
海上礼节 maritime ceremonial
海上礼让 sea manners
海上力量 sea power
海上联合作业基地 offshore combinate
海上列车运输公司 sea train line
海上留置权 maritime lien
海上六分仪 nautical sextant
海上漏油 marine oil spill;oil-spill on the sea
海上掠夺 rover
海上轮渡 sea ferry
海上码头 tidal quay
海上锚泊 offshore mooring
海上贸易 floating trade;marine trade; maritime commerce;maritime trade; sea(-borne) trade
海上模拟 marine simulation
海上木船钻孔生物 marine boring organism
海上目标 naval target
海上能源 marine energy source
海上抛泥 disposal at sea
海上抛泥区 dumping site at sea;marine disposal area; ocean dumping site
海上碰撞 collision at sea
海上漂散木 sea drift
海上漂油 marine oil spill
海上平台 drilling platform;ocean platform;offshore platform
海上平台稳定性 stability of offshore platform
海上破冰船 ocean-going icebreaker
海上起吊 lift-on the sea
海上气象观测 maritime meteorological observation
海上气象观测船 ocean weather ship
海上气象数据 marine weather data; ocean weather data
海上气象自动预报系统 automatic shipboard forecasting system
海上潜水器 sea-going submersible
海上强国 maritime power; maritime state
海上侵权行为 maritime tort
海上情况 marine condition
海上取土区 marine borrow area
海上全速 full sea speed
海上人工岛 offshore artificial island
海上人命安全 safety of life at sea
海上人命公约年度检查 mandatory annual survey
海上入侵 sea-borne invasion
海上三角测量 sea triangulation
海上三维地震 marine three-dimensional seismic
海上三维地震勘探 marine 3-D survey; three-dimensional marine survey
海上闪光现象 sea fire
海上升船机 marine lift
海上声学研究平台 sea-going platform for acoustic(al) research
海上失事 marine disaster
海上施工设备 marine construction equipment
海上石油储藏量 offshore oil reserves
海上石油合作勘探 cooperative exploration of offshore oil
海上石油开采 offshore oil exploitation
海上石油开采业 offshore oil industry
海上石油资源 offshore petroleum resources
海上石油钻机 offshore oil rig
海上识别码 maritime identification code
海上识别数字 marine identification digit
海上事故 accident at sea;marine casualty; maritime accident; maritime casualty
海上视界 <约 20 海里,1 海里 = 1.852 千米> kenning
海上试航 sea trial
海上试验 sea test
海上适用船桥系统 maritime application bridge system
海上疏浚 sea-borne dredging
海上疏浚工 marine dredge(r)
海上疏运 sea-borne lift
海上输燃油 fueling at sea
海上输油管道 floating pipeline
海上水工建筑物 offshore marine structure
海上水工结构(物) offshore marine structure
海上水损 seawater damage
海上水文特征 offshore feature
海上水文要素 offshore hydrological feature
海上丝绸之路 Maritime Silk Road
海上饲养 mariculture
海上搜救 maritime search and rescue
海上搜救计划 maritime search and rescue plan
海上搜救识别码 maritime search and rescue recognition code
海上搜索 marine search
海上损失 maritime loss
海上损失的担保 free from average
海上探礁声呐系统 maritime anti-stranding sonar system
海上特征波形反褶积 marine signature waveform deconvolution
海上梯队 sea echelon
海上天然气 offshore gas
海上天然气苗 marine gas seepage
海上天文导航 marine celestial navigation
海上铁路轮渡 marine railway ferry
海上铁路轮渡码头 marine railway ferry terminal
海上停泊 dolphin berth;offshore mooring
海上停泊处 sea berth

海上通道 marine access
海上通道海船闸 sea lock
海上通信[讯] marine communication
海上通信[讯] 卫星 marine communication satellite
海上通行证 sea letter
海上土木工程 marine civil engineering
海上托运人 common carrier by water
海上拖驳运输 marine towage
海上拖船 sea-going tug
海上拖带 sea tow
海上拖缆 steamer
海上拖轮 sea(condition) going tug; sea tug(boat)
海上拖运费 marine towage
海上拖运辅助船 ocean tug auxiliary
海上挖泥 ocean dredging; sea dredging
海上挖泥船 sea-going dredge(r)
海上完井 offshore completion
海上往来 maritime intercourse
海上危险 maritime peril
海上围油栅 marine oil fence
海上微风 sea breeze
海上位置 marine standing
海上污染 sea pollution
海上污染咨询委员会 Advisory Committee on Pollution of the Sea
海上无浪 calm sea
海上无线电测向站 maritime radio direction finding station
海上无线电导航机构 maritime radio navigation service
海上无线电导航陆地电台 maritime radio navigation land station
海上无线电导航业务 maritime radio navigation service
海上无线电导航移动电台 maritime radio navigation mobile station
海上无线电通信[讯] marine radiocom; marine radio communication; maritime radio
海上无线电信标 marine radio beacon; maritime radio beacon
海上无线电信标电台 marine radio beacon station
海上系泊岛式建筑物 offshore mooring island structure
海上系泊装油 offshore loading
海上现象 marine phenomenon
海上限制 <美> American Marine Limited
海上卸油 offshore unloading
海上新发现油井 marine discovery well
海上新闻业务 marine press
海上信号灯 marine beacon-light lantern
海上信息业务 marine information service
海上休闲基地 maritime leisure base
海上巡逻 sea patrol
海上巡逻飞机 marine patrol aircraft
海上压力 sea pressure
海上烟雾 marine qaosol
海上延伸条款 marine extension clause
海上验潮标 sea ga(u)ge
海上验潮仪 sea ga(u)ge
海上养殖场 sea farm
海上医疗后送 sea medical evacuation
海上移动电报呼叫 maritime mobile telegraphy calling
海上移动电话设备 maritime mobile telephone equipment
海上移动通信[讯] 业务 maritime mobile service
海上移动业务 maritime mobile service
海上移动业务标识 maritime mobile service identity
海上遗弃物 derelict
海上意外事故 marine accident
海上意外危险 dangers of seas
海上引航员 sea pilot
海上荧光 sea fire
海上营救协调中心 marine rescue coordination center[centre]
海上用梯子 sea ladder
海上优先权 maritime lien
海上油管输送 offshore oil delivery
海上油井 offshore well
海上油井溢油污染基金 offshore oil spill pollution funds
海上油苗 marine oil seepage
海上油田 offshore field; offshore oil field; offshore production well
海上游艇 sea-going taxi
海上渔业 sea fisheries
海上遇险 distress on sea; marine disaster; maritime peril
海上遇险信道 maritime distress channel
海上遇险信号 marine distresssignals; signal of distress
海上运货车 sea van
海上运输 borne trade; carriage by sea; marine shipping; maritime carriage; maritime transport(ation); sea conveyance; sea freight; sea-going transport; sea-haul; sea transport(ation); marine transport(ation)
海上运输保险 marine cargo insurance
海上运输单 sea waybill
海上运输法 maritime transport law
海上运输工程 marine transportation engineering
海上运输合同 maritime transportation contract
海上运输集装箱 oversea's container
海上运输契约 affreightment; freighting
海上运输线 sealink
海上灾难 maritime peril; peril of the sea; sea disaster
海上载驳货船 sea-bee carrier
海上载驳快船 sea-barge clipper
海上照明设施 marine lighting practice
海上折射地震 marine refraction seism
海上震源检测方式 marine source detect mode
海上震源效应 marine source effect
海上蒸汽雾 barber; frost smoke; sea fog; sea mist; sea smoke; steam mist; water smoke
海上制成的冰块 salt-water ice
海上制导 marine guidance
海上秩序指数 marine index of orderness
海上中转油罐 offshore tanker terminal
海上中转站 offshore terminal
海上仲裁厅 <日本> Maritime Disaster Inquiry Agency
海上重力测量 sea-borne gravity measurement
海上助航浮标 floating marine navigation aid
海上转运码头 marine terminal
海上转运站 marine terminal
海上装卸 cargo-handling on sea
海上装卸站 sea terminal
海上装油管路 sea loading pipeline
海上装置 offshore installation
海上资历 sea service
海上自动海洋气象站 marine automatic meteorologic(al) oceanographic(al) station
海上自动气象观测站 marine automatic meteorologic(al) observing station
海上自动气象站 marine automatic meteorologic(al) station
海上自动预报系统 automatic shipboard forecasting system
海上自记测波计 offshore wave recorder
海上自记测波仪 offshore wave recorder
海上自然保护区 marine nature reserves; marine preserve; marine sanctuary
海上自升式钻井架 jack-up rig
海上钻机 offshore rig
海上钻进 offshore drilling
海上钻井 marine drilling; offshore boring; offshore drilling(well); sea boring offshore drilling
海上钻井补给船 offshore drilling tender
海上钻井操作 offshore drilling operation
海上钻井船 offshore drilling barge; offshore drilling ship; offshore drilling tender
海上钻井岛 offshore drilling island
海上钻井定位定向架 drilling template
海上钻井辅助船 offshore auxiliary vessel
海上钻井工程 marine drilling engineering; offshore drilling engineering
海上钻井工艺 marine drilling technology; offshore drilling technology
海上钻井技术 offshore drilling technology
海上钻井结构 offshore drilling structure
海上钻井平台 drilling platform; floating and self-erecting platform; marine drilling platform; ocean-going platform; offshore drilling island; offshore (drilling) platform; offshore rig; sea drilling platform; sea-going drilling island; sea-going drilling platform
海上钻井平台管理 management of offshore drilling platforms
海上钻井人工岛 offshore drilling island
海上钻井设备 offshore drilling equipment; offshore rig
海上钻井塔(架) offshore drilling island
海上钻井台 offshore drilling platform
海上钻井系统 marine drilling system; offshore drilling system
海上钻井用工程模拟器 engineering simulator for offshore drilling
海上钻井油井工作平台 offshore oil-drilling platform
海上钻井装置 offshore drilling assembly; offshore drilling rig; offshore drilling unit; offshore installation
海上钻井装置规格 specification of offshore rig
海上钻井装置结构 structure of offshore rig
海上钻井装置类型 type of offshore rig
海上钻井作业 offshore drilling operation
海上钻孔 offshore boring
海上钻台 offshore platform
海上钻探 drilling at the sea; marine drilling; offshore boring; sea boring offshore drilling
海上钻探补给船 offshore drilling tender
海上钻探操作 offshore drilling operation
海上钻探船 offshore drilling barge; offshore drilling ship; offshore drilling tender
海上钻探岛 offshore drilling island
海上钻探辅助船 offshore auxiliary vessel
海上钻探工程 marine drilling engineering; offshore drilling engineering
海上钻探工艺 marine drilling technology; offshore drilling technology
海上钻探工作 offshore drilling work; sea duty
海上钻探技术 offshore drilling technology
海上钻探建筑物 offshore drilling structure
海上钻探结构 offshore drilling structure
海上钻探平台 drilling platform; floating and self-erecting platform; marine drilling platform; ocean-going platform; offshore boring platform; offshore drilling island; offshore platform; offshore rig; sea drilling platform
海上钻探平台管理 management of offshore drilling platforms
海上钻探人工岛 offshore boring island
海上钻探设备 offshore drilling equipment; offshore rig
海上钻探塔(架) offshore drilling island
海上钻探台 offshore drilling platform
海上钻探系统 marine drilling system; offshore drilling system
海上钻探油井工作平台 offshore oil-drilling platform
海上钻探装置 offshore drilling assembly; offshore drilling rig; offshore drilling unit; offshore installation
海上钻探装置规格 specification of offshore rig
海上钻探装置结构 structure of offshore rig
海上钻探装置类型 type of offshore rig
海上钻探钻机 offshore drilling rig
海上钻探作业 offshore drilling operation
海上作业 maritime works; offshore operation; offshore works; operation on sea
海上作业方法 marine operation method
海上作业方式 marine operation mode
海上作业平台 offshore platform; offshore work platform; self-elevating platform
海蛇毒液 sea snake venoms
海深 sea depth
海深测量法 bathymetry
海深测量仪 bathymeter
海深改正 correction for sea depth
海深海图 depth chart
海深记录器 benthograph
海深记录仪 subbottom depth recorder
海深校正 marine depth correction
海深曲线图 bathygraph
海深生物分相 bathymetric(al) biofacies
海深图 bathygram
海神 Neptune
海神纪念碑 Nereid Monument
海生草本植物 marine herb

H

海生的 sea-borne;submarine
海生矿物 halmeic mineral
海生苔藓虫群体 sea mat
海生元素 thalassophile element
海生植物 maritime plant; thalassophyte
海生钻木动物 marine borer
海狮 sea lion
海湿地 marine swamp
海石花 coral
海石蕊 archil
海石一 avior
海石竹 armeria maritima;sea pink
海蚀 abrasion; marine abrasion; marine corrosion
海蚀岸 abrasion coast;marine erosion coast
海蚀凹槽 notch
海蚀变狭作用 retrogradation
海蚀的 sea-out;seaworn
海蚀地貌 abrasion geomorphy
海蚀地形 coastal landform
海蚀洞 coastal cave; goe; marine cave;sea cave
海蚀洞顶开口 gloup[gloap]
海蚀洞穴 marine cave;sea cave
海蚀拱 marine arch;sea arch
海蚀过程 marine process
海蚀海岸 marine erosion coast
海蚀海岸地貌 coast geomorphology of marine erosion
海蚀后退作用 retrogradation
海蚀环境 marine erosion environment
海蚀混凝土 marine concrete
海蚀阶地 marine abrasion terrace; marine-cut bench; marine-cut terrace;sea-eroded terrace
海蚀锯齿形海岸 indented coast of erosion
海蚀龛 goe;sea-cut notch
海蚀轮回 marine cycle
海蚀面 abrasion surface
海蚀平台 abrasion platform; bench; marine erosion platform
海蚀平原 abrasion plain; corrasion plain;marine-cut plain;marine plain; plain of marine denudation; plain of marine erosion;submarine plateau
海蚀桥 sea arch
海蚀峭壁 sea cliff
海蚀穹 marine arch
海蚀深穴 sea chasm
海蚀台 wave-cut bench
海蚀台地 abrasion platform;abrasion terrace;erosion platform; marine(-cut) bench; marine-cut platform; sea-eroded platform;wave-cut platform
海蚀悬崖 sea cliff
海蚀旋回 cycle of marine; erosion marine cycle
海蚀循环 cycle of marine erosion
海蚀崖 marine cliff; sea cliff; sea-washed cliff; sea scarp; wave-cut bench
海蚀崖崩 cliff fall
海蚀崖龛 sea chasm
海蚀崖中狭道 gja[gia]
海蚀岩 sea-washed cliff
海蚀岩穴 coastal cave;sea cave
海蚀岩柱 marine stack
海蚀夷平海岸 coast leveled by marine erosion
海蚀周期 cycle of marine erosion; marine cycle
海蚀柱 sea stack;stack
海蚀准平原 marine peneplain
海蚀作用 marine erosion;sea erosion
海氏比色计 Hellige colo(u)rimeter
海氏层 Heaviside's layer; Kennely-Heaviside layer
海氏单位电压 Heaviside's unit voltage
海氏疲劳试验机 Haigh fatigue testing machine
海氏算子 Heaviside's operator
海氏图 Haigh diagram
海氏展开定理 Heaviside's expansion theorem
海氏指数定理 Heaviside's exponential theorem
海市蜃楼 looming;mirage
海事 marine;marine accident;marine disaster; maritime affair; maritime casualty;maritime disaster
海事报告(书) sea protest;ship's protest; certificate of protest; marine accident report; maritime declaration;master's report;report on sea casualty
海事裁判权 admiralty jurisdiction; maritime jurisdiction
海事测量 marine survey(ing)
海事查询 maritime inquiry
海事的 admiralty;maritime
海事调查报告 marine survey report
海事调查人员 marine surveyor
海事法 admiralty law; marine law; maritime law
海事法典 admiralty code
海事法庭 admiralty court; marine court;maritime court
海事法外交会议 diplomatic conference on maritime law
海事法院 admiralty court
海事工程 marine works; maritime works;sea works
海事工程承包商 maritime contractor
海事工程师 maritime engineer
海事工程学 marine engineering;maritime engineering
海事公估人 nautical assessor
海事管理局 Maritime Administration
海事管辖 admiralty jurisdiction
海事管辖权 maritime jurisdiction
海事检查人 general surveyor;marine surveyor;ship surveyor
海事鉴定人 nautical assessor
海事交易所 maritime exchange
海事纠纷 admiralty dispute
海事救援船 salvage ship;salvage vessel
海事救援队 life-saving service
海事救援拖轮 salvage tug
海事救援站 rocket station
海事密德兰银行 <美> Marine Midland Bank
海事判例 decided maritime case
海事赔偿优先留置权 preferred maritime lien
海事欺诈 maritime fraud
海事气压计 marine barometer
海事请求 maritime claim
海事求偿权 maritime claim
海事审判权 admiralty jurisdiction
海事声明 captain's protest; maritime declaration; note of protest; sea protest;ship's protest
海事声明书 marine protest; note of marine protest
海事术语 maritime term
海事诉讼 admiralty action;admiralty proceedings;maritime action
海事索赔 assert a maritime claim; maritime claim
海事索赔人 maritime claimant
海事通信[讯]卫星组织 maritime communication satellite organization
海事通信[讯]系统 maritime communication system
海事通信[讯]子系统 maritime communication subsystem
海事图 admiralty chart
海事委员会 maritime commission
海事卫星 maritime satellite
海事卫星船站 satellite ship earth station
海事卫星通信[讯]系统 maritime satellite system[MARISAT system]
海事卫星通信[讯]与导航 maritime satellite communication and navigation
海事卫星系统 maritime satellite system
海事无线电技术委员会 Radio Technical Commission for Maritime Services
海事协会 Marine Association; Marine Cooperation;Maritime Association
海事信息中心 marine information center[centre]; maritime information center[centre]
海事研究中心 center[centre] of maritime studies
海事移动卫星服务 maritime mobile satellite service
海事优先权 maritime lien
海事优先权人 maritime lienee
海事援助 maritime assistance
海事债权人 maritime claimant
海事争议 maritime disputes
海事仲裁 maritime arbitration
海事仲裁委员会 Maritime Arbitration Committee
海事自动化流程分析系统 maritime automated flowchart analysis system
海水 seawater;aquamarine;brine;marine water;saline water;salt water; aqua marina <拉>;ocean water
海水拌制的混凝土 seawater concrete
海水泵 sanitary pump; seawater pump;salt water pump
海水泵站 seawater pump station
海水比重计 brine hydrometer; hydrometer;seawater gravimeter
海水变色 discolo(u)red water
海水标本瓶 Nansen bottle
海水表层水温 sea-surface temperature
海水冰 seawater ice
海水剥蚀 marine denudation
海水采样 ocean sampling;sampling of seawater;seawater sampling
海水采样器 sea sampler
海水采样系统 ocean sampling system
海水测汞仪 seawater mercurometer
海水测深杆 sea ga(u)ge
海水测深计 sea ga(u)ge
海水测深器 sounding machine
海水测温仪 ship borne expendable bathythermograph
海水吃水线 salt-water load line
海水池 sea basin
海水冲成的渠道 fretted channel
海水初冻形成的泞糊冰 grease ice
海水处理 brine disposal
海水次要元素 secondary elements in seawater
海水粗滤器 seawater coarse filter
海水淡化 desalinate; desalination of seawater;desalinization;desalt(ing); dilution of seawater; saline water demineralization; seawater conversion;seawater desalinization;water desalin(iz)ation in sea water; water desalting
海水淡化船 desalting ship; seawater conversion ship
海水淡化发电两用核电站 water-electricity nuclear power plant
海水淡化(工)厂 desalination plant; freshwater plant;desalting plant
海水淡化器 desalting kit;freshwater generator;seawater demineralizer
海水淡化设备 desalting plant;seawater conversion plant; seawater desalting equipment
海水淡化装置 seawater desalinating unit; seawater distillatory; sea water desalting plant
海水淡水化环境 desalting environment
海水当场密度 local density of seawater
海水倒灌 encroachment of seawater; inwelling;seawater encroachment
海水的 briny
海水的淡化 conversion of seawater
海水的地质化学分解作用 halmyrogenic;submarine weathering
海水的热膨胀 thermal expand of seawater
海水等深等温线 isobathytherm
海水等深图 bathymetric(al) chart
海水等水色线 isochromatic line of sea
海水底爬 salt water creep
海水地热系统 seawater geothermal system
海水电池 sea cell;seawater cell
海水电导率 seawater electric(al) conductivity
海水电导仪 bathyconductograph
海水阀 sea cock
海水反射回波 sea echo
海水反渗淡化 seawater reverse osmosis
海水反渗透 seawater reverse osmosis
海水肥力 fertility of seawater
海水肥料 seawater manure
海水沸泉 boiling seawater spring
海水分层 seawater stratification
海水分析 seawater analysis
海水分析化学 seawater analysis chemistry
海水分子物理学 seawater molecular physics
海水锋面 water front
海水腐蚀 marine abrasion; marine corrosion;seawater corrosion
海水腐蚀试验 seawater corrosion test
海水干管 salt-water main
海水工业 marine industry
海水构筑物用水泥 marine cement
海水管 seawater pipe
海水管道 seawater piping
海水管系 salt-water system;seawater piping
海水含盐量 seawater salinity
海水和空气温度差改正量 sea-air temperature difference correction
海水化学 chemistry of seawaters; seawater chemistry
海水化学腐蚀 seawater chemical corrosion
海水环境 marine environment
海水环境用胶 marine glue
海水环流 seawater circulation
海水混合 seawater mixing
海水混凝土 seawater concrete
海水活化电池 seawater activated battery
海水加热器 salt-water heater
海水减退后的新陆地 derelict
海水界 marine hydrosphere
海水进口 sea inlet;seawater inlet
海水进水渠 seawater inlet tunnel
海水进退规程 canon of transgressions and regressions
海水浸蚀地 seawater encroachment

H

海水浸渍试验 seawater immersion test
海水净化 seawater purging;seawater purifying
海水净化水力学 hydraulics of seawater purging
海水净化作用 seawater purification
海水科学 seawater science
海水空气温度差修正 sea-air temperature difference correction
海水类型 seawater type
海水冷凝器 seawater condenser
海水冷却泵 seawater cooling pump
海水冷却器 brine cooler
海水氯度 chlorinity of seawater
海水镁砂 seawater magnesia
海水镁砂熔块 seawater magnesia clinker
海水密度 density of seawater;seawater density
海水密度计 seawater densitometer
海水逆温 inversion of seawater temperature
海水平湖 slack water
海水平均盐度 average salinity of seawater
海水潜流 salt-water underrun
海水侵入 intrusion of salt
海水侵蚀 seawater attack;seawater corrosion;seawater intrusion
海水侵蚀地 encroachment
海水侵蚀循环 marine cycle
海水侵蚀作用 marine denudation
海水取水设备 seawater intake facility
海水取样金属瓶 seawater sampling bottle;sounding bottle
海水圈 marine hydrosphere
海水缺氧事件 oceanic anoxic event
海水群落 thalassium(of the oceans)
海水容重 unit weight of seawater
海水溶解氧测定仪 dissolved oxygen analyser[analyzer] for seawater
海水溶解氧含量 dissolved oxygen content in marine water
海水入侵 encroachment of seawater;intrusion of salt;intrusion of seawater;saline encroachment;saline intrusion;salt-water encroachment;salt-water intrusion;seawater encroachment;seawater intrusion
海水入侵方式 pattern of seawater intrusion
海水入侵距离 distance from seawater intrusion
海水入侵面积 area of seawater intrusion
海水入侵时间 time of seawater intrusion
海水入侵速度 velocity of seawater intrusion
海水入侵污染 seawater intrusion pollution
海水入侵状况 condition of seawater intrusion
海水色度 colo(u)r of seawater
海水深度 depth of seawater
海水深度温度自动记录计 <测定不同深度处的水温用> bathythermograph
海水深度温度自动记录仪 bathythermograph
海水渗透压能 seawater osmotic pressure energy
海水生成的 halmeic
海水生化需氧量测定仪 biochemical oxygen demand meter for seawater
海水石膏 marine gypsum
海水石油污染 seawater pollution by oil
海水水色 seawater colo(u)r
海水水体 water mass
海水水团类型 water type
海水水质标准 marine water quality standard;seawater quality standard
海水水族馆 marine aquarium;oceanarium
海水损害 sea(water)damaged
海水损害条件 sea-damage term
海水特性 characteristics of seawater
海水提出物 seawater extract
海水提升泵 seawater lift pump
海水条件密度 ability density of seawater
海水同位素成分 ocean-water isotope composition;seawater isotopic composition
海水透明度 seawater transparency;transparency of seawater
海水脱硫 seawater desulfurization
海水脱盐 desalination of seawater;desalting of seawater;seawater desalinization;seawater desalting;water desalin(iz)ation in sea water
海水脱盐作用 seawater desalination
海水微量元素 trace elements in seawater
海水卫生泵 salt-water sanitary pump
海水温差发电 ocean temperature differential power
海水温度 ocean temperature;seawater temperature
海水温度计 bathythermograph;marine thermometer;submarine thermometer
海水温度深度自动记录仪 bathythermograph recorder
海水温度突变层 thermocline
海水温度图 sea temperature chart
海水污染 pollution of seawater;salt-water pollution;seawater pollution
海水污染控制及提高水质法 Marine Waters Pollution Control and Quality Enhancement Act
海水物理学 seawater physics
海水吸入口 sea inlet;sea suction
海水细碧岩 wulstchialas
海水楔(体) salt-water wedge;saline wedge
海水修正值 corrected value of seawater
海水盐度 salinity of seawater;seawater salinity
海水盐度温度深度记录器 salinity temperature depth recorder
海水颜色与温度传感器 ocean colo(u)r and temperature sensor
海水养殖 mariculture;marine cultivation;marine culture;sea culture;sea farming;seawater culture
海水养殖场 marine park
海水养殖面积 seawater aquiculture area;seawater breeding area
海水氧化还原电位 oxidation-reduction potential of seawater
海水氧化镁 seawater magnesia
海水乙酸测定 seawater acetic acid test
海水营养盐分析器 nutrients analyzer for seawater
海水用肥皂 salt-water soap
海水油弥散 dispersion of oil on sea
海水油污染 seawater pollution by oil
海水有机质成分 organic components in seawater
海水有机质含量 content of organic material in seawater
海水鱼 marine fish
海水浴 sea bathing
海水浴场 bathing beach;watering-place;seawater bath
海水浴区 sea-bathing area
海水元素 element in seawater;thalassophile element
海水跃层 stratified water
海水藻 salt-water algae
海水皂 marine soap;salt-water soap
海水蒸发槽 salina
海水蒸发器 seawater evapo(u)rator
海水蒸馏 seawater distillation
海水质量标准 marine water quality standard
海水中声速 submarine sound velocity
海水中声速测定仪 seawater sound velocity meter
海水主要元素 major elements in seawater
海水蛀虫 marine borer
海水转化 conversion of seawater;seawater conversion
海水浊度 turbidity of seawater
海水资源 seawater resource
海水自净作用 self-purification of seawater
海水综合利用 seawater comprehension utilization
海水总有机碳测定仪 total organic carbon analyzer for seawater
海水钻蛀虫 marine borer
海税过境单据 customs transit documents
海丝 byssus;fish wool
海司单杠杆比较仪 Hirth minimeter
海斯栓钉入板测验 Hayes pegboard test
海斯温球磨机 Hyswing ball mill
海松【植】Korean pine;maritime pine
海松树胶 galipot gum
海松酸石 refikite
海损 average;loss at sea;marine loss;sea damage
海损保险 casco insurance;marine insurance;maritime insurance
海损保险单 average policy
海损保险费 average premium
海损保证金 average deposit
海损保证书 average guarantee
海损备用金 average deposit
海损不保 free from average
海损裁决书 average award
海损船舶 damage ship;damage vessel
海损代理人 average agent
海损分担 average contribution
海损分担保证书 average agreement;average bond
海损货 goods damaged by sea;sea damaged goods
海损货物估价 evaluation of goods in the perils of sea
海损计算方法 average loss settlement
海损检定书 average adjustment
海损检定员 average commissioner
海损精算书 adjustment letter
海损控制示意图 damage control plan
海损理算 adjustment of average;average adjustment
海损理算人 adjuster;average adjuster;averager;average stater;average taker
海损理算师 adjuster;average adjuster;averager;average stater;average taker
海损理算师协会 association of average adjuster
海损理算师协会理算规则 Rule of Practice of Association of Average Adjustments
海损理算书 adjustment letter;average statement;certificate of average
海损赔偿条款 average clause
海损清算人 adjuster
海损声明书 marine protest;note of marine protest
海损事故 marine accident;marine casualty
海损条件 sea-damage terms
海损条款 average[averaging] clause
海损条例 averaging clause;averaging regulation
海损稳定性 damage stability
海损险 with average
海损协议(书) average agreement;average bond
海损修理 average repair;damage repair;salvage repair
海损异议书 ship protest
海损由卖方承担 sea-damage for seller's account
海笋 <一种蛀木软体动物> martesia
海索草 hyssop
海索尔 <环氧树脂类黏[粘]合剂> Hysol
海塔 pinnacle
海獭 sea otter
海台 marine-cut bench;oceanic bank;submarine plateau;submarine platform;table knoll;tableland
海台名称 name of plateau
海苔 seaweed
海滩 beach;coastal beach;marine beach;ocean beach;sea beach;seashore;tide beach
海滩暗礁 beach barrier
海滩保护 beach protection
海滩标志器 beach marker
海滩补沙 beach recharge;beach restoration;replenishment of beach
海滩采矿 beach mining
海滩潮间带 beach face
海滩沉积(物) beach deposit;littoral deposit
海滩成因 cause of formation of beach
海滩赤杨 seaside alder
海滩冲积(物) beach accretion;regressive sediment
海滩冲刷 beach drifting;beach erosion;beach scour
海滩登陆舰 dock landing ship
海滩地 marine foreland
海滩地貌单元 geomorphologic(al) unit of beach
海滩地形 beach features
海滩顶 beach crest
海滩顶部 outer beach
海滩陡坎 beach scarp
海滩度假村 beach resort
海滩堆积 accretion of beach;beach accretion;beaching
海滩发育循环 beach development cycle
海滩反射 beach reflection
海滩防冲措施 beach erosion control
海滩高地 raised beach
海滩航标 beach marker
海滩后退 beach retreat;beach retrogression;recession of beach;retreat of beach;retrogression of beach
海滩恢复 beach restoration
海滩脊 beach ridge
海滩脊沉积 beach ridge deposit
海滩加积 beach accretion
海滩建造 beach formation
海滩角砾岩 beach breccia
海滩阶地 beach berm(e);littoral berm;littoral terrace
海滩阶坎前缘 berm(e)crest;berm(e)edge
海滩巨砾 aquafact
海滩开采砂矿 beach combing
海滩宽度 beach width

H

海滩类型 type of beach
海滩砾石 beach shingle;beach gravel
海滩流槽 beach chute
海滩茅屋 beach shack
海滩名称 name of beach
海滩泥沙 beach material;beach sand;beach sediment
海滩棚屋 beach hut
海滩漂浮物 beach drifting
海滩漂积物 beach drifting
海滩漂移物 beach drifting
海滩平衡剖面 equilibrium profile of beach
海滩平原 beach plain;littoral plain
海滩平原海岸 beach plain coast
海滩坡度 beach gradient
海滩剖面 beach profile
海滩剖面测量 beach profile survey
海滩(汽车)道路 beach roadway
海滩抢救船 salvage boat
海滩进退循环 beach cycle
海滩侵蚀 beach erosion
海滩侵蚀局 <美> Beach Erosion Board
海滩侵蚀控制 beach erosion control
海滩矿藏 beach placer
海滩轮廓线 beach profile
海滩内侧沙埂 accretionary ridge
海滩漂沙 beach drift
海滩坡度 beach slope
海滩侵蚀控制及稳定设施 beach erosion control and stabilization system
海滩区 beach area
海滩沙 beach sand
海滩沙堤 beach barrier
海滩沙埂 beach barrier
海滩沙埂之间的低洼地 swale
海滩沙丘 beach dune
海滩沙丘保护 protection of beach dunes
海滩砂 beach sand
海滩砂矿 beach concentrate; beach ore;beach placer;sea-beach placer
海滩砂岩 beach sandstone
海滩上步行 board walk
海滩上的细冲沟 rill way
海滩上最高潮位线 sea mark
海滩水草 beach grass
海滩滩肩 beach berm
海滩探测器 beach detector
海滩淘砂 beach combing
海滩梯度 beach gradient
海滩填护 beach fill; beach nourishment;beach replenishment
海滩填沙工程的终端丁坝 terminal groyne
海滩推进 beach advance
海滩退覆 regressive overlap
海滩挖泥车 beach excavator
海滩维护 beach maintenance
海滩纹理 beach lamination
海滩稳定 beach stability
海滩稳定性 stability of beach
海滩污染 beach pollution
海滩污染物 beach contamination; beach pollutant
海滩物质 beach material
海滩相 beach facies
海滩形成 beach formation
海滩形成过程 beach building
海滩形态 shape of beach
海滩旋回 beach cycle
海滩崖 beach scarp
海滩岩 beach rock;beach sandstone
海滩岩系 regressive series
海滩盐泽 salting
海滩演变过程 beach process
海滩养护 beach maintenance;littoral nourishment
海滩淤长 beach accretion
海滩淤积 beach accretion
海滩淤积区 accretion zone
海滩淤沙 beach barrier
海滩淤填土 beach fill
海滩原地形(剖面) native beach profile;original beach profile
海滩造床过程 beach-building process
海滩增长 advance of a beach; progression of beach
海滩植物 agad
海滩重建 nourishment
海滩状花纹 beach markings
海滩嘴 beach cusp;cusp(beach)
海滩嘴脊梁 apex of cusp
海滩作业车 beach vehicle
海坦西尔黄铜 Hytensyl bronze
海棠【植】 Peking flowering crab
海棠花 Chinese flowering apple
海塘 seawall;coastal levee;sea bank; sea defense;sea dike[dyke];sea embankment;shore wall
海塘工程 coastal engineering;seawall works
海塘路 road built on seawall
海特罗伯尔炸药 Hydrobel
海特罗佐夫特柔软剂 Hydrosoft
海桐花 Japanese pittosporum; pittosporum;tobira pittosporum
海桐花属 <拉> pittosporum
海图 marine chart;marine map;nautical chart;nautical map;chart work; navigational chart; navigator chart; sea-book;sea chart;sea map;admiralty chart <英版的>
海图比较器 chart comparison unit
海图比例尺 chart scale; nautical scale;scale of chart
海图边线 marginal lines of chart
海图边缘 margins of chart
海图编号 chart number(ing);number of chart
海图编制 chart compilation
海图变形 chart distortion;distortion of chart
海图标题 chart title
海图标题栏 chart legend; title of chart
海图标准委员会 Chart Standardization Committee
海图册 chart atlas;maritime atlas
海图代号 chart symbol
海图灯 chart lamp;chart light
海图放大镜 chart reader;chart reading glass
海图分幅 charts coverage;marine map format
海图夫低合金高强度钢 Hy-Tuf steel
海图符号 chart conditional sign;chart symbol
海图改正 chart correction;correction of chart
海图改正贴图 chart block
海图供应站 chart depot
海图挂图 wall chart
海图基面 hydrographic(al) datum
海图基准(面) chart datum;hydrographic (al) datum; reference level; sounding datum
海图基准面以下 below chart datum
海图集 chart atlas; chart folio; naval atlas;sea atlas
海图夹 chart folio;chart portfolio;folio
海图夹编号 folio number
海图夹标签 folio label
海图夹目录 folio list
海图架 chart rack
海图解释 chart reading
海图卡片 chart card
海图库 chart depot
海图零点 chart datum;sea chart zero;datum of charts
海图零点以上高程 height above datum
海图零点以下 below chart datum
海图零点以下高程 height below datum
海图目录 chart catalog(ue)
海图上表明高度或水深的着色 gradient tints;hypsometric(al) tints
海图上风向花 flower of winds
海图上缩写 chart abbreviation
海图上未标明的地区 uncharted area
海图上延伸到图框外的图形边缘 bleeding edge
海图上有关潮汐情况的注释 tide notes
海图设备 chart equipment
海图深度基准面 chart datum;sounding datum
海图示警区 vigia
海图示警险区 vigia
海图视界 charted visibility
海图室 chart house;chart room
海图水深 charted depth
海图说明栏 information of the chart
海图索引图 index chart
海图投影(法) chart projection
海图图幅 chart size
海图图号 chart number(ing)
海图图号索引 numeric (al) list of charts
海图图框 chart border
海图图廓 chart border
海图图名 chart name; title of the chart
海图图式 chart symbol;symbols and abbreviations of(nautical)chart(s)
海图线比例尺 bar scale
海图新版 new edition of chart
海图修改业务 chart correction service
海图学 cartology
海图印刷板 chart plate
海图纸 chart paper
海图制图 hydrographic(al) charting; nautical charting
海图制图学 marine mapping
海图注记 lettering of chart
海图桌 chart desk;chart table
海图自动制图系统 automatic mapping system for marine map
海图总图 general chart
海图作业 chart work
海图作业三角板 set squares for chart work;triangles for chart work
海涂 sea beach;tidal mud flat
海涂围垦 coastal reclamation; empolder;polder
海涂资源 coastal resources
海退 marine regression;recession;regression(of sea);regressive;reliction;retreating sea
海退变化 custatic regression
海退层序 regressive sequence
海退超覆 offlap;regressive overlap
海退沉积物 regressive sediment
海退的 regressive
海退礁 regressive reef
海退砾岩 regression conglomerate
海退侵蚀 regressive erosion
海退时间 time of regression
海退速率 regression speed
海退退覆 regressive overlap
海退相 regression phase; regressive facies
海退序列 regressive succession
海退旋回 regressive cycle
海退岩系 regressive series
海退遗地 derelict;dereliction
海豚 blue fish;dolphin;sea dog
海托尔抽压机 Hytor
海外 abroad;oversea
海外办事处 offshore office;overseas branch
海外保险公司 offshore insurance company
海外采购 offshore purchase
海外测量局 <英> Directorate of Overseas Survey
海外承包工程险 oversea contract engineering risks insurance
海外的 ocean-going;oversea(s);transmarine;ultramarine
海外电报 cablegram; cable message; oversea telegram
海外电报挂号 cable address
海外电信 external telecommunication
海外法定准备金 overseas legal reserves
海外港口 transmarine port
海外工厂建设 factory construction abroad
海外工程 oversea works; work abroad
海外工程承包 oversea works contract
海外工程项目 oversea project
海外广播 oversea broadcast(ing)
海外航空基地 outlying air base
海外合作项目 oversea cooperation program(me)
海外集装箱公司须知 oversea container limited information sheet
海外集装箱运输公司 Oversea Container Line;Oversea Container Ltd.
海外价格 offshore cost
海外交通 oversea traffic
海外津贴 oversea allowance
海外进口货 sea-borne articles
海外经济合作基金 the overseas economic cooperation funds
海外经济协助基金 the overseas economic cooperation funds
海外联营 overseas venture
海外贸易 maritime trade;ocean commerce; ocean going commerce; oversea commerce; oversea trade; sea-borne trade;ultramarine trade; water-borne trade
海外培训 oversea training
海外倾销市场 dumping field
海外商情收集 collection of foreign business information
海外设厂 offshore sourcing
海外市场 market abroad;market overseas;oversea market
海外私人投资公司 Overseas Private Investment Corporation
海外通信[讯] oversea communication;transoceanic communication
海外投资 offshore investment; offshore fund;oversea investment
海外投资和海外资金筹措 financing of overseas investment and enterprise
海外投资信贷 overseas investment credit
海外卸货及代换站 overseas discharge and replacement depot
海外行星 trans-Neptunian planet;ultra-Neptunian planet
海外业务 oversea services
海外银行 offshore bank
海外运输 oversea(s)transmission
海外账款的支付 payment of oversea accounts
海外资产 foreign assets
海湾 bay;bight;feet;frith;gulf;loch; lough;mere;sea arm;sea inlet;arm of the sea <狭长深入陆域的>

海湾边沙滩 bayside beach
海湾冰 bay ice
海湾沉积 estuarine deposit; estuary deposit
海湾城 <美国旧金山的俚称> Bay City
海湾储木池 timber basin
海湾穿越 bay crossing
海湾-大西洋沿岸双壳类地理亚区 gulf-Atlantic coast bivalve subprovince
海湾的分叉 horn
海湾低洼地 estuarine flat
海湾地区 bay area;gulf area
海湾地区高速公路 bay area rapid transit
海湾地区高速旅客运输系统 <美> Bay Area Rapid Transit System
海湾对岸两点的距离 fetch
海湾港(口) bay harbo(u)r; bay port;bayonet harbo(u)r
海湾工程地质勘察 engineering geologic(al) investigation of gulf
海湾构造 embayment
海湾国家 Gulf states
海湾海岸 gulf coast
海湾海岸线 indented coast line
海湾湖 bay lake; estuarine lake; lagoon
海湾环境 estuarine environment
海湾精制法 gulfinning
海湾开采的石油 Gulf mining coastal oil
海湾科学 gulf science
海湾口沙洲 baymouth bar
海湾名称 name of Gulf
海湾内的冰 bay ice
海湾内港埠 gulf port
海湾内突堤码头 harbour pile pier
海湾内小湾 subbay bay
海湾内形成的 embayed
海湾黏[粘]土 estuarine clay
海湾欧洲货运协会 Gulf-European Freight Association
海湾抛泥 dump in bay;in bay dump
海湾桥 bay bridge
海湾三角洲 bay delta
海湾沙洲 bay bar
海湾水 estuarine water
海湾水流 estuarine flow
海湾水质模型 bay water quality model;water quality model of bay
海湾头 bay head
海湾头三角洲 bayhead delta
海湾头沙洲 bayhead bar
海湾头沙埂 bayhead beach
海湾弯曲部分 bight
海湾稳定性 inlet stability
海湾稳定作用 inlet stabilization
海湾相 estuarine facies
海湾形沉溺海岸平原 embayed coastal plain
海湾形成 embayment
海湾形的 embayed
海湾形沙滩 bayed beach
海湾型 bay type
海湾沿海地区 Gulf coasts
海湾养殖 cove culture
海湾淤积速率 speed of silting up in harbo(u)r
海湾原油 coastal crude oil
海湾中间的沙洲 mid-bay bar
海湾贮木池 timber basin
海王卫二纪念碑 Nereid Monument
海王星 Neptune
海王星的 neptunian
海维西特单位电压 Heaviside's unit voltage
海维西特函数 Heaviside's function
海维西特运算微积 Heaviside's calculus
海维西特展开定理 Heaviside's expansion theorem
海味 sea food
海味加工厂 seafood processing plant
海沃德四颚板抓斗 Hayward orange peel
海沃德抓斗 Hayward grab bucket
海务部(门) marine department
海务监督 marine overlooker; marine superintendent
海雾 sea fog; sea mist; sea smoke; haar <英国方言>
海雾风 sea turn
海雾预报 forecast of sea fog;sea fog prediction
海西地槽【地】 Hercynian geosyncline
海西构造带 hercynide
海西海槽 Hercynian marine trough
海西期 Hercynian period
海西期地槽 Hercynian epoch geosyncline
海西期后的 epi-Hercynian
海西期基底 Hercynian basement
海西山地 Hercynian mountain
海西旋回 Hercynian cycle
海西运动 Hercynian movement
海西造山运动 Hercynian orogeny
海西褶皱带 hercynide
海峡 sea strait;channel;gat;gullet;gut; sea channel;sea gate;sound narrow; strait
海峡沉积 strait deposit
海峡渡轮 channel ferry
海峡港 strait port
海峡航道 narrow passage
海峡轮船 channel boat;channel steamer
海峡名称 name of strait
海峡群岛 channel islands
海峡深度 depth in channel
海峡水道 race
海峡隧道 chunnel;Channel Tunnel <专指英吉利海峡>
海峡隧道建造机 channel(l)er
海峡引航员 channel pilot
海峡邮船 channel packet
海峡轴 channel axis
海下测距 undersea ranging
海下淡水泉 submarine fresh-water spring
海下地面 submarine ground
海下模拟系统 undersea simulation system
海下喷发 submarine eruption
海下泉 submarine spring
海下日光 submarine daylight
海下试验站 experimental subsea station
海下探测 undersea detection
海下土木工程 submarine civil engineering
海下岩屑堆 marine talus
海险 marine disaster; marine risks; sea hazard;sea risks
海相【地】 marine facies;sea facies
海相冰川 marine glacier
海相层 marine bed
海相沉积海岸 marine deposition coast
海相沉积矿床 marine sedimentary deposit
海相沉积磷块岩矿床 marine sedimentary phosphorite deposit
海相沉积铝土矿矿床 marine sedimentary bauxite deposit
海相沉积土 marine deposit
海相沉积土挤淤法 marine deposit displacement method
海相沉积(物) marine deposit;marine sediment
海相沉积作用 marine deposition
海相成因 marine origin
海相环境 marine environment
海相火山变粒岩含铜锌建造 marine volcanic granulitic copper and zinc-bearing formation
海相砾石 marine gravel
海相黏[粘]土 marine clay;sea-clay
海相黏[粘]土沉积层 marine clay deposit
海相三角洲 marine delta
海相生油说 marine facies theory on origin of petroleum
海相碎屑岩 marine clastics
海相填料 marine fill
海相土 marine soil
海相原油的典型变量值 canonic(al) variable value of marine crude oil
海相蒸发岩 marine evapo(u)rate
海象 walrus
海啸 eager [eagre]; eigre; seaquake; seismal sea wave; seismic sea wave; tidal bore; tidal wave; tide bore;tsunami
海啸波浪 tsunami wave
海啸潮流 current associated with tsunami
海啸地震 tsunami earthquake; tsunamigenic earthquake
海啸防波堤 tsunami protection breakwater
海啸高度分布函数 tsunami height distribution function
海啸工程 tsunami engineering
海啸护堤 tsunami barrier
海啸势 tsunami potential
海啸数值模拟 tsunami numerical modeling
海啸碎冰 growler
海啸危险分析 tsunami flooding risk analysis
海啸行近 tsunami run-up
海啸岩 tsunamite
海啸仪 seismic sea wave apparatus; tsunami ga(u)ge; tsunami instrument
海啸预报 tsunami prediction
海啸源 tsunami source
海蟹 sea crab
海信恒流调幅法 Heissing constant current modulation
海星 starfish
海行 sea-run
海雪 <大量集中悬浮在海水温度突变层上的动物尸体和各种垃圾> marine snow
海牙公约 Hague Convention
海牙规则 Hague Rules
海牙-威斯卑规则 Hague-Visby Rules
海牙宣言 Declaration of the Hague
海牙仲裁公约 Hague Arbitration Convention
海崖 coastal cliff;sea cliff
海崖凸出部 hump
海烟 sea smoke
海淹 marining
海岩 marine rock
海岩群落 actium
海盐 bay salt;marine salt;moor-salt; sea salt
海盐核 sea salt nuclei;sea-salt nucleus
海盐石膏 salt gypsum
海燕 stormy petrels
海洋 blue water;oceanic sea;oceanic waters
海洋板块 oceanic plate;oceanic slab
海洋半球 oceanic hemisphere; water hemisphere
海洋保护 conservation of marine protection;conservation of ocean protection;marine protection
海洋保护区 marine conservation area;marine preserve
海洋贝类 seashells
海洋边缘 coastal ocean;coastal sea
海洋表层温度 ocean surface temperature
海洋表面波 ocean surface wave; sea wind wave
海洋表面化学 ocean surface chemistry
海洋表温层 epithalassa
海洋病毒学 marine virology
海洋病原体污染 marine pathogenic contamination
海洋波(浪) ocean wave
海洋波浪发电机 ocean wave electric(al) generator
海洋波浪光谱仪 ocean wave spectrometer
海洋波浪能 ocean wave energy
海洋博览会 Oceanexpo
海洋哺乳动物 marine mammal
海洋哺乳动物生物学 biology of marine mammals
海洋捕鱼 marine fishing; ocean fishing;sea-fishing
海洋采矿 marine mining; ocean(ic) mining
海洋采油平台的构架 jacket
海洋草本植物 marine herb
海洋草场 marine prairie
海洋测地学 marine geodesy
海洋测绘 mapping of ocean; marine surveying and mapping
海洋测绘学 marine surveying and charting
海洋测井船 barge unit
海洋测距仪 hydrodist
海洋测量 marine survey;nautical survey; oceanographic(al) survey(ing);ocean survey(ing)
海洋测量船 ocean survey ship
海洋测量定位 marine survey position
海洋测量时间序列 time series of ocean measurements
海洋测量学 marine survey(ing); maritime survey(ing)
海洋测量仪 marine measuring instrument
海洋测深 oceanic sounding
海洋测深法 bathometry
海洋测深器 bathymeter
海洋测深学 bathymetry
海洋测试仪器 oceanographic(al) instrumentation
海洋测探计 sea ga(u)ge
海洋测温仪 bathythermograph
海洋查勘 oceanographic(al) exploration
海洋超声测图法 ocean acoustic(al) topography
海洋潮(汐) marine tide;oceanic tide
海洋潮汐能 ocean tidal power
海洋车辆渡船 ocean car ferry boat
海洋沉积地球化学 marine sedimentary geochemistry
海洋沉积硅藻 marine sedimentary diatom
海洋沉积环境参数 parameter of marine depositional environment
海洋沉积生态学 ecology of marine sediments
海洋沉积(物) marine deposit;marine sediment; oceanic deposit; oceanic sediment
海洋沉积物采样 sampling of marine sediment
海洋沉积物层序 sequence of marine

H

sediment
海洋沉积物年龄测定法 marine sediment dating method
海洋沉积物中的天然气 natural gas in marine sediment
海洋沉积型 marine sedimentary type
海洋沉积学 marine sedimentology
海洋沉积作用 marine deposition; oceanogenic sedimentation; oceanographic(al) sedimentation
海洋成因的 oceanogenic
海洋城市 ocean city
海洋赤道 oceanographic(al) equator
海洋冲积层 marine alluvium
海洋冲积过程 marine process
海洋出版物 oceanographic(al) publication
海洋处置 sea disposal; ocean disposal
海洋穿孔动物 marine borer
海洋船壳保险 marine hull insurance
海洋垂直地震剖面 marine vertical seismic profiling
海洋磁场性质测试仪 marine magnetic field property tester
海洋磁法勘探 marine magnetic prospecting
海洋磁力测量 marine magnetometry
海洋磁力调查 marine magnetic survey
海洋磁力梯度仪 sea magnetic gradiometer
海洋磁力图 marine magnetic chart
海洋磁力仪 marine magnetometer
海洋磁力仪剖面测量 marine magnetometer profiling
海洋磁力异常 marine magnetic anomaly
海洋磁强计 marine magnetometer
海洋大地测量 marine geodetic surveying
海洋大地测量学 marine geodesy
海洋大地构造学 ocean geotectonics
海洋大气层 marine atmosphere
海洋大气腐蚀 ocean-atmosphere corrosion; sea atmosphere corrosion
海洋大气关系 ocean-atmosphere relation
海洋大气环流 general circulation of the ocean
海洋大气间的热交换 ocean-atmosphere heat exchange
海洋大气间的物质能量交换 ocean-atmosphere exchange
海洋大气界面 ocean-atmosphere interface
海洋大气控制组 marine air control group
海洋大气耦合响应实验 coupled ocean-atmosphere response experiment
海洋大气热交换 ocean-atmosphere heat exchange
海洋大气相互影响 ocean-atmosphere interaction
海洋导航站 ocean navigation station
海洋岛 sea island; oceanic island
海洋的 benth(on)ic; mareographic; marine; maritime; oceanic; thalassic
海洋的温盐环流 thermohaline circulation of the ocean
海洋的优美环境 amenities of sea
海洋等温线图 sea temperature chart
海洋底构造 ocean-floor structure
海洋底扩大假说 ocean-floor spreading hypothesis
海洋底栖动物 marine zoobenthos
海洋底栖硅藻 marine benthic diatom
海洋底栖生物 marine benthos
海洋底栖生物群落 marine benthic community
海洋底栖鱼类 marine benthic fishes
海洋底生硅藻 marine benthic diatom
海洋底生甲藻 marine benthic dinoflagellate
海洋底生群落 marine benthic community
海洋地层学 marine stratigraphy; oceanic stratigraphy
海洋地磁异常 marine geomagnetic anomaly
海洋地壳 oceanic crust
海洋地理学 geography of the ocean; marine geography; ocean geography; oceanography
海洋地貌观测仪器 marine landform observation apparatus
海洋地貌学 marine geomorphology; oceanic geomorphology
海洋地球化学 marine geochemistry
海洋地球化学剖面研究 geochemical ocean section study
海洋地球物理学 marine geophysics
海洋地图集 oceanographic(al) atlas
海洋地形 littoral landform
海洋地震 ocean(ic) earthquake; offshore earthquake; offshore seism
海洋地震表 marine seismometer
海洋地震的 hydroseismic
海洋地震电缆 marine seismic cable
海洋地震计 marine seismometer
海洋地震勘探 marine seismic exploration
海洋地震剖面仪 marine seismic profiler
海洋地震学 marine seismology
海洋地震仪 marine seismograph; ocean bottom seismograph
海洋地质 marine geology
海洋地质采样器 oceanographic dredge(r)
海洋地质测试仪 marine geologic(al) tester
海洋地质调查 marine geologic(al) survey
海洋地质学 geologic(al) oceanography; marine geology
海洋地质作用 marine geologic(al) process
海洋电磁学 marine electromagnetism
海洋电化学 marine electrochemistry
海洋电子工程学 marine electronic engineering
海洋电子学 marine electronics
海洋调查 marine investigation; marine survey(ing); oceanographic(al) exploration; oceanographic(al) research; oceanographic(al) survey(ing); ocean survey(ing)
海洋调查船 ocean investigation ship; oceanographic(al) research ship; ocean research vessel
海洋调查设备 oceanographic(al) equipment; oceanographic(al) facility
海洋调查研究 oceanographic(al) survey
海洋调查研究中心 maritime research center[centre]
海洋调研船 oceanographic(al) research ship; ocean research vessel
海洋定点观测船 ocean observation vessel; ocean station vessel
海洋定点观测站 ocean station
海洋动力学 ocean dynamics
海洋动力学和气候计划 program(me) on ocean dynamics and climate
海洋动力自记仪 marine dynamograph
海洋动物 marine animal
海洋动物地理学 marine zoogeography
海洋动物分类学 marine zootaxology; marine zootaxy
海洋动物区(系) marine fauna; oceanic fauna
海洋动物区系类型 type of marine fauna
海洋动物群落 marine fauna; oceanic fauna
海洋动物伤害 marine animal injury
海洋动物生理学 marine zoophysiology
海洋度 oceani(ci)ty
海洋堆积 marine accumulation
海洋堆积海岸 marine deposition coast
海洋对流层 ocean(ic) troposphere
海洋二叠纪【地】 marine Permian
海洋发电 ocean power generation
海洋法 law of sea; marine law; maritime law; sea law
海洋法会议 conference on the law of the sea
海洋反气旋 ocean anti-cyclone
海洋反照率 albedo of sea
海洋防污 marine pollution prevention
海洋防污法规 marine pollution prevention law; ocean pollution prevention
海洋放射性污染 marine radioactive pollution
海洋肥力 sea fertility
海洋废物处理 ocean waste treatment
海洋废物处置 ocean waste disposal
海洋分布 oceanic distribution
海洋分渠理论 <一种潮汐运动理论> canal theory
海洋风浪 sea wind wave
海洋锋【气】 oceanic front
海洋服 sea wear
海洋浮游动物 marine zooplankton
海洋浮游硅藻 marine planktonic diatom
海洋浮游生物 halonereid; marine zooplankton; oceanic plankton; thalassoplankton
海洋浮游生物的年产量 annual productivity of marine plankton
海洋浮游生物的生物量 biomass of marine plankton
海洋浮游植物 marine phytoplankton
海洋腐蚀 marine corrosion
海洋干货轮 ocean-going dry cargo freighter
海洋港口 ocean harbo(u)r; ocean port
海洋高压 oceanic high
海洋工程 ocean engineering; marine construction; marine works; maritime construction; maritime works; oceanographic(al) engineering
海洋工程测量 marine engineering survey; ocean engineering survey
海洋工程地质学 marine engineering geology
海洋工程学 hydronautics; marine technology; maritime engineering; oceanics; marine engineering; oceaneering; ocean engineering
海洋工地 marine site
海洋工业 offshore industry
海洋工艺 marine technology
海洋公园 marine park
海洋公约 maritime convention
海洋构造学 marine tectonics
海洋骨料 marine aggregate; marine ballast
海洋固着生物 marine sessible organism
海洋观测 observation of sea; oceanic observation; oceanographic(al) observation
海洋观测船 ocean observation vessel; ocean station vessel; oceanographic(al) station
海洋观测浮标 oceanographic(al) buoy
海洋观测塔 ocean observation tower
海洋观测卫星 oceanic observation satellite
海洋观测站 coast station; hydrographic(al) station; oceanographic(al) station; ocean station
海洋观测站欧洲小组 European group on ocean stations
海洋观测装置 ocean observation apparatus
海洋观察卫星 marine observation satellite
海洋观察站 hydrographic(al) station
海洋管理 ocean management
海洋管线 offshore pipeline
海洋惯用符号 sea conditional sign
海洋光合作用带 epipelagic region; epipelagic zone
海洋光学 marine optics; ocean optics; optics of the sea; optic(al) oceanography
海洋光学仪器 marine optic(al) instrument
海洋硅藻 marine diatom
海洋国家 maritime state
海洋航路 ocean lane; ocean route; ocean watering; sea lane; sea route; shipping line
海洋航线 lane-route; ocean lane; ocean route; ocean watering; sea lane; sea route; shipping line
海洋航行 maritime navigation; seagoing shipping
海洋和大气管理署 National Oceanic and Atmospheric Administration
海洋横波剖面 marine shear wave profile
海洋虹 sea rainbow; marine rainbow
海洋湖 oceanic lake
海洋化探 marine geochemical exploration
海洋化学 chemical oceanography; marine chemistry; ocean chemistry; oceanographic(al) chemistry; thalassochemistry
海洋化学分析仪 marine chemical analyser[analyzer]
海洋环境 marine environment; ocean(ic) environment
海洋环境保护法 law of marine environment protection
海洋环境保护委员会 Maritime Environmental Protection Committee
海洋环境保护组织 Organization for the Protection of the Maritime Environment
海洋环境传感器 marine environmental sensing equipment; ocean environment sensing equipment
海洋环境调查船 marine environmental survey craft
海洋环境法 marine environmental law
海洋环境浮标系统 marine environmental buoy system
海洋环境观测 marine environmental observation
海洋环境管理 marine environmental management
海洋环境管理体系 administrative system of marine environment
海洋环境和污染控制法 Marine Environment and Pollution Control Act
海洋环境容量 marine environmental capacity
海洋环境数据采集系统 sea environmental data acquisition system
海洋环境数据和信息查询系统 marine environment data and information referral system

海洋环境图 marine environmental chart
海洋环境污染损害 marine environmental pollution damage; pollution damage to marine environment
海洋环境遥测浮标 telemetered medium environment buoy
海洋环境遥感 marine environmental remote sensing; oceanic environmental remote sensing
海洋环境预报 marine environmental prediction
海洋环境质量 marine environmental quality
海洋环境质量评价 marine environmental quality assessment
海洋环境质量委员会 Marine Environmental Quality Committee
海洋环境作业浮标 operational buoys for ocean environment
海洋环流 ocean circulation; oceanic circulation
海洋环流模式 oceanic general circulation mode
海洋环流模型 oceanic general circulation mode
海洋灰色布 marine grey cloth
海洋回声测深仪 marine depth sounder
海洋回声探测仪 marine sonoprobe
海洋洄游 oceanodromous migration
海洋混合层实验 ocean mixed layer experiment
海洋或地球的热滞后 thermal lag of the oceans or the earth
海洋基地 ocean terminal
海洋及气象浮标 oceanographic(al) and meteorological buoy
海洋急流 stream current
海洋集料 marine aggregate; marine ballast
海洋脊椎动物 marine vertebrate
海洋技术 marine technology; ocean technic; ocean technique; offshore technology
海洋技术电子学 electronics for ocean technology
海洋技术经济学 marine technological economics
海洋技术委员会 Committee on Marine Technology
海洋监测 marine monitoring; ocean monitoring
海洋监视卫星 ocean surveillance satellite
海洋监视系统 ocean surveillance system
海洋检测 marine measurement
海洋建筑物 marine construction; maritime structure; offshore structure; sea construction; sea structure
海洋交通 ocean traffic
海洋交通船 ocean boarding boat; ocean boarding ship; ocean boarding vessel
海洋胶体化学 ocean colloid chemistry
海洋阶地 littoral terrace; marine terrace
海洋结构 marine structure
海洋结构动力学 dynamics of marine structure; marine structural dynamics
海洋结构物 ocean structure
海洋经济地理学 marine economic geography
海洋经济和技术处 ocean economics and technology office
海洋经济史 marine economic history
海洋经济学 marine economics; oceanic economics
海洋经营管理学 marine management science
海洋景色 seascape
海洋静力学 static oceanography
海洋卡盾藻 Chattonella marina
海洋开发 development of ocean; exploitation of ocean; exploration of ocean; ocean development; ocean exploitation
海洋开发技术 ocean development technique; oceanology
海洋勘探船 sea exploration vessel
海洋勘探研究长期扩大方案 long-term and expanded program(me) of oceanic exploration and research
海洋考察 marine survey(ing); ocean expedition; oceanographic(al) survey(ing); sea expedition
海洋考察船 hydrographic(al) ship; hydrographic(al) vessel; marine research ship; oceanographic(al) vessel
海洋考察站 marine research station; sea expedition station
海洋考察站定位 oceanographic(al) station location
海洋科学 marine science; oceanic science; science of the sea
海洋科学计划秘书处间委员会 Intersecriterial Committee on Scientific Programmes relating to Oceanography
海洋科学技术研究办事处 Office of Overseas Scientific and Technical Research
海洋科学考察船 marine research ship
海洋科学研究船 oceanographic(al) research vessel
海洋科学研究站 marine research station
海洋科学仪表 oceanographic(al) instrument
海洋科学用深潜器 oceanographic(al) submersible
海洋科研船 marine research ship
海洋克拉通【地】thalassocraton
海洋空白图 oceanographic(al) blank chart; plotting chart
海洋空间 ocean space
海洋空气 maritime air; sea air
海洋空气团 marine air(mass); maritime air mass
海洋恐怖 thalassophobia
海洋控制点 marine control point
海洋矿产调查 survey for the finding of ocean(ic) minerals
海洋矿产资源 marine mineral resources; submarine mineral resources
海洋矿物资源采矿技术研究 mining technology for marine mineral resources
海洋矿业 oceanic mining
海洋雷达岛 radar island
海洋雷达站 radar island
海洋砾石 marine gravel
海洋联络线 sealink
海洋列车 <在规定时间行驶于固定海岸之间,以原来的另担和整车货物作为装载单位整批装卸于轮船,不需拆散,从而节省时间和费用> sea train
海洋磷光 marine phosphorescence
海洋流 marine current; ocean current
海洋流速仪 oceanographic(al) current meter
海洋流体动力学 marine fluid mechanics; naval hydrodynamics; ocean hydrodynamics
海洋隆起 oceanic rise
海洋旅游乘船证 <英国铁路所发行的横渡英伦海峡及爱尔兰海的补充乘船证> seapass
海洋绿 ocean green
海洋埋藏 sea burial
海洋贸易 commerce maritime
海洋面积 surface area of sea
海洋名称 oceanic name
海洋模型 oceanographic(al) model
海洋牧场 aquafarm; pasture of sea; sea ranch
海洋内波 internal wave of ocean
海洋能 ocean energy; sea energy
海洋农牧业 marine agriculture and animal husbandry
海洋农药污染 marine pesticide pollution
海洋排放 ocean disposal
海洋排泄口 sea outfall
海洋配置 ocean disposal
海洋盆地 ocean basin
海洋偏振计 marine polarimeter
海洋漂浮生物 marine neuston
海洋品种 marine species
海洋平均地幔热流 oceanic mean mantle flow
海洋平均热流 oceanic mean heat flow
海洋平流层 oceanic stratosphere; stratosphere of the ocean
海洋平台 floating and self-erecting platform; ocean platform; oceanographic(al) platform
海洋平台导管架支腿 jacket's leg
海洋平原 abyssal plain
海洋破裂带 oceanic fracture zone
海洋普查 census of the sea
海洋气候 ocean(ic) climate; sea climate; marine climate; maritime climate
海洋气候观测 marine meteorologic(al) observation
海洋气候学 marine climatology; maritime climatology
海洋气溶胶 marine aerosol
海洋气团 marine air(mass); maritime air(mass); ocean air(mass)
海洋气团雾 maritime air fog
海洋气象观测 maritime meteorologic(al) observation; ocean meteorological observation; marine weather observation
海洋气象观测船 ocean station vessel; ocean weather observation ship; ocean weather ship
海洋气象观测站 ocean meteorological station
海洋气象记录仪 marine meteorograph
海洋气象监控系统 ocean meteorological and oceanographic(al) monitoring system
海洋气象台 marine observatory
海洋气象图 marine meteorologic(al) chart; ocean meteorological chart
海洋气象学 hydrometeorology; marine meteorology; naval meteorology; ocean(ic) meteorology
海洋气象学委员会 Committee for Marine Meteorology; Committee for Oceanic Meteorology
海洋气象研究咨询委员会 Advisory Committee on Oceanic Meteorological Research
海洋气象仪 hydrometeorologic(al) instrument
海洋气象预报 marine meteorologic(al) prediction; marine forecast
海洋气象站 ocean meteorological station; ocean weather station
海洋气象自动浮标(站) automatic meteorological oceanographic(al) buoy
海洋气象自动观测浮标 parachute weather buoy
海洋潜水员 oceanaut
海洋侵蚀循环 cycle of marine erosion
海洋倾倒区 ocean dumping area
海洋倾废 dumping at sea; ocean dumping; offshore dumping; sea dumping
海洋倾废监视系统 ocean dumping surveillance system
海洋倾弃 dumping at sea; ocean dumping; ocean waste disposal; offshore dumping
海洋倾弃法 <英> Dumping at Sea Act
海洋倾弃控制 ocean dumping control; ocean waste disposal control
海洋情报中心 oceanographic(al) information center[centre]
海洋情况 oceanic condition
海洋区域 ocean space; sea area; oceanic province
海洋取样 marine sampling
海洋圈 oceansphere
海洋权 maritime rights
海洋缺氧事件 oceanic anoxic event
海洋群集 oceanic community
海洋群落 oceanium
海洋热交换 heat-exchange of the ocean
海洋热力学 marine thermodynamics
海洋热量输送实验 ocean heat transport experiment
海洋热流 oceanic heat flow
海洋热流辐射计 ocean heat flow radiometer
海洋热能 sea thermal energy; thermal sea power
海洋热能转换 ocean thermal energy conversion
海洋热平衡 heat balance of the ocean
海洋热学 marine thermology; ocean thermology
海洋三角洲 marine delta; oceanic delta
海洋三角洲平原 marine delta plain
海洋森林 marine timber
海洋上层 upper layer of the ocean; upper ocean
海洋上层带 epipelagic region
海洋上层区 epipelagic region
海洋上层生物 marine epipelagic organism
海洋设备 offshore installation
海洋设计标准 oceanographic(al) design criterion
海洋设施 marine facility
海洋深槽 deep-sea trench
海洋深层带 bathypelagic belt; bathypelagic zone
海洋深层的 bathypelagic
海洋深层动物区系 bathypelagic fauna
海洋深处 benthon; benthos
海洋深处的 bathypelagic; benth(on)ic
海洋深度 ocean depth
海洋深度图 bathometric(al) [bathymetric(al)] chart
海洋深水温度表 bathythermometer
海洋生产力 fecundity of the sea
海洋生理学 marine physiology
海洋生命分期 ocean life by stages
海洋生态经济学 marine ecologic economics
海洋生态系统 marine ecosystem
海洋生态系统生物净化 biologic(al) purification in ocean ecosystem
海洋生态学 ecology of marine; marine ecology
海洋生态演替 marine succession
海洋生物 marine biota; marine life; marine organism; ocean life; sea life

H

海洋生物测试仪 marine biological tester
海洋生物地理区 oceanic zone
海洋生物地理学 marine biogeography
海洋生物地球化学 marine biogeochemistry
海洋生物分布学 bathymetry
海洋生物腐蚀 marine organism corrosion
海洋生物化学 marine biochemistry
海洋生物化学资源 marine biochemical resource
海洋生物环 marine biocycle
海洋生物区 marine biota
海洋生物圈 marine biosphere
海洋生物群 marine biota
海洋生物群落学 marine coenology
海洋生物深度分布线 bathymetric(al) line
海洋生物生态学 marine bioecology
海洋生物声学 marine bioacoustics
海洋生物实验室 marine biological laboratory
海洋生物图 marine biological chart
海洋生物污染 marine biological pollution
海洋生物污损 fouling by marine organism
海洋生物学 marine biology
海洋生物学协会 <英> Marine Biological Association
海洋生物幼体 marine biological larva
海洋生物资源 living marine resources
海洋生物资源分配图 atlas of the living resources of the seas
海洋生药学 marine pharmacognosy
海洋生殖力 fecundity of the sea
海洋声测深器 marine sonoprobe
海洋声呐探测仪 marine sonoprobe
海洋声学 marine acoustics; oceanic acoustics
海洋盛期的 thalassocratic
海洋石油对外合作 cooperation with foreign countries in offshore oil
海洋石油开发 marine petroleum development; marine petroleum exploitation
海洋石油开发企业 offshore oil exploitation projects
海洋石油勘测开发污染管理制度 system of pollution administration of offshore oil exploration and exploitation
海洋石油勘探 offshore oil-drilling
海洋石油资源 offshore petroleum resources
海洋石油钻井 offshore oil-drilling
海洋食物链 marine food chain; ocean food chain
海洋食物资源 ocean food resources
海洋食物资源开发 exploitation of marine food product; harvesting the ocean
海洋世界公司 <美> Sea World Inc.
海洋试验室 marine laboratory
海洋噬菌体 marine bacteriophage
海洋疏浚 marine dredging
海洋数据 oceanographic data
海洋数据采集系统 ocean data acquisition system
海洋数据采集站 ocean data acquisition station
海洋数据观测浮标 ocean data buoy
海洋数据通信[讯]询问站 oceanographic(al) data interrogating station
海洋数字资料收集系统 digital ocean data acquisition system
海洋水 oceanic water
海洋水产调查船 ocean fishery research vessel
海洋水产业 marine fisheries
海洋水产资源 marine living resources
海洋水界 hydrospace; hydrosphere
海洋水力学 maritime hydraulics; marine hydraulics
海洋水深记录仪 oceanographic(al) depth recorder
海洋水深图 bathygraphic(al) chart; bathymetric (al) chart; oceanic sounding chart
海洋水深-温度自记仪测验 bathythermograph tester
海洋水生物 halobios
海洋水生物资源 marine aquatic biological resources
海洋水温升高 ocean warning
海洋水文 sea condition
海洋水文测量 marine hydrographic(al) survey(ing); nautical survey
海洋水文测验 marine hydrometry
海洋水文地质情况 oceanographic(al)-geologic(al) condition
海洋水文调查船 oceanographic(al) research ship
海洋水文观测 oceanographic(al) hydrological observation
海洋水文化学 marine hydrochemistry
海洋水文气象船 ocean station vessel; ocean weather vessel; ocean weather ship
海洋水文气象图 marine hydrometeorologic(al) chart
海洋水文气象学 marine hydrometeorology
海洋水文情况 oceanographic(al) condition
海洋水文数据 oceanographic(al) hydrological data
海洋水文条件 oceanographic(al) condition
海洋水文图 marine hydrological chart; oceanographic(al) diagram
海洋水文学 marine hydrography; maritime hydrology; oceanographic(al) hydrology; oceanology
海洋水文要素 oceanographic(al) hydrological element
海洋水文要素图表 oceanographic(al) diagram
海洋水文预报 marine hydrological forecasting; oceanographic(al) hydrological forecast
海洋水文站 hydrographic(al) station; marine hydrological station; oceanographic(al) station
海洋水文注记 marine data
海洋水文资料 marine data
海洋水准测量 marine level(l)ing; oceanographic(al) level(l)ing
海洋水族馆 oceanarium
海洋塑料污染 marine plastics pollution
海洋台地 ocean platform
海洋探测卫星 sea sat(ellite)
海洋特别保护区 special marine protection area
海洋提(货)单 ocean bill of lading
海洋天气 offshore weather
海洋天气船 ocean weather ship; weather ship
海洋天气观测船 marine weather observation ship
海洋天气站 ocean weather station
海洋天然产物 marine natural product
海洋天然产物化学 marine nature products chemistry
海洋烃类测量 marine hydrocarbon survey
海洋停泊处 sea berth
海洋同温层 oceanic stratosphere; stratosphere of the ocean
海洋投弃 ocean dumping; sea dumping
海洋图 ocean chart; oceanographic(al) chart; oceanographic(al) map; oceanosphere
海洋图集 atlas maps of oceans
海洋土 ocean soil
海洋土工学 marine geotechnology; ocean geotechnics; ocean geotechnique
海洋土力学 marine soil mechanics; maritime soil mechanics
海洋湍流 ocean eddy
海洋挖泥船 oceanographic (al) dredge(r)
海洋危险 marine hazard
海洋微生动物 pelagic(al) animalcule
海洋微生物分类学 marine microbial systematics
海洋微生物生态学 marine microbial ecology
海洋微生物生物化学 marine microbial biochemistry
海洋微生物生物物理学 marine microbial biophysics
海洋微生物污染 marine microbial pollution
海洋微生物形态学 marine microbial morphology
海洋微生物学 marine microbiology
海洋微体古生物学 marine micropaleontology
海洋微藻 marine microalga
海洋围地 enclave of sea
海洋围垦 sea reclamation
海洋卫星 oceanographic(al) satellite; oceansat; ocean satellite
海洋温度 ocean temperature
海洋温深仪 bathothermograph
海洋温水域 oceanic temperature waters
海洋涡流扩散 eddy diffusion in oceans
海洋污染 marine pollution; maritime pollution; oceanic pollution; sea pollution
海洋污染调查 marine pollution investigation; ocean pollution surveying
海洋污染防止法 marine pollution prevention law
海洋污染防止法规 sea pollution prevention act
海洋污染防治法 marine pollution prevention law
海洋污染监测 marine pollution monitoring; ocean pollution monitoring
海洋污染监测器 marine pollution monitor; ocean pollution monitor
海洋污染监控 control of marine pollution; marine pollution monitoring
海洋污染科学专家组 group of experts on the scientific aspects of marine pollution
海洋污染控制 control of marine pollution
海洋污染控制单元 marine pollution control unit
海洋污染控制装置 marine pollution control unit
海洋污染生物效应 biologic(al) effect of marine pollution
海洋污染损害问题国际法律会议 International Legal Conference on Marine Prevention Law
海洋污染索赔基金 maritime pollution claim fund
海洋污染问题联合专家小组 joint group of experts on the scientific aspects of marine pollution
海洋污染物 marine pollutant; maritime pollutant; ocean(ic) pollutant
海洋污染学 marine molysmology
海洋污染源 maritime source of pollution
海洋污染咨询委员会 Advisory Committee on Marine Pollution
海洋污染综合控制 integrated ocean pollution control
海洋污浊 marine fouling
海洋污着生物 marine fouling organism
海洋无脊椎动物 marine invertebrate; oceanic invertebrate
海洋无脊椎动物学 marine invertebrate zoology
海洋物理化学 marine physical chemistry; marine physicochemistry; ocean physicochemistry
海洋物理学 marine physics; oceanic physics; oceanographic(al) physics; oceanophysics; physical oceanography
海洋物质 marine material
海洋吸收 oceanic absorption
海洋系统电蚀 marine system electrolysis
海洋细菌 marine bacteria
海洋细菌腐蚀 marine bacterial corrosion
海洋细菌寄生 marine bacterial hose
海洋细菌污染 marine bacterial pollution
海洋细菌学 marine bacteriology; sea bacteriology
海洋下层漂流 internal drift current
海洋效应 sea effect overwater
海洋形态学 marine morphology
海洋性 oceani(ci)ty
海洋性冰川 maritime glacier; oceanic glacier
海洋性气候 marine climate; oceanic climate; sea air
海洋性气候 maritime climate
海洋性温和气候 oceanic moderate climate
海洋玄武岩 oceanic basalt
海洋学 oceanography; oceanology; thalassography; thalassology
海洋学的 oceanographic(al)
海洋学家 oceanographer
海洋学联合会 Joint Oceanic Association
海洋学模式 oceanographic(al) model
海洋学数据 oceanographic(al) data
海洋学水文观测 oceanographic(al) hydrological observation
海洋学水文预报 oceanographic(al) hydrological forecast
海洋学水文资料 oceanographic(al) hydrological data
海洋学研究设备 oceanographic(al) research equipment
海洋学研究仪器 oceanographic(al) research instrument
海洋学遥感仪器 remote-sensing instrumentation for oceanography
海洋学院 <美> sea-grant college
海洋学者 oceanographer
海洋学者海渊 oceanographer deep
海洋学资料 oceanographic(al) data
海洋循环 marine cycle; oceanic cycle
海洋压缩空气震源 marine pneumatic seismic source
海洋岩石层 oceanic lithoshpere
海洋岩土工程学 marine geotechnology; maritime geotechnics
海洋盐度异重流 salinity current
海洋沿岸生态学 coastal ecology
海洋沿海贸易 maritime coasting trade

海洋研究 oceanographic(al) research
海洋研究船 marine researching ship; oceanographic (al) research ship; research ship
海洋研究浮标 oceanographic (al) research buoy
海洋研究技术委员会 Engineering Committee on Ocean Research
海洋研究科学委员会 Scientific Committee on Ocean Research
海洋研究实验室 marine laboratory
海洋研究所 institute of oceanography
海洋研究卫星 oceanographic (al) satellite
海洋演替系列 halosere; halarch succession
海洋验潮仪 marine mareograph
海洋养殖 mariculture; marine culture; sea farming
海洋养殖场 sea ranch
海洋养殖系统 ocean culture system
海洋养殖学 maricultural science
海洋遥感 sea remote sensing
海洋要素图 oceanographic (al) element charts
海洋要素图表 oceanographic (al) element diagram
海洋野生动物 marine wildlife
海洋业 oceanic industry
海洋医学 oceanographic(al) medicine
海洋仪器 oceanographic (al) instrumentation
海洋仪器校准 ocean instrument calibration
海洋异养微生物 marine heterophic microorganism
海洋因素 oceanographic(al) factor
海洋音响学 marine acoustics
海洋引力波动力学 attractive wave dynamics in marine
海洋涌浪 ocean swell
海洋(优美)环境 amenities of sea
海洋油井 offshore well
海洋油污染 marine oil pollution; oil pollution of the sea
海洋油污染监测计划 marine pollution monitoring program (me) for petroleum
海洋有机化学 marine organic chemistry; ocean organic chemistry
海洋有机体 marine organism
海洋有机体的年产量 annual productivity of marine organism
海洋有机体的总生物量 total biomass of marine organism
海洋有机物 ocean organism
海洋有机物污染 marine pollution of organic substance
海洋淤泥 ocean ooze
海洋鱼类 marine fishes
海洋鱼类病理学 marine ichthy-pathology
海洋鱼类地理学 marine ichthy-geography
海洋鱼类分类学 marine ichthy-systematics
海洋鱼类解剖学 marine ichthy-anatomy
海洋鱼类形态学 marine ichthy-morphology
海洋鱼类学 marine ichthyology
海洋鱼区 sea-fishing
海洋鱼族馆 oceanarium
海洋渔场 offshore fishing grounds
海洋渔业 marine fishery; ocean fishery; sea fishery
海洋渔业生物学 marine fisheries biology
海洋渔业委员会 Sea Fisheries Committee
海洋渔业资源 marine fishery resources; marine fishing resources
海洋与河口水文要素 marine and estuary hydrologic(al) element
海洋预报 marine forecast; oceanic forecast; oceanic prediction
海洋预报学 hydropsis
海洋原生动物生态学 marine protozoan ecology
海洋原生动物学 marine protozoology
海洋原生有机质 marine autochthonous organic matter
海洋远洋生物 marine pelagic organism
海洋远洋鱼类 marine pelagic fishes
海洋运动学 kinematic(al) oceanography
海洋运费率 ocean freight rate
海洋运输 marine transport; maritime traffic; maritime transport(ation); ocean transportation; sea carriage; sea traffic; sea transport(ation)
海洋运输保险 marine insurance; maritime insurance; maritime transportation insurance; ocean transportation insurance
海洋运输保险单 marine insurance policy
海洋运输保险法 marine insurance law
海洋运输保险费 marine premium
海洋运输保险条件 marine insurance condition
海洋运输(船上工作人员)联盟 <美> Maritime Union
海洋运输地理学 geography of maritime transport
海洋运输公司 shipping company
海洋运送 carriage by sea
海洋藻类 marine algae
海洋藻类年产量 annual productivity of marine algae
海洋藻类生物量 biomass of marine algae
海洋藻类学 marine algology
海洋噪声 oceanic noise; sea noise
海洋噪声计 ocean noise meter
海洋沼泽 merseland
海洋侦察卫星 ocean area reconnaissance satellite
海洋真菌 marine eumycete
海洋震源 marine seismic source
海洋政策 marine policy; maritime policy; maritime strategy
海洋植物 sea plant
海洋植物地理学 marine phytogeography
海洋植物分类学 marine phytotaxonomy
海洋植物化学 marine phytochemistry
海洋植物区系 marine flora; oceanic flora
海洋植物群落 halobion; marine vegetation
海洋植物群落学 marine phytocoenostics
海洋植物生态学 marine phytoecology
海洋植物生物化学 marine phytobiochemistry
海洋植物生物物理学 marine phytobiophysics
海洋植物生物学 marine phytobiology
海洋植物形态学 marine phytomorphology
海洋植物学 marine botany
海洋制图学 oceanic cartography; oceanographic(al) cartography
海洋质量 mass of oceans
海洋质子磁力梯度仪 sea proton magnetic gradiometer
海洋质子磁力仪 marine proton (precession) magnetometer
海洋质子重力梯度仪 marine proton gradiometer
海洋中层的 mesopelagic(al)
海洋中层动物区系 mesopelagic (al) fauna
海洋中层动物群 mesopelagic(al) fauna
海洋中层生物 marine mesopelagic organism
海洋中的淡水流 fresh shot
海洋中的瞬变示踪剂 transient tracers in the ocean
海洋中孤岛 oceanic mid-arc island
海洋中暖流 drift current
海洋中天然气 natural gas in marine
海洋种养业 marine plantation
海洋种子植物学 marine seed botany
海洋重金属污染 marine heavy metal pollution
海洋重力测量 marine gravity survey
海洋重力勘探 marine gravity prospecting
海洋重力仪 marine gravimeter; marine gravity meter; offshore gravity meter; sea gravimeter
海洋重力异常 marine gravity anomaly
海洋重力异常图 chart of marine gravity anomaly
海洋主权 maritime sovereignty
海洋主温跃层 permanent thermocline; sea main thermocline
海洋专题测量 marine thematic survey
海洋转运油库 ocean terminal
海洋转运站 shipping terminal
海洋状况 oceanic condition; sea state
海洋状态 state of sea
海洋准平原 marine peneplain
海洋浊流沉积 turbidity current deposit of marine
海洋资料浮标 ocean data buoy
海洋资料收集系统 ocean data acquisition system
海洋资源 marine resources; maritime resources; ocean resources; wealth of the oceans
海洋资源保护协会 Ocean Resources Conservation Association
海洋资源调查 resources marine investigation
海洋资源工程委员会 Engineering Committee on Oceanic Resources
海洋资源经济学 marine resource economics
海洋资源经济状态 economics of marine resources
海洋资源开发 ocean resource development
海洋资源图 marine resources chart
海洋自动记录仪 ocean robot
海洋自净化能力 marine self-purification capacity
海洋自净化作用 marine self-purification
海洋自然地理图集 physical oceanographic(al) atlas
海洋自养生物 marine autotrophic organism
海洋综合监视系统 integrated ocean surveillance system
海洋综合考察 comprehensive marine exploration
海洋组合式绝对磁力仪 absolute marine combined magnetometer
海洋组织学 marine histology
海洋钻机 marine rig; offshore drill; offshore rig
海洋钻架 offshore structure
海洋钻井 offshore drilling
海洋钻井设备 offshore rig
海洋钻井台 platform
海洋钻探 drilling at the sea; marine drilling; offshore boring; offshore drilling; sea boring
海洋钻探计划 ocean drilling project
海洋钻探井口装置 offshore wellhead assembly
海洋钻蛀虫 marine borer
海意伍德法 <一种玻璃装配法> Heywood
海涌 ground swell; swell
海涌雾 <苏格兰东北沿海> sea fret
海用混凝土 marine concrete
海用雷达 marine radar
海用木材 marine timber
海用频带 maritime frequency bands
海邮 sea mail
海鱼 salt-water fish
海鱼分支杆菌 mycobacterium marinum
海域 marine area; marine belt; maritime space; ocean space; sea area; seas
海域采矿 seashore drilling
海域的 thalassic
海域环境容量 integrated ocean surveillance system
海域环境影响评价 sea area environmental impact assessment
海域监视 sea surveillance
海域界线 maritime limit
海域污染 sea area pollution
海渊 abyssal sea; fossa (e); oceanic depth; tectogene
海渊名称 name of deep
海渊深度 abyssal depth
海员 marine personnel; mariner; maritime people; sailor; seafarer; sea faring man; seafolk; seaman; shipman; seafaring person
海员保险证书 crew's insurance certificate
海员的 maritime; nautical
海员的非法行为 barratry
海员工会 seamen's union
海员国际联合会 Seafarer's International Union
海员国际联盟 Seafarer's International Union
海员厚绒呢 pilot cloth
海员记录簿 seamen's records
海员解雇书 seamen's discharge book
海员俱乐部 seamen's club
海员留置权 mariner's lien; seamen's lien
海员契约监护官 shipping commissioner; shipping master
海员私人财物 seamen's effect
海员宿舍 seamen's hostel
海员通常做法 ordinary practice of seaman
海员习惯 marine custom; sea manners
海员须知 notice to mariners
海员医院 marine hospital
海员招待所 hostel for seamen; seamen's hostel
海员证 seamen's certificate
海员之家 sailor home
海员执照 seamen's competency certificate
海员注册 seamen's register
海源湖 marine lake
海源咸水湖 marine-originated salt water lake
海月水母属 Aurelia
海运 carriage by sea; marine conveyance; marine navigation; marine traffic; maritime traffic; maritime

transport(ation); ocean carriage; ocean shipping; ocean transport; sea traffic; sea transport(ation); shipping
海运安全委员会 Maritime Safety Board
海运包装 seaworthy packing
海运保险 ocean marine insurance; sea insurance; marine insurance
海运保险单 freight policy
海运保险费 marine premium
海运标号 shipping designator
海运部 ocean transport department
海运材制材厂 tidewater mill
海运承运人 ocean carrier
海运尺寸 shipping dimension
海运船队 sea transport fleet
海运单 waybill
海运当局 maritime authority
海运的 maritime; ocean-borne; seaborne
海运法 shipping law; Merchant Marine Act <美>
海运法令货物 ordinance regulating carriage of goods by sea
海运费 ocean freight; sea freight
海运费率 marine freightage; sea freight rate
海运港 port of shipping
海运工程 marine engineering
海运公会 shipping conference
海运公会运价 conference rate
海运管理局 <美> Maritime Administration
海运国 shipping country
海运国家 maritime nation; maritime power
海运航线 sea route; shipping route
海运合同 contract of carriage by sea
海运和储存的集装箱 shipping and storage container
海运河 sea canal
海运货物 floating cargo; sea cargo; sea freight; seaborne cargo
海运货物保险 marine cargo insurance; ocean cargo insurance
海运货物法例 Carriage of Goods by Sea Act
海运基础设施 maritime infrastructure
海运集装箱 marine container; maritime container; sea container; sea van
海运集装箱底盘车 sea container chassis; sea van chassis
海运集装箱网 maritime container network
海运局 marine bureau; Merchant Marine Department
海运里格 <航海长度单位,1 海运里格 = 5.56 公里> marine league
海运留置权 maritime lien
海运码头 marine dock; sea terminal
海运贸易 sea-borne trade
海运契约 affreightment; affreightment contract; charter party; contract of affreightment
海运情报机构 maritime exchange
海运情报及咨询服务中心 Centre for Shipping Information and Advisory Services
海运人员 marine personnel
海运市场 marine market
海运事故 maritime accident
海运事务 maritime affair
海运事业 shipping interest
海运手续 ocean shipping procedure
海运提(货)单 marine bill of lading; ocean bill of lading; ocean waybill; sea waybill
海运统计 maritime transport statistics; ocean transport statistics
海运投保书 marine insurance application
海运危险化学品工作人员 marine hazardous chemical worker
海运系统 marine transportation system
海运协会 Marine Association; Maritime Association
海运信件 sea mail
海运业 marine; ocean trade; shipping industry
海运业务 marine transport business
海运运单 ocean waybill
海运运费 freight; ocean charges; ocean freight; sea freight
海运运费率 ocean freight rate
海运运费市场 freight market
海运运货合同 affreightment
海运运价 sea freight
海运运量 sea-borne traffic
海运终点 coast depot
海运终点客运站 marine terminus building
海运终点站 marine terminal
海葬 burial at sea
海葬用的帆布床 hammock shroud
海枣 date palm
海藻 algae[复 algae]; kelp; marine algae; sea algae; seaweed; thalassophyte; varek
海藻饼 algal biscuit
海藻成油说 seaweed theory
海藻的生长 growth of algae
海藻分类学 phycological systematics
海藻粉 dried marine algae powder
海藻干粉 seaweed meal
海藻灰 varec
海藻胶 algin; seaweed gel; seaweed glue
海藻胶质 alginate
海藻控制 algae control
海藻蜡 seaweed wax
海藻绿 seaweed green
海藻泥炭 sea peat
海藻区 field of seaweed
海藻生态学 phycological ecology
海藻生物化学 phycological biochemistry
海藻生物吸附 seaweed biosorbent
海藻生物学 biology of seaweeds
海藻酸钠 sodium alginate
海藻酸盐浆料 alginate thickener; alginate thickening
海藻污染 eutrophication
海藻纤维 seaweed fiber[fibre]
海藻植被 sea algae vegetation
海泽沉积 marine deposit
海闸 sea gate
海战 naval warfare
海战纪念柱 <有船头装饰的> rostral column
海涨 <指海浪上升运动> scend of sea
海沼地群落 hygrophorbium
海沼沙脊 chenier
海沼沙脊平原 chenier plain
海蜇 sea blubber
海震 seaquake; sea shock; submarine earthquake; seismic sea wave
海震强度 seaquake intensity
海值保证 warranty of seaworthiness
海中冰块 growler
海中大块浮冰 ice floe
海中的 submarine
海中碇泊设备 offshore mooring device
海中骨料 marine aggregate
海中管道 submarine pipeline
海中居住 man in the sea
海中居住计划 aquanote planning
海中居住设施 aquanote apparatus
海中离岸不远的抛锚处 roadstead
海中滩 submerged bank
海中停泊设备 offshore mooring device
海中透光带 euphoric zone
海中污物 marine fouling
海中信号检测器 detectoscope at sea
海中岩峰 pinnacle on the sea
海中重力仪 on-the-bottom sea gravimeter
海中蛀船虫 marine borer; sea worm; ship's borer
海中蛀木虫 quadripunctata
海州常山 <臭梧桐> glorybower

亥明佛德阶【地】 Hemingfordian

亥姆菲尔阶【地】 Hemphillian
亥姆霍兹方程 Helmholtz equation
亥姆霍兹共振器 Helmholtz resonator
亥姆霍兹函数 Helmholtz function
亥姆霍兹收缩时间 Helmholtz contraction time
亥姆霍兹线圈 Helmholtz coil
亥姆霍兹自由能 Helmholtz free energy
亥普 <衰减单位,1 亥普 = 1/10 奈培> hyp

骇浪 confused sea

害病 affication; be afflicted with a disease

害虫 destructive insect; destructive pest; insect; pest; vermin <指虱的>
害虫大批出没 infestation
害虫防治 control of insects; pest control
害虫防治措施 pest control measure
害虫防治药剂 pest control chemical
害虫控制 control of insects
害虫侵袭 pest infestation
害虫生态和环境控制 ecologic(al) and habitat control of pest
害虫生态气候预测 ecoclimate forecasting pests
害虫综合防治 integrated prevention and treatment of pest
害鸟 vermin
害人虫 vermin
害兽 injurious animal; vermin
害鼠 bandicoot
害物防治 pest control
害物防治措施 pest control measure
害物防治药剂 pest control chemical
害物综合防治 integrated pest management

氦 3-氦 4 稀释制冷机 He3-He4 dilution refrigerator

氦 3 减压蒸发制冷器 He3 evaporization refrigerator by reducing pressure
氦保护 helium-atmosphere; helium shield
氦比重计 helium pycnometer
氦测法 helium method
氦测量仪类型 helium survey apparatus type
氦层 heilosphere
氦磁力计 helium magnetometer
氦磁力仪 helium magnetometer
氦氮氧饱和潜水 oxy-helium-nitrogen saturation diving; trimix saturation diving
氦氮氧混合气 helium nitrogen oxygen mixture
氦氮氧潜水 oxy-helium-nitrogen diving; trimix diving
氦灯 helium lamp
氦电弧焊 heliarc welding; neli-arc welding
氦电离检测器 helium ionization detector
氦法年龄 helium ages
氦反向散射分析仪 helium backscattering analyser[analyzer]
氦分光计 helium spectrometer
氦丰度 He abundance
氦镉激光器 helium cadmium laser
氦管 helium tube
氦含量 content of helium; helium content
氦含量平剖图 profile on plane of helium content
氦核 helion
氦弧 heliarc
氦弧焊(法) heliarc welding; helium arc welding
氦弧焊机 heliarc welder
氦弧焊具 heliarc unit
氦弧切割(法) heliarc cutting
氦回收设备 helium recovery plant
氦昏厥 helium syncope
氦检测器 helium detector
氦检漏器 helium leak detector
氦孔隙仪 helium pycnometer
氦冷反应堆 helium-cooled reactor
氦冷却剂 helium coolant
氦漏失率 helium leaking rate
氦膜 helium film
氦氖激光(器) helium neon laser
氦氖镭射 helium neon laser
氦年代测定法【地】 helium age method; helium dating
氦谱灯 helium spectrum lamp
氦气 helium gas
氦气保护焊接 helium shielded welding
氦气测量 helium survey
氦气层 helium layer
氦气法 helium survey
氦气管灯 helium luminous tube light
氦气回收装置 helium reclamation unit
氦气瓶 helium tank
氦气艇 helium ship
氦气压缩机 helium compressor
氦气液化器 helium liquifier
氦渗透 helium permeation
氦探漏仪 helium leak detector
氦涡流制冷器 helium vortex refrigerator
氦氧饱和潜水 heleox saturation diving; oxy-helium saturation diving
氦氧保护焊接 heliweld
氦氧混合剂 <深水潜水用的呼吸剂> heliox
氦氧混合潜水钟罩 helium diving bell
氦氧混合气 helium oxygen mixture
氦氧减压 helium oxygen decompression
氦氧减压表 helium oxygen decompression table
氦氧潜水 helium oxygen dive[diving]; oxy-helium dive[diving]
氦氧潜水电话 helium oxygen diving telephone
氦氧潜水对讲机(器) helium oxygen diving inter-communicator
氦氧潜水装具 helium oxygen diving equipment
氦氧亚饱和潜水 helium oxygen subsaturation diving
氦氧重潜水装具 helium oxygen heavy weight diving apparatus

氦蒸发器 helium evaporator
氦制冷机 helium refrigerator
氦质谱检漏仪 helium mass spectrometer leak detector
氦族元素 helium family element

蚶线【数】limacon

含5% ~10% 熟石膏的石灰水泥 selenitic lime cement

含 5% 熟石膏的水泥 selenitic cement
含 5% 熟石膏的石灰 selenitic lime
含氨废水 ammonia-containing wastewater
含氨废液 ammonia waste liquor
含氨柠檬酸 ammoniated citric acid
含钯的 palladic
含白榴石超基性喷出岩 leucite-bearing ultrabasic extrusive rock
含白云石的 dolomitic
含白云石钙质泥岩 dolomite-bearing calcareous mudstone
含白云质灰岩 dolomite-bearing limestone
含白云质黏[粘]土岩 dolomite-bearing claystone
含白云质砂岩 dolomite-bearing sandstone
含半透明纱的舞台幕布 vision cloth
含宝石的黄褐色土 byon
含宝石砾层 illam
含贝壳的细砂 fine shelly sand
含贝壳砾岩 shell conglomerate
含贝壳黏[粘]土 shell-bearing clay
含贝壳砂 shelly sand
含贝壳石灰石 shelly limestone
含钡的 baric
含钡灰浆 barium based plaster; barium plaster
含钡灰泥 <医院特殊抹灰用> barium mixed plaster
含钡混凝土 barium concrete
含钡火石玻璃 baryta flint(glass)
含钡轻火石玻璃 baryta light flint
含钡砂浆 barium plaster
含钡水泥 barium cement
含钡重量玻璃 dense crown
含钡重冕牌玻璃 dense crown
含苯胺废水 wastewater containing aniline
含苯酚废水 wastewater containing phenol
含苯酚化合物废水 wastewater containing phenol compound
含铋层状结构 bismuth-containing layer type structure
含铋脉状硫化物矿床 bismuthic veined sulfide deposit
含铋脉状钨锡矿床 bismuthic veined tungsten-tin deposit
含冰量 ice content
含冰率 ice content
含病菌病毒固体废物 pathogenic solid waste
含病源菌污水 pathogen(e)-contaminated sewage
含玻璃相的熟料 glass containing clinker
含铂的 platiniferous
含铂的硫钯矿 platinian vsotskiter
含铂的硫铜钴矿 platinian carrollite
含铂金铜石英脉 platinum-gold-copper quartz vein
含铂石英脉 platinum-bearing quartz vein
含铂自然铜 platinian copper
含部分腐朽有机质的泥土层 dirt bed
含掺和料的水泥 additive cement
含长橄榄岩 feldspar-bearing peridotite
含长辉石岩 feldspar-bearing pyroxenite
含长角闪石岩 feldspar-bearing hornblendite
含长结构 granitotrachytic
含长石的 feldspathic
含长石沸绿岩 feldspar-bearing teschenite
含超裂片 hyperfragment
含尘测定 dust determination
含尘度 degree of dustiness; dustiness degree
含尘空气 dust air; dust air mixture; dust-laden air; dusty air
含尘空气入口 inlet of dust contained gas
含尘量 dust burden; dust content; dust load(ing)
含尘炉气 dust-laden gas
含尘率 dust burden; dust ratio
含尘煤气 dust-bearing gas; dusty gas
含尘浓度 dust concentration; dust content intensity
含尘气体 ash-laden gas; dirty gas; dust contained gas; dust-laden gas; dusty gas
含尘气体粉尘浓度 raw gas dust content
含尘烟气 ash-laden gas; dust-bearing gas; dusty gas
含尘液储槽 slurry tank
含尘液排出口 slurry outlet
含尘指数 dustiness index
含赤铁石英 eisenkiesel
含臭氧的 ozonic; ozonous
含臭氧的空气 ozone-containing air
含氚废物 tritium bearing waste; tritiated waste
含氚化合物 tritiated compound
含醇废水 alcohol wastewater
含磁铁矿富磷灰石岩 apatite-rich rock with magnetite
含粗粒粉质土 silt soil containing coarse grains
含粗粒黏[粘]质土 clay soil containing coarse grains
含粗粒有机质土 organic soil containing coarse grains
含大量胶质的油 gummy oil
含大量金属的卤水 dense metal brine
含大量砾石的河流 debris-laden stream
含大量砾石的黏[粘]土 clay with considerable gravel
含大量沙砾的河流 debris-laden stream
含大量砂砾的河流 debris-laden stream
含大量石油天然气 wet natural gas
含大量有机质的粉沙 organic silt
含大量有机质的黏[粘]土 organic clay
含氮的 azotic; nitric; nitrogenous
含氮的碱 nitrogen-containing base
含氮废水 nitrogenous effluent; nitrogenous wastewater
含氮废物 nitrogenous waste
含氮合金 nitrogen-containing alloy
含氮化合物 nitrogen compound; nitrogen-containing compound; nitrogenous compound
含氮量 nitrogen(ous) content
含氮耐火材料 nitride refractory material
含氮浓度 nitrogen concentration
含氮热水 deuterated thermal water
含氮溶性有机物 soluble organic materials containing nitrogen
含氮生化需氧量 nitrogenous biochemical oxygen demand
含氮生物需氧量 carbon biologic(al) oxygen demand
含氮水 nitrogenous water; nitrogen water
含氮物质 nitrogen(ous) substance
含氮氧化硅的氮化物键 nitride bond containing silicon oxynitride
含氮自由基 nitrogen radical
含氘热水 nitrogenous thermal water
含低磷废水 wastewater containing low phosphorus
含低浓度氨废水 low concentrated ammonia-containing wastewater
含低养分的水 low-nutrient water
含地沥青残渣 asphalt bearing residue
含地沥青的 asphalt bearing
含地沥青石油 asphalt bearing petroleum; asphaltic petroleum
含地沥青页岩 asphalt bearing shale
含地下水层 water-bearing stratum
含碘活性炭 iodized activated charcoal
含碘物质 iodine-containing substance
含淀粉的 amyloid
含淀粉废水 starch waste(water)
含豆粒泥状铝质岩 pisolitic-bearing pelitomorphic aluminous rock
含毒空气 poison atmosphere
含毒量计算机 <系由模拟计算机构成的反应堆控制仪表,可连续记录反应堆中氙含毒量>【计】poison computer
含毒性污染物质 toxic pollutant
含多量胶凝物质的砂浆 fat mortar
含多量硫的气体或汽油 sour
含多量硫酸盐的水 sulphate-laden water
含鲕粒的 oolite-bearing
含鲕粒泥状铝质岩 oolitic-bearing pelitomorphic aluminous rock
含鲕粒微晶灰岩 oolite-bearing micrite; oolitic-bearing micritic limestone
含二氧化碳的 dampy
含二氧化碳气体 blackdamp
含二氧化碳天然气 carbon dioxide gas
含矾 aluminiferous
含矾土材料 alumina-bearing material
含钒辉石 vanadium augite
含钒矿物 vanadium mineral
含钒沥青质岩 vanadium-bearing bituminous rock
含钒磷质岩 vanadium-bearing phosphorus rock
含方解石白云石泥岩 calcite dolomite-bearing mudstone
含方解石白云质泥岩 calcite-bearing dolomite mudstone
含方解石泥质白云岩 calcite-bearing argillaceous dolomite
含放射性物质泉 radioactive spring
含肥泥炭盆 fertile peat pot
含沸石矿床 zeolitic ore deposit
含分支菌酸放线菌 mycolic acid-containing actinomycete
含酚的 phenol-containing
含酚废水 phenolic effluent; phenol-(ic) waste(water)
含酚废水处理 phenol(ic) wastewater treatment; phenol wastewater disposal
含酚废液 phenol(ic) waste(liquor)
含酚焦化污水 phenol-containing coking wastewater
含酚排放液 phenolic effluent
含酚杀虫油 phinatas oil
含酚水处理 phenol water treatment
含酚水处置 phenol water disposal
含酚水塘污染 phenol lagoon pollution
含酚污水 phenol-containing wastewater; phenol effluent; phenolic wastewater
含酚污水处理 phenol wastewater disposal; phenol wastewater treatment
含酚组分 phenolic constituent
含粉砂泥岩 silt-bearing mudstone
含粉砂泥质结构 silt-bearing argillaceous texture
含氟的 fluoric
含氟地下水 fluoride-containing groundwater
含氟地下水成因 genesis of fluoride-containing groundwater
含氟地下水地球化学 geochemistry of fluoride-containing groundwater
含氟废料 fluoride waste
含氟废气治理 control of fluorine-containing gases
含氟废水 fluoride-containing waste (water)
含氟废物 fluorine-containing waste
含氟化合物 fluorochemicals
含氟聚合物 fluoropolymer
含氟聚合物纤维 fluorine-contained polymerisate fiber[fibre]
含氟冕牌玻璃 fluor(ic) crown
含氟浓度 fluoride-containing concentration
含氟排放物 fluorine emission
含氟水 fluorinated water
含氟塑料 fluoroplastics
含氟塑料薄膜 fluoroplastic film
含氟酸性废水 acidic fluoride-containing wastewater; fluoride-containing acidic wastewater
含氟纤维 fluorofibre
含氟硝基咪唑化合物 fluoride-containing nitro-imidazole compound
含腐蚀性水 active water
含腐叶百分比高的土壤 soil containing a high percentage of rotted leaves
含钙 calcic
含钙材料 calcareous material
含钙的 calcareous; calcarious
含钙聚合氯化铝 polyalumin(i)um chloride containing calcium
含钙矿渣 calcareous incrustation
含钙料 <用于中和土壤酸性的> limit material
含钙菱锰矿 manganocalcite
含钙铅基轴承合金 calcium metal
含钙泉 calcareous spring
含钙沙石 calcareous sandstone
含钙砂岩 calciferous sandstone
含钙石板 calcareous slate
含钙石灰岩 calcareous limestone
含钙水泥 calcareous cement
含钙土 calcareous earth; calcareous soil
含钙物质 calcareous material
含钙岩 calcareous rock
含钙皂黄油 Albany grease
含钙质泥岩 calcareous-bearing mudstone
含钙质硬水 earth water
含干性油的水性涂料 oil-bound water paint
含矸率 percentage of shale content
含钢的 steely
含钢筋率 percentage of reinforcement; reinforcement ratio; steel percentage; reinforcement of content
含钢量 amount of reinforcement; steel content
含钢率 rate of reinforcement; steel area ratio; steel percentage; steel ratio
含高分子量化合物废水 wastewater

containing high molecular weight compound
含高钙废水 high-calcium-containing wastewater
含高浓度氮淀粉废水 highly concentrated nitrogen-containing starch wastewater
含高浓度氮废水 high-strength nitrogenous wastewater
含高浓度酚废水 highly concentrated phenol wastewater
含高浓度颗粒有机物废水 wastewater containing high strength particulate organics
含高浓度硫酸盐的高强度废水 high-strength wastewater containing high-level of sulfate
含高浓度六胺废水 high-strength hexamine-containing wastewater
含高浓度盐染料废水 highly concentrated salt-containing dyestuff wastewater
含高浓度油废水 highly concentrated oil-containing wastewater
含高危险品的工业房屋 high hazard industrial buildings
含高危险品的工业建筑物 high hazard industrial buildings
含锆镁砖 ZrO_2-bearing magnesia brick
含锆陶瓷制品 zirconium-bearing ceramic products
含镉的 cadmiferous
含镉废水 cadmium wastewater
含镉污水 cadmium wastewater
含铬白云石耐火制品 chrome-dolomite refractory product
含铬的胶质纤维 chrome collagen fibre[fiber]
含铬电镀废水 chromium-containing electroplating wastewater
含铬废水 chromate contaminated wastewater; chromate wastewater; chrome contained wastewater; chromic wastewater
含铬废屑 chrome-containing solid waste
含铬络合染料 chromiferous dye
含铬耐火砖 chrome brick
含铬染料 chrome complex dye
含铬铁矿富磷灰石岩 apatite-rich rock with chromite
含铬污泥 chromium sludge
含铬盐废水 chrome-containing waste
含汞的 mercurial; mercuric; mercurous; mercury-bearing
含汞废水 mercury-bearing wastewater; mercury-containing wastewater
含汞建造 mercury-bearing formation
含汞量 mercury-bearing content
含汞污泥 mercury-containing sludge
含汞污泥处理 mercury-containing sludge treatment
含汞烟气 mercury(-bearing) fume
含汞盐泥 mercurial mud; mercury-bearing salt mud
含汞黝铜矿 schwar(t)zite
含骨料土 soil aggregate
含骨片岩层【地】 bone bed
含钴的 cobaltiferous
含钴复合染料 cobalt complex dye
含钴颗粒料 cobalt pellet
含固量 volume solid
含固体量 solids content
含固体浓度 solids concentration
含胍化合物组分 composition containing guanidine compound
含光致抗蚀剂废水 photoresist-containing wastewater
含硅白云母 phengite
含硅的 siliceous; silicious
含硅的冰锌矿 siliceous calamine
含硅的鲕石卵石 siliceous oolite gravel
含硅的胶结料 siliceous matrix
含硅的菱锌矿 siliceous calamine
含硅的杂矿石 siliceous matrix
含硅环氧树脂 silica-filled epoxy resin
含硅耐热铸铁 silal V
含硅染料 silicide dye
含硅热水 silica-bearing thermal water
含硅软土 rotten stone
含硅砂 siliceous sand
含硅砂石 siliceous sandstone
含硅石灰 siliceous lime
含硅土 flinty soil
含硅质泥岩 siliceous-bearing mudstone
含硅砖 siliceous brick
含贵金属砾岩 banket(te)
含贵重矿物溶液 pregnant solution
含过量石膏的水泥 cement with excessive gypsum content
含过量水的混凝土混合料 wet mix(ture)
含海砂的混凝土 clay containing sea silt
含氦天然气 natural gas with helium
含糊 ambiguity; befog
含糊不清的规则 vague rule
含糊的 ambiguous; dubious; obscure; uncertain; vague
含糊情况 ambiguous case
含糊图 ambiguity diagram
含滑石的 talcky; talcose; talcous
含化石的 fossil; fossiliferous
含化石睡莲茎的石灰岩 entrochal limestone
含化石足迹的岩石 ichnolite
含化学纤维废水 chemical fibre wastewater
含环化合物 nuclear compound
含环烷酸废水 wastewater containing naphthenic acid
含黄长石超基性喷出岩 melilitite-bearing ultrabasic extrusive rock
含黄长石超基性岩 melilite-bearing ultrabasic rock
含黄长石煌斑岩 melilite-bearing lamprophyre
含黄铁矿煤 brassily; drossy coal
含灰空气 ash air
含灰量 ash content; cinder loading; dust burdening; dust content
含灰量百分比 percentage of ash
含灰率 percentage of ash
含灰物质 ashy substance
含灰烟气 ash-laden gas
含灰质白云岩 lime-bearing dolomite
含灰质黏[粘]土岩 lime-bearing claystone
含灰质砂岩 lime-bearing sandstone
含肌苷废水 inosine wastewater
含甲醇废水 wastewater containing methanol
含甲醇酒精 methylated spirit
含甲醛废水 formaldehyde wastewater; wastewater containing formaldehyde
含甲烷水 methane water
含钾长石霞斜岩 potassic feldspar-bearing theralite
含钾班脱岩 potassium bentonite
含钾膨润土 potassium bentonite
含钾泉水 potash water
含钾砂页岩 potash-bearing sandstone and shale
含钾霞石超基性喷出岩 kalsilite-bearing ultrabasic extrusive rock
含钾页岩 potash-bearing shale
含碱玻璃纤维 alkali-containing glass fiber[fibre]
含碱的 alkali-ferrous; alkaline; alkalinous
含碱废水 alkali (-containing) wastewater
含碱粉尘 alkali laden dust
含碱量 alkali content; alkalinity
含碱量高的土壤 soils with a high alkali content
含碱浓度 alkali concentration
含胶桉树 <澳洲> mallet
含胶量 latex content
含胶木 laminated wood
含胶态乳化剂的沥青乳浊液 asphaltic-bitumen emulsion with colloidal emulsifier
含焦碳的生料球 raw meal and coke nodule
含焦油的碱性耐火材料 tar bearing basic refractory
含角砾砾岩 breccia-bearing conglomerate
含角质岩的石灰石 entrochal limestone
含酵母废水 yeast-containing wastewater
含结晶的 crystalliferous
含结晶水的 hydrous
含结晶水盐 hydrous salt
含金沉积【地】 auriferous deposit
含金的 auric; auriferous
含金刚石的 diamond bearing; diamondiferous
含金刚石砂砾 diamond-bearing gravel
含金黄铁矿 auriferous pyrite
含金矿床 auriferous deposit
含金砾石 auriferous gravel; gold-bearing gravel; wash gravel
含金砾石层 banket(te)
含金砾岩层 banket(te)
含金量 gold content
含金泥 wash dirt
含金沙旧河道 <澳大利亚的> leat
含金石英脉 auriferous quartz vein
含金铀砾岩矿床 uranium and gold-bearing conglomerate deposit
含金属采矿 metalliferous mining
含金属沉积物类型 type of metalliferous sediments
含金属的 metallic; metalliferous; Metalline
含金属的热卤水 hot metalliferous brine
含金属的溶液 pregnant solution
含金属的食品原料 metal laden food material
含金属骨料的混凝土 betonac; betonal
含金属固体 metal-bearing solid
含金属加强的组合屋面(材料) metal-reinforced composition roofing
含金属矿石铺设的赛车道 soap-box race track
含金属矿业 metalliferous mining
含金属盐的 metalline
含筋率 reinforcement ratio; steel percentage; steel ratio
含酒精 alcoholic
含酒精的 spirituous
含酒精性 spirituosity
含巨砾的 bouldery
含聚丙烯腈废水 polyacrylonitrile wastewater
含菌水 infected water
含菌水质 bacteriological water quality
含抗生素成分废水 anti-biotic formulation wastewater
含抗生素废水 anti-biotic wastewater
含抗生素制药废水 pharmaceutical wastewater containing antibiotics
含壳砾石 coated gravel
含可溶性盐类的釉 soluble glaze
含孔砖 cored brick
含矿带 ore-bearing zone; ore zone
含矿地带 glebe; mineral belt; ore-bearing zone
含矿构造 ore-bearing structure
含矿砾 pay gravel
含矿率 ore-bearing rate; ore-bearing ratio
含矿脉壁泥 deaf ore
含矿泥砂 pay-dirt
含矿砂 pay sand
含矿土 wash
含矿系数 coefficient of mineralization; ore-bearing coefficient
含矿细脉 ore-bearing veinlet
含矿性 mineralization
含矿岩 ore magma; ore rock
含矿岩层 ledge
含矿岩浆 ore magma; pay rock
含矿岩石 ledge rock
含矿岩体 mineralized intrusive body
含矿渣的 slag-bearing
含蜡沥青 wax-containing asphalt
含蜡量 paraffin(e) content; wax content
含蜡量试验 paraffin(e) content test
含蜡馏分 waxy distillate fraction
含蜡燃料 waxy fuel
含蜡石油 waxy oil
含蜡石油馏分 waxy petroleum distillate
含蜡烃 waxy hydrocarbon
含蜡油 wax-bearing oil
含蜡原油 wax-bearing crude; wax-containing crude; waxy crude
含烂泥黏[粘]土 slushy clay
含铑的 rhodic; rhodous
含镭 radium-bearing
含类脂废水 lipid-containing wastewater
含锂卤水 Li-bearing brine
含沥青残渣 asphalt bearing residue
含沥青粗砂垫层 bituminous base (course)
含沥青的 asphalt bearing; asphaltic; bitumeniferous; bituminized; bituminous; tar sand
含沥青的石油 asphaltic oil
含沥青的塑料 bituplastic
含沥青防锈漆 <英> bitumen-based protection paint; bitumen-based protective paint; bitumen-based rust protective paint
含沥青膏 bitumen-based paste
含沥青及珐琅质的漆 <用于铸件> bitumarin
含沥青建筑砂胶 bitumen-based building mastic
含沥青胶 bitumen-based paste
含沥青炉渣 asphaltic slag
含沥青泥浆封闭 bituminous slurry seal
含沥青溶液 bituminous grout
含沥青石 bituminized stone
含沥青石灰 stinkstone
含沥青石灰石 stinkstone
含沥青石块 asphaltic rock
含沥青石油 asphalt bearing petroleum; asphalt petroleum
含沥青填充物 hydrofiller
含沥青岩 kir
含沥青页岩 asphalt bearing shale; gas shale
含沥青油料 asphalt bearing stock
含沥青油漆 bitusol
含沥青油纸 bituminized paper
含沥青原料 asphalt bearing stock
含沥青质石油 asphaltic petroleum
含砾的 conglomeratic
含砾粉砂岩 gravel-bearing siltstone

含砾角砾岩 gravel-bearing breccia
含砾量 gravel content
含砾泥岩 gravel-bearing mudstone
含砾黏[粘]土 gravelly clay
含砾砂 gravel-bearing sand; pebbly sand; gravelly sand
含砾砂岩 gravel-bearing sandstone
含砾生物泥晶石灰岩 biomicrudite
含砾石灰岩 calcirudite
含砾石黏[粘]土层 boulder clay
含砾土 gravelly soil
含粒的砾石 gravel containing fine grains
含量 content; loading
含量百分比 percentage of content
含量百分率 content percentage
含量比 entrainment ratio
含量比例 proportion of gradient
含量测定仪 content meter
含量的增加 fortification
含量低的 low in low
含量丰富的井 paying well
含量计算 cubage
含磷胺废水 phosphoric amine-containing wastewater
含磷材料 phosphorated material
含磷的 phosphorated; phosphoric; phosphorous
含磷废料 phosphorus-bearing waste; phosphorus-containing waste
含磷废水 phosphorus-bearing wastewater; phosphorus-containing wastewater
含磷建造 phosphorus-bearing formation; phosphorus-containing formation
含磷量回升 rephosphoration
含磷炉渣 phosphorus-bearing slag; phosphorus-containing slag
含磷砂岩 phosphate-bearing sandstone; phosphorus-containing sandstone
含磷水解聚马来酸酐水处理剂 phosphorus-hydro-polymaleic anhydride water treatment reagent
含磷酸的 phosphatic
含磷酸盐的 phosphatic
含磷酸盐洗涤剂 phosphate-containing detergent
含磷酸盐洗涤器 phosphate-containing detergent apparatus
含磷无机离子交换剂 phosphorus-containing inorganic ion exchanger
含磷组 phosphoric formation
含硫 sulphur-containing
含硫氨基酸 sulfur [sulphur] amino acid
含硫粗铜 Chile bar
含硫的 sulfur-bearing; sulfureous[sulphureous]
含硫地蜡 ader wax
含硫钢 sulfur-bearing steel
含硫高浓度有机废水 sulfur-bearing high concentrated organic wastewater
含硫合金 sulfur-containing alloy
含硫化合物 sulfocompound; sulfur compound
含硫化氢的还原环境 reduction environment of hydrogen sulfide containing
含硫化氢热水 hydrosulphuric thermal water
含硫化物沉淀物 sulfide-bearing sediment
含硫化物废水 sulfide-containing wastewater
含硫集料 sulfur[sulphur] aggregate
含硫胶结料 sulfur cement
含硫矿泉 sulfur spring
含硫矿水 hepatic water; sulphur water
含硫沥青 chirvinskite; sulfur asphalt; tschirwinskite
含硫量 sulfur [sulphur] content; sulphur capacity
含硫量高的干燥石油气 sour dry gas
含硫量试验 <石油产品的> doctor test
含硫劣煤 grizzle
含硫伦敦雾 sulfurous London smog
含硫木 sulphurous wood
含硫气体 sour gas; sulfur-bearing gas; sulfurous gas
含硫汽油 sour gasoline
含硫轻油 sour oil
含硫泉 sulfur[sulphur] spring; sulphur pool
含硫燃料 sulfur-bearing fuel; sulfur-containing fuel; sulfurous fuel
含硫热泉 sulfurous hot spring
含硫热水 sulfur thermal water
含硫润滑剂 sulfurised [sulphurized] lubricant
含硫石油 sulfur-bearing oil
含硫石油气 sour gas
含硫试验 sulfur test
含硫树脂 tasmanite
含硫水 sour water; sulfur [sulphur] water
含硫酸 sulfur acid
含硫酸废水 sulfuric acid wastewater
含硫酸气溶胶 sulphate aerosol
含硫酸烟雾 sulphate aerosol
含硫酸盐的水 sulphate-bearing water
含硫酸盐土 sulfate bearing soil; sulphate-bearing soil
含硫酸盐土壤 sulfate-laden soil
含硫酸盐有机废水 organic wastewater containing sulfate
含硫天然气 sour natural gas
含硫污水 sulfur [sulphur]-bearing wastewater
含硫物质 sulfur [sulphur]-containing substance
含硫易切钢 sulfur-bearing steel
含硫易切削钢 sulphur-free-cutting steel
含硫原油 sour crude oil; sour oil; sulfur-bearing crude(oil)
含硫蒸汽 sulfurous steam
含硫总量 total sulfur [sulphur] content
含六价铬废水 chromium-containing wastewater
含卤素的 halogen-containing; halogenous
含卤素有机物 halogen-containing organism; halogenous organism
含卤物 halogenide
含卤物质 halogen-containing substance; halogenous substance
含卤有机化合物 organic halogen compound
含铝材料 alumina-bearing material
含铝的 aluminiferous
含铝废水 wastewater containing aluminum
含铝废液 alumin(i)um effluent
含铝粉清漆 <仅用于内部作业> collodion varnish
含铝合金 alumin(i)um-containing alloy
含铝建造 alumin(i)um-bearing formation
含铝镍铜合金 Kunial
含铝铁 alferric
含铝涂模浆 hydropaste
含铝土 aluminiferous
含铝易解石 alumin(i)un aeschynite
含铝质岩 alumin(i)um-bearing rock
含绿柱石交代蚀变花岗岩矿床 beryl-bearing metagranite deposit
含氯度 chlorine content
含氯度超标 excessive chlorine content
含氯氟甲烷 chorofluorocarbon
含氯氟烃 chlorofluorocarbon
含氯氟烃的回收 recapture of chorofluorocarbons
含氯氟烃的重复使用 recycle of chorofluorocarbons
含氯氟烃聚合物 chorofluorocarbon polymer
含氯氟烃塑料 chlorofluorocarbon plastics
含氯氟烃议定书 Protocol on Chorofluorocarbons
含氯量 chloride [chlorine] content; chlorinity
含氯量记录器 chlorine recorder
含氯量录井 chlorine log; chlorinolog
含氯浓度 chlorine concentration
含氯漂白剂 chlorine bleaches
含氯石灰 bleaching powder; chlorinated lime
含氯塑料 chlorine-bearing substance; chlorine-containing plastics; chlorine-containing substance
含氯酸 chloracid
含氯烃 chorohydrocarbon
含氯氧化物的水磨石 oxychloride terrazzo
含氯有机化合物 chloro-organic compound
含毛发灰浆 haired mortar
含煤层数 amount of coal seam
含煤的 coal-bearing; coaly
含煤地层 coal-bearing strata
含煤地层对比 correlation of coal-bearing strata
含煤地层划分 division of coal-bearing strata
含煤黑页岩 black metal
含煤建造 coal-bearing formation
含煤沥青水泥 cement-based on coal tar
含煤铝土矿铁质建造 coal bauxite-bearing ferrous formation
含煤率 coal-bearing coefficient
含煤密度 coal-bearing density
含煤耐火黏[粘]土 slum
含煤盆地 coal basin
含煤区 coal province
含煤碳质黏[粘]土 blackjack bearing series
含煤天然气盆地 coal-natural gas basin
含煤系数 percentage of coal thickness
含煤性 coal-bearing parameter
含煤烟的 smoke-laden
含煤岩系 coal-bearing formation; coal-bearing strata; coal formation
含煤岩系沉积环境 depositional environment of coal formation
含煤页岩 cannel bass; drub coal
含煤渣的 cindery
含镁大理石 magnesia marble; magnesian dolomitic marble
含镁的 magnesian; magniferous
含镁建造 magnesium-bearing formation
含镁泥灰岩 dolomitic marl
含镁镍华 magnesian annabergite
含镁生石灰 magnesian quicklime
含镁石灰 dolomitic lime
含镁石灰浆 dolomitic lime putty
含镁石灰岩 magnesian limestone
含镁水绿矾 magnesian melanterite
含镁伊利石 gumbelite
含锰白口铸铁 manganiferous white cast-iron
含锰的 mangan(ifer)ous
含锰灰岩 manganese-bearing limestone
含锰建造 manganese-bearing formation
含锰页岩 manganese-bearing shale
含棉率 fiber content of asbestos ore; fiber content of ore
含棉纤维纸 cotton fiber content paper
含明矾的黏[粘]土 astringent clay
含磨木浆纸张 wood-containing paper
含木质下脚 shives
含钼奥氏体钢 molybdenum bearing austenitic steel
含钼玻璃 molybdenum glass
含钼多用途黄油 multipurpose-type grease with molybdenum
含钼多用途润脂 multipurpose-type grease with molybdenum
含钼废水 molybdenum-containing wastewater
含钼镍铁导磁合金 Mo-perm alloy
含钼通用黄油 multipurpose-type grease with molybdenum
含钼通用润脂 multipurpose-type grease with molybdenum
含钼铸铁 molybdenum cast iron
含内树皮或周围包被树脂的死节 encased knot
含内碎屑的微晶灰岩【地】 intramicrite
含内碎屑泥状铝质岩 intraclast-bearing pelitomorphic aluminous rock
含内碎屑微晶灰岩 intraclast-bearing micritic limestone
含钠百分率 percent(of) sodium; sodium percentage
含钠百分数 sodium percentage
含钠长石霞石正长岩 albic-bearing nepheline syenite
含钠量 sodium content
含钠铅合金 natrium lead
含难生物降解化合物废水 wastewater containing bio-refractory compound
含难生物降解化合物有机废水 organic wastewater containing refractory compound
含能量 energy content
含泥的 argilliferous; clay-bearing
含泥钙质白云岩 mud-bearing calcareous dolomite
含泥含方解石白云岩 mud calcite-bearing dolomite
含泥含云灰岩 mud dolomite-bearing limestone
含泥很少的地层 clean formation
含泥灰岩 mud-bearing limestone
含泥砾岩 clayey conglomerate
含泥量 mud content; percentage of sediment; silt carrying capacity; silt charge; silt concentration; soil content; solid concentration; solid content
含泥量试验 silt content test
含泥量试验仪 sand washer
含泥率 mud ratio
含泥率计 density meter; mud meter
含泥沙的混浊水 soil water
含泥沙的水 water-sediment mixture
含泥沙河口 sediment-carrying estuary
含泥沙河流 burdened stream; silt-carrying river; load river; load stream; sediment-bearing stream
含泥沙量 silt content
含泥水流 silt-laden flow
含泥炭的 peaty; turfy
含泥云灰岩 mud-bearing dolomitic

limestone
含泥质 mud bearing
含铌锐钛矿 niobium anatase
含铌、钽的钙钛矿 dysanalyte
含黏[粘]土白云岩 clay-bearing dolomite
含黏[粘]土的 argillaceous;argilliferous;argillous;clay-bearing;clayey
含黏[粘]土的砂 argillaceous sand
含黏[粘]土的土 clay-bearing soil
含黏[粘]土多的砂 gummy sand
含黏[粘]土砾石 clayey gravel
含黏[粘]土泥浆 clay base mud;clay-laden liquid
含黏[粘]土砂 <约含 10% 的砂> sand clay;clayey sand
含黏[粘]土石膏 argillaceous gypsum
含黏[粘]土型砂 fat sand
含黏[粘]土岩 claystone
含黏[粘]土质灰岩 clay-bearing limestone
含镍 nickeliferous
含镍电镀废水 nickel-containing electroplating wastewater
含镍废水 nickel-containing wastewater; nickel wastewater; wastewater containing nickel
含镍高锰钢 Manganal
含镍高强度铸铁 Ni-tensyl iron
含镍蛇纹石 williamsite;William stone
含镍蛇纹岩 Ni-bearing serpentinite
含镍铁合金 nickel-containing iron alloy
含镍铸钢 nickel cast steel
含镍铸铁 Ni-hard
含凝胶的 gelatinous
含农药废水 pesticide-containing wastewater
含钕玻璃 neodymium glass
含锆的 zirconic
含硼的 boracic;boric
含硼电石 borate flint(glass)
含硼高密度混凝土 boron-loaded concrete
含硼骨料 boron containing aggregate
含硼骨料混凝土 boron-loaded aggregate concrete
含硼混凝土 borated concrete
含硼火石玻璃 borate flint(glass)
含硼集料 boron containing aggregate
含硼集料混凝土 boron-loaded concrete
含硼聚合硅硫酸铁 polyferric silicate sulfate containing boron
含硼聚合硅酸铝铁 polysilic alumin(i)um ferric containing boron
含硼热水 boric thermal water
含硼石墨 boronated graphite
含硼水 boron water
含硼水泥 boron containing cement
含硼铁合金 needling agent
含硼铸铁 boron cast-iron
含铍矽卡岩矿床 beryllium-bearing skarn deposit
含破布纸 rag content paper
含普通角闪石的超镁铁岩分类图 classification of ultramafic rocks with hornblende
含气 entrained air;gas bearing;gassiness
含气饱和度 gas saturation
含气边界 gas-bearing boundary
含气层 aeration zone; unsaturated zone;vadose zone
含气带 gas zone
含气带水 <土壤水下的> argic water;kremastic water;vadose water
含气地层 gas horizon
含气度 aeration degree; degree of aeration
含气二极管 gas diode
含气骨 pneumatic bone
含气级别 class of gas
含气夹层 gas streak
含气金属液 gassy melt
含气空化 gaseous cavitation
含气空隙 air void
含气孔隙 aerated porosity;air void
含气量 air capacity; air content; gas content; vapo(u)r content; vapo(u)rium
含气量测定 air content determination
含气量测定仪 air meter[metre]; entrainment meter
含气量试验 air content test
含气量压力测定法 pressure method for air content
含气率 air content;air rate;air void; entrainment ratio; percentage air void
含气面积 gas area
含气内边界 gas-bearing inter margin
含气盆地 gas basin
含气区 gas region
含气圈闭 gas-bearing trap
含气射流 aeration jet
含气水层 gas-bearing water bed
含气外边界 gas-bearing outer margin
含气小房 cellulae;pneumaticae
含气小室 air cell
含气岩层 gas-bearing formation; gas-bearing stratum[复 strata];gas zone
含气涌泉 bubbling spring
含气油页岩 gas shale
含汽空化 vapo(u)rous cavitation
含汽空化数 vapo(u)r cavitation number
含汽量 vapo(u)r content
含汽率 rate of vapo(u)r content
含汽油污水 gas sewage
含铅 lead-bearing;leaded
含铅保护毡 insulating lead felt
含铅冰铜 leady matte
含铅玻璃 flint glass;lead glass
含铅的 leady; plumbean; plumbeous; plumbic;plumbiferous
含铅的锡铂钯矿 plumbian atokite
含铅低磷钢 leaded low-phosphorus steel
含铅废水 lead wastewater
含铅钢 lead-bearing steel;ledloy
含铅集料 lead aggregate
含铅量 lead content
含铅镍青铜 nickel-leaded bronze
含铅炮铜 leaded gun metal
含铅漆 lead paint
含铅汽油 anti-detonation fuel; anti-knock fuel; doped fuel; ethylized fuel;leaded gasoline
含铅青铜 leaded bronze
含铅燃料 leaded fuel
含铅燃油 leaded fuel
含铅酸性废水 acid lead-containing wastewater
含铅添加剂 lead-based additive
含铅涂料 leaded paint
含铅橡胶 <辐射防护> lead rubber
含铅锌白 leaded zinc
含铅氧化铁防锈漆 lead iron oxide anti-corrosive paint
含铅氧化铁防锈涂料 lead iron oxide anti-corrosive paint
含铅氧化锌 leaded zinc oxide
含铅易切削钢 lead treated steel
含铅釉 lead-bearing enamel
含青霉素成分的废水 penicillin formulation effluent
含氢的 hydric; hydrogen-containing; hydrogenous
含氢氟酸的铜盐 fluorous salt of copper
含氢硅油 containing hydrogen silicone oil
含氢气体 hydrogen-containing gas
含氢指数 hydrogen index
含氰的 cyanic
含氰电镀废水 cyanide-contaminated plating solution
含氰废水 cyanide-containing wastewater; cyanogen-containing wastewater
含氰废物 cyanide waste; cyanogen-containing waste(substance)
含氰苷植物中毒 cyanogenetic glycoside plant poisoning; cyanoglycoside-containing plant poisoning
含氰铬的废水处理 cyanide-chromic waste water treatment
含氰化物电镀废水 cyanide plating wastewater
含氰化物废水 cyanide-containing wastewater
含氰化物溶液 solution containing cyanide
含球粒泥状铝质岩 pellet-bearing pelitomorphic aluminous rock
含球粒微晶灰岩 pelletal-bearing micritic limestone
含球气动测头 ball jet
含醛废水 aldehyde wastewater
含染料废水 dye-containing wastewater
含热废水 thermal wastewater
含热量 caloric content;heat consumption;heat content;thermal content; total heat
含溶剂的清洗器 solvent cleaner
含溶剂的涂料 solvent carried paint
含溶解气石油 gaseous oil
含三价磷的 phosphorous
含三嗪偶氮染料 triazine-containing azo-dye
含三氧化二铬的绿色颜料 Veronese green
含沙当量 sediment equivalent
含沙当量法 sediment equivalent method
含沙风 sand-bearing wind
含沙河流 burdened river;loaded river; loaded stream; silt-carrying stream; silt-laden river;silt-laden stream
含沙量 concentration of suspended load; discharge concentration; sand load;sediment charge;sediment concentration; sediment content; sediment discharge concentration; silt charge;silt concentration; solid content;solid load; suspended sediment concentration
含沙量大的 sediment-laden
含沙量大的河流 burdened stream
含沙量大的水 silty water
含沙量断面图 concentration profile
含沙量范围 sediment charge scale; sediment content scale
含沙量观测 sediment-laden observation
含沙量观测站 sediment-laden observation station
含沙量过程线 sediment concentration hydrograph;sediment hydrograph
含沙量积深试样 depth-integrated sediment sample
含沙量曲线 concentration curve
含沙量研究 sediment concentration study;silt concentration study
含沙量指标 index sediment concentration
含沙流 suspension current
含沙率 sediment discharge;silt charge
含沙浓度 discharge concentration; sediment concentration;silt concentration
含沙水流 sediment fluid flow; silt-carrying flow;silt-laden flow
含砂不足 <混凝土> undersanding
含砂不足的拌合[和]物 undersanded mix(ture)
含砂成分 <混凝土中> sand factor
含砂当量 sand equivalent
含砂当量法 sand equivalent method
含砂当量试验 sand equivalent test
含砂当量值 sand equivalent value
含砂的 arenaceous;sabulous;sandy
含砂的灌浆体 sand grout
含砂低液限黏[粘]土 sandy clay of low liquid limit
含砂粉砂岩 sand-bearing siltstone
含砂高液限黏[粘]土 sandy clay of high liquid limit
含砂过多的 oversanded
含砂过多的拌合[和]物 <混凝土的> oversanded mix(ture)
含砂过多的混合料 oversanded mix(ture)
含砂过多的水泥 oversanded cement
含砂过少的 undersanded
含砂过少的混凝土 undersanded concrete
含砂砾的 arenose;chiselly;gritty
含砂砾度 gritty consistence
含砂砾河流 debris-laden stream
含砂砾黏[粘]土 gravel-sand-clay
含砂砾石 hoggin;sandy gravel
含砂砾石骨料 sandy gravel aggregate
含砂砾石集料 sandy gravel aggregate
含砂砾土 sandy gravel
含砂量 grittiness; sand-carrying capacity;sand content;silt charge
含砂量不足的 undersanded
含砂量测定器 sand tester
含砂量计 sand grain meter
含砂率 percentage of sand; percent sand; sand percentage; sand-total aggregate ratio
含砂泥浆 gritty mud;sand laden mud
含砂泥质结构 sand-bearing argillaceous texture
含砂黏[粘]土 sandy clay
含砂少的黏[粘]土页岩 slightly sandy shale
含砂水 debris-laden water
含砂土(壤) sandy soil
含砂油灰 sand putty
含砂质白云岩 sand-bearing dolomite
含砂质灰岩 sand-bearing limestone
含砂质泥岩 sand-bearing mudstone
含闪锌矿的 blendous
含少量沥青质的岩石 rock asphalt
含砷废水 arsenical wastewater; arsenic-contaminated wastewater
含砷铜板 Rocan copper
含砷颜料 arsenic pigment
含生物屑微晶灰岩 bioclast-bearing micritic limestone
含绳量 cord content
含湿百分率 percentage of moisture content
含湿比例 humidity mixing ratio
含湿度 moisture content;specific humidity
含湿量 humidity content; humidity ratio; moisture capacity; moisture content; specific humidity; water content
含湿量测定仪 moisture content measuring apparatus
含石粉的特立尼达沥青粉 ground Trinidad épuré with rock flour
含石膏成分 gypsum content
含石膏的 gypseous;gypsiferous

含石灰的 limy
含石灰的黏[粘]土 limy clay
含石灰废物 lime-bearing waste
含石灰质的 calciferous
含石蜡石油 paraffinaceous petroleum
含石蜡烟煤 paraffin(e) coal
含石量 stone content
含石榴石斜长正长麻粒岩 garnetiferous plagioclaso orthoclase granulite
含石棉纤维 containing asbestos fiber [fibre]
含石墨的 graphitiferous; plumbaginous
含石墨的轴承 graphite-containing bearing
含石墨粉末冶金轴承 graphited oilless bearing
含石墨渣 kish slag
含石墨轴承合金 graphited bearing metal
含石黏[粘]土 stony clay
含石土 stony soil
含石英的 quartzose
含石英的石灰石 siliceous limestone
含石油的 petroliferous
含石油沥青基的沥青 container asphaltic bitumen
含石油砂 pay sand
含石油砂岩 petroliferous sandstone
含石油页岩 petroliferous shale
含时波动函数 time-dependent wave function
含时效应 time-dependent effect
含铈的稀土元素合金 mischmetal
含熟料的白色陶瓷器 grog-containing whiteware
含熟料矿渣水泥 clinker-bearing slag cement
含树胶的 gummy
含树脂的 resinaceous
含树脂木材 gumwood; resinous timber
含水 containing water
含水百分比 water-percentage
含水百分率 percentage of moisture
含水饱和度 water saturation
含水饱和率 water saturation
含水饱和土 saturated ground; waterlogged ground
含水比 moisture ratio; water content ratio; water in percent of dry weight
含水比容量 specific retention
含水材料 hydrous material; water-bearing material; water-holding material
含水层【地】 aqueous stratum; aquiclude; aquifereous stratum; water-bearing layer; water-bearing medium; water-bearing seam; waterbed; water carrier; water ground; water horizon; water layer; waterlogged stratum; water producing formation; water producing zone; water-production zone; water strata; water stratum; water-yielding stratum; watery stratum; aquifer
含水层饱水厚度 saturated thickness of aquifer
含水层边界 aquifer boundary
含水层标准粒径 standard grain diameter of aquifer
含水层补给 recharge of aquifer
含水层补给量 increment of aquifer; intake recharge
含水层补给区 aquifer basin; basin of aquifer; catchment area; intake area of aquifer; recharge area of aquifer; hydrographic(al) basin
含水层不均匀系数 uneven coefficient of aquifer
含水层侧向边界 lateral boundary of aquifer
含水层产出状态 inclination of aquifer
含水层产水量 aquifer yield
含水层产状 altitude of aquifer
含水层常数 aquifer constant
含水层成因 origin of aquifer
含水层出露面积 outcrop area of aquifer
含水层初见水位 initial water level in aquifer
含水层储量 storage of aquifer
含水层储能 storage of energy in aquifer
含水层储气 aquifer storage
含水层储水 storage of water in aquifer
含水层储水量 aquifer storage; aquifer yield
含水层传导率 coefficient of transmissibility
含水层垂向边界 vertical boundary of aquifer
含水层导水系数 coefficient of transmissibility; transmissibility coefficient of aquifer
含水层的防污条件 condition of waste prevention of aquifer
含水层的集水区 aquifer basin
含水层的受水面积 intake area of an aquifer
含水层等厚线图 isopach map of aquifer
含水层等压线 isopiestic line of aquifer; isotropic(al) line of aquifer
含水层底板等高线图 contour map of bottom bed of confined aquifer
含水层底板地层时代 age of bottom layer of aquifer
含水层底板地层岩性 lithologic(al) characters of bottom layer of aquifer
含水层底板高程 bottom plate altitude of aquifer
含水层底板埋深 depth of bottom layer of aquifer
含水层底界面深度 lower bound depth of the water bearing formation
含水层顶板地层时代 age of apical plate of aquifer
含水层顶板地层岩性 lithologic(al) characters of apical plate of aquifer
含水层顶板高程 apical plate altitude of aquifer
含水层顶板埋藏深度图 buried depth of apical bed of aquifer
含水层顶板埋深 depth of apical plate of aquifer
含水层顶板岩层厚度 thickness of apical plate of aquifer
含水层顶界面深度 upper bound depth of the water bearing formation
含水层断面流出 outflow from the cross-section(al) of aquifer
含水层断面流入 inflow from the cross-section(al) of aquifer
含水层分布范围 distributed extent of aquifer
含水层分布条件 distributed condition of aquifer
含水层富水程度图 map of water content of aquifer
含水层富水性 aquifer permeability
含水层富水性等级 water yield property grade of aquifer
含水层富水性指标 water yield property index of aquifer
含水层骨架压缩模量 compression modulus of aquifer frame
含水层厚度 aquifer thickness
含水层恢复 aquifer restoration
含水层回灌 recharge of an aquifer
含水层集水区 basin of aquifer
含水层间水流 interaquifer flow
含水层建造 water-bearing strata formation
含水层进水面积 area of aquifer intake
含水层径流模数 runoff modulus of aquifer
含水层径流模数图 runoff modulus map of aquifer
含水层勘探 aquifer exploration
含水层空间分布形式 distributed form of aquifer in space
含水层孔隙 pore of aquifer
含水层枯竭 aquifer depletion
含水层枯渴 depletion of aquifer
含水层来水区 intake area of aquifer
含水层类型 type of aquifer
含水层立体结构图 stereogram of aquifer structure
含水层露头 outcrop of aquifer
含水层埋藏条件 buried condition of aquifer
含水层埋深 buried depth of aquifer
含水层描述 aquifer description
含水层年疏干率 yearly rate of aquifer dewatering
含水层年允许疏干率 yearly rate of allowable aquifer dewatering
含水层平均厚度 mean thickness of aquifer
含水层气封 aquifer air binding
含水层气体蓄积 aquifer storage of gas
含水层热量均衡方程 heat balance equation of aquifer
含水层溶质均衡方程 solute balance equation of aquifer
含水层砂层 aquifer sand
含水层渗透能力 aquifer permeability; permeability of aquifer
含水层时代【地】 age of aquifer
含水层试验 aquifer test
含水层释水形式 water release pattern of aquifer
含水层受水区 intake area of aquifer
含水层输水率 aquifer transmissibility
含水层输水能力 aquifer transmissibility
含水层水力性质 hydraulic property of aquifer
含水层水量试验 aquifer test
含水层水位高程 water-level altitude of aquifer
含水层水位埋深 water-level depth of aquifer from surface
含水层水文地质参数 hydrogeologic(al) parameter of aquifer
含水层水文学 vadose zone hydrology
含水层损失 aquifer loss
含水层体积 aquifer volume
含水层通道 passage of aquifer
含水层稳定水位 steady water level in aquifer
含水层污染 aquifer contamination
含水层污染危害图 aquifer contamination hazard map
含水层系【地】 aquifer system
含水层系数 aquifer coefficient; coefficient of aquifer
含水层下部不透水层 lower confining bed of aquifer
含水层下部隔水层 lower confining bed of aquifer
含水层响应时间 aquifer response time
含水层蓄水常数 storage constant for aquifer
含水层岩性 lithologic(al) characters of aquifer
含水层允许疏干年限 the number of years set for allowable aquifer dewatering
含水层允许疏干深度 depth of allowable aquifer dewatering
含水层贮量 aquifer storage
含水层自净作用 self-purifying of aquifer; aquifer self-purification
含水层自流水流 artesian flow
含水层组比储量 maximum subsidence factor
含水层组织 water-bearing formation
含水层最大厚度 maximum thickness of aquifer
含水层最小厚度 minimum thickness of aquifer
含水沉积层 water-bearing deposit
含水沉积(物) water-bearing deposit; water-bearing sediment
含水沉陷土 water sensitive soil
含水臭氧 aqueous ozone
含水储水量 aquifer yield
含水带 water-bearing belt; water-bearing zone; water belt
含水单位重试验 moisture-unit weight test
含水当量 moisture equivalent; water equivalent
含水当量试验 moisture equivalent test
含水的 aquatic; aqueous; aquiferous; aquo; enhydrous; hydrous; water-borne; water carrying; water holding; water reducible; water-bearing
含水的油 watered oil
含水底土 water-bearing subsoil
含水地层 water-bearing bed; water-bearing deposit; water-bearing formation; water-bearing stratum; water-bearing ground; wet formation
含水地层回灌 recharge of aquifer
含水段编号 water-bearing section number
含水段地层时代 stratigraphic(al) age of water-bearing section
含水段起止深度 depth of water-bearing section from top to bottom
含水段岩性 lithologic(al) characters of water-beating section
含水二氧化钛分散 aqueous titanium dioxide dispersion
含水分的 moisture-laden; moisture-bearing
含水分土壤带 belt of soil water; discrete-film zone; soil-water zone
含水酚 aqueous phenol
含水复合物 aqua complex
含水高铁酸钾溶液 aqueous potassium ferrate solution
含水构造 water-bearing structure
含水硅酸镁 hydrous magnesium silicate
含水硅酸盐 hydrosilicate
含水化合物 aqua compound; aquo-compound
含水混凝土 water-bearing concrete
含水加入剂 humectant
含水建造 water-bearing formation
含水结构 water-bearing formation
含水介质 aqueous medium; water-bearing medium
含水介质类型 type of water-bearing medium
含水浸渍 impregnation on partially dried basis
含水酒精 aqueous alcohol
含水矿物 hydrated mineral; hydroites

H

含水离子 aquo ion
含水量 moisture content; moisture-holding capacity; moisture of absorption; moisture storage capacity; water capacity; water content; water of composition; water retaining capacity; dampness; humidity content; moisture capacity
含水量百分比 moisture percentage
含水量百分数 moisture percentage
含水量补偿装置 moisture compensator
含水量不足 moisture deficit
含水量测定 moisture determination
含水量测定计 drimeter; moisture ga(u)ge
含水量测定器 moisture determination instrument; moisture ga(u)ge
含水量分布 moisture-distribution
含水量-干容重曲线 moisture-dry unit weight curve
含水量高的煤 hydrogenous coal
含水量高的木材 glassy
含水量盒 moisture can
含水量校正器 moisture compensator
含水量警报器 moisture content alarm
含水量控制 moisture control
含水量快速测定仪 speedy moisture meter
含水量密度 moisture density
含水量密度关系 moisture-density relation
含水量密度(关系)试验 moisture-density test
含水量密度计 moisture-density ga(u)ge
含水量-密度曲线 moisture-density curve
含水量密度同位素测定仪 moisture-density nuclear ga(u)ge
含水量密实度关系 moisture-solid relationship
含水量剖面 <土壤的> water content profile
含水量试片 moisture section
含水量试验 moisture test(ing); water content test
含水量太多的砂浆 wet mix
含水量梯度 moisture gradient
含水量调整 adjustment of moisture content
含水量现状 moisture status
含水量仪 <测定混凝土、木材的> moisture meter
含水量指数 moisture index
含水量状态评价试验 moisture condition value test
含水量纵剖面图 moisture profile; water content profile
含水量最高的稳定稠度 wettest stable consistency[consistence]
含水硫化铁溶液 aqueous ferric sulphate solution
含水硫酸钙 hydrous calcium sulfate [sulphate]
含水馏分 watery distillate
含水铝氧 alumina hydrate
含水率 dampness; moisture capacity; percentage of moisture; percentage of water content; percent moisture; specific moisture content; water-containing ratio; water content; water content in percent of total weight; water ratio; percent moisture content
含水率曲线法 water-bearing ratio curve method
含水率梯度 moisture gradient
含水煤气 moisture-laden gas
含水密实度测定仪 <土的> hydrodensimeter
含水泥浆 aqueous slurry
含水泥制品 cement-based product
含水硼砂 hydrous borax
含水气层 water-bearing gas bed
含水燃油萃取 aqueous fuel-oil extract
含水容量 <土壤中最大含水量，细土约 30%，砂土为 10% ~ 15%> specific retention; water-holding capacity
含水溶剂 aqueous flux
含水软膏 hydrous ointment
含水砂层 water-bearing sand; water-holding sand; water-bearing zone
含水砂子体积变化曲线 bulking curve
含水石 hydrophite; water-bearing stone
含水蚀变矿物充填 hydrous altered mineral filling
含水试样 aqueous sample
含水苏打 natron
含水塑性 hydroplasticity
含水塑性沉积物 hydroplastic sediment
含水特高的木材 water-core
含水土层的气压效应 barometric(al) efficiency of the aquifer
含水土(壤) aqueous soil; water-bearing soil; watered ground
含水污染物 aqueous pollutant
含水物 hydrous material
含水性 aquosity
含水悬浮物 aqueous suspension
含水雪 water snow
含水岩层 water-bearing formation; water-bearing stratum; watered ground; water-bearing rock
含水岩浆成的 aqueo-igneous
含水岩(石) water-bearing rock; wet ground; wet rock
含水岩系 aquifer system
含水岩组 aquifer group
含水氧化镁矿石 brucite
含水液流 aqueous stream
含水油层 water-bearing oil bed
含水原油 water cut oil; wet crude; wet oil
含水云母 hydrous mica
含水指数 moisture index
含水重量 water content; weight in wet base
含水状态 moisture condition; moisture regime(n)
含水钻孔 water producer
含锶矿物 strontium mineral
含锶氯羟硼钙石 strontiohilgardite
含四乙基铅汽油 ethyl petrol
含四乙铅抗爆剂 octel
含似长石云煌岩 feldspathoid-bearing minette
含似长石云斜煌岩 feldspathoid-bearing kersantite
含似晶石的石灰岩 sparry limestone
含似锌的 zinck
含素的 boric
含塑量 plastic content
含酸的 acid-containing; acidiferous
含酸量 acidic content
含酸量高的土壤 soils with a high acid content
含酸煤烟 acid-containing soot
含酸雨 acid rain
含髓 <木材的> boxed pitch
含燧石的 chert-bearing
含燧石的石灰岩 cherty limestone
含燧石结核灰岩 chert nodule-bearing limestone
含燧石黏[粘]土 clay with flints
含羧基的 carboxylic
含铊的 thallic
含钛的 titaniferous
含钛火山灰砂岩 menaccanite
含钛矿物 titaniferous minerals
含钛锰铁 titaniferous ferromanganese
含钛面砖系统 titanium tile system
含钛铁矿富磷灰石岩 apatite-rich rock with ilmenite
含钽的 tantalic
含炭粉尘 carbon-bearing dust
含碳材料 carbonaceous material
含碳的 carbonaceous; carbon-bearing; carbonic; Carboniferous; carbonous
含碳的岩层 carboniferous ground
含碳废弃物 carbonaceous refuse
含碳合金 carbon-containing alloy
含碳合金钢 carbon-containing alloy steel
含碳化合物 carbon-containing compound
含碳化合物的 hydrocarbonaceous
含碳量 carbon content
含碳泥岩 carbonaceous mudstone; carbon-bearing mudstone
含碳黏[粘]土 <用以制砖可省燃料> knott's clay
含碳气体 carbonaceous gas
含碳燃料 carbonaceous fuel
含碳生化需氧量 carbonaceous biochemical oxygen demand
含碳生化需氧去除 carbonaceous biochemical oxygen demand removal
含碳生物需氧量 carbonaceous biologic(al) oxygen demand
含碳酸钙的 calciferous
含碳酸钙的铁质黏[粘]土 terra rossa
含碳酸钙岩石 calcareous rock
含碳酸钙泉水 calcareous spring
含碳酸钾溶液熟石膏灰浆 Martin's cement
含碳酸霓辉岩 carbonate-bearing aegirine-pyroxenite
含碳酸霓霞岩 carbonate-bearing ijolite
含碳酸岩类 carbonate-bearing rock group
含碳酸盐的 caronato
含碳酸盐物种 carbonate-containing species
含碳梯度 carbon gradient
含碳物 carbonaceous matter
含碳物质 carbonaceous material; carbonaceous matter; carboniferous material
含碳物质的氧化 carbonaceous oxidation
含碳吸附剂 carbonaceous adsorbent
含碳岩石 carbonic rock
含碳有机物 carbonaceous organic material
含碳质粉砂岩 carbonate-bearing siltstone
含糖量 saccharinity
含陶土的 argillaceous
含锑的 stibiated
含锑等轴锡铂矿 antimonial rustenburgite
含锑建造 antimony-bearing formation
含锑铅 antimonial lead; regulus lead
含锑银 antimonial silver
含天然气的片岩 gas schist
含添加剂的机油 additive engine oil; additive motor oil
含添加剂的燃料 doped fuel
含添加剂的润滑油 additive lubricating oil
含添加剂的涂料 doped coating
含添加剂的油 doped oil; additive-type oil
含条纹长石霞石正长岩 perthite-bearing nepheline syenite
含铁白云石 ferroan dolomite
含铁波特兰水泥 ferro-Portland cement
含铁材料 iron-based material; iron-bearing material
含铁沉积物 ferriferous sediment; ferruginous deposit
含铁的 chalybeate; ferric; ferriferous; ferro; ferrous; ferruginous; iron-bearing
含铁废水 ferruginous discharge
含铁浮渣 ferruginous dross
含铁骨料 iron-bearing aggregate
含铁骨料混凝土 ferrous aggregate concrete
含铁硅酸盐水泥 ferro-crete; ferro-Portland cement; iron Portland cement
含铁合金 iron-bearing alloy; iron containing alloy
含铁黄铜 Sterro metal
含铁灰 ferrugin(e)ous ash
含铁集料 iron-bearing aggregate
含铁建造 iron-bearing formation
含铁矿泉 chalybeate; chalybeate spring; ferruginous spring
含铁矿石 ironstone
含铁量 iron content
含铁料 ferric charge; iron-bearing material
含铁滤饼 iron cake
含铁铝土矿 cliachite
含铁镁的 ferromagnesian
含铁耐火制品 ferro-clad refractory product
含铁黏[粘]土 ferruginous clay
含铁热水 ferruginous thermal water
含铁沙石 ferruginous sandstone
含铁砂 ferruginous sand
含铁砂岩 ferruginous sandstone
含铁石灰石 ferruginous limestone
含铁石英岩 ferruginous quartzite
含铁水 chalybeate water; iron-bearing water
含铁水泥 ferruginous cement; iron (rust) cement
含铁水排放 ferruginous discharge
含铁污泥 iron-bearing sludge
含铁性 ferruginosity
含铁岩层 iron-bearing formation
含铁油灰 iron putty
含铁云母 iron mica
含铁渣 iron-bearing slag
含铁质的(玉髓) chalybeate
含铁质泥岩 ferruginous-bearing mudstone
含铁质水泥 iron oxide cement
含同性离子 unipolar
含铜的 copper-bearing; copperish; coppery; cupreous; cupric; cupriferous
含铜多的焊锡 hard solder
含铜废水 copper-bearing wastewater; copper containing wastewater
含铜钢 copper-bearing steel; copper containing steel; copper steel
含铜铬铁矿 copper chromite
含铜合金 copper-bearing alloy
含铜合金钢 copper-alloy steel
含铜混凝土 copper-bearing concrete
含铜建造 copper-bearing formation
含铜金矿 copper gold
含铜金属废料 copper containing scrap
含铜量 copper content
含铜绿松石 kalaite
含铜铅 copperized lead
含铜染料 cupriferous dye
含铜砂岩 copper-bearing sandstone

H

含铜砂岩矿床 cupreous sandstone deposit
含铜水绿矾 cuprian melanterite
含铜涂料<木船防污漆> copper paint
含铜页岩矿床 copper shale deposit
含铜硬铝 copper silumin
含土白云石 earthy dolomite
含土冰层 argillaceous ice layer
含土大理石 terreous marble
含土蓝铁矿 earthy vivanite
含土砾石 clayey gravel
含土砂率 sediment concentration
含土砂岩 clayey sandstone
含土石膏 clayey gypsum
含钍 thoriated;thorium-bearing
含钍石碱性岩矿床 thorium-bearing carbonatite deposit
含钍碳酸岩型矿床 thorium-bearing carbonatite deposit
含钍易解石 thorian aeschynite
含团块泥状铝质岩 lump-bearing pelitomorphic aluminous rock
含团块微晶灰岩 lump-bearing micritic limestone
含瓦斯的 dampy
含瓦斯页岩 gas shale
含微斜长石霞石正长岩 microcite-bearing nepheline syenite
含钨 tungstenic
含无机氮废水 inorganic nitrogenous wastewater
含无机氮物质 mineral nitrogen-containing substance
含无烟煤的生料球 raw meal and anthracite nodule
含五价磷的 phosphoric
含五氯苯酚废水 pentachlorophenol wastewater
含矽粉尘 silicium dust;silicon-containing dust
含硒的 selenic;seleniferous
含锡的 stanniferous;stannous;tinny
含锡黄铜 admiralty metal;pen metal
含锡釉 tinny glaze
含细粉料百分率 percent fines
含细晶石交代蚀变花岗岩矿床 microtite-bearing metagranite deposit
含细砾的土 gritty soil
含细粒砂土 sand containing fine grains
含霞石超基性喷出岩 nephelinite-bearing ultrabasic extrusive rock
含纤维的 fibrated;fibrous
含纤维的乳化沥青 fibrated emulsified asphalt
含纤维废水 cellulose-bearing wastewater
含纤维混凝土 fibrous concrete
含硝化甘油少的炸药 false dynamite
含硝基苯废水 wastewater containing nitrobenzene
含硝硫酸 chamber acid
含心成材 bored heart timber
含锌的 zinc-bearing; zinciferous; zincous
含锌多的 zinc-enriched
含锌废水 wastewater containing zinc;zinc-bearing wastewater
含锌合金 zinc-bearing alloy
含锌锍 zinc matte
含锌铅 zincy lead
含锌三方氯铜矿 zincian paratacamite
含锌(松香)钙脂 zinc resin
含锌硬铝 zinc[zink] dural
含锌油漆 zinc paint
含溴的 bromic
含溴物质 bromine-containing substance
含蓄 connotation
含悬浮土粒的水流 burdened stream
含亚麻籽油的 linseed oil-bearing
含亚硒酸盐或含石膏的水 selenite water
含烟黑的 soot-laden
含烟灰的 soot-laden
含烟空气 smoke-laden atmosphere
含盐测量记录井 salinity logging
含盐层 saline formation; saline stratum
含盐潮湿空气 salted-laden moist air
含盐成分 salt constituent
含盐大气 salt laden atmosphere
含盐的 saline; sali(ni)ferous; salt-bearing;salt-containing;salty
含盐的薄雾 salt haze
含盐地<动物爱舐食的> salt lick
含盐地层 saline stratum
含盐地下水 salt ground water; salty groundwater
含盐度 brinishness;salineness;salt content;salinity
含盐度异常 salinity anomaly
含盐废水 brine wastewater; saline wastewater; salt-containing wastewater
含盐废水处置 brine disposal
含盐风化壳 saline weathering crust
含盐灌溉 saline irrigation
含盐灌溉水 saline irrigation water
含盐灌木 saltbush
含盐湖 salt lake
含盐建造 salt-bearing formation
含盐空气腐蚀 salt-air corrosion
含盐类岩石 salt-bearing rock
含盐量 saline concentration; salinity; salinity content; salt concentration; salt content; salt load
含盐量测定计 salinity meter[metre]; salinometer
含盐量测定器 salinometer
含盐量梯度 salinity gradient
含盐泥浆测井 salt mud survey
含盐(浓)度 saline concentration; salt concentration
含盐盆地 salt basin
含盐情况 salted condition
含盐染料废水 saline dye wastewater
含盐热水 saline thermal water
含盐示意图 salinity profile
含盐水 saline water;salt water
含盐水资源 brackish water resources
含盐统【地】 Salinan series
含盐土(壤) saline soil;salty soil
含盐污泥 brine sludge
含盐污水 saline sewage; saline wastewater
含盐性 saltness
含盐有机废水 salt-containing organic wastewater
含盐指数 salt index
含盐质海雾 sea fret
含氧奥氏体 oxy-austenite
含氧的 oxygenic
含氧化的黏土 wad clay
含氧化锆抗碱玻璃纤维 alkali-resistant zirconia glass fiber[fibre]
含氧化铁少的水泥 non-staining cement
含氧化物 oxo-compound; oxycompound
含氧化物的 oxidiferous
含氧量 oxygen content
含氧量分析仪 oxygen analyser[analyzer]
含氧率 oxygen rate
含氧浓度 oxygen concentration
含氧气体 oxygen-containing gas
含氧情况 oxygen regime
含氧溶剂 oxygenated solvent
含氧溶液 oxygenated solution
含氧树脂 resene
含氧水 oxygenated water
含氧酸 oxacid;oxo acid;oxy-acid;oxygen acid
含氧酸盐 salt of oxyacid
含氧铁 containing oxygen iron
含氧铜 oxygen-bearing copper
含氧物质 oxygen carrier
含氧系数 oxygen coefficient
含氧硝酸盐 oxynitrate
含氧盐 oxysalt
含氧有机物 oxygenated organics
含页岩的 shaly
含一分子结晶水晶体 monohydrate crystal
含乙炔汽油 acetyl gasoline
含义 connotation
含义不清的语句 amphibology
含阴离子重金属 anion-containing heavy metal
含银 argentiferous;lunar
含银粗铅 work lead
含银粗铅锭 base bullion
含银的 silver-bearing
含银的防腐剂 argyrol
含银的金铜矿 argentian auricupride
含银的铅 workable raw lead
含银汞 argental mercury
含银黄铁矿 argentopyrite
含银离子废液 waste liquid containing silver ion
含银铅 argentiferous lead; silver-bearing lead
含银铜 silver-bearing copper
含佣金价格 price including commission
含油 butyraceous;oleaginous
含油饱和度 oil saturation
含油饱和率 oil saturation
含油边界 oil-bearing boundary
含油薄雾 oily moist
含油残物 oily residue
含油层 container horizon; oil-bearing formation; oil horizon; petroliferous bed
含油层厚度 sand thickness
含油醇酸树脂 oleo-alkyd resin
含油带【地】 oil zone;oil belt
含油带向井突穿 oil bank break through
含油的 oil-bearing;oil-bound;oily
含油的沙层或地区 pay
含油的水 oily water
含油低温废水 low-temperature oil-bearing wastewater
含油地带 oil area;oil belt;oil zone
含油度 oil length
含油防腐剂 oil-borne preservative
含油防腐剂溶液 oil-borne preservative solution
含油废品 oily waster
含油废(弃)物 oil waste;oily waste
含油废水 oily(-bearing) wastewater; oil(y) discharge
含油废水处理 oil-bearing wastewater treatment; oily wastewater treatment
含油废水处理方法 oil-bearing wastewater treatment method
含油废物 oily waster
含油废液 oil waste liquor
含油高的品种 oil rich variety
含油混合物 oil mix(ture)
含油级别 class of oil
含油介质 oil-bearing medium
含油矿层 oil-bearing stratum
含油蜡 oil-bearing wax;oily wax
含油沥青的 bituminiferous;bituminous
含油量 oil content; oil reserves; oleaginousness
含油率 bitumen content;bitumen rate; oil length
含油煤 tar-containing coal
含油面积 oil area
含油内边界 oil-bearing inter margin
含油泥炭土 bacon peat
含油盆地 oil basin
含油气带 oil-gas zone
含油气段的总厚度 total thickness of oil-gaseous section
含油气建造 oil(and)-gas-bearing formation
含油气煤盆地 oil-gas and coal basin
含油气盆地 oil-gas basin
含油气区 oil and gas region
含油气圈闭 oil and gas-bearing trap
含油气远景 oil and gas prospect
含油干层厚度 thickness of dry strata with oil
含油切削液废水 cutting liquid wastewater containing oil
含油区 oil region;petroleum province
含油圈闭 oil-bearing trap
含油乳化废水 oil-bearing emulsifying wastewater
含油乳化废水处理 oil-bearing emulsifying wastewater treatment
含油砂层 oil sand
含油砂岩 oil-bearing sandstone; oil-impregnated sandstone; petroliferous sandstone
含油石灰岩 oil-impregnated limestone
含油石蜡 cheese(of) paraffin; paraffin(e) slack wax
含油树脂 barras;oleoresin
含油树脂的 oleo-resinous
含油树脂的混合剂 oleo-resinous mix(ture)
含油树脂清漆 oleoresinous varnish
含油刷墙粉 oil-bound distemper
含油水 oil(y) water
含油水层 oil-bearing water bed
含油水层厚度 thickness of water strata with oil
含油水浆涂料 oil-bound distemper
含油松脂 barras;oleoresin
含油天然气 wet gas
含油外边界 oil-bearing outer margin
含油污泥 oil sludge
含油污染物 oily pollutant
含油污水 oil-contaminated water; oily sew(er)age;oily wastewater
含油污水处理装置 wastewater treatment device
含油物质 oleaginous material
含油性 lubricity;oiliness
含油岩层 oil-bearing stratum; oil rock; petroliferous bed; petroliferous strata
含油岩石 oil-bearing rock
含油盐盆地 oil-salt basin
含油页岩 oil-bearing shale; petroloshale; pyroschist; sapanthracon [sapanthrakon] stone
含油页岩建造 oil-shale-bearing formation
含油液泡 oil vacuole
含油有机氮废水 organic nitrogenous wastewater
含油有机污染物废水 wastewater containing organic pollutant
含油脂的 unctuous
含油脂废水 grease bearing waste; grease waste(water)
含油(脂)溶剂 miscella
含油种子 oily seed
含油轴承 oil-impregnated bearing; oilless bearing; oil-retaining bearing;self-oiling bearing
含油轴承合金 ogalloy;oil-impregnated metal;oilite
含油轴承合金铰链 oilite bearing hinge

H

含油轴套 oilite bushing
含铀 uranium-bearing
含铀的 uranic;uraniferous;uranous
含铀褐煤 uraniferous lignite
含铀块石墨 live graphite
含铀矿 uranium-bearing ore
含铀矿物 uranium-bearing mineral
含铀磷块岩矿床 uranium-phosphorite deposit
含铀煤 uraniferous coal
含铀煤结核 kolm
含铀砂岩砾岩矿床 uranium-sandstone-conglomerate deposit
含铀石英脉矿床 uranium-bearing quartz vein deposit
含铀碳硅质岩 U-bearing carbon-siliceous rock
含铀物质 uranium-bearing material
含铀萤石脉矿床 uranium-bearing fluorite vein deposit
含有贝壳的 conchitic
含有大量的沙子和黏[粘]土 contain a lot of sand and clay
含有钢丝心线的多股电缆 locked-wire strand cable
含有贵金属的粗铅锭 base bullion lead
含有害化学成分的土 chemically nuisance soil
含有合成树脂悬浮物的细粒砂浆 fine-grained mortar with synthetic resin dispersion
含有机磷的 organophosphorous
含有机磷农药 organophosphorous
含有机物粉沙 organic silt
含有机质包裹体 organic matter bearing inclusion
含有角石的 corniferous
含有金属的 metal-bearing
含有空气的 aeriferous
含有空气和水的 aerohydrous
含有沥青成分的 bitumen-based
含有沥青成分的房屋玛琋脂 bitumen-based building mastic
含有沥青成分的浆剂 bitumen-based paste
含有沥青的玛琋脂接缝密封料 bitumen-based mastic joint sealer
含有磨料的 abrasive-containing;abrasive-laden
含有泥沙贝壳石等的冰块 debris;muddy ice
含有泥沙的水流 silt flow
含有氢离子的 <即高酸度的> hydrogen-ionized
含有人或动物排泄物的污水 foulwater
含有溶剂的 solvent-borne
含有三个氢氧基的【化】trihydric
含有石棉的废料 asbestos-containing waste material
含有树胶 gumminess
含有树脂的 resiniferous;resinification
含有水化作用未完全颗粒的灰泥 unsound plaster
含有铁质的白云母 baddeckite
含有效成分 emulsifiable concentrate containing
含淤泥的 slimy
含圆藻灰岩 rounded algal limestone
含云母长石砂岩 mica-bearing arkose
含云母的 micaceous
含云母矿石 micaceous mineral
含云母砂 micaceous sand
含云母砂屑岩 mica-bearing arenite
含云母石英砂岩 mica-bearing quartz sandstone
含云母瓦克岩 mica-bearing wacke
含云母杂砂岩 mica-bearing graywacke
含云泥灰岩 dolomite-bearing marl
含杂率 dirt percentage
含杂质半导体 impurity semiconductor
含杂质的 extrinsic;impure
含杂质的苯 benzene insoluble
含杂质的水 adulterated water;impurity water
含藻废水 algae-laden wastewater
含藻腐泥煤 algal sapropelite
含藻煤 sapromixite[sapromyxite]
含藻水 algae-bearing wastewater
含藻水处理 algae-bearing water treatment
含藻微污染水 algae-bearing micropolluted water
含藻岩 kukersit(e)
含皂废水 soapy waste
含皂乳液 soap in emulsion
含渣 slag inclusion
含渣的 dreggy
含渣量 dregginess
含锗的 germanic
含蒸气的 vapory
含脂材 light wood;resinous wood
含脂的 greasy;resiniferous
含脂肪废料 fat containing waste
含脂量 fat content
含脂率 resin content
含脂松木 pitch pine
含脂纤维素 adipo-cellulose
含脂针叶树 pitch tree
含中砾砂岩 pebbly sandstone
含重金属废水 heavy metals-containing wastewater
含重金属离子废水 heavy metal ion-contain wastewater;wastewater containing heavy metal ions
含朱砂的 cinnabaric;cinnabarine
含住房的汽车 motor home
含筑路焦油的沥青胶泥 asphalt cement with road tar addition
含子矿物包裹体 daughter crystal bearing inclusion

函

函购 mail order

函件分发器 mail exploder
函件摘录 extract of a letter
函内附件 the enclosed
函授课程 correspondence course;postal course
函授学校 correspondence school
函数 function
函数倍增器 functional multiplier
函数逼近 approximation of function
函数逼近程序 program(me) for approximation of function
函数比较器 functional comparator
函数变差 variation of function
函数变化量 variation of function
函数变换 functional generation;functional transformation;transformation of function
函数表 function(al) table;plotted function
函数差 difference of a function
函数乘法器 function(al) multiplier
函数程序库 functional program(me) library
函数尺 sector
函数传输器 functional transmitter
函数单元 functional unit
函数的 functional
函数的递归定义 recursive definition of function
函数的定义域 domain of function
函数的共轭值 conjugate of a function
函数的函数 function of function
函数的零点【数】zero of a function
函数的平均值 average value of a function
函数的权 weight of function
函数的展开 expansion of function
函数的展开式 expansion
函数的支集 support of a function
函数的值域 range of a function
函数的总数 ensemble of function
函数电路 functional circuit;symbolic circuit
函数调用 functional call
函数发生器 function(al) generator
函数范围 codomain
函数方程式 functional equation
函数符号 functional symbol
函数关联 functional dependence[dependency]
函数关系 functional relation(ship)
函数关系语句【计】function statement
函数过程 function procedure
函数绘图仪 functional plotter
函数极限 functional limit;limit of function
函数集合 set of function
函数计算机 functional computer
函数计算器 function(al) calculator
函数记录器 functional recorder
函数记录仪 function recording apparatus
函数继电器 function relay
函数近似 approximation of function
函数开关 function(al) switch
函数空间 function(al) space
函数论 functional theory;theory of function
函数冒险 function hazard
函数描图器 functional plotter
函数命名符 function designator
函数模拟装置 functional generator
函数模型 functional model
函数拟合 fitting of function
函数拟合法 functional fitting method
函数求值程序 function-evaluation routine
函数生成程序 function generator
函数式程序设计语言 functional programming language
函数图 graph of function;histogram
函数完整性 functional completeness
函数线性化 linearization of function
函数相关 functional correlation;functional dependence[dependency]
函数相关性 functional dependence [dependency]
函数相依 functional dependence[dependency]
函数行列式 functional determinant;Jacobian;Jacobian determinant
函数性 functionality
函数序列 functional series;sequence of function
函数引用 function reference
函数元件 functional element;functional unit
函数元素 element of function
函数运算 functional operation
函数运算子 functional operator
函数增量 increment of function
函数展开 development of a function;expansion of a function
函数值 functional value;value of a function
函数指示符 functional designator
函数周期性 functional periodicity;periodicity of function
函数子程序 function(al) subprogram(me)
函数自变量 argument of function
函数族 family of functions
函索 on request
函心材 boxed heart
函心成材 boxed heart
函子 functor

涵

涵道跌落 culvert drop

涵底标高 elevation of culvert
涵底坡度 culvert grade
涵洞 culvert;ditch crossing
涵洞边墙 culvert wall
涵洞承盘 safe pan
涵洞冲刷 culvert scour
涵洞出口 downstream end of culvert;outlet of culvert
涵洞出流 culvert outflow
涵洞出水口 culvert outlet
涵洞导流 culvert diversion
涵洞底坡度 culvert grade
涵洞顶进 culvert propulsion
涵洞洞口 culvert inlet and outlet
涵洞洞身 culvert body
涵洞端壁 culvert end wall
涵洞端口 face of culvert
涵洞端墙 culvert end wall;head of culvert
涵洞断面 culvert section
涵洞沟床 gull(e)y bed neighbo(u)ring to culvert
涵洞过水能力 culvert capacity
涵洞和地下桥顶入法 jacking-in culvert and subsurface bridge
涵洞进出口 culvert inlet and outlet
涵洞进水口 culvert inlet;culvert intake;inlet of culvert
涵洞孔径 culvert aperture;culvert opening
涵洞流量测定(法) culvert-flow discharge measurement
涵洞坡降 closed conduit drop
涵洞入口 culvert inlet;upstream end of culvert
涵洞上填方高度 depth of bank over roof of culvert
涵洞身 culvert body body
涵洞式出水口 culverted outfall
涵洞式渡槽 culvert aqueduct
涵洞(水流)容量 capacity of culvert
涵洞头 head of culvert
涵洞(尾)端 end of culvert
涵洞闸门 clough
涵洞砖 culvert brick
涵管 culvert pipe;culvert tube;pipe culvert
涵管测流法 culvert-flow discharge measurement;culvert-pipe discharge measurement
涵管的混凝土承座基床 concrete cradle bedding for pipe culvert
涵管跌水 tube drop
涵管基础 pipe bedding
涵管流量测定(法) culvert-pipe discharge measurement
涵管内顶面 soffit
涵管室 conduit room
涵管系统 conduit system
涵管闸门 clough;culvert gate
涵渠 box car
涵筒 culvert pipe
涵箱 culvert box
涵义 connotation
涵址 culvert site

焓

焓 heat enthalpy;heat function;thermal content;total heat;heat content

焓差 enthalpy difference;enthalpy potential
焓差法 enthalpy potential method

焓电势 enthalpy potential
焓降 decrease of enthalpy; enthalpy drop; heat drop
焓流 enthalpy flow
焓浓图 enthalpy-concentration diagram
焓平衡 enthalpy balance
焓容图 heat-content volume chart
焓熵图 enthalpy-entropy chart; enthalpy-entropy diagram; heat-content entropy chart; heat-content entropy diagram; I-S diagram
焓熵坐标系 enthalpy-entropy coordinates
焓湿比 enthalpy-moisture ratio
焓湿变化 psychrometric change; psychrometric variation
焓湿差比 enthalpy-humidity difference ratio
焓湿特性 psychrometric property
焓湿图 enthalpy-moisture chart; I-d diagram; psophometric chart; psychrometric chart
焓湿资料 psychrometric data
焓图 enthalpy chart
焓图表 enthalpy diagram
焓温图 enthalpy-temperature diagram
焓值控制系统 enthalpy control system
焓组分图 enthalpy-composition diagram

寒

寒北风 scharnitzer

寒潮 cold current; cold spell; cold wave(current); polar invasion; polar outbreak; rigid zone
寒潮警报 cold wave warning; forecast of cold wave
寒潮预报 forecast(ing) of cold wave
寒带 cold belt; cold cap; cold zone; freezing zone; frigid zone; polar zone
寒带大陆性气团 polar continental air mass
寒带地 refrigerant latitudes
寒带环境 cold belt environment
寒带林 frigid forest-region
寒带林带 cold forest zone
寒带气候 frigid climate
寒带生态系统 cold zone ecosystem
寒带岩溶 frigid karst
寒地荒原 cold desert
寒冻风化 frost weathering
寒冻区建筑 arctic construction
寒冻作用 frost action
寒度指数 coldness index
寒风 cold wind; icy wind
寒风指数 chill wind factor
寒害 chilling injury; winter-killing
寒害敏感 chilling sensitive
寒荒漠群落 frigorideserta
寒极 cold pole
寒季 cold season; dead season
寒季生长植物 cool-season plant
寒季植物 cold-season plant
寒冷 algidity; chill; chilliness; frigidity
寒冷变应性 cold allergy
寒冷冰冻地带 cold and freezing area
寒冷病 cryopathy
寒冷的 chilly; cold; frigid; hibernal; hiemal; wintery
寒冷的气候 frigid climate
寒冷的天气 frigid weather; winter weather
寒冷季节 cold season
寒冷耐性 cold tolerance
寒冷期 algid stage; cold epoch
寒冷期一 cold epoch 1
寒冷气候 cold climate
寒冷气候地貌学 cryomorphology
寒冷气候适应 cold acclimatization
寒冷气候下的铺面 cold weather paving
寒冷气候中浇灌混凝土(工程) cold-weather concreting
寒冷升压试验 cold pressor test
寒冷适应 cold adaptation
寒冷损伤 cold injury
寒冷天气 inclement weather
寒冷现象的 cryergic
寒冷蒸气 barber; cold steam
寒流 cold(water) current; cold wave; Oyashio current
寒流前沿 cold front
寒流性指示种 cold water indicator
寒露 cold dew
寒漠 cold desert; fell-field
寒漠土壤 cold desert
寒气流 cold current
寒区齿轮油 subzero gear oil
寒区帐篷 tent for cold area
寒色 cold colo(u)r
寒暑表 thermometer
寒水石 calcite
寒水石粉 kansui clay
寒土 dry frozen ground
寒温带 cool temperate zone; frigid-temperate zone
寒温带浮游生物 boreal plankton
寒温带海洋植物区系 boreal marine flora
寒温带混交林灰化土带 frigid temperate zone mix forest illimerized soil zone
寒温带针叶林 boreal forest; taiga
寒温带针叶林气候 frigid-temperate coniferous climate
寒温带种 boreal species
寒温性针叶林 cold-temperature needle-leaf forest
寒武-奥陶纪【地】Cambo-Ordovician era
寒武纪 Cambrian era
寒武纪冰期 Cambrian glacial stage
寒武期 Cambrian period
寒武世 Cambrian epoch
寒武系 Cambrian system
寒汛 cold snap

韩

韩涅布克柱 Hennebique pile

罕

罕见暴雨 occasional storm

罕见的 colossal; unwonted
罕见的建筑物 unusual structure
罕见纹理的青石 accent stone
罕有暴雨 rare storm
罕遇地震 rarely occurred earthquake; seldomly occurred earthquake; high-level earthquake
罕遇地震烈度 intensity of seldomly occurred earthquake

喊

喊话筒 megaphone

喊价 bidding; offer; outcry; the price ask
喊价成交 outcry market

汉

汉白玉栏杆 White marble balustrade

汉白玉桥 bridge of white marble
汉白玉(石) white marble
汉白玉石刻 white marble carving
汉堡港 <德国> Hamburg Port
汉堡蓝 Hamburg blue
汉堡式铰链 surface-fixed hinge
汉城古陆 Seoul old land
汉弗莱型螺旋选矿机 Humphrey's spiral concentrator
汉弗莱型螺旋选煤机 Humphrey's spiral concentrator
汉弗里斯方程 Humphries equation
汉化 Chinesization
汉克门规 Hegman ga(u)ge
汉弥尔登层 <中泥盆世晚期>【地】Hamilton beds
汉明窗 Hamming window
汉明度量 Hamming meter
汉明间距 <纠错能力量度> Hamming distance
汉明界 Hamming bound
汉明距离 Hamming distance; signal distance
汉明码 Hamming code
汉明权 Hamming weight
汉明校验【计】Hamming check
汉撒橙 Hansa orange
汉撒黄 Hansa yellow
汉撒猩红 Hansa scarlet
汉森参数 Hansen's parameter
汉森理论 Hansen's theory
汉森问题 Hansen's problem
汉书像砖 Figure-drawing brick of Han dynasty
汉特-曼西斯克地块 Chanty-Mansijsk massif
汉字 Chinese ideograph; Chinese character
汉字编码 encoding of Chinese characters
汉字处理软件 Chinese character processing
汉字处理系统 Chinese character processing system
汉字打字机【计】Chinese character printer
汉字库 Chinese character library

汗

汗湿货损 sweat damage

汗湿及受热损失 sweat and heat damage
汗湿渍 wet with sweat

旱

旱冰场 roller skate[skating] rink

旱材 spring timber
旱草甸 drought meadow
旱厕设备 latrine fitments
旱厕(所) dry closet; dry conservancy; earth closet; dry pail latrine; pail latrine
旱成土 aridisol
旱带 arid zone
旱带土 arid soil
旱稻 shallow soil seeded rice; upland rice
旱地 arid land; dry farm; dry field; dry land; terra(zzo) firma; upland field
旱地复原 dry-land rehabilitation
旱地耕耘法 dry-land farming
旱地耕作 dry-land cultivation; dry-land farming
旱地农业 rain-fed agriculture
旱地群落 xerophytia
旱地水稻土 upland rice soils
旱地拖拉机 dry tilling tractor
旱地栽培 dry-land cultivation
旱地植物 zerophyte
旱地作物 dry-land crop; upland crop
旱谷 arroyo; dry river bed; enneri; omirimbi; oued; wadi; wady
旱谷沉积 wadi deposit
旱谷干涸的沟壑 arroyo
旱谷相 wadi facies
旱谷型渠系 aradi system
旱谷型洼地 aradi type depression; wadi-type depression
旱害 drought injury; dry damage; dry injury
旱河交叉 dry crossing
旱涸区 <长期干旱及有尘暴的地区> dust bowl
旱季 airing period; arid period; drought-(season); dry period; dry season; rainless period
旱季接受部分雨水的下水道 intercepting sewer
旱季径流 dry-weather flow; dry-weather runoff; runoff of dry season
旱季流量 drying weather discharge; drying-weather flow; base flow
旱季起止时间 the time of the beginning and the end for drought season
旱季通行道路 road usable only during dry periods
旱季污水 dry weather sewage
旱金莲胭脂红色 capucine lake
旱井 <抽不出水的> dry well
旱境土壤 arid soil
旱涝交替地区 inundatus
旱涝演替 xerasium
旱裂 drought crack
旱流量 dry(-weather) flow
旱流污水 drying weather flow
旱柳 Hankow willow
旱路 overland route
旱轮 drought ring
旱年 drought year; dry year; low-flow year; year of drought
旱农 dry farming
旱坡 xerocline
旱期 drought period; dry period; dry spell; period of without rainfall
旱桥 dry bridge; overbridge; overpass; viaduct
旱桥排架 viaduct bent
旱桥(桥)墩 viaduct pier
旱情 damage to crops by drought; drought condition
旱情监视 drought watch
旱情严重 be afflicted with a severe drought
旱情预报 drought forecast(ing); drought warning
旱生的 xeric
旱生动物 xerocole; xerophilous animal
旱生灌丛 espinal
旱生化 xerophilization
旱生结构 xeromorphy
旱生森林群落 xerodrymium; xerohylium
旱生形态 xeromorphism
旱生演替系列 xerosere; xerarch succession
旱生植被 xerad; xeromorphic vegetation; xerophilous plant; xerophyte; xerophytic vegetation
旱生植物 eremophyte; xerophilous plant; zerophyte
旱生植物的 xeric; xerophytic
旱生植物群落 xerophytia
旱天流量 dry-weather flow
旱田 dry farm; dry farmland; dry land
旱田稻田轮作 rotation of upland and paddy crops
旱田作物 dry crop
旱性形态 xeromorphy
旱秧田 dry nursery; upland(rice) nurs-

ery
旱原 ariplain
旱塬 ariplain
旱灾 drought; drought disaster; dry damage
旱作(农业)dry farming
旱作农业技术 dry farming technique
旱作物 nonrice crop; rain-fed crop; upland crop

焊

焊把 holder; rod holder; welding rod holder

焊板建造的灯柱 lantern column of welded sheet construction
焊棒 welding rod;welding stick
焊棒上的焊药 welding rod coating
焊边 toe
焊波 ripple;welding wave;weld ripple
焊补 building-up(arc) welding; built-up (arc) welding; repair welding; weld up
焊补工人 building-up welder
焊补铸件 salvaging casting
焊部裂纹 crack of weld
焊蚕 string bead
焊槽 crater;void of weld
焊槽裂纹 crater crack
焊层 layer;welding layer
焊车 welding tractor
焊成件 weldment
焊齿铣刀 tipped milling cutter
焊穿 burn-off;burn-through;weld penetration
焊道 bead weld; weld bead; welding pass
焊道程序 pass sequence
焊道高度 weld bead height
焊道根部熔深 root penetration
焊道间未熔合 incomplete inter-run fusion;inter-bead lack of fusion
焊道裂纹 bead crack
焊道隆起 humping bead
焊道熔敷顺序 build-up sequence; joint buildup sequence
焊道熔深 welding penetration
焊道顺序 bead sequence; pass sequence
焊道凸起 humping bead
焊道弯曲试验 Lehigh bead bend test
焊道下裂纹 underbead crack
焊道下裂纹敏感性 underbead crack susceptibility
焊道下裂纹试验 underbead crack test
焊道纵向弯曲试验 longitudinal bead bend test
焊灯 blow lamp;blow torch
焊滴法 solder drop junction
焊滴接点 solder drop junction
焊点 bonding point; point of weld; solder(ed) dot; spot weld; welding pore;welding spot
焊点尺寸 nugget size
焊点分布图 spot-welding pattern
焊点距 weld spacing
焊点熔核 nugget;weld nugget
焊点晕 corona
焊段长度 length of increment
焊耳 lug plate
焊粉 soldering powder;welding powder
焊封 seal;soldering seal;weld sealing
焊封的 sealed
焊缝 welded seam; backing groove; commissure; joint weld; sealing run;throat;soldered seam;weld fillet;weld(ing) bead; welding line; weld(ing) seam
焊缝背垫 weld backup
焊缝背面 back of weld
焊缝边 toe of weld
焊缝边界 toe of the weld
焊缝边缘 weld edge
焊缝边缘裂纹 toe crack
焊缝编号 welding seam number
焊缝表面 face of weld(ing);surface of weld;weld surface;zone of weld
焊缝表面边缘 weld edge
焊缝波纹 ripple;weld ripple
焊缝补强 strengthening of welded seam;weld(ed) reinforcement
焊缝补强金属 excess weld metal
焊缝长度 fusion length; length of weld;weld(ing)(bead) length
焊缝衬垫 weld backing
焊缝成型 appearance of weld;formation of weld;formation of weld
焊缝成型系数 aspect ratio of weld; form factor of the weld
焊缝尺寸 size of weld
焊缝尺寸不对 incorrect weld size
焊缝穿透深度 joint penetration (depth)
焊缝(刺)清理机 deseaming machine
焊缝代号 welding symbol
焊缝的焊角 leg of welded seam
焊缝的焊脚 leg of welded seam
焊缝的平整度 evenness of weld
焊缝的实际厚度 actual throat
焊缝的匀整性 evenness of weld
焊缝底距 root opening
焊缝底缘 root edge
焊缝顶压 upset
焊缝对口错边量 unfitness of butt weld
焊缝反面加强 weld root reinforcement
焊缝反面坡口 backing groove of weld
焊缝反面弯曲试验 root-bend test
焊缝符号 weld mark;weld symbol
焊缝腐蚀 weld decay
焊缝高度 weld(ing) bead height
焊缝根部 root of weld(ing)
焊缝根部边缘 root edge
焊缝根部钝边 root face of weld; shoulder of weld
焊缝根部间隙 root gap of weld;root opening; root opening of weld; weld root opening gap
焊缝根部裂纹 root crack
焊缝根部面积 root face
焊缝管 butt-welded pipe;butt-welded tube;jump welded pipe;jump welded tube; welded tube; weld seam pipe
焊缝合格 weld is accepted
焊缝喉部截面积 <指焊缝长度与喉厚之积> section ama
焊缝厚度 actual weld-throat thickness;throat depth;weld thickness
焊缝计算厚度 apparent throat;effective throat thickness; effective throat thickness of a weld; theoretic(al) throat
焊缝计算截面 throat area
焊缝记号 weld mark
焊缝加厚 reinforcement of weld
焊缝加强 weld reinforcement
焊缝夹渣 slag inclusion
焊缝间距 seam spacing;weld spacing
焊缝检查规 weld ga(u)ge
焊缝接管 welded pipe tube
焊缝接距 pitch of weld
焊缝界面 weld interface
焊缝金属 deposit(e) metal;weld(ed) metal
焊缝金属裂纹 welding metal cracking
焊缝金属区 weld metal zone
焊缝晶间腐蚀 welding crystalline corrosion
焊缝距 weld pitch
焊缝均一性 evenness of weld
焊缝卡规 weld ga(u)ge
焊缝开裂试验 bead weld cracking test
焊缝宽度 breadth of weld metal;distance between the toes of a weld; weld width
焊缝理论厚度 theoretic(al) throat depth
焊缝量规 weld ga(u)ge
焊缝裂开 bond open
焊缝裂纹 bead crack; weld(metal) crack(ing)
焊缝隆起 weld flush;weld swell
焊缝坡口 weld groove
焊缝坡口钝边 root face
焊缝坡口根部半径 root radius of weld
焊缝坡口加工 weld preparation
焊缝坡口角度 groove angle
焊缝坡口面 fusion face
焊缝气孔 weld porosity
焊缝强度 strength of welding seam; weld strength
焊缝强度与基本料强度的百分比 joint efficiency
焊缝倾角 weld slope
焊缝清理机 deseamer;seam-slag cleaner; seam smoother; welding-seam cleaner;weld trimmer
焊缝区 weld zone
焊缝缺陷 weld defect
焊缝熔敷金属 welding deposit
焊缝熔合线 weld-fusion line
焊缝熔深 weld penetration
焊缝试样 button
焊缝铜 brazing seam
焊缝外边缘咬边 external undercut
焊缝外表面边界 toe
焊缝外观 weld appearance
焊缝锡 soldering seam
焊缝下裂纹 underbead crack
焊缝效率 efficiency of welded joint
焊缝形状 weld shape
焊缝形状不对 incorrect weld profile
焊缝形状系数 weld-form factor
焊缝修补 restoration of a weld
焊缝修整机 deseamer
焊缝再加热修复 restoration of a weld by reheating
焊缝照相检验 radiographic(al) search of weld
焊缝中心距 pitch of weld
焊缝中心线 axis of a weld; axis of welding;weld centerline
焊缝周围腐蚀 weld decay
焊缝轴线 axis of weld;weld line
焊缝皱皮 puckering
焊缝转角 weld rotation
焊缝着色试验 pigment test of welds
焊敷金属 welding deposit
焊敷系数 <克/小时安> deposition factor
焊钢 weld(ing) steel
焊高 weld penetration
焊膏 butter; soldering paste; welding paste
焊割工具 welding cut bit
焊割工具配套单位 combination welding and cutting unit
焊割具 welding-cutting tool
焊割两用炬 combined cutting and welding blow-pipe; combined cutting and welding torch;welding and cutting torch
焊割两用气焊枪 welding and cutting torch
焊根 root of weld(ing);weld root
焊根焊道 root run
焊根裂纹 root crack; underbead crack
焊根坡口 root groove
焊跟 heel
焊工 solderer; welder[weldor]; welding operator
焊工班 welding gang
焊工保护眼镜 welding goggles
焊工保健 welder's health
焊工尘肺 welder's pneumoconiosis
焊工锤 welder's clipping hammer
焊工的保护头罩 welder's protective head mask
焊工的长手套 welder's gauntlets
焊工的围裙 welding apron
焊工钢印号码 welder's mark No.
焊工工作 welding work
焊工合格证书 certificate of welder's quality
焊工护脚 welder's spats
焊工护目镜 welder's goggles;welding goggles
焊工护目(帽)罩 welder's head shield
焊工技术鉴定试验 welder performance qualification test
焊工金属烟尘热 welder's metal fume fever
焊工考核 welder test
焊工炉 devil
焊工帽(罩) welder's helmet;welding helmet;helmet
焊工面罩 hand-operated screen;hand screen;head screen;helmet shield; welder's helmet
焊工升降台 welder's lifting platform
焊工手持护目镜 welder's hand shield
焊工手持式面罩 welder's hand screen
焊工手套 welder's gloves;welding gloves
焊工头戴式面罩 welder's head screen
焊工头罩 solderer's helmet
焊工用护目镜 welders goggles
焊工用手持面罩 hand shield
焊工罩面 hand shield; head screen; welding hood
焊工助手 welder's helper
焊工组 welding crew; welding gang; welding team
焊沟 welding trench
焊管成型机 skelper
焊管钢 skelp steel
焊管机 pipe welder;pipe-welding machine;tube-welding machine;tube-welding mill;welding mill
焊管脚 tubulate
焊管结构 welded pipe construction
焊管拉模 welding gutter
焊管拉制机 skelper
焊管连接 welded pipe connect(ion); welded tube connection
焊管坯 skelp
焊管坯带材 tube strip
焊管坯斜边成型轧辊 scarfing roll
焊管坯轧机 skelp mill
焊管铁条 skelp
焊管用铁条 skelp
焊罐 solder pot
焊轨厂 rail welding plant
焊轨工厂 rail welding plant
焊轨机 rail welding machine
焊轨列车 rail welding train
焊辊 welding roll
焊耗速率 burn-off rate
焊合 heal; weld; welded together; welding on;weld shut
焊合板 welded plate
焊合转搭 welded turret
焊痕 weld mark
焊喉厚度 throat depth;throat thick-

ness
焊喉深度 throat depth
焊后 post-welding
焊后处理 post-weld treatment
焊后加热 post-heating
焊后加热电流 post-heat current
焊后间隙 post-weld interval
焊后热处理 post-weld(ing) heat treatment
焊后退火 post-annealing; post-weld annealed
焊后状态 as-welded
焊弧 welding arc
焊弧电压 welding arc voltage
焊弧观察器 welding arc viewer
焊弧稳定性 stability of arc
焊糊 cream solder; welding paste
焊机 soldering machine; welder
焊机输出端 welding terminal
焊积金属 fill metal
焊剂 agent of fusion; flux(material); flux oil; rosin flux; sawder; slagging medium; soldering flux; soldering paste; soldering powder; welding flux
焊剂层下焊 submerged arc welding
焊剂层下自动电弧堆焊 slag covered automatic arc pile up welding
焊剂层下自动焊 union-melt welding
焊剂层下自动焊接 automatic welding with flux
焊剂成分 flux constituent; flux ingredient
焊剂垫 welding flux backing
焊剂垫材 composition backing
焊剂垫焊 welding with flux backing
焊剂焊条 fluxed electrode
焊剂夹杂 flux inclusion
焊剂托板 melt backing
焊件的大小 size of weld
焊件剖口 root of weld(ing); weld root
焊件(用模型进行)导向弯曲试验 guided bend test
焊件支架 welding manipulator
焊件装配间隙 welding gap
焊角尺寸 fillet weld size; size of a fillet weld
焊脚 leg; leg of a fillet weld; toe; weld leg
焊脚不等的角焊缝 unequal fillet weld
焊脚长度 <角焊缝的> leg length
焊脚厚度不足 insufficient leg
焊接 bonding; joining by welding; sealing-in; soldered connection; soldering; weld bead; welding fabrication; weld(ing) on; soldered joint
焊接疤痕 knuckling
焊接板 weld plate
焊接板材的准备 preparation of plates for welding
焊接板结构 welded plate construction
焊接板梁 welded plate girder
焊接板梁桥 welded plate girder bridge
焊接板式冷凝器 welded sheet condenser
焊接板箱形桩 plated box pile
焊接板桩 welded connection sheet pile
焊接保护玻璃 welding glass
焊接变位机 positioner
焊接变形 deformation due to welding; deformation in welding; distortion of welding; welding deformation
焊接变压器 welding transformer
焊接标记 joint mark
焊接波纹管 welding bellows
焊接补强 reinforcement of weld; weld reinforcement
焊接不良 rack of fusion
焊接步骤 welding procedure
焊接部分 welded section; welding portion
焊接部件 welding(sub) assembly
焊接部面积 welding area
焊接部位 welding position; welding spot
焊接部位腐蚀 groove corrosion
焊接材桁架 welded truss
焊接材料 soldering material; welding material
焊接材料的碳含量 carbon content of weld materials
焊接残余变形 welding residual deformation
焊接残余应变 residual strain by welding
焊接残余应力 residual stress by welding; residual stress due to welding; residual stress of welding; welding residual stress
焊接操作 welding operation
焊接操作机 manipulator; welding manipulator; welding operator
焊接操作者 manipulator; welding manipulator; welding operator
焊接层 weld layer
焊接长度 weld(ed) length
焊接长钢轨 continuous length of rails; continuously welded rail; long length of rails; long welded rail; ribbon rail; welded long rail
焊接长钢轨的伸缩调节器 expansion device for continuously welded rails
焊接长钢轨的伸缩调整器 expansion device for continuous length of rails
焊接厂 welding plant
焊接车刀 brazed carbide turning tool
焊接车间 welding plant; welding (work) shop
焊接车身 welded body
焊接沉积的清理 cleaning of welding deposits
焊接衬垫 welding backing
焊接承包商 welding contractor
焊接程序 welding procedure; welding process; welding scheme; welding sequence
焊接程序评定 welding procedure qualification
焊接尺寸 weld dimension; weld size
焊接充填钢丝 filler wire
焊接处 commissure
焊接处的凹陷 underfill
焊接穿透度 weld penetration
焊接船 welded ship
焊接船体 welded hull
焊接吹管 welding blowpipe; welding torch
焊接次序 welding procedure; welding sequence
焊接打底涂料 welding primer
焊接大梁 welded girder
焊接代号 welding symbol
焊接单头螺栓 headless bolt for welding
焊接挡板 <弹簧辙叉> welded stop
焊接挡块 back-up
焊接刀具 brazed shank tool
焊接刀片车刀 tipped tool
焊接的 soldered; welded; welding
焊接的产品 welded product
焊接的超声检验 ultrasonic examination of welds
焊接的钢板底座 welded plate-steel foot
焊接的格构大梁 welded latticed girder
焊接的金属网板 welded wire lathing
焊接的井盖 welded area grating
焊接的平屋顶 welded flat roof
焊接的热循环 heat cycle of a welding operation
焊接的未熔金属渣 skull
焊接的屋顶望板 seam roof sheathing
焊接的屋面覆盖层 seam roof cladding
焊接的箱柜 welded tank
焊接的支撑结构 welded stayed construction
焊接灯 blow(pipe) lamp; heating lamp; torch; welding lamp; soldering lamp
焊接地线 welding ground
焊接点 bonding pad; juncture; pad; point of weld; soldering point; weld; wiped joint
焊接点饰 welded head
焊接电弧 welding arc
焊接电弧电压 welding arc voltage
焊接电弧分析仪 welding arc analyser [analyzer]
焊接电极 welding electrode
焊接电缆 cab-tyre cable; welder cable
焊接电缆线 welding lead
焊接电流 welding current
焊接电流调节范围 zone of welding current
焊接电流稳定性 stability of welding current
焊接电压 welding voltage
焊接电源 source of welding current; welding power source; welding source
焊接电阻器 welding resistor
焊接垫 welded gasket
焊接垫板 backing strip for welding; composition backing; melt backing
焊接定时器 welding timer
焊接定位滚轮 welding positioner roller
焊接定位机 welding positioner
焊接定位器 weld positioner
焊接端 sealed end; welding ends
焊接短管 welding nipple
焊接短接管 soldering nipple
焊接断开 bond open
焊接发尘量 total amount of weld fumes
焊接发电机 welding dynamo; welding generator
焊接/发电两用机 welder/generator
焊接阀盖 welded bonnet
焊接法 method of welding; welded process
焊接法兰 welded flange
焊接法兰连接 weld flange connection
焊接翻转机 welding tilter
焊接翻转台 welding positioner
焊接范围 welding seam area
焊接方法 soldering method; welding method; welding process
焊接方式 welded process
焊接方位 direction of welding
焊接方向 direction of welding; welding direction
焊接飞溅 spatter; weld spatter
焊接缝 soldered joint; soldering joint; welded joint; welding joint
焊接符号 symbol for welding; welding symbol
焊接腐蚀 corrosion due to welding
焊接附件 welded attachment; welded fixing
焊接盖板 welded cover plate
焊接刚度 welded rigidity
焊接刚性构架 welded rigid frame
焊接钢 weldable steel; weld(ed) steel; wrought steel
焊接钢底座 welded steel base
焊接钢构架 welded steel frame (work); welded steel structural frame
焊接钢管 autogenous-welded steel pipe; welded steel pipe; welded steel tube; welding steel tube
焊接钢轨 welded rail
焊接钢轨导接线 welded rail bond
焊接钢架 fabric reinforcement; welded rigid frame
焊接钢结构 welded steel structure
焊接钢筋 welded reinforcement
焊接钢筋拱架 welded re-bar arch
焊接钢筋骨架 welded steel reinforcement
焊接钢筋网 welded bar-mesh reinforcement; welded steel fabric; welded mesh
焊接钢面系 <房屋和桥梁的> battle deck(bridge) floor
焊接钢桥 welded steel bridge
焊接钢丝网 welded wire lath; welded wire mesh; welded wire fabric (reinforcement) <特别指用于混凝土工程的>
焊接钢丝网配筋 welded wire fabric reinforcement
焊接膏 soldering paste
焊接隔间 welding booth
焊接根(部) root of weld(ing); weld root
焊接工场 welding shop
焊接工程 welding; welding engineering
焊接工程师 welding engineer
焊接工具 soldering appliance; soldering kit; soldering tool; welding apparatus; welding jig; welding outfit; welding tool
焊接工具用料 welding supplies
焊接工(人) welder
焊接工艺 bonding technology; welding process; welding technology
焊接工艺参数 welding condition; welding parameter
焊接工艺程序 welding schedule
焊接工艺规程 welding procedure specification
焊接工艺过程 welding schedule; welding procedure
焊接工艺鉴定试验记录 welding procedure qualification test record
焊接工艺卡 welding procedure sheet
焊接工艺评定 qualification of welding procedure
焊接工艺条件 welding technology condition
焊接工艺资格考核焊样件 welding procedure qualification test specimen
焊接工作班 welding gang
焊接工作间 welding booth
焊接工作台 welding table; welding bench
焊接拱 welded arch
焊接构件 welded element; welded unit; welding assembly; welding fabrication; welding structure member
焊接骨架 welded frame
焊接冠 soldered crown
焊接管 sheet-iron tube; welded pipe [piping]; welded tube[tubing]; welding pipe; welding tube
焊接管道系统 welded pipe system
焊接管构脚手架 tubular welded frame scaffold
焊接管件 welded pipe connect(ion)
焊接管接头 welded tube connection

H

焊接管拉接机 skelper
焊接管拉制机 skelper
焊接管坯 skelp
焊接管坯钢 skelp steel
焊接管套 welding socket
焊接管子脚手架 tubular-welded-frame scaffold
焊接规程 welding code; welding procedure
焊接规范 welding code; welding condition; welding instruction; welding schedule
焊接规范参数 welding variable
焊接规则 welding rule
焊接辊 welding roll
焊接滚轮 welding roll
焊接滚轮架 welded turning rolls
焊接锅炉筒 welded shell course; welded shell ring
焊接过程 welding process
焊接合 welded connection; welding connection
焊接合金 solder alloy; welding alloy
焊接痕 weld mark
焊接桁架 welded truss
焊接桁架桥 welded truss bridge
焊接后热处理 post-welded heat treatment; post weld heat treated
焊接厚度 throat; throat depth; throat thickness
焊接弧光 welding flash
焊接护目镜 welding goggles
焊接花格结构 welded latticed construction
焊接黄铜嘴 soldered brass nipple; welded brass nipple
焊接回路 welding circuit
焊接火焰 welding flame
焊接机 bonding machine; welding unit; welding machine
焊接机器人 welding robot
焊接机头 welding head
焊接机械手 welding manipulator
焊接机组 welding outfit; welding set
焊接机组运载车 welding station carrier
焊接基体金属的不熔化 parent metal nonfusibility
焊接基体金属的处理 preparation of base metal for welding
焊接基体金属的熔化 parent metal fusion
焊接基座 welded base
焊接级保护气体 welding grade (shield) gas
焊接级用氩 welding grade argon
焊接计划表 welding schedule
焊接技巧 welding technique
焊接技术 bonding technique; welding technique
焊接剂 solder
焊接加强 reinforcement of weld
焊接加胀接法 welded and expansion joint
焊接夹持架 weld holder
焊接夹具 welding fixture; welding jig
焊接夹钳 brazing clamp; soldering tongs; welding tongs
焊接甲板 welded armor
焊接架 weld holder
焊接间隔记时器 weld-interval timer
焊接检查 weld(ing) inspection
焊接检验尺 welding inspection ruler
焊接件 welded article; welding assembly; weldment
焊接件中的缺陷 defects in welds
焊接鉴定 identification of welds
焊接角钢(截面) welded angle-section
焊接角钢支座 welded steel angle seating

焊接接合 soldered joint; welded(on) joint; welded splice; welding joint
焊接接头 soldered joint; welded(on) joint; welded splice; welding point; weld junction; welding joint
焊接接头晶间腐蚀 weld decay
焊接接头坡口 groove
焊接接头强度试验 <钢筋> welded joint strength test
焊接接头系数 welded joint coefficient
焊接接头再热 reheating of joint after welding
焊接节点 welded joint; welded nose; welding joint
焊接节点接头 welded nose connector
焊接结构 welded construction; welded structure
焊接结构的箱形断面刀板 box-welded blade
焊接结构钢 welded structural steel
焊接结构型钢 welded structural shape
焊接结构用轧制钢材 rolled steel for welded structure
焊接界面 weld interface
焊接金属 weld(ing) metal
焊接金属截面(面)积 weld metal area
焊接金属熔化区 weld metal zone
焊接金属网 welded metal mesh; welding mesh
焊接金属组成 weld metal composition
焊接颈圈法兰 weld neck flange
焊接颈圈凸缘 weld neck flange
焊接炬 welding torch
焊接坑焊工 bellhole welder
焊接(空心)球节点 welded-hollow spherical node
焊接孔穴 gas pocket
焊接口 soldered joint
焊接宽翼梁 welding wide flange girder
焊接框架 welded frame
焊接烙铁 solder bit
焊接类型 welds types
焊接沥青板 welded asphaltic-bitumen sheet(ing)
焊接连接 welded connection; welded joint; welded splice; welding connection; welding joint
焊接连接的切片 sectioning of welded joints
焊接连接密封 seal by welding; welded joints seal
焊接连续钢轨 continuously welded rail
焊接联结 welded connection; welded joint; welding connection; welding joint
焊接链 welded chain
焊接裂缝 welded fissure; weld(ing) crack
焊接裂纹 weld crack; welded fissure
焊接留空 cope
焊接留量 welding allowance
焊接铝热剂 welding thermit
焊接炉 brazing furnace; welding furnace
焊接轮廓线 fillet
焊接螺栓 solder bolt
焊接螺丝 weld screw
焊接螺旋翼片式稳定器 spirally welded on wing stabilizer
焊接锚链 welded chain cable
焊接锚栓 welded anchor
焊接密封连接 joints using welds for sealing
焊接面 face of weld
焊接模拟器 welding simulator
焊接幕帘 welding curtain

焊接内应力 locked-up stress
焊接镊 soldering forceps; soldering tweezers
焊接配备 welding outfit
焊接配件 welding fittings
焊接喷灯 blast burner for soldering; blast lamp for soldering; burner; welding burner; welding gun; welding torch
焊接喷枪 welding gun
焊接喷嘴 welding tip; welding nozzle
焊接硼砂 soldering borax
焊接片 lug
焊接平台 jig; welding platform
焊接坡口 bevel(l)ing
焊接坡口加工 welding joint preparation
焊接坡口角(度) angle of preparation; groove angle
焊接气氛 welding atmosphere
焊接气焰 soldering torch
焊接器 copper bit; soldering apparatus
焊接前 preweld
焊接前的清理 cleaning before welding
焊接前的预防措施 precautions before welding
焊接前热处理 preweld heat treatment
焊接强度 welding strength
焊接桥(梁) welded bridge
焊接侵蚀 weld decay
焊接球节点 welded spherical node
焊接区 bonding pad; pad; welding metal zone; weld zone
焊接区保护 weld shielding
焊接区晶间腐蚀 weld decay
焊接缺点 weld(ing) defect
焊接缺陷 welded defect; welded flaw; weld(ing) defect
焊接热 sweating heat
焊接热处理之后的冷却 cooling after post weld heat treatment
焊接热量 welded heat; welding heat
焊接热输入 weld heat input
焊接热循环 weld(ing) thermal cycle
焊接热循环模拟装置 synthetic(al) apparatus for weld thermal cycle
焊接人员 welding crew; welding gang; welding party
焊接容器 welded vessel
焊接容器的限制 limitations on welded vessels
焊接容器接头处的孔 holes in joints of welded vessels
焊接容器试验 tests of welded vessels
焊接熔池 metal bath; molten weld pool; welding pool; welding puddle; welding tub
焊接熔池保护 weld shielding
焊接熔敷金属清理 weld deposits cleaning
焊接熔剂 welding flux
焊接熔渣 welding slag
焊接设备 soldering apparatus; soldering equipment; soldering installation; soldering outfit; welding apparatus; welding device; welding equipment; welding installation; welding outfit; welding set
焊接设备电缆 welding equipment cable
焊接设施 welding installation
焊接深度 depth of weld; weld penetration
焊接施工 welding procedure
焊接施工图 welding procedure drawing
焊接时间 welding period; welding time

焊接时间间隔 welding interval
焊接式钢轨接续线 welded bond
焊接式管接头 socket-welding fitting; welded fitting
焊接式轮辋 weld-on rim
焊接式平盖 welded flat head
焊接式热电制冷器 soldered thermoelectric(al) refrigerating unit
焊接式天然单晶金刚石刀具 brazed natural diamond tool
焊接式液化石油气瓶 welded liquefied petroleum gas cylinder
焊接式转轮 fabricated runner
焊接试板 test piece for welding
焊接试板性能 performances of test piece for welding
焊接试验 soldering test; test of weld joint; test of weld point; welding experiment
焊接试验室 welding laboratory
焊接试样 sectioned specimen; welded sample; welded specimen
焊接室 welding booth
焊接收缩 knuckling
焊接受力钢筋 welded tensile reinforcement
焊接输入热量 welding heat input
焊接水冷壁 welded water wall
焊接顺序 sequence of welding; welding scheme; welding sequence
焊接丝头 soldering nipple; welding nipple
焊接速度 speed of welding(travel); welding rate; welding speed
焊接胎架 welding positioner
焊接台 <铺管船上的> welding station
焊接碳棒 welding carbon
焊接套管 soldering sleeve; welded socket; welding socket
焊接特性 welding characteristic
焊接调节器 welding regulator
焊接铁管 welded ferrous pipe
焊接通道 weld pass
焊接通电时间 weld time
焊接头 joint welding; junction; soldered fitting; soldered splice
焊接图 welding drawing
焊接涂料 welding paste
焊接弯曲试验片 kinzel test piece
焊接弯头 welded elbow
焊接网 welding mesh(fabric)
焊接网格 weldmesh crate
焊接微型组件 welded module
焊接位置 position of weld(ing); welding position
焊接温度 soldering temperature; welding heat; welding temperature
焊接温度场 field of welding temperature; welding temperature field
焊接握把 welding holder
焊接屋架 welded roof truss
焊接系数 welding coefficient; welding factor
焊接系统 welded system
焊接线 adherent wire; sealing wire; welded line; welded wire
焊接线能量 weld heat input
焊接限制 limitations on welding
焊接箱线大梁 welded steel box-girder
焊接箱形钢梁 welded steel box-girder
焊接销 soldering pin
焊接小车 welding tractor
焊接小间 welding booth
焊接性 weldability
焊接性能 welding performance
焊接性试验 weldability test
焊接修补 repair by welding; weld repairs

焊接修理车 welding shop truck
焊接循环 welding cycle
焊接循环周期 welding period
焊接压力 welding pressure
焊接压力机 welding press
焊接烟尘 welding fume
焊接延迟时间 weld delay time
焊接研究委员会 Welding Research Council
焊接焰 welding flame
焊接咬边 undercut
焊接药膏 welding paste
焊接要求 welding requirements
焊接冶金 welding metallurgy
焊接液 soldering solution; soldering fluid
焊接易飞溅液 welders spatter ease
焊接翼缘 welded flange
焊接阴极 welded cathode
焊接应变 welding strain
焊接应力 welding stress
焊接用安全帽 welding helmet
焊接用玻璃 solder glass
焊接用材料中的碳 carbon in materials for welding
焊接用吹管 soldering blow pipe
焊接用的玻璃 solder glass
焊接用发电机 welding generator
焊接用合金 brazing alloy
焊接用护脚 welding spats
焊接用化学品 soldering chemical
焊接用夹钳 brazing tongs
焊接用具 solder set
焊接用铝热剂 welding thermit
焊接用喷灯 soldering lamp
焊接用气瓶 welding bottle
焊接用溶剂 welding solvent
焊接用软管 welding hose
焊接用手套 welding gloves
焊接用输电线 welding power lead
焊接用套袖 welding sleeves
焊接用氧气和乙炔 air and gas
焊接油类贮槽 welded oil-storage tank
焊接有害气体 weld toxic gases
焊接预加热 <厚截面钢料> weld preheating
焊接允许的最低温度 lowest permissible temperature for welding
焊接在一起 welding together
焊接辙叉 welded frog
焊接整流器 welding rectifier
焊接制剂 soldering preparation
焊接质量 welding quality
焊接中的夹渣 slag inclusions in welds
焊接终点 crater
焊接周期 welding cycle; welding interval
焊接轴 fabricated shaft
焊接轴线 axis of weld
焊接肘板 slab knee; welded knee
焊接住的 soldered up
焊接贮油罐 welded tank
焊接铸钢接头 welded cast steel node
焊接转动换位器 positioner
焊接转枪 welding runner
焊接装备 welding outfit
焊接装配 welded installation; welding assembly; welding fabrication; weldment
焊接装配件 weldment
焊接装置 welder; welding apparatus; welding device; welding plant; welding set; welding unit
焊接状态 as-welded condition
焊接姿势 welding position
焊接自动化 automation of welding; automatization of welding
焊接组件 weld assembly
焊接钻头 tipped drill
焊接作业班组 welding gang
焊颈法兰 welding neck flange
焊炬 burner; welding blow lamp; welding blowpipe
焊炬喷嘴 gas nozzle; torch tip; welding burner
焊炬钎焊 torch braze welding; torch brazing
焊炬切割 welding torch cutting
焊炬硬焊 torch brazing
焊开 unsolder
焊坑 welding trench
焊口 weld crater; crater <一种焊接处的低凹缺陷>
焊口裂纹 crater crack
焊口填充料 crater filler
焊口有效厚度 throat depth
焊口准备 welding joint preparation
焊烙铁 soldering bolt; welding gun; soldering iron
焊连接盘 terminal area
焊连线夹 soldered lug
焊料 sawder; solder; soldering flux; solder spray; torch soldering
焊料棒 stick of solder
焊料玻璃 solder glass
焊料斗 welding composition hopper
焊料黄铜 brazing brass
焊料渗入致脆 solder embrittlement
焊料小球滴 soldered dot
焊裂缝 welding crack
焊瘤 bulge; burr; flash; overlap; weld beading; weld flash
焊瘤清除器 deseamer
焊炉 brazier; fire basket; warming pan
焊轮调节器 weld wheel conditioner
焊铆接结构 weld-and-riveted construction
焊帽 weld cap
焊面下 underhead
焊面下裂缝 underhead crack
焊捏钳 soldering tweezers
焊盘 pad; terminal pad
焊片 lug plate; soldering lug
焊片式翅片管 welded fin tube
焊片引出线 tab terminal
焊前 preweld
焊前间隙 preweld interval
焊前清洗工序 matting
焊前预热 weld preheating
焊钳 brazing pincers; brazing tongs; cramp; forceps; gun welder; hawkill; soldering turret; soldering tweezers; welding tongs
焊枪 blow pipe; blow torch; gun welder; heating torch; soldering gun; soldering torch; torch; welding burner; welding gun; welding head; welding pistol; welding torch; soldered gun
焊枪管 torch head; welding torch pipe
焊桥 dry bridge
焊切工具 welding and cutting tool
焊球 soldered ball; welding bead
焊区尺寸 size of weld
焊热 welding heat
焊刃刀具 tipped tool
焊熔剂 welding powder
焊入式喷嘴 weld-in nozzle
焊上 burn-in; burn-on; sealing on; weld(ing) on
焊上的 welded-on
焊上的翼板 welded-on flange
焊上的翼缘 welded-on flange
焊上颈圈的法兰 flange with welded neck
焊勺 soldering ladle
焊丝 filler wire; solder wire; welding wire; wire for welding
焊丝导向装置 wire guide
焊丝干伸长 dry extension of electrode
焊丝间距 distance between welding wires
焊丝卷圈 welding-wire reel
焊丝盘 electrode wire reel; wire reel
焊丝熔化率 wire burn-off rate
焊丝伸出长度 electrode extension
焊丝送进速度 feed rate of welding wire
焊死的 seal in
焊酸 killed spirit
焊态 as-welded
焊条 electrode; filler metal; filler rod; metal filler; metal pencil; solder club; soldering rod; soldering stick; solderless stick; solder wire; welding electrode; welding rod
焊条柄 welding handle
焊条插座 electrode socket
焊条的工艺性 usability of electrode
焊条的药皮 covering of an electrode; cover of electrode
焊条电弧焊 stick-electrode welding
焊条端部 electrode tip
焊条干燥机 electrode drier[dryer]
焊条钢 welding rod steel
焊条钢丝 electrode wire; steel wire for welding electrode; welding wire
焊条焊 electrode welding
焊条焊着率 manipulation ratio
焊条合金 welding alloy
焊条横摆速度 weaving speed of electrode
焊条横向摆动 weaving; weave
焊条挤压镀层机 extrusion weld rod coating hydraulic press
焊条挤压机 solder wire extruder; welding rod extrusion press
焊条夹 electrode carrier; welding electrode holder; welding handle; electrode holder
焊条夹持端 bare terminal
焊条夹持器 electrode socket
焊条夹角 electrode angle
焊条夹钳 electrode holder; welding rod holder; tip holder; tip retainer; welding jig
焊条金属 welding base metal; weld(ing) rod metal; weld metal
焊条裸尾 stub end
焊条牌号 type of electrode
焊条钳 electrode holder; holder
焊条熔化率 electrode melting rate
焊条熔化性 melting characteristic of an electrode
焊条上的焊药 welding rod coating
焊条上涂药 welding rod coating
焊条使用说明书 running characteristics of an electrode
焊条使用特性 running characteristics of an electrode; operating characteristics of an electrode
焊条送进机 electrode feeding machine
焊条铁芯 core wire
焊条头 discard electrode(cinder)
焊条涂料 electrode coating
焊条芯 welding rod core; wire core
焊条芯线 core wire for welding rod
焊条压涂机 electrode extrusion press; welding rod extrusion press
焊条药皮 electrode coating
焊条引弧端 striking end
焊条直径 core diameter; diameter of electrode; rod size
焊条自动涂抹机 welding rod extrusion press
焊条总直径 overall diameter of electrode
焊铁 heated iron; solder(ing) iron; sweat iron
焊铜 brazing solder; soldering copper
焊头 bonding tool; sealed end; welding head
焊头长度 welding bead length
焊透 burn-off; complete penetration; penetration; through welding; weld penetration
焊透率 penetration rate
焊透深度 weld penetration
焊透性 penetrability
焊位 position of welding; welding position
焊位不当 out-of-position welding
焊锡 sawder; solder; soldering tin; tin solder; hard solder <含铜较多的>
焊锡棒料 welding tin billet
焊锡包线 solder-covered wire
焊锡粉 solder powder
焊锡缝 soldered seam
焊锡膏 soldering paste; solder paste; tinol
焊锡勺 soldering ladle
焊锡水 solder acid
焊锡丝 electrowelding wire; solder stick; tin wire
焊锡条 soldering tin bar; solder stick
焊线 bonding wire; weld line; wire solder
焊线横摆速度 weaving speed of electrode
焊线机 bonding equipment; welding wire machine
焊线距 pitch of weld
焊线中距 pitch of well
焊向 progress of weld
焊屑 weld spatter
焊芯 core welding-wire; core wire
焊芯直径 core diameter; electrode size
焊修 repair(ing) welding
焊修钢轨 resurfacing of rail
焊盐 soldering salt
焊眼 welded eye
焊焰 thin flame
焊药 fluxing agent; furnace addition; fusing agent; sawder; soldering powder; solder paste; welding compound; welding flux; welding powder; soldering flux; soldering paste <错焊用的>
焊药保护层 weld flux sealer
焊药膏 solder paint
焊药黏[粘]结焊剂 bond flux
焊液 soldering flux; soldering solution
焊引线管座 solder-tail socket
焊油 soldering fluid; soldering paste; solder paste
焊在容器底上的 welded on the bottom of vessels
焊渣 flux residue; welding slag; welding spatter; weld residue; weld spatter
焊胀 welded and rolled tube joint
焊真空管脚 tabulation
焊趾 toe of weld; weld toe
焊趾裂纹 toe crack
焊趾区 toe zone
焊制法兰 welded flange
焊制封头 welded on head
焊制格栅 welded grating
焊制管 welded pipe
焊制管封 welded on end
焊制结构 fabriform
焊制金属网 welded fabric mat
焊制螺纹套管 corrugated sheet metal casing
焊制叶轮 welded impeller
焊珠 bead; filler bead; hot pass; nug-

get;weld bead
焊珠不足的裂缝 underbead crack
焊珠裂纹 bead crack
焊装垫板 welded ribbed plate
焊装螺母 weld nut
焊着程序 deposition sequence
焊着次序 deposition sequence
焊着金属 welding metal
焊着率 <单位时间消耗堆焊金属的重量> deposition rate;rate of deposition
焊着效率 deposition efficiency
焊嘴 tip;welding nozzle;welding tip

颔

颔版 tile edging
颔线 <舭缘线> chine

夯

夯 driver; impact tool; mall; pounding; pummel; ram; tamper; thwack

夯板 screed(ing) board;tamper;tamping plate;tamping slab;sand plate
夯板平整机 tamper beam finisher
夯边 edge tamping
夯槌 rammer
夯锤 hammer ram;pounder;rammer;rammer ram; ramming hammer;ramming weight;tamping hammer;tamping weight
夯锤附属装置 ram attachment
夯打 ramming;tamping
夯捣 punning
夯捣管 rodding pipe
夯捣混凝土 tamper concrete
夯捣坑 rodding pit
夯捣模板 tamping template
夯捣式压路机 tamping roller
夯捣装置 rodding fitting
夯道铲 tamping shovel
夯杆 ramming bar;tamping rod
夯镐 tamping pick
夯棍 ramming bar;rod tamping;tamping bar;tamping rod
夯击 ramming
夯击点间距 compaction space
夯击机 compactor;machine rammer;mechanical tamper; rammer; ramming machine
夯击宽度 rammed width
夯击面积 tamping area
夯击能 rammed energy
夯击碾 tamp(ing) roller
夯击式(路)碾 tamping-type roller
夯击式压路机 tamping-type roller
夯击数 rammer number
夯击压路机 tamping roller
夯击压实 impact compaction
夯击压实器 impact compactor
夯击重量 tamping weight
夯具 beater; compactor; earth rammer; paving beetle; rammer ram; tamper; tamping tools; punner; ram;rammer
夯距 ramming space
夯路机 roadpacker
夯碾工作 consolidation works
夯碾设备 compacting plant;compaction equipment;consolidation plant
夯平船 compacting hammer barge
夯砌面砖 loam cutter
夯入阻力 driving resistance
夯砂锤 peen hammer;peen rammer
夯实 beetle;breaking-in;compaction;compaction by tamping;consolidation;inbed;pack;packing;punning;ram; ram down; ram home; ramming;solidify(ing);solid tamping;tamper;tamp(ing)
夯实板 tamping board
夯实不足 undertamping
夯实道床 ballast consolidating;ballast ramming
夯实道砟机 ballast tamping machine
夯实的 compacted;puddled;rammed
夯实的堆石 compacted stone
夯实的石灰 rammed lime
夯实的填土 compacted earth rockfill
夯实堤 puddled dam
夯实地基 rammed foundation;rammed ground
夯实度 degree of compaction
夯实分层厚度 compacted lift
夯实粉末 compact powder
夯实干硬性混凝土 dry-packed concrete
夯实杆 ramming bar
夯实工具 compactor;tamping tools
夯实工作 compacting
夯实轨枕 tamping of sleepers
夯实滚 tamper roller
夯实过的 pounded
夯实夯土层 bed puddle clay
夯实厚度 compacted depth;compacted thickness
夯实灰土 compacted lime earth;rammed lime earth
夯实回填土 backfill ramming; compacted backfill; tamped backfill;tamping backfill;puddled backfill
夯实混凝土 compacted concrete;rammed concrete;tamped concrete
夯实混凝土路面 <古罗马> pavimentum
夯实机 backfill tamper;beater;driver; machine rammer; paving rammer; rammer; rammer compacter [compactor]; ram(ming) compactor; stemming machine; tamping machine
夯实机具 compacting equipment
夯实加固 stabilization by compaction
夯实胶土墙 puddled wall
夯实胶土质芯墙 puddled core
夯实扩底混凝土桩 compacted expanded base concrete pile
夯实密度 compacted density;density of compaction;packing density
夯实面层 compacted surface
夯实黏[粘]土 puddled clay;rammed clay
夯实黏[粘]土层 bed puddle clay
夯实黏[粘]土堤 puddle dike
夯实铺土厚度 lift thickness
夯实器 heavy rammer;tramper
夯实设备 compaction equipment
夯实深度 compacted depth;depth of packing
夯实试验 compaction test
夯实水泥土桩法 compacted soil-cement column method
夯实体 puddle
夯实填土 compacted fill
夯实填土密度 compacted fill density
夯实土基 rammed earth subgrade
夯实土基类型 rammed soil type of foundation
夯实土墙 mud wall;puddled wall
夯实土(壤) compacted soil; hard compact soil; packed soil; puddled earth;puddled soil;rammed earth;rammed soil
夯实土桩 rammed soil pile
夯实系数 compacting factor
夯实压路机 tamping-type roller
夯实造型机 ramming mo(u)lding machine
夯实整修面 tamped finish
夯土铲 tamping shovel
夯土衬砌 compacted earth lining
夯土堆筑围堰 compacted earth cofferdam; puddle cofferdam; stock ramming
夯土房 rammed earth construction
夯土镐 beater pick
夯土工程 beat cob work;earth compact work;earth puddle work
夯土工人 rammer man
夯土工作 beat cob work
夯土沟 puddle trench
夯土构造 rammed earth construction
夯土机 beater; earth rammer; ram compactor; rammer; rammer compacter[compactor];soil compactor
夯土基础 rammed earth foundation;rammed soil foundation
夯土基础类型 rammed soil type of foundation
夯土建筑 beaten-cob construction;cob(house); pisay; pise construction;rammed earth construction
夯土建筑物 peasey hut
夯土结构 pise construction;rammed earth construction
夯土截水墙 puddle(d) clay cut-off
夯土器 earth rammer
夯土墙 cob wall(ing); loam wall(ing); puddle wall; rammed earth wall
夯土设备 impact soil-compaction device
夯土围堰 puddle cofferdam
夯土心墙 puddle(d)(clay) core wall
夯土砖 loam brick
夯样板 screed;tamping template
夯样机 standard rammer
夯砟机 rammer compacter [compactor]
夯筑 ramming
夯筑混凝土 rammed concrete;tamped concrete
夯筑墙 rammed wall(ing)
夯筑土墙 rammed earth wall
夯足 <夯土机的> projecting foot

行

行插入 line insertion
行插入命令 line insert command
行长短调整 horizontal size control
行打图像 printed image
行代码 line code
行带状沙障 sand barrier of band shape
行地址选通 row address strobe
行点交织 line and dot interlace
行叠代 row iteration
行定位器 line finder
行堆 windrow
行二进制 row binary
行分辨 line(ar) resolution
行分辨度 line definition
行分辨能力 horizontal resolution
行分解力 horizontal resolution
行分频器 line divider
行缝 course joint
行幅度 horizontal amplitude;line amplitude
行幅度调整 horizontal amplitude adjustment; horizontal size control; line amplitude adjustment;line amplitude control
行幅度控制 line amplitude control
行高 line height
行格式 row format
行跟踪 line tracing
行光栅 line raster
行号 line number;bay number <集装箱等的>
行黑点补偿信号 horizontal shading
行话 jargon;patter;shop talk
行缓冲(寄存)器 row buffer
行回描 line retrace
行回描时间 horizontal retrace period
行回描消隐 horizontal blanketing;line blanketing
行回描周期 line-return period
行回扫脉冲 line flyback pulse
行会 guild
行迹 trackway
行迹推算法 dead reckoning
行家 colinoisseur;connoisseur;expert
行间 row middle
行间插入 interline
行间间距 interlinear spacing
行间空白 interlinear space
行间立柱 line post
行阶 row order
行矩阵 row matrix
行距 array pitch; distance between rows; inter-row space; pitch; row pitch; row spacing; row width; string space; width of interrow; width of row;ga(u)ge <铆钉的>
行距和密度试验 spacing and population tests
行距试验 row-width tests
行空间 row space
行孔钻眼 parallel hole drilling
行宽 line width; row span; scanning line width;strip width
行宽控制 line amplitude control
行宽调整 horizontal amplitude adjustment;line amplitude adjustment
行列 cavalcade;line;matrix[复 matrixes/matrices]; queue; rank; tier; procession <人或车辆的>
行列编号法 row and column numbering
行列式 determinant
行列式波函数 determination wave function
行列式的阶 order of a determinant
行列式的展开式 expansion of determinants
行列式的秩 rank of determinant
行列式的子式【数】 minor determinant
行列式房屋 row house;terraced house
行列式建筑 line building
行列式阶 order of determinants
行列式理论 theory of determinates
行列式求值 evaluation of determinants
行列式搜索法 determinant search method
行列式因子 determinant divisor;determinant factor
行列式展开式 determinant(al) expansion
行列式秩 determinant rank
行列式住宅 terraced house
行列数 number of columns
行列位错 edge dislocation;row dislocation
行列座位 <常指剧场中的> tier of seating
行录制器 line printer
行路规则 rule of road
行路线 up-line
行旅包 piece of baggage
行旅车 bag cart
行旅袋 duffle bag
行轮 travel(l)ing wheel
行脉冲同步 horizontal pulse timing
行密度 line density
行囊 knapsack

行盼计算 column count
行喷式喷灌机 travel(l)er sprinkler
行偏斜 line skew
行偏移 horizontal shift(ing)
行偏转 horizontal deflection;line deflection
行偏转线圈 line deflector coil
行频 horizontal(line)frequency;line frequency
行频放大器 horizontal-frequency amplifier
行频分频器 horizontal-frequency divider
行频会聚信号振幅调整 horizontal dynamic amplitude control
行频控制 horizontal frequency control;horizontal hold control
行频调整 horizontal frequency adjustment
行频信号监视管 line monitoring tube
行频与帧频之比 line-frequency to frame-frequency ratio
行起动脉冲 line drive pulse
行切 stroke milling
行倾斜 horizontal tilt;line tilt
行倾斜校正器 tilt mixer
行清晰度 horizontal detail;line definition
行扫描 horizontal scan(ning);line deflection;line scanning;row scanning
行扫描摄影机 line-scan camera
行扫描数 number of horizontal scanning lines
行扫描仪 line scanner;line scan tube
行扫描振荡器 horizontal oscillator;horizontal-scan(ning)generator
行商 bagman;commercial travel(l)er;itinerant merchant;itinerant peddler;itinerant trader;peddler;travel(l)ing merchants;travel(l)ing salesman
行商展售室 commercial room
行失真(电视)line distortion
行矢量 row vector
行市 market quotation;quotation
行市标准 basis of quotation
行市下跌 downslide
行式打印机 line printer
行式数据集 line data set
行式项目 line item
行式印刷机 line-at-a-time printer;line printer
行式印刷装置 line printer
行输出变压器 line output transformer
行输出电路 horizontal output circuit
行树 vista
行数 lineage;line number;number of lines
行数计数器 line counter
行顺序制彩色电视 line sequential colo(u)r television
行速 rate of travel;scanning(line)frequency;stroke speed
行锁定 line lock
行锁定重放方式 line lock playback mode
行提示符区 line prompt area
行同步 horizontal hold;horizontal synchronization;line hold;line synchronization
行同步(跟踪)line locking
行同步脉冲 horizontal synchronization pulse;horizontal synchronizing impulse;line synchronizing impulse
行同步调整 horizontal hold control
行推动脉冲 horizontal driving pulse
行息 bear interest;branches of trade
行系数 row coefficient
行显示 row display
行显示区段 line display range
行相位调整 horizontal phasing control
行向量 row vector
行消隐 lineblanking
行消隐脉冲 horizontal blanking impulse
行销货 seller
行销情报系统 marketing information system
行销信息系统 marketing information system
行销资讯系统 marketing information system
行销组合 marketing mix
行斜率 line slope
行信号放大器 line amplifier
行信号频段 line band
行型活字印刷品 linotype
行型活字铸造机 linotype
行业 branches of trade;craft;industry;line of business;profession;trade
行业标准 occupation standard
行业代理机关 business agent
行业概况 industrial profile
行业工会 craft union
行业公会 trade union
行业管理 management of trade;sectional management;trade management
行业内部的 intra-industrial
行业污染控制规划 occupational pollution control planning
行业协会 confederation of trade union;guild
行业协会说明书 trade association specification
行业杂志 trade magazine
行移汽蚀 travel(ling)cavitation
行移时间 travel(l)ing time
行优先次序 row major order
行直线性 horizontal linearity
行指示字 line pointer
行指针 line pointer
行秩 row rank
行重叠 overlap of lines
行驻波 moving standing wave
行柱 line post
行柱基础深度 line pole foundation depth
行转换 line translation
行自动频率微调电路 line automatic frequency control circuit
行坐标 row-coordinate

杭

杭曼粗砂岩 Hangman grits

绗

绗缝 baste
绗字花纹 meander

航

航班号 flight number
航边交货 alongside delivery
航边理货 alongside tally
航标 aids-to-navigation;beacon;channel mark(ing);fairway buoy;nautical mark;navigational aids;navigational mark;navigation(al)signal
航标背景 background of(navigation)marks
航标编号 numbering of marks
航标变动 aid changed;alteration of marks;variation of aids
航标补给检查 lights tending and inspection
航标撤除 aid withdrawal;withdrawal of aids-to-navigation
航标船 beacon boat;buoy tender
航标导航水域 pilotage district;pilotage waters
航标灯 beacon lantern;beacon light;blinker;lantern;light lantern;marine beacon;marine navigation light;navigational light;pharos;closed-top duplex lantern
航标灯船 light vessel
航标灯浮标 navigational light buoy
航标灯塔 beacon(light)tower
航标灯桩 beacon(light)tower
航标灯自动交换器 automatic lamp changer
航标定额 aids-to-navigation quota
航标费 beaconage and buoyage;buoyage
航标分类统计报告 statistic(al)report of aids' classification
航标敷设船 buoy tender
航标敷设双体船 catamaran buoy tender
航标敷设艇 buoy boat
航标工作船 aids tending craft;buoy tender;light tender
航标光源 light source for aids
航标恢复正常 aid corrected
航标技术档案 technical archives of aids-to-navigation
航标可靠性 reliability of aids
航标可用率 availability factor of aids;availability ratio of aids
航标可用性 availability of aids
航标课程 aids-to-navigation course
航标命名 naming of aids-to-navigation
航标能源 power source for aids
航标配布 layout of aids-to-navigation;placement of aids-to-navigation
航标配布类别 kinds of aids layout
航标配布图 layout of chart of aids
航标设计 marker design
航标设置 aid establishment;establishment of aids-to-navigation;set-up aids to navigation
航标失常 aid abnormality;aids discrepancy;aids failure
航标失常统计 statistics of aids abnormality;statistics of aids failure
航标手册 aids-to-navigation manual
航标税 beaconage
航标调整 adjustment of aids
航标艇 stake boat
航标维护 aids-to-navigation maintenance
航标维护管理 maintenance and supervision of aids
航标维护量 amount of aids maintenance
航标维护正常率 normality rate of aids maintenance
航标维护质量 maintenance quality of aids-to-navigation
航标现场课程 on-site course of aids-to-navigation
航标信号 beacon signal
航标学校 aids-to-navigation school
航标巡检里程 trip mileage of inspection on aids-to-navigation
航标研究班 aids-to-navigation seminar
航标移位 aid moved;aid shifted;displacement of aids
航标异常 abnormality of mark
航标异动 variation of aids
航标用铅酸蓄电池 lead acid storage battery for navigation aids
航标员 aids tending man
航标正常率 normality rate of aids-to-navigation
航标制度 system of aid to navigation
航标自动控制课程 automated aids course
航标综合设计 comprehensive design of aids-to-navigation
航标总体配布设计 general layout design of aids-to-navigation;general placement design of aids-to-navigation
航标作业计划 operating program(me)aids-to-navigation;operation plan of aids-to-navigation
航泊设施 water facility
航槽 navigable channel;navigational channel
航槽边界 channel demarcation
航槽标 dredged channel buoyage
航槽标界 channel demarcation
航槽标志 channel marker
航槽中心标志 mid-channel mark
航测 aerial photography;aerial survey(ing);air(-borne)survey;aircraft surveying;survey by aerial photographs
航测编图 air survey compilation
航测标绘图 ground plot
航测标准离差 standard deviation of aero-survey
航测材积表 aerial volume table
航测成图 aerial photographic(al)mapping
航测成图大地控制基础 geodetic air-photo base
航测成图地区 aerial coverage;air cover;area coverage;photographic(al)coverage
航测成图方法 method of aerophotogrammetry
航测成图区 aerial area coverage
航测的 air-photogrammetric(al)
航测地面标志 surface mark of aerial photogrammetry
航测地图 photomap
航测地形图 aerial photomap;aerial topographic(al)map;air survey map
航测队 aerial survey team;aerophotogrammetric(al)survey team
航测范围 aerial coverage
航测方法 aerial method
航测飞机 aerial survey craft;air-mapping aeroplane
航测海洋学 air-borne oceanography
航测绘图仪器 air survey plotting machine
航测基线倾斜(度)air base inclination
航测面积 area of air survey
航测内业(控制)加密 photogrammetric(al)control extension
航测平面图 aerophotogrammetric(al)plan;aerophotographic(al)map;aerophotographic(al)plan;air survey plan
航测设备 air survey equipment
航测摄影机 aerial(survey)camera;aerial surveying camera;air camera;air survey camera
航测摄影学 aerial mapping photography
航测实体制图术 stereophotogrammetry
航测数据清单 menu from air photogrammetric survey
航测数字测图 photogrammetrically numerical restitution
航测统计误差 statistic(al)error of aero-survey

航测图 aerial map; aerophotogrammetric(al) map; air survey map
航测图片 air photo
航测外控制点 field controlling point of aerophotogrammetry
航测系统灵敏度 sensitivity of aerosurvey system
航测相对误差 relative error of aerosurvey
航测选线 aerial route selection
航测学 aerophotogrammetry
航测遥感公司 Aerial Survey and Remote Sensing Company
航测仪 aerocartograph
航测原图 air-photogrammetric(al) original; map obtained by photogrammetric restitution
航测远景区级别 grades of airborne survey perspective area
航测照片 aerial view
航测制图 aerial mapping
航测制图仪 aerograph plotter; aeroprojector
航测资料 aerial data
航测综合法 photo-planimetric (al) method
航测作业 phototopography
航差 drift
航差改正 drift correction
航差角 leeway
航差调整 drift setting
航差指示器 drift indicator
航程 air range; cruising range; nautical distance; range; range ability; voyage; flying range <航空器>
航程保险 voyage insurance
航程保险单 voyage policy
航程编号 voyage number
航程表 distance table; mile table
航程分阶段 voyage in stages
航程海图 mileage chart
航程航时图 time-distance graph
航程计划中的停靠点 port of call
航程计算器 distance recorder
航程记录器 course recording machine; distance recorder; odograph
航程记录仪 course recording machine; distance recorder; odograph
航程检查图 range control chart
航程较短的 shorter haul
航程控制 range control
航程历时 duration of voyage
航程起讫点 terminal of voyage
航程损失 loss of voyage
航程条款 voyage clause
航程显示器 distance receiver
航程线 rhumb line
航程延长条款 marine extension clause
航程引导 midcourse guidance
航程指示器 log-face ga(u)ge; mileage indicator; yardage indicator
航程指示仪 mileage indicator
航程中断 broken voyage
航程终点 point of destination
航程终了 end of passage
航程终止 termination of the adventure
航程终止条款 termination of adventure clauses
航程租费契约 charter by voyage
航程租约 voyage charter
航磁垂直梯度仪 aeromagnetic vertical gradiometer
航磁的 aeromagnetic
航磁梯度仪 aeromagnetic gradiometer
航磁异常地面查证等级 grade of ground check on aeromagnetic anomalies
航次 trip; voyage(number) <指船>; flight number <指飞机>
航次保险 voyage insurance
航次保险单 voyage policy
航次报告 voyage letter; voyage report
航次期租 time charter on trip basis; voyage charter
航次受阻 frustration
航次受阻条款 frustration clause
航次数 trip number; voyage number
航次条款 voyage clause
航次修理 voyage repair
航次延伸协会 running agreement
航次账单 trip account; voyage account
航次租船 trip charter; voyage charter
航次租船合同 voyage charter party
航次租船契约 voyage charter
航带 air strip; flight strip; range swath
航带法【测】 flight strip triangulation
航带法区域网空中三角测量 strip aerial triangulation
航带宽 strip width
航带晒印机 strip printer
航带设计 flight strip design; strip design
航带印像机 strip printer
航道 air lane; channel; channel lane; channel lead; fairway; gut; lane; navigable channel; navigable pass; navigable waterway; navigational canal; navigation(al) course; navigation channel; navigation pass; sailing course; seaway; ship(ping) channel; ship(ping) lane; shipway; water course; waterway
航道保护 waterway protection
航道边候船处 lay-by
航道边坡 channel slope
航道边坡系数 side slope factor of channel
航道边线 channel line
航道边线标志灯 marker for channel lines
航道边缘 channel margin
航道边缘标志 channel edge marking
航道边缘水深 channel edge depth
航道变化 shifting of navigable channel
航道变迁 navigation channel change; navigation channel variation
航道标 navigable channel mark; perch
航道标界 channel demarcation
航道标志 channel marker; channel mark(ing); navigational mark; marking of a channel
航道标志灯 marine light
航道标志浮标 channel marking buoy
航道标准尺寸 standard dimensions of channel; standard dimensions of navigation channel
航道标准尺度 standard dimensions of channel; standard dimensions of navigation channel
航道标准宽度 standard width of (navigation) channel
航道标准水深 standard depth of (navigation) channel
航道标准弯曲半径 standard curvature of navigation channel; standard curvature radius of channel
航道布置图 channel layout
航道测量 channel survey; hydrographic(al) survey(ing); hydrographic(al) survey of channel; navigation survey; passage survey; waterway survey
航道长度 channel length
航道尺度 channel dimension; dimensions of channel
航道冲刷 channel erosion; channel scour; channel scouring; channel washing
航道出口 opening of a channel
航道导航信息业务 channel navigation information service
航道灯标 channel light; fairway buoy
航道等级 channel classes; classification of navigation channel
航道底 channel bed; channel bottom
航道底标高 channel bed level
航道底高程 channel bed elevation; channel bed level
航道底宽 bottom width of channel; channel bottom width
航道定级 ranking of waterway
航道定线 alignment of navigation channel; channel alignment
航道定线设计 alignment design of channel
航道定线桩 alignment pole of channel; alignment stake of channel
航道堵塞 channel block; channel jam
航道断面 channel section
航道断面系数 cross-sectional coefficient of channel; cross-sectional coefficient of navigation channel; cross-sectional factor of channel; section factor of channel
航道断面形状 channel geometry
航道恶化 deterioration of waterway
航道方向 channel direction
航道分叉浮标 bifurcation buoy
航道分级 classification of waterway
航道浮标 channel(-marking) buoy
航道浮标工程船 fairway buoy engineering vessel
航道富余水深 channel depth clearance
航道改道 channel realignment; channel relocation; deviation channel
航道改线 channel realignment; channel relocation
航道工程 navigation channel project; navigation project; waterway engineering; waterway project
航道工程勘测 waterway engineering survey
航道工程设计标准 design standard of waterway project
航道工程师 waterway engineer
航道工程总体设计 master design of waterway project
航道工作年鉴 year-book of waterway work
航道公报 notice to mariners
航道管理 management of navigation channel; waterway administration
航道规划 waterway planning
航道规划与分道通航 routing and traffic separation
航道航速 fairway speed
航道横断面 channel cross-section
航道后方 back-channel
航道汇合处 junction of channels
航道汇合点浮标 junction buoy
航道绘图水位 channel surveying reference level
航道及港口的疏浚 channel and harbo(u)r dredging
航道几何特性 channel geometry
航道加宽 channel expansion; channel widening
航道加深 channel deepening
航道加速冲刷 acceleration erosion of channel
航道加速度 flight path acceleration
航道间隔 navigation span
航道建设标准 construction standard of waterway
航道交叉点 junction of channels
航道校正 track adjustment
航道截面阻塞系数 blockage factor
航道界线 channel line
航道界限 limit of navigation channel
航道尽头线 fall line
航道进口浮标 fairway buoy
航道开发 channel development; channel exploration
航道控制 channel control
航道口浮标 fair buoy
航道宽度 channel breadth; channel spalling; channel span; channel width; course width; width of channel; width of shipping lane; navigable width; width of navigation channel
航道宽度系数 channel width coefficient
航道里程 waterway mileage; waterway milestone
航道里程标 kilometer post of waterway; waterway milepost
航道利用 channel utility
航道流态 channel regime(n)
航道名称 name of steamer
航道偏离中心部分 off-center portion of channel
航道坡度 channel slope
航道清淤 channel cleanout; channel desilting; desilting of channel
航道曲率半径 channel bend radius; curvature radius of channel
航道曲线段半径 channel radius in curve
航道入口 channel entrance; navigation entrance
航道入口调动 channel entry manoeuvre
航道扫床测量 channel sweep survey
航道扫海测量 channel sweep survey
航道设标 channel demarcation; channel mark(ing)
航道设计 channel design
航道设计水深 designed depth of navigation channel
航道设计水位 designed stages of navigable channel
航道设施 waterway facility; waterway installation
航道深度 depth in channel
航道疏浚 channel dredging; navigation channel dredging; waterway dredging
航道疏浚高程 channel dredged level
航道刷深 channel degradation; channel incision
航道水力学 channel hydraulics
航道水深 channel depth; depth of (navigable) channel; navigable channel depth
航道水深保证率 guaranteed rate of channel depth
航道水深变化 variation in channel depth
航道缩短 channel shortening
航道所在区域水深图 channel area depth chart
航道条件 channel condition
航道通告 notice to mariners; notice to navigators
航道通过能力 channel capacity; trafficability of navigation channel; trafficability of waterway; waterway capacity; waterway transit capacity
航道通信[讯] inland waterway message
航道图 channel chart; navigation channel chart; track chart
航道挖泥船 canal dredge(r)
航道弯道偏转角 channel bend angle

航道弯段 channel arc;channel bend
航道弯段偏转角 channel deflection angle
航道弯段曲率半径 channel bend radius
航道弯曲半径 bend radius of channel;curvature radius of channel
航道弯曲部分 channel curvature
航道维护 channel maintenance;channel protection;maintenance of waterway;navigation channel maintenance
航道维护尺度 maintenance dimensions of channel
航道维护分类 classification of waterway maintenance
航道维护里程 maintained mileage of waterway
航道稳定性 channel stability
航道系统 waterway net(work)
航道线 channel line
航道选线 selections of channel;selections of waterways
航道有效宽度 effective channel width
航道有效深度 effective channel depth
航道右侧 starboard side of channel
航道淤高 accretion of channel;channel aggradation
航道淤积 channel accretion;channel deposit(ion);channel fill(ing);channel sedimentation;channel silting;navigable pass sedimentation;navigation channel sedimentation;channel aggradation;channel filling
航道站 aids tending station;waterway station
航道整直 channel straightening
航道整治 channel improvement;channel rectification;channel regulation;regulation of (navigation) channel;regulation of waterway;waterway regulation
航道整治的水力计算 hydraulic calculation for channel regulation;hydraulic computation for channel regulation
航道整治线 channel line
航道支流的立标 branch beacon
航道治理 channel improvement
航道中冲积的碍航物 gorge
航道中浅滩 middle ground
航道中浅滩浮标 middle ground buoy
航道中线浮标 mid-channel buoy
航道中心 mid-channel
航道中心浮标 mid-channel buoy
航道中心航标 mid-channel mark
航道中心线 axis of channel;central line of channel
航道中央 mid-channel
航道轴线 axis of channel;channel axis
航道走向 trend of channel
航道阻塞 channel capacity
航道左侧 portside of channel
航道左界限 port of fairway
航电磁异常地质综合图 figure of airborne electromagnetic anomaly and geology
航段 leg
航段距离 sailed distance
航高 cardinal altitude;flight altitude;flight height;flight level;flying height;photo altitude
航高差 error of flight height;height difference
航高等高距之比 C factor[contour factor]
航高改正数测定器 pressure-height corrector
航高校正 height correction
航高校正数测定器 pressure-height corrector
航高偏移 height displacement
航高上限 flight ceiling
航高影响 influence of aero-elevation
航高与等高距之比 altitude-contour ratio
航海 marine;navigate;sailing;marine navigation
航海必需品装载免税单 bill of store
航海标志 sea mark
航海表 navigation tables
航海补助金 navigation subsidy
航海参考图 non-navigational chart
航海测链 nautical chain
航海长度单位 nautical measure
航海晨光始 beginning of nautical morning twilight
航海晨昏蒙影 nautical twilight
航海晨昏蒙影时间 time of nautical twilight
航海船 sea-going vessel
航海导航 marine navigation;ship navigation
航海的 marine;maritime;nautical;navigational;seafaring;sea going
航海灯标 marine;marine lantern
航海灯标透镜 marine lantern lens
航海地图 sea chart
航海电子学 marine electronics
航海法规 navigation law
航海风险 marine perils;marine risks
航海浮式起重机 sea-going floating crane
航海公告 notice to mariners
航海惯性导航系统 marine aided inertial navigation system
航海和渔业用钢丝绳 wire rope for shipping and fishery
航海昏影终 end of nautical evening twilight
航海记录 log-book
航海记事牌 log board
航海技能 navigation skill;seamanship
航海技术 art of navigation
航海季节 navigation season
航海家 mariner;navigator;voyage
航海健康申报书 maritime declaration of health
航海奖励金 navigation bounty
航海交通 sea-going traffic
航海经验 sea experience
航海警告 navigational warning
航海救援 navigational aids
航海距离 nautical distance
航海科学 nautical science
航海雷达 marine radar
航海雷达摄影机 marine radar camera
航海历(书) marine almanac;nautical almanac;nautical ephemeris
航海利息 bottomry premium;marine interests;maritime interest
航海六分仪 nautical sextant
航海罗经 mariner's compass
航海罗盘(仪) boat compass;course-setting compass;mariner's compass
航海煤油 navigation kerosene
航海模拟 marine simulation
航海模拟器 marine simulator
航海模拟器试验 marine simulator experiment
航海模拟训练仪 data bridge simulator
航海年历 nautical almanac;nautical ephemeris
航海呕吐 vomitus marinus
航海气象学 marine meteorology
航海气压计 marine barometer
航海人员 maritime people
航海日程表 itinerary
航海日记 day book;sea log;ship log
航海日记摘要 extract from log;log extract
航海日志 deck log;journal;log;log-book;ship's log book;ship log
航海日志草本 bridge book;captain's log;rough log book;scrap log book
航海日志摘要 abstract log;extract from log;log extract
航海三角形 navigation(al) triangle
航海设备 navigation gear
航海生活 seafaring life
航海时计 chronometer;marine chronometer;nautical chronometer
航海室 chart room;plotting room
航海曙暮光 nautical twilight
航海术 nautics;seamanship;navigation
航海术语 nautical term;sailing term;sea term
航海数据综合显示系统 integrated display system
航海说明书 sailing instruction
航海速度 sea-going velocity
航海天文历 nautical almanac;nautical ephemeris
航海天文学 nautical astronomy;navigational astronomy
航海天文钟 nautical chronometer
航海条例 navigation acts
航海通告 notice to mariners;notice to navigators;sailing directions
航海通告年度摘要 Annual Summary of Notices to Mariners
航海通信[讯]卫星 marine communication satellite
航海图 chart;nautical chart;sea-book
航海图表 plotting sheet
航海图书目录 catalog(ue) of charts and other navigation publications
航海望远镜 long glass;marine telescope
航海卫星 MARISAT [maritime satellite];nautical satellite
航海文件 marine documents
航海无线电设备 maritime radio equipment
航海无线电通信[讯] marine communication
航海物料行 marine store
航海显著标志 conspicuous object for navigation
航海线 shipping line
航海星 navigational planet
航海性恶心 nausea marina;nausea navalis
航海性能 sea-going capability;sea-going quality;seakeeping ability;seakeeping quality
航海性能良好的船 sea kindly ship;seaworthiness ship
航海学 marine navigation;nautical navigation;navigation
航海学会 Institute of Navigation
航海学校 navigation school
航海学院 nautical college
航海仪器 nautical instrument;navigating instrument;navigational instrument
航海仪器及器具 marine service instruments and implements
航海移动卫星 maritime mobile satellite
航海(营救)速度 sea speed
航海用表 nautical tables
航海用导航灯 marine light
航海用具 implement;nautical equipment
航海用六分仪 marine sextant
航海用品供应站 marine store
航海用天球平面图 nautical planisphere
航海用无线电台 marine radio
航海用无线电信标 marine radio beacon
航海用显微胶卷放映器 navigational microfilm projector
航海用语 nautical term;sea term
航海用照准仪 marine alidade
航海油 marine oil
航海预告 advance to notice-to-mariners;preliminary notice to mariners
航海站 marine terminal
航海者 mariner;navigator;seafarer
航海证书 sea brief
航海值班 navigation watch
航海指南 sailing instruction;pilotage zone
航海钟 navigation clock
航迹 sailing line;ship track;track;wake【航海】;flight path;pathway;pilot's trace【航空】
航迹带【航海】 sailing path
航迹带宽度【航海】 width of sailing path
航迹导航计算机 track navigation computer
航迹灯 range light;wakelight
航迹分布 track distribution
航迹分析器 flight path analyser[analyzer]【航空】;dead-reckoning analyser[analyzer]【船】
航迹分析指示器 dead-reckoning indicator
航迹跟踪 tracking
航迹观测 sailing track observation
航迹绘画 estimated position plot
航迹绘算器 dead-reckoning tracer;position plotter
航迹绘算仪 dead-reckoning analyser [analyzer] indicator
航迹绘图仪 track plotter
航迹积算 dead reckoning
航迹记录器 dead-reckoning equipment;dead-reckoning recorder;dead-reckoning tracer【船】;path recorder;track plotter;track recorder;flight path recorder【航空】
航迹记录图【航空】 flight path recorder chart
航迹记录仪 track plotter
航迹间富裕宽度 clearance of ship;ship clearance
航迹角 angle of flying trace;flight path angle;flight path slope;track angle
航迹宽度 path width
航迹流 wake current
航迹偏差 track deviation
航迹偏差指示器 flight path deviation indicator
航迹偏离度分布曲线 distribution curve of flying path deviation
航迹偏离极限 track deviation limit
航迹偏移距离 cross-track distance;drift
航迹摄影定位 aerial photograph fix
航迹速度 speed made good;velocity made good
航迹图 track chart
航迹推算(法) dead reckoning
航迹推算分析器 dead-reckoning analyser[analyzer]
航迹推算计算机 dead-reckoning computer
航迹推算描绘仪 dead-reckoning tracer
航迹推算模拟指示器 dead-reckoning analog(ue) indicator
航迹推算器 dead-reckoning equipment

H

航迹推算指示器 dead-reckoning indicator
航迹推算作图 dead-reckoning plot
航迹线 track line
航迹向 compound course; course made good; course over the ground
航迹预绘 track predictor
航迹指示器 pathfinder
航迹轴 flight path axis
航迹自画器 tracer
航迹自绘仪 automatic position tracer; course plotter
航迹自记指示器 electronic position indicator
航寄 airmail
航进 navigation; seaway
航空 aerial flight; aerial navigation; aeronautic navigation; airway
航空碍航指示灯 aeroobstruction light
航空安全玻璃 aeroplex
航空安全信息 aviation safety information
航空班机 aerial liner; skybus
航空版 aeronautical edition
航空包裹 air parcel
航空保险 aviation insurance
航空鼻窦炎 aerosinusitis; barosinusitis; sinus barotrauma
航空比较线 comparative air lines
航空比平仪 level flight indicator
航空编码发生器 air code generator
航空标灯 aeronautical light
航空标绘 airplot
航空标绘风速 airplot wind velocity
航空标塔 aerial light house; airway beacon
航空表 aircraft watch
航空兵 airman
航空病 aerial sickness; airsickness; aviation sickness
航空波谱测量仪器 air-borne spectral measurement instrument
航空布料 aeroplane cloth
航空材积表 aerial volume table
航空材料 aerial material
航空侧视雷达 side-looking aerial radar; side-looking airborne radar
航空侧视雷达图像 side-looking aerial radar image
航空侧视雷达系统 side-looking airborne radar system
航空测高计 aircraft altimeter
航空测高仪 cabin altimeter
航空测绘 aerial mapping; aerial photographic(al) mapping; aerial photomapping; air-mapping
航空测绘摄影飞机 mapping aircraft
航空测绘仪 aerocartograph
航空测距仪 air-borne ranger
航空测量 aerosurvey; air-borne method; air(-borne) survey
航空测量法 aerial survey(ing)
航空测量方法 aerial method
航空测量飞机 aerial survey craft
航空测量工程师 aerial engineer
航空测量摄影 air survey photo-(graph)
航空测量摄影机 aerial(survey) camera; aerocamera; air survey camera
航空测量摄影仪 aerial survey camera
航空测量水道技术 air-borne hydrography technique
航空测量图 aerocartograph
航空测探 aeromagnetic exploration
航空测图 aerial mapping
航空测图仪 aerocartograph
航空测向器 air-borne direction finder
航空测雪 aerial snow survey; aircraft snow survey
航空柴油 aviation diesel oil
航空颤振 aeronautical flutter
航空抄平 aerial level(l)ing; aerolevеling
航空初测 aerial preliminary survey
航空磁测 aeromagnetic survey(ing); air-borne magnetic survey(ing)
航空磁测图 aeromagnetic map
航空磁法找矿 air-borne magnetic prospecting
航空磁力测量 aeromagnetic survey(ing); air-borne magnetic survey(ing); air-borne magnetometer survey
航空磁力面 aeromagnetic surface
航空磁力探矿 air-borne magnetic exploration
航空磁力梯度计 air-borne magnetometric(al) gradiometer
航空磁力梯度仪 aeromagnetic gradiometer; air-borne magnetic gradiometer; air-borne magnetometric-(al) gradiometer
航空磁力仪 aerial magnetometer; aeromagnetometer; air-borne magnetometer
航空磁强计 aeromagnetometer; air-borne magnetometer
航空磁通门磁力仪 air-borne fluxgate magnetometer
航空带状摄影机 strip camera
航空单点与差动全球空中定位导航系统 air-borne single point and differential GPS navigation
航空导航设备 air navigator
航空导航图 aeronautical chart; aeronautical pilotage chart; contact chart
航空的 aerial; aeronautical; aery; navigational
航空灯 aviation light; aerolight; aeronautical light; airlight
航空灯标 aeronautical beacon; aviation beacon
航空灯塔 aerial light house; airport beacon; airway lighthouse
航空等效材料 air equivalent material
航空地磁仪 aeromagnetometer
航空地理学 aerogeography
航空地面电源车 aircraft power vehicle
航空地球化学 air-borne geochemistry
航空地球化学勘探 air-borne geochemical exploration; air-borne geochemical prospecting
航空地球物理测量 air-borne geographical surveying
航空地球物理调查 aerial geophysics prospecting
航空地球物理勘测 air-borne geophysical survey
航空地球物理勘探 aerial geophysical exploration; air-borne geophysical exploration; air-borne geophysical prospecting
航空地图 aeromap; flight chart
航空地形测量学 aerotopography
航空地质测量 aerogeologic(al) survey
航空地质目测 geologic(al) aerovisual observation; geologic(al) airview
航空地质学 aerial geology; aerogeology
航空地质制图 aerogeologic(al) mapping
航空电磁法 aeroelectromagnetic method; air-borne electromagnetics
航空电磁法勘探 air-borne electromagnetic prospecting
航空电磁法异常曲线 anomaly curve of aeroelectromagnetic method
航空电磁性勘探 air-borne electromagnetic prospecting
航空电磁找矿 air-borne electromagnetic prospecting
航空电法 air-borne electrical method
航空电码 aerocode
航空电码信号发生器 air code generator
航空电刷 brush for aeroelectromachine
航空电子法测量控制 air-borne electronic survey control
航空电子技术 avionics
航空电子设备 avionic device; avionics
航空电子系统 air-borne electronic system
航空电子学 avionics; aviotronics
航空电子学的 avionic
航空电子眼镜 avionic goggles
航空调查 aerial survey(ing); air-borne survey
航空定点通信[讯]服务 aeronautical fixed service
航空定位方法 method of airborne fix
航空毒理学 aviation toxicology
航空多波段摄像机 aerial multiband camera
航空多谱段扫描图像 air-borne multi-spectral scanning image
航空多谱段扫描仪 air-borne multi-spectral scanner
航空耳炎 aerootitis
航空发电机 aerodynamo; aerogenerator; aviation dynamotor
航空发动机 aeroengine; aeromotor; aircraft engine; air engine
航空发动机燃料 aircraft engine fuel
航空发动机叶片 blade of aviation engine
航空法 aviation law
航空放射性找矿 air-borne radioactivity prospecting
航空非分光红外监测仪 air-borne non-dispersive infrared monitor
航空粉尘分析仪 air-borne particle analyser[analyzer]
航空粉尘计数器 air-borne particle counter
航空风挡玻璃 aerial windscreen
航空风镜玻璃 aviation spectacle glass
航空符号 aeronautical symbol; air information symbol
航空辐射温度计 air-borne radiation thermometer
航空伽马测量 aerogamma survey
航空改装型船用燃气轮机 marinized aircraft gas turbine
航空改装型燃气(涡)轮机 aircraft derived gas turbine
航空改装型燃汽轮机 aircraft derived gas turbine
航空钢丝 aircraft cord wire
航空钢丝绳 aircraft cable; aircraft wire rope
航空港 aerial port; aeroport; air harbo(u)r; air port; air terminal
航空港标志 airport identification mark; airport identification sign
航空港城市 airport city; jet city
航空港大楼 air terminal building
航空港灯标 airport light beacon
航空港地区规划 airport zoning
航空港管理 airport administration; airport management
航空港航运量 airport traffic
航空港交通管制塔台 airport traffic control tower
航空港旅馆 air terminal hotel
航空港运行 airport activity
航空高度计 air-borne altimeter
航空工程 aeronautical engineering
航空工业 aviation industry
航空公司 air carrier; air line; airline company
航空公司汽车服务处 airline coach service
航空供氧系统 aviation oxygen supply system
航空汞量测量 air-borne mercury survey
航空观测 aerial observation; aircraft observation
航空海浪记录仪 air-borne sea and swell recorder
航空海洋向量测量 air-borne and marine vector measurements
航空航天地面设备 aerospace ground equipment
航空航天电子设备控制系统 avionics
航空航天电子学 avionics
航空航天环境 aerospace environment
航空航天器 aerospace vehicle
航空航天制图学 aerospace cartography
航空航天自动着陆 aerospace automatic landing
航空航运站 air cargo terminal
航空合金 aerometal
航空和航天 aerospace
航空和航天工程 aerospace engineering
航空和航天工业 aerospace industry
航空和航天空间 aerospace
航空和铁路联运托运单 air-rail consignment note
航空红外测绘仪 air-borne infrared mapper
航空红外成像 aerial infrared imagery
航空红外成像仪 air-borne infrared mapper
航空红外高能激光器 air-borne infrared high energy laser
航空红外扫描仪 aerial infrared scanner; air-borne infrared scanner
航空红外天文望远镜 air-borne infrared astronomy telescope
航空环境 aeronautical environment
航空绘图摄影机 aerial mapping camera
航空火箭 aircraft rocket
航空货物 air cargo
航空货运 air freight
航空货运大楼 air freight building
航空货运楼 air cargo terminal building
航空货运枢纽 air freight terminal
航空货运提单 air waybill
航空货运厅 air freight building
航空机关炮炮塔 aircraft machine-gun turret
航空机械师 aeromechanic
航空机油 aircraft engine oil
航空积分能谱测量 aerointegral spectrum survey
航空积算机 air navigator
航空基地 air base
航空基地管辖范围 operational range
航空激光测距仪 air-borne laser rangefinder
航空激光测深仪 hydrographic(al) airborne laser sounder
航空激光地形断面记录仪 air-borne laser terrain profiler
航空激光目标跟踪器 air-borne laser target tracker
航空激光剖面测绘仪 air-borne laser profiler
航空激光摄影机扫描系统 air-borne laser-camera scanning system
航空激光吸收光谱仪 air-borne laser absorption spectrometer
航空激光纵剖面测绘仪 air-borne la-

ser profile-graph
航空集散点 air terminal
航空集散站 air terminal
航空集装箱 air mode container
航空计划图 aeronautical planning chart; air navigation planning amp
航空记录仪 aviation recorder
航空技术 aerotechnics
航空加工机械 aircraft machinery
航空减压病 aviation decompression disease
航空交通 air traffic
航空交通管制系统 air traffic control system
航空胶合板 aircraft plywood; airoplane plywood; consuta plywood; microplex
航空胶片 aerial film
航空胶片自动编号机 automatic aerial film numbering machine
航空精密时计 aerochronometer
航空肼 aerozine
航空救生 aviation lifesaving
航空救生艇 air-sea rescue boat
航空距离 airline distance
航空绝缘物 airplane insulator
航空勘测 aerial reconnaissance; aerial survey(ing); aerosurvey; aero-surveying; air survey
航空勘测飞机 surveying aircraft
航空勘测摄影 aerial reconnaissance photography
航空勘察 aerial reconnaissance; aero-photographic(al) reconnaissance; air reconnaissance
航空勘探 aeroprospecting
航空考古学 aerial archaeology
航空客运站 air passenger terminal
航空控制 air traffic control
航空里程计 air log
航空力学 aerodynamics; aeromechanics
航空力学的 aeromechanic
航空立体观察镜 <胶片可转动的> scanning stereoviewer
航空流体 aerofluid
航空六分仪 aircraft sextant
航空路线 air lane; airway; flight route
航空旅客 air passenger
航空旅客量 volume
航空旅行包 flight bag
航空铝合金 aerolite; aerometal
航空轮胎 aerotire[aerotyre]
航空罗盘 aircraft compass; aeroplane compass
航空螺旋桨 air screw
航空煤油 air petroleum; aviation kerosene; jet fuel(oil); plane kerosene
航空密封 aerospace seal
航空母舰 aeroplane carrier; aeroplane depot boat; aircraft carrier; airplane mother ship; carrier; flat top; floating aerodrome; flying carrier; mother; mother ship; plane carrier; seaplane carrier
航空目测踏勘 aerial reconnaissance
航空能谱测量 air-borne gamma ray spectrometry
航空农业 <指飞机播种、施农药等> aeragronomy; aerial farming
航空盘锥形天线 aerodiscone antenna
航空跑道 pilot lane
航空喷粉器 aeroduster
航空喷气网络分析器 aerojet network analyser[analyzer]
航空喷雾机 aerial sprayer
航空喷雾器 aviation sprayer
航空平台 air-borne platform
航空剖面 air-borne profile
航空普查 air-borne prospecting
航空漆 airplane paint
航空起动机 aviation starter
航空气候学 aeronautical climatology; aviation climatology
航空气相色谱分析仪 air-borne gas chromatographic analyser[analyzer]
航空气象测量 aeronautical meteorology
航空气象记录仪 aerograph; aerometeorograph
航空气象(简)图 pilot chart; aerograph; aerologic(al) map
航空气象台 air weather station
航空气象学 aerology; aeronautical meteorology; aviation meteorology
航空气象学计划 aeronautical meteorology planning
航空气象学委员会 Commission for Aeronautical Meteorology
航空气压表 aviation barometer
航空汽化器 aerocarburetor; aircraft carburetor
航空汽油 aero oil; aircraft motor gasoline; avgas; aviation gas(oline); aviation petrol; aviation spirit; plane gasoline
航空汽油抗爆液 aviation mix
航空汽油中加异戊烷 isopentanize
航空汽油组成的调合 blending of aviation gasoline components
航空器 aerial craft; aerostat; aircraft; air vehicle; flyer
航空器镶玻璃部分 aircraft transparency
航空器噪声 aircraft noise
航空铅合金 aerometal
航空青铜 aerobronze
航空倾斜度计 aerogradimeter
航空清漆 aircraft varnish
航空情报 air information; air intelligence
航空球轴承 aircraft ball bearing
航空燃料 aircraft fuel; aviation fuel
航空燃料馏分 aviation fuel fraction
航空燃料装置 aviation fuel installation
航空燃汽轮机 aerogas turbine; aircraft gas turbine; aviation gas turbine
航空燃汽轮机发动机 aerogas turbine engine; aviation gas turbine engine
航空热红外扫描图像 air-borne thermal infrared scanner image
航空人工降雨机 aeration sprinkler
航空人员须知 notice to airman
航空润滑剂 aero(engine) oil
航空润滑油 aeroplane oil; aircraft lubricating oil; aviation lubricating oil
航空润滑脂 aircraft grease; aviation grease; aviation lubrication grease
航空三角测量 aerial triangulation; aerotriangulation; air triangulation; spatial triangulation
航空三角仪 aerial triangulator
航空散热器 aeroradiator
航空扫描器 aircraft-borne scanner
航空扫描仪 air-borne scanner; aircraft-borne scanner
航空设备 aeronautical facility; navigation gear
航空设施 air installation
航空摄像仪 airphoto stereoscopic(al) instrument
航空摄像员 aerial camera operator; camera operator
航空摄影 aerial mapping; aerial photography; aerial shot; aerophoto; aeroplane photography; air photo(graph)
航空摄影测绘 aerial photographic(al) mapping; aerial photomapping
航空摄影测绘学 air photogrammetry
航空摄影测量 aerial photographic(al) survey; aerial survey(ing); aerophotogrammetric(al) survey; aero-photographic survey; air-photogrammetric(al) survey; air surveying; survey by aerial photographs
航空摄影测量的 aerophotogrammetric(al); air-photogrammetric(al)
航空摄影测量平面图 aerophotogrammetric(al) plan
航空摄影测量图 aerophotogrammetric(al) map
航空摄影测量相片主点 principal point of aerial survey
航空摄影测量学 aerial photogrammetry; aerophotogrammetry; aero-surveying; aerocartography; air photogrammetry
航空摄影测量制图学 air photogrammetry
航空摄影测图 aerophototopography; aerotopography
航空摄影测图仪 aerosimplex
航空摄影成图 aerial photomapping
航空摄影大地测量学 aerophotogeodesy
航空摄影地层年代学 photochronology
航空摄影地图 aerial picture map
航空摄影地形测量学 aerophototopography
航空摄影地质学 aerophotogeology
航空摄影调查 air photographic(al) survey
航空摄影飞机 air survey aircraft; mapping aircraft; photo aircraft; photographic(al) aircraft
航空摄影分析 aerial topographic(al) analysis
航空摄影复制资料 aerial duplicating material
航空摄影机 aerocamera; aerophotographic(al) camera; air-borne photogrammetric(al) camera; air camera; aircraft camera; photogrammetric(al) camera; photographic(al) camera
航空摄影机镜头 aerial camera lens; aerophotogrammetric(al) lens; air-photogrammetric(al) lens
航空摄影机倾斜 tilt of aerial camera
航空摄影机座架 aircraft camera mount(ing)
航空摄影基线 air base
航空摄影技术 air phototechnique
航空摄影勘测 aerial reconnaissance; aerophotographic(al) reconnaissance; air reconnaissance
航空摄影勘察 airphoto survey; photoreconnaissance
航空摄影控制 control of aerial photography
航空摄影术 air photography
航空摄影学 aerial photo(graph); aerophotography
航空摄影仪 aerial camera; air camera; aircraft camera; aerophotographic(al) camera; air-borne camera; photogrammetric(al) camera
航空摄影仪器 aerophotographic(al) apparatus
航空摄影员 air photographer
航空摄影照片 aerophoto(graph)
航空摄影制图 aerial photographic(al) mapping; aerial photomapping
航空生物学 aerobiology
航空声学 aeroacoustics
航空时钟 aviation clock
航空实验室 aeronautical laboratory
航空事故 aviation accident
航空事业 aery
航空视图 aerial view
航空输送机 air conveyer[conveyor]
航空术 aeronautics; avigation; navigation
航空数据处理机 air-borne data processor
航空水准测量 aerial level(l)ing; aeroleveling
航空弹簧减震器支柱 aerospring shock absorber strut
航空探矿 aerial prospecting; aviation mineral exploration
航空特种胶合板 aircraft weldwood
航空梯度仪 air-borne gradiometer
航空提单 air bill of lading; airmail bill of lading
航空天气观测 airways observation; aviation weather observation
航空天气预报 airways forecast; aviation weather forecast
航空天体摄影机 air-borne astrographic camera
航空(天文)历 air almanac
航空天文学 aviation astronomy
航空、铁路、公路的衔接 air/rail/road interface
航空烃化汽油 aviation alkylate
航空通信[讯] aeronautical communication; aviation communication
航空通信[讯]频道 aviation channel
航空通行权 avigation easement
航空投影测图仪 aero-projector
航空投影多倍测图仪 aero-projector multiplex
航空投影仪 aero-projector
航空投掷式海水测温仪 air-borne expendable bathythermograph
航空透平 aircraft turbine
航空图 aerial chart; aerial map; aerial navigation map; aerochart; aeronautical map; aeronautical chart; air chart; air-map; air navigation map; aviation chart; aviation map; navigational chart; navigator chart
航空图板 aircraft chart board
航空图接图表 air navigation chart index
航空图片分析 air-photo analysis
航空涂料 aeroplane dope; aircraft coating
航空望远镜 aerial telescope
航空微波测距系统 <商品名> Aerodist
航空微波测距仪 aerodist; air-borne tellurometer
航空卫星系统 aeronautical satellite system
航空涡轮机 aeroturbine; aviation turbine; aircraft turbine
航空无线电高度计 aeronautical radio altimeter
航空无线电立标 aeronautical radio beacon
航空无线电设备 aeronautical radio
航空无线电台 aeradio; aviation radio; plane radio
航空无线电探空记录仪 air-borne radiosonde recorder
航空无线电信标 aeronautical radio beacon
航空无线电指向标 aeronautical radio beacon
航空物理测量 aerophysical survey
航空物理学 aerophysics
航空物探 aerial geophysical exploration; air-borne geophysical prospec-

H

ting
航空系统 air line
航空细钢丝绳 aircraft cord
航空线 aerial line;ah line;air line;air route;airway;course of flight;traffic line;flight line
航空线距离 airline distance
航空线路 skyway
航空线图 air route map; air trials map; aerial line map; aeronautical route map; airline map; air trails map;airway map;flight line map
航空线终点 air terminal
航空像片 aerial image; aerial photo(graph); aerial print; aeroplane photograph;air photo(graph);aerophoto(graph)
航空像片编号 exposure number
航空像片合成 aerial photography composite
航空像片镶嵌 aerial photographic(al) mosaic;airphoto mosaic
航空像片镶嵌图 aerial photographic(al) mosaic; aerophotographic(al) mosaic;air photographic(al) mosaic;airphoto mosaic
航空像片镶嵌图制作 construction of aerial mosaics
航空像片转绘仪 aerial photograph converter;aerosketch master
航空小队 air flight
航空辛烷值测定法 aviation method
航空信 airmail
航空信标 aerial beacon;air beacon
航空信号灯 aeronautical beacon
航空信汇 airmail transfer
航空信件 aerogram
航空信息符号 air information symbol
航空选线 aerial route reconfiguration
航空学 aeronautics; avigation; air navigation;aviation
航空学校 aviation school;flying school
航空学院 aeronautical engineering institute
航空遥测 remote aerial reconnaissance
航空遥感 aerial remote sensing; airborne remote sensing; air-borne telesensing;remote aerial reconnaissance
航空遥感技术 air remote-sensing technique
航空液压油 aircraft fluid
航空医学 aeromedicine
航空仪表 aircraft instrument
航空仪器 aeronautical instrument
航空英里 aeronautical mile
航空用高强度钢 magnaflux steel
航空用金属 aerial metal
航空用六分仪 air sextant
航空用铅蓄电池 aerolead battery
航空用信标 aerophare
航空邮寄 par avion
航空邮件 airmail
航空邮件纸 airmail paper
航空邮政 airmail
航空邮政承包公司 airmail contractor
航空邮政承包人 airmail contractor
航空油料 air fuel
航空油溢视系统 air-borne oil spill surveillance system
航空预报 aviation forecast
航空预报带 aviation forecast zone
航空运费 air freight
航空运输 aerial navigation; aerial transport(ation); air-borne transportation;air transport(ation)
航空运输费 air freight
航空运输机 aerial conveyer[conveyor];air conveyer[conveyor]
航空运输提单 air waybill
航空运输系统 air transport system
航空运输协会 <美> Air Transport Association
航空运输业 airline industry;air transport industry
航空运送 air freight;carriage by air
航空晕 airsickness;aviation sickness
航空站 aerodrome;airdrome;air port;air station;depot;port
航空站工程学 airport engineering
航空站进场控制区 approach control zone of air station
航空障碍标志灯 aeroobstruction light;aviation obstruction light
航空障碍灯 aero-indicating light
航空障碍灯标 aeroobstruction light;aviation obstruction light
航空照片 aerial print; aerophoto(graph); air photo(graph); air view;flight photo(graph)
航空照片比例尺 scale of aerial photograph
航空照片解释 aerial photograph interpretation;airphoto interpretation
航空照片纠正 rectification of aerial photograph
航空照片纠正仪 transforming printer
航空照片略图 aerophotographic(al) sketch
航空照片判读 airphoto interpretation; interpretation of air photographs
航空照片识别 airphoto interpretation; interpretation of air photographs
航空照片索引图 sortic plot
航空照相机 aerial camera;aerocamera;air-borne camera
航空侦察 aerial surveillance;air surveillance
航空侦察机 air scout
航空侦察摄影 aerial reconnaissance photography
航空侦察摄影机 reconnaissance camera
航空支线 feeder airline
航空指挥海防舰 aircraft direction frigate
航空志 flight log
航空制图 aerial mapping; aeronautic charting; aeroplane mapping; air charting
航空制图仪 aero-projector
航空质子旋进磁力仪 air-borne proton-precession magnetometer
航空终点站 air terminal
航空终端站 air terminal
航空终端站控制区 terminal control area
航空终端站区导引 terminal guidance
航空钟 flying clock
航空重力测量 aerogravity survey;air-borne gravity measurement
航空重力仪 aerogravimeter;air-borne gravimeter;air-borne gravity meter
航空转运 air transit
航空着陆图 landing chart
航空资料 air data
航空总站 air terminal; key airport center[centre]
航空坐标 aerial coordinates
航空座椅 aeroseat
航路 airway; passage; skyway; track【航空】;navigation lane;navigation way;sea lane;seaway【航海】
航路变换器 course converter
航路标志 aids-to-navigation
航路标志灯 marine light
航路灯标 airway beacon
航路灯光设备 airway lighting
航路灯塔 airway lighthouse
航路点 way point
航路电台 airway station
航路分叉浮标 bifurcation buoy
航路绘算 dead reckoning
航路计算器 course calculator
航路监视雷达 enroute surveillance radar
航路交通型式 airways traffic pattern
航路偏向指示器 course and drift indicator
航路图 route and track chart; route [routing] chart; skeleton chart; track chart
航路图志 coast pilot;notice to mariners
航路信标 airway beacon
航路引导 track guide
航路预报 route forecast
航路指南 sailing directions
航路指南补编 supplement to sailing directions
航路指示 traffic guidance
航路资料图 <美版> pilot chart
航路自动管理 automated route management
航片 survey photograph
航片测图 survey photomapping
航片地质解译 geologic(al) interpretation of aerial photograph
航片地质判读 geologic(al) interpretation of aerial photograph
航片纠正 rectification of aerial photograph
航片略图 aerophotographic(al)sketch
航片转绘 airphoto transfer
航片转绘仪 aerial sketch master;aerosketch master
航偏改正角 drift correction angle
航偏角 aircraft yaw;crab angle
航期表 voyage schedule
航区 navigating zone;navigation area;sailing area
航区限制 plying limit
航商 shipping operator
航摄 aerophoto;air photo(graph)
航摄比例尺 flight scale
航摄标图 sortic plot
航摄草图 aerophotographic(al) sketch
航摄带 flight strip
航摄的倾斜误差 crab
航摄底片 aerial negative
航摄底片编号 aerial negative number
航摄地貌学 photogeomorphology
航摄地平线 airplane horizon
航摄地区 aerial coverage;area coverage; ground cover; photographic(al) coverage
航摄地区略图 photokey
航摄地区示意图 coverage diagram
航摄地形等高线 form contour
航摄地质图 photogeologic(al) map
航摄地质学 photogeology
航摄调查 aerophotographic(al) reconnaissance
航摄队 aerial survey team; aerophotogrammetric(al) survey team; air photographic(al) crew
航摄范围 aerial conductor; aerial coverage;ground coverage
航摄飞机 photo aircraft;photoplane
航摄飞行 aerial mapping mission; photo flight; photogrammetric(al) flight; photographic(al) aviation; photographic(al) flight; photographic(al) mission
航摄飞行计划 photographic(al) flight planning
航摄飞行计划略图 flight plan
航摄飞行计算尺 photogrammetric(al) flight calculator; photographic(al) aviation calculator; photographic(al) flight calculator
航摄飞行架次 photogrammetric(al) flight sortie; photographic(al) sortie
航摄飞行质量 flight quality of aerial photography
航摄负片 aerial negative
航摄机 air survey camera
航摄机构 aerial photo-taking organization
航摄基线 aerophoto base(line); air baseline
航摄胶片 aerial film;aerographic(al) film;air film
航摄景物光谱特性 spectral characteristic of aerial object
航摄景物亮度特性 brightness characteristic of aerial object
航摄镜头 aerotar
航摄绝对漏洞 aerial photographic(al) absolute gap
航摄领航 navigation of aerial photography
航摄漏洞 aerial photographic(al) gap
航摄面积 coverage
航摄面积示意图 photokey
航摄情报 airphoto intelligence
航摄区 air cover;flight block
航摄区域图 sortic plot
航摄日 photographic(al) day
航摄软片 aerial film
航摄失真中心 isocenter[isocentre]
航摄死角区 non-exposed area
航摄死区 dead land; photographic(al) dead land
航摄图 aerial map; aerial photo(graph); air photo(graph)
航摄相对漏洞 aerial photographic(al) relative gap
航摄像片(又称航摄相片) aerial image;aerial photo(graph); aerophoto(graph); aeroplane photograph; air photo(graph)
航摄像片编号 photograph number; picture number
航摄像片的地图控制 map control
航摄像片对 aerial photo pair;airphoto pair
航摄像片覆盖区 aerial photo coverage
航摄像片几何中心 image center[centre]
航摄像片纠正 rectification of aerial photograph
航摄像片距离 photograph distance
航摄像片(连测)控制 control of aerial photography
航摄像片判读 aerial photo interpretation; aerophoto interpretation; airphoto interpretation
航摄像片拼图 aerophotographic(al) mosaic
航摄像片贴面模型 photo-skinned model;photosurface model
航摄像片样片 airphoto pattern
航摄像片坐标原点 image center[centre]
航摄像片坐标轴 fiducial axis
航摄仪 aerial camera;aerial surveying camera;aerophotographic(al) camera; air-borne photogrammetric(al) camera; air camera; aircraft camera
航摄仪编号 camera aerial number
航摄仪常数 aerial camera constant; camera constant

航摄仪焦距 focal length of aerial camera
航摄仪镜筒 cone(of aerial camera); cone of photogrammetric(al)camera
航摄仪镜头 aerial camera lens; aerophotogrammetric(al)lens; air-photogrammetric(al)lens; photogrammetric(al) camera lens; photographic(al)lens
航摄仪内镜筒 inner lens cone
航摄仪器 aerophotographic(al)apparatus
航摄仪倾角 axial angle
航摄仪陀螺稳定座架 gyro-stabilized platform
航摄仪稳定 camera stabilization
航摄仪稳定性 camera stability
航摄仪稳定装置 stabilized camera mount
航摄仪型号 model of aerial camera
航摄仪座架 aerial camera mount(ing); aircraft camera mount(ing)
航摄照片 aerial photogram; aerial photo(graph); aerial shot; aerial view; aeroplane photograph; air photo(graph)
航摄照片解译 aerial photographic(al)interpretation; aerial photo interpretation
航摄照片判读中心 photointerpretation center[centre]
航摄照片判释程序 airphoto interpretation process
航摄照片旁向重叠 aerial photograph sidelap
航摄照片拼接图 aerial photomosaic
航摄照片倾角 axial angle
航摄照片转绘 airphoto transfer
航摄照片转绘仪 aerial sketch master; aerosketch master
航摄装备 aerial equipment
航摄装置 aerial equipment
航摄资料 aerial data; aerial information; air data; air information; airphoto intelligence
航摄资料分布示意图 mapping mission; photographic(al) mission
航深 navigation depth
航时可靠限度 prudent limit of endurance
航速 navigational speed; ship speed【船】; aerial speed; aerial velocity; aircraft speed; aircraft velocity; flying speed; air speed <指航空器>
航速表 air-speed meter; air speedometer
航速车钟 speed telegraph
航速号志 speed signal
航速校正 ship speed correction
航速控制 velocity control
航速试验 speed test; speed trial
航速索赔 speed claim
航速仪【船】ship speed log
航速影响 influence of aero-velocity
航速折算表 speed table
航天 astronavigation; cosmonautics; space flight
航天波谱测量仪器 space flight spectral measurement instrument
航天玻璃 aerospace glass
航天材料 aerospace material
航天舱 space cabin; space capsule
航天测量 aerospace survey
航天测量法 aerospace surveying
航天船 space ship; space vehicle
航天电子学 space electronics
航天动力学 astrodynamics
航天飞船 space ship
航天飞机 shuttle; space shuttle
航天飞行器 aerospace craft
航天港 spaceport
航天工程 aerospace engineering; space engineering
航天工程技术 space technology
航天工程师 astro-engineer
航天环境 aerospace environment; cosmic(al) environmental; space environment
航天计算机 aerospace computer
航天技术 space technology
航天勘探 space reconnaissance
航天雷达 spaceborne radar
航天器 <包括人造卫星、飞船和宇宙探测器> astrovehicle; space craft; space shutter; space vehicle
航天器发射场 spacecraft launching site
航天设备 space equipment; space instrumentation
航天摄影测量学 space photogrammetry
航天时代 shuttle era
航天事故 navigational hazard
航天探测器 space probe
航天通信[讯] space communication
航天通信[讯]系统 space communication system
航天卫星 space satellite
航天学 astrogation
航天遥感 space remote sensing
航天运输 space transportation
航天站 satellite station
航图测读 map reading
航途转弯区 enroute turning area; turning area
航途最小仪表高度 minimum enroute instrument altitude
航位推算 dead reckoning
航位推算航迹 dead-reckoning track(line)
航位推算计算机 dead-reckoning computer
航位推算描绘仪 dead-reckoning tracer
航位推算装置 dead-reckoning analyser[analyzer]; dead-reckoning equipment; dead-reckoning position
航务公告 shipping bulletin
航务管理机构 navigation authority; shipping administration
航务局 shipping board
航线 navigable route; navigation strip; sailing line; shipping lane; ocean lane; sailing course; shipping line; shipping route【航海】; air route; course line; flight strip; aerial line; air carrier; air line; air strip; airway; flight course; flight path; heading line; journal(ing) route; journey route; lane; passageway; skyway; vector【航空】; feeder route
航线变更 change of voyage
航线标绘图 aeronautical plotting chart
航线标示图 index map
航线不定的货船 tramp
航线布局 shipping line(berth)allocation
航线操纵计算机 course steering computer
航线测量 aerial strip survey; flight strip survey; strip survey【航空】; navigation strip survey; shipline survey【航海】
航线程序装置 course programmer
航线导航无线电信标 range beacon
航线的修正 shipline correction【航海】; airline correction; strip correction【航空】
航线灯标 course light
航线定位信标 localizer on course line
航线段 segment of flight strip
航线法 strip method
航线法区域网平差 block adjustment by strips
航线方位 course bearing
航线分速 route component
航线辐射三角测量 strip radial plot; strip radial triangulation
航线海图 ruttier
航线航空三角测量 bridge triangulation
航线航空摄影 airline aerial photography; flight line aerial photography
航线航空摄影机 strip aerial camera
航线机场 airline aerodrome; airline airport
航线计划 route planning
航线计算机 arbitrary course computer; bearing distance computer; course line computer; off-line computer; parallel course computer; rho-theta computer
航线计算器 flight path computer
航线记录仪 odograph
航线间隔 interval between strips
航线间距 flight line space[spacing]; interval between strips
航线监视雷达 air route surveillance radar; airway surveillance radar; route surveillance radar
航线交通管制中心 air route traffic control center[centre]
航线距离 route distance
航线客机 passenger aircraft
航线控制 rudder control; strip control
航线宽度 strip width; width of strip
航线里程 mileage of shipping line
航线偏差 course line deviation
航线偏差指示器 course line deviation indicator
航线平差 strip adjustment
航线气象预报 route weather forecast
航线设计 route planning; routing
航线设计计算机 route planning computer
航线摄影 sequence photography
航线示意图 flight diagram
航线索引表 routes index
航线图 air route map; chart work; enroute chart; itinerary map; route chart; skeleton chart; strip chart; strip plot
航线弯曲度 strip deformation
航线网 network of sailing strip【航海】; network of flight strip【航空】
航线网布点 point layout for aerial triangulation strips
航线网布置 control point distribution for aerial triangulation strip
航线无线电波束 on-course beam
航线像片索引图 strip index
航线像片镶嵌图 serial mosaic; strip mosaic
航线徐变 track crawling
航线选择器 course line selector
航线寻景器 strip finder
航线移植方案 shipping line transfer plan
航线预报 route forecast; strip prediction
航线预测 route forecast; strip prediction
航线照片 strip photograph
航线指南图 pilot chart
航线指示器 course-setting sight
航线指示信标 course indicating radio beacon
航线指向标 airway beacon
航线指向灯 airway beacon
航线中间站 way point
航线自动跟踪器 automatic track follower
航线坐标 strip coordinates
航向 course; desired track; flight course; heading(direction)
航向保持 stand on
航向保持能力 course-keeping ability
航向变换 conversion
航向变换率 course changing rate; maneuver rate
航向变换器 course converter; ground course converter
航向标记 course mark
航向标线 lubber's line
航向标志器 course marker; heading marker
航向不稳定的船 course-unstable ship
航向不稳定度 yaw instability
航向不稳定性 yaw instability
航向倒算 uncorrecting
航向的线性 course linearity
航向灯控制器 navigational light controller
航向动稳定性指数 dynamic(al) course stability index
航向对准指示器 on-course detector
航向方位(角) relative bearing; course bearing
航向方位指示器 course and bearing indicator
航向方向指示器 course and bearing indicator
航向防撞指示 collision course indication
航向分角器 course protractor
航向分罗经 course repeater
航向浮标 marker buoy
航向复原 course again
航向改变角 heading angle
航向改变质量 course changing quality
航向改正 course correction
航向航程指示器 course and distance indicator
航向航速计算器 course and speed calculator
航向航速误差 course and speed error
航向计时法 method of course and timing
航向计算机 course computer
航向记录机 course recording machine
航向记录器 course recorder
航向记录纸 course recording paper
航向加速度 fore-and-aft acceleration
航向间隔 interval between strips
航向角 angle on the bow; course angle; track angle
航向角法 method of course and angle
航向角幅 course width
航向校正 course correction
航向接收天线 homing antenna
航向解算器 course resolver
航向距离计算器 course and distance calculator
航向控制 yaw control
航向控制的阻尼器 direction control damper
航向控制点跨度 bridging distance of control points along strips; control point interval along strips
航向灵敏度 course sensitivity
航向灵敏度降低 course softening
航向流压差表 current course table
航向偏差指示器 bearing deviation indicator; deviometer
航向偏荡角幅 course yawing amplitude
航向偏航指示器 course and drift indicator
航向偏离指示器 course(line)devia-

H

tion indicator;course indicator
航向偏移 course deviate;course offset
航向偏移计算器 course and drift calculator
航向偏移指示器 course and drift indicator
航向平面位置显示器 heading upward plan position indicator
航向倾角误差 pitch error
航向倾斜 longitudinal tilt;Y-tilt;fore-and-aft tilt
航向倾(斜)角 fore-and-aft tip
航向倾斜手轮 longitudinal tilting wheel
航向曲率 on-course curvature
航向扇贝形现象 course scalloping
航向深度自动控制仪 automatic course keeping and depth keeping controls
航向伺服系统 course heading servo
航向速度计算机 course and speed computer
航向调节 course adjusting; course control
航向调节器 course adjuster
航向调整器 course adjuster
航向调制 course modulation
航向图描绘仪 course map tracer
航向陀螺仪 azimuthal gyro(scope); directional gyro(scope); direction indicator;yaw gyroscope
航向稳定特征数 course steadiness number
航向稳定性 course-keeping quality; directional stability;stability of motion;yaw(direction) stability
航向稳定性试验 course keeping test
航向稳定性指数 course stability index
航向误差 course error
航向显示器 course indicator
航向线 leading line < 航标示出的 >; heading line; navigation line; flight path【航空】
航向信标 course beacon
航向信号摆动 scalloping
航向信息 course information
航向修正量 course correction
航向修正器 course corrector
航向选择器 course selector; heading selector; omniselector; on-course selector
航向遥绘 course remote plotting
航向仪 heading device
航向移动补偿 forward motion compensation
航向余弦凸轮 course cosine cam
航向正确 on the beam
航向指挥台 cat-mouse station
航向指示 course indication
航向指示灯 running light
航向指示器 course director;course-setting sight; heading indicator; heading mark(er);pilot director
航向重叠 end lap;end overlap; fore-and-aft overlap; forward overlap; longitudinal overlap;overlap in the line of flight
航向资料 aeronautical information
航向自绘器 automatic direction plotter
航向自绘仪 automatic direction plotter
航向自记仪 odograph
航行 cruise;make way;navigate;navigation; sailing; shipping; steaming; voyage
航行安全分委员会 Subcommittee on Safety of Navigation
航行安全通信[讯] navigation safety communications
航行岸标灯 marine beacon
航行标志 nautical mark; navigation aids; navigation mark; navigation signal
航行表 hack watch
航行波 ship wave;traffic created wave
航行补给船 underway replenishment ship
航行侧风 beam wind
航行测量 running survey
航行测深 flying sounding
航行成本 maritime operating cost
航行次数 number of trips
航行到看不见岸的地方 lay the land
航行道 < 一艘船的 > manoeuvring lane
航行的 navigating;navigational
航行灯 navigation(al) lamp; navigational light(ing); position light; running light;underway lamp;aeronautical light < 机场的 >
航行灯表 light list
航行灯浮标 navigation flame float
航行灯号码表 light list number
航行灯实地应用 navigational lighting practice
航行灯熄灭警报器 sentinel
航行灯指示板 navigation lights board
航行灯指示器 lamps indicator; navigation lamps indicator; navigation lights indicator
航行调度 passage order; sailing despatch[dispatch]
航行法 sailing method
航行法规 navigation law
航行范围 steam circle
航行方位 pilot's sailing direction
航行仿真器 navigation simulator
航行附加吃水 over-depth;overdraft; squat
航行附加水深 < 由于纵倾、横摇等因素 > overdraught
航行公告 notes to mariners
航行管理机构 navigation authority
航行管制 navigation control
航行规则 navigation rules
航行号型 navigation shape
航行号志 navigation signal
航行横风 beam wind
航行基准面 navigational chart datum;navigational datum
航行计程器 aerolog
航行计划 route planning; routing; sailing plan
航行计算方法 sailing
航行计算仪 avigraph
航行记录簿 aerolog;flight log
航行记录器 course recorder
航行季节 navigation season
航行驾驶台 bridge;navigating bridge
航行驾驶仪表板 flight panel
航行间距 ship channel
航行监测仪 navigation monitor
航行舰长 sailing master
航行结束 finished voyage
航行津贴 navigating allowance;navigation allowance;sea allowance
航行警告 navigation(al) warning
航行净空 navigation clearance
航行距离 sailing distance; distance made good
航行孔 navigable span
航行困难的 hardly-navigable
航行困难的水域 trouble waters for sailing
航行雷达 navigation radar
航行历时 duration of voyage
航行路线 sailing line
航行密度 density of traffic
航行模型 navigation model
航行期间 term of voyage
航行区域 navigating zone;navigation area;plying limit;trading limit
航行权 right of navigation
航行日记簿 logbook
航行日志 deck log;deck logbook;logbook;ship's journal
航行三角形 course triangle
航行上的困难 navigational difficulty
航行设备 nautical instrument;navigation instrument
航行时固定锚的制动链 housing chain stopper;housing stopper
航行时间 hours underway; running time
航行时间表 sailing schedule
航行时数 propelling hours
航行识别灯控制箱 light box
航行实习 training cruise
航行事故 accident of navigation
航行试车 running trial;sea trial
航行疏忽 negligence of navigation
航行术 navigation
航行水尺 navigation water ga(u)ge
航行水道 navigable waters
航行水深 navigation depth
航行速度 sailing speed;sailing velocity【船】;flight velocity【航空】
航行速度三角形 flying speed triangle
航行条件 navigation condition
航行通道 shipping passage
航行通告 notice to mariners; notice to navigators
航行通过 sailing though
航行通知 ordering of vessel
航行图 aeronautical chart;aeronautic map;navigation chart;sailing chart
航行危险 dangers of navigation;navigation hazard
航行危险物 danger to navigation; navigational hazard
航行桅灯 steaming masthead light
航行尾倾 squatting
航行尾倾临界航速 squatting speed
航行尾倾现象 squat
航行系统设计 navigation system design
航行险 navigation risk
航行限界 navigational clearance
航行信标 navigational beacon
航行信号 navigation signal
航行信号灯 navigation lamp; navigation light
航行修理工料留置权 material men's lien
航行压载 ballast for cruising
航行研究 navigation study
航行仪表 nautical instrument;navigation instrument
航行障碍 navigation hazard
航行障碍物 navigational obstructions; navigation obstacle; obstruction to navigation
航行障碍物观测 observation of navigation obstruction
航行照明 navigational lighting
航行照明弹 navigation flare
航行证书 navigation certificate
航行值班 navigation watch
航行指挥塔 conning tower
航行指挥信号站 shipping traffic control signal station
航行指南 guide to sailing; sailing directions
航行中的船只 shipping afloat
航行中断 navigation pause
航行中墩底 pounding the bottom
航行周期 voyage period
航行注意及警告事项 navigation notes and cautions
航行状态 service condition
航行准备 sailing preparation
航行资料 aeronautical information
航行资料电子显示 electronic presentations of navigational information
航行自由 freedom of navigation
航行阻力 ship resistance
航行阻障警告灯 obstruction light
航行作业图 plotting chart
航业工会 shipping federation
航业联营 shipping pool
航业协会 shipping conference
航业执照 certificate of license and enrollment
航用表 navigational tables
航用测距仪 navigational range finder
航用晨光时 first light;nautical morning light
航用恒星 nautical star; navigational stars
航用恒星表 navigational star catalogue
航用计算机 navigational computer
航用雷达 navigation radar
航用六分仪 navigating sextant
航用罗经 marine compass
航用人造卫星 navigational satellite
航用日 nautical day
航用三角形 navigational triangle
航用行星 navigational planet
航用自动气象台 nomad
航运 marine traffic;maritime navigation; navigation; shipping traffic; water-borne transport;water transport(ation)
航运坝 navigation dam
航运保护(主义) marine protection; maritime protection; shipping protection
航运保险 marine insurance;maritime insurance;shipping insurance
航运保险公司 marine insurance company; maritime insurance company;shipping insurance company
航运博物馆 maritime museum
航运补贴 shipping subsidy
航运部 marine department; shipping department
航运成本 shipping cost
航运尺寸 shipping dimension
航运代理商 shipping agent
航运点 shipping point
航运电台 maritime exchange
航运法庭 shipping tribunal
航运费用 shipping cost;navigation fee
航运浮码头 landing stage
航运服务机构 shipping service
航运工程 navigation project
航运工艺 shipping technology
航运公会 chamber of shipping; conference of shipping; shipping conference
航运公会木材提单 congen bill
航运公司 marine company; maritime company; shipping company; shipping line;shipping agency
航运管理系统 marine management system
航运管理中心 marine management center[centre]
航运规程 shipping specification
航运河道 ship canal
航运会议 navigation congress; shipping congress
航运技术 shipping technology
航运交接点 interface point
航运交通 shipping traffic
航运交易所 shipping exchange

航运界 marine community;marine interest; maritime community; maritime interest; navigation interest; shipping community; shipping industry;shipping interest
航运经纪人 shipping broker
航运净空 shipping clearance
航运局 shipping board
航运开发 marine development; shipping development
航运开发工程 marine development project;shipping development project
航运利润 shipping returns
航运忙季 main shipping season
航运码头 shipping terminal
航运煤 steamboat coal
航运企业 shipping enterprise
航运热 shipping fever
航运日报 daily shipping report
航运事故 shipping accident
航运枢纽 navigation hydrojunction; navigation junction
航运水工工程 hydraulic structure for water borne traffic;waterways and harbo(u)r engineering
航运水库 navigation reservoir
航运水位 navigation pool level
航运隧道 navigation tunnel
航运梯级 navigation steps
航运同业公会 Shipowner's Association;Shipowner's Clubs
航运委员会 Marine Commission;Shipping Commission
航运文件 shipping documents
航运污染 shipping pollution
航运污染物 shipping pollutant
航运线 shipping line
航运萧条 depression in shipping
航运效益 navigation benefit
航运许可证 letter of assurance
航运业 marine business; marine industry;marine trade;maritime business; maritime trade; shipping; shipping industry; shipping trade; ship trade
航运业不景气 depression in shipping
航运业务 shipping business
航运业务员 shipping clerk
航运业者 shipping industrier;shipping interest
航运站 <海运的> shipping station
航运执照 navicert
航运终点 navigation head
航运终点设施 ship-terminal utilities
航运重量 shipping weight
航运状态 navigation condition; shipping condition
航运自描器 battle tracer
航运总署 Maritime Administration
航运阻力 shipping resistance
航站大楼 terminal budding; terminal building
航站区 <机场的> terminal area
航中水深 mid-channel depth
航租 time charter on trip;trip charter;voyage charter

蒿

蒿(属) sagebrush; wormwood; Artemisia <拉>

蒿属荒漠 sagebrush desert

蚝

蚝壳 oyster shell

蚝壳混凝土 oyster shell concrete
蚝壳礁 oyster reef;oyster rock
蚝壳石灰 oyster shell lime
蚝田 oyster bed

毫

毫埃 milliangstrom

毫安 milliampere
毫安表 milliammeter;milliampere meter
毫安记录表 graphic(al) milliammeter
毫安秒 milliampere-second
毫安培 milliampere
毫安(培)计 milliammeter; milliampere meter
毫巴 <气压单位> baromil;millibar
毫巴标尺 millibar scale
毫巴气压表 millibar-barometer;millibarometer
毫巴气压计 millibarometer
毫靶 millibarn
毫达西 millidarcy
毫当量的 millinormal
毫发之差 hairbreadth
毫法(拉) <电容单位> millifarad [mf]
毫分子量 millimole
毫伏安 millivoltampere
毫伏安培计 millivolt ammeter
毫伏表 millivoltmeter
毫伏电流表 millivolt ammeter
毫伏计 millivoltmeter
毫伏计式高温计 millivoltmeter pyrometer
毫伏计调节器 millivoltmeter regulator
毫伏(特) millivolt
毫伏指温计 millivoltmeter with temperature scale
毫伽 milligal
毫高斯 milligauss
毫规度的 millinormal
毫赫 millicycle;millihertz
毫亨(利) millihenry
毫弧度 milliradian
毫居里 millicurie
毫克 milligram(me)
毫克当量 milli(gramme) equivalent
毫克当量的 millinormal
毫克当量法 milli-equivalent method
毫克分子 milligram-molecule; millimole
毫克镭当量 milligram radium equivalence
毫克离子 milligram-ion
毫克/升 milligram/liter; milligrams per liter
毫克原子 milliatom;milligram-atom
毫库仑 millicoulomb
毫拉德 millirad
毫朗伯 millilambert
毫勒克斯 millilux
毫伦琴 milliroentgen
毫伦琴计 milliroentgnometer
毫米 metric(al) line; millimeter; strich
毫米波 millimeter wave; millimetric(al) wave
毫米波段 millimeter wave band
毫米波雷达 millimeter wave radar
毫米波器件 milimetre wave device
毫米波通信[讯] millimeter wave communication
毫米波卫星通信[讯] millimeter wave satellite communication
毫米波振荡管 harmodotron
毫米波振荡器 millimeter wave generator
毫米尺 millimeter scale
毫米方格纸 millimeter squared paper
毫米汞柱 milli Hg;millimeter of mercury
毫米汞柱高 millimeter mercury column
毫米汞柱绝对压力 mm Hg abs[millimeter of mercury absolute]
毫米检波器 millimeter [millimetre] detector
毫米水银气压表 barometric(al) millimeter[millimetre] of mercury
毫米水银柱(高) millimeter of mercury
毫米水柱 millimeter of water
毫米线规 millimeter wire ga(u)ge
毫米纸 graph paper
毫秒 millisecond
毫秒爆破 millisecond blasting; splitsecond blasting
毫秒表 millisecond meter
毫秒波长扫描分光计 millisecond wavelength scanning spectrometer
毫秒迟发爆破 millisecond delay shotfiring
毫秒迟发电(爆)雷管 millisecond delay electric(al) blasting cap
毫秒迟发炮眼组 millisecond round
毫秒电爆雷管 millisecond electric(al) blasting cap
毫秒(分段爆炸)雷管 millisecond delay cap
毫秒格纸 millimeter paper
毫秒级的延缓电雷管 millisecond delay electric(al) detonator
毫秒计 millisecond meter
毫秒雷管 <电力爆破> millisecond detonator
毫秒脉冲星 millisecond pulsar
毫秒延迟爆破 millisecond delay blasting;millisecond delay shotfiring
毫秒延迟电雷管 millisecond delay electric(al) detonator
毫秒延迟雷管 fast-delay cap; millisecond delay detonator; split-second delay detonator
毫秒延发爆破 millisecond delay blasting;millisecond delay shotfiring
毫秒延发电雷管 millisecond delay electric(al) detonator
毫秒延发雷管 fast-delay cap; millisecond delay detonator; split-second delay detonator
毫秒延时爆破 millisecond delay blasting;millisecond delay shotfiring
毫秒延时电雷管 millisecond delay electric(al) detonator
毫秒延时雷管 fast-delay cap; millisecond delay detonator; split-second delay detonator
毫欧表 milliohmmeter
毫欧(姆) milliohm
毫渗克分子 milliosmol
毫渗量 millisomole
毫渗透压克分子 millitsmol
毫升 milliliter[millilitre]
毫瓦表 milliwattmeter
毫瓦分贝 decibels above 1 milliwatt; decibel with reference to milliwatt
毫瓦计 milliwattmeter
毫瓦(特) milliwatt
毫威炸药 haswelite
毫微 millimicro;nano
毫微安计 nanoammeter
毫微安(培) nanoampere
毫微白云岩化 millimicrodolomitization
毫微程序 nanoprogram(me)
毫微程序存储器 nanoprogram(me) memory;nanostore
毫微程序级 nanoprogram(me) level
毫微程序设计 nanoprogramming
毫微电路 nanocircuit
毫微法拉 bicrofarad;millimicrofarad; nanofarad
毫微伏特 nanovolt
毫微伏特表 nanovoltmeter
毫微亨利 nanohenry
毫微级计算机 nanomachine
毫微技术 <处理单个原子时,以十亿分之一米为单位,该技术把物理、化学、生物和计算机科学结合在一起> nanotechnology
毫微结构 nano-architecture
毫微居里 nanocurie
毫微克 milligamma;nanogram
毫微克/升 milligamma per liter
毫微米 bicron; nanometer; millimicron
毫微秒 billisecond;millimicrosecond; nanosecond
毫微秒变像条纹相机 nanosecond image converter streak camera
毫微秒超高频示波器 nanoscope
毫微秒计时器 chronotron
毫微秒逻辑 nanosecond logic
毫微秒脉冲振荡器 nanosecond pulse oscillator
毫微秒脉冲振幅分析仪 nanosecond pulse height analyser[analyzer]
毫微秒示波器 nanoscope
毫微秒荧光光谱学 nanosecond fluorescence spectroscopy
毫微升 millilambda
毫微托 nanotorr
毫微瓦功率电子学 nanowatt electronics
毫微瓦(特) nanowatt
毫微微 femto
毫微微安 femtoampere
毫微微伏 femtovolt
毫微微克 femtogram
毫微微米 Fermi
毫微微瓦特 femtowatt
毫微指令 nanoinstruction
毫无差别 without distinction
毫无价值 good for nothing
毫无价值的 inappreciable
毫纤 micromicro
毫央斯基 milli-jansky
毫英寸 mil
毫质量单位 milli-mass-unit

嗥

嗥叫的动物 growler

嗥鸣电键 howler key;howler switch
嗥鸣电路 howler circuit
嗥鸣音 <无线电> howler tone

豪

豪尔顿细粒淘析器 Haultain infrasizer

豪尔法坎港 <阿拉伯联合酋长国> Port Khor Fakhan
豪格海液量单位 <63 美加仑或 52.5 英加仑或 238.5 升> hogshead
豪古尔风 Havgul
豪华本 edition de luxe
豪华别墅 wealthy villa
豪华大厅 grand hall
豪华的 lush;pompous;sumptuous
豪华地板材料 luxury flooring material
豪华地面 luxury flooring
豪华隔墙 luxury partition(wall)
豪华公寓 luxury apartment;luxury flat
豪华公寓单元 luxury apartment unit
豪华居住单元 luxury living unit
豪华客车 de luxe coach; de luxury coach;palace car;parlo(u)r car
豪华列车 de luxe train
豪华楼板装饰 luxury floor(ing) finish
豪华楼梯 grand stair(case); grand

H

stairway
豪华旅馆 luxury hotel;palace hotel
豪华旅游船 luxurious cruise ship;luxurious tourism vessel
豪华铁路客车 parlo(u)r car
豪华型 de luxe model
豪华型淋浴器 de luxe shower
豪华型旅馆 de luxe type hotel
豪华型消声司机室 de luxe sound suppressed cab
豪华型有垫座椅 deluxe cushion seat
豪华邮轮 luxury liner
豪华游艇 de luxe yacht
豪华浴室浴盆 luxury bath tub
豪华住房 luxury housing
豪华装饰 plateresque
豪华装饰的 inwrought;lavishly ornamented
豪克真空练泥机 Hawk pug
豪纳比值 Hauner ratio
豪氏桁架 Howe's truss
豪氏桁架桥 Howe truss bridge
豪斯道夫空间 Hausdorff space
豪斯多夫极大原理 Hausdorff maximal principle
豪斯勒屋面材料 Hausler type roof cladding
豪斯纳谱烈度 Housner's spectral intensity
豪威尔单位 Howell's unit
豪威公式 Howe's formula
豪威式桁架 < 上下弦平行,斜杆朝上斜向桁架中心的 > Howe's truss
豪威式龙骨桁架 Howe's string truss
豪威式屋架 Howe roof truss
豪威系数 Howe's factor
豪勋爵海隆 Lard Howe rise
豪雨 cloudburst; drencher; storm rainfall
豪猪式锅炉 porcupine boiler

壕 trench

壕车 trench car
壕沟 fosse moat; moat; sewer trench【给】
壕沟撑壁构件 trench shield
壕沟法 ditch method
壕沟回填侧面 backfill side of trench
壕沟内岸 escarp
壕沟内壁 escarp
壕沟清理 cleaning ditch
壕沟挖掘器 dipper shovel
壕沟用潜望镜 hyperscope
壕沟栽植 ditch planting
壕沟栽植法 ditch planting way
壕坑 fossa(e)
壕元 identical element

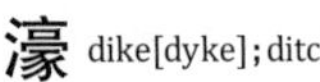

濠 dike[dyke];ditch

濠沟 ditch

好材 sound wood

好处费 reward for go-between
好船 sound ship;sound vessel
好的岩体 well rock mass
好斗性 agonistic behavio(u)r
好货 clean cargo;fine cargo
好价(钱) goods price; handsome price
好价值 sound value
好碱植物 basophilous plant
好冷性的 cryophilic
好料 honest material
"好路"联合 good-roads federation
好路率 rate of good-roads
"好路"运动前有效 good-roads movement
好木料 sound lumber; sound timber; sound wood
好能见度 good visibility
好奇本能 instinct of curiosity
好气处理效率 aerobic treatment efficiency
好气代谢 aerobic metabolism
好气的 aerobic;aerophilic
好气堆肥 aerobic composting
好气分解 aerobic breakdown;aerobic decomposition
好气分解纤维素细菌 aerobic cellulolytic bacteria
好气杆菌 aerobacter aerogenes
好气固氮细菌 aerobic nitrogen fixing bacteria
好气过程 aerobic process
好气湖 aerobic lagoon
好气菌腐蚀 aerobacteria corrosion
好气酶 aerobic enzyme
好气培养 aerobic culture
好气曝气氧化塘 aerobic aerated lagoon
好气生活 aerobiosis
好气生物 aerobiont
好气生物处理 aerobic treatment
好气条件 aerobic condition
好气土壤微生物 aerophytobiont
好气微生物 aerobe
好气污泥消化 aerobic sludge digestion
好气细菌【给】aerobic organism;aerobic bacteria; aerophile bacteria; oxybiotic bacteria
好气消化 aerobic digestion
好气硝脱作用 aerobic denitrification
好气性 aerobic
好气性处理 aerobic treatment
好气性分解纤维细菌 aerobic cellulolytic bacteria
好气性生物处理 aerobic biological treatment
好气性生物氧化 aerobic biological oxidation
好气性微生物 aerobic microorganism
好气性细菌 aerophile bacterium
好气异养菌 aerobic heterotrophic bacteria
好气藻类 aerophilic algae
好砂植物 psammophilous plant
好商品材 < 美国南部及西部一些特殊等级的成材 > merchantable
好设计 good design
好湿植物 hygrophilous plant; thermophilous plant
好水 good water
好天气 fine weather;fair weather
好天气持续时间 < 适合海上施工或钻探等作业的 > weather window
好天气着陆地带 < 机场 > fair weather landing strip
好烃源岩 good source rock
好望角 cape of Good Hope
好望角胶 Cape gum
好望角美树 Cape chestnut
好望角绕航附加费 cape of Good Hope deviation additional
好盐性 halophilism
好盐植物 halophilous plant
好氧氨氧化 aerobic ammonium oxidation
好氧氨氧化菌 aerobic ammonium oxidation bacteria
好氧沉淀条件下驯化 domestication of aerobic-settling condition
好氧-沉淀-厌氧工艺 oxic-settling-anaerobic process
好氧除氨工艺 aerobic de-ammonification process
好氧处理(法) aerobic process;aerobic treatment
好氧处理效率 aerobic treatment efficiency
好氧代谢作用 aerobic metabolism
好氧地下水 aerobic groundwater
好氧二次处理 aerobic secondary treatment
好氧反硝化 aerobic denitrification
好氧反硝化菌 aerobic denitrification bacteria
好氧反硝化现象 aerobic denitrification phenomenon
好氧反应器 aerobic reactor
好氧分解 aerobic decomposition
好氧附着生长(污水)处理(法) <指细菌附着在介质上 aerobic attached-growth treatment
好氧工艺 aerobic process
好氧过程 aerobic process
好氧环境 aerobic environment
好氧活性化 aerobic activation
好氧活性污泥法 aerobic activated sludge method
好氧降解 aerobic breakdown
好氧介质滴滤池 aerobic media trickling filter
好氧净化 aerobic purification
好氧颗粒 aerobic granule
好氧颗粒污泥 aerobic granular sludge
好氧颗粒污泥反应器 aerobic granular sludge reactor
好氧粒化作用 aerobic granulation
好氧流化床 aerobic fluidized bed
好氧滤池 aerobic filter
好氧膜生物反应器 aerobic membrane biological reactor; aerobic membrane bioreactor
好氧膜生物反应器处理系统 aerobic membrane bioreactor treatment system
好氧膜生物工艺 aerobic membrane biological process
好氧培养 aerobic culture
好氧曝气氧化塘 aerobic aerated lagoon;aerobic aerated oxidation pond
好氧区 aerobic area
好氧缺氧处理法 aerobic-anoxic process
好氧缺氧一体化高效分离生物流化床反应器 biologic(al) fluidized bed reactor of aerobic-anoxic integrated high-efficiency separation
好氧生长微生物颗粒 aerobically grown microbial granules
好氧生活污水处理 aerobic domestic wastewater treatment
好氧生物 aerobe; aerobic organism; aerobiont
好氧生物处理 aerobic biological treatment
好氧生物处理法 aerobic biological treatment method; aerobic biological treatment process
好氧生物反应器 aerobic biological reactor
好氧生物降解 aerobic biodegradation
好氧生物流化床 aerobic biological fluidized bed
好氧生物流化床反应器 aerobic biological fluidized bed reactor
好氧生物流化床系统 aerobic biological fluidized bed system
好氧生物滤池 aerobic biofilter;aerobic biological filter
好氧生物膜层 aerobic biofilm layer
好氧生物膜法 aerobic biofilm process
好氧生物转化 aerobic biological formation
好氧生物转盘 aerobic biological disc [disk]
好氧塘 aerobic pond
好氧条件 aerobic condition; oxygen condition
好氧土地填埋 aerobic landfill
好氧脱氮菌 aerobic denitrification bacteria
好氧脱氮现象 aerobic denitrification phenomenon
好氧脱氮作用 aerobic denitrification
好氧微生物 aerobic microorganism
好氧稳定塘 aerobic stabilization pond
好氧污泥处理 aerobic sludge treatment
好氧污泥颗粒 aerobic sludge granule
好氧污泥消化 aerobic sludge digestion
好氧污染物 aerobic pollutant
好氧污水处理 aerobic wastewater treatment
好氧(细)菌 aerobic bacteria
好氧消化 aerobic digestion
好氧消化池 aerobic digester
好氧硝化反应器 aerobic nitrification reactor
好氧硝化颗粒污泥 aerobic nitrifying granules sludge
好氧硝化颗粒污泥序批式间歇反应器 aerobic nitrifying granules sludge sequence batch reactor
好氧悬浮生长(污水)处理(法) aerobic suspended-growth treatment
好氧循环 aerobic cycle
好氧厌氧处理 aerobic-anaerobic treatment
好氧厌氧处理法 aerobic-anaerobic process
好氧厌氧反复耦合工艺 aerobic-anaerobic-repeated-coupling process
好氧厌氧反复耦合固定床生物反应器 aerobic-anaerobic-repeated-coupling fixed bed bioreactor
好氧厌氧废水处理 aerobic-anaerobic waste treatment
好氧厌氧稳定塘 aerobic-anaerobic stabilization pond
好氧厌氧氧化塘 aerobic-anaerobic oxidation lagoon
好氧氧化 aerobic oxidation
好氧移动床生物膜反应器 aerobic moving bed biofilm reactor
好氧异养菌 aerobic heterotrophic bacteria
好氧异养优势菌 aerobic heterotrophic dominant bacteria
好氧有机底泥 aerobic organic sediment
好蚁植物 ant plant; myrmecophilous plant
好音调 euphony
好雨的 ombrophilic;ombrophilous
好雨植物 ombrophile; ombrophilous plant
好中求好标准 the maximax criterion
好抓力锚地 good holding ground
好转 improvement;upturn
好转期 resolving stage

郝格-旁乃氏公式 < 设计柔性路面厚度的一种古典公式 > Harger and Bonney's formula

郝铺顿石灰石 < 英国德比郡产奶油色、灰色或褐色的 > Hopton wood
郝普勒落球黏[粘]度计 Hoppler falling[rolling] ball visco(si)meter
郝氏建筑体系 Hoesch
郝氏轮廓 Hoesch section
郝氏剖面 Hoesch section

郝司波铬镍钢 Hotspur

号称的 nominal

号锤 marking hammer; marking iron; numbering hammer; log stamp <木材>
号的变更 variation of sign
号灯 call (ing) lamp; cresset; line lamp; navigation lamp; navigation light
号灯温升 temperature rise of light
号笛 hooter
号笛浮标 sounding buoy; whistling buoy
号斧 marking axe
号角 horn; signal horn; acoustic (al) horn
号角测井 trumpet log
号角的响声 tantara; blare
号角声 toot
号角天线 horn antenna
号角信号 horn signal
号角形避雷器 horn-gap (lightning) arrester[arrestor]
号角形开关 horn-break fuse
号角形馈电器 feed horn
号控机 number switch; numeric (al) switch
号料 laying out; layout; number the material; marking off; marking-on
号料针 marking off pin
号铃 signal bell
号令 verbal command
号码 number (designation)
号码保留时间 period of reservation of number
号码编排 numbering
号码标志 number mark (ing)
号码表 directory; numbering directory
号码表示法 code identification
号码簿 directory; numbering directory
号码簿上的用户号码 directory number
号码灯 number light
号码挂锁 dial padlock
号码机 encoder; figure punch; numbering machine; stamping machine
号码机油墨 numbering machine ink
号码记录器 number recorder
号码排列 numbering scheme
号码排列的规定 numbered rule
号码牌 numbering bead; number plate
号码盘 figure disk [disc]; number disc; dial
号码群接线器 number group connector
号码锁 numeral dial lock
号码箱 annunciator
号码指示位置 call display position
号码重拨 number repetition
号码装定 identification
号码组 number group
号码组接线器 number group connector
号鸣器 howler
号牌 flapper; number plate
号牌式交换机 drop annunciator
号盘 number plate
号盘脉冲 dial impulse
号盘脉冲计数电路 dial pulse counting circuit
号盘软线 dial cable
号盘式电话机 rotary dial telephone set
号签 number tag
号哨 whistle
号数 numeric (al) order
号数板 number plate
号数测定 numbering
号头铆钉 bright and black mild steel flat head tinmen rivet
号外 extra edition
号位吸收机 digit absorber
号箱墨水 box marking ink
号形角 horn angle
号型 day shape; shape
号志 semaphore; signal; tab
号志柄 signal lever
号志灯 signal lamp
号志房【铁】 signal cabin; signal box
号志键 signal lock
号志联锁机 interlocking machine
号志塔 signal tower
号志与道叉的人工联动操作 distant control of signals and switches
号钟 <避碰规则> bell
号钟或号锣 bell or gong

浩劫 <自然力造成的> havoc

浩咖炸药 hopcalite

耗材 consumables

耗碘量 iodine consumption
耗电量 consumption of electricity; current consumption; electric (al) energy consumption; electric (al) power consumption; electricity consumption; power consumption
耗电量大的 energy intensive
耗电率 consumption rate; rate of consumption
耗电器 customer
耗电器具 electric (al) appliance
耗费 consume; expend
耗费残余物 consumption residue
耗费大量劳动力的方法 labo (u) r-consuming method
耗费时间 time-consuming
耗风量 air consumption
耗功 wasted work
耗功系数 workdone factor
耗灰量 cement consumption
耗级氩弧焊法 Nertalic method
耗减费用 depletion expenses
耗减准备 depletion reserve; reserve for depletion
耗碱量 alkali consumption
耗浆量 grout consumption; grout take
耗竭 exhaustion
耗竭成本 depletion cost
耗竭井 depleted well
耗竭土(壤) exhausted soil; sick soil
耗竭学说 exhaustion hypothesis
耗尽 consummatory act; eat out; exhaust (ing); exhaustion; swallow; wear away; wear off; wear out
耗尽层 barrier layer; blocking layer; depletion layer; depletion region; space charge layer
耗尽层电容 depletion layer capacitance
耗尽的 extinct
耗尽区 depletion region; exhaustion region
耗尽土壤 exhausted soil
耗尽效应 depletion effect
耗尽型 depletion mode
耗尽型半导体 deplete semiconductor
耗尽型负载 depletion load
耗尽型沟道 depletion type channel
耗尽型器件 depletion device
耗尽状态 burn out condition; spent condition
耗空气量 air consumption
耗量 consumption; rating of consumption
耗量表 consumption meter
耗量曲线 consumption curve
耗硫量 sulfur[sulphur] consumption
耗煤量 coal consumption; consumption of coal; fuel consumption
耗能 consumed energy; energy consumed; energy used
耗能产品 energy product
耗能的 power-wasting
耗能多的 energy intensive
耗能隧道效应 dissipative tunnel (l)-ing
耗能系统 dissipative system; energy absorbing system
耗能型工业 energy-type industry
耗能元件 absorption cell; dissipative cell; dissipative element
耗气量 air consumption; compressed-air consumption; consumption; gas consumption
耗汽量 steam consumption; water consumption
耗汽率 steam rate
耗取自然资源的 extractive
耗热的 heat consuming
耗热定额 heat consumption quota
耗热量 heat consumption; heat dissipation
耗热率 heat (ing) rate
耗热水量 hot-water consumption
耗散 dissipation; energy dissipation; leaking
耗散常数 dissipation constant
耗散电流 dispersion current
耗散辐射 stray light emission
耗散格式 dissipative scheme
耗散功率 dissipated power; leakage power; scattered power; wasted power
耗散函数 dissipation function; dissipative function
耗散结构 dissipative structure
耗散力 dissipative force
耗散能 dissipated energy
耗散器 dissipator
耗散试验 dissipation test
耗散网络 dissipative net (work)
耗散尾迹 dissipation trail; distrail
耗散系数 dissipation factor; dissipative factor
耗散线 dissipation line
耗散相互作用 dissipation interaction
耗散型消声器 dissipative attenuator
耗散因数 dissipation factor; dissipative factor
耗散元件 dissipative element
耗散阻力 dissipation resistance; dissipative resistance
耗散作用 dissipation effect
耗时长的火灾 persistent fire
耗时的 time-consuming
耗时作业 timing-consuming activity
耗水工业 water-intensive industry
耗水量 consumption of water; consumptive use of water; consumptive water use; water consumption; water usage
耗水量曲线 consumption curve; curve of water consumption; water consumption curve
耗水量图 water consumption figure; water consumption graph; water usage graph
耗水率 rate of consumption; water consumption rate; water rate
耗酸的 acid-consuming
耗酸量 acid consumption
耗损 consumption; depletion; detrition; expenditure; wear and tear
耗损成本 depletion cost
耗损成空壳 wear hollow
耗损范围 exhaustion range
耗损功率 dissipation power
耗损率 rate of energy dissipation
耗损系数 coefficient of losses
耗损线 exhaust line
耗损资产 depletion assets
耗铁细菌 iron-consuming bacteria
耗氧腐蚀 corrosion with oxygen take-up
耗氧计 oxygen consumption ga(u)ge
耗氧量 consumed oxygen; oxygen absorbed; oxygen consumed; oxygen consuming content; oxygen consuming quantity; oxygen depletion; oxygen utilization; oxygen consumption
耗氧量低的水 low oxygen consumption water
耗氧量高的水 high oxygen consumption water
耗氧量很低的水 lowest oxygen consumption water
耗氧量很高的水 highest oxygen consumption water
耗氧量稍低的水 lower oxygen consumption water
耗氧量稍高的水 higher oxygen consumption water
耗氧量中等的水 medium oxygen consumption water
耗氧能力 oxygen consuming capacity
耗氧速率 oxygen consuming rate; oxygen consumption rate; oxygen utilization rate; rating of oxygen consumption
耗氧速率曲线 oxygen consumption rate curve
耗氧污染物 oxygen consumptive pollutant
耗氧物质 oxygen consuming matter
耗氧物质污染 pollution by oxygen consumptive substance
耗氧系数 oxygen consuming coefficient; oxygen loss coefficient
耗氧型腐蚀 oxygen consumption type of corrosion
耗氧有机物 oxygen consumptive organics
耗药量 explosive consumption
耗用报告 usage report
耗用材料汇总表 summary of materials consumed
耗用成本 consumed cost
耗用电流 current drain; drain
耗用动力 power drain
耗用功率 power drain
耗用零件成本汇总表 summary of cost finished parts used
耗用率 use rate
耗用时间 elapsed time
耗用水量 consumptive use
耗用系数 coefficient of use-up
耗用直接原料 direct material consumed
耗油量 fuel consumption; oil consumption
耗油率 oil consumption ratio; specific fuel consumption
耗余成本 depleted cost
耗重 expendable weight
耗资 capital outlay

皓矾 goslarite; white copperas

诃子联苯酸 chebulagic acid

诃子三元酸 chebulic acid

H

诃子树 myrabolam
诃子酸 chebulinic acid

呵痕 breath figure

呵欠 gape;yawn

喝 drink(ing)

喝酒 drinking
喝水试验 drinking test

禾草 grass

禾草堆积处 mow
禾草束 <茅屋顶的> gavel
禾草沼泽 grass moor
禾草状植物 grass like plant
禾场 threshing floor
禾堆 mow
禾秆 straw
禾秆加强的土路 straw pavement
禾秆升运机 straw and hay elevator
禾谷类作物 cereal crops;cereals
禾捆吹送器 sheaf blower
禾捆堆 shocked sheaves
禾捆积运器 bundle carrier;sheaf carrier
禾捆抛掷机 bundle stripper
禾捆切碎机 sheaf cutter
禾捆升运器 bundle elevator;sheaf elevator
禾捆梳解器 straw shoe
禾捆输送器 sheaf conveyer[conveyor]
禾捆装载机 bundle loader
禾苗 seedlings of cereal crops
禾木 grass tree
禾木胶 acaroides gum;accroides resin
禾木科植物 grass
禾木树胶 grass-tree gum; gum accroides;yacca gum
禾木树脂 accroides gum; accroides resin
禾木树脂清漆 acaroid varnish
禾木树脂溶液 acaroid solution
禾铺捡拾器 swath(e) lifter;windrow pickup
禾秧 rice shoots
禾叶栎 California live oak;coastal live oak

H

合板钉 loose tongue

合板夹铁梁 flitch-plate girder
合板梁 compound girder; flitched beam;sandwich beam
合办 pool
合办企业 joint enterprise
合办项目 joint project
合瓣 clamshell
合瓣铲斗 clamshell bucket
合瓣式淬冷 clamshell quench
合瓣式开挖机 clamshell excavator; clamshell grab
合瓣式起重机 clamshell crane
合瓣式挖掘机 clamshell excavator; clamshell grab
合瓣式挖泥船 clamshell bucket dredge(r)
合瓣式挖土机 clamshell excavator; clamshell grab
合瓣式液压反铲 clamshell hydraulic backhoe
合瓣(式)抓斗 clamshell grab;clamshell bucket
合包(工程) joint venture
合抱防波堤 converging breakwater; converging jetty;converging mole; converging pier
合抱取样器 <美> split barrel sampler
合抱式(取土)螺钻 farm posthole auger;shell auger
合抱型双导流堤 convergent jetties
合比 proportion by addition
合比定理 componendo
合编地毯 interwoven floor mat
合并 amalgamate;amalgamation;annex(e);coalescence;coalescer; combination; consolidate; consolidation;incorporation;inosculating; knit;merge[merger];merging
合并报表 combined statement;consolidated statement
合并标准差 combined standard deviation;pooled standard deviation
合并财务报表 combined financial statement
合并操作 union operation
合并程序 merge;merging program(me);merging routing
合并处理 merge application
合并的 composite;incorporated;merged;pooled
合并抵押 consolidated mortgage
合并法 combination method
合并方差 pooled variance
合并分类 merge sort
合并焚烧 cocombustion
合并杆 combination lever; combination link
合并过程 combined process
合并河 inoculating river;inoculating stream
合并交换分类 merge exchange sort
合并节点 merge node
合并均数 combined mean
合并联锁 consolidated interlocking
合并列板 drop strake
合并邻近土地的购置费用 assemblage cost
合并排序 order(ing) by merging;sequence[sequencing] by merging
合并器 combiner
合并权利 merger of title
合并收益 consolidated return
合并收益及盈余表 combined income and surplus statement
合并数组 packed array
合并算法 union algorithm
合并损益表 combined profit and loss statement
合并通路 merge way
合并图 combined diagram
合并文件 merge file
合并物 annexation
合并物品 combination article
合并线 merge line
合并形式 packed format
合并性 compressibility
合并序 merge order
合并序列 union sequence
合并样本计量 polled sample statistics
合并盈余 consolidated surplus
合并运价 combination rate
合并运算 union operation
合并债务 consolidated debt;consolidation of debts
合并账户 combination of accounts; consolidated account
合并账目 consolidated account
合并者 incorporation;merger
合并装运 aggregated shipment;consolidated shipment
合并状态 merging phase
合并资产负债表 amalgamated balance sheet;combined balance sheet
合唱队席 <古希腊剧院中的> konistra
合撑式起重机 shear-leg derrick crane
合成 composition;compounding;marrying; recombination; synthesize; synthesis
合成 VSP 记录 synthesized VSP record
合成氨 synthetic(al) ammonia
合成氨厂改造 ammonia plant retrofit
合成氨生产 synthetic(al) ammonia process
合成氨原料气 synthetic(al) for synthetic(al) ammonia
合成氨装置 synthetic(al) ammonia installation
合成白烘漆 synthetic(al) baking enamel white
合成白钨 synthetic(al) scheelite
合成板 composite board;hard board; panel board; solid fiberboard; synthetic(al) plate
合成宝石 synthetic(al) gem
合成蓖麻油 <钢模板表面涂层用的> synthetic(al) castor oil
合成变石 synthetic(al) alexandrite
合成变质【地】 anamorphism
合成变质带 anamorphic zone
合成变质的 anamorphic
合成标样 equi-composition standard
合成表面活性剂 synthetic(al) surface-active substance
合成表示法专题地图 thematic map of synthetic(al) representation
合成冰片 synthetic(al) borneol
合成波 bound wave;composite wave; synthesis wave
合成薄膜衬层 synthetic(al) membrane liner
合成不平衡力 resultant unbalance force
合成不平衡力矩 resultant unbalance moment
合成材料 composite material; synthetic(al) material
合成材料趸船 synthetic shell float
合成材料反滤层 synthetic filter blanket
合成材料活塞 composite piston
合成材料应用 application of geosynthesis
合成测井图 synergetic log
合成层板 <碳素钢板上覆盖不锈钢板的> permaclad
合成产品 sintetics
合成产物 synthetic(al) product
合成长纤维 synthetic(al) continuous fiber[fibre]
合成潮 compound tide;synthetic(al) tide;synthetic(al) wave
合成衬里 synthetic(al) lining
合成冲击波 resultant shock wave
合成垂直地震剖面 composition vertical seismic profile
合成醇 synthetic(al) alcohol;synthol
合成词 compound word
合成瓷漆 synthetic(al) enamel
合成磁铁矿 synthetic(al) magnetite
合成粗糙度 composite roughness
合成簇 composite variety
合成大漆 synthetic(al) oriental lacquer
合成代谢 anabolism
合成代谢过程 synthetic(al) process
合成带【地】 anamorphic zone
合成丹宁 synthetic(al) tannin
合成的 composite; compositive; synthetic(al)
合成的环境致癌物质 synthetic(al) environmental carcinogen
合成的黏[粘] 结力 resultant cohesion
合成的中矩形公式 repeated midpoint formula
合成等高线 carrying contour
合成地面位移 resultant ground displacement
合成地图 synthetic(al) map
合成地震记录 synthesized seismic record; synthetic (al) seismogram; synthetic(al) seismograph
合成地震记录线 composite trace
合成地震图 synthetic(al) seismogram
合成地震系数 resultant seismic coefficient
合成地震信号谱 spectrum of composite seismic signal
合成地址 generated address;synthetic(al) address
合成电波 synthesis wave
合成电缆 composite cable;compound cable
合成电量 net current
合成电流 combination current;resultant current
合成电位 combined potential
合成电阻 joint resistance
合成靛青 synthetic(al) indigo
合成叠加道 synthetic(al) stack trace
合成丁二烯橡胶 styrene-butadiene rubber
合成丁基胶带 synthetic(al) butyl tape
合成顶棚 integrated ceiling
合成短纤维 synthetic(al) staple
合成二维应力状态 resulting two-dimensional stress state
合成法 building method; method of combination; synthesis method; synthetic(al) method
合成反应 building-up reaction; synthesis reaction
合成反应谱 composite response spectrum
合成反应器 synthesis reactor
合成方法 synthesis method
合成纺织废水 synthetic(al) textile wastewater
合成纺织纤维 synthetic(al) textile fiber[fibre]
合成肥料 synthetic(al) fertilizer
合成翡翠绿 synthetic(al) emerald
合成沸石 synthetic(al) zeolite
合成酚醛树脂 novolac resin;synthetic(al) copal
合成风 resultant wind
合成风力 resultant wind force
合成风力矩系数 moment of resultant wind force coefficient
合成风力系数 resultant wind force coefficient
合成风速 resultant wind velocity
合成佛青 synthetic(al) ultramarine
合成腐殖酸 synthetic(al) humic acids
合成负荷 compound load; resultant load
合成改性树脂 synthetic(al) resin-modified
合成概率 composite probability;compound probability
合成干性油 synthetic(al) drying oil
合成甘油 synthetic(al) glycerine
合成刚玉 synthetic(al) corundum
合成钢 synthetic(al) steel
合成钢板 <碳素钢板上覆盖不锈钢板的> permaclad
合成高分子化合物 synthetic(al) high molecular compound
合成高分子混凝剂 synthetic(al) polymer coagulant
合成高分子膜 synthetic(al) polymer

membrane
合成高分子屋面材料 synthetic(al) high molecular roofing material
合成高分子絮凝剂 synthetic(al) polymeric flocculant
合成革 chemical leather; synthetic(al) leather
合成工业 compound industry
合成拱 composite arch; compound arch
合成骨料 synthetic(al) aggregate
合成骨料轻质混凝土 synthetic(al) aggregate light(weight) concrete
合成固定氮 synthetic(al) fixed nitrogen
合成光谱 synthetic(al) spectrum
合成规则 composition rule
合成硅铝酸盐无机离子交换剂 decalso
合成硅石 synthetic(al) silica
合成硅酸钙 synthetic(al) calcium silicate
合成轨枕 composite sleeper; composite tie
合成过程 building-up process; synthetic(al) process
合成过滤介质 synthetic(al) filter medium[复 media]
合成海岸 compound shoreline
合成函数 composite function; compound function; result function
合成河 composite river
合成荷载 compound load; resultant load
合成桁架 compound truss
合成烘漆 synthetic(al) baking enamel
合成红宝石 synthetic(al) ruby
合成后期 post-synthesis phase
合成琥珀 amberiod; ambroid
合成化学 synthetic(al) chemistry
合成化学工业 synthetic(al) chemical industry
合成缓释肥料 synthetic(al) slow release fertilizer
合成黄赭石颜料 synthetic(al) yellow ocher
合成磺酸钙 calcium alkylbenzenesulfonate
合成灰水 synthetic(al) greywater
合成混合晶体 synthesized mixed crystal
合成混合物 resulting mixture
合成混凝剂 synthetic(al) coagulant
合成混凝土养护剂 synthetic(al) concrete curing agent
合成混凝土养护组合物 synthetic(al) concrete curing compound
合成混频器 synthesizer mixer
合成机油 synthetic(al) motor oil
合成基岩运动 synthetic(al) rock motion
合成集料 synthetic(al) aggregate
合成技术 synthetic(al) technology
合成剂 synthetics
合成加速度图 synthetic(al) accelerogram
合成尖晶石 synthetic(al) spinel
合成建材产品 synthetic(al) building product
合成建筑用品 synthetic(al) structural product
合成建筑制品 synthetic(al) building product; synthetic(al) construction(al) product
合成胶 synthetic(al) glue
合成胶粉 synthetic(al) glue powder
合成胶合材料 synthetic(al) cementing material
合成胶结剂 synthetic(al) glue
合成胶黏[粘]剂 synthetic(al) adhesive; synthetic(al) bonding agent
合成胶凝剂 synthetic(al) cementing agent
合成胶乳 synthetic(al) latex
合成焦油沥青 synthetic(al) tar
合成校正试样 equi-composition standard
合成节距 resultant pitch
合成结构制品 synthetic(al) structural product
合成金刚石 man-made diamond; synthetic(al) diamond
合成金红石 synthetic(al) ruffle
合成晶体 synthetic(al) crystal
合成巨分子化合物 synthetic(al) macromolecular compound
合成聚胺絮凝剂 synthetic(al) polyamine flocculant
合成聚合物 synthetic(al) polymer
合成绝缘体 synthetic(al) insulator
合成绝缘油 synthetic(al) insulating oil
合成抗水粉 powdered integral water-repeller
合成孔径 coherent aperture; synthetic(al) aperture
合成孔径技术 synthetic(al) aperture technique
合成孔径雷达 synthetic(al) aperture radar
合成孔径雷达天线 synthetic(al) aperture radar antenna
合成孔径声呐 synthetic(al) aperture sonar
合成孔径天线 synthetic(al) aperture antenna
合成快干防锈漆 synthetic(al) drying rust resisting paint
合成快干防锈涂料 synthetic(al) drying rust resisting paint
合成矿图 composite map
合成矿物 synthetic(al) mineral
合成矿物纤维 synthetic(al) mineral fibre
合成矿渣 synthetic(al) slag
合成蜡 synthetic(al) wax
合成蜡克树脂 synthetic(al) lacquer-grade resin
合成蓝宝石 synthetic(al) sapphire
合成离子交换树脂 synthetic(al) ion-exchange resin
合成力偶 resultant couple
合成立体图像 synthetic(al) stereo image
合成沥青 synthetic(al) asphalt
合成梁 composite beam; compound girder
合成亮级树脂 synthetic(al) lacquer-grade resin
合成量 resultant quantity
合成列 composition series
合成流 resultant current
合成硫化汞 cynoper
合成硫化锌 Sidot's blende
合成龙胶 synthetic(al) gum tragacanth
合成炉 synthetic(al) furnace
合成滤波器 resulting filter
合成滤料 synthetic(al) filter medium
合成路线 synthetic(al) route
合成铝基润滑脂 synthetic(al) alumin(i)um base grease
合成律 law of composition
合成率 synthetic(al) ratio
合成绿柱石 scientific emerald
合成码 generated code
合成毛毡 synthetic(al) felt
合成煤气 synthetic(al) gas
合成镁砂 synthetic(al) magnesia clinker
合成模型 synthesized model
合成膜 synthetic(al) membrane
合成膜衬垫 synthetic(al) membrane liner
合成膜衬里 synthetic(al) membrane liner
合成膜式混凝土养护剂 synthetic(al) liquid membrane concrete curing agent
合成莫来石 synthetic(al) mullite
合成木材 composite wood; synthetic(al) wood
合成木材胶 plastic wood
合成木质素磺酸钠 synthetic(al) lignosulfonate
合成黏[粘]合剂 artificial bonding agent; composite adhesive; synthetic(al) adhesive
合成黏[粘]胶工程 synthetic(al) glue work
合成黏[粘]胶纤维织物 bonded synthetic(al) fiber fabrics
合成黏[粘]结剂 synthetic(al) adhesive
合成黏[粘]结介质 artificial bonding medium
合成黏[粘]性胶 artificial bonding adhesive
合成农药 synthetic(al) pesticide
合成泡沫塑料 synthetic(al) foam plastics
合成泡沫体 syntactic(al) foam
合成泡沫橡胶 neoprene foam rubber
合成培养基 synthetic(al) medium
合成皮革 synthetic(al) leather
合成频率 complex frequency
合成频率曲线 synthetic(al) frequency curve
合成品 synthetics
合成屏蔽 composite shield
合成坡度 composite gradient; resultant gradient
合成剖面 synthesis profile
合成谱 synthesis spectrum
合成期 synthesis phase
合成漆 synthetic(al) paint
合成漆包线 synthetic(al) enamelled copper wire
合成气 syngas; synthesis gas; synthetic(al) gas
合成气态燃料 resultant gaseous fuel
合成气体 forming gas
合成气体燃料 resultant gaseous fuel
合成气压缩机 synthetic(al) gas compressor
合成气压缩机透平 synthetic(al) gas compressor turbine
合成汽缸油 synthetic(al) steam cylinder oil
合成汽油 synthetic(al) gasoline
合成器 combiner; synthesizer
合成前角 resultant rake
合成前期 presynthesis phase
合成切削速度 resultant cutting speed
合成切削压力 resultant cutting pressure
合成切削运动 resultant cutting movement
合成轻质二氧化硅 carbon-white
合成清烘漆 clear synthetic(al) baking varnish
合成清漆 synthetic(al) varnish
合成清漆树脂 synthetic(al) varnish resin
合成琼脂 synthetic(al) agar
合成曲面 composite surface
合成曲线 synthetic(al) curve
合成全息图 composite hologram; synthetic(al) hologram
合成群青 artificial ultramarine; brilliant ultramarine; Guimet's blue; synthetic(al) ultramarine; factitious ultramarine
合成燃料 synfuel; synthetic(al) fuel; synthol
合成燃料废水 synthetic(al) fuel wastewater
合成染料 synthetic(al) dye(stuff)
合成溶液 synthetic(al) solvent
合成鞣剂 synthetic(al) tanning agent
合成鞣料 synthetic(al) tanning material
合成乳化剂 synthetic(al) emulsifier
合成乳剂 synthetic(al) emulsion
合成乳胶 synthetic(al) latex
合成润滑剂 synthetic(al) lubricant
合成润滑油 synthetic(al) lubricant fluid; syntholube; synthetic grease
合成色 binary colo(u)r; combination colo(u)r; secondary colo(u)r
合成色料 synthetic(al) colo(u)r
合成色素 synthetic(al) colo(u)r
合成砂 synthetic(al) sand
合成商品 composite commodity
合成设计 composite design
合成声 synthetic(al) sound
合成湿润剂 synthetic(al) wetting agent
合成石膏 synthetic(al) gypsum
合成石蜡 synthetic(al) wax
合成石墨 synthetic(al) graphite
合成石英 synthetic(al) quartz
合成石英玻璃 synthetic(al) silica glass
合成石油 synthetic(al) crude; synthetic(al) oil; synthetic(al) petroleum; synthoil
合成时间历程 synthetic(al) time history
合成矢量 composite vector; resultant (vector)
合成式防波堤 composite type breakwater
合成试剂 synthetic(al) reagent
合成熟料 synthetic(al) clinker
合成树胶 synthetic(al) balata; Paragutta
合成树脂 artificial resin; synthetic(al) resin
合成树脂表面 synthetic(al) resin surface
合成树脂表面防水剂 synthetic(al) resin surface waterproofing agent
合成树脂表面拒水剂 synthetic(al) resin surface water-repelling agent; synthetic(al) resin water repellent
合成树脂材料 synthetic(al) resin material
合成树脂层压板 synthetic(al) resin bonded laminate
合成树脂产品 synthetic(al) resin product
合成树脂衬底 synthetic(al) resin substrate
合成树脂衬里 synthetic(al) resin backing
合成树脂成品 synthetic(al) resin product
合成树脂锤 composition hammer
合成树脂瓷漆 artificial enamel
合成树脂底漆 synthetic(al) resin primer
合成树脂底涂层 synthetic(al) resin prime coat
合成树脂地板覆盖层 synthetic(al) resin floor cover(ing)
合成树脂垫底层 synthetic(al) resin underlay
合成树脂垫片 synthetic(al) resin gasket
合成树脂垫圈 synthetic(al) resin seal(ing) ring
合成树脂调合漆 ready mixed paint of

synthetic(al) resin; synthetic(al) resin ready-mixed paint
合成树脂凡立水 synthetic(al) resin varnish
合成树脂防水涂料 synthetic(al) resin waterproof coating(material)
合成树脂分散基 synthetic(al) resin dispersion base
合成树脂分散体 synthetic(al) resin dispersion
合成树脂分散体饰面 synthetic(al) resin dispersion finish
合成树脂覆盖层 synthetic(al) resin covering; synthetic(al) resin deposition
合成树脂灌装机 synthetic(al) resin filling-packaging machine
合成树脂过滤器 synthetic(al) resin filter
合成树脂灰浆 synthetic(al) resin plaster
合成树脂灰泥 synthetic(al) resin mortar
合成树脂混凝土 concrete with artificial resin admix(ture); synthetic(al) concrete with artificial resin admix(ture); synthetic(al) resin concrete
合成树脂基底 synthetic(al) resin base
合成树脂及橡胶混合物 synthetic(al) resin rubber mix(ture)
合成树脂间 synthetic(al) resin workshop
合成树脂建筑玛琋脂 synthetic(al) resin building mastic
合成树脂建筑外部涂层 synthetic(al) resin exterior coat
合成树脂浇铸料 synthetic(al) resin mo(u)lding compound
合成树脂胶 artificial bonding adhesive; artificial bonding agent; artificial bonding medium; artificial glue; artificial resin-based bonding adhesive; artificial resin-based bonding agent; artificial resin-based glue; bonding glue; plastic glue; synthetic(al) resin adhesive; synthetic(al) resin based glue; synthetic(al) resin cement; synthetic(al) resin glue
合成树脂胶合 bonded with synthetic(al) resinous material
合成树脂胶合板 resin-bonded plywood
合成树脂胶合剂 synthetic(al) resin cement
合成树脂胶结剂 synthetic(al) resin cement
合成树脂胶黏[粘]剂 artificial resin-based bonding adhesive; artificial resin-based bonding agent; synthetic(al) resin adhesive; synthetic(al) resin cement
合成树脂胶凝剂 artificial resin-based cementing agent
合成树脂接头 synthetic(al) resin joint
合成树脂结合 synthetic(al) resin joint
合成树脂结合剂 cycleweld; synthetic(al) resin bond; pliobond <酚醛树脂和合成橡胶配合的>
合成树脂结合剂磁铁 caslox
合成树脂结合剂焊接法 <金属等的> cyclewelding
合成树脂浸渍的密封材料 synthetic(al) resin impregnating seal(ing) material
合成树脂浸渍过的 synthetic(al) resin impregnated
合成树脂蜡克 synthetic(al) resin lacquer
合成树脂冷水溶性漆 synthetic(al) resin cold water paint
合成树脂冷水溶性涂料 synthetic(al) resin cold water paint
合成树脂连接 synthetic(al) resin joint
合成树脂楼板覆盖层 synthetic(al) resin floor cover(ing)
合成树脂楼面材料 synthetic(al) resin floor(ing)
合成树脂楼面涂层 synthetic(al) resin floor cover(ing)
合成树脂玛琋脂 synthetic(al) resin mastic
合成树脂玛琋脂填缝料 synthetic(al) resin mastic joint
合成树脂密封圈 synthetic(al) resin seal(ing) ring
合成树脂面层 synthetic(al) resin deposition
合成树脂腻子 synthetic(al) resin putty
合成树脂黏[粘]固层压板 synthetic(al) resin bonded laminate
合成树脂黏[粘]合剂 synthetic(al) resin adhesive; synthetic(al) resin binder; synthetic(al) resin bond; synthetic(al) resin cement
合成树脂黏[粘]合纸板 synthetic(al) resin bonded paper sheet
合成树脂黏[粘]结层压板 resin-bonded plywood
合成树脂黏[粘]结的 synthetic(al) resin bonded; synthetic(al) resin-bound
合成树脂黏[粘]结剂 Araldite; cycleweld; synthetic(al) resin adhesive; synthetic(al) resin binder; synthetic(al) resin bond; synthetic(al) resin cement
合成树脂黏[粘]性胶 artificial resin-based bonding adhesive
合成树脂凝结剂 artificial resin-based cement(ing)
合成树脂喷漆 synthetic(al) resin lacquer
合成树脂漆 synthetic(al) resin paint
合成树脂漆稀释剂 synthetic(al) resin paint thinner
合成树脂清漆 synthetic(al) resin (clear) varnish
合成树脂溶液 synthetic(al) resin solution
合成树脂乳胶 synthetic(al) resin emulsion
合成树脂乳胶漆 synthetic(al) resin emulsion paint
合成树脂乳香脂 synthetic(al) resin mastic
合成树脂乳液 synthetic(al) resin emulsion
合成树脂乳液涂料 synthetic(al) resin emulsion paint
合成树脂砂浆 synthetic(al) resin mortar
合成树脂渗透辅助剂 synthetic(al) resin penetrating aid
合成树脂渗透性密封剂 synthetic(al) resin penetrating sealer
合成树脂石棉板 synthetic(al) resin asbestos board
合成树脂室外涂层 synthetic(al) resin outside coat
合成树脂熟油搪瓷 synthetic(al) resin stand oil enamel
合成树脂熟油涂层材料 synthetic(al) resin stand oil enamel
合成树脂调合漆 ready mixed paint of synthetic(al) resin; synthetic(al) resin ready-mixed paint
合成树脂水溶性涂料 synthetic(al) resin water(-carried) paint
合成树脂涂层 coat of synthetic(al) resin; synthetic(al) resin coating (material); synthetic(al) resin covering; synthetic(al) resin deposition
合成树脂涂料 synthetic(al) resin paint; synthetic(al) resin coating (material)
合成树脂涂料稀释剂 synthetic(al) resin paint thinner
合成树脂涂膜 synthetic(al) resin clear varnish
合成树脂外墙涂料 synthetic(al) resin external coat
合成树脂为基材的胶黏[粘]剂 synthetic(al) resin-based bonding adhesive
合成树脂无光漆 synthetic(al) resin flat paint
合成树脂无光涂料 synthetic(al) resin matt(finish) paint
合成树脂悬浮液喷射混凝土 concrete-spraying with synthetic resin dispersion
合成树脂液压软管 synthetic(al) resin hydraulic hose
合成树脂硬质泡沫 synthetic(al) resin rigid foam
合成树脂油灰 synthetic(al) resin putty
合成树脂鱼尾板绝缘接头 resin-bonded insulated fishplate-joint
合成树脂纸板 synthetic(al) resin bonded paper sheet
合成树脂轴承 synthetic(al) resin bearing
合成数 composite number
合成数据 generated data; synthetic(al) data
合成双酯润滑油 diester oil
合成水加热器 synthowater heater
合成水泥 blended cement
合成水系 integrated drainage
合成松油 synthetic(al) pine oil
合成速度 aggregate velocity; resultant velocity
合成塑料 synthetic(al) plastics
合成塑料材料 synthetic(al) plastic material
合成塑料涂层 synthetic(al) plastic coating
合成塑料涂膜 synthetic(al) plastic coating
合成弹性体 synthetic(al) elastomer
合成塔 synthesis converter; synthesizing tower
合成檀香 sandenol; synthetic(al) sandenol
合成檀香油 synthetic(al) sandal wood oil
合成碳化物 union carbide
合成碳膜电位器 carbon composition film potentiometer
合成碳氢化合物 synthetic(al) hydrocarbons
合成特性 composite character
合成特性曲线 composite characteristic
合成梯度 composition gradient
合成梯度法 conjugate gradient method
合成体 compound body
合成体质颜料 synthetic(al) extender
合成天青石蓝 laundry blue
合成天然(煤)气 substitute natural gas; synthetic(al) natural gas
合成天然橡胶 natural man-made rubber; synthetic(al) natural rubber
合成天线 synthetic(al) antenna
合成天线阵 synthetic(al) antenna array
合成填充料 synthetic(al) extender
合成填塞料 synthetic(al) filler
合成铁红 Venetian red
合成烃润滑液 synthesized hydrocarbon fluid
合成投影 composite projection
合成图 composite map
合成图像 composite picture; recombined imagery
合成图像摄像装置 vistascope
合成涂料 synthetic(al) coating; synthetic(al) paint
合成推进剂 composite propellant
合成推进器 composite propeller
合成位移 resultant displacement
合成温度 resultant temperature
合成污泥 synthetic(al) sludge
合成屋面片材 monoform base sheet
合成无机颜料 synthetic(al) inorganic pigment
合成无水石膏 synthetic(al) anhydrite
合成无水石膏抹面 synthetic(al) anhydrite screed(material)
合成物 complex; composite; compound; resultant; synthetics
合成物质 synthetics
合成误差 composite error; resultant error
合成吸收剂 composite absorbent
合成吸收器 composite absorber
合成稀料 synthetic(al) thinner
合成洗涤剂 saponide; soapless soap; syndet(ergent); synthetic(al) detergent; synthetic(al) washer
合成洗涤剂工业 synthetic(al) detergent industry
合成洗涤剂原料油 crude oil for synthetic(al) detergent; Kogasin
合成系数 composite coefficient
合成纤维 synthetic(al) fiber[fibre]; synthon
合成纤维玻璃丝轮胎 polyglass tire [tyre]
合成纤维材料 synthetic(al) fiber material
合成纤维草皮 synthetic grass
合成纤维厂 synthetic(al) fiber plant
合成纤维防腐剂 anti-corrosive agent for synthetic(al) fibres
合成纤维废水 synthetic(al) fiber wastewater
合成纤维钢丝轮胎 poly-wire tire [tyre]
合成纤维工业 synthetic(al) fiber industry
合成纤维工业废水 synthetic(al) fiber manufacture wastewater
合成纤维货物 synthetic(al) fiber goods
合成纤维绝缘板 pressboard
合成纤维滤布 synthetic fiber cloth
合成纤维片状排水 fin drain
合成纤维软管 hosing
合成纤维绳 synthetic(al) fiber wire
合成纤维织物 synthetic(al) fiber fabric; synthetic(al) fiber web; synthetics
合成纤维纸 synthetic(al) fiber paper
合成显示产生法 synthetic(al) display generation
合成相量 composite phasor
合成香料 aromatic chemicals; aromatic compound; compound essence
合成向量 composite vector; resultant vector
合成像片 composite photograph

合成橡胶 chemigum; elastomer; hycar; synthal; synthetic(al) rubber
合成橡胶坝 fabridam; synthetic(al) rubber dam
合成橡胶苯酚树脂黏[粘]结剂 synthetic(al) rubber phenol resin adhesive
合成橡胶材料 <运动场铺地面用> tartan
合成橡胶衬里 synthetic(al) rubber liner
合成橡胶催化溶液 synthetic(al) rubber contact solution
合成橡胶弹簧 neoprene spring
合成橡胶的 elastomeric
合成橡胶垫板固定支座 elastomeric pad fixed bearing
合成橡胶垫圈 elastomeric gasket; synthetic(al) rubber washer
合成橡胶废水 synthetic(al) rubber wastewater
合成橡胶分散 elastomer dispersion
合成橡胶分散体 synthetic(al) rubber dispersion
合成橡胶粉 elastomer powder
合成橡胶附件 synthetic(al) rubber accessory
合成橡胶复曲环 synthetic(al) rubber toric ring
合成橡胶基乳液 synthetic(al) rubber based emulsion
合成橡胶接触黏[粘]合剂 synthetic(al) rubber contact adhesive
合成橡胶接触溶液 synthetic(al) rubber contact solution
合成橡胶接缝料 elastomeric joint sealant
合成橡胶绝缘材料 rubber insulation
合成橡胶立体图 synthetic(al) rubber stereo-picture
合成橡胶沥青 elastomer-bitumen
合成橡胶轮 synthetic(al) rubber wheel
合成橡胶轮胎 synthetic(al) rubber tire[tyre]
合成橡胶玛瑞脂 synthetic(al) rubber mastic
合成橡胶密封 elastomeric seal; synthetic(al) rubber sealing
合成橡胶密封膏 synthetic(al) rubber sealant
合成橡胶密封剂 synthetic(al) rubber sealant
合成橡胶面的抹子 synthetic(al) rubber trowel
合成橡胶黏[粘]合剂 synthetic(al) rubber adhesive
合成橡胶黏[粘]结剂 synthetic(al) rubber adhesive
合成橡胶嵌缝料 elastomeric joint sealant; synthetic(al) rubber filler; synthetic(al) rubber sealant
合成橡胶裙板 synthetic(al) rubber apron
合成橡胶乳剂 synthetic(al) rubber emulsion
合成橡胶乳胶 synthetic(al) rubber emulsion
合成橡胶乳胶液 synthetic(al) rubber latex
合成橡胶树脂 synthetic(al) rubber resin
合成橡胶树脂胶黏[粘]剂 synthetic(al) rubber resin adhesive
合成橡胶树脂黏[粘]合剂 synthetic(al) rubber resin adhesive
合成橡胶(系)乳化漆 gum emulsion paint
合成效率 combined coefficient; combined efficiency
合成谐和运动 composite harmonic motion; compound harmonic motion
合成芯件 composition core
合成信号 composite signal
合成信令 composite signal(l)ing
合成型砂 synthetic(al) mo(u)lding sand
合成絮凝剂 synthetic(al) flocculant
合成薰蒸剂 certified fumigant
合成压力 resultant pressure
合成压缩工场 synthesis-compression workshop
合成压应力 resultant compressive stress
合成岩石 synroc
合成盐酸 synthetic(al) hydrochloric acid
合成颜料 synthetic(al) pigment
合成羊毛 cellulose wool
合成氧化铝 borolon
合成氧化铁 artificial iron oxide; synthetic(al) iron oxide
合成氧化铁红 Mars red
合成氧化铁黄 Mars yellow
合成氧化铁(系)颜料 Mars pigment
合成药厂 synthetic(al) drug plant
合成液态燃料 synthetic(al) liquid fuel
合成一体 unite
合成因子 composition factor
合成阴极 composite cathode
合成应变 resultant strain
合成应力 combined stress; compound stress; indirect stress; restraint stress; resultant stress; resulting stress
合成映射 composite mapping
合成硬石膏 by-product anhydrite; synthetic(al) anhydrite
合成硬石膏抹灰面层 by-product anhydrite screen[topping]
合成油 artificial oil; synthetic(al) oil
合成油墨 synthetic(al) ink
合成油漆 plastoglage; synthetic(al) paint
合成有机分子 synthetic(al) organic molecule
合成有机骨料 synthetic(al) organic aggregate
合成有机化合物 anthrogenics; synthetic(al) organic compound
合成有机化学物 synthetic(al) organic chemicals
合成有机集料 synthetic(al) organic aggregate
合成有机农药 synthetic(al) organic insecticide
合成有机杀虫剂 synthetic(al) organic insecticide
合成有机污染物 synthetic(al) organic contaminant
合成有机颜料 synthetic(al) organic pigment
合成语言 synthetic(al) language
合成语言放声系统 voice operation demonstrator
合成原图 composite artwork
合成原油 synthetic(al) crude; synthetic(al) oil
合成云母 synthetic(al) mica
合成云母晶块 mica pig
合成云母珠跟颜料 synthetic(al) mica nacreous pigment
合成运动 resultant motion; resultant movement
合成增稠剂 synthetic thickener
合成增量剂 synthetic(al) extender
合成渣浇筑 synthetic(al) casting
合成闸瓦 composite brake block; composite brake shoe; composition brake shoe
合成樟脑 synthetic(al) camphor
合成樟脑粉 synthetic(al) camphor powder
合成樟脑块 camphor tablet synthetic
合成樟脑片 synthetic(al) camphor tablet
合成照片 composite photograph; composite print; photomontage
合成照相机 process camera
合成赭石 synthetic(al) ochre
合成振幅 net amplitude; resultant amplitude
合成震波图 synthetic(al) seismogram
合成整体 integrate
合成织物 synthetic(al) fabrics
合成脂肪 synthetic(al) fat
合成脂肪酸 synthetic(al) fatty acid
合成脂肪酸洗涤剂 synthetic(al) fatting acid detergent
合成纸 impregnated paper; polymeric paper
合成纸板 combination board
合成指令 synthetic(al) instruction
合成酯类润滑油 ester oil
合成制动磨擦片 composite brake liner
合成制动磨擦片托 composite brake liner holder
合成制动液 synthetic(al) brake fluid
合成制品 synthetic(al) product
合成致癌物质 syncarcinogen
合成铸铁合金 synthetic(al) cast iron alloy
合成装置 synthesizer
合成字【计】double letter
合成阻抗 resultant impedance
合成阻尼 synthetic(al) damping
合成祖母绿 synthetic(al) emerald
合成钻井泥浆 synthetic(al) drilling fluid
合成作用 synthesis; synthetic(al) action
合乘 shared ride
合乘车 car pooling; ride sharing
合乘公共汽车 buspool
合乘篷车 <由私人或公共提供的汽车,定期地运送往返于工作岗位的成组乘客> van pool
合乘汽车 carpool; pool car
合乘汽车车道 carpool lane
合乘汽车停车处 pool parking
合齿开关 gear engaging switch
合点 chalaza; conjunction; vanishing point
合点法 corresponding intersected point method
合点检查 vanishing point check
合点控制 vanishing point control
合点条件 vanishing point condition
合钉 dowel pin
合钉接合 dowel joint
合订本 bound volume
合断操作回合 make-and-break operation cycle
合断触点 make-and-break contact
合-断开关 gapping switch; make-before-break switch
合恩角海流 Capa Horn current
合法 legality; validation
合法保证 legal security
合法财产 lawful property
合法程序 legal program(me)
合法当局 constituted authority; lawful authority
合法的 formal; legal; legitimate; rational
合法的标志 approved marking
合法化 decriminalization; legalization; legalize; regularize
合法继承人 legal heir; legal successor; right heir
合法减税 legal tax cut
合法检索 legal retrieval
合法经纪人 legal broker; sworn broker
合法经营 lawful operations
合法控制 legal control
合法利益 lawful interests; legitimate interests
合法买卖 licit traffic
合法贸易 lawful trade
合法命名 legitimate name
合法票据 eligible bill; just bill
合法迁移 legal immigration
合法权利 lawful rights; legal rights; legitimate rights; jus legitmum <拉>
合法权益 lawful rights and interests
合法人 competent person
合法商品 lawful merchandise; legal merchandise
合法食用色素 certified colo(u)rs for food
合法手续 legitimate procedure
合法所有权 legal title
合法所有人 legal owner
合法投资 legal investment; legal list
合法污染控制设备 certified pollution control facility
合法行为 lawful act
合法性 legality; legitimacy; validity
合法性错误 validation error
合法性控制 legality control
合法性准则 validity criterion
合法业主 legal owner
合法用火烟 legitimate smoke
合法有些的物权 qualified captain; sound title
合法证券 legal list
合法资产 legal assets
合分按钮 on-off push button
合分比 proportion by addition and subtraction
合分控制开关 close-open control switch
合缝 joint close; scribe; scribing
合缝不良 mismatching
合缝不良胶合板 mismatched plywood
合缝处 <石砌体的> commissure
合缝的 coped
合缝钉 captive pin; dowel; stud dowel; timber dowel
合缝钢筋所受的剪力 dowel shear
合缝钢条 dowel; dowel steel
合缝焊 stitch bonding
合缝焊接 stitch welding
合缝机 linking machine
合缝接钢 bar dowel
合缝接头 coped joint; scribed joint; underscribe
合缝刨 jointing plane
合缝凸齿 proud seam
合缝凸出 flange
合缝线 bad mo(u)ld joint; joint line
合缝线印 fin; mo(u)ld seam
合缝销 dowel pin
合格 acceptability; acceptance; all correct; compliance; no defect; on-test; pass master; pass the requirements; qualification(on test); quality; up-to-grade; up-to-standard
合格板(材) on-ga(u)ge plate
合格标商 selected bidder
合格标商名单 selected list of bidders
合格标志 mark of conformity
合格标准 acceptance criterion; approval standard
合格不合格判别 go-no judg(e)ment
合格部分 sound part
合格材料 acceptable material
合格财政分析家 certified financial

analyst
合格操作工 qualified operator
合格草皮 approved sod;certified sod
合格产品 acceptable products; accepted products
合格产品一览表 qualified parts list; qualified products list
合格常数 acceptance constant
合格成本 compliance cost
合格尺寸 qualified size
合格船长 certificated master
合格的 acceptable;charted;on-ga(u)-ge;qualified
合格的付款 eligible payment
合格的焊工 qualified welder
合格的货物和服务 eligible goods and service
合格的建设项目 qualified project
合格的燃料 proper fuel
合格的人(或物) qualifier
合格的质量 acceptable quality
合格地下泵 certified submersible sump
合格多铧犁 certified two-wheeled double share plough
合格范围 acceptability limit;acceptable range
合格防火线 certified fire lane
合格飞机投水弹 certified water bombing
合格服务期限 period of qualifying service
合格概率 acceptance probability
合格钢材 qualified steel
合格工人 qualified worker
合格公证人 qualified notary
合格供货者 eligible supplier
合格故障率 acceptable failure rate
合格故障数 acceptable degradation rate;acceptable malfunction rate
合格国家 eligible country
合格焊工 qualification welder; qualification welding operator
合格混凝土 quality concrete
合格混凝土块 grade block
合格或不合格 acceptance or rejection
合格货物 eligible cargo;eligible goods
合格货源 eligible source
合格货源国 eligible source countries
合格基准 certified standard
合格极限 acceptance limit
合格技术员 qualified technician
合格驾驶员 qualified driver;certified officer;qualified officer【船】
合格监督 conformity surveillance
合格检查 certification test; qualification test;regular checking
合格检查试验 go-no-go inspection test
合格检验 <查明材料是否符合某一最低要求的试验> proving test; certification test; qualification test; regular checking
合格检验人 competent surveyor
合格鉴定 functional determination
合格浆料 accepted stock
合格接缝 qualification joint
合格科学家和工程师 <英> qualified scientist and engineer
合格可靠性水平 acceptable reliability level
合格粒度 designated size;release mesh; size limit
合格梁 grade beam
合格林地保护树 certified soil protection wood
合格零件一览表 qualified parts list; qualified products list
合格领航员 qualified pilot
合格律师 qualified notary
合格率 coincidence rate; percent of pass; percent passing; qualification rate; qualified rate; up-to-standard rate; compliance rate; compliance ratio【交】
合格轮机员 certified engineer; qualified engineer
合格买主 qualified buyer
合格灭火直升飞机 certified helitanker
合格木片 accepted chip(ping)s
合格农药残留标准 trace standard certified of agricultural chemicals
合格浓度 certified concentration
合格排水沟 certified drainage ditch
合格判断值上限 upper acceptance value
合格品 acceptable end-product; conforming article; effective unit; eligible product; good product; non-defective unit; qualified products; quality part
合格品标志 mark of acceptable product
合格平地耙 certified smoothing harrow
合格评定 conformity assessment
合格潜水员 qualified diver
合格强度 adequate strength
合格缺陷标准 acceptable defect level
合格人士 qualification person
合格人(员) competent person; qualified person
合格认证标志 mark of conformity certification
合格乳剂 certified emulsion
合格商品 conforming article
合格商品目录 qualified parts list; qualified products list
合格设备 approved apparatus; qualified apparatus
合格设计 acceptable design
合格设施 approved facility
合格施工方法 acceptable construction method
合格试验 acceptance test; functional test;test of qualification
合格试验区 certified test block
合格条件 acceptance condition; qualified condition
合格投标人 eligible bidder; eligible tenderer
合格投标者 eligible bidder; eligible tenderer
合格图表 usable logs
合格涂料 qualified coating
合格土粒 certified soil particle
合格系数 acceptance coefficient
合格性 eligibility;qualification
合格性测试 qualification testing
合格性监测 compliance[compliancy] monitoring
合格性监测点 compliance[compliancy] point
合格性监测计划 compliance[compliancy] program(me)
合格性检查 compliance[compliancy] inspection
合格性检验 approval test
合格性试验 qualification test
合格压条法 certified marcottage
合格验船师 surveyor competent
合格养料 quality nutrient
合格样品 acceptable sample
合格样品数 number of acceptable sample
合格印样 OK sheet
合格油 corrected oil
合格元件 qualified component
合格园圃拖拉机 certified horticultural tractor
合格原版 qualified raw sheet
合格原料 acceptable material
合格炸药 acceptable explosive; permissible explosive
合格证 certificate of conformance; conformity certificate
合格证检查 inspection by certificate
合格证鉴定试验 qualification certification test
合格证明 qualification; verification of conformity
合格证明的检试 qualification test
合格证明书 certificate of soundness; conformity certificate; certificate of conformity
合格证书 acceptance certificate; certificate of competence[competency]; certificate of compliance; certificate of inspection; certification of fitness; certification quality; qualification certificate; certificate of eligibility; qualification
合格执照 certificate of competence [competency]
合格值 acceptance value
合格指示器 accepted indicator
合格制造厂家 qualified manufacturer
合格制造厂商 qualified manufacturer
合格制造者 qualified manufacturer
合格质量标准 acceptable quality criterion; acceptable quality limit
合格质量检查 acceptable quality inspection
合格质量水平 acceptable quality level
合格质量验收 due care; reasonable care and skill
合格种子 certified seed
合格钻孔 acceptable drill hole
合格最低标 lowest responsible bid
合隔桁 synapticulum
合股 partnership
合股船所有人 joint owner
合股的 joint-stock
合股公司 joint(ad) venture; joint-stock company; joint-stock enterprise; joint undertaking; joint venture
合股机 layup machine; strander; stranding machine
合股经营企业 joint equity venture
合股企业 joint venture
合股人 cooperator;partner
合股纱 plied yarn
合股石棉线 twisted asbestos yarn
合股投资公司 mutual investment company
合股纤维 twisted fiber[fibre]
合股线 plied yarn;rope wire
合股营业章程 article of association
合股者 copartner
合股资本 joint capital
合管输送 amalgamated pipe transmission; combined pipe transmission
合规格润滑剂 specified lubricant
合核 syncaryon[synkaryon]
合痕 isotopy
合痕变量 isotopic variable
合痕的 isotopic
合乎标准 come up to standard
合乎标准的 conform to standard; proof; up-to-standard
合乎等级的混凝土块 grade block
合乎等级的梁 grade beam
合乎规格 meet the specification
合乎环境要求标记 environmental seal of approval
合乎环境要求的 environmentally sound
合乎环境要求的产品 environmentally sound product
合乎环境要求的代用品 environmentally acceptable substitute
合乎环境要求的工艺 environmentally sound technology
合乎环境要求的可持续发展 environmentally sound sustainable development
合乎逻辑的 consequent logical
合乎实际 conform to actual situation; conform with realities
合乎水手标准 jack tar fashion
合乎要求的 qualified
合欢树 silktree; silktree albizzia
合欢属 <拉> Albizzia
合伙 partnership;pool
合伙工作队 butty gang
合伙公司 general partners
合伙共用铁路篷车 van pool
合伙关系 partnership
合伙合同 contract of partnership
合伙经营 pooling
合伙经营收入 partnership income
合伙经营协议 pooling agreement
合伙企业解散 dissolution of partnership
合伙契约 deed of partnership; partnership agreement
合伙人 copartner;partner
合伙人贷款 partner's loan
合伙人个人偿债能力 partner's personally solvent
合伙人奖金 bonus to partner
合伙人入伙 admission of partner
合伙人薪金 partner's salary
合伙人资产 partnership assets
合伙商店 partnership
合伙投标 joint bid(ding); joint tendering
合伙投资 <短期的> joint venture investment
合伙营业 partnership
合伙有限公司 limited partner
合伙占有 tenancy in partnership
合伙资本 partnership capital
合计 account; add up; aggregate; amount to; figure out at; grand total; major total; sum; summing; tot; total
合计拨款 aggregate appropriation
合计达 add up to
合计检查 summation check
合计误差 aggregate error
合计域 footing area
合计账单 reckon up the bill
合剂 mist;mixture
合加速度 resultant acceleration
合价包干 comprehensive lump-sum
合建公寓楼 cooperative apartment house
合建建筑 communal building
合建式出入口 communal access
合建住宅协会 cooperative housing society
合胶 rubber alloy
合胶线 staple sliver
合角接 mitre joint; mitering[mitring]
合角接榫 mitre dovetail
合角榫 miter dovetail; undercut tenon
合角铁 knee
合角吻兽【建】cornered dragon-head ridge ornament
合接 fit grafting; splice grafting
合节奏 chime
合结 stay knot
合金 alloy; composition metal; compound metal; metal alloy; rafting
合金百叶窗 alloy shutter
合金棒 alloy bar
合金棒材 alloy sticks
合金表带 alloy watch band
合金薄板 alloy sheet metal
合金薄膜 alloy firm

合金层 alloy layer
合金成分 alloying component;alloying composition;alloying ingredient
合金齿轮传动 alloy gearing
合金齿轮钢 alloy gear steel
合金处理 alloy treatment
合金淬火轨 alloy head-hardened rail
合金的 alloying
合金电镀 alloy plating
合金电镀层 alloy plate
合金电热丝 heating alloy
合金钉瓷牙 alloy pin porcelain tooth
合金锭 alloy pig
合金二极管 alloy diode
合金分析 alloy analysis
合金粉末 alloy powder;powdered alloy
合金覆盖层 alloy coating
合金钢 alloy(ed) steel;complex alloy steel;complex steel;compound alloy;compound steel;fine steel;special steel;steel alloy
合金钢板 alloy steel plate
合金钢车刀 alloyed steel bit
合金钢带 alloy(ed) steel strip
合金钢刀具 alloy steel cutter
合金钢刀片 alloy steel blade
合金钢刀头 alloy tool steel bit
合金钢电焊条 alloy electrode
合金钢垫 complex pad
合金钢粉 powdered alloy steel
合金钢粉末 alloy steel powder
合金钢管 alloy(steel) pipe[piping];alloy steel tube[tubing]
合金钢轨钢 alloy rail steel
合金钢筋 alloy reinforcing steel
合金钢锚固件 alloy steel anchor
合金钢耙齿 alloy steel tine
合金钢片 alloy steel sheet
合金钢气焊条 alloy steel gas welding rod
合金钢钎杆 alloy drill steel
合金钢丝 alloy steel wire;alloy wire
合金钢轧辊 alloyed steel roll
合金钢支承 alloy steel bearing
合金钢制管卡 alloy steel pipe clamp
合金钢铸件 alloy steel casting
合金钢钻头 alloy steel bit;alloy tool steel bit;tungsten-carbide insert bit
合金工具钢 alloy(ed) tool steel
合金工具钢车刀 alloy tool steel bit
合金工艺 alloying technology
合金汞齐 alloy amalgam
合金刮刀钻头 carbide insert drag bit
合金管 alloy pipe;compo pipe
合金光电阴极 alloy photocathode
合金轨 alloy steel rail
合金过渡系数 recovery;transfer efficiency
合金含量 alloy content
合金焊料 alloy solder
合金焊条 alloy electrode
合金核燃料 alloy nuclear fuel
合金化(处理) alloying
合金化的金属 alloyed metal
合金欢树胶 acacin
合金活顶尖 alloy live center[centre]
合金级铌 alloy grade niobium
合金技术 alloying technique
合金剂 alloying agent;alloying constituent
合金结 alloy junction;fused junction
合金结二极管 alloy junction diode
合金结构 alloy structure
合金结构钢 alloy constructional steel;constructional alloy steel;structural alloy steel
合金结构钢线 alloy structural steel wire
合金结构型钢 alloy structural steel
合金结晶体管 alloy junction transistor
合金金相图 composition diagram
合金镜架 alloy frame
合金块 <钻头用> splitter
合金扩散工艺 alloy diffusion technology
合金扩散型光电晶体管 alloy-diffused photo transistor
合金配料 alloying ingredient
合金片碾压机 rolling mill
合金平衡图 composition diagram;structural diagram
合金齐纳结 alloy Zener junction
合金钎料 solder alloy
合金铅管 alloy-lead pipe;alloy-lead tube
合金嵌体 alloy inlay
合金球 alloying pellet
合金球铁轧辊 alloy ductile iron roll
合金刃具钢 alloy cutlery steel
合金设计 alloy design
合金生铁 alloyed pig iron;alloy pig;pig-iron alloy
合金丝拉制机 alloy-wire drawer
合金弹簧钢 alloy spring steel
合金弹簧锁 alloy latch
合金陶瓷 ceramal;cermet
合金添加剂 alloying addition;alloying agent
合金铁 alloy iron
合金外壳 alloy housing
合金纹理轧辊 alloyed grain roll
合金锡 alloy tin
合金系 alloy system
合金线 alloy wire
合金相 alloy phase
合金相图 constitution diagram
合金橡胶 acacia gum
合金型的 alloy-type
合金型熔合纤维 alloy fiber[fibre]
合金硬化 alloy hardening
合金元件 alloying element
合金元素 addition agent;alloying addition;alloying agent;alloying element
合金元素过渡系数 alloy transfer efficiency
合金再生结 alloy regrowth junction
合金轴承 metal-bearing
合金助焊剂 soldering flux
合金铸钢 alloy cast steel
合金铸钢活塞 cast alloy steel piston
合金铸件 alloy casting;alloy cast-iron;cast alloy iron
合金铸铁 cast alloy iron
合金铸铁轧辊 alloy iron roll
合金铸造 alloy casting
合金状态图 structural diagram
合金钻头 alloy bit;alloy drill bit
合晶 crystal combination
合聚透镜 concentration lens
合刊 <两期合并> double issue;double number
合扣 shoulder up
合拉力 combined tension
合理 good faith;legitimacy
合理报酬 just compensation;reasonable reward
合理报酬的运价 reasonably compensatory rate
合理报酬利润 fair returns
合理边缘矩阵 appropriate edge matrix
合理补偿 just compensation
合理捕鱼 rational fishing
合理布局 proper redistribution;rational layout
合理布置 rational layout
合理采样数 rational sampling number
合理程度 reasonability
合理单位 rationalized unit;rational unit
合理单位系统 rationalized system
合理当量 rational equivalent weight
合理的 appropriate;legitimate;logic(al);possible;rational;reasonable
合理的估价 fair valuation
合理的解释 rationale
合理的可比性 reasonable comparability
合理的履约标准 due skill;reasonable care and skill
合理的索赔 legitimate claim
合理的运价 reasonable rate
合理的轧制制度 rational rolling schedule
合理的最小试样体积 reasonable minimum volume of sample
合理地砍伐 sanitation felling
合理调遣 reasonable dispatch
合理队形 optimum formation
合理方法 rational method
合理放牧 conservative grazing
合理分配 equitable distribution
合理分析 rational analysis;reasonableness analysis
合理负担 equitable distribution of burden;reasonable distribution of burden
合理改良树种 properly improved strain of tree
合理港址 suitable port site
合理耕作 rational tillage
合理工资 fair wage
合理功 rational work
合理拱轴线 reasonable arch axis
合理估计 consistent estimate
合理桁架 rational truss
合理化 rationalization;rationalize
合理化法 rational method
合理化方法 method of rationalization;rationalization method;streamlined method
合理化规定 streamlined specification
合理化规则 streamlined rule
合理化建议 rationalization proposal
合理化亮度 rationalized bright
合理化铺沥青路面 rationalized making of bituminous paving
合理化作用 rationalization
合理机械化 rational mechanization
合理价格 fair value;justified price;reasonable price
合理价值 reasonable value
合理价值学说 fair-value doctrine
合理价值证书 certificated of reasonable value
合理假设 reasonable assumption
合理阶段 rational stage
合理井距 rational spacing between wells
合理井深 rational well depth
合理竞争体制 fair competitive framework
合理开发 rational exploitation
合理开工日期 reasonable starting date
合理可行尽量低原则 as low as reasonable achievable principle
合理利用 rational use
合理利用理论 reasonable use theory
合理利用准则 reasonable use rule
合理连续作业 properly deterioration indicator
合理美 logic(al) beauty
合理描绘等高线 logic(al) contouring
合理磨损 reasonable wear and tear
合理赔偿 just compensation
合理配合比 rational mix design;rational mix proportioning;reasonable mixing ratio
合理配载 <车的> full and down of vehicle
合理盆栽试验 pot incubation test properly
合理评估法 reasonable evaluation process
合理谱系栽培法 proper pedigree culture
合理绕航 reasonable deviation
合理上涨 justified raise
合理设计 balanced design;rational design
合理设计状态 reasonable design state
合理施工 rational construction
合理施药 proper application
合理时间路径树 reasonable time path tree
合理使用 intelligent use
合理使用能源奖励制度 incentive system for rational energy utilization
合理条件 reasonable condition
合理调整 rational readjustment
合理图像 reasonable image
合理危险性 equitable risk
合理线路设计 proper alignment
合理削坡 reasonable cutting slope
合理楔接 proper wedge graft
合理性 justification;rationality;reasonableness
合理性分析 rational(ity) analysis
合理性关联测试 <支付交通影响费与交通设施改善之间的关系> rational nexus test
合理性检测 reasonableness check;reasonableness test
合理性检验表 reasonableness check table
合理性能 rational behavio(u)r
合理性选择 proper selection
合理修枝 proper pruning
合理营养 adequate nutrition
合理用水 reasonable use of water
合理余量 justified margin
合理预见 reasonably foreseen
合理运输 rational traffic;rational transport
合理运输线路 rational traffic line;rational traffic route
合理择伐作业 proper selection method
合理支出 justifiable expenditures
合理质量 reasonable quality
合理状态 rationalization
合理组成 rational constituent
合力 composite force;resultant force;resultant of forces;resulting force;total force
合力点 point of force concurrence
合力法 method of resultant
合力管理 cooperative control
合力矩 resultant moment;resulting moment
合力曲线 resultant curve;resulting force curve
合力系数 resultant force coefficient
合量 resultant
合流 adfluxion;cocurrent flow;combining flow;concourse;convergent current;convergent flow;interflow;merge;merging
合流泵房 combined sewage pumping house
合流冰川 apposed glacier;confluent glacier
合流超几何函数 confluent hypergeometric(al) function
合流车 merging vehicle
合流车道 merging lane
合流车道通行能力 converging lane capacity
合流冲突点 merging conflict

H

合流道路 converging road
合流的 interfluent
合流点 < 交通及河川等的 > confluence; junction of two streams; meeting point; point of confluence; junction of current
合流点蚀 confluent pitting
合流端 merging end
合流阀 concurring flow valve
合流废水 combined wastewater
合流废水管 combined waste pipe
合流沟道 combined sewer
合流沟渠 combined sewer
合流河 combined river; combined stream; compound river; compound stream; confluent stream
合流交通 merging traffic
合流交通量 converging traffic volume
合流角度 angle of stream junction
合流滤波器 confluent filter
合流排水道 combined sewerage
合流排水沟渠 combined ditch
合流排水管调节装置 combined sewer(age) regulator
合流排水系统 combined sewerage system
合流式下水道 combined sewer
合流式下水道工程 sewerage of combination system; sewerage of combined system
合流水量 combined flow; combined sewer flow
合流水头损失 combined piping loss
合流污水 combined sewage; combined wastewater
合流污水道 combined sewer
合流污水工程系统 combined sewerage system
合流污水管 combined sewer
合流污水收集 collection of combined sewerage
合流污水系统 combined sew(er)age system
合流污水性质 quality of combined sewage
合流污水质量 quality of combined sewage
合流污水中的污染物质 pollutants in combined sewage
合流系统 combined system
合流系统中的截流污水管 combined system intercepting sewer
合流下水道系统 combined sewage system; combined system of sewerage
合流下水(管)道 combined sewer; storm sewage
合流阴沟 dual-purpose sewer
合流匝道 merging ramp
合流制 combined system
合流制排水系统 combined drainage system; combined sew(er)age system
合流制排污水系统 combined sewerage system
合流制下水道 combined system sewer
合流制下水道系统 combined sewage system
合拢 fold up(wards); healing; seam; closure; final gap-closing; final closure <指堤坝等>
合拢坝 closure dam
合拢闭气 < 施工导流的 > closure and stopping leakage
合拢导杆 docking pole
合拢堤 closing dike[dyke]; closure dike[dyke]
合拢段 closure segment
合拢工程 closure works
合拢拱圈 closing up of the arch ring
合拢轨 closure rail; connecting rail; lead rail; make-up rail
合拢口 final closure
合拢龙口 <截流的> final closure-gap
合拢模 assembling die
合拢铺石料 healing stone
合拢桥梁 join the two sections of a bridge
合拢锁扣 locking of forceps
合拢填方 closure fill
合拢条(段) < 桥梁由简支梁变为连续梁时位于墩顶的现浇部分 > closure strip
合拢最大落差 closure maximum drop
合拢作业 closure operation
合逻辑的论据 rationale
合霉素 syntomycin
合门 closing
合锰锻造用铝合金 Aluman
合模 assemble; clamp; matched mo(u)ld
合模不正 matrix out of register
合模缝 mo(u)ld mark
合模缸 closing cylinder
合模活塞 mo(u)ld clamp ram
合模机 clapper die spotting press
合模机构 mo(u)ld clamp mechanism
合模力 clamp force; mo(u)ld clamping(capacity)
合模行程 clamp stroke
合模压力 clamping pressure
合谋 collusion
合拍 beating-in
合片机 seaming machine
合片室 climatic booth; climatic cabin; layup room
合讫 account balanced
合签人 co-signer[co-signor]
合轻雾 < 毛毛雨和雾同时出现 > mizzle
合取 conjunction
合取概念 conjunctive concept
合熔焊粉 union-melt powder
合熔焊漏斗 hopper for the union melt
合熔式自动电焊 union-melt welding
合上 connecting
合上双分式楼梯 double-return stair(case)
合生 coalescence; symphysis
合生的 connate
合生群落 accrete community
合绳机 closing machine; crank closer; laying-up machine; strander
合绳机工字轮 laying-up reel
合时 timeliness
合时的概念 stylistic conception
合时刻 conjunction
合时宜的 in season
合矢量 resultant vector; vectorial resultant
合式 well-formed
合式网络 well-formed network
合适包装 appropriate package; right package
合适包装货物试验方法通则 general rule of testing method for appropriate transport packaging
合适成本 opportunity cost
合适的环境 desirable environment
合适的混合比 proper mixture ratio
合适的切入 proper penetration
合适的润滑作用 fitting lubrication
合适的岩层 suitable formation
合适公式 well-formed formula
合适价格 opportunity cost
合数 composite quantity
合水线 valley line
合速度 combined speed; general speed
合宿处 bunkhouse
合算 economy
合算的 paying
合算的企业 paying proposition
合笋刨 match plane
合榫 matched joint; match(ing) joint(ing)
合榫板 match board
合榫刨 match plane
合田公式 Goda formula
合调 intune
合同 agreement; bargain; charter; compact; contract; deed; pack; pact; paction; treaty
合同安排 contractual arrangement
合同案卷 contract file; contract records
合同包 lot; package
合同保险(单) contracts policy
合同保证金 contract bond; deposit(e) on contracts
合同报告 contract report
合同变更 alternation to contract; variation of contract; contract variation
合同标的 contract objective
合同补充书 supplemental contract; supplementary contract
合同补充条款 additional contract clause
合同裁决(书) contract award
合同采购 contractual purchase
合同操作 contract operation
合同草案 draft contract
合同超价 contract overrun
合同超期罚款 contract overrun penalty
合同超支 contract overrun
合同承办人 contractual personnel
合同承诺 contractual commitment
合同承运人 contract carrier
合同持有人 holder of contract
合同单价表 schedule of contract rates
合同担保 contract warranty
合同担保书 contract(surety) bond
合同当事人 contracting party; party to a contract
合同的 contractual
合同的保密 confidential nature of contract
合同的编制方法 construction of contract
合同的不履行 non-implementation of contract; non-performance of contract
合同的订立 conclusion of the contract
合同的更改 change of contract
合同的检查与支付 contract measurement and payment
合同的履行 implementation of contract
合同的明文规定 express terms of contract
合同的目的 aim of contract
合同的签订 award of contract
合同的生效日期 effective date of contract; starting date of contract
合同的适当履行 due fulfillment of the contract
合同的特殊条件 special conditions of contract
合同的协调 coordination of contract
合同的一般条件 general condition of contract
合同的一般责任 general contractual liabilities
合同的一部分 contract unit
合同的有效性 validity of contract
合同的执行 contract performance
合同的直接规定 direct contract stipulation
合同的主要内容 construction of contract; main content of contract; principal content of contract
合同的遵守 compliance with the contract
合同等级 contract grade
合同低价 contract underrun
合同缔结 conclusion of contract
合同订立 contract letting
合同订立日期 contract date
合同罚款 contract penalty
合同法 contract law; law of contract
合同范围 contract limit
合同范围内涉及的索赔 contractual claim
合同方式 form of treaty
合同费 contract fee; cost of contract
合同分包 farm out
合同分类账 contract ledgers
合同风险 contract risk; contractual risk
合同付款 payment of contract
合同付款保证书 contract payment bond
合同付款担保 contract payment bond
合同附表 schedule to an agreement
合同附加条款 additional clause to an agreement
合同附件 appendixes to contract
合同附页 follower
合同副本 subcontract
合同格式 agreement form; contract form; form of agreement; form of contract
合同根基 root of contract
合同更改的请求 contract change request
合同更改分析 contract change analysis
合同更改建议 contract change proposal; contract change suggestion
合同更改通知 contract change notice; contract change notification
合同更新 novation
合同工 contract labo(u)r; contract worker; indenture labo(u)r; indenture worker; jobbing worker
合同工厂 contract plant
合同工程师 contract engineer
合同工期 contract time
合同工资 contract wage
合同管理 contract administration; contract supervision
合同管理范围 contract management range; contract management region
合同管理人 contract manager
合同管理制 contract management system
合同惯例 contractual practice; contractual usage
合同规订货币 currency of contract
合同规定 contract provision; contract stipulation; contract(ual) specification; stipulation
合同规定的承包商违约罚款 liquidated damages
合同规定的担保 contractual guarantee
合同规定的付款 contractual payment
合同规定的股利 contractual dividend
合同规定的竣工时间 time for completion
合同规定的索赔 contractual claims
合同规定的一批或各单位 package or units covered by the contract
合同规定的责任 contractual obligation
合同规定价格 contract stipulated

price
合同规定设备 contract rig
合同规定完工时间 period for completion;contract lime
合同规定义务 contractual liability
合同航速 contracted speed
合同号 contract No.;contract number
合同后阶段的工作 post-contract stage
合同滑动条款 escalation clause
合同货币 contract currency
合同货物 contract goods
合同技术报告 contract technical report
合同技术要求 contractual technical requirement
合同加工服务 contract processing service
合同价格 contract price; stipulated price
合同价格的充分性 sufficiency of contract price
合同价格调整 contract price adjustment
合同监督 contract control; contract supervision
合同监理 contract supervision
合同检查 contract control; contract supervision
合同见证人 attesting witness; contract witness
合同奖金 contract letting
合同交货 contractual delivery
合同接口 contractual interface
合同节余 contract underrun
合同结构 construction of contract; structure of contract
合同结算费用 final contract cost
合同解除 release of contract; termination of contract
合同金额 amount of contract; contract fund;contract sum
合同金额的追加部分 addition to the contract sum
合同金额(分项)明细表 cost breakdown
合同经理 contract manager
合同经理人 contracting agency
合同控制方法 contract control method
合同类型 form of contract; type of contract
合同利率 contract rate of interest
合同履行 contract implementation
合同履约担保 contract performance bond
合同落空 frustration of contract
合同模式 model of contract
合同默契 privity of contract
合同内容 treaty contents
合同年度 agreement year
合同农业 contract farming
合同农作 contract farming
合同批准通知 approval notice of the contract
合同评审 contract review
合同期 contract period;contract date; contract life
合同期间 contract time
合同期满 contract expired; contract expiry; expiration of the contract period;expiry of a contract;run-out a contract;termination of a contract
合同期满日 terminal of an agreement
合同期限 contract date; contracted term;contract length;contract period;term of a contract
合同洽订程序 procedure for arranging a contract
合同签订 assignment of contract; contract award
合同签订日期 contract award date; date of a contract
合同签订手续 contract-awarding procedure
合同签定 assignment of contract
合同签字方 signatory of a contract
合同前阶段的工作 pre-contract stage
合同前已订货物 long lead item
合同取消 contract cancellation
合同权利 contractual right
合同权益的转让 assignment of contract
合同确定阶段 contract definition phase
合同日记账 contract journal
合同三方当事人 the three parties of the contract
合同上诉 suit for contract
合同生效 entry of contract into force; execution of contract
合同生效日期 contract effective date; date of agreement; contract date
合同施工界线 contract limit line
合同市场 contract market
合同收入及有关成本分列表 contract cost work sheet
合同收益 benefit of the bargain
合同受约人 covenantee
合同授权 contract authorization
合同授予 bid awarding
合同书 contract documents; contract note;letting of contract
合同术语 contractual term
合同税 contract tax;tax on a contract
合同说明 contract accounting; contract note;remark on a contract
合同说明书 contract specification
合同所规定的性能 contract acquired property
合同谈判 contract negotiation;negotiations under contract; talks under contracts
合同特殊条款 special conditions of contract
合同条件 conditions of contract;contract condition;contract term;treaty condition
合同条件摘要 abstract of particulars
合同条款 conditions of contract;contract clause; contract condition; contract item;contract particulars; contract provision; contract term; pay terms; provisions of contract; terms of contract; treaty articles; stipulation
合同条款办理 comply with the terms of contract
合同条款的变更 amendment of the agreement
合同条款含糊 ambiguity of contract clause
合同条款及条件 contractual terms and conditions
合同条例 contractual regulation
合同通用条件 general conditions of contract
合同图样 contract drawing
合同图纸 contract drawing
合同维护 contract maintenance
合同文本 contract version; treaty wording
合同文件 contract documents; contract instruments; contract specification;documents of contract
合同文件的优先次序 priority of contract documents
合同文件的准备 preparation of contract documents
合同文件目录 list of documents
合同文件完成可以进行招标阶段 contract document stage
合同细节 contract particulars; details of treaty
合同限期 contract period
合同项目 contract item;contract particulars
合同项目材料清单 contract item material list
合同项目下的投入 contractual input
合同销售 contract sale
合同效力 validity of treaty
合同协议(书) contract agreement
合同形式 form of contract
合同性协议(书) contractual agreement
合同修订 contract modification
合同修改 contract revision; contract change;contract modification
合同序号 contract serial number
合同验收证书 acceptance certificate of contract
合同要求 contract requirement
合同一般条款 general conditions of contract
合同医院 assigned hospital
合同义务 contract duty; contractual engagement;contractual obligation
合同议定书 contract agreement
合同意向书 letter of intent
合同引起的损害 contractual damage
合同有效期 contract period
合同有关方(面) contracting party; party to a contract
合同有效期 contract period of validity; duration of contract; term of contract
合同有效期满 expiry of a contract term
合同有效期限 contract life
合同有效期延长 extension of a contract
合同与履行的证明 proof of performance
合同语言 contract language
合同预付定金 advance money on a contract
合同预付款 advance money on a contract
合同约定价格 firm price
合同运费率 contract rate
合同运费制 system of contract
合同运价 contract rate
合同运输业 contract carrier
合同运输者的运费 contract carrier charges
合同运输者许可证 <美> permit of contract carriers
合同责任 contract obligation; contract responsibility;contractual liability
合同责任与义务 contractual liability
合同责任制 contracted responsibility
合同展期 renew a contract
合同争端 contract dispute
合同正本 original of contract
合同执行 contract implementation
合同执行保证书 contract performance bond
合同执行的监理 contract administration
合同执行完毕 complete a contract
合同指标 target contract
合同制 contract system
合同中的不可预见费 contingency allowance
合同中断 suspension
合同中关于处罚的条款 penalty clause
合同中关于奖罚的条款 penalty and bonus clause
合同中关于指定分包商或供货商的直接成本金额 prime cost sum
合同中较小的项目 minor contract item
合同中列有支付单价的项目 pay item
合同中期测量 interim(contract) survey
合同终止 contract termination;end of contract;expiry of contract;termination of contract
合同终止(日)期 terminal of an agreement;date of termination
合同终止条款 severability clause
合同主方或其代理人 awarding agency
合同主要条款 main contract clauses
合同专用条件 conditions of particular applications; special conditions of contract
合同转让 contractual transfer
合同装卸工 contract stevedore
合同资金 contract fund
合同总额 contract amount
合同总价 contract sum
合同租金 contract rent
合图水平仪 combined diagram level
合涂料 compost
合围油膜 corralling an oil slick
合纹石 <一种含镍的矿石> plessite
合线 horizon line;vanishing line;vanishing trace
合线期 zygotene stage
合箱工 mo(u)ld fitter
合箱机 closing machine; mo(u)ld closer;mo(u)lding box closer
合箱销 closing pin
合箱柱塞 closing plug
合箱装置 mo(u)ld closer
合像反射 fusion reflex
合楔 gib and cotter; gib and key; jib and cotter
合谐的 harmonical
合型 closing;mo(u)ld assembly
合型机构 die closing mechanism; die closing unit
合型力 closing force; die locking force;locking force
合型销 tenon
合压力 resultant pressure
合页 hinge;butt hinge
合页铰链 butts;hinges
合页铰页片 joint section
合页金属窗 metal casement
合叶流线型舵 oertz rudder
合页门 hinged door;hinged gate
合页片 hinge strap;hinge strap flap; leaf of hinge
合页式格栅护板 hinged grille guard
合页式天窗 hinged ceiling window
合页心 hinge pin;pivot
合一 unification;unite;unity
合一处理机 unify processor
合一盖板 <门执手和钥匙孔的> combined excutcheon plate
合一规则 unification rule
合一计算机通信[讯]网络 integrated computer communication network
合一结果 unification result
合一控制 unification control
合宜 optimization
合意性 desirability
合股 stranding
合应力 resultant stress; resulting stress
合营的 jointly operated
合营企业 joint enterprise; joint venture;partnership business
合营人 partner
合用 answer the purpose;joint use

H

合用车 van pool
合用车道 <交叉口前直行车同左转弯车或和右转弯车混合使用的车道> shared lane
合用车专用车道 carpool lane; high-occupancy vehicle lane
合用的 available; serviceable
合用电缆 all-in-one cable
合用负载 contracted load
合用沟 common usage tunnel; multi service tunnel
合用排气管 union vent; unit vent
合用汽车 carpool
合用汽车车道 carpool lane
合用汽车优先控制 carpool priority control
合用停车线 shared stopline
合用线 associated line; multiparty line; party line
合用线路 affiliated circuit
合用小汽车 car pooling; pool car
合用有篷货运车 pool van
合用总线 party line bus
合约 compact; contract; treaty
合约当事人 contractual party; privity of contract
合约规定工程总费用最高限额 guaranteed maximum cost
合约签订日期 date of agreement
合约条款变动 change order
合约须知事项 conditions of contract
合造车 <旅客和行李,头、二,或二、三等混合客车> composite coach; combination car; combined car
合闸 by-pass on; close; closing; switching in; switch(ing) on
合闸按钮 switch knob
合闸闭锁继电器 blocking relay for closed circuit
合闸电流 inrush current; switching current; inrush current
合闸火花 closing spark
合闸继电器 closing relay
合闸尖峰电流 transient peak
合闸鉴定继电器 closing check relay
合闸力 switching force
合闸螺线管 closing solenoid
合闸时间 close[closing] time; making time; switch time
合闸手柄 switch(ing) lever
合闸顺序 switching order
合闸弹簧 closing spring; switching spring
合闸线圈 closing coil; closing solenoid
合闸信号 switching signal
合闸用电动机 torque motor
合闸状态 on position
合质成本 cost of compliance
合质许可 permit of compliance
合轴 centering[centring]
合轴标记 centering mark
合轴光学系统 centred optic(al) system
合轴调整 centering adjustment
合轴相关 coaxial correlation
合轴枝 sympodial branch
合住 shared occupancy
合住单元 shared dwelling unit
合住公寓 apartment
合住住房 accessory housing
合住住宅 amalgamated dwelling (-house); multifamily dwelling
合柱金莲木 Sinia rhodoleuca Diels
合著者 co-author
合装整车零担运输 aggregated shipment
合准刨 match plane
合资 joint investment; joint-stock
合资的 joint-stock
合资公司 copartnership; joint venture company; joint venture corporation
合资公司章程 articles of co partnership
合资经营 economic cooperation as joint ventures; equity joint venture; joint venture
合资经营投资 joint venture investment
合资企业 joint(ad) venture; joint enterprise; joint undertaking; joint venture; joint venture firm; parties to a joint venture
合资企业会计 accounting for joint venture
合资条款 articles of co partnership
合资铁路 joint investment railway
合租承租人 cotenant
合租住房建设项目 group housing project
合租住宅 group house
合作 collaboration; cooperation; team work
合作程度 degree of cooperation; level of cooperation
合作的 cooperative; synergetic; synergic; synergistic
合作对策 cooperative game
合作反射 synergic reflex
合作工程师 associated engineer
合作工作 joint venture work
合作公寓 cooperative apartment house
合作观测员 cooperative observer
合作化的 cooperative
合作机构 co-op; cooperative agency
合作剂 synergist
合作建筑师 associated architect; joint architect
合作建筑协会 benefit building society; cooperative building society
合作经纪人 co-broker
合作经济 cooperative economy
合作经营 contractual joint(ad) venture; cooperative business operation; cooperative management
合作连锁店 cooperative chain
合作目标 cooperative target
合作排水 cooperative drainage
合作企业 cooperative enterprise
合作商店 cooperate store; cooperative shop; cooperative store
合作设计 code sign; cooperative design; joint design
合作设施 cooperating installation
合作社 co-op; cooperative; cooperative association; cooperative store
合作生产 cooperative production; coproduction
合作施工 joint construction
合作通信[讯] cooperative communication
合作投标 joint bid(ding); joint tendering
合作团体 cooperative
合作系数 index of cooperation
合作现象 cooperative phenomenon [复 phenomena]
合作项目 contractual venture
合作销售 cooperative sale; joint marketing
合作效应 cooperative effect
合作协定 cooperative agreement
合作协议 working agreement
合作研究 cooperative research; cooperative study; joint research
合作医疗 cooperative medical cure
合作医疗站 cooperative medical station
合作遗产管理人 co-administrator
合作遗嘱执行人 co-executor
合作因数 factor of cooperation
合作因素 cofactor
合作银行 cooperative bank
合作者 coagent; co-worker; partner
合作指数 index of cooperation
合作住房 cooperative housing; co-op housing
合作住房贷款 cooperative housing loan
合作住房抵押保险 cooperative housing mortgage insurance
合作住房会 <英> Federation for Co-operative Housing
合作住房所有权 cooperative ownership
合作住宅 cooperative housing; co-op housing
合作组织 cooperative; quasi-public organization
合座红绿灯舷灯 combined red and green lantern; combined sidelights

何

何角 deburring
何勒里斯数 Hollerith number
何纳方法 Horner's method
何纳计算方法 Horner's method
何氏可塑计 Hoekestra balance plastometer
何氏系数 Ho-coefficient

和

和……成反比 vary inversely as to
和……成正比 vary directly as to
和差变换 partial summation
和差差动齿轮 summing gear
和差系统 sum-and-difference system
和大气相通的呼吸器 open-circuit apparatus
和的平方根 root sum square
和地面齐平的轨道 flush track
和风 <蒲福氏风级表四级风,风速 5.5 ~ 7.9 米/秒> moderate breeze; balmy breeze; breeze; gentle wind; mean wind; moderate wind; soft breeze; soft wind; zephyr
和服 kimono
和合钩 sister hooks
和合裥 box pleating
和缓 mitigation
和缓期 maximum-stability period
和缓转弯 ease turn
和灰工 kneader
和混凝土有向黏[粘]结力钢筋 high bond bar
和积 sum product
和积输出 sum product output
和集 sum aggregate
和计数器 sum counter
和角 sum angle
和……结清账目 quit score with
和解 compromise; conciliation
和解的建筑艺术 compromise architecture
和解和清偿 accordance and satisfaction
和解协议 reconciliation agreement
和均性 alligation
和卡车车厢底面相平的装卸车位 truck-floor level loading bay
和林格尔构造段 Horinger tectonic segment
和陆地相连的岛屿 land tied island
和面机 dough mixer; flour milling machine
和睦生境 harmonic habitat
和泥浆 puddling
和暖的天气 genial weather
和频 sum frequency
和平共处 coexistence
和平解决 peaceful settlement
和全球定位系统或差动全球定位系统相联系的电子定位仪 electronic-position indicator connected to GPS or DGPS
和沙 sand cutting-over
和声计 harmonometer
和声汽笛 chime whistle
和声学 harmonics; harmony
和石灰具有相同作用 same purpose as lime
和实物一样大小的模型 life size
和数读出 sum readout
和数检验位 sum check digit
和数校检 summation check
和数校验位 summation check digit
和数进位相关加法器 carry-dependent sum adder
和数累加器 sum accumulator; sum storage
和数输出 sum output
和数最小项 minimal product-of-sums
和水不混溶的 immiscible with water
和水溶混性试验 test for miscibility with water
和田地毯 khotan
和图 sum graph
和玺彩画 dragons pattern
和弦 chord
和谐 chime; diapason; reconciliation
和谐地 concordantly
和谐分析 harmonic analysis
和谐感 sense of harmony
和谐回声 harmonic echo
和谐论 theory of harmony
和谐性 concordance
和谐原理分析器 <潮汐分析用> analyser[analyzer] on harmonic principle
和谐运动 harmonic motion
和谐振动 harmonic vibration
和谐直线震动 harmonic linear vibration
和信号 sum signal
和压力线不一致的预应力钢索 non-concordant tendon
和易的 workable
和易性 <混凝土的> placeability; remo(u)lding effort; workability
和易性不良的混凝土 harsh concrete
和易性差的灰浆 short working plaster
和易性差的混凝土 unworkable concrete
和易性二点试验法 workability two-point test
和易性好的 workable
和易性好的混凝土 workable concrete
和易性剂 <用于混凝土、砂浆等> air-entraining workability
和易性丧失 loss of workability
和易性时间 workability period
和易性试验 <混凝土> workability test
和易性水泥 masonry cement
和易性损失 workability loss
和易性小的混凝土 less-workable concrete
和音 summation tone
和应地震 sympathetic(al) earthquake
和应振动 sympathetic(al) vibration
和雨 moderate rain
和原物比例完全相同的 full-scale
和约 peace
和轴 central axis
和主体结构形成整体的固定装置 built-in fixing

河 river;springlet;ab < 波斯 >;ea < 英国俚语 >

河岸 bankside;bund;channel bank;playa;ripa;river bank;riverside;shoal;stream bank;stream bar;water front
河岸凹壁 alcove
河岸凹入 setting back of bank
河岸保护 bank protection;stream bank protection
河岸保护结构 bank protection structure
河岸崩溃 bank failure
河岸崩塌 bank caving;bank failure;bank sloughing;let go;tearing away of bank
河岸崩退率 rate of river bank recession;rate of river bank retrogression
河岸边的 bank-run
河岸边骨料 bank-run aggregate
河岸边集料 bank-run aggregate
河岸边坡 bank slope;side slope of bank
河岸边坡放缓 sloping of river bank
河岸变形 bank deformation
河岸沉积物 bank deposit
河岸沉陷 bank settlement
河岸冲积层 levee
河岸冲蚀 river bank erosion;stream bank erosion
河岸冲蚀率 bank erosion rate
河岸冲刷 alluvion;bank erosion;erosion of a bank;river bank erosion;river bank scouring;shoreline erosion
河岸冲刷深度 depth of erosion
河岸储量 bank storage
河岸储水 river bank storage
河岸储水量 bank storage
河岸挡土岸壁 camp sheathing;camp shedding;camp sheeting
河岸的 alongshore;riparian
河岸堤 bank levee;river-bank dike [dyke];river embankment;riverside embankment
河岸堤防 embankment
河岸地下水储量 bank storage
河岸地下水贮量 bank storage
河岸法 riparian law
河岸防波堤 land pier
河岸防冲 river bank erosion control;stream bank erosion control
河岸防冲拦淤栅 wattle work
河岸防护林 river bank protection forest
河岸工程 riparian works;river bank engineering;river engineering
河岸固定 bank fixation
河岸过滤 bank filtration
河岸后方地区 hinterland
河岸后缩 setting back of bank
河岸后退 retreat of river bank;river bank recession
河岸滑坡 bank sliding;river bank slide;tearing away of bank
河岸滑塌作用 channel-bank slumping
河岸缓冲力 bank cushion
河岸恢复原状 bank reinstatement
河岸集料 bank-run aggregate
河岸加固 bank strengthening;stream bank stabilization
河岸加固板桩 cunette
河岸加固工事 cunette
河岸加固作用 bank stabilization
河岸间槽蓄 bank storage
河岸剪力 bank shear
河岸建造 bank construction
河岸阶地 benching;river terrace
河岸进水构筑物 shore intake
河岸进水建筑物 shore intake
河岸进水口 bank intake;shore intake
河岸开挖 river bank cutting
河岸浪蚀 wave quarrying
河岸利用 riparian use
河岸砾石 < 未经筛选的 > bank-run gravel
河岸马道 bench(ing)
河岸磨蚀 wearing away of bank
河岸内坡 inside bank slope
河岸排水道 by-wash
河岸平台 bank land
河岸坡 riverside slope
河岸坡度 slope of river bank
河岸铺砌 bank paving
河岸葡萄 riverside grape
河岸前伸 setting forward of bank
河岸抢险 emergency bank repair
河岸抢修 emergency bank repair
河岸切割 bank cutting;stream bank cutting
河岸侵蚀 bank cutting;bank erosion;erosion of a bank;river bank erosion;stream bank erosion;wave quarrying
河岸侵蚀控制 stream bank erosion control
河岸沙 bank sand
河岸沙丘 bhurland
河岸砂砾 bank-run gravel
河岸上的荷载 bank loading
河岸上挖出的泥堆 bank tip
河岸渗滤水 bank-filtered water
河岸生态 river bank ecology
河岸石堆 run-of-bank gravel;run-of-bank stone
河岸使用权 riparian rights
河岸式抽水站 river type pumping plant
河岸式取水构筑物 river bank intake structure
河岸式溢洪道 river bank spillway
河岸水量损失 riparian water loss
河岸水下保护 underwater bank protection
河岸松散物坠落 ravefing
河岸所有权 riparian rights
河岸所有权的业主 riparian owner
河岸所有者 riparian owner
河岸台地 haugh;river terrace
河岸台级 gha(u)t
河岸坍塌 bank slough
河岸坍陷 bank settlement
河岸淘空 bank caving;bank failure
河岸调蓄带 zone of bank storage
河岸调蓄量 bank storage
河岸凸出 setting forward of the bank
河岸土地所有者 riparian proprietor
河岸土壤蓄水量 bank soil storage
河岸退进 setting back of bank
河岸外坡 outside bank slope;waterside slope
河岸稳定 bank stabilization;stream bank stabilization;stream stabilization
河岸稳定性 bank stability;stream bank stability;river bank stability
河岸稳固 bank bond
河岸吸引作用 bank suction
河岸系统 riparian system
河岸线 bank line;bundline
河岸削坡 bank sloping
河岸效应 bank effect
河岸斜坡 bankside;bank slope
河岸修坡 bank grading
河岸修整 bank grading
河岸蓄水量 bank storage
河岸学说 riparian doctrine
河岸淹没区 land batture
河岸岩壁 palisade
河岸溢洪道 overflow weir
河岸因素 side factor
河岸沼泽地 corcass
河岸整坡 grading of(river)bank
河岸整治 bank regulation
河岸植被 bank vegetation
河岸植树造林 bank planting
河岸质 bank material
河岸阻力 bank resistance
河坝 river wall
河浜 creek
河边 riverfront;river board;riverside;strand;streamside
河边泊位 riverside berth
河边驳 river barge
河边草地 flow meadow;water meadow
河边的 riverain;riverfront;riverine
河边的冲积低地 < 苏格兰 > haugh
河边低地 fluvial bog;palus[复 pali]
河边地 riparian land;riverside land
河边地带 riparian zone
河边陡岸 riverside bluff
河边断崖 palisade
河边高架池曝气 sidestream elevated pool aeration
河边管理带 streamside management zone
河边井 riverside well
河边居民 riverain
河边平川地 alluvial flat;alluvial plain
河边栖息地 riparian habitat
河边侵蚀 bank erosion
河边式泵站 riverside pump station
河边台地 channel terrace
河边土壤 riverside soil
河边涡流 bank eddy
河边纤道 towing path
河边悬崖 river cliff
河边沼泽 riverside marsh
河边转运 delivery made by river barge;delivery taken by river barge
河滨 beach strand;riverside
河滨公园 riverside park;waterfront park
河滨权利 riparian
河冰 river ice;stream ice
河冰的 fluvioglacial
河驳 river barge
河槽 channel of river;channel way;flow channel;fluvial channel;river channel;slope channel;stream channel;water gang
河槽安全容量 safe channel capacity
河槽安全泄水量 safe channel capacity;safe channel discharge
河槽安全行洪能力 safe channel capacity
河槽摆幅 shifting amplitude off channel
河槽比降 channel slope
河槽边界 channel boundary
河槽边界条件 channel boundary condition
河槽变动河床 shifting channel
河槽变化 channel change;channel variation;river channel change
河槽变化复杂性 complexities of channel change;complexities of channel variation
河槽变形 channel metamorphosis;deformation of river channel
河槽不平整度 channel roughness
河槽裁弯取直 straightening of channel;channel straightening
河槽糙率 channel roughness;roughness of channel
河槽沉积 stream channel deposit
河槽沉积泥沙 channel deposits;channel fill deposits;channel fills;channel sediment
河槽沉积物 channel deposits;channel fill deposits;channel fills
河槽冲蚀 channel erosion;stream channel erosion
河槽冲刷 channel cutting;channel degradation;channel erosion;degradation of stream channel;riverbed degradation;stream bed degradation;stream channel erosion
河槽储水 storage in channel
河槽储水量 channel storage;storage in channel
河槽传播时间 channel travel time
河槽的自然调节 natural channel control
河槽断面 channel section;river channel cross-section;river section;stream section
河槽粉面机 channel lining machine
河槽改道 channel avulsion;rerouting of channel
河槽改线 channel realignment
河槽割切 channel cutting
河槽固定 channel fixation
河槽过水能力 channel capacity;water-carrying capacity of channel
河槽横断面 channel cross-section;cross-sectional of channel;river channel cross-section
河槽横向位移 lateral shift of channel
河槽洪水演进 channel routing;flow routing;open channel routing;routing though channel
河槽洪水演算 channel routing;routing though channel
河槽护坡 channel revetment
河槽汇流 channel travel
河槽汇流等时线 channel travel isochrone
河槽汇流等时线图 channel travel isochrone chart
河槽汇流时间 channel flow time;channel time delay;channel travel time
河槽汇流滞后时间 channel lag
河槽集流 concentration of channels
河槽几何轴线 geometric axis of channel
河槽降水量 channel precipitation
河槽径流 channel(led)runoff
河槽开挖 channel excavation
河槽控制 channel control
河槽跨(度)channel span
河槽宽度 channel width
河槽扩大(段)channel expansion
河槽类型 channel pattern;river channel pattern
河槽流程 channel travel
河槽模式 stream channel pattern
河槽摩擦水头损失 channel friction head loss
河槽泥沙 channel sediment
河槽平衡 channel equilibrium
河槽坡度 channel slope
河槽迁移 channel migration;river channel shifting
河槽侵蚀 channel erosion
河槽清淤 channel cleanout;channel desilting
河槽容量 channel capacity
河槽入流量 channel inflow
河槽深度 channel depth
河槽收缩(段)channel contraction;channel constriction;channel restriction
河槽输水能力 channel capacity
河槽束窄 channel constriction;chan-

nel contraction; channel restriction
河槽刷深 channel cutting; channel degradation; channel incision; degradation of stream channel; stream channel degradation
河槽水力特性 channel hydraulic characteristic
河槽水力学 channel hydraulics
河槽水量损失 channel loss
河槽水流 channel flow; in-channel flow
河槽水流减损 channel flow depletion
河槽水流亏耗 channel flow depletion
河槽水流增加 channel flow accretion
河槽缩短 channel shortening
河槽特性 channel characteristic; channel property; characteristics of channel
河槽特征 channel characteristic; characteristics of channel
河槽调洪演算 storage routing in natural channel
河槽调节能力 channel storage capacity
河槽调蓄能力 channel storage capacity
河槽调蓄总量 total channel storage
河槽调治工程 channel training works
河槽突然改道 channel avulsion
河槽外的 off channel
河槽弯曲 channel meandering
河槽蜿蜒试验模型 channel meander model
河槽维护 channel protection
河槽稳定的河流 poised stream
河槽稳定化 channel stabilization
河槽稳定结构 channel stabilizer
河槽稳定系数 coefficient of fixation
河槽稳定性 channel stability
河槽下切 channel cutting; channel downcutting; channel incision; stream channel degradation
河槽线 axial[axis] channel
河槽线向 channel alignment
河槽效应 channel effect
河槽形态 channel morphology; channel pattern; contour of river channel; river facies relation
河槽形态尺度 channel morphology dimensions
河槽形状 channel form; channel shape; river channel form; river channel shape; stream channel form; stream channel shape
河槽形状比(率) stream channel form ratio; stream channel shape ratio
河槽形状变化 change in channel form; change in channel shape
河槽蓄水 storage in channel; valley storage
河槽蓄水量 bank storage; prism storage; channel storage
河槽蓄水能力 channel capacity
河槽蓄水容积 channel storage capacity
河槽压缩 channel constriction; channel contraction
河槽演变特性 regime(n) behavio(u)r
河槽演算 channel routing
河槽游荡 channel braided
河槽淤高 aggradation of stream channel
河槽淤积 channel accretion; channel aggradation; channel deposit; channel fill(ing); channel sedimentation
河槽淤积物 channel sediment
河槽展宽 channel widening
河槽整坡 grading of (river) bank; grading of stream bank
河槽整直 channel rectification
河槽整治 channel correction; channel improvement; channel rectification; channel regulation; channel training; correction of channel; rectification of channel; rectified channel; regulation of channel
河槽整治工程 channel regulation project; channel regulation works
河槽整治工作 channel regulation works
河槽治理 channel regulation; correction of channel
河槽滞流时间 channel lag; channel time delay
河槽滞时 channel lag
河槽滞蓄 channel detention storage
河槽滞蓄量 channel detention
河槽中粗颗粒淤积物 channel-lag deposit
河槽中线 channel centerline [entreline]
河槽中心线 channel axis
河槽轴线 axis of channel; channel axis; channel line
河槽贮水量 channel storage
河槽状况变化 change in channel state
河槽状态 channel regime(n)
河槽自然裁直 natural cut-off channel; natural straightening of channel
河槽自然调节 natural channel control
河槽总蓄水量 total channel storage
河槽阻力 resistance of river channel; river channel resistance
河槽最小宽度 minimum channel width
河侧的岩壁 palisade[palisado]
河汊 braiding; distributary; fork channel; river arm; river branch; river fork; merging; river bifurcation
河汊交织 braiding
河岔 anabranch
河长 river length; stream length
河长比 <多级河流各河段的> stream-length ratio
河长定律 law of stream length
河潮 fluvial tide; river tide
河成凹槽作用 stream fluting
河成层 river deposit
河成沉积(物) fluvial deposit; stream-laid deposit
河成(冲积)平原 fluvial plain
河成的 fluviatic; fluviatile; potamogenic
河成过程 fluvial process
河成湖 fluviatile lake; furiotile lake; riverine lake; river-made lake
河成阶地 fluvial terrace; ream terrace; river terrace; stream built terrace; stream terrace; terrace of river
河成喀斯特 fluviokarst
河成泥沙 fluvial material
河成平原 fluviatile plain; river plain
河成碎屑岩 fluvioclastic rock
河成作用 fluviation
河出海口 river outlet
河出口(控制)建筑物 outlet control structure of a river
河川标准 stream standard
河川沉积 river deposition; stream deposition
河川沉积物 fluvial deposit; fluvial sediment
河川的 potamic; riverain; riverine
河川地貌学 fluvial morphology
河川地形学 river morphology
河川浮游生物 potamometer
河川工程学 river engineering
河川洪流量 flood discharge of river
河川环境卫生 stream sanitation
河川活动 fluviatile; fluviation
河川基流量 base flow of river
河川坚冰 ice bridge
河川净化 river purification
河川径流 river flow; river runoff; stream flow; stream runoff
河川径流调节 river flow regulation; river runoff regulation; stream-flow regulation
河川径流亏竭 stream-flow depletion
河川径流消退 stream-flow depletion
河川径流形成因素 stream-flow formation factor
河川径流预报 forecast of streamflow
河川径流资料延长 stream-flow record extension
河川径流总量 volume of river flow; volume of river runoff; volume of streamflow
河川类型 stream pattern
河川力学 river mechanics
河川流量 stream flow
河川流量测量 stream-flow ga(u)ging
河川流量过程线 stream-flow hydrograph
河川流量预报 forecasting of stream-flow
河川流量资料 stream-flow data
河川流域径流 flow of catchment
河川流域综合开发 comprehensive development of river-basin; river basin development
河川锚 stream anchor
河川渗流 seepage of stream; stream seepage
河川渗漏 seepage of stream; stream seepage
河川生态系统 fluvial ecosystem
河川式水电站 integrate intake power plant
河川水力学 fluvial hydraulics; river hydraulics
河川水流 river current; stream current
河川水流的电模拟 electric(al) analogy to streamflow
河川水流演进 routing of stream flow
河川水流演算 stream-flow routing
河川水文测验 river ga(u)ging
河川水文学 river hydrology
河川台地 river terrace; stream terrace
河川污染 pollution of stream; river pollution; stream pollution
河川形态学 fluvial morphology
河川学 fluviology; potamology
河川整治 regulation of stream
河川作用 fluviation
河船 river boat; river craft; river ship; stream boat
河船最高甲板 taxas deck
河船最高甲板室 taxas
河床 alveus; bed bottom; bed of river; cauce; channel bed; channel bed of river; channel way; couch; evorsion hollow; hoya; lade; nulla; riverbed; river floor; runway; stream bed; stream channel; water-bed
河床保护 bed armo(u)ring; riverbed protection; stream bed protection
河床比降 bed gradient; bed slope; channel slope; gradient of fiver bed; gradient of riverbed; slope of riverbed; stream bed gradient
河床比降陡峻的河流 rapid river
河床变动 riverbed evolution
河床变化 change of riverbed; riverbed variation
河床变宽 broadening of the bed
河床变迁 deformation of riverbed
河床变形 channel change; deformation of riverbed; riverbed deformation
河床变形计算 calculation of riverbed deformation
河床变形时间比尺 time scale riverbed deformation
河床标高 bed level
河床表面 bed surface
河床表面打印 printing of bed surface
河床波纹 bed ripple
河床不平整度 bed irregularity; channel roughness
河床材料 stream bed material
河床采掘 river mining
河床采矿 river mining
河床残余沉积物 channel lag deposit
河床残余堆积物 channel lag deposit
河床糙度 channel roughness
河床糙率 bed roughness; riverbed roughness
河床糙率系数 roughness coefficient
河床糙率型 riverbed roughness form
河床沉淀作用 channel precipitation
河床沉积 riverbed deposit; riverbed sediment
河床沉积物 ooze
河床冲积 channel accretion
河床冲积物 river wash
河床冲蚀 channel scour; stream bed erosion
河床冲刷 bed erosion; bed scour; channel erosion; channel scour; riverbed scour; scouring; stream bed erosion; underwash(ing)
河床粗糙度 bed roughness; channel roughness; riverbed roughness
河床粗化 armo(u)ring; bed armo(u)ring; coarsening; coarsening of riverbed; riverbed armoring; roughening of riverbed
河床粗化层 armo(u)red(motor) car
河床单向变形 unilateral deformation of riverbed
河床的形成 formation of bed
河床的淤高 accretion of bed levels; aggradation of riverbed
河床等高线 bed contour
河床底 bottom of bed
河床底层 bed layer
河床底坡 bed slope
河床底水流 bottom flood
河床底移 bed transport
河床底质 bottom sediment; riverbed material
河床底质成分 bed composition
河床地貌 riverbed landform
河床地形 bed configuration
河床地形特征 topographic(al) feature of riverbed
河床地质纵剖面图 geological longitudinal profile of river bed
河床丁坝 bed groin; bed groyne
河床陡坎 knick point
河床断面轴线 channel-section axle
河床堆积物 benthal deposit
河床堆集物 benthal deposit
河床发育程度 degree of bed development
河床发展程度 degree of bed development
河床负荷 riverbed load
河床改善 improvement of riverbed
河床高程 bed elevation; bed level; riverbed level
河床高程急剧下降引起的河床移动 headcut migration
河床后退 retrogression of riverbed
河床湖 bed lake; river lake
河床壶穴 eddy mill; evorsion hollow; pothole
河床护面 bed armo(u)ring
河床及曲流 riverbed and meander

河床加固 bed reinforcement;bed stabilization; consolidation of river bed
河床加积作用 channel accretion
河床加深 bed degradation; bed erosion;bed scour;deepening of riverbed; riverbed deepening; stream degradation
河床加速沉积 accelerated valley deposition
河床加速冲刷 accelerated stream bed erosion
河床剪力 bed shear
河床剪切 bed shear
河床剪切力 bed shear;bed shear stress
河床剪切应力 bed shear stress
河床剪应力 bed shear stress
河床开采 river mining
河床控制结构 streambed control structure
河床宽度 bed width;width of riverbed;width of the bed
河床类型 riverbed types
河床砾石 lag gravel;river-run gravel
河床卵石 rolled pebbles
河床轮廓 bed configuration
河床面层 bed armo(u)ring
河床面蠕移 surface creep
河床面滞流层 laminar sublayer
河床模型 river basin model
河床摩擦系数 bed friction coefficient;bed friction factor
河床摩阻流速 bed shear velocity
河床泥沙交换 bed interchange
河床漂砾 rolled pebbles
河床平整器 bed leveler
河床坡度 bottom slope;channel gradient;gradient of fiver bed;gradient of riverbed
河床坡降 bed slope;channel slope;gradient of riverbed;slope of riverbed;slope of the stream bed
河床剖面 bed profile;riverbed profile
河床剖面急折点 break of profile
河床铺砌 channel lining
河床铺砌机 channel lining machine
河床铺石 stoning
河床潜流 base runoff
河床潜(没式)丁坝 bed groin
河床浅层剖面测绘 subbottom profiling
河床桥墩 riverbed pier
河床侵蚀 channel scour;stream bed erosion
河床扰动 bed disturbance;bed perturbation
河床热 channel fever;land fever
河床容纳能力 bed-holding
河床沙波 bed wave
河床沙纹 bed ripple
河床沙样 bed sample
河床砂 channel sand
河床砂矿 riverbed placer
河床上的壶穴 churn hole
河床深度 depth in channel
河床深潭 pit
河床渗流 stream upflow
河床生镜 channel habitat
河床实验站 riverbed experimental station
河床式电站 integral intake power plant
河床式发电站 river-run plant
河床式径流电站 block-type run-of-river power station
河床式水电站 block power plant;hydroelectric(al)power plant in river channel; power station in river channel; water power station in river channel
河床式溢洪道 channel spillway
河床刷深 bed degradation;bed erosion;bed scour;stream degradation
河床水流深度 water depth of river
河床水面宽度 river width
河床碎屑产量 bed-load production
河床碎屑产生率 bed-load rate
河床碎屑截除器 bed-load trap
河床碎屑取样器 bed-load sampler
河床碎屑移动 bed-load transport
河床碎屑移动超限度 bed-load movement above competence
河床碎屑移动小于限度 bed-load movement below competence
河床缩窄 river bed constriction
河床抬高 aggradation of bed level;bed accretion;raising of the stream floor;riverbed aggradation;stream bed aggradation
河床特性 bed characteristics;bottom characteristic;channel characteristic;channel property;character of bed
河床特征 bed characteristics;bottom characteristic;channel characteristic;character of bed
河床特征值 characteristic value of riverbed
河床调蓄流量 bank storage discharge
河床土砂 bed load
河床土砂取样器 bed-load sampler
河床土质渐变带密度计 transmission bed density
河床推移质的输送 transportation of bed load
河床推移质的输移 transportation of bed load
河床推移质输送能力 bed-load calibre
河床挖泥机 channel scraper
河床稳定 channel stabilization;stabilization of river bed
河床稳定河 poised river
河床稳定河床 poised riverbed
河床稳定系数 bed stability factor
河床稳定性 bed stability;channel stability
河床稳定性指标 bed stability index;stability criterion of riverbed
河床稳定因素 bed stability factor
河床污泥处理 disposal of sludge at riverbed
河床物质 bed material
河床系数 bed factor
河床细化 fining of riverbed
河床下集水管流量公式 discharge formula of water collecting pipe under riverbed
河床下降 stream degradation
河床相 riverbed facies
河床消落 degradation
河床形成 bed formation;riverbed development
河床形成过程 bed-forming process;bed process;fluviomorphological process in river;riverbed process;stream process
河床形态 bed configuration;bed forms;bed geometry;channel morphology
河床形态测量 riverbed morphometry
河床形态学 riverbed morphology
河床形状 bed configuration;bed form;bed geometry
河床性质 nature of the stream bed
河床岩石洞穴 eddy mill
河床演变 bed development;channel change;channel forming process;deformation of riverbed;evolution of riverbed;fluvial process;riverbed change;riverbed development;riverbed evolution;river process
河床演变分析 analysis of bed evolution;analysis of fluvial process;analysis of riverbed development
河床演变观测 bed process observation;fluvial process observation;fluvial process survey;riverbed process observation
河床演变过程 bed-forming process;bed process;fluviomorphological process in river;stream process;riverbed process
河床演变机理 mechanism of riverbed evolution
河床演变特性 characteristics of fluvial process
河床移动 bed movement
河床异水性 stream bed conductance
河床因数方程 bed-factor equation
河床淤高 aggradation of bed levels;bed accretion;channel accretion;riverbed accretion;stream bed aggradation
河床淤积 accretion of bed levels;channel aggradation;channel deposit;river channel aggradation
河床淤积高度 aggradation of level
河床淤塞系数 silting coefficient of riverbed
河床运动 bed movement
河床杂草 channel weed
河床造床过程 bed-forming process
河床治理 improvement of riverbed;improvement of stream bed
河床质 bed material;bottom sediment;bottom settlings;river load;stream bed material
河床质比率 specific bed load
河床质采样 bed material sampling
河床质采样器 bed material sampler
河床质测验 bed material measurement
河床质粗化 bed material armo(u)ring
河床质颗粒分布 bed material size distribution
河床质粒径 bed material size
河床质输送比(率) specific bed load transport
河床质输移量 bed material discharge
河床质输移率 rate of transportation of bed load
河床质运送速率 rate of bed load transportation
河床滞流工程 engineering of leaky riverbed
河床周期性变形 periodic(al)deformation of riverbed;periodic(al)deformation of stream bed
河床轴线 axis of riverbed;axis of stream bed
河床状况 bed condition
河床纵断面 bed profile;longitudinal profile of riverbed;longitudinal section of riverbed;profile of riverbed;riverbed profile
河床纵坡陡降点 knick point
河床纵剖面 bed profile;longitudinal profile of riverbed;profile of riverbed
河床阻力 bed resistance;river channel resistance
河床阻力系数 bed friction factor
河床组成 bed composition
河导流工程 river training works
河道 course of river;fluvial channel;natural water course;reach of river;rhine;river channel;river course;stream channel;stream course;streamway;water course;waterway
河道摆动 wandering of river(channel)
河道保持 river maintenance
河道保护 stream protection
河道本身构成的排水系统 autogenetic drainage
河道比降 channel gradient;channel slope;river channel slope;slope of river;slope of stream;stream channel slope;stream gradient
河道边界 channel boundary;channel margin
河道变化 channel change
河道变化趋势 tendency of channel change;tendency of river channel change
河道变迁 channel change;fluvial process;river shifting;shifting of river
河道波浪 channel wave
河道裁弯 avulsion;channel cutoff
河道裁弯取直 river channel straightening;river straightening;straightening of channel;stream straightening;river cut-off
河道裁直 river channel straightening;river course straightening;river stream straightening
河道糙率 channel roughness
河道测量 hydrographic(al)survey(ing);riverain survey;river ga(u)ging;river measurement;river survey(ing);stream survey(ing)
河道测量图 river survey(ing)map
河道测量站 stream-ga(u)ging station;stream survey station
河道测流量 stream-ga(u)ging
河道测流站 stream-flow measurement station;stream-ga(u)ging station
河道测站 river station;stream-ga(u)ging station
河道测站网 stream-ga(u)-ging(station)network
河道查勘 river reconnaissance
河道长度 length of channel
河道沉积泥沙 channel deposit silt;channel sediment silt;silt
河道沉积(物)channel deposit;channel sediment
河道冲积物 river wash
河道冲刷 channel erosion;channel scour;river channel degradation
河道冲泻质 wash load(ing)
河道出口 outfall;outfall of river;river outfall;river outlet;stream outlet
河道出口入海处 sea outfall
河道船舶动态 river activity;stream activity
河道船坞设施 dockisation
河道吹积物 river drift
河道垂线 river vertical;stream vertical
河道粗化 riverbed armoring
河道大小 river size;stream size
河道导治 river training
河道的 potamic
河道的摆动 winding of river
河道的分支 braiding
河道的曲折 river winding
河道的蜿曲 river meandering
河道堤防 river wall
河道底部 bottom of bed
河道底泥 river bottom sediment
河道调查 stream survey(ing)
河道调查船 river survey(ing)vessel
河道动态 river movement
河道断面面积 area of waterway
河道夺流 beheading of river;beheading of stream;river piracy;stream

H

obstruction;stream piracy
河道恶化 channel deterioration
河道发育 river development
河道非点污染源营养物模型 in-stream non-point source nutrient model
河道分汊 channel bifurcation; river branching;river parting;bifurcation of channels;braiding
河道分汊口 bifurcation;river fork
河道分类 classification of river;classification of stream;river classification;stream classification
河道分流 diversion of river;river diversion
河道分流口 bifurcation point
河道分支 braiding;stream segment
河道封冻 river freeze-up
河道复活 channel reactivation
河道改道 change of course
河道改良 channel improvement;channel regulation
河道改善 river improvement
河道改线 channel realignment
河道改向 change of river course
河道改直 rectification of river;river rectification;river straightening
河道工程 river course work
河道工程学 river engineering
河道沟渠 stream channel
河道固定断面线 river ranges
河道观测 stream measurement;stream observation
河道观测站 stream-flow measurement station
河道管理 river management
河道管理法 river law
河道管理制度 regulatory regime(n) of river;river control practice;river management system
河道过渡段 river crossing;river cross-over;transitional reach
河道合流处 junction
河道洪水演进 channel routing
河道洪水演算 channel routing
河道护岸 channel revetment
河道缓变平衡 regime(n)
河道缓变平衡量 regime(n) discharge
河道缓变平衡流量 regime(n) discharge;regime(n) flow
河道缓变平衡水流 regime(n) discharge;regime(n) flow
河道汇合点 confluence; junction of channels; river confluence; river junction
河道汇流 concentration of channels
河道基本特性 basic characteristic of river
河道几何特征 geometric(al) characteristic of river
河道间地区 interbasin area
河道间引水 interbasin diversion
河道监理员 channel supervisor
河道建设工程 river construction engineering; river construction job; river construction project; river construction work
河道降水 channel precipitation
河道交叉 stream crossing
河道交叉点 river confluence; river junction
河道截流 river closure;stream enclosure
河道截面形状 channel geometry
河道截弯取直 river straightening
河道进水口 stream inlet
河道径流调节 stream-flow regulation
河道局 river authority;river board
河道开挖 channel excavation
河道勘测图 river survey(ing) map (ping)
河道可得流量比率 ratio of stream discharge obtainable
河道控制 river control;river regulation
河道控制设施 river control works
河道宽度 channel width;river span;river width
河道扩展 channel expansion
河道来水量 channel inflow;river inflow
河道类型 channel form;channel pattern;river pattern;stream pattern
河道冷却 river cooling
河道流量 capacity of river; channel flow;discharge of river;river discharge; river flow; stream discharge;stream flow
河道流量变率 stream-flow variability
河道流量波 <由于流量突然增加而形成的> stream-flow wave
河道流量测量 river ga(u)ging; stream-ga(u)ging
河道流量的变化性 variability of stream flow
河道流量递增 channel flow accretion
河道流量航期 open river stage
河道流量耗减 channel flow depletion
河道流量记录 river-discharge record; stream discharge record; stream-flow record
河道流量记录延长 stream-flow record extension
河道流量数据 stream-flow data
河道流量水质模型 stream-flow water quality model
河道流量调节 stream-flow regulation
河道流量演算 river routing;stream-flow routing
河道流送 stream driving
河道流速 channel flow velocity
河道流态 channel regime(n)
河道流域 river tributary area
河道满槽过水能力 bankfull channel capacity
河道密度 channel frequency; river density
河道模型 model of river;river model
河道模型比尺 river model ratio;river model scale
河道模型比例 river model scale
河道内弯道沙洲 point bar
河道内小曲流 <洪水下降后的> submeander
河道泥沙 channel deposit
河道泥沙移运 transport of silt
河道排水系统 river drainage system
河道旁侧蓄水 off-stream storage
河道漂流物 river drift
河道频数 channel frequency
河道平均流量 average stream flow
河道平均流速 average streamflow velocity
河道平面图 river plan
河道坡度 channel slope;slope of river;stream gradient
河道坡降 channel gradient; gradient of river;river gradient;river slope;stream channel slope
河道坡降状况 regime(n) of slope
河道坡降状况方程 regime(n) of slope equation
河道迁移 migration of river; shifting of river
河道浅滩 channel bar;river drift;river shoal
河道侵蚀 river erosion;stream erosion
河道清淤 channel cleanout
河道清障 snagging
河道情况 river regime(n)
河道曲率 meander ratio
河道曲折 winding of river
河道曲折带 meander belt
河道曲折宽度 meander breadth
河道渠化 canalization of river; river canalization;river channelization
河道渠化工程 canalization project; channelization project
河道取水方案 river water scheme
河道取水工程 river water scheme
河道取水规划 river water scheme
河道取水计划 river water scheme
河道取直 channel alignment; rectification of channel
河道溶质量演算 channel routing of solute
河道入口 entrance to river
河道入流 channel inflow
河道沙坝 channel bar
河道沙洲 channel bar
河道砂石移运 transport of debris
河道砂体圈闭 channel fill sand trap
河道砂油气藏趋向带 channel sand pool trend
河道上部结构 river superstructure
河道上的水库 on-stream storage
河道设施 river work
河道深泓线 channel line;talweg
河道生境 in-stream habitat; river channel habitat
河道疏浚 river dredging; training of channel;channel dredging
河道疏浚工程 channel dredging engineering
河道输沙量 sediment discharge of river
河道束窄 channel constriction;channel contraction;channel restriction
河道束窄工程 channel constriction work;channel contraction work
河道刷深 channel degradation; river (channel) degradation; stream (channel) degradation
河道水力学 fluvial hydraulics; river hydraulics
河道水量 river flow
河道水量流失 channel loss
河道水流 river current; river flow; stream current; stream flow; flow of a river
河道水流结构 flow structure in river
河道水流控制建筑物 river flow control structure
河道水流条件 in-stream flow consideration
河道水流要求 in-stream flow requirement
河道水面 stream surface
河道水情 channel regime(n)
河道水情预报 river forecast(ing); stream forecast(ing)
河道水位测量 river stage ga(u)ging; stream stage ga(u)ging
河道水文测量 stream-ga(u)ging
河道水文测量站 river ga(u)ging station
河道水文站 river station;stream station
河道水样 stream-flow sample
河道水闸 river lock
河道水质测定 in-stream water quality measurement
河道水质监测站 in-stream water quality monitoring station
河道缩短 shortening of channel
河道缩窄段 channel contraction; channel restriction
河道特性 channel characteristic
河道特征 channel regime(n);stream characteristic
河道梯级工程 river cascade project
河道梯级化 canalization
河道梯级化工程 canalization project
河道梯级开发工程 canalization project
河道天然行径 natural course of river;natural river course;natural water course;natural water way
河道天然走向 natural course of river;natural river course;natural water course;natural water way
河道填积沼泽 channel fill swamp
河道填塞 channel fill(ing)
河道调节 stream adjustment
河道调整 river(channel) adjustment; stream(channel) adjustment
河道通航期 open river stage
河道弯度 angle of bend
河道弯曲 channel meandering;meandering of river
河道蜿曲 winding of river
河道蜿曲带 belt of wandering
河道蜿蜒 meandering;meandering of river;winding of river
河道蜿蜒(地)带 belt of wandering; meander belt;wandering belt
河道网 channel net;river net(work); river system
河道网络交叉 network of canals
河道维护 river maintenance;channel maintenance
河道污染 pollution of river;river pollution;stream pollution
河道污水浓度 in-stream waste concentration
河道袭夺 channel piracy
河道狭颈 bottleneck of river
河道下切 channel cutting; stream trenching
河道险阻 gorge
河道小曲流 submeander
河道形态 river form; river pattern; stream form;stream pattern
河道研究 river study
河道演变 change of river route;channel change; evolution of river course;fluvial process;river channel change;river process
河道演变过程 river process
河道养鱼 fish culture in river; fish culture in stream
河道溢油模拟模型 river oil spill simulation model
河道壅流部分 back river
河道壅塞 river jam;stream jam
河道壅水部分 back river
河道有效行洪能力 available channel capacity
河道淤积 channel accretion;channel deposit;channel sedimentation;channel silting;river channel aggradation;river channel sedimentation;river channel silting
河道淤积过程 river sedimentation process
河道淤积物 channel sediment; river sediment
河道淤浅的 beneaped
河道淤塞 channel fill(ing)
河道预报 river forecast(ing)
河道源头 river head
河道运输 river transport(ation); stream transport(ation)
河道造床流量 bed-forming discharge; dominant formative discharge;regime(n) discharge
河道造床水位 bed-built water stage
河道展宽 channel widening
河道涨洪水流 spate flow

河道整直 channel straightening;stream straightening
河道整治 channel improvement;channel rectification; channel regulation;improvement of riverbed;improvement of river channel;rectification of channel; rectification of river;regulation of channel;regulation of river; river control; river correction;river improvement;river realignment; river regulating structure; river regulation; river training;river training structure
河道整治工程 channel improvement works; channel regulation works; correction works; river training structure;river training works
河道整治工事 river training works
河道整治构筑物 channel training works; river regulating structure; river training structure
河道整治建筑物 channel training works; river regulating structure; river training structure
河道整治线 regulation line
河道支流 by-passing of river; diversion of river
河道支流的 tributary
河道治理 correction of river;regulation of river; river control; river correction;river regulation
河道治理工程 river control works
河道中泓线 axis of channel;channel line; thalweg; thread off channel; thread of stream
河道中泓主流 thread of channel
河道中流 mid-channel;midstream
河道中沙滩 hirst[hurst]
河道中线 axis of channel;channel axis
河道中游 middle reach;midstream
河道主流 channel thread
河道主流线 channel line; stream thread;thread of channel;thread of stream
河道状况 channel regime(n)
河道资料 river data
河道资源 river resources
河道(自身)排水系统 autogenetic drainage
河道纵比降 longitudinal river slope
河道纵断面图 longitudinal profile of river;river profile
河道纵剖面 river profile;stream profile
河道走向 course of river
河道最大流量 maximum stream flow
河道最小流量 <环境要求的> river maintenance flow
河的分叉 branching of a river
河的上下游 reach of river; reach of stream;river reach
河的上游 upper reaches of river
河的下游 lower reaches of river
河的支流 stream arm
河堤 bund; embankment; levee; river dam; river embankment; river dike [dike]; river levee; riverside embankment
河堤岸壁 river wall
河堤背面坡 land side of levee
河堤崩塌 bank collapse
河堤侧护坡 riverside blanket of dike [dyke]
河堤排水(沟)counterdrain
河堤网格工 hurdle work
河堤迎水坡脚掏刷 undercutting of riverward toe of levee
河底 bed of river;channel bed;riverbed; river bottom; river floor; stream bottom; stream channel; stream floor
河底保护 river bottom protection
河底比降 bed slope; bottom grade; bottom slope
河底冰 ground ice;slush ice
河底波痕 bed ripple;bottom ripple
河底波纹 ripples on river bottom
河底波纹状起伏 bed wave
河底采矿 river mining
河底测绘 submarine mapping
河底测量 sea-floor topographic(al) survey
河底沉积 river bottom sediment; stream bottom sediment
河底沉积物径迹测量 track survey on river bottom deposit
河底沉积作用 bed sedimentation
河底冲积物 debris bed load
河底冲深 vertical erosion
河底冲刷 bed erosion;bed scour
河底的 bentho-potamous;subfluvial
河底等高线 bed contour;bottom contour;depth contour
河底地形 bottom topography
河底电缆 river cable
河底高程 bed elevation;bed level;riverbed elevation
河底高低不平 bed ripple
河底管道套管 river sleeve
河底管路套管 river sleeve
河底滚沙 saltation
河底滚沙层 saltation layer
河底滚沙负荷 saltation load
河底环流 circulating bottom current
河底回灌 bottom roller;river bottom roller
河底回溜 bottom roller;river bottom roller
河底活性沉积物 bottom active stream sediment
河底交混回响 bottom reverberation
河底阶地 bottom terrace
河底控制 river bottom control
河底流速 bed velocity;below velocity;bottom velocity
河底漫游动物 vagile-benthon
河底泥沙 bottom sediment; debris bed load
河底逆行沙波 anti dunes on bottom
河底排放 bottom discharge
河底坡度 bed slope;bottom grade
河底坡降 bed gradient; bed slope; bottom slope
河底潜坝 low-level groin[groyne]
河底潜堤 bed groyne; submerged groin;bed groin
河底潜流 stream underflow
河底桥墩 riverbed pier
河底切槽 nip
河底清理 bottom cleaning
河底取水口 stream bed intake
河底取样 bottom sampling
河底取样器 bottom sampler
河底取样钻 bottom probe
河底沙波 bed ripple;bed wave
河底沙丘 bed dune;dunes on bottom
河底沙纹 bed ripple;bottom ripple
河底沙移动 movement of bed material
河底深槽 pool of channel floor
河底深度 channel depth
河底深坑 dump of riverbed
河底生物 potamobenthos
河底刷深 deepening of river bottom; degradation;stream degradation
河底刷深速率 rate of degradation
河底速度 bottom velocity
河底隧道 cross below a river; immersed tunnel;river channel;river tunnel;subaqueous tunnel;subfluvial tunnel
河底淘刷 underwash(ing)
河底套管 river sleeve
河底土壤 stream bottom soil
河底土样 bottom soil sample
河底推移力 bottom drag; bottom tractive drag;bottom tractive force
河底推移质 bottom load;bed load
河底拖力 bottom(tractive)drag;bottom tractive force
河底挖出物 spoil
河底物质 bed material
河底效应 bottom effect
河底形状 bed form
河底曳引力 bottom drag; bottom tractive drag;bottom tractive force
河底翼形潜坝 bottom vane
河底淤高 accretion of bottom;bottom accretion;raising of river bottom
河底淤泥 bed silt
河底整平 bottom grading; bottom shaping
河底质移动 movement of bed material
河底滞留沉积 channel lag
河底滞留沉积物 channel lag deposit
河底滞留相 channel floor lag
河底纵断面 bed profile; longitudinal profile of riverbed;longitudinal section of riverbed; profile of riverbed; riverbed profile; river bottom profile
河段 boom reach;channel reach;level reach; reach of channel; reach of river;reach of stream;river reach; river section; river segment; river stretch; stream segment; stream zone;stretch;stretch of river;water race;waterway section
河段长度 length of reach
河段潮汐 river tide
河段出流量 outflow from reach
河段储水 water storage in a reach
河段汇流曲线 reach travel curve
河段来水 inflow to reach
河段落差 fall of river reach
河段入流 inflow into reach
河段上端 upper end of reach
河段上断面 upper end of reach
河段蓄水量 storage in a reach;water storage in a reach
河墩 river(bed)pier
河泛 stream flood
河分流 divarication of a river
河风沉积 fluvioeolian deposit
河风(成因)的 fluvioeolian
河港 close port;inland harbo(u)r;inland port; river harbo(u)r; river port;stream port
河港导航系统 river and harbo(u)r navigation system
河港码头 river harbo(u)r dock; riverside jetty; riverside quay; riverside wharf;river terminal
河绠 boom
河绠贮木场 bolding ground
河工 river work
河工建筑物 river structure
河工模型 model of river engineering; river engineering model;river model
河工模型设计 river engineering model design
河工模型试验 river engineering test; river model practice; river model study;river model test
河工学 river engineering
河沟 brook;runway;stream
河沟开挖(工程)channel excavation
河谷 bottom glade; river valley; stream basin;stream valley
河谷坝 valley dam
河谷比降 valley gradient;valley slope
河谷边滩 valley flat;valley floor plain
河谷边缘 valley margin
河谷变狭 constriction of valley
河谷沉积(物)river valley deposit; valley deposit; valley(flat)sediment
河谷成因类型 origin structure type of river valley
河谷冲积物 valley fill
河谷大平原 valley floor
河谷低地 valley flat
河谷底线 stream profile
河谷地貌 valley form
河谷地区 valley tract
河谷地形 valley form;valley topography
河谷堵塞物 valley plug
河谷堆积 valley fill
河谷发育阶段 developmental stage of river valley
河谷泛滥低地 hawi
河谷工程 river valley project
河谷耗水量 <包括蒸发和植物截留吸收及散发> valley consumptive use;valley consumption
河谷横断面 section of valley; valley cross-section
河谷洪泛平原 valley floor plain
河谷交叉 intersection of river
河谷阶地 river terrace;valley terrace
河谷开凿作用 circuvallation
河谷宽度 valley width
河谷类型 river valley type
河谷砾石 valley gravel
河谷林 bottom land forest
河谷泥沙 valley sediments
河谷逆温 inversion in valley
河谷盆地 basin valley;channel basin; river basin;river valley basin
河谷平原 valley plain
河谷坡度 valley gradient;valley slope
河谷坡降 valley gradient;valley slope
河谷迁移 migration of valley; valley migration;valley shifting
河谷潜水 phreatic water in valley
河谷桥梁 valley bridge
河谷曲流 valley meander
河谷泉 channel spring
河谷砂 low-lying sand;river sand
河谷砂矿 valley-gravely placer
河谷收束 constriction of valley
河谷栓 valley plug
河谷缩窄 valley contraction
河谷台地 valley terrace
河谷填充圈闭 valley-fill trap
河谷填积 valley fill
河谷凸起 valley bulge
河谷下切 valley trenching
河谷线 t(h)alweg
河谷形成 valley formation
河谷形态 contour of valley; valley contour
河谷形状 valley form;valley shape
河谷形状系数 canyon shape factor
河谷型泥石流 valley type debris flow
河谷形式 river pattern;valley pattern
河谷蓄水量 storage in valley; valley storage
河谷要素 valley element
河谷沼泽 valley fen
河谷中逆温 inversion in valley
河谷轴线 valley axis
河拐角 river corner
河海岸防护工程 coast and river-bank protection works
河海冰冻学 cryology
河海测量 hydrographic(al) survey(ing)
河海沉积的 fluviomarine

H

河海沉积（物）fluvial marine sediment；fluviomarine deposit
河海的 fluviomarine
河海工程 river-and-harbo(u)r engineering
河海栖的 fluviomarine
河海滩岸 leveed bank
河海型货轮 river-sea cargo vessel
河洪 freshet
河湖岸滨工程 riparian works
河湖边肥沃的低草地 meadow
河湖的 fluviolacustrine
河湖两相航道 river-lake facies channel
河湖生成的 fluviolacustrine
河湖污染 dystrophication
河桦 river birch
河环 meander loop；river loop
河或湖中小岛 eyot
河迹湖 fluviatile lake
河积平原 fluvial flat；fluvial plain；river flat
河积土 fluvisol
河积物 river deposit；river drift
河积相【地】river facies
河麂 Hydropotes inermis；river deery
河间冲积地 doab
河间岛 branch island；channel island；river island
河间的 interfluvial；interstream
河间地 interfluve；riedel
河间地段 doab
河间地分水区 interfluve
河间地块渗漏 leakage of interfluve
河间地区 interchannel area；interstream area
河间地下（水分水）脊 interstream groundwater ridge
河间地下水分水岭 interstream groundwater ridge
河间地下水分水线 interstream groundwater ridge
河间岭 interfluve
河间坡地 interfluvial slope
河间潜水脊 interstream groundwater ridge
河间湿地沉积 interchannel-grained meander belt deposit
河间小岛 river islet
河间垠丘 riedel
河角 river corner
河金 stream gold
河景 riverscape
河控三角洲 river-dominated delta
河口 aber；chop；debouch(ment)；debouchure；embouchure；estuary；frith；lade；mouth(of a river)；outfall；poort；river mouth；river offing；river outfall；river outlet；stream mouth；stream outfall；stream outlet
河口坝 estuary dam
河口保护区 estuarine conservation area
河口闭塞 estuary closure
河口边滩沉积 river beach deposit
河口表层沉积物 estuarine surface sediment
河口泊位 estuarine berth；estuarial berth
河口测站 estuary station
河口层流 stratified estuary flow
河口汊道 estuary branch；river mouth branch
河口潮洪 estuarine flood
河口潮流段 estuarine tidal current reach
河口潮（漫）滩 estuarine flat
河口潮水（位）信号 bar signal
河口潮（汐）estuary tide
河口沉积层 estuarine deposit；estuary deposit
河口沉积（物）estuarine deposit；estuarine sediment；estuary sediment；potamogenic deposit；estuary deposit
河口冲积区 alluvial tract
河口冲积扇 alluvial fan at river mouth；outfall fan
河口冲积土 fluvial soil
河口船舶交通服务 estuarial vessel traffic service
河口导堤 estuary guide jetty
河口导流坝 training dike at river mouth
河口导流堤 river mouth jetty；training dike at river mouth
河口导流堤头 jetty head
河口岛 innis
河口的 estuarial；estuarine
河口地区 estuary district
河口动物 estuarine animal
河口动物区系 estuarine fauna
河口段潮汐 river tide
河口发电站 estuarine generating station
河口废负荷分配 estuarine waste load allocation
河口附近的锚地 hope
河口改良 estuary improvement
河口改善 river mouth improvement
河口港 estuarine harbo(u)r；estuary harbo(u)r；estuary port；estuary station；estuarial port；estuarial harbo(u)r
河口高潮 river mouth high tide；pororoca <南美亚马孙河>
河口工程 estuarine project；estuary project；outlet works
河口工程学 estuary engineering
河口海岸与大陆架科学 <英国双月刊> Estuarine Coastal and Shelf Science
河口海洋学 estuarine oceanography
河口航槽 estuary channel
河口航道 estuarine navigation channel；navigation channel of estuary；estuary channel
河口航道的维护 maintenance of estuarine channel
河口航道水深 depth of pass
河口河流段 estuarine river-flow reach
河口河网 estuarine river net；interconnected estuarine channels
河口湖 estuarine lake
河口湖港 lagoon harbo(u)r
河口化学 estuarine chemistry
河口环境 estuarine environment
河口环流 estuarial circulation；estuarine circulation
河口混合 estuarine mixing；mixing in estuary
河口几何形状 estuary geometry
河口礁湖 coastal lagoon
河口口门 mouth of the estuary
河口拦门沙 mouth bar；river mouth bar；channel mouth bar
河口类型 type of estuary
河口、陆架和海洋模型 estuarine, continental shelf and marine model
河口密度流 density current in estuary
河口名称 name of estuary
河口模型 estuarial model；estuary model
河口泥沙（沉积）estuarial sediment；estuarine sediment；estuary deposit
河口泥滩 estuary mud bar
河口黏[粘]土 estuary clay
河口潜洲 coastal bar；river mouth bar；sand barrier
河口浅水港 lagoon harbo(u)r
河口浅滩 bar；mudflat；river mouth shoal
河口区（域）estuary area；estuary district；estuary region
河口入侵波 invading waves in estuary
河口软泥 estuarine mud；estuarine ooze
河口三角洲 delta bar；estuary delta；river mouth bar；sand barrier；tidal delta
河口三角洲地带的通航水道 navigation pass
河口沙 <又称河口砂> estuarine sand
河口沙坝 river mouth bar
河口沙坝沉积 river mouth bar deposit
河口沙岛 sand island of river mouth
河口沙地 playa
河口沙体圈闭 estuary sand trap
河口沙洲 bay bar；channel-mouth bar；median bank；mouth bar；river mouth bar；sand bar
河口扇形地 outfall fan
河口生态系统 estuarine ecosystem
河口生态学 estuarine ecology；river ecology
河口生物 estuarine organism
河口生物群落 estuarine communities
河口生物学 estuarine biology
河口疏浚 estuarial dredging
河口水 estuarine water
河口水道 estuary channel；estuarine channel；river mouth channel
河口水力条件 estuary hydraulic condition
河口水流 current in estuary；estuarine flow；estuarial current
河口水流混合 estuarine mixture
河口水体 estuarine waters
河口水文学 estuarine hydrology；estuary hydrology
河口水文要素 elements of estuarine hydrology
河口水域 estuarine waters
河口水质 estuary water quality；river mouth water quality
河口水质模型 estuary water quality model；river mouth water quality model；water quality model of estuary；water quality model of river mouth
河口水质评价 estuarine water quality assessment
河口拖轮 estuary tug
河口挖泥 estuarial dredging
河口外导流堤 training jetty
河口湾 branching bay；drowned river mouth；ecronic；estuary firth；river estuary；firth；liman
河口湾沉积（物）estuarine deposit；estuarine sediment
河口湾环境 estuarine environment
河口湾旁滩地 estero
河口湾旁沼泽 estero
河口湾三角洲 estuarine delta
河口湾污染 estuary pollution
河口湾污染物 estuary pollutant
河口湾相 estuarine facies
河口微生物 estuarine microbiota
河口涡流扩散 eddy diffusion in estuaries
河口污染 estuarine pollution；pollution of estuary；river mouth pollution
河口无脊椎动物 estuarine invertebrate
河口物种 estuarine species
河口向海延伸部分 prolongation of river mouth
河口学 estuary geography
河口循环 estuarine cycle
河口演变过程 estuarine process；estuary process
河口堰 estuary weir
河口涌潮 hydraulic bore；pororoca <南美亚马孙河>
河口淤积 estuarine deposit；estuary deposit；estuary sedimentation；estuary shoaling
河口淤泥沉积 liman
河口淤塞 siltation in estuary
河口鱼类 estuarine fishes
河口渔业 estuarine fishery
河口与三角洲调查 river mouth and delta survey
河口涨潮流 upstream flow
河口涨落潮拦门沙 outer bar
河口沼泽 estuarine bog；liman
河口整治 estuary regulation；outlet regulation；regulation of estuary；regulation of river mouth
河口整治工程 regulation work of estuary
河口支汊 outfall arm；outflow arm
河口支流类型 type of distributary of estuary
河口洲 river mouth bar；median bank
河跨 river space；river spalling
河跨度 river span
河宽 river width；width of channel；width of river
河宽收束段 width constriction
河宽收缩（段）river width constriction；width constriction；width contraction
河宽束狭（段）river width constriction；width constriction；width contraction
河宽因数方程 side-factor equation
河况 regime(n) of river；river regime(n)；stream regime(n)
河况系数 <最大流量和最小流量之比> coefficient of river regime(n)
河狸 beaver；Castor fiber
河狸坝 beaver dam
河狸灰色 castor grey
河砾（石）river gravel
河连边陡岸 riverside bluff
河流 darya；flumen[复 flumina]；river current；river flow；river stream；stream；stream flow；terrestrial flow；water course；avon <英国中部的一条河>；minor light；stream current
河流岸线 bank line
河流凹岸的深槽 pool in bend
河流凹弯处水流作用形成的陡岸 cutbank
河流摆动带 belt of wandering
河流搬运（泥沙）stream transport
河流搬运的有机质 organic matter by river transportation
河流搬运物质 river-borne material
河流搬运作用 river transport(ation)；stream transport(ation)；transportation of rivers
河流保护工程师 river conservancy engineer
河流保护规划 river conservation plan
河流暴涨 freshet
河流比降 fall of river；fall of stream；gradient of river；gradient of stream；river gradient；slope of river；stream gradient；stream slope
河流比降比（率）channel gradient ratio；river gradient ratio；stream gradient ratio
河流变迁情况 regime(n) of river
河流变态 <河流的河型转变> river

metamorphosis; stream metamorphosis
河流标高 stream elevation
河流冰川的 fluvioglacial
河流冰川堆积 fluvioglacial accumulation
河流冰情 regime(n) of river; river icing condition; river regime(n)
河流剥蚀循环 fluvial cycle of denudation
河流剥蚀作用 fluvial denudation
河流补给 alimentation of stream; feeding of a river; river water alimentation
河流补给区 reception basin; reception basin of river
河流裁弯取直 cut-off
河流采样 stream sampling
河流槽蚀 stream fluting
河流侧夷平原 river-cut plain
河流测量 riverain survey; river survey(ing); stream survey(ing)
河流测验 river ga(u)ging
河流测站 river ga(u)ging station; river station
河流测站网 stream-ga(u)ging(station) network
河流层序 fluvial sequence
河流叉道 river branch; river fork; stream branch; stream fork
河流岔道 river branch; river fork; stream branch; stream fork
河流产生量 river yield; stream yield
河流长度 length of river; river length; stream length
河流潮汐 river tide; stream tide
河流沉积 fluviatile deposit; potamogenic deposit; river deposit; stream deposit; stream drift
河流沉积残留砾石 terraces
河流沉积的冲蚀 fluviatile erosion
河流沉积海岸 river deposition coast
河流沉积模式 fluvial sedimentation model
河流沉积泥沙 fluvial deposit
河流沉积沙 channel sand
河流沉积物 fluvial deposit; river drift; stream sediment; fluvial sediment; river sediment; river wash; stream-laid deposit; stream sediment
河流沉积岩 potamogenic rock
河流沉积作用 river deposition; river sedimentation; stream deposition; stream sedimentation
河流沉降 rheologic(al) settlement; rheologic(al) settling
河流沉陷 river depression
河流沉箱 river caisson
河流持续性 persistence of river; river persistence
河流尺度 river dimension; river size; stream dimension; stream size
河流充氧 oxygenation in river
河流冲积 fluvial outturn; fluvial outwash
河流冲积层 burden of river drift; river(out) wash
河流冲积砾石 river run gravel
河流冲积扇 river fan
河流冲积土 fluvial soil
河流冲积物 river alluvium; river wash; stream wash
河流冲积循环 fluvial cycle of erosion
河流冲积周期 cycle of fluvial erosion
河流冲裂 river avulsion
河流冲蚀 fluvial abrasion; fluvial erosion; river erosion; stream erosion
河流冲蚀的 river-worn
河流冲刷 fluvial abrasion; fluvial erosion; stream erosion; stream wash
河流冲刷地状 fluvial landform
河流冲刷崖岸 chafe
河流冲刷作用 fluvial denudation; fluvial erosion; stream action; stream erosion; river erosion
河流冲刷作用(形成)的 fluvial; fluviatile
河流出海 disembogue of river; disembogue of stream
河流出海口 river offing
河流出口 river outlet; stream outlet
河流出流量 river outflow
河流出峡口 poort
河流处置 river disposal
河流带来的 river-borne
河流氮氧分析程序 stream nitrogen and oxygen analysis program(me)
河流导流程序 river diversion sequence
河流导流阶段 river diversion phase
河流导治 river training; stream training
河流倒流 river inversion
河流的 fluvial; fluviatile; potamic; riverain; riverine
河流的暴涨性 flashy regime of river
河流的出口 debouchment
河流的地质作功 geologic(al) work of river
河流的夺流 behead
河流的负载 stream load
河流的复氧作用 reoxygenation in rivers
河流的拐角 stream corner
河流的横向迁移 lateral migration of river
河流的洪水深度 flood-depth of river
河流的尽头 beheading of river
河流的近海河段 fluviomaritime section of stream
河流的径流类型 type of river runoff
河流的泥、沙、砾石等的沉积 benthal deposit
河流的平面形态 planform of river
河流的渠化工程 stream canalization
河流的入海口 river estuary
河流的上部结构 stream superstructure
河流的上下游 reach of river
河流的收窄段 contracting reach
河流的梯级开发 development of barrages and locks in river
河流的弯曲率 river tortuosity
河流的形成 river formation
河流的形态调查 geomorphologic(al) survey(of river)
河流的再充氧作用 reoxygenation of river; reoxygenation of stream
河流的支流 horn
河流的主要支流分叉 fork
河流等级 channel order; order of rivers; order of streams; river order; stream order
河流堤防 river dike[dyke]; river levee; river wall
河流底栖生物 potamobenthos
河流地理学 potamogenic[potamologic] geography
河流地貌 river landform
河流地貌调查 survey of river morphology
河流地貌分析 analysis of fluvial morphology; analysis of river geomorphology; river geomorphic analysis
河流地貌特征 characteristics of fluvial morphology; characteristics of river geomorphology
河流地貌学 fluvial morphology; river geometry; river geomorphology; stream morphology
河流地貌循环 fluvial geomorphic cycle
河流地图 river map
河流地质作用 fluvial geological process
河流调查 river survey(ing); stream survey(ing)
河流定位 stream location
河流动力 fluvial process
河流动力学 fluvial dynamics; river dynamics; stream dynamics; stream mechanics; river mechanics
河流动力蕴藏量 potential hydraulic power of river
河流动力轴线 dynamic(al) axis of flow
河流动态 dynamics of stream; river regime(n)
河流陡岸 cutbank; river cliff
河流陡降 river slope; stream slope
河流堵塞 river closure
河流渡口 river crossing
河流断面测量 profile and cross-section(al) survey for river
河流断面积曲线 sectional area curve
河流断尾 betrunking of stream; river betrunking
河流断尾的 betrunked
河流堆积 stream deposition; stream-laid deposit
河流堆积物 river drift
河流夺道 river piracy
河流夺流 river capture; river piracy
河流发电容量 power capacity of stream
河流发生类型 genetic(al) type of river; genetic(al) type of stream
河流发育 river development; stream development
河流发源地 river head; stream head
河流发源类型 genetic(al) type of stream
河流反应 river response
河流泛滥 river outflow; river flood
河流方向线 stream thread; thread of stream
河流防波堤 stream pier
河流防洪堤 stream dike[dyke]
河流防洪堤结构 stream dike construction
河流防洪堤施工 stream dike construction
河流防污染法 rivers prevention of pollution act
河流废负荷分配 stream waste load allocation
河流分叉 divarication; divarication of a river; stream bifurcation; streamflow separation
河流分叉点 bifurcation of river
河流分叉口 stream fork; river fork
河流分叉作用 forking
河流分级 order of rivers; order of streams; river order; stream order
河流分类 classification of river; classification of stream; river classification; stream classification
河流分流 diversion of river; river diversion; stream diversion
河流分流内陆区 indelta
河流分水坡 interfluvial slope
河流分支 channel segment; divarication; river arm; river segment; stream dissection; stream segment
河流风景 riverscape
河流封冻 river freeze-up
河流浮冰 river ice rafting
河流浮游生物 potamoplankton
河流负荷 loading of river; loading of stream; river load; stream load
河流复氧 river reoxygenation; stream reaeration
河流复氧常数 constant of river reoxygenation; river reoxygenation constant
河流复氧区 recovery zone of river
河流复氧作用 reaeration in river; stream reaeration
河流复原 river recovery
河流复壮 river revitalization
河流改道 change of(river) course; channel realignment; channel relocation; diversion of river; diversion of stream course; diversion river course; migration of river; rerouting of river; river diversion; river realignment; shifting of river; stream diversion; breakaway <洪水期的>
河流改道的船闸引河 lock cut
河流改道工程 river realignment works
河流改建 stream development
河流改向 diversion of river(course)
河流干涸 betrunking of stream; stream betrunking
河流干涸的 betrunked
河流感潮段 tideway
河流感潮段长度 tidal length of river
河流感潮段的末端 tidal limit
河流高程 stream elevation
河流工程 river engineering; river work; stream engineering; stream work; fluvial civil engineering; river engineering works; river works
河流工程学 river engineering
河流工地 fluvial site
河流功率 stream power
河流构筑物 river structure
河流谷底线 thalweg; valley line
河流固体流量 river load
河流故道 dead river channel; dead stream channel
河流观测 stream measurement
河流管理工程师 river conservancy engineer
河流管理局 river authority; river board
河流规划 river planning
河流过程 river process
河流过渡段 river crossing; river cross-over; river transition section
河流过境段长度 transit stream length
河流过水断面 river section
河流过水能力 capacity of river; capacity of stream
河流过水周界 wetted perimeter
河流海岸的 fluviomarine
河流含沙量 river load; sand content of river; stream load
河流航道 meadstream; river channel; river fairway; stream center line [centre line]
河流航道模式 river channel pattern; stream channel pattern
河流合流 river confluence
河流合流作用 stream abstraction
河流荷重 river load; stream load
河流横断面 river cross-section; river profile; river section; stream(cross-) section
河流横剖面 cross-sectional of river; river section; stream(cross-) section
河流横向坡度 river transverse gradient; stream transverse gradient
河流横向游荡 lateral migration
河流洪水控制 river flood control
河流洪水深度 flood-depth of river; flood-depth of stream
河流洪水演算 stream-flow routing; stream routing

H

河流弧菌 Vibrio fluvialis
河流湖泊的 fluviolacustrine
河流护岸 bank protection;river bank protection
河流护堤 river wall
河流花样 river pattern
河流环境 river environment
河流环境容量 river environment capacity
河流环境系统特征 feature of river environmental system
河流环境要素 river environmental element
河流环境质量 river environmental quality
河流环境质量评价 river environmental quality assessment
河流环境质量现状评价 existing condition assessment of river environmental quality
河流荒地 river wash
河流汇合处 influx; merging; confluence of rivers;river confluence
河流汇合点 junction;junction of two streams;river junction
河流汇集 confluent stream
河流汇交盆地 bolson
河流混合带 mixing zone of river; mixing zone of stream
河流混合区 mixing zone of river; mixing zone of stream
河流活动 fluviation
河流积冰 stream icing
河流级别 stream order
河流几何特征 stream geometry
河流计量 river ga(u)ging;stream-ga(u)ging
河流加积 river aggradation
河流夹砂 rive-borne material
河流夹杂物 stream-borne material
河流监测 river monitoring;river surveillance; stream monitoring; stream surveillance
河流监视 stream surveillance
河流建筑 stream structure
河流渐粗线表示法 arias style
河流渐缩 progressive contracting of a stream
河流渐窄 progressive narrowing of a stream
河流交汇点 river confluence; river junction
河流交通 stream traffic
河流胶质输移量 colloidal load of stream
河流胶质携量 colloidal load of stream
河流阶地 fluvial terrace; river terrace;stream terrace
河流节点 river node
河流结构 stream morphology;stream structure
河流截夺 river capture;river piracy; river robbery;stream capture;stream piracy;stream robbery
河流截流 river closure
河流截流程序 river closure sequence
河流截面 river section
河流解冻 break-up of river;ice boom; river thaw;thaw of river
河流解冻预报 forecasting of debacle
河流进水口 stream intake
河流浸蚀作用 flurosion
河流景观 river landscape;riverscape; stream landscape
河流景色 riverscape
河流净化 river purification
河流净化能力 river purification capacity
河流净化作用 river purification board; stream purification
河流静水段 quiet reach
河流静水区 keld
河流旧道 abandoned channel
河流旧深泓线 abandoned thalweg
河流局 river board
河流均夷作用 grading of river;grading of stream;stream gradation
河流开发 river development; stream development
河流刻图仪 river scriber;stream scriber
河流控制 control of stream; river control;stream control
河流控制设施 stream control works
河流控制综合设施 river control complex
河流枯水期 poor stage
河流跨超 river crossing
河流亏耗 stream-flow depletion
河流扩展 spreading of stream
河流来沙(量) sediment yield
河流拦河坝和水闸设备 provision of barrages and locks in a river
河流类型 river pattern; river type; stream pattern
河流类型及水系 river types and drainage
河流砾石层 stream gravel veneer
河流砾岩 fluvial conglomerate
河流连续概念 river continuum concept
河流两岸 side banks
河流临水面 riverside
河流流冰 river ice-drifting
河流流程 reach of river; reach of stream;stream reach
河流流动特性 flowage of a stream; flowage of a river
河流流量 river discharge;river flow; stream discharge; discharge of river;fluid discharge (of the river); stream flow
河流流量测量 river flow ga(u)ging; stream-flow ga(u)ging
河流流量预报 forecast of streamflow
河流流水 river flow
河流流速 stream velocity;river flow velocity
河流流向 direction of river;direction of stream; river direction; stream direction
河流流域 river basin;stream basin
河流流域管理处 River Catchment Board
河流流域勘察 river basin investigation
河流流域水利局 River Catchment Board
河流卵石 stream shingle
河流落差 fall of river; river drop; stream fall
河流码头 stream pier
河流漫滩沼泽 river flood-plain swamp
河流密度 river density;stream density
河流名称 name of river; name of stream
河流某一点的平均水位 mean river level
河流模型 river model; stream-flow pattern;stream model
河流磨蚀 fluvial abrasion;river abrasion
河流木筏 river raft
河流木排 river raft
河流能力 river capacity; river power;stream capacity;stream power
河流能量 river energy;stream energy
河流泥沙 fluvial sediment; load of river;river deposit;river sediment; river silt; sediment load; stream sediment;fluvial soil
河流泥沙调查 drainage-sediment survey;stream sediment survey
河流泥沙颗粒级配分析 particle-size analysis of fluvial sediment
河流泥沙量 river load;stream load
河流泥沙输送 fluvial sediment transportation
河流泥沙移动 movement of river sediment;movement of river silt
河流泥沙运动学 fluvial sediment kinematics
河流泥沙总量 total stream load
河流逆向倒流 river inversion
河流年输沙量 yearly silt discharge of river
河流排污口均匀处理的最优化规划 optimizing planning for equalization treatment of river outfall
河流排污口排污量优化处理设计 optimizing treatment planning of pollutant quantity at river outfall
河流排污口污染物削减量规划 reduction planning of pollutant at river outfall
河流排污口最优化处理规划 optimizing treatment planning of pollutant quantity at river outfall
河流排污权 river emission rights
河流排泄 river drainage
河流盆地 river basin
河流偏转 river deflection
河流漂浮物 heteroplanobios; river float
河流漂浮物质 river suspended drift
河流漂积物 river drift;river driving
河流漂沙 river drift
河流频数 <单位面积河流数> stream frequency;channel frequency
河流平衡状态 poised state
河流平均比降 average gradient of river
河流平均水位 mean river level
河流平面图 river plan
河流平面形态 river platform
河流平面移动 divagation
河流评估 fluvial audit;geomorphologic(al) assessment
河流坡度 gradient of stream; river slope;stream gradient;stream slope
河流坡度定律 law of stream gradient
河流坡降 gradient of stream; river slope; stream gradient; stream slope;stream slope
河流坡降比 stream gradient ratio
河流坡降定律 law of stream gradient
河流剖面 stream profile
河流曝气 stream aeration
河流弃洪 surplus water from river during flood season
河流迁徙 migration of river
河流迁移 migration of river
河流浅石滩 rift
河流浅滩 river shoal
河流桥渡 river crossing
河流桥台 stream pier
河流侵蚀 fluvial erosion;fluviatile erosion;river erosion;river etching; stream erosion
河流侵蚀基准面 base level of stream erosion;fluvial erosion basis; river erosion basis
河流侵蚀循环 cycle of fluvial erosion;cycle of river erosion; fluvial cycle of erosion;fluviatile cycle of erosion
河流侵蚀作用 erosion of rivers; flurosion
河流情况 channel regime(n);fluvial regime(n);regime(n) of river;regime(n) of stream; river regime(n);stream regime(n)
河流情势 channel regime(n);fluvial regime(n);regime(n) of river;regime(n) of stream; river regime(n);stream regime(n)
河流情态 channel regime(n);fluvial regime(n);regime(n) of river;regime(n) of stream; river regime(n);stream regime(n)
河流曲线段 stream curve
河流曲折 winding of river
河流渠化 river canalization; stream canalization
河流群落 potamium
河流群落的 potamic
河流人为负荷综合指数 integrated index of the anthropogenic load on river
河流容许污染负荷量 allowable pollution load of river
河流溶解质负荷 river dissolved load
河流入海口 estuary
河流入口 bayou;rack intake
河流三角洲 river delta
河流三角洲沉积黏[粘]土 estuarine clay
河流沙洲 river shoal
河流砂 river drift;river sand
河流砂砾 stream gravel
河流上流沉积 upstream deposit
河流上桥梁 river bridge
河流上游 headwater(of stream);upper water course
河流上游段 upper stream course
河流上游水的夺流 beheading
河流伸长 river stretch;stream stretch
河流伸延 stream stretch
河流伸展 stream stretch
河流深度 river depth
河流深潭 river pool
河流生化需氧量溶解氧水质模型 biochemical oxygen demand-dissolved oxygen water quality model of river
河流生境 river habitat;stream habitat
河流生境分类 river habitat classification;stream habitat classification
河流生境质量 stream habitat quality
河流生态可持续性 ecologic(al) sustainability of river
河流生态系统 river ecosystem;stream ecosystem
河流生态系统机能 river ecosystem service;stream ecosystem service
河流生态系统可持续性 stream ecosystem sustainability
河流生态系统流程 stream ecosystem process
河流生态系统修复 stream ecosystem restoration
河流生态学 river ecology;stream ecology
河流生物 river organism
河流生物净化区 river zone
河流生物区 river biota;stream biota
河流生物群 river biota;stream biota
河流生物自净化作用 river biological self-purification
河流实验站 river experimental station
河流使用权 riparian rights
河流适宜航行的 riverworthy
河流受潮汐影响的河段 river estuary
河流疏浚 training of channel
河流疏浚船 stream dredge(r)
河流疏浚工程师 stream conservancy engineer
河流疏浚机 stream dredge(r)
河流输入 stream input
河流输沙量 river load;sediment dis-

charge of river; sediment discharge of stream; stream load
河流输沙能力 competence of river; competence of stream; stream capacity
河流输送能力 competence of stream; transportation competency of stream
河流输送岩屑能力 stream capacity
河流输运 river transport(ation)
河流数目 stream number
河流数学模型 mathematic(al) models of river; mathematic(al) models of stream
河流刷深 river degradation; degradation of river; degradation of stream; incision of river; incision of stream
河流衰减 river-die away
河流水 stream water
河流水道 stream channel
河流水电站 stream-flow plant
河流水环境容量 river water environment capacity
河流水环境系统 river water environment system
河流水库系统水质模型 water quality for river-reservoir system model
河流水力发电厂 river power plant
河流水力发电容量 power capacity of stream
河流水力发电设备 river power plant
河流水力发电站 river-run power plant
河流水力特性 stream hydraulics
河流水力学 fluvial hydraulics; river hydraulics; stream hydraulics
河流水量补给 alimentation of river
河流水流 stream flow
河流水面线 river surface profile
河流水能蕴藏量 power capacity of stream
河流水情预报 river forecast(ing); stream forecast(ing)
河流水深标尺 river ga(u)ge
河流水体复氧 aeration of river water
河流水位 river level; river stage; river water level; stage of river; stage of stream; stream level; stream stage; stream water level
河流水位变化 fluctuation of river level; river level fluctuation; stream level fluctuation
河流水位测量 stream-ga(u)ging
河流水位过程线 hydrograph of river stage; river stage hydrograph
河流水位计 fluxograph
河流水位落差 stream fall; fall of stream; river fall
河流水位仪 fluviometer
河流水位自动测录仪 fluviograph
河流水文测量记录 stream-flow record
河流水文测量站 river ga(u)ging station; stream-flow ga(u)ging station; stream-ga(u)ging station
河流水文测验 river hydrometry; stream-ga(u)ging
河流水文测站 stream gauging station
河流水文学 river hydrology
河流水文站 hydrologic(al) station of river; river station; stream-ga(u)ging station; stream measurement station; stream station
河流水污染生物学评价 biologic(al) assessment of river water pollution
河流水下穿越 underwater river crossing
河流水源 river water alimentation; river water sources; stream water sources
河流水质 river water quality; stream water quality
河流水质 BOD-DO 模型 BOD-DO water quality model of river
河流水质规范 river water quality specification
河流水质基准 river water quality criterion; stream water quality criterion
河流水质控制 river water quality control
河流水质控制模型 model of river water quality control
河流水质模拟 river water quality modeling
河流水质模拟优化设计 optimizing planning of river water quality
河流水质目标 river water quality objective
河流水质评价 river water quality assessment
河流水质(评价)模型 river water quality model
河流水质区域污水处理优化规划 optimizing planning of regional wastewater treatment for river water quality
河流水质系统评价 systematic assessment of water quality of river; systematic river water quality assessment
河流水质预报 river water quality predication; water quality prediction of river
河流水质预测 river water quality predication; water quality prediction of river
河流水中溶解氧的浓度曲线 oxygen sag curve
河流碎屑法 stream gravel method
河流碎屑岩 potamoclastic rock
河流隧道 stream tunnel
河流特性 behavio(u)r of river; character of river; river behavio(u)r; stream behavio(u)r; stream characteristic
河流特征 behavio(u)r of river; characteristics of a water-course
河流体系 fluvial system
河流天然裁湾取直 avulsive cutoff
河流调节 adjustment of river; adjustment of stream; river regulation; stream adjustment
河流调节水库 river regulating reservoir; stream regulating reservoir
河流通海地区 exorheic region
河流同化流量 stream assimilation capacity
河流同化能力 stream assimilation capacity
河流突堤 water pier
河流突栈桥 stream pier
河流推移作用 stream traction
河流脱氧率 stream deoxygenation rate
河流挖泥船 stream dredge(r)
河流挖泥机 stream dredge(r)
河流弯道 river bend
河流弯道的大湾 bend loop
河流弯道顶点 bend apex
河流弯道内湾沙洲 meander bar
河流弯道深槽 scour depression
河流弯段 stream curve
河流弯段 river bend
河流弯曲 river bend; river deflection; stream bend; stream meander
河流弯曲段 loop of river
河流弯曲化 meandering
河流弯曲区 rincon
河流弯曲系数 meander coefficient
河流蜿蜒 sinuosity
河流网 network of rivers; river net(work)
河流温水鱼类生境 river warm water dish habitat
河流稳定工程 river stabilization works
河流稳定结构 river stabilization structure
河流污染 pollution of river; pollution of stream; potamic pollution; river contamination; river pollution; stream pollution
河流污染控制 river pollution control
河流污染蔓延 polluted stretch of river
河流污染物混合长度 mixing distance of river pollutant
河流污染物混合距离 mixing distance of river pollutant
河流污染物输移 river pollutant transport
河流污染源 sources of river contaminant
河流污染源评价模型 pollution sources assessment model of river
河流污染指数 river pollution index
河流稀释效力 effect of river dilution
河流稀释效应 effect of river dilution
河流袭夺 behead(ing); beheading of river; piracy; river abstraction; river beheading; river capture; river diversion; river piracy; river robbery; stream abstraction; stream capture; stream derangement; stream diversion; stream piracy; stream robbery
河流袭夺急湾段 elbow of capture
河流系统 river system; stream system; fluvial system; drainage system <美>
河流峡谷 narrows of river
河流狭窄处 water gap
河流下切 incision of stream; stream trenching
河流下游 lower course of river; lower course of stream; lower reaches of stream; lower water course
河流下游段 lower course
河流线 streamline
河流线路 course of river
河流相 fluvial facies; fluviatile facies; river facies
河流消失 river ending
河流协会 river association; stream association
河流挟带的泥沙 stream-borne material; stream-borne sediment; fluvial sediment; sediment load
河流挟带物 river-borne material; stream-borne material
河流挟带物含量 river load; stream load
河流挟沙 <又称河流挟砂> load sediment entrainment of river; river-borne material; river load; stream-borne sediment; stream load; burden of river drift
河流挟砂量 nature load; sediment yield; burden of river drift
河流挟沙能力 capacity of stream; competence of river; sediment-carrying capacity of river; silt-carrying capacity of river
河流挟运作用 stream traction
河流泄水能力 capacity of stream
河流形态学 fluvial morphology; fluviomorphology; morphology of river; river morphology; stream morphology
河流形状 stream form; river pattern
河流性质 streamhood
河流性状 behavio(u)r of river
河流序列 river succession
河流悬浮物质 river suspended drift; stream suspended drift
河流学 fluviology; potamology; rheology; river science
河流学的 potamologic
河流学者 potamologist
河流演变 dynamics of stream
河流演化 river development; stream development
河流堰塞 damming of stream
河流堰塞湖 fluviatile dam lake
河流氧化性渣 stream oxygen slag
河流溢洪道截面 river overflow (spill) way section
河流引水管道 piping of river
河流引水口 stream inlet
河流引水式水力发电厂 diversion type river power plant
河流营运条件 river operation condition
河流由于盐的电渗析而枯竭 dialysate
河流淤积 river aggradation; river deposit; stream aggradation
河流淤积沙洲 river bar
河流淤沙 river silting
河流与河谷不相称的河 misfit river
河流预测 river forecast(ing); stream forecast(ing)
河流源头 headwater; river head; river source; stream head
河流运输 river transport(ation); stream traffic
河流运输能力 transport capacity of stream
河流再曝气 stream reaeration
河流再生 river revitalization
河流造床过程 riverbed process
河流闸坝设施 riverine lock-and-dam installation
河流涨水 river rise; stream rise
河流障碍 snagging of river
河流蒸发面积 area of stream evapo(u)ration
河流整直 river straightening
河流整治 adjustment of river; adjustment of stream; correction of river; correction of stream; improvement of stream; regulation of river; regulation of stream; river improvement; river rectification; stream improvement (rectification); stream training; water course modification
河流整治工程 adjustment works of stream; river training works; stream control works; stream regulation of works; river rectification works
河流整治设施 stream control works
河流支流 river branch; stream bifurcation; tributary
河流直段 stream reach
河流直段落 straight reach
河流志 cadaster[cadastre]; water cadaster
河流治导 improvement of river; improvement of stream; river control; river training
河流治导线 regulation line
河流治理 river control; river harnessing; river improvement
河流质量 river quality; stream quality
河流质量判断 stream criterion
河流中部 mid-channel
河流中泓 channel line; meadstream; stream centre line[center line]
河流中心 axis of channel; midstream
河流中的潜堰群 ground sills
河流中的沙埂 sandbar
河流中间 mid-channel

河流中可涉水而过的浅处 ford
河流中流冰堆积 embacle
河流中浅滩急流 ripple
河流中天然阻水斜槛 sloping sill
河流中心线 midstream; river axis; river center[centre] line; stream axis; stream center [centre] line; thread of stream
河流中央的航线 middle course
河流中氧的平衡 stream's oxygen economy
河流中游 mid-river
河流中游段 middle course
河流中值流量 median stream flow
河流终止 river ending
河流重金属模型 heavy metal model of river
河流轴线 axis of river; axis of stream; river axis; stream axis
河流逐渐变宽 progressive widening of a river; progressive widening of a stream
河流逐渐变窄 progressive narrowing of a river; progressive narrowing of a stream
河流逐渐收缩 gradual contraction
河流主道 main stem
河流主溜线 thread of stream
河流转向 river diversion; river inversion; stream diversion
河流转向点 point of inflection
河流转折点 stream point; stream point river point
河流状况 channel regime(n); regime(n) of river; regime(n) of stream; river regime (n); stream regime(n); fluvial regime(n)
河流状态 riverhood; streamhood
河流锥形合流处 tapered junction
河流自动调整 self-adjustment of river
河流自净机理 mechanism; river self-purification mechanism; stream self-purification
河流自净能力 self-purification ability of stream; stream's self-purification
河流自净作用 river self-purification; self-purification of river; self-purification of stream; stream self-purification
河流自净(作用的)限度 limitation to stream's self-purification
河流总输沙量 total stream load
河流纵剖面(图) longitudinal profile of river; river profile; stream profile
河流最大比降 maximum gradient of river
河流最大流量 maximum stream flow
河流最低侵蚀面 base level of stream
河流最小比降 minimum gradient of river
河流作用 fluvial action; fluviation; river action; stream action
河柳 river willow
河鲈 Perca fluviatilis
河陆栖 fluvioterrestrial
河卵石 alluvial gravel; bank (-run) gravel; river gravel; run-of-bank gravel; river run gravel
河马 hippopotamus
河码头 gha(u)t
河鳗 river eel
河漫湖泊 flood plain lake
河漫湖泊沉积 flood plain lake deposit
河漫湖泊相 flood plain lake facies
河漫滩 alluvial flat; bet; bottom land; first bottom; flood bed; flood plain; high water (river) bed; land batture; overbank; overbank flood plain; river flood plain; sediment bar; valley flat; wash (ing) land; washland
河漫滩沉积(物) flood plain sediment; overbank deposit
河漫滩地 flood land
河漫滩地形 flood plain landform
河漫滩二元结构 dual texture of flood plain
河漫滩高度类型 type of flood plain elevation
河漫滩河谷 flood plain valley
河漫滩厚度 flood plain thickness
河漫滩湖 flood plain lake
河漫滩阶地 flood plain terrace
河漫滩结构 flood plain texture
河漫滩决口扇 flood plain splay; channel splay
河漫滩相 flood plain facies; valley flat facies
河漫滩形态 flood plain shape
河漫滩淤积 flood plain accretion
河漫滩沼泽 back marsh; backswamp
河漫滩整理 flood plain regulation
河漫滩整治 flood plain regulation
河漫沼泽 flood plain marsh
河漫沼泽沉积 flood plain marsh deposit
河漫沼泽相 flood plain marsh facies
河貌(学) fluvial morphology; fluviomorphology; river morphology; stream morphology
河面比降 surface gradient; river surface gradient; river surface slope
河面抄平 river level(l)ing
河面高程 river level
河面降水 channel interception; channel precipitation
河面漂浮物 river drift
河面坡度 river gradient; river slope; stream slope
河面水温 river surface temperature
河面梯度 river surface gradient; river surface slope
河内 <越南首都> Hanoi
河泥 canal mud; fluvial mud; river mud; river silt
河泥进口 river intake
河泥侵蚀 erosion of streams
河泥浴 slime bath
河鸟 river bird; water ouzel
河畔 riverside; water edge; waterside
河畔车站 riverside station
河旁 riverside
河旁低地 holm(e)
河坡砂 river terrace sand
河墙 <城市河堤内脚的挡土墙> river wall
河切阶地 river cut terrace; stream cut terrace
河情记录 river record
河情预报 river forecast(ing)
河区 reach of river; reach of stream; river reach; stream reach
河曲 bend; bend in river; bend of river; curves in river; meander(bend); meandering; river bend
河曲凹岸 outer bank
河曲变缓 bend flattening
河曲裁弯取直 meander cutoff
河曲侧移 swinging of meander
河曲长度 meander length
河曲带 flood plain lobe; meander belt
河曲带长度 meander length
河曲的淤长沙[砂]嘴 accretionary meander
河曲的淤积侧 sediment-depositing side of bend
河曲地带 meander belt
河曲几何形状 geometry of meander
河曲宽度 meander width
河曲理论 meander theory
河曲(内侧)坝 meander bar
河曲平面形态 meander platform
河曲蠕动 meander wriggling
河曲凸岸 sediment-depositing side of bend
河曲凸岸淤长的沙嘴 accretionary meander point
河曲系统 meander system
河曲淤积面 sediment-depositing side of bend
河曲转移 meander migration
河渠地下水运动公式 movement formula of groundwater in river-canal
河渠断面测流法 section discharge determination in rivers and canals
河渠防渗 seepage prevention of river and ditch
河渠交汇段整治 regulation of river confluence section; river-crossing regulation
河渠扩展淤积 alluvial splay; alluvium splay
河渠渗漏量公式 seepage discharge formula in river and canal
河渠疏浚工程 channel dredging works
河渠疏浚(工作) channel dredging
河渠束狭 channel restriction
河渠水面降水 channel precipitation
河渠水位变化条件 change condition of water level in rivers and canals
河渠水位等速升降 water-level rising or falling at same velocity in rivers and canals
河渠水位突然变化 sudden change of water level in rivers and canals
河渠弯道 ancon(e); canal curve
河沙 <又称河砂> fluvial sand; bank-run sand; bank-run sand; bank sand; bed material; river sand; stream sand
河沙河港法 Riversand Harbo(u)r Act
河沙流 river drift
河沙锡 stream tin
河沙运输 transportation of sediments
河沙洲 river bar
河上交通 riverine traffic; rivers board
河上桥梁 stream bridge
河上取水口 river intake
河上水库 on river storage; on-stream storage
河生浮游生物 rheoplankton
河生植物 rheophyte
河石 river stone
河蚀旋回 fluvial cycle of erosion; fluviatile cycle of erosion
河蚀周期 cycle of river erosion
河势 fluvial regime(n); river regime(n); stream regime(n)
河首 <非雨季时常干的> wadi
河鼠 water vole
河水 aqua fluvalis; stream water; river water
河水暴涨 flash flood; flashing; freshet
河水补给 alimentation of river; alimentation of stream; feeding of a river; river water alimentation
河水补给来源 recharge sources of river
河水采样 river flow sampling; river water sampling; sampling of river water; stream-flow sampling
河水沉积物 fluvial sediment
河水澄清池 river clarifying basin
河水澄清剂 intra-channel clarifier
河水处理 river water treatment
河水从地下涌出地 wellhead
河水倒流 river inversion
河水毒物指数 toxicological index of river water
河水毒性分析 stream toxic analysis
河水夺流 river capture; rob
河水泛滥 fluvial current; river flooding; river outflow; river overflow
河水浮游生物 river plankton
河水复氧 in-stream aeration; river aeration; stream aeration
河水复氧技术 river aeration technology
河水灌溉 river water irrigation; surface water irrigation
河水含磷浓度 in-stream phosphorus concentration
河水含氯浓度 stream chloride concentration
河水含沙量 load-discharge of river
河水湖泊底栖生物 potamogenic and lacustrine benthon
河水化学性质 stream chemistry behavio(u)r; stream water chemistry
河水汇流 river confluence
河水碱性阳离子 stream base cation
河水进口 river water intake
河水净化 river water purification; stream purification; stream water purification
河水亏耗 river flow depletion; streamflow depletion
河水离子化学性质 stream water ion chemistry
河水流 fluvial current; river water
河水流量 river discharge; stream water discharge; volume of streamflow
河水流量测量 flow survey of river
河水流量过程曲线 curve of river flow
河水流量减小值 decrease of river flow
河水流入量 river inflow
河水流走的一片高地 a stretch of high land from which water drains
河水漏失量 quantity of river leakage
河水猛涨 spate; spate flow
河水侵蚀 erosion of river; erosion of streams
河水取水方案 river water scheme
河水取水工程 river water scheme
河水取水规划 river water scheme
河水取水计划 river water scheme
河水取水口 river intake
河水溶解氧浓度 in-stream dissolved oxygen concentration
河水入流 river water inflow
河水入渗灌注 seepage recharge of stream
河水上涨 eager [eagre]; river rise; stream rise
河水渗漏 river leakage
河水渗漏补给 recharge by seepage fo stream
河水生物净化 biologic(al) purification of river
河水水质变化曲线 curve of river quality change
河水水质监测仪 river water quality monitor
河水酸化 stream acidification
河水随带的 river-borne; stream-borne
河水同位素成分 river water isotopic composition
河水未受污染可作为饮用水源的河流 clean river
河水位 river level; river stage; river water table
河水温度 river water temperature; stream water temperature
河水温度模型 temperature model of

river water
河水温度状况 stream thermal regime
河水紊动 river turbulence; stream turbulence
河水污染跟踪 river water pollution tracing
河水污染生物评价 biologic(al) assessment of river water pollution; biologic(al) evaluation of river water pollution
河水污染物扩散稀释 diffusion and dilution of pollutant in river
河水污染烟羽 river water plume
河水样本 stream water sample
河水涨落 river breathing; river stage fluctuation
河水蒸发损失 riparian water loss
河水质量 quality of river water
河水中生物 river life
河水转向 river inversion
河水浊度 stream turbidity
河水自净限度 limitation to stream's self-purification
河水组成 composition of river water
河水组分 composition of river water
河所有者 riparian
河态学 river morphology
河滩 beach strand; bottom land; overbank; plav; river flat; stream flat
河滩地 batture; beach area; bottom land; flood bed; overflow land; river flood plain; flood land
河滩堆积 alluvium accumulation
河滩高地 <洪水时淹没的> land batture; batture
河滩阶地 bench land; terrace by the river
河滩金砂矿开采法 bar mining
河滩砾石 bank-run gravel; bar gravel; bench gravel
河滩林 riverine forest
河滩区域 overbank area
河滩砂石 bank-run; bar gravel
河滩缩窄 overbank contraction
河滩压缩 overbank contraction
河滩淤积 alluvial splay; channel splay
河滩造田 reclaim flood land and plant it to crops
河滩沼地 bottom glade
河滩沼泽 fluvial bog
河滩沼泽地(平原) river flood plain
河滩植物 bank flora
河滩最低部分 back marsh; backswamp
河塘 channel pan; channel pond; channel pool
河套裁弯 meander loop cut-off
河豚 globefish; puffer fish
河豚毒 globefish toxin
河豚毒素 tetrodotoxin
河豚中毒 tetrodon poisoning
河外射电源 <银河系以外的> extragalactic radio source
河外水库 off-channel reservoir
河外系统 extragalactic system
河外蓄水 off-river impoundment; off-river storage; off-stream impoundment; off-stream storage
河湾 bay; embayment; stream port; bend in river; curve in river; river bend; river meander; stream meander
河湾边墙 bay wall
河湾变形 meander deformation
河湾裁直 river bend cutoff
河湾侧移 swinging of meander
河湾长度 meander length
河湾处水流 flow in bends
河湾顶点 apex of bend; bend summit; summit of bend
河湾幅度 meander amplitude
河湾钩形物 hook
河湾间短浅河道 cross-over
河湾间河段 bendway
河湾颈 meander neck
河湾宽度 meander width
河湾内岸 inside bend
河湾迁移 meander migration
河湾曲率 bend curvature
河湾洼地 bottom land
河湾外岸 outside bend
河湾下移 sweeping of meander; swing of meander
河湾形式 meander pattern
河湾养殖 cove culture
河湾移动 migration of meander
河湾游荡 meander migration
河湾最佳半径 optimum bend radius
河网 channel net; anastomosing river; anastomosis[复 anastomoses]; drainage channel; drainage net(work); drainage scheme; drainage system; hydrographic(al) net(work); river net(work); river system; stream net(work); stream system
河网测量 riverain survey; river survey(ing); stream survey(ing)
河网长度 mesh length of river
河网动态水环境容量 dynamic(al) water environmental capacity of river network
河网分布型式 drainage distribution pattern
河网化 canalization; channelization
河网类型 channel pattern; pattern of river network; stream drainage pattern
河网密度 <单位流域面积内的河道长度> drainage density; channel density; river density; stream density; stream frequency
河网平原 river plain
河网疏密度 texture of drainage network
河网水质模型 river network water quality model; water quality model of river network
河网图 drainage map; hydrographic(al) map
河网形式 pattern of river network
河网型式 drainage pattern
河网蓄水 water storage in channel network
河网站网 water reticulation network
河网总长度 total channel length
河网总入流量 total inflow of river network
河西构造体系 Hexi tectonics system
河西走廊地震构造带 Hexi-Corridor seismotectonic zone
河西走廊山前拗陷 Hexi-Corridor depression in front mountains
河系 hydrographic(al) net(work); river system; stream system; water system
河系调查 river system survey
河系形态 morphology of river system
河系型式 river system pattern
河系走向 trend of river system
河蚬 Asiatic clam; Corbicula fluminea
河相 channel morphology; hydraulic geometry; river facies
河相冲积 fluvial outwash
河相关系 channel morphology; regime(n) relationship; river facies relation
河相关系式 regime(n) equation; regime(n) formula; regime(n) relation(ship) formula
河相学 channel morphology; fluviomorphology
河心 river center[centre]
河心岛 ait; branch island; holm(e); river island
河心航道 midstream channel
河心沙洲 chur; diara; mid-channel bar
河心(水面)比降测量 mid-channel surface slope measurement
河心滩 channel bar
河心小岛 eyot
河型 river pattern; stream form
河型变化 change of river pattern; river metamorphosis
河型发育 development of river pattern
河型转化 transformation of river pattern
河性 character of river; fluvial regime(n); regime(n) of river; regime(n) of stream; river behavio(u)r; river regime(n); stream regime(n)
河性理论 regime(n) theory
河性数据 regime(n) data
河性数值 regime(n) value
河性系数 coefficient of(river) regime(n); coefficient of stream regime(n)
河岩冲积堤 levee
河演基本规律 basic laws of river channel evolution; basic regularity of channel evolution
河右岸 right bank
河域 river basin
河源 blaenau[复 blaen]; fontein; head land; head of a river; head of water; headwater(of stream); river head; river source; source of river; stream head; water head; river head
河源地 head pool
河源地区 headwaters area; stream source area
河源调查 headwater survey
河源段 head river; head stream; headwater
河源高程 altitude of source
河源谷地 dell
河源区 head reach; headwater region
河源(森)林 headwater forest
河源头 head waters of river; headwater
河源物质 river-borne substance
河源亚砂土 riverhead sandy loam
河运 inland navigation; river navigation; river transport(ation); stream transport(ation); waterway traffic; waterway transportation
河运运量 freight volume of waterway transportation; waterway traffic
河闸 bank sluice
河中标柱 boom
河中泊位 river berth; stream berth
河中船闸 river lock
河中的 riverine
河中间沙洲 mid-channel bar
河中拦鱼栅栏 kiddle
河中漂流物 river drift
河中潜滩浮标 middle ground buoy
河中潜滩航标 middle ground mark
河中潜洲 middle ground shoal; river bar; stream bar
河中浅滩 middle ground
河中取水口 river intake
河中沙丘 hurst
河中沙滩 mid-channel bar
河中沙洲 middle ground; middle shoal
河中沙洲航标 middle ground mark
河中踏脚石 clochan[cloghan]
河中滩地 washland
河中小岛 ait; river islet; stream islet; river island
河中小堰 burrock
河中悬浮物 river suspended drift
河中圆砾 river gravel
河中杂草 riverweed
河洲 ait; batture; eyot
河洲地 batture land
河状 regime(n) of river; river regime(n)
河状条纹 river marking

核

核 germ; nucleator; nucleus[复 nuclei/nucleuses]
核安全标准 nuclear safety criterion
核安全分析 nuclear safety analysis
核安全线 nuclear safety line
核安全性 nuclear safety
核板 nuclear disk[disc]; nuclear plate
核半径 nuclear radius
核包涵体 nuclear inclusion body
核保 underwriting
核爆炸 nuclear blast; nuclear burst; nuclear detonation; nuclear explosion
核爆炸产生的地下水 nuclear explosion for groundwater
核爆炸冲击伤 nuclear blast injury
核爆炸刺激 nuclear explosion stimulation
核爆炸地震学 nuclear explosion seismology
核爆炸复合伤 nuclear blast combined injury
核爆炸工程 nuclear explosion engineering
核爆炸检测台阵 nuclear detection array
核爆炸散落物 fallout from nuclear explosion
核爆炸污染 nuclear explosion pollution
核爆炸物 nuclear explosive
核变性 nuclear degeneration
核表面张力 nuclear surface tension
核不稳定性 nuclear instability
核部地层 strata in fold core
核材料热动力学 thermodynamics of nuclear materials
核参数 nuclear parameters
核测井曲线图 nuclear log cure plot
核测井仪 nuclear logging instrument
核测密实度 nuclear density
核测试技术 nuclear measuring technique
核层 stratum nucleare
核查手段 means of verification
核查一览表 check list
核查用试样 witness sample
核查制度 system of verification
核场 nuclear field
核超对称性 nuclear supersymmetry
核尘 nuclear dust
核弛豫 nuclear relaxation
核尺寸 nuclear size
核冲击波 nuclear shockwave
核冲压式空气喷气发动机 nuclear ramjet engine
核纯 radiopurity
核磁测井 nuclear magnetic logging; nuclear magnetism logging
核磁测井记录 nuclear magnetism log
核磁测井曲线 nuclear magnetism log curve
核磁测井仪 nuclear magnetic logger
核磁共振 nuclear magnetic resonance
核磁共振波谱法 nuclear magnetic

resonance spectroscopy
核磁共振波谱仪 nuclear magnetic resonance spectrometer
核磁共振测温法 nuclear magnetic resonance thermometry
核磁共振谱 nuclear magnetic relaxation spectrum; nuclear magnetic resonance spectrum
核磁共振谱法 nuclear resonance spectroscopy
核磁共振谱图 nuclear magnetic resonance spectrogram
核磁共振陀螺 nuclear magnetic resonance gyro
核磁共振效应 effect of nuclear magnetic resonance
核磁化 nuclear magnetisation
核磁记录 nuclear magnetic logging
核磁矩 nuclear magnetic moment
核磁距 nuclear magnetic distance
核磁流体电站 nuclear magnetic hydrodynamic(al) plant
核磁强计 nuclear magnetometer
核磁性 nuclear magnetism
核磁学 nuclear magnetism
核磁豫弛流量计 nuclear magnetic relaxation flowmeter
核磁子 nuclear magneton
核粗粒体 macrosome;megasome
核带 nucleus band
核袋纤维 nuclear bag fiber[fibre]
核的 nuclear
核的势散射 nuclear potential scattering
核的液滴模型 drop model of nucleus;liquid drop model of nucleus
核地球化学 nuclear geochemistry
核地球物理学 nuclear geophysics
核点 core point;epipolar point;kernel point;nucleolinus
核电厂装卸料机 refueling machine of nuclear power plant
核电池 atomic battery; nuclear battery;radioisotope battery;radioisotopic generator
核电发电机 nuclear power generator
核电合营公司 nuclear power joint corporation
核电荷分布 nuclear charge distribution
核电荷屏蔽 shielding of nuclear charge
核电力 nuclear power
核电力工业 atomic engineering; nuclear generated power
核电四极矩 nuclear electric(al) quadrupole
核电推进装置 nuclear electric(al) propulsion
核电站 atomic electric(al) plant; nuclear fueled plant;nuclear plant;nuclear power plant;nuclear station
核电站挡板 atomic energy valve
核电站工程地质勘察 engineering geologic(al) investigation of nuclear power station
核电站滑板 atomic energy valve
核电站基本建设环境保护管理法规 regulations on administration for environmental protection of capital construction of nuclear power plant
核电站网络 nuclear grid
核定的要车计划 approved wagon requisition plan
核定的最大供水量 authorized full supply
核定定额 approved norm
核定概算 approved estimate
核定股份 authorized shares; authorized stock
核定股票 authorized shares
核定计划 approved program(me)
核定价格 authorized price;authorized rate
核定价值 authorized value
核定试验 approval test
核定投资 approved investment
核定投资额 capitalized cost; capitalized value
核定投资总额 approved investment; authorized investment; capitalized total cost
核定限额 authorized limit
核定预算 adap(ta)tion of the budget; adoption of the budget; approved budget;final budget
核定资本 assessing capital;authorized capital
核定资本值 capitalized value
核定资本值本值 capitalized total cost
核定资金 approved capital
核冬天 nuclear winter
核动力 atomic power; nuclear power;nuclear propulsion
核动力船 atomic-powered ship; nuclear propelled ship;nuclear ship
核动力船安全规则 nuclear ship regulation
核动力船安全委员会 Committee of Safety of Nuclear powered Ship
核动力船安全证明书 nuclear ship certificate
核动力船舶 atomic-powered ship
核动力的 atomic-powered; nuclear powered
核动力发电机 nuclear generator
核动力反应堆 nuclear powered reactor;power producer
核动力工程学 engineering of nuclear power
核动力工业 nuclear power industry
核动力工艺学 nuclear power technology
核动力光源 nuclear powered light source
核动力航空母舰 atomic aircraft carrier;nuclear powered aircraft carrier
核动力机车 nuclear-powered locomotive
核动力舰船 nuclear ship
核动力经济学 nuclear power economics
核动力科学 science of nuclear power
核动力破冰船 nuclear powered icebreaker
核动力潜水艇 nuclear powered submarine
核动力潜水油轮 nuclear powered submarine tanker
核动力燃气轮机 nuclear powered gas turbine
核动力推进器 nuclear powered propulsion;nuclear propeller[propellor]
核动力往复式发动机 nuclear powered reciprocating engine
核动力学 nuclear dynamics
核动力鱼雷攻击潜艇 nuclear powered attack submarine
核动力装置 nuclear power plant; nuclear power unit
核动力装置燃料棒 fuel rod in nuclear power plant
核动力综合企业 nuplex
核毒物 nuclear poison
核堆 nuclear pile
核对 checking; check up; collation; match(ing);nuclear pair;reconciliation; verification; verify; cross-check
核对表 check list
核对尺寸 checking of dimensions
核对船舶线型图 snubbing
核对存货 check the stock
核对单 check list
核对单位 verified unit
核对断电器 check relay
核对多项式 check polynomial
核对发票 checking of invoice;invoice checking
核对方式 verification mode
核对符号 check character; check mark
核对工会授权卡 cross check
核对过行李 check-through baggage
核对过账 checking posting
核对过账数 check figures in posting
核对货运单 waybill checking
核对(基准)点 checkpoint
核对计算 check calculation
核对检验 check test
核对校准点 checkpoint
核对结果 check result
核对路程单 waybill checking
核对明细分类账 prove the subsidiary ledger
核对器 verifier
核对清单 check list; verify a statement
核对区 control plot
核对试栏 control specimen
核对试验 check experiment; check test
核对试样 check sample;check specimen
核对收报机 supervisor
核对收账申请单 check credit requisition
核对手续 checking procedure
核对数字 check digit;check figure
核对位 check digit
核对位置 referencing
核对无误 verified correct
核对无误图章 confirmation stamp
核对信号 checking signal
核对序列 collating sequence
核对样品 control sample
核对余额 verification of balance
核对预测 verification of forecast
核对员 verifier
核对账目 checking account; verification of accounts
核对重量 checking of weight
核多项式 kernel polynomial
核发电厂 nuclear power plant
核发电站 nuclear power station
核发动机 atomic propulsion nuclear engine;nuclear engine
核发光灯 nuclear luminescent lamp
核发射 nuclear emission
核反冲法 method of nuclear recoil
核反应 nuclear reaction
核反应产物 nuclear reaction product
核反应动力学 nuclear reaction kinetics
核反应堆 atomic furnace;atomic pile; atomic reactor; fission reactor; nuclear pile;nuclear reactor;pile
核反应堆测量仪表 nuclear reactor instrumentation
核反应堆动力学 nuclear reactor kinetics
核反应堆防护外壳 nuclear reactor container; nuclear reactor containment
核反应堆废物 nuclear pile wastes; nuclear reactor wastes
核反应堆废液 liquid waste from nuclear reactor
核反应堆工程学 nuclear reactor engineering
核反应堆工艺学 pile technology
核反应堆技术 nuclear reactor technology
核反应堆事故 nuclear reactor accident
核反应堆陶瓷 nuclear reactor ceramics
核反应堆物理学 nuclear reactor physics
核反应堆冶金学 nuclear reactor metallurgy
核反应方程 nuclear equation
核反应分析 nuclear reaction analysis
核反应光学模型 optic(al) model of nuclear reaction
核反应激发曲线 nuclear reaction excitation curve
核反应控制系统 nucleus reaction control system
核反应粒子分析器 nuclear reaction particle analyser[analyzer]
核反应模型 nuclear reaction model
核反应能 nuclear reaction energy;nuclear reactor energy
核反应能量值 values of nuclear reaction energy;Q-value
核反应能谱学 nuclear reaction spectroscopy
核反应时标 nuclear time scale
核范式 kernel normal form
核方式 kernel mode
核防护屏 nuclear shield
核放射化学 nuclear radiation chemistry
核放射型辐照 atomic irradiation
核放射性 nuclear activity
核废料 nuclear waste
核废料处理 nuclear waste disposal
核废料运载车 wagon for the transport of spent nuclear fuel
核废物 nuclear waste
核废物处理 nuclear waste disposal
核分裂 atomic disintegration; fission action; nuclear disintegration; nuclear division;nuclear fission
核分裂发热量测量卡计 nuclear fission calorimeter
核分裂能 mitotic activity
核分裂期 karyokinetic phase
核分裂性物质 fissionable material
核俘获 nuclear capture
核辐射 nuclear radiation
核辐射安全 nuclear radiation safety
核辐射测定器 radiacmeter
核辐射防护 nuclear radiation protection
核辐射环境 nuclear radiation environment
核辐射计数管 nucleus counter
核辐射计数器 nuclear counter
核辐射谱 nuclear spectrum
核辐射谱学 nuclear radiation spectroscopy
核辐射试验 nuclear radiation test
核辐射损伤 nuclear radiation injury
核辐射探测器 nuclear radiation detector
核辐射物理学 nuclear radiation physics
核辐射物位测量仪表 nuclear radiation level measuring instrument
核辐效应 nuclear radiation effect
核辅助电力系统 system for nuclear auxiliary power
核辅助动力系统 system for nuclear auxiliary power
核付程序 vouching procedure
核付员 approved officer
核副反应 primary interference; primary interfering reaction

核伽马射线共振吸收 nuclear gammaray resonance adsorption
核感应 nuclear induction
核工厂 nuclear plant
核工程 nuclear engineering
核工业 nuclear industry
核工业部地质遥感应用中心 Centre for Geologic (al) Remote Sensing Applications, the Ministry of Nuclear Industry
核工业废水 nuclear industry waste (water)
核工艺学 atomics
核攻击潜艇 nuclear attack submarine
核供热堆 heat reactor
核供热系统 nuclear heating system
核共振 nuclear resonance
核共振荧光 nuclear fluorescence;nuclear resonance fluorescence
核估计量 kernel estimator
核骨 bony nodule
核冠 nuclear cap
核管制委员会 <美> Nuclear Regulatory Commission
核光电效应 nuclear photoelectric(al) effect
核光效应 nuclear photoeffect
核光子法 nuclear photon method
核锅炉 nuclear boiler; nuclear fuelled-boiler
核过程 nuclear process
核过热 nuclear superheating
核函数 kernel function
核轰击 nuclear bombardment
核化 coring;nucleation
核化剂 nuclear agent
核化剂阶段 nucleation stage
核化学 nuclear chemistry
核化学反应的 chemonuclear
核环体 perinuclear body
核回旋器 nuclear gyroscope
核回转磁比 nuclear gyromagnetic ratio
核活动 nuclear activity
核活化分析 nuclear activation analysis
核机械矩 nuclear mechanical moment
核基态 nuclear ground state
核激发地热电站 nuclear stimulated geothermal power plant
核激发地热井 nuclear stimulated geothermal well
核激发法地热开发 nuclear stimulated geothermal development
核激发曲线 nuclear excitation curve
核极化 nuclear polarization
核集装箱船 nuclear container ship
核几何截面 nuclear geometric (al) cross-section
核计 assess;calculate
核计成本 assess the cost
核纪年法 nucleocosmochronology
核技术 nuclear engineering
核技术分析化学 analytic (al) chemistry in nuclear technology
核技术找水方法 method of nuclear technology seeking water
核加速器 nuclear accelerator
核间的 internuclear
核间互作用势 internuclear potential
核间距 nuclear separation
核间距离 internuclear distance
核间双共振法 nuclear double resonance method
核检测台阵 nuclear detection array
核检测仪表 nuclear instrumentation
核角动量 nuclear angular momentum
核接 stone grafting
核结构 nuclear structure
核结构物理学 nuclear structure physics
核结构学 nuclear structurology
核结合能 nuclear binding energy
核晶作用 nucleaction
核径迹 nuclear track
核径迹乳胶 nuclear track emulsion
核矩 core moment;nuclear moment
核聚变 atomic fusion;nuclear fusion
核聚变反应 nuclear fusion reaction
核聚变反应堆 fusion reactor;nuclear fusion reactor
核聚变温度 fusion point
核聚变物理学 nuclear fusion physics
核聚度 nuclear fusion
核科学 nuclear science
核壳层结构 nuclear shell structure
核壳结构 core-shell structure
核壳聚合物 core-shell polymer
核壳颗粒乳液 core-shell emulsion particle
核孔过滤器 nuclepore filter
核孔滤膜 nuclepore filter
核库 verify the turnover of materials stored
核扩散 atomic scattering; nuclear proliferation;nuclei diffusion
核冷却 nuclear cooling
核力 nuclear force;nuclear potential
核力参数 nuclear force parameter
核力范围 range of nuclear force
核力函数 nuclear force function
核力力程 range of unclear force
核联合 nuclear association
核链式反应 nuclear chain reaction
核链纤维 nuclear chain fiber
核裂变 nuclear fission;nuclear fissure nuclear fission
核裂变反应堆 fission-type reactor
核裂产物 nuclear fission product;fission product
核磷铝石 evansite
核幔结构 core and mantle texture
核幔界面 mantle-core boundary
核密度 nuclear density
核密度计 nuclear densometer
核密度仪 nuclear density probe
核面 basal plane;epipolar plane
核面几何学 epipolar geometry
核面几何原理 epipolar geometric (al) principle
核模型 nuclear mode
核膜 karyolemma; karyotheca; nuclear envelop;nuclear membrane
核膜孔 nuclear pore
核内的 intranuclear
核内晶体 intranuclear crystal
核内力 intranuclear force
核内能 intranuclear energy
核内体 endosome
核能 atomic energy;nuclear energy
核能的环境管理 environmental management of nuclear energy
核能电池 atomic battery
核能电站 nuclear power station
核能发电 nuclear electric (al) power generation; nuclear energy power generation
核能发电厂 <美> nuke
核能发电站 atomic power station;nuclear energy plant
核能供暖 nuclear heating
核能货船安全证书 nuclear cargo ship safety certificate
核能级 nuclear energy level
核能级间距 nuclear level spacing
核能级密度 nuclear level density
核能建筑物 nuclear energy structure
核能金属 nuclear energy metal
核能科学家和工程师协会 Society of Nuclear Scientists and Engineers
核能客船安全证书 nuclear passenger ship safety certificate
核能利用 nuclear energy use
核能面 nuclear energy surface
核能谱 nuclear spectrum
核能燃气透平 nuclear gas turbine
核能熔化 nuclear energy fusion
核能特征 characteristics of nuclear energy
核能透平 nuclear turbine
核能透平喷气发动机 nuclear turbojet
核能涡轮机 nuclear turbine
核能涡轮机喷气发动机 nuclear turbo-jet
核能涡轮喷气动力装置 nuclear turbojet power plant
核能吸收 nuclear energy absorption
核能研究局 <美> Nuclear Energy Research Bureau
核能源 nuclear energy source
核能种类 kinds of nuclear energy
核能装置 nuclear energy plant
核能资源 nuclear energy resources
核年代测定(法) nuclear age determination
核浓缩 karyopycnosis
核偶 nuclear pair
核排斥 nuclear repulsion
核盘 nuclear disk[disc]
核盘菌属 <拉> Sclerotinia
核膨胀 swelling of nucleus
核碰撞 nuclear collision
核屏蔽 nuclear shielding;screening of nucleus;shielding of nucleus
核屏蔽常数 nuclear screening constant
核屏蔽混凝土 nuclear shielding concrete
核破坏的责任 liability for nuclear damages
核破裂 karyoclasis
核气象学 nuclear meteorology
核气压计 nuclear barometer
核潜艇 atomic submarine; nuclear powered submarine
核球 bulge;karyosphere
核球 X 射线源 bulge X-ray source
核区 nuclear area
核去磁 nuclear demagnetization
核群 nuclear colony
核燃料 atomic fuel; fissile material; fission(able)(nuclear) fuel;nuclear fuel;reactor fuel
核燃料处理 nuclear fuel processing
核燃料磁流体发电 nuclear fuel magnetohydrodynamic (al) power generation
核燃料的覆面材料 canning material
核燃料的临界量 nuclear critical mass
核燃料发电 nuclear-fueled electric energy
核燃料工业 nuclear fuel industry
核燃料后处理 nuclear fuel aftertreatment;nuclear fuel reprocessing
核燃料后处理分析 nuclear fuel reprocessing analysis
核燃料后处理工厂 nuclear fuel reprocessing plant
核燃料后处理工程 engineering for nuclear fuel reprocessing
核燃料回收分析化学 analytic (al) chemistry in nuclear fuel reprocessing
核燃料烧耗测定 burn-up determination of nuclear fuel
核燃料陶瓷 nuclear fuel ceramics
核燃料现况及预测 nuclear fuel status and forecast
核燃料芯块 fuel ball; nuclear fuel pebble;nuclear fuel pellet;reactor fuel pellet
核燃料循环 nuclear fuel cycle
核燃料元素 nuclear fuel element
核燃料再处理 nuclear fuel reprocessing
核燃料制造厂 nuclear fuel fabrication plant
核燃料中毒 denaturation of nuclear fuel
核燃料装运罐 fuel coffin
核燃料状态 nuclear fuel form
核燃烧 nuclear burning
核热 atomic heat;nuclear heat
核热泵浦 nuclear heat pumping
核热电站 nuclear power station
核热离子学 nuclear thermionics
核热力学 nuclear thermodynamics; thermodynamics of the nucleus
核热能供暖 nuclear heating
核仁 nucleolus
核溶解 caryolysis[karyolysis];nuclear solution
核熔融反应 nuclear fusion
核融合 karyogamy
核乳剂 nuclear emulsion
核乳胶 nuclear emulsion
核乳胶片 nuclear emulsion film
核乳胶探测器 nuclear emulsion detector
核塞曼效应 nuclear Zeeman effect
核三极探测器 nuclear triode detector
核散落物 nuclear fallout
核散射 nuclear scattering
核散射截面 nuclear scattering cross-section
核色散 nuclear dispersion
核杀菌素 nucleocidin
核伤害 nuclear hazard
核设备 nuclear device
核设施 nuclear facility;nuclear installation
核生态学 nuclear ecology
核石墨 nuclear graphite
核实 verification;verify;cross-check
核实的数字 verified figure
核实规范说明方式 validation specification mode
核实框 confirming box
核实现 core realization
核实性测量 confirmatory measurement
核实性量度 confirmatory measurement
核实运到原料数 verifying count of material received
核事故 nuclear accident
核事故或辐射紧急情况援助公约 Convention on Assistance in Case of a Nuclear Accident or Radiologic Emergency
核试验 nuclear test
核试验场 nuclear test site
核试验反应堆 nuclear test reactor
核试验悬浮物 nuclear test suspension
核试验仪表 nucleonic instrument
核试验原子物理学 atomic physics in nuclear experiments
核数简报 short form report
核数据库 nuclear data depositary
核数试算表 working trial balance
核衰变 atomic decomposition;nuclear decay
核衰变方程式 nuclear decay equation
核衰变模式 nuclear decay mode
核水泥测井 nuclear comment log
核顺磁共振 nuclear paramagnetic resonance
核素 nuclein;nuclide
核素丰度 nucleic abundance
核酸【化】 nucleic acid
核算 accountancy; accounting; calcu-

H

late;check computation
核算标准 account level
核算单位 accounting unit; business segment;segment
核算方法 accounting method;method of accounting
核算股 accountancy section
核算期间 accounting period
核算燃料消耗量 checking fuel consumption
核算人 adjuster
核算生产成本 work out the cost of production
核算员 accountant
核算指标 accounting index[复 indices]
核算中心室 centralized accountancy office
核算资料 accounting data
核算组织 accountancy organization
核碎裂 karyorrhexis
核碎片 nuclear debris; nuclear fragment
核损伤 nuclear damage;nuclear injury
核态沸腾 nuclear boiling; nucleate boiling
核探测器 nuclear detector
核糖 ribose
核糖核酸【生】ribonucleic acid
核桃链 close-link chain; short link chain
核桃木 satin walnut;walnut(juglans regia)
核桃心结核【地】septarium
核体 karyosome;nuclear body
核铁质 ferratogen;ferric nuclein
核同质异能素 nuclear isomer
核统计平衡 nuclear statistical equilibrium
核头钳 tower pincers
核蜕变 nuclear disintegration
核蜕变常数 nuclear disintegration constant
核蜕变能 nuclear disintegration energy
核外电子结构 extranuclear structure
核外过程 extranuclear process
核危险性 nuclear risk
核威慑力量 nuclear deterrent
核微分析 nuclear microanalysis
核微粒 karyomicrosome;karyosome;nucleomicrosome
核微粒沾染 nuclear fallout contamination
核位能 nuclear potential energy
核位势 nuclear potential
核稳定性 nuclear stability
核污染 nuclear pollution
核污染物 nuclear pollutant
核武器 nuclear weapon
核武器工艺学 nuclear weapon technology
核武器热辐射烧伤 nuclear radiation burn
核武器试验 nuclear weapon test
核武器损伤 damage by nuclear weapon;injury by nuclear weapon
核武器威力 nuclear yield
核物理学 nuclear physics
核物探法 nuclear geophysical prospecting method
核物质 nuclear matter
核吸收 nuclear absorption
核袭击后生态学 post-attack ecology
核系 karyonide
核系统可靠性工程 nuclear systems reliability engineering
核线 epipolar line;epipolar ray
核线扫描 epipolar scanning
核线扫描相关 epipolar-scan correlation
核线相关 epipolar correlation
核相互作用 nuclear interaction
核销 cancel after verification
核销储量 abated amount of reserve
核销流动资金 write off and exempt the circulating funds
核谐振 nuclear harmonic vibration
核泄漏 nuclear leakage
核心 cadre;kern(el);nub(ble);nucleus[复 nuclei/nucleuses]
核心边界 <偏心力的> kern edge; kern limit
核心部分 core
核心车次 scheduled train number
核心城(市) central city; core city; mother city
核心程序 kernel program(me);nucleus[复 nuclei/nucleuses]
核心岛 ait
核心地区 corduroy area;core area
核心点 nuclear point
核心断面 kern(e)cross-section
核心范围 limit of kernel;kern area
核心分解 <斜长石> kernel-decomposition
核心功能 core function
核心光束 epipolar beam of ray;epipolar pencil of ray
核心横断面 kern cross-section
核心混凝土 spirally confined concrete
核心家庭 nuclear family
核心检测程序 kernel test program(me)
核心句子 kernel sentence
核心距 kern distance
核心聚落 nucleated settlement
核心雷管 interior primer
核心理论 core theory
核心面积 core area;cross area;kern area
核心模块 kernel module
核心强度 Kernel strength
核心情结 nuclear complex
核心区 nodal region
核心石 <腐泥土中所含石块> core stone
核心式平面图 core plan
核心式体系 core system
核心态 kernel mode
核心筒悬挂结构 core tube supported suspended structure
核心图形系统 core graphic system
核心土石体 core ground mass
核心网络 core network
核心硬件 hard core
核心支持法 core method of tunnel construction;German method
核心支持隧道施工法 corduroy method of tunnel construction; core method of tunnel construction
核心住房 core housing
核心转动惯量 moment of inertia of core
核形 karyomorphism
核形石 oncolite
核形石白云岩 oncolitic dolomite
核形石灰岩 oncolitic limestone
核型 karyotype
核型分析方法 method of karyotype analysis
核型图 caryogram
核循环 nuclear cycle
核研究理事会 <美> Nuclear Research Council
核研究所 Nuclear Institute
核研究中心 nuclear research center[centre]
核验程序 check routine
核冶金学 nuclear metallurgy
核液 nuclear sap
核液面控制器 nuclear level controller
核仪器 nuclear instrument
核移动 nuclear shift
核异常 dyskaryosis
核荧光分析 nuclear fluorescence analysis
核油 kernel oil
核油井记录 nuclear oil well logging
核原料 nuclear raw material
核原料工艺学 nuclear raw-material technology
核跃迁 nuclear transition
核云 nuclear cloud
核晕模型 core-halo model
核振幅 nuclear amplitude
核震 corequake
核震相 core phase; seismic core phase
核蒸汽发生器 nuclear boiler;nuclear steam generator
核蒸汽站 nuclear steam station
核证导坑 check hole
核证的排放消减量 certified emission reduction
核证人 certifying officer
核制冷 nuclear refrigeration
核质 nuclein
核质指数 nucleoplasmic index
核质子【化】nuclear proton
核中心发电站 nuclear central generation station
核周期 nuclear cycle
核轴 epipolar;epipolar axis
核主成分回归 kernel principal component regression
核转换器 nuclear converter
核装置 nuclear device
核装置冷却水系统 nuclear services cooling water system
核装置事故 nuclear accident
核状结构 concretionary structure;flat nutty structure;nutty structure
核准 approbation; approval; authorization;concession;ratification
核准的 authorized
核准的计划 approved plan
核准的图纸 approved plan
核准发票 vouchered invoice
核准建筑 permit building
核准金额 authorized amount
核准排放量的签发 issuance of certified emission reductions
核准权 approval authority
核准人 licensor
核准书 written authorization
核准投资 authorization of the investment
核准圬工 approved masonry
核准修缮改进 improvement authorized
核准压力 authorized pressure
核准炸药 permissible explosive
核准证书 certification of authorization
核子 nucleon
核子爆炸挖土法 nuclear excavation
核子测定的原状密实度 in-place nuclear density
核子测定密实度 nuclear density
核子测定密实度试验 nuclear test
核子测定仪 nuclear ga(u)ge
核子测沙仪 nuclear sediment ga(u)ge
核子成像仪器 nucleation instrument
核子磁力计 nuclear magnetometer
核子磁力仪 nuclear magnetometer
核子大气净化 nuclear air cleaning
核子的 nuclear; nueleary; nucleonic【化】
核子地层学 nucleostratigraphy
核子地质学 nuclear geology
核子动态湿度密度仪 nuclear moisture and density dynamic meter
核子法量测 nuclear measurement
核子反冲 nucleon recoil
核子反应堆模拟装置 nuclear reactor simulator
核子方法 nuclear method
核子放射法 nuclear method
核子放射量测 <试验土特性的> nuclear measurement
核子放射性试验 nuclear test
核子辐射 nuclear radiation
核子工程学会 Nuclear Engineering Society
核子共振磁力仪 nuclear resonance magnetometer
核子海洋学 nuclear oceanography
核子含水量密实度测定仪 <简称核子仪> moisture-density nuclear ga(u)ge
核子计数器 nuclear ga(u)ge;nucleus counter
核子技术 nuclear technique
核子结构因数 nucleonic structure factor
核子静态湿度密度仪 nuclear moisture and density static meter
核子距离 nucleonic distance
核子科学 nuclear science
核子料浆密度计 nuclear slurry density ga(u)ge
核子料位指示器 nuclear level indicator
核子密度计 nuclear density ga(u)ge;nuclear densometer
核子密度仪 nuclear density meter
核子泥沙比重计 nuclear sediment density meter
核子皮带秤 nuclear belt scale
核子扫描压实试验 nuclear compaction test method
核子深度仪 nuclear depth ga(u)ge
核子数 <原子核中的> mass number
核子探头 nuclear ga(u)ge
核子土壤湿度计 nuclear soil moisture meter
核子土壤试验 nuclear soil test
核子位形 nucleonic configuration
核子物理学 nuclear physics
核子相互散射 nucleon-nucleon scattering
核子旋进磁力仪 nuclear precession magnetometer
核子学 atomics;nucleonics
核子研究反应堆 nuclear research reactor
核子研究联合公司 <美> Nuclear Research Associates
核子仪 nuclear device;nuclear equipment;nuclear machine
核子仪表设备 nuclear instrumentation
核子仪器 nucleon instrument
核子宇宙年代学 nucleocosmochronology
核子源 nuclear source
核子作用 nucleation
核综合企业 nuplex
核作用力 nuclear force
核作用因素 cell action factor

荷

荷包牡丹属植物 ear drops
荷包锁 padlock
荷电量 carrying capacity
荷电流子 charged particle carrier
荷电时间 loading duration
荷电时间常数 charging time constant
荷尔米泥浆取样器 Holme's mud sam-

pler
荷尔米双斗挖泥器 Holme's double scoop
荷尔米信号 Holme's signal
荷花池 lotus pond
荷花饰 lotos(ornament);lotus
荷花饰柱头 lotos glossom capital;lotus capital
荷花饰柱子 lotus column
荷花圆柱 lotos column
荷花抓斗 lotus-shaped grab bucket; orange-peel bucket; orange-peel grab
荷花抓斗式采样器 orange-peel sampler
荷空对称性 charge-space symmetry
荷兰 IHC 耙头【疏】IHC-Holland type draghead
荷兰白色饰用合金 Dutch white metal
荷兰白(颜料) Dutch white
荷兰白釉蓝彩陶器 deft pottery;delf
荷兰沉排 <用芦苇和木材制成的柴排> Dutch mattress
荷兰大理石纹纸 Dutch marble paper
荷兰盾 Dutch Guilder
荷兰法 Dutch process
荷兰粉红 Dutch pink
荷兰风车 Dutch wind mill
荷兰公式 Holland formula
荷兰国家标准筛 Dutch standard screen
荷兰哈勒姆肉商行会厅 Butcher's Hall at Haarlem
荷兰合金 Dutch metal
荷兰花园墙式砌合法 Flemish garden wall bond
荷兰火炉 Dutch stove
荷兰建筑 Dutch architecture
荷兰角 Hook of Holland
荷兰金箔 Dutch metal
荷兰金漆 Dutch gilding
荷兰蓝色釉砖 Dutch tile
荷兰菱形花式砌砖 Dutch diaper bond
荷兰麻布 holland
荷兰磨 Dutch rasp
荷兰耙头 Dutch draghead
荷兰柔性路面设计法 Netherlandish flexible pavement design method
荷兰式(壁)炉 Dutch oven
荷兰式柴排 Dutch mattress
荷兰式触探法 Dutch sounding
荷兰式触探试验 Dutch sounding test
荷兰式窗 Dutch light; Flemish window
荷兰式搭接 Dutch lap
荷兰式打浆机 Hollander beater
荷兰式的 Flemish
荷兰式丁砖层 Flemish header
荷兰式对角砌合法 Flemish diagonal bond
荷兰式防冲刷堤脚 Dutch toe
荷兰式(盖)棚 Dutch barn
荷兰式缸砖 Dutch clinker
荷兰式花园墙砌合 Sussex garden-wall bond
荷兰式活动玻璃框 Dutch light
荷兰式交错砌合(法) Flemish cross bond
荷兰式静力触探试验 Dutch cone penetration method; Dutch cone penetration test
荷兰式壳仓 Dutch barn
荷兰式空心砖 Flemish tile
荷兰式炼瓦 Dutch tile
荷兰式(炼)砖 Dutch brick
荷兰式门 Dutch door;stable door
荷兰式平拱 Dutch arch
荷兰式铺砌硬石 klinker brick
荷兰式气窗 Flemish dormer-window
荷兰式砌法 Dutch bond; English cross bond;Flemish bond
荷兰式砌合【建】Dutch bond;English cross bond;Flemish bond
荷兰式三轴试验 cell test;Dutch cell test
荷兰式三轴仪 Dutch cell
荷兰式绳结 Flemish knot
荷兰式饰瓦 Dutch tile
荷兰式双错位砌合(法) Flemish double-cross bond
荷兰式天窗 Flemish dormer-window
荷兰式涂金 Dutch gilding
荷兰式烟囱 Flemish chimney
荷兰式岩心取样器 Prikkenbeen
荷兰式圆锥触探仪 Dutch cone penetrometer
荷兰式圆锥贯入试验 Dutch cone penetration test
荷兰式圆锥贯入仪 Dutch cone penetrometer
荷兰(饰)金 Dutch gold
荷兰桃红色 Dutch pink
荷兰套筒式锥尖侧摩阻触探头 Dutch mantle cone-friction sleeve
荷兰庭园 Dutch garden
荷兰土地与水管理研究所 Institute for Land and Water Management, the Netherlands
荷兰文艺复兴 Dutch Renaissance
荷兰-西德盆地 Netherlands-west Germany basin
荷兰旋流器 Dutch cyclone
荷兰液 Dutch liquid;Dutch oil
荷兰渔船 peter man
荷兰榆 Dutch elm
荷兰圆锥触探法 Dutch cone sounding
荷兰圆锥试验 Dutch cone test
荷兰在北美殖民地建筑风格 Dutch colonial architecture
荷兰殖民地房屋 Dutch colonial house
荷兰锥 Dutch cone
荷莲叶 folium loti;lotus leaf
荷叶边 flounce
荷叶边盘子 cut-edge plate
荷叶冰 ice pan;pancake ice;plate ice
荷叶冰块 pancake ice
荷叶灯 lotus lamp

洄水 water return

盒 banjo; caddy; case; casing; jacket;pocket;pouch;forel <英国方言>

盒保险开关 safety enclosed switch
盒尺 <盒形标尺> box staff
盒式 cabinet-type
盒式百叶窗 folding shutter
盒式插销 box bolt
盒式磁带 cartridge(magnetic) tap; cassette tape; magnetic cartridge; tape cartridge
盒式磁带机 magnetic tape cassette equipment
盒式磁盘 cartridge disc; magnetic cartridge
盒式存储器【计】cartridge
盒式导向架 box lead
盒式的 box-shaped
盒式电视机 cassette television
盒式电握夹 box type brush holder
盒式浮标水尺 box ga(u)ge
盒式辐射热量计 box radiation calorimeter
盒式绘图仪 drafting set
盒式记录器 cassette recorder
盒式剪力试验 box shear test
盒式剪切试验 box shear test
盒式剪切仪 box-shear apparatus (with a single surface)
盒式接口 cartridge interface
盒式开关管 cell-type switch tube
盒型框架的外板 outside casing
盒式联箱 box header
盒式录像带 video-cassette
盒式录像磁带 video cartridge
盒式录像机 video cassette recorder
盒式录音机 cassette recorder
盒式罗盘(仪) box compass
盒式密封 cartridge seal
盒式气压计 aneroid barometer
盒式取样管 kasten corer
盒式收录两用机 radio cassette tape recorder
盒式数据记录器 cassette data recorder
盒式燕尾榫接 box dovetail
盒式装图仪 draftsman's set
盒形舱口盖 pontoon hatch cover
盒形地板 rounded bottom
盒形钢桩 steel box pile
盒形鼓风机 cased-in blower
盒形光度计 box photometer
盒形卡簧 box type clip
盒形肋 box rib
盒形犁铧 box share;socket share
盒形天线 cartridge antenna; cheese aerial;cheese(box) antenna
盒形旋转快门 case rotating shutter
盒形支臂 box-like arm;box type arm
盒压式压力盒 cell pressure
盒纸板 container board
盒装绘图仪 case of drawing instrument; drafting draftsman's set; drafting kit;drawing kit
盒装开关 protect(ed) switch
盒装缩微胶卷 microfilm jacket
盒装轴承 packaged bearing
盒子 cassette;enclosure;gaine
盒子板 form
盒子体系 box system
盒钻头 core box bit
盒座 cassette holder

荷载 load; burden(ing); lading; size of load

荷载安全系数 load factor of safety
荷载板 bearing plate;loading plate
荷载板试验 loading plate test
荷载半径 load radius;operating radius;radius of load
荷载半径指示系统 radius-of-load indicating system
荷载保持装置 load holding device
荷载比 load ratio
荷载边缘 load edge
荷载变号 load reversal;reversal of load
荷载变化 change of loading;load fluctuation;load variation;variation in load
荷载变化范围 range of load fluctuation
荷载变量的模拟 model(l)ing of load variable
荷载变形 deformation under load; load deformation
荷载变形关系 loading-deformation relationship
荷载变形曲线 load(ing)-deformation curve;loading-strain curve
荷载变形试验 deformation under load test;load-deformation test
荷载变形特性 load deformation characteristic
荷载变形图 load-deformation diagram
荷载变形行态 load-deflection behavio(u)r
荷载标准值 characterisation value of load; characteristic value of load; standard load
荷载波动 load fluctuation
荷载不够 underloading
荷载不够的 underloaded
荷载不同时率 load diversity
荷载参数 loading parameter
荷载测力计 loadometer
荷载测量 load measurement
荷载产生的裂缝 crack resulting from load
荷载长度 load(ed) length
荷载常数 load coefficient;load constant
荷载场 field of load
荷载车 load vehicle
荷载-沉降关系 load-settlement relationship
荷载-沉降曲线 load-settlement curve
荷载-沉降曲线图 load-settlement diagram;load-settlement graph
荷载-沉降-时间关系 load-settlement-time relationship
荷载称重仪 load weigh scale
荷载承受能力 initial load-bearing capacity
荷载秤量系统 load weighing system
荷载吃水 load draught
荷载持续时间 load duration
荷载齿轮 load gear
荷载传布途径 load path
荷载传递 load transfer;load transmission;transfere(nce) of loads;transmission of loads
荷载传递(方)法 <桩工> load transfer method
荷载传递分析机构 load transfer analysis mechanism
荷载传递机理 load transfer mechanism
荷载传递区 load transferring area
荷载传递设备 load transfer assembly
荷载传递特征 load transfer characteristic
荷载传递系数 coefficient of load transference; coefficient of load transmission
荷载传递装置 load transfer device; transmission device of load
荷载传感机构 load sensing mechanism
荷载传感器 load cell; load sensor; load transducer
荷载传感器型称重器 load cell type weigher
荷载传感式变扭器 load sensing torque converter
荷载传送能力 load-transfer capacity
荷载传送装置 load transfer device; transmission device of load
荷载大小 magnitude of load
荷载带 load strip
荷载当量 load equivalent
荷载的 laden;loaded
荷载的附加组合力 supplementary combination of load
荷载的径向分力 radial component of load
荷载的类型 load case
荷载的强度组合 reduction in load intensity
荷载的确定 load determination
荷载的主要组合 main combination of load
荷载等级 class of load(ing)
荷载等级数 load classification number
荷载点 load acting point; loading point;point of load(application)

H

荷载吊杆 load boom
荷载读数 load reading
荷载多边形 load polygon
荷载阀 loaded valve
荷载反向 load reversal;reversal of load
荷载反作用制动器 load-reaction brake
荷载方式 case of loading
荷载方向 direction of loading
荷载分布 distribution of load; load-(ing) distribution;load-spread(ing); spreading of load
荷载分布板 load distribution plate
荷载分布的分散角 dispersion angle for load distribution
荷载分布的扩散角 dispersion angle for load distribution
荷载分布角 angle of(loading) distribution
荷载分布面积 area of load distribution
荷载分布能力 load-distributing power; load distribution ability; load distribution power; load-spreading ability
荷载分布情况 loading condition
荷载分布曲线 load distribution[distributing] curve; load distribution line;load-spreading curve
荷载分布特性 load distribution characteristic;load-spreading property
荷载分布图 train of loads;load diagram
荷载分布系数 < 即轴荷载等效系数 > load distribution factor
荷载分布线 load distribution line
荷载分布作用 load distribution action;load distribution effect
荷载分级数法 load classification number method; method of load classification number
荷载分类 load compilation
荷载分类代号制 load classification number system
荷载分类指数 < 用以设计水泥混凝土路面 > load classification number
荷载分类指数路面设计法 load classification number method;load classification number process
荷载分量 sharing part of load
荷载分配阀 load-dividing valve
荷载分配系统 load-sharing system
荷载分配效应 < 汽车的 > weight distribution effect
荷载分析 loading analysis
荷载分项系数 partial load coefficient
荷载浮筒 loaded float
荷载幅度 load range
荷载幅度指示器 load outreach indicator
荷载复合动力学 charge carrier recombination dynamics
荷载感应阀 load respondent valve
荷载估计 load estimate
荷载估算 load estimate
荷载固结曲线 load consolidation curve
荷载贯入(量)曲线 load-penetration curve;stress-penetration curve
荷载贯入试验 load-penetration test
荷载规定 regulation of load
荷载规范 loading code
荷载函数 loading function
荷载横向分布 lateral distribution of load;load lateral distribution;transverse distribution of load; transverse load distribution
荷载横向分布系数 coefficient of load lateral distribution; load distribution coefficient; load lateral distribution coefficient
荷载环境 loading condition
荷载换算系数 load conversion factor
荷载簧 loaded spring
荷载极限 load(ing) limit; maximum load(ing)
荷载集度 load intensity
荷载集中点 point of load collection
荷载计 load cell;load meter
荷载计算 calculation of loading
荷载架 loading frame
荷载间距 load spacing
荷载减小 load drop
荷载(简)图 load diagram
荷载交叉线 < 连续梁图解法 > load cross line
荷载阶段 load stage;stage of loading
荷载矩阵 load matrix
荷载抗力试验 load-resistance test
荷载刻度盘 < 贯入度计的 > deflection dial
荷载控制式制动 load-controlled braking
荷载控制式制动器 load dependent brake
荷载跨度系数 load/span factor
荷载馈线 load feeder
荷载拉伸曲线 load-extension curve
荷载类别 class of loading
荷载类型 type of load
荷载累积曲线 integrated load curve
荷载力矩 load moment;load torque
荷载历程 load history
荷载历时 load duration
荷载历时曲线 load duration curve
荷载历史 loading history
荷载量 capacity value;load capacity; load quantity
荷载路径 loading path
荷载率 load(ing) rate;specific load; load rating
荷载率定 load rating
荷载轮胎气压系数 load inflation quotient
荷载密度 load density;load intensity
荷载密集度 density of load;load density
荷载面积 area of loading;loaded area
荷载敏感性 load sensitivity
荷载模式 load pattern
荷载挠度 deflection under loading; load deflection;load deflexion
荷载挠度关系 load-deflection relation
荷载挠度曲线 load-deflection curve
荷载挠度(曲线)图 load-deflection diagram
荷载挠曲变形曲线 load-deflection curve
荷载挠曲区 load-deflection plot
荷载能力 carrying capacity;loadability;weight bearing power
荷载排水量 load displacement
荷载膨胀曲线 load-swelling curve
荷载偏心距 eccentricity of loading
荷载频率 load frequency
荷载频率设计系数 load frequency design factor
荷载平衡 counterweight balance;load balancing
荷载平衡法 load balancing method
荷载平衡设计法 load balancing design method
荷载平衡系统 load balancing system
荷载平台 < 荷载试验的 > loading platform
荷载谱 load spectrum
荷载气压比 load inflation quotient
荷载强度 intensity of load(ing); load-bearing strength;load(ing) intensity;load strength
荷载强度进程曲线图 load and strength histogram
荷载倾(斜)角 inclination of load; load inclination
荷载倾斜校正系数 load inclination correction factor
荷载倾斜因数 inclination correction factor
荷载倾斜因素 load inclination correction factor
荷载情况 condition; condition of loading;load;loading case
荷载区 loaded area
荷载区域 loading zone
荷载曲线 curve of loads;load(ing) curve
荷载屈服曲线 load-yield curve; resistance-yield curve
荷载容量 load(-bearing) capacity; load-carrying ability
荷载散布 load dispersal
荷载设计标准 loading design criterion
荷载设计值 design load;design value of load
荷载伸长曲线 load-elongation curve; load-extension curve
荷载伸长曲线图 load-elongation diagram
荷载升降 lifting-lowering of load
荷载时间挠度(关系)曲线 load-time deflection curve
荷载时间挠曲线 load-time deflection curve
荷载时间位移关系图 load-time displacement chart
荷载时间与挠度的关系曲线 load-time deflection curve
荷载时质量 loaded mass
荷载试配法 trial-load method
荷载试验 bearing test;load-bearing test;load-carrying test; load(ing) test(ing);plate bearing test;plate load(ing) test
荷载试验法 load test method
荷载试验方法 plate-loading test procedure
荷载试验数 number of loading test
荷载试验用重块 testweight
荷载试验种类 type of loading test
荷载试验阻尼振动 damped shock load test
荷载输入 load input
荷载树脂 loaded resin
荷载数 charge number
荷载速度 loading speed
荷载速率 loading rating;rate of loading
荷载随时间变化曲线 load history
荷载损坏系数 load damage coefficient
荷载损失 load loss
荷载索曲线 funicular curve of load
荷载台 loading platform
荷载特性 load-bearing characteristic; loading property
荷载特性试验 load characteristic test
荷载特征 load-bearing characteristic
荷载特征试验 load characteristic test
荷载特征系数 coefficient of loading characteristics
荷载提升速度 load lifting speed
荷载条件 conditions of loading;load condition
荷载调节 load responsible control
荷载调整 load compensating
荷载调整器 load adjuster;load governor
荷载突变 sudden load change
荷载图(示) loading diagram; pattern of loading
荷载途径 loading path
荷载弯拉应力 load bending stress
荷载位移曲线 load-displacement curve
荷载位置 loading position;position of load
荷载系列 load train
荷载系数 coefficient of load; load-(ing) coefficient;load(ing) factor
荷载系数法 < 按破损阶段计算钢筋混凝土的 > load factor method
荷载系数(法)设计 < 破损阶段设计的 > load-factor design
荷载系数设计法 load factor design method
荷载系数设计概念状态 load factor design concept state
荷载下沉记录仪 load-yield recorder
荷载下的稳定性 stability under load
荷载弦 < 有节点荷载的弦杆 > loaded chord
荷载显示垫圈 load-indicating washer
荷载显示螺栓 load-indicating bolt
荷载线 line of loading; loaded line; loadline
荷载限度 load limitation
荷载限制器 load lifting limiter; load limiter;load limiting device
荷载限制系统 load limiting system
荷载箱 load box
荷载向量 load vector
荷载效应 load(ing) effect
荷载效应组合 combination of load effects
荷载信道 bearer channel
荷载信号 load weight signal
荷载形变 load deformation
荷载形式 pattern of load
荷载型裂缝 load-bearing crack
荷载型式 type of load
荷载性质 nature of load
荷载循环 cycle of loads; load(ing) cycling[cycle]
荷载压力 load pressure
荷载压缩图 load-compression diagram
荷载延伸曲线 load-extension curve
荷载验证试验 proof load test
荷载仪 loading apparatus
荷载因数 load(ing) factor
荷载因数法 load factor method
荷载因数设计 load factor design
荷载因素 < 最大强度和实际荷重的比值 > load(ing) factor
荷载因子 load factor
荷载引起的 load-induced
荷载引起的应力 loading induced stress
荷载应变 load(ing) strain
荷载应变曲线 load(ing)-strain curve
荷载应变曲线图 load-strain diagram
荷载应变图 loading-strain diagram
荷载应变性能 loading-strain property
荷载应力 load(ing) stress
荷载影响区(域) load(ing) influence zone
荷载影响系数 influence coefficient of load
荷载诱发地震 load-induced earthquake
荷载与抗力系数设计法 < 强度和正常使用极限状态设计法 > load and resistance factor design
荷载增长 load growth;load increase
荷载增长率 rate of load growth
荷载增加 increase of loading;load increase
荷载增量 increment of load(ing); load(ing) increment
荷载增量比 load increment ratio
荷载增量法 increment load method

荷载增量法平板载荷试验 incremental loading plate bearing test
荷载指示表 loading indicating ga(u)ge
荷载指示螺栓 load-indicating bolt
荷载指示器 load indicator
荷载指数 load(ing) index
荷载制止器 load limiter
荷载中心 load center[centre]
荷载重 loading weight
荷载重分布 load redistribution; redistribution of load
荷载重复次数 load repetition
荷载重复的周期 load cycle
荷载重复作用次数 number of load repetitions
荷载重量 loading weight
荷载周期 load cycling; loading period
荷载柱 loaded column
荷载转换器 <监控用> load transducer
荷载转移 load transfer(ence); transfer of loads
荷载转移途径 load channelling; load transfer path
荷载转移装置 load transfer device
荷载装置 load device
荷载状况 loading condition
荷载状态 loaded-up condition; loading condition
荷载准则 load criterion
荷载自动平衡装置 automatic load balancing device
荷载自制式制动器 load-operated brake
荷载总质量 total loaded mass
荷载纵向分布 longitudinal loading distribution
荷载阻抗法调制 load impedance modulation
荷载阻力 load resistance
荷载组成部分 load component
荷载组合 combination of load; combined load(ing); load(ing) combination
荷载组合范围 range of load combination
荷载组合系数 load combination coefficient
荷载最不利位置 worst position of load
荷载作用 load-effect; loading
荷载作用的平面 loaded plane
荷载作用点 load(ing) point; point of load application; point of loading
荷载作用时间 duration of load
荷载作用系数 coefficient of load applied
荷质比 charge(-to)-mass ratio; specific charge
荷重 load(ing); weight(of load)
荷重变形 deformation under load
荷重变形图 <材料试验中荷重增加与变形量关系图> load-deformation diagram
荷重测录器 load measuring recorder
荷重传感器 load cell
荷重当量 load equivalency
荷重的 loaded
荷重分配 weight distance
荷重光谱 <测车辆荷载用> load spectrum
荷重畸变温度 deflection temperature under load
荷重计 load cell
荷重架 loading frame
荷重结构 <常见于快速沉积软弱土层>【地】load structure
荷重矩阵 load matrix
荷重均衡阀 load-proportional valve
荷重块料 load-bearing block
荷重面积 loading area
荷重模 load cast
荷重耐火度 underload refractoriness
荷重能力 loading capacity
荷重曲线 <表示时间与荷重变化的曲线> load(ing) curve
荷重软化点 apparent initial softening temperature
荷重软化温度 refractoriness under load; underload refractory
荷重式安全阀 deadweight safety valve
荷重试验 overload test
荷重调节器 weight governor
荷重系数 load factor
荷重增载 incremental application of load

贺

贺硫铋铜矿 hodrushite

褐

褐斑 foxiness

褐斑釉陶瓷 brown china
褐变 browning; brown stain(ing)
褐变反应 browning reaction
褐层孔菌属 <拉> Pyropolyporus
褐赤铁矿 brown hematite
褐地沥青 broggite
褐防潮砖煤砂 brown grit
褐腐 brown rot; dry rot
褐腐病 brown rot
褐腐菌 brown rot fungus
褐根 brown root
褐硅钠钛矿 ramsayite
褐硅铈矿(石) khibinite; lovchorrite; mosandrite; rink(o)lite
褐黑色 brown-black
褐红色 brown madder; brown-red; marmoration; maroon; Venetian red
褐红色铁氧化物 colcothar
褐红色硬木 <产于菲律宾> Guijo
褐红颜料 para red
褐化溶液 browning solution
褐化盐 browning salt
褐黄斑 chloasma
褐黄琥珀 ambrosine
褐黄色 brown-yellow
褐灰色 brown-grey; taupe gray
褐灰色耐火黏[粘]土 bannock
褐辉锑铅矿 fuloppite
褐孔菌属 <拉> Fuscoporia
褐块 brown patch
褐块云母 auralite; fahlunite
褐蜡土 ermakite
褐蓝色 brown-blue
褐栗色 chestnut
褐帘石 allanite; cerepidote; orthite
褐磷锂矿 sicklerite
褐磷锰高铁石 earlshannonite
褐磷锰铁矿 landesite; zwieselite
褐磷铁矿 cyrilovite; whitmoreite
褐硫锰矿 hauerite
褐硫砷铅矿 baumhauerite
褐硫铁铜矿 mooihoekite
褐绿泥石 chlorophaeite; iddingsite
褐绿色 brown-green
褐绿色的 greenish-brown
褐绿脱石 nontronite
褐氯汞矿 eglestonite
褐轮试法 brown-ring test
褐煤 black earth; Bovey coal; brown coal; hydrogenous coal; ligneous coal; lignite; lignitic coal; lignitous coal; peat deposit; woodcoal
褐煤柏油脂 lignite tar pitch
褐煤标准试块 brown coal briquet(te)
褐煤层 brown coal seam
褐煤的不同含土量 earthy variety of brown coal
褐煤的低热焦炭 brown coal low temperature coke
褐煤粉 lignite breeze
褐煤缝 brown coal seam
褐煤腐植酸 humic acid in brown coal
褐煤国际分类 brown coal international classification
褐煤灰 brown coal ash
褐煤级腐殖煤 humodil
褐煤加工法 lignite process
褐煤焦油 lignite(coal) tar; brown coal tar
褐煤焦油沥青 lignite tar; lignite tar pitch
褐煤焦油脂 lignite tar pitch
褐煤开采 brown coal getting; brown coal working
褐煤矿 brown coal mine; lignite mine
褐煤矿床 brown coal deposit
褐煤蜡 lignite wax; montan wax
褐煤蜡焦油 montan-wax tar
褐煤沥青 brown coal tar; brown coal-(tar) pitch; lignite pitch
褐煤炉子 brown coal furnace
褐煤煤饼 brown coal briquet(te)
褐煤碾磨厂 brown coal grinding mill
褐煤汽油 lignite benzine
褐煤球 brown coal briquet(te)
褐煤球厂 brown coal briquetting plant
褐煤砂粒 brown coal grit
褐煤深矿 brown coal underground mine
褐煤石蜡 lignite paraffin(e)
褐煤式颜料 casseroles brown coal
褐煤输送机 brown coal conveyer [conveyor]
褐煤树脂 lignite resin; walchowite
褐煤酸 montanic acid
褐煤索道开挖机 brown coal cableway excavator
褐煤硬沥青 lignite tar pitch; montan pitch
褐煤硬渣 brown coal grit
褐煤油 lignite oil
褐煤质烟煤 lignite bitumite
褐锰锆矿 lavenite
褐锰矿 braunite
褐钠闪石 cataphorite
褐泥铁石 brown clay ironstone
褐黏[粘]土 brown clay
褐硼钇矿 spencite
褐染料 brown dye
褐色 brown; brown earth; brownness
褐色斑 brown stain(ing); moth patch
褐色玻璃 amber glass
褐色带纹的法国大理石 Napoleon marble
褐色的 brown; drab
褐色腐朽 brown rot
褐色干草 brown hay
褐色海生石灰岩 Caen-stone
褐色厚漆 brown paint
褐色荒漠土 brown desert soil
褐色混凝土 brown concrete
褐色浆糊 browning paste
褐色胶料 brown size
褐色紧密石棉 rockwood
褐色沥青颜料 asphalt brown
褐色磷 brown phosphorus
褐色锰粉 manganese brown
褐色磨光的厚纸板 brown mechanical pulp board
褐色内光矿物 blende
褐色黏[粘]土 brown clay
褐色汽油 brown gasoline
褐色森林土 brown forest soil
褐色砂石 brownstone
褐色砂岩 brownstone
褐色试剂 browning agent
褐色水彩颜料 bistre[bister]
褐色酸 brown acid
褐色陶器 brown ware
褐色体 brown body
褐色铁粉 iron rust
褐色铁矿 brown ore
褐色铁氧化物颜料 brown iron oxide pigment; brown oxide of iron(pigment)
褐色图纸 brownline
褐色土(壤) brown soil; brown earth; cinnamon soil; drab soil
褐色物质 brown matter
褐色细毛绒手套 brown jersey gloves
褐色斜纹布 drab
褐色雪 brown snow
褐色岩石 brown rock
褐色颜料 brown pigment
褐色氧化处理 browning
褐色氧化铁粉 mummy
褐色硬结 brown induration
褐色硬煤沥青 brown coal(tar) pitch
褐色硬木 mvule <产于西非>; mucuri <中美洲产的>
褐色釉 brown glaze
褐色罩面 brown coat
褐砂石墙的房屋 brownstone
褐砂岩 brownstone
褐砂岩统【地】Brownstone Series
褐砷锰矿 flinkite
褐砷锰石 flinkite
褐砷镍矿 orcelite
褐石 brownstone
褐石灰 brown lime
褐石镶面 brownstone facing
褐石英 Spanish topaz
褐铈铌矿 beta-fergusonite
褐鼠 wharf rat
褐水钠钒矿 duttonite
褐铊矿 avicennite
褐锑锌矿 ordonezite
褐条病 brown streak
褐铁矾 hohmannite
褐铁华 brown ocher[ochre]
褐铁结核土 buckshot soil
褐铁矿 ball stone; brown hematite; brown iron ore; brown ocher [ochre]; ferrohydrite; hydrosiderite; ironstone; lake ore; limonite; meadow ore; morass ore; perlimonite
褐铁矿鲕状岩 limonite-oolite
褐铁矿化 ferritization
褐铁矿混凝土 limonite concrete
褐铁矿胶结物 limonite cement
褐铁矿矿石 limonite ore
褐铁矿砂 limonite ore
褐铁矿硬土层 ironstone hardpan
褐铁石 limonite
褐铁岩 limonite rock
褐铜矾 dolerophanite
褐土 brown earth; brown soil; cinnamon soil
褐土及褐灰土区 cinnamon soil and cinnamon grey soil area
褐土壤 red-brown soil
褐纹病 brown streak
褐稀土矿 caryocerite
褐锌锰矿 hodgkinsonite
褐性烟煤 lignite bitumite
褐烟 brown smoke
褐钇钶精矿 brown ytterbium niobium concentrate
褐钇铌(钶)矿含量 fergusonite
褐钇铌矿 fergusonite; sipylite
褐钇铌矿矿石 fergusonite ore
褐釉 brown glaze
褐釉砖 brown-glazed brick
褐云母 anomite

H

褐藻 brown algae; brown seaweed; giant kelp
褐藻纲 Phaeophyceae
褐藻胶 algin
褐藻酸 alginic acid
褐紫色 brown purple; brown-violet

赫 cycles per second; periods per second

赫伯特摆锤硬度试验 Herbert's pendulum hardness test
赫伯特摆锤硬度试验器 Herbert's pendulum hardness tester
赫伯特摆锤(硬度)试验仪 Herbert's pendulum tester
赫伯特摆法 Herbert's pendulum method
赫伯特摆式硬度 Herbert's pendulum hardness
赫伯特摆式硬度计 Herbert's pendulum hardness tester
赫伯特摆撞硬度试验机 Herbert's pendulum hardness tester
赫伯特变换 Helmert's transformation
赫伯特分区平差法 Helmert's blocking technique
赫伯特腐蚀试验 Herbert's test
赫伯特高程 Helmert's height
赫伯特公式 Helmert's formula
赫伯特喷丸试验 Herbert's cloud burst test
赫伯特压缩改正 Helmert's condensation reduction
赫伯特硬度 Herbert's hardness
赫伯特重力公式 Helmert's formula of gravity
赫布里底地盾 Hebridean shield
赫达斯泼阶<中三叠世>【地】Hydaspien
赫德森河蓝灰砂岩 Flagstone
赫德逊公式 Hudson's formula
赫登层【地】Headon bed
赫蒂格方程 Hutting equation
赫碲铋矿 hedleyite
赫顿数 Horton number
赫恩角海流 Hearne current
赫尔德钻头给进差动机构 Hild differential drive
赫尔第-格尔第式水轮机<水流直接冲击辐射式桨叶> Hurdy-Gurdy wheel
赫尔科爆胶 Hercogel
赫尔科尔 F 炸药 Hercoal F
赫尔科利斯除尘机 Hercules duster
赫尔科利斯多股钢丝绳 Hercules wire rope
赫尔科利斯合金 Hercules metal
赫尔科利斯火药公司法 Hercules Powder process
赫尔科利斯阱 Hercules trap
赫尔科利斯炸药 Hercules powder
赫尔科利斯桩基系统<六边形截面预制混凝土桩> Hercules piling system
赫尔科炸药 Hercomite
赫尔克莱特厚平板玻璃 herculite
赫尔墨斯有翼帽 petasus
赫尔姆霍兹<电偶层矩单位> helmholtz
赫尔姆霍兹方程 Helmholtz's equation
赫尔辛基港<芬兰> Port Helsinki
赫费斯提翁神庙<又称提修斯神庙,古希腊> Hephaisteion
赫夫分选机 Huff separator
赫夫曼模型 Huffman model
赫夫纳灯 Hefner lamp
赫夫纳烛光 Hefner candle; Hefnerkerze
赫格勒炉 Hegeler furnace
赫格林-赖斯纳原理 Hellinger-Reissner principle
赫格曼细度计 Hegman fineness of grind ga(u)ge; Hegman ga(u)ge
赫格装载机 Haggloader
赫黄(土) yellow ocher[ochre]
赫金生黏[粘]滞度 Hutchinson viscosity
赫金生氏焦油黏[粘]度计 Hutchinson tar tester
赫金生氏黏[粘](滞)度 Hutchinson viscosity
赫金生氏黏[粘](滞)度试验 Hutchinson viscosity test
赫科特制铝法 Hercolt aluminum process
赫克尧尔-俄林定理 Heckscher-Ohlin theorem
赫拉神庙 Temple of Hera
赫劳尔特电解炼铝法 Heroult process
赫劳特电弧炉 Heroult furnace
赫勒试验 Heller's test
赫勒系统 Heller system
赫雷拉风格 style Herrera
赫雷肖夫炉 Herreshoff furnace
赫里耳胶体磨 Hurrell colloid mill
赫利焊接 heliweld
赫林电炉 Hering furnace
赫罗尔胶 herol
赫梅的拱顶柱廊<未发掘> Stoa of the Hermae
赫米特矩阵 complex conjugate matrix
赫姆探针 Humm's concrete probe
赫涅曼矿井钻进法 Honigmann shaft-boring process
赫涅曼竖井衬砌法 Honigmann method of shaft lining
赫普勒(落球式)黏[粘]度计 Hoeppler viscometer
赫瑞鲍水准器<测纬度用> Horrebow level(attachment)
赫塞尔曼发动机 Hesselman engine
赫塞尔泥砾 Hessle boulder clay
赫色 umber glue
赫氏焦油黏[粘]度计 Hutchinson's tar tester
赫氏空隙 Hertzsprung gap
赫氏易熔合金 Hauser's alloy
赫氏应力 Hertz(ian) stress
赫斯-艾夫斯比色计 Hess-Ives colo(u)r meter
赫斯比衬垫<一种沥青衬垫> Hessbil
赫斯定律 Hess's law; the law of constant heat summation
赫斯特法 Hurst method
赫斯特公式 Hurst formula
赫斯特现象 Hurst phenomenon
赫斯图 Hess's diagram
赫特唐阶【地】Hettangian
赫梯建筑<公元前 14 世纪~公元前 13 世纪> Hittite architecture
赫维茨多项式 Hurwitz polynomial
赫西检测器水表 Hersey detector meter
赫歇尔公式 Herschel formula
赫歇尔望远镜 Herschel' telescope
赫歇尔效应 Herschel effect; latent Herschel effect; visual Herschel effect
赫歇尔型文丘里管 Herschel-type Venturi tube
赫歇耳复式棱镜 Herschel wedge
赫许桩基系统 Hush piling system
赫(兹) Hertz; period per second
赫兹波 Hertz(ian) wave
赫兹伯伦空隙 Hertzsprung gap
赫兹定律 Hertz(ian) law
赫兹辐射器 Hertz(ian) radiator
赫兹公式 Hertz equation
赫兹共振器 Hertz(ian) resonator
赫兹-霍尔瓦克斯效应 Hertz-Hallwachs effect
赫兹接触应变公式 hertz(ian) contact strain formula
赫兹理论 Hertz(ian) theory
赫兹偶极天线<理论上的偶极天线> Hertz(ian) doublet antenna
赫兹偶极子 Hertz(ian) dipole; Hertz(ian) doublet
赫兹矢量 Hertz(ian) vector
赫兹氏射线 hertz(ian) rays
赫兹天线 Hertz(ian) antenna
赫兹向量 Hertz vector
赫兹效应 Hertz(ian) effect
赫兹振荡器 Hertz(ian) oscillator; Hertz(ian) resonator; doublet oscillator<偶极子振荡器>

鹤 嘴锄 carpenter's mattock; gad picker; grub hoe; hack; hack iron; kevel; mandrel; mattock; Mexican back-hoe; moyle; pecker; pick ax(e); pick(er); grubbing mattock<除根用的>; pickmattock<一头尖,一头扁>; pike<英>

鹤嘴锤 kevel; pick hammer
鹤嘴锤采岩芯器 core pick hammer
鹤嘴斧 carpenter's mattock; jedding axe; pick ax(e); pitch ax(e)
鹤嘴镐 hammer pick; mattock; navvy pick; pick ax(e)

壑 donga

黑 暗 dark; darkness

黑暗背景 dark background
黑暗的 obscure
黑暗反应 dark reaction
黑暗环境 dark surrounds
黑暗煤 black durain
黑暗修复 dark repair
黑白斑 black-and-white spots
黑白版 black and white
黑白版印样 black-and-white print
黑白标度 monochrome scale
黑白冰山 black-and-white iceberg
黑白测试图 monochrome test pattern
黑白的 black and white
黑白底片材料【测】black and-white negative material
黑白颠倒的鬼影 negative ghost
黑白电平 black-to-white level
黑白电视 black-and-white television; monochrome television; monochromic television
黑白电视传送 black-and-white transmission; monochrome transmission
黑白电视接收机 black-and-white television receiver; monochrome set; monochrome(television) receiver
黑白电视全色摄像机 panchromatic monochrome television camera
黑白电视通路 black-and-white channel
黑白电视信道 monochrome television channel
黑白电视信号发生器 black-and-white signal generator
黑白对比 black-and-white contrast; contrast between black and white
黑白方格浮标 black-and-white chequered buoy
黑白分明图像 hard image
黑白幅度范围 white-to-black-amplitude range
黑白负片 black-and-white negative film
黑白格板 black-and-white checkboard
黑白格测遮盖力法 checkerboard brushout method
黑白格图案 alternate black-and-white blocks
黑白格纸 brush power chart
黑白横纹 black-and-white horizontal stripes
黑白红外航片 black-and-white infrared airphoto
黑白画 black-and-white picture
黑白混合砂 salt and pepper sand
黑白架 easel
黑白胶片 black-and-white film
黑白可视电话信号 monochrome videotelephone signal
黑白亮度等级 monochrome grey scale; tones of grey[gray]
黑白亮度级 gray scale; tone soft gray
黑白瓶法 dark-light bottle method
黑白全色航片 black-and-white panchromatic airphoto; B/W pan airphotos
黑白全息图 black-and-white hologram
黑白色画 chiaro(o)scuro
黑白摄影 black-and-white photography
黑白眺变测试 bump test
黑白图 black-and-white map
黑白图像 black-and-white picture; monochrome picture
黑白图形 black and white pattern
黑白鲜明图像 hard image
黑白相同铁路符号 diced line
黑白像片 black-and-white photograph; black-and-white picture; black-and-white print
黑白像片冲洗 black-and-white photograph process
黑白信号 monochrome signal; monochromic signal
黑白蚁<拉> Reticulitermes chinensis
黑白照片 black-and-white photograph; black-and-white picture; monochrome photograph
黑白正片 black-and-white positive film
黑白直纹 black-and-white vertical stripes
黑白最大频偏 white-to-black frequency swing
黑柏松 black cypress pine; Podocarpus ferruginea
黑斑点 freckle
黑斑 black spot(ting); black discolo(u)ration; dark spot; macula[复 maculae]; tache noire
黑斑补偿电路 shading compensation circuit
黑斑点 black patch; black speck
黑斑信号 dark spot signal; shading signal
黑斑岩 black porphyry; melaphyre
黑斑云闪岩 antisohite
黑板 blackboard; chalkboard
黑板报 blackboard bulletin
黑板编绘原图 black compilation
黑板擦 blackboard eraser; eraser
黑板架 easel
黑板漆 blackboard paint; chalkboard paint
黑板搪瓷 blackboard enamel
黑板温度 black panel temperature
黑板要素 black information
黑版 black print
黑版印样 black-and-white print;

blackline print
黑宝石 black onyx; black star sapphire; onyx
黑铋金矿 maldonite
黑边铁皮 black-edged plate
黑表面包壳 black-surface enclosure
黑表土 blacktop soil
黑冰 black ice
黑玻璃 black glass; filter glass; welding glass
黑玻璃反射率 black glass reflectivity
黑布 black cloth
黑测标 jet-black measuring mark
黑层孔菌属 <拉> Nigrofomes
黑长砂 metacinnabar
黑场发生器 black burst generator
黑潮 black current; black stream; Japan current; Japan stream; Kuroshio (current)
黑潮流系 Kuroshio system
黑潮逆流 Kuroshio countercurrent
黑潮续流 Kuroshio extension
黑潮支流 branch of Kuroshio
黑尘暴 <美国中南部的一种尘暴> black blizzard
黑辰砂矿 metacinnabar; metacinnabarite
黑赤铁矿 black hematite
黑翅大白蚁 <拉> Odontotermes formosanus
黑臭河水 malodo(u)rous black river water
黑臭河水净化 malodo(u)rous black river water purification
黑臭水体 malodo(u)rous black water body
黑船 black ship
黑瓷漆铁管 black enamelled conduit
黑刺李 black thorn; sloe
黑粗体字母 bold-faced letter; bold letter
黑达玛(树脂) black dammar; black East India
黑大理石 black marble; onyx marble
黑大理石粒 black marble in grains
黑大理石渣 black marble chippings
黑大理石座钟 black marble mantel clock
黑带 blackband; blanking bar <光栅上的>
黑带钢 black strip
黑蛋巢菌属 <拉> Cyathus
黑德莫尔铬钒钢 Headmore
黑的 sable
黑滴 black drop
黑底 black base(course)
黑底管 black-surrounded tube
黑底漆 black backing varnish
黑底荧光屏 blackground screen
黑地 black acre
黑地雕漆屏风 carved lacquer screen on black ground
黑地蜡 mo(u)ldavite; vitavite
黑碲铜矿 werssite
黑点 black spot; smudge; tache
黑点放大器 shading amplifier
黑点干扰 black spot interference
黑点龟裂 <轨条> shelly crack
黑点失真 black spot distortion
黑点校正 shading correction
黑电平 black level
黑电平切割 black-level clipping
黑电气片岩 schorl-schist
黑电气石 aphrizite[aphryzite]; schorl(ite)
黑电气石岩 shorl rock
黑貂毫笔 sable's hair pencil; sable brush; sable writer
黑貂毫画笔 sable pencil
黑貂毛漆刷 sable's hair pencil; sable pencil
黑貂皮 sable
黑冻 black frost; hard freeze; hard frost
黑洞 black hole; dark hole
黑洞邻域 black hole neighbourhood
黑洞效应 <隧道照明> black hole effect
黑豆 black bean
黑杜尔铝合金 Heddur
黑度 blackening; blackness; degree of blackness; emittance
黑度测定法 blackening measuring method
黑度计 nigrometer; opacimeter
黑度曲线 densograph
黑度系数 coefficient of blackness
黑度线 blackening line
黑度值 blackness value
黑垩 black chalk
黑尔比重计 Hare's hydrometer
黑尔仪器 Hare's apparatus
黑耳属 <拉> Exidia
黑矾 black alum
黑钒钙矿 melanovanadite
黑钒砂岩 kentsmithite
黑钒铁矿 nolanite
黑方格 black square
黑方解石 anthraconite
黑方框 black box
黑方石英 melanophlogite
黑肺病 black lung disease
黑粉病菌 smut fungi
黑粉病煤尘 smut
黑粉菌属 <拉> Cintractia; Ustilago
黑风 <土耳其克尔迪斯坦一带的干冷东北风> reshabar
黑风暴 karaburan <塔里木盆地的东北风沙尘>; black storm <中亚东北风>
黑风暴灾害 black storm incident
黑峰 black peak
黑辐射体 black radiator
黑腐病 black rot
黑腐节 black knot
黑腐皮壳属 <拉> Valsa
黑腐酸 humic acid
黑腐殖酸 pyrotomaleanic acid
黑负或黑正 black negative or positive
黑复铝钛石 hibonite
黑钙粗骨土 chernozemic regosol
黑钙钒矿 melanovandite
黑钙锰矿 marokite
黑钙土 chernozem(ic)(soil); chessom; mo(u)ld humus; black earth; chernosem soil
黑钙土状土壤 chernozem-like soil
黑橄榄色 olive black
黑刚玉 artificial emery; black fused alumina
黑钢板 blackened steel sheet; black iron; black plate; black steel pipe; black tin steel
黑钢皮 black sheet(iron); black steel sheet; finished black plate
黑钢丝 black(drawn) wire
黑钢丝绳 black wire rope; bright wire rope
黑疙瘩岭运动 Heigedaling orogeny
黑格疲劳试验机 Haigh fatigue testing machine; Haigh machine
黑格窑 Haigh kiln
黑根 black root
黑谷物 black chaff of rice
黑鹳 black stork
黑光 black light
黑光灯 black light lamp
黑光漆 black lacquer; black varnish
黑光漆面 black lacquer finish; black varnish finish
黑光照明 black lighting
黑硅钙锰石 neltnerite
黑硅砷锰矿 dixenite
黑硅石 chert; hornstone
黑硅石的 cherty
黑硅石骨料 chert aggregate
黑硅锑锰矿 catoptrite[katoptrite]
黑果木 huckleberry
黑果越桔 huckle-berry
黑海 Black Sea
黑海白黏[粘]土 kil
黑海-北极式海侵颠动【地】 Black Sea-Arctic transgressive oscillation
黑海谷物班轮租船合同 Black Sea berth charter
黑海租船合同 Black Sea berth terms
黑盒 <计算机控制器的俗称> black box
黑盒模型 black-box model
黑盒子 <复杂电子仪器俗称> black box
黑盒子概念 black box concept
黑褐煤 black lignite; lignite A
黑褐色 black brown; chocolate; sepia
黑红 black red
黑红色温度 black red heat
黑琥珀 black amber
黑花岗岩 black granite; pegmatite; syenite
黑滑石 black talc
黑化 blackening
黑化过滤介质 darkened filter media
黑化砂 darkened sand
黑化液 blackening bath
黑桦 black birch; cherry birch; river birch; sweet birch
黑槐 black locust
黑黄檀 grandulosum rosewood
黑灰 black ash
黑灰废液 black-ash waste
黑灰块 black ash ball; black ash cake
黑灰色 black grey
黑灰色的 dark-grey[gray]
黑灰砂浆 black ash mortar; black mortar
黑灰液 black ash liquor
黑火头 black flame; dark part of flame; plume
黑火药 brown powder
黑火药导火线 black powder fuse
黑机油 black oil
黑基木 blackbutt
黑尖头信号 <信号前面的> leading black
黑碱土 black alkali soil
黑建陶 black Chien ware
黑胶 <美> black gum
黑胶布 black tape
黑胶布带 black friction tape
黑焦油 black pitch
黑礁砾 niggerhead
黑节疤 black knot
黑芥子油 black mustard oil
黑金 niello
黑金大理岩 porto marble
黑金刚石 black diamond; carbonado; carbon diamond; drilling diamond; industrial diamond
黑金刚石钻头 carbonado bit; carbon-set bit
黑金红石 ilmenorutile
黑金镶饰品 niello
黑晶 morion
黑壳盘属 <拉> Phaeosaccardinula
黑客 hacker
黑肯哈姆铜镍合金 Heckenham metal
黑孔菌属 <拉> Nigroporus
黑块 black patch
黑矿 black ore; kuroko ore
黑矿层 blackband
黑矿型矿床 kuroko-type deposit
黑框 black box
黑框效应【隧】 dark frame effect
黑李干燥机 prune drier
黑利格比色计 Hellige meter
黑利格系比色计 comparator Hellige system of comparator
黑沥青 abbertite; albertite; asphaltite coal; black pitch; gilsonite; nigrate <美国的一种地沥青>
黑沥青烘干瓷漆 black bituminous baking enamel
黑沥青灰岩 anthraconite
黑沥青煤 albert coal
黑沥青(清)烘漆 baking black varnish
黑沥青(清)漆 japan black
黑栎 black jack
黑帘石 bucklandite
黑亮漆 japan black
黑料浆 black slurry
黑料球 raw meal and anthracite nodule
黑磷 black phosphorus; metallic phosphorus
黑磷铁钠石 hagendorfite
黑磷云母 protolithionite
黑菱铁矿 blackband; blackband iron-ore
黑硫铜镍矿 villamaninite
黑硫银锡矿 canfieldite
黑榴白榴岩 sperone
黑榴霓霞岩 cromaltite
黑榴石 melanite; titanian andradite
黑榴石微晶正长岩 melanite microsyenite
黑榴石正长岩 melanite syenite
黑柳 black willow
黑龙江 Amu River
黑铝钙石 hibonite
黑铝镁铁矿 hoegbomite
黑绿蓝宝石 cat sapphire
黑绿色 black green
黑氯铜矿 melanothallite
黑麦 rye
黑麦草 rye grass
黑麦淀粉 rye starch
黑麦秆 rye straw
黑麦秸 straw from rye
黑玫瑰色半透明玻璃纸 glassine paper dark-rose
黑煤 black coal
黑镁铁锰矿 jacobsite
黑镁铁钛矿 kennedyite
黑锰矿 black manganese; hausmannite
黑锰矿矿石 hausmannite ore
黑棉土 black cotton clay; black cotton earth; regur; regur soil; black cotton soil <一种膨胀土,分布于印度、非洲等地>
黑面层沥青路面 blacktop pavement
黑面层铺路机 blacktop paver
黑名单票 blackist ticket
黑墨(汁) Chinese ink; Indian ink; sumi ink; tusche; swarth
黑木 blackwood
黑木耳 Jew's ear
黑木金合欢 blackwood
黑木蚁 black carpenter ant
黑钼铀矿 moluranite
黑钼钴矿 pateraite
黑泥 blackband; black mud
黑泥炭土 black turf soil
黑泥土 mull
黑泥土腐熟腐殖质 mull
黑黏[粘]土 dilsh; smonitza
黑黏[粘]土缸砖 terro-metallic clinker
黑黏[粘]土夹层 bulgram
黑盘孢属 <拉> Melanconium
黑盘壳属 <拉> Melanconis
黑泡温度计 black-bulb thermometer
黑硼锡镁矿 magnesiohulsite
黑硼锡铁矿 hulsite

黑皮 black;casting skin;crust;mill scale
黑皮锻件 as-forged;surface as forged
黑票 <表示反对的> black ball
黑瓶 <测浮游植物生产量用> dark bottle
黑漆 black japan;black paint
黑漆布 black varnished cambric cloth
黑漆带 black varnished cambric tape
黑漆单弹簧铰链 black japanned spring hinge;single action black japanned spring hinge
黑漆镀黄铜锁牌 black japanned brass-plated iron hasp, staple
黑漆粒 black drop;drop black
黑漆皮 patent leather
黑漆片 chip black
黑漆纱门弹簧铰链 black japanned screen door spring hinge
黑漆双弹簧铰链 black japanned spring hinge; double-action black japanned spring hinge
黑漆铁铰链 black japanned iron hinge
黑漆铁丝锁牌 black japanned iron wire hasp and staple
黑漆铁锁牌 black japanned iron hasp and staple
黑漆羊角锤 claw hammer black enamelled
黑漆蒸发器 black-painted tank
黑铅 black lead;graphite;lead suboxide;plumbago
黑铅法 plumbago process
黑铅粉 black lead powder
黑铅粉防锈漆 lead suboxide anti-corrosive paint
黑铅漆 black-lead paint;graphite paint
黑铅油 oildag
黑铅油漆 black-lead paint
黑铅铀矿 richetite
黑清漆 black varnish
黑球 black sphere
黑球腔菌属 <拉> Melanomma
黑球温度 black-bulb temperature; black-globe temperature;dry resultant temperature <室内的>
黑球温度表 black-bulb thermometer
黑球温度法 black-bulb temperature method; black-globe temperature method
黑球温度计 black-bulb thermometer; black-globe thermometer;globe thermometer
黑区 black area
黑热 <在该热度下钢铁变黑> black heat
黑热病 black fever; cachectic fever; kala-azar
黑人铁路列车人员和机车司炉联合会 <美> Association of Colo(u)red Railway Trainmen and Locomotive Firemen
黑人像瓶饰 black-figure vase
黑软土 altoll
黑桑 black mulberry
黑色 blackness;nigritude
黑色斑 black spot
黑色斑点 black speck
黑色斑岩 porphyritic melaphyre
黑色板岩 black slate
黑色饱和 black saturation
黑色背景 black background
黑色边缘 black border
黑色标度 black scale
黑色冰山 black berg
黑色丙烯酸消光瓷漆 black acrylic matt enamel
黑色玻璃 basalt glass;black glass
黑色薄涂层 black wash
黑色测试板 black sighting board
黑色层整修滚筒 blacktop finishing roller
黑色沉淀 black precipitate
黑色成分 black content
黑色冲积黏[粘]土 black adobe soil
黑色垂直或水平线 <电视> flag pole
黑色纯酚醛底漆 black pure phenolic resin primer
黑色瓷器 basalt
黑色大理石 black marble
黑色大漆 black lacquer
黑色带 black ribbon
黑色道路面层 blacktop
黑色的 black;dark-colo(u)red
黑色底层 black base(course)
黑色电缆 black cable
黑色电平 black level
黑色电平切割 black-level clipping
黑色电气石 jet stone
黑色断口 black fracture
黑色法兰 <又称黑色凸缘> black flange
黑色方解石 urinestone
黑色方位镜 black azimuth mirror
黑色防腐漆 black japan
黑色废水 black water
黑色酚醛调合漆 black phenolic ready-mixed paint
黑色风暴 black buran;black dusters
黑色风干漆 black air drying paint
黑色封层 <浇少量沥青乳液于路面而不撒盖面集料的封层> black seal; bituminous seal coat
黑色浮标 black buoy
黑色辐射【物】black body radiation
黑色腐残土 <美> muck soil
黑色腐殖土 muck soil
黑色腐殖质土 black humus earth; black humus soil
黑色感光材料 black-and-white sensitized material
黑色号型 black shape
黑色和褐色色素 black and brown pigments
黑色褐煤 black lignite
黑色烘干漆 black baking varnish
黑色厚玻璃瓶 ink bottle
黑色护目镜 black goggles
黑色花岗岩 black granite;black vista <产于美国加州的>
黑色灰土 rendzina soil
黑色混凝土 black concrete
黑色火山土 ando soil;andosol
黑色火药 black(blasting) powder; gunpowder;miner's powder
黑色基层 bituminous base(course); black base(course)
黑色基质 black fundamental matrix
黑色及有色金属 ferrous and non-ferrous metals
黑色及有色金属螺钉和螺母 ferrous and non-ferrous screw and nut
黑色及有色金属铆钉 ferrous and non-ferrous rivet
黑色结晶片岩 black crystalline schist
黑色金刚石 black diamond
黑色金属 ferrous metal
黑色金属材料 ferrous material
黑色金属分析 ferrous metal analysis
黑色金属工业 ferrous industry
黑色金属管 ferrous metal pipe
黑色金属挤压机 ferrous metal extrusion press
黑色金属矿产 ferrous metal commodities
黑色金属冶金炉 iron and steel furnace
黑色金属铸件 ferrous metal casting
黑色绝缘胶布 black friction tape; black insulating tape;black tape
黑色矿物 black mineral
黑色矿渣 slagmac
黑色矿渣碎石 <一种冷铺沥青拌矿渣混合> slagmac
黑色沥青材料 blacktop
黑色沥青(耐热)漆 Berlin black
黑色亮烟煤 glossy black bituminous coal
黑色量 black content
黑色料滴 drop black
黑色裂口 black short
黑色磷 black phosphorous
黑色硫化汞 black mercuric sulfide
黑色路 bituminous road; blacktop road
黑色路面 blacktop(surface); dark-colo(u)red pavement
黑色轮廓象 silhouette
黑色梅花扳手 double offset ring spanner black finished
黑色蒙片 black masking
黑色面层 bituminous surface; blacktop;blacktop surfacing
黑色耐高温漆 black heat-resisting paint
黑色耐热防锈漆 dark heat-resistance and rust-proof lacquer
黑色耐热漆 black heat-proof varnish
黑色泥炭 black peat
黑色泥沼 black bog
黑色喷出岩 dark-colo(u)red extrusive rock
黑色拼花木地板材 black karuni
黑色漆 black paint
黑色铅矿 black lead ore
黑色侵入体 dark-colo(u)red intrusive rock
黑色清漆 black varnish; Brunswick black <其中的一种>
黑色缺氧层 black anoxic layer
黑色染料 black dyes
黑色热 black fever; Rocky Mountain spotted fever
黑色熔岩玻璃 black lava glass
黑色润滑油 dark luboil;pit car oil
黑色生草土 black turf soil
黑色石灰软土 rendoll
黑色石灰土 rendzina(soil)
黑色石灰土灰 xerorendzina
黑色石墨涂料 black graphic(al) paint; black graphite paint
黑色石屑 bituminous-coated chip(ping)s;precoated chip(ping)s
黑色石油产品 black product
黑色炻器 basalt
黑色双头扳手 double open end wrench black finished
黑色松脂 black pitch;naval pitch
黑色素树脂体 melanoresinite
黑色碎石拌制设备 coated macadam plant
黑色碎石路 coated macadam
黑色碎石路面 asphalt macadam pavement; bituminous macadam pavement
黑色碳化硅 black silicon carbide
黑色碳质黏[粘]土 chalk black
黑色碳质页岩 dauk[dawk]
黑色陶器 black ware
黑色透紫外玻璃 black glass for ultraviolet transmission
黑色图 blackline print
黑色图案 black-figure style
黑色图像 monochrome
黑色涂层 black coating
黑色涂料 black coating;blacking paint; black japan;wet blacking
黑色涂料和覆盖 black paint soil amendment and mulch
黑色涂料搅拌机 blacking mixer
黑色退火 black annealing
黑色拖尾 black smear
黑色洼地 black bottom
黑色微暗煤 black durite
黑色为负 black negative
黑色为正 black positive
黑色无釉炻器 basalt ware
黑色物 nigritude
黑色物质 atrament
黑色休闲地 black fallow
黑色压缩烟砖 niggerhead
黑色盐碱土 kara
黑色颜料 black pigment;bronze black
黑色氧化处理 black oxide coating
黑色氧化铁 mineral black; mineral graphite
黑色氧化铁屑 <钢铁构件表面的> divided scale
黑色氧化铁颜料 black oxide of iron (pigment)
黑色要素控制器 black computer
黑色冶金学 ferrous metallurgy
黑色页岩 biopelite;black shale
黑色印样 black-and-white edition; black engraved map
黑色影片 monochrome
黑色油漆 black japan
黑色釉料 black stain
黑色晕渲法 dark-plate method
黑色造型涂料 black wash
黑色炸药 black powder; blasting powder;gunpowder
黑色沼泽 black bog
黑色罩漆 black finishing varnish
黑色之物 nigritude
黑色重润滑油 black strap
黑色柱饰 <科林恩或混合柱式柱头> black-figure vase
黑色锥形号型 black conic(al) shape
黑砂 black sand
黑砂浆 black mortar
黑山楂木 black hawthorn
黑珊瑚 black coral
黑闪 black lightning
黑生料 black raw meal
黑生料法 black meal process;interground fuel process
黑石粉 black stone powder
黑石膏 dark plaster
黑石灰石粉 grey-black limestone powder
黑石棉 ebony asbestos
黑石英 black quartz
黑炻器 basalt stoneware
黑市 black market; black mart; illicit market
黑市采购 black market purchase
黑市价格 black market price; off-the-book quotation;curb price
黑市交易 black market transaction
黑市汽油 black gasoline
黑市商人 blackmarketeer
黑视 blackout
黑试样 black sample
黑柿木 black persimmon wood
黑霜 black frost; early frost hidden; hard frost
黑水 black water
黑水病 black canker;ink disease
黑水钒矿 vanoxite
黑水港湾 black-water estuary
黑水热 black-water fever; hemoglobinuric fever;West African fever
黑死病 black death;pest
黑松 black pine; jack pine; Japanese black pine
黑塑柄螺丝刀 screwdriver with black plastic handle
黑燧石 touchstone
黑索金炸药 cyclonite;cyclotrimethylene trinitramine; hexahydro-1,3,5-

trinitro-symtriazine; hexogen; sym-trimethylene trinitramine; trinitrotrimethylenetriamine
黑钛矿 arkansite
黑钛石 anosovite
黑钛铁钠矿 freudenbergite
黑檀 ebony
黑檀木 black ebony;ebony wood
黑檀色的 ebony
黑檀制的 ebony
黑炭衬 hair interlining
黑炭粉 black stump chalk
黑炭旋转炉 black-ash revolver
黑碳钙铀矿 wyartite
黑碳化硅 black silicon carbide
黑碳化硅磨料 black silicon carbide grain
黑陶 carbonized pottery;black pottery
黑陶面具 black-earthen mask
黑陶器 basalt ware
黑陶文化 Black Pottery Culture
黑锑锰矿 melanostibite
黑体 black body;full radiator
黑体粗线 black line;bold line
黑体发射 black body emission
黑体辐射 black body radiation
黑体辐射计 black body radiometer
黑体辐射器 black body radiator;perfect radiator
黑体轨迹 black body locus
黑体活字 black-letter
黑体空穴 black body cavity
黑体数字 bold figure
黑体温度 black body temperature
黑体系数 black body coefficient
黑体字 antique; black (bold) face; bold-faced letter; bold figure; bold line; church-text; boldface; Gothic <英>
黑体字的 black-letter
黑天蓝色的 azure black
黑天牛属 pine sawyer
黑条木小 <拉> Xyioterus lineatus
黑条纹 blackband
黑铁 black iron
黑铁板 black iron(plate);black iron sheet;black plate
黑铁扁头铆钉 black mild steel flat head rivet
黑铁丹 black rouge
黑铁导线管 black iron conduit
黑铁垫板 black iron washer
黑铁钒矿 montroseite
黑铁粉 iron black
黑铁管 black iron pipe;black pipe
黑铁管涵洞 black culvert
黑铁涵管 black culvert
黑铁号头铆钉 black mild steel flat head tin-men rivet
黑铁辉石 hudsonite
黑铁六角螺丝帽 black iron hexagon nut;black mild steel hexagonal nut
黑铁绿泥石 minguetite
黑铁马车螺丝闩 black mild steel carriage bolt and nut
黑铁镍矿 trevorite
黑铁皮 blackened steel sheet;black iron sheet;black plate;black sheet(iron)
黑铁丝 black wire
黑铁四方螺丝帽 black mild steel square nut
黑铁鱼尾螺丝闩 black mild steel fish bolt and nut
黑铁圆头铆钉 black mild steel round head rivet
黑铁锥头铆钉 black mild steel pan head rivet
黑铜 black copper
黑铜矿 melaconite;tenorite
黑头砖 chuff;chuffy brick
黑图 black sheet(iron)
黑涂料 black coating;black paint
黑土 black earth; black mo(u)ld; black soil;chemozem soil;mo(u)ld humus;terra nera
黑土带 black-belt;chernozem belt
黑土沼 black bog
黑退火 <热轧钢板的> blue annealing;open annealing
黑退火钢丝 black annealed wire
黑外 infrablack
黑外同步信号 infrablack synchronizing signal
黑纹深红色硬木 <一种产于中美洲的木材> curupay
黑沃尔特河 Black Volta River
黑污点 smudge;smut
黑屋 back room;blackroom
黑屋顶油毛毡 black roofing felt
黑屋顶油毛毡胶黏[粘]剂 black roofing adhesive
黑钨矿 calwolframite; tobacco jack; wolfram(ite)
黑钨矿矿石 wolframite ore
黑钨矿石英脉矿床 wolframite-quartz vein deposit
黑雾 black fog
黑稀金矿 euxenite
黑稀金矿矿石 euxenite ore
黑稀土矿 melanocerite
黑锡矿 romarchite
黑匣子 black box
黑线 <图表中的> heavy line
黑线纹 hairline;black line
黑陷球壳属 <拉> Melanopsamma
黑箱 <计算机控制器的俗称> black box
黑箱模型 black-box model
黑镶边 <在前面的> leading black
黑斜钒矿 haeggite
黑心 black core;coring;black heart <木材的>
黑心可锻铸铁 blackheart malleable cast-iron
黑心(阔叶)材 black heart
黑心盘菌属 <拉> Lagerheima
黑锌锰矿 chalcophanite
黑星孢属 <拉> Fusicladium
黑星菌属 <拉> Venturia
黑烟 black smoke;dark-smoke;lamp black
黑烟读数仪 telesmoke
黑烟末 carbon black
黑颜料 black pigment;mineral black
黑眼镜 goggles
黑杨 black poplar
黑氧化钴 black oxide of cobalt
黑氧化铁颜料 black iron oxide pigment
黑曜斑岩 obsidian porphyry
黑曜岩 glass agate;Iceland agate;obsidian;fusible quartz;volcanic glass
黑曜岩水化测年法 obsidian hydration dating method
黑曜岩水化年代测定法 hydration dating;obsidian dating;obsidian hydration dating
黑液 sulphite lye;black liquor <造纸废水>
黑液固体物 black liquor solid
黑液回收锅炉 black liquor recovery boiler
黑液回收装置 black liquor recovery unit
黑液氧化法 black liquor oxidation process
黑液氧化塔 black liquor oxidation tower
黑溢 <信号幅度增加时,黑部分产生过深现象> slop-over
黑银锰矿 aurorite
黑蝇 black fly
黑影 black shadow
黑影照片 photogram
黑影周围的半阴影 penumbra
黑硬沥青 <一种石油沥青石> gilsonite
黑硬绿泥石 bardolite;stilpnomelane
黑硬橡皮 ebonite
黑油 black oil; mas(o)ut[maz(o)ut];naphtha residue;vegetable tar
黑油胶 black factice
黑油模型 black-oil model
黑油涂饰 blackout
黑油土 black waxy soil
黑黝铜矿 schwar(t)zite
黑釉淘器 majolica
黑雨 black rain
黑云(倍)长岩 achnakaite
黑云变粒岩 biotite granoblastite
黑云变粒岩-浅粒岩建 biotite leptynite-leptite formation
黑云粗面岩 selagite
黑云二长片麻岩 biotite monzogneiss
黑云二辉麻粒岩 biotite orthorhombic and monoclinic pyroxene granulite
黑云沸煌岩 ouachitite
黑云花岗片麻岩 biotite-granite gneiss
黑云环 cloud wreath
黑云辉石黄长岩 mica pyroxene melilitite
黑云角闪片岩 biotite hornblende schist
黑云角闪岩 stavrite
黑云角岩 corneite
黑云蓝方黄煌岩 bergalite
黑云绿帘片麻岩 biotite epidote gneiss
黑云母 biotite; black mica; katzengold;magnesia mica
黑云母安山岩 biotite andesite
黑云母白云(石)碳酸岩 biotite rauhaugite
黑云母粗面岩 biotite trachyte
黑云母方沸碱煌岩 ouachitite
黑云母黑云碳酸岩 biotite sovite
黑云母花岗岩 biotite granite
黑云母化 biotitization
黑云母辉长岩 biotite gabbro
黑云母碱流岩 biotite pantellerite
黑云母角闪石闪长岩 biotite hornbendite
黑云母(角)闪岩 biotite amphibolite
黑云母金云母方解石碳酸岩 biotite phlogopite alvikite
黑云母晶体 biotite crystal
黑云母类 meroxene
黑云母粒玄岩 biotite dolerite
黑云母流纹岩 biotite rhyolite
黑云母麻粒岩 biotite granulite
黑云母镁云碳酸岩 biotite beforsite
黑云母麋棱角页岩 corncite
黑云母片麻岩 biotite gneiss; biotite gneissic rock;biotite gneissose rock
黑云母片岩 biotite schist
黑云母千枚岩 biotite phyllite
黑云母闪长岩 biotite diorite
黑云母石英片岩 biotite-quartz schist
黑云母石英岩 biotite quartzite
黑云母岩 biotitite
黑云母英安岩 biotite dacite
黑云片麻岩建造 biotite gneiss formation
黑云片麻岩-绿片岩建造 biotite gneiss-green schist formation
黑云浅粒岩 biotite leuco granoblastite
黑云杉 black spruce
黑云石榴片岩 biotite-garnet schist
黑云碳酸岩 sovite
黑云碳酸岩类 sovite group
黑云透辉角闪变粒岩 biotite diopside hornblende leptynite
黑云斜长片麻岩 biotite plagioclase gneiss
黑云紫苏辉石麻粒岩 biotite hypersthene granulite
黑云紫苏辉岩 biotite hypersthentite
黑噪声 black noise
黑曾比色计 Hazen-colo(u)rimeter
黑曾定律 <估算土壤渗透系数用> Hazen's law
黑曾法 <水文频率计算> Hazen's method
黑曾方程 Hazen's equation
黑曾公式 Hazen's formula <经验频率绘点位置公式>;Hazen's law <用于近似计算土层渗透系数>
黑曾几率格纸 <把正态分布曲线变成一条直线所采用的一种坐标纸> Hazen probability graph paper
黑曾均匀度系数 Hazen's uniformity coefficient
黑曾色值 Hazen's number
黑曾数 Hazen's number
黑曾-威廉斯粗糙度系数 Hazen-Williams roughness coefficient
黑曾-威廉斯粗糙系数 Hazen-Williams rough coefficient
黑曾-威廉斯方程 Hazen-Williams equation
黑曾-威廉斯公式 <用于水力学> Hazen-Williams formula
黑曾-威廉斯曲线图 Hazen-Williams diagram
黑渣 black slag;black cinder <水淬不完全的>
黑渣硬渣 <水淬不完全的> black cinder
黑炸药 gunpowder
黑痣菌属 <拉> Phyllachora
黑蛭石 maconite
黑侏罗纪 <早侏罗世>【地】Black Jurassic
黑侏罗统【地】black Tura
黑柱石 ilvaite
黑砖 black brick
黑字体 bold-faced type;grotesque
黑棕色 dark brown
黑座壳属 <拉> Melanops

痕迹 impression; imprint; mark(ing); printing; remnant; scar; trace;trail;vestige

痕迹沉淀 trace sediment
痕迹反射 trace reflex
痕迹化石 ichnofossil;trace fossil
痕迹检验 verification of traces
痕迹量 minor value;tracer level
痕迹量级 trace level
痕迹条件作用 trace conditioning
痕迹学 ichnology
痕迹影线 hachure
痕量 trace amount;trace quantity
痕量测定 determination of trace
痕量成分 trace constituent
痕量放射性 trace level activity
痕量分析 trace analysis; vestigial analysis
痕量富集 trace enrichment
痕量构分 trace constituent
痕量化学 trace chemistry
痕量级 trace level
痕量金属 trace metal
痕量金属分析 trace metal analysis
痕量金属污染 trace metal pollution
痕量浓度 trace concentration

痕量气体 trace gas
痕量污染 trace contamination; trace pollution
痕量污染物 micropollutant; trace contaminant; trace pollutant
痕量物质 trace material; trace substance
痕量抑制剂 trace inhibitor
痕量有机物 trace organic matter
痕量元素 accessory element; microelement; trace element; vestigial element
痕量元素分析 trace element analysis
痕量元素污染 trace element pollution
痕量杂质 trace impurity
痕量组分 trace component
痕色法 streak method
痕色试验 streak test

很差能见度 very poor visibility

很大的波 <波高 8 ~ 12 英尺,1 英尺 = 1.61 公里>【气】very rough sea
很大改进 great improvement
很低浮雕 demi-relievo
很短的距离 very short distance; walking distance
很短的抛石丁坝 hard point
很好成型的路面 well-knit surface
很好烃源岩 very good source rock
很好修整过的 well-shaped
很好压实的 tightly packed
很坏能见度 very bed visibility
很靠近船首方向 fine on the bow
很快消失的 evanescent
很宽的裂缝 crack lipping
很冷的水 more cold water
很密闭的 very close
很难破损 low susceptibility to breakage
很难洗(涤) very hard washing
很容易换用的代用品 near drop-in substitute
很少建筑物的郊外 open country
很湿的 severely humid
很湿的灰浆混合液 soup
很小的房屋 bijou house
很小的开度位置 cracked position
很小的木质颗粒 very fine wood particles
很易自燃 extremely self-combustion
很硬淬火 glass hardness
很硬的 glass-hardened
很圆熟的 well-rounded
很匀称的 well-proportioned

亨伯桥 <主跨 1410 米悬索桥,英国> Humber bridge

亨勃尔关系 Humble relation
亨博尔特冰川 Humboldt Glacier
亨茨曼坩埚炼钢法 Huntsman process
亨德莱滚刀 Hindley hob
亨德里页岩 Hendre shale
亨克尔变换 Hankel transform
亨克尔法 Henkel process
亨克尔反演定理 Hankel inversion theorem
亨克尔函数 Hankel function
亨克尔积分 Hankel integral
亨克拉伸位 Hencky extension
亨里奇矿 heinrichite
亨利 <电感单位> henry
亨利常数 Henry's constant
亨利单位 Henry's unit
亨利定律 Henry's law
亨利定律常数 Henry's law constant
亨利方程 Henry's equation
亨利计 Henrymeter; inductance meter
亨佩尔燃料气体分析法 analysis of fuel gases by Hempel method
亨森线 Hensen's line
亨舍尔混合机 Henschel mixer
亨氏输送机 Hunt conveyer[conveyor]
亨斯得贝克近似计算 Hengstebeck approximation
亨特白度 Hunter whiteness
亨特比色光泽计 Hunter colo(u)r and gloss meter
亨特色差方程 Hunter difference equation
亨特色泽计 Hunter gloss meter
亨特万能反射(白度)计 Hunter multipurpose reflectometer
亨特-修斯特边坡稳定分析法 Hunter and Schuster method of slope stability analysis
亨廷顿型磨碎机 Huntington mill
亨脱连续过滤机 Hunt continuous filter

哼鸣声 hum

哼声测量 hum measurement
哼声电平 hum level
哼声平衡器 hum balancer
哼声器 hummer
哼声调制 hum modulation
哼声消除器 anti-hum
哼声抑制器 anti-hum
哼声抑制线圈 <扬声器> hum-bucking coil
哼鸣电压 hum voltage
哼音 hum note

恒安全几何条件 always safe geometry

恒保温瓶 thermostatic bottle
恒比变压器 constant ratio transformer
恒比代码 ratio code
恒比码 constant ratio code
恒变换 identity transformation
恒冰点 constant freezing point
恒参信道 constant channel; constant parameter channel; parametric(al) stabilization channel; stable-parameter channel
恒差 constant difference; constant error
恒常平衡 constant equilibrium
恒常作用 constant action
恒齿 fixed tooth; permanent tooth; secondary tooth
恒磁场同步电动机 permanent-field synchronous motor
恒磁导率合金 constant permeability alloy
恒存度 constancy
恒存种 constant species
恒导磁合金 constant permeable alloy
恒导磁铁镍钴合金 isoperm
恒等变换 identical transformation; identity transformation
恒等代换 identical substitution
恒等的 identical; identically equal
恒等方程 identity equation
恒等关系 identical relation
恒等号 identity symbol
恒等级数 identical series
恒等矩阵 identical matrix; identification matrix
恒等量 identical quantity
恒等门 identity gate
恒等排列 identical permutation
恒等式 identical; identical equation; identical relation; identity
恒等速率阶段 constant rate period
恒等算子 identity operator
恒等网络 identical network
恒等线 contouring
恒等形 identical figure
恒等性关系 relation of identity
恒等应变准则 constant strain criterion
恒等映射 identity mapping
恒等于零 identically varnishing
恒等元素 identical element; identity element
恒等运算 identity operation
恒等置换 identical permutation
恒底流 constant underflow
恒电流 continuous current
恒电流充电机 continuous current charger; Flotrol
恒电流电势法 constant current potentiometry
恒电流过程 constant current process
恒电势器 potentiostat
恒电位矿物 constant potential mineral
恒电位器 potentiostat
恒电压焊机 constant voltage welding machine
恒电压调节 constant voltage regulation
恒定 constant; invariable
恒定倍增器 constant multiplier
恒定泵 constant pressure pump
恒定比率码 constant ratio code
恒定比特率 constant bit rate
恒定边界层 steady-state boundary layer
恒定波 steady wave
恒定参数器 constant parametron
恒定层流 steady laminar flow
恒定场 constant field; permanent field; stationary field
恒定程宗剂 conservative tracer
恒定出料量 constant discharge
恒定垂直应力 constant vertical stress
恒定带 constant band width filter
恒定带宽滤波器 constant band width filter
恒定的 constant; invariable; invariant; staple
恒定点 steady point
恒定电流 constant current
恒定电流阳极氧化法 constant current anodizing process
恒定电压 constant voltage
恒定电压电动机 constant voltage motor
恒定电压阳极氧化法 constant voltage anodizing process
恒定电压源 constant voltage source
恒定电阻网络 constant resistance network
恒定电阻直流电位计 constant resistance dc potentiometer
恒定断面 uniform cross-section
恒定分层现象 <湖水常年不对流的> meromixis
恒定风 constant wind; permanent wind
恒定峰值功率 firm peak capacity
恒定服务时间 constant service time
恒定幅度系统 constant amplitude system
恒定高水位的港坞 impounded dock
恒定工作周期 constant duty cycle
恒定功率电动机 constant power motor
恒定功率发电机 constant power generator
恒定荷载 constant load
恒定荷载下应力松弛 stress relaxation under constant load
恒定横移速率 constant rate of traverse
恒定弧电位 constant glow potential
恒定挥发性固体含量 constant volatile-solid content
恒定回流活性污泥比 constant return activated sludge ratio
恒定激励 constant excitation
恒定挤压 stationary extrusion
恒定间隙活塞 constant clearance piston
恒定剪力黏[粘]度计 constant shear viscosimeter
恒定剪切荷载 stationary shearing load
恒定剪切黏[粘](滞)度 constant shear viscosity
恒定检查 constant detection
恒定检查系统 constant detection system
恒定检查制 constant detection system
恒定接近时间电路(道口) constant approach time circuit
恒定经常费 constant current charge
恒定净损耗 constant net loss
恒定净损失 constant net loss
恒定均匀流 steady uniform flow
恒定空穴 steady cavity
恒定孔隙比 constant void ratio
恒定孔隙水压力 constant pore pressure
恒定控制系统 constant control system
恒定拉力绞车 constant tension winch
恒定拉伸荷载接头试验 constant tensile load joint test
恒定粒度 constant particle size
恒定亮度传输 constant luminance transmission
恒定量 constant basis
恒定料位喂料仓 constant level feed bin; constant level feed tank
恒定流 permanent current; permanent flow; stationary current; steady flow; constant current; constant flow
恒定流的不均匀性 steady-flow nonuniformity
恒定流量 constant discharge; constant rate of flow
恒定流量泵 constant flow pump
恒定流速 constant velocity
恒定脉冲的 isopulse
恒定面积曲线 constant area curve
恒定明渠均匀流 constant open channel uniform flow
恒定挠度试验 constant deflection test
恒定能量 permanent energy
恒定浓度 conservative concentration
恒定排量 constant discharge
恒定排量泵 constant displacement pump
恒定排水速率试验 constant-discharge rate test
恒定偏差 constant deviation
恒定频率控制 constant frequency control; flat frequency control
恒定频率振荡器 constant frequency oscillator
恒定平衡 constant equilibrium
恒定坡降 steady gradient
恒定谱密度 constant spectral density
恒定起始浓度 constant initial concentration
恒定强度 constant strength
恒定切削速度 constant cutting speed
恒定倾斜线 line of constant dip
恒定区 constant region; steady zone
恒定热源 constant heat source

恒定渗流 steady seepage
恒定湿度 constant humidity; permanent humidity
恒定湿热试验 steady-state damp heat test
恒定势能原理 principle of stationary potential energy
恒定输出 constant output; firm output
恒定输出放大镜 constant output amplifier
恒定输出振荡器 constant output oscillator
恒定输入浓度 constant input concentration
恒定输送量 constant throughput
恒定束宽 constant beamwidth
恒定水流 permanent current; steady flow
恒定水平控制 constant level control
恒定水头 constant head
恒定水头渗透仪 constant head permeameter; constant head test apparatus
恒定水头渗透仪示意图 schematic diagram of constant head permeameter
恒定水跃 steady jump
恒定水质 conservative water quality
恒定水准 constant level
恒定速度范围 constant velocity domain
恒定塑流 steady plastic flow
恒定损失 constant loss
恒定梯度 steady gradient
恒定调节器 conservation regulator
恒定停留期 constant retention period
恒定通风 permanent ventilation
恒定推力 constant thrust; fixed thrust
恒定温度 constant temperature; stationary temperature; steady temperature; uniform temperature
恒定污染物 conservative pollutant
恒定无线电编码 constant ratio code
恒定误差 constant error
恒定系数法 constant factor method
恒定系数鉴别器 constant fraction discriminator
恒定限速区段 permanent speed restriction section
恒定相位延迟 epoch
恒定相位延迟角 epoch angle
恒定相移 constant phase shift
恒定斜温层 permanent thermocline
恒定性 constance [constancy]; invariance
恒定徐变速度 constant creep speed
恒定压力 constant pressure
恒定压实力 constant comparative force
恒定亚声速曳阻 steady subsonic drag
恒定延时鉴频器 constant-delay discriminator
恒定液面调节器 constant level regulator
恒定液位加油器 constant level oiler
恒定音 stationary tone
恒定应变试验 constant strain test
恒定应力试验 constant stress test
恒定油位化油器 constant level carburettor
恒定油位器 constant level oiler
恒定油位润滑 constant level lubrication
恒定油位润滑器 constant level lubricator
恒定有效应力 constant effective stress
恒定张力绞车 constant tension winch
恒定振幅 uniform amplitude
恒定值 conservative value
恒定值控制 constant value control
恒定注射率法 constant injection rate method
恒定转速 constant speed; permanent speed
恒定状态 steady state
恒定状态速比 constant position ratio
恒定自差 constant deviation
恒定自然死亡率 constant natural mortality rate
恒定阻尼 Coulomb damping
恒定最高容量 firm peak capacity
恒定最小应力 constant minor stress
恒定最小主应力 constant minor principal stress
恒冻层 permafrost frozen layer
恒方位线 curve of constant bearing; curve of equal bearing
恒沸 constant boiling
恒沸点 constant boiling point
恒沸点的【化】azeotropic
恒沸（点）混合物 constant boiling mixture
恒沸二元混合物 constant boiling binary mixture
恒沸溶液 constant boiling solution
恒沸三元混合物 constant boiling ternary mixture
恒风 prevailing wind; steady wind
恒幅摆动 constant amplitude oscillation
恒幅度摆动 continuous oscillation
恒高度重复剪切试验 constant height repeated shear test
恒高重复简单剪切试验 repetitive-simple shear test at constant height
恒功率 constant horsepower
恒功率泵 constant output pump
恒功率电焊机 constant energy welding machine
恒功率动力输出装置 live-power take-off
恒功率法 constant power process
恒功率激磁 constant kilowatt excitation
恒功率励磁 constant kilowatt excitation
恒功率式焊接电源 constant power welding source
恒功率液压系统 live-power hydraulics
恒河 Ganges River
恒河深海扇 Ganges abyssal fan
恒荷载 steady load; dead load(ing)
恒荷载试验 maintained load test
恒化器 chemostat
恒焦距高温计 fixed-focus pyrometer
恒角拱坝 constant angle arch dam
恒截面拱 constant cross-section(al) arch
恒径拱坝 constant radius arch dam
恒力 constant force
恒力冲击机镐 constant-blow hammer
恒力幅激振 constant force amplitude excitation
恒力矩异步电动机 constant torque asynchronous motor
恒力输出 constant force output
恒力弹簧 constant force spring
恒力弹簧支架 constant spring hanger
恒力液体弹簧 constant force liquid spring
恒亮度原理 constant luminance principle
恒量 constant
恒量泉 constant spring
恒量喂料机 constant feeder
恒流 permanent current; permanent flow; steady flow
恒流变压器 constant current transformer
恒流充电 constant current charge
恒流电动机 constant current motor
恒流电焊机 constant current welding machine
恒流电源 constant current power supply; constant(current) source
恒流发电机 constant current dynamo; constant current generator
恒流阀 permanent flow valve
恒流放电 constant current discharge; discharge of constant current
恒流河川 perennial streamflow
恒流控制 constant current control
恒流量装置 constant flow device
恒流滤波器 constant current filter
恒流配电 constant-current distribution
恒流器 galvanostat
恒流润滑 constant flow lubrication
恒流式焊接电源 constant current welding source
恒流特性 constant current characteristic
恒流条件 constant current condition
恒流调节器 constant current regulator
恒流调制 constant current modulation; Heissing modulation
恒流直流电位计 constant current DC potentiometer; Poggendoriff's first method
恒流制 constant current system
恒流制输出电压 compliance voltage
恒摩尔回流 constant molal overflow
恒排量泵 constant displacement pump
恒偏法 method of constant deviation
恒偏分光镜 constant deviation spectroscope
恒偏向棱镜 constant deviation prism
恒偏向摄谱仪 constant deviation spectrograph
恒频(率) constant frequency
恒千瓦激磁 constant kilowatt excitation
恒千瓦励磁 constant kilowatt excitation
恒容发热量 calorific value at constant volume
恒容过程 isovolumetric(al) process
恒容量泵 constant volume pump
恒容量热计 constant volume calorimeter
恒容热容 heat capacity at constant volume; isovolumetric(al) heat capacity
恒容线 isochore
恒渗压的 homoiosmotic
恒湿度调节仪 humidostat
恒湿范围 constant humidity range
恒湿计 humidistat; hydrostat
恒湿期 <混凝土养护的> soaking period
恒湿器 humidistat; hygrostat
恒湿取样 constant moisture sampling [sample]
恒湿室 constant humidity chamber
恒湿无灰基高位发热量 gross calorific value in moist ash free basis
恒湿无矿物质基 moist mineral matter free basis
恒湿无灰基 moist ash free basis
恒湿系统 constant humidity system
恒湿箱 constant humidity cabinet; humidistat; hydrostat
恒湿仪 humidostat; hydrostat
恒时钟 sidereal clock
恒势 equipotentiality
恒势器 potentiostat
恒水头池 permanent head tank
恒水头滤池 permanent level filter
恒水头渗透性试验 constant head permeability test; constant head permeameter test
恒水位池 constant head tank
恒水位箱 constant head tank
恒水植物 homeohydric plant
恒速 constant speed; constant velocity
恒速常数据传输系统 constant current system
恒速车轴发电机 controlled speed axle generator
恒速沉沙槽 constant velocity grit channel
恒速沉沙池 constant velocity grit channel
恒速沉沙渠 constant velocity grit channel
恒速传动 constant speed drive
恒速电动机 constant speed motor
恒速发动机 constant speed engine
恒速负载 constant speed loading
恒速干燥 constant rate drying
恒速工作 constant speed operation
恒速过滤 constant rate filtration
恒速荷载强力试验机 constant load-rate tensile testing machine
恒速计时器 constant clock
恒速加荷 constant rate loading
恒速加载 constant speed loading
恒速控制 constant speed control
恒速控制系统 cruise control system
恒速率 constant rate
恒速率数据传输系统 constant data-rate system
恒速螺旋桨 constant speed propeller
恒速散流器 anemostat type diffuser
恒速特性曲线 constant speed characteristic curve
恒速调节 constant speed control; constant speed setting
恒速调节器 constant speed governor
恒速调速器 astatic governor; constant speed governor; isochronous governor
恒速调制盘叶片 constant speed chopper blade
恒速运动 constant velocity motion
恒速蒸馏法 constant rate method of distillation
恒速制动 holding brake[braking]
恒速转动 constant revolution
恒速作业 constant speed operation
恒态流 steady flow
恒弹性模数钢 cobenium
恒弹性镍铬钢 Elinvar
恒特性水晶滤波器 dependable crystal filter
恒体积加料器 constant volume feeder
恒体积取样 constant volume sampling
恒体积试验 constant volume test
恒土植物 soil-constant plant
恒位面调节器 constant level regulator
恒位线 azimuth gleiche
恒位移式调节器 isotranslation regulation
恒温 constant temperature; stationary temperature; uniform temperature
恒温变化 isothermal change
恒温槽 constant temperature oven; pyrostat; thermostat(ic bath); water-bath
恒温层 homo(io)thermy
恒温层掺混 hypolimnetic mixing
恒温层深度 depth of constant temperature
恒温车间 constant temperature work-

H

shop
恒温池 constant temperature bath; temperature bath
恒温冲洗器 thermostat irrigator
恒温除水阀 thermostatic steam trap
恒温传热 thermostatic heat transfer
恒温带 zone of constant temperature
恒温的 homothermal; homothermous; thermostatic
恒温地层 stratum of invariable temperature
恒温电烘箱 constant temperature electric(al) oven
恒温电炉 constant temperature electric(al) oven
恒温动物 homoiothermy; homotherm
恒温动物的 homothermous
恒温阀 thermovalve
恒温法 constant temperature technique
恒温反应 isothermal reaction; thermostatic reaction
恒温风速计 constant temperature anemometer
恒温风速仪 constant temperature anemometer
恒温高温计 thermostatic pyrometer
恒温隔汽具 thermostatic trap
恒温恒湿 constant temperature and humidity
恒温恒湿机 constant temperature and humidity machine
恒温恒湿机组 constant temperature and humidity unit; constant-temperature-humidity unit
恒温恒湿器 hygrothermostat; thermohygrostat
恒温恒湿试验 steady temperature damp test
恒温恒湿系统 constant temperature and humidity system
恒温烘箱 constant temperature oven; thermostat drier[dryer]
恒温化油器 thermostatic carbureter [carburetor]
恒温混合 <热冷水的> thermostatic mixing
恒温混合搅拌器 thermostatic blending mixer
恒温火警系统 thermostatic fire detection system
恒温继电器 thermostat relay
恒温加热炉 thermostatic oven
恒温节流阀 thermostatic evapo(u)rator pressure regulator
恒温开关 electric(al) thermostat; thermostatic cutout; thermostatic switch
恒温空气浴槽 thermostat air bath
恒温控制 thermostatic control
恒温控制的 thermostatically controlled; thermostatically operated
恒温控制的加热器 thermostatically controlled heater
恒温控制阀 thermostatic control valve
恒温控制加热器 thermostatically controlled warmer
恒温量热计 isoperibol calorimeter
恒温量热器 isothermic-shell calorimeter
恒温流动循环法 isothermic circulation method
恒温炉 constant heat oven; constant temperature furnace; constant temperature oven; thermostatic oven
恒温凝汽罐 thermostatic steam trap
恒温盘管 ring thermostat tube
恒温膨胀阀 thermostatic expansion valve
恒温期 constant temperature period; soaking period; maximum temperature period <蒸汽养护混凝土的>
恒温器 attemperater [attemperator]; automatic thermostat; bake oven; calorstat; firestat; incubater[incubator]; pilotherm; pyrostat; temperator; temperature thermostat; thermostat; thermos vessel
恒温器包 sensing bulb
恒温器传感元件 thermostat sensing element
恒温器的探针 probe for thermostat
恒温器断流计 thermostat blade
恒温器继电器 thermostat relay
恒温器开关 thermostat switch
恒温器开关叶 thermostat blade
恒温器壳体 thermostat housing
恒温器控制 thermostatic control; zone control
恒温器探针 thermostat probe
恒温器组 multiple thermostat
恒温区 flat-temperature zone
恒温燃烧室 constant temperature combustor
恒温容器 thermostatic container
恒温设备 thermostatic equipment
恒温式疏水器 expansion steam trap; thermostatic steam trap
恒温试验 constant temperature test
恒温室 constant temperature cabinet; constant temperature room; thermostatic chamber
恒温双金属 thermostatic bimetal
恒温水阀 thermostatic water valve
恒温水混合器 thermostatic water blending mixer
恒温水箱 constant temperature water tank
恒温水浴 thermostatic bath
恒温水浴锅 thermostat water bath
恒温条件 homothermal condition
恒温调节 thermostatic control
恒温调节炉 thermostatically controlled furnace
恒温调节器 automatic heat regulator; constant temperature regulator; isothermal temperature regulator; thermostatic regulator
恒温调整器 thermostatic control valve; thermostatic regulator
恒温温包 feeler bulb
恒温系统 constant temperature system
恒温显影桶 thermostatic developing tank
恒温线 isotherm; isothermal line; isothermic; temperature contour
恒温箱 attemperater [attemperator]; calorstat; constant temperature cabinet; incubater [incubator]; oven; thermostat(ed container); thermostatic oven; thermotank
恒温箱风化试验 oven weathering test
恒温箱温度计 incubator thermometer
恒温性 heat retaining property
恒温压力焊 constant temperature pressure welding
恒温养护 isothermal curing
恒温油冷却器 thermostat oil cooler
恒温有序化过程 isothermal ordering process
恒温浴 constant temperature bath; thermostatically controlled bath
恒温元件 thermostat element
恒温蒸发器 thermostatic evapo(u)rator
恒温蒸发器压力调节器 thermostatic evapo(u)rator pressure regulator
恒温装置 thermostatic apparatus
恒温状态 homo(io)thermy
恒温自动控制仪 constant temperature automatic controller
恒温作用 thermostatic effect
恒稳定态 steady state
恒稳流 direct flow
恒稳态学说 steady-state theory
恒稳运动 steady motion
恒显圈 upper circle
恒相 constant phase
恒相相干成像 constant phase coherent imaging
恒相相干光照明 constant phase coherent illumination
恒向电流 constant current; continuous current
恒向方位 loxodromic bearing; Mercator bearing
恒向方位角 rhumb bearing
恒向航线 constant course line
恒向螺旋线 equiangular spiral; loxodromic spiral
恒向线【天】 loxodrome; loxodromic line; rhumb(line)
恒向线方位 Mercator(al) bearing; rhumb-line bearing
恒向线方向 Mercator direction; rhumb direction
恒向线航程 rhumb distance
恒向线航迹计算法 Mercator sailing
恒向线航线 Mercator track
恒向线航向 Mercator course; rhumb course
恒向线航行法 rhumb-line sailing
恒向线距离 rhumb-line distance
恒向线误差 rhumb-line error
恒效发光颜料 permanent luminescent pigment
恒星 fixed star; star
恒星表 sidereal table
恒星表面 stellar surface
恒星齿轮 sun gear; sun wheel
恒星赤道坐标 independent equatorial coordinate system
恒星导航 star navigation; stellar guidance
恒星的 sidereal; stellar
恒星的角距离 angular distance of stars
恒星等高度线图 star altitude curves
恒星等级 order of magnitude
恒星底板 stellar plate
恒星动力学 stellar dynamics
恒星发电机 stellar dynamo
恒星辐射 stellar radiation
恒星复合体 stellar complex
恒星干涉仪 stellar interference
恒星高度方位表 sight reduction tables for selected stars
恒星跟踪器 star tracker
恒星观测 star observation
恒星观测法 star method
恒星惯性导航 stellar-inertial guidance
恒星光电光度计 photoelectric(al) star photometer
恒星光度 stellar luminosity
恒星光谱仪 stellar spectrometer
恒星光行差 aberration of stars; stellar aberration
恒星轨道 stellar orbit
恒星焦点 sidereal focus
恒星角 sideral hour angle
恒星距离 stellar distance
恒星目录 star catalog(ue)
恒星年 <165 日 6 时 9 分 9.67 秒> sidereal year
恒星圈 circle of perpetual apparition
恒星日 <23 时 56 分 4.09 秒> sidereal day
恒星日单位 sidereal unit
恒星三角测量 stellar triangulation
恒星摄影机 stellar camera
恒星时 <59 分 50.17 秒> sidereal hour; sidereal time
恒星时换算平时的减量 retardation of solar on sidereal time
恒星时计 sidereal chronometer; sidereal chuck; sidereal clock
恒星时记时器 siderograph
恒星时间 sidereal interval; sidereal time
恒星时角 sidereal hour angle
恒星时正午 sidereal noon
恒星时钟 sidereal clock
恒星时子夜 sidereal midnight
恒星式齿轮减速 epicyclic(al) reduction gear of solar type
恒星式减速齿轮 solar gear
恒星式周转齿轮减速 epicyclic(al) reduction gear solar type
恒星视差 annual parallax; heliocentric parallax; stellar parallax
恒星天体物理学 stellar astrophysics
恒星天文学 sidereal astronomy; stellar astronomy
恒星天文钟 stellar chronometer
恒星通过 star passage
恒星统计学 stellar statistics
恒星图 atlas of stars
恒星望远镜 star telescope
恒星位置 star place
恒星温度 stellar temperature
恒星稳定性 stellar stability
恒星物理学 stellar physics
恒星系统 star system; stellar system
恒星下中天 subpolar culmination of a star
恒星像差 aberration of fixed stars
恒星像片 fixed star photograph
恒星小时 sidereal hour
恒星星表误差 error of star catalog
恒星星等 stellar magnitude
恒星仪 siderograph
恒星月 <27 日 7 时 43 分 115 秒> sideral month
恒星运动 stellar motion
恒星运动学 stellar kinematics
恒星质量 stellar mass
恒星中天测距法 method of time determination by star transit
恒星中天测时 time by star transit
恒星中天求经度 longitude by transit of star
恒星钟 sidereal clock
恒星周 sidereal revolution
恒星周期 sidereal period
恒星姿态摄影机 stellar-altitude camera
恒星自行 star proper motion
恒星自转 stellar rotation
恒星坐标 star coordinates
恒虚警率 constant false alarm rate
恒压 constant pressure; level pressure; constant voltage【电】
恒压泵 constant pressure pump
恒压变压器 constant potential transformer; constant voltage transformer
恒压舱 isobaric chamber
恒压差 constant pressure drop
恒压充电机 constant voltage charger
恒压的 isobaric
恒压点 constant pressure point; neutral point
恒压电动机发电机 constant voltage motor generator
恒压电焊机 constant voltage welding machine
恒压电源 constant voltage power supply; constant voltage source
恒压发电机 constant potential generator; constant voltage generator

H

恒压发热量 calorific value at constant pressure
恒压阀 constant pressure valve;pressure-sustaining valve
恒压管道 constant pressure line
恒压过程 isobaric process
恒压过滤 constant pressure filtration
恒压过滤器 constant pressure filter
恒压集尘室 dust constant head box
恒压离心泵 constant pressure centrifugal pump
恒压量热计 constant pressure calorimeter
恒压流量给料器 flow-type feeder
恒压面 constant pressure surface
恒压膨胀阀 constant pressure expansion valve
恒压膨胀活门 constant pressure expansion valve
恒压平衡常数 equilibrium constant at constant pressure
恒压器 barostat;manostat;pressostat;pressure stat
恒压潜水装置 isobaric diving equipment
恒压取芯器 pressure core barrel
恒压燃气轮机 constant pressure gas turbine
恒压燃烧室 constant pressure combustor
恒压燃烧循环 constant pressure combustion cycle
恒压热容 heat capacity at constant pressure;isobaric heat capacity
恒压式焊接电源 constant voltage welding source
恒压室 constant pressure cell
恒压送风系统 plenum system
恒压调节 constant potential regulation
恒压调节阀 constant pressure regulator
恒压调节器 constant pressure governor; constant pressure regulator; constant voltage regulator【电】
恒压调制 constant potential modulation
恒压通风 air supply system
恒压头孔口式加料器 constant head orifice-type feeder
恒压头流量计 constant head meter
恒压稳压器 constant load maintainer
恒压线 constant pressure line
恒压型飞行 constant pressure pattern flight
恒压循环 constant-pressure cycle
恒压压力焊 constant pressure pressure welding
恒压液泵 constant pressure liquid pump
恒压源 constant pressure source
恒压载 permanent ballast
恒压整流器 constant voltage rectifier
恒压直流电源 constant voltage direct current source
恒压制 constant potential system
恒压装置 constant pressure device;constant voltage device【电】
恒盐度 constant salinity
恒溢流 constant overflow
恒隐圈 circle of perpetual occultation;low circle
恒应力安全系数 constant stress factor of safety
恒有度 constancy;frequence
恒有度级 constancy class
恒有种 constant species
恒域【数】dead zone
恒载 constant load; permanent load(ing); quiescent load; static load(ing);steady load;dead load
恒载力矩 dead-load moment
恒载连续运行方式 continuous duty
恒载(面)应力 dead-load stress
恒载试验 test at constant load
恒载天平 constant load balance
恒载压力线 dead-load thrust line
恒张力绞车 self-tension winch
恒值 constant
恒值的 isodromic
恒值间距 contour interval
恒值线 contour line;magnitude contour
恒值线图案 contour pattern
恒质变形 hylotropy
恒重 constant weight;deadweight
恒重给料机 constant weight feeder
恒重给砂机 constant weight feeder
恒重加料机 constant weight feeder
恒重喂料机 constant weight feeder
恒轴(线)permanent axis
恒浊器 turbidostat
恒阻抗衰减器 constant impedance attenuator
恒阻网络 constant resistance network
恒钻速 constant penetration rate

桁 yard;girder

桁板【建】flitch;web plate
桁板大梁 flitch girder
桁板横梁 deep beam
桁板梁 strength beam;strong beam;web beam
桁边钢架 truss-sided steel frame
桁材 web
桁材带板 girder flange
桁材面板 girder face plate
桁叉端吊索 throat halyard
桁车架 crab frame
桁撑 girder brace
桁撑条 girder stay
桁端 yardarm
桁端绞辘 pendant yard-tackle;yard tackle
桁端铁箍 yardarm iron
桁腹 belly
桁格构架 lattice frame
桁拱 braced arch;framed arch;tie-arch;truss arch
桁拱门架 trussed arch portal frame
桁拱桥 braced arch(ed) bridge
桁拱弦上梁 camel-back top chord
桁构大梁 trussed girder;lattice girder
桁构电干 trussed pole
桁构吊桥 suspension truss bridge
桁构杆件 trussed member
桁构拱 trussed arch
桁构架 trussed frame
桁构梁 trussed beam
桁构排架 trussed bent
桁构墙 girder wall
桁构桥 trussed bridge
桁构式杆 trussed pole
桁构式桅杆 trussed pole
桁构式柱 trussed pole
桁构式纵梁 trussed stringer
桁构系统 trussing
桁构支柱 trussed post
桁构柱 trussed pole
桁箍 truss hoop;truss yoke
桁架 braced girder;paver boom;push brace;strut;truss(frame)
桁架比拟法 truss analogy method
桁架臂 lattice jib
桁架臂架 lattice boom
桁架臂流动式起重机 mobile crane with lattice jib
桁架变位图 Williot(-Mohr) diagram
桁架布置 arrangement of framework
桁架椽 trussed rafter
桁架椽屋顶 trussed rafter roof
桁架椽子屋顶 wagon roof
桁架大梁 lattice girder;triangulated girder;trussed girder
桁架大梁的节点 panel point of a truss(ed girder)
桁架的 trussed;trussframed
桁架的不受力垂直腹杆 prick post
桁架的矢高 rise of a truss
桁架的图解分析 graphic(al) analysis of truss
桁架的中柱与双柱 king-and-queen post
桁架吊桥 suspension truss bridge
桁架顶车路桥 top road bridge
桁架顶端接头 peak joint
桁架顶(脊)竖直杆 anti-sag bar
桁架顶接头 peak joint
桁架顶棚 plastered ceiling
桁架顶中央接头 peak joint of truss
桁架端受压斜构件 inclined end post
桁架端压杆 end post
桁架断面分析法 method of sections
桁架对角系杆 truss rod
桁架反拱 truss camber
桁架反挠度 truss camber
桁架分析 analysis of truss
桁架封闭杆 <非受力的> key bar
桁架副柱 queen post;queen-post of truss
桁架腹杆 truss web
桁架腹杆构件 webbing
桁架腹杆体系 cancellation
桁架杆 truss bar;truss rod
桁架杆件 truss(ed) member
桁架杆系统 truss rod system
桁架杆柱 girder pole
桁架钢格栅 trussed steel joist
桁架钢筋 truss(ed) bar
桁架钢柱棘轮 tension wheel assembly for lattice steel
桁架高度 camber of truss;depth of truss;truss depth;truss height
桁架格条 ladder bracing
桁架拱 spandrel-braced arch;truss-(ed) arch
桁架拱大梁 trussed arch girder
桁架拱度 camber of truss;truss camber(of truss)
桁架拱梁 trussed arch girder
桁架拱桥 braced spandrel arch bridge;trussed arch bridge
桁架拱式渡槽 trussed arch aqueduct
桁架拱形上弦 camel back
桁架构架 trussed frame
桁架构件 boom element;trussing
桁架机理 truss mechanism
桁架脊屋顶 trussed ridge roof
桁架加固 boom stiffening
桁架加劲悬索桥 truss-stiffened suspension bridge
桁架间的拉结件 bridging
桁架间距 distance between trusses;spacing of trusses;truss(ed) spacing;truss spacer
桁架角钢 angle iron of the chords
桁架角铁 angle iron of the chords
桁架角隅 frame corner
桁架接点 truss panel point
桁架节点 node;panel point;truss joint
桁架节点分析 analysis of the truss joints
桁架节点分析法 method of joints;method of the truss joints
桁架结构 frame work;framed structure; framing; girder construction;lattice construction;truss construction;truss structure;trusswork
桁架结构的双梁龙门起重机 double girder truss gantry crane
桁架结构拱度 rise of span
桁架抗压杆 counterstrut
桁架跨度 span of truss;truss(ed) span;truss space;truss spalling
桁架拉杆 truss rod
桁架理论 truss theory
桁架梁 braced girder;framed girder;girder frame; girder truss; truss(ed) beam;truss girder
桁架梁拉杆 camber rod
桁架梁桥 truss-and-beam bridge;truss(ed) beam bridge
桁架两侧小直(腹)杆 princess post
桁架檩 trussed purlin(e)
桁架螺栓 truss bolt
桁架门孔 trussed opening
桁架模拟图 truss analogy
桁架末端底板 heel plate
桁架挠度 deflection of truss
桁架排列 arrangement of framework
桁架平面 boom plane
桁架起拱 trussed camber
桁架墙 girder wall
桁架桥 girder bridge; trellis-work bridge;truss(ed) bridge
桁架桥门架 trussed portal frame
桁架桥上风撑 top wind bracing for truss bridge
桁架桥式起重机 titan crane;transporter crane
桁架桥支座 girder bridge bearing
桁架上吊杆 girder top boom;girder upper boom
桁架上弦的销钉连接 pin connection in top boom
桁架上弦杆 girder top chord;girder upper chord;top chord of truss
桁架上弦与斜端杆结点 hip point
桁架上翼缘 girder top flange;girder upper flange
桁架伸臂 <起重机> truss boom
桁架伸缩支座 rocker bearing
桁架式椽条 trussed rafter
桁架式大梁 trussed girder
桁架式单梁龙门起重机 single girder truss gantry crane
桁架式吊臂 <起重机> lattice jib
桁架式洞口 trussed(-wall) opening
桁架式腹杆 camber rod
桁架式钢格栅 trussed steel joist
桁架式钢筋混凝土渡槽 braced reinforced concrete flume
桁架式钢筋混凝土水槽 braced reinforced concrete flume
桁架式高桩码头 skeleton-frame-type wharf;wharf of skeleton construction
桁架式格栅 trussed joist
桁架式隔墙 trussed partition(wall)
桁架式拱 braced arch; spandrel-braced arch
桁架式拱桥 spandrel-braced arch bridge
桁架式构架 trussed frame
桁架式构造的隔墙 trussed partition(wall)
桁架式加长臂 <起重机> lattice extension
桁架式间壁 framed partition(wall);trussed partition(wall)
桁架式结构 trussed structure
桁架式开洞 trussed-wall opening
桁架式肋拱 braced rib arch
桁架式连杆拱 bracing tied-arch
桁架式梁 belly-rod truss;braced beam;trussed beam;trussed purlin(e)
桁架式檩条 trussed purlin(e)
桁架式门座 trussed portal
桁架式模型 truss type model

桁架式起重机 titan crane
桁架式人字木 trussed rafter
桁架式双坡屋顶 trussed ridge roof
桁架式托梁 trussed joist
桁架式屋椽 trussed rafter roof
桁架式系杆拱 braced tied-arch
桁架式下承桥 trough truss bridge
桁架式小梁 open-web joist
桁架式斜屋顶 trussed-wall opening
桁架式悬臂 trussed cantilever arm
桁架式支撑 trussed bracing
桁架式支墩坝 truss-buttress dam
桁架式柱 truss(ed) pole; truss(ed) post
桁架式钻机 boom boring machine
桁架竖杆 broach post; truss vertical; vertical bar of truss
桁架双柱 queen post
桁架水平拉杆 camber beam
桁架塔 derrick tower
桁架体系 girder structural system; girder system; trussed system
桁架涂料层 plaster coat(ing) of truss
桁架推拉撑 push and pull brace
桁架网 trawl head
桁架桅杆 girder pole
桁架屋顶 trussed roof
桁架系杆 truss rod
桁架系统 trussed system; trussing
桁架下吊杆 girder bottom boom; girder lower boom
桁架下弦 low-boom
桁架下弦的销钉连接 pin connection in bottom boom
桁架下弦杆 girder bottom chord; girder lower chord
桁架下翼缘 girder bottom flange; girder lower flange
桁架弦杆 boom; chord (member) of truss; girder chord
桁架弦杆应力 chord stress
桁架销 truss pin
桁架斜撑 batter brace
桁架斜杆 diagonal web member
桁架斜弦杆 inclined chord of truss
桁架形拱 braced arch
桁架形斜撑 lattice strut
桁架压杆 push brace
桁架摇动支座 rocker bearing
桁架应力分析 analysis of truss stresses
桁架用接环 truss bow
桁架圆屋顶 truss cupola
桁架折线形上弦 broken top chord
桁架支撑 truss brace[bracing]
桁架支墩坝 truss-buttress dam
桁架支柱 truss post
桁架中吊杆 <中悬式屋架的竖杆> king rod
桁架中间杆 prick post
桁架中拉杆 truss rod
桁架中竖杆 broach post
桁架中斜拉杆 truss rod
桁架中心抗垂杆件 anti-sag bar
桁架中柱 broach post; crown post; joggle post; king piece; kingpost truss; king rod; middle post; truss post
桁架中柱大头 king head
桁架中柱节点 kingpost joint
桁架主椽 trussed rafter principal
桁架主杆件 truss (ed) principal (member)
桁架柱 truss leg
桁架自升式(平台) truss jack-up
桁架纵梁 trussed stringer
桁架作用 truss action
桁间 case bay
桁间隔 girder space
桁间距 girder space
桁跨索 peak span
桁肋拱 braced rib arch
桁链 <悬桥的> braced chain
桁链吊桥 braced chain suspension bridge
桁链悬(索)桥 braced chain suspension bridge; suspension truss bridge
桁梁 braced girder; cross girder; framed girder; longeron; paver boom; truss (ed) beam; trussed girder; trussed steel beam
桁梁臂杆 <扇形闸门的> truss wing
桁梁宽度 boom width
桁梁排列 arrangement of trussed beam
桁梁起重机 boom crane
桁梁桥 trellis(-work) bridge; girder bridge
桁梁体系 girder system
桁梁系统 braced-chain girder system
桁梁作用 girder action
桁磨网纹 cross hatch; cross mark
桁木桁架梁 flitch-trussed beam
桁排架 trussed bent
桁上缠小夹条 fishing a yard
桁式 T 形刚构桥 T-shaped truss rigid frame bridge
桁式木拱架 wood-truss centring
桁索 jeer block; yard rope
桁索滑车 jeer block
桁条 binding rafter; flitch; roof beam
桁条框架 string(er) frame
桁条屋顶 double roof(ing)
桁桅连接环 yard truss
桁弦 chord; truss chord
桁弦构件 chord member
桁弦加劲 chord stiffening
桁弦交叉支撑 chord bracing
桁弦接合板 chord splice
桁弦应力 chord stress
桁弦轴 chord axis
桁腰铁箍 quarter iron
桁助拱 brace rib arch

珩

珩齿 gear lapping with corundum
珩刀架 honing head
珩磨 hone; honing
珩磨机 honer; honing machine
珩磨精加工 honed finish; honing finish
珩磨轮 honing wheel
珩磨面 honed finish
珩磨头 hone; honing head

横

横 breadthways
横把手 cross handle
横把执手 lever handle
横坝 cross dam
横摆 lateral motion; side motion; sway (ing); swing transverse motion
横摆式撒布机 side-to-side pendulum-type distributor
横摆运动 weaving
横板 cross member; crossplate; cross slab; ledger plate; lining sheeting; transverse plank
横板刮土机 buck scraper
横板间横撑 spreader
横板切削器 template cutter
横板式密仓 horizontal plank silo
横板水平撑 horizontal brace
横板条 waling stripe
横板型造波机 horizontal board type wave generator
横板桩 box sheeting
横半轴 lagging half axle
横棒 <纵横接线器的> horizontal bar
横比降 lateral gradient; transverse gradient; transverse slope
横壁 cross arm; cross beam; cross wall; over arm; transverse arm; transverse beam; transverse member; traverser; X-arm; drill arm <安装凿岩机的>
横臂拉条 arm tie
横臂起重机 arm crane; swing jack
横臂圆规 beam compasses
横变位 transverse dislocation
横标尺 subtense bar
横标杆 sight rail
横标距 abscissa
横标目 horizontal subheading
横滨港 <日本> Yokohama Port
横滨式充气橡胶护舷 Yokohama fender
横波 beam wave; broadside sea (wave); distortional wave; lateral wave; secondary seismic wave; shear wave; S-wave; transversal wave; transverse wave; waves of distortion
横波波速 S-wave velocity; velocity of shear wave
横波检波器 shear wave geophone
横波速度 transversal wave velocity
横波纹织物 horizontal ripple
横步 side step
横部 transverse part
横材 transverse lumber
横彩条花型 bayadere
横舱壁 antiwarthships bulkhead; cross bulkhead; transverse bulkhead
横舱壁加强筋 transverse bulkhead stiffener
横槽 cross groove; translot
横槽凸缘 rib(bing)
横侧操纵机构 lateral controller
横侧加速度 lateral acceleration
横测尺 subtense bar
横测法 subtense method
横测杆 subtense bar
横测线 <T 排列> T-pattern array
横层 cross tie
横插进去 cross-nailed material; flat in
横插销 cross-bolt lock; slide bolt
横差保护 transverse differential protection
横扯窗 Yorkshire light
横撑 block bridging; bunton; buttress bracing strut; cross arm[bar/beam/bracing/strut/tie/transom]; distance bar; distance piece; flier [flyer]; flying shore; horizontal shore [shoring]; lateral bracing[support]; needle support; range spacer; ribbon board; sash brace; stringer beam; strut (rail); stull; transverse brace[bracing/stay/strut]; traverser; wale; waling; waling stripe; interduce <窗台木和窗头木之间的>; cross stay <锅炉>; wale piece <码头等的>
横撑板 cross poling; wale piece
横撑分隔的 stull-divided
横撑杆 single tree; transverse strut
横撑杆型拉杆 waler-rod-type tie
横撑杆型系杆 waler-rod-type tie
横撑架 cross diaphragm; cross frame; sway bracing; wale frame
横撑力索 headspan wire; transverse span wire
横撑力索线夹 clamp for headspan cross messenger wire
横撑梁控制杆 needle control rod
横撑木 breast shore; crossbar; dead shore; needle beam; nogging piece; side shore; stage bearer; waling timber
横撑木脚手架 needle scaffold
横撑木堰 needle weir
横撑木支托 needling support
横撑木支座 needle seating
横撑水平联杆 waling stripe
横撑条 cross stay; transverse stay
横撑系统 lateral system of braces; transverse brace system
横撑悬挂 bracket suspension
横撑支护的 <隧洞掘进巷道> stulled
横撑支托 needling
横撑支柱假顶 stull floor
横尺 crossfoot
横齿 contrate
横齿齿轮 contrate wheel
横齿的 contrate
横齿环星轮碾压器 crosskill roller
横齿轮 contrate gear
横齿饰带 denticle frieze; dentil frieze
横翅 horizontal fin
横冲断层 transcurrent fault; transcurrent thrust; transversal thrust; transverse thrust
横穿 cross-cut
横穿风 traverse
横穿过海的 transmarine
横穿海峡公路 trans-isthmian highway
横穿河流 river crossing
横穿交通 crossing traffic
横穿结晶作用 transcrystallization
横穿距(离) distance across
横穿廊道 traversable gallery
横穿桥 traversing bridge
横穿全国的 cross country
横穿通行 T-crossing
横穿越法 passing through method
横穿站台从一个方向转到另一方向的立体交叉 cross-platform two-way interchange
横穿站台立体交叉 cross-platform interchange
横椽 fly rafter
横垂直平面 transverse vertical plane
横锤头 cross-peen
横磁波 E wave; transverse magnetic wave
横磁场 cross magnetic field
横磁场波 transverse magnetic field wave
横磁模式 E mode; transverse magnetic mode
横错断层 lateral fault
横搭扣 <集装箱间的> bridge fittings
横大梁 transverse girder; cross girder
横大西洋地质断面调查 transatlantic geo-traverse
横带 fascia[复 fa(s)ciae/fa(s)cias]; horizontal band; eaves fascia; facia board <柱顶横梁的>
横带输送机 transverse belt conveyer [conveyor]
横担 cross arm; cross support arm; pole-arm <电杆>
横担销针 cross arm pin
横挡 breast timber; ledge; meeting rail; rail; sheeting rail; staff; stretcher; transom (e); cross piece; cross strut; cross timber; wale piece; waler; foot rail <家具腿支撑>; brick seat <墙或基础上>; middle rail <安装门锁的>; subsellium <教堂折椅底的>; transom <门、窗的>; door ledge <拼板门的>
横挡板 horizontal apron; lagging pile; lagging
横挡壁 crosstie wall
横挡撑 kicking piece

横挡撑板 cross member brace
横挡大梁 wale girder
横挡间支撑 spreader
横挡系杆 transom tie bar
横荡 sway
横刀撑 cross brace
横刀架 cross slide;cross slide carriage;cross tool carriage;cross tool head;cut-off slide;facing arm
横刀架最大行程 maximum travel of cross slide
横导轨 cross rail
横导轨侧面齿轮箱 cross rail side gear box
横导轨夹 crossing clamp
横导轨进刀架 cross rail head
横导轨升降机构 cross rail elevating mechanism
横导轨升降装置 cross rail elevating device
横导辊平洗机 horizontal roller guiding open washing machine
横导坑 cross-cut
横导梁 cross rail
横道 crossing;skid bar
横道图 bar chart;bar graph;rectangular-bar chart
横道图型进度表 bar graph schedule
横道线 transverse pavement line
横的 breadthwise;cross - nailed material;thwart
横堤 cross dike[dyke];cross levee;transverse dike[dyke]
横底杆 sill cross bar
横底座杆 <多倍仪 T 形柱的一部分> lateral supporting bar
横电波 transverse electric wave;H mode
横电磁波 transverse electromagnetic wave
横垫木 dutchman
横垫条 <钉抹灰板条用的> counter lathing
横叠式的 outbond
横钉板条 <在格栅下> cross furring
横钉木条拼板 counter battens
横钉平接护墙板 flush boarding
横钉外墙板 weather-board(ing)
横顶杆 transverse crown bar;transverse crown stay;transverse roof bar;transverse roof stay
横动【机】traverse
横动沉箱式船坞闸门 traversing caisson
横动齿轮 traversing gear
横动的【机】traversing
横动风挡刮水器 transverse windshield wiper
横动滑架 traverse carriage
横动机构 transversing gear;transversing mechanism
横动量 lateral clearance
横动千斤顶 traversing jack
横动桥形台 gauntree;ga(u)ntry
横动台 transverse table
横动坞门 traversing dock-gate
横动闸门 traversing caisson;traversing gate
横动重锤的道岔握柄 point lever with horizontally moving counterweight
横动轴 axle with lateral play
横动装置 transverse gear;traverse [traversing] gear
横洞 horizontal adit;level drift;transverse gallery
横读 <卡片的> row-by-row reading
横度【船】bilge
横渡 traverse
横渡大西洋的 transatlantic
横渡大西洋的轮船 transatlantic
横渡大西洋海底电缆 transatlantic telegraph cable
横渡大西洋航线 transatlantic lane
横渡大洋的 transoceanic
横渡大洋飞机 transoceanic aeroplane
横渡海峡的 cross channel
横渡海洋 cross sea
横渡河流 river crossing
横渡太平洋的 transpacific
横端铁箍 yardarm iron
横断 cross-breaking;cross-cut;hop;intersect(ion);transect(ion)
横断层【地】cross fault;transverse fault
横断的 transversal;transverse;traverse;traversing
横断地区 cross country
横断点 traverse point
横断节理 cross joint(ing)
横断距 heave
横断颗粒开裂 transgranular cracking
横断面 bench section;cross profile;cross-section;lateral section;normal cross section;transaction;transect;transversal profile;transversal section;transverse surface
横断面变更 alternation of cross-section
横断面变化 alternation of cross-section
横断面变形 cross-sectional deformation
横断面测量 cross-sectional survey;cross-sectioning;cross-section measurement;cross-section survey;cross-section surveying
横断面测量程序 program(me) for cross-sectioning
横断面尺寸 cross-sectional dimension
横断面调查 cross-sectional study
横断面定线 location by cross-section
横断面定线法【铁】cross-section method of railway location
横断面高度 depth of transversal section
横断面间隔 cross-section interval
横断面监测装置 cross-sectional monitor
横断面交替 alternation of cross-section
横断面抗拉强度 <木材> tensile strength across the grain
横断面(面)积 area of cross-section;cross-sectional area;plan area;sectional area
横断面上的挖填平衡 cut-and-fill balancing on cross-section
横断面设计 cross-sectional design
横断面视图 cross-sectional view;cross-sectional view strength;transverse rupture strength
横断面数据 cross-sectional data
横断面水准测量 lateral profile level(l)ing;cross-level(l)ing;sectional leveling
横断面特性 cross-sectional quality;cross-section property
横断面突然变化引起的动力水头损失 loss of dynamic(al) head due to sudden change of cross-section(al) area
横断面图 cross-sectional drawing;cross-sectional profile;cross-sectional view;cross-section diagram;lateral profile;transverse section
横断面土方量的平衡 balancing of cross-section
横断面线图 body plan
横断面形状 cross-sectional shape;transverse section figure;transverse section shape
横断面选线 cross-section method for location of line;location with cross-section method;cross-section method of railway location【铁】
横断面样板 <路面> cross-section templet
横断面仪 sectional alidade
横断面纸 cross-section(al) paper;cross-section(al) sheet
横断面制图 program(me) for cross-sectioning
横断面桩 cross section line stake
横断曲线 intersection curve;intersector curve
横断物 traverse
横断线的 transversal
横断崖 cross cliff
横锻 cross-forge
横锻接 die weld(ing)
横锻螺栓 swage bolt
横锻砧块 swage block
横堆 stow across;stow athwarthships
横队 line abreast
横舵柄 boat yoke;rudder crosshead;rudder yoke;yoke
横帆 square sail;velum transversum
横帆桁 square yard
横帆两侧边缘 leech
横帆式 square rig
横翻车 side overturned car
横翻转的 laterally inverted
横枋木 <用于开挖支撑> wale(r)
横放 traverse
横放炉箅 horizontal fire grate
横飞 cross flight
横分隔天花板 traviated ceiling
横风 beam wind;broadside wind;cross wind;side wind;wind abreast
横风标志 cross-wind sign
横风或横流停泊 lie athwart
横风扩散 cross-wind diffusion
横风流锚泊 riding athwart wind and tide;riding between wind and tide;riding weather tide
横风锚泊 riding athwart wind
横风停泊 lie athwart the wind
横风行驶 reach
横缝 bed joint;cross joint(ing);head(ing) joint;horizontal joint;transverse joint;transverse seam
横缝帆 cross-cut sail
横缝间距【道】transverse joint spacing
横缝线 hairline
横幅 streamer
横幅标语 streamer
横腹杆预应力钢筋混凝土支柱 transversal pre-stress steel reinforced concrete mast
横盖缝条 cross welt(ed seam)
横盖木 heading collar
横杆 bearer bar;boom;bunton;crossbar;crossing bar;crossing ledger;cross member;cross stretcher;distance bar;dog back;horizontal bar;manhole dog;over arm;range spacer;spider;strong back;transverse bar[lever/rod/strut];traversing lever;cross ledger <脚手架的>
横杆顶出 crossbar knockout
横杆端 yardarm
横杆混凝土搅拌机 boom concrete mixer
横杆连接杆 transverse level link
横杆链式输送机 crossbar conveyer [conveyor]
横杆末端配件 rail-end fitting
横杆式不等臂天平 lever unequal beam balance
横杆式黄油枪 grease gun lever type
横杆输送机 crossbar conveyer[conveyor]
横杆围栏 brandreth
横杆圆规 beam compasses
横杆支架 over brace
横杆中心距 crossbar centers[centres]
横刚材 transverse stiffener
横杠开关 whiffletree switch
横杠托 transverse lever support
横割 cross-cut
横割摆锯 swing cross-cut saw
横割轨锯 railway cross-cut saw
横割锯 cross-cut(ting) saw
横割锯锉 cross-cut saw file
横割锯机 cross-cut saw machine
横割锯片 cross-cut saw blade
横割纹锉 cross-cut file
横割用拉锯 horizontal cross cutting saw
横割圆锯 circular cross-cut saw
横格材 putlog
横格栅 bridging joist
横隔 tabula;transverse
横隔板 cross diaphragm cross frame;cross slab;diaphragm plate;lateral partition;transverse diaphragm;cross diaphragm
横隔壁 transverse bulkhead
横隔舱 transverse bulkhead
横隔齿列的 diacranterian;diacranteric
横隔堤 separation levee
横隔浮标 diaphragm float
横隔剪力墙 diaphragm and shear walls
横隔梁 diaphragm
横隔梁间距 diaphragm spacing
横隔膜 transverse diaphragm
横隔膜型格体 diaphragm-type cell
横隔膜型格型钢板桩 diaphragm-type cell
横隔片 trabecula[复 trabeculae]
横隔墙 <一般指用作内部隔墙的承重墙> cross(partition) wall;transverse bulkhead;transverse wall
横隔纤维 transseptal fibers
横各向异性 transverse isotropy
横给进凸轮 infeed cam
横弓 arcus pedis transversalis;horizontal bow;transverse arch of foot
横拱 transverse arch
横拱肩墙 transverse spandrel wall
横拱窑 transverse arch kiln
横贡坯 grey sateen
横沟 cross ditch;cross furrow;cross trench;transverse furrow
横构件 cross member;cross rail;horizontal member;lateral member
横构件特征数 transverse number
横箍带 platband
横谷 cluse;cross valley;diaclinal valley;transversal valley;transverse(d) valley
横骨 transversum
横骨架 transverse frame
横骨架船 transverse framed ship
横骨架结构 transverse(frame) system;transverse framing
横骨架式 transverse system of framing
横鼓式锅炉 cross drum boiler
横刮板 cross flight
横挂垂悬式防撞橡胶护舷 draped round rubber fender
横管 cross tube;horizontal pipe;transverse tubule;T tubule
横管锅炉 cross tube boiler
横管冷凝器 horizontal tube condenser
横管冷却器 horizontal water-tube cooler
横管式锅炉 cross tube boiler
横管系统 transverse tubule system;T

system
横管蒸发器 horizontal tube evapo(u)rator; horizontal type evapo(u)rator
横贯城市的 crosstown
横贯大陆的 transcontinental
横贯大陆的地球物理测量 transcontinental geographysical survey
横贯大陆干线 transcontinental line
横贯大陆铁路 transcontinental railroad
横贯的 transcurrent
横贯干线 transverse artery
横贯河底管道 submarine river crossing; submarine route
横贯河谷线路 cross-country route
横贯联络线 cross connecting lines
横贯美国不同运输方式联运设备维修业务处 Transamerica Intermodal Maintenance Services
横贯美国的州际公路(运输) Transamerica interway
横贯欧亚地震带 trans-Eurasian seismic belt
横贯欧洲的特快货物列车 <德国> trans Europe Express goods train
横贯欧洲捷运货物 trans-Europe express merchandises
横贯欧洲快运货物业务处 Trans-Europe-Express Merchandise Services
横贯欧洲特别快车 Trans-Europe-Express
横贯欧洲特别快车车组 Trans-Europe-Express Group
横贯全国公路 cross-country road
横贯全国线路 cross-country route; cross route country route
横贯沙洲 transverse bar
横贯水渠 cross drain
横贯通道 cross connection
横贯西伯利亚的集装箱业务 <俄国> Trans-Siberian Container Service
横贯注水装置 cross flooding fitting
横轨 cross rail
横轨悬挂式反铲挖掘机 side shift back-hoe
横轨枕 cross-sleeper; transverse sleeper
横辊 barrel roll
横滚 roll
横滚装车 cross-hauling
横过 across; thwart; traverse
横过岸线 cross-shore
横过大西洋电缆 translation cable
横过道 cross aisle; transverse aisle
横过的 transcurrent; transversal; traverse; traversing; thwart
横过海滨的 cross-shore
横过交通 cross traffic
横过开阔地 across the open
横过木纹 across to the grain
横过他船船首 athwart-hawse; cross ahead of the other
横过物 traverser
横过纤维 across the grain
横过者 traverser
横海岸 transversal coast
横焊 horizontal(position) welding
横焊位置 horizontal position
横桁安全环索 yard becket
横桁吊链 yard sling
横桁端耳索 yardarm earing
横桁上的支索 gathering line
横后牵 breast backstay
横护(舷)木 fender walling; horizontal fendering
横滑 side skid; side slip(ping)
横滑板刀具箱 cross slide tool box
横滑板工作台 cross slide table
横滑板螺杆 cross slide screw
横滑板螺母 nut for cross slide

横滑滑船道 side-slipping slipway
横滑滑船台 side-slipping slipway
横滑修船台 side-slipping slipway
横滑组 cross slide unit
横环 transring
横火焰 cross flame
横火焰池窑 cross-fired tank furnace; side-fired tank furnace; side port tank furnace
横火焰燃烧炉 cross-fired burner
横火焰窑 cross-fired furnace
横基尺 subtense bar
横基尺测距 tachymetry method by invar subtense bar
横基尺测距法 subtense method
横基尺对角 subtense angle
横基尺设备 subtense bar equipment
横基尺视差导线 subtense bar traverse
横基尺视差法 subtense method with horizontal staff
横基尺视距法 horizontal stadia; subtense method with horizontal staff
横基尺视距仪 subtense instrument
横脊(线) transverse ridge
横夹木 stringer beam; wale piece; waling strip(e)
横架 head board; rider; transverse frame
横架构成门 framed and ledged door
横架起重滑车 floating block
横架式人字闸门 horizontally framed mitre gate
横架式闸门 horizontal frame(d) gate
横架挑出脚手架 needle scaffold
横架支托脚手架 needle scaffold
横间隔宽度 transverse interval
横间距 transverse spacing; transverse span
横间排水沟 cross drain; cross gully
横剪机 cross-cut shears
横剪力 lateral shear
横件 traverser
横槛 cross sill
横江缆索 suspension boom
横江铁索 boom
横交 crossing
横交规则 crossing rule
横交口 cross gate
横交梁 cross beam
横交双键 crossed double bond
横浇道 cross gate; runner
横浇口 runner gate; top trench
横浇口延伸端 runner extension
横浇铸道 side channel
横角焊 fillet welding in the horizontal position; horizontal fillet weld(ing)
横接缝 transverse seam
横街 by-street; cross road; cross-street; side street
横节理【地】 cross joint(ing); sline; orthogonal joint; Q-joint; transverse joint
横结晶 transcrystallization
横截 cross-cut(ting); square cutting; trapping
横截的 transversal
横截沟 traverse trench
横截河绠贮木场 transverse holding ground
横截锯 briar; briar-toothed saw; cross-cut saw; cut-off saw; docker
横截面 cross profile; cross-section; intersecting surface; lateral section; normal cross section; normal section; transversal profile; transversal section; transversal surface; transverse (cross-) section; transverse surface; X-section
横截面尺寸 cross-sectional dimension

横截面单位面积荷载 cross-sectional loading
横截面惯性矩 moment of inertia of cross-section
横截面积缩小(率) reduction of cross-section(al) area
横截面畸变 distortion of cross section
横截面几何形状 cross-section geometry
横截面(面)积 cross-sectional area
横截面水平测量 cross-section leveling
横截面水准测量 cross-section leveling
横截面损失 loss of cross section
横截面图 cross-sectional drawing; cross-sectional view
横截面形状 cross-sectional shape
横截面样板 <道路或水工模型的> cross-sectional template
横截面展绘 cross section plotting
横截面总面积 gross cross-sectional area
横截排水沟 cut-off drain
横截线【数】 transversal; traverse
横截性 transversality
横截性条件 transversality condition
横截圆锯机 trimmer
横筋 nogging; nogging piece
横筋膜 fascia transversalis
横进刀 traverse feed
横进刀导螺杆 cross spindle
横进刀量种数 number of cross feeds
横进刀螺杆 cross feed screw
横进刀螺杆指示盘 cross feed screw dial
横进刀丝扛 cross feed screw
横进给 infeed
横进给量级数 number of cross feeds
横进给率 infeed rate
横进给凸轮 infeed cam
横进磨法 traverse grinding
横进水管 lateral intake
横晶 scorching
横晶的 transcrystalline
横净距 <平曲线> lateral clear distance of curve
横径 transverse diameter
横距 longitude difference; transfer; transverse space; transverse span; departure; backpitch <铆钉间的>
横距闭合差 closing error in department; closing error in departure
横距和 total departure
横距误差 error in departure
横锯 jack saw
横锯的 cross-cut
横锯用锯床 cross-cut frame saw
横卷流 hydraulic roller
横开式(轴箱) swing cover type
横靠 lay alongside
横坑 horizontal adit
横坑道 access tunnel; adit; cross gallery; cross head(ing); gallery
横孔 cross bore
横孔 U 形接头 side outlet return bend
横孔三通接头 side outlet return bend
横孔砖 side construction tile
横口大锤 sledge cross peen hammer
横口斧 adz(e)
横跨 astride; bestride; cross bay; cross-span
横跨船舷 aburton
横跨大陆的 overland
横跨大陆气团 transcontinental airmass
横跨叠加褶皱 cross superposed folds
横跨管线 span pipeline
横跨过 athwart

横跨河流的平行断面 parallel section across river
横跨交叉 cross
横跨绝缘子 cross-over insulator
横跨流域取直 cross drainage cut-off
横跨面 cross-span
横跨欧洲集装箱特别快车 trans-Europe container express
横跨上定位索 upper span wire
横跨索 cross-span wire; span wire
横跨线缆 span wire
横跨褶皱 superimposed fold; transverse fold; cross-fold(ing)
横跨支柱 headspan mast
横框锯 horizontal frame saw
横馈给 sideways feed
横拉法 horizontal crystal growth
横拉浮坞门 sliding caisson gate
横拉杆 lateral tie; sway bracing; tie rod
横拉筋 transverse brace
横拉门 horizontal slide door; sliding caisson gate【港】; sliding door
横拉幕 <可拉到舞台两旁的> travel(l)er curtain
横拉式坞门 sliding dock gate
横拉条 cross brace; horizontal brace [bracing]; sag rod; spanner; transverse bracing
横拉坞门 sliding gate
横拉线 cross bracing wire
横拉闸门 traversing gate; sliding gate
横缆 <船中部> breast fast; breasting line; breast rope
横缆墩 breast-line dolphin
横廊 cross gallery
横浪 athwart sea; beam (on) sea; beam wave; broadside sea(wave); cross sea; shear wave
横浪航行 running on beam sea
横肋 cross rib; lateral rib; side rib; transverse rib; traverse rib
横肋骨 transverse frame
横肋梁 gate beam; cross beam
横肋形(螺旋)钻杆钢 ribbed steel
横楞木 header; header joist
横离负载 transverse load
横力臂支撑 radial arm bearing
横力臂支承 radial arm bearing
横力设计 lateral force design
横连接箱 cross box
横联 cross bracing; transverse bracing
横联差动保护 transverse differential protection
横联杆螺栓 track-rod bolt
横联杆球塞 track-rod ball plug
横联杆球头螺母 tie-rod-ball nut
横联木 skid
横联轴节 transverse coupling
横梁 adjutage; bracing piece; bridging beam; bridging joist; brow post; bunton; cant lever; cross bearer [head/member/piece/rail/tie]; dormand tree; floor beam; girder frame; guide bar; header; head piece; horizontal bar [beam/girder]; principal girder; straining beam; string piece; stull; tieback; transbeam; transom(e); transversal beam; transverse beam [girder/member]; transom <车辆的>; transtrum[复 stranstra] <古罗马建筑>; cramp bar; crossbar; rest bar <轧机牌坊的>
横梁安装铁 crosstic support
横梁层列 tier of beams
横梁叉肋材 beam arm
横梁发动机 beam engine
横梁发动机泵 beam engine pump
横梁方向 capwise
横梁负荷 beam load
横梁腹板 cantilever diaphragm

横梁盖板 crosstie over plate
横梁滑块 crosstic shoe
横梁机 beam engine
横梁加强板 cross member reinforcement
横梁夹具 cross beam clamp
横梁架式凿岩机 bar drill
横梁架式钻机 bar drill
横梁间隔 girder space
横梁角撑板 cross member gusset
横梁角尺 beam square
横梁拉条 transom brace; crosstie brace <机车转向架的>
横梁连接系 cross beam bracing
横梁联锁机 bottom girder locker
横梁螺栓 transom bolt
横梁木 span piece
横梁扭紧螺母 cross member clinch nut
横梁曲柄机件 beam-and-crank mechanism
横梁升移辊 cross beam lifting roller
横梁式 trabeated style
横梁式出料机 unloader boom
横梁式发动机 beam engine
横梁式结构 trabeation
横梁式闸门 horizontal girder gate
横梁式装料机 loader boom
横梁弯曲 bending of beams under transverse force
横梁窝 egg-hole
横梁系杆 transom tie bar
横梁线 cross hatching
横梁向 abeam
横梁与纵梁 beam and stringer
横梁支架 overarm brace
横梁支托 needling
横梁支托的脚手架 needle beam scaffold
横列定向天线 billboard antenna
横列定向天线阵 bedspring array; billboard array; mattress array
横列机 transverse shaper
横列排 horizontal disposition
横列铺砌 paving in rows
横列式 parallel arrangement
横列式布置 Belgian-type layout
横列式车间 transverse type of shop
横列式到发线 lateral arrangement of station tracks
横列式钢坯轧机 open-train billet mill
横列式高低压汽轮机 cross compound turbine
横列式高低压透平 cross compound turbine
横列式高低压涡轮机 cross compound turbine
横列式会让站 transversal type passing station
横列式区段站 transversal type district station
横列式停车 <停车位置与路线成直角> right-angle parking; perpendicular parking
横列式线路 transversal arrangement; transverse arrangement
横列式轧机 open-train mill
横列式站线 traverse arrangement
横列双丝并联埋弧焊 transverse submerged arc welding
横列双丝串联埋弧焊 series submerged arc welding
横列组织 transverse tissue
横裂 cross break; cross shake; transverse crack(ing); transverse fissure
横裂缝 cross fissure; cross tractive; transverse crack; transverse fissure; cross fracture
横裂缝检查器 transverse fissure detector
横裂纹 cross crack
横裂纹带 <钢丝的> broken back
横裂隙 edge crack
横檩条 side timber
横棂条 horizontal mutin
横流 cross current; crosswise ventilation; flow over; lateral current; lateral flow; transverse current; transverse flow
横流标 cross-current mark
横流阀 transflow valve
横流方向 direction of cross-current; set of cross-current
横流风机 cross-flow fan
横流浮标 lateral flow buoy
横流航行 athwart the tide
横流换气法 cross scavenging
横流冷凝器 cross stream condenser
横流冷却塔 cross-flow cooling tower
横流强度 cross-current intensity
横流式 cross-flow type
横流式风机 cross-flow fan
横流式浮阀塔盘 cross-flow valve tray
横流式回热器 cross-flow regenerator
横流式冷却塔 cross-flow cooling tower
横流式气垫船 channel flow aircushion vehicle
横流式散热器 cross-flow radiator
横流水流力 current force in beam current
横流速度 cross-flow velocity
横流塔 cross-flow tower
横流窑 cross-flow shaft kiln
横流影响 effect of cross-current
横龙骨 cross furring
横路 cross road; crossway
横路栅栏 stile
横码头 quay; longitudinal wharf
横脉 cross vein; transverse vein
横楣【建】 breast summer; bressummer; transom
横煤舱 cross bunker
横面 square face
横面尺寸 cross-sectional dimension
横面切片 transaction; transversal section; transverse section
横面渗透性 cross-plane permeability
横面向量环 horizontal vector loop
横模 transverse mode
横膜辐射热测量仪 transverse-film bolometer
横磨 plunge grinding
横磨法 infeed grinding; infeed method grinding
横木 byatt; crossbar; cross piece; cross tie; cross timber; fascia[复 fa(s)ciae/fa(s)cias]; gird; horizontal timber; rail; span piece; stretcher; string piece; stull; tool bar; transverse brace; ledger <脚手架用>; whippletree <马车前端用以系曳绳的>
横木板锚栓 sill anchor
横木窗 astragal window
横木杆道 corduroy road
横木规 trammel
横木滑道 dragging track; skidway
横木加固 bar timbering
横木绞刨 block plane
横木锚 deadman; anchor log
横木排板护壁 horizontal sheeting
横木条 ledger strip
横木纹 across grain
横木纹受压 compression perpendicular to grain
横木纹压力 compression perpendicular to grain
横木纹压缩 compression perpendicular to grain
横木支撑 bolster
横木支承孔 <脚手架的> putlog hole
横幕 <剧院前台拱后的> teaser
横扭力矩 transverse twisting moment
横排 aburton; crosswise; rank
横排架 transverse bent
横排列 horizontal disposition
横排式铺砌 pavement in rows
横盘 anisotropic (al) disc [disk]; anisotropous disc [disk]; Q disk; transverse disk[disc]
横旁应变 transverse strain
横刨 traverse
横刨机 horizontal planning machine
横刨纹 <木工> block plane
横劈面 horizontal clearance plane; horizontal cleavage plane
横偏 lateral misalignment; side reach
横偏系数 lateral deflection
横漂 crabbing
横漂抵板 <平底船的下风边> lee board
横平的 horizontal
横平衡 cross balancing
横平衡杆 transverse equalizer
横平推断层 lateral thrust
横坡 cross fall; cross slope; lateral ramp; transverse slope
横坡大的路拱 high crown
横坡定坡器 crossfall controller
横坡度 cross-gradient; transverse grade; transverse slope
横坡横断面 section on side-laying ground
横坡降 transverse slope
横坡面摊铺装置 cross-slope assembly
横坡排水系统 cross-slope system of drainage
横坡小的路拱 low crown
横剖面 bench section; cross plane; horizontal plane; transverse plane; transverse profile; transverse section
横剖面的编制 construction of cross-section
横剖面高度 height of transverse section
横剖面积力矩 moment of area of transverse
横剖面面积曲线 curve of area of transverse section
横剖面图 cross profile; cross-section; horizontal profile; horizontal section; cross-sectional view; drawing in side sectional elevation; transverse profile
横剖面线图 body plan
横剖面型线图【船】 lines
横剖视图 sectional elevation
横剖图 cross view
横剖型线图 body plan
横铺石板瓦 slate listing
横汽包锅炉 cross drum boiler
横汽包水管锅炉 cross drum boiler
横砌石 through bonder
横砌砖 tile cut across
横砌砖石 <穿透墙厚的> through stone
横碛 lateral moraine
横牵式轨道干船坞 side haul railway dry dock
横牵索 freshwater stay; jumper; jumper stay; signal stay; triatic stay
横前线 transverse anterior line
横浅滩 crossing bar; crossing shoal
横强肋骨 transverse web frame
横墙 tie wall; transverse wall
横墙承重 cross wall load bearing
横墙承重结构 cross wall bearing construction
横墙单元 cross wall unit
横墙结构 cross wall construction
横墙温度曲线 cross wall temperature curve
横桥 cross-bridge
横桥系统 cross-bridge system
横桥循环学说 cross-bridge cycle theory
横切 cross-breaking; cross-cut(ting); cross scoring; cross-sectioning; intersect; transect; transverse cutting; traversing; straight cut <接头处>
横切壁 transverse wall
横切边波 transverse shear wave
横切冲头 ripping punch
横切的 transversal
横切地质剖面图 transverse cutting geological profile
横切端头 cross-cut end
横切割器 cross-cutter
横切机 guillotine; horizontal cutter; transverse scoring machine
横切剪力试验 transverse shear testing
横切渐长投影 transverse Mercator projection
横切渐长投影图 inverse Mercator chart; transverse chart; transverse cylindric (al) orthomorphic chart; transverse Mercator chart
横切进给 infeed
横切锯 cross-cut saw; drag saw; miter [mitre] saw; wood saw
横切口 transverse incision
横切口刀 angled blade ear knife
横切矿脉 cut
横切力 transverse shear
横切面 cross plane; cross-section; end surface grain; transaction; transection; transversal section; transverse section; transection
横切面固定法 end-grain nailing
横切面企口木板块 grooved end-grain wood block
横切面突缘木板块 lug end-grain wood block
横切面线图 body plan
横切墨卡托投影 transverse Mercator projection
横切墨卡托投影图 inverse Mercator chart; transverse chart; transverse cylindric (al) orthomorphic chart; transverse Mercator chart
横切木片 flitch
横切盆地 transverse basin
横切墙头 cross-cut end
横切取样 transect sampling
横切线 traverse
横切圆规 beam compasses
横切圆锯 circular cross-cut saw; cross-cutting circular saw
横切錾 cross-cut(ting) chisel
横切凿 cross-cut(ting) chisel
横切褶皱 diaclinal
横切柱形牙钻 cross-cut cylinder bur
横切砖 bonder header
横切装置 infeed set-up
横倾 transverse inclination; athwartships inclination【船】; athwartships trim list【船】; heel(ing)【船】; list(ing)
横倾不稳定 rolling instability
横倾翻斗车 car tippler
横倾角 angle of bank; angle of heel; angle of roll; heeling angle; heel of a ship
横倾力矩 heeling moment
横倾平衡泵 list pump
横倾平面 rolling plane

横倾调整装置 cross flooding fitting
横倾线 heel line
横倾阻力 heeling resistance
横球面投影 transverse stereographical projection
横渠 cross drain
横刃 chisel edge
横刃斜角 chisel edge angle
横刃修磨机床 web thinning gashing grinder
横沙洲 crossing bar
横上反角 lateral dihedral
横上翘角 traverse dihedral angle
横舌榫 cross tongue; feather; feather tongue; loose tongue
横射光 accidental light
横射脉 radial cross-vein
横伸挂车 adjustable track trailer
横声速 transverse sound velocity
横式 horizontal type
横式二进制 row binary
横式罐 horizontal retort
横式海岸 discordant coast
横式海岸线 transverse coastline
横式螺旋起重器 traversing screw jack
横式喷雾室 horizontal spray chamber
横式起重机 swing jack
横式起重器 sliding jack
横式倾卸车 horizontally dump truck
横式生成过程 breadth-first procedure
横式舞台 transverse stage
横式运输机 cross conveyer[conveyor]
横式甑 horizontal retort
横式转向 crab steer
横视差 traverse parallax
横视差螺旋 traverse parallax screw
横饰带 <具有圆盘状浮雕的> disc frieze
横输送 sideways feed
横竖错觉 vertical-horizontal illusion
横竖分隔条 horizontal and vertical dividers
横竖通缝砌法 stack(ed) bond
横闩门 barred door
横丝【测】 horizontal hair; horizontal thread; horizontal wire
横丝错位 dragging; pulled wire
横送升运式挖掘机 elevator digger with transverse delivery
横榫头 cross tongue
横锁 cross locking
横锁闭杆 cross locking bar
横锁尺 cross locking bar
横锁簧 cross lock
横弹簧 cross spring; slat spring; transverse spring
横弹性模数 modulus of traverse elasticity
横梯斜梁 horse
横条 horizontal line; perch; stretcher; trabecula[复 trabeculae]; skid bar <滑道或台架的>
横条大门 <苏格兰> grind
横条花纹织物 cross-over fabric
横条栏板 railed side
横条帘幕 lateral-bar screen
横条图 horizontal bar-chart
横条纹 <浮标的> horizontal bands; horizontal stripe
横条信号发生器 horizontal bar generator
横条装饰 bayadere
横条子窗帘布 blind chintz
横厅 transverse hall
横通道 cross adit; cross gallery; cross passage
横通管 cross-over pipe
横通屋顶 traversable roof
横筒式拱顶 transverse barrel vault
横头 cross head; cross-peen <锤的>
横头锤 cross-pane hammer; cross-peen hammer
横头工作区间通道 cross head(ing)
横头手锤 cross peen hand hammer
横突 transverse process
横推断层 blatt(er); flaw fault; heave fault; tear fault; transcurrent fault; transversal fault; transverse fault; transverse thrust
横推门 sliding gate
横推千斤顶 horizontal pushing jack
横推运动 transcurrent motion
横托架 cross bearer
横托梁 cross girder
横托木 ligger
横拖 girding
横挖【疏】 transverse dredging
横挖法 transverse dredging method
横弯力矩 transverse bending moment
横弯应力 cross-bending stress
横弯褶皱 bend folding
横桅杆臂 yardarm
横尾翼 tail plane
横位校正 lateral correction
横位心 horizocardia; horizontal heart
横位置 transverse attitude
横纹 across grain; cross grain; cross striation; jarring mark; perpendicular to grain <垂直于木材纹理的>
横纹板层 <胶合板中> cross banding
横纹承压强度 compressive strength perpendicular to grain
横纹导管 trabecular duct
横纹劲度 cross panel stiffness
横纹锯 crosscut saw
横纹开裂 <木材的> cross break
横纹抗拉强度 <木材的> tensile strength across the grain; tensile strength perpendicular to the grain
横纹抗压弹性模量 modulus of elasticity in compression perpendicular to grain
横纹抗压强度 crushing strength across grain
横纹木材 end-grain wood; wide grained wood
横纹木抹子 cross-grained float
横纹饰带 cross banding
横纹弹性模量 cross grain modulus
横纹图案 reeded pattern; ribbed construction
横纹镶板 landscape panel; lay panel; lying panel
横纹纸 wove paper
横稳定倾中心 transverse metacenter [metacentre]
横稳心 metacenter for transverse inclination; transverse metacenter [metacentre]
横稳心高度 transverse metacentric height
横稳心曲线 curve of transverse metacenter
横稳性【船】 athwartships stability; lateral stability; transverse stability
横卧 lie
横卧雕像 recumbent effigy
横卧着 lying
横卧姿势 accumbent posture
横吸式 horizontal draft
横吸式汽化器 horizontal draft carburetor
横系杆 lateral bracing
横系梁 straining beam
横狭点 stenion
横纤维 cross fiber
横线 abscissa; horizontal line; side line; striping; transverse line
横线担 cross arm
横线读数 transverse scale
横线工程(计划)图表 bar chart
横线脚 ledg(e)ment(table); transverse architrave
横线条 horizontal mo(u)lding; ledge; ledg(e)ment; platband <建筑立面上的>
横线坐标 lateral coordinate
横相关系数 transverse correlation coefficient
横箱带 jet bar
横向 breadth way; broadway; cross direction; cross range; side-to-side direction; transverse direction
横向安全距离 lateral safe distance
横向暗管 <公用管线的> cross conduit
横向暗渠 cross drain
横向暗渠标 drainage post
横向掰断 cross snapping; transverse snapping
横向摆差 lateral run-out
横向摆动 cross shake; horizontal translation; transverse hunting; transverse oscillation
横向摆动焊缝 weaving weld
横向摆动焊接 welding with weaving
横向摆动焊接法 cross-weave procedure
横向摆动迁移 transversally swing migration
横向搬运 cross-hauling; sideways transfer
横向板条 cross furring
横向板桩 <混凝土桩支撑> interpit sheeting(sheathing)
横向半横向式通风 cross-semi-cross ventilation
横向半圆拱 half-round transverse arch
横向保护 cross-protection
横向被动土压力 passive lateral earth pressure
横向比降 transverse gradient
横向比例尺 horizontal scale
横向闭合差 closing error in departure
横向编程序 horizontal programming
横向变动 lateral variation
横向变化 lateral variation
横向变位 lateral deflection
横向变形 diameter deformation; lateral deformation; transversal strain; transverse deformation
横向变形系数 <即泊松比> Poisson's ratio
横向标记计数方式 horizontal mark computing system
横向表列 horizontal tabulation
横向冰隙 transverse cleavasse
横向波 lateral wave
横向波痕 transverse ripple mark
横向波浪 beam wave
横向波状的 transverse corrugated
横向泊位 cross berth
横向不符值【测】 transversal discrepance[discrepancy]
横向不规则裂缝 pull crack
横向不稳定性 lateral instability; rolling instability
横向布置 transversal arrangement; transverse arrangement
横向布置的构架 transversely arranged frame
横向布置的框架 transversely arranged frame
横向布置发动机 engine mounted transversally
横向布置凝汽器 cross-mounted condenser
横向裁剪机 transverse cutting machine
横向舱壁 transverse bulkhead
横向槽孔筛 lateral-slot screen
横向侧限压力 confining lateral pressure
横向侧限应力 confining lateral stress
横向测井 electric(al) lateral curve log; laterolog
横向差值 transversal discrepance[discrepancy]
横向拆借资金 horizontal call loan
横向长度比尺 lateral length scale
横向长度伸缩振动模式 transverse length extension vibration mode
横向场 transverse field
横向场行波管 transverse field travelling-wave tube
横向超高 banking
横向潮流 beam tide; cross tide; transverse current
横向潮流力 transverse current force
横向撑 transverse member
横向撑杆 cross-bunt on; lateral bracing member
横向撑木 cross-bunt on
横向撑条 cross stay
横向承载的 transversely loaded
横向承载桩地基系数法 subsoil reaction modulus method for laterally loaded pile
横向承载桩基 C 值法 subsoil reaction modulus C method for laterally loaded pile
横向承重 load-bearing in transverse direction; weight-carrying in transverse direction
横向尺寸 lateral dimension
横向齿厚 transverse tooth thickness
横向冲击 side knock
横向冲刷 lateral abrasion; lateral erosion
横向冲刷痕 transverse scour mark
横向出钢机 cross pusher
横向传播 horizontal transmission
横向传导率 transverse conductivity
横向传动齿轮 traverse gear
横向传感器 lateral pickup
横向传送 cross drive
横向船排滑道 broadside slipway; side slipway with rail tracks
横向船台 broadside slipway
横向串话 transverse crosstalk
横向串音 transverse crosstalk
横向窗扇 horizontally sliding window sash
横向垂直角焊缝 horizontal-vertical fillet weld
横向磁场效应 transverse magnetic field effect
横向磁力线磁体 transverse flux magnet
横向磁铁 athwartships magnet
横向次生流 secondary transverse current
横向粗糙度 roughness across the lay
横向存(停)车 transverse parking
横向大梁 transverse girder
横向带式输送机 transverse belt conveyer[conveyor]
横向挡板 transverse baffle
横向导轨 cross slide way; traverse guide rail
横向导轨夹 cross rail clamp
横向导接线 cross(rail) bond
横向导线 lateral conductor
横向导向边 guide edge
横向倒置 lateral inversion
横向捣固 transverse tamping
横向的 lateral; breadthwise; crossed; crosswise; horizontal; sideway; trans-

versal;transverse;traversal
横向底流 cross under-current
横向地 broadway;broadwise;crosswise;widthwise;athwartship【船】
横向地理 lateral geotropism
横向地面运动 lateral earth movement
横向地性 diageotropism
横向地震 transverse earthquake
横向电磁力 transversal electromagnetic force
横向电流 transverse current
横向电流损耗 cross-path loss
横向电压 lateral voltage
横向垫高天花板 cross furring ceiling
横向吊车机 cherry picker
横向吊车器 <俚语> cherry picker
横向叠加 transverse stack
横向叠加次数 fold of traverse stacking
横向定倾中心高度 transverse metacentric height
横向定位器 lateral locator
横向动量 transverse momentum
横向动量间隙 lateral play
横向动作 crosswise movement
横向端部效应 transverse edge effect
横向断层 lateral fault
横向断裂 cross fracture;cross-breaking;transverse failure;transverse fracture
横向断裂强度 cross-breaking strength
横向堆垛法 cross-piled loading;cross stacking
横向堆列 aburton
横向对流 cross-flow convection
横向对准 lateral alignment
横向多斗挖掘机 traverse multi-bucket excavator
横向多角经营 horizontal diversification
横向多路灌水系统 split lateral recharge system
横向多普勒效应 transverse Doppler effect
横向多样化 horizontal diversification
横向发展 horizontal development
横向翻转的 laterally reversed
横向反力 lateral reaction
横向范围 latitudinal extent
横向防渗墙 cut-off buttress
横向仿形 transverse copying
横向放大率 lateral magnification;transversal magnification
横向分辨率 cross-track resolution;lateral resolution;range resolution;resolution in range
横向分布 crosswise distribution;horizontal distribution;lateral distribution;transverse distribution
横向分布线荷载 transversely distributed line load
横向分带 transversal zoning
横向分割 horizontal division
横向分隔的(天花板) traviated
横向分力 cross component;transverse component
横向分量 cross component;lateral component;transverse component
横向分区 <穿孔卡片的> curtate
横向分速度 cross stream velocity component
横向分速率 cross speed
横向分析 horizontal analysis
横向分支 lateral branch
横向风 beam wind;side wind;cross wind
横向风(荷)载 transverse wind load
横向风力系数 transverse wind force coefficient
横向缝 transverse seam
横向缝焊(接) transverse seam welding
横向缝合线 transverse stylolitic seams
横向缝隙 transverse slot
横向扶拱 strainer arch
横向负荷 horizontal load;lateral load;transverse load
横向负荷分配 transverse distance
横向负载 horizontal load;lateral load;transverse load
横向覆盖 lateral coverage
横向干扰 lateral disturbing;transverse interference
横向杆 horizontal shaft
横向刚度 crosswise rigidity;lateral stiffness;transverse rigidity;transverse stiffness
横向刚性 lateral stiffness;transverse rigidity;transverse stiffness
横向刚性试验 rigidity-transverse test
横向钢筋 circumferential reinforcement;cross reinforcement;cross-rod (of reinforcement);crosswise reinforcement;horizontal bar;transverse steel;web bar;web reinforcement;lateral reinforcement;transverse reinforcement <指箍筋等>
横向钢筋柱 column with lateral reinforcement
横向钢丝绳 transverse cable
横向港池 inset dock;lateral harbo(u)r
横向高差 cross fall
横向高低轨滑道 side slipway with high and low rail tracks
横向高低腿下水车滑道 side slipway with launching cradle of two level wheels
横向格式 horizontal format
横向格栅 cross runner
横向隔离物 cross spacer
横向隔墙 across bulkhead;cross cut-off wall
横向各向同性 transverse isotropy
横向各向异性 transverse anisotropy
横向工作缝 transverse construction joint
横向工作后角 working side clearance;working side rake
横向拱 arch band;transverse arch
横向拱顶 transverse barrel vault
横向拱座系统 transverse abutment
横向沟灌 cross-slope furrow irrigation
横向沟渠 cross drain;lateral drain
横向构架 bent;horizontal frame;transverse bent;transverse frame
横向构件 cross member;transverse member;cross-tie
横向构造调节 accommodation by transverse structure
横向构造缝 transverse tectonic fissure
横向构造迁移方向 direction of transversely tectonic migration
横向箍筋 lateral binder;lateral binding;lateral tie
横向管 transverse conduit;transverse pipe;transverse tube
横向管道 erossduct;lateral
横向管渠 lateral conduit
横向惯量 lateral inertia
横向灌浆法 advancing slope grouting
横向光调制器 transverse optic(al) modulator
横向光性的 diaphototropic
横向轨道模型 lateral track model
横向轨枕 cross-sleeper
横向滚装 cross-hauling
横向过道 interconnection
横向海岸 transversal coast
横向海岸线 transversal coastline
横向海浪 cross swell
横向海流 cross current
横向涵洞 cross culvert;transverse culvert
横向焊道缺口弯曲试验 transverse bead notched bend test
横向焊缝 cross weld(ing) seam;horizontal weld;transverse weld
横向焊接 cross weld(ing)
横向焊接的钢丝网磨光玻璃板 cross-welded polished wire(d) plate
横向焊接钢丝网夹心玻璃 cross-welded wire(d) glass
横向焊接嵌丝玻璃 cross-welded wire-(d) glass
横向夯实 transverse tamping
横向合并 horizontal amalgamation
横向河 transversal river;transversal stream
横向荷载 bending loading;horizontal load(ing);lateral load;transversal load(ing);transverse load(ing)
横向桁材 transverse girder;transverse web
横向桁架 transverse truss;lateral truss
横向后张(预应力) transverse post-tensioning
横向厚度剖面 substance contour;transverse thickness profile
横向湖振 transverse seiche
横向滑板 cross slide;transverse slide
横向滑板传动 drive of transverse slide
横向滑板刀箱 tool-box on cross slide
横向滑板回转工作台 cross slide circular table;cross slide rotary table
横向滑板进刀机构 cross slide feed mechanism
横向滑板进给凸轮 cross slide feed cam
横向滑板运动 cross slide movement
横向滑船道 traversing slipway
横向滑道 side haulage dock;side haul marine railway;side shipping berth <英>;side-slipway;transverse slipway;traversing [traverse] slipway <修船用的>
横向滑道船闸 broadside marine railway
横向滑顶的货车 wagon with lateral-sliding roof
横向滑动 crosswise slide;lateral sliding;lateral slipping;side skid;side slip(ping);sidewise skidding
横向滑动车顶 lateral sliding car roof
横向滑动窗 horizontally sliding sash;horizontally sliding window
横向滑动门 horizontal sliding door
横向滑动区 cross-slip region
横向滑动闸门 horizontal sliding gate
横向滑移 crossing slide;crossway slide;lateral slipping;transverse slide
横向环流 cross current;secondary transverse current;transverse circulating current;transverse circulation
横向(环氧)胶黏[粘]接缝 epoxide transverse joint
横向缓冲器 horizontal buffer
横向回声测距计 horizontal echograph
横向会聚 lateral convergence
横向机电耦合系数 transverse electromechanical coupling factor
横向机动范围 lateral maneuvering range
横向机构 traversing equipment
横向激电中梯阵列 induced polarization transverse mid-gradient array
横向挤压 cross extrusion;lateral extrusion;radial extrusion;sideway extrusion
横向脊肋 transverse ridge-rib
横向记录 transverse recording
横向技术 horizontal of technology
横向加固 transverse stiffening
横向加固板 <木构件接头处> cross tongue
横向加固转向架 cross-anchored bogie
横向加积 lateral accretion
横向加劲 lateral stiffening
横向加劲板梁 transversely stiffened plate girder
横向加劲杆 transverse stiffener
横向加劲构件 transverse stiffener
横向加料 cross feed
横向加强 crosswise reinforcement;transverse stiffening
横向加强板 transverse reinforcing plate
横向加强构件 transverse stiffener
横向加强管 transverse reinforcing tube
横向加热 transverse heating
横向加速度 horizontal acceleration;lateral acceleration
横向加载 loaded in transverse direction
横向架梁 crossbolster
横向假接缝 transverse dummy joint
横向间隔 lateral separation;lateral spacing
横向间距 transverse interval
横向间隙 lateral clearance
横向剪力 transverse shear
横向剪毛机 cross-cutting machine
横向剪切 transverse shear
横向剪切机 transverse shears
横向剪切应力 transverse shearing stress
横向剪应力 transverse shearing stress
横向检验 horizontal check;transverse check
横向交通 cross traffic
横向胶带输送机 cross belt conveyer [conveyor];transverse belt conveyer[conveyor]
横向角缝焊接 horizontal fillet welding)
横向角焊缝 fillet weld in the horizontal position;transverse fillet weld
横向铰接 horizontal articulation
横向铰接板 transversely hinge-connected slab
横向铰接板法 transversely hinge-connected slab method
横向铰接窗 horizontally pivoted window
横向校验 horizontal check;transverse check
横向校正 cross level;lateral adjustment
横向校正磁铁 lateral correction magnet
横向校正器 athwartships corrector
横向接缝 transverse fissure;transverse joint
横向接缝边 transverse joint edge
横向接缝错位 faulting of transverse joints
横向接头 transverse joint
横向街道 cross-street
横向节间 cross bay
横向节距 transverse pitch
横向截断的 cross-sectioned
横向筋 transverse tendon
横向劲度 transverse stiffness

H

横向进刀 cross feed; lateral feed; surfacing feed; transverse feed; traversing
横向进刀机构 surfacing gear
横向进刀控制手柄 cross feed control lever
横向进刀螺杆曲柄 cross feed screw crank
横向进刀螺杆指示盘 cross feed screw dial
横向进刀丝杠手柄 cross feed screw handle
横向进刀装置 cross transverse feed gear
横向进给 cross traverse feed; transverse feed
横向进给螺杆 lead screw for cross-slide
横向进给磨削 infeed grinding
横向进给运动 in-movement
横向进给装置 cross feed device
横向进磨 infeed; wheel traverse
横向进磨法 feed grinding
横向进磨运动 in-movement
横向经济联系 lateral economic tie
横向晶体生长 lateral crystal growth
横向井排数目 number of transversal well rows
横向净空 horizontal clearance; lateral clearance
横向净宽 horizontal clearance
横向静振 transverse seiche
横向静震 transverse seiche
横向开裂 cross break; transverse crack
横向抗滑槽纹 <路面> transverse grooving
横向抗滑力 sideway skid resistance; sidewise skid resistance
横向抗拉强度 <木材> tensile strength across the grain
横向抗力 lateral resistance
横向抗挠强度 transverse bending strength
横向抗弯力 resistance to lateral bend(ing)
横向抗弯强度 transverse bending strength; transverse flexural strength
横向靠船速度 transverse berthing velocity
横向靠码头 breast-on
横向可通过的 transversely traversable
横向坑道 cross-cut; cross head(ing)
横向空气流动 transverse airflow
横向空心砌块 horizontal coring block
横向控制 transverse control
横向块断区 transverse block-faulted region
横向扩散 horizontal dissemination; horizontal proliferation; transverse diffusion
横向扩散系数 horizontal diffusion coefficient
横向扩散张量 transverse diffusion tensor
横向扩张 lateral magnification; transversal extension; transverse extension
横向括平拉力 transverse screed tension
横向拉拔 transverse pull
横向拉杆 cross tie; lateral tie; transverse stay; lateral bracing member
横向拉力 side pull; transverse pull
横向拉伸 transverse stretching
横向拉条 lateral tie; transverse stay
横向栏杆 cross tie; front rail; lateral tie
横向浪 beam sea; transverse sea
横向肋状碎屑带 transverse ribs clast stripes
横向离岸 breast-off
横向力 cross force; horizontal force; lateral force; side force; sideway force; sway force; transversal force; transverse force
横向力分布系数 horizontal force distribution coefficient
横向力矩 transverse moment
横向力区 zone of transverse force
横向力设计 <预防地震> lateral force design
横向力系数 lateral force coefficient; sideway force coefficient; cornering ratio <汽车在弯道上行驶时的离心力与车重的比值>
横向力系数常规测验机 <英> sideway force coefficient routine investigation machine
横向连接 cross binding; cross connection; cross link(age); cross linking
横向连接件 connecting fitting
横向连接系统 transverse brace system
横向帘式电缆栏 curtain cable rail
横向联合 horizontal association; horizontal combination; lateral combination
横向联合作业 horizontal bridging operation
横向联结 cross bending
横向联结系 lateral bracing system; transverse bracing system
横向联络隧道 cross-passage tunnel
横向联系 horizontal linkage; horizontal tie; lateral linkage
横向联系杆 cross bending; cross binding
横向联营 horizontal integration
横向梁 transverse beam
横向列表字符 horizontal tabulation character
横向裂缝 lateral crack; transversal crack; transversal rip; transverse crack; transverse crevasse; transverse fissure
横向裂痕 transversal rip
横向裂纹 lateral crack; transversal crack; transverse crack; transverse crevasse; transverse fissure
横向裂隙 transverse crevasse; tangi <河流穿过纵向山脊的>
横向灵敏度 cross sensitivity; transverse sensitivity
横向灵敏度比 transverse sensitivity ratio
横向灵敏系统 transverse sensitivity ratio
横向流 cross-flow
横向流表面活性剂超滤 cross-flow surfactant-based ultrafiltration
横向流超滤 cross-flow filtration
横向流澄清池 cross flow clarifier
横向流除油器 transverse flow oil separator
横向流动 cross current; cross stream flow; lateral flow; transverse flow
横向流动分量 cross-flow component
横向流过滤 cross-flow filtration
横向流滤饼过滤膜 cross-flow cake filtration membrane
横向流膜生物反应器 cross-flow membrane bioreactor
横向流速 cross-current velocity; lateral flow velocity; transverse current velocity; transverse flow velocity
横向流微滤通量 cross-flow microfiltration flux
横向搂草机 dump rake
横向录音 lateral recording
横向滤波器 transversal filter
横向路面标线 transverse road mark(ing)
横向履带爬行机构 transverse crawler travel(l)ing gear
横向螺丝 transverse screw
横向螺旋 transverse screw
横向弥散 transverse dispersion
横向弥散度 latitudinal dispersivity; transverse dispersivity
横向弥散系数 lateral dispersion coefficient; transverse dispersion coefficient
横向敏感性 transverse sensitivity
横向模板 <安设接缝的> cross form
横向模腔 transverse mode control
横向模型基准面 transverse model datum
横向摩擦力 side friction
横向摩擦系数 side friction factor
横向木支撑 timber horizontal bracing
横向挠曲度 horizontal deflection; lateral deflection
横向挠曲强度 cross-breaking strength
横向挠曲试验 cross-breaking test
横向挠性 lateral flexibility
横向泥沙输移 lateral sediment transport; transverse transport of sediment
横向黏[粘]结 lateral bond
横向牛腿 transverse bracket
横向扭曲 cross distortion; lateral-torsional buckling
横向耦合 cross link(age); transverse coupling
横向排架 bent frame; transverse bent
横向排肋(厚)板 transverse rib slab
横向排列 side-to-side setup
横向排水 cross drainage; lateral drainage; transverse drainage
横向排水垫层 horizontal drainage blanket
横向排水法 cross drainage method; transverse drainage method
横向排水沟 cross drain; cross gulley; drainage lateral; transverse drain ditch; lateral drain
横向排水管 cross drain; transverse drain
横向炮排距离 distance between lateral shot spread
横向配水渠 lateral distributor
横向喷油灭弧开关 cross jet breaker
横向膨胀 lateral expansion; transverse expansion
横向膨胀缝 transverse expansion joint
横向膨胀计 lateral extensometer
横向劈理带 transverse cleavage belt
横向皮带输送机 cross belt conveyer [conveyor]; transverse belt conveyer[conveyor]
横向偏差 lateral deviation; transverse deviation; transversal discrepancy
横向偏离 lateral run-out
横向偏离角 slip angle
横向偏移 lateral deviation
横向偏振 cross-polarization
横向偏转 lateral deflection
横向偏转板 transverse plane
横向平巷 cross-gang; transverse gallery
横向平整度 transverse evenness
横向平整度高差 cross evenness
横向坡 cross fall
横向坡度 cross fall; cross-grade; lateral gradient; latitudinal grade; transverse grade; transverse gradient; transverse slope
横向坡降 cross fall; transverse slope; lateral gradient
横向破裂 cross break; cross fracture; transverse fracture
横向铺料板 transverse spreading blade
横向奇偶 lateral parity
横向奇偶校验 lateral parity check
横向企业合并 horizontal combination
横向气流 cross-flow; transverse airflow
横向砌合 through bond
横向迁移 transverse migration; lateral migration
横向前角 side rake angle
横向潜洲 transverse bar
横向浅滩 cross shoal
横向嵌板 horizontal panel
横向强度 lateral strength; transverse strength
横向墙板 horizontal wall slab
横向桥台 transverse abutment
横向翘曲 cupping; cup warp; lateral buckling; transverse warping
横向翘曲的 cupped
横向切缝机 transverse joint cutter
横向切割 across cutting; cross-cut(ting)
横向切割机 cross-cutter
横向切割机桥架 transverse cutting bridge
横向切割面 shear dissected plane
横向侵蚀 transversal erosion
横向倾角分量-深度图 transverse dip component versus depth diagram
横向倾角值 lateral dip angle
横向倾斜 lateral tilt; tilt adjustment
横向倾斜计 lateral inclinometer; transversal inclinometer; transverse inclinometer
横向倾斜角调节 tilt adjustment
横向倾斜曲线 banked curve; banking curve
横向倾斜仪 lateral inclinometer; transversal inclinometer
横向球面像差 transverse spheric(al) aberration
横向区间 transverse interval
横向曲率 lateral flexion; transverse curvature
横向屈曲 transverse buckling
横向渠道 lateral canal; transverse channel
横向缺口 horizontal cut
横向燃料舱 cross bunker
横向绕组 quadrature winding
横向热传导 transverse heat conduction
横向冗余校验 horizontal redundancy check
横向冗余校验字符 horizontal redundancy check character
横向柔度 lateral flexibility
横向蠕变 lateral creep
横向入流 lateral inflow
横向软铁 horizontal soft iron
横向撒布 transverse distribution
横向扫描 lateral scan; lateral sweep; transverse scan; transverse sweep
横向色差 lateral chromatic aberration
横向色散器 cross-disperser
横向沙坝 lateral bar; transverse bar
横向沙坝沉积 transverse bar deposit
横向沙垄 transversal dune; transverse dune
横向沙丘 transversal dune; transverse dune
横向沙洲 lateral bar; transverse bar
横向山脊 transverse ridge
横向上船台的升船机 side transfer

shiplift
横向射频加热 transverse heating
横向伸长 transverse extension
横向伸长计 lateral extensometer
横向伸出建筑物 lateral projecting structure
横向伸缩缝 transverse expansion joint
横向伸缩仪 transverse extensometer
横向伸延缝 crosswise stretching crack
横向渗透性 transverse permeability
横向升运机 cross elevator
横向升运器 side delivery elevator
横向生长 cross growth
横向声学模式 transverse acoustic-(al) mode
横向施工缝 transverse construction joint
横向式通风 transversal ventilation
横向式通风系统 cross-ventilation system
横向视差螺旋 transverse parallax screw
横向视电阻率曲线 transverse apparent resistivity curve
横向试验机 transverse testing machine
横向收缩 lateral contraction; transversal shrinkage; transverse contraction; transverse shrinkage
横向收缩缝 transverse contraction joint
横向收缩率 lateral shrinkage
横向收缩系数 transverse shrinkage rate
横向受拉裂缝 transverse tension crack
横向受力线 line of horizontal stress
横向疏散口 horizontal exit
横向输沙 bed-load sweep; lateral transport of sediment; onshore-offshore transport; transverse transport of sediment
横向输水涵洞 lateral water transport culvert; crossover culvert
横向输水廊道 lateral water transport gallery
横向输送 cross feed; horizontal feed
横向输送翻板机 cross conveyer with turner
横向输送机 cross conveyer[conveyor]; transverse conveyer[conveyor]
横向输送器 cross conveyer[conveyor]; traversing conveyer[conveyor]
横向输移 lateral transport
横向熟料耙 cross clinker drag
横向竖联 transverse brace[bracing]
横向水道 cross channel
横向水力辅助 lateral hydraulic assistance
横向水流 cross current; lateral stream; transversal current; transverse current; transverse flow; transverse water flow
横向水流力 transverse current force; cross flow force; cross-low force
横向水流力系数 lateral force factor; transverse current force coefficient
横向水平联结系 lateral bracing
横向水平运动 lateral movement
横向水位差 lateral difference in water level
横向水准器 cross level; transversal bubble; transversal level
横向水准仪 cross level; transversal bubble; transversal level
横向顺性 lateral compliance
横向丝杆 cross lead screw
横向丝杆螺母 cross lead screw nut
横向松驰 transverse relaxation
横向速度 lateral velocity; transverse velocity
横向速度梯度 transverse velocity gradient
横向塑性 lateral flexibility
横向梭式皮带输送机 cross shuttle belt conveyer[conveyor]
横向缩缝止水 transverse contraction joint-forming water stop
横向锁 horizontal lock
横向弹性 lateral resilience; transverse elasticity
横向弹性模量 transverse modulus of elasticity
横向弹性试验 transverse elastic test
横向摊铺 lateral spread(ing)
横向镗孔 cross boring
横向梯度 lateral gradient; transverse gradient
横向剃齿 underpass shaving
横向天窗屋顶 monitor roof; monitor top
横向条纹 lateral bars tread
横向调节 side adjustment; side-to-side adjustment
横向调整 cross adjustment; side-to-side adjustment
横向调整螺丝 adjusting screw for transverse
横向贴角焊缝 transverse fillet weld
横向停车坪 <沿乡村道路的> lateral stopping area
横向通道 cross passageway; interconnection; sideway lead
横向通风 lateral ventilation; transverse ventilation; cross ventilation
横向同位 lateral parity
横向同性 transverse isotropy
横向同性材料 transversely isotropic-(al) material
横向筒形拱顶 transverse wagon vault
横向投影 transverse projection
横向投影经线 transverse longitude
横向投影纬线 inverse projection parallel; transverse projection parallel
横向透水性 transverse permeability
横向凸凹边缘 transverse bow
横向凸出 barrel shape
横向土压力 lateral earth pressure
横向推动 athwart thrust; lateral thrust; transversal thrust
横向推进 athwart thrust; lateral thrust; transversal thrust
横向推进器【船】 lateral thruster; transverse thruster; thruster; side thruster
横向推拉窗 sliding sash window
横向推力 horizontal thrust; lateral thrust; transversal thrust; transverse thrust
横向托座 transverse bracket
横向拖板 cross slide
横向拖滚原木 crosshaul
横向椭圆穹隆 transverse oval dome
横向椭圆屋顶 transverse oval cupola
横向瓦楞状的 transverse corrugated
横向外墙 transverse wall
横向弯矩 sway moment; transverse bending moment; transverse moment
横向弯翘 transverse warping
横向弯曲 cross bending; cross binding; lateral bend(ing); transverse bending; lateral flexure
横向弯曲劲度 transverse bending stiffness
横向弯曲疲劳试验 endurance transverse stress test
横向弯曲强度 lateral buckling strength
横向弯曲试验 cross-bending test; lateral bending test; transverse bending test
横向弯曲试验机 transverse bending testing machine
横向弯曲应力 cross-bending stress
横向弯曲作用 transverse bending action
横向往复式刀片 transverse reciprocating blade
横向望板 <俗称龙门板> sight rail
横向微比例尺 lateral microscale
横向微观弥散 transverse microscopic dispersion
横向微指令 horizontal microinstruction
横向围堰 lateral cofferdam; transversal cofferdam; transverse cofferdam
横向尾流误差 cross trail error
横向位错 transverse dislocation
横向位移 lateral displacement; lateral misalignment; lateral shift(ing); transversal displacement; transverse displacement
横向位置 lateral attitude; transversal position; transverse position <与航线方向垂直的位置>
横向喂入 cross feed
横向紊动扩散系数 transversal turbulent diffusion coefficient
横向稳定 transversal stabilization
横向稳定的 laterally stable
横向稳定钢缆 transverse stabilization cable
横向稳定钢索 transverse stabilization cable
横向稳定缆索系统 system with transverse stabilization cables
横向稳定系数 lateral stability coefficient
横向稳定性 lateral stability; transverse stability
横向稳心半径 transverse metacentric radius
横向握持力 lateral grip
横向屋顶 transverse roof
横向物 <如横梁、横木、横墙> traverse
横向误差 lateral error
横向铣削 in-milling
横向系杆 transverse tie bar
横向系缆力 transverse cable force
横向系统 horizontal system
横向下水【船】 broadside launch; side-(way) launching; transverse launching
横向下水道 lateral sewer
横向纤维 transverse fiber[fibre]
横向弦齿厚 transverse chordal tooth thickness
横向线缩率 transverse shrinkage rate
横向限制 lateral confinement; limited traverse
横向相位曲线 transverse phase curve
横向巷道 cross-entry; cross level
横向像差 lateral aberration; transversal aberration
横向像幅 oblong size
横向效应 transverse effect; transverse sensitivity
横向效应系数 transverse sensitivity ratio
横向楔入 cross-bunt on
横向协调 horizontal coordination
横向斜撑 lateral diagonal
横向斜架滑道 side slipway and wedged chassis
横向斜面升船机 side shiplift incline; transversal shiplift incline; transverse incline shiplift
横向斜坡式升船机 inclined plane with traversally travel(l)ing caissons
横向泄水沟 <渣床> transverse trench
横向卸料能力 <挖掘机> side shift capability
横向卸载升运器 traverse unloading elevator
横向行程 infeed stroke
横向性 diatropism
横向修正 transverse correction
横向徐变 lateral creep
横向悬挂 cross suspension
横向悬挂电机 lateral suspension motor
横向悬挂橡胶护舷 draped rubber fender
横向悬砌拱法 laying arch by transverse overhanging method
横向漩涡 cross eddy
横向压差 lateral pressure difference
横向压电效应 piezoelectric-(al) traverse effect
横向压力 lateral pressure; side pressure; transverse pressure
横向压力减载系统 lateral pressures reliving system
横向压力梯度 transverse pressure gradient
横向压屈 lateral buckling
横向压缩 lateral compression
横向压缩波 transverse compression wave
横向延伸的 transcurrent
横向延伸平衡臂 horizontally extending counter-weight
横向验平桁架 transverse profilometer truss
横向验平仪 transverse profilometer
横向摇摆 lateral sway; oscillation in the roll mode
横向摇摆力 transverse rocking force
横向夷平作用 lateral planation
横向移车机 car passer
横向移车台 traverser
横向移船车 side transfer car
横向移船滑道 marine railway with side transfer
横向移船台 cross transfer table
横向移动 horizontal movement; lateral movement; lateral shifting
横向移动刀架 slide tool
横向移动的 transverse floating
横向移动刮刀式整形机 transverse moving blade shaper
横向移动量 lateral play
横向移动探针 traversing probe
横向移动性 lateral mobility
横向移架设法 erection by lateral rolling
横向翼墙 transverse wing wall
横向引长 lateral magnification; transversal extension; transverse extension
横向应变 diameter strain; lateral strain; transverse strain
横向应变计 lateral extensometer; transverse extensometer
横向应变矩 transverse strain moment
横向应变仪 lateral extensometer
横向应变指示器 lateral strain indicator
横向应力 lateral stress; transversal stress; transverse stress(ing)
横向永久船磁 athwartships permanent magnetism
横向淤积 lateral accretion
横向鱼鳞板 horizontal weather-boarding
横向预应力 transverse prestress
横向圆筒拱顶 transverse tunnel vault

横向越流堰 side over-flow weir
横向运动 cross motion; cross transverse; lateral motion; lateral movement; side motion; swing transverse motion; transverse motion; transverse movement
横向运动弹簧 lateral motion spring
横向运泥机 cross mud conveyer[conveyor]
横向运输机 cross(transfer) conveyer [conveyor]; transverse conveyer [conveyor]
横向运输机千斤顶 cross conveyer jack
横向运输起重机 < 配合架空运输线工作的 > skyline crane
横向运送机 cross conveyer[conveyor]; cross transfer conveyer [conveyor]; transverse conveyer [conveyor]
横向运条法 cross-weave procedure
横向运土 cross-hauling
横向载荷 lateral load
横向载重 weight-carrying in transverse direction
横向造船滑道 < 英 > side shipbuilding berth
横向张拉 transverse stretching
横向张力 transverse tensioning
横向张力钢筋 bursting reinforcement
横向照度 lateral illumination
横向照明 lateral illumination; transverse illumination
横向折边缝 cross welt(ed seam)
横向褶曲河 diaclinal
横向振荡 lateral oscillation; transverse oscillation
横向振捣器 transverse vibrator
横向振动 cross-flow vibration; transversal vibration; transverse vibration; traversal vibration; lateral vibration; whipping < 传动轴的 >
横向振动频率 frequency in roll
横向振动筛 side-shake screen
横向振动特性 lateral oscillatory behavio(u)r
横向震荡 transverse oscillation
横向震动 cross shake
横向震动系数 horizontal seismic coefficient
横向震动仪 horizontal seismograph; horizontal seismometer
横向整平板 transverse screed
横向整平机 transverse screed
横向支撑 cross bending; cross binding; cross stay; lateral brace; lateral strut; lateral support; transversal brace; transversal bracing; transverse bow; transverse brace [bracing]; transverse strut; lateral bracing
横向支撑系统 lateral bracing system; lateral support system; lateral system of braces
横向支承 lateral support; supporting in transverse direction
横向支承荷载 bearing in traverse direction
横向支承系统 lateral support system
横向支点伸出长度 lateral overhang
横向支距 lateral offset
横向支重块 < 支承跨装货物 > crosswise bearing piece
横向支座系统 transverse abutment
横向制表 horizontal tabulation
横向制表符号 horizontal tabulation character
横向制表字符 horizontal tabulation character
横向制动杆 brake cross lever
横向质量 transverse mass
横向中和轴 transverse neutral axis
横向中梯排列 array for transverse mid-gradient
横向中心距 transverse pitch
横向中心线 transverse center line; transverse centre line
横向重叠 lateral overlap; tie strip
横向重心 transverse center of gravity
横向轴线 axis of pitch
横向肘板 transverse bracket
横向皱缩 shrinkage across machine direction; shrinkage cross the grain
横向柱箍 lateral ties of column
横向柱行波管 transverse beam travelling-wave tube
横向砖砌合 cross brickwork bond
横向转移 horizontal transfer
横向桩头帽梁 transverse pile-cap girder
横向装材 cross-hauling
横向装料车 side-charge car
横向装运 cross-haul
横向装载 aburton
横向装载机 side loading vehicle
横向撞锤 battering ram
横向自差校正磁铁 athwartships magnet
横向自动定位 side-to-side floating; sideway floating
横向自动焊 automatic transverse welding; three o'clock-welding
横向自动调节 side-to-side floating; sideway floating
横向自动拖送机 drag-over
横向纵切 transverse-longitudinal cutting
横向走刀 straight-in feed
横向阻抗 transverse impedance
横向阻力 lateral resistance; traverse resistance
横向阻尼 lateral damping
横向钻孔 cross drilling
横向钻孔附件 cross drilling attachment
横向钻孔机 horizontal earth boring machine
横向最大倾斜度 maximum transversal inclination
横巷 headway; cross-cut < 采矿的 >
横巷交会(处) intersection of cross-drift
横巷掘进 cross-measure drifting
横巷装载 cross cut loading
横像差 lateral aberration
横削 traverse
横削木片 wafer
横销 cross bolt; cross pin; lateral pin; pivot bracket; probe; traverse pin
横销锁 cross-bolt lock
横小管 transverse tubule; T tubule
横楔 transverse wedge
横斜地 crosswise
横斜度 cross fall
横斜坡 sidehill
横斜着 sidewise
横心角 apsidal angle
横芯 horizontal grill(e)
横行底座【机】traversing base
横行千斤顶 traversing screw jack
横行切开 transection
横行纤维 across grain; cross fiber[fibre]
横行小车 crane carriage; travel(l)ing crab
横行小车(桥式起重机上)转向架 jim
横旋转刀架 facing arm
横压电效应 transverse piezoelectric(al) effect
横压力 horizontal pressure; lateral compression
横压力角 transverse pressure angle
横压仪 pressiometer; pressure meter
横压仪试验 pressuremeter test
横檐梁式结构 trabeated construction
横堰 cross weir
横焰炉 side-fired furnace
横焰窑 cross draught kiln; horizontal through-draught kiln; side-fired kiln
横摇 rolling; rolling motion
横摇幅度 amplitude of rolling
横摇和纵遥 rolling and pitching motion
横摇记录器 rolling recorder
横摇角 angle of roll; rolling angle
横摇力矩 rolling moment
横摇试验 rolling experiment
横摇稳定舱 roll damping tank
横摇稳定舵 rudder roll stabilization
横摇指示器 rolling indicator
横摇周期 period of roll(ing); rolling period
横摇轴 axis of roll
横咬口缝 cross welt(ed seam)
横移 cross travel; lateral shift; sideshift; transverse shift
横移变坡滑道 curve-surfaced side slipway
横移标桩 lateral movement stake
横移车 transfer table; transversal table; transverse table
横移刀板 < 平地机 > side shift blade
横移滑动桥 traversing bridge
横移角度 swing angle
横移绞车 swing winch
横移绞车超负荷 overload of swing winch
横移绞车负荷指示器 swing winch load indicator
横移绞车速度控制器 swing winch speed controller
横移帘式电缆栏杆 curtain cable rail stand
横移式 cross sliding type
横移式活动桥 < 过船时可侧向移动的 > traversing bridge
横移式平土刀板 side-shifting blade
横移式起重机 < 沿甲板横向 > traverse positionable crane
横移式起重器 traversing jack
横移式坞门 traversing caisson
横移式闸门 traversing caisson
横移速度 side swing speed; sidewise shifting speed; speed of transverse movement; traversing speed
横移台 transverse table
横移心轴 traversing mandrel
横涌 cross swell
横圆棒 transverse round bar
横圆拉杆 transverse round bar
横圆柱投影 cylindric(al) transverse projection
横越 across; cross-over; over-step
横越冲撞 crossing collision
横越船首 across the bow
横越的 cross-cut
横越地槽 embayment
横越对方的船首 athwart the bow of a ship
横越分水线的道路 hill-and-dalero; hill-and-dale route
横越速度 cross-over velocity
横越他船船首 crossing ahead of the other
横越撞车 crossing collision
横运 cross-hauling
横载垂载比 lateral-vertical ratio
横轧 cross rolling; transverse rolling
横轧辊 cross roll
横轧机 cross-rolling mill
横轧宽展 < 板坯 > widening
横栅活坝 needle dam
横栈桥 shore bridge; transverse jetty
横折 cross break
横褶 tuck
横褶皱 transverse fold
横枕木 transverse sleeper
横振筛架 side-shake mill
横震 transversal earthquake
横支 transversal branch
横支撑 horizontal bracing; sway bracing < 上部结构的 >
横支撑工程 flying shoring; needling work
横支撑木 flying shore; needle; needling
横支撑系统 lateral system of braces
横支杆 cross support arm
横支架 cross-braced frame; cross support arm
横支梁 propping; shoring
横支柱 cantilever block; cantilever vault; lateral strut
横执手 horizontal handle
横直砌合 header and stretcher
横质量 transversal mass
横置 laid
横置的 up-ended
横置发动机 transverse engine
横置汽包水管锅炉 cross drum boiler
横置弹簧 transverse spring
横置型 horizontal type
横中剖面【船】amidship section; midship section
横重心 lateral center of gravity
横轴 cross axis; cross-rod; cross shaft; horizontal axis; horizontal shaft; lateral axle; transit axis; transverse attitude; transverse axis; transverse shaft; abscissa axis; X-axis; axis of abscissa【数】; Y-line < 高斯投影的 >
横轴拌和机 horizontal shaft mixer
横轴衬套 cross shaft bushing
横轴赤道 inverse equator
横轴导承 cross shaft guidance; cross shaft guide
横轴等距离切圆柱投影 transverse tangent cylindric(al) equidistant projection
横轴等面积切圆柱投影 transverse tangent cylindric(al) equivalent projection
横轴分量 quadrature component
横轴海图 inverse chart; transverse chart
横轴恒向线 inverse rhumb line
横轴环流 abscissa-axis circular current
横轴混凝土搅拌机 horizontal axle concrete mixer
横轴搅拌机 horizontal shaft mixer
横轴流速仪 horizontal axis current meter[metre]; horizontal axle current meter; horizontal shaft current meter[metre]
横轴墨卡托投影 transverse Mercator projection
横轴墨卡托投影地图 inverse cylindric(al) orthomorphic chart; inverse Mercator projection chart; transverse cylindric(al) orthomorphic chart; transverse Mercator projection chart
横轴墨卡托投影格网 transverse Mercator projection grid
横轴倾斜 inclination of trunnion grid
横轴式拌和机 horizontal axis mixer
横轴式布置 < 水轮机 > horizontal shaft arrangement
横轴式蝴蝶阀 disc[disk] valve

横轴式双水轮机 horizontal shaft double turbine
横轴首子午线 prime transverse meridian
横轴水准器 transversal level
横轴同步电动势 quadrature-axis synchronous internal voltage
横轴同步阻抗 quadrature axis synchronous reactance
横轴投影 inverse projection; transverse projection
横轴投影赤道 transverse equator
横轴投影等变形线 inverse rhumb line; transverse rhumb line
横轴投影地图 inverse chart; inverse map
横轴投影格网 transverse graticule
横轴投影恒向线 transverse rhumb line
横轴投影极点 transverse pole
横轴投影经度 inverse longitude
横轴投影经纬网 transverse graticule
横轴投影经线 inverse meridian; transverse meridian
横轴投影首子午线 prime transverse meridian
横轴投影纬度 inverse latitude; transverse latitude
横轴投影纬线 inverse parallel
横轴投影子午线 inverse meridian
横轴托架 cross-shaft bracket
横轴线 lateral axis; transversal line; transverse axis
横轴漩涡 eddy with horizontal axis
横轴圆柱正形投影 inverse cylindric(al) orthomorphic projection; transverse cylindric(al) orthomorphic projection
横轴圆柱正形投影图 inverse cylindric(al) orthomorphic projection chart; transverse cylindric(al) orthomorphic projection chart
横轴闸门堰 shutter weir
横轴中悬窗 centre-hung horizontally pivoting window
横轴子午线 inverse meridian
横轴总成 horizontal shaft complete
横轴坐标 abscissa; horizontal coordinate; X-coordinate
横柱 spacer; spreader
横柱闸门 horizontal drawing gate
横转控制 traverse control
横转塔 cross turret
横转向装置 cross steering device
横装 stow across; stow athwarthships
横走板 <棚车顶> latitudinal running board
横走板托 latitudinal running board bracket
横阻 transverse arrest
横坐标 abscissa; horizontal coordinate; horizontal scale; easting <高斯-克吕格坐标系>
横坐标比例 scale of abscissa
横坐标尺度 abscissa scale
横坐标轴 abscissa axis; axis of abscissa; cross axis; transverse axis; X-axis
横坐标轴比例尺 scale of abscissa
横座板 thoft; thought; thwart
横座板支柱 thwart stanchion
横座板肘板 thwart knee

衡

衡定脉冲系统 isopulse system

衡分子量 mol
衡孔 eyelet work
衡量 judge; ponder; scalage; weigh(ing)
衡量单 sworn measures certificate
衡量的 weighed
衡量的标准 yardstick
衡量价值 measure of value
衡量因素 weighing factor
衡量员 ga(u)ger
衡平比 equity ratio
衡平法 law of equity
衡平法的 equitable
衡平法法院 court of chancery; court of equity
衡平法分配原则 equitable apportionment doctrine
衡平法控诉书 bill in equity
衡气表 air poise
衡器 bowl; weigh appliance; weigher; weighing apparatus; weighing equipment; weighing gear; weighing machine; weighing scale; weighter
衡器厂 weigh plant
衡器计重 weighted by scale
衡算 balance
衡算计量程序 accounting procedure
衡算量单位 accounting unit
衡消 balance out
衡消读数 null reading
衡消法 null method; zero method
衡消接收法 neutrodyne
衡消滤波器 balanced filter
衡消装置 null balance device
衡闸 weighlock
衡重盎司 <质量单位,1 盎司 = 28.35 克> avoirdupois ounce
衡重臂 counterweight arm
衡重床 weighing bed
衡重吊桥 counterpoise bridge
衡重杆 balanced weight lever
衡重轨条 weigh rail
衡重函数 weighting function
衡重盒 balance box
衡重跨 counterweight spalling
衡重桥墩(台) <仰开桥的> counterweight tower
衡重式铲运机 counterweight scraper
衡重式垂直升船机 balanced vertical ship-lift
衡重式单翼仰开桥 single-leaf bascule bridge
衡重式挡土墙 balance weight retaining wall; gravity retaining wall with balance [balancing] platform; shelf retaining wall
衡重式方块码头 counterweight block wall
衡重式开合桥 overhead counterweight bascule bridge
衡重式桥台 balance weight abutment; weight-balanced abutment
衡重式升船机 counterweight lift
衡重式仰开桥 bascule bridge; overhead counterweight
衡重式仰开桥的桁架 bascule
衡重式仰开桥衡重臂 counterweight arm of bascule bridge
衡重式仰开桥(桥)翼 leaf of bascule bridge
衡重式雨量计 weighing rain-ga(u)ge
衡重式转辙器 weighted switch-stand
衡重竖井 <仰开桥的> counterweight pit; counterweight shaft
衡重水泵 ballast pump
衡重水箱 ballast tank
衡重索 counterweight line
衡重踏板 weighing treadle
衡重体 counterpoise; counterweight
衡重箱 box casing
衡重液压卸除器 hydraulic counterweight removal
衡准器 balance level
衡准数 criterion numeral

轰

轰击 bombard(ment)

轰击炉 electron-beam furnace
轰击能量 bombardment energy
轰击器 bombarder
轰鸣 <发动机的> growl; roar
轰鸣的东西 growler
轰鸣器 <物探用的> boomer
轰燃后火灾 post flash-over fire
轰燃前阶段 pre-flash-over period
轰燃前温度 pre-flash-over temperature
轰燃前温度估算 pre-flash-over temperature estimation
轰燃前预测 prediction of flash-over
轰声 clap; sonic bang; sonic boom
轰响 thunder
轰炸机 bomber

哄

哄骗 coax

哄抬价格 bill campaign; price pushing
哄抬价格活动 bull operation
哄抬价格者 puffer
哄抬价钱 bid up
哄抬市场价格 bull the market
哄抬物价倒卖 regrate

烘

烘 baking; roast

烘板 bakeboard
烘版机 plate whirler
烘包器 ladle drier[dryer]; ladle heater
烘焙 bake; cure
烘焙工业搪瓷 stove industrial enamel
烘焙过程 process of curing
烘焙炉 calcination furnace; enamel(l)ing furnace; stoving oven
烘焙铝漆 stoved alumin(i)um paint
烘焙树脂 stoved resin
烘焙搪瓷的 stove-enamelled
烘焙填料 stoving filler
烘焙限制器 stoving stopper
烘焙制止器 stoving stopper
烘焙质量 stoving quality
烘瓷 backed porcelain
烘得半干 damp-dry
烘底船 bream; charr; swale; sweal
烘房 drying house; drying room; hot chamber; hot room; roast; roasthouse
烘干 adustion; artificial seasoning; bake; bakeout; desiccation; drying; expulsion of water; furnace drying; heat drying; kiln dry; oven drying; seasoning; stoving; thermo-drying
烘干标本 oven-dried sample
烘干材 oven-dried wood
烘干材比重 specific gravity in oven dry
烘干残渣 solid residue
烘干仓 drying chamber
烘干层 baking zone
烘干车 dryer car
烘干成团的软木 baked cork
烘干瓷漆 baking enamel
烘干瓷漆饰面 hard-stoved enamel finish
烘干瓷釉 baking enamel
烘干带 dewatering zone
烘干的 adust; kiln-dried; kiln seasoned; oven-dry; stove dried; oven-dried
烘干的铝涂料 baked alumin(i)um paint
烘干的树脂 baked resin
烘干的油漆 stove finish
烘干法 oven drying method
烘干法含水量试验 moisture-content test with oven drying method
烘干房 air drying kiln; drying house
烘干粉磨设备 drying and pulverizing unit
烘干粉碎机 atritor
烘干工业瓷釉 baking industrial enamel
烘干骨料 oven-dried aggregate; oven-dry aggregate
烘干柜 <住宅内的> drying cabinet
烘干回火 hot plate tempering
烘干混凝土 oven-dry concrete
烘干机 bakehouse; dehydrator; drier [dryer]; drying machinery
烘干机热效率 heating efficiency of the dryer
烘干机物料平衡 material balance of dryer
烘干集料 oven-dried[dry] aggregate
烘干架 drying frame
烘干间 enclosed cabinet for drying
烘干兼破碎 combined drying and crushing
烘干晶纹清漆 dried crystal varnish
烘干料浆 dried slurry
烘干炉 baker; baking furnace; baking oven; drier; dry furnace; drying hearth; drying stove; kiln (evapo(u)rator); stove; drying oven
烘干密度 oven-dry density
烘干面漆涂装 stoving varnish
烘干磨 combined drying and grinding mill; drier mill; dryer mill
烘干木材 bone-dry wood; dry wood; kiln-dried wood; kiln-dry lumber; oven-dry timber; oven-dry wood; smoke-dried lumber
烘干泥塞头 baking stopper
烘干破碎机 drier crusher; drier mill; dryer crusher; flash drier [dryer]; heated crusher
烘干漆 baking varnish
烘干器 baker; drying apparatus
烘干强度 baked strength; dried strength; dry strength; fired strength; air strength
烘干清漆 baking varnish; enamel
烘干容重 fired unit weight
烘干软木砖 baked cork brick
烘干砂 baked sand
烘干上光机 glazing machine
烘干设备 drying plant
烘干试验 baking test; oven drying test
烘干试验法 oven drying test
烘干试样 oven-dried sample
烘干饰面 baked finish
烘干室 drying chamber; drying room; hot house
烘干水分 dry hard
烘干隧道炉 baking tunnel
烘干损耗试验 oven loss test
烘干填料 baking filler
烘干填料成分 baking filling composition
烘干筒 dryer drum
烘干涂料 baking paint; baking varnish; stoving paint; stoving varnish
烘干土 baked clay; oven-dried [dry] soil
烘干箱 bakeout furnace; drying baker; dry oven; oven; oven-dried box
烘干小室 dry(ing) cabinet
烘干型瓷漆 stove enamel; stoving enamel
烘干型面漆 stoving finish
烘干型漆料 baking vehicle; stoving medium
烘干型清漆 stoving varnish
烘干样 oven-dried sample

H

烘干样品 cook out sample
烘干窑 dry(ing) kiln
烘干油漆 baking paint
烘干与拌和设备 drying and mixing plant
烘干原料磨 raw material drying and grinding mill
烘干质量 baking quality
烘干重度 oven-dry density
烘干重量 oven-dried weight; oven-dry weight
烘干装置 bakehouse;drying apparatus; drying arrangement;drying plant
烘缸 dryer
烘罐 drying pot
烘过的 baked
烘过的软木板 baked corkocard
烘浆窑 slip kiln
烘焦 adustion;brown
烘灸陶瓷 fritted porcelain
烘烤 bake;bake-on;bakeout;caking; firing;roasting;torrefy
烘烤变质作用 caustic metamorphism
烘烤打磨烘烤法 bake sand bake process
烘烤法 baking
烘烤固化 cooking
烘烤过度 overbake
烘烤后的光泽 stoving gloss
烘烤后的颜色 stoving colo(u)r
烘烤机 roaster
烘烤接触检验 baked contact test
烘烤炉 bakeout furnace;bakeout oven
烘烤面包板 bakeboard
烘烤盘 dripping pan
烘烤器 roaster
烘烤时间 baking time
烘烤树脂 baking of resin
烘烤搪瓷 baking enamel
烘烤搪瓷涂料 baking enamel coating
烘烤涂料 baking finish
烘烤温度 bakeout temperature;baking temperature;stoving temperature
烘烤系统 bake system
烘烤窑 roasting kiln
烘烤硬度 bake hardness
烘烤用夹钳 bakeout clamp
烘烤油漆 baking of varnish
烘烤质量 baking quality
烘烤周期 bake cycle
烘烤(作业)规程 baking schedule
烘篮 brasier[brazier];fire basket
烘烙法 chauffage
烘炉 air oven;bakeout furnace;bake oven;baking oven;baker;dry-off oven;heating-up;roast;roasthouse; roasting oven;stove;toaster
烘炉干燥 oven drying
烘炉硫化 oven cure
烘炉洗净剂 oven cleaner
烘炉用小坑 dog house
烘麦芽窑 roast;roasthouse
烘木炉 lumber kiln
烘盘 baking pan
烘培 bakeout
烘培循环 curing cycle
烘漆 baked finish;baking finish;baking paint;japanning;stoving finish; stoving paint
烘漆炉 paint baking oven;paint oven
烘漆饰面 hard-stoved enamel finish
烘染 heat tinting
烘砂车间 sand plant
烘砂滚筒 sand drier[dryer]
烘砂炉 sand drier[dryer];sand-drying stove
烘砂器 sand drier[dryer]
烘砂设备 sand plant
烘砂转炉 rotary sand
烘烧瓷砖 biscuit tile
烘手器 hand drier[dryer]
烘手箱 hand drier[dryer]
烘筒式浆纱机 slasher cylinder machine
烘筒式浆砂机 cylinder sizing machine;cylinder slasher
烘弯肋骨 <木船的> bent frame
烘相器 print drier[dryer]
烘箱 bakeout furnace;bakeout oven; bake oven;baking oven;dry box; dryer;dry(ing) oven;oven;salamander stove;stoving oven
烘箱风化试验 oven weathering test
烘箱烤干 stove-drying
烘箱灭菌法 oven process
烘箱式锅炉 oven-type boiler;oven-type furnace
烘箱调节器 constant temperature
烘芯炉 core oven
烘芯托架式箱 core drier
烘窑 kilning
烘窑期 heating period
烘窑曲线 heating-up curve;kiln drying curve
烘衣架 airer
烘衣箱 drying cabinet
烘用清漆 baking varnish
烘燥滚筒 drying roll
烘燥炉 drying stove
烘燥转筒 drying tumbler
烘纸型机 matrix dryer
烘砖器 brick drier[dryer]

红

红铵铁盐 kremersite

红白标志的水准尺 target leveling rod
红白方格浮标 red-and-white chequered buoy
红白立标 red-and-white beacon
红白人造宝石 red white compound jewel
红柏木 red cypress
红斑 erythema
红宝石 carbuncle
红宝石玻璃 pot ruby;ruby glass
红宝石测距激光器 ruby ranging laser
红宝石红色的 rubine
红宝石激光测距仪 ruby laser range finder
红宝石激光器 ruby laser;ruby optic(al) master
红宝石激光散射仪 ruby laser scattering apparatus
红宝石激光显微辐射仪 ruby laser microscopic radiation meter
红宝石尖晶石 ruby spinel
红宝石晶体 ruby crystal
红宝石晶体激光器 ruby crystal laser
红宝石连续波激光器 ruby continuous laser
红宝石脉冲激光器 pulsed ruby laser
红宝石脉塞 ruby maser
红宝石内反射振荡模 ruby internal reflection mode
红宝石色的 ruby
红宝石色氧化铝 ruby alumina
红宝石微波激射器 ruby maser
红宝石圆盘钉 ruby pin
红宝石圆盘激光器 ruby disk laser
红宝石云母 ruby mica
红宝石轴承 ruby
红宝玉 carbuncle
红碧硒 rubellite
红边 red edge
红变 red stain
红标签 red label
红玻璃 red colo(u)r glass
红彩 French red;red colo(u)r
红层 red bed;red rock
红层地下水 groundwater in red bed
红层矿床 red bed deposit
红层铜矿床 red beds copper deposit
红层相 red bed facies
红层岩溶 laterite karst
红茶 black tea
红茶酸 bohea acid
红潮 red tide;red water
红橙石 attacolite[attakolite]
红赤铁矿 red chalk;red hematite
红虫 blood worms;red flea
红虫胶素 erythrolaccain
红椿 Singapore cedar
红椿木 <东印度群岛和澳洲产的> toon
红刺槐木 red locust
红脆 red short
红脆的 hot brittle;hot short
红脆性 hot shortness;red shortness
红丹 <又名红铅> lead red;metallic lead printer;red paint;mineral orange;minium;red minium
红丹底漆 red lead primer
红丹防锈漆 red lead anti-corrosive paint;red lead(rust-proof) paint
红丹粉 reddle;red lead powder
红丹环氧涂层 red lead epoxy coat
红丹漆 red lead varnish
红丹清油 red lead oil
红丹填料 <防腐漆中的> miraculum
红丹调合漆 red lead ready-mixed paint
红丹涂料 lead paint;red lead paint; red paint
红丹油灰 red lead cement;red lead putty;red putty cement
红丹油泥 red lead putty
红丹油泥喷枪 putty gun;red lead gun;red lead injector;red lead putty gun
红担条 <盐碱地指示植物> tamarisk
红的 red;ruddy
红灯 battle light;red lamp;red lantern
红灯表示继电器 red light indicating relay
红灯部件 red unit
红灯单元 red unit
红灯光 red light;red signal light
红灯继电器 red light relay
红灯区 red light district
红灯时间 red time
红灯停车信号 stop-on red signal
红灯信号 absolute stop signal
红灯信号复示继电器 red signal repeater relay;red signal repeating relay
红灯信号复示器 red signal repeater
红灯信号前的黄灯信号 stopping amber
红灯信号延迟时间 red delay portion
红灯右转 right-turn-on-red
红灯左转 <相当于我国右转> left-turn-on-red
红地毯 red carpet
红地砖 red flooring tile;red ground tile;red pairing tile
红碲铅铁石 eztlite
红碲铁石 blakeite
红电气石 apyrite;rubellite
红靛 red indigo
红豆杉 Chinese yew
红豆树属 <拉> Ormosia
红端 <磁铁指北极> north-seeking end;red end
红垩 red chalk
红矾 red vitriol
红矾钠 sodium bichromate
红钒钙铀矿 rauvite
红钒铅矿 dechenite
红粉 dragon's blood;phlobaphene;red pine;roude
红福特合金 Redford's alloy
红腐 <木材的> red rot
红腐层孔菌 Phellinus pini
红腐菌 red-rot fungus
红锆石(色) jacinth
红铬铅矿 beresovite;phoenicite;phoenicochroite
红汞 merbromin(e);mercurochrome
红光 red light
红光极限 red limit
红光碱性紫 methyl violet
红光蓝 royal blue
红光蓝颜料 royal blue pigment
红光球灯 red globe lamp
红光扇形区 red sector
红光束 red beam
红硅钙锰矿 inesite
红硅镁石 spadaite
红硅锰矿 parsettensite
红桂木 red cassia tree
红(果)云杉 red spruce
红海 Red Sea
红海葱 red squill
红海地堑 Red Sea graben
红海地堑地震构造带 Red Sea rift seismotectonic zone
红海辐合区 Red Sea convergence zone
红海海底成矿作用 submarine mineralization red sea
红海裂谷带 Red Sea rift system
红海湾 Red Sea Bay
红氦氖灯 red helium-neon light
红和奶色砂岩 Mansfield
红河 Red River
红褐色 foxy;henna;luggage;maroon; red-brown;reddish brown
红褐色桉树 <澳大利亚昆士兰和沃尔斯产> tallow wood
红褐色的 sorrel
红褐色花岗石 <产于英国威斯特摩兰郡> Shap Fell
红褐色胶黏[粘]料 <盖茅草屋顶用的> ligger
红褐色硬木 <产于印度、缅甸、安达曼群岛等处> Gurgan;Gurjun;Hollong <印度>
红黑 reddish black
红黑方格浮标 red-and-black chequered buoy
红黑横纹浮标 red-and-black horizontal stripes buoy
红黑色 reddish black
红黑直纹浮标 red-and-black vertical stripes buoy
红红的面色 florid complexion
红厚壳属 beautyleaf;bintagnor;poon(tree)
红弧 red arc
红花红色 carthamus red;Spanish red
红花槭 red maple;scarlet maple; swamp maple
红花油 safflower oil
红化 reddening
红化比 reddening ratio
红化曲线 reddening line
红化作用 rubefication
红桦 China paper birch;red birch
红黄色 jonquil;London smoke;reddish yellow
红黄色的层化土壤 red yellow soil
红黄色灰化土 red(-and)-yellow podzolic soil
红黄铜 red brass;red bronze
红灰基泥浆 red lime mud
红灰色 cervinus;red grey
红辉沸石 stellerite
红机油 red machine oil
红鸡油 Chinese elm

红钾铁盐 erythrosiderite
红假山毛榉 red beech
红尖晶石 almandine spinel
红尖毛 cock saddle red
红碱液 red liquor
红胶木 brush box
红节疤 red knot
红结晶釉 red crystalline glaze
红金合金 red gold alloy
红金鸡纳树 redbark cinchona
红晶石 yoderite
红酒 claret
红块高岭土 phlorite
红蜡 <一种供楼面处治用的耐磨抗酸蜡> coral-lac
红蜡石 ixolyte
红蓝宝石矿床 ruby-sapphire deposit
红蓝色 reddish blue
红冷杉木条地板 red fir strip floor(ing)
红利 bonus; bonus dividend; dividend; extra dividend; stock bonus; stock dividend
红利工资 bonus wage
红利股票 bonus stock
红利股息 bonus dividend
红利基金 bonus pool
红利率 rate of dividend
红利债券 bonus bond; bonus debenture
红利(债息)收入 dividend income
红利账(户) bonus account
红栎木 red oak; Southern red oak
红帘石 manganese epidote; piedmontite; plemontite
红帘石片岩 piedmontite-schist
红帘石石英片岩 <紫片岩> murasakite
红料 red stuff
红磷 amorphous phosphorus; red phosphorus
红磷锰矿 hureaulite
红磷锰铍石 vaeyrynenite
红磷钠矿 jezekite; morinite
红磷铁矿 phospbosiderite; strengite
红磷铁镁矿 brugnatellite
红菱沸石 acadialite
红硫化汞 red mercuric sulphide
红硫砷矿 duranusite
红硫锑砷钠矿 gerstleyite
红榴石 Arizona ruby; cape ruby; rhodolite; carbuncle
红榴玉 carbuncle
红柳安 pink lauan; red lauan
红柳安木 <菲律宾> Bataan mahogany
红柳桉 Borneo cedar; tangile; tanguile
红柳木 Salix purpurea; red willow
红绿灯 traffic guide light; traffic light; traffic light signal; traffic signal
红绿灯板框 bow lighthouse; sector screens of sidelight
红绿灯交通信号 stop-go signal; traffic signal
红绿灯信号 traffic light signal
红绿灯信号控制系统 traffic light signal control system
红绿蓝三色解码器 red green-blue colo(u)r decoder
红绿蓝色系 red green-blue system
红绿色测试环 red green colo(u)r chart
红绿色盲 daltonism; protanopia
红绿眼镜 macyscope
红绿柱石 bixbite
红麻 ambary; red ramie
红马栗 red horse chestnut
红玛瑙 carnelian
红帽子 red cap
红帽子服务 porterage service
红玫瑰色 damask
红门兰【植】orchis
红锰矿 dial(l)ogite; red manganese; rhodochrosite
红锰磷石 palaite
红锰铁矿 friedelite
红漠钙土 red desert soil
红漠土 red desert soil
红木 blood wood; mahogany; palisander[palisandre] (wood); red deal; redwood; sapele; sipo mahogany; makore <西非>; purpleheart; red ironwood
红木衬里的 mahogany lined
红木尺 blackwood rule
红木等级 redwood grade
红木雕刻品 blackwood carving articles
红木锭摇纱机 bottle robbin winding machine
红木褐色 mahogany brown
红木家具 blackwood furniture; furniture of rosewood; mahogany furniture; padauk furniture; redwood furniture
红木胶合板标准 redwood plywood standard
红木刻 redwood carving
红木铺面 mahogany-faced
红木嵌银丝家具 blackwood furniture with filigree inlay
红木嵌玉石制品 jade-inlaid
红木色潮红 mahogany flush
红木色料 mahogany colo(u)r
红木树皮 <绝缘层材料> redwood bark
红木炭 red charcoal
红木贴面的 mahogany-faced
红木纤维 redwood fibre[fiber]
红木一字刨 horizontal sandalwood plane
红木椅 mahogany chair
红木制品 blackwood products
红木装饰 mahogany lined
红内线分析器 intrared analyser[analyzer]
红钠闪石 cataphorite[katophorite]
红楠 Machilus thunbergii
红泥 red mud
红泥方阶砖 red clay square floor tile
红泥灰岩 red marl
红泥浆 red mud
红黏土 adamic earth; red clay; lateritic soil
红坯 red body
红皮柳 bitter willow; purple osier; purple willow; red osier; red willow
红皮书 red book
红皮云杉 koyama spruce
红葡萄酒 claret
红葡萄酒色 claret wine
红桤木 red alder
红旗矿 hongquiite
红千层属植物 bottlebrush
红铅 minium
红铅丹 red lead; red minium
红铅丹漆 red lead paint
红铅粉 lead oxide red; minium; red chalk; red lead; red lead oxide; red lead powder
红铅环氧涂层 red lead epoxy coat
红铅漆 lead paint; red lead paint; red paint
红铅油膏 paste red lead
红铅油灰 red lead cement; red lead putty
红铅铀矿 woelsendorfite
红茜素湖 red alizarin(e) lake
红丘层 Redhill beds
红球甘蓝 red cabbage
红区 red sector
红群青 red ultramarine
红染 red earth
红染料 red
红壤 crasnozem [krasnozem]; red earth; red loam; red soil
红壤区 khoai; red soil area
红壤土 lateritic loam; lateritic loamy; latosol; red loam soil
红热 glowing red; red heat
红热脆性 red brittleness; red shortness
红热零件 red hot component
红热硬度 red hardness
红软泥 red ooze
红瑞木 tatarian dogwood
红润的 sanguine
红色 red; red colo(u)ration; redness
红色板岩 red slate
红色半透明玻璃纸 red glassine paper
红色饱和度 red saturation scale
红色变性 red degeneration
红色表示镜 red roundel
红色玻璃 ruby glass
红色彩料 red stain; ruby stain
红色差调制器 red colo(u)r difference modulator
红色差信号轴 red colo(u)r difference signal axis
红色沉淀物 red precipitate
红色炽光灯 red incandescent electric(al) lamp
红色磁性 red magnetism
红色单斜晶体 red monoclinic crystal
红色淀 red lake
红色淀颜料 red lake pigment
红色二氧化铅 lead peroxide red
红色反射镜 red reflecting dichroic
红色刚玉 ruby alumina
红色光栅偏移 red shift
红色光束 red beam
红色硅藻土色谱载体 Chromosorb
红色过滤片 red filter
红色过氧化铅 lead peroxide red
红色糊精 red dextrin
红色花岗岩 <产于英国> ross of mull
红色化妆土 red engobe
红色荒漠土 red desert soil
红色黄铜 <含铜大于 80% 的> red brass; red metal
红色黄铜合金 red brass alloy
红色灰化土 red podzolic soil
红色混凝土 red concrete
红色火焰信号 red flare signal
红色激励控制 red drive control
红色交叉 red green crossover
红色校样 correction red copy
红色截止 red cut-off
红色栗钙土 reddish-chestnut soil
红色磷光体 red emitting phosphor
红色硫化汞 mercury sulfide red
红色滤光镜 red filter
红色滤色镜 red filter
红色耐水瓷漆 water-resistant red enamel; water-resisting red enamel
红色黏[粘]土 ferriallophanoid; red clay
红色桥形气门嘴 red bridge washer valve
红色球形 red globular shape
红色软化 red softening
红色弱 red colo(u)r weakness
红色沙漠土 red desert soil
红色砂岩 <英国一种产于邓弗里斯的> corsehill; closeburn
红色闪光 flashed red
红色闪光灯 flashing red
红色闪光信号 fuzee
红色闪锌矿 ruby blende
红色石灰土 terra rossa
红色石灰性土壤 red calcareous soil
红色石棉橡胶板 red compressed asbestos fibre jointing in sheet
红色石蕊试纸 litmus red test paper
红色酸性染料 carmoisine
红色提单 red bill of lading
红色天然铬酸铅矿 crocoisite
红色天然染料 hypernic
红色填缝灰泥 red seal
红色铁木 red ironwood
红色透明胶片 <集成电路掩模用> rubylish
红色凸透镜 red convex lens
红色涂料 encrimson
红色土粉 red mineral colo(u)r powder
红色舷灯 red side light
红色橡胶板 red rubber sheet
红色硝酸 red nitric acid
红色锌铬打底漆 red zinc chromate primer
红色信号灯 red eye
红色信号闪光灯 fusee
红色信号响应 red response
红色信号增益 red gain
红色岩 red stone
红色岩层 red bed
红色岩建造 red rock formation
红色盐草原土 reddish (solonchak) prairie soil
红色颜料 red; red pigment
红色氧化汞 mercury oxide red; red mercuric oxide
红色氧化铁 red iron oxide
红色氧化铜 red copper oxide
红色氧化物 red oxide
红色氧化锌 zincite
红色氧气胶管 red rubber oxygen hose
红色乙炔胶管 red rubber acetylene hose
红色易碎黏[粘]土 bole
红色硬化底板 red fiber sheet
红色硬结 red induration
红色硬木 partridge-wood; bintagnor; chee <印度支那产>
红色油漆 encrimson
红色噪声 pink noise
红色装饰硬木 <印度产> ruby wood
红色着色剂 red stain
红色棕钙土 reddish-brown soil
红砂 red sand
红砂粉 coarsely ground foundry sand
红砂栗 chestnut roan
红砂土 arenosol
红砂岩 red sandstone; sleck
红砂岩层 red bed
红砂质新成土 arent
红山核桃木 red pecan
红杉 California redwood; Chinese larch; coast redwood; red fir; red cedar; sequoia; spruce fir; redwood【植】
红杉等级 redwood grade
红杉胶合板 redwood plywood
红杉胶合板标准 redwood plywood standard
红杉木 meranti; red cedar; red seraya
红杉填料过滤器 red media filter
红杉属 <拉> sequoia
红珊瑚 red coral
红闪光 <停车信号> flashing red
红闪石 katophorite
红闪锌矿 ruby blende
红砷钙锰石 arseniopleite
红砷硅锰矿 mcgovernite
红砷铝锰石 hematolite
红砷锰矿 hematolite; sarkinite

H

红砷镍矿 arsenical nickel; copper nickel; kupfernickel; niccolite; nickeline
红砷锑矿 gerstleyite; getchellite
红砷铁矿 arseniopleite
红砷锌锰矿 holdenite
红十字 Red cross
红十字会 Red Cross Society
红十字会客车 Red-Cross coach
红十字会列车 Red-Cross train
红十字卫生站 red cross health unit
红十字医院 red cross hospital
红石 red stone
红石矿 hongshiite
红石榴子石 rhodolite
红石棉纸板 red compressed asbestos sheet
红石磨光器 bloodstone burnisher
红石蕊纸 red litmus paper
红炻器 red stoneware
红手 <各种屋面毡的注册商标> Red Hand
红熟的 red ripe
红树 mangrove
红树丛林 mangrolle
红树丹宁酸 mangrove tannin
红树低洼地 mangrove swamp
红树科 <拉> Rhizophoraceae
红树林 mangrove forest; sund(a)ri; tidal forest
红树林草沼 mangrove marsh
红树林海岸 mangrove coast
红树林海滩 mangrove beach
红树林林沼 mangrove swamp
红树林泥炭 mangrove peat
红树林群落 mangrove community
红树林生态系统 mangrove ecosystem
红树林湿地 mangrove wetland
红树林沼泽 mangrove swamp
红树林沼泽沉积 mangrove marsh deposit
红树林沼泽土 mangrove soil
红树林植被 mangrove vegetation
红树林植物沼泽 mangrove swamp
红树皮 mangrove bark
红树群落 halodrymium
红树沼泽 mangrove swamp; mangrove marsh
红树脂 red resin
红树属 mangrove
红树属植物 mangrove
红水 red water
红水花 red water bloom
红水晶 ancona ruby; red quartz
红水问题 red water trouble
红水效应 red water effect
红丝柏 red cypress
红松【植】 lodgepole pine; red fir; red pine; Shasta red fir; Korean pine; Norway pine; Puget Sound pine; red cedar; rimu <产于新西兰>
红松材 red deal
红松屋面板 red cedar shingle
红铊矿 lorandite
红铊铅矿 hutchinsonite
红塔风 rotenturm wind
红台卡计 red decometer
红钛锰矿 pyrophanite
红钛铁矿 arizonite
红糖槭 red maple; scarlet maple; swamp maple
红陶 red pottery; terra-cotta
红陶器 boccaro
红套 shrink on
红套(冷缩)装配 shrinkage fit(ting)
红套配合 shrink fit
红套轴 shrunk-in shaft
红锑矿 antimony blende; kermesite; purple blende; pyrostibnite; red antimony
红锑矿石 red antimony ore
红锑镍矿 antimonial nickel; breithauptite
红锑铁矿 schafarzikite
红天精 erythroskyrin
红条款信用证 letter of credit with red clauses
红条款信用状 red clause credit
红铁碲矿 <含铁的氧化碲> blakeite
红铁矾 amarantite
红铁粉 colocthar[colocther]; roude
红铁矿 hematite; red iron ore
红铁木 red ironwood
红铁铅矿 hematophanite
红铁氧粉 red iron oxide in powder
红铁氧块 red iron oxide in lump
红铜 copper; pure copper; red brass; red bronze; red metal; rich low brass; rose copper; rosette copper
红铜粉 copper powder
红铜合金 red brass alloy
红铜片 sheet copper
红铜丝刷 copper wire brush
红铜杂件 copper scrap
红透镜 red lens
红土 crasnozem; kabouk; krasnozem; laterite; laterite soil; lateritic clay; red clay; reddle; red earth; red mud; red ocher [ochre]; red soil; ruddle
红土沉积 laterite deposit
红土的 lateritic
红土方阶砖 square red clay floor tile
红土化 red podzolic soil
红土化型铁矿床 laterized-type iron deposit
红土化作用 laterization
红土类土 lateritic soil
红土砾石 lateritic gravel
红土泥浆 red mud
红土凝胶 laterite gel
红土碎片 laterite chip(ping)s
红土碎屑岩 lateritite
红土网球场 clay court
红土无釉陶器 terra-cotta
红土颜料 terra rossa
红土质黏[粘]土 laterite clay
红土砖块 latorex
红土状土 lateritic soil
红土子 ferric oxide rouge; red iron oxide
红瓦 red roof tile
红外变像管 infrared image converter tube
红外波长 infrared wavelength
红外测距仪 <瑞士威特厂生产> Distomat
红外成像 infrared mapping
红外灯 infrared lamp
红外发送装置 infrared transmitting set
红外辐射的 infrared
红外辐射路面加热器 infrared pavement heater
红外辐射热烘干 radiant heating stoving
红外光 heat ray
红外光电光栅摄谱仪 quantometer
红外光谱定性分析 infrared spectral qualitative analysis
红外光谱(分析)法 infrared spectrometry
红外硅材料 <其中的一种> infrasil
红外火 infrared fire
红外胶卷 infrared film
红外镜 melanoscope
红外片 infrared photographic(al) material
红外取暖器 infrared warming appliance
红外探测仪 infrared sounder
红外望远镜 infrared image converter tube
红外(线) heat ray; infrared ray; ultra-red ray
红外(线)报警装置 infrared warning device
红外(线)比影像 infrared ratio image
红外(线)变像管 infrared converter tube
红外(线)表面加热器 infrared surface heater
红外(线)波 infrared wave
红外(线)波段 infrared band
红外(线)波谱 infrared wave spectrum
红外(线)玻璃 glass for infrared rays; infrared glass; infrared transmitting glass
红外(线)彩色胶片 infrared colo(u)r film
红外(线)餐具消毒设备 infrared tableware sterilizing equipment
红外(线)槽式阅读器 infrared slot reader
红外(线)测辐射热计 infrared bolometer
红外(线)测厚仪 infrared ga(u)ge
红外(线)测绘 infrared mapping
红外(线)测绘系统 infrared mapping system; mapping infrared system
红外(线)测径仪 infra-ray diameter ga(u)ge
红外(线)测距计 infrared distancer
红外(线)测距系统 infrared ranging system
红外(线)测距仪 infrared distance measuring instrument; infrared distancer; infrared electronic distance measuring instrument; infrared electronic range-measurement; infrared range-measurement system instrument; redar
红外(线)测距与测向系统 infrared ranging and directing system
红外(线)测距(与)测向(仪) infrared ranging and directing
红外(线)测宽仪 infra-ray width ga(u)ge
红外(线)测量 infrared measurement; infrared survey
红外(线)测温仪 infrared thermometer
红外(线)超 infrared excess
红外(线)超天体 infrared excess object
红外(线)车辆检测器 infrared vehicle detector
红外(线)成像 infrared imagery; infrared imaging
红外(线)成像处理器 infrared image processor
红外(线)成像光谱学 infrared imaging spectroscopy
红外(线)成像系统 infrared imaging system
红外(线)成像照相 pictorial infrared photography
红外(线)穿透性 infrared permeability
红外(线)传感 infrared sensing
红外(线)传感器 <装设在轨道上以测量车轴温度> infrared sensor
红外(线)传感器敏感元件 infrared pick-off
红外(线)传感仪 infrared sensor
红外(线)传输 infrared transmission
红外(线)窗口 infrared window
红外(线)大气遥感 infrared remote sensing of atmosphere
红外(线)导航 infrared navigation
红外(线)导引头 infrared lead
红外(线)的 infrared; ultrared
红外(线)灯 infrared(ray) lamp
红外(线)灯泡 infrared ray bulb
红外(线)低倍放大摄影 infrared photomacrography
红外(线)底片 infrared sensitive plate
红外(线)地平仪 infrared horizon sensor
红外(线)点光源 infrared spotlight
红外(线)电灯 infrared lamp
红外(线)电烘箱 electric(al) infrared oven
红外(线)电热器 electric(al) infrared heater
红外(线)电视 infrared television; noctovision; nocto television
红外(线)电视摄像管 infrared television camera tube
红外(线)电子学 infranics
红外(线)定位器 infrared locator
红外(线)定向仪 infrared search set
红外(线)对比度 infrared contrast
红外(线)多功能按摩器 infrared multifunctional massager
红外(线)二极管激光器 infrared diode laser
红外(线)二向色性 infrared dichroism
红外(线)二氧化碳测定器 infrared carbon dioxide meter
红外(线)二氧化碳分析器 infrared carbon dioxide analyser[analyzer]
红外(线)发光器 infrared illuminator
红外(线)发射 infrared emission
红外(线)发射二极管 infrared emitting diode
红外(线)发射机 infrared transmitter; infrared transmitting set
红外(线)发射率 infrared emitting ability
红外(线)发射体 infrared emitter
红外(线)发生器 infrared generator
红外(线)法氯化氢监测仪 infrared absorption hydrogen chloride gas monitor
红外(线)法一氧化碳监测仪 infrared carbon monoxide monitor
红外(线)法油份分析仪 infrared oil analyser[analyzer]
红外(线)反射法 infrared reflection method
红外(线)反射率分析仪 infrared reflectance analyser[analyzer]
红外(线)反射涂层 infrared ray reflecting coating
红外(线)反射伪装涂料 infrared reflecting camouflage paint
红外(线)反照率 infrared albedo
红外(线)范围 infrared range; infrared region
红外(线)放射的障碍 barrier to infrared radiation
红外(线)非活性 infrared non-activity
红外(线)分光光度(测定)法 infrared spectrophotometry
红外(线)分光光度测量 infrared spectrophotometry
红外(线)分光光度计 infrared spectrophotometer
红外(线)分光计 infrared spectrometer
红外(线)分光镜 infrared beam splitter; infrared spectroscope
红外(线)分光摄谱学 infrared spectrography
红外(线)分析 infrared analysis
红外(线)分析器 infrared analyser [analyzer]
红外(线)分析仪 infrared analyser

[analyzer]
红外(线)缝道加热器 infrared joint heater
红外(线)辐射 dark-heat radiation; infrared radiation; nocturnal radiation; ultrared radiation
红外(线)辐射波 heat wave; infrared radiation wave
红外(线)辐射测量术 infrared radiometry
红外(线)辐射高温计 infrared radiation pyrometer
红外(线)辐射计 infrared radiometer
红外(线)辐射加热 infrared radiation heating
红外(线)辐射加热器 infrared radiant heater; infrared radiation heater
红外(线)辐射接收器 infrared receiving set
红外(线)辐射器 infrared radiant heater; infrared radiator; radiant heater; radiant panel
红外(线)辐射强度 infrared intensity
红外(线)辐射曲线 infrared radiation curve
红外(线)辐射热测量计 infrared bolometer
红外(线)辐射式测温仪 infrared radiation thermometer
红外(线)辐射损伤 infrared radiation damage
红外(线)辐射探测 detection of infrared radiation
红外(线)辐射探测器 infrared radiation detector; infrared radiation sounder
红外(线)辐射探测系统 infrared radiation detection system
红外(线)辐射陶瓷 infrared radiation ceramics
红外(线)辐射图形 infrared radiation pattern
红外(线)辐射温度计 infrared radiation thermometer; infrared radiothermometer
红外(线)辐射养护 curing by infrared radiation
红外(线)辐射仪 infrared radiometer
红外(线)辐射源 infrared emanator; infrared origin; infrared source
红外(线)傅立叶光谱仪 infrared Fourier spectrometer
红外(线)干扰 infrared jamming
红外(线)干扰器 infrared jammer
红外(线)干涉测量 infrared interferometry
红外(线)干涉法 infrared interference method
红外(线)干涉分光光度计 infrared interferometric(al) spectrophotometer
红外(线)干涉分光计 infrared interferometer spectrometer
红外(线)干涉光度计 infrared spectrophotometer
红外(线)干涉光度学 infrared spectrophotometry
红外(线)干涉滤光片 infrared interference filter
红外(线)干涉仪 infrared interferometer
红外(线)干燥 infrared drying; infrared stoving; ultra-red drying
红外(线)干燥机 infrared drier[dryer]
红外(线)干燥炉 infrared drying stove; infrared(ray drying) oven
红外(线)干燥器 infrared drier[dryer]
红外(线)干燥油墨 infrared dry curing ink
红外(线)感光材料 infrared material
红外(线)感光胶片 infrared sensitive film
红外(线)感光乳剂 infrared sensitive emulsion
红外(线)高精度测温仪 infrared high precision thermometer
红外(线)高温计 infrared pyrometer
红外(线)跟踪 infrared lock-on; infrared trace
红外(线)跟踪记录仪器 recording infrared tracking instrument
红外(线)跟踪雷达 infrared tracking radar
红外(线)跟踪器 infrared tracker
红外(线)跟踪设备 infrared tracking equipment
红外(线)跟踪系统 trace infrared system
红外(线)工程 infrared engineering
红外(线)供暖 infrared heating; infrared ray heating
红外(线)供暖器 infrared heater
红外(线)观测器 infrared viewer
红外(线)观察镜 infrared viewer
红外(线)观察器 nightviewer
红外(线)光 infrared light
红外(线)光测距仪 redar
红外(线)光测雷达 infrared measuring radar
红外(线)光导摄像管 infrared vidicon
红外(线)光电倍增管 infrared photo multiplier
红外(线)光电导探测器 infrared photoconductivity detector
红外(线)光电导体 infrared photoconductor
红外(线)光电二极管 infrared photodiode
红外(线)光电高温计 infrared radiation pyrometer
红外(线)光电管 infrared photocell; irtron
红外(线)光电探测器 infrared photodetector
红外(线)光度测量 infrared photometry
红外(线)光度计 infrared photometer
红外(线)光敏材料 infrared sensitive material
红外(线)光频率 infrared photo frequency
红外(线)光谱 infrared spectrum
红外(线)光谱分析 infrared spectrum analysis
红外(线)光谱分析仪 infrared spectrometric(al) analyser[analyzer]
红外(线)光谱分析纸 infrared spectrometer paper
红外(线)光谱感光板 infrared plate
红外(线)光谱灵敏度 infrared spectral sensitivity
红外(线)光谱摄像技术 infrared spectrographic technique
红外(线)光谱图 infrared spectrogram
红外(线)光谱学 infrared spectroscopy
红外(线)光谱仪 infrared spectrometer
红外(线)光栅 blazed grating; echelette; echelette grating; infrared grating
红外(线)光束 infrared beam
红外(线)光束发散 infrared beam spread
红外(线)光透光玻璃 infrared transmitting glass
红外(线)光纤 infrared optic(al) fiber[fibre]
红外(线)光学材料 infrared optic(al) material
红外(线)光学测量系统 infrared optic(al) measuring system
红外(线)光学石英玻璃 infrared optic(al) fused silica
红外(线)光油墨 optic(al) character recognition ink
红外(线)光源 infrared light supply
红外(线)光照明 infrared illumination
红外(线)光照射 infrared illumination; infrared light
红外(线)光诊断仪 infrared light diagnosis instrument
红外(线)焊接机 infrared welding machine
红外(线)航空照像机 infrared aerial camera
红外(线)和热红外成像系统 infrared and thermographic(al) system
红外(线)烘干 infrared drying
红外(线)烘干机 infrared ray drier [dryer]
红外(线)烘干炉 infrared drying stove
红外(线)烘干设备 infrared drying equipment
红外(线)烘干涂料 infrared stoving finish
红外(线)烘干装置 infrared oven stand; infrared ray drier[dryer]
红外(线)烘箱 infrared oven
红外(线)回流焊接 infrared reflow soldering
红外(线)活性 infrared activity
红外(线)机载雷达 infrared airborne radar
红外(线)激光 infrared laser
红外(线)激光跟踪测距装置 combination infrared laser tracker-ranger
红外(线)激光甲烷报警器 infrared laser methane alarm
红外(线)激光雷达 coherent infrared radar
红外(线)激光器 infrared laser; iraser
红外(线)激励 infrared excitation
红外(线)激射器 infrared maser; iraser
红外(线)极限 infrared limit
红外(线)计数器 infrared counter
红外(线)记录分光光度计 infracord spectrophotometer
红外(线)技术 infrared technique; infrared technology
红外(线)加热 infrared heating; ultrared heating
红外(线)加热灯 infrared heat lamp
红外(线)加热炉 infrared heating furnace
红外(线)加热器 infrared heater
红外(线)加热设备 infrared heating appliance
红外(线)加热养护 infrared heating curing
红外(线)监控器 infrared surveillance equipment
红外(线)监视系统 infrared surveillance system
红外(线)检测 infrared detection; infrared inspection
红外(线)检测器 infrared detector
红外(线)检查 infrared inspection
红外(线)检漏器 infrared leak detector
红外(线)检偏镜 infrared analyser [analyzer]
红外(线)检验 infrared inspection
红外(线)胶片 infrared film
红外(线)角跟踪 infrared angle tracker
红外(线)像变换器 infrared image converter
红外(线)接收耳机 infrared headphone
红外(线)接收机 infrared receiver; infrared receiving set; nancy receiver
红外(线)接收器 infrared receiver; infrared receiving set
红外(线)近距引爆 infrared proximity action
红外(线)警戒接收机 infrared warning receiver
红外(线)静态传感器 infrared static sensor
红外(线)镜 melanoscope
红外(线)烤干 infrared baking
红外(线)烤箱 infrared oven
红外(线)空间天文学 infrared space astronomy
红外(线)控制 infrared ray control
红外(线)控制系统 infrared control system
红外(线)控制制 infrared control system
红外(线)快速干燥器 infrared fast dryer
红外(线)雷达 infrared radar
红外(线)棱镜干涉光谱仪 infrared prism interferometer-spectrometer
红外(线)磷光体 infrared phosphor
红外(线)灵敏度 infrared sensitivity
红外(线)灵敏头 infrared sensing head
红外(线)灵敏元件 infrared sensing element
红外(线)硫化作用 infrared vulcanization
红外(线)炉 infrared fire; infrared oven; infrared stove
红外(线)炉法 infrared drying aids process
红外(线)滤波器 infrared filter
红外(线)滤光片 infrared filter
红外(线)滤光器 infrared filter
红外(线)脉塞 infrared maser
红外(线)慢扫描电视摄像机 infrared slow-scan TV camera
红外(线)瞄准激光器 infrared aimed laser
红外(线)瞄准镜 infrared sniperscope; sniperscope
红外(线)瞄准器 sniperscope
红外(线)敏感摄像管 thermicon
红外(线)目标衬比 infrared target contrast
红外(线)目标俘获 infrared target capture
红外(线)目标识别 infrared signature identification
红外(线)目标自动探寻器 infrared target seeking device
红外(线)内壁检验仪 infrared introscope
红外(线)片 infrared film
红外(线)频带 infrared band
红外(线)频率 infrared frequency
红外(线)铺路用加热器 infrared pavement heater
红外(线)谱 infrared spectrum
红外(线)谱带 infrared band
红外(线)谱能 infrared spectral energy
红外(线)谱线 infrared line
红外(线)气体分析器 infrared gas analyser[analyzer]
红外(线)气体分析仪 infrared gas analyser[analyzer]
红外(线)气体污染分析仪 infrared gaseous pollution meter
红外(线)钎焊 infrared brazing; light

ray brazing
红外(线)前视系统 forward looking infrared system
红外(线)潜望器分光计 snooperscope spectrometer
红外(线)区 infrared region
红外(线)取暖器 infrared heater;infrared warmer
红外(线)全景照相系统 panoramic infrared photo system
红外(线)燃烧器 infrared burner
红外(线)热报警 infrared heat alarm
红外(线)热成像观察仪 thermal infrared imaging viewer
红外(线)热成像摄像机 thermal infrared imaging camera
红外(线)热成像眼镜 thermal infrared imaging goggles
红外(线)热处理 infrared heating treatment
红外(线)热辐射 thermal radiation in the infrared
红外(线)热光谱 thermal infrared spectrum
红外(线)热谱图 infrared thermogram
红外(线)热像仪 infrared imaging system;thermal infrared imager
红外(线)日震学 infrared helioseismology
红外(线)软钎焊 infrared soldering
红外(线)扫描测温仪 ultrared sweeping temperature measuring instrument
红外(线)扫描成像 infrared scanning imaging
红外(线)扫描成像仪 infrared scanning imager
红外(线)扫描辐射计 infrared scanning radiometer
红外(线)扫描器 infrared scanner
红外(线)扫描图像 infrared scanning imagery
红外(线)扫描仪 infrared scanner
红外(线)扫描装置 infrared scanner;infrared scanning device
红外(线)色谱法 infrared chromatography
红外(线)色指数 infrared colo(u)r index
红外(线)设备 infrared equipment
红外(线)射束 infrared beam
红外(线)射线控制 infrared beam control
红外(线)摄谱仪 infrared spectrograph
红外(线)摄像管 infrared camera tube;infrared vidicon
红外(线)摄像机 noctovisor
红外(线)摄像仪 infrared video camera
红外(线)摄像装置 infrared eye
红外(线)摄影 infrared photography
红外(线)摄影机 infrared camera
红外(线)摄影(技)术 infrared photography
红外(线)摄影胶片 infrared film
红外(线)声发射器 infrared sound transmitter
红外(线)湿度计 infrared humidifier
红外(线)湿度器 infrared humidifier
红外(线)石英辐射电加热器 electric(al) infrared quartz radiant heater
红外(线)食品加热器 infrared food warmer
红外(线)视频显微镜 ultrared ray video microscope
红外(线)视像管 infrared vidicon
红外(线)试池 infrared cell
红外(线)束 infrared beam
红外(线)数字转速表 infrared digital tachometer
红外(线)双筒(望远)镜 infrared binoculars
红外(线)水分测定仪 infrared moisture meter
红外(线)水平扫描器 infrared horizon scanner
红外(线)搜索 infrared search
红外(线)搜索系统 infrared acquisition system;infrared search system
红外(线)搜索装置 infrared search apparatus;infrared search set
红外(线)锁定 infrared lock-on
红外(线)探测 infrared acquisition;infrared detection;infrared survey
红外(线)探测技术 infrared detection technique
红外(线)探测器 infrared detection unit;infrared detector;infrared locator;infrared receiver;metascope;pyroscan
红外(线)探测器扫描装置 scanner with infrared detector
红外(线)探测设备 infrared range and detection equipment
红外(线)探测系统 infrared detection system
红外(线)探测仪 infrared probe
红外(线)探测元件 infrared detector cell
红外(线)探漏器 ultrared leak detector
红外(线)探热仪 infrared probe
红外(线)探伤 infrared detection;infrared inspection
红外(线)探伤仪 black light crack detector
红外(线)探索器 infrared seeker
红外(线)探照灯 infrared searchlight
红外(线)天体 infrared object
红外(线)天文望远镜 infrared astronomy telescope
红外(线)天文卫星 infrared astronomical satellite
红外(线)天文学 infrared astronomy
红外(线)调制技术 infrared modulation technology
红外(线)调制器 infrared modulator
红外(线)通信[讯] infrared communication
红外(线)通信[讯]链路 infrared communication link
红外(线)通信[讯]线路 infrared communication link
红外(线)通信[讯]装置 infrared communications set
红外(线)简体扫描仪 infrared shell scanner
红外(线)头整流罩 infrared transparent nose
红外(线)透明材料 infrared transparent material
红外(线)透明衬底 infrared transparent substrate
红外(线)透射 infrared transmission
红外(线)透射光纤 infrared transmitting fiber[fibre]
红外(线)透射滤光器 infrared transmitting filter
红外(线)透射特性 infrared transmission characteristic
红外(线)图像 infrared image;infrared picture
红外(线)图像转换器 infrared image converter;infrared image tube
红外(线)外差式辐射仪 infrared heterodyne radiometer
红外(线)外差探测器 infrared heterodyne detector
红外(线)望远镜 infrared binoculars;infrared telescope;metascope;noctovisor
红外(线)微量气体分析仪 infrared microgas analyser[analyzer]
红外(线)卫星探测系统 infrared detecting satellite system
红外(线)温度 infrared temperature
红外(线)温度计 infrared thermometer
红外(线)温度轮廓辐射计 infrared temperature profile radiometer
红外(线)温度剖面辐射计 infrared temperature profile radiometer
红外(线)温度探测仪 infrared temperature sounder
红外(线)无线电导航系统 infrared radist
红外(线)物镜 infrared objective
红外(线)吸收 infrared absorption
红外(线)吸收玻璃 infrared ray absorbent glass;infrared-absorbing glass
红外(线)吸收分析法 infrared absorption method
红外(线)吸收光谱 infrared absorption spectrum
红外(线)吸收光谱法 infrared absorption spectrometry
红外(线)吸收光谱分析 infrared absorption spectroscopy
红外(线)吸收光谱湿度计 infrared absorption spectra hygrometer
红外(线)吸收器 infrared absorber
红外(线)吸收湿度测定仪 infrared absorption hygrometer
红外(线)吸收体 infrared absorber
红外(线)吸收系数 infrared absorption coefficient
红外(线)系统 infrared system
红外(线)显示器 infrared display;metascope
红外(线)显微分光仪 infrared microspectrometer
红外(线)显微镜 infrared microscope
红外(线)显微热像仪 infrared microscopic thermographer
红外(线)显微扫描器 infrared microscanner
红外(线)显微照片 infrared photomicrograph;thermomicrograph
红外(线)相关图 infrared correlation chart
红外(线)校准装置 infrared calibration device
红外(线)信标 infrared beacon
红外(线)信号发射器 infrared projector
红外(线)行扫描系统 infrared line-scanning system
红外(线)行扫描仪 infrared line-scanner
红外(线)旋转扫描辐射计 infrared spin-scan radiometer
红外(线)养护 curing by infrared radiation;infrared curing;ultrared curing
红外(线)养生 infrared curing
红外(线)遥感 infrared remote sensing
红外(线)遥感技术 technology of infrared remote sensing
红外(线)遥感术 infrared remote sensing technique;infrared remote sensing technology;infrared technique for remote sensing
红外(线)遥控发射机 infrared remote transmitter
红外(线)遥控接收机 infrared remote receiver
红外(线)遥控器 infrared remote controller;remote controller with infrared ray
红外(线)遥控自动定时器 self-timer with infrared remote control
红外(线)夜间瞄准镜 sniperscope
红外(线)仪器 infrared gear;infrared instrument
红外(线)引爆 infrared blasting
红外(线)隐身 infrared stealth
红外(线)隐身材料 infrared stealth material
红外(线)影像 infrared image(ry);thermograph
红外(线)预警 infrared early-warning
红外(线)元件 infrared components
红外(线)源 infrared source
红外(线)云层成像仪 infrared cloud mapper
红外(线)云层图 infrared cloud picture
红外(线)灾难 infrared catastrophe;infrared problem
红外(线)照射 infrared radiation
红外(线)照射灭菌法 sterilization by infrared radiation
红外(线)照相 infrared photography
红外(线)照相底片 infrared photographic(al)plate
红外(线)照相机 infrared camera
红外(线)照相胶片 infrared photographic(al)film
红外(线)照相术 infrared photography
红外(线)折射 infrarefraction
红外(线)折射仪 infrared refractometer
红外(线)侦察系统 infrared reconnaissance system
红外(线)诊断 infrared diagnosis
红外(线)阵列检测器 infrared array detector
红外(线)振荡 infrared generation
红外(线)整流罩 infrared(ra)dome;irradome
红外(线)指示器 infrared indicator;metascope
红外(线)指数 infrared index
红外(线)轴温探测设备检测所【铁】calibration depot for ultrared hot box detector
红外(线)轴温探测系统【铁】infrared axial temperature detecting system
红外(线)装置 infrared aids;infrared arrangement;infrared facility
红外(线)自动导航仪 infrared autonavigator
红外(线)自动跟踪 infrared homing
红外(线)自动寻的 infrared homing
红外(线)自动装置 automatic infrared facility
红尾灯【船】red stern light
红纹长石 muschisomite
红纹大理岩 griotte
红纹褐色大理石 Napoleon marble
红纹石灰岩 griotte
红硒铜矿 umangite
红细胞 erythrocyte
红纤维石 hämanfibrite
红线 building line;neat line;net line;red line;setback
红线条款 red clause
红线注销 redlining
红限 long wavelength threshold
红相黄丹 red litharge
红橡木 red oak;Southern red oak
红斜方沸石 acadialite
红心病 <木材> red heart
红心腐 <木材> red heart;firm red heart
红锌矿 red oxide of zinc;spartalite;

H

sterlingite;zincite[zinkite]
红星 red star
红星包裹<英国铁路的一种较高级包裹> Red Star parcel
红朽斑<木材缺陷> red rot
红锈 red rust
红玄武土 bole;bolus;terra miraculosa
红雪 blood-snow;red snow
红雪松木油 red cedar wood oil
红血球 erythrocyte
红崖统【地】red head series
红岩层 redbed
红颜料<含氧化铁的> iron red;red pigment
红眼 ophthalmia
红氧化铁 red ferric oxide
红氧化物 red oxide
红窑 hot spot of kiln shell
红窑点 hot spot
红药水 merbromin(e);mercurochrome
红叶树 crimson foliage
红叶梣 red-leaved ash
红液渗透探伤法 red check
红移 red shift
红移效应 red shift effect
红钇石 thalenite
红银矿 red silver ore;ruby silver
红银杉 red silver fir
红印泥 vermil(l)ion stamping ink
红印色 vermil(l)ion stamping ink
红硬钢 red-hard steel
红硬木 tatarian dogwood
红硬性<红热状态下保持硬度性能> red hardness
红油 red oil
红油漆 lead paint;red paint
红油涂面钢管 red painted steel pipe
红铀矿 fourmarierite
红有机颜料 red organic pigment
红榆 red elm;Slippery elm
红雨 blood rain
红玉 ruby
红玉髓 carnelian
红缘层孔菌 red belt fungus
红云母 lepoidolite;rubellan
红藻 red algae
红藻淀粉 floridean starch;floriferous starch
红藻植物 rhodophyta
红渣 molten slag
红赭 ochre;reddle;red ocher[ochre];abraum<一种颜料>
红赭石颜料 red ocher[ochre]
红疹<原子爆炸引起的> erythema
红疹效应 erythemal effect
红支 red branch
红纸板垫片 fiber pad
红中带黄光泽彩 chamois lustre
红柱石 andalusite;apyre;hollow spar
红柱石白云母片岩 andalusite muscovite schist
红柱石白云母石英片岩 andalusite muscovite quartz schist
红柱石板岩 andalusite slate
红柱石二云母片岩 andalusite dimicaceous schist
红柱石二云母石英片岩 andalusite two mica quartz schist
红柱石黑云母片岩 andalusite biotite schist
红柱石黑云母石英片岩 andalusite biotite quartz schist
红柱石角岩 andalusite hornfels
红柱石矿床 andalusite deposit
红柱石矿石 ore grade andalusite
红柱石片麻岩 andalusite;andalusite-gneiss
红柱石石英片岩 andalusite quartz schist
红柱石云母片岩 andalusite mica schist
红柱云母角岩 astite
红砖 common brick;pale brick;red brick
红砖灰状的 latericeous;lateritious
红砖铺砌 brick-paved-red
红砖色的 brick-red
红装 shrink on
红装的 shrunk-on
红紫 purple
红紫黑 purplish-black
红紫色 mauve;purple;reddish violet
红紫色单斜晶体 red violet monoclinic crystal
红紫色的 purpureal
红字标题 rubric
红字冲销 red-ink entry
红字分录 red-ink entry
红自相间的测量杆 range pole
红棕版编绘原图 red-and-brown compilation
红棕醇酸透明漆 red-brown alkyd transparent paint
红棕色 reddish brown;crotal;mahogany;rufous
红棕色红土 reddish-brown lateritic soil
红棕色壤土 reddish-brown lateritic soil
红棕色壤性土 reddish brown latosol
红棕色硬木 bicuiba<产于中美洲>;wallaba<产自热带美洲的>;catmon<东印度>;batete<菲律宾>;donsella<一种产于美洲的>
红棕土(壤) red-brown soil

宏

宏斑状的 macroporphyrite
宏编程 macroprogramming
宏编辑程序 macrogenerating program(me)
宏编码 macrocode;macrocoding
宏变量 macrovariable
宏变元 macroargument
宏表达式 macroexpression
宏病毒 macro virus
宏参量 macroparameter
宏产生程序 macrogenerating program(me);macrogenerator
宏程序 macroprogram(me);macroroutine;macros
宏大的入口庭园 grand entrance court
宏大建筑物 palace
宏代码 macrocode
宏单元 macroelement
宏地址表 macroaddress table
宏调入 macrocall
宏调用 macrocall
宏定义 macrodefinition
宏方案 macroscheme
宏符号 macrosymbol
宏功能方案 macroscheme
宏功能生成程序 macrogenerator
宏观 macroscopy
宏观包裹体 macroscopic inclusion
宏观倍增 macroscopic multiplication
宏观变分学 calculus of variations in the large
宏观变量 macrovariable
宏观表面缺陷 macroscopic irregularity
宏观不稳定性 macroscopic instability
宏观参数 macroparameter
宏观糙度 macro rugosity
宏观测度 macroscopic measurement
宏观查找 macrotrace
宏观场 macroscopic field
宏观沉积学 megasedimentology
宏观尺度 macroscale;macroscopic scale
宏观传播 macroscopic propagation
宏观磁化 macroscopic magnetization
宏观粗糙度 macroasperity;macrorоughness
宏观的 macro;macrographic;macroscopic
宏观的经济效益指标 macroeconomics performance target
宏观地层学 macrostratigraphy
宏观地理学 macrogeography
宏观地球化学 macrogeochemistry
宏观地形 macrorelief;megarelief
宏观地震地质研究 macroexamination of seismism
宏观地震调查 macroseismic survey
宏观地震观测 macroseismic observation
宏观地震烈度调查 macroseismic intensity survey
宏观地震现象 macroscopic seismic phenomenon; macroseismic phenomenon
宏观地震效应 macroseismic effect
宏观地震影响场 macroseismic influence field
宏观调查 macroexamination
宏观定额资料 macrostandard data
宏观动力学 macrodynamics;macrokinetics
宏观动态 macroscopic dynamic(al) state
宏观动态理论 macrodynamic(al) theory
宏观度量计 macrometer
宏观断层运动 macroscopic fault motion
宏观断口分析 macroscope fractography
宏观断口金相学 macrofractography
宏观断裂力学 macrofracture mechanics
宏观断面图 macrosection
宏观对称 macroscopic symmetry
宏观(方)法 macroapproach;macromethod; macroscopic approach; megascopic method
宏观方面的经济管理体制 system of macroeconomic management
宏观仿真 macroscopic simulation
宏观放射自显影 macroautoradiography
宏观分离 macrosegregation
宏观分配理论 theory of macrodistribution
宏观分析 general equilibrium analysis;macroanalysis; macrocheck; macrocosmic analysis;macroscopic analysis
宏观腐蚀 macrocorrosion
宏观腐蚀试验 macroetch test
宏观概念 macroscopic concept
宏观各向异性 macroanisotropy;macroscopic anisotropy
宏观工程学 macroengineering
宏观构造 macroscopic structure;macrostructure
宏观构造学 megatectonics
宏观关系 macrorelation
宏观观测 macroobservation;macroscopic observation
宏观观察 macroexamination;macroobservation;macroscopic observation
宏观管理的市场经济 macrocontrolled market economy
宏观管理费用 cost of macromanagement
宏观管理指标 macromanagement indicator
宏观规划 macroplanning;macroscopic planning
宏观规模 macroscopic scale
宏观横截面 macrocross-section;macroscopic cross-section
宏观滑移 macroslip
宏观环境 macroenvironment;macroscopic environment
宏观环境政策 macroenvironmental policy; macroscopic environmental policy
宏观混合 macroscopic mixing
宏观检查 macrocheck; macroexamination; macrograph; macrographic examination;macrography
宏观检定 macroexamination
宏观检验 macroexamination; macrographic examination; macrographic test
宏观交通模型 macro-traffic model
宏观结构(物) macrostructure;macroscopic structure
宏观金相试片 macrosection
宏观紧缩 macroretrenchment
宏观进度计划 overview schedule
宏观进化 macroevolution
宏观浸蚀 macroetching
宏观浸蚀检查 macroetched for examination
宏观浸蚀检定 macroetched for examination
宏观浸蚀检验 macroetched for examination
宏观经济变量 macroeconomic variable
宏观经济不稳定性 macroeconomic instability
宏观经济参数 macroeconomic parameter
宏观经济成本效益分析 macroeconomic cost benefit analysis
宏观经济的总合变化 aggregate macroeconomic change
宏观经济调控 aggregative economic control; macroeconomic regulation and control
宏观经济动力学 macroeconomic dynamics
宏观经济分析 macroeconomic analysis
宏观经济杠杆 macroeconomic lever
宏观经济管理 macroeconomic management
宏观经济管理的微观基础 microbasis for macroeconomic management; microbasis for macroeconomic regulation
宏观经济管理机制 macroeconomic management mechanism;macroeconomic regulatory mechanism
宏观经济环境 macroeconomic environment
宏观经济活动 macroeconomic activity
宏观经济计量模型 macroeconometric(al) model
宏观经济计量学 macroeconometrics
宏观经济控制 macroeconomic control
宏观经济理论 macroeconomic theory
宏观经济模式 macroeconomic model
宏观经济模型 macroeconomic model
宏观经济平均执行情况 average macroeconomic performance
宏观经济评价 macroscopic economic evaluation
宏观经济清偿率 macroeconomic liquidity ratio
宏观经济收益 macroscopic incomes
宏观经济损失函数 macroeconomic loss function
宏观经济统计学 macroeconomic statistics
宏观经济系数向量 macroeconomic coefficient vector

H

宏观经济效果 effect of macroeconomy
宏观经济学 aggregative economics; macroeconomics
宏观经济演变 macroeconomic evolution
宏观经济预测 macroeconomic forecasting; macroeconomic prediction
宏观经济资源 macroeconomic resource
宏观晶粒 macrograin
宏观决策 macrodecision-making; policy-making in a macrocosmic sense
宏观均衡 macroscopic equilibrium
宏观空化 macroscopic cavitation
宏观孔隙 macroporosity
宏观控制 macrocontrol
宏观控制的总目标 general goal of the macrocontrol
宏观力学 macromechanics
宏观粒级 macroscopic fraction
宏观粒子 macroparticle
宏观量 macroscopic quantity
宏观烈度 macroscopic intensity
宏观烈度标准 macroscopic intensity standard
宏观裂缝 macrocrack(ing); macrofissure; macroscopic crack(ing)
宏观裂纹 macrocrack(ing); macrofissure; macroscopic crack(ing)
宏观流变学 macrorheology
宏观流程图 macroflow chart
宏观流动 macroflow
宏观码【计】macrocode
宏观弥散 macroscopic dispersion
宏观模拟 macroscopic simulation
宏观模式 macromode; macroscopic mode
宏观模型 macromodel; macroscopic model
宏观磨片 macrosection
宏观能量 macroenergy
宏观黏[粘]度 macroscopic viscosity
宏观黏[粘]性 macroviscosity
宏观偏析 gross segregation; macrosegregation
宏观气候 macroclimate
宏观前兆 macroscopic precursor
宏观前兆调查 macroprecursor survey
宏观缺陷 macroscopic imperfection
宏观蠕变 macrocreep
宏观散射截面 macroscopic scattering cross-section
宏观摄影放大 photomacrographic magnification
宏观摄影术 macrophotography; photomacrography
宏观生产目的 macroaim of production
宏观声学 macrosonics
宏观失控 loss of control at macroscopic level; loss of macroeconomic control
宏观世界 macrocosm(os)
宏观试片腐蚀 macroetch
宏观试样 macrospecimen
宏观收缩 macroshrinkage
宏观输入输出模式 macroscopic input-output model
宏观速度 macroscopic velocity
宏观缩孔 macrocavity; macroshrinkage
宏观探索 macrotrace
宏观特性 macroscopic property
宏观特征 gross features
宏观体积 macro-volume
宏观体制结构 macrostructure
宏观调节 macroadjustment
宏观调节措施 macroregulatory measures
宏观调节和控制理论 theory on macroregulation and control
宏观调节职能 function of macroscopic regulation
宏观调控 macroeconomic control; macroscopic readjustment and control
宏观调控体制 macroeconomic control system
宏观贴印 macroprint
宏观统计数据 macrostatistics
宏观图 macrograph
宏观途径 macroscopic approach
宏观完整性 macroperfection
宏观文献 macrodocuments
宏观纹理 macro rugosity; macrotexture
宏观紊流 macroscopic turbulence; macroturbulence
宏观物理学 macrophysics
宏观系数 macrocoefficient
宏观系统 macroscopic system; macrosystem
宏观现象 macrophenomenon
宏观相间边界 macroscopic interphase boundary
宏观相片 macrograph; photomacrograph
宏观消费结构 consumer macrostructure
宏观消费经济学 consumer macroeconomics
宏观销售学 macromarketing
宏观效益 macroperformance
宏观效应 macroeffect
宏观协调 macro-allocation
宏观形变 macroscopic deformation
宏观形变性质 macroscopic deformation property
宏观岩性学 macrolithology
宏观研究 macroexamination
宏观因果性 macrocausality; macroscopic causality
宏观应力 macrostress
宏观影响场 macroscopic influence field
宏观硬度检验 macrohardness testing
宏观有效截面 macroscopic effective cross-section
宏观宇宙 macrocosm
宏观预测 macroforecast; macroprediction
宏观运动 macroscopic motion
宏观运用 macroexercise
宏观噪声 macroscopic noise
宏观增长理论 macrogrowth theory
宏观战略决策 macro strategy decision
宏观涨落现象 macroscopic phenomenon of fluctuation
宏观照片 macrophotograph; photomacrograph
宏观照相 macrophotograph; photomacrograph
宏观(照相)术 macrography
宏观褶皱 macrofold
宏观震中 macroscopic epicentre; macroseismic epicenter[epicentre]
宏观震中位置调查 macroseismic epicentre survey
宏观政策 macropolicy
宏观状态 macroscopic state; macrostate
宏观资金融通率 macroeconomic financing ratio
宏观资料 macrodata
宏观自动射线摄影术 macroautoradiography
宏观自体放射照相术 macroautoradiography
宏观总人力预算 macroaggregate manpower budgets
宏观组构 macrofabric
宏观组织 macrostructure
宏观组织腐蚀 macroetching
宏观组织检查 macrographic examination; macroscopic examination; macrostructural test
宏观组织照片 macrograph
宏汇编 macroassembly
宏汇编程序 macroassembler
宏汇编语言 macroassembly language
宏晶的 macrocrystalline
宏扩展 macroexpansion
宏亮度 sonority
宏流水线 macropipeline
宏流水线操作 macropipelining
宏逻辑 macrologic
宏名字 macroname
宏命令 macrocommand
宏命令表 macrocommand list
宏模块 macroblock
宏模组件计算机 macromodular computer
宏生成 macrogeneration
宏生成程序 macrogenerating program(me)
宏时变量 macrotime variable
宏说明 macrodeclaration
宏弯曲损耗 macrobend loss
宏伟前景 grand prospect
宏文件 macrodocuments
宏纹理 macrotexture
宏涡流 macroeddy current
宏系统 macrosystem
宏应变 macrostrain
宏应力 macroscopic stress; macrostress
宏震 macroquake
宏指令 extra-instruction; macroinstruction; general instruction
宏置换 macrosubstitution

洪

洪堡铋铅锡合金 Homburg's alloy
洪堡球磨机 Humboldt ball mill
洪都拉斯 <拉丁美洲> Honduras
洪都拉斯黄檀(木) Honduras rosewood
洪都拉斯桃花心木 American mahogany; baywood; Honduras mahogany
洪都拉斯雪松属 Honduras cedar
洪泛的 inundated
洪泛地 flood land; flood plain; inundated land
洪泛地区 land liable to flood
洪泛河槽 flood channel; flood land
洪泛面积 flood basin; flooded area
洪泛盆地 flood basin
洪泛平原 first bottom; flood plain; haugh; inundated plain
洪泛平原沉积 flood plain deposit
洪泛平原冲刷 flood plain scour
洪泛平原顶端的河曲 flood-plain scroll
洪泛平原河曲遗迹 flood-plain meander scar
洪泛平原河弯 flood plain scroll
洪泛平原湖 flood plain lake
洪泛平原恢复 flood plain restoration
洪泛平原阶地 flood plain bench; flood plain terrace
洪泛平原流量 flood plain discharge
洪泛平原微地形 flood plain microrelief
洪泛平原维护 flood plain restoration
洪泛平原淤积土 flood plain clay; flood plain deposit
洪泛平原沼地 flood plain marsh
洪泛平原整治 flood plain regulation
洪泛区 flood area; flood basin; flood land; flood periphery; flood plain; flood-prone area; flood region; flood stricken area; floodwater zone; inundated area
洪泛区安全保险 flood plain insurance
洪泛区安全措施 flood plain insurance
洪泛区拆迁 evacuating the flood plain
洪泛区沉积土 flood plain deposit
洪泛区分区 flood plain zoning
洪泛区管理 flood plain management
洪泛区图 flood map
洪泛渠 inundation canal
洪泛蛇曲带 flood plain lobe
洪泛损失 flood losses
洪泛土 flooded soil
洪峰 flood crest; flood peak; flood stage; flood surge; peak flood; peak of flow
洪峰段 <水文过程线的> crest segment
洪峰法 flood peak-rate method
洪峰计算公式 flood peak formula
洪峰间歇 peak-flood intervals
洪峰降低 attenuation of flood wave; flood crest attenuation
洪峰径流 flood runoff
洪峰宽度 crest width
洪峰流量 crest discharge; crest flow; discharge of flood peak; flood intensity; flood peak discharge; flood peak rate; peak discharge; peak flood; peak flow(discharge); peak rate of flood discharge
洪峰流量测定 flood flow measurement
洪峰流量模数 flood peak flow modulus
洪峰流速 flood peak flow velocity; peak flow; peak rate
洪峰排放 peak-flood discharge
洪峰期日最大平均流量 daily flood peak
洪峰前进 flood crest travel
洪峰时段 flood peak time
洪峰时刻 time of flood peak
洪峰水尺 flood crest ga(u)ge
洪峰水量 flood peak runoff
洪峰水位 crest stage; flood crest stage; flood peak level; flood peak stage; peak stage
洪峰水位计 crest-stage ga(u)ge; flood crest stage ga(u)ge
洪峰水位指示器 crest-ga(u)ge indicator; crest-stage indicator
洪峰速度 flood wave velocity
洪峰消减 crest-stage reduction
洪峰消减量 crest reduction; flood crest reduction
洪峰消退 subsidence of flood wave
洪峰行进 flood crest travel
洪峰行进速度 rate of travel of flood wave
洪峰行径 flood crest travel
洪峰形成 crest development
洪峰移动速度 rate of travel of flood wave
洪峰预报 crest forecast(ing); flood crest forecast
洪峰遭遇 coincidence of flood peak
洪峰折减因数 flood peak-reduction factor
洪峰滞后 flood peak lag; peak lag
洪峰滞时 flood peak forecast; peak lag
洪峰纵剖面 flood crest profile
洪峰最高流速 peak rate of flood discharge
洪害防护林 protection forest for flood hazard
洪患 flood hazard

洪患地区图 flood risk mapping
洪荒时代 twilight
洪积 diluvion
洪积层 diluvial deposit; diluvial formation; diluvial layer; diluvium; pluvium; proluvium; river drift
洪积冲积扇地带 diluvial alluvial fan zone
洪积的 diluvial; diluvian; pluvial; proluvial
洪积湖 pluvial lake
洪积纪 Pluvial period
洪积阶地 pluvial terrace
洪积砾石 diluvium gravel
洪积砾岩 pluvial conglomerate
洪积黏[粘]土 diluvial clay
洪积平原 aggraded floodplain; deluvial plain; flood plain; proluvial plain
洪积平原沉积 floodplain deposit
洪积期 diluvial
洪积前的 prediluvian
洪积壤土 diluvial loam
洪积砂矿 pluvial placer
洪积砂矿床 diluvian placer
洪积扇 diluvial fan; outwash fan; pluvial fan; proluvial fan
洪积扇潜水 phreatic water in pluvial fan
洪积时期 Pluvial age; pluvial period
洪积世【地】Diluvial epoch; Pluvial age
洪积统【地】diluvium
洪积土 diluvial soil; pluvial soil
洪积土层 diluvial layer
洪积土壤 overwash
洪积物 diluvial deposit; diluvium; drifted material; flood deposit; proluvium
洪积锥 cone of dejection; dejection cone
洪枯流量比 coefficient of regime(n)
洪涝 flood prone
洪涝年份 flood years
洪涝时期 flood years
洪亮的 reverberant
洪量 flood volume
洪流 flood current; flood flow; flooding; sheet flood; spate flow; torrent
洪流搬运作用 transportation of flood current
洪流沉积作用 deposition of flood current
洪流的 torrential
洪流地貌 pluvial landform
洪流地质作用 geologic(al) process of flood current
洪流计算公式 flood flow formula
洪流控制 control torrent
洪流速度 flood velocity
洪脉 bounding pulse; full pulse
洪漫地 warp land
洪漫灌溉 liman irrigation
洪漫滩 flood land; flood basin
洪漫滩地 flood land
洪区工程地质勘察 engineering geologic(al) investigation of irrigation region
洪氏浮集法 Hung's modified filtration counting method
洪水 alluvion; cataclysm; deluge; flood; flood water; high(er) water; inundation; overflow; spate; water flood; freshet <小河流的>; aqua alta <尤指意大利威尼斯城的>; river flood
洪水保险 flood insurance; inundation insurance
洪水报导 flood information
洪水报警机关 flood warning service
洪水报警系统 flood warning system
洪水边界 flood periphery
洪水边缘 flood periphery
洪水边缘地 flood fringe; pondage land
洪水标记 flood level mark(ing); flood mark; high water mark
洪水波 flood wave; flooding wave
洪水波变形 flood(wave) transformation; transformation of flood wave
洪水波波速 celerity of flood wave
洪水波传播 propagation of flood wave; flood wave propagation
洪水波传播时间 channel travel time; time of flow; travel-time of flood wave
洪水波传播速度 propagation velocity of flood wave; rate of travel of flood wave; travel rate of flood wave
洪水波传播速率 rate of travel of flood wave
洪水波的平复率 rate of flattening of flood wave
洪水波的衰减 attenuation of flood wave
洪水波的削弱 attenuation of flood wave
洪水波放大 flood wave amplification
洪水波幅 amplitude of flood; flood amplitude
洪水波减弱 flood wave attenuation
洪水波扩散率 flood wave diffusivity
洪水波平化率 rate of flattening of flood wave
洪水波速度 flood wave velocity
洪水波坦化率 rate of flattening of flood wave
洪水波推进 advance of flood wave
洪水波消落 subsidence of flood wave
洪水波消退 flood wave recession; flood wave subsidence
洪水波行进速率 rate of travel of flood wave
洪水波演算 flood wave routing
洪水波移动速率 rate of travel of flood wave
洪水波展平 flattening-out of flood wave
洪水超高 flood surcharge
洪水沉积 deposition by flood; flood deposition
洪水持续时间 time duration of flood
洪水冲积泥沙 derived silt
洪水冲刷 flood erosion
洪水重现期 flood recurrence interval; recurrence period
洪水出现频室 flood recurrence frequency
洪水储蓄路径 storage routing
洪水传播 flood propagation; flood spreading
洪水的 diluvial
洪水地区 flood region
洪水调查 flood investigation; flood survey
洪水断面 <河流的> flood section
洪水堆积物 flood deposit
洪水多发区 flood-prone area
洪水泛滥 cataclysm; flood routing flooding; inundation; land flood(ing); sheet wash; water inundation; flooding
洪水泛滥地 flood bed
洪水泛滥地带 flood zone
洪水泛滥频率 flooding frequency
洪水泛滥平原 flooding plain
洪水泛(滥)区 flooded area
洪水防护(措施) flood-proofing
洪水分布 flood distribution
洪水分水路 flood-control channel; flood diversion channel
洪水分水渠 flood-control channel; flood diversion channel
洪水峰顶 flood crest
洪水幅度 amplitude of flood; flood amplitude
洪水概率 flood probability
洪水灌溉 flooding irrigation; spate irrigation
洪水过程观测研究 flood routing
洪水过程(曲)线 flood hydrograph; flood profile; freshet hydrograph
洪水河 overflow river
洪水河岸 flood bank
洪水河槽 flood bed; flood channel; flood land; high water bed; high water channel; overbank
洪水河槽调蓄 flood plain storage
洪水河床 flood bed; high water bed; major river bed
洪水河道 flood tide channel
洪水河流 flood stream
洪水河面宽度 flood breadth of river
洪水河滩 flood basin
洪水痕迹 flood level mark(ing); high water mark
洪水痕迹线 flood mark
洪水几率 flood probability
洪水计 flood ga(u)ge
洪水计算公式 flood formula
洪水记录 flood record
洪水记录器 floodometer
洪水记录资料 flood record
洪水季(节) akhet; flood season; high flow season; high water season
洪水季节分布 flood seasonal distribution
洪水季节性淹没地 overflowed land
洪水间隔期 interflood period
洪水减退 flood recede; flood recession
洪水检测器 flood detector; high water detector; overflow detector
洪水降落阶段 falling flood stage
洪水降落系数 coefficient of flood recession
洪水解救 flood relief; flood relief works
洪水进入 entering of flood
洪水警报 flood warning
洪水警报机构 flood warning service
洪水径流 flood flow; flood runoff
洪水恐怖 antlophobia
洪水控制 control of flood; flood control
洪水控制系统 flood-control system
洪水控制蓄水地 flood-control reservoir
洪水跨度 flood span
洪水类型 flood type
洪水历时 duration of flood; flood duration
洪水量 flood discharge; flood runoff; flood volume
洪水量估算 flood estimation
洪水流 flood current
洪水流量 flood discharge; flood flow; floodwater-discharge; high water difference; high water flow; high water run-off; maximum discharge
洪水流量方程 flood flow equation
洪水流量过程线 run hydrograph; flood flow hydrograph
洪水流量预报 flood discharge forecast(ing)
洪水流速 flood speed; flood velocity
洪水流向 flood axis
洪水流终止 end of flood current
洪水漫滩 adobe flat
洪水漫滩河槽 flood plain
洪水漫淹平原 river flood plain
洪水漫淹滩地 river flood plain
洪水猛涨 spate
洪水面 flood plane
洪水面积 flood area; flood basin
洪水模式 flood pattern
洪水盆地 flood basin
洪水漂浮物 flood debris
洪水频率 <通常为若干年出现一次的水位> flood frequency; frequency of flood
洪水频率分析 flood-frequency analysis
洪水频率关系 flood frequency relation(ship)
洪水频率计算 flood frequency computation
洪水频率曲线 flood frequency curve
洪水剖面 flood profile
洪水期 flood period; flood season; flood times; freshet period; high flow season; high water period; overflow stage
洪水期储水量 flood storage capacity
洪水期河床 high water(river) bed
洪水强度 flood intensity; flood strength
洪水桥 flood bridge
洪水桥孔 flooding opening
洪水侵蚀 flood erosion; pluvial erosion
洪水情报 flood information
洪水情况 flooding condition; flood regime(n)
洪水区 flood region; floodwater zone; flood zone
洪水曲线 flood curve
洪水渠道 flood canal
洪水热 flood fever; inundation fever
洪水散布 flood spreading
洪水上涨 flood rise; rise of flood
洪水深度 flood-depth
洪水时段强度 strength of flood interval
洪水时期 flood stage
洪水实测资料 flood record
洪水事故 flood event
洪水事件 flood event
洪水收容 flood absorption
洪水收容能力 flood absorption capacity
洪水数据 flood information
洪水水量 flood volume
洪水水面 flood plane
洪水水位 flood stage
洪水水位计 floodometer
洪水水位曲线 stage hydrograph of flood
洪水水位推算系数 coefficient of flood prediction
洪水水位下降系数 coefficient of flood recession
洪水水位线 flood profile; high water limit; high water mark
洪水水位线图 flood profile
洪水水位预报 flood-stage forecast
洪水损害管理 flood loss management
洪水损失 flood damage; flood losses
洪水损失率 flood loss rate
洪水特性 flood characteristic
洪水特性曲线 flood characteristic curve
洪水特征(值) flood characteristic
洪水体积 flood volume
洪水调节 flood regulation; flood storage; mitigation of flood
洪水调节池 retention reservoir
洪水同步化 flood synchronization; synchronization of food
洪水推测 flood routing
洪水推算公式 flood reckoning formu-

H

la;flood formula
洪水退落 ending of flood; flood decline;flood fall;flood recede;flood recession; flood subsidence; recession of flood;reducing of flood
洪水退落速率 flood subsidence rate
洪水完全控制 complete flood control
洪水位 flood height;flood(ing) level; floodwater level;high water level
洪水位标志 high water mark
洪水位过程线 flood level duration curve
洪水位后退 recession phase of flood
洪水位警报 high water alarm
洪水位曲线 flood-stage diagram; flood-stage hydrograph; stage hydrograph of flood
洪水位下降 reducing of flood
洪水位线 flood level mark(ing); flood stage
洪水吸收 flood absorption
洪水系列 flood series
洪水系数 flood coefficient
洪水下退 attenuation of the flood
洪水险情 flood danger; flood event; flood hazard
洪水线 flood line;flood mark
洪水相 pluvial phase
洪水消落 ending of flood; flood decline;flood fall;flood recession;recession of flood;reducing of flood
洪水消退 flood recede; flood recession;flood subsidence
洪水消退速率 flood subsidence rate
洪水挟沙量 flood of solid matter
洪水携带的沉积物 flood borne sediment
洪水泄水道 inundation canal
洪水信息 flood information
洪水行程 flood routing; stream-flow routing
洪水形态 flood shape
洪水序列 ordinal flood
洪水序列图 ordinal schemes
洪水汛期 high water season
洪水淹过路面 overtopping of highway
洪水淹没 flood inundation; gobbled up by flood;swallowed up by flood
洪水淹没的 flooded;inundated
洪水淹没面积 flooding area
洪水淹没期 flood inundation period; hydroperiod
洪水淹没区(域) inundation area; flooded area; flooding area; flooding zone;inundated land
洪水淹没损失 flood losses
洪水严重程度 flood severity
洪水掩盖面积 flood area
洪水演进 advent of freshet
洪水演进电模拟 electric(al) routing analogy
洪水演进法 flood routing process; routing process of flood
洪水演算 flood routing; hydrologic(al) routing;routing;routing flood
洪水演算法 flood routing process
洪水演算机 routing machine
洪水演算曲线 routing curve
洪水演算仪 routing machine
洪水堰 flush weir; overfall weir; overflow weir
洪水溢洪道 overflow spillway
洪水溢流道 overflow flood spillway; overflow spillway
洪水影响范围 flooding zone
洪水涌浪 flood surge
洪水淤积 deposition by flood
洪水预报 flood estimation;flood forecasting;flood prediction
洪水预报方案 flood forecasting scheme
洪水预报工作 flood prediction service
洪水预报机构 flood prediction service
洪水预报系统 flood forecast system; flood prediction system
洪水预测 flood estimation;flood forecasting;flood prediction
洪水预估 flood estimation;flood forecasting;flood prediction
洪水预估工作 flood prediction service
洪水预警时间 advance warning time
洪水越顶 overtopping
洪水灾害 flood calamity;flood damage; flood disaster; flood havoc; flood hazard
洪水造成的间接损失 indirect flood damage
洪水造成的损失 flood damage
洪水直接损失 direct flood damage
洪水治导 high water training
洪水周期 flood cycle
洪水轴线 flood axis
洪水追踪法 flood routing; routing process of flood
洪水资料 flood information
洪水综合(法) flood synthesis
洪水总历时 total flood duration
洪水总量 flood volume; volume of flood
洪水纵断面 flood profile
洪水组合 flood synthesis
洪退 recession of flood
洪涡 flood calamity
洪汛 flood plain insurance; waterflooding;flood information
洪汛期 flood season
洪淹地区 flood land
洪淹区 flood land
洪淤枯冲 flood deposition and low water erosion
洪源区 flood-source area;flood-source region
洪灾 flood calamity; flood damage; flood disaster;flood havoc
洪灾调查 flood disaster investigation
洪灾区 flood-plagued area
洪灾损失 flood damage
洪灾损失率 flood damage rate
洪涨 freshet

虹 rainbow

虹彩 iridescence
虹彩玻璃 luster glass
虹彩的 irisated
虹彩器 iris diaphragm
虹彩色 iridescence
虹彩色度计 iris photometer
虹彩闪烁效应 iridescent scintillating effect
虹彩陶瓷器 luster[lustre] ware
虹彩陶器 lusterware
虹彩天 iridescence;irisation
虹彩涂料 polychromatic finish
虹彩效应 rainbow effect
虹彩釉 iridescent glaze;luster[lustre] glaze
虹彩釉瓦 luster[lustre] glaze tile
虹彩云 iridescent cloud
虹彩纸 iris paper
虹彩装饰 polychromatic finish
虹拱 rainbow arch
虹色 iridescence
虹色的 iridescent
虹式拱 rainbow arch
虹视 iridization
虹水晶 iris quartz
虹湾 sinus iridum
虹吸 siphon;water siphon
虹吸比重瓶法 siphon flask method
虹吸表 siphon[syphon] ga(u)ge
虹吸池 siphon tank;syphon cistern
虹吸充灌 fill by siphon
虹吸充水式船闸 siphon-operated lock
虹吸充水式水闸 siphon-operated lock
虹吸冲洗式 siphon washdown type
虹吸抽出 siphon suction
虹吸抽出清洁溶液 siphon off the clean solution
虹吸抽水 siphon suction
虹吸倒灌 backsiphon(age)
虹吸道 siphon[syphon]
虹吸道出口 outlet bucket
虹吸法 siphonage
虹吸分级机 siphon separator
虹吸封气管 siphon trap;S-trap
虹吸封气弯 siphon trap
虹吸给料器 siphon feeder
虹吸管 crossing pipe; lift pipe; pipe syphon;siphon[syphon] (barrel); siphon[syphon] pipe; siphon[syphon] tube;U-shaped tube;U-trap; water trap
虹吸管出口 lower lip
虹吸管道 siphon conduit;siphon duct; siphon piping
虹吸管涵(洞) siphon culvert
虹吸管渐变段 siphon(ic) transition
虹吸管进口 siphon[syphon] inlet;siphon[syphon] mouth
虹吸管井 siphon well
虹吸管颈 siphon tube neck
虹吸管流出端 discharge leg of siphon
虹吸管式雨量计 siphon rain ga(u)ge
虹吸管箱 dynamic(al) suction box
虹吸管压力计 siphon ga(u)ge
虹吸管仪 siphon can apparatus
虹吸管雨量管 siphon rain ga(u)ge
虹吸集水系统 siphonic water collection system
虹吸集水装置 siphonic collection device
虹吸记录器 siphon[syphon] recorder
虹吸记录仪 siphon[syphon] recorder
虹吸加油泵 siphon refuelling pump
虹吸加油器 siphon oiler
虹吸浇道 siphon runner
虹吸浇口 feed tube
虹吸截断器 siphon breaker
虹吸进水口 hood inlet; siphon[syphon] inlet
虹吸阱 siphon trap
虹吸坑 siphon pit
虹吸冷凝器 siphon condenser
虹吸冷却装置 siphon cooling system
虹吸流动 driving siphon
虹吸滤池 siphon(ic) filter
虹吸能力 siphonage
虹吸排气管 back vent
虹吸排水 siphon drainage
虹吸盘 siphonic pan
虹吸喷射 syphon jet
虹吸喷射式 siphon[syphon] jet type
虹吸喷射式坐便器 siphon jet water closet
虹吸喷水式大便器 siphon jet water closet
虹吸破坏管 siphon breaker
虹吸启动 priming of siphon
虹吸启动水位 priming level
虹吸气便桶 siphon closet
虹吸气压表 siphon barograph;siphon[syphon] barometer;siphon ga(u)ge;thermobarometer
虹吸气压计 syphon barometer;thermobarometer
虹吸器 crane;siphon
虹吸曲颈管 S-trap
虹吸泉 periodic(al) spring; siphon spring
虹吸软管 hose siphon
虹吸润滑 syphon lubrication
虹吸润滑器 oil syphon;syphon lubricator
虹吸湿度计 siphon can moisture tester
虹吸式 siphoning type; hydrocone type <水工建筑物>
虹吸式便器 siphonic closet; siphon water closet
虹吸式便桶 siphonic bowl;siphonic closet;siphon water closet
虹吸式采样器 siphon water-sampler
虹吸式出水口 siphon(ic) outlet
虹吸式存水弯 siphon trap
虹吸式渡槽 siphon type flume
虹吸式防气弯管 siphon trap
虹吸式涵洞 siphon culvert
虹吸式进水口 siphonic intake
虹吸式落水溢流管 waterfall siphon
虹吸式气压计 siphon barometer
虹吸式取水口 siphon intake
虹吸式水闸 siphon lock
虹吸式投加器 siphon feed
虹吸式小便池 urinal with internal trap
虹吸式效应 siphoning effect
虹吸式泄水闸 siphon sluice
虹吸式堰 siphonic weir
虹吸式溢洪道 siphon(ic)[syphon] spillway;suction overfall
虹吸式溢洪道口 siphonic spillway crest
虹吸式雨量计 siphon[syphon] rainfall recorder;siphon-type rain-ga(u)ge
虹吸式雨量器 siphon rain ga(u)ge
虹吸式自动冲洗水箱 bell cistern
虹吸式自记雨量计 siphon rainfall recorder
虹吸试验 siphonage test
虹吸水泵 siphon pump
虹吸水封 siphon trap
虹吸水头 suction head
虹吸水位 priming level
虹吸筒法 <比重试验的> siphon cylinder method
虹吸筒法比重试验 specific gravity test with siphon cylinder method
虹吸弯管 siphon bend
虹吸现象 siphonage
虹吸效应 siphonic[syphon] effect
虹吸压力计 siphon pressure ga(u)ge
虹吸压头 siphon head
虹吸堰 siphon weir
虹吸溢洪道 suction overfall
虹吸溢流 siphon overflow;suction overflow
虹吸溢流道 suction overfall
虹吸溢水道 suction overfall
虹吸油绳 wick feed
虹吸油芯加油器 siphon-type wick oiler
虹吸油芯注油杯 wick-feed oil cup
虹吸油芯注油器 siphon wick-feed oiler;wick-feed oiler
虹吸与链斗混合挖泥机 compound dredge(r)
虹吸雨量计 siphon rainfall recorder
虹吸闸 siphon lock;siphon sluice
虹吸罩 siphon[syphon] hood
虹吸注油器 oil siphon[syphon] lubricator
虹吸装置 bucket system; siphoning installation
虹吸(自记)气压计 siphon barograph
虹吸组 battery of siphons;siphon battery
虹吸作用 siphon action; siphonage

[syphonage];siphonic action;siphoning
虹形或鲸背形坡屋顶 rainbow roof
虹状花岗岩 rainbow granite

侯乘人指示器<电梯> waiting passenger indicator

侯桑氏公式<设计柔性路面厚度的一种古典公式> Hawthorn's formula
侯氏合金 Hoyle's alloy

喉板 throat sheet

喉部衬砌<尾水管的> throat liner
喉部环 throat ring
喉部针塞 throat bullet
喉部直径 throat diameter
喉撑 throat brace
喉道半径 throat radius
喉道等效半径 pore throat iso-efficiency radius
喉道排空 emptying of throats
喉道平均宽度 average width of pore throat
喉道区段营运 throat operation
喉道形态 throat shape
喉道中值 medium value of pore throat
喉缝 throat seam
喉管 choke tube;hollow throat;Venturi tube
喉管式除尘器 Venturi collector
喉管缩口处 Venturi throat
喉角 angle of throat
喉宽度<辙叉> width of throat
喉舌 mouthpiece
喉式话筒 throat microphone
喉式送话器 throat microphone
喉头送话器 laryngophone;neck telephone
喉头送话器塞孔 laryngophone jack
喉头音 laryngeal tone

猴 monkey

猴面包树 baobab(-tree)
猴头菌 hedgehog fungus
猴头菌属<拉> Hericium

后阿尔冈纪造山期 epi-Algonkian orogenic period

后安全门 rear exit
后八字方向 broad on the quarter
后巴拿马型船 post-Panamax
后巴拿马型集装箱船 post-Panamax container ship
后巴拿马型龙门吊 post-Panamax gantry crane
后板 back-board;back(ing) plate;back sheet
后板桩带卸荷平台岸壁 relieving platform with rear sheet pill wall
后板桩带卸荷平台码头 relieving platform with internal bulkhead wharf
后板桩减压平台岸壁 relieving platform with rear sheet pile wall
后板桩式高桩码头 rear sheet-piling platform;relieving platform type wharf supported on bearing piles
后半径杆 rear radius rod
后半升高甲板船 raised quarter-deck vessel
后瓣 back lobe;minor lobe
后瓣回波 back echo
后保护板 rear fender;rear wing
后保险杆 rear bumper guard
后报 hindcasting
后爆炮眼组 back holes
后备 backup
后备保护 backup protection
后备保护装置 reserve protection
后备部件 backup unit
后备长度 over-length
后备场地 backyard
后备程序员 backup programmer
后备船 reserve ship
后备存储 backing store
后备存储器 auxiliary storage;backing memory;backing store;backing storage;backup memory;backup storage;bulk storage;look-aside memory
后备带 backup tape
后备的 out-of-commission;reserved
后备电池 backup battery
后备电源 backup power
后备发电容量 mothballed capacity
后备反应性 excess reactivity
后备浮力 reserve buoyancy
后备副本 backup copy
后备功率 stand-by power
后备过程 backup procedure
后备缓冲器 look aside buffer
后备机组 alternative set
后备基金 reserve funds
后备继电器 backup relay
后备寄存器 backing register
后备舰队 mothball fleet
后备劳动力 labo(u)r reserve
后备力量 reserve
后备模式<自动信号系统的工作状态> stand-by mode
后备能力 idle capacity;reserve capacity
后备能量 margin energy;margin of energy
后备任务<以备后来必需时完成> reserve duty
后备设施 backup system;fallback provision
后备生产率 overcapacity
后备生产设施 reserve production facility
后备位 backed-up bit
后备系统 backup system;stand-by system
后备线路方式 route standby
后备项目 optional project
后备者 back-up
后备振荡器 backup oscillator
后备终端 background terminal
后备转换<自动信号系统> standby transition
后备装置 backup unit
后背 back support
后背板 postnotum
后背衬垫 backpacking
后背拱顶 rere vault
后背滑轮 back pulley
后背湿地 back marsh
后泵从动齿轮 rear pump driving gear
后泵主动齿轮 rear pump driven gear
后壁 posterior wall
后边有安全装置的梯子 caged ladder
后变结晶 mimetic crystallization
后变晶的 mimetic
后变速箱 rear transmission gear box
后变态的 post metamorphic
后变形 after strain
后变址 postindexing
后标志灯 rear identification lamp
后表面 back surface;rear surface
后表面反光镜 second surface mirror
后表示杆 rear indicating bar
后滨 back beach;backshore
后滨沉积 backshore deposit
后滨阶地 backshore terrace;berm(e);coastal berm
后滨沙丘 backshore dune
后冰川期的 post-glacial
后冰川期气候 post-glacial climate
后冰期的 late glacial
后波 aftershock
后补零 trailing zero
后部 afterpart;aft part;backpass;backside;posterior(part);rear end;rear part;rearward;stern;tail
后部舱室 after accommodation
后部单元 trailing unit
后部的 hinder
后部底板 heel slab
后部动力输出装置 fear power take-off
后部端梁 back-end sill
后部发动机 base engine
后部帆 after sail
后部反光照相法 retroillumination
后部工艺 post-processing
后部横向输送器 rear cross conveyer [conveyor]
后部甲板 after deck;half deck;quarter deck
后部件总成 rear unit assembly
后部进水集水井 back-inlet gull(e)y
后部进水口 back inlet
后部链条悬挂装置 rear bridle chains
后部梁 rear beam;rear spar
后部牵引转动杠杆机构<轮式铲运机的> rear-draft fulcrum leverage
后部桥跨 back space;back span
后部台阶 backstep
后部天线 aft antenna
后部脱险舱 after refuge compartment
后部旋转半径 tail radius of crane
后部液压遥控操舵装置 after telemotor
后部支承 rear support
后部直拉杆件 hip vertical
后部主轴承 rear main bearing
后部(装的)挖掘机 rear excavator bucket
后部装发动机的 rear-engined
后舱 afterhold;aft-hold
后舱壁 after bulkhead
后舱口 after hatch
后舱室 after cabin
后操舵轮 aft steering wheel
后侧风 free wind;wind abaft the beam
后侧建筑物 rear building
后测 back measurement
后层 lamina posterior;posterior layer
后层门 deck door
后层门锁 deck lock
后层释放 back-level release
后层梯蹬 deck step
后插板 backplate
后插式(摄像)管 rear-load tube
后茬作物 after reap crop
后觇标 rear target
后产品处理 post-production handling
后产物 after product
后铲斗 rear bucket
后超极化 after hyperpolarization
后车 follower
后车窗 rear window
后车窗刮水器 rear window wiper
后车窗雨刷 rear window wiper
后车赶上前车尾的时间 move-up time
后车架 rear frame
后车架隔板 rear frame separator
后车体 aftercarriage
后车轴 back axle
后撤机构 pullback mechanism
后沉淀 after precipitation
后沉淀污垢 after-precipitation fouling;post-precipitation fouling
后沉积构造 after-precipitation structure;post-depositional structure
后沉积作用 after precipitation;post-precipitation
后衬墙 backup wall
后撑 back brace;back prop;back strut
后撑式卧倒门【港】 strutted flap gate
后撑条 back stay;stiffleg
后成白云岩 epigenetic dolostone
后成的 deuterogenic;epigenetic;subsequent
后成底层的 epistratal
后成富集作用 epigenetic concentration
后成谷 subsequent valley
后成合晶 subsequent symplectite;symplectite[symplektite]
后成河 consequent drainage;longitudinal stream;strike stream;subsequent river;subsequent stream;superposed river;superposed stream
后成交叉褶皱 subsequent cross-folds
后成矿床 epigenetic deposit;subsequent ore deposit
后成矿化作用 epigenetic mineralization;subsequent mineralization
后成论 postformism
后成黏[粘]结预加应力 prestressing with subsequent bond
后成深成岩体【地】 subsequent pluton
后成水系 subsequent drainage
后成说 epigenesis;post-formation theory
后成型 post forming
后成岩 deuterogene;deuterogene rock
后成异常 epigenetic anomaly
后成优地槽 epieugeosyncline
后成褶皱 subsequent fold
后成作用 catagenesis;metagenesis
后乘 post multiplication
后澄清器 after settler
后吃水 aft(er)draft;aft draught
后池 aft-bay;afterbay(reservoir);rearing pond;tail reservoir
后尺手【测】 rear tapeman
后齿轮 back gear
后齿轮的 back-geared
后冲 back lash
后冲消除器 backlash eliminator
后稠化 after-thickening
后臭氧化作用 post-ozonation
后出口 rear exit
后除极 after depolarization
后储水空间 backwater space
后处理 after cure;final treatment;post(ing)process(ing);post-treatment;reprocessing
后处理程序 post-processor
后处理废物 reprocessed waste
后处理工厂 finishing plant
后处理过的 reprocessed
后处理机 post-processor
后处理设备 post treatment equipment
后处理系统 post-processing system
后触点 back contact
后传送链 rear-drive chain
后船楼 poop
后窗 back window
后床腿 back leg
后吹 after flow;reblowing;after blow<碱性转炉>
后垂线 aft(er)perpendicular
后唇砖 rear lip tile
后代人 futurity

后挡 rear bumper; rear stop; back stop
后挡板 back-board; back boxing; backplane; backplate; backsplash-(er); backsplashing; down apron; rear apron; rear deflector door; rear fender; tailboard; tail gate
后挡防撞杆 rear bumper
后挡梁 rear bumper
后挡(隙)时间 <穿越横向车流的车辆与其被穿越后车间驶过穿越点时的车头时间> lag time
后刀架 backrest; back tool rest; rear block; rear tool rest
后刀面棱宽 relieved land
后刀面上的合力 resultant tool force on the tool flank
后刀面相对磨损率 relative wear of the tool flank
后刀座 rear block
后导板 back guide
后导标 rear leading mark
后导灯标 rear light
后导部 rear pilot
后导轨 rear rail
后导向灯 rear range light
后导柱式圆形模架 round rear pin type die set
后倒齿轮 back gear
后倒缆 after spring(line); quarter fast; quarter line; quarter rope; quarter spring; stern spring
后倒缆离码头 clearing from alongside by after spring
后到车流 delay-flow
后到先服务 last-come-first-served; last-in first-out; late come first served
后的 posterior
后灯 backlight; rear lamp; tail lamp; taillight
后灯标 rear light
后灯托架 rear lamp bracket
后堤 postdam
后地槽 back geosyncline
后地槽阶段 post-geosyncline stage
后地界线 rear plot line
后地台阶段 post-platform stage
后点 back pole
后点测工 rear chainman
后电流 after current
后电位 afterpotential
后殿 tribune
后殿外廊 apse aisle
后殿屋顶 aisle roof
后吊架 after gallows
后叠标灯 after range light
后叠晕 superimposed halo
后顶盖 rear head cover
后顶极群落 post-climax
后顶尖 back center[centre]; rear center[centre]
后顶尖架 rootstock
后顶尖座【机】tail block
后顶针架 <车床> footstock
后顶针座 back poppet; loose headstock
后定位夹钳 backstop tone
后定位送料杆 backstop porter bar
后动触点 late contact
后动力输出轴 rear power take-off shaft
后动力装置 rear power unit
后都空气信号 backup air signal
后斗板 tailgate
后斗门 tailboard; tailgate
后端 aft(er)end; back end; rear end; trailing end
后端板 end plate
后端板侧 end plate side
后端板吊钩 end plate hanging hook
后端板接管 end plate nozzle
后端壁 aft end bulkhead
后端壁扶强材 aft end stiffener
后端处理机 back end processor
后端处理器 back end processor
后端传动装置 rear-end transmission gear
后端调车【铁】backshunt
后端动力输出装置 rear power take-off
后端盖板 rear-end plate
后端机 backend machine
后端机架 trail frame
后端计算机 backend computer
后端夹具 rear jig
后端接点 rear edge contact
后端卷扬机 rear-end winch
后端裂土器 backripper
后端面 aft end face; aft(er)end; back face
后端数据库处理机 backend database processor
后端松土器 backripper
后端停车灯 rear-end stop lamp
后端吸力 rear suction
后端信号灯电线束 rear-signal lighting harness
后端罩 rear head
后端装载机 end loaden; rear-loading vehicle
后段 posterior segment
后段船体 afterbody; afterpart
后段船闸 <水位最低> tail bay
后段加速 post-acceleration; after acceleration
后煅烧处理 post-calcination treatment
后墩座的压力 rear abutment pressure
后盾 backing
后发开裂 post-cracking
后伐 final cutting; final felling; removal cutting; removal felling
后帆边绳 after leech rope
后翻 rear-dumping; rear udder; tip-back
后翻板 end blocking
后翻斗半挂车 rear-dump semi-trailer
后翻斗式自卸车 dump wag(g)on
后翻斗式自卸卡车 rear-dump truck
后翻斗式自卸汽车 rear-dump truck
后翻斗越野承运者 rear-dump off-road hauler
后翻斗越野运输机 rear-dump off-road hauler
后翻斗自卸车 rear-dump lorry
后翻角【机】tilt-back angle
后翻倾车厢 rear-dump body
后翻卸载式装载机 overhead shovel
后反射 back reflection
后反射镜 back mirror
后反应 post-reaction
后方 background; backland; backside; rearward
后方(闭塞)区间 section block in rear
后方仓库 godown; warehouse
后方场地 backup land
后方车站 station in rear
后方承台 rear piled platform
后方地带 backland; zone of interior; hinterland <海岸或河岸的>
后方堆场【港】backup area; back stacking space; back stacking yard; back stackyard
后方反射镜 rearview mirror
后方腹地交通【港】hinterland traffic
后方货场 godown; warehouse
后方机场 rear airport
后方基地 rear base
后方交会【测】three-point fix; three-point intersection
后方交会的 resected
后方交会点 resected point; resected station; resection point; resection station
后方交会法 method of backward intersection; method of repetition; method of resection; resection method; resection process; Bessel's method; resect-(ion)
后方交会计算 inverse position computation
后方交会空中摄影站 resected air station
后方节点 emergent node; rear node
后方陆域【港】backup area; backup land; hinterland area
后方起吊 rear lifting
后方勤务 logistics; rearward service
后方勤务的 administrative
后方台车 trailing carriage
后方铁路线 <码头> backland trackage; rear track
后方投影 back projection
后方位角【测】back bearing
后方位置 rear position
后方线路所 rear box
后方向角 reverse bearing
后方信号楼 rear box
后方一致 left truncation
后方医院 base hospital; rear hospital
后房 back house; rear house
后放 after-discharge
后飞破片 base spray
后分布 posterior distribution
后分路键控 backshunt keying
后风挡 rear windscreen
后风挡玻璃电加热检测 testing of electric(al) heating on backlites
后风扇 aft fan
后风雨板 weather-board(ing)
后扶垛 counterfort; counterfort wall
后扶垛挡土墙 counterfort retaining wall
后扶垛排水沟 counterfort drain
后辐照效应 post-effect; post-irradiation effect
后辅腔 backward auxiliary chamber
后付 afterpayment; pay after arrival
后付运输 late pay traffic
后付站 pay station; post-pay station
后负荷 after-load(ing)
后附条例 annexed statute
后腹板 trailing web
后盖 aft closure; back cap; rear cover; rear lid
后盖板 rear-end plate
后盖垫片 rear cover gasket
后盖及齿节弧形板 back cap and quadrant tap bolt
后干燥 after-drying
后缸盖 back cylinder cover; back cylinder head
后钢板(俗称) rear spring
后割草 latter math
后隔环 rear split ring
后铬媒染料 after-chromed dye
后根 dorsal radix; posterior root
后根次序 <图论> postorder
后跟带螺钉的压板 screw heel clamp
后工业化社会 post-industrial society; post-industry society
后工作辊道 rear mill table
后工作孔径 rear operating aperture
后工作台 after table
后功能主义 Post Functionism
后宫 haram[harem]
后拱 rear arch
后构造充填脉 post-tectonic filling vein
后构造结晶 mimetic crystallization
后古生代 <包括泥盆纪、石炭纪、二叠纪>【地】Deuterozoic
后鼓轮驱动的运输带 tail-end-drive conveyer[conveyor]
后固定 after fixing
后固化 after cure; post-cure
后挂车底架 rear bed(bunk)
后挂钩 back clevis
后挂裂土器 rear ripper
后挂配重块 rear-mounted counterweight
后挂松土耙 reverse ripper
后挂松土器 rear ripper
后挂装载机 tail loader
后观 rear view
后管板 back tube sheet; hind tube plate
后管箱 rear header
后灌浆 post-grouting
后光 <神像后的光轮> nimbus
后光标 background collimating point
后光固化 posterior photocuring
后光固性 post-photocuring
后规格化 post-normalization; post-normalize
后柜台 back counter
后辊 rear roll
后滚轮 rear roll
后滚筒 back-roll
后磙 rear drum
后锅炉 afterboiler
后锅炉舱 after boiler room
后果 after effect; aftermath; consequence; fallout
后果的说明 description of consequence
后果分析 consequence analysis
后过滤 after-filtration; post-filtration
后过滤池 post-filtration tank
后过滤器 after-filter; post-filter
后过滤装置 post-filtration unit
后海岸地带 backshore
后海湾 back bay
后海西地台 post-Hercynian platform
后含物 ergastic material; ergastic matter; ergastic substance
后焊法 backhand welding
后夯刮板 rear screed
后夯(样)板 rear screed
后航向重叠 end lap
后河 back river; backstream
后横档 back ledge
后横刀架用刀座 tool-post for rear cross slide
后横径 posterotransverse diameter
后横缆 after breast(line); after breast rope; quarter breast(line)
后横梁 rear cross beam; rear cross member; rear frame member
后横向进给手柄 rear cross-feed lever
后烘 after-bake
后烘干 post baking
后烘烤 after baking; after-stove post baking
后洪积世【地】Postdiluvial; post-diluvial period
后护板 rear blade(plate)
后花园 back garden; back yard garden
后滑 backward slip
后滑轮 <冲击钻的> heel sheave
后滑区 zone of slippage on the entry side
后黄变 after-yellow(ing)
后簧夹杆 rear spring clip bar
后灰柱 columnar posterior; posterior gray column of spinal cord
后辉 after glow
后回波 back echo

后回填 final backfill
后回音 post echo
后回转半径 lower fitting radius;rear fitting radius
后悔值 regret value
后悔准则 <一种决策论准则> regret criterion
后混合 postmix
后混凝 post-coagulation
后活动顶盖汽车 hatchback
后活塞 <波导管的> back piston
后货舱 afterhold
后机电池组充电保险丝 rear engine battery charging fuse
后机框架 after frame
后机身下翼 ventral fins
后积层 backset bed
后积层层理 backset bedding
后基底段 posterior basal segment
后基节 meron
后级冷却器 after-cooler
后极化 after-polarization
后极尖 pole horn;trailing pole tip
后集电弓 trailing bow
后脊 back edge;backfin
后记 epilog;postscript
后继表 successor list
后继表示法 suffix notation
后继地槽 sequent(ial) geosyncline
后继地形 sequential landform
后继工程项目 successor work item
后继函数 successor function
后继环境影响评价 environmental impact evaluation follow-up
后继加载面 <塑性力学的> subsequent loading surface
后建设项目 postproject
后继浇筑层 succeeding lift
后继矩阵 successor matrix
后继块 successor;successor block
后继人 successor
后继效应 subsequent effect
后继性运动 after-movement;Kohnstamm's phenomenon
后继者 successor
后继指令 successor instruction
后继指令地址 successor address
后继指示符 heir pointer
后加工 post-processing
后加工处理 post-processing
后加工面 second side
后加拉力 post-tension
后加拉力板 post-stressing slab;post-tensioned slab
后加拉力的 post-tensioned;post-tensioning
后加拉伸 post-stretching
后加里东地台【地】 post-Caledonian platform
后加氯化 post-chlorination
后加热 after heat(ing)
后加收集器 after-collector
后加速 post-acceleration
后加速电极 post-accelerated electrode
后加速管 post-acceleration tube
后加速器 post-accelerator
后加速示波管 post-acceleration oscilloscope tube
后加速阳极 post-accelerating anode
后加应力 post stress(ing);post-tensioning
后加应力的 post-stressed
后加应力钢丝 post-stressed wire
后加张力 after-tensioning;post-tension
后加重网络 post-emphasis network
后夹具 back clevis
后甲板 after deck;quarter deck
后甲板舱口 quarter hatch
后甲板船 quarter decker
后甲板栏杆 monkey rail;quarter rail
后架间 afterbay
后尖 metacone
后尖舱 after peak(water) tank
后肩 back porch
后剪取面 back clipping plane
后检波 post-detection
后浇带 <混凝土结构的> post-cast strip
后胶结 secondary bonding
后焦点 back focus;rear focus
后焦点镜头 retrofocus lens
后焦距 back focal distance;back focal length
后角 angle of relief;back angle;clearance angle;relief;chisel edge angle <截齿、钻头等的>
后角铣刀 relieving cutter
后铰链销 rear hinge pin
后搅拌机 post agitator
后接点 back contact;bottom contact;deenergized contact;open circuit contact
后接点闭合 back contact closing
后接点簧片 back contact spring
后接点弹簧 back contact spring
后接点检验 back contact proving
后接事项 successor
后街 back street;rear street
后节 deutomerite
后节点 emergence nodal point;nodal point of emergence;rear nodal point
后节距 backpitch
后截距 rear cut-off distance
后进后出(法) last in last out
后进还存 last in still-here
后进先出 last-in first-out
后进先出变换机 push-down transformer
后进先出表 push-down list
后进先出存储器 cellar nesting storage;last-in first-out store;nesting storage;push-down;push-down storage;running accumulator
后进先出单 push-down list
后进先出堆栈 pushed-down stack
后进先出法 last-in first-out method
后进先出方式 push-down
后进先出寄存器 push-down register
后进先出栈 last-in first-out stack;push-down stack
后进先出自动机 push-down automata
后进现存法 last in on hand
后进小路 back access lane
后景 background
后景标定点 background collimating mark
后镜 back mirror
后据事件模拟法 event-oriented simulation
后聚合作用 after polymerization
后聚焦 secondary focusing
后聚焦面 back focal plane
后均衡复元 post-equalization
后均化 post homogenizing
后开门 back pullout
后开式车 rear lorry
后开式底传动压力机 open back bottom drive press
后开式多工位压力机 open back transfer press
后开式高性能压力机 high performance open back power press
后开式固定台压力机 open back press with fixed bed
后开式可倾机械压床 open back inclinable mechanical press
后开式可倾斜压力机 open back inclinable press
后开式双点压力机 open back two point power press
后开式压力机 open back power press
后凯恩斯理论 post-Keynesian theory
后凯恩斯学派经济学 post keynesian economics
后壳 back cover
后可拆换设备品种 rear conversion equipment item
后空格 space after
后空转轮 rear idler wheel
后空转轮壳 rear idler hub
后空转偏心轮 rear idler eccentric wheel
后孔 rear aperture
后孔 U 形接头 back outlet return bend
后筘 backreed
后库 afterbay reservoir
后跨 back space;back span
后快速横向移动手柄 rear rapid traverse lever
后框(架) after frame
后框梁 rear frame
后拉 post-tensioning
后拉的 post-tensioned
后拉杆 back stay;drawback rod;stiffleg
后拉缆 back stay(cable)
后拉力 back pull
后拉锚碇系统 anchored tied back shoring system
后拉伸 after drawing;after-stretch(ing);post-drawing
后拉式开合桥 drawbridge;pullback draw bridge
后拉索 back cable;back guy;back stay(cable);stiffleg;tail guy;tie back cable
后拉条 tieback
后拉线 back guy
后来的压密(工作) after-compaction
后来影响 after effect
后拦板 rear board
后缆 after line;back stay
后肋骨 after rib
后冷凝器 after-condenser;post condenser
后冷却 aftercooling;afterheat cooling
后冷却带 after cooling zone
后冷却机 after-cooler;back cooler
后冷却器 after-cooler;back cooler
后冷却系统 after-cooler core
后犁体 body at the rear
后篱笆 back fence
后立面 back elevation;rear elevation
后立柱 outer support
后立柱移动块 <镗床的> backrest block
后连杆 back link
后连接杆 back connecting rod
后连接环 back clevis
后连线板 backplane
后链 <链测时,跟在后面的持链人> chain follower
后链员【测】 chain follower;rear chainman;rear tapeman
后梁 backrest;rear beam;rear spar
后裂爆破 post-splitting;cushion blasting
后硫化 additional vulcanization;after cure;finished cure;post-cure;post vulcanization
后硫化作用 post vulcanization
后隆起 after-wale
后楼梯 back stair(case);back stairs;service stair(case)
后楼梯间 back stair(case)
后炉燃烧 rear wall firing
后陆 backland;hinterland
后陆盆地 hinterland basin
后录音法 post-scoring method
后滤 after-filtration
后滤池 after-filter
后氯化 post-chlorination
后氯化处理 post-chlorination treatment
后氯化聚氯乙烯纤维 after-chlorinated polyvinylchloride fibre
后掠 sweepback
后掠角 angle of sweep back;backswept;backward sweep;sweep-(back);sweptback angle
后掠式叶轮 sweepback impeller
后掠形 sweepback
后掠形搅拌器 sweepback agitator
后掠翼 backswept wing;swept(back) wing
后轮 back wheel;hind wheel;rear roll;rear wheel;trailing wheel
后轮采用盘式制动器 rear disc brake
后轮传动 rear axle drive;rear-wheel drive
后轮挡泥板 rear guard
后轮动力联合驱动 power rearwheel combine drive
后轮毂帽 rear-wheel hub cap
后轮距 rear track;tread of rear
后轮内偏 rear encroachment;rear-wheel encroachment
后轮配重 rear-wheel ballast
后轮驱动 rear-wheel drive
后轮驱动式反铲挖掘装载机 rear-wheel drive backhoe-loader
后轮驱动式拖拉机 rear-wheel drive tractor
后轮驱动式装载机 rear-wheel drive loader
后轮悬挂(系统) rear-wheel suspension
后轮载荷 rear-wheel weight
后轮闸 rear-wheel brake
后轮制动缸 rear-wheel cylinder
后轮制动器 rear brake;rear-wheel brake
后轮轴 back axle;backshaft;rear axle shaft;rear-wheel spindle;trailing axle;hind axle;rear axle shaft
后轮轴承螺母扳手 rear-wheel bearing nut wrench
后轮转矩 rear-wheel torque
后轮转向 rear steer(ing);rear-wheel steer(ing)
后轮转向式反铲挖掘装载机 rear-wheel steer backhoe-loader
后轮转向式拖拉机 rear wheel steer tractor
后轮转向式装载机 rear-wheel steer loader
后螺母 back nut
后螺旋桨 rear screw shaft
后螺旋桨轴 rear propeller shaft
后螺轴衬套 rear screw shaft bushing
后锚 after anchor;stern anchor
后锚灯 after anchor light
后门 aft entrance;back door;back entrance;postern;posticum;rear door;rear entrance;tail gate
后门筹款 backdoor financing
后门对外交通路 rear-entry access road
后门干扰 backdoor interference
后门交易 backdoor operation
后门廊 posticum;rear porch
后门铃 backdoor bell
后门收集方法 <垃圾清运方法之一> backdoor collection method
后门销售 backdoor selling
后面 facies posterior;offside;posteri-

or surface
后面板 back-board; back panel; rear panel
后面充填物 backfill; backing
后面的 posterior; tail
后面的持链人 chain follower
后面的居住房屋 back dwelling-building; back residential building
后面的居住区 back residential block
后面的住宅 back residence block; back residential block; back residential building
后面入口 rear access
后面圬工墙 back masonry wall
后面有加开第二列车的尾灯 train following lamp
后模 backform
后黏[粘]连 after-blocking
后黏[粘]器 opisthaptor
后凝速度 rating of hindered settling
后牛顿度规 post-Newtonian metric
后牛顿近似 post-Newtonian approximation
后牛顿天体力学 post-Newtonian celestial mechanics
后牛顿效应 post-Newtonian effect
后浓缩器 back concentrator
后诺曼底 post-Norman
后排气 final vacuum
后盘齿毂 splined hub
后盘辘轳 whim
后喷浆 postshot
后平衡 back balance
后平台 back patio
后评法 after appraisal
后评估 effect evaluation; post evaluation
后评价 effect evaluation; post-assessment
后屏幕投影 rear-screen projection
后坡 back slope; backwall
后坡护面 rear face armo(u)r
后曝气 post-aeration
后期 anaphase
后期巴洛克建筑形式 late Baroque arch
后期巴洛克艺术风格 late Baroque style
后期保留时间 final retention time
后期保留体积 final retention volume
后期曝光 after exposure
后期焙烧 after baking
后期变质 synantexis
后期冰川沉积物 late glacial deposit
后期成岩固结作用 metharmosis
后期城市 post-city
后期储水系数 storativity in later period
后期处理 after-treatment
后期导流 late stage diversion
后期的 deuteric
后期毒力 <木材防腐> residual toxicity
后期毒性 residual toxicity
后期风格 later style
后期腐朽阶段 advanced stage of decay
后期概念绘画 post-conceptual painting
后期干燥 terminal drying
后期哥特式 late pointed style
后期哥特式大厅教堂 late Gothic hall church
后期哥特式几何窗格 late Gothic tracery
后期哥特式尖拱 late Gothic vault
后期哥特式王家礼拜堂 late Gothic royal chapel
后期哥特式(装饰)风格 late Gothic
后期工程 subsequent works
后期龟裂 delayed crazing
后期荷载 residual load
后期烘烤 after-bake[baking]
后期火山 epigenetic volcano
后期火山作用 epigenetic volcanism
后期尖拱式【建】 late Gothic; late pointed style
后期结构 <预应力混凝土施工过程中转换体系后的结构> structure at final stage
后期结晶 secondary crystallization
后期净化 after purification
后期决算 settlement of account for the latter half period
后期开裂 delayed cracking
后期冷却(法) postcooling; postcooling method
后期流量 cutback stream
后期绿灯信号相 lagging green signal phase
后期膨胀 after-expansion; post-expansion
后期破坏特性 post failure behavio(u)r
后期潜隐体 metacryptozoite
后期强度 late(r) strength; long age strength; long-term strength
后期燃烧 after burning; afterflaming
后期蠕变 secondary creep
后期生成 deuterogene
后期生成的 deuterogenous[deuterogenic]
后期收缩 after-contraction; after-shrinkage; post contraction
后期衰变 final decay
后期塑性变形 after flow
后期退火处理 post-anneal treatment
后期文艺复兴建筑 late Renaissance architecture
后期文艺复兴式【建】 late Renaissance
后期现代建筑 late modern architecture
后期现代派 late modern style
后期现代主义 Post-Modernism
后期消解 delayed slaking
后期新式艺术风格 late modern style
后期新艺术风格 late art nouveau
后期蓄水 late impoundment
后期循环 secondary cycle
后期压屈特性 postbuckling behavio(u)r
后期压屈性态 postbuckling behavio(u)r
后期岩崩 <地下坑道岩石爆破后发生的> afterburst
后期岩浆残液 epimagma
后期盐化作用 deuteric salinization
后期养护 after curing; final curing; late curing
后期养生 final curing; late curing
后期印象画派 post pressionism
后期应力场 later stress field
后期硬化 after-hardening
后期幼体 post larva
后期鱼苗 advanced fry
后期增稠 after-thickening
后期振动 after vibration
后期中古时代建筑 late-mediaeval architecture
后期转变 after-transformation
后期仔鱼 post larva
后期作品 late work
后气鼓 back header
后气孔 posterior spiracle
后气筒 back header
后牵 back stay
后牵座 backstay stool
后前位 postero-anterior position[P-A position]
后前斜位 postero-anterior oblique position
后戗 banquette
后墙 backing wall; backwall; end wall; rear wall
后墙投光室 <设在剧场后墙中心的> center spot room
后桥 rear axle
后桥半轴套管 rear axle tube
后桥差速侧齿轮 rear axle differential side gear
后桥差速器 rear axle differential
后桥差速器半轴齿轮 rear axle differential side gear
后桥差速器十字头 rear axle differential cross
后桥差速器行星齿轮 rear axle differential spider pinion
后桥传动 rear axle transmission
后桥传动轴 rear axle propeller shaft
后桥荷载 rear axle load
后桥护板 <车的> rear assembly shield
后桥架 rear axle stand
后桥减速器 rear axle reductor
后桥壳体 drive case
后桥壳注油孔塞 rear axle housing filter plug
后桥驱动 rear axle drive
后桥驱动式后卸卡车 rear axle drive rear-dump
后桥双臂曲柄操纵方向 rear bellcrank steering
后桥双臂曲柄转向 rear bellcrank steering
后桥双重传动 rear axle dual drive
后桥脱开 rear axle disconnecting
后桥箱 rear axle casing
后桥箱零件 rear assembly parts
后桥轴 rear axle
后桥轴驱动 rear axle drive
后桥主动伞齿轮法兰 rear axle bevel pinion flange
后勤 logistics; rear service
后勤部门 back office
后勤船 logistic ship
后勤分配 logistic distribution
后勤服务 logistic service
后勤辅助工作 back work
后勤工作 administrative support
后勤供应 logistics; logistic supplies
后勤管理 logistic management
后勤规划 logistic planning
后勤机场 logistical airfield
后勤人员 back office force
后勤设施 logistic facilities
后勤物资需求总量 overall logistic(al) demand
后勤系统 logistic system
后勤学 logistics
后勤支援 administrative support; logistical support
后倾 back tilt; retroversion; tip-back; by the stern; down by the stern; trim by the stern【船】
后倾铲斗 backward tilting of the bucket
后倾的 retroverted; rakish <指桅、烟囱等>
后倾翻斗车 end tipper
后倾风扇 backward inclined fan
后倾焊 angle backwards welding; backward welding
后倾后屈 retroversioflexion
后倾桨叶 raked blade
后倾角 back rake; back rake angle; backward inclination angle; cater angle; retreating angle; caster angle <自动车的>
后倾率 rake ratio
后倾式履带装载机 crawler overhead loader
后倾式自卸车 end tipper
后倾双冲构造 hinterland-dipping duplex
后倾卸 rear dump
后倾卸车身 end dump body
后倾卸式拖车 end-tip trailer
后倾卸自卸车 rear-dump lorry
后倾叶片组 backward blader
后倾自卸车 end; end discharge; end-dump truck; rear tipper
后穹顶 rear vault
后曲柄轴 after crank shaft
后曲锢囚【气】 back-bent occlusion; bent-back occlusion; recurved occlusion
后曲拐 after crank
后曲面叶片 <离心压缩机的> back curved vane
后曲叶片 backward-curved vane
后驱动轮 rear-drive wheel
后驱动轴 rear-drive shaft
后驱动装置 rear driving gear
后圈 back coil
后燃 after burning; post-combustion
后燃除尘器 dust after burner
后燃期 after burning period
后燃器 after burner
后燃烧 after-combustion
后燃烧锅炉 rear-fired boiler
后燃烧器 after burner
后燃烧室排气收集器调节器 after-burner exhaust collector regulator
后燃室 after burner
后燃现象 after burning phenomenon
后燃装置 after burner
后染 after stain
后让角 relief angle; back-off angle
后让铣刀 backed-off(milling) cutter
后绕 back-roll
后热 after heat(ing); post-heat(ing)
后热处理 after baking; post-heat treatment
后热电流 post-heating current
后热定形整理 postcure finish
后热器 after-heater
后热温度 post-heat temperature
后刃 rear edge; trailer edge
后入先出 <一种库存估值方法> last-in first-out; last-come-first-served
后入先出法 last-in first-out method
后三点(起落架式)飞机 aircraft with tall wheel
后三点悬挂装置 rear-mounted three-point linkage
后色值 post colo(u)r value
后熵 backward entropy
后上 posterosuperior
后上端梁 <集装箱> rear header
后烧 after burning
后烧段 afterfiring zone
后伸臂 back arm; back lever
后伸距 backreach; rear outreach
后伸式襟翼 extension flap
后身钢板弹簧 rear leaf-spring
后身绕圈弹簧 rear coil spring
后升高甲板 raised quarter-deck
后升高甲板船 raised quarter vessel
后升运器 rear rack
后升支 ascending posterior branch
后生白云岩 epigen(et)ic dolomite
后生变态 cenogenesis
后生变形的 deuteromorphic
后生层控矿床 epigenetic stratabound deposit
后生成本 after-cost
后生成矿作用 epigenetic mineralization
后生成岩期的 anadiagenetic

后生成岩作用 anadiagenesis
后生的 epigenetic
后生断层 subsequent fault
后生分散 epigenetic dispersion
后生分散模式 epigenetic dispersion pattern
后生河 subsequent river; subsequent stream
后生间隙 epigenetic interstice; secondary interstice
后生间隙水 epigenetic interstitial water
后生角砾岩 epigenetic breccia
后生结核 epigenetic concretion
后生矿床 epigenetic deposit
后生矿物 epigenetic mineral
后生木质部【植】metaxylem
后生韧皮部 metaphloem
后生树 after-growth
后生水 epigenetic water
后生顺向河 secondary river; secondary stream; subconsequent river; subconsequent stream
后生退化作用阶段 catagenetic stage
后生现象 metabiosis
后生相 epigenetic phase
后生岩 deuterogene; epigenetic rock
后生异常 epigenetic anomaly
后生异常包裹体 epigenetic anomalous inclusion
后生营养细菌 metrophic bacteria
后生植物 Metaphyta
后生组分 deuterogenic component
后生作用 catagenesis; epigenesis
后施张力 after-tensioning
后十年 next decade
后世 futurity; posterity
后视【测】backsight; plus sight; backward sight; backward vision; rear view
后视标杆 backsight hub
后视定向 orientation by backsight
后视读数 back reading; backsight reading
后视法 back method
后视方位角 back angle
后视方向 back direction; redirection
后视角 back azimuth; back angle
后视镜 back mirror; back view mirror; rearview mirror; rear vision mirror; reference mirror
后视觉 after-vision
后视图 back elevation; back view; rear (-side) elevation; view from back; end view; rear view
后视线 retracement line
后室 opisthodomos
后收缩 post-shrinkage
后收缩空隙 post-shrinkage spacing
后枢接式长转臂 long rear-pivoting boom
后枢接式转臂 rear-pivoting boom
后输送带 rear carrier
后熟 after-ripening
后刷边 brush back
后双桥组 rear tandem bogey
后双轴四轮撒肥机 tandem-wheeled spreader
后水解 post hydrolysis
后水洗 after-wash(ing)
后司尺员 rear staffman; rear tapeman
后嗣 heir
后送式堆料机 back stacker
后送式撒布机 rear-end delivery spreader
后送式输送器 rear-delivery apron
后送式卸料槽 rear-delivery chute
后随反应 following response
后随机车 trailing locomotive
后随转向架 trailing bogie
后缩檐口 receding cornice
后索 backrope
后踏 post legged
后踏板 bumper step
后台 background; backstage; coulisse; upstage; postscenium <剧院的>
后台处理中断 background processing interrupt
后台打印 background print
后台方式 background mode
后台房屋 <古希腊剧场的> proshenion
后台监控程序 background monitor
后台两翼建筑物 parascenium
后台流 background flow; backstage flow
后台门 stage door
后台区 background partition; background region; backstage area; rear stage area
后台区域 background region
后台任务 background task
后台入口 backstage entrance; stage door
后台阅读器 background reader
后台作业 background job
后太古代的 Eparchean
后太平门 rear exit
后滩 back beach; backshore; storm beach; storm berm(e)
后滩高阶地 storm berm
后弹板簧 rear spring
后弹簧 rear spring
后弹簧钩环 rear spring shackle
后弹簧夹 rear spring clamp; rear spring clip
后弹簧支枢座 rear spring pivot seat
后弹簧座 rear spring seat
后膛 <枪炮的> breech
后体 afterbody; hind body
后体效应 afterbody effect
后天的 a posteriori; postnatal
后天井 back court; backyard
后天性 posteriority
后填法 post filling
后调节板 aft ramp
后跳 hard kick
后厅 <古典寺庙后进的小室> opisthodomos
后庭 backyard; rear yard
后通风 back draft
后同步 postsynchronize
后同步信号 postamble
后头部 back head
后投影显示器 rear-projection readout
后透镜 back lens; rear lens
后图 back view
后推 boost
后推机 push dozer; pusher tractor
后推机车 pusher
后推力器 aft thruster
后推速度 setback speed
后推座 rear push block
后退 set-back; backing; back lash; backset; backtrack; etch sternway; fall back; recede; recession; recoil; retreat; retrocede; retrocession; retrogradation; retrogression; sternway; tailback
后退岸线 retreating bankline; retrograding shoreline
后退报警器 reverse warning device
后退滨线 retrograding shoreline
后退冰川 receding glacier; retreating glacier
后退冰碛【地】recessional moraine; salpausselka
后退波 receding wave
后退波动 retrogressive wave motion
后退泊车 back-in parking
后退部分 recession segment
后退操舵测试 astern steering test
后退操舵测验 astern steering test
后退槽 recoil pit
后退差分 receding difference
后退常数 recession constant
后退撒沙电空阀 backward sanding electropneumatic valve
后退冲程 backward stroke
后退冲击波 receding shock wave
后退代入 backward substitution
后退挡变速比 reverse (speed) gear; reversing gear
后退挡速度 reverse (speed) gear; reversing gear
后退挡同前进档 full reversing
后退的 astern; recessional; recessive; retrograde; retrogressive
后退第二挡 second backward gear
后退第一挡 first backward gear
后退调车 backing shunting
后退定程挡块 back stopper
后退二【船】half astern
后退方式 fallback mode
后退功率 backing power
后退功能 fallback function
后退规划 backward planning
后退海岸 coast of retrogression; regressive coast; retreating coast
后退海滩 retrograding beach
后退焊接 backhand welding; backward welding
后退焊接法 retrocession welding method
后退河岸 retreating bank; retrograding coast
后退火 post-annealing
后退激波 receding shock wave
后退计算法 backward pass computation
后退继电器 backward relay
后退警报器 backup warning alarm
后退距离 backway
后退离合器气管 astern clutch line
后退力 setback force
后退连锁反应 backward linkage effect
后退列车 backed-up train
后退溜放信号 humping back signal
后退抛双锚 riding moor
后退抛双锚法 moor with stern way
后退碛 stadial moraine
后退三【船】full (speed) astern
后退色 receding colo(u)r
后退式回采 back coming; back work; retreat
后退式回采工作面 longwall retreating
后退式回采矿柱 drawing-back of pillars
后退式开采 retreat mining
后退式开采法 mining retreating; retreating system
后退式气焊 backhand welding
后退水流 recession flow
后退水文曲线 recession hydrograph
后退速度 astern speed; reverse [reversing] speed
后退条款 setback ordinance
后退凸轮盘 pullback cam disk
后退线 recession line; retreat front; setback line <建筑物离街道的>
后退信号 stern signal【船】; humping back signal【铁】
后退行程 backward travel
后退演化 catagenesis; retrogressive evolution
后退一【船】slow astern
后退游标尺 retrograde vernier
后退运动 backing movement; backup movement; backward movement; retrograde motion; setback motion
后退运行 backward rolling
后退转位式螺旋 swingback unloading auger
后退状态 fallback state
后托焊接 backed-up-weld
后拖量 drag
后拖物 train
后挖掘装置 rear digging attachment
后挖前卸式挖装机 backhoe front end loader
后挖前卸式装载机 backhoe front end loader
后挖式岸壁 dredged bulkhead; fill bulkhead
后弯 <离心压缩机叶片> sweepback
后弯曲叶轮 backward-curved impeller
后弯曲叶片 backward-curved blade
后弯式叶轮 backward inclined type of impeller
后弯式叶片 backward bent vane; backward-curved vane; sweptback vane
后弯型叶片 backward tip blade
后弯叶轮 backward bladed impeller
后弯叶片 backswept vane; backward leaning vane; sweptback blade
后弯叶片风机 backward-bladed aerodynamic(al) fan
后湾 afterbay; back bay
后望镜 back mirror
后桅 aftermast; mizzenmast
后桅灯 aftermast head light; after streaming light; leading light; range light
后桅桁 after yard
后桅支索 mizen rigging
后尾部 afterbody; afterpart; back head <凿岩机的>
后尾式构型 dart configuration
后稳索 after guy
后屋 back house
后吸收 post-absorption
后洗管道 backwash piping
后洗流 backwash
后下端梁 <集装箱> rear bottom rail
后先出法 last-come-first-served; late come first served
后舷风行驶 broad reach
后舷脊 afterchine
后舷斜缆 after waist spring
后现代建筑 Post Modern Architecture
后现代形式主义 Post Modern Formalism
后现代主义 Post-Modernism
后限制座 rear restriction seat
后向测量 back observation
后向插值公式【数】backward interpolation formula
后向差分 receding difference
后向差分法【数】backward difference method
后向串扰 backward crosstalk
后向的 backward
后向反光标志牌 retro-reflective placard
后向反射 retro-reflection
后向反射的 retro-reflective
后向反射器 retrodirective reflector; retroreflector
后向分段焊接 step-back welding
后向观测 back observation
后向联结 backward linking
后向联系 backward linkage
后向联系效果 backward linkage effect
后向曲叶式风机 backward-curved blade fan
后向散射 back-scattering

后向散射材料层 back-scatterer
后向散射材料器 back-scatterer
后向散射的辐射 back-scattered radiation
后向散射的紫外辐射 back-scattered ultraviolet radiation
后向散射雷达 back-scatter radar
后向散射紫外辐射计 back-scatter ultraviolet radiometer
后向特征线 backward characteristic line
后向斜罩 back(ward) stagger
后向信号联结 backward linking
后向移动平均(值)【数】 backward moving average
后向移(位)算子 backward shift operator
后向译码器 backward acting decoder
后向制动蹄 reverse brake shoe
后巷 back lane; service lane
后项【数】 consequent
后象限角 reverse bearing
后像 after-image
后效 residual action
后效防锈剂 effective corrosion inhibitor residual
后效概率 probability after effect
后效加速度 post-acceleration
后效控制 residual control
后效黏[粘]性 after-tackiness
后效弹性模量 modulus of elasticity after effect
后效特性 <弹塑性的> hereditary characteristic
后效性 after effect
后效应 post-irradiation effect; after effect; after-working
后斜板 back incline
后斜齿板 receding dental
后斜帆桁 jib boom
后斜杠(线) back slash
后斜角 back bevel angle
后斜缆 back stay
后斜面 back bevel
后斜桩 rear raking pile
后斜桩力 rear raking pile force
后写的 post-write
后卸车 end dump car; rear-dump lorry
后卸翻斗车 rear-dump wagon
后卸货车 rear-dump wagon
后卸卡车 end dumper
后卸农用挂车 agricultural rear-tipping trailer
后卸汽车 rear-unloading vehicle
后卸升运器 backward unloading elevator
后卸式 revamp
后卸式拌和车 end discharge truck mixer
后卸式铲运机 rear-dump scraper
后卸式车 rear-dump tipper; rear-dump wagon
后卸式车身 end dump body
后卸式车厢 rear-dump body
后卸式货车 rear-dump truck; truck with end dump body; rear-dump wagon
后卸式搅拌车 end discharge truck mixer
后卸式卡车 end discharge truck; end-dump truck; end tipper; end-tipping lorry; rear-dump lorry; truck with end dump body; rear-dump truck; rear-dump wagon
后卸式拖车 rear-dump trailer
后卸式越野卡车 rear-dump off-highway truck
后卸式运输车 rear-dump hauler
后卸式运土车 rear-dump hauler
后卸式装载机 overhead shovel
后卸式自卸车 end tipper
后卸运土车 rear dump
后行列车 following train; trailing train
后行旅箱盖 <汽车的> trunk lid
后行偏心杆 backing eccentric rod
后行星齿轮架 rear carrier
后行走轮驱动 rear-traction drive
后形后宽 rear span
后休伦造山期【地】 epi-Huronian orogenic period
后续潮 succeeding tide
后续沉降 subsequent settlement
后续成本 after-cost
后续成型 post forming
后续程序 downstream
后续处理 downstream process; subsequent treatment
后续措施 follow-up
后续贷款 future advance
后续贷款条款 future advance clause
后续的 subsequent
后续的潮汐 succeeding tide
后续地址信息 subsequent address message
后续定位 further fix
后续法规 subsequent legislation
后续服务滞后 logistic delay
后续工程 post-project
后续工序 subsequent handling
后续过滤 subsequent filtration
后续过滤器 subsequent filter
后续记录 trailer record
后续井 follow-up well
后续卡片 trailer card
后续雷暴 subsequent thunderstorm
后续雷雨 subsequent thunderstorm
后续列车 following train
后续列车运行 following train movement
后续设备 backup equipment; backup facility
后续生物处理 followed biological treatment
后续事项 subsequent event
后续试验 follow-up testing
后续投资 follow-up investment
后续下沉 following settlement
后续协助 further assistance
后续支援 further assistance
后絮凝作用 subsequent flocculation
后悬长度 rear overhang
后悬挂集草器 rear-mounted buckrake
后悬挂减震器 rear suspension shock absorber
后悬挂链轨式侧向搂草机 chain-type rear-mounted side-rake
后悬挂螺母扳手 rear suspension wrench
后悬挂式的 rear-mounted
后悬挂式割草机 rear-mounted mower
后悬挂式平地机 rear-mounted grader
后悬挂式装载机 rearloader
后悬挂通用机架 rear-mounted toolbar
后悬挂指轮式搂草机 rear-mounted finger-wheel rake
后悬挂装载机 tail loader
后悬挂装置 rear linkage
后悬架梁 beam rear suspension
后悬架弹簧 rear suspension spring
后悬距 rear overhang
后悬耙齿装置 rear-mounted kit
后悬轴中心伸距 axis rear overhang
后压 after pressure
后压测压计 back-pressure manometer
后压密 after-compaction
后压实现象 <利用回收沥青的> post-compaction phenomenon
后压重物 back lead weight
后烟道 ear pass
后烟道室 rear smoke box
后延回归 lag regression
后延联合 forward integration
后延系数 lag coefficient
后延弦法 method of prolonging the chord from rear end
后延相关 lag correlation
后沿 afteredge; back edge; back porch; following edge; lagging edge; trailing edge
后沿变白 following white; trailing white
后沿变黑 following black; trailing black
后沿检测装置 trailing edge detecting device
后沿锐化线圈 tail-sharpening inductor
后沿瞬变特性 trailing transient
后沿削波 tail clipping
后沿效应 back-porch effect
后沿延迟 trailing edge delay
后沿斩断 tail clipping
后验的 posterior
后验分布 posterior distribution
后验风险 posterior risk
后验概率 posterior probability; probability a posteriori
后验概率法 Bayesian method
后验概率分布 posterior probability distribution
后验概率密度函数 posterior probability density function
后验估计 posterior estimate
后验估值 posterior estimate
后验熵 post-teriori entropy
后验误差界 posterior error bound
后验信号 check back signal
后验信息 posterior information
后阳台 back terrace; rear balcony
后养期 <混凝土的> soaking period
后叶片离心风机 backward curve centrifugal fan
后曳 after-tow; back haul
后曳缆 backhaul cable
后曳式仰开桥 pullback draw bridge
后曳索 backhaul cable
后曳吸管式挖泥船 trailing suction hopper dredger
后页 brought forward
后移 back space; backspacing; backward lead; cutback; rearward shift; retroposition; retrusion <牙齿的>
后移符号 backspace character
后移键 backspace key
后移前轴 setback front axle
后移色 receding colo(u)r
后移位 backward shift
后移位置线 retired line of position
后遗灾害 after damage
后裔 offspring
后翼【地】 backlimb
后翼梁 rear spar
后翼子板 rear fender
后印象派 Post-Impressionism
后楹廊 posticum
后硬化 after-hardening
后右边锚 aft starboard anchor
后渊 backdeep
后园 back garden
后援 backing; backup; boost
后援程序 support program(me)
后援存储器 backing memory; backing storage
后援寄存器【计】 backing register
后援控制 backup control
后援实用程序 support utility
后援手段 support tool
后援文件 file backup
后援系统 backup system
后缘 after edge; after skirt; back edge; following edge; lagging edge; tail skirt; trail; trailing edge
后缘板伸缩缝 trailing plate expansion joint
后缘拉离断层 backside pull-apart fault
后缘条 back fillet
后缘涡流 trailing vortex
后缘涡流线 trailing vertex-line
后院 back court; backyard; rear court; rear yard; service court
后院的进深 depth of rear yard
后院子 back patio
后增塑性 post-plasticity
后闸操作轴 rear brake operating shaft
后闸底板 rear brake backing disk [disc]
后闸杆 rear brake lever
后闸门 late gate
后闸伸杆 rear brake extension lever
后闸托架 rear brake bracket
后张的 post-stressed; post-stressing; post-tensioned; post-tensioning; post-stretching
后张法 <预应力结构> post-tensioned method; post-tensioned system; post-tensioning; post-tensioning method; post-tensioning type
后张法管(孔)道 post tensioning duct
后张法灌浆 bonded post tensioning
后张法混凝土 post-stressed concrete; post-tensioned concrete
后张法混凝土板 post-tensioned concrete slab
后张法锚固 post-tensioning anchorage
后张法锚具 post-tensioning anchorage
后张法黏[粘]结 bonded post-tensioning
后张法楔形锚具 post-tensioned wedge anchorage; post-tensioning wedge anchorage
后张法预(加)应力 post-tensioned prestressing; unbonded prestressing
后张法预应力钢筋混凝土 post-tensioned prestress reinforced concrete
后张法预应力钢索 posttensioned tendon
后张法预应力钢索管道 duct for post-tensioning tendon
后张法预应力混凝土 concrete post-tensioning; post-stressed concrete; post-tensioned concrete; post-tensioned prestress concrete
后张法预应力混凝土板 post-tensioned slab
后张法预应力混凝土管桩 post-tensioned prestress concrete cylinder pile
后张法预应力混凝土节段拼装桥 post-tensioned concrete segmental bridge
后张法预应力混凝土桩 post-tensioned concrete pile
后张法预应力结构端部的锚固 end anchorage of post-tensioned structure
后张法预应力梁端部锚定段 end block of post-tensioned beam
后张法预应力梁端部锚定段钢筋 end reinforcement of post-tensioned beam
后张法预应力梁钢索管道磨阻损失 wobble friction of post-tensioned beam

后张法预应力平行合股钢索 parallel-wire unit
后张法中摩擦损失 friction(al)loss in post-tension
后张钢筋 post-tensioned steel; post-tensioned bar
后张钢筋摩阻损失系数 <预应力混凝土> wobble coefficient
后张钢筋束 post-tensioned tendon
后张钢丝 post-tensioned wire; post-tensioning wire
后张钢丝索 post-tensioned cable
后张钢丝索系统 post-tensioning cable system
后张灌浆工艺 bonded post-tensioning
后张混凝土 post-tensioned concrete
后张混凝土板 post-tensioned slab
后张混凝土桩 post-tensioned concrete pile
后张筋棘 post-tensioned tendon
后张拉 post-stretching; post-tensioning
后张拉的 post-tensioned
后张拉钢筋 post-tensioned bar
后张拉钢丝 post-tensioned wire; post-tensioning wire
后张拉钢丝索 post-tensioned cable; post-tensioning cable
后张拉结构 post-tensioned construction
后张拉设备 post-tensioned system
后张拉体系 post-tensioned system; post-tensioning system
后张力 back(ward)pull
后张梁 post-tensioned beam
后张锚头 post-tensioned unit
后张砌砖体 post-tensioned brickwork
后张索 after guy
后张应力 post stress
后张预应力法 post-tensioning procedure
后张预应力钢筋混凝土 post-tensioned reinforced concrete
后张预应力钢索 posttensioned tendon
后张预应力构件 post-tensioned member
后张预应力混凝土板 post-stressing slab
后张预应力混凝土节段拼装桥 post-tensioned prestress concrete segmental bridge
后张预应力筋(锚固)bonded post-tensioning
后张预应力筋套管摩擦 wobble friction
后张自锚法预应力 self-anchored post tensioning prestressing
后障 back stop
后振 after vibration
后震 aftershock
后震序列 aftershock sequence
后支 posterior branch
后支撑 poling back; rear support
后支撑架 back strut prop
后支挡 back ga(u)ge
后支杆 back stay
后支架 after poppet; rear support bracket
后支索 <帆船的> breeching; back stay(cable)
后支腿 rear outrigger
后支援 back-up
后支柱 back prop; back strut; rear strut
后止件 back stop
后指示阀 post indicator valve
后置 postposition
后置补偿 post-equalization
后置处理法 post-processing method
后置触发器 post trigger
后置地 <海岸后面地区> hinderland
后置发动机 base engine; rear-mounted engine
后置发动机的 rear-engined
后置发动机公共汽车 rear engine bus
后置发动机汽车 rear engine car
后置发动机式底卸卡车 rear engine bottom-dump
后置发动机支架 rear engine support
后置放大器 postamplifier
后置飞轮 rear-mounted flywheel
后置过滤器 back filter
后置环列助推器 rear warp-round booster
后置火花塞 trail spark plug
后置空气过滤器 after air filter
后置冷却器 after-cooler
后置汽轮机 base turbine
后置式变速器 rear-set type speed variator
后置式的 rear-mounted
后置式动力操纵装置 rear-mounted power control unit
后置式发动机 rear engine
后置式垃圾装载压实车 rear packer refuse truck
后置式汽轮机 secondary turbine
后置式液力装载机 hydraulic rear end loader
后置条件 post-condition
后置挖掘机 rear bucket
后置信息处理程序 post processor program(me)
后中生代地台 post-Mesozoic platform
后轴 aft shaft; axle shaft; back axle; backshaft; rear(r-most)axle; rear shaft
后轴半径杆 rear axle radius rod
后轴比 rear axle ratio
后轴变速齿轮 rear axle drive gear
后轴承 back bearing; rear bearing
后轴承衬套 rear bearing bushing
后轴承下半部轴衬 bush for rear bearing lower half
后轴齿轮 rear axle gear
后轴齿轮传动 rear axle gear drive
后轴传动 rear axle transmission
后轴挡 rear axle bumper
后轴封 rear shaft seal
后轴毂键 rear axle hub key
后轴荷载 rear axle load
后轴护板 rear axle protection
后轴壳 rear axle housing
后轴壳盖 rear axle housing cover
后轴壳注油孔塞 rear axle filler plug
后轴螺母 rear axle nut
后轴螺母垫圈 rear axle nut washer
后轴倾斜转向 roll steering of rear axle
后轴驱动 rear axle drive; rear drive
后轴驱动车辆 rear-drive vehicle
后轴驱动机械 rear-drive machine
后轴驱动平地机 rear-drive grader
后轴伸贯流式水轮机 rear shaft-extension type tubular turbine
后轴弹簧座 rear axle spring seat
后轴套 rear axle housing
后轴脱开 rear axle disconnecting
后轴万向节 rear axle universal joint
后轴万向节爪 rear axle universal joint jaw
后轴稳定器 rear axle stabilizer[stabiliser]
后轴系杆 rear axle tie-rod
后轴箱 rear axle casing
后轴箱盖 rear axle casing cover
后轴心悬幅 axis rear overhang
后轴轴承加油嘴 rear axle bearing lubricant nipple
后轴轴承油封 rear axle bearing oil seal
后轴轴键 rear axle shaft key
后轴转向 rear axle steering
后轴转向架 rear axle bogey; rear axle bogie
后轴锥形轴承 rear axle cone bearing
后助倒缆 after back spring
后助缆 after head spring
后柱 hind post; outer column
后柱反应器 post-column reactor
后柱廊 rear portico
后爪 nib
后转动中心 <汽车的> rear roll center[centre]
后转角 clockwise angle
后转向架 rear bogie; trailing bogie; trailing truck
后转向轮 rear steering wheel
后桩 hind post; trailing spud
后装窗框 fixed-in window frame
后装门框 fixed-in door frame
后装源技术 after-loading technique
后装载车 rear-loading vehicle
后装载机 rearloader
后装置 subsequent installation
后缀装土机 rear-mounted loader
后着火 post-ignition
后着色 post-colo(u)ring
后组 back element; rear element
后组式 post-coordination
后组式索引 post-coordinate index
后左边锚 aft port side anchor
后佐川造陆运动【地】 Post-Sakawa epeirogeny
后作物 ensuing crop; further crop
后坐 trim by the stern
后坐力接合器 recoil adapter
后坐速度 recoil velocity
后座 back lash; back seat; backstand; blowback
后座舱 aft cockpit; back bench
后座阀 backseated valve
后座滑轨 rear slide rail
后座(缓冲)垫 recoil pad
后座井 thrust shaft
后座力 backblow; kick; recoil
后座墙 reacting wall
后座弹簧栓 recoil check spring bolt
后座突耳 recoil lug
后座有敞篷的旧式汽车 victoria
后座运动 recoil movement
后座增压器 recoil booster

厚

厚靶模型 thick target model

厚柏油 heavy tar; tar heavy oil
厚柏纸 mill board
厚斑 fat area
厚板 boast; deals board; decking; deep beam; deep slab; flitch chunk; heavy plate; mass plate; thick plate; plank <通常厚 2 ~ 6 英寸,宽 9 英寸以上,1 英寸 = 0.0254 米>; coarse plate
厚板壁 plank sheathing
厚板玻璃 plate glass; thick sheet glass
厚板道 plank road
厚板钢块 slab
厚板隔墙 plank partition
厚板技术 thick slab technique
厚板剪切机 heavy plate shears
厚板矫正机 heavy plate straightener
厚板矫正压力机 bulldozer
厚板卷制 bending thick plates
厚板龙骨 joist and plank
厚板门 slab door
厚板轧机 heavy plate mill
厚板桩 <5 ~ 10 厘米厚> plank pile
厚板状隔热材料 butt-type heat insulating material
厚半英寸的辙叉尖端 half-inch point of frog
厚包剂焊条 heavy coated electrode
厚保护层 generous cover
厚壁 heavy section
厚壁孢子体 crassisporinite
厚壁孢子微亮煤 crassiclarite
厚壁孢子微暗煤 crassidurite
厚壁采样器 thick-walled sampler
厚壁茶具 Raku ware
厚壁的 heavy walled; thick-wall(ed)
厚壁电离室 thick-wall chamber
厚壁断面 heavy section
厚壁杆件 thick-walled member
厚壁缸筒 thick cylinder
厚壁钢管 extra-strong pipe
厚壁钢管桩 thick-walled steel tube pile
厚壁钢制防爆盒 thick-wall steel cassette
厚壁钢桩 heavy walled steel pile
厚壁管 heavy wall pipe; thick-walled pipe; thick-walled tube
厚壁还原钢弹 heavy walled bomb
厚壁黄铜毛管 brass shell
厚壁空洞 thick-wall cavity
厚壁内平打入套管 flush-joint drive pipe
厚壁墙 heavy wall
厚壁取土器 thick-walled sampler
厚壁容器 thick-walled vessel
厚壁筒 thick cylinder; thick-walled tube
厚壁筒体 heavy wall cylinder
厚壁纤维 thick-walled fiber[fibre]
厚壁压力水管 thick-shell penstock
厚壁圆筒 thick cylinder; thick-wall cylinder
厚壁圆筒理论 thick(-wall)cylinder theory
厚壁圆柱壳 thick-wall cylindric(al)shell
厚壁制品 thick-wall article
厚壁铸件 heavy section casting; thick-section casting; thick-walled castings
厚壁组织 sclerenchyma
厚壁钻管 drill collar
厚边 fat edge; picture framing; webbing; haunch; thickened-edge <道路的>
厚边板 thickened-edge slab
厚边板设计 thickened-edge design
厚边路面横断面 thickened-edge (cross)section
厚边路面设计 thickened-edge design
厚边式 thickened-edge
厚边式(横)断面 thickened-edge (cross)section
厚边式混凝土路面 thickened-edge (type)concrete pavement
厚边式混凝土路面板 thickened-edge concrete slab
厚边式混凝土铺面 thickened-edge concrete pavement
厚边输送带 stepped-ply belt
厚边型横截面 thickened-edge type section
厚边型路面横截面 thickened-edge type section
厚冰 heavy ice; slab ice; thick ice
厚玻璃 <3 ~ 4 毫米厚> floated glass; glazing plate glass; heavy sheet glass; double-strength glass
厚玻璃板 plate glass
厚薄 thickness
厚薄不均匀的裂纹 bull crack

H

厚薄不均匀而裂 bull crack
厚薄不匀 ga(u)ge distortion;uneven distribution
厚薄规 feeler;feeler ga(u)ge;gad;gap ga(u)ge;sheet ga(u)ge;sheet-metal ga(u)ge;thickness ga(u)ge
厚薄规厚隙规 thickness piece
厚薄千分尺 portable thickness ga(u)ge
厚薄指示表 dial sheet ga(u)ge
厚布帘 drapes
厚草纸板 heavy straw board
厚层 heavy film;heavy layer;thick layer;high lift < 混凝土浇筑的 >
厚层充填的 thick layer filling
厚层的 thick-bedded
厚层镀铬 hard chromium
厚层覆盖岩层 heavy cover
厚层谷物干燥机 deep-bed drier[dryer]
厚层开挖 thick layer dredging;thick layer excavation
厚层矿体 thick-bedded orebody
厚层沥青混凝土路面 thick-lift asphalt pavement
厚层滤器 deep-bed filter
厚层泥岩 argillite
厚层黏[粘]土 clay-in-thick beds
厚层铺筑法【道】thick lift paving
厚层砌底 bossing
厚层施工法 thick lift construction
厚层土壤 deep soil
厚层性质 bulk property
厚层压实 thick lift compaction
厚层样品 thick layer sample
厚层状 thick-bedded
厚层状构造 thick-bedded structure
厚层状结构 thick-bedded texture
厚层状珠光体 coarse lamellar pearlite
厚衬铅 thick space
厚窗帘 overdrape
厚床单 montbeliard
厚床煤气化 thick bed gasification
厚瓷漆 heavy enamel
厚大的 heavy
厚大气 extended atmosphere
厚的 thick
厚的粗浇平板玻璃 thick rough cast plate glass
厚的抛光玻璃板 thick polished plate glass
厚的未加工浇注玻璃板 thick rough cast plate glass
厚底方法 < 涂层的 > thick-bedded method
厚地板(漆)布 floor cloth
厚地层 coarse bed;thick seam
厚地毯 rug
厚地砖 quarry
厚垫草 deep litter
厚垫草产卵箱 deep-litter nest
厚垫草法 deep-litter system
厚垫草鸡舍 deep-litter house
厚垫榻 pouf
厚定油 strong stand oil
厚冻雾 black frost
厚度 depth;thickness
厚度变化 thickness variation
厚度变化的管壁 eccentric wall
厚度变化的含水层 aquifer with changeful thickness
厚度变化系数 coefficient of variation of thickness
厚度标尺 thickness setting scale
厚度不变的含水层 aquifer with fixed thickness
厚度不匀纤维网 flaky web
厚度不匀性(缺陷)grow-back
厚度测定 thickness measurement
厚度测定器 < 金属片的 > reflectoga(u)ge
厚度测绘仪 thickness profilograph
厚度测量 thickness measurement
厚度测量器 reflectoga(u)ge
厚度的精调器自动控制 vernier ga(u)ge control
厚度分级 thickness rank
厚度负公差 under-thickness tolerance
厚度负偏差 thickness tolerance
厚度改变 thickness change
厚度公差 substance tolerance;thickness tolerance
厚度规 finger ga(u)ge;thickness ga(u)ge
厚度和腐蚀裕度 thickness and corrosion allowance
厚度回复百分数 percent thickness recovery
厚度计 pachymeter;thickness ga(u)ge;thickness meter;thickness tester
厚度记录器 thickness recorder
厚度加权平均灰分产率 weighted mean ash production rate by thickness
厚度控制 thickness control
厚度控制器 ga(u)ge controller
厚度量规 thickness ga(u)ge
厚度偏离率 thickness deviation
厚度平均法 thickness averaging method
厚度千分表 dial micrometer
厚度切变 thickness shear
厚度切变振动机电耦合系数 thickness shear vibration electro-mechanical coupling factor
厚度切变振动模式 thickness shear vibration mode
厚度设计 thickness design
厚度设计法 thickness design method
厚度伸缩振动模式 thickness extension vibration mode
厚度损耗 thickness loss
厚度探测器 cal(l)iper detector
厚度调节板 thickness adjusting plate
厚度调节器 cal(l)iper profiler;thickness control device
厚度突变 abrupt change in thickness
厚度图 thickness chart
厚度弯曲振动模式 thickness flexure vibration mode
厚度为 4 ~ 12 英寸的原木材 thick stuff
厚度稳定 stable thickness
厚度系数 thickness coefficient
厚度线 relative contour;relative isohypse;thickness line
厚度压缩 ga(u)ge reduction
厚度压下量 reduction in thickness
厚度仪 calibrator(unit)
厚度与墙厚相同的过梁 through lintel
厚度与墙厚相同的砌石块 through stone
厚度增量 increment of layer depth
厚度振动机电耦合系数 thickness vibration electro-mechanical coupling factor
厚度整平硬质纤维板 planed-to-caliper hardboard
厚度指数 thickness index
厚度中点 mid-depth
厚度中心 mid-depth
厚度自动分选机 automatic ga(u)ge classifier
厚度自动控制器 automatic ga(u)ge controller
厚度自动调整器 automatic ga(u)ge controller
厚度阻力 thickness drag
厚断面 heavy section
厚堆积冰 < 厚度 10 英尺以上的海水,1 英尺 = 0.3048 米 > heavy ice
厚浮冰 < 超过 2 英尺厚,1 英尺 = 0.3048 米 > heavy floe
厚浮冰块 < 脱离岸冰的 > land floe
厚浮泥层 heavy layer of fluid mud;thick layer of fluid mud
厚覆盖层 thick overlay
厚钢板 heavy ga(u)ge steel plate;heavy plate;heavy steel plate;heavy steel slab;plate steel;rough plate
厚钢板刚度 heavy metal plate rigidity;heavy metal plate stiffness
厚钢板内衬 heavy metal plate lining
厚革 heavy leather
厚格绒 heavy flannelette checked
厚拱坝 massive arch dam;thick arch dam
厚拱薄边墙衬砌 thick arch support lining with thin wall
厚沟道器件 thick-channel device
厚光钡地纸 baryta coated paper card glossy smooth
厚光纸 ivory
厚规格 heavy ga(u)ge
厚规片 thick ga(u)ge plate
厚护岸 heavy-duty revetment
厚护坡 heavy-duty revetment
厚黄麻袋布 bagging-bag
厚黄铜板 brass plate
厚绘图纸 < 具有蛋壳光泽的 > egg-shell paper
厚混凝土板路面 thick-slab pavement
厚货垫 heavy dunnage
厚级板材 < 按英国标准线规规定的 > heavy ga(u)ge metal
厚夹层 heavy parking
厚件切割 heavy cutting
厚浆醇酸漆 alkyd-resin build paint
厚浆黑衬里布 elastic duck
厚浆混合机 heavy-duty paste mixer
厚浆涂料 mastic;mastic coating
厚浆型环氧沥青漆 coal-tar epoxy build paint
厚浆型沥青石棉防腐浆 high build asbestos bituminous anti-corrosive paste
厚胶垫 thick rubber pad
厚胶合板 thick panel
厚胶片 heavy ga(u)ge rubber sheet
厚胶指套 heavy rubber cot
厚焦油沥青 primary tar
厚角质体 crassicutinite
厚角组织 collenchymas
厚壳 thick shell
厚壳蛤类 rudistids
厚壳滑车 bollock(block);clump block
厚壳体 thick shell
厚块 chunk;slab
厚块玻璃 slab glass
厚宽板材 board deals
厚宽比 thickness-width ratio
厚矿层 high seam
厚棱窗帘布 casement repp
厚沥青处治层 stone seal
厚梁 deep beam
厚梁板 deep beam slab
厚铝板 alumin(i)um plate
厚轮胎缘 heavy shoulder
厚麻布 heavy jute mats;buckram < 装帧用 >
厚毛呢 beaver
厚煤层 high seam;thick coal seam
厚煤焦油 heavy tar
厚煤沥青 heavy tar
厚棉带 imperial tape
厚面板 heavy deck
厚膜 heavy film;thick-film
厚膜电感器 thick-film inductor
厚膜电路 thick-film circuit
厚膜电阻器 thick-film resistor
厚膜防锈的 thick-film rust preventive
厚膜放大器 thick-film amplifier
厚膜集成电路 thick-film integrated circuit
厚膜集成电路原料 thick
厚膜晶体管 thick-film transistor
厚膜沥青碎石路 dense-coated macadam
厚膜片电阻器 thick-film chip resistor
厚膜热敏电阻器 thick-film thermistor
厚膜润滑 thick-film lubrication
厚膜试验 Ross's test;thick-film test
厚膜涂层 high build coating
厚膜涂料 high build coating
厚膜微调电容器 thick-film trimmer
厚膜压力传感器 thick-film pressure transmitter
厚膜柱 thick-film column
厚木 plank
厚木板 plank;slab;thick board;thick plank
厚木板房 plank house
厚木板门 plank door
厚木板(门窗的)边框 plank casing
厚木板门窗框 plank trim
厚木板桩 plank wood pile
厚呢 dreadmought
厚黏[粘]度润滑油 heavy lubricating oil
厚黏[粘]土层 clay-in-thick beds
厚牛皮纸 vellum paper
厚皮刺果松 loblolly pine
厚皮集装箱 hide container
厚片 hunch;hunk;slab
厚片法 thick smear method
厚片云母 block mica
厚平板玻璃 rough plate;thick plate glass
厚平凿 thick flat chisel
厚铺的 heavy-bedded
厚蒲团 pouf
厚朴 < 植物 > official magnolia
厚漆 fat paint;paint paste;paste;paste paint(in oil);stiff paint;thick paint
厚漆单层玻璃 heavy-enamel single glass
厚漆单层玻璃纸包的 heavy-enamel single ink
厚漆单层纱包的 heavy-enamel single cotton
厚漆铁桶 keg
厚墙 deep wall;heavy wall;multiunit wall;thick wall
厚墙窗洞斜边 fluing
厚墙的 heavy walled
厚墙中顺砖横砌法 long header
厚绒布 terry
厚褥草法 built-up litter system
厚褥垫 pouf
厚砂页岩夹层【地】flysch
厚生产层 thick producing section
厚石板 slate slab
厚石棉水泥瓦屋面 pressed cement tile roofing
厚石英测量仪 thick quartz ga(u)ge
厚实工业地面 heavy-duty industrial floor cover(ing)
厚实家具用布 grosforts
厚实棉布 fota
厚实棉斜纹织物 cotton lasting
厚实凸条布 Bedford cord
厚实斜纹织物 lasting
厚实印花布 blunk
厚熟亚麻(仁)油 stand linseed oil
厚熟油 thickened oil
厚松板 deal
厚苔沼 musky bog
厚体杯碟 thick body cup-saucer
厚条板 flitch
厚涂层 full coat

厚涂层焊条 heavily coated electrode; heavy coated electrode
厚涂层漆 high build paint
厚涂层涂料 thick coat; high build coating; high build paint
厚涂层系统 high build system
厚涂料 <指电焊条等> heavy coat(ing)
厚涂料焊条 covered wire electrode
厚涂片 thick smear
厚涂清漆 thick varnish; full coat
厚涂涂料 mastics
厚涂颜料 impasto
厚纹层构造 thick lamellar structure
厚纹层状 thick laminae
厚物件 parent member; thick object
厚锡层镀锡薄钢板 charcoal tin plate
厚弦比 thickness-chord ratio
厚弦比展向变化率 taper-in-thickness ratio
厚线条饰 thickness mo(u)lding
厚镶板 solid panel
厚镶板楼板 solid panel floor
厚像纸 photocard board
厚橡胶软电缆 cabtire cable
厚橡胶线 cabtire wire
厚橡皮绝缘软电缆 cab-tyre cable
厚芯板 <厚 5~15 厘米,宽大于 23 厘米> heart plank
厚芯合板 core board; core stock; partial board
厚芯喷射图形 heavy-centered pattern
厚锌层(镀锌薄)钢板 heavy iron
厚亚麻子油 bodied linseed oil
厚岩层 coarse bed
厚氧化皮 heavy scale
厚药皮 thick covering
厚药皮(电)焊条 heavily[heavy] coated electrode; thick-coated arc welding rod; thick-coated electrode
厚叶榆 cedar elm
厚翼薄轴褶皱 reverse similar fold
厚硬纸板 jute board
厚油 bodied oil; heat-bodied oil; heavy oil; stand oil
厚油膜润滑 thick-film lubrication
厚釉 overglazing
厚于铅片而低于铅字的嵌条 slug
厚圆边 bulb edge
厚缘板 thickened-edge slab
厚缘圬工凿 pitcher
厚源 thick source
厚窄板 deal
厚窄板头 deal butt
厚罩面 thick overlay
厚支墩坝 massive buttress dam
厚纸 board paper; ground paper; carton[karton]
厚纸板 cardboard; pasteboard
厚纸板盒 paper form
厚纸垫 packing board
厚纸管 carton pipe
厚纸质衬板 paper sheathing board
厚质板岩 argillite
厚质机油 non-fluid oil
厚重感觉 massive visual impression
厚重金属板 heavy metal plate
厚状颗粒填料 all-in ballast
厚(棕榈)油热镀锡薄钢板 grease plate
厚钻心直柄钻头 heavy-web straight shank drill

候补卷宗 candidate volume

候补人员 back-up
候潮出港 waiting for tide at departure
候潮的 tide bound
候潮港 bar port; tidal port
候潮机动班车 tidal train
候潮开航 tide sail
候潮锚地 boarding station; examination anchorage; tide anchorage
候潮入港 waiting for tide at arrival
候潮时差 tidal establishment; tidal lag
候潮闸 go-out
候车大厅 waiting hall
候车棚 traffic shed; queue shelter <排列的>
候车时间 turn time; waiting time
候车室 departure lounge; head-house; passenger shelter; passenger terminal; passenger waiting room; waiting hall; waiting room
候车厅 waiting hall
候车站台 <美> boarding platform
候船大厅 waiting hall
候船室 passenger waiting room; waiting room
候工室 porter's room
候机楼 airport terminal building; air terminal; terminal (building); waiting room
候机楼对空侧 airside of terminal building
候机楼对陆侧 landside of terminal building
候机楼锯齿形廊式(平面) saw-tooth finger
候机楼卫星系统 satellite system
候机室 airport lounge; departure lounge; terminal building; waiting room
候机厅 airport lounge
候客 <出租汽车等> ply
候鸟 bird of migration; bird of passage; migrant (bird); migrator; migratory bird
候鸟(定期)迁栖 bird migration
候鸟观察站 migratory bird observation station
候鸟类 migratory birds
候鸟迁徙所经路径 flyway
候凝期 waiting on cement to set
候凝时间 waiting in cement time
候审室 bull pen
候特合金 Hoyt's metal
候选解 candidate solution
候选人 candidate
候选人名单 ballot; roster of candidates
候选文件属性 alternative file attributes
候诊室 reception room; waiting hall; waiting room

呼出 outgoing call

呼出线路 outward line
呼出线设备号码 originating line equipment number
呼出振铃 ring out
呼号 call letter; call number; call sign(al)
呼号簿 call book
呼号机 call signal apparatus
呼号排列号码 call sign placement number
呼号频率 calling frequency
呼号指令 calling order
呼号字 call word
呼唤器 annunciator
呼唤人员站 page station
呼唤系统 paging system
呼唤信号 call signal
呼唤应答制度 calling and responsing system
呼唤指示灯 ringing pilot lamp
呼叫 calling(sign); exportation
呼叫答应制度 calling and responsing system
呼叫灯 assignment lamp; call(ing) lamp; line lamp
呼叫等待 call waiting
呼叫点 calling-in-point
呼叫电键 exchange call key
呼叫电键箱 calling key box
呼叫电流 signal(l)ing current
呼叫电路 call circuit
呼叫电路电键 call circuit key
呼叫吊牌 calling drop; drop-indicator shutter; ringing drop
呼叫丢失 call lose
呼叫方 call origination
呼叫分配(架) call distribution
呼叫分配器 <交换台或查询台用> call assignment switch; call divider; position(load) distributor
呼叫分析仪 call analyser[analyzer]
呼叫服务 call service
呼叫号码 call number
呼叫或广播找人的方法 <车站或列车上> paging system
呼叫计次 call accounting
呼叫计数 metering of call
呼叫计数器 call meter; telephone call counting meter
呼叫记录 recording of calls
呼叫继电器 calling relay; ringing relay
呼叫监视灯 calling supervisory lamp
呼叫键 assignment key; calling key
呼叫接入终了 end of call entry
呼叫接受信号 call-accepted signal
呼叫接通信[讯]号 call-connected signal
呼叫结束码 end of calling code
呼叫局 calling station; call office
呼叫拒受信号 call not accepted signal
呼叫开关 assignment switch; call switch; challenge switch
呼叫控制 call control
呼叫控制规程 call control procedure
呼叫控制器 call controller
呼叫控制信号 call control signal
呼叫铃 call bell
呼叫流 call population; call flow
呼叫路由选择 call routing
呼叫率 call(ing) rate
呼叫率容量 calling rate capacity
呼叫排序器 call sequencer
呼叫频率 calling frequency
呼叫请求信号 call request signal
呼叫塞孔 calling jack; calling sleeve
呼叫塞绳 calling cord
呼叫塞子 calling plug
呼叫设备 calling device; calling equipment
呼叫声 ring tone
呼叫时间 duration of call
呼叫顺序 calling sequence
呼叫损失率 rate of lost call
呼叫位置 ringing position
呼叫系统 call system; ringing system
呼叫线 calling line; ringing wire
呼叫线路识别 calling line identification
呼叫小时记录器 time call recorder
呼叫信号 call(ing) signal; line signal
呼叫信号存储 call information storage
呼叫信号电码 ringing code
呼叫信息存储 call information storage
呼叫序列 calling sequence
呼叫选择器 assignment selector; call finder; call switch
呼叫遥控监测系统 calling remote monitoring system
呼叫音 calling tone
呼叫用户 calling party
呼叫与信号系统 call and signal(l)ing system
呼叫者 caller
呼叫振铃 ring up
呼叫指示器 call announcer; call director; call display; call indicator
呼叫指示器盘 call indicator disc
呼叫指示器系统 call indicator system
呼叫指示器用的脉冲 call-indicator pulse
呼叫指示系统 call indicator system
呼叫转换开关 call switch
呼叫转接 on-all path
呼叫转移 call transfer
呼叫装置 calling device; calling equipment
呼叫状态指示 call status indication
呼救电话 distress call
呼救脉冲 emergency pulse
呼救频率 distress frequency
呼救信号 distress call; distress signal; emergency pulse; save our ship; signal for help; SOS
呼救信号波道 emergency radio channel
呼救信号频率 distress frequency
呼救信号器 rescue beacon
呼救信息 emergency message
呼孔 breather hole
呼铃器 annunciator
呼气 exhalation; exhale; expiration
呼气储备 expiratory reserve
呼人或报警铃的按扭 call button
呼入 incoming call
呼入集线键 incoming call wire grouping key
呼入时间 call-in-time
呼入音频振铃 incoming voice frequency ringing
呼损 call lose; lost call
呼损蛊 rate of lost call
呼损计数器 ineffective call meter
呼损率 call congestion ratio; loss probability; percent of call lost
呼听合用键 combined listening and ringing key
呼听合用中继线 combined listening and ringing trunk
呼通概率 calling probability
呼吸 breath(e); breathing; respiration
呼吸保护器 respirator
呼吸比 respiratory quotient; respiratory ratio
呼吸波 respiratory wave
呼吸测热计 respiration calorimeter
呼吸迟缓 oligopnea
呼吸袋 breathing bag
呼吸道疾病 respiratory disease
呼吸阀 breather valve
呼吸防护器 respiratory protective device
呼吸分析 <测醉用> breath analysis
呼吸分析器 <测醉用> breath analyser[analyzer]
呼吸管 breather pipe; breathing pipe; breathing snorkel; breathing tube; respiratory tube
呼吸耗损 breather loss
呼吸计 respirometer
呼吸井 breathing well
呼吸孔 breathing hole
呼吸口罩 spray mask
呼吸率 respiration rate
呼吸面具 breather mask; breathing mask; inhaler
呼吸描记器 pneumograph; spirograph
呼吸气量测量计 aeroplathysmograph
呼吸器 breather; breathing apparatus; inspirator

呼吸器官 lung
呼吸器械 breathing apparatus
呼吸强度 respiration intensity
呼吸热 heat of respiration;respiration heat;respiratory heat
呼吸塞 breathing plug
呼吸商数 respiratory quotient
呼吸设备 breathing device; circulation respirator;breathing apparatus
呼吸式安全阀 <罐车> breathing type safety valve
呼吸式单板干燥机 breathing veneer drier[dryer]
呼吸式粉尘监测仪 respirable aerosol mass monitor
呼吸试验<鉴别酒后开车的> breath test
呼吸危害性 breathing hazard
呼吸(系统)的 respiratory
呼吸线 breathing line
呼吸性货物 respiratory goods
呼吸性碱中毒 respiratory alkalosis
呼吸性酸中毒 respiratory acidosis
呼吸仪 respirometer
呼吸用具 breathing apparatus
呼吸用面具 breathing mask
呼吸装置 breathing apparatus;breathing equipment
呼吸阻力 breathing resistance
呼吸作用 respiration action
呼吸作用的 respiratory
呼啸 whistle
呼援箱 call box
呼援装置 call box

忽

忽冷忽热的 spasmodic

忽略 omission
忽略不计 ignoring
忽略修改 discarding change
忽米 centimillimeter
忽然打开 burst open
忽然动起来 pop;suddenly move
忽然烧起来 burst into flame
忽然中止 cut-short
忽隐忽现 flickering;in-and-out

弧

弧鞍形填料 Berl saddle packing

弧边形方坯 Gothic section
弧边装岩铲斗 spade-nose rock bucket
弧层复联线束 level multiple
弧长 arc length;length of arc
弧长元素 element of arc length
弧成像法 arc image growth
弧成像炉 arc-image furnace
弧尺超量部分 excess of arc
弧齿厚 circular tooth thickness
弧齿轮 gear wheel with curved teeth;gear with curved teeth;zero gear
弧齿伞齿轮 curve-tooth bevel gear; zero gear
弧齿伞齿轮铣齿机 curved tooth bevel gear generator
弧齿式吊艇柱 luffing davit;quadrantal davit;wellin davit;wellin type
弧齿圆锥齿轮 arc tooth conical gear
弧穿 arc-through
弧垂 arc sag
弧带 arc band
弧导 arc guide
弧的吹熄 expulsion of arc
弧底船 camber-keeled ship
弧点的 arc nodal
弧点蔓叶线 acnodal cissoid;arc nodal cissoid
弧电压 arc voltage
弧电阻 arc resistance
弧顶架 cradling
弧度 curvature;degree of arc;measurement in radian;radian <平面角度单位>;radian measure
弧度比 camber ratio
弧度标尺 arc scale
弧度波长 radian length
弧度测定 circular measurement
弧度测量 arc measurement
弧度尺寸 radial dimension
弧度导航 arc navigation
弧度法 arc measure;radian measure; circular measure
弧度每秒 radian per second
弧度每平方秒 radian per second squared
弧度频率 radian frequency
弧度数 arc scale
弧段 arch section;segmental arc;segment of a curve
弧对角 subtended angle
弧分 minute of arc
弧高 arc height;camber(ing);height of arc
弧弓曲率 arc radial curvature
弧拱 camber;circular arch;crop;skene arch
弧拱棚 skeo
弧拱形板 arched plate
弧沟对 arc trench couple
弧沟构造 arc trench tectonic
弧沟间隙 arc trench gap
弧沟体系 arc trench system
弧沟系 island arc and trench system
弧刮刨 hollowing knife;inshave
弧光灯 arc lamp;carbon arc lamp;electric(al) arc cutting;electric(al) arc lamp;electric(al) arc lighting; flame arc lamp; high-intensity discharge lamp;Jupiter;kliegshine;arc light
弧光灯碳头 negative carbon
弧光灯用直流发电机 arc dynamo
弧光灯照明 arc lamp illumination;arc-(lamp) lighting
弧光发生器 arc generator;arc lamp; arc light
弧光发生时间 arc time
弧光放电 arc strike
弧光放电充电管 krytron
弧光放电阴极 arc cathode
弧光放电整流阀 arc rectifier
弧光分光计 arc spectrometer
弧光间隙 arc gap
弧光聚光灯 arc spotlight
弧光扩散器 arc-light diffuser
弧光谱 arc spectrum
弧光谱线 arc line
弧光摄谱学 arc spectrography
弧光摄谱仪 arc spectrograph
弧光碳棒 arc-light carbon
弧光投影器 arc-light projector
弧光源 arc source
弧光照明 arc lamp illumination; arc lighting
弧光灼伤 welding flash
弧焊 arc welding
弧焊变压器 arc welding transformer
弧焊电极 arc metal;arc welding electrode
弧焊发电机 arc welding generator
弧焊工具接头 flash-weld tool joint
弧焊管 arc welded pipe
弧焊机 arc welder; arc welding machine;arc welding plant;arc welding set;electric(al) arc welder
弧焊机器人 arc welding robot
弧焊炬 arc torch
弧焊开动时间 arc time
弧焊设备 arc welding equipment
弧焊整流器 arc welding rectifier
弧焊装置 arc welding set
弧后俯冲 back-arc subduction
弧后扩张 back-arc spreading
弧后盆地 back-arc basin;retroarc basin
弧后区 back-arc area
弧后型陆外下陷盆地 back-arc down warped extra continental basin
弧环 arc ring
弧环输送机 circular conveyer[conveyor]
弧激发 arc excitation
弧尖 arcing tip
弧间盆地 interarc basin
弧剪机 arc shears
弧检验器 arc detector
弧降 arc drop
弧降电压 <充气管的> arc-drop voltage
弧距 arc distance
弧锯 sweep saw;turning saw
弧菌 comma bacillus;vibrio
弧坑<焊接时> arc crater;crater
弧坑裂纹 crater crack
弧坑釉 crater glaze
弧口薄凿 flat gouge;paring gouge
弧口旋凿 turning gouge
弧口凿 gouge; paring gouge; roundnose chisel
弧口凿磨石 finger slip;gouge slip;oilstone slip
弧口凿手柄 gouge handle
弧口中凿 middle gouge
弧口钻 gouge bit
弧拦 skene
弧裂 burst check
弧菱形孔型 Gothic pass
弧菱形孔型半径 curvature of Gothic pass
弧菱形轧槽 Gothic groove
弧轮去锈机 arc descaling machine
弧面 arch face; cambered surface; contour
弧面窗 lunette
弧面辊身 crowned barrel
弧面泥芯棒 pipe nail
弧面型 cabochon
弧面支座 circular surface support; globoidal support
弧秒 arc second
弧内列岛 festoon of island
弧内盆地 intra-arc basin
弧前盆地 fore-arc basin
弧前区 fore-arc area
弧前型陆外下陷盆地 fore-arc downwarped extracontinental basin
弧熔的 arc east
弧熔化 arc melting
弧熔金属锭 arc cast metal
弧熔凝固 arc-melting consolidation
弧熔铸锭 arc cast
弧三角测量 arc triangulation
弧三角形 spheric(al) triangle;spheric(al) trigonometry
弧石柱<自太古存在的作界标用的> hoarstone
弧矢 sagitta of arc
弧矢焦点 sagittal focus
弧矢焦线 sagittal focal line
弧矢面 sagittal surface
弧式导斜器 arc cutter
弧式地 arcwise
弧式发送机 arc transmitter
弧刷 wiper
弧刷臂 wiper arm
弧刷簧片 wiper spring
弧刷振动 wiper chatter
弧刷支持器 chariot
弧刷轴 wiper shaft
弧刷组 wiper assembly
弧所对的圆心角 angle subtended by arc at center[centre]
弧弹性 arc elasticity
弧体荷载 arc loading
弧铜焊 arc brazing
弧筒形穹顶 segmental barrel vault
弧弦 chord;chord of an arc
弧弦的半长 semi-chord
弧线 arc line; camber; camber line; pitch arc
弧线爆破 arc shooting
弧线法 method of arc measurement
弧线厚度 arc thickness;circular thickness
弧线节距 pitch arc
弧线锯 sweep saw
弧线上的停止点【数】cusp
弧线卸船机 radial unloader
弧线型装船机 quadrant shiploader; radial shiploader; slewing bridge type shiploader
弧线性元素 arc linear element
弧线运动 movement in a curve
弧线装船机 arc loader;radial loader; radial ship-loader
弧线状的 arcuate linear
弧像炉 image furnace
弧心角 centering[centring] angle
弧形 arc;curve;segment
弧形暗点 arcuate dark point
弧形坝 curved dam
弧形坝顶的弦长 crest arc chord
弧形板 camber slip; curved board; curved plate;turning
弧形板滑动支座 tangentially sliding bearing
弧形板活动支座 steel tangentially sliding bearing
弧形板条屋顶 curved plank roof
弧形板推土机 arc-dozer
弧形板支座 tangential bearing
弧形爆破(法) arc shooting;arc blasting
弧形避雷器 arc arrester
弧形薄板 curved sheet
弧形部分 arch section
弧形槽 arc chute
弧形测量 arc measurement
弧形衬板 curved liner
弧形成型模具 radius die
弧形尺 arc scale
弧形齿顶花键滚刀 drum(spline)hob
弧形齿离合器 curved tooth clutch
弧形冲刷闸门 segmental sluice gate
弧形窗 bullion;camber window;compass window;lunette
弧形锉 round-off file
弧形锉刀 circular-cut file
弧形刀架 curve forming rest
弧形导承 circular guidance;circular guide
弧形导航 arc navigation
弧形导流器 deflector
弧形的 arcuate; arrondi; bowstring; cambered;curved;embowed;inbow
弧形的顶山墙 curvilinear gable
弧形底脚修型笔 scotch club cleaner
弧形垫座(圈)curve washer
弧形叠层梁 laminated curved beam
弧形丁砖 compass bonding header
弧形顶弯器 curved bender
弧形洞 arched opening
弧形段 segmental arc
弧形断层 arcuate fault
弧形二次冷却区 curved secondary cooling zone
弧形阀门 segment valve;tainter valve
弧形法兰 saddle flange

弧形防波堤 curved breakwater;curved mole
弧形房屋 arched building
弧形放松板 arc-shaped releasing plate
弧形钢板 slab patch
弧形钢闸门 steel arch gate
弧形杠 < 自行车或摩托车座位后的 > sissy bar
弧形杠杆 arc lever
弧形格仓 arc cell
弧形格式 compass format
弧形格形围堰 segmental type cellular cofferdam
弧形工程砖 compass engineering brick
弧形拱 diminished arch;radial arch;scheme arch;skene arch
弧形拱窗 segmental arch window
弧形拱大梁 segmental arch girder
弧形拱大梁屋顶 segmental arch girder roof
弧形拱涵洞 segmental arch culvert
弧形拱架设计 radial arch design
弧形构造带 main arcuate tectonic belt
弧形固定桥支座 cylindric(al) fixed end bearing of bridge
弧形刮痕 curved scrape
弧形观测线半径 radius of arched observation line
弧形管 curved bend
弧形管伸缩器 Bend expansion joint
弧形轨道梁 ring beam
弧形辊 bowed roller
弧形海堤 curved mole
弧形航线 < 与控制站成弧形的一种航线 > arc navigation
弧形桁架 Belfast truss
弧形滑道 cambered slopeway;longitudinal curved slipway【船】
弧形环 arc band
弧形活动桥支座 cylindric(al) end bearing of bridge
弧形角铁弦杆 arched boom angle iron
弧形节制阀 radial check gate
弧形节制闸门 radial check gate
弧形结构 arched structure; bogen structure
弧形截槽截煤机 arc-wall coal cutter
弧形井 curved well
弧形锯 segment saw;turning saw
弧形刻度 curved scale
弧形刻度板 graduated(arc) limb
弧形拉模 curvilineal drawing die;soffit scaffolding < 砌拱用 >
弧形拦污栅 curved trash rack
弧形栏 elbow rail
弧形肋骨船 arc form ship;arc form vessel
弧形链节 curved link
弧形梁 bow beam
弧形列岛 island arc
弧形龙骨 drag keel;rockered keel
弧形楼梯 curved stair(case);winding stairs
弧形门楣 frontispiece
弧形门堰 drum dam;drum weir
弧形面 arc-wall face
弧形(面板)支墩坝 curved buttress dam
弧形磨石 finger slip
弧形木 arc timber
弧形木支架 < 大型拱鹰架中的 > solid rib
弧形木制品 compass block;compass work
弧形喷杆 spray arch
弧形喷嘴 radial nozzle
弧形砌块 segment block
弧形千斤顶 curved jack
弧形牵引架 circle drawbar
弧形铅版铸造机 curved plate casting machine
弧形墙 curved wall
弧形切割机床 arc-shaped cutting machine
弧形切口 arc incision
弧形曲流 arcuate meander
弧形券 pediment arch;segmental arch
弧形三角洲 arcuate delta;fan-shaped delta
弧形散热器 curved radiator
弧形筛 bow screen; curved screen; Dutch sieve bend; screen bow; sieve bend
弧形山墙 circular pediment; curved pediment;curvilinear pediment
弧形伸缩器 loop compensator; U-type compensator
弧形实心砌块 compass solid block
弧形实心瓦 compass solid tile
弧形视野计 arc perimeter
弧形顺砌砖 compass stretcher
弧形锁 < 三角测量 > arc chain
弧形踏步 commode step
弧形弹簧垫圈 curved spring washer
弧形掏槽 arc-walling
弧形天幕 cyclorama;stage horizon
弧形条带式 arc belt type
弧形铁条 < 半圆形窗框的 > cot bar
弧形筒穹顶 segmental barrel vault
弧形透烧砖 compass well-burned brick
弧形瓦管 curved earthenware pipe
弧形弯管 curve bend; one-eighth bend
弧形弯曲 bow crook
弧形纹 plain arch
弧形屋顶 bowstring roof; compass roof;curved roof(ing)
弧形屋面瓦 < 一端稍宽的 > Spanish tile
弧形弦杆 arched boom;arched flange
弧形向下弯的 decurved
弧形斜列式 arcuate echelon type
弧形泄水闸门 segmental sluice gate
弧形旋转式闸门 sector pivot gate
弧形压领机 arc-shaped collar-pressing machine
弧形檐饰 < 门窗过梁的 > interrupted arch
弧形堰 curved weir;sector weir;segment gate;segment weir
弧形堰顶 arc crest
弧形样板 sweep template
弧形液面修正 capillary correction
弧形液面修正表 capillary correction table
弧形液面修正图 capillary correction chart;capillary correction graph
弧形元素 element of arc
弧形云 arcus
弧形造斜器 ball-and-socket reamer
弧形闸门 drum weir; radial(lock) gate;radius gate; sector gate; tainter;tainter gate;segment gate;canal lock < 美 >
弧形闸门的活动坝 tainter gate type movable dam
弧形闸门启闭机 lifter of radial gate
弧形闸门堰 tainter gate movable dam
弧形闸门支承架 gate arm
弧形遮光板 sector screen
弧形支承钢板固定支座 fixed bearing with curved steel plates
弧形支座 arc bearing(plate); bevel bearing plate;curved bearing plate;cylindric(al)(surfaced) bearing
弧形致密区 arciform density
弧形重力坝 curved gravity dam
弧形砖 circle brick; circle brick on edge; compass brick; compass tile; feather-edged brick; radial brick; radius brick
弧形转动闸门 drum gate
弧形桩 arc pile[piling]
弧形锥顶 curved pyramidal roof
弧形字列 curved names
弧形自动(调节)闸门 radial gate
弧形组织 bogen structure
弧压 arc voltage
弧焰 arc flame
弧元 arc element
弧元素 arc element;differential of an arc;elements of an arc
弧圆断面地板 rounded bottom
弧柱 arc column;arc stream
弧状 arcuate
弧状积雨云 cumulonimbus arcus
弧状连通的 arcwise connected
弧状弯曲 bowing
弧状云 arcus
弧状褶皱 arcuate fold
弧阻 arc resistance
弧阻计 arc resistance meter

狐狸车床 fox lathe

狐尾锯 drag saw;foxtail saw
狐尾梢 foxtail
狐尾松 foxtail pine
狐尾榫(接)foxtail(wedging)
狐尾楔 foxtail wedge[wedging]
狐尾楔紧固 foxtail wedging
狐尾楔栓(牢)foxtail wedging

胡安德福卡板块【地】Juan de Fuca plate

胡安德富卡海海峡【地】Strait of Juan De Fuca
胡安德富卡海岭【地】Juan de Fuca ridge
胡波型风力跳汰机 Hooper jib
胡伯溶液 Hubl solution
胡多伯石 chudobaite
胡尔埃杰粗砂岩 Hoar Edge Grits
胡尔维茨判据 Hurwitz's criterion
胡粉 chalk
胡蜂 wasp
胡佛坝 < 美 > Hoover Dam
胡海昌-鹫津原理 Hu-Washizu principle
胡核木 Brazi wood
胡椒粉色的石料 albani stone
胡椒盒式塔楼 < 圆平面尖顶或圆顶 > pepperbox turret
胡椒面瓶 duster
胡椒子砂 pepper sand
胡角岩 hornstone
胡克薄壁管挤压法 Hooker's process
胡克定律 Hooker's law
胡克隔膜电解池 Hooker's diaphragm cell
胡克挤压法 Hooker's extrusion method
胡列特式矿石卸船机 Hulett ore unloader
胡列特式重型抓斗卸船机 Hulett unloader
胡萝卜色 carroty
胡麻油 linseed oil
胡敏素 humin
胡敏酸 humic acid
胡闹 prank
胡树脂 burgundy pitch
胡桃 butternut;common walnut;English walnut;European walnut;Persian walnut
胡桃冠 walnut comb
胡桃壳 Juglans
胡桃壳粒屑 < 常用作悬索桥主缆表面防滑材料 > ground walnut shell
胡桃木 ancona; hickory; walnut; cabreuva < 产于美国的棕色硬木 >; Benin walnut < 产于尼日利亚 >
胡桃木弓 hickory bow
胡桃木上卷曲饰图 snail
胡桃钳 carpenter's pincers; tower pincers
胡桃楸木 black walnut; Manchurian walnut
胡桃树 Manchurian walnut;nut-tree
胡桃形浮标 nut buoy
胡桃油 nut oil;walnut oil
胡桃属 < 拉 > Juglans
胡桃状的 nuciform
胡同 alley;alley way;lane
胡西德图 Husid plot
胡杨树 < 沙漠中生命力顽强的一种植物 > euphrate poplar tree
胡枝子 bush clover
胡子筋 < 大板接缝用 > hairpin reinforcement

壶把匝道【道】jug-handle ramp

壶柄 jug-handle
壶柄式匝道 jug-handle ramp
壶柄形立体交叉 jug-handle interchange
壶腹 ampulla
壶盖 pot lid
壶架 pot-rack
壶式油断路器 pot-type oil switch
壶形楼面 < 一种由空心黏[粘]土砖组成的肋构楼面 > pot floor
壶形铁芯 pot core
壶形元件 pot-type unit
壶穴 pot-hole;kettle hole < 瀑布或溢流坝下的 >

湖岸 lake bank;lake shore

湖岸岸坡 lake-bank slope
湖岸大砾石 aquafact
湖岸带 lakeshore zone
湖岸的 riparian
湖岸地貌 lakeshore landform
湖岸脊 lake rampart
湖岸浪蚀 wave quarrying
湖岸浅滩 lake shoal
湖岸侵蚀 wave quarrying
湖岸圈闭 lake-cliff trap
湖岸所有者 riparian
湖岸线 lake shoreline; lake strandline;rachion
湖岸(用水)权 littoral right
湖白垩 < 炭泥灰岩 > alm
湖边 bund;rim of lake
湖边半岛 presque isle
湖边低砂砾堤 lake wall
湖边房屋 lake dwelling
湖边平地 lakefront
湖边沙滩 psammolittoral;lake beach
湖滨 lakefront; lake shore; lakeside; strand
湖滨避暑山庄 lakefront; lake mountain resort
湖滨沉积(物)shore deposit; shore sediment
湖滨带 lakeside zone
湖滨的 riparian
湖滨地带 littoral area
湖滨地区 riparian zone

湖滨环境 littoral environment
湖滨阶地 lake terrace
湖滨开发 lakeshore development; lakeside development; waterside development
湖滨旅馆 lakeside hotel
湖滨平原 littoral plain
湖滨栖息地 riparian habitat
湖滨沙丘 littoral dune
湖滨游憩沙滩 lakefront
湖冰 lake ice; lacustrine ice
湖冰脊 ice rampart; lake rampart
湖泊 lacus; lago; lake; lough
湖泊白鳍豚 Chinese lake dolphin
湖泊搬运作用 transportation of lake
湖泊保护 lake conservation
湖泊草本相 lacustrine herbaceous facies
湖泊测量 lake survey
湖泊长度 lake length
湖泊沉积黄土 lake loess
湖泊沉积矿 lake bed
湖泊沉积模式 lacustrine sedimentation model
湖泊沉积泥煤 lacustrine peat
湖泊沉积黏[粘]土 lacustrine clay
湖泊沉积(物) harbo(u)r deposit; lacustrine deposit; lake sediment; lake deposit
湖泊沉积物采样 sampling of lake sediment
湖泊沉积学 lacustrine sedimentology
湖泊沉积作用 deposition of lake
湖泊出口 outlet of lake; lake outlet
湖泊出流量 lake outflow; outflow from lake
湖泊出流水道 lake-outlet channel
湖泊出水道 lake-outlet channel
湖泊出水口水道 lake-outlet channel
湖泊淡水 freshwater in lake
湖泊的 eulimnetic; lacustrine; limnic
湖泊底泥 lake sediment
湖泊底栖动物 lake zoobenthos
湖泊地带 lake-belt
湖泊地貌 lake landform
湖泊地貌学 lake geomorphology
湖泊地区 lakeland
湖泊地区围墙 Lakeland walling
湖泊地质作用 geologic(al) process of lake
湖泊调查 lake investigation; lake survey
湖泊度 ratio of lake surface to drainage
湖泊发育阶段 lake stage
湖泊分层 lake stratification
湖泊风景区 lake round scenic spot
湖泊浮游动物 lake zooplankton
湖泊浮游生物 eulimnetic; eulimnoplankton; limnoplankton
湖泊浮游植物 lake phytoplankton
湖泊富集 enrichment of lakes
湖泊富营养标准 eutrophic criteria of lakes; lake eutrophic criterion
湖泊富营养化 eutrophication of lake; lake eutrophication
湖泊富营养化分析程序 lake eutrophication analysis procedure
湖泊富营养化指标 eutrophic criteria of lakes
湖泊富滋养的 eutrophic
湖泊改良 lake reclamation
湖泊管理 lake management
湖泊航道 channel within lake; in-lake channel; lake channel
湖泊和水库的环流 circulation of lakes and reservoirs
湖泊河流溢油模拟模型 lake-river oil spill simulation model
湖泊环境 lacustrine environment; lake environment
湖泊环境容量 lake environmental capacity
湖泊环境质量评价 lake environmental quality assessment
湖泊环流 lake circulation
湖泊汇水面积 catchment area of lake
湖泊集水区 lake drainage basin
湖泊集水区域 lake drainage region
湖泊加速老化 accelerated ag(e)ing of lake
湖泊间水转移 interbasin transfer of lakes; interlacustrine transfer of water
湖泊阶地 lake terrace
湖泊景观 lake view
湖泊老化 ag(e)ing of lake
湖泊老年期 ag(e)ing of lake
湖泊类型 lake type
湖泊冷水鱼类生境 lake cold water fish habitat
湖泊流域 lake drainage basin; lake watershed
湖泊流域管理 lake watershed management
湖泊流域酸化综合研究模型 integrated lake-watershed acidification study
湖泊率 ratio of lake surface to drainage
湖泊面积 lake area
湖泊名称 name of lake
湖泊泥塘 lake bog
湖泊排水 lake drainage
湖泊排泄 lake drainage
湖泊盆地 lake basin
湖泊评价指标 lake evaluation index
湖泊曝气 lake aeration
湖泊浅水区 shallow region of lake
湖泊鞘丝藻 Lyngbya limnetica
湖泊群 chain of lakes
湖泊群落 limnium
湖泊热分层 thermal stratification in lakes
湖泊热流体动力学 lake thermohydrodynamics
湖泊入口 lake inlet
湖泊三角洲 lake delta
湖泊三角洲沉积 lake delta deposit
湖泊三角洲相 lake delta facies
湖泊深度 depth of lake
湖泊深冷水等温层 hypolimnion of lake
湖泊深水区 bathyal region of lake
湖泊生态环境 lake eco-environment
湖泊生态系统 lake ecologic(al) system; lake ecosystem
湖泊生态系统富营养化 eutrophication of lake ecosystem
湖泊生态系统污染 lake ecosystem pollution
湖泊生态系统修复 lake ecosystem restoration
湖泊生态学 lake ecology
湖泊生物群落 lake biocoenosis
湖泊生物学 biology of lake
湖泊式 <水库的一种型式> lake type
湖泊水库航志 aids-to-navigation on lake and reservoir waterways
湖泊水库磷模型 phosphorous model of lake and reservoir
湖泊水库水质模型 water quality model of lake and reservoir
湖泊水生生物 lake hydrobios
湖泊水生生物量 biomass of lake aquatic organism
湖泊水生生物年产量 annual productivity of lake aquatic organism
湖泊水生物学 hydrobiology of lake
湖泊水位 water-level of lake
湖泊水位仪 limnimeter
湖泊水文调查 hydrologic(al) survey of lake
湖泊水文特征 hydrologic(al) characteristic of lake
湖泊水文学 hydrology of lake; lake hydrology; limnology
湖泊水文预报 hydrologic(al) forecast(ing) of lake; lake forecast
湖泊水质 lake water quality
湖泊水质模式 lake water quality mode
湖泊水质模型 lake water quality model; water quality model of lake
湖泊水资源 lake water resources
湖泊酸度监测网 lake acidity monitoring network
湖泊酸化 lake acidification
湖泊酸化减弱 lake acidification mitigation
湖泊体系 lacustrine system
湖泊调节作用 equalizing effect of lake; regulating effect of lake; retention effect of lake
湖泊调蓄 lake conservation; lake storage
湖泊透光层 limnetic zone
湖泊外界 silvester zone
湖泊污染 lake pollution; pollution of lake
湖泊污染控制 lake pollution control
湖泊细菌年产量 annual productivity of lake bacteria
湖泊细菌生物量 biomass of lake bacteria
湖泊相 lacustrine facies
湖泊消失 <指于涸或淤满> obliteration of lakes; lake obliteration
湖泊效应 lake effect
湖泊形态学 lake morphology
湖泊修复 lake restoration
湖泊序列 lacustrine succession
湖泊蓄水量 lake storage; storage of lake
湖泊学 limnology
湖泊盐水 lake brine
湖泊沿岸流 paralimnion
湖泊演变 limnologic(al) transformation
湖泊演化 limnologic(al) transformation
湖泊演替 limnologic(al) transformation
湖泊营养情况 lake nourishment
湖泊营养水平 lake trophic level
湖泊鱼类 lacustrine fishes
湖泊渔业 lake fishery
湖泊原生有机质 primary organic matter of lake
湖泊藻类 lake algae
湖泊藻类年产量 annual productivity of lake algae
湖泊藻类生物量 biomass of lake algae
湖泊藻质相 lacustrine algal facies
湖泊沼泽 lake bog
湖泊植物系 lake flora
湖泊治理 lake conservation
湖泊滞洪 lake retention
湖泊滞洪作用 retention effect of lake
湖泊中小岛 ait; eyot
湖泊中心区 lacuster
湖泊浊流沉积 turbidity current deposit of lake
湖泊资源 lake resources
湖泊滋育 eutrophication
湖泊滋育化 eutrophic lake
湖汊 arm of lake; lake arm
湖潮间带 eulittoral zone
湖沉积 lacustrine deposit
湖沉积的 lacustrine
湖成冰砾阜 lake kame
湖成沉积物 lacustrine deposit; lacustrine sediment
湖成沉积作用 lacustrine sedimentation
湖成的 lacustrine
湖成地形 lacustrine landform
湖成堆积 lacustrine deposit
湖成腐泥 lacustrine muck
湖成腐殖质 gyttja soil
湖成阶地 lake terrace
湖成结构 lacustrine structure
湖成砾岩 lacustrine conglomerate
湖成泥灰岩 lake marl
湖成泥沙 lake deposit
湖成泥炭 lake peat
湖成黏[粘]土 lacustrine clay
湖成盆地 lacustrine basin
湖成平原 lacustrine plain; lake plain
湖池沥青 lake asphalt
湖出口建筑物 outlet control structure
湖船 lake carrier; laker
湖床 lake bed; lake floor
湖存置 lagooning
湖堤 lake bank
湖底 lake bed; lake bottom
湖底层 bottom water of lake
湖底沉积物 gyttja[复 gyttjor]
湖底的 profundal; pythmic
湖底等高线 bottom contour
湖底动植物 benthos
湖底腐泥 lacustrine muck
湖底腐殖质土 gyttja soil
湖底伽马测量 gamma survey on lake bottom
湖底伽马能谱测量 gamma-spectrum survey on lake bottom
湖底近岸带 paralimnion
湖底径迹测量 track survey on lake bottom
湖底静水层 hypolimnion
湖底泥沙 bottom sediment
湖底黏[粘]土 lacustrine clay
湖底平原 lake-floor plain
湖底泉 sublacustrine spring
湖底软泥 gyttja[复 gyttjor]
湖底生物 geobenthos
湖底淤泥 lake bottom mud
湖底植物沉积 dyjord
湖地 lake basin
湖地沥青 lake asphalt
湖靛 water bloom
湖风 lake breeze
湖港 lake harbo(u)r; lake port; lagoon harbo(u)r <由海湾或河弯形成的港>
湖谷 lake valley
湖海等深线 hypsometric(al) curve
湖号 brontide(s)
湖河泥炭 bottom peat
湖吼 brontide(s)
湖环境 lacustrine environment
湖灰泥 lake marl
湖灰土 lake marl
湖积 lacustrine deposit
湖积层 lacustrine formation; lake bed
湖积腐泥 lacustrine muck
湖积黄土 lake loess
湖积泥炭 lacustrine peat
湖积黏[粘]土 lacustrine clay
湖积黏[粘]土土壤 lacustrine-clay soil
湖积平原 lacustrine plain
湖积平原地下水 groundwater in lacustrine plain
湖积浅滩 lake-accumulated bank
湖积土(壤) lacustrine soil
湖积物样品 lake sediment sample
湖积物异常 lake sediment anomaly
湖间的 interlacustrine
湖间泛滥河 interlacustrine overflow

stream
湖间河流 interlacustrine overflow stream
湖间溢流河 interlacustrine overflow stream
湖口 bayou;lake inlet
湖库防洪 lake and reservoir floodproofing
湖沥青 lake asphalt;lake pitch <通常指特里尼达岛生产的>
湖流 lake current;lake flow
湖流搬运的有机质 organic matter by lake current transportation
湖螺 Viviparus quadratus
湖面 lake surface
湖面变化 <包括驻波> lake fluctuation;seiche denivellation;denivellation
湖面波动 denivellation;lake fluctuation;seiche;seiche denivellation
湖面波动周期 period of seiche
湖面高程 lake elevation
湖面水位计 limnograph
湖面水准 lake level
湖面温水层 epilimnion(layer)
湖面温水层掺混 epilimnetic mixing
湖鸣 brontide(s)
湖内的 intralake
湖泥 lake clay;lake mud
湖泥炭 lake peat
湖黏[粘]土 lake clay
湖盆 lake drainage basin
湖平面 lake level
湖墙 lake wall
湖区 lake area; lake basin; lake district;lake region;limnologic(al) region
湖区航道 navigation channel in lake area
湖区浅滩 shoal in lake area
湖容 lake volume
湖砂 <又称湖沙> lake sand;lacustrine sand
湖山岛 holm(e)
湖上交通管理 lake-traffic management
湖上交通管理条例 lake-traffic regulations
湖上居住 lake dwelling
湖上木屋 lake dwelling
湖上雪暴 lake effect storm
湖上桩屋村落 lake-village
湖深 lake depth
湖生绿星球藻 Asterococcus limneticus
湖生卵囊藻 Oocystis lacustris
湖生囊裸球藻 Trachelomonas lacustris
湖生束球球藻 Gomphosphaceria lacustris
湖石 lake stone
湖蚀岸 lake cliff
湖蚀浅滩 lake-eroded bank
湖蚀穴 lake-eroded cave
湖蚀作用 denudation of lake
湖水 lake water
湖水泵送站 lake pumping station
湖水采样 lake water sampling; sampling of lake water
湖水荡漾 seiche
湖水毒性分析 lake toxic analysis
湖水对流 convective overturn;overturn
湖水翻转 overturn of lakes
湖水分层 lake stratification; water stratification
湖水复氧 lake aeration
湖水干涸 drying of lake
湖水混合 mixing of lake water
湖水混合作用 lake circulation
湖水进入口 lake intake
湖水矿化度 mineral concentration of lake water
湖水流 current drift
湖水流出河 overflow stream
湖水面 lake level
湖水位 flood stage of lake;lake stage;lake(water) level
湖水温度 lake water temperature
湖水温度情况 lake water temperature condition
湖水温度特征 thermal characteristics of lake
湖水修正值 corrected value of lake water
湖水盐度(范围) limneticum
湖水引水 lake intake
湖水运动方式 motion mode of lake water
湖水运动特征 motion characteristic of lake water
湖水中层 mesolimnion
湖水自净化 lake natural purification; lake self-purification
湖滩 lacustrine beach;lake shore
湖滩潮间带沉积(物) littoral deposit
湖滩潮间带堆积(物) littoral deposit
湖滩潮间带淤积(物) littoral deposit
湖滩沉积 lake beach deposit; littoral deposit
湖滩平原 littoral plain
湖滩剖面 beach profile of lake
湖田 land reclaimed from a lake; shoaly land
湖铜 lake copper
湖湾 arm of lake;bay of lake
湖湾港 bay harbo(u)r
湖湾养殖 cove culture
湖尾 lakehead
湖系 chain of lakes
湖下层的 hypolimnetic
湖下层水 hypolimnions of lake
湖下的 sublacustrine
湖下热泉系统 sublacustrine hot-spring system
湖下水道 sublacustrine channel
湖相 lacustrine facies;lake facies;limnetic facies
湖相沉积 gyttja[复 gyttjor];lacustrine deposit;lake deposit
湖相沉积层 lacustrine formation
湖相沉积矿床 sedimentary deposit of lake facies
湖相沉积物 lacustrine deposit; lacustrine sediment
湖相结核 lacustrine nodule
湖相石灰岩 lacustrine limestone
湖心 lake center[centre]
湖心岛 ait;eyot
湖心的 eulimnetic
湖心浮游生物 eulimnoplankton
湖心洲 central bar
湖型 lake type
湖沿岸带 eulittoral belt
湖沿岸区 eulittoral zone
湖渊 <湖盆最深部分> aphytal
湖渊区 aphytal zone
湖缘 rim of lake
湖缘林沼 lake rim swamp
湖缘沼泽 basin swamp
湖运船队 lake fleet
湖藻 limnetic algae
湖沼 lake basin bog;lake marsh;lake moor
湖沼沉积物 lacustrine deposit; lacustrine sediment
湖沼沉积岩 limnogenic rock
湖沼带 limnetic zone
湖沼的 limnetic;limnic
湖沼地带管道 marshy line
湖沼动物 limnicole
湖沼浮游生物 freshwater plankton; limnoplankton
湖沼红胞藻 Rhodomonas lacustris
湖沼煤系 limnetic coal deposit;limnic coal deposit
湖沼黏[粘]土 lacustrine clay
湖沼气象学 limnologic(al) meteorology
湖沼区 limnetic zone; limnologic(al) region
湖沼群落 limnium
湖沼生态系统 limnetic ecosystem
湖沼生物学 limnology
湖沼式 flood plain type
湖沼式水库 flood plain type reservoir
湖沼水质学 limnology
湖沼围垦 lake marsh reclamation
湖沼围栏 limnocorral
湖沼相 limnetic facies
湖沼学 limnology
湖沼学家 limnologist
湖沼演化 limnologic(al) transformation
湖沼植物 lacustrine plant
湖震 seiche;seismic seiche
湖震波节 nodality of seiche
湖中岛 lagoon island
湖中无植物区 aphytic zone
湖中小岛 ait
湖中(心)的 midlake
湖中住宅 lake dwelling
湖洲 ait
湖状的 laky

葫

葫芦 bottle gourd;jin chain hoist; hardy <锻件切断工具>;calabash <做淘沙盘用>

葫芦雕刻品 bottle gourd carving
葫芦孔 hardy hole
葫芦霉属 <拉> Cucurbitaria
葫芦炮眼 sprung hole
葫芦瓶 double-gourd vase
葫芦形线脚 reeds
葫芦形小冰山 <露出水面不超过一米> growler
葫芦状的 lageniform
葫芦状收缩 hour-glass contraction

槲 daimyo oak

槲栎 oriental white oak
槲叶饰 civic crown

糊 Brel

糊版 filling-in;tinting
糊表面层 surface mounting
糊层 aleuron(e) layer
糊窗纸 window paster
糊粉 aleuron(e)
糊粉层 aleuron(e) layer
糊粉层下面 below the aleurone layer
糊粉粒 aleuron(e) grains
糊膏灌装机 paste filler
糊膏挤压机 paste extruder
糊膏中空浇铸(法) hollow casting; flow casting;slush casting
糊剂 butter;paste
糊剂扩散法 <木材防腐处理> paste diffusion method; paste diffusion method
糊浆泵 magma pump
糊胶纸 viscose paper
糊精 amylin; artificial gum; British gum;dextrin(e);starch gum
糊精化 dextrinize
糊精胶 dextrin(e) gum; dextrin(e) glue
糊精胶黏[粘]剂 British gum glue
糊精品红亚硫酸盐 dextrin-fuchsine sulfite
糊精铁 dextriferron
糊块 paste
糊粒 aleuron(e) grains
糊料瓶 starch bottle
糊泥爆破法 plaster shooting
糊炮 dobie;mudcapping
糊炮爆破 adobe blasting;mudcapping
糊炮二次爆破 popping
糊炮(封)泥 capping mass
糊墙花纸 flock paper
糊墙泥 <混有稻草的> cob(work)
糊墙土 cob
糊墙用薄棉纸 tissue paper for walls
糊墙用薄页纸 tissue paper for walls
糊墙纸 cob walling; hang(ing) wall paper;paper hangings;wall paper
糊墙纸板 plasterboard
糊墙纸工 paper hanger
糊墙纸卷的两个边 selvedge
糊墙纸用锤 paperhanger's hammer
糊墙纸用剪刀 paperhanger's scissors
糊墙纸用浆糊 paperhanging paste
糊球 ball coating; coating of grinding media
糊溶性 miscibility
糊塑法 paste mo(u)lding
糊纸 paperhanging;papering
糊纸的 paper overlaid
糊纸的墙 papered wall
糊纸顶棚 paper ceiling
糊纸工人用的板条 paperhanger's lath
糊纸工作 papering work
糊纸平顶 paper ceiling
糊纸刷 paperhanger's brush
糊纸推拉门 paper sliding-door
糊制极板蓄电池 excide battery
糊制蓄电池极板 pasted plate
糊状 pasty
糊状白铅 paste white lead
糊状冰 grease ice;shuga
糊状材料 paste material
糊状打光蜡 paste polishing wax
糊状的 jelly-like
糊状干燥剂 paste drier[dryer]
糊状搅炼铁 young iron
糊状聚合物 paste polymer
糊状聚氯乙烯脂 paste PVC resin
糊状料 pasty stock
糊状磷酸催化剂 solid phosphoric acid slurry
糊状黏[粘]结剂 adhesive paste;idealine
糊状凝固 mushy freezing
糊状抛磨料 polish paste
糊状钎焊料 paste solder
糊状钎料 cream solder
糊状清漆 paste polish
糊状去漆剂 paste-type paint remover
糊状润滑 pasty lubricant
糊状润滑剂 paste cutting compound; paste lubricant
糊状渗碳 paste carburizing
糊状石蜡的饼块 slimy cakes
糊状树脂 paste resin
糊状树脂浸渍 paste dipping
糊状填(塞)料 filling paste;paste filler
糊状涂料 slimy coating
糊状涂油 paste form paint material
糊状物 mush;paste
糊状物质 pasty mass
糊状油漆 paste paint(in oil)
糊状炸药 paste explosive
糊状终饰打光蜡 paste finishing wax
糊钻 balling;ball(ing)up

蝴 蝶 butterfly

蝴蝶板 trail board

H

蝴蝶阀 butterfly valve;choke valve
蝴蝶阀片 throttle plate
蝴蝶帆 goosewinging
蝴蝶合页 butterfly hinge
蝴蝶架 butterfly-type frame
蝴蝶铰链 butterfly hinge
蝴蝶结天线 bow-tie antenna
蝴蝶螺母 butterfly nut
蝴蝶三角帆 double clewed jib;quadrilateral jib
蝴蝶图 butterfly diagram
蝴蝶瓦 butterfly tile;Chinese convex and concave tile
蝴蝶闸门 butterfly gate

虎斑 brinded;brindle;tiger spot

虎斑溶解 tigrolysis
虎斑纹 silver grain
虎斑纹理 <木材> tiger grain
虎斑釉 tiger skin glaze
虎斑质 Nissl bodies;tigroid substance
虎潮 tidal bore
虎德公式 <计算房间采暖所需管长的公式> Hood's rule
虎睛石 pseudo-crocidolite
虎克变形 Hookean deformation
虎克定律 Hookean law;Hooke's law
虎克固体 Hooke's solid;Hookean solid
虎克固体模型 Hooke's solid model;Hookean solid model
虎克接头 Hooke's coupling;Hookean coupling
虎克模型 Hooke's model;Hookean model
虎克弹簧 Hook's spring;Hookean spring
虎克弹性体 Hookean elastic body
虎克体 Hooke's body;Hookean body
虎克万向联轴器 Hooke's universal joint;Hookean universal joint
虎克物体 <完全符合虎克定律的弹性固体> Hookean solid
虎克物质 Hookean substance
虎克效应 Hookean effect
虎目石 tiger's eye
虎佩窗 <几种形式特殊的窗和天窗> Hope's patent glazing
虎佩木材防腐剂 Hope's destroyer
虎皮斑釉 tiger down spot glaze
虎皮木材 tiger wood
虎皮楠碱 daphniphylline
虎皮墙 incertum;random rubble
虎皮石墙 polygonal rubble
虎皮纹 fiddleback figure
虎皮砖 skintled
虎皮砖砌体 skintled brickwork
虎钳 cramp(ing) frame;jam(vice)[vise];leg vice;nip;vice[vise];vice clamp
虎钳夹 lock-filers clamp;vice[vise] clamp
虎钳夹口 vice grip;vice jaw
虎钳夹口扳手 vice grip wrench
虎钳口 bit of the vice;false jaw;jaw of the vice;jaw socket;vice jaw
虎钳螺杆 vice screw
虎钳螺旋 vise screw
虎钳丝杠 tommy screw;vise screw
虎钳台 vice[vise] bench
虎钳牙 jaw
虎钳子 jaws of vise
虎钳最大开度 opening capacity
虎头砖 sill course
虎尾云杉 tiger-tail spruce
虎纹荒石墙 random rubble
虎纹毛石墙 random rubble
虎眼宝石 tiger eye stone
虎眼石 tiger's eye
虎眼釉 tiger eye glaze
虎杖 giant knotweed
虎爪式柱座 griffe

琥珀 ambra;chrysophoron;copalite;fossil resin;succinite <琥珀的旧称>

琥珀白 amber white
琥珀柏油 amber tar
琥珀玻璃 amber glass;carbon amber glass
琥珀酐 succinic anhydrite
琥珀核桃仁 amber sugar coated walnut meat
琥珀褐色 amber brown
琥珀黄 amber yellow
琥珀焦油 amber tar
琥珀金 electrum
琥珀腈 succinonitrile
琥珀离子交换树脂 amberlite ion exchange resin
琥珀清漆 amber varnish
琥珀醛 succindialdehyde
琥珀色 amber;succinite
琥珀色的 succinic
琥珀色灯 amber light
琥珀色胶片 amber blanket
琥珀色滤光器 amber ray filter
琥珀色颜料 amber colo(u)r
琥珀色釉 amber glaze
琥珀色之金银合金 electrum
琥珀树脂 amber resin;kochenite
琥珀树脂醇 succinoresinol
琥珀酸 amber acid;butanedioic acid;succinic acid
琥珀酸铵 ammonium succinate
琥珀酸苯汞 phenylmercury succinate
琥珀酸苄酯 benzyl succinate
琥珀酸二甲酯 dimethyl succinate
琥珀酸二乙酯 diethyl succinate
琥珀酸二异丙酯 ni-isopropyl succinate
琥珀酸二异丁酯 diisooctyl succinate
琥珀酸钠 sodium succinate
琥珀酸水溶液 succinic acid aqueous solution
琥珀酸锌 zinc succinate
琥珀酸盐 succinate
琥珀酸氧化 succinate oxidation
琥珀酸乙酯 ethyl succinate
琥珀酸酯 succinate
琥珀突变 amber mutation
琥珀酰 succinyl
琥珀酰胺 succinamide;succinic diamide
琥珀酰苯胺 succinanil
琥珀酰苯胺酸 succinanilic acid
琥珀酰化氧 succinyl oxide
琥珀酰氯 succinic chloride;succinyl chloride
琥珀酰亚胺 succi(ni)mide
琥珀一酰胺 succinic monoamide
琥珀油 amber oil;lake oil;oleum succini
琥珀云母 amber mica;rhombic(al) mica
琥珀炸药 <一种无烟炸药> amberite
琥珀制的 amber
琥珀棕 amber brown
琥石离子交换树脂 amberlite ion exchange resin

互保险 assurance mutuelle;mutual assurance

互保协会再赔 pay first rule
互比定律 law of reciprocal proportions
互变 interconversion;tautomerization
互变的 tautomeric
互变体 tautomer(ide)
互变现象 enantiotropy;tautomerism;tautomerizing
互变效应 tautomeric effect
互变性 enantiotropy
互变性的 enantiotropic
互变异构的 tautomeric
互变异构式 tautomeric formula
互变异构体 tautomer
互变异构现象 ionotropy;tautomerism
互变异构形式 tautomeric form
互变异构性 tautomerism
互拨内线 direct inward dial(l)ing
互补 complement;relatively complemented
互补波 complementary wave
互补差动放大器 complementary differential amplifier
互补产品 complementary product
互补倒相器 complementary inverter
互补的 complemental;complementary
互补电路 complementary circuit;complementing circuit
互补对称 complementary symmetry
互补对称放大器 complementary symmetric(al) amplifier
互补对偶 complementary pair
互补对偶加反相器 complementary pair plus inverter
互补发射极输出器 complementary emitter follower
互补分布 complementation distribution
互补分集 complementary diversity
互补分集法 complementary diversity
互补概率 complementary probability
互补构造 complementary structure
互补(光)波长 complementary wave length
互补函数 complementary function
互补荷载 complementary load
互补加速度 Coriolis acceleration
互补剪应力 complementary shear stress
互补角 supplementary angle
互补结构 complementary structure
互补金属氧化物半导体逻辑电路 complementary metal-oxide semiconductor logic circuit
互补金属氧化物半导体门电路 complementary metal-oxide-semiconductor gate
互补晶体管 complementary transistor
互补劳动相互清算 settlement of services supplied to each other
互补离子 complementary ion
互补滤波器 complementary filter
互补律 complementation law
互补逻辑 complementary logic
互补码 mutual-complementing code
互补脉冲电路 complementary pulse circuit
互补偶极子 complementary dipole
互补频率响应 complementary frequency response
互补色 anaglyph;complementary colo(u)r
互补色地图 anaglyphic map
互补色调 complementary hue
互补色度 complementary chromaticity
互补色法 anaglyphic method
互补色法则 anaglyphic principle
互补色观察系统 colo(u)red viewing system
互补色镜 anaglyphoscope
互补色立体测图仪 anaglyphic plotter
互补色立体的 anaglyphic
互补色立体地图 anaglyphic map;anaglyph topographic(al) map
互补色立体法 anaglyphy
互补色立体观测 anaglyph stereoscopy
互补色立体观察 anaglyphic stereoscopic viewing
互补色立体图 anaglyph map
互补色立体显示 anaglyphic present
互补色立体像片 anaglyphic picture
互补色滤光纸 anaglyphic film
互补色图像 anaglyphic image;complementary image
互补色眼镜 colo(u)red spectacle
互补色影像立体地图 anaglyphic image map
互补商品 complementary goods
互补射极跟随器 complementary emitter
互补时钟 complementary clock
互补式组合导航 complement integrated navigation
互补事件 complementary event
互补试验 complementary assay
互补数据 complementary data
互补双稳态触发器 complement flip flop
互补条件 complementary condition
互补调节器 compensating controller
互补网络 complementary network
互补位 paratope
互补误差 complementary error
互补像 <互相补足的像> complementary image
互补型金属氧化物半导体 complementary metal-oxide semiconductor
互补性原理 principle of complementarity
互补序列 complementary series
互补因子 complementary factor
互补应力 complementary stress
互补影响线 complementary influence line
互补余留影像 complementary after image
互补余性 complementarity
互补原理 complementarity principle
互补作用 complementary action;complementation
互不覆盖类 non-overlapping class
互不干扰的 non-interfering
互不通视点 non-intervisible point;non-intervisible station
互不相交的 mutually exclusive
互不相容的 mutually exclusive
互不相容事件 mutually exclusive event
互不相同的 mutually exclusive
互层【地】alternation of beds;alternation of strata;interbedding;alteration of strata;alternate strata;alternating beds;interbedded strata;interstratified bed
互层层理【地】interlayered bedding
互层的【地】interbedded
互层理 interlayering
互层砂土 interbedded sands
互插 interfix
互差 discrepancy[discrepance]
互拆段 exclusive segment
互拆使用方式 exclusive usage mode
互超覆层 intertongue
互沉淀 coacervation
互斥 mutual exclusion
互斥(程序)段 exclusive segment
互斥的 mutually exclusive
互斥电路 selecting chain
互斥调用 mutually exclusive call
互斥方案 mutually exclusive alterna-

tives
互斥规则 mutual exclusion rule
互斥力 repulsive interaction
互斥事件【数】 mutually exclusive events; exclusive events; incompatible events
互斥现象 mutual exclusion
互斥项目 mutually exclusive project
互斥型锁 exclusive lock
互斥转移 exclusive branch
互斥作用 repulsive interaction
互穿聚合物网络 interpenetrating polymer network
互穿两个半结 hawser bend; reeving line bend
互穿孪晶 interpenetration twin
互穿网络 interpenetrating network
互搭 lap; overlap
互搭板 bevel siding; drop siding; rustic siding
互搭板壁 bevel siding; lap siding
互搭壁板 lap siding
互搭长度 lap of splice
互搭箍条板 drop strake
互搭焊接 overlap welding
互搭护墙板 bevel siding
互搭接钉天花板 clincher built ceiling boarding
互搭接工程 clincher work
互搭接合 contact splice; joint lap; lap(ped) splice
互搭接头 butt and lap joint; clinch joint; lap joint (ing); lap splice; splice
互搭接头连接 lapped joint
互搭鸠尾榫 drawer(-front) dovetail; lap dovetail
互搭铆 lap rivet(ting)
互搭铆接的 lap-riveted
互搭披叠板 drop siding
互搭披叠板壁 lap siding
互搭铺板 lap-jointed sheeting
互搭嵌接 lap scarf
互搭墙板 rabbeted siding
互搭圈线 overlapping astragal
互搭榫接 lapped tenon; lapped scarf
互搭楔接 lap scarf
互导【电】 transconductance; mutual conduction
互导测量器 slope meter
互导纳 mutual admittance; transadmittance
互导系数 mutual conductance
互导压缩比 transadmittance compression ratio
互倒电容 mutual stiffness
互等边多角形 mutually equilateral polygons
互等变位 reciprocal deflection
互等变位关系 reciprocal deflection relationship
互等定理 reciprocating theorem
互等定律 equivalent law
互等恒等式 reciprocal identity
互抵债务 cross debt
互电抗 mutual reactance
互电容 mutual capacitance
互定联闪光 alternating fixed and group flashing light
互定闪光 alternating fixed and flashing light
互动 effective interaction
互反成比 inverse image
互反的 anti-clastic; reciprocal
互反定律 reciprocity law
互反关系 reciprocal relation; reciprocity relation
互反律 law of reciprocity
互反曲率 anticlastic curvature
互反曲面 anti-clastic surface
互反曲面薄壳 anti-clastic shell
互反曲(面)的 anti-clastic
互反性原理 principle of reciprocity
互反约束 reciprocal restraint
互反制约 reciprocal restraint
互方差函数 cross variance function
互感 common reactance; inductance mutual; mutual inductance; mutual-induction
互感测量电桥 Hartshone bridge
互感磁通 mutual flux
互感单元过程 unit processes in chemical synthesis
互感扼流圈 unichoke
互感粒子测速仪 mutual inductance particle velocimeter
互感耦合 mutual inductive coupling
互感耦合电路 mutual inductive coupled circuit
互感器 current transformer; mutual inductor; transformer; voltage and current transformer
互感器式安培计 transformer type ammeter
互感式变感器 variometer of mutual inductance
互感式可变电感器 variometer of mutual inductance
互感衰减器 mutual inductance attenuator
互感系数 coefficient of mutual inductance; coefficient of mutual induction; mutual inductance
互感线圈 mutual inductor
互感信息 mutual information
互感性光反射 consensual light reflex
互感应(现象) mutual-induction
互给 reciprocate; reciprocation
互功率 cross-power
互功率谱 cross power spectrum
互功密度谱 cross-energy density spectrum; cross-power density spectrum
互钩开关杆 uncoupling lever
互购 counter purchase
互光 alternating light
互恒状况 homothermal condition
互换 counterchange; double replacement; exchange; frogging; inerconversion; interchange; interchanging; interconversion; permutation; reciprocate; reciprocation
互换部件 counterpart; interchangeable parts
互换齿轮 interchangeable wheel
互换刀片 interchangeable cutter
互换的 reciprocal; reciprocating
互换点 interlocking point
互换点坐标 interlocking point coordinates
互换电键 switch key
互换定理 theory of reciprocity
互换定律 law of exchange
互换反应 mutual exchange reaction
互换功率 interchange power
互换合格材料 approved equal
互换虎钳口式夹盘 three-jaw chuck with interchangeable false jaws
互换机 commutator; switch yard
互换件 exchange unit
互换接头 interchangeable connector
互换矩阵 permutation matrix
互换理论 reciprocal theory; theory of reciprocity
互换零件 interchangeable parts
互换流 exchange current
互换滤油器 interchangeable oil filters
互换律 commutative law
互换码 permutation code; permuted code
互换配件 fabricated parts; interchangeable fabricated parts
互换配件储备定额 stocking standard of parts for exchange
互换设备 commutation equipment
互换式暗盒 interchangeable magazine
互换式反虹吸装置 interchangeable anti-siphonage device
互换式谷粒筛 interchangeable grain sieve
互换锁 permutation lock
互换位(置) transposition
互换位置的 transpositive
互换系数 interchange coefficient
互换性 convertibility; exchangeability; interchangeability; interchangeableness; compatibility【机】
互换性生产 interchangeable manufacture
互换性制造 interchangeable manufacturing
互换性装配 interchangeable assembly
互换修【铁】 repair by renewal of parts
互换许可证合同 cross[license] contract
互换照会 exchange of notes
互换值 cross-over value
互换中继线 interchange trunk
互换注射器 interchangeable syringe
互换作用 interchange reaction
互惠 mutual advantage; mutual benefit; reciprocity
互惠待遇 reciprocal treatment
互惠发行 distribution on reciprocal terms
互惠法 law of reciprocity
互惠共生 mutualistic symbiosis; reciprocal symbiosis
互惠共生现象 mutualism
互惠关税 reciprocal duties
互惠关税协定 bargaining tariff
互惠合同 reciprocal agreement; reciprocal contract; reciprocity contract
互惠货币协议 reciprocal currency agreement
互惠交换 reciprocal exchange
互惠交易 reciprocity transaction
互惠贸易 commercial reciprocity; intertrade; reciprocity in trade
互惠贸易协定 reciprocal trade agreement
互惠群聚 symphilia
互惠税率 reciprocal tariff
互惠税则 reciprocal tariff
互惠条件 conditions of reciprocity
互惠条款 reciprocity clause
互惠条约 reciprocal treaty
互惠通商政策 bargaining policy
互惠协定 reciprocal agreement
互惠协议 beneficial agreement; swap agreement
互惠信贷 mutual credit facility; mutual credit; reciprocal credit; swap credit
互惠信用协议 reciprocal credit agreement
互惠性优惠 reciprocal preference
互惠许可证交易 cross licensing[licencing]
互惠原则 principle of reciprocity
互惠主义 bilateralism
互惠作用 mutualistic effect
互积差 cross covariance
互检信号 mutual check signal
互见条目 cross reference
互见中 in sight of one another
互交 intercross
互交层矿物 mixed layer mineral
互交车头时距 lag
互交集团 intercrossing population
互交角墙 canted wall
互校 cross check
互聚物 interpolymer
互卷 intervolve; interwind
互扣强度 loop strength
互扩散 interdiffusion
互扩散系数 interdiffusion coefficient
互楞边搭 sidelap of corrugations
互利 mutual benefit; reciprocity
互利的房屋辅助协会 mutual benefit building society
互利共生 mutualism
互连 chaining; interconnect(ing); interconnection; interlinkage; interlink(ing)
互连办公室系统 interconnected office system
互连表 interconnection list
互连薄膜 interconnection film
互连次结构 interlinked hierarchy
互连道路 interconnecting roadway
互连的 interlinked
互连的灵活性 interconnection flexibility
互连电路 interconnection circuit
互连飞机滑行道 interconnecting taxiway
互连功能 interworking function
互连管道系统 interconnected pipe system
互连管网 interconnected network
互连灌浆导管 interconnected grouting duct
互连函数 interconnection function
互连交迭 interconnection crossover
互连晶体 interlocking crystal
互连矩阵 interconnection matrix
互连模式 interconnection pattern
互连设备 interconnect device
互连时间延迟 interconnection time delay
互连式信号系统 interconnected signal system
互连输气系统 interconnected transmission system
互连同步发电机 interconnected synchronous generator
互连网路 interconnecting network
互连网络 interconnected network
互连系统 interconnected system; interconnection system
互连相关性 mutual dependence[dependency]
互联 interconnect
互联插座 interconnecting socket
互联电力系统 interconnected electric(al) power system
互联电网 interconnected network
互联电压 cut-in voltage
互联管道 interconnection
互联轨迹 intraconnection track
互联机构 interlocking frame
互联馈路 interconnecting feeder
互联路口交通信号控制机 interconnected local controller
互联明暗光 alternating group occulting
互联汽车道 interconnecting taxiway
互联三角形连接 squashed delta
互联闪光 alternating group flashing (light)
互联网服务提供商 internet service provider
互联网技术 internet technology
互联网浏览器 <微软公司的> internet explorer; internet browser
互联网(络) internet; interconnection network; internetwork
互联网协议 IP[internet protocol]

互联性设计 design for interconnectivity
互联蒸汽总管 interconnecting steam main
互锚 mutual anchorage
互明暗光 alternating occulting(light)
互磨 attrition;intergrind(ing)
互纳 transsusceptance
互逆 reciprocal
互逆的 reciprocal
互逆点阵 reciprocal lattice
互逆风 contraste
互逆矩阵 reciprocal matrix
互耦 cross coupling
互耦合 intercoupling
互耦合系数 mutual coupling factor
互耦合因数 mutual couple factor
互耦振动 coupled vibration
互拼接合 lapped splice
互谱密度 cross spectral density
互谱图 cross spectrum
互嵌肩接合 lapped shoulder joint
互嵌接合 halved joint;lapped joint
互嵌状 aphroid
互切 cross-cut;mutual intersecting
互切点 tacnode;tac-point
互切点轨迹 tac locus
互切关系 cross-cutting relationship
互缺搭接 square(d) splice
互燃 reverse combustion
互让的 give-and-take
互让贸易 give-and-take trade
互绕 intervolve;interwind
互溶度 intersolubility;mutual solubility
互溶剂 mutual solvent
互溶溶液 consolute solution
互溶温度 consolute temperature
互溶性 intersolubility;mutual solubility
互溶液体 mutually soluble liquids
互溶质 consolute
互溶组分 consolute component
互闪光 alternating (and) flashing (light)
互生 alternation;intergrowth;mutualism
互生的 alternate
互生叶 alternate leaves
互生叶序 alternate phyllotaxy
互生羽状的 alternately pinnate
互素 coprime
互锁 in-and-in;interlocking;interlocks
互锁操作 interlocked operation
互锁机构 mutual interlocking gear
互锁码 interlock code
互锁斜角接 lock miter[metre]
互锁型地砖系统 lock-tile floor system
互套心环 lock thimble;union thimble
互电阻 mutual resistance
互调差频 intermodulation frequency
互调产物 intermodulation product
互调串话 intermodulation crosstalk
互调串音 intermodulation crosstalk
互调干扰 intermodulation disturbance;intermodulation interference
互调失真 intermodulation distortion
互调失真百分比 intermodulation distortion percentage
互调失真仪 intermodulation distortion meter
互调噪声 intermodulation noise
互调制 mutual modulation
互调制干扰 intermodulation interference
互调作用 intermodulation effect
互通 interflow;interlink(ing)
互通的房间 intercommunicating room
互通电话电路 mutual circuit
互通电话机 intercommunicating(telephone)set;interphone
互通电路 mutual circuit
互通房间 communicating rooms
互通孔 intercommunicating porosity
互通门框 communicating frame
互通情报 crosstell
互通式道路立交 road interchange
互通式立交坡道 interchange ramp
互通式立交收费站 interchange toll station
互通式立体交叉 <高速道路上用不同车道供车辆转弯及变换高低的交通枢纽> traffic interchange;alternative interchange;interchange
互通式立体交叉类型 interchange types
互通式立体交叉平台 interchange cross-platform
互通式立体交叉通行能力 capacity of interchange
互通式立体交叉匝道 interchange ramp
互通式立体交叉自动楼 interchange cross autostair(case)
互通式立体交叉组成单元 interchange element
互通视点 intervisible point;intervisible station
互通消息 intercommunicate
互通协议 interworking protocol
互通信息 mutual information
互通性 interoperability
互通匝道 interchange ramp
互通走廊结构 intercommunicating gangway construction
互同步 mutual synchronization
互同步网 mutually synchronized network
互投 switchover
互相保险 mutual insurance
互相比较 intercomparison
互相变位 reciprocal deflection
互相缠绕 interleaving
互相穿透 interpenetration
互相垂直 mutually perpendicular
互相垂直的 mutual perpendicular
互相促进的 synergistic
互相抵消 cancel each other
互相抵消的影响 equalizing influence
互相反应 interreaction
互相干函数 mutual coherence function
互相干扰 mutual interference
互相干性 mutual coherence
互相感应 interact;interaction
互相钩搭 interpenetration
互相关 cross-correlation;mutual correlation
互相关干涉仪 cross-correlation interferometer
互相关函数 cross-correlation function
互相关检测 cross-correlation detection
互相关接收机 cross-correlation receiver
互相关联 cross connection;cross-correlation;interdependence
互相关流量计 cross-correlation flowmeter
互相关器 cross correlator;synchronous detector
互相关探测 cross-correlation detection
互相关图 cross correlogram
互相关系 correlation
互相关系数 coefficient of cross-correlation
互相贯穿 interpenetration
互相贯通 intercross;interpenetrate;interpenetration
互相换算 interconversion
互相交叉 cross one another
互相交插 intercross
互相校核 cross check
互相校准 mutual calibration
互相结合 mutual interlock
互相竞争的铁路 competing railroads
互相扩散 interdiffuse
互相连接 interconnection;interlink(ing)
互相连结 interconnection
互相联锁 mutual interlock;reciprocal interlock
互相联系 intercommunication;interconnection;interrelationship;intercommunicate
互相履行义务 consideration
互相履行债务 counter execution
互相黏[粘]结在一起 sticky together
互相黏[粘]住 sticked on another
互相耦合线圈 mutually coupled coils
互相盘绕 intervolve;interwind
互相配合 interwork;mutual coordination;work in coordination
互相牵就 co-adaptation
互相嵌锁干砌墙块体 dry walling block
互相缺接法 end scarf
互相三角形连接 interconnected delta connection
互相上诉 cross-appeal
互相渗透 interpenetration
互相适应 co-adaptation
互相锁闭 mutual locking
互相抬价 outbid each other
互相调制 intermodulation
互相通话设备 talk-back facility
互相通信[讯] intercommunicate
互相同意 mutual agreement
互相推斥作用 repulsive interaction
互相吸引 attractive interaction
互相依存 depend on each other for existence;interdependence
互相依赖 interdependence[interdependency]
互相依赖的 mutually dependent
互相引力 mutual attraction
互相支持 backup each other
互相资金 mutual fund
互相作用 interaction;interact on each other
互相作用的 synergistic
互相作用力 co-acting force
互协方差 cross covariance
互协方差函数 cross-covariance function
互许支付差额 swing credit
互养共栖 syntrophy
互异常数 reciprocity coefficient;reciprocity constant
互易 reciprocal
互易变位 reciprocal deflection
互易标准 reciprocity calibration
互易参数 reciprocity parameter
互易点 point of reciprocity;reciprocal points
互易点阵晶格 reciprocal lattice
互易定标 reciprocity calibration
互易定理 reciprocal theorem;reciprocity theorem
互易定律 reciprocity law
互易感觉 transitivism
互易关系 reciprocal relation;reciprocity relation
互易合同 barter contract
互易核 reciprocal kernel
互易换能器 reciprocal transducer
互易校准 reciprocating calibration;reciprocity calibration
互易理论 reciprocal theory
互易律 reciprocity law
互易矢量 reciprocal vector
互易特性 reciprocity property
互易网络 dual network
互易系数 reciprocity coefficient
互易性 reciprocity
互易性定律 law of reciprocity
互易性接头 reciprocal junction
互易性铁氧体开关 reciprocal ferrite switch
互易原理 principle of reciprocity;reciprocity principle
互易值 reciprocal value
互易阻抗 reciprocal impedance
互影响矩阵 across impact matrix
互用货主 reciprocal use of wagons
互用性 interoperability
互有关系的 cognate
互余的 bicomplementary
互余角 complementary angle(s)
互余律 complementarity law
互余性 complementarity
互余原理 complementarity principle
互展曲面 applicable surface
互支角墙 canted wall
互质性 coprimeness
互置换 cross substitutability
互助储蓄银行 mutual savings bank
互助复激式 accumulation[accumulative] compound type
互助金 provident fund
互助住房协会 mutual housing
互助自建计划 mutual self-help program(me)
互助自来水公司 mutual water company
互阻 mutual resistance;transresistance
互阻抗 <互导纳的倒数> transimpedance;mutual impedance;transreactance
互作用间隙 interaction gap
互作用矩阵 interreaction matrix
互作用空间 interaction space
互作用腔 interaction chamber
互作用区 interaction region
互作用损耗 interaction loss
互作用系数 interaction factor
互作用型元件 interacting element
互作用因数 interaction factor
互作用阻抗 interaction impedance

户 household

户到户货运业务 door-to-door service
户籍 domicile;domicile register
户籍的 domiciliary
户籍图 census map
户均人口 average household size
户口 registered permanent residence;registered resident
户口簿 residence certificate
户口查对 household check
户名牌 door notice plate;door plate
户内单极隔离开关 indoor single-pole isolating switch
户内的 indoor
户内电缆 indoor cable;indoor wiring optic(al) cable
户内高压隔离开关 indoor high-voltage isolating switch
户内管网 house pipe system
户内绝缘子 indoor insulator
户内连接管 <水、气、污水管等> house connection
户内排水系统 house sewage system
户内配电装置 indoor distribution equipment

户内墙 party masonry wall
户内设备 indoor equipment
户内式变压器 indoor type transformer
户内式电压调整器 indoor regulator
户内式断路器 indoor type circuit breaker
户内式组合负荷开关 indoor combined load switch
户内外寒暑表 indoor-outdoor thermometer
户内外母线式穿墙套管 indoor and outdoor bus bar bushing
户内型 indoor type
户内油断路器 indoor oil circuit breaker
户内终端头 indoor termination end
户内主管(道) installation riser
户内柱形绝缘子 indoor post insulator
户内装管工 internal plumber
户室比 size distribution of dwellings
户数 size of household
户头 account
户外变电所 outdoor transformer station
户外变压器 outdoor transfer;outdoor transformer
户外布线 outdoor wiring;outside wiring
户外厕所 detached privy; Johnny house;outhouse
户外单极隔离开关 outdoor single pole isolating switch
户外的 open air;outdoor;out of door
户外地下室阶梯 outside cellar steps
户外电流变流器 outdoor current transformer
户外电流互感器 outdoor current transformer
户外定期集市 kermess
户外房间 <露台、帐篷等> outdoor room
户外高压变压器 outdoor high voltage transformer
户外工作 exterior work;outside;outside work;outwork
户外公用面积 <如广场等> exterior common area
户外管道安装 house-to-curb piping
户外环境 outdoor environment
户外活动 outdoor activities;outing
户外活动场所 outdoor arena
户外活动设备 outdoor recreational resources
户外集会的半围蔽场地 semi-enclosed place of outdoor assembly
户外嫁接 outdoor grafting
户外绝缘子 outdoor insulator
户外开关设备 outdoor switchgear
户外空间 outdoor space
户外空气 ambient air;external air
户外楼梯 exterior stair(case)
户外耐久性 exterior durability
户外配电装置 outdoor distribution equipment
户外起居室 outdoor sitting space
户外烧烤 barbecue
户外设备 outdoor equipment
户外生活 open air life
户外市 blue-sky market
户外式变压器 outdoor type transformer
户外式电站 outdoor power plant; outdoor power station
户外式红外光束检测器 outdoor infrared beam detector
户外式开关站 outdoor switching station;outdoor switch yard
户外天线 open antenna;outdoor antenna;outside antenna
户外型 outdoor type
户外型电动机 outdoor motor
户外用布 garden furnishing
户外用电话 outdoor use telephone
户外用铜芯塑料软线 outdoor plastic insulated flexible copper wire
户外油漆 exterior paint
户外游息资源 outdoor recreational resources
户外运动 fresh-air sports;sport
户外照明 exterior lighting; outdoor lighting
户外针式支柱绝缘子 outdoor pedestal type post insulator
户外支柱电瓷瓶 outdoor support porcelain insulator
户外终端头 outdoor termination end
户外作业 outdoor operation;outdoor work(ing)
户线 house connection
户线管 house branch
户线水暖工 internal plumber
户型 dwelling size
户型比 size distribution of households
户主 householder

护

护岸 revetment; approach bank; bank paving; bank protection; bank revetment; breast wall; bulkhead; current revetment; protection of bank; protective revetment; shore protection; slope protection

护岸柴排 shore mat(tress)
护岸沉排 mattress for bank protection
护岸堤坝 bank protection dam
护岸底部抛石棱体 toe dike
护岸垫层 shore mat(tress)
护岸丁坝 protective groin;protective spur; spur dike for bank protection;spur protection
护岸浮木排 camel
护岸工程 bank protection works;bank protector; beaching of bank; revetment works;shore protection works; revetting
护岸工程的船 <满载柴枝的连串小舟> mat-boat
护岸海堤 protective sea wall
护岸海墙 protective sea wall
护岸建筑物 shore protection structure;shore structure
护岸结构(物) shore protection structure
护岸林 bank protective forest;protective belt
护岸面层 revetment armo(u)r layer
护岸排水沟 berm(e) ditch
护岸坡 revetted bank
护岸铺面 bank paving
护岸墙 bulkhead;revetment wall
护岸墙壁 shore wall
护岸设施 bank protection works; croy;revetting
护岸施工 bank construction
护岸石堤 seawall
护岸挑水栅 croy
护岸岩礁 skerry-guard
护岸溢洪道 berm(e) spillway
护岸柱 fence post
护坝 check(ing) dam;counter dam
护坝板桩 sheeting planks of dam
护板 armo(u)r plate; armo(u)r(ing); backplane; backplate; cleading; fender apron; fender board; fender log;frame cover;guard board; guard cage; protecting piece; protecting plate;protection plate;protector plate; sheeting; strong back; wale; spat <门框底的>
护板嵌料 fender filler
护板墙 sheeting
护背间隔 guard rail face ga(u)ge
护壁【岩】 encasing
护壁板 base plate; dado【港】; lagging; wainscot; baseboard; dado framing; mopboard【港】; weatherboard(ing); cleading <隧道的>
护壁板板件 walling piece
护壁板顶木条 dado rail;surbase
护壁板工件 walling piece
护壁板供暖 baseboard heating; base heating
护壁板架 dado frame
护壁板接缝 dado joint
护壁板散热器 baseboard heater
护壁板线脚 dado mo(u)lding
护壁板压顶条 dado cap(ping)
护壁板压顶线 dado cap(ping)
护壁粗铸件 paint harling
护壁堵墙 hole wall protection and loss shut-off
护壁钢板 siding steel; siding steel plate
护壁拱 stiffening arch
护壁栎木 wainscot(ting) oak
护壁木条(饰) dado mo(u)lding
护壁泥浆 <地下墙旋工时的> bentonite slurry
护壁套管 protection casing
护壁贴砖 dado tile
护壁镶板 false panel;wainscot
护壁橡木 wainscot(ting) oak
护壁楔形板 clapboard
护壁液体 support fluid
护臂 armlet; bracelet; guard arm; guide arm
护边板 edge plate
护边铁 nosing
护边物 edge protector
护舱板 batten ceiling;spar ceiling
护舱围板 crinoline
护层 armo(u)r coat;protecting cover;protective cover
护车号志 train-protecting signal
护车时间 vehicle protection period
护衬 furring
护城壕 fortress castle-ditch
护城河 city moat; fortress castle-ditch;fossa(e);moat
护窗 guard window
护窗栏 window guard rail
护窗网 window guard
护床 apron
护创膏布 band-aid
护带 protecting band
护挡 guard
护道 bench;cess
护道边桩 berm(e) stake
护道排水沟 berm(e) ditch;berm(e) spillway
护道养护机具 berm(e) maintenance tool
护道整形机 bench shaper
护堤 dike-dam; embankment protection; fender pier; protecting embankment; protecting levee; protection embankment; reinforcing dam; revetment dike [dyke]; stabilizing berm; guard wall; revetment wall
护堤板 sheeting; sheeting board; sheeting of dam; sheeting plank
护堤板桩 sheeting planks of dam; sheeting planks of dike[dyke]
护堤带 levee revetment;revetment
护堤城堡 mound castle
护堤船楼 mound castle
护堤丁坝 spur revetment
护堤工程 dike[dyke] fortifying project
护堤林 fringing forest
护堤林带 fringing forest
护堤内低地 protected lowland
护堤墙 embankment wall
护堤员 dike keeper;dike reeve
护堤桩 embankment pile
护底 apron; bottom protection; bottom stabilization; bottom stabilizing; foundation slab; river bottom protection <河流>
护底坝 check dam
护底沉排 foot mattress; mattress for bottom protection
护底基脚 pedestal foot(ing)
护底截水墙 cut-off apron
护底坑 toe trench
护底碎石 gravel filter
护底桩 bulb-end cast in-place pile; pedestal pile
护顶 canopy guard
护顶背板 forepoling for tunnel roof
护顶层 top leaf
护顶插板 planking to prevent rockfall
护顶锚杆 roof bolt
护顶锚杆顶板锚钎 roof bolt
护顶锚杆金属网 chain mesh of roofbolt
护顶木板 head board
护堆 erosion pavement
护墩 <桥的> fender pier
护墩桩 dolphin
护墩桩 dolphin;fender pile
护舵链 backchain
护额垫 head rest
护耳 ear protection
护耳器 ear defence;ear defender;ear protector
护耳套 ear muffs
护耳装置 ear protective device
护封 dust cover
护缝料 <屋顶女儿墙间的> filleting
护肤剂 emollient
护符 protection key
护盖 protecting cover;protecting hood; protecting lid;protective cover
护杆 protection bar
护根 mulch
护拱 back haunch fillet of arch; haunched arch;haunching
护沟木板桩 trench timber sheeting
护箍 threaded protector
护固 retainer
护管 protecting tube;protective tube
护轨 anti-derailing rail; check rail; counter rail;guard bead;guard rail; guide rail; protector; safety rail; side rail;switch guard rail
护轨鼻铁【铁】 nosing
护轨撑 guard rail brace
护轨垫板 guard rail tie plate
护轨端开度 flare opening
护轨夹【铁】 yoke;guard rail clamp
护轨轮缘槽 guard rail groove
护轨螺栓 guard rail bolt
护轨洗涤机 guard rail washing machine
护轨与心轨查照间隔 clearance between ga(u)ge line of guard rail and frog center[centre]
护轨与翼轨查照间隔 clearance between ga(u)ge line of guard rail and wing rail
护轨枕木 guard sleeper
护航船 escort(ing) ship;escort(ing) vessel; consort; convoying ship; convoying vessel

H

护航的油船 escort tanker
护航队 anti-piracy guard
护航飞机 escort
护航会集港 convoy assembly port
护航舰 convoying ship;escort vessel
护航权 right of convoy
护航三角识别旗 convoy pennant
护航扫雷艇 escort minesweeper
护航线 convoy
护河梢辊 saucisson
护喉板 throat armo(u)r
护环 guard ring; protective ring; retainer ring; retaining ring; shroud ring;support ring;thimble;gird <发电机转子的>
护基方块 footing protection block
护基混凝土 reinforcement concrete of support legs
护舰部队 escort
护角 corner armo(u)r; protected corner;protective guard;protective steel angle
护角板条 square staff
护角夹 corner bead clip
护角金属镶条 cornerite
护角石 spur stone
护角条 angle bead;angle bend;angle staff; corner bead; corner guard; edge protection strip;plaster bead; staff angle
护角铁 corner guard;edge iron
护角线(条)angle staff;curb guard
护角压条 edge protection bead
护角铸件 corner casting;corner fittings
护角桩石 hurter
护脚 banket(te); toe protection; surefooting <岸坡等的>
护脚板 apron
护脚挡(辙叉)foot guard
护脚倒滤层 loaded filter;toe filter
护脚堆石 rubble-mound for foot protection
护脚坑 toe trench
护脚块体 apron block; foundation block;toe block;toe protection unit
护脚排 toe mattress
护脚抛石棱体 rubble-mound for foot protection
护脚砌层 toe course
护脚石 apron stone;toe stone
护脚土台 berm(e)
护铠板 armo(u)r plate
护坎 guard sill;toe kerb
护壳 protecting case;protective case
护孔 guard aperture
护孔壁泥浆 hole-wall-protecting mud
护孔环 grommet
护栏 barricade;barrier railing;counter rail; guard bar; guard bead; guard fence;guard rail(ing);guide rail; marginal bar; obstruction-guard; parapet; protection fence; protective railing; safe(ty) guard; side rail;midrail <在护轨及站台之间的>
护栏板 mopboard
护栏木 guard boom
护栏木设施 <防止冰块冲击桥墩的> shearwater
护栏木栅 log boom
护栏绳 cable parapet rope
护栏柱 fence stake
护缆垫 mooring mat
护肋 retaining shoulders
护篱 guard fence;protection fence
护理单位 nursing unit
护理单元 nursing unit
护理人员 paramedic
护理所 sheltered care home
护链槽 chain guard
护梁 check beam;guard beam
护料 facing material
护林边界 protection boundary
护林防火 fire-protection
护林防火道路 protection forest fire-proof road
护林工人 woodman
护林公约 pledge of protect forest
护林区 forest range;forest reserve
护林人员 forester
护林员 forest ranger;preventive patrolman
护炉腹钢带 <用插入式冷却板的> bosh band
护炉钢架 buck stave;buckstay
护路工人 surface-man
护路林 protective shelf of tree along a road;shelter belt
护路面法 mulch method
护路排水沟 berm(e)ditch
护路员工 trackman
护轮板 wheel guard
护轮带 guard belt
护轮轨 check rail; guard rail; guide rail
护轮轨鼻铁 nosing
护轮轨端开度 <展开尺寸> flare opening
护轮轨超高 super-elevation of guide rail
护轮轨间隔铁 separate block
护轮轨升高 super-elevation of guide rail
护轮轨斜垫块 flare block
护轮轨斜展角 flare bevel
护轮轨作用面和辙叉工作面的间隔 space between operative face of check rail and running edge of further rail
护轮护罩 roller box
护轮机 guard rail;protector
护轮架 fork head
护轮槛 curbing;kerb;backing log <码头前沿的>;cap beam;bull rail; curb
护门帽钉 door nail
护面 capping block <防波堤顶的>; armo(u)ring; face protection; facing; line post; masking; paving; protecting cover;protection covering; protection of face; protective cover;protective facing
护面板 armo(u)r plate;armo(u)r slab;armo(u)red faceplate;facing plate;pitching slab
护面材料 facing material; surfacing material;coating material
护面层 protective cover(ing);armo(u)red course;armo(u)r(ed) layer <块石、碎石等的>;armo(u)red coat <油漆等>;cover layer; capping cover layer <防波堤的>
护面层范围 extent of armo(u)r layer
护面层厚度 thickness of armo(u)r layer
护面层破坏程度 armo(u)r layer damage level
护面层渗透系数 permeability coefficient of armo(u)r layer
护面层受冲刷面积 <防波堤横截面的> armo(u)r layer erosion area
护面层失效 armo(u)r layer fail
护面层位移 movement of armo(u)r layer
护面大块石 armo(u)r rock; armo(u)r stone;capping stone
护面底料 protective base
护面灌浆 blanket grouting
护面灰 veneer plaster
护面混凝土 facing concrete
护面混凝土方块 concrete cube armo(u)r
护面混凝土集料 facing concrete aggregate
护面混凝土块体 armo(u)ring concrete block;facing concrete block
护面接缝 facing joint
护面结构 pavement structure
护面具 face guard
护面颗粒 armo(u)r particle
护面块设计 design of armo(u)r
护面块石 <防波堤或护岸的> armo(u)r rock; armo(u)r(ed) stone; capping rock;caprock;paving rock
护面块石相对重度 relative mass density of rock armo(u)r
护面块体 <防波堤用> armo(u)r unit;Armenia block;armo(u)r block; armo(u)r unit; block; cap(ping) block; cover block; capping armo(u)r
护面块体稳定系数 armo(u)r stability coefficient
护面块体稳定值 armo(u)r stability number
护面里衬 <蜗壳的> inlet lining
护面铺筑 placing of the facing
护面砌石 soling
护面墙 facing wall
护面石 armo(u)r(ed) rock; blanket stone;facing stone
护面石料 armo(u)r stone; facing stone
护面碎石 armo(u)r debris
护面圬工砌作 facing masonry work
护面圬工墙 facing masonry wall
护面小卵石 armo(u)r particle
护面罩 face guard; face saver; face shield
护面砖 face brick;veneered brick
护膜 cuticle; protecting coat; protection coat; protective coat(ing); protective layer
护木 felloe plank;fender beam;fender log;guard timber;guard wood;timber fender; wood fender; fender plank <桥梁>
护木簇桩 fender cluster
护木固紧铁件 fender hardware
护木挂索 chain for fender
护木螺栓 guard timber bolt
护木条 guard bead
护木盐 salt-type wood preservative
护木桩帽梁 fender cap
护目板 eye guard
护目玻璃 actinic glass
护目材料 eye-protecting material
护目镜 actinic glass; eye-protection glasses; goggles; preserve; protective glasses;protective goggles;protective spectacles; safety glasses; safety goggles;safety spectacles;visors;eye protector
护目镜玻璃 welding glass
护目镜片 screening glass
护目设备 eye protector
护目头罩 <焊工用> head shield
护目罩 eye guard; eye shield; head shield
护泥板 fender
护棚 fore-roof; protected roof; protecting roof
护坡 bank revetment;bank strengthening;breast wall;dike-dam;dike facing;dike revetment;erosion pavement;foot protection;hillside flanking; penning; pitching; pitching of slope; protection; protective revetment;revetted slope;revetment(of slope);slope pavement;slope protection;stabilizing berm;bank protection
护坡层 grade protection layer
护坡道 back berm;banket(te);banquette;berm(e)
护坡道构造 bench construction;berm(e)construction
护坡道养护 berm(e)maintenance
护坡堤坝 bank protection dam
护坡垫层 bed of pitching
护坡顶梁 topbeam
护坡工程 bank protection works
护坡基床 bed of the paving; bed of the pitching
护坡竖板 shear board
护坡林 forest for protecting slopes from soil erosion
护坡绿化 slope planting
护坡排水深沟 counterfort drain
护坡铺面 storm pavement
护坡墙 revetment wall;slope wall
护坡石 pitching block; storm pavement <桥墩式防波堤的>
护坡石料 pitcher
护坡栅栏 waling
护漆 vernix
护墙 counterfort; curtain masonry wall; curtain wall; fencing wall; fender wall; guard wall; masonry; parapet; parapet wall; revetment; screen wall; shelter wall; wall fence;protecting wall;apron;revetment wall【港】;marginal bund <在堰闸边缘修建的>
护墙板 chair rail;cladding;cleading; dado; double-headed rail; exterior siding; foot stall; lap siding; main wall panel;overcloak;panel(ling); panel siding; protecting wall; scrub board; sheathing; sheathing board; sheeter;sheeting;sheet panel;siding board;siding shingle;skirting;wall dunnage;wall panel;wainscot;back of a window <窗框底部与楼板之间的>;apron wall <水下窗间的>
护墙板安装法 wainscot(t)ing; wall paneling
护墙板材料 wainscot(t)ing
护墙板衬垫 sheeting board lining
护墙板的装设 wainscot(t)ing
护墙板覆面 sheeting cover(ing)
护墙板卡规 clapboard ga(u)ge;siding ga(u)ge
护墙板量规 siding ga(u)ge
护墙板抹灰压顶 plaster wainscot cap
护墙板饰面 sheeting board facing
护墙板镶条 wainscot(ting)rail
护墙板橡木 wainscot(ting)oak
护墙板压顶 wainscot(ting)cap
护墙板压顶线 surbase
护墙板压条 dado mo(u)lding
护墙板砖 panel brick
护墙薄钢板 flexible metal masonry wall-flashing(piece)
护墙瓷砖 furring tile
护墙盖板 siding shingle
护墙格板 cargo batten
护墙格栅 wall dunnage
护墙靠椅栏 chair rail;dado rail
护墙靠椅栏顶边线脚 chair rail cap
护墙栏 wall guard
护墙栏杆 apron rail;buffer rail;guard bar;guard rail
护墙墙板 parapet panel;parapet slab
护墙饰 parapet facing
护墙饰面 parapet facing
护墙楔形板 clapboard
护墙砖板 panel brick
护墙桩 fender pile

护桥 apron
护桥警卫室 bridge guardhouse; bridge house
护圈 cage; guard ring; retainer; retainer ring; retaining ring; shroud ring
护圈拦阻物 retainer
护圈螺钉 retainer screw
护圈密封 retainer seal
护热管道 lagged pile
护刃器 guard finger
护刃器梁 finger bar
护刃器调节规 guard ga(u)ge
护筛粗网 scalper
护伤膏 sticking plaster
护师 nurse practitioner
护石 guard stone
护士办公室 nurse's office; nurse's station
护士长室 head nurse's room
护士呼叫系统 nurse call system
护士教学区 nurse's teaching block
护士培训学校 training school for nurses
护士室 nurse's station; nurse room
护士学校 nurse's school; school of nurses
护士站 nurse's station
护士住房 nurse's hostel
护手 hand guard
护树根法 mulch method
护树桩 tree stake
护丝 screw protector; threaded protector
护送 escort
护送车 escort vehicle
护送车队 road convey
护送船 accompanying vessel; convoy vessel; escort vessel
护送队 convoy
护索板 bolster; bolster plate
护胎带 breaker; breaker strip
护滩 beach maintenance; beach protection
护坦 apron; consolidation dam; protection apron; water apron
护坦底板 apron slab
护坦块体 apron block
护坦笼框 apron crib
护坦坡度 apron slope
护坦上的消能设备 floor baffle
护坦设计 design of apron
护坦石料 apron stone
护坦延长段 apron extension
护坦延伸段 apron extension
护膛衬板 fireplace insert
护套 casing; dust cover; jacket; protecting bush; protecting sleeve; protective sleeve; sheath(ing); shield sleeve; sleeve
护套层 inhibitory coating; restrictive coating
护套大玻璃瓶 carboy
护套挤压 sheath extrusion
护套空间 jacket space
护套冷却 jacket cooling
护套渗漏 jacket leak
护套线 flex; flexible cord; flexible wire
护田林 shelter forest; windbreak forest
护田林带 farm shelter belt; protective forest belt; shelter belt
护田作物 cover crop
护条 sash stop; guard bead <吊窗的>
护铁 break iron; back iron; cap iron; cover iron <木工刨刀>
护铁压杆 cap lever
护筒 drive pipe; pile casing(tube)
护土处理 mulch method
护土覆盖物 soil-protective cover
护土植物 soil protecting plant
护腿 leggings
护腿靴 protective boot
护网 brush guard; guard screen
护卫车 escort vehicle
护卫舰 destroyer escort; patrol sloop; sloop
护卫者 guardian
护膝 knee cap; knee guard
护膝板 kneeboard
护舷 fender unit
护舷板 boat skid
护舷材 fender bar; fender rail; gunnel; gunwale; rubbing strip; rubbing stroke
护舷材受力量测仪 fender impact gage
护舷的抗剪能力 shear capacity of fender
护舷垫木 fender beam
护舷反力 fender reaction
护舷费 boomage
护舷钢桩 steel fender pile
护舷构架 fender frame; fender rack
护舷间距 fender spacing
护舷靠垫 pudding fender
护舷框架 fender frame
护舷类型 type of fender
护舷梁 fender beam
护舷面板 fender face panel
护舷木 fender; guard rail; skid; spar fender; timber rubbing strip; wooden fender
护舷碰垫 mat fender; strake fender
护舷软木 cork fender
护舷设施 fendering
护舷贴面板 covering board
护舷托架 fender bracket
护舷系统 fender system
护舷支座布置 fender support arrangement
护舷桩 fender pile; spar pile
护檐板 clapboard
护檐板规 clapboard ga(u)ge
护眼罩 cover glass
护焰罩 burner guard
护油圈 oil control ring; oil retainer (thrower); oil seal
护油罩 oil shield
护鱼隔网 <堤坝放水口道用> fish screen
护渔巡洋舰 fishery protecting cruiser
护隅 protected corner
护园林 garden-shelter forest
护缘板 contour plate
护栅 covering grate; guard cage; lace bar
护栅栏 guard fence
护照 passport; protection
护照号 passport no.
护照检查处 passport control immigration
护罩 casing; cleading; protecting cover; protecting grill; protecting shield; protective cover; sconce; shield; shroud
护脂圈 grease retainer
护脂圈拆卸工具 grease retainer remover
护脂毡圈 grease retainer; grease retainer felt
护指套 fingerstaff
护柱 apron; guard post; post fence; bollard <装于行人安全岛顶端的>
护桩 grade stake; guard pile; guard stake; pile(d) fender(ing); reference stake【道】
护桩箍 drive[driving] band
护桩群 cluster of fender piles

戽 bail

戽车 noria
戽出 bail
戽斗 bailer; dipper; dredging box; hopper; irrigation bucket; ladle; sakieh; scooper; skeet; bucket <冲击式水轮机的>
戽斗板 bucket board
戽斗车 bucket car; hopper car
戽斗齿 bucket tooth
戽斗反弧拱 bucket invert
戽斗连接 bucket attachment
戽斗链式刮土机 bucket scraper
戽斗链延迟线 bucket brigade delay line
戽斗獠牙 bucket teeth
戽斗轮 scoop wheel
戽斗升降机 bucket elevator
戽斗式 scoop-type
戽斗式加油枪 <加润滑油用> bucket pump gun
戽斗式架 bucket flight
戽斗式进料器 scoop feeder
戽斗式输送机 hopper conveyer[conveyor]
戽斗式消力池 bucket basin
戽斗式消能工 bucket-type energy dissipator
戽斗水 bail
戽斗水车 scoop wheel
戽斗索具 bucket rig
戽斗提升泵 elevator pump
戽斗提升机 scoop flight conveyer [conveyor]
戽斗挖泥机 bucket dredge(r)
戽斗形进气口 flush air intake
戽内水辊 bucket roller
戽式链轮 bucket wheel
戽水 bale
戽水车 <西班牙和东方国家的> noria
戽水车供水池 noria basin
戽水车汲水池 noria basin
戽水斗 bailing bucket
戽水机 scooping machine
戽索 bucket rig
戽头转轮挖掘机 bucket wheel excavator
戽头转轮挖土机 bucket wheel excavator
戽叶隔板 splitter

花 blossom; paring

花白的 greyish; grizzled
花白蜡树 flowering ash
花柏 chameaecyparis pisifera; peabearing ground cypress; pea fruit cypress; Sawara cypress
花柏属 false cypress
花扳手 combination spanner
花斑 flash; spotting
花斑点 white specks in decoration
花斑结构 granophyric texture
花斑纹 <涂饰法> mottle
花斑型位置效应 variegated position effect
花斑岩 granophyre; pegmatophyre
花斑(岩)的 granophyric
花斑叶 mottle leaf
花斑状的【地】 graniphyric; pegmatophyric; piebald
花斑状构造 granophyric texture
花板条天棚 ceiling board
花板砧 swage block
花版 stencil
花瓣 corolla; petal
花瓣式空气加热器 petal air heater
花瓣形 foil; petaling
花瓣形格体 cloverleaf cell
花瓣状的 petal-like; petaloid
花瓣状火山泥球构造 petaloid volcanic mud ball structure
花包棉 enveloping asbestos
花爆 fire works
花被 floral envelope
花被卷叠式 aestivation
花边 circumscription; cording; earing; galloon; lace; motif; mo(u)lding; purfling; unneat beading
花边玻璃 pattern edged plate
花边带 fillet
花边刀 jagger
花边钉 gimp pin
花边尖拱 composite arch
花边嵌条 ornamental band
花边墙面板 fancy butt
花边式滤网 lace screen
花边条 cross band
花边瓦 segmental gully tile with fancy rim
花边毡 floral border blanket
花边纸 lace paper
花边纸刀 laced paper cutter
花边绉劈 jabot
花边柱 laced column
花边装饰 lace trimmings
花边状塔顶 lace-like spire
花边状推覆体 laced nappe
花标 ranging pole
花柄 floral shoot; flower stalk; pedicel
花玻璃 mosaic glass
花布 <作窗帘等用的> valance
花彩 garland
花彩弧 festoon
花彩弧状交错层理构造 festoon cross-stratification structure
花彩交错层理 festoon; festoon cross-bedding
花彩云 festoon cloud
花彩褶 <冰缘> festoon
花彩装饰 festoonery
花槽 flower of trough
花草 flowering straw
花草陈列馆 show house
花草栽培 floriculture; flower growing
花插 flower arrangement receptacle
花铲子 scoop; trowel
花车 fashioned vehicle; parlo(u)r car
花程式 floral formula; flower formula
花窗 flower window
花床植物 bedding plant
花锤 bush hammer
花锤饰面 bush-hammered finish(face)
花锤饰面混凝土 bush-hammered concrete
花丛式坛植 cluster bedding
花簇 cluster
花簇丛 blossom cluster
花带状应变片 ribbon ga(u)ge
花的 floristic
花的机制 floral mechanism
花的图样 fleur
花的主题 flower motif
花的装饰布景 flower piece
花灯 chandelier
花点 spotting
花店 florist
花缎 brocade; brocatel(le)
花朵 bloom
花朵形装饰 encarpa; encarpus
花朵装饰 flower piece
花萼 calyx
花萼钻凿井 calyx drilling
花萼钻钻探 calyx drilling
花耳属 <拉> Dacrymyces
花房 forcing house; glasshouse; green-

H

house;show house
花房玻璃 greenhouse glass
花费 bestow; cost; expend; payout; spend
花费不多的 inexpensive
花费极少的游乐场所 penny arcade
花粉 pollen
花粉地层学 pollen stratigraphy
花粉分析 pollen analysis
花粉分析法 pollen analysis method
花粉分析学 palynology
花粉谱 pollen spectrum
花粉学 pollenology
花腹板 lattice web
花杆【测】 bearing picket; flag pole; flag rod; line rod; lining pole; object staff; range pole; range [ranging] rod; sight rod; surveyor's pole; banderolle; folding ruler; range [ranging] pole; sighting rod; sight pole; surveying rod; zigzag rule
花杆员 rodman
花岗斑岩 granite porphyry[porphyre]
花岗斑状的 graniphyric
花岗斑状结构 granoporphyritic texture
花岗变晶结构【地】 granoblastic texture
花岗变晶状的 granoblastic
花岗岩衬砌 granite lining
花岗粗面结构 granitotrachytic texture
花岗粗面状的 granitotrachytic
花岗构造 granitic structure
花岗辉长岩 granogabbro
花岗结构 granitic texture
花岗粒玄岩 granodolerite
花岗鳞片变晶结构 grano lepidoblastic texture
花岗流纹岩 granitic-rhyolitic rock
花岗片麻岩 granite-gneiss
花岗砂岩 granite wash
花岗闪长斑岩 granodiorite porphyry
花岗闪长玢岩 corcovadite
花岗闪长岩 granodiorite
花岗闪长岩类 granodiorite group
花岗闪长质混合片麻岩 granodioritic amphogneiss
花岗石 granite; grano
花岗石板 granite plate; granite slab
花岗石板材 granite plank
花岗石板地面 granite slab floor(ing)
花岗石板饰面 granite veneer facing
花岗石衬里 granite lining
花岗石出面【建】 granite facing
花岗石粗骨料 granite coarse aggregate
花岗石道牙 granite curb
花岗石方块 granite cube
花岗石粉 powdered granite
花岗石粉末 granite dust; granite flour
花岗石工 granite blockwork
花岗石化作用 granitization
花岗石混凝土瓦 granite concrete tile
花岗石混凝土砖 granite concrete tile
花岗石块 granite block
花岗石块地面 granite cube floor
花岗石块端砌 opus isodomum of granite blocks
花岗石块加工 granite blockwork
花岗石块路面 granite block pavement
花岗石块铺砌路面 granite block pavement
花岗石砾石 granite gravel
花岗石路面石块 granite paving sett
花岗石路缘 granite curb; granite kerb
花岗石面层 granite surface; granite facing
花岗石面处理 granitic finish
花岗石幕墙 granite curtain(wall)
花岗石铺面 granite surfacing; granite pavement
花岗石铺面的 granite-faced
花岗石铺砌路面 granite pavement
花岗石砌面 granite facing
花岗石墙面 granite coating
花岗石砂胶 granite mastic
花岗石筛屑 granite screenings
花岗石饰面 granite(sur)facing
花岗石碎块 broken granite
花岗石碎片 granite chip(ping)s
花岗石碎砂 granite crushed sand
花岗石碎屑 granite chippings
花岗石台阶 granite step
花岗石梯级 granite step
花岗石贴面的 granite-faced
花岗石围墙 granite enceinte
花岗石纹纸 granite paper
花岗石圬工 granite masonry
花岗石圬工工作 granite masonry work
花岗石镶面 granite facing
花岗石镶嵌工 granite setter
花岗石小方石块 granite sett
花岗石屑 granite chips
花岗石修饰 granite finish
花岗石油地毡 granite lino(leum)
花岗石缘墙 granite curb[kerb]
花岗石质孤石 moorstone
花岗石柱 granite column
花岗石柱面 granite column face
花岗石状的 granitiform
花岗石状加工 granitic finish
花岗碎裂结构 granoclastic texture
花岗碎石 <一种混凝土路面材料> granolith
花岗碎石混凝土 granolithic concrete
花岗碎石混凝土骨料 granolithic concrete aggregate
花岗碎石铺面层 granolithic finish
花岗伟晶岩 granite[granitic] pegmatite
花岗伟晶岩矿床 granitic pegmatite deposit
花岗细晶岩 granite-(h)aplite
花岗纤维变晶结构 grano fibrous blastic texture
花岗岩 granite; moorstone
花岗岩斑岩 porphyroid granite
花岗岩板材 granite plank
花岗岩采石场 granite quarry
花岗岩残积土 granitic residual soil
花岗岩层 <硅铝层> granite layer; granitic layer
花岗岩层下的 infragranitic
花岗岩冲积物 granite wash
花岗岩冲积物储集层 granite wash reservoir
花岗岩大理石 gray marble
花岗岩道砟 granite ballast
花岗岩道砟混凝土 granite ballast concrete
花岗岩地基 granite bed
花岗岩-二长花岗岩类 granite-monzonitic granite group
花岗岩粉末 granite powder
花岗岩拱 granite arch
花岗岩骨料 granite aggregate
花岗岩骨料面 exposed granite aggregate finish
花岗岩含稀土元素建造 granite rare earth element-bearing formation
花岗岩红土 granite-laterite
花岗岩化 granitigation
花岗岩化成矿说 granitization theory of metallization
花岗岩化花岗岩 granitization granite
花岗岩化热液 granitizational-hydrothermal solution
花岗岩化作用 granitization
花岗岩化作用方式 granitization way
花岗岩集料面 exposed granite aggregate finish
花岗岩块 granite block
花岗岩矿床 granite deposit
花岗岩类 granite rocks; granitic rocks; granitoid; granide
花岗岩砾岩 granitic conglomerate
花岗岩路基 granite bed
花岗岩磨面工 dunter
花岗岩平板 granite surface plate
花岗岩铺砌路面 granite block pavement
花岗岩铺饰楼面 granite slab floor(ing)
花岗岩砌面 granite facing
花岗岩人工砂 crushed granite sand
花岗岩砂 granite sand
花岗岩湿地 soak
花岗岩石碑 granite plate
花岗岩石块铺砌路面 granite sett paving
花岗岩石矿 granite quarry
花岗岩石子 crushed granite
花岗岩饰面 granite finish
花岗岩(似)的 granitic
花岗岩碎块 broken granite
花岗岩碎砾 grush; grus(s)
花岗岩碎裂结构的 granoblastic
花岗岩碎砂 granite broken sand
花岗岩碎石 granite gruss
花岗岩碎石工 granolithic worker
花岗岩碎石混凝土 granite concrete
花岗岩条石 granite sett
花岗岩纹纸板 granite board
花岗岩系 granite series
花岗岩小方石 granite sett
花岗岩屑 granite chippings
花岗岩型铀矿石 U ore of granite type
花岗岩岩基 granitic batholith
花岗岩异常 anomaly of granite
花岗岩与沥青联合碾磨 joint grinding
花岗岩中金多金属矿脉 gold-polymetallic vein in granite
花岗岩状的 eugranitic; granitoid
花岗岩状结构 equigranular texture
花岗岩状料 granitoid
花岗岩族 granite clan
花岗云英岩 granite greisen
花岗正长岩 granosyenite
花岗质混合片麻岩 granitic amphogneiss
花岗质片麻岩 granitic gneiss
花岗质砂岩 arkosic sandstone; feldspathic sandstone; granitic sandstone
花岗状的 granitic; granopatic
花岗状粉刷 granitic plaster
花岗状火成岩 granolite
花岗状结构 granitoidal texture
花岗状岩浆岩 granitic magma
花缸 flower of trough
花钢板 chequered plate; diamond plate; ribbed plate
花格 lattice(work)
花格板框架 grating frame
花格窗 lattice window; trellis window; window tracery
花格窗花纹图案 tracery motif
花格窗火焰状饰 mouchette
花格窗口 traceried opening
花格窗小山墙 window openwork gablet
花格窗装饰艺术 tracery decorating art
花格大梁 lattice(d) girder
花格灯罩 egg crate
花格吊窗 drop tracery
花格顶板 lacunar
花格顶棚 lacunaria
花格浮标 checkered buoy
花格腹板 lattice web
花格隔断 latticed partition wall; lattice-work partition
花格隔墙 latticed partition wall; lattice-work partition
花格构件 grill(e) member
花格架 treillage
花格梁 hollow-trussed beam; laced beam; lattice beam; panel girder
花格梁桥 lattice beam bridge
花格漏窗 open tracery
花格平顶【建】 caisson ceiling; coffered ceiling; lacunar
花格平顶凹板 <希腊建筑的> opaion
花格墙 pigeon-holed wall; screen wall; trellis; curtain wall <玻璃池窑的>; perforated wall; pieced wall <指用各种砌块砌成的>; lattice wall <指用木或金属砌成的>
花格散光片 eggcrate diffuser
花格式百叶窗 eggcrate louver
花格式出檐 eggcrate canopy
花格网孔设计 dictyotheton
花格围栏 cancello
花格围屏 cancello
花格形的 lattice-like
花格制品 trellis work
花格砖 lattice brick
花格装饰 bratticing
花格子材料 chequered material
花格走廊 trellised verandah
花隔梁 hollow-trussed beam
花梗 pedicle; stalk
花箍结 spider Turk's head
花挂毯 tapestry
花冠 corolla; crown; garland; wreath
花冠柄 anthophore
花冠筒 tube
花冠状的 corolliform
花冠状断层 corolla-like faults
花管 <进水管有滤网的一段> perforated pipe; screen pipe; water strainer
花管胀圈法灌浆 sleeve pipe grouting
花罐 flower container; flower tub
花盒 flower box
花后生叶 hysteranthous
花环 chaplet; flower work; garlane; wreath; wreath at turn
花环彩饰 garland ornament
花环雕饰 garland
花环链 chains hanging in festoon; garland hung chain
花环链幕 festoon chains; loop chain
花环链热交换系统 curtain and festoon chain heat transfer system
花环平挂 flat chain system
花环曲线 festoon-shape curve
花环斜挂链 garland chain
花环斜挂链条系统 garland chain system
花环状通道 floral-hoop-like conduit
花黄胸白蚁 <拉> Reticulitermes fukienesis
花卉 floral crops; flowers and plants; garden stuff
花卉布景 flower arranging
花卉彩饰 garland leaf
花卉产品 flowers-and-plants production
花卉的 floral
花卉花纹 floral motifs
花卉生产 flower production
花卉图案 floral design; floral diagram; floral pattern
花卉图案的壁纸或织物 floral
花卉图式 floral diagram

花卉学家 horticulturist
花卉业 flowers-and-plants production
花卉园艺学 floriculture
花卉栽培 flower culture;floriculture
花卉栽培工 floriculturist
花卉专用长效肥料 special fertilizer for flowers
花卉装饰 floral decoration;floral ornament;flower arranging;flower corsage;flower decoration
花卉装饰设计 floral design
花架 arbor;flower shelf;pergola;trellis
花架椽 intermediate rafter
花架下散步山径 pergola
花架柱 pergola pillar
花键 integral key;multiple keys;multiple spline;spline
花键扳手 splined spanner
花键半轴 splined half shaft
花键槽 rotation groove
花键插齿刀 spline pinion cutter
花键齿轮 spline gear
花键传动套 spline drive socket
花键(多槽)轴连接 splined joint
花键根圆直径 root diameter
花键管 splined tube
花键滚齿机 spline hobbing machine
花键滚床 splined hobbing machine
花键滚刀 spline hob;spline shaft hob
花键滚压 spline rolling
花键环规 spline ring ga(u)ge
花键接合 slip-tongue joint;spline joint
花键接合的轮胎 toothed tire[tyre]
花键进给杠 spline feed rod
花键孔 splined hole
花键廓量规 serration ga(u)ge
花键拉刀 spline broach
花键连接 splined connection;splined joint
花键联轴节 spline coupling
花键量规 spline ga(u)ge
花键轮毂 multiple spline hub
花键磨床 spline grinding machine
花键内径配合 minor diameter fit of spline
花键拟合 spline fit
花键配合 spline fit
花键塞规 spline plug ga(u)ge
花键式活动接头 slip joint
花键套 splined hub;spline housing
花键套叉头 spline slip yoke
花键套管 splined sleeve
花键推刀 spline push broach
花键外径配合 major diameter fit of spline
花键铣床 spline miller;spline milling machine
花键铣刀 spline milling cutter
花键铣刀刀杆 saw arbor
花键心轴 splined mandrel
花键与键槽铣床 spline and keyway miller;spline and keyway milling machine
花键轴 castellated shaft;integral key shaft;multiple spline shaft;spline(d)shaft
花键轴叉头 spline shaft fork;spline shaft yoke
花键轴齿轮 spline shaft gear
花键轴辊铣床 multispline hobbing machine
花键轴磨床 spline shaft grinding machine
花键轴套 hub spline
花键轴铣床 spline shaft hobbing machine;spline shaft milling machine
花键转动套 <凿岩机> rotary splined sleeve
花键座 spline fitting;spline hub
花匠 florist;gardener
花匠工具 edge iron
花结花坛 knot bed
花开期 <指单花> anthesis
花口壳属 <拉> Anthostoma
花篮雕饰 corbeil(le)
花篮拱 <形同花篮提手> basket arch
花篮或果篮雕饰 corbeil(le)
花篮梁 composite girder with corbels;ledger beam
花篮螺钉 rigging screw
花篮螺栓 turnbuckle;turn buckle;twisting stick
花篮螺丝 screw shackle;steel turnbuckle;turnbuckle(screw)
花篮螺丝扣 turnbuckle
花篮饰 corbeil(le)
花篮形内心 <柱头花饰的> calathus
花篮形装饰 corbel
花篮渣 <污水池中固体废物> basket strainer wastes
花篮状编织花饰 natte
花篮状柱头 basket;basket capital
花梨木 <黄檀属及类似的热带深红色或紫色的硬木> rose wood;bubinga;Burma padauk;paddauk
花篱 flower hedge
花鲢 bighead carp
花脸 crater
花梁 panel girder
花楼 dress circle
花螺母 clamp nut;horned screw nut
花帽箍 civic crown
花面狸 masked civet
花面涂布纸 cameo paper
花名册 muster;roster;rota
花木(棚)架 espalier
花木商店 flower and plant shop
花盘 disk chuck;face-plate;flower bowl
花盘夹头 face-plate dog
花炮 fire works
花盆 flower basin;flower of trough;flower pot;flower tub;jardiniere;planter
花盆架 <装饰用的> jardiniere
花盆箱 cachepot
花棚 garden shed
花棚板条 espalier lath
花棚下步道 arbo(u)r walk
花瓶 flower vase;jardiniere;vase
花瓶玻璃 greenhouse glass
花铺石板瓦 open slating;spaced slating
花铺望板 spaced boarding
花圃 border bed;flower bed;flower bowl;flower nursery
花谱 florilegium[复 florilegia]
花瀑 floral organ;floral part
花期 florescence;flower period
花旗松【植】Douglas fir;Columbian pine;Oregon pine;red fir
花旗银行 First National City Bank[Citibank]
花砌石层 hacking
花钱的 sumptuous
花墙 perforated wall;tracery wall;honeycombed wall <水工模型试验用>
花墙砌法 cellular bond;rat-trap bond;silver-block bond
花青 cyanin(e)
花青海军蓝 cyanin(e) navy blue
花青蓝 cyanin(e) blue
花青染料 cyanin(e) dyes;iodocyanin;quinoline blue
花青素 anthocyanidin;cyanidin
花青酸性蓝 cyanin(e) acid blue
花楸 mountain ash
花楸树 service tree
花楸属 mountain ash;service tree;sorb;Sorbus <拉>
花球装饰 ball and flower
花圈 chaplet;wreath
花洒控制阀 sprinkler control valve
花腮钳 combination pliers with side cutting jaws
花色改变 colo(u)r change in flower
花色胶合板 fancy plywood
花色金属板 fancy sheet metal
花色木材 fancy wood
花色木料 mottled wood
花色品种 varieties and designs
花色纱 fancy yarn textured yarn
花色素 anthocyanidin
花色素类 anthocyan
花山墙 gablet
花山头 gablet
花山形老虎窗 gable dormer
花生管 peanut tube
花生酸 arachidic acid;eicosanoic acid
花生纤维 peanut fiber[fibre]
花生油 arachis oil;groundnut oil;peanut oil
花生状 peanut
花生状结核 peanut nodule
花石墙壁 pinning
花式 floral form
花式粗节 slub
花式地板面砖 patterned floor cover(ing) tile
花式地面砖 pattern floor cover tile
花式沟纹 kinscord
花式嵌丝网玻璃 patterned wire(d) glass
花式绒头 <指地毯> textured pile
花式织物 textured fabric
花饰 floral pattern;flourish;flower;flowerage;flower festoon;flower work;vase;glyptograph <宝石上雕刻的>
花饰窗 flower window
花饰窗格的四叶饰 soufflet
花饰大写斜体字 swash letters
花饰的 floriated
花饰铅条 fretted lead
花饰铅条窗 lattice window;leaded light
花饰铅条窗玻璃工 lead-light glazier
花饰十字架 Flory cross
花饰石板瓦 ornamental slating
花饰陶器 <文艺复兴时期意大利出产的> majolica(tile);maolica
花饰线脚 <圆棍段相隔交错的> segmental billet
花室卡雅楝 cababa
花台 flower bed
花坛 flower bed;flower terrace;parterre
花坛顶层 grand tier
花坛分界隔板 plastic bed divider
花坛花草 bedding plant
花坛墙 flower bed surround
花坛植物 bed(ding) plant
花毯 dimity
花毯装饰 tapestry
花体字 curlicue;quirk;twirl
花条痕状百叶窗 canalette blind
花铁板 checkered plate
花铁大门 openwork iron gate
花烃 cymene
花托 thalamus
花帷 arras
花纹 decorative pattern;figure;flower;flower-like design;tread;texturing <混凝土表面的>
花纹板 riffle plate;checkered plate
花纹边 lacework;twisted fringe
花纹玻璃 figure glass;floral pattern glass;muranese;patterned glass
花纹大门 figure portal
花纹单板 figured veneer
花纹的底层 undertread
花纹地毯 patterned carpet
花纹雕塑 figure-sculpture
花纹方向 lay
花纹钢 checkered iron;riffled sheet
花纹钢板 checkered steel plate;relief steel plate;relieved steel plate;riffled steel plate;tread plate
花纹绞丝 grant-reeled silk
花纹结构 arabesquitic
花纹截面 tread bar profile
花纹肋槽比 bar to gap ratio
花纹路 pattern path;white lines in decoration area
花纹铝箔 alumin(i)um checker(ed) foil
花纹美化装饰 floral enrichment
花纹模糊 faint impression
花纹抹面 textured finish;texturing
花纹皮辊 Guilloche work
花纹砌合 pattern bond
花纹砌块 textile block
花纹墙面 textured wall(ing) surface
花纹(软)钢板 mild steel checkered plate
花纹软钢片 mild steel checkered plate
花纹舢板 flory-boat
花纹设计 pattern design;pattern layout
花纹伸长 pulled pattern
花纹式样 tread pattern
花纹饰面 marked finish;patterned finish;textured finish
花纹饰面混凝土 textured fair-faced concrete
花纹刷 mottle
花纹铜版纸 ingrain art paper
花纹图案 floral design;flower motif
花纹效应 figured effect
花纹斜纹 figured twills
花纹形玷污 festoon staining
花纹岩 ganophyre
花纹油地毯 inlaid linoleum
花纹罩面 oystering
花纹纸 silurian paper;veined paper
花纹砖 textured brick;textured tile
花纹砖板 textured brick slab
花纹装饰 floral decoration;floral ornament;floriated decoration
花纹装饰的 flowered
花纹装饰混凝土 textured exposed concrete
花纹装饰用具 floral decorative fixture
花纹状嵌饰 tessellate
花匣 flower box
花线 flexible cord;flex(ible wire)
花箱 flower box;flower container
花销 expense
花销过度 over-spend
花形的 floriated
花形图案 a design of flowers;flower-like design
花形图案装饰 fleuron
花形纹饰 flower-shaped ornament
花形物 rosette
花序 inflorescence
花序梗 flower stalk
花压板 presser cut
花押字母 monogram
花芽 flower bud
花檐 cornice
花檐板 cornice boarding
花檐底 cornice soffit
花檐底板 corona
花样 gimmick;motif;pattern
花样壁纸 patterned wallpaper

花样表层 patterned ground
花样缠扎绳头 coach whipping
花样螺栓 garnish bolt
花样铺面 pattern paving
花样砌筑 pattern
花样修饰 ornamental finish
花样叶 patterned leaf
花药 anther
花椰菜 cauliflower
花叶 floral leaf;flower leaf
花叶丁香 Persian lilac
花叶饰【建】floriated;arabesque
花叶形装饰 foliation plain
花颖片 flowering glume
花釉 fancy glaze
花园 flower garden;garden
花园场地 garden ground
花园城 garden town
花园城市 garden city
花园城市理论 garden city theory
花园城市住宅的门窗插销 garden city latch
花园城镇 garden town
花园瓷砖 garden tile
花园村 garden village
花园大道 park avenue
花园地 toft
花园饭店 garden restaurant
花园给水栓 garden hydrant
花园工厂 industrial park
花园工具堆房 garden tool shed
花园工具棚屋 garden tool shed
花园公寓 garden apartment
花园环境 garden surround
花园建筑构件 garden unit
花园建筑家 garden architect
花园建筑物立面 garden facade
花园建筑物正面 garden facade
花园浇水带 garden hose
花园浇水用软管 garden hose
花园居住区 garden colony
花园凉亭 garden house
花园楼梯 garden stair(case)
花园路 parkway
花园黏[粘]土墙 garden clay brick wall
花园喷泉 garden fountain
花园棚屋 garden shed
花园铺路石 garden path(paving) flag (stone)
花园社区 garden city
花园设施 garden marking
花园市郊 garden suburb
花园式公寓 garden type apartment
花园式平房 bungalow
花园式住宅区 garden city
花园水龙带 garden hose
花园太阳伞 tiltable sunshade; tilted garden parasol
花园庭院 garden court
花园外貌 garden figure
花园围篱 garden fence
花园围墙 garden wall
花园围墙式砌合 garden wall bond
花园纹地毯 garden carpet
花园圬工墙 garden masonry wall
花园屋顶 garden roof
花园小径 garden path
花园小门 garden wicket
花园形象 garden figure
花园洋房 town house
花园用燃料油 smudge oil
花园栅栏 garden fence
花园正面 garden front
花园中心<具备一切花园设施的宏大商业机构> garden-centre
花园周围 garden surround
花园周围柱廊 xyst(us)
花园住宅 garden house
花园住宅村舍 garden cottage community
花园住宅区 garden cottage community; garden (housing) estate; garden nesting; garden dwelling unit
花原端 floral apex
花在模制线脚上的人工 mo(u)lded work
花毡 tapestry
花砧 swage block
花枝吊灯座 luster fitting
花枝条 flower shoot
花轴 floral axis
花砖 decor tile; floor tile; tile
花砖便道 tile walk
花砖尺寸 tile size
花砖地 tile floor
花砖地面 opus sectile; sectile opus; tile(d) floor
花砖铺面 paving with tiles; tile paving
花砖人行道 tile walk
花砖式饰板 tileboard
花砖式饰面拼板 tileboard
花状 efflorescent
花状冰 efflorescent ice
花状断口 rosette fracture
花状模型 flower model
花状平纹 anthemion(mo(u)lding)

划

划拨 transference

划拨储蓄款 transfer saving
划拨基金 transfer fund
划拨款项 remit money
划船 boating; row
划船人 rower
划船设备 rowing equipment
划船设施 boating facility
划船试验 rowing test
划船术 boatmanship; oarsmanship; watermanship
划桨 paddle
划桨船 pulling boat; rowboat; rowship
划桨救生艇 oar propelled lifeboat
划桨人 oarsman
划艇 canoe; rowboat; rowing boat
划艇的首尾部分 sheets
划艇术 boatmanship; oarsmanship

华

华 corona; bloom <金属氧化物的水合物>

华白(指)数 Wobbe index; Wobbe number
华北半干旱亚热带-热带亚带 North China semiarid subtropical to tropical subzone
华北大海退 North China great regression
华北大区 North China region
华北地槽系 North China geosyncline system
华北地区生长条件<中国> growing conditions in North China
华北-东南亚板块 North China-Southeast Asia Plate
华北动物地理区 North China faunal province
华北非海相介形类地理区 North China non-marine ostacode province
华北干旱亚热带-热带 North China arid subtropical to tropical zone
华北高地 North China upland
华北海浸 North China transgression
华北海盆 North China sea basin
华北落叶松 Prince Rupprecht's larch
华北珊瑚地理区 North China coral province
华北褶皱系 North China fold system
华表 candelabrum[复 candelabra/candelabrums]; Chinese-traditional paired stelae; marble pillar; ornamental pillar; stela[复 stelal/steles]
华达呢 gabardeen; gabardine
华帝杉 Chinese denglas fir
华而不实的建筑 folly; gingerbread work
华尔顿水泥 Walton's cement
华尔顿亚麻油毡 Walton's lino(leum)
华尔顿油毛毡制作法 Walton process
华尔福蒂斯牌防水液<商品名> Wallfortis
华尔兹回转窑烟化法 Waelz method
华尔兹形的 valsoid
华夫板 wafer board
华夫饼式<表面有小格子> waffle type
华夫饼式吸声构造 sound-absorbent waffle
华夫格 Walf checks
华夫刨花 wafers
华夫型格式板 waffle-shaped grid
华夫型楼板 waffle floor; waffle slab floor
华盖 aureola[aureole]; baldachin; canopy; leaf canopy; tester <布道台、坟墓、大床等的>
华盖床 crown bed
华盖装饰 tabernacle work
华格纳接地 Wagner ground
华格纳接地装置 Wagner earth device
华格纳锡基合金 Wagner alloy
华格纳细度<用华格纳浑浊度仪测定的水泥细度> Wagner fineness
华格纳浊度仪 Wagner turbidometer
华拱 flower arm
华贵 luxury
华贵地板材料 luxury flooring
华贵地面 luxury flooring
华果形装饰 encarpa
华境 flower border
华莱环路测验 Varley's loop test
华莱回路测验 Varley's loop test
华莱回路法 Varley's loop method
华莱士加法树 Wallace add tree
华莱士硬度计 Wallace ga(u)ge
华蓝 Chinese blue
华勒石<美国俄亥俄州产的一种砂岩> Waller stone
华力西阶【地】Variscan
华力西旋回 Variscan cycle
华力西-印支期 Variscan-Indochina period
华力西运动<古生代后期> Variscan movement
华力西造山运动 Variscan orogeny
华丽板 paper overlaid plywood
华丽的 floriated; florid; ornate; rotund; showy; splendid
华丽的公共娱乐场所 palace
华丽粉饰 ornamental plaster
华丽哥特式 florid Gothic
华丽格式 ornate form
华丽建筑 ornamental architecture
华丽建筑装饰 plateresque architectural ornamentation
华丽街道 fashionable street
华丽派建筑 gingerbread
华丽俗气装修 gingerbread work
华丽装饰 plateresque ornamentation
华丽装饰风格<19世纪美国> gingerbread style
华林问题 Waring's problem
华灵顿式铁锤 Warrington hammer
华伦大梁 Warren girder
华伦磨木机 Warren grinder
华伦奈特沥青混凝土路面<一种粗细料密实结合的双层式沥青混凝土路面> Warrenite-bitulithic pavement
华伦平桁架 flat Warren truss
华伦山统【地】Warren hill series
华伦式大梁 half-lattice(d) girder
华伦式桁架 Warren girder; Warren truss
华伦式梁 Warren girder; zigzag girder
华伦式同步马达 Warren motor
华伦式屋架 Warren truss; zigzag truss
华伦斜腹杆大梁 Warren girder
华伦砖窑 Warren kiln
华美的 oriental
华南半干旱亚热带-热带亚带 South China semiarid subtropical to tropical subzone
华南大海退 South China great regression
华南大区 South China region; South China section
华南地槽系 South china geosyncline system
华南动物地理区 South China faunal province
华南非海相介形类地理区 South China non-marine ostacode province
华南干旱亚热带热带 South China arid subtropical to tropical zone
华南高地 South China upland
华南海浸 South China transgression
华南海盆 South China sea basin
华南珊瑚地理区 South China coral province
华南褶皱系 South China fold system
华侨城 Oversea Chinese City
华侨事务委员会 Overseas Chinese Affairs Commission
华伞型 umbrella type
华沙<波兰首都> Warsaw[Warszawa]
华山矾 Chinese sweetleaf
华山松 Armand Pine; China Armand pine
华山松大小蠹<拉> Dendroctonus armandi
华盛顿法则<设计路拱的一种方法> Washington rule
华盛顿港<美国> Port Washington
华盛顿桥 Washington Bridge
华氏 Fahrenheit
华氏比重计 Fahrenheit's hydrometer
华氏表刻度 Fahrenheit's temperature scale
华氏度(数) degree Fehrenheit(°F)
华氏阀动装置 Walschaerts valve gear
华氏桁架桥 Warren truss bridge
华氏机车分类法 Whyte classification
华氏水准仪 wye level
华氏(弹簧应力校正)系数 Wahl's factor
华氏温标 Fahrenheit's temperature scale; Fahrenheit's thermometric(al) scale
华氏温度 Fahrenheit's temperature; degree of Fahrenheit; Fahrenheit's degree
华氏温度表 Fahrenheit's thermometer
华氏温度度数 Fahrenheit's degree
华氏温度计 Fahrenheit's thermometer
华氏温度刻度 Fahrenheit's scale
华饰 garland; pageant
华饰建筑<英国中世纪一种建筑风格> Decorated
华饰庙门 gopura(m)
华特福德玻璃 Waterford glass
华茼麻 Chinese abutilon
华西构造带 Western-Cathay tectonic zone
华夏北方植物地理大区 north Cathay-

sian floral region
华夏岛海 Cathaysian island sea
华夏构造区 Cathaysian tectonic region
华夏古陆【地】Cathaysia; Cathaysian old land
华夏古陆山地 Cathaysian mountains
华夏南方植物地理大区 south Cathaysian floral region
华夏式【地】Cathaysian
华夏式构造体系 Cathaysian structural system; Cathaysian tectonic system
华夏系【地】Cathaysian
华夏沿海盆地 Cathaysian inshore basin
华夏沿海平原 Cathaysian coastal plain
华夏植物地理区系 Cathaysian floral realm
华夷图 Huayi map
华榛 Chinese filbert
华柱 candelabrum[复 candelabra/candelabrums]

铧 ploughshare

铧尖 share beak; share point
铧尖犁梁距离 bottom pitch
铧犁 blade plough; mo(u)ld board plow
铧式覆土器 share cover
铧式犁 bottom plow; mo(u)ld board plow; share plough; turn plow
铧式挖掘铲 share-type lifter
铧头 sock
铧翼 wing bearing

滑鞍 carriage; saddle

滑鞍形铣头 saddle type milling head
滑岸 sliding bank
滑板 slide plate; slider; sliding(base) plate; slippage skate; slipper; cargo chute; contact strip; coulisse; cullis; die block; gleithretter; guide bar; moving poise; ram; saddle; skid board; sled(ge); slide(base plate); slide conveyer[conveyor]
滑板泵 sliding-vane pump
滑板臂 slide arm
滑板操作柄关节 slide operating handle knuckle
滑板的滑行装置 sled runner
滑板阀 gate valve; sluice cock; sluice valve
滑板进给螺杆 slide feed screw
滑板流变仪 sliding plate rheometer
滑板木堰 sliding panel weir
滑板式阀门 sliding plate valve
滑板式摞包机 sliding plate palletizer
滑板式黏[粘]度计 sliding plate viscometer
滑板式黏[粘]度仪 sliding plate viscometer
滑板式摊铺机 slipform paver
滑板式微量黏[粘]度计 sliding plate microviscometer
滑板式压缩机 sliding-vane compressor
滑板式堰 sliding panel weir
滑板式真空泵 sliding-vane vacuum pump
滑板式转塔六角车床 ram turret lathe
滑板输送式造型机 pallet conveyer mo(u)ld machine
滑板凸轮 saddle cam
滑板托架 guide yoke
滑板托架脚蹬 glide step; guide step
滑板托架座 guide block
滑板微黏[粘](滞)度计 <测薄层液体黏[粘]度用> sliding plate microviscometer
滑板窑 sled kiln
滑板支座 sliding plate bearing
滑板组合件 slide assemblies
滑板座 slide plate chair; sliding chair
滑被 flower envelope
滑壁 wiper
滑臂 slide arm
滑臂电阻 slide resistor
滑臂式乘法器 slide multiplier
滑边拼接 slip matching
滑标测尺 gliding mark scale
滑标尺 gliding mark scale
滑标千分尺 slide micrometer
滑冰 skate
滑冰比赛场 speed skate rink
滑冰槽 ice-sliding conveyer[conveyor]
滑冰场 ice rink; rink; skating rink
滑冰道 ice-slide
滑冰艇 ice-canoe
滑材 skid
滑槽 bull's eye; chute; dumb sheave; guide; hopper chute; regle; runway; shoot; slideway; sliding chute; slipper; flow trough <混凝土>
滑槽板 coulisse; killesse; cullis
滑槽传送器 slide conveyer[conveyor]
滑槽的方向操纵杆 chute direction control
滑槽斗 chute and funnel
滑槽轭 splined york
滑槽轭防尘圈 splined york dust seal
滑槽戽 chute and funnel
滑槽进料焚化炉 chute-fed incinerator
滑槽卷帘 canalette blind; Italian blind
滑槽链系 sliding slot linkage
滑槽刨 spout plane
滑槽设备 chuting installation
滑槽室换挡 gate change
滑槽枢轴 chute pitman
滑槽输送 chute delivery
滑槽输送机 slide conveyer[conveyor]
滑槽四杆链系 sliding slot four bar linkage
滑槽送料 sliding gate feed
滑槽榫接 pulley mortise
滑槽调节杆 spout-adjusting lever
滑槽销 guide pin
滑槽邮筒 mail chute
滑槽运输 chuting
滑槽运输机 slide conveyer[conveyor]
滑叉 sliding fork
滑叉式万能接头 sliding coupling
滑叉万向联轴器 sliding universal joint; slip universal joint
滑差 slippage
滑差电机 electric(al) magnetic variable motor
滑差计 slip meter
滑差离合器 skid-differential clutch; slip clutch
滑差频率 slip frequency
滑差系数 slip factor; slip ratio
滑车 gin wheel; jenny; jigger; pulley; pulley sheave; purchase tackle; rope block; rowler; running sheave; sheave; tackle; tackle-block; teagle; travel(l)ing troll(e)y; whip
滑车边 rim of pulley
滑车部件 parts of a block
滑车槽 pulley stile; pulley style; pull stile
滑车齿轮 tackle gear
滑车传动 sheave transmission
滑车带 rope strop; strop
滑车底部 arse; ass
滑车飞轮 flywheel sheave
滑车钢绳 <钢绳冲击钻进起下套管用> calf line
滑车钢索 wire rope fall
滑车功率 mechanical advantage
滑车毂 pulley boss
滑车关节 trochoid
滑车戽斗 crab bucket
滑车滑轮 pulley sheave; sheave pulley
滑车环索 block strop; rope strop; strop
滑车夹板 pulley yoke
滑车架 apparatus for suspension
滑车壳 shell
滑车壳面板 cheek
滑车框条 pulley stile
滑车拉到头 block and block
滑车类闸门启闭机 pulley class gate lifting device
滑车连接器 sled connector
滑车链 lifting chain
滑车链条 block chain
滑车轮 sheave
滑车轮毂 pulley boss
滑车(轮)组倍率 reeving of pulley block
滑车钳 pulley holding forceps
滑车上接近钩环眼部分 throat
滑车设备 tackle rigging
滑车伸出架 boomkin
滑车升降 ride the blocks
滑车绳 purchase fall
滑车绳锤 pulley weight
滑车索 fall rope; gantline; purchase cable; whip; cargo fall
滑车头 crown
滑车外壳 cheek
滑车尾 breech
滑车尾绳 snake line
滑车尾索 tail
滑车系统提升至最高点 upper pickup
滑车支架 pulley cradle
滑车支架主托板 pulley cradle main carrier
滑车轴 pulley axle
滑车装置 string the block
滑车组 block and tackle; block assembly; block pulley; burton; extension hand wheel block; polyspast; polyspast set of pulley; pull block; pulley tackle; shear block; sheave block; sling block; tackle and block; tackle-block; tackle pulley; pulley block; Spanish burton <有一个定滑轮和两个动滑轮的>
滑车组倍率 reeving of pulley block
滑车组功率 purchase power
滑车组合 combination of pulley
滑车最大负荷 maximum load of traveling block
滑程 slippage; slippage cross
滑尺 moving scale; slide ga(u)ge; slider; slide rule; sliding scale
滑触变电阻 slide[sliding] resistor; slide rheostat
滑触变阻器 slide[sliding] rheostat
滑触电阻线 slide wire
滑触检波器 slipping contact detector
滑触接点 wiping contact
滑触可调电阻 resistance with sliding contact adjustment
滑触起动器 sliding contact starter
滑触头 slider; slipper
滑触线 slide wire; sliding rail; troll(e)y
滑触线供电 power supply through conducting-sliding rails
滑触线圈 coil with sliding contact; slide coil; sliding contact coil
滑船道 ship slipway; shipway; slip dock; slipway
滑船道式船坞 slip dock
滑窗 balanced sash; sliding window
滑窗挡轨 guard bead
滑窗检测 sliding window detection
滑窗内轨 guard bead; inner bead
滑床 sleight; slide[sliding] bed
滑床板 slide chair; switch plate; slide (base) plate; sliding (base) plate <道岔的>
滑床垫板 slide base plate; slide plate chair; sliding base plate
滑床式电动斜道 slider-bed-type moving ramp
滑床式电动走道 slider-bed-type moving walk
滑床台 slide[sliding] base plate
滑锤 <打夯机上的> rolling weight
滑带 slipping band
滑导承 slide guide; sliding guidance
滑导承托架 slide guide bracket
滑道 chute; fixed way; frog; glide; launching way; log slide; runner; runway; ski run; slide(rail); slide track; slideway; sliding skid; standing way; skid road <采石、伐木用>; builder berth; building berth; shipway; slip dock; slipway <船坞，船下水时由此滑下去>; marine railway; railway dry dock
滑道板 chute board
滑道驳 launch(ing) barge
滑道承船车 slipway cradle
滑道承船架 launching cradle
滑道垫木 bilge log
滑道端压 way end pressure
滑道管 skid pipe
滑道护木 ledger board
滑道基础 groundway
滑道间距 spacing of rail tracks
滑道框格结构 cribbing
滑道缆车 slipway trolley
滑道末端 ways-end
滑道末端水深 water depth on the end launching way
滑道末端压力 way end pressure
滑道坡度 slope of the slipway
滑道牵板 foundation plate; sole piece; sole plate
滑道输送器 skate conveyer[conveyor]
滑道台车 slipway trolley
滑道提升的 skid-mounted
滑道下水 slip-way launching
滑道小车牵引系统 haulage system
滑道斜架车 launching cradle
滑道运输 chuting
滑道制动器 slip stopper
滑的 lubric(i)ous
滑底隧道窑 sliding-bat kiln
滑顶 slip cover
滑顶和滑边板的货车 wagon with sliding roof and sides
滑顶货车 wagon with sliding roof
滑顶式货车 wagon with opening roof consisting of sliding pan
滑动 creeping motion; glide; glide off; skidding; sleek; slide; sliding motion; sliding movement; slip motion; slippage; slipping; slump(ing)
滑动安全系数 safety factor against sliding
滑动鞍 link saddle
滑动岸 slumping bank
滑动百叶窗 sliding shuttering
滑动百叶门 sliding shutter door
滑动板 sliding panel; sliding plate; sliding slab; slipping plate
滑动板离合器 slipping plate clutch
滑动(半浮式)浮坞门 sliding floating caisson
滑动崩塌 flowing avalanche; sliding avalanche

滑动崩坍 flowing avalanche; sliding avalanche
滑动泵装置 skid-mounted pump unit
滑动比 ratio of slip; slip ratio
滑动比例提成 sliding scale royalty
滑动壁架 sliding boom
滑动臂 travel(l)ing arm
滑动边界 slip boundary
滑动边界条件 sliding boundary condition
滑动边墩 sliding bilge block
滑动扁钻 sliding drill bit
滑动变速齿轮 selective sliding gear
滑动变形 slip deformation
滑动变阻器 slide[sliding] rheostat
滑动标尺 slide scale
滑动标准窗 sliding standard window
滑动表面 slipping surface
滑动玻璃窗 sliding glass-pane
滑动玻璃顶棚 removable glass roof
滑动玻璃门 sliding glass door
滑动玻璃墙 sliding glass wall
滑动薄板 slip sheet
滑动薄板装卸方式 slip sheet handling system
滑动薄片 sliding foil
滑动部份 slipper
滑动部件 sliding part
滑动操作 slide operation
滑动层【地】 slide lamella; slumped bed; slip layer
滑动层理 glide bedding; slip bedding; slump bedding
滑动层面 glide bedding; sliding bedding; sliding floor; sliding plane
滑动叉 sliding fork
滑动叉油封 sliding fork oil seal
滑动车 fly block
滑动车床头箱 sliding head stock
滑动车顶 sliding roof
滑动车顶车门式货车 wagon with sliding roof and sides
滑动沉积 olistostrome
滑动沉陷 slump
滑动衬板 slip lining
滑动衬垫 loose liner
滑动衬里法 sliplining method
滑动成型 slipforming
滑动成型压砖机 sliding mold-type press
滑动齿轮 clash gear; gear sliding type transmission; removing gear; slide [sliding] gear; slip gear
滑动齿轮变速器 sliding-mesh gear-box
滑动齿轮传动箱 clash gearbox
滑动齿轮传动(装置) clash gear transmission; sliding gear drive; sliding gear transmission
滑动齿轮机构 sliding gear mechanism
滑动齿轮式变速箱 gear sliding type transmission
滑动齿轮式传动 sliding gear type transmission
滑动齿轮式传动机构 sliding gear type gearing mechanism
滑动触点 contact slider; movable contact; moving contact; sliding contact
滑动触点电位器 continuous potentiometer
滑动触头 slide[sliding] contact
滑动触线 slide wire
滑动传动(装置) slipping drive
滑动窗 austral window; sliding sash; sliding window
滑动窗板 sliding shuttering
滑动窗柄 sliding window handle
滑动窗撑 sliding stay
滑动窗户 slide-by window
滑动窗口 moving window; sliding window
滑动窗框 sliding window sash
滑动窗框碰头横档 <关窗时上下靠在一起的横档> meeting rail
滑动窗扇 sliding window sash
滑动床头箱 sliding head stock
滑动锤 slide hammer
滑动打桩机 skid pile driver
滑动大门 free roller gate
滑动带 sliding zone; slip band
滑动带深度 thickness of sliding zone
滑动挡板 slide damper; sliding stop
滑动刀架 blade head; slide rest; slide tool rest; sliding head; sliding rest; sliding tool carriage
滑动刀架自动车床 sliding head automatic type lathe
滑动导轨 rail plate; slide rail
滑动导肉支架 sliding screw holder
滑动导向轴承 pipe guide
滑动道岔 <施工隧道用> California switch
滑动的 gliding; sliding; labile; slidable
滑动底板 sliding floor
滑动底盘 sliding floor
滑动底座 slide [sliding] base; sliding bottom
滑动地板 slide[sliding] floor
滑动点数 number of moving point
滑动电容器 sliding capacitor; sliding condenser
滑动电阻 slip resistance
滑动电阻器 slide resistor; sliding resistor
滑动垫板 slippage skate
滑动垫木 skid(der)
滑动吊弦线夹 sliding dropper clamp
滑动顶板导杆 slide roof bar
滑动顶杆 slide bar
滑动顶杆系统 slide bar system
滑动顶梁支护 slide bar system
滑动顶棚 sliding ceiling; sliding roof
滑动顶棚的棚车 sliding-roof wagon
滑动定门器 sliding door stay
滑动氡气等值图 content map of slide radon
滑动短路线 sliding short
滑动断层 shift fault; slide fault; slump fault
滑动断块 slide block
滑动堆积 olistostrome
滑动对称面 glide plane of symmetry
滑动对偶 sliding pair
滑动阀 slide [sliding] valve; sluice valve
滑动阀壳 sliding housing
滑动法兰板 dismantling flange; sliding flange; slip-on flange
滑动法兰(盘) dismantling flange; sliding flange; slip-on flange
滑动翻路机 sliding scarifier
滑动反力 sliding reaction
滑动反射面 glide reflection plane
滑动方向 glide direction; slide direction
滑动防潮层 slip membrane
滑动防火门 sliding fire door
滑动防水薄膜 slip membrane
滑动分布 distribution of slip
滑动分流器 slider shunt
滑动缝 sliding joint; slip joint
滑动扶梯 slider-bed-type moving walk
滑动浮筒 sliding pontoon
滑动复式轴承 sliding double bearing
滑动副 sliding pair
滑动盖板 sliding cover; slip cover
滑动盖子 slip cap
滑动杆 slide rod; slip bar
滑动钢门 sliding steel door
滑动高度 sliding height
滑动隔板 sliding partition(wall)
滑动工资制 sliding scale wage system
滑动拱顶管 slick-back
滑动沟道 slip mortise
滑动沟座 slip mortise
滑动构造 glide [gliding] tectonics; slump structure
滑动构造名称 name of gliding tectonics
滑动构造时代 age of gliding tectonics
滑动构造位置 location of gliding tectonics
滑动鼓丘 landslide mound
滑动刮路机 slipper drag
滑动管板式换热器 sliding tube sheet heat exchanger
滑动管接头 slide coupling; sliding joint; slip coupling
滑动管套 slip socket
滑动管缘 sliding flange
滑动光阑 sliding diaphragm
滑动光楔测距仪 sliding wedge rangefinder
滑动规 slide ga(u)ge
滑动轨迹 sliding track
滑动辊 sliding roll
滑动滚动比 slide roll ratio
滑动滚珠 advance ball
滑动和折叠式隔墙 sliding and folding partition
滑动荷载 slip load
滑动黑板 sliding blackboard; sliding chalkboard
滑动弧 curve of sliding; failure arc
滑动滑车组 <在轨道上的> travel(l)ing sheave
滑动环转子 slip-ring rotor
滑动缓冲剂 sliding-point buffer
滑动活门 shuttle valve
滑动基架 slide frame
滑动极限 limit of creep
滑动集电器 sliding collector
滑动集电靴 sliding shoe
滑动记号 slipping mark
滑动夹层 glide lamella
滑动夹具 sliding clamp
滑动价格 sliding price
滑动价格合同 sliding price contract
滑动架 slide rest; sliding carriage; sliding frame
滑动剪切破坏 sliding shear failure
滑动件 slider
滑动浇注 slip cast
滑动角 angle of slide; sliding angle; slip angle
滑动角砾岩 slip breccia
滑动脚手架 jenny scaffold; sliding scaffold
滑动铰 sliding hinge
滑动铰点钳 slip-joint pliers
滑动接槎 slip joint
滑动接触 slide contact; sliding contact
滑动接触齿轮 sliding contact gear
滑动接触电极 sliding contact electrode
滑动接触法测井 scratcher electrode log
滑动接触法测井曲线 scratcher electrode log curve
滑动接触头 movable contact
滑动接点 moving contact; rubbing contact; self-cleaning contact; slide [sliding] contact; slip connection; travel(l)ing contact; variable contact
滑动接点分压器 slide divider
滑动接点线圈 sliding contact coil
滑动接缝 sliding joint
滑动接合 sliding joint
滑动接合轴 slip-joint shaft
滑动接口 slip joint
滑动接扣 slip joint
滑动接片 sliding contact strip
滑动接套 sliding collar
滑动接筒 slip coupling
滑动接头 grasshopper joint; slick joint; slide coupling; slide joint; sliding joint; slip joint
滑动接头管道 slip-joint conduit
滑动接头量规 grasshopper ga(u)ge
滑动结构 gliding texture
滑动金属箔 sliding foil
滑动径规 beam cal(l)ipers
滑动镜面 fault striation
滑动鸠尾榫 slip dovetail
滑动卡尺 caliper square; slide[sliding] cal(l)ipers
滑动卡规 slide[sliding] cal(l)ipers
滑动卡圈 pipe guide
滑动卡楔 core-lifter wedge
滑动开关 slide[sliding] switch
滑动铠板门 sliding armo(u)r door
滑动控制 slide [sliding] control; slip control
滑动框架 sliding frame
滑动栏杆 rolling barrier
滑动栏木 rolling barrier; sliding barrier; sliding gate
滑动棱体 sliding prism
滑动离合器 slip clutch
滑动力 sliding force; slippage
滑动力矩 sliding moment
滑动连接 slide coupling; slide linkage; sliding connection; slip connection; slip joint
滑动连接管 slip nipple
滑动连接套管 slip nipple
滑动连系 slide linkage
滑动联轴节 slip coupling
滑动联轴器 slip coupling
滑动量 slippage
滑动裂缝 slip(page) crack
滑动裂纹 <因沥青面层对底层滑动而造成的V形或新月形裂纹> slip(page) crack
滑动临界值 slip threshold
滑动流动 gliding flow; sliding flow
滑动龙骨 drop keel; sliding keel
滑动路径 path of sliding
滑动率 slip factor
滑动轮 running sheave
滑动螺栓 sliding bolt
滑动锚固 slipping anchor
滑动门 rolling door; running gate; slide-by door; slide [sliding] door; slide[sliding] gate
滑动门齿轮 sliding door gear
滑动门配件 sliding door fitting
滑动门梃 <折叠门上的假门梃> sliding jamb
滑动门小五金 sliding door hardware
滑动门装置 sliding door fitting
滑动密封 slipper seal
滑动密封环 sliding ring
滑动密封活塞 floating sealed piston
滑动密封碗 rubbing packing cup
滑动面 glide [gliding] plane; gliding surface; guide face; plane of sliding [slip]; slickenside; slide [sliding] plane; slide [sliding] track; slip(ping) plane; sliding face; slip surface; surface of rupture [sliding]; sliding surface; plane of decollement <造山运动时岩体的>【地】
滑动面长度 sliding plane length
滑动面的薄铁板 slipper plate
滑动面积 slide area; slipping area
滑动面所在地层岩性 strata and rock type that sliding surface locate
滑动面形成 formation of a sliding

surface
滑动面形状 sliding plane shape
滑动模板 movable form(work);self-elevating shutting;slide forms;sliding form(work);sliding shuttering;slip form;travel(l)ing form
滑动模板施工法 slide shuttering construction method
滑动模板式联合铺路机 slipform paving train
滑动模板制成的高桥塔 slipformed tower
滑动模壳 sliding form(work);slip form
滑动模数 modulus of sliding movement
滑动摩擦 breakaway friction;friction of motion;kinetic friction;rubbing friction;skidding friction;slide friction;sliding rubbing
滑动摩擦隔震 sliding friction isolation
滑动摩擦离合器 slipping plate clutch
滑动摩擦力 skidding friction;sliding friction(al force)
滑动摩擦黏[粘]结强度 sliding friction bond strength
滑动摩擦枢轴 sliding friction pivot
滑动摩擦系数 coefficient of sliding friction
滑动摩擦阻力 sliding friction(al) resistance
滑动摩阻 friction of motion
滑动摩阻力 sliding frictional force
滑动泥门 sliding hopper door
滑动耦合器 slide coupler
滑动耙路机 sliding scarifier
滑动配板 slip matching
滑动配合 easy push fit;easy slide fit;slide[sliding] fit;slip fit;slip matching;snug fit
滑动配合衬筒 slip-fit liner
滑动喷嘴砖 slide nozzle brick
滑动偏心轮 slipping eccentric
滑动平衡重 moving poise
滑动平均法 moving average method
滑动平均过程 moving average process
滑动平均(数)moving average;progressive average;progressive mean;overlapping average;running mean
滑动平均(数)模型 moving average model
滑动平面 plane surface of sliding;slide[sliding] plane;slip plane
滑动平台 skid platform;sliding platform
滑动平瓦 slip tile
滑动平行板式黏[粘]度计 sliding parallel-plate viscometer
滑动破坏 sliding failure;slope failure
滑动破坏表面 slide-failure surface
滑动破裂 sliding fracture;slip fracture
滑动铺料机 slipform paver
滑动器 slider
滑动千分尺 slide micrometer
滑动千斤顶 sliding jack
滑动前沿 slip front
滑动强度 sliding strength
滑动桥 movable bridge
滑动区 sliding zone;slipping area
滑动曲线 curve of sliding;sliding curve;slip curve
滑动趋势 tendency towards sliding
滑动容器 skid container
滑动蠕变 creep at sliding
滑动三角体 sliding triangle
滑动三角土楔 sliding triangle
滑动上升模板 climbing form
滑动设备 sliding equipment
滑动伸缩缝 sliding expansion joint
滑动伸缩缝支座 sliding expansion bearing
滑动伸缩接头 sliding expansion joint
滑动伸缩式接头 sliding type expansion joint
滑动升降窗 sliding lifting window
滑动升降门 sliding lifting door
滑动升降门配件 sliding lifting door fitting
滑动升降门小五金 sliding lifting door hardware
滑动升降门装置 sliding lifting door fitting
滑动失事 sliding failure
滑动时间 sliding time
滑动时间表 gliding schedule
滑动矢量 sliding vector
滑动式 slip-on type
滑动式变压器 slide transformer
滑动式测深计 depth slide ga(u)ge
滑动式插口 sliding spigot
滑动式沉箱 sliding caisson;slip caisson
滑动式单片伐树剪刀 single sliding shear blade
滑动式阀(门)sliding valve;reciprocate valve
滑动式拱顶纵梁 sliding crown bar
滑动式开关 slipping switch
滑动式控制器 slide controller
滑动式拉丝机 slipping wire drawing machine;slip-type drawing machine
滑动式离合器 slide clutch
滑动式连杆 slipper type connecting rod
滑动式密封 sliding seal
滑动式密封装置 sliding sealing device
滑动式模板 travel(l)ing formwork
滑动式膨胀接口 sliding type expansion joint
滑动式膨胀接头 sliding(type)expansion joint
滑动式平均法 method of moving averages
滑动式起重机 skid derrick
滑动式切片机 sliding microtome
滑动式伸缩缝 sliding expansion joint;slip joint
滑动式调谐器 slide tuner
滑动式投影仪 slide projector
滑动式外门 patio door
滑动式坞门 sliding caisson
滑动式箱形沉箱 sliding box-shaped caisson
滑动式预应力筋 slip bar
滑动式闸门 gate valve;sliding gate;rolling gate;sliding caisson【港】
滑动式折叠百叶门 sliding folding shutter door
滑动式指 sliding type finger
滑动试验 sliding test
滑动试验黏[粘]度仪 slip test cohesiometer
滑动书架 roller shelf;sliding bookshelf;sliding stack
滑动数字尺 sliding digital ruler
滑动双承力索吊弦线夹 slide dropper clamp for twin catenary wire
滑动水尺 slide ga(u)ge
滑动水口 <连铸中间包的> sliding gate
滑动水口砖 slide nozzle brick
滑动水密门 slide watertight door;sliding bulkhead door
滑动速度 slip speed;slip velocity;speed of slide(operation)
滑动速率 rate of slip
滑动榫槽 open mortise;slot mortise
滑动榫舌 slip tongue;slip feather
滑动榫眼 slip mortise
滑动锁钩 choker hook
滑动台 sliding table
滑动台式压机 sliding table press
滑动探测器 slip detector
滑动探针式调谐器 slide probe tuner
滑动弹簧键 sliding spring key
滑动镗架 slide tool
滑动套 sliding hub;sliding sleeve
滑动套节 slip socket
滑动套筒 sliding sleeve;slip lining;slip sleeve;travel collar
滑动套筒接合 sliding socket joint
滑动套万向接头 plunger coupling
滑动特点 sliding character
滑动提成率 sliding scale royalty
滑动体 slide[sliding] mass
滑动体环 slide block ring
滑动体环套 slide block ring bushing
滑动天窗 sliding top skylight
滑动调节 slide control
滑动调节阀 slide adjusting valve
滑动调节风阀 sliding damper
滑动调节器 slide regulator;sliding damper
滑动调节锥栓 sliding pintle
滑动调头阀 slide adjusting valve
滑动调整器 slide controller;sliding control;slip control
滑动庭院木门 sliding wood patio door
滑动凸轮 slide[sliding] cam
滑动凸压模 ejector die
滑动托架 slipper bracket
滑动围栏 slide rail
滑动位错 glide dislocation
滑动稳定(度)sliding stability
滑动稳定系数 sliding factor of safety
滑动稳定性 sliding stability
滑动屋顶 slip roof
滑动坞门 sliding gate
滑动物 glider;slider
滑动系数 coefficient of sliding;sliding coefficient;sliding factor;slip(ping) coefficient
滑动系统 gliding system
滑动系统地层 strata of glide system
滑动下舱孔 sliding hatch(way)
滑动现象 sliding phenomenon
滑动线 line of slide[sliding];Luders line;slide[sliding] line
滑动橡胶环 sliding rubber annulus
滑动橡皮环 sliding rubber annulus
滑动楔 slidable wedge;sliding wedge
滑动楔块 slide triangle;slide wedge
滑动楔体 <计算土压力的> slipping soil wedge;slide triangle;slide wedge
滑动楔体法 slide[sliding] wedge method;slip-wedge method
滑动楔形块 sliding wedge block
滑动楔形螺栓 sliding wedge bolt
滑动楔状岩层 wedge of failure
滑动斜面 sliding level
滑动泄水阀 sluice valve
滑动泄水闸门 sliding sluice gate
滑动卸料口 slide type gate
滑动卸料门 slide type gate
滑动行程 sliding stroke
滑动行动 slip behavio(u)r
滑动型沉箱(式闸门)freely floating pontoon
滑动徐变 creep at sliding
滑动压力 hovering pressure
滑动崖脚坡 undercliff
滑动岩层 slip sheet
滑动岩块 slide block;slip block
滑动岩片 slip sheet
滑动岩体 olistolith
滑动岩席 slip sheet
滑动阳台木门 sliding wood terrace door
滑动叶片 sliding blade
滑动叶片泵 sliding-vane pump
滑动叶片式回转泵 sliding-vane-type rotary pump
滑动叶片式(液压)马达 sliding-vane motor
滑动叶片式转子泵 sliding-vane-type rotary pump
滑动叶片压缩机 sliding-vane compressor
滑动仪器 slipping apparatus
滑动移车板 sledge
滑动异重流沉积 fluxoturbidite
滑动翼缘 slip-on flange
滑动因数 slip factor;slippage factor
滑动因子 slippage factor
滑动引起的预应力损失 prestressing loss due to slip
滑动应变 sliding strain
滑动应力 slip stress
滑动与球联合轴承 plain-and-ball bearing
滑动预算 sliding budget;sliding scale budget
滑动原因 slide cause
滑动圆 <用于边坡稳定计算> slip circle;circle of sliding
滑动圆弧 slip circle
滑动圆弧法 slip circle method
滑动圆计算法 circular-arc method;cylindrical surface method;slip-circle method
滑动院门 sliding patio door
滑动运输 gravity haulage
滑动噪声 slide noise
滑动闸板 slide damper
滑动闸板机构 sliding gate system
滑动闸阀门 sliding gate valve
滑动闸门 slide gate;sliding caisson【港】;sliding gate;sliding hatch(way);sliding sluice gate
滑动栅门 sliding barrier
滑动遮光板 sliding shuttering
滑动遮阳窗 sliding shutter
滑动折壁 sliding folding partition(wall)
滑动折叠百叶窗 sliding folding shutter
滑动折叠格栅 sliding folding grille
滑动折叠门 sliding folding door;sliding shutter
滑动褶皱 slump fold
滑动正齿轮 sliding spur gear
滑动支撑 sliding support
滑动支承 slide bearing;slide support;sliding bearing;sliding support
滑动支架 rolling rack;sliding cradle;sliding support;slip-on mount
滑动支柱 slipping column
滑动支座 sliding bearing;sliding support
滑动支座板 sliding plate
滑动指示器 slip indicator
滑动指示仪 slip indicator
滑动制动 slipper brake
滑动中梁 sliding center sill
滑动中梁底架 sliding sill cushion underframe
滑动中梁缓冲装置 sliding sill cushioning
滑动中柱 slip newel
滑动轴 slide[sliding] shaft;sliding axle
滑动轴承 bearing journal;bushing bearing;friction(al) bearing;journal bearing;parallel bearing;plain bearing;plain friction bearing;plain metal;sleeve bearing;slide bearing;sliding bearing;surface bearing

H

滑动轴承材料 plain bearing material
滑动轴承套 sliding bearing sleeve
滑动轴承轴箱 bearing axle-box
滑动轴环 sliding collar
滑动轴线 sliding axis
滑动轴箱 sliding axle box
滑动主轴箱 sliding head stock
滑动(柱)活塞 sliding plunger
滑动柱脚 rocker shoe
滑动柱塞 sliding spool
滑动柱形阀 annular valve
滑动爪形离合器 sliding claw clutch
滑动转向 <车轮相对地制动与滑动相结合> skid steer
滑动转向式装载机 skid steer loader
滑动装卸器 slider
滑动装置 skate; slide device; slip fitting; slippage skate
滑动阻力 resistance to sliding; skidding resistance; slide[sliding] resistance; slip resistance
滑动阻力面 slipping resistance surface
滑动钻头 sliding drill bit
滑动作业板 <隧道开挖面的> sliding floor
滑动作用 sliding action
滑动座 sliding seat
滑动座架 saddle; sliding saddle
滑断层 slip fault
滑断劈理 fault-slip cleavage
滑墩脱浅法 refloating with slipway process
滑阀 feather valve; guiding valve; shuttle; slide throttle; sliding shutter; sliding spool valve; slide[sliding] valve; spool(pilot) valve
滑阀瓣室 slide valve chest
滑阀泵 slide valve pump; spool valve pump
滑阀槽 slide valve slot
滑阀超前 slide valve lead
滑阀衬套 slide valve bush
滑阀冲程 slide valve stroke; stroke of slide valve
滑阀垫板 valve washer
滑阀发动机 slide valve engine
滑阀杆 slide valve lever; slide valve rod; slide valve spindle; valve shaft
滑阀杆压盖 slide valve spindle gland
滑阀滑面 slide valve face
滑阀缓冲器 valve buffer
滑阀机构消音装置 valve silencer
滑阀控制齿轮 slide valve control gear
滑阀控制杆 lap and lead lever
滑阀口 slide valve opening
滑阀联杆 sleeve actuator; slid valve link
滑阀面 slide(valve sur)face
滑阀内衬 slide valve liner
滑阀内余面 slide valve inside lap
滑阀黏[粘]结 hydraulic lock
滑阀配流泵 spool valve pump
滑阀配气发动机 sliding sleeve motor
滑阀腔 valve chest
滑阀式发动机 port engine
滑阀式流量控制阀 sliding spool flow control valve
滑阀式真空泵 slide valve vacuum pump
滑阀室 slide valve chamber
滑阀台肩 slide valve rand
滑阀弹簧 slide valve spring
滑阀套 cage bush; slide valve buckle; slide valve jacket; slide[sliding] valve sleeve
滑阀套管 slide valve thimble
滑阀头 sliding valve head
滑阀外余面 slide valve outside lap
滑阀往复泵 slide valve reciprocating pump
滑阀匣 valve cage
滑阀箱 slide box; slide valve box; slide valve case; slide valve chamber; slide valve chest; steam chest
滑阀消防栓 slide valve hydrant
滑阀销 slide valve pin
滑阀芯 <方向阀的> sliding spool
滑阀行程 slide valve travel; spool displacement; spool stroke
滑阀胸 valve chest
滑阀压板槽 slide valve strip groove
滑阀叶片泵 slide valve vane pump
滑阀圆 slide valve circle
滑阀罩 slide valve cover
滑阀重叠位置 lap position
滑阀轴 slide valve spindle
滑阀柱塞的台肩 rand
滑阀转动位 spool position
滑阀装置 slide valve gear
滑阀座 slide valve seat
滑废土槽 spoil chute
滑粉 smoothers
滑缝 <使闸门滑动的> cullis
滑复式分品法 multiple slip grading
滑覆体 gliding nappe
滑盖开关 valve
滑杆 guide bar; guide rod; slide[sliding] bar; slide rod; slip bar
滑杆成型机 vari-slide
滑杆滚轮 plunger roller
滑杆套 jack rod sleeve
滑杆托 slide bar bracket
滑感 greasy feeling
滑钩 Davey hook; pelican hook; pelican slip; slide[sliding] hook; slip hook; tripping link
滑钩链段 senhouse slip shot
滑钩链式止动器 clear hawse slip
滑构造岩类型 type of slip tectonite
滑管 slip pipe
滑规 slide ga(u)ge
滑轨 rack; skate; skip track; slide rail; slide track; slideway; sliding rail; sliding skid; sliding track; slip sill <门窗的>; skid rail <移动重物用>
滑轨防滑的 sliding skid
滑轨机车 sled locomotive; slide locomotive
滑轨门槽 door pocket
滑轨黏[粘]合 wringing
滑轨式吊艇杆 gravity davit; slide davit
滑轨运送机 slide conveyer[conveyor]
滑轨钻机 skid-mounted drill
滑过 fleet; overslipping; skate
滑过式升降机 fleet through hoisting; slide lift
滑合座 sliding fit
滑弧 slip circle
滑弧法 slip circle method
滑环 sliding ring; slip ring; split-ring <固定试件用的>
滑环间电压 slip-ring voltage
滑环热电偶 travel(l)ing thermocouple
滑环式电动机 slip-ring(electric) motor
滑环式电枢 slip-ring armature
滑环式感应电动机 slip-ring induction motor; synchronous asynchronous motor
滑环式异步电动机 slip-ring induction motor
滑混堆积 olistostrome
滑货木板条 cargo skid
滑屐【机】 slipper
滑积层 olistostrome
滑积岩 olistostrome
滑剂层 separator; slip layer
滑架 cadre; shell slide; sliding carriage
滑架导轨 carriage rail
滑架返回 carriage return
滑间皂石 aliettite
滑键 captive key; feather(key); joint tongue; sliding key; slip feather; slip key; slip tongue
滑键槽 feather way
滑键接合 feather joint
滑键连接 feathering
滑槛 <门窗> slip sill
滑接导线 troll(e)y conductor
滑接电线 troll(e)y wire
滑接鸠尾榫 slip dovetail
滑接快速接头 slide seal coupling
滑接轮式集电器 troll(e)y wheel collector
滑接式电力机车 troll(e)y locomotive
滑接榫舌 slip tongue
滑接榫眼 slip mortise
滑接条 sliding contact strip
滑接线 contact wire; slide wire; troll(e)y line; troll(e)y wire
滑接线槽 trolley channel
滑接线电杆 troll(e)y pole
滑秸 thatch fiber[fibre]
滑秸泥 clay and straw; cob walling
滑节理 slip joint
滑结 bow knot; running hitch; running knot; slip hitch; slip knot
滑距 brake way; dislocation; slip; slip of fault【地】
滑开窗 projected sash window
滑开机具 slipform equipment
滑开型裂纹 sliding mode crack
滑槛 <门窗的> slip sill
滑扣 slide fastener; thread slipping
滑块 guide shoe; crosshead; cursor; die block; gliding block; guide block; guide track; moving poise; roller block; slide bar; slide block; sliding block; slider; slider box; sliding mass; slipper; sliding piece <支承长大货物>
滑块导架 slipper; slipper guide
滑块导块 slipper guide
滑块导框 sliding block guide
滑块机构 block field
滑块集电器 slipper collector
滑块联动装置 block linkage
滑块链系 sliding block linkage
滑块摩擦 slide block friction
滑块石 talcite
滑块式调谐器 slug tuning circuit
滑块式旁承 sliding block side bearing
滑块式万向节 pot joint
滑块式制动器 block brake; slipper brake
滑块调谐 slug tuning
滑块制动器 block brake
滑浪板 water ski
滑离轴承 <离合器轴的> throw-out bearing
滑链钩 round hook
滑梁水 over-ledge flow
滑梁水险滩 hazardous passage of over-ledge-flow type; over-ledge-flow-induced rapids
滑裂 slip crack
滑裂带 glide; slide band
滑裂线 line of slide[sliding]
滑裂岩 glide cataclastite
滑溜 skid(ding); slew[slue]; slipperiness
滑溜表面 slick-surface; slip surface
滑溜冰 skate
滑溜测量仪 skidometer
滑溜程度 <路面> slipper
滑溜道路 slick road; slipp(er)y road
滑溜的 slipp(er)y
滑溜警告标志 slippery when wet sign
滑溜溜的 sleek
滑溜坡 slip-off slope
滑溜事故 accident to skidding; skidding accident; skid hazard; accident due to skidding <车辆>
滑溜试验法 skid-test method
滑溜试验仪 skid tester
滑溜威胁 skidding menace
滑溜运输 gravity haulage
滑溜值【数】 skid number
滑溜装置 sliding device
滑溜状态 <路面上的> slick condition
滑流 slip(page) flow; slip stream
滑流现象 slip flow phenomenon
滑漏损耗 slippage
滑路 slideway
滑履 sliding shoe
滑履支承球磨机 shoe mounted ball mill
滑乱层 olistostrome
滑轮 block; castor; chain wheel; free wheel; glide-wheel; jockey wheel; pulley(block); pulley sheave; pulley wheel; purchase; rope block; sheave; sheave pulley; sheave wheel; slide-wheel; sliding pulley; sliding wheel; slug; truckle; trundle; floor roller <铲土机的>
滑轮安装端 <吊窗> pulley head
滑轮拔钢筋机 pulley type wire-drawing machine
滑轮槽 groove of pulley; groove of sheave; pulley groove; sheave groove; swell of pulley; pulley stile
滑轮侧板 face of pulley; pulley cheek
滑轮传动 pulley drive
滑轮导缆器 roller chock
滑轮导链 block chain
滑轮导向器 pulley guide
滑轮的斜唇面 bevel(l)ed lip of the pulley
滑轮吊车 <辅助卷扬机> whip(line)
滑轮吊架 parsing davit
滑轮端面 face of pulley
滑轮轭 pulley fork
滑轮防冲块 <起重机> nylon-slider pad
滑轮飞轮 flywheel pulley
滑轮杆 roller arm
滑轮割管器 roller cutter for pipe
滑轮工作组 lumped work
滑轮毂 sheave boss
滑轮毂轴承 boss bearing of pulley
滑轮活轴 tailstock
滑轮机构 in block
滑轮颊板 pulley cheek
滑轮架 pulley yoke; sheave housing
滑轮架座 block
滑轮间 pulley room
滑轮筒 sheave pin
滑轮简易起重机 whip-and-derry
滑轮节径 pitch diameter
滑轮开关窗 axle pulley
滑轮壳 sheave housing
滑轮框架 pulley stile
滑轮栏木 sliding barrier
滑轮链 block chain
滑轮梁 sheave beams
滑轮尼龙块 <起重机> nylon-slider pad
滑轮盘 block board
滑轮牵引架 traction frame with pulley attachment
滑轮切割器 roller cutter for pipe
滑轮三角皮带 pulley V-belt
滑轮式拔钢筋机 pull-type wire-draw-

ing machine
滑轮式拔丝机 pulley type wire-drawing machine
滑轮式磁选机 magnetic pulley separator
滑轮式分离器 pulley separator
滑轮式给料器 pulley type feeder
滑轮枢轴 swivel sheaves pivot shaft
滑轮竖框梃 pulley stile
滑轮榫槽 pulley mortise
滑轮胎 caster tyre
滑轮跳板 brow; gang board; gang plank
滑轮凸轮 slipping cam
滑轮托(架) pulley bracket; pulley holder
滑轮外层 top pulley
滑轮下吊圈 becket
滑轮限位开关 troll(e)y limit switch
滑轮箱 pulley casing
滑轮效率 efficiency of pulley
滑轮悬挂支撑结构 support using pulleys
滑轮运行 troll(e)y travel
滑轮栅门 rolling barrier; rolling gate
滑轮支臂 <挖掘机> jack boom
滑轮支架 horsehead; pulley bracket
滑轮轴 pulley spindle; sheave pin(tle); sheave shaft; sliding wheel shaft
滑轮铸件 pulley casting
滑轮装置 cable and block tackle; pulley gear
滑轮总成 pulley assembly
滑轮组 block and fall; block and pulley; block and tackle; block pulley; group of pulleys; pulley block; purchase tackle; sheave; sheave block; tackle(-and)-block; teagle; sheaves <绞盘的>; block and tackle
滑轮组倍率 multiplying power of pulley block; pulley ratio
滑轮组补偿法 means of compensation with pulley block
滑轮组末端 breech
滑轮组末端管 breeches pipe
滑轮组绳索排距 bite of line
滑落 backfall; slip
滑落肩 slipped shoulder
滑落面 sandfall; slip face
滑落黏[粘]现象 slip-stick phenomenon
滑落褶皱 cascade fold
滑马 travel(l)er
滑锚 shod
滑帽 slip sleeve
滑门导轨 sliding door guide
滑门阀 full-way valve; gate valve; sliding gate valve
滑门隧道窑 sliding panel tunnel kiln
滑门锁扣 catch for sliding door
滑面 slickenside; slide(sur)face; sliding face; sliding plane; slip plane
滑面介质 slip-plane medium
滑模 cantilever form; climbing form; mobile form; slide forms; sliding form(work); slip form; slip mo(u)ld; trailing form(work); travel(l)ing form
滑模百叶窗 slipform shutter
滑模台车 formwork jumbo
滑模衬砌 slipform lining
滑模的最终修饰器 final finisher
滑模顶升设备 jacking device
滑模工 slipformer
滑模工艺 slip form
滑模构件 slipform element
滑模混凝土 slipformed concrete
滑模机 slipformer; slipform machine
滑模建筑法 slipform method
滑模浇筑混凝土 slipform concreting
滑模路缘石铺筑机 slipform curb machine
滑模路缘石摊铺机 slipform curb machine
滑模面板 slipformed facing element
滑模铺料机 sliding form paver; slipform pavement; slipform paver
滑模铺路机 formless paving machine; sliding form paver
滑模铺筑法 slipform construction
滑模施工 sliding form operation; sliding formwork construction; slipform construction; slipforming; slipform paving
滑模施工法 slide shuttering construction method; slipform construction method; slipform method
滑模施工结构 slipformed structure
滑模施工者 slipformer
滑模式混凝土铺筑机 slipform concrete paver
滑模式混凝土摊铺机 sliding formwork machine; slipform concrete paver
滑模式浇注法 slipform casting
滑模式摊铺机 slipform paver; sliding formwork machine; slipformer
滑模摊铺 slip form
滑模摊铺机 slipform paver
滑模摊铺机系列 slipform paving train
滑模套管 casing pipe for slipping form
滑模体系 slipform construction system; slipform system
滑模镶板 slipform panel
滑模支架 slipform yoke
滑模装置 slipformer
滑磨石 gouge slip
滑抹晶体方位 orientation of smeared crystal
滑木 runner
滑木槽 timber slide
滑木道 dragging track; log chute; skid(ding) trail; skid road
滑木工 <顺山坡由上向下滑动木料的> ball-hooter
滑泥 slip; slurry
滑泥黏[粘]土 slip clay
滑泥土 slip clay
滑腻感 soapy feeling
滑腻状的森林腐殖质 greasy mor
滑配合 clip fit; face[facing] up; slide[sliding] fit; snug fit
滑配接头 slip joint
滑劈理 crenulation cleavage; slip cleavage
滑片 chute blade; gleithretter; gliding slab; slide slice
滑片泵 sliding-vane pump; vane pump
滑片回转式空压机 sliding-vane rotary air compressor
滑片回转式压气机 sliding piece rotary compressor
滑片墨线笔 cross joint ruling pen
滑片式空气压缩机 sliding-vane air compressor
滑片式空压机 rotary compressor
滑片式流量计 sliding-vane meter
滑片式旋转鼓风机 slide[sliding]-vane rotary blower
滑片式压缩机 slide vane compressor; sliding-vane compressor
滑坡 slope failure; earth fall; earth slide; earth slip; creepwash; earth creep; eboulement; failure of earth slope; flowing slope; glissade; hillcreep; hillside creep; land fall; landslide; landslide landslip; mountain creep; mountain slide; mountain slip; scarplet; slide; sliding (hillock); sliding in cut; slippage; slope failure; soil slip
滑坡壁 landslide cliff
滑坡臂高度 height of landslide cliff
滑坡测量 landslide survey
滑坡长度 landslide length
滑坡沉积(物) slide deposit; slump deposit
滑坡处理 slide treatment
滑坡床 slide[sliding] bed
滑坡带 slide area
滑坡的防治 prevention of slide
滑坡的前兆 mud wave
滑坡底 slide bed
滑坡底泉 land spring
滑坡地貌 slip topography
滑坡调查 landslide investigation
滑坡动态观测 monitoring of landslide moving
滑坡陡壁 slip steep face
滑坡堆积土 landslide accumulation soil
滑坡防护林 protection forest for landslide prevention
滑坡防治 landslide control
滑坡防治措施 countermeasure against landslide
滑坡防治法 method of correcting landslides
滑坡分析 analysis of slide; landslide analysis
滑坡埂 landslide embankment
滑坡鼓丘 slip drumlin
滑坡后壁 head scarp; slide cliff; slip cliff
滑坡湖 slip lake
滑坡基座 slip basement
滑坡急滩 landslide rapids; landslip-induced rapids
滑坡监测 landslide surveillance; landslide monitoring
滑坡监测网 control network for monitoring slide
滑坡监定标志 monitoring indicators of landslide
滑坡监视 landslide monitoring; landslide surveillance
滑坡角 angle of slide
滑坡阶地 catstep; undercliff
滑坡控制 landslide control
滑坡宽度 landslide width
滑坡类型 landslide type
滑坡理论 slope-sliding theory
滑坡力学 mechanics of landslide
滑坡裂缝 slide crack
滑坡裂隙长度 length of landslide crack
滑坡裂隙宽度 width of landslide crack
滑坡裂隙形状 shape of landslide crack
滑坡面形状 shape of landslide crack
滑坡名称及编号 number and name of landslide
滑坡泥沙[砂] landslide deposit
滑坡企口 tongue of landslide
滑坡前兆位移速度 precursory velocity of slide
滑坡侵蚀 slip erosion
滑坡区 landslide area; landslip area
滑坡曲线 curve of sliding; sliding curve
滑坡泉 landslide spring
滑坡舌 landslide tongue
滑坡舌部 slide tongue; tongue of landslide
滑坡舌底部高程 altitude of landslide tongue bottom
滑坡识别标志 indicators of landslide
滑坡速度 slide velocity
滑坡损失 landslide loss
滑坡台阶 landslide terrace; slip terrace
滑坡坍塌形成的阶地 undercliff
滑坡探测器 slip indicator
滑坡体 landslide body; landslide mass; slide[sliding] mass; slip mass
滑坡体规模 dimension of sliding mass
滑坡推力法 slide thrust method
滑坡位置 landslide location
滑坡稳定程度 stability degree of landslide
滑坡要素 landslide factor
滑坡治理 landslide control
滑坡整治 landslide correction
滑坡指示器 slip indicator
滑坡周界 landslide perimeter
滑坡轴 landslide axle
滑坡轴方位 direction of landslide axle
滑坡主轴 slide axis
滑坡踪迹 landslide track
滑墙式货车 sliding-wall wagon
滑撬 runner; running ways; skid(der)
滑撬安装的 skid-mounted
滑撬机架 skid frame
滑撬机架安装 mounted on a skid frame
滑撬框架 skid frame
滑撬式机架 skid-type frame
滑撬式钻机 skid-mounted drill; slide drill
滑撬型底座 skid-type frame
滑撬装油罐 skid tank
滑撬装钻机 skid-mounted drill
滑曲褶皱 cascade fold
滑入槛 slip sill
滑入装置 slide in unit
滑润层 lubricating layer
滑润层岩性 lithology of lubricating layer
滑润的 smooth; well-lubricated
滑润剂 lubricant
滑润路 greasy road
滑润油的积炭 gome
滑润油脂下水 lubricant launching
滑润脂 mobile grease
滑塞 slide cone
滑上滑下 float on/float off; run on/run off
滑升机具 slipform equipment
滑升脚手架 climbing scaffold(ing)
滑升模板 climbing form; climbing shutter(ing); jump form(ing); jumping formwork; leaping shuttering; sliding form(work); slip form; slip shutter; telescopic(al) form(work); telescoping form(work); telescoping shuttering; sliding shuttering
滑升模板施工法 sliding form construction method; slipform construction method
滑绳 horse
滑石 ollite; pencil stone; soapstone; speckstone; steatite; talc(um)
滑石斑 talc plaque
滑石板岩 indurated talc; talc slate
滑石沉着病 talcosis; talc pneumoconiosis
滑石瓷 steatite ceramics; steatite porcelain
滑石的 talcky; talcose[talcous]
滑石肺 pulmonary talcosis; talc pneumoconiosis
滑石粉 talc; asbestine; French chalk; French white; powdered talc; saponite; soap stone powder; talc flour; talc(um) powder
滑石粉表面加工 French chalk surfacing
滑石粉镀面 French chalk surfacing
滑石粉面层 powdered talc surfacing

滑石含量 talk content
滑石辉长岩 eupholite
滑石块 talc lump
滑石矿 talcose rock
滑石矿床 talc deposit
滑石菱镁片岩 listvenite
滑石菱镁岩 talc-magnesite
滑石绿泥片岩 talc-chlorite schist
滑石绿泥片岩矿床 talc-chlorite schist deposit
滑石绿泥石岩 talc-chlorite rock
滑石棉 asbestine
滑石黏[粘] 土 sepiolite clay
滑石片岩 talc(ose) schist
滑石蛇纹片岩 talc serpentine schist
滑石石笔 talc chalk
滑石碎块 talc lump and grain
滑石碎屑 talc detritus
滑石碳酸盐岩 talc carbonate rock
滑石小粒 talc grain
滑石压力密封 talc pressure seal
滑石岩 talc(ose) rock
滑石釉 talc glaze
滑石原矿 crude talc ore
滑石云母片岩 talc-micaschist
滑式机动耙路机 sliding type mechanical rake
滑式锯 sliding saw
滑式框架 sliding frame saw
滑式耙路机 sliding type rake
滑式自动提引器 automatic slip elevator
滑水 water skiing
滑水板 aquaboard; puaplane; surf board; aquaplane <汽艇拖行>
滑水连衣裤 wet suit for water skiing
滑水橇 water ski
滑顺曲线 smooth curve
滑丝损失 <预应力损失> loss of slipping
滑速 sliding velocity
滑索槽 fair leader
滑索道 fair leader
滑锁 slip-lock
滑锁螺栓 sliding locking bolt
滑塌 creep; slough; slump(ing)
滑塌岸 slipping bank
滑塌沉积 olistostrome
滑塌沉积作用 slump deposition
滑塌堆积 olistostrome
滑塌堆积组合 fluxo-accumulation association
滑塌构造 slump structure
滑塌角砾岩 slump breccia
滑塌岩席 slump sheet
滑塌浊积岩 fluxoturbidite
滑台 sliding table; slid platform; slipway
滑台车 sledge
滑台的滑行装置 sled runner
滑坍 creep(ing); falling-in; flow slide; slide; slough(ing)
滑坍岸 sloughing bank
滑坍边坡 slide slope
滑坍破坏 sliding failure; sliding fracture
滑坍特性 creep characteristic; creep behavio(u)r
滑套 slide[sliding] bush(ing); sliding sleeve
滑套控制杆 sleeve control lever
滑套连接 sliding sleeve connection
滑套式连接装置 slip-on attachment
滑套循环阀操作工具 sleeve valve shifting tool
滑梯 children's slide; slide
滑体 gliding mass; slide mass; slump mass
滑体长度 length of glide mass
滑体厚度 thickness of glide mass

滑体滑移方向 movement direction of glide mass
滑体宽度 width of glide mass
滑条 draw runner; slide bar; slip piece
滑铁套 floating chafing block
滑铁座 stationary chafing plate
滑脱 slip(page)
滑脱带 slip band
滑脱断层 detachment fault
滑脱钩 slip hook
滑脱构造【地】decollement
滑脱构造带 decollement zone
滑脱环 slip hook
滑脱区 slipped region
滑脱砂箱 easy-off flask
滑脱砂箱铸型 slip flask mo(u)ld-(ing)
滑脱套箱 tapered jacket
滑脱型箱 slip flask
滑脱褶皱 decollement fold
滑瓦 sliding shoe
滑席构造【地】slip sheet structure
滑下 coasting
滑线 slide wire
滑线变阻器 rheochord; slide rheostat; slide wire rheostat
滑线电键 meter key; slide wire key
滑线电桥 meter bridge; slide wire bridge; slip wire bridge
滑线电位器 slide wire potentiometer
滑线电阻 slider resistance; slide wire resistance; sliding resistor
滑线电阻调压器 slidac
滑线电阻器 rheostat; slide wire resistor
滑线电阻式传感器 linear electric(al) resistance transducer
滑线耗损 wear of slick line
滑线间距 slick line space
滑线式电势计 slide wire potentiometer
滑线式集电器 troll(e)y collector; troll(e)y shoe
滑线式调压器 slidac; voltage slider
滑翔 soar; volplane
滑翔道 glide path
滑翔飞行 sail flying
滑翔机 aerodone; glider; gliding plane; sail plane; soarer; soaring airplane
滑翔降落伞 paraglider
滑翔起落架 support skid
滑翔伞 paraglider
滑巷 lane slip
滑楔 sliding wedge; slip feather; wedge of failure
滑楔法 <计算土压力用> sliding wedge method; slip-wedge method
滑楔卡盘 sliding wedge chuck
滑楔式锚杆 sliding wedge bolt
滑楔试算法 trial wedge method
滑斜面 slideway; slip ramp
滑泻冲蚀 slip erosion
滑泻面 slide plane
滑泻涂料 clay-coated finish
滑行 coasting; drifting; gliding; ground roll; inching; planning; skidding; sliding; slipping; taxi-cab operation; taxing
滑行板 <移动涵洞模架的> running plank
滑行保护 slide protection
滑行表面 slip surface
滑行擦痕 <路面上> skid marks
滑行操作 taxiing operation
滑行车道 slip lane
滑行车辆 sliding vehicle
滑行船 planning boat
滑行道 chute; ice road; taxilane; taxi track
滑行道照明 taxiway lighting

滑行道(照明)灯 taxi-track light; taxiway light
滑行阀 coasting valve
滑行搁梯 sliding ladder
滑行工况 coasting mode
滑行刮土机 slip scraper
滑行轨道 dragging track
滑行航道 taxi-channel
滑行架框架 skid frame
滑行距离 coasting distance; taxi(ing) distance <飞机>; skidding distance <在特殊情况下刹车至汽车完全停止时所需的距离>
滑行控制 slide[sliding] control; slip control
滑行快艇 glider
滑行轮胎 sliding tire[tyre]
滑行螺母 sliding nut
滑行敏感继电器 slip-sensing relay
滑行模板 climbing form
滑行能力 coasting ability
滑行跑道 tai strip; taxi strip; taxiway
滑行坡道 coasting gradient
滑行坡度 coasting grade; floating grade
滑行期间 coasting period
滑行器 skid
滑行时间间隔 coasting time interval
滑行试验 coasting test; free rolling test; skidding test
滑行水道 taxi-channel
滑行水道灯 taxi-channel light
滑行速度 coasting speed; contact speed <飞机>; planing speed <滑艇的>
滑行速率 slip rate; taxiing speed
滑行台 ramp
滑行铁道 <公园中游乐用的> roller coaster
滑行艇 displacement boat; hydroplane; hydroski craft
滑行挖土机 slip scraper
滑行物 slider
滑行细菌 gliding bacteria
滑行引导系统 taxiing guidance system
滑行印迹 <路面上> skid marks
滑行运动 gliding motility
滑行装置 runner; sliding device
滑行着陆接收机 glide-path receiver
滑行阻力测定 coasting resistance measurement
滑靴 skid shoe; slide shoe; running shoe <灰线模上的>
滑雪板 ski
滑雪场小屋 ski lodge
滑雪刀 edge of ski
滑雪服 anorak
滑雪坡 ski run; ski slope
滑雪(坡)道 ski run
滑雪式挑流 ski jump
滑雪式跳跃 ski jump
滑雪式消能工 ski-jump energy dissipater[dissipator]
滑雪式溢洪道 ski-jump spillway
滑雪跳跑道消失器 ski-jump energy dissipater[dissipator]
滑雪跳跑道溢洪道 ski-jump spillway
滑雪(跳跃)斜坡 ski jump
滑雪鞋 ski shoe
滑雪用提升机 ski lift
滑雪者 skier
滑叶式水泵 sliding-vane pump
滑叶压缩机 sliding-vane compressor
滑曳 <桥梁架设> launching
滑曳导梁 launching nose
滑曳桁架 launching truss
滑曳架设 launching erection
滑曳空中吊车 launching troll(e)y
滑曳梁 launching girder

滑曳设施基础 <如船坞中设置> launch facility foundation
滑曳装置 launching erection
滑移 creep; detrusion; drift; glide; side pull; skid; slide; sliding (movement); slipping; slump
滑移比率 slip ratio
滑移变形 sliding deformation; slip deformation
滑移变形方式 <用于断裂力学> mode of plane slide
滑移表现 slip behavio(u)r
滑移层 slip layer; glide lamella
滑移层理 glide bedding
滑移铲土机 skid shovel
滑移齿轮 shifting slide gear
滑移带 glide band; slip(ping) band
滑移单元 slip element
滑移导致不稳定性 instability due to sliding
滑移点 drift point
滑移对称面 glide plane of symmetry
滑移反射 glide reflection
滑移方向 glide direction; slip direction; slip orientation
滑移幅度 slip amplitude
滑移干扰理论 slip interference theory
滑移轨迹 slide path
滑移函数 slip function
滑移机理 sliding displacement mechanism
滑移间距 sliding gap
滑移角 angle of shear; angle of slip; slip angle
滑移节理 sliding joint
滑移就位 slide into place
滑移距离 distance of gliding
滑移空档 sliding gap
滑移理论 slip theory
滑移力 <使汽车横向滑移的力> skid force
滑移量 slippage
滑移裂缝 slippage crack
滑移流 slip flow; slip stream
滑移流动 gliding flow; sliding flow
滑移脉冲 sliding pulse
滑移门 sliding door
滑移面 gliding plane; sliding plane; slip plane; slip(sur)face; thrust plane; sliding surface
滑移摩擦系数 coefficient of sliding resistance
滑移配速轮 selective sliding gear
滑移劈理 slip cleavage
滑移平面 glide mirror(plane); glide plane
滑移破坏 sliding failure; sliding destruction
滑移侵蚀 slip erosion
滑移区 slip region; slip zone; zone of slippage
滑移曲线 slip curve
滑移失效 sliding failure
滑移矢量 sliding vector
滑移式窗 gliding window
滑移式扩展 mode of plane slide
滑移式耙路机 sliding type rake
滑移式起重机 skid-mounted crane
滑移式支座框架 skid-type base frame
滑移事故 slip-hazard
滑移试验 slip test
滑移双晶 gliding twin
滑移素 slip element
滑移速度 slip velocity; speed of slip
滑移速率 rate of slide; slip rate
滑移梯度 slip gradient
滑移体 slide mass
滑移脱开 slide free
滑移位错 slip dislocation
滑移稳定性 stability of sliding

滑移系 slip system
滑移系数 slip coefficient; slip factor
滑移系数目 number of slip system
滑移细菌 gliding bacteria
滑移现象 sliding phenomenon
滑移线 glide line; line of sliding; line of slip; Lüders' line; sliding line; slip line; strain figure; stretcher strain; run marks <铸造>
滑移线场 slip-line field
滑移线场解法 slip-line field method
滑移线场理论 slip-line field theory
滑移线法 slip-line method
滑移线痕 <轧材矫直时的> stretcher strain marking
滑移线模型 slip-line model
滑移线网络 network of slip lines
滑移型裂纹 sliding mode crack
滑移雪崩 slip avalanche
滑移圆弧 slip circle
滑移运动 sliding motion
滑移褶皱 slump fold; strain slip folding
滑移振动 sliding oscillation
滑移值 slip value
滑移至不受节制 slide free
滑移质 contact load
滑移转向 skid steering
滑移阻力 resistance to sliding; sliding resistance
滑移作用 phorogenesis; sliding action
滑音测试 squeaking
滑油 grease; lubricating oil; slide oil; unguent
滑油泵 lubricating oil pump
滑油泵齿轮 gear for lubricating oil pump
滑油残渣 oil residue
滑油舱 lubricating oil compartment
滑油槽 oil channel; oil groove
滑油储存箱 reserve lubrication oil tank
滑油冷却器 oil cooling radiation
滑油冷却器开关 oil cooler shutter
滑油冷却系统 oil cooling system
滑油冷却装置 oil cooler unit
滑油滤器 oil filter
滑油滤网堵塞 clogging of oil screen
滑油黏[粘]度 oil viscosity
滑油平衡安全阀 oil compensating relief valve
滑油容器 lube oil container
滑油输送泵 oil delivery pump
滑油污渍 lube oil contamination
滑油稀释阀 oil dilution valve
滑油稀释系统 oil dilution system
滑油系统 oiling system
滑油箱 grease chamber
滑油真空泵 oil vacuum pump
滑运槽 chute
滑运道 <木材、石料等的> skid road
滑运沟 flume
滑运轨道 chute rail
滑运路 skid road
滑运石车 dan
滑闸 shuttle
滑栅门 sliding barrier
滑褶皱 slip fold
滑枕 ram
滑枕导轨 ram guide
滑枕水平给进式牛头刨床 traverse planer
滑脂 bone fat; consistent lubricant; grease; grease lubricant; heavy grease
滑脂杯 grease cup; greaser; screw feed grease cup
滑脂槽 grease groove; grease way
滑脂袋 grease bag
滑脂分离 grease separation
滑脂分离器 grease separator
滑脂管 grease tube
滑脂管道 grease line
滑脂灌注器 grease lubricator
滑脂盒 grease box
滑脂环 greaser
滑脂盘 grease pan
滑脂枪 doper; grease compressor; grease gun; lubricating gun; shot lubricator
滑脂枪接头 grease gun adapter
滑脂润滑 grease lubrication; hard fat lubrication
滑脂润滑的接头 grease lubrication fitting
滑脂塞 grease plug
滑脂塞防松螺帽 grease plug lock nut
滑脂桶 grease pail
滑脂匣 grease box
滑脂旋塞 grease cock
滑脂嘴 grease nipple; grease nozzle
滑周 cycle slip
滑轴窗 projected (top hung) window
滑珠环 parrel truck
滑柱阀 spool valve
滑柱卡死 hydraulic lock
滑柱式阀 spool valve
滑转 slippage; track slip; wheel spin
滑转率 slip ratio; slit ratio
滑转式安全离合器 safety snap clutch
滑转式风扇 slip fan
滑转损失 slip loss
滑转子 bearing journal
滑准法手续费 sliding scale commission
滑走 glide; taxi
滑走飞行 taxi flying
滑走教练机 penguin
滑走坡 slip-off slope
滑走切片机 sliding microtome
滑走台 glide
滑走运动 gliding movement
滑阻力 slip resistance
滑座 skate; skid base; slide carriage; slider; slide [sliding] rest; slipper; traversing base; cradle; saddle <凿岩机的>
滑座锯 shuttle saw; sliding saw
滑座螺旋起重机 sliding jack
滑座螺旋起重器 sliding screw jack; traversing screw jack
滑座式换辊车 sledge type roll changer
滑座式万向摇臂钻床 slide block universal radial drilling machine
滑座式摇臂钻床 slide block radial drilling machine
滑座头 sliding carriage
滑座驻栓 slider locking pin

化

化变层 chemocline
化冰 deicing
化冰柜 ice dissolving tank
化冰剂 deicing agent; ice melting agent
化冰药品 deicing chemical
化成的 reductive
化成电压 formation voltage
化成肥皂 saponify (ing)
化成模量 reduced modulus
化成石灰的 calcific
化成油状的 oiled
化成原子 atomization
化成整数 rounding-off
化除霜定时器 frost removal timer
化到地磁极 reduction to the pole
化的 pneumatolytic
化电换能器 chemoelectrical transducer
化电流 galvanic current
化冻坑 thawing pit
化冻棚 thawing shed
化煅烧 incineration
化肥 chemical manure; fertiliser [fertilizer]
化肥残液 remaining liquid of fertilizer
化肥厂 chemical fertilizer plant; fertilizer plant; chemical manure plant
化肥工业 chemical fertilizer industry
化肥工业废水 chemical fertilizer industrial wastewater
化肥化 extensive use of chemical fertilizer
化肥撒肥机 chemical applicator; chemical manure fertilizing machine
化肥污染 chemical fertilizer pollution; fertilizer contamination; pollution by chemical fertilizer
化肥用白云岩 dolomite for chemical fertilizer
化肥用橄榄岩 peridotite for chemical fertilizer
化肥用灰岩 limestone for chemical fertilizer
化肥用蛇纹岩 serpentinite for chemical fertilizer
化肥用石英岩 quartzite for chemical fertilizer
化肥原料矿产 raw material commodities for chemical fertilizer
化肥装置 chemical fertilizer plant
化粪池 anaerobic tank; digestion tank; fermentation tank; fermenting pond; fermenting tank; humus tank; night digestion tank; night soil purification; septic tank; sewage tank; treatment tank
化粪池固体 septage
化粪池加热 digestion tank heating
化粪池容量 septic tank capacity
化粪池设计 septic tank design
化粪池污泥 septage; septic tank sludge
化粪池污水 septic tank effluent
化粪池污水抽吸 septic tank effluent pump
化粪池污物处理系统 septic treatment system
化粪池系统 septic system
化粪柜 sewage tank
化粪条件 septic condition
化粪污泥组分 constituents of septage
化感器 amphid
化感作用 allelopathy
化工 chemical engineering; chemical industry
化工材料 chemical materials
化工残渣分析仪 chemical residue analyser[analyzer]
化工槽罐 chemical tank
化工厂 chemical engineering plant; industrial chemical plant
化工厂废水 chemical industrial organic wastewater
化工厂废物 chemical works waste
化工成套工厂 complete equipment of chemical plant
化工成套设备 chemical equipment in sets
化工单位操作 chemical engineering unit operation
化工单元操作 unit operations of chemical engineering
化工反应器 chemical reactor
化工防腐 chemical anti-corrosion
化工废料 chemical waste
化工废水 chemical wastewater; wastewater from chemical industry
化工辐照用反应堆 chemical processing reactor
化工工程学 chemical engineering
化工工业 chemical industry
化工工业废水处理 wastewater treatment in chemical industry
化工工艺 chemical process
化工工艺用泵 chemical process pump; process pump
化工过程加热炉 process furnace
化工机器 chemical machine
化工机械 chemical engineering machinery
化工机械研究院 Chemical Machinery Research Institute; Research Institute of Chemical Machinery
化工机械制造 chemical machinery manufacture
化工搅拌装置 chemical mixing unit
化工介质 chemical medium
化工界 chemical circles
化工垃圾 chemical refuse
化工炉类 chemical (reactive) furnaces
化工容器 pressure vessels for the chemical industry
化工软管 chemical engine hose
化工设备 chemical equipment; chemical plant
化工设备车间 chemical equipment shop
化工设备检验 inspection of chemical equipment
化工设备零部件 chemical equipment parts
化工设备设计 process equipment design
化工设备制造 chemical equipment manufacture
化工设备制造厂 chemical equipment manufacturer
化工设计 chemical engineering design
化工设计院 Chemical Design Institute
化工生产专用设备 special equipment for chemical production
化工炻器 chemical stoneware
化工塔类 chemical towers
化工搪瓷设备 chemical enamel equipment
化工陶瓷 chemical stoneware
化工文摘 chemical engineering abstracts
化工行业 chemical lines
化工压力容器 pressure vessels for chemical industry
化工研究院 Chemical Research Institute
化工液下屏蔽泵 submerged canned pump for chemical industry
化工用泵 chemical pump
化工用煤 chemistry coal
化工用筛 screen used in chemical processing
化工有机废水 chemical industrial organic wastewater
化工原料 chemical raw material; heavy chemicals; industrial chemicals
化工原料矿产 raw material commodities for chemical industry
化工原料矿物 mineral material for chemical industry
化工制品 chemical industrial products
化工专用槽车 special chemical tanker
化工专用钢瓶 special chemical cylinder
化工专用设备 special chemical equipment
化工装置 chemical plant installations

化归赤道改正 reduction to the equator
化归水平改正 reduction to the horizon(tal)
化害为利综合利用原则 principle of comprehensive utilization of turning harm into good
化合比例 combining proportion
化合比例定律 law of combining proportions
化合比数 combining proportion
化合当量 equivalent weight
化合的 bonded; combinatorial; combined; combining; compound; grouped
化合的碳 combined carbon
化合反应 combination reaction
化合光 chemi(o)luminescence
化合价 adicity; atomicity; chemical valence; quantivalence[quantivalency]; valence[valency]
化合价的 valent
化合价模型 valence model
化合力 bond force; combining power
化合量 combining weight
化合量定律 law of combining weight
化合硫 combined sulfur
化合氯 combined chlorine
化合络合物 chemical complex
化合亲和力 combined affinity
化合亲和势 combining affinity
化合氢 combined hydrogen
化合氰 combined cyanide
化合区 combining zone
化合热 combining heat; heat of combination
化合生物碳 combined biologic(al) carbon
化合水 chemically bound water; chemically combined water; combined water; constitution(al) water; water of combination; water of constitution
化合水分 combined moisture
化合态 combined form
化合碳 carbide carbon
化合体积 combining volume
化合体积律 law of combining volumes
化合体积原理 combining-volumes principle
化合物 chemical compound; chemicals; compound
化合物半导体 compound semiconductor
化合物次序 order of compound
化合物的生成 compound formation
化合物对同位素分馏 compound pair isotope fractionation
化合物类型 type of compounds
化合物外加剂 chemical admixture
化合物稳定场图 diagram showing the stability field of components
化合物系 series of compounds
化合物系统 system of compounds
化合物形成 compound formation
化合性有效氯 combined available chlorine
化合性有效余氯 combined available residual chlorine
化合性余氯 combined chlorine residual; combined residual chloride
化合荧光 chemi(o)luminescence
化合原理 combination principle
化合脂肪酸 combined fatty acid
化合作用 chemical combination; combination
化灰槽 slaking trough
化灰池 boiling tub; hod; lime pit; mortar basin; mortar bed; puddling bin
化灰机 slaking machine
化灰炉 incinerator
化灰容器 slaking vessel
化简海岸线 <经过综合的海岸线，未表示潮浸地带的海岸线> general coastline
化简矩阵 reduced matrix
化列标准阶梯矩阵 column-reduced standard echelon matrix
化零为整的货物 groupage freight; grouped freight
化零为整的运输 groupage traffic
化炉铁 cupola iron
化炉铁排放物处理 cupola emission treatment
化名存款 deposit(e) in a fictitious name
化能合成细菌 chemosynthetic(al) bacteria
化能合成自养菌 chemosynthetic(al) autotroph
化能合成作用 chemosynthesis
化能生物 chemoheterotroph
化能无机营养 chemolithotrophy
化能无机营养菌 chemolithotrophic bacteria
化能无机自养 chemolithoautotrophy
化能无机自养生物 chemolithoautotroph
化能有机异养生物 chemoorganoheterotroph
化能有机营养 chemoorganotrophy
化能有机营养菌 chemoorganotrophic bacteria
化能自养 chemoautotrophy
化能自养生物 chemoautotroph; facultative chemoautotroph; obligate chemoautotroph
化能自养细菌 chemibarotrophic bacteria; chemoautotrophic bacteria; chemo-barotropic(al) bacteria
化气炉 gas producer
化色 tinting
化身 embodiment; personification
化石【地】fossil; petrification
化石冰 fossil ice
化石冰川 dead glacier
化石层 zone of fossil
化石层序律 law of faunal succession
化石场模型 fossil field model
化石成岩作用 fossil diagenesis
化石磁性 fossil magnetism
化石大理石产品 fossil marble products
化石的 petrean; petrified; petrous
化石的树林 fossil forest
化石地质年代 fossil time
化石地质年代测定法 fossil geochronometry
化石点 point of fossils
化石动物区系 fossil fauna
化石分异性 fossil diversity
化石粉 fossil flour; fossil meal
化石含量 fossil content
化石化 fossilification; fossilization
化石化材料 fossilized material
化石化合物 fossil compound
化石化作用 fossilization
化石环形山 fossil crater
化石灰 slake; slake the quick-lime
化石灰池 lime bin; mortar bed; pudding bin
化石鉴定 fossil identification
化石鉴定报告 identification report of fossils; report on fossil identification
化石鉴定样品 sample for fossil identification
化石礁 fossil reef
化石颗粒 fossil grain
化石坑 fossil crater
化石群 colony
化石群落 fossil community
化石燃料 fossil fuel
化石人 fossil man
化石森林 petrified forest
化石珊瑚 corallite
化石树胶 fossil gum; hard gum
化石树胶脂 fossil gum resin
化石树脂 fossil resin
化石水 connate water; fossil water
化石送样单 sample paper of fossil
化石土(壤) fossil soil
化石细菌 fossil bacteria
化石学 pal(a)eontology
化石学家 pal(a)eontologist
化石岩溶 fossil karst
化石岩相 fossil facies; ichnofacies
化石叶 phyllites
化石异常 fossil anomaly
化石印膜中油苗 liquid oil in fossil cast
化石足迹【地】fossil trace; ichnite; ichnolite
化石足印【地】ichnolite
化石组合 fossil assemblage
化石作用 fossilification
化霜 frost-melting
化探 geochemical exploration
化探报告 geochemical exploration report
化探成果图 result maps of geochemical prospecting
化探处理程序包 geochemical processing package
化探方法 geochemical exploration method
化探分析 geochemical exploration analysis
化探分析方法 geochemical analytical method
化探工作方法 geochemical operation system
化探样品 geochemical sample
化探野外作业程序 geochemical field operation program(me)
化铁鼓风炉炉渣 molten iron blast furnace slag
化铁炉 blast cupola; cupola(furnace); foundry cupola; iron-melting furnace
化铁炉底 bottom cupola
化铁炉可锻铸铁 cupola malleable iron
化铁炉砌块 cupola(iron) block
化铁炉异型耐火砖 cupola block
化铁炉用液压起重机 hydraulic cupola hoist
化铁炉渣 cupola furnace slag
化铁炉渣水泥 cupola slag cement
化铁炉砖 cupola brick
化微千分尺 vernier micrometer
化为分数 fractionize
化为十进位 translation to decimal fraction
化为投资的成本 capitalized cost
化为最小值 minimization
化污池 digester; digestion tank; digestor; sewage tank
化污器盘管 digester coil
化纤包 synthetic(al) bag
化纤泵 chemical fibre pump
化纤布硬化剂 stiffening agent for chemical fabric
化纤厂 chemical fiber plant; chemical fibre factory
化纤带 chemical fiber webbing
化纤单体 fiber-grade monomer
化纤地毯 synthetic(al) fiber carpet
化纤清洗剂 synthetic(al) fabric cleaner
化纤纱布 chemical yarn, fabric
化纤绳 synthetic(al) fiber rope
化纤绳插接 synthetic(al) fiber rope splice
化纤绳眼环插接 synthetic(al) fiber eye splicing
化纤专用温度传感器 special temperature sensor in chemical fiber[fibre]
化性大气 chemically oxidizing atmosphere
化学 chemistry
化学安全 chemical safety
化学白垩 chem-crete
化学搬运 chemical transportation
化学搬运力 power of chemical transportation
化学搬运量 chemical transporting amount
化学板排水 chemical board drain
化学半成品 chemical intermediate
化学爆破 chemical explosive
化学被覆(物) chemical overlay
化学被膜 chemical flashing
化学比色原理 chemical-colo(u)rimetric principle
化学比重计 chemical hygrometer
化学便桶 chemical toilet
化学变化 chemical change; chemical transformation; chemical variation
化学变化定律 law of chemical change
化学变化图解 chemical variation diagram
化学变性 chemical decay
化学变性纤维 chemically modified fibre[fiber]
化学变质 chemical deterioration
化学表面处理 chemical surface treatment
化学表面硬化法 chemical surface hardening
化学表征 chemical characterization
化学剥皮法 chemical barking
化学剥蚀 chemical degradation; chemical denudation
化学剥蚀作用 chemical denudation
化学薄膜 chemical film
化学薄膜养护剂 <混凝土的> chemical membrane
化学补偿剂 chemical shim
化学补偿(物) chemical shim
化学不稳定材料 loose material
化学不稳定性 chemical instability
化学不育剂 <除虫用的> chemosterilant
化学不整合 chemical unconformity
化学擦光 chemical polishing
化学采矿 chemical mining
化学参数 chemical parameter
化学残留物 chemical residue
化学残渣 chemical residue
化学槽 chemical tank
化学厕所 chemical closet; chemical toilet
化学厕座 chemical closet
化学测定 chemical assay; chemical determination
化学测定仪 chemical determinator
化学测管 chemical pipe
化学测量法 chemical measurement
化学测流 chemical ga(u)ging(of flow)
化学测流法 chemical method of measuring discharge; chemihydrometry; chemical ga(u)ging
化学掺和剂 chemical admixture
化学掺和料 <提高混凝土和易性的> air trap
化学产品 chemical products
化学常数 chemical constant

化学沉淀 chemical deposit(ion);chemical sedimentation; chemical precipitation
化学沉淀的淤渣 chemically sedimentated sludge
化学沉淀法 chemical precipitation method; chemical precipitation process
化学沉淀剂 chemical precipitant; chemical precipitation agent
化学沉淀污泥 chemical-precipitation sludge
化学沉淀物 chemical deposit(ion);chemical precipitate;chemical sediment;chemogenic sediment
化学沉淀物堵塞 chemical precipitate blocking
化学沉淀作用 chemical precipitation
化学沉积 chemical precipitation; chemical deposit(ion)
化学沉积层 electroless deposit
化学沉积分异作用 chemical sedimentary differentiation
化学沉积矿床 chemical sedimentary deposit
化学沉积物 chemical sediment;chemogenic sediment
化学沉积岩 chemically deposited sedimentary rock;chemical sedimentary rock
化学成分 chemical combination;chemical component; chemical composition; chemical constituent; chemical constitution
化学成絮剂 floc-forming chemical agent
化学成因的 chemogenic
化学成因构造 chemogenic structure
化学成因矿物质 chemical mineral mater
化学成因岩石 chemically formed rock
化学成因异常包裹体 anomalous inclusion of chemical origin
化学澄清 chemical clarification
化学澄清池 chemical clarifier;chemical clarifying tank
化学澄清法 chemical defecation
化学澄清剂 chemical clarifier;chemical clarifying agent
化学澄清器 chemical clarifier
化学抽提 chemical extraction
化学除冰剂 chemical deicer
化学除草 chemical cleaning;chemical vegetation control; chemical weed control; chemical weeding; chemical weed killing
化学除草法 chemical weed control practices
化学除草剂 chemical cleaner;chemical herbicide;chemical weed killer
化学除草皮 chemical screening
化学除垢剂 chemical reagent for scale removal
化学除磷 chemical phosphorus removal
化学除锈 chemical cleaning;chemical derusting
化学除锈剂 chemical cleaner
化学除盐 chemical desalting;removal of salt by chemicals
化学除盐剂 desalting chemical
化学除氧剂 oxygen scavenger
化学除莠 chemical weed control; chemical weed killing
化学除莠剂 chemical herbicide; chemical weed killer
化学储层 chemical reservoir
化学处理 chemical cure; chemical treatment
化学处理厕所 chemical closet;chemical toilet
化学处理的木材 chemically treated timber
化学处理法 chemical treatment method;method of chemical treatment; chemical treatment process
化学处理法除锈 chemical rust removing
化学处理方案 chemical treatment program(me)
化学处理过的木材 chemical wood
化学处理计划 chemical treatment program(me)
化学处理膜 chemical conversion coating;chemical conversion film
化学处理气味 chemical odo(u)r treatment
化学处理系统 chemical treatment system
化学传递说 chemical transmission theory
化学传感器 chemical sensor
化学传输模式 chemical transport model
化学纯的 chemically pure
化学纯铬黄 chemically pure chrome yellow
化学纯铅 chemical lead
化学纯净水 chemically pure water
化学纯水 chemically pure water
化学纯锌 chemically pure zinc
化学瓷(器) chemical porcelain;laboratory porcelain
化学刺激物 chemical irritant;chemical stimulus
化学促进剂 chemical promoter
化学促凝剂 chemical acceleration; chemical accelerator
化学催化剂 chemical catalyst
化学脆化 chemical tendering
化学萃取法 chemical extraction
化学大便器 chemical closet
化学大气 chemical atmosphere
化学代用品 chemical substitute
化学单位 chemical unit
化学单元处理法 chemical unit process
化学淡入 chemical fade
化学当量 chemical equivalent
化学导成岩 chemical formed rock
化学的 chemical
化学的干加料器 chemical dry feeder
化学滴管 chemical drip tube
化学地理 chemical geography
化学地热温标 chemical geothermometer
化学递质 chemical transmitter
化学缔合 chemical association
化学电池 chemical cell;galvanic cell
化学电镀 chemical plating; chemical plate
化学电价 chemical electrovalence
化学电离 chemical ionization;chemiionization
化学电离反应 chemi-ionization reaction
化学电离过程 chemi-ionization process
化学电离检测器 chemi-ionization detector
化学电离质谱法 chemical ionization mass spectrometry
化学电位 chemical tension
化学定律和原理 law and principle of chemistry
化学动力 chemomotive force
化学动力学 chemical kinetics
化学动态学 chemodynamics;chemokinesis
化学毒剂 chemical toxicant
化学毒素 chemical toxicant
化学毒物监测 chemical toxicant monitoring
化学毒性带 chemotoxic zone
化学镀层 chemical deposit(ion); electroless deposit
化学镀敷 chemical plating
化学镀剂 chemical plating agent
化学镀金 chemical gilding
化学镀膜 chemical plating
化学镀镍废水 chemical nickel plating wastewater
化学镀镍钢 electroless nickel plated steel
化学钝化法 deactivation
化学钝性 chemical passivity
化学惰性 chemical inertness
化学惰性的 chemically inert
化学发光 chemical luminescence; chemi(o)luminescence
化学发光材料 chemiluminescent material
化学发光臭氧监测仪 chemiluminescence ozone monitor
化学发光氮氧化物监测仪 chemiluminescence nitrogen oxides monitor
化学发光反应 chemiluminescence reaction
化学发光分析 chemiluminescence analysis
化学发光光源 chemiluminescence light source
化学发光检测器 chemiluminescence detector
化学发光式氮氧化物分析仪 chemiluminescent NO_x analyser[analyzer]
化学发光指示剂 chemiluminescent indicator
化学法 chemical method
化学法测定年龄 chemical dating
化学法测流 chemical ga(u)ging(of flow)
化学法沉淀残渣 chemically precipitated sludge
化学法沉淀污泥 chemically precipitated sludge
化学法沉淀下脚料 chemically precipitated sludge
化学法处理 chemical treatment
化学法(金属)表面处理 chemical conversion treatment
化学法黏[粘]结陶瓷<一类用新技术由水泥制成的桥梁用高性能新材料> chemically bonded ceramics
化学法凝结的污泥 chemically coagulated sludge
化学法凝聚残渣 chemically coagulated sludge
化学法凝聚污泥 chemically coagulated sludge
化学法凝聚下脚料 chemically coagulated sludge
化学法提纯 chemical purification
化学法絮凝污泥 chemically coagulated sludge
化学法选矿 chemical separation
化学法预(加)应力 chemical prestressing;tendonless prestressing
化学法做掩模板 chemically reversed photomask
化学反射 chemical reflex;chemoreflex
化学反应 alkali attack;chemical attack;chemical reaction
化学反应包层 chemical reactive coating
化学反应堆 chemical reactor
化学反应法 chemical reaction method
化学反应方程式 chemical reaction equation
化学反应检测器 chemical reaction detector
化学反应器 chemical reactor
化学反应色谱法 chemichromatography
化学反应设备 chemical reaction equipment
化学反应产生的收缩 chemical shrinkage
化学反应产生的黏[粘]结力 chemical bond
化学反应式 chemical equation
化学反应速率 chemical reaction rate
化学反应型密封膏 chemically curing sealant
化学反应性 chemical reactivity
化学反应性涂料 chemically cured finish
化学方法清除表面杂物 corrosive wear
化学方法测定 chemical ga(u)ging(of flow)
化学方法进行水文测验 chemical gauging;chemihydrometry
化学防潮层 chemical dampcourse
化学防潮法 chemical dampproofing
化学防腐 chemical corrosion
化学防腐剂 chemical preservative
化学防腐作用 chemical preservation
化学防护 chemical protection
化学防护剂 impregnation
化学防污 chemical preservation
化学防治 chemical control
化学放大 chemical amplification
化学肥料 chemical fertilizer
化学废料 chemical dump; chemical waste
化学废料处理 chemical waste disposal
化学废料填埋 chemical waste landfill
化学废弃物 chemical refuse
化学废水处理(厂) chemical wastewater treatment
化学废物水 chemical waste
化学分部分离 chemical fractionation
化学分层 chemical stratification
化学分化 chemical differentiation; chemodifferentiation
化学分解 chemical breakdown;chemical decay; chemical decomposition;chemolysis
化学分类学 chemotaxonomy
化学分离 chemical removal
化学分离法 fractionation
化学分散剂 chemical dispersant
化学分析 chemical analysis;chemolysis
化学分析报告 report of analysis chemistry
化学分析采样 sampling for chemical analysis
化学分析的 chemoanalytic
化学分析电子谱法 electron spectroscopy for chemical analysis
化学分析法 chemical analysis
化学分析方法 chemical analysis method
化学分析试样 chemical analysis sample
化学分析送样单 sample paper of chemical analysis
化学分析样品 sample for chemical analysis
化学分析仪器 chemical analysis instrument
化学分析用电子光谱(法) electron spectroscopy for chemical analysis
化学分析证明书 certificate of chemical analysis
化学分选装置 chemical sorting equipment
化学分异方式 chemical differentiation way
化学粉尘 chemical fallout

化学粉末炭 active powdered carbon
化学粉碎 chemical pulverization
化学粉碎的粉末 chemically disintegrated powder
化学风化 chemical weathering
化学风化速率 chemical weathering rate
化学风化作用 chemical weathering; decay decomposition
化学符号 chemical symbol
化学辐射效应 chemical radiation effect
化学腐蚀 chemical corrosion; chemical deterioration; chemical erosion; chemical etching
化学腐蚀成孔钻机 chemical drill
化学腐蚀机理 mechanism of chemical corrosion
化学腐蚀剂 corrosive chemicals
化学腐蚀控制 chemistry of corrosion control
化学腐蚀蔓延 eat-back of chemical corrosion
化学腐蚀(作)用 chemical attack
化学附加剂 chemical admixture
化学复燃 chemical afterburning
化学覆盖层 chemical coating
化学改良 chemical amelioration
化学改良法 chemical amendment
化学改性 chemical modification
化学改性高岭 chemically structured kaolin
化学干粉混合剂 chemical powder mixture
化学干扰 chemical interference
化学干式灭火器 dry chemical(fire) extinguisher
化学干燥 chemical seasoning
化学干燥剂 chemical dehydrator
化学干燥器 chemical drier[dryer]; drying battery
化学感觉 chemical sense
化学感受器 chemo(re)captor
化学感应 chemoinduction; chemoreception
化学钢化玻璃 chemically strengthened glass; chemically toughened glass
化学钢化法 chemical tempering process
化学高分子量磷 reactive high molecular weight phosphorus
化学隔离 chemical insulation
化学隔离层 chemical isolation
化学工厂 chemical plant; chemical works
化学工程 chemical engineering
化学工程公司 chemical construction corporation; chemico
化学工程建设部 chemical engineering and construction division
化学工程学 chemical engineering science
化学工业 chemical industry
化学工业废水 chemical industry wastewater; wastewater from chemical industry
化学工业炉 chemical industry furnace
化学工业水处理 water treatment in chemical industry
化学工艺学 chemical technology
化学工作者 chemist
化学公式 chemical formula
化学公司 chemical firm
化学共沉淀方法 chemical coprecipitation process
化学构成 chemical constitution
化学固定法 chemical fixation
化学固定能 chemically fixed energy
化学固化 chemical cure; chemosetting
化学固化密封膏 chemically curing sealant
化学固化型涂层 chemically cured finish
化学固结 chemical consolidation; chemical solidification
化学关系 chemism
化学管线 chemical pipeline
化学管涌 chemical piping
化学灌浆 chemical grouting; chemical injection; chemical slurry; solution injection
化学灌浆材料 chemical grouting agent
化学灌浆法 chemical grouting method
化学灌浆加固 chemical grouting stabilization
化学灌浆加固法 chemical grouting process; chemical injection process
化学光谱分析 spectrochemical analysis
化学光谱学 chemical spectroscopy
化学硅酸 activated silicate; active silica
化学硅藻土 activated diatomite
化学过程 chemical process
化学过程分析 chemical process analysis
化学过程减弱 chemasthenia
化学过滤器 chemical filter
化学过滤式呼吸器 chemical filter respirator
化学海洋学 chemical oceanography
化学焊接 chemical welding
化学耗氧量 chemical oxygen consumption
化学合成(法) chemical synthesis; chemosynthesis
化学合成微生物 chemosynthetic(al) microorganisms
化学合成物 synthetics
化学合成细菌 chemosynthetic(al) bacteria
化学合成制药废水 chemical synthesized pharmaceutical wastewater
化学褐变 chemical brown stain
化学痕量成分 chemical trace constituent
化学互克性 chemical incompatibility
化学化合 chemical combine
化学化妆品 chemical toilet
化学还原 chemical reducing
化学还原作用 chemical reduction
化学环割 banding
化学环境 chemical environment
化学环境恒定器 chemostat
化学环境污染 chemical environmental pollution
化学环境因子 chemical environmental factor
化学缓冲剂 chemical buffer
化学灰雾 chemical fog
化学回收炼焦炉 chemical recovery coke oven
化学回收炉 chemical recovery furnace
化学混合 chemical mixing
化学混凝 chemical coagulation
化学混凝处理 chemical coagulation treatment
化学混凝法 chemical coagulation method
化学混凝-铁碳微电解-电渗析法 chemical coagulation-iron-carbon microelectrolysis-electrodialysis process
化学混凝污泥 chemically coagulated sludge
化学混容性 chemical compatibility
化学活动性 chemical activity
化学活度 chemical activity
化学活度系数 chemical activity coefficient
化学活化 chemical activation
化学活化能 chemical activation barrier
化学活性 chemical mobility; chemism
化学活性的 chemically active
化学活性流化床 chemically active fluidized bed
化学活性物质 chemically active substance
化学活性颜料 chemically active pigment
化学活性增塑剂 chemically active plasticizer
化学或电化方法对金属除锈 pickling
化学机理 chemical mechanism; chemism
化学机械更新装置 chemically mechanical regeneration system; chemo-mechanical regeneration system
化学机械焊(接) chemically mechanical welding; chemico-mechanical welding
化学机械木浆 chemi-ground wood
化学机械抛光 chemically mechanical polishing
化学机械纸浆 chemico-mechanical pulp; chemimechanical pulp
化学机制 chemical mechanism; chemism
化学激光器 chemical laser
化学极化 chemical polarization
化学挤水法 chemical flushing
化学计量泵 chemical metering pump
化学计量比 stoichiometric(al) ratio
化学计量比例 stoichiometric(al) proportion
化学计量常数 stoichiometric(al) constant
化学计量当量 stoichiometric(al) equivalent
化学计量的 stoichiometric(al)
化学计量的空气燃料比 stoichiometric(al) air-fuel ratio
化学计量点 stoichiometric(al) point
化学计量(法) chemical metering; stoichiometry; chemical stoichiometry
化学计量反应 stoichiometric(al) reaction
化学计量反应量 amount of stoichiometric(al)
化学计量反应摩尔 mole of stoichiometric(al) reaction
化学计量关系 stoichiometric(al) relationship
化学计量化合物 stoichiometric(al) compound
化学计量晶体 stoichiometric(al) crystal
化学计量(理想配比)成分 stoichiometric(al) composition
化学计量(理想配比)关系 stoichiometric(al) relation
化学计量(理想配比)极限 stoichiometric(al) limit
化学计量(理想配比)限值 stoichiometric(al) limit
化学计量(理想配比)杂质 stoichiometric(al) impurity
化学计量浓度 chemical concentration; stoichiometric(al) concentration
化学计量器 stoichiometer
化学计量燃烧 stoichiometric(al) combustion
化学计量软化 stoichiometric(al) softening
化学计量数 stoichiometric(al) number
化学计量系数 stoichiometric(al) coefficient
化学计量学 <确定组成纯化合物的元素的正确比例> stoichiometry; chemometrics
化学计量因数 stoichiometric(al) factor
化学计量组成 stoichiometric(al) composition
化学计算 chemical calculation; stoichiometric(al) calculation
化学计算比 stoichiometric(al) ratio
化学计算常数 stoichiometric(al) constant
化学计算当量 stoichiometric(al) equivalent
化学计算的 chemical calculated; stoichiometric(al)
化学计算法 chemical calculation method; stoichiometry
化学计算方程式 stoichiometric(al) equation
化学计算关系 stoichiometric(al) relationship
化学计算温度 stoichiometric(al) temperature
化学剂 chemical agent; agent
化学剂管路 chemical piping
化学剂灌浆系统 chemical grouting system
化学剂量 chemical dose
化学剂量测定 chemical dosing
化学剂量学 chemical dosimetry
化学剂量仪 chemical dosimeter
化学剂稳定土壤 chemical soil stabilization
化学加工 chemical machining; chemical milling; chemical process
化学加工厂 chemical processing plant
化学加工工业 chemical process industry
化学加工设备 chemical process equipment
化学加工用材 chemical wood
化学加固 chemical consolidation; chemical stabilization
化学加固法 chemical stabilization process
化学加固剂 chemical stabilizer
化学加固土质衬砌 chemically stabilized earth lining
化学加速 chemical acceleration
化学加速剂 chemical accelerator
化学家 chemist
化学监测 chemical monitoring
化学检测单位 unit for chemical measurement
化学检验 chemical examination; chemical investigation
化学建材 synthetic(al) material
化学建筑材料 chemical building material
化学鉴定 chemical identification
化学键 bond; chemical binding; chemical bond
化学键合部分 chemically bonded moiety
化学键合(固定)相色谱(法) chemical bonded phase chromatography
化学键合相 bonded stationary phase; chemically bonded phase
化学键合相填充剂 chemically bonded phase packing
化学键合型树脂 chemical bonding resin
化学键接 chemical bonding
化学浆液 chemical grout
化学胶合法 chemical bonding

化学胶水 chemical glue
化学接合分量 chemical binding component
化学接受体 chemoreceptor
化学结构 chemical constitution;chemical construction; chemical formation;chemical structure
化学结构式 chemical structural formula
化学结合 chemical bond
化学结合的 chemically combined
化学结合的镁砖 chemically bonded magnesite brick
化学结合高铝砖 chemical bonded alumina brick
化学结合剂 chemical binder
化学结合镁砖 chemical bonded magnesite brick
化学结合耐火水泥 chemical bonded refractory cement
化学结合氢 chemically combined hydrogen
化学结合水 chemical bound water; chemically combined water
化学结合陶瓷 chemical bonded ceramics
化学结合体 chemically combined water
化学结合效应 chemical binding effect
化学结合砖 chemically bonded brick
化学结晶学 chemical crystallography
化学解毒剂 chemical anti-dote
化学解毒药 chemical anti-dote
化学解耦联剂 chemical uncoupler
化学介质 chemical mediator
化学金属清洗污水 chemical metal cleaning wastewater
化学紧急情况回答信息系统 chemical emergency response information system
化学紧急事故 chemical emergency
化学进化 chemical evolution
化学浸镀 electroless plating
化学浸解 chemical retting
化学浸蚀 chemical etching
化学浸透法 <使木材防火的> oxylene
化学浸液钎焊 chemical dip brazing
化学浸渍覆盖层 chemical dip coating
化学精炼 chemical refining
化学精制过程 chemical refining process
化学净化表面 chemically clean surface
化学净化厂 chemical purification plant
化学净化处理 chemical cleaning
化学净化(法) chemical purification; chemical decontamination
化学净化设备 chemical purification plant
化学净化装置 chemical purification plant
化学净水 chemical water purification
化学径流 chemical flow
化学聚合体 chemical polymer
化学均匀性 chemical homogeneity
化学抗冰剂 ice control chemicals
化学抗力 chemical resistant
化学抗性 chemical fastness;chemoresistance
化学可氧化有机物质 chemically oxidizable organic matter
化学刻蚀 chemical etching
化学刻图 chemical engraving
化学空气调节 chemical air conditioning
化学空气再调节 chemical air reconditioning
化学控制 chemical control
化学控制剂 chemical shim
化学矿物学 chemical mineralogy
化学矿物质净化水系统 activated mineral purified water system
化学矿物组成 chemical mineral composition
化学扩散 chemical diffusion
化学牢固性 chemical fastness
化学冷冻法 chemical refrigeration (process)
化学冷凝器 chemical condenser
化学冷却 chemical cooling; chemical refrigeration
化学冷却剂 chemical coolant
化学离子化作用 chemi-ionization
化学离子源 chemical ionization source
化学力 chemical force
化学历程 chemism
化学疗法 chemotherapy
化学淋滤 chemical leaching
化学淋溶 chemical eluviation; chemical leaching
化学淋溶作用 chemical eluviation
化学流变学 chemorheology
化学流动 chemical flow
化学流体力学 chemical fluid mechanics
化学硫化 chemical cure;chemicure
化学锚固 chemical anchor
化学煤化作用 chemical coalification
化学密封 chemical sealing
化学密封加固 chemical sealing
化学灭火剂 chemical fire extinguisher
化学灭火器 chemical fire extinguisher
化学灭菌剂 chemosterilant
化学敏感性 chemosensitivity
化学敏化 chemical sensitization
化学敏化剂 chemical sensitizer
化学名称 chemical name
化学命名(法) chemical nomenclature
化学模拟 chemical simulation
化学模式识别 chemical pattern recognition
化学磨光 chemical polishing
化学磨木纸浆 chemi-ground wood pulp
化学磨木纸浆废水 chemi-ground wood pulp wastewater
化学木浆纸 chemical wood-pulp paper
化学耐久性 chemical durability
化学能 chemical energy
化学能势 chemical energy potential
化学能源 chemical power
化学黏[粘]合 chemical adhesion; chemical bond;specific adhesion
化学黏[粘]合剂 chemical adhesive
化学黏[粘]结 chemical bond
化学黏[粘]结材料 chemical cement
化学凝固 chemical coagulation;chemical consolidation;chemical setting
化学凝固法 chemocoagulation
化学凝结 chemical coagulation
化学凝聚 <用于污水处理> chemical coagulation
化学凝聚处理 chemical coagulation process
化学农药 chemical pesticide
化学浓缩 chemical concentration
化学耦合 chemical coupling
化学排出物 chemical effluent
化学抛光 chemical polishing
化学抛光剂 chemical polish(ing agent)
化学泡沫 chemical foam
化学泡沫灭火器 chemical foam extinguisher
化学泡沫塑料 chemically foamed plastics
化学喷淋系统 chemical sprinkler system
化学品安全评价 safety assessment for chemicals
化学品驳船 chemical barge
化学品存货 chemical inventory
化学品存在时间 chemical residence time
化学品的长期影响 long-term effects of pollutant
化学品的再流动 remobilization of a chemical
化学品回收 chemical recovery
化学品加料机 chemical feeder
化学品库 chemical storage
化学品撒布机 chemical spreader
化学品停留时间 chemical residence time
化学品投加机 chemical feeder
化学品循环清洗 chemical circulation cleaning
化学品预防 chemoprophylaxis
化学品运输船 chemical carrying ship;chemical tanker
化学品中毒 chemical poisoning
化学品种 chemical race
化学平衡 chemical equilibrium
化学平衡常数 chemical equilibrium constant
化学平衡软件 chemical equilibrium software
化学平衡条件 chemical equilibrium condition
化学屏蔽 chemical barrier
化学破乳剂 chemical demulsifier
化学企业 chemical enterprise
化学起泡剂 chemical blowing agent
化学气候 chemical weathering
化学气体储压器 chemical gas generator
化学气体发生器 chemical gas generator
化学气体营养细菌 chemibarotrophic bacteria
化学气相沉积 chemical vapo(u)r deposition
化学气相渗透 chemical vapo(u)r infiltration
化学气相输送 chemical vapo(u)r transport
化学气象 chemical meteorology
化学砌筑砖 chemically bonded brick
化学迁移 chemical transport
化学铅笔 chinagraph pencil; chinamarking pencil
化学强化 chemical augmentation; chemical tempering
化学强化玻璃 chemical strengthened glass
化学强化混凝 chemical enhanced coagulation
化学强拉法 chemical tensioning method
化学亲合力 chemical affinity;chemism
化学亲合性 chemical affinity
化学侵蚀 attack; chemical deterioration; chemical etching; chemical attack
化学清垢剂 chemical reagent for scale removal
化学清洁剂 chemical cleaner
化学清洁金属的污水 chemical metal cleaning waste
化学清理 soak cleaning
化学清洗 chemical cleaning; chemical scrubbing
化学清洗表面 chemical cleaning
化学清洗法 chemical cleaning method; chemical rising technique
化学清洗剂 mordant
化学清洗周期 chemical cleaning cycle
化学取样 chemical sampling
化学去壳 chemical decladding
化学去污 chemical decontamination; chemical subtraction
化学全分析 complete chemical analysis
化学全量分析 complete chemical analysis
化学缺陷 chemical defect
化学燃料 chemical fuel
化学燃料火箭 chemical rocket
化学燃料燃烧室 chemical combustion chamber
化学燃烧 chemical combustion
化学染色法 chemical colo(u)ring process
化学热处理 chemical heat treatment; chemico-thermal treatment; heat chemical treatment
化学热力学 chemical themodynamics
化学热蓄积 chemical heat storage
化学韧性 chemical toughness
化学溶剂 chemical flux;chemical solvent
化学溶剂连接 solvent welding
化学溶解 chemolysis
化学溶解量 chemically dissolved amount
化学溶蚀作用 chemical corrosion; chemolysis
化学溶液 chemical solution
化学溶液槽 chemical solution tank
化学溶液沉积 solution chemical deposition
化学溶液池 chemical solution tank
化学溶液罐 chemical solution tank
化学溶液加料器 chemical solution feeder
化学蠕变 chemical creep;chemocreep
化学软化 chemical tendering;chemistry softening
化学软水法 reagent method of water softening
化学软水剂 chemical softener
化学软水设备 chemical water-softening plant;dosage plant
化学软水装置 chemical treatment system
化学色彩 chemical stain
化学杀虫剂 chemical fungicide;chemical insecticide
化学杀菌 chemical sterilization
化学杀菌剂 chemical bactericide; chemical fungicide
化学杀菌作用 chemosterilization
化学砂浆 chemical pulp
化学伤 chemical trauma
化学设计判据 chemical design criterion
化学射线 chemical ray
化学渗透假说 chemiosmotic hypothesis
化学渗透作用 chemosmosis[复 chemosmoses]
化学生态学 chemical ecology
化学生物带 chemobiotic zone
化学生物絮凝 chemical biologic(al) flocculation
化学生物絮凝工艺 chemical biologic(al) flocculation process
化学生物絮凝污水 chemical biologic(al) flocculation effluent
化学生物学 chemicobiology
化学剩余磁化强度 chemical remanent magnetization
化学师 chemist
化学湿度计 chemical hygrometer
化学湿选法 wet chemical method
化学石膏 chemical gypsum
化学石膏灰 chemical plaster
化学石灰 chemical lime
化学石灰岩 chemical limestone
化学实验设备 chemical experimental equipment

化学实验室 gas house
化学蚀变假象 pseudo-morphy by chemical alteration
化学蚀剂 chemical milling
化学蚀刻 chemical milling
化学蚀刻成型 chem-mill
化学蚀刻凸版 chemitype
化学示踪 chemical tracing
化学示踪剂 chemical tracer
化学势 chemical potential; partial potential
化学势计 chemical potentiometer
化学势能 chemical potential energy
化学势能梯度 chemical potential gradient
化学试剂 chemical(re)agent
化学试剂区域精炼 zone refining of chemicals
化学试剂软化法 reagent method of water softening
化学试验 chemical investigation
化学试验室 chemical laboratory; chemistry laboratory
化学收缩 <水泥硬化时的> chemical shrinkage
化学受体 chemo(re)captor
化学束缚水 chemically bound water
化学束外延 chemical beam epitaxy
化学水处理 chemical water treatment
化学水软化 chemical demineralization
化学水文测量 chemihydrometry
化学水文测验(法) chemihydrometry
化学水文学 chemical hydrology
化学水污染 chemical water pollution
化学速凝剂 chemical accelerating admixture
化学损坏 chemical breakdown
化学探索 chemical exploration
化学陶瓷 chemical ceramics
化学陶瓷结合整体耐火材料 chemical ceramic bonding monolithic refractory
化学陶器 chemical stoneware
化学特性 chemical character(istic); chemical property
化学特征 chemical character(istic)
化学特制品 chemical specialities
化学替代物质 chemical substitute
化学天平 chemical balance
化学添加剂 chemical addition agent; chemical additive
化学调节 <使污泥容易脱水> chemical conditioning
化学调理 chemical conditioning
化学调理池 chemical conditioner
化学调理剂 chemical conditioner
化学调色 chemical toning
化学调治 chemical conditioning
化学统计学 chemometrics
化学涂层 chemical coating; chemical finish; immersion coating
化学涂层剥除剂 chemical stripper
化学涂料 chemical coating; chemical finish
化学退磁溶液 chemical demagnetizing solution
化学退磁时间 chemical demagnetizing time
化学退磁温度 chemical demagnetizing temperature
化学退磁 chemical demagnetization
化学脱氮 chemical denitrification
化学脱垢 chemical cleaning
化学脱灰剂 chemical deliming agent
化学脱矿质 chemical demineralization
化学脱硫 chemical desulfurization
化学脱模剂 chemical release agent
化学脱色 chemical decolo(u)rization
化学脱水 chemical dewatering
化学脱水剂 chemical dehydrator
化学脱水器 chemical dehydrator
化学脱盐 chemical desalting
化学脱盐法 chemical desalting method
化学脱叶剂 chemical defoliant
化学脱脂 chemical degreasing
化学外加剂 chemical additive
化学危害物 chemical hazard
化学危险品安全管理条例 safety administration regulation of hazardous chemicals
化学危险品安全管理制度 safety administration system of hazardous chemicals
化学危险品标志符号 hazchem code
化学危险品生产许可证制度 licence system of producing of hazardous chemicals
化学危险品响应信息系统 chemical hazards response information system
化学危险物质 chemical hazardous substance
化学卫生的 chemical sanitary
化学位 chemical potential
化学位能 chemical potential energy
化学位梯度 chemical potential gradient
化学位移 chemical shift
化学位移值 chemical shift value
化学文摘服务 chemical abstracts service
化学稳定玻璃 steady glass
化学稳定的 chemically stable
化学稳定法 chemical stabilization
化学稳定化 chemical stabilization
化学稳定剂 chemical stabilization agent; chemical stabilizer
化学稳定器 chemostat
化学稳定器动力学 chemostat dynamics
化学稳定陶瓷 chemical-resistant ceramics
化学稳定土 chemical soil stabilization
化学稳定性 chemical durability; chemical stability
化学稳定作用 chemical stabilization
化学问题协调中心 Chemical Coordinating Center[Centre]
化学污斑 chemical stain
化学污泥 chemical sludge
化学污泥脱水 chemical sludge dewatering
化学污泥絮凝物密度 chemical sludge floc density
化学污染 chemical contamination; chemical pollution
化学污染物源 source of chemical contaminant
化学污染物(质) chemical contaminant; chemical pollutant
化学污染指数 chemical pollution index
化学污水污泥 chemical sewage sludge
化学武器 chemical weapons
化学物 chemicals
化学物安全性评价 safety evaluation of chemicals
化学物进料器 chemical feeder
化学物类 chemical species
化学物理 chemical physics
化学物理试验 chemical mechanical tests
化学物理学 chemical physics; chemicophysics
化学物浓度梯度 chemical's concentration gradient
化学物污染源 source of chemicals
化学物诱变作用 chemical mutagenesis
化学物质 chemical substance
化学物质病 cheminosis
化学物质不平衡法 chemical substance disbalance method
化学物质联合作用 combined effect of chemicals; joint action of chemicals
化学物质索引 chemical substance index
化学物致癌作用 chemical carcinogenesis
化学物种 chemical species
化学物种污染源 source of chemical species
化学物综合作用 combining effect of chemicals
化学雾 chemical fog
化学吸附 chemiadsorption
化学吸附的吸附质 chemically adsorbed adsorbate; chemisorbed adsorbate
化学吸附度 degree of chemisorption
化学吸附法 chemisorption method
化学吸附剂 chemosorbent
化学吸附水 chemisorbed water
化学吸附作用 chemical adsorption
化学吸力 chemical attraction
化学吸湿剂 moisture-laden chemical absorbent
化学吸收 chemical absorption; chemisorb; chemisorption
化学吸收剂 chemical absorbent; chemical absorber; chemosorbent
化学吸引 chemical attraction
化学吸引素 chemotaxin
化学吸着 chemical sorption; chemisorption
化学吸着性纤维 chemisorptive fiber[fibre]
化学稀浆 chemical slurry
化学稀释模式 model of chemical dilution
化学洗涤 chemical cleaning
化学洗涤剂 chemical detergent; soapless soap
化学洗井 chemical cleaning of well; chemical flushing of well
化学洗井液浓度 concentration of chemical liquid for well cleaning
化学洗井液用量 using capacity of chemical liquid for well cleaning
化学洗井液种类 type of chemical well-cleaning liquid
化学系统 chemical system
化学细菌战争媒介 chemical biologic(al) warfare agent
化学细磨纸浆废料 chemical ground pulp waste; chemi-ground pulp waste
化学细磨纸浆废水 chemical ground pulp wastewater; chemi-ground pulp wastewater
化学纤维 chemical fiber[fibre]; man-made fiber[fibre]
化学纤维厂 chemical fibre plant
化学纤维工业 chemical fiber industry
化学纤维绳 man-made fiber cordage
化学纤维织物 cellulose wool; science fabrics
化学纤维纸 chemical fiber paper
化学显影 chemical development
化学显影法 chemical development
化学现象 chemical phenomenon
化学相 chemical phase; chemofacies
化学相互作用 chemical interaction
化学相克作用 allelopathy
化学相溶性 chemical compatibility
化学相似性模拟法 chemical similitude
化学向性 chemotactism
化学消毒(法) chemical disinfection; chemiosterilization
化学消毒剂 chemical disinfectant; chemosterilant
化学消色 chemical achromation
化学效率 chemical efficiency
化学效应 chemical effect
化学斜层 chemocline
化学行为 chemical behavio(u)r
化学形态 chemical form
化学型灭火系统 chemical type fire extinguishing system
化学型增塑剂 chemical type plasticizer
化学性变态 chemomorphosis
化学性产热 chemical heat production
化学性传递 chemical transmission
化学性刺激 chemical irritation
化学性地方病 chemical endemic disease
化学性防锈漆 chemical antirust paint
化学性风化 chemical weathering
化学性腐烂 chemical decay
化学性感受器 chemo(re)ceptor
化学性降解 chemical degradation
化学性解毒剂 chemical anti-dote
化学性能 chemical property
化学性能试验 chemical property test
化学性破碎 chemical degradation
化学性侵蚀 chemical attack; chemical erosion
化学性烧伤 chemical burn
化学性食物中毒 chemical food poisoning
化学性损害 chemical lesion
化学性损伤 chemical injury
化学性危害 chemical hazard
化学性消化 chemical digestion
化学性质 chemical capacity; chemical nature; chemical property; chemical quality; chemism
化学性质不稳定泥浆 chemical unstable mud
化学修复 chemical remediation
化学修饰 chemical modification
化学修枝 chemical pruning
化学需氧量 chemical oxygen consumption; chemical oxygen demand
化学需氧量测定 chemical oxygen demand determination; chemical oxygen demand test
化学需氧量测定仪 chemical oxygen demand analyser[analyzer]
化学需氧量负荷 chemical oxygen demand loading
化学需氧量浓度 chemical oxygen demand concentration
化学需氧量去除效率 chemical oxygen demand removal efficiency
化学絮凝(法) <用于污水处理> chemical flocculation
化学絮凝剂 chemical floc; chemical flocculant
化学絮凝净化的原污水 chemically flocculated and clarified raw sewage
化学絮凝污水 chemically flocculated wastewater
化学絮凝物 chemical floc; chemical floccules
化学旋喷桩 chemical churning pile
化学选矿法 chemical concentration
化学学说 chemical theory
化学循环清洗 chemical circulation cleaning
化学烟气 chemical smoke
化学烟雾 chemical smoke
化学岩 chemical rock
化学岩储集层 chemical reservoir

化学岩石学 chemical petrology
化学研究 chemical investigation
化学颜料 chemical pigment
化学衍生作用 chemical derivatization
化学掩臭剂 chemical toilet
化学演化 chemical evolution
化学养护 chemical cure
化学养护剂 curing compound
化学养护密封剂 chemically cured sealant
化学养护液 curing compound
化学氧化 chemical oxidation
化学氧化(处理)法 chemical oxidation process
化学氧化法脱色 decolo(u)rization by chemical oxidation
化学氧化还原 chemical oxidation reduction
化学氧化混凝工艺 chemical oxidation-coagulation process
化学氧化聚合 chemical oxidation polymerization
化学氧化性大气 chemically oxidizing atmosphere
化学氧化预处理 chemical oxidation pretreatment
化学氧化作用 chemical oxidation
化学药剂 chemical agent;chemicals
化学药剂储藏 chemical storage
化学药剂处理 chemical treatment
化学药剂灌注法 <稳定土的> chemical grouting; chemical injection process
化学药剂控制系统 chemical control system
化学药剂投加 chemical feeding
化学药剂投加量 dosage of chemicals
化学药剂投加器 chemical feeder
化学药剂浴解箱 chemical dissolving box
化学药剂注入法 <用于稳定土> chemical injection process
化学药剂贮存 chemical storage
化学药品 chemicals; chemical medicine;chemical reagent
化学药品处理 chemical treatment
化学药品回收 recovery of chemicals
化学药品混合器 chemical mixer
化学药品消耗量 chemical consumption
化学药筒防毒面具 chemical cartridge respirator
化学药物灭菌法 chemical sterilization
化学药物土壤稳定作用 chemical soil stabilization
化学药物预防 chemoprophylaxis
化学药液注浆 chemical injection
化学液浆 chemical grout
化学液体比重计 chemical hygrometer
化学液体船 chemical tanker
化学液相沉积 chemical liquid deposition
化学仪器 chemical apparatus
化学仪器玻璃 chemical glass
化学异点 chemical specks
化学异构物 chemical isomer
化学抑制剂 chemical inhibitor
化学溢漏 chemical spill
化学因子 chemical factor
化学因子数 number of chemical factor
化学引爆剂 chemical booster
化学引诱剂 chemical attractant
化学应力 chemical stress
化学应力松弛 chemical stress relaxation
化学营养 chemotrophy
化学营养细菌 chemoautoytophic bacteria
化学硬化 chemical hardening
化学硬石膏 chemical anhydrite
化学有害物 hazardous chemical
化学有害物监测 harmful chemic(al) monitoring
化学有效氯 combined available chlorine
化学有效性 chemical availability
化学诱变 chemomorphosis
化学诱变剂【生】chemical mutagen
化学诱变物 chemical mutagen
化学诱导 cheminduction
化学预处理 chemical pretreatment; chemical priming
化学预防 chemoprophylaxis
化学预防药 chemoprophylactic drug
化学预(加)应力(法)chemical prestressing
化学预应力法使用的膨胀水泥 chemically prestressing cement
化学预应力混凝土 chemically prestressed concrete
化学预应力水泥 chemically prestressing cement
化学元素 chemical element
化学元素快速半定量分析仪 chromograph
化学元素平衡 chemical element balance
化学元素平衡法 chemical element balance method
化学原理 chemical principle
化学原子价 chemical valence
化学原子量 chemical atomic weight
化学运输反应 chemical transport reaction
化学杂质 chemical impurity
化学再处理废液 chemical reprocessing liquid waste
化学再生 chemical regeneration
化学增感 chemical sensitization
化学增感剂 chemical sensitizer
化学增活现象 chemokinesis
化学增强 chemical strengthening
化学增强玻璃 chemical strengthened glass
化学增塑剂 chemical plasticizer
化学炸弹 chemical bomb
化学战和生物战 chemical and biologic(al) warfare
化学战剂 chemical warfare agent
化学张拉法 chemically tensioning method
化学蒸气沉积 chemical vapo(u)r deposition
化学整枝剂 chemical pinching agent
化学纸 chemical paper
化学纸浆 chemical pulp
化学指标 chemical index
化学指示剂 chemical tracer
化学制版 chemitype
化学制剂 chemicals
化学制浆 chemical pulping
化学制冷 chemical refrigeration
化学制品 chemicals
化学制品橱 chemical closet
化学制品橱柜 chemicals closet
化学制品生产量 chemical capacity
化学制药厂 chemical pharmaceutical factory
化学质量 chemical mass
化学质量平衡 chemical mass balance
化学质体 chemoplast
化学致癌物 chemical conversion
化学致癌作用 chemical carcinogenesis
化学致光 chemi(o)luminescence
化学致敏原 chemical sensibiligen
化学滞后效应 chemical aftereffect
化学中间体 chemical intermediate
化学中性 chemical neutral
化学注浆 chemical grout(ing)
化学注液法 <稳定土的> chemical injection process
化学助熔剂氧气切割 chemical flux cutting
化学转化 chemical transformation
化学转化处理 chemical conversion treatment
化学转化膜 chemical conversion coating;chemical conversion film
化学转化涂层 chemical conversion coating
化学转印法 chemical transfer process
化学状态 chemical state
化学灼伤 chemical burn
化学着色 chemical colo(u)ring; chemical staining
化学着色处理 <木材> chemical staining
化学着色法 chemical colo(u)ring process
化学自动灭火器 fire-extinguisher of self-sensitive chemical
化学自净化作用 chemical self-purification
化学自养生物 chemoautotroph
化学族组成 chemical group composition
化学阻力 chemical resistance
化学阻塞 chemical blocking
化学阻滞 chemical retardation
化学组成 chemical component;chemical composition;chemical constituent;chemical constitution
化学组分 chemical component;chemical composition;chemical constituent
化学组合 chemical association
化学钻进 chemical drilling
化学作用 chemical action; chemical attack
化学作用表面 chemically active surface
化盐桶 salt dissolving tank
化验 assay; chemical examination; laboratory test
化验磅 assay pound
化验报告 analysis report; laboratory report
化验程序 assay procedure
化验单 laboratory sheet; laboratory test report
化验吨 assay ton
化验分析 assay
化验剂 chemical agent
化验检查 laboratory examination
化验检查所见 laboratory findings
化验结果 laboratory findings
化验炉 assay furnace
化验曲线 assay curve
化验设备 laboratory device
化验师 analyst
化验室 chemical laboratory; control laboratory;laboratory;test cabinet; testing laboratory
化验室负责人 leading cadre of laboratory
化验室环境 laboratory environment
化验室洗盆 laboratory sink
化验室型反应器 laboratory size reactor
化验室研究方法 laboratory procedure
化验所见 laboratory findings
化验天平 assay balance
化验显微镜 laboratory microscope
化验项目 laboratory test item
化验员 analyst;assayer;laboratorian; laboratory assistant;laboratory technician;chemical analyst
化验证(明)书 analysis certificate; certificate fo analysis[analyzing]
化验证明书费 fee for analysis certificate
化引水准 reduced level
化油器 carb;carburet(t)er[carburet(t)or]
化油器喉管 carburet(t)or Venturi
化油器喷管 carburet(t)er jet
化油器喷注 jet
化油器调节油针 carburet(t)or adjusting needle
化跃层 chemocline
化跃面 chemocline
化渣 slagging
化整 rounding
化整为零 disaggregate
化妆车 changing cabin
化妆柜 toilet cabinet
化妆镜 make-up mirror
化妆品 cosmetic;cream
化妆品工厂 cosmetic plant for establishment
化妆品工业 cosmetic industry
化妆品级滑石 cosmetic-grade talc
化妆品制造厂 perfumery
化妆师 make-up artist
化妆室 dressing cab(in); dressing room;make-up room;powder room; robbing room;toilet room;undressing cab(in); undressing cubicle; tiring house;tiring room <剧院内>
化妆台 chiffonier; dresser; dressing table;make-up top;toilet table
化妆土 engobe coating;slip coating
化妆物品 toilet ware
化妆箱 dressing case
化妆用玻璃器皿 cosmetic glassware
化妆用的 cosmetic
化妆用品架 comb rack;toilet rack
化妆用香水 toilet water
化装放大器 masking amplifier

划白线 chalk line

划白线机 white line marking machine
划边界线 circumscribe
划变 wipe;wipe-off
划标线 striping
划标线机 line marker
划玻璃 cutting of glass
划玻璃笔 glass pencil
划玻璃刀 glass cutter
划玻璃钻 glass diamond
划槽 furrowing
划车道线 <路面上> traffic stripping
划齿 shave tooth
划出 prick off;prick out;marking out <定出工程边界线和距离>
划出标记 score mark
划出尺寸并切割的钢板 sketch plate
划出一条车道 take-a-lane
划出中线【道】centerlining
划磁笔 chinagraph pencil;china-marking pencil
划点器 dotter
划点线 dash-dotted line
划点转轮 dot wheel
划掉的 crossed
划定边界 delimit a boundary line
划定捕鱼区 delimit fishing area
划定的线 setting-out line
划定航道边线 channel demarcation
划定界限 boundary settlement
划定距离 set a distance
划定领海界限 delimiting the territorial sea
划定路线 establish line; laying-out a

H

line
划定栽培区 regional assignment
划动 paddling
划法作业 shelter-wood group system
划分 carve up; compartmentalization; decentralization; decentralize; demarcation; divide; division; partition(ing); segregating; split
划分并分配 parcelling
划分部门 departmentation
划分车道 stripe
划分的熵 entropy of a partition
划分的信息函数 information function of a partition
划分度数 calibrate
划分函数 partition function
划分几个区的箭翎型编组线 herring-bone track with blocks
划分矿体 ore blocked out
划分区断 blockout
划分区域 zoning
划分时间 time division
划分树 partition tree
划分图 partition map
划分网格 < 有限元法 > mesh division
划分问题 partition problem
划分系数 partition coefficient
划分性 separability
划分页面 paging
划分运算 partitioned operation
划分制 sharing system
划分资金来源用途 segmentation of sources and utilization of capital
划分字符 layout character
划杠的数字 scratched figure
划割玻璃刀 glass cutter
划格板材 checkered sheet
划格法附着力 cross hatch adhesion
划格法附着力试验 cross-cut test
划格胶带法附着力 cross hatch tape adhesion
划格片材 checkered sheet
划格试验 cross-cut test
划关计数 ticking sling
划号理货 book tally
划痕 kerf[复 kerve]; mar; mark-off; scarify(ing); score mark; scoring; scratch(ing); scratch mark; scribe; scuffing; block rake < 平板玻璃表面缺陷 >
划痕测硬法 scratching hardness test
划痕打底 scratching coat
划痕打底层 pricking-up coat
划痕法 scarification
划痕工具 scratch tool
划痕记录器 scratching recorder
划痕抹灰层 scratch coat
划痕器 scarificator; scarifier; scratcher; scratch tool
划痕试验 Pirquet's reaction; scarification test; scoring test; scratch test
划痕饰面 scratching finish of stucco
划痕涂层 scratching coat
划痕硬度 scratching hardness
划痕硬度计 scoring hardness tester; scratching hardness tester
划痕硬度试验 scratching hardness test
划痕硬度试验仪 scoring hardness tester; scratching hardness tester
划痕硬度值 scratching hardness number
划弧器 arcagraph
划弧线的中心 striking point
划交通标线 traffic stripping
划结 rule off
划界 boundary marking; bracketing; circumscribing; delineation; demarcation; frontier delimitation; delimit【计】
划界线 circumscribe
划界行为 act of delimitation
划开 gash; set-off
划刻度 calibration
划孔部分 < 钻杆接头的 > counter-bore of the tool joint
划了线的 barred
划路面标线机 line marker
划毛 devilling; scratching
划毛底灰 rough coat; scratch coat
划毛抹子 devil; devil float; nail float
划盘程序 formatter
划片机 dicing saw; wafer scriber
划片轮牧场 paddock grazing
划片轮牧法 paddock grazing method
划片器 scriber
划片系统 scribing system
划破 lacerate; laceration
划破试验 scratch test
划切 cutting-up
划清成本界限 demarcation of costs
划区 compartmentalize
划区编码 block code
划区标准 zoning standard
划区方案 zoned scheme; zoning scheme
划区交通调查 cordon count
划区交通计量 cordon count
划曲线 curve tracing
划伤 fishtail; score; scoring; scuff
划上阴影线的 shaded
划深长的切口 gash
划深痕线 striking-off lines
划时代的 epoch-making
划时代的事 land mark
划手 oar
划双线笔 detail pen for double lines; double line pen
划水式水翼 surface-piercing(hydro) foil
划水式水翼艇 surface-piercing(hydro) foil craft
划塑料线机 < 道路 > plastic line marking machine
划算的 cost-effective
划榫器 mortise ga(u)ge
划榫线具 mortise ga(u)ge
划损了的货物 scratched cargo
划线 laying-out a line; layout; line work; marker out; marking(off); marking-on; mark(ing) out; ruling; score; scoring; scribe; scribing
划线白垩 marking chalk
划线板 marking off plate; ruler
划线报告纸 ruled paper
划线笔 bow pen
划线笔刀 raising knife; raising scriber; scribing knife
划线笔刷 line drawing brush
划线标示 delineation marking
划线剥落试验 scribe and strip testing
划线侧块 scriber point
划线尺 straight rule
划线尺寸 scribing dimension
划线(打印)工 marker
划线刀 marking knife
划线的 crossed
划线分隔 marking off; marking separated
划线分隔多载客车辆车道 non-separated HOV lane
划线分离 streaking
划线隔开 rule off
划线工 layout man; line maker; marker off; marking off plater
划线工具 liner; lining tool; marking tool; scratch tool
划线工作台 drawing floor
划线勾掉 stroke
划线构图 marking composition
划线规 lineograph; margin ga(u)ge; marker; marking device; marking ga(u)ge; scribing compass; shifting ga(u)ge
划线规尺 joiner's ga(u)ge; marking ga(u)ge
划线绘图显示器 scribing plotting display
划线机 line maker; line marking machine; line printer; marking machine; paint line marker; ruling engine; ruling machine; striping machine
划线及切割车间 marking-cutting shop
划线计 scribe awl; scriber
划线季节 striping season
划线架 scribing block
划线角尺 straight-edged ruler
划线模板 face mo(u)ld
划线盘 marking awl thicknesser; surface ga(u)ge; tosecan
划线培养 streak culture
划线平板法 streak plate
划线平面培养法 streak plate
划线平台 face-plate; layout block; plane-table for making
划线漆 line marking paint; marking paint
划线器 line marker; lineograph; liner; lining tool; mark(ing) ga(u)ge; mark(ing) scraper; scribe awl; scribe(r)
划线切割车间 marking-cutting shop
划线区段 marking out section
划线人 liner
划线栅格 scribing grid
划线设备 scoring equipment
划线台 laying-out bench; laying-out table; marking off table; marking out table; surface plate; surface table
划线投影 scribe projection
划线图表 bare and line chart
划线网 scribing grid
划线样板 face template; face unit mo(u)ld
划线影响 dividing-line effect
划线用粉笔 marking crayon
划线用蜡笔 marking crayon
划线用平板 face-plate
划线用涂料 marking compound
划线员 line maker
划线折断法 scribing and breaking
划线者 liner
划线针 drawing point; drop point; marking off pin; marking point; stylus point
划线支票 cross check; crossed cheque
划线轴 ruling axle
划线转账支票 crossed check
划线锥 scribe awl
划线钻 marking awl
划限板 draw plate
划销 deface; write off
划小桨 scull
划行器 marking ga(u)ge
划眼板 draw plate
划眼时间 reaming time
划一列车间隔 uniform train interval
划一税率所得税 flat rate income tax
划一运价表 tariff on uniform basis
划圆刀 circle cutter
划在下面的线 underline
划账 remit account; set-off
划针 draw point; marking awl; scriber; tosecan
划针盘 scribing block
划子 rowboat; rowing boat

画 limn; paint; portray

画白线 pencil(l)ing
画板 drawing board
画报 pictorial
画笔 brush pencil; distemper brush; hair pencil; knot brush; paint(ing) brush
画笔套圈 paint brush ring
画笔状的 penicillate
画布 canvas
画草图 block in; block out; draft(ing); outline; skeleton; sketching
画册 album(of painting); paintings in booklet
画齿法 odontograph method
画齿规 odontograph
画出 draw up
画出轮廓 profiling
画道 picture track
画……的轮廓 roughing-in
画地形线 form lining
画点测验 dotting test
画法变换 descriptive transformation
画法几何 perspective geometry
画法几何学 descriptive geometry
画珐琅 painted enamel
画凡饰 picture mo(u)lding
画舫 painted pleasure boat
画幅 frame; picture frame
画幅分割滑板 split back
画幅航空摄影仪 frame aerial camera
画稿拼版 artwork
画规 divider cal(l)ipers
画好的 drawn
画基线 draw base line
画家 artist; painter
画架 easel; sketching easel; studio easel
画架上绘画 easel picture
画交叉阴影线 cross hatch
画交叉阴影线的 cross-hatched
画景墙纸 panoramic wallpaper
画镜线 picture rail
画卷 handscroll of painting
画绢 drawing silk; painting silk
画框玻璃 picture glass
画框发生器 safe area generator
画廊 art gallery; gallery of painting; picture gallery; picture window; pinacotheca
画略图 block in; blockout
画轮廓 adumbrate; contouring; delineate; outline
画面 frame; picture plane
画面比 aspect ratio
画面编辑系统 display editing system
画面抖动 float
画面更新率 frame rate
画面缓冲区 frame buffer
画面空间 image spacing
画面浓淡相交处 penumbra
画面刨 compass plane
画面文件 picture file
画面限制 frame limiting
画面纵横比 aspect ratio
画屏风 painting screen
画剖面图 cross-sectioning
画剖面线 hatching
画曲线 plotting
画曲线仪 curve drawing instrument
画人造木纹的工具 stippler
画师 painter
画十字于…… criss-cross
画示意图 sketching
画室 atelier; drawing room; painting room; studio
画室公寓 studio apartment
画刷 painter's brush
画似的 picturesque
画素 picture element
画榫线具 counter ga(u)ge; mortise ga(u)ge

画条纹刷 striper
画筒 scroll holder
画透视图 sketch in perspective
画图样板 circle template
画细线用的铅笔 fine pencil
画线 lineation;line drawing;run line;setting out
画线板 scribing plate
画线工具 lining tool
画线规 marking ga(u)ge
画线机 line drawing machine
画线架 scribing block
画线器 scriber;marking gun
画线锥子 scribe awl
画箱 sketch box
画像 effigy;portrayal;vectograph <用偏光眼镜看的>
画像石 patterned brick
画像图形识别 pictorial pattern recognition
画样工 layer out;laying out;liner off
画样划线 laying out
画影线 hatching
画圆器 <不用圆规画圆弧的仪器> cyclograph
画在图上 protract
画展 picture show
画针 scratch awl

话报呼叫一览表 voice call signs list

话加报 voice plus telegraph
话剧院 drama theatre[theater]
话控开关 voice activation
话路网络 speech path network
话路系统 speech path
话路总噪声 overall noise of voice frequency channel
话密装置 secure voice unit
话频 voice frequency
话务 telephone traffic
话务班长 supervisor
话务班长台 listening position
话务班长席(位) supervisor's position
话务交换局 traffic exchange office
话务员休息室 operator's rest room

桦滴孔菌 Piptoporus betulinus; Polyporus betulinus

桦粉革孢菌 Coniophora betulae
桦夹板 birch veneer
桦焦油 birch tar oil
桦木 birch;birchwood
桦木柴捆 birch faggot
桦木的 birchen
桦木多孔菌 birch conk
桦木黑 birch black
桦木夹板 birch veneer
桦木焦油 birch tar oil;birch wood tar
桦木脑 betula camphor; betuline; birch camphor
桦木扫帚 birch broom
桦木饰面板 birch veneer
桦木树皮焦油 birch bark tar
桦木酸 betulinic acid
桦木酮酸 betulonic acid
桦木镶板 birch veneer
桦皮 birch
桦皮船 birch boat
桦皮焦油 birch bark tar
桦树 Asian white birch
桦树的 birchen
桦树条 wood bundle
桦条 birch
桦属 birch;Betula <拉>

怀表式罗盘 watch compass

怀俄明州谷岩 <美> Wyoming valley stone
怀里尔公式 <由声波测井时间计算孔隙率的> Wyllie relationship
怀里特仪 <一种二氧化碳测定仪> Fyrite
怀炉灼伤 kangri burn
怀卵鱼 brood fish
怀特试验 White's test
怀孕 pregnance[pregnancy]
怀孕期 pregnance[pregnancy] period

槐 Chinese pagoda tree; Japanese pagoda tree;waifa

槐木 angelica-tree;Chinese locust
槐木属 <拉> Aralia
槐树 japan pagoda-tree; locust tree; sophora japonica;pagoda-tree
槐属 <拉> Sophora

坏 标签指出器 bad label designator

坏到极点 touch bottom
坏的岩体 bad rock mass
坏疽 gangrene
坏空气 bad air
坏料报告单 spoiled material report
坏能见度 bad visibility
坏气候 bad-weather
坏数剔除 bad number suppression
坏天气 adverse weather;dirty weather; falling weather; foul weather; heavy weather; hostile; hostile weather;rough weather
坏影响 infection
坏债务与呆滞债务 bad and doubtful account
坏账 bad account;bad debt;doubtful account; uncollectible account; uncollectible debt
坏账保险 bad debt insurance
坏账比率 bad debt ratio
坏账费用 bad debt expenses
坏账损失 bad debt loss
坏账限额 bad debt allowance
坏账与呆账 bad and doubtful account
坏账直接冲销 direct write-off of bad debt
坏账准备 provision for bad debts
坏账准备计提方法 provision policy for doubtful debt
坏中求好标准 the maximin criterion
坏作用 adverse effect;ill-effect

欢乐城 <美国纽约市的俚称> Fun City

欢喜宫 Palace of Delights

獾 <穴居动物> badger

獾洞式孔 gopher hole
獾洞式矿坑 gopher hole
獾毛软刷 blender

还本 cost reimbursement contract; repayment of principal

还本付价 capital recovery cost
还本付息 repay capital with interest
还本付息额 service payments
还本付息支出 interest and amortization charges
还本期评估法 payback method
还本因数 capital recovery factor
还本因素 capital recovery factor
还本周期 capital recovery period
还本准备金 sinking fund
还船 redelivery of chartered vessel
还船条款 redelivery clause
还船通知 redelivery notice
还付时期 payout period
还活着 above-ground;survive
还价 abate a price; beat a bargain; counter bid;counter offer
还孔材 buttwood
还款 repayment
还款能力 ability to repay loan
还款收据 satisfaction piece
还馈法 load-back method
还盘 counter offer
还清 acquittance;get ahead of;payoff
还清的贷款 paid debt;paid-up loan
还清债务 extinction of debt
还实盘 counter offer firm
还填土 ground to be filled
还土 earth back filling;earth backing; refill(ing)
还土工程 resoiling
还相差很远 leave much to be desired
还要斟酌 <拉> ad referendum
还原 deacidize;deoxidate;deoxid(iz)ation; deoxidize; deoxygenation; reaeration; recondition; reduce; restore deacidize;revive;settling
还原按钮 stop push-button
还原焙砂 reduced calcine
还原焙烧 reducing roast; reduction roasting
还原焙烧炉 reduction roaster
还原本领 reducing power
还原比 ratio of reduction; reduction ratio
还原操作 reduction run
还原槽 reduction cell
还原草黄 vat grass yellow
还原草绿 vat grass green
还原测定 determination by reduction
还原层 reducing zone
还原车间 reduction plant
还原沉积物 reduzate
还原程度 degree of reduction
还原橙色 vat orange
还原传递文法 reducing transitive grammar
还原催化反应器 reducing catalyst reactor
还原大红 vat scarlet
还原带 reducing zone;zone of reduction
还原弹坩埚 bomb crucible
还原的 deacidizing; hydrogenant; recuperative;reducing;reductive
还原滴定法 reductometric titration; reductometry
还原电磁铁 tripping magnet
还原电极 reducing electrode
还原电势 reducing potential; reduction potential
还原电压 recovery voltage
还原定理 theorem of reduction
还原动力学 reduction kinetics
还原动作 homing action; homing movement
还原法 reduction method; reduction route
还原反应 electronation reaction; reduction reaction
还原反应器 reduction reactor
还原范围 reproducibility range
还原废料 reducing waste
还原废水 reducing wastewater
还原废物 reducing waste
还原粉 reduced powder
还原副产品 reduction by-product
还原副载波 reinserted subcarrier
还原伽马 reproduction gamma
还原坩埚 reduction mould
还原钢 tempered steel
还原钢弹 bomb;reaction bomb <金属热还原用的反应容器>
还原钢罐 bomb crucible
还原隔板 reduction baffle
还原过程 reducing process;reduction process
还原过度 overpoling;overreduction
还原焊接 reduction welding
还原核 reduction nucleus
还原黑 vat black
还原红 vat red
还原红棕 vat red brown
还原环境 reducing environment; reduction environment
还原黄 vat yellow
还原灰 vat grey
还原活化剂 reduction activator
还原活化作用 reduction activation
还原(火)焰 reducing flame
还原机理 reduction mechanism
还原剂 deoxidizer; deoxidizing addition; deoxidizing agent; dioxidant; electronating agent;flat reducer;redactor;reducer;reducing agent;reducing matter;reducing reagent;reductant;reductive;reductive agent
还原剂浓度 reagent concentration
还原剂收回率 rate of recovery of reagent
还原剂用量 reagent quantity
还原碱 reducine
还原介质 reducing atmosphere; reducing medium
还原金橙 vat golden orange
还原金黄 vat golden yellow
还原金属 reducing metal
还原开裂 reduction cracking
还原烤色 reducing firing
还原空间 reducing space
还原空气 reducing atmosphere
还原蓝 indanthrene blue;vat blue
还原力 reducing force
还原炉 bomb furnace; reducing furnace;reduction furnace
还原炉装置 assembly of reduction furnace
还原率 percent reduction; reduction rate
还原绿 vat green
还原论 reductionism
还原媒染料 reduced mordant dye
还原能力 reducibility; reducing capacity;reducing power
还原偶氮比色法 reduction-azo colo(u)rimetry
还原偶氮分光光度法 reduction-azo spectrophotometry
还原期 reduction period
还原气氛 reducing atmosphere
还原器 reducer;reductor;regenerator
还原潜育系列的表生过程 surface process of reductive series
还原区 reducing zone;zone of reduction
还原区域图 reduced zone scheme
还原燃烧 reducing firing
还原染料 vat dye(stuff)
还原染色 vatting
还原热 heat of reduction
还原熔炼 retailoring
还原色料 reduced colo(u)r
还原色试验 reduction colo(u)r test
还原烧成 reductive firing

还原烧结 reduction sintering
还原时间 recovery time
还原试验 reduction test
还原水 reductive water
还原态 reduction state
还原弹簧 reverse spring
还原条件 reducing condition
还原脱卤化 reductive dehalogenation
还原脱氯 reductive dechlorination
还原位 reducing potential
还原物质 reducing material; reducing matter
还原系列硫化染料 vat sulfur dye
还原系数 coefficient of restitution
还原性 reducibility
还原性氨分解 reductive ammonolysis
还原性火焰 reducing flame
还原性空气 reduced air
还原性硫化系列的表生过程 surface process of reductive sulfides series
还原性硫化作用 reductive sulfonation
还原性(末)端基 reducing end group
还原性溶液 reducing solution
还原性脱硫作用 reductive desulfuration
还原性脱卤作用 reductive dehalogenation
还原性物质 reducing substance
还原性烟雾 reductive smog
还原焰 carbonizing flame; reduction flame
还原氧化剂 reduction oxidant
还原氧化作用 redox; reduction oxidation
还原油 reduced oil
还原浴 reducing bath
还原载体 reduction carrier
还原障 reducing barrier
还原者 reducer
还原值 reducing value; reduction value
还原舟 reduction boat
还原主义 reductionism
还原状态下生成的熟料 clinker produced under reduced condition
还原作用 deacidification; reducing (action); decomposition; desoxidation; desoxygenation; disoxidation; reduction
还原作用带 reduction zone
还愿壁龛 thole
还愿教堂 ex voto church
还债 pay up a debt; satisfaction
还债基金 sinking fund
还账 pay one's dues

环安装器 <活塞> ring erector

环胺化 cycloamination
环胺族 cyclicamine group
环斑花岗岩 rapakivi granite
环斑结构 rapakivi texture
环斑细晶岩 rapakivi aplite
环斑正长岩 rapakivi syenite
环斑状 rapakivi
环板 ring flat-plate; zone plate
环宝石 ring jewel
环保产品 environmental friendly products
环保措施 environmental protection measure
环保地图 environmental protection map
环保服务计划 environmental service project
环保工程 work of environmental protection
环保观念正确的 environmentally correct
环保护 ring protection
环保绩效 environmental performance
环保局检定合格 EPA [Environment Protection Agency] certified
环保控制 environmental control
环保培训研讨会 environmental training seminar
环保培训研习班 environmental training workshop
环保手册 environmental protection handbook
环保铁路 environmentally protected railway
环保团体 environmental lobby
环保型挖泥船 environmentally friendly dredge(r)
环保型污泥挖泥船 oozier dredger
环保型吸扬式挖泥船 environmental suction dredger
环保训练计划 environmental training program(me)
环保意识强烈的 environmentally correct
环保执法检查 environmental protection law enforcement inspection
环保植物 environment protecting plant
环保治理建设 environmental control building
环保主义者 environmental lobby
环保组织 environmental lobby
环抱水区 landlocked body of water
环北极软体动物地理区系 circum-Arctic molluscan realm
环泵式比例混合器 pump proportioner
环比 link-relative ratio
环比指数 chain index; link-relative index number
环壁 rampart
环边状胶结物结构 rim cement texture
环变换 ring transformation
环变形 annular strain
环表 circular list
环丙基 cyclopropyl
环丙烷 cyclopropane; trimethylene
环丙烷的溶解度 solubility of cyclopropane
环丙烷羧酸 cyclopropane-carboxylic acid
环丙烯 cyclopropene
环丙烯基 cyclopropanyl; cyclopropenyl radical
环柄白铁剪刀 contoured handle tin man's snips; tinman's snips with contoured handle
环柄针 ring handle needle
环剥 band girdle
环槽 groove; lantern ring groove; ring groove; hypotrachelium <陶立克式柱身与柱颈之间的>
环槽侧 ring groove side
环槽侧磨损 ring groove side wear
环槽底 ring groove bottom
环槽垫 ring groove pad
环槽钉 ring groove nail; ringlock nail
环槽积炭清除器 ring groove carbon remover
环槽扩大 enlargement of ring grooves
环槽区 <活塞的> ring band
环槽式密封面 ring-type joint face
环槽式密封面对焊法兰 ring joint welding neck flange
环槽式喷嘴 annular slot nozzle
环槽支承 ring groove bearing
环测法 continuous interval survey in hole
环层 circular stratum
环插入测试仪 ring inserting tester
环沉率 perioval precipitation rate
环衬 lining paper
环撑 collar brace
环撑木 ring wale
环承 rim bearing
环承式平旋桥 rim-bearing swing bridge
环城道路 ring road
环城公路 belt highway; beltway; orbital; ring road
环城路 beltway
环城绿带 ring green
环秤式液压计 ring balance manometer
环秤压力计 ring manometer
环池 ring tank
环虫 annelid worm
环船干线 ring main
环醇(类) cyclitol
环大西洋腕足动物地理大区 circum-Atlantic brachiopod region
环带 annulus [复 annuli/annuluses]; cincture; clitellum; endless band; endless strap; girdle; zonation
环带传送器 endless belt conveyer [conveyor]
环带构造 girdle structure; zonal structure
环带管接头 victualic coupling
环带结构 zonal texture
环带扇形 annulus sector
环带生长 zoning
环带式喷丸机 endless belt peener
环带式升降机 endless band elevator; endless belt elevator
环带式升运机 endless band elevator; endless belt elevator
环带式提升机 endless band elevator
环带式挖槽机 endless belt trencher
环带运输机 endless belt conveyer [conveyor]
环带运输器 endless belt conveyer [conveyor]
环带轴 girdle axis
环带装饰 cincture
环带状影纹 girdle texture
环刀 circle cutter; cutting ring; ring sampler <取土样用>
环刀法 <测土密度的> core cutter method
环刀法密度试验 density test by core cutter method; density test with cutting ring method
环刀取土器 <活塞式> foil sampler
环刀取样 spoon sampling
环刀取样器 cutting ring sampler; foil sampler; ring sampler
环岛 <环形交叉的中心岛> rotary island
环道 <环形交叉的车行道> rotary road; endless track; loop (road); roundabout
环道车站 loop depot
环道设计车速 rotary design speed
环道试验【道】 circular track test; satellite road test
环道组合 endless track assembly
环的 cyclic(al)
环的方位 direction of loop
环的封闭 ring seal
环的隔板 ring screen
环的孔径 ga(u)ge ring aperture
环的裂开 opening of ring
环的破裂 ring scission
环的识别 loop identification
环的收缩 narrowing of the ring
环的形成 annulation; cyclization
环灯 ring burner
环堤 circle levee
环垫 backing ring
环垫圈 ring washer
环吊索 endless rope
环丁醇 cyclobutanol
环丁二烯 cyclobutadiene
环丁砜 sulfolane
环丁砜法 sulfolane process
环丁砜法脱硫 sulfolane process desulfurization
环丁基 cyclobutyl
环丁酸醇 cyclobutyrol
环丁烷 cyclobutane; tetramethylene
环丁烷羧酸 cyclobutane-carboxylic acid
环丁(烷)酮 cyclobutanone
环丁烯 cyclobutane; cyclobutylene
环丁烯砜 butadiene sulfone; sulfolene
环丁烯酸 cicrotoic acid
环顶器 looper
环锭加捻 ring twisting
环动 gyration
环动半径 radius of gyration
环动力 gyroscopic force
环动力矩 moment of gyration
环动喷灌器 circle sprinkler
环动筛 ratter
环动式拌和机 gyromixer
环动式粉碎机 gyratory crusher
环动式破碎机 gyratory breaker; gyratory crusher
环动式碎石机 gyratory breaker
环动式轧碎机 gyratory breaker; gyratory crusher
环动碎石机 gyratory crusher
环动仪 gyroscope
环斗式挖槽机 endless-bucket trencher
环斗式挖沟机 endless-bucket trencher
环读次数 read-around number
环端螺栓 ring bolt
环锻 swage
环锻机 swager
环对头接合 butt and collar joint
环多醇 cyclitol
环多烯烃 cyclopolyolefin
环二脲 bishydrazicarbonyl
环二烯 cyclic(al) diolefine
环二烯属树脂 cyclic(al) diolefin(e) resin
环阀 circular valve
环风管 bostle pipe
环封闸门 ring seal gate
环缝 circular seam; circumferential joint
环缝电焊 girth weld
环缝对接焊 circular seam welding
环缝对(接)焊机 circular seam welder
环缝焊接 girth welding
环缝式篦板 jet-ring-plate
环辐法 mushroom method
环辐钢筋 mushroom reinforcement
环辐式楼板 mushroom floor
环辐式排列的钢筋 mushroom reinforcement
环辐式体系 mushroom system
环腐 ring rot
环杆型慢波线 ring-bar slow wave line
环割 girdling
环给油 cascade oiling
环拱 ring arch
环沟双曲面衬板 ring groove hyperboloidal lining
环钩 circular groove; circular trench; dog; staple
环钩铰链 gemel hinge
环钩伸缩螺丝 eye and hook turnbuckle
环构聚合作用 cyclopolymerization
环构缩聚作用 cyclopoly condensation
环箍 collar strap; holding-down clip; lateral tie; shell ring; hoop
环箍钢箍 tie hoop
环箍钢筋 hoop(ed) reinforcement;

lateral tie;steel hoop
环箍加固 hoop(ed)reinforcement
环箍筋 rectify hoop;rectilineal;rectilineal hoop;rectilinear
环箍拉力 hoop tension
环箍线 annulet
环箍形连杆头 strap head
环箍应力 hoop stress
环箍张力 hoop tension
环箍柱 annulated column
环管 annular tube;bostle pipe;grommet;looping pipe;ring canal;ring vessel
环管薄壁组织 vasicentric parenchyma
环管多形薄壁组织 vasicentric abundant parenchyma
环管管胞 vasicentric tracheid
环管燃烧室 cannular burner;cannular combustor
环管式燃烧室 can-annular combustion chamber
环管荧光灯 circline type fluorescence lamp
环管状燃烧器 annular burner
环规 external cylindrical ga(u)ge;ga(u)ge ring;ga(u)ge ring aperture;ring ga(u)ge
环硅灰石 cyclowollastonite
环硅酸盐 cyclosilicate;ring silicate
环辊粉磨机 ring roll pulverizer
环辊磨 ring-roller mill;ring roll pulverizer
环辊磨的锥形磨环 tapered grinding ring
环辊磨快速煅烧器 ring-roller mill flash calciner
环辊破碎机 ring roll crusher
环辊式磨粉机 Raymond ring roller mill
环辊压力机 ring-roll press
环辊研磨机 ring-roller mill
环滚磨 ring-roller mill
环滚磨粉机 ring-roller mill
环焊 circular welding;collar welding
环焊缝 all-around weld;circumferential weld(seam);girth weld;girth joint
环焊接头 girth joint
环航道 roundabout
环合 cyclization
环和 ring sum
环呼 ring around
环弧形 <木材层积组合方式中的> tangential grain type
环化过程 cyclization process
环化合物 cycle compound
环化剂 cyclizing agent
环化加成 cyclic(al) addition;cycloaddition
环化加成反应 cycloaddition reaction
环化聚合作用 cyclopolymerization
环化缩合 cyclizative condensation
环化脱氢 dehydrocyclization
环化脱水作用 cyclodehydration
环化纤维 cyclized fibre
环化橡胶 cyclized rubber;cyclorubber;polycyclo-rubber
环化橡胶树脂 cyclized rubber resin
环化作用 cyclic(al) action;cyclization
环簧缓冲器 ring spring buffer;ring spring draft gear
环回照器 ring heliotrope
环火 flashover
环极的 circumpolar
环极地图 circumpolar map
环极分布 circumpolar distribution
环极流 circumpolar current
环极水域 circumpolar water
环极涡旋 circumpolar vortex
环极西风(带) circumpolar westerlies
环己二醇 cyclohexanediol
环己二酸 hexahydrophthalic acid
环己二烯 cyclohexadiene
环己硅氧烷 siloxene
环己基 cyclohexyl
环己基碘 cyclohexyl iodide
环己基过氧化氢 cyclohexyl hydroperoxide
环己基氯 cyclohexyl chloride
环己基溴 cyclohexyl bromide
环己六醇 cyclohexan-hexol;inositol
环己六醇类化合物 cyclohexitol
环己酮工业废水 cyclohexanone industry wastewater
环己酮甲醛树脂 cyclohexanone-formaldehyde resin
环己酮树脂 cyclohexanone resin
环己酮肟 cyclohexanone oxime
环己烷 cylohexane;hexahydrobenzene
环己烷氨基磺酸 cyclohexane sulfamic acid
环己烷邻苯二甲酸二仲辛酯 di-sec-toctyl hexahydro phthalate
环己烷羧酸 cyclohexane-carboxylic acid
环己烯 cyclohexene
环己锡 cyhexatin
环己亚胺 cycloheximide
环夹式铰链 <船闸闸门铰链的一种，否则称之为锚环式> collar-and-clamp
环间初始扰动 circular initial disturbance
环间孔隙 annular void
环剪 ring shear
环剪试验 ring shear test
环剪仪 ring shear apparatus;ring shear machine
环交 rotary intersection
环礁 atoll(on);atoll reef;encircling;lagoon island;reef;ring reef
环礁岛 atoll island
环礁海岸 atoll reef coast
环礁湖 atoll lake;lagoon
环礁圈 atoll ring
环礁泻湖 atoll lagoon
环礁泻湖沉积 atoll reef lagoon deposit
环礁油气藏趋向带 atoll pool trend
环礁状构造 atoll structure
环接 articulate;circular joint;looping in
环接合 eye splice;ring connection
环接件 modern connecter[connector];ring joint
环接链条 link type chain
环接耦合 link coupling
环接索眼 eye splice
环节 annulus[复 annuli/annuluses];component element;link;segment
环节链 link chain
环节耦合 link coupling
环节器 segmental apparatus
环结 loop knot;open hand knot;ring connection
环结件 ring connector;ring joint
环筋 hooped bar;hoop(ed)reinforcement;hooping
环筋混凝土 <配有箍筋的混凝土> hooped concrete
环筋拉力 hoop tension
环筋张力 hoop tension
环晶石 dachiardite
环境 ambience;background;encircle;environment;environs;surroundings
环境安全 environmental safety
环境安全标准 environmental safety standard
环境安全评价 environmental safety assessment
环境白皮书 white paper on the environment
环境保护 conservation of environment;environmental conservation;environment(al) protection;preservation of environment;protection (of) environment
环境保护标准 environmental protection standard;environment containment standard
环境保护补助资金 environmental protection subsidy funds
环境保护法 environmental law;environmental protection law;environment protection law;law of environmental protection;pollution control regulation
环境保护法令 environmental protection act
环境保护方针 national policy for environmental protection
环境保护费用 environmental protection cost;environmental protection expenses
环境保护工程 environmental engineering;environment protection engineering
环境保护工作方式 guiding principles for environmental protection
环境保护工作委员会 environmental protection committee
环境保护工作者 environmentalist
环境保护工作指导方针 guiding principles for environmental protection
环境保护管理处 Environmental Protection Agency
环境保护管理系统 environment protection management system
环境保护规划 environmental protection program(me)
环境保护国际条约 international treaties on environmental protection
环境保护合作 environmental protection collaboration
环境保护机构 Environmental Protection Agency
环境保护基本法 basic law of environmental protection
环境保护基金 environmental defence fund
环境保护计划 environmental protection planning
环境保护技术 environmental engineering
环境保护技术政策 technical policy for environmental protection
环境保护监视器 health monitor
环境保护交换 environmental protection swap
环境保护交换债务 debt for environmental protection swap
环境保护界限 environmental protection limit
环境保护金融政策 financial policy for environmental protection
环境保护经济效益 economic benefit for environmental protection
环境保护经济政策 economic policy environmental protection
环境保护局 <美> Environmental Protection Agency
环境保护局进度报告 environmental protection agency progress report
环境保护滤光器 ambient light filter
环境保护论 <主张环境为个体或集体发展的主要因素> environmentalism
环境保护论者 environmentalist
环境保护贸易政策 trade policy for environmental protection
环境保护目标 environmental protection objective
环境保护目标责任制 target responsibility system for environmental protection
环境保护评价 environmental assessment
环境保护评议 environmental protection assessment
环境保护设备 environmental protection equipment
环境保护社会效益 social benefit of environmental protection
环境保护首长责任制 system of holding administrative director taking full responsibility of environmental protection
环境保护署 Environmental Protection Agency
环境保护税收优惠 preferential tax of environmental protection
环境保护条例 environmental protection act
环境保护投入产出表 input-out table of environmental protection
环境保护投资 environmental protection investment
环境保护委员会 Committee for Environment(al) Conservation;Committee for Environmental protection
环境保护系统 environmental control system
环境保护协定 environmental protection convention
环境保护协议 agreement on environmental protection
环境保护行政管理政策 administrative policy for environmental protection
环境保护训练班 training class of environmental protection
环境保护要素 environmental protection matters
环境保护责任制度 responsibility system of environmental protection
环境保护战略 strategy of environment protection
环境保护政策 environmental protection policy
环境保护支出 environmental protection expenditures
环境保护指标体系 index series of environmental protection
环境保护指南 environmental protection guide
环境保护志 archives of environmental protection
环境保护专家 environmentalist
环境保险体系 environmental assurance system
环境报告 environmental report
环境报告书 environmental statement
环境暴露 environmental exposure
环境暴露量 environmental exposure level
环境暴露浓度 environmental exposure concentration
环境暴露指标 environmental exposure indicator
环境背景 environmental background;environmental setting
环境背景辐射 ambient background radiation
环境背景值 environmental background value
环境背景值监测 environmental monitoring for background value

环境本底值 environmental background value
环境本质 environmental entity
环境壁垒 environmental barrier
环境变动 environmental fluctuation
环境变化 environmental change
环境变化报告书 environmental impact statement
环境变化引起物质的化学转化 environmentally transformed
环境变坏 degradation of environment; deterioration of environment; environmental degradation; environmental deterioration
环境变量 environmental variable
环境变迁 environmental transition
环境变异 environmental modification; environmental variation
环境标记 environmental label(l)ing
环境标志 environmental evidence; environmental label
环境标准 ambient standard; environmental standard
环境标准体系 environmental standard system; system of environment(al) standards
环境表现 environmental performance
环境病理学 environmental pathology
环境病状 environmental pathology
环境补贴 environmental subsidy
环境不经济 environmental diseconomy
环境不适应 environmental inadequacy
环境部 <英> Department of Environment
环境部分 environment division
环境部门规章 department rule of environment
环境财富 environmental assets
环境采样介质 environmental sampling medium[复 media]
环境参数 environmental parameter; environment parameter
环境参数观测 environment parameter observation
环境舱 environmental chamber
环境测量实验室 environmental measurements laboratory
环境策略 environmental strategy
环境差距 environmental gap
环境差异 environmental deviation
环境产品的概貌 environmental product profile
环境产业 environmental industry
环境场 environmental field
环境成本 environmental cost
环境成本内在化 internalization of environment(al) cost
环境承受力 environmental bearing capacity
环境承受能力 environmental receptivity
环境承载力 environmental load capacity
环境承载容量 environmental carrying capacity
环境程序法 procedural law of environmental
环境冲击 environmental impact
环境冲击单位 environmental impact units
环境冲击过程 environmental impact procedure
环境冲击评价 environmental impact assessment
环境冲突 environmental warfare
环境处理不当 environmental misconduct
环境处置不当 environmental misconduct
环境传感器 environmental sensor
环境雌激素 environmental estrogen
环境措施 environmental measure
环境大气 ambient atmosphere
环境大气污染监测站 monitoring station of environment(al) atmospheric pollution
环境大气学 environmental aerology
环境大气质量检测传感器 environmental quality sensor
环境单要素评价 environmental assessment of single element
环境道德 environmental ethics
环境道德标准 environmental moral standard
环境道德当事人 environmental moral litigant
环境道德共同体 environmental moral community
环境道德规范 environmental moral norm
环境道德教育 environmental moral education
环境道德收益者 environmental moral beneficiary
环境道德意识 environmental moral consciousness
环境的 ambient; environmental
环境的 PE 值 PE value of the environment
环境的持久作用 sustainable use of the environment
环境的负担能力 carrying capacity of the environment
环境的化学演化 chemical evaluation of environment
环境的劣度系数 environmental severity factor
环境的气象状态 environmental meteorology
环境的挑战 environmental challenge
环境的真实性 environmental realism
环境的自然状况 physical state of the environment
环境等值线图 environmental isopleth map
环境低氧 environmental hypoxia
环境抵抗力 environmental resistance
环境地表水水质标准 environmental quality standard for surface water
环境地层学 environmental stratigraphy
环境地理学 environmental geography
环境地貌图 environmental geomorphological map
环境地貌学 environmental geomorphology
环境地球化学 environmental geochemistry
环境地(球科)学 environmental geoscience
环境地图 environmental map
环境地下水水质标准 environmental quality standard for groundwater
环境地下水水质控制 environmental control of groundwater quality
环境地下水污染 environmental contamination of groundwater
环境地域 environmental area
环境地质标志 environmental geologic(al) index
环境地质数据库 environmental geology data base
环境地质图 environmental geologic(al) map
环境地质问题 environmental geologic(al) problem
环境地质学 environ-geology; geoecology; environmental geology
环境地质作用 environmental geoprocess
环境递减率 environmental lapse rate
环境典型政策 environmental typical policy
环境电磁学 environmental electromagnetism
环境电化学 environmental electrochemistry
环境电学 environmental electricity
环境调查 environmental survey; environment enquiry
环境调查卫星 environmental survey satellite[ESSA]
环境定位图 environmental registration map
环境定向发展 directive development of environment
环境毒理学 environmental toxicology
环境毒物学 environmental toxicology
环境毒性 environmental toxicity
环境对策 environmental countermeasure; environmental cure
环境对人体的各种危害 environmental insult
环境对人体的危害 environmental insult
环境多样性 environmental diversity
环境恶化 deterioration of environment; environmental deterioration
环境法的基本原则 basic principle of environment(al) law
环境法规 environmental legislation
环境法理事会 International Council of Environment Law
环境法令 environment act
环境法(律) environmental law
环境法律关系 legal relation of environment
环境法律规范 legal norm of environment
环境法律体系 system of environment(al) law
环境法律意识 legal consciousness of environment
环境法律责任 environmental legal liability
环境法体系 system of environment(al) law
环境法学 science of environment(al) law
环境法渊源 origin of environment(al) law
环境法制 legal system of environment
环境法专家工作组 working group of experts on environment(al) law
环境犯罪 environmental crime
环境范围 environmental field; environmental range; environmental spectrum
环境方差 environmental variance
环境方针 environmental guideline
环境防护 environment control
环境防治 environmental control
环境仿真 simulated environment
环境放射性 environmental radiation; environmental radioactivity
环境放射性本底 environmental radioactivity background
环境放射性调查 environmental radioactivity investigation
环境放射性监视工作 environmental radiation surveillance activity
环境非生物因子 environmental nonbiological factor
环境非优定律 unexcellent law of environment
环境废水处理 environmental wastewater treatment
环境费用 environmental cost
环境费用效益分析 environmental cost benefit analysis
环境分级<估算饱和流量> environment(al) class
环境分级统计图 environmental hierarchical statistical map
环境分配 environmental distribution
环境分析(法) environmental analysis
环境分析化学 environmental analytical chemistry
环境风 environmental wind
环境风洞试验 environmental wind tunnel experiment
环境风险 environmental exposure; environmental risk
环境风险评价 environmental risk assessment
环境风险政策 environmental risk policy
环境符号 environment symbol
环境辐射 environmental radiation
环境辐射功率 ambient radiant power
环境辐射监测仪 environmental radiation monitor
环境辐射监视工作 environmental radiation surveillance activity
环境辐射性 environmental radioactivity
环境负担能力 carrying capacity of environment
环境负荷量 carrying capacity of environment; environmental load capacity
环境负荷水平 level of environment(al) pollution load
环境负载 environmental load
环境负载容量 environmental carrying capacity
环境复合体 environmental complex
环境复位控制 ambient reset control
环境复原 environmental renovation
环境复杂性 environmental complexity
环境改变 environmental alternation; environmental modification
环境改进 environmental improvement
环境改良 environmental amelioration; environmental conditioning; environmental improvement
环境改善 environmental amelioration; environmental conditioning; environmental improvement
环境改造 environmental alternation; environmental reform; environment modification
环境概貌 environmental aspect; environmental profile
环境概念 environmental concept; environmental perception
环境干扰 environmental intrusion; environment disturbance
环境感观 environmental perception
环境感知图 environmental map; mental map
环境格局 environmental pattern
环境工程 environmental engineering
环境工程地质图 environmental engineering geologic(al) map
环境工程地质学 environmental engineering geology
环境工程活动范围 environmental engineering activities
环境工程计算机辅助设计 environmental engineering computer aided design
环境工程技术家 environmental engineering technologist
环境工程科学 environmental engineering science
环境工程师 environmental engineer
环境工程师协会 Institution of Envi-

ronmental Engineers
环境工程实验室 environmental engineering laboratory
环境工程系统 environmental engineering system
环境工程学 environmental engineering; environmental technology; human engineering
环境工程学报<美国土木工程学会期刊> Journal of Environmental Engineering
环境工程学期刊 Journal of Environmental Sciences
环境工程遥感 remote-sensing for environment(al) engineering
环境工程有关的 environmentally-oriented
环境工程咨询 environmental engineering consulting
环境工艺 environmental technology
环境工作温度 ambient operating temperature
环境工作者 environmentalist
环境工作专业人员 environmental professional
环境公害 environmental hazard; environmental nuisance
环境功能 environmental function
环境功能区划 environmental functional district planning
环境功能丧失 environmental disfunction
环境功能系数 environmental functional coefficient
环境汞污染 environmental mercury contamination
环境构型 environmental configuration
环境股票交易 environmental stock exchange
环境顾虑 environmental consideration
环境顾问 environmental adviser
环境关联 environmental implication
环境关联作用 environmental correlation
环境关心 environmental concern
环境观 view of environment
环境观测 environmental survey
环境观测卫星 environmental survey satellite[ESSA]
环境管理 environmental administration; environmental management
环境管理办公自动化 office automation of environment(al) management
环境管理的经济手段 economic instrument of environment(al) management
环境管理方案 environmental management program(me)
环境管理模式 environmental management model
环境管理评审 environmental management review
环境管理人员 environmental administrator
环境管理收费 environmental administration charges
环境管理体系 environmental management system; system of environment(al) management
环境管理体制 environmental management system; system of environment(al) management
环境管理系统 environmental management system
环境管理协会<美> Environmental Management Association
环境管理信息系统 environmental management information system
环境管理学 environmental management science
环境管理指标 environmental management indicator
环境管理制度 environmental management system
环境光线 ambient light
环境光学 environmental optics
环境光照度 ambient light(illumination)
环境光照明 ambient light(illumination)
环境归宿 environmental fate
环境规格 environmental specification
环境规划 environmental programme[program(ming)]; environmental project
环境规划目的 targets of environment(al) planning
环境规划战略目标 strategy objective of environment-(al) planning
环境过失 environmental misconduct
环境海洋学 environmental oceanography
环境合成物 environmental complex
环境合格 environmental qualification
环境合格标记 environmental seal of approval
环境合格证(书) environmental compliance certificate
环境和建筑处理 environmental and architectural treatment
环境和生境 environment and habitat
环境和卫生中心 Center for Environment(al) and Sanitary Engineering
环境河道水流水力学 environmental river flow hydraulic
环境核算 environmental accounting
环境核心政策 environmental core policy
环境荷载 environmental load
环境痕量分析 environmental trace analysis
环境后果 environmental consequence
环境化学 environmental chemistry
环境化学的 environmental chemical
环境化学模式 environmental chemical model
环境化学品数据与资料网络 environmental chemical data and information network
环境化学条件 environmental chemical condition
环境化学污染物 environmental chemical pollutants
环境化学物 environmental chemicals
环境化学效应 environmental chemical effect
环境化学致癌物 environmental chemical carcinogen
环境灰箱类型 environmental greybox model
环境恢复 environmental recovery; environmental return
环境回复 environmental return
环境回顾评价 assessment of reviewable environment
环境混乱 environmental disorder
环境基本政策 environmental basic policy
环境基金 environmental funds
环境基线 environmental baseline
环境基质 environmental matrix[复 matrices]
环境基准 environmental criteria
环境稽核 environmental auditing
环境激励措施 environmental incentives
环境激素 environmental hormone
环境极限 environmental limit
环境疾病图 distribution map of environment(al) diseases
环境技术 environmental technology
环境技术概貌 environmental technology profile
环境技术规范 environmental technical specification
环境间隔 environmental gap
环境兼容性 environmental compatibility
环境监测 environment(al) monitoring; surveillance of environment
环境监测程序 environmental monitoring program(me)
环境监测分析 environmental monitoring analysis
环境监测管理 environmental monitoring management
环境监测及监督 environmental monitoring and surveillance
环境监测及控制 environmental monitoring and control
环境监测计划 environmental monitoring program(me)
环境监测控制中心 environmental detection control center[centre]
环境监测情报网 environmental monitoring information network
环境监测实验室 environmental monitoring laboratory
环境监测网(络) environmental monitoring network
环境监测网络化 environmental monitoring network
环境监测卫星 environmental survey satellite[ESSA]
环境监测系统 environmental monitoring system
环境监测项目 environmental monitoring project
环境监测制度 system of environment(al) monitoring
环境监测质量保护 quality assurance for environment(al) monitoring
环境监测质量保证 environmental monitoring quality assurance
环境监察管理 environmental supervision and management
环境监控 environmental monitoring
环境监控系统 environmental monitoring system; environmental control system
环境监控制装置 environmental monitoring installation
环境监视 environmental monitor; environmental surveillance; surveillance of environment
环境监视卫星 environmental surveillance satellite
环境监视系统 environmental surveillance system
环境检测 environmental detection
环境检测器 environmental detector
环境检测装置 environmental detection set
环境检验规划 environmental test planning
环境检验计划 environmental test planning
环境简报<期刊> Environmental Brief
环境建筑学<一种适应21世纪生态要求设计的建筑学> environmental architecture
环境健康安全 environment, health and safety
环境健康的 environmentally sound
环境健康风险 environmental health risk
环境健康危害 environmental health hazard
环境健康影响评价 environmental health impact assessment
环境鉴定 environmental appraisal; environmental qualification
环境校正 environment correction
环境教育 environmental education
环境教育和训练方案活动中心 Program(me) Activity Center for Environmental Education and Training
环境教育体系 environmental education system
环境接触 environmental exposure
环境结构 environmental structure
环境介质 environmental agent; environmental medium
环境界面作用 environmental interfacial action
环境紧急情况 environmental emergency
环境紧急事故 environmental emergency
环境紧张刺激 environmental stress
环境尽责 environmental due diligence
环境经济 environment economy
环境经济规划 environmental economic planning
环境经济目标体系 environmental economic target system
环境经济投入产出表 environmental economic input-output table
环境经济问题 environmental economic issues
环境经济系统规划 environmental economic system planning
环境经济系统决策 environmental economic system decision-making
环境经济系统预测 environmental economic system forecasting
环境经济效益 economic benefit of environmental protection
环境经济学 environmental economics; environmental economy
环境经济学家 environmental economist
环境经济政策 environmental economic policy
环境经济指标体系 environmental economic target system
环境警报服务 environmental warning services
环境警察 environmental police
环境净化 environmental cleanup; environmental purification
环境净化机理 environmental purification mechanism
环境纠纷 environmental dispute
环境纠纷的调解 environmental dispute resolution; mediation of environment(al) dispute
环境决策 environmental decision-making
环境决策分析 environmental decision analysis
环境决策过程 environmental decision process
环境决策技术 environmental decision technology
环境决策价值准则 value criteria for environment(al) decision
环境决策论 environmental determinism
环境决策模式 environmental decision model
环境决策目标体系 objective system of environment(al) decision
环境决策支持系统 environmental decision support system
环境决定分析 environmental decision analysis

环境决定(论) environmental determinism; environmentalism
环境绝对容量 environmental absolute capacity
环境均衡的河槽管理 environmentally aligned channel management
环境均衡的河槽管理措施 environmentally aligned channel management measure
环境均衡的河槽管理方案 environmentally aligned channel management scheme
环境勘测卫星 environmental survey satellite[ESSA]
环境龛 environmental niche
环境抗性 environmental resistance
环境科技 environmental science and technology
环境科教中心 International Centre for Training and Education in Environmental Science
环境科学 ecoscience; environmental science
环境科学发展史 history of environment(al) science development
环境科学方法论 environmental sciences methodology
环境科学家 environmental scientist
环境科学学会 Society of Environment(al) Science
环境科学学科 disciplines of environment(al) science
环境科学哲学 philosophy of environment(al) sciences
环境科学整体化 environmental sciences as a whole
环境科学主导原则 principle of environment(al) sciences domination
环境科研卫星 research environment(al) satellite
环境颗粒物浓度 ambient particulate concentration
环境可接受的代用品 environmentally acceptable substitute
环境可能论 environmental probabilism
环境可行性 environmental feasibility
环境刻度器 environmental calibrator
环境空间 environmental space
环境空气 ambient air
环境空气标准 ambient air standard
环境空气采样仪 ambient air sampling instrument
环境空气动力学 environmental aerodynamics
环境空气级 ambient air level
环境空气监测 ambient air monitoring
环境空气监测仪 ambient air monitor
环境空气取样器 ambient air sampler; ambient air sampling instrument
环境空气取样仪 ambient air sampler; ambient air sampling instrument
环境空气温度 ambient temperature
环境空气质量 ambient air quality
环境空气质量标准 ambient air quality standard
环境空隙 environmental gap
环境控制 environment(al) control
环境控制表 environment control table
环境控制工程 environmental control engineering
环境控制技术活力 environmental control technology activities
环境控制试验室 environmental control testing chamber
环境控制室 environmental control chamber
环境控制系统 environmental control system
环境控制装置 environmental control unit
环境控制组织 environmental control organization
环境库容 environmental reservoir capacity
环境库兹涅茨曲线 environmental Kuznets curve
环境矿物学 environmental mineralogy
环境昆虫学 environmental entomology
环境困境 environmental dilemma; environmental mess
环境困扰 environmental harassment
环境冷却 environment(al) cooling
环境理论 environmental theory
环境力 environmental force
环境立法 environmental legislation
环境立体声 ambi(o)phony
环境联络委员会 environmental link board
环境疗法 environmental therapy; situational therapy
环境劣化 environmental degradation
环境领域示范项目 demonstration projects in the field of the environment
环境流动性 environmental mobility
环境流量 environmental flow
环境流量估计 environmental flow assessment
环境流速 ambient velocity; environmental velocity
环境流体动力学代码 environmental fluid dynamics code
环境流体力学 environmental fluid mechanics
环境流行病 environmental epidemic
环境流行病调查 environmental epidemiological survey
环境流行病学 environmental epidemiology
环境绿地 environmental green space
环境绿化 environmental greening; environmental planting
环境绿化保护 landscape conservation
环境绿化工程 landscape engineering
环境掠夺 environmental despoliation
环境伦理学 environmental ethics
环境脉动噪声 ambient microseismic noise
环境美 environmental beauty
环境美化 environmental enhancement; landscape development; landscaping
环境美化工作 landscape work
环境美学 environmental aesthetics
环境美学评价 environmental aesthetics assessment
环境秘书处 National Environmental Secretariat
环境密度 environmental density
环境民事责任 environmental civil liability
环境敏感地区 environmentally sensitive area
环境敏感区域 environmentally sensitive area
环境敏感性 environmental sensitivity
环境敏感性政策 environmentally sensitive policy
环境模拟 environmental simulation
环境模拟工程 environmental engineering
环境模拟设备 environmental simulation equipment
环境模拟试验 environmental simulation test
环境模拟系统 environmental conditional system
环境模拟学 environmental engineering science
环境模拟装置 environmental simulation equipment
环境模式 environmental pattern
环境模型 environment(al) model
环境目标 environmental objective
环境目标管理 environmental objective management
环境目标水平 level of environment achievement
环境纳污水体 ambient receiving waters
环境耐受力 environmental tolerance
环境难民 environmental refugees
环境年容量 environmental annual capacity
环境农药控制法令 environmental pesticide control act
环境浓度 ambient concentration; environmental concentration
环境浓度极限 environmental limit concentration
环境(判定)标准 environmental criteria
环境培训 environmental training
环境评估 environmental assessment; environmental evaluation
环境评估小组 panel for environmental assessment
环境评价 environmental appraisal; environmental evaluation; environmental valuation
环境评价列表清单法 cheek listing method of environmental assessment
环境评价系统 environmental evaluation system
环境评审法 environmental assessment and review process
环境评审委员会 Environmental Reviewing Council
环境破坏 environmental damage; environmental decay; environmental destruction; environmental disruption
环境破坏的 environmentally damaging
环境破坏的预防费用 preventive cost of environment(al) disruption
环境破坏损失评估 environmental damage assessment
环境破坏行为 environmental vandalism
环境破裂 environmental cracking
环境普查 surveillance of environment
环境气候图 environmental climatic map
环境气候 environmental climate
环境气温 ambient air temperature
环境气象学 environmental meteorology
环境潜水 environmental diving
环境侵权行为 environmental tort
环境情况 ambient condition; environmental aspect; circumstance
环境情况报告 environmental report
环境区 <无交通干扰> environmental area
环境区划 environmental division; environmental zoning
环境区域规划 environmental regional planning
环境趋势 environmental trend
环境取样器 environmental sampler
环境去污 depollution of environment; environmental de-pollution
环境权(利) environmental right
环境缺氧 environmental hypoxia
环境扰乱 environmental disturbance
环境热学 environmental heat
环境忍耐力 environmental tolerance
环境认识 environmental perception
环境认识提高 environmental gain
环境容量 <指适应周围环境卫生和交通运输等需要的容量> environmental capacity; environmental capability
环境容量模式 environmental capacity mode
环境容量模型 environmental capacity model
环境容忍性 environmental tolerance
环境容限 environmental tolerance
环境溶液 environmental solution
环境色 environmental colo(u)rs
环境商品和服务业 environmental design profession; environmental goods and services
环境设计 environmental design
环境设计专业 environmental design profession
环境社会经济指标 environmental society economic index; environmental socioeconomic indicator
环境社会学 environmental sociology
环境社会政策 environmental social policy
环境审核团 environmental auditor
环境审计 environmental auditing
环境生理学 environmental physiology
环境生态变革 environmental ecological revolution
环境生态功能 environmental ecological function; environmental ecology function
环境生态规划 environmental ecological planning
环境生态评价 environmental ecological evaluation
环境生态学 environmental ecology
环境生物地球化学 environmental biogeochemistry
环境生物工程 environmental bioengineering
环境生物工艺学 environmental biotechnology
环境生物技术 environmental biotechnology
环境生物物理学 environmental biophysics
环境生物效应 environmental biological assessment
环境生物学 environmental biology
环境生物因子 environmental biological factor
环境生物影响 environmental biological impact
环境生物制剂 environmental biological preparation
环境声学 environmental acoustics
环境失调 environmental destruction; environmental disruption; environmental disturbance
环境失效 environmental disutility
环境湿度 ambient humidity; ambient moisture
环境湿球温度 ambient wet-bulb temperature
环境实体 environmental entity
环境实体法 substantial law of environment
环境实用卫星 operational environment satellite
环境示踪剂 environmental tracer
环境式布置 enveloping scheme
环境事故 environmental accident
环境事故反应队伍 environmental response team
环境事件 environmental incident

H

环境势 environmental potential
环境试验 environmental test(ing)
环境试验报告 environmental test report
环境试验管理中心 environmental test control center[centre]
环境试验室 environmental chamber
环境适度 fitness of environment
环境适宜度 environmental amenity
环境适宜性 environmental fineness; environment fitness
环境适应 acclimatization; adaptation of environment; environmental adaptation
环境适应论 theory of environment-(al) adaptability
环境适应型树脂 green resin
环境适应型涂料 green coating
环境适应性 environmental adaptability; environmental compatibility; fitness of environment
环境适应学 ecology
环境受到威胁地区 area of environmental stress
环境受纳能力 environmental receptivity
环境受纳性 environmental receptivity
环境舒适 environmental amenity
环境舒适价值 amenity value
环境署 Department of the Environment
环境属性 environmental attribute
环境术语 environmental terminology
环境数据 environmental data
环境数据浮标 environmental data buoy
环境数据库 environmental database
环境数据字典 environmental data dictionary
环境数学 environmental mathematics
环境数学模式 environmental mathematical model
环境衰退 environmental decay
环境水 environmental water
环境水化学 environmental aquatic chemistry; environmental hydrochemistry
环境水经济学 environmental hydroeconomics
环境水力学 environmental hydraulics
环境水利 environmental water conservancy
环境水利学 environmental hydro-economics
环境水流 ambient current; environmental current
环境水平 ambient level; environmental level
环境水侵蚀性分类 classification of water corrosivity
环境水侵蚀性评价 evaluation of water corrosivity
环境水生物学 environmental hydrobiology
环境水体状况 environmental state of water body
环境水温 ambient water temperature
环境水文地球化学 environmental hydrogeochemistry
环境水文地球化学模拟 environmental hydrogeochemistry analog(ue)
环境水文地质调查 environmental hydrogeology survey; environment-hydrogeologic(al) survey
环境水文地质勘察 environment-hydrogeologic(al) investigation
环境水文地质模拟 environmental hydrogeology analog(ue)
环境水文地质条件 natural environment hydrogeologic condition
环境水文地质图 environmental hydrogeologic(al) map
环境水文地质学 environmental hydrogeology
环境水文效应 environmental hydrological effect; environmental hydrological regime
环境水文学 environmental hydrology
环境水压 environmental water pressure
环境水样 environmental water sample
环境水样器 environmental water sampler
环境水质 ambient water quality; environmental water quality
环境水质标准 ambient water criterion[复 criteria]; ambient water quality standard; environmental water quality standard
环境水质基准 ambient water quality criterion; environmental water quality criterion
环境水质监测网 ambient water quality monitoring network; environmental water quality monitoring network
环境水质准则 ambient water criterion
环境水准 environmental level
环境税 environmental tax
环境税费 environmental taxes and fee
环境说明(书) environmental specification
环境司法 environmental judicature
环境诉讼 environmental suit
环境素质 environmental quality
环境损害 ecologic(al) damage; environmental damage; environmental nuisance
环境损害的责任 liability for environment(al) damage
环境损害范围 environmental impairing activity
环境损害行为 environmental impairing activity
环境损害责任 environmental impairing liability
环境损失 environmental damage
环境损失时间 environmental loss time
环境探查卫星 environmental survey satellite[ESSA]
环境特性 environmental characteristic; environmental property
环境特征 characteristics of environment; environmental attribute; environmental characteristic
环境梯度 environmental gradient
环境体系 environmental complex; environmental system
环境条件 ambient condition; conditions of circumstance; environmental condition
环境条件测定 environmental conditions determination
环境条件调查 physical condition survey
环境条件(老化)系统 environmental conditional system
环境条件限制规范 environmental condition qualification specification
环境调节 environmental conditioning
环境调节装置 environmental control unit
环境调解 environmental mediation
环境调研区 environmental study area
环境调整 adjustment of environment
环境同化能力 environmental assimilating ability; environmental assimilating capacity; environmental assimilation capacity
环境同化容量 environmental assimilating capacity; environmental assimilation capacity
环境同位素 environmental isotope
环境同位素测试法 environmental isotopes test
环境同位素地球化学 environmental isotope geochemistry
环境同位素水文地质学 environmental isotopic hydrogeology
环境统计报表制度 system of environmental statistics reporting tables
环境统计表 environmental statistical table
环境统计地图 environmental statistical map
环境统计调查 statistic(al) survey of environment; survey of environment(al) statistics
环境统计分析 analysis of environment(al) statistics
环境统计年报 environmental statistics yearbook
环境统计台账 statistic(al) account of environment
环境统计学 environmental statistics
环境统计指标 indicator of environment(al) statistics
环境统计资料 environmental statistical data; statistic(al) data of environment
环境图测量 environmental surveying; environment mapping
环境图像 environmental image
环境途径 environmental pathway
环境土力学 environmental soil mechanics
环境土壤 pH 值 background pH
环境土壤图 environmental soil map
环境土壤学 environmental edaphology
环境推移率 environmental lapse rate
环境退化 degradation of environment; deterioration of environment; environmental degradation; environmental deterioration
环境外交 environmental diplomacy
环境网格图 environmental network map
环境危害 environmental hazard; public menace
环境危害程度 degree of environment-(al) hazard
环境危害类别 classification of environment(al) hazard
环境危害指示物 environmental hazard indicator
环境危机 environmental crisis
环境危险 environmental risk
环境危险评价 environmental risk assessment
环境威胁 environmental threat
环境微粒浓度 ambient particulate concentration; environmental particulate concentration
环境微生物技术 environmental microbial technology
环境微生物学 environmental micrology
环境维护 landscape preservation
环境卫生 environmental health; environmental sanitation; sanitation
环境卫生标准 environmental health standard
环境卫生处 Environmental Protection Agency
环境卫生措施 environmental health measure
环境卫生的 sanitary
环境卫生调查 sanitary survey
环境卫生防护区 sanitary protection zone
环境卫生工程 environmental(health) engineering; sanitary engineering
环境卫生工程师 sanitary engineer
环境卫生规划 environmental health planning
环境卫生害虫 public health insect
环境卫生害物 public health pest
环境卫生基准 environmental health criterion
环境卫生监督 environmental health monitoring(and surveillance)
环境卫生检验员 competent person
环境卫生局 environmental health bureau; environmental health directorate
环境卫生评价 environmental health evaluation
环境卫生清理 sanitary clearance
环境卫生系统 system of sanitation
环境卫生学 environmental hygiene; sanitary science
环境卫生准则 environmental health criterion
环境卫星 environmental satellite
环境卫星系统 environmental satellite system
环境温度 ambient temperature; environmental temperature
环境温度固化 cold curing
环境温度和气压 ambient temperature and pressure
环境温度铁氧体法 ambient temperature ferrite process
环境文学 environmental literature
环境稳定性 environmental stability
环境问题 environmental issue; environmental problem
环境问题辨识 identification of environmental problem
环境问题科学委员会 Scientific Committee on Problems of the Environment
环境问题投诉 environmental complaint
环境问题专家 environmentalist
环境污染 abuse of environment; environment(al) contamination; environmental disruption; environment-(al) pollution
环境污染补救措施 environmental remediation
环境污染测量 measurement of environment(al) pollution
环境污染测量法 measurement method of environment(al) pollution
环境污染处理设备 environmental pollution processor
环境污染负荷 ambient pollution burden; environmental contamination burden; environmental pollution burden
环境污染管制基本法 Basic Law for Environment Pollution Control
环境污染化学 environmental pollution chemistry
环境污染监测 environmental pollution monitoring
环境污染监测船 environmental pollution monitoring ship
环境污染监测对策计划 environmental pollution monitoring and resource program(me)
环境污染监测仪 environmental pollution monitor
环境污染控制 environmental issues and pollution control; environmental pollution control
环境污染控制进修学校 training institute for environment(al) pollution

H

control
环境污染评价 environmental pollution assessment
环境污染情况 background contamination
环境污染事故报告制度 system of environment(al) pollution accident reporting
环境污染事故评价 damage evaluation of environment(al) pollution
环境污染损失 environmental pollution loss
环境污染统计 statistics of environment(al) pollution
环境污染物 environmental contaminant; environmental pollutant; environmental polluter
环境污染物标准 environmental standard of pollutant
环境污染物浓度 background concentration of pollutants
环境污染物浓度单位 units of concentration of pollutant in environment
环境污染物自然容量 natural capacity of the environment to pollutant
环境污染心理 environmental pollution psychology
环境污染性疾病 environmental pollution disease
环境污染应急措施 emergency measures of environment(al) pollution
环境污染与破坏事故报告制度 system of reporting accident of environment(al) pollution and destruction
环境污染预测 environmental pollution forecasting
环境污染源 environmental pollution sources; sources of environment(al) pollution
环境污染指标 environmental pollution index
环境污染指示剂 environmental pollution indicator
环境污染指示植物 pollution indicator plant
环境污染指数 environmental pollution index
环境污染综合防治 integrated control of environment(al) pollution
环境污染综合控制 integrated environmental pollution control
环境污染综合治理 integrated control of environmental pollution
环境污染罪 crime relating to environment pollution
环境无害产品 environmentally sound product
环境无害的 environmentally sound
环境无害的工艺过程 environmentally sound technologic(al) process
环境无害技术 environmentally sound technology
环境无害特性 environmentally sound characteristic
环境物理学 environmental physics
环境误报 environmental false alarm
环境误差 environmental error
环境系数 environmental coefficient
环境系统 environmental system
环境系统工程学 environmental systems engineering
环境系统监控器 environmental systems monitor
环境系统运行中断 environmental outage
环境系统最优化 optimization of environment(al) system
环境现状 existing environment
环境现状评价 assessment for ambient environment
环境限度 environmental limit
环境限制 environmental constraint; environmental restraint; environmental restriction; environmental limit
环境限制条件 environmental limit condition
环境相 environmental facies
环境相互关系 environmental correlation
环境箱 environmental cabinet
环境项目 environmental item
环境小生境 environmental niche
环境效果 environmental consequence; environmental effect
环境效率 environmental efficiency
环境效益 environmental benefit; environmental restriction
环境效应 environmental effect; environmental influence
环境协调 environmental harmony
环境协调委员会 Environmental Coordination Board
环境胁迫 environmental stress
环境胁迫指数 environmental stress index
环境谐音 music atmosphere cast
环境心理学 environmental psychology
环境信号现象 environmental signalling phenomenon
环境信息 environmental information; environmental message
环境信息采集系统 environmental information collection system
环境信息采集中心 environmental information collection center[centre]
环境信息系统 environmental information system
环境信息系统的功能设计 function design of environment(al) information system
环境信息系统的需求分析 environmental information demand analysis
环境信息源 environmental information source
环境信息中心 environmental information center[centre]
环境刑事责任 environmental criminal liability
环境行动 environmental action
环境行动钢领 framework for environment(al) action
环境行为 environmental behavio(u)r
环境行为心理 environmental behavio(u)r mentality
环境行业 environmental industry
环境行政法规 administrative regulations of environment
环境行政责任 environmental administration liability
环境性癌 environmental cancer
环境性癌发生率 environmental cancer attack rate
环境性病 environmental disease
环境性出生缺陷 environmental birth defect
环境性境 environmental niche
环境性质 environmental property
环境修复 environmental remediation
环境许可证 environmental permit
环境选择 environmental selection
环境学 environics; environmental science; environmentology
环境学家 environmentalist
环境循环 environmental cycle
环境训练 environmental training
环境压力 ambient pressure; environmental pressure
环境岩土工程 geoenvironmental engineering
环境岩土工程学 environmental geotechnics; environmental geotechnology
环境沿水区 environmental waterfront
环境研究 environmental consideration; environmental research; environmental study
环境研究和发展规划与政策 environmental research and development program(me) and policy
环境研究卫星 environmental research satellite
环境演化 environmental lapse; evolution of environment
环境样板 environmental sample
环境样本 environmental sample
环境样品 environmental sample
环境遥感 environmental remote sensing
环境要求 environmental challenge; environmental need; environmental requirement
环境要素 environmental element; environmental factor
环境野外测试 environmental field test
环境液态水含量 ambient liquid water content
环境一氧化碳浓度 ambient CO-level
环境医学 environmental medical science; environmental medicine
环境医学监测 environmental medical monitoring; environmental medical surveillance
环境仪器 environmental instrument
环境宜人 hospitality
环境遗产 environmental heritage
环境艺术 environmental art
环境异常 environmental abnormality; environmental anomaly
环境意识 environmental awareness; environmental consciousness
环境意识上升 environmental gain
环境因素 environmental aspect; environmental element; environment(al) factor; nurture; site factor
环境因素等级 environmental factor class
环境因子 environmental factor
环境音效扩展 environmental audio extension
环境(引起的)变数 environmental variable
环境应急规划 environmental contingency planning
环境应急计划 environmental contingency planning
环境应急响应 environmental emergency response
环境应力 environmental stress
环境应力场 ambient stress field; in-place stress field; primary stress field; residual stress field
环境应力龟裂 environmental stress cracking
环境应力开裂 environmental stress cracking
环境应力裂纹 environmental stress cracking
环境应力条件 ambient stress condition
环境应力诱发裂缝 environmental stress cracking
环境影响 effect of surroundings; environmental consequence; environmental effect; environmental impact; environmental implication; environmental influence
环境影响报告表 environmental impact list
环境影响报告格式 environmental impact report format
环境影响报告(书) environmental impact assessment; environmental impact report; environmental impact statement
环境影响报告书草案 draft environment(al) impact statement
环境影响报告书草案附录 supplement to the draft environment(al) impact statement
环境影响初评(价) preliminary environment(al) impact assessment
环境影响分析 environmental impact analysis
环境影响分析法 environmental impact analysis
环境影响估价 environmental impact assessment
环境影响鉴定 environmental impact statement
环境影响鉴定报告 environmental impact statement of port
环境影响鉴定评审法 environmental impact statement and review process
环境影响界定 environmental impact scoping
环境影响矩阵评价法 matrix method of environment(al) impact
环境影响模型 environmental effects model
环境影响评估 environmental impact assessment
环境影响评价 assessment of environmental impact; environmental impact assessment; environmental impact evaluation
环境影响评价报告 environmental impact appraisal report; environmental impact assessment report; environment influence assessment report
环境影响评价法 environmental impact assessment method; environmental impact assessment process
环境影响评价工作程序 working procedure of environment(al) impact assessment
环境影响评价管理程序 management procedure of environment(al) impact assessment
环境影响评价声明 environmental impact assessment statement
环境影响评价体系 system of environment(al) impact assessment
环境影响评价证书 certificate of environment(al) impact assessment
环境影响评价制度 system of environment(al) impact assessment
环境影响评述 environmental impact statement
环境影响潜在指数 environmental impact potential index
环境影响声明 environmental impact statement
环境影响识别 environmental impact identification
环境影响事后评价 environmental impact assessment follow-up
环境影响说明书 environmental impact statement
环境影响通信[讯] environmental impact procedure
环境影响问题 issues of environment(al) impact
环境影响系统 environmental impact system

环境影响研究 environmental impact study
环境影响因素 environmental impact factor
环境影响指数 environmental impact index
环境影响状况 environmental impact statement
环境影响综合评价模型 comprehensive model for environmental impact assessment
环境优势 environmental advantage
环境优势氧化还原半电池反应器 environmentally important redox half-cell reaction
环境优先论 environmental issue in priority
环境优先污染物 environmental priority pollutant
环境优先项目 environmental priority
环境优雅的 environmentally sound
环境友好 environmental friendly
环境友好的农业 environmentally friendly agriculture
环境友好技术 environmentally friendly technology
环境友好企业 environmentally friendly enterprise
环境有毒化学物质 environmental toxic chemicals
环境有毒化学物质浓度 ambient toxic chemical concentration
环境有毒污染物水平 ambient levels of toxic pollutant
环境有害因素 nuisance element
环境有机地球化学 environmental organic geochemistry
环境有机化学 environmental organic chemistry
环境有效管理 environmentally sound management
环境诱变因素 environmental mutagenic factor
环境诱变源情报中心 environmental mutagen information center[centre]
环境与沉积 environment and sedimentation
环境与发展会议 Conference on Environment and Development
环境与经济综合核算系统 system for integrated environment(al) and economic accounting
环境与自然资源 environment and natural resources
环境预报 environmental forecasting
环境预测 environmental forecasting; environmental prediction; environmental projection
环境预测评价 environmental forecasting assessment
环境预算 environmental budget
环境约束 environmental constraint
环境约束(能)力 environmental constraining capacity
环境允许生物降解 environmentally acceptable biodegradation
环境灾害 ecologic(al) disaster; environmental disaster
环境灾害地质学 environmental hazard geology
环境灾害监测 environmental disaster monitoring
环境灾害控制 environmental disaster control
环境灾害区 zones of environment(al) disaster
环境灾难 environmental disaster; environmental fate
环境灾难事件 environmental disaster event
环境噪声 ambient noise; background noise; environmental noise; ground unrest; noise background
环境噪声标准 environmental noise criteria; environmental noise standard
环境噪声等级分布 distribution of environmental noise level
环境噪声法规 environmental noise legislation
环境噪声基准 environmental noise criterion[复 criteria]
环境噪声级 ambient noise level; environmental noise level
环境噪声污染防治法 law of ambient noise pollution prevention and control
环境噪声准则 criterion for ambient noise
环境噪音 ambient noise; environmental noise
环境责任 environmental liability
环境责任感 environmental responsibility
环境战略目标 environmental strategy objective
环境照度 ambient light
环境照明 environmental lighting
环境哲学 environmental philosophy
环境振动<如由风及正常车流引起的振动> ambient vibration; environmental vibration
环境振动标准 environmental vibration standard
环境征税 environmental levy
环境政策 environmental policy
环境政策法规 environmental policy act
环境政策反馈 feedback of environment(al) policy
环境政策风险评价 environmental policy risk assessment
环境政策目标 objective of environment(al) policy
环境政策评定 environmental policy evaluation
环境政策评估 environmental policy evaluation
环境政策体系 environmental policy system
环境政策学 environmental policy science
环境政治学 environ-politics
环境执法 environmental law enforcement
环境直减率<大气中温度湿度随高度的变化率> environmental lapse rate
环境植被图 environmental vegetation map
环境植物学 environmental botany
环境指标 environmental criterion[复 criteria]; environmental index; environmental indicator; environment parameter
环境指示生物 environmental presence indicator
环境指示物 environmental indicator
环境指数 environmental index
环境制图 environmental mapping; environmental plotting
环境治理 environmental treatment
环境治理措施 environmental control measure
环境治理基金 environmental repair fund
环境质量 environmental quality
环境质量报告书 environmental quality statement
环境质量变化 environmental quality variation
环境质量标准 ambient quality standard; environmental quality standard
环境质量标准可接受最大值 environmental quality standard maximum acceptable
环境质量参数 environmental quality parameter
环境质量传感器 environmental quality sensor
环境质量单要素指数 environmental quality index of single element
环境质量单一指数 environmental quality single index
环境质量的需求曲线 demand curve of environment(al) quality
环境质量法令 Environmental Quality Act
环境质量分类 environmental attribute
环境质量分析 environmental trace analysis
环境质量改善法案 Environmental Quality Improvement Act
环境质量管理 environmental quality management
环境质量恢复 environmental quality recovery
环境质量回顾评价 environmental quality retrospective evaluation
环境质量基准 environmental quality criterion
环境质量监测 environmental quality monitoring
环境质量控制 environmental quality control
环境质量模拟 environmental quality modeling
环境质量模式 environmental quality pattern
环境质量目标 environmental quality objective
环境质量评估 environmental assessment
环境质量评价 environmental quality assessment; environmental quality evaluation
环境质量评价程序 environmental quality assessment procedure; environmental quality evaluation procedure
环境质量评价方法 environmental quality assessment method
环境质量评审 environmental quality review
环境质量评审法令 Environmental Quality Review Act
环境质量图 environmental quality map
环境质量图集 environmental quality atlas
环境质量委员会<美> Council on Environment(al) Quality
环境质量下降 environmental degradation
环境质量现状 present status of environment quality
环境质量预报 environmental quality forecast
环境质量指标 environmental quality index
环境质量指数 environmental quality index
环境质量准则 environmental quality criterion
环境质量综合评价 environmental quality comprehensive assessment
环境质量综合指数 comprehensive evaluation of environmental quality; environmental quality comprehensive index
环境秩序混乱 disordered environment
环境致癌物 environmental carcinogen
环境致癌物的安全剂量 safe dose of environment(al) carcinogen
环境致癌作用 environmental carcinogenesis
环境致畸原 environmental teratogen
环境致裂 environmental (stress) cracking
环境中的放射源 radiation source in environment
环境中的全部组分 coen
环境种族主义 environmental racism
环境仲裁 environmental arbitration
环境重点 environmental stress
环境重建 environmental reconstruction
环境周期性 environmental periodicity
环境专家 environmentalist
环境专家系统 environmental expert system
环境转变产品 environmental transformation product
环境状况 environmental aspect; environmental condition; environmental status
环境状况审核 environmental audit
环境状态 ambient condition; environmental condition; environmental state
环境准则 environmental guideline
环境资产 environmental assets
环境资料 environmental data; environmental information
环境资料服务 environmental data service
环境资料概要 environmental data compendium
环境资料来源国际查询 International Referral System for Sources of Environmental Information
环境资源 environmental resources
环境资源地质学 environmental resource geology
环境资源规划 environment(al) resources planning
环境资源投入产出表 input-output table of environment(al) resources
环境资源完全消耗系数 complete consumption coefficient of environment(al) resources
环境资源卫星 environmental resource satellites
环境资源稀缺性 environmental resource scarcity
环境资源系统 environmental resource information system
环境资源直接消耗系数 direct consumption coefficient of environment(al) resources
环境自净化 environmental self-purification
环境自净能力 environmental self-cleaning capacity
环境自净作用 environmental self-purification
环境综合设计 integrated environmental design
环境综合体 environmental complex
环境综合影响 integrated environmental impact; standort
环境总排放物 total environmental emission
环境总体 environmental complex
环境阻力 environmental resistance; total environmental resistance
环境阻力说 environmental resistance hypothesis
环境最适条件 environmental opti-

mum condition
环境最优化 environmental optimization
环境最优决策 environmental optimal decision
环境作用 environmental action; environmental agent
环锯 endless saw
环聚烯烃 cyclopolyolefin
环壳 toroid shell; torus shell
环空泵压损失 annular pressure loss
环空偏速 annular return velocity
环空压力控制井底测试阀 pressure-controlled downhole test valve
环孔 annular distance; kernel
环孔被锁住的螺栓 closed eye bolt
环孔窗 loop window
环孔灯 crater lamp
环孔接合 eye joint
环孔菌属 <拉> Cycloporus
环孔(木)材 ring-porous wood
环孔镗床 annular borer
环孔锥 annular bit
环孔钻 annular auger; annular drill
环控机房 environmental controlling equipment room
环控系统包 package of environmental control system
环口 collar extension
环扣拉链 coil zipper
环扣强度 longitudinal winding loop tenacity
环扩张器 <活塞> ring expander
环链 loop chain
环链板刮泥器 conveyor type scraper
环链互变异构现象 ring chain tautomerism
环链式斗式提升机 chain-and-bucket elevator
环链式多斗挖槽机 endless chain trencher; endless chain trench excavator
环链式多斗挖沟机 endless chain trench excavator
环链式多斗挖土机 endless chain excavator; endless chain trench excavator
环链式炉 link belt conveyer furnace
环链式挖泥机 endless chain dredge(r)
环链式运输装置 endless chain haulage system
环链手扳葫芦 hand chain lever hoist; ratchet hoist
环链手拉葫芦 ratchet hoist
环链形 looping
环梁 <盾构的主体部分> ring beam; ring girder
环梁支承 rim bearing
环列雕像 ring of statues
环列群柱 ring of columns
环列石柱 <史前时代的> cromlech
环列柱式 cyclostyle
环裂 annular shake; circular shake; cup shake; ring gall; wind shake; annular space; ring shake; round shake; shell shake; ring crack <木材干燥缺陷>
环裂的 <木材> shaky
环裂垫圈 cup washer
环裂开 ring scission
环裂宽度 <木材的> width of shakes
环裂木材 cup shake wood; quaggy timber
环磷酰胺 cyclophosphamide
环流 circular flow; circulating current; circulating flow; circulation; circulation flow; circumferential flow; circumfluence; ring current; rotational flow
环流保护 circulating current protection
环流保护系统 circulating current protective system
环流泵 fluid ring pump
环流层 circulation layer; zone of circulation
环流的 circulating; circumfluent
环流电动机 loop motor
环流定理 circulation theorem
环流定律 circuital law
环流阀 circulating sub; circulation valve
环流阀瓣 circulating sub
环流法 circulating flow method
环流分布 circulation distribution; distribution of circulation
环流供暖 space heating
环流管 circulation pipe; circulator
环流管道 circulating line
环流管线工程 circulation pipework
环流锅炉 circulator
环流河曲 scroll meander
环流河湾 scroll meander
环流机 convector
环流加热器 recirculating heater
环流控制 circulation control
环流冷却 space cooling
环流气体 recycle stream
环流器 circulator; water circulator
环流圈 gyre; gyral
环流润滑 circulation feed lubrication
环流润滑系统 circulation system lubrication
环流设备 circulating equipment
环流式 circulation pattern
环流式灌浆 closed circuit grouting
环流式溶解器 recirculating dissolver
环流室 volute chamber
环流束 circulating beam
环流水 circulating water
环流水泵 circular pump; circulating (water) pump
环流水过滤网 circulating water screen
环流水冷却系统 gravity-system water cooling
环流损失 circulating loss
环流通量 circulation flux
环流系统 circulation system; cycle system
环流箱槽 circulating tank
环流硝化滤池 cyclo-nitrifying filter
环流型 circulation pattern
环流异常 circulation anomaly
环流预报 circulation forecast; circulation prediction
环流原理 circulation principle; principle of circulation
环流指数 circulation index
环流中心 circulation center[centre]
环炉法 ring oven method
环炉分析仪 ring oven analyser[analyzer]
环炉技术 ring oven technique
环陆地槽【地】 circum-continental geosyncline
环路 belt-line highway; belt road; circular highway; circular road; circular street; circumferential route; concentric (al) rings; encircling; loop road; belt highway; circuit road; ring circuit; ring road; ring route【道】; circuit; circulation circuit; loop circuit【电】
环路测量 loop measurement
环路测试线 loop-around test line
环路差信号 loop difference signal
环路传递函数 loop ratio; loop transfer function
环路电池脉冲发生 loop-battery pulsing
环路电感 loop inductance
环路电阻 line loop resistance; loop resistance
环路动作信号 loop actuating signal
环路断开脉冲发生 loop dial(l)ing; loop-disconnect pulsing
环路法 loop method
环路法测量 go-and-return measure; loop measure
环路反馈信号 loop feedback signal
环路方程 loop equation
环路供电 loop service
环路过滤器 loop filter
环路检流计 loop galvanometer
环路控制 loop control
环路冷却 closed circuit cooling
环路滤波器 loop filter
环路排气管 circuit vent(pipe)
环路试验 loop test; test run(ning)
环路输出信号 loop output signal
环路输入信号 loop input signal
环路锁相 loop phase locking
环路通气管 circuit vent pipe
环路通气口 circuit vent
环路透射比 loop transmittance
环路系统 ring road system; rotary system
环路箱 loop box
环路形成 loop formation
环路压力 circuit pressure
环路增益 loop gain
环路增益法 loop-gain method
环路阻力 circuit resistance
环氯(类)树脂 Araldite
环轮高压闸门 tractor gate
环论【数】 ring theory
环螺件 ring connection
环螺栓 collar bolt
环面 anchor ring; ring surface; tore
环膜水 pendular water
环膜水阶段 pendular stage
环磨机 channel mill
环内键 cyclic(al) bond
环内双键 cyclic(al) olefinic bond
环喷口 annular jet
环硼氮烷 borazine
环硼硫烷 borthiin
环片阀 ring plate valve
环钳 eyelet pincers; eyelet pliers; eyelet punch
环墙 ring wall
环丘坛 circular mound altar
环球 round the world
环球测定法 ball-and-ring method
环球的 circumterrestrial
环球法测定器 ring-and-ball apparatus
环球法软化点 ring-and-ball softening point
环球法软化点试验 <沥青的> ring-and-ball softening point test; ring-and-ball test
环球法软化点试验法 ring-and-ball softening point method
环球飞行 circumaviation; circumnavigate
环球辐射 global radiation
环球航行 circumnavigation; circumsail; round-the-world cruise; route round the world; voyage round the world
环球回波 round-the-world echo
环球间隙 episcleral space; spatium episclerale
环球客轮 world-touring liner
环球联盟 global alliance
环球磨 annular ball mill; ring-ball mill
环球软化点测定器 ring-and-ball apparatus
环球软化点试验 ring-and-ball test
环球实时转发器 global real-time repeater
环球世界的 around-the-world
环球式磨机 ring-ball mill
环球试验 ring-and-ball test
环球试验法 <用于测定沥青软化点> ring-and-ball test method
环球水分布 global water distribution
环球通信[讯] global communication; round-the-world signal
环球卫星通信[讯] world-wide satellite communication
环球无线电信号 round-the-world signal
环球信息网 world-wide web[www]
环球性构造活动带 global tectonic active belt
环球仪 ring-and-ball apparatus
环圈 ferrule; girdle
环圈比色法 ring colo(u)rimetry
环绕 circumfluence; encircle; encompass(ment); round; surround; ring
环绕的 circumfluent; circumjacent
环绕地球 compassed the earth
环绕城区的带状公路 belt highway
环绕法 ring method
环绕古罗马圆形露天剧场的休息平台 diazoma
环绕管子的电热带 pipe heating tape
环绕焊接附件孔口 around openings for welded attachments
环绕航行 round voyage
环绕交通 rotary traffic
环绕开孔 around opening
环绕空间 ambient
环绕墓穴的竖立石 peristalith
环绕桥墩打的防护桩 starling
环绕世界的 around-the-world
环绕式布置 enveloping scheme
环绕式处理 wrap-around
环绕式刹车带 wrap-around band brake
环绕数 linking number
环绕速度 circular velocity
环绕围柱式建筑外窄通道 peridromos
环(绕)线(路) loop line
环绕一个中心的建筑群 panoption
环壬烷酸 cyclononanic acid
环润滑用轴承 bearing for ring lubrication
环三次甲基三硝基胺 cyclotrimethylene trinitramine
环扫描器 all-round looking scanner
环山澳 loch; lough
环舌 buckle
环射式浮选机 ring efflux flotator
环射无线电指向标 circular radio beacon
环射无线电指向标台 circular radio beacon station
环蚀 circumdenudation; circumerosion
环蚀山 mountain of circumdenudation; remainder mountain
环食 annular eclipse
环食带【天】 annulus[复 annuli/annuluses]
环式 concentric(al) type
环式焙烧机 circular grate pelletizing machine
环式测渗仪 ring infiltrometer
环式醇 cycloalcohol
环式带材冷轧机 ring-type cold-strip mill
环式道路系统 circle road system
环式分级机 annular classifier; loop classifier
环式干燥机 ring drier[dryer]
环式感应炉 ring induction furnace
环式格筛 ring grizzly

环式给水管网 ring-shaped water supply pipe net(work)
环式供暖系统 ring heating system
环式计算装置 counting ring
环式加法器 ring-type adder
环式解调器 ring demodulator
环式馈路 ring feeder
环式冷却机 circular cooler; rotary type cooler; rotating annular cooler
环式螺线管 ring solenoid; toroidal solenoid
环式煤气燃烧器 ring burner
环式黏[粘]度计 ring viscometer
环式扭剪仪 torsion ring shear apparatus
环式配水系统 circle distribution system
环式喷嘴 ring-shaped nozzle
环式破碎机 ring breaker; ring crusher
环式取代基 cyclic(al) substituent
环式燃烧室 annular combustor
环式绕组 < 电枢 > gramme-ring winding
环式日晷 solar ring
环式扫描 round-looking scan
环式碎石机 ring crusher
环式通气管 loop vent
环式通用破碎机 universal ring-type crusher
环式系统 circle system; concentric(al) system
环式压碎辊 ring crusher
环式应变计 ring strain ga(u)ge
环式运输链 ring conveyer[conveyor]
环式止推轴承 collar bearing
环视窗 panoramic window
环视雷达 all-round looking radar; panoramic radar
环视扫描器 all-round looking scanner
环视扫描显示器 plane position indicator
环视声呐 round-looking sonar
环视天线 all-round looking antenna
环视图 panoramic view
环视圆屋顶 full vision cupola
环饰【建】bell course
环饰柱 annulated column; annulated shaft
环室供气式喷头 annular spray head
环首 eye
环首部 ring header
环首杆 pole ring
环首螺钉 eye bolt; eye screw; screw ring
环首螺母 eye nut
环首螺栓 eye bolt; eyebolt and key; eye screw; lift(ing) bolt; screw hoop; ring bolt
环受拉力连接 tensile loop joint
环受张力连接 tensile loop joint
环数 cylinder number
环四磷酸钙锌(防锈)颜料 calcium zinc cyclotetraphosphate pigment
环四磷酸盐 cyclotetraphosphate
环酸 naphthenic acid
环碎值 ring crush value
环索 becket; sling; strop
环索结 becket hitch
环索系统 endless-cable system
环索线【数】strophoid
环索运输系统 endless rope haulage system
环锁 ring latch; ring lock
环太构造内带【地】circum-Pacific tectonic zone
环太构造外带 exo-Pacific tectonic zone
环太平洋带 circum-Pacific belt
环太平洋带海退 circum-Pacific zone regression
环太平洋岛弧 circum-Pacific island arc
环太平洋的 circum-Pacific
环太平洋地槽系 circum-Pacific geosyncline system
环太平洋地区 Pacific rim
环太平洋地震带 circum-Pacific seismic belt; circum-Pacific seismic zone
环太平洋地震构造带 circum-Pacific seismotectonic zone
环太平洋构造活动带 circum-Pacific tectonic active belt
环太平洋构造域 circum-Pacific tectonic region
环太平洋海槽 circum-Pacific trough
环太平洋火山带 circum-Pacific volcanic belt
环太平洋岩区 circum-Pacific province
环太平洋造山带 circum-Pacific orogenic zone
环弹簧 ring spring
环套角钢 angle collar; staple angle; stapling
环天顶弧 circumzenithal arc
环调 environmental controller
环萜烃 dipentene; limonene
环烃 cyclic(al) hydrocarbon; ring-shaped hydrocarbon
环酮 cyclone
环酮树脂 cyclic(al) ketone resin
环头杆 loop bar; loop rod
环头螺钉 collar-head screw; ring screw
环头螺栓 eye bolt; screw ring
环头铁杆 eye bar
环烷 cyclane; cyclo alkane; cycloparaffin; naphthene
环烷残油 naphthenic residual oil
环烷醇盐 cycloal kanoate
环烷的 naphthenic
环烷芳香芬 naphetene aromatics
环烷化 cycloalkylation
环烷环 naphthenic circle
环烷基粗石油 naphthene-base crude
环烷基润滑油 naphthene-base lubrication oil
环烷基原油 naphthene-base crude petroleum; naphthenic base crude (oil)
环烷金属化合物 cycloalkanoates
环烷类 cycloalkanes
环烷溶剂 naphthenic solvent
环烷酸 naphthenic acid
环烷酸钡 barium naphthenate
环烷酸钒 vanadium naphthenate
环烷酸钙 calcium naphthenate
环烷酸锆 zirconium naphthenate
环烷酸汞 mercury naphthenate
环烷酸钴 cobalt(ous) naphthenate
环烷酸化物 naphthenate
环烷酸金属盐 metal naphthenate
环烷酸铝 alumin(i)um naphthenate
环烷酸铝粉清漆 alumin(i)um naphthenate varnish
环烷酸锰 manganese naphthenate
环烷酸铅 lead naphthenate; naphthenate of lead
环烷酸十二烷基二甲苯铵盐 dodecyl dimethylbenzyl ammonium naphthenate
环烷酸铈 cerium naphthenate
环烷酸铈镧 cerium-lanthanum naphthenate
环烷酸铜 < 一种木材防腐剂 > copper naphthenate; Cuprinol
环烷酸锌 zinc naphthenate
环烷酸盐 naphthenate
环烷酸盐溶液 < 木材防腐剂 > naphthenate solution
环烷酸皂 naphthenate; naphthenic soap
环烷烃 cycloparafine hydrocarbon
环烷(烃)基 < 即沥青基 > naphthenic [naphthene] base
环烷烃类 cycloparaffinic hydrocarbons
环烷酮 cyclanone; naphthenone
环烷系 naphthene series
环烷油 naphthenic oil
环烷皂 naphthene soaps
环烷质残油 naphthenic residual oil
环烷属烃 naphthene; naphthene hydrocarbons
环烷族 < 环石蜡族 > naphthene series
环网 loop network
环网电缆 loop cable
环网络 circle network
环围道 girdle canal
环围木 ring wale
环围式拱廊 enclosed arcade
环围整流推进器 turbine tunnel propeller
环纹 horizontal line
环纹导管 annular vessel; ring vessel
环纹的 annulated
环纹钉 annular nail
环纹硅藻 centric diatom
环纹加厚 annular thickening(of cell wall)
环纹形成 ring formation
环戊醇 cyclopentanol; cyclopentyl alcohol
环戊二烯 cyclopentadiene
环戊二烯改性油 cyclopean-tadienized oil
环戊二烯合钾 cyclopentadienyl potassium
环戊二烯化豆油 tadienated soybean oil
环戊二烯化鱼油 tadienated fish oil
环戊二烯基 cyclopentadienyl
环戊基 cyclopentyl
环戊酮 adipinketone; cyclopentanone
环戊烷 cyclopentane; pentamethylene
环戊烷羧酸 cyclopentane-carboxylic acid
环戊烯 cyclopentene
环戊烯庚酸 aleprylic acid
环戊烯基 cyclopentenyl
环戊烯甲酸 aleprolic acid
环戊烯壬酸 alepric acid
环戊烯十三碳烯酸 gorlic acid
环戊烯酮 cyclopentenone
环戊烯戊酸 aleprestic acid
环烯 cyclenes; cyclic(al) olefine; cycloalkene; cycloolefen
环烯烃 cycloolefine hydrocarbon
环线 belt road; circuit road; loop road; loop wire; ring road; schort; surround
环线闭合差 < 水准测量 > loop closure; circuit closure; circuit error; circuit misclosure
环线测试器 loop tester
环线车辆计数器 traffic counter loop
环线电感 loop inductance
环线电阻 go-and-return resistance; line loop resistance; loop resistance
环线发车 circular departure
环线法 looping method
环线检测器 loop detector
环线接车 circular receiving
环线示波器 loop oscillograph
环线式测车器 loop detector
环线试验 loop test
环线试验铁条 loop-test bar
环线铁路 loop railway
环线英里 loop-mile
环线展线 loop development
环线振荡器 loop oscillator
环线制拨号 loop dial(l)ing
环线制传输 loop transmission
环向变形 hoop deflection; hoop deflexion
环向缠绕 circumferential winding; loop winding
环向初始扰动 circular initial disturbance
环向磁场 toroidal magnetic field
环向的 circumferential
环向钢筋 circumferential reinforcement
环向荷载 hoop load
环向间隙 radial clearance
环向剪力 perimeter shear
环向接缝 circular joint
环向接头 girth joint
环向抗拉强度 hoop tension strength
环向拉力 hoop tension
环向力 circumferential force; hoop force
环向连接 circumferential joint
环向流水槽 water slot
环向受拉 hoop tension
环向锁口 hoop interlock
环向压力 circumferential pressure
环向应变 hoop strain
环向应力 circumference stress; circumferential stress; hoop stress; hooping stress
环向预(加)应力 circumferential prestressing
环向张拉 circumferential tendon
环向振型 circumferential mode
环向钻孔法 ring drilling
环销锚 hoop pin anchorage; two sleeve reinforced concrete anchorage
环辛二烯 cyclo-octadiene
环辛四烯 cyclooctatetraene
环辛烷 cyclooctane
环行 circle; circuit(y); circular tour; round trip
环行层 < 指湖水 > mixolimnion
环行车道 circulation road
环行车行道 circular carriageway
环行(程)列车 circular train
环行导线 closed-on-itself traverse
环行道 loop track; roundabout
环行道路 perimeter path
环行高架桥交叉 roundabout intersection
环行公路 belt(-line) highway; circumferential highway; ring road
环行化合物 cyclic(al) compound
环行交叉 traffic circle
环行交叉口 < 英 > circus
环行交通 < 交叉口的 > gyratory traffic; roundabout traffic; rotary traffic
环行交通方式 gyratory system(of traffic)
环行街道 circular street
环行列车 merry-go-round train
环行流线 circulation flow
环行路 beltway; circumferential road; loop(road)
环行路线 circular route
环行汽车道 closed-end driveway
环行器 < 微波接力 > circulator
环行圈植法 outline driving
环行式井底车场 loop-type pit bottom
环行试验线 test loop
环行铁道 belt(-line) railroad; belt(-line) railway; circuit railroad; circuit railway; girdle railway; loop railway
环行铁路 belt line; belt(-line) railroad; belt(-line) railway; circuit railroad; circuit railway; loop railway

环行物 cirque
环行系统 circle system
环行线 belt line; detour road; loop road; loop route
环行线调查 belt-line survey
环行星空间 circumplanetary space
环行洋流 gyre
环行运动 circumduction; circus movement
环行运动学说 circus movement hypothesis
环行折返线 loop turn-back track
环行止推轴承 collar thrust bearing
环行轴承 collar bearing
环形 circline; ring form; ring type
环形安装 looping in
环形暗点 ring scotoma
环形暗销 <木材结合用> ring dowel; O-type dowel
环形坝 annular dam; ring dam
环形百叶窗 spill ring
环形百叶式灯具 ring louver
环形扳手 ring spanner; ring-wrench
环形斑点 toroidal spot
环形板 annular plate; annular slab; ring plate; ring slab
环形瓣 circular flap
环形保护圈 annular guard ring
环形焙烧机 annular grate kiln
环形泵壳 circular casing
环形边 circular edge
环形变换器 ring translator
环形变压器 ring transformer; toroidal transformer
环形辨向天线 loop sense antenna
环形标度 circular scale
环形表面 annular surface
环形冰川 circus glacier
环形波导 disc waveguide; rat race (way)
环形波导混频器 rat-race mixer
环形波纹 annular corrugation
环形剥蚀 circumdenudation; circumerosion
环形薄膜 annular membrane; toroidal membrane
环形补偿器 circle bench; looping compensator
环形不互通交叉 grade separated roundabout junction
环形布线法 <电源插座的> ring main
环形部分 annular section
环形材轧机 ring(-rolling) mill
环形裁弯 loop cutoff; neck cut-off
环形参数器 toroidal type parametron
环形舱壁 ring bulkhead
环形槽 annular groove; annular recess; cannelure; ring channel; ring groove; rocking slot
环形侧砌砖 circle brick on edge
环形测微计 ring micrometer
环形测向器 loop direction finder; ring goniometer
环形岔道 loop way
环形缠绕机 ring winder
环形车道 <环形交叉的车行道> rotary roadway
环形车道转盘 loop way
环形车架 loop frame
环形车站 loop depot; loop station
环形沉降段 settling annulus
环形衬板 ring liner
环形城(郊)公路 <英> orbital
环形程序设计 loop programming
环形池 annular tank; ring-shaped basin; ring-shaped tank
环形齿轮 annular gear; ring gear
环形齿轮润滑泵 ring-shaped gear pump for lubricant
环形齿圈 ring gear
环形充气库底 aerated annular base
环形冲孔模板 annular-type stripper
环形冲模 ring die
环形抽气室 extraction belt
环形传感器 loop sensor
环形窗 loop window
环形吹管 annular blast pipe
环形磁场 toroidal magnetic field
环形磁带机 endless cartridge
环形磁化 circuital magnetization
环形磁路 toroid; toroidal coil; toroidal magnetic circuit
环形磁铁 annular magnet; magnet ring; ring magnet
环形磁头 ring head
环形磁芯 toroidal core
环形村 ring village
环形存储器 toroidal memory
环形带 endless band; endless tape; endless belt
环形带锯 endless saw
环形带锯片 endless saw blade
环形带锯条 endless saw blade
环形带扣 loop web sling
环形带式输送机 endless belt conveyer[conveyor]
环形单轨系统 monorail loop system
环形单元 <有限单元法中分解出的一种单元> annular element; ring element
环形挡板 ring baffle
环形挡块 collar stop
环形刀路 circular cutting path
环形导管 ring duct
环形导轨并条机 ring guide drawing machine
环形导体 annular conductor
环形导线 loop traverse
环形道 endless track
环形道口 rotary system
环形道路 circuit road; circumferential highway; concentric (al) route; ring road; ringway <英国指公路、铁路或电车路>
环形道路系统 circle system; circular road system; concentric (al) circle
环形的 annular; circinate; circular; doughnut-shaped; planetary; ring-shaped; toroidal
环形灯 circling lamp
环形灯丝 loop filament; ring filament; wreath filament
环形等高线 closed loop contour lines
环形堤 ring embankment; ring levee
环形堤坝 ring dam
环形底脚 ring footing
环形地脚螺栓 ring tie
环形电车路 ringway
环形电磁铁 annular electromagnet; ring electromagnet
环形电磁型 X 射线管 toroidal electromagnetic type X-ray tube
环形电动机 ring motor
环形电感线圈 toroidal inductor
环形电流互感器 bushing current transformer
环形电流计 loop galvanometer
环形电路 loop circuit; ring circuit
环形电枢 ring armature
环形电压 hoop stress
环形电子 planetary electron
环形垫 air ring; encircling ring
环形垫密片 annular gasket
环形垫片 annular gasket; ring gasket
环形垫圈 O-ring gasket; ring washer
环形吊悬 dropper support loop
环形钉 annular nail; ring(ed) nail
环形度盘 circular scale
环形段 annular section
环形断层 circular fault; circumferential fault
环形断裂 ring fracture
环形断面 annular cross-section; annular section
环形堆垛机 radial stacker
环形多室窑 halls kiln
环形发动机 annular engine
环形发生炉 ring producer
环形阀(门) annular (plate) valve; ring gate; ring valve; circuit valve
环形阀座 ring-shaped valve seats
环形砝码 annular weight
环形反射极 ring emitter
环形反调制器 ring demodulator
环形反应器 loop reactor
环形方位镜 ring-type azimuth mirror
环形防喷器 annular (blowout) preventer
环形放大器 annular amplifier
环形放射 annular radiation
环形放射道路系统 radial and ring road system
环形分布地震 circular earthquake
环形分级机 loop classifier
环形分室的多室料仓 ring silo
环形风管 bustle pipe
环形风口 ported air ring
环形风扇 ring-type fan
环形缝隙 annular space; annulus [复 annuli/annuluses]
环形辐射器 loop radiator
环形辐射式道路网 ring and radial road system
环形辐射式道路系统 ring and radial road system
环形干管 circular main; ring main
环形干管布置 ring main layout; ring-shaped main layout
环形干线 circular main; ring main
环形干燥器 ring drier
环形杆件 ring bar
环形钢筋 hooped reinforcement; hooped steel; steel hoop; tie hoop
环形高架铁路 elevated loop railway
环形高速公路 circumferential freeway
环形高原构造 plateau ring structure
环形格片 <照明用> ring louver; spill ring
环形格筛 ring grizzly
环形格栅 annular grid
环形隔板 doughnut ring
环形公路 belt highway; circular highway; concentric (al) rings; ring highway; ringway
环形供电 annual electric (al) supply; looped-in supply; loop feeding
环形供电器 ring main unit
环形供暖系统 ring heating system
环形供水干管 looped water main
环形拱 annular arch; round arch
环形沟 ring ditch
环形沟道 annular channel
环形构体施工法 annular cell construction method
环形构造 ring structure
环形构造带 circle belt
环形箍筋 steel hoop; hoop reinforcement
环形箍缩 toroidal pinch
环形谷 circus
环形刮泥器 ring-type scraper
环形管 looping pipe; ring pipe
环形管道 encircling duct; loop line; ring line
环形管进气喷燃器 gas-ring burner
环形管路 circular piping; ring line
环形管式加热器 hoop type heater
环形管水封 loop seal
环形管网 ring pipeline; ring system
环形管线 pipe loop; ring pipeline
环形灌浆 annulus grouting
环形光圈 annulus [复 annuli/annuluses]
环形广场 circus
环形轨道 circular orbit; circular roller path
环形滚轴 ring roller
环形滚珠止推轴承 ball collar thrust bearing
环形滚珠轴承 annular ball bearing
环形焊缝 circumferential seam; collar welding seam
环形航道 roundabout
环形河曲 inclosed meander
环形河湾 enclosed meander; inclosed meander
环形横梁 <支撑用> ring wale
环形湖 loop lake
环形互通式立交 rotary interchange
环形滑行道 circumferential taxiway; peripheral taxiway
环形画针 ring scratch awl
环形汇流条 ring (bus) bar
环形混凝土垫块 donut; doughnut
环形混凝土试件抗拉实验 concrete-ring tensile test
环形混凝土围堰 cylindric (al) concrete cofferdam
环形混频器 ring mixer
环形活塞 annular piston
环形活塞表 annular piston meter
环形活塞阀 annular piston valve
环形活塞继动器 ring piston servomotor
环形活塞接力器 ring piston servomotor
环形活塞流量计 oscillating piston liquid meter; ring piston meter
环形活塞式阀门 annular piston valve
环形活塞式仪表 annular piston meter
环形活线脚 annulet
环形火车路 ringway
环形机翼 ring air foil
环形基础 ring footing; ring foundation
环形基础结构 ring wall foundation structure
环形激光陀螺仪 ring laser gyro(scope)
环形激光陀螺导航系统 ring laser gyro navigation system
环形集电器 ring collector
环形集合烟道 ring-shaped collecting flue
环形计数器 commutator circuit; ring counter
环形记录斑点 toroidal recording spot
环形夹 ring grip
环形夹具 annular holder
环形夹皮带系统 loop belt system
环形间隙 annular clearance
环形间隙式密封 ring shape clearance type seal
环形剪力试验 ring shear test
环形剪力仪 ring shear apparatus; ring shear machine
环形检测器 loop detector
环形件 annulus
环形交叉 gyratory intersection; gyratory junction; ring crossing; rotary intersection; roundabout; roundabout crossing; traffic circle; traffic circus; traffic rotary; traffic roundabout
环形交叉(道)口 rotary intersection; roundabout crossing; traffic circle
环形交叉链 hand-in-hand chain
环形交叉路 traffic circle
环形交叉中心 rotary island

环形交叉中心岛 central island at rotary intersection
环形交叉中央岛 roundabout island
环形交通岛 rotary island;roundabout island
环形交通枢纽 traffic circle; traffic circus
环形浇口 ring gate
环形铰销 ring pin
环形阶式轴承 collar step bearing
环形接触 annular contact; annular cross-section
环形接地装置 ring ground
环形接法 ring connection
环形接缝 girth joint
环形接口 ring interface
环形接力器 circular arc type servomotor;curved servomotor;ring servomotor
环形接收天线 loop receiving antenna;receiving loop
环形接头 circumferential joint; girth joint;ring joint
环形街道 circumferential street
环形节点 ring joint
环形节流器 annular orifice
环形结构 atoll texture; circle structure;ring configuration
环形截管器 ring tube cutter
环形截面 annular (cross-) section; caterpillar track section; ring section
环形解调器电路 correlator
环形解调器电路装置 correlating device;correlator device
环形井底车场 circular bottom parking
环形井点排水系统 ring system
环形径路 circular route; closed circuit routing
环形绝缘器 cup-shaped insulator
环形绝缘子 globe insulator
环形均布荷载 uniform circular load
环形开关 ring switch
环形开榫链 endless mortising chain
环形开挖 circular cut
环形开挖法 ring cut;ring-cut method
环形壳体 annular casing
环形可变滤光片 circular variable filter
环形刻痕锥 ring scratch awl
环形空间 annular space; annulus[复 annuli/annuluses]
环形空气囊 air ring
环形孔道 annulus[复 annuli/annuluses]
环形控制电缆 perimeter control cable
环形控制网 ring control network
环形馈电线 loop feeder;ring feeder
环形扩压器 annular diffuser
环形廊道 <船闸闸首的> loop culvert
环形立交 rotary interchange
环形立体交叉 bridged rotary; rotary interchange;flyover roundabout
环形立窑 annular shaft kiln
环形连接 perimetric joint
环形链 hoop chain
环形梁 annular girder; circular ring girder;ring-shaped beam
环形料堆 round stockpile
环形裂缝 circumferential crack
环形流 annular flow;ring current
环形流压计 piezometer ring
环形楼层 cirque floor
环形炉 annular furnace;ring furnace; ring oven
环形炉试验 ring-oven test
环形路 belt road; circular road; loop road; loop way; ring road; orbital road <英>
环形路线 circular path;circular road; circumferential route; loop way; ring route
环形履带 continuous track
环形率定曲线 rating loop
环形绿地 ring green
环形螺帽 collar nut;ring nut
环形螺母 ring nut
环形螺栓 <干船坞设备> ring bolt
环形脉冲计数器 ring scaler
环形密封垫 annular gasket
环形密封圈 O-ring seal
环形面层 toroidal membrane
环形面积 area of annulus
环形膜 annular membrane
环形磨 annular mill
环形磨槽 grinding ring
环形母线 ring bar;ring bus;ring bus bar
环形排列 ring spread
环形排气室 exhaust belt
环形排水系统 annular drainage; circumferential drainage system
环形盘 annular disc[disk]
环形炮孔 stope ring
环形炮孔爆破 ring blasting
环形跑道 closed track
环形配电网 ring distribution system
环形配合面 mating annular face
环形配水 circle distribution
环形配水管网 ring distribution system
环形配水系统 circle distribution system
环形配置 wrap-around arrangement
环形喷灯 annular burner
环形喷管 toroidal nozzle
环形喷灌机 circle sprinkler; circular sprinkler;ring-shaped sprinkler
环形喷口 annular jet
环形喷射器 ring-jet unit
环形喷束 doughnut-shaped pattern
环形喷嘴 annular nozzle; circular nozzle;ring jet;ring nozzle
环形膨胀管 loop expansion pipe
环形膨胀接头 circle bend
环形膨胀节 coiled expansion loop
环形皮带 endless belt
环形皮带输送机 endless belt conveyer[conveyor]
环形坡道 circular ramp;loop ramp
环形气缸 annular cylinder
环形气体激光器 ring gas laser
环形气相分布板 ejector type gas distributor
环形千斤顶 circular jack
环形牵引架 circle drawbar
环形钳 ring-wrench
环形切割 annular cutting
环形穹顶 annular vault
环形区 annular zone
环形区域 annular section
环形曲线 loop curve
环形取土器 ring sampler
环形去湿室 water-removal belt
环形圈 conic(al) ring;doughnut coil
环形燃烧器 ring burner
环形燃烧室 annular combustion chamber
环形绕组 ring winding
环形散热片 annular fin
环形散热器 annular fin
环形色谱法 circular chromatography
环形沙滩 loop bar
环形沙洲 loop bar;looped barrier
环形沙嘴 loop bar;loop spit
环形砂轮 cup grinding wheel
环形山辐射纹 crater rays
环形珊瑚岛 atoll(on);lagoon island; lagoon reef
环形珊瑚岛水道 lagoon channel
环形珊瑚礁 atoll reef
环形设计 ring design;ring layout;rotary design
环形设计方法 ring design method
环形设计速率 rotary design speed
环形射流 annular jet;circular flow
环形射束 hollow beam
环形伸缩接头 loop expansion joint
环形伸缩器 loop expansion joint
环形升降螺杆 elevating endless screw
环形实验 ring test
环形试件扭剪仪 torsion ring shear apparatus
环形试验 loop test; ring (ing) test; round-robin test
环形试验管道 test loop
环形室 annulus chamber;donut;doughnut
环形手柄 closed-type handle
环形枢纽 loop-type junction terminal
环形输电 loop transmission
环形输送管 ring duct
环形输送机 pool conveyer[conveyor]
环形数据库 circular data base
环形水池 annular (shape) basin; ring tank;ring-shaped basin
环形水道 water annulus
环形水封 loop seal
环形水平梁 ring waling
环形塑料定位件 circular plastic spacer
环形弹簧 ring spring;shaped spring
环形碎石机 ring crusher
环形掏槽 circular cut
环形掏槽爆破 ring-cut blasting
环形套管式阀门 annular sleeve valve
环形套筒 annulus[复 annuli/annuluses]
环形体 annulus[复 annuli/annuluses]
环形体长轴方位 long axial azimuth of circular features
环形体交叉控矿 ore-forming control of circular intersection
环形体控矿 ore-forming control of circular feature
环形体面积 area of circular features
环形体曲率半径 curvatural radius of circular features
环形体线性体带控矿 ore-forming control of circular-linear zone
环形体形态 shape of circular features
环形体种类 category of circular features
环形体周长 peripheral length of circular features
环形天线 box loop;coil antenna;loop aerial;loop antenna;rahmen
环形天线固定螺钉 loop brake
环形天线旋转器 loop rotator
环形填块 filling ring;ring filler
环形条状结晶 ring ghost
环形调制器 ring modulator
环形铁道 belt railroad; [railway]; circuit railroad;circular railway
环形铁路 belt (-line) railroad [railway]; circle railway; circuit railroad;circular railway;ring railway
环形停车架 loop rack
环形通道 annular passage; circular thoroughfare
环形通风管 loop vent
环形通气管 circular vent; loop vent; ring vent
环形透水边界 annular pervious boundary
环形图 loop diagram
环形推力轴承 collar thrust bearing
环形脱膜工具 disk extractor
环形拓扑 ring topology
环形外壳 annular casing
环形网 ring system
环形网络 circle network;ring network
环形围撑 ring wale
环形围堤 hooping dike[dyke]
环形围堰 circular cofferdam; cylindric(al) cofferdam
环形涡流 vortex ring
环形涡旋 ring whirl
环形蜗壳泵 circular-casing pump
环形无线接收机 loop receiver
环形物 circus
环形系统 ring system
环形下沉速度 <钻孔泥浆的> annular velocity
环形线 toroid
环形线交通观测 belt-line survey
环形线脚 annulet;gradetto
环形线路 belt line;circuit track;loop line;circular track;loop track
环形线圈 loop coil;ring coil;toroidal coil
环形线圈式车辆检测器 loop vehicle detector
环形镶块抗裂试验 circular-patch crack(ing) test
环形消弧器 arcing ring
环形楔 circular wedge
环形泄水沟 ring pit
环形悬臂脚手架 circumferential scaffolding
环形旋涡 cellular vortex;ring whirl
环形旋转天线 rotating loop
环形压力计 piezometer ring;ring manometer
环形岩墙 ring dike[dyke]
环形窑 annular kiln;circular kiln;ring kiln
环形移位 cyclic(al) shift
环形溢洪道 annular spillway
环形溢流堰顶 circular spillway crest
环形应变 annular strain
环形荧光灯 circle fluorescent lamp; circline
环形(油缸式)接力器 annular cylinder type servomotor
环形有无车辆检测器 loop-type presence detector
环形预应力 circular prestressing
环形圆纹曲面 torus[复 tori]
环形运动 circular motion
环形运河 belt canal
环形运输带 endless conveyer [conveyor]
环形匝道【道】 loop ramp; circular ramp
环形凿岩钻机吊架 ring drill jumbo
环形闸 annular dam;ring dam
环形展开 loop development
环形展线 loop development
环形张力 ring tension
环形张力轴承 collar thrust bearing
环形涨力弯管 loop expansion pipe
环形照明路线 perimeter lighting wiring
环形整流子 circular distributor ring
环形支撑 ring support
环形支撑肋 ring stiffener
环形支杆 ring stiffener
环形支架 support ring
环形支线 loop way
环形支座 <钢管> ring support
环形止水 circular-shaped seal; ring seal;circumferential seal
环形止水阀门 ring seal valve
环形止水闸门 ring seal gate
环形止推轴承 collar thrust bearing; ring step bearing;ring thrust bearing
环形轴承 annular bearing;collar bearing
环形主干管 loop main

H

环形主梁 ring girder
环形柱 circular column
环形柱廊 cyclostyle
环形柱头 toroidal capital
环形转弯 loop turn
环形总管 circuit main;circular main;ring main
环形总线 ring bus
环形纵向力 annular longitudinal force
环形走廊 circular corridor
环形组件 ring member
环形钻车 ring jumbo
环形钻架 ring drilling rig;ring jumbo
环形钻(头) annular bit; annulated bit;ring bit
环形钻眼 ring drilling
环型对流 cellular convection
环型环流 cellular circulation
环型旋涡 cellular vortex
环型铸模 ring-shaped mo(u)ld
环压力 ring compression
环眼 loophole
环眼螺栓卸扣 eye screw shackle
环眼销螺丝卸扣 round screw pin shackle
环堰 circular weir
环焰灯 ring burner
环洋安山岩 circumocean(ic)andesite
环洋的 circumoceanic
环洋玄武岩 circumocean(ic)basalt
环氧柏油 epoxy tar
环氧苯乙烯 epoxy styrene
环氧丙醇 glycidol
环氧丙基苯醚 epoxypropyl phenylether
环氧丙烷 epoxy propane; propylene oxide
环氧丙烷加成物 propylene oxide adduct
环氧丙烷橡胶 epoxy propane rubber
环氧丙烷—烯丙基缩水甘油醚共聚物 propylene oxide glycidyl ether
环氧丙烷皂化污水 propylene epoxide saponated sewage
环氧丙烯酸树脂涂层 epoxy-acrylic coating
环氧丙烯酸酯 epoxy acrylate
环氧丙酰胺 glycidamide
环氧玻璃 epoxy glass
环氧玻璃钢 fibreglass epoxy
环氧玻璃钢板 glass epoxy
环氧玻璃环 epoxy glass ring
环氧玻璃纤维 epoxy fibreglass
环氧薄浆 epoxy grout
环氧薄膜 epoxy film
环氧薄膜涂层 epoxy membrane
环氧薄片 epoxy laminate
环氧层 epoxy membrane
环氧处理密封凝固剂 epoxy cure-seal-harden compound
环氧醇酸清漆 epoxy alkyd varnish
环氧瓷漆 epoxy enamel
环氧当量 epoxy equivalent
环氧的 epoxy
环氧底漆 epoxy primer
环氧底子油 epoxy primer
环氧地面层 epoxy topping
环氧丁烷 epoxy butane
环氧二羧酸 epoxy dicarboxylic acid
环氧酚醛玻璃布板 epoxy-phenol aldehyde glass cloth laminated board
环氧酚醛玻璃布棒 epoxy-phenol aldehyde glass cloth laminated rod
环氧酚醛胶结剂 epoxy-phenolic binder
环氧酚醛胶结料 epoxy-phenolic binder
环氧酚醛棉纸 epoxy-phenolic cotton paper
环氧酚醛清漆树脂 epoxy novolac resin
环氧酚醛树脂 epoxy-phenolic resin
环氧酚醛(树脂)漆 epoxy-phenolic resin paint
环氧酚醛树脂涂料 epoxy-phenolic resin paint
环氧粉末 epoxide powder; epoxy powder
环氧粉末涂料 epoxide powder coating
环氧氟醚 fluoro epoxy ether
环氧富锌底漆 epoxy zinc rich primer;zinc-rich epoxy primer
环氧甘油酯 epoxy glyceride
环氧膏 epoxy paste
环氧固化剂 epoxy hardener
环氧灌浆岩石锚杆 epoxy-grouted rock bolt
环氧硅氧烷 epoxy siloxane
环氧化豆油 epoxidized soybean oil
环氧化合物 epoxy compound;epoxide
环氧化环状缩醛 epoxidised cyclic-(al)acetal
环氧化剂 epoxidising[epoxidizing] agent
环氧化聚丁烯 epoxidized polybutadiene
环氧化物 epoxyde
环氧化亚麻仁油 epoxidised linseed oil
环氧化油 epoxidized oil
环氧化油酸 epoxyoleic acid
环氧化增塑剂 epoxidized plasticizer
环氧化植物油 epoxidized vegetable oil
环氧化酯 epoxidized ester
环氧化作用 epoxidation; epoxirane formation
环氧环 epoxy ring
环氧灰浆 epoxy mortar
环氧混合料 epoxy mix(ture)
环氧混合物 epoxy mix(ture)
环氧基 epoxy group;epoxy radical
环氧基层 epoxy undercoat
环氧基产品 epoxy-based product
环氧基当量 epoxide equivalent
环氧基珐琅 epoxy-based enamel
环氧基坚硬有光油漆 epoxy-based hard gloss paint
环氧基裂缝充填剂 epoxy-based crack filler
环氧基黏[粘]合 epoxy bonding
环氧基黏[粘]结剂 epoxy-based bonding agent
环氧基软胶 epoxy-based paste
环氧基砂浆 epoxy-based mortar
环氧基树脂 epoxy-based resin
环氧基水泥胶凝剂 epoxy-based cement(ing agent)
环氧基团 epoxide group
环氧基氧 epoxy oxygen
环氧基乙烯基酯树脂 epoxy-based vinyl ester resin
环氧基油漆 epoxy-based paint
环氧基质 epoxy substrate
环氧加成物 epoxy adduct
环氧浇铸干式耦合变压器 epoxy cast dry type coupled transformer
环氧胶浆 epoxy mortar
环氧胶接剂 epoxide cement
环氧胶结剂 epoxide cement
环氧胶结式 epoxy-bounded type
环氧胶泥 epoxy mastic
环氧胶黏[粘]剂 epoxy(bonding) adhesive
环氧焦油漆 epoxy tar paint
环氧焦油涂层 epoxy tar coating
环氧接缝 epoxy joint
环氧结合 epoxy bond
环氧结合剂 epoxide cement; epoxy binder
环氧金属胶黏[粘]剂 epoxy adhesive for metals
环氧聚合物 epoxy polymer
环氧聚四氟乙烯 epoxy teflon
环氧聚酰胺漆 epoxy polyamide paint
环氧聚乙烯涂层 epoxy-polyethylene coating
环氧聚酯树脂粉末涂料 epoxy polyester powder coating
环氧绝缘漆 epoxy insulation varnish
环氧类树脂 epikote;epoxylite;redix;Epon < 商品名 >
环氧类稳定剂 epoxide stabilizer
环氧沥青 epoxy asphalt; epoxy bitumen
环氧沥青材料 epoxy-asphalt material;epoxy-bitumen material
环氧沥青厚浆型防腐漆 high build epoxy bituminous anti-corrosive paint
环氧沥青混凝土 epoxy-asphalt concrete
环氧沥青漆 bituminous epoxy paint; epoxy-asphalt paint; epoxy bituminous paint
环氧沥青清漆 epoxy coal tar varnish
环氧沥青涂料 coal-tar epoxy coating
环氧连接 epoxy joint
环氧氯丙烷 chloroepoxy propane;epoxy chloropropane
环氧氯丙烷弹性体 epichlorohydrin elastomer
环氧氯丙烷聚合物 epichlorohydrin polymer
环氧氯丙烷中毒 epichlorohydrin poisoning
环氧氯烃 epoxy chloroparaffin
环氧洛芬钠 loxoprofen sodium
环氧煤地板涂层 epoxy coal floor cover(ing)
环氧煤焦油 epoxy coal tar
环氧煤焦油材料 epoxy coal tar material
环氧煤焦油漆 coal-tar epoxide paint;epoxy coal tar paint
环氧煤沥青漆 coal-tar epoxide paint;coal-tar epoxy paint
环氧煤沥青涂料 coal-tar epoxide paint;coal-tar epoxy paint
环氧煤碳氢化合物粉状涂层 epoxy-coal-hydrocarbon powder coating
环氧煤碳氢化合物浆膏 epoxy-coal-hydrocarbon resin paste
环氧煤碳氢化合物黏[粘]结材料 epoxy-coal-hydrocarbon binder material
环氧煤碳氢化合物树脂 epoxy-coal-hydrocarbon resin
环氧煤涂层树脂 epoxy coal coating resin
环氧棉纸 epoxy cotton paper
环氧磨耗层 epoxy wearing surface
环氧黏[粘]合缝 epoxy bonded joint
环氧黏[粘]接剂 epoxide cement
环氧黏[粘]结剂 epoxy(bonding) adhesive
环氧泡沫 epoxy foam
环氧泡沫塑料 epoxy foam plastics
环氧泡沫体 epoxy foams
环氧漆 epoxy paint
环氧清漆 epoxy varnish
环氧砂浆 epoxy mortar
环氧树脂 aerobond; epoxide resin; epoxy resin;ethoxyline resin
环氧树脂变压器 resin clad transformer
环氧树脂薄膜黏[粘]合剂 epoxy film adhesive
环氧树脂衬 epoxy resin lining
环氧树脂瓷漆 epoxy resin enamel
环氧树脂地板漆 epoxy resin floor paint
环氧树脂地面面层 epoxy resin flooring
环氧树脂电泳膜 epoxy resin electrophoresis membrane
环氧树脂防护层 epoxy resin protective coating
环氧树脂防静电水磨石 epoxy conductive terrazzo
环氧树脂粉末 epoxy resin powder
环氧树脂粉末涂料 epoxy powder coating
环氧树脂复合黏[粘]合剂 tygoweld
环氧树脂改性水泥 epoxy-modified cement
环氧树脂灌浆 epoxy resin grouting; epoxy grout
环氧树脂灌注设备 epoxy resin filling equipment
环氧树脂合金 epoxide alloy; epoxy alloy
环氧树脂护面 epoxy coating
环氧树脂混凝土 epoxy resin concrete
环氧树脂浆液 epoxy resin grout
环氧树脂胶 epoxide-resin glue;epoxy resin glue
环氧树脂胶合剂 epoxy resin adhesive
环氧树脂胶结料 epoxy binder
环氧树脂胶泥 epoxy-gel mortar;epoxy resin mortar
环氧树脂胶黏[粘]附混合物 epikote resin-based adhesive compound
环氧树脂胶衣 epoxy-gel coating
环氧树脂接缝 epoxy resin joint
环氧树脂接头机 epoxy splicer
环氧树脂结合料 epoxy resin binder
环氧树脂金属 epoxide alloy
环氧树脂浸渍漆 epoxy resin dipping paint
环氧树脂聚合物 epoxy polyester
环氧树脂绝缘 epoxy insulation
环氧树脂类及无机黏[粘]合剂 metlbond
环氧树脂类黏[粘]合剂 bond master; chemotec;epibond;epoxyn;hypsol;lefkoweld;metabond;resiweld
环氧树脂类黏[粘]结剂 bond master; chemotec;epibond;epoxyn;lefkoweld;metabond;resiweld
环氧树脂连接 epoxy joint
环氧树脂楼地面 epoxy resin flooring
环氧树脂面层 epoxy coating
环氧树脂面漆 epoxy resin finish
环氧树脂模型 epoxy resin pattern
环氧树脂腻子 epoxy putty
环氧树脂黏[粘]合的 epoxy-bonded
环氧树脂黏[粘]合剂 epoxy cement; epoxyn;epoxy resin adhesive
环氧树脂黏[粘]结剂 epoxy mortar
环氧树脂漆 epoxy resin paint
环氧树脂漆固化剂 curing agent for epoxy resin coating
环氧树脂嵌缝膏 epoxy resin sealant
环氧树脂清漆 epoxy resin varnish
环氧树脂热固性黏[粘]结料 epoxy resin thermoset binder
环氧树脂砂浆 epoxy resin mortar; epoxy-resin-sand mortar; sand-filled epoxy
环氧树脂塑封材料 epoxy powder coating material
环氧树脂塑料 epoxy plastics
环氧树脂涂层 epoxy resin coating
环氧树脂涂钢筋表面 epoxy-coated reinforcement
环氧树脂涂料 epoxide resin paint;epoxy resin paint;epoxy resin coating
环氧树脂涂面钢筋 epoxy-coated bar
环氧树脂外包的变压器 epoxy encapsulated transformer
环氧树脂纤维玻璃板 epoxy bonded

fiber-glass board
环氧树脂银漆 epoxy resin silver paint
环氧树脂酯 epoxy resin ester
环氧树脂中毒 epoxy resin poisoning
环氧树脂铸模 epoxy resin pattern
环氧树脂铸体法 cycloweld injection method
环氧水磨石 epoxy terrazzo
环氧水泥砂浆 epoxy mortar
环氧水性防锈涂料 water-based epoxy anti-rust coating
环氧态氧 epoxy oxygen
环氧填缝料 epoxy crack filler
环氧涂层 epoxy coating
环氧涂层钢筋 epoxy coated reinforcement
环氧涂层束 epoxy-coated strand
环氧涂料 epoxy paint
环氧涂面钢筋 epoxy-coated reinforcing bar
环氧烷基羧酸酯 alkyl epoxy carboxylic ester
环氧烷聚合物 alkylene oxide polymer
环氧烷烃 alkylene oxide
环氧稳定剂 epoxy stabilizer
环氧系烘烤瓷漆 epoxy baking enamel
环氧纤维玻璃钢 fibreglass epoxy
环氧锌 epoxy-zinc
环氧型增塑剂 epoxidized plasticizer
环氧溴苯 epoxy brombenzene
环氧衍生物 epoxide;epoxy derivative
环氧乙烷 epoxy-ethane;ethylene oxide;oxirane
环氧乙烷加成聚合物 ethylene oxide addition polymer
环氧乙烷聚合物 ethylene oxide polymer
环氧乙烷酯 oxirane ester resin
环氧乙烯丙二醇缩聚物 ethylene oxide propylene glycol condensate
环氧异氰酸漆 epoxy isocyanate paint
环氧硬脂酸 epoxy stearic acid
环氧油灰 epoxy putty
环氧油酸 vernolic acid
环氧云母氧化铁 epoxy micaceous iron oxide
环氧增塑剂 epoxy plasticizer
环氧值 epoxy value
环氧酯底漆 epoxy ester primer
环氧酯烘漆 baking epoxy ester paint
环氧酯(类)epoxy ester
环氧脂面层 epoxy ester
环氧酯中间涂层 epoxy ester undercoat
环氧注入胶黏[粘]剂 epoxy injection adhesive
环氧注射 epoxy injection
环氧组成 epoxy formulation
环窑 annular kiln;moving-fire kiln
环已基甲酸 cyclohexane-carboxylic acid;hexahydrobenzoic acid
环游 round trip
环游票 circular tour ticket; round-about(tour)ticket
环游式庭园 tour garden
环游庭园 go-round-style garden
环与球沥青软化点试验法 ring-and-ball softening point
环预应力 circular prestressing
环闸 ring dam
环照灯 all-round light; ominidirect light
环褶菌属 <拉> Cyclomyces
环脂乙酸 naphthenic acid
环植 circular planting
环种 ring species
环周断层 circumferential fault; peripheral fault
环周肋纹 circumferential rib tread
环柱 annulated column; hooped column
环柱扁饰线 band(e)let
环柱饰 cimbia <柱身上的>; cincture;girdle <柱头及柱座处的>
环柱旋梯 circular newel stair(case); newel stair(case)
环砖 circle brick
环转式装料活门 radial-type fill valve
环装配工 ring erector
环状 annularity;ring
环状拗陷 ring depression; ring syncline
环状板 annulate lamella
环状板条结构 <芯盒> stave construction
环状板牙 annular screw plate
环状半圆线脚装饰 ba(s)ton;boutell;torus[复 tori]
环状表镶式 ring set type
环状剥皮 girdling;ring bark[barking]
环状剥皮压条机 layerage by girdling
环状剥蚀 circumerosion
环状剥蚀山 mountain of circumdenudation
环状剥蚀作用 circumdenudation
环状布筋 ring reinforcement
环状槽 endless groove
环状测标 annular mark
环状测微计 ring micrometer
环状测微器 ring micrometer
环状层 circular layer
环状车道 caterpillar
环状沉淀池 ring precipitation tank; ring settling tank
环状沉淀试验 ring precipitation test; ring settling test
环状沉陷 ring depression
环状齿圈 tooth annulus
环状除草 ring-weeding
环状单向推力轴承 circular unidirectional thrust bearing
环状刀 ring knife
环状道路 concentric(al)route; ring road;ring route
环状的 annular; annuloid; annulose; ansate;cyclic(al); endless; orbicular;orbiculate;ring-shaped;toroidal
环状灯丝 ring filament
环状低聚物 cyclic(al)oligomer
环状地带 annular zone
环状地区 annular zone
环状电路 ring circuit
环状电阻耦合器 resistive-loop coupler
环状垫圈 ring gasket
环状断层 ring fault;ring fracture
环状断裂 ring fracture
环状堆 toroidal reactor
环状二聚物 cyclic(al)dimer
环状发 pili annulati
环状发展现象 doughnut phenomenon
环状阀 annular valve;ring valve
环状反应 ring reaction
环状放电离子激光器 ring discharge ion laser
环状放射状城市 ring-radial city
环状浮标 annular float; concentric(al)float
环状浮子 annular float; concentric(al)float
环状辐射型 actinocytic
环状腐朽 ring rot
环状盖板 circumferential butt
环状盖草 ring mulching
环状干管 ring main
环状干线系统 ring main system
环状钢筋 hoop(ed)reinforcement; steel hoop
环状高速公路 <英> orbital motorway
环状割刀 hoop cutter
环状格形围堰 circular type cellular cofferdam
环状隔壁 ring bulkhead
环状给水干管 ring water main
环状公路 belt highway
环状供电 looped power supply;ring-type supply
环状共振器 rhumbatron
环状构造 annular structure; annulation;atoll structure;ring(-shaped) structure
环状构造的边缘破裂带 peripheral of ring structure
环状构造与断裂带交切地段 intersection of ring structure with fault zone
环状箍筋 hoop(ed)reinforcement
环状刮皮 <阻止树木生长> girdling
环状管 looped pipe
环状管道 looped(pipe)line
环状管网 annular pipe network;gridiron network;gridiron system;interconnected system;looped network; looping network; mesh network; pipe(line)network;reticulated network;ring pipeline;grid system
环状管线 looped(pipe)line
环状管嘴 ring nozzle
环状光圈 annular diaphragm
环状硅酸岩 ring silicate
环状轨道 caterpillar
环状辊式粉碎机 annular roller mill
环状核 ring-shaped nucleus
环状横纹 circular striation
环状化合物 cyclic(al)compound;cyclics;cyclocompound
环状回流式风洞 annular wind tunnel
环状基型 ring motif pattern
环状激光传感器 ring laser pick-off
环状激光器 ring laser
环状激光陀螺仪 ring laser gyro(scope)
环状及纤维状褐腐 brown ring and stringy rot
环状集电器 collector cup
环状集流器 ring header
环状计数 ring counting
环状计数器 annular counter
环状加成 cyclic(al)addition
环状加油器 oil ring
环状夹头 ring clamp
环状间隙 <双层管子之间或钻杆与孔壁之间的> tubular annulus;annular space
环状剪切仪 ring shear apparatus
环状碱 cyclic(al)base
环状胶带 endless film
环状角铁 boom angle
环状绞合线 annular conductor
环状接触法 circular contact method
环状接点 loop joint
环状接法 ring connection
环状接合 annular joint;endless joint; ring joint
环状接头 annular joint;endless joint; ring joint
环状街道 circular street;loop street; ring street
环状结疤 doughnut
环状结构 annulation;circular texture 【地】;ring structure
环状结构聚烯 cyclic(al)polyolefine
环状金刚石扩孔器 ring-type reaming shell
环状聚合物 cyclopolymer
环状空间 hole annulus
环状空间返流速度 annular return velocity
环状矿体 ring-like ore body
环状缆绳 ring cable
环状链 endless chain
环状裂缝 annulus;ring fissure
环状裂纹 annular crack;circular crevasse
环状裂隙 circular crack;ring fissure
环状流 annular flow
环状漏板 annular bushing
环状路线 concentric(al)route; concentric(al)system;ring route
环状绿型 annular green space
环状锚固 loop anchorage
环状密封 annular seal;ring seal
环状密封垫 annular packing
环状排孔炮眼 ring-pattern
环状排水布置形式 annular drainage pattern
环状排水系统 annular drainage(pattern)
环状配水系统 ring distribution system
环状喷灯 annular burner
环状喷口 annular jet
环状喷射泵 annular jet pump
环状喷射反应器 ejector loop reactor
环状喷射流 annular jet
环状喷嘴 annular-jet nozzle;annular nozzle;nozzle ring
环状偏振光 circularly polarized light
环状齐聚物 cyclic(al)oligomer
环状翘曲 cup warp
环状切片 ring section
环状侵蚀 circumdenudation;circumerosion
环状侵蚀山 mountain of circumerosion
环状穹顶 circular domical vault
环状燃料箱 annual fuel tank
环状绕组 toroidal winding
环状热网 ring heating system
环状三聚物 cyclic(al)tripolymer
环状沙嘴 looped barrier
环状珊瑚岛 atoll(on)
环状珊瑚礁 atoll reef
环状生物膜反应器 biofilm annular reactor
环状饰 <楼梯扶手的> wreath at turn
环状双晶 ring-shaped twin
环状水平传动 endless horizontal drive
环状水系 annular drainage(pattern); circular drainage
环状水系模式 annular drainage mode
环状水跃 annular hydraulic jump
环状四级取代化合物 cyclic(al)quaternary compound
环状弹簧式岩芯提断器 spring core lifter
环状天线 circular antenna;loop aerial
环状天线测向仪 loop direction finder
环状填料 annular packing
环状填料塔 ring packed tower
环状通道 annular channel
环状凸缘 collar flange;ring flange
环状纹 annulation
环状物 annulation; circle; collar; doughnut;wreath
环状系统 ring system
环状线圈 toroidal winding
环状向斜 ring syncline
环状星云 annual nebula;ring nebula
环状芽孢杆菌 Bacillus circulans
环状岩脉 ring dike[dyke]
环状岩墙 ring dike[dyke]
环状阴极 annular cathode;ring cathode
环状油箱 annual fuel tank
环状圆顶 circular domical vault
环状圆穹顶 circular domical vault
环状杂岩 ring complex
环状止推轴承 collar thrust bearing

环状柱头 collar stud
环状自来水干管 ring water main
环状钻头 annular bit;crown bit;ring bit
环钻 trepan;trephine
环钻头 ring auger bit
环作用 ring action
环座剧场 <舞台设在公众座中央的> theater[theatre]-in-the-round

锾过剩法 ionium excess method

锾亏损法 ionium deficiency method
锾镤法 ionium-protactinium method
锾铀法 ionium-uranium method

缓办 abeyance

缓爆 delay blasting
缓爆导火索 mild detonating fuse
缓爆雷管 delay-action detonator;delay cap;delay(ed) blasting cap
缓爆效果 multistage explosion effect
缓爆炸药 slow powder
缓比降 mild slope
缓闭阀 slow-closure type valve
缓闭时间 <电子继电器> slow release time;slow releasing time
缓变阀 buffer change valve
缓变分量 S-component;slowly varying component
缓变基区 <晶体管的> graded base
缓变结 graded junction
缓变结光电晶体管 graded-junction phototransistor
缓变均衡河川 graded stream
缓变流 gradually varied flow;slowly variable flow;slowly varied flow;specially varied flow
缓变率 ramp rate
缓变平衡河槽 graded stream;regime(n) channel
缓变平衡水流 regime(n) flow
缓变曲线 easement curve
缓变异构(现象) mesomerism
缓变折射率 graded-index
缓变状态 soft phase
缓冰坡 gentle ramp
缓波 sloping wave
缓步类 water bears
缓颤动地震 bradyseism
缓长期 retardation phase
缓冲 cushion;dampen;damping;absorb;absorption of shock;alleviate;amortize;buffer(ing);easing;ramp;shock absorption;shock mitigation;snub
缓冲板 baffle(plate);buffer plate;cushion plate;dash plate;dead block;face-plate buffer;fender apron
缓冲板挡板 buffer plate locker
缓冲板吊杆 buffer plate suspension rod
缓冲板角钢 buffer plate angle
缓冲棒 fender pile
缓冲包装 cushion packaging
缓冲保护器 bumper guard
缓冲爆破 buffer shoot
缓冲爆破法 buffer blasting;buffer shooting;cushion blasting;cushion shooting
缓冲标志 buffer attribute
缓冲标志柱 breakaway mount
缓冲柄 buffer stem
缓冲饼 buffer disc[disk]
缓冲部件 buffer unit
缓冲材 fender
缓冲材料 buffer material;cushion material;damping material;shock-mitigating material
缓冲栽植 cushion planting
缓冲仓 balancing bin;buffer bin;surge bunker;surge pocket
缓冲仓库 buffer storage
缓冲舱壁 swash bulkhead;swash plate
缓冲槽 surge tank
缓冲层 breaker ply;buffer layer;cushion layer;pad;cord breaker <轮胎的>
缓冲长度 buffer length
缓冲车 buffer car;guard car;guard wagon;shock-absorbing wagon;buffer wagon <隔离车>
缓冲车钩 combination buffer and draft gear;combined draw and buffer gear;draw and buffer gear
缓冲沉淀试验 buffer-precipitation test
缓冲池 buffer pool;buffer tank;cushion pool
缓冲池管理 buffer pool management
缓冲池管理程序 buffer pool management routine
缓冲储备 buffer stock
缓冲储仓 surge bin
缓冲储存 buffer stock
缓冲储气罐 relief holder
缓冲窗 buffer rail
缓冲磁鼓 buffer drum
缓冲存仓 surge bin
缓冲存储单元 buffer storage unit
缓冲存储方式 buffered mode
缓冲存储分配器 elastic memory distributor
缓冲存储计算机 buffered computer;buffer storage computer
缓冲存储器 buffer;buffering memory;buffering pool;buffering storage;buffering store;elastic storage;elastic store;buffer memory;buffer storage
缓冲存储区 buffer pool
缓冲存储装置 buffer storage device
缓冲存货 buffer stock
缓冲错误 buffer error
缓冲带 buffer;buffer strip;buffer zone
缓冲袋 buffer bag;bump(ing) bag
缓冲单向阀 dashpot check valve
缓冲单元 buffer cell
缓冲挡 wall protector;bumper <摇枕及门等>
缓冲挡板 cushioning fender;impingement baffle
缓冲挡端块 <电力机车> bumper end block
缓冲倒相器 buffer inverter
缓冲的 damped
缓冲低架 cushion underframe
缓冲底架棚车 cushioned box car
缓冲地带 buffer area;buffer zone;intermediate area;buffer strip
缓冲地区 glacis
缓冲地址 buffer address
缓冲地址寄存器 buffer address register
缓冲点 buffer point
缓冲电池 balancing battery
缓冲电池组 balancing battery;buffer battery;by-pass battery
缓冲电路 buffer circuit;cushion circuit
缓冲电容器 buffer capacitor;buffer condenser
缓冲电压 buffer voltage
缓冲电阻 buffer resistance
缓冲垫 anti-vibration pad;attenuation pad;buffer;bumper;cushion;grommet;pad;resilient pad
缓冲垫板 buffer plate
缓冲垫层 cushion
缓冲垫块 cushion push block
缓冲调度 buffer scheduling
缓冲段 buffer section;buffer segment
缓冲对偶 buffer pair
缓冲墩座 breakaway mount
缓冲发电机 buffer dynamo
缓冲阀 cushion valve;damper valve
缓冲方法 buffering technique
缓冲防护器 cushioning fender
缓冲防石器 bumper stone deflector
缓冲放大器 buffer;buffer amplifier;buffer stage;isolating amplifier
缓冲分隔带 buffer separation
缓冲分离器 surge separator
缓冲浮筒 spring buoy
缓冲釜 accumulator still
缓冲杆 buffer bar;buffer beam;buffer plunger;buffer post;buffer ram;buffer rod;buffer stay;buffer stem;bumper bar;face-plate buffer stem;face-plate piston <通过台>
缓冲杆柄 buffer shank
缓冲杆弹簧 buffer stem spring;side buffer spring
缓冲杆导套 buffer stem guide
缓冲杆托 buffer stem bracket
缓冲缸 cushion dashpot
缓冲高出地板面的部分 high hat
缓冲工位 buffer station
缓冲工作区 buffer work area
缓冲管 buffer tube;separator tube;separator valve;surge pipe
缓冲管座 cushion socket
缓冲罐 accumulator tank;buffer tank;buffer vessel;compensator tank;expansion tank;surge drum;surge tank
缓冲轨 buffer rail
缓冲滚轮 cushion idler
缓冲滚筒 snub pulley
缓冲国 buffer state
缓冲盒 buffer pocket
缓冲护栏 cushion guardrail
缓冲护木 cushioning fender
缓冲滑车组 buffer tackle;relieving tackle
缓冲滑脚 <保护犁铧用的> shock shoe
缓冲滑片 buffer slip
缓冲环 damping ring
缓冲换挡装置 cushioned shifting
缓冲机 buffer
缓冲机构 buffer gear;recoil mechanism
缓冲机构护罩 recoil mechanism guard
缓冲基金 buffer fund
缓冲级 buffer;buffer stage
缓冲记忆装置 buffering
缓冲技术 buffering technique
缓冲剂 buffer;buffer(re) agent;depressor
缓冲寄存器 buffer register
缓冲架 buffer frame
缓冲间 warming room
缓冲建筑物 buffer building
缓冲键盘 buffered keyboard
缓冲绞辘 kicking tackle;rudder tackle
缓冲井 surge chamber;surge shaft
缓冲开关 buffer switch
缓冲空间 cushion space
缓冲空气垫 <闭式膨胀水箱的> air cushion
缓冲控制 buffer(ing) control;dash control
缓冲控制程序 buffer control program(me)
缓冲控制单元 buffer control unit
缓冲控制器 buffer control unit
缓冲控制元件 butter control unit
缓冲控制装置 buffer control unit
缓冲控制字 buffer control word
缓冲库存 buffer stock
缓冲库容 buffer storage buffer reservoir
缓冲块 bumper block;bumping block;buffer block
缓冲矿仓 ore-surge bin
缓冲缆索 spring line
缓冲连接装置 <铲土机> link of cushion hitch
缓冲帘子布 breaker tyre cloth
缓冲联结器 buffer coupling
缓冲链 buffer chain
缓冲梁 buffer beam;buffer sill;bumper;bumper bar;bumper beam;headstock;pilot beam
缓冲梁托 buffer beam bracket
缓冲梁托架 bumper bracket
缓冲梁握手杆 bumper bar
缓冲梁下踏脚板 bumper step
缓冲料堆 buffer stockpile;surge pile
缓冲林带 <降噪声或净化空气的> buffer zone
缓冲溜槽 buffer chute;bumping chute;bumping conveyer[conveyor];bumping trough
缓冲漏斗 buffer hopper;surge hopper
缓冲绿带 buffer green belt
缓冲绿地 buffer green(ground);buffer green space;butter zone
缓冲绿化带 buffer green belt
缓冲螺栓 butt-end bolt
缓冲螺丝 slow-motion screw
缓冲能力 buffer(ing) capacity;cushioning ability;cushioning capacity
缓冲排爆破孔 buffer row blasting hole
缓冲盘 buffer disc[disk];side buffer
缓冲盘间距 distance between buffers
缓冲盘间总距离 total length over buffers
缓冲汽缸 bounce cylinder
缓冲器 buffer(fitting);buffer gear;buffer stop;absorber;alleviator;amortisseur;amortizement;anti-fluctuator;bumper;bumping block;cataract;compression bumper;cushion gear;cushion(ing);damp(en)er;dashpot;die cushion;draft gear;energy disperser;impact damper;oscillation absorber;pad;plain bumper;shock absorber;shock eliminator;shock reducer;snubber;surge damper;vibration absorber;vibroshock
缓冲器保险杠间距 length between buffers
缓冲器臂 bumper arm
缓冲器长度 buffer length
缓冲器从板 draft gear follower
缓冲器从板座 draft gear cheek casting
缓冲器弹簧 buffer spring;damper spring
缓冲器的行程 buffer stroke
缓冲器地址 buffer address
缓冲器分配 buffer allocation
缓冲器杆 buffer rod
缓冲器滑铁 adjustable chafing plate
缓冲器活塞 buffering piston;buffer plunger
缓冲器间每米重量 weight per metre run between buffers
缓冲器接口开关 buffer interface switch
缓冲器链 snubber chain
缓冲器套口 draft gear pocket
缓冲器套筒 buffer casing

缓冲器托板 buffer support plate; draft gear carrier
缓冲器托梁 buffer trimmer
缓冲器行程 buffer stroke
缓冲器行程限止器 bumper stop
缓冲器支架 bumper support
缓冲器组件 buffer module
缓冲器座 buffer box; buffer flange; buffer shell
缓冲牵引梁 draft arm; stub sill <无中梁底架结构的>
缓冲强度 buffer intensity; temporary droop
缓冲强度曲线 buffer intensity curve
缓冲区 buffer area; buffer pool; buffer region; buffer zone; intermediate area; recovery area
缓冲区长度 buffer length
缓冲区大小限制 buffer size constraint
缓冲区调度 buffer scheduling
缓冲区分段 buffer segment
缓冲区分配 buffer allocation
缓冲区活塞杆 buffer spindle
缓冲区接触面 contact face of buffers
缓冲区空 buffer empty
缓冲区删除 buffer block deletion
缓冲区输出 buffer output
缓冲区位移量 buffer offset
缓冲区域 buffer zone
缓冲曲线 buffering curve
缓冲圈 buffer ring
缓冲刃推土机 cushion blade bulldozer
缓冲容积风缸 dummy volume reservoir
缓冲容量 buffer(ing) capacity; cushioning capacity
缓冲溶液 <一种混合溶液,在稀释时其 pH 值保持不变> buffer solution; salt bridge
缓冲软垫 cushioning
缓冲设备 shock attenuation device
缓冲设施 water-break
缓冲时间 relaxation time
缓冲时间常数 damping time constant; time constant of damping
缓冲式拱架 sliding roadway arch
缓冲式挂钩 cushion hitch
缓冲式交叉 baffle junction
缓冲式连接装置 <铲土机> load-cylinder of cushion hitch; cushion hitch
缓冲式履带的驱动轮 cushion track driver
缓冲式推土板 cushion blade; cushioned bulldozer
缓冲式推土铲 cushioned bulldozer
缓冲式推土机 cushioned bulldozer
缓冲式推土装置 cushioned bulldozer
缓冲式鱼尾板 easing fishplate
缓冲试验 buffer test
缓冲室 distributing chamber; surge chamber
缓冲输入 buffer input
缓冲输入输出 buffer input-output
缓冲竖曲线 transitional vertical curve
缓冲衰减器 buffer attenuator
缓冲水箱 cushion tank
缓冲塔 tempering tower
缓冲弹簧 buffer spring; buffer stem spring; draft spring; draw spring; easy spring; recoil spring; side buffer spring
缓冲弹簧护罩 guard of recoil spring
缓冲弹簧连接杆 draw-spring connecting rod
缓冲弹簧座 buffer casing; buffer spring seat
缓冲特征 buffer attribute
缓冲调节 dash adjustment
缓冲调整块 slack adjuster block
缓冲筒 buffer case; dashpot
缓冲头 cushion head
缓冲托辊 <起重机的> buffering supporting roller; amortization idler; snub roller
缓冲物 bolster; buffer; hurter
缓冲系统弹簧 accumulator spring
缓冲线圈 buffer coil
缓冲箱 buffer tank
缓冲橡胶 cushion rubber
缓冲橡皮 cushion rubber; yielding rubber
缓冲橡皮垫 rubber buffer
缓冲效应 buffer effect; buffering effect; cushioning effect
缓冲性能 shock-absorbing capacity
缓冲液 balanced solution; buffered solution; buffering solution; damping fluid
缓冲抑垢剂 corrosion and deposit inhibitor
缓冲用户 interruptible customer
缓冲油罐 buffer tank
缓冲油壶 oil dashpot
缓冲元件 buffer element; cushion element
缓冲圆筒 central well
缓冲支承件 pillow block
缓冲支柱 damper leg
缓冲值 cushioning value
缓冲纸垫 blotter
缓冲指数 buffer index
缓冲制动缸容积 dummy brake cylinder volume
缓冲中子包壳监测器 delayed neutron leached-hull monitor
缓冲轴 elastic axis
缓冲柱 boot; bumper post; bumping post; surge column
缓冲柱间长度 <车辆> length over buffers
缓冲柱螺栓 bumper stud
缓冲柱塞 buffer plunger; cushion plunger
缓冲柱座 breakaway mount
缓冲桩 bumping pile; cushion pile
缓冲装置 alleviator; buffer; buffering device; buffer(ing) unit; cushion; cushioning device; cushioning fender; damper gear; draft gear; shock-absorbing device; shocks
缓冲组合 buffer assemblage
缓冲作用 buffer effect; buffer(ing) action; buffer(ing) function; cushioning action; cushioning effect; damping action; damping effect; deadening effect
缓存【计】 cache
缓存管理程序 buffer manager
缓动 inching; slow action
缓动层 Poiseuille's space; sluggish layer; still layer
缓动传送带 captive tape
缓动的 slow acting; slow-operating
缓动断路器 slow-break switch
缓动断续器 slow interrupter; slow-speed interrupter
缓动环 slug
缓动继电器 delay-action relay; delayed relay; hesitating relay; slow-acting relay; slow-operating relay; slow(-to)-operate relay; slugged relay; time delay relay
缓动加速器 slow-acting accelerator
缓动件 slug
缓动交替继电器 slow relief relay
缓动接点 delayed action contact
缓动式机电接触器 delayed action electromechanical treadle
缓动式机电踏板 delayed action electromechanical treadle
缓动式熔断器 slow-blow fuse
缓动试验 <用于地下含水层参数测定的> slug test
缓动套 slug
缓动提升装置 delayed action lifting device
缓动铜环 slug
缓动装置 decelerator; retarder box
缓断 slow-break
缓发阿尔发粒子 delayed alpha particle
缓发毒性 delayed toxicity
缓发反应性 delayed reactivity
缓发放射性 delayed radiation activity
缓发辐射效应 delayed radiation effect
缓发雷管 delay-action detonator; delay-blasting cap
缓发显性 delayed dominance
缓发型 delayed type
缓发荧光 delayed fluorescence
缓发质子 delayed proton
缓发中子 delayed neutron
缓发中子比 delayed neutron fraction
缓发中子计数 delayed neutron accounting
缓发中子裂变产物监测器 delayed neutron fission product monitor
缓发中子临界 delayed critical
缓放 delayed release; slow release
缓放动作 slow release action
缓放继电器 slow-acting relay; slow drop-away relay; slow release [releasing] relay
缓放时间 slow release relay; slow release time; slow releasing time
缓放选别器 slow releasing slot
缓放作用 slow release action
缓干剂 drying inhibitor
缓和 alleviate; alleviation; deaden; dry slake; mitigate; relaxation; remission; slacking; slake; temper; transition; easement <曲线的>
缓和表面 <保障飞机起飞着陆安全,限制机场周围障碍物> transitional surface
缓和长度 transition length
缓和措施 transitional measure
缓和的 palliative; transitional
缓和段 transition zone
缓和段长度 length of runoff
缓和缸 cushion cylinder
缓和横坡 transitioned cross slope
缓和剂 moderating material; moderator; mollient; obtundent
缓和醚 mitigated ether
缓和坡度 ease the grade; gentle slope; low pitch; transitional grade
缓和坡段 transitional grade(zone); transitional gradient; transition(al) grading zone
缓和气旋 colla
缓和器 moderator
缓和切线 transition tangent
缓和丘陵地区 gently rolling country
缓和区 zone of transition
缓和区切线 tangent run-off; transition tangent
缓和曲率 transition curvature; transition curve
缓和曲率变化率 slow rate of curvature
缓和曲线 adjustment curve; connecting curve; easement curve; junction curve; transition(al circular) curve; transition spiral
缓和曲线变更率 rate of easement curvature; transition curve
缓和曲线变化率 rate of easement curvature
缓和曲线测设 transition curve location
缓和曲线长度 length of transition curve; transition curve length; transition length
缓和曲线段 transition zone of curves
缓和曲线起点 beginning of transition curve; origin of transition curve
缓和曲线终点 end of transition curve
缓和曲线最小长度 minimum length of easement curve; minimum length of transition curve
缓和射流 transition jet
缓和渗碳 mild carburizing
缓和渗碳剂 mild carburizer
缓和生长 slow-grown
缓和时间 relaxation time
缓和试验 slake
缓和铁路限制法令 <美国在 1980 年所制定以缓和政府对铁路的种种限制,增进铁路财政活力,使铁路足以与其他运输方式相竞争> Staggers Rail Act
缓和物 alleviator
缓和硝酸银 mitigated silver nitrate
缓和性 retentivity
缓和应力的沥青薄膜夹层 stress alleviating membrane interlayer
缓和照明 adaptation lighting; adaptive lighting
缓和装置 alleviator; buffer unit; cushioning device; reliever
缓洪 flood alleviation
缓弧边 eased edge
缓化剂 negative catalyst
缓减 relief
缓减幅电路 feebly-damped circuit
缓减税法作为除污手段 moralization tax as pollution abatement tool
缓建 deferred construction
缓建项目 deferred project
缓降溜槽 slowing-down chute
缓降器 descending lifeline; descent control device; slowing-down brake
缓角断层 low-angle fault
缓角断层作用 low-angle faulting
缓解 lysis; release
缓解按钮 release button
缓解保证阀 release insuring valve
缓解槽 release groove
缓解充气位置 release and charge position
缓解抽气位置 release and exhaust position
缓解措施 mitigation measure
缓解电磁阀 release electromagnetic valve
缓解电路 release circuit
缓解阀 bleeder; release valve
缓解阀操纵杆导架 release valve rod guide
缓解杆 release rod
缓解管 release pipe
缓解洪水计划 flood alleviation scheme
缓解截断阀 release cut-off valve
缓解控制保持阀 release control retainer
缓解率 remission rate
缓解期 remission stage
缓解塞门 bleeding cock; release cock
缓解失效装置 <自动制动机上防止手柄移至缓解位的装置> nullifier
缓解时间 release time
缓解手柄 release lever
缓解速度 release speed
缓解弹簧 brake spring; release spring
缓解弹簧导筒 release spring guide
缓解弹簧卡子 release spring clip

H

缓解弹簧座 release spring bracket; release spring holder
缓解调节能力 adjustability on release
缓解位(置) release position
缓解稳定性 release stability
缓解限制阀 release limiting valve
缓解型 remission form
缓解循环 release cycle
缓解延滞 delayed release
缓解拥挤 decongestion
缓解中立位 release lap
缓解状态 open state; released state
缓进 easy ahead
缓进磨床 creep feed grinder
缓聚作用 retardation
缓开时间 <电子继电器> slow-operating time
缓浪 slopping wave
缓冷法制钢轨 control cooled rail
缓冷坑 burial pit
缓冷炉 leer
缓冷区段 slow cool section
缓冷熟料 annealed clinker
缓冷箱 slow cooling box
缓流 graded river; lazy stream; slack water; sluggish flow; soft stream; stack water; stream(ing) flow; subcritical flow; tranquil flow
缓流充电 trickle[trickling] charge
缓流动 slow flowage
缓流航道 slack-water channel; sluggish channel; sluggish flow channel
缓流河 slow-flowing river; slow-flowing stream; sluggish river; sluggish stream
缓流河床 <因受棕榈林阻碍> igarapis
缓流河段 sluggish(river) reach; tranquil flow reach
缓流河流 argodromile
缓流建筑物 water flow retarding structure
缓流井 shaft for retarding the flow; shaft for stilling basins
缓流区 area of slack water; area of sluggish flow; slack water zone
缓流设施 subcritical flow installation
缓流水 lagging water; slack water
缓流水池 slackwater pool
缓流状态 lower flow regime(n)
缓慢爆炸 gradual burst
缓慢变化 secular change
缓慢表面波 slow surface wave
缓慢波 slow wave
缓慢掺和剂 retarding admixture
缓慢产生 gradual production
缓慢沉降 secular depression
缓慢充盈期 reduced filling period; slow filling period
缓慢的 lax; slow; sluggish; tardy
缓慢的海流 sluggish current; current drift
缓慢的水流 sluggish stream
缓慢地震 slow earthquake
缓慢反应物 slow reacting[reaction] [reactive] substance
缓慢沸腾 simmer
缓慢分岔 slow splitting
缓慢干燥 slow drying
缓慢滑动 stable sliding
缓慢环流 sluggish circulation
缓慢加荷 slow loading
缓慢加载 gradual load; gradually applied load
缓慢降压法 decanting
缓慢交替循环带 circulating zone of slow replacement
缓慢搅拌 moderate agitation
缓慢搅拌设备 slow stirring arrangement

缓慢阶段 <污泥沉降> lag stage
缓慢进场法 jog method
缓慢浸出 slowly soak out
缓慢开展中的裂缝 advancing crack
缓慢冷却 slow cooling
缓慢流 drift current
缓慢流动 retarded flow
缓慢泥流 slow earth flow
缓慢逆转 slow setback
缓慢凝结 slow coagulation
缓慢漂流 drift current
缓慢漂移 secular drift; slowdrift
缓慢破坏的乳胶体 slow-breaking emulsion
缓慢期 lag phase
缓慢起动 slow start
缓慢前进 touch ahead
缓慢倾侧 parliament heel
缓慢燃烧 slow combustion; smo(u)lder(ing)
缓慢燃烧的 slow-burning
缓慢上升区 slow uplifting region
缓慢失效 degradation failure
缓慢矢量 slowness vector
缓慢释放 slow release
缓慢释放速度 slow release rate
缓慢水流 drift current; slow-flowing stream; sluggish flow
缓慢图 slowness diagram
缓慢下降 delayed drop
缓慢下降区 slow depressing region
缓慢寻址 slow addressing
缓慢循环 lazy circulation
缓慢芽孢杆菌 Bacillus lentus
缓慢氧化 eremacausis; retarded oxidation; slow oxidation
缓慢液流 slow fluid flow
缓慢硬化 slow hardening
缓慢运动 slow crustal movement
缓慢转化 sluggish inversion
缓慢自然恢复 slow spontaneous recovery
缓凝 retarded set(ting); retarding setting; slow-setting
缓凝半水合石膏 retarded hemihydrate gypsum
缓凝半水合石膏灰泥 retarded hemihydrate gypsum plaster
缓凝半水化熟石膏 retarded hemihydrate plaster
缓凝表层 surface retardant
缓凝地沥青 slow-curing asphalt
缓凝混凝土 retarded concrete; slow-hardening concrete
缓凝剂 inhibiting agent; retarder; retarding admixture; retarding agent; set-retarding agent; set(ting) retarder; setting retarding agent; setting-time retarder
缓凝剂浸渍纸 retarder-impregnated paper
缓凝剂消失曲线 retardant die-away curve
缓凝减水剂 set retarding and water-reducing admixture; water reducing set-retarding ad-mixture
缓凝硫酸钙半水化合物 retarded calcium sulphate hemihydrate
缓凝石膏灰泥 hard finish plaster; slowly setting plaster
缓凝水泥 retarded cement; self-retarding cement; slow(-taking) cement; slow-setting cement
缓凝水泥浆 extended slurry
缓凝外加剂 retarding admixture; set-retarding admixture
缓凝型减水剂 retarding and water reducing admixture; retarding and water reducing agent; retarding water reducer

缓凝颜料 inhibiting pigment
缓凝液态地沥青材料 slow-curing liquid asphaltic material
缓凝油井水泥 retarded oil-well cement; slow-setting oil-well cement
缓凝作用 retardation; retarding action; set-retarding <水泥混凝土的>
缓坡 back slope; easy grade; easy gradient; favo(u)rable gradient; flat grade; flat slope; gentle ascent; gentle slope; gradual slope; low grade; low gradient; low pitch; mild slope; retarding gradient; slight grade; smooth slope; soft slope
缓坡层顶 low-pitched roof
缓坡处理 transitional grading
缓坡带 gentle slope belt
缓坡道路 level road; level track
缓坡地 gently rolling country
缓坡地段 easy gradient section; flat gradient section; section of easy grade; section of gentle grade; section of slope
缓坡河底 gently sloping bed; shelving bottom
缓坡护岸 flat bank revetment
缓坡开采法 ramp mining
缓坡面 gentle[gently] sloping surface
缓坡隧道 grade tunnel
缓坡隧洞 grade tunnel
缓坡台阶式护岸 <防止水土流失> broad base terrace
缓坡屋顶 low-pitched roof
缓坡线 line with flat gradients
缓坡缘石 lip curb
缓期偿债 moratorium
缓期交易 carriage over
缓期支付 grace
缓期执行 stay of execution
缓轻度玻璃窗 low-pitched glazing
缓倾断层 low-angle fault
缓倾法 decantion; elutriation
缓倾伏褶皱 gently plunging fold
缓倾构造 shallow dipping structure
缓倾海底 shelving bottom
缓倾角 dip at low angle; low-angle dip; low dip(angle)
缓倾角断层 low-angle fault
缓倾面 shelving
缓倾器 decanter
缓倾试验 decantation test
缓倾斜 dip at low angle; gentle slope; light pitch; low-angle dip; slowly inclined occurrence
缓倾斜的 semi-steep
缓倾斜煤层 gently inclined coal seam
缓倾斜巷道 inclined haulage or drift; inclined haulage road
缓倾岩层 gently dipping bed
缓曲线 flat curve
缓燃大木结构 slow-burning heavy timber construction
缓燃导火线 slow igniter cord; slow match
缓燃隔热材料 slow-burning insulation
缓燃工厂建筑 slow-burning mill construction
缓燃构造 slow-burning construction
缓燃(火)炉 slow combustion stove
缓燃剂 delayer; slow burner
缓燃木建筑 slow-burning timber construction
缓燃塑料 slow-burning plastic
缓燃性 slow-burning
缓燃引信 slow-burning fuse; slow match
缓燃炸药 slow powder
缓燃重型木结构 slow-burning heavy timber construction

缓沙坝 ball
缓蚀 corrosion inhibition
缓蚀剂 anti-corrosive; corrosion inhibitor; corrosion resister; corrosion retarding agent; inhibiting agent
缓蚀剂用量 consumption of corrosion inhibitor
缓蚀剂种类 type of corrosion inhibitor
缓蚀颜料 <底漆用> corrosion inhibiting pigment; inhibiting pigment
缓蚀阻垢剂 corrosion and scale inhibitor
缓释 delayed release; slow release
缓释部分 slow release part
缓释成型 slow release formulation
缓释的 <指继电器> slow release
缓释动作 slow release action
缓释断电器 slow(-to)-release relay
缓释方法 slow release method; slow release technique
缓释肥料 low release fertilizer
缓释技术 slow release technique
缓释剂型 slow release formulation
缓释继电器 slow releasing relay
缓释农药 slow release pesticide
缓释农药系统 slow release pesticide system
缓释速率 slow release rate
缓释型农药 slow release pesticide system
缓释作用 slow release action
缓熟石灰 slow slaking lime
缓双坡屋顶 low pitch gable roof
缓速 moderate speed; slow-speed
缓速车道 slow vehicle lane
缓速航行 under easy steam
缓塑化石膏 retardation plasticized plaster
缓吸 slow pickup
缓吸动作 slow pickup operation
缓吸复示继电器 slow pickup repeating relay
缓吸缓放继电器 slow-operate slow-release relay
缓吸继电器 slow pickup relay; slow(-to)-operate[operating] relay
缓吸快放继电器 slow-operate fast-release relay
缓吸时间 slow-operate time; slow pack time; slow pickup time
缓下风移动 eolomotion
缓下坡蠕动 eolomotion
缓消石灰 slow slaking lime
缓效农药 slow-acting pesticide
缓效杀虫剂 slow-acting insecticide
缓斜岸 gently sloping coast
缓斜层叠平原 scarped plain
缓斜的 low-pitched
缓斜断层 low-angle fault
缓斜海岸 shelving beach
缓斜面 gently sloping surface
缓斜坡 glacis; shelving; flat gradient
缓斜坡海岸 shelving coast; shelving shore
缓斜坡海底 shelving bottom
缓斜褶皱 open fold
缓卸铲斗 metered bucket
缓行标志 slow sign
缓行表面波 slow surface wave
缓行器 buffer; car retarder; creeper attachment; retarder; squeezer
缓行器操纵员 retarder operator
缓行器操作 retarder operation
缓行器出口速度 exit speed at retarder; leaving speed at retarder; leaving speed from retarder; retarder exit speed
缓行器阀 retarder valve; skate valve

H

缓行器缓解状态 releasing state of retarder
缓行器接近限界 clearance of retarder
缓行器进口速度 enter speed at retarder
缓行器开着位置 free position(retarder)
缓行器控制机 retarder controller;retarder control machine
缓行器控制楼 retarder tower
缓行器控制盘 retarder control panel
缓行器控制器 retarder controller
缓行器类型 type of retarder
缓行器钳 retarder jaw
缓行器区 retarder area
缓行器位置 retarder location
缓行器压力 retarder pressure
缓行器在工作状态 retarder in working condition; retarder in working state
缓行器在缓解位置 retarder in release position
缓行器在缓解状态 retarder in open state;retarder in release state
缓行器在制动位置 retarder in retarding position
缓行器制动级 retarder stage of retardation
缓行器制动控制 retardation control
缓行器制动梁 brake beam of railbrake;brake support of the retarder
缓行器制动能力 retarder capacity
缓行器制动状态 braking state of retarder;retarder under pressure
缓行器自动操作 automatically controlled retarder operation
缓行器自动控制 automatic retarder control
缓行区 slow pickup area
缓行信号 caution signal
缓延汇合 delayed junction
缓移拱架 easing centers
缓移随机法 creeping random method
缓移膺架 easing centers
缓硬 slow hardening
缓硬波特兰水泥 slow-hardening Portland cement
缓硬硅酸盐水泥 slow-hardening Portland cement
缓硬石膏 hard finish plaster
缓硬石膏灰泥 hard finish plaster; slowly setting plaster
缓硬水泥 slow-hardening cement
缓圆点 spiral to curve point
缓振器 vibration damper
缓震 bradyseism
缓蒸发剂 evaporation retardant
缓直点 spiral to tangent point
缓制动位 slow application position
缓转弯 shallow turn;slow turning
缓撞存储器【计】bump storage
缓阻 corrosion inhibition

幻

幻表 magic list

幻触 tactile hallucination
幻灯 delineascope;magic lantern;projecting camera; projection lantern; projector;slide show
幻灯测试卡 diascope
幻灯放映机 impositor;lantern(slide) projector; slide projector; epidiascope
幻灯滑片 slide
幻灯机 lantern;optic(al)lantern;projector; slide projector; projecting lantern
幻灯景 projected scenery
幻灯镜头 lantern lens
幻灯母片 transparent positive original
幻灯片 back-projection slide;diapositive; lantern plate; lantern slide; projected lantern slide; projection diapositive;slide;slide glass;transparency [transparence]; film strip <教学用>
幻灯片放映机 film projector; slide projector
幻灯台 stands for slide project
幻灯装置 projecting apparatus
幻灯自动变换器 automatic slide changer
幻底 false bottom
幻方 magic square
幻核 magic nucleus
幻画 phantom drawing
幻晶体 phantom crystal
幻景 illusion;mirage;phantom view
幻境 dreamland;fairyland
幻路的转电线圈 phantom transformer
幻路供电 phantom powering
幻路换位 phantom transposition
幻路加感 phantom loading
幻路交叉 phantom transposition
幻路中继线 phantom trunk
幻路转电线圈 phantom repeating coil
幻码 magic code
幻日 anthelion;mock sun;parhelion; sun dog
幻日弧光 circumzenithal arc
幻日环 mock sun ring;parhelic circle
幻式滤波器 magic filter
幻视 visual hallucination
幻视镜 pseudoscope
幻视器 fantascope
幻视全息粒体模型 pseudo-scopic holographic(al)stereomodel
幻视术 pseudo-scopy
幻视透镜 pseudo-lens
幻数 magic number
幻图 ghosted view
幻线 phantom(ed)line;phantom(ed) wire
幻线平衡网络 line filter balancing network
幻相效应 ghost effect
幻想景色 phantom drawing;phantom view
幻像 ghost(image);hallucination;mirage;phantasma;phantom
幻像地层学 ghost stratigraphy
幻像电报 phantom circuit telegraphy
幻像电话 phantophone
幻像电话接续 phantom telephone connection
幻像电路 phantom(ed) circuit;phantom(ed)line
幻像电路抽头 phantom tap
幻像电路分频器 phantastron divider
幻像电路加感线圈 phantom circuit repeating coil
幻像电路接线 phantom connection
幻像电路平衡 phantom circuit balance
幻像电路转电线圈 phantom circuit repeating coil
幻像多谐振荡器 fantastron(multivibrator);phantastron
幻像模式 ghost mode
幻像目标 phantom target
幻像群 phantom group
幻像通路 phantom channel
幻像线 phantom wire
幻像线路 phantom(ed) circuit;phantom(ed)line
幻像线路电缆 phantomed cable
幻像线组 phantom group
幻像效应 ghost effect
幻像信号 ghost signal;phantom signal
幻像学 phantasmatology
幻像延迟电路 phantastron
幻像延迟器 phantastron
幻像延迟线路 phantastron;phantastron delay
幻像转移 phantom branch
幻影 false image;ghost;ghost marking; illusion; phantasma; phantom; simulacrum
幻影图 phantom view
幻影线 ghost line
幻影效应 ghost effect
幻影信号 ghost signal
幻月 anti-selene; mock moon; moon dog;paraselene
幻月环 paraselenic circle

唤

唤回 call-back

换

换暗盒 changing magazine; film changing magazine;plate changing magazine

换班 change off; change (of) shift; shift;shiftchange;take spell
换班日 change day
换班时间 interval of service
换笔头 nib
换扁装置 reverser
换变 transformation
换标 dehorn
换表层土 topsoil replacement
换波带 band switch
换波开关 change-tune switch
换驳不停产 changing barges without a break in production
换驳延迟系数 hopper changing delay factor
换舱 hold shift
换槽子砖 changing debiteuse
换侧 change side of double line;side change
换层燃烧 differential firing
换层深度 depth of seam change
换车 transfer
换车点 change point
换车台 transfer table
换衬 rebush;relining
换衬工具 relining tool
换衬里 rebricking;reline
换衬片 renewal of facing
换衬器 reliner
换衬套 resleeve
换成零钱 change a bill
换乘 change;interchange;transfer
换乘车系统 ride and ride system
换乘乘客 transfer passenger
换乘次数【交】number of transfer
换乘方式 transfer mode
换乘关系 interchange relationship
换乘交通 interchanging traffic
换乘交通量 converted traffic
换乘节点 transfer node
换乘节点数 number of transfer node
换乘量 transferred volume;volume of transfer
换乘旅客 interchange passenger
换乘汽车业务 interchange bus service
换乘设施 change-of-mode facilities
换乘枢纽 interchange station
换乘系数 transfer factor
换乘站 interchange station; transfer station
换乘站台 interchange cross-platform; transfer platform
换齿轮 gear changing
换出 swap-out
换船 substitute of vessel; transship; trans(s)hipment;transfer
换船名 alteration of name
换带 tape swapping
换挡 change of speed;shift gear;gear changing;gear shift(ing);indexing; shift(ing);stage changeover;switching
换挡装置 gear shift
换挡安全阀 safety selector valve
换挡保险杆 gear shift lock lever
换挡拔叉 shifter fork
换挡操纵杆 declutch shift lever;gear shift operating rod
换挡叉 selector fork; shifter fork; throw-out fork;yoke assembly
换挡叉轮槽 shifter fork groove
换挡齿轮 change gear
换挡次序 shifting sequence
换挡电空阀 shifting electro-pneumatic valve
换挡顶杆 shifting ram
换挡阀 selector valve
换挡反应器 shifting responser; stage change-over governor
换挡反应器传动轴 shifting responser transmission shaft
换挡杆 change-speed lever;gear change lever; gear rod; gear (shift) lever; range change lever;shift bar(arm); transmission control lever; transmission shift lever;gear selector lever
换挡杆衬套 engaging lever bushing
换挡固定时间 fixed time
换挡挂紧时间 fixed time
换挡机构 gearbox selector;gear shifting mechanism;speed control mechanism
换挡机构箱架 gear shift tower
换挡加速 shifting up
换挡减速 shift down
换挡节流阀 gear shifting throttle; shifting throttle valve
换挡开关 transfer switch
换挡离合器 clutch of shift;gear shift sleeve
换挡离合套位置指示器 gear shift sleeve position indicator
换挡平衡阀 selector neutralizer valve
换挡器 selector
换挡时车速 cut-in speed
换挡时间 gear shifting time; shift time;gear change time <齿轮>
换挡手柄 gear change lever; gear shifting lever
换挡调速器 shift governor
换挡同步器 synchro-shifter
换挡凸轮 shifting cam
换挡位置 shift point
换挡位置图 gear shifting position diagram
换挡选择器 change gear selector
换挡油阀 <自动换挡用> shift valve
换挡止动球 gear shifting lock ball
换挡指示灯 shift indicator light
换挡轴 shifter arm;shifter shaft
换挡装置 changer
换倒铅 taking-out turns
换灯器 lamp changer
换低速挡 gear down;changing down; kick down
换底片 plate change
换地规划 replotting plan
换地设计 design of replotting
换掉 trade off
换段【铁】sectioning
换发动机 reengine
换阀工具 valve converting tool
换帆 go about

H

换杆长度 steel change
换高速档 changing up;gear up;up-shift
换挂中转车组 <分组列车> exchanging groups of transit wagons
换管 replacement pipe; replacement tube;replace tube;retube
换罐式混合机 change can mixer; change-tank mixer;pony mixer
换轨 renew of rail;track renewal
换轨队 steel gang
换轨工班 tie gang
换轨机 rail relaying machine
换轨列车 track-renewal train
换轨器 rail replacer
换辊 roll change[changing]
换辊侧 changing side
换辊车 roll changing carriage
换辊滑车 roll changing sledge
换辊机构 roll change mechanism
换辊套筒 porter bar; roll changing sleeve
换辊小车 roll change buggy
换辊小滑车 sled
换辊用坑 roll change pit
换辊装置 roll changer; roll changing gear;roll changing rig
换过发动机 reengined
换海图年限 age limit of chart folios
换行 line advance;new line;line feed <电传机纸页升行>
换环 ring change;ring replacement
换汇 exchange
换汇成本 cost of foreign exchange
换活塞环 rering
换火 change-over; flame reversal; reversal of flame direction
换火周期 reversal interval
换货 barter
换货协定 barter treaty
换机车 locomotive changeover
换机油口盖 oil change cover
换机油周期 oil change interval
换级比 notching ratio
换级触点 <控制器的> notches
换极 change pole; polarity changing; pole changing
换极电动机 pole-change [changing] motor
换极继电器 pole changer relay; pole-changing relay
换极开关 pole changer;pole-changing switch;pole reverser
换极控制 pole-changing control
换极连续波 anodic-cathodic wave
换极器 pole changer; pole-changing switch
换极式交流发电机 pole-change type alternate current generator
换尖式松土铲 detachable point shovel
换件修理 renewal repair
换浆 displacement slurry; slurry displacement
换胶片袋 changing bag
换接 interchange;switch;transition
换接电极头 transition tip
换接功率 interchange power
换接过程 transition
换接汇流排 transfer bus
换接开关 alternation switch; reversing switch
换接开关触点 reversing switch contact
换接口 alias
换接力矩 <电动机的> switching torque
换接母线 transfer bus
换接频率 switching frequency
换接器误差信号 commutator error signal
换景员 switcher
换径 change diameter;change size
换径钻进 change of hole diameter
换镜旋转盘 revolving nosepiece
换镜旋座 revolving nosepiece
换量系数 <流体力学中表示涡流的扩散作用> austausch coefficient; exchange coefficient
换料 refueling
换料降标价 deductive alternate
换流 inversion
换流臂 convertor arm
换流变电站 converting plant
换流变压器 convertor transformer
换流阀电抗器 valve reactor
换流阀分流器 valve current divider
换流阀分压器 valve voltage divider
换流阀组 valve set
换流分站 convertor substation
换流机 convector;umformer
换流器 changer;convector;converter (controller); current converter; current transformer; electric (al) transducer;inverter;negater;polarity changer;pole changer;transducer;transverter
换流器闭锁 converter blocking
换流器表盘面 converter plane
换流器触发控制 converter unit firing control
换流器导通 converter deblocking
换流器供电电动机 converter-fed motor
换流器机车 converter locomotive
换流器解锁 converter deblocking
换流器桥 converter bridge
换流器桥式联结 bridge convertor connection
换流器移动补偿制 chopper stabilization system
换流器装置 converter plant
换流桥 convertor bridge
换流区 commutation zone
换流因数 transrectification factor
换流站 converter station
换炉衬 reline
换路开关 circuit changing switch
换(绿)灯时段 <联动感应信号系统用> yield period
换轮对的重车 loaded cars changing wheel set
换轮线 bogie-change track
换码【计】escape
换码(字)符 escape character
换慢挡 down shift
换名 call by name
换名参数 call-by-name parameter
换(命题的)质位 contrapose
换模 mo(u)ld change
换能测量装置 transduce measuring unit
换能器 conversion transducer; converter[convertor]; energy conversion device;energy converter;energy transducer; sink; transverter; transducer
换能器波束角 transducer beam angle
换能器吃水 transducer submergence
换能器吃水改正 correction for transducer
换能器充磁 magnetization of transducer;magnetizing of transducer
换能器等效电路 equivalent circuit of transducer
换能器等效谱强级 transducer equivalent spectrum level
换能器动态改正 dynamic(al) draft of transducer
换能器耗散损耗 transducer dissipation loss
换能器基线 transducer baseline
换能器基线改正 correction for transducer baseline
换能器胶皮电缆 rubber-clad transducer cable
换能器静态吃水 static draft of transducer
换能器热力计 converter heat ga(u)ge
换能器损耗 transducer loss
换能器损失 transducer loss
换能器增益 transducer gain
换能器阵 transducer array
换能器指向性 transducer directivity
换能效率 conversion efficiency
换能用压电晶体 transducing piezoid
换能元件 inverting element
换排 shifting gear;change gear
换排挡 change-speed gear; gear change;gear shifting
换盘根 repack
换泡器 lamp changer
换片 fresh film load
换片器 record changer
换频 frogging
换频带 frequency changer
换频管【电】converter
换频机 inverted frequency converter
换频中继器 frogging repeater
换瓶点 retail depot
换气 aeration;air change;air removal;air renewal;blowdown;change of air;gas bleed;perflation;renewal of air;scavenge;scavenging;ventilate;ventilation
换气泵 scavenger pump; scavenging air pump;scavenging pump
换气比 scavenging(air) ratio
换气不足 hypoventilation
换气测量法 ventilometry
换气储备 breathing reserve
换气储备比(值) breathing reserve ratio
换气次数 air change rate; air changes;air circulation ratio;change of air;number of air changes;rate of air circulation;rate of ventilation; ventilating rate;ventilation rate
换气阀 airing valve; scavenging air valve
换气法 air change method
换气方式 ventilating system
换气风道 air renewal duct
换气风扇 air renewal fan; scavenger fan
换气负荷 ventilation load
换气鼓风机 scavenging blower
换气管 scavenger; scavenge trunk; scavenging duct
换气管线 scavenge line
换气灌注比率 ventilation-perfusion ratio
换气过度 hyperventilation;overventilation
换气活塞 scavenging piston
换气孔 air vent;loophole;oillet(te)
换气口 scavenge [scavenging] port; ventilating hole
换气量 air exchange capacity;amount of ventilation; ventilation requirement;ventilation volume
换气率 air change rate; ventilation rate
换气排风管【隧】foul air duct
换气器 air interchanger;breather;rebreather
换气容量 swept volume
换气扇 air exchange fan; scavenger fan;ventilation fan
换气设备 air regenerating device
换气试验 ventilation test
换气通风机 air renewal ventilator
换气系统 air renewal system;scavenger system;scavenging system
换气线路 ventilation circuit
换气箱 shuffle box
换气效率 scavenging efficiency
换气性缺氧症 tidal anoxia
换气压力 scavenge pressure; ventilating pressure
换气指数 ventilation index
换气装置 air-changing device;air exchange device; air interchanger; air scavenging gear; breather; ventilating device
换汽缸套 resleeve
换汽门座 reseat
换枪 change tack;tacking
换热 heat exchange;heat transfer;recuperation
换热板片 heat-exchange plate
换热板片或翅片的冲压 pressing process of heat exchange plate or fin
换热比表面 specific surface of heat exchange
换热玻璃熔炉 recuperative pot furnace
换热反应器 heat-transfer reactor
换热管 heat-exchange tube
换热理论 heat-transfer theory
换热炉 recuperative furnace;recuperative oven
换热面 heat-exchange surface
换热面积 heat-exchange surface area
换热盘管 heat-exchange coil
换热器 converter;exchanger;heat-exchange facility; heat-exchanger; heat-exchanging unit; heat interchanger;heat recuperator;recuperator
换热器备用油路 alternate heat exchanger circuit
换热器壁 heat-exchanger wall
换热器传热的强化 heat-transfer intensification of heat exchanger
换热器的并联 heat exchangers in parallel
换热器的串联 heat exchangers in series
换热器的动态分析 dynamic(al) analysis of heat exchanger
换热器的管束箱 junction box header
换热器的核算型计算 check type calculation of heat exchanger
换热器的计算机辅助设计 computers aid design of heat exchanger
换热器的设计型计算 design type calculation of heat exchanger
换热器的效率 efficiency of heat exchanger
换热器的最优化 optimization of heat exchanger
换热器管 heat-exchanger tube
换热器回路 heat-exchanger circuit
换热器结垢 fouling of heat exchangers
换热器网络的计算机模拟 computer simulation of heat exchanger networks
换热器有效性 heat-exchanger effectiveness
换热设备 heat-exchange equipment
换热式池窑 recuperative tank furnace
换热式坩埚窑 recuperative pot furnace
换热式回热器 heat-exchanger type regenerator
换热式均热炉 recuperative soaking pit
换热式冷却机 recuperative cooler
换热式冷却器 recuperative cooler

换热式热水器 recuperative water heater;calorifier
换热室 heat-exchange chamber
换热系数 coefficient of heat transfer
换热效率 heat-exchange efficiency
换热型 heat-exchange type
换热装置 heat-exchanger rig
换入 roll-in;swap-in
换入低挡 changing down to low gear
换入符 shift in character
换入高挡 changing up to high gear
换色 colo(u)r change
换砂法 < 密度测定 > sand replacement method; sand displacement method
换绳装置 rope changer; wire changer; wire rope interchanger
换水 replacement water
换水法 < 测密度 > water displacement method; water replacement method
换水率 <池水循环一次所需时间,以小时计> turnover rate
换算 commutation; commute; conversion; convert; matrixing; scaling; transform(ation); transformation computation
换算板 conversion board
换算半径 equivalent radius
换算比例尺 conversion scale
换算表 commutation table; conversion chart; conversion table; equivalent table; reference table; table of transfer
换算参数 reduced parameter
换算操作 scale operation
换算长度 conversion length; equated length; equivalent length
换算常数 conversion constant
换算成本 conversion cost
换算成公制尺寸 metric(al) version
换算成十进制 decimalize
换算成英制资料 data converted to English system
换算程序 transformation program(me)
换算尺度 conversion scale
换算单位 equivalent unit; exchangeable basis; reduced unit
换算的 equated; equivalent
换算电路 scale [scaling] unit; scale [scaling] system; scaler
换算断面 equivalent cross-section
换算吨公里 <包括旅客公里和货物吨公里> converted ton-kilometers; ton-kilometers converted; equated ton kilometre; conversion ton-kilometer
换算吨公里成本 converted ton kilometre cost; cost of converted ton-kilometers
换算吨公里清算收入 converted ton kilometre liquidated revenue
换算法 barter; method of conversion
换算放大器 matrix amplifier
换算改正系数 ratio correction factor
换算高度 reduced height
换算公式 conversion equation; reduction formula
换算功率 unit horsepower
换算轨道公里 equated [equivalent] track kilometers[kilometres]
换算焊接长度 estimated length of weld
换算荷载 transformation load
换算计费吨公里 converted charged ton-kilometers
换算交通量 equivalent traffic (volume)
换算结束 end of conversion
换算截面 converted section; transformation cross-section; transformed (cross-) section
换算截面法 transformed section method
换算静载(重) converted static load of wagon; transformed static load; equivalent static load
换算距离 compensated distance; equated distance; scaled distance
换算均布荷载 equivalent uniform load
换算宽度 equivalent width
换算流量 equivalent discharge
换算率 conversion factor; conversion rate; conversion ratio; equation factor; rate of conversion
换算面积 equivalent area; exchange area; transformed area
换算模数 reduced modulus
换算能量 scaled energy
换算偏差 converted deviation
换算频率 reduced frequency
换算坡度 <把含有曲线的坡道换算为同阻力的直坡道时的坡度> equivalent grade; reduced grade; compensated grade; conversion grade; converted grade; equivalent gradient
换算器 route marker; scaler; scale [scaling] unit
换算器选择器 route marker chooser
换算曲线 conversion curve
换算设备 matrix unit
换算深水波高 equivalent deepwater wave height
换算数据表 scaling data table
换算水平距离 horizontal equivalent
换算水深 equivalent depth
换算水深波高 equivalent depth wave height
换算水头 reduced head
换算水位读数 equivalent ga(u)ge reading
换算速度 corrected speed; reduced velocity
换算图表 conversion chart; conversion diagram; conversion graph
换算网络 matrix(ing) network
换算为标准条件的比煤耗 corrected specific fuel consumption
换算为标准条件的比油耗 corrected specific fuel consumption
换算为标准条件的单位煤耗 corrected specific fuel consumption
换算为标准条件的单位油耗 corrected specific fuel consumption
换算系数 coefficient of conversion; coefficient of reduction; conversion coefficient; conversion constant; conversion factor; conversion ratio; equivalence factor; equivalent factor; reduction coefficient; scale [scaling] factor
换算系数伽马值 conversion factor gamma value
换算系数校验 scale factor check
换算系数值 conversion coefficient value
换算箱 < 集装箱 > twenty-foot equivalent unit
换算压力 reduced pressure
换算压力系数 reduced pressure coefficient
换算延迟 transfer lag
换算因数 coefficient of reduction; conversion factor; scaling factor
换算因数法 method of conversion factor
换算因子 coefficient of reduction; conversion factor; scaling factor
换算应力 equivalent stress
换算运动黏[粘]度成赛波特通用黏[粘]度 kinematic(al) to Saybolt universal viscosity
换算运价 constructing rate
换算运输单位 equated traffic unit
换算直径 equivalent diameter; equivalent round
换算值 equivalent value; scaled value
换算重量 equivalent weight
换算周转量 converted ton-kilometer (volume); converted turnover; equated ton kilometre; ton-kilometers converted
换算装置 scaler
换填料 repack(ing)
换筒拉丝机 changing winder
换土 displaced soil; displacement of soil; earth shifting; soil displacement; soil replacement
换土地基 displaced foundation
换土垫层 cushion; replacement cushion
换土垫层法 replacement cushion method; replacement layer of compacted fill
换土法 < 地基处理的 > cut and replacement method; remove-and-replace method; soil change method; soil replacement method; replacement method; excavation and replacement
换土工程 soil exchange works; soil replacement works
换土加固 stabilization by replacement of soil
换土施工法 replacement method
换土填层 replacement of soil
换拖【船】 changing the tug
换拖趸船 stake boat
换纬机构 weft replenishing mechanism
换位 change of position; conversion; replacement; transpose; transposition
换位表 conversion table
换位导线 transposed conductor; transposed strip
换位规则 rule of conversion
换位机构 inversion mechanism; switchover
换位积 bracket product
换位键 shift key
换位接线板 transposition block
换位节距 pitch of transposition
换位矩阵 centralizer; commutant
换位绝缘子 transposition insulator
换位偏差 deviation of transposition
换位器 transposer
换位输电线路 transposed transmission line
换位塔 transposition tower
换位无序 anti-structure disorder
换位误差 transposition error
换位线 < 连续梁图解法 > transposition line
换位线接板 transposition block
换位选择杆 selector lever
换位用导线 transposition wire
换位制 twist system
换位置称法 transposition weighing
换位子【数】 commutator
换位子群列 series of commutator subgroups
换文 exchange of letters; exchange of notes
换相 phase conversion; phase inversion
换相变流机 phase converter
换相磁场 commutating field
换相(故障)保护(装置) phase change failure protection
换相机机车 converter locomotive
换相间隔时间 <交通信号由一相位绿灯转换到下一相位绿灯之间的间隔时间> changed interval
换相开关 phase change switch
换相连接 exchange phase connection
换相起始时刻 starting phase change time
换相器 phase adapter; phase changer; phase converter; phase switcher; shifter; switchboard
换相时间 phase change time
换相数 commutating number
换相终点时刻 terminating phase change time
换相组 commutating group
换向 change-over; commutation; commute; diversion; diverting; reversal; reverse; reverse of direction; reverse running; reversing; switching; throw over
换向按钮 change-over button; change-over key
换向泵 reversing pump
换向参数 commutating parameter
换向操纵机构 reversing operating gear
换向齿 commutating tooth
换向齿轮 change-speed gear; idle(r) gear; reverse[reversing] gear
换向齿轮操纵杆 reverse gear(operating) lever
换向齿轮机构 reversing gear mechanism
换向齿轮系 reverse gear train
换向齿轮箱 reverse[reversing] gearbox
换向传动 reverse drive
换向传动机构 reverse gear train
换向磁场 commutating field
换向磁极 commutating magnetic pole
换向磁极变流机 commutating pole converter
换向磁极线组 commutating pole winding
换向磁通 commutating flux
换向挡板 reversible deflector
换向的 commutative
换向的电抗电压 reactance voltage of commutation
换向电磁阀 reversing solenoid valve
换向电动机 reversible motor
换向电动势 commutating electromotive force
换向电键 change-over key; reverse key
换向电抗器 commutating reactor; commutation reactor
换向电流 commutating current; current of commutation
换向电路 commutation circuit
换向电容器 communication condenser; commutating capacitor; commutating capacity; commutation capacitor; commutation condenser; commutator capacitor
换向电势 commutating potential
换向电刷 commutating brush
换向扼流圈 commutating choke; commutation choke
换向二极管 commutating diode; commutation diode
换向发动机 gimbaled engine
换向阀 change-over valve; directional valve; diverter van; inverter valve; on-off valve; position selector valve; reversal valve; reversing damper; reversing valve; selector valve; shuttle valve; turning valve
换向阀缓冲垫 reversing valve buffer gasket

H

换向风缸 reverse[reversing] air cylinder
换向风扇 reversible fan
换向杆 reversing bar;reversing rod
换向缸 operating cylinder for reversing gear
换向港 transshipment harbo(u)r;transshipment port
换向杠杆 reverse lever
换向合齿按钮 change-over gear mesh button
换向互锁器 reversing interlocker
换向滑阀 reversing slide valve
换向滑轮 angle pulley
换向活塞 reversing piston
换向机 reversing machine
换向机构 changement;reverse mechanism; reversing gear; reversing mechanism
换向机盘和伞齿轮 steering disc and bevel gear
换向机水平轴 steering horizontal shaft
换向极 commutating pole;compensating pole;compole;consequent pole;interpole
换向极电动机 commutating pole motor
换向极发电机 commutating pole generator
换向极极靴 interpole shoe
换向极绕组 interpole winding
换向极线圈 commutation coil
换向间隔 reversal interval
换向键 reversing key
换向角 angle of commutation; commutation angle
换向接触器 directional contactor;reverse[reversing] contactor
换向接头 cross-over joint;cross-over sub
换向开关 change-over switch;commutation switch;commutator switch;directional control switch; direction switch; reverser; reversing switch; reverting key;stirring switch
换向开关电键 change-over switch key
换向开关锁定继电器 reverser lock relay
换向空转轮 reverse idler gear
换向控制 reverse control; reversible control
换向控制焊接 commutator-controlled weld
换向控制架 reversing gear control bracket
换向阔 reversing
换向离合器 reverse clutch; reversing clutch
换向理论 <直流电机> theory of comminution
换向连接器 cross-over joint;cross-over sub
换向联杆 reversing link
换向联锁器 reversing interlock
换向轮 change wheel;reverse wheel
换向脉冲 commutator pulse
换向模块 change-over module
换向钮 reversal knob
换向抛物面天线 gimballed dish antenna
换向皮带 reversing belt
换向片 commutator bar; commutator segment
换向器 collector; commutator; changeover switch; diverter; reverser;reversing apparatus
换向器的竖片 commutator riser
换向器电动机 commutator motor
换向器电机 commutator machine
换向器幅 commutator spider
换向器杆 commutator bar
换向器截片的升高端子 commutator segment lug
换向器绝缘垫片 commutator insulating strip
换向器套筒 commutator bush; commutator sleeve
换向区 commutation zone
换向绕组 commutating winding
换向失灵 commutation failure
换向时间 cycle time; reversal time; turnaround time; turning-round time;turnover time
换向试验 commutation test
换向手柄 reversing lever
换向伺服机 reversing servomotor
换向天线定向器 commutated antenna direction finder
换向调档 reverse gear shift
换向调制器 commutator modulator
换向弯头 cross-over bend;reversible deflector
换向稳定性 stability of commutation
换向线圈 commutating winding
换向限制阀 reverse limit(ing) valve; standstill detector valve
换向箱 reverse box
换向协议 change direction protocol
换向烟道 reversal flue
换向引导轮 reverse idler
换向迎风行驶【船】change tack
换向月牙板 reversing link
换向闸板 reversing damper
换向整流器 commutator rectifier
换向指示器 reversing indicator
换向爪 reversible claw; throw-over claw
换向装置 commutating device; gymbal; reversal device; reversing arrangement;reversing unit;reversing device
换像组 reversing stud
换新 renew(al);replacement
换新成本 renewal cost
换言之 <拉> videlicet
换窑衬 rebricking
换页 form advance
换页字符 form feed character
换液式毒性实验 renewal toxicity test
换油 change of oil;renewable oil;renewing the oil; renew of oil; replacement of oil
换油泵 scavenge oil pump
换油泵体 scavenge oil pump body
换油期限 drain interval
换油器 <机油> oil changer
换油周期 drain period;oil change period
换喻 metonymy
换元积分法 integration by substitution
换运输工具 tranship
换增交通量 converted traffic
换站台换乘 cross-platform interchange
换质位法 contraposition
换置 displace
换置法 obversion
换主人 change hand
换装 trans(s)hipment
换装包干费 all charge for exchanging load
换装场【铁】interchange-loading yard
换装费(用) terminal charges;transfer charges
换装机 reloader;reloading machine
换装龙门架 transfer gantry
换装码头 transfer terminal; tran(s)shipment terminal
换装器 replacer
换装设备 intermodal facility
换装手续 interface procedure
换装枢纽 transfer terminal; tran(s)shipment terminal
换装线【铁】 interchange-loading track; tran(s)shipment track; load transferring track
换装站【铁】interchange-loading station;interchange-loading yard;tran(s)shipment station
换装作业 interface handling
换钻具时间 drill string changing time

患

患病 sickness

患结核病的 consumptive
患绿色盲者 deuteranope

荒

荒草地 bent;wild grass ground

荒岛 barren island; deserted island; uninhabited island
荒地 badland;bare land;barren;barren ground; barren land; blighted area; desolation; empty land; fresh soil;heath land;lande;leftover area;nyika;uncropped location;uncultivated land; virgin ground; waste lot; waste site; wilderness; wild land;waste land
荒地草场 waste range
荒地地带 waste land
荒地果树 heath fruit
荒地火 wildfire
荒地开垦 waste-land reclamation
荒地垦拓 reclamation; soil reclamation
荒地砾石 heath gravel
荒地群居 chersic
荒地群落 chersic;chledium
荒地杂草 beggar weed
荒锻 dummying
荒废 ravage
荒废地 blighted area;derelict land
荒废河流 devastated stream; waste river;waste stream
荒废土地 derelict land;disuse of land
荒高地 fell-field
荒管 hollow forging;pierced billet
荒痕 flow mark
荒凉 desolation
荒料 block;quarry stone;rubble
荒料率 block ratio
荒料石 scabbled rubble
荒谬的 monstrous
荒磨 snagging
荒磨床 snag grinder
荒漠 desert;gobi;harsh desert;thal;tibba;wilderness
荒漠草原 desert steppe;sahel
荒漠草原土 desert steppe soil
荒漠地带 desert belt;desert zone
荒漠化 desertification
荒漠化防治 anti-desertification
荒漠及荒漠草原盐渍 salinized zone in desert and desert steppe
荒漠结皮 patina
荒漠旷野 weald
荒漠类型 type of desert
荒漠卵石覆盖层 desert crust; desert pavement
荒漠泥流角砾岩 bajada breccia
荒漠气候 desert climate
荒漠侵蚀地形 desert erosion feature
荒漠群落 deserta;eremean;eremium;eremus
荒漠生态系统 desert ecosystem
荒漠土(壤) desert soil;yermosol
荒漠植物 eremophyte
荒年 blank year; fall year; year of famine
荒坯 clot
荒僻地区 back block;back country
荒区道路 pioneer road
荒砂 barren sand
荒山 barren hill;fell;waste mountain
荒山地 mountain waste
荒山地造林 afforest(ation)
荒山造林 planting out
荒疏 rustiness
荒滩 barren waste
荒秃山 denuded mountain
荒芜 ravage;wildness
荒芜草地 waste grassland
荒芜的 barren
荒芜地 abandoned land; desolation; waste land;wilderness area
荒芜地带 desert belt
荒芜地段 neglected plot
荒芜地区 blighted area
荒芜地区开挖工程前的先行工作 pioneering
荒芜高原 barren plateau
荒芜盆地 bolson
荒芜区 deteriorated area
荒芜土地 barren land
荒芜杂草地区 blighted area
荒溪 devastated stream; hill torrent; mountain stream
荒野 boondocks; bushland; fell; heath land;inaccessible area;lande;moorland; the wilds; wilderness; wild land
荒野的 moory
荒野群落 xeropolum
荒野小路 raw dirt trail
荒原 badland;wold
荒原植物 eremophyte

皇

皇帝海山【地】Emperor seamount

皇帝海山链 Emperor seamount chain
皇宫 imperial palace; palace of the emperor; palatial house; royal castle;royal palace
皇宫般的房屋 palatial house
皇宫教堂 imperial basilica; royal chapel
皇宫园丁 royal gardener
皇冠钻 skull trephine
皇家大教堂 imperial cathedral
皇家大厅 throne hall
皇家房间 throne room
皇家红 imperial red
皇家花园 imperial palace;palace;royal garden
皇家金字塔 royal purple
皇家科技学院 <英> Imperial College of Science and Technology
皇家气象学会 <英> Royal Meteorological Society
皇家套房 royal suite
皇家天文学家 Astronomer Royal
皇家通信[讯] 委员会 <英> Imperial Communication Committee
皇家学会 <英> Royal Society
皇家园林 royal garden
皇陵 royal tomb
皇衣黄色 Chinese yellow
皇紫 royal purple;tyrian purple

黄

黄矮病 yellow dwarfism

黄铵汞矿 mosesite
黄铵铁矾 ammoniojarosite
黄柏木 amboina rosewood;Andaman

rosewood; Burmacoast padauk; Burmese rosewood
黄斑 yellow spot;copper head <金属板镀层缺陷>
黄斑蝙蝠蛾 <拉> Phassus signifier
黄包车 rickshaw
黄宝石 oriental topaz;topaz
黄钡铀矿 billietite
黄变 yellowing;yellow-stain <阔叶材的一种真菌变色>
黄变米中毒 yellowed rice toxication
黄饼 <铀浓缩物的一种> yellow cake
黄檗属 corkoak;corktree
黄长白榴岩 cecilite
黄长煌斑岩 alnoite
黄长石 humboldtilite;melilite
黄长石白榴岩 melitite leucitite
黄长石玄武岩 melilite basalt
黄长石岩 melilitolite
黄长石岩分类图 classification of melilitites
黄长石岩类 melilitolite group
黄长岩 melilitite
黄长岩类 melilitite group
黄橙色 yellowish-orange
黄赤交角 inclination of ecliptic;obliquity of the ecliptic
黄翅大白蚁 <拉> Macrotermes barneyi
黄虫胶片 yellow shellac
黄瓷 yellow porcelain
黄瓷漆 yellow enamel
黄枞木 yellow fir
黄丹 litharge; lithargite; massicot; yellow lead(oxide)
黄道 ecliptic
黄道尘云 zodiacal dust cloud
黄道带 zodiac;zodiacal band;zodiakos kyklos
黄道带恒星 zodiacal star
黄道带星图 ecliptic diagram;zodiacal diagram
黄道带主宫 cardinal sign
黄道地平最高点 nonagesimal
黄道宫 constellation of Zodiac
黄道光 zodiacal light
黄道光桥 zodiacal light bridge
黄道回转轴 axis of rotation of ecliptic
黄道交点 ecliptic node
黄道角锥 zodiacal cone;zodiacal pyramid
黄道经纬仪 ecliptic armillary sphere
黄道流星 ecliptic meteor
黄道流星雨 ecliptic stream
黄道面 ecliptic plane;plane of the E-cliptic
黄道面投影距离 curtate distance
黄道平面 ecliptic plane
黄道平太阳 mean ecliptic sun
黄道区 zodiacal belt
黄道圈 zodiacal circle
黄道十度分度 decan
黄道十二宫(符号) constellation of Zodiac; signs of zodiac; zodiacal signs
黄道四基点 <春分、夏至、秋分、冬至> cardinal points of ecliptic
黄道图 ecliptic diagram
黄道斜度 ecliptic obliquity;obliquity of the ecliptic
黄道星图 ecliptic map
黄道星座 zodiacal constellation
黄道与白道交点 lunar node
黄道云 zodiacal cloud
黄道转动 rotation of ecliptic
黄道坐标 ecliptic coordinates
黄道坐标系(统) ecliptic coordinate system; ecliptic system of coordinates
黄道坐标轴 axis of ecliptic
黄灯 amber light;yellow lamp;yellow light
黄灯部件 yellow unit
黄灯单元 yellow unit
黄灯警告时间 yellow caution interval
黄灯控制线 yellow control wire
黄灯时间 <交通灯> amber period; warning period
黄灯信号复示继电器 yellow signal repeater relay
黄灯信号复示器 yellow signal repeater
黄地 yellow ground
黄地黑花 black and yellow
黄地蜡 carpat(h)ite[karpat(h)ite]
黄碲钯矿 kotulskite
黄碲矿 tellurite
黄碲铁石 cuzticite
黄碘银矿 miersite
黄豆 soy bean
黄豆树 white siris
黄豆止水 water sealing with soybean
黄度指数 yellow index
黄蒽酮 flavanthrone
黄尔干纳古陆 Fergana old land
黄钒矿 lenoblite
黄钒铀钡铅矿 francevillite
黄粉 <水解类鞣质的分解物> bloom
黄蜂 wasp
黄蜂蜡 cera flava
黄腐(植)酸 fulvic acid
黄钙铀矿 becquerelite
黄橄榄石绿色 chrysolit green
黄橄霞玄岩 ankaratrite
黄锆石 jargo(o)n;zirconite
黄葛树 bigleaf fig(tree)
黄铬钾石 tarapacaite
黄铬铅矿 santanaite
黄根树属 yellow root
黄光 yellow light
黄光还原黄 flavanthrone yellow
黄光绿 yellowish green
黄光酸性红 cardinal red;fast red A
黄光酸性绿 eriogreen B
黄光颜料 para red
黄光颜料橙 permanent orange
黄硅钾铀矿 boltwoodite
黄硅钠铀矿 sodium bolteoodite
黄硅铌钙石 niocalite
黄海 the Yellow Sea
黄海基面 Yellow Sea datum
黄海暖流 Yellow Sea warn current
黄海平均海平面 Huanghai mean sea level;mean sea level of Huanghai; mean sea level of the Yellow Sea; Yellow-Sea mean sea level
黄禾木胶 yellow acaroides
黄河 Huanghe River;Yellow River
黄河矿 huanghoite
黄褐块碳 bathvillite
黄褐耙菌 irpex cinnamorneus; irpex fusco-violaceus
黄褐色 ocher[ochre];russet;tan(ny); yellowish-brown
黄褐色的 filemot;fulvous;khaki;mulatto;olive brown;tan;tawny
黄褐色化妆土 khaki engobe
黄褐色或灰色 tawny or gray
黄褐色硬木 <产于印度> Haldu
黄褐色釉 khaki glaze
黄褐土 drab soil; yellow clunamon soil
黄褐土区 yellow cinnamon soil area
黄褐硬木 <亦称菲律宾柚木> molave
黄红帘石 withamite
黄红色 yellow-red
黄红色铁矿矿砂颜料 Indian red pigment
黄红色硬木 <有深色斑的,菲律宾产> tempinis
黄琥珀色闪光灯 flashing amber lantern
黄花菜 day lily
黄花梨木 rose wood
黄花柳【植】 common-sallow
黄花落叶松 Korean larch
黄花七叶树 yellow buckeye
黄花松 dahurian larch
黄花鱼 croaker
黄化 etiolate
黄化处理 sull coat
黄化现象 etiolation
黄煌岩 polzenite
黄灰色 yellow-grey
黄桧【植】 yellow cedar
黄昏 candle light(ing); dusk; nightfall;twilight
黄昏灯 evening lamp
黄昏观测 evening observation; evening sight
黄昏星组 <用于纬度测量> evening group
黄极 ecliptic pole;pole of the ecliptic
黄极距 ecliptic polar distance
黄钾钙铀矿 rameauite
黄钾铁矾 antunesite;jarosite;utahite
黄钾铀矿 compreignacite
黄胶粉 gutta[复 guttae];gutta percha
黄胶耆树胶 tragacanth
黄金 gold;yellow metal
黄金衬套 gold bushing
黄金储备 gold reserve;gold stock
黄金储备额 gold holdings
黄金大道 <商业繁盛的> golden avenue
黄金的 golden
黄金分段 <把一段长度分成大小两段,总长与较长段之比等于较长段与较短段之比属于优选法内容范畴> golden section
黄金分割【数】 golden cut; golden mean; extreme and mean ratio; golden section
黄金分割法 <0.618 法> golden section method; Fibonacci method; golden mean
黄金分割数 Fibonacci number
黄金分割搜索(法) golden section search;Fibonacci search
黄金分割值 golden section value
黄金粉末 gold powder
黄金府邸 <15 世纪意大利威尼斯> Ca'd'Oro
黄金刚石 cape diamond
黄金工 gold-work
黄金光泽 inaurate
黄金含量分析仪 gold analyser[analyzer]
黄金柳 golden osier
黄金模数 golden module
黄金平价 gold par(ity)
黄金升值 upward revaluation of gold
黄金时代 golden age;the Y2K
黄金树 hardy catalpa;northern catalpa;western catalpa
黄金双价制 two-tier gold price system
黄金探测器 gold detector
黄金准备金 gold cover
黄金总库 gold pool
黄经【天】 astronomic(al) longitude; celestial longitude; ecliptic longitude
黄经圈 circle of celestial longitude; circle of latitude; circle of longitude; ecliptic meridian; longitude circle;parallel of latitude
黄经岁差 precession in longitude
黄经章动 nutation in longitude;nutation of longitude
黄经总岁差 general precession in longitude
黄晶 Bohemian topaz;citrine;citron; false topaz; quartz topaz; topaz (quartz)
黄孔菌属 <拉> Xanthochrous
黄矿油 yellow mineral oil
黄矿脂 grease;tallow
黄葵酸 ambrettolic acid
黄葵油 ambutte-seed oil
黄腊布绝缘 cambric insulation
黄蜡 beeswax;cere;yellow wax
黄蜡布 cambric;yellow varnished insulating cloth
黄蜡布绝缘 cambric insulation
黄蜡绸 insulating varnished silk
黄蜡带 linotape;varnished bias tape
黄蜡管 cotton varnished sleeve
黄蜡套管 varnished tube
黄立德粉 yellow lithopone
黄沥青 <美国加州天然沥青> aragotite
黄栎 black oak;yellow oak
黄栗栎 Castanea pumila;chinquapin oak
黄粒浊沸石 <部分失水的浊沸石> Leonhardite
黄连 Chinese coptis
黄连木 Chinese pistacia;pistacia
黄连木属 <拉> Pistacia
黄磷 phosphor;yellow phosphorus
黄磷火柴 locofoco;yellow phosphorus match
黄磷铝钙石 cirrolite
黄磷铝铁矿 sigloite
黄磷锰铁矿 laueite;salmonsite
黄磷铅铀矿 renardite
黄磷铁钙矿 xanthoxenite
黄磷铁矿 cacoxenite
黄榴砷矿 berzeliite
黄榴石 <一种钙铁榴石> topazolite
黄栌 common smoke tree;cotinus coggugria;fustet;wig tree;young fustic
黄栌核(仁)油 sumac(h)seed oil
黄栌漆树属植物 sumac(h)
黄栌属 smoketree;Cotinus <拉>
黄绿脆云母 xanthophyllite
黄绿磷灰石 asparagolite; asparagus stone
黄绿滤光镜 yellow-green filter
黄绿铅矿 blixite
黄绿色 chartreuse;green-yellow;juniper;yellow-green
黄绿色的 greenish-yellow
黄绿色的杂色图案 variegated of yellowish green
黄绿石矿石 pyrochlore ore
黄绿荧光 yellow-green fluorescence
黄绿云母 lerrite
黄绿藻 yellow-green algae
黄绿蛭石 kerrite
黄氯汞矿 terlinguaite
黄氯铅矿 lorettoite
黄麻 Calcutta hemp;jute
黄麻板 jute board
黄麻被覆(电缆) serving jute
黄麻并拈机 jute doubler
黄麻布包装 jute wrap(ping)
黄麻布捕捞器 jute hessian drag
黄麻布袋 jute burlap
黄麻布拖网 jute hessian drag
黄麻布毡垫 jute hessian(canvas) mat
黄麻产品 jute products
黄麻粗纱机 jute roving frame
黄麻打包机 jute baling press
黄麻袋 gunny;jute bag <河工抢险用砂袋>
黄麻的纤维素 bastose
黄麻底背 jute backing
黄麻地毯 jute matting

黄麻垫 jute burlap mat
黄麻纺织机械 jute spinning and weaving machine
黄麻废料 jute waste
黄麻工厂 jute factory;jute mill
黄麻护层电缆 jute-protected cable
黄麻回丝 jute waste
黄麻或粗亚麻篷布 brattice cloth
黄麻加固 jute insertion
黄麻精纺机 jute spinning frame
黄麻绝缘电缆 jute-insulated cable
黄麻开包机 jute opener
黄麻棉混纺纱 jute cotton blended yarn
黄麻软麻机 jute softener
黄麻绳 jute rope;jute twine
黄麻绳芯 jute core
黄麻梳麻机 jute carder
黄麻水分测试仪 jute moisture tester
黄麻碎茎机 jute ribboner
黄麻套 jute covering;jute jacket
黄麻填缝 jute packing;jute seaming;yarning
黄麻填料 jute packing
黄麻纤维 jute fiber[fibre]
黄麻纤维毡 jute felt
黄麻线 jute yarn
黄麻芯钢索 hemp-centre cable
黄麻延展机 jute spreading machine
黄麻轧光机 jute calender
黄麻毡 jute burlap mat
黄麻织造 jute sacking
黄麻纸 jute paper
黄麻(制的麻)布 jute hessian(canvas)
黄麻栉梳机 jute spreading machine
黄麻属 Jews-mallow;jute
黄麻装饰花边 jute border
黄麻籽油 jute seed oil
黄梅季 rainy season
黄木 dyer's mulberry;fustics;old fustic;yellow wood
黄木树 <金棕色的，产于尼日利亚> opepe
黄钼铀矿 iriginite
黄泥 yellow mud
黄泥带 yellow ground
黄泥浆 yellow-mud
黄铌钙石 niocalite
黄黏[粘]土 iron clay
黄镍铁矿 heazlewoodite
黄蘗 <黄波罗> amur cork-tree
黄牛油 yellow grease
黄皮书 yellow book
黄嘌呤 xanthine
黄拼门腹板 lying panel
黄埔港 Port of Huangpu
黄浦江 Huangpu River
黄漆 yellow paint
黄漆布 yellow varnished cambric cloth
黄漆细麻布 yellow varnished cambric tape
黄旗 <航海用> yellow flag
黄铅丹 ground litharge
黄铅矾 lanarkite
黄铅粉 yellow lead(oxide)
黄铅矿 lanarkite
黄铅矿石 wulfenite
黄壤 geltozem;yellow earth;yellow soil;zheltozem
黄壤区 yellow earth area
黄热 yellow heat
黄热病 yellow fever
黄热病血清 anti-amarillic serum
黄热病疫苗 yellow fever vaccine
黄桑 old fustic;yellow wood
黄桑木 fustics
黄色 daffodil(e);yellow;yellowness
黄色斑点 yellow spotting
黄色板岩 yellow slate
黄色半透明玻璃纸 glassine paper yellow
黄色玻璃 canary glass
黄色玻璃灯泡 yellow glass bulb
黄色层 <感蓝层> yellow layer
黄色的 flava;khaki;yellow(y);xanthic
黄色灯 amber light
黄色灯光 yellow light
黄色酚醛瓷漆 yellow phenolic enamel
黄色钙质黏[粘]土 loess clay
黄色干颜料 yellow pigment
黄色厚革 buff
黄色黄铜 bush metal
黄色灰化土 yellow podzolic soil
黄色混凝土 yellow concrete
黄色交通灯信号 amber signal
黄色交通线 yellow line
黄色结核结节 caseous tubercle;yellow tubercle
黄色老化(现象) yellowing
黄色滤光器 yellow filter
黄色滤色镜 amber ray filter;yellow filter
黄色木材 yellow wood
黄色黏[粘]土 yellow clay
黄色浓雾 pea souper;pea soup fog
黄色染料 yellow dyes
黄色色淀 yellow lake
黄色森林土 yellow forest soil
黄色闪光 flashed yellow
黄色闪光灯 flashing amber;flashing yellow
黄色书面纸 colo(u)red cover paper yellow
黄色曙红 eosin Y;yellowish eosin
黄色素 flavochrome;yellow pigment
黄色铁钻土 yellow ferralsol
黄色土(壤) yellow soil
黄色洗剂 lotion flava;yellow wash
黄色现象 xanthochroism
黄色线 yellow line
黄色信号灯 yellow signal lamp;amber lamp
黄色信号灯玻璃 yellow signal lamp glass
黄色旋转球灯 amber rotating beacon
黄色颜料 yellow pigment
黄色氧化汞 yellow mercuric[mercury] oxide
黄色氧化铅 yellow lead(oxide)
黄色氧化铁 yellow iron oxide
黄色硬砖 <铺面用> Flemish brick
黄色油漆 yellow paint
黄色有机颜料 yellow organic pigment
黄色炸药 <一种掺有含碳物质如木浆或木炭的含硝化甘油或敏化硝酸铵的混合物> dynamite;gelatin(e) dynamite;picric acid;trinitrotoluene[TNT];trinol[TNT]
黄色炸药装填 charge of dynamite
黄色炸药装药量 charge of dynamite
黄色正长石 yellow orthoclase
黄色指示灯 yellow indicator lamp
黄沙雾 bai
黄砂 <又称黄沙> yellow sand
黄砂称筒 sand weighing barrel
黄砂-石灰石混凝土 sand limestone concrete
黄杉 Chinese Douglas fir;Douglas fir;Douglas pine;pseudotsuga
黄杉木 yellow cedar
黄杉素 taxifolin
黄杉属 Douglas fir;pseudotsuga;yellow fir
黄闪光 <注意信号> flashing yellow
黄砷榴石 berzeliite
黄砷氯铅矿 sahlinite
黄砷镍矿 xanthiosite
黄砷铀铁矿 kahlerite
黄蓍胶 bassora gum;tragacanth gum
黄蓍属【植】 astragalus
黄石 yellowish-brown stone;yellow stone
黄石公园 <美> Yellow Stone National Park
黄石英 pseudo-topaz
黄束沸石 beaumontite
黄树脂 yellow resin
黄水钒铝矿 satpaevite
黄水晶 occidental topaz;Scottish topaz;yellow quartz
黄水晶色 citrine
黄水磷铁矿 avelinoite;cyrilovite
黄水铁矾 challantite
黄水仙 daffodil(e);jonquil
黄松 yellow pine
黄松板 yellow deal
黄松油 yellow pine oil
黄素 flavin
黄檀 yellow sandalwood
黄檀木 rose wood;yellow sandal
黄檀属 <拉> Dalbergia
黄碳锶钠石 burbanite
黄锑华 stibiconite
黄锑矿 cervantite;stibiconite
黄锑铁矿 flajolotite
黄铁矾 ihleite
黄铁灰质页岩 ampelite
黄铁绢英岩石 beresitization
黄铁绢英岩 beresite
黄铁矿 alpine diamond;brassil;brazil;common pyrite;fire stone;fool's gold;iron pyrite;kies;marchasite;mundic;pyrite;scud;sideropyrite;sulfite ore;sulphur ore
黄铁矿焙烧 pyrite roasting
黄铁矿焙烧炉 pyrite roastor
黄铁矿鲕状岩 pyritic oolite
黄铁矿粉 pyrite dust
黄铁矿刮板 pyrites plow
黄铁矿化 pyritization
黄铁矿胶结物 pyrite cement
黄铁矿结核 fire stone;pyrite concretion;pyrite nodule
黄铁矿块 lump pyrite
黄铁矿矿化度 degree of pyritization
黄铁矿矿石 pyrite ore
黄铁矿硫 pyritic sulfur
黄铁矿石 pyritic rock
黄铁矿型多金属矿床 pyritic-type-polymetallic deposit
黄铁矿型铜矿床 pyritic copper deposit
黄铁矿型铜矿石 copper ore of pyrite type
黄铁矿岩 pyrite rock
黄铁矿冶炼 pyrite smelting;pyritic smelting
黄铁矿渣 pyrite cinder
黄铁矿质煤 carbopyrite
黄铁钠矾 amarillite
黄铁碳质页岩 ampelite
黄铁细晶斑岩 beresite porphyry
黄铜 cartridge brass;gun metal;Mallet alloy;nergandin;yellow brass;yellow metal;brass <铜锌合金>
黄铜板 brass plate;brass sheet;plate brass;sheet brass
黄铜棒 brass bar;brass rod
黄铜棒材 brass rod
黄铜保暖水龙头 brass long tail cock
黄铜扁丝 brass flat wire
黄铜表壳 brass watch case
黄铜玻璃窗 brass glazing
黄铜箔 brass foil;Dutch gold;flitter gold
黄铜薄板 sheet brass
黄铜薄片 latten brass
黄铜材轧机 brass rolling mill
黄铜车刀 brass turning tool
黄铜衬(套) brass bush(ing);brass lining
黄铜锤 brass hammer
黄铜存水弯 brass trap
黄铜带 brass band;brass strip
黄铜带锁扣水龙头 brass lock cock
黄铜导轨 <窗框滑槽用的> brass track
黄铜的 brassy
黄铜电焊条 brass electrode
黄铜垫圈 brass washer
黄铜钉 brass nail
黄铜锭 brass ingot
黄铜镀层 brass coating
黄铜锻件 brass forging
黄铜阀 brass valve
黄铜法兰 brass flange
黄铜防锈涂料 corrosion-proof paint for brass
黄铜分隔条 brass divider strip
黄铜粉 brass powder;gold bronze powder
黄铜覆盖层 brass casting
黄铜盖板 brass lid
黄铜工 brass smith;brazier
黄铜箍 <防止木材裂开的> brass thimble;brass sleeve
黄铜鼓 brass drum
黄铜管 brass pipe;brass tube;brazed copper tube
黄铜焊 brass brazing;brass soldering
黄铜焊接 copper bond;copper welding
黄铜焊接合金 brass brazing alloy
黄铜焊接头 finger-wiped joint
黄铜焊料 brazing solder
黄铜焊条 brass welding rod;brass welding wire
黄铜焊锡料 brass solder
黄铜合金 brass alloy;delta metal;yellow brass alloy
黄铜合页 brass hinge
黄铜横式逆止阀 brass swing check valve
黄铜厚铁铰链 brass-plated heavy iron hinge
黄铜环 brass billet
黄铜纪念碑 monumental brass
黄铜家具 brass furniture
黄铜匠 brasier[brazier]
黄铜接口(管) brazed nipple
黄铜接头 brass nipple
黄铜卷片 brass coiled sheet;brass mill sheet in coil
黄铜块 brass ingot
黄铜矿 blister copper ore;chalcopyrite;coal brass;copper pyrite;copper stone;fool's gold;pyrite copper ore;towanite;yellow pyrite
黄铜矿矿石 chalcopyrite ore
黄铜炼制工业废物 brass industries waste
黄铜链 brass chain;brass links
黄铜螺丝曲尺钩 brass square screw hook
黄铜螺丝弯钩 brass shouldered cup screw hook
黄铜螺纹堵头 brass screw plug
黄铜螺纹接口 brazed nipple
黄铜煤气龙头 brass gas cock
黄铜门阀 brass gate valve
黄铜门拉手 brass door handle
黄铜模 brass pattern
黄铜模铸 brass die casting
黄铜木螺丝 brass wood screw
黄铜凝气阀 brass trap
黄铜抛光 polished brass
黄铜配件 brass fittings
黄铜喷嘴 brazed nipple
黄铜皮 brass sheet;sheet brass

黄铜皮带水龙头 brass bib cock with nose for hose
黄铜片 latten(-tin);sheet brass
黄铜平头钉 brass tacks
黄铜平头木螺丝 brass countersunk head wood screw
黄铜气焊条 brass gas welding rod
黄铜气塞 brass air cock
黄铜器 brass
黄铜器皿 brass ware
黄铜器皿丝 brass-ware wire
黄铜钎料 brazing solder;brazing spelter
黄铜球 brass ball
黄铜球阀 brass ball valve;brass globe valve
黄铜圈 brass ring
黄铜热水龙头 brass hot water tap
黄铜色 brassiness;brazen yellow
黄铜色的 brassy(-looking);brazen
黄铜上釉 brass glazing
黄铜石棉密封衬垫 brass asbestos-filled gasket
黄铜水龙头 brass screw down bib cock;brass tap
黄铜丝 brass wire
黄铜丝布 brass wire cloth
黄铜丝刷 brass wire brush
黄铜丝网 brass wire gauze; brass wire mesh
黄铜锁 brass lock
黄铜弹簧 brass spring
黄铜弹簧圈 brass spring coil
黄铜套 brass jacket
黄铜套管 brass sleeve;brass thimble
黄铜填充的 brass filled
黄铜条 brass rod
黄铜筒衬套 brass cylinder bushing
黄铜凸缘 flange of brasses
黄铜弯柄旋塞 brass cock angle
黄铜网 brass screen
黄铜细工厂 brazier
黄铜销钉 brass dowel
黄铜小五金 brass hardware
黄铜镟屑 brass turning
黄铜烟雾 brass fume
黄铜硬件 brass hardware
黄铜与青铜 brass and bronze
黄铜圆头螺栓和螺母 brass bolts and nuts with round head
黄铜直角阀门 brass right-angled valve
黄铜制的 brazen
黄铜制品 brass
黄铜质 brassiness
黄铜轴衬 brass bush(ing)
黄铜轴承 brass bearing
黄铜轴瓦 brass lining;journal brass
黄铜铸件 brass casting;brassing
黄铜铸造 brass foundry
黄铜钻屑 brass boring
黄酮类 flavonoid
黄透绿柱石 heliodor
黄土 loess(i)al soil; loess(soil); yellow soil;sienna <一种颜料>
黄土按地质时代分类 classification of loess by geologic(al)era
黄土保持 loess conservation
黄土冰楔 loess wedge
黄土层 loess formation
黄土沉积 loess deposit
黄土沉积滑坡 loess deposit slide
黄土冲沟 loess gully
黄土的 loess(i)al;loessic
黄土的湿陷起始压力 initial pressure of subsidability of loess
黄土的湿陷性 collapsibility of loess
黄土地基湿陷等级 collapsible grade of loess foundation
黄土地貌 loess geomorphology;loess landform; loess relief; yellow soil relief
黄土地貌调查 survey of loess landform
黄土地区 loessal region;loessland
黄土地形 loess topography
黄土碟 loess dish
黄土风 yellow wind
黄土钙结核 loess(i)al nodule;loess nodule;loess puppet
黄土高原 loess highland;loess(i)al plateau;loess plateau
黄土沟间地貌 interfluve landform of loessland
黄土滑坡 loess landslide
黄土化作用 loessification
黄土堈 loess Jian;loess vale
黄土僵 loess concretion
黄土结核 doll;loess-child(kinder); loess chile; loess concretion; loess doll;loess kindchen;loess nodule
黄土井 loess well
黄土类壤土 loessal loam;loess-like loam
黄土类土 loess(i)al soil
黄土利用 loess land use
黄土梁 loess ridge
黄土流 loess flow
黄土垆坶 loess loam
黄土路堤 highway embankment built in loess plateau
黄土路面 sand clay road surface
黄土峁 loess hillock
黄土平原 loess plain
黄土坪 loess flat
黄土期 loessic stage
黄土潜蚀地貌 suffusion landform of loess land
黄土桥 loess bridge
黄土侵蚀 loess erosion
黄土侵蚀地貌 erosion landform of loessland
黄土区 loess area;loess region
黄土区冲沟 gull(e)y of loess land
黄土区河谷 valley of loess land
黄土区浅沟 shallow groove of loess land
黄土区细沟 rill of loessland
黄土溶滤变形系数 coefficient of leach deformation of loess
黄土湿陷 loess collapsibility
黄土湿陷类型 collapse of loess type
黄土湿陷性 subsidability of loess
黄土湿陷性的鉴别和分类 identification and classification of subsidability of loess
黄土湿陷性分级 collapsible grading of loess
黄土台塬地下水 groundwater in loess platform
黄土陷穴 loess sinkhole
黄土性壤土 loess loam
黄土性土(壤) loess(i)al soil;loess soil
黄土压缩变形系数 coefficient of compressive deformation of loess
黄土压缩试验 compression test of loess
黄土岩 loessite
黄土颜料 sienna
黄土釉 earthen glaze
黄土塬 loess tableland
黄土质的 loessal
黄土质粒状沉积 loess-type granular deposit
黄土质土(壤) loess soil;loess(i)al soil
黄土柱 loess column
黄土状土 loess(i)al soil;loess-like soil
黄土自重湿陷性 subsidability of loess under its own weight
黄烷士林黄 flavanthrene yellow
黄烷士酮黄 flavanthrone yellow
黄纬 astronomic(al)latitude;celestial latitude;ecliptic latitude;latitude
黄纬出差 evection in latitude
黄纬和黄经 latitude and longitude
黄纬平行圈 parallel of celestial latitude
黄纬圈 celestial parallel;circle of celestial latitude;circle of latitude;ecliptic parallel; latitude circle; parallel of latitude
黄硒铅石 kerstenite
黄锡矿 stannite
黄相黄丹 yellowish litharge
黄相绿 yellowish green
黄心料 clinker with brown core
黄胸白蚁 <拉> Reticulitermes flavicepes
黄锈渍 rust spot
黄雪 <伴有黄色花粉的雪> yellow snow
黄血盐 kafehydrocyanite; potassium ferrocyamde;yellow prussiate
黄血盐钠 yellow prussiate soda
黄焰 yellow flame
黄杨 Buxu microphylla var;common box tree;little leaf box
黄杨碱 buxine
黄杨绿 box green
黄杨木(材)boxwood
黄杨木蛋形球 boxwood bobbin
黄杨木捣塞 <扩展铅管端部的工具> boxwood tampin;tampin;turnpin
黄杨木雕 boxwood carving
黄杨木丁字尺 boxwood T square
黄杨木护面条 box slip
黄杨木卡尺 boxwood calliper rule
黄杨木刻 Chinese little leaf box wood carving
黄杨木修整器 boxwood dresser
黄杨木折尺 boxwood folding rule
黄杨属 <拉> Buxus
黄叶蜡石 biharite
黄叶柳 marsh elder
黄页电话号簿 yellow page
黄钇钽矿 formanite
黄银矿 xanthoconite
黄油 Albany grease;butter;consistent grease; consistent lubricant; cup grease;fat;grease;solid lubricant
黄油杯 grease cup
黄油绸 yellow oil silk
黄油刀 butter knife
黄油碟 butter dish
黄油粉 butter powder
黄油管道 grease line
黄油集贮区 <轴承内的> grease reservoir
黄油搅拌机 butter mixing machine
黄油搅拌器 butter churn
黄油均化机 butter homogenizer
黄油块 block grease
黄油密封 grease seal
黄油枪 doper;grease gun;hydraulic grease gun;lever grease gun;lubricating screw;pressure grease gun; pressure gun
黄油枪过渡接头 lubricator adapter
黄油枪用润滑脂 pressure-gun grease
黄油枪油嘴 pressure-gun fitting
黄油枪注油嘴 grease gun nipple
黄油腔 grease pocket
黄油揉拌机 butter worker
黄油提制机 butter making machine
黄油形成和包装机 butter shaping and packing machine
黄油制作机 butter making machine
黄油嘴 grease nipple
黄釉 yellow glaze
黄釉白花瓶 yellow glaze vase with white floral design
黄釉竹形帽架 bamboo shape hat stand with yellow glaze
黄鱼 yellow croaker
黄榆 bigfruit elm
黄雨 sulfur rain
黄玉 chrysotile;physalite;topaz
黄玉花岗岩 topaz granite
黄玉化作用 topazization
黄玉矿 topaz
黄玉石 rose aurora
黄玉石英云英岩 topaz quartz greisen
黄玉岩 topaz rock
黄玉云母云英岩 topaz muscovite greisen
黄玉云英岩 topaz greisen
黄原胶 xanthan gum
黄原凝胶 xanthan gel
黄原酸 xanthic acid;xanthogenic acid
黄原酸化作用 xanth(on)ation
黄原酸钾 potassium ethyldithio-carbonate; potassium ethylxanthogenate;potassium xanthogenate
黄原酸钠 sodium xanth(ogen)ate
黄原酸纤维素 cellulose xanthate
黄原酸盐 xanth(ogen)ate
黄原酸乙酯 ethyl xanth(ogen)ate
黄原酸酯 xanth(ogen)ate
黄原酸酯硫 xanthogenate sulfur
黄原酰胺 xanthic amide
黄藻类 yellow-green algae
黄渣 <含钴镍的砷硫化物> speiss
黄炸药 gum dynamite;trinitrotoluene [TNT]
黄樟 sassafras; canary sassafras <昆士兰州产>
黄樟脑素 safrole
黄樟素 shikimol
黄樟烯 safrene
黄樟油 oil of sassafras;sassafras oil
黄樟油精 safrol
黄赭石 sil; wax ocher; yellow ocher [ochre]
黄针铁矿 xanthsiderite
黄脂石 copalite;fossil copal
黄脂酸 copalic acid
黄中带绿色的 luteous
黄轴 axis of ecliptic
黄砖 buff brick;yellow brick
黄浊沸石 metalaumontite
黄棕壤 yellow-brown earth
黄棕色 cinnamon;yellow(ish)-brown
黄棕色桉木 yellow stringbark
黄棕色森林土 yellow-brown forest earth;yellow-brown forest soil
黄棕色印画 tan-ye
黄棕色硬木 <产于西印度及缅甸> cocuswood
黄钻石 by-water

煌斑花岗岩 lamprophyre-granite

煌斑结构 lamprophyric texture
煌斑片岩 lamproschist
煌斑岩 lamprophyre
煌斑岩类 lamprophyre group
煌斑岩型铀矿石 U ore of lamprophyre type
煌斑岩在 Q-A-P-F 中的分类图【地】 classification of lamprophyres in the Q-A-P-F
煌斑正长岩 lamprosyenite
煌焦油蓝 brilliant cresyl blue
煌蓝 brillant blue
煌绿 brilliant green
煌绿岩 greenstone

蝗 grass hopper

蝗虫 locust
蝗灾 plague of locusts

磺胺 sulfanilamide;sulfonamide

磺胺薄膜 sulfa film
磺胺废水 sulfanilamide wastewater
磺胺化作用 sulfamation
磺胺基 sulfanilamido
磺胺剂 sulfa drug
磺胺噻唑油膏 sulfathiazole ointment
磺氨基苯甲酸 sulfoaminobenzoic acid
磺化 sulfonate; sulfonation; sulfonating[sulphonating]
磺化苯乙烯树脂 sulfonated styrol resin
磺化蓖麻油 monopole oil; sulfonated castor oil; Turkey red oil
磺化蓖麻油酸 sulfo-ricinoleic acid
磺化不足 under-sulfonate
磺化的 sulfonated[sulphonated]
磺化法 sulfonation method
磺化酚醛树脂 sulfonated phenol formaldehyde resin
磺化锅 sulfidation pan
磺化过程 sulphonation
磺化褐煤 sulfonated lignite; sulphonating brown
磺化剂 sulphonating agent
磺化聚苯乙烯阳离子交换树脂 < 商品名 > Chempro C-20
磺化沥青火棉胶 collodion of sulfonated bitumen
磺化煤 sulfonated coal; sulphonated carbon
磺化煤阳离子交换剂 Zeo-Karb
磺化木质素 lignin-sulphonate; lignosulfonate[lignosulphonate]
磺化木质素灌浆材料 lignochrome
磺化瓶 sulphonating bottle
磺化器 sulfonator[sulphonator]
磺化松浆油 sulfonated tall oil
磺化烃 sulfonated hydrocarbon
磺化铜酞菁 sulfonated copper phthalocyanine
磺化妥尔油 sulfonated tall oil
磺化物 sulfonated body
磺化性 sulfonatability
磺化阳离子交换树脂 sulfonated cation resin
磺化氧化作用 sulfoxidation
磺化硬脂酸 sulfonated stearic acid
磺化油 sulfonated[sulphonated] oil
磺化油酸 sulfoleic acid; sulfonated oleicacid
磺化有机膦酸盐 sulfonated organophosphonates
磺化脂 sulfonate grease
磺化值 sulfonation number; sulfonation value
磺化指数 < 焦油试验用 > sulfonation [sulphonation] index(of tar)
磺化作用 sulfonation[sulphonation]
磺基 sulfogroup; sulfonic group; sulfo [sulpho]
磺基苯甲酸钠 sodium sulfo benzoate
磺基苯酸 sulfobenzoic acid
磺基蓖麻酸 sulfo-ricinoleic acid
磺基蓖麻油酸钠 sodium sulforicinate
磺基醋酸 sulfoacetic acid; sulfoethanoic acid
磺基丁二酸二辛酯 dioctyl sulphosuccinate
磺基琥珀酸二烷基酯 dialkyl sulphosuccinate
磺基铝酸盐水泥 < 一种膨胀水泥 > sulpho-aluminate cement; sulfoaluminate cement
磺基萘酚 sulfonaphthol
磺基萘红 sulfo-naphthyl red
磺基乙醇 isethionic acid
磺基乙酸 sulfoacetic acid
磺基乙酰化作用 sulfoacylation
磺基脂肪酸盐 sulfofatty acid salt
磺甲基褐煤 sulphonating methyl brown coal
磺酸 mahogany acid; sulfoacid; sulfonic acid
磺酸化作用 sulphofication
磺酸基 sulfonic group
磺酸金属盐 metal-organic sulfonate
磺酸(钠)皂 mahogany soap
磺酸树脂 sulphonic acid resin
磺酸型树脂 sulfonic resin
磺酸型阳离子交换树脂 sulfonic acid ion exchange resin
磺酸亚胺【化】sulfimide
磺酸盐 mahogany sulfonate; petroleum sulfonate; sulfonate [sulphonate]; sulfosalt
磺酸盐膨胀 sulfonate expansion
磺酸盐洗涤剂 sulfonate detergent
磺酸盐型表面活性剂 sulfonate surfactant
磺酸阳离子交换 sulfonic acid cation exchange
磺酸酯 sulfonate; sulphonic acid ester
磺酞指示剂 sulfuonephthalein indicator
磺烃酚醛塑料 carbolite
磺酰胺甲醛树脂 sulfonamide formaldehyde resin
磺酰胺类增塑剂 sulfonamide plasticizer
磺酰卤 sulfonyl acid halide
磺酰氯 sulfonyl chloride
磺酰溴 sulfonic acid bromide
磺原酸化 sulphidizing

簧板 spring plank

簧板喷油器 pulverizer for lubricating spring
簧齿除草耙 spring-toothed weeder
簧齿耙 spring-toothed harrow
簧杆 spring bar
簧管 reed pipe
簧环 < 开口的 > circlip
簧架 spring carrying block; spring support
簧节套 hinge of spring
簧喇叭 reed horn
簧盘阀 spring-disk valve
簧片 anchor; flap; leaf spring; reed; spring leaf
簧片触点 reed contact
簧片电风琴 orgatron
簧片阀 flexing valve; leaf-valve; reed valve
簧片黄铜 reed brass
簧片继电器 anchor relay; reed relay
簧片架 spring holder
簧片接触 switch jaw contact
簧片接点 spring contact
簧片开关 reed switch
簧片联轴器 flat spring coupling
簧片式夹紧装置 reed clip
簧片式频率计 reed frequency meter
簧片式转速表 reed tachometer
簧片推动臂 spring stud
簧片音响雾号 reed signal
簧片振动法 reed method
簧片振动频率 reed frequency
簧片指示器 reed indicator
簧片装药 anchor charge
簧片组合 spring combination
簧片组件 spring assembly
簧圈 spring coil
簧圈间距 coil space
簧圈节距 coil pitch
簧圈联轴器 spring ring coupling
簧圈螺垫【机】spring washer coil
簧圈系墙螺栓 spring-wing toggle bolt
簧上荷载 load on spring
簧上质量 sprung mass
簧上重力 sprung weight
簧上重量 sprung weight; suspended weight
簧上轴 sprung axle
簧舌 catch; languid; striking blade
簧舌式扬声器 magnetic armature loudspeaker
簧式继电器 reed relay
簧条直径 bar diameter of spring
簧托架 dumb iron
簧下垂直质量 vertically unsprung mass
簧下的 unsprung
簧下重力 unsprung weight
簧下重量 deadlight weight; unsprung weight
簧下轴 unsprung axle
簧压密封 spring-back gland
簧眼 spring eye
簧振指示器 reed indicator
簧震阻尼 damping of the oscillation of the spring
簧子 basket
簧座 spring abutment

恍惚 drowsiness

晃板 swing plate

晃动 slosh; swash; whine; wobble
晃动冷却 shaker cooling
晃动效应 sloshing effect
晃抖度 wow-flutter
晃眼 glare

谎报成本 falsify production cost

幌菊(饰) water-leaf

灰暗 gray; greyish

灰扒 ash picker
灰白冰 grey-white ice
灰白层 pale layer
灰白的 greyish-white; grizzled; hoar(y)
灰白色 ash grey[gray]; grayish-white; grizzle; hoar; iron gray[grey]
灰白色的 ashen; cinereous; hoar; lyart; off-white
灰白色条纹的 lyart
灰白色涂层 hoar
灰白色涂层的 hoar
灰白质 gray matter
灰百分含量 content of ash
灰斑 short finish; greyness < 钢板酸洗缺陷 >
灰斑点 gray speck
灰斑纹的镀锡薄钢板 dry streak plate
灰板 plasterer's hawk; mortarboard
灰板钉 plaster board nail
灰板木榫 counter lathing
灰板墙 wattle and da(u)b
灰板墙筋(材料) studding
灰板条 board lath; lath; plaster lath(ing); shide; shield board slat; wood(en) lath; common ground < 墙面墁灰用的 >
灰板条隔断 wooded lath stud partition
灰板条隔墙 wooded lath stud partition
灰板条抹灰隔墙 lath and plaster partition
灰板条墙 stoothing
灰板条上抹灰 plaster on wood(en) lath(ing)
灰板岩 ash slate
灰板纸 grey board
灰半球温度 hemi-sphere temperature of ash
灰背 loess-lime underlay
灰被釉 partridge feature spot
灰比 gray[grey] scale
灰边 edge fog
灰变 grey stain
灰变形温度 deformation temperature of ash
灰标 gray[grey] scale
灰表面 gray surface
灰冰 grey ice
灰饼 bedding dot; inner bead < 标志抹灰厚度 >
灰彩 grisaille painting
灰仓 ash bin; ash bunker; ashpit; dust bin; dust hopper
灰槽 ash box; ash bunker; ash cellar; ash chute; ash sluice; cinder box; dust hole; fire pan; mortar box; mud pan
灰层 ash bed; ash layer; ash zone; layer of ashes; ash formation
灰场 ash disposal area
灰车 ash car
灰尘 aerosol contaminant; air-borne sediment; ash; dirt; dust; grime
灰尘病 dust disease
灰尘捕集 dust arrest(ment)
灰尘层 staubosphere
灰尘沉积室 dust setting chamber
灰尘沉降 ash fall; dust fall
灰尘处理 ash-handling
灰尘处理泵 ash-handling pump
灰尘处理设备 dust-reclaiming mill
灰尘的 pulverulent
灰尘的形成 dust formation
灰尘多的 dusty
灰尘废料测定仪 dust trash meter
灰尘费 < 装卸扬尘货物时的附加费 > dusty money
灰尘分离 dust separation
灰尘分离的 dust separating
灰尘分离器 dust extractor; dust-separating equipment; dust separator
灰尘分离装置 dust-separating appliance
灰尘分散度 dust fraction
灰尘覆盖效应 blanketing effect of dust
灰尘过滤器 dust filter
灰尘含量 dust content; dust loading
灰尘混浊度 dust turbidity
灰尘计 coniometer konimeter
灰尘计数器 dust counter; konimeter
灰尘监测器 dust monitor
灰尘监测系统 dust monitoring system
灰尘聚集 dust accumulation
灰尘控制 dust control
灰尘粒径 particle-size of dust
灰尘浓度 dust concentration
灰尘取样器 dust sampler
灰尘污染 dust pollution
灰尘箱 dust bin
灰尘逸散 dust emission
灰尘影响 dust effect
灰尘与气流分离器 monarch
灰尘预调节 preconditioning of dust

灰尘杂质 dust impurity
灰沉淀池 ash pond
灰池 ash-lagoon; ashpit; ash pool ash pond; fire pan
灰匙 trowel
灰吹 cupel
灰吹法 cupellation
灰吹炉 cupellation furnace
灰吹盘 cupel
灰醇酸底漆 grey alkyd primer
灰大气 gray atmosphere
灰刀 buttering trowel
灰道 ash channel
灰的 cinerary
灰的成分 ash composition
灰的分析 ash analysis; size analysis of ash
灰的熔点 fusion point of ash
灰的筛析 size analysis of ash
灰底白板纸 coated duplex board with grey back; grey Manil(l)a board; Manil(l)a board; white Manil(l)a board
灰底板条工 lathwork
灰点 <可锻铸铁的> gray spot
灰洞 grey hole
灰斗 ash bunker; ash hopper; collection hopper; dust hopper; dust pot
灰斗加热器 hopper heater
灰斗料位指示器 hopper ash level indicator
灰斗闸门 ash sluice gate
灰斗振动器 hopper vibrator
灰度 grey scale; shade of gray[grey]; tonal value; gradation
灰度层次 gradation of gray[grey]
灰度等级 gradation of gray[grey]; grey value; step gray scale; grey level; grey scale
灰度电平 grey level
灰度范围 density latitude; tonal range
灰度放大器 gamma amplifier
灰度基线 grey pedestal
灰度畸变 tonal distortion
灰度级 level of gray tone; gray scale
灰度级测视图 gray scale chart
灰度级分辨率 gray scale resolution
灰度胶片 gray[grey] scale film
灰度校正 gamma correction; gray correction
灰度校正器 gamma corrector
灰度色标 gray scale
灰度台阶 grey pedestal
灰度特性 gray characteristic; gray-tone response; half-tone characteristic
灰度梯尺 gray[grey] scale; step wedge
灰度梯度 shades of gray[grey]
灰度图 density chart; gray-scale map; grey chart
灰度图像 gray level image
灰度系数的微分值 point gamma
灰度显示装置 grey scale display unit
灰度响应 gray-tone response
灰度信号发生器 grey scale generator
灰度阈值化 gray level thresholding
灰度再现 gray-scale rendition; half-tone reproduction
灰度值 gray[grey] level; grey(scale) value
灰度重现 gray-scale rendition
灰堆 ash dump; dust heap
灰发 gray[grey] hair; hoary hair
灰分 ash constituent; ash specification; coal ash; residue of combustion
灰分测定 ash determination
灰分产率分级 ash content graduation
灰分处理 ash-handling
灰分处理池 ash-lagoon
灰分定性测定 qualitative examination of ash
灰分分析 ash analysis
灰分高的 high ash
灰分规格 ash specification
灰分含量 content of ashes; ash content
灰分含量测定 ash content test
灰分含量试验 ash content test
灰分熔点 ash fusion temperature
灰分熔度 ash fusibility
灰分试验 ash test
灰分损失 ash loss
灰分特性曲线 ash characteristic curve
灰分组成 ash composition
灰缝 masonry joint; mason's joint; mortar joint; plaster joint
灰缝灌浆 joint grouting
灰缝加固 mortar joint reinforcement
灰缝销 bed dowel
灰腐木天牛【植】 old house borer
灰钙土 gray desert[steppe] soil; sierozem(soil)
灰盖【地】 tepetate
灰膏 emplaster
灰狗长途汽车 <美> greyhound
灰钴矿 grey cobalt ore; jaipurite
灰关联度分析 gray correlation analysis
灰管 ash pipe
灰光(灯) ash light; lime light
灰硅钙石 spurrite
灰裹砂 sand enveloped with cement
灰盒 ashpan
灰褐的 dirty
灰褐色 beige; biscuit; dust colo(u)r; grayish brown; grey-brown; mouse; mouse-colo(u)r; taupe
灰褐色玻璃 smoked glass
灰褐色的 ficelle
灰褐色硬木 <印度> Hollock
灰褐土(壤) gray[grey]-brown soil; gray[grey] cinnamonic soil
灰褐有斑驳的硬木 <尼日利亚产> mansonia
灰鹤 common crane
灰黑变色 grayish-black stain
灰黑榴石 melanite
灰黑色 gray[grey]-black; London smoke
灰黑色板岩 Pennsylvania slate
灰黑色颜料 drop black pigment
灰红色 cedar; gray[grey]-red
灰胡桃 white walnut
灰花岗岩 <细颗粒的,产于英国阿伯丁> Sclattie
灰华洞 calcareous-sinter cave
灰化 ashing; chalking; cinefaction; podzolize
灰化草甸土 podzolized meadow soil
灰化层 podzolic horizon; spodic horizon
灰化池 slaking pit
灰化的 podzolic
灰化滚筒 slaking drum
灰化红黄壤 red yellow podzolic soil
灰化红壤 podzolized laterite; podzolized red earth; red podzolic(laterite) soil
灰化红土 podzolized laterite; podzolized red earth; red podzolic(laterite) soil
灰化黄壤 podzolic yellow earth; podzolized yellow earth; yellow podzolic soil
灰化了的 ashed
灰化炉 calcination furnace
灰化泥煤 podzolic peat
灰化泥炭 podzolic peat
灰化土 ash-grey[gray] soil; podsol[podzol]; podzolic soil
灰化土常绿灌丛 mure
灰化土及生草灰化土 podzoluvisol
灰化土类 podzolic soils
灰化土壤 podzolic soil
灰化土有机质 organic matter of a podzol
灰化样品 ashed sample
灰化沼泽土 podzolized bog soil
灰化植物化学分析 chemical analysis of ashed plant
灰化砖红壤 red podzolic laterite
灰化棕壤 brown podzolic soil; podzolic brown earth
灰化棕色森林土 brown podzolic soil
灰化作用 podzolization
灰荒漠土 grey desert steppe soil
灰黄琥珀 ambrite
灰黄霉酸 fulvic acid
灰黄色 ecru; grayish[greyish]-yellow; isabel(la)
灰黄色的 isabelline; sallow
灰黄色硬砂岩 grayish[greyish]-yellow grit
灰黄素 fulvicin
灰或水泥浆流化剂 grout fluidifier
灰基泥浆 lime base mud; lime-treated mud
灰集比 <指水泥骨料比> cement-aggregate ratio
灰集比的正确选择 cement-aggregate compatibility
灰碱 barilla
灰浆 grout; mortar(mix); plaster; wet grout; wet mortar
灰浆斑点 mortar stain
灰浆板 ga(u)ging board; hawk; plaster slab; mortar-board
灰浆拌和 mortar fabrication
灰浆拌和板 ga(u)ging board
灰浆拌和厂 mortar mixing plant
灰浆拌和机 grout mixer; machine grout mixer; mortar mill; mortar mixer
灰浆拌和器 grout mixer
灰浆拌和输送泵 plaster mixer pump
灰浆泵 ash pump; grout pump; mortar pump; plaster pump
灰浆泵送管 mortar pumping tube
灰浆泵送和气力喷注机 mortar pumping and air placing machine
灰浆表面 mortar skin
灰浆薄层 mortar skin
灰浆材料 mortar material
灰浆槽 mortar trough; trug
灰浆层 bedding mortar; bed of mortar; mortar bed; mortar layer; plaster coat
灰浆层法 mortar-bed method
灰浆层划痕 pricking up
灰浆层罩面 hardwall plaster
灰浆掺和料 mortar admixture
灰浆掺和防水材料工艺 integral system
灰浆铲 mortar sledge
灰浆衬砌 mortar lining
灰浆成分 mortar ingredient
灰浆成分的百分含量 mortar fraction
灰浆池 mortar box; mortar tank
灰浆冲筋 mortar strip
灰浆稠度 mortar consistency
灰浆稠化剂 mortar densifying agent; mortar integral waterpellent admix(ture); mortar integral waterproof(ing) agent
灰浆稠化器 mortar densifier
灰浆打底 plaster rendering
灰浆打底层 bed of mortar
灰浆等级 class of mortar
灰浆底层 mortar base course
灰浆底座 mortar base; mortar pan
灰浆法配合混凝土成分 proportioning on a cement-paste basis
灰浆法配料 proportioning on a cement-paste basis
灰浆防水层 mortar waterproofer
灰浆防水掺和料 integral compound
灰浆防水粉 <用于干拌的> mortar waterproofer
灰浆防水工 mortar waterproofer
灰浆封层 mortar seal(ing); slurry seal(coat)
灰浆蜂窝 mortar pocket
灰浆辅助料 mortar aid
灰浆附加剂 mortar additive; mortar agent
灰浆覆盖层 mortar course; mortar covering
灰浆盖面 mortar cover
灰浆干燥剂 paste drier[dryer]
灰浆干燥器 paste drier[dryer]
灰浆工厂 mortar factory; mortar plant; mortar works
灰浆工程 mortar works
灰浆工序 wet trade
灰浆工作 mortar work
灰浆勾缝 mortar fill(ing)
灰浆骨料 mortar aggregate
灰浆刮板 mortar screed(for plastering)
灰浆刮片 mortar sledge
灰浆灌缝 grouting joint
灰浆灌浆 joint grouting
灰浆罐 mortar tank
灰浆过量的混凝土混合料 over-mortared concrete mix
灰浆含量 mortar content
灰浆护罩 grout retaining cap
灰浆回填 backfill with mortar
灰浆混合比 mortar mix(ing) ratio
灰浆混合机 mortar mixer; mortar mixing machine
灰浆混合料 mortar admixture; plaster mix(ture)
灰浆混合助剂 mortar mixing aid
灰浆基层 mortar base course
灰浆基础 mortar base
灰浆集料 mortar aggregate; plaster aggregate
灰浆挤缝 shoved joint
灰浆加工机械 mortar material machine
灰浆加筋 plaster reinforcement
灰浆坚实度 mortar consistency
灰浆减水剂 mortar water-reducing agent
灰浆浆流化剂 grout fluidifier
灰浆胶层 veneer of mortar
灰浆搅拌厂 mortar mixing plant
灰浆搅拌机 mortar mill; mortar mixer; mortar mixing machine; mortar plaster mixer; plaster mixer
灰浆搅拌设备 mortar mixing plant
灰浆搅拌助剂 mortar mixing aid
灰浆接缝 mortar joint
灰浆接管 mortar joint pipe
灰浆结碎石面 mortar-bound macadam
灰浆浸润剂 mortar wetting agent
灰浆开裂 cracking in plaster
灰浆可湿剂 mortar wetting agent
灰浆空隙 gaul
灰浆空隙比 mortar-void ratio
灰浆空隙配合法 proportioning by mortar-voids method
灰浆空隙配料法 proportioning by mortar-voids method
灰浆孔隙 gaul
灰浆孔隙比 mortar-void ratio
灰浆孔隙法 <混凝土> mortar-void method

H

灰浆孔隙配合法 proportioning by mortar-voids method
灰浆勒脚层 mortar base course
灰浆类 mortar class
灰浆棱柱体 mortar prism
灰浆流化剂 grout fluidifier
灰浆泌浆率 bleeding capacity
灰浆泌水率 bleeding capacity
灰浆密封 mortar seal(ing);slurry seal
灰浆面层 mortar course
灰浆抹面 mortar cover;mortar top
灰浆内涂层 plaster undercoat
灰浆黏[粘]合剂 bonding agent for mortar;plaster bonding agent
灰浆黏[粘]结的 mortar-bound
灰浆凝固 mortar setting;setting of mortar
灰浆凝结 setting of mortar
灰浆盘 mortar pan
灰浆配比 mortar mix(ing) ratio
灰浆配合(比) mortar proportioning;proportioning of mortar
灰浆配料 mortar ingredient
灰浆喷溅(法) mortar splashing
灰浆喷枪 mortar gun
灰浆喷洒 mortar dropping
灰浆喷射 mortar splashing;plaster shooting
灰浆喷射机 mortar sprayer
灰浆喷射器 mortar sprayer;plastering machine
灰浆喷涂 mortar dropping
灰浆喷涂机 mortar sprayer;mortar spray machine
灰浆皮 mortar skin
灰浆平整层 even bed of mortar;level(l)ing course
灰浆平整垫层 even bed of mortar
灰浆坡度 grout slope
灰浆铺撒器 grout spreader
灰浆砌合 mortar bond
灰浆砌合强度 mortar bond strength
灰浆砌墙 plaster wall(ing)
灰浆砌墙工作 mortar masonry(work)
灰浆砌檐瓦 collaring
灰浆砌筑 mortar bond
灰浆嵌缝 mortar-calked joint
灰浆嵌入 mortar fill(ing)
灰浆强度 mortar strength
灰浆墙 slurry wall
灰浆侵入(岩层) mortar intrusion
灰浆蠕变 creep of mortar;mortar creep
灰浆润湿剂 mortar wetting agent
灰浆撒铺机 mortar spreader
灰浆塞(子) mortar ping;mortar plug
灰浆色浆喷刷机 lime and colour washer
灰浆砂 sand for mortar
灰浆砂浆搅拌机 plaster mortar mixer
灰浆生产 mortar fabrication
灰浆试块 mortar specimen
灰浆试配 firstings
灰浆手推车 grout car(t)
灰浆输送 mortar handling;mortar transport
灰浆输送泵 lime paste handling pump;mortar conveying pump
灰浆塑化剂 mortar plasticizing agent
灰浆塑性变形 mortar creep
灰浆塑性蠕变 mortar creep
灰浆摊铺机 mortar spreader
灰浆添加剂 mortar additive;mortar agent
灰浆添加料 mortar additive
灰浆填补 mortar fill(ing)
灰浆填料 grout filler
灰浆桶 bailer;mortar hod;mortar pan;mortar tank;hod
灰浆涂层 mortar covering
灰浆涂料 plaster mix(ture)
灰浆涂抹 plaster rendering
灰浆团 mortar lump
灰浆(托)板 fat board
灰浆外皮 skin of grout
灰浆圬工 mortar masonry(work)
灰浆污斑 mortar stain
灰浆污点 mortar stain
灰浆(小)车 grout car(t)
灰浆压块 mortar cube
灰浆样板 mortar screed(for plastering)
灰浆样品 mortar specimen
灰浆用骨料 plaster aggregate
灰浆用集料 plaster aggregate
灰浆用砂 mortar sand
灰浆圆筒 mortar cylinder
灰浆圆柱块 mortar cylinder
灰浆运输 mortar transport
灰浆运送 mortar handling;mortar transport
灰浆增韧剂 mortar plasticizing agent
灰浆增湿剂 mortar wetting agent
灰浆增塑剂 mortar plasticizer;mortar plasticizing agent;mortar workability agent
灰浆罩 mortar cover
灰浆止水 mortar seal(ing);slurry seal
灰浆制备 mortar preparation
灰浆制备设备 mortar fabrication installation
灰浆制造 mortar fabrication
灰浆种类 kinds of mortar
灰浆注入试验 mortar injection test
灰浆着色剂 mortar stain
灰浆总体防水掺和剂 mortar integral waterpellent admix(ture)
灰浆总体防水剂 <指不透水性> mortar integral waterproof(ing) agent
灰浆组分百分比 mortar percentage
灰胶纸柏板 gypsum;plasterboard
灰胶纸柏板(薄板)隔墙 plasterboard sheet partition wall
灰胶纸柏板墙 plasterboard wall
灰胶纸板 plasterboard
灰阶 gray[grey] scale
灰阶图 graymap[greymap]
灰阶显示 gray[grey] scale display
灰结反应 pozzolanic-cementation reaction
灰结构 tuffaceous texture
灰结作用 pozzolanic-cementation
灰浸 liming
灰浸法 liming process
灰烬 ash;ember
灰烬的 cindery
灰胫歪嘴白蚁 <拉> Capritermes fuscotibialis
灰钧釉 grey Jun glaze
灰坑 ash bin;ash box;ash-can;ash cellar;ash hole;ashpit;cave;cinder box;fire pan;midden;soot pit
灰坑门 ashpan door;ashpit door
灰坑调节板 ashpit damper
灰坑污水 wastewater from ashpit
灰坑线 ashpit track
灰控制系统 ash-handling system
灰口生铁 graphite[graphitic] pig iron;gray[grey] pigiron
灰口铁 grey[gray] (cast) iron
灰口铁铸件 gray castings;gray (cast-) iron castings
灰口铸铁 ferrosteel;gray[grey] cast iron
灰口铸铁粉 gray cast-iron powder
灰口铸铁笼 cast-iron grill
灰蓝灰岩 calp
灰蓝色 dove;dusty blue;gray[grey]-blue;stone blue;bice <颜料>
灰蓝色花岗岩 <英国产> Rubislaw
灰砾 lime gravel
灰砾岛 lime gravel island
灰粒 soot particle
灰领工人 <自动化工厂的观察仪表工> gray-collar
灰领阶层的 <指维修工人> gray-collar
灰流动温度 flow temperature of ash T three
灰硫铋铅矿 bursaite
灰硫砷铅矿 jordanite
灰绿黄色 absinthe yellow
灰绿蓝色 robin's egg blue
灰绿色 celadon;dusty green;grayish [greyish]-green;mignonette;sage green
灰绿色漆 sage green paint
灰绿色淤泥 gray[grey]-green mud
灰墁 stucco;bricklayer's trowel;brick trowel
灰墁钢网 expanded metal
灰芒硝 watterillite
灰煤 culm
灰门 ash door
灰锰矿 gray manganese ore
灰锰氧 potassium hypermanganate;potassium permanganate
灰面 red dog
灰面拉毛 daubing
灰面屋 lath and plaster shed
灰皿 cupel
灰磨 ashing
灰抹地板 plaster floor
灰抹子 plaster's float;plaster's trowel
灰漠钙土 desert gray soil;sierozem
灰漠境土 gray desert soil
灰漠土 desert gray soil;gray desert soil
灰泥 chalky clay;chinking;compo(st);daubing;malm;marl;mortar (plaster);parge (t);plaster (board);pila <有考古价值和趣味的>;plaster mix
灰泥凹圆面 plaster cove
灰泥斑点 plaster dot
灰泥板 gypsum;plasterboard;plasterboard panel partition(wall);spot board
灰泥板顶棚 plasterboard ceiling
灰泥板接缝 plasterboard joint
灰泥板接缝底层黏[粘]结剂 plasterboard-joint bedding compound
灰泥板接缝机 plasterboard joint taping machine
灰泥板接缝饰面黏[粘]结剂 plasterboard joint finishing compound
灰泥板接缝黏[粘]结剂 plasterboard joint compound
灰泥板条 plaster('s) lath(ing)
灰泥拌和机及输送泵 plaster mixer pump
灰泥泵 plaster pump
灰泥表面涂层 <绘壁画前准备的> chaircolling
灰泥表面纹理抹子 texture float
灰泥捕集器 sludge trap
灰泥材料 mortar material
灰泥层 parge coat;plaster coat
灰泥厂 plaster plant
灰泥厂商 plaster manufacturer
灰泥的末道抹光层 putty coat
灰泥底层 rough coat
灰泥底子 plaster scratch coat
灰泥雕带 <古典建筑柱石横梁与挑梁之间的> plaster frieze
灰泥吊顶 plaster ceiling;suspended plaster ceiling
灰泥粉饰 stucco
灰泥粉饰檐 stuccocornic ceiling
灰泥骨料 plaster aggregate
灰泥护角 plaster bead
灰泥护墙板帽 plaster wainscot cap
灰泥环 plaster ring
灰泥混合料 plaster mix(ture)
灰泥或墙粉爆孔 blowing of plaster
灰泥或水泥抹面 <罗马沟渠内的> signinum opus
灰泥基底的金属板条 metal lathing
灰泥基底的木板条 timber lathing
灰泥基底饰面砖 plaster-base finish tile
灰泥角化症 stucco keratosis
灰泥搅拌机 planet agitator;plaster mixer
灰泥裂缝 plaster crack
灰泥卵石涂层 pebble dash
灰泥面 plastering
灰泥名称 <广泛用于熟石膏板面层> battle axe
灰泥模 stucco pattern
灰泥抹面层 parge coat
灰泥抹面墙 stucco-encrusted wall
灰泥黏[粘]结剂 plaster bond
灰泥黏[粘]结力 plaster bond
灰泥凝结 plaster set
灰泥凝块 grumeaux
灰泥抛光 dabbing
灰泥抛毛 dabbing
灰泥配料 plaster ingredient
灰泥墙粉黏[粘]结剂 plaster bond
灰泥墙角 plaster corner
灰泥墙角护条 plaster bead
灰泥墙面粗糙化处理 sand finish
灰泥穹顶 plaster cupola
灰泥石灰岩 mudstone
灰泥饰面抹灰 parget-work
灰泥填塞 slushing
灰泥桶 boss
灰泥涂抹 plaster dab
灰泥团 plaster dab
灰泥无缝地板 plasterjointless floor(ing)
灰泥线(脚) run mo(u)lding
灰泥小块 plaster dab
灰泥悬吊平顶 <起隔声绝热作用> plastered counter ceiling
灰泥岩 calcilutite [calcilutyte];lime mudrock
灰泥檐口线脚 plaster cornice
灰泥用底漆 plaster primer
灰泥圆屋顶 plaster cupola
灰泥制作者 plaster manufacturer
灰泥中拌麻丝器 hair hook
灰泥注浆 injecting grout
灰泥砖瓦搬运工 hod carrier;hodman
灰泥状的 plastery
灰泥状性质 putty-like property
灰腻子 spackling;spackle
灰耙 raker
灰盘 ashpan;ash tray
灰盘车轴护挡 ashpan axle guard
灰盘吹风阀 ashpan blower valve
灰盘进风口 ashpan air opening
灰盘漏斗 ashpan drum
灰盘喷水管 ashpan drencher
灰盘调节板 ashpan damper
灰盘调节风门 ashpan damper
灰盘托 ashpan support
灰泡 blub;dusty seed;fine seed
灰泡玻璃 seedy glass
灰盆 ashpan;ash tray
灰桤木 speckled alder
灰青红 ashes of roses
灰青灰质页岩 blae
灰青色 steel gray
灰青碳质页岩 blae;calm
灰圈 ash ring
灰壤 gray-brown podzolic soil;podsol [podzol];podzol(ic) soil;sierozem;

H

spodosol
灰壤淀积层 spodic horizon；spodzolic horizon
灰壤化作用 podsolisation[podzolization]
灰壤淋溶层 bleicherde
灰壤式成土作用 podzol type of soil formation
灰溶温度 ash fusion temperature
灰熔点 ash-fusion
灰乳色 oyster white
灰色 gray；neutral colo(u)r
灰色斑 grey speck
灰色板岩 grey slate
灰色包装纸 gray wrap
灰色标度 grey scale
灰色波特兰水泥 gray Portland cement
灰色玻璃 gray[grey] glass
灰色铂 gray platinum
灰色草原土 gray steppe soil
灰色冲积土壤 gray warp soil
灰色次砖 grizzle
灰色大气 grey atmosphere
灰色的 ashen；ashy；cinereous；grizzle(d)；grayish[greyish]
灰色等级 gray scale
灰色调 grey shade
灰色度 grayness[greyness]；gray scale
灰色废水 gray[grey] waste(water)
灰色腐植酸 grey humic acid
灰色光楔钮 gray[grey] wedge knob
灰色硅酸盐水泥 gray[grey] Portland cement
灰色花岗岩 gray[grey] granite；Chelmsford gray <美国马萨诸塞州产>；Diamond gray <一种产于美国明尼苏达州的花岗岩>；deeside <一种产于挪威的花岗岩>
灰色环氧防腐漆 gray epoxy anti-corrosive paint
灰色环氧面漆 grey epoxy finish
灰色荒原草原土 grey desert steppe soil
灰色灰化土 gray[grey] podzolic soil
灰色接触网版 gray[grey] contact screen
灰色浸润 gray[grey] infiltration
灰色控制系统模型 gray[grey] control system(model)
灰色理论 gray theory
灰色沥青 dopplerite
灰色滤波器 gray[grey] filter
灰色滤光镜 gray[grey] filter
灰色滤光片 gray[grey] filter
灰色密度梯尺 gray[grey] step wedge
灰色面积 gray[grey] area
灰色模式识别模型 gray[grey]-mode identification model
灰色泥炭 bawn
灰色黏[粘]土 gray[grey] clay
灰色派 the grays
灰色平板玻璃 gray[grey] plate glass
灰色平衡 grey[grey] balance
灰色评估法 grey[grey] system assessment method
灰色热带土 grey[grey] tropical soil
灰色软化 gray[grey] softening
灰色软泥 gray[grey] mud
灰色色调 tone of gray[grey]
灰色森林草原土 phaiozem
灰色森林土及黑土区 phaiozem and black soil area
灰色森林土(壤) gray[grey] forest soil；gray[grey] wooded soil
灰色沙漠土 gray[grey] desert soil
灰色砂岩 gray[grey] grit；gray[grey] post；gray[grey] sandstone；forest of dean <产于格拉撒斯特郡的>
灰色深浅度 shade of gray[grey]
灰色石灰 gray[grey] lime
灰色石灰砂浆 gray[grey] lime mortar
灰色蚀斑 gray[grey] corrosion
灰色水泥 gray[grey] cement
灰色体 gray[grey] body；non-selective radiator
灰色铁质土 gray[grey] ferruginous soil
灰色土 <一种天然砂土混合物> gray[grey] soil；ashen-grey soil
灰色微暗煤 gray[grey] durite
灰色萎缩 gray[grey] atrophy
灰色物质 gray[grey] matter
灰色系统 gray[grey] system
灰色细菌 gray bacteria
灰色橡胶 gray[grey] rubber
灰色橡胶板 gray[grey] rubber sheet
灰色锌糊 gray[grey] zinc mush
灰色岩 graystone；greystone
灰色叶 gray[grey] leaf
灰色荧光屏 dark face；gray[grey] face plate
灰色硬结 gray[grey] induration
灰色油 gray[grey] oil
灰色油性易干腻子 gray[grey] quick drying putty
灰色淤积泥 gray[grey] warp soil
灰色淤泥 gray[grey] silt mud
灰色云铁醇酸瓷漆 gray[grey] micaceous iron oxide alkyd enamel
灰色杂砂岩 graywacke[greywacke]
灰色装饰画法 grisaille
灰沙岛 lime sand island
灰砂 daubing；lime sand；tabby
灰砂比 cement-sand ratio
灰砂比法 cement-sand ratio method
灰砂层法 mortar-bed method
灰砂垫层 cement and sand cushion
灰砂斗 <搬运灰泥砖瓦用> hod；mortar hod
灰砂分离器 grit separator
灰砂粉刷 lime sand plaster；sand plaster
灰砂混合料 sand-lime mix(ture)
灰砂混凝土建筑砖 concrete sand-lime building brick
灰砂浆托板 mortar-board
灰砂胶结料 mortar cement
灰砂冷 cooling in dust or sand
灰砂面砖 sand-lime facing brick
灰砂水泥 mortar cement
灰砂碎砖混凝土 lime sand-broken brick concrete
灰砂土 <一种天然砂混合物> gray grit
灰砂岩 malmstone
灰砂砖 Dinas brick；lime sand brick；malm brick；malm rock；malta brick；Midhurst white；sand-lime brick
灰砂砖过梁 sand-lime brick lintel
灰砷铅矿 rathite
灰生铁 gray[grey] pig iron
灰石比的正确选择 cement-aggregate compatibility
灰石灰 <白垩土烧制的> greystone lime
灰石石灰砂浆 greystone lime mortar
灰水 ash water；gray[grey] water
灰水泵 ash water pump
灰水比 cement-water factor；cement-water ratio
灰水玻璃 ash water glass
灰水化粪池污水 gray[grey] water septic tank
灰水回收 gray[grey] water reclamation
灰体 gray body
灰体辐射 gray[grey]-body radiation
灰体辐射器 gray[grey] radiator
灰体吸收体 gray[grey] receiver
灰条 lath
灰条工 lathwork
灰条木榫 <垫木的> brandering
灰条平顶 plastered wood-lath ceiling
灰铁锰矿 bixbyite；partridgeite
灰铁铸造厂 gray[grey] iron foundry
灰桶 dust hopper
灰涂打底【建】 scratch coat
灰土 lime earth；lime soil；orthod；spodosol
灰土垫层 lime-soil cushion
灰土夯实 lime earth rammed；rammed lime earth
灰土混合料 lime sandy clay mixture
灰土基础 lime and earth foundation；spodosol mass foundation
灰土挤密桩 lime-soil compaction pile
灰土井 lime-soil well
灰土井柱 lime-soil well column
灰土配合比 lime earth mix
灰土墙 lime earth wall
灰土桩 lime-soil pile
灰土桩挤密 lime soil compaction pile
灰团 lumping
灰瓦岩 graywacke[greywacke]
灰纹理大理石 calacata
灰雾 <摄影> fog；photographic(al) fog
灰雾密度 fog density
灰雾抑制剂 anti-foggant
灰雾值 fog value
灰吸收 ash absorption
灰吸收率 ash absorption rate
灰析 liming out；limit out
灰硒铜矿 bellidoite
灰锡 gray[grey]-tin；tin pest
灰隙比 cement-space ratio
灰隙比法 void-cement ratio method
灰线(脚) run mo(u)lding
灰线靠尺 running rule
灰线模具 horse mo(u)ld；running mo(u)ld
灰线模子 running mo(u)ld
灰箱 ash bin；ash box；ash-can；cinder box
灰箱拉门 ashpan hopper slide
灰箱漏斗 ashpan dumper；ashpan hopper
灰箱门 ash-box door
灰象法 spodography
灰硝石 nitrocalcite
灰楔 grey wedge；neutral density wedge；sensitometric wedge；step wedge；wedge of neutral glass
灰屑砂岩 calcarenaceous sandstone
灰屑岩 calcarenite；calclithite
灰性石膏 montmartite
灰玄土 greywacke
灰岩 limestone
灰岩板 <火山> ash slate
灰岩参差蚀面【地】 rascle
灰岩残丘 haystack hill；hum；karst tower；mogote；pepino hill
灰岩储集层 limestone reservoir
灰岩大洼地 hojo
灰岩洞 limestone cave；swallet hole
灰岩沟化作用 lapiesation
灰岩尖柱 painted pillar
灰岩介壳 coquina shell
灰岩坑 cloup；dolina[doline]；sinkhole(lake)；sotch；swallet；water sink
灰岩坑平原 sinkhole plain
灰岩盆 ouvala；uvala；vala
灰岩盆地 cockpit；interior valley；poljie[复 polgia]
灰岩盆地湖 poljie lake
灰岩丘 hum
灰岩区水文学 karstic hydrology
灰岩深沟 grike
灰岩渗水坑 swabet；swallow hole
灰岩陷坑 limestone sink
灰岩相 limestone facies
灰岩型铀矿石 U ore of limestone type
灰岩柱 lime pillar
灰窑 lime kiln
灰页岩 ashy shale
灰铱锇矿 siser(t)skite[syser(t)skite]
灰油涂料 ash paint
灰釉 ash glaze；wood ash glaze
灰藻 lime algae
灰渣 cinder；clinker；dross
灰渣泵房 slag pumping station
灰渣层 ash formation
灰渣斗 ash hopper
灰渣沟 slag ditch
灰渣混凝土 ash concrete
灰渣浆池 sump
灰渣铺面 lime-ash flooring
灰渣侵蚀 ash attack
灰渣石地面 lime-ash flooring
灰渣石(灰)铺面 lime-ash flooring
灰渣石灰(砌)块 ash tile
灰渣石灰砖(砌)块 ash-lime block
灰渣输送带 ash conveyer[conveyor]
灰渣输送机 ash conveyer[conveyor]
灰渣苏打法水处理 lime soda ash process
灰渣团聚 ash agglomeration
灰锗矿 briartite
灰正长岩 cottaite
灰汁 lye
灰纸板 gray board
灰纸版 grey paper
灰质 gray[grey] substance；gray[grey] matter
灰质白云岩 calcite dolomite；limey dolomite
灰质板岩 limestone slate
灰质层 gray[grey] layer
灰质沉积 calcareous deposit
灰质沉凝灰岩 calcareous tuff
灰质粗砂岩 calcareous grit
灰质腐泥 saprocol
灰质腐泥煤岩 saprocollite
灰质核【地】 kankar
灰质结砾岩 calcrete
灰质壳 hard pan
灰质矿渣 calcareous incrustation
灰质泥灰岩 calcareous marl(ite)；lime(y) marl(ite)；marly limestone
灰质黏[粘]土 adobe(clay)；adobe soil；limy clay
灰质黏[粘]土岩 lime claystone
灰质凝灰岩 ash-tuff；calc(i)tuff
灰质软泥 caustic lime mud
灰质砂岩 calcareous sandstone；lime sandstone
灰质碎屑岩 calcilutyte
灰质土(壤) limy soil；adobe soil
灰质新月 gray[grey] crescent
灰质岩 lime rock
灰质页岩 calcareous shale
灰质淤泥 causatic lime mud
灰中硫 sulfur in ash
灰铸铁 gray[grey](cast) iron；gray[grey] pig iron；pearlitic cast-iron
灰铸铁管 gray[grey] iron pipe
灰铸铁交通标柱 gray[grey] cast-iron bollard
灰铸铁配件 gray[grey] cast-iron fitting
灰铸铁系缆柱 gray[grey] cast-iron bollard
灰铸铁闸瓦 gray[grey] cast-iron brake shoe
灰铸铁铸造废水 gray[grey] iron foundry wastewater
灰紫色 gray[grey]-violet
灰棕漠境土 gray[grey]-brown desert soil

灰棕壤 gray[grey]-brown earth
灰棕色 Beige;taupe brown
灰棕色荒漠土 gray[grey]-brown desert soil
灰棕色灰化土 brown limerized soil;gray[grey]-brown podzolic soil
灰棕色黏[粘]土 grayish[greyish]-brown clay
灰棕色森林土(壤) gray[grey]-brown forest soil

恢复操作 enable

恢复操作信号 enabling signal
恢复常数 recovery constant
恢复程序 recovery program(me);rerun routine
恢复冲洗液循环 restoring lost circulation
恢复打印码 print restore code
恢复到中心位置 ewcentralize;recentralizing
恢复的 regenerative
恢复的控制点 recovered control
恢复点 point of resurgence;recovery point
恢复电流 recovery current;restoring current
恢复电路 recovery circuit;restore circuit
恢复电压 recovery voltage;restoring voltage
恢复定位 restoring to normal position
恢复端 reset terminal
恢复发盘 renew offer
恢复法 restoring method
恢复方式 reset mode
恢复费用 remitting funds
恢复费用法 replacement cost method
恢复服务 service resumption
恢复符 demodifier
恢复工作 recovery work;reinstatement work
恢复构造形态 recovery of structure form
恢复管道输送能力 restoring pipeline capacity
恢复管理 recovery management
恢复过程 recovery procedure;rejuvenation
恢复(过程)曲线 recovery curve
恢复环境 rehabilitation of the environment
恢复活动 resurgence
恢复活力 revitalize
恢复计时器 recovery timer
恢复记录 recovery record
恢复继电器 reset relay
恢复价值 reinstatement cost
恢复键 reset key
恢复景观 landscape restoration
恢复控制部件 recovery control unit
恢复力 recovery force;resilience;restoring force
恢复力函数 restoring function
恢复力矩 counter moment;counter-rotating torque;restoring moment;righting moment
恢复力模型 restoring model
恢复力特性 hysteretic behavio(u)r;restoration characteristic;restoring force behavio(u)r
恢复路形 reshape
恢复率 recovery rate;recovery ratio;restoration ratio
恢复能力 recovery capability;recovery capacity;recuperability;recuperative capacity;recuperative power;restorability
恢复能量 restored energy
恢复屏幕 restore screen
恢复期 recovery phase;recovery time;restoration stage
恢复器 restitutor;restorer
恢复热 recovery heat
恢复设备 restorer
恢复生态 re-cultivation
恢复时间 healing time;recovery time;resetting time
恢复时期 period of recovery;reparation period
恢复实物原状 restitution in kind
恢复实用程序 recovery utility
恢复使用 desterilize
恢复室 recovery nursing unit;recovery room
恢复水平 level off
恢复水位 recovered water table;recovering water level
恢复水位的图解法 graphic(al) method of water level recovery
恢复水位法 tube method
恢复水位观测时间 observation period of recovered water level
恢复速度 recovery rate;reset rate
恢复速度标志 sign of recovery speed;T sign
恢复速率 recovery rate
恢复速率常数 healing rate constant
恢复通车 restoring traffic
恢复土壤全部的平衡 recovery of soil-equilibrated potassium
恢复完整 redintegration
恢复维修 unscheduled maintenance
恢复温度 recovery temperature
恢复文件 recovery file
恢复系 restorer line
恢复系数 coefficient of recovery;coefficient of restitution;recovery coefficient;recovery factor;reset rate
恢复现场 restoration of site
恢复线路的优先等级 restoration priority
恢复信号 restoring signal
恢复信息组 recovery information set
恢复兴旺 pick-up
恢复行车 restore to traffic
恢复性 healing property;recoverability
恢复性充电 recovery charger
恢复性能 restorability
恢复性驯化 acclimatization for recovery
恢复循环 restore circulation;restriction lost circulation;break circulation <钻孔内冲洗液>
恢复压力 build-up pressure;recovered pressure
恢复压力测试 pressure built-up test
恢复延迟 restitution delay
恢复有效条款 reinstatement
恢复元件 resetter
恢复(原先)接线 reconnection
恢复原状 bring home;fetch home;reconversion;reinstatement;renature;restoration to the original condition
恢复原状的 quits
恢复运行 service resumption
恢复运行继电器 service restoring relay
恢复(运转)的平均时间 mean time to restore
恢复载波 exalted carrier;reinsertion of carrier
恢复载波接收 reconditional-carrier reception
恢复载频系统 exalted-carrier system
恢复者 restorer
恢复正点 recovering time lost
恢复执行合同 recovery of the performance
恢复植被 re-cultivation
恢复中断 recovery interrupt
恢复中心 rehabilitation center[centre]
恢复自然环境 natural environment rehabilitation
恢复阻塞滤池 restoring clogged filter
恢复钻井产量工作 well rejuvenating
恢复作用 rehabilitation

挥动信号 wave

挥发 fly-off;volatilize
挥发焙烧 volatilization roasting
挥发部分 volatile fraction
挥发材料 volatile matter
挥发程度 volatile grade
挥发处理 volatile treatment
挥发的 evaporable
挥发的油品 evaporated product
挥发度 volatility
挥发度测定 volatility test;volatilization test(ing)
挥发度积 volatility product
挥发度计 vapo(u)rimeter
挥发度指数 volatility index
挥发法 volatilization method
挥发反应 volatilization reaction
挥发范围 volatility range
挥发分 volatile matter
挥发分百分含量 content of volatile
挥发分产率 volatile matter yield
挥发分分析 volatile matter analysis
挥发分含量 volatile matter content
挥发分析 volatilization analysis
挥发份 fugitive constituent
挥发干燥 drying by evapo(u)ration
挥发剂 propellant[propellent]
挥发减量 volatile loss
挥发可燃物 volatile combustible matter
挥发硫 volatile sulfur
挥发率 evaporation rate
挥发漆 spirit varnish
挥发器 volatilizer
挥发水 evaporable water
挥发顺序 sequence of volatility
挥发速度计 evaporometer
挥发损耗 volatilizing loss
挥发损失 volatile loss;volatilization loss
挥发温度 volatilization temperature
挥发物 volatile
挥发物含量 volatile content
挥发物含量百分率 percentage of volatile matters
挥发物散发标准 emission standard
挥发物体 volatile substance;volatile material
挥发物质 volatile combustible;volatile matter;volatile substance
挥发系数 volatility coefficient
挥发性 evaporability;volatileness;volatility
挥发性氨 volatile ammonia
挥发性材料 volatile material
挥发性残渣 volatile residue
挥发性搽剂 linimentum volatile;volatile liniment
挥发性产品 evaporated product;volatile product
挥发性成分 volatile component;volatile constituent;volatile flux
挥发性乘积 volatility product
挥发性冲淡剂 volatile thinner
挥发性瓷漆 lacquer enamel
挥发性催干剂 volatile drier[dryer]
挥发性的 volatile
挥发性毒物 volatile poison
挥发性芳香族有机物 volatile aromatics organics
挥发性防腐蚀剂 vapo(u)rific inhibitor
挥发性防锈剂 volatile rust-proofing agent
挥发性酚 volatile phenol
挥发性酚化合物 volatile phenol compound
挥发性覆盖层 volatile covering
挥发性固体 evaporative solid;volatile solid
挥发性固体含量 volatile solid content
挥发性固体物总量 total volatile solids
挥发性光漆 spirit lacquer
挥发性化合物 volatile compound
挥发性混合液悬浮固体 volatile mixed liquor suspended solid
挥发性碱 volatile alkali
挥发性胶黏[粘]剂 solvent adhesive
挥发性金属 volatile metal
挥发性可燃液体 volatile inflammable liquid
挥发性蜡克 spirit lacquer
挥发性磷化合物 volatile phosphorus compound
挥发性流体 volatile fluid
挥发性馏分 volatile distillate
挥发性卤代烃 volatile halohydrocarbon
挥发性卤代有机化合物 volatile halogenated organics compound
挥发性卤代有机物 volatile halogenated organics
挥发性氯化芳香族 volatile chlorinated aromatics
挥发性氯化烃 volatile chlorinated hydrocarbon
挥发性煤 volatile coal
挥发性面漆 volatile lacquer
挥发性漆 finishing lacquer;lacquer
挥发性漆漆膜 lacquer film
挥发性漆稀释剂 lacquer thinner
挥发性气体 escaping gas
挥发性羟基苯 volatile hydroxybenzene
挥发性清漆 spirit varnish;volatile varnish
挥发性燃料 volatile fuel
挥发性燃油 volatile fuel oil
挥发性溶剂 volatile solvent
挥发性溶解固体 volatile dissolved solid
挥发性润滑剂 fugitive lubricant
挥发性杀虫剂 volatile insecticide
挥发性生物固体浓度 biomass volatile solids concentration
挥发性石油溶剂油 volatile mineral spirit
挥发性试验 volatility test;volatilization test(ing)
挥发性酸 volatile acid
挥发性酸碱度 volatile acid alkalinity
挥发性酸浓度 volatile acid concentration
挥发性炭 fluid carbon
挥发性调漆料 volatile vehicle
挥发性污染物 volatile contaminant;volatile pollutant
挥发性污染物分析 volatile contaminant analysis
挥发性无光漆 spirit flat varnish
挥发性无光饰面 spirit matt finish
挥发性无机化合物 volatile inorganic compound
挥发性物质 volatile;volatile matter;volatile substance;volatile material
挥发性物质的放射性 volatile activity
挥发性稀释剂 volatile diluent;volatile thinner

挥发性悬浮固体 volatile suspended solid
挥发性悬浮固体含量 volatile suspended solids concentration
挥发性悬浮固体累积 volatile suspended solids accumulation
挥发性悬浮(固体)物 volatile suspended matter;volatile suspended substance
挥发性盐基总氮 total volatile basic nitrogen
挥发性液态烃 volatile liquid hydrocarbon
挥发性液体 volatile liquefaction;volatile liquid;volatile material
挥发性易燃液体 volatile flammable liquid
挥发性油 attar;cleaning oil;naphtha;benzin(e);volatile fluid;volatile oil
挥发性有机化合物 volatile organic compound
挥发性有机化合物含量 volatile organic compound level
挥发性有机化合物控制技术 volatile organic compound control technology
挥发性有机化合物排放物清单 volatile organic compound emission inventory
挥发性有机化合物问题工作组 working group on volatile organic compounds
挥发性有机化学物 volatile organic chemicals
挥发性有机化学物废水处理 volatile organic chemicals wastewater treatment
挥发性有机卤化物 volatile organic halogen
挥发性有机卤素 volatile organic halogen
挥发性有机卤素化合物 volatile organohalogen compound
挥发性有机生物剂 volatile organic biogenic substance
挥发性有机酸 volatile organic acid
挥发性有机碳 volatile organic carbon
挥发性有机污染物 volatile organic contaminant;volatile organic pollutant
挥发性有机物 volatile organics
挥发性有机物分析法 volatile organic analysis
挥发性展色剂 volatile vehicle
挥发性蒸发 volatile evapo(u)ration
挥发性蒸发残渣 volatile evapo(u)ration residue
挥发性脂肪酸 volatile fatty acid
挥发性脂肪酸降解 volatile fatty acid degradation
挥发性助熔剂 volatile flux
挥发性阻蚀剂 volatile corrosion inhibitor
挥发性组分 volatile component;volatile flux;volatile constituent
挥发盐 sal volatile
挥发冶金 vapometallurgy
挥发液 volatile fluid
挥发油 essential oil;gasolene;ligroin(e);oleum volatile;abietene <自美国加州所产的一种松树脂蒸取的>
挥发预混式燃烧器装置 volatilizer premix burner system
挥发元素 volatile element
挥发增孔剂 volatile spacing agent
挥发作用 vapo(u)rization;volatilization

辉安山岩 pyroxene andesite
辉安岩 auganite
辉斑玄武岩 augitophyre
辉铋矿 bismuth glance;bismuthinite
辉铋矿矿石 bismuthinite ore
辉铋矿自然铋矿石英脉建造 bismuthinite-native bismuth-quartz vein formation
辉铋镍矿 grunauite
辉铋铅矿 galenobismutite
辉铋铜矿 cuprobismutite
辉铋铜铅矿 lindstromite
辉铋银铅矿 gustavite
辉长斑岩 gabbro porphyry;gabbrophyre
辉长玢岩 gabbro porphyrite
辉长煌斑岩 gabbrophyre
辉长结构 gabbroic texture;gabbro texture
辉长纳尔逊岩 gabbro nelsonite
辉长闪长岩 gabbro diorite
辉长苏长岩 gabbronorite
辉长钛铁磷灰岩 gabbro nelsonite
辉长伟晶岩 gabbropegmatite
辉长细晶岩 beerachite;gabbro aplite;gabbroic aplite
辉长斜长岩 gabbroic anorthosite
辉长玄武岩 gabbro-basalt;gabbroid-basaltic rock
辉长岩 gabbro;graniton
辉长岩床 gabbro sill
辉长岩合铜镍建造 gabbro-copper and nickel-bearing formation
辉长岩红钴银矿 beerbachite
辉长岩镜片 gabbroic lens
辉长岩类 gabbro group;gabbroite
辉长岩(修成的)堤岸 gabbroitic dike[dyke]
辉长岩状 gabbroid
辉长正长岩 gabbro-syenite
辉长质侵入岩分类图 classification of gabbroic intrusive rocks
辉赤铁矿 specular iron
辉碲铋矿 tetradymite
辉点 bright spot;luminosity;spot
辉度 brightness;brilliance[brilliancy];luminance
辉度水平 intensity level;luminance level
辉度调制法 brilliance modulation method
辉沸石 desmine;stilbite
辉橄粗面岩 arsoite
辉橄霞斜岩 kylite
辉橄岩 augite peridotite
辉汞矿 onofrite;selenium metacinnabar
辉钴矿 cobaltite
辉光 aura[复 aurae/auras];glow
辉光的 aural
辉光灯 electric(al) discharge lamp;glow lamp
辉光灯泡 glow bulb
辉光灯丝 glow heater
辉光等离子体 glow plasma
辉光点燃器 glow-switch starter
辉光电位 glow potential
辉光电晕 glow corona
辉光放电 cold cathode discharge;glow-discharge
辉光放电传声器 glow-discharge microphone
辉光放电氮化 glow-discharge nitriding
辉光放电灯 glim lamp;glow-discharge lamp;negative glow lamp
辉光放电等离子体 glow-discharge plasma
辉光放电电流 glow current
辉光放电电位 glow-discharge potential
辉光放电电压 glow-discharge voltage
辉光放电电子枪 glow-discharge electron gun
辉光放电法 glow-discharge method
辉光放电放大管 glow-discharge amplifier tube
辉光放电风速计 glow-discharge anemometer
辉光放电高压整流管 takktron
辉光放电管 anotron;glow-discharge cold-cathode tube;glow-discharge lamp;glow-discharge tube;glow lamp;negative glow lamp
辉光放电管示波器 glow-tube oscilloscope
辉光放电管振荡器 glow-tube oscillator
辉光放电检测器 glow-discharge detector
辉光放电开关 glow switch
辉光放电控制器 glow-discharge detector
辉光放电清洗 glow-discharge cleaning
辉光放电所得润滑剂 glow-discharge lubricant
辉光放电调压管 glow-discharge voltage regulator
辉光放电示位器 glow-discharge positional indicator
辉光放电位置指示器 glow-discharge positional indicator
辉光放电稳定管 glow-discharge stabilizer
辉光放电显示板 glow-discharge display panel
辉光放电压力计 glow-discharge manometer
辉光放电阴极 glow-discharge cathode
辉光放电整流器 glow-discharge rectifier
辉光共振器 luminous resonator
辉光管 aurora tube;glow tube
辉光管振动指示器 ondoscope
辉光加热器 glow heater
辉光离子氮化炉 glow ion nitrogen furnace
辉光启动器 glow(-switch) starter
辉光曲线 glow curve
辉光散射 glory scattering
辉光数码管 glow numerating tube
辉光调压放电管 glow-discharge voltage regulator tube
辉光调制管 glow modulator tube
辉光谐振器 luminous resonator
辉光阴极 glowing cathode
辉光阴极整流器 glow cathode rectifier
辉光云母 brittle mica;brittle pearl mica
辉光闸流管 glow thyratron
辉光转移指示灯 glow transfer indicator
辉角页岩相 pyroxene-hornfels facies
辉矿类 glance
辉铼铜矿 dzhezkazganite
辉沥青 glance pitch;glunzpech
辉亮部分 highlight
辉亮脉冲 brightening pulse
辉亮信号传输电路 brightness channel
辉榴蓝晶岩 grospydite
辉绿暗色岩 diabase traprock
辉绿暗色岩屑 <一种用沥青材料处治过的> rockite
辉绿斑岩 diabase porphyry
辉绿斑状结构 ophimottling
辉绿玢岩 allgovite
辉绿结构 ophitic texture
辉绿泥石 diabantite
辉绿凝灰岩 diabasic tuff;schalstein
辉绿嵌晶结构 poikilophitic texture
辉绿细晶岩 diabase aplite
辉绿岩 di(a)base;ophite;dolerite <英>
辉绿岩衬里 diabasic lining
辉绿岩结构 diabasic texture
辉绿岩结构的 ophitic
辉绿岩类 diabase group
辉绿岩相 diabase facies
辉绿岩屑 diabase chip(ping)s
辉绿质的 diabasic
辉绿状的 ophitic
辉煤 glance coal
辉锰矿 manganblende
辉钼矿 molybdenite
辉钼矿矿石 molybdenire ore
辉钼矿石英脉 molybdenum-quartz vein
辉钼矿石英脉建造 molybdenite-wolframite-quartz vein formation
辉镍矿 polydymite
辉片岩 erlan
辉铅铋矿 cannizzarite;galenobismutite
辉铅锑矿 dadsonite
辉球半径 <雷达性能监视> sun radius
辉熔斑岩 gabbrophyre
辉熔长石 shergottite
辉闪苦橄岩 olivinite
辉闪石类 pyrhibole
辉闪岩 perknite
辉闪岩类 perknite
辉砷钴矿 cobalt glance;cobaltite;gray cobalt;white cobalt
辉砷镍矿 gersdorffite;nickel glance;dobschauite
辉砷锑镍矿 wolfachite
辉砷铜矿 lautite
辉砷银铅矿 lengenbachite
辉石 augite;basaltine;octobolite;pyroxene;schorl noir
辉石安山玢岩 pyrhibole granular porphyrite
辉石安山岩 pyroxene andesite
辉石暗玢石 augite melaphyre
辉石白云(石)碳酸岩 pyroxene rauhaugite
辉石斑岩 augite porphyry
辉石玻璃 pyroxene glass
辉石二长片麻岩 pyroxene monzogneiss
辉石方解石碳酸岩 pyroxene alvikite
辉石玢岩 augite porphyrite
辉石橄榄石云斜煌岩 pyroxene olivine kersantite
辉石橄榄岩 pyroxene peridotite
辉石橄榄云煌岩 pyroxene olivine minette
辉石黑云碳酸岩 pyroxene sovite
辉石花斑岩 augite granophyre
辉石花岗石 augite granite;granitelle
辉石尖榴辉岩 pyroxene ariegite
辉石角闪石橄榄岩 pyroxene amphibole peridotite
辉石角闪石岩 pyroxene hornblendite
辉石角闪斜长片麻岩 pyroxene hornblende plagioclase gneiss
辉石角岩相 pyroxene-hornfels facies
辉石鬣刺岩 pyroxene spinifex
辉石麻粒岩 pyroxene granulite
辉石镁云碳酸岩 pyroxene beforsite
辉石钠长伟晶岩 augite albit pegmatite
辉石青盘岩 augite propylite
辉石闪长石 augite diorite
辉石闪长岩 pyroxene diorite
辉石斜长片麻岩 pyroxene plagioclase gneiss
辉石斜长岩 pyroxene anorthosite
辉石岩 augite rock;pyroxenite
辉石岩类 pyroxenite group
辉石正长石 augite syenite

H

辉石组 pyroxene group
辉铊矿 carlinite
辉铊锑矿 vrbaite
辉锑铋矿 horobetsuite
辉锑矿 antimonite; antimony glance; grey antimony; stibnite
辉锑矿矿石 stibnite ore
辉锑矿砂 gray antimony
辉锑镍矿 ullmannite
辉锑铅矿 boulangerite; meneghinite; zin(c)kenite
辉锑铅银矿 diaphorite
辉锑砂 antimony glance
辉锑铁矿 berthierite
辉锑铜矿 skinnerite
辉锑铜银铅矿 nakaseite
辉锑锡铅矿 franckeite
辉锑银矿 miargyrite
辉锑银铅矿 ramdohrite
辉锑钴矿 willyamite
辉铁黄长岩 uncompahgrite
辉铁铊矿 picotpaulite
辉铜矿 beta chalcocite; chalcocite; chalcopyrite; chalcosine; copper glance; glance copper; redruthite; vitreous copper
辉铜矿化 chalcocitization
辉铜矿矿石 chalcocite ore
辉铜矿石 vitreous copper ore
辉铜银矿 jalpaite
辉纹 <辉光放电的> striation
辉钨矿 tungstenite
辉硒铋铜铅矿 nordstromite
辉硒铅铋矿 weibullite
辉硒银矿 aguilarite
辉锡矿 berndtite
辉斜岩 algovite
辉岩 pyroxenite
辉耀构造 flamboyant structure
辉叶矿 ganophyllite
辉叶石 ganophyllite
辉银矿 argentite; argyrite; silver glance
辉英安岩 pyroxene dacite
辉云碱煌岩 damkjernite
辉状斑岩 gabbroporphyry

徽章 badge; emblem; insignia

回摆半径 sweep radius
回摆(程) backswing
回摆法 oscillation method
回摆晶体法 oscillating crystal method
回摆式安全器 swingback safety release
回摆图 oscillation photograph
回摆弹簧 swinger spring
回摆图的对称 oscillation photograph symmetry
回摆图指标化 oscillation photograph indexing
回摆液压缸 swing cylinder
回摆照相机 oscillation camera; rotation camera
回摆装置 <起重机> swing unit
回报系统 talk-back system
回爆 blowback
回闭锁 back locking
回避反应 avoidance reaction; avoiding reaction
回避反应试验 avoidance reaction test; escape react test
回避风险 risk aversion
回避实验 avoidance test
回避试验 avoidance test
回避条件反射 avoidance conditioning reflex
回避条件作用 avoidance conditioning
回避条款 escape clause
回避行动 avoidance behavio(u)r
回避障碍 obstacle avoidance; balking obstacle
回臂起重机 slewing crane
回拨温度法节能 temperature set back save energy
回波 backward wave; backwater wave; back wave; blip; echo; liquid back; return(ing) wave; travel(l)ing echo
回波波道 echo channel
回波捕捉 echo acquisition
回波采样器 echo sampler
回波参量放大器 backward-wave parametric(al) amplifier; backward-wave power amplifier
回波测高计 Alexanderson altimeter; echo altimeter
回波测高仪 echo altimeter
回波测井 echo log
回波测距 echo location; echo ranging
回波测距仪 echo apparatus
回波测量 echo-sounding; echo-sounder work
回波测深 echo(depth) sounding
回波测深仪 echo(depth) sounder; echometer; echo-sounding device; fathometer
回波测探 echo-sounding; echo-sounder work
回波颤动 echo flutter
回波长度 echo length
回波初至 echo arrival
回波传递时间 echo transmission time
回波磁控管 backward-wave magnetron
回波等强线 echo contour
回波定位 echo bearing; echo fixation
回波定位器 echo locator
回波对消 echo cancellation
回波法 <超声检测的> echo method
回波反射式超声诊断仪 pulsed echo ultrasonoscope
回波方位 echo bearing
回波放大器 backward-wave amplifier
回波分裂雷达 echo-splitting radar
回波峰值 echo-peak
回波符号 echo sign
回波干扰 echo interference; echo trouble
回波高度计 echo altimeter
回波功率 backward-wave power
回波功率放大器 backward-wave power amplifier
回波共振腔 echo box
回波管 backward-wave tube; carcinotron
回波畸变 echo distortion
回波计 echometer
回波计时 echo timing
回波记录仪 echograph
回波检验【计】echo check(ing)
回波检验技术 echo check technique
回波校验 echo check(ing)
回波阱 echo trap
回波均衡器 echo equalizer
回波空腔谐振器 echo-box actuator; echo cavity resonator
回波宽度 echo duration
回波雷达 echo radar
回波滤波器 echo filter; echo trap
回波逻辑的 echo logical
回波脉冲 echo impulse; echo pulse
回波面积 echo area; radar cross-section; target cross section
回波描记术 echography
回波频率 echo frequency
回波起伏 glint
回波起始扫描 echo start sweep
回波强度 echo intensity; echo strength
回波强度指示器 echo strength indicator
回波区 echo area
回波射束 returned beam
回波失真 echo distortion
回波时延 echo delay time
回波识别 echo recognition
回波式超声仪 echo sonoscope
回波衰减 echo attenuation
回波损耗 return loss
回波探测 echo sounding; reflection sounding
回波探测潮汐计 <放置在海底的> inverted echo sounder tide ga(u)ge
回波探测器 echo sound
回波特性 echoing characteristic
回波图 echogram
回波图像 echo image
回波卫星 echo satellite
回波显示屏 echo board
回波现象 echoing
回波陷波器 echo trap
回波相关处理器 correlation echo processor
回波箱 echo box
回波箱激励器 echo-box actuator
回波消除 echo cancellation; echo elimination
回波消除器 echo eliminator
回波效应 doubling effect; echo effect
回波谐振器 echo resonator; echo box
回波谐振腔 echo box
回波谐振腔装置 echo-box actuator
回波信号 back echo; echoed signal
回波信号的抑制 echo suppression
回波信号放大器 echo amplifier
回波抑制 echo killing; echo suppression
回波抑制器 echo killer; echo suppresser[suppressor]
回波抑制设备 echo trap
回波抑制装置 echo trap
回波振荡器 backward-wave oscillator
回波振幅 echo amplitude
回波中继装置 echo repeater unit
回波阻尼器 echo suppresser[suppressor]
回播传播时间 echo delay time
回采 rehandling boom; stope(ring); stoping; withdrawal; extracting
回采地质指导 stoping geologic(al) control
回采法 extraction system
回采方法 stopping method
回采方向 direction of working
回采工作 stoping
回采工作空间 working room
回采工作面 stope
回采工作面数 pit room
回采工作面信号 face signal
回采工作面运输 face haulage; primary haulage
回采工作者 stoper
回采厚度 stopping width
回采机械 stopping machine
回采阶段探采结合 drilling-mining combine of stoping
回采井 recovery well
回采空间 free working
回采矿量保有期限 period of retention extraction reserves
回采矿量变动 variation of extraction reserves
回采矿柱 stooping
回采率 degree of extraction; percentage extraction; rate of withdrawal; recovery ratio; recovery
回采煤(矿)柱 pillaring; bring back pillar
回采区炮眼 blast hole in stope; stope hole
回采区用小型架式气钻 Waughammer (drill)
回采设备 reclaiming facility; reclaiming plant
回采巷道矿柱 cut-off pillar; cut-off jamb
回采用凿岩机 Waugh hammer
回采中心 focal point of working
回采柱廊 stooping
回采装置 reclaiming installation
回采钻眼 stope drilling
回舱货运费 back freight
回测 back cast
回差 back lash
回差现象 backlash phenomenon
回场时间 pull-in time
回潮 damping; moisture regain; regain of moisture
回潮率 regain
回潮水 tidal backwater
回车 carriage return; return【机】
回车按钮 carriage return button
回车半径 turning radius
回车场 turnaround loop; turning area; turning place
回车导轨 carriage rail
回车道 turnaround loop; turning lane
回车广场 turning place
回车换行 new line
回车换行字符 new line character
回车键 return key
回车坪 turnaround pad
回车线 turnaround
回车圆 turning circle
回车转盘 turning circle
回车字符 backspace character; carriage return character
回程 back draught; backstroke; backswing; backward stroke; inbound; retract; return (journey); return run; return stroke; return travel; return trip; return voyage; reverse; reverse drive; reverse running
回程爆炸 back shooting
回程编组 inbound marshalling
回程标志 reverse sign
回程电压 backswing voltage
回程费 back haul
回程费率 returned shipment rate
回程缸 kicker cylinder; pullback cylinder; return cylinder
回程鼓 end pulley
回程航次 homebound voyage; homeward voyage
回程活塞 drawback piston
回程货(物) back cargo; back freight; back haul; return cargo; homeward cargo; return freight
回程货运价 homeward rate
回程间隔 retrace interval
回程卡 return card
回程皮带 <皮带输送机的> return (unloaded) belt
回程偏心轮 rear eccentric
回程牵引力 tractive effort on return
回程切削 draw cut
回程日期 date of return
回程时间 flyback time; return interval; return time
回程速度 opening speed; return speed; speed of return stroke
回程损耗 return loss
回程弹簧 back(ward) spring; retracting spring
回程调配 inbound marshalling
回程通路 backward path
回程位置 backward position
回程误差 backward error; hysteresis

error
回程系数 return factor
回程线 flyback line
回程消隐 return-trace blanking
回程邮递付现 cash by return mail
回程游丝 drawback spring; return spring
回程运动 return motion
回程运费 back freight; home freight; inbound freight; return freight
回程运价 backhaul rate
回程运输 back haul; back load
回程运输用圆筒 backhaul drum
回程运行 homeward run; homeward journey
回程运行时间 running time of return trip
回程载货 back haul
回程载运 back load
回程站 stub-end station
回程折流段 return run
回程振荡 back oscillation
回程柱塞 lifting plunger
回程装运 return shipment
回充水 recharge water
回冲 backing-up; backwash
回冲程 backward stroke
回抽设备 back-pumping equipment
回船半径 radius of swing
回船场 turning circle
回船(港)池 maneuvering basin; swinging area; turning basin
回船区 swinging area
回船闸 turn lock
回春 rejuvenate
回春断层崖 rejuvenated fault scarp; revived fault scarp
回春河 rejuvenated river; rejuvenated stream; revived stream
回春期 rejuvenating stage
回春性山地 rejuvenated mountain
回春作用 rejuvenation
回次 round trip; run【岩】
回次采取率 percentage recovery of roundtrip
回次进尺 footage per round trip
回次时间 round-trip time
回次岩芯长度 core length of roundtrip
回次钻速 drilling speed per round trip
回粗 product thickness recovery
回答 answer back
回答符号 return call
回答铃 reply bell; return bell
回答率 response rate
回答码 answer-back code
回答脉冲 reply pulse; response pulse
回答脉冲比 responding pulse ratio; countdown
回答旗 answering pendant; code and answering pendant
回答器 responder
回答信号 answer back; answering signal; inverse signal
回答信号铃 reply bell; return bell
回答者 respondent; responder
回代 back-substitute; back substitution
回代过程【数】 backward steps; ack substitution process
回单章 acknowledgement stamp; receipt
回荡 reverb
回荡的 reverberant
回到 regain
回到零位 reset; resetting of zero
回到原状 reset
回滴 back titration
回滴定【化】 back titration
回电 telegraphic(al) reply
回电费付讫 reply paid
回跌 lowering
回动 dropout; retroaction; return movement; reverse(running); reversing
回动把手 returning handle
回动板 reversing plate
回动臂 reversing arm
回动齿轮 reversal gear(wheel); reverse gear wheel; reversing gear
回动齿轮离合器 reverse gear clutch
回动齿轮速比 reverse gear ratio
回动齿轮系 reverse gear train
回动传动 reverse acting
回动锤 revolving hammer
回动锤转辙杆 switch lever with reversing counterweight
回动挡叉 reverse shift fork
回动电控阀 reverse electro-pneumatic valve; reverse gear
回动电流 dropout current
回动电气阀 reverse electro-pneumatic valve
回动电压 dropout voltage
回动对齿轮 reverse counter gear
回动轭 reverse yoke
回动阀 back valve; reverse(acting) valve; reversing valve
回动阀弹簧 return valve spring
回动风缸 reversing air cylinder
回动盖 reverse cover
回动杆 reverse arm; reverse lever; reverse link; reverse rod
回动杆柄 reverse lever handle
回动杆弹键连杆销 reverse lever latch link pin
回动杆挡 reverse lever catch
回动杆挡盖 reverse lever catch cover
回动杆簧 reverse lever spring
回动杆扇形板 reverse lever quadrant
回动杆闩 reverse lever latch; reverse lever reverse
回动杆踏板 reverse lever foot rest
回动杆支销 reverse lever fulcrum pin
回动鼓 reverse drum
回动鼓轮 reversing drum
回动簧箱 return spring casing
回动簧止杆 return spring stop
回动机构 reversing gear; reversing mechanism
回动键头螺钉 reverse key head bolt
回动开关柄 reversing switch lever
回动空转齿轮 reverse idler gear
回动空转齿轮轴 reverse idler gear shaft
回动空转齿轮轴轴承 reverse idler gear shaft bearing
回动空转轮同步配合 reverse idler synchromesh
回动空转轮轴 reverse idler shaft
回动离合器 reverse clutch
回动联锁器 reverse interlocker
回动轮 reversing wheel
回动螺杆下导板 reversing screw bottom guide
回动螺栓 reversing screw bolt
回动螺丝杆轮 reverse screw wheel
回动螺丝杠 reverse screw
回动螺旋 reversing screw(gudgeon)
回动螺旋上导板 reversing screw top guide
回动汽缸 reverse cylinder
回动汽缸阀臂 reverse cylinder valve arm
回动汽缸阀杆 reverse cylinder valve stem
回动汽缸阀体盖 reverse cylinder valve body cap
回动器 reverser
回动曲柄 return crank
回动塞门(制动) reversing cock
回动式电控气动阀 reverse electro-pneumatic valve
回动手把 reverse lever
回动伺服机构 reverse servo
回动踏板 reverse pedal
回动弹簧 drawback spring; restoring spring; return spring
回动弹簧导承 return spring guide
回动体大衬套 large reverse body bush
回动体小衬套 small reverse body bush
回动头 reverse head
回动头衬 reverse head gasket
回动凸轮 resetting cam; return cam
回动显示 reverse indication
回动限制阀 reverse limiting valve
回动旋塞 reversing cock
回动选择杆 reverse selector
回动选择器 reverse selector
回动止杆 reverse stop
回动轴 lifting shaft; reverse shaft; tumbling shaft
回动轴杠杆 reverse shaft lever
回动爪 reverse pawl
回动装置 reverse[reversing] gear
回动作用 retroactivity
回读 backward read; read-back
回读校验 echo check(ing); read-back check
回舵 ease the helm; easy helm
回返 reversion
回返舱 re-entry module
回返对流 return convection
回返坑线 run-around ramp
回返闪流 main stroke; return streamer; return stroke
回返抑制 reversal inhibition
回访 return visit
回放地震信号 reproducing seismic signal
回放系统 playback system
回放增益字 gain word of play back
回粉 over-size return
回风 air return; impulse at kiln head; return air
回风百分比 percentage of return air; percent of return air
回风篦子 suction grille; return(air) grill(e)
回风道 air return way; foul air flue; return air course
回风洞 return opening
回风方式 air return method; air return mode
回风风挡 back-draft damper
回风格栅 air return grille; return (air) grill(e)
回风格子窗 return grill(e)
回风管道 return(air) duct
回风管道系统 return air duct system
回风机 air return fan; return(air) fan
回风节气门 return air register
回风井 upcast
回风口 air return inlet; air return opening; return air grill(e); return air inlet; return(air) intake; return air opening
回风口吸气速度 suction velocity at return-air inlet; suction velocity at return-air intake
回风扇 circulating fan
回风温度控制 return air temperature control
回风系统 air return system; return (air) system
回风巷 return airway
回风巷道 back heading; return air course; return airway
回复 come-back; return; reversion; revert; reflex【物】
回复变异 reversion
回复电路 reflex circuit
回复反射 retro-reflection
回复放大 reflex amplification
回复杆 compensating rod; restoring-motion lever; restoring rod; return rod
回复继电器 restoring relay
回复开关 <用以回复自动信号机操作> recall switch
回复力 force of restitution; restoring force
回复力臂 lever of stability; righting lever
回复力矩 restoring moment; restoring torque; righting couple; righting moment
回复力偶 restoring couple
回复期 return period
回复曲线 recovery curve; return-(ing) curve
回复蠕变 recovery creep
回复绳 restoring cable
回复式减压阀 water-saving pressure regulator
回复弹簧 drawback spring; return spring
回复停止装置 back stop
回复突变 reverse mutation
回复稳定力臂 righting arm
回复误差 reverse error
回复系统 return system
回复徐变 recovery creep
回复原位 homing
回复运动 return motion; return of movement
回复者 restorer
回复正常 return to normal
回复最高速率 regain top speed
回复作用 return action
回港风 home wind
回购 beam-covering; buy back; counter purchase; repurchase
回购价格 buy back price
回购贸易 buy back deal
回购协议 buy back agreement
回购原油 buy back crude
回顾 retrace; retrospect
回顾和展望 retrospect and prospect
回顾前瞻性调研 retrospective-prospective study
回顾性调查 retrospective study
回顾性队列研究 retrospective cohort study
回顾性分析研究 retrospective analysis study
回顾性风险分析 retrospective risk assessment
回顾性配对调查 retrospective paired observation
回顾性评价 retrospective assessment
回顾性群组调研 retrospective cohort study
回顾性研究 retrospective study
回管 return bend 180; return pipe; return tube
回灌 artificial recharge; reinject; replenishment; water infusion; recycling <地下水>; recharge; recharging
回灌补给坑 recovery sump pit
回灌程序 reinjection program(me)
回灌池 recharge basin
回灌工程长度 length of artificial recharge engineering
回灌工程面积 area of artificial recharge engineering
回灌工程深度 depth of artificial recharge engineering
回灌工程数量 number of artificial recharge engineering
回灌含水层 recharging aquifer

回灌井 injection well;inverted drainage well;inverted well;recharge[recharging] well;reinjection well
回灌井回杨方法 back-pumping method of injection well
回灌控制 reinjection control
回灌量 quantity of water recharge;total (investment) of recharge works
回灌量-开采量之比 rate of reinjection-extraction
回灌流体 reinjection fluid
回灌率 recharge rate
回灌能力 capacity of reinjection;inverted capacity
回灌期 recharging phase;replenish period
回灌区 intake area;recharge zone;spreading basin <地下水的>
回灌日期 date of recharge
回灌时数 duration of recharge
回灌试验 reinjection test
回灌水 induced recharge;recharge water
回灌水池 recharging basin
回灌水井 recharge well
回灌水位 recharged water level
回灌水质 quality of recharging water
回灌水质标准 standard of recharging water quality
回灌蓄水库 recharging reservoir;storage reservoir for recharging
回灌周期 period of recharge
回灌锥 recharge cone
回光 light echo;return light
回光灯 signal light
回光反射器 retro-ray reflector
回光量角仪 reflecting circle
回光通信[讯] heliograph
回光信号 heliogram
回光仪 heliotrope
回归 persistent state;regress;regressive
回归边缘 edge of regression
回归变量 regression variable
回归参数 regression parameter
回归插值法 regressive interpolation
回归潮 Tropic (al) of Cancer tide;tropic(al) tide
回归潮差 tropic(al) range
回归潮流 tropic(al) tidal current
回归潮流速 tropic(al) velocity
回归程序 regression program(me)
回归大潮潮差 great tropical range;tropic(al) range
回归大潮流速 tropic(al) velocity
回归导线 closed-on-itself traverse
回归到原位的动作 homing movement
回归低潮 tropic(al) low water
回归低潮不等 tropic (al) low water inequality
回归低低潮 tropic(al) lower low water
回归低低潮间隙 tropic(al) lower low water interval
回归低高潮 tropic (al) lower high water
回归点 point of inflexion;regression point
回归定理 recurrence theorem
回归反射 retro-reflection
回归方程模型 regression equation model
回归方程式 equation of regression;regression equation
回归分析 regression analysis;regressive analysis
回归分析模型 regression analysis model
回归分析预测法 regression analysis forecasting
回归高潮 tropic(al) high water
回归高潮不等 tropic (al) high water inequality
回归高低潮 tropic (al) higher low water
回归高高潮 tropic (al) higher high water
回归高高潮间隙 tropic (al) higher high water interval
回归估计 regression estimate
回归估计量 regression estimator
回归估算 regression estimate
回归估值 regression estimate value
回归关系式 regression relationship
回归函数 regression function
回归和相关分析 regression and correlation analysis
回归和相关曲线 curvilinear regression and correlation
回归技术 regression technique
回归较高低潮 tropic (al) higher low water
回归较高高潮 tropic (al) higher high water
回归截取曲线 regression curve
回归矩阵 regression matrix
回归理论 regression theory
回归率 rate of return
回归轮系 reverted gear train
回归模式型预测法 forecasting with regression model
回归模型 regression model
回归模型的 F 检验 F-test of regression model
回归年 astronomic(al) year;calendar year;civil year;equinoctial year;natural year;solar year;tropic(al) year
回归偏置管 return offset
回归平面 plane of regression
回归曲面 regression surface
回归曲线 regression curve
回归热 recurrent fever;relapsing fever
回归渗流 return seepage
回归世纪 tropic(al) century
回归水 regenerated water;regeneration water;return water;water return
回归水流 invisible return flow;regenerated flow;return flow
回归特征 regression diagnostic
回归误差 error(of) regression
回归系数 regression coefficient;regressive coefficient;coefficient of regression
回归系数估计 estimate of regression coefficient
回归线 tropic (al) line【地】;line of regression;recurrent line【数】
回归线方程 equation of regression line
回归线无风带 <南北纬 30° ~ 35°之间> horse latitude
回归线性检验 testing linearity of regression
回归型统计分析 regression-type statistic(al) analysis
回归性运动 variation movement
回归因子 regression factor
回归因子误差 error in regressor
回归月 tropic(al) month
回归直线 regression line
回归状态 persistent state
回归作用 regression
回国补助金 repatriation grant
回国的船 homeward ship;homeward vessel
回函 letter of acknowledgment
回航付现 cash by return steamer
回航货(物) back cargo;back freight;back haul;return cargo
回合线路所 converging block post
回弧 arcing back
回花 cotton waste
回灰仓 dust return bin
回灰斗 dust return bin
回灰计量装置 dust return metering device
回灰量 dust return rate
回灰勺 dust return scoop
回混 backmixing
回火 attemperment;back-fire;blazing-off;blowback;drawback;drawing(-back);draw the temper;flare back;redraw;temper(ing);tempering backfire;tempering drawing;flash back <气焊的>
回火安全玻璃 tempered safety glass
回火保险器 flashback arrester[arrestor]
回火玻璃 tempered glass
回火玻璃板条 tempered glass panel
回火玻璃平板 tempered plate glass
回火玻璃翼片 tempered glass panel
回火槽 tempering bath
回火车间 tempering plant
回火处理 annealing process;drawing temper
回火脆性 temper brittleness
回火道 combustion flue
回火电流 temper current
回火度 degree of temper;temper
回火锻钢 tempered forged steel
回火锻炉 tempering forge
回火防止器 flashback arrester[arrestor]
回火钢 tempered steel;tempering steel
回火钢丝 tempered steel wire
回火工厂 souring plant
回火管锅炉 return tube boiler
回火锅炉 fire-back boiler
回火过程 drawing process
回火后硬度 temper number
回火或淬火状态时弯曲试验 bending test in tempered or quenched state
回火基本曲线 master tempering curve
回火介质 temper(ing) medium
回火抗力 resistance to tempering
回火炉 annealing stove;drawing furnace;tempering furnace;tempering stove
回火马氏体 tempered martensite
回火马氏体脆化 tempered martensite embrittlement
回火铅槽 lead tempering bath
回火曲线 tempering curve
回火屈氏体 secondary troostite;temper troostite
回火色 heat tint;hot-tinting;letting tint;tempered drawing colo(u)r
回火砂 tempering sand
回火时间 tempering time
回火室 reversing chamber;souring house
回火水封室 flashback chamber
回火索氏体 tempered sorbite
回火塔 souring tower;tempering tower
回火碳 temper carbon;temper graphite
回火温度 drawback temperature;drawing temperature;tempering point;tempering stressing;tempering temperature
回火温度范围 tempering range
回火稳定性 temper resistance
回火熄灭器 flashback arrester[arrestor]
回火型材 tempered shape
回火性 drawability
回火颜色 temper(ing) colo(u)r
回火颜色法 air tinting method
回火硬度 tempered hardening;tempered-hardness;tempering hardness
回火硬化 artificial aging;temper hardening
回火硬化镍铝黄铜 temper hardening brass
回火油 steam hammer oil;summer black oil;tempering oil
回火制止器 back-fire arrester;flashback arrester[arrestor]
回火质量 tempering quality
回火装置 back-fire arrangement
回火着色 colo(u)ring by tempering
回火作用 drawing effect
回击 recoil reaction
回籍假 home leave
回计亏损 loss carry back
回溅 backrush;backwash;displacement current
回浆 drainage of slip;recover;slurry spillage
回浆管 grout return pipe;grout return tube;return pipe;return tube
回浆口 grout outlet
回桨 recovery
回降 fall back
回降物 fall back;fallout
回交 back-cross
回叫 call-back
回叫信号 backward-recall signal
回叫振铃 revertive ringing
回教大学 madrasah
回教建筑 Mohammedan[Muhammadan] architecture;Moslem architecture
回教式尖拱 pointed Saracenic arch
回教寺院尖塔 prayer-tower;minaret
回教寺院建筑 mosque architecture
回教徒用尺 Drusian foot
回教学校 madrasa(h);Muslim school
回接管 tieback string
回卷 backrush <海浪的>;undertow
回卷波 backwash
回卷波痕 backwash ripple mark
回卷底流 <沿海滩降下的> undertow current
回卷界限 <波的> limit of backrush;limit of backwash
回卷浪 backrush;backwash;bottom flow
回卷流 backwash;bottom flow;undertow
回抗压力 refusal pressure
回空 haul back
回空车 deadhead car
回空列车 deadhead train
回空索 haul-backline
回空索滑车 haul-back block;tail block
回空托辊 snub pulley
回空行车 deadheading
回扣 brokerage;commission;kick back;rack off;rake-off;rebate;refund and rebate;return commission;sales commission
回扣方式 rebate system
回扣制度 rebate system
回溃界限 limit of backrush;limit of backwash
回溃破碎波 collapsing breaker
回溃碎浪 collapsing breaker
回廊 ambulatory;ambulatory aisle;circular corridor;cloister;corridor;deambulatory;hallway;winding corridor
回廊层 half stor(e)y
回廊拱 cloister arch
回廊拱顶 ambulatory vault;deambulatory vault

回廊穹隆 cloister vault
回廊式建筑物 <1502 年意大利罗马圣比得教堂院内的> Tempietto
回廊庭院 cloister garth;tetrastoon[复 totrastoa]
回廊中庭 cloister garth
回犁 backfurrow
回力 return force
回力球 pelota
回力球场 fronto(o)n;jai-alai court;jai-alai hall;jai-alai stadium
回历 Mohammedan calendar
回料 returned material
回料胶带 over-size return belt
回料搅拌机 waste dissolver
回料溜子 overflow chute;return chute
回料输送机 over-size return conveyer[conveyor]
回料斜槽 return chute
回磷 rephosphoration
回铃键 ring-back key
回铃信号 backward signal
回铃音 ring-back tone
回铃装置 ring-back apparatus
回零 flyback;reset;zero reset
回零按钮 reset button
回零点 clear point
回零方式 reset mode
回零弹簧 clear spring
回流 back current;backflow;backing-up;backset current;backstream(ing);backward flow;circumfluence;contraflow;convergent current;down draft;down draught;flow-back;flow reversal;gyre;inverse flow;reciprocation;recirculate;recirculation;reflow(ing);refluence;refluxing;regurgitate;return current;return flow;reverse flow;roll back;undertow
回流泵 recycling pump;return pump;reflux pump <抽回流液用>
回流泵送 return pumping
回流比 recirculation ratio;recycle ratio;reflux ratio
回流比控制 control of reflux ratio
回流波痕 backflow ripple;backwash ripple mark
回流玻璃毛细管黏[粘]度计 reverse flow glass capillary viscometer
回流槽 backflash
回流层 backset bed
回流层理 backset bedding
回流冲刷 backwash(ing)
回流冲洗 <快速过滤法> backwashing
回流抽升费 cost of recirculation
回流出口 by-pass outlet
回流储液器 reflux accumulator
回流船闸 recuperation lock
回流单向阀 reverse flow check valve
回流挡板 reverse flow baffle
回流的 reflux
回流电缆 current return cable;return cable
回流电刷 return brush
回流阀 bypass valve;recycling valve;reflux valve;return valve;reverse flow valve;reduction valve
回流阀簧 return valve spring
回流阀塞 return valve plug
回流阀座 return valve seat
回流防止器 backflow preventer
回流放气孔 return louvers
回流分布 distribution of reflux
回流分离器 reflux splitter
回流分配器 reflux splitter
回流风道 return airway
回流干管 return main
回流干燥机 reversed current drier[dryer]
回流管 backflow connection;backflow pipe[piping];reflux conduit;reflux pipe;reflux tube[tubing];return back;return line;return pipe;runback;recirculatory pipe <水、汽、油的>
回流管道 recirculation duct;return passage;reflux line <从冷凝器通到塔中>
回流管路 return circuit
回流管渠 return(ing)conduit
回流管线 return(pipe)line
回流轨 return current rail
回流过程 reflux process
回流过滤器 return filter
回流焊接 reflow soldering
回流虹吸作用 backflow siphonage
回流环转子 collector ring rotor
回流换气法 loop scavenging;return flow scavenging
回流换气汽缸 loop scavenged cylinder
回流换热(法)【化】recuperation
回流换热器 recuperator;reflux exchanger
回流换热室 recuperator
回流回扬 back-pumping with flow back
回流活门 backflow barrier
回流活性污泥 returned activated sludge;returning activated sludge
回流加热 heat under reflux
回流空气 return air
回流孔 return orifice;return port
回流馈路 return feeder
回流冷凝管 direct condenser;reflux condenser;reflux exchanger;return condenser
回流冷凝器 direct condenser;reflux condenser;reflux exchanger;return condenser
回流连接 backflow connection
回流量 circulating quantity;drainage;quantity of reflux
回流流体 return fluid
回流流线 circulation flow
回流排 collecting main
回流排水沟 collecting drain
回流盘管 reflux coil
回流喷嘴 reverse flow nozzle
回流平方装置 backflow prevention device
回流气体 recirculated gas
回流器 circulator
回流强度 intensity of return current
回流区 back eddy area;backflow region;return activated region;return activated zone;return current zone;return flow range;return flow zone
回流热消耗 reflux duty
回流热循环 heat-exchange cycle
回流软管 return hose
回流扫气法 loop scavenging
回流蛇管 refluxing coil
回流设备 refluxing unit;water returning facility
回流施釉槽 recirculating dip tank
回流式发生炉 down-draught(type) producer
回流式风洞 return flow(wind)tunnel
回流式干燥器 reverse-current drier[dryer]
回流式(沥青)抽提仪 reflux extractor
回流式气动量塞 reverse plunjet
回流式汽轮机 helical-flow turbine;re-entry turbine;repeated flow turbine
回流式燃烧室 return flow combustion chamber;reverse flow type combustor
回流式涡轮机 re-entry turbine
回流式旋风除尘器 reverse flow cyclone
回流式压缩机 return flow compressor
回流式转筒烘干机 reflexive rotary dryer
回流室 return chamber
回流受阻 backflow obstruction
回流竖管 return riser
回流水 recirculated water;recirculating water;recirculation water;return water;water backflow
回流水道 backflow channel
回流速度 backflow velocity;upward velocity <冲洗液的>
回流速率 reflux rate
回流酸 returned acid
回流塔 refluxing unit;reflux tower
回流台肩 recirculation lands
回流条 collecting main
回流条件 counter-flow condition;reflux condition
回流通道 return flow line
回流通风 backflow ventilation
回流污泥 <污水处理曝气池用> circulating sludge;return(ed)sludge
回流污泥比 ratio of return sludge
回流污泥的要求 return sludge requirement
回流污泥流量 return sludge flow
回流污泥浓度 return sludge concentration
回流污染 backflow pollution
回流雾化器 return flow atomizer
回流系数 reflux ratio
回流系统 return flow system;reverse flow system
回流线【电】return wire
回流线路 backflow circuit
回流型塔板 reverse flow tray
回流压力 return pressure
回流液 return liquor
回流液储器 reflux accumulator;reflux drum
回流液收集器 reflux accumulator;reflux drum
回流液体 return fluid
回流液压油滤清器 return hydraulic filter
回流油液 return flow oil
回流蒸馏 cohobation;reflux distillation
回流蒸馏塔 reflux distilling column
回流蒸馏柱 reflux distilling column
回流装置 by-pass collar;reflux unit
回流总管 return(ing)main
回流钻液 return water
回硫 resulphurization
回笼间(冷藏)air lock
回笼泥 body scrap
回笼石料 by-passed stone
回笼石子 tailing
回炉 melt down
回炉的废碎玻璃 cullet
回炉废钢 recirculating scrap;return scrap;revert scrap
回炉浇冒口 runner scrap
回炉金属 secondary metal
回炉料 returns;scrap
回炉碎玻璃 return cullet
回炉铁 foundry return;recirculated iron;returning iron
回炉物 returns
回炉物料 revert
回炉渣 return slag
回炉纸 recycled paper;broke
回路 circuit;closed circuit;contour;loop;mesh circuit;recirculating;recirculating loop;return circuit;return passage;runback
回路 P 集 P-set of cycle
回路比 loop ratio
回路边 return edge
回路操作 loop operation
回路测量 loop measurement
回路长度单位 loop unit of length
回路传递函数轨迹 loop transfer locus
回路传递函数轨迹图 Nyquist diagram
回路导纳矩阵 loop admittance matrix
回路导线 return conductor;return wire
回路的切展线 involute of circuit
回路的调谐 alignment of tuned circuit
回路的下降部分 downflow circuit
回路底板 circuit-base plate;circuit manifold
回路电感 loop inductance
回路电流 loop current
回路电流法 cyclic(al)current method
回路电路 loop circuit
回路电容 loop capacitance
回路电压 loop voltage
回路电阻 line loop resistance
回路电阻测量 loop resistance measurement
回路阀 return valve
回路反馈信号 loop feedback signal
回路方程 loop equation
回路放大(系数)loop gain
回路分级机 loop classifier
回路分析法 loop analysis
回路给料 circuit feed
回路管 by-pass
回路管制器 circuit controller;contact drum
回路加重 contour accentuation
回路校验 loop checking
回路矩阵 circuit matrix
回路馈线 return feeder
回路连接的 loop-coupled
回路失调 staggering
回路示波仪 loop oscillograph
回路式风道 close-circuit wind tunnel
回路试验 loop test
回路试验铁条 loop-test bar
回路输出分辨能力 loop output resolution
回路输出信号 loop oscillograph;loop output signal
回路输入分辩能力 loop input resolution
回路双工接收机 inverse duplex receiver
回路天线 loop antenna
回路调谐 circuit tuning
回路通带宽度 circuit band width
回路图 contour line map
回路系数 loop ratio
回路线检验 loop checking
回路相角 loop phase angle
回路效率 circuit efficiency
回路语言【计】loop language
回路元件 loop element
回路增益 loop gain
回路折返测试 loopback test
回路秩 circuit rank;cycle rank
回路中的上升部分 riser circuit
回路中间油路板 circuit block
回路中止 loop stop
回路阻抗矩阵 loop-impedance matrix
回路作用信号 loop actuating signal
回落 fall back

H

回描 flyback;retrace scanning;return trace
回描程 retrace
回描电源 flyback power supply
回描率 flyback ratio;retrace ratio
回描脉冲 flyback pulse; kickback pulse
回描时间 flyback period;flyback time; retrace time;return time;scan flyback interval
回描特性 retrace characteristic
回描熄灭 return-trace blanking
回描线 flyback line;retracement line; return line
回描行 flyback line
回描周期 flyback period;retrace period
回民食堂 Muslims' canteen
回磨 return material
回能模量 modulus of resilience
回能模数 module of resilience
回泥推土 blading back of earth
回黏[粘] 性 after-tack;retackiness
回排 drainback
回排风机 air return/exhaust; return/exhaust fan
回配 back-blending
回配沥青 cutback tar
回气 return air;return gas
回气部分 return side
回气格栅 return air grill(e)
回气管 dry return;return pipe;return air duct
回气管道 return air duct
回气管道系统 air return system
回气管(花)格栅 return(air)grill(e)
回气管路 return line; muffler; return pipe;steam return line
回气管尾管 muffler tail pipe
回气入口 return air intake
回气式冷凝器 return air condenser
回气通道 return air duct
回气温度 suction temperature
回气系统 return air system
回气总管 return main
回汽 countersteam
回青 < 陶瓷色料 > Mohammedan blue;Chinese blue
回取器 retractor
回燃 backflash
回燃料油管 fuel oil return
回绕绳 two-part line
回绕式搅拌器 planet agitator
回绕通道 < 教堂中 > ambulatory aisle
回绕线 two-part line
回热 backheating;heat regeneration; heat return
回热储存器 regenerative accumulator
回热储蓄器 regenerative accumulator
回热的 regenerative
回热度 recuperator effectiveness;regenerator effectiveness;thermal ratio
回热给水加热器 regenerative feedwater heater
回热给水系统 regenerative feed system
回热加热 regenerative heating
回热加热器 bleeder heater
回热冷却 regenerative cooling
回热冷却燃烧室 regenerative cooled combustion chamber
回热炉 muffle furnace; regenerative furnace
回热器 heat generator; heat interchanger;regenerator;superheater
回热式的【机】 regenerative
回热式电炉 recuperative furnace
回热式冷凝器 regenerative condenser
回热式燃气轮机 gas turbine with regenerator; recuperative gas turbine;regenerative gas turbine
回热式热交换器 recuperative heat exchanger; regenerative heat exchanger
回热式热井 reheating hot well
回热式透平 regenerative turbine
回热式涡轮机 regenerative turbine
回热式预热系统 regenerative preheating system
回热式蒸汽轮机 regenerative steam turbine
回热室 regenerative chamber;regenerator chamber
回热停止阀 reheat stop valve
回热系数 efficiency of regeneration
回热效率 efficiency of regeneration
回热循环 extraction cycle;feed-water cycle;heat accumulation cycle;regenerative cycle;Stirling's cycle
回热循环发动机 regenerative cycle engine
回热循环燃气轮机发动机 regenerative-cycle gas-turbine engine
回热烟道 regenerative flue
回热再热循环 regenerative reheat cycle
回热制 regenerative system
回扫 retrace;flybac【电】
回扫变压器 flyback transformer
回扫波形 flyback waveform
回扫电路 flyback circuit
回扫电压 flyback voltage
回扫电压变换器 flyback converter
回扫电压脉冲 flyback kick
回扫电子束 return scanning beam
回扫间隙 return interval
回扫率 flyback ratio
回扫脉冲 flyback pulse
回扫脉冲电源 kickback power supply
回扫描 back trace; retrace; return trace;sweepback;flyback
回扫描变压器 kickback transformer
回扫射束 play-off beam
回扫时间 flyback duration;return interval;flyback time
回扫通量 flyback flux
回扫线 kickback line;retrace line
回扫消隐 retrace blanking; return-trace blanking
回色 brightness reversion
回砂 sand sweeping
回砂车 sand sweeping equipment
回砂机 sand sweeping equipment
回闪 backflash;flash
回射 retroflexion;retro-reflection
回射的 retro-reflective
回射流 reentrant jet
回伸率 regain
回渗井 inverted drainage well
回渗能力 inverted capacity
回渗水 regeneration water
回渗水流 regenerated flow
回升曲线 regeneration curve
回升水位 backup water level
回升周期 < 地下水位的 > recovery cycle
回升桩 heaved pile;raised pile;risen pile;uplift pile
回声 anacamptic sound;echo;reflection of sound;repercussion;replication;resonance;resound(ing);reverberant sound; reverberation; sound echo;sound reverberation
回声表面应变计 acoustic(al)surface strain ga(u)ge
回声波 echo wave
回声波道 echo channel
回声波勘定器 echo locator
回声波图 echogram
回声播音室 echo studio
回声采样器 echo sampler
回声测冰仪 ice fathometer
回声测定 echo location
回声测高计 acoustic(al)altimeter; sonic altimeter; sound ranging altimeter
回声测高仪 echo altimeter
回声测井 < 采油工程 > Sonolog
回声测距(法)echo-ranging detection
回声测距声呐 echo-ranging sonar
回声测距系统 echo-ranging system
回声测距仪 echometer;echo ranger; echo-ranging apparatus
回声测距站 echo-ranging station
回声测距指示器 echo-ranging indicator
回声测量 echo sounding survey
回声测深(法)acoustic(al)(depth) sounding; echo (depth) sounding; sonic(depth)sounding;sounding by echo
回声测深机 echo-sounding machine
回声测深计 depth sounder; echometer;echo-sounding recorder;fathogram
回声测深记录 echogram
回声测深记录器 echograph; sonic depth recorder
回声测深记录仪 sonic depth recorder
回声测深接收机 echo-sounding receiver
回声测深频率 echo-sounding frequency
回声测深剖面图 echo sounder profile
回声测深器 acoustic (al) sounder; echo sounder;sonic depth finder
回声测深(深度)记录图 echogram
回声测深声呐 depth-determining sonar;echo (depth) sounding sonar; sonic depth finder;echo ranging sonar
回声测深时的隔音层 acoustic (al) cloud
回声测深艇 echo-sounding launch
回声测深图 echogram
回声测深仪 acoustic(al)depth finder;acoustic (al) sounder; depth indicator;depth recorder;echo depth sounder; echo depth sounding sonar; echograph; echometer; echo sounder (machine); echo-sounding apparatus; echo-sounding instrument; echo-sounding machine; fathometer;sonic depth finder;sonic depth sounder;sonic echo sounder; sonic sounding gear; underwater sound gear
回声测深仪的穿透能力 penetration of echo sounder
回声测深仪换能器基线 baseline of transducer in echo sounder
回声测深仪回波信号 reflected signal of echo sounder
回声测深仪记录图 echogram
回声测深仪零位信号 zero position signal of echo sounder
回声测深仪频率 frequency of echo sounder
回声测深仪校准 acoustic(al)sounder calibration; echo sounder calibration
回声测深装置 echograph
回声测深(自动)记录仪 echograph
回声测声器 echo-sounding apparatus
回声测试 echo test
回声测试器 echometer
回声尺 echo-fathom
回声重发器 echo repeater
回声道解码器 decoder for quadraphony
回声的回响 reecho
回声定位(法)echo location; echo ranging
回声定位技术 echo location technique
回声定位器 echo locator
回声定位声呐 asdic;echo-ranging sonar
回声遏抑器 echo suppresser[suppressor]
回声反射 reecho
回声防止幕 tormenter[tormentor]
回声放大器 echo amplifier
回声干扰 echo trouble
回声荷载盒 acoustic(al)load cell
回声回路平衡损耗 echo balance return loss
回声级 echo level
回声记忆 echoic memory
回声接收器 echo receiver
回声勘探(法)acoustic(al)exploration
回声孔压计 acoustic(al)piezometer
回声埋入式应变计 acoustic(al)embedded strain ga(u)ge
回声脉冲接收机 echo-pulse receiver
回声脉冲接收器 echo-pulse receiver
回声门廊 echo portico
回声面 sound mirror
回声劈裂雷达 echo-splitting radar
回声强度 echo intensity;echo strength
回声墙 < 露天乐台后 > band shell
回声深测器 sounding device
回声深度记录 echogram
回声深度记录器 echograph
回声识别 echo recognition
回声时间 echo duration;echo time
回声室 echo chamber; echo room; live room;reverberant room
回声衰减 active return loss;echo attenuation
回声损耗 echo loss
回声探测 acoustic(al)sounding;echo location; echo sounding; reflection sounding
回声探测法 exploration by echoes; sonic echo method
回声探测器 acoustic (al) sounder; echo sounder;period meter;sondol
回声探测仪 depth finder;echometer
回声探深仪 acoustic (al) sounder; depth-determining sonar;echo depth sounder; echometer; echo-sounding gear;echo-sounding instrument
回声探鱼仪 sonic echo sounder
回声图 echogram
回声现象 echoing
回声相关处理器 correlation echo sounder processor
回声消除 echo elimination
回声效应 echo effect
回声信号 echo signal
回声压力盒 acoustic(al)pressure cell
回声抑制 echo suppression; echo elmination
回声抑制器 echo eliminator;echo killer
回声英尺 echo-foot
回声源 echo source
回声重发器 acoustic(al)echo repeater
回声柱廊 echo portico
回收 catch; reclaim (ing); reclamation; recovery; recycle; recycling; retrieval;retrieve
回收百分数 recovery percent
回收标识器箱 recovery package
回收标准 recovery standard
回收材料 reclaiming;recycled material;reclaimed material

回收舱 recovery capsule; recovery package
回收操作 reclaimer operation
回收铲运机 reclaiming scraper
回收长度 backwater length
回收车间 recovery plant; resource recovery plant
回收成本 cost recovering
回收城市污水 reclaimed municipal wastewater
回收程序 reclaimer; recovery procedure
回收储蓄器 regenerative accumulator
回收处理 recovery processing
回收打捞船 retrieve vessel
回收的 recuperated
回收的材料 recovered materials; recycled material
回收的废脂 degras
回收的集料 reclaimed aggregate material
回收的金刚石粉粒 salvaged bort
回收的金刚石钻头 diamond bit returned
回收的可能性 recuperability
回收的能源 recovered energy
回收的溶剂 recovered solvent
回收的酸 restored acid
回收的套管 <钻井> recovered casing
回收的资源 recovered resources
回收递减律 law of diminishing returns
回收法 recovery method
回收法烟气脱硫 regenerative process of fume gas desulfurization
回收方法 reclaiming procedure
回收飞行器 recovery vehicle
回收废料 reclaiming waste
回收废水 reclaimed wastewater
回收废物 revert scrap
回收分离器 recovery separator
回收粉尘 recovered dust
回收粉尘库 recuperated dust silo
回收浮油 skimming
回收改良水 recovered treated water
回收革新 reclamation innovation
回收工艺 methodology for recovery
回收骨料 reclaimed aggregate material
回收刮刀 reclaiming scraper
回收管渠 returning water conduit
回收混凝土 recycled concrete
回收活性炭 recovered carbon
回收机车车辆残余值 recovered rolling stock residual value
回收及再处理含矿物质或微生物的渗漏水 leachate recirculation
回收剂 recycling agent
回收加工 recovery processing
回收价值 recovery value; return(ed) value
回收金刚石钻头 rest diamond bit
回收井 recovery well
回收锯齿滚筒 reclaiming saw cylinder
回收库容 backwater storage
回收矿柱 rob
回收矿柱法 pillaring; pulling pillars; robbing pillars
回收缆索 retrieving line
回收利用 reclamation; recycling and re-use; reutilization
回收利用率法 rate of return method
回收沥青路面 reclaimed asphalt pavement
回收沥青路面材料 reclaimed asphalt pavement material
回收流动资金 recovered circulating funds
回收炉 recovery furnace
回收律 reclamation law
回收率 coefficient of recovery; degree of extraction; percentage of recovery; percent recovery; potential return; rate of recovery; rate of return; rate of withdrawal; recoupment; recovery efficiency; recovery percent; recovery rate; recovery ratio
回收率法 internal rate of return
回收率试验 recovery test
回收密封暗盒 re-entry capsule
回收能量 recovered energy; restored energy
回收年限法 payback period method; return period method
回收配件 recovered parts; rob <拆掉装置的某部分以作他用>
回收瓶 returnable bottle
回收期 payoff period; recoupment period; payback period
回收期法 payback method
回收期限 rate[rating] of return
回收气 gassing
回收器 reclaimer[reclaimor]; recoverer; saver; withdrawer
回收潜力 recovery potential
回收区 recovery area
回收设备 reclaimer; reclaiming facility; reclaiming plant; reclamation plant; recovery plant
回收时间 recovery time
回收式货板 returnable pallet
回收水 reclaimed water; recovery water; recycle water; restoring water; salvage(d) water
回收水波 return water wave
回收水处理 <循环再利用的废水处理> treatment of reclaimed water
回收水量 recovered water quantity
回收水权 salvage water rights
回收水水质 recovered water quality
回收水用户 user of reclaimed water
回收水用途 use of reclaimed water
回收酸 recovered acid
回收碎玻璃 bottle bank cullet; recovered cullet
回收塔 recovery column; recovery tower
回收碳 recovery carbon
回收套管 recovery of casing
回收土建资产余值 recovered civil works capital rest value
回收温度 recovered temperature
回收污水 reclaimed sewage
回收物 regenerant
回收物料 recovered materials
回收洗涤器 recovery scrubber
回收系数 coefficient of recovery; recovery coefficient; recovery factor
回收系统 final recovery parachute; reclaiming system; reconditioning system; recovery system; retrieving system
回收系统图 recovery scheme
回收纤维 reclaimed fiber[fibre]
回收橡胶乳化涂层 emulsified reclaimed-rubber coating
回收效率 organic efficiency; recovery efficiency
回收盐水 recovered brine
回收窑灰库 recuperated dust silo
回收已批租土地 re-entry on leased land
回收用过的水 water harvesting
回收油 recovered oil; retrieval oil
回收釉 recovered enamel glaze; waste enamel glaze
回收余热 recovery waste heat
回收再生水 recovery of renovated water
回收站 collection depot
回收真空泵 recovery vacuum pump
回收蒸汽 recovered steam
回收支架 drawing timber
回收支柱工作 pillar-recovery operation
回收重量 recovery weight
回收装置 reclaimer; reclaiming installation; reclamation unit; recovery device; recovery package; recovery plant; recovery unit; recuperator; saver
回收总额 total recovery
回收钻头 reset bit
回授 back coupling; back feed; feedback; tickling
回授比 feedback ratio
回授变压器 flyback transformer
回授储蓄器 feedback accumulator
回授传感器 feedback transducer
回授导纳 feedback admittance
回授的 regenerative
回授电流 feedback current
回授电路 Armstrong circuit; feedback circuit; feedback loop; reactive circuit; retroactive circuit
回授电路空腔谐振器 reaction cavity
回授电容器 feedback capacitor; throttle capacitor
回授电压 feedback voltage
回授电阻器 feedback resistor
回授放大 feedback amplification
回授记录装置 feedback cutter; feedback recorder
回授均衡器 feedback equalizer
回授控制 feedback control; reaction control
回授控制器 feedback controller
回授耦合 feedback couple[coupling]; reaction coupling; regenerative coupling
回授耦合线 line of feedback coupling
回授偏压 back bias; feedback bias
回授绕组 feedback winding
回授栅极检波管 ultra-audion
回授式菱形天线 rhombic(al) antenna of feedback type
回授调整 feedback control
回授通路 feedback path
回授系数 feedback factor
回授线 feedback line
回授线圈 feedback coil; feedback line; feedback winding; reaction coil; tickler coil
回授消除 anti-feedback; anti-reaction
回授信号 feedback signal
回授译码 feedback decoding
回授元件 feedback element
回授增益 feedback gain
回授振荡 feedback oscillation
回授振荡器 back-coupled generator; feedback generator
回授轴 resetting shaft
回授阻抗 feedback impedance
回输 feedback; reimportation
回输电路 retroactive circuit
回输免税单 bill of store
回输啸声 feedback singing
回赎 equitable redemption
回赎权 equitable right of redemption; equity of redemption
回数票【交】ticket book
回刷 back-brush; backwash
回霜 frost back
回水 backset; banked-up water; billabong; damming; regenerated water; return(ing) water; return(water)
回水包络曲线 backwater envelop(e) curve
回水泵 backwater pump
回水比 return ratio
回水比降 backwater slope
回水变动区 fluctuating backwater area
回水部分 return side
回水槽 return flume
回水长度 backwater distance; backwater length
回水沉积的泥沙 backwater deposit; backwater sediment
回水沉积(物) backwater deposit; backwater sediment
回水池 return(water) tank; turning basin
回水存水湾 backwater trap
回水倒灌河 stream subject to backwater
回水阀 backwater valve; return cock; return valve; water return valve
回水范围 backwater limit; backwater range; limit of backwater
回水防止器 safety water seal
回水干管 return(water) main
回水高程 backwater level
回水高度 height of damming
回水隔气具 return trap
回水隔气弯管 return trap
回水公式 backwater formula
回水功能 backwater function
回水估算 backwater evaluation
回水管 return; return(ing) tube; return(ing) pipe; return water pipe [piping]; return water tube[tubing]; water return pipe
回水管路 return(pipe) line
回水管式锅炉 return tube boiler
回水管线 return(pipe) line; return piping
回水过滤器 graded filter
回水函数 backwater function
回水盒 return trap; steam trap
回水虹吸管 return siphon[syphon]
回水极限 backwater limit; limit of backwater
回水集水管 return header
回水减低设备 backwater suppressor
回水结构 backwater structure
回水界限 backwater limit; limit of backwater
回水距离 backwater distance; backwater length; length of backwater reach
回水库容量 backwater storage
回水冷凝器 water recovery condenser
回水立管 return riser
回水流量计 return flow meter
回水面积 backwater area
回水面积出水率 yield factor of a catchment
回水末端 end of backwater
回水逆止阀 backwater valve
回水坡度 backwater slope
回水器 water recovery apparatus
回水区 backwater area; backwater region; backwater zone
回水区淤积 backwater silting; silting of backwater area
回水曲线 afflux curve; back curve; backwater curve; backwater profile
回水渠 reflux conduit
回水软管 return hose
回水收集器 backwater trap
回水疏水器 return trap
回水竖管罩 shaft cover for water catching
回水水位 backed-up water table; banked-up water level
回水水箱 return tank
回水水质 backwater quality
回水头 backwater head
回水弯(管) return trap

回水位 backed-up water level
回水温度 return water temperature; temperature of return water
回水温度限制器 return temperature limiter
回水系统 returning system; water return system
回水线 backwater curve
回水箱 return(water) tank
回水效果 backwater effect
回水效应 backwater effect
回水蓄水量 backwater storage
回水压力 backwater pressure
回水影响 backwater effect
回水影响衰减 diminution of backwater effect
回水淤积 backwater deposit
回水闸 backwater gate
回水抑制 backwater suppression
回水制止设备 backwater suppressor
回水装置 water recovery apparatus
回水总管 return line; return main
回水纵断面线 backwater profile
回水纵剖面 backwater profile
回水钻探 wash boring; wash drilling
回水作用 backwater effect
回松 release-back
回送 echo-plex; loop back; reinjection; repatriation
回送补机 deadhead auxiliary engine
回送车 deadhead car
回送发送站 return to forwarding station
回送干扰 echo talker
回送功能 look-back function; loop-back function
回送管 return pipe
回送辊 < 自动轧管机的 > stripper rolls
回送检测 echo check(ing); read-back check
回送检查 look-back test
回送检验 echo check(ing)
回送检验方式 echo checking means
回送校验 loopback checking
回送校验系统 loop(back) checking system
回送空车 returned empty
回送列车 dead-head(ing) train
回送脉冲 reverse direction(al) pulse; revertive(im) pulse; revertive pulses
回送试验 loopback test
回送系统 send-back system
回送信息 backtalk
回速 speed in reverse
回溯 backdate; backtrack
回溯操作 backtracking operation
回溯点 backtracking point
回溯法 backtracking; backtracking method; backtrack process
回缩 cissing; rebound; regression; retract; retraction
回缩拉杆 pulldown rod
回缩离合器 < 挖掘机斗杆 > retract clutch
回缩率 retraction rate
回缩膜 retracted film
回缩盘 calotte
回缩球 retraction bulb
回缩纱 retracted yarn
回缩试验 rebound test
回缩现象 Holmes-Stewart phenomenon; rebound phenomenon
回缩性 nerviness
回缩性能良好的橡胶 nervy rubber
回缩应力 retraction stress
回缩运动 retracting motion; retracting
回索 haul back
回索滑轮 haul-back block
回谈 backtalk
回弹 bounce; elastic rebound; elastic recovery; kick back; resile; ricochet; spring-back; springing
回弹变形 rebound deformation; resilient deformation
回弹测强仪 rebound hammer; rebound tester
回弹冲击 rebound blow
回弹储能 elastic resilience
回弹锤 rebound hammer
回弹道钉 flex-resilient rail spike
回弹法 < 试验混凝土强度 > rebound method
回弹法弯沉 rebound procedure deflection
回弹法硬度试验 dynamic(al) indentation test
回弹反应 resilient response
回弹高度 rebound height
回弹过程挠曲 rebound procedure deflection
回弹计 rebound ga(u)ge; resilience meter
回弹夹箍 rebound clip
回弹角 angle of rebound
回弹力 resilience force; resiliency; spring force
回弹料 rebound
回弹率 rate of rebound; rebound degree
回弹率试验 elastic recovery test
回弹模量 modulus of resilience; rebound modulus; recompression modulus; resilient modulus
回弹模量比 resilient modulus ratio
回弹模量试验 modulus of resilience test
回弹能 resilience energy; resilient energy
回弹曲线 rebound curve
回弹设计方法 resilience design procedure
回弹试验 rebound test; rebound hammer test < 混凝土非破坏性的 >
回弹数 rebound number
回弹弯沉 rebound deflection
回弹系数 coefficient of elastic recovery; coefficient of rebound; coefficient of resilience; coefficient of restitution; mature of resilience; module[modulus] of resilience; resilience factor; restitution coefficient
回弹性 elastic resilience; rebound elasticity; resilience
回弹性测定计 rebound resiliometer
回弹性试验 resilience test
回弹压缩应力波 recoil-and-compression stress-wave
回弹仪 impact hammer; rebound hammer; rebound tester; resiliometer; Schmidt hammer; sclerometer; Swiss hammer; rebound apparatus < 现场测混凝土强度用的 >
回弹仪非破损检验 non-destructive test by rebound hammer
回弹应变 rebound strain
回弹应力 rebound stress
回弹硬度 rebound hardness
回弹硬度计 sclerometer; Shore scleroscope
回弹硬度计试验 testing with scleroscope
回弹硬度试验 rebound hardness test; scleroscope hardness test
回弹硬度试验仪 rebound hardness tester
回弹硬度数 Shore hardness number
回弹值 rebound value
回弹指数 expansion index; rebound index; swelling index
回提 back extraction
回填 backfill(ing); earth back filling; refill; rehandling boom
回填边缘线 boundary of refilling
回填并整平(地面) fill and grade
回填材料 backing stuff; fill material; backfill material
回填层 backfill
回填铲 backfiller blade
回填粗砾砂 backfill coarse-gravel sand; coarse-gravel filling
回填粗砂 coarse sand filling
回填捣固机 backfill(ing) tamper
回填道砟机 backfilling ballast machine
回填的 backfilled; refilling
回填的临界密度 critical density of fill
回填地基 filled foundation; filled ground
回填顶部过滤层 fill cap filter
回填工 backfill work
回填刮板 backfilling blade
回填灌浆 backfill grouting; cavity grouting; filling grouting
回填过程 refilling process
回填含水量 placement moisture
回填夯实机 backfill rammer; trench backfill compactor; backfill tamper
回填壕沟 refilling of trench
回填壕沟夯具 backfill rammer
回填混凝土 backfill concrete; fill(ed) concrete
回填机 backfiller; pushfiller
回填机铲斗 bucket backfiller
回填机刮板 backfiller blade
回填开采法 cut-and-fill
回填孔 backfill hole
回填砾石 gravel fill
回填料 backfill; backfill material; backpacking; filling material
回填料斗 backfilling bucket
回填乱石 backfilling with rubble
回填密度 backfill density
回填密实度 backfill density
回填面 backfill surface
回填黏[粘]土 clay fill(ing)
回填排水管 backfill pipe
回填区 backfilled region; backfilling zone; refilling zone; reclaimed area; reclamation area
回填曲线 hairpin curve
回填曲线测设 hairpin curve location
回填砂 backfill sand; sand backfill; sand filling
回填实体型码头 solid fill-type wharf
回填式岸壁 backfilled bulkhead
回填透水材料 drainage fill
回填透水性材料 drainage fill
回填土 backfilled earth; backfill soil; backing(soil); earth backfill; earth backing; earth refilling; soil fill
回填土标桩 finishing peg
回填土铲运机 rehandling scraper
回填土捣固器 backfiller tamper
回填土堆 backfill crown
回填土费 cost of backfilling
回填土固结 backfill consolidation
回填土夯实 backfill consolidation; tamped backfill
回填土密实度检验 earth-fill compaction inspection
回填土压力 backfill pressure
回填土压实 backfill compaction; backfill consolidation; back firm consolidation
回填弯段 hairpin bend; U-bend
回填物 backfiller
回填物质 backfill material
回填线 backfill line
回填楔 backfill wedge
回填型绝热层 fill type insulation
回填压浆 backfilling with grout
回填压力 backfill pressure
回填压实机 backfill compactor; backfilling tamper
回填亚黏[粘]土 loam fill(ing)
回填用铲斗 landfill bucket
回填用刮刀 backfill blade
回填用物料 backfilling
回填中粗砂 backfilling medium-coarse sand
回填中砂 medium sand filling
回填注浆 backfill grouting
回调 back-blending; call-back
回跳 bounce; impact of recoil; kick back; rebound; ricochet; spring-back
回跳冲击 rebound blow
回跳阀 jump valve; rebound valve
回跳法硬度试验 dynamic(al) indentation
回跳夹 rebound clip
回跳间隙 rebound clearance
回跳模数 modulus of resilience
回跳试验 rebound test
回跳弹簧片 rebound leaf
回跳硬度 rebound hardness; scleroscope hardness; scleroscopic hardness
回跳硬度计 hardness drop tester; rebound hardometer; sclerometer; scleroscope; shore hardness tester; turner scalerometer
回头 turn about
回头采 relogging
回头滑车轮 return sheave
回头环线 reverse loop curve
回头货 counterpart
回头浪 bottom flow; undertow
回头连杆 return connecting rod
回头路线 switchback
回头曲线 hairpin bend; hairpin curve; hairpin turn; return curve; reverse loop(curve); S-curve; switchback curve
回头弯 hairpin bend
回头弯道 hairpin bend; reverse loop curve
回头弯管 lyre-shaped pipe; lyre-type expansion piece
回头线 zigzag route
回头线车站【铁】switchback station
回头乙字管 return offset
回头再做 recommence
回土机 backfiller
回推泥土 blading back(of earth)
回推柱塞 push-back ram
回退 back space
回退程序 back-out routine
回退键 backspace key
回退文件 backspace file
回退语句 backspace statement
回挖 back cutting
回弯头 close return bend; return elbow; return ell
回位 backing movement; homing action; reset
回位弹簧 back spring; recoil spring; retracting spring; return spring; reverse spring
回位行程 return stroke
回位油缸 kicker cylinder
回纹 rectangular spirals
回纹波形饰 meander
回纹饰 fret; key pattern
回纹细工 fretwork
回纹细饰 fretwork
回纹岩层 fretted terrain
回吸 backsiphon(age); resorption

回吸水 backwash water
回吸液 recrement
回吸装置 suck-back device
回洗 backflush; backscrubbing; backwash(ing)
回洗管道 backwash pipe[piping]
回洗率 backwash rate
回洗周期 backwash cycle
回线 bight; loop line; loop wire; return line; return wire; scarf; schort
回线电感 loop inductance
回线电抗 loop reactance
回线电流计 loop galvanometer
回线电阻 loop resistance
回线法 <测温用> line reversal method
回线故障 line down
回线激发函数 loop-excitation function
回线检流计 loop galvanometer
回线截频特性 loop cutoff characteristic
回线截止频率特性 loop cutoff characteristic
回线矩形性 loop rectangularity
回线连接 loop connection
回线脉冲 loop impulse
回线耦合 loop coupling
回线示波器 bifilar oscillogram; galvanometer oscillograph; loop oscillograph
回线输电 loop transmission
回线凸出程度 bulge of the loop
回线型的不稳定性 kinking instability
回线占用 backward busy
回线阻抗 loop impedance
回响 resonate; reverb(erate); reverberation
回响测深仪 fathometer
回响定位(法) echo location
回心线 snail
回行齿轮箱 return gear box
回行冲程 return stroke
回行段 <皮带输送机的> return unloaded belt
回行惰轮 return idler
回行管道 return pipe
回行滑轮 return block
回行滑行 <汽车在高速行驶时冲滑出路面,尤其在高速转弯时易发生> spinout
回行机构 return mechanism; reverse gear
回行进给 return feed
回行连杆 return connecting rod
回行皮带轮 backing pulley
回行曲柄 return crank
回行凸轮 return cam
回行运动 return motion
回行装置 return gear
回形接头 return bend 180
回形针 clip; office clip; paper clip
回修设备 rehandler
回旋 backspin; circle round; convolution; half track; whirl
回旋半径 radius of gyration
回旋波 cyclotron wave
回旋波管 cyclotron wave tube
回旋不稳定性 cyclotron instability
回旋澄清器 cyclone clarifier
回旋弛豫效应 gyrorelaxation effect
回旋池 tumble[tumbling] bay; turnable bay
回旋除渣器 whirling runner
回旋刀架 swivel(l)ing tool post
回旋道路 lacet; lacet road
回旋法定线 helical line alignment design
回旋反转 cyclotron turnover
回旋放大器 rotary amplifier
回旋分离器 cyclone separation
回旋风 backing wind
回旋钢丝刷 rotating wire brushes
回旋共振 cyclotron resonance; diamagnetic resonance
回旋共振加热 cyclotron resonance heating
回旋共振质谱计 cyclotronic resonance mass spectrometer
回旋共振质谱仪 cyclotronic resonance mass spectrometer
回旋滑行道 <飞机> turnaround taxiway
回旋积分 convolution integral; convolution integration
回旋计管 omegatron tube
回旋加速不稳定性 cyclotron instability
回旋加速发射 cyclotron emission
回旋加速辐射 cyclotron radiation
回旋加速频率 cyclotron frequency
回旋加速器 circular accelerator; cyclotron; phasotron; roll-booster; rotary accelerator
回旋加速器磁控管 cyclotron-magnetron
回旋加速器磁铁 cyclotron magnet
回旋加速器线束 cyclotron beam
回旋加速吸收 cyclotron absorption
回旋加速谐波 cyclotron harmonic wave
回旋加速阻尼 cyclotron damping
回旋角度 swing(ing) angle
回旋刻度仪 swivel graver; swivel head scriber
回旋力矩 torque at the wheel
回旋立柱臂杆起重机 revolving pillar jib crane
回旋流 swirling flow
回旋脉塞 cyclotron maser
回旋逆止阀 swing check valve
回旋黏[粘]度计 rotatory viscometer
回旋盘 turntable
回旋配水器 rotating distributor
回旋频率 gyromagnetic frequency
回旋破碎 vortex crushing
回旋破碎机 gyratory breaker; gyratory crusher
回旋期 involution period
回旋汽机 disk engine
回旋器 gyrator
回旋球磨机 gyratory ball-mill
回旋曲线 clothoid; clothoid curve; Cornu's spiral
回旋圈 turning circle
回旋圈直径 tectial diameter
回旋散射 cyclotron scattering
回旋筛 whirl screen
回旋射束 rotating beam
回旋升降桥 gyratory lift bridge
回旋式初碎机 primary gyratory crusher
回旋式磁力仪 rotating magnetometer
回旋式锻造机 rotary forging machine
回旋式干燥器 rotary dryer[drier]
回旋式集尘机 cyclone-type collector
回旋式两用扳手 flex-combination wrench
回旋式起重机 crane hoist; slewing crane; swing crane
回旋式取芯钻头 rotary core bit
回旋式挖掘机 swing excavator
回旋式栅门 swing gate
回旋双弯曲线铣刀 Roman ogee bit
回旋水域 turning basin
回旋天线 rotating aerial
回旋头扳手 flex-head wrench
回旋椭圆体 spheroid
回旋微波激射器 cyclotron maser
回旋小径 eddy trail
回旋卸料管 swing arm discharge pipe
回旋形弯道 clothoid-shaped bend
回旋延伸式线脚 returned mo(u)lding
回旋叶片 swirl vane
回旋叶片混合泵 rotary-vane mixing pump
回旋余地 elbow room; room of maneuver; sea room【船】
回旋真空规 omegatron ga(u)ge
回旋振荡泵 rotary oscillating pump
回旋振荡管 gyrotron
回旋质谱计 circular spectrometer
回旋质谱仪 cyclotronic mass spectrometer; omegatron; omegatron mass spectrometer
回旋终径 final diameter
回旋转头运动 circumnutation
回旋状的 convolute
回旋锥面 cone of revolution
回旋钻 abrasion drill
回旋钻进 rotary drilling
回压 back pressure; detention; return pressure
回压阀 back-pressure valve
回压凡尔 back-pressure valve
回压控制站 back-pressure control station
回压曲线 back-pressure curve
回压试井 back-pressure testing
回压试验 back-pressure test
回压线 back-pressure line
回压油泵 return pump
回焰锅炉 back-flame boiler; return flame boiler; return flue boiler; return tube boiler; return tubular boiler
回焰式(火管)锅炉 return flame boiler; return flue boiler; return tubular boiler
回焰蒸汽锅炉 return tabular steam boiler
回扬次数 number of back-pumping
回扬动水位 dynamic(al) water table of back-pumping
回扬后的回灌量 recharging water quantity after back-pumping
回扬后的水质 water quality after back-pumping
回扬量 quantity of back-pumping
回扬前的回灌量 recharging water quantity before back-pumping
回扬前的水质 water quality before back-pumping
回扬前静水位 static water table before back-pumping
回扬时数 duration of back-pumping
回扬水量 water quantity of back-pumping
回扬增加的净增量 increment of net recharge for back-pumping
回扬周期 period of back-pumping
回样 return sample
回液 slugging
回液装置 liquid return equipment
回译密码 decipher
回音 anacamptic sound; echo
回音测冰仪 overhead sonar
回音测高计 sonic altimeter
回音测深仪 echo depth sounder; echo sounder
回音廊 whispering cupola; whispering gallery
回音穹顶 whispering dome
回音设备 echo machine
回音探深仪 depth finder
回音圆屋顶 whispering cupola
回应战略 response strategy
回佣 return commission
回涌 regorge; regurgitate
回用玻璃 recycling glass
回用混凝土 reclaimed concrete
回用料 returns
回用砂 return(ed) sand
回用水 recycle water; reuse(d) water
回邮付现 cash by return mail
回邮卡调查【交】 postcard survey
回邮文卷调查 mail-back questionnaire survey
回油 return oil; scavenge; oil return
回油板 return flange; return plate
回油泵 dump pump; oil feed-back pump; oil scavenger pump; oil scavenging pump; scavenger pump; scavenging pump
回油泵轴 oil scavenger pump shaft
回油槽 return chute
回油单向阀 return check valve
回油阀 oil return valve; return valve; spill valve
回油管 <内燃机的> scavenge return pipe
回油管道 return line; oil return pipe; oil return line; return(oil) pipe; return(oil) tube
回油管过滤器 return line filter
回油管接头 return connection
回油管滤油器 return line filter
回油管路 return line
回油节流 meter out
回油孔 <油泵的> oil gallery; oil return hole; spill pore; return port
回油滤清器 return filter
回油路泵油 pump bypassing
回油盘 return tray
回油喷嘴 return flow burner
回油器 oil scavenger
回油燃烧器 return flow burner
回油软管 return hose
回油式喷嘴 spill burner
回油式雾化喷嘴 return flow burner
回油式雾化器 spill atomizer[atomiser]
回油雾化器 return flow atomizer
回油线 oil-driven back thread
回油压力零漂 return pressure null shift
回油油箱 scavenge sump
回油止回阀 oil return check valve
回游 migration
回游管道 <水坝上溯鱼类> tube for upstream migration
回游区 zone of migration
回游于海水和淡水的 diadromous
回淤 back silting; resedimentation; shoaling
回淤富余深度 dredging tolerance; tolerance for back-silting; tolerance for sand up
回淤富裕深度 dredging tolerance; tolerance for back-silting; tolerance for sand up
回淤量预测 prediction of back-silting quantity
回淤率 infill factor; rate of back silting; rate of siltation; shoaling rate
回淤强度 sedimentation intensity; sedimentation rate
回原 home
回原处 reposition
回原地 put back
回原地再起动 back-roll
回原键 reset key
回原位力矩 restoring torque
回原信号 back signal
回援 grant-back
回跃 rebound; reverberate; reverberation
回跃试验 rebound test
回运 return transport; back haul <土方的>

回运货(物) back cargo;back freight;back haul;return cargo
回运货物运费 return cargo freight
回运缆索 backhaul cable
回运土方 back haul
回运系数 coefficient of returned traffic
回载 return load
回载结构 distressed structure
回胀点准则 inversion point criterion
回照器 helioscope;heliostat;heliotrope
回折点 inflection point;inflexion point
回执 acknowledgement of receipt
回执通信[讯]方式 receipt communication method
回滞曲线 scanning curve
回置抽样 sampling with replacements
回置距离 setback
回中阀 <液压转向机构> neutralizer valve
回注 reinjection
回注管 backfiller
回注式直线加速器 recirculating linear accelerator
回注污水 return water
回柱钢丝绳 return rope
回转 backswing;circumgyrate;circumgyration;cornering;gyrate;gyration;revolution;revolve;rotate;runback;slew(ing);swing(ing);swivel;throw-over motion;whirling
回转 270°的楼梯 three-quarter turn
回转摆 gyroscopic pendulum
回转摆锤碎石机 swing hammer rotary granulator
回转摆动机构组 swing mechanism group
回转板 finger plate;revolving plate
回转板洗矿机 longdal log washer
回转半径 circling radius;gyration radii;radius of gyration;rotation radius;slewing radius;sweep radius;swinging radius;tactical diameter;turning circle;turn(ing) radius
回转半径试验 turning radius trial
回转棒 gig stick
回转泵 rotary(displacement) pump;swing pump <起重机的>
回转比 revolution ratio
回转笔 contour instrument;gyropen;swivel pen
回转篦式冷却机 closed loop travel(l)ing grate cooler
回转篦式立窑 rotary grate shaft kiln
回转臂 revolving arm;rotating arm;slewing arm;swivel(l)ing arm
回转臂式起重机 swing jib crane
回转扁球 spheroid
回转标 <校正罗经> swinging mark
回转并循环冲洗 rotating and circulating
回转拨码机 annunciator
回转薄膜烘箱试验 rolling thin film oven test
回转不便锚泊地 foul berth
回转不锈钢笼 <浸出用> rotating stainless steel cage
回转布水器 swinging distributor
回转部分 rotating part
回转操作器 roto operator
回转操作台 swinging platform
回转测角 turn angle
回转潮流 rotary tidal current
回转车 car(r)ousel;midway return coach
回转车钩 radial butt coupler;swivel-butt coupler
回转齿 rotary teeth
回转齿轮 swivel(l)ing gear
回转冲击式凿岩机 rotary-percussion drill
回转冲击式钻车 rotary percussion drill jumbo
回转冲击式钻机 rotary-percussion drill
回转冲击凿岩 rotary-percussion drilling
回转冲击钻进 rotary-percussion drilling
回转冲孔 rotary piercing
回转初径 maximum transfer;tactical diameter
回转传动 gyro-driving
回转床式焚烧炉 rotary hearth incinerator
回转锤 swinging weight
回转锤式破碎机 rotary hammer breaker
回转磁 gyromagnetic
回转磁常数 gyromagnetic constant
回转磁耦合器 gyromagnetic coupler
回转磁铁磁电机 rotating magnet magneto
回转磁头 revolving head
回转磁吸盘 rotary magnetic table
回转磁效应 gyromagnetic effect
回转磁谐振参量 gyromagnetic resonance parameter
回转磁性吸盘 rotary magnetic chuck
回转磁滞 rotary hysteresis
回转存储器 circulating memory
回转锉 rotary file
回转大齿轮 ring gear;swing gear
回转档 throw-over catch
回转刀架 circular cutter holder;facing head;pivoted carriage;pivoting slide rest;revolving tool holder;swivel carriage
回转刀架最大行程 maximum travel of turret slide
回转刀具 rotating tool
回转刀盘 circular cutting disc[disk]
回转刀片 revolving cutter
回转导杆机构 turning-block linkage
回转导向叶片 hinged guide blade
回转到挖掘位置的时间 <挖掘机> return to dig time
回转的 gyroidal;rotary;rotatory;turning
回转的垂轴 drift axis
回转底盘 reversing chassis;rotary base;rotary table;swing(ing) circle <挖土机等的>
回转地平仪 gyrohorizon indicator
回转电磁铁 connector motor magnet
回转电动机 slewing motor
回转电杆用的杆钩 cant hook
回转电路 gyroelectric(al) circuit
回转电钻 rotary electric(al) drill
回转吊包 <配合转台> radial ladle
回转吊车 rotary crane
回转吊杆 swinging jib
回转顶尖 live center[centre];rotating center[centre]
回转定量加料器 pocket feeder
回转斗 revolving bucket
回转斗成孔机 drilling bucket boring machine
回转斗式提升机 swinging bucket elevator
回转斗钻孔机 drilling bucket boring machine
回转斗钻机 drilling bucket
回转度 arc of rotation;degree of turn
回转端 rounded end;rounded nose
回转断路器 rotating shutter
回转锻造 rotary squeeze
回转堆垛装置 swivel piler
回转对偶 turning pair
回转二次曲面 quadric of revolution
回转发电机 slueing generator
回转发动机 rotary engine
回转发射 gyro emission
回转阀齿轮 rotating valve gear
回转阀簧 rotary valve spring
回转阀键 rotary valve key
回转阀(门) rotating valve;revolving valve;rotary valve;swing(-type) valve;turning valve
回转阀系 rotary valve train
回转阀芯 rotary valve key
回转阀座 rotary valve seat
回转反吹扁袋除尘器 reverse-flat baghouse
回转范围 swivel range
回转方向 turning direction
回转复示器 gyrorepeater
回转干燥机 rotary drier
回转干燥炉 rotary drier
回转杆 pivoted lever;swivel(l)ing jib;swivel(l)ing lever;torque rod
回转钢砂钻具 rotary shot drill
回转港池 manoeuvering basin
回转高压胶管 rotary hose
回转格栅 return grill(e)
回转隔板 slewing baffle
回转给进控制 rotary feed control
回转工作台 swivel table
回转构件 revolving member
回转管 swing pipe
回转光圈 revolving diaphragm;rotary diaphragm
回转光轴全景照相机 rotating optical-bar panoramic camera
回转轨迹 turning locus
回转滚轮 swing roller
回转滚盘 swing bearing
回转滚盘驱动小齿轮 circle drive
回转滚盘锁紧装置 turntable lock
回转滚筒泵 rotary roller pump
回转滚子 swing roller;turnable roller
回转过滤器 revolving filter
回转号码机 annunciator
回转烘干机 drying drum
回转烘干机煅烧机 rotary tubular calciner
回转烘干炉 rotary drier
回转烘干筒 drying drum
回转弧度 swing arc
回转滑槽 swivel chute
回转滑阀 rotary slide valve;rotating slide valve;turning slide
回转滑块联动机构 rotating block linkage;swinging block linkage
回转滑块曲柄机构 rotating slider crank mechanism
回转画 panorama
回转环 pivoted loop;swivel ring
回转活塞泵 oil gear pump;rotary piston pump;runner piston pump
回转活塞式流量计 rotary piston type flowmeter
回转火道 reversing flue
回转机 turnaround machine;whirler
回转机动性 slewability
回转机构 rotating device;rotation mechanism;rotation unit;slewing gear;slewing mechanism;swinger;swing mechanism;swivel gear;swivel(l)ing mechanism
回转机构制动器 slewing gear brake
回转机试验装置 test device for rotary machine
回转机械真空泵 rotary mechanical pump
回转积分器 gyroscopic integrator
回转积分仪 gyroscopic integrator
回转极 pole of rotation
回转计 cyclometer;turnmeter
回转计量秤 rotor scale
回转加工 rotary working
回转加料器 rotary feeder
回转加速度 cyclotron
回转加速器 roll-booster
回转架 reversing frame
回转间隔 turning interval
回转间隙 swing clearance
回转剪切机 circular shears
回转剪切强度 gyratory shear strength
回转桨叶式料面高度指示器 rotating paddle type level indicator
回转胶带 pivoting belt
回转角(度) swing(ing) angle;circle reverse;blade angle <推土机的>;slewing angle <挖掘机、起重机的>;swivel range;turning angle
回转角调整撑臂 <推土机> angling strut
回转搅拌机 rotary type agitator
回转搅拌器 rotary type agitator
回转接头 swing joint
回转节流阀 rotary throttle
回转解除 gyration release
回转进给 circular feed(ing);swivel feed(ing)
回转进料器 rotary feeder;star-wheel type feeder
回转经纬仪 gyro-theodolite
回转净空 swing clearance
回转卷饰 running dog
回转均料盘 revolving pot
回转卡爪 swinging jaw
回转空气阀 <商品名> Rotair valve
回转控制手柄 rotating lever
回转框架 revolving frame
回转拉杆 swinging drawbar
回转栏(门) turnstile
回转棱镜式照相机 rotary prism camera
回转力 cornering force;gyroscopic force;turning effort;turning force;turning power
回转力矩 flywheel moment;gyro-moment;gyroscopic moment;gyrotraverse moment;moment of gyration;rotary moment;rotative moment;torque;turning moment;gyro torque
回转溜槽 swivel(l)ing chute
回转流 rotary current
回转炉 rocking furnace;rotary converter[convertor];rotary furnace;rotary hearth;rotary kiln
回转炉箅 rotary mechanical grate
回转炉箅煤气发生炉 rotary grate gas producer
回转炉排 rotary grate
回转炉体式煤气发生炉 rotary body producer
回转轮 gyroscope wheel;gyrostat;rotating wheel;swivel(ling) wheel;turning wheel
回转轮带滑移监测系统 Relatyrex
回转轮托架 swivel wheel bracket
回转轮支架 swivel wheel support
回转罗盘 gyrocompass
回转罗盘转发器 gyrocompass repeater
回转马达 rotary motor;swing motor
回转门 revolving door
回转门窗挺 <装有铰链> turnstile
回转门闩 lift latch
回转面 revolution surface;rotative surface;surface of revolution
回转模 mo(u)ld rotation
回转泥浆 rotary mud
回转泥浆冲洗钻孔 rotary mud flush boring
回转泥浆冲洗钻探 rotary mud flush

H

boring
回转扭矩 gyroscopic torque; rotary torque
回转扭曲疲劳试验模型 test module for rotational flexure fatigue
回转偶力 gyroscopic couple
回转盘 rotary disk[disc]; turnplate; turntable
回转盘滚柱 <挖掘机的> swing roller
回转盘式表面处理机 rotary table type surface treatment machine
回转盘送料装置 rotary disk feeder
回转抛物面 paraboloid of revolution
回转配料机 rotary distributor
回转喷水嘴 girandole
回转频率 cyclotron frequency
回转平面磨床 rotary surface grinding machine
回转平台 rotating platform; slewing platform
回转破碎机 gyrosphere crusher
回转起重机 isolated piler crane; rotary crane
回转器 beater roll(er); circulator; clinostat; gyrator [gyrotor]; gyroscope; klinostat; swivel head <立轴式钻机的>
回转器滤波器 gyrator filter
回转器伞齿轮 <立轴的> swivel head bevel gear
回转器稳定法 gyroscopic stabilization
回转倾斜计 gyroscopic inclinometer
回转倾斜仪 gyroscopic inclinometer
回转球磨机 ball roller mill
回转区域 swinging area
回转取土器 double core barrel sampler; rotary sampler; rotating sampler
回转取样筒 rotary bucket
回转圈 turning circle
回转圈半径 radius of turning circle
回转圈最大直径 diameter of advance
回转容积泵 rotary displacement pump
回转熔块炉 rotary frit furnace; rotary frit kiln
回转筛 drum screen; revolving screen; revolving sieve; rolled screen; rolling screen; rotary sieve; rotating sieve; roto-sifter; trommel
回转上料器 rotary feeder
回转设计 rotation design
回转射束 circulating beam
回转时间 turn around; turning period
回转式 helical rotary; rotary type
回转式拌和 rotary type of mixing
回转式拌和机 gyromixer
回转式包装机 rotary packer; rotating packing machine; round packing machine
回转式泵 drum pump
回转式布料气封 rotary dispensing air lock
回转式测力计 rotation dynamometer
回转式车床头 rotational lathe head
回转式初碎机 primary gyratory crusher
回转式单斗装载机 swing loader
回转式底板 revolving bed
回转式底盘 swivel mount
回转式吊车 polar crane
回转式吊车加料机 jib crane charger
回转式吊机 slewing crane
回转式锻造机 rotary forging machine
回转式翻边机 rotary flanging machine
回转式翻车机 rotary car tipper; rotary dumper
回转式粉碎机 gyrating crusher
回转式风动工具 rotary type pneumatic tool
回转式风钻 rotary air drill
回转式封底盖机 rotary end-sealing machine
回转式感应同步器 rotary inductosyn
回转式给料机 rotary feeder
回转式给料器 rotary feeder
回转式鼓拌和机 rotary drum mixer
回转式鼓风机 rotary blower
回转式灌瓶机 rotary bottle filler
回转式轨道起重机 revolving track crane
回转式滚刀 rotary type cutter
回转式过滤机 rotating filter
回转式夯具 gyratory compactor
回转式夯实机 gyratory compactor
回转式烘干机 rotary drier[dryer]
回转式活塞 rotary piston
回转式货夹 roll clamp
回转式机床 rotary machine tool
回转式机械 rotary machinery
回转式机械手 swinging mechanical hand
回转式剪切机 rotary shears
回转式剪切作业线 rotary shear line
回转式搅拌机 gyromixer; rotary agitator; rotary mixer
回转式锯 rotary saw
回转式空气泵 rotary air pump
回转式空气加热器 rotary air heater
回转式空气压缩机 rotary air compressor
回转式空气预热器 air preheater of revolution; regenerative air heater
回转式控制阀 rotary pilot valve
回转式冷却器 cooling drum; rotary cooler
回转式冷却器离心机 cooling drum centrifuge
回转式连续杀菌机 rotary continuous sterilizer
回转式流水作业法 roundabout system
回转式六分仪 gyro-sextant
回转式六角车床 drum-type turret lathe
回转式楼梯 turn stair(case)
回转式滤网 band screen
回转式罗盘 gyro; gyroscopic compass; gyrostatic compass
回转式螺杆压缩机 rotary helical screw compressor
回转式马达泵 rotary motor pump
回转式瞄准器 gyro gunsight
回转式黏[粘]度计 torque-type visco(si)meter
回转式排量泵 rotary displacement pump
回转式排气阀 rotary exhaust valve
回转式喷头 revolving sprinkler head
回转式喷雾器 rotary atomizer
回转式破碎机 gyrating breaker; gyratory breaker; gyratory crusher; rotary crusher; rotary breaker; spindle breaker
回转式起动空气分配阀 rotary starting air distributor
回转式起重机 full-revolving crane; full-rotating derrick; slewer; slewing crane; swing crane; swivel crane; whipping crane; whirler(y) crane; revolving crane; turning crane
回转式气塞 rotary air lock
回转式汽铲 revolving steam shovel
回转式强力轧孔机 rotary piercing mill
回转式切割器 rotary cutting assembly
回转式倾斜计 gyroclinometer
回转式倾斜仪 gyroclinometer
回转式取样器 rotary sampler
回转式燃油器 rotary oil burner
回转式绕线机 rotary winding machine
回转式热飞锯 rotary flying hot saw
回转式杀菌锅 agitating cooker
回转式试验机 gyratory testing machine
回转式手工具 rotary tool
回转式枢轴 swing mast
回转式输送机 rotary transfer machine; swinging conveyer[conveyor]
回转式熟料冷却机 rotary clinker cooler
回转式水平仪 reversible level
回转式水准仪 reversible(spirit)level
回转式松土机 revolving ripper
回转式松土器 revolving ripper
回转式碎石机 gyratory breaker; gyratory crusher; rotary breaker; rotary crusher; spindle breaker
回转式锁风闸门 rotary air sluice
回转式调谐器 turret tuner
回转式挖掘机 revolving shovel; slewing excavator; swing excavator
回转式雾化器 rotary atomizer
回转式悬臂 slewing boom
回转式循环水泵 rotary type circulating water pump
回转式压力机 gyratory press
回转式压力计 rotary manometer; tilting manometer
回转式压实机 gyratory compactor
回转式压缩机 rotary compressor
回转式压砖机 revolver press; rotary tile press
回转式岩芯管钻粒钻机 calyx drill
回转式岩芯钻机 rotary core drill
回转式液压缸 hydraulic slewing cylinder; slewing cylinder
回转式液压马达 oscillatory motor
回转式译码器 rotary encoder
回转式余热烘干机 rotary waste heat dryer[drier]
回转式圆锥破碎机 gyratory cone breaker
回转式运输机 swing conveyer[conveyor]; swinging conveyer[conveyor]
回转式再生预热器 rotary regenerative heat exchanger
回转式凿岩 rotary drilling
回转式凿岩机 rotary drill
回转式轧碎机 gyratory breaker; gyratory crusher
回转式闸门 hinged gate
回转式蒸汽挖掘机 revolving steam shovel
回转式蒸汽挖土机 revolving steam shovel
回转式蒸煮器 tilting digester
回转式支柱 swing mast
回转式制动机构 swing mechanism brake
回转式抓斗 rotating grapple; rotator grapple
回转式抓斗起重机 grab slewing crane
回转式桩架 swivel(l)ing piling rig
回转式装载机 swing loader
回转式钻机 rotary drill(ing machine); swing drilling machine
回转式钻机的钻车 rotary drill jumbo
回转式钻岩机 auger drill
回转试验 spiral test; tactical trial; turning circle trial
回转释放 gyration release
回转枢轴 <挖掘机> center pin; center pintle
回转刷子 rotating brush
回转水泵 rotary pump
回转水流 rotary current
回转水面 <港内的> swing area
回转水平仪 gyrohorizon
回转水制动器 swing brake
回转水准仪 wrought level
回转速度 rotary speed; rotating speed; rotational speed; speed of gyration; speed of rotation; speed of turn; swing(ing) speed; swivel(ling) speed
回转速度指示器 turnmeter
回转速率 swinging rate
回转碎石机 gyratory crusher
回转锁定装置 slewing lock
回转塔 slewing tower
回转塔吊 rotary-tower crane
回转塔式起重机 body-revolving tower crane; rotary-tower crane
回转踏步 <楼梯的> turn tread
回转台 revolving platform; slewing table; swing table; turntable <挖土机的>
回转套管法钻进用扩孔器 casing barrel reaming shell
回转套管装置 casing-rotating device
回转套筒 rotating sleeve
回转体 body of revolution; gyro-rotor; revolution body; revolving body; rotation housing; solid of revolution; solid of rotation
回转调时阀 rotary timing valve
回转筒 revolving drum
回转头 turret
回转托轮 swing roller
回转椭面 spheroid
回转椭球 ellipsoid of gyration; ellipsoid of revolution; spheroid
回转椭球面 ellipsoid of revolution
回转椭圆球面 ellipsoid of revolution
回转椭圆形的 orbicular
回转弯头 return bend 180; set-off bend
回转尾轮 caster[castor]
回转喂料机 revolving feeder; rotary feeder
回转喂料器 revolving feeder; rotary feeder
回转稳定度指数 gyratory stability index
回转稳定器 gyroscopic stabilizer
回转稳定仪 gyrostabilizer
回转稳性 stability at the helm circle
回转无碍 <指单锚泊地的安全性> swing clear
回转铣床 rotary milling machine
回转系统 slew system; swing system
回转下料篦 rotary discharge grate
回转下料溜子 swivel chute
回转线 loop; run-around track【铁】
回转线脚 returned mo(u)lding
回转限位器 slewing limiter
回转销 swing pivot
回转小车 slewing trolley
回转效应 gyroscopic action; gyroscopic effect; turning leverage
回转性能 dirigibility; turning performance; turning quality
回转悬臂 swinging jib
回转循环 turnover
回转压板 rotating clamp
回转压入式取土器 soil sampler of rotary drilling
回转压碎机 gyratory crusher
回转压瓦机 rotary tile press
回转压榨机 rotary squeezer
回转压砖机 turntable
回转窑 cylindric(al) roaster; cylindric(al) rotary kiln; revolving tubular

H

kiln; rotary drier [dryer]; rotary kiln; rotating kiln
回转窑操作稳定性 rotary kiln operating stability
回转窑衬里 rotary kiln lining
回转窑点火 firing rotary kiln
回转窑法 kiln process
回转窑挂链 rotary kiln chains
回转窑管 rotary kiln tube
回转窑滚圈 rolling track
回转窑控制逻辑 kiln control logic
回转窑冷却器 rotary kiln cooler
回转窑内煅烧 cylinder roasting
回转窑内热交换器装置 internal kiln fittings
回转窑膨胀黏[粘]土 rotary kiln expanded clay
回转窑膨胀陶粒 rotary kiln expanded haydite
回转窑燃烧控制系统 Pyrotrol
回转窑烧成带 rotary kiln clinkering zone
回转窑设备 rotary kiln plant
回转窑石料 rotary kiln stone
回转窑式干燥机 rotary kiln dryer
回转窑弹性大齿轮 spring gear
回转窑体向下窜 downhill travel of rotary kiln
回转窑筒 rotary kiln tube
回转窑筒体表面温度监测系统 Scanex
回转窑外壳 rotary kiln shell
回转窑弯曲变形 bowing
回转窑楔形砖 rotary kiln wedge
回转窑窑衬 rotary kiln lining
回转窑窑灰 rotary kiln flue dust
回转窑用耐火砖 rotary kiln brick
回转窑余热利用 waste heat utilization of rotary kiln
回转窑轴向窜动 axial movement of rotary kiln
回转窑轴向移动 axial movement of rotary kiln
回转窑转矩测量装置 torque metering device of rotary kiln
回转窑纵向窜动 oscillatory axial movement of rotary kiln
回转窑纵向交错砌砖法 longitudinal bonding of rotary kiln lining
回转叶片 moving blade; rotating blade; swivel(l)ing vane
回转叶片式舵机 rotary-vane steering engine
回转叶片式气动马达 rotary vane air motor
回转叶片式真空泵 rotary-vane vacuum pump
回转液压回路 swing circuit
回转液压扩张式井壁刮刀 rotary hydraulic expansion wall scraper
回转仪 gyro(scope); gyrostat
回转仪动力学 gyroscopic dynamics
回转仪惯性 gyroscopic inertia
回转油井测量装置 gyroscopic well surveying device
回转圆 slewing circle; turning circle <以直径计>
回转圆盘 swing circle
回转圆筒窑 rotating cylindric(al) kiln
回转运动 gyratory motion; gyratory movement; gyroscopic motion; rotary motion; rotational motion; turning motion
回转运动的性质 cornering property
回转运动阶段 stage of turning
回转轧石机 gyratory crusher
回转轧碎机 gyrosphere crusher
回转振动筛 gyratory screen
回转振击器 rotary jars
回转振铃 ring around
回转支承 slew ring; swing bearing
回转支承盘 slewing ring
回转支点 swing pivot; pivot point
回转直径 tactical diameter; turning diameter
回转制动器 slew brake; swing brake
回转质量 gyrating mass
回转中心 center[centre] of gyration
回转中心线 swing centerline
回转周期 turning interval
回转轴 gyroaxis; gyro-axle; gyro shaft; revolution axis; revolving shaft; rotor shaft; swivel shaft
回转轴竖旋桥 trunnion bascule bridge
回转轴线 axis of revolution; spin axis; pivot center[centre]
回转轴向柱塞液压马达 rotary axial plunger motor
回转柱塞泵 rotary-plunger pump
回转柱系统 flip-flop column system
回转爪 catch hook; rotary pawl
回转爪柱塞 pawl plunger
回转装置 rotation unit; slewer; swing gear; swivel(l)ing device; turning gear; rotator <盾构内>
回转装置的搭接滚轮 <挖掘机> hook roller
回转装置制动器 swivel(l)ing device brake
回转锥面 cone of revolution
回转锥形破碎机 rotary breaker; rotary crusher
回转纵距 rotary ordinate; advance
回转钻 rotary drill
回转钻机 slewing drilling machine
回转钻进 rotary boring; rotary drilling; rotating drilling
回转钻进法 rotary system of drilling
回转钻进设备 rotary equipment
回转钻进岩粉 rotary drill cuttings
回转钻进用泥浆 rotary mud
回转钻进用水基泥浆 water-base rotary drilling fluid
回转钻进钻头 rotary bit
回转钻具 <钻井简用> rotary head
回转钻孔 rotary boring
回转作用 gyroscopic action
回转座 swivel(l)ing seat
回装货 landing & reshipping
回族建筑 architecture of the Hui nationality

洄

洄流 backwash

洄游 migration
洄游的 migratory
洄游方向 direction of migration
洄游类 migratory species
洄游路线 migration pattern
洄游区 zone of migration
洄游试验 avoidance test
洄游速度 migration velocity
洄游(物)种 migratory species
洄游型 migration form
洄游性鱼类 migration[migratory] fishes
洄游鱼 migrant

茴

茴芹 anise(tree)

茴香 anise(tree)
茴香醚 anisole
茴香醛 anisaldehyde

蛔

蛔虫 round worm; ascarid; lumbricoid

毁

毁掉 breakdown

毁掉作物 destroy the crop
毁坏 catastrophe; damage; damaged beyond repair; destroying; devastate; disrupture; give way; killing; unbuild; unmake; wrack
毁坏表面 denudation level
毁坏的 ruined
毁坏的产物 product of destruction
毁坏的房屋 ruinous building
毁坏弧 failure arc
毁坏设备 breaking plant
毁坏试验 destruction test
毁坏性的 catastrophic
毁坏性毒物 destructive poisons
毁坏性燃烧 destructive combustion
毁坏庄稼和树木 destroy plants and trees
毁林 deforest; deforestation; disafforestation
毁林辟田 disforest(ation)
毁林剂 silvicide
毁林开荒 deforestation of land reclamation
毁林开垦 assart
毁林开垦地 assart
毁林开垦法 assart
毁林轮垦 shifting cultivation
毁林线 trimline
毁林行为 act of destroying forest
毁馏 destructive distillation
毁灭 collapse; death; destroying; destruction; dissolve; overturn; perish; ruination
毁灭的 overturned
毁灭性 destructiveness
毁灭性病害 destructive disease
毁灭性虫灾 destructive insect; destructive pest
毁灭性地震 exterminatory earthquake; ruinous earthquake; ruinous shock
毁灭性洪水 devastating flood
毁灭性竞争 ruinous competition
毁灭性砍伐 ruinous exploitation
毁灭性破坏 catastrophic collapse
毁灭性物质 killing substance
毁木的 xylophagous
毁伤半径 radius of damage; radius of rupture
毁损 derogate; detract; mar
毁损物 defacement
毁损指示器 fault detector
毁于火灾 destroyed by fire; ruined by fire
毁誉 negative goodwill
毁约 breach of promise; break of an engagement; break the bond; delinquency

汇

汇编装入程序包 assembler loader package

汇拨支付 payment by remittance
汇出汇款 draft issued
汇单 order
汇点 sink point
汇点区 focal region
汇电板 bus-tie-in
汇电发动机 slip-ring motor
汇电环 collector ring
汇电路 slip ring
汇订起来 on file
汇兑 currency exchange; exchange; money order; money remittance; order; remittance; transfer order
汇兑比例价 arbitrated rate of exchange
汇兑变动 fluctuation in exchange
汇兑表 conversion table
汇兑单 exchange slip
汇兑的法定平价 fixed par of exchange
汇兑风险 exchange risk
汇兑合同确认书 exchange contract confirmation
汇兑换算表 exchange rate; rate of exchange
汇兑基金 exchange fund
汇兑价 rate of exchange
汇兑交易通知书 advice sheet
汇兑率 rate of exchange; exchange rate
汇兑牌价 exchange quotation; par of exchange; rate of exchange; exchange rate
汇兑损失 exchange loss; loss on exchange
汇兑尾数 balance of exchange
汇费 remittance charges; remittance fee
汇费率 remittance rate
汇管 pressure manifold
汇合 merging; confluence
汇合冰川 apposed glacier
汇合车 merging vehicle
汇合车流 merging flow
汇合处 convergence; confluence <河流的>
汇合道路 converging road
汇合的 confluent; interfluent
汇合点 meeting; point of confluence; point of junction; point of merge
汇合点港池 junction dock
汇合端 merging end
汇合环境 merging situation
汇合交叉(路)口 merging intersection
汇合交通 merging traffic
汇合流量 aggregate discharge; confluent discharge
汇合流区 merging area
汇合路线 merging path
汇合内插多项式 confluent interpolation polynomial
汇合渠道 junction canal
汇合行驶区 merging man(o)euver area
汇合匝道 merging ramp
汇划结算 clearing
汇集 adfluxion; afflux; collection; confluence; congestion; influx; pooling
汇集槽 collector groove
汇集产品 pooled product
汇集点 assemblage point
汇集调车 gather; gathering haulage
汇集管线 collecting line
汇集(交通)街道 collector street
汇集流量 accumulated water
汇集漏斗 <指圆形山谷> collecting funnel
汇集排管 integrating comb
汇集平均值 assembly average
汇集区 <圆形山谷> collecting funnel
汇集时间 <用于流水或污水> collection time
汇集信息 sink information
汇集雨水 rainfall collection
汇集装置 catcher
汇计信息系统 counting information system
汇价 conversion rate; exchange rate; foreign exchange rate; rate of exchange
汇价浮动 exchange movement
汇交力 concurrent force; point force
汇交力系的合成 composition of con-

current forces
汇交线 concurrent line
汇缴途中款 pay cash in transit summarily
汇接 tandem
汇接长途电话线路拨号 tandem toll circuit dial(l)ing
汇接长途自动系统 tandem and long distance automatic system
汇接点 junction;star point;summing junction
汇接方案 switching scheme
汇接交换 tandem switching
汇接交换机 tandem exchanger;tandem switch
汇接局 junction;junction center[centre];multiple station;tandem exchange;tandem office;through switching exchange;tie-station;transit center[centre]
汇接局到终端局的中继线 tandem completing trunk
汇接局直达连接电话线 omnibus
汇接室 junction box
汇接台 tandem board
汇接台拨接法 tandem board dial(l)ing
汇接通话 tandem working
汇接通话中继线 tandem completing trunk
汇接网络 combining network
汇接选择器 tandem selector
汇接站 junction station
汇接中继机键 tandem switch
汇接中继线 tandem trunk
汇接中继制 tandem trunking system
汇接中心 junction center[centre]
汇结点 sink node
汇聚 syntaxis
汇聚光 convergent light
汇款 cash remittance;cash transfer;make remittance;remittance
汇款单 money order;remittance order
汇款核准书 remittance permit
汇款人 remitter
汇款收款人 beneficiary of remittance
汇款条单 remittance bill
汇款条款 currency clause;exchange clause
汇款通知单 letter of advice;remittance advice;remittance slip
汇款通知书 advice of drawing;letter of advice
汇款银行 remitting bank
汇款支票 remittance check
汇流 adfluxion;afflux;confluence;convergence of drainage;convergent flow;flow concentration;sink flow
汇流标志 converging sign
汇流冰 confluence ice
汇流槽 collecting tray
汇流处 river outlet
汇流带 streaming tape
汇流的 affluent;confluent
汇流点 <河流> river confluence;river junction;junction of two streams;point of concentration;point of confluence;river junction
汇流阀 manifold valve
汇流管 collecting pipe;manifold
汇流管道 bus duct
汇流管道连接检查井 junction manhole
汇流河 compound river
汇流环 collecting ring;collector ring;slip ring
汇流环的滑轮套管 troll(e)y bush
汇流角 confluent angle
汇流井 combined inlets chamber;junction chamber
汇流口 river outfall
汇流理论 concentration theory
汇流面积 catchment area;feeding ground;hydrographic(al) basin;drainage area <美>
汇流母线 bus rod
汇流排 busbar wire;collecting bar;collecting main;cylinder manifold;omnibus bar;tier bus
汇流排地线线夹 earth wire clamp for busbar
汇流排电连接线夹 electric(al) connecting clamp for busbar
汇流排定位线夹 steady clamp for busbar
汇流排分段隔离开关 busbar sectionalizing switch
汇流排管 busbar
汇流排连接线夹 connecting clamp for busbar
汇流排联接开关 bus-tie switch
汇流排系统 busbar system;bus system;cable-tap system
汇流排支撑压板 support plate for busbar
汇流排中心锚结下锚底座 bracket base of mid-anchor clamp for busbar
汇流排中心锚结线 mid-anchor clamp for busbar
汇流盆地 confluence basin
汇流平原 confluence plain
汇流期 period of concentration
汇流区 doab;gathering ground
汇流曲线 afflux curve;collective flow curve;transit curve;water travel (time) curve
汇流时间 collection time;concentration time;lag time;period of concentration;time of concentration
汇流时间曲线 travel-time curve
汇流刷 collecting brush
汇流条 bus;busbar;busbar wire;bus line;collecting bar;omnibus bar;trunk【计】
汇流条板 bus board
汇流条隔离室 bus compartment
汇流条式电流互感器 bar type current transformer
汇流条通道 busway
汇流通道 busway;highway
汇流线 bus;busbar;bus line;bus wire;highway
汇流线联络开关 bus-line coupler
汇流装置 collector-shoe gear
汇率 rates of exchange
汇率变动 change in exchange rate
汇率变动对现金的影响 effect of foreign exchange rate changes on cash flows
汇率波动 fluctuation in exchange rates
汇率类型 patterns of exchange rate
汇率伸缩性 exchange rate flexibility
汇率调整 exchange adjustment
汇率下跌 exchange rate depreciation
汇率走势 tendency of exchange rate
汇票付款 payment by bill;payment by draft
汇票付款公司 drawee-company
汇票付款人 drawee
汇票付款银行 drawee bank
汇票副本 duplicate of draft
汇票金额 amount of a draft
汇票清算 bill account
汇票日期 date of draft
汇票随附 draft attached
汇票贴现 discounting of bill of exchange
汇票通知簿 advice book
汇票通知单 advice slip
汇票通知书 advice of drawing
汇票业务部 bill department
汇票支付 payment by draft
汇票支付期限 usance
汇票注销 draft logout
汇入 affluence;afflux;affluxion
汇入的支流 affluent stream
汇入款项 inward remittance
汇势流 sink potential flow
汇水 catchment (of water);remittance charge
汇水槽 catchment tray
汇水断层 catchment fault
汇水构造 catchment structure
汇水管线 collection line
汇水径流量 catchment yield
汇水量 catchment water
汇水流域内的蓄水量 capacity of water shed;storage capacity of water shed
汇水面积 area of catchment;catching area;catchment area;catchment basin;drainage area;tributary area;water catchment area;water collecting area;water collection area;water producing area;watershed area;hydrographic(al) basin;river drainage area
汇水面积测量 catchment area survey
汇水盆地 calcipit;catch(ment) basin;catch pit;catch-water basin
汇水盆地面积 area of flood basin
汇水区 accumulative area;catchment area;catchment basin;water collecting area;watershed
汇水区排水 catchment water drainage
汇水洼地 calcipit;catch pit
汇水箱 collection box
汇水岩脉 catchment rock vein
汇线 bus;sink line
汇信 letter of credit[L/C]
汇行市 exchange rate quotation
汇总 compile
汇总报表 consolidated statement
汇总报告 consolidated return
汇总表 glossary;recapitulation;summarizing schedule;summary(statement);summary tabulation;synoptic(al) table
汇总的 all-in
汇总点 summing point
汇总电路 logic(al) circuit
汇总估价表 estimate summary
汇总会计报表 summary settlement
汇总凭证 summary document
汇总收支摘要簿 abstract book
汇总损益表 consolidated income statement
汇总图 assembly;drawing
汇总账 summary account
汇总账项 summary entry

会 fellowship

会报 transaction
会场 assembling hall;assembly hall;assembly place;conference hall;council house;meeting place;theatre[theater];venue
会场声学 auditorium acoustics
会车次数 train meets
会车道 passing place;lay-by
会车地点 meeting point;crossing place <一般不派人管理>
会车地点最佳间隔 optimum spacing of crossing places
会车点 crossing point
会车段 passing place
会车间隔时间 time interval for two meeting trains at station
会车命令 crossing order
会车视距 stopping sight distance between two vehicles
会车线 loop line;pass-by track;passing siding
会车站 meeting station
会车装置 car passer
会船 meet
会船安全间隙 passing clearance
会船处 meeting place
会船段 lay by(e)
会船加宽段 <运河> passing place
会船局面 meeting situation
会船区 passing place;turnout
会挡 check rail
会费 dues;tax
会馆 assembly hall;guildhall
会合 congregation;convergence;meet-(ing);rendezvous
会合传感激光器 rendezvous sensor laser
会合道路 converging road
会合的 synodic
会合点 confluence;junction(point);point of junction;rendezvous;conjunction
会合计算机 rendezvous computer
会合进路 converging route
会合年 synodic(al) year
会合通道 converging passage
会合运动 synodic(al) motion
会合周 synodic(al) revolution
会合周期 synodic(al) period
会合自转周 synodic(al) rotation
会合自转周期 synodic(al) rotation period
会合自转周数 synodic(al) rotation number
会后 post-session
会后文件编制程序 post-session documentor
会混合的 <指颜色等> fondu
会(集)接(合) grouped joint
会籍 membership
会间小憩 coffee break
会见 interview
会见室 audience chamber;audience room
会见者 interviewer
会井 junction well
会聚边缘 convergent boundary
会聚波 convergent wave
会聚波束 converging beam
会聚槽 convergent channel
会聚磁镜 converging magnetic mirror
会聚磁铁 convergence magnet
会聚点 convergent point
会聚电极 convergence electrode
会聚电路 convergence circuit
会聚电压 convergence voltage
会聚电压相位调整 convergence phase control
会聚度 convergence
会聚幅度 convergence amplitude
会聚光 convergent light;converging light
会聚光束 convergent beam;convergent pencil
会聚极限 convergence limit
会聚角 angle of convergence[convergency];convergence angle;convergent angle
会聚镜 convergent mirror
会聚镜头 collective lens
会聚离子束 converging ion beam
会聚流 convergent angle;converging flow
会聚螺栓 convergence bolt

H

会聚面 convergence surface
会聚漂移 drift of convergence
会聚平面 convergence plane
会聚区 convergence zone
会聚失调 misconvergence
会聚试验 convergence test
会聚调整 convergence control
会聚投射学说 convergence projection theory
会聚透镜 convergent lens;converging lens;convexing lens
会聚系统 convergence system
会聚线圈 convergence coil
会聚性 convergence[convergency]
会聚压力 convergence pressure
会聚元件 convergent component
会聚作用 converging action
会刊 bulletin; proceedings; proceedings of a conferences;transaction
会客室 drawing room;parlo(u)r;reception chamber; reception room; visiting room
会客厅 guest room;parlo(u)r;reception room
会客休息厅 reception lounge
会枯竭的资源 exhaustible resources
会裂成扁石的 flaggy
会流点 junction
会期 session
会期文件编制 in-session documentor
会签 countersign;joint signature
会前旅行 pre-congress tours
会前文件编制 pre-conference documentor
会切点 cusp
会让点 passing point;turnout
会让线 crossing loop; loop siding; pass-by track;passing loop;passing siding;passing track;siding
会让站 crossing loop; crossing station;loop siding; meeting station; passing loop;passing siding;passing station;siding
会溶温度 consolute temperature
会溶质溶液 consolute solution
会审 joint checkup
会缩的 contractible
会所 clubhouse
会谈 confabulation; conference; conversation;negotiate;parley
会谈记录 protocol
会谈记要 minute; summary minutes of talk
会谈纪要 minutes
会堂 assembly hall;audience hall;auditorium [复 auditoria]; basilica; council house;hall;meeting house; public hall
会堂面积 auditorium area
会堂区域 auditorium area
会晤层 session layer
会晤时间 scheduled time
会晤协议数据单元 session protocol data unit
会议 conference;council;session
会议报告 meeting report
会议场区 conference block
会议场所 conference block
会议车 conference coach
会议大厦 conference building
会议单元 conference unit
会议地点 assembly place;venue
会议记录 minute of conference; minutes of meeting;proceedings
会议记录簿 minute book
会议纪要 summary of meeting
会议交接班室 meeting room
会议剧场 conference theatre[theater]
会议开幕 opening session
会议口译 interpretation at meeting
会议旅馆 conventional hotel
会议室 assembly room;board room;chamber; committee room; conference room;council chamber;meeting room
会议厅 assembly hall;conference hall;convention hall; function room; meeting hall;meeting room
会议通信[讯]设备 conference communications
会议文集 symposium
会议文件 meeting documents; proceedings at the meeting
会议-宴会厅 convention hall; functional hall
会议召集人 convener
会议中心 conference center[centre];convention centre
会议桌 conference table
会议总报告人 general reporter
会遇 encounter
会遇安全距离 safe distance of approach
会遇半径 encounter radius
会遇率 encounter rate
会遇最近点 closest point of approach
会遇最近距离 distance of closest point of approach
会员 academician;corporator;member
会员身份 membership
会员国 <国际组织的> member country;member state
会员局 administration member of an association;member administration
会员数 membership
会员休息室 members' lounge
会员资格 fellowship;membership
会越站【铁】passing station
会长 chairperson;president
会滞胀的 dilatable
会众清真寺 Friday mosque

绘壁画 al secoo painting

绘波纹器具 <油漆工的> budger
绘草图 block out;sketching
绘草样纸 sketching paper
绘出曲线 plot curve;run a curve <发动机特性曲线>
绘大样图用的图纸 detail paper
绘等高线 contouring
绘点器 sharpening jig
绘横断面 cross-sectioning
绘花大门 figure portal
绘画 drawing;fine arts;painting
绘画陈列馆 pinacotheca
绘画的 pictorial
绘画丁字尺 drawing T-square
绘画珐琅 limoge;painted enamel
绘画格调印花布 figurative prints
绘画架 easel
绘画漆 artists' paint
绘画台 table easel
绘画文字 <客运站引导旅客的新设计技术> pictogram
绘画箱 paint box
绘画颜料 artists' colo(u)r
绘画用具 painting utensils
绘画用铝粉 alumin(i)um powder for painting
绘画用藤黄 gamboge for painting
绘画用调色板 palette for painter
绘画展览室 gallery;picture gallery
绘画者 painter
绘画支架 drawing set
绘画作品 paint
绘迹器 plotter
绘迹器步长 plotter step size
绘平面图 protract
绘剖面图 profiling
绘桥图 bridge drawing
绘曲线 curve plotting;plotting;swivel pen drafting
绘曲线仪 curve drawing instrument
绘示功图 indicator test
绘图 artwork; depiction; drafting; drawing(up); graph plotting; map drawing;map generation;mapping;map plotting;plot(ting);tabling
绘图板 drafting board;drawing base;drawing board;plotter board;plotting board;plotting tablet;sketching board;trestle board
绘图比 plotting ratio
绘图比例 scale
绘图比例尺 drafting scale; drawing scale; draughting scale; plotting scale
绘图笔 drafting pen; drawing pen; graph pen;mapping pen;needle pen;plot pen;ruling pen;sketching pencil;border pen <画轮廓线用的>
绘图笔杆 penholder
绘图笔夹头 pencil chuck
绘图笔架 drawing pen holder;pencil carriage; penholder; tracing carriage
绘图笔尖 drawing pen nib;nib;tip of drawing;tip of stylus
绘图避碰 plotting anti-collision
绘图臂 drawing arm;tracing arm
绘图编辑程序 drawing editor
绘图编辑器 drawing editor
绘图标记用涂料 graphic (al) arts coating
绘图薄膜 cartographic(al) film;plot overlay;plotting film
绘图材料 drawing material; graphic(al) material; graphic(al) medium; plotting material
绘图测定 graphic(al) determination
绘图程序 graphics program(me); plotting program(me)
绘图尺 drafting scale;drawing rule;drawing scale
绘图磁带 drawing tape;plotting tape
绘图单元 drawing unit
绘图的 pictorial
绘图底 drawing base
绘图钉 drawing pin
绘图方法 drafting technique;drawing technique;method of drawing;plotting technique
绘图方格 squaring
绘图方格纸 plotting(scale)paper
绘图方式 plotting mode
绘图符号 plotting symbol
绘图附件 drawing attachment
绘图格网 canvas reticulation; drawing grid;mapping grid;plotting grid
绘图工具 drawing instrument
绘图工具和绘图仪器 drawing appliances and instruments
绘图工作 line work
绘图刮刀 drawing knife
绘图航空摄影机 aerial mapping camera
绘图核心系统 graphic(al) kernel system
绘图回波 graphic(al) echo
绘图机 draft(ing) machine; draught machine;drawing equipment;drawing machine; graphic (al) plotter; graphics face; graphics generator; mapping instrument;plotter;plotting coordinatograph; plotting equipment; plotting machine; restitution coordinatograph;tracing coordinatograph <精密立体测图仪附件>
绘图机步长 plotter step size
绘图机步距 plotter step size
绘图机插补 plotter interpolation
绘图机插补器 interpolator of plotter
绘图机传动方式 transfer mode of plotter
绘图机控制器 plotter controller
绘图机驱动 plotter driver tape
绘图基本软件 plotting basic software
绘图基面 charting datum; drawing datum
绘图记录器 plotting writer
绘图记录仪 chart recorder;chart-recording instrument
绘图间隔 plot interval
绘图交换文件 drawing interchange file
绘图胶片 cartographic(al)film
绘图接口 drawing interface
绘图结束 end of map(ping)
绘图介质 plot medium
绘图精度 accuracy of drawing;drafting accuracy;draughting accuracy
绘图镜头 plotting lens
绘图聚酯薄模 drawing polyester film
绘图量角器 draughtsman's protractor
绘图率 plotting rate
绘图面 drawing surface
绘图模式 plotting model
绘图墨水 drafting ink;drawing ink
绘图能力 graphic(al)capability
绘图片 drawing base;tracing sheet
绘图平面 manuscript plane
绘图平台 flat bed
绘图平行板 clinograph
绘图器 circle drawing device; curve plotter; omnigraph; plotter; plotting apparatus;plotting instrument
绘图器接口设备 plotter interface
绘图器具 drawing appliance
绘图器袖珍皮盒 morocco pocket case
绘图器遮光罩 plotter hood
绘图铅笔 drafting pencil; drawing pencil;plotting pencil
绘图软件包 graphic(al)package
绘图上影线 hatch
绘图设备 drawing appliance;face for drawing;facility for drawing;facility for plotting;plotting equipment; plotting unit
绘图设备机材料 drawing equipment and material
绘图射束 plotting beam
绘图室 drafting office;drafting room; draftsman's office; draughting scale; drawing office;drawing room;drawing studio;plotting office
绘图室实习生 drawing office apprentice
绘图室主任 chief draftsman
绘图输出 plotter output
绘图术 draftsmanship; draughtsmanship; drawing technique; graphic(al)art
绘图数据 drafting data;drawing data;graphic(al)data;plot(ting)data
绘图水位 charting base level; chart level;drawing water level
绘图速度 drawing speed;drawing velocity; plotting speed; plotting velocity
绘图速率 plotting rate
绘图塑料 plastic drawing material
绘图台 drawing table; easel; chart desk
绘图炭条 sketching charcoal
绘图特征码 draw feature code
绘图头 drawing head;plotting head;tool holder;work head

绘图头滑架 drawing point carriage
绘图透明蜡布 tracing cloth
绘图网格 drawing grid
绘图文件 plot(ting) file
绘图误差 drafting error; drawing error; error of plotting; graphic (al) error; mapping error; plotting error; uncertainty of plotting
绘图系统 drafting system; drawing system; graphic(al) system; plotting system
绘图橡皮 drawing eraser
绘图学 cartography
绘图学与计算机科学的结合 graphics combined with computer science
绘图学员 apprentice draughtsman
绘图仪 curve plotter; graphic (al) plotter; graphics plotter; graph plotter; mapper; plotter; plotting apparatus; plotting instrument
绘图仪器 chart drawing set; drafting instrument; mapping instrument; plotting equipment; plotting instrument; set of drawing instruments; drawing instrument; drawing set
绘图用方格纸 plotting paper
绘图用具 drawing appliance; drawing tool; plotter
绘图用两脚规 drawing compasses
绘图用三棱尺 triangular plotting scale
绘图用缩放仪 eidograph
绘图用圆规 compass for drawing
绘图语句 drawing statement
绘图员 cartographic(al) draftsman; cartographic (al) draughtsman; delineator; drafter; draftsman; draughtsman; drawer; map delineator; plotter; plotting machine
绘图员用比例尺 draftsman's scale
绘图原点 plot origin
绘图圆规 drawing compasses
绘图照明灯 plotting light
绘图者 plotter
绘图纸 cartridge paper; design paper; drawing paper; egg-paper; kent; plotting paper
绘图纸带 plotter tape; plotting tape
绘图指令 drawing instruction; plot command; plot instruction
绘图指令组 set of plotting instruction
绘图装置 drafting device; drawing device; drawing equipment; plotting device; plotting equipment
绘图桌 architect's table; drafting desk; drafting table; draughting desk; drawing desk; drawing table; layout table; light box; plotting table; chart table
绘图桌定向 plotter orientation; plotting table orientation
绘图桌设备 plotting table unit
绘图桌置平螺旋 table level(l)ing screw
绘图子系统 drawing subsystem; graphic (al) subsystem; graphics subsystem
绘图组长 draftsman chief
绘纹篦 graining comb
绘纹色料 graining colo(u)r
绘纹用擦布 graining rag
绘线分析 line drawing analysis
绘线图形显示 line drawing display
绘虚线 dashed-line plotting
绘阴影线 hatch
绘有等高线的平面图 contour plan
绘晕线 provide the ticks; hatching; hatchure
绘制 description; drafting; draughting; drawing; plotting
绘制草图 make a sketch; skeletonizing
绘制大型花饰字 engrossing
绘制地层图用钻孔 stratigraphic(al) bore(hole); stratigraphic(al) hole
绘制地图 map making; platting; plot a map
绘制地图航空摄影机 aerial mapping camera
绘制地形图 topographic(al) mapping
绘制地形微几何学技术 mapping terrain microgeometry
绘制海洋图 ocean mapping
绘制海洋图计划 Program(me) on Ocean Mapping
绘制矩阵电路 graphic (al) plotting matrix
绘制剖面图 <剖面勘探> profiling
绘制曲线 plotting curve
绘制曲线图 construct a graph
绘制生境示意图 site mapping
绘制图形 graphing
绘制土壤分布图 soil mapping
绘制危险地区示意图 hazard mapping
绘制压力分布图 pressure-plotting
绘制一条曲线 plotting a curve
绘制阴影线 cross hatching
绘制员 plotter
绘制原图 preparation of drawing

桧

桧柏 Chinese juniper; juniper

桧木 juniper
桧树胶 juniper gum; sandarac(h)
桧酸 juniperic acid
桧油 sabinoil
桧属 juniper
桧属植物 juniper

贿

贿赂 bribe; palm grease; sop; suborn; under-cover payment

贿赂费 hush money
贿赂和回扣 bribery and kickbacks
贿赂与贪污 bribery and corruption
贿买 buy over

彗

彗发 coma

彗形像差 coma

晦

晦暗 eclipse; tarnish

晦光 sleepy gloss; tarnish
晦面金属 fogged metal
晦漆 flat oil paint
晦饰 matt finish

秽

秽臭水 foul water

秽臭污染 foul pollution
秽气 noxious gas
秽污分离器 inceptor

喙

喙形蚀像 beak

惠

惠风 fair wind; pretty breeze <有利于航行的风>

惠更伯格伸长计 Huggenberger tensometer
惠更斯近似 Huygens approximation
惠更斯目镜 Huygens eyepiece; Huygens ocular
惠更斯原理 Huygens principle
惠更斯源 Huygens source
惠更斯子波 Huygens wavelet
惠金黏[粘]度方程式 Huggins' viscosity equation
惠勒底 Wheeler bottom
惠灵顿 <新西兰首都> Wellington
惠灵顿安全靴 Wellington boots
惠灵顿港 <新西兰> Port Wellington
惠蒲桁架 Whipple truss
惠蒲-马非式桁架 Whipple-Murphy truss
惠氏变速机构 <带有回转连杆> Whitworth's variable speed gear
惠氏标准螺纹 <英制 55° 牙形角螺纹，代号 W> Whitworth's standard screw thread
惠氏规号 Whitworth's ga(u)ge
惠氏急回运动 Whitworth's quick return motion
惠氏螺距规 Whitworth's screw pitch ga(u)ge
惠氏螺丝钢板 Whitworth die
惠氏螺纹 Whitworth's screw(thread); Whitworth's thread
惠氏螺纹扳牙 Whitworth's die
惠氏螺纹螺距范围 range of Whitworth's thread cut
惠氏螺纹头数 number of Whitworth's thread cut
惠氏螺纹牙样 Whitworth's form (of thread)
惠氏线规 Whitworth's wire ga(u)ge
惠斯登 ABC 制自动电报机 Wheatstone ABC telegraph
惠斯登电桥 compare bridge; comparison bridge
惠斯登电桥平衡 electric(al) balance
惠斯登收报机 Wheatstone receiver
惠斯登自动电报机 Wheatstone automatic telegraph
惠斯登自动发报机 Wheatstone transmitter
惠斯勒磁性合金 Heusler's alloy
惠斯通电桥 Wheatstone bridge
惠斯通凿孔机 Wheatstone perforator
惠特比水泥 <一种天然水泥> Whitby cement
惠特克微分方程 Whittaker differential equation
惠特克准则 Whittaker criterion
惠特石 <一种优质建筑用石灰石> Whitbed
惠形象差 coma aberration

昏

昏暗 obscuration

昏暗的 dim; lowering
昏厥 asphyxia
昏乱 dazzle
昏迷 coma
昏晕 conk

婚

婚宴 bridal

浑

浑度仪 turbidometer

浑沌【数】chaos
浑沌行为 chaotic behavio(u)r
浑沌状态 chaotic state
浑炉钧釉 nebulous oven Jun glaze
浑水 silty water; suspension; turbid water; water-sediment mixture
浑水定床模型 turbid water fixed-bed model
浑水流入口 turbid inflow
浑水入流 turbid inflow
浑水异重流 turbid density flow; turbidity current
浑天仪 armillary sphere
浑圆度 degree of roundness
浑圆峰顶 bald
浑圆花岗岩丘 matopos
浑圆砂粒 rounded grain
浑圆山丘 dod(d)
浑圆形 perfectly round shape
浑圆形的 roundish
浑圆状 well rounded shape
浑浊 pollution; roiliness
浑浊层 opaque layer
浑浊的 roily
浑浊度 degree of turbidity; opacity; turbidity
浑浊度表 nephelometer
浑浊度测定仪 turbidimeter
浑浊度仪测定的细度 turbidimeter fineness
浑浊流 suspension current; turbidity current
浑浊水 milky water; muddy water
浑(浊水)流 turbid flow
浑浊系数 turbidity coefficient

混

混拌混合料 wet mix(ture)

混编 <指装有不同制动机的车辆>【铁】mixed coupling; mixed composition
混并接 connection in series-parallel
混波 mixing wave
混波管 mixed tube; mixer tube; mixing tube
混波系数 mixing wave coefficient
混波相位 mixing phase
混播 mixture sowing
混播牧草 tame grass mixture
混布 interspersion
混彩玻璃 spatter glass
混层等价 equivalence of mixed layer
混层结构 alternating layer structure; turbostratic structure
混层矿物 mixed layer mineral
混尘器 dust mixer
混沉的 symmict
混成冰山 unconformity iceberg
混成层 mixolimnion
混成齿形 composite tooth form
混成大梁 composite girder; compound girder
混成桁架 composite truss (frame); compound truss
混成胶 mixed glue; ready-mixed glue
混成梁 combination beam; composite beam; compound beam
混成滤波器 composite filter
混成砂铸型 compo-mo(u)ld
混成砂铸造 compo-casting
混成线路 composite line
混成型柱顶盘 composite entablature
混成油 finished blend
混成柱 combination column; composite column; composite post; compound column; compound post; encased column
混成柱型 composite order; Roman order
混成桩 combination pile; composite pile; compound pile; encased stanchion
混串音 babble
混床离子交换器 mixed bed exchanger
混等率 underrate
混迭误差 aliasing error
混迭效应 aliasing effect
混冻冰 ice breccia; ice mosaic
混冻冰块 compact ice
混堆木材 mixed timber
混沌的 chaotic

混纺 blending
混纺布 mixed cloth
混纺纱 union yarn
混纺线 mixture yarn
混纺织物 blended fabric;mixed fabric
混酚灵杀菌剂 <商品名> Bacticin
混粉器 meal mixer
混风鼓风 hot-cold blast
混风生铁 <高炉用冷热混合风冶炼的生铁> coddled iron
混钙银星石 deltaite
混干料分拌法 dry batch method
混汞 amalgamate
混汞板 amalgamating table
混汞法 amalgamation;amalgam treatment;patio process
混汞金属 amalgamated metal
混汞盘 amalgamation pan
混汞器 amalgamator
混汞设备 amalgamating plant
混汞台 amalgamating table
混汞桶 amalgam barrel
混汞析金法 plate amalgamation
混汞摇床 amalgamating table
混光棒 optic(al) mixing rod
混光灯具 mixed light illuminator
混轨线 interlacing of tracks
混合 admix;mix(ing);mixture;amalgamate; blending; combination; commingle; commix(ture); compounding;immixture;interblend;interfuse;interfusion;intermingle;intermix(ing);medley;mingle-mingle
混合铵盐分解 decomposition with mixture of ammonium salts
混合胺 mixed amine
混合白颜料 oil white
混合白云石化作用 dorag dolomitization
混合柏油 mixed tar
混合摆动颚式破碎机 compound swing jaw crusher
混合斑 mixed stain
混合斑检验 examination of mixed stain
混合版基 mixed forme base
混合保险 mixed policy
混合暴雨与生活污水管道 combined storm and sanitary sewer
混合暴雨与生活污水排污口 combined storm and sewage outlet
混合倍增器 hybrid multiplier
混合苯 benzene mixed; mixed benzene
混合苯胺点 mixed aniline point
混合崩坍 mixed avalanche
混合泵 blending pump; contactor pump;mixing pump
混合比 mix(ing) proportion(ing)(ratio);mix(ing) ratio;mixture ratio;mulling ratio
混合比程序控制 programme(d) mixture-ratio control
混合比例 mixed proportion; mixing scale;proportion of mixture
混合比调节 mixture-ratio control
混合比调节器 mixture-ratio controller
混合比调节装置 mixture control assembly
混合比图表 chart of mixture ratio
混合比选择器 mixing selector
混合比指示器 mixing ratio indicator
混合比重法 mixed specific gravity method
混合比自动控制器 automatic mixture controller
混合比自动调节器 automatic mixture regulator
混合边界 mixed boundary
混合边界条件 mixed boundary condition
混合边界值问题 mixed boundary value problem
混合边值 mixed boundary value
混合编码 hybrid coding
混合变电所 mixed substation
混合变温水层 mixed epilimnion
混合变性 combined degeneration
混合变压器 bridge transformer; hybrid coil; hybrid repeater; hybrid transformer
混合标志 hybrid sign
混合表面 mixed face
混合冰铜 mixed matte
混合拨号 mixed station dialing
混合波 hybrid wave
混合波导管连接 hybrid waveguide junction
混合波管 mixed tube
混合波函数 hybrid wave function
混合波特兰水泥 blended Portland cement;mixed Portland cement
混合玻璃 end-of-day glass;spatter glass
混合不均 undermixing
混合不同粒度的重晶石 mixed barites grains
混合不稳定性 admixture instability
混合不匀 incomplete mixing
混合不整合 blended unconformity
混合不足 undermixing
混合布水器 mixing distributor
混合布置 hybrid layout
混合材 admixture; blending component; blending material; composite material
混合材料 blended material; compound material
混合材料集装箱 composite material container
混合材料密封 composite seal
混合材料嵌缝 <承插接合管道的> composition joint
混合采光 combined lighting; mixed lighting
混合采样 composite sampling; mixed sampling
混合采样器 composite sampler
混合参量 hybrid parameter
混合参数 hybrid parameter
混合仓 blending bunker
混合操作 mixing process
混合操作系统 hybrid operating system
混合糙率 composite roughness
混合槽 blending tank;mixing bunker;mixing channel; mixing drum; mixing tank;tempering tank
混合草地 ley
混合策略 mixed strategy
混合策略优先文法 mixed strategy precedence grammar
混合层 agitation layer; mixed bed; mixed layer;mixing layer
混合层高度 mixed layer height
混合层厚度 mixed layer depth
混合层结构 mixed layer structure
混合层深度 layer depth
混合层声道 mixed layer sound channel
混合层通风系数 ventilation coefficient of mixed layer
混合差错 combined error
混合差错控制 hybrid error control
混合产物 blended product
混合长度 mixing length
混合长理论 mixing length theory
混合常数 mixed constant
混合场所 mixing site
混合潮 compound tide;mixed tide
混合潮港 mixed tidal harbo(u)r
混合潮流 mixed current
混合潮型 mixed-type of tide
混合车间 compound department
混合车流 combined car flow; combined loaded and empty flow; mixed flow
混合车厢 <例如头等和二等客厅式混合车厢等> composite car
混合沉淀槽 mix-and-settle extractor
混合沉积岩 mixed sedimentary rock
混合沉降萃取器 mix-and-settle extractor;mixer-settler extractor
混合沉降器 mixer-settler
混合沉降器萃取设备 mixer-settler type plant
混合成分 blend composition;blending constituent
混合成像法 hybrid mapping
混合成因的 mixed origin
混合成因洞 multiformation cave
混合乘积 mixed product
混合程 mixing length
混合程度 mixability
混合程序 mixing sequence
混合程序库 hybrid library
混合澄清槽 mixer-settler
混合池 mixed basin; mixing basin; mixing tank
混合池冷热调和箱 mixing tank
混合池模型 mixing pool model
混合冲积扇 compound alluvial fan
混合抽水试验 mixed(-layer) pumping test
混合稠度 mix consistency; worked consistency
混合储备金 hybrid reserve
混合处理 combination treatment; hybrid processing; dual disposal <雨水和污水的>
混合处理法 combination treatment method;dual disposal method
混合(船)货 mixed cargo
混合窗 combination window
混合床 mix-bed
混合床除盐 mixed bed demineralization
混合床除盐器 mixed bed demineralizer
混合床过滤 mixed bed filtration
混合床过滤器 mixed bed filter
混合床离子交换 mixed bed ion exchange
混合床去除矿质器 mixed bed demineralizer
混合床软化器 mixed bed demineralizer
混合床设备 mixed bed equipment
混合床树脂交换器 mixed bed exchanger
混合床脱盐装置 mixed bed demineralizer
混合床系统 <水处理的> mixed bed system
混合磁场削弱 combined field weakening
混合磁泡发生器 hybrid bubble generator
混合粗苯 benzol(e) mixture
混合粗骨料 blended coarse aggregate
混合打捞法 composite salvage process
混合大梁 composite girder
混合大圆航法 composite great circle sailing;composite sailing;composite track
混合大圆航行 composite great circle sailing;composite sailing;composite track
混合带 zone of mixing
混合带模型 mixing zone model
混合单元法 hybrid-element method
混合刀片 mixing blade
混合导流系统 mixed system of training;mixed training system
混合导体 mixed conductor
混合的 assorted; blended; composite; hybrid; interbedded; medley; mixed; omnibus
混合的普通水泥 mixed Portland cement
混合灯 mixed light lamp
混合灯光 mixed light
混合等效电路 hybrid equivalent circuit
混合底子 mixed base
混合抵押贷款 hybrid mortgage
混合地带 mixed zone
混合地点 mixing site
混合点 amalgamation point; mixing point
混合电极 mixed electrode
混合电解质溶液 mixed electrolyte solution
混合电路 composite circuit; hybrid circuit;mixer circuit;mixing circuit
混合电源 alternate current-battery power supply
混合定律 law of mixtures;rule of mixtures
混合动力驱动 hybrid drive
混合斗仓 blending bunker
混合毒性 mixed toxicity;mixture toxicity
混合毒性试验 mixed toxicity test
混合毒性指数 mixed toxicity index; mixture toxicity index
混合度 mixedness
混合段 mixing section
混合堆场 blending pile
混合堆石坝 composite rockfill dam
混合对接 hybrid interface
混合多芯电缆 composite cable;compound cable
混合多元醇 polyol blend
混合多重调制 hybrid multiplex modulation
混合多重调制系统 hybrid multiplex modulation system
混合二甲苯 commercial xylene; mixed xylene
混合二甲酚 xylenol
混合发展区 mixed development area
混合阀 blending valve; mixer; mixing valve
混合阀暗装淋浴器 concealed shower with mixing valve
混合法 hybrid method; method of mixtures; mixed [mixing/mixture] method;alligation【数】
混合法截流 mixed closure method
混合法(炼的)钢 duplex process steel
混合法润滑 mixture-method lubrication
混合反射 combined reverberation; mixed reflection;spread reflection
混合反应池 hybrid reaction pond
混合反应室 mixing and reaction chamber
混合防滑罩面材料 mixed slide-proof covering material;vultite <沥青乳液、水泥、砂和水组成>
混合放大器 adder amplifier; mixed amplifier
混合肥料 compost; mixed fertilizer; poudrette
混合废料 mixing waste
混合废水 combined wastewater; composite waste;mixed wastewater
混合废水水样 composite wastewater sample
混合废水样本 composite wastewater sample

混合废水样品 composite wastewater sample
混合废水溢流 composite wastewater overflow
混合废物 composite waste
混合废物采样 composite waste sampling
混合分布 mixing distribution; mixed distribution
混合分车带 composite divider strip
混合分隔带 composite divider strip
混合分配 mixing distribution
混合分配器 mixing distributor
混合分析法 mixed method of analysis
混合粉末 mixed-powder
混合粉碎 combined grinding
混合风阀 mixing damper
混合风缸 <辅助风缸和应急风缸> combined auxiliary and emergency reservoir
混合风格 mix of styles
混合风险评价法 mixture risk assessment method
混合服务系统 mixed mass-service system
混合浮选 bulk flo(a)tation
混合浮游生物 mixed plankton
混合负荷 mixed load
混合负载 mixed load
混合改正 compound correction
混合改正值 compound correction value
混合干扰 combination interference
混合高度 mixing height
混合高温分解 co-pyrolysis
混合格式 mixed format
混合工厂污水 combined mill effluent
混合工序 mixing sequence
混合工业污水 combined industrial effluent
混合公式化 mixed formulation
混合公司 conglomerate corporation
混合功能 mixed function
混合供电系统 mixed power supply system
混合供电制 alternate current-battery power supply system; mixed power supply system
混合供入(蒸汽或可燃物) mixed admission
混合拱 mix(ed) arch
混合沟渠 mixing channel
混合构架 combination frame; composite truss frame
混合构造 combination structure; composite structure; mixed construction; mixed types of construction
混合构造的船舶 composite vessel
混合股份公司 mixed holding company
混合骨架式 combined system of framing
混合骨料 blended aggregate; combined aggregate; intermingled aggregate; crusher-run aggregate
混合骨料级配 combined aggregate grading
混合固相 mixed solid phase
混合管 combining tube; mixing head
混合管纱成型 combination building
混合罐 mixing tank
混合光 mixed light
混合光谱过热器 mixed spectrum superheater
混合光纤/同轴网 hybrid fibre/coax
混合硅酸盐水泥 blended Portland cement; mixed Portland cement; mixing Portland cement
混合轨枕 composite tie
混合过程 mixed process; mixing process
混合焊条 composite electrode
混合航道 composite track
混合航行法 composite sailing
混合好的 ready-mixed
混合核【气】 mixed nucleus
混合荷载 combined load(ing); composite load; mixed load
混合荷重 combined load(ing)
混合桁架 composite truss
混合厚度 mixing joint
混合厚油 mixed stand oil
混合花岗闪长岩 migmatitic granodiorite
混合花岗岩 migmatitic granite
混合花境 mixed border
混合滑动 composite slip
混合化工污水 mixed chemical industry wastewater
混合灰浆 mixed plaster
混合灰泥 mixed plaster
混合绘图仪 hybrid plotter
混合混凝土骨料 combined concrete aggregate
混合机 mixer; mixing machine
混合机浆臂 arm of mixer
混合机油 compounded oil
混合基 polybase; mixed base
混合基沥青 mixed base asphalt
混合基石油 mixed base petroleum
混合基数 mixed radix
混合基数记数法 mixed-base(d) notation; mixed radix notation
混合基数记数制 mixed-base(d) numeration system
混合基数数 mixed base number; mixed radix number
混合基土 composite soil
混合基油 mixed base oil
混合基原油 mixed base crude oil; mixed base crude petroleum
混合畸变 combined distortion
混合级车体 multiclass body
混合级配 combined gradation; combined grading
混合集料 blended aggregate; combined aggregate; intermingled aggregate
混合集料级配 combined aggregate grading
混合计算法 allegation
混合剂 extender; mixture; bestac <瓦楞石棉板打底或嵌填用的>
混合加料 charging of mix
混合甲酚 cresol
混合价格 package price
混合间作 <一般为撒播> mixed intercropping
混合减薄液 combined reducer
混合减弱剂 combined reducer
混合碱【化】 mixed base
混合碱效应 mixed alkali effect
混合建造的 composite-built
混合建筑 combination construction; combined construction; composite building; composite construction; compound construction; hybrid construction; mixed construction
混合建筑区 mixed development area
混合建筑区段模数法 composite building block module method
混合交叉法 alligation alternate method
混合交换 integrated switching
混合交通 mixed traffic
混合交通车行道 all-purpose dual carriageway
混合交通(道)路 all-purpose road; mixed traffic road
混合交通量 mixed traffic volume
混合交易 mixed transaction
混合胶 mixed glue
混合胶汁 oxgall
混合焦油 mixed tar
混合搅拌桨 mixing paddle
混合校正 complex correction
混合接合 <铆与焊混合的> composite joint
混合接口 hybrid interface
混合接头 composite joint; magic T; mixed joint
混合接续 combined line and recording
混合接续制 combined line and recording operation
混合结构 brick and reinforced concrete construction; combination construction; combination structure; combined construction; composite structure; compound construction; hybrid construction; mixed composition; mixed construction; mixed structure; hybrid structure
混合结构船 composite vessel
混合结构的车辆 vehicle of mixed construction
混合结构桥 hybrid bridge
混合结构突堤码头 timber composite pier
混合结构钻塔的钻机 turnbuckle rig
混合解码 hybrid decoding
混合介质过滤 <污水处理> mixed media filtration
混合介质过滤器 mixed-media filter
混合界面 mixed face
混合进料 mixed feeding; parallel feeding
混合经济 mixed economy
混合晶粒 mixed grain
混合晶(体) mixed crystal
混合静压头 mixing static pressure head
混合居住 <不同经济条件住房的> economic integration
混合矩阵 hybrid matrix
混合距离 mixing length
混合聚合物 conjunct polymer
混合均匀度 degree of mixing
混合均匀性 mixing homogeneity
混合菌 mixed bacteria; mixed microbe
混合菌性菌 mixed bacterial bacteria
混合开关 mixing cock
混合颗粒 mixed grain
混合空气 mixed air
混合空气控制器 mixed air controller
混合控制系统 hybrid control system
混合库 mixing silo
混合矿石 mixed ore
混合垃圾收集 collection of non-classified refuse
混合垃圾填埋 codisposal
混合缆索体系 <如钢与合成纤维共同作用的悬索桥主缆> hybrid cable system
混合浪 mixed wave
混合类型水 mixed-type groundwater
混合棱柱 compound prism
混合冷藏库 mixed cold storage
混合冷媒 mixed refrigerant
混合冷凝法 mixing condensation
混合冷却 mixing cooling
混合冷却液 cooling mixture
混合离散化 mixed discretization
混合离子交换器 mixed ion exchanger
混合犁 mixing plough
混合立体测图仪 hybrid stereoplotter
混合沥青 <石油沥青与煤沥青混合物> tar-bitumen; bitumen-tar blend; bituminous blend; mixed tar; pitch asphalt
混合砾石 all-in gravel; mixed gravel
混合粒度 combination grain; mixed grain
混合连接 composite joint
混合连接器 hybrid junction
混合连续梁 composite continuous beam
混合联 series-parallel
混合联电路起爆 series parallel firing
混合联顿光 composite group-occulting light
混合联闪光 composite group-flashing light
混合联箱 mixing header
混合梁 composite beam; composition beam; compound beam
混合量配器 <水泥> agrocement batcher
混合料 admixture; blend; cement-bonded sand; compound material; intermixture; intrusion agent; mixed material; mixture; composite; cement replacements
混合料拌和厂 mixing plant
混合料仓 composition bin
混合料成分 mix composition; ratio of mixture
混合料成分设计 mix design
混合料秤料斗 bin
混合料储料斗 mixed material storage bin; mixed material storage hopper
混合料的不均匀性 undermixing
混合料的侧向流动 lateral flow of mixture
混合料的配制 mixture making
混合料的涡流 rotational flow of mix
混合料的选择 selection of mix(ture)
混合料斗 blending bin; blending bunker
混合料斗式升送机 mixing hopper elevator; mixture hopper elevator
混合料堆法 mixing bed method
混合料封层 mix seal
混合料刮板升送机【机】 mixing slat elevator
混合料基层 mixed base
混合料剪切反应 mix shear-response
混合料控制 mixture control
混合料离析 unmixing
混合料料仓 mixed material storage bin
混合料配比 charge proportion; ratio of mixture
混合料配合比调整 mixture adjustment; mixture control
混合料配合比设计 mix(ture) design
混合料配合表 tabulation of mixture
混合料配料 mix batching
混合料配料规范 mixture specification
混合料铺路机 bituminous paver; paver
混合料热延性 hot ductility
混合料容量 agitator capacity
混合料设计步骤 mixture design procedure
混合料设计程序 mixture design procedure
混合料设计分析系统 mix design and analysis system
混合料设计和分析系统 mixture design and analysis system
混合料试配法 proportioning by trial method
混合料输送管道 concrete delivery pipe
混合料输送装置 <湿法喷射混凝土的> positive-displacement of mixture
混合料摊铺机 bituminous paver
混合料挑选机构 mix selection mechanism
混合料挑选机理 mix selection mechanism

H

混合料用量调节 mixture adjustment
混合料总空隙率 total voids in mixture
混合料组成 mix composition
混合列车 < 客货同列 > mixing train; mixed train; omnibus train
混合林 mixed stand; mixed wood; mixed forest
混合林带 mixed forest belt
混合零校正 compound zero correction
混合流 mixed flow
混合流程 mixing length; mixture length; hybrid process
混合流动 mixing flow
混合流合建式曝气沉淀池 mixed flow combined aeration (-and)-settling tank
混合龙头 mixing faucet
混合炉 holding furnace
混合滤尘止回阀 combined strainer and check-valve; combined strainer and nonreturn check
混合滤料 mixing filtering material
混合滤料不分层滤床 multimedia unstratified filter bed
混合滤料滤池 mixed-media filter
混合律 mixing rule; mixture rule
混合率 mixing rate
混合率调节器 mixing ratio regulator
混合螺杆 mixing screw
混合螺旋输送机 mixing worn
混合螺旋输送器 mixing screw conveyer[conveyor]
混合毛石 quarry run
混合煤 blended coal
混合煤焦油 blended tar
混合煤气 Dowson gas; mixed gas
混合煤气发生炉 mixed gas producer
混合煤样 mixed coal sample
混合醚 complex ether
混合面固体方法 mixed surface solid approach
混合面隧道 mixed face tunnel
混合模块冗余系统 hybrid modular redundant system
混合模拟 hybrid simulation
混合模拟计算机 hybrid analog(ue) computer
混合模拟模型 hybrid analog(ue) model
混合模式 mix mode
混合模型 hybrid model; mixed model
混合钼矿石 mixed molybdenum ore
混合耐火材料 composite refractory
混合能 energy of mixing
混合能源 energy mix
混合泥炭 mixed peat
混合黏[粘]结剂 mixed adhesive
混合黏[粘]性 mix consistency
混合碾磨机 mixing mill; mixing pan grinder
混合镍矿石 mixed nickel ore
混合农业经营 mixed farming
混合耦合 mixed coupling
混合(排队)系统 loss-delay system
混合排放 combined discharge
混合排放模型 dual drainage model
混合排放区 combined discharge area; combined drainage area
混合排水管线 combined drain
混合排水系统 combined system of sewers
混合盘磨 mixing pan mill
混合培养 mixed culture
混合配合 mixed fit
混合配料容量 mixed batch capacity
混合配料设备 admix dosaging equipment
混合配位化合物 mixed ligand complexes

混合喷嘴 mixing nozzle
混合片麻岩 amphogneiss; compound gneiss
混合片麻状构造 migmatitic gneissic structure
混合偏导数 mixed partial derivative
混合漂洗水 mixed rinse water
混合频率牵引机组 dual-frequency traction unit
混合频率型机车 dual-frequency locomotive
混合坪 mixed flat
混合坪沉积 mixed flat deposit
混合瓶式培养法 mixed flask culture method
混合曝气机 mixer-aerator
混合启动器 combination starter
混合气比例 ratio of mixture
混合气加热器 mixture heater
混合气举 combination gas-lift
混合气控制 mixture control
混合气控制装置 mixture control assembly
混合气门 butterfly valve
混合气密度 mixture density
混合气强度 mixture strength
混合气水反洗 combined air-water backwash
混合气体 dual process gas; gas mixture; mixed gas
混合气温度 mixture temperature
混合气液放电 hybrid gas-liquid electric(al) discharge
混合汽油 blended gasoline
混合器 admixer; blender; combiner; commingler; inspirator; mixer; mixing basin; mixing cylinder; mixing unit; shaker; stirring gear
混合器刀片 mixer blade
混合器桨臂 mixer arm
混合器冷却 mixer cooling
混合器下置深度 setting depth of admixer
混合器预热 mixer preheating
混合铅矿石 mixed lead ore
混合铅锌矿石 mixed Pb-Zn ore
混合强度 intensity of blending; mixing intensity
混合墙(壁) composite wall; compound wall
混合桥面斜拉桥 cable-stayed bridge with mixed deck
混合氢钠阳离子交换(法) combined H-Na cation exchange
混合氢钠离子交换(法) combined H-Na ion exchange
混合轻雾 < 毛毛雨与雾同时出现 > mizzle
混合清漆 mixing varnish
混合球 mixing sphere
混合区 mixing zone
混合区标准 standard of mixed quarter
混合驱动 combination drive
混合渠 mixing channel
混合取水 mixed pumping
混合取样 composite sampling
混合取样法 composite sampling technique
混合(取样)期 composite period
混合群落 mictium
混合群体 mixed population
混合燃料 blended fuel; combustible gas mixture; dual fuel; hybrid fuel
混合燃料燃烧率 mixed fuel burning ratio
混合燃烧 combined firing; mixed firing; mixed(fuel) burning < 液、固体燃料 >
混合绕组 compound winding
混合热 heat of mixing; mixing heat

混合日期潮 mixed diurnal tide
混合容量 agitating capacity
混合容器 blending container; mixing vessel
混合溶剂 component solvent; mixed solvent
混合溶蚀 mixed corrosion
混合溶液法 composite solution method
混合熔点 mixed melting point
混合熔块 blended frit
混合冗余 hybrid redundance
混合入选 composite feed
混合入选给料 unclassified feed
混合软件 hybrid software
混合扫描雷达系统 hybrid scanning radar system
混合色 compound colo(u)r; mixed colo(u)r; secondary colo(u)r
混合色料 colo(u)r mixture
混合色谱 mixed chromatogram
混合纱 combination yarn
混合砂 blended sand; mixed sand
混合砂浆 cement lime mortar; compo-(site) mortar; ga(u)ged mortar; ga(u)ged stuff
混合砂粒 mixed granule
混合筛 mixing sieve
混合熵 entropy of mixing; mixing entropy
混合勺 mixing ladle
混合设备 mixing device; mixing equipment; mixing unit
混合设备架 miscellaneous bay
混合设计 hybrid layout; mixed design
混合射流 jet mixing flow
混合深度 mixing depth
混合生化处理 mixed biochemic(al) treatment
混合生物效应 combined biologic(al) effect
混合声级 combining sound level
混合施工队 mixed team
混合石灰 combined lime
混合石灰石 mixed limestone
混合石料 quarry-run(rock)
混合石料坝心 quarry-run core
混合石料堤心 quarry-run core
混合石子 all-in gravel; mixed gravel
混合时间 mixing time
混合使用发展用地 mixed-use development
混合使用分区 mixed-use zoning
混合式 mixed style
混合式坝 composite dam
混合式板桩岸壁 composite sheet-pile wall
混合式布置 combined scheme
混合式测图系统 hybrid mapping system
混合式车站 multipurpose platform
混合式抽水蓄能电站 mixed pumped-storage plant
混合式催化燃烧室 hybrid catalytic combustor
混合式单位过程线 composite unit hydrograph
混合式导治设施 mixed training system
混合式道路系统 combination-type road system; mixed style road system
混合式堤 composite dike[dyke]
混合式堤坝 combination-type dam
混合式电站 mixed plant
混合式丁坝 composite groyne
混合式堆石坝 composite(type) rock fill dam
混合式防波堤 bottom mounted breakwater; composite breakwater; mound breakwater with wall

混合式干线公路 < 同时采用立交与平交的 > combination-type(arterial) highway
混合式高速道路 combination-type freeway
混合式高速公路 combination-type expressway; combination-type freeway
混合式格子砖码法 combined checker work packing
混合式隔断做法 composite partition system
混合式隔墙做法 composite partition system
混合式公路 < 同时有立交和平交的 > combination-type(arterial) highway
混合式供暖系统 mixing system of heat(ing)
混合式古埃及长方形平顶斜坡坟墓 compound mastaba(h)
混合式锅炉 composite boiler
混合式过滤层 combined filtering layer
混合式过滤器 combined filter; mixed superheater
混合式函数产生器 hybrid function generator
混合式滑坡 compound landslide
混合式换热器 direct contact heat exchanger; mixing heat exchanger
混合式或组合式水平装卸集装箱船 mixed or combination container roll-on/roll-off ship
混合式货场 mixed-type freight yard; mixed-type goods yard
混合式集成电路 hybrid integrated circuit
混合式挤压 combination crowd
混合式计算机 < 模拟数字 > hybrid computer
混合式加热系统 mixing system of heat(ing)
混合式夹板 combined bridge
混合式建筑 mixed construction
混合式接收机 hybrid receiver
混合式结构 composite construction; hybrid structure
混合式结构平台 hybrid platform
混合式客运站 combined type passenger station
混合式空气过滤器 composite air filter
混合式冷凝器 mixing condenser
混合式冷却器 hybrid cooling system
混合式面层 mixing coat
混合式凝汽器 direct contact(type) condenser
混合式排水系统 composite drainage system
混合式平台 hybrid platform
混合式气垫船 hybrid aircushion vehicle
混合式气力输送机 combined pneumatic conveyer[conveyor]
混合式气体绝缘变电站 hybrid gas insulated substation
混合式气体绝缘开关 hybrid gas insulated switchgear
混合式气体绝缘开关站 hybrid gas insulated substation
混合式燃烧器 mixing burner
混合式热交换器 direct contact heat exchanger
混合式润滑轴承 hybrid bearing
混合式扫床 composite bed-sweeping
混合式收费系统 mixed toll system
混合式水库 mixture type of reservoir
混合式水轮机 mixed flow turbine
混合式水硬性结合料 blended hydraulic binder
混合式调节 complexed regulation;

composite regulation
混合式太阳房 hybrid solar house
混合式调节 complexed regulation; composite regulation
混合式通风 combination of blowing and exhaust system of ventilation; combination ventilation system
混合式土石坝 composite rock fill and earth dam; composite rockfill earth dam
混合式望远镜 hybrid telescope
混合式围堰 composite cofferdam
混合式渔船 combination fishing vessel
混合式站台 mixed-type platform
混合式柱盘 composite entablature
混合式柱头 capital of composite(column)
混合式柱(子) composite column
混合试样 composite sample
混合室 huddling chamber; mixing chamber; mixing cup; mixing cylinder; mixing space
混合室库 mixing chamber silo
混合室料仓 blending chamber silo
混合输送机 blending conveyer[conveyor]
混合熟油 mixed stand oil
混合树脂 compounded resin
混合树脂床 mixed resin bed
混合数据 mixed data
混合数字模拟计算机 hybrid digital analogy computer
混合水 azonal water; combined water
混合水成岩 mixed sedimentary rock
混合水处理 combined water treatment
混合水加热 mixing water heating
混合水井 mixing well
混合水龙 combination faucet
混合水龙头 mixed cock; mixer; mixing faucet
混合水煤气 mixed water gas
混合水泥 additive cement; blended cement; combined cement; mixed cement; mixing cement; composite cement; filler(ized) cement < 普通硅酸盐水泥掺合小于 3% 磨细精选的石灰石的 >
混合水泉 mixed water spring
混合水硬性水泥 blended hydraulic cement
混合水硬性黏[粘]合料 blended hydraulic binder
混合水质脆弱区图 composite water quality vulnerability zone map
混合水质脆弱区总图 composite general water quality vulnerability zone map
混合税 compound duties; mixed duties; mixed duty
混合顺序 mixing cycle; mixing sequence
混合送气室 air mixing plenum
混合速率 mixing rate
混合酸分解 decomposition with mixed acid
混合酸还原法 method of mixed acid reduction
混合酸碱平衡常数 mixed acid-base constant
混合碎石 mixed macadam; mixed granules
混合碎石路 mixed macadam road
混合塔 column mixer
混合太阳日潮 mixed solar diurnal tide
混合态 mixed state
混合态云 mixed-state cloud
混合掏槽 combination burn cut; mixed cut
混合陶器 terra-cotta
混合陶土 terra-cotta clay
混合套管 combined casing column
混合锑矿石 mixed Sb ore
混合提单 omnibus bill of lading
混合体 compound body
混合体力学 mechanics of mixture
混合体系 mixed system; combined system
混合填充柱 mixed packing column
混合填料 mixed stuff
混合条带状构造 migmatitic striped structure
混合调制 hybrid modulation
混合烃 hydrocarbon mixture; mixed hydrocarbon
混合通风式电动机 motor with combined ventilation
混合铜矿石 mixed copper ore
混合桶 tempering tank
混合筒 barrel mixer; mixing drum
混合图 mixed graph
混合图表 blending chart
混合涂料 compo(st); mixed paint
混合土地利用 mixed land use
混合土(壤) composite soil; mixed soil
混合土石坝 composite rockfill dam
混合挖泥船 compound dredge(r)
混合挖泥机 compound dredge(r)
混合瓦 mingled tile
混合网络 mixing network
混合微粒体 mixtinite
混合微亮煤 mixoclarite
混合微膜组件 hybrid module
混合微生物群体 mixed population of microorganism
混合微型电路 hybrid microcircuit
混合围岩 mixed ground
混合委员会 mixed commission
混合位错 mixed dislocation
混合位置 mixing position
混合喂料 mixed feed
混合温度 mixing temperature
混合纹 combination tread
混合纹理 mixed grain
混合涡轮机 mixture turbine
混合污泥 mixed sludge
混合污染 combined pollution
混合污染物 mixed contaminant
混合污染源 mixed pollution sources
混合污水 combined sewage; combined wastewater; mixing wastewater
混合污水暴雨水收集系统 combined wastewater-stormwater collection system
混合污水管网 combined sewer network
混合污水流 combined sewage flow; combined sewer flow
混合污水水质 combined wastewater quality
混合污水溢流 combined wastewater overflow
混合无捻粗纱 commingled roving
混合物 amalgamate; commix(ture); compound; hotch-pot(ch); hybrid; intermixture; medley; mixture
混合物比 mixture ratio
混合物成分 blending agent; ingredient; mixture component; mixture composition
混合物成分比(例) proportion of ingredients
混合物成分比率 ratio of mixture
混合物成分调节 mixture control
混合物分层 demix
混合物分离器 coalescing separator
混合物计算 hybrid computation
混合物剂 omnium-gatherum
混合物控制 mixture control
混合物浓缩 enrichment of mixture
混合物配比 ratio of mixture
混合物配方 mix formula(tion)
混合物配料 compound ingredient
混合物配料表 tabulation of mixture
混合物气 omnium-gatherum
混合物强度 mixture strength
混合物取样器 composite sampler
混合物调制 mixture adjustment
混合物溢流阀 mixture by-pass(ing)
混合物质量调节 mixture mass adjustment
混合物组成 mixture component; mixture composition
混合物组分 mixture composition
混合物组元 blending agent; mixture component
混合物作用 mixer action
混合雾 mixing fog
混合息率贷款 blended loan
混合稀土 mischmetal
混合稀土金属 norium
混合系数 coefficient of mining; mixing coefficient
混合系统 combined system; composite system; mixed system; mixing system; loss delay system【数】; single-stack system < 粪水和污水合一排泄的 >
混合细骨料 blended fine aggregate
混合下水道排污口 combined sewer outfall
混合下水道区 combined sewer area
混合下水道污水处理系统 combined sewer wastewater treatment system
混合下水道系统 combined sewer system
混合下水道系统实时控制 real-time control of combined sewer system
混合下水道溢流(槽) combined sewer overflow
混合下水道溢流纳污水体监测 combined sewer overflow monitoring
混合下水道溢流排放 combined sewer overflow
混合纤维 commingled fiber[fibre]
混合纤维增强塑料 hybrid reinforced plastic
混合线圈 differential system; hybrid coil; hybrid set
混合线圈变压器 hybrid coil transformer
混合线性规划 mixed linear programming
混合相 miscible phase; phase composition
混合相关 hybrid correlation
混合箱 blending box; mixing box; mixing tank
混合项 mixed term
混合效果 blending effect
混合效率 efficiency of blending
混合效应 combined effect
混合辛烷值 blending octane number
混合锌矿石 mixed zinc ore
混合信道指配 hybrid channel assignment
混合信号 composite signal
混合信息 mixed information
混合行进水流 mixed progressive flow
混合行驶的公路 < 美 > mixed-type highway
混合型岸吊 combined type wharf crane
混合型超晶格 mixed superlattice
混合型潮流 mixed tidal current
混合型船舶 combination vessel
混合型的 hybrid-type
混合型工作面 mixed-type face
混合型计算机 hybrid computer
混合型建筑物 mixed types of construction
混合型卤水 mixed brine
混合型路面 composite-type pavement
混合型面层 composite-type pavement
混合型强度因子 factor of combining-type strength
混合型枢纽 combined type junction terminal
混合型岩溶 mixed karst
混合型应力 mixed-mode stress
混合型源程序 source program(me) of mixed type
混合型源岩 mixed-type source rock
混合型柱顶盘 < 古罗马 > composite entablature
混合型装药器 combination loader
混合性 hybridism
混合性粉尘 mixed dust
混合旋塞 mixing cock
混合选择 mass selection
混合循环 combination circulation; combination cycle; dual cycle; mixed circulation; mixed cycle
混合循环发动机 mixed cycle engine
混合压实带 mixed compaction zone
混合压实相 mixed compaction facies
混合亚麻仁油 mixed stand oil
混合岩 chorismite; jumbled rock; migmatite; mixed rock
混合岩层 hotch-pot(ch)
混合岩产状 occurrence of migmatite
混合岩构造 migmatitic structure
混合岩化变质岩 migmatized metamorphic rock
混合岩化方式 migmatization way
混合岩化作用 migmatization
混合岩浆 migma
混合岩砾岩 mixed stone conglomerate
混合岩流 interfluent lava flow
混合岩穹隆 migmatite dome
混合颜色 colo(u)r mixing
混合样(本) aggregate sample; composite sample; compound sample; mixed sample
混合样品 aggregate sample; composite sample; compound sample; mixed sample; mixing sample
混合液 mixed liquor
混合液挥发性悬浮污泥 mixed liquor volatile suspended sludge
混合液挥发悬浮固体 mixed liquid volatile suspended solids; mixed liquor volatile suspended solids
混合液挥发悬浮固体含量 concentration of volatile suspended solids in mixed liquor
混合液水样 mixed liquor sample
混合液体分离器 coalescing separator
混合液悬浮固体 mixed liquid suspended solids
混合液悬浮固体浓度 concentration of suspended solids in mixed liquor; mixed liquor suspended solids
混合液样本 mixed liquor sample
混合液中的挥发性悬移质 < 从曝气罐流出的有机物与活性污泥的 > mixer liquor volatile suspended solids
混合液中的悬浮固体 < 有机物和活性污泥 > mixed liquor suspended solids
混合液中的悬移质 < 从曝气罐流出的有机物与活性污泥的 > mixed liquor suspended solids
混合液总悬浮固体 mixed liquor total suspended solids
混合抑制脉冲 mixed suppression pulse
混合译码 hybrid decoding

混合印刷 combination printing
混合应力 combined stress; complex stress
混合营养湖 mixotrophic lake
混合营养生物 mixotroph
混合用搅拌器 mixing agitator
混合用空气 mixing air
混合优先浮选流程图 bulk-differential flo(a)tation flowsheet
混合油 blended oil
混合油(防腐)处理 Powell treatment
混合油容积比 fuel oil volume ratio
混合有限元 hybrid element
混合有限元公式 mixed finite element formulation
混合"与或"树【计】 mixed AND/OR tree
混合预均化 combined prehomogenization
混合预算 combination budget
混合元 mixed element
混合元件 hybrid component
混合远程通信[讯] hybrid telecommunication
混合云 mixed cloud
混合运输 mix transport
混合杂岩 migmatitic complex
混合载重 combined load(ing)
混合藻 mixed algae
混合噪声 white noise
混合增湿 humidification by mixing
混合增塑剂 mixed plasticizer
混合炸药 composite explosive; detonating mixture; explosive mixture; mixed explosive; mixed-powder; multicharge
混合站 mixing station
混合张量 mixed tensor
混合账户 mixed account
混合照明 mixed lighting
混合折旧率 composite rate of depreciation
混合褶皱 interfolding
混合诊断程序 hybrid diagnostic program(me)
混合整数规划 mixed integer programming
混合整数线性规划 mixed integer linear programming
混合整数线性规划方法 mixed-integer linear programming method
混合支承结构 composite supporting structure
混合支架 combined support; mixed support
混合织品 mixed stuff
混合织物 mixed goods
混合脂肪酸 mixed fatty acid
混合指示剂 mixed indication
混合指数 mixing index
混合制 <例如在机械联锁机上加装电气信号手柄和照明盘> hybrid system
混合制冷剂 mixed refrigerant
混合制冷剂级联系统 mixed refrigerant cascade system
混合制冷剂天然气液化工艺流程 mixed refrigerant cycle liquefaction process
混合制料(碎石)机 mixer-granulator
混合制排队系统 mixed queue system
混合制药废水 multiple pharmaceutical wastewater
混合种群 mixed population
混合种植 mixed planting
混合仲裁 mixed arbitration
混合仲裁法庭 mixed arbitral tribunal
混合周期 mixing cycle
混合周日潮 mixed diurnal tide
混合轴流离心压气机 combined axial and centrifugal flow compressor
混合主程序 hybrid main program(me)
混合柱 column mixer
混合柱顶盘 composite entablature
混合柱式 composite order
混合柱型 composite order
混合砖工 brick-lined masonry
混合转子绕组 mixed rotor winding
混合桩 composite pile
混合装船 combined shipment
混合装药 multicharge
混合装置 incorporation device; mixer; mixing device; mixing plant
混合锥 composite cone
混合锥库 blending cone silo
混合着色剂 colo(u)rant mixture
混合资金 commingling
混合资金融通 mixed financing
混合自校正器 hybrid self-tuner
混合总体 mixed population
混合总体筛分 mixed population screening
混合组成 hybrid combination; mix composition
混合组分 blend composition; mix component
混合钻进方法 combination system
混合嘴 combining nozzle
混合罪 complex crime
混合作用 amalgamation; kneading action; mixing action; mixing effect
混合作用类型 type of migmatization
混合作用区 <工业、商业、居住等各种用途的建筑> combined use district
混合坐标 <一个坐标轴平行于某像片 X 方向,另一个坐标轴平行于另一像片 Y 方向> mixed coordinates
混合坐标图 mixed coordinate map
混和的 mixed
混和性试验 miscibility test
混和原料 blended stock
混积岩 diamictite
混浆岩 hybrid rock
混交林 mixed forest; mixed wood
混交林区 bocage
混胶状 metamict
混金 mischmetal
混晶 mischcrystal; mixed crystal
混块 clot
混浪 crossed sea
混粒的 mixed-grained
混联 multiple series (connection); parallel serial; parallel series; series multiple connection; series parallel (connection)
混联的 multiseries
混联电路 series and parallel circuit
混联明暗灯光 composite group occulting
混练 tempering
混练机 kneader; mixer
混练挤压机 Ko-kneader
混炼效果 mixing effect
混炼周期 mixing cycle
混炼助剂 mixing aid
混料 blending; mixing; tempering
混料仓 blending bin; blending silo
混料槽 blending bin
混料斗 blending bin
混料机 batch mixer; blender; blending mixer; mixer; tempering mixer
混料师 blender
混料时间 mixing time
混料桶 mixing vat
混列总量 hash total
混流 admixture; interflow; mixed-phase flow; turbulent flow
混流泵 diagonal flow pump; mixed flow pump; mixing-flow pump
混流的 interfluent
混流阀 blending valve; mixing valve
混流反击式水轮机 American turbine
混流反应器 mixed flow reactor
混流风机 mixed flow fan
混流离心泵 mixed flow centrifugal pumps
混流扇 turbidity fan
混流式 mixed flow
混流式柴油机泵 diesel engine driven mixed-flow pump
混流式法兰西斯水轮机 mixed flow Francis turbine
混流式鼓风机 mixed flow blower
混流式过热器 mixed superheater
混流式离心压气机 mixed flow centrifugal compressor
混流式离心压缩机 mixed flow centrifugal compressor
混流式(螺)旋桨泵 mixed flow propeller pump
混流式汽轮机 combined flow turbine; mixed flow turbine; radial axial flow turbine; radiaxial turbine
混流式扇风机 mixed flow fan
混流式水泵 mixed flow pump
混流式水泵水轮机 mixed flow pump turbine
混流式水轮机 centrevent turbine; combined flow turbine; Francis turbine; mixed flow turbine; radial axial flow turbine; radiaxial turbine; mixed flow wheel
混流式透平 combined flow turbine; mixed flow turbine; radial axial flow turbine; radiaxial turbine
混流式涡轮机 combined flow turbine; mixed flow turbine; radial axial flow turbine; radiaxial turbine
混流式污水泵 mixed flow sewage pump
混流式压缩机 mixed flow compressor
混流式叶轮 mixed flow impeller
混流式转轮 Francis wheel
混流水轮机 mixed flow water turbine
混录 quick(en)ing
混乱 blurring; chaos; clutter; commotion; confusion; disarrangement; disorder; kneading; maze; out-of-order; overset; perplexity; skein; topsy-turvy; tumble; turbidness; turn upside down; tumult <水流的>
混乱的 chaotic; pell-mell; turbid; upside-down
混乱的市场 confused market
混乱的窑况 upset kiln condition
混乱堆积 chaotic melange
混乱构造 chaotic structure
混乱交替干扰 chaotic alternation disturbance; spoke
混乱交通 disrupting traffic
混乱交通的受害者 ratracer
混乱结构 chaotic structure
混乱纹理 random grain
混乱信息 gibber(ish)
混乱运动 chaotic motion
混乱状态 criss-cross
混煤 mixed coal
混迷圈 <通过透镜把一个远点在焦平面上构成的圆像> circle of confusion
混磨机 mixer-mill
混末煤 mixed small coal
混牧林 grazed forest
混泥土座 concrete pad
混碾机 edge runner for mixing; mixing
混袅线脚 <古典柱式中> sima recta
混捏机 kneading machine; mixing
混凝 coagulate; coagulation(-flocculation)
混凝沉淀 coagulation deposit; coagulating sedimentation; coagulation sedimentation; coagulative sedimentation
混凝沉淀兼性厌氧和含氧生物膜氧化沟生物接触氧化处理工艺 coagulation-precipitation-compatible anaerobic and oxygenic biomembrane oxidation ditch-biologic(al) contact oxidation treatment technology
混凝沉淀池 coagulation sedimentation tank; coagulative precipitation tank
混凝沉淀法 coagulant sedimentation; coagulating sedimentation method; coagulation sedimentation method; coagulative sedimentation method
混凝沉淀过滤 coagulation sedimentation filtration
混凝沉淀快速重力过滤 coagulation sedimentation rapid gravity filtration
混凝沉淀涡凹气浮 V 形滤池工艺 coagulation sedimentation-cavitation air flo(a)tation-V type filter process
混凝沉淀污泥处理 treatment of coagulated sludge
混凝沉淀作用 sedimentation with coagulation
混凝池 coagulation basin
混凝处理 coagulation treatment
混凝磁分离工艺 coagulation-magnetic separation process
混凝动力学 coagulation kinetics
混凝二氧化氯法 coagulation-chlorine dioxide process
混凝反应 coagulation reaction
混凝反应池 coagulation tank
混凝化学计量法 stoichiometry of coagulation
混凝机理 coagulating mechanism; coagulation mechanism
混凝剂 coagulant(agent); coagulating(re)agent; coagulator
混凝剂量 coagulant dosage
混凝剂投加设备 coagulant dosing apparatus
混凝剂需量 coagulant demand
混凝搅拌试验 flocculating mixing test
混凝两相厌氧-缺氧-好氧工艺 coagulation-two-phase anaerobic-anoxic process
混凝滤池 coagulation filter
混凝气浮法 coagulation air flo(a)tation
混凝气浮反应器 coagulation-flo(a)tation reactor
混凝设备 coagulating equipment
混凝生物铁法 coagulation-bio-ferric process
混凝时间 coagulation time
混凝试验 coagulation test
混凝室 coagulation chamber
混凝水解氧化工艺 coagulation-hydrolysis-oxidation process
混凝体形成时间 time of floc formation
混凝桶板 concrete stave
混凝土 concrete; desert concrete <用少量水泥作为胶结材料,大块地方粗石作为骨料的>; mustard <俚语>
混凝土 T 形梁 T-concrete beam
混凝土安定性试样 concrete pat
混凝土安全篱笆 concrete safety fence
混凝土安全栅栏 concrete safety fence
混凝土鞍座 concrete saddle
混凝土岸壁 concrete quaywall

混凝土岸边线墙 concrete fascia wall
混凝土岸额墙 concrete fascia wall
混凝土按强度分等 strength classification of concrete
混凝土按强度分类 strength classification of concrete
混凝土按体积配合法 volume method of concrete mix design
混凝土坝 concrete dam
混凝土坝段 concrete monolith
混凝土坝体分缝分块 blocking of concrete dam
混凝土板 concrete slab;flag
混凝土板边镶砖 brick-lined concrete slab
混凝土板边悬空 <土基沉陷时> concrete overhang
混凝土板边缘修整机 marginal concrete strip finisher
混凝土板材 concrete panel
混凝土板衬里 concrete slab lining
混凝土板的抽吸作用 pumping action of slab
混凝土板的抗压强度 concrete slab compressive strength
混凝土板的模板 slab form
混凝土板垫层地板 concrete slab subfloor
混凝土板护面 concrete slab pavement
混凝土板护坡 cement slab revetment; concrete slab revetment; concrete slab work
混凝土板唧泥 <道路> slab pumping
混凝土板(块)衬砌 block lining
混凝土板面饰 concrete slab facing
混凝土板抹面施工 concrete flatwork
混凝土板铺垫 concrete slab mat
混凝土板铺覆 <道路> overslabbing
混凝土板砌面 concrete slab pavement
混凝土板桥 concrete slab bridge
混凝土板施工使用的拍板 jitterbug
混凝土板式轨道 concrete slab track
混凝土板饰面 concrete slab facing
混凝土板条 concrete lath(ing)
混凝土板围篱 concrete panel fencing
混凝土板围墙 concrete panel fence
混凝土板下抽唧的土 pumping soil
混凝土板压机 concrete slab press
混凝土板(筑的)筒仓 concrete plank silo
混凝土板桩 concrete sheet pile;concrete sheet piling
混凝土板桩防波堤 concrete sheet pile breakwater
混凝土板桩防护 concrete pile protection
混凝土半破坏性试验 semi-destructive testing of concrete
混凝土半圆饰 concrete astragal
混凝土拌和 concrete mixing; mixing of concrete
混凝土拌和厂 concrete batching plant; concrete mixing plant; concrete plant
混凝土拌和车 agitating truck;agitator car;truck mixer plant;truck-mounted mixer; truck-transit mixer; mixer truck;truck mixer;transit mix truck
混凝土拌和车间 concrete mixing plant
混凝土拌和船 concrete mix barge; floating concrete mixing plant
混凝土拌和机 concrete batcher;concrete mixer; truck mixer; cement mixer <混凝土拌和机的异名>
混凝土拌和机的总容积 gross volume of concrete mixer
混凝土拌和机汽车 mixermobile
混凝土拌和机预热装置 concrete mixer heating attachment
混凝土拌和机装料斗 mixer skip
混凝土拌和料 concrete mix(ture); mix of concrete
混凝土拌和料的和易性 placeability of mix(ture);workability of mix(ture)
混凝土拌和料控制 concrete mix control
混凝土拌和楼 concrete batching plant
混凝土拌和盘 ga(u)ging board
混凝土拌和汽车 agitating lorry;agitator truck; concrete mixer truck; mixer-lorry; motomixer; motor truck concrete mixer
混凝土拌和设备 concrete batching plant;concrete mixing plant
混凝土拌合[和]物 concrete mix(ture)
混凝土拌合[和]物等级 level of concrete mix
混凝土拌和系统 concrete mixing system
混凝土拌和站 mixing plant;concrete batching plant
混凝土拌和中心 central mixing plant
混凝土拌制 concrete mixing
混凝土拌制厂 concrete production plant
混凝土拌制设备 concrete mixing equipment;concrete mixing plant
混凝土板的破碎强度 crushing strength of concrete slab
混凝土包覆的 concrete enveloped
混凝土包钢梁 steel beam enclosed in concrete
混凝土包裹的复合梁 concrete-encased beam
混凝土包裹的组合梁 concrete-encased beam
混凝土包壳 cladding concrete; concrete encasement
混凝土饱和水 saturation of concrete
混凝土保护层 concrete cover(ing); concrete protection layer; protective concrete layer;concrete casing <钢结构的>;cover to reinforcement
混凝土保护层测量仪 concrete cover meter
混凝土保护面层 protective coat of concrete
混凝土保护膜 protective concrete layer
混凝土保护套 concrete jacket
混凝土保温覆盖 concrete curing blanket
混凝土爆破 concrete blasting
混凝土本构关系 constitutive relation of concrete
混凝土崩解 concrete disintegration
混凝土泵 concrete pump;pumpcrete machine
混凝土泵车 mobile concrete pump; pumpcrete machine;truck-mounted concrete pump
混凝土泵浇筑 concrete pump placing
混凝土泵浇筑臂 placing boom
混凝土泵送 concrete pumping; pumping of concrete
混凝土泵送法 concreting by pumping
混凝土泵送管 concrete pumping pipe
混凝土比 ratio of cement
混凝土壁砖 concrete wall(ing)tile
混凝土边带 concrete marginal strip
混凝土边沟 concrete gutter
混凝土边界墙 concrete boundary wall
混凝土边框 concrete edging
混凝土边梁 concrete edge beam
混凝土边缘应力 concrete edge stress
混凝土扁柱 flat concrete column
混凝土变形 concrete deformation; concrete strain; deformation of concrete
混凝土标号 concrete grade;concrete mark;strength grading of concrete; grade of concrete;strength grade of concrete
混凝土标号混凝土等级 grade of concrete
混凝土标石 concrete mark;concrete pillar
混凝土标准 concrete code
混凝土标准立方体(试块)standard cube of concrete
混凝土表层 concrete overlay
混凝土表层处理 dry-topping;monolithic surface treatment
混凝土表面 concrete surface
混凝土表面白霜 laitance
混凝土表面处理 concrete surface treatment; off-shuttering concrete; surface finish of concrete
混凝土表面处理器 concrete surfacer
混凝土表面掉落小块 popout
混凝土表面翻沫 laitance
混凝土表面粉光机 concrete finishing machine
混凝土表面粉刷 concrete paint
混凝土表面蜂窝 bug hole;bug holes of concrete
混凝土表面浮浆皮 laitance
混凝土表面光洁度 block finish;concrete finish
混凝土表面光洁验讫 clean-up
混凝土表面缓凝剂 surface retarder
混凝土表面加工 concrete surface finishing;concrete surfacing
混凝土表面加工机械 concrete surface finishing machine
混凝土表面浆沫 laitance
混凝土表面结壳 incrustation
混凝土表面刻纹理机 texturing machine
混凝土表面裂纹 D crack(ing); D cracks
混凝土表面泌水 bleeding; surface weeping of concrete;concrete bleeding
混凝土表面磨光 concrete finishing; block finish(ing) <用金钢砂块磨>
混凝土表面磨耗层 concrete topping
混凝土表面磨削机 concrete surface planer
混凝土表面抹平机 concrete finishing machine
混凝土表面起砂 frosting
混凝土表面起霜 efflorescence on concrete;lime bloom
混凝土表面气穴损害 cavitation damage
混凝土表面青铜色污斑 bronze stain
混凝土表面四氟化硅处理 ocrating
混凝土表面涂层 concrete coating; concrete finish
混凝土表面涂料 surface coating composition for concrete
混凝土表面污渍 staining of concrete
混凝土表面细裂纹 D-cracking of concrete;D-line crack
混凝土表面修整 block finish;making good of concrete surface
混凝土表面压平器 jitterbug
混凝土表面硬度增强剂 hardener of surface skin of concrete
混凝土表面硬化剂 betonac
混凝土表面用稀盐酸擦洗处理 scrubbed finish
混凝土表面振捣 vibrating concrete float
混凝土表面振动 surface vibration
混凝土表面振动机械 concrete vibrating machine
混凝土表面最终磨平 finish grinding
混凝土波纹板 corrugated concrete slab
混凝土波形瓦 concrete pantile
混凝土玻璃格条 concrete glazing bar
混凝土剥落 concrete scaling;scaling of concrete;lifting of concrete <拆模时>
混凝土薄层 concrete lift; concrete membrane
混凝土薄层剥落 shallow lift of concrete
混凝土薄浇筑层 thin concrete lift
混凝土薄壳 concrete shell
混凝土薄壳穹顶 concrete shell dome
混凝土薄壳设计 concrete shell design
混凝土薄壳屋顶 concrete shell dome
混凝土薄壳圆顶 concrete shell cupola
混凝土薄壳桩 concrete shell pile
混凝土薄膜养护 membrane curing for concrete
混凝土薄膜养护法 membrane concrete curing
混凝土薄膜养护剂 membrane concrete curing agent
混凝土布料杆 boom for concrete delivery;concrete placing boom
混凝土布料机 concrete spreader
混凝土残渣 concrete scarp
混凝土操作 concrete handling
混凝土糙面 non-concrete surface
混凝土槽 concrete split duct; concrete tank
混凝土槽形构件 concrete channel unit
混凝土侧石 concrete curb(stone)
混凝土测量系统 <英国一种刚性路面养护系统> Concrete Survey
混凝土测微计 concrete micrometer
混凝土层 concrete layer
混凝土插件 concrete insert
混凝土插铁 concrete insert
混凝土拆毁工作 concrete demolition work
混凝土拆模后再加支撑防止过载 repropping
混凝土掺和防水材料工艺 integral system
混凝土掺和料 admixtures for concrete;concrete mix(ture);concrete admixture
混凝土产量 yield of concrete
混凝土产品贮斗 concrete hopper
混凝土铲运机 concrete scraper
混凝土长期性能 long-time performance of concrete
混凝土厂 concrete plant
混凝土超载 concrete surcharge
混凝土潮湿养护室 concrete moist room
混凝土车拌法 truck mixer method; truck mixing method
混凝土车道 concrete lane
混凝土车道路标 concrete for carriageway markings
混凝土车架 concrete stand
混凝土车行道 concrete carriageway
混凝土沉锤 concrete sinker
混凝土沉淀法 coagulation and flocculation process
混凝土沉井 concrete caisson; concrete monolith
混凝土沉排 concrete mat(tress)
混凝土沉排护岸 concrete mattress revetment
混凝土沉箱 concrete caisson; concrete monolith
混凝土沉箱防波堤 concrete caisson breakwater
混凝土沉箱靠船墩 concrete caisson

H

dolphin
混凝土沉箱码头 concrete caisson quay wall
混凝土沉箱下沉 concrete caisson sinking
混凝土沉箱预制场 concrete caisson yard
混凝土衬板 lining concrete slab
混凝土衬背 concrete backing
混凝土衬层 lining concrete
混凝土衬块 concrete filler block
混凝土衬里 concrete lining
混凝土衬里的 concrete lined
混凝土衬砌 concrete lining
混凝土衬砌层 concrete shield
混凝土衬砌的 concrete lined
混凝土衬砌的渠道 concrete-lined canal;concrete-lined channel
混凝土衬砌工程 concrete lining works
混凝土衬砌设计 design of concrete lining
混凝土衬砌隧道 concrete-lined tunnel
混凝土衬砌隧洞 concrete-lined tunnel
混凝土衬物 concrete casing
混凝土衬筑工程 concrete lining works
混凝土衬筑隧道 concrete-lined tunnel
混凝土衬筑隧洞 concrete-lined tunnel
混凝土成分 concrete composition; concrete ingredient; ingredients of concrete
混凝土成片脱落 deciduous concrete
混凝土成品 concrete products
混凝土成熟度 degree of concrete maturity;maturity of concrete
混凝土成型 concrete forming
混凝土承受荷载系统 concrete load bearing system
混凝土承压强度 compressive strength of concrete
混凝土承座基床 concrete cradle bedding
混凝土尺寸 dimensions of concrete
混凝土齿槽 concrete key trench
混凝土充填沉箱 concrete filled caisson
混凝土充填管柱 column of concrete filled tube;concrete filled tube column
混凝土冲洗设备 concrete washing out plant
混凝土稠度 concrete consistency [consistence]; concrete consolidating;consistency of concrete
混凝土稠度计 concrete-consistency meter
混凝土稠度试验 consistency test of concrete
混凝土出产量 yield of concrete
混凝土出料斗 gob hopper;wet batch hopper
混凝土初凝 initial set of concrete
混凝土储仓 concrete bin
混凝土储料斗 concrete hopper
混凝土储水池 concrete tank
混凝土传送带 concreting line
混凝土船 concrete ship
混凝土船闸 concrete lock
混凝土船闸底板 concrete lock floor
混凝土窗槛 concrete cill[sill]
混凝土窗框 concrete window frame
混凝土窗台 concrete cill[sill]
混凝土(从搅拌机到模板的)运输 distribution of concrete
混凝土粗表面 <拆模后的> beton brut
混凝土粗面 non-concrete surface
混凝土促凝剂 concrete accelerator
混凝土促硬剂 concrete accelerator
混凝土打毛机 chipping machine
混凝土大块体 concrete monolith
混凝土大梁 concrete girder
混凝土大直径管桩 concrete cylinder pile
混凝土大砖 concrete block;concrete block
混凝土带肋楼板 cast rib(bed)floor
混凝土带形基础 concrete strip foundation
混凝土袋 concrete(filled)bag
混凝土单块 concrete monolith
混凝土单块式防波堤 mass concrete breakwater
混凝土单块式合成防波堤 mass concrete composite type breakwater
混凝土弹丸 <开挖隧道用> concrete projectile
混凝土当量 concrete equivalence
混凝土挡肩 <轨枕> concrete shoulder
混凝土挡墙 concrete guard wall;concrete guide wall
混凝土挡土墙 concrete retaining wall
混凝土导管 <用于水下灌注混凝土> concrete pipe;concrete tremie;tremie(pipe);tremie for placing concrete
混凝土导墙 concrete guide wall
混凝土捣棒 concrete rammer
混凝土捣固 concrete consolidating
混凝土捣固机 concrete rammer
混凝土捣实 concrete compaction
混凝土捣实工具 tamping device
混凝土捣实机 concrete compactor
混凝土捣实器 concrete rammer;concrete vibrator
混凝土捣碎机 concrete breaker
混凝土道床 concrete trackbed; solid bed;solid track bed
混凝土(道)路 concrete road
混凝土道路集水沟 concrete road(inlet)gulley
混凝土道路进水口 concrete road(inlet)gulley
混凝土道路排水口 concrete road outlet
混凝土的D形裂缝 D-cracking of concrete
混凝土的剥落 <拆模时> lift of concrete
混凝土的不连续分布 discontinuous distribution of concrete
混凝土的不连续分配 discontinuous distribution of concrete
混凝土的侧限 confinement of concrete
混凝土的初始压缩破坏 primary compression failure of concrete
混凝土的电阻加热 electric(al)resistivity heating of concrete
混凝土的分层现象 <过湿或过度振捣后> stratification of concrete
混凝土的粉末状添加剂 powdered additive for concrete
混凝土的改进 concrete improvement
混凝土的钢筋锈蚀破坏 steel corrosion damage of concrete
混凝土的管道吹送(分布)pneumatic line for concrete distribution
混凝土的灌注 concrete placement
混凝土的龟裂 distress in concrete
混凝土的和易度 workability of concrete
混凝土的和易性 workability of concrete
混凝土的滑模施工适应性 slip formability of concrete
混凝土的基本强度 fundamental strength of concrete
混凝土的碱度 alkalinity of concrete
混凝土的经济配筋率 economic ratio of reinforcement to concrete
混凝土的抗渗试验 impermeability test for concrete
混凝土的可钉性 nailing property of concrete
混凝土的可灌筑性 placeability
混凝土的可浇置性 concrete placeability
混凝土的可浇筑性 concrete placeability;placeability of concrete
混凝土的可修整性 finishability of concrete
混凝土的离析 disintegration of concrete
混凝土的流动性 mobility of concrete
混凝土的硫酸盐侵蚀 sulphate attack of concrete
混凝土的毛细管作用 capillarity of concrete
混凝土的泌水 bleeding of concrete
混凝土的密化 densification of concrete
混凝土的密实性 impermeability of concrete
混凝土的耐久性 durability of concrete
混凝土的黏[粘]聚性 cohesiveness of concrete
混凝土的膨胀 growth of concrete
混凝土的疲劳 fatigue of concrete
混凝土的破裂 disintegration of concrete
混凝土的破碎强度 crushing strength of concrete
混凝土的破损试验 destructive testing of concrete
混凝土的气密性 tightness of concrete
混凝土的强度分级 strength classification of concrete
混凝土的蠕变 time-yield of concrete
混凝土的渗透性 perviousness of concrete
混凝土的升运送高 lift of concrete
混凝土的生物屏蔽 concrete biologic(al)shield(ing)
混凝土的试拌 trail mix
混凝土的水灰比 water-cement ratio of concrete
混凝土的松弛 relaxation in concrete
混凝土的塑化 plasticising [plasticizing] of concrete
混凝土的弯曲疲劳强度 flexural fatigue strength of concrete
混凝土的吸湿性 damping of concrete
混凝土的徐变 time-yield of concrete
混凝土的压注 concrete pumping
混凝土的延缓变形 deferred deformation of concrete
混凝土的验收 acceptance of concrete
混凝土的液体外加剂 liquid concrete admix(ture);liquid concrete agent
混凝土的易泵性 pumpability of concrete
混凝土的应力应变图 stress-strain diagram of concrete
混凝土的硬化 hardening of concrete
混凝土的约束 restraint of concrete
混凝土的质量品级 quality grade of concrete
混凝土的自由边缘 free edge of concrete
混凝土的组成部分 ingredients of concrete
混凝土灯塔 concrete lighthouse
混凝土等级 class of concrete;concrete class;concrete grade
混凝土堤 concrete dike
混凝土堤顶 concrete coping
混凝土底板 concrete apron;concrete floor; concrete sub-slab; concrete bay
混凝土底层 concrete base(course); concrete sub-base
混凝土底层地板 concrete ground floor slab
混凝土底脚 concrete bed; concrete flooring;concrete footing
混凝土底楼 concrete sub-floor
混凝土底面 concrete bottom
混凝土底座 concrete base(course); concrete bed; concrete bottom; concrete flooring;concrete footing; concrete foundation; concrete plinth
混凝土底座基体 concrete supporting medium
混凝土地板 concrete floor(slab)
混凝土地板格栅 concrete floor beam
混凝土地板构件 concrete floor member
混凝土地板浇筑 concrete floor cast(ing)
混凝土地板肋 concrete floor rib
混凝土地板面层 concrete floor cover(ing)
混凝土地板漆 concrete floor paint
混凝土地板系统 concrete floor system
混凝土地板找平抹灰层 concrete floor screed(topping)
混凝土地龙 concrete deadman
混凝土地面 cement floor(ing);concrete floor;concrete surface
混凝土地面粉尘 concrete floor dust
混凝土地面隔板 edge form
混凝土地面隔条 edge form
混凝土地面镶板 concrete floor panel
混凝土地面修饰 concrete floor finish
混凝土地面养护 concrete pavement curing
混凝土地面液体硬化剂 aqualithic
混凝土地面硬化剂 concrete floor hardener
混凝土地面增强剂 concrete floor hardener
混凝土地面增硬剂 concrete floor hardener
混凝土地牛 concrete deadman
混凝土地坪 cement floor(ing);concrete floor;concrete pad
混凝土地下室 concrete vault
混凝土地下室窗户 concrete cellular window
混凝土地砖 concrete tile
混凝土电抗器 concrete reactor
混凝土电热养护 electric(al)curing of concrete
混凝土垫板 concrete sill
混凝土垫层 concrete bed; concrete cushion;concrete mat(tress);concrete pad; concrete sub-slab; mud slab
混凝土垫块 concrete block;concrete spacer(block)
混凝土垫座 concrete saddle
混凝土雕塑 concrete sculpture
混凝土吊斗 concrete(lifting)bucket; gob bucket
混凝土吊罐 concrete bucket
混凝土吊运 concrete handling; concrete hauling
混凝土丁坝 concrete groyne
混凝土钉 concrete nail
混凝土顶板 concrete roof
混凝土顶板嵌入件 concrete ceiling insert
混凝土顶板嵌入块 concrete ceiling insert
混凝土顶盖 cast umbrella; concrete cap;concrete coping
混凝土顶棚 concrete ceiling

混凝土定厚冲筋材料 concrete screed material
混凝土定距块 concrete distance piece
混凝土冬季浇筑 concreting in cold-weather; concreting in freezing weather
混凝土冬季施工 concreting in cold-weather; concreting in freezing weather; winter concreting
混凝土冬季养护遮毯 concrete curing blanket
混凝土冬天养护遮毯 concrete curing blanket
混凝土动力锯(缝机) concrete power saw
混凝土斗车 light hopper wagon
混凝土陡槽 concrete chute
混凝土独立基础 concrete individual base
混凝土渡槽 concrete flume
混凝土短柱 <支撑用> short concrete post
混凝土断裂假说 hypothesis for concrete fracture
混凝土堆石防波堤 concrete rock-mouth breakwater
混凝土对角撑 concrete diagonal rod
混凝土墩 concrete pier; concrete thrust block
混凝土囤船 concrete pontoon
混凝土趸船 concrete float; concrete pontoon
混凝土多孔喷嘴 air ring
混凝土垛式支架 concrete cribbing
混凝土二次衬砌 concrete secondary liner
混凝土发热 inherent concrete heat
混凝土发射台 concrete pad
混凝土筏基 concrete raft
混凝土法 beton
混凝土翻斗车 concrete dumper
混凝土反应堆压力容器 concrete reactor vessel
混凝土范围 concrete area
混凝土(方)块 concrete block; concrete stone
混凝土(方)块岸壁 concrete block quaywall
混凝土(方)块挡声墙 concrete block sound wall
混凝土(方)块堆石防波堤 concrete block and rock-mound breakwater
混凝土(方)块防波堤 concrete block breakwater
混凝土(方)块护岸 concrete block revetment
混凝土(方)块护坡 concrete block pitching; concrete block protection
混凝土(方)块结构 concrete block-work structure
混凝土(方)块路面 concrete block pavement; pavement of concrete block
混凝土(方)块铺砌工程 concrete block pitching
混凝土(方)块铺砌路面 concrete block paving
混凝土(方)块砌体 concrete block works; concrete unit masonry
混凝土(方)块砌筑工程 concrete blockwork
混凝土(方)块切割机 concrete block cutter; concrete block splitter
混凝土(方)块式合成防波堤 concrete block composite type breakwater
混凝土(方)块体 cement block; concrete block
混凝土(方)块体防波堤 concrete block breakwater
混凝土(方)块体墙 concrete block-work wall
混凝土(方)块斜坡式防波堤 concrete block-mound breakwater
混凝土(方)块预制场 block yard; concrete block yard
混凝土(方)块支衬 concrete block lining
混凝土(方)块制造场 block yard; concrete block yard
混凝土(方)块重力式岸壁 concrete block gravity quaywall
混凝土(方)块重力式墙 concrete block gravity wall
混凝土(方)块自动拌和设备 automatic concrete block mixing plant
混凝土(方)块自动浇制机 automatic concrete block-making machine
混凝土防波堤 concrete breakwater; concrete groyne
混凝土防冻剂 anti-freezing agent for concrete; concrete anti-freezer
混凝土防冻添加剂 anti-frost additive for concrete
混凝土防辐射墙 concrete radiation shielding wall
混凝土防腐剂 concrete preservative
混凝土防护层 concrete protection
混凝土防护轨 concrete guard rail
混凝土防护剂 concrete protective agent
混凝土防护篱 concrete protection fence
混凝土防护篷 concrete protection tent
混凝土防护墙 concrete shielding wall; concrete guard wall
混凝土防护外壳 concrete containment structure
混凝土防护栅 concrete guard rail
混凝土防火层 concrete fireproofing layer
混凝土防火(法) concrete fireproofing
混凝土防火性 concrete fireproofing
混凝土防渗墙 concrete cut-off wall; concrete diaphragm (wall); impervious concrete diaphragm; slurry concrete wall
混凝土防渗墙接头 concrete cut-off abutment
混凝土防水层 concrete blanket; concrete waterproofing layer
混凝土防水掺和料 integral compound
混凝土防水剂 concrete waterproofer; concrete waterproofing compound; vandex <其中的一种>; Ferrodur <一种专买品>
混凝土防水性 concrete waterproofing
混凝土防水油 concrete waterproofing oil
混凝土防锈剂 corrosion-resisting agent for concrete
混凝土房屋 concrete building
混凝土房屋构件 concrete building unit
混凝土房屋构造 concrete building construction
混凝土房屋建筑 concrete building construction
混凝土房屋预制厂 industrialized concrete house building factory
混凝土房屋正面 concrete facade
混凝土房屋正面板 concrete facade panel
混凝土非破坏性试验 non-destructive testing of concrete
混凝土废料 concrete scrap
混凝土废水管 concrete refuse water pipe
混凝土分布机 concrete distributor; concrete sprayer; concrete spreader; mechanical spreader
混凝土(分)层 concrete lift
混凝土分层浇筑 concreting in lifts
混凝土分隔物 concrete separator
混凝土分块交替施工(法) alternate bay construction
混凝土分离器 concrete splitter
混凝土分配阀 concrete valve
混凝土分配器 concrete distributor
混凝土分配塔 concrete distributing tower
混凝土分配投配设备 batch plant
混凝土分批搅拌厂 concrete batching plant
混凝土分批搅拌机 batcher
混凝土分批搅拌设备 concrete batching plant
混凝土分批搅拌站 batch plant; concrete batching and mixing plant
混凝土分批搅拌装置 concrete batch(ing) plant
混凝土分批配料 concrete hatching
混凝土分区 zoning of concrete
混凝土分支管道 concrete split duct
混凝土风化 concrete disintegration
混凝土风力输送机 concrete blower
混凝土封闭的 concrete encased
混凝土封底 bottom seal(ing) by concreting; concrete plug
混凝土封孔 concrete sealing hole
混凝土蜂窝 entrapped air pocket
混凝土蜂窝麻面 honeycombing
混凝土蜂窝现象 honeycomb in concrete
混凝土缝隙 distress in concrete
混凝土浮船 concrete pontoon
混凝土浮沫括板 concrete scum slab
混凝土辐射屏蔽 concrete radiation shield
混凝土腐蚀 concrete corrosion
混凝土附加剂 concrete additive; concrete admixture
混凝土复拌机 concrete remixer
混凝土富混合物 concrete rich mixture
混凝土腹板 concrete web
混凝土覆盖层 concrete topping
混凝土覆面 concrete cladding
混凝土覆面板 concrete cladding slab
混凝土覆面房屋 concrete cladding unit
混凝土改进剂 concrete improver; concrete modifier
混凝土改正 concrete modification
混凝土盖(板) concrete cover(ing)
混凝土盖板电缆 concrete cable cover
混凝土盖顶 concrete coping
混凝土干船坞 concrete graving dock
混凝土干料 central dry mix
混凝土干料分拌法 dry batch system
混凝土干缩 concrete shrinkage
混凝土干缩缝 concrete contraction joint
混凝土干硬性 concrete stiff consistency; hardness of concrete
混凝土刚架 rigid concrete frame
混凝土钢迭合梁斜拉桥 concrete-steel composite girder cable stayed bridge
混凝土钢管桩 concrete filled steel pipe pile
混凝土钢管组合桩 concrete pipe composite pile
混凝土钢筋 concrete iron; concrete reinforcement; concrete reinforcement bar; concrete-steel
混凝土钢筋绑接钢丝 border wire
混凝土钢筋间的握力 grip between concrete and steel
混凝土钢筋间隔块 concrete reinforcement distance piece
混凝土钢筋结合力 cooperation of concrete and steel
混凝土钢筋抗拔阻力 pull-out resistance
混凝土钢筋凝结力 cooperation of concrete and steel
混凝土钢模压力灌浆机 automatic grouter
混凝土高块浇筑法 high lift concrete construction method
混凝土高频振动器 concrete high frequency vibrator
混凝土格床 concrete grillage
混凝土格构大梁 concrete lattice girder
混凝土格构梁 concrete lattice beam
混凝土格框(基础) concrete grillage
混凝土格笼 concrete crib
混凝土格笼挡土墙 concrete crib retaining wall
混凝土格栅间的陶土地板砖 clay tile joist floor
混凝土格子板 concrete waffle slab
混凝土隔板 concrete diaphragm
混凝土隔片 concrete distance piece
混凝土隔墙 concrete cut-off wall
混凝土工厂 concrete works; ready-mix plant
混凝土工程 concrete construction; concrete engineering; concrete works
混凝土工(人) concreter[concretor]
混凝土工业委员会 <美> Concrete Industries Council
混凝土工艺(学) concrete technology
混凝土工字钢组合桩 concrete-H beam composite pile
混凝土工作度 concrete workability
混凝土工作度探针 concrete probe
混凝土工作队 concreting gang
混凝土工作进度表 progress chart of for concrete work
混凝土弓形支撑 <盾构的> concrete segment
混凝土公路 concrete highway
混凝土拱坝 archaic concrete dam; arched concrete dam; concrete arch dam
混凝土拱坝概念性模式 conceptual model of arched concrete dam
混凝土拱腹面 concrete soffit
混凝土拱肋 concrete arch rib
混凝土拱梁 concrete arch(ed girder)
混凝土拱形屋顶 arched concrete roof
混凝土拱座 concrete saddle; concrete shoulder
混凝土沟 concrete split duct
混凝土构架 concrete frame(work)
混凝土构架结构 concrete bent construction
混凝土构件 concrete component; concrete element
混凝土构件场 block yard; concrete block yard
混凝土构件成型机 concrete member jolt mo(u)lding machine
混凝土构件的预浇 precasting of concrete units
混凝土构件截面积 area enclosed by outside perimeter of concrete cross section
混凝土构件平浇法 flat placing method for concrete units; fill-up
混凝土构造 concrete construction; concrete structure
混凝土谷坊 concrete check dam
混凝土骨架 concrete skeleton
混凝土骨架建筑 concrete skeleton construction

H

混凝土骨料 concrete aggregate
混凝土骨料成分 concrete aggregate composition
混凝土骨料供给 concrete aggregate feeding
混凝土骨料加热 concrete aggregate heating
混凝土骨料颗粒 concrete aggregate grain
混凝土刮板 darby
混凝土刮板顶面刮平 concrete screed topping
混凝土刮板刮平楼板面层 concrete-screed floating floor cover(ing)
混凝土刮尺 concrete finishing screed;darby
混凝土刮平板 concrete scraper; screed
混凝土刮平器 bull float
混凝土管 concrete pipe[piping];concrete tube[tubing];pipe concrete
混凝土管垂直浇制法 packer-head process
混凝土管道 piping in concrete;piping of concrete
混凝土管道锚固 pipeline concrete anchor
混凝土管道输送 pipeline transport of concrete
混凝土管道支座 pipeline concrete support
混凝土管洞 concrete pipe culvert
混凝土管腐蚀 corrosion of concrete pipe
混凝土管刚度 rigidity of concrete pipe
混凝土管工厂 concrete pipe works
混凝土管沟 concrete sewer
混凝土管涵 concrete pipe culvert
混凝土管架 concrete pipe rack
混凝土管离心制管机 concrete pipe spinning machine
混凝土管片 concrete segment
混凝土管线 concrete pipe pipeline
混凝土管芯缠丝工艺 wire-wound concrete core-pipe process
混凝土管型模 concrete pipe mould
混凝土管压力试验机 concrete pipe compression tester
混凝土管压制机 concrete pipe press
混凝土管压制机压头 concrete pipe press head
混凝土管制造机 concrete pipe making machine
混凝土管柱 filled pipe column
混凝土管桩 concrete pipe pile;concrete tubular pile;cylindrical concrete pile
混凝土管自动浇铸机 automatic concrete pipe machine
混凝土管座 concrete cradle;pipeline concrete anchor
混凝土灌缝 concrete joint filling;in-situ concrete filling
混凝土灌溉管道 concrete irrigation pipe
混凝土灌浆 concrete grouting
混凝土灌浆机 concrete grouter
混凝土灌注 concrete filling;concrete pouring;concrete spout(ing);placing;pouring of concrete
混凝土灌注机 concrete placer
混凝土灌注机组 concrete injection unit
混凝土灌注设备 concrete-spouting plant
混凝土灌注桶 concrete placing bucket
混凝土灌注桩 bored concrete pile
混凝土灌筑 concreting operation;placing of concrete
混凝土灌筑队 concrete placing crew
混凝土灌筑设备 concrete placing plant;placing plant
混凝土灌筑塔 dump tower of concrete
混凝土灌筑体 concrete deposit(e)
混凝土罐运输车 gondola
混凝土规范 concrete code;concrete specification
混凝土规格 concrete specification
混凝土轨枕 concrete cross-tie;concrete(railway)sleeper;concrete tie
混凝土轨枕板 concrete track slab; slab of concrete board sleeper
混凝土轨枕吊桥 concrete sleeper lifting frame
混凝土轨枕轨排 track panel with concrete tie
混凝土轨枕模 concrete sleeper mould
混凝土轨枕木垫 poplar inset
混凝土轨枕橡胶插垫 rubber insert(ion)
混凝土辊 concrete roll
混凝土滚动接头 concrete rolling contact joint
混凝土过梁 reinforced concrete lintel;concrete lintel
混凝土过滤管 concrete filter pipe
混凝土海工结构物 concrete sea structure
混凝土含浆量 paste volume of concrete
混凝土含气量 air content of concrete
混凝土含气量试验 air content test for aerated concrete
混凝土含气泡 entrapped air
混凝土含砂不足 undersanding
混凝土含砂过多 oversanding
混凝土含水量测量计 concrete master
混凝土涵洞 concrete culvert
混凝土涵管 concrete culvert; concrete pipe culvert
混凝土夯捣器 concrete rammer
混凝土夯实机 concrete vibrating machine;concrete vibratory machine
混凝土夯实器 concrete rammer
混凝土和钢筋的弹性模量比 modular ratio of concrete and steel
混凝土和裂缝控制 concrete and crack control
混凝土(和)木材(和)混合结构桩 concrete-timber pile
混凝土和砂浆 concrete and mortar
混凝土和易度 concrete placeability; concrete workability; placeability of concrete
混凝土和易性 concrete placeability; concrete workability; placeability of concrete
混凝土和易性试验 concrete flow test
混凝土桁架 concrete truss
混凝土横撑 concrete bolster
混凝土横撑杆 <竖井的> concrete bunt on
混凝土横梁 concrete bolster; concrete cross-tie
混凝土横向钢筋 cross-rod of concrete
混凝土虹吸管 concrete siphon
混凝土厚度 concrete thickness
混凝土护岸 concrete revetment
混凝土护层 <基础开挖> blinding concrete
混凝土护栏 concrete guard rail
混凝土护面 concrete armo(u)ring; concrete casing; concrete cover(ing); concrete facing; concrete pavement; concrete paving; concrete coating
混凝土护面方块 <防波堤> concrete cube unit
混凝土护面防波堤 concrete-cover breakwater
混凝土护面块 concrete armo(u)r unit
混凝土护面块体 armo(u)r(ing) concrete block;concrete armo(u)r unit
混凝土护面块体模型 model of concrete armo(u)r unit
混凝土护坡 concrete pitching; concrete slope protection; concrete dike[dyke] revetment
混凝土护墙 concrete apron;concrete dike;concrete guide wall
混凝土护墙板 concrete panel
混凝土护坦 concrete apron
混凝土护筒 concrete muff
混凝土花管 concrete perforated drain pipe
混凝土花盆 concrete flower trough
混凝土滑槽运送装置 concrete spouting plant
混凝土滑模摊铺机 concrete slipformer
混凝土化 concretize
混凝土化粪池 concrete septic tank
混凝土化学 chemical concrete technology
混凝土环 concrete ring
混凝土环梁 concrete ring beam
混凝土缓凝剂 concrete retarder; retarder
混凝土灰色 concrete gray
混凝土回弹 concrete rebound
混凝土回弹仪 concrete test hammer; rebound hammer; rebound tester; Schmidt concrete test hammer; Schmidt hammer;sclerometer
混凝土回填 concrete backfill(ing)
混凝土混成柱 combination column
混凝土混合料 cast concrete admix(ture);concrete mix(ture)
混凝土混合料电测设备 concrete mix electric testing apparatus
混凝土混合料中的大石子 plum
混凝土混合料自动配料与拌和 push-button controlled concrete proportioning and mixing
混凝土混合物 concrete mix(ture)
混凝土混合物的流动性试验 orifice tube test
混凝土火床 concrete hearth
混凝土或砂浆发缝 checking
混凝土机动运送车 power buggy of concrete
混凝土机械 concrete machinery
混凝土机械抹子 power float
混凝土机械压印(图案花纹) mechanical tooling of concrete
混凝土基本水准标石 concrete primary benchmark
混凝土基层 concrete base(course); concrete bed; concrete bottom; concrete foundation
混凝土基础 concrete base(course); concrete bed; concrete bottom; concrete footing; concrete foundation;concrete pedestal
混凝土基础板 concrete base slab; concrete mat(tress)
混凝土基础的容许承载应力 allowable bearing stress for concrete foundation
混凝土基(础)块(体) concrete foundation block
混凝土基础墙 concrete foundation wall
混凝土基础(跳)梁 pan handle
混凝土基础桩 concrete foundation pile
混凝土基床 concrete bed
混凝土基底 concrete base(course); concrete cradle bedding
混凝土基垫 concrete pad
混凝土基脚 concrete footing
混凝土基座 concrete base(course); concrete cradle bedding; concrete pedestal
混凝土及钢材混合梁 reinforced block beam
混凝土及钢梁混合楼面 reinforced block floor
混凝土级别 concrete class
混凝土级配 concrete grading
混凝土级配设计 concrete mix design
混凝土急水槽 concrete chute
混凝土集料 concrete aggregate
混凝土集料供给 concrete aggregate feeding
混凝土集料用的碎木块 cement wood
混凝土集中拌和厂 central mixing plant;central-mixed concrete plant
混凝土集中拌和法 central mixing method
混凝土集中拌和站 central mixing plant
混凝土集中拌制 centralized concrete mixing
混凝土集中混合 central mixing of concrete
混凝土集中搅拌 centralized concrete mixing
混凝土集中搅拌厂 central mixing plant
混凝土集中搅拌法 central mixing method
混凝土集中搅拌设备 central concrete-mixing plant
混凝土集中搅拌站 central mixing plant
混凝土挤压机 concrete extrusion press
混凝土脊瓦 concrete ridge tile
混凝土计算表格 concrete table
混凝土技术 concrete technology
混凝土技术要求 concrete specification
混凝土技术专家联合会 <英> Federation of Concrete Specialists
混凝土季刊 <英国期刊名> Concrete Quarterly
混凝土加钢筋 masonry reinforcement
混凝土加固钢筋 concrete reinforcing steel
混凝土加筋 reinforce;reinforcement of concrete
混凝土加劲筋 concrete stiffener
混凝土加气剂 air-entrained admixture;air-entrainer for concrete;air-entraining admixture;air-entraining agent
混凝土加气量测定仪 concrete air meter[metre]
混凝土加水改变稠度 retempering of concrete
混凝土加腋 concrete haunching
混凝土加硬剂 concrete hardener
混凝土夹层板 concrete sandwich panel
混凝土夹固的电线 concrete gripped wire
混凝土架座 concrete stand
混凝土间防水层 waterproofing course between concretes;sandwich
混凝土剪力墙 concrete shear wall
混凝土检查井 concrete inspection chamber;concrete manhole
混凝土检查井圈 concrete manhole ring
混凝土检验 concrete inspection
混凝土建筑 concrete architecture; concrete construction
混凝土建筑工程 concrete construction work

混凝土建筑工业 concrete constructional industry
混凝土建筑构件 concrete building unit
混凝土建筑类型 concrete construction type
混凝土建筑砌块 concrete building block
混凝土建筑砌块模数 concrete building module
混凝土建筑物 concrete structure
混凝土建筑砖 concrete building brick; concrete building tile
混凝土键槽 concrete key trench
混凝土浆 concrete grout; mass of concrete
混凝土降温设备 concrete cooling system
混凝土交叉道(口) concrete crossing
混凝土浇捣仓 concrete-spouting bay
混凝土浇灌 concrete spout(ing)
混凝土浇灌臂 concrete placing boom
混凝土浇灌程序 concrete placing sequence
混凝土浇灌斗 concreting hopper; placing bucket
混凝土浇灌工具 concreting aid
混凝土浇灌机械 concreting machine
混凝土浇灌架 trestle concreting
混凝土浇灌溜槽 concrete chute
混凝土浇灌漏斗 concrete funnel
混凝土浇灌设备 chuting plant; concrete mixing equipment; concrete-spouting plant; concreting aid; concreting equipment; placing plant
混凝土浇灌速度 placing speed of concrete
混凝土浇灌塔 concreting tower; gin pole type concrete spouting plant
混凝土浇灌体 concrete deposit(e)
混凝土浇件伸缩缝 tamped joint
混凝土浇件胀缩缝 tamped joint
混凝土浇制工厂 cast concrete factory
混凝土浇置料斗 concrete placing bucket
混凝土浇注 concrete depositing; concrete placement; concrete placing; pouring of concrete
混凝土浇注臂 concrete distributor boom
混凝土浇注薄膜 concreting foil
混凝土浇注槽 concrete placing chute
混凝土浇注吊桶 concrete pouring bucket
混凝土浇注斗 concrete placing skip
混凝土浇注工 concrete placer
混凝土浇注管 concrete placing hose
混凝土浇注机 concrete placer; concrete placing machine; concrete pouring machine; concrete spreader; pneumatic concrete placer
混凝土浇注进度计划 concreting program(me)
混凝土浇注每小时竖升量 vertical rise of concrete per hour
混凝土浇注设备 concrete placer; concrete pouring machine
混凝土浇注塔 concrete placing tower
混凝土浇注台 concrete placing platform; concrete pouring platform
混凝土浇注线 concreting line
混凝土浇筑 chuting of concrete; concrete heaping; concrete placed in the work; concrete placement; concrete placing(by gravity); concreting; pouring of concrete
混凝土浇筑仓 concrete bay
混凝土浇筑层 concrete lift; lift; lift of concrete
混凝土浇筑层施工缝 lift joint
混凝土浇筑场地 concreting site
混凝土浇筑程序 concreting program(me); concreting sequence
混凝土浇筑带 belt-type concrete placer
混凝土浇筑的高度 height of lift(ing)
混凝土浇筑的河流模型 river model mo(u)lded in concrete
混凝土浇筑方法 concreting method; method of concreting
混凝土浇筑分段 concreting section
混凝土浇筑分缝分块 blocking of concrete placement
混凝土浇筑高度 placement lift
混凝土浇筑过程 process of concreting
混凝土浇筑机 pneumatic concrete placer
混凝土浇筑机列 concreting train
混凝土浇筑机械 concrete pouring machine
混凝土浇筑计划 concreting program(me)
混凝土浇筑技术 concreting technique
混凝土浇筑阶段 concreting stage
混凝土浇筑料斗 concrete placing skip
混凝土浇筑列车 concrete train; placing train
混凝土浇筑溜槽 pouring chute
混凝土浇筑面 concreting block
混凝土浇筑曲线 concreting curve
混凝土浇筑设备 concrete placing installation; concrete pouring equipment; concreting equipment; concreting placing plant; placing plant
混凝土浇筑速度 rate of concrete placement; rate of concrete placing
混凝土浇筑速率 concreting rate; rate of concrete placement
混凝土浇筑塔 concreting tower; dump tower; pouring tower of concrete
混凝土浇筑体 concrete deposit(e)
混凝土浇筑温度 concreting temperature
混凝土浇筑屋顶 roof concreting
混凝土浇筑物 concrete [concreting] deposit(e)
混凝土浇筑系统 concrete casting system
混凝土浇筑性 placeability of concrete
混凝土浇筑用纸 concreting paper
混凝土浇筑栈桥 concrete placing trestle
混凝土浇筑周期 casting cycle
混凝土胶合板模板 concrete plywood for formwork
混凝土胶结剂 bonding adhesive agent for concrete; bonding medium for concrete
混凝土胶凝剂 concrete cement(ing agent)
混凝土铰(接) concrete hinge
混凝土铰接承座 concrete hinge
混凝土搅拌 concrete agitation; concrete mixing
混凝土搅拌板 concrete mixing plate
混凝土搅拌厂 batcher plant; batch(ing) plant; concrete mixing center [centre]
混凝土搅拌车 agitating truck; concrete mixer; concrete mixing vehicle; mixer-lorry; motor truck concrete mixer; transit-mixer truck; travel(l)ing concrete mixer (plant); truck(concrete) mixer
混凝土搅拌车配料法 travel(l)ing mixer method of proportioning
混凝土搅拌船 concrete mixing plant-boat; floating concrete-mixer; floating concrete mixing plant; floating mixer
混凝土搅拌工厂 concrete mixer; concrete mixing plant
混凝土搅拌机 cement mixer; concrete agitator; concrete mixer; concrete mixing machine; mixer; mixing drum; mustard mixer
混凝土搅拌机上的加热装置 concrete mixer heating attachment
混凝土搅拌机圆筒 concrete mixer drum
混凝土搅拌机总容积 gross volume of concrete mixers
混凝土搅拌卡车 agitating lorry
混凝土搅拌楼 concrete batching and mixing tower
混凝土搅拌铺料机 concrete mixer-paver
混凝土搅拌汽车 agitating lorry; agitator truck; mixer-lorry; motomixer; concrete mixer truck
混凝土搅拌容器 cement mixer
混凝土搅拌设备 concrete mixing equipment; concrete mixing plant
混凝土搅拌设备折旧摊销及大修费 concrete mixer equipment depreciation apportion and overhaul charges
混凝土搅拌时的颗粒间干扰行为 particle interference in concrete mixes
混凝土搅拌输送车 concrete motor-track mixer; motor-truck mixer; truck mixer
混凝土搅拌塔 concrete mixing tower
混凝土搅拌筒 mixing drum
混凝土搅拌温度 concrete mixing temperature
混凝土搅拌预热装置 concrete mixer heating attachment
混凝土搅拌运料车 agitating truck; concrete delivery mixer; mixer truck; truckcrete; truck-transit mixer; concrete mixing truck
混凝土搅拌运输车 concrete agitator truck; ready-mix truck
混凝土搅拌站 concrete batching plant; concrete mixing plant; concrete mixing station; concrete plant
混凝土搅动车 agitating lorry
混凝土教堂 concrete church
混凝土阶段浇注 stepped concrete placing
混凝土接缝 concrete joint; concrete weld <利用钢纤维加筋超高强混凝土将预制板构件连接成整体的接缝>
混凝土接缝密封合成物 concrete joint sealing compound
混凝土接缝条 dowel bar
混凝土接合处凹槽 keyway
混凝土接桩 splicing concrete pile
混凝土节点的埋置钢筋 embed reinforcement
混凝土节制闸 concrete check; concrete sluice
混凝土结构 concrete construction; concrete structure
混凝土结构的蜂窝 honeycomb in concrete
混凝土结构接缝 jointing of concrete structure
混凝土结合的 concrete bound
混凝土结合梁块体 concrete bond beam block
混凝土结合料 concrete binder
混凝土结硬 maturing of concrete
混凝土截面 concrete cross-section
混凝土截面积 concrete area; sectional area of concrete
混凝土截水墙槽 <土坝的> concrete key trench
混凝土截水(芯)墙 concrete cut-off (wall)
混凝土界面处理剂 concrete interface treating agent
混凝土金属模板 metal forms
混凝土浸水养护法 pounding method of concrete curing
混凝土浸渍剂 concrete impregnation agent
混凝土井基础 concrete well foundation
混凝土井框支架 concrete cribbing
混凝土锯 concrete saw
混凝土锯齿形屋顶薄壳 concrete saw-tooth roof shell
混凝土锯缝机 concrete power saw
混凝土卷曲 concrete warping
混凝土卷扬机 concrete hoist
混凝土绝热养护 concrete adiabatic curing
混凝土卡车拌制(法) truck mixing
混凝土开裂 cracking of concrete
混凝土抗滑糙面 non-skid concrete surface
混凝土抗剪键 concrete shear key
混凝土抗剪墙 concrete shear wall
混凝土抗拉强度 concrete tensile strength
混凝土抗裂性试验环 cracking ring of concrete
混凝土抗推座块 concrete thrust block
混凝土抗弯强度试验 beam test
混凝土抗压强度 concrete compression strength; concrete compressive strength
混凝土抗压试验 concrete compressive test
混凝土抗盐性 salt resistance of concrete
混凝土壳 concrete jacket; concrete shell
混凝土壳体 concrete shell
混凝土壳罩 concrete enclosure; concrete encasure
混凝土壳子板 concrete form
混凝土可泵送性 concrete pumpability
混凝土可灌(注)性 concrete placeability; placeability of concrete
混凝土可砌筑性 concrete placeability
混凝土空气含量 air content of concrete
混凝土空气砖 concrete hollow block
混凝土空心板 concrete hollow panel; concrete hollow plank; concrete hollow slab
混凝土空心板成型机 concrete hollow slab mo(u)lding machine
混凝土空心(电)杆 concrete hollow pole
混凝土空心方块 concrete hollow block; hollow concrete block
混凝土空心方块式防波堤 concrete crib type breakwater; cellular concrete block breakwater
混凝土空心楼板 concrete hollow floor (slab)
混凝土空心楼板系统 concrete hollow slab flooring system
混凝土空心(砌)块 concrete hollow block
混凝土空心砌块制造 concrete hollow block making
混凝土空心填块 concrete hollow filler(block)
混凝土空心制品 concrete hollow

ware
混凝土空心柱 concrete hollow mast
混凝土空心砖 concrete hollow block
混凝土空心砖密肋楼板 cast rib and filler floor
混凝土空芯墙 cavity concrete wall
混凝土孔隙配料法 void method of proportioning
混凝土跨度板 spancrete
混凝土块 cement block; string of blocks
混凝土块厂 block yard
混凝土块衬砌 concrete block lining
混凝土块的养护格栅 rack for curing concrete block
混凝土块的养护架 rack for curing concrete block
混凝土块防波堤 block breakwater
混凝土块护岸 concrete block protection
混凝土块面层 concrete block pavement
混凝土块(铺砌)路面 concrete block pavement
混凝土块砌护 concrete block pitch
混凝土块柔性沉排 armourflex mat; flexible mattress of concrete element
混凝土块体 concrete block; cement block <混凝土块体的异名>
混凝土块体沉排 block mattress
混凝土块体护面 concrete armouring
混凝土块体锚 deadman anchor
混凝土块体排 block mat
混凝土块压制机 concrete block press
混凝土快凝剂 concrete accelerator
混凝土快速试验 accelerated concrete test
混凝土快速修补剂 structite
混凝土快速养护 accelerated curing of concrete
混凝土快硬剂 quick-hardening agent of concrete
混凝土宽枕 broad concrete cross-tie
混凝土矿井井筒梯 concrete manway
混凝土矿井井筒梯圈 concrete manway ring
混凝土矿物骨料 mineral concrete aggregate
混凝土框格式结构 concrete crib
混凝土框构筑物 concrete cribbing; concrete cribwork
混凝土框架 concrete frame
混凝土框架结构 concrete frame construction
混凝土框笼 concrete cribbing
混凝土框笼防波堤 concrete crib breakwater
混凝土拉拔试验 concrete-pullout test
混凝土拉伸性 extensibility of concrete
混凝土拉应力 concrete tensile stress
混凝土拦沙坝 concrete check dam
混凝土拦污栅 concrete debris rack
混凝土栏杆围篱 concrete palisade fence
混凝土劳损 fatigue of concrete
混凝土肋 concrete rib
混凝土棱柱强度 concrete prismatic strength
混凝土棱柱体 concrete prism
混凝土棱柱体试模 concrete beam test mo(u)ld
混凝土棱柱体试验 concrete prism test
混凝土冷却 concrete cooling
混凝土冷却方法 concrete cooling method
混凝土冷却工厂 concrete cooling plant
混凝土冷却管道 concrete cooling duct; Hume duct
混凝土冷却设备 concrete cooling equipment; concrete cooling plant
混凝土冷却水管 concrete cooling pipe
混凝土冷却塔 concrete cooling tower
混凝土离析 concrete disintegration; concrete segregation; segregation of concrete
混凝土离心法浇制 spinning of concrete
混凝土离心浇注法 concrete spinning method
混凝土离心制造法 concrete spinning method
混凝土里蜂窝 <由于施工不良而造成的> cavity in the concrete
混凝土理论配合比 theoretic(al) mix of concrete
混凝土立方块抗压强度 concrete cube compressive strength
混凝土立方块试验 concrete cube test
混凝土立方块特征强度 characteristic concrete cube strength
混凝土立方块(体)强度试验 cube concrete test; test cube; concrete cube test
混凝土立方试块 28 天强度 cube strength at 28 days
混凝土立方试块(强度)试验 concrete cube test; cube concrete test
混凝土立方试样 cube concrete test specimen
混凝土立方体 concrete cube
混凝土立方体码数 concrete cubic yardage
混凝土立方体破碎强度 concrete cube crushing strength
混凝土立方体强度 concrete cube strength; cubic strength
混凝土立方体试件 cube concrete test specimen
混凝土立方体试块 cube concrete test specimen; test cube
混凝土立方体试验 concrete cube test; cube concrete test; test cube
混凝土立墙平浇建筑法 <平地上浇制墙体,然后用起重设备撬起,安置在已准备好的基础上> tilt-up construction
混凝土连接处 concrete junction
混凝土连锁瓦 concrete interlocking tile
混凝土连续灌筑机 continuous concreting machine
混凝土连续浇注(法) continuous concreting; non-stop concreting; uninterrupted concreting; continuous concrete placing
混凝土连续浇筑(法) continuous concreting; non-stop concreting; uninterrupted concreting; continuous casting of concrete
混凝土连续铺筑机 continuous concrete spreader
混凝土连续运输 continuous concrete transport
混凝土联合铺路机 paved concrete track
混凝土联锁瓦 concrete interlocking tile
混凝土凉亭 concrete pergola
混凝土梁 concrete beam
混凝土梁包板 concrete beam encasement
混凝土梁侧模板 haunch boards
混凝土梁的冲击试验 impulsive testing of concrete beams
混凝土梁的外壳 beam encasement; beam encasure
混凝土梁滑模浇筑设备 concrete beam slipform device
混凝土梁式桥 concrete girder bridge
混凝土梁试验机 concrete beam testing machine
混凝土梁饰面 concrete beam encasement
混凝土梁套 concrete beam encasure
混凝土梁外壳 beam sheath coat; concrete beam case
混凝土梁外壳涂层 concrete beam sheath coat
混凝土梁斜拉桥 concrete-stayed girder bridge
混凝土梁腋 concrete(beam) haunching
混凝土梁制造机 concrete beam making machine
混凝土梁中钢筋的抛物线偏心距 parabolic(al) steel eccentricity concrete beam
混凝土量 cement quantity; concrete volume
混凝土量度 dimensions of concrete
混凝土料仓 concrete silo
混凝土料仓建造系统 dome system
混凝土料斗 concrete hopper; gob bucket; tower dump
混凝土料斗提升机 concrete skip hoist; hoist and bucket conveying
混凝土料斗闸门 concrete bucket lock; concrete feeding bucket valve
混凝土料桶附件 concreting bucket attachment
混凝土裂缝 cracking in concrete
混凝土裂缝合拢 autogenous healing of concrete; healing of concrete
混凝土裂缝愈合 healing of concrete
混凝土檩条 concrete purlin(e)
混凝土龄期 concrete age; age of concrete; maturity
混凝土龄期强度关系曲线 age-strength relation of concrete
混凝土溜槽 concrete chute; drop chute
混凝土溜管 elephant trunk pipe for concrete placing by gravity
混凝土流动面 pour plane of concrete
混凝土流动配料搅拌车 concrete mobile; travel(l)ing batcher and mixer
混凝土流动性 concrete flowability; concrete fluidity; concrete mobility; flowability of concrete
混凝土流动性试验 concrete fluidity test; flow test of concrete
混凝土流态稠度 mushy consistence [consistency] of concrete
混凝土瘤 concrete cancer
混凝土楼板 concrete floor(ing); concrete sub-floor
混凝土楼板表面琢毛机 floor scabbler
混凝土楼板的硬化液剂 liquid concrete floor hardener
混凝土楼板起灰 dusting of concrete floor
混凝土楼盖 concrete floor
混凝土楼面 cement floor(ing); concrete floor
混凝土楼面嵌固条 floor clip
混凝土楼梯 concrete stair(case)
混凝土漏斗管 concrete pipe; tremie pipe <水下灌筑混凝土用>
混凝土路边石 concrete curb(stone); concrete kerb stone
混凝土路边石浇模 curb mold
混凝土路床 concrete bed
混凝土路基 concrete roadbed
混凝土路基整平机 concrete bay subgrader
混凝土路肩 concrete shoulder
混凝土路面 concrete pavement; concrete road pavement; concrete slab; traffic deck surfacing
混凝土路面板 concrete pavement slab; concrete pavement flag
混凝土路面板角断裂 corner break
混凝土路面板温度变化 temperature changes in concrete pavement
混凝土路面沉陷 settlement of concrete slabs
混凝土路面抽吸现象 <即缝间翻浆> concrete pavement pumping
混凝土路面捣碎器 demolition tool
混凝土路面的表面构造处理 <粗面工作> surface texturing of concrete pavement
混凝土路面的表面扫毛 surface texturing of concrete pavement
混凝土路面的回收利用 concrete pavement reclaiming
混凝土路面的(鳞状)剥落 concrete pavement scaling
混凝土路面的镘平 floating of concrete pavement
混凝土路面垫底纸 concrete subgrade paper
混凝土路面粉碎机 concrete pavement shattering machine
混凝土路面封缝机 concrete pavement joint sealing machine
混凝土路面隔仓施工法 alternate concrete by construction method
混凝土路面击碎器 demolition tool
混凝土路面机械 concrete paving equipment; concrete paving machine
混凝土路面接缝 concrete pavement joint; joint of concrete pavement
混凝土路面接缝安装机 joint installing machine
混凝土路面接缝密封膏 concrete pavement joint sealant
混凝土路面接缝密封合成物 concrete pavement joint sealing compound
混凝土路面接缝切割机 concrete surface joint cutter
混凝土路面锯缝机 concrete saw
混凝土路面拉毛机 concrete pavement texturing machine
混凝土路面两次刮平法 double strike method off method
混凝土路面磨平机 concrete surface planer
混凝土路面皮带整平拖光 belting
混凝土路面平整机 concrete road finisher
混凝土路面破碎机 pavement breaker; paving breaker
混凝土路面铺料机 concrete road paver
混凝土路面铺路机 concrete road paver
混凝土路面铺路机组 concrete train
混凝土路面铺设机 concrete road paver
混凝土路面切缝 joint-cutting; joint-outing
混凝土路面切缝机 joint-cutting machine; concrete cutter
混凝土路面切割机 concrete pavement expansion joint cutter
混凝土路面清缝机 concrete pavement joint cleaning machine; joint cleaning machine
混凝土路面设备 concrete pavement equipment
混凝土路面试样块 concrete pavement block

混凝土路面摊铺机 concrete(road) paver;concrete spreader
混凝土路面无传力设备的板角 unprotected corner
混凝土路面修补 concrete patching
混凝土路面修整机 concrete road finisher
混凝土路面修整机械 concrete finishing machine
混凝土路面压碎机 concrete shattering machine
混凝土路面养护 concrete pavement curing
混凝土路面应力 concrete pavement stress
混凝土路面凿毛机 bush hammer
混凝土路面早期恶化 preloading concrete pavement deterioration
混凝土路面振捣器 concrete paving vibrator; vibrator for concrete pavement
混凝土路面振动(夯实)器 concrete (paving) vibrator
混凝土路面整面机 concrete pavement finisher
混凝土路面整平 bumpcutting
混凝土路面整平机 concrete planer
混凝土路面整修机 concrete road finisher;mechanical finisher
混凝土路养护篷 tent
混凝土路缘带 concrete marginal strip
混凝土路缘石 concrete curb[kerb] (stone)
混凝土路缘石模板 concrete curb [kerb] mould
混凝土路缘石预制机 curb press
混凝土氯化钙防冻剂 Temperite
混凝土乱块建筑 pell-mell construction
混凝土乱石 concrete rubble
混凝土螺旋搅拌机 concrete screw-type mixer
混凝土螺旋楼梯 concrete spiral stair-(case)
混凝土螺旋形外壳 concrete spiral casing
混凝土螺旋桩 concrete screw pile
混凝土裸露骨料处理 exposed aggregate finish
混凝土落料筒 concrete chute
混凝土麻点 air pocket
混凝土码头 concrete pier; concrete quay;concrete wharf
混凝土码头前沿 concrete apron
混凝土码头镶面墙 concrete dock lining wall
混凝土埋石 displacer
混凝土埋置设备 concrete pipe laying unit
混凝土镘刀 concrete trowel
混凝土毛楼 concrete sub-floor
混凝土毛面 roughening concrete surface;rough face of concrete
混凝土锚 concrete anchor
混凝土锚碇块体 concrete anchor block
混凝土锚碇墙 concrete anchorage wall
混凝土锚墩 concrete deadman
混凝土锚固 concrete anchoring
混凝土锚固螺栓 concrete anchor bolt
混凝土锚墙 concrete anchoring wall; concrete deadman <拉岸壁板桩的锚桩>
混凝土锚桩 concrete deadman
混凝土锚着块 concrete anchor block
混凝土帽梁 concrete cap
混凝土煤气库 concrete gasholder
混凝土门窗边框 concrete jamb
混凝土门窗中梃 concrete muntin
混凝土门槛 concrete sill
混凝土门框 concrete door frame
混凝土门式钢架 concrete portal frame
混凝土泌浆 bleeding(of concrete); bleeding water
混凝土泌水 bleeding water; concrete bleeding
混凝土泌水现象 bleeding of concrete;concrete bleeding
混凝土密度 concrete density
混凝土密度深度梯度 density-depth gradient of concrete
混凝土密封 concrete sealing
混凝土密封材料 concrete floor sealer
混凝土密封剂 concrete sealant; concrete sealer
混凝土密肋 concrete joist
混凝土密肋(预制)楼板 concrete rib(bed) slab;concrete rib(bed) floor
混凝土密实剂 concrete densifying agent
混凝土密实性 imperviousness of concrete
混凝土面板 concrete face [facing]; concrete slab;concrete facing panel
混凝土面板坝 concrete face dam
混凝土面板坝填补块 fillet
混凝土面板堆石坝 concrete face rockfill dam; rock-fill dam with concrete facing
混凝土面层 concrete facing;concrete pavement; concrete paving; concrete skin; concrete topping; topping
混凝土面层接缝下面的塑料或金属垫板 pavement base plate
混凝土面层胀裂 blown up
混凝土面打毛 roughening concrete surface
混凝土面翻筑 concrete resurfacing
混凝土面积 concrete area
混凝土面喷砂处理 concrete blasting
混凝土面上的泡沫物质 laitance
混凝土面饰 concrete casing
混凝土面涂料 concrete paint
混凝土面整平施工 flatwork
混凝土面砖 concrete tile
混凝土民防构筑物 concrete for civil defence structures
混凝土明沟 concrete catch-gutter; concrete surface channel
混凝土模板 concrete blinding; concrete floor;concrete form;concrete mo(u)ld; concrete shutter(ing); liner;concrete formwork
混凝土模板面层材料 face contact material
混凝土模板工程 concrete formwork
混凝土模板设备厂 concrete mo(u)lding equipment factory
混凝土模板脱模剂 concrete mold or form release agent
混凝土模板脱模油 concrete mo(u)ld release oil
混凝土模板用油 concrete form oil; concrete mo(u)ld oil
混凝土模板周转 concrete forming circle; concrete forming cycle; forming cycle
混凝土模壳 concrete blinding; concrete formwork; concrete shuttering;liner
混凝土模型 concrete model
混凝土摩天大楼 concrete skyscraper
混凝土磨光机 grinder
混凝土磨耗 concrete abrasion
混凝土磨耗层 concrete wearing layer
混凝土磨平机 concrete planer
混凝土抹面 concrete coating; concrete finish
混凝土抹面机 concrete finisher;concrete finishing machine
混凝土抹面前的头道灰 concrete bond
混凝土抹面水泥浆 concrete paint
混凝土抹面圆抹子 arrissing tool
混凝土抹平器 bull float;concrete float
混凝土木笼防波堤 concrete crib breakwater
混凝土木质花纹饰面 board-marked finish
混凝土木桩 concrete-timber pile
混凝土木组合桩 concrete-timber composite pile
混凝土幕 concrete curtain
混凝土幕墙 concrete curtain wall
混凝土幕墙板 concrete curtain wall panel
混凝土内补角 concrete fillet
混凝土内部振捣 pervibration
混凝土内部振捣器 internal concrete vibrator
混凝土内插振捣器 internal concrete vibrator
混凝土内的钢筋拉杆 re-bar tie encased in concrete
混凝土内的配筋 reinforcing bar
混凝土内加入特种外加剂防水方法 integral method of waterproofing
混凝土内(埋)钢筋 iron embedded in concrete
混凝土内永久性密闭盒形模板 void form
混凝土耐火强度 fired strength;fired strength of concrete
混凝土耐久性 concrete durability;endurance of the concrete
混凝土耐久性系数 durability factor of concrete
混凝土耐磨层 concrete wearing layer
混凝土耐蚀加速试验 accelerated concrete test
混凝土年龄 age of concrete
混凝土黏[粘]度计 concrete-consistency meter
混凝土黏[粘]合灰泥 concrete bond plaster
混凝土黏[粘]合剂 adhesive for concrete;concressive
混凝土黏[粘]结层 binding concrete course;binding concrete layer;concrete bond
混凝土黏[粘]结灰泥 concrete bond plaster
混凝土黏[粘]结剂 bonding agent for concrete;bonding medium for concrete; concrete bonding adhesive; concrete bonding agent
混凝土黏[粘]结介质 concrete bonding medium
混凝土黏[粘]结相 cementing phase
混凝土黏[粘]着剂 concrete adhesive
混凝土黏[粘]着(石)灰浆 concrete bonding plaster
混凝土碾压机 concrete roller
混凝土凝固 concrete setting; setting of concrete
混凝土凝集剂 agglutinant for concrete
混凝土凝结 concrete setting; setting of concrete
混凝土凝结时间 setting-time of concrete
混凝土牛腿 concrete bracket
混凝土农场建筑 concrete farm building
混凝土女儿墙附件 concrete parapet element
混凝土排 concrete mattress
混凝土排出量 discharge of concrete
混凝土排辊 concrete mattress roll
混凝土排基 concrete raft
混凝土排架 concrete bent; concrete frame
混凝土排架结构 concrete bent construction
混凝土排水沟 concrete drainage gutter;concrete gull(e)y;trench drain
混凝土排水构件 drainage product of concrete
混凝土排水管 concrete drain(age) pipe; concrete drain tile; concrete pipe drain;concrete sewer
混凝土排水渠 concrete drainage channel
混凝土排水瓦管 concrete drain tile
混凝土排水制品 concrete drainage article;concrete drainage goods
混凝土排桩 concrete row piling
混凝土抛石基 pierre perdue
混凝土跑道 concrete ribbon;concrete runway
混凝土泡水养护法 ponding method of curing concrete
混凝土配比设计 mix design
混凝土配比设计体积法 volume method of concrete mix design
混凝土配方 concrete formulation
混凝土配合(比) concrete mix proportion; concrete proportioning; proportioning of concrete;concrete formulation;mix proportion
混凝土配合比设计 design of concrete (mix)
混凝土配合比理论 theory of proportioning
混凝土配合比设计 concrete mix design;mix design of concrete
混凝土配合比设计数据 concrete mix design data
混凝土配合比体积设计法 volume method of concrete mix
混凝土配合比调整 adjustment of mixture
混凝土配合控制 concrete mix control
混凝土配合料 batching
混凝土配合试验 concrete mix test
混凝土配筋 concrete bar; concrete fabrication; concrete reinforcement; concrete-steel; reinforcing concrete bar
混凝土配筋比 steel ratio of concrete
混凝土配筋不足 under-reinforced
混凝土配筋塑料隔距块 plastic concrete reinforcement distance piece
混凝土配筋用钢筋 concrete reinforcement wire; concrete reinforcing bar
混凝土配料 concrete batch(ing); concrete mix
混凝土配料拌和厂 concrete batching and mixing plant
混凝土配料标尺 concrete batching scale
混凝土配料场 batch(ing) plant
混凝土配料车间 concrete batching plant
混凝土配料单 concrete formulation
混凝土配料斗 batch box
混凝土配料计量器 batchmeter[batchmetre]
混凝土配料搅拌厂 batching and mixing plant
混凝土配料器 concrete batcher
混凝土配料体体积法 volume method of concrete mix design
混凝土配水闸 concrete check
混凝土配制厂 concreting plant
混凝土配制业 concrete preparation industry

混凝土喷布机 concrete placer; concrete sprayer; concrete-spraying machine; shotcrete[shotcreting] machine
混凝土喷灌 gunite work
混凝土喷灌机 shotcrete machine
混凝土喷浆衬砌 gunite concrete lining
混凝土喷浆填充层 gunite filler course
混凝土喷枪 air concrete placer; concrete gun; shotcrete equipment; shotcrete[shotcreting] gun
混凝土喷射 concrete splashing; concrete spout(ing); concrete-spraying; jetcreting; shotcreting
混凝土喷射泵 concrete injector
混凝土喷射机 concrete jetting machine; concrete placer; concrete sprayer; concrete-spraying machine; shotcrete [shotcreting] machine
混凝土喷射机组 concrete injection unit; concrete jetting machine set
混凝土喷射架 concrete-spraying stand; concrete-spraying table
混凝土喷射器 air concrete placer
混凝土喷射枪 concrete gun
混凝土喷射设备 concrete spouting equipment; shotcrete equipment
混凝土喷射设备折旧摊销及大修费 concrete-spouting plant depreciation apportion and overhaul charges
混凝土喷射作业 gunning
混凝土喷注 concrete spout(ing)
混凝土喷注机 concrete-spraying machine
混凝土喷注设备 concrete grouting plant; concrete-spouting plant
混凝土膨胀剂 concrete expansion agent; concrete expansive material
混凝土劈裂器 concrete splitter
混凝土疲劳 concrete fatigue; endurance of the concrete
混凝土漂浮结构 <如浮桥、近海平台> concrete floating structure
混凝土拼装段 concrete segment
混凝土平板 concrete plate; concrete slab
混凝土平板振捣器 vibrating concrete float
混凝土平仓 concrete spreading
混凝土平仓机 concrete spreader
混凝土平底船 concrete pontoon
混凝土平顶 concrete ceiling
混凝土平衡重 concrete counterweight
混凝土平浇板隔板 tilt-up compound
混凝土平铺 spread concrete
混凝土平铺机 concrete spreader
混凝土平台 concrete platform; concrete table
混凝土平瓦 concrete flat tile
混凝土平屋顶 concrete roof deck; flat concrete roof
混凝土平整层 level(l)ing concrete
混凝土屏蔽 concrete shield
混凝土屏蔽墙 concrete shielding wall
混凝土坡 concrete pillar
混凝土破坏 concrete destruction; concrete rupture; failure of concrete
混凝土破碎 concrete cutting
混凝土破碎机 cement-chipping hammer; concrete breaker; concrete pulverizer
混凝土破碎机钢锤 concrete breaker steel
混凝土破碎强度 concrete crushing strength
混凝土破碎凿 concrete breaking chisel
混凝土剖面 concrete section
混凝土铺板 concrete paving slab
混凝土铺层振动器 concrete pavement vibrator
混凝土铺地砖 concrete flooring tile
混凝土铺盖 concrete apron
混凝土铺浇 concrete spreading
混凝土铺路板 concrete flag stone
混凝土铺路机 concrete paver; main highway mixer; pavio(u)r
混凝土铺路面 concrete block pavement
混凝土铺路模板 concrete paving form
混凝土铺路石板 concrete paving flag
混凝土铺路小方石 concrete paving sett
混凝土铺路振动器 concrete pavement vibrator
混凝土铺面板 concrete pavement slab
混凝土铺面跑道 paved runway
混凝土铺平工具 come-along
混凝土铺砌坡 concrete slope paving
混凝土铺湿砂养护 wet sand curing of concrete
混凝土铺注机 concrete placer
混凝土铺筑 placement of concrete
混凝土铺筑速度 rate of concrete placement
混凝土普通箍筋柱 tied concrete column
混凝土普通水准标石 concrete ordinary benchmark
混凝土起拱 concrete haunching
混凝土起重机 concrete lift
混凝土气压浇注机 compressed-air concrete placer
混凝土气眼 cavitation of concrete
混凝土汽车 concrete mobile; travel(l)ing batcher and mixer
混凝土汽车路 concrete motorway
混凝土砌合黏[粘]结剂 bonding adhesive agent for concrete
混凝土砌块 chimney block; concrete block; concrete brick; concrete masonry block; concrete wall block
混凝土砌块场 block yard
混凝土砌块成型机 concrete block mo(u)lding machine
混凝土砌块的闭锁 interlocking concrete block
混凝土砌块的嵌锁 interlocking concrete block
混凝土砌块工程 concrete block works
混凝土砌块拱桥 concrete block masonry arch bridge
混凝土砌块谷仓 block silo
混凝土砌块含水量 moisture content of concrete masonry unit
混凝土砌块机 Maco-block
混凝土砌块铺面 concrete block pavement
混凝土砌块砌体 concrete masonry
混凝土砌块墙 concrete block wall
混凝土砌块试验机 block testing machine
混凝土砌块筒仓 block silo
混凝土砌块圬工墙 concrete block masonry wall
混凝土砌块预制场地 block yard
混凝土砌块振动器 block vibrating machine
混凝土砌块蒸汽养护 curing of concrete units
混凝土砌块制造 concrete blockmaking
混凝土砌体 concrete masonry
混凝土砌筑 concrete line
混凝土砌筑构件 concrete masonry unit
混凝土器皿 concrete ware
混凝土嵌缝板 deformed plate
混凝土嵌锁管子 concrete interlocking pipe
混凝土嵌条 fillet of concrete
混凝土戗脊盖瓦 concrete hip tile
混凝土强度 concrete strength
混凝土强度标号 strength grading of concrete
混凝土强度等级 strength grade of concrete
混凝土强度试验法 Abram's method
混凝土强度试验规范 Abram's law
混凝土强度试验规则 Abram's law
混凝土强度试验锥 Abram's cone
混凝土强度提高 rise of concrete strength
混凝土墙 concrete wall; opus latericium <罗马砖砌墙或贴砖的>
混凝土墙板 concrete wall panel
混凝土墙顶 concrete coping
混凝土墙模板系杆 snap tie
混凝土墙砌块 concrete masonry unit
混凝土墙砌体 concrete walling
混凝土墙支撑法 concrete beam extension
混凝土桥 concrete bridge
混凝土桥墩 concrete bridge pier
混凝土桥面 concrete deck
混凝土桥面板 concrete bridge deck
混凝土切缝机 concrete cutting machine; concrete(joint) cutter
混凝土切割机 concrete block splitter; concrete cutter; concrete cutting machine
混凝土侵蚀 concrete attack; concrete degradation
混凝土侵蚀性 aggressive to concrete
混凝土倾角仪 concrete inclinometer
混凝土倾斜槽 concrete chute
混凝土清水面 fair face of concrete
混凝土穹顶 concrete vault
混凝土穹隆 concrete dome
混凝土渠道衬砌 concrete canal lining
混凝土取芯孔 cored hole
混凝土取芯钻 concrete coping drill
混凝土取样 concrete selection
混凝土取样设施 <拌和楼> wet batch sample device
混凝土取样试验 core examination of concrete
混凝土圈梁 concrete collar
混凝土热天浇灌 hot application of concrete
混凝土人行道 concrete sidewalk
混凝土容积 concrete cubage
混凝土容器 concrete container
混凝土溶剂 concrete solvent
混凝土熔渣骨料 clinker aggregate for concrete
混凝土蠕变 <即塑流> creep of concrete; concrete creep; time-yield of concrete
混凝土蠕变理论 theory of concrete creep
混凝土乳浆 concrete emulsion
混凝土软管 concrete hose
混凝土润湿间 concrete moist room
混凝土润湿室 concrete moist room
混凝土撒播机 concrete spreader
混凝土撒布机 concrete spreader; spreader
混凝土塞 dental concrete; concrete plug
混凝土三棱体块 concrete tribar
混凝土三柱体块 concrete tribar
混凝土散布机 concrete spreading plant
混凝土散水 concrete apron
混凝土砂 concrete sand
混凝土砂浆 concrete mortar
混凝土砂中含水量测定器 inundator
混凝土山墙梁 concrete gable beam
混凝土扇形砌块 concrete sector segment
混凝土设备 concrete equipment
混凝土设计 concrete design
混凝土设计标准 concrete design criterion
混凝土设计配合比 design mix
混凝土射钉机 concrete nailing machine
混凝土射水破除 hydrodemolition
混凝土伸缩缝 concrete expansion joint
混凝土渗出水 water gain of concrete
混凝土渗透性 permeability of concrete
混凝土渗透仪 concrete penetrometer; concrete permeability apparatus
混凝土升高层 concrete lift
混凝土升降机 concrete elevator; concrete hoist; concrete lift
混凝土升温持续期 holding period
混凝土升运塔 concrete tower; concreting tower
混凝土生产 concrete fabrication; concrete production; production of concrete
混凝土生产率 concrete output
混凝土生产者 concrete aggregate producer
混凝土施工 concrete construction; concreting
混凝土施工仓 concrete bay
混凝土施工缝 concrete construction joint; concrete stop-end joint; construction concrete joint
混凝土施工规程 code of practice
混凝土施工设备 concrete[concreting] outfit
混凝土施工现场 concreting job
混凝土施工栈桥 concrete placing trestle
混凝土施工中混入的空气 entrapped air
混凝土湿料计盘 wet batched rating
混凝土湿喷机 wet-concrete sprayer
混凝土湿砂养护 wet sand cure of concrete
混凝土湿砂养生 wet sand curing of concrete
混凝土湿养护 concrete moist curing; moist-curing of concrete
混凝土湿养护间 concrete moist room
混凝土湿养护室 concrete moist curing
混凝土湿治室 concrete moist curing
混凝土十字架 concrete cross
混凝土石 concrete stone
混凝土石板地面 concrete slatted floor
混凝土石块填料 concrete hardcore
混凝土石窝 <即蜂窝> stone pockets of concrete
混凝土石渣 churning stone
混凝土实积比 solidity ratio
混凝土实施法 concrete practice
混凝土实施技术 concrete practice
混凝土实心块 concrete solid block
混凝土实心桥墩 concrete solid pier
混凝土实心砖 concrete solid tile
混凝土实验室 concrete lab(oratory)
混凝土事故 distress in concrete
混凝土试拌(和) trial concrete mix; concrete trail mix
混凝土试件 concrete sample; concrete specimen; concrete test(ing) mo(u)ld piece; trial-batch of concrete
混凝土试件湿养护室 concrete dam storage closet
混凝土试块 trail batch
混凝土试块(立方体)快速养护 accelerated curing of concrete test cubes

混凝土试块破坏试验机 concrete block crushing testing machine
混凝土试验 concrete test(ing)
混凝土试验场 concrete farm
混凝土试验锤 concrete test(ing) hammer;rebound hammer
混凝土试验捣固器 concrete test(ing) mo(u)ld tamper
混凝土试验段 concrete test(ing) section
混凝土试验机 concrete test(ing) machine
混凝土试验立方块 concrete test(ing) cube;concrete cube
混凝土试验立方体 concrete test cube
混凝土试(验)模 concrete test(ing) mo(u)ld
混凝土试验模具 concrete test(ing) mo(u)ld
混凝土试验圆柱体 concrete test(ing) cylinder
混凝土试样 concrete sample; concrete specimen
混凝土试样湿养护室 concrete moist room
混凝土饰面 concrete casing;concrete facing; concrete finish; fair-faced concrete finish; ornamental concrete finishing
混凝土收缩 concrete contraction; concrete shrinkage; shrinkage of concrete
混凝土收缩的影响力 influential force of concrete shrinkage
混凝土收缩损失 loss due to concrete shrinkage
混凝土手工修整器 hand finisher
混凝土手推车 buggy; concrete barrow; concrete buggy; concrete cart; concrete wheelbarrow; hand concrete-cart
混凝土手推车拌和 hand concrete-cart mixing
混凝土手推车拌制 hand concrete-cart mixing
混凝土手推车提升机 cart and barrow hoist
混凝土受力层 base concrete
混凝土受力裂缝 concrete tensile crack
混凝土受力区 concrete tensile zone
混凝土受料斗 concrete receiving hopper
混凝土受压吊杆 concrete compression boom
混凝土受压区 compression zone of concrete
混凝土受压区域 concrete compressive zone
混凝土受压弦杆 concrete compression chord
混凝土受压翼缘 concrete compression flange
混凝土输送泵 concrete transfer pump
混凝土输送泵车【机】concrete pump truck
混凝土输送槽 concrete chute
混凝土输送车 concrete deliver(ing) car;concrete skip
混凝土输送管 concrete-conveying pipe; concrete delivery pipe; concrete supply pipe;elephant trunk
混凝土输送管道 concrete delivery pipe
混凝土输送机 concrete conveyer[conveyor]
混凝土输送设备 concrete distributing plant; concrete transporting equipment
混凝土熟料斗 gob hopper
混凝土竖井 concrete shaft
混凝土竖井防坠器 concrete parachute
混凝土刷面 broom-finish of concrete
混凝土水槽 concrete flume
混凝土水池 concrete basin
混凝土水管 concrete water pipe
混凝土水灰比 water ratio of concrete
混凝土水磨石(面) concrete terrazzo
混凝土水下灌注 concrete placing in water
混凝土水下施工 subaqueous concreting; underwater concreting; underwater construction
混凝土水箱 concrete(water) tank
混凝土说明 concrete specification
混凝土四角块体 <防波堤上的> concrete tetrapod
混凝土四角锥体块 <防波堤上的> concrete tetrapod
混凝土四面体 concrete pyramid;concrete tetrahedron
混凝土送桩机 concrete pile follower
混凝土速凝剂 concrete accelerator
混凝土塑化剂 concrete plasticiser [plasticizer]
混凝土塑料模型 plastic mo(u)ld for concrete
混凝土塑性 plasticity of concrete
混凝土塑性稠度 plastic consistency of concrete; wet consistence [consistency] of concrete
混凝土塑性开裂 <即新铺混凝土尚有塑性时表面所出现的裂缝> plastic cracking of concrete
混凝土塑性流动 plastic flow of concrete
混凝土塑性收缩缝 plastic shrinkage cracks of concrete
混凝土碎块 broken concrete; concrete droppings;concrete rubble
混凝土损坏 concrete failure
混凝土损毁 concrete distress
混凝土缩拌 <集料混合,使总体积缩小> shrink-mixing of concrete
混凝土坍落度 concrete slump;slump; slump of concrete
混凝土坍落度试验 concrete slump test; gravimetric (al) yield test; slump test
混凝土坍落度筒 concrete slump cone; slump cone
混凝土坍落度锥 concrete slump cone
混凝土坍落流 slump flow
混凝土摊铺 concrete placement;concrete spreading;paving spread;concrete placing
混凝土摊铺拌和机 paving mixer
混凝土摊铺斗 concrete placing skip
混凝土摊铺机 concrete distributor; concrete level(l)ing course;concrete paver;concrete placer;form spreader; mechanical spreader; paving spreader;spreader;paver finisher
混凝土摊铺机的梁 paver beam
混凝土摊铺列车【机】concrete paving train
混凝土摊铺器 concrete dispenser
混凝土弹性模量 concrete modulus of elasticity
混凝土弹性压缩损失 loss due to elastic compression of concrete
混凝土碳化试验 concrete carbonation test
混凝土套 concrete encasement; concrete joint
混凝土套接木桩 concrete-spliced wood pile
混凝土套筒 concrete muff
混凝土特种立方体强度 characteristic cube strength
混凝土藤架 concrete pergola
混凝土提升 concrete hoist
混凝土提升机 concrete elevator
混凝土体 concrete body
混凝土体积比设计法 volume method of concrete mix design
混凝土天花板 concrete ceiling
混凝土天棚 concrete ceiling
混凝土添加剂 concrete additive
混凝土填补 concrete patching
混凝土填充 concrete filling
混凝土填充板 concrete infilling panel;concrete infill(ing) unit
混凝土填充的 concrete filled
混凝土填充管 concrete filling pipe
混凝土填(充)块 concrete filler block
混凝土填充面层 concrete blinding coat
混凝土填充墙 double wall with concrete fill
混凝土填当 concrete joint filling
混凝土填缝材料 concrete floor sealer
混凝土填块 filler block
混凝土填料 concrete filling
混凝土填(塞)管柱 column of concrete filled tube; concrete filled tube column
混凝土填心的块石工 opus incertum
混凝土填心钢管桩 steel pipe piles filled with concrete
混凝土填心圆筒形钢结构柱 lally column
混凝土挑檐 concrete cornice
混凝土条板围篱 concrete panel fencing
混凝土条形基础 concrete strip foundation
混凝土调节剂 concrete modifier
混凝土跳板 concrete plank
混凝土贴接面 concrete meeting face
混凝土铁路轨枕 concrete railway sleeper
混凝土铁栅捣棒 jitterbug
混凝土筒体 concrete core
混凝土筒形薄壳 concrete barrel shell
混凝土筒形拱顶 concrete barrel vault
混凝土筒柱岸壁 concrete cylinder wall
混凝土投放闸 concrete releasing lock
混凝土涂层 concrete sheath coat
混凝土涂料 concrete paint
混凝土(涂装)用(油)漆 concrete paint
混凝土方块码头 concrete block quaywall
混凝土土座 concrete pad
混凝土托座 concrete bracket; concrete saddle
混凝土脱模剂 concrete remover
混凝土脱模强度试验 hardening test of concrete
混凝土瓦 concrete(roof) tile
混凝土外包 concrete encasement;encasing in concrete
混凝土外层 concrete jacket
混凝土外观 concrete appearance
混凝土外加粉料 concrete additive powder
混凝土外加剂 concrete additive;concrete admixture;concrete agent;additive to concrete
混凝土外壳 concrete casing;concrete encasement; concrete encasure; concrete sheath coat;jacket of concrete
混凝土外壳的 concrete encased
混凝土外壳加固方法 <钢铁工程中的> Ogmensteel
混凝土外露面 visible concrete surface
混凝土外貌 concrete appearance
混凝土外皮 concrete jacket
混凝土外墙 exposed concrete wall
混凝土外套管 sheath coat
混凝土外置 concrete joint
混凝土弯管 concrete pipe bend
混凝土弯拉模量 bending modulus of concrete
混凝土弯翘 concrete warping
混凝土弯曲应力 concrete bending stress
混凝土围篱 concrete fence
混凝土围堰 concrete cofferdam
混凝土桅杆 concrete mast
混凝土卫生建筑砌块模数 concrete sanitary building block
混凝土卫生统一单元 concrete sanitary unitized unit
混凝土卫生统一构件 concrete sanitary unitized unit
混凝土未加工表面 beton brut
混凝土温度 concrete temperature
混凝土温度测量仪 concrete thermometer
混凝土温(度)控(制) concrete temperature control; control of concrete temperature
混凝土温度应力 concrete thermal stress
混凝土蜗壳 concrete casing;concrete spiral casing
混凝土握固力 grip concrete
混凝土握裹力 grip concrete;grip of concrete
混凝土圬工 concrete masonry
混凝土圬工窗洞 concrete masonry window opening
混凝土圬工隔墙 concrete masonry partition wall
混凝土圬工工程 concrete masonry work
混凝土圬工墙 concrete masonry wall
混凝土圬工烟囱 concrete masonry chimney
混凝土圬工住房 concrete masonry home
混凝土污水管 concrete foul water pipe; concrete refuse water pipe; concrete sewage pipe; concrete sewer(pipe);concrete waste pipe
混凝土污水坑 concrete oil sump
混凝土屋顶 concrete roof
混凝土屋顶排水沟 concrete roof gutter
混凝土屋顶檐沟 concrete roof gutter
混凝土屋架 concrete roof truss
混凝土屋面 concrete roof
混凝土屋面板 concrete roof(ing) slab
混凝土屋面瓦 concrete roofing tile
混凝土屋瓦机 concrete roofing tile machine
混凝土屋瓦试验机 concrete roofing tile tester
混凝土坞门 concrete dock gate
混凝土析水 bleeding water
混凝土系梁 concrete collar
混凝土系柱 tied concrete column
混凝土细集料 crushed concreting sand
混凝土细裂缝 craze
混凝土细砂 broken stone sand
混凝土细条纹饰面 striated finish of concrete
混凝土下水道 concrete sewer
混凝土下卧层 concrete sub-base
混凝土下弦(杆) concrete bottom boom;concrete bottom chord;concrete lower chord
混凝土夏季施工 hot weather concreting
混凝土现场浇注 in-place concreting;

in-situ concreting;in-situ pouring
混凝土现场浇注后竖起 concrete tilt-up
混凝土箱格 concrete cribbing
混凝土箱格防波堤 concrete crib breakwater
混凝土箱梁桥 concrete box bridge
混凝土箱式结构 concrete crib of construction
混凝土箱形沉箱 concrete box caisson
混凝土箱形涵(洞) concrete box culvert
混凝土镶边 concrete edging;concrete haunching
混凝土镶面墙 concrete lining wall
混凝土镶嵌屋瓦 concrete interlocking tile
混凝土巷道保险器 concrete parachute
混凝土消力墩 concrete baffle pier
混凝土小块钢筋支座 concrete block bar support
混凝土小块铺面 concrete sett paving
混凝土小梁结构 concrete joist construction
混凝土小量试件 trial-batch of concrete
混凝土小量试样 trial-batch of concrete
混凝土斜杆 concrete diagonal rod
混凝土斜拉桥 concrete cable stayed bridge
混凝土斜面浇灌法 advance slope method
混凝土斜坡铺砌 concrete slope paving
混凝土斜墙堆石坝 rock-fill dam with concrete facing
混凝土斜轴搅拌运输车 inclined axis mixer
混凝土卸料槽 concrete discharge channel;concrete discharge gutter
混凝土卸料管 concrete discharge pipe
混凝土芯 concrete core
混凝土芯板 concrete core slab;concrete core unit;concrete unit
混凝土芯电抗器 cast-in-concrete reactor;concrete reactor
混凝土芯反应堆 cast-in-concrete reactor;concrete reactor
混凝土芯墙 building core;concrete core wall;concrete diaphragm wall;central concrete core;central concrete membrane;central concrete wall
混凝土芯墙毛石砌体 opus incertum
混凝土芯墙式坝 concrete core wall type dam
混凝土芯墙围堰 central(concrete core wall)cofferdam
混凝土芯试样抗压试验 core test
混凝土芯试样强度 core strength
混凝土芯型钻机 core[corduroy] cutting machine for concrete
混凝土芯样分析 core analysis
混凝土芯钻机 core drill
混凝土行车梁 concrete girder for crane runway
混凝土型材 concrete section
混凝土型心钻机 core cutting machine
混凝土性质 concrete property
混凝土性质分等 concrete quality grade
混凝土修补 concrete patch
混凝土修补材料 concrete patch material;concrete reintegration material
混凝土修理 concrete repair
混凝土修理材料 concrete repair material
混凝土修面 concrete finish
混凝土修面机 concrete finisher;Fresno
混凝土修平路面机 concrete road finisher
混凝土修饰 concrete finish
混凝土修整 concrete finish(ing)
混凝土修整机 concrete finisher;concrete finishing machine
混凝土修正 concrete modification
混凝土徐变 concrete creep;creep of concrete
混凝土徐变理论 theory of concrete creep
混凝土蓄水池 concrete reservoir
混凝土悬臂梁 concrete cantilever
混凝土旋转浇灌设施 installation for centrifugally cast concrete;installation for spun concrete
混凝土选择 concrete selection
混凝土寻常标 ordinary concrete tower
混凝土压顶 cast concrete capping;concrete capping;concrete coping
混凝土压顶板 concrete coping slab
混凝土压顶块 concrete cope block
混凝土压顶砖瓦 concrete cope tile
混凝土压力 concrete pressure
混凝土压力管 concrete pressure pipe
混凝土压力浇注机 concrete pressure grouting machine
混凝土压力试验机 concrete compression tester;concrete compression machine
混凝土压气浇筑设备 pneumatically operated concrete placer
混凝土压送液压缸 concrete cylinder
混凝土压缩环 concrete compression ring
混凝土压缩力 compressive force of concrete
混凝土压檐板 concrete capping slab
混凝土压檐块 concrete capping block
混凝土压檐砖 concrete capping tile
混凝土压应力 concrete compressive stress
混凝土压载块 concrete ballast
混凝土压载物 concrete ballast
混凝土烟囱 concrete chimney;concrete stack
混凝土烟囱门 concrete chimney door
混凝土烟道 concrete flue
混凝土烟道砌块 concrete flue block
混凝土烟道砖 concrete tile
混凝土延缓变形 deferred strain of concrete
混凝土研究杂志 <英期刊名> Magazine of Concrete Research
混凝土檐槽 concrete gutter
混凝土掩蔽所 concrete vault
混凝土养护 concrete curing;concrete maintenance;curing of concrete
混凝土养护薄膜 concrete curing membrane
混凝土养护薄膜洒布设备 curing membrane equipment
混凝土养护材料 concrete curing material
混凝土养护舱 concrete curing chamber
混凝土养护草垫 concrete curing blanket
混凝土养护层 concrete curing mat
混凝土养护场 concrete curing yard
混凝土养护池养护法 pounding method of concrete curing
混凝土养护覆盖材料 curing blanket
混凝土养护覆盖层 concrete curing blanket
混凝土养护覆盖物 concrete curing blanket
混凝土养护盖垫 concrete curing mat
混凝土养护格栅 curing rack
混凝土养护工艺 concrete curing technology
混凝土养护剂 concrete curing compound;concrete curing compound;curing composition;curing compound
混凝土养护麻毡 concrete curing mat
混凝土养护棚 concrete curing tent
混凝土养护期 concrete curing period
混凝土养护室 concrete curing chamber
混凝土养护水 concrete curing water
混凝土养护涂料 concrete curing compound;wax concrete curing compound
混凝土养护席 concrete curing mat
混凝土养护窑 concrete curing chamber
混凝土养护液 concrete curing solution
混凝土养护用成膜混合物 membrane forming concrete curing compound
混凝土养护与密封两用复合物 combination concrete curing and sealing compound
混凝土养护遮盖 concrete curing mat
混凝土养护纸 concrete curing paper;curing paper
混凝土养生 concrete curing
混凝土养生薄膜 curing membrane
混凝土养生薄膜洒布设备 curing membrane equipment
混凝土养生池养护法 ponding method of curing concrete
混凝土养生用纸 curing paper
混凝土样品 concrete sample
混凝土窑养护 concrete kiln curing
混凝土液膜养护 liquid membrane concrete curing
混凝土一次拌和量 batch;concrete batch
混凝土一次浇灌 one pour of concrete
混凝土一次浇注 one pour of concrete
混凝土一次搅拌的干拌物 dry batch
混凝土一次抹面 architectural concrete finishing
混凝土仪表箱 concrete meter box
混凝土异形块体 concrete shaped block;concrete shape;irregular concrete unit
混凝土溢流坝 concrete overflow dam
混凝土窨井 concrete manhole
混凝土隐蔽所 concrete shelter
混凝土应变仪 concrete strain indicator
混凝土应力 concrete stress
混凝土应力应变直线比例法 straight-line method of concrete
混凝土硬度 hardness of concrete
混凝土硬核 concrete hardcore
混凝土硬化剂 concrete hardener;concrete hardening agent
混凝土硬化前处理 <用空气压缩机将表面薄层除掉,露出粗骨料,再浇混凝土> treatment before hardening of concrete
混凝土硬化前凿毛 treatment before hardening of concrete
混凝土硬化试验 hardening test of concrete
混凝土硬结 concrete hardening
混凝土用泵灌注 concrete pump placing
混凝土用粗砾石 coarse gravel for concrete
混凝土用二轮车 concrete buggy
混凝土用钢筋 concrete reinforcing bar;concrete-steel
混凝土用钢筋学会 <美> Concrete Reinforcing Steel Institute
混凝土用砾石 concrete gravel
混凝土用两轮车 concrete buggy
混凝土用炉渣骨料 furnace clinker aggregate for concrete
混凝土用毛石料块 plum
混凝土用模板 concrete form
混凝土用漆 beton paint
混凝土用砂 concrete sand
混凝土用石渣 concrete ballast
混凝土用水 water for concrete
混凝土用细砾石 fine gravel for concrete
混凝土用颜料 colo(u)red pigment for concrete
混凝土用圆钢(筋)round concrete bar
混凝土用着色颜料 colo(u)red pigment for concrete
混凝土油池 concrete oil sump
混凝土油罐 concrete tank
混凝土(游泳)池 concrete pool
混凝土有效面积 effective area of concrete
混凝土与钢筋的联合作用 cooperation of concrete and steel
混凝土与钢筋的黏[粘]结力 cooperation of concrete and steel;concrete bond
混凝土(与钢筋)的握力 grip of concrete
混凝土与钢筋的协调作用 cooperation of concrete and steel
混凝土与钢筋混凝土工程 concrete and reinforced concrete work
混凝土与钢筋间的结合力 bond between concrete and steel
混凝土(与钢筋)握固力 grip of concrete
混凝土与建筑工程 <英国期刊名> Concrete and Construction Engineering
混凝土与涂料的界面 concrete-coating interface
混凝土与压板的界面 concrete-platen interface
混凝土与岩石接触带的抗剪试验 shear test of concrete blocks on rock surface
混凝土雨水锈蚀条纹 rain streaking
混凝土雨水檐槽 concrete rainwater gutter
混凝土预拌厂 ready-mix plant
混凝土预浇工场 precast concrete manufacturing
混凝土预浇设备 precast concrete exposed aggregate slab
混凝土预留中心孔口 cored hole
混凝土预埋件 concrete embedment;concrete insert
混凝土预选 preselection of concrete
混凝土预制板 precast concrete panel
混凝土预制板护墙 concrete cribbing
混凝土预制场 casting yard;manufacturing yard of concrete block
混凝土预制方块 precast concrete block
混凝土预制工厂 concrete precasting factory
混凝土预制构件 precast concrete element
混凝土预制架堆成的笼框 concrete cribbing
混凝土预制架堆成的墙 concrete cribbing
混凝土预制件 concrete unit;precast concrete unit;precast concrete element;precasting unit
混凝土预制块分层铺砌 coursed blockwork

H

混凝土预制块路面 concrete block pavement
混凝土预制块砌体 concrete masonry
混凝土预制品 concrete product
混凝土元件 concrete element
混凝土原材料 concrete materials
混凝土原有颜色的改变 inherent color variation
混凝土圆板 concrete circular plate
混凝土圆顶 concrete cupola
混凝土圆钢筋 reinforced steel bar round
混凝土圆管 cylindric(al) concrete pipe
混凝土圆光钢筋 bare round concrete reinforcement bar
混凝土圆筒仓砌块 silo block
混凝土圆屋顶 concrete dome
混凝土圆形平板 concrete circular flat slab
混凝土圆柱(体) cylinder of concrete; cylindric(al) concrete column; concrete cylinder
混凝土圆柱体抗压强度 concrete cylinder compressive strength
混凝土圆柱体抗压强度试验 concrete cylinder compressive strength test
混凝土圆柱体破碎强度 concrete cylinder crushing strength
混凝土圆柱体强度 cylinder strength of concrete
混凝土圆柱体强度试验 concrete cylinder test
混凝土圆柱体试件 test cylinder
混凝土圆柱体试件抗压强度 cylinder strength
混凝土圆柱体试验机 concrete cylinder testing machine
混凝土圆柱形试件 cylindric(al) concrete test specimen
混凝土圆柱形试块 test cylinder of concrete
混凝土运拌车 transit concrete mixer; transit-mixer vehicle
混凝土运灌联合机 press-crete
混凝土运料斗 hauling container of concrete; gob bucket
混凝土运输 concrete handling; concrete transport(ing); concrete transportation
混凝土运输车 circular-tipping concrete skip; concrete bogie; concrete buggy; concrete deliver(ing) car; hauling container of concrete
混凝土运输车辆 concrete hauling unit
混凝土运输搅拌车 transit mixer
混凝土运输设备 concrete transporting equipment
混凝土运输系统 concrete transportation system
混凝土运送 concrete delivery; distribution of concrete
混凝土运送拌和车 transit concrete mixer
混凝土运送拌和机 transit mixer
混凝土运送槽 concrete flume
混凝土运送车 concrete delivery truck; concrete transfer car
混凝土运送带 concrete ribbon
混凝土运送搅拌 mixed-in-transit; mix en route
混凝土运送搅拌车 truck-transit mixer
混凝土运送容器 concrete hauling container; hauling container of concrete
混凝土运送小车 concrete cart
混凝土运载盘 concrete bowl
混凝土杂工 concreter's labo(u)rer
混凝土载运车 concrete cart
混凝土再捣实 concrete reintegration
混凝土再搅拌 concrete re-handling
混凝土在搅拌车内的停留时间 elapsed time
混凝土凿 concrete chisel
混凝土凿毛器 concrete roughening unit
混凝土凿碎机 concrete breaker
混凝土早期磨光 early-age grinding
混凝土早期体积变化 early concrete volume change
混凝土早强剂 early strength component(of concrete)
混凝土增密剂 concrete densifying admix(ture); concrete densifying agent
混凝土增浓剂 concrete densifier
混凝土增强剂 concrete hardening agent
混凝土闸门槛 concrete gate sill
混凝土栅栏 concrete fence
混凝土栅栏尖桩 concrete fencing picket
混凝土栅栏小桩 concrete fence stake
混凝土栅栏柱(子) concrete fence post
混凝土栅栏桩 concrete fence picket
混凝土窄轨车 concrete narrow-ga(u)ge railcar
混凝土找平 concrete level(l)ing; concrete screed(ing)
混凝土找平层 blinding concrete course; blinding layer of concrete; concrete level(l)ing layer; concrete screed(coat)
混凝土找平灰饼材料 concrete screed material
混凝土照明(电)杆 concrete lighting mast
混凝土照明柱 concrete lighting column
混凝土罩面 concrete membrane; concrete overlay; concrete shield
混凝土遮阳 cast umbrella
混凝土针入度仪 concrete penetrometer
混凝土真空脱水机 concrete vacuum treatment
混凝土真空吸水(处理)法 vacuum concrete method; vacuum concrete process
混凝土枕 concrete(cross-) tie
混凝土枕木 concrete railroad tie
混凝土振捣 concrete vibrating; concrete vibration
混凝土振捣棒 concrete vibrator
混凝土振捣不充分 undervibration
混凝土振捣方法 concrete vibration method
混凝土振捣机 concrete rammer; concrete vibrating machine; concrete vibrator; concrete vibratory machine
混凝土振捣机械 concrete vibrating machine
混凝土振捣器 concrete rammer; concrete vibrating machine; concrete vibrator; concrete vibratory machine; vibrator
混凝土振捣整平器 vibrating concrete float
混凝土振动棒尖 poker tip
混凝土振动不足 undervibration
混凝土振动过度 overvibration of concrete
混凝土振动(夯实)机 concrete vibratory machine; concrete rammer; concrete vibrating machine; concrete vibrator
混凝土振动浇注 vibratory concreting
混凝土振动器 concrete rammer; concrete vibrating machine; concrete vibrator
混凝土振动式夯样板 concrete vibrating screed
混凝土振动式找平器 concrete vibrating screen
混凝土振动台 concrete vibrating table; concrete vibration stand
混凝土振平器 vibrating concrete float
混凝土振实机 concrete compactor
混凝土震实 compaction of concrete
混凝土蒸汽养护 atmospheric steam curing; steam curing of concrete
混凝土整面机 concrete finishing machine
混凝土整平 concrete screed(coat); level(l)ing concrete
混凝土整体道床 concrete roadbed
混凝土整体防水 integral waterproofing of concrete
混凝土整体防水剂 concrete integral waterproofing agent
混凝土整体性建筑 concrete monolithic construction
混凝土整体憎水剂 concrete integral water repelling agent
混凝土整体憎水外加剂 concrete integral water repellent admix(ture)
混凝土整修机 concrete finisher; tamper finisher; tamping beam finisher; tamping-level(l)ing finisher
混凝土正墙 concrete head wall
混凝土支撑板 concrete support plate
混凝土支承系统 concrete bearing system
混凝土支墩 concrete pillar
混凝土支护安装 placing concrete lining
混凝土支架 concrete support
混凝土支柱 concrete mast; concrete pole; concrete pillar
混凝土支座 <管道的> concrete saddle
混凝土制备 concrete fabrication; concrete making
混凝土制成量系数 coefficient of concrete output
混凝土制品 concrete article; concrete goods; concrete ware; production of concrete
混凝土制品厂 concrete product factory; concrete product plant
混凝土制品模具 concrete product mould
混凝土制品翘曲 concrete warping
混凝土制品生产厂 concrete product manufacturer
混凝土制品蒸汽养护 steam curing of concrete products
混凝土制品制造厂(商) concrete product maker
混凝土制品制造者 concrete product maker
混凝土制屋瓦 concrete roof tile
混凝土制作 concrete fabrication; concrete manufacture
混凝土质量 quality of concrete
混凝土质量的最大离散性 extreme stray of concrete quality
混凝土质量等级 concrete quality grade; grade of concrete
混凝土质量分等 concrete quality grade
混凝土质量检验 quality test of concrete
混凝土质量控制 concrete quality control
混凝土质量平均偏差 average stray of concrete quality
混凝土质量试验 concrete quality test
混凝土置换法 concrete replacement method
混凝土中的蜂窝 stone pockets of concrete
混凝土中的蜂窝现象 honeycomb in concrete
混凝土中的碱性反应材料 alkali-reactive material in concrete
混凝土中的气孔 air-void in concrete
混凝土中的未结合水 uncombined water in concrete
混凝土中的水泥浆含量 paste content
混凝土中蜂窝 honeycomb in concrete
混凝土中蜂窝状气孔 stone pockets of concrete
混凝土中加气剂产生的微型气泡 entrained air
混凝土中间地板 concrete intermediate floor
混凝土中结冰 ice-formation in concrete
混凝土中孔穴 cavity in the concrete
混凝土中频修整机 medium frequency concrete finisher
混凝土中缺乏水泥的砂团 sand pocket
混凝土中水泥骨料比率 cement-aggregate ratio
混凝土中水泥含量 paste content of concrete
混凝土中铁质掺和料 ferrolite
混凝土中细骨料占骨料总量的百分比 percent fines
混凝土中心搅拌厂 centralized concrete mixing plant
混凝土中心搅拌机 center[centre] mixer
混凝土中心搅拌站 center[centre] mixer
混凝土终凝前的收缩 settlement shrinkage of concrete
混凝土钟楼 concrete belfry; concrete bell tower
混凝土种类 type of concrete
混凝土重浇筑 concrete replacement
混凝土重力坝 concrete gravity dam
混凝土重力式岸壁 concrete gravity quaywall
混凝土重力式船坞墙 concrete gravity dockwall
混凝土重力式挡土墙 concrete gravity retaining wall
混凝土重力式平台 concrete gravity platform
混凝土重力式石油平台 concrete gravity oil platform
混凝土重力式钻井平台 concrete gravity(drilling) platform
混凝土重力式钻探平台 concrete gravity(drilling) platform
混凝土重量 concrete weight
混凝土重塑 <加水改变稠度> concrete retarder; concrete retempering
混凝土重新使用 concrete re-handling
混凝土重型管 heavy-duty concrete pipe
混凝土贮槽 concrete pond
混凝土贮料斗 concrete bin
混凝土贮气柜 concrete gasholder
混凝土贮水池 concrete tank
混凝土柱 concrete column; concrete post
混凝土柱环 concrete collar; doughnut
混凝土柱帽 concrete cap
混凝土柱体强度 concrete cylinder strength
混凝土柱支撑 concrete post shotcrete
混凝土柱自动浇铸机 automatic concrete column pourer
混凝土砖 concrete brick; concrete tile
混凝土转角砌块 return corner block

H

混凝土转运车 concrete transfer car
混凝土转运工人 hod carrier
混凝土桩 concrete pile; monument <测量用>
混凝土桩承台 concrete cap
混凝土桩打桩机 concrete pile driver
混凝土桩的送桩器 concrete pile follower
混凝土桩基承台 concrete piled pier
混凝土桩基(础) concrete pile foundation
混凝土桩基结构 concrete pile foundation structure
混凝土桩橛 concrete mark
混凝土桩帽 concrete cap
混凝土桩声学检验法 acoustic (al) pile test; sound pile test
混凝土桩水沉法 concrete pile jetting
混凝土桩台 concrete cap
混凝土(桩)套 concrete jacket
混凝土装袋 concrete bagging
混凝土装料斗 cement bucket; concrete loading hopper
混凝土装配 concrete fabrication; concrete fitting
混凝土装饰板 faircrete [fair-air concrete]
混凝土装饰线脚 concrete ornamental string (course)
混凝土装卸车 concrete buggy
混凝土装载机 concrete loader
混凝土锥形柱 concrete taper pile
混凝土坠石 cast concrete anchor; cast concrete sinker
混凝土坠子 <浮筒、浮标等的> concrete sinker
混凝土桌 concrete table
混凝土灼伤 cement burnt; concrete burnt
混凝土着色 concrete colo(u)ring
混凝土着色颜料 pigment for colo(u)ring concrete
混凝土琢面 concrete dressing; concrete surface dressing
混凝土咨询服务 concrete advisory service
混凝土自动运送工厂 automatic depot
混凝土自生体积增长 autogenous growth of concrete
混凝土自行愈合 autogenous healing of concrete
混凝土自愈能力 self-healing ability of concrete
混凝土总应力 total concrete stress
混凝土纵向围堰 concrete longitudinal cofferdam
混凝土纵向作用力 longitudinally acting force of concrete
混凝土阻滞剂 retarder
混凝土组成 concrete composition
混凝土组分 ingredients of concrete
混凝土组合结构 composite concrete structure
混凝土组合受弯杆件 composite concrete flexural member
混凝土组合受弯构件 composite concrete flexural member
混凝土钻 concrete drill
混凝土钻孔灌注桩 borehole cast-in-place (concrete) pile
混凝土钻孔内窥镜检查 concrete coring hole inspecting by endoscope
混凝土钻孔器 concrete (hollow) drill
混凝土钻孔取芯设备 concrete core drilling equipment
混凝土钻头 concrete bit
混凝土钻芯试体 concrete core
混凝土作业队 concrete crew
混凝土座位 concrete seat
混凝微气泡气浮法 coagulation-microbubble air flo(a)tation process
混凝效果 coagulating effect; coagulation effect
混凝性能 coagulating property; coagulation performance
混凝预处理 coagulation pretreatment
混凝值 coagulation value
混凝纸 <用于制造盒、盆、盘的纸质可塑材料> papier-mâche
混凝纸板砾石屋面 carton-pierre and gravel roofing
混凝纸做的盒子 papier-mâche box
混凝中空隙 accidental air
混农林业 agroforestry
混配煤气 mixed gas
混配设备 blending plant
混频 frequency mixing; mixing
混频部件 mixing unit
混频电路 mixer circuit; mixing circuit
混频电位器 fader
混频二极管 mixer diode
混频放大器 mixer amplifier; mixing amplifier
混频管 mixer; mixer tube; mixer valve; mixing tube; mixing unit; mixing valve
混频环 hybrid
混频级 mixer stage; mixing stage
混频晶体 mixer crystal
混频控制板 audio mixer
混频控制器 mixer controller
混频滤波器 mixing filter
混频匹配网络 mixing match network
混频器 adder; first detector; frequency changer; frequency mixer; heterodyne modulator; mixer; mixer-first detector; mixing pad; mixing unit; signal mixer unit
混频器电路 mixer circuit
混频器二极管 mixer diode
混频器晶体 mixer crystal
混频器滤波器 mixer filter
混频器输入电路 injection circuit
混频器噪声 mixer noise
混频器作用 mixer action
混频双工器 mixer duplexer
混频头 mixing head
混频误差 aliasing error
混频现象 mixing phenomenon
混频线 mix(er) line
混栖 intermingle
混气率 air rate
混气泥浆 aerated mud
混气器 carbo-charger
混气设备 blending system
混气式喷涂机 air assisted airless spraying machine
混气水排液 moving liquid out of well bore with water mixed with air
混染的 contaminative
混染土 blended soil
混染岩 hybrid rock; mictite
混染作用 hybridism
混容度 degree of compatibility
混容性 compatibility
混溶的 compatible
混溶工艺 miscible technique
混溶间隙 miscibility gap
混溶温度 consolute temperature
混溶隙 miscibility gap
混溶性 compatibility; miscibility
混溶序 mixotrophic series
混溶质的 consolute
混溶置换工艺 miscible displacement process
混入 admix; incorporation
混入空气 entrained air; aeration
混入砂石的灰浆 entrained stone sand mortar
混入石块的砂浆 entrained stone sand mortar
混入物 tramp material
混入信息 drop in information
混入烟气的空气 dilution air
混色 colo(u)r mixing; mixing of primary pigment colo(u)rs
混色板 mixed colo(u)r plate
混色玻璃 end-of-day glass
混色法 mixed colo(u)r method
混色黄麻地毯 ingrain jute carpeting
混色料 colo(u)r blend
混色器 colo(u)r mixer
混色数据 colo(u)r mixture data
混色图 colo(u)r mixture diagram
混色系统 additive colo(u)r system
混色线 mixture yarn
混色线呢 Beige
混色星等 heterochromatic magnitude
混砂 mulling; sand mulling
混砂车 sand blender
混砂刮板 sand scraper
混砂机 kneading mill; mixing mill; mix muller; muller; puddle mixer; sand cutter; sand mill; sand mixer; sand mixing machine
混砂机刮板 muller plough; muller plow
混砂砾石 unscreened gravel
混砂设备 sand blender
混烧 multifuel firing
混烧锅炉 multifuel fired boiler
混少量砾石的砂质黏[粘]土 sandy clay with a trace of gravel
混少量卵石和砾石的漂砾 boulders with a trace of cobbles and gravels
混射流 jet mixing flow
混渗型河口 well-mixed estuary
混生的 synantectic
混生节 intergrown knot
混示酸碱平衡常数 mixed acid-base constant
混水 foul water; murky water
混水槽 furred wall
混水器 water-water jet
混水墙 furred wall; plastered brickwork; plaster(ed) wall(ing); rough work; stucco finished wall
混水溪 muddy creek
混水砖墙 plastered brickwall
混水装置 water admixing device
混酸 mixed acid
混台料配合比的调整 mixture adjuster
混铁罐 mixing ladle
混同 confusion
混土机器 clay cutter; clay mixer
混洗 shuffle
混洗交换网络 shuffle-exchange network
混线 electric (al) crossing; line-to-line; swinging crossing; wires crossing
混线防护法 cross-protection
混线和接地测试 false cross and ground check test
混相驱油 miscible displacement
混相驱油方法 miscible displacement method
混响 reverb (erate); reverberation; sound reverberation
混响半径 reverberation radius
混响测定器 reverberation meter
混响度 degree of reverberation; liveness; reverberation degree
混响法 reverberation method
混响过度 wooliness
混响回波 reverberating echo
混响回路 reverberation circuit
混响回声 reverberating echo
混响级 relative reverberation level; reverberation level
混响计 reverberometer
混响减幅 reverberation damping
混响控制 reverberation control
混响期 reverberation period
混响器 reverberant unit; reverberator; sound reverberator
混响穹隆 whispering dome
混响声 multireflected sound; reverberant sound; reverberant steady-state sound
混响声场 reverberant sound field; reverberation field
混响声级 reverberant noise level
混响声系数 reverberant sound absorption coefficient
混响时间 reverberation time
混响时间(测量)计 reverberation-time meter; reverberometer
混响时间的分布 distribution of reverberation time
混响试验室 reverberant test room
混响室 echo chamber; echo studio; live room; random diffusion chamber; reverberant room; reverberation chamber; reverberation room
混响室法 reverberation room method
混响输入 echo return
混响衰减图 decay pattern
混响特性 reverberation characteristic
混响稳态声 reverberant steady-state sound
混响吸收系数 reverberation absorption coefficient
混响响应 reverberation response
混响响应曲线 reverberation response curve
混响效应 reverberating effect
混响仪 reverberation meter; reverberometer
混响抑制滤波器 reverberation-suppression filter
混响装置 reverb
混响阻尼 reverberation damping
混向运行 mixed traffic
混枭线脚 cyma recta
混淆 burring; confound; garble
混淆的 indiscriminate; interfluent
混淆林 mixed stand
混淆频谱 aliasing spectra
混淆期 confused stage
混淆误差 aliasing error
混淆现象 aliasing; confounding
混雪雨 mixed rain and snow
混压进给式钻机 auger with hydraulic feed
混压式汽轮机 mixed pressure steam turbine
混压式涡轮机 mixed pressure turbine
混养生物 mixotroph
混一些卵石的粗砾石 coarse gravel including cobbles
混一些卵石和砾石的漂砾 boulders with some cobbles and gravels
混用 incorporate
混油泥浆 oil emulsion drilling mud
混油循环时间 time for mixing and circulating oil
混有石粉的沥青 asphaltic-bitumen with rock flour
混有油的水 oily water
混运 hybrid operation; mixed traffic
混运线路 mixed traffic line
混杂 chaos; commingle; complication; confounding; contamination; intermix; medley; pie; sophistication
混杂泵 miscellaneous pump
混杂变量 confounding variable
混杂材料 hybrid material
混杂沉积 chaotic deposit; chaotic melange; hybrid (ization) sedimenta-

tion
混杂沉积物 mixtum
混杂粗呢布 linsey
混杂的 assorted; hybrid; miscellaneous; undistinguished
混杂的火山灰水泥砂浆 bastard trass mortar
混杂电荷 heterocharge
混杂堆积 chaotic melange; melange (accumulation)
混杂废物 heterogeneous waste
混杂复合材料 hybrid composite
混杂干扰 miscellaneous interference
混杂构造 chaotic structure
混杂观测 miscellaneous observation
混杂荷载 miscellaneous load
混杂基体 hybrid matrix
混杂角砾岩 chaos
混杂晶体 polycrystallite
混杂料 adulterant
混杂流程 hybrid flowsheet
混杂陆源沉积物 diamicton; symmicton
混杂陆源沉积岩 diamictite; symmictite
混杂木纹的木材 mixed-grained lumber
混杂偏性 confounding bias
混杂漂砾黏[粘]土 chaotic boulder clay
混杂频率 aliasing frequency
混杂体 melange
混杂铁块 tramp iron
混杂涂料 hybrid coating
混杂土 blend soil; mixed soil
混杂圬工 bastard masonry
混杂物 adulterant; impurity; mishmash; patch work
混杂系统 hybrid system
混杂纤维 fiber hybrid; hybrid fiber
混杂纤维复合材料 fibre hybrid composite
混杂纤维增强复合材料 hybrid fibre reinforced composite
混杂相关 miscellaneous correlation
混杂效应 hybrid effect
混杂信号 clutter; sophistication
混杂岩 block clay; contaminated rock; hybrid rock; jumbled rock; melange; mixtite
混杂岩堆积组合 melange accumulation association
混杂因素 confounding factor
混杂拥挤导致的费用 congestion cost
混杂语地名 hybrid place name
混杂载重 miscellaneous load
混杂增强材料 hybrid reinforcement
混杂栅环 aliased grating ring
混杂总计 gibberish total; hash total
混杂作用 contamination; hybridism
混载货物 cargo in hold; mixed cargo
混载型集装箱船 conventional container ship; mixed-type container ship
混渣 incrusted ballast
混织布 co-woven fabric
混织织物 co-woven fabric
混制器推进刮板 propeller[propellor]
混中块煤 mixed middle coal
混种 mixed cropping
混种花楸 Sorbus commixta
混装货物 mixed cargo; consolidated cargo
混装箱 consolidation box
混装修理法 depersonalized repair method
混浊 blushing; cloudness; feculence [feculency]; hazing; opacity; turbidity; turbidness
混浊层 turbidity screen; turbid layer
混浊的 clouding; cloudy; feculent; limous; muddy; thick; turbid
混浊点 cloud point; cloud temperature
混浊点和倾点试验仪 cloud and pour points testing apparatus
混浊度 degree of turbidity; turbidity; turbidness; cloudiness
混浊度测定法 nephelometry; turbidity measurement
混浊度测定仪 turbidimeter
混浊度测量仪 hazemeter
混浊度的 turbidimetric
混浊度-激光检测 turbidity-detection with laser light
混浊度降低 turbidity reduction
混浊度去除 turbidity removal
混浊度仪 transmissometer; turbidimeter
混浊度因素 turbidity factor
混浊度指示计 turbidity indicator
混浊度指示剂 turbidity indicator
混浊法 turbidity method
混浊河流 muddy river; muddy stream
混浊晶球模型 cloudy crystal-ball model; optic(al) model
混浊流 density current; suspension current; turbidity current; turbidity flow
混浊膜 cloudy film; blushing <油漆的>
混浊溶剂 turbid medium
混浊试验 cloud test
混浊水 muddy water; turbidity water
混浊水流 mudflow; turbid current; turbid flow
混浊水团 turbidity plume
混浊团 <液体或透明固体中的> cloud
混浊温度 cloud temperature
混浊污染 pollution by turbidity
混浊物质 turbid matter
混浊系数 coefficient of haze; coefficient of turbidity; turbidity coefficient
混浊性 cloudiness; haziness; turbidity; turbidness
混浊因素 turbidity factor
混浊因子 turbidity factor
混浊值 turbidity value
混浊指示计 turbidity indicator
混浊状态 cloudy state
混作 mixed cropping
混作农业 mixed farming
混作作物 companion crop

锪

锪端面 spot-facing
锪孔 counterbore; ream
锪孔钻 spot-facer
锪孔钻头 chamfering bit
锪窝 dimple
锪钻 countersink drill; countersinking reamer; reamer
锪钻工具 countersinking reamer
锪钻孔 countersunk drilling

豁

豁缝 gap clearance
豁口 gape
豁免吨位 exempted space
豁免区 exempt zone
豁免权 charter; immunity
豁免溶剂 exempt solvent
豁免条款 release clause
豁免性条款 exemption clause
豁免证明 negative clearance

活

活把麻花钻 ring auger; ring bit
活把手麻花钻 ring auger bit
活扳手 monkey wrench; open-end adjustable wrench; universal screw wrench
活扳子 shifting spanner
活板 trap
活板坝 shutter dam; shutter weir
活板窗 trap window
活板门 flap-door; flap gate; loophole door; trap door
活板式传递塑模 loose-plate transfer mo(u)ld
活板堰 shutter weir
活板桌 drop-leaf table
活板子 adjustable wrench
活版架 chase
活版盘 galley
活版印刷 letter press
活版印刷术 typography
活瓣 flap; flapper; valve
活瓣阀 poppet(-type) valve; tongue valve
活瓣式流量计 moving-flap liquid meter
活瓣式闸门 pivot-leaf gate
活瓣式闸门坝 leaf dam
活瓣运动 valve movement
活棒式 plunger type
活冰川 <有连续冰雪来源的> active glacier; live glacier; live ice; living glacier
活柄活动套筒扳手 free lever swinging socket wrench
活汊道 active arm
活产 life birth
活产指数 gestation index
活车 work propeller
活车炉 bogie hearth furnace
活赤贝 live ark shell
活冲沟 active gull(e)y
活存仓 live storage bin
活打花箍 running Turk's head
活挡 sliding damper
活挡头 header(joist); trimmer(joist)
活的 alive; demountable; live
活的监测器 <一般指海洋生物> living monitor
活的(门窗)阻止条 loose stop
活底 drop bottom
活底铲斗 bottom-dump bucket; drop bottom bucket; false bottom bucket
活底车 bottom-dump car; hopper body; trap bottom wagon
活底车身 hopper car body
活底储料仓 live bottom bin
活底的 false bottom
活底吊门 bottom flap
活底吊桶 open-end bucket
活底斗 bottom-opening skip; open-ended bucket
活底戽斗 false bottom bucket
活底货车 bottom-dump truck; trap bottom wagon
活底集装箱 drop-bottom container
活底料车 bottom-dump wagon; bottom emptying wagon
活底料斗 bottom dumping material handling box; bottom gate skip; false bottom bucket; gob hopper; hopper charging bucket
活底料罐 drop bottom bucket; hopper charging bucket
活底炉 bogie hearth furnace; car hearth furnace
活底炉子 car-bottom furnace
活底式驳船 drop bottom barge
活底式矿车 drop bottom mine car
活底式料斗 drop bottom bucket
活底式输送器 moving-floor conveyer [conveyor]
活底桶 full aperture drum
活底箱 <与叉车配合使用> drop bottom bin
活底卸料 bottom discharge
活底卸料车 belly wagon; bottom-discharge wagon; bottom-dump wagon
活底卸料斗 bottom-dump bucket
活底窑 bogie kiln; truck chamber kiln
活底装载机 trap loader
活底自动卸货车 bottom-dump haul(i)er
活底座 false base
活地板 access floor(ing); elevated floor; false floor; free access floor; pedestal foot(ing)
活地气 accidental ground; flicker ground
活顶操纵开关 top switch
活顶敞车 covered gondola; covered gondola car
活顶车 fold(ing) top car; combination body; convertible body <车顶可打开>
活顶车身 convertible body; coupe-cabriolet <可由轿式改为敞式的>
活顶尖 live center[centre]; revolving center[centre]; running center[centre]
活顶轿车 convertible sedan; open sedan
活顶轿式汽车 convertible coupe
活顶剧院 summer theater[theatre]
活顶跑车 roadster
活顶汽车 convertible car
活顶双门轿车 convertible coupe
活顶小轿车 cabriolet
活顶小汽车 landau
活动 proceedings
活动 A 形刚架开关装置 movable A-frame switchgear
活动 A 形刚架制动机构 movable A-frame braking mechanism
活动安定面 movable stabilizer
活动安装连接 clip type connection
活动岸壁 free bulkhead
活动暗室 darkroom trailer; photographic(al) trailer
活动把手 flexible handle; free handle
活动坝 movable dam; open dam
活动百叶窗 adjustable louvers; adjustable slatted shutter; flap shutter; level boards; removable louvers; Venetian blind; Venetian shutters; lever boards; louver shutter
活动百叶窗材料 movable shuttering
活动百叶窗及房屋配件 brady
活动扳钳 adjustable spanner; keywrench
活动扳手 adjustable(nut) wrench; coach wrench; coes wrench; English spanner; footprint; keywrench; monkey wrench; shifting spanner; Stillson wrench; adjustable spanner; monkey spanner
活动扳头 monkey wrench
活动扳牙 adjustable die
活动搬运台 moving platform
活动板 flap; portable plate; fly-leaf <铰链接合中的>
活动板泊位 hard cargo berth; ramped cargo berth
活动板块 active plate
活动板块边缘 active plate margin
活动半径 action radius; handling radius; radius of action; range capability; turnaround
活动半径小的 short legged
活动棒条筛 travel(l)ing-bar grizzly
活动棒条筛面 loose-rod screen deck
活动保持器 removable retainer
活动保护幕 <防御工事的> mantlet

活动保留区域 activity save area
活动保险盖 <储罐的> explosion hatch
活动备修止水圈 maintenance moving packing ring
活动泵 mobile pump
活动泵缸 travel(l)ing barrel
活动舭墩 mechanical bilge block; mechanical slide block; movable bilge block; sliding bilge block
活动箅板 active grate
活动壁板 moving wall
活动篦板式回风口 mobile grate type air return opening
活动篦栅 travel(l)ing screen
活动臂 fly
活动臂盘 moving arm disc[disk]
活动边缘 active margin
活动边缘盆地 active margin basin
活动扁栓 adjusting gib
活动便桥 Bailey bridge
活动变换 active transition
活动变坡水槽 adjustable flume; adjusting flume
活动标测 movable index
活动标度尺 moving scale
活动标杆 movable pole
活动标架 moving frame
活动标准差离 <统筹方法中关于活动的期望间隔时间散布度的一个度量> standard deviation of an activity
活动冰 moving ice
活动冰川 active glacier
活动冰川前沿 active glacier front
活动冰斗 active cirque
活动冰碛 active moraine
活动波导连接 motional waveguide joint
活动波痕 ripple drift
活动玻璃百叶窗 adjustable venti-glazed louvers
活动玻璃框 <温室中> Dutch light
活动玻璃墙 moveable glass wall
活动玻璃水槽 <水工试验用的> glass-panel(l)ed tilting flume
活动玻璃镶边 glass stop; glazing bead
活动薄膜 <由一计算机过程制成的短而简单的活动薄膜,该过程包含有磁带和缩微胶片记录器>【计】 Belflix
活动布水器 movable distributor
活动部分 active portion; movable parts
活动部件 moving parts
活动财产 active assets
活动舱壁 detachable bulkhead; free bulkhead
活动舱口 removable hatch
活动槽 ambulatory bin
活动侧鞍座 sliding side saddle
活动侧臂 <起重机的> side fly
活动侧导板 floating side guards
活动侧垫木 portable bilge block
活动侧盘木 <船坞垫船用> portable bilge block
活动侧墙棚车 all door box car
活动厕所 little red wagon
活动测板 <测河渠平均流速的> travel(l)ing screen
活动测高计 mobile height finder
活动测流隔板 travel(l)ing screen
活动层 active layer; active zone; mollisol
活动层厚度 thickness of active layer
活动叉 movable fork
活动插销座 flex plug and socket
活动觇标 movable target; moving target; portable tower
活动铲斗 open-end bucket
活动场地 exercise yard
活动场所 arena
活动车床头 movable head stock
活动车顶 sliding roof
活动车箱 tip(ping) wagon
活动沉没 working submergence
活动衬管 loose liner
活动衬套 loose bush; removable liner
活动撑板坝 Bebout wicket dam
活动成本 activity-based cost(ing); activity cost
活动程度 active level; activity level
活动程序 action routine; active program(me)
活动秤 travel(l)ing scale
活动持续时间 duration of fault activity
活动齿板 swing tooth plate
活动齿座 runner tooth adapter
活动冲沟 active gull(e)y
活动抽样装置 mobile sampler
活动处理机模块 active processor module
活动触点 armature contact; movable (breaker-) contact; movable contact
活动触头分流器 shunt of mobile contacts
活动船舶剖面仪 moving vessel profiler
活动船台 cradle
活动船坞 movable dock
活动窗 in-swinging window; operable window
活动窗撑 sliding stay
活动窗扇 opening window
活动床【给】 movable bed; pulldown bed
活动床过滤器 moving bed filter
活动锤片式击碎机 swing beater grinder
活动纯策略 active pure strategy
活动磁头 movable head
活动磁性选矿机 removable magnetic concentrator
活动次数 frequency of movement
活动大地构造带 active tectonic belt
活动大陆边缘 active continental margin
活动大向斜 eugeosyncline
活动带 active belt; active zone; mobile belt; mobile zone; zone of mobility
活动单头扳手 adjustable single-end wrench
活动挡 <阀门分配机构的> active catch
活动挡板 flap(per); moving apron
活动挡块 <铲土机的> strike off
活动挡条 removable stop
活动挡土墙 free bulkhead
活动导叶 moving vane
活动岛弧 active island arc
活动的 collapsible; kinetic; mov(e)able; moving; removable; travel(l)ing
活动的地热区 active geothermal area
活动的分组散热片 movable divisional filter
活动的汽车停放收费计 mobile parking meter
活动的切向承载力 movable tangential bearing
活动的升降式车道分线标 <当需要车道与相邻车道分隔时,线标即可升起,不需要时则下降与路面齐平> movable divisional fin
活动的网格门 slidable lattice gate
活动的屋面板接口 loose lock
活动的元素 active element
活动的指示标志 variable message sign
活动登船梯 landing apron
活动底 <排种装置等的> dump bottom; moving bed; travel(l)ing bed
活动底板 bottom board; false bottom; loose bottom; floor plate
活动底铲斗 open-end bucket
活动底车厢 moving-floor body
活动底架 removable undercarriage
活动底锚 adjustable base anchor
活动底座 movable bed; moving bed
活动地板 access floor(ing); demountable floor; free access floor; movable floor; raised floor(ing)
活动地板边撑 flush girt; raised girt(h)
活动地板横梁 free access beam
活动地板式 access flooring system
活动地板体系 access flooring system; raised flooring system
活动地板系统 access flooring system; raised flooring system
活动地带 active zone
活动地块 active land mass
活动地块隆起 active block upwarping
活动地台【地】 mobile platform
活动地台型沉积建造 mobile platform type formation
活动地图显示器 moving map display
活动地震带 active seismic zone
活动电灯 flexible lamp
活动电极 float electrode
活动电刷 moving brush
活动电刷式多相串激电动机 movable brush type polyphase series motor
活动电影 kinem(at)ograph
活动电站 mobile power station
活动垫板 demountable shoe
活动垫木 <支承重物的> support skid
活动垫圈 driving washer
活动垫座 demountable shoe; detachable shoe
活动吊臂 <起重机的> side fly
活动吊车 mobile hoist; movable crane; walking crane
活动吊杆 movable boom; movable lever davit
活动吊挂式脚手架 <泥瓦工用> mason's adjustable multiple-point suspension scaffold
活动吊索 running rigging
活动叠梁堰 collapsible needle weir
活动丁字尺 adjustable head T-square; shifting T-square
活动顶棚车 lowry
活动定位销 loose pin
活动度 activity; mobility
活动度盘 moving scale
活动端 free end
活动短轨 bridge rail
活动段 active segment
活动断层 active fault
活动断层监测 monitoring of mobile fault
活动断层类型 pattern of active faults
活动断层线 active fault trace
活动断层影像显示清晰程度 clearness of active faults displayed on image
活动断块 active fault block
活动断裂 active rift; active fault
活动断裂带 active fault zone
活动断裂系 active fault system
活动墩(柱) pendulum column
活动颚板 movable jaw; moving jaw; swing jaw
活动发电厂 light plant
活动发电机组 mobile generator unit
活动阀 movable valve
活动阀机构 free valve mechanism
活动法兰(盘) dismountable flange
活动砝码 jockey weight
活动翻板 drop leaf
活动范围 action radius; hemi-sphere; motion range; operational range; province of activities; range of movement; scope of operation; sphere of activities
活动防护网 movable guard
活动防雪栅板 portable snow protection device
活动防撞系统 movable fender system
活动房顶构筑物 barracks building
活动房屋 lightweight unit; mobile home; mobile house; movable dwelling; portable building; portable house; prefab; prefabricated house; prefabricate house; caravan <英>
活动房屋泊地 mobile home court; mobile home lot
活动房屋泊位 mobile home pad
活动房屋场地 mobile home stand
活动房屋贷款保险 mobile home loan insurance
活动房屋集中基地 mobile home park
活动房屋建设 mobile home development
活动房屋区的小路 path of mobile home zones; pad
活动房屋社区 mobile home community
活动房屋拖车停车场 caravan site
活动房屋园区 mobile home park
活动分期依据 basis for dividing active stages
活动分析 active analysis; activity analysis
活动分析法 activity-based analysis method
活动分子 activist
活动缝 movement joint
活动扶梯 moving stairway
活动浮岛 mobile floating island
活动浮子 pivoted float
活动盖 movable cover
活动盖子 removable lid
活动杆 pitch brace; portable bar; shuffle bar; pitch arm <可伸缩的>
活动杆接头 knuckle
活动钢模板 collapsible steel form; collapsible steel shuttering
活动钢桥 steel movable bridge
活动格网 moving grid; moving screen; travel(l)ing grid
活动格栅 movable grate; movable rack; movable screen
活动隔板 dismountable partitioning; movable bulkhead
活动隔断 demountable division wall; demountable partition; floating partition; movable partition (wall); moving partition wall; privacy landscape screen; relocatable partition
活动隔屏 <古剧院作演出背景的> scaena ductilis
活动隔墙 demountable division wall; demountable partition; dismountable division wall; floating partition; movable partition (wall); moving partition (wall); moving wall; operable partition; operable wall; relocatable partition
活动隔声板 acoustic(al) partition
活动隔音板 acoustic(al) partition
活动更衣车 bathing machine
活动更衣室 bathing machine
活动工地办公室 mobile field office
活动工作平台 movable work platform
活动工作台 derrick man elevator;

movable table
活动钩形扳手 adjustable hook spanner
活动构造 active structure
活动构造带 active tectonic zone
活动构造类型 active structural type
活动构造图 map of active structural system
活动构造形式 active tectonic pattern
活动构造应力 active tectonic stress
活动箍 split clamp
活动刮涂机 floating knife coater
活动挂图 <可翻动的> flip chart
活动关节 turning joint
活动关节式车轴 articulated axle
活动关节轴 articulated shaft
活动管夹 adjustable pipe clip
活动管钳 adjustable pipe tongs; adjusting pipe tongs
活动管子(扳)钳 Stillson pipe wrench
活动管子扳手 Stillson pipe wrench
活动轨道尺 adjustable track ga(u)ge
活动辊 floating roller
活动滚轮 action roller
活动过梁 loose lintel
活动海洋钻井平台 working offshore platform
活动海洋(钻探)平台 working offshore platform
活动河床 erodible bed channel; movable bed
活动河床模型 movable-bed model
活动荷载 disposal load; mobile load; movable load; moving load(ing); running load; travel(l)ing load; live load
活动桁架 bascule
活动横杆锚 shifting stock anchor
活动横梁 moving cross beam
活动护板 moving apron
活动护栏 floating rail
活动花坛 movable flower bed
活动滑车 fall block; movable block; scrab
活动化(作用) mobilization
活动环 loose collar
活动活台 cradle
活动货币 active money
活动货棚 portable shed
活动货箱方式 flexible-van system
活动货箱型方式 flexible-van system
活动货箱型集装箱车 flexible-van container car
活动机器车间 mobile machine shop
活动积温 active accumulated temperature
活动基座 skid base
活动挤压厂 mobile extrusion plant
活动计数器 activity counter
活动记录 proceedings
活动夹持器 floating holder; travel(l)ing spider
活动夹具 floating holder; travel(l)ing spider
活动甲板 portable deck
活动尖轨辙叉 <无空间、无护轨、无速度限制的新式辙叉> movable nose-rail crossing
活动间壁 folding partition(wall); demountable partition
活动减弱 slow up
活动检查梯 movable inspection ladder
活动建筑 mobile building
活动建筑物 mobile structure
活动桨叶 movable blade
活动浇注管 slick line
活动角 angle of slide
活动角尺 adjustable angle square
活动角规 bevel protractor
活动绞车 crab
活动脚手架 jenny scaffold; manually propelled mobile scaffold; mobile scaffold; movable scaffold(ing); mobile staging <船坞内的>
活动脚手架设法 erection by the use of a mobile gantry
活动铰链连接 ball-and-socket attachment
活动铰支座 roller bearing
活动阶段 activity stage
活动阶梯 moving stairway
活动接触 travel(l)ing contact
活动接点 movable contact; moving contact
活动接缝 active joint; movable joint; movement joint
活动接合 articulated joint; flexible joint; swivel coupling
活动接合面 slip joint
活动接头 articulated joint; disconnect; flexible connector; flexible joint; movable coupling; swivel coupling
活动截沙斗 <集水坑、截流井等的> sediment bucket
活动进程 active process
活动井架 portable derrick
活动景色围屏 <分隔办公室的> landscape screen
活动镜面反射器 detachable specular reflector
活动距标 variable range marker
活动距离 operational range
活动卡瓦 movable jaw; travel(l)ing spider
活动看台 movable stand
活动靠背椅 reclining chair
活动靠背座席 adjustable seat
活动坑道 flying sap
活动空间 active space; activity infill; activity space
活动空心钻头 removable core bit
活动孔 movable space; movable span; moveable opening
活动控制翼 movable control wing
活动库存 active file
活动跨 movable span
活动框标 <绘图器的> cursor
活动拉环 flush ring
活动拦河坝 movable barrage
活动栏杆 railing removable; removable rail(ing); slip rail
活动类型 type of activity
活动棱镜 swing prism
活动连杆连接的工作装置 three-point hitch attachment
活动连杆悬挂的工作装置 three-point hitch attachment
活动连接 flexible connection; mov(e)able connection
活动联轴器 movable coupling
活动梁 walking beam
活动梁支座 beam shoe
活动量角器 bevel protractor
活动量水槽 portable flume
活动量水堰 portable weir
活动料槽 ambulatory bin
活动料斗 portable hopper
活动料箱 live hopper
活动料箱容量 live silo capacity
活动裂缝 active fissure
活动裂谷 active rift
活动林德式窗 <一种产品窗型> Jenny Linde
活动零件 removable elements; removable parts
活动溜槽 movable chute
活动流水线 active pipeline
活动楼梯 moving stair(case); moving stairway
活动炉 movable furnace
活动炉箅 drop grate; moving grate; travel(l)ing grate
活动炉箅面积 open grate area
活动炉撑 flexible stay bolt
活动炉排 moving grate
活动炉栅 movable grate
活动滤筛 portable screen
活动滤网浓缩器系统 moving screen concentrator system
活动旅游家庭车 mobile home
活动率 activity ratio
活动轮胎压路机 wobbled wheel roller
活动轮叶 moving vane
活动螺距 adjustable pitch
活动螺栓运送器 bazooka
活动螺丝钢板牙 adjustable die
活动螺旋运送器 <用以卸汽车或火车运来的散装水泥> bazooka
活动码头 mobile quay; mobile wharf; movable dock
活动锚 mooring drag; movable anchor
活动锚具 removable fixture
活动楣窗 operable transom
活动门 slide door; sliding gate
活动门窗 rostrum[复 rostra]
活动门窗扇 swing leaf
活动门架 travel(l)ing mast
活动门亮子 operable transom
活动面板 drop front
活动面板式配电盘 live front switchboard
活动模 flow pattern
活动模板 adjustable shuttering; collapsible form(work); fit-up; movable form(work); movable shuttering; moveable form(work); moving form(work); moving shuttering; portable form; travel(l)ing formwork
活动模板施工法 travel(l)ing form construction method
活动模壳 fit-up; movable shuttering; moving form(work); moving shuttering
活动模型 mobile model
活动摩擦轴承 plain friction bearing
活动木地板 movable floor board
活动目标显示雷达 <测定目标速度等用> Doppler radar
活动目标指示器 moving target indicator
活动内托条 inside band
活动能力 activity; circulation
活动能力试验【机】 motor activity test
活动泥沙 moving sediment
活动耙 flexible harrow
活动耙头 activated draghead; active draghead
活动排风幕 moving outlet flap
活动配合 clearance fit
活动配合多轴钻机 adjustable multiple spindle
活动配水器 movable distributor; travel(l)ing distributor
活动喷管 movable nozzle
活动喷灌机 movable sprinkler
活动喷口锥体 movable bullet
活动喷淋器 movable sprayer; movable sprinkler
活动喷洒曝气机 movable spray aerator
活动喷洒器 movable sprinkler
活动喷雾器 movable sprayer
活动喷嘴 movable nozzle
活动披水板 <小船用> dagger board
活动平底 movable floor
活动平垫铁 adjustable parallel
活动平衡 movable equilibrium
活动平台 mobile platform; mobile stage; movable platform; ram bolster; traverser; moving platform
活动屏风 portable screen
活动屏幕 portable screen
活动坡道 movable ramp; moving ramp
活动坡台 movable gangway; movable ramp
活动铺板 free floor
活动期限 activity duration
活动起重架 travel(l)er
活动起重台架 movable gantry
活动气窗 lever boards
活动钎头 retractable rock bit
活动钎子 removable bit
活动牵索 live guy
活动铅笔 propelling pencil
活动前檐 movable hood
活动钳(夹) adjustable clamp; monkey wrench; swivel clamp
活动墙 operable wall
活动桥 bascule bridge; drawbridge; moving bridge; removable bridge; movable bridge
活动桥电路接合器 bridge circuit coupler
活动桥电路控制器 bridge circuit controller; movable bridge circuit controller
活动桥对准检查器 bridge alignment detector
活动桥方式 movable bridge system
活动桥钢轨接头 bridge rail joint
活动桥钢轨连接锁闭器 bridge rail lock
活动桥钢轨锁闭器 movable bridge rail lock
活动桥桁架 movable bridge truss
活动桥回路管制器 bridge circuit controller; movable bridge circuit controller
活动桥跨 movable spalling; movable span
活动桥梁 movable bridge
活动桥锁闭 bridge locking
活动桥锁闭器握柄 bridge bolt lever
活动桥支座 expansive end bearing of bridge
活动切刀 moving cutting tool
活动球形管接头 flexible-ball pipe joint
活动区 active region; active zone; area of activity; live zone <指沥青拌和机拌缸的活动区>
活动区域构造带 active tectonic belt
活动曲线规 movable spline; spline (batten)
活动取样 activity sampling
活动人行道 escalade; moving pavement; moving sidewalk; travelator; travel(l)ing sidewalk
活动任务 active task
活动日程表 events-calendar
活动日志 activity loading
活动容量 active volume
活动三角 bolt cam
活动三角堰 bear-trap weir
活动筛(网) movable screen; moving screen; travel(l)ing screen; travel(l)ing sieve
活动栅格 movable rack
活动栅筛 moving grizziy
活动栅条 moving grid
活动设备 mobile plant
活动绳夹 swivel rope socket
活动绳帽 swivel rope socket
活动十字丝补偿器 compensator with

H

movable cross hair
活动时间 < 统筹方法 > activity time;active length
活动时期 period of movement
活动实验室 mobile laboratory
活动示意图 activity chart
活动式 slip-on type
活动式拌和机 travel(l)ing mixer
活动式沉箱 sliding caisson
活动式窗扇 movable sash; moving sash
活动式带式输送机 portable belt conveyer[conveyor]
活动式刚玉冶炼炉 movable alumina-fusing furnace
活动式进水口 floating intake
活动式拦污栅 movable rack
活动式莲蓬头 moveable shower
活动式淋浴装置 moveable shower
活动式路面公共运输 moving pavement public transport
活动式轮(胎)wobble wheel
活动式轮胎压路机 wobble wheel roller
活动式模板 travel(l)ing forms
活动式模子 travel(l)ing mould
活动式喷射器 moveable sprayer
活动式前顶针座 sliding head stock
活动式桥 movable bridge
活动式人行道 moving pedestrian
活动式无线电通信[讯]制(系统)< 铁路调度员与列车联系用 > mobile radio communications system
活动式吸管 movable suction tube
活动式悬架堰 < 洪水时框架可吊起的 > suspended-frame weir
活动式运输站台 movable platform
活动式造斜器 erectable whipstock
活动试验室 mobile laboratory
活动室 activity room
活动手把 flexible handle;free handle;live handle
活动手柄 flexible handle;free handle;live handle
活动书架 adjustable shelf;book slide
活动输送带 portable belt conveyer [conveyor]
活动水槽 adjustable flume; portable flume;tilting flume
活动水尺 portable staff;tape ga(u)ge
活动水平模板施工 movable platform construction
活动水热区 active hydrothermal area
活动水闸 flap weir;movable sluice
活动水闸墩(柱)removable sluice pillar
活动水准 level of activity
活动丝锥扳手 adjustable tap wrench
活动速度 moving speed
活动榫槽 slip mortise
活动缩尺河床模型 movable-bed scale model
活动索具 running rigging
活动锁扣 loose lock
活动塔架 travel(l)ing mast
活动塔式脚手架 extension device
活动台架 portable staging
活动台口 adjustable proscenium;false proscenium
活动台砧 rising anvil
活动台阵 movable array
活动套筒 movable sleeve;quill
活动梯度 active gradient
活动蹄形物 demountable shoe
活动天窗 sun roof
活动跳板 movable gangway
活动铁 active iron
活动铁钩 cant(ed)hook;cant dog < 俚语 >
活动铁丝网 litter fence
活动通道 movable gangway
活动通风板 hit-and-miss ventilator
活动通风玻璃百叶窗 adjustable glazed louvers
活动筒子架 jack creel
活动头磁盘【计】moving head disc [disk]
活动头丁字尺 adjustable head
活动头凸缘 floating head flange
活动透镜 panoramic lens
活动图书馆 bookmobile
活动图像 moving picture
活动图像专家组 motion picture experts group
活动图形 animation
活动托板 < 教堂唱诗班座位下的 > misericord(e)
活动托架 adjustable bracket; drop bracket
活动拖铲 slusher
活动拖钩 pintle hook
活动网格 moving grid
活动围堰 movable cofferdam
活动桅杆 movable mast
活动帷幕式过滤器 moving curtain filter
活动尾水堰 movable tail weir
活动屋单栋用地 mobile home space
活动舞台 arena;fit-up;flexible stage;movable stage;sliding stage
活动物 live animal
活动物标跟踪系统 mobile target tracking system
活动物镜补偿器 compensator with movable objective
活动物体照片 photochronograph
活动物体照相机 photochronograph
活动物体照相术 photochronography
活动系泊装置 free mooring arrangement
活动系船柱 free bollard
活动系统 dynamic(al)system
活动舷窗盖 portable temporary dead light
活动舷门系统 travel(l)ing port system
活动线圈型 moving-coil type
活动向量 active vector;activity vector
活动销 mounted point;rising pin
活动销套 master bushing
活动销子 draw pin
活动小书桌 < 英 > davenport
活动楔子 retrievable wedge
活动性 activity;mobility;movability
活动性断层 active fault
活动性构造带 active structure zone
活动性构造和强震震中分布图 map of distribution of active structures and strong earthquake epicenters
活动性构造体系 active tectonic system
活动性滑坡区域 active slide area
活动性极强烈 activity is very strong
活动性强烈 activity is strong
活动性热渗捅 active thermal seepage
活动性弱 activity is weak
活动性中等 activity is middle strong
活动性住房贷款 mobile home loan insurance
活动修理车 mobile repair truck
活动修理站 mobile repair shop
活动悬崖 active cliff
活动岩芯管 retractable core barrel
活动岩芯钻 removable core bit
活动掩蔽 kinetic masking
活动堰(坝)barrage mobile;movable barrage; movable weir; controlled spillway; controlled weir; mobile barrage; pivoted weir; portable weir;shutter weir;sluice weir;tilting weir
活动堰顶 adjustable[adjustment] weir crest
活动堰口 movable weir mouth
活动焰切机 radiagraph
活动窑底 bogie[bog(e)y]
活动摇轮支承 movable rocker bearing
活动叶片 movable blade;moving vane
活动页 active page;fly-leaf < 铰链接合中的 >
活动页面队列 active page queue
活动椅 folding seat
活动艺术 kinetic art
活动溢流式起动器 moving weir type starter
活动引桥 adjustable gangway; drop gangway; hinged bridge; movable bridging approach
活动永冻层 active permafrost
活动用户 active user
活动油箱 kinetic tank
活动游标 pivoted float
活动游标量角器 vernier bevel protractor
活动淤泥质床 moveable muddy bed
活动余地 elbow room; latitude; leeway
活动元件 mobile element; movable element;moving element
活动元素 mobile element
活动元素吸收系数 mobile element absorption coefficient
活动月台 movable platform
活动云梯 extending ladder
活动运物架 travel(l)er
活动载荷 movable load; movably load;running load
活动暂时中止 deep freeze
活动闸(门)movable gate;collapsible gate;movable sluice;nu-bar
活动闸门坝 curtain dam
活动闸门堰 curtain weir
活动闸瓦 removable shoe
活动栅栏 movable fence;portable fence
活动栅门 mobile gate
活动债务 active debt
活动栈 active stack
活动栈桥 movable trestle
活动站 active station
活动账户 active account
活动招牌 animated or moving sign
活动沼泽地 quaking bog;quicking bog
活动照准杆 movable collimating rod
活动遮篷 < 窗帘 > louvered awning blind
活动折叠床 rollaway;rollway bed
活动辙叉 movable(-point)frog
活动辙叉道岔 switch with a movable frog
活动褶皱 active fold
活动振击器 swivel jar
活动正地槽 eugeocline;eugeosyncline
活动支臂 live boom;side fly < 起重机的 >
活动支承 expansion bearing;free end bearing; movable bearing; movable support
活动支承滚柱 expansion roller
活动支承轴 free axle
活动支船架 cradle
活动支架 adjustable shelf;mov(e)able support;removable support
活动支架单臂刨床 convertible open side planer
活动支柱 portable pillar; portable stanchion
活动支座 collapsible prop;expansion bearing;expansion end bearing;free end;free(ly)movable bearing;free support;movable bearing;movable bearing support;movable support;shifting bearing
活动植物 livestock and plant
活动指标 activity indicator;movable index
活动指令 active instruction
活动趾撬棍 flex-toe claw bar
活动制图桌 adjustable drawing table
活动中梁底架 cushion underframe
活动中试设备 mobile pilot plant equipment
活动中梃 removable mullion
活动中心 center[centre] of action;hub center[centre]
活动中心销子 removable kingpin
活动重量 disposable weight
活动周期 activity cycle
活动轴 movable shaft;moving axis;removable axle;sliding axis;sliding shaft;axle-live < 水平旋转的 >
活动轴承 detachable bearing; plain journal bearing
活动住房 mobile home;mobile house
活动住房泊驻 ground anchors
活动住房场地 mobile home stand
活动住房集中地 trailer park
活动住房建设 mobile home development
活动住房开发区 mobile housing development
活动住房社区 mobile home community
活动住房土地分块 mobile home subdivision
活动住房拖车 trailer coach
活动住所 mobile home development;mobile home dwelling
活动住宅 mobile home dwelling;motor home;sleeping caravan
活动住宅泊地 mobile home court;mobile home lot
活动住宅泊地服务设施 mobile home park service
活动住宅泊地小道 mobile home park street
活动住宅泊位 mobile home pad
活动住宅附属建筑 mobile home accessory building
活动住宅停车位置 sleeping caravan standing
活动柱脚 demountable shoe
活动砖 non-repressed brick
活动桩顶法 < 沉管隧道施工用 > adjustable pile head
活动桩靴 demountable shoe
活动装入法 activity loading
活动装置 mobile plant; mobile unit;movable equipment;movable mounting;bed elevator < 摇起病床的 >
活动装置设计 mobile design
活动装置形式 mobile version
活动状态 active state
活动追踪 activity trace
活动准备金 active reserve
活动桌 drop table
活动资本 active capital
活动资产 active assets
活动走道 demountable walkway;moving ramp
活动组分 mobile component
活动钻具次数 times of pipes moving
活动钻头 bottoming type bit;collapsible bit; detachable bit; removable bit
活动作用 mobilization
活动坐标 moving coordinates
活动坐位客车 chair car
活动座位 jump seat; movable seat;sliding seat

活动座椅 tilting seat
活度 activity
活度比(率) activity ratio
活度常数 activity constant
活度单位 unit of activity
活度分析 activity analysis
活度-活度图 activity-activity diagram
活度积 activity product
活度平衡 balance of activity
活度平衡常数 activity-based equilibrium constant
活度曲线 activity curve
活度商 activity quotient
活度顺序 activity series
活度系数 activity coefficient; activity quotient
活度因子 activity factor
活度指数 activity index; index of activity
活度中值空气动力学直径 activity median aerodynamic diameter
活端 <钢绳、链子的> running end
活端丁香结 slip clove hitch; slippery hitch
活断层 active fault
活断层长度 length of active fault
活断层错动速率 dislocation velocity of active fault
活断层错动速率分级 dislocation velocity grade of active fault
活断层断距 separation of active fault
活断层规模 active fault in scale
活断层活动方式 active way of active fault
活断层活动频率 active frequency of active fault
活断层活动时代 active age of active fault
活断层活动周期 active cycle of active fault
活断层监测方法 monitoring method of active fault
活断层宽度 width of active fault
活断层类型 active fault type
活断层判别标志 differentiate mark of active fault
活断层特性 active fault specificity
活断裂 active fault
活堆场 live storage
活阀式取土器 soil sampler of active value
活负载 live load; moving loading; superload
活盖小舱口 booby hatch
活杆锚 shifting stock anchor
活沟壑 active gull(e)y
活钩 rigging end fitting; slip hook
活钩链掣 slip stopper
活挂钩拖车 articulated trailer
活关节合页 loose-joint hinge
活管接 pipe union
活管接垫圈 union gasket
活管接防松螺母 union lock nut
活辊闸门 free roller gate
活荷载 active load; changing load; live load(ing); mobile load; work(ing) load
活荷载弯矩 live load moment
活荷载应力 live load stress
活滑坡 active landslide
活化白土 treated clay; treated earth
活化比 activation ratio
活化表面 activated surface
活化播音室 live studio
活化材料 active material
活化参量 activation parameter
活化槽 activating channel
活化测井 activation log
活化测井曲线 activation log curve
活化层 active layer
活化产物 activation product
活化产物半衰期 half-fife of activation product
活化池 activation tank
活化处理 activating treatment
活化催化剂 activating catalyst
活化大陆架 mobile shelf
活化的 activatory
活化点 reactive site
活化电势 activation potential
活化度 activation grade; activity
活化(法) activation
活化反应 active reaction
活化反应温度 activating reaction temperature
活化废物 activated waste
活化沸石 activated zeolite
活化分析 activating analysis; activation analysis; radioactivation analysis; radioactivity analysis
活化辐射 activating radiation
活化复体 activated complex
活化硅胶 activated silica gel
活化硅酸盐玻璃 activated silicate glass
活化过程(法) activated process; activation process
活化焓 activation enthalpy
活化核素 activation nuclide
活化基团 activated group
活化极化 activation polarization
活化剂 accelerator; activated agent; activating agent; activating solution; activator; active agent
活化剂浓度 activated agent concentration
活化截面 activation cross-section
活化控制 activation control
活化控制反应 activation controlled reaction
活化矿粉 activative mineral filler
活化矿物填充料 activative mineral filler
活化扩散双重控制反应 diffusion-activation doubly controlled reaction
活化量 volume of activation
活化络合物 activated complex
活化锰 refined manganese dioxide
活化能 activating energy; activation energy; energy of activation
活化能势垒 activation energy barrier
活化漂土 active earth
活化曝气 activated aeration
活化曝气过程 activated aeration process
活化期 activating period; pot life
活化器 activator
活化区 activation core; activation zone; active region
活化热 activation heat; heat of activation
活化热压烧结 activated hot pressing sintering
活化砂 <用砂子与石灰一起磨碎进行活化> activation sand
活化砂载体絮凝分离器 separator of active sand carrier and flocculate
活化熵 activation entropy; entropy of activation
活化烧结 activated sintering
活化生长中心 active growth center [centre]
活化石 living fossil
活化时间 activated time
活化试剂 activating reagent
活化寿命 pot life; spreadable life; usual life
活化水 activated water
活化探测器 activation detector
活化套 <阴极> active sleeve
活化体积 activation volume
活化同位素 activating isotope
活化温度 activated temperature; activation temperature
活化稳定性 pot stability
活化污泥 activated sludge
活化污泥法 activated sludge process
活化污泥设施 activated sludge plant
活化污水 activated sewage
活化吸附作用 activation adsorption
活化熄灭器 arc arrester
活化系数 activation coefficient; activity coefficient
活化型 activated form
活化性 reactivity
活化氧化锰法 activated manganese oxide process
活化因子 activation factor
活化应力 activating stress
活化原子 activated atom
活化载体 activated carrier
活化藻类法 activated algae process
活化值 activation number
活化指数 activation index
活化中心 activated center[centre]; active center[centre]
活化状态 activated state; activating condition; state of activation
活化阻止剂 anti-activator
活环接头 circle draft frame ball socket
活环行程 jar work off
活火加热 direct fire heating
活火山 active volcano
活火烧了的 direct-fired
活火头 direct fire; free flame; naked fire
活火(头)直接烧 direct fire
活货 live cargo
活夹具 adjustable clamp
活夹套 slip-socket clip
活间歇泉 active geyser
活件 <运用计算机的人> liveware
活键 false key
活浆叶 feathering paddle
活接 loose joint
活接板 articulated plate
活接车辆 articulated vehicle
活接地 swinging earth
活接管 socket pipe
活接结合 articulated joint
活接连接器 joint coupling
活接檩条 articulated purlin(e)
活接螺母 union nut
活接三通 union tee
活接头 articulated joint; articulation; inspection fitting; slip coupling; slip joint; swivel connection; union (joint); union swivel; flexible joint
活接头垫圈 union liner
活接头关节 knuckle
活接头螺母 union nut
活接头螺栓 swing bolt
活接头套管 union adapter; union bushing; union nipple; union thimble
活接头弦杆 articulating boom
活接拖车 articulated trailer
活接弯头 union bend; union elbow
活接卸槽 <浇混凝土用的> articulated chute
活节 eye joint; hinge; intergrown knot; movable joint; red knot; tight knot; unsound knot
活节疤 live knot
活节板 articulated slab
活节臂 articulated jib
活节撑眼螺栓 crown sling stay eye bolt
活节刀柄 hinged tool holder
活节吊顶杆 sling stay crown bar
活节顶撑螺栓 expansion crown stay bolt
活节杆 knuckle rod
活节管 socket pipe; socket tube
活节混凝褥垫 articulated mattress
活节混凝土 articulated concrete
活节混凝土板 articulated concrete slab
活节混凝土块 <用钢筋连通的串块，能随坡就坑地自由变形> articulated concrete block
活节混凝土块护坡 articulated concrete matting; articulated concrete mattress
活节混凝土块铺面 articulated concrete matting
活节混凝土块罩面 articulated concrete matting
活节混凝土褥垫 articulated concrete mattress
活节混凝罩面 articulated concrete matting
活节机车 articulated locomotive
活节接合 articulated connection; articulated joint; knuckle joint
活节口 union swivel
活节连杆 articulated rod; linked connecting rod
活节连接 hinge joint; knuckle-and-socket joint
活节连接的 pin-jointed
活节连接器 cardan; link box
活节连接体系 pinned linking system
活节连节器 joint coupling
活节联结器 articulated coupling
活节联轴节 joint coupling
活节链 buckle chain
活节溜管 articulated chute
活节炉撑 expansion staybolt
活节轮式拖拉铲土机 articulated wheel tractor mounted shovel
活节螺栓 dog bolt; drop bolt; eyelet bolt; pivoted bolt; sling bolt; swing bolt; swivel bolt
活节螺丝 union screw
活节平板支墩坝 articulated flat-slab buttress type dam
活节铺块式混凝土铺面 articulated mat type concrete pavement
活节钎尾 detachable shank
活节钳 combination pliers
活节十字头 trunnion cross
活节式灯桩 articulated beacon; resilient beacon
活节式构造 articulated construction
活节式构筑物 articulated structure
活节式回转器 articulated rotor
活节式连杆 articulated connecting rod
活节头跟端转辙器 loose heel switch
活节销 articulated pin; universal-joint block
活节销及制销 universal-joint pin and cotter
活节卸槽 articulated chute
活节心轴 swivel spindle
活节运载车 articulated carrier
活节支座 articulated support
活节中心块 universal center[centre] block
活节转向 articulated steering
活节装载机 articulated loader
活结 bow knot; hitch; noose; running knot; slip knot; live end
活结环 noose
活结套 clench[clinch]
活净化 treating
活镜水准仪 <有双面水准管的> reversible (spirit) level; engineer's level; wye level; Y-level
活镜望远镜 movable telescope
活菌计数法 viable count method

活菌苗 live vaccine
活口扳手 shifting spanner; shifting wrench
活口链环 lap link
活扣 <起重机或卷扬机缆索、链条的> live end
活扣钩 slip hook; pelican hook
活库场 live storage
活库容 live capacity; live storage; operating storage
活劳动 direct labo(u)r
活篱 quick hedge
活力 active force; activity; energy; viability; vigour; viridity; vitality
活力臂 hitch arm
活力大都市 dynametropolis
活力方程 vis viva equation
活力公式 vis viva formula
活力积分 integral of force vive; integral of living force
活力检验 vitality test
活力论 vitalism
活力因素指数 vital factors index
活力指数 vitality index
活力最适度 vital optimum
活裂缝 live crack
活路数 number of channels
活轮 free wheel; loose pulley
活螺栓 live bolt
活络扳手 adjustable nut wrench; adjustable spanner; adjustable wrench; adjusting wrench; coach wrench; English spanner; monkey wrench; screw wrench; screw spanner; shifting spanner; spanner wrench; T-wrench; universal wrench; clyburn spanner
活络扳牙 adjustable die
活络柄钥匙 drop key plate
活络撑脚 <折叶板的> fly rail
活络触探头 detachable point
活络阀座 detachable point seat
活络管子节 dart union
活络合页 lift-off butt; loose butt hinge; loose-joint butt
活络角尺 malleable iron square
活络接头 flexible connector; flexible joint
活络节点 dismountable connection
活络卡盘 jack chuck
活络块 loose piece
活络拉手 drop handle
活络连接的 loose-jointed
活络链 detachable chain
活络螺纹扳 adjustable die
活络螺旋钻 expansion drill
活络螺旋钻头 expansion bit
活络门 active door; active leaf
活络钳 adjustable clamp
活络三角带 laminated V-belt
活络绳扣 adjustable rope sling
活络式马鞍合页 <又称 H 形合页> paumelle hinge
活络套筒扳手 detachable socket wrench
活络套筒扳手组 <包括套筒头、把手及接长杆> wrench set with detachable sockets, handles and extension bars
活络箱把手 removable lifting handle
活络销 draw pin
活络销铰链 loose pin butt hinge
活络钥匙 detachable key
活络支撑 extension trench braces
活络轴承 withdrawable beating
活络钻头 live knot; rip bit; withdrawable bit; detachable bit; jack bit
活落靠背座椅 panel back seat
活门 bib-cock; clack; clapper; finger; trap door; valve
活门迟关 valve lag
活门出料式灰浆搅拌机 discharge gate mortar mixer
活门的 valvular
活门定时调准 valve timing adjustment
活门环 valve ring
活门活动装置 valve actuating gear
活门间隙 valve clearance
活门静曲线 valve quieting curve
活门开度 valve opening
活门控制伺服机构 valve-controlled servo
活门口 valve port
活门流量性能 valve flow performance
活门螺母 valve nut
活门室 valve box; valve chamber
活门调节 baffling
活门跳动 chattering of the valve
活门系统 valve system
活门行程 valve travel
活门栅 flap valve assembly
活门执行机构 valve actuating gear
活门装置 valve arrangement
活门作用 valve action
活模 moving form(work)
活泼的 vigorous; vivacious; vivid
活泼金属 active metal
活泼氢 reactive hydrogen
活泼中间体 reactive intermediate
活期存单 demand certificate
活期存款 active deposit; call deposit; checking deposit; current deposit; demand deposit; short deposit; sight deposit; current account
活期存款户 bank account
活期存款账户 currency[current] account
活期贷款 call loan; demand loan
活期贷款部 demand loan department
活期贷款利率 call rate
活期担保贷款 demand loan secured
活期抵押贷款 demand mortgage loan
活期抵押放款 call loan secured; demand mortgage loan
活期放款 demand loan
活期放款及透支 demand loan and overdraft
活期借贷账户 working account
活期借款 call money
活期借款利息 interest on call
活期信用放款 cash credit
活期债券 callable bond
活期账户 current account
活汽 working steam; direct steam
活钎头 boring bit; detachable drill head
活刃剪钳 adjustable cut nippers
活塞 bibcock; hammer; piston; plunger; ram; stop cock
活塞 T 形环 bull ring; piston T-ring
活塞扳手 piston wrench
活塞爆击 piston knock(ing)
活塞爆震 piston knock(ing)
活塞本体 piston only
活塞泵 displacement pump; bucket pump; force pump; piston(-type) pump; ram and piston pump
活塞泵的活塞 pump bucket
活塞(泵)式背负喷雾机 piston-type knapsack sprayer
活塞壁 piston wall
活塞表面 piston(sur)face
活塞不漏气部分 sealing parts of piston
活塞操纵阀 <气动式液压传动的> piston operated valve
活塞槽 piston groove
活塞槽岸 piston ring land
活塞槽嵌入物 <顶活塞环用> groove insert
活塞槽清洁器 pipe groove clearer; piston groove cleaner
活塞槽清洗器 piston ring groove cleaner
活塞侧推力 side thrust of piston
活塞侧缘 piston skirt; skirt(end) of piston
活塞侧缘环槽 skirt ring groove
活塞侧缘开缝 skirt slot
活塞侧缘隙 <活塞侧缘和汽缸之间的余隙> piston skirt clearance
活塞测隙规 piston feeler set
活塞沉井 well flushing by piston
活塞衬套 piston bush(ing)
活塞冲程 length of piston stroke; piston displacement; piston path; piston stroke; piston travel; stroke of piston
活塞冲击频率 piston blow rate
活塞冲击器 piston striker
活塞出油孔 <制动主缸内> hole of piston crown
活塞传动 piston drive
活塞锤 piston hammer
活塞打钉器 piston tool
活塞导承 piston guide
活塞导向套 piston guide
活塞倒棱 piston chamfer
活塞的理论行程 theoretic(al) piston stroke
活塞的行程容积 displacement of piston
活塞滴定管 stopcock burette
活塞底 piston bottom
活塞底和汽缸头间隙 piston to head clearance
活塞底面 piston underside
活塞底缘扩张器 piston expander
活塞底缘涨圈 skirt expander
活塞抵冲垫圈 piston stop washer
活塞垫 piston seat
活塞垫压板 piston disc
活塞丁字环 piston Tee ring
活塞顶 crown of piston; follower; piston crown; piston head; top of piston
活塞顶凹腔燃烧室 recessed piston combustion chamber
活塞顶板 piston head plate
活塞顶轮廓 piston crown contours
活塞顶密封环 junk ring
活塞顶内表面 undercrown surface
活塞顶内侧 underside of piston crown
活塞动力 piston power
活塞端环槽脊 piston ring top land
活塞发动机 piston engine
活塞发动机的 piston-engined
活塞发生器 pistonphone
活塞发声仪 pistonphone
活塞阀 bucket valve; piston valve
活塞阀泵 piston valve pump
活塞阀衬 piston valve liner
活塞阀衬套 piston valve bush
活塞阀垫料 piston valve rubber seat
活塞阀分配器 piston valve distribution
活塞阀盖 piston valve cover
活塞阀杆 piston valve spindle; piston valve stem
活塞阀机构 piston valve gear
活塞阀十字辐 piston valve spider
活塞阀室 piston valve chamber
活塞阀体 piston valve body
活塞阀筒 piston valve cylinder
活塞风 piston air
活塞缝 piston slot
活塞负荷能力 piston load capacity
活塞杆 connecting rod; cylinder rod; piston connecting rod; piston rod; piston stem
活塞杆扁销 piston rod cotter
活塞杆擦圈 piston rod swab
活塞杆承插头 socket for piston rod
活塞杆导板盖 piston rod guide cap
活塞杆导承 piston rod guide
活塞杆导向器 piston rod guide
活塞杆导向套 piston rod guide
活塞杆底螺母 piston rod bottom nut
活塞杆定位销 split pin for set piston rod
活塞杆端 tailpiece of the piston rod
活塞杆端连接叉 rod end yoke
活塞杆端连接件 rod end coupling
活塞杆端头 cylinder rod end
活塞杆端压力 rod end pressure
活塞杆盖 piston rod cap
活塞杆毂 piston rod boss
活塞杆固定的缸 stationary rod cylinder
活塞杆刮垢器 rod wiper
活塞杆刮油环 piston rod scraper ring
活塞杆加油器 piston rod oiler
活塞杆开尾销 piston rod split pin
活塞杆连接器 rod coupling
活塞杆螺母 piston rod nut; piston stem nut
活塞杆密封 piston rod packing; rod seal
活塞杆密封盖 rod gland
活塞杆密封填料 piston rod packing
活塞杆腔 rod end chamber
活塞杆十字头 crosshead of a piston rod; piston rod cross head
活塞杆式平衡 piston-cylinder balance
活塞杆栓 piston rod cotter
活塞杆填料函压盖 piston rod stuffing box gland
活塞杆填密函 piston rod stuffing box
活塞杆填密料 piston rod packing
活塞杆推力 piston rod thrust
活塞杆销 piston rod pin
活塞杆压盖 piston rod gland
活塞杆胀圈 piston rod scraper ring
活塞杆制销 piston rod cotter
活塞杆最大拉力 maximum piston rod pull
活塞缸式 piston-cylinder type
活塞缸式超高压高温装置 piston-cylinder ultra high pressure and high temperature device
活塞缸式超高压装置 piston-cylinder ultra high pressure device
活塞缸式秤 piston-cylinder balance
活塞高度 depth of piston
活塞给煤机 Ram feeder
活塞刮油环 oil wiper; piston oil ring
活塞滑阀 piston slide valve
活塞环 piston ring; bule; obturator ring; oil control ring; packing ring; piston curl; spring ring
活塞环安装钳 piston ring pliers
活塞环岸 piston land
活塞环壁 <活塞环径向厚度> piston ring wall
活塞环材料 piston ring material
活塞环槽 piston ring groove; piston ring slot
活塞环槽脊 piston ring top land
活塞环拆卸器 piston ring extractor; piston ring remover; piston ring spreader; piston ring tool
活塞环衬环 piston ring expander
活塞环撑胀器 piston ring expander
活塞环处的活塞直径 piston diameter at ring lands
活塞环锉 piston ring file
活塞环带 <活塞上活塞圈分布带> ring belt

活塞环带温度 ring belt temperature
活塞环倒角磨床 piston ring chamfer grinding machine
活塞环的磨合时间 seating time of piston rings
活塞环的筒体铸造 casting of piston ring pots
活塞环的装配 piston ring fitting
活塞环垫块 piston ring carrier
活塞环端 piston ring ends;piston ring side;side of piston ring
活塞环端间隙 piston ring end gap
活塞环端接合 piston ring lock
活塞环端面磨床 piston ring machine
活塞环端隙 piston ring side clearance
活塞环断裂 piston ring breakage
活塞环夹 piston ring clamp
活塞环间隙 piston ring gap
活塞环卡住试验 ring-blocking test;ring sticking test
活塞环开口 gap-clearance of piston rings;piston ring opening
活塞环开口间隙 end clearance
活塞环宽度 piston ring width
活塞环扩张器 compression inner ring
活塞环棱 piston ring land
活塞环密封 piston ring packing
活塞环磨床 piston ring grinder;piston ring grinding machine
活塞环磨损 piston ring scuffing;ring wear
活塞环内表面 piston ring back
活塞环内表面间隙 <指与活塞底之间> piston ring back clearance
活塞环内表面与环槽间隙 piston ring back clearance
活塞环内侧边 back of piston ring
活塞环黏[粘]住 ring sticking
活塞环黏[粘]着 sticking of piston ring
活塞环平面与环槽间隙 piston ring side clearance
活塞环切口间隙 ring gap
活塞环烧蚀 seizing of piston rings
活塞环式密封(件)piston ring seal
活塞环外表面 <与汽缸接触的> piston ring face;face of piston ring
活塞环隙 piston ring gap
活塞环销 piston ring pin
活塞环行程 piston ring travel
活塞环压紧器 <将活塞装入汽缸时用> ring compressor
活塞环压入器 <装配时用> piston ring inserter
活塞环压缩隙 piston ring compressed gap
活塞环张口钳 piston ring pliers;piston ring tongs
活塞环张力 piston ring tension
活塞环张圈 piston ring expander
活塞环胀圈 bottom ring
活塞环振动 piston ring flutter
活塞环支座面 ring seat
活塞环自由开口间隙 piston ring free gap
活塞缓冲器 cushion plunger
活塞回程 return piston stroke
活塞挤出 ram mounted extrusion
活塞加热器 piston heater
活塞加速器 piston accelerator
活塞间隙 piston clearance
活塞节流阀 piston throttle
活塞就位装置 maneuvering device
活塞抗冲垫圈 piston stop washer
活塞控制操纵阀的开启程度 positioning of piston operated valve
活塞控制操纵阀的开启位置 positioning of piston operated valve
活塞肋 rib of piston
活塞冷却 piston cooling
活塞冷却空间 piston cooling space
活塞冷却喷管 piston cooling jet
活塞冷却水管 piston cooling water pipe
活塞力 piston force
活塞量规 piston ga(u)ge
活塞流 piston flow;plug flow
活塞流反应器 plug-flow reactor
活塞流量计 piston meter
活塞流系统 plug-flow system
活塞漏气【机】blow by of piston
活塞螺母 piston nut
活塞螺栓 piston bolt
活塞帽 piston cap;piston crown
活塞密封环 obturator piston ring;piston packing ring
活塞密封(圈)piston packing;piston seal
活塞面 piston face
活塞模型 <研究入渗的> piston(-type)model
活塞黏[粘]度计 piston visco(si)meter
活塞排量 piston displacement;piston swept volume;swept volume
活塞皮垫圈 piston leather packing
活塞皮碗 piston cup
活塞皮碗扩张器 piston cup expander
活塞平环 compressed[compression] ring
活塞平销 piston key
活塞起重机 ram lift
活塞气动执行机构 piston pneumatic actuator
活塞气阀 piston air valve
活塞汽缸装置 piston-cylinder apparatus
活塞曲柄机构 piston crank mechanism
活塞驱动的 piston-actuated
活塞驱动阀 piston-actuated valve
活塞驱动取样器 piston drive sampler
活塞取土器 piston corer;piston sampler
活塞取芯器取样 sampling by piston coring
活塞取(岩)芯器 piston corer
活塞取样管 piston corer
活塞取样器 California sampler;piston sampler
活塞圈 piston curl;piston packing;piston ring
活塞圈卡 piston ring joint
活塞圈两槽间的隔板 piston pin land
活塞圈磨损 galling of rings
活塞圈末端 ends of piston ring
活塞圈烧焦 gumming of piston rings
活塞圈压缩机 piston pin compressor
活塞裙 piston skirt
活塞裙故障 collapse of piston skirt
活塞裙扩大器 piston skirt expander
活塞十字头 piston cross-head
活塞十字头连接销 piston cross-head joint pin
活塞十字头销 piston cross-head pin
活塞十字头摇杆 piston cross-head slide bar
活塞式 piston type;plunger type
活塞式安全阀 piston relief valve
活塞式(采)水样器 stopcock water bottle
活塞式测压计 piston ga(u)ge
活塞式冲击机 ram impact machine;ramming machine
活塞式冲击钻 piston drill
活塞式冲钻机 piston drill
活塞式(抽水)泵 bucket pump;piston-type pump;reciprocating pump
活塞式抽筒 sand bucket
活塞式储气罐 dry gas-holder;piston-type(gas)holder;waterless gasholder
活塞式穿孔机 piston drill
活塞式传动装置 piston-type actuator
活塞式传感器 piston-type sensor
活塞式捣矿机 piston stamp
活塞式调节阀 piston-type regulating valve
活塞式定位器 piston positioner
活塞式发动机 piston(-type)engine;reciprocating piston engine
活塞式发声器 pistonphone
活塞式阀门 piston valve
活塞式风动凿岩机 piston air drill
活塞式风钻 solid piston rock drill
活塞式给料机 plunger feeder
活塞式鼓风机 piston blower;piston blowing engine
活塞式管状取土器 piston-pipe sampler
活塞式过电流继电器 plunger type overcurrent relay
活塞式过电压继电器 plunger type overvoltage relay
活塞式滑阀 piston slide valve;piston-type sliding valve
活塞式环刀取土器 foil sampler
活塞式缓变阀 piston buffer change valve
活塞式回转泵 piston-type rotary pump
活塞式混凝土(输送)泵 piston(-type)concrete pump
活塞式机械 piston machine
活塞式汲油泵 bucket pump
活塞式挤出机 plunger type extruder
活塞式挤泥机 piston extruder
活塞式挤泥器 piston-type applicator
活塞式挤坯机 plunger type extruder
活塞式挤压机 piston extrusion machine
活塞式计量泵 piston-type metering pump
活塞式计量仪表 piston meter
活塞式继电器 plunger relay
活塞式家用水泵 piston-type domestic water pump
活塞式减压阀 piston-type reducing
活塞式减压器 piston-type pressure reducing valve
活塞式减振器 piston(-type)damper;piston-type shock absorber
活塞式井下压力计 piston-type bottom hole pressure recorder
活塞式可变截面流量计 piston-type variable area flowmeter
活塞式空气阀 piston air valve
活塞式空气压缩机 reciprocating air compressor
活塞式空压机 piston-type air compressor
活塞式拉晶机 piston puller
活塞式冷水机 reciprocation chiller
活塞式冷水机组 reciprocating water chiller
活塞式连续挤出机 ram-type continuous extruder
活塞式流动 <一种理想的液体流动,其中质点的原状始终不变> plug flow
活塞式流量表 piston-type flowmeter
活塞式流量计 piston fluid meter;piston-type flowmeter
活塞式流速计 piston meter;piston-type area meter
活塞式脉动器 piston-type pulsator
活塞式内燃机 piston-type internal combustion engine
活塞式盘簧 piston coil spring
活塞式喷粉枪 plunger type dust gun
活塞式喷漆器 piston-type paint sprayer
活塞式喷雾泵 piston-type spray pump
活塞式膨胀机 piston expansion engine; reciprocating expansion-engine
活塞式气动起动器 piston-type air starter
活塞式气阀 piston air valve
活塞式气马达 piston motor
活塞式欠电压继电器 plunger type undervoltage relay
活塞式取水样器 slip water bottle
活塞式取土器 piston-type sampler;piston core sampler; piston drive sampler; piston sampler; piston-type(core)sampler; piston-type soil sampler;soil sampler of piston
活塞式取样器 piston core sampler;piston drive sampler; piston sampler;piston-type(core)sampler
活塞式燃料泵 piston-type fuel pump
活塞式深井泵 piston deep-well pump
活塞式生波机 piston-type wave generator
活塞式声源 piston acoustic source
活塞式衰减器 piston attenuator
活塞式水泵 piston pump
活塞式水表 piston water meter
活塞式水听器 piston hydrophone
活塞式随动传动装置 servo-piston
活塞式碎矿机 piston stamp
活塞式隧道通风 piston-type tunnel ventilation
活塞式提升阀 piston-type poppet valve
活塞式调节阀 piston-type regulating valve
活塞式跳汰机 piston jig;piston-type washbox; plunger jig; plunger type washbox
活塞式蓄能器 piston accumulator
活塞式蓄压器 piston accumulator
活塞式压力表 piston ga(u)ge;piston-type pressure ga(u)ge
活塞式压力传感器 piston-type pressure sensor
活塞式压力调节器 piston-type pressure controller; piston-type pressure regulator
活塞式压力计 piston ga(u)ge
活塞式压气机 piston compressor
活塞式压缩机 displacement compressor; piston compressor; reciprocal compressor;reciprocating compressor
活塞式压铸 plunger mo(u)lding
活塞式压铸机 plunger type die casting machine
活塞式岩芯取样 piston coring
活塞式岩芯取样器 piston corer
活塞式液力减压器 piston hydroreducer
活塞式液压发动机 piston motor
活塞式液压马达 piston motor
活塞式引擎 piston-type engine
活塞式凿岩机 piston drill; piston sinker;piston-type drill;solid piston rock drill;reciprocating drill
活塞式造波机 piston type wave generator
活塞式增压器 piston intensifier;piston supercharger
活塞式执行机构 piston-type actuator
活塞式制冷机 piston refrigerator
活塞试验 piston test
活塞水表 displacement meter
活塞松动 piston slap;piston work relax;side knock
活塞速度 piston speed;piston velocity
活塞速率 piston speed
活塞弹簧 piston spring
活塞套阀 piston sleeve valve

活塞体 hammer body;piston body
活塞填密料 piston packing
活塞调节阀 piston governor valve
活塞调节阀扣紧簧 piston governor valve retaining spring
活塞调节阀滤器 piston governor valve strainer
活塞调节阀座 piston governor valve cage
活塞调谐电路 piston-tuned circuit
活塞跳汰机 piston jig;plunger jig
活塞筒 barrel piston;piston barrel
活塞头 piston crown; piston head; piston top
活塞头端 piston head end
活塞头端压力 headend pressure
活塞头下部 underside of the piston head
活塞头止动螺钉 piston heat set screw;piston stop screw
活塞推程 extending stroke
活塞推杆 piston push rod
活塞推杆防松螺母 piston push rod check nut
活塞推力 piston thrust
活塞推力侧 thrust side of piston
活塞外缘涨圈 piston skirt expander
活塞往复式泥浆泵 piston reciprocating mud pump
活塞往复式凿岩机 piston reciprocating rock drill
活塞尾杆 extended piston rod;piston rod extension
活塞位移 piston displacement
活塞位移容积 cubic(al) piston displacement; piston displace ment volume
活塞洗井 well cleaning with piston
活塞下降行程 down stroke
活塞限位器 piston stop
活塞销 connecting rod pin; gudgeon pin;piston(gudgeon)pin;wrist pin
活塞销爆击 piston pin knock
活塞销衬套 gudgeon pin bush;piston pin bushing;wrist-pin bushing
活塞销承润滑 wrist-pin bearing lubrication
活塞销冲头 piston pin drift
活塞销盖 gudgeon pin cover; piston pin end cap
活塞销毂 gudgeon pin boss
活塞销护圈 piston pin retainer
活塞销簧环 piston pin circlip
活塞销卡簧 piston pin clamping spring
活塞销壳 piston boss
活塞销孔 piston pin hole
活塞销孔盖 gudgeon pin hole cap; piston pin hole cap
活塞销孔铰刀 piston pin hole reamer
活塞销孔搪磨头 gudgeon hole hone
活塞销螺帽 wrist-pin nut
活塞销塞 gudgeon pin plug;piston pin plug
活塞销锁环 piston pin lock ring;piston pin retaining ring
活塞销锁紧螺钉 piston pin locking screw;piston pin set screw
活塞销锁圈 piston pin snap ring
活塞销止动螺钉 piston pin end
活塞销轴承 gudgeon pin bearing; gudgeon pin bushing; piston pin bearing;rod pin bearing
活塞销座 piston boss;piston pin boss
活塞销座子 piston boss
活塞行程 piston path;piston stroke; piston travel;throw of piston
活塞行程速度 piston speed
活塞行程体积 piston replacement
活塞行程限制器 piston travel limiter
活塞型雨淋阀 piston deluge valve
活塞修复机 knurlizing machine
活塞压板 piston follower
活塞压盖 piston gland
活塞压环 compression piston ring; gas piston ring; gas-tight piston ring; piston compression ring; piston junk ring
活塞压环螺钉 piston junk ring bolt
活塞压力 piston pressure
活塞压力表 piston pressure ga(u)ge
活塞压力计 piston ga(u)ge
活塞压气机 piston blower
活塞压送 piston pressurization
活塞压缩环 piston compression ring
活塞液压马达 Armstrong motor;piston hydromotor
活塞引擎 piston engine
活塞用橡胶 piston rubber
活塞余隙 piston clearance
活塞余隙规 piston clearance ga(u)ge
活塞与隔膜泵 piston and diaphragm pump
活塞运动速度 piston speed
活塞在制动位 applied position of piston
活塞涨圈 piston curl
活塞涨圈黏[粘]着 sticking of piston ring
活塞涨圈压圈 valve follower
活塞胀圈 packing ring;piston ring
活塞折流顶 piston baffle
活塞振荡器 piston oscillator
活塞直径 piston diameter
活塞撞击 piston knock(ing)
活塞作用 piston effect
活塞作用力 cylinder force;piston effort
活赛式润滑器 piston-type lubricator
活扇式隔断 operable partition;operable wall
活扇式隔墙 operable partition;operable wall
活舌 movable lug
活使用荷载 service live load
活树(防腐)法 standing tree method
活树亭 arbor;tent arbor
活栓 cock;stop cock
活栓润滑脂 stopcock grease
活栓塞 stopcock plug
活栓套管 cock-casing
活水 circulating water; flowing water; living water; lotic water; running water;runoff water
活水处理厂 activated plant
活水笼 live box
活榫舌斜角接 loose tongue miter[mitre]
活套 kink;loop
活套槽 <圆盘的> looping channel
活套车 looping car
活套垂度调节器 loop regulator
活套法兰 lap-joint flange;loose flange
活套辊 loopback roll;looper roll
活套环圈 lap joint stud
活套机构 flipper
活套结 running bowline
活套框架式 loose frame type
活套式法兰 loose flange type
活套式线材轧机 rod repeater mill
活套式型钢轧机 looping merchant mill
活套式轧机 looping mill
活套台 looping bed
活套挑 looper;looper gear
活套筒板手 free box wrench
活套销轴 mounted point
活套轧制 loop
活套张紧辊 bridle rolls
活套支持器 looper gear
活梯 step ladder;steps
活梯子 step ladder
活筒仓 live silo
活头车钩 flexible(head)coupler
活头丁字尺 adjustable head T-square; adjusting-head T-square
活头钎子 crown drill
活头钻具 crown drill
活头钻头 collapsible bit
活土层 active layer
活腿三脚架 adjustable(-leg) tripod; extending-leg tripod; extension tripod;sliding(-leg) tripod; telescopic-(al) leg tripod
活脱环 slip hook
活脱铰链 lift-off butt;lift-off hinge; loose butt hinge
活网 live net
活细菌 viable bacteria
活线 live wire
活销铰链 loose-pin butt; slip butt hinge
活销轴套 movable pin shaft sleeve
活楔子 removable type whipstock
活形阀 flap valve
活性 activity;reactivity
活性安全冲突模型 active safety conflict model
活性白土 activate(d) clay;active floridin;atlapulgite;floridin
活性白土细粉 fine clay
活性曝光法 activated aeration process
活性被覆层 active coating
活性比 activity ratio;specific activity
活性边 <油漆未干的边> live edge
活性部件 active component
活性部位 active site
活性材料 activated material; active material
活性藏青 reactive navy blue
活性测定 determination of activity
活性层 active layer
活性超细碳酸钙 active superfine calcium carbonate
活性沉淀槽 active pool
活性沉淀池 active pool
活性沉积 active deposit
活性沉积物 active sediment
活性成分 active ingredient
活性成土因素 active soil former
活性橙 reactive orange
活性翠蓝 reactive turquoise blue
活性大红 reactive scarlet
活性单体 reactive monomer
活性单位 active unit
活性单性炭 activated parthenium carbon
活性氮 active nitrogen
活性的 activated;reactive;active
活性低结构炭黑 active low structure black
活性底漆 active primer
活性点 active site
活性电子 active electron
活性淀积 active deposit
活性度 activity degree;degree of activity
活性段 active section
活性断层 active fault
活性二氧化硅 activated silica;active silica
活性发射材料 active emitting material
活性矾土 activated alumina;activated bauxite
活性反应 active reaction
活性反应组分 reactive species
活性反映 active reaction
活性肥料 active fertilizer
活性废污泥 waste activated sludge
活性沸石 activated zeolite;active zeolite
活性分散染料 reactive disperse dye
活性分析 activity analysis
活性粉末 active powder; reactive powder
活性粉末混凝土 reactive powder concrete
活性敷层 active coating
活性腐殖质 active humus
活性高聚物 living polymer
活性骨料 active aggregate; reactive aggregate
活性骨料混凝土 reactive aggregate concrete
活性固体 activated solid;active solid
活性硅 activate silica;active silica
活性硅胶 activated silica gel; active silica-gel
活性硅(石)材料 reactive silica material
活性硅酸盐 activated silicate; reactive silicate
活性硅土 activated silica
活性黑 reactive black
活性红 reactive red;vital red
活性红紫 reactive red violet
活性化 activate;reactivation
活性化合物 active compound
活性化络合物 activated complex
活性化作用 activation
活性黄 reactive yellow
活性恢复 reactivate;revivify
活性混合材料 active addition; active admixture
活性混凝土骨料 reactive concrete aggregate
活性混凝土集料 reactive concrete aggregate
活性基 active radical
活性基团 active group
活性极压润滑剂 active extreme pressure lubricant
活性集料 active aggregate; reactive aggregate
活性集料混凝土 reactive aggregate concrete
活性剂 activating agent;activator;active agent
活性加固剂 active stabilizer
活性碱 active alkali
活性键 reactive bond
活性介质 active medium
活性金黄 reactive golden yellow
活性金属 active metal;reactive metal
活性金属法陶瓷-金属封接 ceramic-to-metal seal by active metal process
活性聚合物 reactive polymer
活性菌丝 active mycelium
活性颗粒炭 activated granular carbon
活性空气 active air
活性矿土 activated silica
活性蓝 reactive blue
活性冷却面 active cooling surface
活性离子 activated ion
活性离子电解仪 active ion electrolyser[electrolyzer]; active ion electrolysis unit
活性离子交换 reactive ion exchange
活性粒子 active particle
活性磷 active phosphorus; reactive phosphorus
活性磷酸盐 activated phosphate; labile phosphate
活性磷酸酯 labile phosphate
活性硫 active sulfur
活性硫黄 activated sulphur
活性铝 activated alumin(i)um
活性铝土 activated alumina
活性绿 reactive green

活性氯 activated chlorine; active chlorine
活性络合物 activate complex
活性蒙脱石 activated montmorillonite
活性蒙脱土 activated montmorillonite clay; montmorillonite clay
活性面层 active coating
活性明矾 activated alum
活性明胶 activated gelatin; active gelatin
活性墨绿 reactive dark green
活性木炭 active charcoal; activated charcoal
活性嫩黄 reactive brilliant yellow; reactive flavine; reactive light yellow
活性黏[粘]合剂溶液 solvent-activated adhesive
活性黏[粘]结剂 reaction cement
活性黏[粘]土 activate(d) clay; active clay
活性浓度 active content
活性偶氮染料 reactive azo dye
活性配位化合物 labile coordination compound
活性膨润土 activated bentonite
活性曝气 activated aeration
活性曝气法 activated aeration process; bio-aeration
活性期 life time
活性气体 active gas
活性氢 available hydrogen; reactive hydrogen
活性区 active section; fissile core
活性区域 active region
活性曲线 activity curve
活性染料 activated dye; active dye; reactive dye
活性染料废水 active dyeing wastewater
活性染料水解产物 reactive due hydrolysate
活性染色废水 active dyeing wastewater
活性溶剂 active solvent
活性溶质 active solute; reactive solute
活性溶质浓度 reactive solute concentration
活性溶质运移 reactive solute transport
活性砂澄清池 active sand clarifier
活性砂滤池 activated sand filter
活性烧结 reactive sintering
活性生长期 active growth stage
活性生物 active organism
活性生物表面 active biological surface
活性生物过滤 activated biological filtration; biologic(al) activated filtration
活性生物滤池 activated biofilter; biologic(al) activated filter; biologic(al) active filter
活性生物滤池系统 activated biofilter system
活性生物膜 active biological film
活性生物砂 active biological sand
活性石油焦煤 activated petroleum coke
活性试验 activity test
活性树脂 activated resin; reactant resin; reactive resin
活性衰退 activity decay
活性水<有腐蚀性的> active water
活性水系沉积物 active stream sediment
活性水硬结合料发热水泥 hot cement of active hydraulic binder
活性水硬性黏[粘]合料 active hydraulic binder
活性松香焊剂 activated rosin flux
活性酸度 active acidity
活性炭 absorbent carbon; absorbent charcoal; absorbite; activate(d) char(coal); activate(d) carbon; active carbon; charcoal; desorex
活性炭表面化学性质 activated carbon surface chemistry
活性炭布 activated carbon cloth
活性炭尘肺 activated carbon pneumoconiosis
活性炭池 activated carbon pond
活性炭臭氧催化工艺 activated carbon-catalysed ozonation process
活性炭处理 activated carbon process; activated carbon treatment
活性炭处理系统 activated carbon treatment system
活性炭床 activated carbon bed
活性炭床厚度作用时间 activated carbon bed-depth service time
活性炭纯化器 charcoal purifier
活性炭的吸酚值 phenol value of activated carbon
活性炭法 activated carbon method; activated carbon process
活性炭复活作用 activated carbon reactivation
活性炭管 activated carbon tube
活性炭罐 activated carbon canister
活性炭过滤 activated carbon filtration
活性炭过滤法 activated carbon filter process
活性炭过滤剂 charcoal filter
活性炭过滤器 activated carbon filter; activated charcoal filter; active carbon filter; active charcoal filter; carbon filter; charcoal filter
活性炭黑 activated carbon black; active carbon
活性炭后处理 activated carbon polishing
活性炭化物 activated carbide
活性炭检验 active carbon monitoring
活性炭浸渍剂 impregnated on activated carbon
活性炭颗粒过滤设施 granular activated carbon filter
活性炭颗粒群 activated carbon particle swarm
活性炭孔隙容积 activated carbon pore volume
活性炭类别 activated carbon types
活性炭流化床 activated carbon fluidized bed
活性炭流化吸附法 fluid char adsorption process
活性炭流量调节器 carbon flow controller
活性炭滤池 activated carbon filter; carbon filter
活性炭浓度 activated carbon concentration
活性炭排放管 activated carbon eductor
活性炭喷射器 activated carbon eductor
活性炭氢氧化物 active hydrocarbon
活性炭筛选 activated carbon selecting
活性炭生物转盘 activated carbon biodisk
活性炭酸钙 activated calcium carbonate; activated chalk
活性炭糖蜜值 activated carbon molasses number
活性炭脱氮 activated carbon denitrification
活性炭脱硫 desulfurization by activated carbon; desulfurization by active carbon
活性炭吸附 activated charcoal absorption
活性炭吸附测定法 charcoal test method
活性炭吸附床 activated carbon adsorption bed
活性炭吸附法 activated carbon adsorption process; activated charcoal adsorption method; active carbon adsorption; charcoal absorption
活性炭吸附法脱氮 control of NOx by adsorption process with activated carbon
活性炭吸附法烟气脱硫 activated carbon process of fume gas desulfurization
活性炭吸附分离生物再生工艺 activated carbon adsorption separation-biological regeneration process
活性炭吸附工艺 activated carbon adsorption process
活性炭吸附过程 charcoal adsorption process
活性炭吸附柱 activated carbon absorption column
活性炭吸收 activated carbon absorption; activated charcoal absorption
活性炭纤维 activated carbon fibre[fiber]
活性炭纤维电极电解系统 activated carbon fiber[fibre] electrode electrolysis system
活性炭型号 active carbon model
活性炭移动床 activated carbon moving bed
活性炭再生 reactivation of carbon
活性炭再生作用 activated carbon reactivation; regenerated activated carbon; regenerated activated charcoal
活性炭毡 activated carbon felt
活性碳酸钙 calcium carbonate activated
活性填充剂 reinforcing filler
活性填(充)料 active filler
活性烃 active hydrocarbon; reactive hydrocarbon
活性通气 bio-aeration
活性涂层 active coating
活性土 activated earth; active earth; bleaching clay; bleaching earth
活性团 active mass
活性微晶高岭土 activated montmorillonite clay
活性微生物 active microorganism
活性微生物浓度 activated microbial concentration
活性微生物区系 active microflora
活性稳定剂 active stabilizer
活性污泥 activate(d) sludge; active sludge; microbial sludge; secondary sludge
活性污泥产量减缩 activated sludge yield reduction
活性污泥厂设计 activated sludge plant design
活性污泥沉淀池 activated sludge settling tank
活性污泥沉降曲线 activated sludge settling curve
活性污泥成团 agglomeration of activated sludge
活性污泥池 activated sludge tank
活性污泥出水 activated sludge effluent
活性污泥处理 activated sludge disposal; activated sludge treatment; active sludge treatment
活性污泥处理法<一种废水生物处理法> activated sludge process; activated sludge method
活性污泥处理工艺 activated sludge treatment process
活性污泥处理技术 activated sludge treatment technology
活性污泥处理设备 activated sludge treatment plant; activated sludge treatment unit
活性污泥处理系统 activated sludge treatment system
活性污泥处置 activated sludge disposal; disposal of activated sludge
活性污泥代谢特性 activated sludge metabolic property
活性污泥的变黑剂量 blackout dosage of activated sludge
活性污泥动力学 activated sludge kinetics
活性污泥法 activate sludge process; complete mixing activated sludge process
活性污泥(法处理)厂 activated sludge plant
活性污泥法处理污水渠 oxidation ditch
活性污泥(法)工艺流程 flow sheet of activated sludge process
活性污泥法耗能量 power consumption of activated sludge
活性污泥法机械 mechanical aerator in activated sludge process
活性污泥法曝气方法 aeration methods of activated sludge process
活性污泥法微生物学 activated sludge process microbiology
活性污泥法污泥产量 sludge produced in activated sludge process
活性污泥法(污水)处理厂 activated sludge plant
活性污泥反应池 activated sludge reaction tank
活性污泥反应器 activated sludge reactor
活性污泥肥效值 fertilizing value of activated sludge
活性污泥废水 activated sludge wastewater
活性污泥废水处理厂 activated sludge wastewater treatment plant
活性污泥废液 activated sludge effluent
活性污泥分离 activated sludge separation
活性污泥分析 analysis of activated sludge
活性污泥粉末-活性炭工艺 activated sludge-powdered activated carbon process
活性污泥负荷 activated sludge loading
活性污泥负荷率 activated sludge loading rate
活性污泥干化 dying of activated sludge
活性污泥工艺 activated sludge process; active sludge process
活性污泥工艺诊断 diagnosis of activated sludge process
活性污泥过滤 activated sludge filtration
活性污泥呼吸计 activated sludge respirometer
活性污泥活性测定 activity measure of activated sludge
活性污泥接触沉淀池 sludge contact settling tank
活性污泥颗粒 activated sludge particle
活性污泥块 activated sludge floc

活性污泥矿化 activated sludge mineralization
活性污泥模型 activated sludge model
活性污泥浓缩 thickening of activated sludge
活性污泥泡沫 activated sludge foam
活性污泥泡沫控制 activated sludge foam control
活性污泥培养 activated sludge culture
活性污泥膨胀 activated sludge bulking;bulking of activated sludge
活性污泥膨胀发泡 activated sludge bulking and foaming
活性污泥膨胀发泡控制 activated sludge bulking and foaming control
活性污泥曝气 activated sludge aeration;sludge aeration
活性污泥曝气池 activated sludge aeration tank
活性污泥曝气法 activated sludge aeration method
活性污泥曝气时间 aeration period of activated sludge process
活性污泥曝气运动 activated sludge aeration travel
活性污泥器选型 selection of activated sludge reactor type
活性污泥绒粒 activated sludge floc
活性污泥溶液化 activated sludge solubilization
活性污泥上浮 activated sludge rising
活性污泥设备 activated sludge plant
活性污泥生物反应器 activated sludge bioreactor
活性污泥生物膜废水处理 activated sludge biofilm wastewater treatment
活性污泥生物群 activated sludge biota
活性污泥生物质 activated sludge biomass
活性污泥试验厂 activated sludge pilot plant
活性污泥术语 activated sludge nomenclature
活性污泥法双渠处理污水 double oxidation ditch
活性污泥丝状膨胀 activated sludge filamentation bulking
活性污泥特性 activated sludge property; characteristics of activated sludge
活性污泥脱水 dewatering of activated sludge
活性污泥完全氧化法 complete activated sludge oxidation process
活性污泥吸附 activated sludge adsorption
活性污泥吸附方程 activated sludge adsorption equation
活性污泥系的驯化 acclimation of activated sludge
活性污泥系统 activated sludge system
活性污泥系统驯化 acclimatization of activated sludge system
活性污泥相 activated sludge phase
活性污泥消化 activated sludge digestion
活性污泥行列 activated sludge procession
活性污泥絮凝物 activated sludge floc
活性污泥絮凝物结构 activated sludge floc structure
活性污泥絮片 activate sludge floc
活性污泥驯化 acclimation of activated sludge;domestication of activated sludge
活性污泥氧化作用 activated sludge oxidation
活性污泥抑制 activated sludge inhibition
活性污泥营养需要 activated sludge nutrient requirements
活性污泥运转问题 activated sludge operational difficulties
活性污泥再生 reactivation of sludge
活性污泥增长曲线 growth curve of activated sludge
活性污泥中悬浮固体含量 mixed liquor suspended solid in activated sludge
活性污水 activated sew(er)age
活性污物 activated sewerage
活性污渣法 activated sludge method
活性无机填料 inorganic active filler
活性无烟煤 active anthracite
活性物 active matter;actives
活性物含量 active matter content
活性物质 activated material;active material;active substance
活性吸附 activated absorption
活性吸附剂 hypersorber
活性吸收 active absorption
活性矽土 activated silica
活性稀释剂 active diluent; reactive diluent
活性洗涤剂 active detergent
活性系数 active factor;activity coefficient;activity factor;activity quotient
活性纤维 activated fiber[fibre];active fiber[fibre];reactive fiber[fibre]
活性相含量 contents of reactive phase
活性溴 active bromine
活性盐沼 active salt marsh
活性颜料 active pigment; reactive pigment
活性艳橙 activated brilliant orange
活性艳红 reactive brilliant red
活性艳红染料废水 reactive brilliant red dye wastewater
活性氧 active oxygen
活性氧法 active oxygen method
活性氧化钙 active calcium oxide
活性氧化铝 activated alumina;activated alumin(i)um oxide;active alumina;active alumin(i)um oxide;caustic alumina
活性氧化镁 activated magnesium oxide
活性氧化物 activating oxide
活性氧化锌 activated zinc oxide
活性氧试验 active oxygen test
活性乙醇醛 active glycolaldehyde
活性乙酸盐 active acetate
活性因子 active factor
活性有机物 active organic matter; living organism
活性有机质 active organic matter
活性淤泥 activated silt; activated sludge
活性元素 active element
活性杂质 non-inert impurity
活性藻类法 activated algae process
活性增塑剂 reactive plasticizer
活性渣 active silica
活性指示器 activated indicator
活性指数 <塑性指数对黏[粘]土成分之比> activity number;activity index;index of activity
活性质量部分 active mass fraction
活性质量近似法 active mass approximation
活性中间产物 reactive intermediate
活性中间体 reactive intermediate
活性中心 active center[centre];active region
活性种 reactive species
活性转移 active transfer;active transport
活性状态 activated state;active condition;active state
活性阻燃剂 reactive flame retardant
活性组分 active component; active constituent
活旋钳 monkey spanner; monkey wrench
活叶 flap;leaflet;loose leaf
活叶泵 vane pump
活叶铰链 loose butt hinge
活叶螺旋桨 reversible propeller
活叶式泵 vane-type pump
活叶闸门 balanced wicket
活页 loose leaf;loose sheet
活页窗导条 guide bead
活页堵漏板 hinged patch
活页阀 change-over valve
活翼式泵 sickle pump
活印金 metal
活用蓄水量 live storage
活鱼舱船 well boat
活鱼车 fish car
活鱼数目 good fish population
活鱼箱 live box
活跃部门 dynamic(al) sector
活跃产品 dynamic(al) product
活跃的 brisk
活跃的微生物区系 active microflora
活跃电子 active electron
活跃度 liveness
活跃端 live end
活跃峰 active front
活跃贸易 active trading
活跃室 live room
活载发展均衡系数 balancing factor for increasing live load
活载(荷) live load;living load;movable load;mobile load;moving load
活载荷应力 life-load stress
活载荷应力条件 life load stress condition
活载力矩 live load moment
活载锚碇 live anchorage
活载应力 life load stress; live load stress
活载重 movable load
活闸门槛 pointing sill
活栅门 collapsible gate;folding gate;nu-bar
活砧式掣链器 anchor stopper; dead nip stopper; lever controller; lever stopper
活支撑 adjustable attachments
活植被 green vegetation
活质 bioplasm;living substance
活质玻璃化 vitrification of organism
活中心 activation analysis
活轴圆锯 rising and falling saw
活贮仓 live storage bin
活柱塞 plunger
活爪 movable jaw
活转定子 freewheeling stator
活转离合器 freewheeling clutch
活资本 active capital
活字杆 type bar
活字杆印刷机 bar printer
活字(合)金 type metal
活字链 type chain
活组织检查 biopsy
活钻头 bit prong; boring bit; bottoming bit; interchangeable bit; removable drill bit;slip-on detachable bit
活嘴夹 pinchcock

火

火把 torch
火把烟囱 flare stack
火坝 boil(er) bridge;bridge in furnace;bridge of boiler
火包附件 gun accessory
火(报)警钟 fire bell
火暴 fire storm
火表 electric(al) meter;energy meter
火钵 brazier
火补钉 <补内胎用> hot patch
火舱 stokehold;stoke hole
火侧 fire side
火侧翼 flank of a fire
火层 fire bed
火层上部喷射布置 overfire jet arrangement
火柴 match
火柴材 match block
火柴插 match stand
火柴杆 splint
火柴杆坯料 match block
火柴杆用材 matchwood
火柴盒式滑阀 match-box-type of flat slide valve
火柴蜡 match wax
火柴用材 match stock
火柴制造机 match-making machinery
火铲 fire shovel;turning shovel
火场 fire site
火场广播 fire ground announcement
火场通信[讯] fire ground communication
火场向导岗位 pilot's post
火场因素 fire ground factor
火场指挥所 fire headquarter
火场指挥网 fire ground network
火场指挥员 fire commander; fire ground command
火车 railroad train;railway train;train
火车编组 train making-up
火车车辆编组站 train make-up station
火车车轮 train wheel
火车车轮轧机 railway wheel mill
火车车皮洗涤剂 railway wagon detergent
火车车厢 railroad car
火车车厢间挂链 drag chain
火车车轴 railroad car axle
火车到发公告牌 <车站的> station indicator
火车电话机 railophone
火车调度车站 switching yard
火车调度员 train dispatcher
火车渡船 car float; train carrier; van ship
火车渡船管理员 floatman
火车渡口 car ferry crossing;car ferrying;hydrotrain;rail ferry;railroad ferry;railway ferry;train ferry
火车渡轮 car ferry crossing; ferry boat;hydrotrain;rail ferry;railroad ferry;railway ferry;train ferry
火车费 car fare
火车轨道 railway;track
火车和汽车轮渡 train and vehicle ferry
火车荷载 train load(ing)
火车加水站 tank station
火车驾驶员室 locomotive cab
火车路签 train staff
火车轮渡 car ferry crossing;car ferrying; hydrotrain; railroad ferry; railway ferry; train carrier; train ferry
火车轮渡费 floatage
火车轮渡码头 hydrotrain terminal; railroad ferry terminal;railway ferry terminal;train-ferry terminal
火车轮箍 railroad tire[tyre]; railway tire[tyre]

火车排障器 life guard
火车票 railway ticket
火车平台车 rack car
火车上 aboard
火车上乘务员 train-man
火车上的制动手 ground-hog
火车上交货(价) free on rail;free on train
火车时刻表 train itinerary
火车损伤 railway injury
火车头 engine;loco(motive);locomotive engine;bull <俚语>;hog <俚语>
火车头烟囱 chimney for locomotive
火车尾部的分隔车厢 <英> coupe
火车卧铺 <法语> couchette
火车卧室 state room
火车卸货用的手控刮铲小车 hand scraper for unloading railway cars
火车卸煤 coal car unloading
火车卸载 detrain
火车一次作业平均在港停留时间 average time used for loading(discharging)a train
火车油槽车 rail tanker
火车与货船联运的港口 rail port
火车运材 train log
火车运货契约 consignment bill;consignment note
火车在港总停留车时 total wagon-hours in port
火车在港作业车次数 total number of wagons handled
火车噪声 train noise
火车闸瓦 brake-shoe for train
火车站 banquette seating;railroad station;railway depot;railway station;station house
火车站轨道 station track
火车站名称 name of station
火车站隧道 station tunnel
火车照明用发电机 train lighting dynamo
火车装车处 railway loading
火车总站 central railway station
火成变质岩 ortho-rock
火成变质作用 igneous metamorphism
火成的 igneous;igneous plutonic;pyroclastic;pyrogenetic;pyrogenic;pyrogenous;volcanic
火成地沥青 pyrogenous asphalt;pyrogenous bitumen
火成堆积 igneous accumulate
火成活动 <与火成岩侵入和形成有关的所有作用> igneous activity
火成结构面 igneous discontinuity
火成晶石 pyromorphite
火成矿床 pyrogenetic[pyrogenic] deposit
火成矿物 igneous mineral;pyrogenetic mineral
火成蜡 pyrogenous wax
火成沥青 pyritobitcimen;pyrobitumen;pyrogenous asphalt;pyrogenous bitumen
火成论 <说地壳因火力作用而成> plutonism
火成论者 plutonist;volcanist
火成片麻岩 orthogneiss
火成侵入(体)【地】 igneous intrusion
火成闪岩 amphibololite
火成说 plutonism
火成碎屑 pyroclast
火成碎屑沉积 pyroclastics
火成碎屑的 pyroclastic
火成碎屑流 pyroclastic flow
火成碎屑物 pyroclastic material
火成碎屑岩 pyroclastic rock
火成碎屑岩相 pyroclastic fragmental facies
火成碎屑岩涌 pyroclastic ground surge
火成旋回 igneous cycle;magmatic cycle
火成岩 eruptive rock;igneous plutonic rock;igneous rock;irruptive rock;magmatic rock;plutonite;pyrogenetic[pyrogenic] rock;pyrogenous rock;pyrolith
火成岩包裹体 inclusion of igneous rocks
火成岩产状 occurrence of igneous rocks
火成岩储集层 igneous rock reservoir
火成岩大类 classes of igneous rock
火成岩的产状岩相 occurrence of igneous rock igneous facies
火成岩的构造地球化学 tectono-geochemistry of igneous rock
火成岩调查 survey of igneous rock
火成岩集料 eruptive aggregate
火成岩浆 magma igneous
火成岩块体 volcanic block
火成岩侵入 emplacement
火成岩区 igneous province
火成岩石学和变质岩石学的指数 index of igneous and metamorphic petrology
火成岩水平节理 L joint of igneous rock
火成岩碎屑 clastic eruptive rock
火成岩系 igneous rock series
火成岩岩石构造 structure of igneous rocks
火成岩岩石结构 texture of igneous rocks
火成岩岩石学 igneous petrology
火成岩岩相 facies of igneous rocks
火成岩在双三角形 Q-A-P-F 中的分类图 classification of igneous rocks in the double triangle Q-A-P-F
火成杂岩 igneous complex
火成浊流 pyroturbidity
火成作用 pyrogen(e)sis
火床 fire bed;fire grate;fire-hearth
火床面 grate surface
火床面积 area of grate diagram;grate area
火刺 burn mark;fire speckling;kiln stain
火蛋白石 fire opal;gold opal;pyrophane;sun opal
火道 quirk
火道式燃烧器 tunnel burner
火的 igneous
火的影响范围 seat of a fire
火地供暖 hypocaust
火地空间 cis-Martian space
火点 fire point
火电 thermal power
火电厂 coal-fired power station;fossil fuel plant;heat engine plant;steam power plant;steam power station;thermal power plant;thermal power station
火电的代用电能 fuel replacement energy
火电工程 fired project
火电调峰 thermal peaking
火电站 heat engine plant;steam power station;thermal power station
火顶风扇 overfire air fan
火端 fire end
火煅 yellow soda ash
火堆 balefire
火法 pyrogenic process
火法处理 pyrogenic attack
火法化验 fire assay
火法精炼 fire refining;pyrometallurgical refining;pyrorefining
火法精炼法 fire refining process
火法精炼金属 fire refined metal
火法试金 fire assay
火法冶金 dry metallurgy;fire metallurgy;fusion metallurgy;pyrometallurgical method
火法冶金学 dry metallurgy;pyrometallurgy;thermometallurgy
火焚半丝质体 pyrosemifusinite
火焚丝质体 pyrofusinite
火负荷 fire load
火感器 fire detector
火感系统 fire detection system
火格子 range
火隔 fire screen
火根 root of flame
火钩 fire hook;hook poker;oven fork;pricker
火菇属 <拉> Flammula
火管 flame chamber;flame tube;furnace flue;smoke tube;fire tube <锅炉内的>
火管锅炉 fire tube(steel) boiler;gas-tube boiler;shell boiler;smoke pipe boiler;smoke tube boiler;tank boiler;tubular boiler
火管锅炉检验 fire tube boiler survey
火管加热炉 fire tube heater
火管燃烧室 flue furnace
火管式锅炉 fire tube boiler
火管式沥青溶化装置 asphalt fire pipe melter
火管试验 <木材在管中燃烧失重试验> fire tube test
火管受热面 flue heating surface
火管信号 fusee
火管装置 fire tube apparatus
火光 firelight
火光闪动 whiffle
火光自动警报器 light intercepting
火滚筒 heated roller
火棍 tap-out bar;tapping bar
火锅 chafing dish
火焊接 thermit(e) welding
火号 flare
火和烟迁移 fire and smoke transport
火荷载 fire load
火红的 flaming
火红色的 flamboyant;ignitus
火红银矿 pyrostibnite
火花 electric(al) spark;scintillation;spark(discharge);sparkle;sparkling;spark over
火花爆击 spark knock
火花爆炸法 spark explosion method
火花避雷器 bonnet;gap arrester;spark arrester[arrestor]
火花捕捉器 sparker;spark trap
火花测微计 spark micrometer
火花长度 spark length
火花迟早自节器 automatic spark mechanism
火花触点 sparking contact
火花等离子体 spark plasma
火花点火 high-tension ignition;spark ignition
火花点火喷油式发动机 spark ignition fuel-injection engine
火花点火器 spark igniter;spark lighter
火花点火式发动机 spark ignition engine
火花点火式内燃机 spark ignition engine
火花电弧焊 flash welding
火花电极 sparking electrode;spark point
火花电离 spark ionization
火花电离室 spark ionization chamber
火花电路 spark circuit
火花电蚀 spark erosion
火花电势 spark potential
火花电压 spark(ing) potential;spark(ing) voltage
火花电阻 spark resistance
火花电阻圆盘钢丝刷 spark resistant wire wheel brush
火花定时器 spark timing
火花断路器 spark killer
火花断续线圈 vibrator coil
火花对焊 flash welding
火花对头焊接法 flash butt welding
火花发生器 spark generator;spark producer
火花发送 spark sending
火花法 spark technique
火花防护罩 jump spark system
火花防止器 spark preventer
火花放电 disruptive discharge;spark discharge;spark over
火花放电成型 spark discharge forming
火花放电电压 spark-over voltage
火花放电检测器 spark discharge detector
火花放电粒子发生器 spark discharge particle generator
火花放电器 spark discharger
火花放电球 spark ball
火花放电试验 spark-over test
火花放电室 spark chamber
火花放电隙 air gap;spark gap
火花放电显微计 spark micrometer
火花放电硬化法 electrospark hardening;spark discharge hardening
火花分配器 spark distributor
火花腐蚀 spark erosion
火花干扰 ignition interference
火花感应线圈 inductorium;spark inductor
火花光谱 spark spectrum
火花光谱分析 spark spectrography
火花焊 spark welding
火花弧 flash arc
火花激发 spark excitation
火花激励 spark excitation
火花极限 sparking limit
火花计时器 spark timer
火花计数器 spark counter
火花记录 spark recording
火花记录器 spark recorder
火花加工 spark working
火花加工焊条 electrodes for spark machining
火花间隙 anchor gap;arcing distance;arcing gap;discharger gap;spark gap;discharger;length of spark-gap;sparking distance
火花间隙电压表 spark gap voltmeter
火花间隙激发器 spark gap exciter
火花检波器 spark detector
火花检测器 spark tester
火花检漏器 spark coil leak detector
火花检验 spark test
火花检验器 spark tester
火花阱 spark trap
火花控制 spark control
火花离子源 spark ionization source
火花离子源质谱计 spark ion source mass spectrometer
火花脉冲调制器 spark pulse modulator
火花起爆 spark initiation
火花起爆法 spark firing
火花切割 spark cutting
火花塞 candle;heating plug;ignition plug;ignitor electrode;light-up plug;spark(ing) plug
火花塞扳手 spanner for spark plug;spark plug wrench
火花塞点火 spark(ing)(plug) ignition
火花塞点火发动机 spark plug engine

火花塞电棒 spark plug electrode
火花塞电阻 spark plug resistor
火花塞电阻测试仪 spark plug resistance tester
火花塞垫圈 spark plug washer
火花塞端子 terminal spark plug end
火花塞短路造成的停火 shorting-out
火花塞规 spark plug gage
火花塞积炭 spark plug fouling
火花塞积碳 fouling of spark plug
火花塞间隙 plug gap;spark plug gap
火花塞间隙表 gap ga(u)ge for spark plug
火花塞间隙规 spark plug gap feeler gage
火花塞间隙校正器 spark plug gap setting tool
火花塞接头螺母 spark plug terminal nut
火花塞绝缘体 spark plug insulator
火花塞壳 shell of spark plug;spark plug body;spark plug shell
火花塞孔 opening for spark plug;spark plug hole
火花塞孔凹谷 <发动机> spark-play well
火花塞冷却器 spark plug cooler
火花塞螺丝攻 spark plug taps
火花塞帽 spark plug cap
火花塞钳 spark plug pliers
火花塞清洁器 spark(ing) plug cleaner
火花塞伸长部 spark plug extension
火花塞式点火器 squib-initiated igniter
火花塞式轮胎打气泵 spark plug tire [tyre] pump
火花塞式指示器 spark plug type indicator
火花塞试验器 pressure bomb;spark plug tester
火花塞试验装置 plug tester
火花塞套筒扳手 spark plug socket wrench
火花塞套座 spark plug insert
火花塞填密圈 spark plug gasket
火花塞隙校正器 spark plug gap setting tool
火花塞线 spark plug wire
火花塞线接头 spark plug terminal
火花塞中心杆 spark plug center[centre] rod
火花塞柱 spark plug post
火花塞专用扳手 plug wrench
火花塞装置 spark setting
火花塞座 spark plug adapter
火花烧结 spark sintering
火花烧结机 spark sintering machine
火花烧蚀 spark erosion
火花式发射机 <旧式无线电报发射机> spark transmitter
火花式内燃机燃烧室【机】 spark-ignition engine combustion chamber
火花试验 <鉴定钢材含碳量的> spark test
火花速熄电容器 spark quenching condenser
火花提前 spark advance
火花调节器 spark governor;spark regulation
火花调整 spark adjustment
火花调整箱 casing for spark adjustment
火花吸收器 spark absorber
火花熄灭 spark blow-out;spark suppression
火花熄灭器 arc arrester[arrestor]
火花隙 spark gap;sparking distance
火花隙电阻 resistance of spark-gap;spark gap resistance
火花隙伏特计 spark gap voltmeter
火花隙宽度 spark gap width
火花隙式避雷器 spark gap arrester
火花隙式发射机 spark gap transmitter
火花隙式整流器 spark gap type rectifier
火花隙调整 spark gap adjustment
火花隙调制 spark gap modulation
火花隙调制器 spark gap modulator
火花隙振荡器 spark gap generator
火花现象 pyrophoric behavio(u)r
火花消除 extinction of spark
火花消除器 spark arrester[arrestor];spark extinguisher
火花消除装置 flame flash arrestor
火花消灭器 arc arrester;spark arrester[arrestor]
火花形成 spark formation
火花抑制 spark suppression
火花抑制器 spark arrester[arrestor];spark suppressor
火花源 spark source
火花源谱法 spark-source mass spectrometry
火花源质谱计 ion source mass spectrometer;spark-source mass spectrometer
火花源质谱仪 ion source mass spectrometer;spark-source mass spectrometer
火花增强器 spark intensifier
火花整流子 sparking commutator
火花制止器 spark arrester[arrestor]
火花阻尼 spark damping
火化场 incinerarium
火浣布 Huowaan cloth
火毁 yellow soda ash
火毁的 gutted
火毁的房屋 gutted structure
火鸡尾山墙顶饰 turkey tails
火基本扑灭 fire black-out
火急的问题 burning question
火棘(法皂荚) firethorn
火棘属 firethorn
火棘属植物 firethorn
火碱 caustic soda
火箭 dart;fire arrow;rocket;rocket projectile;vehicle
火箭 X 射线天文学 rocket X-ray astronomy
火箭测候仪 rocket sonde
火箭冲压喷气发动机 ducted rocket;rocket ramjet
火箭电泳 rocket electrophoresis
火箭发电机箱 rocket-motor case
火箭发动机 rocket engine;rocket motor;thrust chamber
火箭发动机壳体 propellant bottle
火箭发动机组 rocket-motor assembly
火箭发射 lift-off
火箭发射场 rocket field
火箭发射架 bazooka
火箭发射者 rocketo(e)r
火箭发射装置 firing vehicle;rocket launcher
火箭跟踪雷达 missile-track radar
火箭合金 jet alloy
火箭滑车 rocket sled
火箭滑车试验 rocket-sled testing
火箭技术 rocketry
火箭降落伞信号 rocket parachute flare
火箭救生绳 rocket line;rocket rope;whip line
火箭抛绳 rocket line;rocket rope;whip line
火箭抛绳器 rocket apparatus
火箭喷嘴 rocket nozzle
火箭起飞助推器 rato bottle
火箭气象计 rocket meteorograph
火箭燃料 katergol;propellant[propellent];rocket fuel;rocket propellant
火箭燃料喷嘴 propellant orifice
火箭燃料筒 propellant bottle
火箭闪光三角测量 rocket-flash triangulation
火箭式投射装置 rocket apparatus
火箭塔架 gantry
火箭探测 rocket sounding
火箭天文学 rocket astronomy
火箭天线 rocket antenna
火箭筒 bazooka;rocket socket;rocket tube
火箭筒发射器 rocket launcher
火箭头部 rocket nose section
火箭推动的 rocket-powered;rocket-propelled
火箭推进 rocket propulsion
火箭推进的汽车 rocket(driven) car
火箭推进剂 rocket propellant
火箭携带的红外绘图仪 rocket-borne infrared mapper
火箭携带的紫外摄谱仪 rocket-borne ultraviolet spectrograph
火箭信号 rocket signal
火箭学 rocketry
火箭用透平 rocket turbine
火箭运载红外成像仪 rocket-borne infrared mapper
火箭运载机 launch airplane
火箭噪声 rocket noise
火箭质量比 vehicle mass ratio
火箭助推 rocket assist
火箭助推起飞装置 rocket assisted take off gear
火箭助推器 assisted take-off rocket;booster rocket
火箭助推器推力 booster thrust
火箭专家 rocketo(e)r
火箭状闪电 rocket lightning
火界 pyrosphere
火精铜 <含 99% 铜以上> tough cake;pole tough pitch
火井 gasser
火警报警器 fire alarm;pull box
火警灯 fire warning light
火警笛 fire siren
火警地区指示牌 fire space plate
火警观察塔 fire tower
火警广播系统 public fire alarm address system
火警监测器 fire detector
火警监视台 fire tower
火警接收站 fire alarm receiving station
火警警报 fire alarm
火警警报系统 fire alarm(sounding) system
火警嘹望塔 fire tower
火警铃 fire(alarm) bell
火警事故 fire accident
火警疏散信号 fire alarm evacuation signal
火警太平滑道 slide fire escape
火警探测 fire detection
火警探测及灭火装置 fire detecting and extinguishing apparatus;fire detecting and extinguishing device
火警探测器 fire detector;smoke vent system
火警探测器开关 fire detector switch
火警探测系统试验开关 fire detection system test switch
火警探测箱 fire detecting cabinet
火警探测装置 fire detecting arrangement;fire detecting device;fire detector
火警通信[讯]和信号系统 fire alarm communication and signal system
火警显示装置 fire alarm indication device
火警线 fire limit
火警箱 fire alarm box
火警信号 fire (alarm) signal;fire warning
火警信号传感器 fire warning sensor
火警信号灯检查按钮 fire warning light test button
火警信号机 fire alarm signaling apparatus
火警信号器 fire indicator
火警信号现示顺序 fire sequence
火警信号站 fire alarm signal station
火警曳缆 fire warp
火警预报的机械装置系统 preaction system
火警预报器 fire alarm
火警远距离显示设备 fire alarm remote indicating equipment
火警站 fire alarm station
火警指示灯 fire lamp
火警指示器 fire indicator
火警装置 fire detection device
火警自动报警器 automatic fire alarm;pyrostat
火警自动报警装置 automatic fire warning device
火酒 spirit of wine
火炬 flambeau[复 flambeaus/flambeaux];flare
火炬饼 torch cooky
火炬点火器 torch lighter
火炬发火器 torch igniter
火炬管线 flare line
火炬喷射器 torch atomizer
火炬气 flare gas
火炬燃烧嘴 flare burner
火炬式点火器 torch igniter
火炬松 loblolly pine
火炬投掷器 flame thrower
火炬信号 fusee;torch(signal)
火炬信号器 <在双线上警告对向列车停车用> flame signal apparatus
火炬烟囱 flare stack
火炬烟囱点火装置 flare stack ignition device
火炬装置 torch assembly
火坎墙 flame bridge
火坑供暖 hypocaust
火坑式采暖 hypocaust
火坑式采暖装置 <古罗马> hypocaust
火孔 burner port;fire hole;flame port
火口 crater;jet burner
火口壁 crater wall
火口壕 moat
火口湖 crater lake;maar
火口基底 atrio crater floor
火口裂纹 crater crack
火口气孔 crater cavity
火口外围的喷气孔田 external fumarole field
火口沿 crater rim;rim
火口原 atrio
火口砖 checker fire brick
火雷管 blasting cap;flash detonator;fuse cap;fuse detonator;spark detonation
火雷管起爆 fuse detonator initiation
火雷管起爆法 ignitor fuse detonator firing
火力 firepower;thermal power
火力发电 generation of electric(al) power by thermal power;steam electric(al) generation;steam electric(al) power generation;thermal power generation;thermoelectricity generation
火力发电厂 fuel-burning power

plant;fuel electric(al) plant;steam electric(al) plant; steam power plant; thermoelectric (al) power plant
火力发电机组 thermal generator set
火力发电设备 steam power plant
火力发电站 coal-fired power station;heat power plant;heat power station;steam power station;thermal generating station;thermal generation station;thermal power station
火力方向网 fire direction net
火力分配 fire distribution
火力夯 explosion rammer;rammer
火力控制计算机 fire control computer
火力控制面板 fire control panel
火力扩展 spreading fire
火力配制图 chart of possible fire;firing chart
火力喷射式穿孔机 jet-piercing drill
火力强攻 fire storm
火力调节 fire regulation
火力调节器 fire regulator
火力优势 fire superiority
火力凿岩 fusion piercing
火力凿岩机 flame-throwing drill
火力支援舰 support ship
火力转移 transfer of fire
火力钻机 flame-throwing drill;jet(-piercing) drill;piercing drill;thermal drill;thermal rig
火力钻进 drilling by flame;igneous drilling
火力钻眼 jet drilling;jet piercer drilling;jet-piercing drilling;thermal jet piercing drilling
火镰钩 fire pricker
火裂 chill crack;fire crack
火流星 bolide;fireball
火硫锑银矿 pyrostibnite
火炉 cockle;cooker;fire pot;heating stove;stove;tandour <置于方桌下取暖的>
火炉采暖 furnace heating;stove heating
火炉尺寸 stove size
火炉大小 stove size
火炉房间 stove room
火炉风道 fireplace flue
火炉工具挂杆 lazy bar
火炉供暖 furnace heating;stove heating
火炉构造 fireplace construction
火炉管 stove pipe
火炉护栏 fire guard;fire screen
火炉换热器 fireplace heat exchanger
火炉及热水组合加热器 combined stoves and hot-water heater
火炉口毡 hearth rug
火炉栏 fire guard
火炉连接 stove connection
火炉炉箅 fireplace grate
火炉炉孔 fireplace opening
火炉炉膛 fireplace recess
火炉炉砖 fireplace brick
火炉燃料油 stove fuel
火炉石 hearth stone
火炉室 stove room
火炉外墙 mantle
火炉烟囱 fireplace chimney
火炉烟囱管 stove tube;stove pipe
火炉烟囱罩 stove pipe casing
火炉烟囱振鸣效应 singing stovepipe effect
火炉用具 fire irons
火炉装接 stove connection
火门 firing door
火门塞 vent plug;vent stopper
火棉 collodion;colloxylin;guncotton;pyroxylin(e);trinitrocellulose
火棉胶 collodion;pyroxylin(e) cement
火棉胶法 collodion process
火棉胶滤器 collodion filter
火棉胶膜 collodion membrane
火棉胶片 parlodion
火棉胶切片 collodion section
火棉漆 pyroxylin(e) lacquer
火棉液 celloidin
火棉制动器 pyroxylin(e) stopper
火苗 flame anchor;flare;tongue of flame
火泥 chamot(te);fire clay;gan(n)ister;saggar[sagger] clay;seat clay
火泥本体 fireclay body
火泥衬砌 chamot(te) lining
火泥粉末 chamot(te) flour
火泥盖面 chamot(te) facing
火泥管 chamot(te) pipe
火泥灰浆 chamot(te) mortar;mortar from chamot(te)
火泥炉衬 fireclay lining
火泥容器 fireclay container
火泥烧制 chamot(te) burning
火泥生料 raw fireclay
火泥通风管 chamot(te) vent pipe
火泥箱 seggar
火泥箱土 saggar[sagger] clay
火泥釉砖 fireclay sleeve
火泥制品 chamot(te) product;chamot(te) ware;fireclay body
火泥砖 chamber brick;fireclay brick
火碾 heated roller
火奴鲁鲁 <檀香山>-日本航线 Honolulu/Japan route
火奴鲁鲁港 <美> Port Honolulu
火耙 raker
火拍 fire bat(t)
火盘 <燃油机车的> fire pan
火盘进风口 firepan air inlet
火盘调节风门 firepan damper
火抛光 fire-fighting finish;fire polish(ing);fire finishing
火抛光的 fire polished
火抛光机 fire finisher;fire polisher;remelting machine
火炮 artillery;cannon;gun
火炮爆破 cap and fuse firing
火炮牵引车 ordnance vehicle
火炮射程 firing range
火炮象限仪 gunner's quadrant
火喷涂层陶瓷 flame-sprayed ceramics;flame spraying ceramics
火盆 brasier[brazier];fire basket;fire(d) devil;fire pan;warming pan
火漆 sea(ling wax)
火气警系统 fire-gas warning system
火器 shooter
火钳 coal tongs;fire poker;fire tongs;heating tongs;poker;tongs
火墙 baffle plate;bridge wall;fire bridge;flame bridge;heat(ing) wall;hot wall;oven wall;wall heating
火墙护板 wall heating panel
火墙通气小门 warm-air curtain
火桥 back bridge wall;fire bridge;flame bridge
火桥炉坡 bridge bank
火情分析 fire analysis
火情勘查 fire survey
火情扫描 fire scanning
火球半径 fireball radius
火球的形成 fireball formation
火球菌 Pyrococcus furiosus
火区 burning section
火区隔离 fire isolation
火区密封 fire enclosure
火驱(法开采石油) fire flooding
火泉 <火山暂时喷气> fire fountain
火热增压说 aquathermal pressuring theory
火绒 spunk;tinder;touchwood;amadou <止血和引火用>
火绒盒 tinderbox
火绒用朽木 touchwood
火色 heat colo(u)r;hot-tinting;temperature colo(u)r
火色温标 colo(u)r scale
火色温度计 colo(u)r scale
火山 burning mountain; volcanic mountain;volcano
火山岸线 volcanic shoreline
火山爆发 volcanic eruption;volcanic explosion
火山爆发口 diatreme
火山爆发筒 diatreme
火山崩流 fire avalanche
火山崩塌构造 caldera subsidence
火山玻璃 natural glass;volcanic glass
火山尘 volcanic dust
火山尘埃 pumicite
火山尘凝灰岩 volcanic-dust tuff
火山尘雨 shower of volcanic dust
火山沉积 volcanogenic deposit
火山沉积成因矿床 volcanogenic sedimentary deposit
火山沉积粉砂岩 volcanic-sedimentary siltstone
火山沉积化学岩 volcanic-sedimentary chemical rock
火山沉积集块岩 volcanic-sedimentary agglomerate
火山沉积角砾岩 volcanic-sedimentary breccia
火山沉积矿床 volcanic-sedimentary deposit
火山沉积泥岩 volcanic-sedimentary mudstone
火山沉积砂岩 volcanic-sedimentary sandstone
火山沉积碎屑结构 volcanic-sedimentary clastic texture
火山沉积碎屑岩类 volcanic-sedimentary clastic rocks
火山沉积物采样 sampling of volcanic sediment
火山沉积相 volcano-sedimentary phase
火山沉积型硼矿床 volcano-sedimentary-type boron deposit
火山沉陷口 volcanic sink
火山沉陷区 cavity drop subsidence;volcanic sink;volcanic subsidence
火山成矿作用 volcanogenic mineralization
火山成因 volcanic origin
火山成因的 volcanogenic
火山成因矿床 volcanogenic mineral deposit
火山成因坡 volcanic slope
火山次火山热液矿床 volcano-subvolcanic hydrothermal ore deposit
火山次火山型矿田构造 volcanic and subvolcanic orefield structure
火山带 volcanic belt;volcanic zone
火山带型 volcanic belts type
火山弹 bomb;volcanic bomb
火山弹沉降 bomb sag
火山弹火山角砾岩 volcanic bomb breccia
火山弹集块岩 volcanic bomb agglomerate
火山岛 crater island;volcanic island
火山岛弧 volcanic island arc
火山岛屿 volcano island
火山道 diatreme;volcanic vent
火山的复活 reawaking of a volcano
火山地垒 volcanic horst
火山地貌 volcanic landform
火山地堑 volcanic graben
火山地热活动 volcanic activity
火山地热区 volcanic geothermal area
火山地震 volcanic earthquake
火山地质剖面图 volcano-geologic(al) cross-section
火山地质素描图 volcano-geologic(al) sketch
火山地质图 geologic(al) map of volcano;map of volcanic geology;volcano-geologic(al) map
火山地质学 volcanic geology
火山豆 pisolite
火山豆石岩 volcanic pisolite
火山断裂带 volcanic rift zone
火山断裂构造 volcanic-fracture structure
火山堆积说 theory of volcano accumulation
火山堆积(物) volcanic deposit
火山反应 pozzolan(a) reaction
火山分布图 geographic(al) map of volcanoes
火山分类 classification of volcanoes
火山构造 volcanic structure
火山构造沉陷 volcano-tectonic subsidence
火山构造类型 structural type of volcanoes
火山构造裂隙带 volcano-tectonic rift zone
火山构造图 volcano-tectonic map
火山构造洼地 volcano-tectonic depression
火山构造线 volcano-tectonic line
火山孤丘 volcanic butte
火山管 chimney;volcanic chimney
火山海岸 volcanic coast
火山海底山 volcano seamount
火山海震 volcanic seaquake
火山喉管 volcanic conduit
火山弧 volcano arc
火山湖 volcanic lake
火山灰 cinerite;fly-ash-type pozzolan;lava ash;powdered trass;pozzolan(a);pumicite;taras;tephros;trass;volcanic ash;volcanic cinder;volcanic dust;volcanic earth
火山灰波特兰水泥 pozzolanic Portland cement;trass Portland cement
火山灰层 volcanic ash bed
火山灰掺和料 pozzolanic admixture
火山灰沉积物 tephros
火山灰沉降 ash rain;ash shower
火山灰沉降层 ash fall layer
火山灰的 pozzolanic
火山灰反应 pozzolanic reaction;volcanic reaction
火山灰构造 ash structure
火山灰硅酸盐水泥 pozzolanic Portland cement;pozzolanic silicate cement;trass Portland cement
火山灰混凝土 pozzolan(a) concrete;trass concrete
火山灰活性 pozzolanic activity;pozzolanicity
火山灰活性试验 test of pozzolanicity;pozzolancity test
火山灰活性指数 pozzolanic-activity index
火山灰角砾岩 tuff breccia
火山灰结反应 pozzolanic-cementation reaction
火山灰结构 ash structure
火山灰结作用 pozzolanic-cementation reaction
火山灰矿渣水泥 pozzolanic blast-furnace cement
火山灰流 ash flow;volcanic ash flow
火山灰流凝灰岩 ash flow tuff
火山灰泥板岩 ashy shale

火山灰年代学 tephrochronology
火山灰凝灰岩 ash-tuff
火山灰热储 volcanic ash reservoir
火山灰砂浆 mortar from trass; pozzolanic mortar; trass mortar
火山灰砂砾 ashy grit
火山灰石 ashstone
火山灰石灰粉末 trass powder
火山灰石灰粉状混合物 trass lime powder mix(ture)
火山灰石灰灰浆 trass lime mortar
火山灰石灰灰泥 trass lime mortar
火山灰石灰水泥 pozzolan-lime cement
火山灰石灰水泥灰浆 trass lime cement mortar
火山灰石灰水泥灰泥 trass lime cement mortar
火山灰石灰土 soil-lime pozzolan(a)
火山灰-熟料比 trass clinker ratio
火山灰水泥 pozz(u)olanic cement; puzzolana cement; terras cement
火山灰水泥混凝土 Roman concrete
火山灰水泥浆 Pozament grout
火山灰水泥砂浆 pozzolan(a) cement mortar
火山灰土 Santorin earth
火山灰土壤 volcanic ash soil
火山灰下降 ash fall; ash shower
火山灰效应 pozzolanic effect
火山灰性能 puzzolanic capability
火山灰岩 ash rock
火山灰原 ash field; ash plain
火山灰云 volcanic ash cloud
火山灰渣 volcanic cinder; volcanic scoria
火山灰质材料 pozzolan(a) material; pozzolanic material
火山灰质掺和料 pozzolanic admixture
火山灰质的 pozz(u)olanic
火山灰质骨料 pozzolan(a) aggregate; pozzolanic aggregate
火山灰质硅酸盐水泥 Portland-pozzolana cement
火山灰质混合材料 pozzolanic addition
火山灰质集料 pozzolan(a) aggregate
火山灰质结合料 pozzolanic binder
火山灰质石灰 pozzolanic lime
火山灰质水泥 glaze cement; pozzolan(a) cement; pozzolanic cement; trass cement; tarras cement
火山灰质水泥胶砂 trass cement mortar
火山灰质水泥砂浆 trass cement mortar
火山灰质作用 pozzolanic action
火山活动 volcanicity; volcanism
火山活动阶段示意图 schematic graph of volcanic development stages
火山活动开始时间 starting time of volcanic activity
火山活动期次 stages of volcanic activity
火山活动时代 age of volcanic activity
火山活动性 volcanic activity
火山活动延续时间 duration of volcanic activity
火山活动逐渐消逝 declining volcanic activity
火山机构环形体 circular features of volcanic mechanism
火山机构及叠加其上的断裂带 volcanic mechanism and its superposed fracture zone
火山机制 volcanic mechanism
火山机制与构造 volcanic mechanism and structure
火山集块角砾岩 volcanic agglomerate breccia
火山集块岩 volcanic agglomerate
火山假说 volcano hypothesis
火山角砾凝灰岩 volcanic breccia tuff; lapilli-tuff
火山角砾岩 eruptive breccia; lava breccia; volcanic breccia
火山角砾岩筒 diatreme
火山颈 volcanic neck
火山孔 volcanic orifice
火山口【地】 crater; ca(u)ldron; volcanic orifice
火山口边缘 crater rim
火山口沉陷 ca(u)ldron subsidence
火山口构造 structure of volcanic crater
火山口湖 caldera lake; crater lake
火山口集块岩 vent agglomerate
火山口阶地 crater terrace
火山口类型 type of volcanic craters
火山口里的喷汽孔 crateric fumarole
火山口裂缝 crater crack
火山口墙 crater wall
火山口熔岩流分布图 crater and lava flow map
火山口式陷坑 crater-like depression
火山口式陷坑气孔 <混凝土面的> popouts
火山口洼地 ca(u)ldron
火山口形式 type of volcanic vent
火山口岩浆 crater magma
火山口状的 crateriform
火山口锥 crater cone
火山块 volcanic block
火山块集岩 volcanic agglomerate
火山雷暴 volcanic thunderstorm
火山雷鸣 volcanic thunder
火山泪 <玄武玻璃碎块> pele's tear
火山理论 volcanic theory
火山砾 lapillus [复 lapilli]; volcanic breccia
火山砾凝灰岩 lapilli tuff
火山砾石 volcanic gravel
火山砾岩 volcanic conglomerate
火山链 volcano chain
火山烈度 volcanic intensity
火山裂谷带 volcanic rift zone
火山裂罅 volcanic rent
火山瘤【地】 acromorph
火山脉动 volcanic tremor
火山毛 capillary ejecta; cinder wool; filiform lapilli; pele's hair; volcanic hair
火山灭锥 ash cone
火山泥 moya; volcanic mud
火山泥和火山砂 volcanic muds and sands
火山泥流 volcanic mudflow
火山泥流物 lahar
火山泥球 volcanic mud ball
火山泥球构造 volcanic mud ball structure
火山泥球凝灰岩 volcanic mud ball tuff
火山黏[粘]土 volcanic clay
火山凝灰岩 ash-tuff; tuff; volcanic fragment; volcanic tuff
火山抛出物 volcanic ejecta
火山喷出 vomit
火山喷出物 eruptive material; tephra; volcanic ejecta; volcanic products; volcanic projectile; volcanic projection
火山喷发 volcanic eruption; volcano eruption; vulcanian eruption
火山喷发活动 eruptive activity of volcano
火山喷发期 volcanic eruption period
火山喷发碎屑 volcanic eruption chipping; tephra
火山喷发物 eruptive material; volcanic ejecta; volcanic products; volcanic projectile
火山喷发岩 eruptive rock
火山喷口 caldera; volcanic vent
火山喷口湖 caldera lake
火山喷气孔 fumarole
火山盆地 volcanic basin
火山起源 volcanic origin
火山气(体) volcanic gas
火山穹 volcanic dome
火山丘 volcanic dome; shield volcano
火山泉 gushing spring
火山群 volcano cluster
火山群或火山带名称 name of the volcanic cluster or zone
火山热液矿床 volcanogene hydrothermal ore deposit
火山容矿构造 ore-containing structure of volcano
火山熔岩 lava
火山熔岩流 lava flow
火山熔渣 volcanic scoria
火山塞 volcano plug
火山砂 volcanic sand
火山砂屑岩 volcanic arenite
火山山脉 volcanic chain
火山升华物 volcanic sublimate
火山石 lava; pelelith; volcanized rock
火山栓 spine; volcanic plug; volcanic spine
火山水 volcanic water
火山说 volcanic theory
火山碎屑 volcanic debris; volcanic fragment; volcanic rubble; moraine <熔岩流表面的>
火山碎屑沉积岩 pyroclastic sedimentary rock
火山碎屑的 volcaniclastic
火山碎屑滑坡 lahar
火山碎屑角砾岩 alloclastic breccia
火山碎屑结构 pyroclastic texture
火山碎屑喷发 pyroclastic eruption
火山碎屑熔岩 pyroclastic lava
火山碎屑熔岩类 pyroclastic lava clan
火山碎屑物 pyroclastic
火山碎屑相 pyroclastic flow phases
火山碎屑岩 pyroclastic rock; volcanic clastic rock
火山碎屑岩的分类图 classification of pyroclastic rocks
火山碎屑岩相 volcanic fragmental facies
火山塌陷 volcanic collapse; volcanic sink
火山突变 volcanic accident
火山土 <一种淡色火山凝灰岩,成分似火山灰,可作水硬性水泥掺和材料用> trass; terras; volcanic soil
火山外缘坝 volcanic outer edge bar
火山温泉 volcanic hotspring
火山鸣 volcanic rumbling
火山现象 volcanic phenomenon; volcanism; vulcanicity; vulcanism
火山陷沟 volcanic layering
火山陷落区 ca(u)ldron
火山型泥石流 volcanic type mudstone flow
火山性【地】 volcanicity
火山性的 volcanic
火山旋回 volcanic cycle
火山学 volcanology
火山学家 volcanist; volcanologist; vulcanist
火山岩 pyroclastic rock; trachyte; volcanic rock
火山岩玻璃 pearlstone; perlite
火山岩地层 strata of volcanics
火山岩调查 survey of volcanic cone
火山岩骨料 volcanic aggregate
火山岩化学成分分类图 classification of chemical composition of volcanic rock
火山岩集料 volcanic aggregate
火山岩浆矿床 volcanogene magmatic ore deposit
火山岩烬 cinders; slag
火山岩孔洞含水层 pore aquifer of volcanic rock
火山岩块 volcanic block
火山岩穹 shield volcano
火山岩碎石 volcanic fragmental rock
火山岩团 volcanic dumplings
火山岩系列 volcanic rock series
火山岩系相带异常 lithofacies gone anomaly of volcanic rock formation
火山岩系中硫铁矿床 pyrite deposit in volcanic series
火山岩相 volcanic rock phases
火山岩屑 volcanic cinder; volcanic detritus
火山岩屑砂岩 volcanic debris sandstone
火山岩型铀矿石 U ore of volcanic-rock type
火山岩异常 anomaly of volcanic rock
火山岩渣 scoria[复 scoriae]; volcanic scoria
火山岩质 volcanic rock
火山岩中金铜矿床 gold-copper deposit in volcanics
火山岩中金银矿床 gold silver deposit in volcanics
火山异源碎屑 volcanic-allothigenous fragment
火山雨 volcanic rain
火山原湖 atrio lake
火山圆砾 volcanic agglomerate
火山源 volcanic focus
火山云 volcanic cloud
火山灾害 volcanic hazard
火山渣 cinder; scoria [复 scoriae]; slag; volcanic cinder
火山渣沉积 cinerite
火山渣的 scoriaceous
火山渣火山角砾岩 volcanic-cinder breccia
火山渣集块岩 scoria agglomerate; volcanic-cinder agglomerate
火山渣块 blob of slag
火山渣泥流沉积 alluvion
火山渣泥流出 alluvion
火山渣凝灰岩 scoria tuff
火山渣山脉 scoria mountain
火山渣玄武岩 scoriaceous basalt
火山渣岩 cindery rock; cinerite
火山渣锥 cinder cone
火山质灰集料 pozzolanic aggregate
火山质外生碎屑 volcanic exogenic fragment
火山柱 obelisk
火山锥 cone; volcanic butte; volcanic cone
火山锥名称 name of volcanic cones
火山锥群 cluster of cones
火山锥数目 number of volcanic cones
火山资源 volcanic resource
火山作用 volcanic action; volcanism [vulcanism]; vulcanicity
火山作用的 volcanic; vulcanic
火伤 fire wound
火上空气 overfire air
火梢 end of flame
火烧层 fire floor
火烧倒塌 fire fall
火烧顶级 pyric climax
火烧洞 <立木上的> goosepen
火烧和碰撞 burning and collision
火烧痕 catface
火烧结果 fire effect

火烧清除树根法 char-pit method
火烧丝 wire binders
火烧因素 fire factor
火舌 fingers of fire;fire flow;flame;flare;flash
火舌层 flare bed
火舌管 flame stack
火舌回闪 flare back
火舌式点火器 torch igniter
火神庙 <伊朗> Fire Temple
火石 fire stone;flint(stone);lighter flint
火石玻璃 flint glass
火石玻璃透镜 flint glass prism;flint lens
火石光学玻璃 flint optic(al)glass;optic(al)flint glass
火石墙 flint wall
火石砂 flint sand
火石质耐火黏[粘]土 flint fireclay
火势蔓延 fire-retardant;fire spread(ing);spread of fire
火势蔓延指数 fire spread index
火试 fire assay
火室 combustion chamber;fireplace;fire room;firing chamber;grate room
火室式锅炉 firebox boiler
火枢纽站 limousine terminal
火树石 flint
火水成的 hydatopyrogenic
火速回答 dispatch reply
火碎流 pyroclastic flow
火碎流台地 pyroclastic flow plateau
火索 quill
火膛 fire bed
火体 brazier
火通条 fire irons
火头迅速推进 fire run
火团 fireball
火腿红 <陶瓷> bacon
火腿石 bacon
火位移动窑 moving-fire kiln
火下加煤机 underfeed stoker
火下加煤煤气发生器 underfeed furnace
火险 fire hazard;fire risk
火险报导板 danger board
火险单 fire policy
火险等级 danger class;fire danger class
火险等级表 fire danger scale
火险等级评定 fire insurance rating
火险等级区 fire danger rating area
火险地区 fire hazardous area
火险分类 fire hazard classification
火险附加条款 fire risk extension clause
火险高峰季节 peak fire season
火险告示牌 danger board;fire danger board
火险观测站 fire danger station
火险管理 fire risk management
火险计算表 danger table;fire danger scale
火险计算尺 danger meter;fire danger meter
火险评分 fire danger rating
火险评级 fire danger rating
火险气候 fire climate
火险契约 fire insurance contract
火险区 division
火险试验 fire hazard test
火险天气 fire weather
火险天气预报 fire weather forecast
火险隐患 fire potential
火险营部 line camp
火险预警仪 fire danger meter
火险指标 danger index;fire danger index
火险指数 danger index;fire danger index
火险自然扩展条款 fire risk extension clause
火线 firing-line;hot wire;live conductor;live wire;outside wire;power line;wire under voltage;live line <电线路的>
火线夹子 hot glass wire
火线夹子切割(法) hot glass wire cutting
火线抢救 front line first aid
火线位置 firing line location
火箱 combustion chamber;fire chamber;fire pot;fire box
火箱侧板 side sheet
火箱侧面螺撑 side stay-bolt
火箱挡墙 bag wall
火箱底圈 firebox ring
火箱顶板 firebox crownsheet;roof of fire-bolt
火箱钢 firebox steel
火箱钢板 firebox sheet;firebox steel plane;steel fire box plate
火箱管板 firebox tube plate;hind tube plate
火箱横撑 firebox cross-tie
火箱后板 back sheet
火箱回火 back-fire
火箱壳 firebox shell
火箱门 firebox door
火箱门板 door sheet of firebox
火箱内砖墙 bridge wall
火箱膨胀垫 expansion block;expansion bracket
火箱清洗 clean a firebox
火箱生铁铸件 firebox iron casting
火箱受热面 heating surface of the firebox
火箱体积 firebox volume
火箱外壳 outside shell of firebox
火箱外套 firebox jacket
火箱砖拱 brick arch
火箱嘴 burner port
火硝 potassium nitrate
火硝纸 <导火用> touch paper
火邪袭 fire-evil
火星 Mars;spark
火星暗斑 oasis[复 oases]
火星防护网 flame screen
火星沥青 <燃烧时发生火星> stellarite
火星喷射 thrower off of spark
火星塞 cigar lighter
火星探测器 Mars probe
火星消灭器 spark arrester[arrestor]
火星制图学 Mars cartography
火行速度 speed of firing travel
火行速率 rate of firing travel
火烟监测器 smoke detector
火眼 pinkeye
火焰 blaze;fire flow;flame
火焰安全灯 flameproof lamp;permissible flame lamp;protected flame lamp
火焰包络线 flame envelope
火焰保持力 flame retention
火焰保护器 thermal flame safeguard
火焰背景 flame background
火焰背景噪声 flame background noise
火焰本底噪声 flame background noise
火焰边缘 flame edge;flame fringe
火焰表面淬火(法) flame hardening
火焰表面淬火烧炬 flame hardening blowpipe
火焰表面加工 flame machining
火焰表面蔓延 surface spread of flame
火焰表面切割 flame gouging
火焰表面清理 scarfing
火焰表面清理焊炬 flame cleaning blowpipe
火焰表面硬化 flame hardening
火焰表面硬化处理 shorterizing;shorter process
火焰测定 flame test
火焰测光法 flame photometry
火焰层 zone of flame
火焰长度 flame length;ignited flame length;length of flame
火焰场分布 flame configuration
火焰冲刷 flame impingement
火焰除草 flame weeding
火焰除草机 flaming weeder;weed burner
火焰除草器 flame weeder
火焰除鳞 flame descaling
火焰除漆(法) flame cleaning
火焰除锈(法) flame cleaning
火焰除锈器 flame cleaner
火焰处理 application of flame;flame treating;flame treatment
火焰穿孔钻 thermal piercing-drill
火焰穿透性 flame penetration
火焰传播 flame propagation;propagation of flame
火焰传播计算速度 calculated flame
火焰传播速度 burning velocity;flame propagation velocity;flame speed;flame velocity;propagation velocity of flame;rate of flame propagation;time displacement of flame
火焰传播指数 fire propagation index
火焰传布 flame propagation
火焰传布速度 rate of flame propagation
火焰传感器 flame sensor
火焰传声器 flame microphone
火焰吹槽 flame gouging
火焰吹管 torch blower
火焰吹拉 flame attenuation
火焰吹灭 flame blow-off
火焰吹灭因数 flame blow-off factor
火焰淬火 flame quenching;torch hardening
火焰淬硬 flame hardening
火焰带 flame band;flame zone
火焰带黑烟 fire-end by black smoke
火焰的包围物 flame envelope
火焰的发生 initiation of flame
火焰的内层 inner cone
火焰的外层 outer cone
火焰的吸收 flame absorption
火焰的形成 flame formation
火焰的移动 flame movement;flame travel
火焰灯 flame lamp
火焰点火 flame ignition
火焰电离 flame ionization
火焰电离法 flame ionization method
火焰电离法检漏 flame ionization method survey
火焰电离分析检测器 flame ionization analyser[analyzer] and detector
火焰电离分析仪 flame ionization analyser[analyzer]
火焰电离计 flame ionization ga(u)ge
火焰电离检测 flame photometric(al) detection;flame photometry detection
火焰电离检测器 flame ionization detector
火焰电离检测器毛细管气相色谱法 flame ionization detector capillary gas chromatography
火焰电离检测器气相色谱仪 gas chromatograph equipment with a flame ionization detector
火焰电离气相色谱法 flame ionization gas chromatography
火焰电离色谱仪 flame ionization chromatograph
火焰动力学 kinetics of flame
火焰杜鹃花 flame azalea
火焰度谱术 flame spectrometry
火焰断裂点 flame break point
火焰发飘 flame drifting
火焰发射 flame emission
火焰发射度 flame emissivity
火焰发射断续器 flame emission chopper
火焰发射分光光度计 flame emission spectrophotometer
火焰发射光度法 flame emission photometry
火焰发射光谱 flame emission spectrum
火焰发射光谱法 flame emission spectrometry
火焰发射光谱仪 flame emission spectrometer
火焰发射检测器 flame emission detector
火焰发射率 flame emissivity
火焰发射探测器 flame emission detector
火焰发生器 pyrotechnic generator
火焰法玻璃棉 flame wool
火焰反冲 back-fire;backflash
火焰反射器 blast deflector;flame bucket;flame deflector;flame shield
火焰反应 flame reaction
火焰反应器 flame reactor
火焰方程 flame equation
火焰防护 flame shield
火焰防灭控制 flame failure control
火焰防止器 flame flash arrestor
火焰防止罩 flame trap
火焰放热量 heat release from flame
火焰分布 flame distribution;flame propagation
火焰分光光度法 flame spectrophotometry
火焰分光光度计 <测定水泥分子含量> flame spectrophotometer
火焰分光光度术 flame spectrophotometry
火焰分光计 flame spectrometer
火焰分解 flame decomposition
火焰分析 flame analysis
火焰焚烧 flame incineration
火焰封接 flame seal
火焰锋 flame front
火焰辐射 flame radiation
火焰辐射带 flame band
火焰附加器 flame attachment
火焰覆盖的 flame covered
火焰覆盖面积 flame coverage area;flame covered area;port coverage
火焰高度检验计 smoke tester
火焰高度试验 smoke test
火焰高温计 flame pyrometer
火焰割边 torch cutting edge
火焰共振分光计 flame resonance spectrometer
火焰构造 flame structure
火焰固化法 flame-curing method
火焰观测 flame failure detection
火焰管 burner liner;flame pipe;flame tube
火焰管开孔 linear opening
火焰管冷却器 cooler with gas pipe;heater cooler
火焰光度法 flame photometry
火焰光度分析 flame photometric analysis;flame photometry;flame spectrophotometry
火焰光度分析仪 flame photometric(al)analyser[analyzer]

火焰光度计 < 测定水泥分子含量 > flame photometer
火焰光度检测 flame photometric(al) detection
火焰光度检测高分辨率气相色谱法 high resolution gas chromatography with flame photometric(al) detection
火焰光度检测器 flame photometric(al) detector; flame photometry detector
火焰光度术 flame photometry
火焰光度学 flame photometry
火焰光谱 flame spectrum
火焰光谱法 flame photometry; flame spectrometry
火焰光谱分析 flame spectrometric analysis
火焰光谱化学分析 flame spectrochemical analysis
火焰光谱仪 flame spectrometer
火焰焊 flame weld
火焰焊接 flame welding
火焰横截面 flame cross-section
火焰红 rouge flame
火焰红外发射检测器 flame infrared emission detector
火焰红釉 flamboyant red glaze
火焰后缩 flame drop-back
火焰化学发光检测 flame chemiluminescence detection
火焰换向 flame reversal; reversal of flame direction
火焰回闪 back-fire
火焰加工 fiery finish
火焰加强 flame augmentation
火焰加热法除锈 fire heating rust removing
火焰加热器 flame heater
火焰监测器 flame monitor
火焰监察器 flame monitor
火焰监视器 flame detector; flame eye; flame monitor
火焰检测器 flame detector; flame sensor
火焰角 flame angle
火焰接触点火 flame contact ignition
火焰空间 flame space
火焰孔 flame hole
火焰恐怖 pyrophobia
火焰控制 flame control
火焰扩散 flame propagation
火焰扩散等级 flame spread(ing) rating
火焰扩散分级 flame spread classification
火焰扩散速度分级 flame speed classification
火焰扩散指数 flame spread index
火焰扩展 flame extension
火焰扩张器 flame spreader
火焰拉长 flame attenuation
火焰离子化检测器 flame ionization detector
火焰离子质谱法 flame ion mass spectrometry
火焰亮度 brightness of flame; flame luminosity
火焰炉 air furnace; fuel-fire furnace
火焰路线 flame path
火焰蔓延 flame spread; spread of flame
火焰蔓延等级 flame spreading rating
火焰蔓延率 flame spreading factor
火焰蔓延试验 spread-of-flame test
火焰蔓延速度 flame speed
火焰蔓延速率 flame spreading rate
火焰蔓延指数 flame spread index; flame spreading rating
火焰面积 flame area
火焰灭菌 flame sterilization
火焰明亮 fire-end bright
火焰抛光 flame polishing
火焰抛光过的 fire-fighting finished
火焰喷出 sting-out
火焰喷出传播距离 flame-sprayed travel
火焰喷出扩张 flame-sprayed spread
火焰喷吹法 burner blowing process; flame blowing method; flame blowing process
火焰喷镀 flame coating; flame plating; flame spraying
火焰喷敷的 flame-sprayed
火焰喷溅陶瓷 flame-sprayed ceramics
火焰喷口 flame jet
火焰喷棉机组 burner blowing wool-forming aggregate
火焰喷枪 flame(spray)gun
火焰喷射 flame ejaculation; jet of flame; piercing jet
火焰喷射法 flame spraying
火焰喷射高温计 flame spraying pyrometer
火焰喷射机 flame gun; flame sprayer; sprayer-flame
火焰喷射角 angle of inclination of flame jet; inclination angle of flame jet
火焰喷射器 flame projector; flamer; flame sprayer; flame thrower; flame jet
火焰喷射凿岩机 flame-jet drilling machine
火焰喷射钻机 jet pierce drill; jet piercing drill
火焰喷射钻进 jet-pierce drilling; jet-piercing drilling
火焰喷射钻进机 flame-jet drilling machine
火焰喷射钻具 jet-piercing drill
火焰喷涂 flame spray coating; flame spraying
火焰喷涂法 blast flame spraying; flame spray coating
火焰喷涂枪 flame spray gun
火焰喷涂设备 flame spraying equipment
火焰喷涂装置 flame spraying equipment
火焰喷嘴 flame(-thrower) nozzle
火焰平板切割机 flame planer
火焰期 period of flaming
火焰气 flame gas
火焰气体 flare gas
火焰牵伸工艺 flame attenuating process
火焰前锋面积 flame front area
火焰前锋速度 flame front velocity
火焰前缘 flame front
火焰强度降低添加剂 flash depressant
火焰切割 < 常指氧炔切割 > flame cut(ting); gas cut(ting)
火焰切割法 flame cutting method
火焰切割机 torch cutting machine
火焰切割器 flame cutter
火焰切割器具 torch cutting outfit
火焰侵蚀 flame-etch
火焰清铲 flame gouging; oxygen gouging
火焰清除法 flame cleaning
火焰清洁(法) flame cleaning
火焰清理 flame cleaning; flame scarfing; scarfing
火焰清理工段 scarfing yard
火焰清理机 deseamer; edge scarfer; scarfer; scarfing machine
火焰清理台 scarfing bed
火焰清洗 flame cleaning
火焰情况 flame circumstance
火焰区 flame zone; zone of flame
火焰燃料 flame fuel
火焰热电偶检测器 flame thermocouple detector
火焰热辐射 heat radiated from the flame
火焰热离子检测器 flame thermionic detector
火焰闪光抑制剂 flash compressor; flash depressor
火焰闪灭 flame flash-back
火焰闪烁器 fulgurator
火焰闪烁探测器 flame flicker detector
火焰烧伤 flash burn
火焰舌 flame bush
火焰深度 flame depth
火焰失效探测 flame failure detection
火焰时间位移 time displacement of flame
火焰式(窗) flamboyant style window
火焰式窗(花)格 flamboyant tracery; flame-like tracery
火焰式的 flamboyant
火焰式复合器 flame-type recombiner
火焰式拱 flamboyant arch
火焰式花格窗 flamboyant tracery window; flame-like tracery window
火焰式加热器 flame type heater
火焰式建筑 flamboyant architecture
火焰式建筑风格 flamboyance [flamboyancy]
火焰式曲线窗格的(建筑) flamboyant
火焰式曲线时期 flamboyant period
火焰式圆花窗 flamboyant rose window
火焰室 flame chamber
火焰似的(颜色) flamboyant
火焰速度 flame velocity
火焰缩短 drop of the flame
火焰探测器 flame(fire) detector
火焰探测装置 flame detection device
火焰特性 flame characteristic
火焰体积 flame volume
火焰调节 flame adjustment; flame control; flame regulation
火焰调节器 flame failure control
火焰通道 flame pass
火焰通路 flame pass; flame path; trace flue
火焰铜焊 gas brazing; torch brazing
火焰筒 burner inner liner; flame tube
火焰头 flame front
火焰挖槽法 flame gouging
火焰微弱扩散 weak deflagration
火焰温度 flame temperature
火焰温度检测器 flame temperature detector
火焰紊流 flame turbulence
火焰稳定 flameholding; flame retention; flame stabilization
火焰稳定器 flame holder; flame stabilizer; stabilizing baffle
火焰稳定性 flame stability
火焰雾化器 flame atomizer
火焰熄灭 flame chilling; flame chipping; flame extinction
火焰线性传播 linear flame propagation
火焰消除器 flame arrester[arrestor]
火焰消除装置 flame arrestor
火焰消防探测器 flame fire detector
火焰消失控制器 flame failure control; flame failure controller
火焰信号 coston light; coston signal; flare-up fire; flare-up light
火焰行程 flame travel
火焰形状 flame shape
火焰旋涡 fire devil; fire whirl
火焰氧化法脱臭 deodo(u)rization by flame oxidation
火焰窑 flame furnace; fuel-fire furnace
火焰抑制 flame inhibition
火焰抑制剂 fire inhibitor; flame inhibitor; flame-retardant
火焰引起的 flame-generated
火焰引燃器 flame primer
火焰硬化(法) flame hardening
火焰硬化机 flame hardening machine
火焰原子化法 flame atomization
火焰原子吸收分光光度法 flame atomic absorption spectrophotometry
火焰照射强度测试 fire test exposure-severity
火焰照射强度试验 fire test exposure-severity
火焰直接加热炉 direct-fired furnace; inflame furnace; open flame furnace
火焰中断 flame breakdown
火焰中断控制器 flame failure control device
火焰中心 flame kernel
火焰装置 flame ignitor
火焰状 flame-like
火焰状电晕 torch corona
火焰状构造 flame structure
火焰状混合片麻岩 flame amphogneiss
火焰(状况)控制 flame state control
火焰钻机 flame-throwing drill; jet-flame drill
火药 explosive; gunpowder; gun powder; powder; slow powder
火药棒 squib
火药残留物 gunpowder residue
火药舱 powder magazine; powder vessel
火药舱船底塞 magazine cock
火药舱防风帆布帘 magazine screen
火药厂 powder mill
火药沉着 powder deposite
火药串 powder train
火药袋绸 cartridge silk; powder silk
火药导火线 powder train
火药导线 detonating cord
火药导线网 detonating net
火药点火 cartridge ignition
火药定压燃烧 neutral combustion
火药管 saucisson
火药混合物 powder mix(ture)
火药卷 carpet roll
火药库 dynamite magazine; guncotton magazine; powder magazine; powder room
火药块 powder charge
火药力 impetus
火药粒大小 powder grain size
火药粒密度 powder grain density
火药棉 guncotton
火药气体 powder gas
火药驱动起始器 cartridge actuated initiator
火药燃烧率 quickness
火药式穿孔器 firing perforator
火药式射钉枪 firing nail gun
火药室 powder room
火药水分试验 powder-moisture test
火药筒 grain
火药系 explosive train
火药线 fuse[fuze]
火药箱 powder box; powder chest
火药纸 touch paper
火药制造厂 powder factory
火药柱 stick
火药装药 powder charge
火因调查员 fire investigator
火印 brand
火油 kerosene; kerosene oil; lamp oil

火源 fire-hearth;fire source
火源监测仪 flame detection apparatus
火源危险 fire risk
火源位置 fire seat
火灾 fire damage;conflagration;disastrous fire; fire; fire disaster; fire hazard
火灾安全通道 fire escape
火灾保险 assured against fire;fire insurance
火灾保险测定 fire insurance surveying
火灾保险单 fire insurance policy
火灾保险费 fire insurance premium
火灾保险费率 fire insurance rate
火灾保险公司 fire office;fire company <英>
火灾保险业者 fire underwriter
火灾报警 fire call; fire alarm; horn fire alarm
火灾报警板 danger board
火灾报警盒 fire alarm casing
火灾报警控制板 fire alarm control panel
火灾报警控制和显示设备 fire alarm control and indicating equipment
火灾报警控制系统 fire alarm control system
火灾报警缆线控制装置 fire-wire control unit
火灾报警器 fire warning device
火灾报警区 fire alarm zone
火灾报警网 fire alarm network
火灾报警系统 fire alarm system
火灾报警箱 fire alarm box;fire detecting cabinet
火灾报警信号 fire alarm signal
火灾爆发 fire outbreak
火灾标志 fire symbol
火灾波及 fire propagation
火灾不在内 fire exception
火灾参数 fire parameter
火灾持续性 fire endurance
火灾次数 number of fire
火灾档案 fire achieves
火灾的爆发 outbreak of fire
火灾等级 fire grading;hazard classification
火灾地区 conflagration area; conflagration region
火灾调查 fire investigation
火灾调查计划 fire investigation program(me)
火灾动力学 fire dynamics
火灾发生图 fire occurrence map
火灾发展 fire development
火灾法则 fire statute
火灾分类 fire classification
火灾风险分析 fire risk analysis
火灾负荷密度 fire load density
火灾隔离带宽度 fire separation
火灾共同保险 fire coinsurance
火灾规模类别 fire size class
火灾和爆炸危险 fire and explosive hazard
火灾和意外保险 fire and causality insurance
火灾荷载 fire loading
火灾洪水周期 fire-flood cycle
火灾后的评论 post fire critique
火灾后检查 post fire inspection
火灾环境 fire environment
火灾环境信号显示顺序 fire sequence
火灾迹地 fire slash
火灾及海上保险 fire and marine insurance
火灾集中 fire concentration
火灾季节 fire season
火灾监测 fire monitoring
火灾检测器 fire detector
火灾检测系统 fire detecting system
火灾焦斑 fire stain
火灾阶段 fire stage
火灾警报 fire alarm
火灾警报调度员 fire alarm dispatcher
火灾警报控制器 fire alarm control unit
火灾警报器 fire alarm sounder
火灾警报系统 fire alarm system
火灾警报装置 fire alarm device;fire alarm equipment
火灾警戒员 fire walker;fire watcher
火灾控制 fire control
火灾控制线 fire control line
火灾类别 fire cause class
火灾瞭望塔 fire tower
火灾烈度 fire severity
火灾烈度概念 fire severity concept
火灾蔓延 fire penetration;spreading (of) fire
火灾蔓延燃烧 burning by catching fire
火灾蔓延速度 spreading velocity of fire
火灾蔓延通道 fire path
火灾蔓延预防 prevention of fire spreading
火灾面积 conflagration area
火灾明伤 unconcealed fire damage
火灾模拟 fire modeling
火灾模拟计算系统 fire modeling computational system
火灾模型 fire model
火灾内(部损)伤 interior fire damage
火灾排烟通风 fire ventilation
火灾排烟通风机 fire ventilator
火灾判断 fire determination
火灾扑救 fire attack;fire fighting
火灾气流 fire effluent
火灾器 annihilator
火灾前沿 fire front
火灾强度 fire strength
火灾情报检索系统技术 fire information retrieval system technique
火灾区域 conflagration area
火灾曲线 fire curve
火灾确认灯 fire indicating lamp
火灾热动开关 fire alarm thermostat
火灾伤亡者 fire casualty
火灾生态学 fire ecology
火灾声响警报系统 fire alarm sounding system
火灾时同时取水 coincident draft
火灾事故 fire accident
火灾事件数据组织系统 fire incident data organization system
火灾试验响应特性 fire-test-response characteristic
火灾受害者 fire victim
火灾受损物资拍卖 fire sale
火灾数据 fire data
火灾数据库 fire database
火灾死亡 fire death;fire fatality
火灾损害 damage by fire
火灾损害潜势 fire severity
火灾损失 damage caused by fire;fire loss;loss on ignition;fire damage
火灾损失保险 fire loss insurance
火灾损失调查 fire loss investigation
火灾损失赔偿 fire indemnity
火灾损失调整 fire loss adjustment
火灾损失统计 fire loss statistics
火灾损失预防 fire loss prevention
火灾损失资料 fire loss information
火灾探测 fire detection
火灾探测报警系统 fire detection alarm system
火灾探测覆盖范围 fire detection coverage
火灾探测和灭火装置 fire detecting and extinguishing apparatus
火灾探测继电器 fire detection relay
火灾探测器 fire detector;fire finder
火灾探测区 fire detecting area
火灾探测系统 fire detecting system; fire detection system;fire detector system
火灾探测元件 fire detector element
火灾探测装置 fire detector apparatus
火灾特性 fire behavio(u)r
火灾统计 fire statistics
火灾危害性 fire hazard;fire risk
火灾危害性分类 fire hazard classification
火灾危险 fire danger;fire peril;ignition hazard
火灾危险等级 class of fire
火灾危险界限 fire limit
火灾危险率 ratio of fire danger
火灾危险性 fire hazard;fire risk
火灾危险性分类 fire hazard classification
火灾危险性量度 fire risk measure
火灾位图 fire-finder map
火灾误报率 false alarm rate
火灾显示盘 fire display panel
火灾显示装置 fire indicating unit
火灾现场 scene of fire
火灾现场警戒线 fire line
火灾信号发生装置 fire alarm signaling device
火灾信号装置 fire alarm
火灾行为分析员 fire behavio(u)r analyst
火灾行为预测 fire behavio(u)r forecast
火灾形式 fire model
火灾性质 fire property
火灾寻找器 fire finder
火灾巡查 fire patrol
火灾烟火探测器 smoke detector
火灾延续时间 fire duration;fire life
火灾严重性 severity of fire
火灾因素 pyric factor
火灾隐患 fire hazard; hazard associated with fire
火灾影响模拟 fire effect model(l)ing
火灾预防法 fire prevention
火灾原因 cause of fire;reason of fire
火灾灾难 fire hazard
火灾遮断器 fire damper
火灾侦察 fire detection
火灾征兆 breeding fire
火灾证据 fire evidence
火灾指数 fire hazard index
火灾自动报警器 automatic fire alarm
火灾自动报警系统 automatic fire alarm system
火灾自动断流阀 fire valve
火灾自动检测设备 automatic fire detecting device;automatic fire detection device
火灾自动检测系统 automatic fire detecting system
火灾自动排烟机 automatic fire vent
火灾自动洒水系统 deluge sprinkler system
火灾阻止器 fire damper
火灾最前线 fire line
火葬 cremation;incineration
火葬柴堆 pyre
火葬场 cinerator; crematorium; crematory
火葬炉 incinerator
火藻 fire algae
火痣 fire mark
火中性能 behavio(u)r in fire
火钟 fire clock
火种 tinder
火种燃烧器 pilot burner
火柱 belch
火砖 fire(clay)brick;furnace brick
火砖衬砌 firebrick lined
火砖拱 fire bridge;flame bridge
火砖重热试验 reheat test of fireclay brick
火钻 jet piercer
火钻钻进 flame drilling

伙房 larder

伙食承办人 provider
伙食船 canteen ship
伙食房 buttery
伙食费 food expenses;table expense
伙食供应 catering
伙食供应计划 catering project
伙食供应商 purveyor
伙食管理员 steward
伙食津贴 mess allowance
伙同作案 aid and abet

钬矿 holmium ore

或更多条款 or more clause

或买或卖出价 buy-sell offer
或然的 probabilistic;probable
或然概率 probability of survival
或然机遇基础 probabilistic base
或然机遇论方法 probabilistic approach
或然率 presumption;probability
或然率定律 law of probability
或然率论 theory of probability
或然率曲线 probability curve
或然率性质 stochastic property
或然论的 probabilism
或然偏差 probability deviation;probable deviation
或然说 probabilism
或然特性 probabilistic characteristic
或然稳定性 probable stability
或然误差 probability deviation;probable error
或然误差平行四边形 probable parallelogram
或然系数 coefficient of contingency
或然性 probability
或然性参数 probabilistic parameter
或然性的 problematic(al)
或然性函数 function of probability
或然需要 probabilistic demand
或然周期 probable period
或是误差 probable error
或有的 contingent
或有费用 contingent charges;contingent expenses
或有负责 contingent liability
或有利润 contingent profit
或有利益 contigent interest
或有年金 contingent annuity
或有剩余 contigent remainder
或有受益人 contigent beneficiary
或有折旧 contingent depreciation
或有资产 contingent assets

货板 pallet

货板成组化 palletized cargo
货板化 palletisation[palletization]
货板化货物 palletized cargo
货板系统 pallet system
货板用木 pallet stock
货币 coin(age);currency(money);money
货币(比价)调整 monetary realign-

ment

货币比例 currency proportion

货币贬值 currency depreciation;currency devaluation; debasement of money;decry;depreciation of currency;devaluation of currency

货币贬值附加费 currency surcharge

货币贬值损失 loss from devaluation

货币虫海海浸 nummulitic sea transgression

货币虫灰岩<早第三纪>【地】nummulitic limestone

货币虫砂岩 nummulitic sandstone

货币单位 monetary unit;pecuniary unit;unit of currency

货币兑换处 money exchange;currency exchange

货币兑换浮动 currency exchange fluctuation

货币兑换值 valuta

货币升值 currency appreciation;currency revaluation

货币升值趋势 an appreciation tendency

货币市场 money market

货币资产 dollar assets;monetary assets;money assets

货币资金 monetary capital;monetary fund

货驳 cargo barge; cargo carrying barge;lighter

货驳靠把 Callao rope

货仓 freight house; godown; goods warehouse;warehouse

货仓保证书 warehouse warrant

货仓面漆 hold paint

货仓棚 freight house canopy

货仓线 house track

货仓作业班 shift of freight-house operation

货舱 bulk;cargo bay;cargo compartment; cargo hold; cargo tank; freight compartment;hold

货舱壁护木 batten

货舱壁护条 cargo batten;cargo sparring;hold batten;spar ceiling;sparring

货舱舱壁 cargo hold bulkhead

货舱舱口 cargo hatch(way)

货舱舱容 hold capacity;hold space

货舱除湿装置 dehumidification system for cargo hold

货舱单层衬垫 single dunnage

货舱灯 cargo light

货舱底部 tank top

货舱底开口 ceiling hatch

货舱垫料 ship dunnage

货舱惰性气(体)灭火系统 gas smothering system in cargo hold

货舱管理员 cargo conservator

货舱检查 hatch survey

货舱检查报告 hatch survey report

货舱检验 hatch survey

货舱口 cargo(compartment) hatchway;cargo hatch

货舱梁 hatch beam

货舱门 freight-compartment door

货舱能更换的飞机 packplane

货舱漆 hold paint

货舱容积 capacity of cargo hold;cargo capacity;hatch capacity;hold space

货舱容量 cargo(carrying) capacity

货舱扫舱检验 survey of cleaning hold

货舱深度 depth of hold

货舱手提灯 hold lantern

货舱通风筒 air funnel

货舱舷侧垫衬 side dunnage

货舱舷侧护条 side ceiling;side sparring

货舱移动丛灯 cargo cluster light;cargo reflector;cluster lamp;yardarm group

货舱装卸工 hold man

货舱装卸领班 hatch foreman

货舱装卸组长 hatch foreman

货叉 cargo fork;fork;shuttle

货叉超行程挡块 mechanical stops; shuttle over-travel stops

货叉超行程停止器 mechanical stops; shuttle over-travel stops

货叉定位装置 fork position locking device

货叉间距<中心距> distance between two telescopic shuttles

货叉可延长的叉车 extensible fork truck

货叉宽度 width of shuttles

货叉零位 neutral position of shuttle

货叉上表面水平度 levelness of top surface of shuttle

货叉伸出高度 height of extended part of shuttle

货叉伸出时间 time of shuttle movement

货叉伸出最大行程 maximum distance of shuttle; maximum extension of shuttle

货叉伸缩 telescoping of shuttle

货叉伸缩高(低)速度 high low extending/retracting speed of shuttle

货叉伸缩机构 shuttle mechanism

货叉伸缩加速度 acceleration of shuttle movement

货叉伸缩速度 extending-retracting speed of shuttle

货叉伸缩行程限位器 shuttle extension/retraction limiter

货叉调整范围 fork adjusting range

货叉下挠度 deflection of shuttle

货差 short landing

货差险 risk of shortage

货差证明 short-landed memo

货场 dray yard; freight yard; goods yard;open air storage space;station yard;storage yard;team yard

货场道路 goods yard road

货场工程地质勘察 engineering geologic(al) investigation of goods yard

货场计划 depot plan

货场配线 goods yard track

货场起重机 cargo crane

货场移动式起重机 yard crane

货场作业 operation in storage-yard

货车 cargo truck; commercial vehicle; flat car; freight; freight car; freight carrier;freight carrying vehicle;freight stock; freight truck; freight vehicle; freight wagon; goods-carrying vehicle;goods van; goods wagon;merchandise car;motor truck; wagon; wain; freight train;goods train【铁】

货车百分比 truck percentage

货车百分率 percentage of trucks

货车磅 truck scale

货车保有量 daily stock of freight car

货车标记 mechanical designation

货车标记平均载重 average marked loading capacity per wagon

货车标记载重量 capacity of wagons; carrying capacity of wagon tagged; marked loading capacity of car; tonnage capacity

货车标签 wagon label

货车标重 marked loading capacity of wagons

货车仓库 wain house

货车长途运输 line-haul trucking

货车场 freight yard

货车敞车 carriage truck

货车超载<准许的> enhanced loading of a wagon

货车车道 lorry lane

货车车库 wain house

货车车皮调编机 wagon shifter

货车车厢 lorry body

货车出入登记簿 register of outgoing and incoming freight cars

货车到达预测 prediction of freight car arrival

货车到站组别索引 index of groups of wagon destination stations

货车道(路) wagon road;wagon way

货车的查找 freight car search

货车的调入 inbound setting of cars

货车的集结 gathering of wagons

货车的取出<从货场> outbound setting of cars

货车的重新调配 relocation of wagons

货车底板翻门 trap door in floor

货车底板活门 floor trap

货车地磅 lorry scale

货车地秤 truck scale

货车递送 truck delivery

货车调车试验 shunting test of wagons

货车调度系统<在自动化编组场> freight car control system

货车定位器<整列车在翻车机上卸车时,使货车逐辆前移的装置> wagon positioner

货车动态表 statement of freight car movement

货车动态信息系统 information system on wagon movement

货车动载重 dynamic(al) load of cars; kinetic load of wagon

货车渡船 freight car ferry;car bridge

货车段修 wagon repair at depot

货车队<指所有车辆的总数> car fleet

货车队组成<型别、吨位、辆数> fleet of freight cars

货车翻卸吊车 wagon tippler hoist

货车分类线 classification siding;classification track;classified track

货车分配 distribution of wagons

货车分配和管理业务 car service

货车分去向编成列车的制度 freight car classification system

货车分去向编组的原则 directional sorting principle;grouping principle of sorting

货车分去向的编组线 classification track;direction track

货车负荷 wagon load

货车附加物 addition of a wagon

货车工厂 wagon works

货车公里 freight car kilometers

货车供给 wagon provision

货车供应 car supply

货车管理系统 freight vehicle management system

货车管理信息系统 cargo truck management information system

货车轨道衡 freight car scale;wagon bridge;wagon scale;wagon weigh bridge

货车含率 percentage of trucks

货车核对员 checker;wagon checker

货车荷载 truck load(ing);wagon load

货车集结 accumulation of freight wagons

货车集结参数 parameter of accumulation of freight cars

货车集结成组(或编组号) assembling of cars into groups

货车驾驶员 teamster

货车监视<在溜放过程中> wagon monitoring

货车交付 delivery on rail

货车交换<在各铁路间> car interchange

货车交换情报 car interchange information

货车交通 truck traffic

货车径路<零担运输> wagon routing

货车静载重 static load of freight car; static load of wagon; tons loaded per wagon

货车控制站 wagon control depot

货车来回程时间 wagon round-trip time

货车立柱 upright of wagon

货车隶属标志 reporting marks

货车连续运行控制 continuous progress control

货车联运交接规则协定<美> freight car interchange rules agreement

货车列车性能日记簿 log of freight train performance

货车溜放风阻力 rolling car resistance due to wind effects

货车流 wagon flow

货车流表 freight car flow table

货车流图 wagon flow diagram

货车留滞费 wagon detention charges

货车路线 truck route

货车率 percentage of trucks

货车轮渡 van ship

货车轮胎 truck tyre

货车每吨载重能力每年所运送的货物净吨公里数 net ton-kilometers moved per annum per ton of capacity

货车门锁 freight car lock

货车密度 wagon density

货车面积载重比 ratio of floor area to load

货车内部限制载重的装置 interior load-restricting device

货车棚 carriage truck;wagon shed

货车篷布 wagon sheet

货车篷布使用费 use charges for wagon sheet

货车篷布延期使用费 use charges for postponed wagon sheet

货车平均动载重 average dynamic (al)load of cars

货车平均静载重 average static load of wagon

货车平均日车公里 wagon average kilometre per day

货车平均载重 average tonnage capacity of cars

货车平均周转时间 average time of turnaround per wagon; average turnover time of wagon

货车铅封 wagon seal(ing)

货车撬棍 wagon pinch bar

货车倾卸机 car dumper

货车请求单 car order; request for wagons

货车去向编组号数 number of classifications

货车全周转距离 average wagon kilometers in one complete turnaround of wagon

货车缺乏 penury of wagons

货车日 wagon day

货车日产量 average daily output of wagon; serviceable ton-kilometers per wagon per day; serviceable work-done per car day

货车日车公里 kilometers per wagon per day

货车日工作量<吨公里数> daily wagon throughput

货车日公里 wagon kilometers per day
货车日租费 daily wagon hire-charge
货车容积 volume of car
货车容积利用率 coefficient of utilization of wagon volume
货车容许装载量 allowable load capacity of wagon
货车上交货价 free on truck; free on wagon
货车生产量 average daily transport output of serviceable wagon
货车施封 car seal(ing); sealing of wagons; wagon seal(ing)
货车使用的专业化 specialized wagon utilization
货车事故 lorry accident
货车守车 <俚语> crummy
货车司机 truck driver
货车停留费 demurrage
货车停留时间 detention time of car
货车通道 wagon road
货车通路 wagon road
货车推动机 <在货场、专用线推送货车> wagon prime mover
货车推动器 <机车除外> wagon moving device
货车推送器 <驼峰编组场推送没有连挂的车辆> wagon conveyer
货车洗刷除污所 wagon scrubbing and decontaminating point
货车洗刷所 wagon washing plant
货车洗刷线 car cleaning track; wagon washing line
货车现有数 wagon stock
货车现有数统计 current wagon statistical number
货车消毒线 siding for car disinfecting
货车卸货机 wagon unloader
货车卸货机泵 wagon unloader pump
货车卸货振动机 <为卸净松散货物> car shaker; car vibrator
货车需要量 wagon demand
货车延期费 wagon demurrage
货车延期使用费 wagon postponed use charges
货车验收 acceptance of wagons
货车一次作业平均在港停留时间 average time used for discharging a wagon; average time used for loading a wagon
货车有效荷载 truck payload
货车运费 truckage; wagonage
货车运货 hauling away
货车运输 carting; truckage; wagonage
货车运输百分比 truck percentage
货车运输费 cartage
货车运输量 car load(ing)
货车运送 truck delivery
货车运行距离 run of wagon
货车运用率 <装车数与现在车数比> car efficiency; car utilization
货车运用数量指标 quantitative indices of wagon utilization
货车运用数量指标计划 plan of quantitative indices of wagon utilization
货车运用指标 indices of wagon utilization
货车运用质量指标计划 plan of qualitative indices of utilization of wagons
货车载重力利用率 wagon loading capacity utilization rate
货车载重力利用系数 coefficient of utilization for car loading capacity; coefficient of utilization of the loading capacity of wagon
货车载重利用率 percentage of wagon loading capacity utilized
货车载重利用系数 coefficient of wagon loading capacity utilized
货车载重量 capacity of wagons
货车载重量利用系数 coefficient of use of loading capacity
货车载重能力 <标记载重> capacity of wagons
货车在编组场作业时间 run-through time
货车在岔线停留 stabling of wagons at siding
货车在港总停留车时 total wagon-hours in port
货车在港作业车次数 total number of wagons handled
货车在进入编组线附近中途停车 short stopping of cars near the entry of sidings
货车在起运站出发前和在到达站到达后在调车场或车站调车区的调动 line-haul switching
货车摘挂统计图 diagram of freight cars detached and attached
货车折旧费 wagon depreciation expenses
货车振动机 wagon shaker
货车振动器 <为卸净粒状、粉状货物> wagon shaker; wagon vibrator
货车制动机 freight car brake; wagon brake
货车制动器 wagon brake
货车滞留费 wagon demurrage
货车中转 transit of wagons
货车中转渡轮 transfer steamer
货车中转渡轮停自处 transfer slip
货车中转加给收入 freight train transfer increased revenue
货车中转距离 average kilometers[kilometres] of wagons in transit loaded at technical stations per transit
货车终端 truck terminal
货车重车公里 loaded freight car kilometers
货车重空制动调整器 load adjuster
货车周转 turnaround
货车周转距离 average car kilometers in one turnaround
货车周转时间 car turnaround time; freight wagon turn-round time; time of turnaround of freight car; time of turnaround of wagon; turnover time of freight train per week; wagon turnaround time
货车周转时间天数 serviceable car days per car loaded
货车周转一次 round-trip of wagon
货车轴用润滑脂 railroad journal-box grease
货车专用车道 truck lane
货车专用化 wagon specialization
货车转车台 wagon travelling platform; wagon traverser
货车转向架 freight truck
货车装车计划图 loading chart for freight cars
货车装车升运器 wagon loading elevator
货车装货 entrucking
货车装卸场 team yard
货车装卸队 team truck
货车装卸区 truck loading zone
货车装卸线 team track
货车装载高度检测器 high load detector
货车装载高宽表示器 <在发车场> high-wide load indicator
货车装载高宽检测器 high-wide load detector
货车装载高宽限界检测器 high-wide load clearance detector
货车装载高宽指示器 high-wide load indicator
货车装载货物的加固 securing of loads
货车装载宽度检测器 wide load detector
货车装载清单 car loading list; wagon loading list
货车装载设备 wagon loading equipment
货车装载塔架 wagon loading tower
货车自动调送系统 freight car conveyer system
货车自动识别 automatic wagon identification
货车总调度所 central wagon control office
货车走行公里 wagon kilometer
货车租用费 hire charges for wagon
货车组 raft of wagons; set of wagons; wagon-set; wagon group <同一到站>
货车组合 <带拖车的卡车> truck combination
货车作业次数 wagon operation times
货船 cargo boat; cargo carrier; cargo freighter; cargo ship; cargo vessel; carrying vessel; freight carrier; freighter; freight ship; freight steamer; load carrier
货船舶位 freight berth
货船船坞 cargo ship dock
货船到达 arrival of vessel
货船定期 cargo steamer
货船定线 cargo steamer
货船构造安全证书 cargo ship safety construction certificate
货船码头 cargo ship dock
货船设备安全认可记录 cargo ship safety equipment approval record
货船设备安全证书 cargo ship safety equipment certificate
货船升降机 cargo lift
货船停泊位 cargo berth
货船无线电安全认可记录 cargo ship safety radio approval record
货船无线电安全证书 cargo ship safety radio certificate
货船无线电报/电话安全证书 cargo ship safety radiotelegraphy certificate
货船无线电台安全证书 cargo ship safety radio station certificate
货存关栈价 price in bond
货袋除尘器 bag collector
货袋破裂 bursting of bags
货袋收尘器 bag collector
货袋提升器 bag elevator
货单 bill of parcel; cargo certificate; cargo papers; manifest; parcel list; shipping list
货单内的重量 weight according to the manifest
货单同行 cargo carried together with bill
货单依据 basis for invoicing
货到埠卸载时付给运费 freight to be paid after discharge at destination
货到付款 cash against delivery; cash on arrival; cash on delivery; payment against arrival; pay on delivery; spot cash
货到付款手续费 "cash on delivery" charges
货到付现金 cash on delivery; collect on delivery
货到付运费 freight payable at destination
货到后(由)收货人自付运费 charges forward
货到即提 delivery on arrival
货到见票即付汇票 after-arrival-of-goods draft
货到交付 delivery on arrival
货到拒收 refused on delivery
货到前付款 cash before delivery
货到收款 cash on delivery; collect on delivery
货到收款人付费 charges forward
货到收运费 freight to collect
货到通知书 advice of delivery
货垫 cargo mat; dunnage; fardage
货垫木 stow wood
货堆 dump; stockpile; cargo stack
货堆空隙 clearance space
货垛 cargo stack; storage card
货垛牌 stack card; storage card
货方接运 merchant haulage
货方(利益) cargo interest
货方重量 shipper's weight
货房 freight house
货港未定的租船合同 open charter
货钩 cargo hook
货钩造成的货损 hook damage
货柜 container; counter; freight container
货柜仓库 container depot
货柜场 container yard
货柜车架 container chassis
货柜船 container ship
货柜吊盘 container spreader
货柜调度场 container marshalling yard
货柜高架吊运机 bridge gantry crane
货柜火车 freight liner
货柜集散站 container freight station
货柜角隅装置 container corner fitting
货柜码头 container wharf
货柜起重机 container crane
货柜起重机吊高 lift of container crane
货柜起重机后伸 back reach of container crane
货柜起重机跨距 rail span of container crane
货柜起重机前伸 outreach of container crane
货柜起重机支架净高 clear frame height of container crane
货柜起重机支架净宽 clear frame length of container crane
货柜气囊 container cushion
货柜涂料 container paint
货柜移载机 transfer crane, transtainer
货柜装运 container shipping
货汗 sweat cargo
货机 freight carrier
货价表 cargo valuation form
货价单 invoice
货价和运价 cost and freight
货价及运费发票 cost and freight invoice
货价加保险费 cost and insurance
货价加运费 cost and freight
货价加运费和佣金 cost, freight and commission
货价加运价 cost and freight
货价加运价和佣金 cost, freight and commission
货价票 invoice
货价折扣 discount from the price
货价证书 certificate of value
货架 batch bin; display rack; pallet; pallet board; rack; shelf; stack; stallboard; cart-ladder <车上的>
货架仓库 goods rack
货架顶板 deck board
货架搁板 stallboard
货架交货价 off-the-shelf price
货架支承型有轨堆垛起重机 rack supported S/R machine
货交承运人 free carrier

货客梯 goods-passenger lift
货款部 advance department
货款额固定的抵押 closed-end mortgage
货款方 credit side
货款两清 collected and delivered
货款条件紧缩 hardening of loan terms
货款贴现百分点 discount point
货捆运输 containerized transport
货郎 < 沿街兜售的 > padlar; pedder; gutter man
货类分析法 cargo analysis
货离钩绳就不负责任的交货 free overside
货量 cargo quantity
货流 cargo flow; cargo movement; flow of goods traffic; flow of traffic; freight flow; freight stream; freight traffic flow; goods flow; traffic flow
货流波动系数 fluctuating coefficient of goods flow
货流调查 freight flow survey
货流方向 direction of current of traffic; direction of goods flow
货流较大方向 direction of greater goods flow
货流量 freight flow volume; volume of goods flow
货流密度 density of goods flow; traffic flow density
货流统计 freight flow statistics
货流图 freight flow diagram; freight flow draft; freight flow drawing; goods flow diagram
货流在方向上的不平衡 unbalancing in directions of goods flow
货笼 cargo cage
货轮 cargo ship; cargo steamer; cargo tanker; cargo vessel; freight ship
货轮灭火设备 fire-extinguishing in cargo ship
货名 description of goods; name of article
货名卡 commodity card
货名牌 commodity card
货牌 docket
货盘 pallet; pallet board; stevedore pallet
货盘化 palletization[palletisation]
货盘回运 pallet return
货盘货物装卸 pallet handling
货盘甲板 pallet deck
货棚 cargo shed; freight shed; goods shed; storage shed; store shed
货棚面积 shed area
货棚线 goods shed track
货棚装车站台 deck of a goods shed
货票 freight invoice; invoice; waybill
货票房 invoice office
货品 commodity
货品标志 designation of goods
货品估计 commodity projection
货品计价 invoicing
货品清单 bill of goods
货品验关估值登记员 public store and general order clerk
货汽车 goods car
货签 docket; freight label; goods label
货区 freight area; goods area
货损报告 cargo damage report
货损单 damage cargo list
货损货差报表 shortage/damage list
货损货差报告 damage and shortage report
货损货清单 exceptional list
货损检验 cargo damage survey
货损率 rate of damaged cargo
货损预防 cargo damage prevention
货损折价 allowance for damage
货损折扣 allowance for damage
货损证明 certificate of damage
货摊 delivery stall; stall
货摊搁板 stallboard
货梯 freight elevator; goods lift
货筒箍失落 hoop missing
货网 cargo net; side net; sling net
货未备妥 cargo unprepared
货位 cargo bay; cargo body; carload area; freight lot; freight section; goods section < 可容纳一辆整车货物的面积 >; loading bay
货位计划 marshalling plan
货位检测器 bin detection
货位异常检测装置 load location detector
货位周转时间 turnaround time of goods section
货位专线 special line for freight train
货物 cargo; commodity; freight(age); freight cargo; freight goods; goods; merchandise; portage; ware
货物安全 cargo security
货物搬运 cargo movement; freight handling; handling; movement of goods; portage
货物搬运车 goods trolley
货物搬运工领工员 goods porter foreman
货物搬运能力 cargo handling capacity
货物搬运区面积 < 自码头前沿至货物堆放地方以及车船装卸必需的地面 > freight handling area
货物包装 cargo package; cargo packing
货物包装不良 faulty packing of cargo
货物包装重量 tare
货物包租 charter of cargo
货物保价费 freight securing value charges
货物保险 cargo insurance; insurance on goods
货物保险承保人 cargo underwriter
货物保险单 cargo policy
货物保险费 cargo premium
货物保险费率 cargo insurance rate; goods insurance rate
货物保险条款 cargo clause
货物保证书 guarantee
货物报告单 goods declaration
货物报关单 goods declaration
货物报(海)关 clearance of goods; clearance of cargo
货物报税 declare goods for duty
货物本位论 goods standard theory
货物标记 freight label; goods label
货物标签 cargo marking
货物标志 cargo mark(ing); marking of cargo; shipping mark
货物标志不正规 abnormality of mark
货物标准重量 standard weight of cargo
货物补送 supplement transport of goods
货物不完整的提单 claused bill of lading; foul bill of lading
货物残损报告单 damaged cargo report
货物残损单 broken and damaged cargo list
货物残损检验 inspection on damaged cargo
货物舱单 cargo manifest
货物舱位 space for cargo
货物查询 freight enquiry
货物查询单 freight tracer
货物差别对待 discrimination between commodities
货物产地证明书 certificate of origin
货物超载 over-freight
货物车站 freight depot
货物陈列室 wareroom
货物承运 acceptance of freight
货物承运人 cargo underwriter; haul-er; haulier
货物充斥 congestion
货物充公 impounding of goods
货物出境回执 exit receipt
货物出门概不退换 caveat emptor
货物出入仓库 handling from storage
货物出入口报告书 bill of entry
货物出行 goods trip
货物储存 storage of cargo
货物储存架 < 等候发配 > stillage
货物储运中心 distribution center[centre]; physical distribution center[centre]
货物处理站 freight-processing station
货物从车上坠落 falling off of load
货物从制造厂到使用地点的直接运输 drayage
货物存仓 warehouse book
货物存仓出仓单 waybill
货物存放费 goods storage charges
货物存放室 cargo room
货物待运吨数 tons offered of goods
货物单证制 cargo billing system
货物担保人 cargo underwriter
货物倒装 overstowage; transfer of lading
货物到达 arrival of cargo
货物到达吨数 tonnage of freight arrived; tons of goods received; tons received of goods
货物到达量 volume of arrived goods
货物到达通知单 goods arrival notice
货物到达作业 goods operation at destination
货物到达作业收入 cargo arrival operation income
货物到港代理业务 landing agent
货物的搬运和操作 cargo handling; manipulation of goods
货物的表面状态 apparent condition of goods
货物的附加偏差量 amount of additional deviation of goods
货物的积载系数 factor of stowage
货物的计算点 computed point of goods
货物的计算宽度 computed width of goods
货物的检定断面 examined cross-section of goods
货物的均衡装载 equally distributed load
货物的可用性 availability of goods
货物的扣留 seizure of goods
货物的流程系统 logistics system
货物的灭失 loss of goods
货物的内在性质 inherent nature of goods; intrinsic(al) nature of goods
货物的实测宽度 measured width of goods
货物的实物计算单位 physical unit of goods
货物的有效性 availability of goods
货物的重新安排 rearrangement of lading
货物登记册 cargo book
货物等级 < 价率 > class of goods
货物抵押贷款 goods credit
货物抵押借款 respondentia
货物抵押借款契约 respondentia bond
货物电梯 freight lift
货物垫板 burden board
货物定位横杆 crossbar; cross member
货物短缺 short delivery
货物短缺调查 tracer
货物堆场 goods yard
货物堆存吨天数 ton-day of cargo in storage
货物堆存量 volume of cargo in storage
货物堆垛 piling
货物吨 < 总称 > cargo tonnage
货物吨公里 freight ton-kilometer[kilometre]; ton-kilometers of goods traffic
货物吨公里成本 cost per ton-kilometre of goods
货物吨位 cargo tonnage
货物多卸、少卸和破损(报告) freight over and short-landed
货物发送 delivery of goods; dispatching of cargo; freight forwarding
货物发送吨数 tones of goods originated; tonnage of freight dispatched; tons conveyed
货物发送量 volume of sending goods
货物发送细则 forwarding instructions
货物发送作业 freight operation at originated station
货物发运 despatch[dispatch] of cargo; dispatch[despatch] of goods
货物发运费用 freight forward cost
货物反潮 deliquesce
货物防碰隔板 anti-collision bulkhead
货物放行证 transire
货物分等表 classification of freight; classification of goods
货物分等的例外 exception to classification
货物分等委员会 classification committee
货物分等运价 tariff of goods classification
货物分类 allotment; classification of freight; kinds of cargo
货物分类出售 sales by description
货物分类名称 < 运价表 > generic description
货物分配 distribution of goods
货物分卸 breaking of bulk
货物付费吨位 < 以 40 立方英尺为 1 吨 > payable tonnage
货物负荷 product load
货物港务费 cargo dues; harbo(u)r dues on cargo
货物搁置方法 bedding out
货物格栅 cargo grating
货物隔板 divider; load divider
货物隔板定位轨 load divider locking rail
货物购入额 amount of goods purchased
货物估定价格单 valuation paper
货物估价 valuation of goods(produced)
货物估价单 valuation form
货物管理员 cargo superintendent
货物海上保险 cargo marine insurance
货物海上保险契约 marine insurance contract
货物海运执照 cargo navicert
货物汗湿 cargo sweat
货物航程 cargo passage
货物航运执照 cargo navicert
货物航站 cargo terminal
货物号码清单 numeric(al) list of commodities
货物合理流向图 rational material flow chart
货物和服务的平衡 balance on goods and services
货物和列车轮渡 cargo and train ferry
货物和物质性服务出口 exports of goods and material services
货物和物质性服务的进口 imports of

good and material services
货物和物质性服务账户 accounts for goods and material services
货物横支垫 riser
货物换装 intermodal cargo movement;trans(s)hipment
货物换装或调整授权书 authority for transfer or adjustment of lading
货物换装整理 reloading and rearrangement of goods
货物会让线 goods train passing track
货物毁损证书 certificate of breakage
货物混乱 goods in bad order
货物混杂 cargo mixing
货物混装 cargo-consolidation
货物积压 accumulation of freight
货物积载系数 cargo factor;stowage factor
货物积载系数表 stowage factor table
货物积载因数 cargo factor;factor of stowage;stowage factor
货物积载因数表 stowage factor table
货物及劳务 goods and services
货物集散地 entrepot;goods collecting and distributing centres[centers]
货物集散中心 <英> distripark
货物集中 cargo consolidation
货物集装箱 cargo container;freight container
货物计费重量 charged weight
货物计数单 cargo list;cargo sheet
货物记录簿 cargo record book
货物技术规格(书) specifications for cargo;specifications for goods
货物加工站 freight-processing station
货物加热器 cargo heater
货物加热系统 cargo heating system
货物价值 value of commodity
货物减湿装置 cargo dehumidification system
货物检查 goods examination
货物检查员 survey clerk
货物检验人员 cargo surveyor
货物检验师 cargo surveyor
货物件数 number of packages
货物建筑 cargo building
货物交出量 quantum of goods sending-out
货物交付 delivery of freight;goods delivery
货物交换 barter
货物交换者 trucker
货物交接 cargo turnover
货物交接单 acceptance and delivery document of goods;list of freight delivered and received
货物交接所 goods transfer point
货物交流表 chart of goods intercourse;table of interflow of goods
货物交通 cargo traffic
货物交由铁路运送 consign goods by rail
货物绞车 cargo winch
货物接运量 volume of continue carrying freight
货物结关 cargo clearance;clear goods from customs
货物进口誓言 oath of entry
货物净重吨公里 net freight ton-kilometers
货物就位机 spotter
货物均衡装载 balancing of masses
货物空运费率表 cargo air tariff
货物空运过境 air transit of goods
货物库存 stock inventory
货物捆绑链 cargo lashing chain
货物来源证 original certificate
货物类型 cargo type
货物冷却 cargo cooling
货物理货员 cargo tallyman;location clerk
货物联运 goods through transport;intermodal cargo movement;intermodal freight terminal;intermodal freight transport;intermodal movement of freight
货物联运条约 transport combined of merchandises
货物量 volume of cargo
货物列车 freight train;goods train;rattler
货物列车编组 formation of freight trains
货物列车编组计划 freight train formation plan;freight train make-up plan;freight trains grouping plan
货物列车编组最佳方案 formation of truck-haul freight trains
货物列车单人乘务制 one-man freight-train crewing
货物列车公里 goods train
货物列车公里数 freight train kilometers
货物列车换(算)长(度)(辆数) converted length of a goods train
货物列车检验所【铁】 freight car inspection depot
货物列车结构 structure of wagon
货物列车净载系数 coefficient of goods train net-load
货物列车满轴系数 coefficient of goods train full-load
货物列车平均在沿线时间 average road time of a freight train
货物列车平均总重吨公里 average gross ton-kilometers per freight train
货物列车数计划 plan of number of goods trains
货物列车停车点 staging point for goods train
货物列车停留线 goods train track
货物列车小时 freight train hour
货物列车小时图 <每天列车次数与列车运行小时的关系图> freight train hour diagram
货物列车运行线 freight train path
货物列车运行性能 freight train performance
货物列车运行性能图 freight train performance chart
货物列车正点率 percent of punctuality of goods trains received on time to total goods trains;punctuality of freight train
货物列车走行公里 goods train kilometers
货物流动 flow of goods
货物流动规则 goods movement planning
货物流入 cargo inflow
货物流通出行 freight circulation trip
货物流通规则 goods movement planning
货物流通学 rhochrematics
货物流通中心 freight circulation center[centre]
货物流向 direction of commerce;direction of goods flow
货物流转 circulation of goods
货物留置(权) <如对应付未付的运价、装卸费及其他费用等方面> lien on goods;cargo lien;lien on cargo
货物漏出 contents leaking
货物路程单 freight waybill
货物落地保管 ground storage
货物买卖法 Sale of Goods Act
货物毛重 crated weight
货物每吨平均运程 average length of haul
货物密度 cargo density;density of commodity
货物免费保管时间 free time of cargo
货物免费占用港口设施保管的时间 free time of cargo
货物描述一览表 summary sheet of goods description
货物名称表 nomenclature of goods
货物名称和规格 name of commodity and specification
货物明细单 particulars of cargo
货物内部包装 internal packing of goods
货物内缺陷 cargo inherent vice
货物内容不详 contents unknown
货物内容、品名或重量声明书 declaration of contents;description or weight
货物内容说明书 packing specification
货物配给 ration of goods
货物配载计划 cargo planning
货物配载计划图 cargo allocation plan;cargo stowage plan;stowage plan
货物配载图 cargo plan;stowage plan
货物批号 lot number
货物偏差量 amount of deviation of goods
货物品类 goods category
货物品类说明 description of goods
货物品类说明的错误声明 incorrect declaration of description
货物品名表 nomenclature of goods
货物品名别运输要求 transport cost of goods article
货物拼装 cargo-consolidation
货物平均堆存期 turnover of cargo stored;turnover of storage
货物平均净载重 average cargo payload
货物平均运程 average haul of goods;average transportation distance of goods
货物平均运送时间 average cargo transportation time
货物平均运送速度 average cargo transportation speed
货物平均装卸时间 average cargo-handling time
货物破损 breaking damage
货物普通分等表 general classification of merchandise
货物启运地 county where consigned
货物起岸费用条款 landed terms
货物起吊点 lift point
货物起吊钢丝绳 cargo-handling wire rope
货物起卸机 freight lift;goods lift
货物起卸口 hoist hole;hoistway
货物起卸口防火过滤 fire lintel
货物起卸口金属门框 bucks
货物起运点 initial point
货物起运吨数 freight tonnage originated;tons originated of goods
货物起运铁路 initial carrier
货物起重机 cargo crane
货物起重器 cargo jack
货物起重墙杆 <在岸上货棚墙上设置的起重杆> cargo mast
货物清单 cargo book;cargo list;freight list;manifest of cargo;cargo inventory
货物情况控制 cargo condition control
货物全部卸完前装载重或压舱物许可证 stiffening order
货物容积 hold space
货物容积单位 unit of hold space;ton
货物容量 cargo capacity
货物入场系数 storage factor
货物入口 goods entrance
货物入库系数 storage factor
货物散包 bale off
货物上的签条 docket
货物上门取送费 collection and delivery charges
货物申报单 merchandise declaration
货物渗透性 cargo permeability
货物渗透因数 factor of cargo permeability
货物升降机 cage lift(er);cargo hoist;cargo lift;freight elevator;goods lift;stacker
货物失窃 cargo pilfering
货物疏运 dispatch of goods
货物输出国 county where consigned
货物刷印标志 stencil mark
货物双重作业 <卸后又装> double goods operations
货物税 commodity tax;excise;tax on commodities
货物送达速度 freight transit speed
货物损害鉴定书 report of cargo damage survey
货物损失赔偿申请处 <美国铁道协会> Freight Claim Division
货物损失运费照付条款 lost or not lost clause
货物所有权凭证 document of title to the goods
货物所有人 owner of goods
货物索赔 cargo claim;claim of damages;freight claim
货物索赔清单 freight claim bill
货物台 cargo bay
货物特惠法 Cargo Preference Act
货物特性 cargo characteristics
货物提升装置 cargo hoist
货物体积 volume of air passengers
货物调整 adjustment of lading
货物通过能力 cargo throughput
货物通过税 transit duty
货物通行证 <拉> transire
货物途中作业 goods operation in route
货物吞吐量 cargoes loaded and unloaded;cargo throughput
货物托盘共同使用制 <西欧> European Pallet Pool
货物托盘化 palletization[palletisation]
货物托运 consigning of freight;consignment of goods;invoice
货物托运单 consignment note
货物托运号 consignment number
货物托运人咨询委员会全国联合会 <美国,设在纽约> National Association of Shippers Advisory Board
货物外表状况 conditioning of goods
货物完整的提单 clean bill of lading
货物围护区域 cargo containment area
货物未定租船合同 open charter
货物稳定和配置状况指示器 <干货船的> stalodicator
货物下岸平台 landing stage
货物线 freight track;freight traffic line;goods line
货物箱 packing box
货物详单 description of the goods
货物销售条件 conditions of commercial sale
货物卸车吨数 tons unloaded of goods
货物卸后发现短少的 short-landed
货物、行包事故赔偿费 baggage and parcel claims;compensation for goods
货物许可密度 acceptable cargo density
货物许可温度 acceptable cargo temperature
货物选择权 optional right for cargo
货物押护人 personal tracer

货物押汇汇票 documentary bill; documentary draft
货物押汇信用证 documentary credit; documentary letter of credit
货物押运 goods transport under escort
货物押运人 caretaker
货物押运员 cargo attendant
货物延误费 cargo delay cost
货物验收 acceptance
货物验收证书 acceptance certificate of the goods
货物移动 goods movement; shifting of cargo
货物移动由货主负责 owner's risk of shifting
货物已报出口但未装船(或重行起岸)的 short-shipped
货物已装船 on board
货物溢短残清单 short-landed and over landed cargo list
货物溢短残损单 outturn report
货物溢卸 overlanded
货物有形计算单位 physical unit of goods
货物运单 goods consignment note
货物运单的机械化填发 mechanized issuing of consignment notes
货物运单副本 duplicate of consignment note
货物运单声明事项 declarations on consignment note
货物运单正本 original consignment note
货物运单正件 original consignment note
货物运到期限 transit period of goods
货物运到通知 advice of arrival
货物运费 goods charges; goods freight
货物运价 goods tariff
货物运价表 freight tariff; goods tariff
货物运价差异 freight rate disparity
货物运价等级 classification of freight rate
货物运价号 goods tariff No.
货物运价里程 transport distance for calculating tariff
货物运价率 goods rate; freight rate
货物运价区域 freight rate territory
货物运输 freight handling; freight haulage; freight of goods; freight traffic; freight transport (ation); goods traffic; goods transport; transportation of goods; transportation of merchandises
货物运输包装 goods package for transport
货物运输包装标记 indication marks on goods package for transport
货物运输保险 cargo transportation insurance
货物运输变更 traffic diversion
货物运输法 law of carriage of goods
货物运输合理化 freight traffic rationalization; rationalization of freight forwarding; rationalization of goods transport
货物运输合同 freight transport contract; goods transport contract
货物运输集中管理 centralized management of freight traffic
货物运输计划 freight haulage plan; freight traffic plan; freight transport plan; goods transport plan; material movement plan
货物运输结构 structure of freight transport
货物运输量 freight volume; volume of freight traffic; volume of goods moved; volume of goods transport; volume of transport
货物运输路线的选定 routing of goods
货物运输密度 ton-kilometers of goods per kilometer of railway line; transport density of freight traffic
货物运输(上下行)不均衡系数 coefficient of unbalanced freight traffic
货物运输损失赔偿率 freight transport loss and indemnity rate
货物运输统计 freight traffic statistics
货物运输统计指标 freight traffic statistical index
货物运输系数 <运输的产品对总产量之比> coefficient of products transported to total produced; coefficient of products
货物运输协会 <英> Freight Transport Association
货物运输业 carrying trade
货物运输指标 indices of goods traffic
货物运输质量 quality of goods transport
货物运输周转量 freight transport turnover
货物运输总产量 total volume of output in freight transportation
货物运送 freight forwarding
货物运送吨数 tonnage of freight transported; tons carried; tons conveyed; tons of goods transported; tons transported
货物运送批数 number of consignments forwarded
货物运转 freight forwarding; goods movement
货物运转率 commodity rate
货物载重吨位 deadweight cargo capacity
货物在港内的运转、倒运 transfer of cargo
货物在关栈中 in bond
货物在码头装卸堆存 wharfage
货物在正线上的运输 line haul
货物暂存费 charges for goods keeping temporarily
货物站 goods station; freight station
货物站台 freight platform; goods platform
货物站台空间 platform space
货物站台装卸跳板 dock board
货物丈量 cargo measurement
货物账 goods account
货物账款通知单 cargo accounting advice
货物整理费 cargo reconditioning expenses
货物支承架和推出器 load-support and pusher
货物支线 spur line
货物制造预算成本计算表 statement of budgeted cost of goods manufactured
货物中产生的汗湿 sweat generated in cargo
货物中转 transfer of lading
货物中转通道 gangway for transshipment
货物中转站 freight transfer station; loading dock
货物重量 goods weight
货物重量的错误声明 incorrect declaration of weight
货物重量证明书 certificate of weight
货物重心的横向位移 lateral shifting of centre of gravity of goods
货物重心的纵向位移 longitudinal shifting of centre of gravity of goods
货物重新起票 <变更到站等> rebooking
货物周转量 <即吨公里数> freight turnover; freight ton-kilometer [kilometre]; turnover of freight traffic; turnover of goods; cargo turnover
货物转船清单 transshipment shipping bill
货物转让 transfer of lading
货物转向架 <跨装时用> goods turning rack
货物转向架支距 distance between centers of freight turning rack
货物转运 cargo traffic
货物转运站 interchange point; transshipment point
货物转运站台 freight transfer platform
货物转载设施 load transfer assembly
货物装车数 freight carloadings
货物装船单 cargo shipping order
货物装船明细表 broker's return
货物装船前预付款 advance packing credit
货物装船指示 cargo shipping order
货物装船准单 <海关> shipping bill
货物装集装箱 stuffing container
货物装饰 cargo handling
货物装箱 loading; packing; stuffing; vanning
货物装箱标志 marks and signs on packing-boxes
货物装卸 cargo work; freight handling; freight turnover; material handling; transshipment of cargo; cargo handling
货物装卸搬运业务 goods handling service
货物装卸费 goods handling charges; handling cost
货物装卸工人 cargo stevedore
货物装卸工艺 cargo-handling technology
货物装卸滑槽 cargo chute
货物装卸滑车 cargo handling
货物装卸机 boomer; freight lift
货物装卸机和运输系统 cargo-handling and transport system
货物装卸机具设备 cargo gear
货物装卸机械 cargo-handling machine
货物装卸机械化设备 mechanized freight-handling facility
货物装卸机械化水平 level of mechanized freight handling
货物装卸机械化维修组 mechanized freight-handling repair group
货物装卸计划 cargo-handling plan; freight handling plan
货物装卸建筑(物) cargo-handling building
货物装卸量 cargoes loaded and unloaded; cargo-handling volume; tonnage of cargo transferred; volume of cargo transferred
货物装卸能力 cargo-handling capacity; cargo-handling productivity
货物装卸情况 cargo-handling cargo in out
货物装卸区 freight handling area
货物装卸设备 cargo gear; cargo-handling appliance; cargo-handling equipment; cargo-handling gear; cargo-handling plant
货物装卸设施 freight handling facility
货物装卸通路 teamway
货物装卸委员会 National Joint Council on Materials Handling
货物装卸险 loading and unloading risks
货物装卸线【铁】 team track
货物装卸有效长度 length of freight loading-unloading
货物装卸站 freight handling station
货物装卸照明灯 cargo lamp; cargo light
货物装卸转换联箱 cargo loading/discharge crossover head
货物装卸作业 cargo-handling operation
货物装卸作业报告书 lay day statement
货物装卸作业的集中 concentration of loading and unloading operations
货物装卸作业线 operating line of cargo-handling
货物装运成组化 unitization of cargo
货物装运单 shipping invoice
货物装运单元化 unitization of cargo
货物装载 cargo stowing
货物装载单位 <如托盘、袋、包、箱、捆等> unit load(ing)
货物装载的挡牢和加固 blocking and securing of loads
货物装载的倒装 transfer of loads
货物装载的复核 double verification of the load
货物装载吨数 tons loaded of goods
货物装载极限 maximum cargo stowage ga(u)ge team
货物装载因子 cargo factor
货物装载重量 loading weight; shipping weight
货物状况 state of goods
货物准运证 cargo navicert
货物组 cargo unit
货物作业车 local car
货物作业车停留线 local siding
货物作业时间 time of goods operation
货箱 cargo container; freight container; lift van; packing box; packing case
货箱半拖车 van semi-trailer
货箱集装箱 van container
货箱立方计算 case cube reckoning
货楔 stow wood
货卸式货车 dump body truck
货样 advance sample; sample
货样纸板 show card
货已收到 receipt of goods
货油 cargo oil
货油泵 cargo(oil)pump
货油泵舱 cargo pump room
货油舱 cargo oil tank; oil cargo tank
货油舱测量管 sounding pipe for cargo tank
货油舱阀 cargo tank valve
货油舱位遥测装置 remote measuring device for cargo tank
货油舱洗舱器 butterworth cleaner
货油舱液面指示器 cargo tank ga(u)ge
货油阀 cargo valve
货油阀液压遥控装置 hydraulic remote control of cargo valve
货油分布指示器 lodicator
货油管阀门 valve of cargo pipeline
货油加热系统 cargo oil heating system
货油控制系统 cargo oil control system
货油软管吊柱 <油轮上> oil hose davit
货油吸管 cargo suction pipe
货油系统总管 <油轮上> main cargo line
货油压头 cargo oil head
货油遥控系统 cargo oil remote control system
货油装卸控制台 cargo-handling control board
货源 cargo supply; commodity supply; procurement of sources; procurement source; sources of goods

traffic; sources of freight traffic; sources of supply; supply of commodities; supply of goods
货源国 country of origin
货源证书 original certificate
货运 cargo transport; freight (traffic); freightage; freight carriage; freight haulage; freight transport; goods traffic; goods transport
货运班车 freight liner; freightliner train <指火车>
货运班机 cargo airliner; cargo liner
货运班轮 cargo liner; freight liner
货运班线 freight liner
货运办公室 freight office; goods office
货运办事处 shipping office
货运保险 cargo insurance
货运报告 freight report
货运标签 shipping tag
货运标签用硬纸板 tagboard
货运舱位申请书 application for shipment; application for space; application slip; shipping application
货运场 freight yard
货运车道 truck lane
货运车辆 goods stock; goods vehicle; freight vehicle
货运车站 freight station
货运成本 cost of freight service; freight cost
货运尺寸 shipping dimension
货运处 freight department; shipping office
货运代理人 cargo agent; forwarder; forwarding agent; freight agent; freight forwarder
货运代理行 forwarder; forwarding agent; freight agent; freight forwarder
货运单 bill of freight; cargo shipping order; waybill
货运单板 route card board
货运单规程 waybill code
货运单据 cargo documents; shipping documents
货运单据总清单 general specifications of shipping document
货运单位成本 freight traffic unit cost
货运单用铁路线 freight-only line
货运道路 cart road
货运的平均旅行速度 average travel(l)ing speed of freight
货运点到点成本 freight point to point cost
货运电力机车 electric(al) freight locomotive
货运电梯 freight elevator; freight lift; goods lift
货运调车场 freight yard; goods yard
货运调度 goods dispatching [despatching]
货运调度电话 freight dispatching telephone
货运调度员 freight dispatcher; goods traffic controller
货运吨 freight ton(nage); shipping ton
货运吨公里 freight ton-km
货运方向不平衡数 coefficient of unevenness of goods traffic in two direction
货运飞机 air freight; air truck; cargo plane; freighter; freighter aircraft; air-freighter
货运费(用) freight cost; freightage; freight charges
货运费用标准化 standardization of freight charges
货运分类堆场 freight classification yard
货运服务 goods service; logistics service
货运服务设备 goods service equipment
货运浮动码头 floating cargo landing stage
货运浮动平台 floating cargo landing stage
货运负责人 supercargo
货运副经理 assistant freight manager
货运港池 basin for shipping
货运港(口) cargo harbo(u)r; cargo port
货运工具 cargo carrier
货运工作班计划 goods traffic plan
货运工作方案 goods working program(me)
货运工作计划 shift good traffic plan
货运公路 <美国货车的百分比很高> T-type highway
货运管理 handling of freight traffic
货运合同 cargo shipping contract
货运火险 fire risk on freight
货运机 cargo plane
货运机车 freight locomotive; goods engine; goods locomotive
货运机车平均日产量 average output per day of rail freight locomotive
货运机车牵引总重 gross tonnage of freight locomotive hauled
货运机车需要台数 number of locomotives required by goods trains
货运基地车站 <将小站货物集中到基地车站起运> freight base station
货运集装箱 freight container
货运计费区段 charges section
货运计划完成情况统计表 statistic(al) table of actual wagon loadings and tons of goods carried in comparison with those planned
货运计算单位 freight unit
货运记录 goods transport record
货运记事卡插 card rack
货运记事卡片板 cardboard
货运季节波动系数 coefficient of seasonal fluctuations in freight traffic; coefficient of seasonal fluctuations in goods traffic
货运价 freightage; freight charges
货运价率水平 freight rate level
货运价值 <包括货物价值、转运费和保险费> shipping value
货运交付业务 freightment
货运交接室 <两条铁路间> traffic exchange office
货运交通 cargo traffic; goods traffic; freight traffic; excessive trucking <超过道路负荷的>
货运交通量 freight traffic volume
货运交通密度 density of freight traffic
货运交易公报 commercial traffic bulletin
货运经纪人 freight broker; freight traffic manager; shipping broker
货运经济调查 economic research of goods traffic
货运经理 freight traffic manager
货运经理人 freight agent
货运拒赔 compensation claim rejection
货运控制计算机 freight control computer
货运理赔 compensation claim handling
货运联营 <以吨计> tonnage pool
货运联运 intermodal freight
货运量 amount of traffic; cargo carrying capacity; freight amount; freight traffic; freight volume; goods traffic; shipment; tons carried; volume of freight traffic; volume of goods traffic; volume of rail freight; cargo traffic
货运量分配合同 pool agreement
货运量构成 structure of goods traffic
货运列车 freight liner; freight train; goods train
货运码头 cargo-handling berth; cargo-handling terminal; cargo jetty; cargo terminal; cargo wharf; freight terminal
货运密度 density of freight traffic; freight traffic density; ton-kilometers per kilometer of line
货运票据 shipping documents; shipping papers; the receipt of freight transport
货运票据整理报告 adjustment report of freight traffic documents
货运平均收入率 average revenue rate of freight traffic
货运汽车 commercial vehicle; freight vehicle; goods vehicle; motor lorry
货运汽车场 motor freight depot
货运汽车站 motor freight depot
货运汽车终端站 motor freight terminal; motor-truck terminal
货运清算 freight transport settlement; consignment note
货运人员工资 labo(u)r expenses of freight transport
货运设备 cargo accommodation; freight traffic facility; goods transport facility
货运时高度 shipping height
货运时间 shipping time
货运市场 freight market
货运市场的扩大 freight marketing; goods transport marketing
货运事故 freight traffic accident; goods transport accident
货运事故等级 grade of goods transport accident
货运事故件数 number of responsible accident of freight traffic
货运事故速报 quick report of goods transport accident
货运室 goods transport office; shipping room
货运收据 cargo receipt
货运收入 freight traffic revenue; goods traffic revenue; receipt from goods traffic
货运收入的监督 supervision of freight traffic revenues
货运枢纽 freight terminal
货运枢纽站 key freight terminal
货运输送机 freight conveyer [conveyor]
货运索赔 claim for damages
货运条件 conditions of carriage
货运铁路 freight railroad; freight railway; goods traffic railway
货运铁路网 freight-oriented railway network
货运统计 freight traffic statistics
货运拖挂车 truck trailer
货运网 carrier network
货运文件 shipper's papers; shipping documents; shipping papers
货运五定班列 five-fixed freight train
货运系统 cargo delivery system
货运线 <即货运道路或铁路> freight traffic line; goods line; freight track <美>
货运协理 assistant freight manager
货运信息中心 freight information center [centre]
货运业务 freight business; freight logistics; freight service; goods service
货运业务集中化 centralization of goods transport
货运业务员 clearing clerk; shipping clerk
货运用具 goods transport implements
货运预订报告单 booking report
货运员 goods clerk
货运(运费)协会 <美国各运价区负责制定地区运价的组织> Freight Association
货运运价结构 freight rate structure
货运运转设备 goods train operation equipment
货运杂费 miscellaneous charge of goods transport
货运栈桥 cargo jetty
货运站 freight depot; goods depot; goods station
货运站码头 <接收和发送货车渡轮的货物,车站本身不铺轨道> freight station pier
货运站台 freight platform
货运站站长 goods agent
货运支出 freight transport expenses
货运质量 shipping mass
货运中心 clearing center [centre]; freight center [centre]
货运中转基地 freight terminal
货运终点站 cargo-handling terminal; cargo terminal; freight terminal; loading terminal
货运种类或数量限制保证 loading warranties
货运重量 shipping weight; ship weight
货运周转量 cargo turnover; freight turnover; goods turnover; rotation volume of freight transport; turnover volume of freight transport
货运专线 freight special line; freight traffic only line; railway line for freight traffic; special line for freight train
货运转点 cargo traffic
货运转让 assignment of freight
货运状态全长 overall shipping length
货运总代理 general freight agent
货运总单 general bill of lading
货运总高度 overall shipping height
货运(总)站 freight terminal
货运作业 freight operation
货载 shipment
货载成组化 unitization of cargo
货载单位化费用 bulk unitization charges
货载分配协定 cargo pooling agreement
货载分摊 cargo sharing
货载管理员 freight clerk
货载汗湿 cargo sweated
货载授受证 delivery and receiving certificate
货栈 cargo block; covered storage; depot; freight depot; freight house; godown; goods warehouse; magazine; shed; store house; warehouse (building)
货栈交货 ex-warehouse
货栈内结硬的水泥 warehouse set cement
货栈损益 profit and loss from warehouses; profit and loss of warehouses or godowns
货栈业者 warehouse-man
货栈证券 warehouse warrant
货栈主 warehouse keeper; warehouse-man
货站 cargo-handling terminal; freight depot; goods station
货值提单 ad valorem bill of lading
货种 freight classification
货种标志 cargo marks; cargo notation
货重 loadage
货主 cargo owner; freighter; owner of

cargoes; owner of freights; owner of goods; patron; shipper
货主保证 guarantee of shipper
货主部门 cargo interest; consigner and consignee
货主承担风险 owner's risk
货主负担风险条款 owner's risk clause
货主负担甲板货风险 shipped on deck at shipper's risk
货主负担破损的危险 owner's risk of breakage
货主负担损害危险 owner's risk of damage
货主负责的破损 damage at owner's risk
货主负责的损伤 owner's defect
货主负责破损险 owner's risk of breakage
货主负责运价率 owner's risk rate
货主汇票习惯付款期限 shipper's usance
货主或受害人自身过失 contributor fault
货主货车 owner's wagon
货主码头 captive terminal; cargo-owner's wharf; owner's wharf; owner-user berth
货主内陆运输 merchant haulage
货主送给船长的酬金 primage
货主运期汇票 shipper's usance
货主专用线服务 service for consigners' private sidings
货主装箱 shipper's packed container
货主装载 shipper's load
货主自备车 shipper-owned car
货主自备篷布 shipper-owned sheet
货主自负擦损险 owner's risk of shifting
货主自负冻坏险 owner's risk of freezing
货主自负风险 owner's risk
货主自负腐烂变质险 owner's risk deterioration
货主自负海损险 owner's risk of damage
货主自负火险 owner's risk of fire
货主自负破损险 owner's risk of breakage
货主自负渗漏险 owner's risk of leakage
货主自装自理 owner's load and count

获暴利 coin money

获得保证金退款 obtain satisfaction of a claim
获得成本 acquisition cost
获得的权利 acquired right
获得的资金 available fund
获得电子作用 electronation
获得技术 acquisition of technology
获得建筑用地 acquisition of building land
获得经验 gain experience
获得扩界权 acquisition of development rights
获得模式 acquisition model
获得批准的建筑 building approval
获得权利 prescription
获得热量 gain calorie
获得投标 winning bid
获得信息 acquisition of information
获得性 acquired
获得许可证的生产过程 licensed process
获得学位 commencement
获得用地 land acquisition
获得有价值资料 gaining valuable data
获得折扣 discount taken
获得专利 get a patent for
获得专利权 monopolization
获得准允的手段 passport
获奖 prize-winning
获奖的 award-winning
获救船 the saved ship
获救价值 <海难救出物的价值> salved value
获利 make profit
获利边际 gain margin
获利不多的 unremunerative
获利能力比率 profitability ratio
获利能力研究 profitability study
获利能力指标 profitability guideline
获利区块 earning block
获利指数 earn index; profitability
获能腔 catcher
获能因子 capacitatory factor
获取策略 acquisition strategy
获取程序 acquisition program(me)
获取范围 acquisition range
获取阶段 acquisition phase
获取水文资料及计算来确定水文情况 hydrologic(al) inventory
获取顺序 sequence of getting
获取误差 acquisition error
获热量 heat uptake
获胜设计 winning design
获释离子 released ion
获许可的人 licensee
获益 gain advantage
获益能力的计算 calculation of earning power
获有特许权者 concessionaire
获有专利权的 patented
获准爆破炸药 authorized explosive

祸患 plague

祸首 main culprit
祸因 ruination

霍巴特港 <澳大利亚> Port Hobart

霍布卡拉特 <一氧化碳消灭剂> hopcalite
霍顿数 Horton number
霍顿型球形压力储罐 Horton sphere
霍恩区 horn zone
霍尔常数 Hall constant
霍尔丹氏标度 Haldane scale
霍尔丹氏呼吸气体分析器 Haldane's apparatus
霍尔德克罗夫特测温棒 Holdcraft thermoscope bar
霍尔德克罗夫特测温杆 Holdcraft bar
霍尔电流 Hall current
霍尔电压 Hall voltage
霍尔方法 Hall process
霍尔福斯高强度青铜 Holfos bronze
霍尔角 Hall angle
霍尔角位移传感器 Hall angular displacement transducer
霍尔流动性测量仪 Hall-flowmeter
霍尔曼型冲击式凿岩机集尘器 Holman dust extractor
霍尔姆普莱斯桩 <适用于粉质土和非黏[粘]性土的现浇钢筋混凝土桩> Holmpress pile
霍尔姆普斯桩 Hompress pile
霍尔木兹海峡 Strait of Hormuz
霍尔平顶海山 Hall tablemount
霍尔迁移率 Hall mobility
霍尔瑞斯代码 <一种字母数字穿孔卡片代码>【计】Hollerith code
霍尔深型浮选机 Hall deep cell
霍尔斯坦间冰期【地】Holsteinian interglacial epoch
霍尔维茨稳定性判据 Hurwitz stability criterion
霍尔系数 Hall coefficient
霍尔效应 Hall effect
霍尔效应乘法器 Hall effect multiplier
霍尔效应传感器 Hall effect sensor; Hall effect transducer
霍尔效应磁强计 Hall effect magnetometer
霍尔效应放大器 Hall effect amplifier
霍尔效应回转器 Hall-effect gyrator
霍尔效应混频器 Hall effect mixer
霍尔效应器件 Hall effect device
霍尔效应式罗盘 Hall effect compass
霍尔效应线性检波器 Hall effect linear detector
霍尔型汽车电子点火器 Hall-type automobile electronic igniter
霍尔元件 Hall unit
霍尔兹感应电机 Holtz's machine
霍尔兹静电起电机 Holtz's electrical machine
霍夫曼编码 Huffman's code
霍夫曼反应 Hofmann's reaction
霍夫曼规则 Hofmann's rule
霍夫曼静电计 Hoffmann's electrometer
霍夫曼连续窑 Hoffmann's continuous kiln
霍夫曼-奈尔法则 Hofmann-Neill rule
霍夫曼窑 Hoffmann's kiln
霍赫斯德特高压多芯电缆 Hochstadter's cable
霍华德图 <求解有侧向荷载压杆的极坐标图解法> Howard diagram
霍克三轴仪压力室 Hock triaxial cell
霍克斯累公式 <用于计算水库浪高> Hawksley's formula
霍乱 cholera
霍乱流行 cholera epidemic
霍洛卡斯特楼板 <一种箱型孔钢筋混凝土楼板> Hollocast floor
霍梅尔阶 <阿拉斯加的植物阶> Homerian(stage)
霍梅尼港 <伊朗> Bandar Khomeyni
霍纳法则 Horner's rule
霍普钢窗 <一种专利钢窗> Lok'd bar
霍普金生物气候法则 Hopkin's bioclimate law
霍契凯斯传动 <汽车后弹簧传递扭力和推力> Hotchkiss drive
霍斯科尔德因素 <用于估价年薪的因数> Hoskold factor
霍耶大梁 Hoyer girder
霍耶法 Hoyer method; Hoyer process
霍耶梁 Hoyer beam
霍耶效应 <预应力筋摩阻力效应> Hoyer effect
霍伊特扇形理论 Hoyt's sector theory

J

几乎处处发散 almost everywhere divergent

几乎处处收敛 almost everywhere convergent
几乎空箱 case nearly empty
几乎容许决策规则 almost admissible decision rule
几乎随手可得的代用品 near drop-in substitute
几率 factor of probability;probability
几率单位 probit;probit unit
几率单位法 probit method
几率对数图纸 probit-logarithm drawing
几率分布 probability distribution
几率幅 probability amplitude
几率函数 probability function
几率流量 probability current
几率流密度 probability current density
几率律 probability law
几率论 theory of probability
几率密度 probability density
几率曲线 probability curve
几率事件 probability of events
几率守恒 conservation of probability
几率误差 chance error;probable error
几率相等 equiprobability
几率因数 probability factor

击岸波 alluvion;beach comber;beating of waves;coastal wave;surf

击岸回浪 backwash
击冰噪声 splash noise
击出 ejection;knockout
击出测量法 knockout measurement
击出共振 knockout resonance
击穿 arcing; arc over; breakdown; breakthrough; disruption; flashover; puncture;spark over
击穿保险器 puncture lightning arrester
击穿场强 breakdown field strength
击穿导电 disruptive conduction
击穿的 disruptive
击穿点 breakdown point; breaking point;yield(ing) point
击穿电场强度 breakdown field strength;disruptive field intensity
击穿电流 breakdown current;striking current
击穿电势 breakdown potential; disruption potential
击穿电势陡度 disruptive potential gradient
击穿电位 breakdown potential
击穿电位梯度 breakdown potential gradient
击穿电压 breakdown voltage;breakover voltage; disruptive pressure; disruptive voltage; electric (al) breakdown strength;flashover voltage; puncture voltage; rupturing voltage; shorting voltage; sparking potential;sparking voltage
击穿电压与击穿时间(关系)曲线 voltage-time-to-breakdown curve
击穿电阻 puncture resistance; resistance to spark(ing)
击穿范围 <电压的> breakdown region
击穿放电 disruptive discharge
击穿火花 disruptive spark
击穿计数器 puncture counter
击穿距离 disruptive distance; explosive distance;striking distance
击穿力 dielectric(al)force;dielectric(al)strength
击穿气压 disruptive pressure
击穿强度 breaking strength;dielectric(al) strength; disruptive strength; puncture strength; breakdown strength
击穿区 breakdown region
击穿时间 breakdown time
击穿试验 breaking down test; destructive test; disruption test; disruptive test;flashing test; puncture test; spark-over test; breakdown test
击穿试验器 puncture tester
击穿梯度 disruptive gradient
击穿效应 punch-through effect
击穿信号 breakdown signal
击穿压强 breakdown pressure
击穿阈值 breakdown threshold
击穿噪声 breakdown noise
击穿阻抗 breakdown impedance
击穿阻力 puncture resistance
击锤 <触探地基用> driving hammer
击锤的反回锁定 rebounding lock
击锤辊花 hammer burr
击锤卡钩 hammer hook
击锤卡榫 hammer latch
击锤锁扣 hammer hook
击打 stroke;beat
击打部件 hammer bank
击打持续时间 impact duration
击打法 beating
击打介质 impacted medium
击打磨损 impact wear
击打式打印机【计】 impact printer
击打式紧急停车按钮 emergency stop push button
击打手法 striking technique
击打噪声 hit noise
击打装置 impact device
击倒 knock down
击钉器 stud driver
击发 percussion
击发杆 trigger shaft
击发杠杆 actuating lever
击发机构 firing lock; firing mechanism; percussion mechanism; trigger mechanism
击发间隙 lock time
击发雷管 percussion fuse
击发声 percussive sound
击发药 primer mixture
击发装置 firing gear; firing-pin group; percussion arrangement; percussion lock mechanism
击法 striking
击杆 firing ram
击杆式脱粒滚筒 bar cylinder
击痕 percussion mark;percussion scar
击剑场地 fencing piste
击溅能力 splash-ability
击键 key stroke
击键验证 keystroke verification
击浪高度 height of hitting wave
击轮叶片 beater blade
击落数 knock down
击拍损伤 pounding damage
击拍运动 pounding;slamming
击平锤 set hammer
击破 breach
击破岩石 rock breaking
击入取样 driving sampling
击入式取土器 drive sampler;drive tube
击入式土样 drive sample
击入阻力 resistance to driving
击实 compaction
击实度 compactness
击实杆 tamping rod
击实功 compaction effort
击实功能 compactive effort
击实机 tamping machine
击实模子 compaction mo(u)ld
击实曲线 air voids line; compaction curve; density moisture content curve;moisture-density curve
击实容重 compaction weight
击实试验 compaction test; densification test;moisture-density test
击实数 numbers of compact
击实筒 compaction mo(u)ld
击实系数 compacting factor
击实仪 compaction device; compaction test apparatus
击蚀 true brinelling;true bruising
击数 blow count;numbers of blows
击水音 clapotement; splashing; splashing sound
击松螺丝起子 hand impact screwdriver
击送轮叶片 beater paddle
击碎 breaking up; crush; knocking; pound; ragging; shatter; shredding; smash
击碎凹板 impact plate;strike plate
击碎旧路面用的落锤 drop hammer for shattering old pavements
击碎矿石 spalling ore
击碎轮 beater
击碎木片 shredded chips
击碎器 demolition tool;knapper
击碎切割刀轮 cutter beater
击碎式平铲钻头 straight chopping bit
击碎岩石 spalling stone
击探钻具 drilling tool
击头 tapping the head
击退 beat off;dislodge;rebuff
击心 center[centre] of percussion
击芯机 core knockout device; core knockout machine
击压法 slugging
击针 firing pin;striker
击针锤击发装置 percussion hammer firing mechanism
击针簧 main spring;striker spring
击针簧挡板 firing spring retainer
击针簧片 branch of mainspring
击针尖 striker head
击振 shock vibration
击中 hit the mark
击中概率 hit probability
击中概率支付 hit probability payoff
击中线 line of impact

饥荒 famine

机班 machine shift

机拌池 mechanical cell
机拌法 machine mixing
机拌灰浆 machine-made mortar; machine-mixed plaster
机拌混合料 mechanical mixture
机拌混凝土 machine-mixed concrete
机拌砂浆 machine-mixed mortar
机拌石膏 machine-made plaster
机泵 pump
机泵井 motor-pumped well
机泵排水 pump drainage
机臂 horn;jib boom;jib arm
机臂的转(动)角 angle of boom
机臂吊索 boom support guy
机柄 bolt handle
机播 mechanical sowing
机补 <一种养护手段> machine patching
机舱 body section; cab (in); engine compartment; engine room; machinery room;machinery space
机舱布置 engine room arrangement
机舱部 engine room department
机舱部门 engineer department
机舱舱壁 engine room bulkhead; machinery bulkhead
机舱舱口 engine hatchway;engine opening
机舱传令钟 engine room annunciator;engine telegraph
机舱顶 top of engine room; top of main space
机舱帆布通风筒 engine room canvas cowl
机舱放泄阀 engine compartment drain valve
机舱辅机 engine room auxiliaries
机舱集控中心 machinery control center[centre]
机舱集中控制 centralized engine room control
机舱加热器 engine compartment heater
机舱加热器导管 engine compartment heater duct
机舱加油 engine room hand;oiler
机舱接线盒 engine compartment terminal box
机舱警报盘 engineer's alarm panel
机舱警报系统 machinery alarm system
机舱控制中心 engine room control centre
机舱口 engine room hatch
机舱口围壁 engine room casing; machinery casing
机舱泡沫灭火系统 foam smothering system in machinery space
机舱喷水灭火装置 water smothering system in machinery space
机舱棚 engine(room) casing; machinery casing
机舱平台 engine room flat; engine room platform
机舱人员 engine hands
机舱日志 engineer's logbook; engine logbook;engine room log
机舱容积 engine room space
机舱容积减除额 engine room space deduction
机舱实习生 engine cadet
机舱双层底 engine room double bottom
机舱天车 engine room crane
机舱天窗 engine room skylight
机舱通风机 engine room fan
机舱通风机间 engine room ventilation
机舱维修工人 engine maintenance man
机舱遥控 engine room remote control
机舱蒸汽灭火系统 steam smothering system in machinery space
机舱贮物间和工作间 engineer's store rooms and workshops
机舱自动控制信号钟 telegraph gong
机侧 pusher side;ram side
机侧操纵手柄 side handle
机测仪器 mechanical testing apparatus
机铲 mechanical shovel;power shovel;shovel(l)ing machine
机铲工 dragman
机铲工作装置 shovel front
机铲回转机构 shovel swing engine
机铲开采 shovel mining
机铲汽车 shovel truck
机铲司机 shovelman
机铲提升机构 shovel-hoisting engine
机铲推压机构 shovel-crowding engine
机长 captain;length of machine;master mechanic

J

机场 aerial port; aeroport; airfield; air port; air terminal
机场保养工作地区 flight line
机场标点 aerodrome reference point
机场标高 aerodrome elevation
机场标塔 pylon
机场标志 aerodrome marking
机场标志板 aerodrome marker; boundary marker; runway visual marker; taxi-channel marker
机场布置 layout of airport < 飞机场 >; layout of drilling equipment【岩】
机场测量 airfield survey
机场导航台 aerodrome locating beacon; homing beacon
机场道面荷载 airport pavement loading
机场灯标 aerodrome (light) beacon; airdrome beacon; airport beacon
机场灯光设备 aerodrome lighting
机场灯塔 aerodrome beacon; airport beacon
机场地面活动管制 aerodrome surface movement control
机场地面活动目标显示器 airport surface movement indicator
机场地面交通管制 airport ground traffic control
机场地面探测设备 airport surface detection equipment
机场地面侦察设备 airport surface detection equipment
机场地坪区 airport platform area
机场地坪位置图 airport platform site plan
机场地形等高线 airfield contours
机场电台 aerodrome station
机场饭店 airtel
机场防护地带 shoulder
机场废水 airport wastewater
机场费 airport fee
机场分类法 airfield classification method
机场工程 airport engineering
机场工程地质勘察 engineering geologic (al) exploration of airfield
机场管理业务 aerodrome control service
机场管制塔台 aerodrome control tower
机场贯锥测实计 airfield cone penetrometer
机场核心计划 airport core program (me)
机场候机楼 airport terminal; departure hall
机场滑行道 airport taxiway
机场滑行路线 aerodrome taxi circuit
机场环境 airdrome environment
机场混凝土导向带 pilot concrete strip
机场混凝土导向跑道 pilot concrete lane; pilot concrete strip
机场加油车 bowser
机场假想表面 airport imaginary surface
机场监视雷达 aerodrome control radar; airport surveillance radar
机场建设工程 airport construction work
机场建筑物 terminal building
机场交货 ex airport
机场交通空域 aerodrome traffic zone
机场交通控制塔台 airport traffic control tower
机场界线灯 boundary light
机场进场控制区 < 距机场 3 ~ 200 千米地区 > approach control zone
机场进近净空区平面图 air-borne obstruction plan; airport construction plan
机场进近区航空图 aeronautical environment chart; approach chart
机场进近区起降航空图 approach and landing chart
机场净空 airfield clearance
机场净空图 aerodrome obstruction chart
机场救护 airfield first aid; airfield rescue
机场空气污染 airport air pollution
机场空中交通管辖区 air-traffic area
机场控制点 aerodrome reference point
机场临近图 approach chart
机场路面荷载 airport pavement loading
机场旅馆 airtel; terminal hotel
机场名称 title of airfield
机场内跑道带 air landing strip
机场内跑道区 air landing strip
机场排水系统 airport drainage system
机场跑道 airfield runway; air landing strip; airport runway; airport traffic zone; air strip; runway; straightaway
机场跑道测量 airfield runway survey
机场跑道垫层 base course of air field runway
机场跑道技术规范 airstrip and runway specification
机场跑道进入面 approach surface
机场跑道路面 airport runway pavement
机场跑道路面荷载 airport runway pavement loading
机场跑道铺面 pavement of airport runway
机场跑道桥 aerodrome runway bridge
机场平面图 aerodrome diagram
机场起飞跑道 flight strip
机场起落航线 aerodrome traffic circuit; airfield circuit; airfield flight pattern; airfield traffic pattern
机场气象站 airfield meteorological station
机场抢救设备 emergency airdrome equipment
机场切向跑道 tangential runway
机场区域注记 airport zoning
机场上高度 height above airport
机场设备 terminal facility
机场设施 airport facility
机场识别标记 aerodrome identification sign
机场使用范围 operational areas of airports
机场使用费 landing fee
机场税 airport tax
机场体系 airport system
机场土(壤)分类 airfield soil classification
机场危险区 airport hazard zone
机场卫生 airfield hygiene
机场位置 aerodrome reference point
机场消防人员 airport fire fighter; airport fireman
机场信标 aerodrome beacon
机场信标发送机 approach-marker-beacon transmitter
机场信号区 signal area
机场行李转盘 luggage car (r) ousel
机场用牵引车 airtow
机场运行 airport operation
机场噪声 airport noise
机场照明 airfield lighting; airport lighting
机场照明系统 landing area floodlight system
机场直向跑道 tangential runway
机场指挥塔 airdrome control tower
机场指挥通信 [讯] airfield control communication
机场指向标 aerodrome beacon
机场指向灯 aerodrome beacon
机场终点建筑物 terminal budding
机场锥面 aerodrome conical surface
机场着陆照明灯 landing flare
机场总体规划 aerodrome master planning
机车【铁】 engine; haulage motor; locomotive (car); locomotive engine; motive power; motorcycle; trammer; turnaround; mine locomotive < 采矿用 >; loco < 俚语 >; head end < 列车首端 >
机车摆动 lurching of locomotive
机车本身内部阻力 internal frictional resistance of the locomotive
机车比(率) locomotive ratio
机车补机走行英里里程 assisting mil (e) age of a locomotive
机车不良率 rate of unserviceable locomotive
机车拆卸 engine stripping
机车柴油机 locomotive (-type) diesel engine
机车场 engine yard
机车超速器 locomotive overspeed device
机车车钩 locomotive haul adapter
机车车辆 rolling stock
机车车辆标准化 standardization of rolling stock
机车车辆不使用期间 period of unavailability
机车车辆厂 locomotive vehicle plant; rolling stock plant
机车车辆重新修补 rolling stock revamp
机车车辆处 roiling stock (and traction) department
机车车辆担当任务簿 rolling stock roster
机车车辆的更新 renewal of roiling stock
机车车辆的合理使用 rational utilization of rolling stock
机车车辆的折返 turn-back of rolling stock
机车车辆调度计算机化系统 computer-based rolling stock control system
机车车辆共同使用合同 pool agreement
机车车辆购置费 first cost of locomotive and vehicle; expenditure on rolling stock
机车车辆购置费中的内资 domestic capital used for purchase of rolling stock
机车车辆故障 rolling stock failure
机车车辆类型 type of vehicles
机车车辆溜逸 runaway locomotive or car
机车车辆每轴闸瓦压力 brake block pressure per axle of locomotives or cars
机车车辆能力的部分使用 partial use of rolling stock capacity
机车车辆配件厂 rolling stock spare parts plant
机车车辆破损 rolling stock damage
机车车辆维修周期 maintenance cycle of rolling stock
机车车辆未动用的期间 period of immobilization
机车车辆限界 clearance of rolling; rolling stock clearance limit; rolling stock ga (u) ge frame; rolling stock limit frame; vehicle ga (u) ge; limit profile < 美 >; moving structure ga (u) ge
机车车辆限界框 rolling stock clearance limit frame
机车车辆限界图 clearance diagram for rolling stock
机车车辆限界线 rolling stock ga (u) ge line
机车车辆修理厂 locomotive and car repair shop; rolling stock repair plant
机车车辆运输成本 transport cost of rolling stock
机车车辆运行中扳动道岔 switch thrown under moving locomotive or cars
机车车辆运用计划 rolling stock utilization plan
机车车辆运用技术指标 technical index of locomotive and vehicle operation
机车车辆运用指标 rolling stock utilization index
机车车辆制造厂 rolling stock manufacturing plant
机车车辆制造厂商 rolling stock manufacturer
机车车辆周转表 rolling stock schedule
机车车下照明灯 locomotive frame lamp
机车乘务人员 engine crew; locomotive crew
机车乘务制 working system of locomotive crew
机车乘务组 engine crew; engine staff; locomotive crew
机车乘务组费用 engine crew cost
机车乘务组派班员 crew-caller
机车乘务组派班主任 chief crew-caller
机车程序法 cab program (me) method
机车出库工作 release of locomotive for work
机车出库线 outbound engine lead track
机车出入库进路 route for locomotive entering and leaving the depot
机车出入库线 departure-returning from engine shed line; engine release line
机车存放线 track for storing locomotive
机车待班 locomotive temporary rest
机车单位基本阻力 specific basic resistance of locomotive
机车单位阻力 specific locomotive resistance
机车单元 locomotive unit < 内燃及电力机车的 >
机车导航器 locomotive pilot
机车的阀动装置 locomotive valve gear
机车笛出气孔 whistler
机车底架 locomotive bed; locomotive chassis; locomotive underframe
机车底架锅炉座 locomotive frame cradle
机车电阻器的额定值 rating of locomotive resistor
机车吊机 locomotive crane
机车调车房 round house
机车调度 locomotive dispatching; locomotive (power) control; motive power control
机车调度员 locomotive controller
机车定期检修 regular check and repair of locomotive

机车定期检修工作 periodic(al) repair of locomotives
机车动车 motor vehicle
机车动力 power of a locomotive
机车动轮连杆 side rod
机车端供电系统 headend system
机车断汽指示记录仪 locomotive valve pilot
机车队 fleet of locomotive; locomotive fleet
机车队组成 fleet of locomotive; locomotive fleet
机车对地面无线电话 engine-to-ground radio communications
机车额定吨位 locomotive rating
机车发动机 locomotive engine
机车房 engine house; locomotive shed
机车分类法 locomotive classification
机车扶梯 engine step
机车辅助行程 assisting run of a locomotive
机车辅助走行率 percentage of auxiliary locomotive kilometers to total locomotive kilometers; percent of auxiliary to total locomotive
机车改造 locomotive modification
机车感应接收器 train apparatus
机车感应器 locomotive inductor
机车工程师 locomotive engineer
机车工程师学会 <英> Institution of Locomotive Engineers
机车工作方案 locomotive working program(me)
机车工作计划 locomotive working plan
机车工作日计划 locomotive daily working plan
机车公里 locomotive-kilometer[kilometre]; engine-kilometer [kilometre]
机车公里成本 cost per locomotive-kilometer[kilometre]
机车公里对列车公里比(例) ratio of locomotive kilometers[kilometres] to train kilometers[kilometres]
机车供应台次 number of locomotive round trips made in the district per day
机车购置权 purchasing right of locomotive and train
机车故障 engine trouble; locomotive failure; locomotive in difficulty; power failure; stalling of train
机车故障处理 treatment of engine failure
机车锅炉 locomotive boiler
机车锅炉炉膛 fire box
机车号码灯 locomotive number light
机车和乘务员中途换班办法 caboose crew changing arrangements
机车和乘务员中途换班制 caboose crew changing arrangements
机车和列车模拟器 <有固定式,移动式两种,为培训职工之用> locomotive and train simulator
机车横向水平摆动 nosing
机车换挂线 transfer track for locomotive
机车换算走行公里 locomotive converted running kilometers
机车灰渣 engine ash
机车回车线 escape road
机车回转变频器 rotary converter locomotive
机车机械摩阻力【铁】 machine friction of locomotive
机车机械师 railroad locomotive engineer
机车基本段 base depot; home depot
机车基本阻力 basic resistance of locomotive
机车及煤水车之间过水橡胶管 water rubber hose between engine and tender
机车计算速度 calculated speed of locomotive; calculated velocity of locomotive; computation speed of locomotive; computed speed of locomotive; computed velocity of locomotive
机车计算重量 calculated weight of locomotive
机车驾驶室无线电通信[讯] cable radio communication
机车驾驶员 loco driver
机车架修 unwheeling repair of locomotives
机车间 engine bay
机车检查坑线 inspection pit track
机车检修规则 regulations of locomotive repairs
机车检修率 percentage of locomotive under repair; rate of locomotive under repair; ratio of locomotives under repair
机车检修统计 locomotive repair statistics
机车交路 locomotive routing; locomotive runs; routing; runs of locomotives
机车交路的派定 assignment of engine runs
机车接近通知 approach announcing in cab
机车接收器 locomotive receiver
机车接收线圈 locomotive coil; locomotive receiver
机车进库 garaging a locomotive; shed a locomotive
机车进库线 entrance line; entrance track
机车警告系统 cab warning system
机车警告制 cab warning system
机车警告装置 cab warning apparatus; warning apparatus
机车可靠性 locomotive reliability
机车控制板 locomotive panel
机车控制手柄 locomotive control lever
机车库【铁】 depot; engine house; engine shed; locomotive shed; engine depot; locomotive roundhouse; locomotive (running) shed; motive power depot
机车库领工员 engine house foreman; shed foreman
机车库引出线 engine house lead track
机车库主任 engine house foreman; locomotive shed master
机车类型 type of locomotive
机车连杆拆卸 removal of locomotive rods
机车两侧的平台 run board
机车流线型外壳 locomotive fairing
机车留汽停留 standing in steam
机车炉灰 engine ash
机车轮乘制 common user of locomotive
机车轮对修理 wheel-pair repair of locomotives
机车每万总重吨公里平均燃料(电力)消耗量 average fuel (electric(al) power) consumption of locomotive per 10000-gross weight-ton-kilometer
机车鸣笛信号 engine whistle signal
机车模式法 cable pattern system; cab pattern method
机车内自动信号 automatic cab signal
机车能量回收系统 locomotive energy recovery system
机车黏[粘]着(状态) adhesion locomotive
机车排气 vehicle emission; vehicle exhaust
机车排障器 cow catcher; locomotive cowcatcher; obstruction-guard; track-clearer
机车配属台数 number of locomotives allocated
机车棚 engine shed; locomotive barn
机车平衡 balancing in locomotive
机车平均技术速度 average locomotive technic speed
机车平均旅行速度 average locomotive travel(l)ing speed
机车平均牵引辆数 average locomotive drawing rolling stocks
机车平均牵引总重 average gross haul tonnage of locomotive; average locomotive drawing gross weight
机车平均全周转时间 average time of turnover of locomotive; average time per complete turn-round of locomotive
机车平均日产量 average daily output freight locomotive
机车平均日车公里 average kilometers[kilometres] of a locomotive per day
机车平均修车时间 average repair time of locomotive
机车铺助机 booster
机车起重机 locomotive jib crane; railroad boom crane; grass hopper <俚语>
机车汽缸 locomotive cylinder
机车牵引的 locomotive-hauled
机车牵引吨公里 ton-kilometers hauled by locomotives
机车牵引吨数 locomotive tonnage rating
机车牵引吨数表 tonnage chart
机车牵引吨数计算 tonnage calculation
机车牵引工作量统计指标 statistic(al) indices of locomotive drawing load
机车牵引净重吨公里 net ton-kilometers hauled by locomotives
机车牵引力 locomotive tractive force; tractive effort of a locomotive
机车牵引力测定装置 locomotive load cell test stand
机车牵引力检定 locomotive rating
机车牵引能力 haulage capacity of locomotive
机车牵引平均净重 average net weight hauled by locomotive
机车牵引区段 locomotive working district; engine district
机车牵引特性曲线 locomotive tractive characteristic curve
机车牵引载重吨公里 locomotive drawing dead weight-ton-kilometre
机车牵引总重表 locomotive load table
机车前风挡 locomotive front wind guide
机车曲柄轴 locomotive crank axle
机车全周转时间 duration of locomotive complete turn-round; period of complete turnover of locomotive
机车燃料 engine fuel; locomotive (running) fuel
机车燃料电力消耗定额 fuel electric(al) power consumption quota of locomotive
机车燃料实际消耗量 actual fuel consumption of locomotive
机车燃气轮机 locomotive gas turbine; railway turbine
机车燃油加热器 engine oil heater
机车任务的选定 locomotive selection
机车日 locomotive day
机车日产量 locomotive daily output; ton-kilometers hauled per locomotive per day
机车日车公里 average daily locomotive kilometers
机车日公里 daily kilometerage of locomotive
机车日计划 locomotive daily working plan
机车日志 locomotive log
机车入库线 inbound engine lead track
机车色灯信号 automatic train control
机车伤亡事故 locomotive casualty
机车上砂装置 sanding apparatus
机车上水 water the locomotive
机车设备 locomotive equipment; train apparatus
机车生产量 locomotive productivity
机车生产率 locomotive productivity
机车生产能力 locomotive productivity
机车使用 use of locomotive
机车使用率 <使用机车台数对机车总台数的比> locomotive availability
机车使用台数 number of locomotives in use
机车式锅炉 locomotive type boiler
机车式起重机 locomotive crane
机车式燃烧室 locomotive type fire box
机车试验 locomotive testing
机车试验台 locomotive testing bed
机车试验线 track for locomotive testing
机车试验装置 locomotive testing plant
机车水料斗 bopper-on-rails
机车司机 engine driver; engineman; locomotive driver; locomotive engineman
机车司机控制台 engine driver's controlling panel
机车司机室 locomotive cab
机车司机司炉学会 <英> Associated Society of Locomotive Engineers & Firemen
机车司炉 locomotive fireman
机车速度特性 locomotive speed characteristics
机车速度指示器 engine speed indicator
机车损坏 breakdown of locomotive; engine breakdown
机车台位 engine bay
机车调节器 locomotive regulator
机车停留时间 locomotive standing time
机车停留线 engine bay; track for storing locomotive
机车统计 locomotive statistics
机车头部 locomotive nosing
机车头灯 glimmer; head lamp of locomotive; headlight; locomotive head lamp
机车头灯开关 locomotive head lamp switch
机车推力 thrusting force of locomotive
机车拖动 locomotive drive
机车外门板 back head
机车维修 locomotive maintenance; motive power maintenance
机车维修管理人员协会 <美> Locomotive Maintenance Officers Association

机车维修计划 motive power maintenance plan
机车维修人 hostler
机车未利用率 non-availability of locomotive; unavailability of locomotive
机车现有数的组成 < 内燃、电力、蒸汽等 > composition of the locomotive stock
机车现有数统计 existing locomotive amount statistics
机车线路 locomotive routing; locomotive runs
机车限界 locomotive clearance
机车小时 locomotive hour
机车信号 cab singal(ling); locomotive(cab) signal; signal repetition on locomotive
机车信号表示器 cab indicator
机车信号表示器盘 cab indicator panel
机车信号表示器系统 cab signal indicator system
机车信号测试盘 cab signal test panel
机车信号测试区段 cab signal testing section
机车信号感应器 cab signal inductor
机车信号感应器作用点 cab signal inductor location
机车信号工区 cab signal section
机车信号共用箱 cab signal box
机车信号机【铁】 cab signal; engineer's indicator; engineman's indicator; locomotive(cab) signal
机车信号交流电码 alternating current cab signal code
机车信号控制 cab signal control
机车信号区域 cab signal territory
机车信号设备 cab signal(ling) equipment
机车信号示像 cab signal aspect
机车信号系统 cab signal(ling) system
机车信号显示 cab signal aspect; cab signal indication
机车信号指示器 cab indicator
机车信号指示器盘 cab indicator panel
机车信号指示器系统 cab signal indicator system
机车信号制 cab signal(ling) system
机车信号作用点 cab signal inductor location
机车行驶线 engine running track
机车行走公里 locomotive kilometer [kilometre]
机车性能 locomotive performance
机车修理 locomotive repair
机车修理车间 backshop; locomotive shop
机车修理间隔 time interval between two consecutive repairs of locomotive
机车修理坑 engine pit
机车修理周期 period of locomotive repairs
机车修理周期图 diagram of locomotive repair period
机车需要系数 < 机车周转时间对一机车目的比 > ratio of locomotive turnaround time to one locomotive day; coefficient of number of locomotive required
机车悬臂起重机 locomotive jib crane
机车烟箱 locomotive front end
机车沿线公里 road kilometers
机车沿线走行公里 locomotive kilometers on the road
机车遥控 locomotive remote control
机车业务 locomotive operation and maintenance
机车移动车 locomotive mover
机车英里 engine-mile
机车用柴油机 locomotive diesel engine
机车用机器油 locomotive engine oil
机车用煤 locomotive coal
机车用沙 engine sand
机车用水 water consumption of steam locomotive
机车迂回线 engine run-round track; locomotive run-round track
机车运输 loco haulage
机车运行【铁】 locomotive operation
机车运用段 locomotive running depot; running depot
机车运用数量指标 quantitative indices of locomotive utilization
机车运用统计现代化 statistic(al) modernization of locomotive operation
机车运用效率统计指标 statistic(al) indices of locomotive operation efficiency
机车运用指标 indices of locomotive operation
机车运用指南 index of locomotive operation
机车运用质量指标 qualitative indices of locomotive utilization
机车运转制 running system of locomotive
机车在库停留【铁】 stable a locomotive
机车噪声 locomotive noise
机车折返点 turnaround point(of vehicle)
机车折返段 turnaround depot
机车折返库 turnaround engine house
机车折返设备 turn-back facility
机车折返线 turn-back track
机车折返站 locomotive changing point
机车折返整备作业 locomotive turnaround service
机车折返制 turnaround system
机车折旧摊销及大修费 locomotive depreciation apportion and overhaul charges
机车整备 locomotive running preparation; preparation for running; service of locomotive
机车整备工作 locomotive servicing
机车整备时间 time for locomotive servicing
机车整备线 engine service track; engine serving track; locomotive serving track; servicing track at depot
机车整备质量 locomotive total mass
机车整备作业 servicing of locomotives
机车制动阀 engine brake valve
机车制动机 locomotive brake
机车制动胶管 railway brake hose
机车制造厂 locomotive builder
机车重量 locomotive weight(in working order)
机车重量表 < 在整备运行状态下 > locomotive weight table
机车周转 locomotive turnaround
机车周转方案 turnround plan of locomotive
机车周转时间 < 以小时计 > locomotive turnaround time; time of turnaround of locomotive
机车周转图 locomotive working diagram
机车轴箱架 hornblock
机车轴重 locomotive axle load
机车主动轮 running wheel; traction wheel
机车转车台 engine turnable
机车转向架 engine truck
机车转向架摆杆 engine truck swing link
机车转向架摇架 engine truck swing frame
机车转向架旁(轴)承 engine truck side bearing
机车转向架制动缸 engine truck brake cylinder
机车转向架制动机 engine truck brake
机车自动信号 automatic cab signal(l)ing
机车总数 locomotive stock
机车总重吨公里 locomotive gross ton kilometers[kilometres]
机车总重量 total engine weight
机车总阻力 total resistance of locomotive
机车纵向摇摆 pitching of locomotive
机车走行公里 locomotive(running) kilometers[kilometres]
机车走行线 engine line; engine road; engine running track; locomotive track; track for locomotive running
机车阻力 locomotive resistance
机车组后退电空阀 locomotive units backward electropneumatic valve
机车组前进电空阀 locomotive units forward electropneumatic valve
机车作业标准时间 < 如出库、连挂列车、试风、给油等作业 > locomotive duty time
机城振动筛 motor-vibro screen
机齿角度可变型松土机 variable geometry ripper
机床 machine tool; tool
机床厂 machine tool plant; machine tool works
机床传动 machine tool drive
机床导轨 bedways
机床导轨伸缩防护装置 telescopic(al) guard
机床的调整 tool set-up
机床的自动操纵 automatic machine tool control
机床底部 cabinet leg
机床电子控制 electronic machine tool control
机床工具转塔 turret
机床工作台 platen
机床虎钳 machine vice[vise]
机床滑枕 machine ram
机床加工精度 machine finish
机床脚 bed box
机床卡盘架 chuck holder
机床控制 machine tool control
机床控制系统 machine tool control system
机床切削工具 machine cutting tool
机床说明书 machine specification
机床调整卡片 tooling chart
机床头箱 headstock
机床拖板 carriage
机床自动操纵 automatic machine
机床自动程序设计语言 automatic programming tool
机床钻套 bit arbor
机锤 power hammer
机打铆钉 power riveting
机大修 major overhaul
机待线【铁】 locomotive holding track; locomotive holdtrack; locomotive waiting track
机刀 machine knife
机电半自动闭塞 electromechanical semiautomatic block
机电半自动闭塞系统 electromechanical semiautomatic block system
机电半自动闭塞制 electromechanical semiautomatic block system
机电笔绘显示器 scribing plotting display
机电变换器 mechano-electronic transducer
机电拨号器 electromechanical dialer
机电测井电缆 electromechanical logging cable
机电产品 machinery and electric(al) products
机电车间 electromechanical workshop
机电处 mechanical and electrical engineers department
机电传动(装置) electromechanical drive
机电传感器 electromechanical pick-up; electromechanical transducer; pick-off
机电的 electromechanical
机电电源 electromechanical power supply
机电定标装置 electromechanic sealing device
机电放大器 electromechanical amplifier
机电换流器 electromechanical chopper
机电换能器 electromechanical transducer; mechano-electronic transducer
机电混合制动 mixed electro-mechanical braking
机电集中联锁 mechanical and electrical interlocking; electromechanical interlocking
机电集中联锁机 electromechanical interlocking machine
机电集中联锁架 electromechanical interlocking frame
机电计量器 electromechanical counter
机电计数器 electromechanical counter
机电记录 electromechanical record(ing)
机电继电器 electromechanical relay
机电加工 electromechanical machining
机电检查 electromechanical check
机电科 electric(al) mechanical section
机电空气调节系统 electromechanical air conditioning system
机电控制 electromechanical control
机电控制器 electromechanical inversor
机电类比 electric(al) analogy
机电联合强度试验 combined mechanical and electric(al) strength test
机电联锁 mechanical and electrical interlocking
机电联锁架 electromechanical interlocking frame
机电螺旋式限时解锁器 electromechanical screw time release
机电面积 mechanical and electric(al) area
机电模拟 electromechanical analogy
机电耦合系数 electromechanical coupling coefficient; electromechanical coupling factor
机电耦合系统 electromechanical coupling system
机电排灌 drainage and irrigation by mechanical electric(al) power
机电扫描装置 electromechanical scanner
机电设备 electric(al) and mechanical equipment; mechanical and electric(al) equipment
机电示波器 electromechanical oscillograph
机电式传感器 electromechanical pick-up

机电式存储器 electromechanical storage
机电式电报交换机 electro-mechanic telegraph switching equipment
机电式轨道接触器 rail flexure electromechanical treadle
机电式轨道踏板 rail flexure electromechanical treadle
机电式绘图机 electromechanical plotter
机电式计算机 electromechanical computer
机电式加速度计 electromechanical accelerometer
机电式(脚)踏板 electromechanical treadle
机电式接触器 electromechanical treadle
机电式零件计数器 electric(al) mechanical parts counter
机电式器具 electromechanical appliance
机电式人工限时解锁器 electromechanical hand time release
机电式拾波器 electromechanical pickup
机电式拾音器 electromechanical pickup
机电式数据处理 electromechanical data processing
机电式调整器 electromechanical appliance
机电式信号控制机 electromechanical signal controller
机电式自动电平调节 automatic level regulation controlled by electromechanical element
机电数字化器 electromechanical digit
机电伺服机构 electromechanical servo
机电锁闭 electromechanical locking
机电调节器 electromechanical regulator
机电图像信号发生器 electromechanical picture signal generating device
机电效率 electromechanical efficiency
机电型穿孔卡片装置 electromechanical punched card installation
机电型空气调节客车 electromechanical air-conditioned passenger car
机电性能 electromechanical property
机电选别器 electromechanical slot
机电选择机键 electromechanical selector switch
机电学 electromechanics;mechatronics
机电延迟动作脚踏板 delayed action electromechanical treadle
机电仪一体化 mechatronics
机电印刷机 electromechanical printer
机电闸 electromechanical brake
机电制动机 electromechanical brake
机电制动器 electromechanical brake;Maley brake
机电终端 mechanical electroterminal
机电转换 electromechanical transformation
机电转换器 electromechanical transducer
机电装置 electromechanical assembly;electromechanical device
机电综合强度 combined mechanical and electric(al)strength
机电总工程师 chief electric(al)and mechanical engineer
机顶盒 set-top box
机顶落布 overhead take-off
机动 maneuver;motorization
机动扳钳 nut-setter
机动扳手 impact wrench;mechanical wrench
机动泵 mechanically driven pump;motor(-driven)pump;power pump
机动泵船 rhino ferry
机动变通的建议 flexible rostering proposal
机动剥树皮机 motor bark remover
机动驳(船)mobile barge;motor-driven barge;motor lighter;self-propelled barge;powered barge
机动材料 unfixed material
机动财力 flexible financial power
机动铲运机 motorized scraper;motor scraper(machine);wagon-scraper
机动车 autobus;autocar;automobile;automotive vehicle;mechanical vehicle;motor(truck)
机动车表示器 motor car indicator
机动车道 driveway;motor carriageway;motor highway;motor road;roadway;motorway
机动车的 automotive
机动车的刹车 brake of vehicles
机动车登记 motor vehicle registration
机动车滴落液 triddling of vehicles
机动车第三者责任险 third party motor vehicle liability insurance
机动车堵塞 motorized traffic congestion
机动车对空气污染 automotive air pollution
机动车废气排放 motor vehicle exhaust emission
机动车工程学 automotive engineering
机动车交通 mechanical transport;motorized traffic;motor traffic
机动车交通拥挤 motorized traffic congestion
机动车辆 machine;mechanically propelled vehicle;self-propelled vehicle;motor(-driven)vehicle
机动车辆底盘 motor vehicle chassis
机动车辆废气排放标准 motor vehicle emission standard
机动车辆排放物 motor vehicle emission
机动车辆噪声标准 noise emission standard for vehicles
机动车辆终点站 automotive terminus
机动车辆专用公路 limited highway
机动车辆专运船 drive in/drive off ship;roll on/roll off ship;ro/ro ship
机动车辆转向机构 steering
机动车辆走行巷道 motorized travel lane
机动车路 motor road
机动车排出氮氧化物监测仪 vehicle exhaust nitrogen oxides monitor
机动车排放 motor vehicle emission
机动车排气监测设备 vehicle exhaust monitoring equipment
机动车配件 motor vehicle accessories
机动车燃料加油站 motor fuel service station
机动车使用量 useable motor vehicle
机动车式喷粉机 power-cart duster
机动车税 motor carrier tax
机动车损伤 automobile injure
机动车停车间 motor vehicle hangar
机动车停车库 motor vehicle hangar
机动车为主的 auto-oriented
机动车尾气的监测标准 monitoring standards of vehicle exhaust gas
机动车污染 motor vehicle pollution
机动车噪声 motor carrier noise
机动车展览 motorama
机动车展赛场 motorized cart track
机动车组 motor vehicle combination
机动程度 degree of mobilization
机动储备 active storage
机动船 motor(-driven)boat;motor ship;motor vessel;power-boat;power(-driven)vessel;powered craft;self-propelled vessel
机动锤 mechanical hammer;power hammer
机动打钉机 power nailer
机动打钉器 power nailer
机动打印装置 mechanical stamping device
机动打桩机 power driver
机动带式装载机 mobile belt loader
机动弹道再入飞行器 maneuvering ballistic reentry vehicle
机动道岔 mechanically operated switch;mechanical switch
机动道口栏木 mechanically operated crossing barrier
机动的 automotive;engine-driven;locomotive;mechanic(al);mechanically operated;mechanical-operated;mechanomotive;mobile;motor drawn;motor-driven;power-actuated;power-drawn;power-driven;powered;power-operated;power-propelled
机动的传动装置 engine-driven transmission
机动吊车 power hoist
机动斗车 power-operated buggy
机动渡线 mechanically operated crossover
机动堆垛机 mechanical piler
机动趸船 propulsion pontoon
机动发电机 engine-driven generator
机动发电机动力系统 engine-driven generator power system
机动阀门 motor-operated shutter
机动翻斗车 tip motor lorry
机动范围 maneuvering range
机动方驳 rhino ferry;sea mule
机动方法求解 kinematic(al)solution
机动浮球 mechanically operated float
机动浮筒 mechanically operated float
机动钢筋切断机 bar shear by motor
机动钢筋弯曲机 powered rod bender
机动割草机 motor mower;motor scythe;power mover
机动给料 power feed
机动工具 power(-actuated)tool
机动工时 flexible working hours
机动工作班次和时间的规定 flexible rostering
机动供料 power feed
机动刮路刷 power broom drag
机动光学跟踪装置 mobile optic(al) tracking unit
机动轨道车 motorcar
机动海驳 sea-going powered barge
机动夯(具) machine rammer;frog rammer;leapfrog;mechanical rammer;mechanical tamper;power tamper
机动航行 motor navigation
机动荷载控制 maneuver load control
机动化 motorization
机动黄油枪 power-operated grease gun
机动混凝土锯 <路面锯缝用> power concrete saw
机动火焰清理 machine scarfing
机动货船 motor cargo boat
机动货运车 motor van
机动机的挂斗 truck tractor
机动加料机 mechanical stoker
机动加煤机 mechanical stoker
机动检查电车 motorized inspection trolley
机动检查缆车 motorized inspection trolley
机动绞车 engine-driven winch;power winch
机动绞盘 motor capstan;motor winch
机动脚踏车 autobike;autocycle;motor-assisted pedal cycle;motorcycle;motor-mounted bicycle
机动脚踏两用车 moped;motor bike
机动搅拌机 power machine;power mixer
机动搅拌装置 power-operated stirring gear
机动校直压力机 straight-side mechanical power press
机动进给 power feed
机动进给杆 power feed lever
机动救生艇 motor lifeboat
机动救助艇 motor rescue boat
机动锯 power saw(ing)
机动卷扬机 power hoist
机动掘削机 mechanical tunnel(l)er
机动空气压缩机 engine-driven air compressor
机动垃圾车 trash truck
机动栏木 mechanical gate;mechanically operated gate
机动冷床 mechanical cooling bed
机动离合器 power clutch
机动犁 engine plow;motor plough;motor plow
机动理论 kinematic(al)theorem
机动力 mechanomotive force
机动立式液力压榨机 power-operated vertical hydraulic press
机动链锯 power chain saw
机动料斗 mechanical controlled magazine
机动灵活的政策 flexible tactics;maneuverable policy
机动炉排 mechanical stoker;stoker
机动路面破碎压实机 mobile breaker-roller
机动路面清扫机 engine sweeper
机动路碾 motor roller;power roller
机动轮驱动 motorized wheel drive
机动洛阳铲 <中国> power-driven Loyang spoon
机动镘板 power float;mechanical float
机动镘刀 mechanically operated float;power trowel
机动镘刀抹光 power-trowelled finish
机动门 <水密滑动舱壁门> long armed door;power door
机动磨粉机 mechanically driven flour grinder
机动磨削 machine grinding
机动抹光机 power float
机动抹灰板 mechanical float
机动抹子 mechanically operated trowel;power trowel
机动能 maneuver energy
机动能力 man(o)euvering capability;man(o)euvering ability
机动能力储备 maneuver margin
机动泥刀 mechanically operated trowel
机动耙 mechanical rake
机动喷洒车 power distributor
机动喷洒机 power distributor
机动喷嘴 mechanically operated nozzle
机动棚车 motorcar
机动平板小车 mechanized platform troll(e)y
机动平车 motorized flat wagon
机动平地机 motor-driven(blade) grader;motor(ized)grader;power-drawn(blade)grader;power-drawn blader;power-driven blader;power grader
机动平地机转台 circle of a motor grader
机动平路机 motor-driven(blade) grader;motor(ized)grader;motorized road grader;power-drawn grader;power-driven blader;power grader

机动平路机圆盘 <用来支持刀片并控制其角度> circle of motor grader
机动坡道 powered ramp
机动铺路机 mechanical spreading paver
机动铺路缘石机 power kerber
机动铺砂机 power gritter
机动起动机 mechanical starter
机动起动器 mechanical starter
机动起重机 autohoist; mechanical crane; mechanical jack
机动气流 mechanical draft
机动气流水冷(却)塔 mechanical draft water cooling tower
机动千斤顶 mechanical jack
机动牵引 power traction
机动牵引式鼓风喷雾机 trailed air-blast sprayer with engine drive
机动橇 autosled
机动切割工具 power cutter
机动青草割捆机 motor mower with binder attachment
机动轻便运货车 motor cart
机动区截制【铁】 mechanical blocking
机动三轮车 three-wheeler
机动扫帚 motor sweeper; power broom
机动筛 mechanical sieve; mechanical sifter; power screen; rotap
机动上超静定结构 kinematically indeterminate structure
机动上刚性 kinematically rigid
机动设计 kinematic(al) design
机动施工架 mobile scaffold
机动石屑撒布机 power chip(ping)s spreader; power gritter
机动时分 <在标准运转时分之外、对某些列车预留额外时分、以便晚点时恢复正点之用> margin time; slack time
机动时间 machine time
机动使用 mobile application
机动式搬运设备 mobile handling equipment
机动式车辆 mobile vehicle
机动式路面碎破机 pneumatic-driven pavement breaker
机动式水泥卸载机 mobile cement unloader
机动式推拉握柄 power type slide
机动式握柄 power type lever
机动式选择器 motor selector
机动室 mechanical power house
机动竖锯 bayonet saw
机动速率 maneuvering speed
机动台架 transfer bed
机动摊铺机 mechanical spreading paver
机动提升 power elevation
机动提升装置 power-operated hoist
机动铁水包 mechanized ladle
机动艇 autoboat; power-boat; motor boat
机动艇固定无线电设备 fixed survival craft radio station
机动艇固定无线电台 fixed survival craft radio station
机动同步发电机 engine alternator
机动拖铲 power-drag scraper
机动脱粒机 power thresher
机动挖掘机 power navvy
机动挖泥机 power navvy
机动挖土机 power navvy
机动弯筋机 powder(bar) bender
机动卫星 maneuvering satellite
机动稳定性 maneuvering stability
机动系统 maneuvering system
机动限度 man(o)euvre margin
机动小车 <小型搬运工具> motor-bug(gy)
机动小货车 moto-bug
机动小艇 motor launch
机动斜坡台 mechanized ramp
机动性 flexibility; leeway; man(o)euverability; man(o)euvering ability; man(o)euvrability; mobility
机动性传动装置 flexible gear
机动性绞车 maneuvering winch
机动性界限 maneuverability boundary
机动性能 maneuvering capability
机动性限度 maneuver margin
机动性选择 mobility choice
机动性准则 maneuverability criterion
机动旋转式扫路机 engine-driven rotary sweeper
机动旋转式寻线机 motor uniselector
机动选择器 motor uniselector
机动雪橇 motor sled; motor sleigh; sledge car; ski mobile
机动压力机 motor press; power press
机动压路机 motor roller; power roller
机动研钵 end-runner mill
机动液压泵 engine-driven hydraulic pump
机动油漆工程 mechanical painting work
机动游艇 motor yacht
机动有轨车 rail car
机动渔船 fishing motor boat; motor fishing vessel
机动运货车 motor van
机动运输 motor transport
机动凿石锤 power-operated bush hammer
机动闸 power brake
机动真空泵 engine-driven vacuum pump
机动支承构架 supporting mobile structures
机动制动器 power brake
机动制自动电话交换机 motor-driven switching system
机动制自动电话系统 machine-driven automatic telephone switching system
机动帚 mechanical sweeper
机动转台 power feed rotary table
机动转移信息 snapshot dump
机动桩锤 hammer apparatus; power pipe hammer
机动装料斗 power loader
机动装卸车 power buggy
机动装卸机 power loader
机动自卸车 power barrow
机动自行车 auto(bi)cycle; autobike; motor (-assisted) bicycle; motor bike; motor pedal[moped]
机动自行车专用道 moped track
机动阻力 mobilizable resistance
机动组合开关 motor-driven switch-group
机动钻 mobile drill
机动钻车 mobile jumbo; power-operated drilling carriage
机动钻机 power auger
机动钻土机 power earth auger
机动钻岩机 machine rock drill
机读文件 machine-readable file
机帆并用 under sail and steam
机帆船 auxiliary-powered vessel; motor sailing vessel; motor sailor; motor smack; power-sail ship; sailing ship fitted with auxiliary motor; sailing vessel with auxiliary engine
机帆游艇 auxiliary yacht
机房 apparatus room; equipment room; machinery building; machinery cabin; machinery room; mechanical equipment room; plant room; power cabin; sever room
机房装修综合布线 server room cabling
机缝牛皮纸袋 sewn kraft paper sack
机腹舱门 ventral door
机腹集装箱 belly container
机腹下悬挂农具 under-belly equipment
机腹油箱 belly tank; ventral tank
机腹中心线 ventral centerline
机盖 cover
机盖压紧手轮 handle for cover close
机盖压紧轴 shaft for cover close
机盖压紧轴承 bearing for cover close
机缸座 cylinder base
机耕 power farming
机耕成套设备 complete plants for cultivation
机耕船 boat tractor; wet field
机耕路 main farm road
机耕面积 area ploughed by tractors
机工 engine attendant; engineman; equipment operator; gear head attendant; machine operator; machinist; mechanist; pitman; mechanic
机工车间 engineering works; machine shop; mechanical department; mechanics workshop; mechanical shop
机工锤 machinist's hammer
机工锉 machinist's file
机工的 mechanical
机工机械司机 machine operator
机工锯木工 pitman
机工零点 mechanical zero
机工水平仪 machinist's level; mechanic('s) level
机工系统 mechanical system
机构 mechanism; device; entity; establishment; frame work; institution; machinery; mechanics; organism; organization; set-up; structure
机构表 table of organization
机构贷款 institutional credit
机构的 mechanic
机构分析【机】 mechanism analysis
机构复杂性 structural complexity
机构改革 reform of the organizational structure
机构工作级别 classification group of mechanism
机构间贷款 inter-agency loan
机构间的 interagency
机构间分包合同 inter-agency subcontract
机构间水资源委员会 Inter-Agency Committee on Water Resources
机构交易 institutional network
机构庞大的 umbrella
机构内部的 in-house
机构设置权 division establishment right
机构投资 institutional investment
机构脱落 explosive separation
机构完整性 organizational integrity
机构系统 train of mechanism
机构箱 mechanism case
机构学 mechanism
机构支承架 mechanism support
机构仲裁 institutional arbitration
机箍木板条水管 machine-banded wood-stave pipe
机关 institute; institution; office; organ; service
机关顶楼 organ loft
机关废水 institutional wastewater
机关工作者 clerical worker
机关会计 institutional accounting
机关间直接干线 interoffice trunk
机关名牌 name plate of a department
机关枪 machine gun
机关用汽车调车场 motor pool of a department
机光扫描系统 mechanical optic(al) scanning system
机柜 cabinet; machine cabinet; rack
机夯 earth rammer; machine tamper
机夯混凝土 machine-tamped concrete
机号 <飞机> plane no.
机盒共振 boominess resonance
机后反射镜 rearview mirror
机后配重块 front counter-weight
机后三点悬挂装置 rear-mounted three-point linkage
机后输出辊道 mill run-out table
机后悬挂的装置 rear-mounted
机回线 engine run-round track
机会 chance; opportunity
机会比例 odds ratio
机会变差 chance variation
机会变量 chance variable
机会产业 opportunity industry
机会成本 opportunistic cost; opportunity cost
机会成本方法 opportunity cost method
机会成本值 opportunity cost of value
机会对策 game of chance
机会对等 reciprocity of opportunities
机会费用 opportunity cost
机会分叉 <决策树的> chance fork
机会互惠 reciprocity of opportunities
机会价值 opportunity value
机会模型 opportunity model
机会损失 opportunity loss
机会物种 opportunistic species
机会研究 opportunity study
机会致病菌 opportunist
机绘地图 computer-drawn map; computer-generated map
机加工不当 faulty machining
机加工齿轮 machine cut gear
机加工倒角 chamfering
机加工的 machine-tooled
机加工钢坯贴接面 machined steel billet meeting face
机加工工艺 machining
机加工胶合板 machined plywood
机加工面 machined surface
机加工面无损伤 free from damage on the machined surface
机加工木材 machined timber
机加工木料 machined wood
机加工石工 machine mason
机加工时间 machining time
机加工特性 machinability
机加工误差 machining error
机加工性 machining property
机加工闸门支座 machined gate seat
机加工装置 machining set-up
机架 frame; body frame; chassis; cradle; holster; husk; jig; locker; machine frame[framing]; main frame; mechanical gantry; mounting rack; pedestal; rack; stander; rack of track circuit <轨道电路用>
机架安装型 rack mount type
机架变形 stand stretch
机架部分 rack section
机架的水平支脚 housing feet
机架底板 frame base
机架地脚 frame foundation
机架地线 frame ground
机架盖 housing cap
机架高度 bracket height
机架辊 feed roll
机架辊子 breast roller
机架横挡 frame girder
机架横梁 frame beam
机架接地 frame grounding; rack earth
机架接地电路 frame-grounding circuit

机架警告信号电路 bay alarm circuit
机架连接电路 bay connector
机架列 row of racks
机架锚固端 anchor end of a bed
机架排 row of racks
机架石防护板 rock guard
机架弯曲 buckling of frame
机架仪表屏 rack panel
机架组件 body assembly
机间电缆 internal cable
机间轴 spacer shaft
机件 gadget; machine member; mechanical element; member; organ; parts
机件打滑 drag
机件钢 machine steel
机件故障降级操作 graceful degradation
机件磨削 machine parts grinding
机件破损 breakage of parts
机件碎裂区 fracture zone
机键 switch
机键插孔 switch jack
机键级 switching stage
机键架 switch raceway;switch rack
机键轮 switch wheel
机键盘 switch wheel
机键塞口 switch jack
机键室 apparatus room;switch room
机匠 mechanician;motor man;fitter
机匠工 motor man
机匠加油 motorman oiler
机匠长 first motor man; chief motorman
机脚 undercarriage;under-chassis
机井 driven well;motor-pumped well; tube well;tubular well
机井灌溉 tube well irrigation
机警 alertness
机具 implement;machines and tools; tool
机具化 instrumentation
机具架 tool frame
机具设备部门 equipment division
机具台架 chassis
机具修理车间 <俚语> drill doctor
机具修理工 drill doctor
机具装配工 rigger
机锯 mechanical saw
机壳 cabinet;case;casing;chassis;cubicle;engine casing;frame(work); housing case;shell
机壳表面冷却式电机 ventilated frame machine
机壳带电故障 ironwork fault
机壳电容 body capacitance
机壳回路 hull return circuit
机壳接地 chassis earth
机壳接地电路 frame-grounding circuit
机壳冷却扇 body ventilating fan
机壳漏泄 body leak(age);casing leak
机坑衬里 pit liner
机坑里衬 pit liner
机库 hangar;shed
机库甲板 hangar deck
机库平台 hangar deck
机库区 hangar block
机框 machine frame
机扩桩 machining pile
机犁式挖沟机 digger plough
机里的人 occupant
机理 mechanism
机理分析法 <塑性理论的> mechanism method
机理建模 model(l)ing by mechanism
机理研究 mechanism study
机力操纵 powered
机力操纵的 power-operated
机力操纵离合器 power clutch
机力锄 power hoe
机力发电机 mechanical generator
机力横向搂草机 power dump rake
机力冷冻 mechanical refrigeration
机力螺旋钻 motor auger
机力铆 machine riveting;power-driven riveting
机力铆接 power riveting
机力磨 machine grinding
机力坡度 virtual grade
机力起落离合器 mechanical power lift clutch
机力起重器 mechanical jack
机力汽化油器 mechanical carburetor
机力青贮料卸载机 power silage unloader
机力润滑器 mechanical lubricator
机力提升器调节 power-lift control
机力通风 artificial draft
机力卸载车厢 power box
机力信号 mechanical signal
机力压榨机 power squeezer
机力油枪 power gun
机力凿岩机 power drill
机力闸 mechanical brake
机力制动 mechanical brake; power braking
机力制动器 power brake
机力自动起动机 mechanical self starter
机力钻床 power drill
机力钻机 power drill
机立窑 mechanical shaft kiln;mechanized shaft kiln
机链插口 switch jack
机链塞孔 switch jack
机炉舱 engine and boiler room
机炉舱壁 machinery space bulkhead
机轮对准 wheel align(e)ment
机轮减阻罩 spat
机轮整流罩 wheel pant
机螺栓 machine bolt
机镘 mechanical float
机铆 riveting by machine
机铆车间 machine shop
机铆铆钉 machine-driven rivet
机煤 locomotive coal
机密 more confidential;privacy;rigid secret;secrecy;secret
机密安全等级 security class
机密传真通信[讯] enciphered facsimile communication
机密的 confidential;private and confidential
机密等级 security classification
机密级 rigid classification
机密件 private confidential
机密键 privacy key
机密室 block chamber
机密锁 privacy lock
机密锁过程 privacy lock procedure
机密文件 confidential documents; confidential papers
机密性 confidentiality
机密性协定 confidentiality agreement
机密专利 secret patent
机密资料 confidential data;confidential documents;confidential papers
机敏材料 smart material
机敏陶瓷 smart ceramics
机鸣杂音 machinery murmur
机磨光面 smooth machine finish; smooth planer finish
机磨光片 mill finished sheet
机磨钎头 machine-sharpened bit
机内 entrails;inboard;self-contained
机内表示 internal machine representation
机内部件 internal component
机内操作 on-line operation
机内测试 built-in test
机内单元 self-contained unit
机内的 built-in
机内电动机 built-in motor;integrated motor
机内干扰 internal interference;set interference
机内工具 built-in tool
机内话筒 built-in microphone;microphone
机内校准器 built-in calibrator
机内施胶纸 engine-sized paper
机内天线 built-in antenna
机内通信[讯]系统 intercommunication system
机内物料的落差 fall through machine
机内误差校正 built-in error correction
机内运算 internal arithmetic
机内噪声 set noise
机内诊断(法) built-in diagnosis
机内装的伪白噪音源 built-in pseudo white noise source
机内自动测试设备 built-in automatic test equipment
机能 enginery;function;motivation
机能不良 dysfunction;malfunction
机能不全 inadequacy; incompetence [incompetency];insufficiency
机能参数 functional parameter
机能层 functional layer
机能层次 hierarchy of function
机能的 functional
机能的污染标准 functional pollution criteria
机能定位 functional localization
机能都市 functional city
机能反应 functional response
机能范型 function pattern
机能分工 division of function
机能分化 functional differentiation
机能恢复 functional restoration
机能检查 functional test
机能可靠性 functional reliability
机能模式 function pattern
机能缺失 afunction
机能缺损 afunction
机能失调 dysfunction;malfunction
机能试验 functional test
机能试验程序 functional test procedure
机能试验规范 functional test specification
机能适应性 functional adaptation
机能衰退 hypofunction
机能特性操作符号 functional character
机能相关 functional correlation
机能镶嵌 functional mosaic
机能效率 functional efficiency
机能协调 coordination of function
机能协调性 functional harmony
机能性失调 functional disturbance
机能性应力 functional stress
机能蓄积 functional accumulation
机能异常 parafunction
机能元件 functional element
机能增强 hyperfunction
机能障碍 dysfunction;functional disturbance
机能诊断 functional diagnosis
机能诊断测试 diagnostic function test
机能整体方法 holistic approach
机能整体水管理 holistic water management
机能智力 mechanical intelligence
机能主义 functionalism
机碾 motor roller
机盘架 bay of racks
机刨 power blader
机刨板材 planed slab
机棚撑架 canopy brace
机棚翻车保护架 canopy roll-over protection structure
机棚护顶离地高度 roof guard height
机篷 canopy
机票费 airfares
机票确认 ticket confirm
机坪机位区 apron-gate area
机坪专用设施 apron utility
机起重机 autohoist
机器 engine; machinery; mechanical appliance
机器安全罩 machine guard
机器安装 erection of machinery; machine installation
机器安装的调整 control of setups
机器安装工 outfitter
机器安装螺钉 machine screw
机器安装在柔性底座 flexible mounting
机器版框 machine chase
机器拌和 machine mixing
机器保持良好 machine well-being
机器保护装置 machine guard
机器保养 machine attendance; maintenance of machine
机器保养设备座谈会 care seminar
机器报警信号 machine alarm
机器编号 identification number
机器编码 machine coding
机器编址 machine addressing
机器编组 gang-up
机器变量 machine variable
机器部件 engine section;machine components;machine parts
机器部件的布置 machine arrangement
机器操纵台 pulpit
机器操作 machine operation
机器操作包装场 mechanized packing yard
机器操作穿孔卡片 machine-operated punched card
机器操作码 machine operation code
机器操作员 machine operator
机器长度 machine length
机器车间 machine shop
机器成本 machine cost
机器程序 machine program(me); machine routine
机器吃力地工作 labo(u)r badly
机器冲程 stroke of machine
机器雏形 prototype
机器处理 machine handling;machine processing
机器处所 machinery space
机器处所舱壁 machinery space bulkhead
机器穿孔卡 machine punched card
机器传动的离合杆 lever for throwing the machine in-and-out-of gear
机器存储 machine storage
机器错误 machine error
机器打包 machine press-packing
机器打结的绒头地毯 machine-knotted pile carpet
机器打磨管子的两端 machined end-end
机器打磨整个管子 machined over all
机器打样 machine proof
机器代码 basic code;machine code
机器代码程序 machine code program(me); program(me) in machine code
机器代码级 machine code level
机器代码指令 machine code instruction
机器单位 machine unit
机器单元 machine unit
机器的不规则转动 prank
机器的单位重量功率 power per pound
机器的负荷数据 loading data of machines

J

机器的工作日 working day of a machine
机器的临界工作参数 stalling work capacity
机器的三班制生产率 three-shift productivity of machines
机器的使用年限 machine's life span; the usable life of machine
机器的输入功 work input
机器的通用语言 machine-independent language
机器的线路交叉 machine transposition
机器的一般尺寸 general machine dimension
机器的一般性能 general machine performance
机器的油量表 flow meter
机器的运转日 working day of a machine
机器的自激颤动 chattering
机器的总功 input work
机器的总体尺寸 general machine dimension
机器底脚 machine foundation
机器底座 machine base
机器地址 machine address
机器地址控制 hardware address control
机器地址指令 machine address instruction
机器垫层 machinery pad
机器定额 rating of machine
机器独立程序 machine-independent
机器锻(造) machine forging
机器额定功率 machine rating
机器额定值 machine rating
机器翻译 automatic translation; mechanical translation; machine translation <由电脑将一种语言译成另一种语言>
机器翻译词典 mechanical translation dictionary
机器范畴 category of machine
机器方程 machine equation
机器方向 machine direction
机器防护装置 machine guard
机器房 engine house; engine room; machine halt; machine house; machine shop; machine hall; plant room
机器房电灯开关 engine room light switch
机器分配问题 machine loading problem
机器粉碎石块 machine-broken stone
机器辅助翻译系统 machine-aided translation system
机器辅助设计 machine-aided design
机器负荷 machine burden; machine loading
机器负荷卡 machine load card
机器负荷图 machine load chart
机器改进时间 machine improvement time
机器盖 machine cover
机器钢 machine(ry) steel
机器工 machinist
机器工地保养费用 field maintenance cost
机器工时 machine-hour
机器工时法 machine-hour method
机器工作时间 available machine time
机器工作循环 machine cycle
机器工作周期 machine cycle
机器功率 machine rating; engine power
机器功能 machine function
机器功能码 function code
机器构件 machine components; mechanical components
机器故障 breakdown of machinery; machine error; plant breakdown
机器故障浪费的工作时间 machine-spoilt work-time
机器过账 machine posting
机器焊接 machine welding
机器和设备 machine and equipment
机器和设备场地 machinery and equipment yard
机器和设备的安装 installation of machine and equipment
机器滑动部分 carriage
机器基本质量 base mass
机器基础 apparatus foundation; machine(ry) base; machine(ry) foundation
机器基础隔振 machinery foundation isolation
机器基础结构 machinery foundation structure
机器基础绝缘 machinery foundation isolation
机器基础梁 machine beam
机器基座 machine(ry) foundation
机器级 machine level
机器级程序 machine level routine
机器级语言 machine level language
机器级指令 machine level instruction
机器级中断 machine level interrupt
机器计算 machine(ry) computation
机器计算和解释 computerized calculation and interpretation
机器加工 machine operation; machining
机器加工的 machined
机器加工副产品 plant byproducts
机器加工条件 machining condition
机器加工中心 machining center[centre]
机器间 engine compartment; machine room; machinery compartment
机器检索 machine information retrieval
机器检索系统 machine retrieval system
机器检修 trouble-shooting
机器检验 machinery survey
机器键 key; machine key
机器浇注 machine casting
机器浇铸 machine casting
机器绞轧伤 wringer injury
机器脚踏车 autobicycle; autobike; motorcycle; autocycle <美>
机器脚踏车边车 motorcycle side car
机器脚踏车及附带的车斗 motorcycle combination
机器脚踏两用车 motor bicycle
机器搅拌 machine mixing
机器搅拌机 mechanical stirrer
机器校验中断 machine check interrupt
机器接口 machine interface
机器结构 machine construction; machine organization
机器紧压包 machine press-packed bale
机器进刀 machine bite
机器警报信号 machine alarm
机器净重 machine net weight
机器静重 dead mass
机器锯 machine saw
机器锯片 machine saw blade
机器开动状态 machine in running order
机器开头设备 machine switchgear
机器可操作的 maneuverable
机器可处理形式 machine processible form
机器可读的 machinable; machine-readable; machine-sensible
机器可读地图 machine-readable map
机器可读目录 machine-readable catalogue
机器可读数据 mechanized data; machine script
机器可读语言 machine-sensible language
机器可利用时间 machine available time
机器连接灰泥板 plasterboard machine jointing
机器零(部)件 machine(ry) components; machine parts
机器露点 apparatus dew point
机器露点温度 apparatus dew point temperature
机器螺钉 machine screw
机器螺栓 machine bolt
机器螺丝 machine screw
机器螺丝锥 machine tap
机器镘平 machine trowel(ing)
机器毛重 gross machine weight
机器铆接 machine riveting
机器每小时生产率 hourly machine rate
机器名称 machine designation
机器命名方法 machine designation
机器磨面混凝土 machine-finish concrete
机器磨损 engine wear
机器抹光 machine trowel(ing)
机器抹灰 machine trowel(ing)
机器能读出的信息 machine-sensible information
机器能力 machine capability
机器碾平 engine break-in
机器排版 metal type composition
机器抛光 abrasive machining
机器配件 hootenanny
机器配套 combination of machines
机器棚 engine shed
机器铺设成的 machine-laid
机器启动 machine starting; start-up
机器潜力 machine potential
机器人 robot (equipment); robotic; slave-robot
机器人臂 robotic arm
机器人存储器 robot memory
机器人的 robot
机器人点焊 robot spot-welding
机器人的操作手 robot hand
机器人工程学 robot engineering; robotics
机器人规划 robot planning
机器人化 robotization
机器人技术 robotics
机器人教师 robot tutor
机器人解题系统 robot problem-solving system
机器人牵引车 robotug
机器人设备 robot device
机器人世界 robot world
机器人司机 robot chauffeur
机器人图像分析 robotic image analysis
机器人涂装 robot painting
机器人学 robotics
机器人与环境的交互作用 robot interaction
机器人语言 robot speech
机器人装配问题 robot assembly problem
机器人装置 robot mechanism
机器润滑油 engine oil; machine oil
机器扫地 machine sweeping
机器扫路 machine sweeping
机器筛分 machine screening; machine sieving
机器上保护操作人员的装置 machine guard
机器设备 machinery equipment
机器设置 implementation
机器生产投资 machine production investment
机器时间 machine time
机器时数标准 machine-hour standard
机器使用率 machine utilization rate
机器视觉【计】machine vision
机器寿命 machine life
机器数据传送器 machine data transducer
机器说明书 machine instruction; machinery specification
机器损坏 machinery breakdown
机器损坏保险 machinery breakdown insurance; machinery damage insurance
机器摊铺 machine spreading
机器调节设备 machine regulator
机器调速器 engine regulator
机器调整 tune-up
机器跳汰 machine jigging
机器停产时间分析 machine downtime analysis
机器停工时间 machine idle time
机器停止 machine halt
机器外壳 housing; house assembly
机器外缘转弯直径 machine clearance diameter
机器弯管 machine bend
机器完好时间 machine available time
机器维护人员 machine attendant
机器维修工 hostler
机器稳定性 machine stability
机器窝工时间 machine idle time
机器误差 machine error
机器显影 machine development
机器小时率 machine-hour rate
机器效率 machine efficiency
机器型号 model number
机器型号命名方法 machine model designation
机器性能 machine function
机器修补 machine patching
机器修(理)车间 machine repair shop
机器修理船 floating machine shop
机器修整 machine finish; smooth machine finish
机器学习 machine learning
机器研磨 abrasive machining
机器样板 template with machined bushings
机器艺术 machine art
机器因磨损过度而咬住 gall
机器印花壁纸 machine-printed wallpaper
机器用薄片 mechanical sheeting
机器用螺丝 machine screw
机器油 engine oil; machinery oil; mobiloil; mobile oil
机器语言 absolute language; machine language
机器语言程序 machine language program(me)
机器语言指令 machine language instruction
机器运算 machine arithmetic
机器运行 machine run
机器运行监视 machine running supervision
机器运行控制 machine running supervision
机器运行率法 machine-rate bases
机器运转 machine run
机器运转后将存储内容列单<以便检查排除错误> postmortem dump
机器运转时间 machine hours; operating time
机器运转中有规则的小停顿 dwell
机器运转总重 operating weight
机器噪声 machinery noise
机器轧碎 engine break-in
机器站 machine(ry) station
机器罩 bonnet; engine casing; engine shield; hood cover

机器折旧 depreciation of machinery
机器振动 machine vibration
机器证书 machinery certificate
机器指令 computer instruction; machine instruction
机器指令码 machine instruction code
机器指令组 machine instruction set
机器制动器 engine brake
机器制造厂 machine-building plant; machine shop; engineering works
机器制造工程 machine building works
机器制造工业 machine-building industry
机器制造商 iron master
机器智能 machine intelligence
机器中间的通道 catwalk
机器中心 machine center[centre]
机器重量 machine weight
机器周期状态 machine cycle status
机器轴承 machine bearing
机器助手 machine assist
机器铸件 machinery casting
机器铸造 machine casting
机器转弯时净空半径 machine clearance radius
机器转弯时外缘半径 machine clearance radius
机器装配 machine assembly
机器装配车间 machine assembly department
机器装配工 engine fitter; machine assembler; machine fitter
机器装配时间 machine improvement time
机器装载 machine loading
机器状态 machine state
机器状态寄存器 machine status register
机器状态位 machine status bit
机器资料卡 machine data card
机器字【计】 machine word
机器字长 machine word length
机器总输入 work input
机器总质量 gross machine mass
机器总重量 gross machine weight
机器走边 peripheral drive
机器阻力 engine resistance
机器组 machine group
机器组合 machine assembly
机器组件 machine element
机器钻头 machine bit
机器最高效率 maximum engine efficiency
机器最高性能 top machine performance
机器最后加工 machine finishing
机器作图 machine drawing
机器作用 machine function
机前输入辊道 mill run-in table
机前拖钩 front pull hook
机钳间 mechanical fitting workshop
机枪瞄准具 adjusting plate
机切长度 length machined
机切混凝土块 split-face block
机切泥(炭) machine-cut peat
机群 armada
机热模塑周期 heat cycle
机软的 extra soft
机扫 power broom
机上测距仪 air-borne range only
机上的 inboard
机上观测 aircraft-base observation
机上盒 set-top box
机上技术员 <特指航空遥感仪器操作人员> air-borne operator
机上图板 aircraft chart board
机上图夹 aircraft chart board
机上余尺 overstand
机上自动光学系统 automatic onboard optic(al) system
机身 body section; main body; engine body <发动机>
机身保险 hull insurance
机身腹部 belly
机身干涉 body interference
机身高度 <飞机> chassis height
机身构架拉线 fuselage truss wire
机身构造 body construction
机身荷载分布 fuselage load distribution
机身后部 <飞机> afterbody
机身梁 body rail
机身面积曲线 nose-to-tail drag curve
机身末端 tail cone
机身平面图 body plan
机身前部 forebody
机身头部 nosing
机身外侧机枪 side gun
机身外壳 <飞机> fuselage cover
机身尾部 <飞机> fuselage stern; afterbody
机身下的火箭发动机 underslung rocket unit
机身应力 body stress
机身应力图 fuselage stress diagram
机身与机翼的组合 wing and body combination
机身制造(工艺) bodywork
机身重心 body nodal point
机身轴 fuselage axis
机身装配 rigging
机身纵梁 <飞机> fuselage longeron; body longeron; body rail
机身阻尼 body damping
机声效率 machine acoustic(al) efficiency
机师险 airpilot risks
机湿的 moisture-tight
机时法 machine-hour method
机时率 machine-hour rate
机式脚手架 projecting scaffold
机手保护顶篷 canopy guard; overhead guard
机首倾斜 forward oblique
机刷 <扫街道用> brusher
机速指示器 engine speed indicator
机碎材料 crusher-run material
机碎骨料 crush(er)-run aggregate
机碎骨料垫层 crusher-run base
机碎集料 crush(er)-run aggregate
机碎金属 machine-broken metal
机碎矿渣 crusher-run slag
机碎石 crusher-run
机碎碎石 <未筛统货> crusher-run material
机损 engine failure
机台板 rig floor
机台工人【岩】 floorman
机台利用系数【岩】 operating coefficient of rig
机膛 tower section
机膛盖板 tower door
机套 mantle
机体 cylinder block; engine frame
机体的 organic
机体架 body frame
机体外缘转弯直径 machine clearance circle
机体轴 axis[复 axes]; body axis
机体自动平衡 <用于桥梁美学> homeostasis
机体阻力 body drag
机艇 motor launch
机筒 machine barrel
机头 drill front head; front head; gear end; handpiece; head end; headstock; nose; ram head
机头半张开 half-cocked
机头布 tabs
机头部 chain-driven section
机头部分 head section; nose section
机头衬套 front pressing ring
机头传动 head drive
机头导轨 head rail
机头登机桥 nose bridge
机头段 nose section
机头方向 heading
机头滑块 collet segment
机头环 die ring
机头架 headstock; drive head frame <输送机的>
机头孔型 die orifice
机头肋 nose rib
机头轮 <皮带输送机的> head pulley
机头棚 nose hangar
机头偏斜 swing
机头散热器 nose radiator
机头往复移动拉丝机 winder with reciprocating collet
机头向内停放 nose-in parking
机头压力 head pressure
机头运动 head motion
机头罩 bow cap; spinner
机头整流罩 nose spinner; nosing; streamlined nosing
机头转速 rotational speed of collet
机头座 headstock
机头座轴 headstock spindle
机凸头 nose
机腿 stand leg
机外 off-line; outboard
机外对刀装置 presetter
机外停车 stop in advance of a signal
机外运算 external arithmetic
机尾 afterbody; out end
机尾朝下 tail-down
机尾传动 tail drive
机尾护板 rear blade(plate)
机尾架 tailstock
机尾警戒雷达 monica
机尾起重器 tail jack
机尾整流罩 rear fuselage fairing
机位 gate position
机位间滑行线 aircraft stand taxilane
机温指示器 engine temperature indicator
机窝采煤机 buttock getter
机务 locomotive operation and maintenance
机务本段 home depot
机务部门支出 locomotive sector expenses
机务车辆段设备 depot equipment
机务处【铁】 mechanical department; locomotive (engineering) department
机务处长 superintendent of motive power
机务段【铁】 engine depot; engine terminal; motive power depot; engine shed; locomotive depot; locomotive (running) shed; locomotive terminal
机务段担负能力 engine terminal capacity
机务段管线 locomotive depot track
机务段机车领工员 locomotive foreman
机务段机车运转主任 locomotive foreman
机务段计工单 time sheet
机务段驾驶员 depot driver; locomotive depot driver
机务段检修能力 engine terminal capacity
机务段所在站 <即区段站> locomotive depot station; depot station
机务段通过能力 engine terminal capacity
机务段修理厂 backshop
机务段修理工厂 depot workshop
机务段运转领工员 road foreman of engines
机务段运转主任 road foreman of engines; shed foreman
机务工作量 working quantity of locomotive affairs
机务换乘所 locomotive-screw changing station
机务及船东 superintendent & shipowner
机务科 mechanical division
机务联系电路 connecting circuit with a depot
机务人员 motive power personnel
机务设备 locomotive facility
机务设备通过能力 carrying capacity of locomotive facility
机务系统经济效益审计指标体系 indices system of economic efficiency audit of maintenance system
机务员 operator
机务折返段 locomotive turnaround depot
机务折返所 locomotive turnaround point
机务整备所 locomotive servicing point
机误 chance error
机误变量 error variance
机误回归 error regression
机匣 banjo; cartridge receiver
机匣处理 casing treatment
机匣罩 threaded hood
机箱 chassis; engine case
机箱共鸣 boominess resonance; cabinet resonance
机箱架 cabinet rake
机械 machinery; mechanism; motorization; power assist
机械 Q 开关 mechanical Q-switch
机械安定性 mechanical stability
机械安装工 millwright
机械拔筒制板法 machine cylinder method
机械拔桩机 mechanical extractor
机械摆动单杆装置 mechanical slewing derrick
机械扳手 mechanical wrench; power wrench
机械搬运 physical transportation
机械搬运车 mechanical truck
机械搬运法 mechanical handling method
机械搬运力 competence
机械拌和 mechanical agitation; mechanical mixing
机械拌和【合】物 mechanical mixture
机械瓣膜 mechanical valve prosthesis
机械保持小型纵横接线器 mechanical latching miniature crossbar switch
机械保护 mechanical protection
机械保护器 mechanical fuse
机械保温车 mechanical refrigerator car
机械保险装置 mechanical safety
机械保养 mechanical maintenance
机械崩解 mechanical disaggregation; mechanical disintegration
机械崩裂 mechanical spalling
机械泵 mechanical pump
机械比长仪 mechanical comparator
机械比较器 mechanical comparator
机械比较仪 mechanical comparator
机械舭墩 mechanical bilge block; mechanical side block; movable bilge block; sliding bilge block
机械闭合与开断 recoupling
机械闭塞法 mechanical blocking
机械闭锁工作间 mechanical interlocking cabin
机械闭锁继电器 mechanical locker relay

J

机械臂 arm;mechanical arm
机械臂板信号机【铁】mechanical-operated semaphore signal
机械臂末端速度 end of arm speed
机械编图 mechanical compilation
机械变扭器 mechanical torque converter
机械变速 power shifting
机械变速拖动装置 mechanical variable speed drive
机械变形 mechanical deformation; mechanism of deformation
机械变形阶段 mechanical deformation stage
机械变质作用 mechanical metamorphism
机械标称功率 machine rating
机械表面曝气 mechanical surface aeration
机械并联回路 mechanical parallel circuit
机械波段扩展 mechanical bandspread
机械剥落 pinch spalling
机械补充通风 mechanically supplemented ventilation
机械补救系统 machinery retrieval system
机械不同轴性 mechanical misalignment
机械不完全燃烧 mechanical incomplete combustion
机械不完全燃烧损失 carbon loss
机械布置 machinery arrangement; mechanical arrangement
机械部 machine division
机械部分 mechanics
机械部件 engineering component; equipment component; mechanical component;mechanical unit
机械部件清单 engineering component list
机械材料的留置权 mechanics or material lien
机械采样 mechanical sampling
机械操纵 mechanical handling; mechanical operation; mechanical working
机械操纵的 mechanically operated; power-operated
机械操纵的道岔 mechanically operated switch;mechanical switch
机械操纵的渡线 mechanically operated crossover
机械操纵工 mechanical operator
机械操纵器 mechanical pilot
机械操纵系统 mechanical control system
机械操纵装置 mechanically operated device
机械操作 machine operation;handling in machinery;mechanical handling; mechanical manipulation; mechanical operation;mechanical working; power operation
机械操作搬运工业 mechanical handling industry
机械操作的 mechanically operated
机械操作的切割刀具 mechanically operated cutter
机械操作工 machinist
机械操作工序吨 procedure tons by cargo-handling machines
机械操作记录 machine operation logbook
机械操作室 machine room
机械测井仪表 <记录钻进时间,停歇时间和孔深> snitch
机械测深用触钩 <判断测深锤到海底用> sounding machine check;sounding machine feeler
机械测深用的水深比例尺 sounding machine depth scale;sounding scale
机械测深用钢丝绳 sounding wire
机械测深用水砣 sounding machine lead
机械测斜器 mechanical drift indicator
机械层积材 mechanically laminated
机械层积构件 mechanically laminated
机械插入杆 mechanical plunger
机械掺气 mechanical aeration
机械铲 machine shovel; mechanical shovel; power drag line; power-drag scraper;power trowel
机械铲胶带输送机 mechanical shovel-rubber belt conveyer
机械厂 machine plant;machine works; mechanical plant
机械潮汐推算机 mechanical predictor
机械潮汐预报器 mechanical(tidal) predictor
机械车间 machine shop
机械沉积 mechanical;mechanical sedimentation
机械沉积分异作用 mechanical sedimentary differentiation
机械沉积矿床 mechanical sedimentary deposit; mineral deposit by mechanical sedimentation
机械沉积物 mechanical sediment;mechanical deposit
机械沉积形成沉积岩 mechanically deposited sedimentary rock
机械沉积作用 mechanical deposition
机械撑柱 mechanical side shore
机械成分 mechanical composition
机械成分曲线 mechanical composition curve
机械成型 mechanical forming
机械成型法 <膨胀渣的> machine-forming process
机械乘法器 mechanical multiplier
机械程序设计 mechanical programmer
机械澄清池 accelerated clarifier;mechanical clarifier
机械澄清(法) mechanical clarification
机械秤 mechanical scale
机械迟滞作用 mechanical hysteresis effect
机械齿轮比 register ratio
机械充气 mechanical aeration
机械充气式浮选机 mechanically aerated cell
机械充填 mechanical stowing
机械冲击 mechanical shock
机械冲击钻进(法) percussive machine drilling
机械冲刷 mechanical scour
机械冲压 mechanical stamping
机械抽风 mechanical draught; mechanical extraction
机械抽风机 mechanical extractor
机械抽风烟囱 mechanical chimney
机械抽提机 mechanical extractor
机械抽样 mechanical sampling
机械出渣 mechanical mucking
机械初步抽空泵 mechanical roughening pump
机械除冰装置 mechanical deicer
机械除尘 mechanical cleaning off (dust); mechanical dust removal; mechanical dust separation; mechanical precipitation; mechanical-type dust removal
机械除尘发生炉 mechanically ashed producer
机械除尘器 mechanical(dust) collector;mechanical dust extractor; mechanical grit arrester; mechanical-type dust collector
机械除瓷 mechanical de-enamelling
机械除垢器 mechanical cleaner
机械除灰 mechanical ashing
机械除泥 mechanical desludging
机械除锈 mechanical derusting; mechanical descaling; mechanical rust removing
机械除渣格网 mechanical-raked fine screen
机械处理 mechanical handling; mechanical treatment
机械处理打毛聚酯绘图薄膜 graining drawing polyester film
机械处理法 mechanical treatment process
机械穿透 mechanical penetration
机械传播 mechanical transmission
机械传播者 mechanical transmitter
机械传布 mechanical dissemination
机械传动 machine drive; mechanical drive; mechanical transmission; power drive
机械传动泵 mechanically driven pump;power drive pump
机械传动比 mechanical driving ratio; register ratio
机械传动的 mechanical actuated; mechanically driven; power-actuated; power-driven;power-operated
机械传动的活套挑 mechanical looper
机械传动光反射器 mechanically driven optic(al) reflector
机械传动机车 mechanical drive locomotive
机械传动机构 mechanical actuator
机械传动流速仪 mechanical current meter
机械传动内燃机 diesel mechanical locomotive
机械传动式鼓风机 geared blower
机械传动水位计 ga(u)ge with mechanical transmission
机械传动挖掘机 cable-driven excavator
机械传动压气机 clutch driven compressor; mechanically driven compressor
机械传动装置 mechanical drive
机械传动装置断续器 mechanically driven interrupter
机械传输系统 mechanical transmission system
机械串联回路 mechanical series circuit
机械锤 hammer apparatus; machine hammer
机械刺激物 mechanical irritant; mechanical stimulus
机械粗粉分离器 mechanical air classifier
机械粗滤 mechanical straining
机械存储器 mechanical storage
机械打壳 mechanical crust breaking
机械打磨石块表面 machine finish
机械打桩机 hammer apparatus
机械代码 machine code
机械带动的 powered
机械单级船闸 mechanical lift lock
机械单位 mechanical-type unit
机械导管 mechanical pipe line
机械导纳 mechanical admittance; mobility
机械导向装置 director
机械倒库 mechanical blending
机械捣棒 mechanically operated tamping bar
机械捣固 mechanical packing; mechanical tamping
机械的 mechanical;power-operated
机械的成型模块 mechanical form block
机械的反向 reversal of a machine
机械的工作容量 equipment volumetric capacity
机械的垃圾磨碎机 mechanical garbage grinder
机械的外部粉刷 mechanical exterior plastering
机械的外部抹灰 mechanical exterior rendering
机械的有效载重能力 machine payload capacity
机械的纸浆板 mechanical pulp board
机械抵抗力矩 <起重机的> machine resisting moment
机械地 automatically
机械地磅 mechanical weigh-bridge
机械地基 machinery foundation
机械地面支垫 outrigger pad
机械地震仪 mechanical seismograph
机械点刻 mechanical stipple
机械电偶装置 mechanical coupler
机械电气化热量表 mechanical electric(al) heat-flow meter
机械电子式自动电话交换系统 mechano electronic telephone switching system
机械雕塑 machine sculpture
机械吊艇柱 mechanical davit
机械定额 rating of machine
机械定距疏伐 mechanical thinning
机械定时继电器 mechanically timed relay
机械定时器 mechanical timer
机械动力 mechanical power
机械动力的发展过程 growth of mechanical power
机械动力学 dynamics of machinery; mechanical kinetics
机械动能 mechanical kinetic energy
机械动作的 mechanical-operated; power-operated
机械动作接点 mechanically actuated contact
机械陡态良好时间 up-time
机械镀敷 mechanical plating
机械堆肥 mechanical composting
机械队 fleet
机械队生产 fleet production
机械盾构 mechanical shield
机械钝性 mechanical passivity
机械多层焙烧炉 rabble furnace
机械多数 mechanical majority
机械垛材机 mechanical stacker
机械发泡塑料 mechanically foamed plastics
机械发生滚倒事故 roll-over of machinery
机械发生炉 mechanical producer
机械法 mechanical means
机械法除绳锈 threshing
机械法施工 mechanical tunnel(l)ing
机械反馈 mechanical feedback
机械反应 mechanical response
机械反应池 mechanical reaction tank
机械反作用力 mechanical reactance
机械方程 machine equation
机械方法 mechanical means
机械方法分类 <垃圾的> mechanical separation
机械方法连接 mechanical joining; mechanical joint
机械方法消除应力 mechanical stress relieving
机械防火外壳 flameproof enclosure
机械防火罩 flameproof enclosure
机械防缩处理的 sanforized

机械防缩机 compressive shrinkage range
机械仿形导向系统 mechanically scanned guidance system
机械仿形附件 mechanical copying attachment
机械仿形仪 diagraph
机械放大 mechanical enlargement
机械放液机 mechanical tapping machine
机械废水厂 mechanical workshop waste
机械费 machinery cost
机械费率 machine rate
机械分度头 mechanical dividing heads
机械分公司 machine division
机械分级机 mechanical classifier
机械分类 mechanical classification
机械分类厂 mechanical re-cycling plant
机械分离 mechanical separation
机械分离法 mechanical separation
机械分离器 mechanical separator
机械分粒器 mechanical classifier
机械分裂 mechanical disintegration
机械分散 mechanical dispersion
机械分散口异常 anomaly of mechanic dispersion hole
机械分析 mechanical analysis
机械分析曲线 mechanical analysis curve
机械分选 mechanical classification
机械分选机 mechanical picker
机械分异方式 mechanical differentiation way
机械分异作用 mechanical differentiation
机械粉刷石膏 gypsum machine plaster
机械粉碎 mechanical disintegration
机械风化(作用) mechanical weathering; physical weathering
机械封闭 mechanical close
机械封顶钢 mechanically capped steel
机械封接 mechanical sealing
机械浮选槽 mechanical flo(a)tation cell
机械服务设施 mechanical service
机械辐射三角测量 mechanical radical triangulation
机械辅助电镀 mechanical plating
机械辅(助)件 mechanical affixment
机械腐蚀 mechanical corrosion
机械负荷合格证 machinery charge qualification
机械附件 paraphernalia
机械复制法 mechanography
机械复制品 mechanograph
机械覆盖 mechanical covering
机械改土 <深耕翻土等机械化操作> mechanized soil improvement
机械改装 retrofit
机械干扰 mechanical jamming
机械干燥 mechanical drying
机械干燥塔 mechanical tower
机械杆 weighing machine
机械感触装置 mechanical feel device
机械感受器 mechanoreceptor
机械感应噪音 mechanic induced noise
机械高温计 mechanical pyrometer
机械高压法 mechanical high pressure method
机械镐 mechanical pick
机械隔离 mechanical isolation
机械隔滤 mechanical straining
机械隔滤器 mechanical strainer
机械给料 mechanical feed
机械工 mechanician
机械工帮手 swamper
机械工厂 machine shop; machine works; mechanical plant
机械工厂废水 engineering workshop wastes
机械工程 mechanical works
机械工程安装 mechanical engineering installation
机械工程师 machine engineer; mechanical engineer
机械工程师协会汽车分会会志 <英> Proceedings of the Automobile Division
机械工程师学会 <英> Institution of Mechanical Engineers
机械工程师学会会报 <英> Proceedings of Institution of Mechanic(al) Engineers
机械工程学 mechanical engineering
机械工段 machine bay
机械工具 machine tool
机械工况监测 machinery performance monitoring
机械工人 machinist; mechanician; mechanic
机械工业 engineering industry; mechanical industry
机械工业废水 wastewater from mechanical industry
机械工作 machine work
机械工作重量 on-the-job weight
机械功率 mechanical output; mechanical power; mechanical work; mechanical efficiency
机械功能监测 service monitoring
机械共振 mechanical excitation; mechanical resonance
机械构件 mechanical component; mechanical parts
机械构造 mechanical realization; mechanism
机械鼓风机 mechanical blower
机械固定式加长臂 <起重机> power positioned extension
机械固定屋面 mechanically fastened roofing
机械固砂 mechanical sand control
机械故障 mechanical breakdown; mechanical failure; mechanical stoppage
机械故障保险单 machinery breakdown policy
机械刮除 mechanical sweeping
机械刮平 mechanical screeding
机械管道接合 mechanical pipe joint
机械管道接头 mechanical pipe joint
机械管桶 mechanical piping
机械灌溉 irrigation by mechanical power
机械灌注法 mechanical perfusion
机械光开关 mechanical optic(al) switch
机械光学比较仪 mechanical optic(al) comparator
机械光学地震仪 mechanical optic(al) seismograph
机械光学偏转器 mechanical optic(al) deflector
机械光学式加速器 mechanical optic(al) acceleration
机械光学应变仪 mechanical optic(al) strain ga(u)ge; mechanics-optical strain ga(u)ge
机械光制 machine finishing
机械规格 rating of machine
机械滚筒 power roller
机械过程 mechanical process
机械过滤呼吸器 mechanical filter respirator
机械过滤器 mechanical filter
机械过滤作用 mechanical filtration
机械焊接吹管 machine welding torch
机械夯(具) machine rammer; machine tamper; mechanical rammer; mechanical tamper
机械夯实 mechanical tamping
机械合金化 mechanical alloying
机械和电气的组合强度 combined mechanical and electric(al) strength
机械核对 mechanical verification
机械烘干 mechanical drying
机械呼吸管理 mechanical management of respiration
机械呼吸器 mechanical respirator
机械护舷 mechanical fender
机械滑脂润滑器 mechanical grease lubricator
机械化 high degree of mechanization; mechanization; mechanize; motorization
机械化比重 ratio of mechanized handling
机械化编组场 fully mechanized marshalling yard; mechanized classification yard; mechanized marshalling yard; retarder-equipped yard
机械化编组场控制机 classification yard control machine
机械化泊位 mechanized berth
机械化布置 mechanical arrangement
机械化仓库 mechanized magazine
机械化侧导板 mechanical side guides
机械化车库 mechanical garage
机械化车站 mechanized station
机械化程度 degree of mechanization
机械化程度指标 index for mechanization level
机械化冲压生产线 mechanized press line
机械化船队 mechanized fleet
机械化船闸 mechanical lock
机械化存(停)车场 mechanize car park
机械化代数运算 mechanical algebraic operation
机械化调车场 push-button yard
机械化锻造 machine forging
机械化盾构 mechanical shield; mechanized shield
机械化分级 mechanical gradation
机械化分选 mechanical gradation
机械化耕作 mechanized farming; power farming
机械化工作面【矿】machine wall
机械化轨道保养列车 mechanical track-maintenance train
机械化轨道检查 mechanized track inspection
机械化焊接 machine welding; mechanical welding
机械化合金 mechanical alloy
机械化护舷 mechanical fender
机械化滑道 mechanical slipway
机械化机组 technical plant
机械化加煤站 mechanical coaling station
机械化开采 mechanical getting
机械化控制杂草 mechanization in weed control
机械化立体观察 mechanical stereoviewing
机械化立窑 automation shaft kiln; mechanical shaft kiln; mechanized vertical kiln
机械化炮车 gunmetals motor carriage
机械化平地作业 mechanical grading
机械化青贮窖用切碎装载机 mechanical pit cutter-loader
机械化清洁法 machine-cleaning method
机械化清理装置 chipper
机械化燃烧锅炉 mechanically fired boiler
机械化润滑器 mechanical lubricator
机械化散装系统 mechanized bulk system
机械化筛分 mechanical gradation
机械化设备 mechanized equipment
机械化深孔凿岩 mechanical long-hole-drilling; mechanized longhole drilling
机械化深孔钻眼 mechanical long-hole-drilling
机械化施工 mechanical construction; mechanical execution; mechanized construction; mechanized operation of building
机械化施工公司 mechanized construction company
机械化手持工具 mechanical hand tool
机械化数据库 mechanized data base
机械化四周开挖方法 mechanized peripheral excavation method
机械化饲料分配器 mechanized feed lot
机械化隧洞开挖 machine tunnel(l)ing
机械化停车场 mechanized car park
机械化停车库 mechanized parking garage
机械化停车库设备 mechanized parking garage equipment
机械化驼峰【铁】mechanical hump; mechanized hump; retarder-equipped hump
机械化驼峰编组场【铁】mechanical gravity marshalling yard; mechanical hump yard; gravity marshalling yard; mechanized hump yard
机械化温床 mechanized hotbed
机械化污泥干化场 mechanical sludge drying bed
机械化(线路)维修队 mechanized work gang
机械化学 mechanochemistry
机械化学处理 mechanochemical treatment
机械化学反应 mechanochemical reaction
机械化学还原 mechanochemical reduction
机械化学降解 mechanochemical degradation
机械化养路队 mechanized work(ing) gang
机械化氧气切割 machine oxygen cutting
机械化运输 mechanical haulage; mechanical transport; motor transport
机械化运输工具 motor transport
机械化载重车 mechanized lorry
机械化凿岩 mechanized drilling
机械化凿岩装置 mechanized drilling unit
机械化轧机 mechanized mill
机械化支架 powered support
机械化支柱 power support
机械化装车 mechanical loading
机械化装卸 mechanical handling
机械化装药 mechanical charging
机械化钻 mechanical drilling
机械化钻眼 mechanized drilling
机械画 mechanical drawing
机械环境 machinery environment
机械换流器 Liston chopper; permutator
机械回授 mechanical feedback
机械回水系统 mechanical return system

机械绘图 mechanical drawing; mechanical plotting
机械绘图机 mechanical plotter
机械绘图仪 mechanical plotter
机械混合 mechanical blending
机械混合槽 mechanical mixed tank
机械混合方式 mechanical mixing type
机械混合焊剂 mechanically mixed flux
机械混合机 mechanical mixer
机械混合器 mechanical mixer
机械混合设备 mechanically mixing device
机械混合物 mechanical impurity; mechanical mixture
机械混合消毒技术 mechanically mixed disinfection technology
机械混合消毒剂 mechanically mixed disinfectant
机械混炼 machine mixing
机械混入物 mechanical admixture
机械活接头 mechanical union
机械积分器 mechanical integrator
机械基础 machinery foundation
机械激发 mechanical excitation
机械及工具 machinery and tool
机械级配分析 mechanical gradation
机械极限 mechanical limit
机械集尘器 mechanical-type dust collector; mechanical collector
机械集流器 mechanical collector
机械集中联锁 mechanical central interlocking; mechanical(lever) interlocking; mechanical signalling installation
机械集中联锁机 mechanical interlocking machine
机械集中联锁架 mechanical interlocking frame
机械集中联锁设备 mechanical interlocking plant
机械集中联锁信号楼 mechanical interlocking(signal) tower
机械集中联锁装置 mechanical interlocking installation
机械集中锁闭架 mechanical locking frame
机械几何学 geometry of machinery
机械计时器 mechanical timer
机械计数器 mechanical counter
机械计算 machine computation
机械计算电路 mechanizing circuit
机械计算机 mechanical computer
机械计算机辅助设计 mechanical CAD
机械计算器 mechanical calculator
机械计算系统 mechanical computing system
机械计算装置 mechanized accountant
机械记录 mechanical recording; mechanical registering
机械记录器 mechanical register
机械记录元件 mechanical recording element
机械技术标准 mechanical specification
机械技术人员 mechanician
机械继电器 mechanical relay
机械加工 machine work; mechanical treatment; mechanical working; machining
机械加工残余应力 machining stress
机械加工产品 machinofacture
机械加工车间 engineering shop(work); machining shop
机械加工的 machined
机械加工符号 machining symbol
机械加工工具 tool for machining
机械加工公差 allowance for machining; initial allowance; machine-finish allowance
机械加工光洁度 mill finish
机械加工(光)面 machine finish
机械加工精度 machining precision
机械加工孔 cut-out hole
机械加工留量 allowance for machining; initial allowance; machine-finish allowance
机械加工时间 machining time
机械加工稳定工件用压板 machine strap clamp
机械加工性 machining property
机械加工性电子计算机 electronic machinability computer
机械加工性能 machinability; machining property; mechanical working property
机械加工余量 allowance for machining; initial allowance; machine-finish allowance; machine-machining allowance; machining allowance; stock allowance
机械加工裕度 allowance for machining; initial allowance; machine-finish allowance
机械加箍木管 machine-banded pipe
机械加固(法) <土的级配改良和压实加固> mechanical stabilization
机械加固土 mechanical stabilization for soil
机械加料器 mechanical charge
机械加煤 mechanical stoking
机械加煤焚烧法 stoker firing
机械加煤锅炉 stoker-fired boiler
机械加煤机 mechanical stoker
机械加深伽马测量 mechanic deepened gamma ray survey
机械加湿器 mechanical humidifier
机械加压润滑 mechanical automatic lubrication
机械夹持爪式送料 mechanical gripper feed
机械夹固车刀 mechanically clamped tool
机械夹固式车刀杆 indexable tool holder for turning tools
机械夹具 chain dog
机械夹子 mechanical gripper
机械架 machine framing
机械架腿 machine leg
机械间接损失保险 machinery consequential loss insurance
机械间隙 mechanical clearance
机械拣选机 mechanical picker
机械减震器 mechanical damper
机械剪 machine shear
机械剪切接合器 mechanical shear connector
机械渐晕 mechanical vignetting
机械键槽 mechanical key groove
机械桨 oar propeller
机械降水 mechanical dewatering
机械交会 mechanical intersection
机械绞滩 mechanical rapids-heaving; mechanical rapids-warping; rapids warping by machine
机械矫直法 mechanical straightening
机械铰孔 mechanical reaming
机械搅拌 machine mixing; mechanical agitation; mechanical bobbling; mechanical mixing; mechanical rabbling; mechanical stirring
机械搅拌焙烧炉 mechanical roaster
机械搅拌薄膜蒸发器 turbulent-film evapo(u)rator
机械搅拌沉淀池 setting accelerator
机械搅拌澄清池 accelerator; mechanical agitating clarifier; mechanical stirring clarifier
机械搅拌充气式浮选机 mechanical agitation pneumatic flo(a)tation machine
机械搅拌反应池 paddle reaction chamber
机械搅拌方式 mechanical mixing type
机械搅拌机 mechanical stirrer
机械搅拌器 mechanical agitator; mechanical rabble; mechanical stirrer; rabble
机械搅拌式浮选机 mechanical agitation flo(a)tation cell
机械搅拌式浮造机 agitation-froth machine; subaeration flo(a)tation machine
机械搅拌梯流式浮选机 mechanical cascade machine
机械搅拌物 mechanical mixture
机械搅拌泄流式浮选机 mechanical cascade machine
机械搅拌絮凝池 mechanical mixing flocculating tank
机械搅动 mechanical agitation
机械搅刮法 <维特深航槽法> mechanical scraping and cutting; scraping and cutting
机械校验 mechanical verification
机械校正 mechanical checkout
机械接长 mechanical splice
机械接触杆 mechanical bar
机械接触系统 mechanical contact system
机械接触制 mechanical contact system
机械接合件 mechanical fastener
机械接收机 mechanical receiver
机械接头 mechanical joint(ing); solderless joint
机械接头垫圈 mechanical joint gasket
机械接头附件 mechanical joint accessories
机械接头配件 mechanical joint fitting
机械接头与法兰连接件 mechanical joint and flange connecting piece
机械接头与平插连接件 mechanical joint and plain end connecting piece
机械接头与钟口连接件 mechanical joint and bell connecting piece
机械接头铸铁偏心大小头 mechanical joint cast-iron eccentric reducer
机械接头铸铁三通 mechanical joint cast-iron tee
机械接头铸铁四通 mechanical joint cast-iron cross
机械接头铸铁同心大小头 mechanical joint cast-iron concentric(al) reducer
机械接头铸铁弯头 mechanical joint cast-iron bend
机械结构 mechanical construction; mechanism; physical construction
机械结构尺寸 physical size
机械结构用碳素钢 carbon steels for machine structural purposes
机械结合 mechanical bond(ing)
机械结合水 mechanical bound water; mechanically held water
机械截面图 mechanical sectioning
机械解扣杆 mechanical trip arm
机械解扣器 mechanical trip
机械解锁 mechanical release
机械襟翼 mechanical flap
机械紧固 machine fastening; machine riveting
机械紧固接头 coupling power tight
机械进料 positive feed; power feed
机械浸渍涂搪 mechanized dipping
机械精加工 machine finishing; mechanical finish(ing)
机械精密测图仪 mechanical precision instrument
机械精选 mechanical cleaning
机械净化法 mechanical clarification
机械锯 mechanical saw
机械掘进 advance by machine
机械掘进隧道 machine-bored tunnel
机械开门机构 mechanical releasing mechanism
机械开挖 machine excavation; mechanical excavation
机械开挖盾构 mechanical shield
机械开挖工作面 <采矿> machine face
机械开挖造价 machine tunnel(l)ing cost
机械考核 mechanical verification
机械靠模 direct copy
机械颗粒堵塞 mechanical grain blocking
机械颗粒分级 mechanical grading
机械可靠性 mechanical reliability
机械可靠性报告 mechanical reliability report
机械可逆性 mechanical reversibility
机械刻点仪 mechanical dotter graver
机械空气分级机 mechanical air classifier
机械空气选粉机 mechanical air separator
机械孔径 mechanicalness opening
机械控烟 mechanical smoke control
机械控制 mechanical control
机械控制的 mechanically operated
机械控制进口阀 mechanically operated inlet valve
机械控制系统 mechanical control system
机械扣钩 alligator lace
机械库 equipment storage hut
机械快门 mechanical shutter
机械框标 mechanical fiducial marks
机械垃圾磨碎机 mechanical refuse grinder; mechanical rubbish grinder; mechanical waste grinder
机械类 enginery
机械冷藏车 mechanically refrigerated vehicle; mechanically refrigerated wagon; mechanical reefer
机械冷藏车组 mechanically refrigerated wagon group
机械冷藏机 mechanical refrigerating machine
机械冷藏集装箱 mechanical refrigerator container
机械冷藏列车 mechanically refrigerated train
机械冷藏制 mechanical refrigerating system
机械冷却 mechanical cooling
机械冷却塔 mechanical cooling tower
机械冷却系统 machine cooling system
机械理仓 mechanized stowage
机械理论 theory of machines
机械力 mechanical force
机械力除尘器 mechanical precipitation; physical precipitation
机械力学 mechanics of machinery
机械力阻 mechanical resistance
机械利益 mechanical advantage
机械利用率 machine utilization
机械粒径分析 mechanical grain size analysis
机械连动机 mechanical interlocking machine
机械连接 ganging; mechanical bond(ing); mechanical couple; mechanical joint; solderless joint; mechanical linkage
机械连接法 mechanical connection method

机械连接器 mechanical coupling link
机械连接式效率试验 mechanical back-to-back test
机械连接头 mechanical joint
机械联动 mechanical linkage
机械联结 mechanical connection;mechanical splice
机械联锁 mechanical(lever) interlocking
机械联锁床 mechanical locking bed
机械联锁的 mechanical-interlocked
机械联锁功能 mechanical interlocking function
机械联锁机 mechanical interlocking machine
机械联锁架 mechanical interlocking frame
机械联锁设备 mechanical interlocking plant
机械联锁锁簧 mechanical interlocking lock
机械联锁信号楼 mechanical interlocking(signal) tower
机械联锁装置 mechanical interlocking installation; mechanical interlocking machine
机械联锁作用 mechanical interlocking
机械联系 mechanical connection
机械量热器 mechanical calorimeter
机械零点 mechanical zero
机械零件 machine parts; mechanical parts;machine elements
机械流程图 mechanical flow diagram
机械留置权 mechanic's lien
机械露点 mechanical dew point
机械炉排拖动机构 stoker drive mechanism
机械录音头 cutter head;cutting head
机械滤(波)器 mechanical filter
机械滤网 mechanical screen
机械路夯 mechanical tamper
机械孪晶 mechanical twin
机械逻辑控制 mechanical logic control
机械骡 mechanical mule
机械螺钉 machine screw
机械螺栓 machine bolt
机械螺旋钻 mechanical auger
机械螺旋钻土器 mechanical auger
机械螺旋钻钻孔 mechanical auger boring
机械麻花钻 mechanical auger
机械脉冲 mechanical pulsing
机械镘刀 power float
机械锚定 mechanical anchorage
机械锚定物 mechanical anchor
机械锚杆 mechanical anchor
机械锚固力 mechanical anchorage
机械锚固式锚杆 mechanically anchored bolt
机械锚具 mechanical anchorage
机械锚头 mechanical anchorage
机械铆接 machine riveting; power-driven riveting
机械弥散 mechanical dispersion
机械弥散系数 mechanical dispersivity
机械密封 machinery seal; contact seal;mechanical seal
机械密封备件 mechanical seal spare parts
机械密封规格 mechanical seal specification
机械面精测仪 profilograph; profilometer
机械面密封 mechanical face seal
机械瞄准具 iron sight
机械模拟 mechanical analog(ue); mechanical analogy
机械模拟测图仪 mechanical analog(ue) instrument
机械模拟计算机 mechanical analog(ue) computer;mechanical analogy computer
机械模拟立体测图仪 mechanical analog(ue) stereoplotter
机械模片辐射三角测量 spider template triangulation
机械模片像片三角测量 mechanical template plot
机械摩擦力 mechanical friction
机械摩擦损失 mechanical friction loss
机械摩擦系数 mechanical friction coefficient
机械摩擦灼焦 mechanical burn
机械摩阻力 mechanical resistance
机械磨光 mechanical polishing
机械磨耗 mechanical wear
机械磨焦 machine burn
机械磨损 mechanical wear
机械抹灰 mechanical plastering;power float
机械抹灰板 mechanical float; power float
机械抹灰镘刀 plastering power float
机械抹子 mechanical trowel; power trowel
机械抹子修整混凝土表面 power floated finish;power trowelled finish
机械木浆 mechanical wood pulp
机械能 mechanical energy
机械能力 plant capacity
机械能效应 mechanoenergetic effect
机械黏[粘]度 mechanical viscosity
机械黏[粘]附 mechanical adhesion
机械黏[粘]接 mechanical adhesion
机械黏[粘]结 mechanical adhesion
机械黏[粘]砂 abreuvage; burnt-in sand;metal penetration;sand penetration
机械黏[粘]性 mechanical viscosity
机械黏[粘]性附力 mechanical adhesion
机械啮合接头 mechanical joggle-joint connection
机械牛 mechanical cow
机械浓缩池 mechanically thickener
机械浓缩器 mechanically thickener
机械耦合 mechanical coupling
机械耙 power hoe;raking mechanism
机械耙除的 mechanical-raked
机械耙动系统 mechanical raking system
机械排风 mechanical exhaust
机械排风系统 mechanical exhaust system;mechanical ventilating system
机械排空 mechanical emptying
机械排气 mechanical exhaust; mechanical sweeping
机械排气通风系统 mechanical exhaust system of ventilation
机械排气系统 mechanical exhaust system
机械排水 mechanical discharge; mechanical drainage
机械排烟 mechanical draught; mechanical smoke discharge
机械排烟系统 mechanical smoke exhaust system
机械抛光 machine finish(ing); mechanical buffing; mechanical finish(ing)
机械抛光衬底 mechanically polished substrate
机械抛光机 mechanical finisher
机械抛光片 mechanically polished slice
机械抛煤机前溜槽 spreader chute
机械刨削槽 machine gouge
机械泡沫 mechanical foam
机械泡沫灭火机 mechanical foam extinguisher
机械配件 mechanical gadget
机械配准 mechanical register
机械喷镀 mechanical plating
机械喷射 airless injection;mechanical injection;mechanical spraying;solid injection
机械喷射式柴油机 airless-injection diesel
机械喷雾器 mechanical atomizer;mechanical sprayer
机械喷油系统 solid injection system
机械碰撞强度 mechanical impact strength
机械皮带秤 mechanical belt weigher
机械疲劳 mechanical fatigue
机械疲劳强度 mechanical endurance
机械疲劳试验 mechanical fatigue test
机械偏差 machine offset
机械偏置 mechanical bias
机械偏转器 mechanical deflector
机械漂移 mechanical drift
机械频闪观测器 mechanical stroboscope
机械品质因素 mechanical quality factor
机械平地 machine grading
机械平衡 mechanical balance; mechanical equilibrium
机械平衡重 machine counterweight
机械评定木材等级<木材应力等级,用机械在木材上压印E或F标志> mechanically rated lumber
机械破坏 mechanical failure
机械破坏量 physically damaged amount
机械破碎阶段 stage of mechanical fragmentation
机械铺轨 mechanically laid
机械铺设 machine laying
机械曝气 mechanical aeration
机械曝气池 mechanical aeration basin
机械曝气法 mechanical aeration
机械曝气管 mechanical aerator
机械曝气器 mechanical aerator
机械曝气稳定法 mechanically aerated stabilization process
机械曝气系统 mechanical aeration system
机械曝气装置 mechanical aerator
机械起动的 mechanically actuated
机械起动器 self-starter
机械气割工具配套单位 machine gas cutting unit
机械气割炬嘴 machine gas cutting torch nozzle
机械气割枪 machine gas cutting torch
机械气焊工具配套单位 machine gas welding unit
机械砌合 mechanical bond(ing)
机械砌砖 mechanically laid
机械、器具两侧成对部分 cheek
机械千斤顶 mechanical jack
机械迁移 mechanical transport
机械牵引 mechanical traction
机械牵引的 motor drawn; motor-driven
机械潜蚀作用 mechanical subrosion
机械强度 mechanically strength; mechanical strength
机械强度试验 mechanical robustness testing
机械强制润滑 mechanical automatic lubrication
机械切割 mechanical cutting
机械切割吹管 machine cutting torch
机械切碎机 mechanical chopper
机械切削 machine cut; mechanical cutting
机械切削齿 machine cut tooth
机械切削刃 mechanical cutting edge
机械切削试验 machining test
机械侵蚀 mechanical erosion
机械倾角 mechanical tilt
机械倾斜仪 mechanical declinometer
机械倾卸机 mechanical discharger
机械清除 mechanical cleaning
机械清除的格栅 mechanically cleaned rack
机械清除法 machine-cleaning method
机械清除筛 mechanically cleaned screen;mechanically cleansing screen
机械清除筛网 machine cleaned screen
机械清除设备 mechanical cleaning device
机械清除式格栅 mechanical cleaned rack
机械清除装置 mechanical cleaning device
机械清灰煤气发生炉 mechanical ashed producer
机械清洁剂 mechanical cleaner
机械清洁器 mechanical cleaner
机械清洁枪 engine cleaning gun
机械清理格栅 mechanically cleaned bar screen
机械清理格网 mechanically cleaned bar screen
机械清理筛 mechanically cleaned screen
机械清扫 mechanical sweeping
机械清扫管子 rodding
机械清筛工队 mechanical ballast sieve and cleaning team
机械清通管道 mechanical cleaning of sewers
机械清污拦污栅 mechanically cleaned screen
机械清污滤网 mechanically cleaned screen
机械清污耙<清理拦污栅的> mechanical rake
机械清洗 mechanical cleaning
机械清洗格栅 mechanically cleaned rack
机械清洗器 mechanical cleaner
机械清淤 mechanical dredging
机械驱动的 mechanically actuated; mechanically operated;power-actuated
机械驱动阀 power-operated valve
机械驱动式功率计 mechanically actuated power meter
机械驱动系统 machine driven system;mechanical drive system
机械驱动用透平 mechanical drive turbine
机械取样 mechanical sampling
机械取样器 mechanical sampler
机械去极化 mechanical depolarization
机械缺陷 mechanical defect
机械燃烧锅炉 mechanical fired boiler
机械燃烧器 mechanical burner
机械燃油泵 mechanical fuel pump
机械让压支柱 friction(al) yielding prop;mechanical yielding prop
机械扰动 mechanical disturbance
机械热风供热厂 mechanical warm air heating plant
机械热风供热站 mechanical warm air heating plant
机械热风炉供暖 mechanical warm air furnace heating
机械容量 capacitance;plant capacity
机械溶蚀 mechanical corrosion

机械润滑 mechanical(force feed) lubrication
机械润滑器 mechanical lubricator
机械润滑油 machinery oil
机械撒布 machine spreading; mechanical spreading
机械扫描 mechanical scanning
机械扫描分光镜 rotary scanning spectroscope
机械扫描器 mechanical scanner
机械扫描声全息法 scanned acoustic(al) holography
机械砂光机 mechanical sander
机械筛 bolting machine; mechanical picker; power screen; screening plant
机械筛分 mechanical grading; mechanical sieve analysis
机械闪光仪 mechanical stroboscope
机械伤 mechanical trauma
机械设备 installation; mechanical appliance; mechanical equipment; mechanical facility; mechanical means; mechanical plant; plant
机械设备安装工程 mechanical equipment installation work
机械设备安装公司 construction company for mechanical equipment installations
机械设备保险 <承包商的> equipment floater
机械设备表 mechanical equipment schedule
机械设备的保养工作 plant maintenance work
机械设备的声级 sound level of equipment
机械设备的维修工作 plant maintenance work
机械设备更新 machinery equipment renewal
机械设备工厂 plant station
机械设备及管线的平面布置图 mechanical plan
机械设备价值 value of machinery
机械设备间 mechanical equipment room; mechanical room
机械设备利用学 human engineering
机械设备清单 mechanical equipment schedule
机械设备试运转 mechanical start up
机械设备室 mechanical equipment room
机械设备效率 efficiency of plant
机械设备用房 mechanical room
机械设备站 mechanical equipment station; plant station
机械设备装置 mechanical unit
机械设备自给率 percent of self-supply of mechanical equipment
机械设备租赁公司 plant hire company
机械设计 machine design
机械设施存车场 mechanical car park
机械设施停车场 mechanical car park
机械伸缩吊具 mechanic telescopic spreader
机械升降船闸 mechanical lift lock
机械升力 mechanical lift
机械升压器 mechanical booster
机械升运机 mechanical elevator
机械失灵 mechanical conk
机械失效 mechanical failure
机械师 engine man; machinist; mech; mechanic; mechanician; mechanist; serviceman
机械施工 mechanical construction; mechanical execution
机械施工的纵坡及横坡自动控制系统 grade and slope control system of mechanical construction
机械湿度仪 mechanical hygrometer
机械湿选法 wet mechanical analysis; wet mechanical method
机械湿选分析 wet mechanical analysis
机械时效 mechanical aging; strain ag(e)ing
机械拾音器 mechanical pick-up
机械示速器 mechanical stroboscope
机械式变形器 mechanical deformer
机械式表示器 mechanical indicator
机械式驳船升船机 mechanical float barge lift
机械式操纵 mechanical manipulation
机械式操纵挖掘机 wire rope operated excavation
机械式充气 mechanical-type inflator
机械式冲击筛 mechanical impact screen
机械式除尘器 mechanical dust collector; mechanical dust extractor
机械式传动系统 direct drive system; direct drive transmission
机械式磁力仪 mechanical magnetometer
机械式道岔握柄 mechanical point lever
机械式道砟捣固机 mechanical ballast tamper
机械式的 cable-operated
机械式地返复 chime
机械式定时器 mechanical timer
机械式动力转向 mechanical-type power steering
机械式抖动机 mechanical shaker
机械式盾构 mechanical shield
机械式反铲挖掘机 cable hoe
机械式风速仪 mechanical anemometer
机械式鼓风机 mechanical blower
机械式过滤器 mechanical filter
机械式混凝土泵 mechanical concrete pump
机械式火炉供暖 mechanical furnace heating
机械式继电器释放 mechanical relay drop
机械式加载系统 mechanical loading system
机械式搅拌 mechanical agitation
机械式届卸翻斗车 mechanical rear dumper
机械式控制 mechanical control
机械式拉拔器 mechanical puller
机械式拉伸设备 mechanical tensioning equipment
机械式冷藏车 mechanically refrigerated vehicle; mechanically refrigerated wagon
机械式冷藏集装箱 mechanically refrigerated container
机械式离合器 mechanical clutch
机械式连接 mechanical joint
机械式联轴器 mechanical coupling
机械式轮胎打气泵 mechanical-type inflator
机械式锚杆 mechanical rock bolt
机械式磨轮成型设备 mechanical grinding wheel forming equipment
机械式排气风机 mechanical-type exhauster
机械式喷灯 mechanical atomizer burner
机械式平台驳船升船机 mechanical platform barge lift
机械式曝气 mechanical aeration
机械式起落机构 power lift
机械式千斤顶 mechanical jack
机械式倾角计 mechanical drift indicator
机械式人工定时解锁 mechanical hand time release
机械式人工限时解锁器 mechanical hand time release
机械式润滑机 mechanical lubricator
机械式升降机 mechanical lift
机械式手推车 mechanical barrow
机械式随动装置 mechanical follower
机械式锁闭 mechanical lock-up
机械式弹簧 mechanical spring
机械式提水器 mechanical water lift
机械式调节偏斜角的推土机 mechanical angle dozer
机械式调速器 mechanical governor
机械式停车库 mechanical parking garage
机械式停车设备 mechanical parking facility
机械式推拔器 mechanical push puller
机械式推顶器 <铲土机> mechanical pusher
机械式挖掘机 cable-actuated excavator; mechanical digger; mechanical shovel; mechanical-type excavation
机械式微分分析器 mechanical differential analyser[analyzer]
机械式销榫传力杆支座 mechanical dowel and tie bar installer
机械式悬挂器 mechanical hanger
机械式旋压 mechanical spinning
机械式压力表 mechanical-type manometer
机械式压力计 mechanical-type manometer
机械式压路机 mechanically driven roller
机械式压缩 mechanical-type compression
机械式压桩机 mechanical pile press
机械式液位计 mechanical ga(u)ge
机械式应变仪 mechanical strain ga(u)ge
机械式应变引伸仪 mechanical strain ga(u)ge extensometer
机械式油阀 mechanical oil valve
机械式娱乐设备 mechanical amusement device
机械式张拉设备 mechanical tensioning equipment
机械式正铲挖掘机 cable shovel
机械式制动器 mechanical brake
机械式制冷柜 mechanical refrigerator container
机械式制冷剂压缩机 mechanical refrigerant compressor
机械式抓斗 cable clam
机械式转向连杆系 mechanical steering linkage
机械式装载机 helldriver; mechanical loader
机械式自动起落机构 mechanical power lift
机械式总调速器 mechanical all speed governor
机械事故 mechanical accident; mechanical breakdown; mishap
机械事故次数 times of mechanical accident
机械事故分类 mechanical breakdown classification
机械事故时间 mechanical accident time
机械试验 mechanical test(ing)
机械室 equipment room
机械释放 mechanical release
机械释放装置 mechanical trip
机械手 extraman; handler; iron-hand; machine hand; magic hand; manipulators extraman; mechanical finger; robot; roboting machine; transfer arm; mechanical gripper
机械手臂 manipulator; mechanical arm
机械手臂关节的弯曲 shoulder elevation
机械手操作室 manipulator cell
机械手传动装置 manipulator traversing gear
机械手垂直伸缩柱 telescoping column
机械手的从动侧 slave end
机械手的主动侧 master end
机械手的抓手 grip member; hand grip
机械手动压力机 mechanical hand press
机械手关节 manipulator joint
机械手和观察钟 manipulator and observation bell
机械手力的反向传送 feedback of feel
机械手喷射 robot spray
机械手送料 finger feed
机械手握物端 grip end
机械手制动减速器 <一种盘形制动机的商业名称> Rotobrake retarder
机械手抓手 manipulator finger
机械手转动机构 manipulator turning gear
机械寿命 mechanical endurance; mechanical life; life of plant
机械寿命试验 life test(ing)
机械寿命指标 life goal
机械疏伐 mechanical thinning
机械输送 mechanical conveying; mechanical transport
机械输送系统 mechanical conveying system
机械属具 engine fitting; mechanical fitting; mechanical fixture
机械术语 mechanical term
机械竖立式钻塔 power-raised derrick
机械数据处理系统 mechanized data processing system
机械数字轮 mechanical counter wheel
机械刷 brusher; power broom
机械双晶 mechanical twin
机械水雷 mechanical mine
机械顺从性 mechanical compliance
机械说明 mechanical description
机械伺服机构 mechanical servo
机械伺服系统 servo-mechanical system
机械送风 mechanical air supply
机械送风燃烧炉 mechanical draft burner
机械送风系统 mechanical air supply system; mechanical ventilating supply system
机械速度比 register ratio
机械算子 machine operator
机械随动系统 mechanical servo
机械损耗 loss of machine; mechanical wear
机械损伤 abuse; mechanical damage; mechanical injury; technical damage
机械损失 mechanical loss
机械缩放仪 mechanical pantograph
机械缩孔 mechanical pipe
机械缩小转绘 mechanical reduction
机械锁 mechanical lock
机械锁闭 mechanical latching; mechanical locking
机械锁闭架 mechanical locking frame
机械锁闭器 mechanical lock
机械锁尺 mechanical plunger
机械锁定 mechanical caging; mechanical locking
机械锁簧 mechanical interlocking lock; mechanical lock

机械锁簧床 mechanical locking bed
机械锁闩 mechanical latching
机械锁闩式 mechanical-latched type
机械锁条 mechanical plunger
机械台 mechanical stage
机械台班费 mechanical charge out rates
机械台测量法 mechanical stage measure method
机械台日利用率 utilization efficiency of machine-days
机械台日完好率 percentage of machine-days in good condition
机械摊铺 machine spreading
机械淘选 machine jigging
机械特性 mechanical behavio(u)r; mechanical characteristic
机械提升 power elevation; power lift
机械提升机 mechanical elevator
机械提升式船坞 mechanical lift dock
机械提水灌溉 pumping irrigation
机械添煤传动机构 firing gear
机械调挡 power shifting
机械调节 mechanical conditioning
机械调节处理 mechanical conditioning process
机械调节法 mechanical conditioning process
机械调谐 mechanical tuning
机械调谐管 mechanically tuned tube
机械调整 mechanical adjustment
机械调制盘 mechanical chopper
机械调制器 mechanical modulator
机械调质 mechanical refining
机械停工时间 downtime of machine; machine downtime
机械停止运转 break down
机械通风 artificial draft; artificial draught; artificial ventilation; forced ventilation; mechanical draft; mechanical draught; mechanical ventilation; power ventilation; mechanical ventilating
机械通风的 mechanically ventilated
机械通风干法冷却塔 mechanical draft dry cooling tower
机械通风冷却塔 mechanical draft cooling tower; mechanical draught cooling tower
机械通风凉水塔 water-cooling mechanical draft tower
机械通风水冷却塔 mechanical draft water cooling tower
机械通风系统 mechanical system of ventilation; mechanical ventilating system
机械通风装置 mechanical ventilation equipment
机械通气 mechanical aeration; mechanical draught
机械通气器 mechanical aerator
机械同步装置 synchromesh gear
机械投影 mechanical projection
机械图(样) mechanical drawing; mechanical drawing
机械湍流 mechanical turbulence
机械推进 power feed
机械推进的 mechanically propelled
机械推进救生艇 mechanically propelled lifeboat
机械推进式凿岩机 power feed drifter
机械推进凿岩机 mechanical feed drill
机械推料杆 mechanical pusher ram
机械推料机 mechanical pusher ram
机械退极化 mechanical depolarization
机械拖带的 motor drawn
机械拖动的 power-actuated
机械脱泥器 mechanical deslimer
机械脱漆 chipping
机械脱水 mechanical dehydration; mechanical dewatering
机械挖成的洞穴 machine cavern
机械挖出的物料 mechanically excavated material
机械挖掘 mechanical excavation
机械挖掘机 cable-operated excavator
机械挖泥船 mechanical dredge(r)
机械挖土 machine excavation
机械弯曲 mechanical flexure
机械完好率 availability rate of machinery
机械腕 wrist
机械腕动作 wrist movement
机械微分分析机 mechanical differential analyser[analyzer]
机械位移地震计 mechanical displacement seismometer
机械位置读数器 mechanical position readout
机械位置图 map of machine location
机械喂料 positive feed
机械温升 mechanical temperature rise
机械稳定度 mechanical stability
机械稳定(法) mechanical stabilization
机械稳定基层 mechanical stabilized base
机械稳定器 mechanical stabilizer
机械稳定土 granular soil stabilization; mechanical stabilization
机械稳定性 mechanical stability
机械握柄 mechanical-type lever
机械握柄架 mechanical lever frame
机械握柄联锁 mechanical(lever) interlocking
机械握柄台 mechanical lever frame
机械污泥浓缩池 mechanical sludge thickener
机械污泥脱水 mechanical sludge dewatering
机械雾化 mechanical atomization; pressure atomization
机械雾化器 mechanical atomizer
机械雾化燃烧器 mechanical atomizer burner
机械雾化油料燃烧器 mechanical atomizing oil burner
机械吸震能力 mechanical hysteresis loss
机械洗舱机 mechanical washing machine
机械洗涤器 Theisen disintegrator; Theisen gas cleaner; Theisen gas scrubber
机械洗井 well cleaning with machine
机械洗矿槽 mechanical strake
机械系列 family of machines
机械系数 mechanical factor
机械系统 machine arrangement; mechanical system
机械限制系统 machine-limited system
机械相关 mechanical correlation
机械相似法 mechanical analogy
机械镶嵌 cast setting; machine setting; mechanical setting
机械消旋天线 mechanically despun antenna
机械小修 minor overhaul(of machinery)
机械效率 machinery efficiency; mechanical efficiency; modulus of a machine; running efficiency; torque efficiency
机械效率系数 coefficient of mechanical efficiency
机械效能 mechanical effect
机械效益 mechanical advantage
机械协联机构 mechanical combinator
机械谐振器 mechanical resonator
机械信号(机) mechanically operated signal; mechanical signal
机械信号楼 mechanical interlocking (signal) tower; mechanical signal box
机械信号装置 mechanical signalling installation
机械形式的审美观点 machine(age) aesthetics
机械型堤坝芯墙 mechanical core wall
机械型岩芯墙 mechanical core wall
机械性 automaticity; mechanicalness
机械性剥落 mechanical spalling
机械性传播 mechanical transmission
机械性创伤 mechanical trauma
机械性脆性 mechanical fragility
机械性固定偏差 mechanical drift
机械性媒介物 mechanical vector
机械性磨损 mechanical abrasion
机械性能 mechanical behavio(u)r; mechanical character; mechanical characteristic; mechanical feature; mechanical property
机械性能试验 mechanical inspection; mechanical property test(ing); mechanical test(ing)
机械性能试验机 mechanical tester
机械性耦联 mechanical coupling
机械性破碎 mechanical degradation
机械性破损 mechanical degradation
机械性损坏 mechanical breakdown; mechanical deterioration
机械性损伤 mechanical breakdown; mechanical deterioration; mechanical injury
机械性锁接 mechanical key
机械性质 engineering property; mechanical property
机械性窒息 mechanical asphyxia
机械性组织结构 mechanistic organization structure
机械修理车间 mechanical repairing department
机械修配厂 maintenance depot; repair depot
机械修配工 machinery repairman
机械修坯 autofettle
机械修整 machine finishing; mechanical finish(ing)
机械修整的混凝土 machine-finish concrete
机械许可工作证 permit to mechanical work
机械絮凝器 mechanical flocculator
机械絮凝作用 mechanical flocculation
机械选粉机 mechanical separator
机械选矿 mechanical cleaning
机械学 mechanics
机械学的 mechanical
机械学分类 classify in mechanics
机械学知识 mechanology
机械循环 mechanical cycling
机械循环处理 mechanical circulating process
机械循环热风供暖 forced warm air heating
机械循环热水供暖 mechanically circulated hot water heating
机械循环热水供暖系统 mechanical hot water heating system
机械循环式蒸汽供暖 steam-heating with mechanical circulation
机械循环特检 special periodic(al) survey of machinery
机械循环系统 forced circulation system; mechanical circulation system
机械循环作用 mechanical circulation
机械压杆 mechanical plunger
机械压机 mechanical press
机械压力计 mechanical manometer
机械压力雾化 mechanical pressure atomizing
机械压力雾化器 mechanical pressure atomizer
机械压力装置 pressure mechanism
机械压平 mechanically laid
机械压实 mechanical compaction
机械压实法 mechanical densification
机械压缩冷凝机组 mechanical condensing unit
机械压缩式 mechanical compression type
机械压缩循环 mechanical compression cycle
机械压缩制冷系统 mechanical compression refrigeration system
机械压条 mechanical bar
机械掩蔽法 mechanical masking
机械养路工区 <又称大道班> mechanical maintenance work area
机械摇动筛 mechanical shaker
机械遥测 mechanical telemetry
机械冶金 mechanical metallurgy
机械冶金学 mechanical metallurgy
机械液压接力器 mechanical hydraulic servomotor
机械液压联合深拉延 mechanical hydraulic deep drawing
机械液压深拉延 hydromechanical deep drawing
机械液压式控制 mechanical hydraulic control
机械液压调节 mechanical hydraulic control
机械液压调速器 mechanical hydraulic governor
机械仪表 mechanical device; mechanical instrument; mechanical meter
机械移动警告 travel alarm
机械移相器 mechanical phase shifter
机械因缺少操作人员的非生产时间 personnel time
机械因素 mechanical factor
机械引力 mechanical attraction
机械应变 mechanical strain
机械应变仪 mechanical strain meter
机械应力 mechanical stress
机械应力测量器 stress(o)meter
机械应力等级木材 machine stress rated lumber
机械应力腐蚀 corrosion under mechanical stress
机械应力消除法 mechanical stress relieving method
机械应用 machine application
机械应用顾问 machine application consultant
机械应用咨询 machine application consultant
机械硬化 mechanical hardening; strain-hardening; work hardening
机械用材 mechanical wood
机械用磁漆 machinery enamel
机械用具 jigger; mechanical appliance
机械用螺钉 machine screw
机械用螺栓 machine bolt
机械优点 mechanical advantage
机械优值 mechanical factor of merit
机械油 machine oil
机械语言 mechanical language
机械预报器 mechanical predictor
机械预混燃烧器 pre-aerated burner
机械预切割法 mechanical pre-cutting method
机械阈 mechanical threshold
机械元件 mechanical element
机械员 mechanic; motor mechanician

J

机械原理 mechanical principle; principle of machinery; theory of machines
机械原因缩减系数 mechanical reduction factor
机械源 mechanical sources
机械约束 mechanical constraint
机械运动 mechanical motion; mechanical movement
机械运动学 kinematics of machinery; kinematics of machines; mechanical kinematics
机械运输 mechanical handling
机械运输方式 mechanical haulage
机械运转 machine operation; mechanical operation
机械运作效率 machine operating efficiency
机械杂质 mechanical admixture; mechanical impurity
机械杂质粗粒 heavy solid
机械砸道器 mechanical tamper
机械载荷 mechanical load
机械再生制动 mechanical regenerative braking
机械凿岩 machine drilling
机械凿岩工 machine driller
机械造林设计 project planning for machine planting
机械造型 machine mo(u)lding; mechanical mo(u)lding
机械噪声 birr; machinery noise; mechanical noise
机械增压泵 Root's blower pump
机械增压式发动机 mechanically supercharged engine
机械闸 mechanical brake; power brake
机械斩波器 mechanical chopper
机械斩光盘 mechanical chopper
机械辗压法 mechanical roller compaction method
机械站 machinery station; plant station
机械张拉 mechanical stretching; mechanical tension
机械张拉法 mechanical tensioning method
机械张拉高强钢丝缠绕的混凝土结构 wire wrapping
机械张拉器 mechanical stretcher
机械长 <运营段机车车辆修理厂的> master mechanician
机械胀形模 mechanical bulging die
机械障碍物 mechanical barrier
机械折旧 depreciation of mechanical plant; plant depreciation
机械真空泵 mechanical vacuum pump
机械真空系统 mechanical vacuum system
机械振打锤 mechanical rapper
机械振荡 mechanical oscillation
机械振荡器 mechanical oscillator
机械振捣 mechanical vibration
机械振捣的 mechanical tamped
机械振动 machinery vibration; mechanical oscillation; mechanical vibration
机械振动分析 mechanical vibration analysis
机械振动给矿机 mechanical vibrating feeder
机械振动器 mechanical shaker; mechanical vibrator; motorized shaker; power shaker
机械振动清灰袋式除尘器 baghouse with mechanical shake cleaning
机械振动筛 mechanically vibrated screen; moto-vibro screen
机械振铃 machine ringing
机械振筛 vanning jig
机械震动 mechanical shock
机械震碎 mechanical spalling
机械整备作业 mechanical servicing
机械整流器 commutator rectifier; mechanical rectifier
机械整平 mechanical screeding
机械整修 mechanical finish(ing)
机械证明定理 automatic theorem proving
机械帧扫描摄像管 telepantoscope
机械支臂模片 mechanical arm template
机械执行机构 mechanical actuator
机械直接传动 direct drive of machine
机械直接驱动振动台 mechanical directly driven vibration generator
机械纸带穿孔机 mechanical tape puncher
机械纸带输入机 mechanical paper tape reader
机械指示器 pop-up indicator
机械指数 mechanical index
机械制成而用手工修整的 hand run
机械制的 mechanical
机械制动 mechanical brake; keeper; power brake
机械制动机 Prony brake
机械制冷 mechanical refrigeration
机械制冷系统 mechanical refrigerating system; mechanical refrigeration system
机械制图 mechanical drafting; mechanical drawing; mechanical plotting
机械制造 machine-building; machining; machinofacture
机械制造厂 engineering works; machine(-building) factory
机械制造工业 mechanic industry
机械制造公差 machining allowance
机械制造师学会 Machinery Builders' Society
机械制造业 mechanical engineering
机械致[制]冷 mechanical refrigeration
机械致[制]冷机 mechanical refrigerating machine
机械致[制]冷系统 mechanical refrigerating system
机械致热的 mechanocaloric
机械致热效应 mechanocaloric effect
机械致伤 machine burn
机械智能 mechanical intelligence
机械滞后误差 hysteresis error
机械滞后(现象) mechanical hysteresis
机械置中 mechanical centering
机械中心 mechanical center[centre]; mechanical core
机械钟 mechanical clock
机械重排阶段 mechanical rearranged stage
机械轴 mechanical axis
机械轴功 mechanical shaft work
机械助卸装置 mechanical discharge aid
机械抓手 elbow; mechanical finger
机械转动噪声 birr
机械转换器 mechanical alternator
机械转换锁闭器 mechanical switch-and-lock machine; mechanical switch-and-lock movement
机械转向 power steering
机械转辙机 mechanical switch machine
机械转辙机构 mechanical point operating mechanism
机械装卸 mechanical handling; mechanical loading
机械装卸法 mechanical handling method
机械装岩 mechanical mucking
机械装载 mechanical handling; mechanical loading
机械装载机 mechanical loader; power loader
机械装置 contrivance; labo(u)r-saving device; mechanical appliance; mechanical contrivance; mechanical device; mechanical installation; mechanical system; mechanism; movement; power unit; insley plant <提升和浇灌混凝土的>
机械装置入级标志 machinery class notion
机械撞击 terrapak
机械撞击杆 mechanical trip arm
机械准标 mechanical fiducial marks
机械字典 mechanical dictionary
机械自动(电话)接线制 machine switching system; machine telephone system
机械自记海流计 mechanical recording current meter
机械综合接法 mechanical interconnection
机械总工程师 chief mechanical engineer
机械租费 use of machinery
机械租赁 plant hire
机械租赁商 plant hirer
机械族系 family of machines
机械阻抗 mechanical impedance
机械阻力 machinery resistance
机械阻尼 mechanical damping
机械阻尼器 mechanical damper
机械组成 mechanical composition
机械组成单元 mechanical unit
机械组织 mechanical tissue
机械钻 power auger
机械钻机 mechanical rig
机械钻进 auger drilling
机械钻进时间 rotating hours
机械钻井设备 machine drill
机械钻孔 machine drilling; mechanical drilling
机械钻速 bit penetration; cutting rate; cutting speed; penetration rate; rate of penetration
机械钻眼 machine drilling
机械钻眼工 machine driller
机械最后加工 machine finish; mechanical finish(ing)
机械作图 mechanical construction; mechanical mapping; mechanical plotting
机械作业 mechanical application
机械作业台时 machine hour
机械作用斜槽 gravity unload with mechanical action chute
机械作用形成的沉积岩 mechanically formed sedimentary rock
机械作用仪表 mechanical ga(u)ge
机芯 deck; mechanism; module
机芯编号 caliber number
机芯序数 caliber number
机修 machine repair
机修厂建设 auxiliary machine shop building
机修车 mechanics service truck
机修车间 maintenance shop; mechanical repair shop; metal working shop; overhaul shop; repair workshop
机修工 grease monkey; mechanic; donkey doctor <俚语>
机修工具 engine tool
机修工具箱 work box
机修理车间 ship machinery shop
机修坪 maintenance apron
机修起重机 workshop crane
机修时间 downtime
机修手册 machine service manual
机修用设备 repair equipment
机修用伸缩臂起重机 telescoping mechanic's crane
机选的 machine-sized
机压成型(法) machine mo(u)lding; mechanical pressing
机压砖 pressed machine-brick
机样 press proof
机翼 aerofoil; air foil; wing
机翼端 wing tip
机翼型截面 aerofoil section
机翼型叶片 airfoil blade
机翼型叶片风机 aerofoil blade fan
机翼支承贯穿梁结构 wing carry through structure
机翼支柱 aerofoil strut
机引除雪机 tractor snow plough
机引垂直圆盘犁 tractor-drawn polydisk plow
机引滚动铲 tractor-drawn rotavator
机引犁 tractor-drawn plough
机引耙 tractor-propelled harrow
机引喷粉器 tractor duster
机引喷雾机 tractor-hitched sprayer
机引喷雾器 tractor sprayer
机引挖沟机 tractor ditcher
机引压土器 tractor roller
机引圆盘耙 tractor cultivator
机引中耕器 tractor cultivator
机印墙纸 machine-printed paper
机用带槽铰刀 fluted chucking reamer
机用弓锯片 machine hacksaw blade
机用计算机 machine computer
机用铰刀 chucking reamer; machine reamer
机用精铰刀 Jobber's reamer
机用锯条 machine hacksaw blade
机用扩张式铰刀 expansion chucking reamer
机用螺母丝锥 machine nut tap
机用青铜 machinery bronze
机用丝锥 back taper tap; machine tap; tapper tap
机用销 machine pin
机用中丝锥 plug machine screw tap
机用锥度 machine taper
机用锥销孔铰刀 machine taper pin reamer
机用锥形锪钻 machine countersink
机油 mobile oil; motor oil; oil leak(age)
机油杯 oil cup
机油泵 lube pump; lubrication pump; oil pump
机油泵盖 oil pump cover
机油泵滤网 oil pump screen
机油表 bayonet ga(u)ge
机油槽 oil groove
机油槽温度 sump temperature
机油粗滤清器 coarse oil filter
机油粗滤清器手柄拉杆弹簧 coarse oil filter handle rod spring
机油滴落 oil drippage
机油分离器 lubricant separator
机油管 oil hose; oil pipe; oil tube
机油管道 oil line; oil tubing
机油管道的布置 oil piping layout
机油管路的布置 oil piping layout
机油过多 overfull
机油过剩 overfull
机油集流管 lubricating oil header
机油加油口 engine oil filler
机油进入管 oil inlet
机油进入口 oil inlet
机油冷却喷嘴 oil cooling tube
机油冷却器 engine oil cooler

机油量油杆 oil dipstick
机油滤清器 engine oil filler; oil filter
机油滤清器的不均匀过滤 oil filter differential
机油滤清器底座 oil filter base
机油滤清器内盖头轴承 end shield bearing
机油滤网 oil filter screen
机油排放系统 oil-drainage system
机油盘 oil sump
机油喷射器 oil injector
机油歧管 engine oil manifold
机油容量 oil capacity
机油乳剂 machine oil emulsion
机油实生苗 chance seedling
机油脱水装置 engine oil conditioner
机油温室传感器 oil temperature sender
机油显示器 circulation indicator
机油限压阀 oil-pressure relief valve
机油箱 oil reservoir
机油箱容量 oil tank capacity
机油消耗量 oil consumption
机油型号 oil type
机油循环泵 circulating oil pump
机油压力 engine oil pressure
机油压力安全停机 oil-pressure shut-off
机油压力表 engine oil pressure ga(u)ge; oil manometer; oil-pressure ga(u)ge
机油压力计 engine oil pressure ga(u)ge
机油压力指示器 oil-pressure indicator
机油样检验成套器具 oil sampling test kit
机油油量计 oil quantity ga(u)ge
机油油位表 oil level ga(u)ge
机油注射器 oil injector
机遇 chance; opportunity
机遇律 law of chance
机遇率 chance rate; law of chance
机遇因素 chance cause; chance factor
机载 air-borne; pick-a-back; piggyback; skyborne
机载侧视雷达 side-looking aerial radar; side-looking airborne radar
机载侧视雷达成像 side-looking airborne radar imagery
机载冲击采样器 aircraft impactor
机载传感器 air-borne sensor
机载磁强计 air-borne magnetometer
机载大地测量剖面仪 air-borne profile
机载地形记录器 terrain profile recorder
机载电视系统 air-borne television system
机载电台 air-borne station
机载电子测量控制 air-borne electronic survey control
机载电子计算机 air-borne electronic computer
机载定位器指示器 air-borne locator-designator
机载高度计 airplane altimeter
机载高空探测火箭 rockair
机载观测资料自动发送系统 automatic aircraft reporting system
机载光学系统 on-board optic(al) system
机载海洋激光雷达系统 air-borne oceanographic lidar system
机载航带成像仪 air-borne strip mapper
机载红外测绘仪 air-borne infrared mapper
机载红外成像仪 air-borne infrared mapper
机载红外成像系统 air-borne infrared imaging system
机载红外辐射计 air-borne infrared radiometer
机载红外监视装置 air-borne infrared surveillance set
机载红外透射仪 air-borne infrared transmissometer
机载红外(线)测量仪 air-borne infrared measurement instrument
机载红外装置 air-borne infrared equipment
机载激光测量系统 laser-based air-borne measurement system
机载激光测深 air-borne laser sounding
机载激光跟踪器 air-borne laser tracker
机载激光信标 air-borne laser beacon
机载激光照明器 air-borne laser illuminator
机载激光照射器测距和跟踪系统 air-borne laser illuminator ranging and tracking system
机载激光指示器 plane laser designator
机载计算机 on-board computer
机载控制测量系统 air-borne control system
机载雷达 air-borne radar
机载雷达测量 air-borne radar measurement
机载雷达平台 air-borne radar platform
机载雷达示位器 navascope
机载里程计 air mileage indicator
机载目标捕获系统 stand-off target acquisition system
机载目标定位系统 air-borne target locating system
机载目标指示器 air-borne target designator
机载盘锥天线 aerodiscone antenna
机载平台 air-borne platform
机载气象雷达 air-borne meteorological radar
机载轻型光纤技术 air-borne light optic(al) fibre technology
机载轻型光学跟踪系统 air-borne lightweight optic(al) tracking system
机载扫描器 aircraft-borne scanner
机载摄影机 air-borne photogrammetric(al) camera
机载声呐 air-borne sonar; air transportable sonar
机载数据终端机 air-borne data terminal set
机载数字计算机 air-borne digital computer
机载水面油污染监视系统 air-borne oil surveillance system
机载水面油污染探测系统 air-borne pollution oil detection system
机载探测器 air-borne detector
机载系统 air-borne system; mobile system
机载信标 air-borne beacon
机载询问器 air-borne interrogator
机载遥感 aerial remote sensing
机载遥感系统 air-borne remote sensing system
机载油污染监测系统 air-borne oil surveillance system
机载预警和控制系统 air-borne warning and control system
机载预警雷达站 air-borne early-warning station
机载预先警报 air-borne early warning
机载重差计 air-borne gravity meter
机载重力测量 air-borne gravity measurement
机载重力仪 air-borne gravity meter
机凿 mechanical pick
机轧碎石 < 未筛分的 > crusher-run stone
机罩 bonnet; cowling; engine cover; helmet; hood; machine case
机罩侧面 hood side
机罩衬带 hood lacing
机罩搭扣 hood fastener
机罩的铰链拉杆支架 hood hinge rod bracket
机罩关锁手柄 hood lock handle
机罩减振垫片 hood ledge lacing
机罩铰链 bonnet hinge; hood hinge
机罩卡钩 hood catch; hood fastener
机罩扣 hood catch
机罩上侧板 hood side upper panel
机罩锁 hood lock
机罩锁把弹簧 hood lock handle spring
机罩锁板 hood lock plate
机罩锁扣 hood latch
机罩锁闩 hood(lock) latch
机罩套 hood cover
机罩下侧板 hood side under panel
机罩折边 hood webbing
机罩支架 hood support
机振铃 power ringing
机震抑制 acoustic(al) feedback suppression
机织阿克明斯特地毯 gripper(-spool) Axminster carpet
机织玻璃布 woven glass fabric
机织粗纱织物增强材料 woven roving fabric reinforcing
机织地毯 Kilim; textile carpet; woven carpet
机织钢丝网 lock-woven mesh; lock-woven steel fabric
机织织物 woven fabric
机止控制 on-board control
机止余尺【岩】 kelly overstand
机制 mechanism
机制玻璃 machine-made glass
机制的 machine-made; machine-tooled
机制钉 machine-made nail
机制方材 shop lumber
机制钢模板 machined steel shutter
机制钢条贴接面 machined steel billet meeting face
机制光泽纸 machine-finish paper
机制红砖 fabricated brick
机制灰浆 machine-made plaster
机制加工裕度 machining stock allowance
机制加箍木管 machine-banded pipe
机制胶管 machine-made hose
机制筋 machined rib
机制金属门轴柱凹槽支座 machined metal quoin
机制琉璃砖 machine-extruded terracotta
机制螺母 machine-made nut
机制螺栓 machine bolt
机制门 stock door
机制品 machine-made product
机制砂浆 machine-made mortar; mill run mortar
机制瓦 machine-made tile; machine-pressed tile
机制无釉铺地缸砖 promenade tile
机制新闻纸厂白水 mechanical news-print-mill white water
机制有光纸 machine-finished paper
机制纸 machine-made paper
机制砖 machine-made brick; machine-pressed brick; pressed machine-brick
机致伸缩 mechanostriction
机重 weight of machine
机轴 crankshaft
机轴转数表 engine counter
机助绘图设计 computer-aided drafting design
机助检索 machine-aided retrieval
机助判读技术 computer assisted interpretation technique; technique
机助情报检索 computer-aided information retrieval
机助设计 computer-aided design
机助生产 computer-aided manufacturing
机助选线系统 computer-assisted route selection system
机助训练法 machine-aided training method
机助制造 computer-aided manufacturing
机铸 machine casting
机组 aggregate; combination of machines; driving crew; gang; sets; subassembly; unit
机组安装进度 unit installation schedule
机组保护保险丝 protecting fuse of engine set
机组保护继电器 engine set protecting relay
机组备用方式 equipment(set) protection system
机组备用制 equipment protection system
机组编制系统 unit construction of machine tools
机组并联运行 parallel machine operation
机组出力 unit output
机组段 unit bay
机组飞逸转速 unit runaway speed
机组负荷 unit load(ing)
机组功率 aggregate capacity; power of the assembling unit; unit power
机组集中控制室 unit control room
机组加速度常数 unit acceleration constant
机组加速时间 mechanical starting time
机组加速时间常数 acceleration time constant of unit
机组间距 unit spacing
机组开卷机 processing uncoiler
机组控制室 unit control room
机组起动时间 mechanical starting time
机组起动时间常数 acceleration time constant of unit
机组热备用损失 banking loss
机组人员 crewman
机组容量 unit capacity; unit content
机组生产 fleet production
机组台数 number of sets
机组效率 unit efficiency
机组运行年数 unit years
机组自用电 unit demand of electricity
机组作业线上垂直移动带材的备用量 vertical strip storage
机组作业线上的多条带材精整 multiple strip processing
机钻 machine bit; machine drill; mechanical drilling; power auger
机钻架 quarry bar
机钻孔 machine drilling
机钻孔数 number of machine drilling
机钻锚杆 drilled-in anchor ties
机钻总进尺 total drilling footage of machine drilling
机嘴 die
机座 bed plate; bottom stand; engine base; engine bearer; engine bed; engine seat(ing); engine sleepers; foundation; holster; machine foundation; mount; pedestal

机座的弹跳 springing of the stand
机座底架 bed frame;foundation frame
机座垫 sleeper
机座构架 foundation frame
机座号 seat no.
机座横梁 mill separator
机座环 field ring
机座环形部分 field ring
机座间的人工递钢 manual catching
机座肋条 frame beam
机座外径 overall diameter

肌醇 cyclohexan-hexol

肌构胶合板 <具有不同机械加工表面> textured plywood

芨芨草 achnatherum splendens; lovely achnatherum

芨芨草属植物 <拉> achnatherum

矶头 river cliff;river luff

鸡蛋花【植】Mexican frangipani

鸡蛋花属 frangipani
鸡冠壶 cock comb pot
鸡冠花 cockscomb;stanleya sop
鸡冠石【地】realgar
鸡冠饰 cockscomb
鸡冠状纹 coxcomb
鸡笼 coop;hen-coop
鸡笼式排障器 hen-coop pilot
鸡笼式填石木笼 hen-cooping
鸡毛尘掸 feather duster
鸡桑 Indian mulberry
鸡舍 chicken coop; henhouse; pheasantry;roost
鸡埘 cote
鸡腿建筑 piloti construction
鸡腿式建筑 pilotis building
鸡尾酒 cocktail
鸡尾酒吧 cocktail lounge
鸡尾酒会 cocktail
鸡尾手锯 cocktail;pad saw
鸡尾形键 splay piece
鸡窝状矿体 nest-like ore body
鸡心夹头 carrier;lathe dog
鸡血石 bloodstone; cornelian; heliotrope
鸡眼 corn
鸡眼草 cockeye grass
鸡皱构造 chicken wire structure
鸡爪吊 crowfoot[复 crowfeet]
鸡爪枫 Japanese maple
"鸡爪"技术 <印尼用于沼泽土筑路的> Cakor Ayam ("chickens foot") technology
鸡爪扣 cockspur fastener
鸡爪形地带 chicken's-claw-like terrain

奇变度 degree of distortion

奇变换 singular transformation
奇次谐波 odd harmonic
奇次谐波测试 test odd
奇次谐波函数 odd-harmonic function
奇次谐数 odd harmonic
奇代换 odd substitution
奇地址 odd address
奇点 irregularity; single-point; singularity; singular point; branch point【数】
奇点本征函数 singular eigenfunction
奇点还原 reduction of singularity
奇点集合 singularity set
奇对称 odd symmetry
奇对射 singular correlation
奇分拆 odd partition
奇分量 odd component
奇分支 odd component
奇符号 odd symbol
奇轨迹 singular locus
奇函数 odd function
奇回路 odd cycle
奇解 singular integral;singular solution
奇解理想 singular-solution ideal
奇量子数 odd quantum number
奇零价格 odd price
奇论 paradox
奇螺纹 odd thread
奇偶变换 parity transformation
奇偶标记 parity flag
奇偶错(误) parity error
奇偶错误标记 parity error flag
奇偶的 odd-even
奇偶发生 parity generation
奇偶发生器 even-odd generator;parity generator
奇偶符号 parity character
奇偶环 odd loop
奇偶计数符 parity count character
奇偶计数管 odd-even counter
奇偶计数器 odd-even counter
奇偶监督码 parity check code
奇偶检查制 parity check system
奇偶检查装置 parity check unit
奇偶检验 odd even check; parity detection
奇偶检验符号 parity check symbol
奇偶检验码 parity code
奇偶检验能力 parity checking capability
奇偶检验位 parity bit; parity check digit
奇偶检验误差 parity error
奇偶检验中断 parity check interrupt
奇偶交叉 odd-even interleaving
奇偶交叉存取 odd-even interleaving
奇偶校验 odd-even check;parity check(ing);even-odd check
奇偶校验道 parity track
奇偶校验方程 parity check equation
奇偶校验方式 parity check system
奇偶校验函数 odd and even parity function
奇偶校验矩阵 parity check matrix
奇偶校验码 parity check code
奇偶校验器 parity checker
奇偶校验树 parity check tree
奇偶校验位 parity check bit; parity check digit
奇偶校验系统 parity check system
奇偶校验指示器 parity check indicator
奇偶校验中断 parity check interrupt
奇偶校验状态 parity check state
奇偶孔道 parity track
奇偶控制 parity control
奇偶逻辑 odd-even logic;parity logic
奇偶生成器 parity generator
奇偶数 odevity
奇偶数字 parity digit
奇偶数组 odd byte
奇偶双稳态电路 odd-even flip flop
奇偶位 odd-even bit;parity bit;parity digit
奇偶显示器 parity indicator
奇偶行 interstage line
奇偶行穿孔 interstage punch
奇偶性 odevity;parity
奇偶性错误 parity error
奇偶性检验 parity check
奇偶性中断 parity interrupt
奇偶元素 odd-even element
奇排列 odd permutation
奇平面 singular plane
奇奇 odd-odd
奇奇核 odd-odd nucleus
奇切围道 tangent-odd circuit
奇数 impair;uneven number
奇数步 odd number step
奇数层 odd level;odd number of plies
奇数车道道路 odd-lane road
奇数存储单元 odd location
奇数的 odd(number);uneven
奇数隔行 odd-line interlacing
奇数环 odd loop
奇数级 odd level
奇数继电器 odd number relay
奇数控制门 odd-controlled gate
奇数跨 odd spans
奇数链接头链节 offset link
奇数列车 <下行列车> odd number train
奇数螺距 odd pitch
奇数脉冲 odd number(im)pulse
奇数模 odd mode
奇数奇偶检验 odd parity check
奇数绕组 odd winding
奇数通路 odd channel
奇数同位 odd parity
奇数同位校验 odd parity check
奇数误差 parity error
奇数行穿孔 interstage punching
奇数页 recto
奇数羽状的 imparipinnate; odd(ly) pinnate
奇数羽状复叶 imparipinnate leaf;odd pinnate; odd-pinnate leaf; odd-pinnately compound leaf
奇数元素 odd element
奇数轧制道次 odd-numbered pass
奇数周 odd cycle
奇同位 odd parity
奇行扫描 odd-line interlacing
奇性 singularity
奇宇称性 odd parity
奇宇称性态 odd term
奇整数 odd-integer
奇支 odd component
奇直射 singular collineation
奇直线 singularity line
奇质量数 odd mass number
奇置换 odd permutation
奇周期解 singular periodic solution
奇坐标 singular coordinates

唧动点 pumping point

唧量 pumpability
唧泥 <刚性路面的喷泥现象> blowing;pumping
唧泥(接)缝 <混凝土路面的> pumping joint
唧泥指数 pumping index
唧泥作用 mud-pumping
唧水筒 hand pump
唧送 pump up
唧送装置 pump(ing) installation
唧筒 cylinder;pump;syringe
唧筒把手 pump brake
唧筒柄 brake
唧筒活塞轴 hydraulic plunger shaft
唧筒气室 air dome of pump
唧筒润滑脂 pump grease
唧筒式圆规 pumping compasses

积冰 hummocked ice; ice accretion;ice accumulation;ice coating; ice cone; ice deposit; ice pack;icing;pack ice;ice heaping

积冰层 ice cover
积冰高度 icing level
积冰后作用 ice breakup
积冰率 ice growth rate
积冰丘 ice mound
积冰速率表 icing-rate meter
积冰指示器 ice-accretion indicator
积材车 bunk
积层木板 improved wood
积层式油路板 sandwich manifold
积层塑料 laminated plastics
积层荧光屏 cascade fluorescent screen
积层云 cumulo-stratus
积层装置 laminater
积差分析 covariance analysis
积差函数 covariance function
积差率 accumulated rate
积差阵 variance-covariance matrix
积长度操作数 product length operand
积尘 dust deposit
积尘病 koniosis
积尘极 receiving electrode
积尘器 dust collector
积尘性 dirt collection; dirt pickup; dirt retention
积尘折减系数 dirt-depreciation factor
积储器 surge drum
积串 product string
积存 accumulation;cumulation;pile-up
积道路 product path
积点采水样器 point-integrated sampler
积点采样器 point-integrated sampler; point-integrating sediment sampler
积点式泥沙采样器 point-integrating sediment sampler
积顶点 culmination
积法 method of quadrature
积法则 product rule
积肥 stockpile manure;store compost
积分 integral;integrate
积分摆轮 Guillaume balance
积分曝光表 integral exposure meter
积分曝光计 integrating exposure meter
积分比色法 integration colo(u)rimetry
积分比浊计 integrating nephelometer
积分变换 integral transformation
积分变换的核 kernel of an integral transform
积分变换法 integral transform method
积分变量 integration variable; variable of integration
积分变数 variable of integration
积分表 table of integrals
积分表达式 integral expression
积分表示 integral representation
积分补偿 integral compensation
积分不变式 integral invariant
积分步长 integration step
积分部分 integral part
积分采样器 integrating sampler
积分测高仪 integral height indicator
积分差分方程 integro-difference equation
积分常数 constant of integration; integral constant; integration constant;additive constant
积分程序控制设备 programmable integrated control equipment; programmed integrated control equipment
积分齿轮 <包括一对齿轮的积分器> integrating gear
积分传动齿轮 integrating gear
积分传动装置 integrating gear
积分的 integrated
积分的反演 inversion of an integral
积分点 integral dot
积分电动机 integral motor;messmotor

积分电极 sum electrode
积分电流计 integrating galvanometer
积分电路 integral circuit; integrated circuit; integrating circuit; integrating network; integration circuit; integrator
积分电路法 integrator method
积分电容器 integrating capacitor
积分定理 integral theorem
积分动作 integral action
积分动作限制程序 integral action limiter
积分动作限制器 integral action limiter
积分多普勒 integrated Doppler
积分法 integral method; integrating method; integration method
积分反射系数 integrated reflectivity coefficient
积分范围 limit of integration
积分方程的核 kernel of an integral equation
积分方程的数值解法 numeric(al) solution of integral equation
积分方程法 integral equation method
积分方程式 integral equation
积分方法 integration method
积分放大器 integrating amplifier; integrator-amplifier
积分分布曲线 integral distribution curve
积分峰(值) integrated peak
积分辐射率 integrated radiance
积分跟踪系统 integrated tracking system
积分公式 integral formula
积分关系式 integral relation
积分光(测)弹性学 integrated photo-elasticity
积分光度计 integral photometer; integrated photometer; light integral meter
积分光强度 integrated light intensity
积分光探测器 integrating light detector
积分光子计数器 integrating photon counter
积分过程分解温度 integral procedure decomposition temperature
积分号 sign of integration
积分环节 integrating element
积分辉光曲线 integral glow curve
积分回路 integrating element; integrating network
积分回旋器 integrating gyroscope
积分机 integrating mechanism; integrator
积分机构 integrating mechanism
积分极限 limit of integration
积分几何 integral geometry
积分几何因子 integrated geometric(al) factor
积分计 integrating meter
积分计算电路 integrating counting circuit
积分计算仪 integrating meter
积分剂量 integral (-absorbed) dose; volume dose
积分剂量计 integrating dose meter
积分加权分布曲线 integral weight distribution curve
积分加速度表 integrating accelerometer; integration accelerometer
积分加速度仪 integration accelerometer
积分加速器 integral accelerator
积分加微商控制器 two-term controller
积分检波器 integrating detector; quadrature detector
积分检测器 integral detector
积分检验法 integral test
积分鉴别器 integral discriminator
积分交换 integral transform
积分接力器 integration servomotor
积分截面 integrated cross-section
积分近似 integral approach
积分精度测试法 integrated precision testing method
积分开关 integral restrictor
积分控制 integral control
积分控制器 integral controller
积分灵敏度 integral sensitivity
积分流量计 integrating flowmeter
积分滤波器 integrating filter
积分路径 path of integration
积分轮 integrating wheel
积分马达 integrated motor; integrating motor; messmotor
积分密度 integral density
积分描图仪 integraph; integrator
积分模拟程序 integrated emulator
积分膜盒 integrating bellows
积分能量密度 integrated energy density
积分判别法 integral test
积分漂移 integrator drift
积分平方误差近似 integral square-error approximation
积分谱 integral spectrum
积分谱记录 record of integral spectrum
积分谱线宽度 integral line-breadth
积分器 integrating device; integrating instrument; integrating meter; integrator; planimeter
积分求解法 integral approach to the solution
积分球 integrating sphere
积分球光度计 integrating-sphere photometer; sphere photometer
积分球式浊度计 integrating sphere turbidometer
积分区间 integrating range
积分区域 integral domain
积分曲面 integral surface
积分曲线 integral curve; integrated curve
积分曲线图 mass curve; mass diagram
积分曲线仪 integraph
积分取样器 integrating sampler; point integrating sampler
积分热 integral heat
积分三角函数 trigonometric(al) integral function
积分散射 integral scattering
积分散射核 scattering kernel
积分上下限 limit of integration
积分声级计 integrating sound level meter
积分时间 integral time; integration time; time of integration
积分时间常数 integrating time constant
积分式多级变换器 integrating multi-ramp converter
积分式光度计 integrating photometer
积分式激发电位仪 quadrature instrument for IP
积分式浓度比色计 integrating densitometer
积分式数字地图 integral digital map
积分式自记测深仪 integrating depth recorder
积分式自记深度计 integrating depth recorder
积分收敛判别法 integral convergence test
积分数 integral
积分衰减器 integrating pad
积分水流量计 integrating water flow meter
积分算符 integral operator
积分算子 integral operator
积分探测器 integrating detector
积分调节 integral control
积分调节器 integral controller
积分调整 integral governing
积分通量 fluence; integrated flux
积分透过率 integral transmittance
积分图记录器 integral chart recorder
积分陀螺加速表 integrating gyroscopic accelerometer
积分陀螺仪 integral gyro(scope); integrating gyro(scope)
积分网络 integrated network; integrating circuit; integrating network; integrator
积分微分的 integro-differential
积分微分方程 integral differential equation; integro-differential equation
积分微分运算 integral differential operation
积分温度 integral temperature
积分稳定环节 integral equalizer
积分误差反馈 integral-error feedback
积分吸收 integrated absorption
积分吸收法 integrated absorption method
积分吸收截面 integrated absorption cross-section
积分系统 integrating system
积分线性变换 integral linear transformation
积分限 limits of integration; range of integration
积分限制器 integral restrictor
积分信号 integrated signal; sum signal
积分型继电器 integrating relay
积分型控制器 integral-mode controller
积分学 integral calculus
积分烟团模式 integrated puff model
积分演算 integral action
积分演算系数 integral action coefficient
积分验电器 condensing electroscope
积分仪 integraph; integrating accelerometer; integrating instrument; planimeter; totalizing instrument; integrator
积分因数 integral factor; integrating factor
积分因子 integrating factor
积分音调 integral tone
积分域 field of integration; limit of integration
积分元件 integral element; integrating element; integrator
积分元素 element of the integral
积分运算 integral operation
积分噪声 integrated noise
积分折射率仪 integral refractometer
积分褶合式 integral convolution
积分直流电动机 integrated motor; integrating motor
积分值 integral quantity; integral value
积分中子通量 integrated neutron flux
积分重量分布曲线 integral weight distribution curve
积分转化率 integral conversion
积分转数表 integrating tachometer
积分装置 integrating system; integrator
积分子程序 integration subroutine
积分组件电路 integrated component circuit
积分作用 integral action; reset operation
积分作用率 integral action rate
积分作用时间 integral action time
积分作用系数 integral action coefficient
积分作用限幅器 integral action limiter
积粪 stercoroma
积粪场 dung yard
积复激电动机 cumulative compound motor
积复激电机 cumulative compound machine
积复激发电机 cumulative compound generator
积复激绕组 cumulative compound winding
积复励 cumulative compound excitation
积复励发电机 cumulative compound generator
积复励绕组 cumulative compound winding
积复绕 cumulative compound
积复绕电机 cumulative compound machine
积高山 mountain of accumulation
积垢 accumulated filth; crud; incrustation; incrusting; scale deposit(ion); sediment incrustant; sediment incrustation
积垢槽 dirt-excluding groove
积垢的管道 encrusted piping; encrusted tubing
积垢器 sump
积垢试验系统 deposit(e) accumulation test system
积垢系数 scale coefficient
积函 iconal[ikonal]
积和 sum of product
积红 skiny red
积红釉 skiny red glaze
积灰 ash deposition; carbon; deposition; dust stratification; soot deposit(ion)
积灰处 drip trap
积灰荷载 dust load
积灰甚厚 dustiness
积灰筒 dust box
积灰载重 dust load
积货过多 overstock
积极安全性 active safety
积极的 active
积极的财政政策 pro-active fiscal policy
积极防火 active fire defense
积极防振 active insulation
积极分子 activist
积极干扰 active jamming
积极隔离 active isolation
积极隔振 active isolation
积极合伙人 active partner; working partner
积极交替循环带 circulating zone of active replacement
积极生长期 active growth stage
积极式多臂机 positive dobby
积极式退解捻线机 tube drive twister
积极所得效果 positive income effect
积极态度 positive attitude
积极稳妥地转变经济体制 actively and prudently transform economic system
积极性 enthusiasm; initiative; zeal
积极休息 active rest
积极因数 positive factor
积极因素 plus factor; positive factor
积极自感 positive self-feeling
积极作用 active role
积集 product set
积胶 gum deposit
积金法 sinking fund
积矩 product moment
积矩相关 product-moment correlation

积矩阵 product matrix
积矩阵算法 product form algorithm
积距相关系数 coefficient of product-moment correlation; product-moment correlation coefficient
积聚 abdominal mass; accumulate; accumulation; aggregation; amass; gathering; heap up; stockpiling
积聚层 accumulation horizon
积聚成团 conglomerate
积聚带 gathering zone
积聚的 accumulating; accumulative
积聚电容 storage capacity
积聚方案 accumulation plan
积聚放射性核素 accumulated radionuclide
积聚工序 gathering operation
积聚静电的油 static accumulator oil
积聚率 accumulation rate; rate of accumulation
积聚模 accumulation mode
积聚者 accumulator
积空间 product space
积宽法 width integrated method; width integrating method
积涝的 water-logged
积涝深度 depth of surface detention
积累 accumulation; amass; backlog; build(ing)-up; gathering; pile-up
积累变形 accumulative deformation
积累采样 accumulative sampling
积累层 accumulation horizon
积累偿债基金 accumulative sinking fund
积累次数 cumulative frequency
积累存储器 integrated storage
积累大量资金 roll-up huge fund
积累的 accumulating; built-up
积累抵消率 integrated cancellation ratio
积累抵消系数 integrated cancellation ratio
积累毒性 accumulation toxicity
积累发散 accumulated divergence
积累法 backing space technique
积累分布函数 cumulative distribution function
积累辐射剂量 cumulative radiation dose
积累过程 accumulative process
积累基金 accumulated fund; accumulation fund; sinking fund
积累计时法 accumulative timing
积累剂量 cumulative dose
积累寄存器 accumulation register
积累假说 accumulation hypothesis
积累较差 < 水准测量 > accumulated divergence
积累净值 net accumulation
积累利润的使用 pyramiding
积累率 accumulation rate; rate of accumulation
积累能 stored energy
积累频率 cumulative frequency
积累破坏 accumulative failure
积累器 accumulator; count detector; integrator
积累曲线 cumulative curve
积累时数 cumulative hours
积累收益 accumulated earnings; accumulated income
积累数据 accumulation data
积累水平 accumulating level
积累速度 cumulative rate
积累损失 cumulative damage
积累土壤湿度 accumulation soil moisture
积累误差 accumulated error; accumulative error; progressive error
积累效应 build-up effect
积累性毒物 cumulative poisoning
积累循环 accumulation cycle
积累因子 build-up factor
积累应力 cumulative stress
积累盈余 accumulated earnings
积累原理 storage principle
积累植物 accumulator plant
积累资料 background of information
积量计 integrating meter
积量计常数 constant of integrating meter
积量频率计 integrating frequency meter; master frequency meter
积量器 integrating meter
积量图 quantity diagram
积量装置 integrating device
积留 entrapment
积率 accumulated rate
积木 building block
积木地板 floating floor
积木方式 modular system
积木构造原理 building block principle
积木化 modularization; modularize; unitize
积木化设计 modular design
积木结构 modular architecture; modular structure
积木块 building block
积木理论 building block theory
积木世界景象分析 blocks world-scene analysis
积木式 cordwood system
积木式单元 building block
积木(式)的 modular
积木式电气设备 modular electrical equipment
积木式堆装法 cabinet pile
积木式阀 modular valve
积木式房屋 modular housing
积木式概念 modular concept
积木式集装箱自动装卸 modular automated container handling
积木式计算机 model computer; modularized computer
积木式建筑 cordwood construction
积木式结构 block construction; modular construction; modular organization
积木式结构方式 building block system
积木式结构原理 building block principle
积木式理论操作 operation of the building block principle
积木式模块 building module
积木式排列 cordwood arrangement
积木式设计 modular design
积木式设计原理 modular concept
积木式微型组件 cordwood model; cordwood module
积木式系统 modular system; building block system
积木式系统程序 modular system program(me)
积木式信息处理设备 modular information processing equipment
积木式仪器系统 modular instrument system
积木式元件 building block
积木式原理 building block principle
积木式组件 cordwood module
积木式组装技术 cordwood technique
积木系统 building block system; modular system
积木性 modularity
积木制 building block system; modular system
积泥 dirt retention
积泥池 mud stump
积泥坑 mud sump
积捻式退解 tube drive unwinding
积起的 banked
积欠 account in arrears; arrearage
积欠股息 dividend in arrears
积球雏晶 cumulate
积日 day of year
积砂沟 silt trench
积深采水样器 integrating water sampler
积深取样器 depth-integrating (sediment) sampler
积深法 depth-integrated method; depth-integrating method
积深法采样 depth-integration sampling
积深浮标 integrating float
积深泥沙试样 depth-integrated sediment sample
积深式采样法 depth-integrated sampling
积深式采样器 < 测含沙量 > depth-integrating sampler; depth-integrated sampler
积深式泥沙取样器 depth-integrating sediment sampler
积深式水样 depth-integrated sample
积深样品 depth-integrated sample
积石 calculus[复 calculuses/calculi]; cumulus
积时法采样 time-integrating[integration] sampling
积时法取样 time-integrating[integration] sampling
积时浓度 time-integrated[integration] concentration
积时式采样 time-integrating[integration] sampling
积时式采样器 time-integrating sampler
积时式取样 time-integrating[integration] sampling
积时式取样器 time-integrating[integration] sampler
积事件 product event
积霜 frost built-up; frost deposit; rime deposit
积水 accumulated water; accumulation of water; catchment of water; dead water; dropsy; hydrops; lodg(e)ment of water; persistent retention of moisture; ponding (of water); pooling; standing water; water accumulation; water-logging
积水池 stagnant pool; stagnation pool
积水袋 water pocket
积水的 water-logged
积水的跑道 puddled runway
积水地 chaor; water-logged ground
积水地层 water-logged stratum
积水地区 water-logged area
积水坑 < 由于洪水泛滥、暴雨或融雪形成的 > plash; shallow sump; tidal pool; water plash
积水库 ponding
积水砾石平地 pakihi
积水量 water-holding capacity
积水面积 ponding area
积水排除 disposal of excess water
积水区 accumulative area; pools zone; region of integration
积水区域图 pondage topographic(al) map
积水森林 water-logged wood
积水潭 plunge pool
积水塘 stagnant pool
积水土(壤) water-logged soil
积水洼 pot-hole
积水洼地 daya; soak; water-logged depression
积水现象 water-logging
积水钻孔 wet hole
积算部件 integrating block
积算超量电度表 excess meter
积算超量功率表 excess meter; integrating excess power meter
积算船位 dead-reckoning position; position by dead reckoning
积算电度表 integrating kilowatt-hour meter
积算光度表 integrating photometer
积算航程 dead-reckoning distance
积算航法 dead reckoning
积算航经度 longitude by(dead) reckoning
积算航纬度 latitude by(dead) reckoning
积算继电器 integrating relay
积算累计式测量仪表 integrating measuring instrument
积算器 integrator
积算千瓦时计 integrating kilowatt-hour meter
积算球 integrating sphere; Ulbricht sphere
积算瓦特计 integrating wattmeter
积算无功瓦时计 integrating reactive watthour meter
积算仪 integrating instrument
积算照度表 integrating luxmeter
积炭 accumulation of carbon; carbon deposit; carbonization; soot; carbon build-up
积炭爆震 carbon knock
积炭刮除器 carbon scraper
积炭喷净装置 carbon blaster
积炭敲击声 carbon knock
积炭试验 carbonization test; fouling test
积土层 overburden
积土厚度 depth of overburden; thickness of overburden
积土深度 depth of overburden
积土压力 lithostatic(al) pressure; overburden pressure
积拓扑 product topology
积温 accumulated temperature; accumulation(of) temperature; cumulative temperature; temperature summation
积污 dirt retention
积项 product term
积泄器 leak collector
积星图 quantity diagram
积性函数 multiplicative function
积性效用函数的度量 scaling of multiplicative utility function
积蓄 layaway; pile-up
积蓄电路 step-by-step counter
积蓄重量掺和机 accumulative weight blender
积雪 accumulation of snow; drifting snow; snow accumulation; snow blockade; snow cover; snow deposit; snow mantle; snow retention; snow wreath; slush
积雪标尺 snow scale
积雪采样器 snow ga(u)ge; snow sampler
积雪草酸 asiatic acid
积雪测量 snow survey(ing)
积雪层 continuous snow cover(age); snow cover
积雪层薄而硬的表面 snow crust
积雪层结 stratification of snow cover
积雪层理 stratification of snow cover
积雪场 snowpack yard
积雪沉陷 snow-settlement
积雪的 snow-capped; snow-clad; snow-covered
积雪的控制 drift control

积雪地区 snow-covered area
积雪堵塞 snow blockade
积雪度 snow cover
积雪防治措施 drift prevention
积雪分布 snow cover distribution
积雪(分布)图 snow cover chart
积雪覆盖层 snow cover;snow mantle
积雪厚度 snow depth
积雪厚度标尺 snow stake
积雪滑动 sluff
积雪检测器 snow detector
积雪开始期 beginning of snow cover
积雪控制措施 snowdrift control
积雪历时 duration of snow cover; lasting of snow cover
积雪量 snowpack
积雪密度 snow cover density
积雪面积 areal coverage of snow
积雪期 period of snow accumulation
积雪倾卸井 snow-dumping shaft
积雪日 day of snow-lying
积雪融化 ending of snow cover
积雪深 depth of snow-cover
积雪深度 depth of snow;snow depth
积雪水当量 snowpack water equivalent
积雪损害 damage by snow
积雪天数 number of days of snow cover
积雪消融 ablation of snow cover;depletion of snow cover
积雪震落 snowquake;snow tremor
积雪震陷 snow tremor
积压 backlogging;overstock
积压的工作 backlog
积压的任务 backlog
积压时间 assembly time
积压未付订货 backlog
积压文件 backlog document
积压物资 overstay
积烟 <隧洞放炮后的> lingering smoke
积盐 salt deposit
积盐层 salic horizon
积盐作用 halomorphism;salification
积液 dropsy;empyema;hydrops
积溢出 product overflow
积英尺 <美> cord-foot
积雨云 cumulonimbus(cloud)
积云 cumulus(cloud)
积云的 cumulous
积云对流 cumulus convection
积云晶体 cumulus crystal
积云评估 cumulo valuation
积云性 cumulogenitus
积云云帽 scarf cloud
积云状的 cumuliform;cumulous
积云状雨石 nimbus-cumuliformis
积云状雨云 nimbus-cumuliform
积载 stow;stowage
积载不当 stowage improper
积载费及平舱费在内的离岸价格 free on board;stowed and trimmed
积载计划 stowage planning
积载计划中心 stowage planning center[centre]
积载检查 stowage survey
积载检查员 stowage surveyor
积载检验 stowage survey
积载检验员 stowage surveyor
积载率 stowage rate
积载排水量 load displacement
积载图 cargo plan;stowage plan
积载系数 stowage factor
积载性能 accessibility in stowage
积载因数 cargo factor;cargo stowage factor;loading factor;stowage factor
积载因素 cargo factor;cargo stowage factor;loading factor;stowage factor
积载重 loadage
积渣腐蚀 deposit(e) attack
积渣侵蚀 deposit(e) attack
积之和的正则形式 sum-of-product canonical form
积之和形式 sum-of-product form
积脂 adipopexia
积滞 back-up
积滞地下水 stagnation groundwater
积滞点 stagnation point
积滞水 impound water;stagnant water;stagnation water
积滞压力 stagnation pressure
积贮器 accumulator
积状云 cumuliform cloud;heap cloud;cumuliformis

基

基奥瓦页岩 Kiowa shale
基巴利造山旋回【地】Kibaran cycle
基板 basal plate; base plate; base sheet;bed plate
基本安装角度 basic fixing angle
基本报表 fundamental sheets
基本比例尺 basic scale;general scale;primary scale;principal scale;nominal scale
基本比例尺地形图 basic scale topographic(al) map
基本比率 basic rate
基本臂 <起重机> basic boom;basic jib
基本编辑 basic edit
基本编码 basic coding
基本编图资料 base design;basic design
基本编图资料比例尺 extraction scale
基本变换矩阵 fundamental transformation matrix
基本变量 based variable;basic variable;bounded variable
基本变量存储区分配 based storage allocation
基本变数 primary variable
基本标定 elementary proving
基本标记 basic token
基本标价 base bid
基本标价明细表 base bid specifications
基本标价清单 base bid specifications
基本标价项目说明书 base bid specifications
基本标准 basic standard;fundamental standard
基本标准成本 base standard cost;basic standard cost
基本标准成本制度 basic standard cost system
基本标准物质 primary standard substance
基本表 basic list
基本表达式 basic representation
基本波速 basic celerity
基本波形 basic waveform
基本不溶解 substantially insoluble
基本步骤 basic step
基本部分 body section;bulk;essential part; fundamental part; ground work;part-and-parcel
基本部件 base component;basic component;fundamental component
基本材料 basic material;direct material;primary material;priming material;woof
基本参考系 fundamental reference system
基本参量 basic parameter
基本参数 basic parameter; essential parameter;fundamental parameter;key parameter
基本操作 basic manipulation; basic practice; elemental operation; elementary operation;practice basic
基本操作海上培训 basic operational sea training; elemental operational sea training
基本操作系统 basic operating system
基本测距网 basic range network;fundamental range network
基本测试 basic testing
基本测试台 basic testing board;primary test board
基本测站 base[basic] station;key station
基本差异 basic variance
基本长度 base length; elementary length
基本常数 basic constant
基本超群 basic supergroup
基本车辆阻力系数 coefficient of basic vehicle resistance
基本车组 main section
基本沉降 primary settlement
基本成本 underlying cost
基本成本合同 basic cost contract
基本成分 base component;basic component; elementary component; fundamental component; gross composition;ground work
基本承载力 basic bearing capacity
基本程序块 basic block
基本程序设计后援系统 basic program(m)ing support
基本尺寸 basic dimension;basic size;cut size
基本尺度 basic dimension;basic size
基本齿条 basic rack
基本储备 floor stock
基本处理 background processing
基本窗长 basic window length
基本窗长对比法 basic window length correlation method
基本磁化曲线 normal magnetization curve
基本刺激 basic stimulus
基本存储能力 basic property
基本存储器 basic storage
基本存取法 basic access method
基本大地测量 basic geodetic survey
基本大圆图 primary great circle
基本代码 basic code
基本贷款 funding loan
基本单价 base rate;basic rate
基本单位 basic unit;fundamental unit
基本单位预算 basic unit budget
基本单位重量 base unit weight
基本单元 elementary cell
基本导线 primary traverse;principal traverse
基本道 elementary trace
基本的 base line;basic;cardinal;conceptual; elemental; elementary; essential; fundamental; nett; overriding; pacing; primary; primordial; rudimentary;skeletal;substantial
基本的会计事项记录 basic accounting record
基本的算法 rudimentary algorithm
基本的性质或状态 fundamentality
基本灯光 key light
基本等高距 basic contour interval
基本等高线 index contour;intermediate contour;mediate contour;standard contour
基本等级 basic grade
基本地产 base property
基本地磁场 main field
基本地球化学图 basic geochemical map
基本地图 base map;basic map;general base map; main map; principal map
基本地图测图 basic mapping
基本地图系列 basic map series
基本地图资料 basic cartographic(al) data
基本地下水面 main water-table
基本地下水位 main water-table
基本地震波 basic seismic wave
基本地震烈度 basic seismic intensity; fundamental seismic degree; fundamental seismic intensity
基本地址 base address(ing); basic address; master address; presumptive address;reference address
基本地址寄存器 base register
基本地质研究工作削弱 basic geologic(al) research to diminish in strength
基本地质研究工作增强 basic geologic(al) research to increase in strength
基本点 fundamental point
基本点阵 fundamental lattice
基本点阵吸收 fundamental lattice absorption
基本电动机 primary motor
基本电荷 elementary charge
基本电力 firm power
基本电流 elementary current
基本电流强度 rheobase
基本电路 basic circuit
基本电源 normal power
基本调查 basic investigation
基本调度策略 basic scheduling strategy
基本调研 basic investigation
基本迭代 primary iteration
基本定额 fundamental norm
基本定理 fundamental theorem;principal theorem
基本定量 basal ration
基本定量分析 basic quantitative analysis
基本定律 fundamental law; philosophy
基本定时频率 master timing frequency
基本定向 primary orientation
基本动作 basic element; basic motion;elemental motion;fundamental motion;therblig
基本动作时间 element time
基本度量张量 fundamental metric tensor
基本度盘表 basic circle table
基本段 base segment; main section; root segment
基本对偶定理 fundamental duality theorem
基本兑换率 basic exchange rate
基本多道程序设计 basic multiprogramming
基本多道程序设计系统 basic multiprogramming system
基本二氧化钛 base titanium dioxide
基本发动机 base engine
基本发送单位 basic transmission unit
基本法 basic law;fundamental law
基本法则 fundamentum;ground rule
基本反射 fundamental reflection
基本反射分析 elementary reflection analysis
基本反射模式 basic reflection mode
基本反应 basic reaction;fundamental reaction; primary response; primitive reaction
基本方案 basic alternative;basic schematization; basic scheme; general planning
基本方案试验 <水工模型> base test
基本方程式 basic equation;constitu-

tion equation; constitutive equation; fundamental equation; governing equation
基本方法 underlying principle
基本方式 basic mode
基本方式控制过程 basic mode control procedure
基本方式链路控制 basic mode link control
基本方位浮标设置系统 cardinal system
基本方位间的 intercardinal
基本方向 basic direction
基本方针 keynote
基本仿射联络 fundamental affine connection
基本访问方法 basic access method
基本放大级 basic amplification stage
基本费率 base rate; prime rate
基本费率区 base rate area
基本费用 base fee; basic cost; basic expenses; capital cost; capital expenditures; outlay
基本分程序 basic block
基本分解动作 <工艺操作中的> therblig
基本分量 fundamental component
基本分析 essential analysis; fundamental analysis
基本分组指数法 <设计柔性路面厚度的一种方法> basic group index method
基本风速 basic wind speed
基本风险 prime risk
基本风压 basic wind pressure; fundamental wind pressure
基本风压值 wind velocity pressure
基本服务程序 basic service
基本服务费率 basic service rate
基本服务区 primary service area
基本服务项目 base services
基本符号 base notation; basic notation; basic symbol
基本辐射度 basic radiance
基本负荷 base load(ing); basic load(ing); block load(ing)
基本负荷电厂 base-load station
基本负荷动力 base-load(power) station
基本负荷机组 base-load unit
基本负荷汽轮机 base-load turbine
基本负荷型天然气液化装置 base-load LNG device
基本负荷运行 base-load operation
基本负载 base loading; basic load(ing); block load(ing)
基本负载标定值 base load rating
基本负载额定值 base load rating
基本覆盖 basic cover; basic overlay
基本概念 basic concept(ion); conceptual framework; fundamental conception
基本干舷 tabular freeboard
基本杆件 main member; primary member
基本感觉 fundamental sensation
基本高程控制 basic vertical control
基本高程控制数据 basic vertical control data
基本割集 fundamental cut-set
基本割集矩阵 fundamental cut-set matrix
基本格局 basic pattern
基本给排水设备 basic plumbing facility
基本更新方程 fundamental renewal equation
基本更新理论 elementary renewal theory
基本工程 capital works
基本工程投资 invested capital
基本工具 capital equipment
基本工时 base time; basic time
基本工业 basic industry; key industry; staple industry
基本工资 base pay; base wage; basic pay; basic salary; basic wages; basis wages; wages or salaries
基本工资率 base rate; basic wage rate
基本工作 ground work
基本工作方式 fundamental mode
基本工作装置 primary equipment
基本公差 basic tolerance; fundamental tolerance; series of tolerance
基本公差表 basic tolerance table
基本公差单位 fundamental tolerance unit
基本公式 fundamental formula
基本功 basic skill; basic training; essential technique
基本功率 basic capacity; primary power; prime power
基本功能 basic function; elementary function; fundamental function; primary function
基本供水源 base-source of supply
基本构架 basic backbone
基本构造 fundamental construction
基本构造格架描述 basic tectonic framework description
基本构造形式 baseline configuration
基本购物出行 primary shopping trip
基本估价 baseline estimate
基本估价投标 basic estimating and tendering
基本骨料的磨耗 <路面中> matrix loss
基本固定角度 basic fixing angle
基本关联矩阵 fundamental input connection matrix
基本关联向量 fundamental interconnection vector
基本关税 basic tariff
基本惯例 fundamental convention
基本光 foundation light
基本光度学单位 fundamental photometric unit
基本光束 elementary beam
基本归纳变量 basic induction variable
基本规定 basic rule; basic stipulation; ground rule; key criterion
基本规范 basic norm; fundamental code; fundamental norm; fundamental specification
基本规划生成系统 basic plan generating system
基本规则 basic rule; ground rule; primitive rule
基本轨 stock rail
基本轨的弯曲 bending of stock rail
基本轨的弯折 bending of stock rail
基本轨前端 end of stock rail next to switches
基本轨弯折顶点 vertex of bend-in stock rail
基本轨转辙角 <钝轨转辙器> angle turned through by stock rail
基本国策 basic national policy
基本过程 basic course; basic process; elementary process; fundamental process; primary process; unit process
基本海量存储器卷 base mass storage volume
基本含水量 basic water content
基本函数 elementary function; fundamental function; basic function
基本航摄资料覆盖区 basic cover
基本耗热量 basic heat loss
基本合同 basis contract; prime contract
基本合约 prime contract
基本和 elementary sum; fundamental sum
基本核算单位 basic accounting unit
基本荷载 basic load(ing); block load(ing)
基本桁架 simple truss
基本划分访问法 basic partitioned access method
基本环节 basic link
基本环境容量 basic environmental capacity
基本环路 elementary cycle
基本恢复修理 general restoration repair
基本回路 fundamental circuit; fundamental cycle; fundamental loop
基本回路矩阵 fundamental circuit matrix
基本汇编 base assembly
基本汇编程序 basic assembler
基本汇率 basic rate of exchange
基本会计单位 basic accounting unit
基本绘图子程序 basic plot subroutine
基本货币 archetype
基本货物运价率 basic freight rate
基本机器 base machine
基本机务段 base depot
基本积 elementary product; fundamental product
基本畸变 systematic distortion; systemic distortion
基本级别 basic grade
基本级数 basic series
基本极限 basic limit
基本集 base set; basic set
基本集料的磨耗 <路面中> matrix loss
基本几何体 basic geometrical body
基本计时 basic timing
基本计时周期 basic timing cycle
基本计数器 basic counter
基本计算机时间 basic machine time
基本记号 base(of) notation; basic token; fundamental notation
基本记录 base record; home record; master record
基本记录槽 base record slot
基本记数法 base notation
基本记忆装置 main store
基本技能 basic skill
基本技术 basic technique
基本技术数据 basic technical data; fundamental technical data
基本剂量当量限值 basic dose equivalent limit
基本加法程序 program(me) in basic-plus
基本加热器 primary calorifier
基本价格 base price; basic price; list price
基本价格数据 basic price date
基本价目表 basic tariff
基本假定 basic hypothesis; fundamental assumption
基本假设 basic hypothesis; fundamental assumption
基本监测 fundamental surveillance
基本监督程序 basic monitor
基本建设 capital construction; fundamental construction
基本建设财务计划的审计 capital construction financial plan audit
基本建设成本 initial cost
基本建设程序 capital construction procedure
基本建设初步设计 preliminary design of a capital construction project
基本建设费用 base expenditures; capital construction cost; capital cost; capital expenditures; capital outlay; initial cost
基本建设改进计划 capital improvement program(me)
基本建设概算 budgetary estimate of capital construction; overall estimation of capital construction
基本建设工程 basic engineering; capital construction project; capital (construction) works
基本建设规范 basic building code
基本建设会计 capital construction accountant
基本建设会计报表 accounting report of capital construction
基本建设会计核算 accounting of capital construction
基本建设计划 capital program(me); plan of capital construction
基本建设计划的审计 capital construction plan audit
基本建设开支 capital construction expenditures
基本建设科目 account heading of capital construction
基本建设年度计划 annual plan of capital construction
基本建设前期工作 capital construction work for the earlier stage
基本建设生产阶段投资效益的审计 audit of investment efficiency during productive period of construction project
基本建设统计 capital construction statistics
基本建设投资 capital construction investment; capital expenditures; capital investment; capital outlay; investment in capital construction
基本建设投资分析 capital construction analysis
基本建设投资计划的审计 capital construction investment plan audit
基本建设投资效益审计的标准 audit standard of investment efficiency of capital construction
基本建设项目 capital construction item; capital construction project; projects in capital construction
基本建设项目概算合规性审计 audit of estimation legality of capital construction project
基本建设项目概算完整性审计 audit of estimation completeness of capital construction project
基本建设项目基金 capital project funds
基本建设项目计划的审计 capital construction project plan audit
基本建设项目经济合理性审计 audit of economic reasonableness of capital construction project
基本建设项目竣工验收 check and accept the completed capital construction project
基本建设项目设计概算的审计 capital construction project design estimation audit
基本建设项目施工图设计 design of working drawing of a capital construction project
基本建设预算 budgetary estimate of capital construction; budget for capital construction; capital budget; capital construction budget
基本建设账户 accounting of capital construction account
基本建设支出 capital construction

expenditures;capital expenditures
基本建设周转金 working fund for capital construction
基本建设资金 capital of construction
基本建筑材料 basic building material;basic construction(al) material
基本建筑规范 basic building code
基本建筑限界 fundamental construction clearance;fundamental structure ga(u)ge
基本键 base key;primary key
基本交叉间隔 elementary transposition interval;fundamental transposition interval
基本交通量 base volume;basic traffic capacity;elementary traffic volume
基本校准 elementary calibration;elementary proving
基本阶段 root phase
基本接入 basic access
基本节点 fundamental node
基本节段 fundamental segment
基本结构 base design;base system;basic design;basic structure;carcase;elementary structure;primary structure
基本结构模数 basic structural module
基本结构平面 construction plane
基本结构指数 basic structural index
基本结合 essential association
基本解 basic solution;elementary solution;fundamental solution
基本解法组 basic set of solutions
基本解矩阵 fundamental solution matrix
基本界面 basic interface
基本金额 net cash
基本金属 parent metal
基本金属疲劳强度 basic metal fatigue strength
基本进路【铁】basic route
基本经济 economic base
基本经济建筑 infrastructure
基本晶胞 elementary cell
基本晶格 elementary cell;unit cell
基本径流 base flow;basic runoff;sustained runoff;base runoff
基本静水位时间延迟 basic hydrostatic time lag
基本救援人员 first-aid attendant
基本救援设备 first-aid equipment
基本就业 basic employment
基本矩阵 fundamental matrix
基本决策模型 basic decision model
基本绝缘 basic insulation
基本绝缘标准 basic insulation level
基本绝缘材料 basic insulation
基本均衡 abut equilibrium;basic equalization
基本均衡器 basic line equalizer
基本竣工 substantial completion
基本勘探线 basic exploration line
基本抗剪力 basic shearing resistance
基本颗粒 elementary granule;primary particle
基本壳层 basic shell
基本可行解 basic feasible solution;general feasible solution
基本刻度 basic scale;low scale
基本客票 basic passenger ticket
基本空间 basic space
基本控制 basic control;primary control
基本控制程序 primary control program(me)
基本控制点 basic control point
基本控制方程 governing equation
基本控制方式 basic control mode
基本控制器 basic controller
基本控制网络 < 由三角网,主高程网和重力网构成 > fundamental net(work)
基本控制系统 basic control system
基本扣除额 basic allowance
基本库存 main store
基本块 basic block
基本矿物 essential mineral
基本框架 basic frame
基本框图 basic flowchart
基本扩散方程 elementary diffusion equation
基本劳动力 state forces
基本类 base class
基本类目 fundamental category
基本类型 base type;basic type;fundamental type
基本理论 basic theory
基本理论研究 fundamental research;basic research
基本力 fundamental force
基本立面单元 basic facade unit
基本利率互换交易 basis rate swap
基本例子 ground instance
基本粒子 elemental particle;fundamental particle;primary particle;ultimate particle;elementary particle
基本粒子反应 elementary particle reaction;fundamental particle reaction
基本粒子物理学 elementary particle physics;fundamental particle physics
基本连接 basic linkage
基本连接部件 basic link unit
基本连接指令 basic linkage
基本联锁电路 fundamental interlocking circuit
基本链路 basic link
基本链路单元 basic link unit
基本量 base quantity;fundamental magnitude;fundamental quantity
基本烈度 basic intensity;elementary intensity;zoning intensity
基本邻域 basic neighbo(u)rhood;fundamental neighbo(u)rhood
基本临界空当【交】basic critical gap
基本零点 basic zero;fundamental zero
基本零件清单 basic parts list
基本流程图 basic flowchart;basic flow sheet
基本流量 base flow;basic flow;discharge
基本滤光值 basic filter value
基本路程问题 elementary path problem
基本路径 elementary path
基本路牌机 master tablet instrument
基本路签机 master staff instrument
基本论点 basic statement
基本逻辑 basic logic;fundamental logic
基本螺纹 regular screw thread
基本码 absolute code;basic code
基本脉冲 basic pulse
基本脉冲电平 basic impulse level;basic pulse level
基本脉冲重复频率 basic pulse recurrence rate;basic pulse repetition rate
基本脉冲重复周期 basic pulse repetition interval
基本矛盾 basic contradiction
基本门 elementary gate
基本密度 basic density
基本免税额 basic exemption
基本面 fundamental plane;primary surface
基本面元 elementary bin
基本命题 elementary sentence
基本命题函数 basic propositional function
基本模块 basic module
基本模式 fundamental mode
基本模数 basic module;basic modulus
基本模型 basic model;elemental model;key model
基本目的 basic objective
基本目录 fundamental catalogue
基本能带区 fundamental band region
基本能力 basic capacity
基本能量 primary energy
基本能量指标 energy-based index
基本能源 basic power source
基本年交通量 base year traffic volume
基本黏[粘]着力 fundamental adhesion
基本农田保护区 basic farmland conservation area
基本盘存法 base inventory method
基本判定 primitive decision;primitive decisive
基本抛物线 basic parabola
基本培养基 basal culture medium;minimal medium
基本配额 basic quota
基本配方 basic formula;basic recipe
基本配时 basic timing
基本喷洒宽度 basic spraying width
基本偏差 basic deviation;fundamental deviation
基本票价 basic fare
基本频带 baseband;fundamental base band
基本频率 base frequency;basic frequency;ground frequency;master frequency;fundamental frequency
基本频率标准 primary frequency standard
基本平面控制 basic horizontal control
基本平行四边形 elementary parallelogram
基本期权 basic options
基本气候站 principal climatological station
基本气象观测 principal synoptic(al) observation
基本汽油 base gasoline
基本强度 basic intensity;fundamental strength
基本情报 basic intelligence
基本情况 background;base case;base situation;basic case;basic intelligence;fundamental state;main condition
基本区(域) prime area;fundamental domain;base region
基本曲线 fundamental curve
基本圈 < 作为坐标起算的大圆 > primary (great) circle;fundamental circle
基本群 fundamental group
基本群落 concrete community
基本群体 basic population
基本群体制 basic colony system
基本燃料 basic fuel
基本热源 base-load heat source
基本人口 basic population;primary population
基本人权 basic human rights
基本任务 basic services;basic task
基本容量 base capacity;basic capacity
基本容量系数 < 筛分的 > basic capacity factor
基本溶剂 basic solvent
基本软件 basic software
基本软件库 basic software library
基本三角测量 basic trig data
基本三角网 basic triangulation network;basis triangulation network
基本色 basic colo(u)r;fundamental colo(u)r;primary colo(u)r;primitive colo(u)r;key colo(u)r
基本色调 essential tone;fundamental tone
基本色泽 fundamental colo(u)r
基本上 basically
基本尚未勘探区 basic unprospected area
基本设备 base apparatus;basic equipment;capital equipment;fundamental set;primary equipment
基本设备表 basic equipment list
基本设备单元 basic device unit
基本设计 base design;basic design;fundamental design
基本设计参数 basic design parameter
基本设计方案 basic design scheme
基本设计荷载 basic design load
基本设计思想 basic design consideration
基本设计原则 basic design principle
基本设计准则 basic design criterion
基本设计资料 basic design data;basic design information
基本设施 infrastructure
基本设施已建成地段 improved land
基本渗吸率 basic intake rate
基本生产 principal production
基本生产率 basic capacity
基本生产时间 basic time of production
基本生存密度 base subsistence density
基本失效率 basic failure rate
基本时间 basic time
基本时间研究 elementary time study
基本时限 basic time
基本实常数 basic real constant
基本实用程序 basic utility
基本食品 basic food
基本食品需求 basic food requirement
基本市场 basic market
基本式节点 literal node
基本式样 basic form
基本事件 elementary event
基本事件集合 set of elementary events
基本收益率 basic rate of income
基本收支平衡 basic balance of payments
基本输入联结矩阵 fundamental input connection matrix
基本输入输出系统 basic input and output system
基本术语 basic term;elementary term
基本树变换 elementary tree transformation
基本树脂 base resin
基本数 basic number
基本数据 base data;basic data;database;essential data;fundamental data;main data;master data;master record

基本数据操作功能 basic data manipulation function
基本数据单元 atomic data element
基本数据库 master data base
基本数据类型 basic data type;elementary data type
基本数量 basic quantity;quantum[复 quanta]【计】
基本数量分析 basic quantitative analysis
基本水尺 basic water ga(u)ge;principal water ga(u)ge
基本水尺断面 basic ga(u)ge cross-section
基本水化学原理 basic water chemistry principle
基本水平 base level;basis level
基本水位 base level

基本水文过程线 basic hydrograph
基本水文数据 basic hydrologic(al) data
基本水文站 basic hydrometric station; permanent hydrometric station; principal hydrometric station; base(data) station
基本水文资料 basic hydrologic(al) data
基本水质监测程序 basic water monitoring program(me)
基本水准标石 primary benchmark
基本水准测量 base level(l)ing; fundamental level(l)ing; principal level(l)ing
基本水准点 basic benchmark; fundamental benchmark; primary benchmark
基本顺序存取法 basic sequential access method
基本说明 basic statement
基本死因 underlying cause of death
基本素蕴涵 essential prime implicant
基本速度 base speed; main speed
基本速率接口 basic rate interface
基本速率接入 basic rate access
基本算术 elementary arithmetic
基本索引 base index
基本索引顺序存取法 basic indexed sequential access method
基本台 main stage
基本台阵 capital array; elemental array
基本探明储量 unproved reserves
基本特点 leading particular; standard feature
基本特性 basic property
基本特征 basic characteristic; basic feature
基本体积吨 basis measurement
基本体系 base system; basic system; fundamental system; primary structure; principal system
基本天体测量学 fundamental astrometry
基本天文点 basic astronomic(al) point
基本天文学 fundamental astronomy
基本天线 elementary antenna
基本条带 elementary strip
基本条件 essential condition; pacing factor
基本条款 basic clause; condition clause
基本铁鞋 main brake shoe
基本通过能力 basic through capacity; basic trafficability; basic traffic capacity
基本通行能力 <在最理想的道路及交通条件下,一条车道或道路在1小时内通过某一横断面的小客车车辆数> basic traffic capacity; fundamental capacity
基本同步频率 master timing frequency
基本同态 elementary homomorphism
基本统计数据 basic statistics
基本统计数字 basic statistics
基本统计资料 basic statistics; benchmark statistics
基本投标价 base bid
基本投标标价说明书 base bid specifications
基本投影面 basic projection plane
基本投资 capital cost; capital investment; capital outlay; primary financing
基本图 base map; base sheet; main map; master map; mother map; parent map; underlying graph
基本图式 basic pattern
基本图形数据交换规范 initial graphics exchange specification
基本图形元素 primary graphic(al) element
基本图纸 basic drawings
基本推动力 fundamental driving force
基本挖掘 key cut
基本外部函数 basic external function
基本完工 substantial design
基本完工日期 date of substantial completion
基本网 fundamental net(work)
基本网格 base grid
基本网孔 fundamental mesh
基本网络 basic network; elemental network; fundamental net(work); elementary network
基本危险性 basic risk; fundamental risk
基本维修系数 basic repair factor
基本未知量 fundamental unknown quantity
基本文件 basic document; basic instrument
基本文献 basic document
基本稳定 common stability
基本稳定的 basically stable
基本稳定地区 basically stable area
基本稳定滑坡 basic-stable landslide
基本无裂隙 non-fissured
基本物理量及单位 basic physical quantities and units
基本误差 governing error; intrinsic(al) error
基本吸入速率 basic intake rate
基本吸收 fundamental absorption
基本吸收带 fundamental absorption band
基本系统参数 basic system parameter
基本系统委员会 Commission for Basic System
基本显示装置 basic display unit
基本险 basic insurance
基本线路 basic circuit
基本线路图 basic circuit diagram
基本线条 principal mo(u)lding
基本线图 basic diagram
基本线形图 key line plan
基本相似 basic similarity
基本相位 master phase
基本相位图 master phasing chart
基本箱 <镀锡薄板的商业单位> base box
基本项 base item; basic term; elemental term; elementary term
基本项传送 elementary move
基本项目 basic project; elementary project; elementary item
基本消耗的限定 capital consumption allowance
基本消息 basic message
基本效率 base efficiency
基本效应 basic effect; cardinal effect; net effect
基本谐波 primary harmonic wave; fundamental harmonic
基本谐波分量 fundamental harmonic
基本谐音 fundamental harmonic
基本谐振 main resonance
基本薪金 base pay; basic salary
基本薪水 basic salary
基本信号 baseband signal; basic signal
基本信号颜色 basic signal colo(u)r
基本信号周期 dot cycle
基本信息 essential information
基本信息处理单元 basic processing unit
基本信息单位 basic information unit
基本信息单位的分段 segmenting of basic information unit
基本信息单位段 basic information unit segment
基本信息单元 basic information unit
基本星 fundamental star
基本星表 fundamental star catalogue
基本星位置 fundamental star place
基本行间距 basic line space
基本形式 basic form; elemental form; primitive form; elementary form
基本形态 grown form
基本形状 basic configuration
基本型 fundamental form
基本型铲斗 basic bucket
基本型控制规程 basic mode control procedure
基本型链路控制(规程) basic mode link control
基本型式 basic model
基本型态 morphology
基本型资产保险 property-basic form insurance
基本性能 basic performance; essential property; fundamental characteristic; key property
基本性能参数 fundamental performance parameter
基本性质 essential property
基本徐变 basic creep
基本序列 fundamental sequence
基本循环 basic cycle; basic loop; bottoming cycle; elementary cycle
基本训练 elementary training
基本岩石 fundamental rock
基本研究 baseline study; basic research
基本颜料 base pigment
基本要求 basic requirement; postulate
基本要素 basic element
基本一致 substantial agreement
基本仪表 basic instrument
基本仪器 base apparatus; basic apparatus
基本因素 basic factor; fundamental factor; pacing factor
基本因子 element factor
基本音程 fundamental interval
基本音调 fundamental note
基本音符 fundamental note
基本应力 basic stress; elementary stress; primary stress
基本应力状态 basic stress state
基本营养生长期 basic vegetative period
基本营养物 basic nutrient
基本用户 elemental user
基本有保证 almost full
基本语言软件 basic language software
基本预备费 essential provision fee
基本域 ground field
基本域标识符 basic field descriptor
基本域描述符 basic field descriptor
基本域说明 basic field description
基本元 skeleton element
基本元件 primary element
基本元素 basic element; primitive element; woof
基本元素分析 ultimate analysis
基本元素名 elementary name
基本原件 fundamental component
基本原理 basal principle; basic fundamental; basic maxim; basic principle; cardinal principle; conceptual basis; fundamental principle; postulate; radical principle; rudiment; ultimatum
基本原料 base stock; basic raw material; basic stock
基本原图 base compilation; base sheet
基本原则 first principle; fundamental principle; underlying principle
基本远程通信[讯]存取法 basic telecommunication access method
基本约章 constituent instrument
基本跃迁 fundamental transition
基本运动 fundamental motion
基本运费 basic freight
基本运费率 base rate of freight; basic rate
基本运价表 basic tariff
基本运算 fundamental operation
基本运行图 primary train diagram
基本杂波 basic noise
基本载波 main carrier; primary carrier
基本噪声 basic noise
基本增音段 basic repeater section
基本炸药 primary blasting explosive
基本斩波调节器 basic chopper regulator
基本斩波调整器 basic chopper regulator
基本站 basic station; key station; primary station
基本站台 main platform
基本站网 basic network
基本张量 fundamental tensor
基本照明 base lighting; bias lighting
基本折旧 basic depreciation; capital depreciation
基本折旧费 basic depreciation expenses
基本折旧基金 basic depreciation fund
基本折旧率 basic depreciation rate
基本振荡 first harmonic oscillation; fundamental oscillation; natural oscillation
基本振动 fundamental vibration; primary vibration
基本振动转动区 fundamental vibration-rotation region
基本振幅 basic amplitude
基本振型 basic vibration mode; fundamental mode; fundamental mode of vibration
基本振型的纽马克分析法 Newmark's method for fundamental mode
基本政策 basic policy
基本支承结构 elementary bearing structure
基本支持软件 basic support software
基本支出 basic expenditures
基本知识 elementary knowledge
基本脂 elemental lipid
基本直接存取法 basic direct access method
基本直接访问方法 basic direct access method
基本值 basic value
基本指令 basic instruction; elementary instruction; presumptive instruction; unmodified instruction
基本指令表 basic instruction set
基本指数 basing index
基本制法 basic process
基本制图数据 basic cartographic(al) data
基本制图资料 basic cartographic(al) document
基本制造成本 basic manufacturing cost; basic shop cost
基本质点 elementary particle; fundamental particle
基本质量 gross
基本中径 basic pitch diameter
基本种群 basic population
基本重复频率 basic repetition frequency
基本重力波 elementary gravity wave
基本重力点 gravity base point; gravity base station
基本重量 basic weight; basis weight; dead mass
基本周期 base period; basic machine time; basic period; elementary cycle; fundamental period; basic cycle
基本周期影响系数 coefficient affect-

ing fundamental period
基本轴向厚度 base thickness
基本主操作员控制台 basic primary operator control station
基本主存储器 primary storage
基本主群 basic master group
基本属性 base attribute
基本专业<航空> basic utility
基本专用运输<航空> basic transport
基本转换项 basic switching term
基本装入程序 basic loader
基本装卸设施 infrastructure
基本状态 basic status;fundamentality
基本状态寄存器 basic status register
基本准备金 basis reserve
基本准则 base maxim;basic maxim;fundamental criterion;fundamental norm;ground rule;key criterion
基本资产 capital assets
基本资历 essential qualification
基本资料 base data;basic data;basic document;essential data;general datum
基本资料的评估 information appraisal
基本资料图 base map
基本子午光束 elementary meridianal beam
基本字段描述符 basic field descriptor
基本字段说明 basic field description
基本字段属性 basic field attribute
基本字符集 basic character set
基本租金 base rent
基本阻抗 base impedance
基本阻力 basic resistance;datum drag
基本组 base group
基本组成 elementary composition;fundamental construction
基本组分 base constituent;base stock;solvent
基本组合显微镜 rudimentary compound microscope
基本组件 basic module
基本最优策略 basic optimal strategy
基本作业 basic operation;elemental task
基本坐标系 fundamental coordinate system
基壁 basal wall
基边桩 corner pile
基变量 base variable;basic variable
基标 disjunction mark
基标识符 base identifier
基标线 range line
基波 basic harmonic;capital wave;elementary wave;original wave;principal wave
基波波长 fundamental wavelength
基波电流 fundamental current
基波对 fundamental-harmonic pair
基波分量 fundamental component
基波分量失真 fundamental component distortion
基波功率 fundamental power
基波功率因数 phasor power factor
基波共振 first harmonic resonance
基波零序电压 foundational wave zero sequence voltage
基波频率 fundamental frequency
基波谐振 first harmonic resonance
基波谐振器 fundamental-wave resonator
基波抑制 fundamental suppression
基波有功功率 fundamental active power
基波振荡 fundamental oscillation
基波振幅 amplitude of first harmonic
基波周期 primitive period
基布 base cloth;base fabric
基部 base
基部的 basal;proximal
基部掏蚀 basal sapping
基材 backing;base material
基参数 base parameter
基操作数 base operand
基操作数说明符 base operand specifier
基槽 ditch for foundation;foundation ditch;foundation trench
基槽挡土板 trench sheet
基槽挡土板和顶撑间的木楔 lip block
基槽挡土箱 trench box;trench shield
基槽顶撑 timbering;trench brace
基槽顶撑系统的千斤顶 trench jack
基槽顶撑液压松紧扣 sheeting jack
基槽端头的水平撑 face walling;face piece
基槽放线 setting-out of trench
基槽工程中的导向挡土板 guide runner
基槽开挖线 excavation line
基槽宽度 trench width
基槽填充混凝土基础 trench fill foundation
基槽箱 trench box
基槽型基础 trenched footing
基槽支撑 shoring of trench;timbering of foundation trench
基槽中心线 the central line of foundation trench
基层 base coat;base course;base layer;basement;base surface;bed layer;bottom coat;bottom course;foundation course;grass roots;substrate;substratum[复 substrata];undercloak;road base<英国用法,指道路基层>;foundation layer
基层板 basal plate
基层薄的 thin-bedded
基层材料 base course material;base material
基层材料回弹模量 resilient modulus of base material
基层常数 base course constant
基层承载效应 bearing effect by base course
基层处理 subseal(ing);underseal(ing)
基层处治 underseal(ing);underseal work
基层大块石 Telford stone
基层单位 basic unit;grass roots unit;primary unit;unit at the grass-roots level;grass-root level
基层单位目标 unit objectives
基层的 basal
基层泛水 base flashing
基层防水处理 subsealing
基层封底处理 subsealing
基层管理 lower management
基层管理能力 foremanship
基层花砖 base tile
基层混凝土 concrete sub-base
基层加宽 base widening
基层坚固的道路 well-bottomed road
基层宽度 base width
基层排水 base course drainage;subbase drain
基层破坏<混凝土墙接缝处> substrate failure
基层群众的意见 grass roots opinion
基层撒布机 base course spreader
基层审计 floor audit
基层摊铺机 base pav(i)er
基层土 base soil
基层土承载能力 efficiency of subgrade soil
基层下层 subbase course
基层信息采集系统 substrate information collection system
基层压力 base pressure
基层用砂质填缝料 sand filler for bottom curse
基层油毡 base sheet
基层站段经济效益审计指标体系 indices system of economic efficiency audit of station and division
基层中心 primary center[centre]
基衬 backing material
基齿节 base pitch
基畴 base domain
基础 base;basement;corner stone;footing;foundation;fundament;grass roots;grounding;ground line;pedestal;seating;staddle;stereobate;substratum[复 substrata];substructure;underplate;understructure;building substructure<基准线以下结构>
基础安全训练 basic safety training
基础板 base slab;floor plate;foot plate;foundation plate;foundation raft;foundation slab;ground plate;ground sill;masonry plate;shoe;sole plate;underbed
基础板底 foundation mat
基础保险费 basic premium
基础边缘 edge of foundation
基础边缘角铁 base angle
基础变形 foundation deformation
基础标高 foundation elevation;foundation level;founding level;level of foundation
基础标志【测】 base mark
基础标准 base standard;basic standard;foundation standard;primary standard
基础表面处理 footing dressing
基础表征文法 underlying characteristics grammar
基础玻璃 base glass;parent glass
基础布置方案 foundation layout plan
基础布置平面图 foundation layout plan
基础布置图 foundation arrangement drawing
基础材料 base(course)material;basic material;basis material;footing material;foundation material
基础层 basement;foundation course;footing course
基础产品 products of key projects
基础产物 base product
基础车<集装箱变换系统的> parent vehicle
基础沉降 footing settlement;foundation settlement;yielding of foundation
基础沉降速率 rate of foundation settlement
基础沉降图 settlement chart of footing;settlement chart of foundation
基础沉陷 foundation settlement;yield(ing) of foundation;yield(ing) of supports
基础沉陷速率 rate of foundation settlement
基础承受的压力 pressure on foundation
基础承台 foundation platform
基础承压(力) bearing pressure on foundation;pressure on foundation
基础承压面 bearing surface of foundation
基础承载能力 foundation bearing capacity
基础程序段 root segment
基础齿墙 foundation stab
基础冲溃 foundation wash
基础冲刷 foundation scouring;scouring of foundation
基础处理 foundation treatment
基础处理方法 foundation practice
基础代谢 basal metabolism
基础代谢率 basal metabolic rate
基础代谢试验 basal metabolic test
基础代谢仪 basal metabolism apparatus
基础单价 basic unit price
基础的 abecedarian;basal;underlying
基础的精确度 accuracy of foundation
基础的抗剪强度 shear strength of footings
基础的扩展 extension of foundation
基础的相互影响 interaction of footing
基础的延伸 extension of foundation
基础的整平层 key floating;key footing
基础的支承面积 bearing area of a foundation
基础的趾压力 toe pressure of foundation
基础底 base of foundation
基础底板 base plate;foundation slab;sole plate;bearing plate;bed plate;bottom of foundation;foundation mat(tress);foundation raft;grade slab
基础底部标高 foundation level
基础底层 foundation bed;planting;subfoundation;foundation layer
基础底层涵管 planting box
基础底面 bottom of foundation;foundation base;foundation bed
基础底面的 1/3 中心 middle one-third of the base
基础底面(土)压力 foundation pressure
基础底座 footing of foundation;sole plate
基础地层 foundation stratum
基础地层学 prestratigraphy
基础地质研究区 investigation area of basic geology
基础地质中的统计分析 statistic(al) analysis in the basic geology
基础地质资料 basic information of geology
基础点 basic point
基础垫层 blinding layer;coussinet;foundation bed;foundation binding;foundation pad<机器基础>;footing course
基础顶部 top of foundation
基础顶面 top of foundation
基础定线 setting-out a foundation
基础垛盘 crib bed;hanging set
基础筏板 foundation mat
基础反射 basal reflex
基础方法 foundation system
基础防白蚁罩 termite shield
基础防潮层 foundation damp proofing course
基础防水板 base flashing
基础放线 setting-out of foundation
基础放样 layout of foundation;setting-out of foundation
基础费率 basic rate
基础分析 elementary analysis;foundation analysis;fundamental analysis
基础缝 foundation joint
基础概率论 basic probability theory
基础刚度 foundation rigidity;foundation stiffness
基础钢筋 foundation reinforcement
基础钢筋网 footing reinforcement mat;foot mat
基础高程 founding level
基础割矩阵 basis cut matrix
基础格床 foundation grill(age)
基础格栅平面 foundation grid plan
基础隔板 foundation isolation plate
基础隔振 foundation isolation;vibration of foundation
基础工程 basic engineering;foundation works;substructure works;ground works;foundation engineering
基础工程测试 foundation instrumen-

tation
基础工程计划 program(me) of capital work
基础工程计算与分析 calculation and analysis fo foundation engineering
基础工程实践 foundation engineering practice
基础工程学 foundation engineering
基础工程用材 wood used for foundation's buildings
基础工程用仪表学 foundation instrumentation
基础工具 master tool
基础工事 substruction
基础工业 basic industry; key industry
基础工业保护关税 key industry duty
基础工业投资基金 key industry investment fund
基础工业投资信托 key industry investment trust
基础工作 background; element task; foundation work; frame work
基础拱顶 footing vault; foundation vault
基础沟 foundation ditch; foundation trench
基础构架 foundation frame
基础构件 base member
基础固有频率 natural frequency of a foundation
基础灌浆 foundation grouting; foundation injection
基础灌浆加固 foundation by means of injecting cement
基础光 base light
基础国际标准 basic international standard
基础海上救生 basic offshore survival
基础海上救生训练 basic offshore survival training
基础荷载 footing load; foundation load(ing)
基础荷载偏心距 eccentricity of foundation loading
基础滑动 sliding of foundation
基础环 base ring; discharge ring; foundation ring; throating ring <混流式水轮机的>
基础环境概念 basic environmental concept
基础环境科学 basic environmental science
基础混凝土 base concrete; footing concrete; foundation concrete
基础混凝土块 plinth block
基础机构 basic mechanism
基础机械 capital machinery
基础基脚 footing of foundation
基础技术 supporting technology
基础剂 bodying agent
基础加固 consolidation of foundation; foundation improvement; strengthening of foundation
基础加固工程 foot protection
基础加固托换法 underpinning
基础加荷 foundation loading
基础加强 underpin
基础加压纠偏法 foundation weighting rectification
基础价格 underlying price
基础坚固的 well-founded
基础简单设计 simplified design of footing
基础件修理 basic part repair
基础建筑 foundation construction
基础建筑物 substructure work
基础槛【建】foundation sill
基础交叉线 foundation cross
基础绞车 foundation hoist
基础阶梯 footing step
基础接缝 foundation joint
基础接头 foundation joint
基础结构 foundation structure; infrastructure; subconstruction; substructure
基础结构底座 footing pier
基础结构支助项目 infrastructure support
基础介层 foundation medium
基础金额 base amount
基础金属工业 primary metal industry
基础经济部门和非基础经济部门 basic and non-basic components of the economy
基础井 foundation well
基础井筒 foundation cylinder; foundation well
基础净压力 net foundation pressure
基础开挖 basement excavation; excavation for foundation; footing excavation; foundation cut(ting)
基础开挖后的回填及地面整平 closing of excavation
基础勘测 foundation reconnaissance
基础勘查 foundation exploration
基础勘察计划 foundation investigation program(me)
基础勘探 foundation exploration
基础科目研究 basic research
基础科学 background science; basic science
基础科学研究 basic research
基础壳体 foundation shell
基础可行解 basic feasible solution
基础课程 basic course
基础坑 foundation pit
基础空间 underlying space
基础空气潜水 basic air diving
基础宽度 base width; foundation width; width of footing; width of foundation
基础框架(工程) foundation framework
基础扩大托换 foundation enlarging underpinning
基础阔度 foundation breath
基础拉杆 foundation tie rod
基础廊道 foundation gallery
基础类型 type of foundation
基础冷却 subgrade cooling
基础理论 basic theory
基础理论研究 basic research; fundamental research
基础力矩 foot moment
基础利息率 prime rate
基础梁 footing beam; foundation beam; foundation girder; foundation sill; grade beam; ground beam
基础隆胀力 heave force of foundation
基础露面 uncovering of foundation
基础螺钉 anchor screw
基础螺栓 anchor bolt; anchor screw; barb bolt; bay-bolt; foundation anchor; foundation bolt; foundation screw; ground bolt; stone bolt
基础螺栓套管 anchoring tube
基础埋入法 embedment of footing
基础埋深 embedded depth of foundation
基础埋深不足 unsafe foundation depth
基础埋置 foundation embankment
基础埋置方式 foundation embedment pattern
基础埋置深度 depth of foundation; depth of foundation embankment; embedment depth of foundation; foundation embedment depth
基础脉冲 pedestal pulse
基础脉的 basal nerved
基础锚碇杆定位板 dowel template
基础锚碇螺栓 anchor bolt
基础锚杆 foundation anchor
基础锚固 footing anchorage; foundation anchorage; foundation anchoring
基础锚栓 foundation anchor
基础煤渣 foundation clinker
基础面 base surface; basic surface; plane of reference
基础面积 foundation area
基础模板 foundation form; foundation slab; foundation framework; footing form
基础模量 foundation modulus; modulus of foundation
基础模数 foundation modulus; modulus of foundation
基础排水 drainage of foundation; foundation drain(age)
基础排水管 footing drain; foundation drain
基础排水孔 foundation drain(age) hole
基础排水瓦管 foundation drainage tile
基础排水系统 foundation drain(age) system
基础培训 basic training
基础喷射 foundation injection
基础平面 basic plane
基础平面图 foundation plan
基础破坏 base failure; foundation failure
基础剖面 basic section
基础铺砌层 pavement structure
基础起重机 foundation hoist
基础砌块 base segment; foundation block
基础砌置深度 depth of foundation
基础砌筑工作 foundation masonry work
基础砌筑墙 foundation masonry wall
基础砌砖 foundation brick
基础嵌入 foundation built-in
基础嵌入深度 depth of foundation embedment
基础墙 basement wall; foot side; foot wall; foundation wall; ground wall; masonry walls below grade; walls below grade
基础墙爆破 footwall blast
基础墙顶层砌块 grade block
基础墙接缝(槽) foundation wall keyway
基础墙外边线 outside foundation line
基础墙砖 footing wall brick; foundation wall brick
基础曲线 base curve(field)
基础裙板 apron plate of foundation
基础燃料 base fuel
基础容许解 basic feasible solution
基础熔渣 foundation clinker
基础柔量 ground compliance
基础撒布机 base course spreader
基础(上)浮力 foundation water pressure
基础烧结渣 footing clinker
基础设计 design of base; foundation design
基础设计资料 basic design information
基础设旅费用 infrastructure cost
基础设施 foundation planting; infrastructure; infrastructure facility
基础设施承包合同 infrastructure contract
基础设施更新 infrastructure rehabilitation
基础设施建设 construction of infrastructural facility; infrastructure construction
基础设施投资 infrastructure investment
基础设施项目 infrastructure project
基础深度 depth of footing base; depth of foundation; footing depth; foundation depth; founding depth
基础生态位 fundamental niche
基础施工 foundation construction; foundation works
基础施工技术 foundation practice
基础施工设备 foundation equipment
基础施工钻孔 foundation hole drilling
基础石 ground stone
基础石块 plinth block
基础事故率【交】accident base rate
基础适配器 base adapter
基础数学 basic mathematics
基础水平 foundation level; level of foundation
基础水文学 basic hydrography; scientific hydrology
基础水文资料 basic hydrologic(al) data
基础踏步 stepping of foundation
基础台阶 footing step
基础抬升 jacking of foundation
基础弹性刚度 foundation spring stiffness
基础特征文法 underlying characteristics grammar
基础体温 basal body temperature
基础体系 foundation system
基础替换 replacement of foundation
基础天体测量学 fundamental astronometry
基础通风 foundation vent
基础统计方法 elementary statistical approach
基础图 base map; footing drawing; foundation drawing; foundation map; underlying graph
基础图样 foundation detail
基础涂层 foundation coating
基础涂料 foundation coating
基础土层剖面 foundation soil profile
基础土(壤) basement soil(-subgrade); foundation soil
基础土壤向侧面凸起破坏 break in failure
基础土壤学 pedology
基础托换的枕梁 needle beam
基础托换(法) foundation underpinning method; underpinning
基础外侧界线 outside foundation line
基础外壳 footing shell
基础网格平面 foundation grid plan; footing grid plane
基础位移 foundation displacement
基础温度 base temperature
基础稳定系数 stability coefficient of foundation
基础稳定性 stability of foundation
基础问题 foundation problem
基础圬工 foundation masonry
基础圬工墙 foundation masonry wall
基础系梁 foundation tie-beam
基础系数 <总就业与基本就业的比> basic multiplier; ratio of soil pressure to settlement
基础细部构造 foundation detailing
基础下等压力线 bulb of pressure
基础下降 foundation settlement
基础下接触压力 contact pressure under foundations
基础下面土的剪切破坏 shear failure of soil beneath base
基础下水压力 foundation water pressure
基础下卧层 subbase(course)
基础线 foundation line
基础销子 base pin
基础协议 basic agreement
基础型式 type of foundation

基础性状 foundation behavio(u)r
基础性准则 ground rule
基础旋转 rotation of foundation
基础压力 foundation pressure; base pressure; bearing pressure on foundation; footing pressure; pressure of foundation
基础压力分布 pressure distribution of foundation
基础延伸部分 basement extension
基础研究 basic research
基础研究与发展 basic research and development
基础摇摆 foundation rocking; rocking of foundation
基础以上的 superfoundation
基础以上的建筑物 superfoundation structure
基础应力 foundation stress
基础油 base oil
基础有向图 underlying digraph
基础有效压力 effective foundation pressure
基础釉 parent glaze
基础圆柱 foundation cylinder
基础约束 foundation restraint
基础照明 base light
基础振动 foundation vibration; vibration of foundation
基础振动水平 ground vibrational level
基础整修 footing dressing
基础支撑 shoring of foundation
基础支承面 bearing surface of foundation
基础知识 background
基础知识书 how-to book
基础直线 basic line
基础质量中心 centroid of foundation
基础制动装置 foundation brake gear; foundation brake rigging
基础中的钢筋 foundation reinforcement
基础种场 foundation seed farm
基础种圃 foundation nursery
基础种植 foundation planting
基础周期 background cycle
基础轴承 base bearing; filbore
基础主梁 foundation girder
基础专利 background patent
基础砖 brick for foundation; foundation brick
基础砖工 foundation brickworker
基础砖砌体 footing brickwork; foundation brickwork
基础砖砌筑工作 footing brick masonry work; foundation brick masonry work
基础砖石建筑工作 footing masonry work
基础转动 footing rotation
基础桩 foundation pile; working pile
基础装置 base apparatus
基础准备 preparation of foundation
基础资料 basic data; basic material; initial value
基础资料调查 datum survey
基础自由振动频率 natural-frequency of foundation
基础总压力 total foundation pressure
基础组分 basic component
基础最低点 lowest point of foundation
基础最低点标高 foundation level
基础最优解 basic optimal solution
基床 bedding (layer); formation; foundation bed; ground table; subbase; subgrade bed; subgrading bed
基床病害 bedding failure
基床垫层 bedding layer
基床反力法 subgrade reaction method
基床反力理论 subgrade reaction theory
基床反力模量 modulus of subgrade reaction
基床反力系数 bedding factor; coefficient of subgrade reaction; foundation modulus
基床刚度系数 coefficient of subgrade reaction
基床高程 bed elevation; bed level
基床模量 modulus of subgrade
基床平整的 even bedded
基床破坏 mound failure
基床系数 bedding value; coefficient of soil reaction; coefficient of subgrade
基床系数法 subgrade reaction method
基床约束作用 subgrade restraint
基床整平 strike-off
基床值 bedding value
基簇 base cluster
基带 baseband; normal band
基带传输 baseband transmission
基带倒换 baseband switching
基带分配 baseband assignment
基带分配单元 baseband distribution unit
基带分配设备 baseband distribution unit
基带分支站 baseband branching station
基带合并器 baseband combiner
基带局域网 baseband local area network
基带脉冲 baseband pulse
基带排列 baseband configuration
基带频率响应 baseband frequency response
基带数据传输机 baseband data set; baseband modem
基带数字传输 baseband digital transmission
基带衰减 baseband attenuation
基带调配 baseband padding
基带调制解调器 baseband modem; short-haul modem
基带同轴电缆 baseband coaxial cable
基带网络 baseband network
基带系统 baseband system
基带响应 baseband response
基带响应函数 baseband response function
基带信道 baseband channel
基带信号 baseband signal
基带信号传输 baseband signal(l)ing transmission
基带信令 baseband signal(l)ing
基带噪声比 baseband noise ratio
基带转接 baseband interconnection
基带组合 baseband bank
基底 foundation base; basalia; base course; basis; fundament; main bottom; outsole; sole; substratum [复 substrata]; planting【建】
基底变换 change of base
基底变量 based variable
基底标高 foundation level
基底冰 sole ice
基底布 <簇绒地毯的> primary backing
基底部 basal part
基底材料 base material; substrate material
基底层 foundation bed; subbase course
基底长石砂岩 basal arkose
基底的 basilar
基底的波速 basement velocity
基底的埋深 buried depth of basement
基底的平均埋深 average buried depth of basement
基底的倾倒力矩 overturning moment at base
基底的最大埋深 maximum buried depth of basement
基底的最小埋深 minimum buried depth of basement
基底等深线图 basement contour map
基底地下水 basal groundwater
基底地下水位 basal water table
基底电解质 base electrolyte
基底电平调整 pedestal control
基底电压源 reference element
基底电压噪声 background voltage noise
基底段 basal segment
基底断层 basement fault; fundamental fault; sole fault
基底断裂 basement fracture
基底断裂活动 activity of fundamental fault
基底断裂作用 foundation faulting
基底反光能力 background reflectance
基底反力系数 coefficient of subgrade reaction
基底负荷 base-load
基底负荷电力 base-load electricity
基底负荷气 base-load gas
基底负载 base-load
基底负载电力 base-load electricity
基底负载发电机 base-load generator
基底负载发电站 base-load electric(al) station
基底负载气 base-load gas
基底负载源 base-load source
基底附加压力 additional stress of foundation base; superimposed pressure of foundation base
基底高程 base elevation
基底隔振 base isolation
基底构造 basement structure; basement tectonics; structure of basement
基底构造图 basement tectonic map; map of basement structure
基底贯入 sole injection
基底函数 basis function
基底辉绿结构 basal diabasic texture
基底加固层 basal reinforcing layer
基底剪力 base shear
基底剪力系数 base shear coefficient
基底胶结 basal cementation
基底接触压力 contact pressure of foundation base
基底介质 host media
基底金属 base metal; basic metal
基底金属试样 base metal test specimen
基底净压力 net foundation pressure
基底静压力 net bearing pressure; net loading intensity
基底矩阵 basis matrix
基底勘察 foundation investigation
基底块体 base block; footing block
基底扩大 bulb-shaped base; extension of foundation
基底力矩 base moment
基底流量 base discharge
基底隆起 basement high; basement uplift; bottom heave; heave of base
基底轮廓线 basement contours
基底埋深 buried depth of bedrock
基底媒质 host medium
基底面 basal surface; footprint
基底面积 area of base; base area; building area
基底膜 basement membrane
基底摩擦角 angle of base friction
基底摩擦系数 friction(al) coefficient of foundation bottom
基底摩擦应力 bed friction stress
基底抛石 enrockment
基底片麻岩 fundamental gneiss
基底坡度 bottom slope
基底破坏 base failure
基底砌块 plinth block
基底倾斜系数 base tilt factor
基底倾斜因数 <地基承载力> base tilt factor
基底屈服点 yield of base
基底圈 basal coil
基底稍斜倾的挡土墙 free retaining wall
基底深度 bottom depth
基底渗流 water creep
基底石块 plinth block
基底时代 basement age
基底水平 floor level
基底水平滑动 horizontal sliding at base
基底缩短作用 shortening of basement
基底填石 enrockment
基底托盘 base-tray
基底弯矩 base moment
基底温度 base reservoir temperature
基底稳定性 base stability
基底圬工墙 plinth masonry wall
基底向量 basis vector
基底压力 base pressure; foundation pressure; gross loading intensity
基底岩 basement rock; foundation rock; primary formation
基底岩层 base rock; bed rock
基底岩石 basement rock
基底岩系 basement rock series
基底应力扩散 stress dispersal beneath footing
基底应力重分布 redistribution of stress under foundation
基底允许坡度 allowable gradient of bed base
基底杂岩【地】basement complex; fundamental complex; basal complex
基底杂岩轮廓线 basement complex contours
基底噪声 background noise; ground noise
基底褶 basal in folding
基底褶皱(作用) foundation folding
基底转动 base rotation
基底纵纹 basal striation
基底做大放脚 belling of base
基地 base; depot
基地边线 lot line
基地布局 base configuration; site layout
基地布网船 boom defense vessel
基地船舶 base-ship
基地电台 base station
基地港 basic(service) port
基地高度 base altitude
基地规划 lot planning
基地焊接管子 stove pipe welding
基地建制飞机 base flight aircraft
基地建筑容量规定 bulk regulation
基地界线 land boundary
基地勘探 site exploration; site investigation
基地临街建筑线后退 site frontage decrease
基地平面图 block plan; drawing of site; site plate
基地气象台 base weather station
基地勤务船 service craft
基地设施 site furnishings
基地外建设 off-site construction
基地外库存 off-base storage
基地无线电系统 radio system for depot
基地小品设施 site furnishings
基地修理船 yard repair ship
基地选择 site selection
基地站 base station
基地整平 site preparation
基地址【计】base address; base station; basic point; presumptive address; reference address zero point
基地址常数 base address

基地址寄存器 base address register
基地址再定位 base address relocation
基地址字段 base address field
基点 actual zero point; base point; bench mark; datum; jig point; principal point; cardinal point【天】
基点定价 basing-point pricing
基点定价法 base-point pricing
基点方位 cardinal point
基点改正 base correction
基点观测值 survey value of base station
基点洪水 basic-stage flood
基点价格 basing-point pricing
基点间的(方位) intercardinal
基点控制 base control
基点霉属 <拉> Phoma
基点气压计 base barometer
基点水位 datum water level
基点网 base-point net
基点网观测精度 observation accuracy of base station network
基点网联测精度 accuracy of base station network
基点网平差后精度 accuracy of adjusted base station network
基点网重力值均方误差 mean square error of base station gravity
基点运费 basing-point freight
基点阵线 main lattice line
基点指示器 fiducial indicator
基点制 basing point system
基电流 base current
基垫 supportive cushioning
基垫层 foundation mat
基调 keynote; mood; tonality
基督教 Christianity
基督教巴西利卡 Christian basilica
基督教建筑 Christian architecture
基督教讲坛 Christian bema
基督教教堂建筑 Christian church architecture
基督教堂的门厅 chalcidicum
基督教以前的十字架 pre-Christian cross
基督教主教 bishop
基督圣体教堂 church of Corpus Christi
基督圣体节教堂 Corpus Christ church
基督圣体节小教堂 Corpus Christ chapel
基段 base segment
基墩 footing; foundation pier; pillar
基多 <厄瓜多尔首都> Quito
基额定时间 base time
基恩利斯官能度理论 Kienlis functionality theory
基尔霍夫边界条件 Kirchhoff's boundary condition
基尔霍夫表达式 Kirchhoff's formulation
基尔霍夫第二定律 Kirchhoff's second law
基尔霍夫电流定律 Kirchhoff's current law
基尔霍夫电压定律 Kirchhoff's second law; Kirchhoff's voltage law
基尔霍夫定律 Kirchhoff's law
基尔霍夫方程 Kirchhoff's equation
基尔霍夫辐射定律 Kirchhoff's law of radiation
基尔霍夫积分 Kirchhoff's integral
基尔霍夫假设 Kirchhoff's hypothesis
基尔霍夫理论 Kirchhoff's theory
基尔霍夫偏移 Kirchhoff's migration
基尔霍夫衍射 Kirchhoff's diffraction
基尔霍夫衍射公式 Kirchhoff's diffraction formula
基尔霍夫衍射积分 Kirchhoff's diffraction integral
基尔霍夫衍射理论 Kirchhoff's diffraction theory
基尔霍夫原理 Kirchhoff's principle
基尔克比荒野板岩层 Kirkby moor flags
基尔库卜型风力摇床 Kirkup table
基尔漫-弗兰开纸板排水法 Kjellmann-Franki cardboard drain method
基尔漫-弗兰开纸板排水机 Kjellmann-Franki machine
基尔试块 keel block
基肥 basal fertilizer; basic manure; ground fertilizer
基峰 base peak; basic peak
基腐病 foot rot
基干路由 backbone route; basic route
基高比 base-height ratio
基沟 muck ditch
基关联矩阵 basis incidence matrix
基管 parent tube
基函数 primary function
基焊料 base metal; parent metal
基荷 base-load
基荷电站 base load(power) station
基荷机组 base load unit
基荷容量 base load capacity
基荷水电站 base load hydroplant
基荷运行 base load operation
基盒 base box
基横模 fundamental transverse mode
基回路矩阵 basis circuit matrix
基级浓度 ground-level concentration
基级浓度分布 ground-level concentration distribution
基极 base electrode
基极层 base layer
基极触发 base triggering
基极传输因数 base transmission factor; base transport factor
基极电荷 base charge
基极电流 base current
基极电路 base circuit
基极电压 base voltage
基极发射极间饱和电压 base emitter saturation
基极发射极间电压 emitter-to-base voltage
基极发射极截止电流 base emitter cut off current
基极分压电路 base bleeder circuit
基极峰值电压 base-one peak voltage
基极负载 base-load
基极沟道 base channel
基极激励 base drive
基极集电极 base collector
基极间电阻 interbase resistance
基极接触 base contact
基极接触扩散 base contact diffusion
基极接地 base earth; grounded base
基极接地等效电路 grounded-base equivalent circuit
基极接地电路 grounded-base circuit
基极接地晶体管放大器 ground-base transistor amplifier
基极接地连接 grounded-base connection
基极接点 base contact
基极控制的 base-controlled
基极控制振荡器 base-controlled oscillator
基极扩散 base diffusion
基极扩散层 base diffusion layer
基极扩展电阻 base-spreading resistance
基极梁式引线 base beam lead
基极欧姆电阻 ohmic base resistance
基极欧姆接触 base ohmic contact
基极偏压 base bias
基极偏压效应 base-biasing effect
基极偏置 base bias
基极偏置电路 base bias circuit
基极区 base region
基极调幅 base modulation
基极调谐振荡器 tuned-base oscillator
基极调制 base modulation
基极稳定 base stabilization
基极引线电感 base lead inductance
基极引线电阻 base lead resistance
基极注入 base injection
基加利 <卢旺达首都> Kigali
基价 base price; basic figure; basic price
基价率 base rate
基价数 basic
基架 base frame; bed frame; pedestal
基件 substrate
基建 capital construction
基建拨款构建 purchasing and constructing using capital construction allocated funds
基建补助金 subsidy for capital expenditures
基建成本 capital cost
基建贷款 capital construction loan
基建地质工作 work of basic building geology
基建地质阶段 foundation geology step
基建费(用) capital cost; capital expenditures; capital outlay; first cost; initial expenses; initial investment
基建付款金额 capital sum
基建工程 capital construction works; construction works
基建工程地质 basic building engineering geology
基建工程审计 construction work audit
基建基金 capital fund
基建计划 construction project
基建(建设)投资 capital investment
基建借款 capital debt; capital investment loan
基建借款构建 purchasing and constructing using capital construction loans
基建浚挖费用 capital dredging cost
基建勘探 work of basic exploration
基建勘探方法 basic building exploration
基建任务书 construction order
基建设备 capital equipment
基建审批程序 construction authorization procedure
基建投资 capital outlay; capital charges; capital construction investment; capital cost; capital expenditures; capital outlay; construction investment; investment in capital construction; outlay
基建投资费用 capital cost; cost of capital investment
基建投资结构 structure of capital construction
基建投资收益 returns in capital construction investment
基建项目 capital project; construction project
基建项目基金 capital (construction) project funds
基建效果 effect of capital construction
基建性疏浚 capital dredging; initial dredging; new work dredging
基建性挖泥 capital dredging; new work dredging; initial dredging
基建预算 capital construction budget; construction budget
基建暂记账 construction suspense account
基建支出 construction expenditures
基建准备 reserve for construction
基建资产负债表 construction balance sheet
基键 base key
基脚 footing; foot stall; foundation folding; outsole; pad footing
基脚沟槽 footing ditch; footing trench
基脚荷载 footing load
基脚护坦块体 apron block
基脚基础 footing of foundation
基脚开挖 footing excavation
基脚(螺)栓 foot bolt
基脚模板 footing form
基脚上突起的混凝土 haunched concrete
基节 basic pitch; basipodite
基节误差 base pitch error
基解 basic solution
基解理 basal cleavage
基金 capital (stock); endowment; fund; principal sum
基金表 statement of fund
基金成本 cost of fund
基金持有人 fund holder
基金筹措 fund raising
基金储备 funded reserve
基金贷款 funding loan
基金单位 unit
基金的分摊额 contractual to the fund
基金的浪费 wasting of fund
基金分类 fund group
基金分配 fund allocation
基金负担 fund obligation
基金负债 funded debt; fund liability
基金管理 fund management
基金划拨 transfer of funds
基金会 foundation
基金会计 fund accounting
基金间贷款 inter-fund loan
基金间应收应付项目 inter-fund receivable and payable
基金间转账 inter-fund transfer
基金亏损 funded deficit
基金来源 source of funds
基金流量 flow of funds
基金流转表 funds flow statement
基金平衡表 fund balance sheet
基金设置 establishment of fund
基金投资 capital investment
基金投资分析 capital investment analysis
基金盈余 fund surplus
基金预支 advance funding
基金债券 sinking fund bonds
基金账户 fund account
基金直接和政府内部转发 inter-fund and inter-government transactions
基金中的基金 fund of funds
基金周转表 fund flow statement
基金属热电偶 base-metal couple
基金属温差电偶 base-metal couple
基金资产 fund assets
基金资产负债表 fund balance sheet
基矩阵 basic matrix
基距 base distance; base length; basic distance; cardinal distance
基距比 base-distance ratio
基卷 base volume
基克压研定律 Kick's law
基坑 ditch for foundation; ditch of foundation; foundation (building) pit; foundation ditch; foundation trench; bedding【建】
基坑爆破 building pit blasting
基坑边坡 excavation slope
基坑挡土板 pit board
基坑的(临时)斜支撑 raking shoring of building pit
基坑底 bottom of building pit
基坑底隆起 basal heave; based heave
基坑底隆胀 bottom heave
基坑法 cut-and-cover method
基坑工程 base pit engineering

基坑回弹测量 survey of elastic deformation of foundation pit
基坑回弹系数 coefficient of foundation ditch's rebound
基坑井点排水法 foundation pit well point drainage method
基坑开挖 excavation for foundation; foundation excavation; pit excavation
基坑开挖线 line of excavation construction
基坑排水 pit dewatering; building pit drainage
基坑排水用泵 building pit pump
基坑深度 depth of excavation; depth of foundation pit
基坑渗水试验 permeability test of pit
基坑施工 building pit construction
基坑湿挖 in the wet
基坑水 building pit water
基坑图样 base pit illustration
基坑土量 cubic(al) meter of base pit
基坑挖掘 pit excavation
基坑围护立柱 soldier beam
基坑验槽 foundation pit
基坑涌水 water inrushing of foundation pit
基坑涌水量 water-in-flow of foundation pit
基坑支撑 shoring of trench; pit prop
基坑支托板 pit board; well curbing
基孔 basic bore; basic hole
基孔极限制 hole basis limit system
基孔制 basic hole system; hole base system; hole basis
基孔制装配系统 hole base assembly system
基块 base block; matrix[复 matrixes/matrices]
基宽 sound stage width
基框工作 foundation framework
基拉尔尼造山运动 Killarmeyan orogeny
基拉韦厄型 Kilauean type
基浪 base surge
基勒明仿真线 Guillemin line
基勒统【地】keele series
基里巴斯 <西太平岛国> Kiribati
基里姆地毯 Kilim
基粒 basal granule; granum
基粒间膜 fret
基量 base unit weight
基量连接 basic linkage
基料 base material; binder; matrix[复 matrixes/matrices]
基料比 binder ratio
基料不溶型防污漆 insoluble matrix type anti-fouling paint
基料不足的涂膜 under-bound finish
基料溶解型 soluble matrix type
基料溶解型船底漆 Venetian ship-bottom paint
基料树脂 matrix resin
基料需要量 binder demand
基裂 basic capsule
基林矢量 Killing vector
基磷重铁矿 rockbridageite
基流 base current; base flow; ground-water runoff; standing current
基流储量 base flow storage
基流分割 base flow separation
基流过程线 base flow hydrograph
基流退水曲线 base flow depletion curve
基隆德超阶【地】Girondian(stage)
基隆港 Jilong Port
基隆麦克斯摆轮 Gyromax balance
基鲁纳式铁矿床 Kirunatype iron deposit
基米里阶【地】Kimmerian(stage)
基面 basal plane; base plane; basic plane; bottom section; primary plane; primary surface; underlying surface
基面保护层 grade protection layer
基面保证率 low tide cumulative probability of datum
基面点尺寸 datum dimension
基面焦距 flange focal distance
基面棱边 face edge
基面丝扣平均直径 average diameter of base face thread
基面线尺寸 datum dimension
基面准平原 base level peneplain
基模 basic mode
基膜 basement membrane; basilemma
基墨 paste
基木 sill
基(能)级 ground level
基尼昂 <一种制冷剂> Genetron
基尼绿 Guignet's green
基尼迈耶汞合金 Kienmayer's amalgam
基尼系数 Gini coefficient
基年 basal year; base year
基年费用 base year cost
基年养护费 base year maintenance cost
基盘 basal disc[disk]
基片 chip; die; substrate
基片暗箱 substrate magazine
基片反射偏振器 substrate reflection polarizer
基片面积 chip area
基片遮板 substrate-mask
基片装置 base wafer assembly
基片座 substrate holder
基频 base frequency; basic frequency; master frequency
基频倍加器 reference frequency multiplier
基频成分 fundamental frequency composition
基频磁调制器 fundamental frequency magnetic modulator
基频带均衡化 baseband equalization
基频带信号 baseband signal
基频合并 fundamental frequency combining
基频接转制 baseband frequency repeating system
基频晶体 fundamental crystal
基频谱带 fundamental frequency band
基频失真 fundamental frequency distortion
基频提取电路 fundamental extract circuit
基频抑制 fundamental suppression
基频中继系统 baseband frequency repeating system
基平 benchmark level(l)ing
基普发生器 Kipp's apparatus
基普仪 Kipp's apparatus
基期 base period; basic period
基期价值 base value
基期值 base period value
基前节 coxa vera
基墙 foot wall; foundation wall
基钦周期 <一种有规律的短期经济波动> kitchin cycle
基区 base region
基区电极 base electrode
基区电阻 base resistance
基区环 base ring
基区宽度 base width
基区宽度调制 base width modulation
基区扩展电路 base-spreading resistance
基区扩展电阻 base-spreading resistance
基区迁移率 base transport factor
基群 base group; basic group; primary block; primary rate
基群报警 group alarm
基群丛 sociation
基群导频 group pilot
基群分配 basic group allocation; group allocation
基群警报 basic group alarm
基群链路 basic group link; grouping link
基群设备 group bank equipment
基群数据调制器 group data modulator
基群速率 base group rate; primary rate
基群速率接入 primary rate access
基群速率用户网络接口 primary user-network interface
基群线路 basic group link; grouping link
基群载(波)供(给)架 group carrier supply bay
基群载频 group carrier
基褥 foundation mat
基色 basic stimulus; elementary colo(u)rs; primary colo(u)r; primitive colo(u)r; basic colo(u)r <红、黄、蓝三色>
基色刺激 chrominance primary
基色单元 primary colo(u)r unit
基色调 primary hue
基色光 primary light
基色滤色器 primary filter element
基色信号 <电视图像> primary colo(u)r signal
基石 base stone; bearing stone; bedding stone; bed rock; bedstone; bottom stone; cill; corner stone; first stone; footing stone; footstone; found(ation) stone; plinth stone; sill; sommer; springer; summer
基石标高 sill elevation
基石木 abutment piece
基石线 sommering line
基时系数 basic time factor
基蚀 basal sapping; sapping; undercut; undercutting; undermine; undermining
基矢(量) base vector; basis vector
基始电离电流 basis ionization
基氏流动度 Giseeler fluidity
基氏塑性测定 Giseeler plastometer test
基室 basal cell
基数 base number; base of the number representation; basic line; cardinal number(al); potency; radix; simple number
基数变换法 radix transformation method
基数变换器 radix converter
基数标记符 radix marker
基数表示法 radix notation; base notation
基数补码 radix complement
基数补数 base complement; noughts complement; radix complement
基数词 cardinal numeral
基数等价 cardinal equivalence
基数地址【计】address constant
基数点 radix point
基数电平 base level
基数调换分类 radix exchange sort
基数对序数效用 cardinal versus ordinal utility
基数反码 diminished radix complement
基数分类 radix sort
基数分类法 radix sorting
基数符号 base notation; radix notation
基数挂钩收入 base-linked revenue
基数和 cardinal sum
基数积 cardinal product
基数计数制 radix scale
基数记数法 base notation; radix notation; radix scale
基数减 1 diminished radix
基数减 1 补码 radix-minus-one-complement
基数交换分类法 radix exchange sort
基数据 base data
基数幂 cardinal power
基数排序算法 radix sorting algorithm
基数数 radix number
基数数字 radix digit
基数位移定址系统 base displacement addressing system
基数小数点 radix point
基数效用 cardinal utility
基数效用函数 cardinal utility function
基数性 cardinality
基数样条 cardinal spline
基数指示符 radix pointer
基数指示字 radix pointer
基数制 base notation; radix system
基数转换 radix conversion; radix transformation
基数作为序数的效用 cardinal versus ordinal utility
基丝 zero line
基司尔喷射通风系统 Giesl ejector draughting system
基索尔 <一种蛭石混凝土,轻质、保温、耐火> Kisol
基台 floor sill; base station <指台站>
基台梁 floor joist
基台木 oak frame; nose sill <钻塔前边横向的>
基台枕【岩】sill timber
基台值 sill value
基态 basic state; fundamental mode; ground level; ground state
基态弛豫 ground state relaxation
基态能级 ground state level
基锑矾 klebelsbergite
基体 basal body; ground mass; matrix[复 matrixes/matrices]; palasome
基体材料 base material; bulk material; parent material
基体刀片 no-coat chip
基体负荷电站 base-load station
基体合金 matrix alloy
基体结疤 core blister
基体结构 substruction
基体金属 base metal; basis metal; matrix metal; mother metal; parent metal
基体晶体 matrix crystal
基体量 mer weight
基体汽化技术 matrix vapo(u)rization technique
基体效应 matrix effect
基体硬度 matrix hardness
基体元素 matrix element
基体组 base cluster
基铁矾 butlerite
基铜矾 ktenasite
基土 basement soil(-subgrade); basement subgrade; base soil; foundation soil; supporting soil; underlying soil
基土层 supporting soil stratum
基土沉降 ground settlement
基土承受的压力 pressure on foundation soil
基土承载能力 bearing capacity of foundation soil
基土处理 subsoil treatment
基土捣固 subsoil puddling
基土坚实 well bottom
基土坚实的道路 well-bottomed road
基土介质 foundation medium of soil
基土排水 subsoil drainage
基土试样 supporting soil sample

基土压力 pressure on foundation soil
基土组成 composition of the ground
基团封闭 blocking
基团封闭剂 blocking agent
基团频率 group frequency
基团位变 metakliny
基团振动 group vibration
基团转移 radical transfer
基团转移聚合反应 group transfer polymerization
基托 base
基托垫底 base relining;rebasing
基托蜡 base plate wax
基托折裂 base plate cracking
基瓦 <美国印第安人开会等用的大圆屋> kiva
基瓦丁群【地】Keewation
基瓦丁统 <早太古代>【地】Keewatin series
基网 base net
基威反应堆 Kiwi nuclear reactor
基维诺期 Keweenawan
基维诺统 <晚元古代>【地】Keweenawan series
基物 substratum[复 substrata]
基线【测】base line;basic line;bearing line;datum axis;ground-line;shale line;zero line
基线安置 base setting
基线案例 baseline case
基线板 baseboard
基线板型电力供热器 electric(al) baseboard heater
基线标高 base elevation
基线标志 reference mark
基线波动 baseline fluctuation
基线不稳 unstability of base line
基线测量 baseline measurement;baseline survey
基线测量概尺 laying-out wire
基线测量器械 base apparatus;baseline measuring apparatus;base measuring equipment
基线测量相对中误差 relative mean square error of baseline
基线颤动 baseline stepping
基线长度【测】length of base;base length
基线场 baseline site
基线尺 base bar;baseline measuring tape;base(line) tape;base measuring tape
基线尺长度检定 standardization of tap(wire) length
基线尺长度检定场 standardization site of tap(wire) length
基线尺寸 baseline dimensioning
基线尺寸法 baseline dimensioning
基线尺读数 wire reading
基线尺度 baseline dimensioning
基线尺端点分划尺 reglette
基线尺膨胀系数 expansion coefficient of tape(wire)
基线导槽 <测图仪中校准基线分量用的一个装置> base slide;baseline guide-channel
基线点 base point;base station
基线电测仪 electrotape
基线电流 base current
基线定线 base lining
基线定向 basal orientation;base direction
基线端点 baseline terminal point;baseline terminal station;terminal point of base
基线段 baseboard
基线法 baseline method;method of intersection
基线方程 base equation;length equation
基线方位角 bearing of baseline
基线方向 base(line) direction
基线放大率 base magnification
基线飞行 baseline flying
基线费用 baseline cost
基线分量 base component
基线改化(至椭球面上) reduction of base(line)
基线改正 base correction
基线杆尺 base(measuring) bar;rigid base bar
基线高度变化 base-height ratio
基线高度法 base-altitude method
基线格网 base grid
基线共面 basal coplane
基线观测站 baseline observation station
基线航高比 altitude ratio;base-altitude ratio;base-height ratio;height ratio;K factor
基线航高比倒数 reciprocal of base-altitude ratio;reciprocal of base-height ratio
基线河流评价 baseline stream assessment
基线横(测)尺试验 test of subtense bar
基线横尺视差法 subtense method with horizontal staff
基线滑架 base carriage
基线化学环境 baseline chemical environment
基线换算法 baseline conversion method
基线架 base(line) carriage
基线检定场 field comparator
基线检核 check on base
基线校正 base(line) correction
基线景深比 base-depth-altitude ratio
基线扩大 base(line) extension
基线拉尺器 stretching apparatus of base line;tension apparatus
基线量组 base measuring party
基线面 datum plane
基线内容 baseline context
基线拟合 baseline fitting
基线浓度 baseline concentration
基线偏移 baseline shift
基线漂移 baseline drift;baseline wander
基线平面 basal plane
基线气象站 baseline meteorological station
基线器械 base(line) apparatus
基线倾斜 air base tilt;base(line) tilt
基线圈 lubber's ring
基线全息图 baseline hologram
基线三角架 solid block
基线生态系统监测 baseline ecosystem monitoring
基线时间延迟 baseline delay
基线数据 baseline data
基线水位 datum level
基线水质监测网 baseline water quality monitoring network
基线水质评价 baseline water quality assessment
基线水质状况 baseline water quality condition
基线缩小 reduction of base(line)
基线条件 baseline condition
基线条件自由项 free term of baseline condition
基线调整 baseline adjustment
基线调整技术 baseline adjustment technique
基线投影 base projection
基线弯曲 baseline curvature
基线网 base extension net;base net-(work)
基线位移 baseline shift
基线稳定 baseline stability
基线误差 baseline error
基线系 fundamental series
基线系统概念 baseline systematic concept
基线向内 <立体测图> base-in
基线向外 <立体测图> base-out
基线信息 baseline information
基线延长线 baseline extension
基线延迟 baseline delay
基线延伸线 baseline extension
基线研究 baseline study
基线以下的 below grade
基线与高度比 base-altitude ratio;base-height ratio;K factor
基线与航高比例 base-height ratio
基线预测 baseline projection
基线预算 baseline budget
基线域 base curve(field)
基线噪声 baseline noise
基线值 baseline value
基线中断 baseline break
基线终点 terminal point of base
基线桩 baseline stake
基线资料 baseline data;baseline information
基线组 base measurement party
基相信息 reference-phase information
基向 basad;basal orientation
基向量 base vector
基向指示标 cardinal direction marker
基向指示器 cardinal direction marker
基项 ground term
基谐波 first harmonic;fundamental wave
基谐模式 dominant mode;fundamental mode;principal mode
基谐型 fundamental mode
基谐振动 fundamental vibration
基谐振型 fundamental mode of vibration
基薪 base salary
基型机床 base machine
基性安山岩 basic andesite
基性超基性伟晶岩矿床 basic-ultrabasic pegmatite deposit
基性的 basic
基性玢岩 basic porphyrite
基性锋 basic front
基性火成岩 basic igneous rock
基性角页岩 basic hornfels
基性磷铝石 gordonite
基性磷镁石 phosphorroesslerite
基性磷锰铁矿 triploidite
基性磷锰铁石 landesite
基性磷铁矿 tinticite
基性磷铁锰矿 wolfeite
基性锰铅矿 quenselite
基性硼钙石 ginorite
基性硼锰钙石 roweite
基性硼钠钙石 kramerite;probertite
基性片麻岩 basic gneiss
基性片岩 basic schist
基性熔岩 basic lava
基性熔岩流 basic lava flow
基性闪长岩 basic diorite
基性砷锌矿 legrandite
基性砷锌石 legrandite
基性铜锌矾 ktenasite
基性斜长石 basic plagioclase
基性岩 base rock;basic rock
基性岩化 basification
基性岩浆元素 elements of basic magma
基性岩类 basic rocks;basite
基性盐 basic salt
基性异性石 lovozerite
基序列 basic sequence
基压系数 pressure-base factor
基牙 abutment tooth
基亚曼反向极性巨带 Kiama reversed polarity hyperzone
基亚曼反向极性巨时间带 Kiama reversed polarity hyperchronzone
基亚曼反向极性亚时 Kiama reversed polarity hyperchron
基延监测站 baseline extension monitor
基岩 basement rock;base rock;bottom rock;country rock;foundation rock;fundamental rock;hard seat;ledge rock;main bottom;matrix[复 matrixes/matrices];mother rock;native rock;original rock;parent rock;pedestal rock;rock base;rock bed;seat rock;solid rock;supporting rock;basal complex
基岩岸 hard shore;hard stone coast
基岩标 bedrock mark
基岩标定 bedrock surveying
基岩表面组成的荒芜地区 hammada
基岩测定 bedrock surveying
基岩层 bed rock;horizon D
基岩产状 attitude of bedrock
基岩出露高程 outcrop altitude of rock
基岩储集层 basement rock reservoir
基岩储水构造 storage structure of bed rock
基岩岛 rocky island
基岩等深线圈 basement rock contour map
基岩地区 bare land
基岩地下水 groundwater in bedrock
基岩地下水异常类型 type of subsurface water anomaly of bed rock
基岩地形 bedrock topography
基岩地质构造要素 bedrock geologic(al) structural element
基岩地质观测点 geologic(al) observation point in bedrock
基岩地质图 bedrock map;geologic(al) map of bedrocks;bedrock plan
岩地质学 bedrock geology
基岩顶标高 level of bedrock surface
基岩顶面 basal surface;bedrock surface
基岩分布图 chart of distribution of base rocks
基岩港湾海岸 bedrock estuary coast
基岩海岸 rocky coast
基岩含水层 bedrock aquifer
基岩含水带 water-bearing fissure zone in bedrock
基岩河道 rock channel
基岩滑坡 bedrock landslide
基岩急滩 bedrock rapids
基岩加速度 base rock acceleration;bedrock acceleration
基岩阶地 rock terrace
基岩裂隙 fissure in bed rock
基岩露头 base outcropping;bedrock outcrop;bedrock spur
基岩潜山油气藏趋向带 burial hill pool trend of basement rock
基岩强度 bedrock intensity
基岩丘 rock island
基岩取样 foundation sampling
基岩扇 rock fan
基岩上松软层 regolith
基岩试验 foundation testing
基岩试样 supporting rock sample
基岩束狭 bedrock spur
基岩水文地质图 hydrogeologic(al) map for bedrock
基岩水准标石 benchmark on rock
基岩台阶 structural rock bench
基岩突出 bedrock spur
基岩图 slid map
基岩土层模型 bedrock-soil layer model
基岩土壤 bedrock soil
基岩外缘坝 rocky outer edge bar
基岩岩性类型 bedrock lithologic(al) type
基岩样品 foundation rock sample

基岩应力 matrix stress
基岩油藏 basement rock pool
基岩运动 base rock motion;bedrock motion;rock motion
基盐交换 base exchange
基样玻璃 mother glass
基耶达测氮法 Kjeldahl method for nitrogen determination
基耶达测氮瓶 Kjeldahl flask
基耶达定氮测定 Kjeldahl nitrogen determination
基耶达定氮法 Kjeldahl's method
基耶达烧瓶 <一种长颈烧瓶> Kjeldahl flask
基页 base page
基因 gene
基因工业 gene industry
基因库 gene pool
基因频率 gene frequency
基音 fundamental tone
基音频率 fundamental frequency
基优先级 base priority
基优先数 base priority
基油 lubricant base
基于 build on
基于 GSM 的导行(航)系统 GSM-based navigation
基于传感器的系统 sensor-based system
基于窗口的接口 window-based interface
基于地理位置的数据文件 geographic(al) base file
基于电缆连接的局域网 cable-based local area network
基于废负荷分配的底泥质量 sediment quality-based waste load allocation
基于风险做出的决策 risk-based decision-making
基于规则的 rule-based
基于规则的演绎系统 rule-based deduction system
基于合同的诉讼 action founded in contract
基于灰度影像匹配 area based matching;grey value based matching
基于活动的 activity based
基于计量的测试数据 metric-based test data
基于计算机的反算模型 computer-based back calculation model
基于计算机的数字模型 computer-based numerical model(l)ing
基于剂量水质的反馈控制 feedback control based on dosed water quality
基于家庭的 home-based
基于(交通)设施的费用 facility-based fee
基于(交通)需求的(影响)收费 needs-based fees
基于解译影像匹配 interpretation based matching
基于框架描述的语言 frame-based description language
基于路面性能的混合料特性 performance-based property
基于模糊逻辑的 fuzzy logic based
基于耐火性能的规范 fire performance-based code
基于匹配程序概率 based matching program(me) probability
基于漂移的(抗震)设计 drift-based design
基于侵权的诉讼 action founded in tort
基于氢膜生物膜反应器 hydrogen-based membrane biofilm reactor
基于权力的保护 capability-based protection
基于人员 skeleton staff
基于设计的功能测试 design-based function testing
基于事例的系统 example-based system
基于事实的 case-based
基于事务处理的路由选择 transaction-based routing
基于树形图的 tree-based
基于水质排污极限 water quality based effluent limitation
基于特征影像匹配 feature based matching
基于通信[讯]的系统 communication based system
基于统计的方法 statistically based approach
基于位移的(抗震)设计 drift-based design
基于无线电(数据系统)交通信息频道的导航系统 RDS[relational data system]-TMC[traffic message channel]-based navigation
基于烯烃的 olefin(e)-based
基于消费的(影响)收费 consumptions-based fees
基于信息技术的 telematics-based;tenure of use
基于行程的 trip based
基于性能的规范 performance-based specification
基于性能的沥青胶结料规范 performance-based asphalt binder specifications
基于性能的沥青路面设计软件 superpave software
基于性能的先进设计 advanced performance-based design
基于性能的中级设计 intermediate performance-based design
基于 1 毫瓦的分贝数 decibel based on one milliwatt
基于蕴涵式的产生式规则 production rule based on implications
基于知识的 knowledge-based
基于知识的专家系统 knowledge-based expert system
基域 base field
基元 basic dollar;primitive
基元反应 elementary reaction
基元灰分 elementary ash
基元会计 constant dollar accounting
基元流 filament band
基元模式 elementary model
基元平面波全息图 elementary plane-wave hologram
基元全息图 elementary hologram
基元天线 elementary antenna
基元统计估值 constant dollar estimate
基元误差 elementary error
基圆 base circle;circle of correction;fundamental circle;generating circle;ground circle;primary circle;rolling circle;zero circle
基圆半径 base radius
基圆齿厚 base circular thickness
基圆齿距 base pitch
基圆节距 base pitch
基圆螺旋线 base helix
基圆直径 base circle diameter
基圆柱 base cylinder
基圆柱法面齿厚 normal base thickness
基圆柱螺旋角 base helix angle
基圆锥 base cone
基载天线 base-loaded antenna
基皂 basis soap
基噪判决电路 fundamental/noise detection circuit
基站 base station
基站定时程序 base-timing sequencing
基阵 basis matrix
基值 backhand technique;base value
基值电流 background current
基值调整器 base adjuster
基址 plot of land
基址参照 based reference
基址寄存器 base register
基址图 plot plan
基址字 base word
基趾开挖 toe excavation
基质 host;matrix[复 matrixes/matrices];substrate;ground mass【地】
基质半镜质体 desmos-emicollinite
基质玻璃 host glass;matrix glass
基质材料 host material
基质底 base
基质分解 substrate decomposition
基质分解代谢 substrate decomposition metabolism
基质分析 matrix analysis
基质晶格 parent lattice
基质晶体 host crystal
基质镜质体 desmocollinite
基质颗粒 matrix granule
基质孔隙度 matrix porosity
基质离子互作用 host-ion interaction
基质利用 substrate utilization
基质浓度 matrix concentration;substrate concentration
基质浓度分布 substrate concentration distribution
基质片层 stromal lamellae
基质溶解 stromatolysis
基质溶液 matrix solution
基质生物降解 substrate biodegradation
基质势 <土壤水> capillary potential;matrix potential
基质水平磷酸化 substrate level phosphorylation
基质速度 matrix velocity
基质体 matrix body
基质微生物生物质 substrate microbial biomass
基质污泥 substrate sludge
基质污染 substrate pollution
基质吸力 matrix suction
基质效应影响 base medium effect influence
基质样品 sample of matrix
基质转化 substrate conversion
基质状结构 matrix texture
基质组构 matrix fabric
基轴 basic shaft;standard shaft
基轴模 fundamental axis mode
基轴制 basic shaft system;shaft-base system;standard shaft system;unit shaft system
基属性 base attribute
基柱 pillar
基桩 foundation pile;pile completely in the ground;root pile;single pile
基桩病害检测系统 foundation pile diagnosis system
基桩孔 foundation pile hole
基状特性 stem-like characteristics
基锥 generating cone
基准 basic reference;basic standard;datum;establishment;etalon;primary standard;reference(standard);standard
基准白 normalizing white;white reference
基准板 reference plate
基准半电池 reference half-cell
基准瓣 reference lobe
基准倍频器 reference frequency multiplier
基准(本)地址 real-time address
基准比例尺 natural scale
基准臂 reference arm
基准边 reference edge
基准变量 basic variable;reference variable
基准变数 basic variable;reference variable
基准标尺 <校正用> reference ga(u)ge
基准标点 referring object;reference mark
基准标度 reference scale
基准标高 datum grade
基准标高以下 below grade
基准标记 bench mark;reference mark;referring mark
基准标架 reference frame
基准标志 datum mark;reference mark;zero mark;fiducial mark
基准波 reference wave
基准玻璃 reference glass
基准材料库 material reference library
基准材面 face cut
基准参考系 absolute reference system
基准测力机 deadweight machine;reference load calibration machine
基准测量 reference measurement
基准测试 benchmark problem;benchmark test
基准测站标桩 datum station peg
基准层 datum layer;key horizon
基准层构造图 underground structure contour map
基准长度 datum length;reference length
基准潮位 zero tide
基准潮位站 reference tide station;standard port;standard tide station
基准成本 basic standard cost
基准成分 reference element
基准程序 bench mark;benchmark program(me)
基准程序方法和结果 benchmarking method and result
基准尺 standard scale;station meter
基准尺寸 basic size;characterisation dimension;characteristic dimension;reference dimension
基准齿高系数 basic depth factor
基准齿廓 datum profile;reference profile
基准齿轮 master gear
基准齿条齿廓 basic rack tooth profile
基准齿条对称轴线 axis of symmetry of basic rack
基准触发脉冲 reference trigger pulse
基准船 reference ship
基准磁带 reference tape
基准磁平 reference surface induction
基准大圆 fundamental circle;primary great circle
基准带 reference tape;standard tape
基准单位 base unit
基准当量 reference equivalent
基准刀齿 master blade
基准的 fiducial;presumptive
基准的基准 reference of reference
基准等效值 reference equivalent
基准地平 datum horizon
基准地平面 ground reference plane
基准地址 base address;presumptive address;reference address
基准点 base point;control(ling) point;datum point;directing point;fiducial point;locating point;point of reference;reference station;bench mark;datum mark(of levelling);reference point;reference mark
基准点标高 datum mark level

基准点高程 benchmark elevation
基准点估价 benchmark appraisal
基准点温度 zero temperature
基准电路 reference circuit
基准电平 datum level; pedestal level; reference level
基准电势 reference potential
基准电位 reference potential
基准电压 reference voltage; voltage reference
基准电压发生器 pedestal generator
基准电压管 voltage reference tube
基准电源 reference (power) supply
基准动力源 reference power supply
基准断面 reference section
基准方位 reference azimuth; reference bearing
基准方位角 reference angle; reference azimuth
基准方向 reference direction
基准方向角 Y-azimuth
基准飞机 reference craft
基准飞行器 reference vehicle
基准费率 standard rate
基准符号 fiducial mark
基准辐射 reference radiation
基准副载波 reference subcarrier
基准副载波群 reference burst
基准杆尺 bar ga(u)ge
基准钢丝 <喷射混凝土施工时的> alignment wire; ground wire; screed wire
基准杠杆 guide lever
基准高程 base level; datum elevation; water reference level
基准高温计 reference pyrometer
基准格式 reference format
基准工作量 measured day work
基准功率 reference power
基准冠齿轮 basic crown gear
基准光束 reference beam
基准光线 datum ray
基准轨 line rail
基准轨道 reference track
基准海平面 sea level datum; standard sea level
基准和标准试剂 reference and standardizing reagent
基准横挡 <建筑工地> sight rail
基准弧压 reference arc voltage
基准货币 base money
基准级 reference level
基准计数 reference count
基准计算机 reference computer
基准记号 zero mark
基准记录 reference recording
基准监测 baseline monitoring
基准检测程序 benchmark test program(me)
基准检查按钮 reference check button
基准检潮站 reference station; standard port; standard station
基准建立 establishment of datum
基准角 reference angle
基准接收机 reference receiver
基准节点 datum node
基准结 reference junction
基准结构 baseline topology
基准劲度 reference stiffness
基准井 criterion well; key hole; stratigraphic(al) well
基准距 stand-off
基准空腔谐振器 reference cavity
基准孔 basic hole; criterion well; key hole; stratigraphic (al) well; datum hole
基准孔装配法 hole production method
基准控制放大器 reference control amplifier
基准块 reference block
基准宽度 base width
基准利率 ruling rate of interest
基准沥青材料库 asphalt material reference library
基准梁 reference beam
基准量 datum quantity; reference quantity
基准列 pivot column
基准灵敏度 reference sensitivity
基准零点 datum zero; reference datum
基准流速仪 reference current meter [metre]
基准脉冲 basic pulse; reference pulse; zero pulse
基准脉冲处理放大器 pedestal-processing amplifier
基准脉冲发生器 basic pulse generator
基准脉冲绝缘水平 basic impulse insulation level
基准脉冲重复频率 basic pulse repetition rate
基准锚头 reference anchor
基准煤气 reference gas
基准密封膏 reference sealant
基准面 datum (surface); plane of datum; plane of reference; reference datum; reference level; reference plane; reference surface; datum level; base face; base level; base of verification; key bed; level (l) ing base; locating surface; basic plane; basis level; fundamental plane
基准面标高 initial level
基准面标记 level mark
基准面标志浮标 datum marker buoy
基准面不圆度 non-circularity of reference surface
基准面静校正 datum static
基准面偏差 reference surface deviation
基准面平原 base-leveled plain; peneplain
基准面位置浮标 datum marker buoy
基准面以上高程 height above datum
基准面以上高度 height above datum
基准面以下深度 depth at chart datum
基准面直径 reference surface diameter
基准面指示仪 surface indicating device
基准面中心 reference surface center [centre]
基准面坐标 datum surface coordinate
基准模型 reference model
基准目标 datum target; reference object; referring object
基准纳税年度 basic taxable year
基准年(份) base year
基准偶极子 reference dipole
基准耦合腔 reference coupler
基准配置管理 baseline configuration management
基准偏差 datum deviation; datum drift
基准偏磁 reference bias
基准偏置 reference offset
基准漂移 datum drift
基准频率 frequency reference; reference frequency
基准品系 marker clone
基准平均潮位 standard mean sea level
基准平面 base level; base plane; plane of reference; reference plane; datum plane
基准平面位置 datum plane position
基准期 base period
基准气候站 reference climatological station
基准球 reference sphere
基准球面 datum sphere; spheric(al) datum surface
基准曲线 directing curve
基准燃料 base fuel
基准燃气 reference gas
基准绕组 reference winding
基准蠕变 basic creep
基准栅极 reference grid
基准声 reference sound
基准声功率 reference sound power
基准声级 reference sound level
基准声量 reference volume
基准声强 reference sound intensity
基准声压 reference acoustic (al) pressure; reference sound pressure
基准时间 benchmark period; reference time; time origin
基准时钟 reference clock
基准矢量 base vector
基准视频 reference video
基准视线 basic line of sight
基准收益率 basic return rate; bench investment-earnings ratio
基准收益值 bench investment yield
基准受话器 reference receiver
基准输入 reference input
基准输入变量 reference input variable
基准输入元件 reference input element
基准数 base value; reference number
基准数据 baseline data; benchmark data; reference data
基准水平面 datum plane for sounding; datum (water) level; horizontal reference plane; reference level; datum plane
基准水平线 key horizon
基准水位 datum (water) level; reference water level; water reference level
基准水位标志 bench mark
基准水位尺 reference ga(u)ge
基准水位法 partial duration series method
基准水位线 zero line
基准水准面 reference level
基准速度 reference speed
基准台 base station; reference station
基准探空仪 standard radiosonde
基准题 benchmark problem; benchmark task
基准体 datum body
基准体系 frame of reference
基准条 base screed
基准条件 base condition; reference condition
基准调整 reference adjustment
基准调制 reference modulation
基准统计数字 benchmark statistics
基准图 base map; reference map
基准图形 dictionary pattern
基准网 reference net
基准网格(空间) reference space grid
基准纬度 reference parallel
基准位置 reference location; reference position
基准位置装定 datum setting
基准温度 datum temperature; fiducial temperature; reference temperature
基准问题 benchmark problem
基准污水处理厂 benchmark wastewater treatment plant
基准物 standard substance
基准物件 reference body
基准物质 primary standard substance
基准误差 datum error
基准吸声力 reference sound absorbing power
基准弦 reference chord
基准线 line of reference; reference line; datum line; axis of reference; base line; fiducial line; initial line; lubber's line; original line; principal meridian; ranging line; reference axis; shale line; zero line
基准线方法 baseline methodology
基准线确定 datum setting
基准线设定途径 baseline approach
基准线系统 datum line system
基准线新方法 baseline new methodology
基准线已批准的方法 baseline-approved methodology
基准相(位) reference phase
基准相位同步发电机 phase-reference alternator
基准箱 base box; basis box
基准像面 reference image plane
基准信号 reference signal
基准信号发生器 reference generator
基准信号发生器的信号波形 bootstrap waveform
基准信号机【铁】 base installation
基准信号水平 reference signal level
基准星 proper star
基准行 pivot row
基准型架 master fixture
基准压力 reference pressure
基准压力级 reference pressure level
基准压力调节 level pressure control
基准压强 base pressure
基准延时帧 reference delay frame
基准研究 benchmark study
基准样件 reference body
基准窑速 standard kiln speed
基准要素 reference element
基准液面 datum level
基准仪 station meter
基准仪表 master meter
基准音调 reference tone; reftone
基准音量 reference volume
基准应力 reference stress
基准元件 reference element
基准圆 basic circle
基准缘 reference edge
基准源 reference source
基准运费率 standard freight scale
基准载波 reference carrier
基准载波脉冲群 reference carrier burst
基准噪声 reference noise
基准振荡器 reference oscillator
基准振荡器输出频率 output frequency of standard oscillator
基准振荡器抑制 reference oscillator muting
基准直接日射表 primary standard pyrheliometer
基准直径 datum diameter
基准值 datum value; reference value
基准值调定 <调节流量的> control index setting
基准指令 reference instruction
基准制 basic system; reference system
基准中心 basic center
基准中央经线 reference central meridian
基准中央子午线 reference central meridian
基准重(量) basic weight; base weight
基准轴 basic shaft
基准轴线 datum axis; fiducial axis; reference axis
基准柱 reference stake
基准桩 bench mark; datum peg; reference peg; reference stake; witness stake
基准状态 normal condition
基准子午线 Greenwich meridian; reference meridian
基准阻力 datum drag

J

基准钻井 key well
基准钻孔 key well;stratigraphic(al) hole
基准坐标 reference coordinates;frame of reference
基准坐标系 normal coordinate system
基子句 ground clause
基纵模 fundamental longitudinal mode
基组 base cluster;foundation set
基座 base(frame);bed plate;foundation bed;foundation pier;foundation support;main bottom;pad;pedestal;stereobate;kiln pier <转窑>
基座板 base plate
基座标志柱 base stanchion
基座底部 dado base
基座底脚 pedestal foot(ing)
基座河漫滩 bedrock seated flood plain
基座环 base ring
基座阶地 bedrock seated terrace
基座控制 pedestal control
基座漏电 base leak
基座脉冲 pedestal pulse
基座坡度 slope of bed
基座嵌固 ground-with-supports mounting
基座倾斜校正值 base frame tilt correction value
基座圈 base ring
基座三通 base tee
基座式起重机 pedestal crane
基座线脚装饰 base trim
基座腰线 <建筑上的> pedestal frieze
基座引起的振动 foundation-induced vibration
基座造型 base mo(u)lding
基座砖 plinth brick
基座纵桁 girder for seat

缉私 suppress smuggling

缉私艇 revenuer cutter
缉私员 revenuer

畸孢孔菌属 <拉> Truncospora

畸变 aberration;skewness
畸变变化 change in distortion
畸变变形 distortional deformation
畸变表面 distorted surface
畸变波 distorted wave;distortional wave;wave of distortion
畸变波法 distorted wave method
畸变补偿 distortion compensation
畸变不准确度 distortion inaccuracy
畸变测量仪 distortion measuring equipment
畸变测试器 distortion measuring equipment
畸变层理 distorted bedding
畸变场 perturbed field
畸变沉降量 distortion settlement
畸变成像 distorted image formation
畸变单元 distorted element
畸变点 distortion point
畸变点阵 distorted[distortion] lattice
畸变电场 distorted electric(al) field
畸变度 degree of distortion;distorted degree
畸变范围 distorted region;distortion range
畸变放大 anamorphic magnification
畸变放大器 distorter[distortor]
畸变峰 distorted peak
畸变概率 deformation probability
畸变钢丝绳 distorted wire rope
畸变功率 distortion power
畸变函数 distortion function
畸变湖 irregular lake
畸变机械校正装置 mechanical distortion correcting device
畸变计 distortion meter
畸变角 angle of distortion
畸变校正 distortion correction
畸变校正齿轮 distortion correcting cam
畸变校正系数 distortion correction factor
畸变结构 distortion structure
畸变量 amount of distortion
畸变率 distortion factor;distortion rate
畸变模型 distorted model;distortion model
畸变能 distortion energy
畸变能屈服条件 distortion energy yield criterion
畸变排列相 distortion aligned phase
畸变谱 distorted spectrum
畸变区域 distorted region
畸变曲线 distortion curve
畸变曲线图 distortion graph
畸变水 distorted water
畸变特性 distortion characteristic
畸变透镜 anamorphic lens
畸变图 distortion pattern
畸变位移 distortion shift
畸变误差 distortion error
畸变系数 deformation coefficient;distortional coefficient;distortion factor;percentage distortion
畸变系数测量器 distortion factor meter
畸变像 distorted image
畸变像差 aberration;distortion
畸变消除 distortion elimination
畸变效应 distortion effect
畸变信号 distorted signal
畸变延迟 distortion delay
畸变印刷 distortion printing
畸变应变能 strain-energy of distortion
畸变应力 distortion stress
畸变值 distortion value
畸变中心 center[centre] of distortion;distortion center[centre]
畸峰 rogue peak
畸夹行列式 continuant
畸形 abnormality;anamorphosis;deformity;freak;malformation;monstrosity
畸形板坯 odd-shaped plate blank
畸形波 freak wave
畸形参数 deformation parameter
畸形的 malformed;monstrous;odd-shaped;unshaded
畸形的剖面 abnormal profile
畸形的侵蚀 abnormal erosion
畸形的土 abnormal soil
畸形堆冰 deformed ice
畸形发生 teratogenesis;teratogeny
畸形发展 deformed development;develop distortedly
畸形干旱 freak drought
畸形钢丝绳 distorted wire rope
畸形连接 malunion
畸形率 distortion factor;distortion rate
畸形生长 anomalous growth
畸形生成 teratogenesis;teratogeny
畸形物 malformation
畸形现象 abnormal phenomenon
畸形性 malformation
畸形压缩图像 anamorphotically squeezed image
畸形鱼 malformed fish
畸形中央尖 central cusp deformity
畸形铸铁 ill-shaped casting
畸形砖 shipper
畸形字体 grotesque
畸性(光电)导体 partial conductor

箕斗 skeo;skip(bucket);skip car

箕斗罐道 skip track
箕斗式吸扬挖泥机 dustpan dredge(r)
箕斗式装载机 skip loader
箕斗提升 skip hoisting;skip winding
箕斗提升机 ramp loader;skip bridge;skip winder
箕斗提升设备 skip hoisting plant
箕舌线 witch
箕式清沟器 scoop screen
箕头式吸扬挖泥船 dustpan dredge(r)
箕状 dustpan-like

稽查人(职务) inspection directorate

稽查员 expediter
稽核卡 control card
稽核员 auditor;inspector

激变 convulsion

激变论【地】catastrophism
激变事件 cataclysmic event
激波 bow wave;compression wave
激波包面 shock wave envelope
激波波前 shock front
激波波前通道 shock front passage
激波出现 shock wave rise
激波电离 shock wave ionization
激波发光 shock wave luminescence
激波发生体 shock-generating body
激波分离 shock stall
激波风洞 shock tunnel
激波管 shock tube
激波管器 shock tube
激波后紊流 compressibility burble
激波(后涡)痕 shock wave shadow
激波后压力损失 loss behind the shock
激波厚度 shock wave thickness
激波恢复 shock recovery
激波击破 shock wave break-up
激波极线 shock polar
激波加热 shock heat(ing)
激波间断 shock discontinuity
激波交线 shock waves junction
激波离体效应 shock stall effect
激波流 shocked flow
激波脉动 shock oscillation
激波面 detonation front
激波拟合 shock fitting
激波拟合法 shock fitting technique
激波谱 shock spectrum
激波前沿 Mach's stem;shock front
激波倾斜角 shock wave angle
激波区 shock region
激波曲线 shock curve
激波失速 shock stall
激波损失 shock load(ing);shock loss
激波涂抹 shock smearing
激波系 multishock
激波线 shock line
激波相交 shock interaction
激波消除 shock wave cancellation
激波消失 shock wave decay
激波压力 shock pressure
激波阴影照片 shock wave shadow
激波诱导附面层 shock-induced boundary layer
激波与边界层相互作用 shock wave boundary layer interaction
激波与紊流相互作用 shock turbulence interaction
激波折射 shock wave refraction
激波阵面 front of wave
激波振荡 shock oscillation
激波致扰气流区 compressibility burble
激波中压力损失 loss through shock wave
激波阻力 drag due to shock wave
激潮 rip;tidal rip;tide blow;tide rip
激磁 energization
激磁变阻器 excitor rheostat;field rheostat
激磁磁铁 field magnet
激磁电流放大器 field amplifier
激磁电压 excitation[exciting] voltage
激磁放电 field discharge
激磁分路接触器 field divert contactor;field shunting contactor
激磁换能器 exciting transducer
激磁回路 energizing loop
激磁机 exciter;exciting dynamo
激磁控制 excitation control
激磁绕组 excitation[exciting] winding
激磁式变阻器 exciter field rheostat
激磁用透平 exciter turbine
激磁自动同步机 exciter selsyn
激淬 glass-hardened
激荡 slosh
激电测深曲线 curve of induced polarization sounding
激电法电极装置类型 type of configuration in induced polarization method
激电法工作布置图 work arrangement figure in induced polarization method
激电法曲线 curve of induced polarization method
激电法实际材料图 real material figure in induced polarization method
激电法推断成果图 deduction result figure in induced polarization method
激电联剖 induced polarization combined profiling array
激电联剖剖面平面图 profiling-plan figure of induced polarization combined array
激电联剖剖面图 profiling figure of induced polarization combined array
激电联剖曲线 curve of induced polarization combined profiling
激电偶极测深 induced polarization dipole-dipole sounding array
激电偶极拟剖面图 profiling-section figure of induced polarization dipole array
激电偶极剖面平面图 profiling-plan figure of induced polarization dipole array
激电偶极剖面图 profiling figure of induced polarization dipole array
激电四极测深 induced polarization quadripole sounding array
激电正交测深 induced polarization orthogonal sounding array
激电中梯平面等值线图 plan contour figure of induced polarization gradient array
激电中梯剖面平面图 profiling-plan figure of induced polarization gradient array
激电中梯剖面图 profiling figure of induced polarization gradient array
激电中梯曲线 curve of induced polarization mid-gradient array
激跌 sharp fall
激动 agitation;sensation;temper tantrum
激动模式 activation pattern
激动频率 excitation frequency
激动器 activator;stimulator
激动式热风供暖 central fan heating;fan heating
激动水平 activation level
激动性忧郁症 agitated melancholia
激动因素 excitation function
激发 blaze;energization;excitation;

explode;motivation;vitalization
激发变量 excitation variable
激发波 blast wave;excitation wave
激发波长 excitation wavelength
激发场 exciting field
激发持续时间 duration of exciting
激发创造性 creativity
激发纯度 excitation purity
激发带 excitation band
激发单色仪 excitation monochrometer
激发的 provocative
激发灯 exciter lamp
激发地热井 stimulated geothermal bore
激发地震 excitation[exciting] earthquake
激发电极 exciting electrode
激发电路 energizing circuit
激发电势 excitation potential
激发电位 excitation potential
激发电位测井 induced polarization potential log
激发电压 excitation[exciting] voltage
激发电压脉冲形状 exciting voltage pulse shape
激发电子 excitation[excited] electron
激发度 degree of excitation
激发反应 provocative reaction
激发方式 source form
激发峰 excitative peak
激发辐射 exciting radiation
激发概率 excitation probability
激发功率 exciting power
激发光 exciting light
激发光谱 excitation spectrum
激发规则 firing rule
激发函数 excitation function
激发回路 exciting loop
激发机 exactor
激发机构 excitation mechanism;exciting mechanism
激发机理 excitation mechanism;exciting mechanism
激发机制 excitation mechanism;exciting mechanism
激发基态复合物 excimer
激发极化 induced polarization
激发极化测井曲线 induced polarization log curve
激发极化测深法 induced polarization sounding method
激发极化充电曲线 curve of induced polarization charging array
激发极化充电装置 induced polarization charging array
激发极化法 induced polarization method
激发极化仪 instrument for induced polarization
激发剂 activating agent;excitant;exciting agent
激发剂量 booster dose;provocative dose
激发检测 fire detect
激发截面 excitation cross-section
激发力 excitation[exciting] force
激发滤色镜 exciter filter
激发脉冲 excitation pulse;exciting impulse
激发能 exciting energy
激发能传递 excitation energy transfer
激发能级 excitation level;excitation stage
激发能量 excitation energy
激发碰撞 exciting collision
激发频率 excitation[exciting] frequency
激发谱线 exciting line
激发期 stimulating phase
激发气体 energizing gas
激发器 energizer;exciter;promoter
激发器功率 actuator power
激发迁移 excitation transfer
激发强度 excitation density;excitation intensity
激发曲线 excitation curve
激发绕组 exciting winding
激发式【化】 excitation formula
激发式制动器 self-energizing brake
激发试验 provocative test
激发速率 excitation rate
激发态 excitation state;excited state
激发态光谱学 excited state spectroscopy
激发态阱 excited state well
激发特性 excitation characteristic
激发体积 excitation volume
激发条件 excitation[excited] condition
激发温度 excitation temperature
激发物 excimer
激发物激光器 excimer laser
激发线圈 excitation winding
激发效率 effectiveness of excitation
激发效应 priming effect
激发星 exciting star
激发因素 excitation condition
激发引信 concussion fuse
激发源 excitation source;stimulus;excimer
激发再生系统 peeler-regeneration system
激发照射 exciting irradiation
激发振动 excited vibration
激发整流器 exciting rectifier
激发指标 excitation index
激发滞后 excitation lag
激发中心 excitation center[centre]
激发注射 booster injection
激发转移 excitation transfer
激发装置 excitation device
激发状态 excited state
激发撞针 firing
激发子 exciton
激发作用 priming action;trigger action
激光 laser light;pumping light
激光安全标准 laser safety standard
激光安全护目镜 laser safety goggle
激光安全水平 laser safety level
激光靶 laser target
激光斑干涉量度术 laser speckle interferometry
激光斑纹法 laser speckle method
激光半主动寻的系统 laser semiactive homing system;LASH system
激光棒 laser bar;laser rod
激光棒冷却套 laser rod-cooling jacket
激光棒研磨 laser rod grinding
激光饱和光谱学 laser saturation spectroscopy
激光报警器 laser avoidance device
激光倍频 laser frequency doubling
激光本机振荡器 laser local oscillator
激光泵 laser pump(ing)
激光比浊法 laser nephelometry
激光比浊计 laser nephelometer
激光变流器 laser current transformer
激光标志系统 laser marking system
激光标准具 laser etalon
激光表面处理 laser surface treatment
激光表面改性 laser surface modification
激光表面损伤 laser induced surface damage
激光波长 laser wave length;optic(al) maser wavelength
激光波前分析仪 laser wavefront analyser[analyzer]
激光波形发生器 laser waveform generator
激光玻璃 laser glass
激光玻璃纤维 laser fiber[fibre];lasing fiber[fibre]
激光捕获装置 optic(al) acquisition equipment
激光材料 laser material;working laser material
激光材料加工 laser material processing
激光彩色电视 laser colo(u)r television
激光彩色记录器 laser colo(u)r recorder
激光操平 laser level(l)ing
激光侧视雷达 laser side looking radar
激光测长机 laser length measuring machine
激光测锤 laser plummet
激光测高 laser measured height
激光测高计 laser altimeter;laser altitude ga(u)ge;laser terrain-clearance indicator
激光测高精度 laser height accuracy
激光测高雷达 laser terrain following radar
激光测高仪 laser altimeter;laser ceilometer
激光测高准确度 laser height accuracy
激光测厚 thickness measurement with laser
激光测绘 laser mapping
激光测绘系统 laser mapping system
激光测绘仪 laser mapping equipment
激光测浑法 laser nephelometry
激光测距 electronic distance measurement;laser(distance) ranging;laser stadia ranging;lidar
激光测距传感器 laser ranging sensor
激光测距分辨率 resolution of laser ranging
激光测距和跟踪系统 laser ranging and tracking system
激光测距后向反射器 laser ranging retroreflector
激光测距机 laser range finder
激光测距机测程 measurement range of laser range finder
激光测距机测距精度 precision of ranging for laser range finder
激光测距机测距准确度 accuracy of ranging for laser range finder
激光测距机的三轴一致性 alignment of three axes for laser range finder
激光测距经纬仪 laser rangefinder theodolite;laser ranging theodolite
激光测距精度 precision of laser ranging
激光测距雷达 range laser radar
激光测距瞄准具 laser ranging sight
激光测距系统 optic(al) laser ranging system
激光测距仪 laser distance measurement[measuring] instrument;laser geodimeter;laser range finder;laser ranger;laser ranging device;Rangemaster;cubitape <美国制造>
激光测距仪噪声 noise of laser ranger
激光测距站 laser ranging station
激光测距准直仪 laser electro-optic(al) measurement and alignment instrument
激光测量 surveying by laser
激光测量系统 laser surveying system
激光测试控制台 laser test console
激光测速仪 laser-Doppler anemometer;laser velocimeter
激光测污仪 laser monitor for pollution
激光测月 lunar laser ranging
激光测云仪 laser ceilometer
激光层析法 laser tomography
激光差拍系统 laser heterodyne system
激光掺杂 laser doping
激光长度基准 laser length standard
激光唱片 audio CD
激光超声全息照相 laser ultrasonic holography
激光成像 laser mapping
激光触发 laser initiation
激光触发火花隙 laser triggered spark gap
激光触发开关 laser triggered switch
激光穿透能力 laser piercing power
激光传感器 laser sensor
激光传输 laser transmission
激光垂直仪 laser zenith meter
激光垂准仪 laser plummet
激光刺点仪 laser marker
激光淬火 laser quenching
激光存储器 laser memory;laser storage
激光打印机 laser beam printer;laser(-jet) printer
激光大地测量系统 geodetic laser survey system
激光大屏幕显示 laser large screen display
激光大气反射 atmospheric laser return
激光大气击穿 laser induced atmospheric breakdown
激光带宽 laser bandwidth
激光带通滤波图像 laser band pass filtering image
激光刀 laser knife
激光导标 laser leading marks
激光导航 laser navigation
激光导航设备 laser navigation gear
激光导航仪 laser navigation(al) equipment
激光导向 laser beam guidance
激光导向技术 laser alignment technique
激光导向器 laser direction device
激光导向仪 laser alignment telescope;laser guide instrument
激光灯塔 laser lighthouse
激光等离子体 laser target plasma
激光低能级 terminal laser level
激光低通滤波图像 laser lower frequency filtering image
激光地面测绘器 laser ground mapper
激光地面测绘系统 laser ground mapping system
激光地面坡度控制 laser grade control
激光地球动力学卫星 laser geodynamic(al) satellite
激光地球动力学卫星计划 laser geodynamic(al) satellite program(me)
激光地形断面仪 laser terrain profile recorder;laser terrain profiling equipment
激光地形剖面记录仪 laser terrain profile recorder
激光地形剖面仪 laser terrain profile recorder;laser terrain profiling equipment
激光地形仪 laser topographic(al) instrument;laser topographic(al) position finder
激光地形纵断面平整度仪 <分析未整理的场地> laser profilometer system
激光地震报警器 laser earthquake alarm
激光地震警报系统 laser earthquake alarm
激光地震仪 laser seismometer
激光点 laser dot
激光点火聚变 laser ignited fusion
激光电光技术 laser electrooptic technology
激光电路 laser circuit
激光电脑排版机 lasercomp

激光电视 laser television
激光电视摄像机 laser television camera
激光电子数据处理装置 laser electronic data processing setup
激光定位 laser coordination;laser location;lidar;positioning by laser
激光定位测量 laser location surveying
激光定位观察法 laser location observation
激光定位器 laser coordinator;laser locator
激光定位仪 laser range finder
激光定向 laser-type directional control
激光定向仪 laser coelostat
激光定中仪 laser plummet
激光动力测地卫星 laser geodynamic(al) satellite
激光动平衡 laser dynamic(al) balancing
激光镀膜 laser coating
激光短脉冲 fast laser pulse
激光断面图 laser profile;laser section
激光断面仪 laser profilometer
激光对准 laser alignment
激光多边测量 laser multilateration
激光多模振荡器 multimode laser oscillator
激光多普勒测速 laser Doppler velocity measurement
激光多普勒测速法 laser Doppler velocimetry
激光多普勒测速计 laser Doppler velocimeter
激光多普勒测速仪 laser Doppler velocimeter
激光多普勒风速测量法 laser Doppler anemometry
激光多普勒风速和风向测定法 laser Doppler anemometry
激光多普勒风速计 laser-Doppler anemometer
激光多普勒风速仪 laser-Doppler anemometer
激光多普勒雷达 laser Doppler radar
激光多普勒零拍检测 laser Doppler homodyne detection
激光多普勒速度计 laser Doppler velocimeter
激光多普勒速度计测定 laser Doppler velocimetry
激光多普勒系统 laser Doppler system
激光二极管 diode laser;laser diode
激光二极管耦合器 laser diode coupler
激光发光 laser fluorescence
激光发射 laser shot
激光发射管 laser transmitting telescope;transmitter telescope
激光发射机 laser transmitter
激光发射极 lasering emitter
激光发射计试验 laser reflectometer test
激光发射器 generating laser;laser deliver;laser transmitter
激光发射体 lasing light emitter
激光发生器 laser generator
激光法飘尘监测仪 laser airborne dust monitor
激光反回光束 return laser beam
激光反射 laser bounce
激光反射光束 return laser beam
激光反射器 laser reflector
激光反向散射 laser back scattering
激光方向滤波图像 laser directional filtering image
激光防护 lasering safety
激光防护镜 laser goggles
激光防护目镜 anti-laser goggles
[illegible] laser obstacle avoidance sensor;laser terrain avoidance sensor
激光防撞雷达 obstacle avoidance laser radar
激光防撞系统 laser obstacle avoidance system; laser terrain avoidance system;obstacle avoidance laser system
激光放大器带宽 laser amplifier bandwidth
激光分光光度计 laser spectrophotometer
激光分光镜 laser beam splitter
激光粉 laser powder
激光风速计 laser anemometer
激光风速计信号 laser anemometer signal
激光风速仪 laser anemometer
激光封装 package sealing with laser
激光辐射 lase;laser light
激光辐射波动 laser fluctuations
激光辐射二次谐波 laser generated second harmonic
激光辐射计 laser radiometer
激光辐射起伏 laser fluctuations
激光辐射损伤 laser radiation damage
激光辐射探测器 laser radiation detector
激光辐照 laser irradiation
激光辐照分层靶 laser irradiated layered target
激光辐照面 laser irradiated surface
激光干扰 laser jamming
激光干涉测量 laser interferometry
激光干涉量度学 laser interferometry
激光干涉气压计 laser interferometer manometer
激光干涉仪 laser interferometer
激光干涉仪照相机 laser interferometer camera
激光(感光)乳胶存储器 laser emulsion storage
激光高度计 laser altimeter
激光高能级 upper laser level
激光高通滤波图像 laser higher frequency filtering image
激光高温分解 laser pyrolysis
激光跟踪 laser lookon;laser tracking
激光跟踪定位系统 laser tracking positioning system
激光跟踪和照明雷达 tracking and illuminating laser radar
激光跟踪器 laser tracker
激光跟踪数据 laser tracking data
激光跟踪水准仪 laser tracking level
激光跟踪头 laser tracking head
激光跟踪系统 laser tracking system
激光跟踪信标 laser tracking beacon
激光跟踪轴 laser tracking axis
激光工程 laser engineering
激光工作物质 working laser material
激光功率 laser power
激光固化 laser curing
激光观察器 laser scope
激光管 laser tube
激光管道定线仪 pipe laser
激光管纤维光学装置 laser pipe fibre optics
激光管谐振腔 laser tube cavity
激光惯性传感器 inertial laser sensor
激光惯性导航系统 laser inertial navigation system
激光光斑跟踪器 laser spot tracker
激光光电元件 laser cell
激光光度计 laser photometer
激光光度学 laser photometry
激光光解 laser photolysis
激光光凝固器 laser photocoagulator
激光光谱 laser spectrum
激光光谱法 laser spectrometry
激光光谱分析 laser spectrum analysis
激光光谱输出 laser spectral output
激光光谱图 laser spectrogram
激光光谱学 laser spectroscopy
激光光散射质量检测器 laser-based light-scattering mass detector
激光光色显示 laser low-light level television;laser photochromic display
激光光声法 laser optoacoustic(al) method
激光光声探测 laser optoacoustic(al) detection
激光光束扫描器 laser beam scanner
激光光纤传输系统 laser fiber-optic transmission system
激光光学检验 optic(al) testing with laser
激光光学纤维 lasing fiber[fibre]
激光光学演示仪 laser optic(al) demonstration instrument
激光光学(装置) laser optics
激光光压 pressure of laser light
激光光源 light source from laser
激光焊 laser beam weld
激光焊机 laser welder
激光焊接 laser bonding;laser welding
激光焊接机 laser beam welding machine
激光焊接机器人 laser welding robot
激光焊接器 laser welding machine
激光焊接室 laser welding chamber
激光焊接头 laser welder[welding] head
激光焊接系统 laser welding system
激光航道标志 laser channel marker
激光航空照相机 laser aerocamera
激光航路测定仪 laser route device
激光红外雷达 laser infrared radar;lidar
激光后向散射装置 laser backscatter device
激光护目镜 laser(protective) eyewear;laser shielding eye glass
激光划片器 laser scriber
激光划线 laser scribing
激光划线器 laser scriber
激光回转仪 laser gyro(scope)
激光绘图机 laser plotter
激光混沌 laser chaos
激光火控系统 laser fire control system
激光击穿 laser breakdown
激光(机械)加工 laser machining
激光基质材料 laser host material
激光激发 laser excitation
激光激发率 laser excitation efficiency
激光激发源 laser exciter
激光激活材料 working laser material
激光激励爆炸装置 laser energized explosive device
激光级联 laser cascade connection
激光计测 laser instrumentation
激光计算机 laser computer
激光计算机输出缩微胶片 laser computer-output microfilm
激光记录器 laser recorder
激光记录头 laser recording head
激光记录系统 laser recording system
激光记录仪 laser recorder
激光技术 laser technique;laser technology
激光加工 laser beam machining;laser processing
激光加工机 laser machine
激光加工系统 laser processing system
激光加热等离子体 laser heating of plasma
激光加速计 laser accelerometer
激光加速器 laser accelerometer
激光加速仪 laser accelerometer
激光尖端 laser tip
激光尖峰 laser spiking
激光监测(术) laser monitoring
激光监视 laser surveillance; laser watchdog
激光监视系统 laser surveillance system
激光检眼镜 laser ophthalmoscope
激光焦点 laser spot
激光焦点偏移监测器 laser focal shift monitor
激光角速率传感器 laser angular rate sensor
激光校平 laser level(l)ing
激光校准的 laser calibrated
激光接收 laser pickoff
激光接收器 laser receiver
激光接收系统 laser receiver system
激光截获装置 laser acquisition device
激光解调系统 laser light demodulating system
激光介质增益曲线 laser medium gain curve
激光近场图 near field pattern of laser
激光经纬仪 laser beam transit;laser theodolite; laser transit (instrument)
激光晶体 laser crystal
激光晶体定向仪 laser crystal orientating instrument
激光晶体生长 laser crystal growing
激光晶体污染 laser crystal contamination
激光精密测长 laser precision length measurement
激光精密测距 laser precision length measurement
激光精密长度测量 laser precision length measurement
激光警戒接收机 laser warning receiver
激光镜 laser mirror
激光聚变堆 lareactor
激光聚变推进器 laser fusion propulsion
激光聚光束 concentrated laser beams
激光聚焦系统 laser focusing system
激光绝对重力计 laser absolute gravimeter
激光绝对重力仪 laser absolute gravimeter
激光开关 laser switch
激光克尔盒 laser Kerr cell
激光刻槽 laser grooving
激光刻划 laser grooving and scribing
激光刻图 laser engraving
激光孔径 laser aperture
激光窥器 speculum laser
激光拉曼分光光度计 laser Raman spectrometer
激光拉曼光谱 laser Raman spectrum
激光拉曼光谱学 laser Raman spectroscopy
激光拉曼光探测器 laser Raman radar
激光雷达 laser radar;lidar[laser infrared radar];optic(al) laser radar
激光雷达编码器 laser radar encoder
激光雷达方程 laser radar equation
激光雷达技术 laser radar technique
激光雷达截面积 laser radar cross-section
激光雷达气象学 lidar meteorology
激光雷达作用距离 laser radar range
激光雷管 instantaneous detonator;laser detonator
激光理论 theory of laser
激光粒度测定仪 laser granulometer
激光量热器 laser calorimeter
激光临界值 laser threshold
激光灵敏头 laser light sensing head
激光流量传感器 laser flow transduc-

er;laser flow sensor
激光流量计 laser flowmeter
激光录制器 laser recorder
激光滤波 laser scan filtering
激光滤片 laser filter
激光轮胎无损检验仪 laser ray non-destructive tire[tyre] tester
激光脉冲 laser burst
激光脉冲测距方程 pulsed laser ranging equation
激光脉冲长度 laser pulse length
激光脉冲控制 laser pulse control
激光脉冲宽度 laser pulse width
激光媒质 laser medium
激光媒质密度探针 laser density probe
激光面 lasing area
激光瞄准 laser beam acquiring
激光瞄准具 laser sight
激光模 mode of laser
激光模控 laser mode control
激光模式 lasing mode
激光目标识别系统 laser target recognition system
激光目标位置测定装置 laser target positioner
激光目标指示器 laser target designator
激光目镜 laser eyepiece
激光能级 laser levels
激光能量监控器 laser energy monitor
激光能量聚集 laser accumulation
激光凝固 laser coagulation;laser photocoagulation
激光凝结 laser photocoagulation
激光凝结器 laser photocoagulator
激光凝聚器 laser coagulator; laser photocoagulator
激光浓缩 laser enrichment
激光偏转 laser deflection
激光偏转调制 laser deflection modulation
激光偏转器 laser deflector
激光漂白 laser bleaching
激光频率 laser frequency
激光频率开关 laser frequency switch
激光频率稳定 frequency stabilization of laser
激光频率校正元件 laser frequency correcting element
激光坡度控制 laser grade control
激光剖面图 laser profile;laser section
激光起爆 laser initiation
激光气化 laser gasification
激光气化光谱分析仪 laser gasification spectrum analyser
激光气体 laser[lasing] gas
激光气象雷达 meteorologic(al) laser radar
激光器 laser(device);light amplification by stimulated emission of radiation;optic(al)laser;optic(al)maser
激光器安全罩 laser protective housing
激光器不稳定工作状态 non-steady-state laser operation
激光器单元 laser element
激光器多模工作 laser multimode operation
激光器反射镜 laser mirror
激光器杠杆 laser lever
激光器共振腔 laser resonator
激光器光具座 laser optic(al)bench
激光器基模 laser basic mode
激光器激励条件 laser oscillation condition
激光器孔径 laser aperture
激光器连接件 laser service connection
激光器连接器 laser connector
激光器频率稳定度 laser frequency stability
激光器容器 laser vessel
激光器稳定性 laser stability
激光器运转 laser operation
激光器增益系数 gain factor of laser
激光器振荡条件 laser oscillation condition
激光器终端 laser termination
激光铅垂仪 laser plummet apparatus
激光前置放大器 laser preamplifier
激光枪 laser gun;laser rifle
激光强度 laser's intensity
激光切断机 laser cutter
激光切割 laser(beam)cutting
激光切片机 laser slicing machine
激光区域熔化 zone melting with laser
激光全息测振 laser hologram vibration measurement
激光全息存储器 laser holography memory
激光全息干涉(测量)术 laser holographic(al)interferometry
激光全息干涉仪 laser holographic(al)interferometer
激光全息图 laser hologram
激光全息图再现 laser hologram playback
激光缺陷检测 laser defect detection
激光热波技术 laser thermal wave technique
激光热解气相色谱法 laser pyrolysis gas chromatography
激光热解器 laser pyrolyzer
激光溶解 laser solution
激光熔接 laser welding
激光熔融法 laser melting method
激光入侵探测器 laser intrusion-detector
激光散斑 laser speckle
激光散斑场 laser speckle field
激光散射计 laser scatterometer
激光散射探头 laser light-scattering probe
激光散射浊度计 laser nephelometer
激光扫描 laser scan(ning)
激光扫描技术 laser scanner technique
激光扫描器 laser scanner
激光扫描系统 laser scanning system
激光扫描仪 laser scanner
激光闪光管 laser flash tube
激光上釉 laser glaze
激光设备 laser gear
激光射击模拟器 laser shoot simulator
激光射线仪 laser beam instrument
激光摄像机 laser camera
激光伸长仪 laser extensometer
激光声呐 laser sonar
激光声学信号 laser acoustic(al)signal
激光拾音器系统 laser pick-up system
激光矢量速度计 laser vector velocimeter
激光视盘 video CD
激光输出 laser output
激光输出波前 laser output wavefront
激光输出光谱 laser output spectrum
激光输出偏振度 polarization of laser output
激光输出频率 laser output frequency
激光输出特性 laser output characteristic
激光输出效率 laser output efficiency
激光束 laser beam
激光束传输 laser beam transmission
激光束跟踪器 laser beam tracker
激光束焊接 laser beam welding
激光束记录器 laser beam recorder
激光束控制器 laser beam controller; laser beam steering instrument
激光束偏移指示器 laser displacement bar
激光束偏转 laser beam deflection
激光束偏转传感器 laser beam deflection sensor
激光束偏转法 laser beam deflection technique
激光束偏转系统 laser beam deflection system
激光束切割 laser beam cutting
激光束热处理 heat-treatment with laser beam
激光束扫描 laser beam flying
激光束扫描仪 laser beam sweeper
激光束损伤危险 laser beam danger
激光束调制 laser beam modulation
激光束调制器 laser beam modulator
激光束投射器 laser beam projector
激光束图像记录器 laser beam image recorder
激光束图像重现器 laser beam image reproducer
激光束照明 laser beam illumination
激光束直径 lasing beam diameter
激光数据传输线(路)laser data transmission link
激光数据显示器 laser data display
激光数字唱片 compact disc(digital) audio
激光衰减器 laser attenuator assembly
激光水平仪 laser level(meter)
激光水准测量 laser level(l)ing
激光水准器 laser leveler; laser level ga(u)ge
激光水准仪 laser level
激光丝状损伤 laser induced filamentary damage
激光斯塔克光谱学 laser Stark spectroscopy
激光搜索系统 laser acquisition system
激光搜索装置 laser search apparatus
激光速度计 laser velocimeter
激光速度学 laser velocimetry
激光损伤 laser damage
激光损伤阈值 laser induced damage threshold
激光探测 laser acquisition; laser detection;laser probing;lidar
激光探测和测距 lidar light detection and ranging
激光探测器 laser detector;laser locator
激光探测系统 laser detection system
激光探照灯 laser searchlight
激光探针 laser probe
激光探针质量分析器 laser microprobe mass analyser[analyzer]
激光探针质谱 laser microprobe mass spectroscopy
激光探针质谱法 laser probe mass spectrometry
激光陶瓷 laser ceramics
激光天线 laser antenna
激光天线模型 laser antenna laser modeling
激光天象仪 laserium;laser planetarium
激光条纹速度计 laser streak velocimeter
激光条纹照相法 laser schlieren method
激光调窑 kiln alignment with laser
激光调制 laser modulation; modulation of laser
激光调制器 laser modulator
激光通话线路 laser voice link
激光通信[讯] lasercom;laser communication
激光通信[讯]地面系统 laser communication ground system
激光通信[讯]工程 laser communication engineering
激光通信[讯]系统 laser communication system
激光通信[讯]线路 laser communication link
激光通信[讯]装置 laser communication device;laser communicator
激光同步 laser locking
激光同位素分离 laser isotope separation
激光头 laser head
激光头部件 laser head block
激光头装置 laser head assembly
激光投点 laser plumbing
激光投影显微镜 laser projection microscope
激光图像 laser image
激光图像记录器 laser imagery recorder
激光图像转换器 laser image converter
激光退火 laser annealing
激光陀螺(仪)laser gyro(scope)
激光陀螺轴 axis of the laser gyroscope;laser gyro axis
激光陀螺装置 laser gyro package
激光外差测量 laser heterodyne measurement
激光外差式声学传感器 laser heterodyne acoustic(al)sensor
激光外科 laser surgery
激光望远镜 laser telescope
激光危害 laser hazard
激光微差水准测量 laser differential level(l)ing
激光微件熔焊机 laser micro-welder
激光微量分析 laser micro-analysis
激光微量光谱分析 laser micro-spectroscopy
激光微量量热计 laser micro-calorimeter
激光微区光谱分析 laser micro-spectrographic(al)analysis
激光微探测器 laser micro-probe
激光微探针质谱分析 laser microprobe mass spectrometry
激光微探子 laser micro-probe
激光微调 laser trimming
激光微调器 laser trimmer
激光微型加工 laser micro-machining
激光微应变计 laser micro-strain ga(u)ge
激光卫星 laser satellite
激光卫星跟踪设备 laser satellite tracking installation
激光卫星跟踪站 laser satellite tracking station
激光卫星跟踪装置 laser satellite tracking installation
激光纹影仪 laser schlieren apparatus
激光纹影照相法 laser schlieren method
激光纹影照相术 laser schlieren photography
激光稳频 laser frequency stabilization
激光稳频系统 laser frequency stabilizing system
激光污染监测仪 laser monitor for pollution
激光无噪声解调 noise-free demodulation of laser
激光物理学 laser physics
激光物位传感器 laser level sensor
激光系统 laser system
激光下能级 laser lower level
激光纤维光学 laser fiber optics
激光纤维通信[讯] laser fiber[fibre] communication
激光纤维细度分布分析仪 laser fiber[fibre] fineness distribution analyser[analyzer]
激光显示板 laser display panel
激光显示器 laser display;laser scope; laser writer
激光显示系统 laser display system
激光显微刀 l...

激光显微发射光谱仪 laser micro-emission spectrometer
激光显微分析 laser micro-analysis
激光显微光谱分析 laser micro-probe spectrochemical analysis
激光显微光谱分析仪 laser micro-spectral analyser[analyzer]
激光显微探针 laser micro-probe
激光线划跟踪 laser line following
激光线宽 laser linewidth
激光线纹比较仪 laser linear comparator
激光相干性 laser coherent
激光相关光谱学 laser correlation spectroscopy
激光相控阵 phased laser array
激光相控阵列 laser phased array
激光相位噪声 laser phase noise
激光效率 laser efficiency
激光谐波 laser harmonic
激光谐振器 laser resonator
激光谐振腔 laser cavity
激光谐振腔端面反射体 laser end reflector
激光信标 laser beacon
激光信道容量 laser channel capacity
激光信道通过能力 laser channel capacity
激光信号 laser signal
激光信号装置 laser signal device
激光信息 laser intelligence
激光信息数据 laser intelligence data
激光信息显示系统 laser information display system
激光行扫描传感器 laser line-scanning sensor
激光行扫描摄影系统 laser camera line-scanning system
激光行扫描仪 laser line scanner
激光行扫描照相系统 laser line scan camera system
激光性能 laser activity
激光悬浮 laser levitation
激光选通 laser gated
激光选通夜视瞄准器 laser gated night vision sight
激光寻的 laser homing
激光寻的控制 laser homing control
激光寻的器 laser seeker
激光寻的装置 laser homing equipment
激光寻找器 laser seeker
激光压力计 laser pressure ga(u)ge
激光烟雾计 laser nephelometer
激光延伸计 laser extensometer
激光音(像)盘 compact disc
激光引爆 laser blasting
激光引爆器 laser squib
激光引爆系统 laser energized detonation system
激光引爆装置 laser energized explosive device
激光引导 laser aiming
激光引导的 laser-guided
激光引发 laser activation
激光引发的 laser induced;laser initiated
激光引发火花 laser induced spark
激光引信 laser fuze
激光应变地震计 laser strain seismograph
激光应变地震仪 laser strain seismograph
激光应变仪 laser strainmeter
激光应用 laser action
激光荧光 laser fluorescence
激光影响 laser effect
激光影像-斑点干涉仪 laser image-speckle interferometer
激光诱导光谱法 laser induced spectrometry
激光诱导化学反应 laser induced chemical reaction
激光诱导荧光 laser induced fluorescence
激光阈限 lasing threshold
激光阈值 laser threshold
激光阈值功率密度 laser threshold power density
激光源 laser sources;lasing light emitter
激光远场图 far-field pattern of laser
激光月球测距 laser lunar ranging
激光跃迁 laser transition
激光跃迁概率 laser transition probability
激光跃迁频率 laser transition frequency
激光云高计 laser ceilometer
激光杂质损伤 laser induced inclusion damage
激光载波 laser carrier
激光凿岩 laser drilling
激光增强多波段合成图像 laser enhanced multiband composite image
激光站 laser station
激光找平 laser level(l)ing
激光找中心法 laser alignment method
激光照明 laser illumination; laser lighting
激光照明目标 laser illuminated target
激光照明器 laser illuminator
激光照排系统 laser phototypesetting system
激光照片传真 laserphoto
激光照射 laser radiation
激光照相机 laser camera
激光照准器 laser beam setup
激光照准仪 laser collimator
激光阵列 laser array
激光阵列源部件 laser array source package
激光阵列轴 laser array axis
激光振荡 laser generation;laser oscillation
激光振荡调制器 laser oscillator modulator
激光振荡放大器 laser oscillator-amplifier
激光振荡放大系统 laser oscillator-amplifier system
激光振荡器 laser oscillator;optic(al) maser oscillator
激光振荡时间 lasing time
激光振荡输出 oscillatory laser output
激光振荡阈值 threshold of laser oscillator
激光振动测量 vibration measurement with laser
激光振动传感器 laser light vibration sensor
激光振动检测仪 vibration detecting laser apparatus
激光振动探测仪 vibration detecting laser apparatus
激光振动探针 laser vibration probe
激光指示器 laser designator; laser target indicator
激光指向 laser alignment;laser orientation
激光质谱法 laser mass spectrometry
激光质谱仪 laser mass spectrometer
激光致的 laser induced
激光致发射 laser induced emission
激光致化学反应 laser induced chemical reaction
激光致聚变 laser induced fusion
激光致裂纹 laser induced crack
激光致损伤 laser induced damage
激光中心管材器 centrally located transmitter
激光重差计 laser gravimeter
激光重力仪 laser gravimeter
激光主控振荡器 laser master oscillator
激光转点仪 laser point transfer device;laser point transfer machine
激光转动传感器 laser rotational sensor
激光转换效率 laser conversion efficiency
激光装置 laser aid; laser arrangement;laser device;laser facility
激光追踪 laser tracking
激光锥形量热器 laser cone calorimeter
激光准模式 laser quasimode
激光准直 laser alignment
激光准直测量 laser alignment survey
激光准直法 method of laser alignment
激光准直挠度测量 laser alignment deflection measurement
激光准直器 laser aligner
激光准直望远镜 laser alignment telescope
激光准直误差 laser alignment error
激光准直系统 laser alignment system
激光准直仪 laser aligner;laser alignment system; laser alignment telescope;laser collimator
激光自动跟踪系统 laser automatic tracking system
激光自动水准仪 pipe laser
激光自动调平装置 laser autoset level(l)ing device
激光自动找平装置 laser automatic level(l) ing device; laser autoset level(l)ing device
激光组合应用 laser adjoint application
激光钻的孔 laser hole
激光钻机 laser drill(er)
激光钻孔 laser drilling; laser hole drilling
激光钻孔机 laser(beam) drilling machine
激光钻孔系统 laser(hole) drilling system
激光作用 laser action;lasering
激光作用媒质 lasing medium
激光作用面 lasing surface
激后复原期 damping period
激弧管 excitron
激化 activate;intensify(ing)
激化采气 gas stimulation
激化器 activator
激化状态 activation state
激活 sensitization
激活半导体材料 active semiconductor material
激活玻璃材料 active glassy material
激活部位 active site
激活材料 active material
激活材料棒研磨 active rod grinding
激活材料基质 active material host
激活材料芯子研磨 active rod grinding
激活层 active coating;active layer
激活程序 active program(me)
激活处理机 activation processor
激活窗口 active window
激活的 active;sensitized
激活电子 active electron
激活度 activity
激活端司机室 activated driver cab
激活段 activation fragment
激活光 exciting light
激活光纤 active optic(al) fibre[fiber]
激活硅酸盐玻璃 activated silicate glass
激活机制 activation mechanism
激活激励 activation
激活剂 activating agent; activator; sensitizer;stimulator
激活剂前体 proactivator
激活介质 active medium
激活晶体物质 active crystalline material
激活离子 active ion
激活粒子 active population
激活率 activity ratio
激活脉冲 sensitizing pulse
激活媒质 active medium
激活面 activated surface
激活能 activation energy
激活能级 active level
激活气体材料 active gas material
激活气体容器 active gas container
激活腔 active cavity
激活区 active region
激活时间 activation time
激活视口 active viewport
激活试验 activation experiment
激活速率 rate of activation
激活调节 activation accommodation
激活态 active state
激活物质 activated material
激活系数 activity coefficient
激活系统 activation system
激活纤维 activation fiber[fibre]
激活显影 activator development
激活液体材料 active liquid material
激活阴极 activated cathode
激活元素 active element
激活载体 activated carrier
激活栈 activation stack
激活指示字 activation pointer
激活质 activator
激活中心 activator center[centre]
激活周期 activation cycle
激活装置 active device
激活状态 activated state;state of activation
激活作用 activation
激基体 excimer
激进式地槽 revolutionary geosyncline
激进折衷主义 Radical Eclecticism
激浪 bore; breach; breaker; churning of water; eager[eagre]; lumpy sea; surf(breaker); turbulent sea
激浪带 splash zone
激浪痕 surf ripple
激浪拍岸 batter of wave
激浪日 surf day
激浪线 surf line
激冷 chilling; chin-chin hardening; quenching;shock cooling
激冷板 chill plate
激冷部分 chill part
激冷材料 chill material;densener
激冷槽轧辊 chill-pass roll
激冷程度 severity of quenching
激冷钉 chill nail
激冷激热效应 spalling effect
激冷剂 chill-back
激冷介质 shock chilling medium
激冷晶体 chill crystal
激冷裂纹 chill crack
激冷面积 chill area
激冷器 chiller
激冷圈 chill coil;condensing ring
激冷深度 chill depth
激冷时间 chill time
激冷试棒 chill bar
激冷试块 chill block
激冷室 shock chamber
激冷铁 chilled iron
激冷完全淬火 dead-cold chilling
激冷效应 chilling effect
激冷硬块 chilled spot
激冷油 chill oil
激冷铸铁 chilled iron
激冷铸铁球 chilled cast iron shot
激冷铸型 chill casting mo(u)ld

J

激冷钻粒 chilled shot
激冷作用 chilling action
激励 agitation; energization; energizing; excitation; gig; impel; impetus; key up; motivation; stimulate; stimulation
激励变压器 driver transformer; exciting transformer
激励表 activation table
激励波 field wave
激励场 field of excitation
激励磁场 exciting field
激励单元 driver element
激励灯 exciter lamp
激励点阻抗 driving point impedance
激励电极 exciting electrode
激励电流 drive current; excitation[exciting] current; field current
激励电路 drive(r) circuit; driving circuit; energizing circuit; excitation [exciter/ exciting] circuit; pumping circuit
激励电路继电器 energizing circuit relay
激励电平 drive level; level of drive; stimulation level
激励电容器 excitation capacitor
激励电势 excitation potential
激励电位 excitation potential
激励电压 driving voltage; excitation voltage; exciting voltage; field voltage; keep-alive voltage; swing voltage
激励电源 excitation power supply
激励段 activation fragment
激励放大器 driver[driving] amplifier
激励辐射天线 driven radiator
激励功率 driving power; exciting power
激励管 driver tube; exciter lamp; exciter tube; excitron
激励管(电力)机车 excitron locomotive
激励光 exciting light
激励光束 active beam; exciting beam
激励过度 overdrive
激励过度的 over-driven
激励函数【计】excitation function
激励机理 excitation mechanism
激励机制 excitation mechanism
激励级 driver stage
激励级负载线 driver load line
激励记录计 actuation register
激励记录器 actuation register
激励继电器 field application relay
激励接触器 excitation contactor
激励矩阵 excitation matrix
激励控制 field control
激励脉冲 anti-paralyse pulse; drive pulse; energizing impulse; energizing pulse
激励面 perturbed surface
激励能力 exciting power
激励频率 excitation frequency; pump(ing) frequency
激励期望模型 expectancy model of motivation
激励器 activator; actuator; driver; exciter(unit); excitor; stimulator
激励器转换脉冲 actuator switching pulse
激励强度 excitation density
激励绕组 drive winding; driving winding; excitation winding; exciting winding; field winding
激励三极管 driver triode
激励生物发展的作用 biostimulation
激励时间 actuation duration
激励手段 motivator
激励输入 excitory input
激励特性 drive characteristic
激励天线 active antenna
激励调整 excitor control; field adjustment; field control; field frequency control
激励位置 energized position
激励物 reinforcer
激励系统 excitation system; exciter system
激励线圈 actuating coil; drive coil; energizing coil; excitation coil [winding]; exciter coil; exciting coil [winding]; field coil; field copper; operating coil
激励谐振腔 actuating cavity
激励信号 actuating signal; drive[driving] signal; excitation drive; pumping signal
激励行 action line
激励性货物运价率 incentive freight rate
激励性奖金 incentive bonus
激励性退税 incentive reduction
激励阳极 excitation anode
激励因子 excitation factor
激励源 driving source
激励者 exciter; stimulator
激励振荡器 driving oscillator; stimuli generator
激励整流器 exciter rectifier
激励指示字 activation pointer
激励周期 energized period
激励装置 actuating device; exciting bank
激励阻抗 excitation impedance
激烈 violence
激烈的 drastic; intemperate; rampant; violent
激烈竞争 severe competition
激烈期 maximum-mobility period
激流 broken water; quick water; rapid flow; rip current; rip tide; rost; swift running water; torrent; torrential flow; wildwater
激流喷嘴 shock flow nozzle
激流圈【电】exciting coil
激流群落 lotic community
激流生态系统 lotic ecosystem
激流水 lotic water
激流中形成的粒状冰 frazil
激喷的间歇泉 boiling geyser
激起强烈感情的 sensational
激扰频率 excitation frequency
激散破波 surging breaker; surging wave
激散涌浪 surging breaker
激(射)光转换器 lasecon
激射基体荧光光谱法 excitation emission matrix fluorescence spectrometry
激射微波 mase
激升水头 swell head
激涌 ground swell
激元 excimer
激增 balloon; explosion; proliferation; steep rise
激增的人口 exploding population
激增负荷 surge load
激增负荷容限 surge load tolerance
激增物价 zoom price
激涨 sharp rise
激振 excitation; shock-excitation
激振波 excitation wave
激振反应关系 excitation-response relation
激振功率 exciting power
激振函数发生器 excitation function generator
激振力 excitation force; exciting force; vibratory force
激振能源装置 < 河、湖、海地球物理勘探用 > boomer
激振频率 excitation[excited] frequency
激振器 actuator; exciter; vibration exciter[excitor]; vibration generator
激振器系统 vibration generator system
激振器重量 vibratory weight
激振体重量 vibratory weight
激振调节器 vibration regulator
激振系数 excitation coefficient
激振效应 ringing effect
激振谐率 exciting harmonic
激振用喷嘴 exciting nozzle
激振用蒸汽 exciting steam
激振运动 shock motion
激震 very disastrous
激震波 shock wave
激震波面 shock front
激震波曲线 shock curve
激震波速 shock velocity
激震法测试 excitation test
激震极化 shock polarization
激震器 seismic trigger
激震前沿 pressure front; shock front
激震区域 shock region; shock zone
激震仪 seismic trigger
激震运动 shock motion
激震装置 impulse seismic device
激子带 exciton band
激子复合辐射 exciton recombination radiation
激子光谱 exciton spectrum
激子漫射 exciton diffusion
激子密度 exciton density
激子能带 exciton band
激子能级 exciton level
激子凝聚 exciton condensation
激子热导率 excitation thermal conductivity
激子学 excitonics

羁押 custody

及时的服务 timely service

及时性 timeliness
及时修改 time update
及时支撑 forepoling support
及时注浆 quick-setting grouting
及时、足额发放 timely and sufficient funding
及早通报核事故公约 Convention on Early Notification of a Nuclear Accident
及早逐步淘汰 early phase-out

吉埃琪-哈迪斯蒂法 Giegy-Hardisty process

吉奥克-汉普逊换热器 Giauque-Hampson heat exchanger
吉奥斯卫星 < 测地卫星 > Geos
吉佰 < 磁通势单位 > Gilbert
吉贝 kapok(ceiba)
吉贝木棉 kapok tree
吉贝木属 silk cotton tree
吉贝油 kapok oil
吉贝属 Bombay ceiba; ceiba tree; God tree
吉本-赫茨伯格扁豆状体 Ghyben-Herzberg lens
吉本-赫茨伯格公式 Ghyben-Herzberg formula
吉本-赫尔伯格水体 < 被降雨入渗压低了的海滨含盐地下水体 > Ghyben-Herzberg lens
吉布森混合(计算)法 < 计算机运算速度的 > Gibson mix
吉布森流量测定法 Gibson method
吉布森压力-时间测流法 Gibson pressure-time method
吉布斯 < 吸收单位, 1 吉布斯 = 10^{-10} 克分子数/厘米的表面浓度 > gibbs
吉布斯弹性 Gibbs elasticity
吉布斯-迪亨方程式 Gibbs-Duhem equation
吉布斯电子能量 Gibbs energy of electrons
吉布斯反应能量 Gibbs energy of reaction
吉布斯隔膜电解池 Gibbs diaphragm cell
吉布斯公式 Gibbs formula; Gibbs relation
吉布斯-亥姆霍兹方程式 Gibbs-Helmholtz equation
吉布斯函数 Gibbs function
吉布斯函数判据 Gibbs function criterion
吉布斯活化自由能 Gibbs free energy of activation
吉布斯-康诺瓦洛夫定律 Gibbs-Konowalow rule
吉布斯能级 Gibbs energy level
吉布斯能量 Gibbs energy
吉布斯能量变化 Gibbs energy change
吉布斯能量分布 Gibbs energy contribution
吉布斯能量函数 Gibbs energy function
吉布斯-坡印亭方程式 Gibbs-Poynting equation
吉布斯吸附等温式 Gibbs adsorption isotherm
吉布斯吸附定理 Gibbs adsorption theorem
吉布斯吸附方程式 Gibbs adsorption equation
吉布斯吸附公式 Gibbs adsorption equation; Gibbs equation
吉布斯系统 Gibbs system
吉布斯现象 Gibbs' phenomenon
吉布斯相法则 Gibbs phase rule
吉布斯相律 Gibbs phase rule
吉布斯自由能 Gibbs free energy
吉布提港 < 非洲 > Port of Djibouti
吉村石 yoshimuraite
吉达港 < 沙特阿拉伯 > Port Jeddah
吉丁虫 bupristid beetle; rose-beetle
吉丁虫科 < 拉 > Burprestidae
吉恩尼斯谷青石 < 产于美国纽约州的一种深色灰青石 > Genessee Valley bluestone
吉尔伯特反向极性带 Gilbert reversed polarity zone
吉尔伯特反向极性时 Gilbert reversed polarity chron
吉尔伯特反向极性时间带 Gilbert reversed polarity chronzone
吉尔伯特负极性期 Gilbert reversed polarity epoch
吉尔伯特码 Gilbert code
吉尔伯特逆磁极期 Gilbert reverse epoch
吉尔伯特三角洲 Gilbert delta
吉尔伯特型三角洲 Gilbert-type delta
吉尔伯特型三角洲沉积 Gilbert-type deltaic deposit
吉尔当方法 Gylden method
吉尔德比色计 Guild colo(u)rimeter
吉尔吉斯 < 苏联加盟共和国名 > Kirghizia
吉尔吉斯斯坦 < 亚洲 > Kyrgyzstan
吉尔摩(测)针 < 水泥稠度试验用 > Gillmore needle
吉尔摩计 < 水泥稠度试验用 > Gillmore needle
吉尔摩凝结时间测定 Gillmore test
吉尔摩试验 < 测水泥凝结时间 > Gillmore test
吉尔摩水泥稠度试验计 Gillmore apparatus

吉尔摩水泥稠度试验针 Gillmore needle
吉尔摩仪 <水泥稠度试验用> Gillmore apparatus
吉尔摩针凝结试验 Gillmore needle test
吉尔萨事件 Gilsa event
吉尔萨正向极性亚带 Gilsa normal polarity subzone
吉尔萨正向极性亚时 Gilsa normal polarity subchron
吉尔萨正向极性亚时间带 Gilsa normal polarity subchronzone
吉尔森试验筛 Gilson testing screen
吉尔兹太阳罗盘 Geerz sun compass
吉尔坐标平面 Guier coordinate plane
吉耳 <液量单位,1 吉耳 = 0.25 品脱或 0.142 公升> gill
吉耳列利玻璃尺 Guillery ruler
吉芬页岩 Gyffin shale
吉弗德-麦克马洪循环制冷机 Gifford-McMahon cycle refrigerator
吉弗德(蒸汽)喷射器 Gifford's injector
吉弗氏缓冲液 Gifford's buffer solution
吉弗-尤大锚 <英国创制> Gifford-Udall anchorage
吉哈尔特公式 Jihaerte formula
吉赫 gigahertz
吉洪诺夫定理 Tychonoff theorem
吉克旋风 Geg
吉拉德试剂 Girard agent
吉拉德水轮机 Girard turbine
吉拉尔特式水轮机 <早期的冲击式水轮机> Girard type turbine
吉拉买特半胶质炸药 Gelamite
吉拉美特炸药 <一种半胶质烈性炸药> Gelamite
吉拉试剂 Gerard reagent
吉莱利杯突试验 Guillery cupping test
吉莱利玻璃尺 Guillery ruler
吉莱利拉延成型性能试验 Guillery cupping test
吉莱斯皮平衡蒸馏锅 Gillespie equilibrium still
吉莱折射仪 Jelley-type refractometer
吉利冻模型 jelly mo(u)ld
吉利兰关联式 Gilliland correlation
吉硫铜矿 geerite
吉隆坡 <马来西亚首都> Kuala Lumpur
吉纶 <商品名,为一种聚氯乙烯树脂> geon
吉纳 <印度柚木> bastard teak
吉纳胶 kino
吉纳科合金 Genarco alloy
吉纳树胶 gum kino;kino
吉拍 gigaflops
吉普车的拖车 jeep trailer
吉普罗克 <建筑产品的商业总名称> Gyproc
吉普瑟姆海渊 Gypsum deep
吉普斯兰盆地 Gippsland basin
吉普斯塔拉体系 <一种合金边框石膏板构造体系> Gypstele system
吉普拖车 jeep trailer
吉普逊法 pressure-time method
吉神 good angel;guardian angel
吉水硅钙石 gyrolite
吉斯莫型万能采掘机 Gismo
吉斯莫型装载万能采掘机 mucking Gismo
吉斯莫型钻车 Gismo-jumbo
吉斯莫型钻眼万能采掘机 drill Gismo
吉维特阶 <中泥盆世晚期>【地】Givetian(stage)
吉周 kilomega cycle

汲

汲出 bail; lade; pump out; pipe away <用管子>
汲干井穴 bale a hole dry
汲泥 <泥浆或泥沙> suction bailer
汲泥泵 sludge pump;slush pump
汲泥机 pump dredge(r)
汲泥接缝 pumping joint
汲器(铲斗) dipper
汲器可开的底 dipper door
汲取 dipping;lade;stirring;draw
汲取管 draft tube
汲取管支承板 draft tube support vane
汲入 inspiration
汲水 draw water;water winding
汲水车 water-raising current wheel
汲水斗 baler
汲水量 citable water capacity
汲水式水泵 drawing pump
汲水桶 piggin
汲送回 pump back
汲油按钮 carburet(t)or primer

级

级饱和法 level saturation method
级泵 cascade pump
级变 step change
级别 class(rating);grade;hierarchy;level;rank;rating;scale
级别分析 grade analysis
级别工龄 seniority in the grade
级别控制表 level control table
级别树 tree class
级别状态块 level status block
级差 gradation;stage head
级差地租 deferential rent
级差电费制 step meter rate
级差活塞 step-up piston
级差活塞弹簧 step-up piston spring
级差收入调节税 tax for regulating differential income
级差佣金 graded commission
级乘 factorial
级齿轮传动装置 stepped gearing;stepped teeth gear
级船 level ship
级错误 staging error
级的热降 stage heat drop
级阀 step valve
级分 fraction
级分离 staging
级负荷 stage load
级高与级宽比 <楼梯> rise to run ration
级工作区 level work area
级际滤波器 interstage
级际耦合 interstage coupling
级间 interstage;interstep
级间变压器 cascade transformer;interstage transformer
级间部分 interstage section
级间的 interstage;intervalve
级间电压 interstage voltage
级间负载电阻 interstage load resistance
级间高低齿式径向密封 stepped radial interstage seal
级间隔板 interstage diaphragm
级间过热器 interstage superheater
级间加热 reheat
级间减温器 interstage attemperator
级间结构 interstage structure
级间空腔 interstage cavity
级间冷却 stage intercooling
级间冷却器 interstage cooler
级间连接电缆 interstage cable
级间耦合 interstage coupling
级间耦合电容器 block-condenser;blocking capacitor; coupling condenser;isolating capacitor
级间耦合法 interstage coupling method
级间耦合网络 interstage coupling network;interstage network
级间匹配 stage matching
级间匹配压气机 matching of stages
级间屏蔽 interstage shield(ing)
级间气封 interstage gland
级间调节变压器 interstep regulating transformer
级间稳定网络 interstage stabilizing network
级间压差 stage head
级间余速损失 carry-over loss
级进成型 progressive forming
级进记录器 incremental recorder
级进式传动 progressive type transmission
级孔式缺陷指示器 step and hole type image quality indicator
级控制表 level control table
级宽 tread
级粒沉积 graded sediment
级联 cascade connection;cascade operation;cascading;catenation;connection;tandem connection;concatenation
级联倍压器 cascade voltage doubler
级联泵 cascade rotary pump
级联变换机 cascade converter
级联变换器 cascade converter
级联变频器 concatenated frequency changer
级联变像管 cascade image converter
级联变压器 cascade transformer;series transformer
级联变压器式加速器 cascade transformer type accelerator
级联表 cascade list
级联补偿 cascade compensation;series compensation;tandem compensation
级联层析 cascade chromatography
级联沉降器 cascade of settlers
级联成像系统 cascade imaging system
级联冲击(取样)器 cascade impactor
级联触发电路 cascade trigger circuit
级联簇射 cascade shower
级联萃取设备 extraction cascade
级联的 cascade connected;cascaded
级联电池组 cascade battery
级联电动机 cascade motor;concatenated motor;tandem motor
级联电动机组 cascade motors
级联电流互感器 cascade current transformer
级联发电机 cascade generator
级联发光 cascade luminescence
级联发射 cascade emission
级联法 cascade[cascading] method
级联反馈补偿器 cascaded feed-back canceler
级联方式 cascade system
级联放大 cascade amplification
级联放大器 cascade amplifier;multistage amplifier
级联放大速调管 cascade amplifier klystron
级联分类 cascade sort
级联伽马发射 cascade gamma emission
级联干燥器 cascade drier[dryer]
级联感应电动机系统 cascaded-induction motor system
级联管 cascade tube
级联归并 cascade merge[merging]
级联过程 cascade process
级联混合澄清槽 cascade mixer-settler
级联混合器 cascade of mixers
级联机理 cascade mechanism
级联激发 cascade firing
级联激发器 cascade exciter
级联激光器 cascaded laser
级联激励器 cascade exciter
级联继电器 cascade relay
级联加速器 cascade accelerator;cascade generator;step-by-step accelerator
级联聚束器 cascade buncher
级联控制 cascade control;piggyback control
级联控制系统 cascade control system
级联冷凝器 cascade condenser
级联冷却器 cascade cooler
级联模拟纯二进制转换器 cascaded analog(ue) to pure binary converter
级联模拟循环码转换器 cascaded analog(ue) to circulation code converter
级联耦合 cascade coupling
级联贫化部分 stripping cascade
级联屏蔽 cascade screen
级联起动机 cascade starter
级联热电冷却系统 cascade thermoelectric(al) cooling system
级联入口 cascade entry
级联色谱法 cascade chromatography
级联摄像管 cascade image tube
级联式插件板 piggyback board
级联式坊 cascade mill
级联式机组 cascade set
级联式磨坊 cascade grinding mill
级联式天然气液化工艺流程 cascade cycle liquefaction process
级联式图像增强器 cascade image intensifier
级联输入 cascade input
级联数字 cascade digital
级联速调管 cascade klystron
级联调节 cascade control
级联同步加速器 cascade synchrotron
级联同步转速 cascade synchronous speed
级联透平 tandem turbine
级联图 cascade graphs
级联网络 cascade network
级联无砧座锻锤 cascade impactor
级联洗涤器 cascade washer
级联系统 cascade system
级联显色 cascade development
级联像转换器 cascaded image converter
级联效应 cascade effect;cascading
级联循环 circulation cascade
级联液化 cascade liquefaction
级联译码器 cascade(d) decoder
级联跃迁探测器 cascade transition detector
级联质谱计 cascade mass spectrometer
级联作用 cascading
级轮 driving cone;speed cone;stepped cone;stepped pulley
级木料 basswood
级木韧皮 bast-bass
级木扫帚 bass-broom
级木绳索 bast-bass
级木树 basswood
级内压降 stage drop
级配 grad(u)ation
级配包线 grading envelope
级配比降 gradient pitch
级配变化 gradation change
级配标准 gradation specification;grading requirements
级配标准砂 graded standard sand
级配不均匀骨料 non-uniformly graded aggregate
级配不良的 badly graded;disproportionately graded; poorly graded;poorly sorted
级配不良的骨料 poorly graded aggregate
级配不良的砾石 poorly graded gravel
级配不良的砂 badly graded sand

级配不良的土 poorly graded soil
级配材料 graded material
级配差的砾石 poorly graded gravel
级配差的砂 poorly graded sand
级配沉积物 graded sediment
级配粗的泥砂 graded coarse sediment
级配大小 graded sizes
级配倒滤层 graded filter
级配的 graded
级配的包络线 envelope of grading
级配的混凝土骨料 graded concrete aggregate
级配的滤层 graded filter
级配垫层 graded bedding
级配度 degree of gradation
级配法 grading
级配反滤层 graded filter
级配反滤层排水沟 graded filter drain
级配范围 gradation limit; grading envelope; grading limit(ation); grading range
级配分析 grading analysis
级配工作 grading work
级配骨料 blended aggregate; graded aggregate
级配骨料混合料 blended aggregate mixture; graded aggregate mixture
级配骨料混合物 graded aggregate mixture
级配骨料型 graded aggregate type
级配规范 gradation specification; grading specification
级配混合骨料 graded aggregate mixture
级配混合集料 graded aggregate mixture
级配基床 graded bedding
级配集料 <由粗至细颗粒组成的混合集料> graded aggregate; blended aggregate
级配集料混合料 blended aggregate mixture; graded aggregate mixture
级配集料混合物 graded aggregate mixture
级配集料型 graded aggregate type
级配结构 graded texture
级配均匀的 evenly graded
级配(颗)粒(粗)度 coarseness of grading
级配控制 grade control; grading control
级配控制的搅拌设备 mixer-gradation unit
级配控制设备 gradation control plant
级配矿渣填料 graded slag filling
级配砾砂混合料 hoggin
级配砾石 graded gravel
级配砾石混合料 hoggin
级配砾石铺盖 blanket of graded gravel
级配良好的 well-graded; well-sorted
级配良好的骨料 well-graded aggregate
级配良好的集料 well-graded aggregate
级配良好的砾石 well-graded gravel
级配良好的砂 well-graded sand
级配良好的土 well-graded soil
级配良好的研磨体 well-graded grinding media
级配料 graded material
级配路面 graded aggregate pavement
级配滤层 graded filter; graded filter (course)
级配模量 gradation modulus; graded modulus
级配模数 gradation modulus; graded modulus
级配泥沙 graded material; graded sediment <工程的>
级配抛石斜坡 graded riprap slope
级配喷涂层 graded coating
级配区 grading zone
级配曲线 distribution curve; gradation curve; grading curve; grain-size distribution curve
级配曲线范围 grad(u)ation band
级配曲线下限 lower limit of grading curve
级配砂 graded sand
级配砂滤池 graded filter
级配砂石 graded sand and stone; graded sand-stone mixture
级配砂土混合料 graded-soil mixture
级配砂岩 graded sandstone
级配筛分试验 grad(u)ation test; grading test
级配碎石 graded broken stone; graded macadam; graduated fragment
级配碎石混合料 hoggin
级配图表 grading charts
级配图配比 proportioning by grading charts
级配土 graded soil
级配退化敏感性 degradation susceptibility
级配物料 grade(d) material
级配系数 coefficient of gradation; graded coefficient; graded factor; gradient factor; grading factor; packing coefficient
级配细砂 graded fine sand
级配限度 gradation limit
级配性质 granulometric property
级配要求 grading requirement
级配因素 grade factor
级配云母 graded mica
级配肘板 grading bracket
级配自动控制系统 automatic grade control system
级配组成 gradation composition; granulometric composition
级配组分 gradation composition
级配组合 graduation composition
级热降理论速度 spouting velocity
级容量 level capacity
级式连接 step connection
级室 <水轮机的> stage cell
级数 series; array; number of stages; stage number; progression
级数变换 transformation of series
级数乘法 multiplication of series
级数导数 derivative of series
级数的反演 inverse time of series; reversion of series
级数的和 value of series
级数的积分 integration of series
级数的加法 addition of series
级数的收敛区域 region of convergence of series
级数的收敛性 convergence of series
级数的余部 remainder of series
级数和 sum of series; value of series
级数求和 summation of series
级数收敛 series convergence
级数误差 termination of series errors
级数相乘 multiplication of series
级数谐波展开 harmonic expansion
级数展开 expansion in series; series development
级数展开式 series expansion
级数值 value of series
级松香 graded rosin
级速比 gear-stage velocity ratio
级速度 step speed; step velocity
级速率 stage speed
级梯减光板 step weakener
级位控制 level control
级温升 stage temperature rise
级效率 stage efficiency
级楔式 step-wedge type
级信号发生器 step generator
级形垫块 step block
级形垫铁 step block; stepped clamping block
级形活塞 stepped piston
级形孔 stepped bore
级形面 stepped surface
级形轴 step shaft
级压头 stage head
级优先中断 level priority interrupt
级跃迁 order transition
级增益 stage gain
级增应力 step stress
级增应力试验 step stress test
级指示器 level indicator
级转接器 stage adapter

即

即插即用 plug and play
即发雷管 instantaneous cap; undelayed detonator
即发临界 prompt criticality
即发性崩坍 direct action avalanche
即发性雪崩 direct action avalanche
即付 cash down; on demand
即付保函 demand guarantee
即付存款 call deposit
即付的 prompt
即付汇票 draft on demand
即付交易 bargain on spot
即付现金 sharp cash
即付现款 cash down; prompt cash (payment)
即付债务 liability payable on demand
即还贷款 overnight loan
即还债务 pressing debts
即寄 on request
即寄现款 cash on the mail
即将到来 in prospect
即将发生的 proximate
即将开始的运动 impending motion
即将来临的 oncoming
即将来临的地震 impending earthquake
即决程序 summary procedure
即刻获利 trading
即刻买卖 in-and-out
即刻修妥 repairs done while you wait
即刻诊断 immediate diagnosis
即刻装运 prompt shipment
即期 on demand
即期本票 demand promissory note
即期承兑 immediate acceptance
即期出售 due-on-sale
即期船 prompt ship
即期存款 demand deposit; deposit(e) at call
即期贷款 demand loan; lending at call
即期付款 cash down; current payment; payment at sight
即期付款交单 documents against payment after sight
即期付款信用证 sight draft bill of lading
即期付现 immediate cash payment; prompt cash(payment); spot cash
即期负债 demand liabilities
即期汇兑率 check rate
即期汇率 spot(exchange) rate
即期汇率反复变动 volatility of spot rate movement
即期汇票 bill on demand; bill payable at sight; bill payable on demand; demand bill; demand draft; sight bill; sight draft
即期价格 sight rate; spot rate
即期交付 prompt delivery
即期交割价 spot price
即期交货 immediate delivery; prompt delivery; ready delivery
即期票 cash order
即期票据 bill at sight; demand note; note on demand; sight bill
即期外汇 spot exchange
即期外汇买卖 spot exchange transaction
即期外汇买卖起息日 spot value date
即期现款 cash on the mail
即期销售 due-on-sale
即期信用证 letter of credit at sight; sight letter of credit
即期债务 debt at call; demand debt; demand obligation
即期支票 demand check; prompt check
即期装船 prompt shipment
即期装运 prompt shipment
即期资金 immediate fund
即日交收 value today
即日结算 value today
即日买卖 day trade
即日指示 day order
即时沉降 immediate settlement
即时出售 prompt sale
即时处理 demand service; immediate processing
即时存取 immediate access
即时存取存储器 immediate-access memory; immediate-access storage
即时地址 immediate address; zero level address
即时读出 in-line readout
即时对话系统 instant talk-in system
即时反应 immediate reaction
即时方式 immediate mode
即时放录像 instant replay
即时付款 immediate payment
即时付现 immediate cash payment; prompt cash(payment)
即时管理情报系统 real-time management information system
即时呼叫 immediate call
即时环境 immediate environment
即时(回答)系统 on-demand system
即时加工 immediate processing
即时检测 real-time detection
即时交货 immediate delivery; prompt delivery
即时接通制 instant on system
即时可懂百分比 immediate appreciation percentage
即时联想 immediate association
即时录音 instantaneous recording
即时速度 instantaneous velocity
即时体验 immediate experience
即时天气预报 nowcast
即时显影相片 printing-out paper
即时消毒 concomitant disinfection; concurrent disinfection
即时新闻 hot news
即时信息处理系统 real-time information-processing system
即时性 instantaneity
即时业务 demand service
即时应答 immediate acknowledgement; immediate response
即时运输 <进口货物继续运送至内陆进口港后才完税> immediate transportation
即时支付 pay down
即时指令 current order
即时重播 instant replay
即时转发型通信[讯]卫星 instantaneously repeating communication satellite
即涂感光板 wipe on plate
即席 extempore
即席的 extemporary; off-hand
即显胶片 polaroid film
即显胶片照相机 Polaroid camera
即现反应 immediate reaction
即用产品 off-the-shelf
即用即购方式 hand-to-mouth buying
即运 immediate transportation

极

极安全的 foolproof

极安全的实验室 ultrasecure laboratory
极斑 polar spot
极板 counter electrode; pad; polar plate; slab; strip electrode; wafer
极板耗散 plate loss
极板间短路 short-circuit between plates
极板间隔 plate-to-plate spacing
极板接线片 plate lug
极板网栅 grid
极板振打机构 plate shaking mechanism
极半径 polar radius; polar semi-axis; polar semi-diameter
极北的 hyperborean
极臂 polar arm; polar bar; radius bar
极扁率 pole flattening
极扁平和细长 strongly flattened and elongate
极扁平形 strongly flattened
极变化 polar variation
极变换 pole-change
极冰 polar ice
极薄层构造 very thin bedded structure
极薄层矿体 extremely thin-bedded orebody
极薄层状 very thin bedded
极薄的 sheer
极薄的喷涂层 mist coat
极薄的铁皮 <厚度小于 0.18 毫米> tagger
极薄镀层 flash coating
极薄镀锡钢板 <0.18 毫米以下> tagger plate
极薄木板 scale board
极薄片状团聚体 aggregate; very thin platy
极薄砂浆砌缝 buttered joint
极薄铁皮 taggers
极不公平的合同 unconscionable contract
极不可溶性阳离子 very insoluble cation
极不理想的居住地 cacotopia; kakotopia
极不利价格 penal rate
极不平衡 extreme disequilibrium
极不完全 most imperfect
极不卫生的水 most unsanitary water
极不稳定地区 very unstable area
极部 pole piece
极差 extreme deviation; extreme difference; range
极差变换 range transformation
极差分析 analysis of range; range analysis
极差控制图 range chart
极差控制系统 extremum control system
极差率均值 mean range
极长波天线 extremely low frequency antenna
极长期 eon; very long term
极长时期的 aeon
极超精加工 ultra-finish
极超声学 praetersonics
极超微粉碎机 Eck-atomizer
极潮汐 polar tide
极抽象的推理 metaphysical reasoning
极揣向量 extremal vector
极纯的白铅 silver white
极磁铁矿 Hercules stone; leading stone; loadstone; lodestone
极刺激 polar stimulation
极粗糙的米 brown rice; husked rice
极粗的 extremely coarse
极粗晶结构 very coarse-crystalline texture
极粗晶生铁 very open-grained pig iron
极粗晶质 extremely coarsely crystalline; very coarsely crystalline
极粗砾 very coarse pebble
极粗粒砂状结构 very coarse-granular psamitic texture
极粗砂 very coarse sand
极粗砂层 a very coarse sand layer
极粗团粒状团聚体 very coarse-granular aggregate
极粗柱状团聚体 very coarse-columnar aggregate
极脆弱 very friable
极锉 flat file
极大 J 条件 maximum J condition
极大波况 extreme wave condition
极大差 maximum difference
极大的 unlimited
极大地震 maximum earthquake; megalo-earthquake
极大点 maximal point
极大范围的传染病 pandemic
极大概率法 method of maximum probability
极大和极小 maximum and minimum
极大化 maximization[maximisation]; maximize
极大活动性 maximum activity
极大极大准则 <好中求好的决策准则,又称乐观主义准则> maximax criterion
极大极小 maximin; minimax
极大极小逼近 maximin approximation; minimax approximation
极大极小策略 maximin strategy
极大极小法 maximin method; minimax method
极大极小技术 maximin technique
极大极小检验 maximin test
极大极小解 maximin solution
极大极小近似 maximin approximation
极大极小判别 maximin test
极大极小判据 maximin criterion
极大极小误差范数 maximin error norm
极大极小系统 maximin system
极大极小原理 maximin principle
极大极小原则 minimax principle
极大极小战略 maximin strategy
极大极小值定理 maximin theorem
极大极小准则 <坏中求好的决策准则> maximin criterion
极大理想 maximal ideal
极大量的 incomputable
极大临界值 maximum critical value
极大流 maximum flow
极大流量 maximum discharge
极大模定理 maximum modulus theorem
极大拟然法 method of maximum likelihood
极大匹配 maximum matching
极大权 maximal weight
极大日冕 maximum corona
极大熵谱估计 maximum entropy spectrum estimation
极大数量 myriad
极大数目的 <美> drillion
极大似然 maximum likelihood
极大似然比率 maximum likelihood ratio
极大似然比算法 maximum-likelihood-ratio algorithm
极大似然法 maximum likelihood method; maximum likelihood technique; method of maximum likelihood
极大似然估计 maximum likelihood estimate
极大似然准则 maximum likelihood criterion
极大伪向量 maximal false vector
极大温度计 maximum thermometer
极大限度化 maximize
极大项 maxterm
极大协调的 maximal compatible
极大协调集 maximal compatible set
极大型的机械 very heavy duty
极大应力 extreme stress
极大优越性 be an extremely great advantage
极大元 maximal element; maximal member
极大元素 maximal member
极大原理 principle of the maximum
极大正规子群 maximum normal subgroup
极大值 extreme value; extremity value; maximal value; maximum value; maximum[复 maximums/maxima]
极大值原理 maximum principle; principle of the maximum; maximal principle
极大中的极小 minimax
极的顶端 pole top
极的类型 type of poles
极低潮 extremely low water
极低和易性 very low workability
极低频 <30 ~ 300 赫兹> extremely low frequency; very low frequency
极低收入家庭住房修理贷款 very low income housing repair loans
极低水位 extremely low water
极低速航行 inching
极低碳素钢 extra-low carbon steel
极低温 cryogenic temperature
极低温记忆装置 cryoelectronic memory
极地 Arctic region; polar region
极地冰 polar(cap) ice
极地冰川 cold glacier; polar glacier
极地冰盖 polar ice sheet
极地冰冠 polar cap
极地冰晶云 polar ice cloud
极地冰原 polar ice sheet
极地冰原气候 Arctic climate of ice field
极地槽 polar trough
极地草地 Arctic grassland
极地长夜 perpetual night
极地臭氧 polar ozone
极地船 polar ship
极地大陆空气 polar continental air
极地大陆气团 polar continental air mass
极地带 polar zone
极地的 polar
极地低压 polar low
极地东风带 polar easterlies
极地东风指数 polar-easterlies index
极地冻源 Arctic tundra
极地反气旋 polar anti-cyclone
极地防污染证书 Arctic pollution prevention certificate
极地附近的 circumpolar
极地高压 polar high
极地高压带 polar high belt
极地轨道卫星 polar orbiting satellite
极地海洋空气 polar marine air; polar maritime air; maritime polar air
极地海洋气团 maritime polar air mass; polar maritime airmass
极地航行 Arctic navigation
极地环流 polar cell; polar circulation
极地空间平台 polar platform
极地空气 polar air
极地漠境土 polar desert soil
极地贫血 polar anemia
极地平流层下部 lower polar stratosphere
极地平流层云 polar stratospheric cloud
极地平流层云量 polar stratospheric cloud abundances
极地气候 Arctic climate; polar climate; snow climate
极地气流 polar current
极地气团 polar air mass
极地气象学 polar meteorology
极地气象学家 polar meteorologist
极地软土 boroll
极地生态系统 Arctic ecosystem; polar ecosystem
极地实验 polar experiment
极地水 polar water
极地苔原气候 Arctic tundra climate
极地土壤 Arctic soil
极地纬度 polar latitude
极地涡旋 circumpolar whirl; polar cyclone; polar low; polar vortex
极地永昼 perpetual day
极地炸药 polar explosive
极地植物 Arctic plant
极地自动气象观测站 polar automatic weather station
极地棕壤 Arctic brown earth
极点 acme; acnode; apog(ee); apotheosis; climax; consummation; culminating point; culmination; limit point; maximum[复 maximums/maxima]; perfoot; pinnacle; pole point; sublime
极点布置设计 pole placement design
极点测面仪 polar planimeter
极点潮 pole tide
极点的阶 order of poles
极点对消 pole cancellation
极点能量 end point energy
极点配置 pole assignment; pole placement
极点配置设计 pole placement design
极点求积仪 polar planimeter
极点图 pole diagram; point diagram
极点为主性 pole dominance
极点相重数 order of poles
极点移动 pole-shifting
极电急流 polar electrojet
极电压 terminal voltage
极垫 polar cushion
极顶 zenith
极顶带 acrozone
极动荡 extremely turbulence
极动世界时 universal time
极毒的 virulent
极毒性污染 strong toxic pollution
极度 acme; culmination; extreme; extremity
极度倒伏 falling over; heavy lodging
极度的 utmost
极度的板 supreme plate
极度繁荣 pinnacle of prosperity
极度环境影响 all environmental impact
极度拧紧的 home screwed
极度神经质 excessive nerveness
极度污染 extreme pollution; foul pollution
极度拥挤的负载 crush load
极度真空 highest attained vacuum
极端 extremity; pole extension; pole face
极端保守 ultraconservative
极端变形 extreme deformation
极端操作条件 extreme operating condition
极端潮差 extreme tidal range
极端潮辐 extreme tidal range
极端尺寸 extreme size
极端的 extreme; red hot; ultimate; ultra; utmost
极端定律 law of extreme path
极端反时限继电器 extremely inverse relay
极端负载 extreme load
极端干旱的 extremely arid

极端干燥的 extremely arid
极端工况 extremes of operation
极端光程 extreme path
极端光程律 law of extreme light path
极端荷载条件 extreme load condition
极端荷载组合 extreme load combination
极端化 extremalization
极端环境 environmental extremes; extreme environment
极端火险 extreme fire danger
极端火灾行为 extreme fire behavio(u)r
极端降雨 extreme rainfall
极端较差 extreme range
极端距离 distance between pole tips
极端气候 extreme climate
极端气象条件 meteorologic(al) limit
极端趋同原理 principle of extreme convergence
极端事件 extreme event
极端嗜热微生物 hyperthermophilic microorganism
极端收缩 ultimate shrinkage
极端水文现象 hydrologic(al) extremes
极端条件 extreme condition
极端危险状态 in extremis
极端温度 extreme temperature
极端相对论性效应 super-relativistic effect
极端向量 extremal vector
极端压力 extreme pressure
极端值 extreme value
极端状况 extreme
极端状况荷载 extreme load(ing)
极端状态 extremely arduous condition
极端组分 extreme components
极端最低温度 extreme minimum temperature
极端最高温度 extreme maximum temperature
极短的 ultra-short
极短渐狭的 very shortly attenuate
极短路径 minimal path
极短脉冲 extremely short pulse
极短时延雷管 millisecond delay
极对 pole pair
极对称 polar symmetry
极对数 number of pole-pairs
极二次曲线 conic(al) polar
极法线 polar normal
极反演变换 dualizing; polar reciprocation
极方位角 <极坐标系的> polar bearing
极分布 polar distribution
极分解 polar decomposition
极风 polar wind
极风带 polar wind belt
极风锥 storm cone
极锋 polar front
极锋带 polar front belt
极锋急流 polar front jet; polar front stream
极锋利的 knife-edged
极锋学说 polar front theory
极幅 pole-amplitude
极辐射 polar radiation
极盖 polar cap
极盖吸收 polar cap absorption
极干旱 extreme arid
极干旱地区 extreme arid area; hyper-arid area
极高 polar altitude; pole altitude
极高潮位 extreme high water
极高的 super-high
极高和易性 very high workability
极高可加工性 very high workability
极高空 very high altitude
极高频波 <频率 30 ~ 300 千兆赫,波长 1 ~ 10 毫米> extremely high frequency wave
极高频带 very high frequency band
极高频(率) <30 ~ 300 千兆赫> extremely high frequency; very high frequency; extra-high frequency
极高山 <绝对高度 5 千米> extremely high mountain; very high mountain
极高水位 extreme high water
极高速 ultra-high speed
极高速记录示波器 extremely high-speed oscilloscope
极高突起 highest relief
极高性能架构网络服务 <第二代互联网名>【计】very high performance backbone network service
极高压 extra-high tension; extra-high voltage
极高压罩 extra-high tension cage
极高盐水 very high salinity water
极高真空 extreme high vacuum
极冠 polar cap
极冠吸收 polar cap absorption
极管【电】diode
极惯性矩 axial moment of inertia; polar moment of inertia; polar second moment
极光 auroral radiation; aurora; polar light
极光暴 auroral storm
极光磁暴 auroral storm
极光带扰动 auroral zone disturbance
极光的 auroral
极光等频数线 auroral isophasm
极光等频线 isaurore; isochasm
极光地带 auroral zone
极光地带中断 auroral zone blackout
极光电喷流 auroral electrojet
极光干扰 auroral disturbance
极光光度计 auroral photometer
极光滑 dead smooth
极光滑的结构面 most smooth discontinuity
极光滑的修整 ultra-smooth finish
极光激发 auroral excitation
极光极 auroral pole
极光亮度 aurora brightness
极光帽 auroral cap
极光冕 auroral corona
极光频率 auroral frequency
极光谱 auroral spectrum
极光谱线 auroral line
极光区(域) auroral region; auroral zone
极光衰落 auroral fading
极光椭圆区 auroral oval
极光纬度区 auroral latitude
极光吸收 auroral absorption
极光吸收事件 auroral absorption event
极光下点纬度 subauroral latitude
极光线 auroral line
极光形状 auroral forms
极光嘘声 auroral hiss
极光亚暴 auroral substorm
极光质子流量 auroral proton flux
极轨道 polar orbit; pole orbit
极轨道地球物理观测台 polar orbiting geographic(al) observatory
极轨道地球物理卫星 polar geographic(al) orbiter
极轨道卫星 <通过地球南北极的卫星> polar orbiting satellite
极轨迹 polhody
极贵重的 inestimable
极好的天气 perfect weather
极好能见度 <能见度为 20000 ~ 50000 米> very-good visibility; excellent visibility
极核 polar nucleus
极痕量分析 extreme trace analysis
极后区 area postrema
极厚点配置调节 pole-zero assignment regulation
极厚片状团聚体 very thick platy aggregate
极弧 polar arc; pole arc
极弧长度 length of pole arc
极弧空间范围 pole embrace
极弧系数 percentage of pole embrace
极化 polarize
极化安培计 polarized ammeter
极化变换器 polarization changer
极化表 polarimeter; polarized meter
极化波 polarized wave
极化补偿节 polarization compensator
极化部件 polarizing unit
极化测定 polarization measurement
极化插头 polarized plug
极化插座 polarized receptacle
极化差动保护装置 biased differential protective system
极化传输 polar transmission
极化窗 polarizing glass
极化磁放大器 polarized magnetic amplifier
极化磁感应 polarized induction
极化磁铁 polarized magnet
极化磁通 polarizing flux
极化单色仪 polarizing monochromator
极化单位向量 polarization unit vector
极化单元的物理模型 physical model of polarized unit
极化滴定(法) polarometric titration
极化点 polarized point; polarized spot
极化电池 polarization cell
极化电池组 polarization battery
极化电磁铁 polarized electromagnet
极化电磁系仪表 permanent-magnet moving-iron instrument
极化电极 polarized electrode
极化电铃 magnetobell; polarized bell; polarized ringer
极化电流 polarization[polarized/ polarizing] current
极化电路 polarised[polarized] circuit
极化电码 polarized code
极化电容器 polarized capacitor
极化电势 polarization potential
极化电位 polarization potential
极化电位差 polarization potential difference
极化电压 polarization voltage; polarizing voltage
极化电源插头 polarized attachment
极化度 polarizability
极化额 polarization capacity
极化反射镜 polarizing mirror
极化反转 polarization reversal
极化方向 direction of polarization; sense of polarization
极化分集 polarity diversity; polarization diversity
极化分离器 polarization separator
极化分析 polarographic analysis
极化分子吸附 absorption of polar molecule
极化辐射 polarized radiation
极化辐射图 polar radiation pattern
极化改向 reversal of polarization; reversal of poles
极化感应 polarized induction
极化隔离 polarization discrimination
极化固定架 polar mount
极化光 polarized light
极化光的磁致旋转 magnetic rotation of polarized light
极化光镜 polariscope
极化归零记录(法) polarized return-to-zero recording
极化和方向的关联 polarization direction correlation
极化回波 polar echo
极化计 polarimeter; polarized meter
极化记录器 polarograph
极化剂 polarizer
极化继电器 biased relay; directional relay; directive relay; electropolarized relay; neutral relay; polarised[polarized] relay; polar relay
极化剪切波速 polarized shear wave velocity
极化简并度 polarization degeneracy
极化鉴别 polarization discrimination
极化角 polarised angle; Brewster angle
极化控制 polarised control
极化理论 polar theory
极化力 polarization force; polarization power
极化铃 polarized bell
极化滤波 polarity filtering
极化滤波器 polarizing filter
极化率 chargeability; polarizability
极化率试验 polarization index test
极化率突变 polarizability catastrophe
极化率张量 tensor of polarizability
极化面 plane of polarization
极化目标 polarizing target
极化偶极子磁化 polarized dipole magnetization
极化匹配 polarization matching
极化漂移 polarization drift
极化平面 plane of polarization
极化谱带 polarization band
极化器 polarizer
极化强度 intensity of polarization; polarizability; polarization intensity
极化区域 polarized area
极化曲线 polarization curve
极化去耦 polarization discrimination
极化溶剂液体 polar solvent liquid
极化栅极整流器 polarized grid rectifier
极化声子 polariton
极化式 polarized type
极化势 polarization potential
极化束 polarized beam
极化衰落 polarization fading
极化双工 polar duplex
极化陶瓷 polarized ceramics
极化体埋深 buried depth of polarized body
极化体倾向 dip direction of polarized body
极化体走向 strike of polarized body
极化调制 polar modulation
极化铁叶式安培计 polarized-vane type ammeter
极化椭圆 polarization ellipse
极化误差 polarization error
极化系数 geochemical electrovalence
极化衔铁 polarized armature
极化显微镜 polarization microscope
极化现象 polarization phenomenon
极化线路电路 line-polarized circuit
极化线圈 polarizing coil
极化效应 polarity effect; polarization effect
极化信号 polarized signal
极化性 polarizability
极化蓄电池 polarizing battery
极化旋转 polarization rotation
极化旋转器 polarization rotating joint
极化学 polaron
极化音响器 polarized sound
极化荧光 polarized fluorescence
极化张量 polarization tensor
极化振动模 polar vibrational mode
极化振铃器 polarized ringer
极化指示电极 polarized indicator e-

lectrode
极化指示器 polarity tester
极化指数 polarization index
极化中子 polarized neutrons
极化轴 polarization axis;polaxis
极化轴比 axial ratio
极化转移 polarization transfer
极化状态 polarized state
极化子 polaron
极化子变态 polaroid-anomalies
极化作用 polarization
极化作用干涉仪 polarization interferometer
极坏天气 fiendish weather
极环 polar ring
极缓流 dead slack water
极缓坡 gentlest slope
极荒地群落 crymium
极黄经 polar longitude
极黄纬 polar latitude
极尖 heading;polar tip;pole horn;pole tip
极尖插入度 tip engagement
极坚固 very firm
极坚固的铁链 adamantine chain
极坚实土 very compact soil
极坚硬的 very stiff
极坚硬的木材 quebracho
极间 interpolar
极间磁极 interpole
极间的 interelectrode;interpolar
极间电导 interelectrode conductance
极间电容 direct interelectrode capacitance;electrode capacitance;interelectrode capacity
极间法 <磁粉探伤的> yoke magnetizing method
极间隔 pole pitch
极间互导 interelectrode transconductance
极间互导纳 interelectrode transaction
极间极 compole;consequent pole;interpole
极间极绕组 commutating winding
极间间隙 pole clearance
极间校正电压 internal correction voltage
极间距 die opening
极间距离 anode-cathode distance
极间空间 interelectrode space
极间空隙 interpole space;pole gap
极间跨导 interelectrode transconductance
极间漏泄 interelectrode leakage
极间屏蔽 interstage shielding
极间绕组 commutating winding
极间轴线 interpolar axis
极简单(安全)的 foolproof
极简单的方法 foolproof way
极交会 polar intersection
极角 angle at angle;polar angle
极角分布 polar distribution
极截面模数 polar modulus of section
极精密 superprecision
极精密的 knife-edged
极精确的 pinpoint
极精确地测定 pinpoint
极精确调整器 superregulator
极精细的 super-fine
极精细研磨 super-ground
极矩 polar moment
极具实值 deep in the money
极距 codeclination;interpolar gap;polar distance;polar pitch;pole clearance;pole distance;pole pitch;pole span;electrode distance;spread of electrodes <指电解极距>
极距点 apsis[复 apsides]
极距法 polar plotting method
极距角 polar angle
极可溶的 very soluble
极可行向量 extreme feasible vector
极孔 polar hole
极控制系统 polar control system
极快凝 flash set
极快速度 lightning speed
极冷的 frozen;glacial
极冷的气候 Arctic weather
极力 polar force
极力矩 polar moment;pole moment
极力矩曲线 curve of polar moment
极亮的 incandescent
极量 limit dose;maximal dose;maximum dose
极量运动试验 maximal exercise test
极量值 extreme value;extremity value
极劣焦煤 cinder coal
极灵敏地震计 ultra-sensitive seismometer
极零点补偿电路 pole-zero compensation circuit
极零点结构 pole-zero configuration
极零点配置 pole-zero assignment
极螺栓 pole bolt
极慢扫描电压波 very slow sweep voltage wave
极慢渗透 very slow permeability
极帽 calotte;polar cap
极密实的 very dense
极密实砂 very dense sand
极面 extreme face;pole face
极面观 polar view
极面绕组 pole-face winding
极面损失 pole-face loss
极面斜角 pole-face bevel
极面整形 pole-face shaping
极明显的 most obvious
极难得的机会 unique opportunity
极难冒落顶板 extremely difficultly falling roof
极难溶的 very difficult soluble
极年 polar year
极片 pole piece
极频电码轨道电路 polar-frequency coded track circuit
极频电码轨道电路自动闭塞 automatic block with polar frequency coded track circuits
极平滑 dead smooth
极平投影 gnomonic projection
极平硬质板 planed-to-caliper hardboard
极破碎的 extremely crushed
极谱 polarogram;polarograph
极谱波 polarographic wave
极谱测定 polarographic determination
极谱测量 polarographic measurement
极谱滴定(法) polarographic titration;polarimetric titration
极谱电路 polarographic circuit
极谱法 polarographic method;polarography
极谱分析(法) polarography;polarographic analysis
极谱分析鉴定器 polarographic detector
极谱分析仪 polarograph;polarographic analyser[analyzer]
极谱极值 polarographic maximum
极谱计 polarometer
极谱记录器 polarograph(recorder)
极谱扫描器 polarographic scanner
极谱图 polarogram
极谱蓄电池 polarographic cell
极谱学 polarography
极谱研究 polarographic study
极谱仪 polargraph
极谱仪测定法 polarography
极谱纸 pole(finding)paper
极谱最大抑制法 polarographic maximum suppressor method
极期 climax;crisis[crises];stadium acmes
极其安全的 ultra-safe
极其丰富的 profusely enriched
极其先进的 futuristic
极其详细的 blow by blow
极其重大的 earth shaking
极浅水 very shallow water
极浅水波 <水深/波长小于 0.04> very shallow water wave
极强 strongest;pole strength <指磁极>
极强的 super-pressure
极强恶臭 very strong odo(u)r
极强络合物 extremely strong complex
极强酸 very strong acid
极切心射投影标线 polar gnomonic graticule
极切心射投影海图 polar gnomonic chart
极轻便的 ultra-portable
极轻的 imponderable
极轻量交通道路 very-low-traffic roadway
极轻体力劳动 very light physical labor
极轻微裂隙化 very slightly fissured
极球面三角形 polar spheric(al) triangle
极区 polar region;polar zone
极区船 Arctic vessel
极区导航 polar navigation
极区地图 polar chart;polar map
极区格网 polar grid
极区海图 polar chart
极区海洋气团 polar maritime airmass
极区航行 polar navigation
极区航行船 Arctic vessel
极区流光 streamer
极区日珥 polar prominence
极区太阳风 polar solar wind;solar polar wind
极区图 polar map
极曲面 polar surface
极曲线 polar curve
极圈 polar circle
极绕组空间 space of pole winding
极热的 baking hot;boiling
极日规 polar dial
极软的 dead soft
极软水 softest water
极软(碳)钢 dead mild steel;dead-soft steel
极软退火 dead(-soft) annealing
极软退火处理 dead-soft temper
极弱 weakest
极三次曲线 cubic(al) polar
极三角形 polar triangle
极上 tiptop
极射赤面投影网 stereographic(al) net
极射赤面圆柱投影 cylindric(al) stereographic(al) projection
极射赤平面投影图 stereogram
极射赤平投影 stereographic(al) polar projection;polar stereographic(al) projection
极射图 stereogram
极射线 extreme ray;polar ray
极射心射图 stereognomogram
极身 pole body
极身绝缘 field spool insulation;pole cell insulation
极深冲 extra deep drawing
极深冲钢 extra deep-drawing steel
极深海处 skotopelagile
极盛带 epibole
极盛期 acme
极矢量 polar vector
极式装置 polar mounting
极数 number of poles
极丝 polar filament
极松散的 very loose
极松散砂 very loose sand
极速凝 flash set
极速渗透 very rapid permeability
极隧射线 canal ray
极隧射线管 canal ray tube
极体 polar body;polar cell;polocyte
极条件【测】 polar condition
极条件自由项 free term of side condition
极投影 polar projection;projection of pole
极投影图 polar projection map
极投影坐标网 polar projection coordinate network
极图 extremal graph
极完全 most perfect
极完整 very complete
极网 polar net
极危险物质 extremely hazardous substance
极微 least
极微的 atomic;indivisible;minimal
极微的突起物 microscopic stubs
极微泥 ultramud
极微溶解的 very slightly soluble
极微细的线 hairline
极微小的 hyperfine;pinpoint
极微小的孔 pinpoint hole
极微小地震 ultra-microearthquake
极微小突出部分 minute projections
极为不良的能见度 zero visibility
极位移 polar displacement
极涡 polar cyclone;polar low;polar vortex
极系 polar system
极细锉 dead smooth file
极细大理石粉 super-fine powdered marble
极细的 <小于 10 微米> super-fine
极细的(薄膜)过滤器 ultra-filtration
极细的线 hairline
极细粉料 super-fine flour
极细粉末 super-fine powder
极细粉砂 very fine silt
极细骨料 super-fine aggregate
极细集料 super-fine aggregate
极细晶结构 very fine-crystalline texture
极细晶质 extremely finely crystalline;very finely crystalline
极细颗粒有机物 very fine particulate organic matter
极细棱柱状团聚体 very fine prismatic aggregate
极细砾 very fine pebble
极细粒构造 impalpable structure
极细粒结构 impalpable texture
极细粒砂状结构 very fine-granular psamitic texture
极细泥沙 very fine sediment
极细黏[粘]土 very fine clay
极细砂 very fine sand
极细砂层 a very fine sand layer
极细砂岩 hone
极细砂岩磨石 honestone
极细填充物 super-fine fiber[fibre]
极细铁粉 finely divided iron powder
极细团粒状团聚体 very fine crumb aggregate;very fine-granular aggregate
极细线 hairline
极细柱状团聚体 very fine columnar aggregate
极隙 pole clearance;pole gap
极下的 subpolar
极线 extreme line;polar line

J

极线扣接箍 extreme-line thread coupling
极线扣套管 extreme-line thread casing
极线图 polar diagram
极限 critical limit; extremity; limit(ation); maximum[复 maximums/maxima]
极限 pH 值 ultimate pH value
极限安全地震动 ultimate safe ground motion
极限安全系数 ultimate factor of safety
极限半径 limiting radii
极限保留体积 limiting retention volume
极限保留因子 limiting retention factor
极限被动土压力 limit of passive earth pressure; ultimate passive earth pressure
极限边际 cutout peak
极限边界润滑 extreme boundary lubrication
极限变形 limit deformation; ultimate deformation
极限波 limited form wave; limiting wave
极限波高 limiting wave height
极限波数 limiting wave number
极限不稳定性 ultimate destabilization
极限步骤 limit process
极限参数 absolute rating
极限操作条件 limiting condition for operation
极限侧摩阻力 ultimate shaft resistance
极限侧向承载力 ultimate lateral capacity
极限侧阻力 ultimate shaft resistance
极限侧阻力标准值 ultimate shaft resistance
极限测量法 limit ga(u)ging
极限测试装置 go-no-go test equipment
极限产量 ultimate output; ultimate production
极限长度比 maximum and minimum proportion of length
极限常数 critical constant
极限车头间距 minimum space headway
极限车头时距 minimum-time headway
极限沉积速度 limit(ing) deposit velocity
极限承载力值 ultimate bearing value
极限承载量 ultimate bearing capacity
极限承载(能)力 ultimate bearing capacity; ultimate bearing power; ultimate bearing resistance; ultimate carrying capacity; ultimate carrying resistance; limit of bearing capacity; ultimate bearing property; ultimate bearing quality
极限承载强度 ultimate bearing strength
极限承载压力 ultimate bearing pressure
极限承载阻抗 ultimate bearing resistance
极限吃水标志 limiting draft mark
极限尺寸 critical dimension; dimension limit; extreme dimension; limiting dimension; limiting size; limit of size; limited size; overall dimension
极限尺寸指示器 dimension limit indicator
极限尺寸制 dimension limit system
极限尺度 limiting size; ultimate size
极限充水程度 critical degree of saturation
极限冲击韧性 ultimate resilience
极限冲刷深度 limiting scour depth
极限稠度 ultimate consistency
极限出力 limit output
极限出水量 < 抽地下水的 > limit of yielding

极限垂直俯冲 terminal nose dive
极限刺激 terminal stimulus
极限粗糙度 terminal roughness
极限挡块 margin stop
极限挡块定位控制器 margin stop setting control
极限挡块机构 margin stop mechanism
极限挡块指示器 margin stop indicator
极限的 critical; limiting; ultimate; terminal
极限低水流量 extreme low discharge
极限低压强 blankoff pressure
极限地震 limit shock; ultimate earthquake
极限地址 limiting address
极限点 limit(ing) point; stalling point; ultimate point; extreme point
极限电导 limit conductance
极限电导率 limiting conductivity
极限电流 carrying current; limiting current
极限电流密度 limiting current density
极限电平 limiting level
极限电平控制 limiting level control
极限电位 limiting potential; sticking potential
极限电压 limit(ing) voltage
极限电阻 maximum resistance; ultimate resistance
极限凋萎点 ultimate wilting point
极限定理 limit theorem
极限定律 limit(ing) law
极限冻结强度 critical frost strength
极限度 ultimate limit
极限端阻力(标准值) ultimate tip resistance
极限断裂荷载 ultimate breaking load
极限断裂强度 ultimate breaking strength
极限恶臭 threshold odo(u)r
极限法 limit process; method of limits
极限反应 limiting response
极限范围 limit range; ultimate range
极限放大率 limiting magnification
极限放大因数 cut-off amplification factor
极限分辨角 limiting angle of resolution; limiting resolution angle
极限分辨率 limiting resolution; limiting resolving power
极限分辨能力 limit(ing) resolution; limiting resolving power
极限分布 limiting distribution
极限分解力 limiting vertical resolution
极限分析 limit analysis; ultimate analysis
极限分析补强法 limit analysis method of reinforcement
极限分析法 limit analysis method
极限分析解 limit analysis solution
极限俯冲速度 limiting descending velocity
极限负荷 burst load; limit load; stalling point; ultimate load
极限负荷比 turn-down ratio
极限负荷设计 limit design(ing)
极限负载 limit loading
极限负载状态 full load condition
极限概率 limiting probability
极限高程 limited level
极限高度 limited level; limiting elevation; limiting height; emergency altitude; limiting altitude < 飞行的 >
极限工作量 ultimate working capacity
极限功率 limit output; limit power; threshold power
极限贯入度 limiting penetration; ultimate penetration
极限光栏 limiting diaphragm

极限过荷 limit acceleration factor
极限过载 limit acceleration factor
极限含水能力 limiting moisture capacity
极限函数 limiting function
极限荷载 breaking load; collapse load; critical load(ing); failure loading; limit load; load of breakage; ultimate load(ing)
极限荷载安全系数 safety factor for ultimate load; safe factor for ultimate load
极限荷载承载能力 ultimate load bearing capacity
极限荷载法 limit(ing) load method; ultimate load method
极限荷载分析 ultimate load analysis
极限荷载计算 computation of ultimate load
极限荷载能力 ultimate weight-carrying capacity; ultimate-load capacity
极限荷载设计 limit load design; ultimate load design
极限荷载设计法 limiting load design method; ultimate load design method
极限荷重能力 ultimate weight-carrying capacity
极限洪水 extreme flood; maximum possible flood; maximum probable flood
极限糊精 limiting dextrin
极限化 maximization[maximisation]; maximize
极限环 limit cycle; limit loop
极限环境温度 limiting ambient temperature
极限环振荡 limit cycles oscillations
极限回弹力 ultimate resilience
极限激励(法) critical excitation
极限级配曲线 limiting grading curve
极限极化 limiting polarization
极限剂量 limit dose
极限继电器 maximum relay
极限剪力 ultimate shear
极限剪切强度 ultimate shear(ing) strength
极限检查 limit check
极限检验 limit check
极限降水量 maximum possible precipitation
极限降雨量 maximum possible precipitation
极限角 angle of draw; limit(ing) angle; angle of repose < 从静止到滑动的 >
极限校验 limit check
极限阶段 limit stage; ultimate stage
极限界 critical line
极限界限 stone wall limit
极限精度 extreme accuracy
极限精确法 limit accurate method
极限静抗力 ultimate static resistance
极限矩阵 limit matrix
极限绝缘温度 limiting insulation temperature
极限开关 limit stop; limit switch
极限开支 ultimate cost
极限抗拔力 ultimate pullout capacity
极限抗剪力 ultimate shear(ing) resistance
极限抗剪强度 ultimate shear(ing) strength
极限抗剪应力 ultimate shear(ing) stress
极限抗拉强度 tensile strength limit; ultimate tensile strength; ultimate tension
极限抗力 ultimate resistance
极限抗力强度 ultimate resistance strength

极限抗弯强度 ultimate bending strength
极限抗弯应力 ultimate bend stress; ultimate flexural strength
极限抗压强度 compressive ultimate strength; ultimate compressive strength
极限抗张强度 ultimate tensile strength
极限抗震能力 ultimate aseism(at)ic capacity; ultimate seismic-resistant capacity
极限可采厚度 limiting minable thickness
极限刻度 margin scale
极限空间频率 limiting spatial frequency
极限孔隙比 critical void ratio; ultimate void ratio
极限控制动作 limiting control action
极限控制开关 control limit switch
极限控制作用 limiting control action
极限枯水流量 extreme low discharge
极限跨度 extreme span
极限跨径 critical space; critical span
极限拉力 ultimate tension
极限拉伸 ultimate tension
极限拉伸变形 ultimate tensile strain
极限拉伸强度 point of maximum load; ultimate tensile strength
极限拉延比 limiting drawing ratio
极限拉应变 ultimate tensile strain
极限拉应力 tensile strength; ultimate tensile stress
极限理论 limit theorem; theory of limits
极限力矩 limiting moment; stall torque; ultimate moment
极限力矩承载能力 ultimate moment capacity
极限励磁 ceiling excitation
极限粒度 limiting grain; ultimate particle size
极限粒度曲线 limiting grading curve
极限粒径 cut size
极限量 limiting quantity; polar vector
极限量规 difference ga(u)ge; limit ga(u)ge
极限料位测定 limit level measurement
极限灵敏度 limiting sensibility; ultimate sensibility
极限流量 extreme discharge; limit flow
极限流量率 extreme specific discharge
极限流速 limiting velocity; velocity of limit
极限滤速 limited filtration velocity
极限论 theory of limitation
极限马赫数 limiting Mach number
极限煤气 limit gas
极限密度 critical density; limiting density
极限面 limit plane
极限瞄准误差角 limiting sighting error angle
极限摩擦 limiting friction; threshold friction
极限摩擦角 limiting angle of friction
极限摩擦系数 coefficient of limit(ing) friction
极限磨耗量 ultimate amount of wear
极限挠度 limiting deflection
极限挠曲量 limiting deflection
极限挠曲(值) ultimate value of deflection
极限能力 limiting capacity; ultimate capacity
极限能量 end point energy; limiting energy; ultimate energy
极限黏[粘]合应力 ultimate bond stress
极限扭矩 breakdown torque; marginal torsional moment; ultimate torque

极限浓度 concentration limit;limiting concentration
极限浓缩倍数 limited concentration ratio
极限排放 limiting discharge;ultimate discharge
极限膨胀 ultimate expansion
极限偏转量 limit deflection
极限频率 limiting frequency
极限平衡 critical equilibrium;limit(ing) equilibrium;ultimate equilibrium
极限平衡法 critical equilibrium method;limit equilibrium method;method of limit equilibrium
极限平衡分析 limit equilibrium analysis
极限平衡理论 theory of ultimate equilibrium
极限平衡力学 limiting equilibrium mechanics
极限平衡条件 limit equilibrium condition
极限平衡状态 limiting state of equilibrium;state of limit equilibrium
极限平均值 extreme mean
极限坡度 grade limit(ation);limit(ing) grade;limiting gradient;limit slope
极限坡角 ultimate slope angle
极限破坏 extreme failure;limit failure;ultimate failure
极限破坏荷载 ultimate breaking load
极限破坏面 failure surface
极限破坏强度 breaking strength;ultimate strength of rupture
极限起爆药量 minimum initiating charge
极限牵引力 limiting tractive force;limiting tractive power
极限强度 blankoff;breaking stress;final strength;limiting intensity;limit(ing) strength;limit of ultimate strength;modulus of rupture;ultimate resistance;ultimate strength
极限强度顶点 upper limit of ultimate strength
极限强度范围 limit of ultimate strength
极限强度计算法 ultimate strength method
极限强度理论 ultimate strength theory
极限强度设计 limit design(ing);ultimate strength design;plastic design;collapse design
极限强度设计(方)法 collapse design method;ultimate(strength) design method;ultimate(strength) method of design;limit design method
极限强度设计原理 limit state design philosophy
极限强度下限 lower limit of ultimate strength
极限倾角 inclination limit
极限情况 limiting case
极限球面 horosphere
极限区(域) limiting zone
极限曲率 limit curvature;ultimate curvature
极限曲线 limiting curve
极限燃气 limit gas
极限容量 end capacity;limit(ing) capacity;ultimate output;ultimate capacity
极限容许浓度 limit permissible concentration;permissible concentration limit
极限容许压力 alarm pressure
极限溶度溶解 solubility-limited dissolution
极限溶解度 limiting solubility
极限蠕变 limiting creep
极限蠕变应力 limiting creep stress
极限塞规 internal limit ga(u)ge
极限扫描力 limiting scanning power
极限筛孔眼 limiting screen aperture
极限上涌浪 extreme upsurge
极限设计 minimax design;ultimate design;limit design(ing)
极限设计法 limit design method
极限设计荷载 design ultimate load;factored load
极限设计抗力矩 ultimate design resisting moment
极限设计抗弯矩 ultimate design resisting moment
极限设计塑性理论 plastic theory of limit design
极限射线 boundary ray
极限伸长 ultimate elongation
极限伸长率 ultimate elongation in percent;ultimate elongation percentage
极限伸距 outreach
极限深度 boundary depth;bounding depth;controlling depth;limiting depth
极限深度潜水 extreme deep diving
极限生产能力 limiting capacity
极限生化需氧量 ultimate biochemical oxygen demand
极限时间 minimum period
极限时限 time limit
极限使用温度 limiting service temperature;ultimate use temperature
极限视星等 limiting apparent magnitude
极限试验 marginal test
极限释放机构 margin release mechanism
极限释放键 margin release key
极限寿命 ultimate life
极限输出 limit output
极限输出功率 limited output power
极限数 limiting number
极限衰减 ultimate damping
极限衰减器 cut-off attenuater[attenuator]
极限水深 limiting water depth
极限水头 limiting head
极限速度 ceiling speed;limitation of velocity;limit of velocity;limit(ed) speed;limit(ed) velocity;runaway velocity;terminal velocity
极限速度俯冲 terminal-velocity dive
极限速率 hump speed;limit speed
极限酸碱度 ultimate pH
极限碳酸盐硬度 ultimate carbonate hardness
极限碳酸盐硬度法 ultimate carbonate hardness method
极限体积 limiting volume
极限条件 boundary condition;critical condition;limit(ing) condition;maximum condition;ultimate condition
极限调节容量 <水库、水池的> pondage limit
极限调速器 limit governor;topping governor
极限通过电流 passing current limit
极限推力 critical thrust
极限弯沉(值) ultimate value of deflection
极限弯矩 capacity moment;limiting bending moment;breaking bending moment;limit moment;ultimate bearing moment;ultimate bending moment
极限弯曲 ultimate curvature
极限弯曲力矩 ultimate bending moment
极限弯曲能力 ultimate bending capacity;ultimate flexural capacity
极限弯曲强度 ultimate bending strength
极限弯曲应力 limited bending stress;ultimate flexural capacity
极限纬圈 extreme parallel
极限位 ultimate dimension
极限位移 displacement bound
极限位置 boundary position;extreme position;limiting position
极限位置控制 limit control
极限位置控制系统 limit control system
极限温度 critical temperature;limit(ing) temperature;threshold temperature;ultimate temperature
极限温升 maximum temperature-rise;ultimate temperature rise
极限文件 limits file
极限稳定性 marginal stability
极限误差 limiting error;ultimate error
极限吸程 limit suction lift
极限稀释法 limiting dilution
极限细长比 limiting slenderness;slenderness limit
极限下强度 submaximal intensity
极限下吸氧量 submaximal oxygen intake
极限纤维拉伸强度 ultimate tensile strength of fiber[fibre]
极限线 limit(ing) line
极限限制开关 ultimate limit(ing) switch
极限信号 critical value signally
极限信号装置 critical value signally device
极限信息容量 limiting information capacity
极限星等 limiting magnitude
极限行星离合器 range clutch
极限形变 ultimate deflection;ultimate strain
极限形变值 ultimate value of deflection
极限性 criticality
极限需氧量 limited oxygen demand;ultimate oxygen demand
极限需氧量指数 limited oxygen demand index;ultimate oxygen demand index
极限需要量 ultimate demand
极限徐变系数 ultimate creep coefficient
极限徐变应力 limiting creep stress
极限蓄水量 <水库、水池的> pondage limit
极限循环 limit cycle
极限压荷载 ultimate compressive load
极限压力 critical pressure;extreme pressure;limit(ing) pressure;refusal pressure;stalled pressure;top pressure;ultimate pressure
极限压强 blankoff pressure;limiting pressure;ultimate pressure
极限压缩强度 compressive ultimate strength;ultimate compressive strength
极限压缩应力 ultimate compressive stress
极限延伸 breaking elongation
极限延伸率 elongation at break;ultimate elongation
极限延伸值 ultimate elongation;ultimate tensile strain
极限扬程 limiting head
极限仰角 limiting elevation
极限氧化 ultimate oxidation
极限因数 limiting factor
极限应变 limiting strain;over-strain;strain tolerance;ultimate strain
极限应力 critical stress;limit(ing) stress;stress limit;ultimate stress
极限应力百分率 percentage of ultimate stress
极限应力比 critical stress ratio
极限应力和应变 ultimate stress and strain
极限应力图 critical stress circle
极限应力圆 ultimate circle of stress
极限应力状态 boundary state(of stress);ultimate stressed state
极限用量 threshold dose
极限优先次序 limit priority
极限优先权 limit priority
极限有效度 limiting availability
极限有效荷载 maximum useful load
极限与配合 limits and fits
极限原理 ultimate principle
极限圆 horocycle;limiting circle;oricycle
极限圆分析 dangerous circle analysis
极限允许浓度 limiting concentration;maximum acceptable concentration
极限允许污染量 limiting pollutional load
极限运动 maximal exercise
极限杂质分布 ultimate impurity distribution
极限载荷 collapse load;ultimate load
极限张力 ultimate tension
极限张应力 tenacity;ultimate tensile stress
极限照相星等 limiting photographic magnitude
极限针入度 ultimate penetration
极限真空 end vacuum;highest attained vacuum;ultimate vacuum
极限真空度 final vacuum
极限振动 marginal vibration
极限蒸发深度 critical depth of evapo(u)ration
极限支承强度 ultimate bearing strength
极限支承压力 ultimate supporting pressure
极限支承应力 ultimate bearing stress
极限值 extreme limit;limit(ing) value;ultimate value;extreme value
极限值调整 limit control
极限值问题 boundary value problem
极限指示 limit indication
极限指示器 limit indicator
极限制 limit system
极限质量 limiting quality
极限重量 limit weight
极限周期 limit cycle
极限周围温度 limiting ambient temperature
极限周值 limit cycle
极限转差率 breakdown slip
极限转矩 marginal torque moment;maximum torque
极限转速 runaway speed
极限装药量 charge limit
极限状况 limiting condition
极限状态 limit(ing) condition;limit(ing) state;ultimate limit;ultimate state
极限状态法 limit state method
极限状态方程 limit state equation
极限状态函数 limit state function
极限状态设计 collapse design;limit(ed) state design;ultimate(load) design;ultimate state design;limit design(ing)

极限状态设计抵抗力矩 ultimate design resisting moment
极限状态设计法 collapse design method; limit condition design method; limit state design method; ultimate design method; ultimate strength design method
极限状态设计理论 limit state design theory
极限状态设计原理 limit state design theory
极限状态下的安全检查 state method
极限阻力 limiting resistance; ultimate resistance
极限阻尼 ultimate damping
极限最大应力 limiting maximum stress
极限最大值 ultimate maximum
极限最热点温度 limiting hottest-spot temperature
极限最小平曲线半径 ultimate minimum radius of horizontal curve
极限最小应力 limiting minimum stress
极相似的东西 counterpart
极详细的程序 pinpoint program(me)
极向扁率 polar flattening; polar oblateness
极向缠绕 polar winding
极向场线圈 poloidal coil
极向定日镜 polar heliostat
极向恒星 pole-on star
极向力 polar force
极向量 extreme vector; polar vector
极向灵敏 polar sensitive
极向迁移 poleward migration
极向天体 pole-on object
极象限角 polar bearing
极像图 pole figure
极小 minimum[复 minima/ minimauls]
极小半径 infinitesimal radius
极小潮 dead neap
极小簇 minimal variety
极小大地线 minimal geodesic
极小的 minimal; tiny; dink(e)y <美>
极小的东西 pinpoint
极小的可能性 remote possibility
极小点 minimum point
极小多项式 minimal polynomial
极小方差估计 minimum variance estimate
极小方程 minimal equation
极小割 min-cut
极小和之积 minimal product-of-sums
极小化 minim(al)ization; minimize
极小化层 minimizing layer
极小化过程 minimization process
极小化极大 minimax
极小化序列 minimizing sequence
极小化最大 minimax
极小化最大判定规则 minimax decision rule
极小化最大准则 <坏中求好的决策准则,又称悲观主义准则> minimax criterion
极小机会 mathematic(al) chance
极小积之和 minimal sum-of-products
极小极大逼近 minimax approximation
极小极大不等式 minimax inequality
极小极大策略 minimax strategy
极小极大定理 maximum-minimum principle; min-max theorem
极小极大法 Chebyshev approximation; min-max technique
极小极大方法 minimax approach
极小极大负效用 minimax negative utility
极小极大估计 minimax estimation
极小极大估计量 minimax estimator
极小极大规则 minimax rule
极小极大后悔准则 <一种决策准则> minimax regret criterion
极小极大技术 minimax technique
极小极大检测理论 minimax detection theory
极小极大解 minimax solution
极小极大近似 minimax approximation
极小极大判据 minimax criterion
极小极大损失 minimax loss
极小极大系统 minimax system
极小极大原理 minimax principle
极小极大值 minimum maximum property
极小极大(值)定理 minimax theorem
极小极大准则 minimax criterion
极小极限 minimum limit
极小集 minimal set
极小截 min-cut
极小距离平均(法)算法 minimum-distance-to-mean algorithm
极小孔径 minimum value aperture
极小矿体 extremely small orebody
极小量 infinitesimal
极小略图 thumbnail sketch
极小平均值 minimum average
极小区域 minimum area
极小曲面 minimal surface
极小扰动 minimal perturbation
极小设计 minimum design
极小树 minimal tree
极小完全类 minimal complete class
极小物 indivisible
极小向量 minimal vector
极小形式 minimal form
极小性 minimality; minimum property
极小元 minimal element; minimal member
极小元素 minimal member
极小原理 principle of minimum; minimum principle
极小真向量 minimal true vector
极小(直)线 isotropic(al) line
极小值 minimal value; minimum value
极小(值)问题 minimum problem
极小值原理 principle of the minimum
极小组技术 nominal group technique
极效应 polar effect
极芯 pole core; pole piece; pole shank
极形式 polar form
极形 polar form
极性 polarity
极性半导体 polar semiconductor
极性变更 change of polarity
极性变换 polarity changing; polarity inversion; pole changing; reversal of polarization; reversal of poles
极性变换器 polarity inverter
极性标记 polarity mark
极性表示器 polarity indicator
极性波导管 polar guide
极性测定器 polarity finder
极性插头 polarized plug
极性超带 polarity syperone
极性超时 polarity superchron
极性超时间带 polarity superchronzone
极性传输 bipolar; polar transmission
极性带 polarity
极性单体 polar monomer
极性导航子 polar navigation
极性倒转 polarity inverse; polarity reversal
极性倒转年表 polarity time scale
极性颠倒 polarity inversion; polarity reversal; reversal of poles
极性电码 polar(ized) code
极性电码自动闭塞 polar code automatic block
极性电码自动闭塞系统 polar code automatic block system
极性电码自动闭塞制 polar code automatic block system
极性定位接点 normal polar contact
极性度 degree of polarity
极性端 polar end
极性对称轴 polar symmetry axis
极性反应 polar reaction
极性反转 reversal of polarity
极性反转放大器 polarity inverting amplifier
极性方向继电器 polar-directional relay
极性芳香芬 polar aromatics
极性分离技术 polarity separation technique
极性分离器 polarity splitter
极性分子 polar molecule
极性分子吸附 absorption of polar molecule
极性符号 polarity sign
极性共价 polar covalence
极性共价键 polar covalent bond
极性惯矩 polar moment of inertia
极性光学模式散射 polar optic(al) scattering
极性归零制记录 polarized return-to-zero recording
极性过渡 polarity transition
极性化合物 polar compound
极性换向器 polarity reverser
极性混合物 polar compound
极性活化(作用) polar activation
极性基(团) polar group
极性继电器 polar(ity) relay
极性价数 polar number
极性间隔 polarity interval
极性检测灯 polarity lamp
极性检查 polarity check
极性检查电路 polarity check circuit
极性键 heteropolar bond; polar bond; polar linkage
极性键合 polar binding
极性键控 polar keying
极性键联 polar binding
极性交变脉冲 bidirectional pulse
极性交叉 polar transposition; staggering(of) polarity
极性交替破坏 alternation mark inversion violation
极性接点 polar contact
极性晶体 polar crystal
极性巨带 polarity hyperzone
极性巨时 polarity hyperchron
极性巨时间带 polarity hyperchronzone
极性聚合物 polar polymer
极性控制 polarity control
极性灵敏 polar sensitive
极性脉冲 polar(im) pulse
极性脉冲电码轨道电路 polar-(im) pulse coded track circuit
极性脉冲轨道电路 polar-(im) pulse track circuit; polar pulse track circuit
极性黏[粘]结剂 polar adhesive
极性农药 polar pesticide
极性偏极继电器 biased-polar relay
极性频率脉冲自动闭锁 automatic block with polar frequency coded track circuits
极性期 polarity epoch
极性迁移率 polar mobility
极性切线图 polar tangent plot
极性溶剂 dipolar agent; polar solvent
极性溶解有机化合物 polar dissolved organic compound
极性色料 polar colo(u)r
极性时 polarity chron
极性时纪 polarity epoch
极性时间带 polarity chronzone
极性式 polarity formula
极性事件 polarity event
极性事件与极性期 polarity event and polarity epoch
极性试验 polarity test
极性试验器 pole finder
极性添加剂 polar additive
极性调整 poling
极性调制 polar modulation
极性图 polar figure
极性微带 polarity microzone
极性微时 polarity microchron
极性微时间带 polarity microchron zone
极性误差检测器 polarity error detector
极性衔铁 polarized armature
极性现象 polarity
极性线路电路 line-polarized circuit
极性相 polar phase
极性相关器 polarity correlator
极性消失 loss of polarity
极性效应 polar action; polarity effect; polarization effect
极性亚带 polarity subzone
极性亚时 polarity subchron
极性亚时间带 polarity subchron zone
极性颜料 polar pigment
极性液体 polar liquid
极性液相 polar liquid phase
极性影响 polarity effect
极性运输 polar transport
极性载体 polar support
极性指示 polar indication
极性指示器 polarity indicator
极性指数 polar index
极性重合相关器 polarity coincidence correlator
极性转换 polarity inversion
极性转换次数 number of change of polarity
极性转换开关 polarity-reversing switch
极性转换器 polarity changer; pole changer
极靴 pole head; pole piece; pole shoe; pole terminal; pole tip
极靴撑 pole-shoe spreader
极靴触点 pole-shoe contact
极靴尖 tip of pole shoe
极靴间隔 pole piece spacing
极靴漏泄 pole-shoe leakage
极靴头 pole tip
极靴凸出部分 pole spur
极压齿轮油 extreme pressure gear oil
极压汽轮机油 extreme pressure turbine oil
极压润滑 extreme boundary lubrication
极压润滑剂 extreme pressure lubricant
极压润滑油膜 extreme pressure film
极压添加剂 extreme pressure additive
极延伸部分 pole extension
极严重的损伤 extreme injury
极夜 polar night
极夜地区 twilight zone
极移 motion of poles; polar motion; polar wabble; pole wandering; variation of poles
极移动 polar migration
极移减少 reduction for polar motion
极移曲线 polar-wandering curve
极移图 polar-wandering chart
极易爆炸的 dangerously explosive
极易迁移的元素 elements of easiest migration
极易燃品 highly flammable material
极易燃物品 highly flammable material
极易洗 easiest washing
极硬 very hard

极硬的 dead-hard
极硬钢 dead-hard steel
极硬水 hardest water
极游动 polar wandering
极游移路线 polar wandering path
极有兴趣的 succulent
极羽 polar plume
极圆 polar circle
极圆的 well-rounded
极圆状 very rounded
极远震 extreme distant earthquake
极远紫外 extreme ultraviolet
极远紫外光度计 extreme ultraviolet photometer
极远紫外激光器 extreme ultraviolet laser
极早期宇宙 very early universe
极早强水泥 ultra-high-early-strength cement
极窄近似法 extreme narrowing approximation
极窄馏分蒸馏 short-path distillation
极窄束接收器 very-narrow-beam receiver
极沾滞 very sticky
极震区 magistoseismic area;meizoseismal area;meizoseismal region;meizoseismal zone
极正射投影 polar orthographic(al) projection
极直径 polar diameter
极值 crest value;extrema;extremal value;extreme;extremity value;extremum [复 extrema];extremum value
极值保持 peak-holding
极值变分法 variation of extremeness value method
极值场 extremal field
极值的 extremal
极值点 extreme point
极值点纵横坐标图 ordinate and abscissa figure of crest
极值法 extreme method;extremum method
极值反应 extreme response
极值分布 extremal distribution;extreme value distribution
极值分布几率格纸 extremal probability paper
极值概率纸 extremal probability paper
极值函数 extremal function
极值继电器 maximum and minimum relay
极值解 minimax solution
极值距离 extremal distance
极值控制 extremal control;extreme control
极值控制系统 extremum control system
极值理论 extreme theory;largest value theory;theory of extreme values
极值判据 extreme value criterion
极值曲线 extremal curve;extremal
极值调节 extreme control;optimal(izing) control
极值统计理论 statistic(al) theory of extreme values;theory of extremal statistics
极值图 extremal graph
极值问题 extremal problem;extreme value problem;extremum problem
极值系列 extreme value series
极值响应 extreme value response
极值向量 extremal vector
极值性 extremum property
极值寻找法 extremum seeking method
极值原理 extremum principle
极值指数 extreme value index
极值准则 extreme value criterion
极中潮位<最高和最低潮位的中途潮位> mid-extreme tide
极重交通 ultra-heavy traffic
极重力 polar gravity
极重油脂 very heavy grease
极周期 polar period
极轴 axis of pole;equatorial axis;initial line;polaxis;pole axis;time axis;polar axis
极昼 polar day
极柱式开关 pole switch
极转动惯量 polar moment of inertia
极锥 polar cone
极浊 most turbid
极子集 polar subset
极最优策略 extreme optimal strategy
极最优向量 extreme optimal vector
极坐标 polar coordinates
极坐标测横断面尺 sunflower
极坐标测量法 polar survey;survey by radiation
极坐标导航 rho-theta navigation;R-theta navigation
极坐标导航系统 polar coordinate navigation system
极坐标的 polar
极坐标的极点 pole of polar coordinates
极坐标定位 polar coordinate position
极坐标定位系统 azimuth-distance positioning system;polar coordinate position-fixing system;polar positioning system
极坐标法 method of polar coordinates;polar coordinate method
极坐标法控制 polar control
极坐标法水深定位 position fixing by polar coordinate method
极坐标方程式 polar equation
极坐标分布 polar distribution
极坐标分解 polar decomposition
极坐标极点 polar of polar coordinates
极坐标记录器 polar diagram recorder
极坐标记录纸 circular chart
极坐标角 polar angle
极坐标角坐标变换 resolution of polar to Cartesian
极坐标量测仪 polar comparator
极坐标曲线 polar curve
极轴标曲线图 polar plot
极坐标示波器 cyclograph;cycloscope
极坐标式机器人 polar coordinate robot
极坐标式机械手 polar coordinate manipulator
极坐标缩放仪 linear pantograph;polar pantograph;uniaxial pantograph
极坐标投影法 polar net
极坐标图 polar diagram;polar figure;polar plot
极坐标图纸 polar coordinate paper
极坐标(系)导航 omnibearing distance navigation
极坐标系(统) polar coordinate system
极坐标响应曲线 polar response curve
极坐标形式 polar form
极坐标演算 polar performance
极坐标仪 polar coordinatograph
极坐标直角坐标变换 revolution of polar to Cartesian
极坐标直角坐标换算 resolution of polar to Cartesian
极坐标直角坐标转换 resolution of polar to Cartesian
极坐标纸 polar coordinate paper;polar graph paper

急闭 closure

急闭阀 quick-closing valve
急闭装置 quick-closing gear
急变不恒定流 rapidly varied unsteady flow
急变不稳定流 rapidly varied unsteady flow
急变二极管 snap-off diode
急变返回 snapback
急变流 rapidly varied flow
急潮(流) tidal race;tide race;tide rip
急潮水道 tide gate
急潮水段 tide gate
急驰 dart
急充电 booster charge;boosting charge
急冲 ballistic kick;dash
急冲变压器 kick transformer
急冲电路 kick circuit
急冲脉 jerky pulse
急冲试验 jerk test
急促测量 hasty survey;rapid survey
急促做成 knock together
急电 express telegram;urgent message;urgent telegram
急动 bob;jerking movement
急冻 quick freezing
急冻间 sharp-freezing room
急冻冷库 quick freezer
急陡的泄水槽 canal rapids
急断开关 quick-break switch
急顿 jerk
急放 clap;surge
急放锚链 surge
急风 abrupt wind
急回冲程 quick-return stroke
急回机构 quick-return mechanism
急回皮带 quick-return belt
急回运动 quick-return motion
急回装置 quick return device
急尖的 sharp-pointed
急尖叶 acute leaf
急减幅电路 highly damped circuit
急件 despatch[dispatch];express
急件室 dispatch room
急件运输 express transportation
急降 plunge
急救 emergency;first-aid(treatment)
急救包 first-aid kit
急救包扎 first-aid dressing
急救材料 first-aid supply
急救车 breakdown van;emergency ambulance;wrecker
急救车服务 emergency ambulance service
急救车站 accident(al) ambulance station
急救船 wrecker
急救创伤 first-aid injury
急救措施 emergency measure;emergency treatment;first-aid treatment
急救洞室 leading room
急救队<火场失事> breakdown gang
急救发电机 stand-by generator
急救方法 emergency measure
急救服务 emergency medical service
急救工作 emergency works
急救护理员 emergency treatment person
急救莲蓬头 emergency shower
急救人员 first-aid personnel
急救设备 first-aid apparatus;first-aid appliance;first-aid equipment
急救室 casualty dressing and examination room;emergency room;first-aid room
急救手术室 emergency operating room
急救艇 accident boat
急救箱 first-aid box;first-aid chest
急救氧气袋 emergency oxygen pack
急救药品 first-aid medicine
急救药(品)箱 first aid box;first-aid kit
急救医疗服务 emergency medical service
急救医疗和技术援助服务计划 emergency medical services and technical support services program(me)
急救医疗器具 first-aid outfit
急救医疗系统 emergency medical system
急救医院 accident hospital;emergency hospital
急救用品 first-aid appliance
急救员 first aider
急救站 aid station;emergency aid center[centre];first-aid(post);first-aid station
急救中心 emergency aid center[centre]
急救中心(站)标志 emergency aid center sign
急救装置 survival kit
急救组织 first-aid organization
急剧曝光 acute exposure
急剧变化 abrupt change;drastic change;drastic variation;radical change;rapid change
急剧波动<水面> rapid fluctuation
急剧操纵 abrupt maneuver
急剧的曲率变化 rapid rate of curvature
急剧的适应 acute adaptation
急剧的折断 sharp break
急剧的转折 sharp break
急剧地改变方向 sharp change of direction
急剧跌价 bottom dropped out of
急剧短路 crowbar
急剧短路保护装置 crowbar protection
急剧断路线路 crowbar circuit
急剧恶化的灾害 rapidly developing disasters
急剧加热 severe heating
急剧减速 abrupt deceleration
急剧接合器 harsh clutch
急剧燃烧 flash fire
急剧上升 steep rise;run-up
急剧衰落 flutter fading;rapid fading
急剧下降 extreme descent;sharp decline;sharp drop;sudden drop
急剧增长 steep rise
急剧转折 abrupt turn;sharp crest<岩层>
急遽抬价 hike
急拉 jerky
急冷 down quenching;dowse;quenching;sharp quenching;splat cooling
急冷泵 quench pump
急冷槽 quenching bath;quench(ing) trough
急冷抵抗性 chilling resistance
急冷度 quenching degree
急冷风机 quench fan
急冷工段 fast cool zone
急冷急热 quench heating and cooling
急冷急热性 thermal shock
急冷裂纹 chill crack
急冷炉箅 quench grate
急冷气 quench gas
急冷器 quench cooler;quencher
急冷热交换器 quenching heat-exchanger
急冷试验 chill test
急冷水 chilled water
急冷塔 quench tower
急冷退火 quench annealing

急冷硬化 quench hardening
急冷油 quenching oil
急冷皱痕 chill
急冷作用 shock chilling function
急流 bold water; catadupe; cataract; chute; hasty flow; jet current; jet flow; jet streak; jet stream; ledge; quick water; rapid current; rapid flow; rapid stream; riffle; rushing flow; rush of current; shooting flow; super-critical flow; swift; torrential current; torrential flow
急流槽 chute; rapid trough; steep slope channel; torrent flume
急流沉积 torrent deposit
急流冲刷 torrential wash
急流冲刷道 swash way; torrential wash way
急流出口区 exit region
急流的 torrential
急流调节器 emergency governor
急流跌水 chute drop
急流顶旋 top roll
急流顶溢 top roll
急流段 cascade portion; contraction
急流航道 rip channel
急流河 invigorated river; torrential river; torrential stream
急流交错层 torrential cross-bedding
急流交错层理构造 torrential cross-bedding structure
急流控制工程 torrent control works
急流浪花 overfalls
急流磨坊 cascade grinding mill
急流区 rapids zone
急流群落 rhyacium
急流声 rushing sound
急流水 gush; swift running water; quickwater
急流水路 < 滑运木材 > shoot
急流(通过浅滩或水下障碍时形成的)碎浪 overfalls
急流头部 head current
急流效应风 jet-effect wind
急流整治 torrential regulation
急流中的粒冰 frazil ice
急流作用 cataract action
急螺旋 steep spin
急凝 < 混凝土的 > fast-setting; flash set; premature setting; premature stiffening; grab set
急凝剂 flash-setting agent
急扭 jerk; sharp twist
急拍 rapping
急喷出 puffing
急坡 steep slope
急坡的 high-pitched
急迫危险 imminent danger
急瀑布 cataract
急牵 jerk
急倾斜 < 大于 15° > dip at high angle; dip at right angle; high dipping; steep pitch; high oblique
急倾斜的 high-pitched; steep dipping
急倾斜矿层 steep coal seam; steeply pitching seam
急倾斜煤层 steep coal seam
急燃 strong deflagration
急热 temperature shock
急热急冷试验 quickly heating and cooling test
急刹车 emergency stop; hard braking; panic stop; scram; screeching halt
急刹车滑行 impending skid(ding)
急闪光 quick flashing light
急烧 hard burning
急烧熟料 rapid burning clinker
急升 hoick
急升凸轮 quick-lift cam
急始 sudden commencement
急始磁扰 sudden magnetic disturbance
急事 exigence
急摔 jerk
急甩拖驳 popping the whip
急水流 gush
急水滩 dells
急速 fastness
急速冲击 quick-blow
急速的 snap
急速动作机件 whip
急速返回 snapback
急速放电 sudden discharge
急速分岔 rapid splitting
急速改变的 skippy
急速加热器 flash heater
急速驾驶 dispatch drive[driving]
急速减压 rapid decompression
急速搅拌器 flash mixer
急速冷却的 quick chilling
急速冷却(法) high rate freezing
急速离开 scram
急速起泡 effervescence
急速前进 crowd; go hurry ahead
急速停车 crash stop
急速停堆 < 反应堆 > scram
急速停住 < 缆绳 > bring up with a round turn
急速增加 irruption
急速中止 short stopping
急态 rapid state
急滩 cascade; groundsel; ground sill; rapids; torrent rapids
急滩成滩期 rapids-forming period
急滩整治 rapids regulation
急跳 jerk
急停 crash-halt; jerk; scram
急停按钮 scram button
急湍 cascade; groundsel; ground sill; rapids; torrent rapids
急湍塑性流动 impending plastic flow
急推 hitch
急弯 hairpin bend; narrow curve; sharp corner; sharp turn; steep curve; tight bend; tight turn < 道路的 >; elbow < 指海岸线等 >
急弯标志 turn sign
急弯段 sharp bend; abrupt bend
急弯管 sharp bend
急弯河段 sharp bend reach; strongly curved reach
急弯曲线 sharp curve; steep curve; abrupt curve < 公路 >
急弯曲线上的纵坡折减 compensation of grade at sharp curves
急弯系数 curvature factor
急弯险滩 hazardous passage of sharp bend type; sharp-bend-induced traffic-hazard
急弯型险滩 hazardous passage of sharp bend pattern; treacherous passage of sharp-bend pattern
急、险滩成滩水位 rapids/hazard-forming stage
急、险滩消滩水位 rapids/hazard-abating stage
急、险滩整治水位 rapids/hazard-regulation stage
急、险滩最汹水位 most turbulent stage of rapids/hazardous passage
急响器 rattle
急斜面 escarpment
急泄安全阀 pop safety valve
急泄阀 blow-off valve
急泄管 blow-off pipe
急信 express
急行交通 swiftly moving traffic
急性病 acute disease
急性传染病 acute infections disease
急性毒性 acute toxicity
急性毒性分级 classification of acute toxicity
急性毒性试验 acute toxicity test
急性毒性效应 acute toxic effect
急性毒作用带 acute toxic effect zone
急性放射病 acute radiation disease
急性放射疾病 acute radiation sickness
急性辐射线损伤 acute radiation injury
急性辐照 acute irradiation
急性危害 acute hazard
急性效应 acute effect
急性有害废物 acutely hazardous waste
急性炸药 quick explosives
急性照射 acute exposure
急性中毒 acute poisoning
急性中毒事件 acute poisoning episode
急性作用 acute action
急修 emergency repair; first-aid repair
急需安排的重点支出 urgently needed expenditures for key construction projects
急需投入 critical input
急旋 whirl
急旋口 whirl gate
急邮 pneumatique; postal express service
急于求成 be anxious for success; be impatient for success
急运货物 distress cargo
急涨 maximum flood
急诊部 emergency department
急诊室 emergency room; emergency ward
急止环 baulking ring
急制动 quick service(brake) application; screeching halt
急制动阀 quick service valve
急制动滑行 impending skid(ding)
急制动器 emergency brake
急制动限制阀 quick service limiting valve
急掷 quick throw
急骤薄膜式浓缩器 flash film concentrator
急骤薄膜式蒸发器 flash film evapo(u)rator
急骤干燥 flash dry(ing)
急骤干燥器 flash drier[dryer]
急骤混合器 flash mixer
急骤加热 flash heating
急骤搅拌器 flash agitator; flash mixer
急骤冷凝 quench condensation
急骤溜掉 flashing off; flash-off
急骤凝固 flash setting
急骤燃烧法 flash combustion
急骤增强 rapidly strengthen
急骤蒸发 flash evapo(u)ration; flashing
急骤蒸发成 flash to
急骤蒸发法 method of flashing
急骤蒸馏(法) flash distillation
急转 quick sweep; racing; sudden turn; zig
急转曲线 abrupt curve; sweeping curve
急转弯 an abrupt turn; hairpin turn; quick curve; sharp (angle) turn(ing); steep turn; tight curve; tight turn; abrupt turn
急转弯标志 turn sign
急转演替 abrupt succession
急转直下的 precipitous
急撞 jerk

疾

疾病 ailment; complaint; disease

疾病保险 sickness insurance
疾病报告 disease notification
疾病暴发 disease outbreak
疾病传染性的 catching
疾病地理分布 geographic(al) distribution of disease
疾病地理学 nosochthonography; nosogeography
疾病调查 morbidity survey
疾病发作 outbreak of disease; seizure of disease
疾病分布 distribution of disease
疾病分类学 nosology
疾病管理 disease control
疾病和意外保险 health and accident insurance
疾病监视 surveillance of disease
疾病控制 disease control
疾病控制中心 Centre for Disease Control
疾病流行 outbreak of disease
疾病流行强度 epidemic degree of disease
疾病蔓延 outbreak of disease
疾病媒介控制 vector control
疾病媒介物 disease vector
疾病死亡(比)率 case death ratio
疾病预防 disease prevention; prophylaxis
疾病职业分布 profession distribution of disease
疾病指数 disease index
疾驰 scorching
疾驰的 fleeting
疾风 < 蒲福风级表的 7 级风,风速 13.9 ~ 17.1 米/秒 > near gale; moderate gale; flurry; gust of wind; high wind
疾风污染 gale pollution
疾驶能力 speed capacity
疾行 quick walk
疾振 galloping

棘

棘 acantha

棘壁 check wheel
棘波 spike wave
棘齿 ratch; ratchet
棘齿板 claw plate
棘齿垫圈 ratchet washer
棘齿轮 ratchet gear wheel
棘齿轮掣子 pallet
棘齿起重设备 ratchet purchase
棘齿式啮合 wolf tooth gearing
棘齿条 ratchet bar
棘齿写入法 ratchet writing
棘刺 calthrop
棘刺林 thorn forest
棘刺状 echinate
棘点壳属 < 拉 > Acanthostigma
棘钉 barbed spike; jag spike; rag nail
棘间线 interspinal line
棘轮 arresting device; catch gear; click pulley; clickwork; notch(ed) wheel; pawl wheel; ratchet (wheel); star wheel; back stop < 防齿轮倒转的 >
棘轮扳手 free wrench handle; ratchet spanner; ratchet wrench; ratchet handle < 套筒扳手用 >; circle jack < 拧紧钻具螺纹用 >
棘轮扳钻 ratchet drill
棘轮闭锁装置 ratchet blocking system
棘轮柄 ratchet lever
棘轮掣子 ratchet(wheel) pawl
棘轮掣子锤 ratchet wheel pawl weight
棘轮掣子锤销 ratchet wheel pawl weight pin

棘轮掣子托 ratchet pawl bearing; ratchet wheel pawl bracket
棘轮掣子销 latch pin; ratchet wheel pawl pin
棘轮撑头 clawker
棘轮齿 hook tooth; notch; ratchet tooth
棘轮齿轮 ratchet gear(ing)
棘轮冲头 ratchet punch
棘轮传动 ratchet drive; ratchet gearbox
棘轮传动绞车 ratchet winch
棘轮传动装置 ratchet driver; ratchet gear(ing)
棘轮搭 ratchet-and-pawl
棘轮单头扳手 ratchet handle spanner
棘轮封隔器 ratchet type packer
棘轮改锥 ratchet screwdriver
棘轮杠杆千斤顶 ratchet lever jack
棘轮给进 ratchet feed
棘轮给料机 ratchet feeder
棘轮工具 ratchet tool
棘轮公锥 ratchet screwdriver
棘轮滚刀 ratchet hob
棘轮滚筒 ratchet cylinder
棘轮和掣爪 ratchet-and-pawl
棘轮环 ratchet ring
棘轮回动装置 catch reversing gear; ratchet reversing gear
棘轮机构 clicker; ratchet; ratchet-and-pawl; ratchet gear(ing); ratchet mechanism
棘轮继电器 ratchet wheel relay
棘轮架 ratchet stock
棘轮键 ratchet wheel key
棘轮绞车 ratchet winch
棘轮进给 ratchet feed
棘轮进给机构 ratchet feed mechanism
棘轮卡子 ratchet pawl
棘轮拉紧器 straining ratchet
棘轮来复机构 ratchet and rifle
棘轮离合器 pawl clutch
棘轮联轴节 ratchet coupling
棘轮链系 ratchet chain
棘轮螺母 ratchet nut
棘轮螺丝刀 ratchet screwdriver
棘轮螺纹磨床 ratchet threader
棘轮螺纹铣床 ratchet threader
棘轮螺旋起重器 ratchet screw jack
棘轮螺旋千斤顶 ratchet screw jack
棘轮盘 ratchet cover plate
棘轮起重葫芦 ratchet hoist
棘轮起重器 rack and gear jack; rack and lever jack; ratchet jack
棘轮千斤顶 rack and gear jack; rack and lever jack
棘轮钳 ratchet wrench
棘轮驱动 ratchet drive
棘轮时基 ratchet time-base
棘轮式挡料装置 ratchet stop
棘轮式滚轴送料 ratchet type roll feed
棘轮式继电器 ratchet relay
棘轮式起落机构 ratchet lift
棘轮式千斤顶 ratchet type jack
棘轮式手摇钻 ratchet drill
棘轮式注油杯 ratchet type grease cup
棘轮式转盘送料 ratchet dial feed
棘轮式自动起落机构 clutch lift
棘轮手柄 ratchet handle
棘轮手摇钻 ratchet brace
棘轮手钻 ratchet drill
棘轮弹簧 click spring; ratchet spring
棘轮锁 Norfolk latch
棘轮套 ratchet sleeve
棘轮套筒扳手 box socket set
棘轮调节装置 depth-ratchet setting
棘轮调整式离合器 ratchet adjustment clutch
棘轮头 <风钻> ratchet head
棘轮推爪传动(装置) ratchet-and-pawl drive
棘轮销 ratchet pin
棘轮效应 ratcheting effect
棘轮旋凿 ratchet screwdriver
棘轮摇钻 ratchet bit; ratchet brace; ratchet drill
棘轮摇钻钻头 ratchet brace bit
棘轮油箱 <凿岩机> ratchet box
棘轮运动机构 click motion
棘轮凿岩机 ratchet drill
棘轮闸 drag brake
棘轮罩 ratchet casing
棘轮罩套 ratchet casing bushing
棘轮制动器 automatic load sustaining brake
棘轮挚子 ratchet pawl
棘轮爪 driving pawl; handle pawl; ratchet(wheel)pawl
棘轮爪臂 arm of ratchet
棘轮爪托 ratchet wheel pawl bracket
棘轮爪销 ratchet wheel pawl pin
棘轮装置 escapement; ratchet arrangement; ratchet assembly; ratchet gear(ing); ratcheting device
棘轮钻机 clack mill
棘螺钉 stone screw
棘螺栓 barb bolt; bat bolt; expansion bolt; fang bolt; hacked bolt; jag bolt; lewis bolt; rag bolt; rag nail; sprig bolt; stone bolt; wall screw
棘慢波 spike and ware wave
棘慢波综合 spike and ware complex
棘皮 pawl
棘皮动物 <水污染的一种指示动物> echinoderm
棘皮动物门 Echinodermata
棘器 spine apparatus
棘球壳属 <拉> Penzigia
棘手的事 twister
棘手任务 tricky business
棘手问题 delicate question; tender subject
棘头螺栓 stone bolt
棘突 acantha
棘尾杆 lug bar
棘形地脚螺栓 jag bolt
棘云实红木 pernambuco
棘爪 jumper; pall(et); pawl; ratch(et); ratchet wheel pawl; click; back stop <防齿轮倒转的>
棘爪扳手 ratchet wrench
棘爪宝石 pallet jewel
棘爪操作弹簧 pawl operating spring
棘爪掣 detent
棘爪的防逆转机构 ratchet-and-pawl
棘爪和棘轮机构 pawl and ratchet mechanism
棘爪离合器 ratchet clutch
棘爪式连续自动工作机床 palletized transfer machine
棘爪限位片 click banking stop
棘爪销 pawl pin
棘爪罩 pawl casing
棘爪自动旋凿 Yankee ratchet screw driver

集

集爆 mass shooting
集币箱 coin collector
集材 <木材> assembling; clearing; logging clearing; skidding; yarding; dray; roading <特指拖拉机再集材>; prehaul
集材安全阀 logging screen
集材臂 logging arm
集材场 brow; forest depot; log dump; timber depot; wood depot
集材道 logway; ride
集材道路 logging road; skid road
集材拱架 logging arch
集材归堆联合机 skidder-piler
集材滑盘 skidding pan
集材滑行 skid
集材机 buncher; log skidder; skidder; yarder
集材架杆 spar-tree
集材绞车 skidder
集材绞盘机 bull donkey; donkey; yarder
集材框架 bob
集材路 clearing road; skidding trail
集材帽 cap
集材区作业队 ide
集材索 dragline
集材拖拉机 log tractor; lumber tractor; skidder
集材者 lumberjack; lumberman <尤指监工、经理等>
集材装车联合机 skidder-loader
集材装置 logging equipment; skidding equipment
集草车 bundling attachment; cock carrying platform; stacker; strawbuncher; straw collector; straw stacker
集草垛草机 buckrake hay stacker
集草滚筒 gathering drum
集草耙 buck rack
集草器 buckrake; grass catcher; piler; stacker; straw deflector
集差 difference of set
集尘 ash collection; control of dust; dust allaying; dust allayment; dust arrest(ment); dust capture; dust catching; dust collection; dust collecting
集尘板 collecting plate
集尘杯 dustfall jar
集尘部分 collecting part
集尘袋 dust bag; dust shield pocket; filter bag
集尘袋室 baghouse
集尘电极 collecting electrode; collection electrode
集尘电极管 collecting electrode pipe; collector electrode pipe
集尘斗 dust hopper
集尘段 collecting part; dust-collecting part
集尘管 collecting pipe; dust leg
集尘罐 dust jar; dust collector
集尘柜 dust hood
集尘过滤器 collector filter
集尘环 <空压机滤清器的> dust cup
集尘机 baghouse dust collector
集尘极振荡器 collecting electrode vibrator
集尘率 rate of dust collection; rate of dust precipitation
集尘螺旋 dust-collecting screw
集尘能力 catch space; dust accommodating capacity
集尘瓶 dust jar
集尘器 ash catcher; baghouse dust collector; cinder catcher; collector (filter); cyclone; desilter; dirt trap; dust-collecting unit; duster; dust accumulator [extractor/ filter/ keeper/ precipitator/ separator/ trap/ arrester/ arrestor/ catcher/ collector/ concentrator]; grit arrestor; precipitator
集尘器出口 collector outlet
集尘器工况 collector performance
集尘器入口 collector inlet
集尘器上盖 cover of dust collector
集尘器设计 collector design
集尘器效率 collector efficiency
集尘器选择 collector selection
集尘容量 loading capacity
集尘设备 dust-collecting equipment; dust collector
集尘室 ash collector; baghouse; dust case; dust chamber; dust cleaner; dust-collecting room; dust-collecting unit; dust collector; dust housing; dust pocket; dust setting compartment; dust settling chamber
集尘速度 dust velocity
集尘系数 coefficient of dust collection
集尘系统 dust-collecting system; dust collection system; dust-precipitating system
集尘箱 dust bin; dust box; dust bunker; hopper; suction box
集尘效率 collection efficient of particulate; dust collection efficiency
集尘用润滑剂 Carboseal
集尘凿岩机 rock drill with dust collector
集尘罩 dust cage; dust (collector) hood; dust enclosure
集尘装置 dust-arrester installation; dust arrester plant; dust-collecting installation; dust-collecting unit; dust collect plant; dust collect unit; dust recovery apparatus; particle collector
集成 corpus; integrate
集成半导体器件 integrated device
集成包装 integral packaging
集成常规透视 integrated normal perspective
集成传感器 integrated sensor
集成单元触发器 integrated unit flip-flop
集成的 composite; integrated
集成电感器 integrated inductor
集成电光学 integrated electrooptics
集成电缆 integrated streamer
集成电路 integrated circuit(ry); molectron; unicircuit
集成电路板 integrated circuit board
集成电路彩色电视 integrated circuit colo(u)r television
集成电路测试夹 integrated circuit test clip
集成电路测试系统 integrated circuit test system
集成电路测试仪 integrated circuit tester
集成电路电阻器 integrated circuit resistor
集成电路多谐振荡器 integrated circuit multivibrator
集成电路放大器 integrated circuit amplifier
集成电路封装 integrated circuit package
集成电路功率放大器 integrated power amplifier
集成电路计算机 integrated circuit computer
集成电路计算机遥测技术 integrated computer telemetry
集成电路技术 integrated circuit technique
集成电路继电器 solid-state relay
集成电路晶片 integrated circuit die
集成电路距离保护装置 integrated circuit distance relay device
集成电路卡 integrated circuit card
集成电路块 integrated circuit chip; integrated circuit block; integrated circuit package

集成电路模拟器 integrated circuit simulator
集成电路模式组件 integrated circuit model
集成电路模型 integrated circuit model
集成电路片 integrated circuit chip
集成电路片尺寸 chip size
集成电路试验板 integrated circuit breadboard
集成电路输入保护 chip input protection
集成电路通道 integrated channel
集成电路通信[讯]数据处理机 integrated circuit communication data processor
集成电路稳压电源 integrated circuit voltage regulator
集成电路芯片 integrated circuit chip
集成电路元件 integrated circuit element
集成电路元件布局 topology
集成电路阵列 integrated circuit array
集成电路制造工艺 integrated circuit technology
集成电路中频放大器 integrated circuit intermediate frequency amplifier
集成电路组件 integrated circuit package
集成电子部件 integrated electronic component
集成电子学 integrated electronics
集成电阻 < 单块的 > integrated resistor
集成调制解调器 integrated modem; under-the-cover modem
集成度 density of integration; integrated level; integration level
集成堆 piling
集成发展 integrated development
集成伐木 integrated logging
集成阀 pile-up valve
集成反馈激光器 integrated-feedback laser
集成仿真器 integrated emulator
集成附件 integrated attachment
集成干涉反光镜 integrated interferometric reflector
集成管 tube nest
集成管网 integrated network
集成光路 integrated optic(al) circuit; integrated optics; optic(al) integrated circuit
集成光谱分析器 integrated optic(al) spectrum analyser[analyzer]
集成光通道 integrated optic(al) channel
集成光学 integrated optics
集成光学波导耦合器 integrated optic(al) waveguide coupler
集成光学电路 integrated optic(al) circuit
集成光学辐射热测量计 integrated optic(al) bolometer for radiation
集成光学开关 integrated optic(al) switch
集成光学用材料 material for integrated optics
集成化 integration
集成化系统 integrated system
集成话路 integrated voice channel
集成话音 integrate voice
集成挤出型 integrated extrusion type
集成计算机系统 integrated computer system
集成开发环境 integrated development environment
集成块 integrated package
集成逻辑电路 integrated logic circuit
集成器件 integrated component; integrated device
集成软件 integrated software
集成软件包 integrated software package
集成散热片 integral fin
集成式惯性导航系统 integrated inertial navigation system
集成式挖沟装置 integral type trenching element
集成式制图系统 integrated mapping system
集成式自动收费系统 integrated automatic fare collection system
集成适配器 integrated adapter
集成数据 integrated data
集成数据存储器 integrated data storage
集成数字伏特计 integrated digital volt meter
集成数字逻辑电路 integrated digital logic circuit
集成数字通信[讯]网 integrated digital communication network
集成双波导激器 integrated circuit double waveguide laser
集成铁路无线电通信[讯]系统 integrated railway radio system
集成通信[讯]转接器 integrated communication adapter
集成同步电路放大器 integrated sync amplifier
集成微电子电路 integrated microelectronic circuit
集成涡流 concentrated vortex
集成物 conglomerate
集成形态学 integrated morphology
集成语言 integrate voice
集成元件 integrated component; integrated unit
集成元件电路 integrated component circuit; integrated element circuit
集成运输 integrated service
集成运算放大器 integrated operational amplifier
集成斩波器 integrated chopper
集成照片 photomontage
集成制造系统 integrated manufacturing system
集成/智能驱动电子设备【计】integrate/intelligence drive electronics
集成注入逻辑 integrated injection logic; merged transistor logic
集成注入逻辑电路 integrated injection logic circuit
集成注入型 integrated injection type
集成转接器 integrated adapter
集成自动化 integrated automation
集储功能 pooling function
集储罐 collecting tank; sump drain tank
集丛 cluster
集存槽 sump pit
集的包含关系 inclusion relation for sets
集的闭包 closure of a set
集的第一记录 first record of a set
集的范畴 category of a set
集的基数 potency of a set
集的极大值 maximum of a set
集的交 intersection of sets; product of sets
集的势 potency of a set; power of a set; cardinality
集的所有者 set owner
集的元函数 member function of an ensemble
集的最末记录 last record of a set
集滴器 drop separator
集电杯 ring collector
集电的 current collecting
集电反射极 collector-reflector electrode
集电杆 troll(e)y pole
集电钢轨间的空隙 collector-rail gap
集电弓 bow collector; current collector; hoop; pantograph troll(e)y; sliding bow
集电弓操纵阀 pantograph operating valve
集电弓操纵机构 pantograph operating mechanism
集电弓触履 overhead contact shoe
集电弓动转信号 pantograph operating signal
集电弓断路开关 pantograph disconnecting switch
集电弓隔离限界 clearance ga(u)ge for pantographs
集电弓滑履 pantograph slipper
集电弓机壳 pantograph framework
集电弓集电盘 pantograph collecting pan
集电弓继电器 pantograph relay
集电弓架 < 电力机车的 > pantograph
集电弓架风缸 troll(e)y air cylinder
集电弓架子 pantograph framework
集电弓架座 pantograph base
集电弓接触片 pantograph contact strip; pantograph wearing strip
集电弓控制 pantograph control
集电弓框架 pantograph frame
集电弓式集电器 pantograph collector
集电弓受磨片 pantograph wearing strip
集电弓运行信号 pantograph operating signal
集电弓支架 bow frame
集电轨 collector rail
集电环 bus ring; circular distributor ring; collecting ring; commutator; ring collector; ring header; slip ring
集电环转子 collector ring rotor
集电极 catcher; collecting electrode; collector(electrode)
集电极饱和电压 collector saturated voltage
集电极保持电压 sustained collector voltage
集电极本体 collector body
集电极场 collecting field
集电极到发射极的电流增益 collector-to-emitter current gain
集电极到基极的电流增益 collector-to-base current gain
集电极到基极电阻 collector-to-base resistance
集电极电流 collector current
集电极电流击穿 collector current runaway
集电极电流截止 collector current cut-off
集电极电路 collector circuit
集电极电容 collector capacitance
集电极电压 collecting potential; collector voltage
集电极电源电压 collector supply voltage
集电极电阻 collector resistance
集电极调幅 collector modulation
集电极调谐振荡器 tuned-collector oscillator
集电极调制 collector modulation
集电极端 collector terminal
集电极-发射极电容 collector-emitter capacitance
集电极反射极 collector-reflector
集电极负载 collector load
集电极耗尽层宽度 collector depletion-layer width
集电极耗散 collector dissipation
集电极回路电阻 collector return resistor
集电极基极 collector-base
集电极基极电容 collector-base capacitance
集电极基极电压 collector-to-base voltage
集电极基极短路电流放大系数 collector-to-base short circuit current amplification factor
集电极基极偏置电路 collector-base bias circuit
集电极基极区 collector-base region
集电极基极阻抗 collector-base impedance
集电极检波 collector detection
集电极接地 grounded collector
集电极接地放大级 grounded-collector stage
集电极接地晶体管放大器 grounded-collector transistor amplifier
集电极接地连接 grounded-collector connection
集电极接点 collector contact
集电极节 collector node
集电极结 collector junction
集电极截止 collector cut-off
集电极截止电流 collector cut-off current
集电极开路的输入 input with open collector
集电极开路结构 open-collector structure
集电极开路门 open-collector gate
集电极开路输出门 open collector
集电极开路总线驱动器 open-collector bus driver
集电极扩散法 diffused-collector method
集电极梁式引线 collector beam lead
集电极膜 collector film
集电极耦合 collector coupling
集电极区域 collector region
集电极时间常数 collector time constant
集电极位垒 collector barrier
集电极稳定 collector stabilization
集电极效率 collector efficiency
集电极引线 collector lead
集电极引线端 collector terminal
集电极与发射极间回授振荡器 collector-to-emitter feedback oscillator
集电极圆筒 collector cylinder
集电极增益 collector gain
集电极阻抗 collector impedance
集电盘机构 bow mechanism
集电片 collector plate
集电器 collector; current collector
集电器电弓 current-collector bow
集电器杆 troll(e)y pole
集电器杆支枢 troll(e)y-pivot
集电器杆座 troll(e)y base
集电器滑板 collector slipper
集电器滑轴夹 harp
集电器环 collector ring
集电器架 plow carrier; troll(e)y frame
集电器接线叉 riser
集电器联结法 attachment of the current collector
集电器膜 collector film
集电器靴 collector shoe
集电区 collecting zone
集电圈 collector ring
集电栅 catcher grid; collector grid
集电设备 collecting device
集电梳 collecting comb
集电刷 brush collector; collecting brush; collector brush; pick-up brush
集电头 troll(e)y(pole) head
集电靴 collector shoe; contact shoe;

current pickup shoe;troll(e)y shoe
集电靴托架 shoe bracket
集电靴托梁 shoe beam
集电阳极 collecting anode
集电装置 collecting gear; currency collector; current-collecting device;current-collecting gear
集电装置试验台 power collecting device test bench
集度 intensity
集堆附加装置 buncher attachment
集堆机 buckrake;clamp forming machine;sweep rake
集对 set pair
集墩 clustered piers;clustered pillar;compound pier;reinforced pier
集粉砂盒 silt box
集风口 wind catcher
集肤电流 skin electric(al)current
集肤深度 skin depth
集肤损耗 skin dissipation
集肤效应 Kelvin effect; skin effect;surface action
集肤效应损耗 skin dissipation
集谷器 grain catcher
集管 collector;header
集管箱 junction box
集管总管 manifold
集光角 convergent pencil of rays
集光镜 collecting lens;sun scoop
集光孔径 collecting aperture
集光率 etendue
集光器 concentrator;optic(al)collector
集光球 integrating sphere
集光束 convergent beam
集光型白炽灯 projector type filament lamp
集合 aggregate; assemblage; bounded set; collection; concourse; congregation;marshal;muster
集合按钮 <把几个电话员座席合成一席的按钮> concentration key;coupling key
集合包装 assembly packaging
集合表达式 aggregate expression
集合表示(法)set representation
集合并 set union
集合部署表 muster list;muster roll;muster station
集合材料 assembling material
集合财务报表 conglomerate financial statement
集合操作 set operation
集合差 set difference
集合车库 garage compound
集合成员 set member
集合城市 allied city;conurbation
集合城市区 conurbation
集合城市区域 <拥有卫星城市的大都市> conurbation area
集合乘坐 <出租汽车由同一起点到同一终点的不同行程> group ride
集合大城市 metropolitan region
集合代数 set algebra;algebra of sets
集合带 congregation-zone
集合导管 collecting duct
集合的 collecting;collective
集合的并 union of sets
集合的补集 complement of a set
集合的分划 partition of a set
集合的公理 axiom of aggregation
集合的归纳定义 inductive definition of sets
集合的后继集合 successor set of a set
集合的基数 cardinality of a set
集合的界限 boundary of a set
集合的绝对补 absolute complement of a set
集合的联合 union of sets
集合的内部 interior of a set
集合的特征函数 characteristic function of a set
集合的凸性 convexity of a set
集合的外部 exterior of a set
集合的相对补 relative complement of a set
集合的相交 intersection of sets
集合的元素 elements of a set
集合灯 electrolier
集合地点 venue
集合地域 gathering ground
集合点 meeting point
集合度计 aggregometer
集合对 set pair
集合法 grouping;set method
集合反冲 aggregate recoil
集合反射 convergence reflex
集合分配账户 collecting-allocating account
集合浮冰 pack ice
集合符 set symbol
集合覆盖 set covering
集合覆盖问题 set covering problem
集合概念 aggregate concept
集合公寓 congregate housing
集合供应 aggregate supply
集合管 air header;air manifold;collecting tube; concentrated tube;concentrated pipe;manifold
集合管沟 <城市公用事业管线的集合沟> collector duct
集合管连接 multiple connection
集合函数 aggregation function;library function;set function
集合呼号【无】collective call letters
集合化 ensemble
集合划分问题 set partitioning problem
集合环 manifold ring
集合机 ensemble
集合键 coupling key
集合交 set intersection
集合结构 aggregate combination
集合结晶作用方式 collective crystallization way
集合界限 boundary of set
集合井筒 storage shaft
集合空间 assembly space
集合类型 aggregate type;set type
集合理论语言 set-theoretic(al)language
集合论 set theory
集合论定义 set-theoretic(al)definition
集合脉冲 sum pulse
集合名 set name
集合模型 aggregate(d)model;aggregational model
集合平均值 assembly average
集合坡度 <连续坡度> composite grade
集合器 collector
集合区域 collecting area
集合式烟囱 collected stack
集合室 collecting chamber;collection chamber
集合竖井 storage shaft
集合水平支撑 horizontal shore
集合速度 aggregate velocity
集合所 tryst
集合套 nested sets
集合体 aggregation;aggregate;assemblage body;complex;packing
集合体赋值 aggregate assignment
集合体构造 aggregate structure;aggregational structure
集合体结构 aggregate texture
集合体效用极大化 maximum collective utility
集合天线 block antenna
集合厅 squad room
集合停车库 group garage
集合文件 set a file
集合物 aggregation; assemblage; agmen
集合误差 aggregate error;general error;overall error;total error
集合系统 collecting system
集合相等 set equality
集合箱 collecting tank
集合小数 packed decimal
集合写出 gather write
集合信号 aggregate signal
集合型语言 set-oriented language
集合选择 set option
集合选择准则 set selection criterion
集合烟囱 branched stack; chimney stack
集合岩 aggregational rock
集合艺术(品)assemblage
集合油 polymerized oil
集合语言 set language
集合元素 set element
集合运算 set operation
集合蕴涵 set inclusion
集合值 rendezvous value
集合住宅 amalgamated dwelling(-house)
集合装卸机 gathering loader
集合资料 pooling information
集核点热能成本 cost of heat at collective point
集划分 set partition
集灰比 aggregate-cement ratio
集灰斗 flue dust retainer
集灰坑 soot pocket
集灰盘 tundish
集灰器 cinder catcher; cinder trap;dust trap;grit arrestor;soot arrester;soot catcher;soot collector
集灰桶 dust hopper
集会 convocation;rally
集会场所 conventicler
集会的场所 place of assembly
集会广场 congregation plaza
集会室 clubroom
集会所 <古希腊> bouleuterion
集会体育两用会堂 auditorium-gymnasium
集会厅 <古罗马、古希腊的> andron
集会帐篷 assemblage tent;party tent
集火量【军】deflection difference
集货架运输车 pallet carrier
集积 aggregation
集积等离子体 collective plasma
集积平原 aggregation plain
集积效应 raking-up effect
集积信号 integration signal
集极电流 collected current
集极接触 collector contact
集计水平 assemble level
集结 agglomeration;agglutinate;agglutination; aggregate; build-up; concentrate;consolidation;nucleation
集结板 shoe
集结场计划 marshalling plan
集结沉积 consolidation settling
集结成核 nucleation
集结待发机场 marshalling airfield
集结的 agglutinative
集结度 degree of aggregation
集结管线 gathering line
集结过程 accumulation process
集结合 ensemble aggregate
集结棘爪 gathering pallet
集结矩阵 aggregate matrix
集结颗粒 collective grains
集结密度 mass density
集结石墨 kish graphite
集结时间 accumulation time; assembly time; car detention time under accumulation
集结系数 integrated factor
集结线 <铁路箭翎形线路配置> assembling siding; assembly siding;assembly track
集结性客流 aggregate passenger traffic
集结药包 integrated cartridge
集锦 highlights
集茎夹送链 gathering chain
集茎夹送装置 gathering device
集茎器 gatherer
集茎器板 gatherer board
集晶锰矾 ilesite
集居 yarding
集居数 population
集具体值 set occurrence
集聚 concentration; congestion; grouping <扫描行的并行>
集聚测验 massed trial
集聚多项选择逻辑模型【交】aggregate multinomial logic model
集聚交通(旅运)需求模型 aggregate travel demand model
集聚力 aggregation power
集聚模型 aggregated model
集聚群落 aggregation community
集聚数据 aggregate data
集聚头 gathering head
集聚效益 accumulation benefit
集聚运输 gathering haulage
集控装置 centralized control device
集块 glomeration
集块冰盾 agglomeratic ice sheet
集块火山锥 pyroclastic cone
集块结构 agglomeratic texture
集块熔岩 agglomerated aa;agglomerate lava
集块熔岩结构 agglomeratic lava texture
集块岩 agglomerate
集块作用 agglomeration
集矿运输机 collecting conveyer[conveyor];gathering conveyer[conveyor]
集捆车 bale bogie
集捆器 corner sheaf collector
集缆筒 cable collector drum
集粒 aggregate grain
集粮器 grain collector
集料 aggregate
集料拌和 aggregate blending
集料包层 aggregate coating
集料包覆现象 aggregate envelopment
集料包裹(现象)aggregate envelopment
集料饱和面干比重 specific gravity of saturated surface dry aggregate
集料饱和面干状态 saturated-surface-dry condition of aggregate
集料保持能力 aggregate retention
集料扁平颗粒 flat pieces of aggregate
集料标称粒度 nominal size of aggregates
集料标称最大粒径 nominal maximum size of aggregate
集料标准级配范围 range of standard grading for aggregate
集料表面 aggregate surface
集料表面积法 <计算沥青混合料中沥青用量的一种方法> aggregate-surface-area method
集料表面结构 aggregate surface texture
集料表面面积 surface area of aggregate
集料表面纹理 surface texture of aggregate
集料剥落 stripping of aggregate
集料剥落试验 stripping test for aggregate
集料布料斗 collecting hopper

集料仓 aggregate bin; collecting sump
集料仓库 aggregate storage
集料槽 aggregate launder
集料层中的浮粒 floating particle
集料掺和 aggregate blending
集料沉积层 aggregate deposit
集料沉积深度 aggregate depth
集料称 aggregate scale
集料称量斗 aggregate weighing batcher (with scale)
集料称量计 aggremeter
集料称量器 aggremeter
集料称料机 aggregate weighing batcher (with scale)
集料称筒 aggregate weighing barrel
集料成分 aggregate composition
集料秤 aggregate weighing scale
集料尺寸 aggregate size
集料冲击值 aggregate impact value
集料冲洗设备 aggregate washing plant
集料储仓 aggregate storage bin
集料储(存)斗 aggregate bin
集料床过滤器 aggregate-bed filter
集料粗糙度 aggregate roughness
集料带式传送机 collecting belt conveyer[conveyor]
集料袋 bag collector
集料的扁平度 flatness of aggregate
集料的标称尺寸 nominal size of aggregates
集料的当量简化尺寸(代号) equivalent simplified size of aggregates
集料的公称粒径 nominal size of aggregates
集料的级配 gradation of aggregate
集料的几何特征 geometric(al) characteristics of aggregate
集料的颗粒组成 grain composition of aggregate
集料的坑源 pit source of aggregate
集料的矿物成分 mineralogic(al) composition of aggregate
集料的矿物组成 mineralogic(al) composition of aggregate
集料的潜(在)活性 potential reactivity of aggregate
集料的锁结 interlocking of aggregate
集料的锁结作用 key action; keying action of aggregate
集料的圆球度 aggregate sphericity
集料的轧制性能 aggregate making property
集料的滞留 aggregate retention
集料底层 aggregate base
集料定位 aggregate particle orientation
集料斗 collecting[collection] hopper; magazine
集料堆场 aggregate storage
集料分级 aggregate gradation
集料分级大小 graded sizes
集料分级规格尺寸 graded sizes
集料分批计量器 aggregate batcher
集料分批箱 aggregate batcher bin
集料分析 aggregate analysis
集料改善 beneficiation of aggregate
集料干容重 dry bulk density of aggregate
集料干燥器 aggregate drier[dryer]
集料干重 dry weight of the aggregate
集料给料 aggregate feeding
集料供给 aggregate feeding
集料供给器 aggregate feeder
集料供给装置 aggregate feeder; aggregate feeding unit
集料供应列车 aggregate railroad[railway]
集料骨架 aggregate skeleton
集料鼓泡 aggregate bridging
集料灌浆 grouted aggregate
集料含量 aggregate content
集料烘干机 aggregate drier[dryer]
集料烘干器 aggregate drier[dryer]
集料烘干重量 oven-dry weight aggregate
集料花斑印 negative aggregate transparency
集料化合 aggregate combination
集料灰斑 aggregate transparency
集料混合 aggregate blending; aggregate combination
集料混合级配 combined aggregate grading; combined gradation of aggregate
集料活性质地 reactive texture of aggregate
集料火车 stone supply train
集料基层 aggregate base course
集料级配 aggregate gradation; aggregate grading; grading of aggregate; grading of aggregation
集料级配曲线 grading curve of aggregate
集料计量仓 aggregate batcher
集料计量器 aggregate scale; aggremeter
集料计量箱 aggregate batcher
集料(加工)厂 aggregate plant
集料加工场 aggregate plant
集料加热装置 aggregate heating unit
集料夹叉 clam bunk
集料架 pocket
集料间断级配 gapped aggregate grading
集料碱反应 aggregate-alkali reaction
集料碱反应性 alkali reactivity of aggregate
集料接触 aggregate-to-aggregate contact
集料结构 aggregate texture
集料浸水试验 total water immersion test for aggregate
集料绝对干比重 specific gravity under oven dry condition
集料开采场 aggregate reclaiming plant
集料抗碎试验 aggregate crushing test
集料颗粒 aggregate particle
集料颗粒表面特性指数 surface index of aggregate
集料颗粒表面质地 particle texture
集料颗粒相互接触 aggregate-to-aggregate contact
集料颗粒组成 aggregate composition
集料框 magazine
集料棱角度 aggregate angularity
集料棱角性 aggregate angularity
集料棱角指数 aggregate angularity
集料离析 aggregate segregation
集料沥青包层 bituminous coating of aggregate
集料沥青亲和力 aggregate-bitumen affinity
集料粒度 aggregate granulosity; aggregate particle
集料粒径 aggregate size
集料粒径分布 aggregate grain-size distribution
集料粒径(级配)曲线 aggregate grading curve
集料粒径组成 aggregate grain-size distribution
集料粒状 particle shape of aggregate
集料量配器 aggregate batcher
集料料场 aggregate stockpile
集料硫化物含量 sulphating in aggregate
集料漏斗车 aggregate hopper
集料裸露 <以获得装饰效果> aggregate exposure
集料盲沟 aggregate drain
集料面干状态 surface-dry condition
集料名义粒度 nominal size of aggregates
集料模型 aggregate matrix
集料摩阻特性 aggregate frictional characteristics
集料磨光 aggregate polish
集料磨光现象 aggregate polishing
集料磨耗试验 aggregate attrition test
集料磨耗试验机 aggregate attrition machine
集料磨损性 abrasion of aggregate; aggregate abrasion
集料磨损值 aggregate abrasion value
集料磨损值试验 aggregate abrasion value test
集料母材 aggregate matrix
集料母岩 aggregate matrix
集料黏[粘]土含量试验 test for clay content of aggregate
集料配备厂 aggregate preparation plant
集料配合 aggregate combination
集料配料仓 aggregate batcher bin
集料配料器 aggregate batcher
集料配料设备 aggregate batching plant; aggregate measuring plant; aggregate proportioning plant
集料配料装置 aggregate batching plant; aggregate measuring plant; aggregate proportioning plant
集料片状颗粒 flat pieces of aggregate; slivery particles of aggregate
集料平均粒径(测定) aggregate averaging
集料破裂 aggregate fracture
集料器 collector; loading head; trimmer
集料嵌锁 aggregate interlocking; mechanical interlocking
集料嵌锁模量 aggregate interlock(ing) modulus
集料嵌锁作用 aggregate interlocking effect
集料强度 aggregate strength
集料清洁度 aggregate cleanness
集料清洗机 aggregate washer
集料柔软度 aggregate softness
集料撒布机 aggregate spreader
集料筛分曲线 aggregate grading curve
集料生产能力 aggregate making property
集料生产者 aggregate producer
集料实验 aggregate experiment
集料试配比 trial combination of aggregates
集料试验 aggregate test(ing)
集料室 aggregate chamber
集料水泥比 aggregate-cement ratio
集料松软度 aggregate softness
集料台 bin; magazine
集料提升机 aggregate elevator
集料体积率 volume fraction of aggregate
集料体积收缩 aggregate volume reduction; aggregate volume shrinkage
集料填塞层 choker course of aggregate
集料填实性 packing of aggregate
集料土 soil aggregate
集料拖运车 aggregate trailer
集料脱出 <混凝土路面的> aggregate pullout (from concrete pavement)
集料外壳 shell of aggregate
集料外露 exposure of aggregate
集料洗涤机 aggregate washer
集料细度 fineness of aggregate
集料细度模数 fineness modulus
集料下沉 settlement of aggregate
集料屑 aggregate chip(ping)s
集料形成 <岩石轧成碎石> aggregate making property
集料形状 aggregate shape
集料形状系数 shape factor
集料形状系数试验 shape factor test of aggregate
集料修正系数 aggregate correction factor
集料压碎量 aggregate breakage
集料压碎试验 aggregate crushing test
集料压碎值 aggregate crushing value
集料咬合力 aggregate interlocking force
集料硬度 hardness of aggregate
集料有效尺寸 effective size of aggregate
集料原有湿度 inherent moisture of aggregates
集料圆度 aggregate roundness
集料轧碎值 aggregate crushing value
集料罩面的路肩 aggregate-surfaced shoulder
集料振荡筛 aggregate shaker
集料制备厂 aggregate preparation plant; aggregate production plant
集料制备机 aggregate producer
集料中不纯成分 colo(u)rimetric value
集料中的固有水分 <混凝土> water contained in aggregate
集料转运 turning of aggregate
集料组成 aggregate composition
集料最大尺寸 maximum aggregate size; maximum size of aggregate; top-size aggregate
集料最大粒径 maximum aggregate size; maximum size of aggregate
集流 affluence; afflux; flow combine; flow concentration
集流槽 collection tank
集流道路 <干道与地方道路之间的联系道路> collector
集流点 concentration point; point of concentration
集流段 concentration curve; concentration limb
集流管 collecting main; collector box; common rail; cylinder manifold; manifold; pressure manifold
集流环 collecting [collector] ring; manifold ring; slip ring
集流漏斗 collecting circus; collecting funnel
集流面积 collecting area
集流期 period of concentration
集流器 collector; current collector
集流腔 manifold
集流区 collecting area; collecting basin; collecting circus; collecting funnel; gathering ground
集流时间 concentration time; period of concentration; time of concentration; time of entry; inlet time <城市雨水下水道的>
集流刷 brush collector; collecting[collector] brush; pick-up brush
集流调节闭塞阀 collective regulating and stopping valve
集流调节龙头 collective regulating cock
集流图 time area concentration diagram
集流系数 <集水区24小时内的径流量> drainage coefficient
集流系统 collecting system
集流箱 manifold
集流栅 catcher grid
集流装置 current-collecting device

集拢 round up
集拢装置 gathering unit
集漏油箱 drip tank
集露片 dewlap
集落形成单位 colony-forming unit
集毛菌属 <拉> Coltricia
集毛器 hair catcher;hair trap
集煤器 coal collector
集煤输送机 gathering conveyer[conveyor]
集棉辊 collecting drum
集棉室 blowing chamber
集棉输送机 collecting conveyer[conveyor]
集名 set name
集沫器 foam catcher
集木材方法 logging method
集能孔径 collecting aperture
集能面 collecting surface
集泥板 sludge collecting board
集泥舱转送法 sump handling method
集泥斗 sludge hopper
集泥管 sludge collection pipe;sludge pipe
集泥机 sludge collector;sludge scraper
集泥井 catch basin;mud sump;sludge sump
集泥器 mud collector;silt trap;sludge collector
集排水沟 catchwater
集盘 catch basin
集配站 central distribution and marshalling station
集偏振化 aggregate polarization
集平均 ensemble average
集平均值 <数学期望的> ensemble average
集剖面 composite section
集气 air accumulation;air collection;gas collection
集气包 receiver drum;vapo(u)r container;pressure chamber <锅炉>
集气槽 pneumatic trough
集气管 air manifold;collecting pipe;discharge manifold;effuser;gas header;header pipe
集气管压力 collecting main pressure
集气罐 air bottle;air collector
集气环 gas collecting ring;volute
集气帽 gas collecting cap
集气瓶 air collector;gas collector
集气器 air collector;gas collector;gas trap;vapo(u)r container
集气器吸气口 wind scoop
集气器钟罩 gas bell
集气设备 gas collecting equipment
集气室 collection chamber;common air chamber;gas collecting dome;gas gathering dome;air separating tank <井点泵的>
集气速度 capture velocity
集气筒 gas collecting jar with ground-on cover plate
集气系统 gas gathering system
集气箱 air collector;plenum chamber
集气罩 gas collecting channel;gas skirt;hood for fume
集气罩性能 characteristics of hood
集气总管 gas collecting main
集汽包 plenum chamber;receiver drum;steam collector;steam receiver
集汽管 collecting pipe;collector pipe;steam chest;steam header
集汽柜 steam collector
集汽环 collecting ring
集汽器 steam receiver
集汽水活门 cylinder drainage receiver
集汽箱 steam manifold
集权 centralization;centralization of authority
集权体制 centralization
集群 assembly;clan;colony;trunk
集群部署 clustered deploy(ment)
集群差异 group variation
集群电话互连 trunked telephone connect
集群电话互连器 trunked telephone connector
集群法 clustering;mode center[centre] cluster
集群分析 cluster analysis
集群技术 assemblage technology
集群绝灭期 mass extinction period
集群能力 trunking capacity
集群栖所 shoaling habitat
集群生存 group survival
集群算法 clustering algorithm
集群通信[讯] trunking communication
集群效应 construction effect
集群型前向纠错 collective forward error correction
集群移动通信[讯]系统 trunked mobile communication system
集群因素 concentrating factor
集群总机 central trunk
集扰 babble
集热 heat collection
集热板 heat-collecting plate
集热管转移因子 collector heat removal factor
集热介质 heat storage medium
集热量 heat-collecting capacity
集热量热器 thermal-arrest calorimeter
集热器 collector
集热器安装 collector mounting
集热器板 collector plate
集热器陈列 collector array
集热器出口 collector outlet
集热器/储热器整体系统 integral collector/storage system
集热器放热效率因数 collector heat removal efficiency factor
集热器分系统 collector subsystem
集热器盖板 collector cover plate
集热器工况 collector performance
集热器换热器校正因数 collector heat exchanger correction factor
集热器开口 collector aperture
集热器流动因子 collector flow factor
集热器流体 collector fluid
集热器倾角 collector tilt
集热器入口 collector inlet
集热器设计 collector design
集热器效率 collector efficiency
集热器效率因子 collector efficient factor
集热器选择 collector selection
集热器子系统 collector subsystem
集热器总面积 gross collector area
集热器总能量损失系数 collector overall energy loss coefficient
集热温度 heat-collecting temperature
集热效率 heat-collecting efficiency
集容程序段 inclusive segment
集散车道 collector-distributor lane
集散道路 collector-distributor road;frontage road
集散地 distributing center[centre];port of distribution
集散点 distribution port;feeder port;nodal point
集散干道 collector-distributor road
集散港 port of distribution;distribution port;feeder port <一般指装卸集装箱的>
集散广场 collector-distributor square
集散街道 collector-distributor street
集散控制系统 distributed control system
集散厅 collector-distributor;concourse
集散通栈 consolidation shed
集散微晶 cyboma
集散业务 feed and distributor service
集散运输 feed(er) service;feeder transport
集散运输线 feeder and distribution line;traffic feeder line
集散站 <指货物> clearance depot
集散支线 feed(er) service
集散中心 clearing center[centre];distributing center[centre];distribution center[centre]
集散中心市场 terminal market
集沙槽 <又称集砂槽> sand catcher;slot trap;grit catcher
集沙池 slit-collecting pool;sand catching basin
集沙井 sand catching basin
集沙坑 sand trap;sand sump
集沙器 desilter;grit collector;sand trap;grit catcher;grit collector;sand catcher
集沙渠(道) sediment channel;sediment-collecting canal
集沙室 grit collector
集沙箱 silt box;silt container
集射管 beam tube
集射管功率放大器 beam power amplifier
集射屏 beam confining electrode
集射阴极 beam(-forming) cathode
集渗系统 seepage collection system
集湿器 mist separator
集石机 rock mover;stone collector;stone picker;stone picking machine
集市 agora(e);market(place);spot market
集市场所 fair ground;plaza
集市城镇 market town
集市贸易 marketing trade
集市贸易镇 market town
集疏方式 collecting and dispatching mode
集疏运体系 cargo distribution and transportation system
集输管线 field mains;gathering line;gathering system
集输系统 gathering system
集束 beaming;bunch;concentration of beam
集束缠绕 roller up in a cluster
集束电缆 bunched cable
集束分裂器 beam splitter
集束浮标 mass float
集束光 concentrated light
集束光强度 integrated light intensity
集束辊 pick
集束卷绕装置 pick-up device
集束轮 gathering roll
集束坡 bunching grade
集束器 collector;gathering device;gathering shoe
集束桥墩 clustered piers;compound pier
集束温度 gathering temperature
集束性光导纤维 graded-index optic(al) fiber[fibre]
集束性光束 pencil beam
集束烟囱 clustered chimney
集束柱 grouped columns
集水 catchment of water;catchwater;collection of water;impoundment
集水暗沟 collecting conduit;collector drain
集水暗管 subsidiary drain
集水爆炸 water-blast
集水泵 collecting pump;sump pump;water collect pump
集水泵配电箱 subdistribution box for sump pump
集水布局 collecting layout
集水仓 water collecting header
集水槽 catch gutter;catchment tray;catchment water channel;catch-water chamber;catch-water channel;collecting[collection] channel;collecting gutter;collecting trough;collecting vat;collection tank;dewatering sump
集水场 sunk basin
集水车 carriage collector
集水池 catch(ment)(water)basin;collecting basin;collecting tank;collective tank;drainage basin;header;reception basin;sump basin;sunk tank;water collecting basin
集水池边沿 basin kerb
集水处 catchment
集水处理 end-of-pipe approach
集水道 collecting aqueduct
集水的 water collecting
集水地区 water catchment area
集水地质构造 structural trap
集水洞穴 water trap
集水阀门 deluge valve
集水范围 water catchment range
集水干沟 collecting main
集水干管 collecting main;main collector
集水干管线 collecting main
集水干渠 collecting main
集水干线 collecting main
集水工程 catchwork;collecting works;water catch;water collection works
集水工作 water catch
集水沟 catch ditch;catch drain;catchment ditch;catchwater;catchwork combined channel;collecting channel;collecting ditch;collecting gutter;collecting passage;collector ditch;collector channel;collector gutter;combined gutter;condensation gutter;gathering line;intercepting gutter;outfall drain;quarter ditch;sump gully
集水沟抽水 sump pumping
集水垢 sump
集水管 bleeder pipe;collecting conduit;collecting[collector] pipe;collector drainage;concentration pipe;drainage collector;gathering line;header;water collecting pipe
集水管道 <在地下埋设的有孔渗流管道> infiltration gallery
集水管埋深 buried depth of catchment pipe
集水管排水沟 drainage collector
集水管水层厚度 water thickness in water collecting pipe
集水管系通 collector system network
集水管线 collecting[collection] line;collector manifold
集水管直径 diameter of water collecting pipe
集水涵管 collecting conduit
集水横管 water collecting header
集水环 collecting[collector] ring
集水回收井 recovery sump pit
集水建筑物 collecting structure
集水井 catch basin;catch inlet;catch pit;collecting [collection/ collective/ collector] well;dewatering sump;inlet well;ravine;sump hole;sunk basin;sunk well;water drip;wet well;gull(e)y trap;drainage sump

J

集水井泵 sump pump
集水井产水量 collector well potential
集水井存水隔间 yard trap
集水井工程 catchment well work
集水井和检查井砌块 catch basin and manhole block
集水坑 catch pit; collecting [collection/ collective] sump; dewatering sump; open reservoir; sump pit; water lodge; water trap
集水坑泵 ejector; sump pump
集水坑滤网 sump strainer
集水坑排水 sumping
集水坑排水泵 sump pump
集水孔 collector orifice; gull(e)y hole; sump hole[holing]
集水口 gull(e)y hole
集水廊道 catch gallery; collecting gallery; storage gallery; water collecting gallery; ganat <古过滤的>
集水廊道底深 depth of bottom of water collecting gallery
集水廊道断面尺寸 cross-sectional size of water collecting gallery
集水联箱 water collecting header
集水量 catchment water; catch-water yield; collecting yield
集水流管 water outlet header
集水流域 catchment basin
集水盲沟 weeper drain
集水面积 area of catchment; catching area; catchment area; collecting area; contributory area; drainage area; gathering ground; impounded aggregate; impounded area; water catchment area; water collecting area; drainage area; feeding ground; hydrographic(al) basin
集水排水沟 catch-water drain; catchwork; collecting drain
集水喷洒体系 deluge sprinkler system
集水盆地 catchment basin; catch-water basin; sunk basin; water collecting basin
集水歧管 collector manifold
集水器 water collecting header; water collector; water return head
集水区 catchment basin; catch-water basin; collecting area; collecting basin; gathering area; gathering ground; reception basin; tributary basin; water catchment region; water catchment zone; water collecting area; water collecting range; water collecting region; water collecting zone; watershed
集水区坡降 slope of basin; slope of catchment
集水区生态系统 watershed ecosystem
集水区域 catchment area
集水渠 catchment ditch; collecting aqueduct; master gull(e)y
集水渠道 collecting canal
集水圈 <矿井筒壁上的> garland
集水容器 collecting vessel
集水射流 heavy stream
集水时间 collection time; inlet time
集水时间滞后 time-lag of a catchment
集水室 collecting chamber
集水水位 retained water level
集水损失 collection loss
集水调节龙头 collective regulating cock
集水土埂 water collecting ridge
集水洼地 aguada
集水窝 collecting pocket; water pocket
集水系统 collecting system; collection system; deluge system
集水箱 collecting basin; collecting box; pillar-box; sunk tank; water collecting tank
集水窨井 entrance well
集水压力 retained water pressure
集水支管 collector work
集水(主)沟 master gull(e)y
集水装置 capitation
集水总管 main collector; water collecting header
集丝管 collector tube
集索环 hook nail
集索圈 concentration ring; cord junction ring; guy ring; load ring
集锁式换向器 Pollock commutator
集锁式结构 Pollock construction
集炭器 carbon collector
集体 en bloc
集体X射线检查 mass radiography
集体安全 collective security
集体安全保障 collective security
集体保险 collective insurance; group insurance
集体变距操纵 collective pitch control
集体财产 collective goods; collective property
集体出租 rental pool
集体储蓄 collective savings
集体传播 organizational communication
集体传染 herd infection
集体存款 collective deposit
集体措施 collective action
集体的 collective
集体电视 community television; piped television
集体动力学 group dynamics
集体墩柱 pillar with clustered shafts
集体分配法 block distribution
集体风险论 collective risk theory
集体福利设施 collective welfare institution
集体福利事业 collective welfare project
集体付款制 group payment system
集体感染 group contagion
集体工作 team work
集体公积金 collective reserve fund
集体关系 group relationship
集体观念 collective idea
集体管理 mass management
集体合同 collective agreement; collective contract
集体户人口 institutional population
集体化 collectivization
集体洄游 mass migration
集体或个体 partnership or individual
集体积累 collective accumulation
集体基金 collective fund
集体剂量当量 collective dose equivalent
集体检查 mass examination
集体检疫 group quarantine
集体接收电视用放大器 line amplifier for community TV receiving system
集体接收系统 community receiving system
集体接收制 community receiving system
集体经济 collective economy
集体经营 collective management
集体决策 group decision-making
集体快速交通 group rapid transit
集体劳动合同 collective labour agreement
集体流行 mass epidemic
集体旅行 party travel
集体农庄 collective farm; kolkhoz <苏联的>
集体票 party ticket
集体企业 group enterprise
集体生态安全 collective ecological security
集体使用的房屋 assembly occupancy
集体事业(单位) group enterprise
集体收入 collective income
集体诉讼 class action
集体宿舍 dormitory; group house
集体所有权 collective ownership
集体所有制 collective ownership; community ownership
集体谈判 <如劳资谈判等> collective bargaining
集体通信[讯] mass communication
集体险 master policy
集体现象 collective phenomenon; cooperative phenomenon
集体销售 mass selling
集体效用 group utility function
集体协议 collective agreement; collective bargaining
集体调停 collective mediation
集体行动 collective action; group action
集体行为 collective behavio(u)r
集体意识 collective consciousness; group consciousness
集体跃迁 collective transition
集体越冬群聚 syncheimadia
集体运动 collective motion
集体运输 mass transport; party traffic
集体责任 collective responsibility
集体照明 group light
集体主义 <以国家中央计划为基础的组织管理系统> collectivism
集体住所 group quarters; pueblo
集体住宅 collective dwellings; congregate housing; group quarters
集体作者 corporate author
集条板 swath(e) board
集筒式消声器 concentric(al) cylinder muffler
集图 bloc
集团 aggregation; block; consortium; estate; group(ing)
集团报价 block offer
集团表决 bloc voting
集团出价 block offer
集团道德 group moral
集团电话 group telephone
集团动态 group dynamics
集团分保 pool reinsurance
集团否决 group veto
集团公司 aggregative company
集团化 clustration
集团加速器 collective accelerator
集团价格 bloc price
集团交易 block transaction
集团精神(法) esprit de corps
集团军仓库 army depot
集团贸易 bloc trade
集团偏好假设 group preference assumption
集团企业 conglomerate
集团企业接管 conglomerate takeover
集团蠕动 mass peristalsis
集团诉讼 class action
集团投资 bloc investment; bloc voting
集团销售公司 group sales company
集团效用函数 group utility function
集团心理 group mind
集团心理学 collective psychology
集团型 clique
集团性调查 gang survey
集团选择 bulk selection; mass selection
集团业务 bulk service
集团银行业 group banking
集团运动 mass movement
集团展开式 cluster expansion
集团账户 group accounts
集团政策 block policy
集团值函数 group value function
集团租赁 consortium lease
集污槽 channel gull(e)y; channel sump
集污池 catchment basin; catchment lake
集污池纳污水体 catchment lake receiving waters
集污池容积 catchment lake volume
集污坑 catch pit; collecting chamber
集污面积 sewer catch basin
集污器 dirt trap
集污砂桶 grit bucket
集污砂箱 grit box
集污窨井 collecting manhole
集系代数 set system algebra
集系信息 information of a set system
集线板 terminal board
集线器 collecting tray; concentrator; hub; line concentrator
集线器终端缓冲区 concentrator terminal buffer
集线箱 terminal cluster[clustre]
集线装置 line concentrator
集箱 sump tank
集箱支座 header support
集选择 set selection
集烟尘漏斗 collecting smoke funnel
集烟罩 spark arrester[arrestor]
集养区 sink
集液凹槽 drip trough
集液池 collecting tank; impounding basin
集液管 collector tube
集液孔 gathering hole
集液器 liquid trap
集液器回收井 recovery sump pit
集液总管 manifold
集油杯 receiving cup
集油臂 oil arm
集油臂架 oil boom
集油槽 collector groove; oil sump; oil trap; sump tank
集油地质构造 structural trap
集油管 oil collecting pipe
集油管道 gathering facility; gathering line
集油管线 gathering facility; gathering line
集油罐 accumulator tank; oil collecting tank; oil save tank
集油阱 collecting well; oil well; oil trap
集油盘 accumulator tray; collecting pan; oil catcher; oil collecting tray; oil pan; safe drip pan
集油器 oil catcher; oil collector; oil interceptor; oil receiver; oil remover
集油设施管线 reservoir route
集油设施过滤器 reservoir filter
集油塔 accumulator tray
集油系统 oil collecting system; oil gathering system
集淤井 catch basin
集淤坑 catch basin
集于中心 centralization
集鱼槽 collection gallery
集鱼船 fish collection ship
集鱼井 fish collection well
集鱼设施 fish collection facility
集鱼系统 fish collection system
集雨器 rain collector; rain trap
集元能量 energy of ensemble member
集约草地农业 intensive grassland farming
集约的 intensive
集约耕种 intensive cultivation

集约耕作 intensive cultivation;intensive farming
集约管理 intensive management
集约化农业 intensive agriculture
集约经济 collective economy
集约经营 intensive cultivation;intensive management
集约(经营)农业 intensive agriculture;intensive farming
集约开采 intensive exploitation
集约林业 intensive forestry
集约农业经营 intensive farming marketing
集约生产 intensive production
集约式放牧 intensive grazing system
集约投资 intended[intensive] investment
集约系统 compacted system
集约栽培 intensive culture
集运 cargo consolidation
集运点 landing
集运能力【港】concentration capacity of harbo(u)r;concentration capacity of port
集运算 set operation
集运作业 logging
集栽花坛 massing flower bed
集渣包 scum riser;skim bob;slag trap
集渣池 grit collector
集渣冒口 scum riser
集渣器 cinder catcher;dirt trap;grit collector
集渣前炉 slag receiver
集渣室 cinder catcher
集镇 market town
集脂铲 dip iron
集值映射 set-valued mapping
集植 massive planting;mass planting
集纸箱 stacker
集中 assemble;centralize;concentrate;concentration;consolidation;convergence;focusing;lump;massing;rally
集中拌和 center[centre] mix(ing);central mix(ing)
集中拌和厂 central mixing plant;centre mixing plant
集中拌和法 central mix method
集中拌和混凝土 central-mixed concrete
集中拌料设备 central material mix equipment
集中拌制 centralized concrete mixing
集中拌制法 centralized mixing;central mixing(method)
集中拌制混凝土 centrally mixed concrete
集中保管 collective custody
集中保养点 centralized service center
集中报盘 concentration of offer
集中备用物资 spare materials storehouse
集中编址存储器 central address memory
集中簸动运输机 gathering shaker
集中补给 concentrative recharge
集中布井 concentrated wells
集中布线 concentric(al) wiring
集中布置 concentration layout
集中布置的液压件 summated hydraulics
集中采购 central buying
集中采暖(法) central heating;concentrated heating
集中采暖区 central heating area;central heating zone
集中采暖热水器 water-heater used for central heating
集中采暖设备 central heating plant
集中采暖用的锅炉 central heating boiler
集中采样 cluster sampling
集中参数 concentrated parameter;lumped parameter
集中参数电路 circuit with concentrated parameters
集中参数近似 lumped parameter approximation
集中参数模拟模型 lumped parameter simulation model
集中参数模型 lumped parameter model
集中参数系统 lumped parameter system
集中参数系统模型 lumped parameter system model;model of integrated parameter system
集中参数线 lumped parameter line
集中参数线路 lumpy line
集中参数延迟线 lumped element delay line
集中参数元件 element with lumped parameter;lumped element
集中仓储制 bin system
集中操纵 centralized control;centralized operation
集中操纵的道岔 centrally actuated points;centrally controlled points;centrally operated points;centrally operated switch
集中操作 centralized operation
集中操作系统 integrated operating system
集中测量 centralized measurement
集中层体 induvia
集中常数 constant of central tendency;lumped constant
集中常数模型 lumped constant model
集中常数线路 lumpy line
集中厂拌(法) central plant mixing
集中厂拌再生工艺 central plant recycling
集中成批处理 center batch processing
集中齿轮润滑 centralized gears lubrication
集中冲蚀 channel(l)ized erosion
集中储油系统 central oil storage
集中处理 centralized processing;central treatment;collection processing
集中处理厂 centralized treatment plant
集中处理设施 central treatment facility
集中处理装置 central processor
集中传播 intent propagation
集中存储的物资 pool
集中存储物资的场所 pool
集中大量设备的工程项目 equipment-intensive project
集中道岔【铁】centrally operated turnout
集中道岔操纵楼 switch tower
集中的 concentrated;concentric(al)
集中的水流 concentrated water flow
集中的专题咨询 intensive ad hoc consultation
集中地 farm
集中地段 centralizing zone
集中点 centrostigma;epicenter;epicentrum[复 epicentra];point of concentration;focus
集中点荷载 concentrated point load
集中点状分布 concentrative point-like distribution
集中电气化 centralized electrification
集中电压 lumped voltage
集中电源 central current supply;centralized power source;central(ized) power supply
集中电子操纵 central electronic command
集中电子控制 centralized electronic control
集中电阻 constriction resistance;lumped resistance
集中调度 centralized dispatching
集中动荷载 point live load
集中度 concentration degree;degree of concentration
集中反力 concentrated reaction
集中反应 concentrated reaction
集中仿真 integrated emulation
集中仿真程序 integrated emulator
集中放牧 close herding
集中放置的材料 centrally housed materials
集中放置的场所 pool
集中费 collective expenses
集中分配 centralized distribution
集中焚烧 central incineration
集中粉磨车间 central grinding plant
集中粉磨系统 central grinding system
集中风机系统 central fan system
集中负载 aggregate load;center[centre]-point load;concentrated force;concentrated point load;isolated load;lumped load(ing);point load(ing);single(-point) load
集中干油润滑 centralized grease lubrication
集中干燥室 common drying room
集中钢筋 concentrated tendon
集中更新 burst mode refresh
集中工程设计 concentration on engineering design
集中供电 central current supply;centralized power supply;centralized traffic supply;central power supply;concentrated power supply
集中供电方式 concentrated power feeding system
集中供电照明 collective lighting
集中供电制 centralized electric power supply system
集中供冷 central cooling;concentrated cooling
集中供冷却液系统 central lubricating system
集中供暖 concentrated[concentrating] heating;indirect heating
集中供暖法 central heating
集中供暖系统 central heating system;heating plant
集中供暖装置 central heating installation
集中供暖总站 central heating plant
集中供热 central heating(supply);central heat supply;centralized heat supply
集中供热炉 central furnace
集中供热煤气设备 central heating gas appliance
集中供热设备 central heating plant
集中供热系统 central heating system;heating plant
集中供热烟囱 central heating chimney
集中供润滑油系统 centralized lubricating system
集中供水 central water supply
集中供水水文地质调查 hydrogeologic(al) survey of concentrative water supply
集中估价 central assessment
集中管理 centralized management
集中管理结构 centralized control structure
集中管理控制设备 centralized supervisory and control equipment
集中管理信息 integrated management information
集中管理制 centralized control system
集中灌水泄水系统 concentrated filling and emptying system
集中光束 concentrated light beam
集中规划 centralized planning
集中锅炉房 centralized boiler room
集中海洋货物 aggregation of marine cargoes
集中核算 centralized accounting;collective accounting
集中核算室管辖站 station attached to a centralized accountancy office
集中核算制 centralized accounting system
集中荷点 point of load
集中荷载 aggregate load;central loading;center[centre]-point load;concentrated force;concentrated load(ing);concentrated weight;isolated load;lumped load(ing);point load(ing);single load(ing);single-point load
集中荷载拱形梁 single-load arched girder
集中荷载体系 point load system
集中荷载系统 concentrated-load system
集中荷载应力 concentrated-load stress;point load stress
集中荷载指数 point load(ing) index
集中荷重 concentrated weight
集中化 centralization
集中化工厂 centralized factory
集中化计算机辅助监控 centralized computer-aided supervisory control
集中化控制 centralized control
集中化平面图 centralized plan
集中化事业 centralized business
集中化数据处理 centralized data processing
集中化算法 centralized algorithm
集中化信号方案 centralised signa(l)ling scheduling
集中汇编 joint assembly
集中活动荷载 concentrated moving load
集中活荷载 concentrated live load
集中货物 cargo consolidation
集中机 concentrator
集中机房 central plant
集中机房系统 central plant system
集中级 <电子交换机> concentration stage
集中集尘方式 central dust collecting system
集中集尘系统 central dust collecting system
集中给水站 standpipe supply
集中计划 plan checked and approved by focus
集中计划经济 centrally planned economy
集中记发方式 common register system
集中记发制 common register system
集中记录方式 intensive recording mode
集中加热 central heating
集中加载 lumped load(ing)
集中监测系统 centralized monitoring system
集中监控 centralised[centralized] monitoring
集中监控系统 centralized monitoring system
集中监控装置 centralized monitoring and controlling equipment
集中监视 centralized monitoring

J

集中监视警报系统 master supervisory and alarm frame
集中监视器 centralized monitor
集中剪切面 surface of concentric(al) shearing
集中检查 centralized inspection
集中检查系统 centralized checking system
集中检查制 centralized checking system
集中检测设备 integral test system
集中检验 centralized inspection
集中降雨点 rainfall point of concentration
集中交换 <电话专用交换机> centrex
集中交通控制 centralized traffic control
集中交通量 terminating traffic volume
集中浇筑 one-shot placing
集中搅拌 central(ized) mixing; plant mixing
集中搅拌厂 central mixing plant
集中搅拌法 central mixing method; central plant mixing; plant-mix-(ing) method
集中搅拌混凝土 central-mixed [mixing] concrete
集中搅拌机 central mixer; central mixing plant
集中搅拌设备 central mixing plant
集中搅拌站 central mixer
集中搅拌装置 <混凝土> central concrete-mixing plant
集中结算 collective settlement
集中经营 centralized management
集中经营管理方式 centralization
集中开采 concentration of mining
集中开关 centralizing switch
集中空调 central air conditioning; concentrated air conditioning
集中空调机房 central station
集中空调系统 central air conditioner system; central air conditioning system; centralized air-conditioner system
集中空气处理机组 central air-handling unit
集中空气干燥系统 <舱中> central dehumidification system
集中空气加热 central air heating
集中孔洞 central opening
集中控制 central control; centralization [centralized] control; centralized operation; collective control; consolidated control; multiple unit control; pooling
集中控制的道岔 switch controlled from a central point
集中控制灯 collective control lamp
集中控制点 central control point; centralized control point
集中控制电话 common control telephone
集中控制电梯 collective control elevator
集中控制度 degree of concentration of control
集中控制方式 centralized control system; common control system
集中控制结构 centralized control structure
集中控制列车照明 centrally controlled train lighting
集中控制楼 centralized control box
集中控制器 centralized controller; centralized control panel; centre panel
集中控制室 central control room; centralized control box; centralized control point; centralized control room
集中控制所 central control post (aboard)
集中控制台 centralized control box; centralized control desk; centralized control point; central panel; integrated console
集中控制系统 central controlling system; centralized control system; common control system
集中控制箱 centralized control box; centralized control point
集中控制循环 central control cycle
集中控制站 central control station
集中控制中心 centralized control center
集中控制装置 central control device
集中垃圾收集系统 central garbage-collection system
集中拉索 concentrated stay cable
集中冷却 central cooling
集中冷却装置 central cooling plant
集中力 concentrated force; concentric(al) force; conventional force; point force; single force
集中力偶 concentrated couple
集中联锁 centralized interlocking; consolidated interlocking; interlock of centralization
集中联锁机 interlocking(control) machine
集中联锁机手柄 interlocking machine lever
集中联锁机握柄 interlocking machine lever
集中联锁架 interlocking frame
集中联锁信号楼 interlocking station
集中滤波器 aggregated filter
集中率 concentration ratio
集中轮载 concentrated wheel load; wheel concentration loading
集中落差 concentrated fall
集中落差式电站 concentrated fall type station; power plant with concentrated fall
集中落差式水力发电 concentrated fall hydroelectric(al) development; concentrated-fall hydroelectric development
集中落差式水力发电工程 concentrated fall hydroelectric (al) development
集中锚固 concentrated anchorage
集中磨刀 centralized tool grinding
集中排水 central drainage; concentrated drainage
集中判优器 centralized arbiter
集中配电盘 central distribution board; central panel
集中配料厂 central proportioning plant
集中配料装置 central proportioning plant
集中配油系统 central oil distribution system
集中屏蔽电缆 collectively screened cable
集中器 centralizer; concentrator
集中清算法 centralized clearing method
集中区域 centralizing zone
集中趋势 central tendency
集中趋势度量 measure of central tendency
集中全力 concentrate all efforts
集中燃烧 concentrated combustion
集中绕组 concentrated winding
集中热风采暖系统 central warm-air heating system
集中热风供暖系统 central warm-air heating system
集中热水供暖 hot-water central heating
集中热水供应系统 central heating system
集中热水制备装置 central hot water preparation plant
集中润滑保养点 lubrication service center[centre]
集中润滑(法) centralized lubrication; centre lubrication; central lubrication
集中润滑系统 centralized grease lubrication; centralized lubricating system; one-shot lubricating system; one-shot lubrication
集中润滑用泵 central lubrication pump
集中润滑装置 centralized grease lubrication
集中设备 central equipment
集中设计 centralized design
集中设置用电表 grouped electric meters
集中设置用户水表 grouped(water) meters
集中审查 centralized inspection
集中渗流 concentrated seepage
集中时间 concentration time; period of concentration; time of concentration
集中实验室 centralized laboratory
集中使用 mass application
集中式 centralization
集中式车号核对信息 centralized car checking information
集中式除尘系统 centralized dust collecting system
集中式处理 centralized processing
集中式串联电容补偿装置 compensator with concentrated series capacitance
集中式地沥青(拌和)厂 central asphalt(mixing) plant
集中式废水处理 central waste water treatment
集中式公寓住宅 <电梯间、楼梯间布置在住宅的中央> efficiency type apartment house
集中式话务员服务 centralized attendant service
集中式混凝土拌和厂 central concrete-mixing plant
集中式混凝土搅拌厂 central concrete-mixing plant
集中式给水 collecting water supply system
集中式计算机【计】 centralized computer
集中式计算机设施 centralized computer facility
集中式计算机网络 centralized computer network
集中式监听台 centralized intercept bureau
集中式建筑 building with central space
集中式交换 centerx
集中式交换中心局 centerx central office
集中式交通控制系统 centralized traffic control system
集中式空调 central air conditioner
集中式空调设备 central air conditioning plant
集中式空调系统 central fan air conditioning system; centralized AC [air-conditioning] system
集中式空调装置 central air conditioning equipment
集中式空气调节 central air conditioning
集中式控制 central station control
集中式控制输入输出 centralized control input, output
集中式配置 centralized configuration
集中式生物系统 central biologic(al) system
集中式数据处理 centralized data processing
集中式数据库 centralized data base
集中式通风 centralized ventilation
集中式通风管道系统 central ducting system
集中式网络 centralized network
集中式污水处理 centralized wastewater treatment
集中式污水管理 centralized management of wastewater
集中式污水收集处理系统 centralized wastewater collection and treatment system
集中式系统 central system; integrated system; centralization system
集中式下水道系统 centralized sewerage system
集中式真空除尘设备 centralized vacuum-cleaning plant
集中式帧定位信号 bunched frame alignment signal
集中式指令系统 centralized dictation system
集中式资源管理 centralized resource management
集中式自动信息计算 centralized automatic message accounting
集中式自适应路由选择 centralized adaptive routing
集中输水系统 concentrated filling and emptying system
集中数据处理 central data processing; integrate(d) data processing
集中数据处理系统 integrated data processing system
集中数据存储 integrated data store
集中数据检索系统 integrated data retrieval system
集中数据库 central database; integrated data base; integrated data store
集中水流 concentrated flow
集中送风供暖 localized air supply for air-heating
集中所有电线通过管道安装系统 draw-in system
集中锁闭系统 central locking system
集中锁闭制 central locking system
集中台 concentration position
集中弹簧 concentrated spring
集中调节 centralized regulation
集中停车架 rally rack
集中通风 central draft; control draft
集中通风系统 central fan system; central ventilation system
集中通信[讯]结构 centralized communication structure
集中通信[讯]适配器 integrated communication adapter
集中通信[讯]系统 centralized communication system
集中同步 general locking; genlocking
集中同步设备 genlock equipment
集中同步系统 gunlock system
集中投配操作方法 central batching plant system
集中投配方式 central batching plant system
集中脱水设施 centralized dewatering facility
集中维修 centralized maintenance

集中涡 concentrated vorticity
集中涡流 concentrated vortex
集中握柄装置 assembly of levers
集中物质 concentrated matter
集中系数 coefficient of concentration; concentration coefficient; concentration factor; funnel(l)ing factor
集中系统 central system; collection system
集中线荷载 knife-edge load(ing)
集中信息 concentrated information; concentrated message
集中信息处理 integrated information processing
集中行车调度 centralized traffic control
集中行车管制 centralized traffic control
集中行销 concentrated marketing
集中性 centrality
集中性缩孔 gross shrinkage
集中性网络 centralized network
集中修理 centralized repair
集中修理厂 central repair shop
集中需水量 concentrated demand
集中畜群 herding
集中压力 concentrated reaction
集中压力润滑 centralized force-feed lubrication
集中烟囱 concentric(al) stack
集中遥控 centralized distant control; centralized remote control
集中遥控装置 centralized remote control equipment
集中药包 point charge
集中仪表板 centralized instrument panel
集中移动荷载 concentrated moving load
集中因数 concentration factor
集中因素 concentration factor
集中应力系数 factor of stress concentration
集中营 barracoon; detention center[centre]
集中涌水 centralizing water yield; concentrated flow
集中油脂润滑 centralized grease lubrication
集中于 center[centre] in
集中育种圃 breeding nursery together
集中元件 lumped element
集中源 concentrated source
集中运输 centralized transportation
集中运输用电机车 gathering locomotive
集中运输用电力机车 electric(al) gathering locomotive
集中运算器 central processing unit
集中运销组织 centralized marketing organization
集中载重 concentrated point load; concentrated weight
集中在一点上的荷载 load concentrated at a point
集中增湿器 central humidifier
集中站 cluster
集中照明系统 group lighting system
集中振荡模 trapped mode
集中支承 concentrated support
集中支配 centralized dispatching
集中支座 concentrated support
集中指挥 centralized command; centralized direction
集中指数 concentration index
集中制 centralism; centralization
集中制冷 central refrigerating[refrigeration]; concentrated refrigerating
集中制冷设备 central refrigerating plant
集中制冷系统 central plant refrigeration system; central refrigerating system
集中制冷装置 central refrigerating plant
集中质点 lumped mass
集中质点法 lumped mass approach; lumped mass method
集中质量 concentrated mass; lumped mass; lumpy mass
集中质量法 lumped mass approach; lumped mass method
集中质量理想化 lumped mass idealization
集中质量元 lumped mass element
集中柱荷载 concentric(al) column load
集中装药 concentrated charge
集中装置 integrated unit
集中准备 centralized reserve
集中资本 pooling of capital
集中资金 concentrating funds; pooling funds
集中自动计费 centralized automatic message accounting
集中自动润滑 automatic centralised lubrication
集中总管 collector
集中作用 funneling effect
集重 concentrated weight
集重货物 goods of concentrated weight
集重货物装载 concentrated load(ing)
集重装载 loading of concentrated weight
集柱 bundle of pillar; clustered columns; clustered pillar; cluster of columns; compound column; compound pier
集柱中的一个柱身 boatel; boitel
集桩 clump of piles; clustered piles; cluster of piles; pile cluster
集装 packaging
集装臂型 · gathering arm type
集装带 sling container
集装带成组货件 sling package
集装袋 bag container; canvas container; collapsible; container bag; flexible container; flexible freight container; semi-bulk container; shipping sack
集装的 packaged
集装的数据 packed data
集装罐 bulk bin
集装化运输 containerized traffic; containerized transport
集装货 bulk cargo
集装架 pallet
集装架交换装置 pallet changer
集装架抓具 pallet grab
集装间 integration building
集装垃圾 containerized refuse; container refuse
集装路运系统 unit road system
集装门框 integral frame
集装区 assembly area
集装水泥的交货 delivery of palletized cement
集装箱 box container; bulk bin; cargo container; cargotainer; container (box); handling container; pallet; piggyback container; transport box
集装箱安放位置 container berth
集装箱安全公约 International Convention for Safe Container
集装箱班轮 container liner
集装箱搬运车 pallet carrier
集装箱搬运吊车方式 container marine line system; transfer crane system
集装箱(办理)站 container station
集装箱半挂车 container semi-trailer
集装箱包装容积 container bale capacity
集装箱保存 container conservation
集装箱编组场 container marshalling yard
集装箱标记 container marking
集装箱标准单位 <20 英尺长集装箱的载重量,1 英尺 = 0.3048 米> twenty-foot equivalent unit
集装箱标准化 container standardization
集装箱驳船 container barge
集装箱泊位 container berth
集装箱泊位通过能力 throughput capacity of container berth
集装箱不落地停车场 container-on-wheels yard; container park
集装箱仓库 container warehouse
集装箱舱 container hold
集装箱侧面吊运机 side container crane
集装箱叉车 container forklift; container fork truck; forklift
集装箱拆装场 container depot; vanning and devanning depot
集装箱拆装库 container freight station; container packing shed; stuffing and stripping shed
集装箱长度 container length
集装箱场地 container site; stacking yard
集装箱场货 container yard cargo
集装箱场内专用车 internal transfer vehicle
集装箱场作业 container yard operation
集装箱车 container wagon
集装箱车场 container yard
集装箱车辆 container-carrying wagon; van container
集装箱承座 container socket
集装箱尺寸 container size
集装箱冲洗厂 container washing plant
集装箱出入口 container exit and entrance
集装箱出租公司 container leasing company; container rental company
集装箱传送带 belt container conveyer
集装箱船 container(-carrying) ship; container vessel
集装箱船的层号 tie number
集装箱船的排号 bay number
集装箱船的箱位号 slot number
集装箱船的行号 row number
集装箱船队 container fleet
集装箱船营运费用 shipping expenses of container ship
集装箱船运(输) container shipping
集装箱催提单 report of undelivered container
集装箱导器 entry guide
集装箱倒箱 rehandling of container; shifting of container
集装箱捣箱 rehandling of container; shifting of container
集装箱到达通知单 arrival notice of container
集装箱的维修保养 container maintenance; maintenance of container
集装箱等量交换契约 mutual space charter
集装箱等量交换制度 mutual space charter
集装箱(底板)清洗机 pallet cleaner
集装箱底脚 container feet
集装箱底盘车 container chassis; container trailer
集装箱底盘车侧 container chassis side
集装箱吊钩 container hook
集装箱吊架 container spreader; spreader
集装箱吊具 container spreader; spreader
集装箱吊具起升机构 spreader hoisting mechanism
集装箱吊具水平保持机构 spreader level-ling mechanism
集装箱吊桥 container bridge
集装箱定期检验 container maintenance examination
集装箱定期快运列车 container freight liner
集装箱定期维修保养 periodic(al) maintenance of container
集装箱定期直达列车 container freight liner; freight liner
集装箱定期直达列车的平板车车组 <英> freightliner flatcar set
集装箱定期直达列车终点站 <英> freightliner terminal
集装箱定期直达制 freightliner model
集装箱渡船 container ferry
集装箱短途运输船 container feeder vessel
集装箱堆场 container stocking area; container storage area; container yard; container park; container storage area; container stowage space; parking lot
集装箱堆场能力 container yard capacity
集装箱堆存期 stay time of container
集装箱堆叠搬动 yard shifting
集装箱堆叠策划 yard planning
集装箱堆叠处理 yard stacking
集装箱堆叠区 yard block
集装箱堆垛机 container stacker
集装箱堆放场 container parking area; container pool
集装箱堆装 stowage of container
集装箱多层仓库 container bank
集装箱额定质量 gross mass of freight container; rating of freight container
集装箱发送量 container transport volume
集装箱翻舱报告 container rehandling report
集装箱翻舱清单 container rehandling list
集装箱分配中心 container distribution center[centre]
集装箱服务费 container service charges
集装箱服务公司 integrated container service
集装箱港 container harbo(u)r; container(service) port
集装箱港口容量模型 container terminal capacity model
集装箱高度 container height
集装箱革命 container revolution
集装箱格舱 container cell
集装箱公路运输 piggyback traffic
集装箱共用制 container pool
集装箱固定件 container securing fitting
集装箱挂车 container trailer
集装箱关税公约 Customs Convention on Containers
集装箱管理系统 container control system; container management system
集装箱管理信息系统 container handling information system

集装箱轨道式起重机 rail container crane
集装箱滚装船 container roll ship
集装箱国际性协议 container consortium
集装箱海关公约 Customs Convention on Containers
集装箱海上运输方式 container marine line system
集装箱海运公司 <设在美国纽约> Container Marine Lines
集装箱和货物分委员会 Subcommittee on Containers and Cargoes
集装箱和集装箱拖车的枢纽 ramp
集装箱和托盘货物装载 stowing of goods in container and on flat
集装箱荷载折减系数 coefficient of container load
集装箱荷重 container load
集装箱横(大)梁 pallet transverse girder
集装箱横垫 container bolster
集装箱(后方)堆场 container yard
集装箱互换 container interchange
集装箱化 containerisation[containerization]; containerize; palletization [palletisation]
集装箱化道路 containerised route; containerized route
集装箱化货物 containerized cargo; containerized goods
集装箱化贸易 containerized trade
集装箱化运输 containerized transportation
集装箱化载驳货船 containerized light aboard ship
集装箱换算箱 twenty-foot equivalent unit
集装箱回收 pallet return
集装箱火车 freight liner
集装箱货拆箱鉴定 surveying on devanning container
集装箱货场 container team yard
集装箱货车 container carrier; pallet truck
集装箱货车两用船 container/rail car carrier
集装箱货架 container stall
集装箱货轮 container ship; container vessel; freight liner
集装箱货物 container cargo; containerized freight
集装箱货物仓库 container cargo depot
集装箱货物拆装作业 stuffing and unstuffing of container cargo
集装箱货物装载规则 rule and regulation for filling and stowing of container
集装箱货物装载培训指南 guideline for training in the packing of cargo in freight container
集装箱货箱 lift van
集装箱货运船 container ship
集装箱货运列车 freight liner
集装箱货运业务 container freight service
集装箱货运站 container freight station; cargo-consolidation/deconsolidation station
集装箱货运站货 container freight station cargo
集装箱货运站作业 container freight station operation
集装箱货装箱鉴定 surveying on vanning container
集装箱积载图 stowage plan for container
集装箱积载系数 stowage coefficient of container
集装箱基地 container base
集装箱集散(货)船 container feeder ship; feeder container ship
集装箱技术规格书 container specification
集装箱交付 delivery of container
集装箱角固定器 container pedestal; pedestal
集装箱角固定器移动轨 pedestal track
集装箱角固定器移动轨端套 pedestal pocket
集装箱角配件 container corner seating; lifting eyes
集装箱结构 container structure
集装箱紧固装置 bolster
集装箱井形架 container cell
集装箱可伸缩吊具 expandable spreader
集装箱控制系统 container control system
集装箱库 container bank
集装箱跨度 container width
集装箱跨(运)车 container (handling) straddle carrier; van carrier
集装箱跨运车搬运方式 Matson system; straddle carrier system
集装箱快运货物列车 freightliner in containers
集装箱矿石两用船 container/ore carrier
集装箱栏板挂车 container drop side trailer
集装箱类型 container type
集装箱联合企业 container consortium
集装箱联运 single-bill through service
集装箱联运业务 container through traffic service; integrated container service
集装箱联运站 integrated container terminal; intermodal container terminal
集装箱联运中转设施 intermodal container transfer facility
集装箱联运装卸网 container through loading net work; intermodal container terminal
集装箱两用船 convertible container ship
集装箱列车 container train
集装箱列车作业线 track for container trains
集装箱龙门起重机 container gantry crane; gantry container crane
集装箱陆海联运 container minibridge
集装箱陆上支线 container land feeder
集装箱码头 container berth; container dock; container pier; container terminal; terminal of containers
集装箱码头货站 terminal depot
集装箱码头起重机 portainer
集装箱码头区 waterfront container complex
集装箱码头设施 container terminal facility
集装箱码头收货制 terminal receiving system
集装箱码头装卸方式 cargo-handling system in container terminal
集装箱满箱货 container load
集装箱门到门运输 door-to-door transport of container
集装箱门座式起重机 container portal crane
集装箱密度 density of container
集装箱内部调温 container conditioning
集装箱内陆中转站 container base
集装箱内装货 container stuffing
集装箱配载图 prestowage plan for container
集装箱配置系统 container disposition system
集装箱拼箱货 less than container load
集装箱平板车 container platform trailer
集装箱平板挂车 container platform trailer
集装箱起重机 container crane; container handling crane
集装箱起重设备 pallet lifter
集装箱牵引车 container tractor
集装箱铅封 container seal
集装箱前方堆场 container marshalling yard; container marshalling area; container terminal storage area
集装箱清洁处理 container cleaning
集装箱容积 container hold
集装箱容量 container capacity
集装箱塞 spigot of container
集装箱散货船 container-bulker; handy-size bulk carrier
集装箱散货兼用船 container bulk ship; conbulker
集装箱上平板车 container on flat car
集装箱上铁路平板车系统 container-on-flatcar system
集装箱设备检查指南 guide for container equipment inspection
集装箱设备交换 container equipment interchange
集装箱设备数据交换 container equipment data exchange
集装箱升降机 travelift
集装箱升降平台 container lift
集装箱式分批混合机 containerized batch mixer
集装箱试验 container test
集装箱枢纽港 through container service port; container terminal
集装箱枢纽站 container terminal
集装箱输送机 pallet conveyer[conveyor]; portveyor
集装箱栓固装置 container securing device
集装箱(水陆交接)码头 container terminal
集装箱水平连接装置 horizontal container coupler
集装箱松紧装置 container release assembly
集装箱送冷气装置 evaporating unit
集装箱锁装置 container's lock
集装箱提升机 container hoist; container elevator
集装箱铁路平车 container on flatcar
集装箱涂料 container paint; paint for container
集装箱吞吐量 container throughput
集装箱托盘化运输 containerized and palletized traffic
集装箱托盘两用船 container/pallet carrier
集装箱拖车 container-carrying trailer; container trailer
集装箱拖车两用船 container/trailer carrier
集装箱拖运架整车货物 trailer load
集装箱位 container stall
集装箱喂给港 container feeder port
集装箱温度及湿度调节 container conditioning
集装箱物流 container logistics
集装箱系统 container system
集装箱箱号 container number; serial number of container
集装箱箱角支垫 container corner pad
集装箱箱位 container slot
集装箱卸货点 container discharging place
集装箱卸货清单 container unloading list
集装箱选择 selection of container
集装箱业务 container operation; container service
集装箱移货表 container removal form
集装箱已交付 container released
集装箱已交还 container returned
集装箱用超重机 container crane
集装箱用托盘 pallet for freight container
集装箱有效场地 container marshalling area
集装箱运费率 container rate
集装箱运货 unitized shipment
集装箱运货船 container ship
集装箱运货物 containerized cargo
集装箱运量 container traffic volume
集装箱运输 carriage of container; containerization; container(ized) traffic; container service; container traffic; container transport; encased conveying; freight container traffic; pallet handling; transport in container
集装箱运输车 container carrier; container lorry; pallet carrier
集装箱运输船 container carrier
集装箱运输经营人 container operator
集装箱运输系统 container transport system
集装箱运站 container depot
集装箱运转公司 container operator
集装箱载驳两用船 container/barge carrier
集装箱载位 stowage
集装箱载位表 stowage bay plan
集装箱载位分配 stowage split
集装箱载位结构 stowage profile
集装箱载位指示 stowage instruction
集装箱载运车 container truck
集装箱载重 payload of freight container
集装箱载重利用率 container load capacity utilizing ratio
集装箱在港停留时间 container dwell time
集装箱站到场运输 container freight station to container yard
集装箱站到门运输 container freight station to door
集装箱站到站运输 container freight station to container freight station
集装箱整理存放场 container marshalling and storage area
集装箱整理存放区 container marshalling and storage area
集装箱整箱货 container load cargo
集装箱正面吊 container reach staker
集装箱支线港 container feeder port
集装箱制冷却 clip-on-refrigerating machine
集装箱滞留费 container detention charges
集装箱中转场 container transshipment yard
集装箱中转车 container transfer vehicle
集装箱中转费 container transit charge
集装箱中转站 container depot; container freight station
集装箱重量 container weight
集装箱周转率 turnaround factor of container
集装箱周转天数 container turnaround days
集装箱抓具 pallet grab
集装箱专用车(辆) container car
集装箱专用吊具 lifting spreader

集装箱专用挂车 container flat frame trailer
集装箱专用列车 container express; container unit train
集装箱转运 container transshipment
集装箱转运站 terminal depot
集装箱装箱拆箱库 container freight station; container packing shed; cargo-consolidation/deconsolidation station
集装箱装箱单 container load plan; unit packing list
集装箱装箱机 container loader
集装箱装箱清单 container loading list; container packing list
集装箱装箱作业 container loading; packing stuffing; vanning; stuff into container
集装箱装卸 container handling
集装箱装卸(搬运)能力 container handling capacity
集装箱装卸场 container handling yard
集装箱装卸车 container handling vehicle; swing lift
集装箱装卸方式 container handling system
集装箱装卸港 container port
集装箱装卸工艺 handling methods of container
集装箱装卸机 container gantry crane
集装箱装卸机械 container handling machinery
集装箱装卸桥 container bridge; container(handling) gantry crane
集装箱装卸桥系统的存箱场 transtainer yard
集装箱装卸区 container terminal
集装箱装卸设备 container handling facility; container handling equipment
集装箱装卸系统 container handling system
集装箱装卸作业操作 terminal operation
集装箱装运 pallet loading
集装箱装运车 container vehicle
集装箱装载层数 tier number of container
集装箱装载的货物 containerized cargo
集装箱装载剖面图 container stowage profile
集装箱装载位置的表示 indication of position of container stowage
集装箱自动化清点和储存 automated container inventory and storage
集装箱自动清点和储存 automatic container inventory and storage
集装箱自动脱钩器 automatic container unhooking device
集装箱自重 tare mass of freight container
集装箱自重系数 coefficient of container dead weight; dead-load coefficient of container; deadweight coefficient of container
集装箱自装卸挂车 self-loading container trailer
集装箱综合运输系统 integrated container traffic system
集装箱租金 container hire
集装箱租赁 container leasing
集装箱作业 consolidation service; container service
集装箱作业区 container terminal
集装运货 groupage shipment
集资 call for funds; capital financing; capital raising; collect money; financing; fund collecting; fund raising; procurement of capital investment; raise funds
集资成本 fund raising cost
集资创办人 floater
集资方案 financing alternative
集资方式 financing mechanism
集资费用 capital expenses; financing fee
集资公司 collecting company
集资合建住房 cooperative housing
集资建房房客租契 proprietary lease
集资经营 pooling
集资途径 financing mechanism
集资业务 financing technique
集子句 set clause
集总 lump
集总不连续性 lumped discontinuity
集总参量 lumped parameter
集总参数 lumped parameter
集总参数电路 lumped constant circuit; lumped parameter circuit
集总参数法 lumped parameter method
集总参数模拟模型 lumped parameter simulation model
集总参数模型 lumped parameter model
集总参数体系 lumped coefficient system; lumped parameter system
集总参数网络 lumped parameter network
集总参数系统 lumped coefficient system; lumped parameter system
集总参数线路 lumpy line
集总参数延迟线 element delay line; lumped parameter delay line
集总常数 lumped constant
集总常数滤器 lumped constant filter
集总常数模型 lumped constant model
集总常数网络 lumped constant network
集总电感 lumped inductance
集总电路元件 lumped circuit element
集总电容 concentrated capacitance; concentrated capacity; lumped capacitance
集总电容器 concentrated capacitor; lumped capacitor
集总电压 lumped voltage
集总电阻 lumped resistance
集总加感 lumped load(ing)
集总加载 lumped load(ing)
集总近似值 lumped mass approach
集总模型 lumped model
集总平衡 balancing by balancing elements; lumped balance
集总绕组 lump winding
集总容量 concentrated capacity
集总色散 lumped dispersion
集总式车辆感应限流控制 <匝道联动控制的一种方式> integrate traffic-responsive metering
集总式定时限流控制 <入口匝道联动控制的一种方式> integrate pretimed metering
集总式可接受空档交汇控制 <入口匝道的一种联动控制方式> integrate gap-acceptance merge control
集总式匝道控制 <匝道的联动控制> integrate ramp control
集总数据处理制度 integrated data processing system
集总衰减器 lumped attenuater[attenuator]
集总特性(曲线) lumped characteristic
集总调制器 lumped modulator
集总网络 lumped network
集总系统 lumped system
集总线圈 lump winding
集总信号 lumped signal
集总元件 lumped element
集总元件电路 circuit with lumped element
集总元件隔离器 lumped element isolator
集总源 lumped source
集总噪声模型 lumped noise model
集总振铃 <调度及选呼电话> collective ringing
集总质量 lumped mass
集总阻抗 lumped impedance
集族 collection of sets; family of sets
集组理论 team theory
集组瓦管排水系统 grouping tile drainage system

瘠

瘠薄土壤 hungry soil

瘠地 arid land; badland; barren land
瘠化 denudation
瘠黏[粘]土 lean clay; poor clay
瘠砂浆 lean mortar

几

几倍 several fold

几部分(组成)的 multipart
几处选种站 some breeding stations
几代 several generations
几丁质 chitin
几丁质壁 chitinous wall
几段不同套管组成的套管柱 graduated string
几分之一 a fraction of
几分之一(零点几)秒 fractional second
几份图纸相互补充 set of drawings
几个无线电台用同一波长同时工作 single-wavelength working
几个信号楼联锁设备的合并 interlocking consolidation
几个原种圃 some elite plots; stock plots
几何保真度 geometric(al) fidelity
几何比 geometric(al) ratio
几何比例 geometric(al) proportion
几何闭合差 geometric(al) closure
几何边界 geometric(al) boundary
几何边界条件 geometric(al) boundary condition
几何变换 geometric(al) transformation
几何变量 geometric(al) variable
几何变态模型 geometrically distorted model
几何变形 geometric(al) distortion
几何标准 geometric(al) standard
几何标准偏差 geometric(al) standard deviation
几何不变体系 geometric(al) invariant system
几何不变稳定体系 geometrically stable system
几何不变性 geometric(al) invariance
几何不连续性 geometric(al) discontinuity
几何不稳定体系 geometrically unstable system
几何不相似性 geometric(al) dissimilarity
几何参考面 geometric(al) reference surface
几何参数 geometric(al) parameter
几何参数标准值 normal value of geometric parameters
几何参数设计值 design value of geometrical parameters
几何插值法 geometric(al) interpolation
几何超声光学 geometric(al) ultrasonic optics
几何成长 geometric(al) growth
几何尺寸 geometric(al) dimension; physical dimension
几何尺寸轴线 geometric(al) dimension of axis
几何处理 geometric(al) processing
几何处理程序 geometry processor
几何大地测量学 geometric(al) geodesy
几何代码 geometric(al) code
几何的遍历性 geometric(al) ergodicity
几何等螺距 constant geometric(al) pitch
几何地震学 geometric(al) seismology
几何点 geometric(al) point
几何定时 geometric(al) timing
几何定向 geometric(al) orientation
几何定义 geometric(al) definition
几何动力学 geometrodynamics
几何对称 geometric(al) symmetry
几何对偶 geometric(al) duality
几何对象 geometric(al) object
几何法卫星三角测量 geometric(al) satellite triangulation
几何反射 geometric(al) reflection
几何反照率 geometric(al) albedo
几何反转原理 principle of geometric(al) reverse
几何(方)法 geometric(al) method
几何非线性 geometric(al) non-linearity
几何分辨率 geometric(al) resolution
几何分布 geometric(al) distribution
几何分级标准 geometric(al) grade scale
几何分析 geometric(al) analysis
几何符号 geometric(al) symbol
几何辐射度学 phluometry
几何俯角 geometric(al) dip
几何概率 geometric(al) probability
几何刚度 geometric(al) stiffness
几何刚度矩阵 geometric(al) matrix; geometric(al) stiffness matrix
几何刚度系数 geometric(al) stiffness coefficient
几何高程测量 geometric(al) level(l)ing
几何高度 geometric(al) height
几何各向同性 geometric(al) isotropy
几何公差 geometric(al) tolerance
几何公理 geometric(al) axiom
几何构图块 geometric(al) building block
几何构型 geometric(al) configuration
几何构造 geometric(al) construction
几何关系 geometric(al) relationship
几何惯性矩 geometric(al) moment of inertia
几何光路 geometric(al) light-path
几何光束 geometric(al) optics ray
几何光学 geometric(al) optics
几何光学场 geometric(al) optics field
几何光学错觉 geometric(al) optical illusion
几何光学法 geometric(al) optics approach
几何光学极限 geometric(al) optics limit
几何光学近似 geometrically optic(al) approximation; geometric(al) optics approximation
几何光学射线 geometric(al) optics ray
几何光学像差 geometric(al) optics aberration
几何光学展开 geometric(al) optics expansion
几何规划(法) complementary geometric(al) programming; geometric(al) programming
几何轨迹 geometric(al) locus; locus
几何花纹图案 geometric(al) motif
几何畸变 geometric(al) distortion

J

几何畸变测试 geometry test
几何畸变校正 geometric(al) distortion correction
几何级数 geometric(al) progression; geometric(al) series
几何级数求和 summation of geometric(al) progression
几何计算 geometric(al) computation
几何加法 geometric(al) addition
几何检验 geometric(al) check
几何焦点 geometric(al) focus
几何焦深 geometric(al) focal range
几何校正 geometric(al) correction; geometry correction
几何结构 geometry
几何结构问题 geometric(al) structure problem
几何结晶学 geometric(al) crystallography
几何截面 geometric(al) cross-section
几何解(法) geometric(al) solution
几何解释 geometric(al) interpretation
几何近似法 <用于粗粒土配料> geometric(al) similarity method; geometric(al) approximation
几何经度 geometric(al) longitude
几何精度因子 geometric(al) dilution of precision
几何精(确)度 geometric(al) accuracy
几何距离(真空距离) geometric(al) distance
几何聚光比 geometric(al) concentrating ratio
几何均数 geometric(al) mean(value)
几何可变体系 geometrically unstable system; geometric(al) variable system
几何类比问题 geometric(al) analog problem
几何粒级表 geometric(al) grade scale
几何连续性 geometric(al) continuity
几何量 geometric(al) quantity; geometric(al) sense
几何路径 geometric(al) path
几何螺距 geometric(al) pitch
几何面积矩 geometric(al) moment of area
几何面积矩法 area moment method
几何模拟 geometric(al) modelling
几何模拟问题 geometric(al) analogy problem
几何模型 geometric(al) model; geometric(al) pattern
几何模型航向倾斜 longitudinal of geometric(al) model
几何模型化 geometric(al) modelling
几何内容 geometric(al) content
几何挠度 geometric(al) deflection
几何判据 geometric(al) criterion
几何偏差 geometric(al) deviation
几何平均半径 geometric(al) mean radius
几何平均距离 mean geometric(al) distance
几何平均粒度 geometric(al) mean diameter; geometric(al) mean grain size
几何平均粒径 geometric(al) mean grain size; geometric(al) mean (particle) diameter
几何平均螺距 geometric(al) mean pitch; mean geometric(al) pitch
几何平均频率 geometric(al) mean frequency
几何平均(数) geometric(al) mean; geometric(al) average
几何平均误差 geometric(al) mean error
几何平均值 geometric(al) mean(value)
几何平均指数 geometric(al) average index number
几何倾角 geometric(al) dip
几何曲度常数 geometric(al) buckling
几何曲率 geometric(al) buckling
几何曲线 center line of flow path
几何容积 geometric(al) volume
几何散焦 geometric(al) defocusing
几何散开 geometric(al) spreading
几何散射波 geometric(al) scattering waves
几何散射因数 geometric(al) scattering factor
几何扫描仪 geometric(al) scanner
几何设计变量 geometric(al) variable
几何深度 geometric(al) depth
几何声学 geometric(al) acoustics; ray acoustics
几何失真 geometric(al) distortion
几何式惯性导航 geometric(al) inertial navigation
几何式园林 geometric(al) garden style
几何视差 geometric(al) parallax
几何视地平 geometric(al) apparent horizon
几何收敛 geometric(al) convergence
几何数据 geometric(al) data
几何数据库 geometric(al) database
几何数论 geometric(al) number theory
几何衰减 geometric(al) attenuation
几何水准测量 direct level(l)ing; geometric(al) level(l)ing; spirit level(l)ing
几何索线性 geometric(al) funicular form
几何弹性应力集中系数 geometric(al) elastic stress concentration factor
几何特性 geometric(al) feature; geometric(al) property
几何特征 geometric(al) characteristic; geometric(al) feature
几何体 geometric(al) body; geometric(al) solid
几何天平动 geometric(al) libration
几何条件 geometric(al) condition; geometry
几何条件配色 geometric(al) metamerism
几何投影(法) geometric(al) projection; geometric(al) shadow; perspective projection
几何图 geometric(al) drawing; geometry
几何图案 geometric(al) pattern
几何图案花格窗 geometric(al) tracery window
几何图案花纹 geometric(al) motif
几何图形 geometric(al) figure; geometric(al) pattern; geometric(al) shape; geometrics
几何图形变形 geometric(al) deformation; geometric(al) reconfiguration
几何图形处理功能 geometric(al) processing
几何图形窗饰 geometric(al) tracery
几何图形的 geometric(al)
几何图形模拟 geometric(al) analog(ue); geometric(al) analogy
几何图形式 geometric(al) style
几何图形装饰 geometric(al) ornament
几何椭球 geometric(al) ellipsoid
几何外形 geometric(al) configuration
几何完整性 geometric(al) integrity
几何纬度 geometric(al) latitude
几何卫星大地测量(法) geometric(al) method of satellite-geodesy
几何位变异构现象 geometric(al) metamerism
几何位差 geometric(al) head
几何位置 geometric(al) position
几何纹 geometric(al) design
几何稳定性 geometric(al) stability
几何无双像场 geometric(al) horopter
几何物理分析 geometric(al) and physical analysis
几何误差 geometric(al) error
几何误差放大因子 <GPS 定位> geometric(al) dilution of precision
几何系数 geometric(al) factor; geometry coefficient
几何相关 geometric(al) correlation
几何相似 geometric(al) similitude
几何相似泵 geometrically similar pump
几何相似模型 geometrically similar model; scale model; structural model
几何相似性 geometric(al) similarity
几何向量 geometric(al) vector
几何像 geometric(al) image
几何像差 geometric(al) aberration
几何效应 geometric(al) effect
几何信息处理机 geometry processor
几何形哥特式格式 geometric(al) Gothic style
几何形花格 geometric(al) tracery
几何形花纹 geometric(al) pattern
几何形式样 geometric(al)(decorated) style
几何形态测量 geometric(al) measurement
几何形态干扰 geometric(al) perturbation
几何形弯楼梯 wreathed stair(case)
几何形心 geometric(al) center[centre]
几何形装饰 geometric(al) decoration
几何形状 geometric(al) form; geometric(al) shape; geometry
几何形状不稳定性 geometric(al) instability
几何形状改变 geometric(al) reconfiguration
几何形状公差 tolerance of geometrical form
几何形状设计 geometric(al) design
几何形状误差 error in geometric(al) form
几何形状线框图 geometric(al) wireframe
几何形式 geometric(al) pattern
几何性质 geometric(al) property; property of plane area
几何序列 geometric(al) sequence
几何学 geometry
几何学的 geometric(al)
几何学家 geometer
几何学图形 geometrics
几何压头 geometric(al) head
几何延迟 geometric(al) delay
几何眼高差 geometric(al) dip
几何要素 geometric(al) element
几何异构 geometric(al) isomerism
几何异构体 geometric(al) isomer
几何异构现象 rotamerism
几何异向比 ratio of geometric(al) anisotropy
几何异向性 geometric(al) anisotropy
几何意义 geometric(al) meaning; geometric(al) significance; geometric(al) signification
几何因素 geometric(al) factor
几何因子 geometric(al) factor
几何阴影 geometric(al) shadow
几何约束 geometric(al) constraint
几何增长 geometric(al) growth
几何增大 geometric(al) growth
几何展宽 geometric(al) broadening
几何真实的棱锥体 geometrically true pyramid
几何正态频率 geometrically normal frequency
几何指数 geometric(al) index number
几何中项 geometric(al) mean(value)
几何中心 geometric(al) center[centre]
几何中性面 geometric(al) neutral plane; normal neutral plane
几何轴(线) geometric(al) axis; center [centre] line
几何装饰格式 geometric(al) decorated style
几何准确度 geometric(al) accuracy
几何阻尼 geometric(al) damping
几何作图 geometric(al) construction
几内亚比绍 <非洲> Guinea Bissau
几内亚大激浪 kalema
几内亚海流 Guinea current
几内亚海盆 Guinea basin
几内亚建筑 Guinea architecture
几内亚绿 Guinea green
几内亚湾 Gulf of Guinea
几体结晶构造定律 law of geometric(al) crystallography
几条线的交点 concurrence
几条运输线会合点 gateway
几种性质不同的木材 <马尼拉产的，用于建筑、家具等> Medang
几种颜色的 multicolo(u)red

己 氨酸 glycoleucine; norcoleucine

己胺 caproylamine; hexylamine
己醇 hexanol
己二胺 hexamethylene diamine
己二醇 hexylene glycol
己二腈 adiponitrile; hexane-dinitrile
己二硫醇 ethanthiol
己二醛 hexandial
己二炔 hexadiine[hexadiyne]
己二酸 adipic acid; butane dicarboxylic acid; hexanedioic acid
己二酸盐 adipate
己二烯 hexadiene
己二烯醇 hexadienol
己二烯二酸 muconic acid
己二烯酸 hexadienoic acid
己二酰二胺 adipamide
己环铵 hexocyclium
己基 decoyl
己硫醇 hexyl mercaptan
己六醇 hexitol
己氯 caproyl chloride
己内酰胺 caprolactam
己醛 caproaldehyole; hexaldehyde; hexanal
己醛酸循环 glyoxylate cycle
己炔 hexin
己炔酸 hexyn(o)ic acid
己四十烷酸 hexatetracontanoic acid
己酸 butylacetic acid; hexanoic acid; caproic acid
己酸甲酯 methyl caproate
己酸盐 caproate
己酸乙酯 ethyl caproate; ethyl hexanoate; ethyl hexoate
己酸酯 caproate
己糖 hexose
己烷 hexane
己烷基 hexyl
己烯 hexamethylene; hexenyl; hexylene
己烯醛 hexenoic aldehyde
己烯酸 hexenoic acid
己烯酮 hexenone
己酰(基) caproyl

挤 pinch; wring

挤板材 extruded sheet

挤棒机 extruding machine
挤扁的丝扣 galled threads
挤扁模 swaging die
挤岔 bursting-open of switch;burst-open the points;forcing(open of) the points; running through the switch;splitter of switch(points); switch forced open; switch split; trailing of a point; trailing of a switch
挤岔报警 alarm for switching split;alarm for trailed switch
挤岔表示 switch split indication
挤岔复位按钮 trailability button
挤岔警示 alarm for switching split;alarm for trailed switch
挤岔式 trailable type
挤岔运动 forcing open movement
挤出 extrude; force out; obtrude; pinch-out;squeezing;squeeze-out <加压时胶料自胶层溢出>
挤出棒材 extruded bar
挤出层压 extrusion laminating
挤出成型 extrusion(forming)
挤出成型法 extrusion process
挤出齿轮泵 extrusion gear pump
挤出的 extrusive
挤出法 extrusion
挤出混凝土泵 squeeze concrete pump
挤出机 extruder;extruding machine
挤出机过滤网组 extruder screen pack
挤出机料筒 extruder barrel
挤出机螺杆 extruder-screw
挤出级 extrusion grade
挤出角材 extruded angle section
挤出金属 extrusion of metals
挤出来的 as-extruded
挤出流变测定法 extrusion rheometry
挤出刨花板 extruded particle board
挤出坯料 extruder blanks
挤出式流变测定法 extrusion rheometry
挤出式流变仪 extrusion rheometer
挤出式黏[粘]度计 extrusion viscometer
挤出试验 <嵌缝板的> extrusion test (for joint filler)
挤出水 expressed water
挤出速率 rate of extrusion
挤出贴面 extrusion coating
挤出纹路 extrusion mark
挤出物 extrudate
挤出型测试法 extrusion type test
挤出型的 extruded
挤出型地垒 extrusion horst
挤出学说 exudation theory
挤出压力 squeezing out pressure
挤出胀大比 die swell ratio
挤出制品 extruded product
挤得像沙丁鱼似的 sardine-fit
挤兑 run on a bank
挤法 squeezing
挤干 extract;wiping
挤干辊 squeeze roll
挤干机构 squeezer
挤干装置 wiping arrangement
挤港 port congestion
挤港附加费 port congestion surcharge
挤管机 extrusion machine
挤管器 casing swedge
挤光 burnishing(-in)
挤光拉削 burnish broaching
挤光模 burnishing die
挤光器 burnisher
挤过去 squeeze through
挤焊 push weld(ing)
挤灰竖缝 shoved joint
挤浆 shove;shoving
挤浆法 pick and dip
挤浆缝 <用挤浆法砌砖形成的砖缝> push joint;shoved joint
挤浆混凝土 <向骨料挤入水泥浆而成的混凝土> grout-intruded concrete
挤浆接缝 push joint
挤浆砌筑 buttered masonry
挤浆砌砖 shove joint brickwork
挤浆砌砖法 shoving method of bricklaying
挤浆砖缝 shoved joint
挤胶滚筒 roll coater
挤接 push joint;shove joint
挤紧 jam;jam-packed
挤紧的石块 packed stone
挤进 crush; forced entrance; protrusion;squash;wedge
挤净 to press through
挤开 bursting-open;straddling
挤开道岔 bursting-open of switch; burst-open the points; forcing the points;running through the switch; splitter of switch(points); straddling the points;switch forced open
挤靠力【船】 berthing force; pressure by alongside wharf (due to wind, wave)
挤拉 burnish broaching
挤拉玻璃纤维的漏板 glass filament extrusion bushing
挤拉产品 pultrudate;pultrusion product
挤拉成型 pultrusion
挤拉法 ironing;pultrusion
挤拉复合 pultrusion-compounding
挤拉机 pultruder
挤拉机械 pultrusion machinery
挤拉型材 pultruded profile
挤拉用玻纱无捻粗纱 pultrusion roving
挤离背斜心 detached arch core
挤离断层 detachment fault
挤离向斜心 detached core of syncline
挤离褶曲岩心 detached core
挤离褶皱 decollement fold
挤离作用 decollement
挤裂切屑 segmental chip
挤流面积 quench area
挤流速度 squish velocity
挤满 crowd;jampack
挤满的 populous;tight
挤密法 densification
挤密灌浆(法) compaction grouting
挤密加固 stabilization by densification
挤密喷浆法 compaction grouting
挤密砂石桩法 compacted sand-gravel column method
挤密砂桩 compacting sand pile;compaction sand pile;sand compaction pile
挤密碎石桩 squeezed broken-stone pile
挤密土桩法 soil compaction pile method
挤密注浆法 compaction grouting method
挤密桩 compacted column; compacted[compacting/ compaction] pile
挤密桩法 compacted pile method; compaction pile method;compacted column method
挤奶厅 milk parlour
挤奶装置 milker
挤奶装置泵 milking machine pump
挤奶作业系统 milking system
挤泥机 auger;extruder
挤泥机模口 cella die
挤泥机泥缸 barrel
挤泥机头 collar
挤泥器 applicator
挤拧法 kneading and twisting method
挤牛奶式定价法 skimming pricing
挤碰在一起 pile-up
挤坯机 extrusion machine
挤坯悬空开裂 bridge crack
挤片生产线 sheet train
挤气面积 quench area
挤气速度 squish velocity
挤枪 ca(u)lking gun;pressure gun
挤切的 dissectible
挤切法 guillotine operation
挤切力 dissecting force
挤切联结器 dissecting coupler
挤切销 dissectible pin
挤曲 buckling
挤乳框 milking bay
挤乳台 milking bay
挤乳厅 milk parlour
挤乳休息室 milking parlour
挤入 clamp-on
挤入背斜褶皱 diapiric fold
挤入点 <自行车流因路面突然缩狭而被挤入机动车道之点> squeeze point
挤入构造【地】 diapir
挤入性 embedability
挤入压力 entry pressure;squeeze pressure
挤入褶曲【地】 diapir
挤入褶皱【地】 diapiric fold; diapir; piercing fold
挤入桩 <打入或压入> displacement pile
挤入装料机 force-feed loader
挤塞 jam
挤塞效应 ion stuffing
挤实砂桩 compaction sand pile
挤式滤水管 bridge type filter pipe
挤水棒 follower
挤水法颜料 flushing process pigment
挤水机 wringing machine
挤水泥 squeeze cement;squeezing cement
挤水泥层段 interval squeezed
挤水泥封隔器 squeeze packer
挤水泥工艺 cement squeezing technology
挤水泥油浆隔离油层 slurry-oil squeeze
挤水器 mo(u)lder's bulb
挤水色浆 flushed paste
挤水颜料 flushed pigment
挤水颜料浆 flushed colo(u)r
挤水作用 flushing
挤损 damaged owing to pressing squeezing
挤塑 extrusion;extrusion mo(u)lding
挤塑板 extruded sheet
挤塑电线涂层 extruding wire coating
挤塑法 extrusion process
挤塑贴面 extruded coating
挤塑涂层 extruded coating
挤塑用混合料 extrusion compound
挤提 run
挤涂机 extrusion coater
挤涂式灰浆喷射器 squeeze-coating type mortar sprayer
挤土效应 displacement effect; soil squeezing effect
挤脱的 trailable
挤脱滚棒 trailable roller
挤脱力 trailable force
挤脱式 trailable type
挤脱式道岔 trailable points
挤脱式转辙机 trailable switch machine
挤脱式转辙锁闭器 trailable facing point lock
挤芯棒机 extruding bar machine
挤芯机 core extruder; core extruding machine; plunger core machine; stock-core machine
挤锌辊 wipe
挤型模 extruding die;extrusion die
挤压 bulldoze; burnishing; compress; crumple;crush(ing);extrude;pressurization; squeeze; squeezing; bradding <牙轮轮齿的>
挤压板 stripper plate
挤压棒材 extruded bar
挤压爆破 compression blasting;forced blasting
挤压泵 squeeze(r) pump; squeeze-type pump
挤压比 extrusion ratio
挤压闭胸盾构 closed extruding shield; closed squeezing shield
挤压边界 compressional boundary
挤压变质作用 compression metamorphism
挤压冰 pressure ice;screw ice
挤压冰壁 pressure ice foot
挤压操作工 shingle
挤压车 squeeze buggy
挤压沉陷 compression subsidence
挤压衬砌 extrude lining
挤压成带法兰的孔 extruded hole
挤压成的混凝土构件 extruded concrete unit
挤压成的混凝土装饰物 extruded concrete trim
挤压成型 compaction by extrusion; extruded shape;extrusion forming; extrusion mo(u)lding; extruding forming;flow forming
挤压成型的 extruded
挤压成型的建筑构件 extruded unit
挤压成型的栏杆 extruded railing
挤压成型的肋条型材 extruded rib shape
挤压成型的肋形(建筑)部件 extruded rib unit
挤压成型的乙烯配件 extruded vinyl fitting
挤压成型法 <生产混凝土预制构件的> extrusion process
挤压成型焊条 extruded electrode
挤压成型机 compression mo(u)lding press
挤压成型截面 extruded section
挤压成型木屑板 extruded particle-board
挤压成型刨花板 extrusion chipboard
挤压成型石墨 extruded graphite
挤压成型翼梁 extruded spar
挤压出的窗框塑料 extrusive window sash plastics
挤压出线脚 injection mo(u)lding
挤压吹制成型 extrusion-blow mo(u)lding
挤压带 compressive belt;compressive zone;zone of crush
挤压的板 extruded board
挤压的波钢板 folded sheet metal
挤压的槽钢 extruded channel
挤压的角钢 extrude angle
挤压地层处理 treatment in squeezing ground
挤压电阻 pinched resistor
挤压垫 dummy block
挤压顶管 forced pipe jacking
挤压锭模 Erical mo(u)ld
挤压断层 compression(al) fault;compressive fault
挤压断裂 flexural compressive failure
挤压锻造 extrusion forging
挤压多孔零件 extruded porous sections
挤压法 coextrusion; extrusion method;squeezing and pressing method; vertical extrusion process
挤压法拉丝 mycrodyne process
挤压法制出的管子 extruded pipe
挤压法装配玻璃 compression glazing

挤压翻内孔 extruded hole
挤压方坯 extrusion billet
挤压方向 direction of extrusion
挤压防护罩 extrusion shroud
挤压纺丝法 extrude spinning method
挤压粉碎 compressive size reduction
挤压缝 squeezed joint
挤压杆 pressure ram; pressure stem
挤压杆支撑垫 stem backer
挤压工厂 extrusion plant
挤压构造带 compressed tectonic zone; compressive tectonic zone
挤压构造岩 compressive tectonite
挤压鼓筒 squeezing drum
挤压管材 extruded tubes
挤压辊 pressure roll(er); squeeze roll(er)
挤压滚轮 squeezing roller
挤压过程 extrusion process
挤压荷载 extrusion load; racking load
挤压痕迹 extrusion mark
挤压珩磨机 squeezing honing machine
挤压黄铜 brass extrusion
挤压黄铜轴 bronze extruded spindle
挤压混凝土 extruded concrete; extrusion concrete
挤压混凝土衬(砌) extruded concrete lining
挤压混凝土型材 extruded concrete profile; extruded concrete section; extruded concrete shape
挤压混凝土预制构件 extruded concrete precast unit
挤压混凝土制品 extruded concrete product
挤压机 crusher; extruder; extruding machine; extruding press; extrusion machine; extrusion press; hydroextractor; squeezer; squeezing press
挤压机机膛 extruder bore
挤压机机筒内衬 extruder cylinder liner
挤压机机头 extruder head
挤压机口型 extruder die
挤压机螺杆 extruder-screw
挤压机内径 extruder bore
挤压机芯型 extruder core
挤压机压力 extruder pressure
挤压脊 pressure ridge
挤压加工 extrusion process
挤压夹 crushing clamp
挤压件 extrusion
挤压接缝 compression joint; manipulative joint
挤压接头 squeezed joint
挤压节理 compression joint
挤压节拍 collapse phase
挤压结构钢管 extruded structural pipe
挤压结构管材 extruded structural pipe; extruded structural tube
挤压结构型材 extruded structural shape
挤压金属 extrusion metal
挤压巨型接合带 compressional megasutures
挤压聚苯乙烯 extruded polystyrene
挤压力 contact pressure; crushing force; extrusion force; crowd(ing) force <土方机械切入土中的>
挤压裂缝 compression(al) fissure
挤压裂纹 flexural compressive failure
挤压零件 extruded section
挤压流 extrusion flow
挤压铝窗台 extruded alumin(i)um sill
挤压铝青铜管 extrude aluminium bronze tube
挤压铝线脚 extruded alumin(i)um mounting
挤压铝制品 alumin(i)um extrusion
挤压轮 squeegee roller
挤压轮挖掘铲 squeeze-wheel lifter
挤压螺钉 squeezing screw
挤压螺杆 extruding screw
挤压螺旋输送机 impeller screw
挤压铆接 squeezed riveting
挤压密封 crush seal; compression seal
挤压面 compressive plane
挤压面积 bearing area
挤压模 extruding(process) die; extrusion die
挤压模塑(法) extrusion mo(u)lding
挤压母模 hob
挤压刨花板 extruded particle board
挤压坯 extruded stock
挤压坯锭 extrusion ingot
挤压坯段 extrusion billet
挤压坯料 extrusion billet
挤压破碎带 compress(o)-crushed zone
挤压器 hydroextractor
挤压钳 crushing clamp; pressing forceps
挤压强度 bearing strength; compressive strength; crushing strength
挤压曲线 extrusion graph
挤压缺陷 extrusion defect
挤压燃料 extruded fuel
挤压软管 squeezing tube
挤压伤 crush injury; crush trauma; extruding trauma; squeeze
挤压设备 extrusion plant
挤压式盾构 blind shield
挤压式纺丝机 extruder type spinning machine
挤压式钢支撑板 pressed steel liner plate
挤压式工具 compression tool
挤压式灰浆泵 squeeze mortar pump
挤压式混凝土泵 squeeze(type) concrete pump
挤压式铆钉机 squeeze riveter
挤压式润滑器 push-type lubricating fitting
挤压式塑性计 extrusion plastometer
挤压式挖掘铲 squeeze lifter
挤压式压实机 extruder type compactor
挤压试验 extruding test; squeeze test
挤压手法 squeeze technique
挤压水 squeezed water
挤压水分 extrusion moisture
挤压速度 extruder rate; extrusion velocity
挤压塑料涂层 extruded plastic coating
挤压碎料 extruded particle
挤压碎料板 extruded particle board; extrusion chipboard
挤压塔 jack-handling tower
挤压条 extruded bar; extrusion billet
挤压条材 extruded rod
挤压头 squeezed end
挤压涂层 extrusion coating
挤压涂敷 extrusion coating
挤压涂装 extrusion coating
挤压推刀 burnish broach
挤压推削 burnish broaching
挤压脱水机 extruding-desiccation machine
挤压微差爆破 press split blasting
挤压尾料 discard
挤压纹痕 pinch marks
挤压系统 extrusion system
挤压效应 crowding; extrusion effect; squeeze effect
挤压型 pressure type
挤压型材 extruded section; extruded shape; extrusion section
挤压型钢 extruded section
挤压型经济结构 tightly pressed structure
挤压性岩石 squeezing rock
挤压(压)力 extrusion pressure
挤压压塑 compacting by extrusion
挤压样 extruded sample
挤压移动 squeezing movement
挤压应变 bearing strain; crushing strain
挤压应力 bearing stress; crushing stress; extrusion stress; racking stress
挤压硬质聚氯乙烯波纹板 extruded rigid corrugated PVC sheet
挤压运动 compressional movement
挤压褶皱 compressive fold; squeezed fold
挤压褶皱构造 compression fold
挤压褶皱作用 compressional folding
挤压蒸煮 extrusion cooking
挤压止水 compression seal
挤压制成的混凝土大梁 extrusion concrete girder
挤压制成的混凝土型材 extrusion concrete section
挤压制的乙烯家具 extruded vinyl furniture
挤压制的乙烯型材 extruded vinyl section
挤压制件 extrusion
挤压制模的阳模 hob master
挤压制模法 hobbing
挤压制模原模 hob master
挤压制品 extruded article; extruded product; extrusion product
挤压助剂 extruding aids
挤压桩 compaction pile; displacement pile; replacement pile
挤压装配 compression fitting
挤压着色 extrusion colo(u)ring
挤压作业 squeeze job
挤压作用 pinching action; squeezing action; crowding action <钻压过大,金刚石切入过深的>
挤淤法 consolidation by displacement; displacement method
挤在一起 box in
挤渣 shingle
挤渣锻铁法 shingling
挤渣压力机 shingle[shingling] press
挤渣轧辊 shingling roll
挤占、挪用财政投资 misappropriation or diversion of financial investment
挤制的橡胶零件 extruded rubber parts
挤制高密度聚乙烯 extruded high density polyethylene
挤制石棉水泥 extruded asbestos cement
挤制陶土屋顶瓦 extruded clay roofing tile
挤制瓦 extruded tile
挤制叶型 extruded section
挤制砖 extruded tile
挤注封隔器 squeeze packer
挤走 squeezing action

给排水 water supply and drainage; water supply and sewerage

给排水工程师协会 Institution of Water Engineers
给排水工程学 water supply engineering
给排水管道 pipes of water supply and drainage
给排水管道工程 water and wastewater piping engineering
给排水管理局 water department
给排水管网图 plan of water and drainage piping
给排水管线 water supply(pipe) line
给排水规范 code for water supply and sewerage
给排水及消防系统 water supply and drainage and fire fighting system
给排水设备 water supply and drainage plant; water supply and sewage plant
给排水设计 design of water and drainage
给排水隧道 water supply tunnel
给排水图 water supply and drainage drawing
给排水图纸 plumbing; water supply and sewerage drawing
给排水线 water and sewer line
给排水专业 plumbing discipline; water supply and sewerage discipline
给水 admission of water; boosted water supply; feed(ing); supply(of water); water feed; watering; water service; water supply
给水泵 feed(-water) pump; make-up pump; water-feeding pump
给水泵区 pump bay
给水泵室 feed pump aisle
给水泵调节器 feed pump regulator
给水泵站 water supply pump station
给水布置 water supply scheme
给水槽 feed pan; supply cistern
给水厂 water factory; waterworks plant
给水厂法规 waterworks code
给水厂废水 water treatment plant wastewater
给水厂规划 waterworks planning
给水厂污泥 waterworks sludge
给水车 water(ing) car(t)
给水池 dear-water reservoir; feeding reservoir; service basin; supply basin; supply cistern; supply tank
给水除盐处理 water desalination
给水处理 feed-water treatment; water supply treatment
给水处理厂 water supply treatment plant; water supply treatment works; water treatment plant
给水处理工艺流程 water treatment technological process
给水处理系统 water supply treatment system
给水处理系统最优化设计 optimization design of water treatment system
给水处理站 water supply treatment plant
给水船 water boat; water tender
给水的 feed water
给水等值线 water contour
给水地段 water supply district
给水点 point of water supply
给水定额 rate of water supply
给水定额流量 rate of flow
给水度 drainable porosity; effective porosity; specific (water) yield; storage coefficient; storativity; water supply capacity
给水段 water supply section
给水阀 feed(-water) valve; water supply valve
给水阀门井 water supply valve well
给水阀组 feed valve block; valve block
给水法规 water regulation
给水方案 water supply scheme
给水分配 water supply allocation
给水分配泵 feed distribution pump
给水服务 water service
给水干管 feed(-water) main; main supply conduit; public supply main; supply main; water main (pipeline); water supply mains
给水干管例行清管 routine water main cleaning application

给水干管配件 water main fittings
给水工程 water engineering; water project; water service; water supply(works); water works
给水工程管理局 Water Works Authority
给水工程计划 waterworks project
给水工程师 water(supply) engineer
给水工程师学会杂志 Journal of the Institute[Institution] of Water Engineers
给水工程学 water supply engineering; waterworks engineering
给水工程与管理 <美国月刊> Water Engineering & Management
给水工区 water supply section
给水工业 water supply industry
给水公司协会 water companies association
给水公用事业工业 water utility industry
给水沟 feeding canal
给水管 feed conduit; feed(-water) pipe; service pipe; supply pipe; supply water conduit; supply water pipe; supply water tube; water feeder; water service pipe; water service tube; water supply conduit; water supply pipe[piping]; water supply tube[tubing]
给水管鞍座 water saddle
给水管道 feed-water pipe[piping]; supply conduit; supply pipe; water pipeline; service pipe; water supply pipe
给水管道费用函数 cost function of water supply pipes
给水管间接加热器 indirect service water heater
给水管接头 feed-water connection; feed-water joint; feed-water(pipe) coupling
给水管理 operational(water) supply
给水管理区 water district
给水管路 delivery pipe line; feed water; feed line
给水管图 water service plan
给水管网 feed-water piping; supply conduit; supply net; water grid; water supply net; water supply system; water mains network
给水管线 feed-water line; service pipe line; supply line; water supply line
给水管消毒 sterilization of water supply pipe
给水管源 water supply source
给水管直接加热器 direct service water heater
给水规划 water plan; water supply planning; water supply programming
给水柜 daily service tank; daily supply tank; feed tank; feed-water space
给水过滤器 feed(-water) filter; feed-water strainer
给水回路 feed circuit
给水回热加热 extraction feedwater heating
给水计划 water plan; water supply scheme
给水加热 feed heating
给水加热回路 feed-water heating loop
给水加热器 feed-water heater; feed-water heating apparatus; open heater
给水加热器总图 general arrangement of feed water heater
给水截止阀 feed-water stop valve
给水井 feed well; water supply well
给水净化器 feed-water purifier
给水开关 feeding cock
给水勘测 water supply survey
给水控制 feed(-water) control
给水控制阀 feed-water control valve
给水控制装置 feed-water control system
给水口 admission port
给水立管 supply riser; water riser pipe; water riser tube
给水量 run-out; watergift <灌溉的>
给水流量 feed-water flow
给水龙头 feed cock; water(feed) cock
给水龙头噪音 water tap noise
给水滤器 feed cleaner
给水率 charges for water; rate of water supply; water rate
给水磨损 water worn
给水能力 water processing capacity
给水逆止阀 feed-water check valve
给水排水工程 water supply and drainage works; water supply and sewerage works
给水配件 water fittings
给水喷泉两用龙头 combination hydrant and fountain
给水喷泉两用栓 combination hydrant and fountain
给水喷射器 feed-water ejector
给水品质 feed-water quality
给水器 feed apparatus; feeder; feeding apparatus; water feeder
给水铅管工程 water-plumbing
给水区 service area; water supply area
给水区域 distributing area; distribution area; water supply district
给水曲线 curve of water supply
给水渠 feed canal; supply canal; water supply canal
给水人口 supplied population
给水入口管 <锅炉的> feed-water connection
给水软化 feed(-water) softening; water softening
给水软化法处理 water softening treatment
给水软化装置 feed-water softener
给水上升管 rising service pipe
给水上竖管 rising service pipe
给水设备 feed-water equipment; water feeder; water supply equipment; water supply facility; water(supply) works
给水设备能力 capacity of water supply equipment
给水设施 water supply facility
给水升压泵 feed-water booster pump
给水事业 water undertaking
给水竖管 rising main; rising pipe; supply riser
给水栓 hydrant; penstock; plug
给水栓流速计 hydrant pitometer
给水栓帽 hydrant bonnet; hydrant cap
给水栓排水 hydrant drain
给水栓筒 hydrant barrel
给水栓柱 tap post
给水栓专用扳手 hydrant wrench
给水水泵 supply pump
给水水库 clear water basin; clear water reservoir
给水水头 feed head
给水水源 sources of(water) supply; water(supply) source
给水隧道 water supply tunnel
给水隧洞 water supply tunnel
给水所 point of water supply; water station; water supply plant; water supply point
给水调节阀 feed regulating valve; feed-water control valve
给水调节器 feed governor; feed-water regulator; water supply regulator
给水调节器系统 system of water supply regulator
给水弯头 hydrant bend
给水网 water supply network
给水卫生 watering hygiene; water supply hygiene
给水卫生审查 examination of water supply hygiene
给水温度 feed-water temperature
给水系统 feed-water system; system of water supply; water(supply) system
给水系统布置图 layout of water supply system
给水系统附属设备 water supply system appurtenances; water system appurtenant
给水系统管理 operated of water supply; waterworks operation
给水系统恢复能力 water supply system rehabilitation
给水系统遥测术 water system telemetry
给水箱 feed cistern; feed(-water) tank; supply tank; water supply tank
给水消毒 disinfection of water; water disinfection
给水旋塞 feed cock
给水循环 feed-water cycle
给水循环系统 feed-water cycle system
给水压力干管 water force main
给水引入 feed-water connection
给水预报 water-supply forecasting
给水预测 water-supply forecasting
给水预处理 feed-water conditioning
给水预热 feed-water preheating
给水预热器 feed-water preheater
给水预热温度分级 step of feedwater temperature
给水闸 water-feed sluice
给水站 point of water supply; supply station; tank station; water station; water supply point; water supply station
给水支管 distributing branch; subfeeder
给水直接加热器 direct contact feed heater
给水止回阀 check feed valve
给水终温 final feedwater temperature
给水主干管 trunk main
给水主管 water main
给水注入器 feed-water injector
给水专业 water supply discipline
给水装置 feeding apparatus; feed-water unit; water-feed unit; water service installation; water supply installation; water supply plant; water works
给水准备 feed-water preparation
给水自动控制 automatic feed water control
给水总管 distributing main; distribution main; feed(er) main; large supply main; service main; supply main; water main
给水钻探 drilling for water supply
给水嘴 feed cock
给养 subsistence
给养船 store ship
给养供应港 victual(l)ing port
给养供应延续时间 supply delay time
给养管道 utility pipe
给养海滩 feeder beach
给养者 supplier; supporter

脊板 comb board; flitch plate; pole piece; ridge board; ridge piece; ridge plate; ridge pole

脊背 backbone; back freight
脊部地堑 crest graben
脊部断裂 crestal fracture
脊槽 ridge channel; ridge fillet; stopped chamfer
脊槽海滩 ridge-and-ravine beach
脊槽型海滩 ridge-and-ruined sand beach
脊齿型 lophodont
脊椽 hip(jack) rafter
脊椽上部切口 ridge cut
脊底瓦 under-ridge tile
脊点 ridge point
脊顶 ridge crest(ing); roof ridge
脊顶的 roof-top
脊顶盖 ridgecap
脊端饰 hip knob
脊端瓦 ridge starting tile
脊段 crest segment
脊枋 ridge tiebeam
脊峰 top of hump
脊缝 anticlinal fissure
脊榑 ridged purlin(e)
脊盖 ridge capping; ridge covering
脊杆 roof tree
脊根 dorsal root
脊沟式转换断层【地】 ridge-trench transform fault
脊沟相间 rib-and-furrow
脊谷式地下排水管 ridge and valley under-drain
脊骨 backbone; chine; spine; stamina
脊骨梁 spine beam
脊骨梁桥 spine girder bridge
脊骨箱梁桥 spine-beam box bridge
脊瓜柱 kingpost
脊和河槽空气扩散 ridge and furrow diffusion
脊桁 ridged purlin(e)
脊脊式转换断层【地】 ridge-ridge transform fault
脊尖饰 ridge spike
脊角 roof-angle
脊角棱镜 roof-angle prism
脊角瓦 ridge corner tile
脊角为九十度屋顶 square roof
脊锯 back saw
脊肋 axial rib; ridge rib
脊肋线 spine and rib line
脊连接板 ridge gusset plate
脊梁 ridge beam; ridge board; ridge piece; ridge pole; roof tree
脊梁架 backbone frame
脊檩 ridge beam; ridge board; ridge-(d) purlin(e); ridge piece; ridge pole
脊檩撑 ridge purlin(e) brace
脊檩支承 support of ridge purlin(e)
脊岭交叉线 ridge crossing line
脊帽 ridgecap; ridge capping; ridge covering
脊面 crestal plane; crest plane; crest surface
脊木 ridge board; ridge tree
脊木瓦 hip and ridge shingle
脊黏[粘]土 meagre clay
脊旁凹槽 flute by bar
脊坡 reverse slope
脊强 back rigidity
脊石 ridge stone
脊饰 bratticing; brattishing; cresting; hip mo(u)ld(ing); ridge crest(ing); ridge ornament; roof crest(ing)
脊索 dorsal chord

脊瓦 angle tile; angular ridge tile; boned tile; book tile; crease tile; crest tile; crown tile; hip starting tile; over-tile; ridgecap; ridge capping tile; ridge cover tile; ridge roll; ridge tile; verge tile
脊瓦挂钩 hip hook
脊瓦模具 criss
脊瓦竖饰 cresting
脊吻【建】antefix(ae)
脊下道 carinal canal
脊下瓦 under-ridge tile
脊线 axis of ridge; camber line; crest line; edge of regression; line of regression; regression line; ridge line; spine line
脊线脚 hip mo(u)ld(ing)
脊小椽 hip rafter
脊形波导管 ridge waveguide
脊形地下水面 groundwater ridge; ridge groundwater
脊形断块 heaved block
脊形喇叭 ridge horn
脊形歪痕 ridge distortion
脊形砖砌体 ridged brickwork
脊型齿 lophodont teeth
脊轴 axis of ridge
脊柱 backbone; spinal column; spine
脊状 carinate
脊状背斜 carinate anticline
脊状地埂 ridge terrace
脊状断层 ridge fault
脊状海滩 ridge beach
脊状梯田 ridge terrace
脊状云 vertebratus
脊状褶皱 carinate fold
脊椎动物 spinal animal
脊椎动物化石 vertebrate fossil
脊椎形波导管 vertebrate waveguide

戟

戟 spear

麂

麂皮 chamois leather; shammy; wash leather <擦拭用的>; chamois(skin)

麂皮脂 moellon

计

计 metroum

计步测距器 pedometer
计步器 odograph; odometer; passimeter[passometer]; pedimeter[pedometer]; pedograph; steps teller
计测 measuring
计测空气压缩机 measuring compressor
计测控制线 metering line
计测理论 measurement theory
计测学<研究测量理论与技术的物理科学> measurement science
计策 excogitation; plot; stratagem
计产品用计时器 production timer
计车器 car counter
计尘检验 konitest
计尘器 dust counter; konimeter; koniogravimeter; koniscope
计尘试验 konitest
计尘显微镜 dust-counting microscope
计尘学 koniology
计尘仪 koniscope
计程车<单轮车,可直接从车上读出测量距离> parambulator
计程记录仪 log register; log transcriber
计程偏多 over logging
计程票制 metered fare system
计程器 taximeter; viameter
计程仪 current line; current log; distance log; log; viameter
计程仪读数 log's reading
计程仪读数差 difference between log's readings
计程仪改正率 percentage of log correction
计程仪航程 distance by log
计程仪航程计数器 log clock
计程仪航程指示器 log register
计程仪记录器 log indicator
计程仪静压管船底阀 static sea cock; static sea valve
计程(仪)绳 log line
计程仪索 log line
计程仪误差改正系数 coefficient of log error
计程仪误差记录簿 log's error record book
计程仪运速轮 log governor
计程仪支杆 log boom
计程仪指示器 log indicator
计程仪转子 log rotator
计次器架 meter rack
计次制 measured service
计次制通话业务 measured service
计滴器 drop counter; drop recorder
计点 enumeration
计点法 meter point method
计点供应 point of rationing
计定量泵 dosing pump
计定量方法 quantitative technique
计定量技术 quantitative technique
计发器电路 register circuit
计方格法 criss-cross method
计方土柱<丈量土方开挖量的> temoin
计费 charging; billing
计费单位 charge unit
计费的 chargeable
计费的装载重量 charged weight of load
计费地区 charging area
计费吨 cargo ton; freight ton(nage); payable ton; revenue ton; shipping ton
计费吨公里 charged ton-kilometers; ton-kilometers charged
计费吨公里成本 cost of charged ton-kilometers
计费范围 charging area
计费方法 method of charging
计费分钟数 chargeable minute
计费功能 charging function
计费过多 overcharge
计费货物吨公里 revenue ton-kilometers
计费径路 chargeable route
计费距离 chargeable distance; distance charged for
计费里程 chargeable distance; charged mileage; distance for charging freight rates
计费列车 revenue-earning train
计费脉冲 metering pulse
计费器 fare register
计费时间 chargeable time
计费时间指示器 chargeable time indicator
计费系统 billing system
计费员 billing clerk
计费载重量 payload
计费重量 chargeable[charged] weight; weight for assessment of charges
计费子系统 charging subsystem
计费字数 number of chargeable words
计分制生物指数 score biotic index
计风盘 course and distance calculator
计改项目 technologic(al) reformation project
计工 assessment of work done
计工表 labo(u)r sheet
计工单 time sheet; time ticket
计工的 force account
计工建筑 force-account construction
计工制 force-account basis; force-account system
计工制工程 force-account construction
计工制工作 force-account work
计光的 photometric(al)
计光术 photometry
计和阀门 meters and valves
计核器 counter of nuclei; kern counter; nucleus counter
计桁架内力的截面法 method of sections
计划 brain child; calculation; contrive; devise; excogitation; framing; plan(ning); plot; program(me); project(ing); projection; proposal; propose; proposition; schema[复schemata]; scheme; skeleton; undertaking
计划安排 planning arrangement
计划保养 planned maintenance
计划报告 project report
计划编制 compilation of plan
计划编制程序 process of preparation of plan
计划编制方法 methods of programming
计划编制会计 accounting for planning
计划变更 change of plan
计划表 planning chart; schedule
计划拨款 program(me) appropriation
计划步骤 schedule step
计划部门主管 planning section chief
计划采伐 planned cutting
计划采购 scheduled purchasing
计划采用的建筑物 proposed structure
计划草案 draft of the plan; draft plan
计划层次原理 planning horizon theorem
计划差额 planned balance
计划产量 designed output; planned production; scheduled production
计划车速 project speed
计划沉降 planned subsidence
计划成本 planned[planning] cost; programmed cost
计划成本计算 planned cost calculation
计划成图地区 planned coverage
计划程序 plot program(me)
计划程序和预算系统 planning-programming-budgeting system
计划处 planning department
计划大修 schedule overhaul
计划贷款 planned loan; program(me) loam; project lending
计划单价 planned unit price
计划的必要部分 essential part of the project
计划的基本部分 essential part of the project
计划的检查分析 inspection and analysis of the plan
计划的下达 conveying of plan
计划的重要部分 important part of the project
计划的主要目标 main targets of the plan
计划的主要指标 main targets of the plan
计划地区 planned district
计划调拨 planned allocation and delivery
计划调拨商品 planned allocation of commodities
计划调度 planned dispatching; planning and scheduling; wagon flow scheduling controller
计划定额 planned norm; planning quota
计划定时 planned timing
计划断电 scheduled interruption
计划发展 planned development
计划发展的地区 green field site
计划法规 planning legislation
计划方案 scheme of a plan
计划防治 integrate control
计划分洪 deliberate diversion
计划风险 calculated risk
计划付款 planned payment
计划覆盖 planned overlay
计划覆盖结构 planned overlay structure
计划概算 planning estimate
计划概要 general plan; master plan; outline of project
计划纲要 program(me) outline
计划高水位流量曲线 estimated high-water discharge curve
计划更换 programmed replacement
计划工程 project engineering
计划工程师 planning engineer
计划工期 as-planned schedule
计划工业区 trading estate
计划工作 design effort; planning work
计划工作的基本数据 basic planning data
计划工作时间长短 planned time horizon; planning time horizon
计划供水 estimated water supply
计划供水量 planned quantity for water supply
计划供水区 estimated water supply district
计划供应 planned supply
计划构思 project conception
计划估评法 program(me) evaluation and review technique
计划管理 plan(ned) management; planning control; project control
计划管理技术 planning and control technique
计划、规划和预算综合编制法 planning-programming-budgeting system
计划航道尺度 planned dimensions of channel; projected dimensions of channel
计划航迹 desired track; intended track
计划航迹向 course of advance
计划航速 speed of advance
计划航线 intended track
计划航线图 planning chart
计划航向 course of advance; intended course
计划好的 well-planned; shaped
计划和决策会计 planning and decision accounting
计划洪水 plan flood
计划洪水值 project flood
计划化 projection method; schematization
计划机动性 planning flexibility
计划机械作业时间 scheduled machinery operating time
计划积载图 prestowage plan
计划计算 planning calculation
计划价格 planned price
计划价值 planned value
计划检修 planned maintenance
计划检修制度 planned repair system
计划建议 proposals to plan
计划建议书 planning(prospect) proposal
计划建议数字 recommended figure of

plan
计划建造的建筑物 proposed structure
计划交换功率 scheduled net interchange
计划交换量 scheduled net interchange
计划交通量 projected traffic volume
计划阶段 programming phase; stage of program(me)
计划借贷 program(me) lending
计划进度 program(me) schedule
计划进度安排 calendar progress chart; planned schedule
计划进度表 calendar progress chart; planned schedule
计划进度统计图 statistic(al) graph of program(me)
计划进款制度 planned revenue system
计划经济 planned[planning] economy
计划经理 project manager
计划竞赛 planning competition
计划开发 planned development
计划开航时间 expect departure time; schedule sailing time
计划开始 project initiation; projection initiation
计划勘测 deliberate reconnaissance; planned reconnaissance
计划科 planning department
计划控制 planning control
计划控制数 controlled figures of plan
计划类型 plan type
计划利润 planned profit; target profit
计划列车运行图 planned train graph
计划列车运行线 projected path
计划灵活性 flexibility in planning; planning flexibility
计划流量 projected flow
计划码头线 future wharf line
计划满载吃水 designed full load draft
计划每班时数 scheduled hours per shift
计划每天班数 scheduled shifts per days
计划每周天数 scheduled days per week
计划内投资 investment within the plan
计划内要完成的项目 project to be accomplished on schedule
计划内运输 planned freight traffic
计划能力 projected capacity
计划排序法 plan ranking scheme
计划批准 project approval
计划评估 project appraisal
计划评估法 program(me) evaluation and review technique
计划评估方法 project appraisal approach
计划评估及复核技术 program evaluation and review technique
计划评估情况表 program(me) evaluation and review(technique) schedule
计划评审 program(me) evaluation and review
计划评审法 performance evaluation and review technique; program(me) evaluation and review technique
计划评审过程 program(me) evaluation process
计划评审技术 program(me) evaluation and review technique
计划期间 planned period
计划期限 planned period; scheduled date
计划人员 planner
计划任务书 books of planning task; design order; plan of works; prospectus; planning arrangement; planning assignment; planning prospect proposal; preliminary plan of proposed project
计划日产量 scheduled daily yardage
计划日挖掘量 scheduled daily yardage
计划容量 calculated capacity
计划商品经济 planned commodity economy
计划审查 project appraisal
计划生产 planned production; scheduled production
计划生产量 planned output
计划生产率 target productivity
计划失败 miscarriage
计划施工进度 schedule of construction
计划时间 planned period; scheduled time
计划时间表 planned timetable
计划-实施-检查-总结工作(处理) plan-do-check-action cycle
计划-实施-检查-总结工作循环 <处理循环> plan-do-check-action cycle
计划适应性 planning flexibility
计划数据 planning data
计划数量 planned quantity
计划数字 planned figure
计划水深 planned depth; project depth
计划调节 planned adjustment; planned regulation; planned timing
计划调节器 program(me) timer
计划调控部 planning and controlling department
计划调速 planned timing
计划调整 adjustment plan(ning)
计划铁道线 projected railroad; projected railway; projected route
计划铁路线 projected railroad; projected railway; projected route
计划停电 scheduled outage
计划停工时间 scheduled downtime
计划停机 planned outage
计划停运 routine outage
计划投资 planned investment
计划图 planning chart; plan sketch; schedule drawing; scheme design; scheme drawing
计划外保养 unscheduled maintenance
计划外的 unplanned; unscheduled
计划外的修理 off-scheduled repair
计划外任务 opportunity task
计划外停工 unscheduled shutdown
计划外投资 investment outside the plan
计划外维修 unscheduled maintenance
计划外消耗 unscheduled consumption
计划外修理 emergency repair
计划外用途 unscheduled use
计划外运输 out-of-plan freight traffic; unplanned freight traffic
计划完成指标 indication of fulfillment of plan
计划完工期限 scheduled completion date
计划完工日期 scheduled completion date
计划网络 planning net(work); project network
计划网络分析 project network analysis
计划维修 planned maintenance; planned upkeep; recurring maintenance; routine maintenance; scheduled maintenance
计划维修停机率 scheduled outage rate
计划委员会 development board; planning board; planning commission; technical planning committee
计划文件 planning documents
计划线路 projected route
计划限定购货单 schematization compulsory purchase order
计划限额 planned limit
计划限制 planning restriction
计划项目 project; projected undertaking
计划项目负责人 project director
计划消耗 forecast consumption
计划消耗定额 norm of planned consumption
计划协调技术 program(me) evaluation and review technique
计划泄放 controlled discharge
计划行动 planning activity
计划修理 scheduled docking; scheduled repair
计划修理工程 programming repair works
计划学 planology
计划研究 schedule analysis
计划养护 planned maintenance
计划一览表 planning summary sheets
计划用工 labo(u)r planned use
计划用水制度 water use planning system
计划预付拨款 planning advance
计划预算 planning budget; program(me) budgeting
计划员 planner; planning clerk; scheduler
计划原提数字 requisitioned figures of plan
计划允许 planning permission
计划运输 planned traffic; planned transport
计划运行 scheduled run
计划再用 planed reuse
计划增长数 program(me) growth
计划增长指标 planned growth target
计划者 designer; deviser; plotter; projector; schemer; undertaker
计划政策咨询小组 advisory panel on program(me) policy
计划支出 planned cost; planned expenditures; planned outlay
计划-执行-检查-处理工作法 plan-do-check-action management
计划执行情况 condition of execution of plan
计划执行书 project implementation order
计划职能 planning function; planning nature
计划指标 planned target; planning index
计划指导 guidance of planning
计划中 under planning; under projecting
计划中列为单独流程 in the planning as separate flows
计划周期 planning cycle
计划周转指标 planned circulating target
计划主管 planning supervisor
计划住房 housing program(me)
计划装货准备就绪日期 expect ready to load
计划总成本 given total cost
计划组 planning group
计划作业时间 scheduled operating time
计积仪 odograph; oedometer
计及 make allowance for; take into account
计价 figure; pricing; valuation; weighting out
计价备抵 valuation allowance
计价标准 charge standard
计价表 taximeter
计价单位 charge unit
计价对销账户 contra valuation account
计价高于成本之发货 shipments billed above cost
计价过高 overvaluation
计价合同 priced contract; admeasurement contract
计价厚度 pay thickness
计价盘存 pricing inventory
计价线 pay line; B-line; tight spot【铁】; payment line【岩】
计价依据 estimate basis
计价账户 valuation account
计件 by the piece of work; reckoning by piece
计件标准 package basis; piece basis
计件程序设计 piecework programming
计件单价 cost unit price
计件的 by the job
计件定价 unit pricing
计件法 unit method
计件工价 piece rate
计件工件 tut work
计件工(人) pieceworker; rate worker
计件工系统 job incentive system
计件工资 piecemeal rate; piece rate pay; piece rate wage; piece wages; wage by piece; wages for piece work
计件工资单价 piece price; piece rate
计件工资率 piece(work) rate
计件工资形式 form of piece-wage
计件工资制 piece rate system; piece wage rate; piecework wage system
计件工作 jobbing; piecemeal work; piecework(job); task work
计件管理方案 item-by-item plan
计件过程 piecemeal process
计件合同 agreement by piece
计件货物运输 <如布匹是按匹头计的> piece-goods traffic
计件奖励工资 piecework premium wage
计件矿工 taker
计件契约 agreement by piece
计件协议 agreement by piece
计件折旧 unit depreciation
计件折旧法 unit method of depreciation
计件制 agreement by piece; piecework system
计件制工作 tut(work)
计件作业管理 task management
计距器 distance recorder; hodometer; trochometer; viameter
计孔检验 hole count check
计里画方 <中国长度计算单位> drawing square grid (with Chinese unit of length "li")
计力传感器 load cell
计力的 dynamometric
计力法 dynamometry
计量 admeasure(ment); batching; measuration; measure; measurement (of quantities); meterage; metering [metring]
计量安装玻璃尺寸长高 channel depth
计量安装玻璃尺度长宽 channel width
计量泵 controlled volume pump; dosage pump; dosing pump; flow control pump; measuring pump; metering pump; volume pump
计量变换 ga(u)ge transformation
计量标 ga(u)ging rod
计量标准 measurement standard; quantitative criterion; standard of measurement
计量表 <指仪表> flow meter; ga(u)ge; measurer; checkmeter; indicator; main meter; service meter
计量表格 ga(u)ge tables; strapping tables
计量部门 department of weights and measures

计量仓 weigh bin
计量槽 control flume; ga(u)ge[ga(u)ging] tank; ga(u)ging basin; measure tank; scale tank
计量长度 ga(u)ge length; length of measurement
计量秤 dosing scale
计量抽样方案 sampling plan by variables
计量传感器 ga(u)ge probe
计量单位 measuring unit; unit of measurement
计量单位转换 hard conversion
计量单元 measuring unit
计量的标准方法 standard method of measurement
计量的送料量 calculated feed(ing)
计量的准确性 accuracy of measuring
计量电路 metering circuit
计量斗 dosing tank; measuring hopper
计量读数 measurement reading
计量段 metering section
计量断面 ruling section
计量阀 batch valve; dosing valve; metering valve; scale valve
计量法 measuring method; metrological law
计量范围 measurement [measuring] range
计量方法 measuring means; methods of measurement
计量方式 form of measurement
计量费 meterage
计量杆 <测深容积> ga(u)ging rod; ga(u)ge rod; measuring rod
计量竿 ga(u)ging rod
计量给料器 batchmeter[batchmetre]
计量给土斗 soil batch hopper
计量工具 measuring means; measuring tool
计量观测 quantitative observation
计量观察 measurement observation
计量管 dip stool
计量管理 measuring control; metering control
计量管嘴 metering nozzle
计量罐 container scale; ga(u)ge tank
计量合同 admeasurement contract; measurement contract
计量化验设备 measurement and laboratory test equipment
计量灰浆混合水量 mortar ga(u)ging water
计量混凝土 extruded concrete; metered concrete
计量机 weighing machine
计量机器人 measuring robot
计量基准 metewand; meteyard
计量基准点 ga(u)ge point
计量计 quantifier
计量计划 measuring programme
计量计数器 batching counter
计量技术 measuring technique; measurement technique
计量技艺 measuring technique; measurement technology
计量监督 metrological supervision
计量检查 metrological examination
计量检验工作 metrological and inspecting work
计量进料器 ga(u)ging feeder
计量经济法 econometric method
计量经济分析 econometric analysis
计量经济分析模型 econometric analysis model
计量经济模式 econometric model
计量经济模型 econometric model
计量经济学 econometrics; quantitative economy
计量经济学法 econometric model method
计量经济学预报法 econometric forecasting method
计量经济学预测 econometric forecasting
计量精度 accuracy of measurement; accuracy of measuring; measuring accuracy; measuring precision
计量精确度 precision of measurement
计量井 ga(u)ge well
计量卷尺 metering band
计量孔 dip hatch; ga(u)ge(d) orifice; ga(u)ge hole; metered orifice; metering hole; metering orifice
计量孔塞 metering plug
计量控制 metering control
计量控制处理机 measurement control processor
计量口 ga(u)ge hatch; ga(u)ge nipple
计量沥青的泵 bitumen measuring pump
计量料仓 metering hopper
计量料斗 measuring bin; scale hopper
计量流量 metered flow
计量流通断面 metering section
计量龙头 meter-rate tap
计量漏斗 measuring hopper; scale hopper
计量漏斗门 metered gate
计量螺旋 metering auger; metering screw
计量螺旋绞刀 metering screw
计量皿 counting cup
计量盘 ga(u)ge panel
计量配料 dosing
计量配料喂料机 proportioning feeder
计量配料装置 proportioning device
计量喷嘴 measuring jet
计量剖面 metering section
计量铺砂机 metering gritter
计量起点 measuring point
计量器 batcher; batchmeter[batchmetre]; content ga(u)ge; counter; counting instrument; dispenser; dispensing mechanism; dose-meter; ga(u)ger; meter regulator; portioning device; proportioning device; quantifier; weigher
计量器标度盘 meter dial
计量器测试装置 meter testing bench
计量器常数 register constant
计量器计量漏率法 metered-leak method
计量器校准 meter calibration
计量器用油 meter oil
计量情报学 informatics
计量取样检验 sampling inspection by variable
计量容器 ga(u)ge pot; measuring container
计量润滑 measured lubrication; metered lubrication
计量塞 metering plug
计量烧瓶 measuring bottle; measuring flask
计量设备 metering equipment; weighing device; measuring apparatus; measuring device; measuring equipment
计量社会学 sociometrics
计量师 scale master
计量(时)停车 meter parking
计量(时)停车场 meter parking
计量式喷油器 metering injector
计量室 instrument testing room; measuring chamber; measuring room; metrology room
计量输送机 measuring conveyer[conveyor]
计量数据 measurement data
计量数据系统 metric(al) data system
计量水分 metrological moisture
计量水流装置 device to measure the flow of water
计量水箱 water measuring tank
计量损失 ga(u)ging loss
计量所 weighhouse
计量塔 measuring tower
计量条件 conditions of measurement
计量桶 batch box; ga(u)ging tank
计量筒储片盒 hopper
计量图表 ga(u)ging chart; ga(u)ging sheet; ga(u)ging table
计量图光栅 metrology grating disk
计量误差 measuring error; metered error; error of measurement
计量吸管 measuring pipet(te)
计量系统 measuring system; metered system; metering system
计量线路 ga(u)ge line
计量限期合同 measured term contract
计量箱 measuring box
计量消耗量 metered consumption
计量小车 weighing car
计量信息 metric(al) information
计量性能 metering performance
计量性状 metric(al) character
计量序列 counter train
计量学 metrics; metrology
计量学家 metrologist
计量学检验 metrological examination
计量学派 quantitative school
计量学评定 metrological evaluation
计量压力 ga(u)ge pressure
计量堰 ga(u)ging weir
计量业务 measurement service
计量仪表 metering[metring] device
计量仪器 measuring instrument; ga(u)ging equipment; indicator; metric(al) instrument; metrological instrument; recording apparatus; metering device
计量用电阻 measuring resistance
计量用蜗杆运输机 measuring worm conveyer[conveyor]
计量原则 principles of measurement
计量运送带 belt scale
计量站 metered station
计量针阀 metering needle
计量诊断 quantitative diagnosis
计量值 variable
计量制 metrology; weights and measures
计量转筒 measuring drum
计量(装)料斗 scale hopper
计量装置 measuring apparatus; measuring appliance; measuring device; metered system; metering device; metering installation; metering system; proportioning device
计量准确度 accuracy of measuring
计量资料 measurement data; measured data
计秒器 seconds counter
计谋 device; stratagem
计泡器 bubble counter
计器 ga(u)ge; meter
计器电压 meter voltage
计曲线 index contour; intermediate curve; ticketed contour
计权 weighted
计权隔声器 weighed transmission loss
计权平均 weighted mean
计权声级 weighted round level; weighted sound level
计权网络 weighting network
计权有效连续感觉噪声级 weighted effective continuous perceived noise level
计权噪声 weighted noise
计群器 colony counter
计日 day recording
计日保险费 pro-rata premium
计日费率 day rate
计日工 days man; daywork; day work labo(u)r; journal-man; journal-work; journey work; day labo(u)rer
计日工人 dataller; day labo(u)r; day man; day taller; journey-man
计日工资 daily pay; daily wage; datal; day's pay; day's wages; day's work rate; hired labo(u)r rate; hourly wage; payment by hour; per diem fees
计日工资单价 day work rate
计日工资的工作 open cost work
计日工资制 time rate system
计日工作 day labo(u)r; day wage work; daywork; hired labo(u)r; state forces
计日工作表 day work schedule
计日工作者 day labo(u)rer; day man
计日工作制 day work system
计日劳动 day labo(u)r
计日劳动力 state force
计日劳工 day labo(u)r
计容量器 ga(u)ge pot
计容型流量计 displacement meter
计容运费 measurement freight
计入 make allowance
计入成本的销售及管理费用 selling and administrative expense charged to cost
计入成本利息 interest charged to cost
计入后期亏损 loss carrying-forward
计入期 crediting period
计时 clocking; timing
计时安培分析法 chronoamperometry
计时比赛 time trial
计时标记 time pin
计时表 timing chart; hour meter <指仪表>
计时表日差 chronometer rate
计时泊车 disc parking
计时不变量 chronometric invariant
计时不准 timing uncertainty
计时部件 timing piece
计时测速计 chronometric tach(e)ometer; chronometric tachymeter
计时储存量 runtime store
计时带 timing tape
计时单位 time unit
计时单元 timer unit
计时电动机 clock motor; timing motor
计时电力分析法 chronopotentiometry
计时电流法 chronometry
计时电路 timer circuit; timing circuit
计时电势(分析)法 chronopotentiometry
计时电位(分析)法 chronopotentiometry
计时电子学设备 timing electronics
计时法 time reckoning
计时费率 time rate
计时费用 time charges
计时分析程序 timing analyser
计时工 journey work; day labo(u)r
计时工人 hourly period worker; time-worker
计时工资 hour rate wage; payment by the hour; rate per working hour; time rate; time wage
计时工资标准 time rate
计时工资的工作 open cost work
计时工资方法 time-payment method
计时工资率 hourly wages rate; time wage rate

计时工资形式 form of time wage
计时工资制 hour wage system; time rate system; time wage system; time work system
计时工作 time work
计时工作者 timeworker
计时轨道电路 timing track circuit
计时恒温调节器 chronotherm
计时机 time-measuring machine
计时机构 timekeeper; time movement
计时机构传动链条 timing chain
计时基线 base line
计时计 chronometer; chrono-release; cinederivometer <用于重叠度调整>
计时计算机 computer chronograph
计时寄存器 mask register
计时尖头信号 time pin
计时奖励工资 reward system on time-rate basis
计时角 timing angle
计时校正 timing correction
计时镜 chronoscope
计时卡片 timing sheet
计时开关 counter switch; telechron timer; time[timing] switch
计时控制 timing-control
计时控制程序 timer control routine
计时库仑分析法 chronocoulometry
计时脉冲 clock pulse; sprocket pulse; timed pulse; timing pulse
计时脉冲源 clock pulse source
计时票制 timing fare system
计时频率 toggle rate
计时期间 timing duration
计时起点 time zero; zero time; zero-time reference
计时器 calculagraph; chronograph; chronometer; chrono-release; chronoscope; cinederivometer; counter timer; hour counter; hour meter; keyer; time counter; time device; timekeeper; time marker; time meter; timer; timing device; timing register <自动的>
计时器初始化设施 timer initiation facility
计时器管理程序 timer supervision
计时器计数脉冲 timer timing pulse
计时器接点 timer contact
计时器控制 timer control
计时器轮拨销 chronograph wheel finger
计时器启动设备 timer initiation facility
计时器箱 timer box
计时器用字 timer word
计时区段 timing section
计时日工 measured day work
计时沙漏 log glass; sand glass
计时砂漏 sand glass
计时上班 clock in; clock on
计时设备 timing device; timing equipment
计时式电子转速计 electronic chronometric tachometer
计时式转速计 chronometric tach(e)-ometer
计时收费电视 fee television; pay television; subscriber television; subscription television
计时收费制 time rate system
计时收费制电视 subscriber-vision
计时数据 chronometric data
计时速度 toggle speed
计时停车 meter parking
计时停车区 parking meter zone
计时通道 timing channel
计时图 chronogram
计时温度计 chronothermometer
计时文件 calendar file
计时无线电探空仪 chronometric radiosonde
计时误差 timing error
计时系统 countdown system
计时下班 clock off; clock out
计时线路 timing circuit
计时箱 timing box
计时信号放大器 timing-wave amplifier
计时信号装置 time signal set
计时学 chronometry
计时循环 time-count cycle
计时研究 time study
计时仪 calculagraph; hour meter <测量机械每小时转数的仪器>
计时仪器 timekeeping instrument
计时印章 time stamp
计时员 clocker; time clerk; timekeeper
计时者 timer
计时制 day work system
计时中断 timer interruption
计时终止出口程序 timer expiration exit routine
计时周期 time-count cycle
计时装置 time device; timing device; timing equipment; timing unit
计时子程序 calendar subroutine
计时子午圈 time meridian
计时字 timer word
计示高度 indicated altitude
计示压力 ga(u)ge pressure; measuring pressure
计示压强 ga(u)ge pressure
计示硬度 durometer hardness
计数 complement; counting; numbering; numerate; reckon; scaling; tally
计数按钮 count button; register button
计数板 counting board; tally
计数杯 counting vial
计数泵 meter-pump
计数表 count table
计数玻片 counting slide
计数补偿 count compensation
计数部件 counter block
计数簿 tally book
计数测量计 ratemeter
计数池 counting cell; counting chamber
计数尺 <俚语> idiot stick
计数抽样方案 sampling plan by attributes
计数触发器 toggle flip-flop; trigger flip-flop
计数窗 number window
计数存储器 computing store; score storage
计数错误 miscount
计数单 tally sheet
计数单位 digit; unit of enumeration
计数单元 counting unit
计数的 digital
计数递减率 scaling factor
计数电键片 digit key strip
计数电路 counting channel; counting (down) circuit; metering circuit
计数电码 counting code
计数定标电路 access control scheme
计数法 counting method; counting process; notation; scale
计数法采样 count sampling
计数方向 <以正负分> counting direction
计数访问 numbered access
计数放电管 cold cathode counting tube; counter tube
计数分布 counting distribution
计数分类 counting sort
计数分析(法) counting assay
计数功能 tally function
计数鼓 shaft encoder
计数管 counter(tube); counting tube
计数管窗 counter tube window
计数管端面窗 end window
计数管计数 tube count
计数管监测器 counter monitor
计数管坪 counter plateau
计数管气体填料 counter gas
计数管区段 counter range
计数管区域 counter range
计数管室 counter chamber
计数管寿命 counter life
计数管死时间 counter dead time
计数管填充气 counter gas
计数管头 counting head
计数管效率 counter efficiency
计数过程 counting process
计数过度 overcount
计数化 digitalization; digitize
计数机 counting machine; enumerator; numbering machine
计数机构 counting mechanism
计数级 counting stage
计数几何条件 counting geometry
计数继电器 counter relay; counting relay; instrument relay; metering relay
计数继电器表示 count relay indication
计数继电器群 counting relay group
计数寄存器 call meter; counter register; counting register
计数间隔 counting interval
计数检测器 count detector
计数金刚石 counting diamond
计数卡片 stub card
计数开关管 electron-beam counter tube
计数控制 counting control
计数口径 numbering aperture
计数扩展 count extend
计数-流量关系 number-flux relation
计数率 counting rate
计数率测量电路 counting rate measuring circuit
计数率电压特性 counting rate versus voltage characteristic
计数率计 counting rate meter; ratemeter
计数率计数管 rate counter
计数率/厘米 pulse/minute/cm
计数率仪 ratemeter
计数轮 counter pulley; counter wheel
计数码 count code
计数脉冲 count(ing)(im) pulse; digital clock; tube count
计数能力测定仪 numeric(al) ability tester
计数浓度 number concentration; partial number concentration; particle number concentration
计数盘 counting dial; counting disk; counting-plate; counting scale; disk counter
计数偏快 fast registration
计数偏慢 meter slip; slow registration
计数票 counter ticker
计数频率计 counter; frequency meter
计数器 arithmometer; counter(register); counting apparatus; counting device; counting instrument; counting machine; counting register; enumerator; indicator; numerator; ratemeter; reckoner; registering apparatus; scaler; tally clicker; tally counter; tally register; telltale; hand tally <手摇的>
计数器按钮 register key
计数器部件 counter units
计数器操纵柄 counter knob
计数器常数 meter constant
计数器存储 counter memory
计数器的钟表结构 dial clock work
计数器电键 meter key
计数器读数 counter readout; meter reading; register reading
计数器复零 reset
计数器更新 counter updating
计数器管道 counter channel
计数器光谱计 counter spectrometer
计数器归零 clear
计数器恢复时间 counter recovery time
计数器回路 counter loop
计数器机器 counter machine
计数器计数 rolling counters forward
计数器监控器 counter monitor
计数器禁止(位) counter inhibit
计数器开关 counter switch
计数器刻度盘 counter dial
计数器控制 counter control
计数器控制器 counter-controller
计数器门 counter gate
计数器面板 register face
计数器能谱计 counter spectrometer
计数器耦合 counter coupling
计数器切断继电器 non-metering relay
计数器清除 counter initialization
计数器清零 counter 0 reset
计数器室 meter cabinet
计数器死寂时间误差 dead time error
计数器死时间 counter dead time
计数器望远镜 counter telescope
计数器显示 counter indicate
计数器响应 counter response
计数器效率 yield of counter; efficiency of counter
计数器信号灯 counter lamp
计数器引线 meter wire; M-wire
计数器指针 counter arm; counter hand
计数器制动器 counter killer
计数器置位 counter set
计数区 count area; count block
计数区域 counting region
计数取样检验 sampling inspection by attribute
计数容量 counter capacity
计数栅 counting grid
计数设备 counting equipment
计数式触发器 counting trigger
计数式电子计时器 counter-type electronic timer
计数式毫秒频率计 millisecond digital frequency meter
计数式计时器 counter chronograph
计数式频率计 counter-type frequency meter; frequency counter
计数室 counter chamber; counting chamber
计数输入插头 count-input pin
计数数据 enumeration data
计数速率 count rate
计数速率计算机 counting rate computer
计数损失 countdown; counting loss
计数探测器 digital detector
计数特性 counting property
计数条纹 counting fringe
计数通道 counting channel
计数通路 counting channel
计数统计 counting statistics
计数相关 enumeration correlation
计数小时降雨量 calculating hourly rainfall
计数效率 counting efficiency
计数效用 cardinal utility
计数序列 counter train
计数循环 count cycle; counting loop
计数压力柱面 counterpressure cylinder
计数样方 count quadrate
计数仪 calculating instrument; events-per-unit-time
计数员 counter
计数原理 counting mechanism; counting principle

计数增量 increased counts
计数站 <鱼道上的> counting station
计数值 count value
计数指针 taping arrow
计数制变换器 number converter
计数制基数 radux
计数钟 digital clock
计数属性 count attribute
计数转移 branch on count
计数装置 counting attachment; counting device; counting unit
计数资料 enumeration data
计数子 enumerator
计水栓 ga(u)ge cock
计税差别 tax difference
计税基数 tax base
计速表 speed counter
计速器 speed counter
计算 accounting; arithmetic; build-up; calculate; cast up; computation; compute; counting(operation); design; enumerate; make sum; rating; reckon(ing); score; tally; working-out
计算包皮重量 computed tare
计算比重 calculated density
计算边界 calculation boundary
计算边缘带 <透空板设计采用的> edge strip of calculation
计算便览 ready reckoner
计算标准 base of calculation; basis of calculation
计算表 computation table; work sheet
计算表格 calculation sheet; computation sheet
计算驳船到离码头的助理员 lighter clerk
计算不规形面积的取舍线 give-and-take lines
计算不稳定性 computational instability
计算步骤 calculation procedure; computational procedure; method of calculation
计算参数 calculating parameter
计算测量器 ga(u)ge
计算差异 variance in calculation
计算长度 compute length; effective length; modified length; reduced length
计算超宽 calculated over-width; calculation value of over-width
计算超深 calculated over-depth; calculation value of over-depth
计算潮位 computed tidal height; computed tide height
计算车辆到峰底、连挂点距离的自动计算系统 automatic car count distance-to-coupling system
计算成本 making cost; budget cost
计算程序 calculating procedure; calculation procedure; computational procedure; computational program(me); computation procedure
计算程序框图 diagram of computational program(me)
计算尺 calculating rod; calculating rule; computing scale; guess stick; hypsography; idiot stick; logarithmic scale; slide rule; slide scale; sliding rule; sliding scale; slip stick
计算尺尺度 stationary scale
计算尺寸 theoretic(al) size
计算尺度 calculating scale; reduced length
计算尺滑动卡 runner
计算尺计算工作 slide rule computational work
计算穿孔机 calculating punch(er)
计算传热学 numeric(al) heat transfer
计算存储器 computing store
计算错误 calculating error; calculation error; error of calculation; error of computation; miscalculation
计算单 calculation sheet
计算单位 arithmetic(al) and logic(al) unit; arithmetic(al) unit; tabulation unit; unit of account
计算到小数点后两位 carry to two decimal places
计算的 by account; calculating; ga(u)ged; rated; computing
计算的沉降 calculated settlement
计算的沉陷 calculated settlement
计算的化合物组成 computed compound composition
计算的交通需要 synthesized travel desires
计算的筛去量 computed screen cut
计算的拖车总载重 rated trailer capacity
计算的弯曲应力 computed bending stress
计算的现在价值 capitalization
计算的原始条件 design condition
计算的张力应力 computed tensile stress
计算的遮板切割大小 calculated screen cut
计算的最大荷载 computed maximum load
计算地震学 computational seismology; computing seismology
计算地址 calculated address; generated address; synthetic(al) address
计算点 design point
计算电路 computer circuit; computing circuit; counting down circuit
计算顶距 computed zenith distance
计算斗齿尖的半径 calculated bucket tip radius
计算段 calculation stretch
计算断面 calculated screen cut; reference section
计算法 method of calculation; calculation; calculus[复 calculuses/calculi]; numeration
计算范围 computer capacity
计算方案 numeric(al) procedure
计算方法 calculating method; calculating procedure; calculation means; computational approach; computation(al) method; computational procedure; computing method; method of calculation
计算方法说明 explanation on calculation method
计算方式 compute mode
计算方位(角) calculated azimuth; computed azimuth
计算放大器 computing amplifier
计算风洞 computational wind tunnel
计算风工程 computational wind engineering
计算风险 calculated risk
计算风压 rated wind pressure
计算峰高【铁】 calculated height of hump
计算负载 calculated load
计算附件 computing attachment
计算复杂性 computational complexity; computing complexity
计算干扰流量 calculation interference flow
计算钢筋量 effective reinforcement
计算高程 computing elevation
计算高度 calculated altitude; computed altitude; effective height
计算根据 calculating basis
计算工程量 squaring up; working up
计算工程用料 working up
计算工作指令 accounting work order
计算公式类别 type of calculating formula
计算功率 calculated power; calculate horsepower; rated output; rated power
计算拱矢高 calculated rise of arch
计算规则 computation rule
计算过程 computational procedure; computation process; counting process; course of computation
计算和控制随机存储法 random access method of accounting and control
计算荷载 assumed load(ing); calculated load(ing); specific rated load; specified(rated) load
计算恒载 service dead load
计算后检查法 postmortem method
计算回位持恒三用开关 compute-reset-hold switch
计算绘图 technical drawing
计算活荷载 calculated live load
计算货币 accounting money
计算机 computer; computing engine; computing machine; electronic brain
计算机安全性 computer security
计算机安装 computer installation
计算机按照货车进路扳动道岔 turnout switched by computer according to the route of wagon
计算机保险 computer insurance
计算机闭环控制 computer closed loop control
计算机编程 computer programming
计算机编码 computer code[coding]
计算机编目系统 computerized cataloging system
计算机编图 computer-aided map compilation
计算机编制并保持工资记录 payroll computer
计算机变量器 computer transformer
计算机病毒 computer virus
计算机操纵飞行 control surface tie-in
计算机操作 computation; computer operation
计算机操作程序包 computer operation package
计算机操作电子显示 computer-operated electronics display
计算机产生的滤波器 computer-generated filter
计算机产生的全息图 computer-generated hologram
计算机产生的图形显示 computer-generated graphic display
计算机产业 computery
计算机程序编制 computer programming
计算机程序费用 computer program(me) cost
计算机程序分析 computer program analysis
计算机程序开发计划 computer program(me) development plan
计算机程序库 computer program(me) library
计算机程序配置标志 computer program(me) configuration identification
计算机程序配置识别 computer program(me) configuration identification
计算机程序确认 computer program certification
计算机程序确证 computer program(me) certification
计算机程序设计 computer programming
计算机程序设计工具 programming device
计算机程序验证 computer program(me) verification
计算机程序印证 computer program(me) validation
计算机程序语言 computer programming language
计算机程序摘要 computer program abstract
计算机储存 computer storage
计算机储存的街道几何线形资料 computer street geometric data
计算机储存器 computer storage; computer store
计算机处处长 computer bureau manager
计算机处理 computer manipulation; computer processing; processing by computer
计算机处理控制 computer process control
计算机处理问答器 <商品名> Transactor
计算机处理系统 computerized system
计算机传动装置 computing gear
计算机簇 computer clustre[cluster]
计算机存储磁鼓 computer memory drum
计算机存储单元 computer memory bank
计算机存储器 computer memory; computer storage; computer store; inherent store
计算机存折 computicket
计算机打印输出 computer printout
计算机代码 computer code
计算机的存储部分 storage section of computer
计算机的存贮器 memory of computer
计算机的电视屏 TV screen(for computer)
计算机的键盘打字机 key computer printer
计算机的清除 dump
计算机的输出部分 output section of computer
计算机的输入部 input section of computer
计算机的数据收集与监控设备 data acquisition and monitoring equipment for computer
计算机的算术运算部分 arithmetic(al) section of computer
计算机的运算速度 operational speed of a computer
计算机电话机 computerized telephone
计算机电位计 computer potentiometer
计算机电子学 computing electronics
计算机调度(程序)系统 computer scheduling system
计算机调度技术 computer-oriented dispatching technique
计算机动画 computer animation
计算机对计算机 computer-to-computer link
计算机对数据和图表相互转换法 conversion method between data and graphics by computer
计算机发生故障或操作错误的时间 downtime of computer
计算机发展阶段 computer generation
计算机反算模型 computer-based back calculation model
计算机犯罪者 hacker
计算机方程(式) computer equation; machine equation
计算机方法 calculation procedure

计算机方框图 computer block diagram
计算机防护系统 computerized safeguarding system
计算机房 computer house;computer room
计算机房用空调器 computer room air conditioner
计算机费用模式 computer cost model
计算机分层分布处理 computer-distributed hierarchic processing
计算机分层解释法 computer divide layer interpretation method
计算机分级系统 computer hierarchy system
计算机分析 computer analysis
计算机辅助编图 computer-aided map compilation
计算机辅助操作 computer-aided operation
计算机辅助测试 computer-aided test
计算机辅助测试与检测 computer-aided test and inspection
计算机辅助测图 computer-aid mapping;computer-assisted mapping
计算机辅助查阅 computer-assisted reference
计算机辅助程序设计 computer-aided programming;computer-assisted programming;computer-supported programming
计算机辅助船舶设计 computer-aided ship design
计算机辅助的 computer-aided;computer-assisted;computer-supported
计算机辅助的设计 computer-aided design
计算机辅助的网络设计 computer-aided network design
计算机辅助地图制图 computer-aided cartography;computer-assisted cartography
计算机辅助电源 auxiliary computer power unit
计算机辅助翻译 computer-aided translation
计算机辅助方法 computer-aided method
计算机辅助分类 computer-assisted classification
计算机辅助分色 computer-aided colo(u)r separation;computer-assisted colo(u)r separation
计算机辅助分析 computer-aided analysis
计算机辅助服务 computer-aided service
计算机辅助工程(学) computer-aided engineering
计算机辅助工程设计系统 computer-aided engineering design system
计算机辅助工具 computer-aided tool
计算机辅助(公交车)调度系统 computer-aided dispatch system
计算机辅助估价 computer-aided estimating;computer-aided estimation
计算机辅助管理 computer-assisted management;computer-aided facilities management
计算机辅助规划 computer-aided planning
计算机(辅)助航(行)系统 computer-aided navigation system
计算机辅助绘图 computer-aided line drawing;computer-aided mapping;computer-assisted plotting
计算机辅助绘图机 computer-aided mapper;computer-supported plotter
计算机辅助绘图设计 computer-aided drafting design
计算机辅助绘图系统 computer-aided drafting system
计算机辅助几何设计 computer-aid geometric design
计算机辅助记录 computer administrative records
计算机辅助驾驶系统 computer-aided driving system
计算机辅助检索 computer-assisted retrieval
计算机辅助检验记录系统 computer-aided inspection recording system
计算机辅助建筑设计 computer-aided architectural design;computer-aided building design
计算机辅助交通控制 computer-aided traffic control
计算机辅助交通控制系统 computer-aided traffic control system
计算机辅助教学 computer-aided instruction;computer-aided teaching;computer-assisted instruction;computer-based instruction;programmed leaning
计算机辅助教学网络 computer-aided instruction network
计算机辅助解题系统 computer-assisted problem solving system
计算机辅助烤窑 computer-aided heating-up
计算机辅助可靠性估算(程序) computer-aided reliability estimation
计算机辅助控制系统设计 computer-aided control systems design
计算机辅助框架结构施工系统 computer-aided framework construction system
计算机辅助立体测图 computer-aided stereoplotting
计算机辅助列车监控 computer-assisted train monitoring
计算机辅助逻辑设计 computer-aided logic design
计算机辅助排版 computer-aided typesetting
计算机辅助判读技术 computer-aided interpretation;computer-assisted interpretation
计算机辅助评价 computer-aided evaluation
计算机辅助情报检索 computer-aided information retrieval
计算机辅助软件工程 computer-aided [assisted] software engineering
计算机辅助设备 computer aids
计算机辅助设计 computer-aided design [CAD];computer-assisted design;machine-aided design
计算机辅助设计工程数据 computer-aided design engineering data
计算机辅助设计和绘图 computer aided design and drafting
计算机辅助设计和制图 computer-aided design and drafting
计算机辅助设计/计算机辅助制造 computer-aided design and manufacture
计算机辅助设计实验性译码器 computer-aided design experimental translator
计算机辅助设计数据库 computer-aided design database
计算机辅助设计系统 computer-aided design system;computer-assisted design system;computer-supported design system
计算机辅助设计信息软件 computer-aided design information software
计算机辅助设计语言 computer-aided design language
计算机辅助设计自动编辑工具 CAD automatic editing tool
计算机辅助生产 computer-aided manufacturing;computer-aided production
计算机辅助生产规划 computer-aided production planning
计算机辅助施工 computer-aided construction
计算机辅助实验 computer-aided experiment
计算机辅助数字化器 computer-aided digitizer
计算机辅助图形表示 computer-aided graphic expression
计算机辅助图形软件包 computer-aided graphics package
计算机辅助系统硬件 computer-aided system hardware
计算机辅助信息检索系统 computer-assisted information retrieval system
计算机辅助行车调度系统 computer-aided dispatching system
计算机辅助性能分析 computer-aided performance analysis
计算机辅助选线系统 computer-assisted route selection system
计算机辅助学习 computer-aided learn;computer-assisted learning
计算机辅助研制 computer-aided development
计算机辅助仪表 computer-aided instrument
计算机辅助油轮操作 computer-aided tanker operation
计算机辅助诊断 computer-aided diagnosis
计算机辅助指令 computer-assisted instruction
计算机辅助指令系统 computer aided instruction system;computer-assisted command system
计算机辅助制图 computer-aided cartography;computer-aided mapping;computer-assisted mapping
计算机辅助制造 computer-aided manufacture[manufacturing]
计算机辅助专家咨询 computer-assisted expert interrogation
计算机改正 computer revision
计算机工作检验 dump check
计算机工作人员 computernik
计算机工作时间 machine hours
计算机功能结构 computer architecture
计算机构 computing mechanism
计算机管理堆垛 computerized stacking control
计算机管理教学 computer-managed instruction
计算机管理系统 computer administration system;computer management system
计算机过程控制 computer process control
计算机和电传通信[讯]业务管理 traffic administered by computer and teletype writer
计算机化 computerization;computerize
计算机化 X 射线层析照相法 computerized tomography
计算机化编目系统 computerized cataloging system
计算机化编制列车运行图 computerized preparation of train diagrams
计算机化采集系统 computerized acquisition system
计算机化城市 computerized metropolis;computropolis
计算机化的地区 computerized area
计算机化的公路网 computerized highway network
计算机化的结构分析与设计 computer structural analysis and design
计算机化的控制 computerized control
计算机化的养护 computerized maintenance
计算机化电话叫车服务 computerized dial-a-ride service
计算机化(电脑化)联锁 computerized interlocking
计算机化调度中心 computerized dispatch center
计算机化断层 X 射线摄影法 computerized tomography
计算机化断层 X 射线照相法 computerized tomography
计算机化堆存控制 computerized stacking control
计算机化防护系统 computerized safeguarding system
计算机化分析方法 computerized analytical method
计算机化故障检测器 computerized troubleshooter
计算机化故障检测装置 computerized troubleshooter
计算机化顾客收款制度 computerized customer billing system
计算机化管理信息系统 computer-associated management information system;computer-based management information system;computerized management information system
计算机化货物定位系统 computerized cargo locator system
计算机化建筑业 computerized[computerizing] construction
计算机化交通控制 computerized transport control
计算机化控制及管理系统 computerized control and management system
计算机化流通系统 computerized circulation system
计算机化汽车检测系统 computerized vehicle inspection system
计算机化柔性路养护系统 <美国用于干线公路养护等> Computerized Highway Assessment of Ratings and Treatment
计算机化设计程序 computerized design program(me)
计算机化社会 computerized society;cybernated society
计算机化深度和信号强度数字读数 computer depth and signal strength digital readouts
计算机化失效时保证安全的铁路逻辑 computerized fail-safe railway logic
计算机化视频调度集中 computerized video centralized traffic control
计算机化售票系统 computerized ticketing system
计算机化数据库 computerized data base
计算机化数字网络 computerized digital network
计算机化统计试验 computerized statistical test
计算机化预留座位业务 computerized seat reservation service
计算机化自动控制 computerized automatic control
计算机环境 computer environment

计算机绘图 computer drawing;computer graphics
计算机绘图辅助系统 computer drafting aid system
计算机绘图机 computer(ized) plotter;computer plotter
计算机绘图系统 computer plotting system
计算机绘图仪 computer(ized) plotter
计算机绘制 mapping by computer
计算机绘制测量图 computer plot
计算机绘制的地图 computer-drawn map
计算机绘制地图 digital mapping
计算机基本训练 computer-based training
计算机集成制造 computer integrated manufacturing
计算机集中控制 central computer control
计算机计时器 computer chronograph
计算机计算 computer calculation
计算机计算程序 computer program(me)
计算机计算结果 computer product
计算机计算坐标 machine coordinates
计算机记录器 logger
计算机记忆 computer storage
计算机技术 computer technique;computer art
计算机(技术人员)行话 computerese
计算机技术作业 computer technology
计算机继电器 computer relay
计算机加工 computer processing
计算机驾驶的列车 computer-driven train
计算机间通信[讯] intercomputer communication
计算机间通信[讯]单元接口 intercomputer communication unit interface
计算机间通信[讯]系统 intercomputer communication system
计算机监督控制 supervision computer control; supervisory computer control
计算机监督控制系统 supervisory computer control system
计算机监控 computer-based supervisory control
计算机监控系统 computer supervisory control system
计算机监视控制 supervisory computer control
计算机检查 computer check
计算机检漏 computer leak detection
计算机检索 computer retrieval
计算机键盘 computer key board
计算机交通事故记录 computer traffic accident records
计算机交通信号控制 computerized traffic signal control
计算机接口 computer interface
计算机接口部件 computer interface unit
计算机接口的 computer interfaced
计算机接口装置 computer interface unit
计算机结构语言 computer structure language
计算机解释 computer's interpretation;computer(ized) interpretation
计算机晶体管 computer transistor
计算机决策 computer-performed decision
计算机抉择 <交通信号控制的> computer-performed decision
计算机卡片 computer card
计算机开环控制 computer open-loop control
计算机科学 computer science
计算机科学硕士 master of computer science
计算机科学网络 computer science network
计算机可读格式 machine-readable form
计算机可靠性 availability of computer;computer reliability
计算机可维护性 computer maintainability
计算机可用性 computer adaptability
计算机可用语言 computer sensitive language
计算机空间 computer space
计算机控制 computer control;cybernation;digital control
计算机控制编组站 computer-controlled marshalling yard
计算机控制层析术 computered tomography
计算机控制船 computer-controlled ship
计算机控制的 computer-controlled
计算机控制的彩色视频显示调度集中操纵台 computer-controlled video display CTC panel in colo(u)r
计算机控制的车场 computer-controlled yard
计算机控制的调车场作业自动化 computer-controlled automa(tiza)-tion of yard operation
计算机控制的调度 computer-aided traffic control
计算机控制的管理信息 computer-based management information
计算机控制的列车描述器 computer-based train describer; computer-controlled train describer
计算机控制的曲线磨床 computer-controlled contour grinder
计算机控制的生产过程 computer integrated manufacture
计算机控制的施工工艺 computer integrated construction
计算机控制的铁路管理 computer-based railroading
计算机控制的驼峰溜放作业 computer-controlled hump run-off operation
计算机控制的主运行图系统 computer-based master timetable system
计算机控制的自动电子扫描系统 automated computer controlled electronic scanning system
计算机控制方式 computer control mode
计算机控制货车运营追踪系统 railroad operation modular processing system
计算机控制交通 computer-controlled traffic
计算机控制交通信号 computer-controlled traffic signal
计算机控制器 computer control unit
计算机控制设备 computer controlled equipment
计算机控制生产系统 computer-aided manufacturing system
计算机控制通信[讯] computer control communication
计算机控制系统 computer control(led) system
计算机控制制造系统 computer-aided manufacturing system
计算机控制转换 computer switching
计算机控制转接的电传打字机网络 computer-switched teletypewriter network
计算机控制转接的通信[讯]系统 computer switched communications system
计算机控制状态 computer control mode
计算机控制自动转报 computer-controlled telegraph switching
计算机类型 computer type
计算机联锁 computer interlocking
计算机联网 computer networking
计算机联网软件 computer networking software
计算机浏览器 computer browser
计算机流水线 computer pipelining
计算机逻辑 computer logic
计算机迷 computernik
计算机模拟 computer model(ing); computer simulation
计算机模拟程序 computer simulator; computer program(me)
计算机模拟地震危害性模型 computer-simulated earthquake hazard model
计算机模拟法 computer simulation method
计算机模拟输入输出 computer analog(ue) input/output
计算机模拟图解法 computer simulation diagram method
计算机模型 computer(ized) model(ing);computer module
计算机目录服务 computer-based bibliographic service
计算机内存 computer memory
计算机能力 computer capacity
计算机能识别的 computer-detectable
计算机判读 computer(ized) interpretation
计算机配水模型 computer(ized water) distribution model
计算机配置 computer configuration
计算机平台 computer platform
计算机评估基准 benchmarks for machine evaluation
计算机器 calculating machine
计算机驱动平板绘图仪 computer-driven flat-bed plotter
计算机曲线拟合法 curve-matching method by computer
计算机人员 computerite;computernik
计算机容量 capacity of computer; computer capacity
计算机软件 computer software
计算机软件系统 computer software system;MOSS system <土木工程用的>
计算机软件与硬件设计 design of computer software and hardware; system design
计算机扫描 computer scanning
计算机设备 computer equipment; computer facility; computer installation
计算机设计 computer design
计算机设计语言 computer design language
计算机设计自动化 computer design automation
计算机设置 computer installation
计算机生成的语音 computer-generated vice
计算机时代 computer-age
计算机时(间) computer time; machine time
计算机时间连接 computer time
计算机实验 computer-aided experiment
计算机拾取初至时间 computer-picked arrival of first break
计算机使用(操作) computery
计算机世代 computer generation
计算机式导航设备 computerized navigation set
计算机式控制装置 computer-assisted controller
计算机视觉 computer vision
计算机室 computer room;computing machine room
计算机适配器 computer adapter unit
计算机适用的方法 computer-compatible method
计算机输出 computer output
计算机输出的全息图 computer-generated hologram; computer-generated holograph
计算机输出的图像 computer-generated imagery
计算机输出缩微胶片 computer output microfilm
计算机输出显微胶卷 computer output microfilm
计算机输入 computer input
计算机输入打孔机 computer entry punch
计算机术语 computerese
计算机树 computer tree
计算机数据处理 computer data processing
计算机数据处理系统 data handling system by computer; data processing system by computer
计算机数据分析 computer data analysis
计算机数据检索系统 computerized data retrieval system
计算机数据库 computer data base
计算机数控 computerized numerical control
计算机数控系统 computerized numerical control
计算机数值模拟 computer-based numerical model(l)ing
计算机数字控制 computer numerical control
计算机伺服机构 computer servomechanism
计算机伺服系统 computer servo system
计算机碎纸机 computer shredder
计算机缩放胶片输入 computer input from microfilm
计算机缩微胶片图像输出仪 computer microfilm graph plotter
计算机谈话 computalk;computer talk
计算机体系(功能)结构 computer architecture
计算机通话 computalk
计算机通信[讯] compunication;computer communication
计算机通信[讯]控制软件 computer communications controller
计算机通信[讯]控制台 computer communication console
计算机通信[讯]链路 computer communication link
计算机通信[讯]网(络) computer communication network
计算机通信线路 computer communication link
计算机通用语言 computer-independent language; machine-independent language
计算机透视图 perspective computer drawing
计算机图解(法) computer graphics
计算机图示 computer graphics
计算机图示技术 computer graphic(al) technique
计算机图像 computer picture
计算机图像处理 computer graphic(al) processing; computer image processing

计算机图形标准 computer graphics standard
计算机图形处理 computer image processing
计算机图形接口 computer graphics interface
计算机图形模块 computer graphics module
计算机图形输出 computer output in graphical form
计算机图形图像 computer graphics
计算机图形学 computer graphics
计算机图形应用 computer graphic(al) application
计算机图形元文件 computer graphics metafile
计算机推进信号 advance signal of computer
计算机外部设备 computer peripheral
计算机外存储器 computer file
计算机外围 computer environment
计算机外围设备 computer external device
计算机外围通信[讯] computer peripheral communication
计算机网(络) computer network; network of computer
计算机网络服务 computer network service
计算机网络系统 computer network system
计算机网络新技术 modern computer network technologies
计算机微缩胶片输入 computer input from microfilm
计算机微缩图形学 computer micrographics
计算机维护 computer maintenance
计算机文件 computer file
计算机、无线电辅助列车控制系统 <日本> computer and radio aided train control system
计算机无源元件 passive computer element
计算机系列 computer series
计算机系统 computer system; computing system
计算机系统方法学 computer system methodology
计算机系统仿真 computer system simulation
计算机系统可靠性 computer system reliability
计算机系统模拟 computer system simulation
计算机系统性能模拟 computer system capability simulation
计算机系统性能评价 computer system capability evaluation
计算机显像 computer display
计算机现场维修 computer field service
计算机箱板 wall of computer case
计算机效率 computer efficiency
计算机校对 computer check
计算机协会 Association Computer Machinery; Association for Computing Machinery <美>
计算机信号时间系统 computer signal timing system
计算机信号同步程序 computer signal timing program(me)
计算机信息系统 computer information system
计算机信息元 computer information unit; machine word
计算机形成的数据 computer-generated data
计算机性能 computer performance
计算机学家 computer scientist
计算机训练区法 computer training field
计算机样机 computer model
计算机遥控无缆式潜水器 remotely computer-controlled tetherless submersible
计算机业余爱好者 bit bender
计算机溢出 overflow of computer
计算机应答 computer response
计算机应力标绘 stress plotting by computer
计算机应用 computation; computer application
计算机硬件 computer hardware
计算机硬件结构 computer hardware structure
计算机硬件描述语言 computer hardware description language
计算机硬设备 computer hardware
计算机用多极电子管 compu(ta)tron
计算机用户协会 association of computer users
计算机优化 computer optimization
计算机游戏 computer game
计算机语 information word
计算机语的信息内容 information word
计算机语言 absolute language; computerese; computer language; machine language
计算机语言翻译编辑程序 machine language translator and editor
计算机语言记录器 computer language recorder
计算机预配载系统 computer-aided preplanning system for storage
计算机元件 computer element
计算机远程数据处理 computer-oriented teleprocessing
计算机运算 computer operation
计算机运行 computer run
计算机增大区段系统 computer-augmented block system
计算机站 computer installation; computer station
计算机整定点控制 set point computer control
计算机整合制造 computer integrated manufacturing
计算机整体性 computer integrity
计算机指令 computer instruction; machine instruction
计算机指令码 computer instruction code; machine code
计算机指令系统 computer instruction system; repertoire of computer
计算机指令组 computer instruction set; machine instruction set
计算机指示器 computer indicator
计算机制图 computer cartography; computer draft; computer mapping
计算机制图编辑 computer graphic(al) editing
计算机制图程序包 computer mapping package
计算机制图系统 computer graphic(al) system; computer graphics system
计算机制图学 computer cartography; computer graphics
计算机制图整饰 cosmetic of computer cartography
计算机制图综合 computer generalization
计算机制造 computery
计算机制造工艺 computer technology
计算机中心 computer center[centre]
计算机中央处理单元 computer mainframe chassis
计算机终端 computer terminal
计算机周期 machine cycle
计算机轴向 X 射线层析摄影机 computerized axial tomography
计算机主机 main frame
计算机主频 computer main frequency
计算机主体 basic computer
计算机主义 <认为计算机万能> computerism
计算机助航设备 computer-aided navigation equipment
计算机专家 computerite
计算机专用语言 computer-dependent language; machine-dependent language; machine-oriented language
计算机转报设备 computerized telegraph switching equipment
计算机转换器组 computer switching group
计算机转接的用户电报通信[讯] telex computer communication
计算机转接的用户电报通信[讯]系统 telex computer communication system
计算机转接的用户电报通信[讯]业务 telex computer communication service
计算机转接器 computer adapter unit
计算机装备的导航设备 computerized navigation set
计算机装置 computer installation
计算机资源 computer resource
计算机资源单位 computer resource unit
计算机资源共享 computer resource sharing
计算机子系统型谱 subcomputer spectrum
计算机字 computerese; computer word; machine word
计算机字长 machine word length
计算机自动测试系统 computer-automated test system
计算机自动电话交换机 computer telephone exchange
计算机自动化测量和控制 computer automatic measurement and control
计算机自动化船 computer-automated vessel
计算机自动驾驶 automatic driving by computer
计算机自动识别技术 computer pattern recognition technique
计算机综合显示测井图 computer synergetic log; synergetic log plot with computer display
计算机组织 computer organization
计算机最佳程序包 computer optimization package
计算机最佳组件 computer optimization package
计算基本原理 calculating basis
计算基准 calculation basis
计算几何 computing geometry
计算几何学 computational geometry
计算技巧 art of computation
计算技术 computation; computing technique; computing technology
计算剂量 calculated dose
计算加工工时 calculated time
计算价格 calculative cost; compute price; given price
计算价值 valuation
计算间隔 counting period
计算间隔时间 computing interval
计算检查 calculating inspection
计算简图 calculation diagram
计算交易额 tally sale
计算结构力学 computational structural mechanics
计算结果 calculation result; numeric(al) result; printout
计算结果检查 hi-lo-check
计算进料 computed feed(ing)
计算精度 calculation accuracy; computational accuracy
计算精确度 accuracy in calculation; accuracy in computation
计算径流量 calculating runoff
计算卡片 calculating card
计算卡资料 tally card information
计算刻度 computing scale
计算跨长 effective span
计算跨度 calculated span; effective span; simple span; theoretic(al) pump displacement; theoretic(al) span
计算跨径 calculated space; calculate span; computed space; computed span; computing space; computing span; effective space; effective span
计算矿物的有用成分 calculated assay
计算劳动力 computational labo(u)r
计算力矩 factored moment
计算力学 computing mechanics
计算联动组 computing linkage
计算量 amount of calculation
计算临界距离 computation of critical distance
计算灵敏度 meter sensitivity
计算流量 calculated flow rate; computed discharge
计算流率 calculated flow rate
计算流速 calculating velocity
计算流体(动)力学 computational fluid dynamics
计算流体动力学语言 computational fluid dynamics language
计算流转环路 calculated circulation circuit
计算轮转仪器 operameter
计算马力 calculated horsepower
计算马力曲线 net horsepower curve
计算密度 bulk density
计算面积 calculated area; calculating area; computing area; squaring
计算模式 computational mode
计算模型 computation(al) model; computation module; theoretic(al) model
计算模型摄动 computation model perturbation
计算能力 computing capacity; computing power
计算年 given year
计算年龄的参数 the parameters used for calculation of ages
计算扭矩扭转率 computing torque rating
计算盘 circular slide rule; disk slide rule
计算坡道阻力 equivalent gradient resistance
计算坡度 calculated gradient
计算期 calculated period; evaluation period; given period
计算起自 reckoned from
计算器 calculator; counter; counting device; counting machine; tell device
计算器械 calculating apparatus
计算牵引力 calculated tractive effort; computed tractive effort; effective tractive effort; rated tractive force
计算强度 calculated strength; computed strength
计算区部分网格图 network map of calculation area
计算区面积 area of calculated region
计算曲线 calculated curve; computation diagram; estimator curve

J

计算全部支出 total all the expenditures
计算人员 calculator
计算容量 calculated capacity
计算入料 calculated feed(ing); reconstituted feed
计算射影测量学 computational photogrammetry
计算摄影测量 computational photogrammetry
计算渗透系数公式 formula to compute permeability
计算生产率 calculated productivity; rated output
计算失误 counting loss
计算时段的降水量 precipitation during calculating period
计算时间 calculating time; calculation interval; computation time; computerization time; computing time; running time
计算时降雨量 calculating hourly rainfall
计算实例 example of calculation
计算实验室 computing laboratory
计算矢高 calculated rise(of arch)
计算式模拟-数字变换器 counting type analog-to-digital converter
计算室 computation room
计算手册 reckoner
计算寿命 mathematic(al) expectation
计算书 account; calculation sheet
计算输出 output
计算术 logistic
计算术的 logistic
计算树函数 evaluate tree function
计算数据 calculated data; calculation data; computed data
计算数据法 computed data method
计算数学 computational mathematics; mathematics of computation; numeric(al) mathematics
计算数字 numeration
计算水力学 computation(al) hydraulics
计算水面高程 computed pool elevation; computed water surface elevation
计算水头损失 calculated head loss
计算税价格 taxable value
计算顺序 computation sequence
计算死荷载 service dead load
计算速度 calculated speed; calculated velocity; computation speed; computed speed; computed velocity; computing speed; rate of computing
计算速度测定器 count(ing) rate meter
计算速度函数 computed velocity function
计算速度基准 computed velocity reference
计算速率 computing rate; rate of computation
计算所得税时股息不予列计 dividend exclusion
计算所得税时可予扣除的 tax deductible
计算台 calculating board; computer board
计算条件 computational condition; design condition; rated condition
计算停车点【铁】 calculated target point; clearance point; fouling point <编组场>
计算停留点 <驼峰编组场> clearance point
计算通货 currency of accounts
计算图 chart
计算图表 alignment chart; calculating chart; computation diagram; nomogram; scaling system; nomographic(al) chart
计算图表学 nomography
计算图像 computational image
计算推断寻址 calculated guess addressing
计算网络 computing network
计算微分 computing differential
计算温度 accounting temperature
计算稳定性 computational stability
计算物理 computational physics
计算物理学 computational physics
计算误差 calculating error; calculation error; computational error; computing error; counting error; error calculus; error in calculation; error of calculation; miscalculate; miscalculation
计算系统 computational system; reference frame
计算系统的配线装置 computing system coupler
计算现值 capitalize
计算线路 computational scheme; digital circuit
计算线图 computational scheme
计算限度 compute bound; design-pattern limitation
计算项表 computed entry table
计算项目 computational item
计算效率 capacity; computational efficiency
计算辛烷值 calculated octane number
计算信息系统 accounting information system
计算行车速度 design speed
计算型定位方式 calculation location mode
计算性能 calculated performance
计算性问题 computational problem
计算需氧量 calculated oxygen demand
计算压力 calculated pressure; computed pressure
计算溢洪量百分数-(水库)高程关系曲线 percent of computed spillway flood-elevation curve
计算用表 calculating chart; calculating table
计算用石板 counting slate
计算与设计处 computation and design division
计算语句 assignment statement; computational statement; computing statement
计算元件 computing element
计算员 actuary; computer; counter; reckoner
计算运量方法 methods of computation of the volume of goods traffic
计算在内的 inclusive
计算闸瓦摩擦系数 calculated coefficient of brake shoe friction
计算闸瓦压力 calculated brake shoe pressure
计算站 installation
计算站处理控制 installation processing control
计算账单 cost sheet
计算账户平均余额 averaging of accounts
计算账面借贷 open-book account
计算账面借款 keep account; open-book account
计算折旧 computing depreciation
计算者 calculator; computer; enumerator
计算震级 numeric(al) magnitude
计算直径 calculated diameter; computed diameter
计算值 calculated value; computed value; design value
计算值接收数 value number
计算纸 coordinate paper; cross-sectional paper; graph paper; scale paper; worksheet
计算指标 calculated index; parameter
计算制的特殊底数 non-classical radix
计算制底数 radix
计算制动距离 calculated braking distance
计算质数的算法 algorithm to compute prime number
计算智能 computational-intelligent
计算中的近似法 thumb rule
计算中的平衡点算法 equilibrium point algorithm for computing
计算中心 calculating center[centre]; computation center[centre]; computing center[centre]
计算中心管理 calculating center[centre] management
计算中心生产率选件 installation productivity option
计算终端 computing terminal
计算终端系统 computing terminal system
计算重量 calculated weight
计算重量的 gravimetric(al)
计算轴 reference axis
计算转向语句 computed GO TO statement
计算装置 accountant; accounting device; calculating device; calculator; computator; computer complex; counting assembly; counting mechanism; mechanized accountant
计算准确度 accuracy in computation
计算资料 derived data
计算资源潜量的参数 parameter of computational resource potential
计算子程序 counting subroutine
计算自重湿陷量 calculated self-weight collapse; wet-subsidence due to overburden
计算组件 computation module
计算组织 computation organization
计算最大洪水量 maximum computed flood
计算坐标系统 calculating coordinate system
计提折旧 accrual of depreciation; accrued depreciation
计提折旧的使用情况基础 service basis
计提折旧以产出量为基础 service-yield basis
计图器 map measurer; opisometer
计温法 thermometry
计温(技)术 thermometry
计温学 thermometry
计息贷款 lend at interest
计息公式 interest formula
计息后净收益 net income after interest charges
计息前净收益 net income before interest charges
计息账户 interest-bearing account
计息日 declaration day; settlement day
计息资产 interest-bearing assets
计站电路 station counting circuit
计站矩阵 station counting matrix
计站器 station counting unit
计账 account
计账单位 unit of account
计值 evaluation
计值子 evaluator
计重法采样 gravimetric(al) sampling
计重货物 weight cargo
计重量运费 freight by weight
计重器 weighing machine
计重箱 weigh box
计重装袋器 bagger weigher
计轴磁铁 axle-counting magnet
计轴电路 axle counter circuit
计轴机 wheel counting machine
计轴控制 wheel counting control
计轴器 axle counter; wheel counting apparatus; wheel counting machine
计轴系统 axle-counting system; wheel counting system
计轴制 wheel counting system
计轴装置 axle-counting apparatus; wheel counting apparatus; wheel counting device
计转(数)表 revolution counter
计字机 word counter
计总穿孔 summary punch
计总配给 point of rationing

记 笔记 take notes

记标开始 start of record(ing) mark
记波器 cymograph[kymograph]
记波摄影 kymography
记波术 kymography
记波图 kymogram
记波纹法 kymographia
记波运动描记法 kymokinoscopy
记步记距两用表 paces and distance recording watch
记步节拍器 pace-giving metronome
记步器 pace counter; steps teller
记步仪 pedometer
记簿员 note keeper; recorder
记簿者 recorder
记次转换开关 peg switch
记存模型 record cast
记错磁带 error tape
记错带 tape error
记发机 sender
记发器 coder; register(system); sender
记发器按钮 register key
记发器测试器 register routine tester
记发器架 register rack
记发器控制的选择 register-controlling selection
记发器全忙信号灯 all-senders-busy lamp
记发器信号 register signal
记发器选择器 register finder
记发器占用试验 register-busy test
记发器-转发器 register-translator
记发线路 sender link
记发制 register system
记法 notation
记分 marking; score; scoring
记分板 marking board; scoreboard
记分牌 marking board; scoreboard
记分器 marker
记分员 marker
记工单 work sheet
记功付酬计划 merit pay plan
记过 demerit; gig
记号 blip; cue; earmark; impress; mark; notation; subscript; tick (mark); token
记号笔 marking chalk
记号表达式 notational expression
记号长度 mark length
记号的形成 flag build
记号电流 marking current
记号读出 optic(al) character recognition; character reading
记号法 charactery
记号卡片 token card
记号类型比例因子 marker type scale factor
记号律 law of signs
记号码 character code

记号脉冲 note pulse
记号索引 index to notation
记号图 symbolic diagram
记号油墨 magic ink
记和常规 summation convention
记件秒表 production timer
记料单 charge sheet
记录 chronicle; commit to paper; enregister; entry; log(ging); markdown; metering [metring]; muniment; notekeeping; recordation; register(ing); registration; registry; score; tally
记录安排 recording layout
记录按钮 recording button; register button
记录板 data board; ga(u)ging board; register bed; scoreboard; writing desk; writing plate
记录板夹 clip board
记录包含子句 recording contains clause
记录保持 recordkeeping
记录持有者 recording holder; holder of record
记录保存 recordkeeping
记录本【测】 chain book
记录笔 recorder pen; recording pen; recording stylus; registering pen; receiving stylus <仪器的>
记录笔电动机 pen motor
记录笔尖 writing tip
记录笔尖的传动装置 recording pen linkage
记录笔驱动电机 pen motor
记录笔速度 pen speed
记录闭塞机 recording(block) instrument
记录臂 recording arm; recording lever
记录(编)号 recording number
记录编组 grouping of records
记录标记 recording mark; registration mark
记录标起始 start of record(ing) mark
记录标识 recording identification indicator; recording identifier
记录标题 recording header; recording heading
记录标头列表 list record(ing) headers
记录标志 record mark
记录表 data sheet; log sheet; work sheet
记录表读数 meter reading
记录表格 note form; observation forms
记录表决 recorded vote
记录拨盘 memorandum dial
记录波 marking wave
记录波长 recording wavelength
记录补偿器 recording compensator
记录不完整测站 partial record(ing) station
记录不准确 misregister
记录不足 under registration
记录布局 recording layout
记录布局方式 recording placement strategy
记录簿 book of record; documentation book; log; minute book; notebook; record(ing) book
记录材料 logging; recording material; storage medium[复 media]
记录材料的体缩 recording material shrink
记录参考表 recording reference
记录操作 recording operation
记录槽 track
记录测速器 recording tachometer
记录测微光度计 recording microphotometer
记录测微计 graphotest
记录测微器 recording micrometer; registering micrometer
记录插入 recording insert
记录查询入中继电路 incoming trunk circuit for recording and enquiry
记录差动压力计 recording differential manometer
记录长度 length of record; record(ing) length
记录长度指示符 recording length indicator
记录场地 recording site
记录成本 recorded cost
记录成分 recording component
记录程序 logging program(me); recording program(me)
记录(持续)时间 recording duration
记录处 enrollment; registry
记录(触)针 recording stylus
记录传输 recording transmission
记录串 block
记录磁头 magnetic record(ing) head
记录存储标记 recording storage mark
记录存储管 recording storage tube
记录存储器 recording memory; record storage
记录存储区 recording storage area
记录错误 clerical error; misrecording; misregistration
记录打印机 journal printer
记录打字机 logging typewriter; recording typewriter
记录大小 recording size
记录带 logging data on tape; recorder strip; recording band; recording strip; record paper; record tape; tracing tape
记录带导道 track
记录带的前端 leading end
记录带干扰恢复 recovery of interfered record(ing) tape
记录带卷筒 spool
记录带前端 logic(al) leading end
记录带装置 tape deck
记录单 label; recording sheet
记录单元 recording cell
记录档案 muniment
记录道 trace(record)
记录的保管 retention of records recorder; writer dynamometer
记录的分块 blocking of record
记录的交割 recorded delivery
记录灯 recording lamp; register lamp
记录地址文件 recording address file
记录点 recording point
记录电度表 recording kilo-watthour meter
记录电话 headphone
记录电极 recording electrode
记录电极间隙 gap of record(ing) electric(al) pole
记录电流 recording current
记录电流测井 monoelectrode log
记录电流测井曲线 monoelectrode log curve
记录电流优化器 recording current optimizer
记录电路 recording circuit; writing circuit
记录电平 recording level
记录电桥 recording bridge
记录电压表 recording voltameter
记录电子束 recording beam; writing beam
记录定义段 recording definition field
记录读出机 recording sensing machine
记录读出站 post read station
记录段 recording segment
记录发送机 register-sender
记录法 writing-method
记录范围 recording interval; recording range
记录方法 recording method
记录方式 recording mode; way of recording
记录放大器 recording amplifier
记录分隔符 record(ing) separator
记录分块 block of record
记录分离器压力 recording separator pressure
记录封锁 records blocking
记录封锁启封 records deblocking
记录伏特计 registering voltmeter
记录服务程序 logging service facility
记录服务申请 logging service request
记录辐射水平 recording radiation level
记录干涉仪 chrono-interferometer
记录杆 recording arm; recording bar; recording lever; recording link
记录格式 note form; record(ing) format; record(ing) layout
记录格式描述文件 recording format descriptor
记录格式说明 recording form descriptor
记录格式消息 recording format message
记录格式选择 recording format option
记录隔室 recording cell
记录各项费用 keep a tab on the expenses
记录更新 recording updating
记录(工人)上班的时间 clock in
记录(工人)下班的时间 clock off
记录(构造)地质学 geognosy
记录鼓 drum plotter; log drum; recording cylinder
记录关键码 recording key
记录关键码位置 recording key position
记录观测 hourly observation; recording observation
记录管理 record(ing) management
记录管理程序 recording management program(me); recording management procedure
记录管理服务 recording management service
记录光点 recording spot
记录光谱分析器 recording optic(al) spectrum analyser[analyzer]
记录柜 recording cabinet
记录滚筒 recorder drum; recording cylinder; recording drum
记录洪水 recorded flood; record(ing) flood
记录呼叫 registered call
记录汇编 proceedings
记录机 logging machine
记录机构 recording mechanism
记录机械装置 recording mechanism
记录级存取 recording level access
记录级控制器 recording level control
记录级指示器 recording level indicator
记录集 recording set
记录计数 record(ing) count
记录计数管 recorder counter
记录计算机 logger machine
记录技术 documentation
记录继电器 meter(ing) relay; recording relay; register relay
记录加速机 recording accelerometer
记录加速计 recording accelerometer
记录间断 interrecord(ing) gap; recording gap
记录间隔 interrecord(ing) gap; record(ing) gap
记录间隔长度 interrecord(ing) gap length
记录间关系 interrecord(ing) relationship
记录间间隔 interrecord spacing
记录间结构 interrecord(ing) structure
记录间隙 interrecord(ing) gap; recording gap
记录间隙字节 intrarecord(ing) slack byte
记录检查 records review
记录检查时间 recording check time
记录检索词文件 term-on-item file
记录鉴定 recording appraisal
记录键 recorded key; recording key; write key
记录键子句 recording key clause
记录胶片 logging film; recording film
记录阶段 recording stage
记录接收 recorder reception; visual reception
记录接收器 recording receiver
记录接受器 record receiver
记录结构 interrecord(ing) structure; recording layout
记录结束 end of record
记录结束标志 recording end flag
记录结束符 end-of-record(ing) delimiter
记录结束间隙 end-of-record(ing) gap
记录结束字 end-of-record(ing) word
记录介质 recording medium
记录精度 recording precision; registration accuracy
记录井口压力 recording well head pressure
记录具体值 recording occurrence
记录聚集 recording aggregate
记录卷册 logbook
记录卷筒 recording reel
记录均衡器 recording compensator
记录卡(片) log sheet; record(ing) card; time card
记录开始信号 start record signal
记录可消除性 erasability
记录孔 register hole
记录控制 register control
记录控制表 log control table
记录控制调度 recording control schedule
记录控制器 recorder-controller; recording controller
记录块 recording block
记录块化 recording blocking
记录类型 recording type; type record
记录理货(法) book tally; mark tally
记录链 recording chain
记录灵敏度 recording sensitivity
记录留存调度 recording retention schedule
记录录音机 dictating machine
记录轮 recording wheel
记录码 recording code
记录脉冲 recording impulse; registry(im) pulse; write pulse; writing pulse
记录媒体 carrier; recording medium
记录媒体终端符 end of medium character
记录密度 recording density; writing density
记录密度标记 identification burst
记录面 recording surface
记录描述 record(ing) description
记录描述符 recording descriptor
记录描述项 recording description entry
记录描述项格式 recording description entry format
记录描述字 recording descriptor word

J

记录名 recording name
记录模块 logging module
记录膜面 recording film plane
记录墨水 recording ink
记录内部数据结构 intrarecord(ing) data structure
记录内结构 intrarecord(ing) structure
记录内容列表 list record(ing) content
记录逆向散射粒子的计数管 back-angle counter
记录年限 period of record
记录黏[粘]度计 recording visco(si)-meter
记录牌 register bed
记录片 documentary film
记录片摄影术 documentary photography
记录评价标准 criterion of record(ing) evolution
记录剖面 recording profile; recording section
记录期限 length of record
记录启动检查点 log-initiated check-point
记录气体分析器 recording gas analysis
记录器 grapher; inscriber; logger; monitor; recorder (unit); recording apparatus; recording device; recording meter; recording unit; register; registering apparatus; register system; writer; writing station
记录器笔 instrument pen
记录器操纵人员 recorder operator
记录器操纵台 recorder control console
记录器常数 register constant
记录器电动机 recorder motor
记录器电键 sender key; sending key
记录器读数模板 chronograph reader
记录器卷筒 indicator drum
记录器控制系统 register-controlled system
记录器偏转度 recording deflection
记录器容量 register length
记录器文件 recorder file
记录器寻线机 recorder finder
记录器纸带 recorder tape
记录器指示灯 meter lamp; recording lamp; register lamp
记录器转换 recorder switch
记录区 field; posting field
记录区域 recording area
记录曲线 log diagram; recording curve
记录曲线表 <自动记录仪记录带上的> recording chart
记录驱动 recording drive
记录驱动器 recording driver
记录全息图 recorded hologram
记录人 taker
记录任务 logger task
记录任选 recording option
记录容量 spacing
记录扫描 writing scan
记录设备 logging device; marking device; recorder; recording apparatus; recording equipment; recording facility; registering apparatus; registering arrangement; registering equipment
记录设计 record layout
记录摄影 chronophotography
记录摄影机 photochronograph; recording camera
记录深度 recorded depth
记录生成程序 recording generator
记录失真 misregistration
记录时间 recording time
记录时间室 clock-house
记录时期 period of record
记录时器 calculagraph
记录时仪 chronograph
记录时仪纸带 chronograph sheet
记录时员 time checker; timekeeper
记录识别码 recording identification code
记录示波器 recording oscillograph
记录式 recording
记录式安培计 graphic(al) ammeter
记录式测力计 dynagraph; dynamograph
记录式传输 record-oriented transmission
记录式电流表 recording ammeter
记录式电位计 potentiometer recorder
记录式分光光度计 recording spectrophotometer
记录式分光计 recording spectrometer
记录式分析法 recording analysis method
记录式风压计 recording draft ga(u)ge
记录式浮标水尺 recording float ga(u)ge
记录式浮子水位计 recording float ga(u)ge
记录式干湿球湿度计 recording psychrometer
记录式高度计 recording altimeter
记录式光学跟踪仪 recording optic(al) tracking instrument
记录式红外分光光度计 recording infrared spectrophotometer
记录式红外跟踪仪 recording infrared tracking instrument
记录式回声测深仪 recording echo sounder
记录式惠斯通电桥 recording Wheatstone bridge
记录式计 recording ga(u)ge
记录式检流计 recording galvanometer
记录式精密记时器 precision chronometer
记录式静电计 recording electrometer
记录式拉力表 recording dynamometer
记录式量热器 recording calorimeter
记录式流量计 recording flow-meter
记录式密度计 recording densitometer
记录式黏[粘]度计 recording visco(si) meter
记录式气体分析器 recording gas analyser[analyzer]
记录式燃烧室气体分析仪 combustion recorder
记录式容积计 recording volume(no)-meter; recording volumeter
记录式色度计 recording colo(u) rimeter
记录式深度计 depth recorder
记录式声测测试仪 depth recorder
记录式湿度计 recording hygrometer; recording psychrometer
记录式示波器 recording oscillograph; recording oscillometer
记录式输入输出 record-oriented input-output
记录式速度计 recording tach(e) ometer
记录式体积计 recording volume(no)-meter; recording volumeter
记录式调节器 recording controller
记录式微量滴定器 recording microtitrater
记录式温度计 recording hygrometer; recording thermometer
记录式显像密度计 recording densitometer
记录式需量计 recording demand meter
记录式压力表 recording pressure ga(u)ge
记录式仪表 strip-chart instrument
记录式仪器 recording instrument
记录式应变仪 recording strain ga(u)ge
记录式指示器 recording indicator
记录式转子流量计 recording rotameter
记录事项 <拉> notandum[复 notanda/no-tadums]
记录试验法 recording test method
记录室 recorded room; recorder apparatus; recorder house; recording apparatus; recording house; recording room
记录释放 recording release
记录首标 record header; record heading; recording header
记录输入信号 write input
记录数 recording number
记录数据 data recorded; logging data
记录数据传输 record-oriented data transmission
记录数据集 log data set
记录数据集中的变动 journaling in log data
记录数目 recording count
记录水平 recording level
记录水位 registered water stage
记录顺序 sequence of recording
记录顺序号 recording serial number
记录顺序扩充工作码 recording sequence own code
记录说明 recording declaration; recording description
记录说明符 recording descriptor
记录说明字 recording description word
记录搜索接收机 goldmark
记录速度 recording speed; recording velocity; speed of registration; writing speed
记录速度计 recording speed(o) meter
记录索引文件 term-on-item file
记录台 recording board; recording position; recording table
记录台话务员电路 record operator's circuit
记录台站 recording station
记录套管压力 recording casing head pressure
记录特大暴雨 recording heavy rainfall
记录特性 recording characteristic
记录替换 recording replacement
记录天平 recording balance
记录条 recording strip
记录条件 recording condition
记录条纹 recorded fringe
记录通话长途线 recording-completing trunk
记录通话合用 combined line and recording
记录通信[讯] recording communication
记录通信[讯]量 recording traffic
记录头 header; writing head; write-read head
记录透镜 writing lens
记录图 kymogram; recording chart; record drawing
记录图表 inking chart; record(ing) chart; record(ing) sheet
记录图像 document image; recording lens
记录图形 recording geometry
记录图纸 record(ing) drawing
记录瓦特计 recording wattmeter
记录尾部 end of record
记录位置 recorded position; recording location; writing position
记录位置计数器 recording location counter
记录温度计 recording thermometer; thermograph
记录文件 dossier; log file; recording file
记录误差 reading error; recording error
记录系统 logger system; logging system; recording system; register system
记录线 call circuit; call wire; order line; order wire; recording circuit; record operator's line
记录线路图 record(er) chart
记录相位全息图 recording phase hologram
记录箱 recording cabinet
记录项目 recording entry
记录相片 documentary photograph
记录销子导轨 pencil guide
记录信号 register signal; write signal
记录信息 recording message
记录信息通路 recording trunk
记录信息通知操作员 write-to-operator
记录信息系统 inventory system
记录形式 recording form
记录型多普勒比长仪 recording Doppler comparator
记录修改 recording modification; recording updating
记录修改带 change tape
记录选择 recording option
记录选择表达式 recording selection expression
记录选择器 recording selector
记录压力表 recording manometer
记录仪 recording ga(u)ge
记录仪表 memorizing meter; recorder; recording instrument; recording meter; register instrument; recording instrument
记录仪表的计时机构 recording clockwork
记录仪表读数 reading of record(ing) instrument; take the reading
记录仪卷带 recorder strip
记录仪器 registering apparatus; registering instrument
记录仪纸 recorder paper
记录溢出 overflow of record
记录因子 packing factor
记录引用 recording reference
记录应变计 <英> recording strain ga(u)ge
记录影片 documentary film
记录用的钟表机构 recording clockwork
记录用阴极射线管 electron record(ing) tube
记录雨量计 recording pluviometer
记录元件 recording element
记录员 note keeper; recorder; register; registrar
记录再现机器人 recording-playback robot
记录在案的 on record
记录在案的鉴定 registered certification
记录在案的证明 registered certification
记录摘要 docket
记录站 recording station; writing station
记录照相机 photokymograph; recording camera
记录照相显示 camera display
记录照相装置 recording camera device
记录折减车速 recorded reduced speed
记录者 recorder
记录针 recording needle; recording pointer; stylus; stylus point
记录针密度 styli density

记录针式仪器 stylus type instrument
记录正文 recorded text
记录值 recorded value
记录纸 recording chart;recording paper;record(ing) sheet;registration paper
记录纸变速器 chart-speed shifter
记录纸标尺长度 chart scale length
记录纸传动装置 chart drive mechanism
记录纸带 band chart;registering ribbon
记录纸带干扰恢复 recovery of interfered recorder paper
记录纸滚动机构 chart rolling mechanism
记录纸滚筒 paper roller;recorder drum;recording drum;recording paper roller
记录纸盒 chart magazine;recording disc <测斜仪的>
记录纸检测器 sheet detector
记录纸进给 form skip
记录纸卷筒 paper roller;recording paper roller
记录纸速度 chart speed;speed of paper
记录纸条 log strip
记录纸筒 chart cylinder
记录纸拖动机构 <仪表的> chart drive mechanism
记录指针 recording pointer
记录制 logging system;meter(ing) system;record working;register system
记录中继线 recording trunk
记录中止 meter stop
记录终了字 end-of-record word
记录终止 end of record
记录终止字 end-of-record(ing) word
记录周期 period of record;recording period
记录属性 recording attribute
记录转鼓 recording rotary drum
记录转换系统记录装置 reading plotter;recording device;recording equipment;recording medium
记录装置 log(ging) device;recorder unit;recording apparatus;recording facility;recording gear;recording unit;registration unit;registrator;time record(ing) device;writing station
记录装置放大器 recorder driver amplifier;recording driver amplifier
记录组 record(ing) group
记录组印刷 group printing
记录钻井剖面【岩】written log
记录最大洪峰 recording peak flood
记录最大流量 maximum-recorded flow
记录最低的 minimum recorded
记录最低水位 lowest recorded level;minimum recorded stage
记录最高水位 highest recorded(water) level;maximum-recorded stage
记录最小水深 least recorded depth;minimum recorded depth
记码区 code line
记秒表 stop watch
记名背书 full endorsement;special endorsement
记名公司 registered firm
记名股票 inscribed stock;registered shares;registered stock
记名货船 named vessel
记名票据 bearer draft;bill to order;presentation sight
记名式背书 special endorsement
记名提单 named bill of lading;straight bill of lading
记名提货单 named bill of lading
记名债权 claim to order
记名债券 registered bonds
记名证券 inscribed securities;inscriptions;registered paper
记名支票 check to order;cheque to order;order check;order cheque
记谱法 tablature
记日工 day taller
记日记账 journalizing
记日期 dating
记日期程序 dating routine
记日期子程序 dating subroutine
记日志 journaling
记入 inscription;logging;log-in;log on;post(ing);entry
记入保护 write protect
记入代码 post code
记入贷方 to the credit of
记入电子枪 writing gun
记入工时 check-in
记入记事表 docket
记入借方 to the debtor of
记入目的 object of entry
记入扫描 writing scan
记入数据 data-in
记入条件 entry condition
记入项目标 object of entry
记入议定书 protocol
记时 time indices;time taking;timing;beam date <年、月、日>
记时编码器 chronometric encoder
记时标 time mark
记时波 timing wave
记时戳 time stamp
记时错误 anachronism
记时打印机 time stamp
记时等温线 chronoisotherm
记时钉 date nail
记时法 chronometry
记时干涉仪 chrono-interferometer
记时计 chronaximeter;chronometer clock;chronoscope
记时卡(片) time card
记时脉搏描记器 chronosphygmograph
记时器 calculagraph;chronograph;chronometer;chronoscope;time device;time register;time(r) recorder
记时式转速计 chronometric tachometer
记时室 clock-house
记时停表 chronograph stop watch
记时图 chronogram
记时误差 timing error
记时系统 timing system
记时薪金或工资 salaries or wages on time basis
记时仪 chronograph;timekeeper
记时仪的记录 chronogram
记时员 time checker;timekeeper
记时纸带 chronographic(al) tape
记时钟 time clock
记时装置 time device
记[纪]实片 documentary film
记事 record
记事本 agendum[复 agenda];tickler;workbook
记事表 log sheet
记事簿 agendum[复 agenda];book record;logbook;minute book
记事册 agendum[复 agenda];datebook
记事灯 writing lamp
记事调用卡片 agendum call card
记事符号 event mark
记事卡片 job history card
记述水文学 descriptive hydrology
记数 numeration
记数单位 scale of notation
记数法 notation;scale of notation;system of notation;system of numeration
记数法变量 notation variable
记数法常数 notation constant
记数符 tally
记数根 radix
记数机构 counter mechanism
记数键 register key
记数器 register tally counter
记数器按钮 register key
记数系统 notation system;number(representation) system;numeration system
记数者 teller
记数制 notation system;number system;numeral system;numeration system;number representation
记水位计 level recorder
记速器 speed recorder
记速仪 speedometer
记纹鼓 kymograph
记纹纸 kymograph paper
记下 mark-down
记叙法 descriptive method
记选级 register chooser stage
记压器 monograph;pressure recorder;pressure register
记以小点 tick
记忆 storage;memory
记忆保持 retention of memory
记忆表象 memory image
记忆部件连续检查试验 crippled leapfrog test
记忆材料 memory material
记忆测图 mapping by remembrance
记忆测验器 memometer
记忆存储器【计】mnemonics
记忆错误 paramnesia;promnesia
记忆带 memory tape
记忆单元 memory element
记忆点 memory point
记忆电路 memory circuit;register circuit;storage circuit
记忆电容器 memory capacitor
记忆调查法 memory test
记忆分子 memory molecule
记忆峰 memory peak
记忆符号 mnemonics
记忆辅助工具 memory aid
记忆跟踪 memory tracking
记忆功能 memory function
记忆管 graphec(h)on;memorytron;memory tube;storage tube
记忆(管)示波器 memoscope
记忆广度 span of memory
记忆痕迹 mnemonic trace
记忆或寻像锁定 memory or search lock
记忆机 memory machine
记忆积分器 storage integrator
记忆计数器 memory counter
记忆继电器 memory relay
记忆键 memory button
记忆矩阵 dot-blur pattern
记忆卡片 memory card
记忆开关 memory switch
记忆控制 memory control
记忆力 anamnesis
记忆率 memorability
记忆码 memory code;mnemonic code;mnemonic symbol
记忆能力 memory capacity
记忆缺失 amnesia
记忆容量 memory capacity;memory capacitance
记忆设备 memory device;memory equipment
记忆时间 memory period;memory time
记忆术 mnemonics;mnemotechnics;runemotechny
记忆速率 memory rate
记忆梯度法 memory gradient method
记忆体【计】memory bank
记忆误差 memory error
记忆系统 memory system
记忆效应 memory effect
记忆选台接受指示灯 memory indicator
记忆仪器 memory instrument
记忆意象 memory image
记忆余量 memory margin
记忆元件 memory cell;memory element
记忆再生工业机器人 industrial robot for repeat memory
记忆增强 hypermnesia
记忆指令 memoric instruction
记忆指示灯 memory indicator
记忆周期 memory cycle
记忆装置 computer storage;memory apparatus;memory unit;random access;register
记忆装置鼓 memory drum
记忆组件 memory block
记有船名的海运保单 named policy
记载 keep account;recordation
记载的平均温度 charted mean temperature
记载水位 registered water stage
记在页边的 marginal
记账 account of;billing;charged in account;keep account;keep books;on account
记账程序 accounting procedure;accounting program(me);accounting routine
记者席 press box;press gallery;press seat
记者招待会 press conference
记住概要 skeletonize
记助码 mnemonic code
记转器 cyclometer;gyrator;gyrograph
记装置 recorder unit

纪【地】period

纪录影片 documentary
纪录照片 documentary photograph
纪律放宽室 <修道院的> misericord(e)
纪律判决 disciplinary sentence
纪律制裁 disciplinary sanction
纪尼埃聚焦照相机 Guinier focusing camera
纪年法 chronology
纪念 commemorate;commemoration
纪念碑 memorial monument;memorial plaque;memorial stone;memorial tablet;monument(mark);cenotaph <无遗体埋葬的>
纪念(碑)的 monumental
纪念碑的保护 preservation of monuments
纪念碑构造 monumental structure
纪念碑建筑 monumental structure
纪念碑上的双马战车塑像 two-horse chariot
纪念的 commemorative;memorial
纪念雕塑 monumental sculpture
纪念雕像 memorial figure
纪念风格 monumental style
纪念公园 memorial park
纪念拱 monumental arch
纪念馆 court of honour;memorial(hall);memorial museum;monument
纪念会 commemoration
纪念会议 commemorative session
纪念建筑 memorial building;monumental building

纪念教堂 memorial church; monumental church
纪念林 memorial forest
纪念楼梯 monumental stairway
纪念门座 monumental portal
纪念墓 monumental tomb
纪念牌 memorial plaque
纪念牌坊 commemorative monument; monumental gateway
纪念票 commemorative ticket
纪念品 keepsake; reminder; souvenir; testimonial; token
纪念品商店 souvenir shop
纪念庆典 <城市、教堂等建成> encaenia
纪念十字架 memorial cross
纪念石 memorial stone
纪念石碑 commemorative stone
纪念塔 cenotaph; commemorative monument; memorial tower; monument
纪念塔构造 monumental structure
纪念塔建筑 monumental structure
纪念坛 altar-tomb
纪念堂 commemoration hall; court of honour; memorial hall
纪念堂围起的面积 stele
纪念厅 memorial hall
纪念庭院 monumental courtyard
纪念文 monument
纪念物 commemoration; memorial; monument; monumentality; remembrance
纪念物废墟 monumental ruin
纪念物遗址 monumental ruin
纪念像 monument
纪念小教堂 memorial chapel; monumental chapel
纪念效应 monumental effect
纪念型大教堂 memorial basilica
纪念型大庙 memorial basilica
纪念性 monumentality
纪念性长方形厅堂 commemorative basilica
纪念性大厅 commemorative hall
纪念性高地 monumental height
纪念性拱门 memorial arch
纪念性拱形建筑 commemorative arch
纪念性广场 monumental plaza
纪念性建筑物 memorial architecture; monumental architecture; commemorative architecture; architectural monument; monument; monumental building
纪念性教堂 commemorative church
纪念性结构 commemorative structure
纪念性门口 monumental gateway
纪念性入门口 monumental entrance
纪念性塑像 commemorative figure
纪念性通廊 monumental gateway
纪念性图形 commemorative figure
纪念性小教堂 commemorative chapel
纪念性作品 monument
纪念仪式 commemoration
纪念章 medal
纪念柱 commemorative column; memorial column; monumental column; stamba; xarque
纪念资料 monumental material
纪念作品 monumentality
纪限仪 sextant
纪要 minute; proceedings; summary of minutes; summary records
纪要摘要 brief minutes
纪元 anno domini; era

妓院 bagnio; bawdy-house; bordello; brothel; lupanar; parlo(u)r house

忌避剂 repellent

忌混装 avoidance of mixed loading
忌水危险品 dangerous when wet
忌装 cargo incompatible with each other in storage

技法理论 theory of technique

技工 artificer; artisan; craftsman; engineering worker; mech; mechanic; mechanician; mechanist; serviceman; skilled worker; technical worker; technician; trade(s) man
技工长 master mechanic
技工打磨机 dental laboratory lathe
技工结 artificer's knot
技工留置权 <建筑施工中的工资和费用扣押权> mechanic's lien
技工镊 laboratory tweezers
技工钳 laboratory pliers
技工室磨削机 laboratory grinder
技工室用微型磨削机 laboratory microgrinder
技工学校 apprentice's school; vestibule school
技工用坩埚 crucible for casting; laboratory crucible
技匠 mechanist
技晶 dendrite
技能 accomplishment; artifice; craftsmanship; expertise; qualification; skill; talent; technical ability; technique; workmanship
技能合格考试 performance qualification test
技能劳动 technical labo(u)r
技能水平 level of skill
技能转让计划 skill transfer program(me)
技能资本 human capital
技能资本流动 human capital flow
技巧 craft; craftsmanship; knack; know-how; mechanics; mechanism; skill; sleight; technic; technicist; technique; workmanship
技巧获取 skill acquisition
技巧转让 transfer of skill
技师 mechanic; mechanician; mechanist; serviceman; technician (engineer); technicist; technologist
技施设计 tech-construction design
技术 craft; prowess; skill craft; technic; technique; technology
技术安全措施 technical safety measure
技术安全规程 accident prevention instruction; accident prevention norms; quality specification
技术保安 safety first engineering; safety work
技术保安措施 prevent of accidents
技术保密 technical know-how
技术保养细则 maintenance regulation
技术保养与修理站 maintenance location; maintenance point; maintenance station
技术保养周期 maintenance interval
技术保证 maintenance logistics
技术报告 engineering report; technical bulletin; technical report
技术报告说明书 technical report instruction
技术报告摘要 summary technical report
技术备忘表 technical note
技术备忘录 technical memorandum
技术备选方案 technical alternative
技术背景资料 technical background material
技术必需品 technical requisites
技术编辑 technical editor
技术变化 technologic(al) change
技术标准 engineering standard; quality specification; quality standard; technical criterion; technical norm; technical standard
技术标准的通用条款 general provisions of specifications
技术标准工程师 engineer of standard
技术标准化 technical standardization
技术标准局 <美> Bureau of Technical Standard
技术标准序言 specification preamble
技术表现手法 technologic(al) approach
技术兵种 corps
技术玻璃 technical glass
技术不高明的人 jack leg
技术不良状态 state of technical defection
技术不熟练者 new face
技术部门 engineering department; technical section
技术采样 sampling for physical and technical determination
技术参考书 technical reference book
技术参考资料 technical reference
技术参数 engineering parameter; specification parameter; technical parameter
技术操作 technical operation
技术操作工程师 efficiency engineer; operating engineer
技术操作规程 instruction of technical operation; regulation for technic(al) operation
技术操作过程 technical operation process; technologic(al) chain; technologic(al) process
技术操作须知 instructions of technical operation
技术操作颜色 technical operation colo(u)r
技术操作指南 engineering instruction
技术草图 sketching technique
技术测定 technical measurement
技术测试样品 sample testing technical property
技术层次 hierarchy of risk
技术差距 engineering gap; technology gap
技术产品 technologic(al) item
技术常数 technical constant
技术陈旧 technical obsolescence
技术成就 engineering achievement; technical performance; technologic(al) achievement
技术储备 technical storage
技术储备金 technical reserves
技术处 engineering department; technical division
技术传授 transfer of technology
技术创新 technical innovation; technologic(al) innovation
技术创新的寿命周期 innovation life cycle
技术词典 technical dictionary
技术磁化 technologic(al) magnetization
技术措施 technical measures
技术大修 capital overhaul
技术代表 technical representative
技术单位 technical authority
技术的 artistic; technical
技术的权衡 technologic(al) trade-off
技术的社会效益评估 assessment of the consequences of technology
技术的资本产出系数 capital-output coefficient of technology
技术等级 identification of skill; industrial grade; technical class; technical level
技术等级标准 standard of technical grades
技术定额 engineering norm; engineering standard; practical standard; technical standard
技术独占 technical monopoly
技术发明 technical innovation
技术发展 engineering advancement; engineering development; technical development; technologic(al) development; technologic(al) progress
技术发展规划 technical development plan
技术发展趋向 engineering trend
技术发展水平 developing state of the art; state-of-the-art; technical competence; the state of the technology
技术发展现状 state-of-the-art
技术方案 precept; technical solution; technical statement
技术费用 fee for technology; technical fee
技术分工 technical division of labo(u)r
技术分类 technical classification
技术分析 technical analysis
技术分析软件包 technical analysis package
技术服务 technical service
技术服务合同 technical service contract
技术负责 technologic(al) director
技术负责人 person for compilation
技术复杂性 technical complexity
技术改进额外收益 technical externalities
技术改造 technical betterment; technical development; technical improvement; technical reconstruction; technical reform(ation); technical transformation; technologic(al) improvement; technologic(al) transformation
技术改造工程 improvement works
技术干部 technical staff
技术革命 technical revolution
技术革新 breakthrough; innovative technology; technical evolution; technical innovation; technical renovation; technologic(al) innovation; technology innovation
技术革新的工程师 developing engineer
技术革新费用 innovation cost
技术革新及试验费 expense of technical innovation and examination
技术革新经济学 economics of innovation
技术革新业务 innovative business
技术革新者 technical innovator
技术更改程序 engineering change procedure
技术更改建议 engineering change proposal
技术更改建议说明书 engineering change proposal work statement
技术更改指令 engineering change order
技术更新 technical update
技术工人 combination man; skilled labo(u)r(er); skilled worker
技术工业 skilled industry
技术工艺 technical matter
技术工艺知识 technical know-how
技术工作 engineering effort; skilled work
技术工作组 technical working group

J

技术公报 technical bulletin
技术公差 technical tolerance
技术功能 engineering function
技术供应 technical supply
技术故障 technical failure; technical malfunction
技术顾问 assessor; technical adviser [advisor]; technical consultant
技术顾问处 technical counsel service
技术观察员 technical observer
技术观点 technical viewpoint
技术管理 technical administration; technical management; technocracy; technologic(al) management
技术管理阶层 technostructure
技术管理人员 technical controller
技术管理委员会 technical management board
技术规程 technical manual; technical order; technical regulation; technical schedule
技术规定 technical stipulation
技术规范 engineering data; quality specification; quality standard; specified criterion; technical code; technical condition; technical manual; technical norm; technical regulation; technical specification; technic code; technologic(al) specification
技术规范所规定的 specified
技术规格 technical condition; technical standard
技术规格标牌 specification data plate
技术规格表 specification sheet; spec sheet
技术规格的定义 specification definition
技术规格卡片箱 black-box terminal specification
技术规格书 specification; technical specification
技术规格说明书 technical specification
技术规格要求 specification requirement
技术规格一览 detailed technical specification
技术规则 technical regulation
技术含量 technical content
技术航速 technical speed
技术合格考试 qualification approval test
技术合理化 technical rationalization
技术合作 technical cooperation; technologic(al) cooperation
技术合作委员会 technical cooperation committee; the committee on technical cooperation
技术和经济合作 economic and technical cooperation
技术和装备 technology and equipment
技术和组织措施 technical and organizational measure
技术化 technicalization
技术环境 technologic(al) environment
技术活动的新领域 new field of technical activity
技术活动设备 technical play equipment
技术基础 supporting technology
技术基准 technologic(al) datum
技术计划 technical plan
技术技能 technical skill
技术继续援助和反馈权 continuing assistance and grant-back right
技术价格函数 technical cost function
技术监督 engineering supervision; technical supervision
技术监理 technical supervision
技术检测 technical detection
技术检查 technical examination; technical inspection; technologic(al) audit
技术检查报告 inspection certificate; technical inspection report
技术检查对照表 technical inspection check list
技术检查飞行 check flight
技术检查工作 technical inspection work
技术检查站 technical examination point; technical inspection location
技术检验 engineering test
技术检验点 technical check point
技术检验站 technical check point
技术建议(书) technical proposal
技术鉴定 engineering verification; expertization; technical appraisal; technical appraisement; technical evaluation; technical expertise; technologic(al) appraisal; technologic(al) appraisement
技术鉴定者 surveyor of the technical inspection; technical appraiser
技术交底 technical explanation on construction details; technical requirement explanation
技术交底制度 telling technique system
技术交流 exchange of know-how; exchange of skill; exchange of technical know-how; technical exchange
技术交流协议 know-how agreement
技术交易 know-how deal
技术结构 technical structure
技术借取 technologic(al) borrowing
技术进步 technical progress; technologic(al) advance
技术进步带来的增长 technologically induced growth
技术进步计划 plan of technology progress
技术进步引起的失业 technologic(al) unemployment
技术进口 import of technique
技术进展 technical development
技术经济 technical economy
技术经济比较 technical and economic evaluation; technical economic comparison; technico-economic comparison; techno-economic comparison
技术经济的 technical economic
技术经济定额 norm of technological economy
技术经济对策 technic economic strategy
技术经济分析 cost-effectiveness analysis; engineering economy study; technic-economic analysis; technico-economic consideration; techno-economic analysis
技术经济分析法 cost-effectiveness analysis method
技术经济基础资料 basic information of technologic(al) economic
技术经济计算 technical economic computation; techno-economic calculation
技术经济开发区 economic and technical development zone; economic and technologic(al) development zone
技术经济考虑 technico-economic consideration
技术经济可行性研究 techno-economic feasibility study
技术经济论证 feasibility study; technical and economic appraisal; technical economic demonstration; techno-economic appraisal
技术经济评估 technical economic evaluation; techno-economic evaluation
技术经济评价 technical and economic evaluation; technico-economic evaluation
技术经济条件确定阶段 technical economic definition phase
技术经济学 engineering economics; technical economics
技术经济学家 techno-economist
技术经济预测 techno-economic forecast
技术经济指标 technical and economic target; technico-economic index
技术经济指标不合理 technologic(al) economic indicator unjustice [injustice]
技术经济指标合理 technologic(al) economic indicator justice
技术经济指标要求 technical and economic index requirement
技术经济综合评议 technologic(al) economic synthetic(al) evaluation
技术经济综合指标 technic-economic comprehensive index
技术境界标定 setting-out of technologic(al) edge
技术诀窍 technical know-how
技术诀窍合同 know-how contract
技术诀窍和原理 know-how and know-why technology
技术诀窍市场 technical know-how market
技术开发 development of technology; technical development; technologic(al) development
技术开发费 technique development expense
技术开发合同 technique development contract
技术刊物 technical press
技术勘测 technical reconnaissance
技术勘误表 technical corrigendum
技术考查 technical test; trade test
技术考察 technical study tour
技术考试 technical test; trade test
技术科学 engineering science; technical science; technologic(al) science
技术科学博士 doctor of engineering
技术科学硕士 master of engineering
技术可靠性 engineering possibility; engineering reliability; technical possibility; technical soundness
技术可能性 engineering feasibility; technical feasibility
技术可行性 technical feasibility; technologic(al) feasibility
技术可行性分析 engineering feasibility analysis; technical feasibility analysis
技术控制 engineering command; technical control; technician control
技术控制工程 technical control project; technology pilot project
技术控制台 technical control board; technical control center [centre]; technical control desk; technician control desk
技术库 technology bank
技术扩散 technical diffusion
技术力量 technical force; technical manpower
技术联合 technical tie-up
技术列车 technical train; technologic(al) train
技术领导 technical command; technical leader(ship)
技术垄断 technical monopoly
技术路线 technical line
技术论文 technical paper; technologic(al) article
技术论证 technical demonstration
技术落后 lag in technology
技术贸易 technique trade; technology trade
技术贸易软件 technology trade software
技术贸易许可证 technology trade license
技术贸易硬件 technology trade hardware
技术贸易支付方式 payment of technology transfer
技术秘密 know-how; technical know-how
技术秘密情报 know-how information
技术密集的 skill-intensive; technology-intensive
技术密集的投资 technology-intensive investment
技术密集工业 skill intensive industry
技术密集型产业 technology-intensive industry
技术密集型(的) skill-intensive; technology-intensive
技术名词 technical term; terminology
技术命令 technical order
技术模式 technologic(al) model
技术难关 technical barrier
技术难题 technical problem
技术能力 technologic(al) capability
技术能力请求分解器 facility request separator
技术陪审员 technical assessor
技术培训 technical(ly) training
技术评定 technical assessment; technologic(al) assessment; technology assessment
技术评分 skill score
技术评估 technical appraisal; technical appraisement; technology assessment
技术评估小组 panel for technical assessment
技术评价 technical appraisal; technical assessment; technical evaluation; technique assessment; technologic(al) assessment; technology assessment
技术评价办公室 office of technical assessment
技术评审组 technical review group
技术评议服务 technical counsel service
技术签证 technical visa
技术强制 technical constraint
技术勤务组 technical service group
技术情报 know-how; technical information; technical intelligence
技术情报处 division of technical information
技术情报服务处 <美> Technical Information Service
技术情报交换室 clearing house
技术情报交换所 clearing house
技术情报交换所会议 clearing house conference
技术情报交换站 clearing house; technical information exchange station
技术情报交流中心 technical clearing house
技术情报局 <英> Technical Information Bureau
技术情报室 technical information services department
技术情报文献 technical information documents

技术情报系统 technology information system
技术情报专家 technical information specialist
技术情报资料 technical information file
技术趋向文件 technical trend documents
技术圈 technologic(al) sphere
技术权衡 technologic(al) trade-off
技术人才的迁移 skill migration
技术人才转移 skill transfer
技术人员 technical personnel; technical staff; technician; technicist
技术人员需要量 technical demand
技术认证 technical certificate
技术容限 technical tolerance
技术商品 technique goods
技术商业化 commercialization of technology
技术(上的)差距 technologic(al) gap
技术上的高度精良化 technologic(al) sophistication
技术上的格式 technologic(al) precept
技术(上的)可行性 engineering feasibility
技术上的突破 technologic(al) breakthrough
技术上的选择 technical choice
技术上的原因 technical ground
技术上可行的 technologically feasible
技术上消耗磨损 technical wear and tear
技术设备 technical equipment; technical plant; technique; technologic(al) installation
技术设备报价 technical plant offer
技术设计 technical design
技术设计方案 engineering design plan; technical design plan
技术设计改变 engineering design change; technical design change
技术设计阶段 definition phase; design development phase
技术设计审查 engineering design review; technical design review
技术设计图 design development drawing; technical drawing
技术设计员 technical designer
技术设施 technical installation
技术设想 technologic(al) ideas
技术摄影术 technical photography
技术审查 technologic(al) audit
技术审核 technical scrutiny
技术审议 technologic(al) audit
技术升级 technologic(al) upgrade
技术生产线 technologic(al) line
技术生命周期 technology life cycle
技术失效 technical failure
技术实践 engineering practice
技术实现阶段 technical feasibility stage
技术实验室 engineering laboratory
技术市场 technical market; technique market
技术示范 show-how
技术事故 technical failure
技术试验室 engineering laboratory
技术室 engineering office; studio; technical office; technical room
技术手册 technical handbook; technical manual; technologic(al) manual
技术寿命 technical life
技术书刊 technical publication
技术输出方 licensor; seller; supplier
技术输入 import of technology
技术熟练人员 skilled personnel
技术术语 technicals; technical terminology
技术数据 engineering data; nomenclature plate; service data; technical data
技术数据表 technical data sheet
技术数据和技术情况一览表 authorized data list
技术数据资料一览表 authorized data list
技术水平 engineering level; level of technology; professional qualification; technical level
技术说明 technical description; technical note
技术说明规范 specification limit
技术说明书 engineering instruction; specification sheet; spec sheet; technical direction; technical instruction; technical manual
技术速度【铁】<不包括中间站停车时分> technical speed
技术谈判 technical negotiation; technology negotiation
技术弹性限度 commercial elastic limit
技术陶瓷 technical ceramics
技术套管 intermediate casing; intermediate string; protection casing; protection string; protective casing; protective string; protector casing; protector string; technical casing
技术套管深 protection casing depth
技术特点 technical characteristic
技术特色 technical characteristic
技术特性 technical characteristic
技术特性表 list of technical characteristics; list of technical features
技术特征 technical characteristic
技术替代率 rate of technical substitution
技术挑战 technologic(al) challenge
技术条件 engineering factor; specification; technical condition; technical ground; technical provision; technical regulation; technical requirement; technical specification; technical term
技术条款 technical specification
技术条例 technical regulation
技术条令 technical order
技术通报 technical circular
技术统治 technocracy
技术投入系数表 technical input coefficient table
技术突破 breakthrough; technical breakthrough
技术推广 technology transfer
技术危害 technologic(al) hazard
技术维护 maintenance care; maintenance support; service; serving
技术维护班 servicing crew
技术维护规程 maintenance instruction; maintenance regulation
技术维护计划 maintenance plan
技术维护试验设备 maintenance test equipment
技术维修 technical maintenance
技术维修训练 maintenance drill
技术维修作业 maintenance drill(ing)
技术委员会 technical commission; technical committee; technical panel
技术委员会编号 numbering of technical committees
技术委员会成员身份 membership of technical committees
技术委员会的联络 liaison between technical committees
技术文件 technical publication; technologic(al) documents
技术文件编制 technical documentation
技术文献 technical literature
技术文献图书馆 technical documentation library
技术文献委员会 <设在法国巴黎的国际铁路联盟> Technical Documentation Committee
技术文摘 technical digest
技术问题 engineering problem; technical matter; technical problem
技术问题的非技术途径 non-technical approach to a technical problem
技术误差 technical error
技术吸收 absorption of technology
技术系数 technical coefficient; technologic(al) coefficient
技术系统 technical system
技术细节 technical detail; technicality
技术细则 engineering instruction; technical manual; technicals
技术先进型企业 enterprises using advanced technology
技术现状 state of technology
技术现状报告 state-of-the-art report
技术限制 technical limitation
技术销售经理 technical sales executive
技术销售主任 technical sales executive
技术效率 technical efficiency
技术协议 technical agreement
技术协作 technical collaboration; technical cooperation; technical coordination; technical liaison
技术协作协定 technical collaboration agreement
技术信息 know-how information; technical information; technical message
技术性 technicality
技术性负载 technical load
技术性鉴定 technical assessment
技术性能 technical capability; technical characteristic; technical data; technical feature; technical function
技术性能标准 engineering performance standard; performance standard
技术性能图表 performance (characteristic) diagram
技术性能指标 technical performance index
技术性失业 technologic(al) unemployment
技术性事故 technical accident
技术性突破 technologic(al) breakthrough
技术性违约 technical default
技术性下跌 technical decline
技术性仲裁 technical arbitration
技术许可证 know-how license [licence]
技术选择性报价 technical alternative
技术学科 technical subject
技术学校 technical college; technical school
技术训练 on-the-job test; on-the-job training
技术研究 engineering research; technical study
技术研究报告 technical research report
技术研究部 technical research division
技术研究工程师 experimental engineer
技术研究工作 experimental engineering
技术研究所 technical center[centre]; technical(research) institute
技术研究院 technical institute
技术研制计划 technical development plan
技术验证 technical identification
技术养护(队) technical patrol
技术要求 specification; technical requirement; technical specification
技术要求说明 technical specification
技术要求压力 specification pressure
技术业务部门 technical service department
技术仪表 industrial instrument
技术因素 technologic(al) factor
技术引进 acquisition of technology; import of technology; introducing of technology from abroad; technical introduction; technology import; technology input
技术引进方 buyer; licensee; recipient
技术引进与发展 technology acquisition and development
技术用房 mechanical room
技术用语 technical word
技术用语汇编 compilation of terms
技术与操作事务咨询委员会 Advisory Committee on Technical and Operation Matters
技术与制造过程规格手册 specification manual of engineering and manufacturing
技术预测 technical forecast(ing); technologic(al) forecasting; technology forecasting
技术员 engineering technician; artificer; mechanic; technician; technicist; big savage <俚语>
技术原理 know-why
技术原则 engineering philosophy; technical philosophy; technical principle
技术援助 technical assistance; technic assistance
技术援助方案 technical assistance program(me)
技术援助和制造协定 technical assistance and manufacturing agreement
技术约束 technical constraint
技术再评 technology assessment
技术责任 technical responsibility
技术责任制 system of technical responsibility; technic responsibility system
技术站 technical station
技术诊断系统 technical diagnosis system
技术整备 technical service
技术证明书 technical certificate
技术支援 technical backstopping
技术支援小组 technical support team
技术知识 technical know-how; technical knowledge; technologic(al) know-how
技术知识市场 know-how market
技术直达列车 technical through train
技术直径 calculated diameter
技术职称 technical title; title for technical personnel
技术职能 engineering function; technical function
技术植物 technical plant
技术指标 qualification; technical index; technical norm; technical target; technique index
技术指导 technical direction; technical guidance; technologic(al) guidance
技术指导费 know-how fee
技术指导说明书 technicians guide brochure
技术指导者 technical director
技术指令 engineering order
技术指南 technical guidance; technical manual
技术指示 technical order
技术质量鉴定 technical qualitative evaluation
技术质量控制 technical quality control
技术置换比 technical rate of substitution
技术中心 technical center[centre]
技术重建 technical reconstruction

技术助理 technical assistant
技术助手 technical assistant
技术专长 technical expertise; technical skill
技术专家 technical expert; technical specialist
技术专家阶层 technostructure
技术专家(控制)体制 technostructure
技术专科学校 technical school
技术专利 technical monopoly
技术转让 sublicensing; technical transfer; technic transfer; technologic(al) transfer; technology transfer; transfer of skill; transfer of technology
技术转让法 law on transfer of technology
技术转让费 know-how commission; technical transfer commission; technology transfer expense
技术转让合同 technology transferring contract
技术转让计划 technology transfer program(me)
技术转让协议 know-how agreement; technology transfer agreement
技术转让引进费 cost of acquiring technology
技术转移 technology transformation
技术装备 engineering; technique
技术状况 state-of-the-art; technical condition
技术状态 state-of-the-art
技术状态不良线路 defective track
技术准则 standard specification; technical criterion
技术咨询 technical advisory; technical consultant; technical consultation; technical information
技术咨询服务 technical consultation service; technical counsel service
技术咨询工作 technical advisory work
技术咨询合同 technology consulting contract
技术咨询机构 technical consultation service; technical counsel service
技术资历 technical qualification
技术资料 engineering data; service data; technical data; technical information; technical literature; technical material; technical matter; technologic(al) data
技术资料编制 technical documentor
技术资料室 technical information services department
技术资料收集 engineering data collection; technical data acquisition
技术资料文摘 technical data digest
技术资源 technical resource
技术总结 technical summary
技术走廊 technical corridor
技术组 technical group
技术组织措施 technical and organization measures
技术作业 technical operation
技术作业程序表 program(me) of technical performance
技术作业处理 technologic(al) processing
技术作业的 technologic(al)
技术作业定额 technologic(al) rating
技术作业过程 technologic(al) process
技术作业特性 technologic(al) characteristic
技术作业站 technical service [servicing] station; technical operation station
技术作业指南 engineering instruction
技艺 accomplishment; acrobatics; skill; technicist; workmanship
技艺工会 craft union

际

际面 parting plane
际准层厚度 thickness of marker horizon
际准样数值 value of standard sample

剂

剂量 batching; dosage; dose; dosimetry; dosis
剂量泵 dosage pump
剂量玻璃 dose glass
剂量补偿作用 dosage compensation
剂量测定 dosage measurement; monitoring
剂量测定法 dosimetry
剂量测定用验电器 radioscope
剂量测量装置 health-monitoring installation
剂量当量 dose equivalent
剂量当量负担 dose-equivalent commitment
剂量当量极限 dose-equivalent limit
剂量当量率 dose-equivalent rate
剂量当量限值 dose-equivalent limit
剂量当量指标 dose-equivalent index
剂量当量指数 dose-equivalent index
剂量低于最低限度的 subthreshold
剂量反应 dose-response
剂量反应关系 dose-response relationship
剂量反应模式 dose-response pattern
剂量反应评定 dose-response assessment
剂量反应曲线 dose-effect curve; dose-response curve
剂量反应相关 dose-response correlation
剂量分次给予 fractionation dose
剂量分级 dose fractionation
剂量极限 dose limit
剂量计 badge; dose detector; dosimeter; quantometer
剂量计量术 dosimetry
剂量计数器 batching counter; dose counter
剂量减低系数 dose reduction factor
剂量控制装置 health-monitoring installation
剂量率 dosage rate; dose rate
剂量率计 dose rate meter
剂量频率关系 dose-frequency relationship
剂量投配率 dose rate
剂量限度 dose limit
剂量限度当量浓度 dose limit equivalent concentration
剂量响应曲线 dose-response curve
剂量效应 dosage effect
剂量效应关系 dose-effect relationship
剂量效应曲线 dose-effect curve
剂量学 dosimetry; dosiology; posology
剂量仪 dose-meter
剂量仪器 dosimeter
剂量员 radiation supervisor
剂量制 dosimetric system
剂量子 dosimetry
剂量自动控制 X 射线机 automatic dose rate controlled X-ray unit
剂型 dosage form; medicament form; preparation formulation

季

季铵表面活性剂 quaternary ammonium surfactant
季铵化反应 quaterisation
季铵化合物 quaternary ammonium compound
季铵化聚砜 quaternarized polysulfone
季铵化聚砜超滤膜 quaternarized polysulfone ultrafiltration membrane
季铵化聚砜反渗透膜 quaternarized polysulfone reverse osmosis membrane
季铵化聚砜膜 quaternarized polysulfone membrane
季铵化作用 quaternarization
季铵碱 quaternary ammonium base
季铵类 quaternary amines
季铵型树脂 quaternary ammonium type resin
季铵盐 quaternary ammonium salt
季铵盐类 quaternaries
季铵盐阳离子型表面活性剂 quaternary ammonium salt cationic surfactant
季铵阳离子型聚电解质 quaternary ammonium salt cationic polyelectrolyte
季胺树脂 quaternary amine resin
季胺盐 quaternary amine salt
季报 quarterly report
季变 seasonal change
季变化 seasonal variation
季差世界时 <UT1 改正季节变化> universal time 2[UT2]
季度 quarter
季度版 quarterly edition
季度报告 quarterly report
季度的 quarterly
季度的第一天 quarter day
季度工资 quarterage
季度股利 quarterly dividend
季度计划 seasonal plan
季度结账日 quarter(age) day
季度津贴 quarterage
季度进展报告 quarterly progress report
季度矿量变动 variation of season ore reserves
季度旅游卡 quarterly travel card
季度时间表 seasonal schedule
季度税 quarterage
季度息 quarterly interest
季风 monsoon(wind)
季风爆发 breaking of monsoon; bursting of monsoon
季风常绿阔叶林 monsoon broadleaf evergreen forest
季风潮 monsoon surge
季风低(气)压 monsoon depression; monsoon low
季风海流 monsoon current
季风后退 retreat of monsoon
季风环流 monsoon(al) circulation
季风季节 monsoon season
季风降水量 monsoon precipitation; monsoon rainfall
季风降雨量 monsoon precipitation; monsoon rainfall
季风口低压槽 monsoon trough
季风林 monsoon forest
季风流 monsoon drift
季风漂流 monsoon drift
季风气候 monsoon air; monsoon(al) climate
季风气候学 monsoon climatology
季风气流 monsoon air
季风区 monsoon region
季风天气 monsoon weather
季风雾 monsoon fog
季风洋流 monsoon ocean current
季风涌浪 monsoon swell
季风雨 monsoon rain
季风云团 monsoon cluster
季风指数 monsoon index
季格利线锯 Gigli's wire saw
季候泥 glacial varve; laminated clay; varve
季候泥黏[粘]土 varved clay
季节 quarter; season
季节报告 quarterly report
季节变动 seasonal fluctuation
季节变动调整年率 seasonally adjusted annual rate
季节变动数 seasonal variation
季节变动指数 index of seasonal variation
季节变化 seasonal fluctuation
季节变化不显著带 non-obviously seasonal change range
季节变化层 zone of seasonal change
季节变化的弱光带 seasonally changed gloomy zone
季节变化特征 regime(n)
季节变化韵律 rhythm due to seasonal change
季节变率 interseasonal variability
季节病 seasonal disease
季节补给 seasonal recharge
季节不规则波动 seasonal irregularity
季节不规则性 seasonal irregularity
季节差价 parities according to season; seasonal price difference
季节抽样 seasonal sampling
季节储水 seasonal storage
季节灯 seasonal light
季节电价 seasonal electricity price
季节电力 seasonal power
季节冻土 climafrost; periodic(al) frozen ground; seasonly frozen soil
季节多态 seasonal polymorphism
季节分布 seasonal prevalence
季节风 anniversary wind; seasonal wind
季节风期流量 monsoon flow
季节高峰 high seasonal peak
季节工 seasonal worker
季节灌溉水量 seasonal duty of water
季节河 seasonal river; seasonal stream
季节洪水分布 seasonal flood distribution
季节湖 intermittent lake; seasonal lake
季节活性层 seasonal thaw layer
季节价目制 seasonal rate schedule
季节降水特征 precipitation regime
季节交替带 seasonal fluctuation zone
季节交通类型 <显示连续若干月或若干年间的日平均交通量> seasonal traffic pattern
季节亏耗 seasonal depletion
季节列车 seasonal train
季节列车运行 seasonal train service
季节裂缝 season cracking
季节流 seasonal flow; seasonal runoff
季节流动工 gandy dancer
季节排污许可证 seasonal discharge permit
季节频率 seasonal frequency
季节平衡 seasonal balancing
季节平均日交通量 seasonal traffic density
季节期 seasonal period
季节区域 <干舷规定> seasonal area
季节泉 seasonal spring
季节热带区域 seasonal tropical area
季节融雪流量 seasonal snowmelt run-off
季节色泽 seasonal colo(u)ration
季节水 verkhovodka
季节特性 seasonal character
季节特征 seasonal character
季节调节 seasonal control; seasonal regulation

J

季节调节库容 seasonal storage
季节调节水库 seasonal storage reservoir
季节调整参数法 seasonal adjustment parametric(al) method
季节通航 seasonal navigation
季节通航航道 seasonally navigable channel; seasonally navigable waterway
季节外结果 extraseasonal fruiting; out-of-season fruiting
季节系数 seasonal coefficient; seasonal factor
季节相关 seasonal correlation
季节型 seasonal pattern
季节性 season(al) character; seasonality
季节性变动 seasonal variation
季节性变动调整 adjustment of seasonal variations
季节性变化 seasonal change; seasonal variation; seasonal fluctuation; seasonal variability
季节性变化地带 zone of seasonal change; zone of seasonal variation
季节性变换 seasonal inversion
季节性冰冻地带 seasonal frost area; seasonally frozen ground
季节性波动 seasonal fluctuation
季节性迟后 season lag
季节性出力 seasonal output; seasonal power
季节性储备 seasonal reserves; seasonal stock
季节性储水量 seasonal storage
季节性贷款 seasonal credit accommodation
季节性的 seasonal
季节性低气压 monsoon low
季节性地下水 temporary groundwater
季节性电力需要量 seasonally power demand
季节性动态 season dynamics
季节性冻土 seasonal frozen ground; seasonally frozen soil; seasonally frozen ground; transitory frozen earth; transitory frozen ground; transitory frozen soil
季节性冻土区 seasonal frost region
季节性对流 seasonal inversion
季节性放款 seasonal loan
季节性放牧 seasonal grazing
季节性浮游生物 meroplankton
季节性负荷 seasonal load
季节性负荷曲线 seasonal load curve
季节性干旱 periodic(al) drought
季节性干旱变性土 xerert
季节性干旱林区 seasonally dry forest zone
季节性港口 seasonal port
季节性高峰负荷 seasonal peak load
季节性高涨 seasonal pick-up
季节性耕作 part-time farming
季节性工人 migratory worker
季节性工作 seasonal jobs; seasonal work
季节性功率需要量 seasonally power demand
季节性构筑物 seasonal structure
季节性海流 seasonal current
季节性航标 seasonal aids
季节性航道 seasonal channel; seasonal waterway
季节性河槽 ephemeral channel
季节性河道 ephemeral channel
季节性河流 billabong; ephemeral channel; ephemeral stream; intermittent flow; intermittent stream; seasonal river; seasonal stream; temporary stream; temporary torrent
季节性荷载 seasonal load
季节性洪水分布 seasonal flood distribution
季节性湖泊 ephemeral lake; seasonal lake
季节性环流 seasonal circulation
季节性回复 <潜水面的> seasonal recovery
季节性回升 seasonal recovery
季节性洄游 seasonal migration
季节性货物 seasonal cargo; seasonal goods
季节性加权函数 seasonal weighting function
季节性价格 seasonal price
季节性间歇河 intermittent interrupted stream
季节性减价 season sale
季节性降雨 seasonal rainfall
季节性交通量变化 seasonal traffic variation
季节性交通量变化图 seasonal traffic pattern
季节性径流 seasonal runoff
季节性开裂 season cracking
季节性空调 seasonal air conditioning
季节性控制测站 seasonal control station
季节性枯竭 seasonal depletion
季节性库存高峰 seasonal peak on inventory
季节性库存量 seasonal inventory
季节性库容 seasonal storage
季节性裂缝 seasonal cracking
季节性流 seasonal current
季节性流动资金 seasonal loans for circulating funds
季节性流水 ephemeral stream; intermittent flow; intermittent stream; seasonal river; seasonal stream; temporary stream; temporary torrent
季节性贸易 seasonal trade
季节性内陆小溪 <喜马拉雅山麓的> cho
季节性偏差 seasonal deviation
季节性破裂 seasonal cracking
季节性起伏 seasonal fluctuation
季节性迁徙 seasonal migration
季节性迁移 seasonal migration
季节性泉 periodic(al) spring
季节性热负荷 seasonal heat(ing) load
季节性热循环 seasonal thermal cycle
季节性融化层 seasonal thaw layer
季节性蠕动 seasonal creep
季节性山溪 bourn(e)
季节性升高 seasonal rise
季节性升降 seasonal fluctuation
季节性失业 seasonal unemployment
季节性水 seasonal water
季节性水量 seasonal volume
季节性水流 ephemeral flow; seasonal (stream) flow
季节性税率 seasonal tariff
季节性体积变化深度 depth of seasonal creep
季节性天气 seasonal weather
季节性条带形黏[粘]土 seasonally banded clay
季节性调节水库 seasonal reservoir
季节性调整 seasonal adjustment
季节性通车路 seasonally run road
季节性微咸水域 seasonal brackish waters
季节性围栏保护区 seasonally protected plot
季节性温跃层 seasonal thermocline
季节性吸收系数 temporal absorption coefficient
季节性限制 seasonal restriction
季节性硝态氮含量 seasonal nitrate nitrogen content
季节性小河 spruit; winter bourne
季节性效应 seasonal effect
季节性需求 seasonal demand
季节性需水量 seasonal duty of water
季节性蓄水 seasonal storage
季节性蓄水库 seasonal storage reservoir
季节性循环 seasonal cycle
季节性盐湖 bolson
季节性演替 seasonal succession
季节性移动 seasonal movement
季节性因素 seasonal factor
季节性因子 seasonal factor
季节性用机具 seasonal equipment
季节性用设备 seasonal equipment
季节性用水量 seasonal duty of water
季节性运输 seasonal traffic
季节性韵律 seasonal rhythm
季节性载重线区 seasonal loadline area
季节性增量 seasonal increment
季节性涨落 seasonal movement
季节性涨水 seasonal fluctuation; seasonal rise in level
季节性沼泽 mbuga
季节性折扣 seasonal discount
季节性蒸发率 seasonal evaporation rate
季节性指数 seasonal index
季节性滞后 seasonal lag
季节性住房 seasonal housing
季节性转化 seasonal inversion
季节性转换 seasonal inversion
季节性转移放牧 transhumance
季节性最低量 seasonal minimum
季节性最高量 seasonal maximum
季节循环 cycle of seasons; seasonal cycle
季节影响 seasonal effect; seasonal incidence
季节用水量 seasonal duty of water
季节预报 seasonal forecasting
季节周期 seasonal cycle
季节周期性更替 seasons revolve
季节转换 reversal of season
季径流量 seasonal runoff
季均值 seasonal mean value
季刊 quarterly
季流 seasonal flow
季末 close of the season
季票 season-ticket
季审法院 quarter sessions
季碳原子 quaternary carbon atom
季调节 seasonal regulation
季调节电站 seasonal storage plant
季戊醇酸树脂 pentacite
季戊四醇 pentaerythrite; pentaerythritol; tetramethylolmethane
季戊四醇醇酸树脂 pentacite
季戊四醇四硝酸酯 pentaerythrite tetranitrate; pentaerythritol tetranitrate; penthrite
季戊四醇四乙酸酯 pentaerythrite tetra-acetate
季戊四醇四硬脂酸酯 pentaerythritol tetrastearate
季戊四醇松香酯 pentaerythritol abietate
季戊四醇亚磷酸酯 pentaerythritol phosphite
季戊四醇脂肪酸酯 pentaerythritol fatty ester
季戊四醇酯 pentaerythritol ester
季戊烷 neopentane
季戊炸药 pentaerythrite; pentaerythritol tetranitrate; penthrite; pentyl
季相(变化) aspect(ion); seasonal aspect
季相景观 seasonal phenomenon
季相林 seasonal forest
季相演替 succession of aspect
季盐 quaternary salt
季雨林 monsoon forest
季雨林和热带雨林带 seasonal rain forest and rain forest region

既

既成事实 established fact; fait accompli
既得的地产指定继承权 vested remainder
既得利益(集团) vested interests
既得权利 acquired right; established right; vested right
既定标准 established standard
既定方案 established programme; existing plan
既定方针 established policy
既定工艺 established technology
既定惯例 established customs
既定投资 established investment
既定项目 preselected project
既定因素 given factor
既定原则 established principle
既有干线网 existing main line network
既有建筑物 existing structure
既有双线铁路 existing double-track line
既有铁路 existing railroad; existing railway
既有线 existing line; existing track; old line
既有线测量【铁】 survey of existing railway
既有线改建 reconstruction of existing line
既有线改建与改造 improvement of existing lines; upgrade existing line; upgrade existing track
既有线能力加强 capacity enhancing on existing line; capacity strengthening on existing line
既有巷道 existing gallery
既约的 irreducible

迹

迹地更新 reforestation
迹点 trace point
迹量 trace quantity
迹线 line of flow; path line; tracer; track line
迹象 foretaste; scent; sign

济

济姆三角法 Jimu triangle method
济砷铀云母 troegrite

继

继爆管 detonating relay
继爆管延期时间 delay time of booster
继爆器 booster; detonating relay
继沉淀作用 post-precipitation
继承 hereditament; heredity; inherit; inheritance; succeed; succession; accede
继承代码 inheritance code
继承等级 inheritance hierarchy
继承地槽 inherited geosyncline
继承地形 sequential landform
继承分层 inheritance hierarchies
继承盆地 inheritable basin
继承权 remainder

继承人 heir;inheritor;successor
继承人不明的遗产 vacant succession
继承人和受让人 heirs and assigns;successor and assigner
继承书 instrument of succession
继承税 inheritance tax
继承物 inheritance
继承误差 inherited error
继承性 succession
继承性构造 succession tectonics
继承性活动 inheritable movement
继承性转移 adoptive transfer
继承性组构 inherited fabric
继承氩 inherited argon
继承者 inheritor;successor
继承种 successful species;successional species
继承属性 inheritance attribute;inherited attribute
继承组分 successive component
继电半自动闭塞 all-relay semiautomatic block
继电半自动闭塞系统 relay semi-automatic block system
继电保护 relaying protection
继电保护方式 the means of relay protection
继电保护屏 relay-set
继电保护容许功率 relayed capacity
继电保护装置 protective relay device
继电闭塞制 relay block system
继电表 electromagnetic type relay
继电存储器 relay-operated accumulator
继电电路 relay connection
继电电压表 contact-making voltmeter
继电调节系统 relay regulator
继电环 relay ring
继电缓冲 secondary buffering
继电集中联锁 all-relay interlocking
继电集中联锁机 all-relay interlocking machine
继电集中联锁架 all-relay interlocking frame
继电集中联锁控制台 all-relay interlocking control machine
继电集中联锁设备 all-relay interlocking plant
继电集中联锁信号楼 all-relay interlocking tower
继电架端 terminal of relay
继电检入检出寄存器 relay check-in check-out register
继电接地保护 ground relaying
继电接点编码网络 relay contact coding network
继电接点发码网络 relay contact coding network
继电接点连接法 relay connection
继电接点译码网络 relay contact decoding network
继电开关式伺服机件 bang-bang servo-mechanisms
继电控制 on-off control
继电控制电路 bang-bang circuit
继电控制器 bang-bang controller;relay controller
继电控制型 relay-operated type
继电控制制 on-off control system
继电联动装置 relay interlocking
继电联锁 relay system interlocking
继电联锁机 relay interlocking machine
继电联锁架 relay interlocking frame
继电联锁控制盘 relay interlocking control panel
继电联锁控制屏 relay interlocking control panel
继电联锁控制台 all-relay interlocking control machine
继电联锁楼 all-relay interlocking box
继电联锁器 relay interlocking
继电联锁设备 relay interlocking plant
继电联锁系统 relay interlocking system
继电联锁箱 all-relay interlocking box
继电联锁信号楼 all-relay interlocking tower;relay interlocking tower
继电联锁制 relay interlocking system
继电联锁装置 electric(al) relay interlocking device;relay interlocking device
继电器 current relay;electric(al) relay;relay;servomotor
继电器保护 relay protection
继电器保护装置 overload protection device;overload protective device
继电器保证起动值 relay must-operate value
继电器比较仪 relay comparator
继电器标签 relay label
继电器并联传递网络 successively worked parallel relay network
继电器并联网络 parallel relay network
继电器布线 relay wiring
继电器参差时间 relay stagger time
继电器操作的 relay-operated
继电器操作的控制器 relay-operated controller
继电器操作机构 relay actuator
继电器操作跳闸 relay act trip
继电器测试设备 relay test set
继电器插座板 relay plugboard
继电器超限运行 relay overrun
继电器车间 relay shop
继电器触点 relay contact
继电器串联网络 series relay network
继电器磁铁 relay magnet
继电器存储器 relay route storage
继电器单元 relay unit
继电器的缓动铜套 copper-slug
继电器的校准 calibration of relay
继电器电磁铁 relay electromagnet
继电器电路方式 relay network system
继电器垫圈 relay pad
继电器定时 relay timing
继电器动作 actuating of relay;operation of relay;relay operation
继电器动作时间 relay-operating time
继电器端 relay end
继电器端电压 relay end voltage
继电器返回系数 drop-off to pickup ratio
继电器防震弹簧 relay shock absorber
继电器防震器 relay shock absorber;shock absorber for relays
继电器放大器 relay amplifier;relay panel
继电器复位弹簧 relay retractile spring
继电器杆衬套 relay lever bushing
继电器根端缓动铜环 heel end slug
继电器工作分类 duty classification of a relay
继电器工作周期 relay duty cycle
继电器柜 relay cabinet;relay case;relay chest;relay cubicle;relay cupboard
继电器簧片的绝缘块 collets
继电器回缩弹簧 relay retractile spring
继电器机构 relay mechanism
继电器激励器 relay driver
继电器计时 relay timing
继电器计算机 relay computer
继电器架 relay bay;relay frame;relay rack;relay racks bay;relay shelf
继电器接触器 relay-contactor
继电器接触器控制 relay-contactor control
继电器接点 relay contact;relay tip
继电器接点焊接机 relay contact welder
继电器接点焊接器 relay contact welder
继电器接线 relay wiring
继电器矩阵 relay matrix
继电器开关 relay switch
继电器开关电路 relay switching circuit
继电器控制的累加器 relay-operated accumulator
继电器控制电路 bang-bang circuit
继电器控制电源 power source for relay control;power supply for relay control
继电器控制系统 relay control system
继电器控制型式 relay-operated type
继电器快门 relay shutter
继电器类型 relay type
继电器累加器 relay-operated accumulator
继电器力学 relay mechanics
继电器励磁 relay excitation
继电器灵敏度 relay sensitivity
继电器铃 relative bell
继电器名牌 relay name plate
继电器未动作值 relay non-operate value
继电器排架 relay racks bay
继电器盘 relay board;relay panel;relay switchboard
继电器起动装置 relay actuator
继电器驱动 relay drive
继电器驱动器 relay driver
继电器群 chain of relays;relay group
继电器入位时间 relay seating time
继电器省电电阻 relay economy resistance
继电器失磁 relay deenergization
继电器失灵保护装置 relay underreaching protection;underreaching protection
继电器时延 relay timing
继电器始可释放值 relay just-release value
继电器式比较器 relay comparator
继电器式电键 relay key
继电器式动作 bang-bang action
继电器式断续器 relay interrupter
继电器式呼叫接通电路 relay call processing circuit
继电器式计算器 relay calculator
继电器式记录器 relay type recorder
继电器式控制 bang-bang control;on-off control
继电器式累加器 relay-operated accumulator
继电器式伺服机构 relay type servo-mechanism
继电器式选择器 relay selector
继电器室 instrument bungalow;instrument house[housing];relay bungalow;relay cabin;relay house;relay room
继电器释放 relay deenergization;relay released
继电器随动系统 on-off servo
继电器台 relay bay
继电器弹簧 relay spring
继电器铁芯 relay core
继电器万能检验台 universal checking and testing stand for relay
继电器网络系统 relay network system
继电器吸合时间 relay-operating time
继电器吸起 relay energized
继电器匣 cubicle;relay box;relay group;relay-set;relay unit
继电器匣电路 relay unit circuit
继电器衔铁 armature of relay;tongue
继电器衔铁入位 relay seating
继电器线圈 relay winding
继电器箱 instrument cabinet;instrument case;relay box;relay cabinet;relay case;relay chest;relay cupboard
继电器箱基础 instrument case foundation
继电器箱柱 relay post
继电器型式 relay type
继电器型硬连线通信[讯]系统 relay type hardwired communications system
继电器序列 relay sequence
继电器延时电阻 relay time delay resistance
继电器延时套管 relay slug
继电器音响器 relaying sound
继电器闸 relay shutter
继电器闸门 relay gate
继电器罩 relay cover
继电器装置 relay-set
继电器自保护电阻 relay self-protecting resistance
继电器组 relay group;relay-set;relay unit
继电器组电路 relay unit circuit
继电切换器 drive control relay
继电设备 all-relay plant;relay equipment
继电式闭塞 relay type block
继电式电气集中联锁 all-relay interlocking;electric(al) relay interlocking
继电式发码器 relay type coder
继电式机器人 bang-bang robot
继电式自动仪表 relay type recorder
继电式自记仪表 relay type recording instrument
继电树形电路 relay tree
继电特性 relay characteristic
继电系统 all-relay system;relay system
继电信号楼 all-relay signal box
继电信号箱 all-relay signal box
继电遥控 all-relay telecontrol
继电译码器 relay decoder
继电制 all-relay system;relay system
继电作用 servoaction
继动 servo
继动安全阀 servo-relief valve
继动泵 relay pump;succeeding pump
继动磁场 servofield
继动磁场调节器 servofield regulator
继动阀 relay valve;servo-valve
继动阀顶盖 relay valve top cover
继动阀隔膜簧 relay valve diaphragm spring
继动阀供给阀 relay valve supply valve
继动阀供给阀簧 relay valve supply valve spring
继动阀体 relay valve body
继动活塞 relay piston
继动活塞阀 relay piston valve
继动机构 servo-mechanism
继动控制 servo-control
继动离合器 relay clutch
继动马达 servomotor
继动器 servomotor
继动器译码器 relay decoder
继动切断阀 relay dump valve
继动调节 relay governing
继动调节器 relay governor;servo-governor
继动调速器 relay governor gear
继动系统 servo-system
继动油缸 relay cylinder
继动闸 servo-assisted brake;servo-brake
继动转向 servo-assisted steering
继动装置 relay gear
继动作用 servoaction
继发故障 secondary incident
继发事故 secondary accident
继发性污染物 secondary pollutant

继起涌浪 subsequent surge
继任图 replacement chart
继任者 successor
继时对比 successive contrast
继时空间阈 successive spacial threshold
继续 continuation; continue; resumption; succeed; succession
继续保险 continued insurance
继续保险单 running policy
继续拨款 continuing appropriation
继续不断 going on without a break
继续发火系统 make-and-break ignition system
继续符号 go on symbol
继续隔离 continued isolation
继续工作 continuous run; work away
继续火花点火 make-and-break ignition
继续交易 standing business
继续交易市场 continuing market
继续结转成本 continuing cost
继续结转账户 continuing account
继续进路 successive route
继续进行 continuous; proceed; running
继续经营 continuity of life; going concern
继续经营假设 continuity of life assumption; going concern assumption
继续拘留状 detainer
继续控制 continued control
继续码 continuation code
继续年金 continuous annuity
继续努力 work away
继续器 make-and-break; oscillator
继续前进 forereach
继续屈服 post yield
继续群选 secondary mass selection
继续扫描 start-stop scanning
继续审计 continuous audit
继续生长 continued growth
继续拾取 subsequent pick-up
继续条款 continuation clause
继续委任使用 renewal of authorization to use
继续行 continuation line
继续性 succession
继续营业的价值 going concern value
继续营业企业原理 going concern theory
继续运行 on-off service
继续运转 remain in operation
继续振铃 intermittent ringing
继续租赁 further teasing
继支阀供给阀 relay valve supply valve

寂静角 angle of silence; quiescent angle

寂静区间 silence interval
寂静时间 silent period

寄泊港 port of call

寄存 checking; consign; consignation; deposit(e); load(ing)【计】
寄存保险箱 safe custody box
寄存仓库 consignment warehouse
寄存担保品 escrow
寄存的手提包 left grip
寄存费 charges for checking; checkroom charges; cloakroom charges
寄存后即执行 load-and-go
寄存票 check-room ticket; cloakroom ticket
寄存品保管费 <银行信托> charges on safe deposit
寄存器 registering apparatus; register (system); storage; temporary memory
寄存室 checking office; cloakroom <用于寄存小件行李、包裹>
寄存物品手续费 fee for safe custody
寄存系统 register system
寄存信息段 load module
寄存信息块 load module
寄存行李 left baggage; left-luggage
寄存行李办公室 left-luggage office
寄存行李费 left-luggage charges
寄存行李室 left-luggage room
寄存行李自动锁柜 automatic luggage locker
寄存依据 bailment document
寄存制 register system
寄发地交货 free on board shipping point
寄发设备 registering apparatus
寄港税 keelage
寄航港 port of call
寄居动物 inquiline
寄居植物 aulophyte
寄入器 register
寄生 host; parasitism; stray
寄生波 extraneous wave; parasitic(al) wave
寄生部件 parasitic(al) element
寄生部位 parasitic(al) site
寄生参考输入 spurious reference input
寄生参数 parasitic(al) parameter; stray parameter
寄生成分 parasitic(al) component
寄生虫 helminth; louse[复 lice]; parasite; parasitic(al) worm; vermin
寄生虫病 parasitic(al) disease; parasitosis
寄生虫指数 parasite index
寄生触发 spurious triggering
寄生单元 parasitic(al) element
寄生的 parasitic(al); spurious
寄生电感 parasitic(al) inductance; stray inductance
寄生电荷 spurious charge
寄生电抗 parasitic(al) reactance; strain reactance
寄生电流 parasite[parasitic(al)] current; sneak(out) current
寄生电路 parasitic(al) circuit; sneak circuit
寄生电平 spurious level
寄生电容 parasitic(al) capacitance; shunt capacitance; spurious capacitance; stray capacitance; stray capacity
寄生电压 parasitic(al) voltage; stray voltage
寄生电阻 dead resistance; parasite [parasitic(al)] resistance
寄生动物 parasitic(al) animal; zooparasite
寄生发射 parasitic(al) emission; stray emission
寄生反馈 parasitic(al) feedback
寄生俘获 parasitic(al) absorption; parasitic(al) capture
寄生辐射 spurious radiation
寄生根 parasitic(al) root; suckering root
寄生功率 wattless output
寄生共振 parasitic(al) resonance
寄生关系 parasitism
寄生管 ghost line
寄生光斑 flare spot
寄生光斑补偿 flare compensation
寄生火山 parasitic(al) volcano
寄生火山口 parasitic(al) crater; adventive crater
寄生火山锥 bocas; lateral cone; parasitic(al) cone; adventive cone
寄生激光作用 parasitic(al) lasing
寄生矿物 metasome
寄生力 parasitic(al) force
寄生链 parasitic(al) chain
寄生脉冲 afterpulse; ghost pulse; spurious pulse
寄生命令 spurious command
寄生命令信号 spurious command signal
寄生模式 spurious mode
寄生模抑制器 parasitic(al) mode suppressor
寄生目标 arasitic(al) objective
寄生耦合 intercoupling; parasitic(al) coupling; spurious coupling
寄生频率 spurious frequency; undesired frequency; unwanted frequency
寄生频率调制 residual frequency modulation; spurious frequency modulation
寄生气体 trapped gas
寄生潜力 parasitic(al) potential
寄生群落 opium
寄生熔岩锥 agglutinate cone; spatter cone; volcanello
寄生散射 parasitic(al) scattering
寄生生活方式 parasitic(al) mode of life
寄生生物 parasite
寄生束 spill beam; spurium
寄生宿主 parasitic(al) host
寄生天敌 insect parasite
寄生调幅 parasitic(al) amplitude modulation
寄生调幅宽度 width of parasitic amplitude modulation
寄生调幅抑制 spurious AM rejection
寄生调幅抑制度 spurious AM rejection ration
寄生调相 incidental phase modulation; spurious phase modulation
寄生调制 extraneous modulation; incidental frequency modulation; parasitic(al) amplitude modulation; residual modulation
寄生图像 spurious image; spurious pattern
寄生弯矩 parasitic(al) moment
寄生物 parasite
寄生物感染 parasitism
寄生误差 parasitic(al) error
寄生细菌 parasitic(al) bacteria
寄生现象 parasite; parasitism
寄生像 parasitic(al) image
寄生效应 ghost effect; parasite; parasitic(al) effect
寄生效应限制器 parasitic(al) stopper
寄生谐振 spurious resonance
寄生信号 extraneous wave; interfering signal; parasitic(al) signal; phantom signal; spurious signal; stray signal
寄生信号放大器 shading amplifier
寄生性害虫 parasitic(al) insect
寄生抑制 parasitic(al) suppression
寄生抑制器 parasitic(al) suppressor
寄生营养 parasitic(al) nutrition; paratrophy
寄生元件 parasitic(al) antenna; parasitic(al) component; parasitic(al) element; parasitic(al) reflector; passive element
寄生噪声 additional noise; parasitic(al) noise; spurious noise
寄生照明 stray illumination
寄生褶皱 parasitic(al) fold
寄生真菌 parasitic(al) fungi
寄生振荡 hunting; parasite; parasitic(al) oscillation; spurious oscillation; spurious resonance; whiskers <振荡管的>
寄生振荡抑制 parasitic(al) suppressor
寄生振荡抑制电阻器 anti-parasitic resistor
寄生振荡抑制器 parasitic(al) stopper; parasitic(al) suppressor
寄生振子天线 parasitically excited antenna
寄生植物 biophyte; host plant; parasite(plant); parasitic(al) plant
寄生专一性 host specificity
寄生状态 parasitism
寄生自振荡 parasitic(al) autooscillation
寄生阻抗 spurious impedance
寄生阻力 parasite resistance; parasitic(al) resistance; passive drag
寄生阻力系数 coefficient of parasite drag
寄生作用 parasitization
寄售 commission sale; consignation; consignment sale
寄售代理人 consignment agent
寄售发票 consignment invoice
寄售付款 payment against goods shipped on consignment
寄售合同 consignment contract
寄售记录 consignment record
寄售贸易 consignment trade
寄售契约 agreement on consignment; consignment contract
寄售人 consigner; consignor
寄售商品 consignment merchandise
寄售收货 consignment inward
寄售通知书 consignment note
寄售最低限价 consignment with lowest price limit
寄送单证通知书 advice of documents
寄宿 boarding; lodging
寄宿处 lodging
寄宿的 live in
寄宿房屋 rooming house
寄宿舍 boarding house; hostel (residence)
寄宿学校 boarding school; residential college; residential school
寄宿幼儿园 residential kinder garden
寄宿职工 lodged staff
寄托 bailment
寄托信用证 escrow credit
寄托信用状 escrow credit
寄物处 cloakroom
寄销 shipment outward
寄销费用 consignment expenses
寄销货物保险 consignment stock insurance
寄销人 consignor
寄销人垫付款 due from consignor
寄销损益 consignment profit and loss
寄销业务 consignment business
寄销账目 consignment account
寄主昆虫 host insect
寄主植物 host plant
寄主植物群 host flora
寄主族 host race

祭服室 revestry; vestry

祭红 chi-hung
祭具 vestry
祭具室 <教堂> revestry; vestry
祭司席 sedilia
祭祀埃及下界之神塞拉皮斯的地方 Serapeum
祭台 ceilure; credence
祭台龛室 altar baldachin; altar ciborium

祭台前的屏饰物 antependium
祭台前的帷幕 antependium
祭台上之天盖 ciborium
祭台上装饰性天篷 civery
祭坛 altar;sacrificial altar;rood altar <教堂靠在十字架隔屏上的>
祭坛背壁(上的屏风) reredos
祭坛背后的饰物 reredos
祭坛壁画 altar fresco
祭坛东向的教堂 orientated
祭坛后部的高屏 retable
祭坛后的壁板 retable
祭坛后面的装饰屏幕 altar piece
祭坛华盖 altar baldachin;altar ciborium;ambo(n) ciborium;baldachin;baldacohino;baldaquin;ciborium;pulpit baldachin;severy
祭坛基座上的油画板 predella panel
祭坛楼梯 altar stair(case)
祭坛前部覆盖物 antependium
祭坛上方及后面雕画饰物 altar piece
祭坛上方及后面雕画装饰 altar screen
祭坛神龛 altar shrine
祭坛式墓 altar-tomb
祭坛饰面 altar facing
祭坛饰罩 altar facing;altar front(al)
祭坛四周栏杆 altar rails
祭坛台阶 predella
祭坛台座 predella
祭坛油画 predella
祭坛座上油画 predella

绩

绩效评估及复核技术 performance evaluation and review technique
绩效评估制度 staff appraisal system
绩业评价 performance evaluation

蓟

蓟 <一种杂草> thistle
蓟罂粟油 argemone seed oil

鲫

鲫鱼 crucian carp

加

加1存储【计】 add one to memory
加氨器 ammoni(z)ator
加氨作用 ammonification
加白 whitening
加班 call-back;double time;extra duty;extra shift;extra work;odd shift;overtime(hours);overtime work
加班办法 overtime arrangement
加班成本费用 overtime arrangement
加班费 overtime pay(ment);overtime premium
加班费和夜勤津贴 overtime and night differential
加班工资 call-back pay;overtime compensation;overtime pay(ment)
加班工作 overtime duty;overtime job;overtime work
加班加点 overtime job;overtime work;work overtime;overwork
加班奖金 attendance bonus;overtime premium
加班奖金收入 overtime premium earnings
加班津贴 overtime allowance;overtime premium
加班时间 compensatory time;overhours;overline;overtime
加班时数 overtime hours
加班小时 hours overtime
加斑点 speckle
加斑木 Gabon
加板 splice
加保 additional insurance
加保兑 add confirmation
加保温层 lag
加保温套 lag
加倍 double;doubling;dual;duplication;geminate;reduplicate
加倍补偿 double indemnity
加倍垂直间隙的犁铧 double suction share
加倍的 diploid;dualling;reduplicate;duplicate
加倍地 doubly
加倍电路 double circuit
加倍定率递减折旧法 depreciation-double declining balance method
加倍读出 double read out
加倍公式 duplication formula
加倍活化黏[粘]合 duplicated adhesive
加倍计数器 back-to-back counter
加倍剂量 doubling dose
加倍寄存器 doubling register
加倍脉冲 pulse doubling
加倍赔偿 double indemnity
加倍时间 doubling time
加倍特厚管 double extra strong pipe
加倍余额递减 double-declining balance
加倍作用 doubling effect
加蔽线 drainage wire;drain wire
加壁柱的 pilastered
加边 edged
加边对称矩阵 bordered symmetric-(al) matrix
加边矩阵 border(ed) matrix
加边框洞口 framed opening
加边框式 box in
加边框线 box in
加边行列式 bordered determinant
加边缘 fringe;fringing
加编码 excess code
加变量 addition of variables
加标 complementary post
加标带 banding
加标环 ringing
加标回收率 indexed recovery rate
加标记 label(l)ing;mark
加标签 label(l)ing;tagging
加标签员 tagger
加标数据名 indexed data name
加标题和页码 heading and footing
加标头 prefixing
加标系 indexed system
加标样品 spiked sample
加标志示踪物 label(l)ed tracer
加标志于物标 mark target
加标族 indexed family
加宾风 Garbin
加冰 icing;re-icing
加冰拌和 iced mixing
加冰仓口 icing hatch
加冰孔 icing hatch
加冰所 ice filling point;icing point
加冰塔 icing tower
加冰台 icing platform
加冰线 icing track
加波纹 dimpling;wave
加玻璃纤维的粉刷 glass fibered plaster
加博罗内 <博茨瓦纳首都> Gaborone
加布雷尔反应 Gabriel's reaction
加布雷尔合成 Gabriel's synthesis
加彩 bedye
加彩瓷器 clobbered ware
加彩清漆 glazing liquid
加仓费 positive interest
加操作 add operation
加糙 roughness
加侧 plus side
加层房屋 raised block
加层路面 overlay of pavement
加长 lengthen(ing)
加长把 extra hand
加长保径钻头 extended ga(u)ge bit
加长臂 extension arm;extension boom;extension jib;boom extension
加长标号 lengthen label
加长部分 advancing
加长捣实炮棍 <深孔装药用> sectional tamping rod
加长短节 extension coupling;extension nipple
加长段 extension
加长分线规 extension dividers
加长符号 lengthen symbol
加长杆 extension bar;extension rod;lengthening bar
加长公接头 extension nipple
加长管 extension barrel;extension pipe;extension tube
加长管截 cheater
加长活塞杆 eyebolt shaft
加长接头 <带导向环的> extension coupling
加长节 extension
加长节距链 extended pitch chain
加长聚焦电极 elongated focusing electrode
加长连接 lengthening joint
加长连接件 incremental connector
加长联轴节 <带导向环的> extension coupling
加长联轴器 lengthened coupling
加长偶极子 lengthened dipole
加长喷嘴钻头 extended nozzle bit
加长水枪 extended branch
加长套筒 <套在钳子扳手上的> nigger
加长天线 extended antenna
加长线圈 extension coil;lengthening coil
加长岩芯管 extension core barrel;prolong core barrel;prolong core tube;sectional core barrel
加长载重汽车 lengthened motor lorry
加长轴 extension shaft
加长钻杆 extension arm;lengthening rod
加长钻铤 drill collar
加常数 addition constant;C-constant <视距仪的>
加超限应力 over-stress
加车【船】 full speed again
加衬 lining;steen
加衬垫 furred
加衬管 lined duct
加衬软管 <编制物> braided hose
加撑 bracing
加撑方杆 stayed pole
加撑杆 bracing piece
加撑杆的悬臂桁架 cantilever truss with tension rod
加撑构架 braced frame[framing]
加撑基坑 timbered trench
加撑开挖 excavate with timbering
加撑靠船墩 braced dolphin
加撑梁 propped beam
加撑木架 racked timbering
加撑深开挖 strutted excavation
加撑悬臂梁 propped cantilever beam
加撑悬臂柱 propped cantilever column
加撑支架 racked timbering
加成 extra charges
加成定价法 mark-up pricing
加成二聚合作用 addition dimerization;dimerization addition
加成二聚物 additive dimer
加成法 addition process
加成反应 addition reaction;additive reaction
加成共聚合 addition copolymerization
加成固溶体 addition solid solution
加成过程 addition process
加成化合物 addition compound;additive compound
加成剂 addition agent
加成聚合 addition polymerization;polyaddition
加成聚合反应 addition polymerization reaction;polyaddition reaction
加成聚合物 addition polymer;addition resin
加成酸/碱基 additional acid/base group
加成物 addition product;affixture
加成吸附质 additional adsorbate
加成性 additivity
加成作用 addition
加程序列 processing train
加齿 tooth
加酬合同 cost-plus contract;cost-plus-fee agreement;cost-plus-fee contact
加臭 odo(u)rization
加臭剂 odo(u)rant
加臭器 odo(u)rizer
加船用燃油港口 oil fuel bunkering port
加粗 thickening
加粗成图 lining in
加粗等高线 index(major) contour;thickened contour
加粗生长 diameter increment
加粗下水道 tank sewer
加粗线 heavy line
加粗柱身中部 swelling
加醋 vinegar
加存键 memory plus key
加大 enhancement;over-size
加大尺寸 upscale;upward scale
加大尺寸的 over-size
加大尺寸活塞 over-size piston
加大尺寸零件 over-size parts
加大定额灌溉 heavy irrigation
加大功能【机】 upheaval
加大活塞 over-size piston
加大活塞环 over-size piston ring
加大链环 enlarged link
加大罗马式瓦 double Roman tile
加大网眼 wide sizing
加大污染治理力度 strengthen pollution control
加大芯头 augmented core print
加带环 banding
加丹加海槽 Katanga marine trough
加丹加运动 Katanga orogeny
加到表中 add to list
加德纳附着力测定仪 Gardner adherometer
加德纳干燥时间记录器 Gardner drying time recorder
加德纳-霍尔德管 Gardner-Holdt tube
加德纳-霍尔德黏[粘]度管 Gardner-Holdt viscosity tube
加德纳-霍尔德气泡黏[粘]度计 Gardner-Holdt bubble viscometer
加德纳-科尔曼吸油量测定 Gardner-Coleman method
加德纳-帕克附着力试验 Gardner-Park's adhesion test
加德纳-帕克抗张强度试验计 Gardner-Park's tensile meter
加德纳(漆膜)干燥计 Gardner drying meter
加德纳色标 Gardner colo(u)r scale;Gardner colo(u)r standards
加德纳色差计 Gardner colo(u)r

difference meter
加德纳色值 Gardner colo(u)r number
加德纳型破碎机 Gardner crusher
加德纳摇锤式破碎机 Gardner crusher
加迪行列式 bordered determinant
加点 overtime hours
加点观测 local extra observation
加点天棚 furred ceiling
加点桩 intermediate stake
加碘精盐 refined salt iodined
加电复位 power-on reset
加电线 active line
加电压端 live end
加电子作用 electronation
加电自检【计】power-on system test
加垫 pad
加垫平顶 furred ceiling
加垫圈的同轴电缆 beaded coaxial cable
加顶接头 strength joint
加订货单 additional order
加毒 envenom
加对角撑门扇 braced door
加顿避雷器 Garton lightning arrester
加多 add
加多舵角 give more helm
加轭 collaring;yoke
加尔各答港 <印度> Port Calcutta
加尔各答运费吨 <以 50 立方英尺为 1 吨> Calcutta tonnage scale
加尔加斯亚阶【地】Gargasian(stage)
加尔默罗会教堂 Carmelite church
加耳 <电容单位> jar
加耳号 earmark
加法 add; addition; additive; summation
加法表 addition table
加法操作 add operation
加法常数 additive constant
加法存储寄存器 adding storage register
加法单位元 additive identity
加法电路 added circuit; adder; summing circuit
加法定理 addition theorem
加法对冲元件 summing impact modulator
加法放大器 adder amplifier;summing amplifier
加法工序 addition process
加法公式 addition formula
加法管 adder tube;additron
加法过程 additive process
加法恒等元 additive identity
加法机 adding machine
加法机的打印表 tally
加法机构 adding mechanism
加法积分 summing integration
加法积分器 summing integrator
加法计数 plus count
加法计数器 adding counter
加法寄存器 B-register
加法交换律 commutative law of addition
加法阶 additive order
加法可分函数 additively separable function
加法控制部件 add control unit
加法控制单元【计】add control unit
加法累加器 adder-accumulator
加法轮 adding wheel
加法脉冲 add pulse
加法门 add gate
加法命令 addition command
加法模型 additive model
加法逆元 additive inverse
加法奇偶 add parity
加法器 adder;adding box;adding machine; count detector; summation meter; summer; totaliser [totalisator/ totalizer]
加法器单元 adder unit
加法器门 adder gate
加法器求和元件 summator
加法器树形乘法 adder tree multiplication
加法群 additive group
加法时间 addition time;additive time
加法速度 addition speed
加法算符 additive operator
加法算子 adding operator
加法网络 add network
加法性质 addition property
加法演算 tot
加法元件 adding element
加法原理 addition principle
加法运算 add(ing) operation; additive operation
加法运算符 adding operator
加法运算时间 add time
加法指令 addition instruction
加法转换器 addaverter
加法装置 summator
加法总线 add bus
加法组件 sum module
加凡漆 <一种钢窗锌基防锈底漆> galvanite
加矾器 alum feed apparatus
加矾设备 coagulant feeder
加矾土 adding alumina
加钒铸铁 vanadium cast iron
加方箍 <指钢筋混凝土梁柱中的钢箍> square hooping
加方式 add mode
加防风雨条的门 weather stripped door
加防腐剂 preservatize
加肥灌溉 fertilizing irrigation
加费补贴 overtime pay(ment)
加分路 in bridge
加分路的 by passed
加粉煤灰硅酸盐混凝土 gas-ash silicate concrete
加封 sealing
加封盖 seal cap
加氟 fluoridize
加氟作用 fluoridation
加符号 plus symbol;signing
加负荷 loading up;pupinization;stress application
加负荷的峰值 peak of loading
加负载 loading(up);pupinization
加负载的 loaded
加复筋 double armo(u)ring
加副木夹牢 fish
加富过程 eutrophication
加富培养 enrichment culture
加富培养基 enrichment medium
加盖 capping;plugging
加盖保护的管道末端 capped end
加盖反应器 capped reactor
加盖沸腾钢 cooler-plated steel
加盖钢 capped steel;plugged steel
加盖管 capped pipe;pipe with cover-plate
加盖火漆印的契约 specialty
加盖机 capping machine
加盖明沟 covered ditch
加盖起重机 capping crane
加盖渠道 covered canal
加盖水道 covered conduit
加盖污泥干燥器 covered sludge drying bed
加盖印章 affix a seal;stamping
加盖邮戳 overprint
加感 coil loading; electric(al) loading; inductive(ly) loading; loading (inductance); pupinization
加感部分 loading section
加感材料 loading material
加感场 inducing field
加感的 loaded
加感点 <装加感线圈处> loading point
加感电荷 inducing charge
加感电缆 coil loaded cable; loaded cable
加感电路 coil loaded circuit;loading scheme
加感段 loading section
加感方案 loading scheme
加感计划 loading scheme
加感节距 coil space;loading coil spacing
加感绕组 inducing winding
加感套管 loading(splice)sleeve
加感天线 inductively loaded antenna; load(ed) antenna
加感同轴电路 disk on rod type circuit
加感同轴管 load coaxial tube
加感误差 loading error
加感系数 loading coefficient
加感线对 loaded pair
加感线路 load(ed) line
加感线圈 lengthening inductance; loading coil;pupin coil
加感线圈段 loading coil section
加感线圈盒 loading coil case
加感线圈间距 loading coil spacing
加感线圈箱 loading coil pot
加感线圈罩 loading hat
加感型式(长途电线)type of loading
加感圆盘 loading disk
加感制 loading system
加钢筋的砖墩 reinforced brickwork pier
加钢筋的砖过梁 reinforced brickwork lintel
加钢筋增强的 steel reinforced
加高 heighten(ing)
加高齿 long addendum tooth
加高的 built-on
加高的房屋 heightened block
加高底部截槽 snub
加高梁 deepened beam
加高掏槽 snubbing
加高延伸式尖轨 <加高平伸至导轨> switch point with uniform risers
加隔板 baffling
加铬氯化锌 chromated zinc chloride
加铬砷酸铜 chromated copper arsenate
加铬砷酸锌 <木材防腐剂> chromated zinc arsenate
加工 elaborate; fabricating; handling; machining; manufacture; process(ing);treatment;working
加工安装基面 generating mounting surface
加工板厚 working thickness
加工棒料车床 bar lathe
加工边 work(ing) edge
加工变质层 affected layer
加工标准 process(ing) criterion; process specification
加工表面 facing;finished surface
加工玻璃 processed glass; secondary glass
加工玻璃喷灯 glassing burner
加工步骤 job step
加工材 surface lumber
加工材料 processed material;worked material
加工残渣 process residues
加工层 surface layer
加工产物 elaborated product; elaboration product
加工厂 finished factory; processed plant; processing plant; processing factory
加工场 job site
加工车间 job shop;processing workshop
加工成本 conversion cost;converting cost;processing cost
加工成标准尺寸的石料 dimensioned stone
加工成高度相近的块石 ranged rubble
加工成人字形虚线 chev(e)ron pattern
加工成模型的木材 patterned lumber
加工成型 machine-shaping
加工承揽合同 contract for processing work
加工程序 job program(me); job sequence; manufacturing process; processing program(me); processor; working-up procedure; work order
加工程序控制 process control
加工尺寸 finish size; manufacturing measurement
加工出口区 export process(ing) zone
加工出口用料 processing materials for export
加工处理 cure;working over
加工处理循环 processing plant
加工船 factorial ship;factory ship
加工脆性 work brittleness
加工单 job sheet;work sheet
加工单位 process unit
加工导槽 working channel
加工的冰 processed ice
加工的储藏食物 preserved food
加工的粗方石 rock cut face
加工的光面 milled fair face
加工的坡口 finished edge
加工的天然气 processing natural gas
加工点 working point
加工多余度 process redundance[redundancy]
加工法 processing method
加工范围 range of capacity;range of work
加工方法 job operation; processing method;processing procedure;working method
加工仿真模型 process-simulation model(l)ing
加工废料 processing waste
加工费(用) processing charges; processing expenses; processing cost; working cost
加工符号 finish mark;process mark
加工干性油 treated drying oil
加工高度 working height
加工工程 process engineering
加工工序 manufacturing procedure
加工工业 manufacturing industry; process(ing) industry
加工工艺 fabrication; manufacture process;manufacturing process;processing technic;processing technology
加工工艺性 fabrication property
加工工艺学 process technology
加工工作量 labo(u)r content
加工管线 process piping
加工光洁的 clean-cut
加工规格说明书 process specification
加工过程 course of work(ing); manufacturing procedure; manufacturing process;workpiece process
加工过程中的 in-process
加工过程中的产品清单 in-process inventory
加工过的宝石 treated gem
加工过的木材 worked lumber
加工过的平整面 dressed fair face
加工过的气体 processed gas

加工过的石制件 dressed stonework
加工过的水 processed water
加工过的天然石料 dressed natural stone
加工过的橡胶 processed rubber
加工焊接工场 job welding shop
加工好的 ready-made
加工后尺寸 dressed size
加工(后所得的)碎石砂 processed stone sand
加工混凝土模板 wrought concrete formwork
加工机械 process machinery; processor
加工机械部 process machinery division
加工机械分公司 process machinery division
加工基准面 surface of operation
加工极限 manufacturing limit
加工集料 processed aggregate
加工记录 operation record
加工技术 process engineering; processing technic; processing technique; process technology
加工技术采样 sampling for technologic(al) determination
加工技术评议 technologic(al) processing assessment
加工技术取样 processing technologic(al) sampling
加工技术条件研究 investigation of technologic(al) condition
加工技术条件研究程度 investigation degree of technologic(al) conditions
加工技术研究 improvement research
加工季节 processing season
加工加热 process heating
加工件 job
加工键槽用尖头锉 cotter taper file
加工浇口和冒口的铣刀 sprue cutter
加工阶段 process phase; process segment; process stage; process step
加工进口贸易 improvement trade for import
加工晶体 worked crystal
加工精度 machining accuracy; machining precision; manufacturing accuracy; working accuracy
加工精度退化 degradation of workmanship
加工精确 cut true and square
加工鸠尾榫的刀具 dovetail cutter
加工卡片 route card
加工宽度 working width
加工链 processing chain
加工裂缝 processed shake
加工流程 work flow
加工流程图 flow process chart; process chart; processing scheme
加工留量 finishing allowance
加工炉 finishing stove
加工率 working modulus; working rate
加工贸易 improvement trade; processing trade
加工煤 reconstructed coal
加工米 husked rice
加工面 finish surface; machined surface; work edge
加工面积 finishing area; working area
加工模式 cooked mode
加工木板 factory plank
加工木材 converted timber; factory lumber; manufactured lumber
加工木槌 bossing stick
加工木框 bossing stick
加工能力 process capability; processing capacity; working ability
加工刨光的木材 dressed lumber
加工膨润土 processed bentonite
加工品 finished goods; processed goods; rework goods
加工品质 processing quality
加工齐平 machined flush
加工器 processor
加工强度 work intensity
加工清单 in-process inventory
加工区 zone of processing
加工缺点 imperfect manufacture
加工缺陷 manufacture deficiency; manufacturing deficiency
加工容量 work capacity
加工容易 handling ease
加工熔炼厂 custom smelter
加工软化 work-softening
加工软化材料 work-softening material
加工设备 handling equipment; manufacturing installation; process(ing) equipment; processing facility; processing instrument; processing unit
加工申请书 work request
加工深度 depth of processing; finish depth; working depth
加工生产 manufacturing activity
加工石 block stone; boulder
加工石料 processed rock
加工石料的钢锉 fillet rasp
加工时间 net time; overtime; process time
加工时限 process time limit
加工时效 hardness ag(e)ing
加工适应性 adaptability of operation; flexibility of operation
加工数据库系统 machining data bank system
加工水 processing water
加工税 processing tax
加工顺序 job order; processing sequence
加工顺序安排 arrangement of operating sequence
加工速率 processing speed
加工塔 processing tower
加工条件 processing condition
加工铜 worked copper
加工图 fabricating drawing; fabrication drawing; manuscript; operation drawing; process drawing; shop drawing; working diagram; working drawing; working map
加工退火 mechanical refining
加工完毕的车轴 finished axle
加工完毕的铸件 finished casting
加工温度 processing temperature; working temperature
加工坞 tooling dock
加工误差 mismachining tolerance
加工系统 system of processing
加工线修理 on-line repair
加工详图 detail drawing; shop detail drawing
加工效率 machining efficiency; working efficiency
加工型材 fabricated shape
加工性 deformability; malleability; working quality
加工性能 attribute for processing; handling characteristic; mechanical working property; processability; working quality
加工性试验 workability test
加工性质 working property
加工序列 job sequence; job stack; processing train
加工压力 machining pressure; tonnage
加工颜料 pigment preparation
加工验收 acceptance of works
加工应力 machining stress
加工应力等温淬火 austemper stressing
加工硬度 work-hardness
加工硬化 strain-hardening; work hardening
加工硬化钢 work-hardened steel
加工硬化合金 work-hardening alloy
加工硬化青铜 work-hardened bronze
加工硬化消除 release of work hardening
加工硬化指数 work-hardening index
加工用材 factorial lumber; factory lumber; factory timber industrial lumber
加工用燃料 process fuel
加工用原材料 in-process raw material
加工油 processing oil; treated oil
加工有机废液 processing organic liquid waste
加工有色合金的高速车床 brass finisher's lathe
加工余量 allowance(for finish); machining allowance; metal allowance; overmeasure; process redundance[redundancy]
加工余隙 work clearance
加工语句 work statement
加工裕量 finish allowance
加工运动 working motion; working movement
加工增值 value-added by manufacture
加工者 fabricator; processor
加工支援(程序) processing support
加工指令序列 job sequence
加工制品 fabricated product
加工制造业 secondary sector
加工中的材料 in-process stock
加工中的工件 work-in-process
加工中检测 in-process ga(u)ging
加工中无运动时间 dwell
加工中心 machining centers[centre]
加工周期 processing cycle
加工轴颈用锉 pivot file
加工助剂 processing agent; processing aid
加工砖片 manufactured brick chip(ping)
加工转发器 process transponder
加工装配工业 assembly industry
加工装配合同 contract of processing and assembling
加工装饰 enrich
加工装置 manufacturing installation; processing plant; processing unit
加工自动化 process automation
加工综合费用 rework cost
加工作坊 processing mill
加工坐标精度 setting accuracy on work
加汞作用 mercuration
加箍 hoop
加箍带的接头 strap joint
加箍的泵轴 collared sucker rod
加箍钢管 banded steel pipe; lock bar steel pipe
加箍钢筋(混凝土)桩 bound pile
加箍环 banded collar
加箍混凝土桩 bound pile
加箍接头 collared joint
加箍结构 banded structure
加箍筋 hooping
加箍拉环 banded collar
加箍圈 banded collar
加箍式压力水管 hooped penstock
加箍压力钢管 banded penstock
加箍压力水泵 banded pressure pump
加箍压力水管 banded penstock
加箍柱 tied column
加箍桩 logged pile
加骨料乳胶漆 emulsion paint with aggregate
加固 anchor; armature; bonding; bracing; consolidate; consolidation; pin-up; rooting; shoring; stabilization; strengthen(ing); strutting; underpin; upgrade
加固板 gusset(plate); mending plate; rectangular flat-plate; reinforcement plate; stiffening plate; strengthening plate
加固边 strengthening edge
加固边梃 stiffening stile
加固边缘 strengthened edge
加固材料 reinforcement material; stabilizer
加固层 backup coat; reinforced layer; reinforcing course; reinforcing layer; strengthening plate
加固撑 <门窗框在装运过程中的> spreader; shoring
加固撑杆 <预制门框的> spreader bar
加固程度 degree of hardness
加固处理 stabilization
加固措施 strengthening measure
加固大梁 stiffened girder; stiffening girder
加固大门 defensive gateway
加固的 consolidated; fortified; iron cased; reinforced; rigidized; stiffened; strutted
加固的城门 fortified town gate
加固的拱顶 reinforced vault
加固的横向构件 reinforced cross member
加固的剪刀撑 <小梁间> solid strutting
加固的楼梯梁 reinforced string
加固的路边 hardened verge
加固的路肩 sealed shoulder
加固的面层 reinforced topping
加固的饰面 reinforced facing
加固的寺院 fortress-monastery
加固的造型混合物 reinforced molding compound
加固堤坝 reinforced dikes and dams
加固堤堰 stabilising embankment
加固地层 reinforced earth
加固地基 consolidated subsoil; reinforcing foundation
加固电杆 stayed pole
加固堆石体 reinforced rockfill
加固方案 layout of reinforcement
加固方法 strengthening method; strengthening procedure; means of fastening <货物或集装箱装车>
加固方框 reinforced square set
加固杆 arm strut; reinforced pole
加固格栅 filler joist
加固工程 consolidation works; engineering reinforcement; reinforcement engineering; strengthening works
加固工事 improve defense works
加固工作 reinforcing
加固拱 stiffening arch; wall arch
加固构架 brace(d) frame; bracing frame
加固构件 reinforcement member; strengthened element
加固灌浆 consolidation grouting; stabilizing grout
加固和接地 bonding and grounding
加固桁架 stiffening truss
加固横杆 reinforced horizontal member
加固货物连接件 cargo joiner
加固机构 strengthening mechanism
加固基础 underpin

J

加固基地防御 hard site
加固剂 stabilizer
加固架 reinforced frame
加固剪力墙 reinforced shear wall
加固件 girth member;reinforcement;reinforcer;reinforcing member;reinforcing unit;stiffening piece
加固角 strengthening corner
加固角钢 stiffening angle
加固接头 reinforced joint
加固结构 reinforced construction;reinforced structure;ruggedized construction;strengthening of structure
加固金属构件 <塔腿> relegs
加固孔壁 reinforce the hole wall
加固框架 stiffening frame
加固拉条 reinforcing stay
加固肋 reinforcing rib;supporting rib
加固连接线 tie line
加固梁 strengthened beam;strengthening beam
加固路堤 reinforcing dam
加固路肩 hardened shoulder
加固螺栓 back bolt
加固锚栓 cinch anchor
加固木块 <框架的> kicher;kick strip
加固木条 batten roll;wood roll;conic-(al) roll <金属薄膜屋面咬口的>
加固内聚力 reinforcement cohesion
加固墙 bracing wall;fortification masonry wall;reinforced wall;reinforcing wall
加固墙板 reinforced panel
加固墙的基础 goufing
加固圈 anti-distortion ring;ca(u)lking ring;fixing collar;heel ring;reinforcing ring;stiffening ring
加固人造树脂砂轮 reinforced resinoid wheel
加固砂轮 reinforced wheel
加固山坡 hillside flanking
加固树脂 fortified resin
加固塑料壳体 reinforced plastic case
加固陶瓷层 reinforced ceramic coating
加固填料 reinforcement filler;reinforcing filler
加固条板结构 ribbon structure
加固涂料 doped coating;fortified paint
加固土 reinforced soil;reinforced earth <镀锌薄钢条做成框格的>;solidified soil;strengthening soil
加固土层厚度 thickness of compacted soil
加固土体的旋喷注浆法 jet grouting
加固托座 reinforcing pad
加固瓦 reinforced tile
加固弯筋 bending reinforcement
加固围杆 wrap-around tie-bar
加固围框 wrap-around tie-bar
加固圬工 reinforced masonry
加固物 proppant;reinforcer;reinforcement
加固系 reinforcing system
加固系统 reinforcement system
加固橡胶 reinforced stock
加固橡胶保护层 natural coating
加固效率系数 efficient coefficient of strengthening
加固斜撑木 stull piece
加固用钢板 dress plate
加固用梁 reinforcing beam
加固支撑 reinforced bracing;reinforcing stay
加固支架 reinforced liner
加固支柱 reinforcing post
加固轴套 stiffening sleeve
加固柱子的钢筋 buttress reinforcement
加固桩 consolidating pile;pile for reinforcing
加固状态 strengthened condition
加固锥体 interlocking cone
加固准则 criterion of strengthening
加固组装 ruggedized packaging
加固钻孔 casing drill
加固钻塔大腿 releg a derrick
加固钻塔支腿 reinforcing legs
加固作用 reinforcement;stabilization
加挂的车辆 additional vehicle
加挂客车 extra coach;supplementary coach
加光 highlighting
加光泽 satin
加过稀释剂的湖沥青 fluxed lake asphalt
加过稀释剂的沥青 fluxed asphalt
加过油的粉剂 oiled dusts
加害者 hurter
加含硼骨料的重混凝土 <用于屏蔽中子辐射的> boron-loaded concrete
加焊硬面(法) hard-facing
加号 plus sign
加号等号键 plus equal key
加号区 plus zero
加合固化剂 adduct curing agent
加合剂 addition agent
加合结晶 adductive crystallization
加合金元素 alloying
加合物 adduct
加合物形成剂 adduct forming agent
加合作用 adduction
加和毒性指数 additive toxicity index
加和效应 additive effect
加和性 additive property;additivity
加和指数 additive index
加荷 lading;loading up;load input
加荷按钮 load button
加荷板 loading coat;loading plate;loading slab
加荷标准 loading criterion;loading standard
加荷波动 loading shock
加荷处理 handling of load(s)
加荷的倒置过滤器 loaded inverted filter
加荷的模式 pattern of loading
加荷垫板 loading pad
加荷方式 way of loading
加荷杆 loading pole
加荷规程 load regulation;regulations regarding loads
加荷过程 loading history;loading procedure
加荷活塞 loading piston;loading ram
加荷机构 loading mechanism
加荷机件 loading mechanism
加荷机理 loading mechanism
加荷机制 loading mechanism
加荷控制台 loading console
加荷块 load block;load cell
加荷框架 loading frame
加荷历史 loading history
加荷密度 loading density
加荷面 plane of loading
加荷面上的部件 element of a loaded area
加荷面上的构件 element of a loaded area
加荷破坏 load to collapse
加荷期 period of loading
加荷区域 loading zone
加荷曲线 loading curve
加荷设备 load applying unit;loading installation;load(ing) rig
加荷设备的标定量 specified loading apparatus capacity
加荷时间 load(ing) stage;load(ing) time
加荷时龄期 age at loading
加荷时期 load stage
加荷试验 loading test(ing)
加荷速度 loading speed;speed of loading
加荷速率 loading speed;rate of loading;loading rate
加荷填方 loading embankment
加荷突变 loading shock
加荷途径 loading path
加荷系统 load-generating system
加荷限制器 load limiter
加荷卸荷环 load-unload cycle
加荷卸载环 load-unload cycle
加荷循环 loading cycle
加荷液压系统 loading hydraulic system
加荷与卸荷 loading and unloading
加荷与卸载 loading and unloading
加荷载 application of load;loading
加荷载架 <做载荷试验用的> load-(ing) frame
加荷增量(逐级)加荷 load increment
加荷至破坏 loading to collapse;loading to failure
加荷周期 cycle of loading;loading cycle
加荷柱塞 loading piston
加荷装料 charging
加荷装置 <试桩的> loading system
加黑斑补偿 black shaded
加横运算 stroke operation
加厚 bodiness;bodying;bulge;intensification;thicken
加厚边 beaded edge;strengthened edge
加厚边缘 margo
加厚边缘的板 thickened-edge plate
加厚表面处理层 heavy-duty surface treatment
加厚表面处治层 heavy-duty surface treatment
加厚玻璃 double-strength glass
加厚部分 <无梁楼板与柱头接触的> dropped panel
加厚窗玻璃 heavy sheet
加厚的 built-up;extra heavy
加厚的高强度沥青路面 deep-strength asphalt pavement
加厚(的灰)板条 double lath
加厚的沥青路面 deep lift asphalt pavement;thick lift asphalt pavement
加厚垫圈 thickening washer
加厚镀锌钢丝 double galvanized wire
加厚端 <管子的> upset end
加厚封层 <路面的> heavy seal coat
加厚腹板 deepened web
加厚管 extra heavy pipe;extra heavy tube
加厚灰缝 clip joint
加厚剂 intensifier
加厚接头 upset-end joint
加厚梁 deepened beam
加厚料 double weight
加厚软垫家具 overstuffed furniture
加厚生长 growth in thickness
加厚涂层 heavy application
加厚屋面板 heavy ga(u)ge roofing sheet
加厚纤维 thickening fibre
加厚锌层镀锌钢丝 double galvanized wire
加厚序列 expanded succession
加滑油 greasing
加环箍 hooping
加环接头 collared joint
加环筋 hooping
加灰过量的 over-limed
加灰料车 cement weighing hopper
加混合物料 charging of mix
加混凝土涂层 concrete coating
加混凝土外壳 concrete haunting
加火 flame enrichment
加或减 add-or-subtract
加机油管 on filler tube
加机油装置 flusher
加积 accretion;aggrade
加积层 accretion bed
加积层理 accretion bedding
加积沉积 aggradational deposit
加积岛 aggradation island
加积地带 accretion zone
加积地形 accretion topography
加积地质构造 accretion tectonics
加积谷底 aggraded valley floor
加积海岸 aggradation coast;aggradation shore
加积海滩 aggradation beach
加积河(流) aggrading river;aggrading stream
加积厚度 aggraded thickness
加积棱柱体 accretional prism
加积面 accretion surface
加积平原 aggradated plain;aggradation plain
加积石灰岩 accretionary limestone
加积速率 <河床泥沙的> rate of accretion
加积滩脊 accretionary ridge
加积楔 accretionary wedge
加积夷平作用 applanation
加积作用 aggradation;aggrading action;dereliction
加极性 additive polarity
加急电报 una;urgent message
加急挂号 rush order
加急交换制 express exchange system
加急(数据)流 expedited flow
加急通话 urgent call
加集料乳胶漆 emulsion paint with aggregate
加记号 earmark;marking
加价 hike;mark-up;raise a price
加价格 carrying charges
加价或减价条款 up or down an alteration of price clause
加价契约条款 up price clause
加减 plus-minus
加减法 addition and subtraction;plus-minus method
加减法器 adder-subtractor
加减法运算 signed magnitude arithmetic
加减分接开关 plus-minus switch
加减符 plus minus
加减拐肘 adjustable crank;adjusting crank
加减计数器 backward forward counter;forward backward counter;up-down counter
加减键 add-subtract key
加减控制器 add-subtract control unit
加减器 adder-subtractor[add-subtracter]
加减速变化 acceleration-deceleration fluctuation
加减速波动 acceleration-deceleration fluctuation
加减速顶 <编组线用> booster retarder;Dowty accelerator-retarder
加减速度器 <驼峰编组场> accelerator-retarder
加减速器 <编组场> booster retarder
加减速时分 <列车进出站> time allowance for deceleration and acceleration
加减速延误 acceleration-deceleration delay

加减位置 add-subtract position
加减消元法 elimination by addition or subtraction
加减运算符 adding operator
加减装置 adder-subtractor [add-subtracter]
加碱 alkali feeding; alkalify; alkalize
加碱熔化 alkaline fusion
加碱水解 alkaline hydrolysis
加碱消化 alkali digestion
加建工程 addition
加剑号 obelize
加键的雌雄榫 keyed mortise and tenon
加键叠合梁 dowel(l)ed beam; keyed (composite) girder; keyed (composite) beam
加键方块 keyed block
加键接缝 keyed joint(ing)
加键离合梁 keyed girder
加键梁 keyed beam
加键镶榫接合 keyed mortise and tenon
加键轴衬 keyed bush
加胶大白 gesso
加胶木屑板 prefilled
加校正 correction up
加接通信[讯]的特性 feature for attaching communication
加接显示器 repeater scope
加金属箍的木材 armo(u)red wood
加筋 armo(u)r(ing); reinforcement; bar between mesh < 用于钢丝网水泥 >
加筋板 reinforcement plate; reinforcing plate
加筋玻璃 reinforced glass
加筋玻璃纤维模板 reinforced glass fiber[fibre] mo(u)ld
加筋玻璃纤维模型 reinforced glass fiber[fibre] mo(u)ld
加筋不足的 under-reinforced
加筋的 < 指混凝土 > reinforced
加筋的衬砌 reinforced lining
加筋的护墙 reinforced apron
加筋的沥青涂层 reinforced bituminous coating
加筋的砂浆 reinforced mortar
加筋底脚 two-way footing
加筋垫层 reinforced cushion course
加筋洞口 reinforced opening
加筋堆石体 reinforced rockfill
加筋法 reinforcement method
加筋杆 reinforced bar
加筋灌浆砖砌体 reinforced grouted brick masonry
加筋混凝土 reinforced concrete; strengthened concrete
加筋(混凝土)挡土墙 reinforced earth retaining wall
加筋(混凝土)多孔砖楼板 reinforced perforated block floor
加筋混凝土找平层 armo(u)red concrete screed
加筋混凝土桩 bound pile
加筋角钢 stiffener angle; stiffening angle
加筋角隅 stiffer corner; protected corner < 混凝土路面的 >
加筋接缝 reinforced joint
加筋空心耐火砖地板 < 用于防火 > caxton floor
加筋空心砖过梁 reinforced tile lintel
加筋空心砖石砌体 reinforced hollow brick masonry
加筋沥青 ferrophalt; reinforced asphalt
加筋沥青排 reinforced asphalt mattress
加筋路堤 reinforced embankment
加筋(率)上下限 reinforcement limitation
加筋墁灰 reinforced plaster
加筋喷混凝土 reinforcing shotcrete
加筋喷浆层 reinforced gunite layer
加筋喷射混凝土 reinforced shotcrete
加筋平板 reinforced plate
加筋砌块工程 reinforced block work
加筋砌体 reinforced masonry
加筋砌体格型结构 reinforced filled masonry cell construction
加筋砌体结构 reinforced masonry construction; reinforced masonry structure
加筋砌筑块体工程 reinforced blockwork
加筋砌砖工程 reinforced brickwork
加筋圈 banded collar
加筋热拌地沥青(路面) reinforced hot mix asphalt
加筋砂轮 reinforced grinding wheel
加筋涮口 reinforced opening
加筋水泥砂浆 reinforced cement mortar
加筋塑料 < 如玻璃网 > reinforced plastics
加筋塑料灰浆 reinforced plastic mortar
加筋土 earth reinforcement; reinforced earth
加筋土坝 earth reinforced dam; reinforced earth dam
加筋土挡土墙 reinforced earth retaining wall
加筋土挡土墙的地基整平垫块 leveling pad
加筋土的码头岸壁 reinforced earth quay wall
加筋土海堤 reinforced earth seawall
加筋土护坡或挡土墙 reinforced earth protection or retaining wall
加筋土结构 reinforced earth structure
加筋土拉条 reinforcing strip
加筋土码头 reinforced earth dock
加筋土码头岸壁 reinforced earth quay wall
加筋土内部稳定性 internal stability of reinforced earth
加筋土总体稳定性 overall stability of reinforced earth
加筋圬工 reinforced masonry
加筋预制块砌筑工程 reinforced blockwork
加筋毡 reinforced mat
加筋铸件 reinforced cast(ing)
加筋砖过梁 reinforced lintel; reinforced masonry lintel
加筋砖横楣 reinforced lintel
加筋砖梁 brick beam
加筋砖砌过梁 brick beam; reinforced brick beam
加筋砖砌(体) reinforced brick masonry; reinforced brick work
加筋砖砌圬工 reinforced brick masonry
加筋砖石墙 reinforced masonry wall
加筋砖圬工 reinforced brick masonry; reinforced brick work
加劲 bracing; reinforce; staying; stiffen(ing)
加劲板 bracing piece; plate stiffener; reinforcement plate; reinforcing panel; stiffened plate; stiffener (plate); stiffening panel; stiffening plate; strap stiffener
加劲板式基础 stiffness mat foundation
加劲背衬层 < 地毯的 > secondary backing
加劲材 stiffener; strong-back
加劲材料 armature
加劲层 < 乱砌圬工墙的 > lacing course
加劲撑 buttress strut
加劲承压杆件 stiffened compression element
加劲大梁 bracing girder; stiffening girder; stiff girder
加劲的 stiffened
加劲的圈梁 stiffening ring beam
加劲杆 boom stiffening; brace piece; bracing boom; bracing member; bracing piece; reinforcing bar; stiffener
加劲钢板 reinforcement steel plate; reinforcing steel plate; stiffened steel slab; battle deck < 用作甲板、桥面板 >
加劲钢筋 concrete-steel; stiff reinforcement
加劲钢丝 reinforcing wire
加劲钢丝灰网 stiffened wire lath
加劲钢丝网 rib lath; rib mesh
加劲钢丝网矢板条 stiffened wire lath
加劲钢弦 reinforcing wire
加劲格框 stiffening grillage
加劲格排 stiffening grillage
加劲格栅 stiffening grillage; tailpiece; trimming joist
加劲隔板 bracing diaphragm; stiffening diaphragm
加劲隔壁 strength bulkhead
加劲拱形梁 stiffened arched girder
加劲构件 stiffened element; stiffening element; stiffening member; stiffener
加劲箍 strap stiffener
加劲桁架 stiffened truss; stiffening truss
加劲桁架拱 stiffened trussed arch
加劲环 reinforcing ring; ring girder; stiffener ring; stiffening ring; strap stiffener
加劲夹板 strapping plate
加劲件 bridging piece; stiffening piece
加劲角 strengthening corner
加劲角钢 bracing angle; reinforcing angle; stiffener angle; stiffening angle
加劲角铁 reinforcing angle; stiffener angle; stiffening angle
加劲接合 stiffened junction; stiffness joint
加劲接头 stiffened junction; stiffness joint
加劲节点 stiff connection
加劲结构 stiffened structure; stiffener
加劲筋 stiffener; stiffening bar
加劲壳结构 stiffened shell structure
加劲框架 bracing frame; stiffening frame
加劲肋(条) reinforcement rib; reinforcing rib; rib(bed) stiffener; stiffening rib; stiffener
加劲连接 stiff connection
加劲链索桥 stiffened cable suspension bridge; stiffened chain suspension bridge
加劲梁 bracing girder; buttress brace [bracing]; buttress bracing strut; girder; stiffening beam; bond beam
加劲梁节点 stiff girder connection
加劲檩条 stiffening purlin(e); trussed purlin(e)
加劲檩(条)撑 stiffening purlin(e) brace
加劲路堤 reinforced embankment
加劲排 reinforcing mat
加劲片 solid diaphragm
加劲平板 stiffened plate
加劲墙 stiffening wall
加劲圈 ca(u)lking ring
加劲式 stiffened type
加劲式吊桥 stiffened suspension bridge
加劲受压杆件 stiffened compression element
加劲受压环 reinforced compression ring
加劲条 cleat; stiffening rib; strengthening rib
加劲铁(件) stiffening iron; bracing iron
加劲铁丝 reinforcing wire
加劲凸榫 tusk tenon
加劲土 reinforced earth; reinforced soil
加劲土槽储仓 reinforced earth slot storage
加劲托座 stiffened bracket
加劲圬工墙 stiffened masonry wall
加劲系梁 girt(h)
加劲限度 reinforcing limit
加劲橡胶支座 stiffening rubber bearing
加劲效应 stiffening effect
加劲斜杆 bracing diagonal
加劲性接头 stiff joint
加劲悬链桥 stiffened chain suspension bridge
加劲悬索桥 stiffened(cable) suspension bridge
加劲压力钢管 stiffened penstock
加劲用大梁 reinforcing girder
加劲窄板 strap stiffener
加劲支柱 princess post
加劲肘板【船】 breast hook
加劲作用 stiffening effect
加进 add in
加进石灰石 adding limestone
加晶种 seeding
加矩速率 torquing rate
加剧 aggravate; exacerbation; inflame; intensify(ing)
加聚反应 addition polymerization
加聚树脂 polyaddition resin
加聚物 addition polymer
加聚作用 addition polymerization; polyaddition
加绝缘 lap
加开的列车 extra section
加开工程列车 work extra
加开或停运列车 running of extra or withdraw of trains
加开货物列车 extra tonnage train
加开列车 < 不是时刻表规定的列车 > extra train
加开列车命令 run extra order
加开旅客列车 passenger train extra
加靠港 additional port of call
加刻痕 scotch
加空接触网系统 overhead-contact system
加空铅 leading
加快 pick-up; quicken; set-forward
加快步伐 speed up the tempo
加快陈腐 accelerated ag(e)ing
加快的速度 accelerated velocity
加快费 express charges
加快费已付 express paid
加快费已邮付 express paid by post
加快风化 accelerated weathering
加快改革开放和经济发展 accelerate the reform and opening up an economic development
加快工程进度 speed-up the process of construction
加快施工进度 constructive acceleration
加快速度 expedite; pick-up speed; run-up; accelerated speed < 特快货物 >; speed-up

加快运转 concrete saddle
加宽 broaden(ing); enlargement; slacking; stretch; widen
加宽侧板 widener
加宽超车区 speed-change area
加宽车道 auxiliary lane
加宽的焊缝 spreading weld
加宽的突堤码头 double pier; widened pier
加宽电路(脉冲)widening circuit
加宽法 widening
加宽工具 widener
加宽工作面 slab face
加宽焊道 spreading
加宽横截面 broadened cross-section
加宽缓和段 attainment of widening; transition zone of curve widening; widening transition zone
加宽会车道 widening passing place
加宽渐变段 gradually varied curve widening; widening transition zone
加宽进路连接法 flared access connection
加宽路堤 embankment widening; widening bank
加宽路面 widen the road
加宽路堑 excavation widening; widening cuts
加宽轮辋 sand wheel band
加宽脉冲电路 circuit for stretching pulses
加宽式交叉(路)口 enlarged intersection; flared crossing; flared intersection; widened intersection
加宽行距 space out
加宽转角式交叉口 intersection with widened corners
加框 cased
加拉层 Gala beds
加拉杆柱 tied column
加拉筋混凝土板 post-tensioned slab
加拉木 jarrah
加拉帕戈斯海岭 Galapagos ridge
加拉帕戈斯扩张轴 Galapagos spreading center[centre]
加拉帕戈斯破裂带 Galapagos fracture zone
加拉台座 stand for tensioning
加拉脱关节机车 Garratt locomotive
加兰齐型转盘给料机 Challenge disc[disk] feeder
加蓝去黄提白 bluing
加勒比板块 Caribbean plate
加勒比海 Caribbean Sea
加勒比海地区 Caribbean area
加勒比海共同体 Caribbean Community
加勒比海海域 Caribbean waters
加勒比海航线 Caribbean Sea shipping line
加勒比海流 Caribbean current
加勒比海双壳类地理区 Caribbean bivalve province
加勒比海旋涡状构造 Caribbean Sea whirl structure
加勒比海洋流 Caribbean current
加勒比环境方案 Caribbean Environment Program(me)
加勒比养护协会 Caribbean Conservation Association
加勒比油松 Caribbean pine
加勒内风 Galerne
加勒特活套式线材轧机 Garrett looping rod mill
加勒特式卷取机 Garrett coiler
加勒特式线材卷取机 pouring reel
加勒特式线材轧机 Garrett mill
加勒特式小型钢卷取机 Garrett reel
加肋 finning; rib(bing)
加肋板 ribbed panel; ribbed slab
加肋薄壳 shell with ribs
加肋碟式 dished and ribbed
加肋管 grilled tube; ribbed pipe; ribbed tube; riffled tube
加肋管放热器 grilled tube radiator
加肋过热器 gilled superheater
加肋火管 ribbed flue
加肋梁 tapered beam
加肋楼板 deep floor; ribbed slab
加肋模板 ribbed shuttering
加肋盘轮 ribbed disc wheel
加肋片的 gilled
加肋穹顶 ribbed roof
加肋条 rib
加肋屋面板 ribbed roof deck
加肋系统 system of bracing
加肋烟道 ribbed flue
加肋闸轮 ribbed brake drum
加肋座 ribbed back
加里东【地】Caledon
加里东-阿帕拉契地槽 Caledonian-Appalachian geosyncline system
加里东地槽 Caledonian geosyncline
加里东海槽 Caledonian marine trough
加里东幕 Caledonian curtain
加里东期 Caledonian orogeny period
加里东期地槽 Caledonian epoch geosyncline
加里东期基底 Caledonian basement
加里东山地 Caledonian old land mountains
加里东山系 Caledonides
加里东(造陆)运动 Caledonian movement
加里东造山带 Caledonides
加里东造山运动 Caledonian orogeny
加里东褶曲 Caledonides
加里曼丹红柳桉 oba-suluk
加力 application of force; stress application
加力板 gusset
加力不敏感装置 force-insensitive mounting
加力程序 application program(me)
加力床 stressing bed
加力点 point of force application
加力发动机 boost engine
加力方向 direction of the applied force
加力缝 double standard seam
加力杆 stressing bar
加力管 cheater
加力滑车 stressing block
加力滑轮 stressing block
加力活塞 step-up piston
加力活塞弹簧 step-up piston spring
加力架 loading frame
加力梁 reinforcing girder
加力螺丝 forcing screw
加力片 gusset
加力器 assistor
加力牵引坡度 assisting grade; assisting pusher grade; pusher grade
加力燃气轮机 booster gas turbine
加力燃烧 after burning; reheat
加力燃烧室 after burner; augmenter; thrust augmenter
加力燃烧室额定功率 afterburner rating
加力燃烧室发出的推力 reheat thrust
加力燃烧室供油调节 afterburner fuel control
加力燃烧室控制 afterburner control
加力燃烧室喷嘴 afterburner nozzle
加力燃烧系统 reheat system
加力式发电机 hopped-up engine
加力通风 positive draft
加力制动器 servobrake
加利<指成本加利变成售价> mark-on; mark-up
加利福尼亚承载比 California bearing ratio[CBR]
加利福尼亚大学洛杉矶分校<美> University of California, Los Angles
加利福尼亚榧树 California nutmeg; California torreya
加利福尼亚海流 California current
加利福尼亚黑栎 Kellogg's oak
加利福尼亚空气资源委员会 California Air Resource Board
加利福尼亚理工学院, 加州理工学院<美> California Institute of Technology
加利福尼亚农场式建筑 California ranch architecture
加利福尼亚耙头【疏】California draghead
加利福尼亚—日本航线 California—Japan route
加利福尼亚式泵<适用于浅地抽水的> California pump
加利福尼亚试验标准 standard of California test
加利福尼亚湾 Gulf of California
加利福尼亚雾 California fog
加利福尼亚星云 California Nebula
加利福尼亚型采金砂船 California-type dredge
加利福尼亚型捣矿机 Californian stamp
加利福尼亚烟囱管式法<打井的> California stovepipe method
加利福尼亚烟囱式钻井法 California stovepipe drilling
加利福尼亚洋流 California current
加利福尼亚州水工程<美> State Water Project
加利福尼亚钻头 Californian bit
加利津地震计 Galizin seismometer
加利津地震仪 Galizin seismograph
加沥青的 bituminized
加沥青的楼面材料 bituminized floor covering material
加沥青混凝土 bituminized concrete
加沥青砂浆 bituminized mortar
加沥青水泥 bituminized cement; bituminous cement
加亮脉冲 intensification pulse
加亮荧光屏 intensifying screen
加料 charge; charging; enrich; feed(ing); feeding-up
加料报告 dispensing report
加料泵 charge pump
加料槽 charging box; charging spout
加料侧 charging side
加料秤 charging scale
加料次序 order of feeding
加料点 dispensing point
加料吊车 charging crane
加料斗 charging hopper
加料斗车 charging car; charging lorry
加料斗干燥器 hopper drier[dryer]
加料端 charging end; feed end
加料段 feed zone
加料阀 charging valve
加料帆布 multiple ply canvas; twill canvas
加料翻修 resurfacing by addition
加料工 batch charger; filler-on
加料刮板 feed shoe
加料管 charge pipe; feed pipe; filling tube
加料管线 charge line
加料罐区 dispensing tank farm
加料过程 process of loading
加料过多 overcharge; over-feed
加料和卸料位置 feed end
加料和卸压 fill and pressure relief
加料机 charger; feeder; filling machine
加料机翻斗 skip
加料机械 feeding machine
加料箕斗 charging skip
加料集流管 supply header
加料计 poidometer
加料接头 charging connection
加料刻度 loading level
加料孔 charging aperture; feed opening
加料控制器 feed regulator
加料控制室 charge control room
加料口 charging door; charging opening; dog house; feed inlet; fill(ing) opening
加料口塞 fill plug
加料量 level of loading
加料流槽 feed launder
加料漏斗 filling funnel
加料炉门 feed door
加料门 charging door; loading door; gallery port<平炉的>
加料盘 feed disk[disc]
加料皮带 feed belt
加料平台 charging deck; charging scaffold
加料期 charge period
加料起重机 charge hoist; charging crane
加料器 batch charger; charger; feeder; feeding device; filler
加料器附件 loader attachment
加料枪 feed gun
加料区 dispensing bulk plant; dispensing depot; dispensing station
加料筛 loading screen
加料设备 charging equipment; feeding equipment
加料室 transfer chamber
加料室闸板插销<压铸模机上的> clevis plate
加料顺序 charging sequence
加料速度 charging rate; feeding rate
加料提升机 charging elevator
加料提升塔 charge hoist guide tower
加料桶 charging basket; charging bucket; charging skip
加料位置指示器 load position indicator
加料武器 salted weapon
加料系统 charging system
加料箱 box feeder; charging box
加料斜槽 charging chute
加料循环试验 locked test
加料样品 spiked sample
加料业务 dispensing service
加料钟 charging bell
加料钟罩 charging bell
加料钟装置 charging bell gear
加料装置 charging device; feeder; feeding apparatus; feeding arrangement; feeding device; feeding equipment; feeding unit; loading device; materials feeder
加林那霾<出现于西班牙夏季> calina
加硫 vulcanize
加硫除铜精炼锅 sulphur treatment kettle
加硫钢 resulphurized steel
加路标 signing
加铝块脱氧(炼钢)javelin
加铝热剂的 aluminothermic
加铝镇静钢 Alto steel
加氯泵 chlorine feed pump
加氯冰 chlorinated ice
加氯处理 chlorination
加氯处理表 chlorination table
加氯法 chlorination
加氯机 chlorinator
加氯间 chlorination chamber; chlorine(dosing) room
加氯接触池 chlorination contact tank
加氯量 chlorine dosage

加氯器 chlorinator;chlorine feeder
加氯杀菌装置 chlorination plant
加氯设备 chlorination[chlorinator] installation
加氯室 chlorination chamber; chlorine room
加氯水 chlorinated water
加氯水处理 water chlorination
加氯消毒 chlorination disinfection; disinfection by chlorine
加氯液机 solution feed chlorinator
加氯装置 chlorinator
加氯作用 chloration;chlorization
加仑 <1 英制加仑 = 4.546 升,1 美制加仑 = 3.785 升> gallon
加仑·度 <美国采用的冷却单位> gallons-degree
加仑/分 gallons per minute
加仑/分平方英尺 gallons per minute per square foot
加仑/分钟 gal/mins
加仑罐 gallon jug
加仑/秒 gallons per second
加仑/人日 gallons capita per day
加仑/日 gallons per day
加仑/日平方英尺 gallons per day per square foot
加仑/日人 gallons per day per capita
加仑/日英亩 gallons per day acre
加仑数 gallonage
加仑/天 gallons per day
加仑/小时 gallons per hour
加仑小桶 <1 加仑小桶 = 9 加仑> firkin
加仑辛烷值 gallon-octane
加仑英里 gallon mile;miles per gallon
加罗林层 water ash
加罗林群岛(西太平洋)Croline Islands
加罗林铁杉 Carolina hemlock
加罗木 agallochum
加罗威锅炉 Galloway boiler
加螺旋钢筋 spiral hoping
加螺旋箍筋的 spirally reinforced
加洛巴拉 karnauba wax
加洛巴蜡 carnauba wax
加洛林王朝长方形的教堂建筑 <公元 8 世纪~公元 10 世纪法兰西时期的> Carolingian basilica(n)
加洛林王朝建筑 <公元 8 世纪~公元 10 世纪法兰西时期的> Carolingian architecture
加马翻板坝 Gamann wicket dam
加马旋转闸门活动坝 Gamann wicket dam
加码 extracode; increase position; over-sized product
加码头费 <船舶未付码头费离港> double wharfage
加满 top up
加盲板 blankoff
加帽端 capped end
加煤 coaling; coal trimming; stoke; stoking;bait <用铲子加煤>
加煤驳船 <装有输送机的> haulabout
加煤槽 coal chute
加煤车 coal charger
加煤船 coal hoist craft;coaling ship
加煤定时控制器 stoker timer
加煤港 port of coaling; bunker port; coal port
加煤工 fire man;rabbler;stoker
加煤机 coal charger; coaling crane; firing machine; mechanical stoker; stoker
加煤机喷煤器 stoker distributor jet
加煤机输煤器 stoker elevator conveyer[conveyor]
加煤孔 stoke hole
加煤炉腔门 fuel door
加煤率 rate of stoking
加煤码头 bunkering station; coaling pier;coaling wharf
加煤门 loading door
加煤器 spreader feeder
加煤桥 coaling bridge
加煤设备 coaling plant
加煤速率 rate of stoking
加煤锁斗 coal lock
加煤线 coaling road
加煤站 bunkering station;coaling depot;coaling station
加煤装置 coal feed; coaling equipment;coaling plant
加锰的锗 manganese doped germanite
加密 encryption;extension;thicken
加密保护 encipherment protection
加密保护协议 encryption-based protection protocol
加密补点 densification
加密采样 shock sampling
加密程序 pretty good privacy
加密传真通信[讯] enciphered facsimile communication
加密磁盘 compact disc
加密导线网图 traverse net plan
加密的 black;cryptographic
加密点【测】 densification point; pass point;photogrammetric(al) control point
加密电路 encrypted circuit
加密法 infill method; spacing densified method
加密方案 encryption scheme
加密封垫法 gasket system
加密封垫接头法 gasketed joining system
加密封垫聚氯乙烯管 gasketed PVC pipe
加密封套的燃料元件 encapsulated fuel
加密关键码 encryption key
加密机 ciphony equipment; cryptographic equipment; encryption equipment
加密技术 encryption technique
加密解密软件 <其中的一种>【计】 Winzip
加密井 infill well
加密孔 infill(bore)hole
加密控制点 additional control point; densification control point;bridging
加密控制网 densified control network;plot the control points; densification network
加密三角网 densification network
加密试验 densification test
加密术 cryptography
加密数据 enciphered data
加密算法 <计算机的> encryption algorithm
加密网 dense net;detail network
加密网络 refined net
加密误差 bridging error
加密信息 enciphered message
加密桩 compaction pile
加密作用 densification
加蜜黄油 honey butter
加冕教堂 coronation church
加冕室 coronation chamber
加面板的密肋楼板 ribbed floor with slabs
加膜 blooming
加膜玻璃 bloom film glass
加膜光学 coated optics
加膜透镜 coated lens
加膜物镜 coated lens
加姆兰页岩 Gamlan shale
加拿大北方动力委员会 Northern Canada Power Commission
加拿大标准协会 Canadian Standard Association
加拿大标准游离度 Canadian Standard Freeness
加拿大测量学会 Canadian Institute of Surveying
加拿大插销 Canada bolt
加拿大枞树香脂 Canada balsam
加拿大道路运输协会 Roads and Transportation Association of Canada
加拿大地盾【地】 Canadian shield
加拿大短柄小斧 Canada hatchet; Canadian ax(e)
加拿大短叶松 princess pine
加拿大短针松 Banksian pine
加拿大格网 Canadian grid
加拿大工程标准协会 Canadian Engineering Standards Association
加拿大国际开发署 Canadian International Development Agency
加拿大国立研究院 Canadian National Research Council
加拿大好路协会 Canadian Good Roads Association
加拿大红松 Canadian red pine
加拿大环境保护法 Canadian Environmental Protection Act
加拿大皇家建筑师学会 Royal Architectural Institute of Canada
加拿大联邦测绘局 Canadian Federal Survey Bureau
加拿大联邦运输部 Canadian Federal Transport Department
加拿大漆树 Rhus aromatica
加拿大轻型轨道车 Canadian light rail vehicle
加拿大柔性路面设计法 Canadian method of flexible pavement design
加拿大生物带 Canadian life zone
加拿大石棉 Canadian asbestos;chrysotile asbestos
加拿大式窗 Canadian window
加拿大式滚动低压贷款 Canadian roll-over mortgage
加拿大式建筑 Canadian architecture
加拿大式泥刀 Canadian pattern trowel
加拿大树胶 Canadian balsam
加拿大水道测量局 Canadian Hydrographic Office
加拿大水资源学报 <双月刊> Canadian Water Resources Journal
加拿大松节油 Canada turpentine;Canadian oil of turpentine
加拿大松香 Canada pitch
加拿大锁 Canadian latch
加拿大铁路和城市交通(设备)制造厂联合会 Canadian Railway and Transit Manufacturers Association
加拿大铁路集装箱系统 Canadian National's Railtainer System
加拿大铁路协会 Railway Association of Canada
加拿大铁杉 Canada hemlock;eastern hemlock
加拿大统【地】 Canadian series
加拿大土壤学报 <半年刊> Canadian Journal of Soil Science
加拿大香胶 Canada balsam
加拿大香树脂 Canada balsam;Canadian balsam
加拿大岩土工程学报 <加拿大季刊> Canadian Geotechnical Journal
加拿大元 Canadian dollar
加拿大云杉(木)Canadian spruce
加拿大运输委员会 Canadian Transport Commission
加拿大运输协会 Transportation Association of Canada
加拿大皂荚 Kentacky coffee tree
加拿大总环境质量指数 Canada total environmental quality index
加拿大钻挖法 Canadian cut
加拿雷塔 <一种产于美洲的红褐色质地坚实、纹细密的温带木材> Canaletta
加内标准法 plus internal standard method
加那利海流 Canary current
加那利海盆 Canary basin
加那利木 Canary wood
加纳德符号 Gardner mark
加纳德光泽计 Gardner gloss meter
加纳德黏[粘]度 Gardner viscosity
加纳德黏[粘]度计 Gardner viscometer
加纳德淌度计 Gardner mobilometer
加纳德直线式耐洗刷性试验机 Gardner straight line wash ability machine
加纳干草原 Chanar steppe
加纳陆核【地】 Ghana nucleus
加泥式土压平衡盾构机 earth pressure balance shield machine filled with bentonite or other high efficiency blister
加黏[粘]土回用砂 rebonded sand
加捻 twisting
加捻方向 twist direction
加捻经纱地毯 twist rug
加捻丝线 thrown silk
加捻装置 twister
加扭器 torquer
加农插头 cannon plug
加农插头与插座 cannon connector
加农高速钢 cannon
加农摄影法 canography
加浓 enrichment;graduation;thicken; upgrade
加浓混合气 enriched mixture
加浓水 enriched water
加浓瓦斯喷射 enriched gas injection
加浓针 enriching needle
加浓装置 enrichment-system;step-up system
加暖 warming
加硼密实混凝土 boron-loaded concrete
加硼水泥砂浆 boric cement mortar
加硼易淬硬钢 needles steel
加硼硬化亚共析钢 needled steel
加蓬红木 Gabon mahogany
加蓬陆核 Gabon nucleus
加蓬木 okoume
加蓬桃花心木 Gabon mahogany;okoume
加膨润土混凝土 cement bentonite concrete
加批注的提单 qualified bill of lading
加偏磁 biasing voltage
加偏压 biasing voltage;bias(s)ing
加偏压的电极 biased electrode
加偏压截止 bias off
加偏压使截止 bias off
加坡系数 Jiape drawdown
加铺层使用年限 overlay life
加铺混凝土面层 concrete resurfacing
加铺转角式交叉(口)all-paved intersection;all-paved crossing
加奇家用垃圾坑 Garchey sink
加奇垃圾管运系统 Garchey system
加奇偶 add parity
加气表 air-entrainment meter
加气波特兰高炉矿渣水泥 air-entraining Portland blast furnace-slag cement
加气波特兰火山灰水泥 air-entraining Portland pozzolan cement
加气波特兰水泥 air-entraining Portland cement

加气掺和料 air-entraining admixture
加气处理 air-entrainment
加气岛 filling island
加气的 air-entrained;air-entrapping
加气法 air-entraining
加气粉煤灰混凝土 gas-ash concrete
加气浮石混凝土 gas pumice concrete
加气钢筋混凝土 aerated reinforced concrete; reinforced aerated concrete; reinforced expanded concrete;reinforced foam concrete
加气高炉熔渣骨料 foamed blast-furnace slag aggregate
加气工艺 air-entraining technology
加气管 heating pipe
加气硅酸盐 gas silicate
加气硅酸盐高炉矿渣水泥 air-entraining Portland blast furnace-slag cement
加气硅酸盐混凝土 gas-silicate concrete
加气硅酸盐火山灰水泥 air-entraining Portland pozzolan cement
加气硅酸盐水泥 air-entraining Portland cement
加气过滤器 aerofilter
加气灰膏 aerated mortar
加气灰浆 aerated mortar;air-entrained mortar;air-entrainment mortar;mortar aerated with foam
加气灰泥 air-entrained mortar; air-entraining mortar; air-entrainment mortar
加气灰渣混凝土 gas-ash concrete
加气混凝土 aerated concrete; aero(con) crete; aerocrete; air (-entrained) concrete; air-entraining concrete;air-entrainment concrete; bubble concrete; cellular (-expanded) concrete; concrete with entrained air;concrete with entrance; expanded concrete;foam concrete; gas concrete;puffed up concrete
加气混凝土板 aerated concrete panel;aerated concrete slab;aerocrete panel;aerocrete slab;cellular concrete slab;gas concrete slab
加气混凝土保温 insulation by aerated concrete
加气混凝土槽 gas concrete pot
加气混凝土带窗墙板 aerated concrete window panel
加气混凝土的气孔间距系数 distance factor between air voids
加气混凝土调节剂 regulation for gas concrete;regulator for gas concrete
加气混凝土隔墙 aerated concrete partition;aerocrete block partition
加气混凝土隔热板 gas concrete insulating slab
加气混凝土构件 aerated concrete member;aerocrete unit
加气混凝土管套 aerated concrete pipe insulating section
加气混凝土浇制厂 gas concrete plant
加气混凝土浇制(件) gas concrete cast(ing)
加气混凝土搅拌机 aerated concrete mixer;gas concrete mixer
加气混凝土绝缘板 gas concrete insulating slab
加气混凝土抗压强度 aerated concrete compressive strength; aerocrete compressive strength
加气混凝土空心砌块 gas concrete hollow block
加气混凝土空心砖 gas concrete cavity tile;gas concrete hollow block
加气混凝土楼板 aerated concrete floor slab;aerocrete floor slab
加气混凝土内墙 gas concrete inside wall
加气混凝土黏[粘]胶缝隔墙 aerated concrete glue-joint block partition
加气混凝土盆 gas concrete pot
加气混凝土(砌)块 aerated concrete block;gas concrete(wall)block
加气混凝土墙板 aerated concrete wall panel;gas concrete wall slab
加气混凝土墙面砖 gas concrete wall tile
加气混凝土容重 aerated concrete density;aerocrete density
加气混凝土试件 gas concrete specimen
加气混凝土特制砌块 gas concrete purpose-made block
加气混凝土特制砖 gas concrete purpose-made block
加气混凝土涂层 gas concrete coating
加气混凝土瓦 gas concrete tile
加气混凝土制品 gas concrete article;gas concrete product
加气混凝土砖 gas concrete tile
加气混凝土砖墙 gas concrete block wall
加气剂 <混凝土> air-entrainer(for concrete); air-entraining admixture;air-entraining cement;air-entrainment;gas-forming admixture; gas-generating agent; gas-foaming agent; air-entraining agent; air-retaining substance
加气矿渣混凝土 air-entrained slag concrete
加气矿渣水泥 air-entraining slag cement
加气沥青 air-blown asphalt
加气量 air-entrainment concentration
加气滤池 aerofilter
加气氯化 aerochlorination
加气泥浆 aerated mud
加气膨胀骨料 foamed aggregate
加气膨胀混凝土板 cellular-expanded concrete slab
加气普通水泥 air-entraining Portland cement
加气器 air entrainer
加气枪 filling gun
加气轻质混凝土 air-entrained light weight concrete; air-entrainment light(weight)concrete
加气砂浆 aerated mortar; air-entrained mortar; air-entraining mortar;air-entrainment mortar;air mortar;cellular-expanded mortar
加气烧结混凝土集料 aerated sintered concrete aggregate
加气石膏 aerated gypsum
加气石膏板 aerated gypsum board;aerated gypsum sheet
加气石膏芯 aerated gypsum core
加气石灰混凝土 gas lime concrete
加气石灰混凝土砌块 gas lime concrete block
加气石灰混凝土砖 gas lime concrete block;gas lime concrete tile
加气水泥 air-entrained cement; air-entraining cement; air-entrapping cement
加气水泥刮板 aerated cement screed
加气水泥砂浆 air-entrained cement mortar
加气水硬水泥 air-entraining hydraulic cement
加气纤维混凝土 air-entraining fiber [fibre] concrete; air-entraining fibrous concrete
加气预应力混凝土 aerated prestressed concrete
加气增塑剂 air-entraining workability
加汽油 petrol
加汽油泵的计量器 counter for petrol
加汽油站 gasoline stand
加铅的 leaded
加铅封 affix a seal
加铅合金 leaded alloy
加铅黄铜 leaded brass
加铅汽油 leaded gasoline; lead up gasoline
加铅青铜 leaded bronze
加铅燃料 leaded fuel
加铅(条)leading
加铅易切削钢 ledloy free cutting steel
加嵌条窗玻璃垫圈 lock-strip gasket; structural gasket
加强 armature; augmentation; consolidate; enhancement; fortify; heighten(ing);intensification;intensify(ing); mending; reinforce(ment); reinforcing; stiffen(ing); strengthen(ing); upgrade;franking <榫眼件>
加强 T 形梁 reinforced T-beam
加强板 belaying cleat;bracing sheet; doubling;kicher;kick strip;moment plate; rectangular flat-plate; reinforcement plate; reinforcing panel; reinforcing plate;stiffener;stiffening panel;stiffening plate;reinforcing
加强保护层 heavy seal coat
加强爆破漏斗 strengthened blasting crater
加强边 stiffened edge
加强边沿 edge stiffening
加强边缘板 slab with stiffened edges
加强表面板的建筑 stressed-skin construction
加强冰川作用 agglaciation
加强薄板 reinforcement sheet
加强补片 eta patch
加强布条 band
加强部 rib
加强材 reinforcement;stiffener
加强材料 reinforcement material; reinforcing material
加强舱壁 strengthened bulkhead
加强舱口侧围板 reinforced hatchway side coaming
加强层 carcass;stiffened mat <土壤>
加强层砌(圬工) block-in-course masonry
加强撑架 <模板的> strong back
加强城市绿化 strengthen the greening of the city
加强充电 boost charge
加强措施 strengthening measure
加强大数定律 strong law of large numbers
加强带 joint tape;reinforcing band
加强的 beefed-up; extra strong; reinforced;step(ped)up
加强的暗榫锁 reinforced doorman lock
加强的闭锁装置 heavy lock
加强的衬筑 reinforced lining
加强的大梁 reinforced girder
加强的单栓锁 reinforced dead lock
加强的地震剖面 enhanced seismic profile
加强的法兰(管)接件 reinforced flange fitting
加强的格栅 reinforced joist
加强的桁条 reinforced purlin(e)
加强的横撑支架 reinforced stull
加强的横向(剪力)墙 reinforced cross wall
加强的角撑板 reinforcing gusset
加强的金属拉网 stiffened expanded metal
加强的抗压构件 stiffened compression element
加强的框架 reinforced frame
加强的立柱 reinforced stull
加强的沥青油毛毡 reinforced bitumen felt
加强的梁支座连接 stiffened seated-beam connection
加强的笼架 reinforcing cage
加强的桥墩 stiffening pier
加强的圈梁 stiffening ring beam
加强的斜撑支架 reinforced stull
加强的支撑 reinforced stull
加强的柱 stiffening pier
加强灯光 accent light
加强电路 accentuator
加强洞口周围的应力流 stress flow around a reinforced opening
加强法 reinforcement
加强法兰盘管接 reinforced flange fitting
加强反光器 intensive reflector
加强杆 reinforced pole
加强杆件 reinforcing member;stiffener
加强钢板 doubling plate
加强钢板网 stiffened expanded metal
加强钢轨 reinforcing rail
加强钢丝 reinforcement wire;reinforcing wire
加强钢丝圈 <轮胎沿口的> wire hooping
加强钢丝网 stiffened wire lath
加强格框 stiffening grillage
加强格排 stiffening grillage
加强梗 stiffening bead
加强构件 reinforcing element;stiffener;stiffening member
加强构件光缆 strength-member optic(al)cable
加强观测期 intensive observation period
加强观测区 intensive observation area
加强管 reinforcing tube
加强焊缝 reinforced weld;reinforcement of weld
加强焊缝不足或过量 insufficient or excess reinforcement of weld
加强焊缝高度 height of reinforcement of weld
加强焊缝焊瘤 weld collar
加强焊接 reinforced weld
加强桁材 additional girder;stiffening girder
加强桁梁 strengthened truss
加强横木 <加固楼梯与混凝土连接> kicker plate
加强护刃器 heavy-duty guard
加强护索 preventer shroud
加强护条 stiffening bead
加强环 reinforcement loop;reinforcement ring; reinforcing ring; strengthening ring
加强环境保护 strengthen environmental protection
加强簧眼 spring reinforced eye
加强灰泥 reinforce plaster
加强基础 underfoot
加强基础地质工作 basic geologic(al) working
加强基墙 underpinning wall
加强技术经济研究 technologic(al)and economic research strengthening
加强剂 intensive;potentiator
加强剂量 booster;boost(er)dose
加强继电器 reinforcing relay
加强架 hog frame
加强监测 enhancement of monitoring
加强件 reinforcement; reinforcer; reinforcing member;tension member
加强角片 cleat

加强接点 heavy-duty contacts; high current contact
加强接点继电器 heavy-duty contact relay
加强接缝处抹灰的钢丝网或玻璃丝网 scrim
加强接合 reinforced joint
加强结构 additional strengthening; strengthened structure
加强金属 reinforcement metal
加强筋 arbor; gill; joint tape; reinforcement; reinforcing rib; rib reinforcement; stiffener; stiffening bar; stiffening rib; strengthening rib; strip-off strip
加强筋板 deep floor
加强绝缘 reinforced insulation
加强绝缘材料 reinforcement insulation
加强绝缘层 reinforced insulation
加强壳 stiffened shell
加强孔 reinforced opening
加强块 accuracy block
加强矿山地质工作 mining geology strengthen
加强框架 panting frame
加强框梁 panting frame
加强肋 bracing rib; feather; intercostal; reinforced[reinforcing] rib; rib reinforcement; stiffening rib; strengthening rib; supporting rib
加强肋板 deep floor
加强肋骨 all-round frame; deep frame; transverse web; web frame
加强肋骨架 deep framing
加强沥青涂层 reinforced bituminous coating
加强沥青(油)毡 reinforced bitumen felt
加强连接杆 incremental connector
加强梁 armed beam; buttress brace; panting beam; reinforced beam; reinforcing girder; stiffening beam; stiffening girder
加强料【建】armature
加强路内外协作 strengthen the cooperation between the railway and shippers
加强氯丁橡胶板接缝 strengthened neoprene plate joint
加强轮胎 fortified tire[tyre]
加强螺栓 strengthening stud
加强蒙皮 stiffened skin
加强面层 reinforced coat
加强模板的木块 kick strip
加强膜 intensifying screen
加强木丝板 reinforced wood wool slab
加强抛掷药包 strengthened throw blasting charge
加强片 tabs
加强平板 reinforced plate
加强器 intensive
加强铅棂 reinforced cames
加强圈 stiffening ring
加强圈间距 distance between stiffening rings
加强热塑材 reinforced thermoplastics
加强软管的螺旋形索 helical cord
加强砂轮 reinforced wheel
加强设备 increaser
加强式 heavier-duty
加强受压构件 stiffened compression element
加强水土保持 reinforce the conservation of water and soil
加强塑料 reinforced plastics
加强填密焊缝 composite weld
加强条 doubling piece
加强外板 binding strake
加强外胎 reinforced tire[tyre]
加强网 strengthening net
加强网眼钢皮 stiffened expanded metal
加强桅杆 reinforced mast
加强桅梯绳 catch ratline
加强物 fortifier; hurter; reinforcement
加强物料 strength imparting material
加强系数 augmentation factor; enhancement factor
加强显影 forcing
加强线 auxiliary catenary(wire); reinforced line; line feeder【电】
加强线芯 reinforced core
加强橡皮带 reinforced rubber belt
加强效果 stiffening effect
加强楔形 strengthened wedge-shape cut
加强斜杆 bracing diagonal
加强型 reinforced type
加强型刀板 reinforced blade
加强因数 gain factor
加强硬度 hardness increase
加强用圆钢 reinforcing bar
加强载波解调 enhanced carrier demodulation
加强照明<隧道的> entrance reinforcement(of tunnel); reinforced lighting
加强支撑 jump set; reinforce set
加强支柱 reinforcing post
加强注射 booster injection; booster shot
加强转换器 addaverter
加强装饰板内墙接缝的玻璃纤维织物 joint reinforcing mesh; mesh tape
加强状态 strengthened condition
加强锥 conic(al) stiffener
加强锥形 strengthened cone cut
加氢【化】hydrogenate
加氢蓖麻油 hydrogenated castor oil
加氢变换 hydroconversion
加氢处理 hydrotreating
加氢的 hydrogenant
加氢反应器 hydrogenation reaction chamber
加氢分解 hydrogenolysis
加氢过程 hydrogenation
加氢化炉 hydrogasifier
加氢精制 hydrofining
加氢裂化 hydrochlorination; hydrocrack(ing)
加氢裂化产物 isocrackate
加氢裂化器 hydrocracker
加氢裂解 hydrocracking
加氢裂解液化 hydrogen cracking liquefaction
加氢气化【化】hydrogasification
加氢汽油 hydrogasoline
加氢器 hydrotreater
加氢去汞 hydrogen demercuration
加氢缩合反应 hydrocondensation
加氢脱硫 hydrodesulphurisation[hydrodesulphurization]; hydrogen desulfurization
加氢脱烃 hydrodealkylation
加氢脱烷基化作用 hydrodealkylation
加氢重整 hydroforming
加氢装置 hydrogenation plant; hydrogenation unit
加氢作用 hydrogen(iz)ation
加球管 marble feeding tube
加球孔 marble feeding hole
加权 weighing; weight
加权P偶图 weighted P-digraph
加权逼近 weighted approximation
加权编码 weighted code
加权表决制 weighted voting system
加权残差法 method of weighted residuals
加权残数法 method of weighted residuals; weighted residual method
加权残值法 weighted residual method
加权常数 weight constant
加权传感数据 weighted sensor data
加权的 weighted; weighting
加权的四位代码 weighted 4 bit code
加权等效连续听见噪声级 weight equivalent continuous perceived noise level
加权电阻数-模转换器 weighted-resistor digital-to-analog converter
加权叠加 weighted stack
加权度量 weighted meter
加权法 method of weighting; weighted[weighting] method
加权方程 weighted equation
加权概念 weighted concept
加权观测 weighted observation
加权过滤器 weighting filter
加权函数 weighting function
加权函数曲线数 number of weighted function curve
加权和 weighted sum
加权回归分析 weighted regression analysis
加权几何平均值 weighted geometric(al) mean
加权几何指数 weighted geometric(al) index number
加权计分法 weighted-in-points method
加权检测器数据 weighted sensor data
加权校验 weighted check
加权近似法 weighted approximation method
加权近似(值) weight(ed) approximation
加权净水头 weighted net head
加权矩阵 weight matrix
加权均方 weighted mean square
加权宽线叠加剖面 weight wide line stack section
加权扩散常数 weighted diffusion constant
加权离差变量 weighted deviational variable
加权滤波 weighted filtering
加权滤波器 weighting filter
加权路径长 weighted path-length
加权码 weighted code
加权幂和对称函数 weighted power-sum symmetric(al) function
加权平差 weighted adjustment
加权平均车辆通过数 weighted average traffic
加权平均存货法 weighted average inventory method
加权平均的 average-weighted
加权平均法 method of weighted mean; weighted average method; weighted mean method
加权平均厚度 weighted average thickness
加权平均灰分百分数 weighted mean ash per cent
加权平均计价法 weighted average pricing
加权平均孔隙度 weighted average porosity
加权平均年降水量 weighed yearly mean precipitation
加权平均皮温 weighted average of skin temperature
加权平均品位 weighted average grade
加权平均数 weighed average; weighted average; weighted mean
加权平均水头 weighted average head
加权平均体重 weighted average volume weight
加权平均温度 weighted mean temperature
加权平均效率 weighted average efficiency
加权平均效用 weighted average utility
加权平均月降水量 weighted monthly mean precipitation
加权平均值 weighed average(value); weighed means; weighed mean value; weighted mean(value); weighted average
加权平均指数 average-weighted index
加权谱密度 weighted spectral density
加权区域分离字 weighted area masks
加权曲线 weighting curve
加权燃料 fuel feed; fuel filling
加权蠕变比 weighted creep ratio
加权软化剂 softening application
加权熵 weighted entropy
加权渗流长度 weighted creep length
加权剩余向量 weighted residuals vector
加权时间<如列车走行时分> weighting time
加权数量 weighted array
加权水流因数 weighted flow factor
加权速头 weighted velocity head
加权算术平均数 weighted arithmetic average[mean]
加权算术指数 weighted arithmetic index number
加权条件 weighted constraint
加权统计数据 weighting statistical data
加权图 weighted graph
加权外通路长度 weighted external path length
加权网络 weighting network
加权误差 weighted error
加权系数 coefficient of weight; weighted coefficient; weight(ing) coefficient; weighting factor; weight number
加权下推语言 weighted push-down language
加权线性回归 weighted linear regression
加权相对值 weighted relative value
加权相关系数 coefficient of weighted correlation; weighted correlation coefficient
加权性质 weighted property
加权移动平均数 weighted moving average; weight running average
加权移动平均(值) weight(ed) moving average; weighted running average
加权因数 weighting factor
加权因子 weighted[weighting] factor
加权因子半定量分析法 weighted factor semiquantitative analysis method
加权因子法 weighted factor method
加权有向图 weighted digraph; weighted directed graph
加权有效容重 weighted average effective unit weight
加权余量法 method of weighted residuals; weighted residual approach; weighted residual method; weight residual approach; weight residual method
加权余数法 method of weighted residuals; weight residual approach; weight residual method
加权月平均降水量 weighted monthly mean precipitation
加权振幅系数 weighted amplitude coefficient
加权振子强度 weighted vibrator strength; gf-value
加权直线回归 weighted linear regression

加权直线回归法 weighted linear regression method; weighted regression line method
加权值 weighted value
加权指数 weighted index number
加权中数 weighted average
加权追随平均 weighted running average
加权资本成本 weighted cost of capital
加权资本市值法 weighted market capitalization method
加权综合指数 weighted aggregate index(number)
加权总和物价 weighted aggregate of prices
加权总数 weighted sum
加权组合 weighted array
加权最小二乘方 weighted least square
加权作用次数 weighted applications
加燃料 bunkering; firing; fuel(l)ing; fuel(oil) filling; refuel; stoke; doping <在燃料或油内>
加燃料港 fueling port
加燃料器 fuel feeder
加燃料设备 bunkering facility
加燃料速率 firing rate
加燃料自动控制器 stoker timer
加燃油 fuel(l)ing; fuel(oil) filling
加燃油口 fueling receiver
加燃油系统 refuel system
加扰逢 1 变化不归零制 scramble non-return-to-zero change on one
加热 bringing-up; heat; heat addition; heat additive; heat application; heat(ing)-up; run hot; warming up; warmth
加热板 heated plate; heater plate; heating panel; heating plate; hot plate
加热拌和机 heater mixer; heating mixer
加热棒 heating rod
加热保温板 heated board
加热保温坑 <锭、坯> dead soaking pit
加热变形温度 heat distortion temperature
加热表面 heating surface
加热表面积额定能力 heating surface area rating
加热玻璃 heated glass
加热玻璃房 solar house
加热玻璃片 heating glass pane
加热不好的 poorly heated
加热不足 subcool(ing); underheating
加热不足的 underheated
加热部件 heater block; heating element
加热操作 heating operation
加热槽 heating bath
加热层 heater mat; zone of heating
加热场 heating field
加热车厢 heater car
加热沉淀 thermal precipitation
加热沉淀器 thermal precipitator
加热成型 hot briquetting; hot shaping
加热持续时间 duration of heat; length of heating
加热除气 deaerating by heating; thermal deaeration
加热除气装置 heat deaerator
加热除盐 removal of salt by heating
加热储水罐 cylinder; storage calorifier
加热处理 furnace run; heat-treatment
加热醋酸处理 hot acetic acid treatment
加热带 heater band; heating tape; heating zone; zone of heating
加热带单元 heating tape unit
加热导管 heating duct
加热导体 heater; heating conductor
加热的 heated; warm up
加热的刀头 heated bit; heated iron
加热的空气 tempered air
加热的烙铁 heated bit; heated iron
加热的砂浆 heated mortar
加热的物体 heated body
加热的钻头 heated bit; heated iron
加热点 hot spot
加热电池 heating battery
加热电感器 applicator; heating inductor; work coil
加热电极 heating electrode
加热电缆 heating cable
加热电缆单元 heating cable unit
加热电流 heating current
加热电流电路 heater circuit; heating current circuit
加热电路 heater circuit; heating(current) circuit
加热电压 heating voltage
加热电阻 heating resistance
加热电阻器 heating resistor
加热电阻丝 resistance heater; resistive heater
加热垫 warm-up pad
加热吊顶棚 heated hung ceiling; heated suspended ceiling
加热段 bringing-up section; heating coil section; heating(-up) zone; hot area
加热发光 thermoluminescence
加热阀 heater valve
加热阀恒温器 heater valve thermostat
加热阀平衡器 heater valve balance
加热法 method of heating
加热法清除油漆 burning off paint
加热法预(加)应力 <通常用电流加热钢筋> thermal prestressing; prestressing by heat
加热反射器 heater reflector
加热方法 heating means
加热防腐漆 thermal paint
加热分层 thermal stratification
加热分解 pyrolysis; thermal decomposition
加热分裂 thermal crack(ing)
加热分裂法 cracking method
加热焚化 thermal incineration
加热敷层 hot-applied coating
加热釜 heating kettle
加热干化 heat drying
加热干燥 heat drying
加热坩埚 heating pot
加热格栅 heating grid
加热工 heater
加热工程 heating works
加热工况 heating works condition
加热功率 heating power
加热功率消耗 heating power consumption
加热鼓筒 heating drum
加热固化型塑料 heat curing methyl methacrylate; heat curing plastics
加热固结的弱土壤 thermally reinforced weak soil
加热管 cartridge heater; heater; heating conduit; heating tube; warming pipe; heater pipe; heating pipe
加热管道 warm rising duct; water back
加热管件 tubular heating element
加热管路限流孔板 warming-up orifice
加热管群 calandria
加热规范 heating specification
加热辊 heating roller; warmer; warming roll; warm-up mill
加热辊磨机 warming-up mill
加热滚筒 heated roller; heating drum
加热锅 heating kettle; heating pot
加热锅炉 heating boiler
加热过程 heating process; hot process; warming-up process
加热焊料的小炉子 devil
加热和吹风器件 heater and blower unit
加热和吹风装置 heater and blower unit
加热痕 heat mark
加热烘干 heat drying
加热壶 heating kettle; heating pot
加热环境 heating environment
加热缓冷 annealing
加热混合料 cooked mix(ture)
加热混凝土 heated concrete
加热(火焰)除漆 burning off
加热或冷却介质 heating or cooling medium
加热机 heating machine
加热机房 heating plant
加热畸变试验 heating warpage test
加热激活 heat activation
加热急冷矫正法 moxa cautery
加热集装箱 heated container
加热计算机 heating computer
加热剂 heating agent
加热(夹)套 heating jacket
加热剪切变形试验 hot load test
加热检查 heating test
加热交换器 adiabatic exchanger
加热矫直 straightening by heating
加热搅拌法 hot-mix(ing) method
加热搅拌机 heater mixer; hot mixer
加热阶段 heating period
加热介质 heating medium
加热界限 heating boundary
加热金属屋面 insulated metal roofing
加热净化器 hot process purifier
加热炬 heating blowpipe; heating torch
加热空间 heating space
加热空气调温进气系统 heated air intake system
加热孔 bottoming hole
加热(孔)口 heating gate
加热控制 heating control
加热控制阀 heat control valve
加热块钎焊 BB-block brazing; block brazing
加热快凝法 <混凝土的> acceleration of hardening by heat
加热快硬 acceleration of hardening by heat
加热老化 oven ag(e)ing
加热老化试验 heat ag(e)ing test
加热冷却混合机 heating-cooling mixer
加热冷却拉延模 heating-cooling draw die
加热力 heating power
加热劣化变质 heat deterioration
加热裂缝 fire crack
加热裂解 thermal crack(ing)
加热裂纹 heat craze
加热流体 heating fluid
加热硫化机 vulcanizing heater
加热漏斗 heated funnel
加热炉 heater; heating furnace; mill furnace; oven; processing furnace; patenting furnace <进行韧化处理的>
加热炉内衬 oven inner liner
加热炉推钢机 furnace pusher
加热炉温度 heater temperature
加热炉用钢管 steel tube for fired heater
加热炉渣 mill furnace cinder
加热炉罩 heater housing
加热率 heat rate; rate of heating
加热螺管 coil for heating
加热煤气 heating gas; under-firing gas
加热面的热输出 thermal output of heat surface
加热面积 area of heating surface; heat absorption area; heating(surface) area
加热面温度 hot face temperature
加热面效率 efficiency of heating surface
加热能力 heating capacity; heating efficiency
加热黏[粘]合 heating adhesion
加热黏[粘]合料 binder heating
加热黏[粘]合料的拖车 binder heating trailer
加热黏[粘]接 caking
加热黏[粘]结剂 heat-activated adhesive
加热凝结 heat set(ting)
加热盘管 heater coil; heating coil; heating serpentine; heating spiral
加热盘管排出系统 heating coil outlet system
加热盘管排泄阀 heating coil drain valve
加热盘管入口阀 heating coil inlet valve
加热盘管组 heating coil set
加热盘香管 tubular heating coil
加热喷灯 heating torch
加热篷车 heated van
加热漂白 hot bleaching
加热屏 heating panel
加热期 heating(-up) period; period of heating; warming-up period
加热起动装置 thermostart
加热汽缸 heating cylinder
加热器 booster heater; burner; calorifier; heat booster; heater(unit); heating apparatus; heating device; heating element; heating installation; interheater; overheater; preheater; reheat; temperature booster; warmer; warming unit; calandria
加热器出量 heater output
加热器断流阀 heater shut-off valve
加热器扼流圈 heater choke
加热器阀盖 heater valve cover
加热器阀轴衬套 heater valve shaft bushing
加热器放水阀孔 heater drain valve hole
加热器格子砖 heater brick
加热器功率 heater power
加热器恒定运动 constancy of heater motion
加热器换热面 heater surface
加热器具 heating accessories
加热器开关 heater button; heater switch
加热器(壳)罩 heater housing
加热器软管 heater hose
加热器塞 heater plug
加热器上盖 heater upper cover
加热器疏水泵 heater-drip pump
加热器水空间 heater storage space
加热器套管 heater well
加热器调节旋钮 adjustable heater switch
加热器外壳 heater casing; heater housing
加热器温度 heater temperature
加热器温度计 heater thermometer
加热器洗孔 heater washing hole
加热器系统 heater system
加热器下盖 heater lower cover
加热器箱盒 heater casing

加热器阻力 heater friction
加热钳 heating tongs
加热墙 heating wall
加热清除油漆 paint burning
加热区 heating(-up) zone;hot area;region of heating;zone of heating
加热曲线 heating curve;heat pattern
加热曲线测定法 heating-curve determination method
加热去湿 adiabatic dehumidification
加热燃气 heating gas
加热容器 heatable container
加热容许性 <涂膜的> overheat allowance
加热溶解 digestion
加热熔压接头 heat fusion joint
加热软化 thermoplastic
加热软水(法) water softening by heating
加热烧结 heat-agglomerating
加热蛇管 heating coil
加热蛇形管 heating serpentine
加热设备 burning installation; firing equipment; heater assembly; heating appliance; heating equipment; heating facility; heating means; heating plant
加热设备室 heating plant room
加热设备烟囱 heating plant stack
加热深度 heating depth;heat penetration
加热失重 loss-in-weight under heating
加热石墨原子化器 heated graphite atomizer
加热时的行为 behavio(u)r on heating
加热时的颜色 heat tone
加热时间 heat(ing)-up time; period of heating;warm(ing)-up time
加热使脆 hot embrittlement
加热式累加降水量 heated-orifice storage ga(u)ge
加热试验 heat run; heat(ing) test(ing)
加热室 calandria; heat box; heating chamber
加热水煤气洗涤废水 carburet(t)ed water gas scrubbing wastewater
加热水箱 water back
加热丝 heated wire;heater
加热丝绝缘 insulated heater wire
加热丝线圈 heater winding
加热速度 firing rate; heating rate; heating speed;rate of heating;warming rate
加热速率 heating rate; rate of heat addition;rate of warming
加热损失 heating loss
加热损失后针入度试验 penetration test after loss-on-heating
加热损失量 <测定沥青材料用> loss on heating
加热损失试验 <沥青材料等> loss on heating test
加热台 heating stage
加热套筒 heating muff
加热特性 heat characteristic
加热体 calandria
加热天沟 rainwater gutter heating
加热条 fire bar;heater strip
加热条件下嵌环 shrunk-on ring
加热调节 heat control
加热调节器 heating controller
加热调制器 heating controller
加热通风和冷却 heating-ventilating and cooling
加热筒 cartridge heater
加热筒形坑 barrel heating pocket
加热涂料的残余 heating residue;nonvolatile matter
加热脱硫 thermal desulfurization
加热脱气 heat deairing
加热脱盐法 thermal desalting
加热(外)罩 heating mantle
加热温度 heating-up temperature
加热稳定压缩木材 heat-stabilized compressed wood
加热污泥消化池 heating sludge-digestion tank
加热吸尘器 thermal precipitator
加热系数 heating coefficient
加热系统 heating system
加热细化 heat refining
加热线 heater wire;heating cable
加热线圈 heat(ing) coil
加热限度 overheat allowance
加热相变化 phase change on heating
加热箱 heater box; heating cabinet; hot box;hot bin
加热消毒 heat for disinfection
加热消化池 digester;heated digester
加热消化室 heated digestion chamber
加热效率 heating efficiency
加热效应 heating effect
加热型道路划线机 thermokit
加热型气体透镜测量 thermal gas lens measurement
加热型塑料 hot laid plastic
加热旋管 heating coil
加热选择 heat select
加热选择器 heater selector
加热循环 heating cycle
加热压光 hot rolling
加热压模板 heater platen
加热压缩材 heat-stabilized compressed
加热烟道 heating-up flue
加热养护 heating curing
加热养护的 heat-cured
加热养护隧道模板 tunnel forms with heating curing
加热养护周期 heat curing cycle
加热氧化 thermal oxidation
加热氧化着色 heat oxidation tinting
加热引线 heating lead
加热硬度 heating hardness
加热硬化 heat hardening;warm hardening
加热硬化砂 thermosetting sand
加热硬性 heating hardness
加热用焊条 consumable electrode used only for heating
加热用交流发电机 heating alternator
加热用油 heater oil; heating fuel; heating oil
加热用蒸汽 heating steam
加热油罐 heated tank
加热油滤器 hot filter
加热油密封 heating oil-tight
加热油阻 heating oil-resistant
加热于 calorify
加热余量 warming-up allowance
加热与通风系统 heat and vent system
加热元件 heater (element); heating element;heating unit
加热源 heating source
加热运送带 heat conveyer
加热再生 thermal regeneration
加热再生器 reboiler
加热张拉 thermal tensioning
加热罩 heating hood
加热针 heating stylus
加热振荡器 heating oscillator
加热蒸馏部分 <精馏塔的> boiler portion
加热蒸汽管道 steam pipeline; steam trace
加热整平 heater planning
加热整平机 <黑色路面加热后整平> heater planer
加热指数 index of heating effect
加热制度 heating cycle;heating schedule
加热周期 heat(ing) cycle; period of heating;warming period
加热转换开关 heating changeover switch
加热装置 calorifier;heater assembly;heater(unit);heat(ing) apparatus;heating arrangement; heating attachment; heating device; heating facility;heating installation;heating system;heating unit
加热着色 temper tinting
加热组件 heater unit
加热组装 heat assembly
加容天线 capacitively loaded antenna
加入 add in;addition;affiliation;built-in;mingle;put in
加入的空气 <混凝土> entrained air
加入法 addition method
加入防爆剂 doping
加入晶种或晶核 seed
加入可燃物法 inclusion of combustible material
加入量 addition;load;quantity added to
加入器 entrainer
加入砂子和有机物 adding sand and organic matter
加入筛中的料 screen head
加入式分开通路信号制 built-in separate channel signal(l)ing
加入添加剂 doping
加入元素 additional element
加入运用 entry into service
加润滑油 apply oil;lubricator
加润滑油车 lube lorry
加润滑油的汽油 lubricated gasoline
加润滑油孔塞 oiling hole plug
加润滑油时间表 lube timetable
加润滑油位置 lube point
加润滑脂 grease;greasing
加塞榫 plug tenon
加色 additive colo(u)r
加色层 colo(u)r-coat(ing)
加色法 additive colo(u)r method; additive colo(u)r process
加色法补色 additive complementary colo(u)r
加色(法)彩色摄影 additive colo(u)r photography
加色法刺激 additive mixture of colo(u)r stimuli
加色法的原色 additive primary
加色法合成 additive colo(u)r synthesis
加色法互补色 complementary colo(u)r stimulus
加色(法)混合 additive colo(u)r blending;additive colo(u)r mixing
加色法混色盘 additive disc[disk]
加色法基色 additive primary
加色法胶印平版 additive offset plate
加色法配色 additive colo(u)r matching
加色法三原色 additive primary colo(u)rs
加色光印片机 additive printer
加色合成 additive colo(u)r compositing
加色混合 additive mixture
加色混合色 additive mixture of colo(u)rs
加色剂 colo(u)ring admixture
加色剂薄膜养护 <混凝土路面> pigmented compound curing
加色路面 colo(u)red pavement;colo(u)red road surfacing
加色清漆 glazing liquid
加色水泥 colo(u)red cement
加色制 additive colo(u)r system
加沙 <埃塞俄比亚面积单位,1 加沙 =400000 平方米> gasha
加砂 sand addition
加砂打捞工具 sand hitch
加砂孔 drop hole
加砂漏斗 sand feeding funnel
加砂率 sand feeding rate
加砂器 sand feeder
加砂设备 sand addition device; sand feeding device
加砂式水槽 feed-type flume
加砂水泥浆 sanded grout
加上 attach
加上波纹 tabby
加上铆钉 rivet on
加梢榫接 joint drawboard
加设护顶梁 extra reinforced bar
加设慢车路线. rerouting for slow vehicles
加设慢车专用路线 rerouting for slow vehicles
加深 deepen(ing); emboldening; heighten(ing);saddening
加深草图上的线条 lining in
加深的侧膛 jamb extension
加深的横截面 deepened cross-section
加深河道 deepen the channel of a river
加深河底 deepening of the stream floor
加深花纹 extra deep tread
加深阶段 deepening stage
加深梁 deepened beam
加深螺纹 recessed thread
加深木纹 overgrain
加深木纹的再油漆 overgrain
加深热处理的部件 deep-heat-treated component
加深探井 vertical exploration well
加深硬化的 deep-hardened
加深钻孔 putting-down of borehole
加湿 humidifying;moisten(ing);wetting
加湿处理 moistening treatment
加湿垫 damping pad
加湿垫托架 damping pad holder
加湿段 humidifier section
加湿法 humid process
加湿方法 humidification method
加湿鼓风 humidified blast
加湿滚筒 moistening roller
加湿过程 humidifying process
加湿剂 humidification agent; humidizer;moistening agent
加湿加压滚筒 moistening pressure roller
加湿控制器 damping controller
加湿宽度选择器 damping width selector
加湿冷却 cooling by wetting
加湿喷雾器 humidifying sprayer
加湿器 humidifier; humidifying chamber;moistener;moistening apparatus
加湿设备 humidifying equipment
加湿时期 humidifying period
加湿室 conditioning chamber;humidifying chamber;humidity cabinet
加湿通风 humidifying ventilation
加湿系统 humidifying system
加湿效果 humidifying effect
加湿效率 humidifying efficiency; saturating effectiveness
加湿压力滚筒 damping pressure roller
加湿用水箱 humidifying tank
加湿装置 moistening installation;wetting device
加湿作用 humidification; humidifying effect
加石灰 liming

加实桩 compaction pile
加氏管 Gordner-Holdt tube
加氏色差计 Gardner colo(u)r difference meter
加氏油封 Garlock oil seal
加式载的 test-loaded
加树脂胶 gumming
加数 addend;augend
加数长度操作数 addend length operand
加数串 addend string
加数地址操作数 addend address operand
加数寄存器 addend register
加数器 adding machine
加双绑 <系缆时> double up
加双绳 <系缆时> double up
加双时挽紧 double up and secure
加双重钢筋 <钢筋混凝土中> double armo(u)ring
加水 filling water; make-up water; water addition;watering
加水拌匀 poach
加水爆破法 hydroblast(ing)
加水泵 make-up water pump
加水的 watered
加水分解 hydrolysis
加水分解池 anacrobic tank
加水改变稠度 retempering
加水管线 water charge line
加水罐 charge can
加水混砂 temper
加水孔 filler hole
加水口 filler
加水口盖 filler cap;water cap
加水口塞 filler plug
加水漏斗 watered cup
加水器 can filler
加水燃比 moisture combined ratio
加水软管 filler hose
加水系统 moisturizing system
加水旋塞 watered plug
加水旋塞填圈 watered plug packing
加水站 watering-place; watering station
加水重拌 <砂浆等> retemper
加水重塑 retemper(ing)
加水装置 filling equipment; priming apparatus <水泵>
加税弥补 claw back
加顺时 processing train
加思丘陵层【地】Garth grit;Garth hill beds
加斯帕 Gaspar
加斯唐砂岩 Garstang sandstone
加四乙铅汽油 ethylized fuel
加速 boost(ing); expedite; quicken(ing); run-up; shift up; shoot; speed-up;up-shift
加速安定性试验 accelerated soundness test
加速泵 accelerating pump; acceleration pump
加速泵杠杆 accelerating pump lever
加速泵油池 acceleration pump well
加速泵油井 accelerator well
加速比 accelerator
加速贬值 accelerated depreciation
加速变曲线 acceleration creep curve
加速变速装置 overgear
加速表的灵敏度 accelerometer response
加速表隔膜 accelerometer diaphragm
加速表面曝气 accelerated surface aeration
加速表膜盒 accelerometer diaphragm
加速补偿水听器 acceleration-cancelling hydrophone
加速参考架 accelerated frame
加速舱 velocity package
加速操纵杆 accelerating lever
加速层离试验 accelerated delamination test
加速查找 accelerated search
加速偿付条款 accelerated reimbursement clause
加速车道 acceleration lane
加速车辆试验 accelerated traffic test
加速沉淀池 settling accelerator
加速沉淀器 settling accelerator
加速沉积泥沙 accelerated deposit
加速沉积物 accelerated deposit; accelerated sediment
加速陈化 accelerated ag(e)ing
加速成熟 hasting of maturity
加速程序 accelerated procedure
加速澄清 accelerated clarification
加速澄清池 accelerated clarifier; accelerator
加速齿轮 speeding-up gear; step-up gear;overgear
加速充电 accelerated charging
加速冲积泥沙 accelerated alluvial deposits
加速冲积物 accelerated alluvial deposits
加速冲量 acceleration pulse
加速冲蚀 accelerated erosion
加速传动 drive up;gear up
加速传感器 acceleration sensor
加速存取 assisted access
加速大气老化试验 accelerated weathering test
加速大气老化试验机 accelerated weathering machine
加速到期 acceleration
加速的 accelerating; accelerative; stepped-up
加速电场 accelerating field
加速电动机 acceleration motor
加速电机 <用于公共房屋的热水系统> selfix
加速电极 accelerating electrode; accelerator;intensifier electrode
加速电路 accelerating circuit
加速电容器 speed-up capacitor;speed-up condenser
加速电势 accelerating potential
加速电位 accelerating potential
加速电压 accelerating potential; accelerating voltage;acceleration voltage
加速电压调制 modulation of accelerating voltage
加速电子发动机 accelerated electron engine
加速电子管 accelerating electron tube
加速电子透镜 accelerating electron lens
加速电阻器的负载力 capacity of accelerating resistor
加速电阻器的容量 capacity of accelerating resistor
加速顶 Dowty accelerator
加速定理 speed-up theorem
加速度 accelerated speed; accelerated velocity;pick-up;acceleration
加速度变化率 acceleration rate
加速度表 accelerometer
加速度参数 accelerated[acceleration] parameter
加速度测量 acceleration measurement
加速度测量管 accelerometer tube
加速度差的修正 acceleration correction
加速度常数 acceleration constant
加速度场 acceleration field
加速度传感器 acceleration transducer
加速度单位 unit of acceleration
加速度的合成 composition of accelerations
加速度的时间变率 rate of change of acceleration
加速度的调节 regulation of acceleration
加速度地震计 accelerated seismograph; acceleration seismograph; accelerometer type seismometer
加速度地震检波器 accelerometer type seismometer
加速度地震仪 accelerated seismograph; acceleration seismograph; accelerometer type seismometer
加速度电阻器 accelerating resistor
加速度迭代法 accelerated iterative method
加速度定值器 acceleration setter
加速度反馈 acceleration feedback
加速度反应 acceleration response
加速度反应谱 acceleration response spectrum
加速度反应系数 acceleration response factor
加速度方向 acceleration direction;direction of acceleration
加速度分布图 acceleration profile
加速度分量 component of acceleration
加速度分区图 acceleration zone graph
加速度分析 acceleration analysis
加速度峰值 acceleration peak; peak acceleration
加速度幅度 accelerating amplitude
加速度幅值 accelerating[acceleration] amplitude
加速度感觉 sensation of acceleration
加速度给定器 acceleration setter
加速度环量 circulation of acceleration
加速度积分仪 acceleration integrator
加速度计 acceleration meter;accelerometer(unit);g-meter;jerkmeter
加速度计的灵敏度 accelerometer response
加速度计特性 accelerometer response
加速度记录 accelerogram
加速度记录器 accelerograph
加速度记录图 accelerograph
加速度继动器 acceleration relay
加速度角 angle of acceleration
加速度校正 accelerated correction; correction for acceleration
加速度控制 acceleration control
加速度控制系统 acceleration-controlled system
加速度理论 acceleration theory
加速度脉冲 acceleration pulse
加速度敏感漂移率 acceleration sensitive drift rate
加速度敏感设备 acceleration sensitive device
加速度敏感元件 acceleration sensitive device
加速度敏感装置 acceleration sensitive device
加速度耐力 acceleration tolerance;g-tolerance
加速度谱 acceleration spectrum; accelerogram
加速度谱曲线 acceleration spectra
加速度曲线 accelerating[acceleration] curve
加速度失调 acceleration misalignment
加速度失调系数 acceleration misalignment coefficient
加速度时(间历)程 acceleration time history
加速度-时间曲线 acceleration-time curve
加速度时间数据 acceleration-time data
加速度实验 acceleration test
加速度拾振器 acceleration pick-up
加速度矢量 acceleration vector; vector of acceleration
加速度式触发器 acceleration sensitive trigger
加速度势 accelerating [acceleration] potential
加速度试验设备 acceleration test equipment
加速度衰减 acceleration attenuation
加速度-速度调速器 accelero-tachometric governor
加速度调速器 acceleration governor; accelerometric governor
加速度图 acceleration diagram;accelerogram
加速度误差 acceleration error
加速度误差常数 acceleration error constant
加速度系数 acceleration factor;coefficient of acceleration
加速度限制器 acceleration restrictor
加速度响应谱 acceleration response spectrum
加速度消震器 acceleration damper
加速度性虚脱 acceleratory collapse
加速度延迟 acceleration lag
加速度仪 accelerograph;accelerometer
加速度仪表 acceleration instrument
加速度仪放大倍数 magnification of accelerograph
加速度因子 acceleration factor
加速度噪声 acceleration noise
加速度指数 acceleration index
加速度自记仪 accelerograph
加速度阻抗 acceleration impedance
加速度作用减弱 g-alleviation
加速发车 accelerated dispatch [despatch]
加速发动机 acceleration motor;booster engine;kick motor
加速发送 accelerated dispatch [despatch]
加速发育 accelerated development
加速发展 accelerated development
加速阀 acceleration valve
加速法 accelerated method
加速反射 acceleratory reflex
加速反应 accelerated reaction
加速反应波谱 acceleration response spectrum
加速反应期 acceleration reaction period
加速方法 acceleration method
加速方式 acceleration mode
加速防滑控制 acceleration slip regulation
加速费用 expediting cost
加速分解 accelerated decomposion
加速风化 accelerated weathering
加速风化试验 accelerated weathering test
加速风蚀试验 accelerated weathering test
加速幅度 up-shift range
加速腐化法 accelerated rating process
加速腐蚀 accelerated corrosion
加速腐蚀试验 accelerated corrosion test
加速负载 accelerating weight
加速附加剂 accelerating admixture
加速干扰 acceleration disturbance
加速杆 accelerator rod
加速坩埚旋转法 accelerated crucible rotation technique

加速给水塔 accelerated water tower
加速工况 accelerating mode
加速功率 accelerating power; boost horsepower
加速鼓轮 accelerating drum
加速固结 accelerated consolidation
加速故障 acceleration disturbance
加速管 effuser
加速辊道 accelerated roller conveyer [conveyor]
加速过程 accelerator
加速过滤 accelerated filtration
加速过滤器 accelerated filter; accelofilter
加速和减速操作 acceleration and deceleration operation
加速荷载 accelerating load
加速荷载设施 accelerated load facility
加速荷载试验 accelerated [acceleration] load test
加速后退【船】double ring astern
加速滑行 accelerating-coasting
加速还款条款 acceleration repayment clause
加速环流 accelerated circulation
加速缓解 accelerated release
加速缓解速度 accelerated release rate
加速缓坡 easy gradient for acceleration; accelerating grade
加速回程 accelerated return stroke
加速混合 intensive mixing
加速火箭发动机 accelerating rocket engine
加速机 speed increaser
加速机制 acceleration mechanisms
加速机组 booster engine
加速级 accelerating stage
加速极限 acceleration limit
加速计的偏差 accelerometer drift
加速计校准器 accelerometer calibrator
加速计落球 accelerometer falling sphere
加速计膜盒 accelerometer diaphragm
加速计图表 accelerometer chart
加速计型地震计 accelerometer type seismometer
加速剂 accelerant; accelerating agent; accelerator; promoter; setting accelerator
加速继电器 accelerating relay; notching relay
加速驾驶装置 acceleration-controlled system
加速减速器 accelerator-decelerator
加速交替程序块 express alternate program(me) block
加速胶料 accelerated stock
加速角误差 acceleration misalignment
加速接触器 accelerating contactor
加速接触器程序 accelerating contactor sequence
加速节 accelerating chain
加速进气 <内燃机> accelerating charge
加速浸饱作用 introfaction
加速浸出 accelerated leaching
加速井 pick-up well
加速竣工 accelerated completion
加速卡 accelerator card
加速开发 accelerated development
加速空间 accelerating [acceleration] space
加速空腔共振器 accelerating cavity
加速控制器 acceleration controller
加速矿产普查 quickness mineral prospecting
加速老化 accelerated[accelerating] ag(e)ing
加速老化试验 accelerated ag(e)ing test
加速老化寿命 accelerated life
加速老化系数 life acceleration factor
加速冷却 accelerated cooling
加速力 accelerated [accelerating/ acceleration] force; accelerating power; speeding-up force
加速力曲线 accelerating[acceleration] force curve
加速粒子 accelerated particle
加速连杆机构 accelerator linkage
加速列布曼(方)法 accelerated Liebmann method
加速流 accelerated motion of a fluid; accelerating flow
加速流体 accelerating fluid
加速留放信号 humping fast signal
加速硫化 accelerated cure
加速滤池 accelerated filter; accelofilter
加速路面试验 accelerated pavement testing
加速率 rate of acceleration; rate of rate
加速蔓延 build-up
加速门 butterfly throttle valve
加速模拟电压发生器 acceleration generator
加速磨光试验 accelerated polishing test
加速磨损试验 accelerated wear test
加速耐候试验的真实性 validity of accelerated weathering
加速耐候性试验 accelerated weathering test
加速耐久性试验 accelerated durability test; accelerated life test(ing)
加速耐受度 acceleration tolerance
加速能力 acceleration capacity
加速凝结 <混凝土的> acceleration of set(ting)
加速排气管 augment tube
加速排水 accelerated drainage
加速喷嘴 accelerated nozzle; accelerating jet; acceleration nozzle
加速疲劳试验 accelerated fatigue test
加速坡 accelerating grade; accelerating slope
加速坡度 easy gradient for acceleration; acceleration grade
加速破坏 accelerate the failure
加速破坏试验 accelerated breakdown test
加速破损试验 accelerated breakdown test
加速曝气池 accelerant aeration tank; aeroaccelerator
加速曝气法 accelerant aeration method; accelerating aeration method; aeroaccelerator method
加速期 accelerated period; acceleration period
加速气干 accelerated air drying
加速气管 speed line
加速气候试验 accelerated weathering test
加速器 accelerant; accelerating machine; accelerating unit; accelerator; assistor; booster; boost motor; promoter; speeder; velocity package
加速器泵 accelerator pump
加速器泵出油阀钢球 accelerator pump outlet valve ball
加速器泵杠杆 accelerator pump lever
加速器泵喷管 accelerator pump spray nozzle
加速器部件 fuel control assembly
加速器磁反射器 magnetic peeler
加速器的联合作用 combined action of accelerators
加速器电子枪 accelerator gun
加速器动态试验 accelerator dynamic(al) test
加速器阀 accelerator valve
加速器分光计 accelerator spectrometer
加速器辐射处理 accelerator treatment
加速器杠杆 accelerator lever
加速器工作时间 booster duration
加速器横轴 accelerator cross shaft
加速器拉杆 accelerator rod
加速器喷口 accelerator jet
加速器束流强度 accelerator intensity
加速器踏板 accelerator pedal; foot-operated accelerator pedal
加速器踏板垫 accelerator pedal pad
加速器踏板杆 accelerator pedal rod
加速器踏板铰链 accelerator pedal hinge
加速器踏板支架 accelerator pedal bracket
加速器弹簧 accelerator spring
加速器谐振腔 accelerator cavity
加速器型中子发生器 accelerator-type neutron generator
加速器中子源 accelerator neutron source
加速器柱塞 accelerator plunger
加速器组合 accelerator complex
加速前进【船】double ring ahead; flank ahead
加速侵蚀 accelerated erosion
加速区 accelerating region; acceleration zone
加速区段 acceleration area
加速确定 accelerated determination
加速燃气轮机 booster gas turbine
加速燃烧 accelerated combustion
加速扰动 acceleration disturbance
加速容限 acceleration tolerance
加速溶剂萃取 accelerated solvent extraction
加速蠕变 accelerated creep; tertiary creep
加速蠕变阶段 tertiary creep stage
加速蠕变试验 accelerating creep test
加速蠕动 accelerated creep; tertiary creep
加速骚扰 acceleration noise
加速栅极 accelerating grid
加速渗毒率 accelerated toxicant-leaching rate
加速生长 tachyauxesis
加速生长量 accretion
加速生长期 accelerated growth phase
加速失调 acceleration disturbance
加速施工 accelerated construction
加速施工费 acceleration cost
加速施工指令 acceleration order
加速时的压力梯度 accelerating pressure gradient
加速时发出的声音 vroom
加速时间 acceleration time; pick-up time; time for acceleration; time taken in speeding up
加速时期 accelerating period; acceleration
加速时效 accelerated ag(e)ing
加速实验 accelerated test
加速(使用)寿命试验 accelerated durability test; accelerated life test(ing)
加速式地震仪 acceleration seismograph
加速势差 accelerating potential
加速试验 acceptable test; speed-up test; accelerated test
加速试验法 accelerated-time testing method
加速试验功能 speed-up function
加速室 accelerating chamber
加速室外暴露试验 accelerated outdoor exposure test
加速收敛 accelerating convergence
加速手柄 accelerating handle
加速寿命试验 accelerated life test
加速输送带 accelerating conveyer [conveyor]
加速输送机 accelerating conveyer [conveyor]
加速水化 accelerated hydration
加速水流 accelerated flow
加速死亡期 accelerating death phase
加速速率 accelerated speed
加速随机搜索 accelerated random search
加速踏板 accelerating pedal; acceleration pedal; accelerator pedal; foot-feed; pedal accelerator
加速摊销 accelerated amortization
加速摊销法 accelerated amortization method
加速替续器 accelerating relay
加速调节系统 acceleration-controlled system
加速调理 accelerated conditioning
加速停止距离 <飞机起飞时> accelerate-stop distance available
加速通风 accelerated draught
加速投资理论 accelerator theory of investment
加速透镜 accelerating lens
加速凸轮 acceleration cam
加速途径 acceleration method
加速推送信号 humping fast signal
加速位差 accelerating potential
加速误差改正 wander correction
加速系数 accelerating factor; accelerator coefficient
加速系统 accelerating system
加速系统自动开关 kickdown switch
加速系统自动开关接线柱 kickdown switch fixed terminal
加速系统自动开关柱塞 kickdown switch plunger
加速狭缝 accelerating slit
加速线圈 accelerating coil
加速限制 acceleration constraint
加速限制器 acceleration limiter
加速箱 accelerating chamber
加速响应 acceleration; booster response; time response
加速消息处理 expedited message handling
加速效果 acceleration effect
加速信息处理 expedited message handling
加速行程 accelerating travel
加速型喷管 accelerated[accelerating] nozzle
加速型消声器 catalytic muffler
加速性能 accelerating ability; accelerating performance; acceleration performance
加速性能试验 accelerated performance test; accelerating test; acceleration test
加速锈蚀试验 accelerated corrosion test
加速循环 accelerated circulation
加速压蒸试验 accelerated autoclave test
加速延误 acceleration delay
加速阳极 accelerating anode; accelerator anode; intensifying ring
加速养护 accelerated curing
加速养护箱 accelerated curing tank
加速氧化 accelerated oxidation
加速氧化试验 accelerated oxidation

test
加速移动 overdrive
加速因数 accelerating factor
加速因子 accelerating factor
加速引射器 augmenting duct
加速硬化 accelerated hardening
加速油壶 accelerating well
加速油漆耐老化试验机 accelerated paint weathering machine
加速运动 accelerated motion;accelerated movement; acceleration motion;acceleration movement
加速运动能力 accelerating ability
加速运动特性 acceleration characteristic
加速运行 accelerated service;running at increased speed; running while accelerating
加速运转 accelerated service
加速运转到最大功率 run-up to maximum power
加速噪声抑制 run-up noise suppression
加速增长 accelerated growth
加速折旧 accelerated [acceleration] depreciation
加速折旧法 accelerated methods of depreciation
加速折旧扣除 acceleration depreciation allowance
加速折旧提存 accelerated depreciation allowance
加速振幅 acceleration amplitude
加速指令 assisted instruction
加速周期 accelerating interval;acceleration period; period of acceleration
加速贮存 accelerated storage
加速转播 accelerating relay
加速转矩 acceleration torque;dynamic(al)torque
加速装置 accelerating installation; booster;accelerating device
加速状态 acceleration regime
加速(自)记录器 accelerograph
加速阻力 accelerating [acceleration] resistance
加速作用 acceleration(effect)
加速作用力 accelerating effort;acceleration effort
加酸 souring
加酸处理 acid treatment;acidification
加酸分解 acid splitting
加酸凝固 acid coagulation
加酸器 acid feeder
加酸青贮料 acidified silage
加酸水解作用 acid hydrolysis
加酸显色 halochromism
加酸显色现象 halochromy
加酸皂化 acid saponification
加算放大器 adder amplifier
加算管 adder tube
加算马力【船】 sea margin
加算坡道 equivalent gradient
加算坡道阻力 equivalent gradient resistance
加算坡度 compression grade;conversion grade
加算器 addometer
加算诱发电位 superimposition evoked potential
加算制表器 add-lister
加碎玻璃料 charge of cullet
加榫合缝接缝 dowel(led)joint
加索引的文件 indexed file
加锁 locking
加锁资源 locked resource
加台脚 pedestal
加泰隆尼亚建筑 <十一世纪西班牙> Catalonian architecture
加碳液池 carburizing bath
加套保温 jacketing
加套泵 jacketed pump
加套的 jacketed
加套管的桩 lagged pile
加套柱 cased column
加套桩 lag(ged)pile
加特种元素钢 treated steel
加添 attach;charging-up
加添抵押 adding mortgage
加添签字 affix one's signature
加填充物 packing
加填矿脉 accretion vein
加填料 <在燃料或油内> doping
加填料的沥青 filled bitumen
加填料的硫化橡胶 onozote
加填料胶乳 compounded latex
加填料铅白 reduced white
加填土 imposed fill; superimposed earth;superimposed fill
加条纹 streak
加同余法 additive congruential method
加铜铁粉 <商品名> Sintropac
加托臂 haunching
加外壳 encase
加外壳的炉子 jacketed stove
加网 screen
加网区 screened area
加网阳片 screened positive
加网印刷品 screen print
加温 heating;warming-in;warming-up
加温持续时间 time of heating
加温到设计取暖温度所需热量 heat load
加温的地板 warm floor(ing)
加温的地板面层 warm floor cover(ing)
加温的楼板 warm floor(ing)
加温的楼板面层 warm floor cover(ing)
加温的清选筛 heated cleaning screen
加温干燥 forced drying
加温固化 heating cure
加温罐车 heater piped car
加温混凝土 warm concrete
加温货车 heater car
加温集装箱 heated container
加温炉 pot arch
加温盘管间隔 coil gap
加温盘管间隙小 coil overlap
加温盘管重叠 coil overlap
加温起动 heat-start
加温起动开关 heat/start switch
加温气流压力开关 heater air flow pressure switch
加温器 heater(element);warmer;warming unit
加温器热电偶 booster thermocouple
加温人工硬化 warm hardening
加温设备 heating apparatus;warming(-up)device
加温时间 heating duration; time of warming;warming time
加温速度 warming rate
加温塔 <化工设备> thermal column
加温系统 heat(ing)system
加温现象 warm-up phenomenon
加温消化池 warming digestion tank
加温用热水 heating water
加温运输 beating transport
加温周期 warming period
加温装置 heating apparatus;warming appliance;warming device
加文件 add file
加物变质 additive metamorphism
加吸尘罩的干式钻进 hooded dry drilling
加硒钢 selenium steel
加稀空气 diluent air
加细 refinement
加细格网 refined net
加锡黄铜 tin brass
加下标 indexing
加下标表 indexed list
加下标顺序结构 indexed sequential organization
加下标顺序数据集 indexed sequential data set
加下标顺序文件 indexed sequential file
加下标组 indexed set
加下险地台 underlined platform
加纤维的沥青乳化液 fibrated bitumen emulsion
加纤维的水泥砂浆 haired cement mortar
加纤维灰泥 fibered plaster
加纤维沥青路面 fibred asphalt pavement
加线性应力 linear stressing
加线装饰法 <玻璃上> applied thread
加香洗涤剂 perfuming detergent
加象法 add-on method;add-on process
加橡胶沥青 rubberized asphalt
加销钉 dowel(l)ing
加楔 wedging
加楔条的衬板 wedge-bar(shell)liner
加斜撑的格栅 bridging joist
加斜撑的框架 brace frame
加锌 zincification
加锌除银设备 zinc-desilverization plant
加新坡雾 <非洲西南刚果河域的一种浓烟雾> cacimbo
加薪 salary increase
加星号 star
加星号于 asterisk
加性 additive;additivity
加性函数 additive function
加性集函数 additive set function
加性可分的 additively separable
加性逆元 additive inverse
加性效应 additive effect
加性因素 additive factor
加性噪声 additive noise
加压 compression; exert(ing) pressure; forcing; pressing; pressurizing; repress; shingle; stress application
加压保温集装箱 heavily-insulated container
加压泵 booster (pump); forced pump; forcing pump; pressure pump;pressurization pump
加压(泵)站 booster station
加压变阻起动器 compression resistance starter
加压不溅润滑 force-feed non-splash lubrication
加压不足 understressed
加压舱 compression chamber; pressure cabin;recompression chamber
加压舱物 ballasting
加压侧 pressure side
加压陈化 pressure aging
加压成型 extrusion forming;pressure mo(u)lding
加压齿轮 pressure gear
加压重整 pressure reforming
加压储存 storage under pressure
加压处理 pressure treating;pressure process
加压处理法 pressure process
加压处理工序 pressure process
加压处理木材 pressure-treated wood
加压处理设备 pressure treater
加压淬火 pressure quench(ing)
加压导杆 pressure link
加压的 compressive;forced;pressor;pressurized
加压的储水容器 pressurized stored water unit
加压的易燃液体 pressurized flammable liquid
加压等深线 piezoisobath
加压电池 boosting battery
加压电缆 pressure cable
加压电离室 pressurized ionization chamber
加压电线接头 pressure wire connector
加压电线连接器 pressure wire connector
加压顶的 coped
加压定影 pressure fixing;pressure fusing
加压锻炼 compression exercise
加压法 piezometry;prepressure compacting method; pressure process; pressurization
加压反射 pressor reflex
加压范围 pressure range
加压防腐处理 pressure preservative treatment; pressurization preservative process; pressure preservative process
加压防腐处理法 pressure preservative treating method
加压防腐处理设备 pressure preservative process equipment
加压防腐的 pressure preserved
加压防腐木材 pressure creosoted timber
加压风机 booster fan
加压浮选 pressurized flo(a)tation
加压浮选法 pressurized flo(a)tation method; pressurized flo(a) tation process
加压干管 forcing main;forcing pipe
加压杆 pressure rod
加压钢板固定 compression plating
加压供燃料系统 pressure fueling system
加压鼓风机 pressurization blower
加压鼓风炉 pressurized blast furnace
加压关节痛 compression arthralgia
加压管路 pressure pipeline
加压灌浆法 pressure grouting system
加压辊 impression roller
加压过程 pressure process
加压过滤 forced filtration; pressure filtration
加压过滤法 forced filtration method
加压过筛 forced screening
加压过重 hypercharge
加压焊(接) pressure bonding; press(ure)welding
加压合成处理 repressuring
加压呼吸 positive pressure breathing; pressure artificial breathing
加压呼吸调节器 pressure breathing regulator
加压换气法 pressurized system of ventilation
加压回灌 pressurizing recharge
加压回火 press tempering
加压回填 backfill under pressure
加压机 booster
加压基座密封 pressed-base seal
加压计时 timing for applying pressure
加压剂 hypertensor;pressor
加压钾碱法 pressure potash process
加压驾驶舱 pressurized cabin
加压间 compression chamber
加压胶合 compression set
加压胶结 pressure gluing
加压矫正法 weighting rectification
加压阶段 pressure period
加压接头 pressure connector

加压结构 pressurized structure
加压结晶 piezocrystallization
加压介质 pressuring medium
加压进料 forced feed
加压浸出 pressure leaching
加压浸透 pressure impregnation
加压浸油 pressure creosoting
加压浸油的 < 木材防腐用 > pressure creosoted
加压浸油木材 pressure creosoted timber
加压浸渍 < 木材防腐 > pressure impregnation
加压浸渍碳化 pressure impregnation carbonation
加压纠偏法 weighting rectification
加压聚合器 pressure polymerization pot
加压聚合物 pressure polymer
加压绝缘液 pressurized fluid insulation
加压老化 pressure aging
加压冷焊 press cold welding
加压冷却 pressure cooling
加压冷却系统 pressure cooling system
加压离子交换(法) pressurized ion exchange
加压力 stressing
加压连接 pressure connection
加压流 forced flow
加压流化床 pressurized fluidized bed
加压硫化 press cure; press vulcanization
加压硫化机 vulcanizing press
加压硫化燃烧 pressurized fluidized bed combustion
加压馏出物 pressure distillate
加压楼梯 pressurized stairway
加压炉 plus pressure furnace
加压滤池器 pressure filter
加压铝热剂焊接 pressure thermit(e) welding
加压螺钉 forcing screw
加压冒口 pressure feeder
加压密封 pressure seal; pressurization
加压密封接合 compression gasket joint
加压密封性 pressure-tightness
加压面 pressure surface
加压面积 area of pressure
加压模塑 pressure mo(u)lding
加压能力 pressure capacity
加压凝固钢 liquid-compressed steel
加压抛光 press polish
加压喷射洗涤法 pressure spray-washing method
加压喷雾 pressure atomization
加压喷雾装置 pressure spray device
加压曝气器 pressure aerator
加压气浮 pressure flo(a)tation
加压气焊 pressure gas welding
加压气流 forced air
加压气体 gas-pressurized
加压气体火灾 pressurized gas fire
加压气体接头 pressurization gas connection
加压汽油 repressuring gasoline
加压器 presser; pressurizer
加压戗台 loading berm(e)
加压氢化 pressure hydration
加压区 pressor areas
加压燃烧 pressure combustion
加压热剂焊 pressure thermit(e) welding; thermit(e) pressure welding
加压热气分配室 distribution chamber for forced hot air
加压容器 pressurizing vessel
加压溶气气浮法 pressure dissolved air flo(a)tation
加压熔点计 manocryometer
加压熔解 compressing by pressure fusion
加压润滑 forced lubrication; force-feed lubrication; pressure lubrication
加压砂滤池 pressure sand filter
加压砂滤器 pressure sand filter
加压烧结 pressing sintering; pressure sintering; sintering under pressure
加压设备 booster equipment; booster station
加压渗透膜 piezodialysis membrane
加压渗析 piezodialysis
加压石棉板 compressed asbestos sheet
加压石墨化 graphitization with compression
加压时间 clamping time; pressing time
加压式结构 pressurized structure
加压式砂滤池 pressure sand filter
加压式雨淋阀 pressure deluge valve
加压试验 applied-potential test; compression test; pressure test(ing)
加压室 compression chamber; pressurized chamber; pressurized compartment
加压水 pressure[pressurized] water
加压水带线 quick line
加压水反应堆 pressurized-water reactor
加压水化 pressure hydration
加压水解 pressured hydrolysis
加压水晶压力计 piezoquartz manometer
加压水灭火器 air-pressurized water extinguisher
加压送风 pressurization air supply
加压送风机 forced draught blower
加压送风烟气控制系统 pressurized smoke control system
加压提升泵 forcing lift pump
加压填充法 pressure packing
加压通风机 forced draught blower
加压凸边砖 repressed lug brick
加压凸轮 < 接触对焊机的 > welding cam
加压脱水机 pressure dehydrator
加压围填 backfill under pressure
加压温度 pressure temperature
加压雾化 pressure atomization
加压吸附染料试验 pressure dye test
加压系统 compression system
加压纤维板 hard board
加压箱式过滤机 pressure tank filter
加压橡皮囊 pressurized bladder
加压效应 pressor effect
加压型空气冷却器 pressure-type air cooler
加压型原版 pressure-type spirit master
加压序批间歇式反应活性污泥法 pressured sequencing batch reactor activated sludge process
加压养护 pressure curing
加压氧化 pressure oxidation
加压叶滤器 pressure leaf filter
加压叶片过滤机 pressure leaf filter
加压液石油滤清器 pressure hydraulic filter
加压液体氮化法 liquid pressure nitriding
加压油 pressurized oil
加压油浸木材 pressure creosoted timber
加压油箱 pressurized reservoir
加压元件 pressure imposing element
加压圆锥 stress cone
加压载 ballast
加压载增加稳性【船】 stiffening by ballast
加压站 booster pump station
加压罩 pressured cowling
加压真空交替法 alternating pressure process
加压蒸发 high-pressure evapo(u)ration
加压蒸馏 distillation under pressure; pressure distillation
加压蒸馏器 pressure still
加压蒸呢机 full decator
加压蒸气 steam under pressure
加压蒸煮器 pressure cooker
加压制度 pressure system
加压治疗 recompression treatment
加压治疗方案 recompression therapeutic scheme
加压滞后时间 forge delay time
加压重氮法 pressure diazo
加压重水堆 pressurized heavy water reactor
加压注入压铸 pressure-die-casting
加压注水泥 pressure cementing
加压柱塞 pressure plunger; load piston < 土壤承载力试验 >
加压铸成的 pressure-cast
加压铸焊 combined thermit welding; pressure thermit(e) welding
加压砖 repressed brick
加压桩 repress pile
加压装料 pressure feed
加压装载 pressed loading
加压装置 pressure device
加压装置附件 pressure attachment
加压状态 pressurization
加压阻力 pressure resistance
加压钻进 forced feed drilling; pressure drilling
加严检验 tightened inspection
加盐 salting
加盐焙烧 salt-roasting
加盐分离 salting-out
加盐机 salter
加盐氯化焙烧 salt-roasting
加盐水机 brine dispenser
加颜料 pigmentation
加颜料的 pigmented
加颜料的指擦清漆 pigmented rubbing varnish
加颜料的水泥 pigmented cement
加颜料的油漆 pigmented paint
加颜料树脂 pigmented resin
加样 application of sample
加药泵 chemical feed pump; dosing pump
加药点 point of application
加药器 chemical feeder; doser
加药丸 pelleting
加药箱 dosing tank; cartridge < 离子交换滤层的 >
加耶果风 gallego
加叶饰【建】 foliate
加液 charging
加液阀 charge[charging] valve
加液管道 charging line
加液过多 overcharge
加液接头 charging connection
加液落差 feeder drop
加液器 solution feeder
加腋 angle table; haunching
加腋板 haunched slab; haunched panel
加腋的 haunched
加腋拱 hanse arch; haunched arch
加腋拱腹 haunched soffit
加腋构件 haunched member
加腋梁 beam with haunchs; haunched beam; splayed beam
加腋楼板 haunched floor
加腋模板 haunched board
加腋榫 haunched tenon
加腋榫接 haunched mortise-and-tenon joint
加腋系数 haunching coefficient
加一 tally up
加以考虑 take into consideration
加以微分 peaking
加翼 finning
加翼梁 flanged beam
加印 overprint; surprint
加印版边条 dressing
加影线部分 hatched area
加硬质面层 hard surfacing
加油 gassing; lubrication; oil addition; oil feed; refuel(ing)
加油泵 bowser; gasoline pump
加油臂 oil crane
加油驳 bunker barge
加油槽 channel for oiling
加油长 one oiler
加油车 bowser; lube truck; lubrication truck; oil can; refueling unit; refueller; servicer; tanker; tank service; tank service truck; fuel(l)er
加油船 bowser; bunkering tanker; oiler; refueling ship
加油的喷射混凝土 concrete-spraying with oil addition
加油点 filling-up area
加油阀 oil charge valve; priming valve
加油法 oiling
加油盖 filling spout cap
加油港 bunker(ing) port; oil(-bunkering) port
加油工 fuel(l)er; greaser(oiler); lubricator; motor man; oiler; oil man
加油工人 oiler
加油管 oil filler cap; oil filler[filling] pipe
加油管入岸深度 depth of landing nipple
加油罐 oil can
加油壶 charge can; lubricator
加油环 collar oiler; oiling ring
加油机 gasoline dispenser
加油机场 refueling aerodrome; refueling airport
加油机组 dispensing unit
加油加气站 oil and gas filling station
加油孔 filler hole; filler well; filling aperture; oil-way
加油孔塞 oiling hole plug
加油口 filler; oil filler(cap); oil(filling) port; refill opening
加油口盖 filler cap
加油口锁帽 filler locking cap
加油口旋塞 priming plug; spout plug
加油量 fuel charge; refill capacity
加油龙头 refueling hydrant
加油漏斗 priming funnel
加油滤清器 oil filler screen
加油滤网 filling strainer
加油码头 bunkering station; bunkering wharf
加油墨 inking up
加油喷嘴 filler nozzle
加油坪 < 航空港 > refueling apron
加油器 lubricator; oiler; oil feeder; oil lubricator; refueller
加油器盖 oil filler cap
加油器具 oiler
加油器滤网 oil filler screen
加油枪 compressor gun; fuel truck nozzle; grease shot; zerk fitting
加油软管 filler hose
加油塞 filler plug; oil filler plug
加油设备 refueling unit
加油设施 fuel(l)ing facilities
加油栓 refueling hydrant
加油塔 oil column; oil crane

加油台 oil filling platform
加油艇 bowser boat
加油系统 oiling system
加油旋塞座 fuel cook seat
加油用油枪 <发动机开动时> dope can
加油员 oiler
加油站 automobile service station; bunkering station; dispense point; filling point; filling station; fuel(ling)(oil) station; gasoline (filling) station; gasoline stand; gas station; oil pump station; petrofilling station; petrol filling station; petrol station; refueling depot; refueling station; service station; servicing center[centre]; servicing depot; refuel(l)ing point <液体燃料>
加油站蒸汽的回收 recovery of service station vapo(u)r
加油者 oiler
加油脂和润滑油的服务车 greasing and lubricating service vehicle
加油脂和润滑油的服务卡车 greasing and lubricating service truck
加油柱 oil column; fuel filling column <汽车加汽油用>
加油装置 filling equipment; fuel(l)er; refueling unit
加油嘴 charging connector; lubricating nipple; lubrication nipple; lubricator fitting; nipple; zerk
加有壁柱的(建筑)立面 pilastered facade
加有表面活性剂的柴油水泥 <地热井用> diesel oil cement
加有电压的 alive
加有化学药剂的泥浆 clay-chemical grout
加有稳定剂的地基加载点 foundation with stabized additive loading point with stabilized additive
加有稳定剂的地基土 additive soil stabilization
加釉玻璃壳 enamel(l)ed bulb
加淤的洪泛平原 aggraded floodplain
加预应力的钢筋 prestressed reinforcement
加缘饰 fringe
加运程 overhaul distance
加运土方量 overhaul yardage
加载 applied loading; loading; lading; load application; load on; load up; on-load(ing); patch load; additional shipment【船】
加载按钮 load button
加载板 loading plate; loading slab
加载变形 load deflection
加载变形试验 deformation under load test
加载标准 loading criterion; loading standard
加载波导 loading waveguide
加载操纵台 loading console
加载操作 load operation
加载测功器 power-absorption device
加载沉箱法 sinking of caisson by loading
加载程序 load(ing) program(me); load module; loader【计】
加载触探仪 weight sounding
加载错误 loading error
加载单元 loading unit
加载导柱 loading pole
加载到破坏 loaded to collapse
加载的 loaded; superimposed
加载的一边 loading side
加载的一侧 loading side
加载点 load(ing) point; point of (load) application
加载电机 loading motor
加载电路 loaded circuit
加载电热计函数发生器 loaded-potentiometer function generator
加载电压 on-load voltage
加载电压调整装置 on-load voltage ratio adjuster
加载垫板 loading pad
加载端 loading end
加载阀 charge valve
加载反力架 reaction frame for loading
加载方法 method of loading
加载方式 load mode; way of loading
加载方向 direction of load application; direction of the applied load
加载分级淬火 marquench stressing
加载浮子 loaded float
加载杆 loading pole
加载港 port of reshipment
加载规程 load regulation; regulations regarding loads
加载过程 loading history; loading procedure; loading process
加载荷 application of load
加载荷函数 loading function
加载荷面 loading surface
加载盒 load cell
加载环 loading ring
加载缓冲存储器 load buffer memory
加载回火处理 stress tempering
加载活塞 loading piston; loading ram
加载货清单 additional cargo list
加载机构 loading mechanism
加载架 loading frame; straining frame
加载矩阵 load material
加载控制器 loading control
加载块 load block; load cell
加载框架 loading frame
加载扩散光波导 loaded diffused optic(al) waveguide
加载力 loading force
加载力矩 moment of load(ing)
加载历史 loading history
加载量 heaped capacity
加载路径 path of loading
加载铝的斯拉苏沸石 alumin(i)um-loaded Shirasu zeolite
加载密度 loading density
加载面 loaded surface
加载面积 loading area
加载模件 load module
加载模式 load module
加载排水 drainage by surcharge
加载品质因数 Q-loaded
加载平台 weighted platform
加载汽缸 load cylinder
加载器 loader
加载强度 loading intensity
加载情况 condition of loading
加载区(域) loading zone
加载曲线 loading curve
加载刃口 <挠曲试验用> loading knife-edge
加载上限 upper-level loading
加载设备 load applying unit; loading equipment; loading rig
加载设备的标定量 specified loading apparatus capacity
加载设施 charging installation
加载时间 loading duration; loading stage; loading time
加载时龄期 age at loading
加载时期 load stage
加载式结构 stressed-skin construction
加载试验 load-bearing test; load-carrying test; load(ing) test(ing); test under load
加载试验变形 deformation under load test
加载水箱 water tank for loading
加载速度 loading speed; speed of loading
加载速率 loading speed; rate of loading; loading rate
加载台 loading platform
加载天线 load(ed) antenna
加载填方 loading embankment
加载条件 condition of loading; loading condition
加载调速装置 <试验机的> load pacer
加载同轴管 load coaxial tube
加载筒 <石料压力试验用> load cell
加载头(子) <用于加载物料> loading nose
加载途径 loading path
加载位移 load deflection
加载位置 loading position
加载位置指示器 load position indicator
加载稳定器 load maintainer
加载稳压器 load maintainer
加载误差 loading error
加载系数 loading coefficient
加载系统 loading system
加载限制 loading limitation
加载谐振腔 loaded cavity
加载卸荷环 load-unload cycle
加载卸载环 load-unload cycle
加载卸载鉴定试验 <弹簧秤的> back test
加载形式 loading configuration
加载循环 loading cycle
加载循环数 number of loading cycle
加载因数 loading factor
加载油缸 load cylinder
加载于 burden
加载与卸荷 loading and unloading
加载与卸载 loading and unloading
加载载架 loading frame
加载至破坏 loading to failure; load to collapse
加载重 heap capacity
加载重量 weight-loaded
加载周期 cycle of loading; loading cycle
加载装置 charger; loader; load holding device; loading device; loading mechanism; loading system <试桩的>
加载准则 loading criterion
加载阻抗 loaded impedance
加载组件 load module
加载作用 loading effect
加在房屋上的镶边饰 antepagment
加在上面 superimpose; superpose
加罩盾构 hooded shield
加罩污泥干燥床 covered sludge drying bed
加罩子 bonnet
加支撑的 braced
加支撑的檩条 braced purlin(e)
加支撑的箱形框架 braced box frame
加支托板 haunched panel
加织物的土 reinforced earth
加脂法 currying
加脂器 greaser
加值载波器 value-added carrier
加重 accentuate; accentuation; add; aggravate; emphasis; loading
加重包裹层 negative buoyancy coating; weight coating
加重曝光法 heavy exposure method
加重材料 weighting material
加重冲击钻杆 jar rod
加重处罚情节 aggravating circumstances
加重带卷 built-up coil
加重的 cumulative; weighted; weighting
加重的传送带的托轮 heavy idler
加重的内部零件 heavy internal
加重的丝绸 weighted silk
加重电路 accentuator; emphasizer
加重对比度 accentuated contrast
加重阀 weighted valve
加重反滤层 weighted filter
加重杆 weighting bar
加重高频设备 peaker
加重关税 dual tariff
加重管 extra heavy pipe; jar piece <钻探用>
加重环 weighing ring
加重剂 <泥浆> heavy loader; weighed additive; weighing material; weighting admixture
加重控制器 center weight governor
加重轮廓 contour accentuation
加重轮胎 extra heavy duty tire[tyre]
加重秒信号 emphasized second marker; emphasized second mark; emphasized second signal
加重泥浆 weighed drilling mud; weighted mud
加重泥浆钻进 heavy weight drilling
加重平衡 hamming
加重器 accentuator; emphasizer
加重胎 heavy-duty tire[tyre]
加重调速器 center weight governor
加重网络 emphasis network; emphasizer
加重物 overlay
加重线圈 built-up coil
加重箱 weight kit
加重型阀门及管件 extra heavy valves and fittings
加重型纱窗 <拘留所用> detention screen
加重异径钻杆 <连接在绳帽上带捞针的> rope-spear wadder
加重质 medium solid
加重钻杆 extra heavy drill rod; extra-weight drill pipe
加州白栎 California white oak; roble
加州柏木 Macnab cypress
加州承载比 California bearing ratio [CBR]
加州承载比测定仪 California bearing ratio tester
加州承载比(设计)法 California bearing ratio method
加州承载比柔性路面设计法 CBR method of flexible pavement design
加州承载比试验 California bearing (ratio) test
加州承载比值 CBR value
加州承载力 California bearing capacity; California bearing reaction
加州赤杨 California alder
加州二针松 California swamp pine
加州弗瑞蒙木 silver oak
加州桂 mountain laurel
加州桂属 California laurel
加州胡桃 California walnut
加州聚合作用 California polymerization
加州(沥青)混合料配合比设计(法) California method of mixture design
加州栎树 California black oak
加州煤油恒等式 <确定组合集料所需的沥青含量百分数的公式> California kerosene equivalent
加州(柔性路面)设计法 California design method
加州铁杉 California hemlock spruce; western hemlock(spruce)
加州稳定度仪 California stabilometer
加州稳定度仪路面设计法 California stabilometer method for pavement design
加州稳定度仪设计法 <柔性路面厚度设计> California stabilometer

method; California stabilometer procedure
加属性 additive attribute
加注 charging-up;fill(ing)up;topping
加注阀 filling valve
加注后重量 filled weight
加注喷嘴 priming jet
加注设备 filling provision
加注时间 duration of charging
加注蒸馏水 <蓄电池> replenishment of distilled water
加注嘴 refueling nozzle
加柱 strutting
加桩【测】 additional stake;stake;staking out
加装船用煤 coal-bunkering
加装船用燃料 bunkering
加总 figure up
加阻化剂 inhibiting
加座 overflow seating

夹

夹柏油防潮纸 union kraft;union paper
夹板 bat batten;clam(plate);claw plate;cleat(ing);clip plate;collar clamp;fish plate;fitting strip;hold-down;joint bar;laminated wood;plywood;splint;strong back;veneer board
夹板锤 board drop hammer;friction-board hammer;jump hammer;laminated spring hammer
夹板对抵拼接 butt splice
夹板对接缝 butt-jointed seam with strap
夹板(对接)锚固 strap anchor
夹板防护罩 board guard
夹板拱 laminated timber arch
夹板拱架 centering[centring] by clamped planks in arch shape;laminated timber centering
夹板拱桥 laminated arch bridge
夹板固定 splintage
夹板滑环 box link
夹板滑环运动 box link motion
夹板接合 fish(ed)joint;fishing;joggle jointing;strap lap joint;strap(ped)joint
夹板接合梁 fish beam
夹板接头 fish(ed)joint
夹板结合 fished joint;strap lap joint;strapped joint
夹板绝缘子 cleat insulator
夹板连接 splice fished joint
夹板螺钉 bridge screw
夹板螺栓 fish(ed)bolt;track bolt <钢轨接头的>
夹板落锤 trip-hammer;board drop hammer
夹板落锤捣碎机 board drop stamp
夹板门 plywood(-faced)door;plywood-veneered door;veneer door
夹板模壳 plywood shutter
夹板平铆接 butt rivet joint
夹板墙挡板条 fire stop
夹板塔接 strap lap joint
夹板套筒 split sleeve
夹板现浇混凝土墙 banked concrete wall
夹板镶接 fishplate splice
夹板斜撑 coupled knee braces
夹板支座 laminated bearing
夹板装载 palletize;palletizing
夹雹暴风雨 hail storm
夹背刀锯 back reinforced knife saw
夹背锯 back(-pinched)saw;miter[mitre] saw;tenon saw
夹壁漏斗 double wall funnel
夹边安装 edge clamp mounting
夹表 tong-test ammeter
夹冰水 ice slush
夹冰运输 transport with ice between goods
夹柄 clamp holder
夹柄螺丝批 screwdriver with wooden scales
夹玻璃纤维的玻璃板 ply glass
夹布包层 laminated coating
夹布胶管 fabric hose;wrapped hose
夹布胶木 cloth-inserted bakelite;fabroil;textolite
夹布胶木板 masonite
夹布胶木衬套 fiber bush
夹布胶木齿轮 fabroil gear;textolite gear
夹布胶木轴承 fabric bearing;fabroil bearing;laminated bearing;textolite bearing
夹布胶片 black rubber insertion;sheblack rubber insertion sheet
夹布软管 canvas filler hose
夹布输水管 wrapped water hose
夹布橡胶 canvas filler rubber
夹层 back edge;backfin;band(ing);bed separation;fin;horse;interbed(ded layer);interbedded strata;intercalary strata;intercalate(d bed);intercalation(bed);interfacial layer;interlace;interlayer;interleaf;intermediate layer;intervening strata;layer;mezzanine;parting;sandwich layer;soft vein;spilt level;veining;mezzanine floor <尤指介于一层与二层之间的>
夹层安全玻璃 laminated safety glass
夹层板 flitch plate;sandwich board;sandwich panel;sandwich plate
夹层板方法 sandwich-plate method
夹层板结构 sandwich construction
夹层板芯层 grid core
夹层板岩 dividing slate
夹层包合物 sandwich inclusion compound
夹层玻璃 cleaved glass;laminated glass;multiple glass;sandwich glass;security glass;toughened glass;triplex glass
夹层玻璃窗 window sandwich
夹层薄壳 sandwich shell
夹层材料 laminated material;sandwiching;sandwich material
夹层舱 between decks
夹层槽 sandwich channel
夹层(层夹)箱板 sandwich panel
夹层大梁 sandwich girder
夹层带 intercalated zone
夹层单元 sandwich unit
夹层的 interbedded;intercalated;interjacent;sandwich(type)
夹层地板 false floor;floating floor;laminated floor;entresol floor <楼层间阁楼>
夹层地板修整 floating flooring finish
夹层地板终饰 floating flooring finish
夹层电池 sandwich cell
夹层叠合梁 sandwich beam
夹层防火壁 sandwich fire-wall
夹层风挡玻璃 laminated windshield glass
夹层风挡玻璃热弯炉 laminated windscreen bending furnaces
夹层辐照 sandwich irradiation
夹层腐蚀 layer-cake-corrosion;sandwich corrosion
夹层隔音玻璃 laminated acoustic(al) glass
夹层构造 sandwich construction;sandwich structure
夹层灌入 sandwich injection
夹层滚轧 sandwich rolling
夹层焊接 sandwich braze
夹层和防弹玻璃自动切割锯 automatic saws for cutting laminated and bullet-proof glass
夹层化合物 sandwich compound
夹层混和机 sandwich blender
夹层混凝土 sandwich concrete
夹层技术 sandwich technique
夹层间 mezzanine
夹层建筑法 <道路工程的> sandwich construction(method)
夹层胶压镶板 laminated panel
夹层结构 bedded structure;sandwich structure;sandwich(type)construction;entresol
夹层结构板 sandwich construction panel
夹层金属薄板 plywood metal sheet
夹层开关 wafer switch
夹层壳 sandwich type shell
夹层梁 laminated beam;sandwich beam
夹层裂纹 lamination crack
夹层楼面 mezzanine(floor);mezzanine stor(e)y
夹层楼面窗 half-window
夹层铝板 alumin(i)um sandwich panel
夹层煤 coal split;split(coal)
夹层蒙皮 sandwich covering;sandwich skin
夹层木地板 floating wood floor
夹层木结构 sandwich construction of wood products
夹层黏[粘]结 interlaminar bonding
夹层黏[粘]土 parting clay;sandwich clay
夹层碾压 sandwich rolling
夹层平板玻璃 laminated sheet glass
夹层铺料 sandwiching
夹层铺筑法 <水泥结碎石路面等的> sandwich method;sandwich system
夹层铺筑体系 <泥结碎石路面等的> sandwich system
夹层气 gas streak
夹层钎焊 sandwich braze
夹层墙 double wall;sandwich wall;sheathed wall
夹层墙板 sandwich wall panel
夹层泉 stratum spring
夹层沙 stray sand
夹层砂 parting sand
夹层砂土 parting sand
夹层式 sandwich type
夹层式防舷材 Raykin fender buffer
夹层式(水泥)混凝土路 sandwich concrete road;sandwich type concrete road
夹层式水泥结碎石路 sandwich type cement-bound macadam
夹层式镶板 sandwich type panel
夹层式橡胶支座 sandwich type rubber bearing
夹层式预塑缝 sandwich type premoulded joint
夹层水 bedded water;interlayer water;water streak
夹层屋面板 sandwich roof(ing)slab
夹层窑 sandwich kiln
夹层预制板 sandwich panel
夹层纸板 mill blank
夹层注射 sandwich injection
夹层柱壳 sandwich cylinder
夹叉 bracket;grapple(bucket);hairpin
夹叉试射法 bracketing method
夹车器 <提升绳上的> jiggler
夹衬板 <屋顶瓦下的> sheathing board
夹撑木 clamp timber
夹持 entrap;hold;retain
夹持板 grip block
夹持边 gripper edge
夹持槽 grip groove
夹持车刀 clamp cutting edge
夹持端 bare terminal end;gripped end;hard terminal end;exposed core <焊条的>
夹持法 chucking method
夹持给料 gripper feed
夹持环 grip ring;retainer ring
夹持机构 clamping device;gripper mechanism
夹持机制 gripping mechanism
夹持进给 gripper feed
夹持块 grip block
夹持力 chucking power
夹持螺栓 grip bolt
夹持帽 gripping head
夹持密封接头 grip seal joint
夹持偏心 chucking eccentric
夹持器 boss;clamp(er);clamp holder;cramp frame;fastener;grip holder;gripper;holder
夹持器弹簧 holder spring
夹持刃口 clamp cutting edge
夹持式变形计 clip ga(u)ge
夹持输送器 gripping conveyer[conveyor]
夹持送料 hitch feed;pull feed
夹持型接头密封 clamped joint seal
夹持压力 clamping pressure
夹持爪 gripper jaw
夹持转子 grip roll
夹持装置 holding device
夹持座 grip slipper
夹锤板 hammer plate
夹大量沙砾河流 debris-laden river;debris-laden stream
夹带 entrain;entrainment;entrapment;smuggle
夹带大量泥沙的 silt-laden
夹带的固体 entrained solid
夹带的空气 entrained air
夹带剂 entrainer;entraining agent
夹带空气 entrapped air
夹带力 entrainment force
夹带泥沙 entrained sediment
夹带砂粒 entrained sand particle
夹带速度 entraining velocity
夹带速率 entrainment rate
夹带物 entrainer
夹带物过滤器 entrainment filter
夹带液滴 entrained drip
夹带(走)的油 entrained oil
夹带作用 entraining action
夹袋器 sack holder
夹袋输送胶带 clamping belt
夹地层 interbedded
夹钉 clamp nail
夹锭钳 pinchers
夹斗 clamp bucket;clamshell bucket
夹断 pinch-off
夹断电压 pinch-off voltage;pip voltage
夹断封接 pinch-off seal
夹断频率 pinch frequency
夹断调节 pinch-off conditioning
夹粉的 floury
夹缝钉 dowel
夹附气体 gaseous inclusion
夹附杂质 occluded foreign matter
夹杆 clamping bar;clip bar;fish bar
夹矸 dirt parting;dunn bass
夹矸层 dirt bed
夹矸层数 amount of dirt parting
夹矸的厚度 shale thickness in coal formation
夹矸的煤层 leat
夹矸的真厚度 true shale thickness in coal formation

夹矸底界面的深度 lower surface depth of shale in coal formation
夹矸顶界面的深度 upper bound depth of shale in coal formation
夹矸厚度 thickness of dirt parting
夹矸煤 interbanded coal
夹矸岩性 lithology of dirt parting
夹钢绳芯胶带输送机 cable belt conveyer[conveyor]
夹钢丝高压石棉橡胶板 compressed asbestos high pressure metallic
夹钩 clamp
夹箍 clamp sub
夹箍螺栓 clip bolt
夹箍式冷冻装置 clip-on unit
夹箍形端头 strap stub
夹骨齿夹固板 clamping plate;wooden clamp
夹固板 wooden clamp;clamping plate
夹固边 clamped edge
夹固刀具 clamped tool
夹固的安全程度 safe in gripping
夹固件 clamping apparatus
夹固螺母 clamp nut
夹固嵌入管件接头 clamped insert-fitting joint
夹固圈 clamping ring
夹固时间 clamping time
夹固支架 clamping support
夹挂吊车 grip spreader
夹挂吊架 grip spreader
夹管 by-pass;clamp
夹管钳 gripping pliers
夹管式超声波流量计 clamp-on type ultrasonic flowmeter
夹轨 rail grip
夹轨底垫板 clip plate
夹轨器 rail clamp(ing device);rail clips
夹轨钳 rail tongs
夹辊区(连铸)roller guide apron
夹辊式翻钢推床 grip type tilting manipulator
夹合板 sandwich panel;sandwich plate
夹合材料 sandwich material
夹合缝 schindylesis
夹合钢板 flitch plate
夹合结构 sandwich construction
夹合梁 <由方木与金属板组成> sandwich beam;sandwich girder
夹痕 catcher mark
夹弧 grip hold arc
夹花砖工 skintled brickwork
夹环 holding ring
夹混凝土块毛石砌体 opus incertum
夹颊板 clamp cheek
夹架 adapter;clamping frame;pincette
夹江 branching channel
夹胶 doubling
夹胶石棉板 compressed asbestos sheet
夹角 angular separation;included angle;separation angle
夹角尺 base bar
夹角大小 corner dimension
夹角法 angle-offset(method)
夹接板 fish plate
夹接部件 clip-on unit
夹接装置 holding device
夹金属胶合板 plymetal
夹紧 clamp;clamping on;constraining;cramp;fasten;grasp;gripping;pinch;vice;grip
夹紧把手 clamp lever
夹紧板 clamping plate;clamping slab;pinch-off blades
夹紧棒 pressure bar
夹紧边(缘)clamped edge;gripper edge
夹紧插座 point of clamping
夹紧长度 <夹具的> clamping length
夹紧带 clamp strap
夹紧刀具 clamp-on tool
夹紧的螺钉 cramped bolt
夹紧点 point of clamping
夹紧垫圈 clamping washer
夹紧端基盘 <凿岩机> saucer
夹紧轭杆 clamping yokes
夹紧颚爪 grip jaw
夹紧方法 clamping means
夹紧杆 clamping lever;cramp bar
夹紧缸 clamping cylinder
夹紧工具 clamping tool
夹紧工作台 clamping table
夹紧箍 bail
夹紧固定 clamping
夹紧虎钳 grip vice[vise]
夹紧滑块 grip slide
夹紧环 clamping collar;clamp ring
夹紧活塞 clamping piston
夹紧机构 clamp system
夹紧机上钻杆 chuck up
夹紧颊板 grip cheek
夹紧角 angle of pinching
夹紧绞车 hold-back winch
夹紧卡箍 clamping stirrup
夹紧卡盘 expansion chuck;nipple chuck
夹紧卡瓦 grip jaw
夹紧冷焊 sandwich welding
夹紧力 chucking effect;clamp(ing) force
夹紧连接轴套 clamping sleeve
夹紧联轴器 clamp coupling
夹紧梁 clamped beam
夹紧螺钉 clamp screw;pinching screw;stretching screw
夹紧螺帽 clamping nut;grip nut
夹紧螺母 binding nut;clamping nut;clip nut;grip nut;turnbuckle nut
夹紧螺母槽 clamping nut slot
夹紧螺栓 clamp(ing) bolt;clinch bolt;clip bolt;grip nut;grip of bolt;take-up bolt
夹紧螺栓孔 clamp bolt hole
夹紧螺丝 clamp(ing) screw
夹紧螺丝型六分仪 clamp screw sextant
夹紧螺旋 binding screw
夹紧面 clamping surface;pinch plane
夹紧模 clamping die;grip(per) die
夹紧模座 trip holder
夹紧能力 chucking capacity
夹紧扭矩 fastening torque
夹紧盘 chopping disc;clamping disc[disk]
夹紧盘簧 garter spring
夹紧器 binding clasp jaw;catcher;cramp;dolly bar;gripping;holding device;polish rod clamp;rapier clamp machine
夹紧千斤顶 gripping jack
夹紧钳(子)clamping jaws
夹紧式配件 grip-tie fitting
夹紧式曲轴 split-clamp crankshaft
夹紧弹簧 drawback spring;garter spring
夹紧手柄 clamping lever
夹紧套筒 closing sleeve;tight spigot
夹紧调整螺钉 gib screw
夹紧托架 clamp bracket
夹紧瓦 clamping shoe
夹紧误差 clamp error
夹紧销 clamping stud
夹紧小齿轮 clamp pinion
夹紧效应 pinch effect;rheostriction
夹紧斜块 clamp wedge
夹紧旋塞 pinchcock
夹紧液压缸 clamp cylinder
夹紧辙叉 clamp frog
夹紧制动器 clasp brake;clip brake;grip(per) brake
夹紧轴 clamp shaft
夹紧轴环 clap collar
夹紧装置 chucking fixture;clamping arrangement;clamp(ing) device;clutch;cramp;drawback device;gripping device;holding device;jaw;jig;side shoe
夹紧装置的手柄 jamming handle
夹紧阻抗 clamped impedance
夹进空气的孔隙 entrained air void
夹景 vista line
夹具 anchor clamp;choker;chucking;clamp(er);clamping apparatus;clamping yoke;cleat;collar band;dog;extractor;finger grip;fixture;grapple;gripper;gripping device;holder;holding device;jaw vice[vise];jig;locking grip;positioner;retainer;ripping bar;take-in device;take-up set;tongs
夹具板 jig plate
夹具柄 chuck arbor
夹具对准 grip alignment
夹具钢 holder steel
夹具横挡 stretcher
夹具化 palletization[palletisation]
夹具螺丝 clamping screw
夹具模型 flume model
夹具容量 chucking capacity
夹具设计 grip design
夹具送料 pallet feed
夹具装架 jig
夹具装配 jig assembly
夹具组合件 fixture assembly
夹锯 binding;saw pinching
夹卷 entrainment
夹壳类动物 crustacean
夹壳联轴器 clamping coupling
夹壳式联轴节 split muff coupling
夹口虎钳 vise-grip
夹口钳 clippers
夹口榫 divided tenon;twin tenons
夹扣 toggle clip
夹扣封闭器 toggle clip closure
夹块 <加固货物装载> clamp dog;clamp(ing) splice
夹块石用铁夹 metal cramp
夹缆器 rigger's screw
夹牢 marrying
夹立板 framesticks
夹料铲斗 clamp bucket
夹料钳 pulling-in dogs;pull-in pliers
夹楼层 half stor(e)y;mezzanine (stor(e)y)
夹楼层窗子 mezzanine window
夹炉板 buck stave
夹锚体系 grip anchorage system
夹铆钉杆 holder up
夹铆钉棍 dolly bar
夹煤层黏[粘]土 coal measure clay
夹煤炭质页岩 bass
夹膜辊 nip roller
夹木 laminated wood
夹木器 grapple
夹木纤维石膏抹灰 gypsum wood-fibered plaster
夹泥沙河流 competent river;silt-laden stream
夹盘 chock;clamping chuck;holding chuck
夹盘立式内圆磨床 vertical grinding machine chucking internal
夹盘弹簧片 indicator clip
夹盘外圆磨床 chucking grinding machine external
夹盘转塔车床 chucking capstan and turret lathe
夹坯机 gripper
夹皮 <木材缺陷> enclosed pocket;ingrown bark;bark pocket;bark seam;inbark
夹皮带输送机 blanket conveyor belt;sandwich belt conveyor[conveyor]
夹皮带提升机 sandwich belt elevator
夹皮带卸船机 sandwich belt unloader
夹皮弹簧杆 diapositive lever
夹片 clamp piece;clip;fish;intermediate plate;jaw
夹片式阿克明斯特地毯 gripper Axminster carpet
夹片式锚具 strand tapered anchorage
夹片弹簧 clamping spring
夹票 ticket jam
夹气 air inclusion;entrapped gas;gas enclosure;gas entrapment
夹钎 steel sticking
夹钎器 chuck;drill adapter;drill rod holder;drill steel holder;drill steel retainer;rod holder;steel holder;steel puller;steel retainer
夹钎器螺栓 steel puller bolt
夹铅锡箔 Albion metal
夹钳 champing jaw;choker;clam(mer);clamp frame;clamping claw;cramp;grab;gripper;hoisting tongs;pincer clamp;pincers;pliers;sling dog;tongs;tweezers;holdfast;bulldog slip <夹住板条或托起混凝土构件的>;ang-kary <用于百叶窗、拔松钉子、宽松包装等>
夹钳槽 clamping slot
夹钳吊车 dogging crane
夹钳吊架 clamp hanger
夹钳痕 <玻璃片的> tong mark
夹钳横梁 lifting beam with tongs
夹钳机构 <对焊机的> clamping mechanism
夹钳加料机 tongs furnace charger
夹钳距离 die spacing
夹钳开闭机构 tong operated mechanism
夹钳开度 clamp opening
夹钳起重机 soaking pit crane
夹钳砌合的露头石层 chain course
夹钳钳口 grip finger
夹钳式起重机 crampo(o)n
夹钳式送料机构 feed block
夹钳式抓斗 claw bucket
夹钳式装再机 roll clamp truck
夹钳松开 <制动器的> release of jaws
夹钳送料 gripper feed
夹钳提升器 clamp hanger
夹钳外伸长度最大值 <点焊机的> maximum throat depth
夹钳爪 grip finger
夹钳装置 gripping mechanism
夹钳组件 grip module
夹墙 hollow wall
夹墙内抹灰 parg(et)ing
夹墙烟道 <凸出山墙部分> barge
夹切挡环 pinch trim collar
夹取铲斗 claw bucket
夹取器 pinchers
夹取运动 squeeze motion
夹圈 bolster;champing ring;chuck ring;clamping collar;grip ring <固定试件用的>
夹圈固定器 grip holder
夹入 insertion
夹入夹头中 chucking
夹入空的纸页 interleaving
夹入空气 entrainment of air
夹入气含量 entrapped air content
夹入气体 occluded gas
夹入书中的纸页 <防止未干油墨污损> interleaf

夹入元素 tramp element
夹入砖 brick inclusion
夹色纱线 marl yarn
夹沙河川 silt-laden stream
夹沙河口 sediment-carrying estuary
夹沙河流 sediment-bearing river;sediment-bearing stream; sediment-carrying river; sediment-carrying stream;sediment-laden river;sediment-laden stream
夹沙流 sediment-laden stream
夹沙能力 sediment-carrying capacity
夹沙水 sediment-laden water
夹沙水流 sediments in laden flow;sediment-laden flow;silt-laden flow
夹砂 burning into sand;sand inclusion;sand marks
夹砂层 stratified sand;sand stemming <炸药之间的>
夹砂砾石 hoggin
夹砂与含渣 sand and slag inclusion
夹绳器 wire holder
夹石 intercalated bed;horse
夹石层 dirt band;dirt bed;intergrow;middleman
夹石耙叉 rock fork
夹石钳 stone tongs
夹石剔除厚度 limiting thickness of rock intercalation
夹式接头 clip connector
夹书架 book holder
夹水 ample flow
夹丝安全玻璃 wired safety glass
夹丝波形玻璃 corrugated wire(d) glass
夹丝玻璃 wire(d)glass
夹丝玻璃板 wired plate glass;wired sheet glass
夹丝玻璃瓦 wired roofing glass
夹丝夹层玻璃 laminated wire(d) glass
夹丝上的气泡 bubble on the wire;rabbit's ear
夹丝瓦楞玻璃 corrugated wire(d) glass
夹丝外露 raised strands
夹送导辊 deflector pinch roll
夹送辊 pinch roll;withdrawal roll
夹送轮 pinch roller;pinch wheel
夹送皮带 gripping belt;retainer belt
夹索螺旋夹具 rigging screw
夹锁 locking clamp
夹套 jacket(ing)
夹套泵 jacketed pump
夹套侧 jacket side
夹套尺寸 collet capacity
夹套封头 jacket head
夹套盖板 jacket closure
夹套管用钳 catheter holding forceps
夹套锅炉 jacket boiler
夹套加热 jacket heating
夹套结晶器 jacketed crystallizer
夹套冷却 jacket cooling
夹套冷却器 jacketed cooler
夹套式封隔器 collet type packet
夹套式换热器 jacketed heat exchanger
夹套式冷间 jacket cold room
夹套式黏[粘]度杯 fluidimeter
夹套式容器 jacketed vessel
夹套试验压力 jacket test pressure
夹套水 jacket water
夹套外筒 jacket outside cylinder
夹套型液面计 liquid level ga(u)ge with jacket
夹提给料 gripper feed
夹条 bat batten;cleat;gib;holding strip;ribbon
夹条扁销连接 gib-and-cotter joint
夹条带 clip band
夹条节 clip band
夹铁 shim
夹头 cartridge;chuck;clamp;clamping chuck;clip;collet;dog;grip holder;gripping head;hander;holding-down clip;stirrup
夹头衬套 chuck liner
夹头锻制机 bar pointer
夹头夹紧端 dogged end
夹头接触面 die contact area
夹头开度 die opening
夹头螺帽 chuck nut
夹头螺栓 clamping bolt
夹头起重器 saddle jack
夹头钥匙 chuck key
夹头爪 chuck jaw
夹桅板 mast pedestal;mast trunk
夹钨 tungsten inclusion
夹线板 attachment clip;bracket;clamp;cramp;staple bolt
夹线式电流计 tong-test ammeter
夹线装置 wire gripping device
夹箱螺栓 clip bolt
夹箱器 box clamping device
夹销 clamp pin
夹楔 clamp wedge
夹心板 filled board
夹心板桩堤 mud box
夹心阀 sandwich valve
夹心钢 soft-center steel
夹心间壁 open sandwich-type panel
夹心结构 sandwich
夹心梁 <木中夹有钢、铁的板梁> sandwich beam
夹心墙板 open sandwich-type panel;sandwich wall panel
夹心式 sandwich
夹心式电池 sandwich cell
夹心数字【计】sandwich digit
夹心碎料板 core stock coreboard
夹心镶板 open sandwich-type panel
夹芯板 batten board;block board;laminboard;sandwich board;sandwich plate;sandwich(type)panel
夹芯层 sandwich course;sandwich layer
夹芯层隔热板 sandwich insulant panel
夹芯钢 sandwich steel
夹芯钢材 sandwich steel
夹芯隔热板 sandwich panel insulant
夹芯构件 sandwich member
夹芯构造 sandwich structure
夹芯焊接 sandwich braze
夹芯化合物 sandwich compound
夹芯胶合板 core veneer board
夹芯结构 sandwich construction
夹芯结构梁 sandwich beam
夹芯泡沫层 sandwich foam layer
夹芯钎接 sandwich braze
夹芯墙 sandwich wall
夹芯墙板 sandwich type wall panel
夹芯涂层 sandwich coat
夹芯镶板 honeycomb core
夹芯轧制 sandwich rolling
夹芯纸板 honeycomb core
夹芯状坯块 sandwich like compact
夹锈 rust inclusion
夹有小贝壳黏[粘]土 yoldia clay
夹圆钳 round pliers
夹运装卸机 piggy packer
夹杂 be mingled with;entrapment;intercalation;occlude
夹杂的 foreign
夹杂计数 inclusion count
夹杂金属检查器 tramp metal detector
夹杂空气 entrained air
夹杂石块层 stone inclusion
夹杂铁捕集器 tramp-iron separator
夹杂铁的探测器 tramp-iron detector
夹杂铁分离器 tramp-iron separator
夹杂铁收集器 tramp-iron trap
夹杂物 contamination material;dirt;foreign material;impurity;occluded foreign substance;occlusion;inclusion
夹杂物分离器 rejector
夹杂物铸件 dirty casting
夹杂氧化物 trapped oxide
夹杂质 foreign matter
夹在层间的 embedded
夹在当中 sandwich
夹在卡盘上的工件 chucked work
夹渣 cinder inclusion;enclosed slag;entrapped slag;slag entrapment;slag enclosure;slag inclusion;slag occlusion;slag patch;slag spot
夹渣脆性 slag shortness
夹渣的清除 slag removal
夹渣内孔 abscess
夹渣生铁 cinder pig
夹渣线 slag line;slag stringer
夹直线 intermediate straight line;straight-line between curves;tangent between curves
夹直线的最小长度 minimum length of intermediate straight line
夹止调节 pinch-off conditioning
夹纸(垫板)clip board
夹置 interlay
夹竹桃 oleander;rosebay;sweet-scented oleander
夹住 bite;clamp(-on);clip;entrapment;holdfast;nipping;pinching;take hold
夹住钻杆并拉紧 take a strain on pipe
夹爪 clamping jaws;claw;gripping jaw;hold-down;holding jaw;side shoe
夹爪印 grip mark
夹砖 brick inclusion
夹砖设备 brick grab;brick gripping device
夹桩 walling
夹桩力 pile locking force
夹桩木 walling timber
夹桩器 pile chuck
夹状云 lenticular cloud
夹子 attachment clip;binder;chela;clammer;clamp;clip(terminal);clencher[clincher];cramp(iron);grip;keeper;nippers;pincers;snips;staple bolt;tongs
夹子接头 clip connector
夹子接线端 clamped terminal
夹子连接器 clip connector
夹子软线 clip cord
夹子制动器 prong brake
夹钻 clamp drill;stick of tools;wedging of drilling rod

枷

枷形装饰 shackle

佳

佳得板 kydex

家

家白蚁 <拉> Coptotermes formosanus

家畜 cattle;livestock;quick goods;creature <美>
家畜搬运车 cattle transport track
家畜场 poultry establishment
家畜车 livestock wagon;live wagon;stock wagon
家畜的科学管理 husbandry
家畜繁殖 livestock breeding
家畜粪肥 cattle manure
家畜给水 livestock water supply
家畜管理 livestock management
家畜集装箱 livestock container;pen container
家畜鉴定 animal judging;livestock judge
家畜栏 kraal
家畜气候学 animal climatology
家畜商店 commercial kennel
家畜舍饲 indoor stock keeping
家畜消毒剂 livestock spray
家畜训练服务店 commercial kennel
家畜押运车 drover's car
家电插头 plug point
家鸽的 victoria
家户组群分析【交】household panel analysis
家基的 home-based
家基调查 house-base survey
家基访问 household interview
家计保险 domestic insurance
家井 property well
家具 appointment;fitment;furnishing;furniture;house furnishings
家具搬运车 pantechnicon;pantechnicon van
家具玻璃 furniture glass
家具布 upholstery fabric
家具布置 layout of furniture
家具布置图 furniture layout drawing
家具擦光蜡 furniture polish
家具材 implement stock
家具仓库 furniture warehouse;pantechnicon
家具抽屉 furniture drawer
家具打光料 furniture polish
家具挡板 furniture guard
家具的设计式样 <其中的一种> Empire style
家具的十字形横档 X-stretcher
家具店 furniture store
家具工 cabinet marker
家具工业 furniture industry
家具规格材 furniture dimension stock
家具和陈设品 house stuff
家具级(木材)furniture grade
家具胶合板 furniture plywood
家具铰链 cabinet hinge
家具接榫 furniture connection
家庭垃圾 domestic waste
家具(木)工 cabinet maker;upholsterer
家具内衬 box casing
家庭内辅助房间 utility room
家具漆 furniture lacquer
家具漆膜的冷裂试验 temperature checking of furniture lacquer
家具窃蠹 furniture borer
家具清漆 furniture varnish
家具商 upholsterer
家具设计 furniture design
家具设施 furniture and fixtures
家具设施折旧储备金 depreciation reserve furniture and fixture
家具套 slip cover
家具涂油处理 oil finish of furniture
家庭卫生设备的 U 形存水弯 running trap
家具五金 furniture hardware
家具五金配件 furniture fitting
家具小五金 cabinet hardware
家具用材 wood for furniture
家具用圆钉 coat nail
家具油 mop oil
家具栈房 furniture warehouse
家具制造 cabinet making
家具蛀虫 anobium beetle
家具装饰织物 upholstery fabric
家眷出行 household trip
家里的 domestic
家谱 family tree;genealogy;pedigree
家谱室 <古罗马> tablinum
家禽车 poultry car;poultry wagon

J

家禽废水 poultry waste
家禽粪 fowl manure; poultry dung
家禽粪肥 poultry manure
家禽加工厂 poultry-packing factory [plant]
家禽金属丝笼 poultry netting
家禽笼 coop
家禽棚 poultry hall
家禽舍 cattle house; fowl house; poultry house
家禽生产者 poultry producer
家禽饲养 poultry breeding
家禽饲养场 hennery; poultry farm; poultry yard
家禽饲养场废水 poultry plant waste (water)
家禽饲养房 fowl house
家禽饲养废水 poultry house waste
家禽屠宰场 poultry dressing farm
家禽养殖场 coop
家禽业 domestic fowl farming; poultry business; poultry farming
家神 household god
家鼠 house mouse
家属(或亲属)关系 kinship
家属票 family ticket
家属宿舍 family housing; housing of family
家天牛 domestic cerambycid; house longhorn beetle
家庭 family; household
家庭保险公司大楼 home insurance building
家庭壁脚板供暖 domestic skirting heating
家庭冰箱 household refrigerator
家庭财产保险 insurance of contents
家庭采暖 domestic heating
家庭采暖装置 domestic heating installation
家庭菜园 kitchen garden
家庭出行 home-based trip; household trip
家庭处理 home treatment
家庭单元 home unit; household unit
家庭单元价格 family unit price
家庭抵押债务 household mortgages
家庭防火安全 home fire safety
家庭防灾计划 family disaster plan
家庭房间承租者 roomer
家庭访视 home visit
家庭访问调查 house-interview survey
家庭废弃物 domestic waste
家庭废水 domestic wastewater; household wastewater; residential waste (water); residual waste (water)
家庭粪便污水 domestic fecal sewage
家庭副业 household sideline production
家庭个人计算机 PC's in home
家庭工场 domestic factory
家庭工业 domestic industry; home industry; household industry
家庭工作出行 home-based work trip
家庭工作室 domestic workroom
家庭供电 residential service
家庭供气 residential service
家庭供水 residential service
家庭供水水源 domestic water supply
家庭供水系统 domestic water supply system
家庭构成 family composition
家庭购物出行【交】home-based shopping trip
家庭固体垃圾 solid house refuse
家庭花园 home garden
家庭活动 domestic activities
家庭活动室 family room
家庭疾病的聚集性 clustering of disease in family
家庭计划 family planning
家庭家具陈设 household stuff
家庭交通(运输)信息系统 home transport information system
家庭教师 tutor
家庭接送 kiss-and-ride
家庭结构 family structure; size of household
家庭金融公司 household finance corporation
家庭经济 domestic economy
家庭康复所 residential care
家庭垃圾 domestic refuse; domestic waste; home scrap; household garbage; household refuse; household waste
家庭垃圾处理厂 household refuse processing plant
家庭垃圾的处置 domestic refuse disposal
家庭垃圾的分类 sorting of household refuse
家庭垃圾的收集 collection of household refuse
家庭垃圾容器 domestic container
家庭零杂工 home handyman
家庭炉灶 domestic fire
家庭录音 home record
家庭煤气燃烧用具 domestic gas burning appliance
家庭煤气用具 domestic gas appliance
家庭酿造 home brew
家庭暖气 domestic heating
家庭普查 family census
家庭其他目的出行 home-based other trip
家庭起居室 keeping room
家庭迁移 displacement of families
家庭清洁工具室 household cleaning equipment room
家庭取暖 domestic heating
家庭取暖用油 home heating oil
家庭燃烧用具 domestic burning appliance
家庭人口变化周期 family population cycle
家庭人员组成 family make-up
家庭日托托儿所 family day care home
家庭桑拿浴室 domestic saunabath
家庭设备 household equipment
家庭实用内院 domestic utility patio
家庭实用走廊 domestic utility corridor
家庭食品垃圾 domestic food waste
家庭使用 domestic use
家庭式出租房间 furnished house
家庭式的 mom and pop
家庭式疗养所 residential care institution
家庭式疗养院 residential care institution
家庭式商店 mom and pop store
家庭式研究实验室 in-house research labo(u)ratory
家庭收入 household income
家庭手工业 cottage industry; home work
家庭水处理 home water treatment
家庭水处理系统 home water treatment system
家庭通信[讯]系统 communication system in home
家庭卫生器具 house sanitary fixture
家庭污水 domestic sewage; domestic wastewater; house (hold) sewage; housing sewage; soil sew(er)age
家庭污水处理系统 septic disposal system
家庭污水地下渗井 leaching cesspool
家庭污水工程 domestic sewerage
家庭污水管 house sewer
家庭污水管道 house connection
家庭污水(管)系统 domestic sewer system; house sewer
家庭洗涤废水 household waste
家庭洗涤剂 household detergent
家庭消费 household consumption
家庭需水量 domestic water consumption
家庭学校出行 home-based school trip
家庭烟气 domestic smoke
家庭用板式供热器 panei radiator
家庭用的洗擦物 household scourer
家庭用电 residential power use
家庭用具 domestic appliance; domestic instrument; hustiement
家庭用具存放室 utility room
家庭用农药 household pesticide
家庭用品 house plunder; house ware
家庭用气 domestic utilization of gas; residential use
家庭用润滑油 household oil
家庭用水 domestic water; household water; residential use; residual water use; service water; water for domestic usage; water for human consumption; water for living
家庭用水管连接 domestic connection
家庭用水过滤器 household water filter
家庭用仪表 house-service meter
家庭用终端设备 home terminal
家庭游戏中心 family game center [centre]
家庭游泳池 residential swimming pool
家庭浴室 domestic bathroom
家庭园景 home landscape
家庭杂用室 domestic utility room
家庭杂志 house journal; house magazine
家庭杂作间 domestic utility room
家庭噪声 domestic noise
家庭蒸汽浴室 domestic saunabath
家庭整洁(工作) housekeeping package
家庭支出 domestic expenses; household expenditures
家庭职业 home industry
家庭住户 family household
家庭状况生命周期 family status life cycle
家庭自动化 home automation
家庭总收入 aggregate family income; aggregate income of families
家庭座位 <剧场的> family circle
家务照顾 domestic help
家务总管 factotum
家系 genealogy; pedigree
家系图 genealogical chart
家乡堤岸 home bank
家乡土坝 home earth dam
家蝇磷 <一种杀虫剂> Acethion
家用 domestic use
家用冰箱 chest freezer; home freezer; household freezer; refrigerator; room freezer
家用采暖设备 domestic heating plant
家用采暖系统 domestic heating system
家用厨房 domestic kitchen; dwelling kitchen
家用储藏室 household store room
家用储水器 house cistern
家用磁带录像 home videotape recording
家用粗布 sailcloth
家用的 household
家用电表 house-service meter
家用电冰箱 home refrigerator
家用电动机 home motor
家用电炉 electric(al) heater
家用电器 household appliance; household electric (al) appliance; white goods
家用电器设备 domestic electric (al) appliance; electric (al) domestic installation
家用电器污染 household electric (al) appliance pollution
家用电器线路 domestic appliance circuit
家用电器噪声 noise of household (electric) appliances
家用电器装置 domestic electric (al) installation; electric (al) domestic installation
家用电热水器 domestic electric (al) water heater; electric (al) cylinder; electric (al) domestic water heater
家用(电视)接收天线 <卫星广播> domestic antenna
家用电梯 hoist elevator; home elevator; home lift
家用断流器 house service cutout
家用放热器 household radiator
家用粉碎机 family-use grinder
家用风机对流器 domestic fan convector
家用斧头 household hatchet
家用感烟探测器 home smoke detector
家用感应加热器 domestic induction heater
家用供热系统 domestic heating system
家用固定设备线路 fixed equipment circuit
家用柜式冰箱 household cabinet home freezer
家用锅炉 boiler for domestic use; domestic boiler; household boiler
家用过道 domestic utility corridor
家用过滤器 domestic filter; household filter
家用过滤设施 domestic filter
家用化学品 household chemical
家用火炉 domestic furnace; domestic stove
家用机器人 domestic robot
家用计算机 personal computer
家用计算器 consumer calculator
家用家具 domestic furniture
家用剪刀 household scissors
家用焦炭 domestic coke
家用脚轮 hooded ball casters
家用净水器 home treatment equipment
家用空调 home air conditioning
家用空调器 household air conditioner
家用冷藏冻结两用冰箱 household combination refrigerator-freezer
家用冷冻机 household refrigerating machine
家用冷柜 domestic refrigerator
家用楼梯 domestic stair (case)
家用炉灶 domestic range
家用炉子 domestic burning appliance
家用录音机 home recorder
家用滤池 house (hold) filter
家用滤器 house filter
家用煤气 town gas
家用煤气表 domestic gas meter
家用煤气焚化炉 domestic gas-fired incinerator
家用煤气设备 domestic gas appliance
家用面包炉 home bread-baking oven
家用灭火器 home fire extinguisher
家用喷雾器 flit-gun
家用品 household wares

家用漆 household paint
家用汽车间 domestic garage
家用器具 household wares
家用钳 all-in-one pliers
家用清洁剂 household cleaner; household detergent
家用取暖设备 domestic heating appliance
家用燃料 domestic fuel; fuel for household use; household fuel
家用燃(气用)具 domestic gas appliance
家用热泵 domestic heat pump
家用热水 domestic heating; domestic hot water; household hot water; household water filter
家用热水(供热)系统 domestic hot-water system
家用热水炉 back boiler
家用热水器 domestic hot-water heater; hot-water apparatus; household geyser; pot-type boiler
家用软水剂 home water softener
家用杀虫剂 domestic pesticide
家用杀虫液剂 household spray
家用设备 domestic appliance; home furnishing
家用圣台 domestic altar
家用输水系统 household water piping system
家用双筒式太阳能热水器 household double-tube solar energy water heater
家用水 service water
家用水泵 domestic pump; piston-type domestic water pump
家用水表 domestic water meter; household water meter; house-service meter
家用水处理系统 home water treatment system
家用水处理装置 home water treatment device; in-the-home water treatment device
家用水管 household water pipe
家用水软化剂 domestic softener
家用水箱 household water tank
家用水质软化器 home water softener
家用台钳 household vice
家用太阳热水器 domestic solar water heater
家用陶瓷 domestic ceramics; household china
家用投影电视接收机 home projector receiver
家用涂料 household paint
家用卫星接收天线 satellite earth antenna for household use
家用温度计 domestic thermometer
家用污水量 domestic sewerage quantity
家用物品 household wares
家用洗涤剂 domestic detergent; household detergent
家用洗衣房 home laundry
家用洗衣机 washing machine
家用蓄水池 house cistern
家用研磨机 home grinder
家用仪表 domestic meter
家用饮水器 domestic water softener
家用用品 household effects
家用油漆 home paint
家用油燃烧器 domestic oil burner
家用真空包装机 household vacuum packer
家用制冷机 household refrigerating machine
家用终端 home terminal
家用贮水器 house cistern
家用自动垃圾压实机 house automatic refuse compactor
家用自涂涂料 do-it-yourself paint
家园 homestead; homeland
家政 housekeeping
家政学 home economics
家中贮藏食品室 larder
家族施工队 family construction team

嘉

嘉许 commending
嘉鱼 charr

镓

镓矿 gallium ores
镓矿床 gallium deposit
镓铝砷 gallium aluminum arsenide
镓砷磷 gallium arsenic phosphide
镓酸盐 gallate

荚

荚 capsule
荚豆(类) legume
荚迷属 <拉> Arrowwood
荚蓬 arrow wood
荚状积云 cumulus-lenticularis
荚状云 lenticular(is) cloud

颊

颊板 cheek; side cheek <颚式破碎机的>
颊甲式 beaver type

甲

甲氨 chlordiazepoxide
甲氨胺 mexan
甲胺 aminomethane; methylamine; monomethylamine
甲胺呋硫 rantidine hydrochloride; zantac
甲胺磷 acephatemet; methamidophos
甲胺磷农药 methoamidophos pesticide
甲胺磷农药废水 methoamidophos pesticide wastewater
甲胺生产废水 methylamine manufacturing wastewater
甲板 deck(plate); armo(u)r(ed) plate; board
甲板绑扎固定用具 deck securing fitting
甲板绑扎设备 deck fitting
甲板被覆 decking
甲板被覆图 deck covering plan
甲板泵 deck pump
甲板边板 deck stringer; plank sheer; stringer strake
甲板边板下纵桁 stringer plate
甲板边缘 gunwale
甲板驳 deck(type) barge; scow
甲板部 deck department
甲板部物料 boatswain's store; deck store
甲板部物料管理员 boatswain's storeman; deck store keeper
甲板部物料间 deck storeroom
甲板材 deck plank(ing); ship plank
甲板采光棱镜 deck prism light
甲板舱室 deck house
甲板舱室围板 house coaming
甲板长椅 deck bench; deck seat
甲板承窝 deck socket
甲板冲洗泵 deck washing pump; head pump
甲板冲洗管 deck washing pipe
甲板冲洗软管 deck wash hose
甲板船 decked boat; decked ship; decked vessel; decker
甲板唇口 deck collar; deck flange
甲板搭结边 lap joint of deck
甲板导缆孔 closed fair-leader
甲板道缆孔 deck fairleader
甲板灯 deck lamp
甲板底斜衬条 diagonal tie plate
甲板地铃 deck ring
甲板第一道涂层 deck prime coat(ing)
甲板电线套管 deck tube
甲板吊车 deck crane
甲板端短纵梁 deck carling
甲板端滚轮 deck end roller
甲板舵掣 deck rudder stops
甲板阀 deck valve
甲板防护 deck protection
甲板防滑敷面 non-skid deck covering; non-slip deck covering
甲板防滑漆 non-skid deck paint
甲板敷料 deck composition
甲板负荷 deck load
甲板覆盖层 deck covering; deck sheathing
甲板工人 roustabout
甲板钩 deck hook
甲板构架 deck framing
甲板固定件 deck securing fitting
甲板固定设备 deck fitting
甲板桁材 underdeck girder
甲板横材 <油轮> deck transverse
甲板(横)梁 deck beam
甲板货 cargo on deck; deck cargo; deck load
甲板货驳 deck scow
甲板货提单 on deck bill of lading; on deck bill of letter
甲板货托运人自负风险 shipped on deck at shipper's risk
甲板货物条款 clause for cargoes shipped on deck
甲板货运费率 deck cargo rates
甲板机械 deck gear; deck machinery
甲板集装箱绑缚 lashing for on deck container
甲板集装箱绑缚系统 lashing scheme on deck; restraint system on deck
甲板集装箱系固件 deck lashing container lock
甲板脊弧 deck sheer
甲板加强结构 deck strength construction
甲板加压舱 deck compression chambers
甲板间 tweendeck
甲板间舱 tweendeck hold
甲板间舱壁 between decks bulkhead
甲板间舱吨位 tweendeck tonnage
甲板间储藏室 lazaret(to)
甲板间吨位截面 tweendeck tonnage section
甲板间高度 deck height; tweendeck height
甲板间货舱 tweendeck cargo space
甲板间肋骨 tweendeck frame
甲板减压舱 deck decompression chamber
甲板交货 delivery on deck
甲板开口 deck opening
甲板开口水密盖 scuttle lid
甲板开口水密盖扳手 scuttle key
甲板宽度 beam over deck; deck width
甲板捆绑法兰螺丝 deck lashing turnbuckle
甲板拉杆式栓固系统 deck rod lashing system
甲板栏杆 breast work
甲板栏杆固定板 fish joint
甲板梁拱 deck camber
甲板梁上缘 upper side of deck beam
甲板列板 deck strake
甲板龙门起重机 shipboard gantry crane
甲板旅客 deck passenger
甲板螺栓 deck bolt
甲板锚链孔 deck hawse
甲板煤舱孔 deck scuttle; flush scuttle
甲板煤舱口 deck scuttle; flush scuttle
甲板磨石 deck
甲板木塞 bung; deck plug
甲板木塞孔 deck bung hole
甲板木栓 deck dowel; deck plug
甲板排水孔 scupper
甲板炮 wet gun
甲板平面图 deck plan
甲板漆 deck paint
甲板起重机 cargo crane; deck crane; marine crane; shipboard crane
甲板起重机装卸作业 deck crane operation
甲板器械 deck appliance
甲板强力背材 deck strong back
甲板桥楼 deck bridge
甲板绕组 deck winding
甲板洒水管道 deck sprinkler pipe
甲板洒水系统 deck sprinkle system; drencher system
甲板洒水装置 deck sprinkler
甲板扫帚 deck broom
甲板上层建筑物 deck erection; deck superstructure
甲板上船具 <平时需用但在紧急时会妨碍操作的> hamper
甲板上龙门起重机 deck-mounted gantry crane
甲板上搭的木屋 deck hurricane house
甲板上格导系统 on deck cell guide system
甲板上货物 deck cargo
甲板上夹桅板 tabernacle
甲板上空无一物 smack smooth
甲板上煤舱口 deck bunker scuttle
甲板(上)设备 above deck equipment
甲板上挽压钩 jam cleat
甲板上狭小场所 fisherman's walk
甲板艄梁 <方尾船> deck transom
甲板渗碳硬化 harveyizing
甲板升降口 hatch
甲板室【船】 deck house; round house; ship's island
甲板刷 deck broom; deck scrubber
甲板水封 deck water seal
甲板水管 water deck pipe
甲板水柜 deck tank
甲板水手 deck hand; roustabout; rouster
甲板水桶 deck bucket
甲板梯 deck ladder
甲板天窗 deck glass; deck hull's eye; deck light
甲板铁 deck iron
甲板艇 decked boat
甲板涂料 deck composition; deck paint
甲板危险品 dangerous cargo on deck
甲板舾装 deck fitting; hull fitting
甲板系缆耳 deck cleat
甲板系索式栓固系统 deck lashing wire system
甲板系统 deck system
甲板下 underdeck
甲板下舱容 underdeck space
甲板下的桅杆 bury of a mast; housing of a mast
甲板下吨位 underdeck tonnage
甲板下吨位剖面 underdeck tonnage section
甲板下货物 underdeck cargo

甲板下净高 underdeck headroom
甲板下设备 underdeck equipment
甲板下支板 riser
甲板舷侧排水沟 waterway
甲板线 deck line
甲板线顶部 top of the deck line
甲板箱体 deck pontoon
甲板泄水阀 deck drain valve
甲板泄水口 scupper
甲板型高 deck height
甲板眼板 eye plate on deck
甲板用具 deck appliance;deck sundry
甲板用具箱 deck chest
甲板用椅 deck chair
甲板油漆 <船上> porch enamel
甲板员 deck man
甲板杂物柜 deck locker
甲板栅栏 bulwark
甲板照明 illumination of deck
甲板支柱 deck pillar;deck stanchion
甲板值班 deck watch
甲板止舵楔 deck rudder bracket;rudder deck stop
甲板中线 ridge line
甲板中心纵板 king plank
甲板肘材 <木船> deck hook
甲板属具 deck auxiliaries
甲板属具清单 deck inventory
甲板装运 keep on deck
甲板装载 on deck stowage
甲板装载选择权条例 optional stowage clause
甲板纵材 deck girder;deck longitudinal
甲板纵梁 deck strong back
甲拌磷 phorate;thimet
甲苯 methylbenzene; phenyl-methane;toluene;toluol
甲苯胺 amine toluene;methylaniline;toluidine
甲苯胺褐红 toluidine maroon
甲苯胺红 acrylide maroon;toluidine red
甲苯胺黄 toluidine yellow
甲苯胺蓝 toluidine blue
甲苯胺有机调色剂 toluidine toner
甲苯丙胺 mephentermine
甲苯丙醇 mephenesin;tolserol
甲苯不溶解物 toluene insolubles
甲苯橙 toluylene orange
甲苯丁胺 mephentermine; mephetedrine;wyamin
甲苯二胺 tolylene diamine
甲苯二异氰酸酯 toluene diisocyanate
甲苯法 toluene method
甲苯酚 cresol
甲苯红 toluylene red
甲苯磺酸 toluene sulfonic acid
甲苯磺酸苯酯 phenyl toluene sulphonate
甲苯磺酸盐 toluenesulfonate
甲苯磺酰 tosyl
甲苯磺酰胺 toluol sulfonamide
甲苯磺酰氯 toluene sulfochloride
甲苯磺酰(替)苯胺 toluol sulfonanilide
甲苯基 xyly
甲苯甲醛树脂 toluene formaldehyde resin
甲苯甲酸 methyl benzoic acid
甲苯蓝 toluylene blue
甲苯醚甘油二乙酸酯 monocresyl glyceryl ether diacetate
甲苯浓缩剂 toluene concentrating agent
甲苯醛 tolyl aldehyde
甲苯树脂 toluene resin
甲苯稀释比(率)toluene dilution ratio
甲苯炸药 cresylite
甲苄胺 xylyl amine

甲丙酮 methyl propyl ketone
甲层 <即厚的沥青处治层> armo(u)r coat
甲层土 A-horizon
甲叉 methylene
甲撑 methylene
甲虫 beetle
甲虫幼虫 grub
甲醇 carbinol;methanol;methyl alcohol;wood alcohol;wood spirit
甲醇苯 methyl alcohol-benzene
甲醇废水 methanol wastewater
甲醇分解底循环 methanol decomposition bottoming cycle
甲醇溶解试验 methanol solubility test
甲醇溶液 methanol solution
甲醇中毒 methanol poisoning
甲次砷酸盐 cacodylate
甲代苯二胺 toluylene diamine
甲碘化合物 methiodide
甲电池组 A-battery;filament battery
甲电源 A-power supply
甲方 party A;the first party
甲方变更事项 employer variation
甲方代表 owner's engineer
甲方风险 owner's risk
甲方工程代表 contracting officer
甲方合同代表 contracting officer
甲方检查员 owner's inspector
甲方自来保险 owner-controlled insurance
甲酚 cresol; methylphenol; cresylic acid
甲酚和二甲酚的混合物 cresylic acid
甲酚红 cresol red
甲酚甲醛树脂 cresol-formaldehyde resin
甲酚树脂 cresol pitch;cresol resin
甲酚塑料 cresol plastic
甲酚消毒液 liquor cresolis
甲酚皂 cresol soap
甲酚脂黏[粘]合剂 cresol resin adhesive
甲汞化氯 methymercury chloride
甲胍 methylguanidine
甲硅硫醚基 disilthianyl
甲硅硫醚氧基 disilthianoxy
甲硅醚氨基 disiloxanyl amino
甲硅醚基 disiloxanyl
甲硅醚硫基 disiloxanylthio
甲硅醚氧基 disiloxanoxy
甲硅烷 monosilane;silicane;silicomethane
甲硅烷氨基甲硅烷氧基 disilazanoxy
甲硅烷基 organosilyl
甲硅烷基化作用 silylation
甲硅烷氧代甲硅烷氨基 disiloxanyl amino
甲硅烷氧代甲硅烷基 disiloxanyl
甲硅烷氧代甲硅烷氧基 disiloxanoxy
甲硅烷氧基 siloxy
甲基 methyl(radical)
甲基苯酚 methylphenol
甲基苯基二氯甲硅 dichloromethyl phenylsilane
甲基苯基甲酮 acetophenone
甲基苯基酮 phenyl methyl ketone
甲基苯乙酮 methyl acetophenone methyl tolyl ketone
甲基苯乙烯 methyl styrene
甲基比重计 methyl gravitometer
甲基苄醇 xylylalcohol
甲基丙二酸 methylmalonic acid
甲基丙基甲酮 methyl propyl ketone
甲基丙酸酯 methacrylate
甲基丙烯腈 methacrylonitrile
甲基丙烯塑料 methacrylic plastics
甲基丙烯酸 methacrylic acid
甲基丙烯酸丁酯 butyl methacrylate

甲基丙烯酸环己酯 cyclohexyl methacrylate
甲基丙烯酸甲酯 methyl methacrylate
甲基丙烯酸甲酯-丁二烯 methyl methacrylate butadiene styrene copolymer
甲基丙烯酸聚合物 methacrylate polymer
甲基丙烯酸类塑料 methacrylic plastics
甲基丙烯酸缩水甘油酯 glycidyl methacrylate
甲基丙烯酸盐 methacrylate
甲基丙烯酸乙酯 ethyl methacrylate
甲基丙烯酸酯 metacrylic acid ester
甲基丙烯酰胺 methylacrylamide
甲基橙 methyl orange
甲基橙废水 methyl-orange wastewater
甲基橙碱度 methyl-orange alkalinity
甲基醋酸盐中毒 methyl acetate poisoning
甲基(代)萘 methyl naphthalene
甲基氮萘红 quinaldine red
甲基对硫磷 methyl-parathion
甲基多巴 methydopa
甲基蒽 methyl anthracene
甲基二苯 methyldiphenyl
甲基二乙醇胺 methyl diethanolamine
甲基反丁烯二酸 mesaconic(al)acid
甲基菲 methyl phenanthrene
甲基汞 methylmercury
甲基硅酸钠 sodium methyl silicate
甲基硅酮胶 methyl silicone gum
甲基硅酮液 methyl silicone fluid
甲基硅烷 methylsilane
甲基硅油 methyl silicone oil
甲基红 methyl red
甲基红废水 methyl red wastewater
甲基红试验 methyl red test
甲基化酒精 methylated spirit
甲基化羟甲基三聚氰胺 methylated methylol melamine
甲基化/脱甲基化比 methylation/demethylation ratio
甲基化作用 methylation
甲基环己醇 heptaline
甲基环己醇乙酸酯 methyl hexalin acetate
甲基环戊烷 methylcyclopentane
甲基环己酮 methyl cyclohexanone
甲基环己烷 methyl cyclohexane
甲基黄 butter yellow
甲基降冰片烯二酸酐 nadic methyl anhydride
甲基卡必醇 diethylene glycol monomethyl ether
甲基卡必醇醋酸酯 methyl carbitol acetate
甲基喹啉 methylquinoline
甲基蓝 methyl blue
甲基蓝试验 methylene blue test
甲基膦酸二苯酯 diphenyl methyl phosphonate
甲基硫菌灵生产废水 thiophanate-methyl production wastewater
甲基氯 chloromethane;methyl chloride
甲基氯硅烷 methyl chlorosilane
甲基氯化物 chloride of methyl
甲基亲和性 methylaffinity
甲基氢硅氧烷 methyl hydrogen siloxane
甲基溶甲基三纤剂醋酸酯 methyl cellosolve acetate
甲基溶纤剂 methyl cellosolve
甲基顺丁烯二酸 citraconic(al)acid
甲基顺丁烯二酸酐 citraconic(al) anhydride
甲基戊基甲酮 methyl amyl ketone

甲基纤维素 methyl cellulose
甲基溴熏蒸 methyl bromide fumigation
甲基乙二醇 methyl glycol
甲基乙基甲酮 methyl ethyl ketone
甲基乙基甲酮肟 methyl ethyl toxime
甲基乙基醚 methyl ethyl ether
甲基乙烯基醚 methyl vinyl ether
甲基异丙基苯 cymene
甲基异丙基环己烷 menthane
甲基异丙烯基甲酮 methyl propenyl ketone
甲基异丁基甲酮 hexone
甲基异戊基甲酮 methyl isoamyl ketone
甲基有机硅油 methyl silicone
甲基-正戊基甲酮 methyl n-amyl ketone
甲基紫 methyl violet
甲基紫色淀 methyl violet lake
甲基紫调色剂 methyl violet toner
甲级 A class;class A;grade A
甲级道路【道】 class A highway; A system <美国联邦资助主要干道>
甲级的 first grade
甲级防火门 grade A fireproofing door
甲级勘察设计院 class A investigation and design institute
甲级木材 A-grade wood
甲级木料 A-grade wood
甲级镍 grade A nickel
甲级设计院 class A design institute
甲级水运勘察设计院 class A investigation and design institute for harbo(u)r and waterway engineering
甲级纤维素胶 methyl cellulose glue
甲级衍生物 methyl derivative
甲级装载 class A loading
甲交换台 A board;A switchboard
甲阶段树脂 stage-A resin
甲阶酚醛树脂 bakelite A resol
甲局话务员 outgoing operator;outward operator
甲壳 encrusting matter
甲壳动物 crustacean
甲壳类 <虾蟹等> shellfish
甲壳类动物 crustacean
甲壳类凿船虫 crustacean borer
甲壳类蛀木海虫 limnoria
甲壳饰 pholas
甲壳糖 chitose
甲壳质 chitin
甲类 class A
甲类船 class A ship
甲类放大 class A amplification
甲类钢 A class steel;A-type steel
甲类功率放大器 class A power amplifier
甲类火 class A fire
甲凝 <注浆材料> polymethyl methacrylate base injecting paste
甲醛 formaldehyde;formol
甲醛处理过的木材 formaldehyde-treated wood
甲醛分子 formaldehyde molecule
甲醛偶氮试验 formaldehyde azo test
甲醛树脂 formaldehyde resin
甲醛水 formalin
甲醛水溶液 formalin
甲醛缩苯胺 formaniline
甲醛缩二甲醇 methylal
甲醛肟 formaldoxime
甲醛系树脂 diaion
甲酸 formic acid
甲酸的 formic
甲酸低铁 iron formate
甲酸钙 calcium formate
甲酸高铁 ironic formate
甲酸钠 sodium formate
甲酸铜 ant salt of copper

J

甲酸戊酯 amyl formate
甲酸盐 formate
甲酸酯 formate
甲缩醛 formal;methylal
甲台 A station;outgoing position;outward position;subscriber's board;A-position;A switchboard <电话交换台>
甲台拨号 A board dial(l)ing
甲台话务员 subscriber's operator
甲台乙台长途接线制 <长途电话> A-B toll operation
甲台乙台长途通信[讯]制 A-B toll system
甲酮 ketone
甲烷 filty;firedamp;marsh gas;methane(gas);methyl hydrite
甲烷发酵 methane fermentation
甲烷格栅 methane grid
甲烷化 methanation
甲烷浓度 methane concentration
甲烷排放 methane drainage
甲烷排放管 methane drainage pipe
甲烷燃烧设备 methane burning equipment
甲烷相 methane phase
甲烷栅网 methane grid
甲烷终端站 methane terminal
甲烷自动记录探测计 recording firedamp indicating detector
甲戊酮 methyl amyl ketone
甲酰 formyl
甲酰替苯胺 formanilide
甲型半腐生生物带 a-mesosaprobic zone
甲型半污水生物带 a-mesosaprobic zone
甲型多腐生生物带 a-polysaprobic zone
甲型多污水生物带 a-polysaprobic zone
甲型肝炎 hepatitis A
甲型寡腐生生物带 a-oligosaprobic zone
甲型寡污水生物带 a-oligosaprobic zone
甲型硅灰石 larnite
甲型色盲 protanopia
甲型水准标石 model A benchmark
甲亚胺 methylimine;Schiff base
甲亚胺颜料 azomethine pigment
甲氧化物 methoxide
甲氧基苯 anisole
甲氧基己酮 methoxyhexanone
甲氧基三甲基甲硅烷 methoxytrimethylsilane
甲氧基乙酸乙酯 methyl oxitol acetate
甲氧基值 methoxyl value
甲氧甲酚 a-methoxy-4-methyl phenol;creosol
甲氧甲酚树脂 creosol pitch
甲乙混合醚化苯代三聚氰二胺 methoxymethyl-ethoxymethyl benzoguanamine
甲乙酮 ethyl methyl ketone
甲乙酮往复擦拭 MEK[methyl ethyl ketone] double rubs
甲乙酮肟 methyl ethyl ketoxime
甲站(台)话务员 A-telephonist

贾德黑白格纸 Judd graph

贾德色差单位 Judd colo(u)r difference unit
贾德遮盖力试验纸 Judd hiding power chart
贾尔坦锰铜低合金钢 Jalten
贾拉米洛事件 Jaramillo event
贾拉米洛正向极性时间带 Jaramillo normal polarity subchron zone
贾拉米洛正向极性亚带成 Jaramillo normal polarity subzone
贾拉米洛正向极性亚时 Jaramillo normal polarity subchron
贾梅特青铜 Chamet bronze
贾姆拉奥方孔自动恒定流量泄水口 Jamrao type orifice module outlet
贾姆拉奥明渠式泄水口 Jamrao open type outlet
贾纳斯黑 Janus black
贾纳斯绿 Janus green
贾宁磨损检测法 Jannin method
贾诺锥度 Jarno taper
贾皮锡锑铜合金 Charpy's alloy
贾斯佩绸 <用于帐帘和室内装饰品> jaspe cloth
贾瓦型隧道掘进机 Jarva tunnel-boring machine

岬 beak head;foreland;naze;ness;promontary;spit(of land)

岬陡岸 bluff
岬尖 cape point
岬角 cape;head land;promontory;horn;nab;naze;nore;foreland
岬角控制工程 headland control works
岬角滩 head beach
岬角形成的海滩 headland beach
岬湾控制工法 headland control
岬錾 cape chisel

钾-40 的热产率 heat productivity of ^{40}K

钾-40-氩-40 等时线 ^{40}K-^{40}Ar isochron
钾-40 含量 content of ^{40}K radioactive
钾铵铁矿 kremersite
钾铵硝石 nitrochalk
钾泵 K-pump;potassium pump
钾冰晶石 elpasolite
钾玻璃 potash glass;potassic glass;potassium(carbonate)glass
钾长花岗斑岩 potash feldspar graphic-(al)granite
钾长花岗岩 potash feldspar granite
钾长绿泥片岩 potash feldspar chlorite schist
钾长石 feldspar;kalifeldspath;K-feldspar;potash feldspar;potassium feldspar
钾长石粉 feldspar in powder
钾长石化 potash feldspathization
钾长石-堇青石-角页岩相 K-feldspar-cordierite-hornfels facies
钾长石块 feldspar in lumps
钾长石岩 potash feldspar rock
钾长阳起片岩 potash feldspar actinolite schist
钾氮肥 potassium nitrogen fertilizer
钾道窗宽 potassium channel window width
钾道灵敏度 sensitivity of K-channel
钾的沉积 potassic deposit
钾的固定 potassium fixation
钾的热产率 heat productivity of K
钾的释放 potassium liberation;potassium release
钾的释放与固定 release and fixation of potassium
钾的铀当量 uranium equivalence of potassium
钾矾 alum potash;alum potassium sulphate;potassium alum
钾钒铀矿 carnotite
钾肥 potash fertilizer;potash manure;potassium fertilizer
钾肥皂 potash soap
钾沸石 offretite
钾负荷试验 potassium loading test
钾钙玻璃 potash-lime glass
钾钙测年法 potassium-calcium age method;the K-Ca dating method
钾钙法 potassium-calcium method
钾钙肥 potash-lime fertilizer
钾钙肥料 potassium calcium manure
钾钙年代测定法 potassium-calcium age dating;potassium-calcium age method
钾钙年龄法 potassium-calcium aging method
钾钙锶铀矿 agrinoerite
钾钙铜矾 leightonite
钾钙霞石 davyne(e);davynite
钾杆沸石 ashcroftine
钾锆石 dalyite
钾铬矾 potassium chrome alum
钾铬云母 avalite
钾汞齐 potassium amalgam
钾光电池 potassium photocell
钾硅石 kalsilite
钾含量标准偏差图 standard deviation map of K content
钾含量等值图 contour map of potassium content
钾含量平剖图 profile on plane of potassium content
钾黄铁矿方法 jarosite process
钾火灾 potassium fire
钾基灭火剂 potassium base agent
钾基泥浆 potassium-based mud
钾碱 caustic potash;potash
钾碱醇溶液 alcohol kali
钾碱结晶玻璃 potassium carbonate-lime glass
钾碱开采 potash mining
钾碱矿 potash mine
钾碱蓝 potash blue
钾碱性湖 potash lake
钾碱盐 potash salt
钾碱液 potash lye
钾矿废水 potash mine wastewater
钾矿物 potassium mineral
钾蓝矾 cyanochroite
钾离子 potassium ion
钾离子剂 potassium seed
钾离子交换容量 K-ion exchange capacity
钾锂云母 paucilithionite
钾滤色镜 potassium filter
钾氯铅矿 pseudo-cotunnite
钾芒硝 aphthitalite;glaserite
钾镁矾 leonite
钾镁肥 potassic magnesian fertilizer;potassium magnesium manure
钾镁硫酸盐 potassium magnesium sulphate
钾锰盐 chlormanganokalite
钾明矾 potash alum;potassium alum
钾明矾石 kalunite;newtonite
钾钠比 K-Na ratio
钾钠玻璃 simple glass
钾钠合金 potassium-sodium alloy
钾钠铅矾 palmierite
钾钠水晶石 elpasolite
钾耐量试验 potassium tolerance test
钾平衡 potassium balance
钾铅玻璃 potash-lead glass
钾铅结晶玻璃 potash-lead crystal glass;potassium oxide-lead crystal glass
钾羟磷灰石 lewistonite
钾烧绿石 kalipyrochlore
钾砷铀云母 rnathyite
钾石膏 kaluszite;syngenite
钾石盐 <石盐与钾盐的混合物> halo-sylvite;hartsalz;sylvin(e);sylvite;sylvinite
钾水玻璃 potash water glass;potassium silicate
钾丝光沸石 svetlozarite
钾锶矾 kalistrontite
钾台量异常 potassium content anomaly
钾钛石 jeppeite
钾铁矾 krausite
钾铁盐 rinneite
钾铜矾 piypite
钾位 potassium potential
钾吸附比率 potassium-adsorption ratio
钾霞石 facellite;kaliophilite;phacellite
钾硝 potassic[potassium] nitrate;saltpeter[saltpetre]
钾硝石 kalisaltpeter;niter;potassium saltpeter
钾亚年代测定法 potassium-argon age dating;potassium-argon age determination;potassium-argon age method
钾氩-40 等时线 40K-Ar isochron
钾氩测年 potassium-argon dating
钾氩测年法 potassium-argon age method;potassium-dating;the K-Ar dating method
钾氩法 potassium-argon method
钾氩法年代测定 potassium-argon method of age determination
钾氩年龄 K-Ar ages;potassium-argon age
钾盐 <天然氯化钾,可作肥料用> hoevellite[hoevillite];kali salt;potash salt;potassic salt;potassium salt;sylvite;sylvin(e)
钾盐斑脱土 K bentonite;potash bentonite;potassium bentonite
钾盐湖 potash lake
钾盐钾镁矾 halokainite
钾盐矿床 potash salt deposit
钾盐镁矾 kainite
钾盐镁矾岩 kainitite
钾盐岩 sylvine rock
钾元素彩色图 potassium element colo(u)red map
钾云母 muscovite;potassium mica
钾皂 caustic potash soap;potash soap;soft soap
钾正长石 plauenite
钾质长石斑岩 potassic feldspar porphyry
钾质霏细岩 potassic felsite
钾质肥料 potassic fertilizer
钾质交代作用 potassium metasomatism
钾质角斑岩 potassic keratophyre
钾质流纹岩 potassic rhyolite
钾质流纹岩类 potassic-rhyolite group
钾质石英角斑岩 potassic quartz keratophyre
钾质伟晶岩 potassic pegmatite
钾质细晶岩 potassic aplite
钾质霞石微晶正长岩 potassic nepheline microsyenite
钾质霞石正长岩 potassic nepheline syenite

槚如树属 cashew

假白金 platinoid

假白榴等色岩 fergusite
假白榴石 pseudoleucite
假白榴石微晶正长岩 pseudo-leucite microsyenite
假白榴石正长岩 pseudo-leucite syenite
假摆 dummy pendulum;false bob;mock pendulum
假斑晶 pseudo-phenocryst
假斑状变晶构造 pseudo-porphyroblastic structure

J

假斑状的 pseudo-porphyritic
假斑状结构 pseudo-porphyritic texture
假板 <码头结构的减压板、减压平台等> false deck
假板钛矿 pseudo-brookite
假瓣膜 pseudo-valve
假包膜 pseudo-capsule
假孢囊 pseudo-cyst
假宝石 imitation stone
假保证 pseudo-guarantee
假报道 fake
假贝克线 false Backer line
假背斜 pseudo-anticline
假比重 apparent specific gravity; bulk specific gravity; gravimetric (al) density
假边 false selvedge
假变形 virtual deformation
假变元 dummy argument
假标量 pseudo-scalar(quantity)
假标准的 pseudo-classical
假冰碛 pseudo-moraine
假柄孔盖【动】pseudo-deltidium
假波瓣 spurious lobe
假波痕 pseudo-ripple mark
假铂 platinoid
假薄壁菌质体 plectenchyminite
假不对称 pseudo-asymmetry
假不整合 pseudo-unconformity
假彩色 false colo(u)r
假彩色反转胶片 false colo(u)r reversal film
假彩色航空摄影 false colo(u)r aerial photography
假彩色合成 false colo(u)r composite
假彩色合成分层曝光法 pseudo-colo(u)r composition with separate exposing
假彩色合成光学法 optic(al) pseudo-colo(u)r composition
假彩色合成片 false colo(u)r composite picture
假彩色合成染印法 pseudo-colo(u)r composition with dyeing
假彩色合成图像 false colo(u)r composite image; false colo(u)r composite picture
假彩色合成像片 composited false colo(u)r photo
假彩色合成银片组合法 pseudo-colo(u)r composition
假彩色合成印片法 printing pseudo-colo(u)r composition
假彩色合成重氮法 diazo pseudo-colo(u)r composition
假彩色胶片 false colo(u)r film
假彩色片 false colo(u)r photographic(al) material; pseudo-colo(u)r image
假彩色摄影 false colo(u)r photography
假彩色卫星像片图 false colo(u)r satellite photomap
假彩色卫星照片图 pseudo-colo(u)r satellite image graph
假操纵 false maneuver
假操作 pseudo-operation
假层 pseudo-bed
假层理 diagonal stratification; pseudo-bedding; pseudo-stratification; false bedding
假层理构造 false bedding structure
假层状的 pseudo-bedded
假钞票 stunner
假潮 seiche; standing surface wave; surge
假潮波动 seiche oscillation
假潮差 amplitude of seiche
假潮差驻波幅 amplitude of seiche
假潮高差 seiche denivellation
假潮节数 nodality of seiche; nodal of seiche
假潮历时 seiche duration
假潮流 seiche current
假潮周期 period of seiche
假衬砌 false lining
假程序【计】dummy
假齿 pseudo-dont
假赤道 <用以测定假纬度的参考线> fictitious equator
假赤壳属 <拉> Latendraea
假充名牌 pretend to be famous brand
假稠度 false body
假稠性 false body
假出口 false exit
假出水孔 pseudo-sulum
假触发 false triggering; spurious triggering
假传统的 pseudo-classical
假船壳属 <拉> Gloniopsis
假椽 false rafter; mock rafter
假窗 blank window; blind window; dead window; dummy window; false window; flat recess <装饰墙面的>
假次生包裹体 pseudo-secondary inclusion
假次生流体包裹体 pseudo-secondary fluid inclusion
假次数 virtual degree
假错 false error
假大理石 artificial marble; imitation marble; scagliola
假代码检验 false code check
假单胞菌 pseudo-monas
假单变的 pseudomonotropic
假单变性 pseudo-monotropy
假担保 pseudo-guarantee
假的 bastard; bogus; dummy; mock; pseudo; sham; spurious; untrue
假的窗花格 blank tracery
假的东西 simulacrum
假的门窗布局 blank fenestration
假的圆花窗 blank rosette
假等角航线 fictitious loxodrome
假等色板 pseudo-isochromatic plate
假等色板试验 pseudo-isochromatic plate test
假等时线 pseudo-isochron
假等轴晶体 pseudo-isomeric crystal
假滴定 pseudo-titration
假底 false floor; false bottom
假底板 <砂矿床的> false bottom
假底甑 false bottom retort
假地板 false floor
假地雷 phony mine
假地平(线) artificial horizon; false horizon
假电导 false conductance
假电介质 pseudo-dielectric
假电抗 fictitious reactance
假吊顶 drop ceiling; false ceiling
假丁头砌块 pseudo-header
假丁砖 clipped header; false header; pseudo-header; snap header; cupped header
假顶 artificial roof; draw roof <矿井坑道的>
假顶层 false attic
假顶尖 false center[centre]
假顶角 false dip
假顶楼 false attic
假顶砖 blind header
假定 assumption; hypothesis; postulate; postulation; presume; presumption; suppose; supposition
假定北 assumed north
假定比降 virtual slope
假定常数 arbitrary constant
假定成本 assumed cost; hypothetical cost
假定承载力 presumption bearing value
假定持续时间 assumed duration
假定储量 hypothetical reserve
假定船位 assumed (ship) position; chosen position
假定的 presumptive; provisional; tentative
假定的小数点 virtual decimal point
假定的真实性 validity of assumptions
假定地面高程 assumed ground elevation
假定地平线 artificial horizon
假定地址 presumptive address
假定地址寄存器 base address register
假定发行 when issued
假定方位 assumed position
假定方位标定 arbitrary orientation
假定方位角 assumed azimuth
假定辐射中心 <辐射三角测量> radial assumption; assumed radial centre
假定负债 assumed liability
假定高程 assumed elevation
假定高程起始面 assumed ground plane; hypothetical ground plane
假定高程系 assumed height system
假定公式 assumed formula; assumption formula; postulation formula; post-tensioned formula
假定荷载 assumed load(ing)
假定基数 assumed datum
假定基(准)面 arbitrary datum; assumed datum
假定计算荷载 assumed computation load
假定价格 hypothetical price
假定检验 hypothetical testing
假定经度 assumed longitude; chosen longitude; fictitious longitude
假定均数 assumed mean
假定开挖线 assumed line of excavation
假定利息 hypothetical interest
假定零点 arbitrary zero point
假定流量 hypothetical discharge
假定路线 proposed alignment
假定平均海平面 assumed mean sea level
假定平均数 arbitrary average; assumed mean; guessed average; guessed mean; working mean
假定平均值 assumed mean
假定平面法 hypothetical plane method
假定平面坐标 assumed plane coordinates
假定平行线 phantom horizon
假定起算值 assumed datum
假定起息日 focal date
假定前期固结压力 virtual preconsolidation pressure
假定倾角 assumed tilt; assumption of tilt
假定屈服限 constrained yield stress
假定屈服应力 constrained yield stress
假定容重法 assumed unit weight method
假定容重计算法 method of calculation by assumed unit weight
假定设计汽车 assumed design vehicle
假定设计应力应变 assumed design stress-strain
假定(十进位)的小数点 assumed decimal point
假定试验 presumptive test(ing)
假定数据 tentative data
假定水平 reference level
假定水平基点 reference mark
假定水位 reference level
假定水准标点 point of reference
假定水准点 reference mark
假定水准基点 reference level
假定速度法 assumed velocity method
假定天底点 conventional plumb point
假定条件 assumed condition
假定途径 hypothetical path; hypothetical route
假定椭球 assumed spheroid
假定网 <地质图上的> arbitrary grid
假定为真实 take for granted
假定纬度 assumed latitude; chosen latitude; fictitious latitude
假定纬圈 fictitious parallel
假定位置 assumed position; chosen position
假定误差 presumptive error
假定行驶车速 assumed operation speed
假定旋角 assumed swing assumption of swing
假定旋涡 assumption of swing
假定压力法 method of assumed pressure
假定岩基线 assumed rock-line
假定意思 hypothetical intention
假定因素 arbitrary factor
假定优先级 assumed priority
假定原点 assumed origin; false origin
假定值 assumed value; set value
假定指标 conditional indicator
假定指令 presumptive instruction; unmodified instruction
假定中值 assumed median
假定主点 assumed principal-point; principal point of assumption
假定属实 say it were true
假定资源 hypothetical resources
假定组合 hypothetical combination
假定坐标系(统) assumed coordinate system; provisional coordinate system
假动力试验 pseudo-dynamic(al) test
假动力学的 pseudo-dynamic
假断层 pseudofault
假对称 false symmetry; pseudo-symmetry
假鲕 pseudo-ooid
假鲕粒结构 pseudo-olite texture
假鲕石 pseudo-oolith
假鲕状燧石 pseudo-oolitic chert
假二层房屋 semi-bungalow
假方位角 assumed azimuth
假房穹隆 aisle-vault
假分节 pseudo-metamerism
假分数 imprinter fraction; improper fraction
假分枝 false branching
假峰 extraneous peak; ghost peak
假锋【气】false front; fictitious front; pseudo(-cold) front
假缝 bastard joint; dummy joint; groove joint; plane-of-weakness joint; spurious peak; weakened plane (contraction) joint <混凝土路面的>; crack inducer
假缝式(收)缩缝 dummy type contraction joint
假扶栏 false balustrade
假扶手 false balustrade
假浮游生物 pseudo-plankton
假符号 false symbol
假符合 spurious coincidences
假负荷 dummy load
假负载 dummy load
假负载电阻 dummy load resistance
假负载法 false loading method
假钙铀云母 pseudo-autunite
假钢 pseudo-steel
假革 imitation leather

假各向异性 pseudo-anisotropy
假根【植】rhizoid
假公济私 jobbery;malpractice
假公济私者 jobber
假拱 blind arch; blink arch; dumb arch;false arch;blank arch
假拱顶 false vault
假拱廊 arcature;blank arcade;blind arcade;false arcade;surface arcade
假拱梁 false arched girder
假共生 parasymbiosis
假勾缝 bastard pointing
假谷道 pseudo-col
假固结 pseudo-consolidation
假固体 pseudosolid;pseudo-solid body
假管 false tube
假管型 pseudo-cast
假光 false light
假光轴角 apparent optic(al) axial angle
假硅灰石 bourgeoisite; pseudo-wollastonite
假鲑鱼 false salmon
假鬼伞属 <拉> pseudocoprinus
假海底 false bottom;phantom bottom
假航向 false course
假合金 pseudo-alloy
假河谷 pseudocol
假黑盘菌 <拉> pseudoplectania
假黑色石灰土 pseudorendzinas
假恒定流 pseudo-stationary flow
假恒向线 fictitious rhumb line
假红宝石 false ruby
假红丹 imitation red lead
假厚度 apparent thickness; pseudo-thickness
假湖底 false bottom
假琥珀胶 ambroin cement
假花 false blossom
假花岗岩 bastard granite
假化合物 pseudo-compound
假化学计算法 pseudo-stoichiometry
假环 pseudo-loop
假黄道光 false zodiacal light
假黄玉 false topaz;pseudo-topaz
假灰缝 false joint
假回波 artificial echo;false echo;side echo
假回铃音 fake ring-back tone
假回流 pseudo-circulation
假活塞 balance piston;dummy piston
假火警信号灯光 false fire warning light
假火山 pseudo-volcano
假火山弹 pseudo-bomb
假货 bastard; counterfeit articles; dud;fake;junk;phoney;sham
假机场 dummy airfield
假基色 fictitious primary colo(u)r
假基岩 false bottom;falsing rock formation
假畸变 spurious distortion
假极 fictitious pole
假计数 spurious count
假记录 dummy record
假记忆 pseudo-memory;pseudomnesia
假加 false add
假假定值 assumption value;supposed value
假棂棂条 blind lattice
假碱度 pseudo-basicity
假碱性 pseudo-basicity
假建筑 dummy building
假渐近线 virtual asymptotic(al) line
假交叉 pseudo-crossing
假交错层理 pseudo-cross-bedding
假胶态的 pseudo-colloidal
假角砾结构 pseudo-brecciated texture
假角砾岩 pseudo-breccia;recrystallization breccia
假角闪岩 pseudo-breccia
假铰 dummy hinge;false hinge;fictitious hinge;imaginary hinge;hypothefic(al) hinge <建筑上或桥梁上的>
假阶地 pseudo-terrace
假接地 virtual earth;virtual ground
假接缝 dummy joint;false joint
假接合 dummy joint;false joint
假节构造 pseudomerism
假节理 bate
假结合 dummy joint
假结核 pseudo-concretion;pseudonodule
假结晶态 pseudo-crystalline state
假解理 false cleavage
假借信用 pledge the credit of
假金刚石 strass
假金红石 pseudo-rutile
假金饰物 pinchbeck
假经典的 pseudo-classical
假晶 false form;pseudo-morph;pseudo(-morphic) crystal
假静自然电位 pseudo-static spontaneous potential
假镜煤 pseudo-vitrinite
假镜质组 pseudo-vitrinite; pseudo-vitrinoid group
假距离 false range
假绝热大气 pseudo-adiabatic atmosphere
假绝热过程 pseudo-adiabatic process
假绝热膨胀 pseudo-adiabatic expansion
假绝热图 pseudo-adiabatic chart;pseudo-adiabatic diagram
假绝热线 pseudo-adiabat
假均相见解 pseudo-homogeneous view
假菌根 pseudo-mycorrhiza
假菌类体 pseudo-sclerote
假菌落 pseudo-colony
假菌丝 pseudo-hypha
假菌丝体 pseudo-mycelium
假菌体 bacteroid
假喀斯特 pseudo-karst
假开窗 false fenestration
假空泡 pseudo-vacuole
假孔 dummy hole
假孔雀石 pseudomalachite;tagilie
假栏杆 false balustrade
假蓝宝石 sapphirine
假劳埃石 pseudo-laueite
假勒缝【建】bastard pointing
假雷达 mock-up
假肋 false rib;short rib
假类 false sorts
假立体 pseudo-scopic stereo
假立体像 pseudo-scopic image(ry)
假立体效果 pseudo-scopic effect
假立体效应 false relief effect
假砾岩 pseudo-conglomerate
假连翘 creeping skyflower
假连翘属 skyflower
假连续区熔提纯 pseudo-continuous zone refining
假梁 jesting beam; sham beam; false beam <不承重的梁>;bogus plate <冷藏车的>
假梁顶棚 jesting beam ceiling
假亮晶 pseudo-spar
假亮晶灰岩 pseudo-sparite
假亮晶组构 pseudo-spar fabric
假列柱式 pseudo-prostyle; false peripteral
假列柱式庙宇 falsely peripteral temple
假裂纹 false crack
假临界常数 pseudo-critical constant
假临界的 pseudo-critical
假临界点 pseudo-critical point
假临界温度 pseudo-critical temperature
假临界压力 pseudo-critical pressure
假流纹构造 pseudo-rhyolitic structure
假榴辉岩 pseudo-eclogite
假六方晶体 pseudo-hexagonal crystal
假龙骨【船】keel shore;false keel
假龙骨栓钉【船】keel staple
假楼板【建】false floor
假楼层 false floor
假漏 virtual leak
假路径 false path
假螺栓 devil bolt
假螺纹 <用于打捞> false threading (for fishing)
假铆钉 dummy rivet
假冒(的) counterfeit
假冒品 bastard
假冒签署 forged signature
假冒商标 counterfeit trademark
假门 blank door; blind door; dead door; dummy door; false door; sham door;flat recess <装饰墙面的>
假门窗 blank fenestration
假门道 dummy doorway
假门口 dummy doorway
假门面 false front;flying facade
假门尼黏[粘]度 false Mooneys
假面 false surface
假面样面容 mask-like face
假面状的 personate
假名 anonym;by-name;map
假命令 spurious command
假模 false form
假模式年龄 fictitious model date
假膜 false membrane; pseudo-membrane
假木纹漆 graining
假目标 confusing reflector; decoy; false target;phantom target
假目标辨别 decoy discrimination
假目标发生器 false target generator
假目标反射信号 decoy return
假目标俘获 range-gated capture
假目标红外探测相机 infrared camouflage-detection camera
假目标回波信号 decoy return
假目标进攻 decoy attack
假内聚力 apparent cohesion
假泥裂 false mud crack
假年 Besselian year;fictitious year
假年龄 fictitious date
假年轮 false annual ring
假黏[粘]度 false body;pseudo-viscosity
假黏[粘]结 apparent cohesion
假黏[粘]聚力 pseudo-cohesion
假黏[粘]性 pseudo-viscosity
假黏[粘]性流(动) pseudo-viscous flow
假黏[粘]性流体 pseudo-viscous fluid
假黏[粘]性系统 pseudo-viscous system
假捻 false twist
假凝 rubber set;premature hardening <混凝土>;false set(ting);hesitation set; premature stiffening; rubber set <混凝土>
假凝集 pseudo-agglutination
假凝结 <水泥混凝土的> false set
假凝聚 pseudo-agglutination
假凝水泥 false set cement
假凝现象 false set;plaster set;premature stiffening;hesitation set(ting) <水泥混凝土的>
假暖区 false warm sector
假爬跨 false mounting
假配合 pseudo-gamy
假劈理 false cleavage
假皮 callus;imitation leather;leatheret(te);leatheroid
假票据 false bill
假频 alias
假频滤波器 alias filter
假频频率 alias frequency
假平顶【建】intermediate ceiling; false ceiling; drop ceiling; suspended ceiling
假平顶板 false ceiling slab
假平衡 false equilibrium; pseudo-equilibrium
假平衡状态 false equilibrium state
假平均值 assumed mean
假平太阳 fictitious mean sun
假漆 japan;lac;shellac(k);varnish
假漆试验 varnish test
假脐菇属 <拉> Tubaria
假起动 false start
假碛 pseudo-moraine
假潜育土 pseudo-gley soil
假嵌构造 pseudotelescope structure
假蔷薇木 bastard rosewood
假倾角 false dip
假倾斜 false dip
假情报 false information
假穹顶 false dome
假曲梁 false curved girder
假曲率 <模型的> allowance for camber
假溶液 pseudo-solution
假鞣质体 pseudo-phlobaphinite
假色 allochromatic colo(u)r; false colo(u)r;pseudo colo(u)r
假色种类 type of pseudo-chromatism
假砂 pseudo-sand
假山 artificial hillock; artificial rockwork;rock works
假山洞 cavern
假山(公)园 rock garden
假山谷 pseudocol
假山毛榉属 falsebeech; Nothofagus <拉>
假山石挡土墙 rock retaining wall
假山石楼梯 rock stairway
假山庭园 rock garden
假山园 Chinese rockery
假山园林 rockery
假设 assumption; conjecture; guesswork; hypothefic(al) assumption; hypothesis;on the supposition that; postulate; postulation; presume; presumption;supposition
假设暴雨 hypothetical storm
假设标准 tentative standard
假设标准溶液 hypothetical standard state solution
假设参考电路 <微波接力> hypothetical reference circuit
假设参考连接 hypothetical reference connection
假设参考数字段 hypothetical reference digital section
假设参考数字链路 hypothetical reference digital link
假设测算法 hypothesis test approach
假设测验 hypothesis test(ing)
假设船位 assumed (ship) position; chosen position
假设的 given; hypothetical; imaginary;presumptive
假设的二维世界 flat land
假设的泥浆 hypothetical slurry
假设的小数点 assumed decimal point
假设地平面 hypothetical ground plane
假设点 postulated point
假设电势 hypothetical electric(al) potential

假设反应 hypothetical reaction
假设反应性 hypothetical reactivity
假设符号 conventional letter
假设负载 assumed load(ing);fictitious load
假设和测试 hypothesize-and-test
假设河流 hypothetical river;hypothetical stream
假设荷载 assumed load(ing);fictitious load
假设荷载法 method of fictitious loads
假设洪水 assumed flood;hypothetical flood
假设基数 assumed datum
假设检定 hypothesis test(ing)
假设检验 hypothesis tester;hypothesis test(ing);test of hypothesis;verification of assumptions
假设结构 hypothetical structure
假设界面结构 hypothetical interfacial structure
假设经度 assumed longitude;chosen longitude;fictitious longitude
假设飓风 hypo-hurricane;hypothetical hurricane
假设肋骨线 assumed frame line
假设理想射流 hypothetical ideal jet
假设零点 datum plane
假设零位面 datum plane
假设流量 hypothetical discharge
假设频数 hypothetical frequency
假设平衡潮 hypothetical equilibrium tide
假设气体 hypothetical gas
假设溶液 hypothetical solution
假设溶液浓度 hypothetical solution concentration
假设三段论 hypothetical syllogism
假设施 dummy
假设数据 fictitious data;tentation data;tentative data
假设数学面 fictitious mathematical surface
假设条件 assumed condition;false condition;hypothetical condition;postulated condition
假设纬度 assumed latitude;chosen latitude;fictitious latitude
假设稳定压缩试验法 tentative steady compression process
假设系统 hypothetical system
假设性的 theoretic(al)
假设验证 hypothesis test(ing);test of hypothesis
假设坐标 false coordinates
假渗碳 blank carburizing;pseudo-carburizing
假升麻属 goat's beard
假升系数 fictitious lift coefficient
假湿球位温 pseudo-wet-bulb potential temperature
假湿球温度 pseudo-wet-bulb temperature
假十字纹的 pseudo-cruciform
假十字形的 pseudo-cruciform
假石 artificial stone
假石混凝土 granolithic concrete
假石蜡 pseudo-wax
假石面轻微刻痕 slightly aciding marks on the surface of artificial stone
假石抹面 granitic finish;granitic plaster;granolithic finish
假石砌块 imitation stone block
假石饰面 imitation stone finish
假时 fictitious time
假矢量 pseudo-vector
假使 on the condition that
假使其他条件都相同 <拉> ceteris paribus

假势能 pseudo-potential
假视技术 false parallax technique
假饰 fallacy
假释 conditional release;parole
假誓 perjury
假收缩缝 dummy contraction joint
假数 mantissa
假数据 false data
假水平线 false horizon
假说 hypothesis;hypothetical theory
假说验证实验 confirmatory experiment
假塑性 pseudo-plasticity
假塑性变形 pseudo-plastic deformation
假塑性稠度 pseudo-plastic consistency
假塑性的 pseudo-plastic
假塑性流动 pseudo-plastic flow
假塑性流体 pseudo-plastic fluid
假塑性体 pseudo-plastic
假塑性行为 pseudo-plastic behavio(u)r
假塑液(体) pseudo-plastic fluid
假酸 pseudo-acid
假酸式 pseudo-acid form
假酸性 pseudo-acidity
假榫 false tenon;inserted tenon
假榫舌 false tongue
假榫舌接缝 spline joint
假缩窄 pseudo-coarctation
假台车 dummy bogie
假台口 adjustable proscenium;false proscenium
假太阳 mock sun
假滩 false beach
假特性曲线 false characteristic curve
假天花板 false ceiling
假天线 antenna eliminator;artificial antenna;dummy antenna;mute antenna;phantom aerial;phantom antenna
假条件转移 branch on false
假条件作用 pseudo-conditioning
假同步 false synchronization
假同晶 pseudo-morph(y)
假同晶现象 pseudo-morphosis
假同色板 pseudo-isochromatic plate
假同色试验 pseudo-isochromatic test
假图像 fault image;spurious pattern
假团块 pseudonodule
假团块菌质体 pseudo-corposclerotinite
假腿 artificial leg;counterflange
假托 colo(u)rs of title;on the pretext of;pretend;veil
假脱机 simultaneous peripheral operation on line;spooling
假脱机程序 spooler;spooling program(me)
假脱机队列 spool queue
假脱机分区 spool partition
假脱机管理 spool management
假脱机卷宗 spool volume
假脱机控制命令 spool control command
假脱机模拟装置 spooled pseudo-unit
假脱机容量 spool volume
假脱机输出 spoolout
假脱机输入输出 spooling
假脱机系统 spooling system
假脱位 pseudo-luxation
假网格状结构 pseudo-clathrate texture
假微晶 pseudo-micrite
假微亮晶 pseudo-microsparite
假位温度 pseudo-potential temperature
假位移 virtual displacement
假稳 pseudo-stationary

假稳定水流 pseudo-stationary flow
假稳态 pseudo-steady state
假稳态假定 pseudo-steady hypothesis
假稳心 prometacenter[prometacentre]
假涡旋饰 pseudo-volute
假圬工 false masonry(work)
假屋顶 false roof
假屋顶层 false attic
假误 fatal error
假雾 mock fog
假吸附作用 pseudo-adsorption
假线 line building-out network
假线负载 artificial line duct
假线性 pseudo-linear
假限制 artificial constraint
假相当位温 pseudo-equivalent potential temperature
假箱 oddside
假箱式桥面 pseudo-box deck
假想 imagination
假想博弈 hypothetical game
假想操作系统 hypothetical operating system
假想持续时间 virtual duration
假想船舶 fictitious craft
假想磁极 fictitious magnetic pole
假想单位 imaginary unit
假想的 fictitious;hypothetical;imaginary
假想的需求量 dummy demand
假想地震 hypothetical earthquake
假想电平 virtual level
假想断面 imaginary cross-section
假想负荷 imaginary load(ing);phantom load
假想供应量 dummy demand;dummy supply
假想构造等值线 approximate contour
假想荷载 fictitious load;imaginary load(ing);phantom load
假想荷载因数 imaginary load factor
假想洪水过程线 hypothetical flood hydrograph
假想基础 postulated bed rock
假想基金 imaginary fund
假想基色 fictitious primary;non-physical primary
假想结构 hypothetical structure
假想经度 fictitious longitude
假想零时 virtual zero time
假想模型 hypothetical model
假想偏心度 imaginary eccentricity
假想偏心距 fictitious eccentricity
假想燃烧 imaginary combustion
假想水平线 virtual horizontal line
假想水文过程线 hypothetical hydrograph
假想算法 hypothetical algorithm
假想太阳 dynamic(al) mean sun
假想弹性体 imaginary elastic body
假想图示 imaginary representation
假想外力 virtual external force
假想纬度 fictitious latitude
假想温度 fictive temperature
假想系数 conditional coefficient
假想线 imaginary line;phantom line
假想斜杆 fictitious diagonal
假想需求量 dummy supply
假想岩矿图 swindle sheet
假想阴极 virtual cathode
假想预应力 imaginary prestressing
假想圆柱齿轮 virtual cylindrical gear
假想源 imaginary source
假想质量 imaginary mass
假想轴 hypothetical axis;imaginary axis
假想资源 speculative resources
假想作业 dummy activity
假向斜 pseudo-syncline
假象 artefact;erroneous indication;false sense
假象牙 celluloid;xylonite
假象 false appearance;false image;false impression;ghost image;pseudo-morph;pseudo-morphic image;pseudo-morphism;spurious event;virtual image;false form
假象赤铁矿 martite;hematite
假象干扰 image interference;meacon(ing)
假象结构 pseudo-form texture
假象雷达干扰 meacon(ing)
假象体 allomorph
假象效应 Kendall effect
假橡胶 Paragutta
假心材 false heart wood;wound heart wood
假信号 false signal;ghost signal;glitch;spurious response
假信号特性 spurious response
假信号问题 aliasing problem
假信号抑制器 discriminator
假星 artificial star
假型板 match board
假型砂 match sand
假型心 false core
假性条件作用 pseudo-conditioning
假玄武玻璃 pseudo-tachylite
假旋涡形拱顶 pseudo-scroll vault
假旋涡形六部分 <一种建筑形式> pseudo-scroll sexpartite
假旋涡形装饰 pseudo-scroll
假循环 pseudo recirculation
假压密 pseudo-consolidation
假压实 <密实度低> false packing (accompanied by low density)
假烟 false smoke
假烟囱 <装饰立面用> cipher tunnel
假烟道 blank flue;dead-end flue
假延性 pseudo-ductility
假岩溶 pseudo-karst
假盐 pseudo-salt
假羊皮纸 parchment paper;perfuse paper;pergament;vegetable parchment
假阳离子聚合 pseudo-cationic polymerization
假腰【船】 false bellies
假一丁砖 false header
假异常 false anomaly;tramp
假异构体 pseudomer
假异构现象 pseudomerism
假翼缘法孔型设计 counterflange method
假银 imitation silver;white alloy
假银星石 crandallite;pseudowavellite
假硬度 pseudo-hardness
假语言 pseudologia
假原色 fictitious primary colo(u)r
假圆 virtual circle
假圆顶 false cupola;false dome
假圆砾结构 pseudo-conglomeratic texture
假月 mock moon;paraselene
假云母片岩 pseudo-mica schist
假杂基 pseudo-matrix
假载法 pseudo-load method
假錾石饰面 tooled finish
假造 falsification;forge
假造的文书单据 forged documents
假造债券 forgery bond
假造支票 <俚语> hang paper
假账 false account
假褶皱 deceptive fold;false folding
假针孔 pseudo-pin hole
假震颤 pseudo-thrill
假整合【地】 deceptive conformity;disconformity;discordance;para-unconformity;paraconformity;parallel unconformity;pseudo-conform-

ity
假正离子聚合 pseudo-cationic polymerization
假证件 false papers
假支承 false bearing
假支票 stunner
假植 heeling in;temporary planting
假质煤组 pseudo-vitrinoid group
假质组 pseudo-vitrinoid
假置单位荷载法 dummy unit load method
假终贯桩 false set
假终止 pseudo-termination
假重力异常图 pseudo-gravity chart
假周期函数 pseudo-periodic (al) function
假轴 dummy shaft;dummy spindle
假轴颈 dummy journal
假轴式分枝 sympodially branched
假轴找中法 method of testing shaft alignment
假烛煤 pseudo-cannel coal
假主机 false host
假柱 feigned column
假柱廊式 pseudo-prostyle
假柱廊式庙宇 falsely prostyle temple
假柱状建筑物 pseudo-style
假砖 imitation brick
假桩 false pile
假装 assumption; pretend; simulate; simulation
假装的 feigned
假装桥台 blind abutment
假装正经 prudery
假自流地下水 pseudo-artesian groundwater
假阻力系数 fictitious drag coefficient
假组分 pseudo-component
假组合 false combination
假坐标 false coordinates

价

价比 price relative
价标 price card
价标牌 price card
价差 price difference;price gap;variance in prices
价带 valence band
价带电导 valence-band conduction
价的量子理论 quantum theory of valence
价电荷 valence[valency] charge
价电子 valence electron
价电子总数 total valence population
价高无销路 price out of the market
价格 cost;figure;rate;value
价格包括船边交货费用 free alongside ship
价格暴跌 a recession in price;plummet;recession
价格暴涨 flare-up in prices;price hike
价格背离价值 divergence of price from value
价格比率制 price rates system
价格比值 price proportion
价格变动 fluctuation in price;movement in price; price change; price fluctuation;variation of price
价格变动保证金 variation margin
价格变动法 price change approach
价格变动幅度 price range
价格变动条款 price change clause; rise-and-fall clause
价格变化 variation of price;price variance
价格变化标签 price change ticket
价格变化公式 price variation formula
价格变化基本规律 basic law of price change
价格变化情况 price behavio(u)r
价格标签 price tag
价格标准 price standard;standard of prices
价格表 list of prices; price catalog(ue); price list; price schedule; schedule of prices
价格表示 price indication
价格波动 price fluctuation
价格波动调整 adjustment for price fluctuation
价格补偿 price beneficiation
价格补贴 price bonification; price subsidy
价格补助金 price support
价格不变性 invariability in price
价格差别 price discrimination
价格差别待遇 price discrimination
价格差额 price difference;price margin
价格差距 price spread
价格差异 price difference;price variance
价格产量的决定 price-output determination
价格成绩 price performance
价格尺度 price measure
价格刺激 cost incentive
价格存储器 price memory
价格存取时间积 cost-access time product
价格代号 price code
价格的急骤上涨 price bulge
价格的评定 price assessment
价格登记 price record
价格跌落 receding prices
价格动态 price move
价格动向 price(movement)trend
价格冻结 price freeze
价格法 price law
价格法令 price ordinance
价格范围 range of price
价格飞涨 rapid rise in prices
价格分解 breakdown of price;rate analysis
价格分析 breakdown of price; price analysis;rate analysis;price breakdown
价格浮动 price elasticity; price fluctuation
价格幅度 price range;range of price
价格改革 price reform
价格公道 at fair price;reasonable price
价格构成 pattern of price; price mechanism;structure of price
价格固定性 price rigidity
价格管理 price control
价格管理体制 price management system
价格管制 control of price;price control
价格过高的 overpriced
价格合同 price contract
价格核定部门 cost department
价格核准 price concession
价格回顾 price review
价格回升 upturn;recovery of price
价格机能 price mechanism
价格机制 price mechanism
价格积数 price-aggregate
价格基数 rate base
价格计算 price calculation
价格记号 price mark
价格监督 price control
价格监视线 on-line price surveillance
价格剪刀差 price scissors
价格检查 price check
价格降低率 price markdown percentage
价格交货条件 price-delivered terms
价格结构 price mechanism; price structure;tariff structure
价格竞争 price competition; price-stabilizing;rate war
价格剧降 price downslide
价格决定 determination of price
价格决定的共同因素 codeterminants of price
价格均衡 price equilibrium
价格卡特尔 price cartel
价格可比性 price comparability
价格控制 price control
价格控制集团 price ring
价格累计 price-aggregate
价格灵活性 price elasticity
价格垄断 price fixing
价格猛跌 nose dive
价格猛涨 a sharp rebound in price; price has skyrocketed; soar; spurt in prices
价格描述记录 price description record
价格敏感系数 coefficient of sensitivity of price;sensitivity coefficient of price
价格敏感性 price-sensitive
价格目表价格 list price
价格盘旋 price hover
价格膨胀 price inflation
价格偏高 price is on high side
价格平衡 price equilibrium
价格歧视 discrimination of price; price discrimination
价格歧视垄断 price discriminating monopoly
价格契约 price contract
价格倾销 price dumping
价格清单 schedule of prices; trade price list
价格趋跌 downward price trend
价格趋落 downward price
价格趋涨 upward price trend
价格权益 price equity
价格扰动 disturbance of value
价格上的领先地位 price leadership
价格上限 price ceiling
价格上涨 harden; price advancing; price hike
价格上涨率 price escalation rate
价格伸缩条款 price escalator clause
价格伸缩性 price flexibility
价格升级 price escalation
价格适应 price adaptation
价格收益 price gain
价格收益比(率)price-earnings ratio
价格数据 cost data
价格水平 price level
价格水准 price level
价格说明记录 price description record
价格随时可变发盘 offer subject to change
价格损失 price loss
价格弹性 price elasticity
价格套购 price arbitrage
价格体系 pricing structure; pricing system
价格条件 price condition;price terms; terms of price
价格条件比较表 comparative list
价格条款 price terms
价格调整 adjusting price; adjustment of price; escalation; price adjustment
价格调整上的时滞 price adjustment lag
价格调整条款 escalator clause;price adjustment clause; price escalator clause
价格突降 price toboggan
价格突然高涨 price spurt
价格突然下降 price has tobogganed
价格推动型通货膨胀 price-push inflation
价格脱离价值 divergencies of prices from values
价格外竞争 non-price competition
价格紊乱 commotion in price
价格稳定 price equalization; price stabilization
价格稳定程度 degree of the stability price
价格稳定趋势 price rigidity in the downward
价格稳定性 price rigidity
价格无弹性 price inelasticity
价格系统设计 value system design
价格下降 a decline in price
价格下降率 ratio of price decreasing
价格下降水平 deflating price level
价格下降主要因素 principal factors of price decreasing
价格下降准备 reserve against decline in prices
价格下限 price floor
价格线 price line
价格限度 price guideline
价格限制 cost limit
价格相当高 price is rather stiff
价格相同 identical price
价格向量 price vector
价格-消费曲线 price-consumption curve
价格协调法 price coordination method
价格协定 price agreement;price cartel
价格协商 < 投标人之间的 > price fixing
价格信号 price signal
价格行情 price quotation
价格形成 pricing
价格性能 cost performance
价格性能比 cost performance ratio
价格修正条款 price revision clause
价格循环 price cycle
价格一览表 schedule of values;price schedule;schedule of prices
价格移动限额 price movement limit
价格意见 price idea
价格影响研究 rate impact study
价格优惠 cost preference;price preference
价格与服务(业务)的对应式 price-service equation
价格预测 forecasting of price; price expectation
价格增长率 ratio of price increasing
价格增长主要因素 principal factors of price increasing
价格增加 price hike
价格涨落 fluctuation in price; price fluctuation
价格涨落条款 rise-and-fall clause
价格折扣 price markdown
价格政策 price policy
价格支持 price support
价格支持方案 price support program(me)
价格指数 cost index;price index
价格指数化 indexation of prices
价格制定自由 pricing freedom
价格周期 price cycle
价格逐步上涨的条款 price escalation clause
价格资源对 price-wealth pair
价格自动调整条款 price escalation clause;price escalator clause
价格组 price group
价格组成 component of price
价键 valence bond

J

价键晶体 valence crystal
价壳层 valence shell
价廉的铲运机或卡车 roadster
价目 marked price
价目表 list of prices; offering list; offering sheet; price catalog(ue); price current; price list; quotation table; schedule of prices; schedule of rates; table of price; tariff <旅馆或公用事业的>
价目单 price catalog(ue); price list
价目单定价 list price
价目牌 rate card
价目总表 comprehensive list
价能量系数 valence energy coefficient
价钱公道的 moderate
价强比 cost-strength ratio
价数 valence mummer
价数规划 valence rule
价效应 valence effect
价异构体 valence isomer
价元素 dyad
价振动 valence vibrations
价值 cost; importance; merit; rating; valuation; value; worth
价值保证 value assurance
价值编码 cost code[coding]
价值变化 change in value
价值变量的允许变化范围 allowable variation range of value variable
价值标准 standard of values
价值表现 value expression
价值补偿 compensation of value; value substitute
价值参数 cost parameter
价值产品 value produce
价值超过 outvalue; overbalance
价值持票人 holder for value
价值尺度 measure of value
价值单 value bill
价值单位 unit of value
价值的不变性 invariance of cost
价值的成本说 cost theory of value
价值的衡量 measure of value
价值的货币形式 monetary form of value
价值的效用说 utility theory of value
价值的增长 increase in value
价值的主观表现 subjective expression of worth
价值低的股票 cats and dogs
价值低落 depreciation
价值对比 value contrast
价值法则 law of value
价值分摊额 apportionment of valuation
价值分析 value analysis; value engineering
价值分析步骤 value analysis procedure
价值分析法 utility-value analysis
价值分析家 value analyst
价值改善 value improvement
价值革命 value revolution
价值工程 value engineering
价值工程方法 value engineering approach
价值工程改变设计建议 value engineering change proposal
价值工程规划 value engineering discipline; value engineering program(me)
价值工程学 value engineering
价值工程原理 value engineering philosophy
价值公告 declaration of value
价值构成 value composition
价值关系 value relation
价值观 axiology; sense of worth; value system
价值管理 value management
价值规范 criterion of value
价值规律 law of value
价值函数 cost function; value function
价值很高的 of great price
价值基础 value basis
价值极微的 blue sky
价值控制 value control
价值论 axiology
价值矛盾 paradox of value
价值判断 valuation judgment; value judgment
价值平均化运动 movement towards equalization of value
价值评估 value assessment
价值权衡 value trade-off
价值确定 value determination
价值实体 substance value
价值说明 declaration of value
价值损失保险 loss-of-use insurance
价值条款 valuable clause
价值推定 presumption of value
价值稳定 stability of value
价值系数 value coefficient
价值系统 value system
价值形成过程 value-begetting process
价值形态 form of value; value form
价值学说 value theory
价值研究 value research
价值要素 elements of value
价值一览表 schedule of values
价值余额 excess value
价值预测 value forecasting
价值原则 value principle
价值指标 merit index; value index; value indicator; value indices
价值指数 merit number; value index number
价值重量比率 value-weight ratio
价值转化 metamorphosis of value
价子图 equivalent subgraph

驾车年龄 driving age

驾车人不必下车的 drive up
驾车适龄居民数 driving age population
驾车行为 driving behaviour
驾车行为特性 driving behaviour pattern
驾车游玩的人 autoist
驾车者不必下车的服务窗口 drive up window
驾船游客旅馆 boatel; motel of water travel
驾近速度 approach speed; approach velocity
驾来的船 approach vessel
驾驶 driving; jockey; pilot; navigate; steerage; steer(ing)【船】
驾驶本领 road sense
驾驶部门 deck department
驾驶舱 cockpit; control cabin; control compartment; pilot's cabin
驾驶舱或车厢的边窗 pull-in-and-slide window
驾驶舱视野角 cockpit cut off angle
驾驶操纵能力 driving operation ability
驾驶操作 pilot operation
驾驶车辆 drive car
驾驶乘务组成员【铁】 member of driving crew
驾驶穿过 drive through
驾驶船舶 navigate
驾驶电微光夜视仪 driver's low light level viewer
驾驶动画模拟器 driving animation simulator
驾驶动作分析仪 telltale
驾驶方向 driving direction
驾驶飞机 aviate
驾驶飞艇 navigate
驾驶辅助系统 driver-aid system
驾驶杆 control arm; control column; control crank; controlling lever; joy stick; steering column; steering lever; stick grip
驾驶杆测力装置 stick force instrumentation
驾驶杆力 stick force
驾驶杆力自记器 stick force recorder
驾驶杆运动 stick motion
驾驶工 hair pounder
驾驶规程 driving instruction
驾驶规则 driving regulation
驾驶规章 driving regulation
驾驶过失 error in navigation
驾驶航道 man(o)euvering lane
驾驶机构 steering mechanism
驾驶技能 driving ability; driving efficiency; driving skill
驾驶技术 roadcraft
驾驶间 cockpit; operator's cab(in) <塔吊、起重机的>
驾驶监控舱 pilot-supervisor room
驾驶校正 steering correction
驾驶经验 running experience
驾驶考试 driving test
驾驶控制台 control panel
驾驶快艇 yacht
驾驶轮 steering wheel
驾驶罗盘 steering compass
驾驶模拟机 driving simulator
驾驶模拟器 driving simulator
驾驶能见度 driving visibility
驾驶盘 control wheel; hand wheel; helm; joy stick; steering wheel
驾驶盘气垫 air bag
驾驶疲劳 driving fatigue
驾驶桥楼 bridge; navigating bridge
驾驶人 driver; rider
驾驶人的明晰视界 clear view to the driver
驾驶人反应 driver's reaction
驾驶人反应时间 <包括感受、判断及反应时间> driver response-time
驾驶人感应时间 driver response-time
驾驶人恢复知觉、智力、情绪和意志所需的时间 PIEV[perception intellection emotion and volition] time of driver
驾驶人员 operator
驾驶人执照 operator's license[licence]
驾驶入视线 driver vision
驾驶三轮辊 guide roll
驾驶设备 steerage; steering system
驾驶时间 driving time
驾驶实习员 cadet officer; navigating apprentice
驾驶试验 running test
驾驶室 cab(in); chauffeurs' room; control cab; driver's cab; driver's compartment; driver's room; driving cab; motorman's cab(in); operating cab(in); operator's cab(in); operator's compartment; pilot cell; pilot house; wheelhouse; bridge <又称驾驶台>【船】; pilot bridge; steering bridge; steering house; steering room
驾驶室报时钟 pilot house bell
驾驶室操纵 wheelhouse control
驾驶室操纵的 cab-operated
驾驶室操纵的起重机 cab-operated crane
驾驶室操纵的桥式起重机 cab-operated overhead crane
驾驶室操纵台 wheelhouse console
驾驶室侧门 driver's cab side door
驾驶室侧棚 wing shelter
驾驶室电池电压计 battery voltmeter in driver's cab
驾驶室顶(板) cab roof
驾驶室渡板 cab apron
驾驶室防护架 cab protector
驾驶室分汽阀 cab turret
驾驶室风窗玻璃 shield glass
驾驶室盖板 cab apron
驾驶室故障指示板 cab fault indication panel
驾驶室广播喇叭 loudspeaker in driver's cab
驾驶室后端舱壁 bridge after bulkhead
驾驶室护板 cab guard
驾驶室护盖 canopy
驾驶室甲板 bridge deck(ing)
驾驶室结构 cab structure
驾驶室可翻起的卡车 tilt-cab truck
驾驶室控制电缆 cab control cable
驾驶室控制台 bridge control console
驾驶室控制装置 driving console instrumentation
驾驶室楼梯 bridge ladder
驾驶室门旁扶手 handhold at driver's cab doors
驾驶室模拟 navigation bridge simulation
驾驶室篷 canopy
驾驶室平台 wheelhouse flat
驾驶室前壁 dash board
驾驶室前窗 cab front window
驾驶室前置式车辆 cab-forward type vehicle
驾驶室设备 cab equipment
驾驶室首楼 bridge forecastle
驾驶室通风器 cab ventilator
驾驶室无线电控制屏 radio control panel in driver's desk
驾驶室小车 man trolley
驾驶室信号 cab signal
驾驶室信号箱 cab signal box
驾驶室遥控 bridge remote control; centralized bridge control
驾驶室遥控站 bridge secondary control station
驾驶室仪表板 dash board
驾驶室仪表盘 dash board
驾驶室与客室隔墙 rear wall
驾驶室与客室隔墙布置 rear wall arrangement
驾驶室自动控制 automatic bridge control
驾驶适应性 driving adaptability; driving aptitude
驾驶术 pilotage
驾驶说明书 driving instruction; steering instruction【船】
驾驶速率 driving speed
驾驶台 driving box; operator station; steering pedestal; superstructure【船】
驾驶台地板 toe block
驾驶台后端舱壁【船】 bridge after bulkhead
驾驶台前端舱壁【船】 bridge front bulkhead
驾驶通过 drive through
驾驶通视条件 intervisible condition for pilotage
驾驶违章事件 driving violation
驾驶系统 control loop; steering system
驾驶细则 driving instruction
驾驶效率 driving efficiency
驾驶心理 driving psychology

驾驶兴奋 driving excitability
驾驶性能 driveability; maneuverability; steerability
驾驶仪 < 放在测试车中能量测行程时间、行驶时间、车速及其变化、大小幅度转向、制动、加速等多项车辆行驶参数并能作自动记录的一种综合性测试仪器 > drivometer; driverscope; pilot(indicator)
驾驶仪记录 drivometer event
驾驶用舱室 navigation space
驾驶用计算机 steering computer
驾驶用镜 driving mirror
驾驶游艇 pleasure boating; recreational boating
驾驶员 car driver; engine attendant; engine driver; engine man; engine runner; jockey; motor man; operator; wheel man; driver; chauffeur < 小汽车的 >; deck officer; navigating mate; navigating officer; navigator; ship mate; steersman【船】
驾驶员安全装置 deadman's handle; driver's safety device
驾驶员辨认距离 driver decipherment distance
驾驶员舱顶保护罩 roll-over protection system
驾驶员操纵 pilot control
驾驶员(操作)台 driver's desk
驾驶员动态特性 driver dynamics
驾驶员发照 driver licensing
驾驶员辅助系统 driver assistance system
驾驶员感觉特性 driver sensor properties
驾驶员感受反应时间 driver perception-reaction time
驾驶员函询卡调查法 driver post cards method
驾驶员红外夜视仪 driver's infrared viewer
驾驶员呼吸补充器 respirometer
驾驶员(获取)信息系统 driver information system
驾驶员技术测验 driver's examination
驾驶员健康不良 driver physical handicaps
驾驶员接口 driver interface
驾驶员界面 driver interface
驾驶员决策模型 driver decision model
驾驶员练习场地 driver training field
驾驶员模拟操纵教学设备 driver training simulator
驾驶员判读时间 legibility time
驾驶员判断时间 < 驾驶员在察觉后到行动反应前所需要的判断时间 > driver judgement time
驾驶员情报系统 driver information system
驾驶员失知制动装置 deadman device
驾驶员室 driver's cab; driver's cage
驾驶员室安装 driver's cab installation
驾驶员室内装修 driver's cab interior finishing
驾驶员室升降台 elevator for access to driver's cab
驾驶员室照明 driver's cab lighting
驾驶员停车距离 < 制动距离、制动延迟距离及感觉反应距离之和 > driver stopping distance
驾驶员心理 driver psychological
驾驶员信息接受能力 driver assimilating information capacity
驾驶员信息系统 motorist information system
驾驶员信息需要 driver information needs
驾驶员行为 driver behavio(u)r
驾驶员旋转座 driver swivel seat
驾驶员训练场 driver training area
驾驶员援助【交】driver assistance
驾驶员执照 operator's license; driver license[licence]
驾驶员制动阀 driver's brake valve; engineer's brake valve; engineman's brake valve
驾驶员制动阀杆 engineer's brake valve spindle
驾驶员助手 driver's assistant; swamper
驾驶员自动制动阀 driver's automatic brake valve; engineman's automatic brake valve
驾驶员综合信息系统 integrated motorists information system
驾驶员座 driver's seat
驾驶员座舱 pilots cockpit
驾驶员座位 driver's seat; operator seat; operator station
驾驶执照 driving license[licence]
驾驶执照吊销 license[licence] revoked
驾驶指挥塔 conning tower
驾驶指示器 helm indicator; steering indicator
驾驶转发器 steering compass; steering repeater
驾驶组 driving crew
驾驶座 automobile seat; driver seat
驾驭 rein
驾辕马 wheelhorse
驾助 assistant mate; assistant officer; fourth officer

架

架板 stage gangway; stage plank
架板活结 stage sling slip knot
架板架横撑木 stage bearer
架板绳 stage rope
架壁 wall shelve
架车【铁】car body jacking; unwheeling
架车线 underfloor lifting line
架成高温热液作用 hypothermal process
架成幻路 phantoming
架成式码头 framed wharf
架床 berth
架底 rest base
架电线 overhead conductor
架二台 < 钻塔的 > double board platform
架浮桥 pontoon
架杆 hack lever; sticker; sting
架杆式 pole type
架杆式变电站 pole type substation
架杆式变压器 pole type transformer
架杆式拖车方式 pole trailer system
架高的钢绞线 raised strands
架高地板 raised floor(ing)
架高地板式 access flooring system
架高活动地板 access floor(ing)
架高排水管 aerial sewer
架格栅 joist
架工工作台 erector's board working platform
架拱 arching
架谷拱桥 arch viaduct
架棺石 lich[lych]-stone
架管框架 pipe frame
架管桥 pipe bridge
架管台车 pipe jumbo
架际中继线 inter-bay trunk
架间距 bay
架间配线 inter-rack wiring
架接 bridge joint
架接板 bridge plate
架接梁 bridging joist
架接桥 bridging beam
架锯 bucksaw; frame saw; web saw
架坑木 prop
架空 aerial; elevated overhead; overhead; superterranean
架空安装开关 pole switch
架空暗闭锁器 overhead concealed closer
架空板材地面 < 活动地板的常规做法 > pedestal supported panel flooring; subframing supported panel flooring
架空避雷线 overhead static cable
架空避雷针 aerial conductor
架空变压器塔 power transformer mast
架空布线 overhead wiring
架空测(深)索 air sounding line
架空层 mushroom floor
架空车秤 overhead truck scale
架空车道 aerial tramway
架空传动吊架 drop hanger
架空传动装置 overhead transmission gear
架空传输电缆线 overhead transmission line cable
架空单轨 telpher rail; telpher track
架空单轨车道 aerial monorail-tramway
架空单轨吊车 trolley hoist
架空单轨吊运线 telpher line
架空单轨起重葫芦 telpher carrier; telpher hoist
架空单轨起重小车 telpher hoist
架空单轨输送系统 telpher conveyer system
架空单轨索道 aerial monorail-tramway
架空单轨小车输送机 overhead trolley conveyer[conveyor]
架空单缆索道 monocable aerial ropeway
架空导线 aerial conductor; aerial wire; air(line) wire; overhead conductor; overhead contact line; troll(e)y conductor
架空导线集电器 < 电力机车 > overhead collector
架空道 tramway
架空道路 flyover road
架空的 overground; overhead; superterranean
架空的钢绞线 raised strands
架空底层用支柱 < 房屋的 > piloti
架空地板 false floor; floating floor; raised floor(ing); suspended floor
架空地板法 hollow-backed flooring
架空地网 elevated ground counterpoise
架空地线 earthed overhead line; overhead ground wire
架空地线电位梯度 ground wire gradient
架空地线下锚 aerial earth wire termination; earth wire termination
架空地线悬挂 aerial earth wire suspension
架空地线支撑 aerial earth wire support; overhead ground wire support
架空电车 overhead trolley
架空电车道 aerial tramway; overhead tramway
架空电车线 aerial contact line; overhead trolley line
架空电车线路系统 overhead trolley system
架空电话线 overhead telephone line
架空电缆 aerial cable; hookup wire; overground cable; overhead electric cable; overhead power cable
架空电缆线路 aerial cable line; cable pole line; overhead cable line
架空电缆运输(法) telpherage
架空电力网 aerial network
架空电力线(路) overhead power (transmission) line
架空电网 overhead system
架空电线 aerial conductor; hookup wire; overground cable; overhead cable; overhead conductor; overhead electricity; overhead wire; pole line; troll(e)y line
架空电线保险丝盒 catch holder
架空电线车 troll(e)y wire
架空电线塔架 overhead line pylon; overhead tower
架空电线辙叉 overhead frog
架空吊车 overhead trolley
架空吊车索 troll(e)y pole; troll(e)y rope
架空吊运车 sky hook
架空动力站 overground power station
架空方式 overhead system
架空敷设 aerial installation; overhead crossing; overhead laying
架空副轴 overhead counter shaft
架空干管 overhead main
架空干线 overhead main
架空杆 aerial pole
架空钢索 aerial cable spinning
架空隔热保温 cold roof
架空供热系统 overhead heating system
架空管 cross-over tube; overhanging pipe; cross-over pipe
架空管道 above(pipe) line; aerial conduit; crosser pipe; elevated pipeline; overhead line; overhead pipe; pipe-supported pipeline; suspension pipeline
架空管道净空 overhead pipeline clearance
架空管道系统 overhead piping system
架空管道支架 overcast
架空管网 overhead pipe grid; overhead piping grid
架空管线 aerial pipeline; overhead pipeline
架空光缆 aerial optic(al) cable
架空轨道 overhead rail; overhead track line; overhead track way; track line
架空轨道集电器 overhead rail collector
架空过道 gallery
架空滑道 aerial skidder; aerial transport gear
架空回路 overhead circuit
架空活动地板 raised flooring system
架空集材机 aerial skidder; cableway skidder
架空交叉 overhead crossing
架空交通(指示)岗亭 crow's nest
架空脚手架 hung scaffold(ing); overhead scaffold
架空接触轨 overhead conductor
架空接触网 overhead contact net
架空接触网系统 overhead-contact system
架空接触线 overhead contact line; troll(e)y wire
架空接触线桅杆 overhead contact line mast
架空接触线支柱 overhead contact line mast
架空接地电线网 elevated grounded counterpoise
架空接地线 aerial earth(ing) wire
架空接户线 service drop
架空接头 bridge joint
架空结构 aerial structure; flyover

structure; openwork; overhead structure
架空介入 aerial insert
架空孔隙 overhead pore
架空缆 raised strands
架空缆车 aerial funicular; aerial transporter; cable carriage
架空缆车道 aerial ropeway; aerial tramway
架空缆道 aerial cableway; cableway
架空缆索 raised cable; supporting cable; suspension cable
架空冷凝器 overhead condenser
架空砾石层 openwork gravel
架空链索输送机 overhead chain conveyer[conveyor]
架空楼板 elevated floor; elevated floor slab; suspended floor slab
架空裸线 aerial bare line
架空埋地混合网络 overhead-underground network
架空明线 aerial bare line; aerial line; open-wire (pole) line; overhead line; open wire
架空明线的垂度 sag of the span
架空明线的减震器 stockbridge damper
架空明线电杆线路 open-wire (pole) line
架空明线离地高度 clearance of pole lines
架空明线通信[讯]工程 overhead line work
架空明线线路工作 overhead line work
架空木地板 wooden floating floor
架空木地板填料 wooden hollow floor filler
架空配电 overhead distribution
架空配线 overhead distribution
架空喷灌系统 overhead sprinkling irrigation system
架空偏心颚式破碎机 overhead eccentric type jaw crusher
架空平板 slab-on-grade
架空平板结构 slab-on-grade construction
架空起重机 overhead crane; overhead travel(l)er; troll(e)y crane
架空起重绞车 overhead crane winch
架空桥 gird bridge
架空散热器 overhead radiator
架空设施 aerial installation
架空施工方法 overhead construction method
架空式板坯回转装料机 overhead revolving slab charging machine
架空式标志 overhead sign
架空式钢锭回转称量机 overhead ingot turning and weighing machine
架空式火管锅炉 overhead fire tube boiler
架空式机械手 O-man; overhead manipulator
架空式集材 aerial skidding
架空式输送带 aerial belt conveyer [conveyor]; overhead belt conveyer [conveyor]
架空式输送机 aerial conveyer [conveyor]; overhead conveyer [conveyor]
架空式索道集材 skyline cable logging
架空式支撑 open sheeting; open timbering
架空输电网 catenarian; catenary
架空输电线路 overhead transmission line
架空输送机 aerial conveyer
架空输送设备 aerial conveyer [conveyor]; overhead carrier; overhead conveyer[conveyor]
架空输送系统 telpher conveyer system
架空水槽 bridge gutter
架空水渠 aqueduct
架空送电线路测量 air route for power transmission survey
架空索 high line; overhead wire
架空索道 aerial cableway [line/ railway/ ropeway/ tramway]; cable tramway; cableway; elevated cableway; high line; monocable; overhead cable way; overhead line [ropeway]; ropeway; ski lift; skyline; teleferics; televerage; telpher; track cable; tram road; tramway; wire rope tramway; monkey slide <俚语>
架空索道测量 aerial cableway survey
架空索道车 cable car
架空索道承重钢丝绳 main gut
架空索道吊笼 cable car
架空索道吊运机 skyline crane
架空索道顶塔 head tower
架空索道斗车 car cableway; ropeway car
架空索道集材 skyline yarding
架空索道矿斗 ropeway car
架空索道牵引索 carrying traction rope; traction rope
架空索道输送机 telpher conveyer [conveyor]
架空索道挖掘机 cableway excavator
架空索道系统 running skyline
架空索道系统的尾塔 tail tower
架空索道小车 aerial tram
架空索道用承载钢丝绳 carrying wire rope for aerial tramways
架空索道运输机 aerial ropeway conveyer[conveyor]
架空索道运输线 telpherage line
架空索道运输小车 ropeway car
架空索道运行线 aerial travel line
架空索道运载器 flying fox
架空索道载送器 flying fox
架空索道摘解器 uncoupling device
架空索道主缆 track cable
架空索吊运机 skyline crane
架空天线 aerial line; elevated antenna
架空铁道 aerial railroad; aerial railway; elevated railroad; elevated railway
架空铁道的轨梁 runway
架空铁路 aerial railroad; aerial railway; elevated railroad; elevated railway; suspended railway
架空铁桥 girder bridge
架空庭园 hanging garden
架空通道 flyover road
架空通风屋面 ventilated roof
架空通信[讯]线路 overhead communication line
架空凸轮轴 overhead camshaft
架空挖掘运输装载机 overhead shovel
架空污水管 aerial sewer
架空无轨运输 troll(e)y haulage
架空无极绳式人车 ski-lift conveyer [conveyor]
架空无梁楼板 slab-on-grade floor
架空现象 bridging effect; openwork phenomenon
架空线 aerial wire; ah line; air wire; high line; hookup wire; overhead cable; overhead conductor; overhead wire; skyline
架空线出线(端) overhead take-off
架空线电机车运输 troll(e)y haulage
架空线电瓶车 troll(e)y-battery vehicle
架空线电容 capacitance of air-line
架空线杆 overhead line poles
架空线钩爪 overhead line knuckle
架空线减震器 stockbridge damper
架空线立柱 overhead line mast
架空线路 aerial circuit; open wire line; overhead circuit; overhead network; pole line; aerial extension; aerial line; air line; overhead line; span line; suspension line; track line; troll(e)y line
架空线路的金属附件 pole line hardware
架空线路建设 overhead construction
架空线路距离 airline distance
架空线路系统 overhead system
架空线桅杆 mast of an overhead line; overhead line mast
架空线系统 overhead line system
架空线张紧平衡块 counterweight for tightening overhead contact line
架空消防梯 aerial ladder
架空小桥 flying bridge
架空效应 bridging effect
架空斜撑 rider shore
架空斜坡道 suspended sloping way
架空行车道 viaduct
架空悬挂 overhung suspension
架空悬置 overhead suspension
架空烟道 bridging over flue
架空移动式起重机 overhead travel(l)ing crane
架空引出 overhead outlet
架空引入 overhead entrance
架空引入线 service drop
架空雨水槽 bridge(d) gutter
架空运输 aerial transport(ation); airborne transportation; air transport(ation); overhead transportation
架空运输机 aerial transporter
架空运输设备 aerial conveyer [conveyor]
架空运输系统 aerial transit system
架空运输线的吊运小车 skyline carriage
架空运输线的末端锚定点 tailhold
架空运输线吊运小车的拉索 slackpulling line
架空运输线坡度 skyline slope
架空载波电话系统 carrier-wave trolley-phone system
架空载运车 skyline carriage
架空支架 overcast
架空重力管路 overhead gravity pipeline
架空住房 raised cottage
架空装置 <轴向提升平台用> vertical tower
架空走道 overhead passing
架空作业 overhead work
架空作用 bridging effect
架肋骨 frame erection
架立钢筋 erection reinforcement; top reinforcement; erection bar
架立脚手架 erect falsework
架立筋 spacer bar
架立模板 form setting
架梁测量 girder-erection survey
架梁道岔 siding track for girder-erecting
架梁权协议 beam right agreement
架模工 form setter
架模靴 running shoe
架能 shelf energy
架盘天平 Roberval's balance
架盘药物天平 table balance
架起 elevate
架桥 bridge erection; bridging
架桥点 bridge point; bridging point
架桥队 bridge team; bridge train
架桥工人 bridgeman
架桥机 bridge erection crane; bridge girder erection equipment; bridge girder erection machine; gantree; gantry; girder-erecting machine; launching gantry; launching girder
架桥孔 bridged hole
架桥列车 bridge train
架桥模型 bridging model
架桥凝聚 bridging coagulation
架桥票据 <指临时过渡性票据> bridging over bill
架桥起重机 creeper crane
架桥汽车 bridge layer; bridge-laying truck
架桥器材 bridge parts
架桥取直 bridge cut-off
架桥设备 bridge (assembly) equipment
架桥现象 bridging
架桥效应 bridging effect
架桥絮凝 bridging coagulation
架桥悬臂浇筑法 cast-in-place cantilever method
架桥载重汽车 bridge construction truck
架桥作用 bridging action
架圈 bobbin
架上安装 shelf location
架上备用器材 shelf spare
架上布线 rack wiring
架上操作 work-over the beam
架上画 easel picture
架上绘画 easel painting
架上调整 bench adjustment
架设 bridging over; erect; erection
架设安装顺序 sequence of erection
架设测量仪器点 measuring installation
架设点 erection point
架设电缆 cabling
架设方法 method of erection
架设费(用) cost of erection
架设浮桥 pontonier
架设钢筋 placing of reinforcement
架设隔断 partitioning
架设隔墙 partitioning
架设工程师 engineer for erection (work)
架设工具 erecting tool; erection aid
架设工作 erection crew
架设拱 overarch
架设拱圈 overarch
架设合同 erection contract
架设荷载 erection load
架设桁架 erection truss
架设或修理电线的工人 wire man
架设机构 erecting device
架设脚手架的管子 scaffolding tube
架设螺栓 erection bolt
架设模板 erection of forms; form placing; form setting
架设平台 erecting platform; erection platform
架设器 erector
架设桥梁 erection of bridge
架设桥台 erecting deck
架设设备 erection device
架设天线机构 antenna mount
架设图 erection diagram; erection plan; set-up diagram
架设应力 erection stress
架设帐篷 erecting tent
架设支撑 erection bracing
架设支架 support setting
架设转矩电动机 erection torque motor
架设装置 stringer
架设钻机 drill setup
架式安装 rack mounting; shelf mounting
架式冲击钻机 bar-rigged drifter; cra-

dle drifter;hammer drifter
架式盾构 skeleton shield
架式多铧犁 frame plow
架式(风动)凿岩机 drifter
架式风钻 bar-rigged drifter; boom-mounted drifter;column drill;drifter; drifter-type machine; mounted drill;post drill;tunnel drill
架式干燥车 rack car
架式钢卷尺 derrick type steel tapes
架式烘芯炉 core rack furnace;shelf-type core oven
架式集电器 pantograph collector
架式继电器 shelf-type relay
架式结构 rack and panel construction
架式举升机 crossing lift
架式绝缘子 rack insulator
架式犁 frame plough; truss-frame plow
架式喷射器 jet foam monitor
架式平台 shelf-type platform
架式起重机 derrick(crane)
架式汽缸盖 shelf-type cylinder head
架式千斤顶 column jack
架式桥墩 bent pier
架式桥台 trestle abutment
架式设备 rack-mounted equipment
架式水喷器 fire(-fighting) monitor
架式悬挑 frame corbel
架式凿岩机 bar drill;bar-rigged drifter;cradle drifter;drifter drill;drifter hammer;drill rig drifter;mounted drill
架式钻床 drill rig
架式钻机 bar drill;column drill;drifter
架式钻进 drifter drilling
架室明线的金属附件 pole line hardware
架索安全绳 climbing rope
架塔升降机 gantry elevator
架台 trestle
架台法 staging method; staging system
架体 <凿岩机> drill mounting support
架下悬挂键式犁 underslung alternate plow
架线车 track skeleton;wiring coach
架线工 line(s) man;wire man
架线路 poling
架线路选择方式 poling selection
架线起重机 cableway crane
架线式电(力)机车 electric(al) troll(e)y locomotive;troll(e)y locomotive
架线式体系 overhead wire-erected system
架线图表 stringing chart
架线学徒工 grunt
架线员 line man
架线中队 communication construction squadron
架线作业车 catenary installation car; catenary work car
架修 program(me) lift; unwheeling repair【铁】
架修库 erection repair shed
架眼 putlog hole
架有公用线的柱杆 service pole
架在墙上的通风机 bax ventilator
架在上面的部分 rider
架在钻臂上的凿岩机 boom-mounted drifter
架支屋顶 cradling roof
架支柱 post setting
架柱 chevalet;puncheon;trestle;trestle type column
架柱桥 trestle bridge;trestle stand
架柱式风钻 hammer drifter
架柱式绞车 waughoist
架柱式凿岩机 posting mounted drill; Waughammer(drill)
架装货车 palletized truck;pallet truck
架装货物 palletized cargo
架装设备 rack-mounted equipment
架装式部件 rack-mounted unit
架装式单元 rack-mounted unit
架状硅酸盐 tectosilicate
架状硅酸盐结构 frame silicate structure;framework silicate structure
架状基型 framework motif(pattern)
架状物 gallows
架子 frame;rack;shelf;scaffold;skeleton;stand
架子标签 shelf label
架子工 derrick man;scaffolder;scaffold erector;scaffolding man;timberman
架子锯 bucksaw
架子锯锉 frame-saw file
架子牛 feeder cattle;store cattle
架子梯 stack ladder
架子托座 shelving bracket
架钻 mounted drill
架座 frame foundation;holder;pedestal bearing; pillow block bearing; plummer block bearing

假

假期 holiday;vacation

假期补贴 paid absence allowance
假期工资 vacation pay
假期和节日工资 vacation and holiday pay
假期票 holiday ticket
假日 high day;holiday;vacation;day off
假日调班 holiday shift
假日工资 holiday pay
假日公寓 holiday flat
假日奖金 holiday premium pay
假日交通 holiday traffic
假日交通量统计 Sunday count
假日客票 Sunday ticket
假日旅店 vacation hotel
假日旅馆 holiday hotel;holiday inn; vacation hotel
假日市际特快列车 holiday inter-city express
假日宿舍 vacation house
假日野营 holiday camp
假日住房 holiday dwelling
假日住宅 holiday house

嫁

嫁接 engraft;graft

嫁接刀 grafting knife
嫁接技术 grafting technique
嫁接橡胶 <加聚合物的橡胶浆或粉> graft rubber
嫁接移植物 grafting material
嫁接杂种 chimera

尖

尖板条 pale;paling;picket

尖瓣 cusp
尖棒 <挖掘砾石或路面用的> clink
尖鼻墩 <带破冰挡的桥墩> sharp-nosed pier
尖笔印刷机 stylus printer
尖舭 hard(turn) bilge;sharp bilge
尖边石板瓦 sharp-edged slate
尖扁锉 taper file
尖冰拱纹 ogive
尖波 sharp wave
尖波束 sharp beam
尖薄山脊 arridge;arris
尖部扫迹 peaked trace
尖舱 peak tank;trimming tank
尖舱舱壁 forepeak bulkhead
尖舱隔堵 peak bulkhead
尖舱肋骨 peak frame
尖槽(灰)缝 recessed V(ee)-joint
尖铲 scratch awl
尖齿 pointed tooth
尖齿板连接件 toothed plate connector
尖齿式擒纵叉 English lever
尖齿式擒纵机构 ratchet-tooth lever escapement
尖齿铣刀 sharp teeth profile milling cutter
尖齿圆开槽锯 pointed tooth circular slitting saw
尖冲钉 drift pin
尖冲头 pin punch; punch pin; sharp point punch;prick punch
尖锄 pimple
尖船头 cutwater
尖船尾 pink stern;sharp stern
尖锤 cavil; chipping hammer; flat peen hammer; hammer pick; peen hammer;pointed hammer;welder's clipping hammer
尖锤琢面 peen-hammered face;peen-hammered finish
尖刺拟菱形藻 Pseudo-nitzschia pungens
尖锉 entering file
尖刀 sticker
尖的 acerate; cuspate; cusped; cuspidal;peaky;pointed;spiky;stylar
尖底车 gable bottom car
尖底船 chine boat; sharp bottom boat;V-bottom boat
尖底蛋形 <断面的> pointed-egg
尖底谷 V-shaped valley
尖底锪孔 countersink
尖底锪埋头孔 countersink
尖底锪钻 countersink; countersink drill
尖底扩孔钻床 countersinking drill press
尖底离心管 conic(al) centrifuge tube
尖底淘金盘 batea
尖点 cusp(ed point);cuspidal point; peak;point of cusp;spinode;vibrating head point
尖点的 cuspate;cusped;cuspidal
尖点轨迹 cusped locus;cuspidal locus;cusp locus
尖点蔓叶线 cissoid;cuspidal cissoid
尖点三次线 cuspidal cubic
尖点指数 cusped index
尖顶 angular point; fastigium; pinnacle;spire;steeple;diminution【建】; feathering <三角形窗的>
尖顶部 ogive
尖顶窗 lancet window
尖顶从动杆 knife-edge follower;tip follower
尖顶的 apical
尖顶杆 gad
尖顶拱 composite arch;lancet arch; ogival arch; pointed arch; three-pointed arch <二心拱弧的弦与拱跨一致>;Gothic arch
尖顶拱建筑 pointed architecture
尖顶拱门 Tudor arch
尖顶拱窄窗 <英国哥特式建筑> lancet
尖顶拱窄窗的 lanceted
尖顶管束式凝汽器 church window condenser
尖顶礁 prong reef
尖顶壳体 pointed shell
尖顶隆起镶板 raised panel
尖顶脉冲 pointed peaky pulse
尖顶潜堰 submerged sharp-crested weir
尖顶穹隆 ogival dome
尖顶丘陵 spitskop
尖顶曲线 peaky curve
尖顶沙洲 cuspate bar
尖顶山 point-top mountain
尖顶石拱桥 pointed stone arch bridge
尖顶式的 ogival
尖顶式褶皱 chev(e)ron style fold
尖顶饰 finial;crope <旧称>
尖顶树 pointed tree
尖顶塔 fleche; spire-steeple; spire tower
尖顶形波痕 cuspate ripple mark
尖顶形的 lanciform
尖顶形壳体 ogival shell
尖顶形沙洲 cuspate bar
尖顶形沙嘴 cuspate spit;cuspate salient
尖顶形褶皱 chevron fold
尖顶堰 sharp-crested weir
尖顶褶皱 chev(e)ron fold
尖顶桩 picket
尖度 kurtosis
尖端 cusp;external center[centre];external point;jut;nib;nose;point(ed end); sophistication; tip end; approach end【道】
尖端臂板 <信号机的> pointed arm; pointed (-end) blade; pointed-end semaphore blade
尖端的 down-to-date; sophisticated; ultra-modern;up-to-date
尖端电极 point electrode
尖端钝化 crest truncation
尖端放电 marginal discharge; point discharge
尖端放电避雷针 point lightning protector
尖端放电作用 needle effect
尖端复合工业 sophisticated compound industry
尖端杆 basket rod;coupling bar;front connecting rod; front rod; head rod; point connecting rod; point stretcher; point stretcher rod; stretcher bar;tie bar;tie rod
尖端工业 sophisticated industry
尖端火花放电器 needle point spark-gap
尖端极 point electrode
尖端计划 advanced project
尖端技术 sophisticated technics; sophisticated technique
尖端技术部门 sophisticated technique department;critical industry
尖端技术研究 advanced research
尖端夹角 nose angle
尖端科学 advanced science;frontier(s of) science;top(-end) science
尖端科学技术 frontier science and technology
尖端科学领域 stratosphere
尖端联线 tip side
尖端量规 <测量水位用> point ga(u)ge
尖端平面间放电 point-to-plane discharge
尖端式计数管 point counter
尖端式计数器 point counter
尖端稳定钢杆 steady point steel rod
尖端涡流 tip eddy
尖端效应 needle effect;point effect
尖端形桥墩 point-ended pier
尖端型避雷器 point lightning protector
尖端样板 point template
尖端支承桩 point-bearing pile
尖端止动螺钉 cup point setscrew
尖端阻力 point resistance

J

尖端作用 action of points
尖段 apical segment
尖峰 aiguille;monticule;needle peak;peak;pike peak;pinnacle;sharp crest;spike;spire
尖峰暴 spike burst
尖峰波 peaked wave
尖峰超越量 peak overshoot(-swing)
尖峰出力 peak output;peak power
尖峰电位 spike potential
尖峰负荷 needle peak load;peak load;top load
尖峰负荷电厂 peak load station
尖峰负荷电站 peak load station
尖峰负荷水力发电规划 peak load hydroelectric(al)project
尖峰荷载 needle peak load;peak load
尖峰荷载时间 peak load time
尖峰机组 peaking unit
尖峰加热器 peak load calorifier
尖峰喀斯特 needle karst
尖峰流量 peak flow
尖峰脉冲 spike pulse
尖峰脉冲探测器 spike sensor
尖峰脉冲消除器 spike eliminator
尖峰脉冲噪声 spike noise
尖峰平滑电路 despiker circuit
尖峰容量 peak capacity
尖峰式装车 peak loading
尖峰数据 spiking data
尖峰态 leptokurtosis
尖峰态分布 leptokurtic distribution
尖峰信号 blip;spike signal;spiking
尖峰性能 spiking behavio(u)r
尖峰需(电)量 peak demand
尖峰展平电路 despiker circuit
尖峰振动探测计 peak vibration monitor
尖峰值 kurtosis
尖峰状 needle pattern
尖峰状暴 spike burst
尖峰状态 kurtosis
尖锋 spike
尖斧锤 cavil axe;jedding axe;kevel
尖杆杯座式悬挂 point-and-cup suspension
尖杆槽座式悬挂 point-and-groove suspension
尖杆缝槽式支架 point-and-slot support
尖杆平座式悬挂 point-and-flat suspension
尖钢锤 point-steel hammer
尖镐 double-pointed pick;pick;pick ax(e)
尖镐头 moil point
尖阁 <礼拜堂的> steeple
尖拱 acute arch;boomerang arch;cusped arch;equilateral arch;lanced arch;ogee arch;ogival arch;peak arch;pointed arch;tierce point
尖拱的 ogival
尖拱顶 conoidal vaulting;fan vault(ing)
尖拱法封顶 closure by wedging-in crown
尖拱平砖 Gothic arch plain tile;ogival plain tile
尖拱桥 Gothic arch bridge
尖拱式 pointed style
尖拱式的 Gothic
尖拱式建筑 decorated architecture;lancet architecture;lancet style;pointed architecture
尖拱式建筑形式 decorated style
尖拱式门洞 pointed door opening
尖拱式木建筑 Carpenter Gothic
尖拱式挑出面层 pointed arched corbel-table
尖拱天篷 pinnacle canopy
尖拱形 Gothic arch
尖拱罩 pinnacle canopy
尖轨【铁】 blade;coupling bar;nose rail;point rail;switch rail;tongue(rail)
尖轨半径 radius of points;radius of switch rail
尖轨保护器 switch point protector
尖轨补强板 reinforcing bar of switch rail
尖轨不密贴 incomplete closing of tongue rail;point opening;poor fit of switch point;switch opening
尖轨长度 length of switch rail;switch rail length
尖轨长枕 head block(tie)
尖轨车间 point shop
尖轨衬铁 point filler
尖轨垂直弯曲 vertical bend
尖轨道岔 split switch;split turnout
尖轨垫板 bed plate;switch rail tie plate
尖轨顶铁 point block
尖轨动程 point opening;switch movement;switch opening;switch throw;throw of switch
尖轨动距 throw of switch
尖轨端 point of tongue
尖轨防护装置 switch point guard
尖轨附件 <如尖轨耳铁> tongue attachment
尖轨刚性检查 rigid check of switch blades
尖轨跟 heel of blade
尖轨跟部轨撑 tie or brace for heel of switches
尖轨跟部坡度 heel slope
尖轨跟端 heel of switch rail
尖轨跟端槽宽 <转辙器轮缘槽> clearance of switch;distance between operative face of stock rail at heel of switch blade and operative face of switch blade
尖轨跟端垫板 heel chair
尖轨跟尖板 heel joint bar for switch point
尖轨跟间隔铁 heel block of switch
尖轨跟角 heel angle of switch rail
尖轨跟铰 hinge of tongue
尖轨跟距 heel spread
尖轨跟开日距 heel spread of switch
尖轨跟扣板 switch rail heel pinch plate
尖轨跟枢轴 heel pivot
尖轨工作面 ga(u)ge side of switch point
尖轨轨尖 point of switch
尖轨滚轮 switch roller
尖轨后插直线 tangent adjacent to switch rail
尖轨护轨 switch point guard rail
尖轨加高 <在轨头全宽处> point rail rise
尖轨尖端 point of blade;point of switch(tongue);tongue of points;tongue point;switch point
尖轨尖端角 angle at point of switch
尖轨间隔铁 point filler;point separator(of switch)
尖轨开度 point opening;switch opening
尖轨扣板 point clip
尖轨拉杆 point rod;switch rod
尖轨理论尖端 theoretic(al)point of blade;vertex[复 vertices/ vertexes]
尖轨连接杆 point connecting rod;point stretcher rod;stretcher(bar);tie bar;tie rod;point stretcher;stretcher bar;switch rod
尖轨连接杆加热器 switch rod heater
尖轨连接杆绝缘体 switch rod insulator
尖轨密贴 closing of point;closing of tongue;switch point housing
尖轨密贴检查器 switch blade detector
尖轨前基本轨长 stock rail
尖轨实际尖端 actual point of blade;tip of switch
尖轨式脱轨器 split-switch derail;switch point derail
尖轨式转辙器 point control switch;split switch
尖轨枢轴 pivot of tongue
尖轨锁闭检查杆 point detector bar
尖轨外补强板 reinforcement bar;reinforcing bar
尖轨斜削端 bevel(l)ed point of switch
尖轨运程 movement of switch points;throw at end of points
尖轨直轨器 switch point straightener
尖轨趾 toe of blade
尖轨转换器 point switch;tongue(-type)switch <旧式的>
尖轨转辙器 point switch;tongue(-type)switch <旧式的>
尖焊铜 pointed soldering copper
尖火焰喷灯 tipping torch
尖脊 arris;pien(d)
尖脊的镘刀 bull trowel
尖岬角 cuspate foreland
尖礁 pinnacle;reef pinnacle
尖角 acute angle;apex angle;closed angle;sharp corner;wedge angle
尖角的 pointed
尖角浇口 tab gate;tap gate
尖角锯齿 fleam-tooth
尖角颗粒 angular grain
尖角墙垛 squint pier
尖角缺口圆盘 angle notched disc[disk]
尖角沙 sharp sand
尖角沙嘴 co(u)lter
尖角石 sharpstone
尖角饰 <曲线相交的> cusp
尖角形前滩 cuspate foreland;cuspate foreshore
尖角形支管 angle branch
尖角岩屑 sharpstone
尖角褶皱 acute fold;cuspate fold;kink fold
尖角装饰 <用弧线相交的> cuspidation
尖脚圆规 needle point divider
尖叫声 <10 千赫左右的差拍引起的> birddie;squawk
尖节 spike knot;splay knot
尖进流段 sharp entrance
尖晶橄榄石 ringwoodite
尖晶石 spinel(le)
尖晶石二辉橄榄岩 spinal therzolite
尖晶石铬铁矿蛇纹岩 spinel(le)chromite serpentinite
尖晶石辉石岩 spinet pyroxenite
尖晶石结构 spinel(le)structure
尖晶石矿床 spinel(le)deposit
尖晶石类 spinel group
尖晶石类矿物 spinellids
尖晶石律 spinel(le)law
尖晶石耐火材料制品 spinel(le)refractory product
尖晶石耐火砖 spinel(le)refractory brick
尖晶石陶瓷 spinel(le)ceramics
尖晶石透辉石矽卡岩 spinel(le)diopside sharn
尖晶石型结构 spinel structure
尖晶石型陶瓷 spinel(le)type ceramics
尖晶石型陶瓷颜料 spinel(le)type ceramic colo(u)rs
尖晶石型颜料 spinel(le)pigment
尖口 sharp-crested
尖口接缝 beaking joint
尖口接合 beaking joint
尖口接头 beaking joint
尖口钳 clippers
尖口钳子 clippers
尖口堰 sharp-crested weir
尖盔屋顶 helm roof
尖浪形曲线 festoon curve
尖肋型止水胶垫 gina profile
尖棱(角) arris(edge);cusped edge;cuspidal edge;pien(d)
尖棱结晶 sharp prismatic crystal
尖砾石 <美> torpedo gravel
尖粒石 torpedo gravel
尖榴辉石 ariegite
尖榴辉岩 ariegite
尖漏 spike leakage
尖脉冲 pip;sharp pulse;spike pulse
尖脉冲分流器 spike diverter
尖镘刀 pointing trowel
尖灭 edge away;end off;end out;failing out;feathering out;pinch-out;play out;thin away;thin out;wane end off;wedge out;thinning out【地】
尖灭方式 pinching style
尖磨头 pointed grinding head
尖木窄立板 picket
尖木桩 picket
尖木桩栅栏 picket fence
尖劈 splitting wedge;wedge
尖劈刀光度计 wedge photometer
尖劈截角锥体 frustum of wedge
尖劈设计 wedge design
尖劈吸声器 wedge-shaped sound absorber
尖劈效应 edgetone effect
尖劈作用 wedge action
尖片 <木、石等> splinter
尖蹼板 bow pointer;breast hook;fore hook;hawse hook
尖旗 pendant;pennant
尖旗图 <连续梁图解法> pennant diagram
尖钎 bit dressing
尖嵌条 arris fillet
尖墙角 squint quoin
尖墙角砖 squint;squint brick
尖撬棍 pinch bar
尖券 Gothic arch;pointed arch
尖刃模 knife-edge cutter
尖锐 acumination;acute;keen;sharpness
尖锐的 sharp-pointed;shrill
尖锐的构件 acuminate element
尖锐底模 hardie
尖锐度 steepness
尖锐分辨力 acuity
尖锐角隅 sharp corner
尖锐颗粒的 sharp-grained
尖锐脉冲 poop
尖锐起始裂纹 sharp starter cracks
尖锐缺口 sharp notch
尖锐声 skirl
尖锐突出物 sharp projecting
尖锐线 sharp line
尖锐性 acuity;sharpness
尖锐圆锥头 pointed rivet head
尖沙 <又称尖砂> sharp sand
尖沙坝 point bar
尖沙洲 cuspate bar
尖山顶 aiguille
尖梢 taper
尖声蜂鸣器 high-pitched buzzer
尖首船 fine-entrance ship
尖丝引弧 sharp wire start
尖榫 plug tenon
尖塔 broach;broche;pinnacle;sharp tower;spire;steeple(top) <教室屋顶上的>

尖塔差 pyramidal error
尖塔的 pyramidal
尖塔顶 broach spire
尖塔顶的塔尖 spire-steeple
尖塔屋顶 broach roof
尖塔形冰山 irregular iceberg; pinnacle(d) iceberg
尖塔形的 steeple-crowned; steepled
尖塔形建筑物 steeple
尖塔形屋顶 spire roof
尖塔修建工人 steeplejack
尖塔状的 pyramidal
尖塔状顶部 steeple top
尖钛铁矿 crichtonite
尖探针 pointed probe
尖铁 spike
尖铜棍 <墙壁加固用> tongue bar
尖铜条 tongue bar
尖头 acrocephalia; acumen; acumination; beak; cusp; nib; tusk
尖头搬钩 peav(e)y
尖头板桩 taper sheet pile
尖头棒 pointed rod
尖头保护器 tip protector
尖头避雷器 spike arrester
尖头部 pointed nose
尖头插座 tip jack
尖头铲 pointed tip spade
尖头长杆 pinch bar
尖头成型 nib-forming
尖头成型模 nib-forming die
尖头穿孔机 pointed punch
尖头窗 lancet window
尖头锤 peen hammer; pointed hammer; scabbling hammer; tile pick <瓦工用的>
尖头锉 taper pointed file
尖头的 cuspate; cusped; cuspidal; sharp-bowed; sharp-nosed
尖头电极 pointed tip
尖头方尾平底小艇 skiff
尖头放大镜 pivot loupe
尖头杆 broach; pointed rod
尖头钢锤 pointed steel hammer
尖头钢丝棒 pointed wire-rod
尖头工具 pointed tool
尖头构件 pointed element
尖头海滩 cuspate beach
尖头横向筒形拱顶 pointed transverse barrel vault; pointed transverse tunnel vault
尖头横向斜拱顶 pointed transverse wagon(head) vault
尖头划线冲子 prick punch
尖头礁 cuspate reef; pinnacle reef; prong reef
尖头拦门沙 cuspate bar
尖头螺栓 fang bolt; nibbed bolt; pointed bolt
尖头马蹄形拱 pointed horse shoe arch
尖头铆钉 steeple-head rivet
尖头平瓦 pointed plain tile
尖头器具 pecker
尖头钎 chisel-pointed steel
尖头前陆 cuspate foreland
尖头钳 point nose pliers
尖头三角洲 cuspate delta
尖头沙坝 cuspate bar
尖头沙嘴 cuspate spit
尖头绳 pointed rope
尖头式 pointed style
尖头式门洞 pointed door opening
尖头式筒形拱顶 pointed barrel vault
尖头手钳 pointed hand vice
尖头体 pointed body
尖头体形状 pointed body shape
尖头瓦 nibbed tile
尖头物 peg; prong
尖头小镘刀 point end small trowel
尖头小沙岛 cuspate sand key
尖头小沙洲 cuspate sand key
尖头信号 blip; outburst; overshoot; pip
尖头信号相对值 overshoot ratio
尖头形波痕 linguoid ripple mark
尖头旋压工具 diamond spinning tool
尖头压实齿 sheepsfoot
尖头翼 cusped profile
尖头圆屋顶 pointed dome
尖头凿 pointed chisel; pointing chisel
尖头桩 pointed pile
尖头锥体 pointed cone
尖头钻 pin drill; pointed bit
尖弯头 beak
尖尾插接 rat-tail splice
尖尾(船型) fine stern; pink stern; sharp stern
尖尾锤 brick ax(e)
尖尾帆船 pink
尖尾斧 brick ax(e)
尖尾铰链 strap hinge
尖尾手锤 brick hammer; bricklayer's hammer
尖尾型船 fine stern ship; pink-stern ship
尖握柄 point lever
尖屋顶 peaked roof
尖屋顶端部的覆盖物 epi
尖物 sticker; tusk
尖细锉 flat taper file; tapered file
尖向束 pencil beam
尖削 falling off; taper
尖削船尾 sharp stern
尖削度 <木材的直径较差> tapering-ness
尖削原木 tapered log
尖削原木下锯法 tape sawing
尖啸声 zing; zip
尖形冰拱 ogive
尖形船首 lean bow; sharp bow
尖形的 apiciform
尖形杆 piercing pole
尖形弓 tapering arch form; V-shaped arch
尖形拱 peak arch; pointed arch
尖形礁石 pinnacle rock
尖形抹子 pointed trowel
尖形墓顶 tegurium
尖形泥刀 pointed trowel
尖形抛光刷 pointed polish brush
尖形披水 <突堤端的> cutwater
尖形穹隆 ogive
尖形三角洲 cuspate delta
尖形饰 cuspidation
尖形探头 point shaped probe
尖形挖掘铲 pointed shovel
尖形屋顶 acuminated roof
尖型的 cuspidal
尖牙 canine teeth
尖叶落羽杉 ahuehuete
尖叶饰塔顶 crown
尖音 treble
尖圆屋顶 pointed dome
尖缘 pointed edge; sharp edge
尖錾 cross-cut chisel
尖凿 diamond bit; pointed chisel; pointed drill; pointing chisel; set chisel; spud bit
尖凿修整 pointed dressing
尖凿琢面方石 ridged ashlar
尖噪声 pike noise
尖支 apical branch
尖轴 spivot
尖轴铰链 pivot hinge
尖柱 obelisk; pinnacle
尖柱捣磨 steeple-compound stamp
尖桩 picket; pointed peg; pointed stake
尖桩篱栅 picket fence
尖桩式雪栅 picket type snow fence
尖桩围栅 picket fence
尖锥 awl(haft); pointed cone; scratch awl
尖锥铆钉窝模 cone head snap
尖锥体 taper
尖锥头 <高尖碑顶端的> pyramidon
尖锥稀土矿 tritomite
尖锥形头部 sharp-pointed nose
尖琢石 pointed ashlar
尖钻 pointed drill
尖钻头 sharp drill
尖嘴 beak
尖嘴角 cuspate foreland(bar)
尖嘴钳 long(flat) nose pliers; needle (nose) pliers; nipper pliers; nipping pliers; sharp nose pliers; snipe nosed pliers
尖嘴形铁砧 beakiron
尖嘴鱼 pipefish
尖嘴凿 pointed chisel; pointing chisel
尖嘴砧 small beak-iron
尖嘴钻 spear-pointed drill
尖作圆角 tip relief of tooth

坚

坚白石灰岩 camstone
坚背式话筒 solid-back microphone
坚冰 firm ice; solid ice
坚持性(双稳器件) sticking
坚持原则 adhere to principle; stick to principle; uphold principle
坚定不移的 rock-ribbed; undeviating
坚定承诺 firm commitment
坚定邀约 firm offer
坚隔土 calculous soil
坚固冰 dried ice; hard ice; solid ice; fast ice
坚固的 firm; solid; durable; hardy; impregnable; resistant; resisting; robust; rugged; stable; staunch; stout; strong; trig; unyielding
坚固的桥 solid bridge
坚固的支撑 solid strutting
坚固底板 hard bottom
坚固地 firmly
坚固地层 unyielding stratum
坚固地基 firm ground; hard ground; solid ground; terra firma
坚固度 competence of rock; competent degree of rock; dependability; fastness; solidness
坚固发射场 hard site
坚固河床 flow resistant bed
坚固基础 hard pan
坚固基岩 stable rock
坚固接头 robust joint
坚固节 <木材> live knot; sound knot
坚固结构 solid shell construction; stable structure
坚固界【地】stereosphere
坚固连接 strength joint
坚固螺栓 trip bolt
坚固木节 sound knot; tight knot
坚固设备 lasting equipment
坚固天蓝 fast sky blue
坚固完整岩石 sound unaltered rock
坚固新鲜岩石 sound unaltered rock
坚固性 consistency; firmness; incorruptibility; robustness; ruggedness; soundness; stability
坚固性试验 soundness test
坚固性系数 coefficient of coal firmness
坚固岩层 sound rock; tight
坚固岩石 consolidated rock; stable rock
坚固支撑点 strong point
坚固支柱 strong pillar; strong post
坚果 nut
坚果焦 nut coke
坚果树 nut-tree
坚果外壳箍圈 nutshell tyre[tire]
坚井掘进 shaft piercing
坚决措施 determined measures
坚决的 resolute; stout
坚决主张 protest
坚牢 firmness
坚牢程度 degree of fastness; fastness degree
坚牢的染料 fast colo(u)r
坚牢的颜料 fast colo(u)r
坚牢度 fastness
坚牢度试验 fastness test
坚牢固定的 heavily supported
坚牢红 fast red
坚牢红颜料 fast red pigment
坚牢黄 fast yellow
坚牢性 fastness; proof
坚铝 duralumin
坚密度 degree of firmness
坚膜定影液 fixing-hardening bath
坚膜剂 hardener; hardening agent
坚膜液 hardening bath
坚木纤维混凝土 hard-textured wood fibre concrete
坚强的 <指结构物,美国用法> rugged
坚强分散控制 robust decentralized control
坚强控制点 rigid point
坚强控制网 rigid framework
坚韧不渗透的塑料板桩 tensiltarp
坚韧的 leathery
坚韧度 toughness
坚韧木料 tenacious wood
坚韧橡皮绝缘电缆 tough rubber sheathed cable
坚韧性 tough; toughness
坚韧岩层掘进 tough digging
坚韧纸 tough paper
坚石 hard rock; hard stone; solid rock
坚石板 flinty slate
坚石开挖 solid-rock excavation
坚石类土 rocky soil
坚石岩 ledge(r)rock
坚实层 compacted layer
坚实抽吸泵 solid pump
坚实的 resistant; substantial
坚实的道路 hard packed road
坚实的煤 solid coal
坚实的木料 solid wood
坚实的石灰石 compact limestone
坚实底层 hard floor
坚实地层 firm ground
坚实地基 firm bottom; firm ground; hard ground; solid ground; sound foundation
坚实地面 firm ground; safety ground
坚实度 compactness; solidity
坚实断面 compact section
坚实拱架 solid rib
坚实和强固 staunch and strong; tight
坚实基层 solid base
坚实基础 hard core; solid base; solid foundation; tight bedding
坚实基岩 solid bedrock
坚实截面 compact section
坚实可磨光的石灰石 compact polishable limestone
坚实木材 hard-textured wood; sound wood
坚实泥皮 compact cake
坚实砂岩 quar
坚实停车场 hard standing
坚实土 compacted soil; hard compact soil; solidified soil
坚实土层 firm stratum
坚实性 compact(ed)ness; solidity; solidness
坚实岩层 hard formation

坚实叶球 solid head
坚实铸件 sound casting
坚实砖 solid brick
坚松度 consistence[consistency]
坚挺的 <如物价居高不下> hard
坚挺的市场 strong market
坚挺肋骨 stiff frame
坚铜 silicon bronze
坚土 good bearing earth; hard pan; pan soil
坚土破碎机 pan breaker
坚位置 firm position
坚相关 firmly related
坚朽节 firm knot
坚雪铲除工 hard(-packed) snow remover
坚雪铲除机 hard snow remover
坚岩 compact rock; firm rock; hard rock; solid rock
坚岩止水器 ledge waterstop
坚硬 flint; hard; rigid; stiffness
坚硬半坚硬岩组滑坡 landslide of hard-hemihard rock group
坚硬表面 hard facade
坚硬层 hard formation; solid bed
坚硬冲子 solid punch
坚硬的 adamantine; flinty; ironbound; stiff; stony; unyielding
坚硬的材料 tenacious material
坚硬的骨料 flint aggregate
坚硬的木料 ironwood
坚硬的土壤 terrazzo firma
坚硬地层 firm bottom; hardest formation
坚硬地基 firm base; hard ground
坚硬地面 flinting ground; flinty ground
坚硬顶板 hard roof
坚硬冻土 hard-frozen soil
坚硬度 solidity
坚硬覆盖岩层 <风化或软弱岩层上面的> cap rock
坚硬基岩 firm ground; solid bedrock
坚硬集料 flint aggregate
坚硬胶结土层 ortstein
坚硬巨砾 bastard
坚硬类 solid mass type
坚硬炼渣 adamantine clinker
坚硬木材 hard wood; ironwood; sound wood
坚硬泥砖 stiff-mud brick
坚硬黏[粘]土 gumbo; stiff clay
坚硬黏[粘]土岩 bina; bin bina
坚硬墙 flint wall
坚硬砂岩 kennel; ragstone
坚硬石灰 mountain lime
坚硬石灰岩 burr; mountain limestone; rag
坚硬松木 slash pine
坚硬土 stony clay; stony soil
坚硬土块 hard compact clod
坚硬围岩 hard surrounding rock
坚硬污泥 high solid content sludge
坚硬物料 hard material
坚硬物体 solid body
坚硬岩 ledger rock
坚硬岩层 compact formation; hard formation; hard solid rock; sharp ground
坚硬岩石 hard rock; hard stone; solid rock; sound rock; ragstone; solid rock
坚硬岩石河床 rigid boundary channel
坚硬岩石河道 rigid boundary channel
坚硬岩石类 type of solid rocks
坚硬岩石钻凿刀盘 hard formation cutting head
坚硬岩石钻凿钻头 hard formation cutting head
坚硬越面 firm earth
坚硬直柱 unbending column
坚硬砖 flint brick; solid brick

歼

歼击机 fighter
歼灭 annihilation

间

间氨基酚 m-aminophenol
间氨甲酰基苯氨基脲 cryogenin(e); m-benzoamino-semicarbazide
间板 stop log
间背片 intertergite
间苯二胺 m-phenylenediamine
间苯二醇 m-benzenediol
间苯二酚 resorcin; resorcinol
间苯二酚单苯甲酸酯 resorcinol monobenzoate
间苯二酚二缩水甘油醚 resorcinol diglycidyl ether
间苯二酚甲醛 resorcinol formaldehyde
间苯二酚甲醛胶 resorcinol formaldehyde adhesive
间苯二酚甲醛配合胶乳 resorcinol formaldehyde latex
间苯二酚甲醛树脂 resorcinol formaldehyde resin
间苯二酚胶 resorcinol glue
间苯二酚胶结剂 resorcinol adhesive
间苯二酚胶黏[粘]剂 resorcinol adhesive
间苯二酚蓝 lacmoid; resorcin blue
间苯二酚类合成黏[粘]合剂 resorcinol-type synthetic adhesive
间苯二酚黏[粘]合剂 resorcinol adhesive
间苯二酚深棕 resorcin dark brown
间苯二酚试验 resorcinol test
间苯二酚树脂 resorcinol resin
间苯二酚树脂胶 resorcinol adhesive; resorcinol formaldehyde resin adhesive; resorcinol resin glue
间苯二酚树脂胶黏[粘]剂 resorcinol resin adhesive
间苯二酚树脂黏[粘]结剂 resorcinol resin adhesive
间苯二酚一乙酸酯 acetyl-resorcin
间苯二酚黏[粘]结剂 resorcinol adhesive
间苯二酚中毒 resorcinism
间苯二酚棕 resorcin brown
间苯二黄 resorcine yellow
间苯二甲酸 isophthalic acid; m-phthalic acid
间苯二甲酸醇酸树脂 isophthalic alkyd resin
间苯二甲酸二甲酯 dimethyl isophthalate
间苯二甲酸二烯丙酯 diallyl isophthalate
间苯二甲酸聚酯 isopolyester
间苯二腈 isophthalonitrile
间苯二酰氯 isophthaloyl chloride
间苯三酚 phloroglucin(e); phloroglucinol
间变 anaplasia; dedifferentiation
间冰段 interstade
间冰段的 interstadial
间冰阶 interglacial epoch
间冰期【地】 interglacial stage; interglacial epoch; interglacial period; interstitial stage
间冰期沉积 interglacial period deposit
间冰期的 interglacial
间冰期海面上升 interglacial rising of sea level
间布钢筋 spacer bar
间步 spacer step
间步带 interambulacrum
间测 intermittent ga(u)ging; interrupted gauging
间层 interbedded strata; intercalation bed; interlayer; interstratified bed
间层的【地】 interstratified; intercalated
间层构造 lit-par-lit structure
间层贯入 lit-par-lit injection
间层理 interlayering
间层流 interflow
间层片理 lit-par-lit schistosity
间层片麻岩 lit-par-lit gneiss
间层侵入【地】 lit-par-lit injection
间层水 layer water
间层注入 lit-par-lit injection
间层状混合岩 epibolite
间层作用 interstratification
间插步骤 spacer step
间齿 rake teeth
间打印输出 interval printout
间氮硫茂 thiazole
间氮杂氧茚 benzoxazole
间档【港】 bay
间丁二烯 erythrene
间渡 intergradation
间二氮茂 imidazole[iminazole]
间二氮杂苯 metadiazine; pyrimidine
间二氮杂萘 quinazoline
间二酚偶氮苯磺酸 resorcine-azobenzene sulfonic acid
间二甲苯 meta-xylene; m-xylene
间二羟基苯 meta-dihydroxybezene
间二羧基苯 m-phthalic acid
间发错误 intermittent error
间发故障 intermittent fault
间发性 periodicity
间伐 intermediate cutting; intermediate felling
间缝 break joint
间辐 interradius
间辐区 interradium
间辐条 interray
间高比 spacing-height ratio
间格斗式运输器 bucket prover
间格料仓 <由三个以上筒仓的外墙构成的> interstice bin
间格式压滤机 compartment type filter press
间沟 inter-drain; intergroose
间骨板 interstitial lamella
间规的【化】 syndiotactic
间规度 syndiotacticity
间规聚丙烯 syndiotactic polypropylene
间规聚合物 syndiotactic polymer
间规性 syndiotacticity
间夯时间 compaction interval
间洪期 interflood period
间混作 intercropping
间极 auxiliary pole; commutating pole; consequent pole; interpole
间极间空隙 interpole space
间极绕组 interpole winding
间季风雨季 intermonsoonal rain
间甲苯胺 meta-aminotoluene; meta-toluidine
间甲酚 meta-cresol
间甲酚磺酞 m-cresol sulfonphthalein
间架 matrix[复 matrixes/ matrices]; panel
间架式建筑 frame-panel building
间距 bay; distance; distance of separation; distance space; espacement; interspace; pitch; range interval; separation distance; space length; spacing; wheel center[centre] <前轮中心到铲叉竖臂前表面的>; spacing interval <钻孔之间的>
间距保持器 spacer
间距比(率) pitch ratio; spacing ratio; spread ratio
间距参数 spacing parameter
间距撑 distance bar
间距尺寸 spacing dimension
间距垫圈 distance washer
间距定位块 spacer lug
间距短管 spacer
间距规 perambulator
间距很大 wide apart
间距环 distance ring; spacer ring
间距理论 spacing concept
间距缩短 hypotelorism
间距套管 cylinder spool; spacer spool; spreader spool
间距条 spacing strip
间距调节杆 spacing lever
间距位置 placing
间距系数 spacing factor; Philleo factor <一种表示混凝土抗冻融性的指标>
间距因数 spacing factor
间距与最小低抗线之比 spacing burden ratio
间距准确度 spacing accuracy
间聚 alternating copolymerization
间聚物 alternating copolymer
间孔砖墙 trellis masonry wall
间肋梁 beam on alternate frame
间粒结构 intergranular texture
间梁 spacer beam
间临界的 diacritical
间临界点 diacritical point
间硫氮(杂)茂 thiazole
间路 by-passage; by-pass highway; by-(-pass) road; by-pass route; by-turning; byway
间氯苯胺 m-chloroaniline
间片结构【地】 intersertal texture
间砌法 break(ing) joint; broken joint
间墙 partition
间曲线 auxiliary contour(line); half-interval contour; supplemental contour; supplementary contour
间渠 by-pass canal
间绕(法) spaced winding
间绕线组 spaced winding
间绕线圈 spaced wound coil
间热阴极 heated cathode
间色 intermediate colo(u)r; intermediate hue; secondary colo(u)r
间升期【地】 epicycle
间生的 intercalated
间时强化 interval reinforcement
间视 intermediate sight
间视热像仪 indirect-view thermal imager
间同立构 syndiotaxy; syndyotaxy
间同立构的 syndiotactic
间同立构规正度 syndiotacticity
间同立构聚合物 syndiotactic polymer
间同序列 syndiotactic sequence
间位 interposition; meta-position
间位定向 meta-orientation
间位分散薄壁组织 metatracheal diffused parenchyma
间位核 interstitial nucleus; nucleus interstitialis
间位化合物 <即苯核中 1、3 两位被代换>【化】 meta-compound
间位宽带型薄壁组织 metatracheal wide parenchyma
间位取代作用 meta-substitution
间位亚二甲苯基二胺 met-xylylene diamine
间位衍生物 meta-derivative
间位窄带型薄壁组织 metatracheal narrow parenchyma

J

间行 interlacing
间行错列铆钉 staggered rivet
间行铆钉 staggered rivet
间行铆双面铆钉搭接 joint with staggered rivets
间型 <中间细小两端开阔> formy
间穴地下湖 intermittent underground lake
间液 interstitial fluid
间乙酸基苯酚 acetyl-resorcin
间隐的 intersertal
间隐结构 intersertal texture
间雨期 interpluvial period; interstorm period
间雨期的 interpluvial
间杂性检验 heterogeneity test
间植 alternate planting; interplant
间质 matrix[复 matrixes/matrices]
间质的 interstitial
间种 intercrop(ping)
间柱 barrier pillar; prick post; stud; trumeau <两窗或两门之间的>; studding
间柱隔断 stud partition
间柱灰板隔墙 stud partition
间柱夹紧装置 stud clamp
间柱支承 studding
间座壳 <拉> Diaporthe

肩安全带 shoulder harness; shoulder safety belt; shoulder strap

肩板计程仪 chip log
肩部安全带 shoulder-belt; shoulder strap
肩部边缘 edge of shoulder
肩部砌块 shoulder segment
肩长 shoulder length
肩衬垫 shouldered sole plate
肩带 pectoral girdle
肩刀具 shoulder tool
肩顶 top of shoulder
肩端 point of shoulder
肩峰 shoulder peak
肩杠式钢轨钳 shoulder carrying type rail tongs
肩拱 shouldered arch; spandrel arch
肩沟 shoulder ditch
肩过梁 shouldered architrave
肩桁拱 spandrel-braced arch
肩回交路 arm type of locomotive routing system
肩回运转制【铁】 shoulder turnaround system of locomotive running
肩脊端 hipped end
肩脊瓦 hip tile
肩焦距 flange focal distance
肩角 fillet; humeral angle
肩接 shouldered joint; shoulder grafting
肩靠 shoulder rest
肩起 shoulder
肩墙 <军工筑城> epaul(e)ment
肩竖杆 hip vertical
肩榫 shouldered tenon
肩台 berm
肩坍 erosion of shoulder
肩托衬垫 shoulder(ed) sole plate
肩托拱梁 shoulder(ed) arch
肩托过梁 shoulder(ed) architrave
肩位 <承邻石用，有肩拱块的> crossette
肩形拱 shouldered arch
肩形螺纹接套 shoulder nipple
肩形凸出部 shoulder
肩形突出物 shoulder
肩舆 palanquin
肩肘高 shoulder-elbow height
肩状阶地 berm(e)
肩状突起 shoulder
肩状物 shoulder

艰巨的工作 collar work

艰巨工程 tricky business
艰巨载荷 extreme duty
艰难打桩 hard driving

兼包伙食的宿舍 bed and board

兼并 merger
兼程出行 <从起点到终点的一次出行> linked trip
兼腐生物 facultative saprophyte
兼顾 compromise
兼寄生物 facultative parasite
兼任执行人 plural executive
兼容彩色系统 compatible colo(u)r system
兼容操作系统 compatible operation system
兼容单边带 compatible single sideband
兼容单边带系统 compatible single sideband system
兼容的 compatible
兼容电路 compatible circuit
兼容独立四通道声 compatible discrete four-channel sound
兼容方式 compatibility mode
兼容方式异常 compatibility mode exception
兼容分时系统 compatible time-sharing system
兼容高密度双极性(电)码 compatible high density bipolar code
兼容关系 compatibility relation
兼容混合集成电路 compatible hybrid integrated circuit
兼容激光系统 compatible laser system
兼容框 compatibility box
兼容模式 compatibility mode
兼容偏移键控 compatible shift keying
兼容软件 compatible software
兼容设备制造商 plug-compatible manufacturer
兼容式接口 compatible interface
兼容数据 compatible data
兼容特性 compatibility feature
兼容小餐厅的厨房 dining kitchen
兼容信息系统 compatible information system
兼容型单片集成电路 compatible monolithic integrated circuit
兼容性 compatibility
兼容性彩色电视系统 compatible colo(u)r television system
兼容性测试 compatibility test
兼容性代码 code compatible
兼容性法 compatibility approach
兼容性功能 compatibility feature
兼容硬件 compatible hardware
兼容支援 compatible support
兼性层 compatible layer
兼性池 facultative pond
兼性处理过程 facultative process
兼性的 facultative
兼性浮游生物 facultative plankton
兼性腐生菌 facultative saprophyte
兼性腐生植物 facultative saprophyte; hemi-saprophyte
兼性光能异养 facultative photoheterotroph
兼性光能自养生物 facultative chemoautotroph; facultative photoautotroph
兼性好气塘 amphi-aerobic pond
兼性好氧菌 facultative aerobe
兼性化能有机营养 facultative chemoorganotrophy
兼性化能自养生物 facultative chemoautotroph
兼性寄生物 facultative parasite
兼性菌 facultative bacteria
兼性离子 hybrid ion
兼性曝气氧化塘 facultative aerated lagoon
兼性生体营养寄生物 facultative biotrophic parasite
兼性生物附着水解酸化 facultative bioattached hydrolysis acidification
兼性生物工艺 facultative biological process
兼性湿地 facultative wetland
兼性塘 <处理污水的> facultative pond
兼性脱硝基曝气工艺 facultative dentro-aeration process
兼性微生物 facultative microorganism; facultative organism
兼性污泥池 facultative sludge basin
兼性污水生物 facultative saprophyte
兼性细菌 <有氧和无氧均能生活的> facultative bacteria
兼性嫌气生物 facultative anaerobiont
兼性嫌氧分解 facultative decomposition
兼性需氧菌 facultative aerobe
兼性需氧生物 facultative aerobe
兼性厌气菌 facultative anaerobe; facultative anaerobic bacteria
兼性厌氧菌 facultative anaerobe; facultative anaerobic bacteria
兼性厌氧生物 facultative anaerobe
兼性厌氧塘 heter-aerobic pond
兼性厌氧微生物 facultative anaerobic microorganism
兼性厌氧自养菌 facultative anaerobic autotrophic bacteria
兼性氧化塘 <上层好氧下层厌氧的> facultative oxidation lagoon
兼性异氧菌 facultative heterotrophic bacteria
兼性有机能营养 facultative chemoorganotrophy
兼性自养生物 facultative autotroph
兼养微生物 mixotrophic aerobe
兼营设计和施工的公司 master builder
兼用的 dual-purpose
兼用的生产水井 production well for conjunctive use
兼用起居室 convertible room
兼用膳的厨房 dining kitchen
兼照明的空调器 air-handling luminaire; airlight troffer
兼职 by-work; job duplication; moonlighting; plurality; side line
兼职工 part-time worker
兼职人员 part-time staff
兼职者 part-timer; part-time worker
兼作农业用的拖拉机 para-agricultural tractor
兼作支腿用的推土板 <挖掘机> stabilizer blade

监测 monitoring(survey)

监测报告 monitoring report
监测标准 monitoring standard
监测标准方法 monitoring standard method
监测布置 monitoring(survey) scheme
监测参数 monitoring parameter
监测车 monitoring car
监测处理效率 monitoring treatment efficiency
监测船 monitoring ship
监测次数 monitoring frequency
监测地下水污染 monitor(ing) groundwater pollution
监测地下水质 monitor groundwater quality
监测点 monitoring point; monitoring site
监测点的保护 protection of monitoring points
监测点位置图 location map of monitoring point
监测电路 observation circuit
监测电视 monitoring television
监测断面 monitoring profile; monitoring section
监测方案 monitoring program(me)
监测方法 monitoring method
监测放大器 monitoring amplifier
监测符合 monitoring compliance
监测规划 monitoring program(me)
监测活动 monitoring activity
监测基准 monitoring criterion
监测计划 monitoring plan
监测记录 monitoring record; observation report
监测继电器 control relay
监测井 monitor(ing) well
监测孔 monitor bore; monitor hole
监测频率 monitoring frequency
监测破裂法 detecting rupture method
监测器 monitor
监测设备 monitoring equipment; monitoring installation
监测试片【给】 monitoring coupon
监测试验 monitoring test
监测数据 monitoring data
监测塔 monitoring tower
监测台 monitoring station
监测台网 surveillance network
监测体系 monitoring survey scheme
监测网 monitoring net(work)
监测网系 monitor array; monitor net
监测系统 monitoring system; observation system
监测线 inspector's trunk
监测项目 monitoring project
监测信号存储器 monitoring store
监测学 surveillant science
监测仪表 monitoring instrument
监测仪器 monitoring instrument
监测仪器的标定 calibration of measuring equipment
监测因子 monitoring factor
监测站 monitoring station; sampling station
监测站说明 monitoring station description; station description
监测站所在地段 demarcated site
监测站网 network of surveillance stations
监测植物 monitoring plant
监测指示灯 monitoring light
监测质量保证 quality assurance for monitoring
监测装置 monitor
监测资料 monitoring data
监查台 supervision table
监查员 service observer
监察 supervision
监察控制系统 monitored control system
监察控制转储 monitor control dump
监察人 warden; watchdog
监察台 observation board; supervisory station
监察员 examining officer; inspector; supervisor
监察装置 monitoring device
监场员 observer

J

监督 control; intendance; monitor; overlook; oversee; oversight; stand over; superintend; superintendence; supervise; supervision
监督报警系统 supervised alarm system
监督表示器 supervisory indicator
监督操作系统 monitor operating system
监督程序 monitoring procedure; monitor(ing) program(me); monitor routine; supervisory program(me)
监督程序调用 monitor call
监督程序概念 monitor concept
监督程序工作区 monitor working area
监督程序控制 monitor control
监督程序控制转储 monitor control dump
监督程序算法 monitor algorithm
监督程序用打印机 monitor printer
监督程序栈区 monitor stack area
监督程序中断 monitor interrupt
监督的 supervisory
监督对象 supervised object
监督方式 monitored mode
监督分类(法) supervised classification
监督服务 supervisory service
监督工程师 supervising engineer
监督管理方法 supervisory methods
监督管理费用 expenses of supervision
监督管理机构 supervisory agency; supervisory authorities
监督管理权力 supervisory power
监督管理人 intendant
监督管理政策 supervisory policy
监督管理作用 supervisory role
监督过程 control process; monitor procedure
监督活动 supervisory activity
监督继电器 supervisory relay
监督建筑师 supervising architect
监督进度表 control chart
监督卡 control card
监督开关 supervisory switch
监督开支合同 contract of cost and expenses
监督控制 monitor control; supervision control; supervisory control
监督控制程序 supervisory control program(me)
监督控制计算机 supervisory control computer
监督控制台例行程序 monitor console routine
监督控制系统 monitored control system; supervisory control system
监督区段 supervised district; supervised section
监督权力 supervisory authority
监督人(员) intendant; overseer; supervisor (staff); supervisory personnel; superintendent
监督设备 monitoring equipment; supervisory equipment
监督施工 supervisory construction by the engineer
监督艇 superintendent boat
监督图像分类 supervised image classification
监督位 check bit
监督系统 restraint system; supervisory system
监督信号 supervisory signal
监督信号楼 supervisory signal box
监督序列 supervisory sequence
监督沿岸货运的海关官员 <英> coast-waiter
监督印刷机 monitor printer
监督员 overlooker; superintendent; supervisor; on the ground <俚语>
监督者 overman; proctor; workmaster
监督者的地位 superintendency
监督职能 supervisory function
监督指令 monitor command
监督指示器 supervisory indicator
监督终端 monitor terminal
监督重叠 monitor overlay
监督装置 monitoring equipment; supervisory equipment
监督状态 monitored mode; monitor state
监督自动控制系统 monitered automatic control system
监工费 supervising expenses
监工头 <俚语> main squeeze
监工(员) clerk of the works; inspector; supervisor; gang foreman; stud kicker; charge hand; ganger; headman; masterbuilder; overman; overseer; task master; walking boss; workmaster
监管 superintendence
监管的 custodial
监管的留置权 charge lien
监管工程单位 construction administrator
监管流程 supervising procedure
监管区 controlled area
监管系统 supervisory system
监护 custody; guardianship; monitoring; tutelage; ward; wardship
监护病房 intensive care unit
监护器 monitor
监护人 guardian
监护人的职责(或身份) guardianship
监护人责任 custodianship
监护人资格 custodianship
监护设备 attention device
监护室 ward
监护听诊 monitorscope
监护系统 monitoring unit; monitor system
监护信号 guard signal
监货员 supercargo
监界剂量 threshold dose
监禁 captivity; imprisonment
监考 invigilate
监控 combined supervision and control; monitor; monitor (ing) control; supervision; supervisory; supervisory control
监控标准 monitoring criterion
监控测试周期 monitoring proofing cycle
监控程序 monitor; monitor(ing) program(me); monitor routine; supervision program(me)
监控程序请求中断 supervisor call interrupt
监控传声器 blind monitoring
监控打印机 supervisory control printer
监控当局 controlling authority; controlling body
监控灯 monitor lamp
监控电路 monitoring circuit; supervisory circuit
监控反馈 monitoring feedback
监控方式 monitor mode
监控复印机 monitoring printer
监控光电管 monitor photoelectric(al) cell
监控和数据采集 supervisory control and data acquisition
监控换热器 monitoring heat exchange
监控回路 monitoring loop
监控机器人 supervisory-controlled robot
监控激光器 monitoring laser
监控计算机 control computer; supervisory control computer
监控记录器 monitoring recorder
监控记录设备 monitoring recorder
监控技术 monitoring technique
监控继电器 leak relay; verification relay
监控键盘 supervisory keyboard
监控接收机 check receiver; monitoring receiver
监控接收器 check receiver
监控雷达 supervisory radar
监控量测 monitoring measurement
监控盘 monitor panel
监控器 control monitor; monitor (unit); supervisor; watchdog
监控器信号 monitor signal
监控散流器 control diffuser
监控设备 monitoring and controlling facility; monitoring equipment; supervisory equipment; surveillance and control equipment; watchlog; monitoring device
监控设施 monitor facility
监控室 monitor chamber
监控输出 monitor out
监控台 control and monitor console; monitor console; monitoring station; supervisor's desk; supervisor(y) console
监控天线 monitoring aerial; monitoring antenna
监控图 monitoring chart
监控系统 monitor(ed) control system; monitoring (control) system; supervising control system; supervisory control system
监控显示器 monitor display
监控信号 monitoring signal; pilot signal; supervisory control signal
监控信号楼 supervisory signal box
监控信息 monitoring information; monitor message
监控选择台 selective desk monitor
监控样 monitor(ing) sample
监控样品 monitor sample
监控仪(器) monitoring instrument; monitoring apparatus
监控音 supervisory tone
监控印字机 monitoring printer
监控与数据捕获系统 supervisory control and data acquisition system
监控元件 monitoring element
监控站 monitoring station
监控者 supervisor
监控指示器 monitoring indicator
监控制装置 supervisor
监控终端 monitor terminal
监控装置 console; control monitor unit; monitoring device; monitoring equipment; monitoring installation; monitoring system; monitor(ing) unit; supervisory and control arrangement
监控组 controlling authority; controlling body
监理 supervision; inspection supervisor
监理大纲 supervision brief; supervision outline
监理单位 construction supervision organization
监理费 cost of superintendence; supervision cost
监理工程 supervisory engineering
监理工程师 consulting engineer; proof engineer; superintendent engineer; supervising engineer; supervision engineer
监理工作细则 detailed rules and regulations of supervision
监理官员 supervising officer
监理规划 supervision plan; supervision program(me)
监理合同 supervision contract
监理及管理费 supervision and management overhead[charges]
监理建筑师 supervising architect
监理系统 supervisory system
监理员 supervisor
监理中断 supervisor interrupt
监理主管 inspection supervisor
监理组织 supervision organization
监票人 scrutineer
监示铃 pilot bell
监事会 board of supervisors
监视 invigilate; monitoring; observation; overlook; oversight; supervision; surveillance; vigil; watch
监视按钮 monitoring key
监视操作台 supervisor's desk
监视操作系统 monitor operating system
监视测量 check measurement; control survey
监视车速警察 speed cap
监视程序 monitor routine; overseer
监视船 surveillance ship
监视窗 besel; judas window
监视存储器 supervisory memory
监视打印机 monitoring printer
监视盗水 monitoring thief(water)
监视灯 indicator lamp; indicator light; pilot lamp; pilot light; supervisory lamp; supervisory light
监视地面光学记录仪 intercept ground-based optic(al) recorder
监视点 monitoring point
监视电路 monitoring circuit; observation circuit; supervisory circuit
监视蜂 guard bee
监视和警报系统 supervisory and alarm system
监视和信息标准电气设备 electric(al) standard equipment for monitoring and information
监视和信息系统 monitoring and information system
监视和智能系统 monitoring and intelligence system
监视缓冲器 look aside buffer
监视击穿系统 puncture supervising system
监视计划 monitoring plan
监视计时器 watchdog timer; watching timer
监视记录 monitor record; supervisory record
监视继电器 monitoring relay; supervisory relay
监视键 monitoring key
监视校准卫星 surveillance calibration satellite
监视接收机 warning receiver
监视进场 surveillance approach
监视进程 monitoring process
监视镜 security mirror; see-through mirror; spy mirror
监视孔 besel; judas window; sight glass
监视孔盖 inspection plate
监视孔盖板 telltale cover flag
监视控制 monitor control
监视控制和数据采集 supervisory control and data acquisition
监视控制台 monitor console; supervisor console; supervisory console
监视控制系统 supervisor control system

监视控制与数据获取(系统) supervision control and data acquisition
监视廊 lookout gallery
监视雷达 surveillance radar; tracking radar
监视雷达站 surveillance radar station
监视铃 pilot bell
监视漏斗 monitoring leakage
监视录音 reference recording
监视盘 monitor; monitoring panel
监视屏 besel; monitoring panel; monitor screen; mimic diagram <模拟(信号等)现场活动的>
监视器 invigilator; supervisor; watchdog; watcher; monitor
监视器打印机 monitor printer
监视器和控制面板 monitor and control panel
监视器配套设备洞 niche for surveillance equipment
监视器屏幕摄影 monitor filming
监视器弯头 monitor elbow
监视曲线 monitor curve
监视人 on the ground
监视任务 monitor task
监视哨 lookout
监视设备 monitoring device; monitoring equipment; supervising device; supervisory device; supervisory equipment; surveillance device
监视设施 supervisory service
监视声呐 surveillance sonar
监视示波器 waveform monitor
监视台 monitor desk
监视、通信[讯]与控制 surveillance, communication and control
监视图像 monitoring picture
监视网 network of monitoring and surveillance
监视席位 monitor position
监视系统 monitoring system; supervisory system; surveillance system
监视显示 monitor display
监视显像管 monitor kinescope; monitor tube
监视线路 monitoring wire
监视项目 monitor program(me)
监视信号 monitor signal; supervisory signal
监视信号盘 supervisory panel
监视性监测 supervisory monitoring
监视选择 monitor select
监视仪器 monitoring equipment
监视用的控制系统 supervisory control
监视用计算机 supervisory computer
监视用指令 monitored instruction
监视用钟 pilot clock
监视与计算系统 surveillance and evaluation system
监视与评价系统 surveillance and evaluation system
监视元件 monitoring element
监视站 monitoring station; supervisory station
监视指令 monitored instruction
监视装置 monitoring unit; surveillance device; telltale
监视子系统 watchdog subsystem
监视钻探 monitored drilling
监听 listening-in; monitoring; shunt telephone measurement
监听按钮 control button; listening cam
监听措施 monitor performance
监听电话 monitory receiver
监听电键 check key
监听电路 monitoring circuit; observation circuit
监听耳机 monitor(y) headphone; monitory receiver
监听方式 listening mode
监听放大器 monitoring amplifier
监听放音头 monitor head
监听键 listening key; monitoring key
监听喇叭 monitor loudspeaker
监听铃 pilot bell
监听盘 monitoring panel
监听器 audiomonitor; detectaphone; monitor; sound monitor
监听器开关 monitor switch
监听塞孔 listening jack; monitoring jack
监听塞绳 monitoring cord
监听塞头 listening plug
监听设备 audiomonitor; detectaphone; monitor; sound monitor
监听室 monitor chamber; monitor room
监听输出 monitor out
监听台 audiomonitor desk; intercept station; monitoring desk; monitor's desk; monitor's table; supervisor's desk
监听天线 control antenna; monitoring aerial; monitoring antenna
监听听力计 monitoring audiometer
监听亭 monitoring booth
监听凸轮 listening cam
监听无线电求救信号 radio distress signal watcher
监听系统 monitoring system
监听线 listening-in line; monitoring wire
监听线路 fold back circuit
监听箱 monitoring booth
监听信号 monitor signal
监听扬声器 loudspeaker monitor; monitoring loudspeaker
监听业务 monitoring service; supervisory service
监听仪器 monitoring instrument
监听用放大器 checking amplifier; monitoring amplifier
监听站 listening post
监听振铃键 listening and ringing key
监听座席 listening position
监狱 brig; calaboose; cannery; carcer; cell house; hoos(e)gow; jail; job's pound; limbo; penitentiary; pokey; prison; way car; gaol <英>
监狱安全玻璃 prison safety glass
监狱的看守 turnkey
监狱分区 cell block
监狱建筑 prison construction
监狱建筑物 prison building
监狱结构 prison construction
监狱农场 jail farm
监约 covenant
监造师 superintendent

煎

煎板 contact grill; griddle plate

鲣

鲣鱼油 bonito oil

拣

拣出 cull; sorting out

拣废者 bone-grubber
拣货 order picking
拣块采样 grab sampling
拣块法 chip method
拣矿器 ore separator
拣去大块石的工人 rock slinger
拣拾器 pick-off
拣信员 sorter
拣选 garble; hand picking; picking
拣选场 sorting yard
拣选大矿石 rough cobbing
拣选单元混合型有轨巷道堆垛机 stack/rail machine for both unit load and order picking
拣选格筛 sorting grizzly
拣选工 ore picker; picker
拣选机 picker
拣选胶带输送机 picking belt conveyer[conveyor]
拣选器 picker
拣选输送带 picking belt conveyer [conveyor]
拣选输送机 picking conveyer [conveyor]
拣选型有轨巷道堆垛机 order picking street/rail piler
拣选装置 grading plant; sorting device; sorting equipment; sorting unit

俭

俭省 economize

俭约 thrift

柬

柬埔寨式建筑 Cambodian architecture; Cambodian style

柬漆酚 moreacol

茧

茧绸 pongee

茧状包覆 cocooning
茧状物 cocoon
茧子花 pearl tree

捡

捡取 pick

捡石机 pixtone; rockover pick; stone collector; sweep stone picker
捡拾磁体 pick-up magnet
捡拾方法 pick-up method
捡拾辊 pick-up roller
捡拾滚筒 collecting reel
捡拾滚筒式装干草机 cylinder carrier hay loader
捡拾机构 pick-up mechanism
捡拾筛选机 pick-up separator
捡拾线路 pick-up line
捡拾信号线 pick-up line
捡拾压捆机 pick-up baler; pick-up press
捡拾压捆机柱塞 baler plunger
捡拾值 pick-up value
捡拾装载机 pick-up loader
捡拾装置 pick-up unit

减

减摆器 shimmy damper; yaw damper

减摆装置 shimmy damping device
减半 halving
减半传递 halves pass
减半作用 haplosis
减饱和曲线 desaturation curve
减饱和作用 desaturation
减冰川作用【化】 deglaciation
减波池 <海口处导堤形成的> wave trap
减波幅 decay wave
减驳 dropping off barge
减薄剂 reducing agent
减薄收尾 end tapering
减薄液 cutting reducer; reducer
减补色 subtractive complementary colo(u)r
减侧摆器 sidesway eliminator
减差称量法 weighing by difference
减差曲线 difference curve
减产 underproduction
减尘 dust alleviation
减尘措施 dust palliative
减尘的 palliative
减尘工作 dust alleviation work
减尘剂 dust retardant; palliative; dust palliative <道路用>
减尘箱 dust bin
减沉复合疏桩基础 composite foundation with settlement-reducing piles
减成率 discount rate
减秤 weight shortage
减充继电器 taper charge relay
减充振动子 taper charge vibrator
减冲设备 water-break
减冲设施 impact attenuation device; water-break
减冲装置 impact attenuation device
减除成本 deductible cost
减除吨位 <船舶丈量> deducted space
减除利息和税款前收益 earnings before interest and tax
减除数 deduction
减除条款 deductible clause
减除污染的设备 pollution abatement equipment
减触发器 minus flip-flop
减磁 de-magnetize
减存键 memory minus key
减到最少 minimize
减低 abatement; attenuate; brought down; build-down; decelerate; deduce; degradation; lower; reducing
减低标价 mark-down
减低冲程 ease off
减低的 reduced
减低的风量 reduced air
减低的价率 cheap tariff; reduced tariff
减低的压力 reduced pressure
减低的运价率 cheap rate; reduced freight rate
减低地基强度 reduced subgrade strength
减低过充压力 overcharge pressure reduction
减低洪水 flood reduction
减低价格 reduce(d) price
减低价钱 knock off
减低利息成本 reduced interest cost
减低路基强度 reduced subgrade strength
减低摩擦涂层 friction-reducing coating
减低黏[粘]度 viscosity breaking
减低强度设计 <路基、地基霜冻期的> reduced-strength design
减低(输出)容量 reduced capacity
减低速度 lower speed; speed down
减低效果 discount effect
减低运价 freight rate cutting
减低运价的限制 restriction of rate-cutting
减低灾害 hazard reduction
减低噪声 diffused sound reduction
减低噪音 noise suppression
减滴质 myostagmin
减底标价 mark-down
减毒作用 attenuation
减额 derating
减额等级 derating level
减额系数 derating coefficient
减法 substract(ion)
减法电路 subtraction circuit
减法混合基色 primary subtractive colo(u)r
减法计数器 backward counter
减法脉冲 subtract pulse
减法器 subtracter[subtractor]
减法三原色 subtractive primaries
减法算符 subtraction operator
减法熏气 subtraction fumigation

减法语句 subtract statement
减法运算时间 subtract time
减帆 snug down
减反射 anti-reflection;anti-reflective;anti-reflexion
减反射层 anti-reflection layer
减反射敷层 anti-reflection coating
减反射膜 anti-reflecting film;anti-reflective film; reflection reducing coating
减肥中心 fat farm;health spa
减费 cut rate;reduced charge
减风 reduced wind
减符号 minus symbol
减幅 amplitude contraction;amplitude reduction; damp(ing); decreasing amplitude
减幅比 ratio of damping
减幅波 damped wave; decadent wave; decaying wave; decreasing wave;shrinking wave
减幅波传播 damped wave transmission
减幅波检波器 damped wave detector
减幅测量 damping measure
减幅层 damping course
减幅常数 attenuation constant;damping constant
减幅电流 damped alternating current;decaying current
减幅计 decremeter
减幅交流电 damped alternating current
减幅量 damping decrement;decrement of damping
减幅脉冲 decaying pulse
减幅器 attenuator
减幅曲线 decrement curve
减幅系数 damping factor; damping ratio;subsidence ratio
减幅线性振荡系统 damped harmonic system
减幅仪 decremeter
减幅因数 damped factor; damping factor
减幅振荡 convergent oscillation; damped oscillation;dying oscillation;ringing <冲击激励产生的>
减幅振荡变压器 jigger
减幅振动 convergent oscillation; damped oscillation
减幅正弦曲线 damped sinusoid
减幅阻抗 damped impedance
减幅阻力 damping resistance
减负荷试验 load-dropping test
减负荷速度 rate of unloading
减干扰增益控制 anti-clutter gain control
减感 desensitize
减感剂 anti-sensitizer;desensitizing agent
减感液 desensitizing solution
减感作用 desensitization
减隔震设计 seismic isolation design
减功系数 workdone factor
减光板 weakener
减光玻璃 dimmer glass;light-reducing glass
减光补偿 depreciation of lamp;lamp depreciation
减光补偿系数 light depreciation factor
减光电阻 dimming resistance
减光剂 flatting agent
减光开关 dim switch
减光控制 dimmer control
减光控制器 dimmer controller
减光屏 reducing screen
减光漆 flatting varnish
减光器 diminisher; dimmer(unit); light consumer
减光器开关 dimmer switch; dipping switch
减光设施 dimming installation
减光系数 light loss factor
减光线圈 dimmer coil
减光型光电感烟探测器 photoelectric(al) obscuration-type smoke detector
减光转盘 episcotister
减号 minus sign;negative sign;sign of subtraction;subtraction sign
减耗量 outage
减耗资产 wasting assets
减河 by-pass channel;distributary
减荷 load-shedding;off-loading;relief
减荷措施 relief arrangement
减荷阀 easing valve;unloading valve
减荷键 load reducing key
减荷器 unloader
减荷台式码头 relieving platform quay;relieving platform wharf
减荷支柱 relieving timber
减荷装置 relief mechanism
减横摇水舱 roll damping tank
减横摇装置 anti-roll stabilizer
减洪 flood mitigation; flood reduction; mitigation of flood; reducing of flood
减厚冷轧 cold reduction
减厚深冲 ironing
减弧器 spark killer
减缓 slow down;slow up
减缓坡度 grade elimination
减缓速度 decelerate;deceleration
减缓阻碍 retarding
减活(化) deactivate
减活化硅胶 deactivated silica gel
减活化剂 deactivator
减活化柱 deactivation column
减活化作用 deactivation
减活剂 deactivator
减活能力 deactivation capacity
减活作用 deactivation
减极性 subtractive polarity
减记 write down
减记成本 write-down cost
减记的价值 written down value
减记资产账面价值 write down
减加速度 deceleration
减加重 deaccentuation;de-emphasis
减加重线路 deaccentuator
减价 cut down; cut rate; depreciate; depreciation; keen price; knock down; mark-down; price cutting; reduction of charge
减价出售 discount sale; to sell at a discount
减价出售存货 clearance sale
减价出售的 on-sale
减价出售抵押 discounted mortgage
减价费率<如夜间电话> off-peak-power rate
减价合同条款 down price clause
减价旅行 journey at reduced fare
减价拍卖 Dutch auction
减价票 reduced-fare ticket
减价票价 cheap fare; concessionary fare
减价平仓单 stop-loss order
减价凭证 reduction voucher
减价契约条款 down price clause
减价券 discount coupon
减价要求 abatement claim
减校正 correction down
减阶的 derogatory
减径 closing
减径拔管 sinking
减径-定径机 reducing sizing mill
减径机 reducing mill;sinking mill
减径挤压 ironing
减径矫治法 minimizing diameter therapy
减径孔型 reducing pass
减径量 sizing reduction
减径软管管套 reducing hose coupler
减聚力 decohesion
减蓝(色) minus blue
减励磁 excitation reduction; excitation suppression
减量 abraded quantity; decrement; loss in amount;ullage
减量泵送 reduced pumping
减量秤喂料机 loss of weight feeder
减量的横向式通风 reduced cross-ventilation
减量法 weigh-out method
减量化 reducing quantity
减量转移 decrement jump
减量装入 decrement load
减量装药 reduced charge
减量字段 decrement field
减流坝 current retard
减流充电 tapered charge
减流电阻器 reducing resister[resistor]
减流污水道 relief sewer
减流性 rheopexy
减率 lapse rate
减螺距螺杆 decreasing lead screw
减慢 slow down
减慢充盈期 reduced filling period
减慢因子 slowing factor
减免 abatement; mitigate; reduction and exemption;remission;remit
减免措施 mitigation measure
减免税 tax relief
减免税办法 tax concession
减免税款的提出 claim tax relief
减免债务 debt remittance
减面率 draft
减面燃烧 regressive burning;regressive combustion
减面性燃烧火药柱 regressive burning charge
减敏化 desensibilization
减敏剂 desensitizer
减敏现象 desensitisation[desensitization]
减模法 norm reducing method
减摩 anti-friction
减摩材料 anti-friction material
减摩插销 anti-friction latch bolt
减摩的 anti-frictional
减摩钢轨 guard rail for wear
减摩滚珠轴承 anti-friction ball bearing
减摩滚柱 anti-friction roller;friction-reducing roller
减摩合剂 anti-friction composition
减摩合金 anti-friction alloy;box metal
减摩滑车 anti-friction block
减摩滑轮 anti-friction block
减摩环及托架 anti-friction ring and holder
减摩环托螺钉 anti-friction ring holder screw
减摩剂 anti-friction composition
减摩金属 anti-friction metal
减摩溜板 anti-friction slide
减摩轮 anti-friction wheel
减摩螺栓 anti-friction bolt
减摩旁承 anti-friction side bearing
减摩铅青铜 Lubrimetal
减摩青铜 journal bronze
减摩圈 anti-friction ring
减摩润滑脂 anti-friction grease
减摩设备 anti-friction device
减摩枢 anti-friction pivot
减摩涂层 anti-friction coat;friction-(al)coat
减摩推力轴承 anti-friction thrust bearing
减摩心盘 anti-friction center plate
减摩性 anti-friction property
减摩脂 anti-friction grease
减摩制品 anti-friction composition
减摩轴承 anti-friction bearing
减摩轴承垫座 anti-friction bearing pillow
减摩轴承合金 anti-friction metal
减摩轴承润滑脂 anti-friction bearing grease
减摩轴滑轮 anti-friction axle pulley
减摩轴箱 anti-friction box
减磨 anti-attrition;anti-wear
减磨令 wear ring;copper ring
减能器 energy absorber
减黏[粘] visbreaking
减黏[粘]剂 opening material;viscosity reducing agent;viscosity reductant
减黏[粘]裂化 viscosity breaking;visbreaking
减黏[粘]裂化炉 visbreaker;viscosity breaker
减扭器 torque reducer; torsional vibration damper
减排措施 mitigation measure
减旁瓣法 sidelobe subtraction
减偏斜 minus deflection
减气 air release
减气剂 air-detraining admixture;air-detraining compound
减强器 intensity reducer
减轻 abatement;alleviate;alleviation;dull; ease; extenuate; lighten; mitigate;mitigation;relaxation;relieve;relieving;remit
减轻处罚情节 extenuating circumstance;mitigating circumstance
减轻船荷 easing ship;lighten a ship
减轻船载 easing ship;lighten a ship
减轻措施 alleviating measures
减轻的 palliative
减轻地震灾害 earthquake disaster mitigation; mitigation of seismic hazard
减轻负荷 lighten load
减轻负载 lighten load
减轻荷载 lighten load
减轻洪水(灾害)计划 flood alleviation scheme
减轻积尘措施 palliative dust laying
减轻剂 lightening admixture;palliative
减轻交通堵塞 alleviate traffic congestion
减轻交通负荷 relief of traffic
减轻孔<金属零件减轻重量的孔> lightening hole
减轻摩擦的 anti-frictional
减轻摩擦塑料贴面 plastic anti-friction facing
减轻摩擦力轴承滚动轴 anti-friction bearer
减轻企业负担 lighten the burden on enterprises
减轻损失 mitigate damages; mitigation of damages
减轻胎内压力 bleed the tire[tyre]
减轻通货膨胀 abatement of inflation
减轻痛苦 allay pain
减轻土壤酸性和改良土壤结构 reduce soil acidity and improve soil texture
减轻污染 pollution abatement; pollution reducing;pollution reduction
减轻污染设备 pollution abatement equipment
减轻芯 lightening core
减轻扬尘 dust palliation
减轻灾害措施 mitigation measure
减轻噪声 abatement of noise; noise abatement

减轻债务 abatement of debts
减轻债务负担 reduction or cancellation of debts
减轻者 alleviator
减轻震害 mitigating damage
减轻重量 saving in weight; weight saving
减轻装置 alleviator
减去 deduct;deduction;less;off-take;subtract;subtraction
减去的空间 deduced space
减去的位置 deduced space
减去折旧的重置成本 cost of reproduction less depreciation
减去制动重力 breakaway braked weight
减让 allowance;concession
减让性援助 concessional aid;concessive aid
减热 abstraction of heat;heat abstraction;reduction of heat
减热器 attemperator;desuperheater
减热去湿器 after-cooler
减容(处理) < 废物的 > volume reduction
减弱 abate; attenuate; attenuation; blunt; break; deaden(ing); dilute; drop down;dry slake;fade;slacken(ing);soften(ing)
减弱爆破漏斗 weak blasting crater
减弱处 recession
减弱磁场控制 field weakening control
减弱磁场器具 field weakening apparatus
减弱的声音 sound-reduced
减弱的振荡 damped oscillation
减弱灯光 lower the light
减弱掉 dampen out
减弱辐射 reduced radiation
减弱距离 decay distance
减弱控制器 fadeometer
减弱量 attenuation
减弱能见度 reduced visibility
减弱抛掷药包 weak throw blasting charge
减弱器 annihilator
减弱区(域) decay area
减弱土壤酸性 reduce the effect of acid in a soil
减弱系数 rejection ratio
减弱型 attenuated type
减色 debasement; subtraction colo(u)r;subtractive colo(u)r
减色法 minus colo(u)r method;subtractive colo(u)r method
减色法的基色 subtractive primary colo(u)r
减色法互补色 subtractive complementary colo(u)r
减色法混合 subtractive colo(u)r mixing
减色法混色 subtractive mixing of colo(u)rs
减色法配色 subtractive colo(u)r matching
减色法三原色 subtractive primaries
减色法系统 subtractive colo(u)r system
减色法直接正像处理 subtractive direct-positive process
减色合成 subtractive colo(u)r compositing
减色混合法 subtractive synthesis
减色混色法 subtractive colo(u)r mixture
减色蒙片 colo(u)r removing mask
减色能力 reducing colo(u)r power
减色三角形 subtractive colo(u)r triangle
减色团 hypochrome
减色现象 hypochromicity
减色效应 hyperchromicity;hypochromic effect
减色性 hypochromicity
减色原理 subtractive theorem
减少 abating; bate; curtail; cutback; cutting down; decrease; degrading; degreasing; depression; derogation; diminish(ing); diminution; dwindle;fall(ing) off; going down; impair; let down; lighten; rebate; reduce; reduction; shorten; slackening;thin out
减少班次 curtailment of service
减少补偿定律 law of diminishing returns
减少冲洗液漏失 decreasing loss of wash liquid
减少臭氧 ozone reduction
减少臭氧物质 ozone-reducing substance
减少出错 to reduce the change of errors
减少窜槽 elimination channeling
减少的 reductive
减少的体积 reduced volume
减少地面污水入渗 decreasing seepage of polluted water from ground surface
减少二氧化硫 sulphur dioxide reduction
减少方 decrease side
减少废物 waste reduction
减少风险 risk mitigation
减少服务 < 指交通的班次或路线 > curtailment of service
减少负债 decrease liabilities
减少感光度 desensitization
减少工作日的工作周 compressed work week
减少航速 lose way
减少合同金额的设计变更 deductive change
减少灰尘与噪声 dust and noise abatement
减少灰浆 mortar reducing
减少火险 hazard reduction
减少机动车辆 reduce the number of vehicle
减少积尘措施 palliative measures
减少基础沉降的桩群 settlement reducing piles
减少交通事故的效益 benefit from accidents reducing
减少开采量 mining yield decrease
减少空气污染 reduce air pollution
减少孔隙能力 void-reducing capacity
减少垃圾数量措施 waste reduction
减少浪费 reduce waste
减少(雷达)干扰积分装置 integration noise reducer
减少量 decrement
减少率 decrement(rate);rate of decrease;slip
减少泌水(现象) reduction of bleeding
减少磨损 anti-attrition
减少坡度 degradation;reducing grade
减少渗水量方法 seepage-reducing method
减少事故奖 accident reduction bonus
减少投资 disinvestment
减少危害法 reduction-in-risk approach
减少污染 pollution abatement;pollution reducing;pollution reduction
减少污染物 pollutant reduction
减少污着 fouling mitigation
减少系数 reduction coefficient
减少行洪量 reducing of flood
减少(修理用)尺寸 undersize
减少盐分 desalinization
减少一半 reduce by half
减少再生产 cost reproduction
减少噪声 abatement of noise;noise abate
减少账面资产 write down
减少自然灾害 natural disaster reduction
减少自然灾害的全球方案 global program(me) for natural reduction
减少自重孔 < 零件的 > lightening hole
减少钻杆对孔底压力 rod slack
减渗环 seepage collar
减渗剂 permeability reducing admixture;permeability reducing agent
减声 noise abatement;noise attenuation;noise reduction;sound attenuation
减声板 muffler plate
减声材料 sound absorber
减声的 sound-deaden
减声垫 noise reduction cushion
减声路面材料 quiet road-surfacing material
减声器 anti-rattler;anti-rumble;anti-squeak; auto-muffler; deadener; deafener; diminisher; muffler; silencer; snubber; sound attenuator; sound-deadener
减声器夹 muffler clamp
减声器进气管夹 muffler inlet pipe clamp
减声器凸缘 muffler flange
减声器外管 muffler outer pipe
减声器支架 muffler support
减声三速变速箱 silent third gearbox
减声室 silencer chamber
减声性 sound retardance[retardancy]
减声运行 silent running
减声栅 noise barrier
减湿 dehumidify
减湿的 dehumidified;dehumidifying
减湿方法 dehumidifying method
减湿剂 dehumidifier; dehumidifying agent;dehumidizer
减湿冷却 dehumidifying cooling
减湿能力 dehumidifying capacity
减湿盘管 dehumidifier coil
减湿器 dehumidifier;dehumidizer
减湿系统 dehumidifying system
减湿效率 dehumidifying efficiency
减湿作用 dehumidification;dehumidifying effect
减湿作用试验 dehumidification test
减蚀剂 corrosion inhibitor
减数 subtracter;subtrahend
减数分裂 meiosis;reduction division
减衰距离 decay distance
减水 fall; negative setup; negative surge;negative wave;set-down【水文】
减水促凝外加剂 water-reducing and accelerating admixture
减水缓凝剂 water-reducing and set retarding; water-reducing and set retarding admixture; water-reducing retarder
减水及缓凝外加剂 water-reducing and retarding admixture
减水剂 water reducer;water reducing admixture
减水倾斜度 wind denivellation
减水塑化剂 water-reducing plasticizer
减水添加剂 < 用于减少混凝土加水量的 > water-reducing agent
减水外加剂 water-reducing admixture
减水效果 water-reducing effect
减水早强剂 water-reducing accelerator
减水作用 slushing;water-reducing action
减税 abatement of taxes;derating;reduction of duty;tax abatement;tax break;tax cut;tax reduction
减税退款 tax rebate
减速 deboost; decelerate; decrement of velocity; moderation; reduction; retard; slackening(of speed); slowing down; speed down; speed reduction; speed reduction; velocity attenuation; down shift < 汽车 >; reduced speed
减速按钮 retard button
减速板 air brake; brake flap; dive flap;drag brake;speed brake
减速比 decrease in speed;moderating ratio;ratio of reduction;reduction(gear) ratio; reduction rate; speed reducing ratio
减速标志 C sign;reduce speed sign;slack sign;slow sign
减速波 decelerating wave
减速长度 slowing-down length
减速场 decelerating field;retardation field
减速场变换 conversion by retarding field
减速场管 brake-field triode;retarding field tube
减速场振荡器 retarding field generator
减速车道 deceleration lane;exit lane
减速齿轮 back gear;gear reduction;reducing gear; reduction gear; speed reducer gear;speed reduction gear
减速齿轮传动 gear down
减速齿轮单元 reduction gear unit
减速齿轮示功器 reducing gear indicator
减速齿轮系 reduction gear train
减速齿轮装置 speed reduction gearing
减速充气沟 auxiliary feed groove;retarding feed groove
减速充气位 graduated charging position
减速传动 drive down; underdrive; gear down
减速传动装置 gearing down unit
减速到目标点速度 retardation to target speed
减速地点标 board; reduced speed sign
减速电动机 geared motor
减速电极 decelerating electrode;decelerator;retarding electrode
减速电路 retardation circuit
减速电势 retarding potential
减速电压 decelerating voltage
减速顶 Dowty retarder;retarder
减速度 deceleration; drag acceleration;negative acceleration;retardation;retarded velocity
减速度计 decelerometer
减速度试验 deceleration test
减速度仪 decelerometer
减速发动机 geared-down engine;retroengine
减速阀 deceleration valve; reducer; reduction valve
减速法 velocity reduction
减速风 antitriptic wind
减速幅度 downshift range
减速辐射 deceleration radiation
减速辅助器 retarder booster
减速副翼 deceleron
减速光劈 retardation wedge
减速光楔 retardation wedge

碱性正长斑岩 alkali syenite porphyry
碱性正长石 alkali syenite
碱性正长细晶岩 alkali-syenitic aplite
碱性正长岩 alkali syenite
碱性正片麻岩 orthoalkaligneiss
碱性纸浆 alkaline pulp;soda pulp
碱性纸浆废水 alkali pulp effluent
碱性纸浆计 alkaline pulp meter[AP meter]
碱性指数 index of basicity
碱性中和剂 basic neutralizer
碱性重碳酸盐型热水 alkaline-bicarbonate thermal water
碱性砖 base brick;basic brick
碱性转炉 basic Bessemer converter; basic Bessemer furnace; basic converter;basic-lined converter;Thomas converter
碱性转炉钢 basic Bessemer steel;basic converter steel; basic rotary-hearth steel; Thomas converter steel
碱性转炉钢转炉 basic Bessemer steel converter
碱性转炉炼钢法 basic Bessemer (converter) process; Thomas-Gilchrist process
碱性转炉炼钢生铁 basic converter pig iron
碱性转炉生铁 Thomas iron;Thomas pig
碱性转炉渣 Thomas slag
碱性转炉铸铁 basic Bessemer cast iron;Thomas pig-iron
碱性着色剂 alkali stain;basic stain
碱性紫罗兰 basic violet
碱性作用 alkaline action
碱蓄电池 alkaline cell
碱玄岩 tephrite
碱循环 alkali(ne) cycle; alkali(ne) circulation
碱循环系数 alkali cycle factor
碱盐火焰离子化检测器 alkali salt flame ionization detector
碱阳离子总和 sum of base cation
碱液 alkali liquor;alkaline liquid;basic solution;liquor;lixivium;lye;soda-lye;soda solution
碱液比重计 alkali hydrometer
碱液槽 alkaline bath;lye tank;lye vat
碱液池 alkaline bath
碱液除锈 alkaline derusting
碱液淬火 caustic quenching
碱液电镀锡法 alkaline process
碱液法 soda solution grouting
碱液加固 aqueous alkali stabilization
碱液浸蚀 alkaline etching
碱液清洗 caustic dip
碱液蓄电池 alkaline storage battery
碱液循环泵 NaOH solution circulating pump
碱釉 alkaline glaze
碱浴 alkaline bath
碱预处理 caustic pretreating
碱源 alkali source
碱渣 alkali waste;caustic sludge;soda residue
碱渣废水 alkaline residue wastewater
碱胀裂 alkali-bursting
碱沼 fen;liman
碱蒸汽 alkali vapo(u)r
碱蒸汽侵蚀 corrosion by alkali vapo(u)r
碱值 base number
碱质高岭土 alkaline(-silicon) kaoline
碱质骨料反应 alkaline-aggregate reaction
碱质集料反应 alkaline-aggregate reaction
碱质交代作用 alkaline metasomatism
碱质平地 alkaline flat
碱质岩系 alkalic rock series
碱中毒 alkali poisoning;alkalosis
碱中和塔 caustic neutralizer column
碱中和值 alkali neutralisation number

见冰日期 appearance ice date

见单据付款 cash against documents
见跌即止期权 down-and-out option
见缝插针开发 squeeze-in development
见光安定的 photostable
见光度 photographically catalyzed nucleation; photographic (al) nucleation;photonucleation
见货后即付款 pay-as-you-see
见货运单据付款 payment on arrival of shipping documents
见机行事 act at one's discretion
见矿钻孔 positive drill hole
见利抛售 profit taking
见落陨星 fall
见煤深度 initial depth of drilling coal
见票后 after sight(bills of exchange)
见票后……天 days after sight
见票后……天付款票据 bill at...days after sight
见票后定期付款 payable at fixed period after sight
见票后定期付款汇票 bill payable at fixed period after sight
见票后若干天付款的期票 after sight bill
见票后若干天付款汇票 bill drawn payable at a certain time after sight
见票后三十天付款的期票 bill at thirty day's sight
见票后一星期付款 payable a week after sight
见票后远期照付汇票 bill payable at long sight
见票即付 at sight;bill payable at sight;on demand;payable at sight;payable on demand; payment at sight; payment oil demand; payment on demand;retire a bill;sight draft
见票即付的本票 note at sight; note on demand
见票即付汇票 bill at sight;bill payable at sight;cash order;draft on demand; draft payable at sight; sight bill;sight draft
见票即付款 after sight (bills of exchange)
见票即付票据 demand bill; demand note; draft on demand; note at sight;sight draft
见票即付信用证 sight letter of credit;sight payment letter of credit
见票交货 delivery on call;delivery on demand;delivery on request;on request
见票时 at sight
见索即还的借款 call money
见图 see figure
见习船员 apprentice seaman; landsman
见习地形测量员 topographer-assistant
见习工程师 engineer-in-training; student engineer
见习绘图员 apprentice draughtsman; cartographic(al) train
见习技术员 novice operator; student engineer;technician on probation
见习驾驶员 cadet
见习建筑师 architect-in-training; intern architect
见习轮机员 assistant engineer
见习期 noviciate;novitiate;probation period
见习人员 novice operator
见习设计师 novice designer
见习生 apprentice; middy; probationer;midshipman < 船上的 >;articled clerk < 英 >
见习水手 deck trainee
见习制图员 trainee cartographer
见血封喉树 upas(-tree)
见样品 as per sample
见涨即止期权 up-and-out option
见证点 witness point
见证付款 cash on documents
见证检查 witness inspection
见证人 eye-witness; observer; ocular witness
见证条款 attestation clause

件工 piecework

件号 part number[P/N];piece number
件货 bale cargo; cargo in packages; package cargo; package goods; packed cargo;packed goods;piece-cargo;piece goods
件货长度 bale ga(u)ge
件货货车 parcel van
件货卡尺 bale ga(u)ge
件货容积 bale capacity
件货输送机 general cargo conveyer [conveyor];package conveyer[conveyor]
件货卸船机 ship unloader for piece cargo
件货装卸 package handling
件货装运优化 option for shipment of general cargo
件数 number of packages; number of pieces
件杂货 break-bulk cargo;general cargo
件杂货泊位 general cargo berth
件杂货船 break-bulk vessel; general cargo ship; general cargo vessel; mixed cargo ship
件杂货堆场 general cargo (stack) yard
件杂货港 break-bulk cargo port; general cargo port
件杂货码头 general cargo (break-bulk) wharf;general cargo terminal
件杂货装卸 general cargo handling
件杂货装运 shipment of general cargo
件杂货(作业)区 general cargo zone
件装规则 package basis

间壁 bulkhead; coverings for partition; enterclose; mid-board; partition (board); partition bulkhead; partition wall; recuperation; wall partition; trumeau < 两窗或两门之间的 >

间壁覆盖 partition coverings
间壁拱 curtain arch
间壁回热式燃气轮机 recuperative gas turbine
间壁交集 intersection of barrier
间壁矿 < 坑通气用的 > brattice
间壁梁 partition beam
间壁门柱 heel post
间壁模 panel mo(u)ld
间壁上的门止挡 partition stop
间壁式 dividing wall type
间壁式换热 dividing wall type heat exchange;wall-type heat exchange
间壁式换热器 dividing wall type heat exchanger; wall-type heat exchanger;recuperator
间壁式回热炉 recuperative regenerator
间壁式回热器 recuperative regenerator
间壁式空气预热器 recuperative air heater
间壁式热交换器 recuperative heat exchanger
间壁瓦 partition tile
间壁柱 partition post
间道 by-pass; by-path; byway; close cut;relief road
间道指示标 by-pass marker
间谍船 spy boat
间谍活动 espionage
间谍行为 act of espionage
间断 back lash; cease; discontinuance;disjunction;gap;hiatus break; break hiatus【地】;intermittence;interruption; interval; non-sequence; pulsation;time interval
间断板 intercostal plate
间断拌和(法) < 指水泥混土混合料加水后并不立即拌和 > intermittent mixing
间断保护河岸 interrupted protection river banks
间断边内龙骨 side intercostal keelson
间断边纵骨 intercostal side stringer; side intercostal stringer
间断变化 uncontinuous change
间断变量 discontinuous variable
间断测量 discontinuous measurement
间断层 phantom
间断车流 discontinuous flow; interrupted flow
间断齿锯 skip-tooth saw
间断带 interzone
间断的 discontinuous; discrete; intermittent;non-continuous
间断的地下连续墙 barrette foundation
间断的绿篱 intermittent screening
间断的屏蔽 intermittent screening
间断等幅波 interrupted continuous waves
间断点 discontinuity point; discontinuous point;intermittent point;point of discontinuity
间断电流 backlash current
间断电路 backlash circuit
间断定额 discontinuous rating
间断断层 break fault
间断对比 interval correlation
间断法 pulsation
间断放牧 intermittent grazing
间断分布 discontinuous distribution
间断分度法 intermittent indexing
间断缝 broken seam
间断工作 discontinuous operation
间断供应 interruption supply
间断拱墩 discontinuous impost
间断拱饰 interrupted arch
间断拱线脚 interrupt arch mo(u)lding
间断构件 intercostal;intercostal member
间断骨料级配 gap aggregate gradation
间断灌溉 intermittent irrigation
间断光谱 discontinuous spectrum
间断光谱吸收 discontinuous spectrum absorption
间断过程 batch process;digital process
间断函数 discontinuous function
间断焊(接) intermittent welding
间断河 interrupted river; interrupted stream
间断回灌 intermittent recharge
间断回收压缩机 batch recovery compressor

间断级配 discontinuous grading; gap gradation; gap (ped) grading; gap-sized grading; intermittent grading; jump function; jump grading; skin grade
间断级配材料 gap-graded material; skip-graded material; step-graded material
间断级配的 < 常指混凝土中骨料 > open-graded; gap-graded; skip-graded; step-graded
间断级配的混凝土 omitted-size (type) grain concrete
间断级配的矿物骨料 open-graded mineral aggregate
间断级配的矿物集料 open-graded mineral aggregate
间断级配骨料 discontinuous aggregate; discontinuously graded aggregate; discrete aggregate; gap-graded aggregate; open graded aggregate
间断级配混合料 gap-grade (d) mix-(ture); skip-graded mix (ture); step-graded mix(ture)
间断级配混凝土 discontinuously graded concrete; gap-graded concrete
间断级配集料 discontinuous aggregate; gap-graded aggregate; open graded aggregate
间断级配曲线 skip grading curve
间断级配设计 gap-graded design
间断集 discontinuum
间断集料级配 gap aggregate gradation
间断加料 intermittent charging
间断浇注 interrupted pour
间断角缝焊接 intermittent fillet weld
间断角钢 intercostal angle
间断搅拌车间 intermittent mixing plant
间断搅拌(法) intermittent mixing
间断搅拌工场 intermittent mixing plant
间断搅拌设备 intermittent mixing plant
间断接缝 open seam
间断接头的空心砖 hollow brick with interrupted joint
间断解 discontinuous solution
间断聚合 batch polymerization
间断开采工艺 discontinuous mining technology
间断坑 intermittent pit
间断控制 discontinuous control; intermittent control
间断肋板 intercostal floor
间断粒级的 gap-graded
间断链条 intermittent bracing
间断流 intermittent flow
间断流动沉淀池 intermittent flow settling basin
间断滤波器 discontinuous filter
间断面 discontinuous surface; surface of discontinuity
间断内龙骨 intercostal keelson
间断排灯 interrupted lighting row
间断排放污染源 pollution sources with interval discharge
间断频率 chopper frequency
间断期 break-in period
间断潜水坝 intermittently submerged sill
间断潜水面 interrupted water table
间断屈服 discontinuous yielding
间断泉 pulsating spring
间断燃烧 intermittent combustion
间断烧结法 burden-fluxing sinter
间断设有避车道的路肩 intermittent shoulder
间断设置的挡土板 open sheathing; open sheeting
间断生产 intermittent production
间断时间 break time
间断时效 interrupted ag(e)ing
间断使用 intermittent service
间断式电磁仪分离法 disconnected elestromagnetometer separation method
间断式调节器 discontinuous-type regulator
间断式(分土)土埂 breaking-up ridge
间断式沟灌 skip furrow irrigation
间断式路肩 intermittent shoulder
间断式潜槛 intermittently submerged sill
间断式热风炉 intermittent stove
间断式色谱仪 stop-start chromatograph
间断式吸声吊顶 discontinuous suspended acoustic (al) ceiling; interrupted acoustic(al) ceiling
间断束 chopped beam
间断数列 discrete series
间断水文资料 fragmentary hydrologic(al) data
间断顺序 break sequence
间断速度场 discontinuous velocity field
间断调节 discontinuous control; intermittent control
间断图 interrupted view
间断系杆 intermittent bracing
间断线 line of discontinuity
间断相 discontinuous phase
间断向量 interrupt vector
间断卸料法 hanging method
间断型 discontinuous type
间断型流量-密度模型【交】discontinuous flow-concentration model
间断性 discontinuity
间断性故障 intermittent failure
间断性河流 <河流部分区段为地下河> intercepted stream; intercepted river
间断性燃烧 intermittent burning
间断性移轨机 intermittent type track shifting machine
间断性应力 discontinuity stress
间断性用户 interruptible customer
间断性噪声 discontinuous noise; intermittent noise
间断序列 break sequence
间断循环 hatch cycle
间断因素 spasmodic factor
间断应变场 discontinuous strain field
间断应力场 discontinuous stress field
间断永冻层 discontinuous permafrost
间断永冻土 discontinuous permafrost
间断涌浪 intermittent surge
间断油润滑 intermittent oiling
间断雨 intermittent rain
间断运动 discontinuous motion
间断运行 discontinuous operation; intermittent operation; intermittent service
间断韵律 discontinuous rhythm
间断褶皱 disjunction fold; disjunctive fold
间断整尺 breaking chain
间断直流感应仪 interrupted galvano-faradic apparatus
间断制造 intermittent manufacture
间断周期性负荷 intermediate periodic(al) duty
间断注水法 fill and draw intermittent method
间断纵桁 intercostal girder
间断作业 discontinuous operation
间隔 alternation; blank; compartment; dead interval; partition; separation; space; spacing
间隔暗销 dowel spacer
间隔板 filler plate; spacing block; spacing board
间隔棒 spacer; space bar
间隔比 spacing ratio
间隔编号 space coding; alternate numbering <偶数或奇数>
间隔标准 separation standard
间隔表格 spacing chart
间隔波 spacing wave
间隔不大的取样 close sampling
间隔布置 alternative arrangement
间隔层 wall
间隔查询定时程序 interval polling timer
间隔车 <机车推上轮渡用> push car
间隔衬套 distance bush (ing); strut sleeve
间隔尺寸 size of space
间隔尺度 interval scale
间隔抽样 interval sampling
间隔触点 idle contact
间隔穿透率 septal penetration rate
间隔传播时间 interval transit time
间隔传力杆 spacing dowel
间隔窗 partition window
间隔磁道 spacing track
间隔带 gapped tape; intervallum; interval-zone
间隔挡板 open sheeting
间隔挡土板 open lagging
间隔到标志转换 space-to-mark transition
间隔道 spacing track
间隔的 interstratified; intervallic
间隔的确定 espacement
间隔电流 spacing current
间隔垫块 filler block; separator block
间隔垫圈 distance collar; space washer; spacing ring; spacing washer
间隔定时器 interval timer
间隔动作杆 space function lever
间隔对比 interval correlation
间隔耳 spacing lug
间隔方式 interval mode
间隔分布 interval contraction; interval distribution
间隔分级的 gap-graded
间隔符号 blank character; space character; space mark
间隔-符号变换 space-to-mark transition
间隔腹板拼接 alternate web splice
间隔干燥器 compartment drier[dryer]
间隔钢筋 spatial bar
间隔工作时间 staggered work hour
间隔管 spacer conduit; spacer pipe; spacer tube
间隔盥洗室 cabinet lavatory
间隔焊点 intermittent welding point
间隔焊接 space welding
间隔烘干机 compartment drier[dryer]
间隔化 compartmentation
间隔环 spacing collar; spacing ring; spacing washer
间隔机构 space mechanism; spacing mechanism
间隔基 spacer
间隔计时器 interval timer
间隔夹板 distance clamp bracket
间隔夹片 distance clamp bracket
间隔架 space-stop rack
间隔键 space bar; space key
间隔角 angular interval
间隔接点 idle contact
间隔介质 blank medium
间隔精度 spacing accuracy
间隔距离 spacing distance
间隔开挖法 interval excavating process
间隔可变的传输 anisochronous transmission
间隔可变的数据信号 anisochronous digital signal
间隔控制 space suppression
间隔块 spacer bar; spacing block
间隔矿柱 barrier pillar
间隔框切割机 spacer cutting saw
间隔拉开 spacing bias
间隔连接筋 spacing dowel
间隔连续观测系统 apart continuous layout
间隔梁 partition beam
间隔流动分析 interval flow injection analysis
间隔流动分析仪 interval flow injection analysis instrument
间隔码 space code
间隔脉冲 space impulse; spacing (im)-pulse
间隔密度 gap density
间隔密封舱 compartmentalized cabin
间隔排列 open spread; radial arrangement
间隔排水 compartment drainage
间隔劈理 spaced cleavage
间隔片 distance piece; spacer shim; spacing strip
间隔偏差 spacing bias
间隔偏移 spacing bias
间隔铺设的挡土板 < 开挖基坑的 > open sheeting
间隔器 escapement
间隔嵌条 space band
间隔墙 demising wall; division wall; middle wall
间隔墙砖 furring tile
间隔擒纵机爪 spacing escapement pawl
间隔球 separating ball
间隔圈 distance collar; spacing collar
间隔缺损 septal defect
间隔确定装置 spacer
间隔扫描 intermeshed scanning; interval scan
间隔删去器 blank deleter
间隔设柱 spaced columns
间隔施工法 alternate bay construction(method)
间隔时间 headway time; length of the intervals; off-time; open time; spacing interval; time interval; interval
间隔时间读出器 intervalometer
间隔时间读出仪 intervalometer
间隔时间计 intervalometer
间隔时钟 interval clock; interval timer
间隔式边墙开挖 excavation of side-wall at interval
间隔式编码震源 interval coded source
间隔式撑板 open sheeting
间隔式挡板 open sheeting
间隔式挡土板 < 开挖工程的 > open boarding
间隔数 space number
间隔数字 gap digit
间隔套 distance sleeve; spacer sleeve; spacing bush; spacing sleeve
间隔天线 spaced antenna
间隔条 spacer bar; spacing strip
间隔调整器 intervalometer
间隔调制 space modulation
间隔铁 < 护轮机 > filler block; heel block; separate block; spacer block
间隔铁式尖轨转辙器 switch rail with block heel joint
间隔凸缘 spacer lug
间隔土 calculous soil; clay gravel
间隔团【化】spacer
间隔位 gap digit
间隔温度 interval temperature
间隔物 distance piece; divider; spacer

间隔误差 interval error;spacing bias;spacing error
间隔系数 spacing coefficient
间隔镶条 space purlin(e)
间隔小便池 cabinet urinal
间隔小时数 interval hours
间隔卸料 space discharge
间隔信号 blank signal;interval signal;space signal
间隔型数据 interval data
间隔修整 skip dress
间隔样品 interval sample
间隔窑 compartment kiln
间隔药包 extended charge
间隔要求 space requirement
间隔因子 interleave
间隔指令 blanking instruction
间隔制动【铁】distance braking;spacing braking; separation braking;brake application for distance keeping < 溜放车辆的 >
间隔制动缓行器 spacing rail brake
间隔制动器 spacing brake
间隔终端组件 bay termination module
间隔轴 spacing shaft
间隔轴环 distance collar
间隔装舱法 space stowage;space system
间隔装药 spaced loading
间隔字符 gap character;space character
间接 at second hand;indirection
间接报酬 indirect compensation
间接报价 indirect quotation
间接报价法 indirect quotation of exchange rate
间接比色法 indirect colo(u)rimetric method
间接编址 indirect addressing
间接标价 indirect quotation
间接标价法 < 以外币表示的标价方法 > currency quotation
间接标志 indirect mark
间接波 indirect wave
间接补给 indirect recharge
间接补助 indirect subsidy
间接不满费用 indirect departmental cost
间接材料 indirect material
间接材料成本 indirect material cost
间接材料或办公用品 indirect materials or supplies
间接材料用量差异 indirect material use variance
间接采光 indirect daylighting; indirect lighting;lay light
间接采光窗 borrow(ed) light
间接采光灯 borrow(ed) light
间接采光系数 indirect daylight factor
间接参考地址 indirect reference address
间接操纵的机械 slave unit
间接操作 indirect operation
间接测定 indirect determination;indirect measurement;proxy measure
间接测量 indirect measurement;indirect observation;indirect survey
间接测流法 indirect discharge measurement
间接测热 indirect calorimetry
间接层理 indirect stratification
间接敞开式喷淋系统 indirect open-spray system
间接成本 burden cost;indirect cost;on cost;overhead cost
间接成本分配 indirect cost distribution;overhead distribution
间接成本管理 management of indirect cost
间接承垫 indirectly seating
间接抽水 indirect pumping
间接出售 secondary offering
间接传动 indirect drive;indirect operation; indirect transmission; second-motion drive
间接传染 indirect infection
间接串扰 indirect crosstalk
间接的 backhand(ed);collateral;consequential;impersonal;indirect
间接滴定 indirect titration
间接抵押放款 indirect mortgage loan
间接地下水污染 indirect pollution of groundwater
间接地址 indirect address; multilevel address
间接地址方式 indirect address mode
间接地址分配 indirect assignment
间接地址码 indirect address code
间接地址指令 indirect instruction
间接递归 indirect recursion
间接电弧焊接 indirect electric arc welding
间接电化学氧化 indirect electrochemical oxidation
间接电开关 torpedo switch
间接调入 indirect call
间接调用 indirect call
间接定向法 indirect orientation
间接定址 indirect addressing
间接毒性 indirect toxicity
间接读数 indirect reading
间接度量 indirect measurement
间接二进制 n 方体网络 indirect binary n-cube network
间接二元网络 indirect binary network
间接发射 indirect emission
间接法 indirect method; indirect process
间接法标准化 indirect standardization
间接法标准化率 standardized rate by indirect method
间接法纠正 indirect rectification
间接法数字纠正 indirect scheme of digit rectification
间接反射 indirect reflection
间接反应 indirect reaction
间接方法 indirect method
间接放热器 indirect radiator
间接肥料 indirect fertilizer
间接废水管 indirect waste pipe
间接费费率 overhead rate
间接费分配 overhead allocation
间接费分配表 overhead distribution sheet
间接费分摊率 overhead rate
间接费耗用差异 overhead spending variance
间接费审计 indirect expense audit
间接费(用) burden charges;indirect expenditures;overhead component;overhead expenses;fittage;indirect charges; indirect cost; indirect expenses;on cost;overhead charges;secondary cost;dead charges
间接费用标准 overhead standard
间接费用表 indirect expense sheet
间接费用分配 overhead allocation
间接费用分配率 applied overhead rate
间接费用分摊份额 overhead burden share
间接费用价值分析 overhead value analysis
间接费用效率标准 overhead efficiency standard
间接费用效率差异 overhead efficiency variance
间接费用预算 budgetary overhead
间接费用预算差异 overhead budget variance
间接费用准备 reserve for overhead
间接分度法 indirect indexing
间接分光光度法 indirect spectrophotometric method
间接分裂 indirect division
间接分区 indirect division
间接分摊法 step-down method;step-ladder method
间接分析 indirect analysis;remote analysis
间接辐射 indirect radiation
间接负债 indirect liability
间接附带费用 indirect incidental expenses
间接复合 indirect recombination
间接赋值 indirect assignment
间接概率 indirect probability
间接干扰 indirect disturbance
间接高程测量 indirect high measurement;indirect level(l)ing
间接高空(气象)分析 indirect aerological analysis
间接格式项 remote format item
间接格式指明部分 remote format specification
间接工厂成本 indirect factory cost
间接工程费用 indirect construction cost;indirect expenses
间接工业排放者 indirect industrial discharge
间接工资 indirect wage
间接供暖 indirect heating
间接供暖系统 indirect heating system
间接供热系统 indirect heating system
间接供应资金 indirect financing
间接共享 indirect sharing
间接固位体 indirect retainer
间接观测 indirect measurement;indirect observation
间接观测平差 adjustment of indirect observations; adjustment of intermediate observations;adjustment of observation equations; adjustment of observed equations
间接管理费 administrative overhead;indirect overhead; management of indirect cost
间接光 indirect light
间接光度层析 indirect photometric chromatography
间接光度色谱法 indirect photometric chromatography
间接光反射 indirect light reflex
间接光化学氧化 indirect photo chemical oxidation
间接光学全息摄影 indirect optic(al) holography
间接光源 indirect luminaire
间接光照标志 indirectly lighted sign
间接国家税 indirect national tax
间接过程 roundabout process
间接合同 indirect contract
间接河口 < 河口与海湾相接的 > indirect(river)mouth
间接荷载 indirect load; transmitted load
间接荷重 indirect load
间接烘干机 indirect drier[dryer]
间接洪水损害 indirect flood damage
间接呼叫 indirect call
间接呼吸 indirect respiration
间接护岸(工程)indirect bank protection
间接环流 indirect cell
间接换装 indirect transshipment
间接回波 indirect echo
间接汇兑 indirect exchange
间接汇兑率 indirect rate
间接汇价 indirect quotation
间接活化 indirect activation
间接激励 indirect excitation
间接集水(面积)indirect catchment
间接挤压 indirect extrusion
间接加热 indirect heating
间接加热表面 indirect heating surface
间接加热的 indirect-fired
间接加热烘干机 indirect-fired drier [dryer]
间接加热回转煅烧窑 indirectly heated rotary calciner
间接加热炉 indirect-fired furnace
间接加热器 indirect heater
间接加热热敏电阻 indirectly heated thermistor
间接加网 indirect screening
间接建设成本 indirect construction cost
间接交流变流器 indirect AC convertor
间接交易 indirect business
间接浇铸 indirect casting; indirect pouring
间接脚光 indirect footlight
间接接触 indirect contact; mediate contact
间接接触冻结 indirect contact freezing
间接节能 indirect energy-saving
间接解法 indirect solution
间接解译 indirect interpretation
间接解译标志 indirect interpretation key
间接进路 indirect route
间接经济损失费 indirect economic loss
间接经验 indirect experience
间接静电处理 indirect electrostatic process
间接距离测量 indirect distance surveying
间接抗拉强度试验 indirect tensile strength test
间接空调系统 indirect air-conditioning system
间接控制 indirect control; off-line control
间接款目 indirect entry
间接拉力 indirect tension
间接拉力试验 Brazilian splitting test;indirect tensile test
间接拉伸劲度模量 indirect tensile stiffness modulus
间接拉伸蠕变试验 indirect tensile creep test
间接拉伸试验 indirect tensile test;indirect tension test
间接拉应力试验 Brazil split test
间接劳动 indirect labo(u)r
间接劳动效率差异 indirect labo(u)r efficiency variance
间接劳力 indirect labo(u)r
间接雷(击)indirect stroke
间接冷冻法 indirect freezing process
间接冷冻方式 indirect method of refrigeration
间接冷冻系统 indirect refrigerating system; indirect system of refrigeration
间接冷凝器 indirect condenser
间接冷却 indirect cooling;indirect refrigeration
间接冷却发电机 indirect cooling generator
间接冷却机 indirect cooler
间接冷却减温器 indirect cooled desuperheater

间接冷却器 indirect cooler
间接冷却式冰箱 indirect cooling refrigerator
间接冷却式蒸发器 indirect cooling evapo(u)rator
间接冷却水 indirect cooling water
间接离合器 indirect clutch
间接立体观察【测】 indirect stereoscopic vision
间接利益 indirect benefit
间接励磁 indirect excitation
间接连接 indirect connection
间接联动舵机 indirect connected steering gear
间接联想 mediate association
间接链接法 indirect chaining method
间接量测 indirect measurement
间接量度 indirect measurement
间接量热法 indirect calorimetry
间接列举法 implicit enumeration
间接流量测量 indirect discharge measurement
间接流量计 inferential flow meter
间接流通 indirect flow
间接路由 indirect route
间接买卖 indirect business
间接贸易 indirect trade; roundabout trade
间接瞄准 indirect laying
间接灭火 indirect fire suppression
间接命令文件 indirect command file
间接模板学说 indirect template theory
间接模拟 indirect analog
间接模/数转换器 indirect analog(ue)/digital converter
间接能见区 indirectly visible area
间接凝集反应 indirect agglutination reaction
间接凝集试验 indirect agglutination test
间接耦合 indirect coupling
间接耦合系统 indirectly coupled system
间接排水 indirect drainage
间接排水管 indirect drain pipe; indirect waste pipe
间接判定 indirect judgement
间接配电 indirect distribution of current
间接喷发 indirect eruption
间接拼接 indirect splice
间接平差 adjustment by parameters; indirect adjustment
间接破损 consequential damage
间接扑火 indirect fire suppression
间接潜水 indirect diving
间接氢冷 hydrogen outer cooling
间接驱动 indirect drive
间接驱动机械 indirect-drive machine
间接取暖 indirect heating
间接燃烧烘干机 indirect-fired drier [dryer]
间接燃烧系统 indirect-firing system
间接燃烧用具 indirect fire appliance
间接染料 adjective dye; indirect dye
间接染色法 indirect staining
间接扰动 indirect disturbance
间接热水箱 indirect cylinder
间接人工成本 indirect labo(u)r cost
间接融通 indirect finance
间接三元组 indirect triple
间接散光灯 indirect floodlight
间接散热器 indirect radiator
间接扫描 indirect scanning
间接闪光 bounce flash
间接烧成 indirect firing
间接射线 indirect ray
间接射线屏蔽 sky shine shield
间接摄影(术) indirect photography
间接生产 indirect production
间接生产成本 overhead cost
间接生产费差异 overhead variance
间接生产费分析 overhead analysis
间接生产人员 indirect working men
间接生产设备 service equipment
间接生物催化剂 indirect bio-catalysis
间接生效 indirect activation
间接声 indirect sound
间接声测法 indirect sounding
间接式爆炸成型 stand-off operation
间接式烤箱 externally heated oven; indirectly heated oven; indirect oven
间接式热交换器 indirect heat exchanger
间接式数字频率合成器 indirect digital frequency synthesizer
间接视 indirect vision; peripheral vision
间接视野 indirect field of vision
间接试验 cold test; off-line test(ing)
间接释放 indirect deactivation
间接收益 secondary benefit
间接受控变量 indirectly controlled variable
间接受热面 indirect heating surface
间接输出 indirect output; off-line output
间接输入 indirect input
间接数据地址 indirect data address
间接水锤 indirect water hammer
间接水汽循环 indirect vapo(u)r cycle
间接水再用 indirect water reuse
间接水准测量 indirect level(l)ing
间接税 hidden tax; impersonal tax; indirect contribution; indirect tax
间接四元组 indirect quadruple
间接搜索片 indirect search
间接损害 consequential damage; indirect damage; remote damage
间接损害赔偿 consequential damage compensation
间接的损坏 consequential damage
间接损失 consequential loss; indirect damage; indirect loss; remote loss
间接索引 indirect index
间接锁闭 indirect locking
间接碳弧焊 double carbon arc welding
间接碳弧钎焊 twin carbon arc brazing
间接套汇 indirect arbitrage; three-point arbitrage
间接调节 indirect control
间接调频 indirect frequency modulation
间接通信[讯]联络 indirect communication link; indirect liaison
间接同位素效应 indirect isotope effect
间接投资 indirect investment; portfolio investment
间接脱硫 indirect desulfurization
间接维修费用 indirect maintenance expenses
间接温度层压(法) indirect temperature lamination
间接文件 indirect file
间接污染源 indirect pollution source
间接污水 indirect waste
间接污水管 indirect waste pipe
间接吸范围 indirect attractive range
间接系统 indirect system
间接细分 indirect subdivision
间接下水管 indirect drain pipe
间接相关 indirect correlation
间接消耗 indirect consumption
间接消融 covered ablation
间接消失法 method of indirect elimination
间接效益 indirect benefit; off-site benefit
间接效应 indirect effect
间接效应校正 correction for indirect effect
间接效用 indirect utility
间接效用函数 indirect utility function
间接信号 indirect signal
间接行市 indirect quotation
间接性模型【交】 indirect model
间接需求 indirect demand
间接需求函数 individual demand function
间接选择 indirect selection
间接选址 indirect address(ing)
间接眩光 indirect glare
间接寻址 deferred addressing; indirect addressing
间接询问 indirect question
间接循环 indirect cycle
间接氧化 indirect oxidation
间接氧化反应 indirect oxidation reaction
间接氧化工艺 indirect oxidation process
间接业务 indirect activity
间接液面计 inferential liquid level meter
间接抑制剂 indirect inhibitor
间接因果关系 indirect causation
间接因素 indirect factor
间接应力 indirect stress
间接荧光分光光度法 indirect spectrophotofluorometry
间接营业费用 indirect operating expenses
间接影响 indirect effect; indirect influence; remote effect
间接影响因素 indirect acting factor
间接原子吸收法 indirect atomic absorption method
间接跃迁 indirect transition
间接载荷 indirect load
间接责任 indirect liability
间接占有 indirect possession
间接找矿标志 indirect prospecting indication
间接照明 bounced light; indirect illumination; indirect lighting; oblique lighting
间接照明标志 indirectly illuminated sign
间接照明器具 indirect lighting component
间接照明式顶棚 louver all ceiling
间接蒸气循环 indirect vapo(u)r cycle
间接蒸汽 closed steam
间接蒸煮法 indirect cooking process
间接证据 circumstantial evidence; collateral evidence
间接证明 indirect proof
间接支承 false bearing
间接支出 indirect expenditures
间接支模 suspended shuttering
间接执行 indirect execution
间接直流变流器 indirect direct current convertor
间接指标 indirect indicator
间接指示器 indirect pointer
间接指示字 indirect pointer
间接指针 indirect pointer
间接制冷 indirect refrigeration
间接制冷系统 indirect system of refrigeration
间接制造成本 indirect manufacturing cost; manufacturing overhead expense
间接制造成本差异 overhead variance
间接制造费用率 manufacturing overhead rate
间接制造费用预算 manufacturing overhead budget
间接致癌物 indirect acting carcinogen
间接致突变物 indirect acting mutagen
间接中心顺从性 remote center[centre] compliance
间接重要性 indirect importance
间接周期 indirect cycle
间接属性 proxy attribute
间接转变 indirect transformation
间接转让 collateral assignment
间接转移 indirect branch
间接状态 indirect mode
间接(资料等)出处评述 indirect source review
间接组分运动 indirect componential movement
间接作用 indirect action; indirect effect
间接作用式继电器 indirect actuating relay
间接作用碳弧焊 Zerener process; Zerener welding
间接作用调节器 pilot-actuated regulator; relay-operated controller
间期 interphase; interval
间期核 interphase nucleus
间期死亡 interphase death
间隙 back lash; back play; clearance; event; free distance; free play; gap clearance; gap(ping); interspace; interstice; interstitial space; play of movement; ply; positive allowance; space length; yawn; bottom clearance <齿根与齿顶>; free travel <履带式车辆>
间隙保持器 space retainer
间隙编码 gap coding
间隙冰 interstitial ice
间隙补偿 backlash compensation
间隙补偿齿轮 rocker compensating gear
间隙操作 intermittent operation; interstitial going; interstitial operation; interstitial running; interstitial working
间隙长度 gap length
间隙窗 gap window
间隙窗铰链 cleaning hinge
间隙脆化敏感材料 interstitial embrittlement-sensitive material
间隙大小 gap length
间隙导纳 gap admittance
间隙地带 interstitial site
间隙垫 spacer washer; spacing washer
间隙对准 gap alignment
间隙放电 intermittent discharge
间隙非线性 backlash nonlinearity
间隙分级的 gap-graded
间隙符 gap character
间隙干燥 intermittent drying; rhythmic(al) drying
间隙高度 clearance height
间隙公差 clearance tolerance; tolerance clearance
间隙固位体 space retainer
间隙规 clearance ga(u)ge; gap ga(u)ge; searcher
间隙化合物 interstitial compound
间隙环 spacer ring
间隙级配混凝土 gap-graded concrete
间隙检查 clearance inspection
间隙检验 gap test
间隙交变峰(值电)压 peak alternating gap voltage
间隙角 clearance angle
间隙距离 clearance distance
间隙空化 clearance cavitation; gap cavitation
间隙孔 mesopore
间隙控制 gap control
间隙块 spacer block

J

间隙宽度 gap width
间隙拉片 pulldown
间隙离散 gap scatter
间隙流 spasmodic current
间隙流体 interstitial fluid
间隙漏水 clearance leakage
间隙漏泄 clearance leakage
间隙膜 interstitial membrane
间隙磨削 clearance grinding
间隙配合 clearance fit;loose fit;running fit;working fit
间隙气蚀 clearance cavitation
间隙气体 interstitial gas
间隙圈 spacer ring
间隙溶液 pore solution
间隙(渗)流 interstitial flow
间隙时间 <接触焊的> chill time
间隙时间缩减 <减小绿灯的许可间隙时间> gap reduction
间隙式顶喷嘴 intermittent overhead spray nozzle
间隙式混砂机 batch-type muller
间隙式密封 slit seal
间隙式下钻 staging the pipe
间隙水 interstitial water;pore water
间隙损耗 clearance loss;gap loss
间隙损失 gap loss;interface loss;interspace loss;separation loss
间隙调节 <磁头、火花塞的> adjustment of gaps
间隙调整 clearance adjustment;gap adjustment
间隙调整框 slack adjuster frame
间隙调整器 backlash adjuster;clearance adjuster;slack adjuster
间隙调整器体 adjuster body
间隙投递减差 transitionary decrement of clearance
间隙位 gap digit
间隙位形 interstitial configuration
间隙位置 interstitial site
间隙系数 gap coefficient;gap factor
间隙相 interstitial phase
间隙消除器 backlash eliminator
间隙消除装置 gap eliminator
间隙泄漏 clearance leakage
间隙泄漏损失 <液压元件> clearance slippage
间隙修正 gap correction
间隙压力 clearance pressure
间隙延迟 aperture delay
间隙游动 free motion
间隙运动 geneva motion;geneva movement
间隙运行系统 fill and draw system
间隙值 gap width
间隙砖 filler brick;making-up brick
间隙砖层 tuck wall
间线 Z line
间硝基苯胺 meta-nitroaniline
间小梁 intertralecula
间歇 break;dwell;interdigital pause;interim;intermission;interval;off-and-on;standstill
间歇泵送 hesitation pumping
间歇变速传动 interrupted drive transmission
间歇冰川 surging glacier
间歇采暖 intermittent heating
间歇采暖附加率 additional factor for intermittent heating
间歇采样 intermittent sampling
间歇操作 batch-(like) process;batch operation;discontinuous going;discontinuous operation;intermittent operation
间歇操作法 batch method of operation;batch process;intermittent handling
间歇操作立窑 bottle kiln
间歇操作磨 batch(pebble) mill
间歇潮流 intermittent tidal stream
间歇沉淀 periodic(al) precipitation;intermittent sedimentation
间歇沉淀环 Liesegan ring
间歇沉积作用 intermittent sedimentation;rhythmic(al) deposition
间歇沉降通量 batch settling flux
间歇沉降作用 intermittent sedimentation
间歇称重 intermittent weighing
间歇冲洗 intermittent flush
间歇冲洗阀 batch-flush valve
间歇处理 batch hauling;batch treatment;intermittent treatment
间歇处理池 fill and draw tank
间歇传送 indexing transfer
间歇淬火 martemper(ing)
间歇萃取 batch extraction
间歇的 discontinuous;geneva;interbedded;intermittent;intervallic;periodic
间歇的期刊 periodic
间歇点火 intermittent ignition
间歇点火器 intermittent pilot
间歇电流 intermittent current;make and brake current
间歇电路 blocking circuit
间歇电震 chattering
间歇吊斗式升降机 intermittent bucket type elevator
间歇动力学试验 batch kinetic experiment;batch kinetic test
间歇动作的牵引车 tractor of intermittent motion
间歇冻结 intermittent freezing
间歇洞穴河流 intermittent cave river
间歇抖和(法) intermittent mixing
间歇多谐振荡器 start-stop multivibrator
间歇法 batch operation;batch process
间歇反应 intermittent reaction;rhythmic(al) reaction
间歇放电 intermittent discharge
间歇分馏 intermittent fractionation
间歇浮选 batch flo(a)tation
间歇负荷 intermittent duty;intermittent load(ing)
间歇负载 intermittent duty;intermittent load(ing)
间歇负载试验 intermittent loading test
间歇干燥 intermittent drying
间歇干燥器 intermittent dryer[drier]
间歇工作 intermittent service;intermittent working
间歇工作的挖掘机 intermittent working excavator
间歇工作的挖土机 intermittent working excavator
间歇工作轮 geneva wheel
间歇工作盘装置 geneva movement
间歇工作设备 intermittent working equipment
间歇工作制 intermittent duty
间歇工作状态 intermittent duty
间歇供冷 intermittent cooling
间歇供料的叶片拌和机 batch-fed pugmill
间歇供暖 intermittent heating
间歇供油 interrupted oil supply
间歇鼓风 intermittent air blast
间歇故障 intermittent fault
间歇灌溉 intermittent irrigation
间歇灌水 intermittent flooding
间歇光 intermittent light
间歇滚筒 stop-cylinder machine
间歇滚压法 intermittent rolling process
间歇过程 batch process
间歇过流 inter downward filtration
间歇过滤层 intermittent filter
间歇过滤(法) batch filtration;intermittent filtration
间歇过滤器 intermittent filter
间歇过滤作用 batch filtration;intermittent filtration
间歇河 naibourne;revier;burn(a);burnene;winderbourne;lavant <灰岩区的>
间歇河床 blind creek
间歇河流 bourn(e);gypsey;intermittent river;intermittent stream;seasonal stream;temporary river;temporary stream;winter bourne;intermittent streamflow
间歇荷载 discontinuous load;interrupted load(ing)
间歇湖 intermittent lake
间歇缓变 breathing
间歇混合 batch mixing
间歇混合器 batch mixer
间歇火山 periodic(al) volcano
间歇机构 beater movement;indexing mechanism;intermittent
间歇积分 intermittent integration
间歇挤水泥 hesitation squeeze
间歇计数器 break counter
间歇记录器 intermittent recorder
间歇加氯 intermittent chlorination
间歇加热 intermittent heating
间歇搅拌(法) intermittent mixing
间歇搅动 intermittent agitation
间歇接触床 intermittent contact bed
间歇接触器 blocking contactor
间歇接地 flicker ground;intermittent earth
间歇结晶 periodic(al) crystallization
间歇进给 creep feed;indexing feed
间歇进料 batch feed;charging by batch
间歇进料焚化炉 batch-fed incinerator
间歇举气 intermittent gas-lift
间歇开关 pause switch
间歇空化 intermittent cavitation
间歇控制 intermittent control
间歇控制系统 intermittent control system
间歇拉片 pulldown
间歇累计 intermittent integration
间歇离子交换 batch ion exchange
间歇联用技术 discontinuous simultaneous technique
间歇流 periodic(al) current
间歇流沉淀池 intermittent flow sedimentation tank
间歇滤波器 blocking filter
间歇滤砂池 intermittent sand filter
间歇氯化 intermittent chlorination
间歇氯化消毒 intermittent chlorination
间歇灭菌(法) discontinuous sterilization;fractional sterilization;intermittent sterilization
间歇泥喷泉 mud geyser
间歇凝固 intermittent freezing
间歇浓缩机 intermittent thickener
间歇排水井 interrupting drainage well
间歇排水延时式曝气法 intermittent drainage extended aeration system
间歇泡沫离子浮选法 batch foam ion flo(a)tation technique
间歇培养基 batch culture medium
间歇喷发 intermittent eruption
间歇喷井 gusher
间歇喷泉 gusher;intermittent spring;flowing geyser <非周期性的>
间歇喷泉区 geyser basin
间歇频率 chopper frequency
间歇平稳高斯过程 intermittent stationary Gaussian process
间歇曝气 batch aeration;intermittent aeration
间歇曝气池 intermittent aeration tank
间歇曝气膜生物反应器 intermittently aerated membrane bioreactor
间歇曝气生物滤池 intermittently aerated biofilter
间歇期 intermittent period;holiday <涂料或油漆的>
间歇期间 off period
间歇气举 intermittent gas-lift
间歇气升 intermittent gas-lift
间歇强化 intermittence reinforcement
间歇切断 intermittent disconnection
间歇切削 intermittent cut;interrupted cut
间歇倾注延时曝气 intermittently decanted extended aeration
间歇驱动电机 stop motion motor
间歇取样 intermittent sampling
间歇泉 alternate spring;flowing geyser;geyser;instantaneous geyser;periodic(al) spring;boulidou <喀斯特区的>
间歇泉地带 geyser basin
间歇泉分类 classify of geyser
间歇泉喉管 geyser tube
间歇泉华岩 geyserite;sinter eggs
间歇泉活动 geyser action
间歇泉井 geysering well
间歇泉喷出坑 geyser crater
间歇泉喷口 geyser vent
间歇泉水 geyser water
间歇泉水室 geyser reservoir
间歇泉水柱 geyser column
间歇泉塘 geyser pool
间歇泉系统 geyser system
间歇燃烧 intermittent burning;intermittent firing
间歇热灭菌法 fractional moist heat sterilization
间歇溶解 batch dissolution
间歇溶解器 batch dissolver
间歇润滑 intermittent lubrication
间歇扫描 intermittent scanning;start-stop scanning
间歇砂滤池 intermittent sand filter
间歇砂滤床 intermittent sand filter
间歇砂滤器 intermittent sand filter
间歇砂滤作用 intermittent sand filtration
间歇烧结 batch sintering
间歇射束 chopped beam
间歇升华干燥 batch freeze-drying;discontinuous freeze drying
间歇生产 batch production;discontinuous production;interrupted production
间歇失效 intermittent failure
间歇时间 outage time;quench time
间歇式 batch-type;intermittence type
间歇式拌和机 batch blender;batch mixer;intermittent mixer
间歇式标志 intermittent beacon;intermittent light
间歇式拨火板 batch agitator
间歇式测量仪表 intermittent type meter
间歇式超微细离心粉碎机 discontinuous microelement grinder
间歇式沉淀池 absolute rest precipitation tank;fill and draw tank
间歇式沉降 batch precipitation
间歇式处理系统 fill and draw system
间歇式灯塔 intermittent beacon
间歇式冻结器 batch-type freezer
间歇式发酵池 batch fermenter
间歇式反应器 batch reactor

J

间歇式粉碎机 batch mill
间歇式干燥器 batch drier[dryer]
间歇式供暖 discontinuous heating
间歇式灌溉 surge flow irrigation
间歇式灌溉控制器 surge irrigation controller
间歇式过滤 batch filtration; discontinuous filtration
间歇式过滤机 batch filter
间歇式过滤器 batch filter; discontinuous filter
间歇式烘炉 batch-type drying oven
间歇式灰浆搅拌机 batch mortar mixer
间歇式混凝土搅拌厂 batch concrete plant
间歇式混凝土搅拌站 concrete batching plant
间歇式混砂机 batch mill; batch sand mixer
间歇式活性污泥法 sequencing batch activated sludge process
间歇式活性污泥反应池 sequencing batch activated sludge reactor
间歇式活性污泥反应器 sequencing batch activated sludge reactor
间歇式计量设备 batcher weigher
间歇式记录 interval record
间歇式加热炉 batch-type furnace; batch-type heater; batch-type kiln
间歇式加水 batch water
间歇式交通量观测站 intermittent traffic count station
间歇式搅拌机 batch agitator; batch-type mixer; intermittent working mixer
间歇式搅拌库 batch blending silo; intermittent type blending silo
间歇式搅拌器 batch agitator
间歇式接触滤池 fill and draw contact bed
间歇式净化 batch purification
间歇式均化 batch homogenization
间歇式开凿机 intermittent excavator
间歇式垃圾焚化炉 batch-type dust destructor
间歇式垃圾焚烧炉 incinerator of batch operation
间歇式离心机 batch centrifuge
间歇式沥青拌和厂 batch asphalt plant
间歇式沥青拌和设备 batch asphalt plant
间歇式沥青混合料搅拌设备 batch asphalt mixing plant; batching asphalt plant
间歇式沥青混凝土拌和设备 batch asphalt plant
间歇式沥青混凝土搅拌机 asphalt batch mixer
间歇式沥青混凝土搅拌设备 asphalt batch mixer
间歇式沥青制备设备 batching asphalt plant
间歇式炉 periodic(al) furnace
间歇式滤池 batch filter; intermittent filter
间歇式磨(碎)机 batch-type mill
间歇式耐磨试验仪 abrasion pulsator
间歇式逆流清洗 batch-type counter current rinsing; intermittent countercurrent rinsing; intermittent type counter current rinsing
间歇式排水道 intermittent drainage way
间歇式配料搅拌车间 intermittent weigh-batch(mixing) plant
间歇式配料搅拌设备 intermittent weigh-batch(mixing) plant
间歇式喷泉 geyser
间歇式喷雾器 sprayer-intermittent
间歇式气力输送机 pneumatic batch conveyer[conveyor]
间歇式球磨机 batch ball mill
间歇式缺陷 interstitial defect
间歇式燃烧系统 batch firing system
间歇式生产 batch production
间歇式生料均化库 batch-type raw mix homogenization silo
间歇式生物滤池 intermittent biological filter
间歇式生物砂滤池 intermittent biological sand filter
间歇式受灼试验 intermittent-flame-exposure test
间歇式水泥混凝土搅拌厂 sequencing concrete batching plant
间歇式水泥混凝土搅拌站 sequencing concrete batching plant
间歇式送料机构 geneva movement
间歇式隧道干燥器 intermittent tunnel drier[dryer]
间歇式太阳能吸收制冷机 intermittent solar absorption refrigerator
间歇式淘洗 fill and draw elutriation
间歇式提降机 intermittent bucket type elevator
间歇式退火窑 intermittent lehr; periodic(al) annealing lehr
间歇式脱矿质 batch demineralization
间歇式挖泥机 intermittent dredge(r)
间歇式挖土机 intermittent excavator
间歇式污泥浓缩池 batch sludge thickener
间歇式系统 batch system; intermittent system
间歇式信号灯 intermittent beacon; intermittent light
间歇式循环 batch cycle
间歇式压滤机 batch filer press; intermittent pressure filter
间歇式养护 intermittent curing
间歇式窑 batch kiln
间歇式移道机 intermittent type track shifting
间歇式真空过滤机 batch cycle vacuum filter; batch-type vacuum filter
间歇式振荡 squegging
间歇式重力污泥浓缩池 batch gravity sludge thickener
间歇式自动闭塞 intermittent automatic block
间歇寿命 intermittent life
间歇双辊压延法 discontinuous double-roll process
间歇水道 intermittent streamflow
间歇水流 intermittent streamflow
间歇水质监测 batching water quality monitoring
间歇缩流 graded contraction
间歇调节器 batch controller; intermitter
间歇通视 intermittent visibility
间歇投料 batch feed; intermittent feed(ing)
间歇挖泥机 intermittent dredge(r)
间歇位置 interstitial site
间歇喂料 batch feed; intermittent feed(ing)
间歇温度 blocking temperature
间歇温泉 geyser; intermittent geyser
间歇污染 intermittent pollution
间歇吸收式制冷机 intermittent absorption refrigerating machine
间歇溪流 intermittent stream
间歇系统 batching system
间歇下流式过滤池 intermittent downward infiltration
间歇现象 intermittence[intermittency]
间歇相 interstitial phase
间歇向下过滤 intermittent downward filtration
间歇消毒 intermittent sterilization
间歇效应 intermittency effect; intermittent effect
间歇性 intermittence[intermittency]; periodicity
间歇性暴雨 intermittent storm
间歇性超负荷 intermittent overload
间歇性充气 interval aeration
间歇性抽吸 pump by heads
间歇性出露 estavel
间歇性错误 intermittent error
间歇性的 spasmodic
间歇性放牧 intermittent grazing
间歇性分级试验 intermittent step test
间歇性干河床 omuramba[复 omirimbi]
间歇性工作 periodic(al) operating
间歇性故障 intermittent defect
间歇性焊接 intermittent weld
间歇性河道 ephemeral channel
间歇性河河口湖 estuarine lake of intermittent stream
间歇性河流 ephemeral stream; intermittent interrupted river; intermittent interrupted stream
间歇性荷载 intermittent load(ing)
间歇性接地故障 intermittent grounding fault
间歇性流动 intermittent flow
间歇性排水湖 intermittent drainage lake
间歇性蠕变 intermittent creep
间歇性晒田 intermittent drying
间歇性上升区 intermittent uplifting region
间歇性上升运动 intermittent upwarping movement
间歇性渗漏 intermittent leakage
间歇性水流 ephemeral flow; intermittent flow
间歇性挖土机 intermittent excavator
间歇性溪流 blind creek
间歇性下降区 intermittent depressing region
间歇性下降运动 intermittent subsiding movement
间歇性小河 blind creek
间歇性涌水孔 intermitter
间歇性自喷 intermittent flow
间歇性作业 periodic(al) operating
间歇循环 batch cycle
间歇循环式干燥机 repeated batch drier[dryer]
间歇循环延时式曝气法 intermittent cyclic extended aeration system
间歇压延法 intermittent rolling process; Bicheroux process < 平板玻璃的 >
间歇研磨 intermittent grinding
间歇窑 intermittent kiln; periodic(al) kiln
间歇摇动 intermittent shaking
间歇要求使用非已有的权利 discontinuous easement
间歇异重流 spasmodic density current; spasmodic turbidity current
间歇溢流 intermittent flooding
间歇应用 intermittent application
间歇涌水井 intermittent spring
间歇雨 intermittent rain
间歇运动 intermittent motion; spasmodic motion
间歇运动设备 intermittent movement equipment
间歇运输 discontinuous transport
间歇运行 intermittent operation; intermittent run(ning)
间歇运转 discontinuous running; intermittent operation
间歇运转池 fill and draw tank
间歇运作活性污泥处理设备 intermittently operated activated sludge plant
间歇载荷 intermittent load(ing)
间歇再生 super-regeneration
间歇照射 intermittent irradiation
间歇振荡 intermittent oscillation; interrupted oscillation; popping
间歇振荡器 blocking oscillator; squegger; squitter; start-stop oscillator
间歇振铃 intermittent ringing
间歇蒸馏 intermittent distillation
间歇正压换气 intermittent positive pressure ventilation
间歇中断河 intermittent interrupted stream
间歇重执 pause retry
间歇周期 intermittent period; resting period
间歇周期泉 intermittent periodic(al) spring
间歇注入 intermittent injection
间歇浊流 spasmodic turbidity current
间歇自动的 interval-automatic
间歇自流 flowing by head
间歇自流井 surging well
间歇自喷 by-heads
间歇自喷井 belching well
间歇作业 batch operation
间歇作业池窑 day tank
间歇(作业)混合器 batch blender
间歇作业窑 intermittent kiln; periodic(al) tank furnace
间歇作用的货物装卸机械 intermittent freight-handling machinery
间歇作用的伺服机构 definition correction servomechanism
间歇作用发生器 chopping oscillator; shopping oscillator
间歇作用阀 surge valve
间歇作用伺服机构 intermittent servo mechanism
间作 alternate planting; intercrop(ping); interplant; intertillage
间作作物 companion crop; intercrop; intertilled crop

建安工程价格 build and erection price

建安工程造价 build and erection cost
建安窑 Jianan kiln
建坝承包合同 dam-building contract
建白窑 Jian white kiln
建材 building materials; construction material
建材标准 structural material standard
建材储量 reserve of construction material
建材处理 building material processing
建材调查 investigation of building material
建材工业 building material industry; structural materials industry
建材公司 builder merchant
建材加工 building material processing
建材试验机 structural materials testing machine
建材制造商 structural material manufacturer
建策物外角 cant
建厂厂址的决定 factory site decision
建厂规模 building plant scale
建厂区的不变资本 fixed cost of location
建成 building-up

建成的 as built;built-up
建成的(道路)系统 established system
建成的地面 finished grade
建成的排水系统 built drainage system
建成的市区 built-up area
建成后地面高程 made-up ground level
建(成)后审计 <项目的> post audit
建成环境 built environment
建成建筑物 finished building
建成街区 built-up area
建成结构 built structure
建成区 built-up area;built-up district
建成区面积 built area
建成区无规划扩大 sprawl
建成群落 established coenosium
建成时(测得的)弯沉 as-constructed deflection
建成时的密实度 as-constructed density
建成特性 built-up character
建成(投产)项目 completed item
建成投入生产项目 completed item
建成性质 built-up character
建错 misconstruction
建地围墙 area wall
建点 signal erection
建房贷款 housing loan
建房法规 housing code
建房工厂化 factory-built building
建房工人 house wright
建房互助协会 Building Society
建房批准书 housing permit
建房铁工 housesmith
建峰放大器 peaked amplifier
建峰线圈 peaking coil
建峰效果 peaking effect
建拱木模架 wooden centering[centring]
建基础 <一般指沉箱已沉到坚硬面> founded
建基准点 signal erection
建井 shaft building;well development
建井包工 shaft contractor
建井测量 shaft building survey
建井申请法 law of well building application
建井周期 drilling period
建矿条件调查 condition of build mine surveying
建矿用地 allotment
建立 building-up; establishing; establishment;set(ting) up
建立标点 signal erection
建立草地 grassland establishment
建立测站水位-流量关系【测】 rating a ga(u)ge station
建立程序 creation facility program(me);set-up procedure
建立管理机构 build-up of administration
建立建筑系统 system with ring-type build-up
建立界牌 boundary settlement
建立理论 theorize
建立立体模型 stereomodelling
建立模型 model formation
建立模型的方法 model(l)ing approach
建立排水工程系统模型 model(l)ing of sewerage system
建立日期 creation date
建立时间 build-up time;characteristic time;rise time;setting time;set-up time;time of rise;time of setting up
建立同步交换 handshaking
建立图段 creating segment
建立稳定时间 settling time
建立信任措施 confidence building measures
建立学说 theorize
建立业务关系 to establish business relation
建立意识 awareness building
建立应力 set up stress
建立营地 en-camp
建立(造成)压力 build-up of pressure
建立者 builder-upper;erector
建立专家系统 building expert system
建立资料档案 file creation
建模 model building
建模变换 model(l)ing transformation
建模方法 model(l)ing approach
建模阶段 model(l)ing phase
建模型系数 model coefficient
建目录【计】 make directory(rod)
建起曲线 building-up curve
建桥工程师 bridge building engineer
建桥人 bridge constructor
建桥实践 bridge building practice
建勤代表工 civilian representative labour duty
建沙丘 dune construction
建设 building;construct;construction
建设部 Building Department;Ministry of Construction
建设场地成本 site cost
建设场地分析 site analysis
建设场地改善费用 site-improvement cost
建设场地规划 site planning
建设场地开发 site development
建设成本的审计 construction cost audit
建设程序 construction program(me)
建设-出租 build-to-suit
建设-出租-移交(合同) build-rent-transfer
建设贷款 construction loan
建设贷款的部分提取 construction loan draw
建设贷款利息 building loan interest
建设单位 client;development organization; organization of construction; proprietor; unit undertaking project
建设单位管理费 construction organization overhead
建设道路征地权 right-of-way
建设抵押债券 improvement mortgage bond
建设地点 building plot
建设地点的决定 siting determination
建设方案 development scheme
建设方案可行性的审计 audit of construction plan feasibility
建设费(用) construction cost;cost of establishment;cost of construction;cost of erection;project cost
建设费用合规性审计 construction expense legality audit
建设工程 construction project; construction works
建设工程成本 project construction owning cost
建设工程承包合同 building contract;construction project contract;engineering contract
建设工程价格 project construction price
建设工程勘察设计合同 project surveying, design contract
建设工程缺陷清单 punch list
建设工程施工合同 project construction contract
建设工程预付款 deposit(e) paid on construction works
建设工程造价 construction cost engineering
建设工程招标 construction project bidding
建设工地 construction site
建设工期 construction period
建设公债 construction bond;fund
建设管理 implementation management
建设规划 construction program(me)[programming]; development plan(ning); development program(me)
建设规模 construction scale;project scope;scale of construction
建设计划 construction plan;construction program(me); construction project
建设计划立法 construction planning legislation
建设监督 construction supervision
建设监理人员 construction superintendent
建设阶段 construction phase; construction stage;phase of construction
建设金融 construction banking
建设进度 construction scheduling;implementation scheduling
建设进度计划 construction program(me);building program(me)
建设局 Building Department
建设矿区 being build ore area
建设类别 classification of mine planning
建设立法 constructive legislation
建设目的 construction goal;construction purpose
建设期 period of construction
建设期贷款利息 load interest in constructional period
建设期投资总额 gross investment in constructional period
建设区 region of construction
建设全过程造价管理 cost management throughout the construction process
建设缺陷清单 punch list
建设生产实验区 constructional testing production area
建设速度 speed of construction
建设速度的审计 audit of rate of construction
建设通知 constructive notice
建设投资 construction investment;initial investment;capital cost
建设现场资料 site information
建设项目 construction item;construction project
建设项目拨款 project funding
建设项目财务评价 project financial appraisal
建设项目财务效益审计 audit of financial efficiency of construction project
建设项目场地地形图 site map for project
建设项目的设计洪水位 project design flood stage
建设项目的总收入 gross project income
建设项目的最高贷款额 prototype cost limits
建设项目抵押贷款 project mortgage
建设项目地界线 project boundaries
建设项目管理 project management
建设项目规模 scope of construction project
建设项目国民经济评价 project national economy appraisal
建设项目国民经济效益审计 audit of national economy efficiency of construction project
建设项目环境保护管理办法 Regulation on Administration for Environmental Protection of Construction Projects
建设项目环境保护设计规定 Regulation on Engineering Design for Environmental Protection of Construction Projects
建设项目计划任务书 instruction for planning construction project
建设项目经济评价 project economic appraisal
建设项目净造价 net project cost
建设项目竣工决算 last account of project
建设项目可行性研究的审计 audit of feasibility research of construction project
建设项目评价 appraisal of construction project
建设项目起点 construction start
建设项目社会评价 project social assessment
建设项目设计寿命 design life of project
建设项目审计 audit of construction project
建设项目施工临时协议书 interim agreement for a project
建设项目施工图预算的审计 audit of working drawing budget of construction project
建设项目实施 project implementation
建设项目手册 project manual
建设项目所在地 area allotted for the construction;project site
建设项目投产率 rate of completion of on-line construction projects
建设项目投资预算 project budget
建设项目微观投资效益的审计 audit of microcosmic investment efficiency of construction project
建设项目业主 project owner
建设项目用地界线 project boundaries
建设项目中的动产和不动产 physical plant
建设项目资金来源审计 audit capital sources of construction project
建设项目资料 project information
建设项目总成本 gross project cost
建设项目总承包 turnkey contracting
建设项目总费用 project cost
建设项目总概算 overall budgetary estimate of construction project
建设项目总投资 gross investment of construction project
建设项目总投资审计 audit of total investment of construction project
建设信贷 credit construction
建设型边缘 constructive margin
建设型盆地 constructive basin
建设型三角洲 constructive delta
建设性板块边缘 constructive boundary
建设性的 constructive
建设性建议 constructive comment;constructive suggestion
建设性三角洲 constructive delta
建设性收回(房产) constructive eviction
建设性退租(房产) constructive eviction
建设性意见 constructive comment;constructive suggestion
建设许可证 building permit
建设-业主-经营-转让 build-owner-operate-transfer
建设-移交-运营(合同) build-transfer-operate
建设银行 Construction Bank
建设-拥有-出售(合同) build-own-sell
建设-拥有-移交(或转让) build, own, and transfer

建设-拥有-运营-补贴-移交(合同) build-own-operate-subsidize-transfer

建设-拥有-运营(合同) build-own-operate

建设-拥有-运营-维护(合同) build-own-operate-maintain

建设-拥有-运营-移交(合同) build-own-operate-transfer

建设用地 building land

建设用地规划许可证 land-use permit

建设用地计划管理暂行办法 Temporary Statute of Plan Administrating Land-use for Construction

建设用地密度 building density

建设-运营-出售(合同) build-operate-sell

建设、运营、维修、移交 building, operation, maintenance and transfer

建设-运营-移交(合同) build-operate-transfer

建设-运营-转让(合同) build-operate-transfer

建设展览 construction show

建设者 builder;constructer[constructor];developer

建设政策 construction policy

建设中的铁路 railway under construction

建设周期 building time;construction cycle;construction period;cycle of construction

建设住屋合作社 housing cooperative

建设准备 construction preparation

建设资金 construction fund;funds of construction;gross investment

建设资金提供单位 project funder

建设资金提供者 project funder

建塔工人 tower-builder

建塔者 tower-builder

建屋过多 overbuild

建序效应 ordering effect

建窑 <中国古名窑> Chien kiln

建议 advice;overture;proposal;propose;proposition;propound;recommendation;suggestion

建议采用的流程 proposed flowchart

建议草案 draft proposal

建议的暴露限值 recommended exposure limit

建议的典型通行能力 <一般可能达到的最高流量水平> suggested typical capacity

建议方案 proposed program(me);proposed project

建议规划 advocacy planning

建议航道 recommended route

建议航路 recommended track

建议极限 recommended limit

建议计划 advocacy planning;proposed program(me)

建议计划书 project proposal(report)

建议阶段 proposal stage

建议坡度 proposed grade

建议容许沉降量 recommended allowable settlement

建议设计流量 suggested design flow

建议试验方法 proposed test method

建议书草案 draft proposal

建议书草稿 draft proposal

建议通用名称 proposed common name;suggested common name

建议无害响应水平 suggested no adverse response level

建议性裁决 recommendatory award

建议性规范 suggested specification

建议者 <美> proponent

建议之通航流向 recommended direction of traffic flow

建议制 suggestion system

建议最大浓度 recommended maximum concentration

建议最大污染水平 proposed maximum contaminant level;recommended maximum contaminant level

建议最大污染物含量 recommended maximum impurity content

建营移交制 <土地甲方所有,由乙方投资建设并经营若干年收回本利后,移交归还给甲方> build-operate-transfer system

建有古式柱子的公理会清真寺 congregational mosque with antique columns

建于垫砂层上 found on a layer of tipped sand

建余比【建】 percentage of surplus suites

建在地面以上或树上的房子 tree house

建在河道中的梯级 built-in steps

建在农业地区的城镇 agrotown

建造 building and repair;building(-up);construct;erection;fabricate;formation;put up

建造、补贴、运营、移交 built, subsidize, operate and transfer

建造材料商人 builder merchant

建造厂 builder

建造成本 building cost;construction cost

建造成本的详细估算 detailed estimate of construction cost

建造成本估价 construction estimate

建造城堡 castellate

建造承包商 construction contractor

建造船只 building slipway

建造单位承诺 builder commitment

建造淡水屏障 building fresh water barrier

建造地质学 formational geology

建造方法 method of construction

建造房屋构架(工作) fabric work

建造废料 builder rubbish

建造费(用) construction cost;cost of construction;expenditure of construction;fabricating cost;first cost;expenditure on construction;fabrication cost

建造风险 builder's risk;construction risk

建造钢的装配 fabrication of structural steel

建造高地 constructive height

建造高度 construction(al) height;constructive depth;constructive height

建造工程 construction works;construction engineering

建造工程记录图 record drawing

建造工程学 construction engineering

建造过多 outbuild

建造过多的 overbuilt

建造涵洞 culverting

建造号【船】 build number

建造和贷款协议(书) building and loan agreement

建造护坡道 banquette construction;bench construction

建造及拆迁工程的废料 construction and demolition wastes

建造计划 erection scheme

建造间层状贯人体 interformational sheet intrusion

建造监理 building control

建造阶段 construction phase;construction stage

建造晶格 lattice-building

建造亏损补贴 construction differential subsidies

建造垃圾 builder rubbish

建造量 construction put-in-place

建造毛板 builder rough plank

建造内的 intraformational

建造能力 constructability

建造年份 year of construction

建造期的税项 taxes during construction

建造起来 going up

建造桥 bridge building

建造穹隆 vaulting

建造人 builder

建造日期 date of built

建造商及承包商联合会 Associated Builders and Contractors

建造商证明 builder identification

建造设施比率 improvement ratio

建造深度 constructive depth;depth of construction

建造时间 construction time

建造事故 construction accident

建造术气象学 constructional meteorology

建造术物理学 constructional meteorology

建造五金器具 builder iron supplier

建造物 fabrication

建造形式 type of fabrication

建造许可证 permit building

建造许可证拒发 refusal of building licence[license]

建造业 construction sector

建造一所车间的估价单 quotation for building a workshop

建造因素【地】 formation factor

建造、营运及移交的工程 build-operate-transfer project

建造、营运及移交的协议 build-operate-transfer arrangement

建造与保养良好的 snug

建造与修理 construction and repair

建造、运营、移交 built, operate and transfer

建造账目 construction account

建造者 builder;building contractor;constructor

建造者承担的义务 builder commitment

建造证书 builder's certificate

建造指导 instruction for erection work

建造中的 abuilding

建造中的建筑物 growing building

建造中申请人 applicant proposing to build

建造周期 construction cycle;fabricating cycle

建造装配重量 weight for erection

建宅互助金 building and loan association

建站时间 constructed time of station

建制维修人员 organization maintenance personnel

建筑 architecture;build(ing);construct;construction;engineer;fine arts;making;edification <旧称>

建筑安全标准 safety standards for buildings

建筑安全玻璃 architectural shatterproof glass

建筑安全技术 safety techniques for construction

建筑安装材料消耗定额 consumption norm of materials in building and installation;quota of materials in building and installation

建筑安装方法 building erection system

建筑安装工程 construction(-and)-installation works

建筑安装工程拨款 allotment for building and outfitting

建筑安装工程费 construction-installation costs

建筑安装工程量 construction work quantity

建筑安装工程投标 submit a tender for building and outfitting project

建筑安装工程投资 construction and installation investment

建筑安装工程造价 price of construction and installation

建筑安装工程招标 inviting tenders for building and outfitting project

建筑安装工作量 construction work value

建筑安装企业 construction and erection enterprise;construction and installation enterprise;construction enterprise

建筑安装企业管理 management of construction and installation enterprise

建筑安装体系 building erection system

建筑安装用浮式起重机 floating crane for erection work

建筑安装造价 cost of construction and assembly;cost of construction and installation

建筑板材 building board;building sheet;construction board;structural slate

建筑板衬料 building board lining

建筑板墙 cast panel wall

建筑板饰面 building board facing

建筑板岩 structural slate

建筑包工合同 construction contract

建筑保护 architectural preservation

建筑保护层 building mat

建筑保温毛织品 building insulating wool

建筑保温毡 building insulating felt

建筑保温纸 building insulating paper

建筑保温砖 building insulating brick

建筑保险 building insurance;construction insurance

建筑保养 building maintenance

建筑暴雨排水管 building storm drain

建筑逼真图形 architecture realistic graphics

建筑比率 <建筑面积与用土面积之比> building-to land ratio

建筑标准 building standards;constructional standard;standards of construction

建筑标准法 building standard law

建筑标准化 construction standardization;standardization construction;standardization of building

建筑标准设计 standard architectural design;standard design of building

建筑标准委员会 Construction Standard Committee

建筑表面装饰 architectural finish(ing)

建筑玻璃 architectural glass;building glass;construction glass;structural glass

建筑玻璃小五金配件 builder's glass fittings

建筑箔材 construction boil

建筑薄衬板 building sheet facing;building sheet lining;building sheet surfacing

建筑薄壳 building shell

建筑布局 architectural composition;architectural layout;architecture composition;architecture layout;arrangement of building;building layout

建筑布置 architectural composition;ar-

chitectural division;building layout
建筑布置图 layout(plan)
建筑部分 building part
建筑部件 building element;construction element;element of construction
建筑部门 building authority;construction department;department of architecture;division of construction;public authority
建筑部门成本 building department cost
建筑部门费用 building department cost
建筑部位砌块 block for structural form
建筑材 building log;structural wood
建筑材料 architectural constructional material;building material;construction(al) material;structural material;tignum
建筑材料标准 building material standards;construction(al) material standard;structural material standard
建筑材料标准规范 standard specification for building materials
建筑材料表 list of building materials
建筑材料仓库 building material store;construction (al) material storage;structural material storage
建筑材料厂 building material plant
建筑材料厂商 construction material manufacturer
建筑材料尺度 structural material scale
建筑材料储存 structural material deposit
建筑材料处理 building material processing;structural material processing
建筑材料存储 building material deposit
建筑材料等级 building material scale;construction(al) material scale
建筑材料度量 building material scale
建筑材料堆栈 construction(al) material store;structural material store
建筑材料防火试验 fire-protection tests for construction(al) materials;chamber test
建筑材料分配者 construction(al) material distributor
建筑材料工程师 building material engineer;construction (al) material engineer;structural material engineer
建筑材料工业 building material industry;construction(al) material industry;structural material industry
建筑材料工业废水 building material industry wastewater
建筑材料工艺 building material practice
建筑材料供应商 material man
建筑材料规格 construction(al) material requirement
建筑材料含水量 construction material moisture
建筑材料机械 building material machine;construction (al) material machine;structural material machine
建筑材料加工 building material processing;construction (al) material processing;structural material processing
建筑材料检验 building material test(ing)
建筑材料交货 construction materials delivery
建筑材料节约 building material saving;structural material saving
建筑材料开采场 building-stone quarry
建筑材料库 consumable store
建筑材料矿产 raw material for building and construction
建筑材料破坏 construction(al) material failure
建筑材料嵌线 dimple
建筑材料商店 building material store;construction(al) material store;structural material store
建筑材料商(人) construction(al) material dealer;builder's merchant;building material dealer;construction material distributor
建筑材料生产 building material production;construction material production;structural material production
建筑材料生产厂(商) building material manufacturer;building material producer;construction(al) material producer
建筑材料生产者 building material manufacturer;building material producer;construction(al) material producer;structural material manufacturer;structural material producer
建筑材料湿度 construction material moisture
建筑材料实践 structural material practice
建筑材料市场 building material market;construction(al) material market;structural material market
建筑材料试验 building material test(ing);construction(al) material test;structural material test
建筑材料试验机 building material testing machine;construction(al) material testing machine;structural materials testing machine
建筑材料试验设备 building material testing device;construction(al) material testing device;structural material testing device
建筑材料试验室 building material testing institute
建筑材料试验协会 building material testing institute
建筑材料试验研究所 structural material testing institute
建筑材料试验装置 structural material testing machine
建筑材料输送 structural material delivery
建筑材料送货 construction materials delivery
建筑材料损坏 building material failure
建筑材料条件 building material condition
建筑材料消耗定额 building material consumption norm
建筑材料销售人 building material distributor;construction(al) material dealer
建筑材料行 building material dealer
建筑材料需要量 building material requirement
建筑材料样品 construction material sample
建筑材料要求 structural material requirement
建筑材料要求规格 building material requirement
建筑材料业务 building material practice;structural material practice
建筑材料用的黏[粘]合料 binder for construction materials
建筑材料运输 building material distribution;structural material delivery
建筑材料运输列车 construction train
建筑材料运送 construction(al) material delivery
建筑材料展览 construction(al) material show
建筑材料展室 structural material show
建筑材料制品 building material production
建筑材料制造 building material production;structural material production
建筑材料制造厂 construction(al) material manufacturer
建筑材料制造者 construction(al) material manufacturer;structural material manufacturer;structural material producer
建筑材料质量 building material quality;construction material quality;structural material quality
建筑材料质量管理 building material quality control;construction material quality control
建筑材料质量控制 building material quality control;construction (al) material quality control;structural material quality control
建筑材料贮藏库 building material store
建筑材料贮存 construction(al) material deposit;construction(al) material storage
建筑采光 architectural lighting
建筑彩陶 architectural faience
建筑草图 architect's sketch;architectural sketch;architecture sketch
建筑测量 architectural survey(ing);building survey(ing)
建筑测量师 building surveyor
建筑层数 number of building stor(e)ys
建筑产品 building article;building goods;building products;construction products
建筑场地 builder's yard;building estate;building yard;construction ground
建筑场地尺寸 construction site dimensions;site dimensions
建筑场地复杂程度 complex degree of construction site
建筑场地交通 building traffic
建筑场地清理工作 job cleanup
建筑场地设备 building site installation
建筑场地土质调查 examination of the building ground
建筑场地之间的搬运 job-to-job hauling
建筑场地址 building site
建筑场地主导线 base line
建筑场址 building site
建筑朝向 building orientation
建筑车间 builder's workshop
建筑衬板 building board facing;building board lining;building sheet lining;building slab lining;building slab(sur) facing
建筑成本 construction cost;cost of construction
建筑成本分析 construction cost analysis
建筑成本概算表 statement of probable construction cost
建筑成本估计 construction cost estimate
建筑成本核算及估价指南 building cost calculator and valuation guide
建筑成本预算 construction cost estimate;construction cost estimating
建筑成本指数 construction cost index
建筑成分 composition in architecture
建筑成果 architectural work
建筑承包补偿合同 value-cost contract
建筑承包补偿合约 value-cost contract
建筑承包合同 building contract;construction contract
建筑承包人 constructing contractor
建筑承包商 building contractor;constructing contractor;construction contractor;contractor's agent;masterbuilder
建筑尺寸 structural size
建筑尺度 architectural scale
建筑酬金 architectural fee
建筑储备基金 building fund reserve
建筑处理 builder treat
建筑传统 architectural tradition;tradition of building
建筑船台吊车 building slip(way) crane
建筑船台卷扬机 building slip(way) winch
建筑创造途径 approaches to architecture
建筑创作 architectural creation;building products
建筑次序 building sequence
建筑粗劣的 slop-built
建筑大理石砖 cast marble tile
建筑大五金 architectural metalwork
建筑大样 architectural detail
建筑带 ribbon building
建筑贷款 building loan;construction loan
建筑贷款公司 building and loan association
建筑贷款合同 building loan agreement;construction loan agreement
建筑贷款协议 construction loan agreement
建筑单位面积的变动单级 adjusted base cost
建筑单元 building element;unit of construction;building component;building unit
建筑道路 construction road
建筑的 archecentric;architective;architectural;constructive;structural;tectonic
建筑的壁骨类型 studs type of construction
建筑的传统形式 traditional form of building
建筑的扩建部分 enlargement to a building
建筑的连接 carpentry joint
建筑的民族特征 national features of architecture
建筑的行政管理人员 building commissioner
建筑的支柱类型 studs type of construction
建筑的主题 motif of architecture
建筑灯 architectural lamp
建筑等级 class of buildings;class of construction
建筑等级钢 constructional grade steel
建筑地 building land
建筑地板瓷砖 structural clay tile
建筑地产 building estate
建筑地点 building site
建筑地点定位 siting
建筑地方法规 building local bylaw
建筑地基 foundation ground

建筑地面瓷砖 structural clay floor tile
建筑地区图 construction map
建筑地下结构 building substructure
建筑地址 building site
建筑雕刻 architectural sculpture
建筑雕塑 acroterion; architectural sculpture
建筑雕像座 acroterion
建筑吊杆 building boom;construction boom
建筑叠层(安全)玻璃 architectural laminated glass
建筑顶上平台 azotea
建筑顶台座 acroter
建筑定位 block orientation
建筑定型式 closed system
建筑动态调查 survey on building activities and losses
建筑动向 architectural trend
建筑督察员 building control officer; building inspector
建筑队 construction team
建筑二期技术业务 design development phase
建筑发展趋势 architectural trend
建筑法(规) building act; building bylaw;building code;building principle
建筑法规细则 building by law
建筑法规与标准 building codes and standards
建筑法令 building act; building ordinance
建筑范例 architectural paradigm
建筑范围 building limit; building restriction line;building zone
建筑方案 building design competition; building program(me); construction schedule
建筑方案竞赛 architectural competition
建筑方案评比 architectural competition
建筑方法与设备 construction methods and equipment
建筑方格网 architectural grid; building square grid;construction grid
建筑方格网布网法 building square grid survey by method of control network
建筑方格网长轴线 major axis of building square grid
建筑方格网短轴线 minor axis of building square grid
建筑方格网轴线 building square grid axle method
建筑方格网主轴线 main axis of building square grid
建筑方式 model of construction
建筑方位 block orientation; orientation of building
建筑方位角 azimuth of axis structure
建筑防腐剂 building preservative
建筑防火 fire-protection of building
建筑防火分区 fire compartment of building
建筑防火涂料 fire-protecting paint for building
建筑防灾 building disaster prevention
建筑房屋密度 building density
建筑房屋用地 building lot
建筑放线 setting-out of building
建筑废料 builder's rubbish; building debris; building rubbish; construction debris;construction waste
建筑费控制 construction cost control
建筑费率 building rate; construction rate
建筑费(用) building cost;building expenses; construction cost; expenditures on construction; construction expenses;cost of construction
建筑费用预测 construction(al) expenditure forecast
建筑费用预算书 construction cost estimate
建筑费用指数 building cost index
建筑费用最小 least cost to-build
建筑费指数 construction cost index
建筑分布图 architectural profile
建筑分隔 architectural division
建筑分类 construction classification
建筑分析 architectural analysis
建筑坟墓 structural tomb
建筑粉刷灰泥 building plaster
建筑风格 architectural feature; architectural style; arcual style; building style;feature of style;orders of architecture
建筑风格构件 accessories of style
建筑风格特征 architectural motif
建筑风格主题 architectural motif
建筑封锁期 cancellation of building licence
建筑缝 construction joint; cold joint <新旧混凝土之间的,美语>
建筑服务设施 building service equipment;building services
建筑符号学 architectural semiotics
建筑辅助系统 building service system;building subsystem
建筑辅助(运输)车辆 construction assistance vehicle
建筑附件 building accessories
建筑复原 restoration
建筑覆盖度 building coverage
建筑覆盖率 building coverage
建筑改造 architecture adaptable to conversions
建筑杆件 building member
建筑钢 building iron; building steel; structural iron;structural steel
建筑钢材轧机 structural steel rolling mill
建筑钢单元 constructional steel unit
建筑钢的剖面图 constructional steel profile
建筑钢的镶饰 constructional steel trim
建筑钢废料 scrap structural steel
建筑钢构件 constructional steel unit; structural steel member
建筑钢筋 building bar
建筑钢铁 constructional iron
建筑钢型材 constructional steel section
建筑钢型钢 constructional steel section
建筑钢装饰 structural steel trim
建筑高度 building height; depth of construction; overall height; structural depth;construction depth
建筑高度分区(规划) building height zoning;height zoning(of building)
建筑高度区划 height zoning(of building)
建筑高度限制区 height district; limitation zone of building height;zone of height limitation
建筑高烟囱的现代系统 modern system
建筑格架结构 architectural grill(e) work
建筑格式 constructional shape; style of architecture
建筑隔垫材料 building insulation
建筑隔离剂 building insulator
建筑隔热 thermal isolation
建筑隔热薄片 building insulating foil
建筑隔热材料 building insulation
建筑隔热隔声材料 building insulant
建筑隔热制品 building insulating article; building insulating product; building insulating unit
建筑隔热砖 building insulating brick
建筑隔声 sound insulation for building
建筑隔声板 building insulating sheet; building insulating slab
建筑隔声薄片 building insulating foil
建筑隔声制品 building insulating article; building insulating product; building insulating unit
建筑隔声板 building insulating sheet; building insulating slab
建筑各层面积 floor area
建筑给水排水 building plumbing system
建筑工厂 construction(al) plant
建筑工场 builder's workshop
建筑工程 architectonic engineering; architectural works; building(construction); building works; construction project;construction works;structural engineering; Journal of the Construction Division <美期刊名>
建筑工程安装 construction engineering installation
建筑工程保险 all risks erection insurance;builder's risk insurance
建筑工程保险单 construction work policy
建筑工程标准 building construction standard
建筑工程标准量测法 standard method of measurement of building works
建筑工程部 Department of Works; Ministry of Works
建筑工程材料 building construction material;civil engineering material
建筑工程测量 building engineering survey
建筑工程场地 building construction ground
建筑工程承包方式 building contracting
建筑工程承包合同 building construction contract;engineering contract
建筑工程程序 architectural program(me)
建筑工程处 construction department
建筑工程的付款方法 method of payment for construction work
建筑工程的业主 building owner
建筑工程的造价 costs of building work;costs of construction work
建筑工程的综合性保险 all risks erection insurance
建筑工程地区 building construction lot
建筑工程法规 building construction regulation
建筑工程方案 building project option
建筑工程费(用) cost of construction; construction cost
建筑工程工程师 building construction engineer
建筑工程工地 building construction site
建筑工程工人 building construction labo(u)r;building construction worker
建筑工程工业 building construction industry
建筑工程工作 building construction work
建筑工程公司 architectural construction company;building construction company; construction engineering corporation; engineer-construction firm
建筑工程构件 building construction component; building construction member
建筑工程管理处 building construction department
建筑工程规范 building construction standard
建筑工程规格书 specification for construction project
建筑工程规划许可证 building permit
建筑工程规章 building construction regulation
建筑工程和结构 architecture engineering and construction
建筑工程机械 build equipment;building machinery;construction equipment
建筑工程基地 building construction lot
建筑工程及工业用机械技术委员会 <美> Construction and Industrial Machinery Technical Committee
建筑工程计划 building project
建筑工程技术 architectural specification
建筑工程技术人员 building construction technician
建筑工程价格 building construction price
建筑工程价格指数 building construction price index
建筑工程监理 building construction supervision
建筑工程局 building authority; building construction bureau; building department;construction authority
建筑工程科学 building construction science
建筑工程科学研究 building construction research
建筑工程类型 building construction type
建筑工程立法 building construction legislation
建筑工程量 construction quantity
建筑工程量清单 bill of quantities
建筑工程列车 construction train
建筑工程区域地段 building envelop(e)
建筑工程全损性保险 all risks erection insurance
建筑工程设备 construction equipment
建筑工程设计 construction engineering design
建筑工程升降机 builder's lift
建筑工程师 architect engineer; building engineer
建筑工程施工 building construction operation;construction work
建筑工程施工部门 building construction department
建筑工程施工程序 building construction procedure
建筑工程施工方法 building construction method
建筑工程施工检查 building construction supervision
建筑工程事务所 architectural engineering firm; building construction office
建筑工程速度 building construction speed
建筑工程塑料 building construction plastics
建筑工程体系 building construction system
建筑工程条例 building construction regulation
建筑工程停工通知 notice of cessation for building construction
建筑工程图 architectural engineering drawing; architecture engineering drawing
建筑工程完成验讫 clean-up
建筑工程现场 building construction

site
建筑工程现场设置 building construction site installation
建筑工程行业 building trades
建筑工程学 architectural engineering; building engineering; constructional engineering; construction engineering
建筑工程学校 building engineering school
建筑工程学院 architectural engineering institute; institute of civil engineering
建筑工程一切险 contractor's all risks insurance
建筑工程一切性保险 all risks erection insurance
建筑工程用地 building construction lot
建筑工程与管理学报 <美国土木工程学会季刊> Journal of Construction Engineering & Management
建筑工程预付款 advanced payment for construction works
建筑工程(预制)构件 building construction member
建筑工程造价 cost of civil engineering works
建筑工程质量 quality of construction works
建筑工程专家 building construction expert
建筑工程状态 building construction phase
建筑工程综合险 contractor's all risk insurance
建筑工地 building field; building ground; building site; civil engineering site; construction field; construction site; fabricating yard; ground area; site of construction
建筑工地办事处 field office
建筑工地便道 service road
建筑工地厕所 building site latrine
建筑工地测量 constructional measurement
建筑工地的保养 construction job-site maintenance
建筑工地的活动住房 accommodation trailer
建筑工地工人 field hand
建筑工地工作人员 field staff
建筑工地起重机 construction site hoist
建筑工地清理 job cleanup
建筑工地入口道路 construction site access road
建筑工地升降机 construction site lift
建筑工地外围建筑 building envelop(e)
建筑工地选择 siting
建筑工地噪声 construction site noise
建筑工地周转仓 construction-site transfer silo
建筑工地装置 building site installation
建筑工具 building implement; construction tool
建筑工期 construction time limit
建筑工人 architectural worker; builder('s labo(u)r); building labo(u)r(er); building worker; build labo(u)rer; construction worker; hard hat <美>
建筑工人津贴 allowance for building workers
建筑工人锯 builder's saw
建筑工序 building operation
建筑工羊角锤头 builder's claw hammer head
建筑工业 building industry; construction(al) industry
建筑工业的工业化 industrialization of construction industry
建筑工业化 building industrialization; industrialization of building
建筑工业陶瓷 architectural and industrial ceramics
建筑工业研究及情报协会 <英> Construction Industry Research and Information Association
建筑工艺学 building technology; construction technology
建筑工种 building trades
建筑公司 architectural firm; building company; building firm; civil engineering firm; construction company; construction corporation; construction firm; general contractor
建筑功能 building activities and losses
建筑功能构成要素 functional building elements
建筑供暖系统 interior heating system
建筑供配电系统 power supply system
建筑拱墩 architectural impost; building impost
建筑构架 building skeleton
建筑构件 architectural element; architecture element; building component; building element; building member; building unit; construction(al) member; constructive element
建筑构件大规模成套生产 open production
建筑构件的容许偏差 permissible deviation of constructional elements
建筑构件(工)厂 construction plant
建筑构件或机械部位错位 knocked down
建筑构件设计 building component design; construction component design
建筑构思 architectural concept; architectural conception
建筑构图 architectural composition; architecture composition; composition in architecture
建筑构图式庭院 architectural garden
建筑构造的公差系统 system of tolerance for building(construction)
建筑构造(方式) architectural composition; building construction
建筑构造缝 building construction joint
建筑估价 building cost estimate
建筑骨架 building carcass; building skeleton
建筑骨架构件 structural skeleton member
建筑骨架结构 structural skeleton structure
建筑骨料 construction aggregate
建筑管材 building pipe
建筑管理 architectural control; architectural management; building administration; building control; building supervision
建筑管理处 building department
建筑管理规则 architectural control
建筑惯例 architectural tradition; tradition of building
建筑广场 building square
建筑规程 building bylaw; building regulation; code of construction; code of practice
建筑规范 architectural specification; building code; code of construction; construction code; construction standard; specifications for laying
建筑规范公式 building code formula
建筑规范规定 specified by building code
建筑规范所规定的 specified by building code; specified by building specification
建筑规范要求 requirement of building code
建筑规范执行人员 building official
建筑规格 building specification
建筑规划 architectural planning; architectural program(me); architecture planning; building plan(ning); construction planning
建筑规则 building bylaw; building regulation; code of construction; code of practice
建筑规则和条例 construction rules and regulations
建筑规章 building regulation
建筑过多 overbuild
建筑过时 functional obsolescence
建筑合金钢 constructional alloy steel
建筑合流污水管 combined building sewer
建筑合同 building contract; contraction contract
建筑合同裁定书 construction contract award
建筑合同法(规) Contract Rules for Construction Services
建筑合同附件 addendum[复 addenda]
建筑和扩建 construction and addition
建筑和设备费 cost of construction and equipment
建筑黑色面层 blackstopping
建筑红线 building(restriction) line; construction line; frontage line; plot line; property line
建筑红线测量 building line survey; construction line survey; property line survey
建筑后退 recess; setback
建筑后退线 building setback line
建筑后退线规定 building setback restriction
建筑厚度 <路面> thickness of construction
建筑护墙板 building construction panel
建筑花格 architectural grill(e)work
建筑化学 construction chemistry
建筑还原率 building capitalization rate
建筑灰浆 building mortar
建筑会计 construction accounting
建筑绘图员 architectural assistant; architectural draughtsman
建筑混凝土 constructional concrete; exposed concrete
建筑混凝土产品 architectural cast concrete product
建筑混凝土路面的隔仓施工法 bay layout
建筑活动 constructional activities
建筑活动指数 index number of construction activity
建筑火灾 building fire
建筑货款合同 constructional loan agreement
建筑货款协议 constructional loan agreement
建筑获奖 architectural award
建筑机电设施 building services
建筑机动性 construction flexibility
建筑机具 building appliance; construction apparatus; construction appliance
建筑机器 construction machinery
建筑机体 architectural organism
建筑机械 building machinery; construction(al) machinery
建筑机械厂 building machinery plant
建筑机械化 construction mechanization
建筑机械设备 building services
建筑基础 building foundation
建筑基础平面图 plan of foundation construction
建筑基底面积 building area
建筑基地 building ground; building lot
建筑基地面积 building site
建筑基地沿街线 building site front
建筑基金储备 building fund reserve
建筑基坑 construction pit
建筑基坑挡板 building pit sheeting work
建筑及结构设计规范 code for architectural and structural design
建筑及维护规则 recommendation
建筑集合体 block complex
建筑集料 construction aggregate
建筑几何学 architectural geometry
建筑挤压型材 architectural extruded section
建筑计划 architectural program(me); building proposal
建筑技术 building technique; building technology
建筑技术标准 building by(e)-law; building code; building technical standard
建筑技术员 building technician
建筑夹具 <用于砌砖的钢夹具> building jig
建筑价格规定 construction price legislation
建筑价格指数 index number of construction cost
建筑价格指数表 construction price index figure
建筑价值突出的广场 place of outstanding architectural merit
建筑监察员 building inspector
建筑监督权威 construction supervising authority
建筑监理 building inspection
建筑监理师 building inspector
建筑检查 architectural inspection; building inspection
建筑检查员 architectural inspector; building inspector; building surveyor
建筑建造 building works
建筑奖 architectural award
建筑降噪 noise reduction by building
建筑胶黏[粘]剂 building adhesive
建筑绞车 bird's winch; builder's winch; construction winch
建筑教育 architectural training
建筑接近限界 clearance ga(u)ge; construction clearance; obstruction ga(u)ge limit; structural clearance; structure clearance; structure ga(u)ge
建筑接近限界曲线内、外侧水平加宽值 value of widening the horizontal distance of the inner rail and outer rail on curve within structural clearance
建筑接近限界图 clearance diagram for structure; construction ga(u)ge diagram
建筑接近限界线 construction ga(u)ge line
建筑接近限制 clearance restriction
建筑结构 building construction; building fabric; building structure
建筑结构尺寸 building dimension
建筑结构分析语言 structural engineering system solver
建筑结构钢 constructional steel
建筑结构可调支撑 adjustable attachments
建筑结构面积 area of structure

J

建筑结构平面图 plan of building structure
建筑结构设计 structural design of building
建筑结构索引 list of constructions
建筑结构体系 building structural system
建筑结构应力 civil engineering stress
建筑界线 building line; construction line; line of building
建筑界限 boundary line of construction
建筑借款合同 construction(al) loan agreement
建筑借款协议 construction(al) loan agreement
建筑金属板 construction metal plate; construction plate metal
建筑金属薄板 construction metal sheet; construction sheet metal
建筑金属材料 building metal
建筑金属附件 metal builders hardware
建筑金属构件 metal builders hardware
建筑金属零件 metal builders hardware
建筑金属器具 metal builders hardware
建筑金属设备 metal builders fitting
建筑金属元件 metal builders hardware
建筑进深 building depth
建筑禁止期 cancellation of building licence
建筑经济 building economy
建筑经济定额 building economic norm
建筑经济学 construction economics
建筑经济指标 building economic index
建筑经营 building administration
建筑井筒梯子格 cast manway
建筑净空抵触 structure conflict
建筑净面积 net floor area
建筑竞争 building campaign
建筑俱乐部 building club
建筑绝热板 building insulating sheet; building insulating slab
建筑绝缘 building insulation
建筑绝缘板 building insulating sheet; building insulating slab; structural insulating board
建筑绝缘材料 building insulant; building insulating material; construction insulant
建筑绝缘等级材料 construction insulation grade material
建筑绝缘金属薄片 building insulating foil
建筑绝缘体 building insulator
建筑绝缘制品 building insulating article; building insulating product; building insulating unit
建筑竣工移交 turnkey handover
建筑开工典礼 commencement of construction work
建筑开工日期 date of commencement of the work
建筑勘测员 building surveyor
建筑勘察设计院 Architectural and Exploring Designing Institute
建筑抗震 building aseismicity
建筑抗震概念设计 seismic concept design of buildings
建筑科 building authority; construction department; department of architecture; division of construction; public authority
建筑科学 building science; science of architecture
建筑科学研究 building research
建筑科学研究院 Building Research Academy
建筑科学院 Architectural Science Academy
建筑壳体 structural shell
建筑空调系统 air-conditioning system
建筑空间 building space; enclosed space
建筑空隙地 gap site
建筑扣押留置权 building lien
建筑跨度 building span
建筑快速安装体系 speedy building erection system
建筑框架 block frame; building frame; building skeleton
建筑扩建 building extension
建筑扩展 building extension
建筑垃圾 builder's rubbish; building debris; building rubbish; building rubble; construction and demolition waste; construction debris; construction dirt; construction waste; construction waste
建筑劳动力 building labo(u)r(er)
建筑劳务 construction labo(u)r
建筑类型 block type; building type; type of construction
建筑理论 architectural theory
建筑理论家 architectural theorist
建筑力学 architectural mechanics
建筑(历)史 architectural history; history of architecture
建筑历史学家 architectural historian
建筑立法 building legislation
建筑立面 building elevation; elevation of building
建筑立面保护层用颜料 pigment for protective coats on facades
建筑立面横线条处理 horizontal division
建筑立面设计 elevation planning of a building
建筑立面图 architectural elevation; elevation of a building
建筑沥青 bitumen for building; building asphalt
建筑沥青毡防水卷材 bitumen building paper
建筑砾石 construction gravel
建筑砾石路面 gravel(l)ing
建筑联合会 architectural league
建筑联合企业 amalgamation of contractors; contracting combine
建筑零件 architectural fitting; architectural furniture
建筑楼板肋条 cast floor rib
建筑楼比 ratio of space allocated to buildings
建筑楼层面积 floor area of building
建筑楼面面积 building floor space
建筑漏水 water penetration
建筑路面隔仓施工法 alternate bay construction method
建筑路面间隔施工法 alternate bay construction method
建筑铝 constructional alumin(i)um
建筑铝型材生产线 architectural alumin(i)um profile production line
建筑铝制品 alumin(i)um building product
建筑轮廓 architectural profile; constructional profile
建筑轮廓线 building outline; building silhouette
建筑熳灰 building plaster
建筑毛面积 gross floor area
建筑毛造价 gross building cost
建筑美学 architectural aesthetics
建筑密度 building lot coverage; construction density; density of occupancy; ratio of space allotted to buildings
建筑密度分区 building average zoning
建筑密度限制区 density district
建筑密封膏 building sealant
建筑面板 building board facing
建筑面积 architectural area; area of building area; built-up area; covered area; floorage; floor area; floor space; space floor area; underroof
建筑面积比 floor area ratio
建筑面积定额 building area quota
建筑(面积和高度)限定区 permissible building area
建筑面积率 building coverage; building-to land ratio
建筑面积密度 basic floor area ratio
建筑面积限定 limit of building area
建筑面积限制 limit of building area
建筑面积与基地面积比率 <即容积率> basic floor area ratio
建筑面积指标 floor space index
建筑面饰 incrustant
建筑面砖 building facing tile; structural clay facing tile
建筑描图员 architectural assistant
建筑模式 type of construction
建筑模数 architectural module[modulus]; building module[modulus]; construction module[modulus]
建筑模型 architectural fashion; architectural model; building model; building module; constructional shape
建筑模型的排列和分布 modinature
建筑木材 building timber; construction lumber; dimension timber; framing timber
建筑木材等级 constructional timber grade
建筑木料 building timber; construction timber; dimension timber
建筑内部得热 inner hearth; inner heat gain
建筑内设工程 building services
建筑内通风 in-structure ventilation
建筑内危险物品 hazard content
建筑黏[粘]土隔墙 structural clay partition
建筑排水管 building drain
建筑排水系统 building drainage system
建筑培训 architectural training
建筑配件 architectural furniture; architectural parts; parts of a building
建筑配件工厂 fittings factory
建筑配景 entourage of building
建筑平板玻璃 rough cast plate glass
建筑平面图 architectural plan; constructional plan; building construction plan; building plan; draft of construction
建筑平台线 building line platform
建筑评论 architectural criticism
建筑评论家 architectural critic
建筑破坏 architectural damage; building failure
建筑剖面 constructional section
建筑剖面图 architectural section; constructional profile; structural profile
建筑铺瓦工 building tile masonry (work)
建筑期间折旧 depreciation during construction
建筑期利息 interest during construction
建筑企业 building enterprise
建筑起重机 construction boom; construction(site) crane
建筑气候分区 architectural climatic zoning; climate region of building
建筑气候区划 climatological zoning for buildings
建筑气候学 building climatology; construction(al) climatology
建筑气流区 building flow zone
建筑气象学 constructional meteorology
建筑砌块 building block
建筑砌块厂 block factory; block plant
建筑砌块工厂 building block factory; building block plant
建筑砌块模数法 building block module method
建筑砌块制造联合会 <英> Federation of Building Block Manufacturers
建筑砌墙 building block wall
建筑器具 builder's furniture
建筑器械 building tools
建筑墙板 architectural panel
建筑墙体结构 structural wall structure
建筑桥梁 laying bridge
建筑青铜 architectural bronze
建筑轻质工厂构件 cast lightweight factory member
建筑轻质构件 cast lightweight member; cast lightweight unit
建筑轻质(混凝土)工厂 cast lightweight factory
建筑情调的 architectonic
建筑区 area of structure; building area; building land; built-up area; developing area; development area; region of construction
建筑区段 building section
建筑区界 building limit
建筑区整理 consolidation in building areas
建筑全盛期 building bloom
建筑权威 construction authority
建筑权限 building authority
建筑缺陷 construction(al) defect
建筑群 architectural complex; architecture complex; building block; building complex; building group; building mass; building stock; clump of buildings; insula; insulae <古罗马的>
建筑群附属房屋 ancillary
建筑群体设计 civic design
建筑群围墙 enceinte wall
建筑群中间的空地 place or court
建筑群组合 architecture assemble
建筑热工要求 building thermotechnical requirement
建筑人行道 cast manway
建筑人员工资等级 fee system
建筑日志 construction journal
建筑容积 architectural volume; cubic(al) contents of a building
建筑容积分区 building bulk zoning; bulk zoning; height zone; height zoning(of building)
建筑容积率 ratio of building volume to lot
建筑入口大门 block entrance door
建筑软成本 soft cost of building
建筑砂浆 building mortar; construction mortar
建筑砂浆顶盖 structural mortar topping(slab)
建筑山墙 building gable
建筑商标记 peak sign
建筑商行 building firm
建筑商全险 builder' all-risk insurance
建筑上半圆花边止水条 center bulb
建筑上窗之排列 feneotration
建筑上的 architectural; structural
建筑上经过处理的 architecturally

treated
建筑上配的框架窗户 architecturally enframed window
建筑上嵌玻璃部分 glass panel
建筑设备 architectural implement; block equipment; building appliance; building equipment; building implement; constructional equipment; construction equipment; construction facility; engineer construction equipment; plant
建筑设备公司 construction (al) equipment company
建筑设备管线预制件 mechanical core
建筑设备机组 unit of building equipment
建筑设计 architectural design; architectural planning; architecture design; construction project; building design
建筑设计标准化 architectural design standardization
建筑设计草图 sketch of architectural design; parti
建筑设计成果 architectural work
建筑设计的基本总方案 basic master option of architectural design; parti
建筑设计方法学 architectural design methodology
建筑设计规范 code for architectural design; design specification for building
建筑设计奖 architectural award; prize for architecture
建筑设计竞赛 architectural competition
建筑设计模型 architecture design model
建筑设计师 architect and designer
建筑设计说明书 architectural specification
建筑设计文件 architectural designing documents
建筑设计细部 architectural detail
建筑设计小组 architectural team
建筑设计研究所 architectural design and research division
建筑设计原理 philosophy of architectural design
建筑设计院 architectural design institute; institute of architectural design
建筑设计主题思想 architectural motif
建筑设计准则 architectural design criterion
建筑设计作品 architectural work
建筑设施 building services
建筑设想 architectural concept; architectural idea
建筑社团 building society
建筑摄影 architectural photography; building photography
建筑摄影测量 architectural photogrammetry; building photogrammetry
建筑申请 building application; building proposal
建筑申请者 applicant proposing to build
建筑升降机 builder's lift
建筑生产 building production
建筑生产指数 index number of construction output
建筑生活污水管道 building sanitary drain
建筑生石灰 construction quicklime
建筑生物气候图 building bioclimate chart
建筑声学 architectural acoustics; building acoustics
建筑声学测量 building acoustic (al) measurement
建筑师 architect; masterbuilder
建筑师酬金 architect's fee
建筑师的 architectonic
建筑师的草图 architect's sketch
建筑师的建设市场分析业务 site analysis services of the architect
建筑师费用 architect's fee
建筑师工程师联合事务所 architect-engineer, architectural engineering firm
建筑师工程师事务所 architectural engineering firm
建筑师合伙关系 architect partnership
建筑师合作关系 architect partnership
建筑师或工程师的附加服务项目 additional services of the architecture or engineer
建筑师或工程师临时事务所 associate architect or engineer
建筑师基本服务项目 architect's basic service
建筑师兼工程师 architect engineer
建筑师联盟 Architect's Co-partnership
建筑师目录 list of architects
建筑师认可证明 architect's approval
建筑师设计费 architect's fee
建筑师事务所 architect's office; architectural firm
建筑师索引 list of architects
建筑师现场代表 construction inspector
建筑师小组 architectural team
建筑师协会 association of architects
建筑师协作组织 <1964年格罗皮乌斯组织的> The Architects Collaboratives
建筑师验收证书 architect's inspection certificate
建筑师助理 architect assistant
建筑师注册法 architects' registration ordinance
建筑施工 architectural operation; building activity; building construction; building operation
建筑施工办公室 construction office
建筑施工程序 building program(me)
建筑施工的公差系统 system of tolerance for building (construction)
建筑施工的预防措施 precautions during building operations
建筑施工队 building team
建筑施工方法 building method
建筑施工防护 protection during construction
建筑施工管理 building construction administration; construction management; contract control
建筑施工管理员 construction supervisor
建筑施工过程 building process
建筑施工滑道 building slipway
建筑施工机械(设备) builder's equipment; building equipment
建筑施工计划 building planning
建筑施工季节 building season
建筑施工阶段 construction stage
建筑施工器具 architectural fitting
建筑施工任务单 work order sheet of construction task; work sheet of construction task
建筑施工设备 construction equipment
建筑施工市场 construction market
建筑施工手册 format for construction specification
建筑施工速度 building speed
建筑施工图 architectural working drawing; construction working drawing
建筑施工文件 building document; building particulars and plans
建筑施工五金配件 architectural builder's fitting; architectural furniture; builder's furniture
建筑施工详图 architectural detail
建筑施工小五金 architectural builder's hardware
建筑施工用机器人 construction robot
建筑施工噪声 construction site noise; construction work noise
建筑施工站 construction plant
建筑施工执照 building permit for construction
建筑施工装配器具 architectural furniture; builder's furniture
建筑施工装置 architectural fitting
建筑施工组织设计 organization and planning of construction
建筑施用车辆 construction vehicle
建筑石 paring stone
建筑石板 architectural slate; structural slate
建筑石材 building stone; stone building material
建筑石膏 calcined gypsum; calcined plaster; gypsum plaster for building purpose; plaster of Paris; building plaster
建筑石膏制品 gypsum building product
建筑石灰 building lime; building quicklime; construction lime; mason's lime
建筑石料 building stone
建筑石料的天然含水量 quarry sap
建筑石料开采场 building-stone quarry
建筑石料用灰岩 limestone for construction
建筑石棉 building asbestos
建筑石棉板 asbestos building board; asbestos building sheet
建筑石油沥青 building asphalt
建筑时代 period of architecture
建筑时空论 time-space in architecture
建筑实践 architectural practice; building practice
建筑炻器 architectural stoneware
建筑史学会 <美> Society of Architectural Historians
建筑史学家 architectural historian
建筑使用面积 building floor space
建筑使用证书 certificate of occupancy
建筑示意图 sketch map of building; rendering
建筑式庭园 architectural style garden
建筑式样 architectural style; construction phase
建筑事务所 building office
建筑事业 architectural career
建筑饰面 constructional trim
建筑饰面板 building board
建筑饰面瓷砖 structural facing tile
建筑饰面构件 structural facing unit
建筑适应性 construction flexibility
建筑收进线 building setback line; setback line
建筑受潮 dampness penetration
建筑术 building art
建筑术的 architectonic
建筑术的处理 architectural treatment
建筑术语汇集 building technology; construction technology
建筑水泥 building cement; construction cement
建筑水下水工程 building plumbering
建筑水准仪 builder's level
建筑税 building tax; construction tax
建筑顺序 building sequence
建筑思潮 architectural movement
建筑思想 architectural concept
建筑死亡事故 construction fatalities
建筑速度 construction speed
建筑塑料 building plastic; construction(al) plastics
建筑塑料薄板 construction plastic sheeting
建筑塑料薄膜 building plastic film; building plastic sheeting; construction plastic film
建筑塑料单元 constructional plastic unit
建筑塑料剖面图 constructional plastic profile
建筑塑料贴面 constructional plastic trim
建筑塑料线脚 constructional plastic trim
建筑塑料修饰 constructional plastic trim
建筑塑料制品 constructional plastic unit
建筑碎(石)料 debris (from demolition); rubble
建筑碎石路 macadamization (of road); macadamize
建筑碎砖瓦砾 building rubble
建筑搪瓷 architectural enamel
建筑陶板 architectural terra cotta
建筑陶瓷 architectural porcelain; architectural pottery; construction ceramics; heavy ceramics; structural ceramics
建筑陶器 architectural porcelain
建筑特色 architectural feature; architectural motif; motif of architecture
建筑特征 architectonic feature; architectural feature; building characteristic; building feature
建筑体积 architectural volume; cubage; cubic (al) content; volume of building
建筑体积计算 cubing
建筑体积指数 built volume index
建筑体系 architectonics; architectural system; building system; integrated building system; total building system
建筑体系化 construction systematize
建筑体形 building size
建筑体制 building system
建筑条件 construction condition
建筑条例 building act; building bylaw; building code; building law; building ordinance; building rule
建筑条例附则 building bylaw
建筑调和性 architectural compatibility
建筑铁废料 scrap structural iron
建筑庭园 architectural garden
建筑统一详图 unified architectural details
建筑投标 architectural bid; building proposal
建筑投资 building investment; construction investment
建筑透视图 architectural perspective
建筑图 architectural drawing; construction drawing; construction map
建筑图案评比 architectural competition
建筑图涂黑部分 <图例> poche
建筑图样 structural drawing
建筑图纸 building drawing; architectural drawing
建筑图纸生成系统 constructs
建筑涂料 architectural coating; architectural paint
建筑涂装 architectural finish(ing)
建筑土地地租 building site rent
建筑土地征用 expropriation of building land

J

建筑挖掘机 constructional excavator
建筑外部装修 outside finish of building
建筑外观 architectural appearance
建筑外观等级 architectural appearance grade
建筑外壳 building shell
建筑外立面 elevation;facade
建筑外露表面 exposed building face
建筑外形 architectural appearance; constructional profile
建筑完成面积 built-up area
建筑维修材料 structural repair material
建筑委员会 building committee
建筑卫生 sanitation of buildings
建筑卫生陶瓷 architectural and sanitary ceramics
建筑卫生学 architectural hygiene
建筑位置图 block plan
建筑文件 construction documents
建筑文脉 architectural context
建筑文物保护 architectural conservation
建筑圬工墙 building masonry wall; building tile(masonry)wall
建筑屋顶工人 roof worker
建筑屋面工(人)building roofer
建筑屋内外的各种线路系统 premises wiring system
建筑五金 architectural ironmongery; builder's finish (ing) hardware; builder's hardware; building hardware;metal builders fitting
建筑五金材料 architectural metal
建筑五金配件 builder's fittings; builder's furniture
建筑五金器具 architectural ironmongery;builder's iron supplies
建筑五金商 ironmonger for building trades
建筑物 building(structure); building works; construction(al) works; erection;fabric;structure
建筑物安装工程 building installation works
建筑物安装设备 <如自来水、照明等> finishings
建筑物保护料 building preservative
建筑物保护设施 building guards
建筑物保险 building insurance
建筑物标志 designation of a structure
建筑物表面装饰 incrustation
建筑物表面装饰的 incrustant
建筑物布局 ordonnance
建筑物布线系统 building wiring system
建筑物测量法 structure ga(u)ging method
建筑物层数 building height
建筑物拆除 building demolition;building evacuation
建筑物长度 length of structure
建筑物朝向 building orientation
建筑物沉降 building settlement;building subsidence;settlement of building;settlement of structure
建筑物沉降观测 building settlement observation; building subsidence observation; monitoring building settlement
建筑物沉陷 building settlement;building subsidence;subsidence of a building
建筑物撑木 building column
建筑物从公路边的后退线 setback line
建筑物倒塌 buildings collapse
建筑物的保护(措施)structural protection
建筑物的表面构造 surface structure in building
建筑物的表面结构 surface structure in building
建筑物的侧面 building side
建筑物的侧翼 ailette;side building
建筑物的测量 survey of a structure
建筑物的层数高度 building height in stor(e)ys
建筑物的成区拆除 zone cleared of buildings
建筑物的成区清理 zone cleared of buildings
建筑(物的)服务内筒 service core
建筑物的功能 function of structure
建筑物的勘查 survey of a structure
建筑物的内部 penetralia
建筑物的配楼 side building
建筑物的砌合 structural bond
建筑物的砌入式生活设备 built-in comfort in building
建筑物的前庭 parvis
建筑物的实际年龄 historic(al)age
建筑物的使用价值 efficiency of buildings
建筑物的使用效果 efficiency of buildings
建筑物的损坏 damage of a structure
建筑物的突出部分 <外伸悬臂梁等> advancing longwall system;jetty
建筑物的位置 setback
建筑物的悬挑部分 jutty
建筑物的学院派风格 academic(al) style of building
建筑物的业主 building owner
建筑物的一翼 dependency
建筑物的振动 building vibration
建筑物的正面 frontage
建筑物的重力排水系统 building gravity drainage system
建筑物的砖、石、混凝土地基 dry feet
建筑物等级 building grade;structure grade
建筑物底层 ground floor; rez-dechaussee
建筑物地面面积 building area
建筑物地下室 <无柱底基> stereobase
建筑物调查 investigation of structures
建筑物顶部防雷击系统 air terminal
建筑物定位方位 building orientation
建筑物定向 building orientation
建筑物冬季施工 winter building construction
建筑物冬季施工技术 winter building technique
建筑物多的 built-up
建筑物防护层 structure preservation coat
建筑物防火等级 construction class; fire grading of building
建筑物防火间隔 distance separation
建筑物防雷接地平面图 lightning protection grounding layout
建筑物防蚀剂 building preservative
建筑物放线 layout of structure
建筑物放样 setting-out of a building
建筑物废墟 building ruins
建筑物分部 building part
建筑物分类账 building ledger
建筑物符号 building symbol
建筑物附加荷载 superimposed load of building
建筑物改建 building alteration;facelifting
建筑物改进 building alteration
建筑物高度 height of building;building height
建筑物高度限制 height restriction
建筑物给水 building supply
建筑物供暖 building heating
建筑物供暖设备 building heating installation
建筑物供热系统 building heating system
建筑物构造物名称表 list of buildings and structures
建筑物规范 building code
建筑物过多 overbuild
建筑物过密 overbuild
建筑物荷载 building load
建筑物荷载试验 load testing of structures
建筑物红线测量 property line survey
建筑物护墙板 building panel;building siding
建筑物火灾 building fire
建筑物或建筑群 serapeum
建筑物或装饰品上风格奇特的图案 baboon
建筑物基础 building footing;building foundation; fire-resistant foundation <由砖石或混凝土砌筑的>
建筑物基脚 structure toe; toe of structure
建筑物基坑 building pit
建筑物及场地大小 building and ground dimensions
建筑物及其内部设施 building and contents
建筑物纪念提名匾 building dedication tablet
建筑物加固 strengthening building
建筑物加热 building heating
建筑物加热设备 building heating installation
建筑物价格 building price
建筑物价格指数 building price index
建筑物间距 distance between buildings;spacing of buildings
建筑物间距系数 coefficient of pitch of buildings
建筑物件 building element
建筑物进门大厅 entrance hall
建筑物经营 building operation
建筑物开裂 building cracking
建筑物抗震安全性 seismic safety of building
建筑物抗震法规 seismic building code
建筑物可用空间 building usable volume
建筑物刻图规 building guide
建筑物刻图器 building graver
建筑物空间 building space
建筑物空间分析 survey
建筑物框架 building frame
建筑物扩建 architecture adaptable to extension
建筑物勒停施工 stopping work
建筑物类别 class of buildings
建筑物类型 building type; structure type;type of buildings
建筑物理学 building physics; constructional physics; physics relate to building
建筑物立面 facade
建筑物连接管 building connection
建筑物楼面总面积 architectural area of buildings
建筑物楼梯 building stair(case)
建筑物露出地面的基础 stereobate
建筑物轮廓线 building outline; skyline <以天空为背景的>
建筑物买卖合同 contract of sale of a building
建筑物门种一览表 door schedule
建筑物密度 building density;building population;density of buildings
建筑物面积 area of a structure
建筑物末端山墙 gable end
建筑物内部 building interior;interior of a building
建筑物内部的通道 <走廊、楼梯等> passage space
建筑物内部设备 building equipment
建筑物内部装饰 building interior decoration
建筑物内地面土层 solum
建筑物内分变压器 distribution transformer
建筑物内公用设备室 service room
建筑物内人口 building population
建筑物内物品的危险性 hazard of content
建筑物耐火构件 fire-resistant building member;fire-retardant building member;fire-retardant building unit
建筑物耐火性 fire grading
建筑物能量系数 building energy ratio
建筑物平面控制网 construction control network for building
建筑物坡道 approach ramp
建筑物破坏 building destroying; destruction of buildings
建筑物剖面图 section of building
建筑物前集散广场 building square
建筑物前路边石标高 curb level at building
建筑物前门厅 propylaeum[propylaea]
建筑物前面构筑的塔楼 facade tower
建筑物前面突出部分 facade pavilion
建筑物墙体 building masonry wall
建筑物倾斜 buildings inclination
建筑物区划图 building zone map
建筑物缺陷 building deficiency
建筑物热损失因数 building heat-loss factor
建筑物任何斜面 tallus
建筑物入口 building entrance
建筑物入口门 building entrance door
建筑物入口塑料门 building entrance plastic door
建筑物扇形遮板 <施工临时安全保护用> building fan
建筑物上部的金属杆端 air terminal
建筑物上层突出部分 jutty
建筑物设备装置调整 balancing of building system
建筑物设计 building design
建筑物设计及施工的监察官员 building control officer
建筑物设计条例 building planning regulation
建筑物施工时安置的设备及配件 building in
建筑物使用寿命最大的部分 long life parts
建筑物受损 damage of building
建筑物损坏 building failure; damage to buildings
建筑物损坏保险 collapse insurance
建筑物体积 cubic(al)content
建筑物体量管理条例 bulk regulation
建筑物体形系数 shape factor
建筑物突出部分 structure nose
建筑物涂料 building paint
建筑物涂漆 architectural finish(ing)
建筑物外部支撑 external prop
建筑物外侧保温 outside insulating of building
建筑物外壳 building envelope
建筑物外圈柱顶之间的梁 spandrel beam
建筑物外伸部分的支架大梁 stepping service girder
建筑物外围结构 building envelop
建筑物外形 building envelop(e)
建筑物外装饰 incrustation
建筑物围护结构 building enclosure
建筑物维护 preservation of buildings
建筑物维护费 building maintenance expenses
建筑物维护结构 building envelop(e)

建筑物维修 building maintenance; building repair
建筑物维修费 building maintenance expenses
建筑物位置图 index map
建筑物细部 building part
建筑物现场 building site
建筑物现状图 location map
建筑物向北的正面 north-facing facade
建筑物项目文件 documentation of building topics
建筑物(消防)分级 construction fireproof classification
建筑物性能 behavio(u)r of structures;building performance
建筑物修补 building repair
建筑物修理 building repair
建筑物修理费 building repair cost
建筑物修缮 building repair
建筑物压力 building pressure
建筑物验收 building inspection
建筑物易位 relocation of building
建筑物用途 building use
建筑物油漆 building paint
建筑物雨水管 storm building drain
建筑物雨水下水道 storm building sewer
建筑物运动 building motion
建筑物造价 building cost;structure cost
建筑物占地面积 area occupied by building
建筑物振荡 building oscillation
建筑物震害 building damage
建筑物正面前覆盖板 front panel (prefab)
建筑物正面有四根柱子的 tetrastyle
建筑物之间的通道 areaway
建筑物支承 building column
建筑物支柱 building column
建筑物中央大厅的侧房 nave aisle bay
建筑物中央大厅的窗 nave window
建筑物中央大厅的耳房 nave aisle bay
建筑物中央大厅的拱顶 nave vault
建筑物中央大厅的墙 nave aisle wall
建筑物中央大厅的天花板 nave ceiling
建筑物中央大厅的通道拱顶 nave aisle vault
建筑物中央大厅的通道墙墩 nave aisle pier
建筑物中央大厅的柱间间距 nave range of columns
建筑物中央大厅的走廊 nave aisle gallery
建筑物中央大厅耳堂 nave bay
建筑物中央大厅通道 nave aisle passage
建筑物中央大厅通道墙上的窗 nave aisle wall window
建筑物中央大厅厢堂 nave bay
建筑物重建 architecture adaptable to conversions;building alteration
建筑物周围环境 entourage
建筑物轴线放样 setting-out of building axes
建筑物主体倾斜率 declivity rate of main body of building
建筑物主要面 frontispiece
建筑物砖过梁 building tile lintel
建筑物装配 building fit
建筑物自重 deadweight of structure
建筑物综合排水 combined building drain
建筑物综合体 building complex
建筑物租约 building lease
建筑物组合件 building complex
建筑习惯 architectural tradition
建筑系 department of architecture
建筑系列 sequence of construction
建筑系数 building coefficient; building coverage;floor area ratio
建筑系统 building system; construction(al) system
建筑系统工程 systems construction
建筑细部 architectural details; composition details; construction details;constructive details
建筑细节 architectural details; composition details; construction details;;constructive details
建筑细木工 building joinery
建筑细目和平面图 building particulars and plans
建筑下沉曲线 time-settlement graph
建筑纤维板 building fiberboard
建筑现场 construction field;construction site
建筑现场机修工 job's housekeeping' mechanic
建筑现场平面图 block plan
建筑现场用地改造更新 site renovation
建筑现浇混凝土 structural poured-in-place concrete; structural site-placed concrete
建筑线 construction line; neat line; net line;building line
建筑线的后退 setback of building line
建筑线的缩进 setback of building line
建筑线脚 mo(u)lding
建筑线脚的排列和分布 modinature
建筑限定线 building restriction line
建筑限界 boundary line of construction; building clearance; clearance limit; construction clearance; railway construction clearance; railway construction ga(u)ge; construction ga(u)ge
建筑限界测定器 measuring apparatus for construction ga(u)ge
建筑限界检查车 inspection truck for construction ga(u)ge
建筑限制 building restriction
建筑限制条例 building restriction
建筑限制线 building restriction line; setback line <道路两侧的>
建筑详图 architectural detail
建筑项目 architectural project;building project
建筑橡胶部件 constructional rubber section
建筑橡胶单元 constructional rubber unit
建筑橡胶模型 constructional rubber shape
建筑橡胶贴面 constructional rubber trim
建筑橡胶镶饰 constructional rubber trim
建筑小工 hod carrier;hodman
建筑小品 site furnishings
建筑小五金 architectural fitting; architectural furniture; builder's fittings; builder's hardware; architectural hardware
建筑小五金工厂 builder's fittings factory
建筑效果 architectural effect
建筑协调性 architectural compatibility
建筑协定 building agreement
建筑协会 Architectural Association
建筑协议 building agreement
建筑新闻事业 <包括编辑、出版、刊物和管理等> architectural journalism
建筑信息中心 building information center[centre]
建筑信用协会 Building and Loan Association
建筑行业 building industry; building trades;construction industry
建筑行政管理人员 building official
建筑形式 architectural form; architectural shape; architectural style; building shape; building type; constructional form
建筑形态学 architectural morphology
建筑形状 architectural shape; architecture appearance;building shape
建筑型材 architectural section;architectural unit; constructional section;structural shape
建筑型钢 constructional steel profile
建筑型式 building type;type of construction
建筑修整 constructional trim
建筑许可 construction concession
建筑许可证 builder's licence[license]; building approval; building permit; consent to build
建筑渲染 architectural rendering; rendu
建筑学 architectonics;architecture
建筑学报 Architectural Journal
建筑学创新风格 avant-garde (style of) architecture
建筑学的 architectonic;architectural
建筑学的功能概念 functional concept of architecture
建筑学的有机理论 organic theory of architecture
建筑学独特风格 avant-garde (style of) architecture
建筑学规程 architectural instruction
建筑学会 Architectural Society
建筑学教育 architectural education
建筑学课程 architectural instruction
建筑学理论 theory of architecture
建筑学入门 the ABC of architectures
建筑学上 architecturally
建筑学设计图 <渲染了的> rendu
建筑学士 bachelor of architecture
建筑学硕士 master of architecture
建筑学细则 architectural instruction
建筑学院 architectural institute; college of architecture; school of architecture
建筑训练 architectural training
建筑沿街后退线 building line setback
建筑研究班 architectural seminar
建筑研究室 architectural course
建筑研究所 Building Research Establishment;Building Research Institute;Building Research Station <英>
建筑研究院 Construction Institute; Building Research Institute <美>
建筑要求 architecture requirement
建筑业 building concerns;building industry;building trades;construction business; construction industry; construction trade
建筑业标准 standard for building industry
建筑业产值 value of construction output
建筑业调查 construction inquiry
建筑业景气周期 building boom cycles
建筑业生产指数 index number of building industry production
建筑业务 architectural services;practice of architecture
建筑业务代理处 professional agency for building procedure
建筑业务费 architectural fee
建筑业用水水质标准 quality standard of water for building industry
建筑业主 building owner
建筑一览表 schedule of construction
建筑遗产 architectural heritage
建筑遗弃 constructive eviction
建筑艺术 architectural art;art of architecture;art of building;constructive art
建筑艺术处理 architectural treatment;architecture treatment;artistic treatment in architecture
建筑艺术处理的 architecturally treated
建筑艺术化的混凝土建筑 architectural concrete construction
建筑艺术形式 artistic form of architecture
建筑艺术学院式建筑风格 Beaux Arts style
建筑翼部 transept
建筑隐喻 architectural image
建筑应力 construction stress
建筑营造业 building and construction industry
建筑用安全玻璃 architectural safety glass
建筑用板 board
建筑用玻璃生产厂 architectural glass plant
建筑用玻璃砖 glass building block; structural glass block
建筑用材 timber wood
建筑用层压板 constructional laminate
建筑用瓷砖 structural clay tile
建筑用大块砖石 building block
建筑用大理石 architectural marble
建筑用大理岩 marble for construction
建筑用的胶合板镶板 <门窗上的六格板> plywood panel board for construction purposes
建筑用地 building land;building lot; building plot;building site;building zone;land for building;lot
建筑用地次级号数 subnumber of lot
建筑用地规划 block planning; plot planning
建筑用地界线 borderline of lot
建筑用地条件 condition for site planning
建筑用地下水 groundwater for use in building
建筑用地性质 building status
建筑用吊车 building crane
建筑用叠层(安全)玻璃 architectural laminated glass
建筑用钉 construction nail
建筑用方网格 grids in building
建筑用防水柏油纸 waterproof sheathing paper
建筑用防水纸 waterproofing building paper
建筑用钙质泥浆 dry hydrated lime
建筑用钢 construction steel
建筑用钢板 building sheet
建筑用钢材 constructional iron; steel for construction;structural steel
建筑用钢筋 building reinforcing material;construction reinforcing bar
建筑用钢丝网 wire netting for construction(al) purposes
建筑用钢铁 constructional iron
建筑用工具 building implement
建筑用工作装置 construction attachment
建筑用光面黏[粘]土砖 smooth-face structural clay tile
建筑用合成橡胶玛瑞脂 synthetic(al) rubber building mastic
建筑用合金 architectural alloy
建筑用红土陶器 architectural terra cotta
建筑用花岗岩 building granite; granite for build;structural granite

建筑用化学品 construction chemical
建筑用黄铜 architectural brass
建筑用混凝土骨料 architectural aggregate
建筑用混凝土集料 architectural aggregate
建筑用夹芯板 coreboard for building purposes
建筑用胶黏[粘]剂 building adhesive
建筑用绞车 builder's winch; building winch
建筑用金属 constructional metal
建筑用金属材料 architectural metal
建筑用具 building appliance; building implement; building tools
建筑用卷扬机 builder's hoist; building winch
建筑用空心砖 hollow tile
建筑用快速卷扬机 high-speed construction winch
建筑用沥青粗制毡 asphaltic-bitumen rag felt
建筑用沥青基玛琋脂 asphaltic-bitumen-based building mastic
建筑用沥青油毛毡 asphalt building paper
建筑用沥青油纸 asphaltic-bitumen building paper
建筑用琉璃瓦 architectural terra cotta
建筑用琉璃砖 architectural terra cotta
建筑用铝 architectural alumin(i)um
建筑用慢速卷扬机 low-speed construction winch
建筑用毛板 builder's rough planks
建筑用密封膏 building sealant; construction sealant
建筑用密封剂 building sealant; construction sealant
建筑用膜材 building membrane
建筑用木材 <0.05 米厚,0.10 米宽以上的板材> structural lumber; construction timber; structural timber; building timber; timber wood
建筑用木材尺寸 wood in building sizes
建筑用木材等级 building timber grade
建筑用木料 building timber; structural timber; structural wood
建筑用黏[粘]合剂 building bonding adhesive; building bonding agent
建筑用黏[粘]结剂 building bonding adhesive
建筑用黏[粘]土制品 structural clay product
建筑用黏[粘]土制品试验 testing of structural clay products
建筑用破布条毡 rag felt
建筑用漆 house paint
建筑用起重机 building crane; construction(site) crane; construction type lifting crane
建筑用起重机械 construction crane and lifting equipment
建筑用前装式作业机 push-type machine
建筑用青铜 architectural bronze
建筑用轻型叠层板 laminated lightweight building slab
建筑用乳胶漆 latex house
建筑用乳胶涂料 latex house paint
建筑用砂 building sand; construction(al) sand; mason's sand; mortar sand
建筑用烧结砖 building clinker
建筑用设备 building equipment
建筑用生石灰 building quicklime; structural quicklime
建筑用石板 architectural slate
建筑用石材 structural stone
建筑用石膏 gypsum-lime mortar
建筑用石灰 building lime; dry hydrated lime; structural lime
建筑用石棉板 asbestos building board; asbestos building sheet
建筑用手推车 builder's hand cart
建筑用塑料 building plastic
建筑用碳钢 carbon construction(al) steel
建筑用搪瓷壁板 curtain-wall enamel
建筑用陶土砖 structural clay tile
建筑用陶砖 architectural terra cotta
建筑用提升机 service building elevator
建筑用铁 construction iron
建筑用铜 construction copper
建筑用涂料 paint for building construction purposes
建筑用土地 building lot
建筑用外观混凝土 architectural facing concrete
建筑用五金板材 metal building panel
建筑用吸声纤维板 acoustic(al) fiber [fibre] building board
建筑用锡 constructional tin
建筑用纤维 construction fiber[fibre]
建筑用纤维板 fibre building sheet
建筑用锌 constructional zinc
建筑用型材 architectural shape
建筑用压缩密封件 architectural compression seal
建筑用羊毛产品 construction wool
建筑用油彩玻璃板 architectural enameled glass panel
建筑用油毛毡 waterproofing building paper
建筑用油漆 paint for building construction purposes
建筑用织物 construction fabric
建筑用纸 lath paper
建筑用纸板 paper sheeting
建筑用制品 architectural product
建筑用制瓦厂 building tile factory; building tile plant
建筑用制砖厂 building tile factory; building tile plant
建筑用砖 building brick
建筑优点突出的广场 place of outstanding architectural merit
建筑油漆 building paint
建筑有效面积比 building efficiency ratio
建筑釉陶 architectural pottery
建筑与安装方法 construction and erection method
建筑与扩建 construction and addition
建筑与施工工业 building and construction industry
建筑预算 construction budget
建筑原理 architectonics; architectural principle; constructional principle
建筑原料矿产 construction material commodity
建筑原则 building principle
建筑圆形作业 quick sweep
建筑(圆)柱式 architectural order
建筑圆柱式样 architectural order
建筑运动 architectural movement
建筑杂工 builder's labo(u)rer
建筑杂志 Architectural Journal; Journal of the Construction Division <美国土木工程师学会>
建筑在顶上 overbuild
建筑在上面 overbuild
建筑造价 building cost; building value; composition cost; construction cost; construction payment; construction price; fabricating cost
建筑造价分析 building cost analysis
建筑造价规定 construction price legislation
建筑造价预算 account valuation
建筑造价指数 building cost index; construction price index; number of building cost
建筑造型 architectural metaphor; architectural modelling
建筑造型艺术 art of architectural modeling
建筑噪声 construction noise
建筑增量 incremental construction
建筑栅栏 architectural barrier
建筑占地面积 building(covered) area; gross area
建筑占地系数 coefficient of land used for buildings
建筑(占地)总面积 gross building area
建筑占用许可 building occupation permit
建筑章程 construction regulation
建筑账(户) building account; construction account
建筑障碍 architectural barrier
建筑照明 architectural illumination; architectural lighting
建筑折旧储备 buildings depreciation reserve
建筑折旧储备金 depreciation reserve building
建筑折中形式 compromise form of architecture
建筑哲理 architectural philosophy
建筑者 builder; constructor
建筑真实感图形 architecture realistic graphics
建筑诊断 building diagnosis
建筑诊所 building diagnosis
建筑振动 block oscillation; block vibration; building oscillation; building vibration
建筑整体 architectural organism
建筑整体布置 building system
建筑证(明)书 building certificate
建筑支柱 block column
建筑执行法规 building codes of practice
建筑执照 building concession; building permit application; business licence[license]
建筑纸板 wall board
建筑指示 architectural instruction
建筑质量保证书 builder's warranty
建筑制品 building article; building goods; building products; building ware
建筑制图 architectural drafting; architectural drawing; building drawing
建筑中道路 road underconstruction
建筑中的房屋 building under construction
建筑中的拱架 centering
建筑中的饮用水管道 potable water pipe work for buildings
建筑中间广场 nave
建筑中铁路 railroad underconstruction
建筑中心 building center[centre]
建筑中心的 archecentric
建筑周边线 building perimeter
建筑周期 building cycle; construction cycle; construction period
建筑轴线测量 setting-out of building centre line
建筑轴线测设 building axis survey
建筑主管部门 building authority
建筑主管机关 building authority
建筑主管人员 building authority
建筑主题 motif
建筑主要翼部 principal transept
建筑主旨 motif of architecture
建筑住房用材料 housing material
建筑住宅 cast house
建筑助理 architectural assistant
建筑柱式 orders of architecture
建筑柱型 architectural order; orders of architecture
建筑筑路机械 construction and road machine
建筑专家 architectural expert; building expert; construction expert
建筑专业 architectural discipline
建筑砖 building brick; calculi
建筑砖墙 building tile(masonry) wall
建筑砖石工 architectural masonry (work)
建筑砖用黏[粘]土 building brick clay
建筑装配 building fit
建筑装饰 architectural organism; architectural ornament; architecture ornament; structural trim
建筑装饰彩釉砂涂料 colo(u)r-glazed sand paint for building decoration
建筑装饰浮雕 cameo
建筑装饰附件 finish builder's fittings
建筑装饰木制品 architectural millwork
建筑装饰线条 architectural photogrammetry
建筑装饰学 architectural decoration
建筑装饰用花岗石 architectural granite
建筑装饰用混凝土 architectural concrete
建筑装饰用混凝土产品 architectural cast concrete product
建筑装饰座 acroterion
建筑装修 architectural ornament; architectural trim; building finishing
建筑装修五金 architectural metalwork
建筑装修小五金 builder's finish(ing) hardware; finish builder's hardware
建筑装修用玻璃成品 architectural glass article
建筑装修用玻璃制品 architectural glass article
建筑装修用花岗石 architectural granite
建筑装修元件 architectural trimming unit
建筑装置工程 building plumbering
建筑咨询服务 construction advisory service
建筑资本 building capital
建筑资产负债表 construction balance sheet
建筑资金 building funds; construction fund
建筑资助计划 construction grant program(me)
建筑自动化 building automation
建筑自重 structural weight per square meter
建筑综合排水 combined building drain
建筑综合体 architectural complex
建筑综合征 synthetic(al) building syndrome
建筑总承包法 turnkey
建筑总费用 building cost
建筑总面积 gross floor area; overall floorage
建筑总平面图 site plan
建筑总水管 building main
建筑总体 architectural complex
建筑总体效果 architectural ensemble
建筑租约 building lease
建筑组合 block complex
建筑组件浇注 architectural cast(ing)
建筑组群 group of buildings
建筑组织 architectural organism
建筑最后完工期限 latest event occurrence time

建筑最后完工日期 latest finish date
建筑最晚开工日期 latest start date
建筑最晚开工时间 latest start date
建筑最小限界 minimum fixed structure
建筑作品 architectural work
建筑作业 building operation
建筑坐标网 building orientation coordinate network
建筑坐标系(统) architectural coordinate system; architecture coordinate system; building coordinate system

剑

剑刺 punto
剑号 obelus
剑麻 green agave;sisal(hemp)
剑麻纤维 sisal fiber[fibre]
剑桥存储系统 <一种二维矩阵的> Cambridge system
剑桥模型 Cambridge model
剑桥旁压仪 Camkometer
剑桥式扭变护舷 Cambridge torque fender
剑桥系统 Cambridge system
剑桥选择系统 Cambridge selection system
剑鞘褶皱 sheath fold
剑形锉 ensiform file; feather-edged file;head file;slitting file
剑形的 ancipital
剑形符 dagger
剑形花格 mouchette
剑形沙丘 sword dune
剑形叶 sword shaped leaf
剑状沙丘 seif(dune)

贱

贱金属 base metal
贱金属矿产 base metal commodities
贱买 buy cheap
贱买贵卖 buy cheap and sell dear

健

健康保护 health protection
健康保险 health insurance
健康保险费用 health insurance expenses;health insurance premium
健康保险计划 health insurance plan
健康不佳 ill-health
健康材料 healthy material
健康船舶 healthy ship
健康带菌者 healthy carrier
健康调查 health examination survey; health survey
健康风险评估 health risk assessment
健康风险评价 health risk assessment
健康工人效应 healthy worker effect
健康管理 health control
健康管理科学 administrative health science; health administrative science
健康管理系统 health-care system
健康和福利 health and well-being
健康和人类服务部 Department of Health and Human Service
健康及社会安全部<英> Department of Health and Social Security
健康监护 health supervision; health surveillance
健康检查 health examination;medical check-up
健康检查程序 health check program(me)
健康建筑物 healthy building
健康开发产业 health development industry
健康立法 health legislation
健康普查 health screening
健康水平 health level
健康素质 physical constitution
健康危害 health hazard
健康问题 health problem
健康效应评价 health effect appraisal
健康许可证 health clearance
健康影响 health effect
健康诊断 health consultation
健康证明(书) health certificate;medical certificate
健康证书 bill of health;certificate of health;health certificate
健康指导 health guidance
健康指数 health index
健康住宅 healthy residence
健康状况 health level
健康状态 health status
健康状态不好的 ill-conditioned
健孔菌属<拉> Arrhenia
健美体操馆 callisthenics hall
健全 soundness
健全材 sound wood
健全材面锯切法 sound face cutting
健全财务 sound finance
健全的 robust;sound;wholesome
健全的城市 healthy city
健全的生态平衡 sound ecological balance
健全的水资源利用 sound water use
健全的项目法人责任制 the system of holding the legal person responsible for project
健全节 sound knot
健全缺陷 sound defect
健全树 sound tree
健全芯材 sound heartwood;true-wood
健身房 boys gymnasium; gym; gymnasium [复 gymnasia]; gymnastic hall;gymnastic room;palaestra
健身房地板面漆 gym finish
健身俱乐部 health club
健忘症 amnesia
健壮程序 robust program(me)
健壮性 robustness

涧

涧流 ghyll;gill;ravine stream

舰

舰长 captain
舰船 ship and warship
舰船光学跟踪系统 interior ship tracking system
舰船光学跟踪装置 interior ship tracking system
舰船内部通信[讯] interior communication of ship
舰船内部通信[讯]系统 interior communication of ship
舰船视距仪 ship stadimeter
舰船望远镜 ship telescope
舰船形状 shipform
舰船烟幕施放器 ship smoke generator
舰船用漆 marine varnish
舰船噪声 ship noise
舰船专用燃料 navy special fuel oil
舰队 armada;fleet
舰队供油船 fleet replenishment tanker
舰队后勤船只 fleet train
舰队拖轮 fleet tug
舰队卫星通信[讯]系统 fleetsatcom
舰对岸手提无线电 handie-talkie
舰对水下目标 surface-to-underwater
舰基水上飞机 tender-based seaplane
舰旗 ensign
舰桥 bridge;island
舰上发射装置 sea-going launcher
舰上飞机 shipplane
舰上小艇 dinghy
舰首 bow
舰艏声呐 bow mounted sonar
舰台 island
舰艇 naval ships and boats;naval vessel
舰艇防疫 epidemic prevention of warships
舰艇建造 naval construction
舰艇用反应堆 naval reactor
舰艇用漆 spar varnish
舰尾 stern
舰尾小艇 quarter boat
舰用电子射击系统 gunar
舰用光电指挥仪 naval optoelectronic director
舰用扬声器 navy loudspeaker
舰员需水量 water requirement of sailors
舰载大艇 motor launch
舰载飞机 carrier-based aircraft;carrier-borne aircraft; sea-borne aircraft;ship-based aircraft;shipborne plane
舰载声呐 shipborne sonar
舰载小艇 yawl
舰载鱼雷艇 torpedo-boat on board; vedette(boat)

渐

渐变 anamorphoser;gradation;gradual variation
渐变板 transition(al) slab
渐变不平整度 gradual irregularity
渐变不稳定流 gradually varied unsteady flow
渐变部分<加宽车道的> tapered portion
渐变层 graded bedding; graduated course
渐变长度 tapered length
渐变的 gradual change;gradually varied
渐变动作控制器 graduated acting
渐变段 tapered section;transition region; transition section; transition zone
渐变段损失 transition loss
渐变分布 graded distribution
渐变故障 gradual failure
渐变管 transition pipe;transition tube
渐变光学滤光装置 variable light-filtering device
渐变过渡段 gradual transition
渐变函数 tapering function
渐变弧 graduated arc
渐变加感 tapered loading
渐变尖【地】 taper out
渐变阶段 transitional stage
渐变结构碎料板 size-graded particle board
渐变流 gradually varied flow;slowly varied flow;transition flow
渐变流理论 theory of gradually varied flow
渐变滤光镜 graduated filter
渐变论 gradualism
渐变密度碎料板 graded particle
渐变剖面 transitional profile
渐变曝气法 tapered aeration process
渐变曝气系统 tapered aeration system
渐变器 taper
渐变区 transition region; transition zone;zone of transition
渐变曲线 transition curve
渐变失效 gradual failure
渐变收缩 gradual contraction
渐变水流 gradually varied flow
渐变水跃 gradual hydraulic jump
渐变损失 gradual loss
渐变型光纤 graded-index fiber[fibre]
渐变折射率玻璃纤维 graded-index glass fiber[fibre]
渐变折射率分布 graded-index profile
渐变折射率光波导 graded-index optic(al) waveguide
渐变折射率光纤 graded-index fiber [fibre]
渐变折射率光学纤维 graded-index optic(al) fiber[fibre]
渐变折射率剖面 graded-index profile
渐变种 cline
渐薄船壳板 diminishing strakes; diminishing stuff;tapered planking
渐长海图 equatorial cylindric(al) orthomorphic chart;Mercator chart
渐长区间 meridional parts
渐长投影 Mercator('s) projection
渐长纬度 increase of parallel interval with latitude;meridional parts
渐成论 epigenesis;post-formation theory
渐次逼近法 cut-and-try method
渐次变迁 intergrade
渐次波动 gradual fluctuation
渐次分析法 gradual case analysis
渐次混合 intergrade
渐次近似法 gradual approximation
渐次浸蚀 sap
渐次拼装 progressive erection
渐次倾斜 shelve
渐次损失 gradual loss
渐次消耗 gradual exhaustion
渐粗管 diverging pipe
渐递减杂音 decrescendo murmur
渐动 inching
渐动控制 inching control
渐动起动器 inching starter
渐伐 shelter-wood cutting
渐伐矮林 shelter-wood coppice
渐伐作业法 shelter-wood system
渐化法 integration by reduction
渐加荷载 gradual load;gradually applied load
渐尖 tapering
渐尖的 taper(-pointed)
渐尖形 taper
渐尖叶 acuminate
渐减 decrescence;gradual decrease
渐减的 decrescent
渐减的构造厚度<横跨行车道宽度> tapered construction thickness
渐减函数 decrescent function
渐减曝气<污水活性污泥法的变种> tapered aeration;tapering aeration
渐减曝气法 tapered aeration process; tapering aeration process
渐减曝气活性污泥法 tapered aeration activated sludge process
渐减器<音量、照明的> fader
渐渐 fall into;in-process of time
渐渐逼近 edge in;edge to
渐渐变尖 taper
渐渐地稀薄 fining-off
渐渐明白 dawn
渐渐显映 feed-in
渐渐消灭 die away;die out
渐渐消失 evanesce
渐渐移近 edge in with
渐渐增加速度 gain speed
渐渐追过前船 forge ahead
渐降 falling off
渐降定价法 skimming pricing
渐近 approach;jog
渐近逼近(法) asymptotic(al) approx-

imation
渐近标准误差 asymptotic(al) standard error
渐近表示 asymptotic(al) representation
渐近操作 evolutionary operation
渐近的 asymptotic(al)
渐近的近似 asymptotic(al) approximation
渐近等分性 asymptotic(al) equipartition property
渐近等价 asymptotically equivalent
渐近抵达速度 asymptotic(al) arrival velocity
渐近点 asymptotic(al) point
渐近法 asymptote method;asymptotic(al) method;continuum approach;cut-and-try method;method of approach;method of successive approximation;relaxation method;step-by-step method;successive approximation
渐近方程 asymptote equation;evolution equation
渐近方向 asymptotic(al) direction
渐近分布 asymptotic(al) distribution
渐近分数 convergent
渐近分析 asymptotic(al) analysis
渐近辐射率 asymptotic(al) radiance
渐近公式 asymptote formula;asymptotic(al) formula
渐近估计理论 asymptotic(al) estimation theory
渐近关系式 asymptote relation;asymptotic(al) relation
渐近观测器的传递函数设计 asymptotic(al) observer's transfer function design
渐近轨道 asymptotic(al) orbit
渐近轨迹 approach path
渐近弧 arc of approach
渐近积分 asymptote integration;asymptotic(al) integration
渐近级数 asymptotic(al) series
渐近挤压 incremental extrusion
渐近加色法三原色 additive trichromy by approaching
渐近角 angle of approach;approach angle
渐近接触 approach contact
渐近解 asymptote solution;asymptotic(al) solution
渐近解法 solution by successive approximation
渐近近似(法) asymptotic(al) approximation
渐近巨星支 asymptotic(al) giant branch
渐近可展曲面 asymptotic(al) developable
渐近离去航道 approach-departure path
渐近理论 asymptotic(al) theory
渐近流速 velocity of approach
渐近面 approach surface;asymptotic(al) surface
渐近抛物线 asymptotic(al) parabola;parabolic(al) asymptote
渐近偏振 asymptotic(al) polarization
渐近频率方程 asymptotic(al) frequency equation
渐近坡度 approach slope
渐近切线 asymptotic(al) tangent
渐近求值法 asymptotic(al) evaluation method
渐近曲率 asymptotic(al) curvature
渐近曲线 asymptotic(al) curve;curvilinear asymptote
渐近取样 asymptotic(al) progressive sampling
渐近熵 asymptotic(al) entropy
渐近式 asymptote expression
渐近收敛 asymptote convergence;asymptotic(al) convergence
渐近特性 asymptotic(al) behavio(u)r;asymptotic(al) characteristic
渐近通量 asymptotic(al) flux
渐近稳定度 asymptotic(al) stability
渐近稳定性 asymptotic(al) stability
渐近无偏检验 asymptotic(al) unbias(s)ed test
渐近误差 asymptotic(al) error
渐近误差常数 asymptotic(al) error constant
渐近下界 asymptotic(al) lower bound
渐近线 asymptote(line);asymptotic(al) line
渐近线的 asymptotic(al)
渐近线分析 asymptote analysis;asymptotic(al) analysis
渐近线接近 asymptotic(al) approach
渐近限 asymptotic(al) bound
渐近相等 asymptotic(al) equal
渐近相位 approach phase
渐近效率 asymptotic(al) efficiency
渐近斜度 asymptotic(al) slope
渐近性 gradation
渐近性近似 asymptotic(al) approximation
渐近学 asymptotology
渐近有效估计(值) asymptotically efficient estimate
渐近于零 evanesce
渐近宇宙模型 asymptotic(al) model
渐近阈值浓度 asymptotic(al) threshold concentration
渐近圆 asymptote circle;asymptotic(al) circle
渐近展开式 asymptote expansion;asymptotic(al) expansion
渐近展开式公式 asymptotic(al) expansion formula
渐近正规随机变量 asymptotically normal random variable
渐近正态法 asymptotic(al) normality
渐近正态过程 asymptotically normal process
渐近正态随机变量 asymptotically normal random variable
渐近正态随机变数 asymptotically normal random variable
渐近正态性 asymptotic(al) normality
渐近枝 asymptotic(al) branch
渐近直线 rectilineal asymptote
渐近值 asymptote value;asymptotic(al) value
渐近状态 asymptotic(al) behavio(u)r
渐近锥(面) asymptotic(al) cone
渐近最短置信区间 asymptotic(al) shortest confidence interval
渐进 inching;progressive;evolution;gradualness
渐进超覆 progressive overlap
渐进沉降 progressive settlement
渐进的 graduated
渐进断裂 progressive rupture
渐进法 nibbling method
渐进分期施工法 progressive stage construction
渐进分散施工 progressive stage construction
渐进分选 progressive sorting
渐进干燥窑 continuous kiln;progressive kiln;step-kiln
渐进固结作用 progressive consolidation
渐进剪切 progressive shear
渐进接触 progressive contact
渐进抗阻运动 progressive resistance exercise
渐进裂缝 progressive crack
渐进面应变 progressive plane strain
渐进偏差 progressive deviation
渐进破坏 progressive failure;progressive rupture;successive collapse
渐进破坏效应 effect of progressive failure
渐进取样 progressive sampling
渐进式安全钳 progressive safety clamp
渐进式地槽 progressive geosyncline
渐进式感应加热 scanning heating
渐进式交通信号系统 progressive signal system
渐进式生态过渡带 gradual ecotone;marging ecotone
渐进式施工(法) progressive construction
渐进式污染 gradual pollution
渐进式制动器 progressive brake
渐进塑性屈服 progressive plastic yield
渐进退覆 progressive offlap
渐进性剥落 progressive scaling
渐进性沉降 progressive settlement
渐进性冲刷 progressive scour(ing)
渐进性断层 progressive fault
渐进性故障 progressive failure
渐进性滑动 progressive slide[sliding];successive slip
渐进性流塑 progress plastic flow
渐进性破坏 progressive failure;successive failure;progressive collapse
渐进性损坏 progressive failure
渐进性运动 progressive exercise
渐进应变 progressive strain
渐进转化模型 progressive conversion model
渐开线 evolute;evolvent;involute(curve)
渐开线齿 involute tooth
渐开线齿轮 involute gear
渐开线(齿轮)泵 involute pump
渐开线齿轮滚刀 involute gear hob
渐开线齿轮啮合 involute toothing
渐开线齿轮铣刀 involute gear cutter
渐开线齿面 involute flank
渐开线齿条 involute rack
渐开线齿形 involute profile
渐开线规 involute compasses
渐开线花键 involute spline
渐开线花键滚刀 involute spline hob
渐开线花键拉刀 involute spline broach
渐开线接触比 involute contact ratio
渐开线凸轮 involute cam
渐开线蜗杆 involute worm
渐开线铣刀 involute cutter
渐开线形调制盘 involute reticle
渐开线形凸轮 involute heart cam
渐开线修正齿轮 modified involute gear
渐开线运动 involute motion
渐开线重叠系数 involute contact ratio
渐宽褶 sunburst pleat
渐亏月 waning moon
渐扩段 <通风机、泵等出口的> evase
渐扩风道 diverging air duct
渐扩管 diverging tube;increaser;increasing coupling
渐扩截面水头损失 loss of head at gradual expansion of cross-section
渐扩(式)喷嘴 diffuser nozzle;divergent nozzle
渐离接触 recess contact
渐离相位 recess phase
渐落水头 dropping head;flopping head
渐浅色调 degrade
渐强 crescendo;fade in
渐倾坡 smooth hillside
渐屈面 evolute of a surface
渐屈线 evolute
渐弱 die away;diminuendo;fade out
渐伸(开)线 evolvent;involute
渐升坡 helicline
渐逝波 evanescent wave
渐逝场 evanescent field
渐逝场耦合 evanescent-field coupling
渐收瓦列 diminishing courses
渐衰故障 degradated failure;degradation failure
渐衰期 autumn
渐衰失效 degradated failure;degradation failure
渐松 slipping
渐缩槽 tapered channel
渐缩车道 diminishing lane
渐缩地带 taper
渐缩段 converging transition
渐缩断面 tapered cross-section
渐缩法兰 reducing flange
渐缩放喷管 convergent-divergent inlet
渐缩风道 converging air duct
渐缩管 convergent tube;converging pipe[piping];converging tube[tubing];diminish pipe[piping];diminish tube[tubing];diverging pipe[piping];diverging tube[tubing];pipe reducer;reducing joint;reducing pipe[piping];reducing tube[tubing]
渐缩管道测流量法 reducing pipe method
渐缩管箍 reducing piece
渐缩管接头 union reducer
渐缩管截面 reducer section
渐缩管配件 reducing pipe fitting
渐缩管嘴 reducing nozzle
渐缩环形山弧 decremental arc
渐缩环形山链 decremental chain
渐缩联结 reducing coupling
渐缩联支管 reducing nipple
渐缩流 converging flow
渐缩喷嘴 convergent nozzle;negative throat nozzle
渐缩区 contraction
渐缩三通管 reducing tee[T]
渐缩算法 knapsack algorithm
渐缩套管 reducing piece
渐缩突缘 reducing flange
渐缩弯管 reducing elbow
渐缩问题 knapsack problem
渐缩斜弯头 reducing taper elbow
渐缩形管 converging tube
渐缩形加速车道 tapered acceleration lane
渐缩形进水口 convergence entrance
渐坍 <房屋> progressive collapse
渐退 fall away
渐退型 decrescendo type
渐危种 vulnerable species
渐细 tapering
渐细等高线 feather edging;feathering
渐细河流线 step-tapered drainage line
渐显 fade in
渐现 fade in
渐现渐隐 fade and dissolve
渐消失区 evanescent region
渐小的 decrescent
渐小渐大喷嘴 De Laval nozzle
渐小至消失 peter out
渐新纪【地】Oligocene period
渐新世【地】Oligocene epoch
渐新世海退 Oligocene regression
渐新统【地】Oligocene series
渐隐 dissolve;fade out

渐隐系统 fade-out system
渐盈月 waxing moon
渐远弧 arc of recess
渐远角 angle of recess;recess angle
渐晕 vignette;vignetting
渐晕带 <岸边水域用> vignetted band
渐晕光栏 vignetting mask;vignetting stop
渐晕校正滤光镜 vignetting filter
渐晕接触网目片 vignetted dot contact film screen
渐晕接触网目屏 contact vignetted screen
渐晕图案 vignetting pattern
渐晕网目片 vignetted screen
渐晕效应 vignetting effect
渐晕因数 vignetting factor
渐晕照相法 photographic(al) vignetting
渐增 gather
渐增的 increscent
渐增法 incremental method
渐增反应 increment reaction
渐增负荷 incremental loading
渐增荷载法 incremental load method
渐增热 calescence
渐增实现 incremental implementation
渐增温 calescence
渐增性开发 incremental development

溅板式喷嘴 splash-plate injector;splash-wall injector; spray-cup injector;spray-plate injector

溅彩 spatter dash;spattering
溅彩喷枪 spatter gun
溅彩涂层 spatter finish
溅彩涂料 spatter paint
溅彩涂装 spatter finish
溅彩涂装法 spatter coating; spatter method
溅出 blowing;slop;splash
溅出的液体 slop
溅出溶液 spillage solution
溅出物 spatters
溅底 curtaining
溅镀 sputter
溅镀率 sputtering yield
溅镀系数 sputtering yield
溅环式喷嘴 splash-ring injector
溅击冲蚀 raindrop erosion
溅击侵蚀 splash erosion
溅浆指数 <按每小时路面边缘溅出的材料,以立方英寸计,1 立方英寸 = 16.387 立方厘米> pumping index
溅浪 oversplash
溅浪区 overwash zone;splash zone;spray zone
溅漏的水 spilling water
溅落 ditching;splashdown
溅落熔岩 spatter
溅落熔岩锥 spatter cone
溅落网 splash net
溅麻面 spilliness;shelliness
溅模 curtaining
溅泥 splash(ing)
溅黏[粘] spatter
溅盘 splash basin
溅泼 plash;splatter;swash
溅泼区 splash zone
溅泼声 slosh
溅起水的人(或物) splasher
溅洒器 splasher
溅洒设备 sprinkling device
溅散 splattering;spurting;sputtering
溅射 spattering;splash;spurting;sputtering
溅射泵 sputter pump
溅射薄膜 sputtered film
溅射薄膜磁盘 sputtered film disc
溅射镀膜 sputter coating
溅射法 sputtering method
溅射覆盖物 ejecta blanket
溅射工艺 sputtering technology
溅射机 sputter
溅射介质薄膜 sputtered dielectric(al) film
溅射离子泵 sputter ion pump
溅射率 sputtering yield
溅射膜层 sputtered layer
溅射热电薄膜探测器 pyroelectric(al) sputtered thin film detector
溅射润滑(法) splash lubrication
溅射射束 sputtered beam
溅射蚀刻 sputter etching
溅射室 sputtering chamber
溅射涂膜 sputter coating
溅射系数 sputtering yield
溅射系统 sputtering system
溅射型空心阴极放电 sputtering hollow cathode discharge
溅射源 sputtering source
溅声 splash
溅湿 dabble;slush
溅湿地 flush
溅蚀 splash erosion;sputter
溅水 splashdown; splashing; water splash
溅水板 splash board;splash plate
溅水板条 splash plate
溅水盘 splash box
溅水盘式喷头 deflector-type sprinkler
溅水喷嘴 splash nozzle;spray nozzle
溅水损失 <雨量器的> splash loss
溅水雾花 splash fog
溅水现象 water splashing
溅损 spatter loss
溅涂 spattering
溅涂喷枪 spatter gun
溅涂装置 sputtering equipment
溅污 slush;spatter
溅油环 oil thrower;splash ring
溅油圈 oil thrower
溅油润滑系统 splash feed system
溅油润滑油池 splash trough
溅着水前进 splash

腱胶 sinew glue

腱组 tendon group

鉴别 appraisal; appraise; appraisement; appreciation; differentiation; discrimination; expertise; metric(al) rating;secern

鉴别备选方案成本 identifying cost of alternatives
鉴别本领 resolving power
鉴别标志 identification mark(er);identification marking;identification sign
鉴别代码 authentication code
鉴别单元 identity unit
鉴别断路器 discriminating cut-out
鉴别反应 identification reaction
鉴别符号 authentication code
鉴别过程 discrimination process
鉴别继电器 discriminating relay
鉴别寄主 differential host
鉴别检验 diagnostic test
鉴别角 resolution angle
鉴别接收 identity reception
鉴别精度 discrimination accuracy
鉴别力 acuity;discriminability;flair;resolving ability;taste
鉴别力损耗 lack of resolution
鉴别灵敏度 discrimination threshold
鉴别滤波器 discrimination filter
鉴别率 detectability;discrimination;resolution
鉴别率板 resolution chart;resolution test pattern
鉴别能力 discrimination capacity;resolution capability;resolving ability
鉴别能力倾向测验 differential aptitude test
鉴别能力倾向成套测验 differential aptitude test battery
鉴别判定 discrimination decision
鉴别培养基 differential medium;indicator medium
鉴别器 assessor;descriminator;evaluator;identifier
鉴别染色法 differential staining
鉴别式 discriminant
鉴别试验 identification test(ing)
鉴别输出 discrimination output
鉴别数据处理系统 discrimination data processing system
鉴别突块 discriminating projection
鉴别误差 discrimination error
鉴别吸附 differential adsorption
鉴别线圈 identity coil
鉴别销 discriminating pin; discriminating projection
鉴别销号 discriminating pin number;identification pin number
鉴别信号 distinguishing signal
鉴别性 distinctive;distinctiveness
鉴别性保护系统 discriminating protective system
鉴别选择机 discriminating selector;discrimination selecting machine
鉴别选择器 discriminating selector
鉴别异常反射系数 identify anomalous reflection coefficients
鉴别阈 discriminant threshold; discriminate threshold; discrimination threshold
鉴别元件 discriminating element; identity element
鉴别者 differentiator
鉴别诊断 differential diagnosis
鉴别指令 decision instruction; discrimination instruction
鉴别指数 identification index
鉴别终止 end of identify
鉴差计 differential discriminator
鉴定 appraisal; appraise; appraisement;approval test;assay;certification; criticism [criticize]; expertise [expertize];identifying;judgement;merit rating; probation; verification;verify;identification
鉴定棒 assay bar
鉴定报告 appraisal report;evaluation report; expert's report; inspection report; surveyor's report; survey report
鉴定备选方案 identify alternatives
鉴定标志 identification marker
鉴定标准 ideal of perfection;scale of points;standard of perfection
鉴定参数 identification parameter
鉴定成本 appraisal cost
鉴定的 probative
鉴定法 method of identification;survey method
鉴定方法 appraisal method;methods of determination
鉴定费(用) appraisal cost;surveyor's fee;commission of survey
鉴定符 authenticator
鉴定管 assessor
鉴定规程 verifying procedure
鉴定过程 qualification process
鉴定合格 accreditation
鉴定灰壤土和灰化土 identification of podzols and podzolised soils
鉴定会 appraisal meeting
鉴定机构 accrediting body
鉴定极限 realizable limit
鉴定技术 judging technique
鉴定家 colinoisseur;connoisseur
鉴定检索表 key for identification
鉴定卡 identification card
鉴定矿床 evaluate a deposit
鉴定栏 culling chute
鉴定品质证书 surveyor's quality certificate
鉴定期 assay period
鉴定器 assessor;detector
鉴定人 appraiser;assessor;expert(witness); identifier; identifying operator;surveyor;valuer
鉴定人证明 expert evidence
鉴定日期 appraisal date; date of appraisal
鉴定试验 approval test; certificate test; certification test; check test; design test;evaluation test;identification test(ing);qualification test
鉴定试验规范 evaluation test specification
鉴定试验规划 evaluation test program(me)
鉴定试验说明书 evaluation test specification
鉴定售价 justified selling price
鉴定书 expertise report;testimonial
鉴定特征【地】identification mark
鉴定委员会 Agreement Board
鉴定细菌学 determinative bacteriology
鉴定限度 limit of identification
鉴定行报告 surveyor's report
鉴定性抽样 judgement sampling
鉴定性试验 evaluation trial
鉴定颜色纯度 judge a colo(u)r
鉴定样品 sample for determination identification
鉴定意见 expert opinion
鉴定用试剂 identifier
鉴定员 surveyor; appraiser; expert witness;identifier;identifying operator;referee <受法庭委托的>
鉴定者 assessor
鉴定证 calibration certificate;certificate of identification;certificate of identity
鉴定证(明)书 agreement certificate;assay certificate;authenticated documents;surveyor's report
鉴定指标 identification index
鉴定制 system of identification
鉴定种类 identifying species
鉴定重量证书 surveyor's weight certificate
鉴码器 code discriminator
鉴频 frequency demodulation;frequency discrimination
鉴频变压器 discriminator transformer
鉴频电路 frequency-discrimination circuit
鉴频断路器 discriminating cut-out
鉴频管 discriminator tube
鉴频光学限制器 frequency discriminating optic(al) chopper
鉴频雷达应答器 frequency agile racon
鉴频雷康 frequency agile racon
鉴频能力 discriminability
鉴频器 discriminator; frequency de-

J

tector; frequency discriminator; frequency modulation detector; frequency-sensitive detector
鉴频器谐振点间距 discriminator peak separation
鉴频输出 discrimination output
鉴认人 appraiser
鉴赏力 taste
鉴时器 time discriminator
鉴相 phase demodulation
鉴相断路器 discriminating cut-out
鉴相管 phase-detector tube
鉴相器 descriminator; discriminator; phase demodulator; phase detector; phase discriminator; phase sensitive rectifier
鉴相位电路 discriminator circuit
鉴相元件 phase-detecting element
鉴于条款 whereas clause
鉴证 authentication

键

键板 key board; key plate

键标帽 key mat
键表 key table
键柄 catch handle; clasp handle; key lever; latch handle
键柄连锁 catch handle interlocking
键参数 bond parameter
键槽 key bed; key groove; key hole; key sea (ting); key slot; key trench; keyway; open mortise
键槽插床 keyseater; key slotting machine
键槽插刀 keyway slotting tool
键槽划线盘 guide liner
键槽机 key-seating machine; keyway slotting machine
键槽加工装置 keyway attachment
键槽接头 spline adapter
键槽卡钻 key-seating sticking
键槽拉床 drawcut type keyseater
键槽拉刀 keyseated broach; spline broach
键槽连接 spline joint
键槽连接式曲轴 split spline crankshaft
键槽轮毂 key boss
键槽螺母 captive nut
键槽刨床 keyway planer; keyway planing machine
键槽切削刀具 keyway cutting tool
键槽条 spline
键槽铣床 keyseater; key-seat (ing) milling machine
键槽铣刀 cotter cutter; cotter mill cutter; keyseater; keyway (milling) cutter; slot miller
键插口 key socket
键长【化】bond distance; bond length
键传动 key drive
键床 key bed
键存取 key access
键错率 rate-of-keying error
键带信息输入 key tape load
键岛 oasis[复 oases]
键的长度 key length
键的重复启动 typematic key stroke
键电平 key level
键垫 key mat
键垫圈 key washer
键叠合 key folding
键顶 key top
键顶符号 keytop symbol
键断 key break
键阀 key valve
键分裂 bond fission
键封锁 key lock
键杆 key lever
键轨函数 bonding orbital
键合 bonding; linkage; spline fit
键合剂 bonding agent
键合接点 bond contact
键合力 bonding force
键合梁 dowel (l) ed beam; keyed beam; keyed girder
键合梁桥 dowel(l)ed beam bridge
键合木梁 dowel (l) ed timber beam; dowel(l)ed wooden beam
键合木梁系统 system of dowelled wood(en) beams
键合强度 bond strength
键合热 heat of linkage
键合势垒 bonded-carrier
键合图 bond graph
键合相 bonded phase
键合相层析 bonded phase chromatography
键合相覆盖率 bonded phase coverage
键合相填充物 bonded phase packings
键合相填料 bonded phase packings
键合形式 bonding scheme
键环 key ring
键击 thump
键击噪声抑制器 thump killer
键级 bond order
键集 key set
键架 keyframe; key shelf
键角【化】bond angle
键角变形【化】bond-angle deformation
键校对 key verify
键接 keying(-in)
键接雌雄榫 keyed mortise and tenon joint
键接的 keyed
键接地板 splined flooring
键接缝 keyed joint
键接合 cotter joint; keyed joint (ing); placement; keying mix; spline joint
键接合梁 keyed girder; keyed beam
键接梁 dowel (l) ed beam; key (ed) beam
键接施工缝 key (ed) construction joint
键接头 spline joint
键接组合梁 dowel(l)ed beam; keyed composite girder; keyed compound beam; keyed compound girder
键接作用 keying action
键结 linkage
键结合 key component; key connection
键结合木梁桥 key and bolt connected timber beam bridge
键矩 bond moment
键孔 key hole
键孔槽 keyhole slot
键孔穿孔机 keyboard perforator; key punch(machine)
键孔锯 keyhole saw
键控 key drive; keying; key modulation; press-key control
键控波 keying wave
键控波浪发生器 off-on wave generator
键控波形 keying waveform
键控彩虹信号 keyed rainbow signal
键控穿孔 key(board) punch
键控穿孔错误 key punch error
键控穿孔机 key punch (er) (machine)
键控代码 key code
键控倒转 key roll over
键控的 key-controlled; keyed
键控电话装置 key telephone unit
键控电路 keying circuit
键控电平 keying level
键控调幅 keyed amplitude modulation
键控调制 key modulation
键控调制电路 keying modulation circuit
键控多谐振荡器 keyer multivibrator
键控发射机 key sender
键控法 keying method
键控范围 key range
键控放大器 keyed amplifier; keying amplifier
键控(格栅)横撑 keyed strutting
键控管 keyer tube
键控机 key-actuating machine
键控继电器 key(ing) relay
键控监测器 keying monitor
键控检索 manipulative indexing
键控解能 dissociation energy of bond
键控开关 gate-controlled switch; gate turnoff switch
键控铃呼叫 machine key ring
键控铃流机振铃 machine key ringing
键控脉冲 key(ing) pulse
键控频率 keying frequency
键控器 keyboard keyer; keyer; keying unit; manipulator; sender key; sending key
键控钳位 keyed clamp
键控钳位脉冲 clamp keying pulse
键控钳压电路 keyed clamping circuit
键控速度 keying speed; speed of manipulation
键控系统 key control system
键控信号 keying signal; switch signal
键控信号发生器 keying wave generator; off-on wave generator
键控信号振荡器 off-on wave generator
键控终端中继线 key ended trunk
键控装置 keying device
键控自动增益控制电路 keyed automatic gain control circuit
键扣 knob of key
键块 key board
键力 bonding force; bond strength
键力常数 bond force constant
键连接 joining with keypiece; key connection; keyed joint
键联 binding
键裂解能 bond dissociation energy
键裂开 bond scission
键流吸收器 keying absorber
键路火花消除器 key filter
键螺母 key nut
键螺栓 key bolt
键能 binding energy
键钮 hedgehog
键盘 clavier; finger-board; keyboard【计】
键盘编程器 keyboard programming
键盘编码器 keyboard encoder; keycoder
键盘布局 keyboard layout
键盘插口 keyboard jack
键盘穿孔机 keyboard perforator; keyboard punch
键盘打印机 keyboard printer
键盘打字机 console type writer
键盘发报机 keyboard transmitter
键盘发报机构 keyboard transmitting mechanism
键盘发送-接收装置 keyboard send-receive
键盘封锁 keyboard lockout
键盘功能键 keyboard function key
键盘接点 keyboard contact
键盘接头 keyboard jack
键盘控制的 keyboard-controlled
键盘控制键 keyboard control key
键盘控制台 keyboard console
键盘路由选择 keyboard select routing
键盘扫描 keyboard scan
键盘式复凿孔机 keyboard typing reperforator
键盘式验孔 key verify
键盘收发终端 keyboard send/receive terminal
键盘输入 keyboard entry; keyboard input; keyboarding
键盘输入打印输出 keyboard input printout
键盘输入模拟 keyboard input simulation
键盘锁定 keyboard lock-up
键盘显示器 keyboard display
键盘显示器接口 keyboard display interface
键盘询问 keyboard inquiry
键盘凿孔机 keyboard perforator
键盘罩纸 key mat
键频率 bond frequency
键起子 key driver
键驱动 key drive
键圈轮箍固定法 key ring tire fastening
键石 head stone
键示呼叫指示器 key-display call indicator
键式加深梁 deepened beam with keys
键式开关 key switch
键式冷床 <带导向梁的> chain skid bank
键数 Bond number
键数位位值 key column values
键索引 chain index
键调波 telegraph-modulated wave
键位移 bond shifting
键纹板 key escutcheon
键销 cotter(key); keying pin
键形塞缝骨料 keyed aggregate
键型二极管 bond type diode
键噪滤波器 key filter
键罩纸 key mat
键座 key base; key bed; key seat; key shelf

僭

僭取 arrogate

槛

槛 sill[cill]; raised piece

槛槽 sill lip
槛窗 sill wall window
槛档 sill lip
槛顶水深 sill depth
槛梁 sill beam
槛锚 plate anchor; sill anchor
槛木 bedsill; grating beam; grating cill [sill]; ground beam; ground brace; ground plate; ground sill; mud sill; sill timber; subsill
槛内锁 mortise latch
槛墙 sill wall
槛上水深 depth of water on sill
槛式测流槽 flume with hump
槛式控制 sill control
槛式泄水道 sill sluice
槛水深 sill depth
槛下泄水 sill sluice
槛下泄水道 sill sluice
槛砖 sill tile

箭

箭窗 loophole

箭道图 <表示关键路线法计划中的某项活动> activity arrow; arrow diagram
箭洞 <城墙上开的> archeria

箭号 arrow
箭孔 loophole;oeillet
箭翎线【铁】herringbone track;narrow track
箭翎形 herringbone
箭翎形编组站【铁】D-herringbone track
箭翎形线路布置 herringbone track layout
箭楼 embrasured watchtower
箭石 arrow stone;belemnite
箭石动物地理区 belemnite faunal province
箭示活动网络 activity-on-arrow network
箭式网络图 arrow diagram
箭塔 <城堡上的> bartizan
箭探空仪 rocket sonde
箭筒 quiver;umbrella stand
箭头 arrow(head);finger
箭头标志 arrow mark
箭头表示法 arrow notation
箭头侧 arrow side
箭头的 arrowheaded
箭头方向 direction of arrow
箭头符号 arrow symbol
箭头高度 arrow height
箭头记号 <统筹法中一个箭头代表一个活动,在网络中作为图解之用> arrow
箭头块实体 arrow block
箭头式钢套筒填充砂浆锚杆(法) <加固边坡用> arrow point anchor
箭头式网络 arrow-type network
箭头饰 arrowhead decoration
箭头所示高度 arrow height
箭头图 arrow diagram;arrow plot;tadpole plot
箭头图示 arrow diagramming
箭头网络 arrow network
箭头形的 arrowheaded
箭头形钩子 arrowhead clasp
箭头形坑 arrowhead depression
箭头形条子花纹 arrow stripe
箭头形叶片 sagittate leaf
箭头形支撑 double triangulated system
箭头指针 spear pointer
箭头装饰 dart
箭图表(进度计划)arrow diagram
箭线 arrow
箭线工序法 activity on the arrow
箭形铲 arrow shaped share;stem sweep
箭形锄铲 A-hoe blade;V-shaped sweep
箭形的 arrow-like
箭形掘铲 arrow shaped share
箭形圈密封 seal by arrow-like rings;seal with arrow-rings
箭形松土铲 arrowhead shovel
箭形天线 <一种水平辐射特强的定向天线> arrow antenna
箭形网络图 arrow network
箭形中耕铲 shovel sweep
箭形中耕锄铲 duck foot
箭眼 barbican
箭指 sword finger
箭猪 <清除积泥用的沟管清通器> porcupine
箭竹 arrow bamboo
箭竹林 arrow bamboo grove
箭状的 arrowheaded
箭状物 arrow

江

江岸 bank;bank of river;river bank
江岸地区 waterfront area
江边 riverside;water front
江边道路 bund
江船 river boat
江底盾构 under-river shield
江底隧道 under-river tunnel
江河 rivers
江河白鳍豚 Chinese river dolphin
江河的 potamic
江河分水区 interfluve
江河航行 river navigation
江河及港口导航系统 river and harbo(u)r aid to navigation system
江河交叉点 river junction
江河流域 river basin
江河流域综合开发 integrated river-basin development
江河平均水位 mean river level
江河侵蚀 river erosion
江河取水口 river intake
江河入海的港湾 liman
江河入海口 estuary
江河生物净化区 river zone
江河水雷 river mine
江河水流 stream current;fluvial current
江河水位 river stage
江河水文站 river station
江河图 river chart
江河巡逻艇 river patrol boat
江口沉积 potamogenic deposit
江口段 estuary
江口沙洲 mouth bar
江轮 river steamer
江南园林 <中国> Jiangnan private gardens;garden on the Yangtze Delta
江豚 Chinese finless porpoise;finless (black) porpoise
江心岛 central island
江心木材捆塞 centre jam
江心浅滩 mid-channel bar
江心沙洲 mid-channel bar
江心滩 braid bar;center bar;centre bank;channel island;mid-channel bar;midstream bar
江心洲 braid bar;center bar;central bar;centre bank;channel island;mid-channel bar;midstream bar;middle ground(shoal)
江心洲旁边的短直的水道 chute cutoff
江心洲头 river island head
江心洲尾 river island tail;tail of river islet
江中悬浮物质 river suspended drift

姜

姜黄 atractylis ovata;curcuma;rhizoma curcumae longae;turmeric;wild turmeric
姜黄试纸 turmeric test paper
姜黄纸 turmeric paper
姜基散射公式 Jauncey's scattering formula
姜酮 zingiberone
姜烯 zingiberene
姜烯粉 shogaol
姜油脂 gingerin

将

将表面翻转起来 obversion
将薄板胶合成圆拱形 ribbing up
将不同尺寸石料逐层砌成水平层 brought to courses
将财物委托于人 bali
将测杆立直 plumb the rod
将钉头敲弯的钉子 clench nail
将伐倒的树锯成圆木 bucking
将翻车机内空车推出去的设备 ejector mechanism
将废弃道路 obsolescent road;obsolete road
将费用报大 overinvoice
将钢丝绳穿入滑轮 rove
将公司等合并 amalgamate
将公有土地授予私人 private land grant
将固定件固定于完工位置 driving home
将国营转为私营 denationalise[denationalize]
将货物提交海关检查 submit goods to customs control
将货物装入集装箱 containerise[containerize]
将获得的房地产 future acquired property
将结果与原来对比 relation of results to the originals
将紧固件扳紧 wrenching
将井报废 abandon a well
将矩形物破坏成平行四边形的力 wracking force
将军锚 king anchor;sam(p)son anchor
将军俑 general
将开口钢管打入地下 casing off
将军柱 derrick post;kingpost
将来环境角色 future surrounding case
将来交通量 future traffic volume
将来扩建 future extension
将来潜在可采储量 future potential recovery
将来市场 prospective market
将来预期的数据 future expected data
将来值 future value;future worth
将来值比较法 future worth comparisons
将利润、收益用于投资等用途以推迟纳税 tax shelter
将利息滚入本金计算复利 accumulate at interest
将两条平行对称的管子连接到一条管子的配件 breech fitting
将列车停靠站台 berth trains at platform
将临故障 <正在出现但未造成后果的> incipient failure
将抹灰底层抓毛 combing
将木料油漆成光花心木状 mahoganize
将牛粪、石灰、砂子和牛毛涂在帆布上作为圆管热绝缘材料 monkey dung
将盘 lying wall
将期票延期 renew a bill
将旗扎上 stop a flag
将绳从滑车抽出 unreeve
将水泥粘牢 cement down
将塌房屋 dilapidated building
将投资利息滚入本金的积累 accumulation units
将图纸分区 zoning a drawing
将土分类开挖 classified excavation
将卸货物 outloading
将要倒塌的 ramshackle
将要废弃的 obsolescent
将要滑动滑坡 potential landslide
将要完成 on the way to
将已得贷款作另一贷款的抵押品 collateralized junior mortgage
将硬化的石灰砂浆恢复为塑性状态 knocking up
将圆作成等积正方形 quadrate
将针状物塞入墙内 needling
将制动机置于动作位 set a brake in operating position
将终身产权与继承权合并的证书 deed of surrender
将砖砍成需要的形状 cut brick
将资料信息等标注在图上 map plotting
将钻杆下到孔底 carry pipe right to the bottom
将钻具下入孔内 running the tools into the well
将钻探工具放置钻孔内 drill feed

浆

浆斑点 slime peat
浆板撕碎机 pulping device;pulping engine
浆槽 chest;sizing box
浆床反应器 slurry bed reactor
浆缝 grouted joint
浆幅 pulp web
浆幅形成区 web forming zone
浆疙瘩 drag spot
浆毂涡流 hub eddy
浆果 bacca;berry
浆果紫杉 European yew
浆痕 roping
浆化 pulp
浆架 crutch
浆结的 cement stabilized
浆孔有效圈交叠厚度 overlapping thickness of effective circles
浆料 blunge water;grouting agent;pasty stock;sizing material;slurry
浆料成分 grout ingredient
浆料稠度测定器 <压力灌浆> flow cone
浆料稠度计 slip ga(u)ge
浆料反应器 slurry reactor
浆料输送 slurry transport
浆轮 paddle wheel
浆皮 laitance coating;laitance layer
浆片效率 blade efficiency
浆粕抄造机 pulp machine
浆粕机 pulper
浆砌 grouting;wet masonry;grout pour
浆砌大块石 cyclopean masonry
浆砌的 cement stabilized
浆砌堆石坝 grouted rockfill dam;rock-fill dam with mortar
浆砌缸砖路面 brick pavement upon mortar bed
浆砌块石 cement stabilized block;grounded rubble;grouted rubble;grouted stone;mortar pitching;rubble with binding material
浆砌块石坝 cyclopean masonry dam
浆砌块石护岸 grouted pitching
浆砌块石圬土 mortar rubble masonry
浆砌路面 cement stabilized pavement
浆砌乱石拱桥 grouted riprap arch bridge
浆砌乱石(块)grouted riprap
浆砌蛮石坝 cyclopean masonry dam
浆砌毛石 rubble with binding material
浆砌毛石护坡 mortar rubble masonry pavement
浆砌毛石砌体 mortar rubble masonry
浆砌毛石圬工 mortar rubble masonry
浆砌片(块)mortar rubble retaining wall
浆砌片石 mortar rubble
浆砌片石护坡 mortar rubble masonry pavement
浆砌片石基础 mortar rubble foundation
浆砌片石砌体 mortar rubble masonry
浆砌片石踏步 step with mortar rubble
浆砌片石圬工 mortar rubble masonry
浆砌墙 mortar wall(ing)
浆砌施工 wet construction
浆砌石拱坝 masonry arch dam
浆砌石路面 ruderation
浆砌石重力坝 masonry gravity dam;

paste lining gravity dam
浆砌圬工 cement-laid masonry; mortar masonry(work); wet masonry
浆砌砖 grouted brick
浆色 paste colo(u)r
浆纱 slashings
浆纱机 dresser; sizing machine; slasher
浆筛 pulp screen
浆式混合机 compulsory mixer
浆式搅拌器 dasher
浆式曝气器 paddle aerator
浆刷的 sizy
浆水 pulpwater
浆体集料界面 paste aggregate interface
浆体集料黏[粘]结 paste aggregate bond
浆体流化剂 fluidifier
浆土 puddled soil
浆洗 launder
浆洗和干洗 laundering and dry cleaning
浆液 grout(ing); grouting agent
浆液比重 specific gravity of serous
浆液材料 serous material
浆液充填 slurry packing
浆液对管道侵蚀 slurry erosion
浆液分泌 serous secretion
浆液混合料 grout mix(ture)
浆液搅拌机 grout mixer
浆液浸润 serous infiltration
浆液抗剪强度 shearing strength of serous material
浆液可灌因数 consistence factor
浆液类型 serous type
浆液流量 serous material flow
浆液黏[粘]滞性系数 coefficient of viscosity of serous material
浆液浓度 serous material concentration
浆液配比 grout proportion
浆液配合比 grout mix proportion
浆液配制 grout fabrication
浆液容许压力 allowable pressure of serous material
浆液输送 slurry transport
浆液输送管道 slurry pipeline
浆液输送系统 slurry system
浆液脱水设备 slurry dewater plant
浆液性渗出物 serous effusion; serous exudate
浆液性渗漏液 serous effusion
浆预拌槽 slurry preparing tank
浆纸机 wet machine
浆装药 slurry explosive
浆装药爆破 slurry blasting
浆状除漆剂 paint stripper in paste form
浆状的 pasty; pulpy
浆状混凝土 mushy concrete
浆状聚合物 paste polymer
浆状泥料 pate
浆状去漆剂 paint remover in paste form
浆状染料 paste dye; paste form of dyes
浆状色料 dispersal colo(u)r
浆状体 jelly
浆状填充法 slurry packing
浆状物 pulp; syrup
浆状物搅拌输送螺旋 slurry auger
浆状颜料 paste pigment
浆状炸药 blasting slurry; slurry-type blasting agent; slurry(-type) explosive
浆状助熔剂 paste flux

僵化 rigidity

僵化微分方程 stiff differential equation
僵局 deadlock
僵黏[粘]土 stiff clay
僵烧 dead burn; dead burn(ing)
僵烧白云石 dead-burned dolomite
僵烧的 dead-burned; dead-burnt
僵烧硫酸钙 dead-burned calcium sulphate
僵烧镁矿砂 dead-burned magnesite
僵烧镁氧 dead-burned magnesia
僵烧石膏 dead-burned plaster
僵石 loess child; loess concretion; loess doll
僵硬 rigidity; stiffness
僵硬的 stark
僵硬的系统 inelastic system
僵硬价格 rigid price

缰绳 bridle rope; rein

礓礤 indentation; serration

礓礤坡道 indented ramp; ramp with serrated surface

疆界海湾 boundary bay

疆界内海 boundary land-locked sea
疆外的 transborder

讲话箱 <一种防噪声设备> talk box

讲价 drive a bargain; haggle over a bargain; haggle over prices
讲价钱 chaffer
讲解导游 guided lecture tour
讲经台 analogion; pulpit; mimbar <伊斯兰教寺院的>; bimah <犹太教的>
讲究的摇椅 Boston rocker
讲究卫生 attention to hygiene
讲究信誉 respect the reputation
讲究音质者 audiophile
讲师 docent; instructor; reader <英>; lecturer
讲述者 teller
讲台 dais; estrade; forum[复 forums/fora]; lectern; platform; pulpit; rostrum[复 rostra]; stage
讲台桌 almamor; almanac
讲坛 bema; lectern; mimbar; pulpit; rostrum[复 rostra]; speaker stand; tribune; minbar <清真寺的>
讲坛壁龛 tribune niche
讲坛反声板 sounding tester
讲坛扶梯 pulpit stair(case)
讲坛雨棚 colura
讲坛柱 tribune column
讲坛柱顶 pulpit canopy
讲堂 lecture room; lecture theatre [theater]
讲条件 higgling
讲演厅 auditorium[复 auditoria]; cavea; lecture hall
讲义夹 file
讲座 forum[复 forums/fora]; lecture

奖惩 commendation and penalization; reward and punishment

奖惩合同 bonus-penalty contract
奖惩条款 bonus-penalty provision; penalty-and-bonus clause
奖惩条例 bonus and penalty clause
奖惩制度 system of rewards and penalties
奖罚合同 bonus-penalty contract
奖罚条款 bonus and penalty clause
奖金 bonus; gratification; hat money; incentive pay(ment); money award; premium; reward; reward and bonus; subsidization; subsidy
奖金储备 bonus payment reserve
奖金额 amount of bonus
奖金法 bonus method
奖金分配 reward distribution
奖金分配法 bonus plan
奖金工资 bonus wage
奖金和津贴制 bonus and premium plan
奖金基金 bonus fund
奖金及赔偿条款 penalty-and-bonus clause
奖金记录 bonus record
奖金津贴 incentive pay(ment)
奖金净额 net premium
奖金式工资 bonus wage
奖金条款 bonus clause
奖金条例 bonus clause
奖金账 bonus account
奖金账目 bonus account
奖金制度 bonus plan; bonus system; premium system
奖励 patronage
奖励标准 incentive standard
奖励出口制 incentive export system
奖励费用 award fee
奖励分红基金 bonus and dividend fund
奖励付款 bonus payment
奖励工业 incentive industry
奖励工资 incentive wage; premium; wage incentive
奖励工资计划 incentive pay plan; incentive wage payment plan; wage incentive plan
奖励工资制 bonus system; premium system
奖励工资制度 incentive system of wages
奖励计划 incentive plan; incentive scheme
奖励建议制度 incentive-suggestion system
奖励金 bounty
奖励贸易 drum up trade
奖励条款 bonus clause
奖励投资条例 investment incentive act
奖励制度 incentive system
奖励综合利用制度 system of rewarding comprehensive utilization
奖品 trophy
奖品橱 trophy case
奖品匣 trophy case
奖旗 pennant
奖学金 exhibition; scholarship
奖章 medal
奖状 diploma; testimonial

桨 oar; paddle

桨板 paddle board
桨板搅拌机 paddle mixer
桨板搅拌机制 paddle mechanism
桨板(式)搅拌器 paddle stirrer
桨板式曝气器 paddle aerator
桨板式曝气系统 paddle aeration system
桨板式压路机 paddle foot roller
桨臂搅拌机 arm stirrer
桨柄 loom of an oar; oar handle; oar loom
桨柄感受器 paddle arm sensor
桨叉 boat crutch; crutch; oar block; oarlock; rowlock
桨叉插板 rowlock plate
桨插垫木 oarlock block
桨程 stroke
桨船 oar
桨挡水 backwater; hold water
桨的扁平部分 oar palm
桨耳板 thole board
桨毂 propeller boss; screw boss
桨毂后端面 aft end face of boss
桨毂空化 hub cavitation
桨架 rowlock
桨架板 thole board
桨架孔 crutch hole
桨距 propeller pitch
桨距自动调整装置 autocoarse pitch
桨轮拌式和机 paddle mixer
桨轮曝气 <污水处理池用> paddle wheel aeration
桨轮通气 paddle wheel aeration
桨轮轴 paddle shaft
桨门 oar hole; oarlock; rowlock
桨门板 shutter
桨门承板 rowlock cheek; swell piece
桨门加强板 rowlock cheek; swell piece
桨片 blade
桨圈 becket rowlock
桨设备 oarage
桨式拌和机 paddle-type mixer
桨式泵 paddle pump
桨式混合机 compulsory mixer; paddle mixer
桨式搅拌混合机 paddle-type mixer
桨式搅拌机 arm mixer; blade paddle mixer; blade paddle stirrer; paddle agitator
桨式搅拌器 paddle-type agitator; paddle-type stirrer
桨式搅动机 blade agitator
桨式搅动器 paddle(-type) agitator
桨式曝气器 paddle aerator
桨式装载机 paddle loader
桨手 boatman; oarsman; rower
桨手座 boat thwart
桨手座板 stroke thwart
桨栓 thole; thole pin; thow(e)l
桨位 oar's number
桨叶 blade; feathering vane; impeller blade; impeller vane; oar blade; paddle; runner blade; runner vane; vane
桨叶安装角 angle of pitch(ing)
桨叶泵 propeller pump
桨叶柄 paddle arm
桨叶拆装孔 blade removal opening
桨叶长度 blade length
桨叶附根 shear shoulder
桨叶感受器 <摊铺机上用以调节摊铺厚度的> paddle arm sensor
桨叶给料器 paddle feeder
桨叶基频 fundamental blade passage frequency
桨叶尖旋涡 tip eddy
桨叶减震器 blade damper
桨叶检修孔 blade removal opening
桨叶角 blade angle
桨叶搅拌机 blade mixer
桨叶搅拌通气机 paddle aerator
桨叶接力器 blade adjusting servomotor; runner blade servomotor
桨叶开度 runner(blade) opening
桨叶控制机构 runner blade control mechanism
桨叶联杆 blade link
桨叶轮 paddle wheel
桨叶剖面阻力系数 blade profile drag coefficient
桨叶倾斜部分 blade tilt strap
桨叶倾斜的水力系统 blade tilt hy-

draulic system
桨叶曲线 blade feather
桨叶升力系数 blade lift coefficient
桨叶式拌和机 arm mixer;compulsory mixer; trough-and-paddle (type) mixer;blade paddle mixer; paddle mixer;pug(mill)mixer
桨叶式方阵 paddle-type solar array
桨叶式给料机 paddle feeder
桨叶式搅拌机 arm mixer; arm stirrer; arm straight paddle mixer; blade paddle mixer; compulsory (type) mixer; trough-and-paddle (type)mixer;turbine mixer;paddle mixer;paddle stirrer
桨叶式搅拌器 arm stirrer;blade paddle mixer;paddle-type mixer
桨叶式螺旋输送机 screw paddle conveyer[conveyor]
桨叶式水轮机 impeller type turbine
桨叶式跳汰机 paddle jig
桨叶式装载机 paddle loader
桨叶枢轴 runner blade trunnion
桨叶水混合机 compulsory type mixer
桨叶水平旋转 feathering
桨叶水平运动 feather
桨叶形三角洲 lobate delta
桨叶式絮凝器 paddle-type flocculator
桨叶压路机 paddle foot roller
桨叶展开面积比 blade developed area ratio;expanded area ratio
桨叶轴 paddle shaft
桨叶轴颈 runner blade trunnion
桨叶转动臂杆 blade lever
桨叶状海岸 lobate coast
桨叶纵横比 aspect ratio of blade
桨掌面 peel
桨状物 oar;paddle

匠师 <欧洲中世纪的> magister

降雹 hailfall;hail shoot(ing)

降比重剂 gravity loss additive
降冰点外加剂 freezing-point depressant
降冰片烯 norbornene
降冰片烯二酸 nadic acid
降冰片烯二酸酐 nadic anhydride
降差数 descending difference
降尘 dust fall; dust precipitation; fall dust
降尘测定 dustfall measurement
降尘测定瓶 dustfall jar
降尘测定器 deposit(e)ga(u)ge
降尘袋 dust setting pocket
降尘罐 dustfall jar
降尘计 deposit(e)ga(u)ge
降尘间 dust setting compartment
降尘量 dustfall quantity
降尘量测 dustfall measurement
降尘器 dust chamber; dust precipitator
降尘室 backend chamber; backhousing;dust setting chamber; dust settling compartment; feed end housing; knockout chamber; sedimentation chamber; settling chamber; smoke chamber
降次法 depression of order
降等 degrade;down grade
降低 abatement; adjust downward; build-down;cutback;damp out;debase(ment);decrease;depress;depression; derating; diminish; diminution; down draft; downdrift; drop-off;knock down;lowering;reduce;reduction;relieve;step down
降低保险费 reduced premium
降低倍数 decrease fold
降低泵的排量 drop in delivery
降低比率 ratio of reduction
降低标高 reduced level
降低标价的标单 deductive alternate
降低车辆重心的车架 kick-up frame
降低沉陷 descent
降低成本 cost control; cost-cutting; cost reduction;cutback cost;diminishing cost; lower cost; reduce cost;reduction of cost
降低成本的投资支出 cost reduction expenditures
降低成本计划 cost reduction plan; cost reduction program(me)
降低成本余额法 reducing cost balance method
降低成色 debasement
降低出力 reduced output
降低到同一水平 level down
降低的 degraded
降低的地下水面 lower groundwater table
降低的地下水位 depressed water-table
降低的辙叉尖端 depressed frog point
降低等级 down grade
降低地下水水位的装置 groundwater lowering installation
降低地下水位 dewatering; lowered ground water level; lowering of groundwater level; lowering of underground water; lowering of water table; water lowering
降低地下水位的排水 relief drain
降低地下水位法 groundwater lowering
降低地下水位设备 dewatering installation;dewatering equipment
降低地下水位稳定沙滩方法 beach face dewatering
降低点 <塑性固体变为液体时的温度> dropping point
降低电压 undertension
降低定额的机型 derated version
降低额定位 derating
降低额定值 derate;derating
降低发动机功率 engine deration
降低放大器 step-down amplifier
降低废品 reduce the number of rejects and seconds
降低费率 rate cutting
降低粉尘浓度 dust suppression
降低负荷 decrease of load;load down
降低干扰扼流圈 suppressor choke
降低刚度 loss of stiffness
降低功率 reduced power
降低功率数据 deration data
降低轨道 track depression
降低含硫量规划 sulfur content reduction program(me)
降低火灾危险度 fire hazard reduction
降低货等 underclassification
降低计数比率过程 scaling-down process
降低价格 bring down price;bring forward; knocked down; lower the price; price reduction; reduce the price
降低价值 decrease in value; devaluate;devaluation;devalue
降低街道 depression of street
降低精度 deterioration in accuracy; diminish of accuracy;diminution of accuracy;loss of accuracy
降低井的流量 throttle down a well
降低孔底的钻压 fanning bottom
降低量 attenuation
降低了的频率 underfrequency
降低灵敏度 desensitisation[desensitization]
降低流动性 immobilization
降低流速 throttle down
降低路基面 lowering of roadbed
降低率 lowering rate;slip
降低密度区划 down zoning
降低内轨半超高 lowering of the inner rail half elevation
降低能量旁通口 partial duty port
降低能量用吸收体 degrading absorber
降低品质 deteriorate quality
降低坡度法 slope reduction method
降低潜水位 lowering phreatic level
降低强度 loss of strength
降低曲线 depression curve
降低人口密度的区域规划 down zoning
降低寿命的因素 lifetime killer
降低售价 knocked down price
降低水位 <指地下水> groundwater lowering
降低水位的井点系统 well-point dewatering system
降低税率 reduction of rates;tax break; tax rate reduction
降低速度 slow down;underspeed
降低速率 changing down
降低锁住条款 drop lock clause
降低特性直流发电机 drooping voltage generator
降低贴现率 fall in the bank rate
降低温度 reduced temperature
降低物价 bring down prices
降低系数 <交通事故> reduction factor
降低压力 die away
降低压力采芯 blowdown recovery
降低压头 reduced head
降低液面试井法 drawdown test
降低因数 reduction factor
降低音响 sound reduction
降低银行存贷款利率 lower bank interest rates for savings deposits and loans
降低硬脆性 <一种钢热处理法> letting down
降低原料消耗 cut-down the consumption of raw materials; economize on raw materials
降低噪声 abatement of noise; noise reduction
降低噪声措施 noise reduction measure
降低噪声天线系统 noise reducing antenna system
降低噪声系数 noise reduction coefficient
降低账面价值 write down
降低真空 vacuum-reduced
降低蒸汽过热度 desuperheat(ing)
降低重心的车架 upswept frame
降低转速 despin
降低资源消耗率 slow-down the rate of resource degradation
降低作业的技术程度 de-skilling
降额 derate
降额输出 reduced output
降伏点 yield point
降伏值 yield value
降符号 down symbol
降幅 decreasing amplitude
降负荷 load down
降格 degradation
降弓装置 lowering device
降海产卵 catadromy;katadromy
降海产卵性鱼类 katadromous fishes
降海繁殖 catadromy;katadromy
降海繁殖的 catadromous
降海洄游 catadromous migration;seaward migration
降函数 decreasing function
降河洄游 downstream migration
降弧 descending branch
降级 degradation;degrade;demotion; descaling
降级测试 degradation testing
降级的 derated
降级规则 collapsing rule
降级恢复 degraded recovery
降级火灾荷载 derated fire load
降级进行 <系统出故障后> fail soft
降级数 descending series
降级误差 destaging error
降级因数 degradation factor
降级原稿 degraded copy
降级运营 degraded operation
降计数器 down counter
降剂 depressant prescription
降价 abate a price;bring down price; lower price; mark-down; reduced price;scale down price
降价备抵 allowance for price declines
降价额 mark-down
降价法 depression of order
降价利益 benefit of fall
降价拍卖 by dutch auction
降价填料 cheapener
降价销售 mark-down sale
降交点 descending node; dragon's tail;southbound node
降交点黄经【天】longitude of descending node
降阶 deflation
降阶补偿器 reduced-order compensator
降阶法 depression of order; method of order reducing
降阶观测器 reduced-order observer
降阶模型 reduced-order model
降解产物 degradation product
降解沉降 degradation settlement
降解催化剂 degradation catalyst
降解动力学 degradation kinetics
降解反应 degradation reaction
降解过程 degradation process
降解菌 degradation bacteria; degrading bacteria
降解能力 degradation ability; degradation capability
降解时间 degradation time
降解速率 degradation rate; rate of degradation
降解速率常数 degradation rate constant
降解碳 degradable carbon
降解特性 degradation characteristic; degrading characteristic
降解添加剂 degradation additive
降解途径 degradation pathway
降解污水 degrade sewage
降解系数 degradation coefficient
降解作用 degradation
降流气泡接触曝气池 downflow bubble contact aerator
降落 alight; build-down; descend; drop down; fall down; fall(ing); landing;lowering
降落比 drawdown ratio
降落草坪 grasslanding area
降落场地 landing area;landing field; landing ground;landing place;landing station
降落场界线灯 boundary light
降落的地下水位 depressed water-table
降落灯 approach light
降落方向灯 landing direction light
降落钩 drop hanger
降落函数 <水面降落曲线计算中的> drop-down function

降落滑程 landing run
降落火山碎屑相 pyroclastic fall phase
降落机场上的定点 spot on a landing field
降落机构 lowering mechanism
降落甲板 alighting deck;landing deck
降落距离 landing distance available
降落拦木 lower the gate
降落漏斗 cone of depression;cone of drawdown; cone of exhaustion; cone of influence;cone of pressure relief; drawdown cone; pumping cone;influence basin < 抽取地下水时的 >
降落漏斗法 depression cone method
降落漏斗体积 volume of depression cone
降落率 rate of fall
降落能 drop energy
降落跑道 landing runway
降落跑道的基本长度 basic landing runway length
降落橇 landing skid
降落区 < 飞机 > landing area
降落区域 alighting area;landing area
降落曲线 < 地下水水位的 > curve of depression; drawdown curve; depression curve
降落曲线纵断面 drop-down section
降落伞 air chute; chute; overcoat; parachute
降落伞包 parachute pack
降落伞吊伞索 shrouding
降落伞反应 parachute response
降落伞救生艇 parachute carrier lifeboat
降落伞式拱顶 parachute vault
降落伞式雷达干扰发射机 lewisite
降落伞式指向标 parachute beacon
降落伞套 parachute container
降落伞投下试验 drop test
降落伞无线电台 para-borne radio; parachute set
降落伞遇难信号 parachute distress signal
降落伞照明弹 parachute flare
降落设备 ground gear
降落设施 landing accommodation
降落时间 fall time; time of drawdown;touch-down
降落式门 falling door
降落式强度测定仪 drop test
降落式泄水闸 falling sluice
降落式选材装置 drop sorter
降落试验 dip test;drop test
降落水头 depression head; fall head of water
降落水位 depression head; lowered water level;reduced level of water
降落水准 reduced level
降落速度 falling velocity; landing speed;lower speed; sinking velocity;subsiding velocity
降落索道 fall way
降落特性 falling characteristic
降落稳定图 drawdown stability chart
降落物放射性 radioactivity of precipitation
降落下来 settle out
降落线迹 landing curve
降落信号灯(光) landing light; approach light
降落液膜 falling film
降落仪表系统 < 飞机 > instrumental landing system
降落原地 fall back
降落陨石 fall meteorite
降落运动 lowering motion
降落直径 falling diameter
降落制动阀 lower brake valve
降落装置 landing gear
降幂 descending powers
降幂级数 series of decreasing powers
降幂因数 kata factor
降棉筒 cyclone collector
降模施工法 drop-slab construction
降膜分子蒸发设备 falling film molecular still
降膜浓缩器 falling film evapo(u)rator
降膜热交换器 falling film heat exchanger
降膜式反应器 falling film reactor
降膜式光催化反应器 falling film photocatalytic reactor
降膜蒸发器 falling film evapo(u)rator
降能旁通槽 partial duty port
降能器 degrader
降黏[粘] viscosity breaking
降凝剂 pour point depressant
降排水工程 dewatering and drainage engineering
降频变频器 down converter
降频器 frequency demultiplier
降坡 declivity; descending grade; down(hill) grade; downslope; falling grade; falling gradient; minus grade;sag grading
降坡的 declivate;declivent;declivitous
降坡的时间因素 time element in grade reduction
降坡问题 grade reduction problem
降坡线 declivent;depression line;depression of contour(line);fall line in terrain;slope line
降球锤 drop weight
降热收缩 thermal shrinkage
降深 drawdown
降深比拟法 analogy method of drawdown
降深-距离半对数曲线 semi-logarithmic curve of drawdown-distance
降深-距离配线法 drawdown-distance superimposed line method
降深-距离曲线 drawdown-distance curve
降深-距离图解法 drawdown-distance graphic(al)method
降深-时间半对数曲线 semi-logarithmic curve of drawdown-time
降深-时间距离半对数曲线 semi-logarithmic curve of drawdown-time-distance
降深-时间距离配线法 drawdown-time and distance superimposed line method
降深-时间距离曲线 drawdown-time and distance curve
降深-时间距离图解法 drawdown-time and distance graphic(al)method
降深-时间配线法 drawdown-time superimposed line method
降深-时间曲线 drawdown-time curve
降深-时间图解法 drawdown-time graphic(al)method
降声 sound reduction
降声因数 acoustic(al)reduction factor
降失水剂 fluid loss additive
降湿器 dehumidifier
降水 atmospheric condensation; atmospheric precipitation; atmospheric water;hydrometeor;meteoric water;precipitation;rainfall precipitation;rain precipitation
降水百分比 < 月降水量对年降水量的百分比 > isomeric value
降水百率线 isometric(al)value
降水补给 precipitation recharge
降水场 precipitation field
降水场合 precipitation event
降水沉降物 precipitation fallout
降水持续时间 precipitation duration
降水出水量 yield water during lowering
降水垂界 fallout front
降水次数 frequency of precipitation
降水大陆度 hygrometric continentality
降水的化学组成 chemical composition of precipitation
降水的形成 formation of precipitation
降水地层 predraining ground
降水分布 precipitation distribution; rainfall distribution
降水分布图 precipitation distribution chart;rain chart
降水分类 classification of precipitation
降水分析(法)precipitation analysis
降水丰富 abundant of precipitation
降水干扰 precipitation clutter
降水观测 precipitation observation
降水观测仪器 instrument of precipitation observation
降水观测站 precipitation station
降水观察站 precipitation station
降水管 downcomer
降水过程 precipitation producing process
降水和径流 precipitation and runoff
降水和溢出 precipitation and runoff
降水化学 precipitation chemistry
降水机制 precipitation mechanism
降水迹 trail of precipitation
降水季节变化 seasonal variations in precipitation
降水截留 precipitation interception
降水截留量 precipitation interception
降水净化 precipitation scavenging
降水井点 dewatering well point
降水径流 surface runoff
降水径流关系 precipitation runoff relation(ship)
降水静电 precipitation statics
降水孔 unwatering borehole
降水历时 duration of precipitation
降水历时-面(积)-深度关系 duration-area-depth
降水量 amount of precipitation; precipitation (amount); quantity of precipitation;quantity of rainfall
降水量摆动 precipitation oscillation
降水量保证率曲线 curve of guarantee rate of precipitation
降水量变化 variation in precipitation
降水量波动 precipitation oscillation
降水量测定 measurement of precipitation
降水量差数 precipitation deficiency
降水量初始损失 initial loss of precipitation
降水量(分布)特性 precipitation characteristic
降水量高程关系 precipitation-elevation relation
降水量公式 rainfall intensity formula
降水量观测 rainfall observation
降水量计 precipitation ga(u)ge;rain and snow ga(u)ge
降水量记录 precipitation record
降水量减少 decrease of rainfall
降水量累积过程线 precipitation mass curve
降水量累积曲线 precipitation mass curve
降水量曲线 precipitation(mass)curve
降水量图 precipitation map
降水量学 hyetology
降水量正常值 precipitation normal
降水漏斗 depression cone
降水漏斗面积 area of pumping depression
降水率 precipitation rate;rate of rainfall
降水面 drainage surface
降水逆减 inversion of precipitation
降水逆增 precipitation inversion
降水偏距 rainfall anomaly
降水频率 frequency of precipitation
降水频率图 precipitation rose
降水气候学 precipitation climatology
降水前土壤的湿度 antecedent moisture
降水前沿 fallout front
降水强度 intensity of precipitation; precipitation intensity; rainfall intensity
降水强度历时曲线 intensity-duration curve
降水强度面积变化 areal variation of intense precipitation
降水强度面积(关系)曲线 precipitation-intensity-area curve
降水强度频率线 rainfall intensity frequency
降水情况 precipitation regime
降水情势 precipitation regime
降水区 precipitation area
降水曲线 drop-down curve;precipitation curve; water-table depression cone
降水趋势 precipitation trend
降水取样器 precipitation sampler
降水入渗量 quantity of precipitation infiltration
降水入渗试验 test of precipitation infiltration
降水入渗速率 infiltration rate of precipitation
降水深 depth of precipitation
降水深度 depth of precipitation;precipitation depth
降水渗入量观测 infiltration observation
降水渗入系数 rainfall infiltration coefficient
降水渗入系数比拟法 rainfall infiltration coefficient analogy method
降水实验 precipitation experiment
降水收集器 precipitation collector; rain sampler
降水数据 precipitation data
降水衰减储备 rain loss margin;precipitation loss margin
降水水质 precipitation water quality
降水速率 precipitation rate
降水酸度 precipitation acidity
降水损失 abstraction loss
降水损失率 rate of precipitation losses
降水特征 precipitation characteristic; precipitation regime
降水天气系统 rain-bearing system
降水天数 days of rainfall;number of precipitation days
降水同位素成分 precipitation isotopic composition
降水头 dropping head;fall head
降水头渗透试验 fall(ing)-head permeability test; falling-head permeameter test
降水头渗透仪 fall(ing)head permeameter
降水污染 precipitation pollution
降水物理气象学 precipitation physics meteorology
降水系统 dewatering system
降水相对变率 relative change rate of precipitation
降水效果检验 inspection of dewate-

ring effects
降水效率 precipitation effectiveness; precipitation efficiency
降水效率比 precipitation efficiency ratio
降水形式 precipitation pattern
降水性高层云 altostratus precipitus
降水性高积云 alto cumulus precipitus
降水性云 precipitus
降水学 hyetology
降水因数 precipitation factor
降水影响圈 cone of influence
降水有效指数 effectiveness index of precipitation; precipitation effectiveness index
降水预报 precipitation prediction
降水预压 dewatering preloading
降水预压法 prepressing process of drawdown
降水原理 dewatering principle
降水云 precipitating cloud
降水增加 precipitation enhancement
降水蒸发比 precipitation-evapo(u)ration ratio[P/E ratio]
降水蒸发指数 precipitation-evapo(u)ration index[P/E index]
降水指数 precipitation index
降水周期 cycle in precipitation
降水周期性 precipitation periodicity
降速 change down; changing down; reduction of speed; speed down; speed drop
降速变换 down shift
降速变换幅度 downshift range
降速齿轮传动 half-speed gear
降速电动机 motor reduction unit
降速干燥 lower speed drying
降速干燥阶段 falling rate period of drying; retarding stage of drying
降速过滤层 decreasing velocity filter
降速过滤器 decreasing velocity filter
降速集尘器 velocity reducing dust collector
降速拍摄装置 quick-motion apparatus
降速时间 deceleration time
降速特性 slow-down characteristic
降台 jacking down hull
降为废品 reduce to scrap
降维 dimensionality reduction
降维法 method of reduction of dimensions
降维后维数 dimension after drop down
降温 cooling; desuperheat(ing); drop in temperature; drop of temperature; lower the temperature; temperature drop; temperature reduction
降温材料 chill-back
降温层 thermocline layer
降温池 cooling tank
降温带 thermocline layer
降温锻造法 warm forging
降温法 falling temperature technique
降温风机 cooling fan
降温灌溉 refreshing irrigation
降温加压回灌 recharge with method of decreasing temperature and increasing pressure
降温结晶法 lowering temperature crystallization
降温率 detemperature rate
降温气候期 catathermal period
降温器 desuperheater; refrigerator; temperature reductor
降温曲线 cooling curve
降温设备 cooling plant
降温试验 pulldown test; refrigeration test
降温收缩 thermal shrinkage
降温水池 water-cooling pond
降温速度 cooling rate; temperature dropping speed
降温系统 cooling system
降温线环装置 cooling-down looper
降温转炉 cooling converter
降下 downhill; descend; abase <帆或旗的>; jack down <用千斤顶>
降下的 droppings
降下冻雨或冻雾雨 freezing precipitation
降下集电弓的信号 signal to lower pantograph
降下千斤顶 jack down
降下式集电弓架 lower pantograph
降限 top of descent
降序 descending; grade down
降序键 descending key
降序列 descending chain
降序排列 descending sort; descending order
降序排序 descending sort
降序序列 descending sequence
降雪 fall of snow; snowfall
降雪测量 snow survey(ing)
降雪调查 snow survey(ing)
降雪丰富 abundant snowfall
降雪厚度测量板 depth marker
降雪记录 snow record
降雪截留量 snow interception
降雪历时 duration of snowfall
降雪量 amount of snowfall; fall of snow; snowfall
降雪量观测线 snow course
降雪量频率 frequency of snowfall
降雪量图 snowfall map
降雪率 rate of snowfall; snowfall rate
降雪强度 rate of snowfall; snowfall rate
降雪天数 number of days of snowfall
降雪条件 snow condition
降雪线 snow precipitation line
降压 depression; depressurize; pressure fall; pump-down; reduction voltage; relief pressure; step down; under-pressure; slip pressure <漏油、漏水等引起的>
降压比 step-down ratio
降压变电所 receiving substation; step-down(sub)station
降压变电站 step-down(sub)station
降压变压器 bulk supply transformer; economiser[economizer]; receiving substation; reducing transformer; reduction transformer; step-down (sub) station; step-down transformer
降压变阻器 dimming rheostat
降压表 decompression table; step-down schedule
降压病 dysbarism
降压测试 drawdown test
降压电动机 negative booster
降压电阻 bleeder
降压电阻器 dimming rheostat; voltage dropping resistor; dropping resistor
降压阀 dropping valve; pressure-relief valve; release valve; water pressure reducing valve
降压法 <检查集装箱气密性> reduced voltage method
降压放大器 step-down amplifier
降压风挡 pressure-relief damper
降压风室 pressure reducing chamber
降压管闩 relief cock
降压继电器 turn-down relay; voltage relay
降压历时 blowdown period
降压排水 relief drain
降压排水管 carrier drain
降压起动 reduced-voltage starting
降压起动器 reduced voltage starter
降压器 dropper; negative booster; step-down transformer
降压曲线 fall-off curve
降压时间表 decompression time table
降压试验 drop test
降压室 decompression chamber
降压收集极 depressed collector
降压特性振荡器 dropping voltage generator
降压调节器 step-down voltage regulator
降压脱附 desorption by evacuation
降压网络 bleeder network
降压信号器 decompression alarm device
降压站 reduction station; step-down (sub) station
降压支管 relief bypass
降压指示器 glide-path indicator
降压中心 pressure fall center[centre]
降压装置 dropping equipment; pressure-relief device
降压钻进 reduced pressure drilling
降压作用 decompression
降液挡板 downflow apron
降液管 downspout; downtake tube
降液管长度 length of down-comer
降硬脱盐 lowering of hardness and desalination
降雨 atmospheric condensation; atmospheric precipitation; fall of rain; precipitation; rainfall precipitation
降雨百分率 rainfall percentage
降雨标准强度历时曲线 rainfall standard intensity-duration curves
降雨补给 natural recharge
降雨持续时间 duration of fall; duration of rain(fall); rainfall duration; time of duration of rainfall; rain period; rain spell
降雨冲蚀 rainfall erosion
降雨冲蚀指数 rainfall erosion index; rainfall erosivity factor
降雨冲刷 rain wash-out
降雨冲刷能力系数 rainfall erosivity factor
降雨重现期 rainfall reappearing period
降雨重现时段 rainfall occurrence interval; rainfall recurrence interval
降雨的 hyetal
降雨等深线 rainfall-depth contour
降雨地理分布学 hyetography
降雨地区 rainfall area; rain tract
降雨方式 rainfall regime
降雨分布 rainfall distribution
降雨分布函数 rainfall distribution function
降雨分布密度 rainfall distribution density
降雨分布图 isohyetal chart; rainfall distribution chart
降雨分布系数 rainfall distribution coefficient
降雨分布学 hyetography
降雨概率 rainfall expectance[expectancy]; rainfall probability
降雨火箭 artificial rainmaking rocket
降雨积线 rainfall mass curve
降雨集水 rain catchment; rainfall catchment
降雨集水盆地 rain catchment basin
降雨几率 rainfall probability
降雨记录 precipitation record; rainfall record(ing)
降雨季节变化 seasonal variations in precipitation
降雨截留量 rainfall interception
降雨经验公式 empiric(al) formula of rainfall
降雨径流 precipitation runoff; rainfall runoff; runoff precipitation
降雨径流共轴关系曲线 coaxial rainfall-runoff relation
降雨径流关系(曲线) rainfall-runoff relation(ship)
降雨径流模型 rainfall-runoff model
降雨径流相关关系 rainfall-runoff correlation
降雨空时特性 space-time characteristic of rainfall
降雨历时 duration of rain(fall); rain duration
降雨历时计 hyetograph
降雨历时线 hyetograph
降雨量 amount of precipitation; amount of rainfall; quantity of rainfall; rain capacity; rainfall amount; rainfall depth; rainfall precipitation; rain height; rainfall; rain precipitation
降雨量变化 precipitation oscillation; precipitation variation; variation in precipitation; variation of precipitation; variation of rainfall
降雨量测定 measurement of rainfall
降雨量等值线图 isohyetal map
降雨量分布 distribution of rain
降雨量分层 rainfall partitioning
降雨量公式 rainfall intensity formula
降雨量过剩 rainfall excess
降雨量划分 rainfall partitioning
降雨量曲线 hyetographic(al) curve
降雨量水文年 rainfall year
降雨量梯度 rainfall gradient
降雨量学 hyetology
降雨量重现期 rainfall recurrence interval
降雨流量 discharge of rainfall
降雨流量率 specific discharge of rainfall
降雨率 intensity of rain(fall); precipitation rate; rainfall rate; rate of rainfall
降雨率记录推理估计 rational estimates of runoff from rainfall
降雨密度 rainfall density
降雨面积 area of rain; rain(fall) area
降雨模拟 rainfall simulation
降雨模拟器 rainfall simulator
降雨模拟装置 rainfall simulator
降雨能量强度系数 rainfall energy-intensity factor
降雨频率 rainfall frequency; rain frequency
降雨频率图 rainfall-frequency diagram
降雨频率图集 rainfall-frequency atlas
降雨期 flush period
降雨强度 intensity of precipitation; intensity of rain(fall); rainfall intensity; rainfall rate; rain(ing) intensity; rate of precipitation
降雨强度持续时间曲线 rainfall intensity-duration curve
降雨强度分布 distribution of rain intensity
降雨强度历时曲线 rainfall intensity-duration curve; rain intensity duration curve
降雨强度频率 rainfall intensity frequency; intensity frequency of rainfall
降雨强度曲线 rainfall-intensity curve
降雨强度重现期 rainfall intensity occurrence; rainfall intensity recurrence interval
降雨侵蚀能力 rainfall erosivity
降雨侵蚀性 rainfall erodibility
降雨侵蚀指数 rainfall erosion index
降雨侵蚀作用 rainfall erosion
降雨区 rain tract

J

降雨区域 hyetal province; hyetal region; rainfall province
降雨曲线 rain chart; rainfall curve
降雨人工模拟 rainfall simulation
降雨日 rain day
降雨日数 number of rainy days
降雨渗入地面下深度 rainfall penetration
降雨入渗量 rainfall infiltration
降雨入渗系数比拟法 analogy method of drawdown coefficient of precipitation
降雨沙漠 rainfall desert
降雨深度 depth of rainfall; rainfall depth
降雨深度-面积公式 depth-area formula
降雨渗入 rainfall penetration
降雨渗入过程 rainfall infiltration; rainfall penetration
降雨渗入深度 rainfall penetration depth
降雨渗透量 rainfall infiltration
降雨时空分布 time and space distribution of rainfall
降雨时数 rainfall hours
降雨试验 rain test
降雨水文年 rain year
降雨损失 abstraction loss; loss of rainfall
降雨损失率 rate of precipitation losses; rate of rainfall losses
降雨特征(值) rainfall characteristics
降雨土表溅水 raindrop splash on soil surface
降雨推理公式 rational formula of rainfall
降雨系数 <平均气温除雨量所得的商> rain factor; coefficient of rainfall; hyetal coefficient; pluviometric(al) coefficient
降雨线 rainfall line
降雨效率 rainfall effectiveness
降雨效率指数 precipitation effectiveness index
降雨型 rainfall regime
降雨因数 rainfall factor
降雨因素 rainfall factor
降雨影响 rainfall influence
降雨云 precipitating cloud
降雨阵发 rainburst
降雨蒸发平衡 rainfall-evapo(u)ration balance
降雨指示器 rainfall indicator
降雨指数 pluvial index; rainfall index
降雨终止 rain ending
降雨周期 rainfall period
降雨资料 rainfall data
降雨总量 quantum of rainfall; total volume of rainfall; rainfall volume
降噪 denoise; noise reduction
降噪量 capacity of noise reduction; noise abatement
降噪器 noise reduction; noise suppressing system
降噪系数 noise reduction coefficient
降噪系统 noise reduction system
降振 decreasing vibration
降值计数器 down counter
降质图像 degraded image
降秩矩阵 singular matrix
降中波 dicrotic wave
降中峡 dicrotic notch
降浊 turbidity reduction

酱色 caramel

酱状的 jelly-like
酱状物质 jellylike mass

糨糊 adhesive paste; flour paste; starch glue; starch paste; paste; starch

糨糊斑点 paste spot
糨糊的 pasted
糨糊基体 paste matrix
糨糊刷 paste brush
糨糊似的 starchy
糨糊桶 paste-pot
糨糊余渣 paste residue
糨糊状 paste-like; size state
糨糊状的 pasty
糨糊状态 mushy stage
糨糊桌 paste table

交班 hand-over to the next shift; pass work on to next shift

交比 anharmonic ratio; cross ratio
交比理论 anharmonic theory; theory of anharmonic ratio; theory of cross ratio
交边摩擦 traffic friction
交变部分偏振滤光器 alternate partial polarizer filter
交变侧向荷载 alternating lateral loading
交变层 alternate course
交变缠绕定向弯曲试验 alternative wrap around guided-bend test
交变场 alternating field
交变冲击 alternating impact
交变冲击荷载 alternating shock load
交变冲击试验 alternating impact test
交变磁场 alternating field; alternating magnetic field
交变磁场电焊发电机 cross field welding generator
交变磁场发电机 cross field electric generator
交变磁场退磁 alternating field demagnetization
交变磁场退磁仪 alternating field demagnetizer
交变磁通量 alternating magnetic flux
交变的 alternating
交变电动势 alternating electromotive force
交变电流 alternating current[AC]; exchange current
交变电流勘探法 alternating current method
交变电势 alternating potential
交变电位 alternating potential
交变电压 alternating voltage
交变范围 alternating field
交变分量 alternating component
交变负荷 alternating load(ing); stress alternation
交变负荷试验 alternating load test
交变负载 alternate load(ing); alternating load(ing); changing load; cyclic(al) load(ing); cycling; fatigue load(ing); oscillating load; oscillatory load; reversal loading
交变工作 alternation
交变光电流 alternating photocurrent
交变荷载 alternate load(ing); alternating load(ing); alternative load; changing load(ing); cyclic(al) load(ing); fatigue load(ing); oscillating load; oscillatory load; repeated load(ing); reversal load(ing)
交变荷载耐久试验 life cycle test
交变机械力均方根值 mechanomotive force
交变级 alternate stage
交变加速度峰值 alternating acceleration peak
交变力 alternating force
交变量 alternating quantity
交变流空心滑阀 <风动工具用> alternating flow hollow spool valve
交变路段 alternating run
交变脉冲图形 alternating current pattern; radio-frequency pattern
交变扭矩 alternate torque
交变扭曲疲劳试验 alternating torsion fatigue test
交变扭曲试验 alternating torsional test
交变扭转疲劳试验 alternating torsion fatigue test
交变浓度限度 alternate concentration limit
交变频率 alternative frequency
交变频率发生器 cycle generator
交变气候 alternate climate
交变强度 alternate strength
交变切削法 change cutting
交变扫描图形 alternative scanning pattern
交变湿度环境 alternating humidity atmosphere
交变湿热环境 alternating damp heat atmosphere
交变梯度磁场聚焦 alternating-gradient focus(s)ing
交变梯度格子结构 alternating-gradient lattice
交变梯度环 alternating-gradient ring
交变梯度加速器 <磁场> alternating-gradient accelerator
交变梯度聚焦回旋加速器 alternating-gradient cyclotron
交变梯度聚焦加速器 alternating-gradient focused accelerator
交变梯度聚焦节 alternating-gradient focused section
交变梯度双合透镜 alternating-gradient doublet
交变梯度四极子 alternating-gradient quadrupole
交变梯度同步加速器 alternating-gradient synchrotron
交变梯度直线加速器 alternating-gradient linac
交变透视 ambiguous perspective
交变弯曲 alternating bending
交变弯曲强度 alternate bending strength; reversed bending strength
交变弯曲试验 alternating bending test; alternating flexure test
交变弯曲循环 bending cycle
交变弯曲应力 alternating flexural stress
交变弯曲周期 bending cycles
交变位移 alternating displacement
交变压力 alternating pressure
交变压力分量 alternating component of pressure
交变应变 alternate strain; alternating strain; bearing strain
交变应力 alternate stress; alternating stress; changing stress; cycling; cyclis stress; fatigue stress; fluctuating stress; repeated fluctuating stress; repeated stress; reversed stress; stress alternation; stress fluctuation
交变应力幅度 alternating stress amplitude; range of alternating stress
交变应力强度 alternating stress intensity
交变应力试验 alternate stress test; alternating stress test
交变应力损坏 repeated stress failure
交变运动 alternate motion; alternate movement; alternating motion; alternative motion
交变载荷 changing load
交变振动试验机 alternating impact machine
交变重复荷载 alternating repeated loading
交变周期数 alternation number
交变转矩 alternating torque
交并原理 union intersection principle
交叉 across; bisect; criss-cross; crossbar; cross(ing) over; cross under; elimination; frogging; intercross; interlace; interlacement; interlacing; intersect; overlapping; resection; transpose
交叉坝 groin(e)
交叉班 back shift
交叉板 cross board
交叉板条 cross battens; forking lath
交叉拌和机 criss-cross mixer
交叉绑结 cross linked
交叉绑扎 racking seizing
交叉棒结构 X-bar structure
交叉保护作用 cross-protection
交叉报酬率 intersection rate of return
交叉报价 cross offer
交叉爆破 <地震勘探> cross shooting
交叉泵激光器 cross-pumped laser
交叉泵送 cross-pumping
交叉比较 cross-comparison
交叉避险 cross hedging
交叉臂 junction arm; transposition arm
交叉编译 cross compile
交叉编译程序 cross compiler
交叉编译和汇编 cross-compiling and assembling
交叉变差函数 cross variogram
交叉变换 crossbar transition
交叉标定 cross calibration
交叉标志 cross buck
交叉并联送风 staggered parallel blowing
交叉波 cross sea
交叉补贴 cross-subsidization; cross subsidizing
交叉补助法 cross-subsidization
交叉部 crossing
交叉部分 cross-section
交叉采光 cross lighting
交叉参照 cross reference
交叉操作 interlace operation
交叉槽 crossed grooves
交叉槽梁 erossduct
交叉槽式绕组 alternative slot winding
交叉槽凸轮 cross grooved cam
交叉侧肋【建】 nervure
交叉层 cross lay(ing)
交叉层接 cross-laminated
交叉层理 cross-bedding
交叉层理的 current-bedded
交叉层压板 cross laminate
交叉层压的 cross-laminated
交叉差拍 cross beat
交叉场 cross field
交叉场乘法器 crossed field multiplier
交叉场放大器 crossed field amplifier
交叉场分光仪 crossed field spectrometer
交叉场偏磁 cross-field bias
交叉车辆的避车安全 shadowing of crossing traffic
交叉车流 cross traffic
交叉撑 arm tie; counter brace; counterbracing; counter diagonal; cross bridging; cross strut; cross bracing;

counter bracing; cross brace[bracing]
交叉撑断开事故 kickout
交叉撑桁架梁 girder with cross bracing
交叉撑加劲 single bridging
交叉成十字形 criss-cross
交叉乘积 crossed product
交叉乘积矩阵 cross-product matrix
交叉乘积项 cross-product term
交叉程式 transposition type
交叉弛豫 cross relaxation
交叉弛豫线宽 cross-relaxation line width
交叉弛豫线形 cross-relaxation line shape
交叉弛豫效应 cross-relation effect
交叉齿轮 Helicon gear
交叉冲击磨 cross beater mill
交叉冲突点 crossing conflicts; crossway conflicts
交叉抽运激光器 cross-pumped laser
交叉处 <十字形平面房屋的> interstitium
交叉传动 cross drive
交叉传染 cross infection
交叉窗 cross window
交叉磁场 cross field; cross magnetic field
交叉磁场乘法器 cross field type electron beam multiplier
交叉磁化 cross magnetizing
交叉磁极 cross pole
交叉磁通 cross flux
交叉存储 cross storage; interlace
交叉存储服务锁 cross memory service lock
交叉存储系统 interleaved memory system
交叉存取 interlacing; interleaving(access)
交叉存取存储器 interlacing memory; interleaving memory
交叉锉 crossbar file
交叉搭接接头 crosslap joint
交叉带 cross belt; halved belt; zone of interfingering
交叉担保 cross guarantees
交叉导程 lead of crossing
交叉倒缆 cross spring
交叉道 cross route
交叉道岔【铁】 crane crossing
交叉道口 road intersection
交叉道口广场 square of crossing
交叉道口路况 intersection status
交叉道口信号 crossing signal
交叉道路 intersecting legs; intersecting roads; intersection roads; X-roads; cross roads
交叉的 criss-cross; crossed; crosswise
交叉登记工时 cross-booking
交叉抵抗力 cross-resistance
交叉点 common point; crossing point; cross-over point; cross point; divarication; junction (point); meeting; point of cross(ing); point of intersection; point of junction; intersection point
交叉点出口 <道路> intersection exit
交叉点放样 setting-out of cross-point
交叉点分散 separation of intersecting points
交叉点和路名(或路编号)联合标志 combination of junction signs
交叉点继电器 crosspoint relay
交叉点继电器矩阵 crosspoint relay matrix
交叉电场信号发生器 cross field generator
交叉电磁场微波放大器 dioctron
交叉电杆 transposition pole
交叉电话局转换时间 cross office switching time
交叉电路 transposition circuit
交叉电容器 transpose capacitor
交叉电压 cross-over voltage
交叉调用 cross call
交叉钉 cross nailing
交叉钉住的材料 cross - nailed material
交叉订货 cross order
交叉定位 cross bearing
交叉动柔度 cross receptance
交叉渡线 double crossing; double crossover; intersecting crossover; scissors crossing; scissors crossover
交叉渡线群 group of scissors crossing
交叉段 fork section; transposition section
交叉断层地形 cross fault feature
交叉断路(法) cross tripping
交叉堆垛法 cross stacking
交叉对冲 cross hedge
交叉对角撑 counter brace
交叉对照 cross reference
交叉发价 cross offer
交叉发盘 cross offer
交叉法 interior extrapolation method; method of intersection
交叉反应 cross reaction
交叉反应物质 cross reacting material
交叉方程误差相关 cross-equation error correlation
交叉方式 interleaved model intersection mode
交叉方位 cross bearing
交叉访问 cross referencing; interleaving access
交叉分布 cross-distribution; crosswise distribution
交叉分岔 intersecting leg
交叉分割 <指管理数学> cross partition
交叉分类 crossed classification; intersection classification
交叉分类表 cross classification chart
交叉分类法 <出行生成预测模型之一>【交】cross-classification
交叉分流 compound diverging
交叉分路 cross shunt
交叉分路推挽回路 cross shunt push-pull circuit
交叉分配 cross-assignment
交叉分析 cross-over analysis
交叉(分线)箱 cross box
交叉风 cross wind
交叉缝砌砖 herringbone brickwork
交叉缝式 herringbone
交叉负责保险 cross liability insurance
交叉干管 cross mains
交叉干扰 cross coupling; crossing disturbance; cross interference; crosstalk interference; intersection interference
交叉干扰信号 cross interference signal
交叉杆 crossbar; crossing pole; cross member
交叉杆吊具 crossbar slings
交叉感染 cross infection
交叉钢绳捻向 cross lay(ing)
交叉格 cross battens
交叉隔电子 transposition insulator
交叉各向异性土 cross-anisotropic soil
交叉给进 cross feed
交叉跟踪 cross track
交叉耕作 cross cultivation
交叉功率谱 cross power spectrum
交叉供电 cross feed; crossing power supply
交叉拱 cross arch; groin(ed) arch; groyne; interacting arches
交叉拱顶 barrel vault with intersecting vault; cross vaulting; intersecting vault
交叉拱顶天棚 groined ceiling
交叉拱顶筑法 groined vaulting
交叉拱架 groin centering[centring]
交叉拱尖端 nose of groyne
交叉拱廊 interlacing arcade; intersecting arcade
交叉拱肋式 groined arch
交叉拱(棱)屋顶 groined roof
交叉拱门 interlaced arches; interlacing arches
交叉拱前缘 nose of groin; nose of groyne
交叉拱筒形穹顶 barrel vault with intersecting vault
交叉共轭 cross conjugation
交叉共振 cross-resonance
交叉沟 optic(al) groove
交叉沟灌法 cross furrow irrigation
交叉构造 cross conformation; decussate structure
交叉购买协议 cross-purchase agreement
交叉股线棒 mixed-strand bar
交叉关键字 cross key
交叉关系 cross reference
交叉管 cross pipe
交叉管道 cross duct; crossing pipe; cross manifold
交叉贯穿 interpenetration
交叉光谱 crossed spectra
交叉光谱纯度 cross-spectral purity
交叉光线 cross light
交叉光栅 crossed grating
交叉光栅干涉仪 crossed grating interferometer
交叉光栅谱 crossed grating spectrum
交叉光栅摄谱仪 crossed grating spectrograph
交叉光轴面色散 crossed axial plane dispersion
交叉滚花 cross milled; diamond-knurled
交叉滚花锉 double cut file
交叉滚轧转环 cross-roll slewing ring
交叉滚轧转盘 cross-roll slewing ring
交叉焊接 crosswise weld(ing); weld crosswise
交叉航向 cross course
交叉合计 cross footing
交叉合流 anastomosis[复 anastomoses]
交叉核对 cross check
交叉痕迹 cross mark
交叉横挡 cross rail
交叉横栏 cross rail
交叉呼叫 cross call
交叉互联盒 cross bonding box
交叉花格窗 intersecting tracery
交叉滑动系统 cross slide system
交叉滑块 cross slider
交叉滑路 cross slide
交叉滑移 cross slip
交叉划线 cross hatch
交叉划线法 cross-streak method
交叉环带 crossed girdle
交叉环形天线 crossed-coil antenna
交叉换位 coordinated transposition
交叉灰度 cross-gamma scale
交叉回路 oblique circuit
交叉汇编 cross assembly
交叉汇编程序 cross assembler
交叉汇兑 cross exchange
交叉汇流 compound merging
交叉汇率 cross rate
交叉混合 cross-fading
交叉混合叠像渐变 cross fade
交叉火力 cross fire
交叉火喷灯 cross-fired burner
交叉火焰 cross fire
交叉激光束速度计 laser cross-beam velocimeter
交叉级数 alternating series
交叉极化 cross-polarization; orthogonal polarization
交叉极化分量 cross polar component
交叉极化鉴别度 cross-polarization discrimination
交叉脊瓦 cross ridge tile
交叉计数器 crossing counter
交叉计算 crossfoot
交叉计算机软件 cross-computer software
交叉继电器 relay cross-point
交叉加权指数 crossed weight index number; cross-weighted index
交叉加算 cross adding
交叉价格弹性 cross price elasticity
交叉架 fork
交叉间隙 cross gap
交叉检测 cross detecting
交叉检查 cross check
交叉检验 cross check
交叉件 crossware
交叉建筑物 crossing structure
交叉键 cross key
交叉交通量 intersecting flow
交叉交通流 intersecting flow
交叉交易 cross deal
交叉角 angle of crossing; crossing angle; intersection angle
交叉校验 cross check
交叉接触线 contact wires; crossed wire
交叉接合 backflow connection; cross connection
交叉接头 cross connection; pipe cross
交叉接头带 cross-stitched belt
交叉接续 cross splicing
交叉接枝共聚物 cross-grafted copolymer
交叉街道 intersection street; side street
交叉结合 cross banding
交叉结算 crossfoot
交叉截面 X-section
交叉进给 cross feed
交叉进给系统 cross feed system
交叉进给印字带 cross feed carbon
交叉进入 cross-entry
交叉进行 do alternately
交叉警告标 <平交道口的> cross bulk sign
交叉矩法 cross-moment method
交叉卷绕卷装 cross-wound package
交叉卷绕络纱机 cross winder
交叉绝缘子 transposition insulator
交叉开发 cross development
交叉开发系统 cross development system
交叉开关 crossbar switch
交叉抗药性 cross-resistance
交叉科目的 cross disciplinary
交叉孔法 cross-hole technique
交叉控制系统 crossed control
交叉口 cross-nailed material; junction; road crossing; road intersection; crossing; intersection
交叉口饱和度 degree of saturation at intersection
交叉口饱和流量 saturate volume of (signalized) intersection
交叉口标志 cross-buck sign
交叉口测量 intersection survey
交叉口车速控制机 <一种全感应信号控制系统> intersection speed controller

J

交叉口出口 exit of intersection; exit of intersection; intersection exit
交叉口处理(法) intersection treatment
交叉口的相交路段 intersection way
交叉口灯光信号 light crossing signal
交叉口多路停车 multiway stop of intersection
交叉口方框 junction box
交叉口防护 cross(ing) protection
交叉口分岔路 intersection leg
交叉口分向流量图 intersection directional volume flow diagram
交叉口负荷系数 load factor of intersection
交叉口环道 junction roundabouts
交叉口交通 traffic at intersection
交叉口交通调查 intersection census; intersection count
交叉口交通控制 junction traffic control
交叉口交通量 traffic volume of intersection
交叉口交通事故 cross(ing) accident
交叉口进口 entrance of intersection; intersection entrance
交叉口进口道 intersection approach
交叉口进入段 intersection approach
交叉口两路停车 two-way stop(of intersection)
交叉口流量流向图 intersection directional volume flow diagram
交叉口略图 intersection diagram
交叉口平面图 intersection plan
交叉口清车时间【铁】clearance interval; clearance time at crossing
交叉口人行横道 intersection crosswalk
交叉口入口 entrance of intersection; throats of crossing
交叉口设计 crossing design; intersection design; road crossing design
交叉口驶出道路 intersection exit
交叉口驶出率 crossing discharge rate; crossing efficiency
交叉口驶入道路 intersection approach
交叉口视线三角线 sight triangle
交叉口通过能力 capacity of intersection; crossing capacity; intersection capacity; junction capacity
交叉口通行能力 capacity of intersection; crossing capacity; intersection capacity; junction capacity
交叉口信号 junction signal
交叉口延误 intersection delay
交叉口引道 intersection approach
交叉口栅门 crossing barrier; crossing gate
交叉口指示标 junction marker
交叉口重新布置 rearrangement of crossings
交叉口转角半径 corner radius
交叉口(转向处的)弧形路缘石 curb return
交叉口自动启闭栅 automatic crossing gate
交叉跨越 crossing; scissors crossing
交叉矿脉 counter lodes; counter vein; cross vein
交叉馈电 cross feed
交叉馈电式电动机 cross feed motor
交叉馈电系统 cross feed system
交叉扩散 cross diffusion
交叉扩展 diagonal expansion
交叉拉杆 intertie; saltier cross bars; counter bracing; cross brace[bracing]
交叉拉索 cross stay
交叉拦路木 crossing barrier
交叉拦栅门 cross gate
交叉栏杆 intertie
交叉缆 cross lines
交叉浪 crossed sea
交叉肋 cross rib; diagonal rib; groined ribs
交叉肋条 diagonal ribs
交叉肋形饰 <穹隆面上伸出的肋> nerves
交叉肋形装饰 nervure
交叉棱镜望远镜腔 cross-prism telescopic resonator
交叉棱面 cross bevel
交叉粒状瓦 cross-grained slate
交叉连架 cross frame
交叉连接 backflow connection; back-to-back connection; cross connection; cross joint(ing); cross-shape joint; X-connection; zigzag connection
交叉连接片 cross connected sheet; cross connection sheet
交叉连接图 cross connection pattern
交叉连接线 cross-link
交叉连接组合 cross link assembly
交叉连接 interdigitation
交叉帘布层 <指轮胎> cross-ply
交叉帘布层轮胎 bias ply tire[tyre]
交叉联(接) cross bracing; cross strut; X-bracing; cross binding
交叉连接元件 crosspoint element
交叉联结 cross link(age)
交叉链接编辑程序 cross-link editor
交叉链线构造 cross-catenary construction
交叉梁 beam crossing; beam grid; beam grill(ag)e; cross beam; cross girder
交叉梁构架 beam and girder framing
交叉梁构造 beam and girder construction
交叉梁基础 grid foundation
交叉梁结构 beam and girder construction
交叉梁楼板 beam and girder floor
交叉梁系 cross beam system; grillage beam
交叉裂缝 cross crack
交叉裂纹 cross crack
交叉灵敏度 cross sensitivity
交叉流道 cross channel
交叉流动 cross-flow
交叉流回热器 cross-flow regenerator
交叉流量 cross current; cross-flow; intersection flow
交叉流式冷却塔 cross-flow cooling tower
交叉流式热交换器 cross-flow heat exchanger
交叉流诱导式通风 cross-flow induced draft cooling tower
交叉龙骨 cross furring
交叉滤色镜 cross screen
交叉路 cross(-over) road; crossway
交叉路段 intersecting section; intersection legs
交叉路口 <四条以上道路的> carfax
交叉路口标志 crossing sign
交叉路口灯光标志 light crossing signal
交叉路口进口 intersection approach
交叉路线 intersecting routes; cross routes
交叉脉冲 cross pulse
交叉脉动 cross beat
交叉锚杆转向架 cross-anchor bogie
交叉铆接 cross-riveting
交叉面 intersecting surface
交叉瞄准线 spider lines
交叉瞄准线视差 parallax of cross-hairs
交叉模拟程序 cross simulator
交叉模型 cross-over model
交叉摩阻 intersection friction
交叉木支撑 timber sway bracing
交叉捻钢丝绳 regular lay rope; reverse laid rope
交叉捻(绕) cross lay(ing); regular lay
交叉凝集试验 cross agglutination test
交叉耦合 cross coupling; cross linkage)
交叉耦合光束 cross-coupling optic(al) beam
交叉耦合系数 cross-coupling coefficient
交叉耦合效应 cross-coupling effect
交叉耦合校正值 cross-coupling correction value
交叉耦化 cross linking
交叉耙 cross disking
交叉排布 cross-ply
交叉排列 cross arrangement; cross banding
交叉排列式燃气轮机 cross compound gas turbine
交叉排气 cross bleed
交叉排水(沟) cross drainage
交叉排水管 drainage crossing
交叉排水渠(管) drainage crossing
交叉判读 cross-identification
交叉跑道 bisecting runway; crossing runway; intersecting runway
交叉跑道系统 intersecting runway configuration
交叉配置 cross configuration; transposition arrangement
交叉皮带 cross(ed) belt
交叉皮带选换机 cross belt separator
交叉偏差 deviation from transposition intervals
交叉偏导数 cross-partial derivative
交叉偏振 cross-polarization
交叉偏振摄影 cross-polarization photography
交叉频带 cross band
交叉频带信标 crossband beacon
交叉频带信标制 crossband-beacon system
交叉频率 chiasmate frequency; cross-over frequency; intercross frequency; transition frequency; turnover frequency
交叉频率问答器 crossband beacon
交叉频谱 cross frequency spectrum
交叉平衡 balancing by transposition
交叉平巷 alternate heading
交叉铺叠屋脊瓦 hip capping; weaving
交叉谱线密度 cross spectral density
交叉气道 air crossing
交叉气流 cross-flow
交叉气流对流 cross-flow convection
交叉弃约条款 cross-default clause
交叉砌合 cross bond
交叉强度函数 cross-intensity function
交叉墙 cross wall
交叉切穿的断裂 intersecting fracture
交叉切割 criss-cross
交叉倾斜 cross tilt
交叉穹顶 cross arched vault(ing)
交叉穹顶棚 groined ceiling
交叉穹肋 cross springer; groined arch; intersecting ribs; diagonal ribs
交叉穹棱 underpitch groin
交叉穹隆 cross(arched) vault(ing); groined vault
交叉区 intersection area; transposition section
交叉曲柄机构 crossed crank mechanism
交叉沙洲 crossing bank
交叉设计 cross-over design; transposition design <通信[讯]线>
交叉设置 cross lay(ing)
交叉升降机 cross elevator
交叉声反应 crossed acoustic(al) response
交叉失真 cross distortion; monkey chatter
交叉施工进度表 overlapping construction schedule
交叉十字架 cross beam
交叉实验 cross-over experiment
交叉式 staggered form
交叉式给料槽 two-way charging chute
交叉式漏斗 two-way charging chute
交叉式门座 cross frame portal
交叉式燃烧器 intertube burner
交叉式线岔 cross type crossover
交叉式选择框 cross box
交叉式针梳机 intersecting frame
交叉视距 sight distance at intersection
交叉试验 cross-over test
交叉饰 interlacing ornament
交叉适应 cross adaptation
交叉疏解 crossing untying
交叉输送带 cross conveyer[conveyor]
交叉输送器 cross conveyer[conveyor]
交叉衰落 cross fade
交叉双轴式的 cross compound
交叉水流 cross current
交叉水准点 junction bench mark
交叉松土法 cross-ringing
交叉送水阀 cross feed valve
交叉榫接 forked tenon
交叉榫斜角接 lock miter[mitre]
交叉弹簧悬挂 cross-spring suspension
交叉弹性 cross elasticity
交叉弹性系数 coefficient of cross elasticity
交叉探向 cross bearing
交叉套 cross-cap
交叉套筒 crossing sleeve
交叉套头交易 cross hedging
交叉提款 cross-firing
交叉替代效应 cross(ed) substitution effect
交叉条板 cross battens
交叉调制 cross modulation; intermodulation
交叉调制作用 intermodulation effect
交叉跳动 cross beat
交叉贴现率 cross-over discount rate
交叉铁夹 cross connecting iron clamp
交叉铁芯式变压器 crossed-core type transformer
交叉通道 cross aisle; hall transept <教堂的>
交叉通风管道 cross air duct
交叉通货风险 cross currency risk
交叉通货利息的增加额 cross currency interest accrual
交叉筒 cross sleeve
交叉筒拱 cross vault(ing); groined vault; intersecting barrel
交叉图 cross chart; transposition pattern; transposition plan; interlacing diagram【交】
交叉图形 cross fire
交叉涂覆法 cross coating
交叉涂刷 crossing
交叉弯曲 crossbend
交叉网格矩阵 crossed-grid matrix
交叉网络 cross network
交叉往来 criss-cross
交叉纹锉 cross-cut file
交叉纹理(单板) crossbar
交叉纹路 cross-cut
交叉污染 cross contamination; cross-pollution

交叉污染物 cross-contaminant;cross-pollutant
交叉屋顶 intersecting roof;intersection roof
交叉误差 transposition error
交叉吸收 cross absorption
交叉吸收试验 cross absorption test
交叉系杆 cross tie;intertie
交叉系木 cross nogging
交叉纤维 cross fiber[fibre];decussating fibers
交叉线板 transposition board
交叉线对 transposed pair
交叉线(路)disposition;criss-cross;cross(connecting)lines;cross spider;cross wires;line of intersection;retic(u)le
交叉线路所 intersection block post
交叉线圈 cross coil
交叉线圈式仪表 cross coil instrument
交叉线束 crossed beams
交叉线信号发生器 grating generator
交叉相乘 multiplication cross
交叉相干 cross-coherence
交叉相关 cross-correlation
交叉相关函数 cross-correlation function
交叉相关雷达 cross-correlation radar
交叉相关视向速度仪 coravel;correlation-radial-velocity
交叉相关图 cross correlogram
交叉相互作用 cross-interaction
交叉相加 cross addition;crossfoot
交叉相位调制 cross phase modulation
交叉相遇船 crossing vessels
交叉相遇局面 crossing situation
交叉响应 cross response
交叉向 crosswise
交叉向布设 lay crosswise
交叉向放置 lay crosswise
交叉巷道 diagonal entry
交叉消隐 cross-cut
交叉销售 interselling
交叉效应 cross effect
交叉协方差函数 cross-covariance function
交叉斜撑 cross brace;negative stay
交叉斜杆 counter diagonal
交叉斜杆桁架 double intersecting truss;double intersection Warren truss
交叉斜缆 cross spring
交叉斜(木)纹 <木材的> cross grain
交叉斜纹帘布轮胎 cross-ply tire[tyre]
交叉形 X-shape;X-type
交叉形的 cruciform;crucishaped
交叉形构件 X-member
交叉形架 X-frame
交叉形框架 X-frame;X-type frame
交叉形式 cross modal
交叉型架 X-shaped frame
交叉型实验 cross-over(type)experiment
交叉需求弹性 cross-elasticity of demand
交叉序号 transposition number
交叉序列 crossing sequence
交叉学科 cross discipline subject;interdiscipline subject
交叉学科的 cross disciplinary;interdisciplinary
交叉循环 cross circulation
交叉训练 cross training
交叉压迫 crossing compression
交叉压条 counter battens;cross battens
交叉牙合 cross bite occlusion
交叉掩蔽 crossed masking
交叉验算法 cross footing
交叉验算法测试 cross-footing test
交叉样本网 interpenetrating network of samples
交叉阴影线 cross hatch
交叉阴影线部分 cross-hatched area
交叉阴影线面积 cross-hatched area
交叉引用 cross reference
交叉引用表 cross reference table
交叉引用程序 cross reference program(me)
交叉引用字典 cross reference dictionary
交叉引证 cross reference
交叉盈利率 intersection rate of return
交叉影响分析 cross impact analysis
交叉影响矩阵 across impact matrix
交叉甬道 cross aisle;transept;hall transept <教堂的>
交叉涌 cross swell
交叉用绝缘子直螺脚 transposition pin
交叉域资源 cross-domain resource
交叉域资源管理程序 cross-domain resource manager
交叉域子区连接 cross-domain subarea link
交叉圆顶阁 cross-cupola;cross-dome
交叉圆拱顶 intersecting barrel
交叉圆柱镜 crossed cylinders
交叉运动 criss-cross motion
交叉运行 coordinating movement
交叉晕线 cross hatching;cross ruling
交叉晕线面积 cross hatching area
交叉责任 <计算船舶碰撞事故赔偿责任的一种方法> cross liability
交叉责任原则 principle of cross liability
交叉扎绳 rack;wrack
交叉扎绳的八字形绕数 racking turns
交叉扎线 cross bond(ing)
交叉轧制 tandem rolling
交叉窄道 pleached alley
交叉站台 cross-platform;interchange
交叉折叠的 cross-folded
交叉折扣 cross discount
交叉折椅 X-chair
交叉辙叉 cross(ing)frogs
交叉褶皱 interfolding
交叉褶皱的 cross-folded
交叉支撑 cross brace[bracing];cross nogging;cross-off;cross stay;jerkinhead;spanner <桥梁的>;spar piece;X-brace[bracing]
交叉支撑转向架 cross anchor truck;cross-braced truck
交叉支杆 cross bridging
交叉支架 ally arm;arm support;cantilever
交叉支条 cross bracing;cross-off;X-brace;X-bracing
交叉指场直线加速器 interdigital field linac
交叉指示器 cross needle indicator
交叉指数 transposition index
交叉指形的 interdigital
交叉指形电路 interdigital circuit
交叉指型电压调谐磁控管 mitron
交叉指针 crosspointer
交叉指针式指示器 crosspointer indicator
交叉指状单元 interdigitated element
交叉制 crossbar system
交叉制交换机 cross connecting board
交叉制市内自动电话局 crossbar local office
交叉制式 transposition scheme;transposition system
交叉致敏反应 cross sensitization
交叉置换 cross substitution
交叉中和 cross neutralization
交叉中和试验 cross neutralization test
交叉中心 center of crossing
交叉重叠法 juxtaposition
交叉重叠碹 juxtaposed arch
交叉周期 staggered cycle
交叉周期图 cross-periodogram
交叉轴 concurrent axis
交叉轴螺旋齿轮 crossed helical gear
交叉轴剃齿法 crossed axes shaving method
交叉轴线 intersecting axis
交叉柱托架 post bracket
交叉砖砌合 cross brickwork bond
交叉转换 cross-switch;overlap changeover
交叉转换盒 transposition changeover box
交叉转接 cross-switch
交叉装置 skewing mechanism
交叉子抽样 interpenetrating subsampling
交叉子区 cross-subarea
交叉子区连接 cross-subarea link
交叉总计 cross footing
交叉左捻 left-hand ordinary lay
交叉作业制 work interchange system
交插 interleave
交插穹顶 underpitch vault;Welsh vault
交插穹棱 underpitch groin;Welsh groin
交插褶皱 interfolding
交岔捣固机 crossing tamping machine
交差点 mis-tie at intersection
交产品合同 product in hand contract
交产权契据 deed of surrender
交车运行 <道路施工时> coordinating movement
交承运人 for the carrier
交乘效应 crosstalk
交齿 interlocking tooth
交齿侧铣刀 interlocking side mill
交齿铣刀 interlocking milling cutter
交出 hand-over;surrender
交出财物 cession in jure
交出空车数 number of empty cars delivered
交出提单 surrender bill of lading
交出运输 outward traffic
交出重车数 number of loaded cars delivered
交出注销 surrender for cancellation
交船 delivery
交船地点 delivery point
交船港 port of delivery
交船航次 delivery trip
交船日期 date of delivery;delivery date
交船时间 delivery time
交船试航 delivery trial
交船与还船 delivery and redelivery
交船与还船凭证 <租船> certificate of delivery and redelivery
交船证书 certificate of delivery
交磁安匝 cross magnetizing ampere-turn
交磁电路 quadrature circuit
交磁放大机 amplidyne(generator);cross-field amplifier;metadyne
交磁放大器 amplidyne(generator);cross-field amplifier;metadyne
交磁感应 cross induction
交磁绕组 quadrature winding
交磁效应 cross magnetizing effect
交磁旋转扩大机 metadyne generator
交存 lodg(e)ment
交错 alternation;criss-cross;interfinger;interlacing;interleave;interleaving;overlap(ping);pleach;stagger
交错报价 cross offer
交错比较试验 staggered comparison test
交错边滩 alternate bar;alternating sand bank;alternating side flat
交错变换 stagger conversion
交错波痕 cross ripple;interference ripple mark
交错布置 staggered arrangement;staggered pattern
交错布置的剪力墙 zigzag type shear wall
交错操作 interlacing
交错操作员业务 alternative operator service
交错层【地】 cross-bed(ding);false bedding;cross-stratum;diagonal stratification;staggered course
交错层理【地】 cross-bedding;cross lamination;cross-stratification;current bedding;foreset bedding
交错层理的 cross-bedded
交错层理构造 cross bedding structure;cross lamellar structure
交错层理岩石 cross-bedded rock
交错层砂岩 cross-grained rock
交错层状琢石砌体 alternating coursed ashlar masonry
交错缠绕包裹 cross wrap
交错铲土法 interlacing earth-scraping process
交错场 interlaced field
交错沉积 intertonguing
交错衬垫 cross-bedding
交错程序 alternate routing;cross-program(me)
交错齿 interlocking tooth;zigzag tooth
交错齿槽 alternate tooth slot
交错齿轮 staggered gear
交错齿人字齿轮 staggered tooth double-helical gear
交错抽样 zigzag sampling
交错传输 interleaved transmission
交错垂直同步信号 serrated vertical synchronizing signal
交错存储 interlace;interlacing
交错存储器 interlaced memory
交错搭接 weaving
交错搭接缝 crosslap joint
交错岛屿 interlaced island
交错的 alternate;alternating;checkered;interfluent;intricate;staggered;staggering
交错的人字形结构 staggered chevron
交错的深槽 staggered deeps;staggered pools
交错的透视 staggered perspective
交错地址 address interleaving
交错点焊 staggered spot-welding
交错断层 alternating fault;intersecting fault;intersection fault
交错断裂 pinch-off
交错断续焊缝 staggered intermittent weld
交错断续角缝焊接 zigzag intermittent fillet weld
交错断续角焊 staggered intermittent fillet weld(ing)
交错断续角焊缝 staggered intermittent fillet weld
交错对消式动目标显示器 stagger moving-target indicator
交错多层绕组 sandwich winding
交错多层形 sandwich type
交错法 alternate method
交错返回 alternate return
交错方向 alternate direction
交错复式分品法 multiple reversal grading

J

交错钢丝网篱笆 chain link fence
交错工作时间 staggered work hour; staggered working day
交错拱门 interlacing arches
交错沟槽式集尘器 staggered channel separator
交错构造 decussate structure
交错管排 staggered pipes; staggered tubes; staggers tubes
交错管散热器 staggered tube radiator
交错焊(接) zigzag weld(ing)
交错河流 <水流纵横交错的河流> braided stream
交错击键法 alternate key stroke
交错级数 alternating series
交错集管 staggered header
交错检验 alternative test
交错角 alternate angle; stagger angle
交错接缝 alternate joint; interlocking joint
交错接合 interdigitation
交错接头 stagger joint
交错节理 cross joint(ing)
交错结合 interdigitation
交错截面 intricate cross-section
交错介质 cross medium
交错届满任期 staggered term
交错矩阵 alternate matrix; alternating matrix
交错矿脉 cross vein
交错连接 zigzag connection; zigzag fastening
交错流 cross current
交错楼层 staggered stories
交错路(线) alternating path
交错脉 counter vein; cross vein
交错锚杆 zigzag anchor bar
交错锚筋 zigzag anchor bar
交错铆钉 zigzag riveting
交错铆接 cross-riveting; reeled riveting; staggered riveting; zigzag riveted joint; zigzag riveting
交错铆接缝 staggered rivet joint
交错铆距 diagonal pitch
交错迷宫气封 staggered labyrinth gland
交错木纹 interlocked grain; twisted grain
交错捻 cross lay; reverse lay
交错排列 cross arrangement; stagger; staggered arrangement; zigzag laying
交错排列布井 staggered wells
交错排列布置 staggered line pattern
交错排列的 staggered
交错排列汽缸 staggered cylinders
交错排列设计的房屋 building of staggered design
交错排列设计的建筑物 building of staggered design
交错排列形式 staggered pattern
交错配置 stagger
交错偏挠锯齿 raker set tooth
交错频率信号图 frequency-interleaved pattern
交错铺砌 cross-bedding
交错棋盘式排列的格子体 staggered packing
交错砌缝 interlocking joint
交错砌合 cross bond; diaper bond
交错砌合的墙角 laced corner
交错浅滩 alternate bar; deeps-staggered shoal
交错区群落 ecotonal community
交错群 alternating group
交错群落 ecotone; serration; alterne
交错绕组 interleaved winding
交错塞焊 staggered plug weld
交错山嘴 interlocking spur
交错施工相互割切现场灌注桩 secant bored pile
交错施工相互割切现场灌注桩挡土墙 secant bored pile wall
交错施工相互割切钻孔灌注桩挡土墙施工法 secant piling
交错施工相互割切钻孔灌注桩墙 secant pile wall
交错式布置 barb system; double saw-tooth system
交错式间断焊 staggered intermittent weld
交错式接缝 staggered joint
交错式排列 staggering
交错式停车 staggered parking
交错数组 interleaved array
交错四边序列 alternating edge train
交错送料 stagger feed; zigzag feed
交错调谐 stagger tune
交错突嘴 staggered protruding points
交错图 alternating graph
交错图形 alternating graph
交错纹层 cross lamination
交错弯曲 cross bending
交错位置 intervening portion
交错纹理 cross lamination; interlocked grain
交错纹理木材 interlocked-grain wood
交错纹片结构 crossed-lamellar texture
交错系数 alternative coefficient
交错下标 interleaved subscript
交错线道 staggered line
交错线路 interdigital line
交错线圈 interleaved coil
交错线饰 knot work
交错相变化 intertonguing
交错行列式 alternant
交错形式 alternating form
交错形栽植 staggered planting
交错型剪切墙 zigzag type shear wall
交错序列 alternating series
交错叶风扇 staggered fan
交错应变 crossed strain
交错运动 criss-cross motion
交错运算 alternating operation
交错张量 alternating tensor
交错褶皱 alternative folding; cross-fold(ing); interfolding
交错重叠布置 sandwich arrangement
交错周期 staggered cycle
交错轴 skew axis
交错轴齿轮 skew gear
交错桩 staggered piles; staggered piling
交错装置 staggering
交错总和 alternating sum
交错组合 staggered building arrangement
交搭 bracing
交代斑状结构 metasomatic porphyritic texture
交代变质作用【地】 metasomatism; metasomatic metamorphism
交代残留结构 metasomatic relict texture
交代残余结构 metasomatic relict texture
交代蚕蚀结构 metasomatic corrosion texture
交代穿孔结构 metasomatic perforated texture
交代的【地】 metasomatic
交代反环带结构【地】 metasomatic anti-zonal texture
交代反条纹长石结构【地】 metasomatic anti-perthitic texture
交代反条纹结构【地】 metasomatic anti-perthitic texture
交代函数 alternate function
交代环带结构 metasomatic zonal texture
交代环状结构 metasomatic ring texture
交代极性 polarity in metasomatism
交代假象结构 metasomatic pseudomorph texture
交代结构 metasomatic texture
交代晶体结构 metacrystal texture
交代净边结构【地】 metasomatic edulcoration-border texture
交代矿床 metasomatic mineral deposit; metasomatic ore deposit; replacement deposit
交代矿物 metasome; replaced mineral
交代脉 metasomatic vein; replacement dike[dyke]
交代圈闭 replacement trap
交代蠕英结构 metasomatic myrmekic texture
交代深成岩 metatectite
交代深熔岩 metatectite
交代蚀变作用【地】 metasomatic alteration
交代条纹(长石)结构 metasomatic perthitic texture
交代镶边结构 metasomatic mosaic-border texture
交代岩 metasomatic rock; metasomatite
交代作用 metasomatism; replacement
交代作用方式 metasomatism way
交单 cash against documents; presentation; surrender documents; tender documents
交单付款 cash against shipping documents; paid on presentation
交到驳船价格 free into barge
交到船边 delivered alongside
交到船上 delivered on board the ship
交到船上燃料舱价格 free into bunker
交道口警铃 level crossing
交的叉梁 beam crossing
交点 crossing point; cross (-over) point; node; point cross point; point of junction; intersection point; point of intersection
交点的 nodical
交点高度 intersection height
交点广场 <教堂的十字形耳堂> crossing square
交点黄经 longitude of node
交点里程 crossing station
交点年 draconitic year; nodical year
交点图 node cycle
交点退行 regression of the nodes
交点位移方向 direction of displacement of interesting point
交点位置 position of interesting point
交点西退 regression of the nodes
交点线 nodal line; node line
交点线位移 nodal motion
交点因素 node factor
交点月 draconitic month; nodical month
交点周 draconitic revolution
交点周期 nodal period; node cycle
交叠 cross-over; overlap
交叠多层绕组 bank-winding(coil)
交叠集 overlapping set
交叠接合 concealed joint
交叠能带 overlapping band
交叠频率 cross-over frequency
交叠式会让线 lap siding
交叠式三开道岔 <在驼峰编组场铺设以缩短道岔长度> lap switch; lap turnout
交叠式铁芯 interleave type core
交叠套筒 splicing sleeve
交叠相位 overlapping phase
交叠信号方式 overlap signalling
交叠属性 overlapping attribute
交发 hand-in
交发时间 filing time; time of handing in
交沸石 harmotome; harmotomite
交分道岔【铁】 slip points; slip switch; slip turnout; crossing with slip switch; puzzle switch
交分道岔内轨 inside slip rail
交分线路 slip road
交锋水体 opposing water mass
交付 consignation; consignment; deliver over; delivery; handing over; let; order of
交付产物 payment in product
交付错误 <行李包裹或货物> misdelivery
交付地 place of delivery
交付定货 execute an order; fill an order
交付定金 down payment
交付端热能成本 cost of heat at point of delivery
交付费用 delivery charges
交付股金 payment of shares
交付国 country of consignment
交付检修 put into overhaul
交付路 delivering road
交付路负责的损伤 delivering line defect
交付率 <货物> rate of delivery
交付年代 year of delivery
交付期限 term of delivery
交付契据 delivery of a deed
交付前检查 predelivery inspection
交付人 conveyer[conveyor]
交付人员 delivery operator
交付日 day of delivery
交付施行 bring into force
交付时间 delivery time; lead time; time handed in; time of delivery
交付使用 commission(ing); place in operation; put into operation; put into service
交付使用财产的审计 audit of putting estate into service
交付使用财产率的审计 audit of ratio of putting estate into service
交付使用前试验 preoperation(al) test
交付使用日期 commissioning date; date of full availability
交付书 letter of intent(ion)
交付数量 quantity delivered
交付通知书 advice of delivery
交付现金 cash payment
交付运费地点 freight payable at
交付运输单位 delivering carrier
交付运营 be open to traffic
交付运用 bring into operation
交付者 consigner[consignor]; deliverer
交付证书 certificate of delivery
交付滞留 deliver delay
交付重量 delivery weight
交付周期 delivery cycle; lead time
交付装置 delivery facility; delivery installation; delivery plant
交割 assign; complete a business transaction; delivery
交割单 delivery order
交割风险 delivery risk
交割期 delivery time
交割期限 delivery day
交割日 account day; pay day; prompt day; settlement day; settling day
交割日的前一天 ticket day
交割日期 date of delivery
交割日期通知单 prompt note
交割条件 terms of delivery
交割限期日 <英国交易所> contango; continuation day
交割延期 backwardation
交割延期费 backwardation contango
交割月 delivery month
交给车站(等候集结) delivery to sta-

tion
交给地主的租谷 share crop
交工后技术服务 after-sale service
交工试运转 commissioning
交工调整 Committee regulation
交轨误差 cross-track error
交合道 copulatory path
交合点 merge point
交合口 copulation orifice
交合器 copulatory organ
交合丝 cross web;retic(u)le
交互 alternate;take turns
交互保护 cross-protection
交互比较设计 alternate design
交互变化 alteration
交互标定 cross calibration
交互并行处理 interacting parallel processing
交互不履行 cross default
交互操作 interactive operation
交互层【地】alternation of beds;alternation of strata;alternate layers;alternate course
交互层理【地】alternating sequence
交互查对 countercheck
交互查询 interactive query
交互查询系统 interactive query system
交互成分 component of interaction
交互成批处理 interactive batch processing
交互承兑 cross acceptance
交互程序 interactive program(me);interactive routine
交互程序调整 interactive debugging
交互处理 interactive processing
交互带状皆伐式渐伐作业法 alternate clear-strip system
交互的 interactive;mutual
交互斗 connection block
交互反复选择 reciprocal recurrent selection
交互反射 inter reflection
交互方差 cross variance
交互方式 interactional mode;interactive mode
交互仿真 interactive simulation
交互分配法 distribution on a reciprocal basis
交互分析 interaction analysis
交互复原 interactive restoration
交互干扰 crosstalk
交互格式形成系统 interactive formatting system
交互工作 interworking
交互购买 cross purchase
交互故障 interaction fault
交互关系的活动 interactive activity;relational activity
交互关系的行为 interactive activity;relational activity
交互光笔 interactive light pen
交互过程控制 interactive process control
交互环境 interactive environment
交互计算 current account;interacting computation
交互计算和控制设备 interactive computing and control facility
交互计算信用证 swing clause letter of credit
交互检查核对 cross check
交互键盘 interactive keyboard
交互接触带 mutual contact zone
交互浸压法(防腐) alternating pressure process
交互开立 cross drawing
交互控制程序 intersection control routine
交互控制系统 intersection control system
交互连接 exchange connection;interconnecting;switched connection
交互灵敏度 cross sensitivity
交互铆接 cross-riveting
交互模拟器 interacting simulator
交互模式识别 interactive pattern recognition
交互捻钢丝绳 non-spinning wire rope
交互排放系统 intercepted drain system
交互平衡 interaction balance
交互平衡原理 interaction balance principle
交互容量 mutual capacity
交互渗移 cross-migration
交互生长 intergrow
交互式 interactive
交互式编辑程序【计】interactive editor
交互式查找【计】interactive searching
交互式成批处理 interaction batch processing
交互式程序结构 interactive program constructure
交互式程序设计 interactive program design;interactive programming
交互式电视 interactive television
交互式调试 interactive debugging
交互式对话 dialog interaction
交互式多媒体 interactive multimedia
交互式复原 interactive restoration
交互式光盘【计】interactive compact disc
交互式广告 interactive advertising
交互式环境 interactive environment
交互式汇编程序 interassembler
交互式绘图系统 interactive graphics system
交互式活动 interacting activity
交互式计算机辅助技术 interactive computer-aided technology
交互式计算机辅助设计 interactive computer-aided design
交互式计算机图形学 interactive computer graphics
交互式计算机系统 interactive computer system
交互式计算机制图 interactive computer graphics
交互式计算机制图系统 interactive computer graphics system
交互式教育 interactive education
交互式进程 interactive session
交互式例行程序 interactive routine
交互式模拟程序 interactive simulator
交互式设计系统 interactive design system
交互式实体设计 interactive solid design
交互式数字绘图机 interactive digital plotter
交互式探索 interactive exploration
交互式通信[讯] interactive type communication
交互式图像处理 interactive image processing
交互式图形处理 interactive graphic processing
交互式图形处理系统 interactive graphic processing system
交互式图形输入 interactive graphic input
交互式图形系统 interactive graphics system
交互式图形学 interactive graphics
交互式图形支持 interactive graphical support
交互式系统 interactive system
交互式显示终端 interactive display terminal
交互式信息系统【计】interactive information system
交互式用户 interactive user
交互式制图(软件) interactive graphics
交互式终端 interactive terminal
交互送水阀 cross feed valve
交互调试 interactive debug
交互图形 interactive graphics
交互图形终端 interactive graphics terminal
交互网络 internet
交互问题控制系统 interactive problem control system
交互系统 interactive system
交互显示器 interactive display
交互显示系统 interactive display system
交互显性说 theory of alternate dominance
交互线 alternate line
交互相关 cross-correlation;intercorrelation
交互协方差函数 cross-covariance function
交互信息 mutual information
交互型计算机 interactive computer
交互性工作 hands-on
交互性预测 interactive forecasting
交互抑制 reciprocal inhibition
交互抑制法 reciprocal inhibition method
交互引力 mutual attraction
交互影响 interaction;reciprocal effect
交互影响分析 cross impact analysis
交互影响矩阵 cross impact matrix
交互影响矩阵法 cross impact matrix method
交互影响模型【交】interactance model
交互影响研究中的连接 linkage in cross-impact studies
交互预测 interaction prediction
交互预估原理 interaction prediction principle
交互跃进 leapfrogging
交互运输 intermodal
交互运输车辆 intermodal car
交互账户差额 balance of mutual accounts
交互折叠的 interfold
交互指令 interactive instruction
交互指示停止和通行的信号 stop-and-go signal
交互终端接口 interactive terminal interface
交互终端设备 interactive terminal
交互作用 correlation;counterchange;cross connection;cross-correlation;interact;interaction(effect);reciprocal action;reciprocity
交互作用参数 interaction parameter
交互作用的 interactive
交互作用过程 interaction process
交互作用论 interactionism
交互作用模型 interaction model
交互作用时间 interaction time
交互作用因子 interaction factor
交互作用影响的检测 detection of interaction effects
交互作用预测法 interaction prediction approach
交花绑 rose lashing;rose seizing
交换 change;commutate;commutation;commute;conversion;convert;counterchange;exchange;exchanging;permutation;interchange;interchanging;permutation;permute;swap(ping);switching;trade off
交换比价 price parity in the exchange
交换表 swap table
交换测试 conversation test
交换差价 exchange gap between
交换长途通信[讯]网络 switched telecommunication network
交换常数 exchange constant
交换场 exchange yard
交换车场【铁】interchange yard
交换车停留线 exchange track;interchange track;siding for exchange wagon;transfer track
交换程序 exchanger
交换程序包 exchange package
交换齿轮 changeful-gear;change gear;gear change
交换齿轮架中间轴 stud shaft
交换齿轮速比 change gear ratio
交换齿轮系 change gear train
交换齿轮箱 change gear box
交换齿轮组 change gear set
交换处理机 switching processor
交换传输 switch transmission
交换代理 clearing agent
交换代码 hand-over word
交换代数 commutative algebra
交换单元 cross point
交换道 interchange
交换的 commutative;reciprocal;give-and-take
交换的广度和深度 scope and depth of exchange
交换等级 exchange class
交换点 exchange site;interchange point;intersection point
交换电荷 exchange charge
交换(电流)方向 commutate
交换电信网络 switched message network
交换定则 commutation rule
交换端口 switch port
交换对象 exchangeable object;exchange object
交换多路复用器 switching multiplexer
交换发行 exchange offerings
交换阀 cross-over valve
交换法 exchange process
交换法则 commutation rule
交换反演 exchange inversion
交换反应 exchange reaction;interchange reaction
交换方程 exchange equation
交换方式 swap mode;switching scheme
交换方式线路 switchable-mode line
交换分保 exchange of reinsurance
交换分机 branch exchange
交换分类 exchange sort
交换分离法 exchange separation process
交换分裂 exchange splitting
交换分配装置 swap allocation unit
交换服务 exchange service
交换服务网 switched service network
交换俘虏船 cartel ship
交换杆 commuting lever
交换港 interchange port
交换功能 function of exchange
交换故障 exchange trouble
交换关系 commutation relation;commutative relation
交换过程处理周期 handshake cycle
交换函电 exchange of communication
交换盒 interchange box
交换环 commutative ring
交换缓冲 exchange buffering
交换机 commutator;exchange board;exchanger;interchanger;switchboard;switching equipment
交换机拨号盘 switchboard dial
交换机部分 switchboard section
交换机电缆 switchboard cable
交换机吊牌 switchboard drop
交换机故障 exchange fault

J

交换机机房 switch room
交换机接口模块 exchange interface module
交换机配件 switchboard fitting
交换机塞孔 switchboard jack
交换机塞孔单元 switchboard cell
交换机塞绳 switchboard cord
交换机室 exchange room; switchboard room
交换机座席 switchboard position
交换基 exchange base
交换剂 exchanger
交换寄存器 exchange register
交换价格 exchangeable value; value of exchange
交换价值 commercial value; exchange(able) value; use value; value of exchange
交换简并性 exchange degeneracy
交换教授 exchange professor
交换节点 switching node
交换局 exchange; switching office
交换局集中器 exchange concentrator
交换局间线路 interswitch board line
交换开关 interchange box
交换控制 swapping control
交换扩散 exchange diffusion
交换理论 exchange theory
交换力【物】exchange force
交换量 exchange volume
交换流 exchange current
交换流速 exchange flow rate
交换律 commutative law; law of commutation
交换码 switchable code
交换媒介 <货币、支票等> medium exchange
交换门 swap gate
交换面积 exchange area
交换模式 exchange pattern
交换膜 exchange membrane
交换能力 exchange capacity
交换碰撞 exchange collision
交换批准书 exchange of ratification
交换(票据)登记簿 clearing book
交换频率 exchange frequency
交换契约 reciprocity contract
交换器 alternating device; exchanger; interchanger; transverter; transveyer
交换器型过冷器 exchanger-type sub-cooler
交换清单 clearing sheet
交换区 exchange area; switching area
交换券 bill of exchange
交换群 commutative group
交换热 exchanged heat
交换热量炉 regenerative furnace
交换热流的 regenerant
交换容量 exchange capacity
交换色层法 exchange chromatography
交换色谱法 exchange chromatography
交换设备 commutation equipment; conversion equipment; switch gear; exchange equipment
交换设施 exchange facility
交换时间 swap time
交换使用专利的合同 cross license contract
交换式多兆位数据业务 switched multimegabit data service
交换式数字图像视频 switched digital video
交换式通信[讯]网 switched communication network
交换式虚电路 switched virtual circuit
交换室 switch room
交换手段 means of exchange
交换树脂 exchange resin
交换数据集 swap data set
交换数据集控制块 swap data set control block
交换衰减 exchange degeneracy
交换速率 exchange rate
交换算法 exchange algorithm
交换算子 communicating operator; commutative operator
交换所 clearing house
交换台 commutator; switchboard; switching center[centre]
交换台并席键 position coupling key; position grouping key
交换台灯 switchboard lamp
交换台应答塞孔盘 display panel
交换台用电缆 switchboard cable
交换台座席 switchboard position
交换特性曲线 conversion diagram
交换提货单 <运输变更时发行> exchange bill of lading
交换体 permutoid
交换体沉淀反应 permutoid reaction
交换条件 terms of exchange
交换通道 interchange channel
交换通信[讯]网络 switched communication network
交换图 interchange graph
交换图表 commutative diagram
交换土地的补差款 owelty of exchange
交换网处理机 network processor
交换网(络) exchange network; switched network; flip network
交换网络服务 exchange network service
交换网络后备支持 switched network backup
交换网络后援 switched network backup
交换往来 exchange transactions
交换文件 swap file
交换物 alternative
交换物件 clearing item
交换吸附 exchange adsorption
交换系数 exchange coefficient; austausch coefficient <流体力学中表示涡流的扩散作用>
交换系统 exchange system
交换细胞 transference cell
交换线 exchange line; interchange line; interchange track【铁】
交换线路 dial-up line; interchange circuit; switched circuit; switched line
交换线路呼叫 exchange line call
交换相关 exchange correlation
交换相互酌能 exchange interaction energy
交换箱 commuting case
交换箱体 <汽车> swap body
交换效率 exchange efficiency
交换效应 exchange effect
交换协定 interchange agreement
交换信息 exchange message
交换信息对策的扩充 extension of game with exchange of information
交换型 cross-over; cross-over type
交换型远程通信[讯]网络 switched telecommunication network
交换性钙离子含量 exchange-Ca ion capacity
交换性钾离子含量 exchange potassium-ion capacity
交换性离子 exchangeable ion
交换性铝离子含量 exchange alumin(i)um-ion capacity
交换性镁离子含量 exchange-Mg ion capacity
交换性钠离子含量 exchange sodium-ion capacity
交换性氢离子含量 exchange hydrogen-ion capacity
交换性酸度 exchange acidity
交换性阳离子 exchangeable cation
交换许可协议 cross-licensing agreement
交换许可证 cross license[licence]; cross licensing[licencing]
交换阳离子 exchange cation
交换业务 exchange service
交换意见 confer; exchange idea; exchange view; interchange opinion
交换意见式的信息 dialog(ue)-type information
交换因数 exchange factor
交换银行 clearing bank
交换拥塞 switching congestion
交换余额 balance of clearing
交换域 commutative field
交换远程通信[讯]网 switched telecommunication network
交换(运)算符 exchange operator
交换窄化 exchange narrowing
交换站 clearing house; exchange station; interchange station; switching station
交换站间的中继线 interswitch trunk
交换者 commuter
交换蒸馏法 exchange distillation process
交换整流 transrectification
交换支票 exchange check
交换值 cross-over value
交换职能 function of exchange
交换指令 exchange instruction
交换指示器 switch indicator
交换制 exchange system
交换中的本行票据 in clearing
交换中间寄存 exchange buffering
交换中票据 bill in process of clearing
交换中心 relay center[centre]; switching center[centre]
交换中支票 clearing checks
交换终端 exchange terminal; exchange termination
交换柱 exchange column; exchange post
交换桩 exchange pile
交换装置 switch gear
交换资料 swap data; swap datum
交换子 recon
交换子系统 switching subsystem
交换综合体 exchange complex
交换总机 main exchange; toll center [centre]
交换作用 exchange interaction
交换作用阀 swap action valve
交汇 merging
交汇车 merging vehicle
交汇车流 conflicting traffic; merging flow
交汇冲突点 merging conflict
交汇处检查井 <管路、电缆等的> junction manhole
交汇处人孔 <管路、电缆> junction manhole
交汇带 zone of convergence
交汇道路 merging road
交汇点 intersecting point; intersection point; merging conflict; merging point; point of junction; point of merge; meeting point <道路或车流>
交汇动态 merging behavio(u)r
交汇段整治 confluence reach regulation
交汇轨迹 merging path
交汇检测器 merge detector
交汇角 angle of convergence[convergency]; merging angle
交汇井 junction chamber; junction well
交汇控制 merge control; merging control
交汇控制系统 merging control system
交汇区 intersecting zone
交汇条件 merging situation
交汇线 line of intersection
交汇性能 merging behavio(u)r
交会 break into a face; convergence; cross bearing; intersection【测】
交会安全系数 collision safety coefficient
交会测点 pivot-point layout
交会测点法 point intersection
交会测量 break into a face
交会测站 intersection station
交会处 meeting place
交会点 cutting point; intersection point; intersection station; intersect(ing) point; pivotal point; point of intersection
交会定位法 position finding by intersection method
交会法【测】 intersection method; method of intersection
交会法定位 intersection positioning
交会高程测量 vertical survey by intersection
交会高度 intersection height
交会观测法 bilateral spotting
交会横档 meeting rail
交会角(度) angle of crossing; crossing angle; angle of intersection; contact angle; intersecting angle; intersection angle
交会摩阻 medial friction
交会平面 intersecting plane; intersection plane
交会区段 <车辆的> merging area
交会摄影测量学 intersection photogrammetry; photogrammetry by intersection
交会竖杆 meeting post
交会图 cross-plot
交会图法 cross-plot method
交会系数 exchange coefficient
交会线 intersection line; line of intersection
交会信号 spillover signals
交会阻力 <对向车流间的> medial friction
交混回响 reverberation
交混回响壁 live end
交混回响的 reverberant; reverberatory
交混回响法 reverberation method
交混回响时间 reverberation period
交混回响室 live room
交混回响衰减 reverberation damping
交混回响所需时间 reverberation period
交货 deliver the cargo; deliver the goods; delivery of cargo; delivery of goods
交货保证 guarantee of delivery
交货簿 delivery book
交货场地 floor
交货车 delivery car
交货成本 delivered cost
交货承运人 delivered carrier
交货错误 wrong delivery
交货单 certificate of delivery; delivery advice; delivery note; delivery order; tick note
交货到户 delivery to domicile
交货到户收据 delivery receipt
交货地点 delivered site; exchange locality; point of delivery; delivery point; delivery station; place of delivery
交货短缺 short delivery
交货额 delivery capacity

交货范围 delivery area;extent of delivery
交货费 delivery charges;delivery expenses
交货付款 cash against delivery;cash on delivery; collect on delivery; payment on delivery; payment on shipment
交货付款利息 <代收货价运输时> interest in delivery
交货付款销售 collect on delivery sales
交货付现 cash on delivery
交货付运费 freight payable on delivery
交货港(口) delivery harbo(u)r;delivery port;port of delivery
交货给收货人 delivery to consignee
交货共同条件 general conditions of delivery;general conditions of delivery of goods;general terns of delivery
交货后付款 payment after delivery
交货回单 delivery receipt
交货记录 boat note;delivery record
交货记录簿 delivery record book
交货季度 time of delivery
交货价格 delivered price
交货检验 final inspection
交货截止日期 deadline delivery date
交货利息声明书 declaration of interest in delivery
交货率 delivery ratio
交货棚 delivery shed
交货品质与样品大体相符 quality to be considered being about equal to the sample
交货期 delivery schedule
交货期限 deadline for shipment;delivery term;lead time;delivery period;time of delivery
交货期限控制 delivery control
交货期优先原则 delivery-based priority principle
交货前分期付款 progress payment
交货前付款 cash before delivery; payment prior to delivery
交货前付现 payment prior to delivery
交货前检验 inspection before delivery
交货清单 delivery note
交货情况 state of delivery
交货人 dealer delivery materials
交货日 delivery day;prompt day
交货日期 date of delivery; delivery date;time of delivery
交货日期估计 delivering date estimating
交货时付款 payment against delivery;pay on delivery
交货时付运费 carriage forward
交货时间 delivery time;time of delivery;time of shipment
交货时间表 delivery schedule
交货时重量 delivered weight
交货室 delivery room
交货收据 cargo(delivery)receipt;delivery receipt
交货收款 collect(ion)on delivery
交货收款价 cost freight price
交货收款销售 cash on delivery sales
交货手续 delivery formality
交货数量 delivered quantity
交货顺序 delivery sequence
交货条件 delivered term; delivery term; specifications for delivery; terms of delivery
交货条款 delivery clause
交货通知 delivery notice
交货途径 channels of distribution
交货误期 delivery failure
交货系统 cargo delivery system
交货需时 <订货至交货的时间> lead time
交货许可证 freight release
交货延迟 delay in delivery
交货延期费 contango
交货验收 acceptance of delivery
交货验收单 letter of offer and acceptance
交货验收证明书 delivery and acceptance certificate
交货要求 delivery requirement
交货逾期 delay in delivery
交货逾期赔偿 compensation for delay
交货与付款同时履行 concurrence between delivery and payment
交货与装运 delivery and shipment
交货运单 certificate of delivery
交货站 delivery station
交货证明 proof of delivery
交货证(明)书 certificate of delivery;delivery certificate;delivery note
交货执行情况报告 delivery performance report
交货指数 shipment index
交货至船上发单 free on board invoice
交货质量 delivery quality
交货滞后时间 delivery lag time
交货终点 delivery terminal
交货周期 delivery cycle
交货状态 conditions of delivery;delivered condition;delivery state
交货状态布氏硬度 Brinell on delivery state
交货最后期限 deadline delivery date
交迹滑动断层 trace-slip fault
交迹滑距 trace slip
交集 intersection set
交集函数 intersection function
交际费 entertaining expenses; entertainment expenses;hospitable grant
交际接待费用 amusement expenses;business entertainment expenses;entertainment expenses;expense allowance;social expenses;table money
交际室 general public room
交际应酬费 entertainment expenses
交键 cross link(age);cross linking
交角 angle of intersection;cant angle;cut angle;deviation angle
交角定位法 subtended angle method
交角杠杆 angular lever
交角券 squinch
交角镶边砖石 angle closer
交角障动 nutation in obliquity
交绞锉 cross-cut file
交接 anastomosis[复 anastomoses];conjoining; connect; handing/taking-over;hand-over;join
交接班 hanging-over of duty
交接班制【铁】shift changing rule
交接办公室 <联运车辆在两条铁路间的> interchange office
交接场 delivered and received car yard; delivery-receiving; interchange space
交接处理 handshaking
交接大样 junction detail
交接点 interface point;intersection
交接电路 chooser; cross connecting circuit
交接缝 cross joint(ing)
交接港 port of delivery
交接公式 interaction formula
交接规约程序 handshaking protocol
交接过程 handshaking
交接横木 intertie
交接缓冲区 swapping buffer
交接截面梁 beam of variable cross section
交接面 interface
交接配线 cross connecting distribution
交接器 splicer
交接区 cross connecting area
交接试验 commissioning test
交接收缩断面 adjacent contract section
交接手续 interface procedure
交接数据集 passed data set
交接所 handing-over post
交接套(筒)splicing sleeve
交接条件 interface condition
交接条款 <租船合同> delivery clause
交接线 delivered and received track;delivery-receiving track【铁】;groined point <无肋交叉拱顶的>
交接箱 cable distribution box;distributing box;splice box
交接箱电缆引入口 pot head tail
交接站【铁】delivery-receiving station
交接证明书 certificate of completion of handling over
交截细工【建】interpenetration
交截线脚 interpenetrating mo(u)lding
交截线条 <后期哥特式> interpenetrating mo(u)lding
交界层 interface
交界处 edge;juncture;transborder <位于国境的>
交界的 adjacent
交界地区 border land
交界面 interface;interfacial surface
交界面电解 capillary electrolysis
交界面压力 interface pressure
交界面阻力 interfacial friction
交界频率 cross-over frequency;transition frequency;turnover frequency
交界桥 transborder bridge; transfer bridge
交界失真 cross-over distortion
交界事项 <统筹方法,这种事项标志着责任、成品或者资料从这一部分到另一部分的转换> interface event
交界收缩断面 adjacent contract section
交界条件 interface condition
交界线 <不同颜色油漆的> cutting-in line
交距 perpendicular offset
交聚接头 cluster joint
交库 stocking
交连磁通 interlinkage magnetic flux
交连带 strap
交连套(筒)splicing sleeve
交联 bridging;cross link(age);cross linking
交联的 cross linked
交联度 degree of crosslinking
交联反应 cross-linking reaction
交联高聚物 cross-linked high polymer
交联高密度聚乙烯 cross-linked high degree polyethylene
交联剂 cross linker;cross-linking agent
交联键 cross bond
交联结构 cross-linked structure
交联聚合物 cross-linked polymer
交联聚氯乙烯绝缘电力电缆 X-linked polyvinyl chloride insulated power cable
交联聚乙烯 cross-linked polyethylene
交联聚乙烯/铝/交联聚乙烯压力管 cross-linked polyethylene/alumin(i)um/cross-linked polyethylene pressure pipe
交联凝胶 cross-linked gel
交联膨润土 cross-linked bentonite
交联桥 cross-bridge
交联树脂 cross-linked resin
交联速率 rate of cross linking
交联污水处理 alternative wastewater treatment
交联型涂料 convertible coating;convertible paint;cross-linking coating
交联性增塑剂 cross-linking plasticizer
交联指数 cross-linked index
交联状聚合物【化】cross-linked polymer
交链 interlinkage
交链磁通 interlinkage flux
交链漏磁 interlinked leakage
交梁结构 beam and girder construction
交梁楼板 beam and girder floor
交梁式楼盖 beam and girder floor
交零点 crossing zero
交流 intercourse; interflow; mutual exchange;swap;alternating current
交流安培计 alternating current ammeter
交流半自动闭塞 Siemens block
交流闭塞法 alternating current blocking
交流边 <全波整流器的> alternating current side
交流变换器 chopper
交流变压器 alternating current transformer
交流并励电动机 alternating current shunt(wound)motor
交流并励发电机 alternating current shunt generator
交流并绕电动机 alternating current shunt(wound)motor
交流拔号 alternating current selection
交流波峰值测量法 surveying method for alternating peak values; Chubb method
交流部分 alternating current portion
交流擦除 alternating current erase
交流操作 operated by alternating current
交流插座 alternating current socket
交流长途拨号 alternating current long-distance selection
交流长途选择 alternating current long-distance selection
交流车轴发电机 alternating current axle generator
交流成分 alternating current component
交流充电 alternating current charger
交流传输 alternating current transmission
交流传信 alternating current signal(l)ing
交流串励电动机 alternating current series(wound))motor
交流串励换向器电动机 series conduction motor
交流串绕电动机 alternating current series(wound))motor
交流磁铁 alternating current magnet
交流带 hum bar
交流的 alternate
交流等幅波 alternating current continuous waves
交流等幅波发射机 alternating current continuous wave transmitter
交流电 alternate current; alternating current[AC]
交流电插座 alternating current out-

let;alternating current socket
交流电磁泵 induction pump
交流电磁铁 alternating electromagnet
交流电磁系矩形电表 alternating current moving iron rectangular instrument
交流电磁系圆形电表 alternating current moving iron round instrument
交流电动叉车 alternate current electric(al)fork lift truck
交流电动机 alternating current(commutator)motor
交流电动仪表 mains-operated instrument
交流电动转辙机 alternating current point machine; alternating current switch machine
交流电法 alternating current survey
交流电负载线 alternating current load line
交流电干扰 interference of alternating current
交流电焊机 alternating current arc welder;alternating current welding machine
交流电弧 alternating current arc
交流电弧发生器 alternating current arc generator
交流电弧光源 alternating current arc source
交流电弧焊 alternating current arc welding;arc welding with alternating current
交流电弧焊机 alternating current arc welder
交流电机 alternating current dynamo;alternating current machine;alternating current motor
交流电机输出的交流电 alternator ac output
交流电角频率 pulsation
交流电力机车 alternating current(electric)locomotive
交流电力牵引 alternating current(electric)traction
交流电力网 alternating current main
交流电铃 magnets bell
交流电流 alternating current[AC]
交流电流分量 alternating current component
交流电流计 alternating current galvanometer
交流电流表 alternating current ammeter
交流电路 alternating current circuit
交流电路理论 alternating current circuit theory
交流电气化区间 alternating current electrified section
交流电桥 alternating current bridge; Carey-Foster bridge
交流电设备 alternating current equipment
交流电锁器 alternating current(electric)lock
交流电网 alternating current main;alternating current network
交流电位计 alternating current potentiometer
交流电信令 alternating current signal(l)ing
交流电压 alternating current voltage
交流电压变流器 alternating current voltage convertor
交流电压平衡装置 alternating current balancer
交流电压选择器 alternating current voltage selector
交流电压转换器 alternating current adaptor
交流电源 alternate power source;alternating current main;alternating current power supply;mains supply
交流电源点阵 alternative current power supply network
交流电源屏 alternating current power supply panel
交流电源输入插口 alternating current input socket; alternating current power input jack
交流电源输入插座 alternating current in connector
交流电源线 alternating current power cord
交流电整流器 alternating current rectifier
交流电子管 alternating current electronic tube
交流电子开关 electronic alternating current switch
交流电阻 effective resistance
交流电阻电桥电路 helipot bridge circuit
交流电阻与直流电阻之差 incremental resistance
交流镀铜电极 alternating current copper coated electrode
交流断电 alternating current dump
交流断路方式 alternating current tripping system
交流二元二位轨道电路 alternating current track circuit with two element two position relay
交流二元二位继电器 alternating current two element two position relay
交流发电机 alternating current generator; alternator; charging alternator; power generator; alternating current dynamo
交流发电机磁场绕组 alternator field winding
交流发电机的标称电压 nominal alternator voltage
交流发电机的名义电压 nominal alternator voltage
交流发电机电枢 alternator armature
交流发电机励磁的调整 regulation of alternator excitation
交流发电机励磁过载继电器 alternator excitation over-current relay
交流发电机制动闸 alternator brake
交流发电机组 alternating current generating set
交流发电设备 alternator set
交流分励电动机 alternating current shunt(wound)motor
交流分量 alternating current component
交流分析 transactional analysis
交流浮充蓄电池系统 AC floating storage battery system
交流浮充蓄电池制 AC floating storage battery system
交流辅助线继电保护 alternating current pilot relaying
交流负载 alternating current load
交流干扰 alternating current interference;alternating current pick-up
交流干扰喀啦声 grinder
交流干扰图像 mains hum pattern
交流干线 alternating current main
交流感应电动机 alternating current induction motor
交流工具 medium of communication
交流工频轨道电路 alternating current power frequency track circuit
交流工作温差电偶 alternating current operation thermocouple
交流供电系统 alternating current power supply system
交流供电制 alternating current power supply system
交流管 alternating current tube
交流轨道电路 alternating current track circuit
交流焊机 alternating current welding set
交流焊接变压器 alternating current welding set
交流哼声 alternating current hum
交流弧焊机 alternating current arc welding machine
交流换流器 <变交流为直流> alternating current converter
交流换热 regeneration(of heat)
交流换热的 regenerative
交流换热法 regenerative system
交流换热法采暖 regenerative heating
交流换热炉 regenerating furnace;regenerative furnace
交流换热器 heat regenerator; regenerator;revivifier
交流换热器基体 regenerator matrix
交流换热器漏损 regenerator leakage
交流换向器式电动机 alternating current commutator motor
交流回热法 regenerative system
交流汇合处 grains
交流会 seminar
交流火花光源 alternating current spark source
交流激发极化法 alternating current induced polarization method; alternating induced polarization
交流激发气体 alternating current pumped gas
交流激励机 alternating current exciter
交流极谱法 alternating current polarography
交流计数电码轨道电路 alternating current counting code automatic block system; alternating current counting code track circuit
交流计数电码自动闭塞 automatic block with alternating current counting code track circuits
交流计数电码自动闭塞系统 automatic block system with alternating current counting code track circuits
交流计算机 alternating current computer
交流继电器 alternating current relay
交流交换器 alternating current converter
交流交流牵引电力机车 AC-AC traction electric(al)locomotive
交流接触器 alternating current contactor
交流接地继电器 alternating current earth relay
交流接收机 alternating current receiver
交流经验 exchange experience; pool the experience;share experience
交流静态换流器 alternating current static converter
交流静态开关 alternating current static switch
交流控制半导体元件 ovonics
交流控制线圈 alternating current control coil
交流馈电 alternating current feeding
交流励磁 alternating current excitation
交流励磁机 alternating current exciter;exciter alternator
交流铃 power ringing
交流滤波器 alternating current filter
交流抹去 alternating current easing
交流抹音器 alternating-current eraser
交流逆变器 alternating current inverter
交流扭矩电动机 alternating current torque motor
交流耦合 alternating current coupling
交流盘 alternating current panel
交流配电 alternating current distribution
交流配线 alternating current wiring
交流偏磁 alternating current bias;alternating current magnetic biasing
交流偏压 alternating current bias
交流偏置 alternating current bias
交流偏置记录 alternating current bias recording
交流偏置录音法 alternating current biased recording
交流频道灵敏度 alternate channel selectivity
交流平衡器 alternating current balancer
交流切断 alternating current dump
交流清除 alternating current dump
交流清洗 alternating current erasing
交流区 communication region
交流渠道 channel of communication; communication channel
交流热交换器 regenerative heat exchanger
交流人工闭塞 alternating current manual block
交流熔化极气保护焊 alternating current gas metal-arc welding process
交流三线发电机 three-wire generator
交流三相发电机 alternating current three phase generator
交流声 backdrop;hum noise
交流声场 hum field
交流声干扰 hum interference
交流声降低因数 hum reduction factor
交流声滤除器 hum filter
交流声平衡器 hum balancer
交流声失真 hum distortion
交流声调整 hum adjustment
交流声调制 hum modulation
交流声消除 anti-hum
交流声抑制 hum suppression
交流声抑制器 hum eliminator
交流市电供电设备 socket-power unit
交流式 alternating current system
交流事故继电器 power-failure relay; power-off relay
交流收信机 alternating current receiver
交流收音机 electric(al)set; main supply radio set; socket-powered set;eliminator receiver
交流手工钨极氩弧焊机 manual W-pole argon arc welding machine
交流受电弓 alternating current pantograph
交流输入 alternating current input
交流输入插孔 alternating current input jack
交流数字转换器 alternating current to digital converter
交流水蒸汽鼓风 split run
交流四极法土的电阻率测定 electric(al)resistivity test of soil by AC four-pole method
交流伺服测速发电机组 alternating current servo speed indicating generator set
交流伺服机构 alternating current servomechanism
交流同步电动机 autosynchronous motor
交流同步发电机 alternating current synchronous generator; synchronous alternative generator

交流同步器 autosyn
交流陀螺修正电动机 alternating current torque motor
交流网 exchange network
交流网测绕组 line winding
交流网络 alternating current network
交流微伏计 microvolter
交流稳压电源 alternating current stabilized voltage supply
交流稳压器 alternating current stabilizer
交流钨极气保护焊 alternating current gas tungsten arc welding
交流无刷无换向器电动机 alternating current commutatorless and brushless motor
交流系数 exchange coefficient
交流系统 alternating current system
交流线路叠加电路 alternating current line overlay circuit
交流消磁器 alternating-current eraser
交流消声线圈 hum cancel coil
交流消音磁头 alternating current erasing head
交流信号 alternating current signal
交流信号发电机 signal generator
交流选择 alternating current selection
交流氩弧焊机 alternating current argon arc welding machine
交流阳极氧化法 alternating current anodizing process
交流液压技术 pulsed flow hydraulics
交流载流能力 alternating current capacity
交流再生制动机 alternating current regenerative brake
交流噪声界限 alternating current noise margin
交流噪声系数 alternating current noise margin;pulse noise margin
交流振铃 alternating current signal(l)ing
交流整流器 alternating current detector
交流直流变换装置 alternating continuous current commutating machine
交流直流传动 AC-DC transmission
交流直流电动变流器组 AC-DC motor converter set
交流直流两用电车 AC-DC dual electric(al) car
交流直流两用电动机 univariate motor
交流直流牵引电力机车 AC-DC traction electric(al) locomotive
交流直流转换机构 alternating continuous current commutating machine
交流直流转换式柴油电力机车 AC-DC conversion type diesel electric(al) locomotive
交流制 alternating current system
交流制动机 alternating current brake
交流制动器 alternating current brake
交流中心 clearing house
交流转换器 alternating current converter
交流资料 current paper
交流自动调压器 alternating current automatic regulator
交流自整角机 teletorque
交流阻抗 alternating current impedance
交路 round trip
交络 <质量管理> confounding
交面 intersection plane
交面控制 control of intersection of planes
交面曲线 surface intersection curve
交面线理 intersection lineation
交纳贡款 pay tribute
交能管理方案 traffic management schematization
交捻 <钢丝左右交替捻成钢绳的> alternate lay
交配期【生】 mating season
交切 cross-cut;meet
交切地区 intersected country
交切断层 intersecting fault
交切法 method of intersection
交切阶地 intersected terrace
交切准平原 intersect peneplain
交染织物 cross-dyed fabric
交扰调制 cross modulation
交扰调制效应 effects of cross modulation
交扰振铃 cross-ringing
交绕螺旋 cross-over spiral
交入款项 in-hand collections
交入资本 capital paid-in
交射火焰喷灯 cross-fired burner
交涉 palaver
交涉者 negotiator
交生 intergrowth
交收点 delivery points
交收货人 for the consignee
交收价 delivery price
交收通知 delivery notice
交收文件 delivery instrument
交收月 delivery month
交税 payment of duties
交税款 tax payment
交锁 interlocking
交替 change off;in-and-out;interchange;interchanging;interleave;interleaving;intersperse;reciprocate;replacement;see-saw;vicissitude
交替闭塞系统 alternate block system
交替闭塞制 alternate block system
交替边滩 alternative bars
交替编绳 alternate lay
交替变化 alternating change
交替标价 alternate bid
交替操作蒸馏釜 alternating stills
交替层 alternate strata
交替层结构 mixed-sheet structure
交替差分格式 staggered difference scheme
交替车道施工 alternate lane construction
交替沉积 alternating deposit
交替成本 alternate cost;alternative cost
交替冲刷 alternate scour
交替处理机 alternating device
交替垂直摄影机 alternate vertical camera
交替磁极式电动机 consequent poles motor
交替刺激 conditioned stimulus
交替单向交通 alternate one-way traffic
交替单向通行控制 alternate one-way traffic control
交替的 alternant;alternate;alternating;alternative;metagenic;reciprocating
交替的操作系统 alternating operating system
交替的副载波 alternate subcarrier
交替的深槽和浅水 alternate deep and shallow
交替电波 alternating electric(al) wave
交替电源 alternate power source
交替调整 rolling readjustment
交替定夹联闪光 alternating fixed and group flashing light
交替定夹闪光 alternating fixed and flashing light
交替冻融 alternate freezing and thawing;alternating freezing and thawing
交替二辊横列式线材轧机 Belgian wire mill
交替法 alternating process;alternative method
交替反复荷载 alternately reversed load
交替反向弯曲 alternating bending
交替反作用力 alternate reaction force
交替方案 alternate plan
交替方法 alternating-direction method
交替方式 over-over mode
交替方向迭代法 alternating-direction iteration;alternating-direction iterative
交替方向法 alternating-direction method
交替方向算法 alternative direction algorithm
交替方向显式法 alternative direction explicit method;alternating-direction explicit procedure
交替方向隐式法 alternating-direction implicit procedure;alternating-direction implicit method
交替放大和收缩的截面 enlarged-and-constricted section
交替放电 alternating discharge
交替放牧 alternate grazing
交替(分次)轮班 split shift
交替分类 oscillating sort
交替负荷 alternate load(ing)
交替复过滤 alternating double filtration
交替跟踪观测法 alternating oscillation motion technique
交替耕作系统 alternate cropping system
交替工作 alternation work;interlock
交替供给 alternative supply
交替共聚合作用 alternating copolymerization
交替共聚物 alternate copolymer;alternating copolymer
交替沟灌 alternate furrow irrigation
交替关键字 alternate key
交替观察 alternate viewing
交替光 alternating light
交替函数 alternant;alternate function
交替荷载 alternate load(ing);alternating load(ing);alternative load
交替湖 alternate lake;alternating lake
交替换带 servo swap
交替换位 trade off
交替恢复 alternate recovery
交替回水弯管 alternating return trap
交替击键 alternate key stroke
交替极 consequent pole
交替极绕组 consequent poles winding
交替极性 alter polarity
交替技术 alternative technology
交替继电器 relief relay
交替寄主 alternative host
交替加荷 alternate load(ing)
交替加热及冷却 alternate beating and cooling
交替角度 alternate angle
交替接力 alternate tension
交替浸没腐蚀试验 alternate immersion corrosion test
交替开关 alternation switch
交替可更新过程 alternating renewal process
交替框 alternative box
交替拉力 alternate tension
交替联明暗光 alternating occulting (light)
交替联闪光 alternating group flashing (light)
交替两级过滤 alternating two-stage filtration
交替两级生物过滤 alternating double biological filtration
交替流 intermittent flow
交替路(线) alternating path
交替路线指示标 alternate marker
交替逻辑 alternating logic
交替码 alternative code
交替脉冲 alternating pulse
交替命名 alternative naming
交替能 alternative energy
交替配位聚合作用 alternating coordination polymerization
交替片组 lamination
交替偏压 alternative biasing
交替平衡线 alternate balance line
交替畦编组织 shot cardigan
交替气候 alternate climate
交替浅滩 alternate bar
交替区 alternate area
交替泉 alternate spring
交替人格 alternating personality
交替扫描 alternate scanning;interlaced scanning
交替沙坝 alternate bar
交替闪动光群 alternate group flashing light
交替闪光 alternate flashing light
交替闪视法 flicker method
交替设备 alternating device
交替深度 alternate depth
交替生植物 trophyte
交替时差 alternative offset
交替使用 trade off
交替使用过的 alternately used
交替式联动信号系统 alternate progressive system
交替式绿时差 alternative offset
交替数学软件包 alternate math package
交替数值 alternating quantity
交替双重过滤 alternating double filtration
交替双重滤池 alternating double filter
交替水深 alternate depth
交替水位 alternate stage
交替搜索 alternating search
交替损益 made-off
交替通信[讯] over-over communication
交替通蒸汽 <水煤气炉> split run
交替途径 alternate pathway theory
交替弯曲 alternating bending
交替弯曲试验 alternating bending test
交替位移脉冲法 replacement shift impulse method
交替吸附系数 exchanging adsorption coefficient
交替像点 alternate picture dot
交替像素 alternate picture dot
交替信道 alternate channel
交替信号系统 <联动信号系统的一种,一条道路上的交替信号或信号群在同一时间显示出相反的色灯信号> alternate system
交替形变 alternating deformation
交替性意识 alternation consciousness
交替需求 alternative demand
交替寻优法 alternating-variable search
交替循环法 alternate ring method
交替压力 alternative pressure
交替养护 alternate curing;alternating curing
交替遗传 alternative inheritance
交替应变 alternate strain;alternating

J

strain
交替应变幅度 alternating strain amplitude
交替应力 alternate stress; alternating stress
交替运动 alternating motion; alternative motion
交替运动顶管法 intermoving jacking
交替运输 alternative traffic
交替运输制 shuttle system
交替运行二级过滤法 alternating double filtration; alternating two-stage filtration
交替载重 alternate load(ing); alternating load(ing)
交替折叠 alternate folding
交替装载 alternative carriage
交替最优法 alternate optima
交调 cross modulation
交调产物 intermodulation product
交调干扰 beat interference; cross interference
交调失真 cross stalk; crosstalk
交调效应 intermodulation effect
交调作用 intermodulation effect
交通 communicate; communication; traffic
交通安全 communication security; safety of traffic; traffic safety
交通安全措施 protection of traffic; traffic safety device
交通安全岛 island; traffic island; traffic isle; safety island
交通安全岛护柱 bollard
交通安全教育 traffic safety education; training in road sense
交通安全设施 traffic safety device; traffic safety facility
交通变动 traffic variation
交通标示 traffic mark(ing)
交通标线 traffic mark(ing)
交通标线工程 traffic ranging route engineering
交通标志 pavement mark(ing); traffic marker; traffic sign
交通标志反光漆 reflective traffic paint
交通标志和信号 traffic signs and signals
交通标志及划线用漆 traffic paint
交通标志先占权 signal preemption
交通标志优先权 signal preemption
交通波动理论 <利用流体动力学理论来寻求车流流量和密度与速度之间关系的一种理论> traffic wave theory
交通波模型 traffic wave model
交通不便的 out-of-the-way; ungetatable
交通不繁忙 light traffic
交通不利 traffic condition bad
交通部 Ministry of Communications; Department of Transportation <美>
交通部部长 minister for communications
交通参数 transportation parameter
交通产生 traffic generation
交通场所 traffic situation
交通车 autobus; shuttle bus
交通车辆标线 traffic mark
交通车辆调查 traffic census
交通车辆计数器 vehicle counter
交通车流 current of traffic
交通车流的组成 construction of traffic stream
交通程度 traffic level
交通冲击 traffic blow
交通冲突 traffic conflicts; traffic friction
交通冲突点 point of conflict
交通冲突计数板 traffic conflict count board
交通冲突技术 traffic conflict technique
交通处理 traffic handling
交通处(治)理计划 traffic handling plan
交通传动控制 traffic-actuated control
交通传动控制机 traffic-actuated controller
交通传动器 traffic-actuated detector
交通传动信号 traffic-actuated signal
交通传感控制机 <一种管理交通信号的自动控制器,通过检车感应器装置,能够按照交通的变化和需要自动调节> traffic-actuated controller
交通传感器 traffic detector
交通船 passage boat; crew boat; tender
交通带 traffic strip
交通单元 traffic element
交通单元线路容量 <每小时每一方向通过一固定点的交通单元的最大数目,或服务的最大频率> transit unit line capacity
交通当量系数 traffic equivalence factor
交通岛 traffic island; traffic isle
交通岛端点半径 nose radius
交通岛端点斜坡 nose taper
交通的冲突录像技术 conflict registration technique
交通的视觉引导 visual guidance of traffic
交通灯光信号 traffic light; traffic signal
交通灯信号 traffic light signal
交通等密线图 <一种交通规划分析方法,先估算城市中各小区的交通流量,然后把相等密度的地点绘成等密线> trip contour map
交通等时区 <自市中心出发的> isochron(e)
交通等时线 time contour map
交通等时线图 time contour map
交通地带 traffic zone
交通地图 circulation map; communication map; traffic (circulation) map
交通点模型 point model for traffic
交通调查 traffic count; traffic investigation; traffic study; traffic survey
交通调查表 traffic-census chart
交通调查点 traffic-census point
交通调查范围 cordon area
交通调查(分)区 cordon area
交通调查区划线计数 cordon line counts
交通调查区界线 cordon line
交通调度系统 traffic dispatch system
交通调度中心 traffic coordinate-center[centre]
交通钉 traffic stud
交通定向渠化 directional channelization
交通动力学 traffic dynamics
交通动力学理论 traffic dynamic(al) theory
交通动态 traffic behavio(u)r
交通动向 traffic movement
交通动向调查 <英> traffic movement survey
交通洞 access gallery; access hole
交通堵塞 traffic block; traffic congestion; traffic jam; hold-up
交通对策比较方案 alternative transport strategies
交通对路面的磨光作用 polishing effect of traffic
交通对路面的揉搓作用 kneading action of traffic
交通对生活的适应性 traffic livability
交通发生 traffic generation
交通发生法 trip generation method
交通法规 traffic law; traffic regulation
交通法规全国委员会 <美> National Committee on Uniform Traffic Laws and Ordinances
交通法律 traffic law
交通法庭 traffic court
交通繁忙 bumper-to-bumper traffic
交通繁忙的道路 heavily travel(l)ed road
交通繁忙的公路 heavily trafficked highway; heavy-duty highway
交通繁忙路段 heavily travel(l)ed road
交通繁忙区 heavy traffic zone
交通繁重的道路 busy road; heavily travel(l)ed road
交通反光镜 traffic mirror
交通方便 easy access
交通方便的 accessible
交通方式 traffic mode; travel mode
交通方式分配率 ratio of modal split
交通方式划分 modal split; mode split; traffic modal split; traffic mode classification
交通方式选择模型 traffic modal choice model
交通方式转换交通量 converted traffic
交通方向调查(记) directional census
交通防护墙 traffic barrier
交通费补贴 transportation subsidy
交通费(用) expense of communication; car fare; traffic allowance
交通分布 distribution of traffic; traffic distribution
交通分布分配组合模型 combined distribution and assignment model
交通分隔带 traffic separator; traffic separation zone
交通分隔(行驶) <包括对向分隔、快慢分隔及转弯交通分隔等> segregation of traffics; traffic segregation
交通分级 traffic class
交通分类 classification of traffic; traffic classification
交通分流 diverging traffic; diversion of traffic; traffic channelling; traffic divergence[divergency]; traffic segregation
交通分流道路系统 distributor system
交通分流街道 distributor street
交通分配 traffic distribution
交通分区 traffic division; traffic zone [zoning]
交通分散 traffic diversion
交通分散道路 distribution road
交通分散街道 distribution street
交通分散曲线 traffic diversion curve
交通分析 traffic analysis
交通风险 traffic hazard
交通封锁 traffic ban
交通封锁线 cordon
交通服务 traffic service
交通负荷 traffic load(ing)
交通负伤事故 accident injury
交通改道 diversion of traffic; traffic diversion
交通改善 traffic rehabilitation
交通改造 traffic improvement
交通干道网 principal traffic roads network
交通干扰 traffic disturbance; traffic interference
交通干线 main lines of communication; main road; traffic artery
交通感应检测器 traffic actuation detector
交通感应路口控制器 traffic actuated local controller
交通感应式高速干道主线控制 traffic-responsive mainline control
交通感应式控制 traffic responsive control
交通感应式限流(控制) traffic responsive metering
交通感应信号 <由车动控制器管理的信号,交通自行调整信号灯> traffic-actuated signal
交通岗亭 <指挥街道的> crow's nest
交通高峰 traffic peak
交通高峰期 peak density period
交通高峰时间 busy period; rush hours
交通隔离墩 traffic divided block
交通工程 traffic engineering <指公路和市街>; transportation engineering
交通工程师 <指公路和市街的> traffic engineer
交通工程师学会 <美> Institute of Traffic Engineers; Institute of Transportation Engineers; Institution of Traffic Engineers
交通工程学 traffic engineering
交通工程与管理 <英国杂志名> Traffic Engineering and Control
交通工会 T-Workers
交通工具 communication facility; means of communication
交通工具分类 modal split
交通工具分流 modal split
交通工具损伤 traffic injury; vehicle injury
交通工具运输 transport conveyance
交通工具制造厂 manufactory of traffic vehicle
交通公害 environmental destruction by traffic; pollution by traffic; traffic nuisance; transportation pollution; vehicular pollution
交通公司 transit company
交通公园 traffic playground
交通功能 traffic function
交通沟 access gull(e)y; approach trench
交通构筑物 traffic structure
交通估计 traffic estimate; traffic estimating
交通故障 traffic incident
交通故障检测 traffic incident detection
交通故障(偶发事件)检测性能【交】 incident-detection performance
交通故障应答系统 incident response system
交通观测 traffic survey
交通管理 control of traffic; traffic control; traffic guidance; traffic management; traffic regulation; traffic regulation order
交通管理程序 traffic control procedure; traffic management procedure
交通管理方案 traffic management scheme
交通管理费 traffic administration cost
交通管理规则 traffic control regulations
交通管理计划 traffic management plan
交通管理计算机 traffic control computer
交通管理交叉口 controlled crossing
交通管理路栏 traffic control barrier
交通管理色灯 traffic light

交通管理色灯信号 traffic light signal
交通管理哨标志 traffic regulation post sign
交通管理设备 traffic control device
交通管理设施 traffic control device; traffic management device
交通管理系统 traffic control system
交通管理信息系统 traffic management information system
交通管理学会 Institute of Traffic Administration
交通管理员 traffic warden
交通管理站 traffic control station
交通管理中心 traffic management center[centre]
交通管制 control of traffic
交通管制标志 regulation traffic sign; regulatory traffic sign; traffic control sign
交通管制灯 street traffic control light
交通管制段 traffic zone
交通管制计划 traffic restraint project
交通管制区 traffic control area
交通管制色灯信号 traffic control light signal
交通管制设备 traffic control device
交通管制设施 traffic control device
交通管制系统 traffic control system
交通管制信号 traffic control signal
交通管制中心 traffic control center [centre]
交通管制装置 traffic control device
交通广场 traffic place; traffic square
交通规划 traffic planning; transport planning
交通规划标准 standards of transportation planning
交通规划目标 goals of transportation planning
交通规划协调 coordination of transportation planning
交通规则 rules of the road; traffic regulation; traffic rule
交通规则程序 transportation planning process
交通过繁 overtraffic
交通壕 approach trench
交通荷载 traffic load
交通红绿灯 stop-go; traffic control device; traffic light
交通护栏 traffic barricade; traffic guardrail; traffic barrier
交通划线机 traffic line marker; traffic-line marker
交通环境 traffic environment
交通环绕岛 rotary island
交通环形枢纽 traffic circle
交通缓和时间 slack traffic period
交通汇合处 influx of traffic
交通汇合图 merging diagram
交通汇集点 trip end
交通汇流 influx of traffic
交通混乱 traffic disturbance; traffic maze; traffic snarl
交通机关 communication; locomotion
交通积分器 traffic integrator
交通积数器 traffic integrator
交通及事故损失 traffic and accident loss
交通集中 traffic concentration
交通集中管制 centralised[centralized] traffic control
交通集中控制 centralised[centralized] traffic control
交通计数 traffic count
交通计数器 traffic counter
交通计数区划线 cordon
交通记号 traffic sign
交通记录 traffic recorder; traffic records
交通技术市场信息网络系统 traffic technology market network
交通监测 traffic monitoring
交通监测系统 traffic monitoring system
交通监督 traffic monitoring; traffic warden
交通监控 traffic surveillance and control
交通监控系统 traffic control and surveillance system; traffic surveillance and control system
交通监理 traffic supervision; traffic surveillance
交通监视 traffic monitoring; traffic surveillance
交通监视系统 traffic surveillance system
交通减速驼峰 traffic decreasing hump
交通检测器 traffic detector
交通检疫 quarantine
交通检疫员 quarantine officer
交通检疫站 quarantine station
交通建筑 communication building
交通建筑物 communication structure
交通建筑学 traffic architecture
交通建筑艺术(处理) traffic architecture
交通鉴定分析 traffic diagnosis
交通箭头标志 traffic arrow
交通交叉图 interlacing diagram
交通结点 transportation junction
交通结构 traffic constitution; traffic structure
交通结碎石路 traffic bond macadam
交通津贴 transportation allowance
交通紧张的道路 traffic-bound road
交通进出口通道与影响研究 traffic access and impact study
交通进款 traffic income
交通经济学 traffic economics
交通警(察) traffic police; traffic constable; traffic cop; pointsman【铁】
交通警告灯 traffic warning light
交通警官 traffic officer
交通警值勤 point-duty
交通局 traffic bureau; traffic department
交通科 traffic department
交通科研网 traffic research and development network
交通可达地区 accessible location
交通可达性 traffic accessibility
交通坑道 access drift; adit
交通空间 traffic space
交通孔 access hole
交通控制 control of traffic; traffic control
交通控制变量检测器 traffic control variable detector
交通控制措施 traffic control measures
交通控制灯 traffic light
交通控制集成系统 integrated traffic control system
交通控制技术 traffic control technology
交通控制设备 traffic control device
交通控制设施全国委员会 <美> Traffic Control Devices
交通控制台 traffic console
交通控制系统 traffic control system
交通控制箱 control box
交通控制信号 traffic control signal
交通控制信号灯 traffic control light; traffic signal
交通控制信息系统 traffic control information system
交通控制与监视 traffic control and surveillance
交通控制员 flagman
交通控制中心 traffic control center [centre]
交通栏杆 traffic railing
交通廊道 access gallery; communication gallery
交通类别 traffic category
交通类型 traffic pattern
交通类型分配 modal split
交通离散 traffic diffusion; traffic dispersion
交通立标 stanchion
交通立体枢纽 transport interchange
交通连接站 transport connection
交通联系 communication link
交通量 amount of traffic; density of traffic; flow of traffic; traffic density; traffic discharge; traffic flow; traffic volume; volume of traffic
交通量变化 variation in traffic flow
交通量变化图 traffic pattern; traffic profile; traffic volume variation
交通量车道分布 lane distribution
交通量大的 well-traveled
交通量调查 cordon count; traffic volume survey; traffic census
交通量定向划分率 directional split of traffic volume
交通量发展趋势 traffic volume trend
交通量分布 traffic volume assignment; traffic volume distribution
交通量分配 traffic volume assignment
交通量估计 estimate of traffic; traffic (volume) estimating
交通量估算 estimate of traffic
交通量观测 traffic volume observation; traffic volume survey
交通量观测站 traffic count station; traffic volume observation station
交通量计量 traffic volume measurement
交通量计量设施 traffic measurement device
交通量计数 traffic count; traffic measurement; volume count
交通量计数板 traffic volume count board
交通量计数器 traffic volume counter
交通量计算 traffic measurement
交通量计算机 traffic volume computer
交通量计算装置 traffic measurement device
交通量记录仪 traffic volume counter
交通量季度变化系数 seasonal variation factor
交通量季节变化图 seasonal traffic pattern
交通量日变化图 daily traffic pattern; daily volume variation
交通量日变化系数 daily variation factor; day-to-day variation factor
交通量日变图 daily volume variation
交通量设计小时 <道路设计交通量的计时单位> volume design hour
交通量时变 hourly variation
交通量时变化图 hourly traffic pattern; hourly volume variation
交通量时变谱 hourly pattern of traffic
交通量时变系数 hourly variation factor
交通量系数 <柔性路面设计的> traffic coefficient; coefficient of traffic volume
交通量修正系数 traffic volume adjustment factor
交通量预测 future traffic volume estimating; traffic forecast; traffic volume prognosis
交通量月变 monthly variation
交通量月变化图 monthly traffic pattern; monthly variation
交通量月变谱图 monthly traffic pattern
交通量运输量 amount of traffic
交通量增长 traffic growth
交通量增减 traffic fluctuation
交通量正常增长 normal traffic growth
交通量周变表 weekly traffic pattern
交通量周变化图 weekly traffic pattern; weekly volume variation
交通量周变谱图 weekly traffic pattern
交通量自动计数 automatic traffic count
交通量自动计数器 automatic traffic counter
交通量自动记录仪 automatic traffic recorder
交通流 stream of traffic; traffic flow
交通流参数 traffic circulation parameter
交通流测量 traffic flow measure
交通流畅 circulation of traffic
交通流的不稳定度 traffic flow instability
交通流动轨迹法 flow rate trajectory
交通流动线 traffic stream line
交通流可视化与控制 traffic flow visualization and control
交通流控制 traffic flow control
交通流理论 traffic flow theory
交通流量 currency of traffic; magnitude of traffic flow; traffic flow; traffic stream; traffic volume
交通流量表 traffic flow sheet
交通流量单元 traffic cell
交通流量观测 traffic count
交通流量控制措施 traffic flow regulation measures
交通流量密度 traffic flow density
交通流量模拟 simulation of traffic flow
交通流量图 traffic flow diagram; traffic (volume) flow map
交通流量图式 traffic pattern
交通流量预测 traffic volume forecast
交通流率 rate of traffic flow
交通流密度 traffic density; traffic concentration <英>
交通流密集 traffic concentration
交通流模型 traffic flow model; traffic stream model
交通流特性 traffic flow feature
交通流通质量 traffic circulation quality
交通流危险度 traffic flow dangerousness
交通流线 flow line; traffic stream line
交通流线交叉 traffic cut
交通流线图 flowline plan
交通流中的随机分布 random distribution in traffic stream
交通楼梯 <有别于规定的安全楼梯> access stair(case)
交通路标 traffic marker
交通路栏 traffic barricade
交通路钮 traffic button
交通路牌 traffic sign
交通路线 circulation of traffic; traffic route; trafficway
交通路线标志 traffic line marker
交通路线图 traffic pattern
交通绿灯显示利用百分率 traffic load factor
交通码头 quay for traffic
交通美学 traffic aesthetics
交通门 communicating door
交通密度 density of traffic; density of travel; intensity of traffic; traffic

J

density; traffic intensity; traffic volume; volume of traffic
交通密集 traffic compaction
交通密集路 traffic-compacted road
交通面积 circulation area; passage area
交通面积指数 traffic area index
交通模拟 <用模拟法解决交通计算问题> traffic simulation
交通模型 traffic model
交通能量 trafficability; traffic capacity
交通能量条件 trafficability condition
交通宁静区 traffic calming
交通偶发事件 traffic incident
交通偶然事件检测 traffic incident detection
交通判断 traffic diagnosis
交通频繁道路 traffic-bound road
交通频繁的 heavily traffic; heavily travel(l)ed
交通频繁的大街 traffic-carrying street
交通频繁地区 traffic zone
交通频繁河段 heavily traffic reach; heavily travel(l)ed river reach
交通品质指数 quality-of-flow index
交通平衡分配 equilibrium traffic assignment
交通瓶颈(地段) traffic bottleneck
交通漆 traffic paint
交通起点 traffic origin
交通起讫点 origin-destination
交通起讫点调查 origin and destination study; origin and destination survey
交通起讫点矩阵 origin-destination matrix
交通起讫点模型 origin-destination estimation model
交通强度 <车行道单位宽度上的> traffic flow density; intensity of traffic; rate of traffic flow; traffic intensity
交通桥 access bridge
交通区 sector
交通区段号志 block signal
交通区划 traffic zoning
交通区划漆 traffic-zoning paint
交通区划涂料 traffic-zoning paint
交通曲度系数 non-straight factor
交通渠道化 channelization
交通渠化 channelization; channelize; traffic channelling
交通渠化线 channelizing line
交通容量 traffic capacity; traffic-carrying capacity; traffic volume
交通容量系数 capacity factor
交通蠕动 traffic creep
交通弱者 transportation poor
交通散布(现象) traffic diffusion; traffic dispersion
交通色灯信号控制系统 traffic light signal control system
交通设备 communication facility; transportation equipment
交通设施 communication facility; traffic facility; traffic installation
交通设施的改善 better traffic facility
交通生成法 trip production method
交通生理学 traffic physiology
交通失调 traffic disturbance
交通始发 traffic generation
交通始发处 traffic generator
交通始发点 traffic generator
交通事故 traffic accident; traffic mishap
交通事故多发地段 high-accident location
交通事故分析图 collision graph
交通事故记录 traffic accident record
交通事故类型 traffic accident pattern
交通事故率 traffic accident rate
交通事故苗子 accident exposure
交通事故频率 accident frequency
交通事故评价 traffic accident appraisal
交通事故受害者 traffic victim
交通事故数据记录器 accident data recorder
交通事故所牵连的人或物 accident involvement
交通事故同步预测法 simultaneous traffic accident prediction method
交通事故位置图 accident spot map
交通事故信息系统 traffic accident information system
交通事故隐患 traffic accident exposure
交通事故拥塞 accident congestion; accident jam
交通事故预测 traffic accident prediction
交通试验期 traffic testing period
交通枢纽 communication junction; hub of communication; traffic hub; transportation hub
交通枢纽城市 traffic point city
交通枢纽点 traffic terminal point; transport node; communication nodal point; transshipment node
交通枢纽站 communication nodal point; transport node
交通疏散 traffic diversion
交通输出量 traffic discharge
交通竖井 access shaft; access well
交通数据处理 traffic data processing
交通数据公司 Traf-O-Data
交通数控计算机系统 digital traffic control computer system
交通水平 traffic level
交通税 tax on communication
交通死亡事故 accident death; traffic deadly accident
交通速率 traffic speed
交通速率图 <显示各条道路上交通运行的速率，通常以细线条表示高速度> traffic speed map
交通隧道 access tunnel; traffic tunnel
交通隧洞 access tunnel; traffic tunnel
交通探测器 traffic detector
交通特性 character of traffic; traffic characteristics
交通体系 communication system
交通体系结构 traffic architecture
交通调节系统 traffic-adjusted system
交通条件 traffic condition; transporting condition
交通停车处 traffic stop
交通停车过境问题 traffic parking-transit problem
交通停顿 tie-up; transportation tie-up
交通停滞 traffic stagnation
交通艇 crew boat; ferry launch; general service launch; traffic boat
交通通畅度 traffic resistance
交通通道 traffic aisle; traffic corridor
交通通过进口(道) corridor approach
交通通过能力 highway capacity; traffic capacity
交通通行量 traffic throughput
交通统计 traffic census
交通统计表 traffic returns
交通统计学 traffic statistics
交通图 traffic diagram
交通图表 traffic chart
交通网 arteries of communication; communication network; network of communication lines
交通网稠密 dense communication network
交通网规划 traffic network planning
交通网络 traffic network
交通网络法 traffic network study tool
交通网络研究工具 <英国编制的研究交通信号网络控制最佳配时及其交通效用指标的一种计算机程序> Traffic Network Study Tool
交通网自适应信号配时程序 traffic adaptive network signal timing program(me)
交通危险区略图 traffic separation scheme
交通违法 traffic offence
交通位置图 traffic position map
交通稳定性 traffic stability
交通稳静化 traffic calming
交通污染 pollution by traffic; traffic pollution
交通污染源 traffic pollution sources
交通吸引点 traffic attractor
交通稀少地区 less-trafficked area
交通系统 traffic network; traffic system; transportation system
交通系统规划 traffic network planning
交通狭窄路段 traffic bottleneck
交通险阻 traffic hazard
交通现象 traffic behavio(u)r
交通线 communication line; track line; traffic line
交通线标 traffic mark
交通线标划 traffic line marking
交通线标划机 traffic line marking machine
交通线路 access route; line of traffic; traffic line
交通线路生产率 <线路上营运的公交车辆数和它们平均速度的乘积> transit line productivity
交通线漆 traffic line paint
交通线桥 traffic mark
交通线上的薄弱环节 traffic bottleneck
交通线涂料 traffic line paint
交通限制区 traffic restraint precinct
交通响应系统 traffic responsive-system
交通小区 traffic zone
交通心理学 traffic psychology
交通信号 go-stop; traffic signal
交通信号超饱和 oversaturation at traffic signals
交通信号的无电缆联动 cableless linking of traffic signals
交通信号灯 street traffic control light; traffic indication light; traffic signal lamp
交通信号管理 traffic signal control
交通信号计算机控制 computerized traffic signal control
交通信号(交叉口)清车时间 traffic signal clearance interval
交通信号控制 traffic signal control
交通信号控制参量 traffic signal control quantity
交通信号控制机 traffic signal controller
交通信号联动系统 <按优选线路保证一定车队通过的> platoon identification schematization; platoon identification scheme; traffic signal-linked system
交通信号绿信比、周期和绿差优化技术 <英国开发的一种自适应实时交通信号网络的控制系统> split cycle and offset optimisation technique
交通信号脱机控制 traffic signal off-line control
交通信号网络控制 area traffic control
交通信号系统 alternate signal system; traffic signal system
交通信号系统速度标志 traffic signal speed sign
交通信号相 <分配给一定交通或交通组合的信号相> traffic (movement) phase
交通信号优先技术 signal preemption
交通信号装置 traffic signal installation; traffic signal(l)ing device
交通信号组合法系统 combination method system (of traffic signal)
交通信号最优化程序 traffic signal optimization program(me)
交通信息 traffic information
交通信息定位编码 traffic message location code
交通信息技术 traffic telematics
交通信息频道 traffic message channel
交通信息收集点 strategic point
交通信息通道 traffic message channel
交通信息系统 Traffic Information System
交通行车险阻 traffic hazard
交通行列 traffic row
交通行为 traffic behavio(u)r
交通形式 traffic pattern
交通性污染物 traffic pollutant
交通性质 character of traffic
交通需求 traffic need; traffic requirement; transportation demand
交通需求管理 traffic demand administration
交通需求量 traffic demand
交通需要 transshipment demand
交通巡逻 traffic patrol(ling)
交通巡逻警察 traffic patrolman
交通循环 traffic circulation
交通压力 stresses of traffic; traffic impact; traffic pressure
交通压密 <依靠车辆行驶使沥青路面密实不透水> traffic sealing
交通延迟系数 traffic delay factor
交通延误 operational delay
交通延误费用 traffic delay cost
交通研究 traffic study
交通研究报告 <美> Transportation Research Record
交通研究图像处理 traffic research image processing
交通要道 traffic artery; traffic way; vital communication line
交通要害点 strategic point
交通要素 traffic element
交通业务 communications traffic
交通异常 traffic incident
交通易阻塞的狭口 bottleneck traffic
交通因素 <包括轴重和交通量，在美国路面设计公式中应用> traffic factor
交通(引起的)延误 traffic delay
交通营运 traffic operation
交通影响费 traffic impact fee
交通影响分析 traffic impact analysis
交通影响税费 impact taxes and fees
交通影响研究 traffic impact study
交通拥挤 congested traffic; congestion of traffic; traffic congestion; traffic jam
交通拥挤的道路 traffic-bound road
交通拥挤地区 congested traffic area; traffic-congested area; traffic congestion area; traffic jam area
交通拥挤造成的社会费用 social cost of congestion
交通拥塞 jam of traffic; traffic block; traffic congestion; traffic jam; traffic ponding
交通(用的)路钮(或路灯) traffic stud
交通用划桨小船 service pulling boat

交通预报 future traffic forecast
交通预测 traffic forecast
交通预测解析法 analytic(al) traffic forecasting methods
交通预测模式 transportation forecasting model
交通预测模型 traffic forecast model; travel forecasting model
交通预测能力 traffic prediction capability
交通圆柱 <防撞用> traffic cylinder
交通约束计划 traffic restraint project
交通越阻线 <多以河流、山脊、铁路等地障为线,用以调研穿越此线的交通点与数量> screen line
交通运输 communication and transport(ation); transport and communication trade
交通运输安全协会 Transportation Safety Institute
交通运输安全研究院 Transportation Safety Institute
交通运输博物馆 transport museum
交通运输部 Ministry of Transport <英>; Department of Transportation <美>
交通运输部标志系统 department of transportation system of labeling
交通运输部部长 minister of Transport
交通运输部门 transport operator; transport sector
交通运输部门车场 traffic sector yard
交通运输部门支出 transport sector expenses
交通运输车辆 transportation and communication
交通运输地理信息系统 geographic information system for transportation
交通运输调查 census of transportation
交通运输法 law of transportation
交通运输费用 transportation and communication expense
交通运输改善规划 transportation improvement plan
交通运输工程 traffic engineering
交通运输工具 means of conveyance; vehicle
交通运输规划 transportation planning
交通运输荷载下的附加固结(沉降) additional consolidation under traffic
交通运输基础设施 transport infrastructure
交通运输及工业部 Department of Transport and Industry
交通运输紧张 pressure on transport
交通运输经济 transport economy
交通运输距离 communication distance
交通运输量 volume of transport
交通运输流量 traffic flow
交通运输能力 traffic capacity
交通运输评议 transporting condition assessment
交通运输普查 census of communication
交通运输设备 transport and communication facility
交通运输实施(执行)计划(程序) transportation implementation program(me)
交通运输事故 transportation accident
交通运输手段 mode of transportation
交通运输图 plan of transportation system; traffic circulation map; transportation map
交通运输网 transportation network
交通运输污染源 transportation pollution sources
交通运输系统管理 transportation systems management
交通运输信息与控制系统 <国际标准化组织的一个技术委员会> transport information and control system
交通运输研究信息服务数据库 transportation research information service
交通运输业 traffic transport industry
交通运行 traffic circulation
交通运行时间节约战略 <美国DOT1996年1月发布,通过城市智能交通基础设施建设,以缩短旅行时间的一项计划> operation time saver
交通运行指标 <街道网内所有车辆停驶和延误的加权和> performance index
交通运营 traffic operation
交通运营计划 traffic operation plan
交通运转 circulation of traffic; traffic circulation
交通噪声 traffic noise
交通噪声控制 traffic noise control
交通噪声指标 traffic noise index
交通噪声指数 traffic noise index
交通噪音 traffic noise
交通增长速度 traffic growth-rate
交通增长速率 traffic growth-rate
交通渣膜 <路面上由积存油渍、磨损橡胶和灰尘等微粒形成的薄层> traffic film
交通栅栏 traffic railing
交通战略 transportation strategy
交通站 traffic station
交通站点旅客询问(调查)法 transportation terminal questionnaire method
交通障碍物 obstacle to traffic; obstruction to traffic; hindrance to traffic
交通照明 traffic lighting
交通肇事率 traffic accident crime
交通肇事罪【交】accident crime
交通折算单位 conversion unit of traffic
交通振动 traffic variation
交通支 communicating branch
交通支瓣膜 valve of communicating branch
交通指挥 point-duty; traffic directing; traffic guidance
交通指挥灯 go-stop; traffic guide light
交通指挥岗 traffic post
交通指挥牌 <英> lollipop
交通指挥塔 raised control tower; raised traffic control tower; traffic tower
交通指挥台 podium[复 podiums/podia]; police stand
交通指挥系统 traffic guidance system
交通指挥中心 traffic control center [centre]
交通指路牌 traffic direction block
交通指示灯 stop light; traffic guide light
交通指示柱 Belisha beacon
交通指数 <表示荷载重复作用的> traffic index
交通指向路钮 traffic direction stud
交通指向牌 traffic direction block
交通中断 interrupted discharge of traffic; traffic block; traffic interruption; traffic stop
交通中枢 communication center[centre]; traffic center[centre
交通中心 communication center[centre]; traffic center[centre]
交通中心城市 traffic hub; transportation hub
交通中轴线 transport axis
交通终点 traffic destination
交通重负荷方向 heavier direction traffic
交通主干线 arteries of communication; main traffic artery
交通主流倾向线 major directional desire line
交通转盘 rotary island; traffic circle
交通状况 traffic condition
交通状态 traffic situation
交通锥标 traffic cone
交通自调式主控制机 traffic-adjusted master controller
交通自动调节信号 traffic-adjusted signal
交通自动控制 automated traffic control; automatic traffic control
交通总规划 traffic master plan
交通走廊 traffic corridor
交通走廊进口 corridor approach
交通走廊控制系统 traffic corridor control system
交通走廊污染水平 corridor pollution level
交通阻碍 traffic interference
交通阻断 traffic interruption; blockade <美>
交通阻抗 traffic impedance
交通阻塞 block in traffic; congestion of traffic; hold up; jam of traffic; jam up; pounding of traffic; traffic block; traffic hold-ups; traffic jam (and congestion); traffic strangulation
交通阻塞程度 degree of congestion
交通阻塞度 degree of traffic jam
交通阻塞率 congestion rate
交通阻塞时的车距 spacing of obstructive vehicles
交通阻滞 traffic impedance
交通组成 traffic composition
交通组成部分 traffic element
交通组合 traffic component
交通组织 traffic organization
交通组织服务 traffic organization
交通最优化逻辑 traffic optimization logic
交图 intersection graph
交托 commitment
交往 transaction
交尾期 mating season
交现金保证 cash deposit(as collateral)
交线 intersecting line; intersection line; line of intersection
交线处卷瓦 <复折屋顶两斜面的> curb roll
交线法 method of intersection
交线条件 condition of intersection
交相(前后)参照 cross-refer
交响乐 symphony
交向层压 laminated cross
交向角 angle of convergence[convergency]; convergence angle; convergent angle
交向模型基准 convergent model datum
交向倾斜 convergent oblique
交向摄影 convergent photography; split vertical photography
交向摄影机 convergent camera; slit camera
交向摄影像片 convergent photograph; split photograph
交向摄影照片 split-vertical photograph
交向位置 convergent position
交卸 hand-over discharge
交押金买入 buying on margin
交验批 batch of products for inspection
交咬作用 <钢丝绳股中的钢丝> nip action
交易 bargain(ing); business dealing; deal; marketing; merchandise; merchandising; swap (ping); trade; trading (operation); trafficking; transaction
交易保护社 trade protection society
交易暴露 transaction exposure
交易比例 ratio of exchange
交易场所 trading floor; trading place
交易场所内的商人 floor trader
交易成本 transaction cost
交易磋商 business negotiation; negotiation of business
交易贷款 trade credit
交易单位 trade unit; trading unit
交易的分类和归属 classification and imputation of transaction
交易的矩形图 box diagram of exchange
交易的倾向 propensity to barter
交易地点 <商品市场术语> loco
交易动机 transaction motive
交易对方 counterpart
交易额 amount of business; trading volume; turnover; volume of business
交易方程式 equation of exchange
交易风险 dealing risks; transaction exposure
交易公平 justice of exchange
交易管制 trade restriction
交易规则 rule of transactions
交易柜台制 trading post system
交易过量 overtrading
交易会 fair; trade fair
交易活跃 brisk trade
交易活跃的市场 broad market
交易计算工作底稿 transaction work sheet
交易记录 transaction record
交易记录表 trading record sheet
交易记录单 dealing slip
交易价格 price of transaction; transaction value
交易结算日 ticket day
交易界区 transaction margin
交易经济 exchange economy
交易卡 transaction card
交易利润 trading profit
交易量 trading volume; volume of business; volume of trade
交易量少的市场 narrow market
交易流量 transaction flow
交易流通速度 transactions velocity of circulation
交易媒介 medium of exchange
交易能力 ability to bargain
交易平衡 balance of transaction
交易清单 clearing return; clearing sheet
交易取消 recision
交易人 client; dealer
交易数据 transaction data
交易税 receipt tax; tax on transaction; trade tax; transaction tax; transfer tax; turnover tax
交易速度 transactions velocity
交易损失 normal loss; trade loss
交易所 bourse; broker's board; exchange; stock exchange; trading post
交易所场内经纪人 floor broker
交易所的交易场所 board room
交易所电话局 bureau-bourse

J

交易所揭示牌 marking board
交易所税 bourse tax
交易所外市场 kerb market; off-board market
交易所席位 seat on the exchange
交易所营业间 board room
交易谈判小组 bargaining group
交易通货 vehicle currency
交易团体 trading crowd
交易往来 business transaction
交易委托行 commercial house
交易文件 transaction file
交易稀少的市场 thin market
交易限额 trading limit
交易项目 clearing item
交易行为基础 transaction basis
交易学说 transaction approach
交易延期费 contango
交易滞呆的市场 thin market
交易中心 trading center[centre]
交易主约 master contract
交易专柜 trading desk
交谊建筑 social house-building
交谊室 clubroom; salo(o)n
交谊厅 social hall
交于一点的平面 copunctual planes
交与持票人 to nearer
交钥匙半包 semi-turnkey
交钥匙承包工程 turnkey contract
交钥匙承包商 package builder; turnkey contractor
交钥匙的 turnkey
交钥匙方式 turnkey manner
交钥匙工程 <承包单位将甲方委托新建工程项目的设计、施工以及设备安装等工作全部承包下来,完工后请甲方验收,交付使用> turnkey construction; turnkey job; turnkey project
交钥匙工程合同 turnkey contract
交钥匙工程项目 turnkey operation; turnkey project
交钥匙工程协议书 turnkey agreement
交钥匙合同 engineer procure-construct contract; turnkey contract
交钥匙合同的建设项目 turnkey job
交钥匙建筑商 package builder; turnkey contractor
交钥匙式系统 turnkey system
交钥匙特许 turnkey franchising
交钥匙条件 turnkey terms
交钥匙统包 full turnkey
交钥匙投标 turnkey bid
交钥匙投资 turnkey investment
交钥匙微机系统 turnkey microcomputer system
交钥匙系统 turnkey system
交钥匙项目 build-own-operate
交钥匙项目合同 turnkey contract
交钥匙新建公共住房 turnkey-new construction
交钥匙型建筑 turnkey type building
交钥匙租赁 <专指租给低收入住户的公共住房> turnkey leasing
交钥匙作业 turnkey operation
交越失真 cross-over distortion
交运单 shipping order
交运货物 consignment; shipment
交运价格 shipment price
交运截止日 close date; closing date
交运时间 time of shipment
交杂 intermix
交战 warfare
交织 interlace; interlacement; interlacing; interleave; interweave; interwoven; lace(-up); mingle; raddle; anastomosis[复 anastomoses] <水道等的>
交织布 interwoven fabric
交织长度 interweave length; weaving length
交织车辆 weaving vehicles
交织次(数) interleaving degree
交织岛屿 interlaced island
交织的 anastomosed
交织点 weaving point
交织洞穴 anastomotic cave
交织段 interweave section; weaving section; weaving area
交织段均衡运行【交】balanced operation
交织拱 interlacing arches
交织拱廊 interlacing arcade
交织焊接 weaving welding
交织河道 braid
交织河(流) anastomosing river; anastomosing stream
交织江心洲 interlaced island
交织交通 interweaving traffic; weaving traffic
交织交通流 weaving traffic flow
交织结构【地】pilotaxitic texture
交织晶体 interlaced crystal
交织距离 weaving distance; weaving length; merging distance <车辆的>
交织流【交】weaving flow
交织路段 weaving section
交织码 interlaced code
交织劈理 anastomosing cleavages
交织砌合 interbonding
交织区【交】weaving area
交织区段 <车辆的> merging space; weaving space
交织区通行能力 weaving section capacity
交织三角洲叉河 anastomosing deltoidal branch
交织示意图【交】weaving diagram
交织视距 weaving sight distance
交织水系 anastomosing drainage; anastomosing stream; convergent anastomosing system; trellised drainage pattern; trellised drainage system
交织水系模式 anastomotic mode
交织凸起带状饰 strapwork
交织图 intersection chart
交织图案 interlacing pattern
交织网状的 anastomosing
交织网状断层 anastomosing fault
交织围栏 interlaced fencing; interwoven fencing
交织围篱 interlaced fencing; interwoven fencing
交织物 intertexture
交织纤维结构 interwoven fibrous structure
交织型互通式立交 interchange with weaving section
交织型互通式立体交叉 interchange with weaving section
交织支流 anabranch
交织织物 union cloth
交织字母 monogram
交织作用 <路面上层混合料的> knitting action
交直流比较器 direct current and alternating current comparator
交直流电 alternating current/direct current
交直流电表万能检验台 universal checking and testing stand for alternating current/direct current meter
交直流电动发电机 alternating current/direct current motor generator
交直流电动机 alternating and direct current motor
交直流电压发电机 combined voltage generator
交直流电源切换 alternating current/direct current change over
交直流发电机 double current generator
交直流法 double current method
交直流轨道电路 alternating current/direct current track circuit
交直流弧焊机 alternating current/direct current arc welding machine
交直流混合轨道电路 combination alternating current/direct current track circuit
交直流继电器 alternating current/direct current relay
交直流接收机 alternating current/direct current receiver
交直流两用 alternating current/direct current
交直流两用电动机 universal motor
交直流两用电弧焊 arc welding with both alternating current and direct current
交直流两用电力机车 dual current locomotive
交直流两用焊机 alternating current/direct current welding machine
交直流两用接收机 all-mains receiver; alternating current/direct current receiver; universal receiver
交直流两用收音机 two-way receiver; universal set
交直流两用无线电设备 two-way radio
交直流逆变器 alternating current/direct current inverter
交直流牵引装置 alternating current/direct current traction unit; bi-current traction unit
交直流通用按钮开关 alternating current/direct current general-use switch
交直流转换机车 locomotive with alternating current/direct current motor converter set
交直流转换器 alternating current/direct current inverter
交直直流发送 alternating current/direct current transmission
交酯类 lactide
交置磁铁 alternate magnet
交轴 quadrature axis
交轴磁势 cross magnetizing ampere-turn
交轴电路 quadrature circuit
交轴同步阻抗 quadrature-axis synchronous impedance
交轴阻抗 quadrature impedance
交喙接头 crossbill joint
交喙鸟 crossbill
交纵 cross profile

郊话网 suburban telephone network

郊区 banlieu(e); bedroom community; countryside; environs; faubourg; neighbo(u)rhood section of city; outlying area; outskirt; rural area; rural district; rural section; suburb; suburban area; suburban district; surrounding countryside; outer city <美>
郊区别墅 suburban villa; villa
郊区城市化 suburbanization
郊区次道路 secondary rural road
郊区道路 rural highway; rural road; suburban road
郊区道路交叉 rural intersection
郊区的 rural; suburban
郊区地下铁道 suburban metro
郊区电话 suburban telephony
郊区电话号码簿 out-of-town directory
郊区电话局 group center[centre]
郊区电话网 suburban telephone network
郊区电话线 rural distribution wire
郊区(电话)线路图 suburban distribution scheme
郊区发展 suburban growth
郊区房屋场地贷款 rural housing site loan
郊区房屋抵押保险 outlying area homes mortgage insurance
郊区工业化 industrialization of rural
郊区公共交通 suburban service
郊区公路 rural highway
郊区花园 suburban garden
郊区或贸易中心 <联系较卫星城镇更密切的中心大城市影响范围内的> urblet
郊区建设 suburbanization
郊区建造 suburbanization
郊区交通 suburban traffic
郊区交通调查 rural traffic survey
郊区居民 out-of-towner; suburbanite; suburban resident; suburbia; suburban <美>
郊区居民的特殊风习 suburbia
郊区俱乐部 country club
郊区快速交通系统 suburban rapid transit system
郊区扩展地段 suburban run
郊区蔓延 suburban sprawl
郊区配电线 rural distribution wire
郊区铁路 regional rail
郊区通话 junction call
郊区通勤者居住区 commuterville
郊区通信[讯]业务 extended area service; suburban traffic
郊区线(路) <通信[讯]用> toll line
郊区线网 suburban road network
郊区行车 country driving
郊区邮政路线 rural mail delivery route
郊区园林 suburb garden
郊区运量观测 rural traffic survey
郊区运输 suburban transportation
郊区镇 suburban
郊区住宅 suburban house
郊区住宅房地产 suburban housing estate
郊区庄园领地 suburban estate
郊外 outskirt; suburb
郊外的 suburban
郊外地区 rural location
郊外干管 suburban collector
郊外外围 outskirt
郊外小客栈 road house
郊外新式住宅 cottage
郊外住宅区 dormitory suburb; residential suburb
郊野公园 country park
郊游 picnic
郊游野餐营地 picnic site

浇柏油 tar dressing

浇柏油的 tar-sprayed
浇柏油机 tar-dressing machine
浇板机 caster
浇包 foundry ladle
浇包衬 ladle liner
浇包传动机构 geared ladle-hoist
浇包烘炉 ladle drier[dryer]
浇包结壳 scull
浇包涂料 ladle wash
浇包渣壳 scull
浇包轴颈 ladle trunnion
浇包嘴 ladle lip; ladle spout; pouring-tip

浇薄浆 <砌砖时> larrying up
浇补 casting-on
浇不足 misrun
浇捣 casting
浇捣仓 concrete-spouting bay; construction bay
浇捣浮石混凝土杆件 pumice concrete cast(ing)
浇捣混凝土 cast concrete; concrete casting; concrete placement; vibracast
浇捣结构混凝土 structural concreting
浇道 feeder; funnel; gate runner; running channel
浇道套 sprue bush
浇地 irrigate the fields
浇锭分凝 ingot segregation
浇封材料 potting compound
浇缝 joint pouring
浇钢 casting steel; teem
浇钢砖 teeming brick
浇灌 irrigate; pour(ing); water
浇灌柏油层 tar penetration coat
浇灌槽 watering trough
浇灌层 penetration course
浇灌场地 casting yard
浇灌稠度 pouring consistence[consistency]
浇灌工作 penetration work
浇灌过程 depositing procedure
浇灌混凝土 cast concrete; concrete placement; concreting; placed concrete; placing of concrete
浇灌混凝土活塞泵 concreting piston pump
浇灌混凝土脚手架 concreting scaffold(ing)
浇灌混凝土料斗 concreting hopper
浇灌混凝土设备 concrete equipment; concreting equipment
浇灌混凝土完成量 concreting output
浇灌金属 capping metal
浇灌井筒材料的料斗 materials sinking bucket
浇灌沥青 asphalting; deposit(e) of asphaltic bitumen
浇灌沥青场地 asphalt pouring ground
浇灌料斗 placing bucket
浇灌路面 pavement pouring
浇灌耐火材料 castable refractory
浇灌速度 placing speed; placing velocity
浇灌塔 pouring tower
浇灌台(座) casting bed
浇灌涂刷 flowing
浇灌性地沥青 poured asphalt
浇灌性能 placement property
浇灌直径 <喷灌机> wetted diameter
浇过地沥青透层的 asphalt-primed
浇过地沥青透层的基层 asphalt-primed base
浇过沥青透层的基层 asphalt-primed base
浇过石油沥青透层的基层 asphalt-primed base
浇过透层的路面 primed surface
浇焊 flow welding; liquid metal welding
浇合 casting-in; sink
浇花 watering flower
浇混凝土时装模 form setting
浇混凝土用的模板 concrete form
浇混凝土用翻斗 concreting skip
浇混凝土用料车 concreting skip
浇浆饰面 dash finish
浇焦油沥青 retarring
浇焦油沥青路 tar-sprayed road
浇焦油沥青透层的基层 tar-primed base
浇焦油沥青箱 tar spray can
浇孔 funnel
浇口 cast gate; gating; git; pouring head; running gate; sprue
浇口棒 gate pin; gate stick; runner pin; runner stick
浇口杯 feed head; pouring basin; pouring bush; pouring cup; runner basin; runner bush; runner cup; sinkfeed; sinkhead; sprue cup
浇口比 gating proportion; gating ratio
浇口布置法 heading
浇口操作 gating practice
浇口衬瓦 sprue bushing
浇口串 pouring rope
浇口道 pouring head
浇口滤片 strainer core
浇口滤渣器 gate strainer
浇口滤渣芯片 gate strainer
浇口模 gating pattern
浇口盘 tundish
浇口切断机 sprue cutter
浇口切割机 gate cutter; gate cutting machine
浇口圈 runner bush
浇口塞 blanking-off plug; gate plug; stopper
浇口塞棒 sprue plug
浇口窝 well
浇口箱 feed box; runner box
浇口芯 gate core
浇口溢流 runner overflow
浇口砖 gate brick; gate tile; riser brick
浇沥青 asphalting; oil dressing
浇沥青的 oiled
浇沥青工具 asphalting tool
浇沥青(路)机 road oiling machine
浇沥青透层 priming operation
浇沥青养护 oiled application maintenance
浇料口 pouring slot
浇冒口 deadhead
浇冒口清理滚筒 sprue mill
浇冒口系统 running and feeding system
浇面 top dressing
浇灭 damp down
浇瓢 socket cup
浇泼 dash
浇泼粉面 dash finish
浇泼饰面 dash finish
浇泼涂层 dash coat
浇泼涂层油 dash coat
浇铅接合 lead joint
浇铅模具 casting lead model
浇铅轴衬 Babbitt bushing
浇铅轴承 Babbitt bushing
浇嵌插孔 cast-in socket
浇入 filling; pouring in
浇入的 cast-in
浇入混凝土螺栓 cast-in bolt
浇洒柏油 tar spraying
浇洒道路 road watering
浇洒道路用水 water for road-washing
浇洒马路 road watering
浇洒马路用水 street flushing demand
浇勺 pony ladle
浇水 dowse; syringe; watering
浇水的 watered
浇水壶 water(ing) can
浇水器 water vessel
浇水软管 water hose
浇水时期 watering period
浇桶 foundry ladle; ladle pot
浇透层 priming
浇透层结合料 primer
浇透层用结合料 primer
浇涂 flow coat(ing)
浇涂法 flow coat method
浇锌固定件 zinc fastening
浇油 oil application; oil dressing; tar
浇油处理的 <通常指路面> oil-processed
浇油的 oiled
浇油路 oil surface road
浇油路基 oiling subgrade
浇油面层 road-oil mat top; road-oil surface
浇油土 oiled earth
浇油土路 <柏油处理土路> oiled earth road
浇油养护 oiled application maintenance
浇油用砂盖层 sand cover for oiling
浇有巴比合金层的 Babbitt-lined
浇釉 cupping; glazing by pouring
浇釉法 waterfall process
浇于地面上的混凝土 concrete base laid at ground level
浇制板 cast panel; cast plank
浇制壁柱砌块 cast pilaster block
浇制壁柱砖 cast pilaster tile
浇制边梁 cast edge beam
浇制薄壳 cast shell
浇制厂 casting factory; casting plant
浇制车间 cast shop
浇制撑杆 cast ranking strut
浇制撑条 cast ranking strut
浇制承重构件 cast load bearing skeleton
浇制承重骨架 cast load bearing skeleton
浇制承重框架 cast load bearing skeleton
浇制窗玻璃 cast window glass
浇制大梁 cast girder
浇制大型块件 casting mass
浇制单元 cast unit
浇制的窗槛 cast sill
浇制的窗框 cast window frame
浇制的建筑部件 cast architectural component
浇制的梁 cast beam
浇制的梁式过梁块 cast beam lintel block
浇制的檩条 cast purlin(e)
浇制的门槛 cast threshold
浇制的木纤维混凝土砌块 cast wood concrete block
浇制的制品 cast articles
浇制定型板 cast profile(d) panel
浇制端部砌块 cast end-block
浇制防坠器 cast parachute
浇制非住宅式建筑 cast non-housing construction; cast non-residential building
浇制浮石构件 cast pumice component
浇制覆盖板 cast cladding slab
浇制高层套房砌块 cast high-rise block of flats
浇制隔墙砌块 cast partition block
浇制工业 cast industry
浇制构架 cast frame
浇制构造 casting composition
浇制过梁 cast lintel
浇制过梁砌块 cast lintel block
浇制护栏 cast parapet
浇制混凝土板 slab concreting
浇制混凝土的生产工人 cast concrete worker
浇制混凝土化粪池 cast concrete septic tank
浇制混凝土内衬构件 cast concrete lining component
浇制混凝土生产者 cast concrete producer
浇制混凝土制品 casting concrete ware
浇制混凝土制品工厂 cast concrete ware factory
浇制加气混凝土组合构件 cast gas concrete compound unit
浇制检查井 cast inspection chamber; cast manhole
浇制建筑分隔设施 cast construction partition facility
浇制建筑施工方法 cast construction method
浇制框架 cast frame
浇制肋 cast rib
浇制肋板 cast rib slab
浇制楼板构件 cast floor member
浇制楼板建筑 cast flooring construction
浇制楼板体系 cast flooring system
浇制楼面板 cast floor slab
浇制楼梯段 cast flight of stair(case)
浇制楼梯平台 cast stair(case) landing
浇制门框 cast door frame
浇制女儿墙 cast parapet
浇制排水沟 cast gutter
浇制膨胀性混凝土建筑构件 cast expanded concrete building component; cast expanded concrete building unit
浇制汽车库 cast garage
浇制嵌板栅栏 cast panel fence
浇制墙板 cast wall panel
浇制桥门架 cast portal(frame)
浇制桥门式框架 cast portal(frame)
浇制轻质构件 cast lightweight component
浇制轻质混凝土固定模板 permanent cast light(weight) concrete form
浇制轻质混凝土箱式构造类型 cast light concrete box construction type
浇制穹顶 cast cupola
浇制穹隆 cast dome
浇制人造石板用的铁板 granolithic plate
浇制山墙 cast gable
浇制石膏制品 cast gypsum product
浇制实心砌块 cast solid block
浇制水磨石 cast terrazzo
浇制台座 casting bed
浇制体系 casting system
浇制填缝板 cast infilling slab
浇制填块 cast filler(block)
浇制填料板 cast filler slab; cast infiller panel
浇制外露集料板 cast exposed aggregate slab
浇制外露集料护墙板 cast exposed aggregate panel
浇制外露集料嵌板 cast exposed aggregate panel
浇制屋顶 cast roof
浇制镶面板 cast cladding slab
浇制新砌块 cast green block
浇制新砖 cast green tile
浇制烟道 cast flue
浇制檐槽 cast eaves trough
浇制檐沟 cast eaves gutter
浇制异形板 cast profile(d) panel
浇制永久性轻质混凝土模板 cast permanent lightweight concrete shuttering; cast permanent lightweight forms
浇制永久性轻质混凝土模壳 cast permanent lightweight concrete shuttering; cast permanent lightweight forms
浇制预应力构件 cast prestressed component; cast prestressed member
浇制预应力过梁 cast prestressed lintel
浇制预应力楼板 cast prestressed floor
浇制预应力楼板构件 cast prestressed floor member
浇制预应力墙 cast prestressed wall

J

浇制预应力墙板 cast prestressed wall slab
浇制预应力组合构件 cast prestressed compound unit
浇制照明灯柱 cast lighting column; cast lighting mast
浇制正面 cast facade
浇制正面看台 cast grandstand
浇制支柱 cast mast; cast ranking strut
浇制制品 cast goods
浇制住宅建筑 cast home construction; cast housing construction
浇制住宅塔楼 cast dwelling tower
浇制桩 cast pile; pile casting
浇制组成 casting composition
浇置机 placer
浇注 boxing-in; casting; depositing; placing; pouring; running; teem
浇注斑疤 casting scar
浇注包 pouring ladle
浇注包火泥 ladle clay
浇注臂 distributor boom
浇注补焊 liquid metal welding
浇注不足 run-out; underpriming
浇注槽 pouring basin
浇注场 cast house
浇注场地 casting area; casting site
浇注车 pouring truck
浇注衬砌 casting of lining
浇注成型的 castable
浇注成型(法) cast mo(u)lding; pour mo(u)lding
浇注程序 <混凝土的> sequence of pours; casting sequence
浇注唇 pouring lip
浇注的薄板玻璃 cast sheet glass
浇注的建筑构件 cast building member
浇注的圆环 casting ring
浇注地沥青 poured asphalt
浇注地沥青混合料 poured asphalt mix(ture)
浇注点 pouring point
浇注电缆、套管的混合物 box compound
浇注斗 pour hopper; pouring ladle
浇注方法 pouring procedure
浇注缝 poured joint; pouring joint
浇注钢水 pour steel
浇注钢水分析 pit analysis
浇注高度 <混凝土每小时的> rate of placing; height of pour
浇注工 pourer; teemer
浇注工作面 <铸造车间的> pouring floor
浇注固化式变压器 solid-cast transformer
浇注管 gate tile
浇注罐 pouring ladle
浇注辊压成成型法 casting-rolling process
浇注号 cast No.
浇注和铺设 casting and laying
浇注环 pouring loop
浇注混合物 pouring compound
浇注混凝土 cast concrete; concrete placing; concrete pouring; concreting; deposit(e) concrete; depositing concrete; placement of concrete; placing concrete; pour concrete
浇注混凝土的臂杆 pouring boom
浇注混凝土的产量 pouring output
浇注混凝土的吊杆 pouring boom
浇注混凝土的工作量 pouring output
浇注混凝土的溜槽 pouring chute
浇注混凝土基础墙 poured concrete foundation wall
浇注混凝土顺序 pouring concrete sequence
浇注混凝土用起重机 concreting crane
浇注混凝土制品 cast concrete products
浇注火药柱 cast charge
浇注机 casting machine; placer; pouring machine
浇注建筑材料 cast building stones
浇注建筑混凝土 poured architectural concrete
浇注建筑石料 cast building stones
浇注交接箱的混合物 box compound
浇注胶 encapsulating compound
浇注绝缘变压器 cast insulating transformer
浇注坑 pouring pit
浇注孔 plug hole
浇注口 sprue gate
浇注跨 casting bay
浇注块 castable
浇注矿渣砌块 cast slag block
浇注矿渣砖 cast slag tile
浇注沥青 pitch paying
浇注连接 cast joint
浇注料 castable
浇注料层 castable layer
浇注溜槽 concrete placing chute
浇注漏斗 trumpet bell
浇注面 cast face; casting area
浇注面积 pour area
浇注耐火材料 castable refractory; mo(u)ldable refractory
浇注平台 teeming stage
浇注起重机 teeming crane
浇注器 pouring device
浇注钎焊 flow brazing
浇注缺陷 pouring defect
浇注绕组 encapsulated winding
浇注入口孔 ingate
浇注勺 casting ladle; pouring kettle; pouring ladle
浇注设备 pouring equipment
浇注石膏板 casting plaster board
浇注时期 castable period
浇注实心砖 cast solid tile
浇注树脂 casting resin; cast resin
浇注水泥 cement for joints
浇注水下混凝土导管 tremie pipe
浇注速度 rate of pour
浇注速率 <混凝土> rate of placement
浇注台 casting table; pouring platform
浇注条件 placing condition
浇注桶 pouring ladle; teeming ladle
浇注位置 pouring position
浇注温度 casting temperature; point of pouring; pouring temperature
浇注系统 downsprue; runner system
浇注线 teeming line
浇注箱 pouring box; runner box
浇注压头 pouring head
浇注液 potting syrup
浇注用泥浆 casting slip
浇注原板玻璃 rough cast plate
浇注折叠 teeming lap
浇注制品 cast ware
浇注重皮 teeming lap
浇注周期 casting cycle
浇注轴承 <修理时> rebed
浇注组 pouring gang
浇注嘴 pouring nozzle
浇筑 installation; laying; placing; pouring
浇筑柏油的绳索 tar pouring rope
浇筑板 cast slab
浇筑材料 casting material
浇筑仓长度 bay length
浇筑层 <混凝土等的> construction lift; lift
浇筑层段 lift joint; tiers
浇筑层段高度 lift height
浇筑层高度 lift height; placement lift
浇筑层厚度 height of lift(ing); lift thickness
浇筑层接缝 lift joint
浇筑衬料 cast lining
浇筑成型法 pour mo(u)lding
浇筑的底板 cast bay
浇筑的房屋 cast building
浇筑的拱顶 cast vault
浇筑的混凝土混合物 concrete deposit(e)
浇筑的建筑单元 cast building unit
浇筑的结构构架 cast structural skeleton
浇筑的结构混凝土 cast structural concrete
浇筑的梁式楼板 cast beam floor
浇筑的密肋梁楼板 cast beam and filler floor
浇筑的斜沟槽 cast valley gutter
浇筑的阳台 cast balcony
浇筑的制品 cast articles
浇筑地板 cast slab floor
浇筑点 placement point; pour point
浇筑斗 <混凝土> placing bucket
浇筑方法 laying technique; placing method
浇筑缝 lift joint; poured joint
浇筑浮石构件 cast pumice unit
浇筑浮石混凝土 cast pumice concrete
浇筑高度 height of pour
浇筑工(人) placer; pourer; purer
浇筑工作 laying work
浇筑罐 pouring pot
浇筑含水率 placement water content
浇筑壶 pouring pot
浇筑花园建筑构件 cast garden building unit
浇筑灰浆 blub; casting mortar
浇筑混凝土 casting concrete; concrete placement; deposit(e) concrete; depositing concrete; placed concrete; placement of concrete; placing of concrete; poured concrete
浇筑混凝土泵管 concreting pipe
浇筑混凝土场地 concreting
浇筑混凝土的吊斗 concrete placing bucket
浇筑混凝土的压力高度 concrete head
浇筑混凝土隔板 bulkhead form
浇筑混凝土拱 arch casting; arch concreting; arch pour(ing)
浇筑混凝土机械 placing plant
浇筑混凝土梁的槽型模板 beam box
浇筑混凝土梁的箱型模板 beam box
浇筑混凝土漏斗 concreting funnel
浇筑混凝土气闸 concreting air-lock
浇筑混凝土设备 concreting device
浇筑混凝土时的临时挡板 form stop
浇筑混凝土时的施工缝 tamped joint
浇筑混凝土时临时埋设的木条 rustication strip
浇筑混凝土用的桁架 concreting boom
浇筑机 placer
浇筑技术 laying technique
浇筑尖拱 cast pointed arch
浇筑尖券 cast pointed arch
浇筑间歇 delay in placing
浇筑接缝 poured joint
浇筑结构 cast structure
浇筑块 pour
浇筑块高度 height of lift(ing)
浇筑溜槽 pour chute
浇筑楼梯斜梁 cast string
浇筑路缘石工具 curb tool
浇筑路缘石及边沟的滑模机 curb and gutter machine
浇筑墙 cast wall
浇筑水泥 cast in cement
浇筑顺序 placing sequence; sequence of pour
浇筑速度 casting speed; laying rate; pouring speed
浇筑塔 dump tower; pouring tower
浇筑体系 cast system
浇筑体系构造 cast system construction
浇筑条件 placing condition
浇筑温度 laying temperature; placing temperature
浇筑细集料混凝土 fine concreting
浇筑现场 placement site
浇筑性 placeability
浇筑窑衬 cast lining
浇筑用黏[粘]结剂 bonding adhesive for laying; bonding agent for laying
浇筑釉陶锦砖 fine faience tile
浇筑预应力 T 形断面构件 cast prestressed tee-section
浇筑预应力板 cast prestressed panel
浇筑预应力结构体系 cast prestressed structural system
浇筑预应力楼梯斜梁 cast prestressed string
浇筑预应力体系建筑 cast prestressed system construction
浇筑制品制造商 cast product manufacturer
浇筑制品制造者 cast product maker
浇筑柱顶托板的模板 drop panel form
浇铸 casting; ladling; pour; teem; typecasting
浇铸包 casting ladle
浇铸边框底架 cast perimeter frame
浇铸构内衬 ladle lining
浇铸不满 misrun
浇铸材料 casting material
浇铸场 casting yard; tapping floor
浇铸成型 cast mo(u)lding
浇铸成型耐火材料 cast refractory
浇铸道 sprue
浇铸的(钢筋)端部握固块 cast gripping block
浇铸的钢丝绳头 poured fitting
浇铸的铝合金 cast alumin(i)um alloy
浇铸的握固块 cast gripping block
浇铸的装饰件 cast mo(u)lding
浇铸顶盖 cast umbrella
浇铸方法 casting process
浇铸封闭 embedding; embedment
浇铸封入 potting
浇铸工 pourer
浇铸工段 casting area
浇铸沟 git
浇铸固化绝缘 solid-cast insulation
浇铸管 cast pipe
浇铸过程 casting process
浇铸化合物 casting compound
浇铸机 casting machine; filler
浇铸技术 casting technique
浇铸间 pouring bay
浇铸浆 casting slip
浇铸矿渣小方块 cast slag sett
浇铸沥青 Gaussasphalt
浇铸连接 cast joint; cast soldering
浇铸漏斗 sprue cup
浇铸轮 casting wheel
浇铸耐火材料 cast refractory
浇铸起重机 teeming crane
浇铸铅字 typecast
浇铸缺陷 casting defect
浇铸(石膏)灰浆 casting plaster
浇铸收缩 casting shrinkage; shrinkage in casting
浇铸台 casting bed
浇铸通气孔 venting channel

浇铸铜焊 flow brazing
浇铸桶 casting ladle;tap ladle
浇铸突缘 cast flange
浇铸温度 cast temperature
浇铸小车 casting bogie
浇铸型玻璃 cast glass
浇铸应变 casting strain
浇铸应力 casting stress
浇铸制品 cast ware
浇铸轴承 integral bearing
浇铸轴承合金 cast-in metal;integral metal
浇铸铸型 running casting
浇铸装饰件 cast trim
浇铸装药 cast explosive
浇铸嘴 stopper nozzle

茇铰桁架 <即菱铰桁架> Wichart truss

胶白杨 common cotton wood

胶斑 glue spots
胶板 colloid plate;gelatin(e) plate;jellygraph;slab rubber
胶板地面 glued slab flooring
胶板复制器 chrormograph
胶板楼板 glued slab flooring
胶板液压机 hydraulic plywood press
胶版 colloid plate;gelatin(e) process;jellygraph;hectograph
胶版复制器 chromograph
胶版画 heliotype
胶版印刷 offset lithography;offset printing
胶版印刷机 offset press
胶版印刷纸 offset printing paper
胶版油墨 offset printing ink
胶版纸 half-tone paper;offset paper
胶杯耳属 <拉> Femsjonia
胶背机 back gluer
胶柄钢丝钳 combination pliers insulated handle
胶柄鲤鱼钳 combination pliers slip joint insulated handle
胶柄螺丝刀 ebonite driver
胶柄螺丝起子 ebonite driver
胶柄钳 insulated pliers
胶布 insulating tape;empire cloth;mackintosh blanket cloth;sticking plaster;proof fabric;rubberized fabric <指上胶的布>
胶布板 textolite
胶布绷带 adhesive bandage
胶布带 adhesive tape;rubber belt(ing);rubberized tape
胶布膏 cloth plaster
胶布固定 immobilization with adhesive tape
胶布滑移 slip of impregnated glass cloth
胶布橡皮膏 adhesive plaster
胶布雨衣 macintosh[mackintosh]
胶槽 size box
胶层 adhesive layer;bond line;glue line;substratum[复 substrata];subbing <促使感光乳剂固着于片基上的>
胶层厚度 adhesive thickness;bondline thickness
胶层加热 glue line heating
胶车胎和内胎工业 rubber tire[ryre] and inner tube industry
胶衬 rubber lining
胶冲乳剂 film emulsion
胶杵耳属 <拉> Dacryomitra
胶枞 balsam fir
胶带 adhesive backed tape;bonding tape;sticky tape;strapping;taping strip
胶带不均匀度 variation of tape sensitivity
胶带车 belt-wagon
胶带称量器 belt weigher
胶带秤 belt weight meter
胶带秤喂料机 weigh belt feeder
胶带出料机 belt extractor
胶带附着力 tape adhesion
胶带机槽形托辊 belt troughing idler
胶带机秤 belt scale
胶带扣 alligator
胶带扭曲动作 meandering belt motion
胶带跑偏 belt deviation
胶带坯品 made-up belt
胶带清扫刷 belt wiper
胶带式显影罐 apron tank
胶带试验 adhesive tape test
胶带输送机 belt conveyer[conveyor];endless belt conveyer[conveyor];ribbon conveyer[conveyor];rubber conveyer[conveyor];travel(l)ing belt
胶带输送机道 beltway
胶带输送机栈桥 conveyor bridge
胶带输送机转运点 transfer point of belt conveyer[conveyor]
胶带撕裂 belt tearing
胶带调正开关 belt alignment switch
胶带托辊 belt roller
胶带位置校正 belt training
胶带卸料口 belt tripper
胶带张紧轮 belt tensioner
胶带张紧装置 belt tensioner
胶带纸 tackiness paper tape
胶带装料法 ribbon loading
胶袋 bladder
胶的 pasted
胶的成分 mastic composition
胶地席 rubber mat
胶垫 cushion
胶淀粉 amylopectin
胶钉结合桁架 nail-glued truss
胶冻 gel;gelatum;jelly
胶度 colloidality
胶耳 glue ear
胶阀 rubber valve
胶分 colloid fraction
胶粉 powdered glue
胶枫木 aul
胶缝 glue(d) line;glue(d) seam;mastic joint(ing)
胶缝密封剂 mastic joint sealer
胶干图形 pectograph
胶锆石 arshinovite
胶勾缝 mastic pointing
胶固补体吸附试验 conglutinative complement adsorption test
胶固试验 conglutination test
胶管 rubber pipe;rubber tube
胶管钢丝夹圈 hose clamp wire
胶管管头 cuff
胶管呼吸器 hose mask
胶管接头 <套式或柄式> rubber hose coupling
胶管紧固卡 hose joint fastener
胶管卷水枪 hose reel branch;hose reel nozzle
胶管卷筒 hose reel
胶管卡圈 rubber hose clamp
胶管座 hose bracket
胶硅钍钙石 thorosteenstrupine
胶辊 glue roller
胶辊转印式涂布机 offset rotogravure coater
胶滚 rubber-surfaced roll
胶锅 glue pot
胶过滤 gel filtration
胶合 cementing;glue-up;pasting;sticking on;stick together;veneer
胶合板 accumulate timber;built-up laminated wood;glue block;glued board(ing);glue-laminated wood;glulam;improved wood;laminated wood;micarta board;plywood plate;sandwich board;scale board;veneer board;veneer wood;weldwood;wood veneer;xenidium;glue-laminated;veneered stock <早期叫法>;composition board
胶合板板壁 plywood siding
胶合板板条 plywood panel
胶合板背衬 back-veneer
胶合板壁板 plywood siding
胶合板薄板 glue laminates
胶合板薄片 plywood sheet
胶合板材 peeler(lathe) log;veneer log;veneer wood
胶合板层积木 glued-laminated wood
胶合板层间的纹理交叉 cross core
胶合板层结构 glued-laminated construction
胶合板层压梁 laminated beam
胶合板厂 plywood factory
胶合板厂废胶水 plywood plant glue waste
胶合板衬板 plywood sheathing
胶合板衬底 plywood underlayment
胶合板衬里的模板 plywood-lined form(work)
胶合板衬里的模壳 plywood-lined form(work)
胶合板撑板架 plywood gusseted trusses
胶合板成套设备 complete equipment for manufacturing plywood
胶合板承梁板 plywood roof sheathing
胶合板大梁 plywood girder
胶合板带饰 flow of veneer
胶合板带膝形托架 plywood knee bracket plate
胶合板带膝形托座 plywood knee bracket plate
胶合板刀齿试验 knife test for plywood
胶合板的中心层 core layer of plywood
胶合板地板 plywood flooring
胶合板地板块 plywood parquet;plywood square
胶合板垫板 plywood caul
胶合板垫层 plywood underlayment
胶合板顶棚 plywood(panel) ceiling
胶合板法 laminate
胶合板防火等级系列 fire-rated systems using plywood
胶合板废料 scrap plywood
胶合板幅面 plywood panel size
胶合板腹板 plywood web
胶合板覆盖 plywood sheathing
胶合板盖板 plywood sheathing
胶合板钢框架模板 picture-frame form
胶合板高密度覆盖层 high-density overlay
胶合板格板 plywood panel
胶合板格构大梁 glued-laminated timber lattice girder
胶合板隔墙 plywood diaphragm
胶合板工厂 plywood factory
胶合板工业 plywood industry
胶合板拱形大梁 glued-laminated wood arched girder
胶合板鼓泡 blisters in plywood panel
胶合板光面门 plywood flush door
胶合板横纹层 lateral ply
胶合板混凝土模板 plywood concrete forms;Plyform <商品名>
胶合板基础 plywood panel foundation
胶合板集装箱 plywood container
胶合板剪力墙 plywood shear wall
胶合板胶粘剂 veneer adhesive
胶合板角板 plywood corner plate
胶合板角撑板 plywood connecting plate;plywood joint plate
胶合板接缝板 plywood joint plate
胶合板接合板 plywood joint plate
胶合板节点板 plywood gusset
胶合板节点加固板 plywood gusset plate
胶合板节点角撑板 plywood gusset plate
胶合板节点联结板 plywood gusset plate
胶合板结构 laminated structure;laminated wood
胶合板结构系统 plywood construction system
胶合板锯 veneer saw
胶合板锯工 plywood sawer
胶合板开胶 delamination of plywood
胶合板开裂缝 open joint
胶合板抗剪墙 plywood shear wall
胶合板块 plywood parquet;plywood square
胶合板肋骨 plywood frame
胶合板连接板 plywood connecting plate
胶合板梁 glued-laminated beam;glulam beam;plywood girder
胶合板龙门构架 glued-laminated timber portal frame
胶合板楼面 plywood flooring
胶合板门 plywood(-faced) door;plywood-veneered door;veneer door
胶合板门嵌板 plywood door panel
胶合板门式刚架 plywood portal frame
胶合板门式构架 plywood portal frame
胶合板门镶板 plywood door panel
胶合板面 plywood facing
胶合板面层 top veneer;outer ply
胶合板面层木纹 face grain
胶合板模 <浇混凝土用> picture-frame form
胶合板模板 plywood form(work);plywood mo(u)ld;plywood shuttering;form ply
胶合板模板百叶窗 plywood shuttering coating
胶合板模板涂层 plywood forms coating;plywood shuttering coating
胶合板模板涂料 plywood forms coating;plywood formwork coating;plywood shuttering coating
胶合板模壳 plywood form(work);plywood shuttering
胶合板模型板 plywood panel for concrete form
胶合板木椽 glued-laminated timber rafter
胶合板木方 veneer log
胶合板木片层的面 loose side
胶合板内层 backing of veneer
胶合板内衬 backing of veneer
胶合板逆纹内层 crossband veneer
胶合板刨床 veneer planer
胶合板刨刀 veneer knife;veneer shaver
胶合板泡肿(缺陷) bristering
胶合板平顶 plywood ceiling
胶合板平面门 plywood flush door
胶合板铺面 plywood decking
胶合板墙板 plywood siding
胶合板墙面 plywood wall facing
胶合板墙面板 plywood wall sheathing
胶合板墙体夹衬板 plywood wall sheathing
胶合板挑檐底面 plywood soffit

J

胶合板外部衬板 plywood exterior sheathing
胶合板望板 plywood(roof) sheathing
胶合板屋顶铺面 plywood roof decking
胶合板屋顶望板 roof sheathing plywood
胶合板屋面板 plywood roof sheathing
胶合板系统 glued plywood system; plywood system
胶合板箱 veneer case
胶合板箱底 plywood floor
胶合板箱形梁 plywood box beam
胶合板镶块 plywood square
胶合板镶嵌楼面 plywood parquet
胶合板芯板 plywood core
胶合板芯材部分 inner ply
胶合板用胶 veneer glue
胶合板用胶粘剂 adhesive for plywood; plywood adhesive
胶合板用黏[粘]结剂 adhesive for plywood; plywood adhesive
胶合板鱼尾接合板 plywood fish plate
胶合板黏[粘]结剂 plywood adhesive
胶合板制的模板 plyform
胶合板制混凝土模板 concrete plywood
胶合板中间横纹层 crossband(ing)
胶合板组合件 glued two-piece panel
胶合玻璃 ply glass
胶合材料 bonding material; cementing material; compregnated wood; glue ing material
胶合层 cementing layer
胶合层板 glued-laminated board; glued lamination board
胶合层不足 under interlayer
胶合层积板梁 glue-laminated beam
胶合层积材 adhesive-laminated wood; glued-laminated wood; glue lam; glulam
胶合层积构件 glued-laminated structural member
胶合层积结构木料 glue-laminated structural lumber
胶合层积木 glued-laminated timber; glulam
胶合层木 <一种建筑材料> glulam
胶合层气泡 air lock of laminating film; bubble in the interlayer
胶合层压板 glued laminate; glued-laminated timber
胶合层压板梁 glue-laminated beam
胶合层压木椽 glued-laminated timber rafter
胶合层压制品 glued laminates
胶合锤 veneering hammer
胶合单板 veneering
胶合的 glued
胶合的薄板状结构木料 glue-laminated structural lumber
胶合的组合板 glued sectional panel
胶合的组合构件 glued built-up members
胶合的组合截面 glued built-up sections
胶合地板系统 glued floor system
胶合叠板拱 glued-laminated arch; laminated glued(timber) arch
胶合叠板结构 glued-laminated(timber) construction
胶合叠板梁 glue-laminated beam
胶合叠层板 laminated plywood
胶合叠层板拱 glued-laminated timber arch
胶合叠层框架 laminated frame
胶合叠层梁 glulam beam; laminated girder
胶合叠层木料 adhesive-laminated wood; glued-laminated wood
胶合叠(木)梁 glued-laminated girder
胶合粉 powdered glue
胶合缝 joint glued
胶合腹板 compreg web plate
胶合隔墙 plywood diaphragm
胶合工作台 gluing bed
胶合构造 veneered construction
胶合滑道 laminwood slide track
胶合机 laminator
胶合剂 binder; binding medium; cemedin(e); glue; tackifier
胶合剂含量快速测定 accelerated binder content determination
胶合剂中掺加添加剂 promotion of binder adhesion
胶合夹 glue press
胶合夹具 cementing jig
胶合夹芯板 block board
胶合间隙 open joint
胶合剪切强度 glue shear-strength
胶合接头 cemented joint; glued joint
胶合结构 glued build-up; glued construction; glued structure
胶合金属板 plymetal
胶合绝缘材料 adhesive insulation
胶合块 glue block
胶合棱镜 cemented prism
胶合梁 built-up glued beam
胶合两块的组合板 glued(-jointed) two-piece panel
胶合两块的组合件 glued(-jointed) two-piece panel
胶合料 application cement; cementing material; laminating composition
胶合楼盖体系 glued floor system
胶合楼面 glued slab flooring
胶合茅草板 thatchboard
胶合密封 stuffing
胶合面 cemented surface; cementing surface
胶合(面)板 glued laminated wooden deck
胶合模 blocking tool
胶合木 glued wood; laminated wood; laminwood
胶合木板 bonded wood; glued wood; glued laminated timber
胶合木材 compreg(nated wood); compressed wood; glue(d) lumber; glue(d) timber; laminated timber; pieced timber; veneered wood
胶合木层板 glued-laminated timber
胶合木刚架 glued-laminated timber rigid frame
胶合木构造 bonded wood construction
胶合木建筑 glued wood construction
胶合木结构 bonded wood construction; glued timber construction; glued timber structure; laminated structure
胶合木壳体 plywood shell
胶合木梁 glued timber beam
胶合木料 glulam
胶合木桥 glued timber bridge; glued wood bridge
胶合能力 bonding capacity
胶合黏[粘]土 puddle clay
胶合黏[粘]土的 puddled
胶合喷枪 ca(u)lking gun
胶合片料 compregnated wood; veneering
胶合铺料 mastic
胶合软木 composition cork
胶合时间 clamping time; gluing time
胶合透镜 balsaming lens
胶合屋顶桁架 glued roof truss
胶合物 binder
胶合物镜 cemented objective
胶合线 glue line
胶合镶板 veneer(ed) panel
胶合应力 cementing stress
胶合用压力机 veneering press
胶合元件 cemented component
胶合云母板 micanite
胶合云母箔 micafolium
胶合云母纸板 micarta
胶合在一起 glued together
胶合纸板 pasteboard
胶合竹板 bamboo plywood
胶合作用 bonding; gluing
胶核 colloidal nucleus
胶化 colloidizing; curdling; gel(atination); gelatinizing; gelling; gum forming; jell; pectization
胶化剥落 flaking gel coat
胶化成分 gelatinizer[gelatiniser]
胶化电解液 gelled electrolyte
胶化剂 colloidizing agent; gelatinizer [gelatiniser]; gelatinizing agent; peptizator; peptizing agent
胶化汽油 napalm
胶化试验 gelation test; gel test
胶化物 gelatinizer[gelatiniser]
胶化纤维素 gelatinized cellulose
胶化作用 gelatinisation [gelatinization]; gelation
胶画用的颜料或涂料 distemper
胶环闸阀 rubber-ring-type gate valve
胶灰质 gliosa
胶辉锑矿 metastibnite
胶基黏[粘]结剂 rubber-based cement
胶加热器 glue heater
胶夹 <木工的> glue press
胶浆 dope adhesive; plasmagel; rubber cement; rubber paste; rubber solution
胶浆剂 mucilage
胶浆夹层 adhesive interlayer
胶浆搅拌机 colloidal mixer; latex mixer
胶浆密封 slurry seal
胶浆稀释剂 cement thinner
胶角耳属 <拉> Calocera
胶脚轮 castor
胶接 adhesive bonding; adhesive joint; adhint; cementing; cement together; glue-laminated; gumming
胶接表面处理 surface preparation for adhesive bonding
胶接层 hairline
胶接催化器 cemented catalyst
胶接带 zone of connection
胶接合 glued connection; glue joint
胶接技术 adhesive bonding technique
胶接剂 cementing agent; joint cement; joint(ing) compound
胶接检验仪 bond tester
胶接接合 glued joint
胶接接头 adhesive joint; glued joint
胶接绝缘接头 glued insulated joint
胶接老化时间 joint ag(e)ing time
胶接木块 angle block
胶接黏[粘]合强度 bonding strength of glue joint
胶接强度 adhesive strength
胶接砂浆 bond mortar
胶接水泥 adhesive putty
胶接榫 glue joint
胶接性能 bonding property; cementing property
胶接质量检验仪 detector of adhesive quality
胶结 bond; cassava; cementing
胶结变硬土 indurated soil
胶结部分 bonded section
胶结部位 cementing position
胶结材料 binder material; binding material; bonding material; cement(ing) material; sealing cement; sticky material; cementitious material
胶结层压构件 glued laminated member
胶结沉积 cement deposit
胶结沉积物的生物 sediment binder
胶结充填法 cement filling method
胶结带【地】 zone of cementation; belt of cementation; cementation zone
胶结的 cementatory; cemented; cementitious; livery
胶结点焊 spot-weld bonding
胶结度 degree of cementation
胶结多孔物料 bonded porous material
胶结法 cementing method
胶结粉刷 bonding finish
胶结粉刷饰面 bond finish
胶结缝 rubbed joint
胶结钙质沙 cemented calcareous sand
胶结很牢的 firmly cemented
胶结灰浆 cementing mortar
胶结混合物 cementing composition
胶结混凝土 bonded concrete; bonding concrete
胶结剂 cementing agent; fixer; grouting agent; jointing compound; plastering agent
胶结剂成分 bonding compound
胶结剂分散作用 bonding dispersion
胶结剂调制 glue preparation
胶结坚固的 firmly cemented
胶结检验仪 bond meter
胶结件 adhesive
胶结接缝 cemented joint
胶结接头 adhesive-bonded joint; glued joint
胶结结构 cemented structure; cementing structure
胶结介质 binding medium; cementing medium
胶结紧密的接缝 bonded joint
胶结绝缘接头 glued insulated joint; glued insulation joint
胶结矿床 cement deposit
胶结牢固的 firmly cemented
胶结类型 type of cementation
胶结力 cementing force; cementing power; cementing value; glue bond
胶结砾石 cement(ed) gravel
胶结砾石滤水管 bonded gravel screen
胶结砾石滤筒 bonded gravel screen
胶结砾石体 bound gravel
胶结连接 cementation bond
胶结良好的 well cementing
胶结良好的岩石 well-cemented rock
胶结料 binder; binding agent; binding medium; bonding compound; cementing material; cementitious matter
胶结料等级 binder grade
胶结料含量的快速测定 accelerated binder content determination
胶结料弥散现象 binding medium dispersion
胶结料乳剂 binding medium emulsion
胶结料悬浊液 binding medium suspension
胶结料验证 binder validation
胶结裂缝 bonded fracture
胶结卵石 cement gravel
胶结锚固 bonding anchor
胶结膜 binding film
胶结抹灰 bonding finish
胶结能力 bonding capacity; cementation power; cementing power; cementitiousness; cement value
胶结泥砂 muceque
胶结黏[粘]土 bole; bond clay
胶结情况 cementation condition
胶结圈闭 mineral cementation trap

胶结乳液 bonding emulsion
胶结沙 cemented sand;concrete sand
胶结深入度 glue penetration
胶结石英岩 cemented quartzite;gelquartzite
胶结时间 set time
胶结树脂 bonding resin
胶结水泥 bonding cement
胶结碳化物 cemented carbide
胶结碳化物胎体 cemented carbide matrix
胶结体系 cementing system
胶结涂层 sizing coat
胶结土 binder soil;cemented soil
胶结外部粉刷 bonding stucco;bond rendering
胶结物 binder;agglutinate;cement(ing matter);cement(itious) material
胶结物结构 texture of cements
胶结物质 binding material
胶结系数 cementation factor
胶结橡胶 bonding rubber
胶结效应 cementation effect
胶结型锚杆 adhesive rod
胶结性 cementing quality
胶结性能 bonding capacity;cementing property
胶结性指数 cementation index
胶结悬浮液 bonding medium suspension
胶结悬浊液 bonding medium suspension
胶结岩石 cemented rock
胶结氧化物 cemented oxide
胶结硬盘土 cemented hardpan
胶结炸药 gelatin(e) dynamite
胶结值 cementing value
胶结质水泥 adhesive cement;adhesive putty
胶结轴 axle attached by gluing
胶结状构造 mortar structure;mortar texture
胶结作用 agglutination;cementation;cementing action
胶结作用阶段 locomorphic phase;locomorphic stage
胶浸纸绝缘电缆 solid cable
胶卷 film roll;film strip;film tape;roll film
胶卷暗盒 film cassette
胶卷槽 film channel
胶卷干燥器 roll film dryer
胶卷盒 film container;film loader;spool box
胶卷画面 film frame
胶卷记录加速度仪 film recording accelerograph
胶卷卷盒 cassette
胶卷收片轴 <测斜仪> film take-up spool
胶卷匣 tape cassette
胶卷小片 film chip
胶卷轴 bobbin
胶壳贝属 <拉> Seorias
胶孔比 gel-space ratio;gel-void ratio
胶孔菌属 <拉> Favolaschia;Gloeoporus
胶口轮胎 adhesive tire[tyre]
胶块 slab rubber
胶块黏[粘]土 bole
胶块土 bole;bolus
胶块油 slab oil
胶冷杉 balsam fir;fir pine
胶粒 colloid particle;idiosome;micell(e)[复 micellae];tagma
胶粒部分 colloid fraction
胶粒含量 colloid content
胶粒化 micellerization
胶粒结构 colloform;gel grained texture;micelle structure
胶粒粒度 colloidal size
胶粒粒组 colloid fraction
胶粒组 colloid grain grade
胶连接 adhesion connection;glued connection
胶联接 glued connection
胶料 rubber mass;rubber matrix;sizing(material)
胶料地板 insulite floor
胶料停放 bin ag(e)ing;bin cure
胶料颜色 size colo(u)r
胶磷矿 collophane
胶磷铁矿 delvauxite
胶岭石 montmorillonite
胶流作用 solation
胶硫酰氯 pyrosulfuryl chloride
胶铝矿 cliachite
胶轮 plastic core-rubber-tire[tyre]
胶轮车辆 rubber-tired vehicle
胶轮快速(公交)客运 rubber-tired rapid transit
胶轮式起重机 rubber-tired mobile crane
胶轮式装载机 rubber-tired loader
胶轮双钻机钻车 rubber-tyred jumbo
胶轮拖拉机 rubber-tired tractor
胶轮运输 rubber-tired haulage
胶毛藻类 chaetophora
胶毛藻属 chaetophora
胶锰铁矿 bixbyite;sitaparite
胶棉 collodion;collodium
胶棉干版 collodion dry plate
胶棉过滤器 colloid filter
胶棉球 gelatin(e) sponge
胶棉塑料 pyroxylin(e) plastics
胶棉炸药 blasting gelatin(e);blasting gelation;explosive gelatin(e)
胶面 gel coat(ing)
胶面履带 rubber-faced track
胶面轴心 building core
胶皿菌属 <拉> Patellaria
胶模 gelatin(e) mo(u)lding;jelly mo(u)ld
胶模肥料 encapsulated fertilizer
胶模造型(法) gelatin(e) mo(u)lding
胶膜 adhesive film;cellophane;coating;gel membrane;mastic membrane;pliofilm;supported film adhesive
胶膜剥落 film bond(ing) failure
胶膜片 film piece
胶膜稳定的 film-proof
胶膜污斑 film-proof rust
胶木 bakelite;ebonite;formica;hard rubber;mecarta;vulcanite
胶木板 ebonite board
胶木板拱桥 timber arch bridge of glued and laminated wooden strips
胶木板锯 veneer saw
胶木带 bakelite paper
胶木电木粉 bakelite powder
胶木覆蔽电池 ebonite cell
胶木膏 bakelite paste
胶木灌洗配件 bakelite douche fittings
胶木簧片继电器 ebonite reed relay
胶木螺口灯头 screw bakelite lamp holder
胶木黏[粘]胶 bakelite glue
胶木黏[粘]结剂 bakelite adhesive
胶木(片层压制)滑道 phenolic formaldehyde resin bonded laminate sliding track
胶木漆 bakelite paint;bakelite varnish
胶木清漆 bakelite varnish
胶木树脂 bakelite resin
胶木套管 ebonite bush
胶木纸 bakelized paper
胶木纸板 micarta
胶木属 <拉> Palaquium
胶木座 ebonite base
胶囊 cachet;capsule;gelatin(e) capsule;micell(e)[复 micellae]
胶囊化 encapsulation
胶囊集装箱 rubber pouch container
胶囊式注射器 capsule-type injector
胶囊输送 <待运物放入胶囊,将胶囊放入管道,用空气或水力输送> capsule transport
胶囊形式 capsule form
胶囊型胶粘剂 encapsulated adhesive
胶泥 adhesive mortar;bind;cement plaster;daub(ing);gumming dirt;mastic(cement);plaster
胶泥层 mastic bed
胶泥衬砌的 mastic lined
胶泥块 mastic block
胶泥煤 saprocollite
胶泥密封 adhesive seal;mastic seal(ing)
胶泥密封剂 mastic sealant
胶泥模型 maquette
胶泥黏[粘]结剂 mastic adhesive
胶泥土 pelinite
胶泥外皮 skin of grout
胶黏[粘] adhesion;gluing;ropiness
胶黏[粘]材料 adhesive material;cement;mastic compound
胶黏[粘]测尺 adhesive measuring tape
胶黏[粘]层 adhesive layer
胶黏[粘]带 adhesive tape
胶黏[粘]带捆箍机 banding machine
胶黏[粘]的 gluish;gummy;sizy;sticky
胶黏[粘]地板做法 glued floor system
胶黏[粘]度 adhesion capacity;adhesion power;adhesive capacity;adhesiveness
胶黏[粘]合 glue block;glue bond
胶黏[粘]合薄板 solvent laminating
胶黏[粘]混合料 adhesive mixture
胶黏[粘]混合物 cementing compound
胶黏[粘]机 sizing machine
胶黏[粘]计 adhesive meter
胶黏[粘]加强剂 fortifier
胶黏[粘]接缝 adhesive joint
胶黏[粘]接头 adhesive line;glued line
胶黏[粘]接头破坏 adhesive joint failure
胶黏[粘]结 glue bond;glue connection
胶黏[粘]界面 adhesive interface
胶黏[粘]卷尺 adhesive measuring tape
胶黏[粘]矿石 sticky ore
胶黏[粘]蜡 adhesive wax
胶黏[粘]力 adhesive capacity
胶黏[粘]力破坏 adhesion failure
胶黏[粘]沥青打底料 adhesive bitumen primer
胶黏[粘]锚固 adhesive anchor
胶黏[粘]锚接 adhesive anchor
胶黏[粘]密封 adhesive seal
胶黏[粘]面 tacky surface;joint area
胶黏[粘]能力 cement value
胶黏[粘]黏土 sticky clay
胶黏[粘]破坏 adhesive failure
胶黏[粘]漆 adhesive varnish
胶黏[粘]强度 adhesion strength;adhesive strength
胶黏[粘]清漆 sizing varnish
胶黏[粘]溶液 adhesive solution
胶黏[粘]乳浊液 adhesive emulsion
胶黏[粘]软木沥青 cork setting asphalt
胶黏[粘]润滑剂 adhesive lubricant
胶黏[粘]树脂 tacky resin;glue resin
胶黏[粘]水 adhesive water
胶黏[粘]水泥 mastic(cement);mastic gum;mastic trowel;sticky cement
胶黏[粘]特性 adhesion characteristic;adhesive characteristic
胶黏[粘]体 adherent
胶黏[粘]体系 adhesive system
胶黏[粘]涂料 bonded coating;bonding coating
胶黏[粘]土 binder-clay;binding-clay;clay binder;puddle clay;soft sticky clay;sticky clay
胶黏[粘]物 sticker
胶黏[粘]性 adhesiveness;cementing property;gummosity;stickability;stickiness;tackiness
胶黏[粘]性能 adhesive property
胶黏[粘]性质 adhesion property
胶黏[粘]液 liquid adhesive
胶黏[粘]用树脂 tacky resin
胶黏[粘]脂 mastic gum
胶黏[粘]纸 bonding paper
胶黏[粘]纸封盒机 tape sealer
胶黏[粘]住 glued-on
胶黏[粘]装订 adhesive binding;perfect binding
胶黏[粘]作用 adhesive action
胶凝 coagulation;gelate;gelatinisation[gelatinization];gelatinizing;gelling;jelling
胶凝材料 binder;binding material;bonding material;cementing material;cementitious material
胶凝材料多的混合料 rich mix(ture)
胶凝成团 agglomeration of primary particles
胶凝点 gel point;point of congelation
胶凝化作用 gelling
胶凝剂 agglomerate;agglomerating agent;agglutinant;gelatinizer[gelatiniser];gelatinizing agent;gelling agent
胶凝聚合物 gel polymer
胶凝粒子 gel particle
胶凝能力 jellying power
胶凝期 gelation time
胶凝强度 jellying strength
胶凝石膏 tiling plaster
胶凝时间 gel(ation) time
胶凝数 nitrocellulose cotton gelling number
胶凝体 gel;gelatin(e)
胶凝温度 gelation temperature
胶凝性的 cementitious
胶凝性混合物 cementing mix
胶凝状的 gelatinous
胶凝状态 gel condition
胶凝作用 cementing action;flocculation;gela(tina)tion;jellification
胶凝作用时间 gel time
胶盘 lacquer disc[disk]
胶盘耳属 <拉> Guepiniopsis
胶盘菌属 <拉> Ascotremella
胶膨润土 wilkinite
胶皮 rubber
胶皮包把剪线钳 wire cutting pliers with rubber handle
胶皮带 adhesive tape
胶皮电缆 India-rubber(insulated) cable
胶皮电线 electric(al) rubber cover wire
胶皮垫圈 O-ring
胶皮风筒 rubberized ventilation pipe
胶皮枫香树(胶) sweet gum
胶皮管(子) rubber tube;rubber hose;hose
胶皮石棉布 rubber coating asbestos cloth
胶皮手套 rubber gloves
胶皮糖香树 red gum
胶皮线 rubber-covered wire;rubber tube wiring
胶皮靴 rubber boots

胶皮制品 rubber goods
胶片 film(chip);film fiche;lacquer;pellicle
胶片安全 film safety
胶片暗盒 film cartridge;film changer
胶片包装 film pack(age)
胶片保护夹架 film guide frame
胶片曝光计算表 film exposure counter
胶片曝光量 film exposure
胶片曝光器 film window
胶片编号 edge number
胶片编号器 film titler
胶片编号台 film-numbering table
胶片编码 film coding
胶片变形 film deformation;film distortion;film shrinkage
胶片部分 film section
胶片材料 film stock
胶片长度 length of roll
胶片厂 movie film factory
胶片尺寸 film size
胶片冲洗 film processing
胶片冲洗机 film processor; rewind film processor
胶片储藏 film storage
胶片储存室 film chamber
胶片储柜 film cabinet;film container
胶片处理 film processing
胶片穿孔 film perforation
胶片传输装置 film transport
胶片存储单元 film storage unit
胶片的边皱 frilling
胶片的传递函数 film transfer function
胶片的截止频率 film cut-off frequency
胶片断续传输装置 intermittent motion film transport
胶片反转 film reversal
胶片仿射收缩 affine film shrinkage
胶片分辨率 film resolution
胶片分析器 film analyser[analyzer]
胶片符号 film marker
胶片幅面 film format area
胶片复印机 fiche duplicater[duplicator]
胶片复制装置 film reproducer
胶片干燥 film drying
胶片干燥剂 film drier[dryer]
胶片干燥设备 film drying equipment;film drying outfit
胶片干燥箱 film drier[dryer]; x-ray film drying cabinet
胶片感光度 film sensitivity;film speed
胶片感光速度系统 film speed system
胶片感光指数表盘 film speed dial
胶片刮水器 film wiper
胶片观察器 film viewer
胶片光学传感器 film optic(al) sensing device
胶片号码 film number;roll number
胶片盒 film container;film holder
胶片盒容量 film capacity
胶片盒转接器 film pack adapter
胶片黑度 film density
胶片环 film ring
胶片灰雾 base density plus fog;film fogging
胶片回收 recovery of the film
胶片绘图台 film writing station
胶片计数器 film counter
胶片记录器 film recorder; photographic(al) recorder
胶片记录示波器 film recording oscilloscope
胶片剂量测定法 film dosimetry
胶片剂量计 dosifilm;film badge;film dosimeter;film pack
胶片夹 film clip
胶片架 film hanger rack;film holder
胶片剪辑 film editing
胶片检查 film inspection
胶片检索 film-a-search
胶片鉴定 film identification
胶片接触面 film contact face
胶片结构 film structure
胶片进片 film advance
胶片卷轴 film attachment;film spool;photographic(al) spool;spool
胶片颗粒大小 film grain size
胶片颗粒度 film granularity
胶片颗粒噪声 film grain noise
胶片孔 film gate
胶片宽度 film width
胶片晾干 film drying
胶片密度 film density
胶片面 film plane;film surface
胶片黏[粘]合剂 film cement
胶片黏[粘]漆 film gluing lacquer
胶片拼贴底图 film mosaic
胶片平面指示器 film plane indicator
胶片平整度 film flatness
胶片牵引机构 film traction mechanism
胶片前导 leader
胶片前移 forward movement of film
胶片切角器 film corner cutter
胶片乳剂 film emulsion
胶片扫描器 film scanner
胶片摄影机 film camera
胶片伸长 extension of photo;film expansion
胶片升降装置 film elevating mechanism
胶片式射线计量器 film badge
胶片收缩 film contraction
胶片数 number of film
胶片速度 film speed
胶片损坏 film damage
胶片特性曲线 characteristic curve of film
胶片通过量 film throughput
胶片同步速度 synchronous velocity
胶片涂膜 film coating
胶片推杆 film advance lever
胶片稳定性 film stability
胶片析像能力 film resolution
胶片显影冲洗机 film processor
胶片显影设备 film development outfit
胶片响应性 film response
胶片屑 film dust
胶片型号尺寸 film type and size
胶片压平 film flattening;film tension
胶片压平板 film-pressure plate
胶片压平装置 film flattening mechanism
胶片因数 film factor
胶片印刷 offset printing
胶片阅读机 film optic(al) sensing device
胶片阅读器 film reader;film viewer
胶片展开 film flattening
胶片张力 film tension
胶片正片 film positive
胶片帧画面 film frame
胶片转动速率 film speed
胶片走光 fog
胶拼 splicing wire
胶桤木 aul
胶漆 shellac(spirit) varnish
胶漆浸涂法 gel-dipping
胶漆皮 shellac(k)
胶清 skim serum
胶球收集器 ball collector
胶圈 cushion rubber
胶圈套扎法 Barron ligation
胶圈压力管 glued circle pressure tube
胶溶剂 dispergator; pe(p)tizator; peptizer;peptizing agent
胶溶能力 peptizing power
胶溶膨润土 peptized bentonite
胶溶体 peptizate
胶溶性 peptizing property
胶溶作用 peptisation[peptization];peptizing
胶乳 cream of latex;latex[复 latices/latexes]; latex glue; rubber emulsion;rubber latex
胶乳比重计 latexometer;laticometer;metrolac
胶乳丙烯酸密封膏 latex acrylic sealant
胶乳布 latex-coated fabric
胶乳布机组 latex-coated fabric manufacturing aggregate
胶乳地板面层 latex floor(ing) finish
胶乳海绵 latex sponge
胶乳基底 latex base
胶乳剂 peptizator
胶乳胶合剂 latex adhesive
胶乳胶粘剂 latex emulsion adhesive
胶乳接合剂 latex cement
胶乳颗粒凝集试验 latex particle agglutination test
胶乳玛瑞脂 latex mastic
胶乳密封膏 latex sealant
胶乳黏[粘]合剂 latex emulsion adhesive
胶乳凝集反应 latex agglutination reaction
胶乳凝集试验 latex agglutination test;latex fixation test
胶乳凝集抑制试验 latex agglutination inhibiting test
胶乳泡沫 latex foam
胶乳泡沫橡胶 latex foam rubber
胶乳漆 rubber emulsion paint
胶乳嵌缝膏 latex ca(u)lk
胶乳嵌缝剂 latex ca(u)lk
胶乳嵌缝料 latex ca(u)lk
胶乳(墙面)涂料 latex wall paint
胶乳水泥 latex cement
胶乳水泥骨料混合剂 latex-cement-aggregate mix(ture)
胶乳水泥砂浆 latex-cement mortar
胶乳涂复玻璃布 latex-coated glass fabric
胶乳稳定性 latex stabilization
胶乳絮状试验 latex flocculation test
胶乳液 latex emulsion
胶乳增稠剂 latex thickener
胶砂 mortar
胶砂混合料 mortar mixture
胶砂搅拌机 mortar mixer
胶砂凝结 mortar setting
胶珊瑚属 <拉> Holtermannia
胶上 glued-on
胶蛇纹石 serpophite
胶石砖 crysrock tiles
胶石桌面 crysrock table tops
胶蚀 glue-etching
胶束 micell(e)[复 micellae]; supermolecule
胶束电动毛细管色谱法 micellar electrokinetic capillary chromatography
胶束间平衡 intermicellar equilibrium
胶束间溶胀 intermicellar swelling
胶束胶体 micellar colloid
胶束结构 micellar structure
胶束聚合物驱动 micellar-polymer flooding
胶束内溶胀 intramicellar swelling
胶束强化超滤 micellar enhanced ultrafiltration
胶束溶液 micellar solution
胶束吸附 peptizing
胶束增溶分光光度法 micelle solubilization spectrophotometric(al)
胶水 glue(water); gum water; latex glue;liquid adhesive;mucilage;size water;viscose glue
胶水杯 skin adhesive cup
胶水的 sizy
胶水混合物 glue-water mixture
胶水色粉涂饰 size distemper
胶水刷 gum brush
胶水纸 adhesive paper;cementing paper;glue in film form;hinge
胶水状的 gluish
胶丝质次结构体 gelifusinite-posttelinite
胶丝质结构体 gelifusinite-telinite
胶丝质类 gelifusinite
胶丝质似无结构体 gelifusinite-precollinite
胶丝质无结构体 gelifusinite-collinite
胶素 baregin;glairin
胶胎车轮 rubber-tired wheel
胶胎式车辆 rubber-tired vehicle
胶态 colloidal state;colloidization
胶态拔蚀 colloid plucking
胶态白土 colloidal clay
胶态沉积物 colloidal sediment
胶态瓷土 colloidal clay
胶态的 colloidal
胶态二氧化硅 colloidal silica
胶态二氧化硅类涂料 colloidal silica coating
胶态分散(体) colloidal dispersion
胶态分子团 micell(e)[复 micellae];super-molecule
胶态固体物 colloidal solid matter
胶态痕量金属 colloidal trace metal
胶态化 colloid
胶态化-去胶态化法 micellization-demicellization process
胶态化学 colloidal chemistry
胶态化作用 colloidization
胶态浆液 colloidal grout
胶态介质 colloidal medium
胶态金属粒光电管 hydride cell
胶态金属氢氧化物颗粒 colloidal metal hydroxide particle
胶态颗粒 colloidal particle
胶态粒子 colloidal particle
胶态两性离子 colloidal amphoion
胶态硫 sulfidal;sulfoid
胶态铝 colloidal alumin(i)um
胶态磨 colloidal mill
胶态泥土 colloidal complex
胶态黏[粘]土 colloidal clay
胶态凝胶 colloidal gel
胶态平衡 colloidal equilibrium
胶态溶液 colloidal solution
胶态润滑剂 colloidal lubricant
胶态砂浆 colloidal mortar
胶态石墨 aquadag;colloidal graphite;deflocculated graphite
胶态树脂 colloidal resin
胶态水泥 glue cement
胶态碳 colloidal carbon
胶态微颗粒 colloidal microparticle
胶态微粒 colloid particle
胶态稳定性 colloidal stability
胶态污浊 colloidal fouling
胶态五氧化锑 colloidal antimony pentoxide
胶态物质 colloidal matter; colloidal material
胶态系统 colloidal system
胶态絮状沉淀物 colloidal flocculent precipitate
胶态悬浮体 colloidal suspension
胶态悬浮物 colloidal suspension
胶态悬移质 colloidal load
胶态(氧化)硅 colloidal silica
胶态银 colloidal silver
胶态有机碳 colloidal organic carbon
胶态有机物 colloidal complex

胶态有机物质 colloidal organic material
胶态原 colloidogen
胶态运动 colloidal movement
胶态载媒体 colloidal carrier of enzyme
胶态载体 colloidal bearer; colloidal carrier
胶套压板 rubber sleeve plate
胶藤 liana
胶体 colloid
胶体安定性 colloidal stability
胶体沉淀 colloidal precipitation
胶体沉淀物 colloidal sediment
胶体陈化 colloidal aging
胶体的 colloidal
胶体的组成和分类 colloidal composition and classification
胶体碘化银 silver iodide colloidale
胶体电解质 colloidal electrolyte
胶体(二)氧化硅 colloidal silica
胶体沸石 colloidal zeolite
胶体分散 colloidal dispersion
胶体分散系 colloidal dispersion system
胶体浮选 colloidal flo(a)tation
胶体灌浆 colloidal grout(ing)
胶体硅石 colloidal silica
胶体含量 colloid content
胶体化合物 colloidal compound
胶体化学 collochemistry;colloid(al) chemistry;emulsion chemistry
胶体化学沉积成矿作用 sedimentary ore-forming process of colloid(al) chemistry
胶体灰浆 colgrout;colloidal grout
胶体混合物 colloidal admixture
胶体混凝土 colcrete; colloidal concrete
胶体基质 gel groundmass
胶体浆液 colloidal grout
胶体搅拌机 colloidal mixer
胶体结构 colloidal structure; colloform【地】
胶体截留 colloidal entrapment
胶体介质 colloidal medium
胶体介质试验 colloidal medium test
胶体金 aurosol; colloidal gold; gold colloid
胶体金试验 colloidal gold test
胶体颗粒 colloidal grain; colloidal particle
胶体矿物 colloidal mineral
胶体粒子 colloidal particle
胶体粒子着色 colo(u)ration by colloid(al) particles
胶体两性离子 colloidal amphoion
胶体率 colloidal rate
胶体弥散 colloidal dispersion
胶体磨 colloid(al) mill;micromizer
胶体磨碎机 colloidal mill
胶体泥浆 colloidal mud;dytory
胶体黏[粘]粒 colloidal clay
胶体凝胶体系 colloidal gel system
胶体凝结 colloidal agglutination
胶体凝聚 coagulation of colloid
胶体浓度 colloidal turbidity
胶体燃料 colloidal fuel;colloided fuel
胶体染料 colloidal dye
胶体溶液 colloidal emulsion;colloid(al) solution;pseudo-solution
胶体溶液灌浆 colloidal grout
胶体溶液稳定剂 colloidal emulsion stabilizer
胶体溶液载体 colloidal bearer
胶体乳化剂 colloidal emulsifier
胶体色料 colloidal colo(u)r
胶体砂浆 colloidal mortar
胶体砂浆黏[粘]度计 colloidal mortar visco(si)meter
胶体渗透压 colloidal osmotic pressure
胶体石墨 aquadag;colloidal graphite; gredag;oildag
胶体石墨和蓖麻油组成的液体润滑剂 castordag
胶体试验 colloidal test
胶体水 colloidal water
胶体水泥浆 colloidal cement grout
胶体水泥浆搅拌机 colloidal cement grout mixer
胶体水泥浆搅拌器 colloidal cement grout mixer
胶体素 colloidin
胶体态 colloidal form
胶体碳 colloidal carbon
胶体体系 colloidal system
胶体脱水收缩作用 syneresis
胶体微粒 colloid(al) particle
胶体稳定剂 deflocculant;deflocculating agent;deflocculation agent;stabilizing colloid
胶体稳定性 colloidal stability;stability of colloid
胶体污染物 colloidal pollutant
胶体物系 colloidal system
胶体物质 colloidal material;colloidal matter
胶体吸附容量 adsorption capacity of colloids
胶体相 gel phase
胶体性质 colloidal nature; colloidal property
胶体悬浮 colloidal suspension
胶体悬浮颗粒 colloidal suspension particles
胶体悬液 colloidal suspension; suspension colloid;suspensoid
胶体学说 colloidal theory
胶体研磨器 colloidal mill
胶体颜料 colloidal colo(u)r;colloidal stain
胶体氧化铝 colloidal alumina
胶体炸药 gelatin(e) blasting;gelatin(e) explosive
胶体遮蔽作用 colloidal mask
胶体质 colloidal quality
胶体助凝器 colloidor
胶体转印 colloidal transfer
胶体状态 colloidal condition; colloidal state
胶体着色剂 colloidal stain
胶条 adhesive tape
胶铁 cementite
胶桶 glue pot
胶土 <用黏[粘]土及其三分之一重水混合的塑性土,用以止水> puddle(d clay)
胶土坝 puddled dam
胶土堤坝 puddle dike
胶土核心坝 earth-fill puddle core dam
胶土坯 tapia
胶土墙 puddle dam;puddle wall
胶土围堰 puddle coefficient; puddle cofferdam
胶土芯墙堤 puddle dyke[dike]
胶土芯墙 puddled core
胶团 colloidal cluster;colloidal group; micell(e)[复 micellae]
胶团表面活性剂溶液 micellar surfactant solution
胶团催化剂 micellar catalysis
胶团结构 colloidal cluster structure
胶团量 micelle weight
胶碗 <气腿的> rubber leg packing
胶线 tree lace
胶鞋 overshoe
胶鞋罩光清漆 coating for foots
胶性 colloidality;stickability
胶性黏[粘]土 colloidal clay
胶性清漆 sizing varnish; adhesive varnish
胶性水处理 colloidal water treatment
胶性涂料涂层 coat of glue(bound) water paint
胶性系统 colloidal system
胶性悬浮 colloidal suspension
胶性组织 gelatinous tissue
胶锈菌属 <拉> Gymnosporangium
胶悬(体) colloidal suspension
胶压木材 compreg; compregnated wood;compressed wood
胶压纸板 papery;papreg
胶盐土 gumbrine
胶杨 balsam poplar
胶样变性 colloidal degeneration
胶样物 colloidal substance
胶液 coarse glue;glue(solution);liquid cement
胶液分离机 latex separator
胶衣层 gel coat(ing)
胶衣树脂 gel coat resin
胶印 lithographic(al) representation; offset impression;offset printing
胶印版 offset plate
胶印材料 offset stock
胶印厂 photomechanical plant
胶印打样机 offset proofing press
胶印法 adherography; offset(printing) process
胶印复印机 lithographic(al) offset duplicator
胶印复制 offset duplicating
胶印辊筒 offset roller
胶印滚筒 blanket cylinder
胶印黑油墨 offset black
胶印机 offset machine; offset press; offset printer
胶印轮转油 web offset ink
胶印磨版机 graining machine
胶印室 offset printing room
胶印橡皮布 blanket
胶印药水 etch
胶印油墨 offset ink
胶玉瓷漆 synthetic(al) enamel
胶原(蛋白) collagen
胶渣 glue refuse
胶粘剂 adhesion agent;adhesive;cement; cementing compound; fixer; glue (binding) medium; mastic (gum);tackiness agent
胶粘剂成分 bonding composition
胶粘剂的涂敷 adhesive application
胶粘剂的增黏[粘] doping of binders
胶粘剂分散体 adhesive dispersion
胶粘剂工业 adhesive industry
胶粘剂可用期 pot life
胶粘剂溶剂 adhesive solvent
胶粘剂失效 adhesive failure
胶粘剂适用期 pot life
胶粘剂性能 adhesive property
胶粘剂组成 bonding composition
胶针结合桁架 nailed-glued truss
胶脂地面 mastic flooring
胶脂水泥 mastic cement
胶脂性限值 <成为玛蹄脂的最多填充料用量> masticity limit
胶纸 bakelized paper;gummed paper
胶纸板 paper-based laminate; pasteboard;pertinax;turbonite
胶纸带 adhesive paper tape;gummed tape;joint tape;masking tape;Sellotape;tape
胶纸印像 jelly print
胶质 colloid; colloidal matter; gummy;jelly;gelatin(e)
胶质板 micarta
胶质壁画颜料 tempera
胶质玻璃 perspex
胶质材料 colloidal material
胶质残余 gummy residue
胶质层指数 plastometer index[复 indices]
胶质层指数测定 Sapoznikov's penetrometer test
胶质层最大厚度 Y 分级 plastic layer maximum thickness Y graduation
胶质柴油 bentonite diesel oil
胶质沉淀 gummy precipitation
胶质沉淀物 gum deposit
胶质次结构体 gelinite-posttelinite
胶质蛋白溶液 colloidal albumin solution
胶质的 colloidal; gelatinous; glutenous;sizy
胶质电池 gelled cell
胶质二氧化钍 thorotrase
胶质方解石 sparite
胶质封套 gelatin(e) envelope
胶质复合体 colloidal complex
胶质复合物 colloidal complex
胶质固体 colloidal solid
胶质固体物质 colloidal solid substance
胶质硅石 colloidal silica
胶质含量 colloid(al) content; gum content;gum level
胶质化 gelatinize
胶质缓冲器 rubber disc
胶质灰浆 colloidal grout
胶质混凝剂 <一种用于墙壁着色及防水的物质> collopake
胶质混凝土 colloidal concrete
胶质火药 gum dynamite
胶质价 colloidal index; colloidal valence
胶质浆体 colloidal grout
胶质结构体 gelinite-telinite
胶质镜质体 gelocollinite
胶质菌 jelly fungi
胶质菌核体 gelinite-sclerotinite
胶质矿物 mineraloid
胶质粒 gliosome
胶质粒子 micell(e)[复 micellae]
胶质滤光片 gelatin(e) filter
胶质滤光器 gelatin(e) filter
胶质络合物 colloidal complex
胶质煤 gelosic coal
胶质膜 colloidal film
胶质泥沙 colloidal sediment
胶质黏[粘]土 bentonite clay;colloidal clay
胶质黏[粘]土灌浆 bentonite grouting
胶质凝胶 colloidal gel
胶质燃料 colloidal fuel
胶质容许量 gum tolerance
胶质溶液灌浆 colloidal grout
胶质砂浆 colloidal mortar
胶质水 water of gelation
胶质水泥 bonding putty;gel-cement; glue cement; mastic cement; colloidal cement <用于胶体灌浆的超微粉末性水泥>
胶质水泥砂浆 colloidal cement mortar
胶质似无结构体 gelinite-procollinite
胶质素 collacin;collastin
胶质态黏[粘]土 colloid clay
胶质体 gel;jelly
胶质体体积变化曲线 plastic layer volume curve
胶质体含水量 gel water
胶质体强度 gel strength
胶质涂料面层 distemper coat
胶质涂料刷 distemper brush
胶质稳定性 colloidal stability
胶质无结构体 gelinite-collinite
胶质物 plastic
胶质纤维 gelatinous fiber[fibre];mucilaginous fiber[fibre]

胶质硝铵炸药 ammonium nitrate gelatin(e)
胶质硝化甘油炸药 gelatin(e) dynamite
胶质挟带量<河流的> colloidal load
胶质形成 gum forming
胶质形成的 gel forming
胶质颜料 glue colo(u)r
胶质抑制剂 gum inhibitor
胶质油 gummy oil
胶质油灰 glue putty
胶质炸药 explosive gelatin(e);gelatin(e) blasting;gelatinous explosive;dynamite;blasting gelatin;emulsion explosive; slurry explosive; water gel explosive
胶质制造 glue manufacture
胶质助凝器 colloidor
胶质状残渣 gummy residue
胶质状态 colloidal state
胶滞体 gel
胶住荷载 seizuring load
胶住压力 seizuring pressure
胶状沉积 gum deposit
胶状的 colloidal;gelatinoid;gel-like;cream;gelatineous;jelly-like
胶状的爆炸药物 gelatin(eous)(blasting) explosive
胶状分散质 colloidal dispersion
胶状复合体 colloidal complex
胶状高岭土 schroetterite
胶状构造 colloform structure; gel structure
胶状硅石硅 colloidal silica
胶状混凝土 colloidal concrete
胶状结构 colloform; colloidal form structure;colloidal texture
胶状矿石 colloform ore
胶状硫 sulfidal
胶状溶液 colloidal solution
胶状水泥浆 colgrout
胶状水泥砂浆 colloidal cement mortar
胶状土 soil colloid
胶状物 dope;jelly
胶状物质 colloidal substance;gelatinoid;jellylike mass
胶状硝铵炸药 ammonia gelatin(e) dynamite
胶状悬浮 colloidal suspension
胶状岩 colloidal rock;porodine
胶状炸药 gelatin(e) dynamite
胶状质 gelatinous substance
胶着 conglutination
胶着剂 agglutinant
胶着接合 glued adhesion
胶子 gluon

椒盐色的 pepper-and-salt

焦斑 burnt spot; fire stain; focal spot

焦斑口径 focal aperture
焦斑面积 focal area
焦斑直径 focused spot diameter
焦半径 focal radius
焦棓酚 pyrogallol
焦棓酸 pyrogallic acid
焦宝石 chamot(te);flint clay
焦苯 petroleum benzene
焦比 coke expenses ratio;coke ratio
焦边 burn(-off) edge
焦卟啉 pyrroporphyrin
焦茶 burnt sienna
焦尘 fine coke breeze
焦床 coke bed
焦点 focal point;focal spot;focus point
焦点板 retic(u)le
焦点半径 focal radius
焦点(测定)计 focimeter
焦点差 difference of focus
焦点程函 focal eikonal
焦点到底片距离 focus-to-film distance
焦点的 focal
焦点对合 focal involution
焦点范围 focal area
焦点隔离法 focal isolation
焦点后移 retrofocus
焦点检定器 foci-finder
焦点校正 focus correction
焦点校准 focal length calibration
焦点距离 focal length
焦点距离调整 coincidence adjustment
焦点平面 focal plane
焦点区 focal area
焦点曲线 focal curve
焦点三角测量 focal point triangulation
焦点色差 chromatic aberration of foci;chromatism of foci
焦点设置 focus setting
焦点深度 focal depth
焦点失调(的) out-of-focus
焦点水平 focus level
焦点调整 focus control
焦点透视 focus perspective
焦点位移 focal shift;focus shift;shift of focus
焦点位置 focal position
焦点温度 focal temperature
焦点相合 beam focusing
焦点移动 focus shift
焦点纵向移位 longitudinal shift of focus
焦丁 nut coke
焦度 dioptric power;dioptric strength;focal power;lens strength
焦度计 lens meter;lens(o)meter;vertometer
焦尔系数 Joule coefficient
焦(耳)<能量,热量功的国际单位> joule
焦耳磁致伸缩性膨胀 Joule's magnetostriction expansion
焦耳当量 Joule's equivalent;mechanical equivalent of heat
焦耳定律 Joule's law
焦耳耗散 Joule's dissipation
焦耳计 joulemeter
焦耳加热 Joule's heating
焦耳/开 Joule/Kelvin
焦耳-开尔文效应 Joule-Kelvin effect
焦耳-楞次定律 Joule-Lenz's law
焦耳-楞次效应 Joule-Lenz's effect
焦耳每千克开 joule per kilogram Kelvin
焦耳能量 Joule's energy
焦耳/千克·开 Joule/kilogram-Kelvin
焦耳热 Joule's heat
焦耳热功当量 Joule's(mechanical) equivalent
焦耳热量计 Joule's calorimeter
焦耳热效应 Joule heating effect
焦耳-汤姆逊阀 Joule-Thomson valve
焦耳-汤姆逊过程 Joule-Thomson process
焦耳-汤姆逊系数 Joule-Thomson coefficient; isenthalpic temperature pressure coefficient
焦耳-汤姆逊效应 Joule-Thomson effect
焦耳-汤姆逊效应冷却 Joule-Thomson cooling
焦耳-汤姆逊制冷机 Joule-Thomson refrigerator
焦耳-汤姆逊致冷器 Joule-Thomson cooler
焦耳-汤普森效应 Joule-Thomposon effect
焦耳效应 Joule's effect
焦耳循环 Joule's cycle
焦矾 dried alum
焦钒 pyrovanadium
焦钒酸 pyrovanadic acid
焦钒酸钡 barium pyrovanadate
焦钒酸钠 sodium pyrovanadate
焦钒酸亚铊 thallous pyrovanadate
焦钒酸银 silver pyrovanadate
焦粉 coke powder
焦干 parcel
焦硅钙石 rankinite
焦硅酸钾 potassium disilicate
焦硅酸盐 mesosilicate
焦化 carbonize;chark(ing);coal carbonization coking;parch;pyrogenic;scorch
焦化厂 coke-oven plant;coking plant
焦化厂废物 coking plant waste
焦化处理 charring treatment
焦化的 pyrogenic;pyrogenous
焦化法<木材表面烧焦防腐> carbonization
焦化反应 pyrogenic reaction
焦化加煤机 coking stoker
焦化聚合物 pyropolymer
焦化类 chemical products
焦化沥青 coked pitch
焦化沥青质 kerotenes
焦化流出水 carbonization effluent
焦化炉排 coking stoker
焦化泥炭 charred peat
焦化汽油 coker gasoline
焦化设备 coker
焦化石墨 pyrolytic carbon
焦化试验 coking test
焦化室 coking chamber
焦化性 cok(e)ability
焦化值 coking value
焦化装置 coking unit
焦化作用 carbonization
焦会线 focal cusp
焦间节 focal interval
焦距 depth of focal range; focal distance;focal length
焦距比 f-number;focal distance ratio;focal length ratio;stop number;zoom ratio;focal ratio
焦距变换器 zoom adapter
焦距标度 distance scale;focusing scale
焦距表 ratio table for scale focusing
焦距玻璃 contact glass;contact plate;focal plane plate
焦距测定 derivation of focus;determination of focus;focal length determination
焦距测量仪 focimeter;vertometer
焦距的色差 chromatic difference of focal length
焦距范围 focal length range
焦距放大镜 focuser
焦距改正 correction of focal length
焦距计 focimeter[focometer];vertometer
焦距校准 focal length calibration
焦距刻度 focal length scale; focusing scale
焦距容限 focal length tolerance
焦距调节 focal length setting;setting of the focal length
焦距调整 focal adjustment; focalization; focal setting; setting of focal length
焦距线 focal line
焦距仪 focometer
焦距装定 focal setting
焦聚 bring in focus
焦聚分光 focal isolation
焦块 coke button
焦块缝隙 coke fissure
焦块海绵体 coke spongy body
焦块孔隙 coke pore
焦块熔合情况 coke fused condition
焦块色泽 coke colo(u)r
焦块特征 characteristics of coke
焦块绽边 coke crack edge
焦阑 telecentric iris;telecentric stop
焦阑的 telecentric
焦利蜡块光度计 Joly wax block photometer
焦利天平 Joly balance
焦利蒸汽量热器 Joly's steam calorimeter
焦沥青 pyritobitcimen;pyrobitumen
焦磷酸 pyrophosphoric acid
焦磷酸钾 potassium pyrophosphate
焦磷酸交换反应 pyrophosphate exchange reaction
焦磷酸解作用 pyrophosphorolysis
焦磷酸钠<木材防腐剂,软水剂> sodium pyrophosphate
焦磷酸钠洗井 sodium pyrophosphate flushing
焦磷酸氢盐 hydropyrophosphate
焦磷酸四钠<木材防腐剂,软水剂> tetrasodium pyrophosphate
焦磷酸四乙酯 tetraethyl pyrophosphate
焦磷酸铁 ferric pyrophosphate
焦磷酸锌 zinc pyrophosphate
焦磷酸盐 pyrophosphate
焦磷酸盐电镀法 pyrophosphate method of electroplating
焦磷酸银 silver pyrophosphate
焦磷钨钛 titanium pyrophosphotungstate
焦磷酰 pyrophosphoryl
焦硫酸 fuming sulfuric acid;pyrosulfuric[pyrosulphuric] acid
焦硫酸钾 potassium disulfate;potassium pyrosulfate
焦硫酸钾熔融 fusion with $K_2S_2O_7$
焦硫酸钠熔融 fusion with $Na_2S_2O_7$
焦硫酸盐 disulphate[disulfate];pyrosulfate
焦炉柏油 coke-oven tar
焦炉顶砌块 roof block
焦炉废水 coke-oven effluent;coke-oven wastewater
焦炉炉门门栓 latch bar
焦炉煤焦油 coke-oven(coal)tar
焦炉煤焦油脂 coke-oven(coal) tar pitch
焦炉煤气 coke-oven gas
焦炉煤气发动机 coke-oven gas engine
焦炉煤气压缩机 coke-oven gas compressor
焦炉排气 coke-oven emission
焦炉气 oven gas
焦炉气升压机 coke-oven gas booster
焦炉热再生器 coke-oven regenerator
焦炉系统 coke-oven system
焦炉型高炉 ferric blast furnace
焦炉硬(煤)沥青 coke-oven(coal) tar pitch
焦炉用长形硅砖 panel brick
焦炉砖 coke-oven brick
焦炉棕色煤焦油 coke-oven brown coal tar
焦虑 bother about
焦虑耐量 anxiety tolerance
焦虑性忧郁症 anxiety melancholia
焦绿石 pyrochlorite
焦煤 charred coal;mineral coke
焦煤块 lump coke
焦煤炉焦油 coke-oven tar
焦煤砖 coalite
焦面 bench side; focal surface; image surface
焦面板 focal plane plate

焦面玻璃 contact plate; focal plane plate; contact glass
焦面快门 focal(plane)shutter
焦面框 < 航摄仪 > focal plane frame
焦面滤光片 focal plane filter
焦面摄影机 focal plane camera
焦面位移 focal plane shift
焦面位置 position of focal plane
焦面狭缝 focal plane slit
焦面像 focal image
焦/秒 joules per second
焦末 breeze; pea coke
焦末化铁炉 breeze oven
焦木的 pyroligneous
焦木酒精 pyroligneous alcohol
焦木素 pyroxylin(e)
焦木素漆 pyroxylin(e) lacquer
焦木酸 pyroligneous acid
焦泥浆 coke slurry
焦黏[粘]酐 pyromucylanhydrin
焦黏[粘]酸 pyromucyl acid
焦黏[粘]酰 pyromucyl
焦黏[粘]液酸 pyromucic acid
焦盘曝气器 coke-tray
焦硼酸钠 sodium tetraborate decahydrate
焦批 charge coke; coke per charge
焦片距 focus-film distance
焦平面 focal plane
焦平面标志 focal plane
焦平面玻璃 focal plane glass
焦平面快门 focal plane shutter
焦平面快门照相机 focal plane camera
焦平面扫描系统 focal plane scanning system
焦平面调制器 focal plane modulator
焦平面像差 focal plane aberration
焦平面阵列 focal plane arrays
焦平面主轴 focal length spindle
焦球 focal sphere
焦散的 caustic
焦散点 caustic point
焦散面 caustics; caustic surface
焦散曲线 caustic curve
焦散线 caustics
焦散线法 caustics method
焦砂 burnt sand
焦砂强度 retained strength
焦梢树 spike-top
焦砷酸 pyroarsenic acid
焦砷酸钾 potassium pyroarsenate
焦深 depth of focus; focal depth; focal range
焦深表 depth-of-focus table; hyperfocal table
焦石英 lechatelierite
焦束 beaming
焦松香酸 pyroabietic acid
焦酸 pyro acid
焦酸油 tar acid oil
焦炭 bituminous coke; chark; charred coal; coke; coking coal; fusain; hard coke; mineral coke
焦炭叉斗 coke fork
焦炭产率 coke yield
焦炭厂废水 coke plant waste
焦炭床 coke bed
焦炭的检验 coke test
焦炭斗 coke bin; coke hopper
焦炭粉 breeze; coke blacking; coke dust; coke powder
焦炭工业 coke industry
焦炭鼓 coke drum
焦炭锅炉 coke boiler
焦炭过滤器 coke filter
焦炭灰(分)coke ash
焦炭架 coke rack
焦炭冷却车 coke quenching car
焦炭炉 coke-fired furnace
焦炭炉柏油 oven tar
焦炭炉焦油(沥青)oven tar
焦炭煤气发动机 coke-over gas engine
焦炭盘式曝气器 coke tray aerator
焦炭配料 coke burden(ing)
焦炭浅盘曝气器 coke tray aerator
焦炭强度指数 coke strength index
焦炭球磨机 coke mill
焦炭燃烧速度 coke velocity
焦炭渗滤器 coke percolator
焦炭试验 coke test
焦炭碎片体 micrinite
焦炭提炼机 coke extractor
焦炭吸附 coke adsorption
焦炭洗涤器 coke scrubber
焦炭屑 coke breeze
焦炭屑混凝土 coke breeze concrete; coke cement concrete
焦炭循环区 raceway
焦炭渣 breeze; coke residue
焦炭渣混凝土 coke breeze concrete
焦炭砖 coalite
焦糖 caramel
焦糖色 caramel
焦糖棕色 caramel brown
焦锑酸 pyroantimonic acid
焦头桩 charred pile
焦土 scorched earth
焦外 afocal
焦外测光 extrafocal photometry
焦外的 exfocal
焦外光度测量 extrafocal photometry
焦外光度计 extrafocal photometer
焦外像 extrafocal image
焦物距 focus-object distance
焦纤维素 pyrocellulose
焦弦 focal chord
焦线 focal line
焦像距 focus-image distance
焦屑 braize; breeze; fine coke; nickings; nut coke; pea coke
焦性沥青 pyrobitumen
焦性沥青页岩 pyroschist bitumen shale
焦性沥青质页岩 pyrobituminous shale
焦性煤 coking coal; crozzing coal
焦性生物岩 pyrobiolite
焦性石墨 pyrographite
焦亚磷酸 pyrophosphorous acid
焦亚磷酸盐 pyrophosphite
焦亚硫酸钾 potassium metabisulfite; potassium pyrosufite
焦亚硫酸钠 sodium metabisulfite [metabisulphite]; sodium pyrosulfite
焦亚硫酸盐 metasulfite; pyrosulfite
焦亚砷酸 pyroarsenous acid
焦页岩 pyroshale
焦油 brea; coke tar; goudron; oil tar; tar <未蒸制的>
焦油苯乙烯涂料 tar styrene paint
焦油泵 tar pump
焦油产率 tar yield
焦油产率分级 tar yield graduation
焦油产品 tar product
焦油厂废水 tar-distillery waste(water)
焦油成分 tar composition
焦油处理的碎石路 tar macadam
焦油瓷漆 coal-tar enamel
焦油地沥青混合料 tar-asphalt mixture
焦油地沥青混合物 tar-asphalt mixture
焦油帆布 tarpaulin
焦油防腐剂 <一种木材防腐混合料> carbolineum
焦油防水布 tarpaulin
焦油防雨布 tarpaulin
焦油分离器 tar separator; tar trap
焦油分馏 oil distillate fraction
焦油锅炉 tar boiler
焦油含量 tar content
焦油和沥青喷洒机 tar and asphalt sprayer
焦油和水乳浊液 tar-water emulsion
焦油护木剂 <一种木材防腐材料> carbolic carbolineum; carbolineum; peterlineum
焦油化 tarring
焦油灰浆 tar mortar
焦油混凝土路面 tar concrete pavement
焦油碱 tar base
焦油碱成分 tar based composition
焦油碱的 tar based
焦油碱化合物 tar based compound
焦油碱类 tar bases
焦油胶泥 tar mastic
焦油结合碱性耐火材料 tar-bonded basic refractory
焦油结合菱镁矿 tar-bonded magnesite
焦油浸出机 tar saturator
焦油块 oil tar lump
焦油矿渣 tar-coated slag
焦油蓝 cresyl blue
焦油类防腐剂 tar-oil type preservative
焦油冷浸剂 tar-water
焦油冷却箱 tar cooler box
焦油沥 carbobitumen
焦油沥青 asphalt tar; coal-tar pitch; impsonite; impson stone; oil tar pitch
焦油沥青白云石砖 tar dolomite brick
焦油沥青表面处理 tar surface treatment
焦油沥青表面处治 tar spraying; tar surface dressing
焦油沥青层 tar membrane
焦油沥青产物 tar product
焦油沥青处治路面 tar-treated surface
焦油沥青处治面层 tar-treated surface
焦油沥青盖层 tar coating
焦油沥青环氧树脂覆盖层 tar-epoxy coating
焦油沥青混合料 tar-bitumen
焦油沥青混合乳胶 emulsion of tar/asphalt mix(ture); emulsion of tar/bitumen mix(ture)
焦油沥青混合物 tar-bitumen mixture
焦油沥青混凝土 tar concrete
焦油沥青胶粘剂 tar cement
焦油沥青结合料 tar binder; tar-bitumen binder
焦油沥青结合柔性面层或路面 tar-bound flexible pavement
焦油沥青结碎石路面 tar-bound surface
焦油沥青结碎石面层 tar-bound surface
焦油沥青精炼 tar refining
焦油沥青矿渣 tarred slag
焦油沥青砾石屋面 tar-gravel roofing
焦油沥青路 tarred road
焦油沥青路面 tar surface[surfacing]
焦油沥青面层 tar paving; tar surface
焦油沥青浓度 tar concentration
焦油沥青喷洒车 tar spraying tank
焦油沥青喷洒机 tar sprayer; tar spraying machine
焦油沥青铺路面 tar paving
焦油沥青漆 tar paint
焦油沥青乳液 tar emulsion
焦油沥青砂 tar sand
焦油沥青烧罐 tar pot
焦油沥青烧锅 tar pot
焦油沥青-石油沥青混合料 <一般指含沥青较多的> tar-bitumen blend
焦油沥青刷 tar brush
焦油沥青碎石 tarred macadam; tarred stone
焦油沥青碎石拌和机 tar-macadam mixer
焦油沥青碎石拌制厂 tar distilling plant; tar-macadam plant
焦油沥青碎石拌制机 tar distilling plant; tar-macadam plant
焦油沥青碎石分批拌合[和]机 tar-macadam batch mixer
焦油沥青碎石路 tar pavement; tarviated macadam; tar-macadam
焦油沥青碎石路面 tar-macadam pavement; tar paving; tar-macadam paving; tar(red) macadam surfacing
焦油沥青碎石铺路机 tar-macadam paver
焦油沥青碎石铺面 tar-macadam paving; tar paving
焦油沥青填缝料 tar filler
焦油沥青调和器 tar mixer
焦油沥青调和装置 tar mixing plant
焦油沥青透层基层 tar-primed base
焦油沥青涂料 tar paint
焦油沥青稳定化 tar stabilization
焦油沥青稳定土基层 tar-soil stabilized base
焦油沥青屋面油毡 tar-asphalt roof(ing) felt
焦油沥青稀释剂 tar flux
焦油沥青与水的分界面 tar-water interface
焦油沥青预制屋面 tar-asphalt prepared roofing; tar-asphalt ready roofing
焦油沥青毡 tar felt
焦油沥青罩面 tar covering
焦油沥青罩面路 tar coated road
焦油沥青蒸馏厂 tar distillery; tar distilling plant; tar works
焦油沥青蒸馏设备 tar distilling plant
焦油沥青脂 tar pitch
焦油沥青纸 tar paper
焦油沥青纸覆盖 tar paper covering
焦油沥青组合屋面材料 tar-asphalt composition roofing
焦油沥清黏[粘]性成分 adhesive tar composition
焦油砾石屋面(层) tar-and-gravel roofing
焦油馏出物 tar distillate
焦油馏出组分 tar-distillation fraction
焦油馏分 tar cuts; tar-oil fraction; tarry cut; tarry distillate
焦油麻绳 tarred cord dipped in asphalt
焦油麻丝 tarred oakum
焦油麻絮 tarred oakum
焦油煤 pitch coal
焦油泥浆 tar slurry
焦油黏[粘]结剂 adhesive tar compound
焦油喷射机 tar sprayer
焦油气 tar gas
焦油溶液 tar solution
焦油软管 tar flexible conduit
焦油砂 tar sand
焦油勺 tar dipping ladle
焦油生产 tar production
焦油石棉覆盖层 tar asbestos covering
焦油石屑磨耗层 tar-coated chip(ping)-s carpet
焦油石油沥青混合物 tar-bitumen; tar petroleum asphalt mix(ture)
焦油使用 tar use
焦油(收集)阱 tar trap
焦油收集器 tar well
焦油收率 tar yield
焦油刷 sash tool
焦油酸 tar acid
焦油桶 tar barrel
焦油涂层 coal-tar enamel
焦油涂料 tar paint
焦油脱除器(炼焦) detarrer
焦油污染 tar pollution
焦油颜料 tar dyestuff
焦油油 tar oil
焦油油泥 oil tar sludge
焦油毡 tarred felt
焦油蒸馏厂 tar-distillation plant

焦油蒸馏厂废物 tar-distillery waste
焦油蒸气 tar vapo(u)r
焦油值 tar number;tar value
焦油纸 tar(red) paper
焦油纸板 tarred board
焦油纸覆盖(面) tar paper cover
焦油质的 tarry
焦油致癌 tar cancer
焦油砖 pitch-bonded basic brick
焦油状的 tarry
焦油着色剂 tar dyestuff
焦油组成 tar composition
焦圆 focal circle
焦渣 breeze; cinder; fixed carbon; non-volatile residue; pan breeze; sintered fuel ash
焦渣道渣 cinder ballast
焦渣地面 cinder floor
焦渣垫层 cinder bed
焦渣骨料 breeze aggregate;cinder aggregate
焦渣固结砖 breeze fixing brick
焦渣过梁 breeze lintel
焦渣混凝土 breeze concrete; cinder concrete
焦渣混凝土保温层 cinder concrete insulating course
焦渣混凝土过梁 cinder concrete lintel
焦渣混凝土砌块 cinder concrete block
焦渣集料 breeze aggregate;cinder aggregate
焦渣空心砖 cinder hollow block
焦渣块 breeze block
焦渣跑道 cinder path;cinders;cinder track
焦渣砌块 breeze block;cinder block
焦渣器 dirt trap
焦渣石 breeze block;breeze stone
焦渣试验 coke test
焦渣受钉砖 breeze fixing brick
焦渣水泥砖 breeze fixing brick
焦渣特征 characteristics of char residues; characteristics of crucible non-volatile residues
焦渣填实 cinder fill
焦渣屋面 cinder roofing
焦渣砖 breeze brick;cinder brick
焦渣砖隔断 cinder block partition
焦渣砖隔墙 cinder brick partition
焦渣转鼓指数 index of tumbler test for crucible non-volatile residues
焦蒸馏 tar distillation
焦正反射面 focused reflector
焦值 coke number
焦纸日照计 burnt paper sunshine recorder
焦纸式日照仪 burnt paper sunshine recorder
焦轴 focal axis
焦状污泥 coke-like sludge

蕉 孢壳 <拉> Diatrype

礁 crag;reef;rock

礁本部 reef proper
礁侧 reef flank
礁差异压实背斜圈闭 anticlinal trap by differential compaction over reef
礁丛 reef cluster
礁带 reef band
礁岛 barrier island
礁岛砂岩 cay sandstone
礁岛岩 cay rock
礁岛岩溶 reef island karst
礁洞 reef cave
礁堆 chapeirao
礁盖 reef cap
礁沟 reef canal
礁核 reef core
礁后 black-reef
礁后沉积 backreef deposit
礁后带 backreef zone
礁后沟 backreef moat
礁后区 <海礁与陆地之间的区域> backreef
礁后泻湖 backreef lagoon
礁后泻湖沉积 backreef lagoon deposit
礁石障碍 reef barrier
礁湖 lagoon;reef lake
礁湖沉积 reef lake deposit
礁湖港 lagoon harbo(u)r; lagoon port
礁湖河口 lagoon mouth
礁灰岩 reef limestone
礁灰岩储集层 reef limestone reservoir
礁脊 reef atoll;reef crest
礁脊沉积 reef-crest deposit
礁架 reef frame
礁尖顶 reef pinnacle
礁角砾岩 reef breccia
礁块 reef segment
礁砾岩 reef conglomerate;reef talus
礁脉 ledge;rocky reef
礁帽 reef cape
礁坪 patch reef;reef flat
礁坪沉积 reef flat deposit
礁坪向海的前缘 reef edge
礁坪岩溶 reef level karst
礁坡 reef slope
礁前 reef front;forepoling board;fore reef
礁前沉积 reef-front deposit
礁前带 fore-reef zone
礁前阶地 reef-front terrace
礁前塌新沉积 reef-front talus deposit
礁前相 fore-reef facies
礁前斜坡沉积 reef-front slope deposit
礁前缘 reef front
礁墙 reef wall
礁丘 reef knoll
礁砂丘 kay
礁砂岩 cay sandstone
礁石 ledge rock;reef stone
礁石岛 rocky island
礁石外的 off-reef
礁石险滩 dangerous passage of reef pattern; hazardous passage of reef type;reef-induced traffic-hazard
礁塘 reef pool
礁体生长带 growth zone of reef body
礁外坡 outer slope
礁外缘坝 reefy outer edge bar
礁相 reef facies
礁屑堆 reef talus
礁心沉积 reef core deposit
礁型油藏 reef type pool
礁型油气田 reef type oil-gas field
礁岩 ledger rock
礁岩尖顶 rock pinnacle
礁岩屑 reef debris
礁翼 reef flank
礁缘 reef edge
礁渣块 breeze block
礁柱 rock pillar
礁镯 faro
礁组合 reef complex

角 angle; angulus; foreland; chiao <中国辅币>

角扒钉 angle staple
角摆动 angular oscillation;angular oscillatory motion
角斑晶 anguclast
角斑岩 keratophyre
角斑岩质玻璃 keratophyre glass
角板 angle plate; binding plate; bosom; bracket joint; corner panel; corner plate;gusset;L-bar;side bit
角板撑条 gusset stay
角板底座 gusseted base
角板机架 angle plate jig
角板推土机 angling blade bulldozer
角半长径 angular semi-major axis
角半短径 angular semi-minor axis
角半径 angular radius
角堡 <防城用> horn work
角背 bracket
角背间距 angle back-to-back; back-to-back angle
角壁龛 corner niche
角壁柱中空间 <双柱门廊中两端部分> prostasis
角边 arm of angle;leg of angle
角边拉底炮眼 corner lifter
角边抹子 angle trowel;twitcher
角扁长球体函数 angular prolate spheroidal function
角扁铁 angle sheet iron
角变动传感器 angular movement pick-up
角变法 method of slope deflection
角变荷载 angle load
角变化 angle change;angle variation; angular variation
角变换 angular transformation
角变量 angular variable
角变位 angle change; angle deflection; angle of deformation; angular change; angular deflection; angular displacement;deflection angle
角变位法 slope-deflection method
角变位荷载法 angle weights method; elastic weight method
角变位平衡法 <框架结构分析方法> angle-balancing method
角变位移法 method of deformation; slope-deflection method;method of slope deflection
角变位移方程 slope-deflection equation
角变位移系数 slope-deflection coefficient
角变位圆柱齿轮 gear pair with modified centre distance
角变位约束 angular restraint
角变形 angle deformation;angular deformation;angular distortion
角变载荷 angle load
角标 subscripted variable
角标尺 angle staff
角标杆 angle staff
角标志 corner mark
角柄 bone knob;horn
角补强钢 knee iron
角补强铁 knee iron
角不对称 angular asymmetry
角部衬垫 corner pad
角部单向活门 angle check-valve
角部端架 corner seat end
角部扶手 corner handle
角部桁架 corner truss
角部回阀 angle check-valve
角部加固件 corner stiffener
角部加劲件 corner stiffener
角部脚蹬 corner step
角部接合 angle joint
角部连接条 corner strap
角部头靠 corner head rest
角部止回阀 angle check-valve
角部铸件 corner casting
角部纵裂 longitudinal corner crack
角材 angle section
角材跟 angle toe
角材肋骨 angle frame
角材支柱 angle strut
角材趾 angle side bracket
角槽 chamfered groove
角侧方砖 <釉面砖> round edge reveal
角测 angular measurement
角测度 angular measure
角测计算法 <估测林木面积的一种方法> angle count method
角测量装置 angle measuring equipment
角叉菜胶 Irish gum;Irish moss
角叉藻 car(r)ag(h)een;chondrus
角叉(藻)胶 car(r)ag(h)een; pig wrack
角叉藻属 chondrus
角插头 corner pin
角插座 corner socket
角差 angular difference
角铲宽度 <推土机> angle blade width
角铲前端伸距 <推土机> angle blade front overhang
角铲前悬距 <推土机> angle blade front overhang
角铲推土板 <可回摆的> angle blade
角铲推土刀 angle blade
角铲推土机 angledozer
角撑 angle brace[bracing];angle strut; binding plate; bosom piece; corner brace; crippling; gusset stay; horn stay;knee;knee brace[bracing];diagonal strut
角撑板 corner plate; gusset plate; knee plate;knee batten
角撑架 angle (side) bracket; angle (steel) table;bracket mount;cantilever
角撑连接 gusseted connection
角撑铁 corner bracing;corner plate
角撑支架 knee braced trestle
角撑桩 batter pile; brace pile; spur pile(for dredging)【疏】
角程计算机 angular travel computer
角尺 angle rule; angle square; beam square; carpenter's square; L-square;try square
角尺板 angle board
角尺轴承铰链 offset hinges with ball-bearing
角齿顶高 angular addendum
角冲量 angular impulse
角冲模压机 angle mo(u)lding press
角椽(子) angle rafter;angle ridge;hip rafter;knee piece;knee rafter
角窗 corner window
角大小 angle size
角刀刃 router bit
角导板 angle board
角导程 angular lead
角导纳 angle admittance
角的 angular
角的测度 angular measure
角的等分线 angular bisector; bisecting line;bisector of an angle
角的顶点 vertex of an angle
角的度数 degree of an angle
角的对边 side apposite an angle;subtense
角的量测 angular measurement
角的平分线 angular bisector; bisecting line;bisecting line of an angle; bisector of an angle
角的三等分 trisection of an angle
角的三等分线 angular trisector; trisectrix[复 trisectrice]
角灯 corner lamp
角凳 corner bench
角点 angular point;corner point

角点法 cornering stress method; corner points method
角点应力系数 stress factor of cornerpoints
角垫板 knee plate
角雕画 cowhorn picture
角钉 brad(nail); corner pin; round lost head nail; wire brad
角顶 angular point; angular top; angular vertex; vertex[复 vertices/vertexes]
角顶点 angular point; angular vertex
角顶点尖顶 angular point
角定向 angular orientation
角动 angular motion
角动量 angular momentum; moment of momentum
角动量积分 integral of angular momentum
角动量极 pole of angular momentum
角动量密度 angular momentum density
角动量守恒 conservation of angular momentum
角动量守恒定律 law of conservation of angular momentum
角动量轴 axis of angular momentum
角斗场 Colosseum
角豆树 carob(bean); carob tree
角读出 angular readout
角读数 angle reading
角度 angle; angular degree; angular dimension; degree of angle
角度闭合 angular closure
角度闭合差 angular error of closure; error of closure of angles; angle error of closure
角度编码器 angle encoder
角度变换 angular transformation
角度变形 angular alternation; angular change; angular deformation; angular distortion
角度变形理论 theory of distortion of angles
角度标尺 angle scale
角度标记 angle mark
角度标准 angular standard
角度表达式 angle expression
角度不等值 angular discrepancy
角度不稳定性 angular jitter
角角度不整合【地】angular discordance; angle unconformity; angular unconformity
角度测定 goniometry
角度测量 angle measurement; angular measure; angular surveying; angulation; measurement of angle
角度测量仪器 angle measuring instrument
角度测量装置 angle measuring equipment
角度测设 laying off an angle
角度尺寸 angular dimension
角度传感器 angular transducer
角度大小 angular dimension
角度刀具 angular cutter
角度定律 law of angle
角度定线不准 angular misalignment
角度对接接头 angle butt joint
角度发生器 angle generator
角度法 angular measure
角度范围 context
角度放大率 angular magnification
角度分辨力 angular resolution
角度分辨率 angular resolution
角度分划板 tilt graticule
角度分集 angle diversity
角度符号 angle mark
角度改正 angle correction
角度公差 angle tolerance
角度固定踏板 angle fixing pedal
角度观测 angular observation
角度归算 angular reduction
角度核定 angular calibration
角度换算 angular conversion; conversion of angle
角度基准标记 angle datum mark
角度畸变 angular distortion; distortion in angle
角度计 angle ga(u)ge(block); goniometer
角度计量 angular measure
角度计算 angular measure
角度间隔 angular spacing
角度剪切机构 angular shear mechanism
角度检定 angular calibration
角度检定常数 angular calibration constant
角度交会法 angle intersection method; angular intersection(method)
角度交会法放点 setting-out by intersecting angle coordinate
角度矫正机 angle roller
角度解算 angular solution
角度空间 angular region
角度孔 angle hole
角度块规 angle block ga(u)ge; angle ga(u)ge block; combination angle ga(u)ge
角度拍摄 angle shot
角度盘 angle scale
角度偏差 angular deviation
角度偏离 angular deviation
角度偏移法 node-shift method
角度平差【测】angular adjustment; accuracy adjustment; adjustment by angles
角度平差法 angle method of adjustment
角度前方交会法 angular forward intersection
角度曲率 angular curvature
角度容许误差 angle tolerance
角度筛 angle sieve
角度升降器 angle riser
角度失准 angular misalignment
角度数据发送器 angle data transmitter
角度数字转换 angle-to-digit conversion
角度数字转换器 angle-to-digit converter
角度调整 angular adjustment
角度调制 angle modulation
角度误差【测】angular error; angular deformation
角度铣 angular milling
角度铣刀 angular cutter
角度限差 angle tolerance
角度相位移 angular phase displacement
角度-相移-数字转换器 angle-phase-digital converter
角度校正 angle correct; angular correction; angularity correction
角度校准常数 angular calibration constant
角度修正 angularity correction
角度样板 angular templet
角度仪 goniometer
角度运动 angular movement
角度噪声 angle noise
角度增长率 <定向钻进时> rate of increase of angle
角度折弯机 angle bender
角度针 angle pin
角度指示器 angle display
角度中误差 mean error of angle
角度转换仪 angulator
角度组合滑规块 angle slip; combination angle ga(u)ge
角度最大变形 maximum angular distortion
角端配件 corner fittings
角对准 angular alignment
角墩 angle pier; corner pillar
角垛 angle pier
角额部 epistylium
角发散 angular divergence
角阀 angle threshold; angle valve; bevel seat(ed) valve; chamfered valve; corner valve; right-angle stop cock; right-angle valve
角法 horn cupping
角反馈 angle feedback
角反射 corner reflection
角反射器 corner reflector; cube corner reflector
角反射器天线 angled reflector antenna; corner-reflector antenna
角范围 angular region
角方程 angle equation; angular equation
角放大率 angular magnification
角分 <等于 1/60° > angular minute
角分辨本领 angular resolution; angular resolving power
角分辨光电子能谱 angle resolved photoelectron spectroscope
角分辨率 angle discrimination; angle resolution; angular resolution; angular resolving power
角分布 angular distribution; angular spread
角分度(法) angular indexing
角分发散 angular divergence
角分划检查仪 angle division tester
角分集 angular diversity
角分离器 corner separator
角分散 angular dispersion; angular spread
角分压器 bearing potentiometer
角枫属 <拉> Alangiam
角峰 horn
角缝 angle seam
角扶壁 angle buttress; setback buttress
角幅 angular width
角辐散 angular divergence
角复板 corner plate
角杆 angle pole; angular pole; bell crank; corner pole; corner post
角刚度 angular rigidity
角钢 angle bar; angle iron; angle section; angle steel; iron angle; L-bar; L-iron; L(-shaped) beam; rolled angle; square rod; steel angle; L-bar <成 L 形的>
角钢背距离 back-to-back angles
角钢壁龛 angle niche
角钢撑杆 brace angle
角钢椽(条) angle rafter
角钢打磨器 angle sander
角钢挡板 angle stop
角钢挡铁 angle stop
角钢的伸出肢 outstanding leg of angle
角钢锻工 angle iron smith
角钢构架 angle iron frame
角钢箍 angle section ring
角钢股 wing
角钢过梁 <门窗的> steel angle lintel; angle lintel
角钢和板组合柱 plate and angle column
角钢桁架 angle truss
角钢横系杆 angle cross-ties
角钢加劲 angle iron stiffening
角钢加劲杆 angle separator; angle stiffening
角钢加强夹板 angle cleat
角钢加强筋 angle stiffener
角钢夹 angle clamp; angle clip
角钢剪床 angle cutter
角钢剪切机 angle shears
角钢矫直机 angle straightener; angle straightening machine
角钢接合板 angle fishplate
角钢截面 angle(steel) section
角钢筋 angle rib
角钢框架 angle framing
角钢拉杆 angle tie
角钢连接 <在结构构架中用以支撑或搁置预构件> angle cleat
角钢连接板 angle splice bar
角钢连接件 angle clip
角钢梁 angle beam; corner beam <钻塔底座的>
角钢檩【建】angle purlin(e)
角钢檩条 angle beam; angle iron purlin(e); angle purlin(e); angle steel purlin(e)
角钢螺丝 bolts and nuts for steel slotted
角钢门槛 angle threshold
角钢磨光机 angle sanding machine
角钢拼接 angle splice joint
角钢拼接件 angle splice
角钢切断机 angle cutter
角钢切割机 angle cutter
角钢圈 angle ring
角钢条 angle iron bar
角钢停车器 angle stop
角钢突出肢 outstanding leg of angle bar
角钢腿 leg of angle
角钢托座 angle corbel; angle table; angle bracket
角钢屋架 angle roof truss
角钢镶边接缝 angle steel edged joint; angle steel joint
角钢鱼尾板 angle fishplate
角钢隅撑 angle cleat
角钢与钢板铆接构件 riveted plate-and-angle plate
角钢折弯机 angle bender
角钢支撑 angle iron stiffening
角钢支架 <洗矿机的> angle steel log
角钢支柱 angle post; angle strut; steel angle stanchion
角钢支座 angle seat
角钢肢 leg of angle
角钢制动器 angle brake; angle stop
角钢柱 angle column; column of angles; column of angle steel; corner column <钻塔底座的>
角钢转子 angle iron rotor
角钢座 angle seat
角阁 cross-cupola
角跟踪 angle tracking
角跟踪部件 angle tracking unit
角跟踪器 angle tracker
角汞矿 calomel(ite); horn mercury; horn quicksilver
角箍缩 theta pinch
角谷定理 Kakutani theorem
角刮板 angle sweep
角刮子 corner slick
角挂轮皮带 half-cross(ed) belt
角关联 angular correlation
角关系 angular dependence; directional dependence
角管 angle pipe
角管式锅炉 corner tube boiler
角光 angle beam
角光子 sleeker
角规 angle ga(u)ge; angle templet; horn protractor; protractor
角柜 corner cabinet
角辊 corner roller
角果藻 pond weed

角函数 function of angle

角焊 angle weld(ing);corner weld;fillet weld(ing);flat-faced fillet weld;mitre fillet weld

角焊长度 toe of fillet

角焊的角边 fillet leg

角焊缝 corner bead;corner welding seam;fillet(weld);leg of a fillet weld

角焊缝尺寸 size of a fillet weld

角焊缝断面 profile of fillet weld

角焊缝焊脚 leg of a fillet weld

角焊缝喉部 <焊缝的最小厚度> throat of fillet weld

角焊缝厚度 throat depth of fillet weld;throat thickness of fillet weld

角焊缝平焊 flat position welding of fillet weld

角焊接 fillet welding;welded corner joint

角合页 angle hinge

角荷载 angle load

角荷载法 angle loads method

角回波 corner echo

角火花隙 horn gap

角基础 corner foundation

角畸变 angular distortion

角极坐标 angular polar coordinates

角脊 angle ridge

角加劲 angle stiffening

角加速度 angular acceleration

角加速度表 angular accelerometer

角加速度测量仪 angular accelerometer

角加速度计 angular accelerator;angular accelerometer

角加速度器 angular accelerator

角夹 angle clamp;angle clip

角甲藻 ceratium

角架 corner bracket

角架式锅炉 corner tube boiler

角间距 angular separation

角肩焊接 fillet weld

角剪 scroll shear

角剪切 angular shear

角剪应变 angular shear strain

角件 corner piece

角交墙 canted wall

角铰 angle hinge

角铰链 angle hinge

角接 corner locked joint

角接板 bracket joint;gusset plate;junction gusset(plate)

角接触 angular contact

角接封闭砖石 angle closer

角接缝条 <剖面为直角形的> angle bead

角接焊 edge weld

角接焊缝 corner weld

角接接头 corner joint

角接平焊 fillet weld in the downhand position;fillet weld in the flat position;fillet weld in the gravity position

角接头 angle joint;corner joint

角节点 corner node

角节距 angular pitch

角结构 corner structure

角精(确)度 angular accuracy

角径红移检验 angular diameter-redshift test

角镜 angle mirror

角距 angular distance;angular pitch;angular separation;angular subtense

角距离 angular distance

角聚焦 angular focusing;corner focus

角均数 mean angle

角科 bracket set on corner

角科斗拱 corner corbel-bracket set

角孔径 angular aperture

角口承接 <三角形企口接合> birdsmouthing;birdsmouth joint

角口接合 birdsmouthing jointing

角口(连)接板 angular fish plate

角口尾板接板 angular fish plate

角块 hornblock

角块状结构 angular blocky structure

角宽度 angular breadth;angular width

角框标 corner fiducial mark

角拉杆 brail

角肋 angle rib;corner rib

角肋板 angle side bracket

角棱镜 angle prism;angular prism

角棱褶皱 chev(e)ron fold

角离差 angular deviation

角砾 angular gravel;angular pebble;gravel

角砾斑杂玢岩 ataxitic prophyrite

角砾斑杂显微粒玄岩 ataxitic microdolerite

角砾斑杂岩 ataxite

角砾斑杂状 ataxitic

角砾冰 ice breccia

角砾大理石 breccia marble

角砾大理岩 breccia marble

角砾的 brecciated

角砾构造 brecciated structure

角砾灰岩 brecciola

角砾(混合)片麻岩 agmatitic gneiss

角砾结构 brecciated texture

角砾煤 brecciated coal

角砾破碎岩 kakirite

角砾熔岩 breccia lava

角砾熔岩结构 breccia lava texture

角砾石 sharp grit

角砾石灰岩 brecciated limestone

角砾碎石充填 breccia-gravel filling

角砾滩 rubble beach

角砾土 angular gravel soil

角砾岩 breccia;rubble rock

角砾岩的圈闭 brecciated trap

角砾岩化 brecciation

角砾岩化方式 brecciation way

角砾岩热储 breccia reservoir

角砾岩筒 breccia pipe

角砾岩岩脉 breccia dike[dyke]

角砾云橄岩 blue earth;kimberlite

角砾状 brecciated

角砾状白云岩 brecciated dolomite

角砾状构造 brecciated structure

角砾状灰岩 brecciated limestone

角砾状混合岩 agmatite

角砾状金矿石 brecciated Au ore

角砾状矿石 brecciated ore

角砾状铅锌矿石 brecciated Pb-Zn ore

角砾作用 brecciation

角粒 angular grain

角粒砂 angular sand

角连合束 Bruce's bundle

角连缀 angle lacing

角梁 cantilevered corner beam;hip(rafter)

角亮度 angular brightness

角亮度分布 angular brightness distribution

角量 angular dimension

角量子数 azimuthal quantum number

角裂 broken corner

角灵敏度 angular sensitivity

角流量 angular flux

角笼型天线 angularity cage antenna

角楼 angle tower;angle turret;corner tower;corner turret;minar;turret

角楼屋顶 turreted roof

角炉箅 corner grate

角卵石 roe stone

角轮 horn ring

角轮手摇钻 corner drill

角螺旋衬板 angular screw type liner;angular spiral liner

角落 nook;quoin

角落砖 corner brick

角镘 <一种墙壁修饰工具> angle float

角镘刀 corner trowel;angle trowel

角密耳 angular mil

角面接触球轴承 angular contact ball bearing

角面接触向心推力球轴承 angular contact radial ball bearing

角面接触轴承 angular contact journal bearing

角秒 <等于1/60角分> angular second;second of arc

角磨 angle grinder

角抹子 angle float;angle trowel

角木块 glue block

角挠度 angular deflection

角挠曲 angular distortion

角扭曲 angular distortion

角偶板桩 corner pile

角抛(磨)光机 angle polisher;polishing machine

角刨 angle plane;angle planing

角配件 corner casting;corner fittings

角偏差 angular deviation;angular misalignment

角偏差方向 direction of angular deviation

角偏差灵敏度 angular deflection sensitivity

角偏离方向 direction of angular deviation

角偏离损失 angular deviation loss

角偏向 angular deviation;angular divergence

角偏移 angular deviation;angular variation

角偏移灵敏度 angular deflection sensitivity

角偏转 angle deflection;angular deflection

角偏转灵敏度 angular deviation sensitivity

角频(率) angular frequency;circular frequency;cyclic(al) frequency;pulsatance;radian frequency

角频率域 radian frequency domain

角频谱 angular spectrum

角平分平面 angle bisecting plane

角铺设层合板 angle ply

角谱 angular spectrum

角奇点 angular singularities

角砌合 angle bond

角砌块 angle block

角砌砖 edge brick

角牵条 corner stay

角铅矿 phosgenite

角铅矿红颜料 cerasin(e)red

角钳 corner clamp

角嵌接 corner halving

角嵌条 corner fillet

角切刀 bevel tool

角切迹 angular notch;incissura angularis

角清晰度 corner detail;corner resolution

角球差 angular spheric(al)aberration

角区 angular region

角曲尺 mitre square

角取向 angular orientation

角缺陷 angular defect

角刃推土机 angling blade bulldozer;dozer with angling blade

角容限 angular tolerance

角朊化合物 keratin compound

角散布 angular dispersion

角散度 angular divergence

角散射函数 angular scattering function

角散射特性 angular scattering property

角扫描 angle sweep;angular scan

角扫描速率 angular scan(ning)rate

角色 role

角色扮演法 <员工训练> role playing method

角色结构 role structure

角色理论 role theory

角色期待 role expectation

角色散 angle dispersion;angular dispersion

角色实现 role performance

角色文法 case grammar

角色行为 role behavio(u)r

角色预期 role expectation

角色知觉 role perception

角山 hornberg

角闪安粗岩 hornblende latite

角闪安山玢岩 amphibole granular porphyrite

角闪安山岩 hornblende andesite

角闪斑岩 hornblende porphyry

角闪变粒岩 hornblendes granoblastite

角闪磁铁蛇纹岩 amphibole magnetite serpentinite

角闪磁铁岩 amphibole magnetite rock

角闪二长片麻岩 hornblendes potash-feldspar and plagioclase gneiss

角闪二辉麻粒岩 hornblendes orthorhombic and monoclinic pyroxene granulite

角闪二辉斜长片麻岩 hornblende orthorhombic and monoclinic pyroxene plagioclase gneiss

角闪二辉岩 hyenblenditewebsterite

角闪玢岩 hornblende porphyrite;orbite

角闪花岗岩【地】hornblende granite

角闪辉长岩 bojite;hornblende gabbro

角闪辉石橄榄岩 olivinite

角闪尖榴辉岩 amphibole-ariegite

角闪角页岩相 hornblende hornfels facies

角闪苦橄岩 hornblende picrite

角闪绿泥片岩 amphibole-chlorite schist

角闪片麻花岗片岩 hornblende-gneiss-granite-schist

角闪片麻花岗岩 hornblende-gneiss-granite

角闪片麻岩 hornblende gneiss

角闪片岩 hornblende schist

角闪青盘岩 hornblende propylite

角闪闪长岩 hornblende diorite

角闪石 amphibole;diastatite;fasciculite;hornblende

角闪石长辉岩 evjite

角闪石粗面岩 hornblende trachyte

角闪石花岗岩 amphibole granite

角闪石辉长岩 hornblende gabbro

角闪石角岩 amphibole hornfels

角闪石流纹岩 amphibole rhyolite

角闪石棉 asbestinite

角闪石片麻岩 amphibole-gneiss;amphibolic gneiss

角闪石片岩 amphibole schist

角闪石石棉 amphibole asbestos

角闪石岩 amphibololite;hornblendite

角闪石岩类 hornblendite group

角闪石页岩 hornblende schist

角闪石英安岩 amphibole dacite

角闪烁误差 glint error

角闪透辉变粒岩 hornblende diopside leptynite

角闪透辉钙长片麻岩 hornblende diopside anorthite gneiss

角闪透辉麻粒岩 amphibole diopside granulite
角闪斜长变粒岩 hornblende plagioclase eptynite
角闪斜长片麻岩 hornblende plagioclase gneiss
角闪斜长岩 hornblende anorthosite rock
角闪玄武岩 hornblende basalt
角闪岩 amphibolite;hornblende;hornblendite;irestone
角闪岩相 amphibolite facies
角闪云母片岩 amphibole-mica schist
角闪正长岩 hornblende syenite
角闪紫苏透辉岩 amphibole hypersthene pyroxenite
角上焊接 corner welding joint
角上甲基 angular methyl
角上铰链 corner hinge
角上刻槽圆线脚 quirk bead
角上烙印 horn brand(ing)
角失真 angular distortion
角石 angle stone; coign(e); quoin (stone);hornstone
角式保险器 horn fuse
角式保险丝 horn fuse
角式保箱器 horn fuse
角式传动 angle drive;angle transmission
角式接缝 com junction
角式截止阀 angle cut-off valve
角式模压机 angle press
角式磨耗机 angle abrader
角式磨耗实验机 angle abrader
角式喷燃器 corner firing burner;tangential burner
角式气砂轮 right-angle grinder
角式燃烧室 elbow-type combustor
角式水压泵 side ram press
角式往复活塞压气机 angle type reciprocating compressor
角式往复压缩机 angle reciprocating compressor
角式温度计 angle thermometer
角式压舌板 bent tongue depressor
角式压缩机 angular compressor
角视差 angular parallax
角视场 angular field of view
角饰 <平面与下垂竖面相交处的> thickness mo(u)lding;angle staff
角数据 angular data
角速度 angular rate; angular speed; angular velocity; palstance; rotary speed; rotating speed; rotational speed;rotational velocity
角速度器 angular velocity indicator
角速度陀螺仪 rate-of-turn gyroscope
角速度向量 angular velocity vector
角速计 spin-rate meter
角速率 angular rate
角速率传感器 angular rate sensor
角碎屑 anguclast
角榫接 combed joint
角锁接榫 cornerlock joint
角塔【建】 turret;corner turret;crossing tower;mirador;turreted tower
角塔式的 turriculated
角塔圆顶 turret dome
角贫属 <拉> Antennaria
角特性函数 angular characteristic function
角梯度 angular gradient
角条 angle bead;angle shaft
角条件 angular condition
角调节 tilt adjustment
角调制 angle modulation; angular modulation
角调制红外系统 angular modulation IR system
角贴片 <木船肋材补角材> butt chock
角铁 angle bar; angle block; angle iron;angle steel;corner iron;corner plate;edge iron;iron angle;knee iron;L-bar;L-iron
角铁板连接 angle bar joint
角铁撑 angle brace[bracing];angle tie
角铁撑条 angle(iron) stay
角铁椽 angle rafter
角铁的角部 heel of angle bar
角铁环 angle iron ring
角铁环杆 angle ring rod
角铁环杆销 angle ring rod pin
角铁环簧 angle ring spring
角铁加固 angle iron stiffening
角铁夹具 angle plate jig
角铁剪床 angle shears
角铁剪切机 angle iron shearing machine
角铁接合 angle splice
角铁接合板 angle fishplate
角铁截面 angle section
角铁井架 angle derrick
角铁框架 angle iron frame
角铁拉杆 angle tie
角铁连接 angle bar joint
角铁连接器 angle coupling
角铁联结 dragging tie
角铁联系 angle lacing; dragging tie; dragon tie
角铁内表面 bosom of angle bar
角铁牵条 lacing angle
角铁切断机 angle cutter;angular cutter
角铁切割机 angle cutter
角铁锁销 angle locking pin
角铁条 angle iron bar
角铁凸缘 angle flange
角铁托(架) angle bracket
角铁弯曲 crimping
角铁系 angle clip
角铁样板 angle plate jig
角铁鱼尾板 angle splice
角铁折弯机 angle iron bending machine
角铁支撑 angle iron stiffening
角铁支柱 angle strut
角铁肢 leg of angle
角铁柱杆 angle tie
角铁转子 angle iron rotor; rotor of angle iron
角铁缀条 angle lacing
角铁钻模 angle plate jig
角铁钻塔 angle derrick
角亭 angle pavilion; corner pavilion; wing pavilion
角通量 angular flux
角投影 angular projection
角投影器 angulator
角透视 angular perspective
角图法 angle diagram
角托架 corner bracket
角瓦 angle tile;gable tile <山墙与屋面连接处的>
角弯接头 angle ball joint
角微分加速计 angular differentiating accelerometer
角尾 harntail
角位 angular position
角位控制 angular position control
角位调节 angular position control
角位移 angle displacement; angular displacement; angular misalignment; angular rotation; angular travel
角位移传感器 angular detrusion sensor; angular displacement sensor; angular transducer
角位移分量 angular displacement component
角位置 angular position
角位置传感器 angular position pick-up
角位置指示器 angular position indicator
角误差 angular divergence; misalignment
角误差信号 angular error signal
角铣 angular milling
角铣刀 angle(milling) cutter; angular cutter
角系数 angle coefficient;angle factor
角隙避雷器 horn-gap(lightning) arrester[arrestor];horn lightening arrester
角隙开关 horn-gap switch
角相关 angular dependence; directional correlation
角相位差 angular phase difference
角相位匹配 angle phase matching
角镶 corner fillet
角镶接 corner halving
角向变化 angular change
角向磁场 poloidal magnetic field
角向分布 angular distribution
角向力 angular force
角向偏移 angular variation
角向色散 angular dispersion
角向照明 angle blanking
角效应 corner effect
角楔 horn
角斜撑 angle hinge; corner(bit) brace;corner bracing
角斜岩 amphibolite
角谐运动 angular harmonic motion
角屑 horn shavings
角形板 angle plate
角形壁炉 angle fire place
角形避雷器 arc(ing) horn; horn arrester
角形波脊瓦 angle hip tile;arris hip tile
角形材 angle bar
角形插头 corner insert
角形铲 corner spade
角形撑铁 angle(of) bracket
角形档 angle stop
角形刀 angle knife
角形导架 angle guide
角形导流器 angled inducer
角形的 angular;dihedral
角形垫块 adjustable washer; angle washer
角形断流阀 angle stop valve
角形断路器 horned circuit breaker
角形断面 angle section
角形阀 horn valve
角形反射器 angle reflector;corner reflector
角形反射天线 angle reflector antenna
角形扶垛 angle buttress
角形辐条 angle spider
角形杠杆 bell crank
角形拐肘 angle crank
角形过梁 <门窗> angle lintel
角形桁条 angle stringer
角形滑接片保持器 horned slipper holder
角形环匙 angled loop
角形火焰稳定器 gutter
角形脊瓦 angular ridge tile
角形加工修整 angle tooled
角形夹板 <钢轨的> angle joint bar
角形岬 angular foreland
角形浇口 horn gate
角形接触器 arcing contactor
角形截面 angle section; angular section
角形绝缘纸 angle fiber[fibre]
角形开关 horn-break switch
角形控制极 corner gate
角形拉杆 angle tie
角形连接板 angle splice
角形连接构件 <钢梁的> angle separator
角形梁托 angle corbel
角形裂隙 angular gap
角形楼梯 angled stair(case)
角形铝定位器 angled alumin(i)um steady arm
角形滤网 angle sieve
角形明扶垛 angle buttress
角形拼合接头 angle splice joint
角形平铲 angle blade
角形坡脊瓦 angle hip tile;angular hip tile
角形墙 angle type wall
角形戗脊瓦 angle hip tile;angular hip tile;arris hip tile
角形熔丝 horn fuse
角形散热器阀 angular radiator valve
角形沙坝 cuspate bar
角形筛 angle sieve
角形石块 angular stone
角形水口 horn gate
角形水门 horn gate
角形天线 corner antenna; corner reflector
角形铁塔 angle suspension tower
角形托座 angle(of) bracket
角形瓦 arris tile
角形弯管 angle bend
角形(弯管)接头 angle bend
角形弯曲 corner bend
角形销 angle stop
角形小教堂 angle chapel
角形摇臂 bell crank
角形鱼尾板 angle splice bar; angle splice plate; angle type joint bar; angle fishplate;angle spider
角形圆纹曲面 horn-cyclide
角形闸门 horn gate
角形支柱 angle staff
角形支座 angle pedestal
角形轴架 angle pedestal
角形柱 angular column
角形柱头 angular capital
角形纵梁 angle stringer
角修正 angularity correction
角悬吊索 angulated roping
角旋塞 corner tap
角旋转 angular turn
角压机 angle press;side angle press
角压线 angle press
角岩 chert;hornstone;irestone
角岩化粉砂岩 hornfelsicated siltstone
角岩化泥岩 hornfelsicated mudstone
角岩化凝灰岩 hornfelsicated tuff
角岩结构 hornfelsicated texture
角眼 quadrant
角页岩 corniferous rock; hornberg; hornfels
角椅 corner chair;roundabout chair
角异色性 flip-flop;goniochromatism
角因素测定 angularity measurement
角银矿 cerargyrite; chlorargyrite; horn quicksilver;horn silver;kerargyrite
角应变 angular strain
角游标 angular vernier
角隅 cant
角隅采光 corner lighting
角隅车刀 cornering tool
角隅分辨率 corner resolution
角隅风钻 close quarter piston air drill
角隅钢筋 corner bar;corner steel
角隅高压力 high corner-pressure
角隅荷载 corner load(ing)
角隅荷载公式 <设计混凝土路面厚度的> corner load formula
角隅接合 angle bond
角隅结构 corner structure

J

角隅拉杆 corner bar
角隅棱镜 corner cube
角隅力 corner force
角隅裂缝 corner crack;corner break <混凝土路面的>
角隅淋浴分隔间 corner shower stall
角隅螺帽扳手 corner nutrunner
角隅铆钉锤 close quarter riveting hammer;corner riveting hammer
角隅炮塔 corner turret
角隅起居室 corner living unit
角隅切点 corner tangent point
角隅石 stone quoin
角隅式橱 corner cupboard
角隅式盥洗室 corner lavatory
角隅式柜 corner cupboard
角隅式洗手盆 corner lavatory;corner tub
角隅式浴盆 corner tub
角隅塔楼 corner tower
角隅填焊 fillet weld
角隅填密法 filleting
角隅凸肚窗 corner oriel
角隅系铁 knee iron
角隅压力 corner-pressure
角隅扬声器 corner loudspeaker
角隅应力 corner stress
角隅照明 corner illumination
角隅支承的矩形板 corner-supported rectangular slab
角隅种植 corner planting
角隅装饰 corner ornament
角隅钻孔曲柄 corner bit brace
角域 angle domain
角域编号 compiled number of angle domain
角域地形 angle domain topography
角域地形单元 unit of angle domain topography
角域个数 number of angle domain
角域量板 template of angle domain
角缘 square staff;staff angle
角缘线 square staff
角缘应力集中 corner stress concentration
角约束 angular restraint
角运动 angular motion;angular movement
角运动传感器 angular motion sensor
角运动方程 equation of angular motion
角凿 bent chisel;corner chisel <一种木工工具>
角藻属 ceratium
角增量 angle increment; angular increment
角轧 angular rolling
角闸阀 angle gate valve
角遮光 corner shading
角砧 beakiron;bevel wheel drill;horn anvil
角支撑 angle stiffening;corner post;corner support
角直径 angular diameter
角值 angular value
角指示器 angle indicator
角制动器 angle stopper
角制品 horn work
角质 cut-in;keratin
角质残植煤 cuticle liptobiolith
角质层 cuticle
角质层蒸腾 cuticular transpiration
角质化 keratinize
角质节 horny knot
角质煤 cutinite coal
角质素 keratan
角质体 cutinite
角质无结构体 cutinite-collinite
角质物 horn
角轴旋转 angular shaft rotation
角肘钉 angle staple
角注 subscript;corner mark <在目录卡右上角加注的说明>
角柱 angle column;angle post;angle shaft;corner column;corner pillar;corner post;corner vertical;crossing pier;quoin post;teazel
角柱层 prismatic(al)layer
角柱的涡卷式柱头 angular capital
角柱顶 angle capital
角柱扶手 corner post grab iron
角柱间殿堂 templum in antis
角柱间空间 templum in antis
角柱角钢 corner post angle
角柱矫正 <集装箱> straighten corner post
角柱两侧略高的横档 raised girt(h)
角柱石 corner pier;corner stone
角柱掏槽 prismatic(al)cut
角柱体 prism
角柱筒形穹顶 prismatic(al)barrel vault
角柱头 angle capital;corner capital
角柱托架 post bracket
角柱与锥形混合掏槽 prismatic-cone mixed cut
角砖 angle brick; angle tile; corner block; corner brick; corner fillet; corner head; corner pole; corner tile;edge brick
角转冲击 angular impulse
角转动 angular rotation
角转动量 angular momentum
角转运动 angular motion
角桩 corner pile;corner pole;corner stake;junction pile
角状按钮 horny button
角状扁铁 angle sheet iron
角状粗集料 angular coarse aggregate
角状的 angular;angulate
角状加强材 angle stiffener
角状浇口 horn gate
角状节 spike knot
角状容器 horn
角状珊瑚 horn coral
角状石片 angular fragment
角状水系 angulate drainage
角状水系模式 angular drainage mode
角状物 horn
角状柱 chock
角锥铲 bull point
角锥沉淀地 spitzkasten
角锥的 pyramidal
角锥法 method of pyramid; pyramid method
角锥架起重机 pyramid crane
角锥架旋臂起重机 pyramid slewing crane
角锥式钻眼 pyramid(al)cut
角锥体 pyramid;pyramidion
角锥天线 pyramidal antenna
角锥形波 pyramid wave
角锥形打捞器 horn socket
角锥形法 pyramid method
角锥形分级机 spitzkasten
角锥形割槽 centre cut(ting)
角锥形喇叭 pyramidal horn
角锥形掏槽 <隧道开挖的> pyramid-(al)cut
角锥形掏槽爆破 angle cut blasting
角锥形掏眼 pyramid(al)cut
角锥形屋顶 pyramid-shaped roof
角锥形柱头 angular capital
角锥硬度 <金刚石> pyramid hardness
角锥柱 pyramid column
角锥钻头 nut cracker;pyramid-set bit
角锥钻眼 pyramid(al)cut
角阻抗继电器 angle impedance relay
角钻 angle drill; angular bit; bevel wheel drill;corner drill
角钻附件 angle drill attachment
角坐标 angle coordinate;angular coordinate;angular position
角坐标读出 angular readout
角坐标分辨率 angular resolution
角坐标分辨能力 angular coordinate resolution
角坐标干扰 angle jamming
角坐标数据 angular data
角坐标照明 angle blanking
角座 crowfoot[复 crowfeet]

佼

佼硫铟矿 jordisite

侥

侥幸 in hit and miss fashion

绞

绞 entwist;wring

绞棒 heaver
绞边 leno-selvedge
绞编接头 pigtail splice
绞驳机 barger;barge shifter
绞驳设备 barger;barge shifter
绞缠 fouling
绞缠锚 foul anchor
绞车 cable reel;capstan(winch);cathead;crab winch;crane crab;donkey engine; draw works engine; gig; hatching winch; haulage engine;hauler; hauling capstan; hauling winch; hoisting unit; hoisting winch;reel cart;reel crab;warping winch; winch (capstan); winding gear;winding rope;windlass;working hoist;working winch
绞车安全销 winch shear pin
绞车安速杆 winch shift lever
绞车变速杆 winch shift lever
绞车操纵室 winch control room
绞车操纵手柄 winch handle
绞车操纵台 winch platform; winch table
绞车操纵者 winchman;winch runner
绞车操作工 winch operator
绞车齿轮箱 hoisting gear
绞车传动机构 winch drive gear
绞车船 cradle
绞车磁化干扰 magnetism influence of the winch
绞车挡数 numbers of hoist gear
绞车的固定端 dead-end installation
绞车的计数器 counter of reel
绞车发动机 hoist(ing)engine
绞车房 gig house;winch house
绞车附件 winch attachment
绞车附属设备 winch attachment
绞车副卷筒 gypsy;winch head
绞车杆 gig stick;winch lever
绞车钢丝绳 winch cable
绞车钢索 winch line
绞车工 winch operator
绞车功率 hoist horsepower
绞车功率输出 winch power takeoff
绞车滚筒 drum of winch; hoisting barrel; hoisting reel; nigger head; winch barrel;winch drum
绞车护板 winch guard
绞车滑动离合器 winch sliding clutch
绞车棘轮 winch pawl wheel; winch ratchet wheel
绞车甲板 winch deck
绞车驾驶员 hoister
绞车架 cradle;jack frame;winch frame
绞车卷(缆)筒 drum of winch;hoisting drum; winch barrel; winch drum; winding barrel; windlass; driving drum
绞车卷筒倒绳 back the line of the hoist
绞车卷筒轴 winch drum shaft
绞车卷筒轴架 jack post
绞车卷扬机 winch hoist
绞车卷扬机钢索 winch cable
绞车拉力 winch pull
绞车拉绳 crab rope
绞车缆(索)winch cable
绞车缆头 winch cable clamp
绞车离合器 winch clutch
绞车链 winch chain
绞车链及链轮 winch chain and sprocket
绞车辘轳 gypsy spool
绞车马达 winch motor
绞车盘 bullock gear
绞车起重机 winch hoist
绞车起重机减速器 hoist reduction gear
绞车起重量 hoisting capacity
绞车起重能力 hoist lifting capacity
绞车牵引力 winch capacity
绞车桥 hoist bridge
绞车驱动 winch drive
绞车驱动链轮 winch drive sprocket; winch driving sprocket
绞车驱动轴万向节 winch drive shaft universal joint
绞车驱动装置 winch driving gear
绞车绕索筒 drum of winch
绞车绕线筒 drum of winch
绞车刹车 winch brake
绞车升降速度 elevated speed of winch
绞车绳 winch line;winch rope
绞车式壁装起重机 crab trolley type wall crane
绞车手 winchman;winch runner;hoister
绞车疏通 winch bucket clean
绞车司机 winchman
绞车速度 winch speed
绞车索 winch cable;winch line;winch rope
绞车提升机减速器 hoist reduction gear
绞车提升能力 winch capacity
绞车提升速度 hoisting velocity of winch
绞车筒 gypsy;rundle
绞车推杆式启闭机械 operating machinery with winch and connecting rod
绞车蜗杆 winch worm
绞车蜗杆衬套 winch worm shaft bushing
绞车蜗杆壳盖 winch worm housing cover
绞车蜗杆轴 winch worm shaft
绞车蜗杆轴承 winch worm shaft bearing
绞车蜗杆轴承盖 winch worm bearing cover
绞车蜗杆轴轴承盖 winch worm shaft bearing cap
绞车蜗轮 winch worm gear
绞车蜗轮轮壳衬套 winch worm gear case bushing
绞车限制齿轮 hoist limit gear
绞车小齿轮 winch pinion
绞车旋转监测器 drum rotation indicator
绞车用电动机 winch motor
绞车运输机 double-drum haulage engine
绞车闸 winch drag brake
绞车闸带弹簧 winch brake band spring
绞车闸箱 winch brake case

绞车罩 winch cover
绞车支架 winch support
绞车制动 braking of winch
绞车制动阀 winch braking valve
绞车制动销 winch locking pin
绞车主动轴 winch drive shaft
绞车爪 winch pawl
绞车转筒 draw works drum;winch drum
绞车自动减速器 slow banker
绞车最大功率 maximum power of draw works
绞车座 winch bed
绞成股 stranded bond
绞成束状的软铅 ribbonite
绞成索 stranded bond
绞出 wring
绞船 warping
绞船锚 kedge anchor
绞船索 warp;warping line
绞船柱 capstan;capstan
绞刀 dredger cutter; broaching bit; broach taper;rimer;worm conveyer[conveyor]
绞刀臂 cutter boom
绞刀齿 cutter teeth
绞刀刀片 cutter knife
绞刀杆 reamer bar
绞刀架卷扬机 ladder hoist
绞刀架卷扬机吊索 ladder hoist wire
绞刀马达 cutterhead motor
绞刀盘 cutter drum
绞刀盘驱动系统 cutter drum drive
绞刀式挖泥船 cutter dredge(r)
绞刀输送机 screw conveyer[conveyor]
绞刀筒 cutter drum
绞刀吸扬式挖泥船 cutter-head suction dredge(r)
绞钉 rivet
绞动 winching
绞断器圈套环 snare loop
绞杠 crab winch
绞股导线【电】stranded conductor
绞股电缆 stranded cable
绞股钢索 stranded steel wire
绞股绳 strand rope
绞股式承载索 strand track cable
绞股式轨道索 strand track cable
绞合 layup;pigtail;ply;splice;twist
绞合导接线 stranded bond
绞合导线【电】stranded conductor
绞合电焊丝 stranded welding wire; strand electrode
绞合电焊条 stranded welding wire; strand electrode
绞合电缆 stranded cable;twisted cable
绞合电容器 gimmick
绞合金属绳挠曲装置 strand deflecting device
绞合金属绳弯曲装置 strand deflecting device
绞合金属丝布 stranded wire cloth
绞合馈电线 twister[twistor] feeder
绞合缆索装饰 twisted cable ornament
绞合绕组 twisted winding
绞合软线 twisted cord
绞合绳索 stranded rope
绞合天线 radio wire
绞合线 bunched wire;litzendraht;Litz wire;rope wire;strand;strand(ed) wire;twisted wire
绞合线层 strand layer
绞合线模型 strand templet
绞合线路 skew-wire line
绞合线型板 strand templet
绞花手柄 interlaced handle
绞花柱 wreathed column

绞接 splice; splicing wire; stranding connection; twisted joint; wire wrapping connection;wringing
绞接长度 hinged length
绞接船头救援艇 high-bow rescue boat
绞接点 anchor point
绞接端(梁的)rounded end
绞接机架的装载机 articulated frame loader
绞接角 splice angle
绞接器 splicer
绞接式自卸车 articulated dump truck
绞接台架 hinged gantry
绞接头 twist(ed)joint
绞接悬垂绝缘子 cap-and-pin suspension insulator
绞接支座 rounded support
绞结 kink
绞结器 twister
绞紧 heave(a line)taut;heave tight
绞紧绑索 wring a lashing
绞进 < 吊车口令 > heave ahead; heave in;wind in
绞具 wrest
绞距 lay;pitch of strand
绞距比 lay ratio
绞距系数 lay ratio
绞孔 fraising;ream
绞孔锤 reaming bit
绞孔钻 reaming bit
绞口 hook
绞拉绳法 Spanish windlass
绞缆 heave away the rope; heave away the wire; stranded cable; heave aweigh; heave up port; starboard cable;warping
绞缆墩 lead-in dolphin; warping dolphin
绞缆浮筒 warping buoy
绞缆岗位 man the capstan
绞缆机 cable winder;mooring winch; warping capstan; warping winch; capstan
绞缆绞车 warping
绞缆绞盘 warping
绞缆靠泊 winch berthing
绞盘坑 < 船闸启闭闸门的 > capstan pit
绞缆轮 sheave;sheave
绞缆(轮)叉 sheave forking
绞缆筒 gypsy head;warping dolphin; warping drum;warping head
绞缆筒筋条 whelp
绞缆桩 warping bollard
绞缆装置 cable hauling gear
绞链 hoisting chain
绞链板式止回阀 swing check valve
绞链舱壁门 hinged bulkhead door
绞链导块 hinged guide fitting
绞链吊臂 hinged boom
绞链耳子 hinge lug
绞链活节接头 knuckle-and-socket joint
绞链连接 pin-and-eye connection;pin-connected joint
绞链联轴器 jointed coupling
绞链式舱盖 hinged hatch cover
绞链式导箱装置 hinged type entry guide
绞链式导斜器 arc cutter
绞链式艇座 shifting chock
绞链水密门 hinged watertight door
绞链舷窗盖 hinged temporary deadlight
绞链闸门 hinged gate
绞链支座 swing bearing
绞辘 purchase
绞辘功率 purchase power
绞辘拉到头 sheave to
绞辘下滑车 hoisting block

绞辘制动索 racking stopper
绞轮 capstan head;winch
绞轮提升机 reel hoist;reel winder
绞锚 bring home the anchor; fetch home the anchor
绞锚驳 anchor-weighing barge
绞锚离码头 slipping from alongside with an anchor down
绞锚艇 anchor boat
绞木机 logging winch
绞捻机 strander
绞拧器 wringer
绞扭器 twister
绞盘 cable stock; capstan (winch); cathead; donkey engine; gin; haulage winch; hauler; hoisting unit; hoisting winch; whim; winch (drum);winder;windlass
绞盘安全掣 drop pawl
绞盘棒 capstan bar;winding beam
绞盘泵 winch pump
绞盘插棒孔 poppet hole
绞盘车 winch truck
绞盘车牵引起飞 winch launch
绞盘承座 capstan saucer
绞盘的传动装置 winch transmission
绞盘的钢索控制装置 cable control unit
绞盘的两件式卷筒指数 split lagging
绞盘垫 capstan partner
绞盘吊桶 windlass bucket
绞盘动力放索 powered reel out
绞盘动力绕出 powered reel out;power-steering out
绞盘动力绕入 power-steering in
绞盘动力绕入自由绕出 power-steering in/free spool out
绞盘帆布罩 capstan canvas; capstan cover
绞盘放出拉索 payout;reel-out
绞盘放绳 reel-out
绞盘放索速度 forward line speed
绞盘杆 capstan bar
绞盘杆承孔 pigeon hole
绞盘杆围绳 swifter
绞盘钢索导向夹 winch cable guide
绞盘钢索夹头 wire rope anchor
绞盘杠杆 hand spike
绞盘鼓筒 winch cable drum
绞盘鼓筒滑动离合器 winch drum sliding clutch
绞盘鼓筒离合器拨叉 winch drum clutch shift fork
绞盘滚筒 barrel of capstan
绞盘过卷索 overwinding
绞盘横杆 cross piece
绞盘后端防护网 rear screed
绞盘护罩 winch case
绞盘滑轮组 sheaves
绞盘机 capstan engine; drawbeam; ground skidder; tackle; teagle; winch machine
绞盘加固束 swifter
绞盘驾驶员 cathead man
绞盘减速器 winch reductor
绞盘减速蜗轮 winch reductor worm
绞盘绞索拉力 line pull
绞盘卷筒自由放索 free spool reel out
绞盘卷筒 capstan drum
绞盘卷筒合套 winch drum sliding clutch
绞盘卷筒离合器 winch drum sliding clutch
绞盘卷筒中心高度 winch center of drum height
绞盘卷扬机 gipsy spool;gypsy spool
绞盘可变钢绳速度 variable line speed
绞盘空卷筒 bare drum

绞盘缆索 winch cable
绞盘离合器 winch clutch
绞盘利用主机油路的液压式操纵 power hydraulic control
绞盘链轮 wildcat sprocket
绞盘辘轳 whim
绞盘螺钉 capstan headed screw
绞盘螺杆 capstan headed screw
绞盘螺栓 capstan bolt
绞盘螺旋 capstan headed screw
绞盘满卷筒 full drum
绞盘能力 winch capacity
绞盘牵引式粪沟清理铲 winch drawn dung channel scraper
绞盘强制放索 powered reel out
绞盘强制绕出 powered reel out
绞盘绕出拉索 payout;reel-out
绞盘绕出速度 forward line speed; payout speed;reel-out speed
绞盘绕进拉索 pay in
绞盘绕入拉索 pay in;reel-in
绞盘绕入速度 pay-in speed;reel-in; reverse line speed
绞盘容量 drum capacity
绞盘容绳量 winch capacity
绞盘绳子放尽时即脱开的卡子 break-away anchor
绞盘式吊锚架 draw works cat head
绞盘式干草堆垛机 cable hay stack
绞盘式卷扬机 capstan windlass
绞盘式闸门启闭机 windlass gate lifting device
绞盘式转矩放大器 capstan-type torque amplifier
绞盘式装卸设备 cable drum handling equipment
绞盘收绳 reel-in
绞盘收绳速度 reverse line speed
绞盘手 drumhead man;cathead man
绞盘手动机械式操纵 manual mechanical control
绞盘手动液压式操纵 manual hydraulic control
绞盘手轮 capstan handwheel
绞盘输入轴 input shaft of winch
绞盘伺服机构 capstan servo
绞盘筒 capstan barrel
绞盘筒筋 whelp
绞盘头 capstan head;drum head;rundle
绞盘拖曳式塑孔铺管机 winch-hauled trenchless pipe layer
绞盘拖曳式塑料管铺设机 winch-hauled plastic pipe layer
绞盘无动力绕出 on power reel out
绞盘箱 capstan box
绞盘悬置 winch suspension
绞盘旋 capstan screw
绞盘腰部 surge
绞盘轴座 cup
绞盘主轴 main cat(head)shaft
绞盘自由绕出容量 free spool capacity
绞盘走索速度 line speed
绞漆 to press through;wring out
绞起 hoist up;wind-up
绞钳 twist iron
绞色胎 twisted colo(u)red body
绞纱染色 skein dyeing
绞升料车 hoist carriage
绞绳 spiral rope;twisted rope
绞绳机 wire stranding machine
绞绳木槌 heaving mallet
绞绳筒 gypsy head
绞绳形柱 twisted column;salomonica < 西班牙巴罗建筑特征 >
绞绳柱 twisted column
绞式挖泥船 cutter-head dredge(r)
绞丝染色 skein dyeing
绞索 bowstring;noose;rope-strand cable

J

绞索棒 rack bar;rack rod
绞索导接线 stranded bond
绞索系统 strand system
绞滩 rapids heaving;rapids warping
绞滩岸桩 warping post
绞滩驳船 rapids heaving barge;rapids warping barge
绞滩船 warping vessel
绞滩浮筒 warping buoy
绞滩机 rapids heaving winch;rapids warping winch;towing machinery
绞滩接头船 mooring boat
绞滩站 rapids heaving station;rapids warping station;winching station
绞筒 winch spool
绞筒钢丝绳直径比 drum to rope ratio
绞筒轴 drum shaft
绞吸 cutter suction
绞吸式挖泥船 cutter dredge(r);cutter-head pipe line dredge(r);cutter-head type suction dredge(r);cutter-suction dredge(r);suction cutter dredge(r)
绞线 stranded cable;stranded conductor;twisted line
绞线车 cable winch
绞线箍 strand clamp;strand clip
绞线固定定位线夹 pull-off clamp for strand wire
绞线机 strander;twisting machine;wire twisting machine
绞旋状 twist
绞衣机 wringer
绞扎绳 woolder
绞榨机 extracting machine
绞住绞辘绳 rack a tackle
绞状漂白紫胶 hank shellac

矫

矫臭剂 flavoring agent
矫方 squaring
矫频 rectification
矫平 flattening;level(l)ing
矫平锤 flatting hammer
矫平机 level(l)ing machine
矫平面锤 dead flat hammer
矫平压力机 rolling press
矫揉造作建筑 Mannerist architecture
矫顽磁场 coerci(ti)ve field
矫顽磁场强度 coerci(ti)ve field strength
矫顽磁力 coerci(ti)ve force;coerci(ti)ve intensity
矫顽磁力计 coerci(ti)ve force meter;coerci(ve)meter
矫顽磁性 coercivity
矫顽磁性测量计 coerci(ve)meter
矫顽(磁)性的 coercionary;coercive
矫顽力 coerci(ti)ve force
矫顽力计 coercimeter
矫形 shape-righting
矫形锻压 restriking
矫形滚筒 killing roll
矫形机 section straightening
矫形力 optic(al)force;orthopedic force
矫形木材 reconditioned wood
矫形医院 orthop(a)edic hospital;orthopedium;plastic surgery hospital
矫形钻头 <修管子用> opening bit
矫圆 set round
矫正 correction;rectification;rectify;redress;set right;straightening
矫正措施 remedial measure
矫正底模 counter flatter
矫正垫板 <压缩试验用> bedment
矫正法 orthosis
矫正方差估计 improved estimation on variance
矫正钢轨倾侧 straightening of cant rail
矫正估计 improved estimate
矫正轨道高低水平 surfacing of track
矫正轨距器 ga(u)ge setting device
矫正机 arbor press;level(l)ing machine;reeler;straightening press
矫正教学 remedial instruction
矫正孔斜 straightening of hole
矫正偏差 correct a deviation
矫正器 appliance;rectifier;straightener;unscrambler
矫正散光的 astigmatic
矫正时间 improvement time
矫正视轴的 orthoptic(al)
矫正速度 straightening speed
矫正涂层 straightening coat
矫正信号 correcting signal
矫正压扁的钻杆柱 rolling-out collapsed string
矫正咬合器 typodont
矫正指导 remedial instruction
矫直 align;aline;flattening;level(l)ing;level off;straighten(ing);trueing;unbend
矫直板 straightening plate
矫直操作 straightening operation
矫直工 flattener
矫直管子 swedged out
矫直辊 level(l)er roll;straightener roll;straightening roll
矫直过程 gag process
矫直机 flattener;flattening machine;level(l)er;straightener;straightening machine;unbender
矫直剪切联合机组 combined level(l)er and shears
矫直切断机 straightening cutting machine
矫直设备 straightening device
矫直压力机 gag press
矫直装置 straightener;straightening device
矫治性维修时间 corrective maintenance time

脚

脚安平螺旋 leg level(l)ing screw
脚板部分 base plate component
脚本 script
脚标 subscript
脚步(级)foot step
脚步声 footfall
脚步声测量 footstep sound measurement
脚步声传递 footstep sound transmission
脚步声传递损失 footstep sound transmission loss
脚步声隔声板 footstep sound insulation board
脚步声绝缘 footstep sound insulation
脚步声绝缘板 footstep sound insulation board
脚步声强度 footstep sound intensity
脚步声衰减 footstep sound attenuation
脚步声衰减指数 footstep sound reduction index
脚材 butt-swelling
脚踩阀 foot valve
脚踩助力铲 treaded spade
脚衬片 foot liner
脚挡板 toe guard
脚蹬 foot step;foot support;pedal;sill step;boat stretcher <舢板上>;foot board;foot spar
脚蹬板 step tread plate
脚蹬传动 treadle drive
脚蹬吊铁镶边 step hanger moulding
脚蹬棍 foot rail
脚蹬盒 step box
脚蹬架 step hanger
脚蹬门 vestibule entrance door;vestibule side door
脚蹬起动踏板 kick-pedal
脚蹬踏板 step tread
脚蹬橡胶垫 rubber tread
脚蹬销子 step pin
脚凳 cripple;foot rest;footstool
脚垫 foot rest
脚钉 foot pin;foot pin for level(l)ing rod
脚定位手泵 foot pump
脚动和手动节流阀 foot and hand throttle
脚动陶轮 kick wheel
脚洞 foot cave
脚刮板 foot scraper
脚光 floats;footlight
脚光聚光灯 footlight spot
脚划船 leg row boat
脚架 foot rest
脚架接头 clevis joint
脚架扭转误差 twisting error of tripod
脚尖 toe tip
脚接触热 treading warmth
脚卷梁 footring
脚靠 foot rail;foot rest <客车的>
脚控传动 foot gear control
脚控阀门 foot controlled valve
脚控压力机 foot lever press
脚扣 foot fastener;lineman climbers;pick-up hook;pole climbers;climbers;climbing irons <上电杆用>
脚扣皮带 foot fastener belt
脚缆 foot rope
脚力测定器 pedodynamometer
脚轮 caster(wheel);caster with rubber wheel;castor
脚轮推车 boat truck
脚螺旋 foot screw;leg level(l)ing screw
脚码 subscript
脚面通风器 floor register
脚面罩 metatarsal guard
脚盘 bottom plate;foot disc;foot treadle;pedal disc[disk]
脚盘开关 foot switch
脚盆 demi-bath;foot bath
脚蹼 swim fin
脚圈梁 footring
脚刹车 coaster brake;foot steering brake;pedal brake;service brake
脚石 base block
脚手【建】staging
脚手板 boatswain's chair;foot plank;ledger board;scaffold board;scaffolding;scaffold plank
脚手板工作台 stage
脚手板支架 split heads
脚手挡板 toe board
脚手杆 barling;scaffold pole;staging pole
脚手管 scaffold pipe;scaffold tube
脚手横撑 horizontal brace
脚手横梁 girt strip
脚手架 construction trestle;erecting frame;erecting scaffold;erecting stage;falsework;frame work;framing scaffold;ledger(board);lining form;platform;ripple;scaffold board;scaffold(ing);skeleton lagging;staging;subtruss;timber support;staging <美>
脚手架安装 erection reinforcement
脚手架板 gang board;gang plank;scaffolding board;staging plank
脚手架便梯 gang board
脚手架布置图 scaffolding layout
脚手架步距 scaffold height
脚手架车 scaffold carriage;scaffold trestle
脚手架大横杆 scaffold ledger
脚手架的防护板 guard board
脚手架的固定键 key of scaffolds
脚手架的桁架 <为建造主桥架而架设的脚手架中的桁架> pilot truss
脚手架的护网 fan guard
脚手架的爬梯 climbing ladder
脚手架的水平构件 ledger board
脚手架的小车道板 cart way panel
脚手架短横木 pudlink
脚手架高度 scaffold height
脚手架工 arch-setter
脚手架工程 scaffolding work
脚手架构架 scaffolding frame
脚手架管子 scaffold tube
脚手架横撑木 thwart
脚手架横杆 cross ledger;ledger board
脚手架横梁 bearer
脚手架护网 scaffold-guard
脚手架活动平台 window jack(scaffold)
脚手架架梁(法)staging erection
脚手架架设法 erection by falsework
脚手架绞车 scaffolding winch
脚手架结点 scaffold knot
脚手架孔 putlog hole
脚手架框架 scaffold frame
脚手架框架层数 tiers
脚手架捆绑法 stage lashing
脚手架立杆 scaffold standard
脚手架立柱 ricker;scaffold pole;scaffold standard;standard of scaffolds;upright post
脚手架连接件 scaffolding coupler
脚手架链条 scaffolding chain
脚手架梁 service girder
脚手架木 scaffold pole
脚手架木板 scaffolding plank
脚手架木杆 timber scaffold pole
脚手架排架 scaffold trestle
脚手架配件 scaffolding fittings
脚手架平台 landing stage of scaffold;scaffolding platform
脚手架铺板 gang boarding
脚手架人行板支承横木 putlog
脚手架上的工作平台 working platform of scaffold
脚手架上的卷扬机 scaffold hoist
脚手架上防止杂物落下的挡板 fan guard
脚手架上护网 fan guard
脚手架上面保护装置 overhead protection for scaffolding
脚手架绳 scaffolding rope
脚手架式模板支撑 scaffold-type shoring
脚手架水平杆件支撑 braces of trench
脚手架踏板 scaffold bridge;stage board;stage plank
脚手架台 scaffold trestle
脚手架台板 gantry platform
脚手架跳板横木 putlock;putlog
脚手架跳板横木孔洞 potlog hole
脚手架托梁 scaffolding bearer
脚手架小横杆 putlock;putlog
脚手架用钉 scaffold nail
脚手架用钢管构件 scaffold tube
脚手架用杆 scaffolding pole
脚手架用管 scaffold tube
脚手架支索 stage rope;stage sling
脚手架支柱 scaffold pole;scaffold standard
脚手架柱 scaffold trestle
脚手井架 scaffold tower
脚手栏杆 working rail
脚手木杆 scaffolding pole

J

脚手跳板(短)横木 putlog
脚手斜撑 locking device
脚手眼 putlog hole
脚手栈道 construction trestle
脚手支撑架 <深沟槽> back prop
脚手架支腿的安全荷载 safe leg load
脚手架专用钉 scaffold nail
脚索 foot rope
脚踏安全阀 pneumatic foot valve
脚踏按钮 foot button; foot push; toe piston
脚踏板 deck plate; foot board; foot pedal; foot rest; foot stall; foot step; foot plate; foot treadle
脚踏板加速器 pedal accelerator
脚踏板橡胶垫 foot board rubber pad
脚踏板照明灯 step lamp
脚踏板轴 pedal shaft
脚踏报警器 foot-operated alarm
脚踏泵 foot pump
脚踏操纵杆 foot lever
脚踏操纵控制阀 foot control valve
脚踏车 bicycle; pedal bicycle; pedal cycle
脚踏车场 cycle stand
脚踏车车道加边 cycle path edging
脚踏车床 foot-operating lathe; pole lathe; treadle lathe
脚踏车道加边 cycleway edging
脚踏车房 cycle room
脚踏车架 cycle stand
脚踏车路线 pedal cycle track
脚踏车试验 bicycle test
脚踏传动 foot drive
脚踏传动式磨 treadle mill
脚踏传动式试验台 treadle mill
脚踏打气泵 foot pump
脚踏的 pedal
脚踏电门 floor contact; floor push; foot-operated contact; foot plunger; foot push; foot switch
脚踏垫 foot scraper
脚踏定门器 foot-operated door holder
脚踏发电机 pedal-dynamo; pedal generator
脚踏阀(门) foot(step) valve; pedal valve; foot operated valve
脚踏风门 foot throttle
脚踏杆 foot rest lever
脚踏给皂水器 foot-operated soap dispenser
脚踏鼓风机 foot blower; foot flower
脚踏换挡 gear changing by foot
脚踏挤压机 foot press
脚踏加速器 pedal accelerator
脚踏剪床 foot shears
脚踏截锯机 undercut trimmer saw
脚踏开关 floor push; floor switch; foot pedal; footpress switch; foot push; foot (step) switch; pedal switch
脚踏控制 foot control; pedal control
脚踏轮 foot wheel; pedal wheel
脚踏轮桨船 pedalo
脚踏门掣 door holder
脚踏门闩 foot bolt
脚踏门锁 foot bolt
脚踏木织机 domestic loom
脚踏起动器 kickstarter
脚踏曲柄臂 foot rest crank arm
脚踏三轮车 trisha(w)
脚踏刹车 foot brake; foot-operated brake
脚踏式夹持器 holding dog with foot release pedal
脚踏式搅碎机 foot masher
脚踏式离合器 foot clutch
脚踏式水龙头 foot-operated faucet
脚踏式制动器 foot brake
脚踏四轮车 qaudricycle
脚踏陶车 tread wheel
脚踏提升器 foot lifter
脚踏铁锤 oliver
脚踏脱粒机 foot thresher; pedal (rotary) thresher
脚踏污物桶 waste receptacle with pedal lift
脚踏吸引器 footpad suction unit
脚踏橡皮 foot rest rubber
脚踏型加速器 foot accelerator
脚踏压力机 foot(lever) press
脚踏牙钻车 foot engine; tread drive dental engine
脚踏轧机 tread mill
脚踏闸 brake pedal; brake service; pedal brake; service brake; toe brake; foot brake
脚踏闸杆 brake foot lever; foot brake rod
脚踏制动 pedal brake
脚踏制动器 foot-operated brake; service brake; footbrake
脚踏轴 pedal spindle
脚踏轴螺母 pedal spindle nut
脚踏转向制动器 foot steering brake
脚踏子 foot step
脚踏钻床 treadle drilling machine
脚踏钻杆夹持器 bulldog clamp
脚台架 scaffold
脚条 heel bead
脚推传动 foot drive
脚挖黏[粘]土法 <小隧道旋工中的> clay kicking method
脚挖黏[粘]土者用的锹 clay kickers shovel
脚系板 <屋架支撑处的系板> foot plate
脚下锚 anchor underfoot
脚线 down line; foot rule; leg wire
脚线材料 leg wore material
脚摇钻 breast drill
脚印 foot mark
脚闸 foot(-operated) brake
脚闸制动系统 service braking system
脚制动器 pedal brake
脚制动踏板 brake pedal
脚注 foot notation; footnote; subscript (sign)
脚注编号 numbering of foot-note
脚爪 paw
脚子 bottoms

铰

铰按式装载机 articulated loader
铰按转向式底卸卡车 articulated steer bottom-dump
铰车 hoist
铰承座 hinged bearing
铰承座轿 hinged bearing
铰床 reamer; reaming machine; rimer; rymer
铰刀 broach taper; chamfer bit; reamer(bit); rimer; rymer; cutter【疏】
铰刀槽铣刀 reamer cutter
铰刀齿 cutter teeth
铰刀大环 cutter back ring
铰刀刀杆 reamer holder
铰刀导向套 reamer bushing
铰刀导锥 starting taper of reamer
铰刀附件 fraise adapter
铰刀轨迹 cutter track
铰刀机 cutter driver
铰刀及丝锥槽铣刀 reamer and tap fluting cutter
铰刀夹套 reamer chuck
铰刀架绞车 cutter ladder winch
铰刀架缆 ladder hoist wire
铰刀架起落装置 <挖泥船的> ladder hoisting gear
铰刀开槽铣刀 reamer fluting milling cutter
铰刀轮毂 cutter hub
铰刀螺栓 reamer bolt
铰刀马达超载 overload of cutter motor
铰刀马达负荷指示器 load indicator of cutter motor
铰刀磨损 abrasion of cutter; cutter wearing
铰刀片 cutter blade
铰刀起落装置 hoisting gear for cutter
铰刀桥架 cutter ladder
铰刀桥架吊架 cutter ladder gantry
铰刀切入 cutter break-in
铰刀驱动多级开关 multistage switch of cutter drive
铰刀驱动功率 cutter drive power
铰刀驱动控制器 cutter drive governor
铰刀驱动装置 cutter drive
铰刀头 <挖泥船的> cutter head
铰刀头堵塞 clogging of cutterhead; fouling of cutterhead
铰刀维修平台 cutter service platform
铰刀位置指示仪 cutter position indicator
铰刀吸扬式挖泥船 cutter-suction dredge(r)
铰刀液压传动 hydraulic drive for cutter
铰刀液压机 hydraulic driver for cutter
铰刀轴 cutter shaft
铰刀轴功率 cutter shaft power
铰刀轴环 cutter collar
铰刀轴联轴器 cutter shaft coupling
铰刀转速 cutter speed
铰刀自动控制器 automatic cutter controller
铰点 moving point
铰垫板 hinged bolster
铰钉 anchor
铰钉固定 anchorage
铰钉绝缘器 anchor insulator
铰端(支)柱 pin-ended column; pivoted end column; pin-based column
铰杠 tap wrench
铰固闸板 hinged flash-board
铰关节 hinge knuckle
铰合板 hinge plate
铰合点 <路肩与边坡的> hinge joint
铰合件 sub
铰合线 hinge line
铰喉 hinge throat
铰机制 hinge mechanism
铰架滑轮组 ladder purchase
铰剪 clips
铰接 articulate; articulated coupling; articulated pivot pin; articulation; ball bonding; hinged connection; hinged coupling; hinged joint; knuckle joint; link (ed) connection; mechanical joint; pin joint; rounded end; splice; swing joint; swivel connection; rule joint <木工用语>; open leaf <折叠门的>
铰接摆角 articulation angle
铰接摆角指示器 articulation indicator
铰接板 articulated plate; articulated slab; hinged bolster; hinged plate; approach flap <浮码头的>
铰接板法 articulated plate method; transversely hinge-connected slab method
铰接臂 articulated jib
铰接臂流动式起重机 mobile crane with articulated
铰接臂移动式高架工作平台 articulated boom mobile elevating work platform
铰接部件 hinge joint section
铰接侧板 hinged side
铰接叉臂 hitch yoke
铰接长度 hinging length
铰接车 articulated car; articulator
铰接车钩 articulated coupling
铰接车架的胶轮式集材机 rubber-tired articulated skidder
铰接车架的平地机 articulated frame grader
铰接车架底盘 articulated frame chassis
铰接车架转向 articulated frame steer(ing)
铰接车架转向式 articulated steer type
铰接车辆 articulated coach; articulated train
铰接撑件 folding stabilizer
铰接承梁 hinged bolster
铰接船 pin joint ship
铰接刀 free swinging knife
铰接的 articulated; articulating; hinged; pin-connected; pin-jointed; pivotally attached
铰接的车库门 hinged garage shutter door
铰接的窗 casement window
铰接的防火门 hinged firedoor
铰接的木板条 hinged wood(en) slat
铰接的装料滑台 hinged loading ramp
铰接的装载斜道 hinged loading ramp
铰接底板 articulated bed plate
铰接点 hinged point; pin-connected joint; pivot point; linkage point
铰接吊杆(起重)平台 articulated boom platform
铰接吊桥 hinged lift bridge
铰接顶梁 hinged bar
铰接端 hinged end; pin end
铰接端的 pin-ended; rounded end <梁的>
铰接墩柱 hinged post
铰接盾构 articulated shield
铰接盾构机 articulated shield machine
铰接轭 hitch yoke
铰接翻斗车 articulated dump truck
铰接防撞构架 articulated fender frame
铰接缝 articulated joint; warping joint <允许混凝土板作角转动>; hinged joint
铰接浮坞门 hinged floating gate
铰接杆 hinge bar; link bar
铰接杆件 articulated bar; hinged bar; link bar; pin-jointed bar
铰接杆式堆垛机 boom stacker
铰接杆式堆料机 boom stacker
铰接钢板 articulated steel plate; hinged steel plate
铰接钢板运送带 articulated steel plate conveyer[conveyor]
铰接拱 articulated arch; hinged arch; linked arch
铰接拱梁 articulated arch(ed) girder; pin-jointed arched girder
铰接拱桥 hinged arch bridge
铰接拱形大梁 hinged arch(ed girder)
铰接构架 articulated frame
铰接构件 hinged structure
铰接固定支座 hinged immovable support
铰接管 articulated conduit; articulated pipe; articulated tube
铰接合 articulated joint; pinned connection
铰接桁架 articulated truss; hinged truss; pin-connected truss; pin-

jointed truss
铰接桁架式吊臂 articulated boom
铰接桁梁 hinged girder
铰接桁条 pinned purlin(e)
铰接后轴 articulated rear axle
铰接混凝土 articulated concrete
铰接混凝土沉排 articulated concrete mattress
铰接混凝土块 articulated concrete block
铰接混凝土块铺面 articulated concrete matting
铰接混凝土块体排 articulated concrete mattress
铰接混凝土路面 articulated concrete pavement
铰接活动支座 hinged movable support
铰接机构 linkwork
铰接机架的拖拉机 articulated frame tractor
铰接机制 hinged mechanism
铰接夹 toggle clamp
铰接夹头 hinge jack
铰接架 hinge mount
铰接架空中工作平台 articulating boom platform
铰接接合 adjustable fitting; articulated coupling; articulated joint; hinged joint; swivel joint
铰接接头 adjustable fitting; articulated coupling; articulated joint; hinged joint; swivel joint
铰接节点 hinged joint
铰接结构 hinged structure; pin-connected construction; pin-jointed structure
铰接结构系统 articulated system
铰接结合 pin connection
铰接口 hinged joint
铰接块体灌浆护岸 articulating block grout-filled revetment
铰接框(架) articulated frame; hinged casing; hinged frame; pin-connected frame; pin(-jointed) frame
铰接拉杆 <桥梁防震> hinge tie
铰接力矩 hinge moment
铰接立轴 hitch kingpin
铰接立柱(平车) hinged stanchion
铰接连梁 Gerber's beam; Gerber girder
铰接联结器 articulated coupling
铰接链 articulated link chain; chain of hinges; pintle chain
铰接梁 articulated beam; hinged beam; hinged girder
铰接梁法 hinge connected beam method
铰接檩条 articulated purlin(e); pin-jointed purlin(e); pinned purlin(e)
铰接流动式起重机 articulated mobile crane
铰接溜槽 articulated drop chute
铰接轮叶 hinged paddle
铰接螺栓 link bolt; swing bolt
铰接门 revolving door
铰接门扉 <折叠门的> opening leaf
铰接门柱 hanging post; hinging post
铰接木板 articulated wood(en) slate
铰接木板运送带 articulated wood(en) slate
铰接平板支墩坝 articulated flat-slab buttress dam
铰接平台 pin-jointed platform
铰接坡道 hinged ramp
铰接起重臂 articulated jib; articulating boom
铰接千斤顶 articulated jack
铰接牵引杆 free drawbar
铰接钳 hinged jaw tongs
铰接桥 articulated bridge; pin-jointed bridge
铰接桥墩 hinged pier; hinge post
铰接清管器 articulated go-devil; articulated pig; articulated scraper
铰接曲板桥 curved articulated plate bridge
铰接曲柄 hinged handle
铰接曲柄箱保护器 hinged crankcase guard
铰接散热器罩 hinged radiator guard
铰接升船机平台 pin jointed shiplift platform
铰接升降桥 hinged lift bridge
铰接式坝 articulated type dam
铰接式驳船 articulated barge
铰接式车架 articulated frame; hinged frame
铰接式车架的自行式平地机 articulated motor grader
铰接式车辆 articulated vehicle
铰接式车辆的静态倾翻负荷 articulated static tipping load
铰接式车辆的转弯倾翻负荷 articulated full-turn tipping load
铰接式车身 flexible body
铰接式车箱 flexible bodywork
铰接式窗扇 awning sash
铰接式单片伐树刀 pivoted single blade
铰接式导口 hinged type entry guide
铰接式底阀 hinged foot valve
铰接式底架 articulated chassis
铰接式底盘 articulated chassis
铰接式顶梁 articulated roof
铰接式斗车 hinged hopper
铰接式翻斗车 articulated dumper
铰接式公共汽车 articulated bus
铰接式挂车 articulated trailer
铰接式桁架(梁) hinged girder
铰接式弧形伐树刀 pivoted curved blade
铰接式混凝土 articulated concrete
铰接式货车 articulated lorry
铰接式机架 articulated frame; pivoted frame
铰接式集材机 articulated skidder
铰接式结构 articulated construction
铰接式连杆 articulated connecting rod
铰接式列车车组 articulated train set
铰接式裂土器 hinged ripper
铰接式碾压机 articulated roller
铰接式耙路机 swivel ripper
铰接式平地机 articulated grader
铰接式深水常压潜水系统 articulated deep-water atmospheric diving system
铰接式松土机 swivel ripper
铰接式松土器 hinged ripper
铰接式陶瓷饰面板 anchor type ceramic veneer
铰接式拖拉机 articulated tractor; hinged-frame tractor
铰接式腕臂 hinged cantilever
铰接式无轨电车 articulated trolleybus
铰接式小型翻斗车 articulated small dumper
铰接式悬臂 hinged boom
铰接式压路机 articulated roller; tractor articulated roller
铰接式有轨车辆 articulated rail vehicle
铰接式原木装载机 articulated log loader
铰接式闸室底板 articulated chamber floor
铰接式主机架 articulated main frame
铰接式柱脚 pin-ended portal frame
铰接式柱脚门形刚架 pin-ended portal frame
铰接式转向 articulated steering
铰接式装油平台 articulated loading platform
铰接式装载机 articulated wheeled loader
铰接式自卸车 articulated truck
铰接式自卸卡车 articulated dumping
铰接体系 pin-jointed purlin(e)
铰接天窗 hinged skylight
铰接图 hinged connection diagram
铰接拖车 articulated trailer
铰接拖挂车 prime-mover and semi-trailer
铰接坞门 hinged dock gate; hinge gate
铰接系杆 hinged tie bar
铰接系统 articulated system; hinged system
铰接销 hinge(d) pin
铰接卸车地板门 hinged unloading trap
铰接卸料溜槽 articulated drop chute
铰接型钢 hinged bar
铰接型松土机 hing type ripper
铰接悬臂 articulated boom; hinged cantilever girder bridge
铰接悬臂梁 Gerber's beam; hinged cantilever beam
铰接悬臂梁桥 Gerber's girder bridge; hinged cantilever beam bridge
铰接悬臂门式起重机 gantry crane with hinged boom
铰接悬臂桥 hinged cantilever bridge
铰接摇柄 hinged handle
铰接摇座 articulated rocker
铰接有杆锚 articulated stock anchor
铰接预制混凝土块沉排 articulating precast concrete mat
铰接闸门 pivot gate
铰接遮光门窗 hinged shutter
铰接折叠式舱盖 hinged and folding hatchcover
铰接褶瓣排气管 exhaust pipe with hinged flaps
铰接振动槽式输送机 articulated vibrating trough conveyer[conveyor]
铰接振动槽式运送机 articulated vibrating trough conveyer[conveyor]
铰接支撑 hinged prop; hinged bolster
铰接支撑扶垛坝 articulated buttress dam
铰接支承 hinged support
铰接支点 hinged support
铰接支点枢轴 swing bolt
铰接支墩 hinged pier
铰接支柱 hinged leg; hinge pedestal
铰接支座 hinged support; hinged bearing; pin rocker bearing; pivotal bearing; rounded support; swivel support; knuckle bearing; pinned support
铰接直升式闸门 articulated vertical lift gate
铰接轴 articulated axle; jointed shaft
铰接轴座 yoke
铰接主轴 articulated spindle
铰接柱 hinged column; hinged pedestal; hinge-jointed column; articulated column
铰接柱脚门式刚架 pin-ended portal frame
铰接(柱式)装油平台 articulated loading platform
铰接转车台 articulated turntable
铰接转盘 articulated turntable
铰接转向的后卸卡车 articulated steer rear-dump
铰接转向机构 articulated steering mechanism
铰接转向节 hinge knuckle
铰接转向式铲运机 articulated steer scraper
铰接转向式反铲挖掘装载机 articulated steer backhoe-loader
铰接转向式拖拉机 articulated steer tractor
铰接转向式装载机 articulated steer loader
铰接桩 hinged pile
铰接装油臂 articulated loading arm; articulated operation arm
铰接装置 articulated hitch
铰接组合式自动化离心浇注(混凝土管)成型机 automatic hinge assembling and double-sided hinge pin spinning machine
铰接作用 hinged action
铰接座 hinged seat; hinge mount
铰节 pin joint; swivel link
铰节传动 knuckle drive
铰节点 pin-connected joint; pin-connected node; pinned connection; pinned joint
铰颈 hinge throat; throat of hinge
铰颈承受辅载能量 hinge throat capacity
铰孔 boring; broaching; fraising; reamed hole; reaming; scan
铰孔槽铣刀 reamer cutter
铰孔车床 reaming lathe
铰孔导向套 reamer bushing
铰孔攻丝复合刀具 reamer tap; stay tap
铰孔机 broacher; broaching machine; reaming bench; reaming machine; router
铰孔夹具 broaching fixture; reaming jig
铰孔架 reaming stand
铰孔前钻头 reamer drill
铰孔锥 reaming bit; reaming hit
铰孔钻床 reaming drill press
铰缆速度 warping speed
铰连杆 <采矿> link bar
铰连活门 flapper
铰连接 hinge-connected
铰连在支座上的拱形桁架 arch hinged at the abutments
铰链 articulation; butt(hinge); chain sprocket; gemel <旧名>; gimmer; hinge; iron hinge; pin hinge; rocker; anchor and collar <门上的>
铰链板 flap; hinge reinforcement; hinge strap flap
铰链成型模 hinge forming die
铰链窗 French sash; hinged window
铰链窗边框 hanging stile
铰链点 hinged point; pivoting point
铰链吊挂式发动机 pivoting motor
铰链定位板 hinge template
铰链端 hinged end
铰链阀 fly gate
铰链盖 hinge(d) cover; hinged lid
铰链杆 hinge-rod
铰链格状梁 hinged lattice(d) girder
铰链拱 gemel arch
铰链钩 pelican hook
铰链管 hinge tube
铰链规 butt ga(u)ge
铰链柜橱门 cabinet hinged door
铰链横档 hanging head
铰链接的 articulated
铰链接合 articulated joint; feather(ed) joint; knuckle joint; pin joint; hinged joint
铰链接合大门 hinged leaf gate
铰链接合的 pin-jointed
铰链连接 eye joint; pivoted mount; swivel coupling
铰链连系 pin-jointed linkage
铰链轮架 hitch yoke
铰链螺栓 link bolt; swing bolt
铰链冒头 hanging rail; hinging rail

铰链门 butt-hung door;folding-hinged door;hinged door;hinged gate
铰链门窗梃 hinge stile
铰链门框 hinge plate
铰链门梃 swing post
铰链门梃的下端 heel
铰链门柱 swinging post
铰链拍落式闸板 hinged flap
铰链平开窗 hinged casement
铰链嵌接 butt-scarf joint
铰链区 hinge area
铰链式承重竖框 hinge carrying mullion
铰链式导向装置 knuckle guide
铰链式货叉 hinged fork
铰链式开关 bat-handle switch
铰链式联轴器 articulated coupling
铰链式裂土器 hinge type ripper
铰链式六压砧超高压高温装置 cubic(al) hinge ultra high pressure and high temperature device
铰链式砂箱 pop-off flask
铰链式松土器 hinge type ripper
铰链式仰开桥 drawbridge;leaf bridge
铰链式闸门 flap gate
铰链式钻具 wiggle tail
铰链枢轴孔 hinge eye
铰链栓 hinge bolt
铰链四杆机构 hinged four bar mechanism
铰链挺 <门窗的> hanging stile
铰链筒 butt bolt
铰链腿 gate leg
铰链托架 hinge bracket
铰链托架螺栓 hinge bracket bolt
铰链销 articulated pivot pin; butt (hinge) pin;hinge(d) pin;hitch pin
铰链销钉 butt pin;pin of a hinge
铰链芯轴 articulated pivot pin
铰链压力 hinge pressure
铰链(眼杆)悬索桥 eyebar suspension bridge
铰链页 hinge plate
铰链栅门 hanging stile
铰链罩 knuckle guard
铰链针锉 joint needle-handle file
铰链支座 rocker-bar bearing
铰链轴 articulation
铰链柱 hinge column; hinge pillar; hinge strap;hinge post <闸门的>; swing post <门的>
铰链装得不好门面被卡住 hinge bound
铰链装合板 hinged plate
铰链装在顶上的窗 top-hinged window
铰链装置 erection hinge;hitch
铰链座舱盖 hinged cockpit hood
铰扭边 twisting
铰钮中心 twist center[centre]
铰盘的传动 winch drive
铰盘起锚机 gypsy capstan
铰盘制动器 drum brake
铰片 hinge
铰钳 joint pliers
铰绳筒 <绞车上的> gypsy
铰式拔柱机 Sylvester
铰式斗车 hinged hopper
铰式盖舱板 hinged hatch cover
铰式(混凝土路面的)接缝 <即企口缝> hinged joint
铰式接合 hinge joint
铰式料斗 hinged hopper
铰式螺栓 hinged bolt
铰式暖气片防护罩 hinged radiator guard
铰式散热器防护罩 hinged radiator guard
铰式收缩缝 hinged type contraction joint
铰式缩缝 hinge type contraction joint
铰式桅杆 hinged mast;knuckle mast
铰式栅门 hinged barrier;hinged harrier
铰式支座 knuckle bearing; tumbler bearing
铰同心孔 align reaming;line reaming
铰铣刀 reamer cutter
铰线机 stranding machine
铰线系数 stranding factor
铰销 hinge pin;pivot shaft
铰摇式压路机 articulated frame roller
铰折板 hinged plate
铰支承 hinged bearer; hinged bearing; hinged support; pine rocker bearing; pinned bearing; pinned support;pin rocker bearing
铰支承块 hinged shoe
铰支的云母板 mica flap
铰支拱基 hinge(d) impost
铰支门脚 articulated gate shoe
铰支门形架 articulated portal frame
铰支轴 hinge(d) pivot
铰支柱 pivoted end column
铰支座 hinged bearer; hinged bearing; hinged shoe; pinned bearing; pinned support
铰制孔 reamed hole
铰制螺栓 reamed bolt
铰周边加筋抗张能量 hinge circumferential-reinforcement capacity
铰轴 hinge shaft;hinge pin
铰轴安装 stud mount
铰轴长度 knuckle length
铰柱脚 hinge pedestal
铰转动 hinge rotation
铰转门 pivot(-leaf) gate
铰装门 hinged door
铰锥铆钉孔 ream a rivet hole
铰座 free bearing

搅

搅拌 agitating; churning; intermixing;mixing;stirring(up)

搅拌扒 rabbling hoe
搅拌棒 mixing rod;poke rod;rabble; rabbling iron; stirrer bar; stirrer with four tilted blades;stirrer with spiral blades <旋板式>
搅拌焙烧炉 rabbling roaster
搅拌比容积 stirred specific volume
搅拌臂 mixing arm;mixing blade arm
搅拌薄膜浓缩器 agitated thin-film evapo(u)rator
搅拌薄膜蒸发器 agitated thin-film evapo(u)rator
搅拌不匀 incomplete mixing; undermixing
搅拌不足 incomplete mixing; undermixing
搅拌布煤器 stirrer distributor
搅拌仓 blending bin
搅拌操作 mixing process
搅拌槽 agitated tank; agitating tank; agitator bath; agitator tank; trough mixer
搅拌槽容量 gross volume
搅拌铲 mixing ladle; mixing spade; rabbling hoe
搅拌厂 batch(ing) plant;mixing plant
搅拌场所 mixing site
搅拌车 <搅拌混凝土用> agitating device; lorry mixer; mixer-type truck; transit-mixing truck; truck mixer;truck-transit mixer;agitating lorry;lorry agitator;mixer car;mixer-lorry; mixer vehicle; mixing truck; transport mixer; agitator truck
搅拌车厢货车 <装有拌制混凝土车厢的货车> agitator body truck
搅拌车运输 mixer en route
搅拌衬筒板 mixer liner segment
搅拌成奶油状 cream
搅拌池 blending basin;blending tank; homogenizing basin; mixer-agitator tank; mixing basin; paddling pool; stirred tank;stirring tank;wash mill
搅拌池式反应器 stirred tank reactor
搅拌船 <搅拌混凝土用> floating mixer
搅拌床 agitated bed
搅拌床层 teetered bed
搅拌萃取器 stirring extractor
搅拌刀 rabbler
搅拌地点 mixing site
搅拌定时器 mixing timer
搅拌度 amount of mixing
搅拌法 paddling process;stirring
搅拌方法 mixing;mixing system
搅拌方式选择器 mix selector
搅拌干燥机 agitating dryer
搅拌干燥器 stirring drier[dryer]
搅拌杆 agitating arm; agitating bar; agitator bar; mixing arm; poker (bar);stirring rod
搅拌缸 a mixing bowl;mixing tank
搅拌工厂 mixing plant
搅拌工场 mixing plant
搅拌工具 mixing element
搅拌功率 power of agitator
搅拌鼓 drum of mixer; mixer drum; mixing drum
搅拌刮铲 mixing drag
搅拌罐 agitating tank; agitator tank; pan <铲土机的>
搅拌滚筒 mixing drum
搅拌棍 poking bar;rabble
搅拌锅 agitating pan;agitator kettle
搅拌过程 mixing process
搅拌过度的 overmixing
搅拌过滤 stirring filtration
搅拌过滤器 stirring filter
搅拌好的 ready-mixed
搅拌好的混凝土 mixed concrete
搅拌混合器 stirring mixer
搅拌混合物 blending mixture
搅拌混凝土 mixing of concrete
搅拌机 agitator(blender);baffled mixer;blender;blending machine;kneading mill;machine mixer;mill;mixer; mixing machine; mixing unit; puddle mixer; pulper; stirrer; stirring gear;stirring machine;stirring mill
搅拌机拌缸 mixer-agitator tank
搅拌机保护剂 mixer protection agent
搅拌机操作工 mixer operator
搅拌机车 agitator car;high discharge mixer;mixer car
搅拌机称重系统 mixer weighing system
搅拌机传动装置 mixer driver
搅拌机的发动机 mixer engine
搅拌机的预涂 buttering of mixer
搅拌机底部卸料 bottom discharge
搅拌机动力 mixer drive
搅拌机分批进料口 batching gate
搅拌机杆 agitator arm
搅拌机弓形内衬 line segment
搅拌机构 rabbling mechanism; stirring mechanism
搅拌机骨料进料铲 aggregate scraper shovel
搅拌机机架 mixer frame;mixer trestle
搅拌机机身 agitator body
搅拌机加料斗 mixer hopper
搅拌机桨叶 mixer arm;mixing arm; arm of mixer;stirring arm
搅拌机进料斗 mixer hopper
搅拌机卡车 agitator truck
搅拌机控制 mixer control
搅拌机轮叶 mixing arm
搅拌机螺杆 mixing worm
搅拌机命名法 mixer designation
搅拌机(配置的)秤 mixer scale
搅拌机汽车 agitator lorry;mixer truck
搅拌机器 malaxator
搅拌机容积 mixer size
搅拌机容量 batch capacity;mixer capacity
搅拌机司机 mixer driver
搅拌机喂料 mixer charging
搅拌机效率 mixer efficiency
搅拌机卸料口 mixer discharge gate
搅拌机卸料门 mixer discharge gate
搅拌机械 blending machinery;mixing machinery;stirring machinery;stirring mechanism
搅拌机叶轮 mixing impeller; mixing paddle
搅拌机叶片 mixer blade;mixing paddle
搅拌机支座 agitator support
搅拌机制 stirring mechanism
搅拌机制砂浆 mill run mortar
搅拌机轴 mixer shaft
搅拌机转动次数 amount of mixing
搅拌机装料斗 mixer skip
搅拌机总容量 gross volume
搅拌计时器 mix(o)meter
搅拌间 mixing chamber
搅拌间隔式萃取器 agitated compartmented extractor
搅拌筒衬板 drum liner
搅拌筒外壳 drum shell
搅拌浆 agitator blade;stirring paddle; stirring rake
搅拌桨 mixing paddle
搅拌桨叶 agitating vane; mixer paddle; stirrer paddle; stirring arm; stirring blade
搅拌角 mixing angle
搅拌浸出高压釜 agitated leaching autoclave
搅拌卡车 <车上设搅拌设备> mixer truck
搅拌空气 blending air
搅拌空气分配器 mixing air distributor
搅拌孔 poke hole
搅拌宽度 mixing width
搅拌沥滤 agitation leach;mixing leach
搅拌量 amount of agitation; amount of mixing
搅拌流化床 forced fluidized bed
搅拌楼搅拌的材料 plant-mixed material
搅拌炉 rabble furnace
搅拌轮叶 mixing arm
搅拌螺旋 agitating auger; churning screw
搅拌磨 agitator mill
搅拌捏和机 pugmill
搅拌耙 rabble;raker stirrer
搅拌铺路联合机 combined mixing and paving machine
搅拌汽车 agitating truck;agitator body truck; agitator car; agitator truck; impinger
搅拌器 agitator;beater;blender;churn; commingler; inspirator; mixer; mixing paddle; mixing vessel; paddle; rabbler; spreader screw; stirrer; stirring machine
搅拌器板 agitator board
搅拌器臂 stirring arm
搅拌器处理 agitator treating
搅拌器连接轴 agitator joint shaft

J

搅拌器每分转数 rotor revolution per minute
搅拌器喷管 agitator jet
搅拌器喷嘴 agitator nozzle
搅拌器汽车 truck agitator
搅拌器驱动轴 propeller drive shaft
搅拌器伸出轴 agitator extension shaft
搅拌器叶片 stirring arm
搅拌器轴 stirrer shaft
搅拌器轴承座 bearing support of agitator
搅拌器主架 mixer frame
搅拌器转筒 agitator body
搅拌器转轴 agitator shaft
搅拌器组 stirrer bank
搅拌强度 amount of agitation;intensity of blending
搅拌球磨机 agitation ball mill;agitator ball mill
搅拌区 active field
搅拌热 heat of stirring
搅拌容量 mixed capacity;mixing capacity
搅拌容器 stirred vessel
搅拌砂浆 <加水后> tempering mortar
搅拌设备 agitating device;batch(ing) plant;blending plant;mixing equipment;mixing plant;mixing unit
搅拌生产率 mixing capacity
搅拌时的加料 mixing charging
搅拌时间 blending time;churning time;mixer time;mixing period;mixing time;stirring period;stirring time;time of mixing
搅拌式萃取塔 agitated compartmented extractor;Kyodai type extractor
搅拌式反应设备 stirring-type reactor
搅拌式分隔萃取塔 agitated compartmented extractor
搅拌式分批结晶器 agitated batch crystallizer
搅拌式钢水车 mixer-type hot metal car
搅拌式混合机 stirring-type mixer
搅拌式混合器 stirring-type mixer
搅拌式混砂机 kneader type mixer
搅拌式基层 mixed base
搅拌式沥青路 mixed bituminous road
搅拌式滤池 stirring filter
搅拌式泡沫浮选机 agitation-froth machine
搅拌式输送车 <搅拌混凝土用> agitate conveyer[conveyor];agitate lorry;agitate truck;agitating conveyer[conveyor];agitating truck;agitating lorry
搅拌式提取器 Kyodai type extractor
搅拌式铁水车 mixer-type hot metal car
搅拌式运料车 <在运料途中同时进行搅拌> transit-mixer vehicle
搅拌式运输车 <搅拌混凝土用> agitate lorry;agitate truck;agitating conveyer [conveyor];agitating truck;agitating lorry;agitate conveyer[conveyor]
搅拌式轧碎机 agitatory crusher
搅拌试验 stirring test
搅拌室 mixing chamber;teeter chamber
搅拌水 batched water;ga(u)ge water
搅拌送料车 agitator conveyer[conveyor]
搅拌送料器 agitator conveyer[conveyor]
搅拌速度 agitating speed;mixing speed;stirring speed;stirring velocity
搅拌速率 stir speed
搅拌碎石 churning stone
搅拌塔 batch tower
搅拌台 mixing platform;mixing table
搅拌特性 agitation characteristics
搅拌铁球 puddle ball
搅拌桶心轴 drum spindle
搅拌桶 agitating vessel;agitator;blending hopper;mixer hopper
搅拌桶转速 drum speed
搅拌筒 churn;mixing drum
搅拌筒(大)齿圈 drum ring gear
搅拌筒反转出料 reversing drum discharge
搅拌筒滚道 drum tire;mixing drum run-way
搅拌筒几何容量 drum volume
搅拌筒倾倒高度 drum height
搅拌筒容量 mortar mixer capacity
搅拌筒支承滚轮 drum roller
搅拌筒最大内径 maximum internal diameter of drum
搅拌土机 pugmill
搅拌位置 mixing position
搅拌温度 mixing temperature
搅拌瓮 agitation vat
搅拌卧式高压釜 agitated horizontal autoclave
搅拌洗涤 agitator treating
搅拌系统 mixing system
搅拌箱 agitating tank;agitator tank;mixer drum
搅拌效率 efficiency of blending;mixing efficiency
搅拌星形架 <强制式搅拌机的> mixing star
搅拌型干燥器 agitated drier[dryer]
搅拌性能试验 mixer performance test
搅拌循环 mixing cycle
搅拌叶轮 agitating vane
搅拌叶(片) agitator blade;mixing blade;propeller;drum blade;mixing arm;mixing paddle
搅拌液体使之成气泡 whisk
搅拌用水 mixing water
搅拌用水加热 mixing water heating
搅拌运货车 agitating lorry
搅拌运料车 agitating lorry;agitating truck;mixing truck;transit-mixing truck
搅拌运输车 concrete delivery truck;mixer-lorry;agitator truck
搅拌运(输)时间 <商品混凝土的> time of haul
搅拌站 batch(ing)plant
搅拌者 stirrer
搅拌周期 mixing circle;mixing cycle;stirring period
搅拌周数 mixing cycle
搅拌轴 mixer shaft;mixing shaft
搅拌轴转速 mixing axle speed
搅拌转速 mixing speed;speed of agitator
搅拌装置 agitating device;agitation device;mixing device;mixing installation;stirring apparatus;stirring device;stirring gear;stirring unit
搅拌作业 mixing operation
搅拌作用 agitation;mixing action
搅棒 muller;paddle;splash bar;stirrer;stirring rod
搅打 beating;whipping
搅打机 beetle;beetling machine
搅打器 whipper;whipping machine;whisking machine
搅打疏松器 fluffer
搅刀 agitating vane
搅捣机 puddler
搅动 agitate;agitating;churning;disturbance;rabble;stirring;poking <混凝土>
搅动玻璃液 stirring melt
搅动槽 agitator bath
搅动池 mixing basin
搅动床层 stirred bed;vibrated bed
搅动床反应器 stirred bed reactor
搅动床搅拌送料器 stirred bed agitator-conveyer[conveyor]
搅动床设备 stirred bed plant
搅动干燥器 agitation drier[dryer];agitator drier[dryer]
搅动杆 agitator arm
搅动锅 agitated kettle
搅动机叶轮 agitator arm
搅动加热器 agitating heater
搅动结晶器 agitated batch crystallizer
搅动浸取 agitation leach
搅动沥滤 agitation leach
搅动滤取 agitation leach
搅动膜蒸发器 agitated film evapo(u)rator
搅动盘管 stirring coil
搅动器 agitator;stirrer;stirring apparatus;stirring gear;turner
搅动器槽 agitator tank
搅动区 stirring section
搅动溶液 agitation of the bath
搅动生泡法 agitation-froth process
搅动时间 churning time
搅动式拌和机 stirring-type mixer
搅动式浮选机 agitation type flo(a)tation machine
搅动式干燥机 agitated drier[dryer]
搅动式输送器 agitated conveyer
搅动试验 stirring test
搅动疏浚 agitation dredging
搅动疏浚法 agitation dredging method
搅动水(体)agitated water
搅动损失 churning loss
搅动挖泥(法)agitation dredging
搅动挖土(法)agitation dredging
搅动叶轮 agitating vane
搅动叶片 agitating vane
搅动轴 stirring shaft
搅动转速 agitating speed
搅动作用 agitation
搅和 crutching
搅和锅 crutching pan
搅和机 crutcher
搅糊机 masher;mashing machine
搅浑度 roiliness
搅混 blend;mixing
搅浆池 wash mill
搅浆机 blunder
搅孔 stirring hole
搅炼 puddling;rabbling
搅炼棒 rabble
搅炼钢 puddled steel;wrought steel
搅炼机械 stirring mechanism
搅炼炉 balling furnace;puddle furnace;puddler;puddling furnace
搅炼炉灰口锻造生铁 muck bar
搅炼炉坯铁 puddled billet;puddled bloom
搅炼炉熟铁块 puddled ball
搅炼炉膛 puddling basin
搅炼炉用生铁 puddled pig iron
搅炼炉渣 puddling cinder
搅炼式拌和机 stirring-type mixer
搅炼熟铁 puddled iron
搅炼铁块 puddle ball
搅炼者 puddler
搅炼装置 stirring device
搅料桨 paddle
搅乱 clutter;derangement;perturb(ation);toss;unsettle
搅乱次序 disjoint
搅模器 mode scrambler
搅泥机 pugmill
搅凝法 disturbance-solidification method
搅频言语 <经过保密处理的言语> scrambled speech
搅溶法 leaching by agitation
搅溶性 thixotropy
搅乳(乳化)churning
搅式拌和机 stirring-type mixer
搅松系数 bulking factor
搅碎浆机 pulper
搅铁炉 knobbling fire
搅土机 pugmill
搅土器 butting plow;knifer
搅洗槽 agitating dip cleaning tank
搅匀 homogenization;homogenize
搅胀性 dilatancy;inverted plasticity

缴罚款 pay fine;pay forfeit money;to pay the penalty

缴库单 turn-in slip
缴款 pay in
缴款书 pay-in warrant
缴款通知单 pay(ing)-in slip
缴纳 payment;quittance
缴纳费用 payment of fees
缴纳债款利息 current service of loan
缴清股本 paid-up capital
缴入股本 paid-in capital
缴税前净收益 net income before tax
缴销营业执照 hand in the business license for cancellation
缴足股本 fully paid capital stock;paid-up share
缴足认购资本 contribute their respective shares of capital

叫拜楼 minaret

叫车调度 demand-scheduled
叫车(运输)系统 demand-responsive transportation system
叫价 asked price;bid
叫卖小贩 hawker
叫人电话 person to person phone call

轿车 brougham;cab;closed cab;closed car;limousine;passenger car;salo(o)n coach;sedan(car);salo(o)n car <美国可容纳4~7位乘客的>

轿车半挂车 car carrier semitrailer
轿车车厢 <在司机座后有玻璃窗分隔的> berlin(e)
轿车骨架 car frame
轿车集装箱运输 stack-pac
轿车运载车 car carrier semitrailer
轿式车身 closed body
轿式车座 closed cab
轿厢安全装置 car safety
轿厢顶盖和四壁 car enclosure
轿厢平层调平机构 car-leveling device
轿厢平层装置 car-leveling device
轿厢平台 car platform
轿厢式升降机 car elevator
轿厢信号显示器 car annunciator
轿厢闸门 <升降机> car gate
轿厢闸门开工器 car gate power closer
轿箱 car
轿箱启停操作 car-switch operation
轿箱有限面积 available car area
轿子 palanquin;sedan

较薄的柱身 thinner shaft

较不发达国家 <指发展中国家> less-developed countries
较不活泼的金属 less active metal

较不利示像 more adverse aspect
较差 discrepancy[discrepance]
较差测定 differential determination
较差测光 differential photometry
较差测量 differential measurement
较差大气吸收 differential atmospheric absorption
较差大气折射 differential atmospheric refraction
较差改正 differential correction
较差观测 differential observation
较差光度测量 differential photometry
较差光行差 differential aberration
较差时延 differential delay
较差岁差 differential precession
较差弯沉 differential flexure
较差星表 differential(star) catalogue
较差章动 differential nutation
较差照相方法 differential photographic method
较差自转 differential rotation
较长期的利息 long end interest
较次石料<装饰用的> amazonite
较大部分 major parts
较大的叶座 a rather large pulvinus
较大地震时间 time of larger earthquake
较大地震震级 dimension of larger earthquake
较大范围的经济 major economy
较大节约 major saving
较大数 plurality
较大退潮流 greater ebb
较大限制示像 more restrictive aspect
较大限制显示 more restrictive indication
较大限制信号 more restrictive signal
较大允许显示 more favo(u)rable aspect;more favo(u)rable indication
较大允许信号 more favorable signal
较大涨潮流 greater flood
较低的工程估算 minor estimate
较低低潮 lower low-water
较低低水位 lower low-water
较低高潮 lower high-water
较低高水位 lower high-water
较低阶有偏估计量 lower order bias estimator
较低热值 lower heating value
较低收入者住房 lower-income housing
较低收入组别 lower-income group
较低输出 lower output
较短航距 relatively short sailing distance
较短寿命的 short-lived
较发达国家 more developed country
较高层次 higher levels
较高次谐波 higher harmonic wave
较高次谐波分量 higher harmonic component
较高次振动 higher-order vibration
较高的分类级别 higher category
较高低潮 higher low water
较高低水位 higher low water
较高高潮 higher high water
较高高水位 higher high water
较高阶系数 coefficient of higher order
较高强度钢丝<抗拉强度大于125~200千克/平方毫米> higher strength steel wire
较高温期 pliotherm period
较高优先级目标 higher priority goal
较高优先群 next higher priority group
较好的岩体 quite good rock mass
较好的质量 better the quality
较好烃源岩 fair source rock
较坏的岩体 quite bad rock mass
较缓下坡【铁】 more gentle descending gradient
较佳的 preferred
较佳方案 preferred plan;preferred schematization;preferred scheme
较佳解决办法 preferred solution
较佳路线 preferred route
较佳坡度 preferred angle
较近形成的土壤 soil of relatively formation
较快推送示像 push-quicker aspect
较密行距 closer row-spacing
较明朗的阴天 thin overcast
较平坦地 rather level areas
较强的退潮流<一个潮日两次退潮流中的> greater ebb
较轻的 lightish
较轻微整缩地基 slightly swelling-shrinkage foundation
较热地区 hotter region
较弱落潮流<一天两次落潮中的> lesser ebb
较弱酸 weaker acid
较弱氧化剂 weaker oxidant
较深的深海区 bathypelagic
较松软的木材 spring wood
较完整 more complete
较稳定的 comparative steady
较现值不利 out of the money
较现值有利 in the money
较小灯标 minor light
较小方差原则 principle of smaller variance
较小利益 inferior advantage
较小挠度 minor deflection
较小坡度 minor grade
较小弯沉 minor deflection
较小雾号 minor fog signal
较严重胀缩地基 severely swelling-shrinkage foundation
较硬的 hardish
较优方案 a better option;major fog signal
较优同阶有偏估计量 better same order bias estimator
较优于 prevail against;prevail over
较有利示像 more favo(u)rable aspect
较有利显示 more favo(u)rable indication
较重污染区 heavier polluted area
较重要优先项目 higher priority
较重组分 heavier component

校

校靶镜 borescope;boresight
校表气罐 bell prover;gas referee's test;meter prover
校表仪 chronografic recorder;timegrapher;timing machine;watch rate recorder
校带器 tape comparator
校订 editing;editorship;emendation;expurgate;recension;redaction;revision
校订版地图 reliable compiled map
校订本 recension
校订的 revisory
校订者 emendator;expurgator
校读 proof read(ing)
校对 check;collate;collating;collation;inspection;master check;proofing;proof read(ing);proving
校对棒 master bar
校对表 check list;proof list(ing)
校对程序 collate program(me)
校对符号 check mark;proof(-reader's) mark
校对规 master;reference(master) ga(u)ge
校对机 interpolator;verifier;collator【计】
校对基线 check base(line)
校对脉冲 collating pulse
校对盘 reference disc[disk]
校对喷嘴 master nozzle
校对清样 clean proof;reading for press
校对人 proofreader
校对色 checking colo(u)ration
校对室 proof room
校对调整 master set
校对无误 collated correct
校对系统 reading system
校对样品 check sample
校对员 corrector;proofreader;verifier
校对者 collator;proofreader
校对助手 copyholder
校对装置 verifying unit
校核 checked by;checking;verification
校核测量 check measurement
校核低水位 check low water level
校核电路 checking circuit
校核断面 checking profile;checking section
校核方位(角) check bearing
校核分析 check analysis
校核杆 check bar
校核高水位 check high water level
校核隔板 check plate
校核根据 check base(line)
校核过的 checked
校核荷载 check load
校核洪水 check flood
校核洪水位 checked flood(water-) level
校核化合物 calibration check compound
校核基线 base of verification;check base(line);checkline
校核计量 alternative measurement
校核继电器 checking relay;verification relay
校核角 check angle
校核接点 checking contact
校核结果 check result
校核进路 route checking
校核螺母 check nut
校核剖面 check(ing) profile
校核试验 check test;proving test;revision(of) test
校核试样 calibration sample;calibration specimen;check sample;control sample;control specimen;heck sample
校核数 check figure
校核水尺 check ga(u)ge
校核水准 check level;test level
校核水准点 check bench mark
校核锁闭 check locking
校核锁闭握柄 check lock lever
校核线 checkline
校核样本 proof sample
校核样品 check specimen
校核液 control solution
校核员 checker
校核者 checker
校核钟 check clock
校核资料 adjusted data
校核作图 check plot
校检误差 error of calibration
校径规 calibrater[calibrator](unit)
校距标 range-calibrator target
校勘 emend(ation)
校力器 regulator
校列线圈 alignment coil
校罗经叠标 magnetic range
校模铸件 proof
校内场地<美> campus
校偏楔 deflection wedge
校偏钻头 deflection bit
校平 benchmark checking;equalization;level(l)ing;smoothing
校平板 level(l)ing washer
校平储液球 level(l)ing bulb reservoir
校平垫块 level(l)ing block
校平耳 level(l)ing lug
校平管 level tube
校平辊 straightener roll
校平架 level(l)ing support
校平螺丝 foot screw;level(l)ing screw
校平螺旋 level(l)ing screw
校平模 straight die
校平器 deaccentuator;level(l)er;smoother
校平塞 level plug
校平栓 level plug
校气门螺杆【机】 tappet
校时 timing
校时带 timing tape
校水准器 level tester
校体化学沉积矿床 sedimentary deposit by colloidal chemistry
校图 check of drawing
校线 cable checking
校星钟 star clock
校形 sizing
校验 calibrate;check;checkout;proof test;proving;verification
校验棒 check bar
校验比特 check bit
校验标记 check mark
校验表 check list
校验表格系统 check list system
校验表面着色用涂剂 marking compound
校验程序 check(ing) program(me);checkout routine
校验程序测试 check routine test
校验吃水深度 checking draught
校验单 check list
校验道 check track
校验点 check(ing) point
校验点分类 checkpoint sorting
校验点例程 checkpoint routine
校验方法 method of calibration
校验方式 verification mode
校验符号 check character;checking symbol
校验复位 check reset
校验复位键 check reset key
校验杆 proving lever
校验关键字 check key
校验过程 checking procedure
校验和 gibberish total
校验和恢复错误 checking and recovery error
校验盒 check box
校验环 proving ring
校验机 collator;verifier
校验计 master ga(u)ge;proving ga(u)ge;reference ga(u)ge
校验计算 adjustment computation;check computation
校验记录 calibration tails
校验键 check key
校验矩阵 check code;check matrix
校验卡 check card
校验例程 check routine
校验例行程序 checking routine;check(out) routine
校验量规 check ga(u)ge;try ga(u)ge
校验列 check column
校验零点 check for zero
校验流速仪 reference current meter[metre]
校验码 check code
校验内孔直径 drift test

校验能力 checking feature
校验器 comparator; parity checker; prover
校验设备 checking fixture
校验数 check number
校验数据 test data
校验数据和条件 test case
校验数位 check digit
校验台 calibration stand
校验题 check problem
校验调节器 calibration regulator
校验位【计】 check bit
校验位和 check bit sum
校验问题 check problem
校验线路 checking circuit; proving circuit
校验行 check row
校验性能 checking feature
校验性验收 acceptance inspection
校验仪 prover
校验仪表 check ga(u)ge; checkmeter
校验仪器 proving instrument
校验应力 proof stress
校验与寄存 check and store
校验员 checker; check operator
校验证(书) calibration certificate
校验指示灯 check light
校验指示器 check indicator
校验装置 verify(ing) unit
校验子 syndrome
校验字 check word
校验字符 check character
校验总计 proof total
校验总线 check bus; check trunk
校样 proof read(ing); proof(sheet)
校样方式 proof-copy mode
校样绘图机 proof plotter
校样图 control sheet; proof drawing
校仪表用纸 timer paper
校阅 review; revise
校整 aligning
校正 adjust(ment); checkout; compensation; correct(ing); line up; proofreading and correcting; readjust; readjustment; recension; rectification; regauging; regulating; revisal; revise; revision; standardizing; trueing; truing; update; updating
校正按钮 correction button
校正凹凸透镜 correction meniscus
校正板 correcting plate; correction plate; corrector plate
校正保留时间 correction retention time
校正保留体积 corrected retention volume
校正变量 correcting variable
校正标高 correction for elevation
校正标准仪器 master ga(u)ge
校正表 correction chart; correction table
校正补偿装置 correction and compensation device
校正不当 misalignment
校正不完全透镜 undercorrected lens
校正不足 undercorrection
校正部件 correcting unit
校正仓 calibration bin
校正测量 revision survey
校正常数 calibration constant; meter constant
校正场 adjusting yard; alignment field
校正车速 corrected speed
校正沉积厚度 corrected sediment thickness
校正成分 correcting ingredient
校正程序 check program(me)
校正池 correction basin
校正尺 straight edge
校正尺寸 sizing
校正传热 corrected heat transfer
校正窗 correction window
校正磁棒 compensating magnet; corrector magnet
校正磁铁 magnetic compensator
校正措施 correction measure; corrective measure
校正错字 correct misprint
校正单元 correcting unit
校正导航标 calibration beacon
校正的 adjust(ing); corrective; updated
校正的测定系数 corrected coefficient of determination
校正的有效温度 corrected effective temperature
校正滴定度 corrected titer
校正点 checkpoint
校正电路 accentuator; calibrating circuit; compensating circuit; correcting circuit; corrector; emphasis circuit; peaking circuit
校正电位 correcting potential
校正动作 correcting action; correction action; corrective action
校正读数 corrected reading
校正多元相关系数 corrected multiple correlation coefficient
校正法 correction method; method of correction
校正反馈 correcting feedback
校正范围 adjustment range; correcting range(span); range of adjustment
校正方程 correction equation
校正方法 bearing calibration; compensation technique; corrector method
校正方位 corrected bearing
校正方向 orientation
校正防护带 correction strip
校正复制 correct and copy
校正概率单位 corrected probit
校正杆 adjustable stem; adjusting lever; proof bar; infinity bar <测距仪的>
校正高度 master altitude
校正工具 adjusting tool; dressing stick; dressing tool
校正工作 graduation work
校正公式 correction formula; corrector formula; updating formula
校正观测量 measurement update
校正光楔 correction wedge
校正轨距 ga(u)ging of track; rega(u)ging of track
校正轨距工人 ga(u)ger
校正过程 trimming process
校正过的光学系统 corrected optics
校正函数 corrected function; correction function
校正后的比燃油耗 corrected specific fuel consumption
校正后的电阻率 corrected resistivity
校正后的荷载 updated load
校正后的加速度图 corrected accelerogram
校正后的剪切强度 updated shear strength
校正后的密度孔隙度 corrected density porosity
校正后的中子孔隙度 corrected neutron porosity
校正环 corrector loop
校正机 dressing machine; inspection machine
校正机构 aligning gear; correcting mechanism
校正迹线 calibration trace
校正计算 correction computation
校正技术 corrected technique
校正架 correcting mount; proving frame
校正键 check(ing) key
校正角 correction angle
校正精度 calibration accuracy
校正镜片 corrective(spectacle) lens
校正矩阵 correction matrix
校正均值 adjusted mean
校正拷贝 answer print
校正控制模型 corrective control model
校正量孔 calibration orifice
校正料仓 correction bin; correction bunker
校正料罐 calibration tank
校正料桶 calibration tank
校正零点 suppressed zero
校正流量方程 correction flow rate equation
校正滤波器 compensating filter; trimming filter
校正滤光镜 correcting filter; correction filter
校正滤光片 correcting filter; correction filter
校正率 corrected rate; rate of correction
校正罗经 <又称校正罗盘> compass calibration; compass swing
校正罗经标志 swinging mark
校正罗经浮筒 swinging buoy
校正螺丝钉 adjusting screw; correction screw
校正螺栓 adjusting bolt; adjustment bolt
校正螺旋 adjusting screw; adjustment screw; corrected screw; correctional screw; rectifying screw; regulating screw; turnbuckle screw
校正码 correcting code
校正码检查 correction code check
校正脉冲 correction pulse
校正面 correction surface
校正模 restriking die; setting die; sizing die
校正目镜 adjusting eyepiece
校正配合比 check mix
校正偏差 correcting deviation
校正频谱 corrected spectrum
校正平方和 corrected sum or squares
校正平均数 adjusted mean
校正平面 adjusting plane
校正平台 bench block; dressing plate
校正器 adjuster; calibrator(unit); correcting unit; corrector; proofing unit; regulator
校正前馈 correcting feedforward
校正倾斜磁铁 heeling magnet
校正清除率 corrected clearance
校正曲线 adjustable curve; adjustment curve; calibration curve; calibration trace; correction curve; calibration tails <附在电测曲线前后的>
校正扫描 rectified scan
校正设备 correcting equipment
校正深度 corrected depth; depth correction
校正声源 acoustic(al) calibrator
校正剩余衰减值 correction of residual attenuation value
校正师 adjuster
校正时间 correction time; recovery time; settling time
校正识别模型 correctly identified model
校正式 corrector
校正试验 calibration test
校正试样 check sample
校正数 correction
校正数据 corrected data; correction data
校正水准 correct level
校正四端网络 equalizer network
校正速度 corrected speed; correction rate
校正算子 corrector
校正弹簧 adjusting spring
校正特性 correcting feature
校正(体)重 adjusted weight
校正条件 correcting condition
校正调整 master set
校正铁 compensating bar; compensator
校正投影仪 correcting projector
校正透镜 corrected lens; correcting lens
校正凸轮 correcting cam; correction cam
校正图 correction map
校正图像 corrected picture
校正土壤的物质 material used as a soil corrective
校正弯曲模 bottoming bending die
校正弯月透镜 correction meniscus
校正网络 compensating network; corrective network
校正维修 corrective maintenance
校正维修时间 corrective maintenance time
校正温度 base measuring temperature
校正物 corrective
校正物料 correcting ingredient; correcting material
校正误差 alignment error; calibration error
校正系数 adjustment factor; auxiliary value; coefficient of adjustment; coefficient of correction; correction coefficient; correction factor; corrective coefficient; correctness factor
校正系统 corrective system
校正细颈瓶 calibrated flask
校正线(路) calibration line; compensation line
校正线圈 alignment coil; correcting coil; peaking coil; shading coil
校正项 correction term
校正销 adjusting pin
校正楔 correcting wedge
校正信号 correcting signal
校正信息 control information
校正性能 correcting feature
校正旋钮 adjusting knob
校正压力 base measuring pressure; calibrating pressure
校正压力机 straightening press
校正延迟 corrective delay; corrective lag
校正衍射效率 corrected diffraction efficiency
校正样板 calibration templet
校正仪 calibration compensator
校正因数 correction factor
校正因素 calibration factor; corrected factor
校正因子 correction factor
校正用高度计 master altimeter
校正用气体配气装置 calibration gas generating system
校正元件 correcting element
校正原料 correcting material; corrective material
校正圆 <求积仪的> circle of correction
校正增量 correction increment
校正者 corrector
校正针 adjusting pin
校正砧 straightening anvil

校正直线斜率 calibration constant
校正值 adjusted value;corrected value
校正指标 correction index
校正装置 adjusting device; adjusting mechanism; adjustment device; checking device; correcting device; corrector
校正状态 state of correction
校正子门限解码器 syndrome-threshold decoder
校正子阈解码器 syndrome-threshold decoder
校正字发生器 syndrome generator
校正作用 correcting action; correction action; corrective action
校正座 correcting mount
校直 alignment; alinement; line up; lining; straightening
校直滚筒 straightening roller
校直和预应力台架 straightening and prestressing bed
校直和预应力装置 straightening and prestressing bed
校直机 level(l)er; straightening machine
校直扩孔 straight reaming
校直器 aligner
校直试验 alignment test; alinement test; line-up test
校直误差 alignment error
校直摇频振荡器 alignment oscillator
校直仪 aligner
校直装置 straightener; straightening device; straightening unit
校址 school site
校准 adjustment; calibrating; calibration; correcting; grading; rating; readjusting; readjustment; regulate; standardization; standardize; standardizing; synchronize; tare; true-up; truing up; ga(u)ging <仪表的>
校准板 calibration plate
校准臂 calibrating arm
校准标点 calibrating spot
校准标记 calibrating spot; calibration mark
校准标志 calibration mark; marker pip
校准表 calibration chart; correction chart
校准槽 calibration notch; meter calibration tank
校准测量 calibration measurement
校准常数 calibration constant
校准场地 calibration site
校准车 rating car
校准车间 adjusting shop
校准池 <流速仪的> basin for calibration
校准锉刀 adjusting file
校准刀 sizing tool
校准的 ga(u)ged
校准的流量计 calibrated flow meter
校准灯 calibration lamp
校准点 calibrating spot; calibration point
校准电池 calibration battery
校准电导水 conductivity water
校准电路 calibrating circuit; scaling circuit
校准电容器 calibration capacitor
校准电压 calibration voltage
校准电阻器 calibrating resistor; calibration resistor
校准度盘 calibrated dial
校准堆砂法 calibrated sand method
校准法 calibration method
校准杆 bar check; calibrating stem
校准高度 calibrated altitude
校准工具 truing tool
校准罐 prover tank; proving tank
校准光楔 correction wedge
校准规 calibrator(unit); control ga(u)ge
校准混合物 calibration mixture
校准机 adjusting machine
校准机构 correcting mechanism
校准机械 alignment gear
校准基线 base of verification
校准计量给料机 calibrated feeder
校准技术 calibrate practice; calibration practice; calibration technique
校准架子 calibrating stand
校准检验装置 calibration test equipment
校准键 aligning key
校准焦距 calibrated focal length
校准接近(目标) calibrating run
校准接收机 calibrating receiver
校准结果 calibration result
校准精(确)度 calibration accuracy; calibrating accuracy
校准孔 calibrated orifice
校准量测 calibration measurement
校准量水闸门 <水工模型用> calibrated gate
校准流量 calibrated flux
校准漏孔 calibration leak
校准滤光片 calibration filter
校准螺(丝)钉 calibration screw
校准螺旋 calibration screw
校准脉冲 calibration pulse
校准模型 calibrate model
校准频率和时间信号 standard frequency and time signal
校准平面 true plane
校准气 calibration gas
校准器 adjuster[adjustor]; aligner; calibrating device; calibration device; calibrater[calibrator](unit); etalon; level tester; regulator; truer
校准曲线 calibrating plot; calibration curve; calibration trace
校准溶液 calibrate solution
校准设备 calibrater unit; calibrating device; calibrator (unit); line-up test; sizing device
校准视差指示器 parallax correction finder
校准试块 calibration block
校准试验 calibrate test; calibration test; line-up test
校准试验机 calibration of testing machine
校准试样 calibration sample
校准数据 calibration data
校准数值 calibration figure
校准数值表 calibration table
校准水平 cheek level
校准台 calibration station; calibrator (unit)
校准调整 ga(u)ging adjustment
校准通量 calibrated flux
校准桶 calibrated tank
校准图 calibration chart
校准图表 calibration sheet
校准图形 alignment pattern
校准温度 calibration temperature
校准稳定性 calibration stability
校准无线电标 calibration radio beacon
校准误差 adjustment error; calibration error; error of adjustment
校准系数 calibration coefficient; calibration factor
校准系统 calibration system
校准线 calibration line; lubber's line
校准线圈 alignment coil
校准限差 calibration tolerance
校准箱 calibrating tank; meterproving tank
校准泄水闸门 <水工模型用的> calibrated sluice
校准信号 calibrating signal
校准压力环 calibration pressure ring
校准压力计 calibrated manometer
校准样品 calibration sample
校准仪 alignment ga(u)ge; calibrator (unit); normalizing device
校准仪表 calibration instrument
校准因子 calibration factor
校准用标准 calibration standard
校准用补偿器 calibration compensator
校准用滴定管 calibrating burette
校准用电缆 calibrating cable
校准用副开关 master subswitch
校准用器 calibrating apparatus
校准用调节器 calibration regulator
校准用望远镜托架 alignment-telescope bracket
校准用吸收体 calibrated absorber
校准用吸移管 calibrated pipet(te); calibrating pipette
校准用仪表 calibration instrument
校准用转换器 master switch
校准圆 calibration circle
校准运转 calibrating run
校准噪声发生器 calibrating source
校准站 calibration station
校准者 adjuster; calibrator(unit)
校准振荡器 alignment oscillator
校准证书 calibration certificate
校准支架 sizing stop
校准值 calibration value
校准指示器 calibration marker; master indicator
校准重量 calibrating weight
校准轴 axis of collimation
校准轴线 collimating line
校准砖 ga(u)ged brick
校准装置 adjusting device; adjusting gear; calibrating device; calibration device; calibration gear; setting device
校准状态 calibration stand
校准准确度 calibration accuracy

教

教案 syllabus
教本 textbook
教程 textbook
教会 kirk
教会建筑 mission architecture
教会学校 missionary school
教会执事座位 churchwarden's pew
教具 demonstrator
教练 drillmaster; master
教练车 mentor coach
教练船 school ship; training ship
教练房 drill hall
教练机 trainer
教练舰 school ship
教练设备 trainer
教练线 drill track
教练员 coach; trainer
教区 <郡下的分区> parish territory; parish
教区标准 parish level
教区长住宅 rectory
教区大厦 parish house
教区道路 <指郡以下的分区道路> parish road
教区的 parochial
教区非宗教性活动房 church house
教区会堂建筑 church hall block
教区集会厅 church hall
教区教堂 parish church; parochial church; city church
教区水平 parish level
教区学校 parochial school
教区中的主要教堂 duomo
教区中心 parish center[centre]
教区住房 parochial house
教师 docent; instructor
教师培训学院 teacher's training college
教师宿舍 teacherage
教师职业 pedagogy
教士住宅 manse
教室 classroom; ecclesia; recitation room; teacher room
教室窗(子) classroom window
教室培训 classroom training
教授级高级工程师 professor of engineering
教堂 cathedral; church; ecclesia; house of God; house of prayer; meeting house; parish hall; parish room; place of worship; sanctuary; pagan basilica <罗马的>
教堂安放圣器处 bematis
教堂半球形屋顶 cathedral dome
教堂半圆后殿屋顶 aisle-vault
教堂半圆室的走廊 deambulatory
教堂半圆屋顶 aisle roof
教堂半圆形窗户 apse window
教堂半圆形后殿 apse[复 apsides]
教堂半圆形后殿窗户 apsis window
教堂半圆形后殿拱(墩) apsis arch impost
教堂北端 <宣读福音的地方> Gospel side
教堂备用室 vestry
教堂闭合板凳 pew
教堂布告板 church bulletin board
教堂餐具室 sacristy
教堂侧廊 ai(s)le
教堂侧厢走廊 quire aisle
教堂侧翼 side aisle bay
教堂插烛横杆 candle beam
教堂长板凳的一端 haffit
教堂长凳 synthronon
教堂唱诗班布告板 hymn board
教堂唱诗班的圆端 round-end of a choir
教堂唱诗班后面的一个座位 antepodium
教堂唱诗班通道 apse aisle
教堂唱诗班席位后方 retro-choir
教堂唱诗班座台 cantoria
教堂唱诗队练唱室 choraula
教堂唱诗队座台 cantoria
教堂窗玻璃 cathedral glass
教堂大拱门 arc de triomphe; triumph(al) arch
教堂的 ecclesiastical
教堂的长方形会堂 ecclesiastical basilica
教堂的交叉甬道 transept
教堂的楼层 upper church
教堂的内室 chevet
教堂的中部 nave
教堂的钟 sanctus bell
教堂的主入口处 portail
教堂地下室 crypt
教堂东端 east end
教堂东端的半圆形后殿 eastern apsis
教堂东端的半圆形凸出部分 eastern apsis
教堂东端的前廊 eastern exedra
教堂东端(主祭坛处)之窗 east window
教堂放圣器的木橱 almery
教堂附加的柱廊 chalcidicum
教堂高坛 chancel
教堂阁楼 rood loft
教堂拱廊 quire arcade
教堂拱门上的走廊 upper croft
教堂拱门上拱廊 triforium
教堂拱门上面的假拱廊 blank trifori-

um
教堂拱门上面的实心拱廊 blank triforium
教堂拱门上天使像 angel triforium
教堂拱门走廊 upper croft
教堂拱圈 quire arch
教堂护墙 aloring
教堂纪念碑 ecclesiastical monument
教堂纪念物 church monument
教堂祭台右侧 epistle side
教堂(祭坛)的右侧 <面对教堂> epistle side
教堂家具 church fittings
教堂尖顶塔 spire church tower
教堂尖塔 belfry;church steeple
教堂尖塔平瓦 steeple plain roof(ing) tile
教堂尖塔上的窗 steeple-window
教堂建筑 church architecture;ecclesiastical building;ecclesiological architecture;steeplehouse
教堂建筑的哥特式风格 ecclesiastical Gothic(style)
教堂建筑风格 ecclesiastical building style
教堂建筑及装饰研究 ecclesiology
教堂建筑结构 ecclesiastical structure
教堂建筑师 ecclesiastical architect
教堂建筑术 ecclesiastical architecture; ecclesiology
教堂建筑学 ecclesiastical architecture; ecclesiology
教堂建筑艺术 quire architecture
教堂讲坛 church stile
教堂讲堂 church stile
教堂靠背长凳 pew
教堂栎木清漆 church oak varnish
教堂楼座 quire loft
教堂门廊 proaulion;parvis
教堂门厅 proaulion
教堂墓地 abbey court;churchyard
教堂墓地前面有顶盖的门 lich gate; lych-gate
教堂内拼花玻璃 cathedral glass
教堂内坛南侧的 decanal
教堂内坛南面 decanal side
教堂内由唱诗班通道伸向半圆室或周围的通道 apse aisle
教堂女儿墙 aloring
教堂前殿 antenave
教堂前廊窗 exedra window
教堂前廊的拱 exedra arch
教堂前廊拱墩 exedra arch impost
教堂前门廊 anteporlico
教堂前面的庭院 paradise
教堂前厅 antechapel;antechurch;forechurch
教堂前庭塔楼 parvis turret
教堂前院中的喷水池 cantharus
教堂入口 portail;portal
教堂设置祭坛部分 agiasterium
教堂声学 acoustics of churches
教堂圣餐室 pastophory
教堂圣门 holy door
教堂圣器室 pastophory
教堂圣台上的碗柜或壁龛 ambry
教堂圣坛右面的小矮窗 leper's squint
教堂十字架围屏 rood screen;jube <圣坛前的>
教堂十字平面底部的窗 pede window
教堂十字形平面顶上的屋尖 rood spire
教堂石屏栏 pulpitum
教堂式建筑 ecclesiastical building style
教堂双层地下室 double crypt
教堂双层墓窟 double crypt
教堂寺院 minster yard
教堂所在地 abbeystead
教堂塔尖 spire-steeple
教堂天井 paradise
教堂庭院 churchyard
教堂庭院十字架 churchyard cross
教堂通道 solea
教堂土地 glebe
教堂围屏 cancello;transenna
教堂围墙 peribolos
教堂小型半圆形后殿 apsidiole
教堂形式 church form
教堂翼部礼拜堂 transeptal chapel
教堂翼端半圆厅 transeptal aspsis
教堂用窗 <树杆状窗格,用彩色玻璃嵌成圣像> Jesse window
教堂珍藏室 cimeliarch
教堂正厅 nave
教堂中部的侧房 nave aisle bay
教堂中部的窗 nave window
教堂中部的耳房 nave aisle bay
教堂中部的拱顶 nave vault
教堂中部的墙 nave aisle wall
教堂中部的天花板 nave ceiling
教堂中部的通道 nave aisle
教堂中部的通道拱顶 nave aisle vault
教堂中部的通道墙墩 nave aisle pier
教堂中部的柱间间距 nave range of columns
教堂中部的走廊 nave aisle gallery
教堂中部耳堂 nave bay
教堂中部通道 nave aisle passage
教堂中部通道墙上的窗 nave aisle wall window
教堂中部厢堂 nave bay
教堂中唱诗班的席位 choir;quire
教堂中的回廊通道 deambulatory
教堂中的楼座 loft
教堂中的小纪念堂 chauntry
教堂中的小型半圆室 absidiole
教堂中的一排座位 <靠背固定的长凳> pew
教堂中殿 church nave
教堂中殿的通道 nave aisle
教堂中殿和唱诗班台间的格子屏 arcus toralis
教堂中祭司出入的门 priest's door
教堂中进行准备工作的地方 paratory
教堂中十字架坛 rood loft
教堂中厅 <座位所在部分> aisled hall
教堂中围屏 cancelli
教堂中小型半圆室 apsidiole
教堂中心 church center[centre]
教堂中有拱顶长方形会堂 vault ecclesiastical basilica
教堂中最高楼座 minstrel gallery
教堂钟塔上的钟室 clock chamber
教堂主祭坛后面的空间 retro-choir
教堂装饰学 ecclesiology
教堂座位间走道 inner nave aisle
教堂座位与列柱间的走道 inner side aisle
教堂座席 hall-nave
教条主义 dogmatism
教务长 dean;provost
教务主任 dean of studies
教学版 school edition
教学侧楼 teaching wing
教学测试 instructional testing
教学策略 instructional strategy
教学程序 teaching program(me)
教学船 school ship
教学大纲 teaching program(me)
教学大楼 teaching block; teaching building
教学的 teaching
教学的加强 teaching reinforcement
教学地图 instructional map; teaching amp;training map
教学地图集 school atlas
教学地图制图学 school cartography
教学电视 educational television; instructional television
教学电视节目 school television program(me)
教学电影 training film
教学法 pedagogy
教学挂图 school(wall)map
教学广播 educational broadcast(ing)
教学广播节目 educational program(me)
教学海图及图表 instructional charts and diagrams
教学机 teaching machine
教学计划 educational plan;educational program(me); teaching plan; teaching program(me)
教学课程 course of instruction
教学楼 lecture building
教学楼建筑 educational building
教学模型 instruction replica;teaching model;teaching replica
教学目标 instructional objectives
教学内容 content of courses
教学区 lecture area
教学软件 instructional software
教学设计 instructional design
教学实验室 teaching lab(oratory)
教学系统 instructional system
教学显微镜 school microscope; teaching microscope
教学形式 instructional mode
教学医院 teaching hospital
教学用反应堆 training reactor
教学用具 teaching aid
教学用录音机 recording for teaching use purpose
教学用自动计算机 easy instruction automatic computer
教学游戏程序 instructional gaming program(me)
教学游泳池 <室内的> teaching pool
教学原则 principles of instruction; teaching principle
教学终端 instructional terminal
教学最优化 optimization of instruction
教研室 teaching and research room
教研组 teaching research group
教养 breed;culture;nurture
教养的 cultural
教养所 house of correction; penitential cell;penitentiary;reformatory
教养院 cell house; house of correction; little school; penitentiary; reformatory
教育保险 educational insurance
教育补助 educational allowance
教育补助金 educational grant
教育产业 educational industrialization
教育程度 educational or training received;educational status
教育程度比率 educational attainment ratio
教育程序 educational program(me)
教育出行 educational trip
教育大纲 syllabus
教育等级 level of education
教育电视 educational television; instructional television
教育督导 educational supervision
教育对外交流与合作 foreign exchange and cooperation of education
教育方针 educational policy
教育费附加 extracharge of educational funds
教育费用 educational expenses
教育附加费 additional education taxes;additional tax for education
教育革新 educational innovation
教育(工作)者 educator
教育管理 educational administration; educational management
教育管理系统 instructional management system
教育管理信息系统 educational management information system
教育广播 educational broadcast(ing)
教育广播节目 educational program(me)
教育规划 educational program(me)
教育函数 schooling functions
教育环境 educational environment
教育幻灯片 instructional slides
教育机构 educational service;knowledge factory
教育机会 educational opportuniy
教育机器 educational machine
教育级别 level of education
教育计算机 computer in education
教育技术(设备) educational technology
教育建筑 <有外走廊的> open-plan educational building
教育建筑物 educational structure
教育(教学法的)心理学 pedagogic(al) psychology
教育结构 educational structure
教育经费 educational appropriations; educational funds
教育经济学形成与发展 shaping and development of educational economics
教育科学发展与改革 development and reform of science of education
教育科研 education and research development
教育楼 educational building
教育模拟样板 education simulation model
教育目标 educational objective
教育能达到范围 educational outreach
教育评估 educational assessment
教育评价 educational evaluation
教育商数 educational quotient
教育设施 educational facility
教育生态学 educational ecology
教育投资 educational investment
教育心理学 educational psychology
教育学 pedagogy
教育训练 training
教育园 educational garden;educational park
教育政策 educational policy
教育支出 educational outlay
教员 <美国大学> tutor
教员休息室 common room; senior common room;staff room
教员学习班 training-of-trainers workshop
教员住宅 teacherage

窖 cellar;den

窖仓装卸工病 silo-filler's disease
窖藏 pit storage
窖藏费 cellarage
窖拱修复 renewal of vault
窖泥 pugged clay
窖泥机 pugmill mixer

酵母 leaven;yeast

酵母抽提琼脂 yeast-extractor agar
酵母萃取 yeast extract
酵母工业 yeast industry
酵母菌 microzyme
酵素 enzyme;ferment
酵素化学 enzymology
酵素物质 enzymatic material

阶【数】exponent

阶变 staging
阶步 step
阶部分 exponent part
阶部分格式 exponent part format
阶层 hierarchy; bracket <按收入划分的>
阶层化 stratify
阶层式的 step-ply
阶层式构造 step-ply construction
阶层式输送带 step-ply conveyor belting
阶差淬火 differential quenching
阶差硬化 differential hardening
阶乘的 factorial
阶乘的幂 factorial power
阶乘多项式 factorial polynomial
阶乘多项式分布 factorial multinomial distribution
阶乘分布 factorial distribution
阶乘函数 factorial function
阶乘积 factorial
阶乘级数 factorial series
阶乘矩 factorial moment
阶乘矩母函数 factorial moment generating function
阶乘试验 factorial experiment
阶乘跳跃函数 factorial jump function
阶乘运算符 factorial operator
阶次法 depression of order
阶的表示 exponentiation
阶的简化 reduction of order
阶的形式 exponential form
阶地 bed terrace; bench(ing); bench land; bench terrace; terrace(land); undercliff <滑坡形成的>; rock bench
阶地边缘 terrace edge
阶地变形 deformation of terrace
阶地沉积物 terrace sediment
阶地成因类型 genetic(al) type of terrace
阶地地层 <河流的> terrace formation
阶地陡坎 terrace scarp
阶地覆盖 terrace cover
阶地高程 terrace elevation; terrace height
阶地高度 terrace elevation; terrace height
阶地构造 terrace structure
阶地关系 terrace relationship
阶地横剖面 cross profile of terrace
阶地后缘 terrace back edge
阶地脊 terrace ridge
阶地间距 terrace interval; terrace spacing
阶地结构类型 type of terrace texture
阶地宽度 terrace width
阶地矿砂 terrace placer
阶地类型 terrace type
阶地砾石 bench gravel
阶地眉峰 terrace rim
阶地面高程 altitude of terrace surface
阶地面宽度 width of terrace surface
阶地排灌水渠 terrace water channel
阶地排水沟 terrace outlet channel
阶地平均高度 average elevation of terrace
阶地平原 terrace plain
阶地坡 terrace slope
阶地坡度 terrace grade
阶地剖面 profile of terrace
阶地前沿 front of terrace
阶地前缘 terrace front edge
阶地泉 terrace spring
阶地砂矿 bench placer; river-bar placer; terrace placer
阶地时期 terrace epoch
阶地水槽 bench flume
阶地水沟 terrace channel
阶地外缘 terrace edge
阶地系统 terrace system
阶地形成 terrace formation; terracing
阶地序列 terrace sequence
阶地崖 terrace slope
阶地要素 terrace element
阶地状地形 terracing
阶地纵剖面 longitudinal profile of terrace
阶地钻孔 bench hole
阶地钻探 bench drilling
阶地最大高度 maximum elevation of terrace
阶地最小高度 minimum elevation of terrace
阶度 gradient
阶段 phase; stage; step
阶段报告 advance report; inception report; interim report
阶段爆破 bank blasting; bench blasting
阶段崩落法 phase caving method; block caving
阶段篦式冷却器 stepped grate cooler
阶段变化 phasic change
阶段变速 step change; uncontinuous change
阶段变异 stage variation
阶段不变量 stage invariant
阶段布置 step arrangement
阶段产品 work-in-process
阶段成果 intermediate document
阶段充气 graduated charge
阶段抽样 stage sampling
阶段处理 stage treatment
阶段淬火 interrupted hardening
阶段底板 bench floor
阶段电阻式测波仪 step resistance wave meter
阶段发育 phase development; phasic development; stage development
阶段发展 phased development
阶段费用 staged cost
阶段分析 phase analysis; stage analysis
阶段浮选 stage flo(a)tation
阶段浮游生物 metoplankton
阶段高度 level spacing; lift
阶段工作面 bank face
阶段功能 step function
阶段灌浆 stage grouting
阶段函数 step function
阶段荷载 stepped load
阶段缓解 adjustable release; gradual release; graduated release
阶段缓解的三通阀 graduated release valve
阶段缓解位 graduating release position
阶段缓解中立位 graduated release lap position
阶段计划 stage operating plan; stage plan
阶段间距 level spacing
阶段减压 stage decompression
阶段开发计划 stage development plan
阶段库 phase library
阶段矿房法 stepped mining
阶段逻辑 phase logic
阶段名 phase name
阶段磨矿 stage grinding
阶段排气 graduated discharge
阶段配置 step arrangement
阶段平衡产量 balance quantity
阶段平均数 stage average
阶段曝气 stage aeration; step aeration
阶段曝气法 stage aeration method; stage aeration process
阶段曝气系统 stage aeration system; step aeration system
阶段设计 step-by-step design
阶段时效 stepped ag(e)ing
阶段式反应 stepped reaction
阶段式挤压 stepped extrusion
阶段式开采 benching
阶段式冷却器 stepped cooler
阶段式匝道 stepped ramp
阶段式凿岩 benching cut
阶段试验 step-by-step test; step test(ing)
阶段收益 stage effect
阶段跳汰 stage jigging
阶段投料 stepped feeding
阶段退火 step annealing
阶段现象 treppe
阶段项目规划指南 phased project planning guideline
阶段项目设计 phased project planning
阶段性 stage character
阶段性沉降 episodic subsidence
阶段性计划 phase program(me)
阶段性理论 phasic theory
阶段性实现 phased implementation
阶段演进 phased evolution
阶段验收 stage acceptance
阶段异质性 phasic heterogeneity
阶段原则 doctrine of stage
阶段增量法 incremental method
阶段增量分析 incremental analysis
阶段张拉 staged tensioning
阶段制动 gradual application; gradual braking; graduated brake application; graduated braking; progressive (brake) application
阶段制动阀 graduating valve
阶段钻进 bench drilling
阶段钻眼 bench drilling
阶段作业 discontinuous running
阶断带 step faulted belt
阶断区 step faulted region
阶符 exponent character
阶函数 step function
阶绘图点 first-order plotter
阶级 phase; stage
阶级山墙 gable with corbel steps
阶级式平底扩孔钻 step counterbore
阶级式调整法 step mode of control
阶级式堰 step weir
阶级窑 ascending kiln; bank kiln
阶级意识 class consciousness
阶计数器 exponent counter
阶宽 width of step
阶宽墙基 offset course
阶框架 exponent frame
阶流式布置 cascade
阶逻辑 first-order logic
阶码 exponent code
阶码标记符 exponent-marker
阶码范围 exponent range
阶码下溢 characteristic underflow
阶码溢出 characteristic overflow; exponent overflow
阶面 terrace surface
阶迁电压 step voltage
阶墙 drop wall
阶上溢 exponent overflow
阶上溢异常 exponent overflow exception
阶升式模板法 jumpforming
阶式 cascade type; stepwise
阶式边墙 stepped side-wall
阶式冲击采样器 cascade impactor
阶式挡土墙 stepped retaining wall
阶式的 stepwise
阶式低速碰撞采样器 cascade impactor
阶式底座 stepped base; stepped footing; stepped foundation
阶式垫铁 spacer block
阶式阀 step valve
阶式法 cascade process
阶式法兰 step flange
阶式干燥器 cascade type drier[dryer]
阶式过滤器 notching filter
阶式滑轮 stepped pulley
阶式基础 stepped foundation
阶式接合 step joint
阶式解 stepwise solution
阶式冷凝器 cascade condenser
阶式冷却器 cascade cooler; serpentine cooler; trickle cooler
阶式滤波器 notching filter
阶式密封 step seal
阶式喷嘴冲击器 cascade jet impactor
阶式喷嘴碰撞(采样)器 cascade jet impactor
阶式碰撞采样器 cascade impactor
阶式曝气器 cascade aerator
阶式山墙【建】stepped gable; corbie step gable; crow step gable; gable with corbel steps
阶式山墙顶 crown-step
阶式试验 step test(ing)
阶式疏浚方法 stepped system of dredging
阶式疏浚方式 stepped system of dredging
阶式水洗 cascade washing
阶式水箱 cascade tank
阶式税 cascade tax
阶式梯度 stepwise gradient
阶式调节器 step-by-step regulator
阶式推力轴承 step bearing
阶式洗涤器 cascade washer
阶式系统 cascade system
阶式向心取样器 cascade centripetal sampler
阶式信号输入 step input
阶式胸墙 stepped face wall; stepped breast wall
阶式循环 circulpation cascade
阶式溢洪道 stepped spillway
阶式再用 cascade reuse
阶式蒸发器 cascade evapo(u)rator; classic(al) cascade
阶式蒸浓器 cascade concentrator
阶式蒸浓装置 cascade concentration plant
阶式止推轴承 step bearing
阶式轴承 stepped bearing
阶式撞击(采样)器 cascade impactor
阶数 exponent number
阶台式防漏板 <房屋> stepped flashing
阶台式渠底 stepped bed
阶台弯板器 <用于将铅皮弯成直角> step turner
阶梯 cascade; flight of step; ladder; stagewise; stair(case); step ladder; stairway <美>
阶梯爆破 bench blasting; bench shooting
阶梯篦板 stationary stepped grate plate; stepped grate plate
阶梯变量 ladder variable
阶梯波 step wave
阶梯波发生器 staircase generator; step wave generator
阶梯波形 staircase waveform
阶梯波形成电路 step-by-step counter
阶梯步级 flight
阶梯操作 work in echelon
阶梯操作法 <一种摊铺沥青混合料的操作方法,一机在前,一机在一定距

J

离跟在旁边,进行摊铺阶梯操作法 < echelon operation
阶梯衬板 stepped lining plate
阶梯成本 stair-step cost;step cost
阶梯成型 joggling
阶梯(成型)模 joggle die
阶梯齿形铰刀 stepped teeth reamer
阶梯的一级 gradin(e)
阶梯的一级楼梯 stair
阶梯底 < 水渠的 > stepped bed
阶梯地形模型基板 stepped terrain base
阶梯迭代 staircase iteration
阶梯段面积 step(ped)area
阶梯断层 terrace fault
阶梯法 ladder method
阶梯方块岸壁 stepped block wall
阶梯分配法 step distribution method; stepladder method
阶梯缝 indent
阶梯高度 height of bench
阶梯构造 echelon structure
阶梯光度计 step photometer
阶梯光谱照片 echelogram
阶梯光楔感光计 step wedge sensitometer
阶梯光栅 echelle;echelon(grating)
阶梯光栅分光仪 echelon spectroscope
阶梯光栅装置 echelon device
阶梯函数 graduating function; staircase function;step function;terrace function
阶梯函数分析 step function analysis
阶梯荷载 step load(ing);terrace loading
阶梯厚度 staircase thickness
阶梯基础 benched excavation
阶梯激射器 staircase maser
阶梯减光板 stepped weakener
阶梯讲坛 stage rostrum
阶梯浇口 step gate
阶梯教室 lecture theater[theatre]; theater[theatre]
阶梯街道 terraced street
阶梯结构 staircase structure
阶梯界面 step-like interface
阶梯矩阵 echelon matrix
阶梯聚光透镜 echelon condenser lens
阶梯孔 shoulder hole;stepped hole
阶梯控制 stepped control
阶梯宽度 stairway width
阶梯棱镜 echelon prism
阶梯理论 ladder theory
阶梯力矩 staircase moment
阶梯流量水井公式 well formula in step flow rate
阶梯炉排 step grate
阶梯滤光片 stepped filter
阶梯滤光器 stepped filter
阶梯面海堤 stepped face sea dike [dyke];stepped face sea wall
阶梯面海塘 stepped face sea wall
阶梯刨刀 corrugated tool
阶梯剖视图 echelon section view; staggered section view
阶梯曲线 staircase curve;step curve
阶梯驱动 staging drive
阶梯驱动组 staging drive group
阶梯绕组 stepped winding
阶梯筛 angle sieve
阶梯扇板 step-sector disk
阶梯石级 step(ped)stone
阶梯时限特性距离保护装置 stepped curve distance-time protection
阶梯式 echelon;multistep(ped);notching;staged;stepped < 如山墙等 >
阶梯式拌和机 free fall mixer;gravity mixer
阶梯式爆破 bench blasting;benching
阶梯式波 echelon wave; stepped wave
阶梯式波导管 stepped waveguide
阶梯式布置 Garret type layout; step layout
阶梯式采暖 terrace heating
阶梯式长壁采矿法 hitch and step
阶梯式长方形斜坡坟墓 < 古埃及 > stepped mastaba(h)
阶梯式乘法器 step multiplier
阶梯式齿砌接 racking
阶梯式船闸 lock flights;staircase lock
阶梯式的 step-shaped
阶梯式地形模型塑造 step cast
阶梯式电缆沟 ladder cable through
阶梯式电缆架 ladder cable through
阶梯式断层 rotational fault
阶梯式墩身 stepped shaft of pier
阶梯式发生炉 step grate producer
阶梯式泛水板弯板 step turner
阶梯式房屋 stepped house; terrace house
阶梯式扶梯 step-type ladder
阶梯式谷物干燥机 cascade grain drier
阶梯式固定编组列车 < 前苏联 > stepped block train
阶梯式观众厅 stadium type auditorium;stepped stalls type auditorium
阶梯式观众席 stadium type auditorium
阶梯式管道 flight sewer
阶梯式海堤 stepwork wall
阶梯式涵洞 cascade culvert
阶梯式焊 cascade welding
阶梯式河槽 stepped channel
阶梯式护岸 stepwork wall
阶梯式滑阀 step valve
阶梯式换热器 cascade heat exchanger
阶梯式灰度光楔 stepped grey wedge
阶梯式回采 benching
阶梯式基础 step-down substructure; stepped foundation
阶梯式挤压型材 stepped extruded shape
阶梯式搅拌机 gravity mixer
阶梯式接头 stepped joint
阶梯式结构 stepped construction
阶梯式截止滤光片 gradual cut filter
阶梯式金刚石岩芯钻头 step core bit
阶梯式金字塔 stepped pyramid
阶梯式开挖 bench cut;benched excavation;step cut
阶梯式开挖法 benching
阶梯式开挖斜坡 bench terrace
阶梯式拉延件 stepped cup
阶梯式炉箅 step grate
阶梯式炉排 step grate stoker
阶梯式路轨 step rail
阶梯式迷宫密封 step labyrinth
阶梯式庙宇 terrace(d)temple
阶梯式模型 stepped model
阶梯式排水道 cascade culvert
阶梯式偏移 staircase deflection
阶梯式曝气光化反应器 aerated cascade photoreactor
阶梯式曝气设施 cascade aerator
阶梯式切口接缝 stepped-off joint
阶梯式切口接合 stepped-off joint
阶梯式清选筛 step riddle
阶梯式曲线图 step-shaped graph
阶梯式绕带 echelon strapping
阶梯式(人行)街道 step street
阶梯式筛 step screen
阶梯式山墙 step gable
阶梯式上层建筑 stepped superstructure
阶梯式榫 stepped tenon
阶梯式梯田 bench terrace
阶梯式庭院 stepped court
阶梯式停堆 shut-down in steps
阶梯式统计分布图 block diagram
阶梯式透镜 echelon lens;stepped lens
阶梯式图 step chart
阶梯式挖掘 stope
阶梯式微波激射器 staircase maser
阶梯式污水道 flight sewer
阶梯式污水管道 flight sewer
阶梯式下降 step down
阶梯式消能溢洪道 cascade spillway; stepped energy destroying spillway
阶梯式堰 step weir
阶梯式阳模 stepped positive mo(u)ld
阶梯式溢洪道 stepped spillway
阶梯式溢流堰 stepped overflow weir
阶梯式鱼道 fall and fall fishway
阶梯式闸槛 stepped-sill
阶梯式直达货物列车. through goods train made up at two or three loading stations
阶梯式注入 step injection
阶梯式砖瓦 terrace tile
阶梯式自动电梯 escalator; moving stairway
阶梯式自动电梯隧道 escalator tunnel
阶梯式钻孔 ladder drilling
阶梯式钻头 ripper step bit; step (drill)bit
阶梯试块 step bar
阶梯试验 two-step exercise test
阶梯输入 step input
阶梯衰减器 step attenuator
阶梯弹簧夹头 step chuck
阶梯特性 step-characteristic
阶梯透镜 echelon lens
阶梯狭缝 stepped slit
阶梯现象 staircase phenomenon;treppe
阶梯效应 staircasing
阶梯斜接 stepped scarf joint
阶梯信号 stair-step signal
阶梯信号发生器 step generator
阶梯形 stepped profile
阶梯形壁脚板 stepped skirting
阶梯形篦式冷却器 duostage grate cooler;grate stage cooler
阶梯形边坡 step slope
阶梯形波导(管)stepped waveguide
阶梯形测微计 step micrometer
阶梯形沉井 benched pit sinking
阶梯形衬板 stepped liner
阶梯形(城墙)雉垛 stepped merion
阶梯形齿砌接 racking
阶梯形齿条 ladder rack
阶梯形大方脚 stepped footing
阶梯形的 benched;stair step;stepped
阶梯形底脚 stepped footing; stepped foundation
阶梯形底座 stepped footing
阶梯形电压发生器 staircase voltage generator
阶梯形垫铁 step block
阶梯形端铣刀 step mill cutter
阶梯形断层 distributive fault; multiple faults;stepped fault
阶梯形断面 stepped section;step profile
阶梯形断面方块码头 stepped cross-section(al)block wall
阶梯形泛水【建】stepped flashing
阶梯形分布 staircase distribution
阶梯形分型面 parting compound
阶梯形拱 stepped arch
阶梯形拱腹 stepped soffit
阶梯形横截面 stepped-section geometry;stepped cross-section
阶梯形活塞 step-up piston
阶梯形活塞弹簧 step-up piston spring
阶梯形货架背板 stall riser
阶梯形货架竖板 stall riser
阶梯形货物站台 step-shaped platform
阶梯形基础 benched excavation; benched foundation; stepped foundation;stepped footing
阶梯形建筑物 setback building
阶梯形接板接合 tabled fish-plate splice
阶梯形接合 stepped joint
阶梯形街坊 stepped terrace
阶梯形截面 stepped cross-section
阶梯形金字塔 stepped pyramid
阶梯形聚光镜 step lens condenser
阶梯形聚焦磁铁 stepped focusing magnet
阶梯形卡爪 step jaw
阶梯形框架 setback frame
阶梯形冷却器 stage cooler
阶梯形里弄 stepped terrace
阶梯形里弄街坊 stepped terrace block
阶梯形梁 stepped beam
阶梯形楼板 stepped floor
阶梯形楼地面 stepped floor
阶梯形轮廓 step profile
阶梯形螺栓 step bolt
阶梯形帽盖泛水 stepped cap flashing;stepped counter flashing
阶梯形面 stepped face
阶梯形面墙 stepped face wall
阶梯形披水板 step flashing
阶梯形平台 stepped terrace
阶梯形剖视图 staggered section view
阶梯形气隙 graded air-gap
阶梯形砌合 < 墙的 > racking
阶梯形砌接 racking back
阶梯形砌块 racking back
阶梯形砌墙 racking
阶梯形砌体工程 stepped masonry work
阶梯形曲线 notching curve;staircase curve;stepped curve
阶梯形曲线图 step-shaped graph
阶梯形渠底 stepped bed
阶梯形丧葬用寺庙 stepped funerary temple
阶梯形设计 staircase design
阶梯形寺庙 stepped temple
阶梯形铁芯 step core
阶梯形停尸寺庙 stepped mortuary temple
阶梯形透镜 Fresnel type lens;stepped lens
阶梯形图 ladder diagram
阶梯形瓦 step tile
阶梯形网络 cascade network
阶梯形圬工建筑 step masonry work
阶梯形消能溢洪道 stepped energy destroying spillway
阶梯形楔形桩 cuneiform pile
阶梯形斜梁 stepped stringer
阶梯形叶片 step vane
阶梯形折射率光纤 sep index fibre
阶梯形支柱 stepped-packing block
阶梯形砖 step tile
阶梯形钻探 ladder drill
阶梯形座席 stair seat
阶梯窑 ascending kiln; chambered kiln;climbing kiln;stepped kiln
阶梯应力 staircase stress
阶梯有效数据传输率 staging effective data rate
阶梯载荷 step load(ing)
阶梯轧辊 squabbing roll
阶梯遮光板 step sector
阶梯征 ladder sign
阶梯直达列车 through train originated from several adjoining loading points
阶梯指数 ladder index
阶梯制动 step-by-step braking

阶梯轴 multidiameter;stepped shaft
阶梯转接器 staging adapter
阶梯装置 stepwise device
阶梯状 echelonment;stepped appearance
阶梯状布置 stepwise
阶梯状的 scalariform
阶梯状端墙 <位于船坞内部> stepped head wall
阶梯状断层 step fault
阶梯状扩孔器 pilot shoulder reamer
阶梯状落水洞 stepped sink hole
阶梯状热期 stepladder stage
阶梯状溶洞 stepped cave
阶梯状山墙 corbie gable
阶梯状住房 terraced dwelling
阶梯状锥形结构 step-tapered-cylindric(al) structure
阶梯状锥形桩 step taper pile
阶梯状钻头 step-face(design) bit
阶梯钻探 bench drilling
阶条石 curbstone; rectangular stone slab
阶下溢 exponent underflow
阶下溢屏蔽 exponent underflow mask
阶下溢异常 exponent underflow exception
阶形边墙 stepped side-wall
阶形波发生器 staircase generator
阶形舱壁 recessed bulkhead; stepped bulkhead
阶形挡土墙 stepped retaining wall
阶形底 stepped bottom
阶形地板 stepped floor
阶形地埂 bench terrace
阶形断面 stepped section;step profile
阶形泛水 stepped flashing
阶形方块壁 stepped block
阶形防雨板 stepped flashing
阶形拱石 stepped voussoirs
阶形拱座 stepped abutment
阶形环榫 stepped-ring dowel
阶形基础 benched foundation; pedestal foot(ing); pedestal foundation; stepped foundation
阶形接榫 saddle joint
阶形接合 step joint
阶形梁 notched beam;stepped beam
阶形楼梯斜梁 stepped stringer
阶形排水 stepped drain;stepped flushing
阶形坡道 ramped steps;stepped ramp
阶形墙 stepped wall
阶形桥台 stepped abutment
阶形切口对搭接头 stepped(cut) joint
阶形曲线 notch curve
阶形山墙 corbie gable; crow gable; crow step;stepped gable;crow stepping
阶形山墙(压)顶石 crowstone
阶形榫 tease[teaze] tenon
阶形弯板器 step turner
阶形圬工 stepped masonry work
阶形屋顶 stepped roof
阶形应变现象 step-strain phenomenon
阶形柱 notched column;stepped column;stepped post
阶沿石 step stone
阶跃 phase step
阶跃按钮 step button
阶跃变化 step change;step variation
阶跃变压器 step transformer
阶跃波时间 amplitude step time
阶跃波形 step wave form
阶跃不连续性 step discontinuity
阶跃(步进)式光楔 step wedge
阶跃电流 step current
阶跃电压 step voltage
阶跃电压调整器 step voltage regulator
阶跃陡度 jump steepness
阶跃分配 step allocation
阶跃高度 step height
阶跃高度干涉仪 step height interferometer
阶跃光波导纤维 step index waveguide fiber[fibre]
阶跃光纤 step optic(al) fiber[fibre]
阶跃函数 Heaviside's function; jump function;step function
阶跃函数发生器 step function generator
阶跃函数响应 step function response
阶跃函数响应图 step function response diagram
阶跃函数信号 step function signal
阶跃恢复 step recovery
阶跃恢复效应谐波发生器 step recovery effect harmonic generator
阶跃机构 stepping mechanism
阶跃结 abrupt junction;step junction
阶跃矩阵 step matrix
阶跃控制 step control
阶跃脉冲 step pulse
阶跃扰动响应 step forced response
阶跃时间 snap time
阶跃式截面 stepped cross-section
阶跃输入 step input
阶跃输入信号 step function input signal
阶跃误差 step error
阶跃响应 step response
阶跃响应问题 step response problem
阶跃信号 step function signal
阶跃形光导纤维 step-type optic(al) fiber[fibre]
阶跃型单模 step-type single mode
阶跃型多模纤维 step-type multimode fiber[fibre]
阶跃运动 galloping motion
阶跃噪声 step noise
阶跃折射率 step-refraction index
阶跃折射率分布 step index profile
阶跃折射率光波导 step index optic(al) waveguide
阶跃作用 step action
阶运算 exponent arithmetic
阶状地 rock bench
阶状地形 bench-like form
阶状断层【地】 staircase fault; step fault; distributive fault; multiple fault
阶状断层崖 step fault scarp
阶状方块岸壁 stepped block wall
阶状基础 benched excavation; benched footing;benched foundation
阶状接缝 bench(ed) joint
阶状矿脉 step vein
阶状挠曲 terrace flexure
阶状抛石体 terraced riprap
阶状式葬礼庙宇 terraced funerary temple
阶状梯级 step footing
阶状纹 step pattern
阶状褶皱 step fold
阶状钻头 stepped bit

皆

皆伐 clear felling
皆伐更新 regeneration under cleat cutting
皆伐作业 clear cutting

接

接岸标 close up mark;land mark
接岸结构 <码头的> chenier structure;shore connecting structure
接岸跨 shore spalling;shore span
接岸平原 chenier plain
接岸式防波堤 projecting breakwater
接班 have a spell;keep a spell;take a spell;take tour;tie-in crew
接班人 successor
接板 fishplate bar
接办 take charge of;take-over
接办企业 acquisition
接边 continuation of details; continuity of details; edge fit; edge matching
接边带 match strip
接边焊缝 root edge
接边加工 edge preparation
接(驳)运服务 feeder service
接插 patch
接插板 patchboard;patch panel;plugboard
接插电路 removal circuit
接插件 connector(assembly); joint bar;socket connector
接插件框架 connector frame
接插头 patch-plug
接插线 patch cord
接插元件 electric(al) adapter
接插座 combination hub
接茬 racking bond
接长 lengthen;splice;spreading
接长部分 advancing
接长长度 extension length
接长的管子 additional pipe
接长的通风竖管 stack vent
接长杆 extension bar
接长杆件 lengthening bar;lengthening piece
接长钢筋 splicing reinforcement
接长钢丝绳 growing of rope; wire rope splicing
接长管 additional pipe;extension pipe
接长件 extension piece; lengthening piece
接长接头 lengthening joint
接长结构木料 lengthening structural timber
接长料 lengthening piece
接长钎杆 extension rod
接长洒布管 extension spraybar
接长伸臂【机】 high lift boom
接长手柄 extension handle
接长线 extension cord;extension flex
接长运输带 conveyer advancing
接长钻 extension drill
接长钻杆 extension stem
接车【铁】 receiving of train;train accommodation;receipt of train
接车闭塞机 end block(mechanism); receiving block
接车闭塞站 end block station
接车表示灯 train receiving indication lamp
接车叉线 reception sidings
接车股道 arrival track
接车进路 entrance route; incoming route;receiving route
接车进路信号机【铁】 route signal for receiving
接车线【铁】 receiving track; approach track
接车信号 inbound signal(l)ing; receiving signal
接车站 receiving station
接出用户管 service extraction
接触 contact;contiguity;graze;osculate;touch
接触斑点 contact area pattern; contact spot;localized bearing
接触板 contact plate;wearing strip
接触板控制自动门 touch plate-controlled automatic door
接触棒 contact rod
接触曝光 contact exposure
接触比 contact(gear) ratio; engagement factor
接触臂 contact arm
接触变换 contact transformation
接触变应性 contact allergy
接触变质【地】 pyrometamorphism
接触变质成矿作用 contact metamorphic metallization
接触变质带 aureola[aureole];contact aureole;contact metamorphic belt; contact metamorphic zone; metamorphic aureole
接触变质的 contact metamorphic
接触变质矿物 contact mineral
接触变质煤 dundy
接触变质相系 contact metamorphic facies series
接触变质岩 contact metamorphic rock;contactolite
接触变质晕 aureola[aureole];contact aureole
接触变质作用 contact metamorphic action; contact metamorphism; local metamorphism
接触标记 contact mark
接触表面 contact(ing) surface; surface in contact;surface of contact
接触表面黏[粘]结破坏 cohesive failure
接触并接 contact splice
接触不良 bad contact;contact fault; defect of contact; loose contact; poor contact
接触布局 contact configuration
接触部位 contact site; site of exposure
接触材料 contact material
接触参数 exposure parameter
接触测角器 contact goniometer
接触测角仪 contact goniometer;hand goniometer
接触测微计 contact micrometer
接触测微器 contact micrometer
接触测温 contact thermography
接触层 contact layer
接触层压 contact laminating
接触插孔 pin jack
接触插塞 contacting plug
接触掺气 <污水> contact aeration
接触颤动消除电路 contact-bounce elimination circuit
接触超精细相互作用 contact hyperfine interaction
接触沉淀池 contact sedimentation tank
接触沉淀法 contact sedimentation method
接触沉淀作用 contact sedimentation
接触沉降槽 contact sedimentation tank
接触衬套 contact bush
接触成型 contact mo(u)lding
接触成型树脂 contact mo(u)lding resin
接触程度 exposure level
接触池 contact basin;contact chamber;contact tank
接触尺寸 contact size
接触齿高 contact depth of tooth
接触冲击焊 resistance percussion welding
接触冲刷 contact erosion; contact scour;erosion on contact surface
接触除莠剂 contact herbicide
接触储水构造 storage structure of contact
接触传播 contact transmission
接触传感器 contact pick-up
接触传染 contagion
接触传染的 contagious

接触传染率 contagiosity
接触传染物 contagium[复 contagia]
接触床法 contact bed method
接触磁化 touch magnetization
接触刺激 contact stimulus
接触粗滤池 contact roughing filter
接触催化剂 contact catalysis
接触催化氧化 contact catalytic oxidation
接触搭接 contact splice
接触打磨机 contact grinding machine
接触带 contact belt; contact zone; zone of contact
接触带凹入部 concave of contact
接触带电 contact electrification
接触带凸出部 convex of contact
接触带温泉异常 hot spring anomaly of contact gone
接触单元 element of contact
接触导线 contact wire;troll(e)y line
接触导线保护 contact line protection
接触导线弛度 flexure
接触导线悬挂 contact wire suspension
接触到实质 touch bottom
接触的 contiguous;osculatory
接触点 connection;contact head;contact point; jointing edge; point of contact;point of tangency
接触点法线 contact normal
接触点防振垫块 contact point bumper block
接触点焊 resistance spot weld(ing)
接触点压 point pressure
接触电 contact electricity
接触电流 pick-up current
接触电偶 voltaic couple
接触电容 hand capacity
接触电势 contact potential
接触电位 contact potential
接触电位差 contact potential difference;difference contact potential
接触电线线岔 troll(e)y-frog
接触电压 contact voltage; touching voltage
接触电压降 contact drop
接触电渣焊接 resistance electroslag welding
接触电阻 contact resistance
接触电阻测量仪表 contact resistance meter
接触电阻焊机 contact resistance welding machine
接触调查 contact investigation
接触钉 contact stud
接触冻结 contact freezing
接触毒物 contact poison
接触毒性 contact toxicity
接触读出模件 contact sense module
接触度 order of contact
接触端 contact jaw
接触端(防腐)处理 butt-end treatment
接触端位移 touch end travel
接触段 contact section
接触断电器臂 contact breaker arm
接触断流器 contact breaker
接触断路罩 contact breaker cage
接触对焊 butt resistance welding;butt-welding;resistance butt-welding
接触对焊法 Thomson process
接触法 contact method
接触法测井 contact log
接触法炭黑 contact black; impingement black
接触反馈 touch feedback
接触反射 contact reflex
接触反应 catalysis
接触反应槽 contact reaction tank
接触反应方式 contact reactions way
接触反应器 contact reactor
接触放电加工 contact arc discharge; electroarc contact machining
接触分界面 contact interface
接触粉尘累积值 cumulative dust index
接触缝 contact joint
接触缝焊 resistance seam welding
接触腐蚀 contact corrosion; galvanic corrosion
接触盖 contact bush
接触概率 contact probability
接触干燥时间 < 涂层 > aggressive tack hour
接触杆 contact lever
接触感官 contiguous sense
接触感觉 contiguous sense
接触刚度 contact stiffness
接触刚化 contact tempering
接触高度 contact height
接触构造 contact structure
接触鼓(轮)contact drum
接触故障 contact fault
接触关系 contact relation
接触关系不明 unknown contact
接触管涌 contact piping
接触灌浆 surface grouting; contact grout(ing)
接触罐 contact tank
接触轨 conductor rail; contact rail; current-collecting rail;third rail < 电力牵引 >
接触轨固定装置 conduct rail anchor
接触轨间隙 conduct rail gap
接触轨锚 conductor-rail anchor
接触轨限界 contact rail ga(u)ge;ga(u)ge for contact-rail
接触轨制 conductor-rail system
接触滚(轮)contact roller
接触过程 contact process
接触过滤 contact filtration
接触过滤法 contact filtration process
接触过热器 contact superheater
接触含水带 water-bearing contact zone
接触含水量 contact moisture
接触焊 contact welding; resistance weld(ing)
接触焊对接接头 resistance butt joint
接触焊焊缝 contact welding seam
接触焊机断流器 welding control
接触焊机上加热回火 electric(al) tempering
接触焊接 contact bond
接触焊接电焊条 electrode for contact welding
接触焊接头 contact joint
接触焊通电时间 resistance welding time;weld time
接触焊圆盘状电极 circular electrode
接触荷载 contact load
接触痕 kiss mark
接触后的临界期 critical period of post-exposure
接触弧 contact arc;arc of contact
接触滑板 contact strip
接触滑动式基线测量器械 contact-slide baseline measuring apparatus
接触滑块 contact shoe; contact slipper
接触滑条 bow strip;contact strip
接触滑座 contact skate
接触还原法 process of contact reduction
接触环 contact band; contact ring; contact segment
接触黄铜钎焊 resonance brazing
接触簧片组 contact assembly
接触辉光放电电解 contact glow discharge electrolysis
接触绘图 contact plot
接触活塞 contact piston;contact plunger
接触火花 touch spark
接触剂 catalyst; contact agent; hardener;initiator
接触剂量 exposure dose
接触加冰 contact icing
接触加热 contact heating
接触加热金属喷涂 electric(al)bonding
接触加热面 contact heating surface
接触加热系统 contact heating system
接触加压模塑 contact pressure mo(u)lding
接触夹 contact clip
接触夹板 contact clamp
接触夹片 contact jaw
接触架 contact bar;contact stand
接触架空线 contact aerial
接触间断面 contact discontinuity surface
接触间隔 contact interval
接触检测 contact ga(u)ging;contact inspection
接触检验 exposure test
接触件 contact element
接触浆糊 contact paste
接触浆剂 contact paste
接触交代(变质)作用 contact metasomatism
接触交代成矿作用 ore-forming process of contact metasomatism
接触交代矿床 contact metasomatic deposit
接触胶结 contact cementation
接触胶凝剂 contact cementing agent
接触胶皮辊 rider roll
接触胶粘剂 contact adhesive;contact bonding agent
接触角 angle of contact;boundary angle;contact(ing) angle;engage angle < 铣刀的 >
接触阶 order of contact
接触接点 contact terminal
接触结晶作用方式 contact crystallization way
接触介质的表面 surface to be exposed to fluid
接触界面 contact interface
接触金属箍 contact tag
接触精馏 contact rectification
接触精制 contact treating
接触镜 contact glass;contact lens
接触聚酯 contact polyester
接触开关 contact breaker;contactor; contact switch;touch switch
接触烤板 contact grill;griddle plate
接触空气 ingress of air
接触孔 contact hole
接触控制 contact control
接触块 contact block
接触矿床 contact deposit
接触矿脉 contact vein
接触类型 contact type
接触冷凝 condensation by contact
接触冷凝器 contact condenser
接触冷却 contact cooling; cooling by contact
接触力 contact force
接触联结 contact bond
接触连续性 contact continuity
接触量规 contact ga(u)ge
接触流失【岩】 soil flow on contact surface
接触炉 contact furnace;contact oven
接触滤池 bacteria bed;contact bed; contact filter
接触滤床 contact filter bed
接触率试验 contact-time test
接触螺钉 contact screw
接触螺栓 fit bolt
接触密封 contact seal;wiper seal
接触面 contact face;contact plane;faying surface;immediate surface;mating surface;plane of contact;surface in contact;surface of contact
接触面产状 attitude of intact;occurrence of contact plane
接触面冲蚀 contact erosion; contact scanning;contact souring
接触面缝(隙)灌浆 contact grout(ing)
接触面腐蚀 contact erosion
接触面灌浆 contact grout(ing);surface grouting
接触面积 area of contact; contact(ing)area;effective area
接触面积率 fractional area of contact
接触面摩擦 interfacial friction
接触面强度 interface strength
接触面渗漏 contact leakage
接触面图 contact picture
接触面压力 contact pressure;interface pressure
接触面应力 contact stress
接触面阻力 stiction
接触敏感性 contact sensitivity
接触模板面积 contact form area
接触模式 pattern of exposure
接触摩擦 contact friction
接触磨损 contact wear
接触内视镜 endoser
接触黏[粘]合法 contact cement method
接触黏[粘]合剂 contact(-bond) adhesive;dry-bond adhesive
接触黏[粘]结剂 contact cement
接触黏[粘]接剂 contact(-bond) adhesive;dry-bond adhesive
接触黏[粘]结介质 contact bonding medium
接触黏[粘]着性 touch tack
接触钮 contact button
接触盘 contact disc[disk]
接触跑道 touch the runway
接触片 contact blade; contact chip; contact finger; contactor segment; contact piece; contact segment; contact sheet;contact strip;contact tongue
接触片麻岩 crocus
接触拼接 contact splice
接触评定 exposure assessment
接触破坏 contact failure
接触曝气 contact aeration;submerged filter process
接触曝气池 contact aerator
接触曝气处理装置 biologic(al) contact aeration equipment
接触曝气法 contact aeration process
接触曝气器 contact aerator
接触期间 period of contact
接触启动浮动停止 contact start-flying off
接触起电 contact electrification
接触起动器 contactor starter
接触起火放电加工 contact initiated discharge machining
接触起停 contact start stop
接触器 bonding bar;contactor;impinger;recombiner
接触器板 contactor board
接触器触轮 rudder contactor trolley
接触器吹扫机 contactor blower
接触器合金 contact alloy
接触器继电器 contactor relay
接触器接触次序 contactor sequence
接触器接点 treadle contact
接触器开关起动器 contactor switching starter
接触器控制的牵引装置 contactor equipment

接触器控制器 contactor controller
接触器联锁装置 contactor interlock
接触器盘 contactor panel
接触器系统 contactor system
接触器箱 contactor box
接触器运行线圈 contactor operating coil
接触器组 contactor group
接触钎焊 resistance brazing
接触钳钉 contact jaw
接触强度 contact strength
接触侵染 contact infection
接触侵蚀谷 contact erosion valley
接触区 contact area; contact zone; zone of contact
接触圈 contact ring
接触泉 contact spring
接触燃烧系统 catalytic combustion system
接触热 contact heat
接触热变质岩 contact thermometamorphic rocks
接触热变质作用 contact metasomatism
接触热电偶 patch thermocouple
接触热阻 contact thermal resistance; thermal contact resistance
接触容量 contact capacity
接触溶解 contact lysis
接触溶液 contact solution
接触软水剂 contact softener
接触软水器 contact softener
接触扫描 contact scanning
接触杀虫剂 contact insecticide
接触杀虫农药 contact pesticide
接触晒图 contact print
接触晒像机 contact printing frame
接触晒印 contact copy(ing); contact print(ing); direct copying
接触晒印比例尺 contact scale
接触晒印地图 contact print map
接触晒印法 contact process
接触晒印胶片 contact film
接触晒印相片 contact print
接触晒印正片 contact positive
接触晒印图纸 contact print
接触扇形体 contact segment
接触烧伤 contact burn injury
接触渗出型防污漆 diffusion anti-fouling paint
接触渗毒型防污漆 contact leaching anti-fouling paint
接触渗漏 contact leakage
接触渗滤 contact percolation
接触渗透交代作用 contact-infiltration metasomatism
接触生物滤池 contact(ing) biologic(al) filter
接触湿度 contact moisture
接触时计 contact chronometer
接触时间 contact period; contact time; duration of contact; duration of exposure; exposure time; period of contact
接触时间试验 contact-time test
接触蚀变岩石 contact-altered rock
接触史 contact history
接触式变流器 contact converter
接触式传感器 touch sensor
接触式传声器 contact microphone
接触式磁记录 contact magnetic recording
接触式电极 contact electrode
接触式电键 contact switch
接触式电刷 contact brush
接触式电子调温器 electronic temperature contact controller
接触式调节器 silverstat regulator
接触式冻结装置 contact freezer
接触式断路器 contact breaker
接触式风速表 contact anemometer
接触式风向风速计 anemovane
接触式风向风速器 anemovane
接触式伏特计 contact-making voltmeter
接触式复印方法 contact copying
接触式干涉仪 contact interferometer
接触式高温计 contact pyrometer
接触式焊接 touch welding
接触式焊条 contact electrode
接触式换流器 contact converter
接触式机车信号 electromechanical cab signal(l)ing
接触式机车信号设备 electromechanical cab signal(l)ing unit
接触式基线测量器械 contact baseline measuring apparatus
接触式记录 contact recording
接触式加热器 direct contact heater
接触式减温器 direct contact attemperator
接触式检波器 contact detector
接触式检验器 contact checker
接触式键盘 tactile keyboard
接触式开关 touch switch
接触式控制器 contact controller
接触式冷凝器 direct contact(type) condenser
接触式滤音器 contact sound filter; resonant sound absorber
接触式热交换器 contact heat exchanger
接触式晒像机 contact printer
接触式透镜 contact lens
接触式位移计 contact type displacement ga(u)ge
接触式温度计 contact thermometer
接触式引弧 contact arc starting; touch arc starting
接触式应变片 contact strain meter
接触式应变仪 contact type strainometer
接触式整流 contact rectification
接触式整流器 contact converter
接触式整体气动长规 contact type solid air snap
接触式止水 contact seal
接触式自动定时钟 autotimer
接触势垒 contact potential barrier
接触试验 contact test
接触室 contact chamber; exposure chamber
接触输入 contact input
接触树脂 contact polyester
接触刷 contact brush; wiper
接触双晶 contact twin; juxtaposition
接触水底植物 haptobenthos
接触水分 <土颗粒接触点因表面张力所含的水> contact moisture
接触水开关 contact switch
接触速度 exposure velocity
接触速率 exposure rate
接触酸 contact acid
接触损耗 contact loss
接触塔 contact(ing) tower
接触弹簧 contact spring
接触天文表 contact chronometer
接触条 bow strip; contact bar; treadle bar
接触条宽度改正 <子午仪> contact correction
接触调压器 varitran
接触铜焊 resistance brazing
接触脱沥青法 contact deasphalting method
接触脱硫(法) contact desulfurization
接触脱色(法) contact decolo(u)rization
接触网 cable suspension wire; catenary system; contact system; overhead catenary system; overhead contact line equipment
接触网检查车 overhead line observation coach
接触网快速扭弯器 catenary quick twister
接触网馈电 overhead supply
接触网(目)板 contact film; contact screen; film contact screen
接触网目片 contact screen
接触网设备 contact network equipment
接触网限界 contact system ga(u)ge
接触网支撑装置线夹 catenary wire support clamp
接触网支柱 anchor mast; catenary mast; catenary system tower
接触网柱 contact mast
接触网最大牵引电流 maximum tractive current of a (overhead) catenary system
接触维修 contact maintenance
接触温度计 contact thermometer
接触稳定处理 contact stabilization treatment
接触稳定法 contact stabilization process
接触稳定过程 contact stabilization process
接触稳定活性污泥法 contact stabilization activated sludge process
接触稳定系统 contact stabilization system
接触稳定作用 contact stabilization
接触问题 contact problem
接触污染 contact stain
接触物质 contact material
接触吸附 contact absorption
接触系数 contact coefficient; contact factor
接触系统 contact system
接触匣 <流速仪的> contact box
接触线 contact line; line of contact; line of engagement
接触线弛度 contact wire sag
接触线除霜 defrosting
接触线电压 contact wire voltage
接触线吊弦线夹 contact wire dropper clip
接触线高度 contact wire height
接触线固定线夹 contact wire connection clamp; parallel-groove clamp
接触线挂钩 contact wire hanger
接触线畸变 distortion of contact wire; variation of contact wire
接触线夹 contact strip clamp; contact wire clip
接触线检查车 contact line inspection vehicle
接触线拉力调整 regulation of the contact wire tension
接触线连接 contact line connection
接触线磨耗 contact wire wear
接触线扭弯器 contact wire twister
接触线线头线夹 contact wire splice
接触线斜率 contact wire gradient
接触线预弛度 contact wire pre-sag
接触线整正器 contact wire straightener
接触线中心锚结线夹 mid-anchor clamp for contact wire
接触线终端锚固线夹 terminal anchor clamp for contact wire
接触相 border facies; exposure phase
接触消毒池 contact disinfecting tank; contact disinfection pond
接触消化 contact digestion
接触效率 contact factor
接触-效应关系 contact-effect relationship
接触斜面 contact-making ramp
接触斜坡 contact-making ramp
接触信号 contact signal
接触型胶结剂 contact cement; contact type adhesive; impact adhesive
接触型密封 direct contact seal
接触型黏[粘]结剂 contact cement; contact type adhesive; impact adhesive
接触型树脂 contact resin
接触性除草剂 contact herbicide
接触性传染 contagious infection
接触性传染病 contagious disease
接触性毒剂 contact poison
接触性能 contact performance; contact quality
接触性皮炎 contact dermatitis
接触序列 contact series
接触絮凝池 contact flocculator
接触絮凝器 contact flocculator
接触絮凝作用 contact flocculation
接触悬挂【电】 overhead contact line/catenary
接触压力 contact pressure; contact stress <轮胎与路面的>
接触压力表 contact manometer
接触压力分布 distribution of contact pressure
接触压力计 contact manometer
接触压力系数 contact stress factor
接触压平板 contact plate
接触岩 tactite
接触岩脉 contact vein
接触氧化 catalytic oxidation; contact oxidation
接触氧化池 contact oxidation tank
接触氧化法 catalytic oxidation method; contact oxidation method
接触氧化工艺 contact oxidation process
接触氧化过程 contact oxidation process
接触氧化器 microbial film reactor
接触氧化塘 contact oxidation pond
接触氧化氧化剂氧化工艺 contact oxidation-oxidant oxidation process
接触抑制 contact inhibition
接触因数 contact factor
接触印痕 <钻头牙齿在井底的> contact pattern
接触印迹 contact printing
接触印片 contact print
接触印相 contact print
接触印像 contact printer
接触应变 zone of contact strain
接触应力 contact stress
接触应力传感器 contact stress transducer
接触应力系数 contact stress factor
接触硬化 contact hardening
接触油封 contact seal
接触元件 contact element; contact member
接触元素 element of contact
接触再后退引弧 touch-retract
接触再蒸馏 contact rerun
接触噪声 contact noise
接触者隔离 contact's isolation
接触振动 contact vibration
接触蒸发 contact evapo(u)ration
接触蒸馏 contact distillation
接触整流 contact rectification
接触整流器 contact rectifier
接触指 contact finger
接触指示器 contact pointer
接触质 <包括滑移质和滚移质> contact load
接触钟 contact clock
接触重整 contact reforming
接触周期 contact period; period of

J

contact
接触装置 contact device;contact mechanism;contact unit
接触作用 action by contact;catalytic action;contact action
接触座 contact base;contact socket
接椽挑檐 sprocketed eaves
接搓 keying-in
接错 misjoin
接带器 splicer
接待办公室 reception office
接待处 courtesy desk;reception desk
接待费(用) dinner-party expenses
接待公民大厅 < 古希腊城镇官员的 > prytaneum
接待柜台 reception stall
接待国 receiving country
接待旅客的建筑物 passenger-handling building
接待旅客点 passenger-handling point
接待旅客站 passenger-handling point
接待室 antechamber;anteroom;audience chamber;lobby(area);out chamber;parlo(u)r;receiving chamber;reception chamber;reception room;receptorium < 与古罗马方形会堂相连的 >
接待厅 front desk;reception hall;reception saloon
接待员 hearing clerk
接单根时间 making a connection time
接倒档齿轮 engaging reverse gear
接到 come to hand
接到扣押令的第三债务人 garnishee
接到通知 announce a call
接低档 shift down
接滴盘 dripping pan
接地 bonding;conductive earth;connect to earth;contact of earth;earth contact;earth(ing) connection;grounding;put to earth
接地百分率 grounding percentage
接地板 earthing plate;grounding pad;grounding plate
接地棒 drop bar;earth(ing) bar;earth(ing) pole;earth(ing) rod;ground bar;grounding rod
接地保护 earthing protection;ground guard;ground protection
接地保护闭锁继电器 earth protection block relay
接地保护断路器 earth-leakage circuit-breaker
接地保护继电器 ground preference relay
接地保护继电器开关 ground protective relay switch
接地保护装置 earth protection installation;ground protection installation
接地保护自动断路器 earth-leakage trip
接地报警 alarm for a false ground
接地比压 bearing pressure;ground pressure
接地比压低 low ground-pressure
接地避雷器 earth arrester
接地编结导线 ground strap
接地变压器 earthing transformer;grounding transformer
接地不良 bad earth;imperfect earth
接地部件 earthing device;grounded parts
接地材料 earth material;grounding material
接地测量 earth(o)metering
接地测量计 earth(o)meter
接地层 ground plane
接地插孔 grounding receptacle
接地插座 grounding plug;grounding receptacle
接地抽头 earth tap
接地出线座 ground outlet
接地触点 earthed contact;earthing contact;grounding contact
接地磁电机 ground magneto
接地刀闸 earth isolator
接地导板【电】 earth plate;ground plate
接地导管 ground pipe
接地导体 earthing conductor;grounded conductor;grounding conductor
接地导线 bonding conductor;earthed continuity conductor;grounding conductor;screed wire;earth lead;grounded conduct
接地的 connected to earth;earthed;grounded
接地底盘 hot chassis
接地地网 grounded counterpoise
接地点 earth(ing) point;ground point;touch-down point
接地电杆 grounded pole
接地电弧 ground arc
接地电极 earth electrode;grounding electrode;passive electrode
接地电极板 earth plate
接地电极线夹 earthing lead
接地电缆 bonded cable;earth(ing) cable;ground(ing) cable
接地电流 earth current;fault current;grounding current
接地电流电阻器 earth current resistor
接地电路 earthed circuit;ground chain;grounded circuit
接地电平 ground level
接地电桥 grounded bridge
接地电容 capacitance to earth;direct earth capacitance;direct-to-ground capacitance;ground capacitance
接地电刷 earthing brush;ground brush
接地电位差 differential earth potential;earth potential difference
接地电线 counterpoise;earth conducting cable;earth conductor cable;ground wire
接地电线接头 earthing terminal
接地电闸 earthing switch
接地电阻 earth(ing) resistance;grounded resistance;ground(ing) resistance;resistance of ground connection
接地电阻测定法 Wiechert method
接地电阻测井 ground resistivity log
接地电阻测量仪 earth resistance tester;groundmeter;ground resistance measuring set
接地电阻测试器 earth tester
接地电阻法测井曲线 ground resistivity log
接地电阻梯度测井 pseudo-lateral gradient log
接地电阻梯度法测井曲线 ground resistivity gradient log curve
接地垫 grounding pad
接地垫圈 ground(ing) washer
接地定向继电器 ground directional relay
接地端 earthing grip
接地端子 earthing clamp;ground-based terminal;ground clamp;ground(ing) terminal;earth(ing) terminal
接地端子网络 earth termination network
接地断开 off-ground(ed)
接地发射极 grounded emitter
接地方法 method of grounding
接地方式 < 轮胎等的 > contact pattern
接地方向继电器 directional ground relay
接地放电器 earth arrester[arrestor]
接地敷层 earthed coating
接地干线 earthing bus
接地杆 earth bar;earthed pole;static grounding rod
接地钢丝绳 earth stranded wire
接地隔离的 earth shielded
接地隔离开关 earthing isolator
接地工程 earth connection
接地故障 earth fault;ground(ed) fault
接地故障保护(装置) earth fault protection
接地故障电流 earth fault current
接地故障电路中断 ground fault circuit interrupter
接地故障断路器 ground fault interrupter
接地故障继电器 earth fault relay;ground fault relay
接地故障人身保护 ground fault personnel protection
接地故障线路保护 ground fault circuit protection
接地过电压 grounding surge
接地合闸 contact of earth
接地和天线避雷开关 ground and antenna lightning switch
接地弧 arcing ground
接地弧遏制器 arcing-ground suppressor
接地护罩 grounded shield
接地滑轮槽 groove of trolley wheel
接地环 earthing clamp;ground ring
接地回流电路 earth return circuit
接地回流刷 earth return brush
接地回路 earth circuit;earth return;ground circuit;ground loop;ground return
接地回线 earth return circuit
接地汇流排 ground strap
接地火花隙避雷器 earth arrester
接地极 earthing pole;earth(ing) rod;ground pole;lightning conductor
接地极性 earthing polarity
接地集尘板 earthed collecting plate
接地继电器 earth fault relay;earthing ground(ing) relay;earthing relay;grounding relay
接地夹(子) earth(ing) clip;ground clamp;earth(ing) clamp;earth(ing) terminal
接地检测器 earth detector
接地检查器 earth(o)meter
接地检查仪 earth tester
接地键 earth key
接地接头 ground connector;ground joint
接地接线柱 earthing clip;earth terminal
接地金属板材 earth metal sheet
接地金属棒 ground rod
接地金属片 grounding metal sheet
接地均衡电感器 ground equalizer inductor
接地均衡器 ground equalizer
接地均衡器线圈 ground equalizer inductor
接地卡具 earthing fixture
接地开关 earth(ing) switch;ground(ing) switch
接地连接 bonding;equipment ground(ing);ground joint;ground connection
接地连接板 earth lug
接地连接导线 < 被接地对象与接地体之间的连接线 > earth-continuity conductor
接地连接线夹 earth wire connecting clamp
接地帘栅 grounded screen
接地良好 good earth
接地漏电 earth leakage;leak to ground
接地漏电保护 earth-leakage protection
接地漏电电流 earth-leakage current
接地漏电断路器 earth-leakage(current) circuit breaker
接地漏电防护 earth-leakage protection
接地螺钉 earthing screw;ground terminal
接地锚链 ground chain
接地面积 bearing area;contact area to ground;effective area;ground (contact) area
接地敏感继电器 earth sensing relay
接地母排 earthing busbar
接地母线 earth bus;ground bus;ground strap;main bonding jumper;strap beam;earth line
接地耐力 earth bearing strength
接地片 case contact;ground strap;ground strip;strap beam
接地平板 earthing plate
接地平衡网络 grounded counterpoise
接地平面 ground plane
接地平面天线 ground plane antenna
接地屏蔽 earth screen;earth shield;ground screen;protective sheath
接地屏蔽变压器 grounded shield transformer
接地屏蔽的 earth shielded
接地器 earth connector;ground connector
接地器件 earthing device
接地区 touch-down zone
接地软线 earth cord;earth core
接地栅极 earthed grid;grounded grid
接地栅极放大器 grounded grid amplifier
接地设备 grounding apparatus
接地设施 grounding device
接地石基层 ground table
接地石隙 joint gap
接地式拨号 < 自动交换电话 > earth dial(l)ing
接地式插头 grounding plug;ground-type plug
接地式电源插座 grounding outlet
接地事故消除器 ground fault neutralizer
接地试验 earth test;ground test
接地刷 earthed brush
接地探测器 ground detector
接地天线 earthed antenna;grounded antenna
接地跳线 grounding jumper
接地通道 grounding path
接地同轴电缆 earthed concentric wiring
接地同轴电缆(布线)制 earthed concentric wiring system
接地铜板【电】 copper earth plate;ground plate
接地拖链 drag chain
接地网 earth(ing) network;earth mat;earth screen;grounded screen;ground mat;ground net;mesh-form earthing device
接地网路 earthed network
接地温度计 ground thermometer
接地系统 earthed system;earthing switch;grounded system;grounding network;ground(ing) system
接地线【电】 electric(al) ground;earthing cable;earthing conductor;earth wire;ground cable;ground

chain; ground connection; grounded; ground lead; service ground
接地线电工 groundman
接地线端 earthing terminal; grounding terminal
接地线夹 earthing clip
接地线开关 ground switch
接地线路 grounding network
接地线圈 neutral earthing compensator
接地销针 earth pin
接地泄漏 ground leak
接地心线 <电缆的> earth core
接地型插座 grounding type receptacle
接地压力 earth contact pressure; ground pressure
接地阴极 earthed cathode
接地引出线 ground outlet
接地引线 ground(ing) lead
接地指示灯 earth lamp; ground signal lamp
接地指示器 earth detector; ground detector; leakage detector; leak detector; leakage indicator
接地制 grounded system
接地中断 off-ground(ed)
接地中线 earthed neutral; grounded neutral
接地中线导体 earthed neutral conductor; grounded neutral conductor
接地中（心）点 earthed neutral; grounded neutral
接地中性点 grounded neutral
接地终端 ground terminal
接地柱 earthing rod; ground pole
接地转换开关 earthing switch
接地装置 earthed system; earthing (brusher) equipment【铁】; earthing device; earthing installation; ground(ing) device
接地总面积 gross contact area
接地总线 ground bus
接点 assemblage point; connection point; contact junction; contact point; junction
接点板 gusset box; junction gusset (plate)
接点板拼接 gusset plate splice
接点保护 contact protection
接点闭合（差）contact-closure; contact closed; junction closure
接点臂 contact arm
接点材料 contact material
接点插入移位 joint interpolated motion
接点颤动 contact bounce; contact bound; contact chatter
接点电路 contact circuit
接点电势法 junction potential method
接点电阻 contact resistance
接点动程 contact travel
接点动作杆 contact-operating lever
接点断开 contact open(ed); contact opening
接点法【测】junction point method
接点反跳 contact bounce
接点分合判断 contact sense
接点分离拉力 contact-separating force
接点分散画法 detached contact method
接点符号 contact symbol
接点杆 contact arm
接点跟随 contact follow
接点故障 contact fault
接点过动程 contact overtravel
接点合金 contact alloy
接点环 contact ring
接点簧片组 contact spring block; contact spring pile-up; contact spring stack
接点继电器 contactor relay
接点间隔 contact pitch; contact separation
接点间隙 contact gap; contact opening; contact separation
接点间柱 contact stud
接点接通顺序 contact sequence
接点金属 contact metal
接点开口 contact gap; contact separation
接点空间 joint space
接点控制系统 contactor controller
接点落下检查 back check
接点磨损 contact wear
接点排 bank of contacts; contact bank; contact block; contact row; cross connecting field; row of contacts
接点排列 contact arrangement
接点片 contact bar; contact piece
接点平差 adjustment by method of junction points
接点屏蔽 contact screen
接点清洁器 contact burnishing tool; contact cleaner
接点容量 contact rating
接点烧坏 contact burning; pitting of contact
接点烧结 contact burning; contact sticking; sticking of contacts
接点设计 joint design
接点式热电偶 contact thermocouple
接点树形电路 lay tree
接点损失 contact loss
接点调整工具 contact adjuster
接点网络 contact network
接点系统 contact system
接点压力 contact pressure
接点压力表 contact point pressure ga(u)ge
接点引线 contact lead
接点荧光屏 contact screen
接点振动 contact chatter; contact vibration
接点直线运动式调节器 straight-line type regulator
接点质量 contact quality
接点追随 contact follow
接点组 contact set; contact stack assembly
接点组合 contact combination
接点座 contact carrier
接电板 terminal block
接电点 electric(al) point
接电器 circuit closer; collector
接电时间 power-on time
接电箱 electric(al) switch box
接电源 power connection
接电源设备 connection to electric(al) supply
接发车 receive and depart
接发车进路信号机【铁】route signal for receiving-departure
接发列车 train reception and departure
接封 joint seal
接缝 articulation; bedding joint; cut joint; dowel(l)ed joint; joint(sealing); joint seam; juncture; seaming; suture; unwelded joint
接缝安装机 <混凝土路面> joint installing machine
接缝凹陷 sunken joint
接缝板 joint plate
接缝板条 panel strip
接缝表面 joint surface
接缝布置 joint arrangement
接缝材料 joint(ing) material
接缝插物 joint spacer
接缝长度 length of joint
接缝成型 joint-forming
接缝成型机 joint-forming machine
接缝尺寸 joint design; joint dimension
接缝抽吸 pumping of joint
接缝处铺设增强布 scrimming
接缝处塞孔补缺的木块 dutchman
接缝处砂浆垫层的加强钢筋（网）joint reinforcement
接缝处小梁 joint sleeper
接缝传力杆安装 joint assembly
接缝搭盖 joint cover(ing)
接缝带 joint tape
接缝带混合料 tape joint compound
接缝单元 joint element
接缝的 coped
接缝的错位 staggering of joints
接缝的理论最小宽度 minimum theoretical joint width
接缝的临时封填 temporary seal for joint
接缝的重封 <即重新填缝> rerouting of joint
接缝垫片 joint sheet
接缝垫枕 joint sleeper
接缝堵塞物 joint plug
接缝断面 joint profile
接缝泛水 base flashing
接缝防水 water-tightness of joint
接缝分隔物 <控制接缝间距用> joint spacer
接缝封闭 joint closure
接缝封闭剂 joint sealer
接缝腐蚀 corrosion at a seam
接缝覆盖带 joint masking tape
接缝覆面材料 joint compound-topping
接缝盖 joint cap
接缝盖板 joint shield
接缝盖面 <防漏用的> joint shield
接缝盖条 joint covering strip
接缝杆 gap bar
接缝刚度 joint stiffness
接缝钢筋 joint reinforcement
接缝高差 joint allowance
接缝膏泥 jointing paste
接缝隔片 joint spacer
接缝隔条 joint spacer
接缝工具 butt tool; joint(ing) tool
接缝构件 joint element; jointing component
接缝固定 joint fixing
接缝观测 joint observation
接缝灌浆 joint grouting; joint pouring
接缝灌浆槽 closure slot
接缝灌浆工作 joint-grouting work
接缝灌浆沟槽 joint-grouting groove
接缝灌浆机 joint pouring machine
接缝灌浆温度 closure temperature
接缝灰浆 joint grouting; joint mortar
接缝灰泥 jointing mortar
接缝混合物 jointing compound
接缝机 joint placing machine; seam machine
接缝基准面 joint reference plane
接缝唧泥 pumping of joint
接缝及密封材料 ca(u)lking material
接缝及其填充 joint and insert
接缝剂 joint compound
接缝加热器 joint heater
接缝间隔 joint spacing; spacing of joints
接缝间距 joint spacing; seam spacing; spacing of joints
接缝间距块 joint spacer
接缝间隙 joint gap; joint spacing
接缝胶 joint glue
接缝胶泥 joint cement
接缝截面 seam cross-section; joint profile
接缝金属条盖缝 joint-forming metal strip
接缝筋 dowel bar reinforcement
接缝紧固件 joint fastener
接缝锯法 joint swing
接缝开裂 joint crack
接缝空穴底层 hollow bed
接缝宽度 joint gap; joint width
接缝类型 type of joints
接缝料强度 joint efficiency
接缝隆起 joint beading; joint ridging
接缝密封层下的填塞材料 backup material
接缝密封材料 joint sealing material
接缝密封的跑道 sealed runway
接缝密封胶 joint sealant
接缝密封料 jointing compound
接缝密封条 joint sealing strip
接缝面 joint face; joint plane; joint surface
接缝面积 joint area
接缝磨光 joint sawing
接缝抹平振动器 joint groove finisher
接缝黏[粘]合剂 joint adhesive
接缝黏[粘]合面 bond plane
接缝黏[粘]结料 joint compound
接缝黏[粘]结纸带 joint binding tape
接缝排列（布置）jointing arrangement
接缝刨 <木工用的> jointer
接缝配筋 joint reinforcement
接缝匹配器 <路面与路缘石、排水沟等的> joint matcher
接缝平面图 joint plan
接缝破裂 <层间> break bond
接缝破损 joint failure
接缝企口 key of joint
接缝器 jointer; jointing tool
接缝强度 joint strength; seam strength
接缝区 joint zone
接缝缺陷 fault in seam; joint deficiency; joint imperfection
接缝砂浆 jointing mortar
接缝设计 joint design
接缝伸缩 joint movement
接缝深度 joint depth
接缝渗漏 joint leakage
接缝渗透性 joint permeability
接缝失效 joint failure
接缝栓 gap bar
接缝水泥 joint cement
接缝塑料填料 plastic joint filler
接缝塑性填料 plastic joint filler
接缝损坏 joint deterioration; joint failure
接缝锁 rabbeted lock
接缝填充 joint closure; joint filling
接缝填充带 joint filler tape
接缝填料 joint compound; joint runner; joint filler
接缝填料散失 joint sealant loss
接缝条 dowel bar
接缝调高靴 <沥青混合料摊铺机自动控制高程的装置> joint-matching shoe
接缝调整填料 gap adjusting filler
接缝铁 joint iron
接缝凸出 joint beading; joint ridging
接缝图案 jointing pattern
接缝网 joint grid
接缝望板 jointed boarding
接缝维修加热器 joint repair heater
接缝位移 joint movement
接缝细部做法 joint detailing
接缝下地板 sleeper slab
接缝线 weld line
接缝详图 detail of joint
接缝销 dowel pin
接缝效率 joint efficiency
接缝楔形样板 <混凝土路面的> wedge-shaped template
接缝斜撑 joint raker

J

接缝芯板 jointed core
接缝形式 joint configuration; seam finish type
接缝性质 joint property
接缝压辊 joint roller; seam roller
接缝咬口 <薄板> seam closing
接缝用的冷灌材料 cold poured material for joint
接缝用烙铁 joint smoothing iron
接缝圆角 arrises of joint
接缝允许间隙 joint allowance
接缝张开度 joint opening
接缝张缩运动 joint movement
接缝支柱 joint raker
接缝止水 joint seal
接缝止水材料 joint sealer; joint sealing material; joint sealant
接缝止水剂 joint sealant
接缝纸带 dry tape
接缝中的黏[粘]结面 bond plane
接缝中心 joint center[centre]
接缝重封 resealing of joint
接缝组装件 joint assembly
接负电位的 negative-connected
接负极的 negative-connected
接杆 derrick pole; jaw; pipe jaw; splice bar; lengthening rod <钻井钻杆接长用>; extension rod
接杆长度 extension length
接杆器 rod adapter
接杆钎杆 sectioned drill rod
接杆钎钢 extension drill-steel; secondary drill-steel
接杆钎子 extension steel
接杆销 jaw pin
接杆凿岩 extension drilling; sectional steel drilling
接杆凿岩工具 extension drill steel equipment
接杆钻进 sectional steel drilling
接杆钻眼 sectional steel drilling
接钢边 catcher's side
接钢工 catcher
接高部分 <阴沟或排水沟顶部的> slipper
接高的压杆 stilt
接箍 box coupling; coupling; scarf box
接箍测井 collar log
接箍长度 coupling length
接箍打捞筒 collar socket
接箍定位器 collar locator
接箍分类 coupling type
接箍钢材最小极限强度 coupling steel minimum limit strength
接箍规格 coupling standard
接箍抗内压强度 coupling internal pressure strength
接箍扣根直径 coupling thread root diameter
接箍连接的管子 collar bound pipe; outside-coupled pipe
接箍连接的套管 collar joint casing
接箍名义直径 coupling nominal diameter
接箍丝扣连接强度 coupling thread joint strength
接箍套管 coupling casing
接箍外径 coupling outside diameter
接箍重量 coupling weight
接骨木 European red elder
接骨木属 elder
接管 connection tube; connector; pipe connection; piping; take-over; taking-in charge
接管班 tie-in crew
接管表 nozzle and socket list; nozzle table
接管补强 nozzle reinforcement
接管的钎焊连接 brazed connections for nozzles
接管法兰 nozzle flange; pipe connecting flange
接管法兰的螺栓孔 bolt holes for nozzle flange
接管法兰密封面 nozzle flange gasket (sur) face
接管法兰倾斜 inclination of nozzles flange
接管法钻进 drilled as an alliterative to casing
接管方位 nozzle orientation; pipe-joining position
接管附件 attachment of nozzle
接管高度 height of nozzle
接管工程 plumbering; plumbing
接管管箍 stringing
接管和配件 nozzles and fittings
接管盒 conduit box
接管机 bulb tubulating machine
接管及其他接头 nozzles and other connections
接管加厚补强 reinforcement by thickened nozzle
接管夹 pipe connection clip; pipe jointing clip
接管夹扶工 clampman
接管接头 union nipple
接管井 conduit box
接管颈 nozzle neck
接管开孔 nozzle opening
接管开孔比 nozzle opening ratio
接管开孔补强 nozzle opening reinforcement
接管开孔的焊接补强 welded reinforcement of nozzle opening
接管零件 pipe fittings
接管令 receiving order
接管螺帽 union nut
接管螺母 union nut
接管面标高 level of nozzle face
接管面高程 level of nozzle face
接管企业 acquisition; take-over
接管器 combination pliers; pipe tongs
接管人 receiver
接管填料 piping packing
接管填塞料 pipe packing
接管头 pipe jointing clip
接管箱 <管子通入室内的> register box
接管引起的力学损坏 mechanic of failure by piping
接管与其他附件方位 orientation of nozzles and other attachments
接管与人孔离容器外侧高度 height of nozzles and manhole from outside vessel
接管装置 pipe connecting device
接管嘴 filler neck; pressure inlet
接管座 stub
接轨点 junction point; starting point of line
接轨垫板【机】joint chair
接轨方式 junction mode
接轨夹板 foot-fishing
接轨进度 track advance
接轨站 junction station
接棍 batonet
接焊 lap weld(ing)
接焊枪控制电缆 control cable to gun
接合 anastomose; anastomosis[复 anastomoses]; articulation; bonding; coalescence; conjugation; engagement; engager; engaging; fay; inosculating; jointing; junction; knit; linking; link (-up); seam; snape; splice
接合板 assembly plate; connecting plate; fish piece; fish plate; joint plate; junction plate; patch plate; splice plate
接合板桩 connecting pile
接合包装 joint packing
接合孢子 zygospore
接合边 faying flange; joint edge
接合表 joint table
接合部 adjoiner
接合材料 grafting material; jointing material
接合操纵杆 engaging lever
接合层 <新旧混凝土之间的> knitting layer
接合常数 binding constant
接合衬垫 joint liner
接合承口 joining socket
接合冲积扇 coalescing alluvial fan
接合处 connection; join; juncture; layup; junction(block) <排水管与污水管间的>
接合床座 joint bed
接合带 splicing tape
接合带冲钳 belt punch pliers
接合带盆地 episutural basin
接合的集电弓系统 articulated pantograph system
接合点 abut(ment); commissure; joint point; juncture; point of junction; tie point; bonding point; junction point; hinge joint <路肩与边坡的>
接合点间隙 gap clearance
接合电缆 bonding cable; connecting cable
接合垫片 joint sheet
接合垫圈 joint ring; ring joint gasket
接合钉切割器 dowel cutter
接合钉切割器定中心针 dowel cutter centralizing pin
接合钉切割器杆 dowel cutter shaft
接合钉推进器 dowel driver
接合动作 joint action
接合端 abutting end
接合短钢销 bar dowel
接合(短)螺管 joining nipple
接合短销 bar dowel
接合扼流圈 reactance bond
接合法兰(盘) companion flange; joint(ing) flange
接合范围 engagement range
接合方法 jointing method
接合分裂 conjugate division
接合缝 joint glued; joint mark
接合缝隙 joint gap
接合符号 joint mark
接合概率 joint probability
接合杆 clutch; engaging lever
接合杆绳索控制 trip-rope control
接合杆轴 engaging shaft
接合管 conjugation tube; joint(ing) pipe
接合管材 cemented tube
接合轨 junction rail
接合痕迹 joint mark
接合环 adapter ring; joint ring; mating ring; ring joint; split ring <木构件的>
接合汇编 joint assembly
接合机 joiner; jointing machine
接合机构 engaging mechanism; trip gear
接合剂 binding agent; bonding admixture; cemedin(e); cement; joint compound; jointing medium
接合继电器 closing relay
接合夹板 fish plate
接合间隙 joint clearance
接合件 fastener
接合键 binder stud
接合胶 joint glue
接合角钢 connection angle
接合铰链 joint hinge
接合结构 connected structure
接合金属片 joint fastener
接合镜筒 adapter ring; intermediate ring
接合聚合物 graft polymerization
接合块 joint block; junction piece
接合扩口 joining flare
接合拉臂 engaging arm
接合力 bonding power
接合梁 fished beam; joint beam
接合麓原 coalescing pediment
接合螺帽 union nut
接合螺栓 binding bolt; box closure; coupling bolt; draw bolt; fitting-up bolt; joint(ing) bolt; junction bolt; stay bolt
接合螺丝 binding screw; joining screw; turnbuckle screw
接合螺纹 joint thread
接合铆钉 joining rivet; tacking rivet
接合密封 joint packing
接合密封材料 jointing material
接合密封圈 joint ring
接合密封性 tightness of joints
接合面 composition face; composition plane; composition surface; face of joint; faying surface; joint area; joint face; jointing surface; junction surface; mating area
接合面缺胶 starved joint
接合面缺陷 starved failure
接合配件 joint parts
接合片 joint fastener; junction plate
接合期 joint ag(e)ing time
接合企口 joining groove
接合器 adapter(connector); adapter shifting coupling; adaptor; clasp; diminishing piece; joiner; jointer; maker; splicer
接合器灯 marker light
接合器套筒 adapter sleeve
接合器透镜 adapter lens
接合器应用 maker use
接合强度 binding strength
接合区 bonding land
接合圈 attachment ring; band attachment
接合人 jointer
接合深度 depth of engagement
接合式平地机 articulated grader
接合式轴承 adapter-type bearing
接合栓销 dowel pin; slotted pin
接合榫 cottar; cotter; coupling tenon
接合榫砖 bonding brick
接合套 clutch collar
接合套筒 joining sleeve
接合提升机构 coupling lifter
接合填密 joint packing
接合填密片 joint sheet packing
接合投影 junction figure
接合凸缘 attachment flange; joint flange; matching flange
接合图 index map
接合图形 junction figure
接合弯头 connector bend; joint elbow
接合网络 joint grid
接合物 connector; joiner
接合系数 joint factor
接合系统 jointing system; system of jointing
接合线 bonding line; bonding wire; closing line; knit line; seam line
接合线盒 outlet box
接合线伸长 intrusion
接合限度 joint mark
接合详图 joint details
接合销 binder stud; dowel pin; slotted pin
接合销钉 bayonet; double-pointed nail
接合销筋 bar dowel

接合小格栅 joint sleeper
接合效率 efficiency of joint;joint efficiency
接合型 mating type
接合性 connectivity
接合压杆 engaging rod
接合养护期 joint conditioning time
接合应力 structure stress
接合针 joint pin
接合柱 <船闸入字门上的> miter [mitre] post; miter(ing)[mitring] post;meeting post
接合柱螺栓 binder stud
接合砖 closer brick;tie block
接合转向架 <过渡转向架> adapter bogie
接合桩 meeting pile
接合作用 joint action
接合座板 joint chair
接后 carried forward
接户断流阀 corporation stop
接户阀室 service box
接户阀箱 service box
接户干管 service main
接户干线 service main
接户管 <连接市政管道与用户的连管> service connection; service pipe; water service conduit
接户管材料 service line material
接户管管鞍 service saddle
接户管集管 service header
接户管清扫器 service cleaner
接户管三通 service tee
接户井 <用户排水管道通向市政管渠的最后一座检查井> service manhole
接户水表 service meter
接户弯头 service bend
接户系统 service system
接户线 service conductor;service line
接户线管子 service ell
接户线弯头 service elbow;service ell
接户旋塞 corporation cock
接护阀室 service box
接环 eye splice
接货地点 place of receipt
接机壳的电路 hull return circuit
接机座 earthing of frame
接夹板孔型 fishplate pass
接减速传动 down shift
接见 recept(ion)
接见大厅 <印度> durbar
接见室 audience chamber; audience room; presence chamber; presence room
接见厅 presence chamber
接见者 interviewer
接界 abutment;abuttal;junction
接界电势 junction potential
接筋接连的套节 brace socket
接紧装置 stress accommodation
接近 access;accession;approach;border(up)on;by the side of;close at hand;closeness;close to;close up; close(up) on; contiguity; proximity;verge;vicinity;propinquity <时间、地点上的>;parallelism <指弱电与强电线路相对位置>
接近(半)充分就业 quasi-full employment
接近闭塞区段 approach block
接近闭塞区段长度 approach block length
接近标志 approach(ing) sign
接近表示 approach indication
接近车站鸣笛 approaching station whistle
接近程度 degree of closeness
接近传感器 proximity transducer
接近船舶 close aboard
接近垂直 suberect;subvertical
接近刺激 proximal stimulus
接近的 coadjacent;oncoming
接近灯光 approach light
接近低速示像 approach slow aspect
接近地段 abutting lot
接近地面的 subaerial
接近点 approach point
接近点灯 approach lighting
接近电锁闭法 electric(al) approach locking
接近顶点的 subapical
接近顶风 close winded
接近度 proximity
接近端 approach end;approach nose; nose
接近端点的 subterminal
接近段 approach zone
接近发码 approach coding
接近法 proximity
接近反应 proximal reaction
接近方向 direction of approach
接近(飞机)着陆地面的延伸 extension of approach surface
接近复示信号 approach repeater signal
接近干 close drying
接近管制设施 approach control facility
接近规定速度示像 approach-limited aspect
接近轨道区段 approach track section
接近合格的 near finished
接近极限能量情况 near capacity condition
接近继电器 approach relay; proximity relay
接近检测器 proximity detector
接近角 acceptance angle;angle of approach; approach angle; neighbo(u)ring angle
接近接点 approach contact
接近街道道口鸣笛 approaching public grade crossing whistle
接近距离 <强电线路对通信[讯]线路影响> separation
接近开关 proximity switch
接近控制 approach control
接近控制区段 approach control section
接近矿体 <钻井> approach the orebody
接近连续式机车自动信号 approach-continuous type of automatic cab signals
接近联想 adjacent association
接近亮灯 approach lighting
接近亮灯继电器 approach lighting relay
接近亮灯色灯信号机的自动闭塞【铁】approach-lighted colour light automatic block
接近铃 approach bell
接近流速 approaching velocity
接近陆地 close the land; land fall; make land
接近某物的预兆 forerunner
接近能见度 approach visibility
接近牌 approach board
接近平衡的 near regime
接近坡度 approach grade
接近球形的 subglobular
接近区段 <车辆在接近隧道时光度变化的> approach section; approach zone; access zone; approach track section
接近区段长度 approach section length
接近区段有车 approach section occupancy
接近区段占用 approach section occupancy
接近权 right of access
接近筛孔尺寸的 near mesh
接近筛孔尺寸的颗粒 near mesh grain
接近筛孔的物料床层 near mesh bed
接近闪络时间 time to sparkover
接近时间 approach time
接近世界先进水平 approach the advanced world level
接近示像 <预备在下一信号机前停车> approach aspect
接近式(感应)卡 proximity card
接近树梢的原木段 top log
接近树桩的原木段 butt log
接近速度 approaching velocity; approach speed; closing rate; closing speed;range rate;rate of approach; velocity of approach
接近速度指示器 overtaking meter
接近速率 approach speed
接近锁闭 <完全锁闭>【铁】approach locking
接近锁闭区段 approach locking section
接近锁闭装置 approach locking device
接近锁定 approach locking
接近锁闭表示疑 approach lock lamp
接近探测仪 proximity meter
接近铁路交叉点鸣笛 approaching railroad crossing whistle
接近驼峰速度 approach speed to the hump
接近位置 approach position;on position
接近位置表示器 approach position indicator
接近稳定的(水文情况)near regime
接近系数 access coefficient
接近显示 approach indication; approach position
接近显示表示器 approach position indicator
接近现代运输方式 <车站> accessibility to modern modes transport
接近限速示像 approach-restricted speed aspect
接近相接双星 near contact binary star
接近向前散射 near forward
接近效应 closing effect
接近斜坡台的后退地区 backup area adjacent to the ramp
接近信号 approach signal
接近信号机【铁】approach to a signal
接近引导 close control
接近引炸雷管 proximity exploder (fuse)
接近于一 close to unity
接近预告灯 approach announcing lamp
接近预告牌 warning approach board
接近原理 proximity
接近圆形的 subround
接近圆柱形的 subcylindric(al)
接近障碍物标示 obstruction approach mark(ing)
接近障碍物告示 obstruction approach mark(ing)
接近振鸣 near singing
接近证实 near proof
接近中速示像 approach medium aspect
接近中速信号 approach medium signal
接近中心点的 subcentral
接近指示灯 approach indication lamp;approach indication light
接近指示灯光 approach indication light
接近指示点 approach indication point
接近指示系统 approach indication system
接近指示制 approach indication system
接近最高水平 approach the topmost level
接锯机 brazer
接卡器 receiver
接卡箱 card receiver; output magazine;receiver;stacker
接卡箱满 stacker full
接壳 body contact
接客空驶里程 deadhead kilometers for passenger
接口 adapter;interface
接口板 interface board
接口报文处理机 interface message processor
接口边缝 ca(u)lking
接口标志 interface flag
接口标准 interface standard
接口波 capillary wave
接口部件 interface components;interface unit
接口部件设计 interface unit design
接口参数 interface parameter
接口操作 interface operation
接口测试 interface testing
接口测试仪 interface tester
接口插件 interface card
接口程序 interface routine
接口处理机 interface processor
接口错误 interface error
接口错误控制 interface error control
接口单元 base station interface unit
接口的 interfacial
接口电缆 interface cable
接口电路 interface circuit
接口电路板 interface card
接口垫圈 jointing washer
接口段 interstage section
接口多路转换器 interface multiplexer
接口法兰 joint flange
接口工 jointer
接口功能 interface function
接口管 mouthpiece
接口灌口 joint runner
接口规格 interface specification
接口过程 interface procedure
接口机吞吐量 interface message processor throughput
接口计时器 interface timer
接口计算机 interface computer
接口检查程序 interface checker
接口开关 interface switch
接口控制检验 interface control check
接口控制模件 control interface module
接口控制模块 interface control module
接口控制器 interface controller
接口控制文件 interface control document
接口例行程序 interface routine
接口连接 interfacing
接口连接器 interface connector
接口联系装置 interface communication
接口灵活性 interface flexibility
接口龙头装置 faucet-attached unit
接口逻辑 interface logic
接口逻辑设计 interface logic(al) design
接口螺管 joining nipple
接口螺纹开始标记 Higbee indicator
接口描述语言 interface description language
接口模件 interface module
接口模块 interface module
接口强度 interface strength
接口清除 interface clear
接口驱动器 interface driver
接口圈 mouthpiece
接口软件 interface software
接口设备 interface device; interface

equipment
接口适配器 interface adapter
接口手锤 ca(u)lking hammer
接口数据 interface data
接口数据部件 interface data unit
接口锁存器芯片 interface latch chip
接口填缝 ca(u)lking joint
接口调试 interface debugging
接口调道 interface channel
接口通信[讯] interface communication
接口通信[讯]处理机【计】 interface message processor
接口外围设备 interface peripherals
接口系统 interface system
接口衔接器 interface adapter
接口线路 interface line
接口箱 station interface case
接口向量器 <连接被控装置的部件> interface vector
接口消息 interface message
接口销钉 bayonet
接口(芯)片 interface chip
接口信号格式 interface signal(l)ing format
接口信息 interface message
接口信息处理机 interface message processor
接口信息处理器 interface message processor
接口寻址 port addressing
接口要求 interface requirement
接口硬件 interface hardware
接口元件 interface element
接口整修爆破 post-splitting
接口指令 interface command
接口终端 interface termination
接口装置 interface unit
接口状态标记 interface status flag
接口子系统 interface subsystem
接口总线 interface bus
接口组件 interface module
接块 joint block
接块式坝 articulated type dam
接蜡 grafting wax
接力 relaying
接力泵 booster pump; relay pump
接力泵船 booster pump boat; floating booster station
接力泵送 relay pumping
接力泵站 booster station
接力变质 construction metamorphism; constructive metamorphism
接力传输 relay transmission
接力传送 refile
接力电视 ball reception; relay television
接力电台 booster station
接力段 <微波接力> relay section
接力发射机 link transmitter; relay transmitter; repeater transmitter
接力风机 relay fan
接力风扇 booster fan
接力机构 servo-mechanism
接力计划 tandem plan
接力焦炭 extra coke charge
接力接收机 link receiver; relay receiver
接力井点 relay well point
接力排水 constant drainage
接力票 <为兑款支票所开的支票> race bill
接力器 servomotor
接力器不动作时间 servomotor dead time; servomotor response time
接力器缸 servocylinder; servomotor cylinder
接力器缸盖 servomotor cylinder cap
接力器活塞行程 stroke of servomotor piston
接力器容量 servomotor capacity
接力器响应偏差 servomotor response deviation
接力器响应时间 servomotor response time
接力器行程 servomotor stroke
接力式 pattern of relay
接力运输 relay transportation
接力站 relaying station
接力装配试验 relay assembly test room experiment
接连底面 flush soffit
接连钢轨用鱼尾钣 rail joint bar
接连号码 running numbers
接连站台的列车大厅 <旅客从一个入口进入几个站台或从几个入口进入一个站台> train concourse
接链桩 stake of connecting chain
接梁 footpiece
接料斗 receiving hopper; gob hopper <混凝土拌和机下面的>
接料漏斗 receiving cone
接料盘 take-up stock pan
接料站 receiving station
接邻地带 contiguous belt; contiguous zone
接零母线 grounding bus
接流河 engrafted river; ingrafted river; ingrafted stream
接流河系 engrafted river system
接轮 cock wheel; third wheel
接锚短链 bending shot; outboard shot
接锚卸扣 bending shackle; end shackle
接铆钉工人 rivet catcher
接墨盘 drip tray
接木环 timber connector
接木技术 grafting technique
接目测微尺 ocular micrometer
接目测微计 micrometer ocular
接目测微器 ocular micrometer
接目端 eyepiece end
接目放大镜 loup(e)
接目镜 eye pieces; ocular lens
接目镜测微计 eyepiece micrometer; ocular micrometer
接目象限标线 group circle graticule
接纳 affiliation
接纳管线 upstream line
接纳门轴柱转动的垂直凹槽支座 <船坞、船闸门槽内的> hollow quoin
接纳性格 receptive character
接纳证(明)书 certificate of acceptance
接泥 grafting clay
接排材料 run-on
接排泥管 attach floating discharge pipeline
接盘 flange
接盘人 offeree
接盘式轴承 flange bearing
接片 connecting piece; contact pin; contact tag; splicing wire
接片机 splicer
接片胶带 splicing tape
接片胶水 film cement
接坡 access ramp; approach road; slope ramp
接坡终点 ramp terminal
接漆盘 drip pan; drip tray
接钎器 bit adapter; chuck adapter; pulling-tool adapter shank adapter
接签臂 staff receiving arm
接前页 brought forward from previous page
接取装置 take-away belt(conveyor); take-off gear; take-off machinery
接圈 adapter ring
接壤的 neighbo(u)ring
接壤国家 neighbo(u)ring country
接入 access; cut-over; insert; pull-in; switch in; switch(ing) on; throw-in; throw into action
接入承载能力 access bearer capability
接入点 access point; service access point
接入点识别符 access point identifier
接入电路 cut-in circuit; enter to a circuit; place in circuit; put in circuit; throw in circuit
接入端 incoming end; receiving end
接入阀 cut-in valve
接入服务 switch service
接入工作 cut-in operation
接入荷载 installed load
接入空车数 number of empty cars received
接入控制 access control
接入列车 acceptance of train; accept a train
接入码 access code
接入能力 access capability
接入容量 making capacity
接入设施 access facility
接入时间 turn on time
接入式继电器 cut-in relay
接入损耗 insertion loss
接入网 access network
接入位置 on position
接入线 tie(-in) line
接入线路 access line; enter to a circuit; line attachment
接入线圈 switch-on coil
接入协议 access protocol
接入信道 access channel
接入延迟 access delay
接入增益 insertion gain
接入自卸重车 waded wagons received at junction station for unloading
接上 linking-up
接上输电线路 on-the-line
接声室 receiving room
接绳 splicing of wire rope; splicing wire
接绳工具 rope splicing tool; splicing outfit; splicing(wire-line) tool
接绳器 rope clutch
接绳用的钢钎 marline spike
接绳锥 splicing needle
接收 acceptance; receiving; take-over
接收板 dash receiver
接收报告 acceptance report
接收边际 receiving margin
接收边界 acceptance boundary
接收变换 receiving conversion
接收表面 receiving surface
接收波段 receiving wave range
接收不良 reception poor
接收槽 receiving slit
接收测试 acceptance test
接收场 receiving yard
接收场起伏 scintillation
接收超时 receive time-out
接收车辆 acceptance of cars
接收成员资格 accept membership
接收秤 receiving scale
接收抽样 acceptance sampling
接收处理机 recipient processor
接收穿孔机 receiving perforator; reperforator
接收传感器 receiving transducer
接收窗口 receive window
接收单元 receiving element
接收地带 zone of reception
接收电磁铁 receiver magnet
接收电感 receiving inductance
接收电路 receiving circuit
接收电平 incoming level
接收电容器 receiving condenser
接收电位 acceptance potential
接收电压 receiving voltage
接收订单 accept an order
接收定步 receive pacing
接收端 incoming end; receiving end; receiving side; receiving terminal
接收端编码 receiving encoding
接收端串报 receiving-end crossfire
接收端串扰 receiving-end crossfire
接收端串音 receiving-end crosstalk
接收端带通滤波器 receiving band filter
接收端低通滤波器 receiving low pass filter
接收端电压 receiving-end voltage
接收端口 receive port
接收端阻抗 receiving-end impedance
接收二极管 receiving diode
接收发射机 receiver-transmitter
接收发送通信[讯]控制器 receiver, transmitter communication controller
接收阀 receiving valve
接收法 recept(ion)
接收范围 acceptance boundary; acquisition range; receiving range
接收方式 receive mode
接收方向 direction of reception; receiving direction
接收方向性 receiving directivity
接收放大器 receiving amplifier; reception amplifier
接收放大器部分 receiver-amplifier unit
接收分配器 receiving distributor
接收概率 probability of acceptance
接收概率曲线 acceptance probability curve; operating characteristic curve
接收干扰 interference with reception
接收感应器 receiving inductor
接收格局 accepting configuration
接收功率 received power
接收管 collection tube; receiver tube; receiving tube
接收光谱 receiving spectrum
接收光束 receiving beam
接收光学系统 receiver optic(al) system; receiving optics
接收光学装置 receiving optics
接收规格 acceptance requirement
接收环路损耗 receiving loop loss
接收换能器 receiving transducer
接收回声 reception of echoes
接收货车 acceptance wagons
接收货物 goods reception
接收机 catcher; radio set; receiver; receiving apparatus; receiving machine; receiving set; solodyne <只用一组电池组工作的>
接收机保护设备 receiver protector
接收机保护装置 receiver protective device[reprod]
接收机标记 receiver tag
接收机带宽 receiver bandwidth
接收机的品质因数 <信号噪声比> goodness of receiver
接收机电路 acceptor circuit; receiver circuit
接收机电源 receiver power supply
接收机调谐 receiver tuning
接收机调整 receiver alignment
接收机房 receiving house
接收机放大器 receiver amplifier
接收机辐射信号 blooper
接收机干扰 receiver interference
接收机隔离 receiver isolation
接收机固有噪声 set noise
接收机和发射机自动选择系统 automatic system for selection of receiver and transmitter
接收机回扫线 receiver retrace
接收机继电器 receiving relay
接收机间求差 between receiver differ-

J

ence
接收机检测 receiver test
接收机检验器 set analyser[analyzer]
接收机解调门限 demodulation threshold signal level of receiver
接收机矩阵 receiver matrix
接收机灵敏度 receiver sensitivity
接收机零件 radio receiver parts
接收机视场选择器 receiver field of view selector
接收机试验仪 set analyser
接收机室 receiver cabin
接收机输入 receiver input
接收机输入端 receiver inlet
接收机天线 receiver antenna
接收机通带 receiver pass-band
接收机误差 receiving error
接收机限幅器 receiver limiter
接收机箱 receiver case
接收机选通 receiver gating
接收机音频输出电平 audio-frequency output level of receiver
接收机原色 receiver primary
接收机噪声 receiver noise
接收机噪声功率电平 receiver noise power level
接收机噪声阈 receiver noise threshold
接收机增量调谐 receiver incremental tuning
接收机增益控制 receiver gain control
接收机振荡器 receiver oscillator
接收机制 receiver mechanism;receiving mechanism
接收挤塞 reception congestion
接收记录 receiving record
接收继电器 receiving relay
接收寄存器 receiving register
接收检验 acceptance inspection;acceptance survey
接收交货 accept delivery
接收角 acceptance angle
接收晶体 receiving crystal
接收局 receiving office;transferee administration
接收矩阵变换电路 receiver matrix
接收距离 receiving range
接收孔径 receiving aperture
接收框 sink block
接收良好 reception good
接收滤波器 receiving filter
接收路 receiving road;transferee railway
接收率 acceptance rate
接收脉冲 received pulse
接收面 acceptance surface;receiving plane
接收面积 collecting area;receiving area
接收能量 received energy
接收偶极子 pick-up dipole;receiving diode
接收盘 take-up reel
接收配置 accepting configuration
接收喷嘴 flanging nozzle
接收频带 frequency acceptance band
接收频道 receiving channel
接收器 acceptor;bin;catcher;receiver;receptor
接收器电路 acceptor circuit
接收器接线箱 receiver junction box
接收器灵敏度 receiver sensitivity
接收器流体 receiver fluid
接收器转接器 receiver selector
接收区(域) receiving area;reception area
接收设备 receiving apparatus;receiving equipment;receiving installation;receiving machine
接收设施 receiving facility;receiving installation;receiving plant
接收时刻 time of reception
接收时他台来的干扰 jamming
接收时钟 receive clock
接收式排风罩 receiving hood
接收试车 acceptance trial
接收试航 acceptance trial
接收试验 acceptance test;reception test
接收室 receiving chamber;sound receiving chamber
接收数据 accepting of data;received data
接收数据缓冲器 receive data buffer
接收数据寄存器 receive data register
接收衰减 receiving attenuation
接收速度 inbound pacing
接收台 accepting station;receiving office;receiving station
接收探测器 pick-up probe
接收探测头 pick-up probe
接收探示器 pick-up probe
接收探头 receiving transducer
接收天线 pick-up antenna;receiving aerial;receiving antenna;receiving wire
接收天线共用器 receiving antenna multicoupler
接收天线极化系数 polarization receiving factor
接收天线极化因数 polarization receiving factor
接收天线有效增益 effective gain of the receiving antenna
接收调步 receive pacing
接收调制解调器 receiving modem
接收透镜系统 receiving lens system
接收望远镜 receiver telescope;receiving telescope
接收委托 accept a commission
接收文件读出 reception file read-out
接收物镜 receiving objective
接收系统 receiving system
接收线路 receiving line
接收线圈 pick-up coil;receiving loop
接收线圈类型 configuration of receiving loop
接收箱 receiving magazine
接收效应 pick-up factor
接收信号 received signal
接收信号板 pick-up plate
接收信号电平 received signal level
接收性能 receptivity
接收序列 receiving sequence
接收压力 collection pressure
接收引线 receive leg
接收应答 acception acknowledge
接收拥挤 reception congestion
接收拥塞 reception congestion
接收用打字穿孔机 receive-only typing reperforator
接收用高频振荡变压器 receiving jigger
接收用线圈 receiving coil
接收余量 receiving margin
接收裕度 receiving margin
接收圆形极化波信号的接收机 right-hand receiver
接收运输单位 receiving carrier
接收凿孔机 receiving perforator
接收站 accepting station;receiving office;receiving station
接收站代码 destination code
接收站地址 destination address
接收站地址主字段 destination address field prime
接收站码头 accepting station terminal;receiving station terminal
接收者 receiver
接收阵(列) receiving array
接收振荡槽路 receiving tank
接收振荡回路 receiving tank
接收振荡器 receiving oscillator
接收证书 take-over certificate
接收支架 receiving tray
接收指示灯 codan lamp
接收制式 receiving system
接收质量 quality of reception
接收中断 receive interruption
接收中心 receiving center[centre]
接收装置 receiving arrangement;receiving device;receiving system;receiving unit
接收准备 receive ready
接收组 receiver group
接受 acceptance;accepting;close with;receiving;recept(ion);take-up
接受半角 acceptance one-half angle
接受保险 acceptance of risks;take a risk
接受报价 acceptance of offer;accept an offer;accept a quotation
接受报价者 offeree
接受报盘 accept an offer;close with an offer;entertain offer
接受标志 accepted flag
接受部门 receiving sector
接受承付 acceptance and guarantee
接受抽样 acceptance sampling
接受处理剩余财产的 residuary
接受存款机构 deposit-taking institutions
接受错误 acceptance error
接受的 adoptive
接受的概率 accepted probability
接受低于成本的订货 acceptance of an order at below-cost price
接受抵押人 pedgee
接受抵押者 pledgee
接受第三方监督检验 subject to third part inspection
接受点 receiving station
接受(电)器 acceptor
接受调拨者 allot(t)ee
接受调查 contact investigation
接受订单 accept an order;acknowledgement of orders;execute an order
接受订货 accept an order;entertain order;acknowledgement of orders;execute an order
接受端 receiving terminal
接受发盘 accept an offer
接受阀 hopper
接受方 licensee;recipient
接受分保 acceptance
接受分配者 allot(t)ee
接受格局 accepting configuration
接受工人申诉 dealing with workers' appeals
接受管 adopter;lead line;receiver pipe;receiving tube
接受管接头 receiver pipe connection
接受罐 receiving tank
接受光锥 acceptance cone
接受国 receiving country;recipient country
接受呼叫 accept the call;call accepted
接受呼叫信号 accepted signal call;call-accepted signal
接受呼叫信息 call accepted message
接受活塞 receiving piston
接受或收货地点 place of acceptance or receipt
接受货物负责处理的地点 place of taking in charge
接受机会 chance of acceptance
接受级 accepter level
接受集 accepted set
接受技术转让方 recipient of the technology transferred
接受继电器 acknowledging relay
接受检查 receiving inspection
接受检验 acceptance inspection;acceptance test
接受交割 accept delivery
接受阱 receiving barrel;receiving compartment
接受坑 receiving pit
接受控制图 acceptance control chart
接受列车 accept a train
接受率 receptance
接受螺旋 receiving auger
接受买方订单的指示 accept one's order as per instruction
接受门限 acceptance threshold
接受面积 receptor area
接受你方建议 accept your suggestion
接受瓶 receiving flask
接受期票 acceptance of promissory notes
接受器 catcher;holding tank;hopper;receiver;receptacle;receptor;recipient;susceptor
接受器电路 acceptor circuit
接受器谐振 acceptor resonance
接受区(域) acceptance region;region of acceptance
接受取样检验 acceptance sampling inspection
接受任务 accept the assignment;accept the challenge
接受容器 receiving vessel
接受升运器 receiving elevator
接受式排风罩 receiving hood
接受书 instrument of acceptance
接受水体 receiving water body
接受送达 acceptance of service
接受索赔 accept a clam;entertain claim
接受体 acceptor
接受挑战 accept the challenge
接受条件 acceptance condition
接受筒 receiving box
接受投标 accept the bid;accept the tender
接受投标的截止时间 deadline for receipt of bids;deadline for receipt of tenders
接受投标函 letter of acceptance
接受投标书 acceptance of the bid;acceptance of the tender
接受投资者 investee
接受图 acceptance pattern
接受问题 acceptance problem
接受箱 receiving pit
接受项 receiving item
接受新订单 enter new order
接受信 letter of acceptance
接受信号 acknowledgement signal
接受信息 accept(ing) information
接受性 acceptance
接受序列 receiving sequence
接受邀请 accept an invitation
接受一个国际标准 taking-over an international standard
接受饮用水水质 acceptability of drinking water quality
接受佣金 accept a commission;acceptance commission
接受域 acceptance region;region of acceptance;acceptance domain【数】
接受阈限 acceptance threshold
接受远期装运 accept forward shipment
接受站 accepting station;receiving terminal
接受者 recipient;taker;transferee
接受证书 acceptance certificate
接受终端 receiving terminal
接受转让者 assignee

J

接受状态 receive status
接受准则 acceptance criterion
接受作证据 admissibility in evidence
接水盘 defrosting pan;defrosting tray;water pan
接水套管 tapping sleeve
接送包裹业务 collection & delivery parcels business
接送货物服务 pick-up and delivery service
接送客货业务 pick-up and delivery
接送零担货物业务 pick-up and delivery
接送旅客的交通车 limousine
接送热铆钉的工人 rivet catcher
接送室 porter's room
接送线 transfer line
接送引航员 pilot transfer
接送自导系统 activation of homing
接穗【植】scion
接笋船壳板 jointed build
接榫 dovetailing;joint;tenon
接榫工具 jointing tool
接榫规 joint rule
接榫划线 dimensioning of joint(s)
接榫划线尺 jointing rule
接榫件 joinery component
接榫胶 joiner's adhesive;joiner glue
接榫扣 notch
接榫量规 joint(ing) rule
接榫者 tenoner
接套 adapter;connecting piece;swage lock < 管子的 >
接梯侧板 bridge board
接替 replace;supersession;take-over
接替计划 under-study plan
接替者 reliever(relay)
接通 anastomose;anastomosis[复 anastomoses]; close up; closing; cut-in; in-line; key on; make connection; make contact; make on; pull-in;switch in;switch(ing) on;terminating; throw-in; turn-on; close【电】
接通按钮 push-button
接通触点 make contact
接通触头 make contact
接通次序 order of connection
接通单元 on-unit
接通的 normally on;on-state
接通点 cut-in point;make point
接通电话 make contact;making contact;put through
接通电流 making current
接通电流脉冲 make impulse
接通电路 circuiting;cut-in circuit;make contact
接通电路测试 cut-in circuit test
接通电路位置 switch-on position
接通电压 cut-in voltage
接通电源 switch on;turn power on
接通电阻 on resistance
接通断开 closed-open
接通断开操作 on-off operation
接通断开控制 on-off control
接通断开试验 on-off test
接通断开周期 make-and-break period
接通公式 connection formula
接通轨道电路 track circuiting
接通和间歇时间 no-off time
接通回音 ring-back tone
接通机构 engaging means
接通记数器 effective-call meter
接通继电器 cut-in relay;engage relay
接通间隔 on-interval
接通警惕装置测试 cut-in acknowledgement test
接通开关 engaged switch
接通率 call completing rate; percent of call completed
接通脉冲 make pulse
接通能力 making capacity
接通器 maker
接通区 key-on region
接通时间 conduction time; making time;on time;time of setting up a call;turn on time
接通时期 on period
接通试验 call through test
接通速度 cut-in speed
接通条件 on-condition
接通位置 make position;on position
接通线路【电】closed line
接通线圈 closing coil;switch-on coil
接通信[讯]号 connection signal;enabling signal
接通延迟 switch-on delay
接通用户电报呼叫 establishing telex call
接通证实信号 call confirmation signal
接通装置 engaging means
接通自动导引(系统) activation of homing
接通自动寻的(制导系统) activation of homing
接通阻抗 on-impedance
接筒 extend neck
接筒连接器 coupling union sleeve
接头 adapter[adaptor]; adapter connector; adapter coupling; connecting joint;connecting piece;connecting terminal; connection; connector;connector sub;coupler socket; coupling joint; joint; junction; lacing;layup; nosepiece; splice; terminal; tube joint; union nipple; rail joint(ing)【铁】;contact < 指找人联系 >
接头鞍座 collar saddle
接头扳手 insertion spanner
接头班 tie-in gang;tie-in party;tie-in team;tie-in weld
接头板 cover plate;splice plate
接头波纹 bond waviness
接头不嵌缝的 open-jointed
接头不嵌缝的底板 open-jointed floor
接头不嵌缝的排水瓦管 open joint tile drainage pipe
接头插筋 dowel bar
接头衬套 adapter bush
接头尺寸 joint dimension
接头处强度 strength of splices
接头船 warp-transmitting boat;warp-transmitting ship
接头错位半径 radium off-set of joint
接头搭盖 joint cover(ing)
接头打捞母锥 female coupling tap
接头带 laced belt
接头带肩垫板 joint ribbed plate
接头电阻测试器 bond tester
接头垫片 coupling gasket
接头垫圈 jointing washer
接头丁字铁件 joint tee
接头端 tip side
接头端子连接图 diagram of terminal connection
接头段 junction section
接头阀 ferrule
接头防水 water proofing for joint
接头分离 joint separation
接头封闭 junction closure
接头缝 joint clearance
接头缝合线 joint fissure line
接头缝填料 joint sealing material
接头缝隙 gap at joint
接头腐蚀 terminal corrosion
接头覆盖 cover(ing) of joint
接头钢筋 joint reinforcement; rod dowel
接头根部 root of joint
接头箍 connection band;joint clamp
接头箍圈 spigot ring
接头管 connector;interlocking joint;junction block < 户内下水道与街道排水管的接头 >;stop end tube;interlocking pipe < 混凝土防渗墙槽段接头 >
接头轨端不平 unevenness of rail at joints
接头轨阶 step at ends of rails
接头轨枕 joint sleeper;joint tie
接头轨座 joint chair
接头焊接 lap weld(ing)
接头焊接工艺 joint welding procedure
接头焊接机 lap welding machine
接头焊料 joint solder
接头焊透层 joint penetration
接头盒 adapter box
接头痕迹 lap mark
接头互相搭接 joint cover(ing)
接头滑扣 creepage of the coupler
接头混合物 jointing compound
接头机 splicer
接头夹 connecting clamp
接头夹板【铁】fish plate; joint bar; splice bar
接头夹板螺栓 fish bolt
接头间隙 joint clearance;open-jointed gap;play movement
接头胶带 joint compound-taping
接头胶水 splicing adhesive
接头胶粘剂 joint compound adhesive
接头角度 joint angle
接头结构 joint design
接头绝缘体 terminal insulator
接头空隙 joint leakage
接头扣件 joint fastening
接头块 joint block
接头拉断 < 钢丝绳的 > jack-boot off
接头类型 joint category
接头冷缩(烘装时) shrinking of tool joint
接头连杆 connector link
接头连接面 face of coupling
接头连接器 joint coupling
接头连接套管 inside-coupled casing
接头联结零件【铁】rail joint accessories;rail joint fastenings
接头裂缝 joint fissure
接头漏水 joint leak
接头螺钉 < 圆顶宽边 > binding head screw
接头螺帽 collar nut
接头螺母 collar nut;joint nut
接头螺栓 joint bolt;track bolt
接头螺套 union unit
接头密封盖 joint cap
接头排 terminal assembly; terminal block
接头配件 connector fittings
接头偏心度 connection eccentricity
接头拼接板 connector splice
接头平面图 joint plan
接头坡口准备 joint preparation
接头破坏 joint failure
接头期 joint condition time
接头器 splicer
接头钎焊 joint brazing
接头强度 strength of joint
接头切口 pin tong space
接头热压合 shrunk-on joints
接头人孔 junction manhole
接头熔深 joint penetration
接头润滑剂 joint grease
接头纱 thrum
接头设计 joint design
接头深度 joint depth
接头渗漏 joint leakage
接头失落 joint off
接头施工 joint construction
接头室 junction chamber
接头丝扣打捞爪 tool joint screw grab
接头损耗 splicing loss
接头榫 cogging
接头套管 adapter sleeve;swage lock;tapping sleeve
接头套筒 adapter sleeve;swage lock;tapping sleeve
接头填充速率 rate of joint fill
接头填料 joint(ing) compound
接头条 terminal strap
接头调节 adjustment of joints
接头调节螺钉 adapter set screw
接头调理时间 joint conditioning time
接头凸缘 joint flange
接头凸爪 joint block
接头外径 outside diameter of joint
接头弯管 union bend;union elbow
接头维修作业 rail joint work
接头未焊透 lack of joint penetration
接头位置 position of joint position
接头纹 < 抹灰 > piecing
接头系数 joint efficiency
接头瞎缝 closed joint;tight joint
接头下闭锁提引器 latch elevator under tool joint
接头下沉 low joint
接头下陷 depression of joint
接头线 connector;piecing < 抹灰的 >
接头线夹 stitch wire clamp
接头箱 splice box
接头销钉 joint bar
接头效率 joint efficiency
接头斜切 angle cut
接头修整工具 frenchman
接头旋塞 union cock
接头研磨机 lap grinder
接头用角钢 piece angle
接头杂音 bloop
接头杂质 joint residue
接头在后面的仪器 back connected instrument
接头噪声 split bump
接头轴的叉槽 joint yoke
接头桩 connected head pile
接头装配 joint fit-up;terminal assembly
接头装置 connector fitting
接头阻力 joint resistance
接头最末扣断裂 last thread failure
接头作用 joint action
接头座 plinth;starter stub
接图 map interlinking
接图表 assemblage index; chart index;chart relationship;general diagram; graphic (al) index; index chart;index diagram;index map;index of adjoining sheets; index to sheet;interchart relationship;intermap relationship;key drawing;key map;location diagram;map index;map relationship;map set;neighbo(u)rhood index; sheet assembly;sheet index
接腿 stub reinforcement
接拖 transferring the tow
接尾词 suffix
接物端 far vane;objective end
接物镜 object glass
接下页 brought down;brought forward
接舷攻击 board a ship
接舷战 boarding of ship
接线 cable connecting; fitting attachment; junction attachment; link; splicing wire;wire connection;wiring connection;wiring(up)
接线板 buncher;connecting panel;control panel;distributing block;distribu-

tion block; distributor block; jack panel; lug plate; patchboard; patching board; patch panel; plugboard; terminal block; terminal box; terminal plate; wiring board; clamper
接线板检验器 patch board verifier
接线板塞子 adapter plug
接线标志 wire code
接线表 line summary; wire list
接线布局 wiring topography
接线插脚 connector pin
接线插座 connector socket
接线长度 length of lay; tangent length
接线程序计算机 wired program computer
接线迟滞 line lag
接线点 terminal point; wiring point
接线电缆 connecting cable; connection cable
接线电容 wiring capacitance; wiring capacity
接线端 terminal
接线端标记 terminal reference
接线端盖帽 terminal hood
接线端(面)板 connection terminal; terminal board
接线端钮 ramp
接线端头 terminal stud
接线端子 amphenol connector; binding post; clamp; connecting terminal; connector; wire connecting terminal; wiring terminal
接线端子板 terminal board
接线法 circuitry; connection diagram
接线方式 mode of connection
接线飞行 junction flying
接线费 service charges
接线分线器 connector breakout
接线符号 wiring symbol
接线杆 junction pole
接线工 wire man
接线工具 wire wrapping tool
接线规程 wiring regulation
接线盒 adapter junction box; box connector; cable joint box; conduit box; connecting box; connecting outlet; connection box; connector; coupling box; distributor block; electric(al) connector; electric(al) distribution unit; fishing box; joint box; junction box; line unit; outlet box; patchboard; pull box; receptacle; rosette; tap box; terminal block; terminal board; terminal box; wiring box; wiring case
接线盒材料 joint-box compound
接线盒盖 mud ring
接线盒异径接头 condulet reducer
接线弧 <自动电话总机的> multiple frame
接线换位 junction transposition
接线机 wire wrapper
接线及记录合并工作 combined line and recording work
接线夹 bind(ing) clip; contact clip; jointing clamp; mechanical joint; ramp; splicing fitting; take-in device; terminal holder
接线架 multiple frame; patch bay; patchboard
接线检查器 wire splice detector
接线块 junction block
接线框 wire frame
接线逻辑 wired logic
接线螺钉 binding post; binding screw; terminal screw
接线螺母 locking nut
接线螺旋 binding screw
接线螺柱 terminal screw
接线面板 patch panel
接线排 line bank
接线盘 connecting panel; control panel; distribution block; jack panel; patchboard; patching board; patching panel; patchpanel; plugboard; problem board; terminal block; terminal board
接线片 lug(plate); terminal lug
接线器 connector; electric(al) wire connecting junction; line connector; switchboard; wire connector; wire wrapper
接线器端口 switch port
接线钳 jointing clamp
接线软绳 patch cord
接线塞 bond plug
接线塞孔 connecting jack
接线塞头 terminal plug
接线塞子 patch-plug; terminal plug
接线时间 setting-up time
接线顺序 order of connection
接线台 junction board; switch
接线条 connecting bar; strip terminal; terminal strip
接线条组 strip of tags
接线头 connector lug; heads; nosepiece; tailpiece
接线头端子 terminal post
接线图 connecting diagram; connecting drawing; connection diagram; cording diagram; diagram of connection; hookup; interconnecting wiring diagram; interconnection diagram; wiring chart; wiring diagram; wiring layout; wiring scheme
接线图卡 wiring card
接线匣 outlet box
接线匣焊接配件 socket-weld fitting
接线匣压机 socket press
接线衔套 connector lug
接线线路图 diagram of wiring
接线箱 connection box; coupling box; joint box; junction box; outlet box; terminal box; wiring case; conductor box
接线箱的接栓 crowfoot[复 crowfeet]
接线信号 connect signal
接线元件组 terminal cluster[clustre]
接线员服务 operator service
接线员终端 operator's terminal
接线原理图 elementary diagram
接线正确性检查 check on connection correction
接线指示牌 connector name plate
接线柱【电】 binding pile; binding post; crimped lock; fastener; post head; terminal stud; wire connector; wire nut; wiring terminal; clamp clip (terminal); clip; connecting bar; contact clip; fastener; stud; terminal holder
接线柱标记 terminal marking
接线柱的终端 terminal
接线柱绝缘体 terminal insulator
接线柱螺母 binding post nut; terminal nut
接线柱组 set of posts
接线装置 link group
接线组 link group
接线座 connector base; wire holder
接续 connection; continue; succession; switching
接续测试 connection test
接续点 splice position
接续读数 consecutive reading
接续反应 sequential reaction
接续杆 connecting rod
接续管 splicing sleeve
接续光纤 jointed fiber
接续号 access code
接续汇流排 connecting busbar
接续件 connecting fitting
接续列车晚点 late connection
接续码 access code
接续器 adapter[adaptor]; connector; pecker
接续前进法 man-passing-man
接续塞绳 disconnecting link
接续时期 subsequent time period
接续台 junction board
接续套管 coupler socket
接续线 wire bond
接续线塞 <轨道电路的> bond plug
接续信号 <振铃回音> ringing guard signal
接续行 continued row
接续学程 end-on courses
接续延限带 consecutive-range zone
接续指示器 completing marker
接压力计短管 manometer tap
接引绳 running line
接应港 port of recruit
接用户管 water service pipe
接用户三通 service tee
接用户弯头 service ell
接油滴盘 drip pan
接油管射孔枪 tubing convey perforating gun
接有电容的交流轨道电路 capacity alternating current track circuit
接与断 make-and-break
接雨水桶 water butt
接圆 circumcircle; pitch circle
接运 successive transport
接运输送机 trailing conveyer[conveyor]
接运通过重车 waded wagons in transit
接运系统 feeder system
接运重车数 number of loaded cars received
接在平衡与不平衡线路间的变压器 balanced-unbalanced transformer
接渣器 cinder catcher; slag catcher
接毡台 glued table
接真空泵 to vacuum pump
接枝刀 grafting knife
接枝改性 graft modification
接枝共聚物【化】 graft copolymer
接枝共聚作用 graft copolymerization
接枝河 engrafted river; engrafted stream
接枝河系 engrafted river system
接枝聚合物 graft polymer
接枝三元乙丙橡胶改性剂 grafted ternary ethylenepropylene rubber modifier
接枝橡胶(高分子) graft rubber
接枝者 grafter
接种 infection; seeding; vaccination
接种聚合作用 seeding polymerization
接种污泥 inoculation sludge
接种污泥池 inoculation sludge basin
接种物 inoculums[复 inocula]
接种疫苗 vaccination
接踵而至 ensue from; ensue on
接轴扁头 spade half coupling
接轴铰接叉头 jaw of coupling head; spindle jaw half coupling
接轴壳 coupling shaft housing
接轴平衡锤 spindle counterweight
接轴倾斜角 spindle angle
接轴支架 spindle carrier
接帚 wiper
接帚臂 wiper arm
接帚插入继电器 wiper cut-in relay
接帚作用 wiping action
接砖【建】 closer brick
接转 switch through
接转机房 transfer house
接转漏斗 transfer hopper
接转设备 change-over facility
接桩 pile extension; pile splice[splicing]; spliced pile; splicing pile
接桩器 pile splicer
接着发生 ensue
接钻 jumper boring bar
接钻杆 put in stalk
接钻杆时间 connection time
接嘴 spigot joint
接座 joint chair

秸

秸秆 culm

秸红色 crocus

揭

揭盖机 cover carriage

揭盖起重机 cover carriage crane
揭开 baring; laid bare; lay open
揭露 disclosure; discover; open up; reveal; revelation; uncover; unearth; unmask
揭片 peel
揭去覆盖(货物的篷布) uncovering
揭示 disclosure; unpack
揭示立体图 <去顶去侧,可见内部> exploded drawing
揭示牌 placard board
揭示深度 depth of occurrence

街

街办集体企业 neighbo(u)rhood enterprise

街边咖啡座 sidewalk café
街道 street
街道安全带 street refuge
街道安全岛 street refuge
街道办事处 subdistrict office
街道边 curbside
街道边沟 street drain
街道边界线 street line
街道标高 street level
街道标志 street sign
街道布置 street arrangement
街道侧石 street curb
街道侧石进水口 curb-opening inlet
街道侧雨水进口 street inlet
街道厕所 <欧洲> pissoir
街道测量 street survey
街道层 street floor
街道尘埃 street dust
街道尘土垃圾 sweepings of street
街道冲洗 street flush; street washing
街道冲洗车 street washer
街道冲洗器 street flusher
街道冲洗物 street washing
街道冲洗者 street flusher
街道道口信号 traffic type crossing signal
街道低洼处 depression of street
街道地界线 street property line
街道地名图 street dedication plat
街道地图 road map
街道地下(公共设施)管道 service below street level
街道电车 tramcar
街道方格网 street grid
街道附属设施 street furniture
街道改建 street improvement
街道改善计划 neighbo(u)rhood improvement scheme
街道干道 street main
街道干管 street main
街道工厂 community(-run) workshop; neighbo(u)rhood factory; neighbo(u)rhood workshop
街道工业 neighbo(u)rhood industry
街道公共设施 street utility
街道公共运输 public street transport

J

街道功能 street function
街道沟管 collection line
街道管道系(统)street pipe system
街道管网 street pipe system
街道管线 street pipeline
街道规划 street planning
街道规划图 street authorization map
街道号数 street number
街道横断面 street cross-section
街道花园 roadside park
街道环境 street environment
街道及门牌号 number and street
街道集市 street market
街道集水沟 street gull(e)y
街道记录 street inventory
街道加宽 street widening
街道监视 street monitoring
街道检查井 street manhole
街道建筑 street architecture; street construction
街道建筑小品 street architectural feature;street furniture
街道交叉处的转盘 turnaround
街道交叉(口) street crossing; street intersection
街道交叉口平台 street crossing platform
街道交通标线 street traffic marking
街道交通标志 street traffic marking; street traffic sign
街道交通灯 street traffic light
街道交通调查 street survey
街道交通岗亭 crow's nest
街道交通观测 street observation
街道交通管制 street traffic control
街道交通管制灯 street traffic control light
街道交通控制 street traffic control
街道交通量 street traffic
街道交通量观测 street survey;street traffic survey
街道交通系统 street traffic system
街道交通信[讯]号 street traffic signal
街道界线 street line
街道借景 street scenery from neighbour
街道尽端布置 terminal feature
街道尽端建筑 terminal building
街道进户 L 形管接头 street elbow
街道进户 T 形管接头 street tee[T]
街道进入孔 street manhole
街道进入口 street manhole
街道进水井 street gull(e)y
街道进水口 street inlet;street(pot) gull(e)y
街道进水连管 inlet connecting pipe
街道开挖 street excavation
街道客运交通 street transit
街道宽度 street width
街道扩宽 street widening
街道垃圾 street refuse;street sweeping
街道垃圾箱 street litter bin
街道路拱 street crown
街道路面 street decking
街道路面标高 street level
街道路面高程 street level
街道路缘(石)street curb
街道绿化 street greening;street landscaping;street planting
街道煤气干管 street gas main
街道门 street gate
街道门洞 street opening
街道面积比 street area ratio
街道面积率 street area ratio
街道模式 street pattern
街道摩托车 street motorcycle
街道末端的建筑 terminal budding
街道排水 street drainage
街道排水沟 street drain;street gull(e)y
街道排水管 street sewer
街道旁停车 off-street parking
街道喷洒水车 water-jetting vehicle
街道喷水池 street fountain
街道平面图 street plan
街道评价 street value
街道坡度 street grade;street slope
街道铺面 street front; street pavement;street paving;street surfacing
街道铺砌 street paving
街道气阀门 street trap
街道桥梁 street bridge
街道清洁工 white wing;street-orderly <英国街道清洁工俗称>
街道清扫 street cleaning;street scavenging;street sweeping
街道清扫机 brush machine; street sweep(ing) machine; sweeper; street sweeper
街道清洗机 street sweeper flusher; sweep(er)flusher
街道取水柱 street watering standpost
街道人孔 street manhole
街道容车量 street capacity
街道容量 street capacity
街道入水口 street inlet
街道洒扫 street sprinkling
街道洒水 street flushing;street sprinkling;street watering
街道洒水车 street sprinkler
街道洒水给水栓 street watering hydrant
街道洒水机 street sprinkler
街道洒水汽车 street watering motorcar
街道设备 street equipment
街道设计 street design
街道设计和布置 design and layout of streets
街道设计形式 street design pattern
街道设施 street furniture
街道施工 street construction
街道市场 street market
街道事故<一般指交通事故> street accident
街道树 street tree
街道水池 street cistern
街道水阀门 street trap
街道水平 street level
街道隧道 street tunnel
街道索引 index of streets
街道停车 roadside park
街道停车困难 street sclerosis
街道图 plan of streets; street map; street plan
街道拓宽 street widening
街道外观 street facade
街道外进口 off-street entrance
街道外停车 off-street parking
街道外停车场 off-street parking lot
街道外停车处 off-street parking area;off-street parking space
街道外自行车停车场 off-street bicycle parking space
街道网 street network;street system
街道网规划 street layout
街道维护 street maintenance
街道维修债券 street improvement bond
街道污水 street wash;street waste
街道污水渠 street sewer
街道吸尘器 suction sweeper
街道系统 street system
街道下沉 depression of street
街道下地下室 cellar under a street
街道线 street line
街道线路 street alignment
街道陷阱 street trap
街道详录 street inventory
街道消防栓 street hydrant
街道消防水井 hydrant street
街道消火栓 street hydrant
街道泻水沟 canal with locks
街道形式 street pattern
街道修理 street repair
街道悬垂式照明 catenarian lighting; catenary lighting
街道窨井 street manhole
街道养护 street maintenance
街道夜间(交通)容量 night capacity
街道引路 street approach
街道拥挤 street congestion
街道雨水进水井 street gull(e)y; street inlet
街道雨水进水口 street gull(e)y; street inlet
街道雨水口 street inlet
街道缘石 street curb
街道栽植 street planting
街道栽植法 avenue planting system
街道噪声 street noise
街道照明 public lighting; street illumination; streetlight; street light(en)ing
街道照明单元 street lighting unit
街道照明灯铝柱 alumin(i)um street lighting column
街道照明设备 street lighting luminaire
街道照明系统 street lighting system
街道照明用铸铁灯柱 cast-iron column for street lighting
街道照明装置 street lighting unit
街道整修 street repair
街道支线 street feeder
街道中(心)线 street centerline
街道中央乘车<有轨或无轨电车> crown loading; street crown loading
街道转角 corner;street corner
街道装饰彩旗 bunting
街道装饰照明设备 decorative lighting equipment
街道总体规划 master street plan
街道总图 master street plan
街灯 street lamp
街底隧道 street tunnel
街段 block
街段的一面 face of a block
街段中间岛 mid-block island
街段中间(人行)横道 mid-block crossing
街坊 apartment block;block of houses;block street;street block
街坊长度 block length
街坊房屋 terrace house
街坊花园 neighbo(u)rhood park
街坊建筑 block architecture
街坊绿地 residential block green belt
街坊深度 block depth
街坊综合体 complex of blocks
街沟 gull(e)y;gutter;gutter stone; street gutter;surface water drain
街沟凹入处<弯出路边的> pan of curb-gutter section
街沟断面 gutter section
街沟进水格栅 gutter grate
街沟进水口 gutter inlet
街沟水箅 gutter grate
街角侧石半径 corner curb radius
街角地块 reversed frontage lot
街角商店 corner shop
街景 street appearance;street picture; streetscape;street scenery;vista
街景画 streetscape
街景设计 landscape design
街廊大小 block size
街垒 barricade
街门投信口 letter plate
街面 street facade;street front
街面侧石高程 street grade curb level
街面长度计算法 frontage method
街面冲洗 street wash
街面道路 frontage road
街面停车 on-street parking
街面污水 street washing
街面运行线路段 street running section
街名 street name
街名牌 street name-plate
街区 block;block of houses;row of houses;street area;street block
街区到街区地址范围 block-by-block address range
街区的临街土地 blockfront
街区方位 block orientation
街区(坊)设计 block design
街区间距 block spacing
街区面积 block area
街区内做礼拜的地方 house of worship
街区平面图 block plan
街区设计图 plan of streets;street plan
街区生命周期 neighbo(u)rhood life cycle
街区线 block line;building line
街区小花园 lung
街区型(居民点)block pattern
街区正面 blockface
街上安全岛 refuge
街上搭车 street loading zone
街上小公园 park
街市 downtown street
街市摊位 market stall
街头绿地 roadside garden
街头小品 street architectural feature; street furniture
街外停车 off-street parking
街外停车场 off-street parking area; off-street parking lot
街心安全岛 central refuge
街心电杆 centre pole
街心公园 vest-pocket garden; vest-pocket park
街心花园 municipal garden;roadside park;street crossing center garden
街心停车 central parking;center[centre] parking
街心停车处 center[centre] parking; central parking
街心停车地带 center[centre] parking;central parking
街心行人安全岛 central island;central refuge
街心悬挂式照明 central-suspended lighting
街影投射面积 street shadow area

节

节 knob;node;nodus[复 nodi];nub(ble);section;admiralty knot; knot<航海单位>

节疤 bossing;knot;protuberance
节疤大小 size of knot
节疤孔 knot hole
节疤面积比率 knot area ratio
节疤群 knot cluster
节本<书籍等的> abridged edition; abbreviated version; abridged version;abridg(e)ment
节标题 section header
节长 length of a knot
节传动 nodal drive
节丛 knot cluster
节带 nodal zone
节点 nodal point;node point;common point;intersecting point;intersection point;joint;panel joint;panel node; pitch point;point of inflection;point

of intersection; point pitch; star point; node; joint of framework; panel point <桁架的>
节点板 angle fillet; gusset; joint plate; node point plate
节点板接头 gusset connector; gusseted joint
节点板连接 gusset connection
节点板联结 gusset plate connection
节点板上的短角钢 lug angle
节点编号 numbering of nodes
节点编号规则 rule of nodal point numbering
节点变量 node variable
节点变形 joint deformation
节点标识符 node identifier
节点表 node table
节点表达式 node expression
节点不相交 node disjoint
节点参数 <有限单元法> nodal parameter
节点操作符 node operator
节点迟缓 event slack
节点尺寸的确定 dimensioning of joint(s)
节点齿轮装置 nodal gearing
节点初始化块 node initialization block
节点处理机 node processor
节点处理器 nodal processor
节点传输过程 node-node transmission procedure
节点错位 break of joint
节点导纳矩阵 bus admittance matrix; nodal admittance matrix
节点导纳行列式 node admittance determinant
节点的 nodal
节点的插入 insertion of node
节点的大小 size of node
节点的分支 node branch
节点的图式 diagram of node
节点电流 node current
节点电位法 node(-pair) method
节点电压法 nodal method of analysis
节点短截头 joint stub
节点法 method of jointing; method of joints; method of panel points; nodal analysis; nodal method; node analysis; Cremona's method
节点方程式 nodal equation; node equation
节点分离 nodal point separation
节点分裂 node splitting
节点分析(法) joint analysis; nodal analysis; node analysis
节点分支 node branch
节点刚度 joint rigidity
节点钢板 steel gusset plate
节点箍筋 joint hoop
节点轨迹 joint trajectory; node-locus; node(point) trajectory
节点轨线 node point trajectory
节点号码 node number
节点和弧的网络 network of nodes and arcs
节点和路段 node and link
节点核心 joint core
节点荷载 <有限单元法> nodal load; joint load; node force; node point load; panel load
节点荷重 node point load
节点滑动 joint slip
节点划分 node partition
节点回转角 angle of rotation of joint
节点活动 node point movement
节点活动性 node point mobility
节点机构 joint mechanism; node point mechanism
节点基 node base
节点极限 node point strength
节点集 set of node
节点计 joint meter[metre]
节点计算机 node computer
节点加荷 joint loading
节点加载 node point loading
节点夹持弯矩 joint holding moment
节点间距 international distance
节点间目的地队列 internodal destination queue
节点间隙 interstitial position
节点角钢 gusset angle
节点角铁 gusset angle
节点结构 node structure
节点井 nodal well
节点井抽水量 pumpage of nodal well
节点井数 number of nudes well
节点矩阵 node matrix equation
节点距 internodal distance; nodal point separation
节点扩展 expansion of node
节点拉条 gusset stay
节点类型 node type
节点离子图 node-disjoint subgraph
节点力 <有限单元法> nodal force; node force
节点力矩 joint holding moment
节点力平衡 node point equilibrium
节点连接 <有限单元法> nodal connection; joint connection
节点连接板 gusset plate
节点灵活性 joint mobility
节点螺栓接头 bolted node connector
节点名 node name
节点平动 node point translation
节点平衡 joint equilibrium; node equilibrium
节点平衡方程 joint equation
节点平移 node point translation
节点强度 node point strength
节点上层 father of node
节点渗透性 joint permeability
节点时间 node time
节点事件 event-on-node
节点数 nodality; number of nodes
节点数目 node number
节点水头值 water head value of node
节点算符 node operator
节点图 joint details; node diagram
节点弯矩 joint moment
节点网络 activity on node network; meshed network
节点位移 <有限单元法> nodal displacement; displacement of joint; joint displacement; joint translation; node point displacement; node point movement
节点位移率 joint mobility
节点系统发展 nodal system development
节点线 nodal line
节点型 node type
节点修复 node repair
节点旋转 joint rotation; node point rotation
节点旋转角 joint rotation angle; node rotation angle
节点旋转角度 node point rotation angle
节点移动 displacement of joint; joint displacement; joint translation; nodal displacement; node point movement
节点移动轨迹 joint trajectory
节点移动速度 joint velocity
节点移动性 node point mobility
节点移位法 method of nodal displacement; method of separate joint displacement
节点原理 joint mechanism
节点约束力矩 node point holding moment
节点运动速度 node point velocity
节点运行程序 node operator
节点整体性 joint integrity
节点之子 son of node
节点支承 nodal support
节点支块 angle block
节点执行次序 execution order of node
节点直线运动 node point translation
节点周期 nodical period
节点转动 node point rotation
节点转动角 joint rotation angle
节点转动角度 node point rotation angle
节点转接 node switching
节点状态 node state
节点自由度 nodal degree of freedom
节点总数 total number of junction
节点阻抗矩阵 node impedance matrix
节点坐标 coordinate of node
节电 brown-out; dim-out
节电电路 power save circuit
节电继电器 economizer relay
节电接点 economic contact
节电开关 battery-conserving switch
节动磁铁 tension magnet
节段 subsection
节段法 segmentation
节段号 segment number
节段激励器 segment driver
节段接头 element joint
节段梁 segmental girder
节段模型 sectional model
节段模型试验 sectional model test
节段拼装造桥机 segment-assembled bridge erector
节段驱动 segment driver
节段施工法 segmental construction method
节段式后张法预应力桥 segmental post-tensioned concrete bridge
节段式混凝土结构 segmental concrete construction
节段输出 segment output
节段体积描记法 segmental plethysmography
节段显示 segment display
节段箱梁桥 segmental box girder bridge
节段型 segmental pattern
节段性 segmental
节段装置 segmental apparatus
节阀门 butterfly
节方程 nodal equation; node equation
节钢 knotted bar iron
节格式桥墩 panel pier
节隔膜 nodal diaphragm
节构造 merism
节垢 sieve scale
节管机 pipe cutting machine
节号 section number
节假日 festival days and holidays
节假日调查 investigation of festival days and holidays
节间 intersegment; interstitialcy; interstitial site; panel; internode【地】
节间部 internode
节间插条 internodal cutting
节间长度 panel length
节间腹板 webbed panel
节间和空位的组合 interstitial vacancy pair
节间荷载 panel load
节间链 pitch chain
节间流量 partial discharge
节间密度 interstitial content
节间面积 <相邻测深垂线间的> panel area
节间墙 panel wall
节间桥墩 panel pier
节间区 panel zone
节间生长 intercalary growth
节间式集中荷载 bay-type collection
节间延长 elongation of internode
节间载荷 panel load
节俭监督办公室 <美> Office of Thrift Supervision
节俭者 economizer
节减的费用 reducing expenses
节减经费 reduction of expenditures
节结致密的优质(木)材 select tight knot
节截面 nodal cross-section
节径 effective diameter; pitch(circle) diameter; pitch radius
节距 nodal increment; pitch; segment distance; spacing; step
节距比 pitch ratio
节距规 pitch(o)meter
节距检验器 pitch tester
节距精确的环链条 pitching coil chain
节距控制 pitch control
节距螺旋线 pitch helix
节距速度 pitch speed
节距调节 pitch control
节距误差 lead error; pitch error
节距系数 pitch percent
节距线圈 pitch coil
节距因数 pitch factor
节距圆 <齿轮的> pitch circle
节距张度 pitch spread
节距总误差 total error of division; total pitch error
节锯 <锯制薄木用> segment saw
节孔 <木材上的> knot hole
节理【地】 diaclase; joint(ing); cleavage; cleftiness; fissuring; seam
节理糙度数值 joint roughness value
节理产状 joint occurrence
节理长度 joint length
节理充填 joint filling
节理穿层性 penetration of joints
节理垂直于一个晶轴的 axotomous
节理粗糙度 joint roughness
节理糙度系数 joint roughness coefficient
节理带 joint belt
节理单元 joint element
节理等密图 joint contour diagram
节理发育的 highly jointed; well-jointed
节理发育的花岗岩 jointed granite
节理方位 joint orientation
节理方向 joint orientation
节理分布 joint pattern
节理分期【地】 joint stages dividing
节理分组 sets of joint
节理缝 dore
节理缝摩阻力 joint friction resistance
节理刚度 joint stiffness
节理格式 joint pattern
节理构造 joint formation
节理谷 joint valley
节理观测点 observation point of joint
节理贯通度 joint continuity; joint persistence
节理极点等密图 pole contour diagram of joints
节理极点图 joint pole diagram
节理间距 joint spacing
节理间填充料 joint filling material
节理交切关系 intersecting relation of joint
节理紧密的 close jointed
节理勘测 joint survey
节理勘测资料 joint survey data
节理类型 joint type
节理裂缝 joint fissure
节理裂开【地】 joint opening
节理裂隙统计 joint fissure statistics
节理脉 joint veins

J

节理玫瑰图 joint rose(diagram);joint rosette;rose diagram of joints;rose of joints;rosette joint diagram;strike diagram of joints
节理密布岩石 closely jointed rock
节理密度【地】joint density;frequency of joints;joint intensity
节理密集带 dense joint zone
节理面【地】cleavage plane;joint plane;divisional plane;joint(sur)face
节理面粗糙度系数 joint roughness coefficient
节理面起伏度 joint waviness
节理面蚀变程度系数 joint alteration coefficient
节理面特征 feature of joint surface
节理模式 joint pattern
节理摩阻力【地】joint friction resistance
节理配套 joint system dividing
节理片麻岩 jointed gneiss
节理频度 frequency of joints
节理频率 frequency of joints;joint frequency
节理频率图 plot of joint frequency
节理频数 frequency of joints;joint frequency
节理平均壁距 mean spacing of joint walls
节理平面 joint plant
节理牵引膝折带 joint-drag kink bands
节理强度特性 joint strength characteristic
节理倾角 dip of joints
节理泉 joint spring
节理群【地】joint sets
节理式窗棱 joint-mullion
节理水压力 joint water pressure
节理统计点编号 number of statistic(al)point
节理统计点数 number of statistic(al)point
节理统计点位置 localities of joint measurements
节理图(解)joint diagram
节理图形 joint pattern
节理系【地】joint system;systematic joints;system of joints
节理形式 joint pattern
节理性质 joint nature;joint property
节理岩块 joint block
节理岩石力学 mechanics of jointed rock
节理岩体 jointed rock mass
节理(张)开度 opening joint
节理直方图 joint histogram
节理走向【地】strike of joint
节理族【地】joint family
节理组【地】set of joints;joint sets
节理组类 joint group number
节理组数 the number of joint sets
节理组数系数 coefficient of joint sets
节链 link chain;pitch chain
节流 baffling;choking flow;flow restriction;orifice;reduce expenditures;strangling;throttle(flow);throttling;wire drawing
节流板 choke block;damper plate;orifice plate;restrictor;shutter;throttle disc[disk];throttle plate
节流板杆 gate lever
节流板螺钉 throttle plate screw
节流部面积 choke area
节流槽 throttling groove
节流测热计 throttle thermometer;throttling thermometer
节流长度 chock length;restrictive length
节流衬套 nockbush
节流挡板 butterfly;throttle flap;trailing leaf
节流挡门 choker
节流的 restrictive
节流堵 choke plug
节流短管 restriction sleeve;throttling sleeve
节流阀 baffler;choke valve;closing device;control valve;expansion cock;expansion valve;flow controlling gate;flow regulating valve;flow regulator;gate throttle;restrictive valve;restrictor;shut-off throttle;stop(ping)valve;throttle;throttle(d)valve
节流阀灯 throttle light
节流阀调节 baffling
节流阀调整 throttle setting
节流阀端盖 end cap
节流阀杆 throttle valve lever
节流阀杠杆柄 throttle lever grip
节流阀立管 throttle stand pipe
节流阀钮 throttle button
节流阀片 throttle plate
节流阀全开 <发动机的> full admission;arc admission
节流阀手柄 throttle grip;throttle handle;throttle lever
节流阀踏板 throttle pedal
节流阀体 throttle valve body;throttle valve casing
节流阀停止器 throttle valve stop
节流阀制动螺钉 throttle stop screw
节流阀轴 throttle spindle;throttle valve shaft
节流阀轴衬套 throttle shaft bushing
节流阀装置 throttle valve gear
节流阀自动控制 automatic throttle control
节流法 throttling method
节流法兰 choke(d)flange
节流范围 throttling range
节流范围调整 throttling(range)adjustment
节流方程 orifice equation
节流放大器 orifice amplifier;restriction amplifier
节流缝 throttle slot
节流杆 throttle lever
节流杆接头 throttle lever connection
节流杆扇形板 throttle lever quadrant
节流杆手柄销 throttle lever handle pin
节流杆闩 throttle lever latch
节流杆闩弹簧 throttle lever latch spring
节流杆填密压盖 throttle stem packing gland
节流管 control valve;throttle pipe
节流管件 choke fitting
节流过程 constant-enthalpy process;throttle process;throttling process
节流环 restrictor ring;throat ring <尾水管进口处>
节流换向阀 throttled directional valve
节流活门 throttle
节流机构 throttle mechanism
节流夹 pinchcock
节流尖头螺钉 restriction screw
节流减压阀 throttle pressure reducing valve
节流浇口 throttle runner
节流接头 choked flange
节流颈 choked neck
节流开关 expansion cock;throttle switch
节流孔 choke;orifice;throttle opening;throttling orifice
节流孔板 choke flange;orifice plate;orifice restrictor;porting ring;restriction orifice;throttle orifice
节流孔口面积 orifice area
节流孔流量系数 discharge coefficient for orifice
节流孔收缩系数 coefficient of contraction for orifice
节流控制 restriction control;throttle control
节流控制杆 throttle control lever
节流控制装置 throttle control unit
节流口 choke;restriction
节流口面积 <浇注系统> choke area
节流阔 restriction valve
节流联动装置 throttle linkage
节流量热器 throttling calorimeter
节流流动 choking flow;throttled flow
节流流量比 throttle-flow ratio
节流流量计 throttling flow meter
节流螺钉 impedance screw
节流螺旋杆 restriction screw
节流门 butterfly;choke;gate throttle;leaf;strangler
节流门操纵杆 throttle lever
节流面积 orifice size;restriction area;restrictor size;throttling area
节流盘管 choke coil
节流旁通阀 restrictor by-pass
节流旁通组合式流量调节阀 combination restrictive and by pass flow regulator
节流喷管 sluice nozzle
节流喷嘴 throttle nozzle;throttling orifice
节流膨胀 throttle expansion;throttling expansion
节流膨胀阀 throttle expansion valve
节流汽门 throttle
节流器 reducer;restriction chock;restrictor;sluice
节流曲线 throttle curve
节流圈 choke coil;restrictor;throttle orifice;throttle washer
节流圈孔板 orifice plug
节流软管夹 pinchcock
节流塞 orifice plug
节流式调压室 throttled surge chamber
节流式量热计 choking calorimeter
节流式流量调节阀 restrictive flow-regulator
节流式流量计 throttle flowmeter;throttling type flowmeter
节流室 throttle chamber
节流手控制杆 throttle hand control
节流损失 restriction loss;throttle loss;throttling loss
节流杆弹键导承 throttle lever latch guide
节流杆弹键导螺栓 throttle lever latch guide bolt
节流杆弹键螺栓 throttle lever latch joint
节流套 orifice sleeve
节流特性 restriction characteristic
节流条 throttling bar
节流调节 throttle governing;throttle regulation;throttling governing
节流调节阀 blocker valve;throttle regulating valve
节流调节器 throttle governor;throttle regulator;throttling governor
节流调节式涡轮机 throttling turbine
节流调节透平 throttling turbine
节流调速 throttle governing
节流调速器 throttle governor;throttle regulator
节流弯管 throttling bend
节流系数 throttle coefficient;throttle factor;throttling coefficient;throttling factor
节流旋塞 expansion cock;throttling cock
节流压力 throttle pressure
节流压力控制系统 throttle pressure control group
节流压力控制组 throttle pressure control group
节流元件 gating element;restricting element;restrictive element
节流闸 regulating lock
节流闸板 throttle damper
节流闸门 throttle gate
节流蒸汽 throttle steam
节流装置 orifice set;throttle apparatus
节流阻抗 throttling resistance
节流阻力 throttle resistance
节流组件 orifice union
节流嘴 flow bean choke
节流作用 choking effect;throttling action
节瘤 knobble
节瘤多的 kneed
节录 epitome
节滤波器 pi-section filter
节路顿胶 gelutong;gutta-jelutong;pontianak gum
节路顿树脂 gelutong
节略 abridge;abridg(e)ment;capsule;curtailment
节略寻址 abbreviated addressing
节煤器 coal economizer
节面 nodal section;nodal surface;pitch plane;pitch surface
节面角 helix angle;pitch angle
节目 program(me)
节目报告员 programmer
节目传送 program(me)transmission
节目电路 program(me)circuit
节目动态范围 program(me)dynamic range
节目控制电路 program(me)control system
节目控制室 continuity suite;program(me)control room
节目切换矩阵 program(me)switching matrix
节目信道 program(me)channel
节目信号 program(me)signal
节目选送控制台 program(me)switching console
节目选择器 program(me)chooser
节目预选电视接收机 programmable TV receiver
节目预选器 program(me)preselector
节目主持人 link man
节能 conservation of energy;conserve energy;energy conservancy;energy conservation;energy-saving;save energy
节能材料 material for energy-saving
节能措施 measure of saving energy
节能灯管 power saving fluorescent lamps
节能工艺 energy-saving technology
节能计划 energy conservation program(me)
节能技术 energy conservation technique;energy-saving technology
节能检测车 energy-saving checkout automobile
节能建筑 energy-efficient building;energy-saving building
节能局 Energy Resources Conservation Board
节能空间 energy-efficient space;energy-saving space
节能量 amount of energy-saving

节能率 fractional energy-saving
节能器 economizer
节能器循环 economizer cycle
节能设备 energy-efficient equipment
节能设计 energy saving design
节能体型系数 shape factor
节能投资 energy-saving investment
节能型产品结构 energy-saving product structure
节能营运 energy-saving operation
节能预制墙板 energy-efficient wall panel
节能运营 energy-saving operation
节能照明 energy-saving lighting
节能政策 energy-efficient policy;energy-saving policy
节拍 beat;clock
节拍调整销 beat pin
节拍多谐振荡器 clock multivibrator
节拍缓冲器 clock buffer
节拍螺钉 beat screw
节拍脉冲 clock pulse
节拍脉冲电路 clock pulse circuit
节拍脉冲发生器 beat generator
节拍频率 beat frequency;clock frequency
节拍器 metronome
节拍时间 pitch time;tact time
节拍装配方式 tact system
节拍装配生产方式 tact-system production
节片 segment
节平面 nodal plane;pitch plane
节气 fortnightly periods;solar terms;throttle;throttling
节气的 choking
节气阀 air throttle;clicket;damper;motion valve;register;restrictor;switch throttle;throttle valve
节气阀调节蒸气 throttle steam
节气阀杆 throttle lever
节气阀全开 full throttle
节气门 air damper;air register;air throttle;butterfly damper;butterfly valve;clicket;cock;register;restrictor;bleeding shutter <放气管的>
节气门操纵阀 baffling
节气门操纵杆系 throttle linkage
节气门开启器 throttle opener
节气门平衡杆 throttle balance lever
节气门全开 full throttle
节气门旋塞 throttling cock
节气器 gas saver
节气通风门 ga(u)ge door
节气循环 throttled cycle
节气闸 damper
节汽操纵线管托架 throttle control wire tube bracket
节汽阀 storm valve;throttle
节汽门 choke;cut-off plate;restrictor
节汽门平衡杆 throttle balance lever
节驱动 nodal drive
节群 knot cluster
节燃器 fuel economizer
节热的 heat-saving
节热器 economiser[economizer];heat economizer
节热器排管 economizer bank
节日 festivals;high day
节日播送终了 end of program(me)
节日彩灯 outline lighting
节日彩色灯炮 lampion
节日灯 festival light
节日装饰费 festival decoration charges
节伸式阀座 detachable point seat
节省 conserve;detruncate;economization;practise economy;retrenchment;save;thrift
节省倍力 mechanical advantage
节省舱(货)位的 space-saving
节省成本的投资 cost-saving investment
节省的时间 time gain;timesaving
节省的时间价值 value of time saved
节省地位 space-saving
节省工时的机械 time maker
节省开支 pare down expenses
节省空间 saving in space
节省空间的 space-saving
节省劳动比率 labo(u)r-saving ratio
节省劳动的 labo(u)r-saving
节省劳动发明 labo(u)r-saving invention
节省劳动力 saving in labo(u)r;saving of labo(u)r
节省劳动设备 labo(u)r-saving equipment
节省劳动投资 labo(u)r-saving investment
节省劳力设备 labo(u)r-saving device
节省能量 energy conservation;saving in energy
节省能源的 energy-saving
节省器 save-all
节省燃料的 fuel efficient
节省时间 time saved
节省时间的 timesaving
节省时间的价值 value of time saved
节省时间法 time-saving method
节省投资 reduce investment outlay
节省重量 saving in weight
节省资源 resource conserving
节数 pitch number
节水 water conservancy;water conservation
节水池 economizing basin;side pond;thrift basin
节水冲洗装置 reduced flush device
节水船闸 saving lock;storage thrift lock;thrift lock
节水阀(门) thrift lock;water-saving valve
节水方法 water conservation method;water-saving method
节水灌溉 water-saving irrigation
节水计划 water conservation plan;water conservation program(me);water-saving plan
节水技术 water-saving technique
节水器 flow reduction device;water economizer[economiser]
节水软件 water-saving software
节水式压力调节器 water-saving pressure regulator
节水系统 flow reduction system
节水型水箱 water-saving cistern
节水型坐便器 water conservation water closet
节水硬件 water-saving hardware
节水政策 water-saving policy
节水装置 flow reduction device;water-saving device
节税 tax saving
节税手段 tax shield
节速率 bit rate
节索 node rope
节套式支索器 node carrier
节通道【计】 bit traffic
节头 section head(er)
节温柜 thermotank
节温器 thermostat
节温箱 thermotank
节弦比 gap-chord ratio;pitch-chord ratio
节线 nodal line;pitch line
节线速度 pitch line velocity
节线轴 nodal axis
节旋藻 Arthrospira
节油 fuel saving
节油改进型汽油机 low fuel consumption petrol engine
节油率 rate of economizing gasoline;rate of economizing petrol
节油门旋塞 throttling cock
节油汽化器 economic caruret(t)er
节油器 economizer;fuel economizer;gasoline economizer
节余 active balance;underexpenditures
节余粗料 rejected material
节余粗料槽 reject chute
节余预算 balanced budget with surplus
节圆 circle;pitch circle
节圆半径 pitch radius
节圆齿顶高 working dedendum
节圆齿根高 working dedendum
节圆距 pitch block
节圆圆周速度 pitch line speed
节圆直径 pitch circle diameter
节圆柱 pitch block;pitch cylinder
节约 abstinence;cut down;economization;economize;economy;practise economy;retrench(ment);thrift
节约材料 economy of material;material saving
节约成本有奖励的合同 value-cost contract
节约的 economizing;saving
节约的人 economist
节约地方 space-saving
节约动力 conservation of power
节约费用 cost saving
节约钢材 savings in steel
节约功率 conservation of power
节约锅炉 economic boiler
节约计算 economy calculation
节约建筑材料 building material saving
节约金钱 monetary saving
节约净值 net economic saving
节约劳动力 economy of manpower;labo(u)r saving
节约劳动力的技术 labo(u)r saving technique
节约劳动力时间 economizing labo(u)r time
节约能源 conservation of power;energy conservation
节约能源的 energy-conserving;energy-saving
节约能源管理暂行条例 Provisional Regulations on Administration of Energy Saving
节约器 economizer;saver
节约燃料 conservation of fuel;fuel conservation;fuel economy;fuel saving;save fuel
节约人工措施 labor-saving device
节约人工的机械工业 labor-saving machinery industry
节约人工的投资 labor-saving investment;saving social labor economy of social labor
节约人力 economy of manpower
节约日光时间 daylight saving time
节约生产要素的技术革新 factor-saving innovation
节约石油消费 economy in oil consumption
节约时间 saving time;timesaving
节约使用资金 conservative use of funds
节约现金补助 saving in money compensation
节约消费 economy in consumption
节约型砖 economy brick
节约氧气 oxygen economy
节约用地 optimal land utilization
节约用电 electricity saving
节约用料 economy of material;material saving
节约用水 saving water;water saving
节约用水制度 system of economizing water use
节约原料 economize in raw materials
节约运输费用 minimizing transport cost;save on transport cost
节约支出 curtail expenditures
节约制度 economy system
节约装置 economizer;save-all;saver
节约资本的技术进步 capital-saving technical progress
节约资本发明 capital-saving invention
节约资金 saving capital
节约自由度 economising degrees of freedom
节支增收 cutting down expenditures and increasing income
节肢动物 arthropod
节制 abstinence;austerity;continence;moderation;temperance;throttle
节制坝 check(ing) dam
节制操纵 restrained control
节制的 temperate
节制跌水闸 check(and) drop
节制阀 check;closing valve;graduating valve;regulating lock;regulating sluice;regulator
节制阀弹簧 graduating valve spring
节制范围 throttling range
节制杆 tail rod;variable recoil control rod
节制建筑物 check structure;regulation structure
节制孔螺钉 restrictor screw
节制排料 restricted discharge
节制排水 controlled drainage
节制器阀门 annular valve
节制设备 damping arrangement
节制索 Leonardo's band;moderator band
节制弹簧 graduating spring
节制性成本 regulated cost
节制堰 regulating weir;cross regulator
节制闸 check sluice;regulating lock;regulating sluice;regulator
节制闸灯 regulating lock lights
节制闸叠梁闸门 flashboard check gate
节制闸门 check gate;control gate;flashboard check gate;regulating gate
节制资本 regulation of capital
节制作用 regulating effect;throttling action
节轴 nodal axis
节柱 segmental column;segmented column
节状绑扎 nodular band
节状的 nodular
节状端壁 nodular end cell
节状切屑 segmental chip
节状条纹 nodular band
节锥 pitch cone
节锥半角 pitch angle
节锥半径 pitch cone radius
节锥角<锥齿轮的> angle of pitch(ing);pitch(cone) angle
节锥母线长度 pitch cone distance
节子式承马 node carrier
节奏 rhythm
节奏变化 rhythm variation

节奏层 cyclothem
节奏断续灯光 rhythmic(al) light
节奏发生器 rhythmer section
节奏开关 rhythm start or stop
节奏生产 rhythmic(al) production
节奏同步 rhythm synchro
节奏现象 beat
节奏选择钮 rhythm selection buttons

劫车 hijack

劫持 hijack
劫夺性厂商 raider firm
劫夺性公司 raider company
劫机(犯) hijack

杰奥纳现场检测十字板(试验)仪 Geonor field inspection vane tester

杰奥西树脂浆 Geoseal grout
杰出 prominence[prominency]
杰出的才能 prowess
杰出的工程技术成就 engineering feat
杰出的人 stand out
杰出的事物 stand out
杰出工作 master(piece of) work
杰出技术成就 engineering feat
杰佛来松 Jeffrey('s) pine
杰弗雷型隔膜跳汰机 Jeffrey diaphragm jig
杰弗雷型气动跳汰机 Jeffrey air operated jig
杰戈石 jagoite
杰格罗油浸探伤法 Zyglo penetrant method
杰克松 jack pine
杰克逊光度浊度计 Jackson candle turbidimeter
杰克逊双层界面理论 Jackson theory
杰克逊因子 Jackson factor
杰克逊烛光浊度法 Jackson candle method
杰克逊烛光浊度计 Jackson candle turbidimeter
杰克逊浊度单位 Jackson turbidity unit
杰克逊浊度计 Jackson turbidimeter
杰奎特电解抛光法 Jacquet's method
杰姆巴万向支架 Gymbals
杰诺沉降(探)测头 Geonor settlement probe
杰诺沉陷探针 <测定地基的长期沉降> Geonor settlement probe
杰诺锥体贯入度仪 <测定土的不排水抗剪强度等用> Geonor cone penetrometer apparatus
杰森条款 <遇险时抛弃货物的条款> Jason clause
杰作 master piece; master(piece of) work

拮据 tightness

拮抗剂 antagonist
拮抗效应 antagonistic effect
拮抗作用 antagonism; antagonistic function

洁白大理岩 lychnite

洁白的 fair; lily; snowy
洁白色 whiteness
洁白亚麻棉布 holland
洁白状 tabula rasa
洁齿刷轮 dental brush wheel
洁化 clean
洁化过程 cleaning process
洁化图 cleaned map
洁净 clean; purity
洁净吹淋(装置) decontamination shower
洁净大气 clean atmosphere
洁净道砟 clean ballast
洁净的 uncontaminated
洁净的氧阀 oxygen cleaned valve
洁净度 air cleanliness class; cleanliness; degree of cleanness; degree of purification
洁净干砂 clean-dry sand
洁净钢 clean steel
洁净工作台 clean bench
洁净骨料 clean aggregate
洁净光栅 pure raster
洁净集料 clean aggregate
洁净空气 clean air; uncontaminated air
洁净空气修正案 Amendments of the Clean Air Act
洁净煤气 clean gas
洁净区 clear space
洁净砂 clean sand
洁净砂石 clean
洁净室 clean room; white room
洁净室空气洁净度等级 classification of clean room
洁净水 clean water; uncontaminated water
洁净塘 polishing pond
洁净提单 clean bill of lading
洁净土壤 clean soil; uncontaminated soil
洁净油 pipeline oil; uncontaminated oil
洁净装船 clean on board
洁净走廊 clean corridor
洁无杂草 <指土壤> keep free of weeds

结案 case closed; close a case; settle a lawsuit; wind-up a case

结案书 <美国所得税> closing agreement
结疤 crush; dog's ear; dog's teeth; lap; push-up; veining
结白霜 formation of hoar frost
结伴潜水 buddy diving
结冰 formation of ice; freeze-up; ice accretion; ice forming; ice up; icing
结冰标志 icing index
结冰层 ice coating
结冰的 frozen; icy
结冰的路面 icy pavement
结冰法 freezing(method)
结冰翻浆 frost boil(ing)
结冰防止器 deicer
结冰高度 freezing level
结冰过程 ice formation
结冰季节 ice period; ice season
结冰警告器 ice-warning indicator
结冰路面的处理 treatment of ice pavements
结冰跑道 frozen runway
结冰期 freezing period; freezing season
结冰潜热 latent of freezing
结冰区界 ice limit
结冰日 ice day
结冰时期 ice period; ice season
结冰式冷却器 ice bank cooler
结冰式水池 ice bank; ice build-up tank
结冰式蒸发器 ice bank evapo(u)rator
结冰条件 ice(-formation) condition; icing condition
结冰信号器 icing indicator
结冰影响的水位流量(关系)曲线 ice cover water-rating curve
结冰指示器 icing indicator
结场 junction field
结成冰堆 ice build-up
结成锅垢 encrustation; scale formation; scale forming
结成水垢 encrustation; encrustment; scale formation
结成水垢的化合物 scale forming compound
结成团块混合料 ball
结成小团块 <土等> flocculate
结成子 seed
结出账户余额 balancing account
结存 balance; unused balance
结存盈余 balance to surplus
结带子 lace
结底 aggregation on furnace bottom
结点 crunode; joint; kinky; knot; nodal point; node (point); point of junction; tie point; trijunction; vertex[复 vertices/vertexes]; junction bench mark【测】; assemblage point <桁架拉杆用交叉的>; junction bench mark <水准测量的>
结点板 gusset(plate)
结点板连接 gusset connection
结点板拼接 gusset plate splice
结点参数 nodal parameter
结点的最迟完成时刻 node latest finish time
结点的最早开始时刻 node earliest start time
结点电压法 node-pair method
结点电阻 joint resistance
结点法 adjustment by method of junction points; method of joints
结点分裂 node splitter
结点管理 connection point management
结点轨迹 nodal locus; node-locus
结点号码 event number
结点荷载 nodal load
结点间 interstitialcy; interstitial site
结点间距 distance of lattice point
结点间线长 line length between junction points
结点角撑 gusset stay
结点结构 node mechanism
结点矩 node moment
结点连接 joint connection
结点连接板 gusset
结点蔓叶线 crunodal cissoid
结点偶变换 node-pair transformation
结点平差 adjustment by method of junction points
结点迁移率 node mobility
结点牵条 gusset stay
结点强度 node strength
结点三次曲线 crunodal cubic(al) curve; nodal cubic curve
结点数 number of junction points
结点网 network with junction points
结点位移 displacement of joint; nodal displacement
结点温度 junction temperature
结点线 nodal line
结点转动定理 theorem of joint rotation
结点阻抗 joint impedance
结电导 junction conduction
结电击穿 electric(al) breakdown of P-N junction
结电流 junction current
结电容 junction capacitance
结电容器 junction capacitor
结电阻 junction resistance
结冻厚度 frozen depth
结冻间 freezing room
结冻区 frost zone
结渡越区 junction transition region
结队运行 team movement
结缝料 jointing compound
结拱 pack set; bridge
结构 architecture; building-up; compages; configuration; construction; constructure; contexture; fabric; frame(work); framing; set-up; structure; texture
结构T型钢 structural tee
结构安全常务委员会 <英> Standing Committee on Structural Safety
结构安全度 structural safety
结构安全度评定 structural safety evaluation
结构安全系数试验 design margin evaluation test
结构安全性 structural safety
结构安装 structure installation
结构暗榫 structural dowel
结构百分率 percentage composition
结构板 structural slab
结构板腹 soffit of structural slab
结构半镜质体 semitelinite
结构保护 structural conservation
结构崩裂 structure spalling
结构比较 architectural comparison
结构编号 structure number
结构编辑程序 structure editor
结构编码 structured coding
结构变革方式 structural approach
结构变更 structure modify
结构变化 structural change; structural resolution; structural transformation
结构变换 reconfiguration
结构变量 structural variable; structure variable
结构变位 structural deflection
结构变形 malformation; structural deformation; structural distortion; structure deformation
结构变异指数 structural variation index
结构变质 structural deterioration; physical deterioration
结构标高 structural elevation
结构标识符 structure identifier
结构标志 marker of texture
结构标准 structural standard
结构表 structural table
结构表达 structure representation
结构表达式 structure expression
结构表示法 structural representation
结构玻璃板 structural glass panel
结构剥落 structural spalling; structure spalling
结构剥落试验 structural spalling test
结构薄膜胶粘剂 structural film adhesive
结构薄弱环节 structural weakness
结构不和谐 structural discordance
结构不连续性 discontinuity of structure
结构不完善的问题 ill-structured problem
结构不完整性 structural imperfection
结构不稳定性 structural instability
结构布置 array of structures; structural layout
结构布置图 dimensional coordination
结构部分 structural parts; structure division
结构部件 construction element; structural component; structural parts; structure member
结构部件安装 fitting-up
结构部件成型 fitting-up
结构部件位置方格图 structural grid
结构材 structural wood; timbering;

timber work
结构材料 construction(al) material; structural material
结构材料储存 structural material deposit
结构材料的破坏 structural material failure
结构材料工程师 structural material engineer
结构材料工业 structural material industry
结构材料商(人) structural material dealer
结构材料生产者 structural material manufacturer; structural material producer
结构材料输送 structural material delivery
结构材料运输 structural material delivery
结构材料制造者 structural material manufacturer; structural material producer
结构参数 design value; structural parameter
结构参数极大化 maximization of structural parameters
结构参数值 values of the structural parameters
结构舱壁 holding bulkhead; structure bulkhead
结构操作 structure operation
结构操作请求 structure operation request
结构槽口 structural rebate
结构测定 structure determination
结构层 structural layer
结构层号中所具有的空格 blank with structure level numbers
结构层数 structure level number
结构长度 structure length; system height
结构常数 design constant; structural constant; structure constant
结构成分 structural constitution; structural element; structure component
结构成熟度 texture maturity
结构成员 structure member
结构成员的逻辑层次 logic(al) level of a structure member
结构承受振动的极限 safe limit
结构承载(能)力 structural-load-carrying capacity
结构程序 structure program(me)
结构程序设计 structure programming
结构吃水 scantling draft
结构尺寸 physical dimension; scantling of the structure; structural dimension; structural size
结构充足性 structural adequacy
结构充足指数 structural adequacy index
结构储备能力评价试验 design margin evaluation test
结构传导噪声波 structure-borne sound waves
结构传递的噪声 structure-borne noise
结构传力杆 structural dowel
结构传声 structure-borne noise; structure-borne sound transmission
结构纯度 structural purity
结构瓷砖 structural clay tile
结构粗糙 rustic
结构淬火 structural hardening
结构存储器 structure memory
结构存储器访问 structure memory reference
结构措施 structural measure
结构单板 structural veneer
结构单位 structural unit
结构单元 building block; construction unit; structural cell; structural element; structural unit; unit of structure
结构单元体 construction element; structure element
结构的 constitutional; latticed; organic; structural
结构的安全等级 safe(ty) classes of structure
结构的不稳定性 structural instability
结构的沉降 settlement of a structure
结构的承载能力 structural-load-carrying capacity
结构的重复性 repeatability of results
结构的重新分析 structural re-analysis
结构的重新计算 structural re-calculation
结构的存储分配 structure storage allocation
结构的弹性地震反应 elastic seismic response of structure
结构的等效质量 equivalent mass of structure
结构的独立支柱 outstanding leg
结构的副拱 subarcuation
结构的功能设计 functional design of structures
结构的估计寿命 physical life
结构的恢复 reinstatement of structure
结构的回填土 backfilling of a structure
结构的均质性 uniformity of texture
结构的抗震性能 earthquake resistance of structure
结构的破坏 structural damage
结构的破坏阶段设计法 collapse method of structural design
结构的托架 beam hanger
结构的维护 preservation of structures
结构的相互作用 structural interaction
结构的修复 reinstatement of structure
结构的选择 choice of structure
结构的有向图表示法 digraph representation of a structure
结构的直接支承构件 direct bearing
结构等级 structural class; texture grade
结构等级钢 structural grade steel
结构等效关系 topologic(al) equivalence relationship
结构底部剪力 base shear force
结构底面 base of a structure
结构垫板 structural gasket
结构定义 architectural definition; organization definition
结构动力反应 structural dynamic(al) response
结构动力分析 dynamic(al) structural analysis
结构动力学 dynamics of structure; structural dynamics
结构独立操纵系统 structural-independent operating system
结构度<灵敏性土的> degree of structure
结构断裂 structural break; structure cleavage
结构断面 structural(cross-) section
结构锻件 structural forging
结构对比分析法 comparative analysis method of structure
结构恶化 structure deterioration
结构反弹 structure spring-back
结构反应 structural response
结构反应系数 coefficient of structural response
结构方案 structural scheme; structure plan
结构方程 constitutive equation; equation of structure; structural equation; structure equation
结构方程参数 structural equation parameter
结构方程的识别 identification of structural equation
结构方程模型 structural equation model
结构方程式 structural equation
结构方程组 set of structural equations; structural system of equations
结构方格网图 structural grid
结构防腐 structural conservation
结构防腐乳液 structure preservation emulsion
结构防腐涂层 structure preservation coat
结构防护漆 construction paint; protective varnish for construction
结构防护涂料 paint for preservation of structure
结构防护油漆 paint for preservation of structure
结构防火 structural fire precaution; structural fire protection
结构防火措施 structural fire
结构防火构造 fire-resistive construction
结构访问 structural reference
结构非均质性 textural anisotropy
结构费用 construction expenditures
结构分解 structural resolution
结构分类 textural classification
结构分裂 structure clash
结构分配部件 configuration assignment unit
结构分区 structure zoning
结构分析 structural analysis; structured walkover; texture analysis
结构分析包 structural analysis package
结构分析程序 structural analysis program(me)
结构分析的塑性方法 plastic methods of structural analysis
结构分析和设计技术 structured analysis and design technique
结构分析器 structure analyser[analyzer]
结构分析术 morphologic(al) analysis
结构分析 structural analysis
结构分析图 analysis sketch of structure
结构分析问题 structural analysis problem
结构坟墓建筑学 structural tomb architecture
结构风格 structural style
结构缝 structural joint
结构缝隙水密封条 gasketting tape
结构符号 structure symbol
结构腐木质体 texto-ulminite
结构腐殖体 homotelinite
结构负荷 structural load(ing); structure load
结构负载 structure load
结构附件 structural attachment
结构改变 reconfiguration; structural change; structural conversion
结构改革 structural reform
结构改进 structural development
结构改造 reorganization
结构概率分布 structural probability distribution
结构杆件 structural member; structural unit
结构刚度 rigidity of structure; stiffness of structure; structural fixity; structural rigidity; structural stiffness
结构刚性 structural rigidity
结构钢 construction(al) steel; framing steel
结构钢板 structural quality plate
结构钢材 structural steel
结构钢材轧机 structural mill
结构钢底盘 structural steel chassis
结构钢杆 structural grade billet
结构钢构件 structural steel member
结构钢固定件 structural steel fastener
结构钢过梁 structural steel lintel
结构钢焊条 structural steel electrode
结构钢建筑 formed-steel construction
结构钢空心型材 structural steel hollow section
结构钢框架 structural steel frame
结构钢梁 structural steel girder
结构钢坯段 structural grade billet
结构钢撬架暗转的 structural steel skid mounted
结构钢芯材 structural steel core
结构钢型材 structural steel profile; structural steel section; structural steel shape
结构钢元件 structural steel unit
结构钢转向架 structural steel frame truck
结构钢钻塔 structural steel derrick
结构高度 structural depth; structural height; structure depth; structure height; system height/encumbrance 【电】
结构膏状胶粘剂 structural paste adhesive
结构格式 architecture; structural form
结构隔板 structural division
结构隔框 structural bulkhead
结构隔墙 structural partition(wall)
结构隔热 structural insulation
结构隔热板 structural insulation board
结构隔声 structural sound insulation
结构各向异性 inherent anisotropy
结构更改 structural conversion
结构更改工作 structural conversion work
结构工程 construction engineering; structural work; structure engineering; Journal of the Structural Division <美期刊名>
结构工程静力学 statics for structural engineering
结构工程师 structural engineer; structure engineer
结构工程师学会<英> Institution of Structural Engineers
结构工程条件 structural engineering condition
结构工程系统程序语言 structural engineering system solver
结构工程系统计算程序 structural engineering system solver
结构工程学 constructional engineering; structural engineering
结构工程学报<美国土木工程学会月刊> Journal of Structural Engineering
结构工艺性 processability of product structure
结构工作状况 behavio(u)r of structures
结构公式 structural formula
结构功能 structural function; struc-

ture function
结构功能分析 structural-functional analysis
结构拱形分析 structural arch analysis
结构共享 structure-sharing
结构构架 structural frame[framing]
结构构架体系 structural framework system
结构构件 structural element; structural member; structural unit
结构构件计算 analysis of structural member
结构构件压屈后强度 postbuckling strength
结构构件用黏[粘]结剂 structural adhesive
结构构思 structural framing
结构构体 structural drawing
结构构造 structure and texture
结构估计法 constructive estimation methods
结构骨架 structural framework; structural skeleton
结构骨架建筑 structural skeleton building
结构固定性 structural fixity
结构顾问工程师协会 <澳大利亚> Association of Consulting Structural Engineers
结构管材 structural tube
结构管理 configuration management; structural management; structure management
结构灌浆 structural grouting
结构光 structured light
结构规范 structural code
结构规划 structure plan
结构硅酮 structural silicone
结构函数 structural function
结构焊接 structural welding
结构合理主义派【建】 structural rationalism
结构和房屋的沥青防腐剂 bituminous preservative for structures and building
结构和奇偶观测输出函数 <数字电路测试故障用> structure and parity observing output function
结构荷载 structural load(ing)
结构荷载试验 load testing of structures
结构痕迹显现 pattern staining
结构宏观经济学 structuralist macroeconomics
结构化 structuring; structurization
结构化布线 cabling; structured wiring
结构化查询语言 structural query language
结构化程序设计方式 structured programming
结构化对象 structured object
结构化对象表示法 structured object representation
结构化分析 structured analysis
结构化分析和设计技术 structured analysis and design technique
结构化汇编程序 structured assembler
结构化技术 texture technique
结构化技术条件 structured specification
结构化界面 constructive interface
结构化决策 structured decision
结构化流体 structural fluid
结构化模式识别法 structural approach to pattern recognition
结构化黏[粘]度 structural viscosity
结构化普查 structured walk-through
结构化设计 structured design
结构化设计方法 structured design method
结构化设计技术条件 structured design specification
结构化事物 structured object
结构化事物的匹配 matching structured object
结构化事物的演绎运算 deductive operation on structured object
结构化数据模型 structural data model
结构化图形 structured graphics
结构化微程序 structured microprocessor; structured microprogram(me)
结构化系统分析 structured system analysis
结构化系统设计 structured system design
结构化系统实现 structured system implement
结构化学 structural chemistry
结构化语言 structured language
结构划分 structural division
结构环 structure ring
结构缓冲区 structured buffer pool
结构灰岩 constructional limestone
结构回归关系 structural regression relationship
结构回路损耗 structural return loss
结构回填(土) structural fill
结构绘图 structure drawing
结构绘图员 structural draughter
结构毁损 structure failure
结构混凝土 structural concrete; structure concrete
结构混凝土板 structural concrete plate
结构混凝土顶盖板 structural concrete topping slab
结构混凝土工程 structural concrete work
结构混凝土构件 structural concrete unit
结构混凝土面层 structural concrete topping
结构混凝土平板 structural concrete slab
结构混凝土铺板 structural concrete panel
结构混凝土型芯 structural concrete core
结构活性关系 structure-activity relationship
结构活性相关 structure-activity correlation
结构基团 structural group
结构基元 structural motif
结构畸变 structural aberration
结构级 construction grade
结构挤压单元 structural extruded unit
结构挤压型钢 structural extruded section; structural extruded shape
结构挤压制品 structural extruded product
结构计算 structural calculation; structural computation
结构计算经济模型 structural economic model
结构计算确定的砖砌体 calculated brickwork
结构技术标准 structural specification
结构继承 structural inheritance
结构加工 fabricate
结构加固 strengthening of structure; structural strengthening
结构加固点 hard-point
结构加强 structure strengthening
结构加强筋 structural bead
结构夹心板 sandwich; structural sandwich
结构坚固件车间 structural member shop
结构坚固性 structural integrity
结构间隙 structural clearance
结构监测 structural auscultation
结构监控用的纤维阵列 fibre array for the monitoring of structures
结构检查 configuration inspection; structural auscultation
结构检索 structure retrieval
结构简单的短重管钳 boll-weevil tongs
结构简单的油管头 boll-weevil tubing head
结构简式 skeleton symbol
结构简述 structure description
结构简图 structural diagram; structural drawing; structural figure; structural plan; structure diagram
结构件 construction member; fabricated parts; structural component; structural element
结构件放样 structural member lofting
结构件交错布置的建筑 discontinuous construction
结构建模系统 structural model(l)ing system
结构鉴定 structural identification
结构浇制 structural casting
结构浇注 structural casting
结构浇铸 structural casting
结构胶 structural glazing sealant; structural glue
结构胶合板 textured plywood; structural glued-laminated timber
结构胶黏[粘] structural gluing
结构胶粘剂 structural adhesive; structural bonding adhesive; structure adhesive
结构阶数 structural order
结构接点 structural joint
结构接头 structural connection
结构节 configuration section
结构节点 structural joint; structure node
结构节点存储器 structure node memory
结构节理 structural joint
结构结点 structural joint; structural junction
结构结晶学 structural crystallography
结构截面 structure section
结构截面高度 height of structural section
结构截面厚度 depth of structural section
结构界面力横向传递效能试验 structural horizontal interface force transfer efficiency test
结构金属 structural metal
结构紧固件 structural fastener
结构紧密性 imporosity; structural imporosity
结构劲度 rigidity of structure; stiffness of structure; structural rigidity; structural stiffness
结构经济学 structure economics
结构晶体学 structural crystallography
结构静力分析 static structural analysis
结构静力试验机 static structure testing machine
结构静力学 structural static mechanics
结构镜煤 provitrain
结构镜质体 telinite
结构矩阵 structure matrix
结构矩阵分析 matrix structural analysis
结构绝热板 structural insulating board; structurally insulated panel
结构均一性测定 homogeneity test
结构均匀 uniform texture
结构均匀性 construction uniformity; structural uniformity
结构开间 structural bay
结构开挖 structure excavation
结构抗震分析 aseism(at)ic analysis of structure
结构抗震设计 seismic design
结构可靠度 reliability of structure; structural reliability
结构可靠性 built-in reliability; construction reliability; structural reliability
结构可行性 structural feasibility
结构空化 structure cavitation
结构空间 structural space
结构空蚀 structure cavitation
结构空心型材 structural hollow section
结构空心砖 structural clay tile
结构空穴 structure cavitation
结构控制 structural control; structure control
结构控制措施 structural control measure
结构控制器 structure controller
结构控制器模块 structure controller module
结构扣件 structural fastener
结构跨径 structure opening
结构块 block structure
结构矿物学 structure mineralogy
结构框架 shell; structural forming; structural frame[framing]; structural framework; structural skeleton
结构框架工程 structural framework
结构框图 structure diagram
结构肋 structural rib
结构类型 structure type; type of construction; type of structure
结构理论 structural theory; theory of structures
结构力 structural capacity
结构力学 mechanics of structures; strength of structure; structural mechanics
结构力学试验 mechanical test of structure
结构连接 structural connection; structural joint
结构联结类型 type of texture bond
结构联结力 force of texture bond
结构连续统 structured continua
结构良好的 well-formed
结构裂缝 structural flaw
结构临界断面 critical structural section
结构灵敏度分析 structural sensitivity analysis
结构零件 constitutional details; details of construction; structural component; structural parts
结构流程图 structure flowchart
结构流体相互作用 structural-fluid intersection
结构楼板 structural floor; structural slab
结构铝材 structural alumin(i)um
结构略图 schematic presentation construction
结构轮廓线 structure contour
结构锚定缆 anchorage line
结构铆钉钢 structural rivet steel
结构铆接 structural riveting
结构美学 structural aesthetics
结构蒙皮 structural skin
结构密封层 structural barrier
结构密封垫 structural gasket

结构密封膏 structural sealant
结构密封膏镶嵌玻璃 structural sealant glazing
结构密封性能极限状态 limit state of structural tightness
结构面 structural surface; structure plane; structural plane (of rock mass); divisional plane; discontinuity【地】
结构面成因类型 genesis type of discontinuity
结构面充填程度 filled degree of discontinuity
结构面充填物成分 composition of filling material of discontinuity
结构面粗糙程度 roughness of discontinuity
结构面粗糙度 structural plane of roughness
结构面等级 grade of discontinuity
结构面积 structural area
结构面间距 spacing of structural planes
结构面胶结程度 degree of cementation of discontinuity
结构面力学性质控矿 mechanical character of structural plane
结构面连续程度 continuous degree of discontinuity
结构面密集程度 dense degree of discontinuity
结构面起伏度【地】 discontinuity waviness; joint waviness
结构面形态特征 shape feature of discontinuity
结构面张开程度 opening of discontinuity
结构面组合形式 assemblage form of discontinuity
结构描述 structural description
结构敏感性 structure sensitive property
结构名 structure name
结构模拟 structural analog(ue)
结构模拟技术 structural model(l)ing technique
结构模式识别 structural pattern recognition
结构模式图 structural pattern diagram
结构模数 structural module
结构模型 model of structure; structural model
结构模型车间 structural model shop
结构模型分析 structural model analysis
结构模型试验 structural model test
结构模型试验技术 structural model(l)ing technique
结构木材 carcassing lumber; carcassing timber; constructional timber; structural timber
结构木材等级 structural timber grade
结构木材连接件 structural timber connector
结构木料 structural lumber; structural timber
结构木料联结件 structural timber connector
结构木质体 texitinite
结构目录 structure category
结构耐用年限 structural durable years
结构挠度 structural deflection
结构挠曲 structural deflection
结构内的闭塞空间 dead air space of structure
结构能力 structural capacity; structural competence
结构黏[粘]度 inner viscosity; structural viscosity
结构黏[粘]度系数 structural viscosity coefficient
结构黏[粘]度指数 structural viscosity index
结构黏[粘]合剂 structural adhesive; structure adhesive
结构黏[粘]结 structural bond
结构黏[粘]结材料 structural bonding medium
结构黏[粘]结剂 structural (bonding) adhesive; structural bonding agent; structural bonding medium
结构黏[粘]结介质 structural bonding medium
结构黏[粘]聚力 structural cohesion
结构黏[粘]土 structural clay
结构黏[粘]土地面砖 structural clay facing tile
结构黏[粘]土面砖 structural clay facing block
结构黏[粘]土面砖隔墙 structural clay facing block partition (wall)
结构黏[粘]土砌块 structural clay block
结构黏[粘]土砌块隔墙 structural clay block partition (wall)
结构黏[粘]土制品工业 structural clay industry
结构黏[粘]土砖隔墙 structural clay tile partition (wall)
结构耦合 structural coupling
结构派 structuralist
结构泡沫成型机 structural foam machine
结构泡沫模塑 structural foam mo(u)lding
结构泡沫(塑料) structural foam
结构配筋 structural reinforcement
结构配位 structural coordination
结构片状模塑料 structural sheet mo(u)lding compound
结构偏心(距) structural eccentricity
结构平衡 structural balance
结构平面 plane of a structure; structural plan; structure plane
结构平面图 framing plan; structural plan
结构评估 structural evaluation
结构评价 structural evaluation
结构破坏 structural break; structural deterioration; structural distress; structural failure
结构破裂 structure breaking
结构破裂性质 structure-breaking property
结构破损 structural break; structural damage; structural distress; structural failure
结构剖面 structural profile; structure profile
结构剖面图 section of structure
结构普查 structured walk-through
结构汽蚀 structure cavitation
结构砌块构成的隔墙 structural partition (wall)
结构前面的墙 face wall
结构潜力 structural potential
结构潜在能力 structural potential
结构强度 strength of structure; structural adequacy; structural strength
结构强度规范 structural requirement
结构强度极限 structural limit
结构强度试验 structural test
结构强度试验机 structure testing machine
结构强度试验模型 structural test model
结构强度指数 structural adequacy index
结构墙 bearing wall; shear wall; structural wall
结构墙体建筑 structural wall construction
结构墙体施工 structural wall construction
结构切削线 neat line
结构轻骨料混凝土 structural light (weight) aggregate concrete
结构轻集料 structural light (weight) aggregate
结构轻集料混凝土 structural light (weight) aggregate concrete
结构轻型框架 structural light framing
结构轻质混凝土 structural light (weight) concrete
结构屈服 yielding of structure
结构缺陷 construction defect; structural defect; structural fault; structural imperfection
结构确定 structure determination
结构群 structure group
结构扰动 structural perturbation
结构扰动的试样 mo(u)lded specimen of structure
结构容量 structural capacity
结构柔度 structural flexibility
结构散裂 structural spalling
结构色 structural colo(u)r
结构色调分析 texture-tone analysis
结构纱 textured yarn
结构上的 anatomic(al); structural
结构上的改建工程 structural alteration work
结构上的更改工作 structural alteration work
结构上的加强 structural build-up
结构上合适性 structural adequacy
结构上完成 structural completion
结构设计 structural design; structural form; physical design <机械的>
结构设计标准 structural design criterion
结构设计的假定 structural design assumption
结构设计方程 structural design equation
结构设计公式 structural design formula
结构设计规范 code for structural design
结构设计过程 structured design process
结构设计假设 structural design hypothesis
结构设计理论 structural design theory
结构设计曲线 structural design curve
结构设计数据库 structure design database
结构设计图 structural design drawing
结构设计语言 structural design language
结构设计者 structural designer
结构设计准则 structural design criterion
结构伸长 constructional stretch; structural stretch
结构渗水 structural seepage
结构升力 design lift
结构生物降解性关系 structure/biodegradability relation
结构声(载) structure-borne noise; structure-borne sound
结构失事 structural distress
结构失效 structural failure
结构施工 structural construction
结构施工材料 structural construction material
结构施工图 structural working drawing
结构石灰 structural lime
结构实验 structure experiment
结构使用年限 structural life-time
结构示意 structural representation
结构式 constitutional formula; construction formula; graphic(al) formula; structural formula; atomic formula【化】
结构式程序设计 structured programming
结构式多处理机系统 structured multiprocessor system
结构式样 structural style
结构事故 structural distress
结构势能 structural potential
结构试验 structural experiment; structural test; structure experiment; structure test
结构试验机 structure testing machine
结构试验台座 bed for structural testing
结构受力构件 bearing carrier
结构疏松 loose texture
结构树 structure tree
结构竖立缝钢屋面板 structural standing seam steel roof panel
结构竖立缝铝屋面板 structural standing seam alumin(i)um roof panel
结构数 structure number; structural number【化】; thickness index <表示路面强度的数值,以 SN 代表,用于 AASHTO 道路试验>
结构数组 array of structures; structure array
结构衰减 structural damping
结构双折射 structural birefringence; structure double refraction
结构水 constituent water; constitution(al) water; constructional water; structural water; water of constitution
结构说明 construction details; instruction to the structure; structure specification
结构说明的分析 parsing a structure declaration
结构说明和结构属性 structure declaration and attribute
结构松弛 structural relaxation; structure relaxation
结构松散 looseness of structure
结构松散的 free-open-textured
结构塑料单元 structural plastic unit
结构塑料构件 structural plastic profile
结构塑料贴面 structural plastic trim
结构塑料型材 structural plastic profile; structural plastic section; structural plastic shape
结构塑料制品 structural plastic profile
结构算子 structural operator
结构随着经营策略而变 structure follows strategy
结构碎裂 structural spalling
结构碎裂岩 texture cataclastic rock
结构损害 structural lesion
结构损坏 structural damage; structural deterioration; structural failure; structure failure
结构弹性 structural elasticity
结构炭滤芯 structural carbon cartridge
结构碳钢 structural carbon steel
结构陶瓷 structural ceramics; structure ceramics
结构陶瓷产品 structural ceramics articles; structural ceramics product
结构陶瓷建筑单元 structural ceramic building unit
结构陶瓷制品 structural ceramics articles; structural ceramics product

结构陶瓷砖隔墙 structural tile partition(wall)
结构特点 design feature
结构特色 structural feature
结构特性 architectural characteristic; structural behavio(u)r; structural characteristic; structural property; structural response
结构特征 architectural characteristic; architectural feature; construction feature; structural characteristic; structural feature
结构题解 structural solution
结构体 structural block; structural body of rock mass【地】; structural clement of rock mass【地】; structural element; structural mass
结构体等级 grade of texture body
结构体系 architectural structure; structural system; structure system
结构体系转换 structure system transform
结构体形态类型 shape of texture body
结构填料 aggregate filling
结构填塞材料 structural gasket
结构填充接缝 structural gasket joint
结构条纹 structural streak
结构调整 structural adjustment
结构调整贷款 structural adjustment lending
结构调整计划 structural adjustment program(me)
结构贴面瓷砖 structural facing tile
结构铁 constructional iron; structural iron
结构铁件 structural iron
结构同分异构(现象) structural isomerism
结构突变 structural mutation
结构图 assumption diagram; block diagram; block schematization; block scheme; configuration map; construction(al) drawing; construction plan; skeleton drawing; structural figure; structural plan; structure chart; structure diagram; structure drawing; structure plan
结构图形识别 structural pattern recognition
结构图样 structural drawing
结构图纸 structural drawing
结构涂料 construction paint
结构土壤 structure soil
结构湍流 structural turbulence
结构外露的木屋顶 open-timbered roof
结构外貌 structural feature
结构完善性 structural integrity
结构完整的正样本集 structurally complete positive sample set
结构完整性 structural integrity
结构网格 structural grid
结构网络 structured network
结构危险断面 critical structural section
结构危险分析 structural risk analysis
结构微程序设计 structure microprogramming
结构微密 fine texture
结构位 configuration bit
结构位移 structural movement
结构稳定 structural stabilization; structure stabilization
结构稳定的 structural-stable
结构稳定性 structural stability; structure stability
结构问题 structural problem
结构圬工建筑单元 structural masonry building unit
结构圬工建筑构件 structural masonry building member
结构圬工建筑墙 structural masonry wall
结构圬工建筑组成部分 structural masonry building component
结构屋面板 structural deck
结构物标志 designation of a structure
结构物差异沉降 differential settlement of structure
结构物超高 structure freeboard
结构物沉降 settlement of structure
结构物沉降量预估 predicting settlement of structure
结构物的测量 survey of a structure
结构物的挡高度 retained height of structure
结构物的勘查 survey of a structure
结构物的锚碇 anchorage of structure
结构物或构件的自然频率 natural frequency of structure or member
结构物抗震性能 earthquake resistance of structure
结构物迁移 moving structure
结构物容许最大值 allowable maximum of structure
结构物设计使用期限 design life of structure
结构物使用期限 structure's life
结构物体在失去作用时的应力 damaging stress
结构物用材料 structural material
结构物质 structural mass
结构误差 structural failure
结构误差报告 construction discrepancy report
结构系数 formation factor; frame factor; structural coefficient <与土基支承值 R 或 CBR 成直线比例的一种系数>
结构系统 structural system
结构系统中主要构件 main member; primary member
结构细部 structural details; structural feature
结构细节 construction details
结构下垂 sagging
结构显示 structure display
结构现浇顶盖 structural in-situ topping
结构现浇混凝土 structural in-situ cast concrete
结构现浇混凝土顶板 structural topping concrete
结构现浇砂浆顶板 structural topping mortar
结构线表示图 wire-frame representation
结构限定 structure qualification
结构限界 structure range
结构限制 architectural limit; structural constraint
结构相变 structural phase transformation; structural phase transition
结构相容性 structural compatibility
结构相似性 structural similarity
结构箱体 structural casing
结构镶面板 structural veneer
结构镶嵌玻璃密封垫 structural glazing gasket
结构镶嵌玻璃密封胶 structural glazing sealant
结构详图 constructional detail; detailed construction; detailed investigation; details of construction; structural details
结构响应 structural response
结构响应系数 structural response coefficient
结构橡胶单元 structural rubber unit
结构橡胶型材 structural rubber profile; structural rubber section; structural rubber shape
结构橡胶胶粘面 structural rubber trim
结构销钉 structural dowel
结构效应 structural response
结构协调性 structural compatibility
结构信息 structural information
结构信息的图式 diagram of structural information
结构行态 structural behavio(u)r
结构行为实绩体制 structure-conduct-performance framework
结构(形成的)分系统 structural subsystem
结构形式 framing; structural configuration; structural form; structural illustration; structural style
结构形式构思 structural framing
结构形状 planform; structural shape
结构型材 structural shape
结构型钢 <工钢、槽钢、角钢、乙钢等> structural section; structural shape steel; structural steel shape
结构型河床质采样器 structure type bed material sampler
结构型接头 structural bond
结构型泥石流 structure type mud flow
结构形式 structural pattern; structural shape; structural style
结构型体 structural profile; structural shape
结构性 designability
结构性安全 structural safety
结构性不平衡 structural disequilibrium
结构性采访 structured interview
结构性差的 ill-structured
结构性干预 structural intervention
结构性就业 structural(nature of) employment
结构性裂缝 structural cracking
结构性楼板 structure floor
结构性能 behavio(u)r of structures; structural behavio(u)r; structural performance; structural property
结构性破坏 structural distress; structural failure
结构性砌接 structural bond
结构性失调 structural imbalance
结构性失业 structural unemployment
结构性损坏 structural distress
结构性填土 structural fill
结构性通货膨胀 structural inflation
结构性通货膨胀论 theory of structural inflation
结构性信息 structural information
结构性障碍 structural obstacles
结构性质 constitutive property; fabric property; structural property; structural quality
结构性状 structural behavio(u)r
结构修复 structural repair
结构修改 structural modification
结构修正 structural modification
结构选择 structure option
结构烟囱 structural chimney
结构延性 structural ductility
结构延展性 structure ductility
结构研究 fabric study; structural research
结构演变 structural evolution
结构阳离子 structural cation
结构样式 structural pattern
结构要点 structural feature
结构要求 structural requirement
结构要素 structural element
结构业务 structured walk-through
结构页面 structure page
结构已经试验证明合格 for configurations qualified through testing
结构艺术家 structurist
结构异常 textural anomaly
结构异向性 textural anisotropy
结构易损性 vulnerability of structure
结构因数 structural factor; structure factor
结构因收缩裂开破坏 shrinkage cracking
结构因子 structural amplitude; structural factor
结构引用 structure reference
结构引用的分析 parsing structure reference
结构隐患 structural distress
结构应变 structural strain
结构应力 structural stress; structure stress
结构应力场 structural stress field
结构应力的实验分析 structures experimental stress analysis
结构应用 structural application
结构影响系数 structural effects index; structural influence factor
结构用白铁 structural tin
结构用板 structural panel
结构用玻璃 structural glass
结构用材 structural timber
结构用槽钢 structural channel
结构用单板 structural veneer
结构用的 structural grade
结构用低碳钢 structural mild steel
结构用钢板 structural steel plate
结构用高铝水泥混凝土 structural high-alumina-cement concrete
结构用高强螺栓 high-strength structural bolt
结构用隔热隔声板 structural insulation board
结构用管 structural pipe
结构用合金钢 chromansil; structural alloy steel
结构用混凝土 structural concrete
结构用胶合板 plywood for structural use
结构用胶合层积材 structural glued-laminated lumber[timber]
结构用胶合叠层木构件 structural glued-laminated lumber[timber]
结构用胶合木构件 glued-laminated wood for structural members
结构用胶凝剂 structural cementing agent
结构用空心瓷砖 structural clay tile
结构用铝 structural alumin(i)um
结构用木材 structural lumber; structural wood
结构用木料 constructional timber
结构用黏[粘]结剂 structural adhesive
结构用黏[粘]土制品 structural clay article; structural clay product
结构用黏[粘]土制品工业 structural clay industry
结构用镍钢 structural nickel steel
结构用普通钢 ordinary structural steel
结构用轻混凝土 structural light (weight) concrete
结构用轻集料 structural light (weight) aggregate
结构用软碳素钢 structural carbon steel soft
结构用水泥 structural grade of cement
结构用钛 structural titanium
结构用碳钢 carbon structural steel
结构用陶砖 structural terra cotta
结构用铁 structural iron

结构用锡 structural tin
结构用锌 structural zinc
结构用硬碳素钢 structural carbon steel hard
结构用预制混凝土 structural use of precast concrete
结构用中碳素钢 structural carbon steel medium
结构优度 goodness of geometry
结构优化 optimum structure; structural optimization
结构优化方法 structural optimization method
结构优化设计 optimized design of structure; optimum structural design
结构由于风力产生的水平变形 wind drift
结构有序工具变量 structurally ordered instrumental variables
结构与动能关系的初步观察 preliminary observations relating structure and functions
结构语句 structural statement
结构预安装 fitting-up
结构预安装的临时螺栓 fitting-up bolt
结构预排工作 structured walk-through
结构预演 structured walk-through
结构预制 structural casting
结构预制件 structural casting; structural precasting member
结构元件 constructional element; structural details; structural element; structural member; structural unit; structure constituent
结构元素 structural element
结构约束 structural constraint
结构运动理论 kinematic(al) theory of framework
结构载声传递 structure-borne sound transmission
结构载声传递程度 structure-borne sound transmission level
结构载声传递水平 structure-borne sound transmission level
结构载声隔绝 structure-borne sound insulation
结构载声绝缘材料 structure-borne sound material
结构载声绝缘砖块 structure-borne sound insulation tile
结构载声强度 structure-borne sound intensity
结构再调整 structural readjustment
结构藻类体 teloalgnite
结构造价 structure cost
结构造型 structural configuration
结构噪声 structural borne noise; structural borne sound; structure-borne sound
结构哲理学 structural philosophy
结构阵列 array of structures; structure array; structure indicator
结构振动 structural vibration; structure vibration
结构振动第二振型 second mode of structure vibration
结构振动第三振型 third mode of structure vibration
结构振动第四振型 fourth mode of structure vibration
结构振动试验台 vibrostand of structure
结构振幅 structural extinction
结构整体性 structural integrity
结构支承 structural bearing
结构支架杆件 ballic pole
结构值 structured value
结构指标 structure index; structure indicator
结构指示器 structure pointer
结构指数 structural index
结构至基础 structure to foundation
结构质量 structural mass
结构重量 construction weight; structural weight; structure weight
结构重新排列 structural rearrangement
结构重要性系数 coefficient for importance of structure
结构重最比准则 strength-weighty criterion
结构轴线 structural axis
结构主义 structuralism
结构属性 structure attribute
结构柱网 structural grid
结构铸件 structural casting
结构专业 structure discipline
结构转变 structural transformation
结构转化 thaumatropy
结构转换 structural conversion
结构装饰 structural enrichment
结构状态 configuration state; structural aspect
结构自身的重量 self weight of structure
结构自重 dead load
结构综合 structural synthesis; structure composition
结构综合设计 structural synthetic(al) design
结构总强度 total structural intensity; total structural volume
结构总体积 overall volume of construction
结构纵断面记录器 texture profile recorder
结构纵剖面图 construction profile
结构族 structural group
结构族分析 structural group analysis
结构阻力 structural drag
结构阻尼作用 structural damping
结构阻扰 structural impediment
结构组成 structural constituent
结构组分 structural constituent
结构组件 structure constituent
结构钻探 structural drilling
结构最优化 structural optimization
结构作用 structural action
结垢 deposition; encrust(ment); incrust; scale formation; scale incrustation; scaling; encrustation
结垢的井孔 incrustated well
结垢剂 scale forming constituent
结垢控制 scale control
结垢速率 scaling rate
结垢损失 scaling loss
结垢物质 scale forming material
结垢抑制法 scale inhibitor method
结垢抑制剂 scale inhibitor
结垢影响 scale effect
结关 clearance through customs; clear a port; clear a ship; clearing port; customs clearance
结关出口申请 cleared export declaration
结关单 clearance certificate; clearance label; jerque note
结关放行 clearance
结关费 customs clearance charges; customs clearing charges
结关港口 port(of) clearance
结关后即付 pay-as-you-enter
结关后离港 clear out
结关或报关统计 customs clearance statistics
结关货场 clearance depot; clearance goods
结关日 clearance date; customs clearance date
结关日期 date of clearance
结关申报单 declaration of clearance
结关手续 clearance formality; clearance procedure; customs classification procedure; customs clearance formality
结关手续费 clearance fee
结关通行证 custom clearance permit
结关通知 notice of clearance
结关通知书 clear(ing) instruction
结关文件 clearance paper; documents of clearance; documents on custom clearance
结关证 customs clearance permit
结关证(明)书 certificate of clearance; clearance certificate
结管瘤 tuberculation
结果 result; outcome; bottom line; consequence; finding; upshot
结果变成 turnout
结果变量 outcome variable
结果变量划分 partition of outcome variable
结果标识符 resultant identifier
结果标示器 event marker
结果表 object list
结果扯平了 come out even
结果程序 object(ive) program(me); object(ive) routine; target program(me)
结果程序方面 object phase
结果程序计算机 object computer
结果程序卡片组 object deck
结果程序指令 objective program(me) instruction
结果程序状态 object phase
结果处理 result reduction
结果传达 readout
结果代码 object code
结果代码模块 object code module
结果带 resulting tape
结果的表达 expression of result
结果的不可比性 incomparability of consequence
结果的相对值 relative value of consequence; relative value of outcome
结果地址 destination address; indexed address; result address
结果调用 call by result
结果分析 interpretation of results
结果概率 probability of outcome
结果管理 results management
结果果园 fruit setting garden
结果函数 result function
结果很好 come out well
结果缓存 result buffer
结果记录 object record
结果寄存器 result register
结果矩阵 matrix of consequence
结果模块 object module
结果评价 evaluation of result
结果实 beam fruit; bear fruit
结果使原来景观改变的过程 occupancy[occupance]
结果输出值 readout
结果数据项 result data item
结果文件 destination file
结果误差 resultant error
结果循环 cycle of event
结果语言 object language
结果语言程序 object language program(me); object routine
结果域 resultant field
结果元素 result element
结果凿孔机 summary puncher
结果枝 bearing branch; bearing shoot; fertile branch; fruiting cane
结果知识 knowledge of result
结果值 end value
结果植物 fruit bearing plant
结果指令 object command
结果指示符 resulting indicator
结果指向法 outcome-oriented method
结果状态 result phase
结果组匣 object module
结合 accouplement; agglutination; associate; bind; bond(ing); coalescence; coalescer; coalition; cohesion bond; combination; combine; conjugate; conjugation; conjunction; conjuncture; coupled with; incorporate; integrate; interlock; marriage; padding; syncretize; union; unite; weld
结合板 junction plate
结合边 jointing edge
结合波 bound wave
结合部件 bonded block
结合部位 binding site; combining site; conjugation site
结合槽 mating groove
结合层 adjoining course; anchor coat; binder course; binding course; bond coat; bonding course; bonding layer; close binder(course); combined course; primary coat(ing); prime coat(ing); priming coat; setting course; tie coat
结合层喷涂器 tack coater
结合常数 binding constant
结合冲积扇 coalescing alluvial fan
结合传递 bond transfer
结合簇 combining site; haptophore group
结合代数 associative algebra; hypercomplex number
结合的 associated; combinative; combinatorial; joint; associative
结合堤 terminal bar
结合底脚 connected footing; connecting footing
结合点 bonding point; commissure; junction point
结合法兰 companion flange
结合反应 conjugation reaction; fixation reaction
结合反应位置 site of conjugation reaction
结合方案 association scheme
结合分布律 resultant law
结合分支 conjugate branch
结合腐殖酸 combined humic acid
结合概率 joint probability
结合杆 connecting rod; crosshead link; pipe joint; union link <阀动装置>
结合箍 connection band
结合关系 marriage relation
结合管 connecting pipe; connecting tube
结合硅石 combined silica
结合焊剂 bond flux
结合环 associative collar; associative ring; connector ring; coupling collar; shift collar; timber connector
结合混合料 binder matrix
结合机理 bonding mechanism
结合积分 convolution integral
结合基层 binding base
结合剂 anchoring material; binding agent; bonding agent; cement; cementing agent; cementing medium; cementitious agent
结合剂砂轮 bond wheel
结合件 conjunction; matching piece
结合件双头螺栓 binder stud
结合角钢 connecting angle; connection angle; lag angle

结合矩阵 associated matrix
结合具体情况 in association with specific conditions
结合扣 connecting clip; connection clip
结合类型 type of joints
结合力 binding force; binding power; bond(ing) force; combining power; cohesion; bondability <钢筋混凝土的>
结合力试验 bonded test; bond(ing) test
结合利用计算机的施工 computer integrated construction
结合利用计算机的制造(工艺) computer integrated manufacture
结合链 marriage chain
结合梁 beam block; bond beam; combination beam; composite beam; connecting beam
结合梁桥 bond beam bridge; composite beam bridge; composite girder bridge; connecting beam bridge
结合料 binder; binding agent; binding material; binding medium; bonding adhesive; bonding agent; heavy binder; matrix[复 matrixes/matrices]
结合料材料 matrix material
结合料称量槽 binder weighing tank
结合料分布 binder distribution
结合料含量 binder content
结合料面砖 bond beam tile
结合料洒布 binder distribution
结合料洒布机 binder distributor
结合料体积含量 volumetric(al) binder content
结合料硬化 binder hardening; setting-up of binder
结合料与集料间的黏[粘]结力 bond between binder and aggregate
结合料贮槽 binder storage tank
结合零件 binder
结合滤波器 coupling filter
结合路线 conjunctive path
结合律 associative law; law of association
结合氯 bond chlorine; bound chlorine
结合螺母 support screw cap
结合螺栓 draw bolt
结合脉【地】 conjugated vein
结合铆钉 binding rivet; tacking rivet
结合面 bond face; composition plane; hinge; junction plane; mating surface
结合面的剪应力 bond stress
结合面积 bond area
结合膜 binding film; contractile skin
结合能 binding energy; binding power; bonding energy; bound energy
结合能力 binding ability; combining capacity
结合黏[粘]土 bindeton; bonding clay
结合皮带 stitched belting
结合片 bonding pad
结合器 connector
结合强度 binding strength; bonding strength
结合区 bonding pad
结合熔剂 bond flux
结合砂轮 bonded wheel
结合石 binder stone; binding stone; bond stone
结合石灰 combined lime
结合式 convolution
结合式混凝土加厚层 bonded concrete overlay
结合式结构 integrated structure
结合式起重器 built-in jack
结合手把 binding handle; binding layer
结合水 adsorption water; adsorptive water; attached water; bound water; combination water; combined moisture; combined water; fixed groundwater; held water; hydrate water; hydration water; hydroscopic water; tie water; water of combination; water of constitution; water of hydration
结合水分 fixed moisture
结合水连接 bound water bond
结合水膜 bound water film
结合松散的 loosely bound
结合速率 association rate
结合酸 bound acid; conjugated acid
结合损坏 bond failure
结合态 binding form
结合态放射性核素 incorporated radionuclide
结合碳 agraphitic carbon; bound carbon; combined carbon
结合通气管 yoke vent(pipe)
结合网 integral mesh
结合网管 integral mesh tube
结合物 affixture; bond
结合系数 attachment coefficient
结合线 junction line
结合效率 joint efficiency
结合型经理 integrated manager
结合型无纺纤维 adhesively bonded nonwoven fabric
结合性 associativity; binding property
结合性的 combing
结合性能 binding ability; binding quality
结合性有效残余氯 combined available residual chlorine
结合性有效氯 combined available chlorine
结合性余氯 combination residual chlorine; combined residual chloride
结合压力 cohesive pressure
结合牙 concrescent teeth
结合移动平均数过程 integrated moving average process; LMA [linked movement average] process
结合因子 binding factor
结合应力 bonding stress
结合用铆钉 binding rivet
结合云母 integrated mica
结合运算 associative operation
结合在一起 hold together
结合轴大套 big engaging shaft bushing
结合轴箱 connected journal box
结合轴小套 small engaging shaft bushing
结合柱螺栓 binder stud
结合组织 conjunctive tissue
结核 nodulation; tuberculation; concretion【地】
结核病 tuberculosis
结核病疗养院 tuberculosis sanatorium
结核病人 consumptive
结核病院 tuberculosis hospital
结核层 <含有凝固块的土层> concretionary horizon
结核产状 occurrence of nodule
结核成因 cause of formation of nodule
结核化学成分 chemical component of nodule
结核灰岩 concretionary limestone
结核矿物成分 mineral component of nodule
结核类型 type of nodule
结核煤渣 nutty slack
结核内部构造 inner structure of nodule
结核体 nodule; snakestone
结核形状 shape of nodule
结核状 nodular
结核状的【地】 concretionary
结核状构造【地】 concretionary structure
结核状结构 concretionary limestone; concretionary texture; nodular texture
结核状砾石 concretionary gravel
结核状磷块岩 nodular phosphorite
结核状泉华 nodular sinter
结核状燧石 nodular chert
结环行器 junction circulator
结灰石 aloisite
结汇 exchange settlement; settlement of exchange
结汇限制 exchange control
结汇证 certificate of allocated exchange
结汇证券市场 certificate market
结婚纪念塔 < 1907 年由奥别列希设计的建于德国的达姆施塔 > Wedding Tower
结荚 pod
结胶 gumming
结焦 carbonization
结焦锅炉用煤 coking steam coal
结焦煤 baking coal; cherry coal
结焦倾向 coking tendency
结焦素 anthraxylon
结焦性 caking; cok(e)ability; coking capacity; coking property
结焦性试验 caking test
结焦指数 agglomerating index; agglutinating index
结节 node; nodus[复 nodi]; tuberculation
结节撑 gusset stay
结节的 nodular
结节点 link point
结节形成 tuberculation
结界面 junction interface
结经机 tying frame; tying-in machine; warp tying machine
结晶 crystal formation; crystallisation
结晶白霜 crystal hoarfrost
结晶斑状 crystalline-porphyritic
结晶板岩 crystalline slate
结晶变质 crystalline metamorphism
结晶冰 crystal ice; crystalline ice
结晶冰屑 ice crystal
结晶玻璃 glass ceramics
结晶玻璃板 crystal sheet glass
结晶玻璃薄片 crystal sheet glass
结晶不均匀性 crystalline inhomogeneity
结晶不良的 ill-crystallized
结晶材料 crystalline material
结晶槽 crystallizer tank
结晶测验器 crystallographic(al) apparatus
结晶层 crystallizing layer
结晶产物 crystallized product
结晶常数 axial element; crystalline constant
结晶成品 crystal product
结晶(除银)法 crystallization process
结晶次序 order of crystallization
结晶错位 crystallographic(al) misorientation
结晶带 crystal zone
结晶单形 crystal form
结晶的 crystal; crystalline; crystalloid
结晶的抑制 restraint of crystallization
结晶点 crystallization point
结晶定向 crystal direction; crystal orientation
结晶动力学 crystallization kinetics
结晶度 crystallinity; degree of crystallinity; degree of crystallization
结晶断面 crystalline fracture
结晶鲕 crystalline ooid
结晶二氧化硅 crystalline silica
结晶发光 crystalloluminescence
结晶发生学 crystallogeny
结晶矾土 crystalline alumina
结晶分化 crystallization differentiation
结晶分离 crystal separation
结晶分析 crystal analysis
结晶分析作用 crystal differentiation
结晶分异矿床 crystallization-differentiation deposit
结晶分异作用 crystallization differentiation; fractional crystallization
结晶峰值温度 peak crystal temperature
结晶附生 crystalline overgrowth
结晶刚玉 crystal corundum
结晶格子 crystal lattice
结晶构造 grain structure
结晶构造学 crystallology
结晶骨架 crystalline skeleton
结晶固定床 crystal fixed bed
结晶固体 crystalline solid
结晶惯态 crystal habit
结晶光学 crystallooptics
结晶硅 silicon metal
结晶含水的 enhydrous
结晶焊接玻璃 crystalline solder glass
结晶核 host crystal; nuclei of crystallization; nucleus of crystallization
结晶核心 coring
结晶花岗岩 pegmatite
结晶花釉 crystal flambe glaze
结晶化 crystallization
结晶化学 crystal chemistry
结晶化学分析 crystallochemical analysis
结晶机理 crystallization mechanism
结晶基底 crystalline basement; crystal substrate
结晶基面 crystal substrate
结晶基体 crystalline matrix
结晶集合体 crystal aggregate; crystalline aggregate
结晶计量学 crystallometry
结晶剂 crystalline agent; crystallizing agent
结晶架 crystalline concretion
结晶剪切 crystallographic(al) shear
结晶浆液 crystalline slurry
结晶胶粒理论 crystal colloid theory
结晶胶体 metacolloid
结晶阶段 crystallization period; crystallization stage
结晶结构 crystalline structure
结晶晶形 crystal form
结晶净化 purging by crystallization
结晶聚合物 crystalline polymer
结晶聚集 crystal aggregation
结晶颗粒 crystalline particle
结晶颗粒压力 grain pressure
结晶块 ingot
结晶矿渣 crystalline slag
结晶蜡石 tallow
结晶离子半径 crystalline ionic radius
结晶理论 crystallization theory
结晶力 force of crystallization
结晶粒度 crystal size; grain-size number
结晶粒间腐蚀 intercrystalline corrosion
结晶粒状结构 crystalline granular texture
结晶联结 crystalline bond
结晶良好 well-crystallized
结晶裂纹 crystalline crack
结晶鳞片石墨 crystalline flake graphite

结晶硫代硫酸钠 crystalline hyposulfite
结晶硫酸钠 Glauber salt
结晶硫酸铜 cupric sulfate crystal
结晶炉 crystal oven
结晶路程一般规律 summary on crystallization path
结晶氯化铝 crystalline aluminium chloride
结晶玫瑰 rosalin
结晶皿 crystallizing dish(with spout)
结晶母体 crystalline matrix
结晶内滑动 intracrystalline gliding
结晶能力 crystallization power
结晶盘 crystallizer pan; crystallizing dish
结晶片 crystalline flake
结晶片岩 crystalline schist
结晶坡面 dome
结晶谱带 crystalline band
结晶器 crystallizer
结晶千枚岩 phyllocrystalline rock
结晶氢氧化钙 crystalline calcium hydroxide
结晶区 crystal region
结晶驱动力 driving force for crystallization
结晶取向 crystal orientation
结晶全对称(现象) pantomorphism
结晶缺对称 merosymmetry
结晶缺面体 merohedrism
结晶绕射图 crystallogram
结晶热 heat of crystallization
结晶容积 crystallization volume
结晶容量 crystallization capacity
结晶熔化 watery fusion
结晶砂岩 crystal sandstone
结晶深成岩 crystalline plutonic rock
结晶石膏 crystalline gypsum; mineral white
结晶石灰岩 crystalline limestone; crystallized limestone
结晶石墨 kich
结晶石英 crystal quartz
结晶时间 crystallization time
结晶式样 crystalline pattern
结晶霜 crystalline bloom
结晶水 crystalline water; crystallization water; crystal water; water of crystallization
结晶水化物 crystalline hydration product; crystallized hydrate
结晶顺序 order of crystallization; sequence of crystallization
结晶松香 frankincense; gum thus
结晶速度 crystalline growth velocity; velocity of crystallization
结晶速率 crystalline rate; rate of crystallization
结晶塑料 crystalline plastics
结晶酸 crystallinic acid
结晶态 crystalline state
结晶态氧化硅 crystalline silica
结晶碳酸盐岩 crystalline carbonate rock
结晶陶瓷 crystalline ceramics
结晶体 crystal; crystalline; crystallinity; crystallization
结晶体标轴 parameter
结晶体玻璃 crystal glass
结晶体缺面的 merohedral
结晶同质异像 heteromorphism
结晶铜红釉 crystalline flambe glaze
结晶铜绿 crystallized verdigris
结晶筒 concentric (al) crystalline zones; crystalline cylinder
结晶脱盐 crystal desalination
结晶完整性 crystalline perfection
结晶温度 crystallization temperature
结晶纹饰(面) crystal finish
结晶物 crystal
结晶析出 seed-out; separation by crystallization
结晶习惯 crystal habit
结晶习性 crystal habit
结晶系 system of crystallization
结晶纤维测量 measurement of crystofabric
结晶相 crystalline phase
结晶形态 crystal habit
结晶形状 crystalline form
结晶性 crystallinity; crystallizability
结晶性粉末 crystalline powder
结晶性固体 crystalline solid
结晶性侵蚀指标 crystalline erosion index
结晶序 crystalline order
结晶学 crystallography
结晶学的 crystallographic
结晶学坐标轴 crystal coordinate axis
结晶压力 crystallization pressure; pressure of crystallization
结晶岩 crystalline rock
结晶岩带 zone of crystalline rocks
结晶岩基 crystalline groundmass
结晶岩(石) crystalline rock
结晶衍射图 crystallogram
结晶佯谬 crystal paradox
结晶氧化钡 barium oxide; crystal
结晶样体 crystalloid
结晶要素测定法 crystalline element determination method
结晶页岩 crystalline shale
结晶乙酸柏木酯 cedryl acetate; crystals
结晶应变 crystal strain
结晶釉 crystalline glaze
结晶釉瓦 crystalline glaze tile
结晶圆筒 ingot cylinder
结晶增长 crystal growth
结晶渣 crystallized slag
结晶蒸发器 crystallizing evapo(u)rator
结晶直链淀粉 crystalline amyloses
结晶指数 crystallization index; crystallographic(al) index
结晶质 crystalline
结晶质包裹体 crystalline inclusion
结晶质比率 the percentage of crystalline phase
结晶质集料 crystalline aggregate
结晶质胶结物结构 crystalline cement texture
结晶中心 crystallization center[centre]; grain of crystallization
结晶轴 crystal axis; crystallographic(al) axis
结晶状 crystalline
结晶状表面形态 crystalline surface texture
结晶状断口 crystalline fracture
结晶状饰面 crystallization finish; crystallized finish
结晶状态 crystalline state
结晶状玄武岩 dolerite
结晶紫 crystal violet
结晶紫法 <测定氯的> crystal violet method
结晶组分 crystallographic(al) component
结晶组构 crystallization fabric
结晶作用 crystallization
结晶作用类型 type of crystallization
结局 ending; grand final; wind-up; event; issue; termination <指网络模型>
结壳 crust; curtaining; encrustation; incrustate; incrustation; incrust (ing); scull[skull]
结壳熔岩流 pahoehoe flow
结壳时间 investing time
结壳土壤 crust soil; incrusted soil
结壳温度 investing temperature
结壳物质 encrusting matter; incrusting substance
结壳岩 crustose
结壳作用 encrustment
结跨越 junction crossover
结块 accretion; agglomerate; agglomeration; cake; caked mass; caking; clotting; clump; formation of lump; kidney; pack set; lumpiness
结块的纯软木 pure agglomerated cork
结块粉状燃料灰 sintered pulverised-fuel[pulverized-fuel] ash
结块灰 caked ash
结块(结构)土壤 lumpy soil
结块煤 binding coal
结块水泥 sticky cement
结块体 cake(d) mass
结块油墨 caked-on ink
结块紫胶 block shellac
结牢杆件 bonded member
结粒 nodulization
结瘤 bear; furnace sow; heel; skull
结瘤管 tuberculated pipe
结瘤状白云石 knotty dolomite
结瘤状白云岩 knotty dolomite
结瘤状积层 nodular deposit
结漏 junction leakage
结露 condensation of moisture; dew condensation; dewing
结露传感器 condensation sensor
结露度 dew point
结露告警 dew caution
结露检测 condensation detector
结露检测指示灯 dew detection lamp
结露区 condensation zone
结露水 dew; sweat
结露水接受盘 drain pan
结露问题 condensation trouble
结露现象 sweat phenomenon
结露指示器 dew indicator
结露自动关机控制 auto off control in condensation
结炉 freezing of a furnace
结论 conclusion; concluding note; concluding remarks; finding
结卖合同 trying contract
结锚索于锚冠 becue
结膜型嵌缝膏 skinning-type sealant
结膜炎 ophthalmia
结末桩 <即在一排中最后打入的桩> closing pile
结泥饼 mud lining
结黏[粘]石膏 jointing-bonding-adhesive compound
结皮 build-up; crust; encrust; encrustation; encrustment; incrustation; breadcrust【地】; curtaining <钢锭缺陷>
结皮混凝土 encrusted concrete
结皮现象 skinning
结皮性能 coatability
结皮盐土 surface-harden saline soil
结片机 flaker
结平的账户 account balanced
结平面 junction plane
结欠(金额) balance due; credit balance
结欠清单 account rendered
结欠我方 balance due from you; balance in our favour
结清 close; dissolution; payoff; settlement; square up
结清差额 settlement of balance
结清出售 closing sale
结清分录 closing entry
结清各账户 balancing the books
结清购买 closing purchase
结清户头 close account
结清收益 closing the revenue
结清银行账户 closing the bank account
结清余额 settlement of balance
结清债款 clearance
结清债务 settle a debt
结清账薄 balance the book
结清账户 clear an account; closed an account; closing of accounts
结清账目 even up accounts with; get accounts squared; quit score; settling the account; make accounts square; square accounts
结清证明 discharge
结区 nodal area
结区温度 junction temperature
结圈【建】 ring of coating; build-up; ring formation
结圈带 ring zone
结圈故障 ring trouble
结热偶 junction couple
结筛 knotter
结栅场效应晶体管 junction field effect transistor
结上水珠 <物体表面> sweating
结深 junction depth
结绳 hitching; knotting
结绳法 hitching of rope
结绳架 rack
结绳结 shroud knot
结绳针 knotting needle
结石 calculus[复 calculuses/ calculi]; stone <玻璃中的>
结实 compact; fructification
结实的搬运把柄 stout carrying handle
结实的粗麻布带 webbing
结实的带状织物 webbing
结实的路面 well-knit surface
结实平坦的路面 hard level surface
结实平整地面 hard flat surface
结式 eliminant; resultant
结式二极管 junction diode
结式晶体管 junction transistor
结式矩阵 resultant matrix
结势垒 junction barrier
结束 break off; close (up); closing; culminate; draw to a close; ending; end off; finish; fold up (wards); sign-off; terminate; termination; wind(ing)-up
结束标志 end mark
结束部分 declining
结束部位 closing a position
结束程序 termination routine
结束的 ended; terminative
结束地址 end address
结束段名 end paragraph name
结束符 end mark; terminator
结束符号 stop code; terminating symbol
结束符号码 terminator code
结束符号数 stop element number
结束工作 ending activity; end of work; power cut-off
结束和停止命令 cease and desist order
结束会议 closing sitting
结束活动 ending activity
结束记录 end record
结束键 end key
结束交易 closed trade
结束阶段 lock-up stage
结束结点 end node
结束警告区 end warning area
结束括号 end bracket
结束栏 end column
结束列 end column
结束排队溢出 termination queue overflow
结束期 basin end period

结束区 end zone
结束日 closing day
结束时间 end time; finish time; time of wind-up
结束时间指示器 terminal-time indicator
结束时刻 finish time
结霜 frosting; rime(deposit)
结霜材料 crystallization
结霜度 degree of
结霜液面指示器 frost level indicator
结算 add up; balance the book; cash in; clearing; close an account; date closing; final estimate; final payment; final settlement; last statement; reckoning; settle an account; settlement; squaring up; strike a balance; terminal charges; wind-up an account; working up
结算报告 final report
结算表 payoff table; statement of account
结算差额 clearing balance
结算差额表 balance
结算单(据) document of settlement; balance ticket; final statement
结算单位 closing unit
结算的标准方法 standard method of settlement
结算的分录 journalizing of closing accounts
结算额 final sum
结算方法 method of settlement
结算方式 clearing form; form of settlement; method of settling accounts; credit terms
结算方式选择权 settlement option
结算费用 closing cost
结算付款净额 net settlement
结算工程用料 squaring up
结算关系 relationship of clearing; settlement relations
结算管理 settlement management
结算管制 control on settlement
结算和监督中心 clearing and controlling center[centre]
结算货币 currency of settlement; settlement currency
结算贷款 loan for the settlement of accounts; settlement loan
结算价格 accounting price; clearing price; making-up price; settlement price; ultimate cost
结算净额 net settlement
结算竣工图 as-built drawing for settling accounts; as-completed drawing setting the accounts
结算款 settlement cost
结算年度 year of account
结算凭证 voucher of clearing
结算期 accounting period; closing period; terms of payment
结算前试算表 unadjusted trial balance
结算清楚 square up
结算日 account(ing) day; closing date; date of closing; making-up day; name day; settlement day; settling day; term day; value date
结算日价 making-up price
结算日期 closing date; settle date; settling date; date closing
结算手续 account closing procedure
结算条件 terms of settlement
结算通知单 advice of settlement; clearing instruction
结算通知书 advice of settlement; clearing instruction
结算图 as-built for settling the accounts
结算外汇单 clearing exchange slip
结算信贷期 credit period
结算业务自动化 clearing automation
结算银行 bank of settlement; settling bank
结算盈余 active balance
结算余额 balance amount
结算逾期 delay in settlement
结算债务 settle a debt
结算账户 balance account; clearance account
结算账目 settlement of account; settling account
结算折扣 settlement discount
结算支票 clearing house cheque
结算指令 tally order
结算中心 center[centre] of clearing
结算资金 settlement fund
结算总额 footings
结算总账户 closing the ledger
结体发生学 crystallogeny
结体化学 crystal chemistry
结团 agglomeration; clump; lumping
结团剂 agglomerator
结网 meshing; netting
结网机 knotting machine
结网梭 meshing needle
结尾 coda; end-all
结尾板桩 closing pile
结尾工程 winding-up works
结尾工序 finishing working sequence
结尾工作 finishing work
结温 junction temperature
结污 fouling
结息日 expiry date for interest
结系环境 knotted environment
结线 tie line
结效率 junction efficiency
结型 junction type
结型场效应管 technotron
结型场效应晶体管 junction type field effect transistor
结型电池 junction battery
结型电阻 junction resistor
结型光电二极管 junction photodiode
结型光电探测器 junction type photodetector
结型激光器 junction laser
结型晶体三极管 junction triode
结型四极晶体管 junction tetrode transistor
结型条状激光器 junction stripe laser
结型栅 junction gate
结絮作用 flocculation
结窑皮能力 coating ability
结窑皮区 coating region
结窑圈 kiln ringing
结业出售 winding up sale
结硬 render-float-and-set; set hard; set solid
结硬混凝土 hardened concrete
结硬壳 encrustation
结硬块 air-set lump
结硬龄期 age of hardening
结硬皮 crusting
结硬皮的 crustacean
结油膜 film formation
结余 balance(outstanding); surplus
结余利润 surplus profit
结余清单 list of balances
结余账目 balance account
结渣 clogging; dross; scarify(ing); skull; slag-bonding; slagging; slag-off
结渣堵塞 blockage
结渣率 clinkering rate; fluxing power
结渣煤 clinkering coal
结渣温度 slagging temperature
结渣性 clinkering property; coking
结渣性曲线 clinkering property curve
结扎 ligate
结账 balance account; balancing account; checkout; clearing; close account; close off; closing account; closing ledger; closing of books; reckon account; render account; settle account; settle bill; settlement of account; square account; strike a balance
结账报告 report of closing accounts
结账程序 closing procedure
结账分录 closing entry
结账符号法 symbol system of account
结账工程量 pay quantity
结账柜台 checkout counter
结账后 after closing
结账后分录 post-closing entry
结账后平衡表 post-closing balance sheet
结账后试算表 after closing trial balance; post-closing trial balance; trial balance after closing
结账后资产负债表 post-closing balance sheet
结账户 abstract account
结账计算表 working paper; working sheet
结账记录 book of final entry
结账价格 closing cost
结账前 preclosing
结账前的试算 preclosing trial balance
结账前试算表 preclosing trial balance; trial balance before closing; unadjusted trial balance
结账清单 account rendered
结账区 checkout environment area
结账日 day of reckoning; closing day
结账日期 balance sheet date; closing date
结账试算表 closing trial balance
结账手续 closing procedure
结账余额 closing balance account
结账整理 closing adjustment
结转 brought down; brought forward; brought over; carry down; carry forward; carry-over <用于簿记>; balance down
结转的档案 carry-over file
结转的余额 balance brought forward
结转分录 closing entry
结转金额 amount carried forward; amount carried over
结转库存量 carry-over stock
结转损失 loss forwarded
结转下 carry down
结转下期 balance carried forward; carry-over to the next term; overcarrying
结转下期费用 overcarrying cost
结转下期损失 loss carried forward to the following term; loss carried forward to the next term
结转下期损益 loss and profit carried forward
结转下页 balance forward
结转需求 demand carried forward
结转余额 balance forward
结转预算 roll-over budget
结转账户 continuing account
结子线 bouclé

桔

桔槔 denkli; shadoof <埃及等地汲水用的>

捷

捷乘法 abridged multiplication
捷辉锑银铅矿 teremkovite
捷近道路 short-cut road
捷径 access; beed line; cross-cut; cut-short; near way; short cut; short out
捷径道路 short-cut road
捷径航道 short-cut channel
捷径术 by-pass operation
捷径树(法) <用于交通分配> minimum-time path tree
捷径线 short-cut line
捷径转弯 short-cut turn
捷克柔性路面设计法 Czechoslovakia flexible pavement design method
捷克斯洛伐克建筑 Czechoslovakia architecture
捷联式 strapdown
捷联式惯性导航设备 strapdown inertial navigation equipment; strapped-down inertial navigation equipment
捷联式惯性导航系统 strapped-down inertial navigation system
捷路 short cut
捷青石棉 ternovskite
捷水道 short cut
捷算法 short-cut method
捷线 least time path; minimum-time path; brachistochrone【数】
捷运代办处 express agency
捷运费 expressage; express fee
捷运公司 express company; forwarder; freight forwarder
捷运公司专差 <美> express
捷运快递服务 courier service
捷运系统 rapid transit; rapid transit system
捷运行 express agency
捷征法 short method

截

截45°木抖箱锯 mitre-box saw
截板机 cutter
截标日期 bid date
截波闭锁距离保护 distance protection with carrier current blocking
截补 pumping
截槽 kirve; undercut
截成木材长度 bucked
截齿具 hob
截齿修整机 bit sharpener
截齿座 pick box
截除 truncation
截锉 cut file
截挡板 catch platform
截刀 cut-off tool; cutting-off cutter; parting tool
截底门 undercut door
截点 cut-point; section
截点法 resection
截掉根朽部分 jump butt
截丁砖 clipped header
截钉凿 slogging chisel
截顶 clamping; truncate
截顶八面体 truncated octahedron
截顶槽截盘 roofing jib
截顶角形拱 truncated angular arch
截顶角锥体 truncated pyramid
截顶抛物面 truncated paraboloid
截顶三角分解(法) truncated triangular decomposition
截顶细流 stub-acme thread
截顶锥 truncated cone
截顶锥角拱 truncated angular arch
截端弓形桁架 truncated bowstring truss
截短 bob(bing); chopping; close cut; curtailment; cutback; dock(ing); lop(ping); truncate
截短的 bobtail
截短的石英 capped quartz
截短码 shortened code

截短枝条 heading-back
截段 intercept
截段方程 intercept equation
截断 break-in; clip; cut-off; cut-out; cutting; decollate; intercept (ion); resection; retrench; truncate; truncation
截断板桩壁 cut-off sheet pile wall
截断边跨端 end of side span intercepted
截断表 <钢筋的> cutting list
截断车床 cutting-off lathe
截断刀 amputation knife
截断的 sawed-off; sawn-off
截断点 curtailment; cut-off point
截断点指令【计】break-point order
截断电路 dead end
截断阀 block valve; intercepting valve; interceptor valve
截断法 intercept method
截断符号 unblind
截断傅立叶变换 truncated Fourier transformation
截断钢筋的抵抗弯矩包络图 curtailment diagram
截断功能 break-in facility
截断供水 cut-off water
截断管头 cut tube
截断规定 truncation specification
截断函数 truncation function
截断河 captured river; mutilate driver
截断机 cut-off shears; cutter; guillotine; guillotine machine
截断继电器 cut-off relay; cut-out relay
截断继电器电路 cut-off relay circuit
截断锯 amputating saw; cut-off saw
截断宽度 truncation width
截断连接 frangible coupling
截断面 cut-off plane
截断频率 truncation frequency
截断频谱 truncated spectrum
截断器 buster; cropper; cutter
截断强度 cut-off intensity
截断塞门 cut-off cock; cut-out cock
截断设备 intercept unit
截断试验 truncation test
截断水流 interception of water
截断调整 cut-off adjustment
截断误差 cut-off error; error of truncation; termination of series errors; truncated error; truncation error
截断误差估计 estimation of truncation
截断误差收敛 convergence of truncation-error
截断线 breaking edge; transversal
截断型交叉路 intercepted cross road
截断旋塞 <制动机的> air shut-off cock
截断样本 truncated sample
截断因子 guillotine factor
截断正态分布 truncated normal distribution
截断指数频度 truncated exponential frequency
截断中跨端 end of mid-span intercepted
截断桩 cut(ing)-off pile[piling]
截多普勒轮廓 truncated Doppler profile
截夺 piracy
截夺河 pirate river
截阀梗 valve spindle
截粉 budgust
截峰 cut ridge
截幅 cut ridge
截割吹管 cutting torch
截割机械 cutting machine
截割铁芯 cut core

截根端 jump butt
截功 suspend the coaching
截冠 topping
截管车丝 pipe cutting and threading
截管机 pipe and tube cutoff machine; pipe cutter; tube cutter
截管器 pipe cutter; tube cutter
截光 chopping light
截光电流 chopped photocurrent
截光角 cut-off angle
截光屏 intercepting screen
截光器 episcotister; light chopper
截过梁 clipped lintel
截痕 snick
截活能力 dirt-holding capacity
截获 trapping; grabber <从电脑中>
截获量 ga(u)ge catch
截获试验 captive test
截获效应 capture effect
截获中子 intercept neutron
截击点 intercept point
截击机 interceptor
截击机雷达台 interceptor
截击器 intercepter[interceptor]
截夹板机 veneer cutting machine; veneer peeling machine
截件子 cross-cutting
截浆槽 slurry trench cutoff
截交线 line of section
截角 chamfering
截角路口 cut corner for sight line
截角锥(体) truncated pyramid
截接 interposition
截接服务 interception of call
截接话务员 interception operator
截距 cut-off; intercept; intersection; nodal increment
截距法 intercept method
截距时间 intersection time
截距式 intercept form
截距式模板 intercept form
截距形式 intercept form
截锯 cross-cut saw; pruning saw
截锯机 bench trimmer; guillotine; trimming machine
截口 kerf[复 kerve]; saw kerf; shiplap joint
截口门框边梃 rabbeted door jamb
截棱柱 truncated prism
截棱锥 truncated pyramid
截链齿座 cutter chain pick box
截链式挖掘机 cutter chain excavator
截料 blanking
截岭河道 severed channel; severed spur channel
截流 closure; cut-off; cutting flow; diversion closure; interception; shut-off throttle; stop flow; stream enclosure; water shutoff; river closure
截流坝 closure dam; cut-off dam <截地下潜流的>
截流板 intercepter[interceptor] plate; intercepting plate
截流倍数 intercepted ratio; intercepting factor
截流泵 intercepting pump
截流泵站 intercepting pumping station
截流比较方案 alternative closure scheme
截流布置 interception arrangement
截流槽 cut-off groove; cut-off trench
截流测定计 interceptometer
截流存水弯 intercepter[interceptor]; intercepting trap; interceptor trap
截流存水弯头 disconnecting trap
截流措施 backup
截流挡板 baffle board
截流堤 closing dike[dyke]; closing levee; closure dike[dyke]; cut-off dike[dyke]
截流堤岸 closure embankment
截流地埂 runoff intercepting terrace
截流点 interception point
截流阀(门) cut-out cock; cut-off value; cut-out valve; intercepting valve; intercept valve; shut-off valve; trip value
截流方法 method of closure
截流辅助沟渠 supplementary ditch
截流工程 closure project; closure works
截流工程量 closure quantity
截流沟 collecting passage; ditch type intercept; drainage ditch; spur duct
截流沟渠 intercepting sewer
截流管 catch-water drain; intercepter[interceptor]; spur duct
截流合拢 close the gap
截流护底 bottom protection for river closure
截流滑阀 expansion valve
截流环 cut-off collar; seepage collar; collar <压力钢管外的>
截流继电器 cut-off relay
截流检查井 intercepting chamber
截流降雨量 intercepted quantity of rainfall
截流阶地 runoff intercepting terrace
截流井 catch basin; catch pit; intercepting well
截流空气 entrapped air
截流流量 intercepted flow
截流流速 closure flow velocity
截流龙口 closure gap; river closure gap
截流龙口护底 protection of closure gap bed
截流落差 closure drop
截流盲井 blind catch basin
截流面 cut-off plane
截流模型试验 closure model test
截流木闸板 stop plank
截流排水 interception drainage
截流排水道 curtain drain; intercepting drain
截流排水沟 curtain drain; intercepting drain
截流排水管 interceptor drain
截流排水系统 intercepting drain system
截流器 cut-off device; guillotine; intercepter [interceptor]; catch-all【化】
截流戗堤 closing dike[dyke]; closure dike[dyke]
截流戗堤抛石 closing dike rockfill
截流渠 intercepting channel
截流渠道 canal cut
截流取料场 closure borrow area
截流设备 cut-off device; intercepting installation
截流设施 closure works
截流施工进度 closure construction schedule
截流施工设备 closure construction equipment
截流式布置 intercepting layout
截流式封 disconnecting trap
截流式排水(管)系统 intercepting drain system; intercepted drain system
截流式系统 intercepting system
截流式下水道系统 intercepter sewer system
截流式下水管网 intercepted drain system
截流水头 closure head
截流损失 interception loss
截流梯田 runoff intercepting terrace

截流湾 trap
截流污水管 intercepting (conduit-type) sewer; interceptor sewer
截流下水道 intercepting sewer
截流下水道系统 intercepting(sewer) system
截流下水渠 intercepting sewer; interceptor sewer
截流箱 break pressure tank
截流效果 intercepting effect
截流栅 catch frame
截流支管 branch interceptor
截流竹笼 bamboo cylinder
截流装置 cut-off device; cut-off equipment
截流总管 interceptor main
截流最大落差 closure maximum drop
截流作业 closure operation
截留 entrapment
截留槽 catch boom
截留测定计 interceptometer
截留储蓄 interception storage
截留的 trapped
截留的空气 <混凝土中> accidental air; entrapped air
截留的空气孔隙 <非故意掺入的> entrapped air void
截留的水分 entrapped water
截留阀 trap valve
截留分子量 molecular weight cut-off
截留角 trapping corner
截留井 catch basin; catch pit
截留空气 trapping air
截留率 rejection; retention ratio
截留渠 intercepting channel
截留水 intercepted water
截留水分 entrapped moisture
截留速度 intercept velocity
截留(损)失 <植物对降水的截留> interception loss
截留下水道 interceptor sewer
截留堰 catch dam
截留仪 interceptometer
截留(雨量)损失【植】interruption loss
截铆钉器 rivet cutter
截煤 coal cutting
截煤机 coal cutter; coal-cutting machine; undercutter
截煤机除粉器 cutter gummer
截煤机底座 cutter bed
截煤机电动机 cutter motor
截煤机截槽 machine cut
截煤机截齿 cutter pick
截煤机截齿磨锐机 cutter bit sharpener
截煤机截链 cutter chain
截煤机截盘 cutter bar; cutter jib
截煤机起动器 cutter switch
截煤机头部 cutter head
截煤落煤机 cutterbar and wedge machine
截门 stop valve; valve
截面 cross-over; cross profile; cross-section; cut plane; scarf; section (al plane)
截面变化(过程)曲线 behavio(u)r of cross-section
截面变量 cross-sectional variable
截面变形 cross-sectional deformation; section deformation
截面标度 cross-sectional scale
截面不变的梁 constant section beam
截面草图 cross-section sketch
截面差改正 correction from normal section to geodesic
截面常数 section constant
截面成等边三角形 three-square
截面尺寸 sectional dimension; size of section

J

截面大小 size of section
截面的 sectional
截面的经济性 section economy
截面调查 cross-sectional survey
截面对比资料 data of cross-section(al) comparison
截面二次矩 second moment of area
截面法 method of sections
截面分析 cross-sectional analysis
截面改变 alteration of cross-section
截面高度 profile height; section depth; height of section; depth of section
截面估计量 cross-sectional estimator
截面观测值 cross-sectional observation
截面惯性积 product of inertia of area
截面惯性矩 section moment of inertia
截面归并 cross-sectional aggregation
截面含气量 void fraction
截面号数 number of section
截面核心 core of section; kern of section
截面核心点 <截面主轴上的截面核心周界点> kern point
截面核心点矩 kern point moment
截面核心理论 corduroy theory
截面核心线 kern line
截面核心周界 kern limit
截面荷载分配法 abridge trial load method
截面恒定的梁 constant section beam
截面厚度 section thickness; thickness of section
截面回归 cross(-sectional) regression
截面回转半径 radius of gyration
截面积 area of section; sectional area
截面积尺寸 cross-sectional dimension
截面积缩减 reduction in area
截面极惯性矩 polar second moment of area
截面几何性质 geometric(al) properties of cross section
截面净面积 net cross-sectional area
截面静矩 first moment of area
截面矩量 geometric(al) moment of area; geometric(al) moment of inertia; modulus of section; static moment of area
截面可调喷管 variable area nozzle
截面扩大 enlargement in section; size enlargement
截面宽度 section width; breadth of section
截面力矩 section moment
截面立视图 sectional elevation
截面流量计 area flowmeter
截面轮廓 section configuration
截面毛尺寸 scantling
截面面积 area of section; cross-section(al) area; sectional area
截面面积矩 first moment of area
截面面积缩小 reduction of cross-section(al) area
截面模量 modulus of section; section(al) modulus
截面模数 modulus of section; section(al) modulus
截面曲率 sectional curvature
截面曲线 cross-sectional curve
截面深度 section depth
截面试样的检验 examination of sectioned specimens
截面收缩 reduction of area; size contraction
截面收缩损失 contraction loss
截面数据与时间序列数据的合并 pooling of cross-section(al) and time-series data
截面随机样本 cross-sectional random sample
截面缩图 contracted cross-section
截面缩小 reduction of area; reduction in area
截面缩小百分率 percentage reduction of area
截面弹性 cross-sectional elasticity
截面特性 behavio(u)r of cross-section; section property
截面投影仪 section projector
截面突变 abrupt change of cross-section
截面图 sectional drawing; sectional view
截面微观关系 cross-sectional microrelation
截面位置 sectional position
截面误差分量 cross-sectional error component
截面系数 section factor
截面线 section line
截面消费函数 cross-sectional consumption function
截面效率系数 coefficient of performance of cross-section
截面形心 centroid of the cross-section
截面形状 cross-sectional shape
截面形状和尺寸样板 section mo(u)ld
截面性质 property of section; section property
截面样本 cross-sectional sample
截面样品 cross-sectional sample
截面液 trapped fluid
截面因数 size effect
截面因数法 intersection-factor method
截面有效高度 effective depth of section
截面有效面积 effective cross section
截面有效深度 effective depth of section
截面直径 diameter of section
截面值倒数 reciprocal cross-section
截面质量 section mass
截面中心 center of section
截面周长 perimeter of section
截面逐渐扩大 gradual enlargement of section
截面逐渐缩小 gradual contraction of section
截面主轴 principal axis of section
截面总面积 gross section
截木机 slasher
截木锯 butt saw
截木栅 catch boom
截泥井 sewer catch basin
截泥井清泥 cleaning of catch basin
截盘齿 jib tooth
截盘座 jib head
截抛物面 cut paraboloid
截抛物面反射器 cut paraboloid reflector; dish
截抛物面天线 dish antenna
截片 off-cut
截频 cut-off frequency
截平面 cut plane
截期利息 broken-period interest
截齐 trimming
截齐允许量 allowance for trim
截气弯管 intercepting trap
截弃 cropping
截汽油器 gas interceptor
截潜流工程 works of intercepting underground flow
截切不合格的 off-cut
截切车床 slicing lathe
截切机 cutter; guillotine
截切夹板机 veneer machine
截切山嘴 facetted spur
截球形 spheric(al) segment
截取 interception; intercept
截取长度 intercepted length
截取断面 cut section
截取干线 intercepting trunk
截去 abscission; poll; retrench; truncation
截去的砖层 cantling
截去顶端 behead(ing)
截去尖端的 truncated
截热能力 heat-trapping ability
截入 nick
截沙槽 <又称截砂槽> sediment ejector
截沙池 intercepter[interceptor]; sand interceptor; sand trap; wash trap
截沙带 trap strip
截沙井 <又称截沙阱> intercepter [interceptor]; sand interceptor; sand trap; wash trap; catch basin
截沙坑 silt trap; sand trap; sediment trap
截沙器 sand interceptor; silt trap
截沙设施 sand trap; sediment diverter; sediment ejector
截沙室 sand interceptor
截沙栅 sand trap grate
截山尖 <斜坡屋顶> clipped gable
截梢 top cutting
截梢树 pollard
截渗 seepage interception
截渗排水 cut-off drain
截石机 rock channel(l)er; stone cutter
截视立面图 sectional elevation
截视形 sectional view; section view
截水 capitation; catchment (of water); intercepting of water; interception of water; intercept the water <用沟管等>
截水暗沟 catch-drain
截水暗井 blind catch basin
截水坝 soil saving dam
截水板 water-stop plate
截水板桩 cut-off pile; cut-off piling
截水槽 cut-off trench
截水槽深度 cut-off depth
截水层 cut-off blanket
截水池 intercepting basin
截水挡土墙 waterproof retaining wall
截水道 cut-off
截水堤 cut-off dike[dyke]; intercepting dike[dyke]
截水地埂 drainage terrace; interception terrace
截水沟 berm(e) ditch; canal cut; catchment water drain; catch-water drain; counterdrain; cut-off ditch; cut-off drain; cut-off trench; diversion ditch; intercepting channel; intercepting ditch; intercepting drain; interception cut; interception ditch; interception drain; interceptor drain; pick-up carrier <城市污水处理场的>; crown ditch <路堑坡顶的>
截水沟类型 type of conductor; type of intercepting ditch
截水沟排水 cut off drain
截水沟排水沟 catch drainage
截水沟戗道 berm(e) of ditch
截水管 catchwater; counterdrain
截水环 anti-seep(age) diaphragm; cut-off collar
截水键槽 cut-off key
截水井 blind catch basin
截水坑 catch pit
截水率 specific retention
截水玛琋脂 water cutoff mastic
截水盲沟 intercepting drain
截水器 interceptor
截水墙 cut-off(wall); barrier; catchment-intercepting wall; curtain wall; diaphragm; water barrier; water cut-off; water stop
截水墙(板桩)在开挖面以下深度 depth of cut-off
截水墙护底 cut-off apron
截水墙护坦 cut-off apron
截水墙深度 depth of cut-off(wall)
截水渠 catchment channel; diversion cut
截水土堤 earth berm
截水帷幕 cut-off curtain; groundwater cut-off water
截水旋塞 stop cock
截水(用的)泥浆槽 slurry trench cut-off
截条机 bar cutter
截听 intercept
截听操作员 intercept operator
截听干线 intercepting trunk
截听接收机 intercept receiver
截听站 intercept station
截听终端 held terminal; intercepted terminal
截听资源 intercepted resource
截头 cutter head; jib head; jump butt; truncate
截头方材 square end-trimmed lumber
截头过程 truncated process
截头角锥体 truncated pyramid
截头锯 docking saw; end saw
截头棱柱体 prismoid
截头树 pollard
截头松紧螺旋 stub-end turnbuckle
截头体 frustum
截头屋顶 plate-form roof; platform roof
截头檐 clipped eaves
截头圆锥(体) truncated cone
截头圆锥形石建筑 nurag(h)e
截头锥体 conic(al) frustum; frustum of a cone; frustum of pyramid
截土 butt; cutting; end; pollarding
截土坝 soil saving dam
截土堤 <公路保护挖坡的挡土墙> intercepting dike[dyke]; soil saving dike[dyke]
截土锯 cut-off saw; docking saw
截弯河套 cut-off meander
截弯湖 cut-off lake
截弯取直 bend improvement; curve cut-off; straightening
截弯取直率 cut-off ratio
截尾 bobtail; truncate; truncation
截尾波 chopped wave
截尾长度 truncated length
截尾抽样 censored sample
截尾二阶段最小平方法 truncated two-stage least square
截尾法 truncation method
截尾分布 truncated distribution
截尾函数 truncated function
截尾和舍入 truncating and rounding
截尾桁架 bobtail truss
截尾后验分布 truncated posterior distribution
截尾频率分布 truncated frequency distribution
截尾收入函数 truncated earnings function
截尾线性模型 truncated linear model
截尾仰开桥 bobtail draw bridge
截尾移位 end-off shift
截尾正态分布 truncated normal distribution
截尾正态决策分布 truncated normal decision distribution

截纹 perpendicular to grain
截污 intercepting pollution
截污沟管 intercepting sewer
截污管道 intercepting pipe;intercepting sewer;interceptor sewer
截污管网 intercepting sewer network;intercepting system
截污能力 dirt-holding capacity
截污栅 catch boom
截线 intercept; section line; stub; transversal
截线法 intercept method
截线凿 wire chisel
截项 cross-term
截像 truncated picture
截斜角木抖箱锯 mitre-box saw
截心峰值 cutout peak
截形叶 truncate leaf
截形颖片 truncated glume
截雪坑 snow trap
截雪空地 <林中的> snow trap
截雪量 ga(u)ge catch
截液器 catch-all;steam separator
截移柱 truncated prism
截油井 grease interceptor[intercepter];grease trap
截油坑 oil trap
截油器 oil interceptor;oil trap
截淤效率 trap efficiency
截淤闸门 trap gate
截余木材 dunnage
截雨量 ga(u)ge catch
截圆锯 compass saw
截圆柱 cut-off cylinder
截圆锥 truncated cone
截凿 slogging chisel
截渣坑 muck trap
截枝 lopping
截枝钩刀 brush hook
截止 abort;close;closure;cut(ting)-off;end;pick-off;stoppage
截止报表 cut-off statement
截止波长 cut-off wavelength; stop wavelength
截止长度 dead length
截止程序 cut-off procedure
截止触发管 off-trigger tube
截止带 rejection zone
截止挡板 shut-off damper
截止点 closure point;cut-off point
截止电流 cut-off current
截止电路 cut-off circuit
截止电平 cut-off level
截止电位 stopping potential
截止电压 blackout voltage; blanking voltage; cut-off voltage; cut-out voltage;end point voltage;non-conducting voltage
截止电子束 cut-off beam
截止二极管 pick-off diode
截止阀 break valve; cut-off valve; cut-out valve;disconnecting valve; isolating valve; lock valve gate; loose valve;shut-off valve;shut of valve;sluice valve; stop-and-check valve;stop valve
截止阀气室 interceptor chest
截止阀球 stop valve ball
截止法 cut-off method
截止放大因数 cut-off amplification factor
截止分布 truncated distribution
截止峰值 cut-off peak
截止刚度 cut-off rigidity
截止过户日期 date of record
截止计算机 cut-off computer
截止继电器 cut-off relay
截止价 stop-out price
截止间歇 closure moment

截止角 angle of cut-off;cut-off angle
截止角频率 cut-off angular frequency
截止开关 cut-out switch
截止流通 closing a flow
截止滤波器 cut-off filter
截止滤光片 cut-off filter
截止滤光片的陡度 edge steepness of edge filter
截止滤光片的截止波长 edge wavelength of edge filter
截止脉冲 disabling pulse
截止门 shut-off gate
截止模式 cut-off mode
截止能量 cut-off energy
截止偏压 blocking bias;cut-off bias
截止偏振器 cut-off polarizer
截止频率 barrier frequency; critical frequency; cut-off frequency; edge frequency;limit(ing) frequency
截止品位 cut-off grade
截止期(限) cut-off date;deadline
截止区 cut-off region
截止日 dies ad quem;stoppage day
截止日期 as of date;cut-off date;date of expiration;date of expiry;deadline(date);end of date;expiration
截止塞门 shut-off cock
截止时间 blocking time;closing time;cut-off time;deadline;dead time
截止时间作用 deadline effect
截止收货日期 close date;closing date
截止输入 blanking input
截止束技术 broken-beam technique
截止衰减器 cut-off attenuater[attenuator]
截止速度 cut-off speed;cut-off velocity
截止态 off-state
截止探头 air lock type head
截止特性 cut-off characteristic
截止线 cut-off line;deadline
截止限幅 cut-off limiting
截止限制 cut-off limiting
截止效应 cut-off effect
截止斜率 cut-off slope
截止信号 block signal; disabling signal;pick-off signal
截止行 deadline
截止型滤光玻璃 cut-off filter glass
截止旋塞 shut-off cock;stop cock
截止因数 cut-off factor
截止闸门 stop gate
截止直径 cut-off diameter
截止值 cut-off value
截止止回阀 screw-down non-return valve
截止中断 disarmed interrupt
截止周期 off period
截止状态 cut-off condition
截住 check it
截柱 truncated cylinder
截砖台 cutting-off table
截桩 cut(ting)-off of pile;pile cut-away
截装联合机 cutter loader
截椎形护坡 frustum embankment
截锥法 tangent-cone method
截锥平头铆钉 conic(al)head rivet
截锥坡 truncated cone banking
截锥(体) frustum(of a cone);truncated cone
截锥头 pan head
截锥头螺栓 pan head bolt
截锥形浮标 obtuse buoy; truncated buoy
截锥形浮子 truncated float
截锥形磨辊 truncated conic(al)roller
截锥形研磨体 truncated cone shape grinding medium[复 media]
截锥足碾 taper foot roller

竭

竭力 endeavour; heart and soul; take the trouble

姐

姐妹城市 sister city

姐妹船 sister ship
姐妹船条款 sister ship clause
姐妹钩 sister hooks
姐妹滑车 long tail block;sister block
姐妹品种 sibling species;species pair
姐妹厅 <西班牙阿尔罕伯拉宫> Hall of Two Sisters
姐妹项目 companion project

解

解蔽剂 demasking agent

解蔽作用 demasking
解编 demultiplexing
解表 nomograph alignment chart
解冰封 de-glaciate
解缠 untwist
解车钩 uncoupling
解臭剂 deodo(u)rizer;odo(u)r control additive
解除 absolve;acquittance;break off;cancellation; clearing; disburden; discharge; disengagement; dismantling; dissolution; quietus; quit; release;releasing;relieve;revoke;set free;vacate
解除……的负担 uncharged
解除按揭 discharge of mortgage
解除按钮 disengage button
解除保护 de-preservation
解除保留 dereserve
解除保险条款 rotten clause
解除闭塞 block cancel(l)ed; block released;unblocking
解除闭塞表示器 release indicator
解除闭塞开通的区间 block cleared
解除编目 uncatalog
解除财产扣押 discharge of an attachment
解除财产留置权 release of lien
解除出口禁令 removal of export ban
解除初保单 off slip
解除担保 release of guarantee
解除抵押 released mortgage;release of mortgage; satisfaction to mortgage
解除电源连接 deenergized
解除对……的控制 deregulate
解除阀 relief valve
解除法 relaxation method
解除分配 deallocate
解除风暴警报 cancellation of warning signal
解除封锁 de-blocking;raise block
解除负担 disburden
解除负载 uncharge
解除负载的 uncharged
解除负债 exoneration
解除管制 decontrol
解除合伙 partnership dissolution
解除合同 cancelling;demolition contract;discharge of contract;dissolution of contract; recession of contract;revocation of contract;terminate a contract;termination of contract
解除合同赔偿费 compensation for cancellation of contract
解除合同日期 cancelling date
解除合同诉讼 action of rescission
解除合同条款 cancelling clause
解除汇票上签字人的义务 discharge of a party
解除货币管制 desterilization

解除激励 de-energise[de-energize]
解除禁运 lift the embargo; take-off the-embargo
解除警报 all-clear signal
解除酒精中毒 dry out
解除控制 decontrol;deregulation
解除扣押 release of distress
解除联锁 release of interlocking
解除列车自动停车 clearing the train stop
解除令 order of discharge
解除留置权 satisfaction of lien; release of lien
解除履约 release from performance
解除目录 uncatalog
解除抛补或避险 undoing cover or hedge
解除破产命令 order of discharge
解除契约 discharge a contract
解除色素作用 pigmentolysis
解除上市资格 delist(ing)
解除条件 resolutive condition
解除条款 release clause
解除停话 speech service stop reservoir
解除限定继承权 barring the entail
解除限定继承权保证 disentailing assurance
解除信号 clearing back signal;clearing down signal;clearing out signal
解除义务 relieve from obligations
解除应力爆破 stress-relieving blasting
解除约束 release restraining
解除运输者责任的情况 circumstance relieving carrier from liabilities
解除责任 absolution;absolve;acquittal
解除债务 discharge liability; release from liability
解除张力 <预应力钢筋混凝土的> detensioning
解除中断 disarmed interrupt
解除状态 disarm state
解串 unstring
解答抽取 answer extraction
解答抽取过程 answer extraction process
解答路径 solution path
解答器 countermeasurer
解答校验 solution check
解的存在性质 existence of solution
解的固定 clamping
解的固定状态 hold condition
解的局限性 boundedness of solution
解的开拓 continuation of solutions
解的外部稳定性 external stability of a solution
解的唯一性 uniqueness of solution
解的稳定性 stability of solution
解冻 baring;break-up;break up of ice; debacle; defreeze; defrost (ing); ice break(-up);off frozen;thawing;unfreeze;unfreezing
解冻层 thawed layer
解冻持续时间 length of melt period
解冻阀 deriming valve
解冻风 aperwind
解冻河段 thawed reach
解冻湖 cave-in lake;thawed lake
解冻剂融冰 water molten by de-icing agents
解冻季节 thawing season
解冻开始期 beginning of break up
解冻库 thawing house; thawing shed <运煤车的>
解冻媒体 defrosting medium
解冻泥流 <翻浆现象> solifluction[solifluxion];gelifluction
解冻期 freeze free period;melting pe-

riod;melting season;period of thaw;stage of melting;thaw period
解冻气候 thaw climate
解冻区 melting area
解冻日期 break-up date
解冻深度 depth of defreeze layer;depth of thaw
解冻时期 off-freezing period
解冻水 snow melt;thaw water
解冻天气 thawing weather
解冻土 thawed soil
解冻银行存款 release of bank accounts
解冻引起的损坏 damage due to thaw(ing)
解冻预报 break-up forecasting;forecast of debacle
解冻作 gelifluction
解毒 detoxication;detoxifying;disintoxicate
解毒的 alexipharmic
解毒剂 alexipharmica;anti-dote;antidotum;detoxicant
解毒素 detoxicant
解毒药 alexipharmic;antidote
解毒作用 detoxification;disintoxication
解队 dequeue
解二次方程的信度方法 Hindu method for quadratic equations
解法 solution;solving process
解方程法 method of solving equation
解方程器【计】equation solver
解放矿物 released mineral
解封闭 de-blocking
解附聚作用 deagglomeration
解钩 uncoupling
解钩工 chaser;landing worker <起吊对象落地时的>
解钩立轴 uncoupling shaft
解钩立轴导架 uncoupling shaft guide
解钩立轴托架 uncoupling shaft bracket
解钩提杆导架 uncoupling rod guide
解钩装置 uncoupling mechanism;uncoupling rigging
解构【建】deconstruction
解构主义 deconstructivism
解雇 dehire;discard;dismiss(al);dismission;firing;give one the bag;grand bounce;laid-off work;lay-off;lockout;pack off;send off;shelve;sign-off;termination;turn-off
解雇偿金 termination indemnity
解雇的 walking
解雇费 dismissal pay;separation pay;severance pay;termination pay
解雇金 severance pay
解雇率 lay-off rate;separation rate
解雇期 lay-off
解雇书 walking ticket
解雇通知书 pink slip
解焊 tip-off
解环作用 decyclization;unlink
解缓役的 deferrable
解积聚 disagglomeration
解集 disaggregate
解集合 solution set
解集作用 disaggregation
解碱的 antalkaline
解碱剂 antalkali
解胶 dispergation;peptisation[peptization]
解胶剂 dispergator
解胶束 demicellization
解胶作用 peptisation[peptization]
解缴利润 delivery of profit
解缴盈利 delivery of profit
解结 unhitch
解晶作用 decrystallization
解救 extrication
解锯 resaw
解聚合剂 depolymerizing agent
解聚合作用 depolymerization
解聚集效应 deaggregating effect
解聚集作用 deaggregating effect
解聚剂 depolymerized agent
解聚橡胶 depolymerized rubber
解聚作用【化】depolymerization
解卷积 deconvolution
解决 beat out;clear up;disentangle;dispose;resolution;settle;settlement;severity sew;unravel;untangle
解决办法 method of settlement;solution;the way out;way of settlement
解决差价 bridge the price gap
解决关键问题的设计 point design
解决麻烦 trouble-shooting
解决某些法律抵触公约 convention for the settlement of certain conflicts of laws
解决施工 work out
解决诉讼 settle an action
解决索赔 settle a claim
解决索赔案件 administer claim
解决条件 terms of settlement
解决投资争端的国际中心 International Center or Settlement of Investment Disputes
解决途径 avenue of approach
解决问题的能力 problem-solving(cap)ability
解决运输问题计划 <美国铁路职工参加管理的计划> transportation problem solving program(me)
解决争议 settle a dispute
解决争议的手续 procedure for settling disputes
解卡 <钻具或钻杆> unfreezing
解开 clear;declutch;decoupling;disaggregate;disclutching;disconnect;disconnection;disengage;disentangle;loose;loosening;pack out;ravel(ling);relieve;unbind;undo;unfasten;unfix;unhitch;unknit;unlink;unlocking;unloose(n);unpack;unravel;unroll;untangle;untwist;unwind
解开包裹 unwarp
解开插接 draw a splice
解开缠绕物 untwine entanglemant
解开带子 unlace
解开吊货绳圈 unsling
解开吊索 unsling
解开聚集 disaggregate
解开缆索 untwisting
解开联结 uncouple;uncoupling
解开盘绕 uncoil
解开锁链 unchain
解开握柄 disengagement lever
解空间 solution space
解扣 trip dog;tripping;unbuttoning
解扣按钮 trip(push) button
解扣臂 trip arm
解扣触发器 tripping trigger
解扣磁铁 tripping magnet
解扣电磁铁 tripping magnet
解扣电路 tripping circuit
解扣杆 trip lever;trip rod;trip shaft
解扣后测试 after-trip test
解扣机构 trip;tripping mechanism
解扣继电器 tripping relay
解扣脉冲 tripping pulse
解扣试验 trip test
解扣速度 tripping speed
解扣弹簧 tripping spring
解扣线圈 trip coil
解扣信号 trip signal
解扣轴 trip shaft;trip spindle
解扣装置 relieving gear;trip(ping) device
解扣装置爪 trip pawl
解库申请书 application for treasury paying-in
解块 deblock(ing);unblock(ing)
解款 pay in;pay into;transfer of funds
解款簿存根 stubs of a paying-in book
解款单 cash remittance note
解款入银行 pay in(to)
解缆 let go a rope;unbitt;unfasten;unmoor
解缆费 unmooring charges
解缆钩 releasing hook
解缆锥 spike
解离 debond(ing);dissociation;liberation
解离常数 dissociation constant;ionization constant
解离程度 degree of liberation
解离度 degree of dissociation
解离粒度 liberating size
解离率 dissociation yield
解离曲线 dissociation curve
解离网目 liberation mesh
解离指数 dissociation index
解理 <矿物的>【地】cleavage;cleat
解理脆性 cleavage brittleness
解理等级 cleavage grade
解理断裂 cleavage crack;cleavage fracture
解理法 cleavage method
解理晶体 cleavage crystal
解理裂纹 cleavage crack
解理面【地】cleavage plane;cleavage face;cleavage surface;plane of cleavage;plane of break <矿物的>
解理能 cleavage energy
解理强度 cleavage strength
解理速度 cleavage velocity
解理线 line of cleavage
解理性 cleavability;divisibility;cleavage
解联器 decorrelator
解链 unlink
解链挂索 preventer hawser
解链温度 denaturation temperature;melting temperature
解链引绳 dip rope;hawse rope
解链作用 desmolysis
解列 parallel off;phase down;stepout
解列后的稳定 post cut-off stabilization
解码 decode;decoding;decrypt;demode
解码板 <色度通道板> chroma module
解码表 decoding table
解码触发脉冲 decoded trigger pulse
解码电路 decoding circuit;demoding circuit
解码器 code translator;decipherer;decoder
解码搜取的电视节目 decoded scrambled television program(me)
解码约束长度 decoding constraint length
解码制约长度 decoding constraint length
解码装置 decipherer
解锚 disanchor
解密资料 declassified information
解磨粉碎 disintegration
解磨机 disintegrating mill;disintegrator
解磨式粉碎机 disintegrator
解木锯 rip(ping) saw
解木直锯 wood working rip saw
解泥井 catch basin
解拈机 untwisting machine
解捻的 detwisted
解凝剂 liquefacient
解扭 untwisting
解耦 decoupling
解耦的子系统 decoupled subsystem
解耦合 uncoupled
解耦合剂 uncoupler
解耦合粒子 uncoupled particle
解耦合现象 uncoupling phenomenon
解耦合振荡 uncoupled oscillations
解耦近似法 decoupled approximation
解耦控制 decoupling control
解耦滤波器 decoupling filter
解耦系数 decoupling factor
解耦因数 decoupling factor
解炮 splitting shot
解配合 decomplexation
解聘 dismiss;payoff;sign-off
解剖 anatomy;dissect(ion)
解剖程序【计】postmortem routine
解剖器 dissector
解剖室 dissecting room
解剖台 dissecting table
解剖体 anatomy
解剖显微镜 dissecting microscope
解剖者 dissector
解群 desampling
解扰(码)器 descrambler
解绕 unwind(ing)
解热 refrigerate
解热的 refrigerant
解乳剂 demulsifier
解散 break-up;disband;dismiss;disperse;dissolution;dissolve;winding up
解散绳股 fease[feaze];feazings
解散团粒 deagglomeration
解释 clarification;exemplify;explanation;expound;interpretation;rendition
解释(编)码 interpretative code
解释(编码的)数据 decryption;decryptment
解释变量 explaining variable;explanatory variable
解释表 interpret table
解释操作 interpreter operation
解释程序 interpretative program(me);interpretative routine;interpreter program(me);interpretive program(me)
解释的 constructive;interpretive
解释的规则 canon of interpretation
解释的例行程序 interpretative routine
解释地层学 interpretative stratigraphy
解释法 interpretative method
解释方案 interpretative version
解释方法 interpretation method
解释方式 interpretative mode
解释分类 interpretative classification
解释跟踪程序 interpretative trace program(me)
解释功效 explanatory power
解释规则 interpretative rule
解释过程 interpretation process;interpretative process;interpreting
解释合同 interpretation of contract
解释机制 explanation facility
解释接口模块 explanatory interface module
解释精度 interpretation exactitude
解释例(行)程(序) interpreter routine
解释了的平方和 explained sum of squares
解释模块 explanation module
解释模拟 interpretative simulation

解释能力 explanatory ability
解释权 authority for the interpretation;right to interpret
解释时间 interpretation time
解释条款 interpretation clause
解释图 exploded view;key drawing;pictographic(al)map
解释推断参数 interpretation parameter
解释推断成果图 interpretation-estimated result map
解释推断程序 interpretation program(me)
解释推断准则 interpretation criterion
解释文 narrative
解释系统 interpretative system
解释性 epexegetical
解释性报告 explanatory report
解释性导言 explanatory introduction
解释性模型 interpretive model
解释性声明 interpretative declaration
解释域 domain of interpretation
解释员 expositor
解释约束 release restraint
解释执行 interpretation execution;interpre(ta)tive execution;interpreting execution
解释指令 interpre(ta)tive order
解释追踪 interpretative tracing
解释子程序 interpretative subprogram(me);interpretative subroutine;interpreter subroutine
解释子系统 explanation subsystem
解暑 relieving summer-heat
解说词 caption;commentary;narration
解说地图 explanatory text
解说符 <在数据处理中用来表示一个项目> descriptor
解说图 key diagram
解说员 commentator;demonstrator;expositor;illustrator;interpreter
解松工具 back-off-tool
解酸 disacidifying
解酸剂 antacid
解算电路 functional circuit
解算电容器 calculating condenser
解算电势计 resolving potentiometer
解算电位计 resolving potentiometer
解算机 calculator;equation solver;solver
解算机构 resolving mechanism
解算路线 solution path
解算能力 resolving ability
解算器 resolver;solver
解算时间 resolving time
解算误差 resolution error
解算性能 resolving ability
解算仪转子 resolver rotor
解算元件 decision element
解算装置 calculator;equation solver;resolver;solver
解随机处理 derandomization
解缩 unsqueeze
解索工 chaser
解锁 freeing of locking;release of locking;tripping;unlatch;unlock(ing)
解锁按钮 release button;releasing button
解锁按钮盘 manual release button panel
解锁表示 lock-free indication
解锁表示器 release indicator
解锁持续时间 duration of release
解锁的闭塞机 open block
解锁电磁铁 release magnet;releasing magnet
解锁电键 release key;releasing key
解锁电流 release current;releasing current;unblocking current
解锁电路 tripping circuit;unlocking circuit;unlocking scheme
解锁电压 release voltage
解锁动作顺号 release numbers
解锁轨道电路 releasing track circuit
解锁环节 release link
解锁机构 release gear;release mechanism;releasing mechanism;tripping gear
解锁继电器 release relay;tripping relay
解锁进路 released route;releasing of a route
解锁力 releasing force
解锁连接杆 release link
解锁脉冲 releasing(im)pulse
解锁器 release
解锁区段 released section
解锁时间 release time
解锁手柄 release lever;releasing lever
解锁条 release bar
解锁条件 release requisition
解锁凸轮 releasing cam
解锁图 unlocking scheme
解锁位置 release position
解锁握柄 release lever;releasing lever
解锁线 releasing wire
解锁线圈 release coil
解锁钥匙 release key;releasing key
解锁值 release value
解锁周期 release period
解锁爪 releasing claw
解锁装置 release device;releasing arrangement;releasing device;tripping device;unlocking device
解锁状态 open state;released state
解题插接板 problem board
解题程序 problem program(me)
解题程序分区 problem program(me) partition
解题法 problem-solving mode
解题方式 problem mode
解题理论 problem-solving theory
解题能力 throughput capacity
解题时间 problem time;throughout time;turnaround time
解题周期 turnaround time
解题状态 problem mode;problem state
解体 break-up;decomposition;dissemble;disassembly;disintegrate;disintegration;dismember;dismemberment;knock down;tear down
解体打捞【救】 disintegrating salvage;dismantling and lifting in section
解体打捞法 method of dismantling and lifting in section
解体地槽 dismembered geosyncline
解体调车 break-up of trains;classification for break-up of train;decoupling and shunting
解体调车钩车 cut of cars or wagons
解体调车计划 cut program(me)
解体调车作业通知单 break-up list
解体河 dismembered river;dismembered stream
解体间隔时间 break-up interval
解体检查 strip inspection
解体检修 overhaul
解体模 split pattern
解体水系 dismembered drainage;dismembered river system
解体同时照顾编组【铁】 sorting with simultaneous formation
解体线群 set of splitting-up sidings
解体消能墩 breakaway mount
解体消能式标志柱 breakaway light pole;breakaway sign pole
解体消能式灯杆 breakaway light pole
解体消能原理 breakaway principle
解体消能柱座 breakaway mount
解体作业 tow breaking operation【船】;break-up operation;classification operation【铁】
解体作业计划 sorting program(me)
解体作业通知单 cut card;sorting list
解调 countermodulation;demodulation;restitution
解调的理想瞬间 ideal instants of a restition
解调电流 demodulation current
解调放大器 demodulator amplifier
解调函数 demodulation function
解调滤波器 demodulator filter
解调器 demodulator;detuner;modulation eliminator
解调器抑制栅 demodulator suppressor grid
解调时延 restitution delay
解调系统 demodulating system
解调振荡器 demodulator oscillator
解图 solution graph
解退 unwind(ing)
解退调用栈 unwind the call stack
解拖 slipping the tow line
解拖驳队 disengaging of barge train
解脱 disconnection;freeing;free oneself;releasing;relieve;relieving
解脱杆 sear
解脱机构 disengagement gear;disengaging gear;releasing gear;relieving gear
解脱器 reliever;tripping device
解脱式顶柱 trip post jack
解脱式提引钩 relief irons
解脱式提引环 relief irons
解脱旋钮 kick-off valve
解脱爪 tripping catch
解脱装置 kick-off mechanism;releasing gear
解脱子 release lever;throw-out lever
解微分的计值计算机 digital differential analyser[analyzer]
解微分方程的电子计算机 electronic differential analyser[analyzer]
解微分方程的积分器 differential analyser[analyzer]
解微分方程的模拟计算机 analog(ue)-differential analyser[analyzer]
解微分方程的数字计算机 digital differential analyser[analyzer]
解尾缆 let go the stern line
解吸 adsorption stripping;desorb;desorption;strip
解吸等温线 desorption isotherm
解吸附作用 desorption
解吸过程 desorption process
解吸剂 strippant
解吸能 energy of desorption
解吸溶剂 desorption solvent
解吸溶液 desorption solution
解吸设备 stripping apparatus
解吸速率 desorption rate
解吸塔 desorber;desorption column;stripper column
解吸塔效应 stripper efficiency
解吸系数 desorption coefficient
解吸液 stripping liquid
解吸因子 desorption factor;stripping factor
解吸用蒸汽 stripping steam
解吸油 denuded oil;lean oil
解吸作用 desorption;stripping
解吸作用曲线 desorption curve
解析 dissect
解析变换 analytic(al)transformation
解析测图 analytic(al) mapping;analytic(al)plotting
解析测图仪 analytic(al) plotter;analytic(al) plotting instrument;analytic(al)stereoplotter;planicomp <德国制造>;Traster <法国制造>
解析的 analytic(al)
解析等价 analytic(al)equivalence
解析定理证明 resolution theorem-proving
解析定向 analytic(al)orientation
解析度 degree of dissociation
解析法 analysis method;analytic(al) method;analytic(al)technique
解析法测图 analytic(al) method of photogrammetric mapping
解析法处理 analytic(al)treatment
解析法定线【测】 analytic(al)location
解析法辐射三角测量 analytic(al) radial triangulation
解析法高程平差 mathematic(al) vertical adjustment
解析法空中三角测量 analytic(al) aerial triangulation;analytic(al) aerotriangulation;numeric(al) aerial triangulation
解析法立体三角测量 analytic(al) stereo-triangulation;numeric(al) stereo triangulation
解析法平面平差 mathematic(al) horizontal adjustment
解析法视距测量 analytic(al) tacheometry;numeric(al)tacheometry
解析反函数 inverse analysis function
解析方程 analytic(al)equation
解析分析 analytic(al)analysis
解析概率模型 analytic(al)probability model
解析关系 analytic(al)relationship
解析观点 analytic(al)point of view
解析过程 resolving
解析函数 analytic(al)function;holomorphic function;regular function
解析函数编辑程序 natural function generator
解析函数的残数 residue of an analytic function
解析函数的拓展 prolongation of analytic function
解析函数发生器 analytic(al)function generator;natural function generator;natural law generator
解析函数芽 germ of analytic function
解析回归 analytic(al)regression
解析绘图仪 analytic(al)plotter
解析机 analytic(al)engine
解析积分 analytic(al)integration
解析集 analytic(al)set
解析几何学 analytic(al) geometry;Cartesian geometry;coordinate geometry
解析计算法 method of analytic(al) calculation
解析计算机设备 analytic(al) computer equipment
解析技术 analytic(al)technique
解析交会法【测】 analytic(al) intersection method
解析结构 analytic(al)structure
解析结构模型 interpretative structural model(l)ing
解析解(法)analytic(al)solution
解析解水质模型 analytic(al) solution of water quality model
解析静力学 analytic(al)statics
解析纠正 analytic(al) rectification;analytic(al)restitution
解析开拓 analytic(al)continuation
解析雷达预测 analytic(al) radar prediction
解析立体测图 analytic(al)stereoplotting
解析立体测图系统 analytic(al) stereoplotting system

J

解析立体测图仪 analytic(al) stereoplotter
解析流形 analytic(al) manifold
解析模型 analytic(al) model(ing)
解析内定向 analytic(al) interior orientation
解析器 resolver
解析曲面 analytic(al) surface
解析曲线 analytic(al) curve
解析三角测量 analytic(al) triangulation; numeric(al) triangulation
解析摄影测量学 analytic(al) photogrammetry
解析摄影几何学 analytic(al) projective geometry
解析摄影三角测量 analytic(al) phototriangulation
解析声码器 analytic(al) vocoder
解析式 analytic(al) formula
解析数据处理 analytic(al) data processor
解析数论 analytic(al) number theory; analytic(al) theory of numbers
解析天底点辐射三角测量 analytic(al) nadir point triangulation
解析图 exploded view
解析图根点 analytic(al) mapping control point
解析外推法 analytic(al) extrapolation
解析文法 analytic(al) grammar
解析像片 analytic(al) image; analytic(al) picture
解析像片三角测量 analytic(al) phototriangulation
解析信号 analytic(al) signal
解析形式 analytic(al) form
解析性 analyticality; analyticity
解析修匀法 method of analytic(al) smoothing
解析学 analytics analysis
解析延宕 <光谱函数> analytic(al) continuation
解析运动速率控制 resolved motion rate control
解析照片三角测量 analytic(al) phototriangulation
解析证明 analytic(al) proofness; analytic(al) demonstration
解析质量评估图 control chart for analysing data
解下游动滑车 unstring the block
解相关 decorrelation
解相关器 decorrelator
解相过程 dielectric(al)-slab
解向量 solution vector
解像距离 resolution distance
解像能力 resolving power
解像能力测视图 resolving power chart
解像线 resolution line
解消假设 null hypothesis
解谐 detune; tune out
解谐短截线 detuning stub
解谐天线 dumb antenna
解絮凝 deflocculation
解絮凝剂 deflocculant
解压 decompression
解压阀门 pressure-relief valve
解压节理 released joint
解压裂隙 released fracture
解压破裂 released fracture
解样 desample; desampling
解译变质条件 interpreted metamorphic condition
解译标志 interpretation key
解译标志层 interpreted key bed
解译沉积条件 interpreted sedimentary condition
解译成矿地质条件 interpreted geologic(al) conditions of mineralization
解译地层条件 interpreted stratigraphic(al) condition
解译地貌条件 interpreted geomorphologic(al) condition
解译地热田构造条件 interpreted structural conditions of geothermal field
解译地热田水文地质条件 interpreted hydrogeologic(al) conditions of geothermal field
解译法 method of interpretation
解译工程基础地貌条件 interpreted geomorphic condition of engineering foundation
解译工程基础地质条件 interpreted geologic(al) condition of engineering foundation
解译工程基础第四系沉积类型 interpreted quaternary deposit type of engineering foundation
解译工程基础断层活动程度 interpreted fault activity of engineering foundation
解译工程基础构造条件 interpreted structural condition of engineering foundation
解译工程基础岩土类型 interpreted rock and soil type of engineering foundation
解译工程基础岩性地层单位 interpreted lithologic-stratigraphic(al) unit of engineering foundation
解译构造条件 interpreted structural condition
解译含水层类型 interpreted aquifer type
解译活动断层 interpreted active fault
解译聚煤构造类型 interpreted coal-accumulating structure type
解译控煤盆构造类型 interpreted coal basin-controlling structure type
解译矿化类型 interpreted mineralization pattern
解译老矿遗迹 interpreted old mine traces
解译煤层 interpreted coal bed
解译煤系地层 interpreted coal-series strata
解译其他找矿标志 other interpreted ore guides
解译区域大地构造背景 interpreted regional geotectonic background
解译水文地质条件 interpreted hydrogeologic(al) condition
解译特征大小 size of interpretation feature
解译土壤标志 interpreted soil indicator
解译围岩蚀变类型 interpreted wall rock alteration type
解译蓄水构造类型 interpreted impounding structure type
解译岩浆条件 interpreted magmatic condition
解译油气储集构造类型 interpreted oil-gas-reservoir structure type
解译油气盆地类型 interpreted oil-gas-bearing basin type
解译找煤间接标志 interpreted indirect indicators for coal prospecting
解译者 interpretator
解译植物标志 interpreted vegetation indicators
解译综合找矿标志 interpreted comprehensive ore guides
解涌管 surge pipe
解约 terminate an agreement; cancelling; defeasance; disengage; rescission; surrender
解约附表 termination schedule
解约价值 termination value
解约金 cancellation money
解约前有效 good-till-cancelled
解约权 right of cancellation; right of rescission
解约日期 <船租合同> cancelling date
解约书 letter of cancellation
解约条款 cancelling clause
解约退还的保险费 surrender value
解职费 severance pay
解职金 compensation for removal
解轴 unreel(ing)
解装 strip
解子空间 solution subspace
解租地区 discharge area

介

介电饱和 dielectric(al) saturation
介电薄膜 dielectric(al) film
介电测井 dielectric(al) log
介电测井仪 dielectric(al) logger
介电测量装置 dielectric(al) measurement apparatus
介电常数 condensivity; dielectric(al) capacitance; dielectric(al) capacity; dielectric(al) coefficient; dielectric(al) constant; electric(al) inductivity; electric(al) medium constant; inductivity; permittivity; specific inductive capacity; specific inductivity
介电常数倒数 elastivity
介电常数梯度 dielectric(al) gradient
介电沉积 electrodeposition
介电弛豫时间 dielectric(al) relaxation time
介电的 dielectric
介电电泳 dielectrophoresis
介电分离 dielectric(al) separation
介电分离法 dielectric(al) separation method
介电分离器 dielectric(al) separator
介电分散 dielectric(al) dispersion
介电负荷 dielectric(al) load
介电干燥机 dielectric(al) drier
介电感应 dielectric(al) induction
介电各向异性 dielectric(al) anisotropy
介电功率因数 dielectric(al) factor
介电管 dielectric(al) tube
介电耗散 dielectric(al) dispersion
介电击穿 dielectric(al) breakdown
介电极化 dielectric(al) polarization
介电加热 dielectric(al) heating
介电晶体 dielectric(al) crystal
介电媒质 dielectric(al) medium
介电屏幕 dielectric(al) target
介电强度 breakdown strength; dielectric(al) strength; disruptive strength
介电强度试验 electric(al) strength test
介电热 dielectric(al) heat
介电热固化 dielectric(al) heat curing
介电容量 dielectric(al) capacity
介电色散 dielectric(al) dispersion
介电水平 dielectric(al) level
介电松弛 dielectric(al) relaxation
介电塑料 dielectric(al) plastics
介电损耗率 dielectric(al) dissipation fraction
介电损耗因子 dielectric(al) dissipator factor; dielectric(al) loss factor
介电损失 dielectric(al) loss
介电特性 dielectric(al) property
介电体 dielectric(al) body
介电通量 dielectric(al) flux
介电吸收 dielectric(al) absorption
介电系数 die coefficient; dielectric(al) coefficient; dielectric(al) constant; permittivity
介电现象 dielectric(al) phenomenon
介电相差 dielectric(al) phase difference
介电相角 dielectric(al) phase angle
介电性能试验 dielectric(al) test
介电压花 dielectric(al) embossing
介电液体 dielectric(al) fluid
介电油 dielectric(al) oil
介电有机玻璃 <其中的一种> perspex
介电有机玻璃盖子 perspex cover
介电预热 dielectric(al) preheating
介电张量 dielectric(al) tensor
介电整流罩 dielectric(al) radom
介电质 dielectric(al) substance
介电质屏幕 dielectric(al) target
介电质填料 dielectric(al) filling
介封封隔器 releasing the packer
介胶体 mesocolloid
介结构 metastructure
介晶的 mesomorphic; mesomorphous
介晶态 mesomorphic state; mesomorphism
介晶现象 mesomorphism
介晶相 mesomorphic phase
介考裂酸 jecoleic acid
介壳 ostracum; shell
介壳层 lumachel(le)
介壳虫 scale insect
介壳大理岩 lumachel(le) marble
介壳灰岩 coquina; lacustrine limestone; shell(ly) limestone
介壳泥灰岩 shell marl
介壳石 <建筑用的> coquina
介离子 mesoionic
介轮 idle gear
介面运动器 interface vehicle
介曲线 easement curve; junction curve; transition curve
介入 insert; interpose; interposition; intervene; intervention
介入比 insertion ratio
介入的 intervenient
介入电缆 insertion cable; intervening cable
介入功率函数 insertion power function
介入厚度 intervening thickness
介入机会模型 intervening-opportunity model
介入平面 intervening plane
介入衰耗电缆 attenuating cable
介入衰减 insertion loss
介入损耗 insertion loss
介入损失 induction loss
介入物 intervenient
介入增益 insertion gain
介入者 intervenor
介绍费 introduction commission; procuration
介绍或汇报情况 briefing
介绍情况和听取汇报 briefing and debriefing
介绍人 introducer; middleman
介绍新产品 introduce new product
介绍信 credential; letter of credence; letter of introduction; letter of recommendation; letter of reference
介绍性报告 introductory report
介绍性说明 introductory statement
介水传染病 water-borne infection
介体 amboceptor; ceptor; mediator; preparator; sensibilizer
介体单位 amboceptor unit
介体试纸 amboceptor paper
介稳奥氏体 metastable austenite
介稳度 metastable

介稳区 metastable region
介稳状态 metastable state
介形虫动物地理区 ostracode faunal province
介形虫灰岩 ostracode limestone
介于铁路线路中间的丁字形站房 T-shaped building between lines
介值 intermediate value
介值定理 intermediate value theorem
介质 agency;media;medium
介质板 dielectric(al)-slab
介质板波导 dielectric (al)-slab waveguide
介质棒波导 dielectric (al) rod waveguide
介质棒辐射器 rod radiator
介质表面 dielectric(al) surface
介质波导 dielectric(al) waveguide
介质波导管 dielectric(al) guide;dielectric(al) waveguide;dielectric(al) wire
介质波导型 dielectric(al) waveguide mode
介质薄膜 dielectric(al) film
介质薄膜滤波器 dielectric(al) thin film filter
介质材料 dielectric(al) material
介质参数 parameter of medium
介质测试器 dielectrometer
介质层 dielectric(al) layer
介质常数 dielectric(al) constant;inductive capacity;medium constant
介质场强 dielectric(al) field intensity
介质传导率 conductivity of medium;dielectric(al) permeability
介质传导性 conductivity of medium
介质磁化率 dielectric(al) susceptibility
介质带摄像机 dielectric(al)-tape camera
介质导线 dielectric(al) wire
介质的 dielectric
介质的介电常数 permittivity of a medium
介质电导 dielectric(al) conductance;dielectric(al) conduction
介质电光效应 electrooptic(al) effect in dielectrics
介质电流 dielectric(al) current
介质电路 dielectric(al) circuit
介质电容器 air condenser
介质电滞 dielectric(al) hysteresis
介质电阻 dielectric(al) resistance;insulance
介质反射镜 dielectric(al) mirror
介质分光镜 dielectric(al) beamsplitter
介质分压器 dielectric(al) potentiometer
介质辐射器 dielectric(al) radiator
介质隔离 dielectric(al) isolation
介质功率因数 dielectric(al) power factor
介质管谐振器 dielectric(al) tube resonator
介质光波导 dielectric(al) optic(al) waveguide
介质过滤器 medium filter
介质耗散因数 dissipation factor
介质极化 dielectric(al) polarization
介质加热 dielectric(al) heating
介质加载直线加速器 dielectric(al)-loaded linac
介质间的作用 action in the medium
介质兼容 media compatibility
介质晶体 dielectric(al) crystal
介质绝缘材料 dielectric
介质空气界面 medium-to-air interface
介质孔隙度 medium porosity
介质老化 dielectric(al) ag(e)ing;dielectric(al) fatigue
介质粒子 insulating particle
介质滤器 media filter
介质密度 medium density
介质名称和成分 composition
介质膜 dielectric(al) coating;dielectric(al) layer
介质膜波导 dielectric(al)-coated waveguide
介质磨 medium mill
介质末端 end of medium
介质黏[粘]性 dielectric(al) viscosity
介质疲乏 dielectric(al) fatigue
介质疲劳 dielectric(al) fatigue
介质平面波导 dielectric(al) planar waveguide
介质屏蔽 dielectric(al) shielding
介质破坏 dielectric(al) breakdown
介质气体 dielectric(al) gas
介质气体电离 ionization of dielectric gas
介质迁移 media migration
介质扰动阶段 media disturbance phase
介质入口 medium inlet
介质筛护岸 media-sieve embankment
介质酸碱度 acid-base degree of media
介质损耗 dielectric(al) dissipation;dielectric(al) loss
介质损耗角 dielectric(al) loss angle
介质损耗角正切 dielectric(al) loss (angle) tangent
介质损耗系数 coefficient of dielectric(al) loss;dielectric(al) loss coefficient
介质损耗因数 dielectric(al) dissipation factor;dielectric(al) power factor
介质损耗因数试验 dielectric(al) dissipation factor test
介质损耗指数 dielectric(al) loss index
介质特性 media characteristic
介质天线 dielectric(al) antenna;dielectric(al) radiator;polyrod aerial;polyrod antenna
介质条件 ambient condition
介质透镜 dielectric(al) lens;di-lens
介质椭球 dielectric(al) ellipsoid
介质温度 medium temperature
介质吸入 dielectric(al) soak
介质吸收 dielectric(al) absorption
介质吸收常数 dielectric(al) absorption constant
介质下部回流管 lower return nozzle for medium
介质下部入口管 lower inlet for medium
介质效应 medium effect
介质楔 dielectric(al) wedge
介质谐振器 dielectric(al) resonator
介质性能试验 dielectric(al) test
介质印刷 dielectric(al) printing
介质终端符 end of medium
介质终端符号 end of medium character
介质阻抗变换器 dielectric(al) impedance transformer
介子 barytron;meson;mesotron;penetron
介子共振态 meson resonance
介子散射 meson scattering
介子射线穿透仪 penetron
介子素 mesonium
介子相互作用 meson-meson effect
介子原子 mesic atom

戒

戒律 taboo
戒烟诊所 smoking withdrawal clinic
戒严令 martial law

芥

芥酸 erucic acid
芥酸酰胺 erucyl amide
芥酸油 erucic acid oil
芥酮酸 nyronic acid
芥子气 mustard;yperite
芥子气中毒 mustard-gas poisoning
芥子酸 sinap(in)ic acid
芥子油 mustard oil;oil of mustard

届

届满条款 sunset clause
届时付款 payment in due course

界

界板 limiting plate
界碑 boundary monument;boundary stone;boundary tablet;monument (mark);post stone;property stone;stone monument;cippus <古罗马希腊的纪念碑石>
界碑系桩 monument tie
界边角钢 boundary angle;bounding bar
界编码 boundary coding
界变量 bound variable
界标 boundary mark(er);boundary post;boundary sign;cairn;edge mark(er);land mark;land monument;limiting point;lining peg;location monument;terminal landmark;terminus[复 termini]
界标碑 boundary monument
界标点 cairned point
界标石 boundary monument;hoarstone;stone bound
界标树 boundary tree;fore-and-aft tree;line tree;sight tree
界标向量 boundary vector
界层 barrier layer
界层效应 interlayer effect
界地申请 <取得路边地权> marginal land acquisition
界地址 limit address
界地址寄存器 boundary address register
界定 definition
界断层【地】 boundary fault
界对 bound pair
界对表 bound pair list
界分量 bound component
界埂 ba(u)lk
界拱 party arch
界沟 limiting sulcus
界河 boundary river
界湖 border lake
界或长度表达式 expression as bound or length
界裂 limiting fissure
界面 boundary (sur) face;division surface;interface;interphase;limit(ing) plane;limiting surface;parting plane;surface;surface of separation
界面表面张力 surface tension at interface
界面波 boundary wave;capillary ripple;capillary wave;interfacial wave;limit plane wave;limit surface wave;subsurface wave
界面波长 length of the interfacial wave
界面层 boundary layer;interfacial film;interlayer
界面层工程 interphase engineering
界面层空蚀 boundary cavitation
界面层效应 boundary layer effect
界面沉降速度 interface level settling velocity
界面成分 interfacial composition
界面传送 interface communication
界面单元 boundary element;interface element
界面的 interfacial
界面地质 interfacial geology
界面电动势 electromotive force for interface
界面电荷 interface charge
界面电化学 interfacial electrochemistry
界面电势 interphase potential
界面电位 phase boundary potential
界面电泳 moving boundary electrophoresis
界面电阻 interface resistance
界面定位 interface location
界面定位器 interface locator
界面段倾角值 values of dip angle of interface
界面反射 boundary reflectance;boundary reflection
界面反射波 boundary echo
界面反应 interface reaction
界面分配系数 interface distribution coefficient
界面高度 interface level;interfacial level;interfacial height
界面构形 interface configuration
界面管理方案 interface management plan
界面化学 interface chemistry
界面混合 interface mixing
界面混染 interface mix(ture)
界面活动 interfacial activity
界面活化剂 interfacial active agent;surfactant
界面活性 interfacial activity
界面活性剂 interfacial agent;tensed
界面极化 interfacial polarization
界面间的 interfacial
界面间吸附 interfacial adsorption
界面间张力 interfacial tension
界面剪(切)力 interfacial shear;interface shear
界面剪切强度 interfacial shear strength
界面交换过程 interface exchanging process;interfacial exchanging process
界面交角 interfacial angle
界面角 boundary angle
界面接触电阻 interface contact resistance
界面结构 interfacial structure
界面介质 interfacial medium
界面孔 interboundary pore
界面控制 interface control
界面扩散 boundary diffusion;interfacial diffusion
界面连续接触 continuous contact of interface
界面裂缝 boundary crack
界面裂纹 boundary crack
界面流 interfacial flow
界面流速 interface flow velocity
界面流压计 boundary piezometer
界面面积 interfacial area
界面膜 boundary film;interfacial film
界面摩擦 interfacial friction
界面能 interface(surface) energy;interfacial energy
界面黏[粘]度比 interfacial viscosity ratio
界面黏[粘]合 interfacial adhesion
界面黏[粘]接 interfacial bond
界面黏[粘]结 interfacial adhesion
界面黏[粘]结强度 interfacial bond

strength
界面黏[粘]滞强度 interface strength
界面耦合器 interface coupler
界面排水 interface drainage
界面破碎 boundary breaking
界面迁移率 interface migration rate; interface mobility
界面强度 boundary strength
界面切割 interface cutting
界面切向应力 tractive stress
界面区 boundary zone; interface region; interfacial region; interfacial zone
界面润滑 boundary lubrication
界面散射 boundary scattering; interface scattering
界面势(能) interfacial potential
界面受剪 interface shear
界面速度 boundary velocity; interface speed; interface velocity; interfacial velocity
界面缩聚 interfacial polycondensation
界面态 interface state
界面探测 interface detection
界面探测器 interface detector
界面通量 boundary flux
界面团流 interfacial turbulence
界面位能 interfacial potential
界面稳定性 interface stability
界面污物 crude
界面系数 boundary coefficient
界面现象 interfacial phenomenon
界面相 interphase
界面效应 interface effect
界面形状 interface configuration; interface shape
界面压力 interface pressure
界面移动近似方程 approximation equation of interface movement
界面应力 interfacial stress
界面友好的 interface-friendly
界面元法 interface element method
界面元件 interface element
界面张力 boundary tension; interface tension
界面张力环法试验 interface tension ring method test
界面张力计 interfacial tensimeter
界面整修爆破 trim blasting; cushion blasting
界面脂 boundary lipid
界面指示器 interface level indicator
界面装置 interface device
界面浊度监测 interface turbidity monitoring
界面作用 boundary action
界膜 boundary film; limiting membrane
界偶 bound pair
界偶表 bound pair list
界墙 parapet; party wall; perimeter wall; property line wall; boundary wall <三顺一丁的>
界区 battery limit
界区内 within battery limit
界曲率最速降线 brachistochrone with bounded curvature
界曲线角 spiral angle
界砂 dry parting; tap sand
界石 boarding stone; boardstone; border stone; boundary mount; bound(ary) stone; hoarding stone; location monument; mea(e)rstone; merestone; mete; post stone; stone monument; stone post; terminus[复 termini]
界水 boundary waters
界外出行 external trip
界外的 transborder
界外经纪人 outside broker
界外市场 outside market
界外受益 benefit spillover
界外吸收 extramural adsorption
界外值 outlier
界线 border line; boundary line; circumscription; demarcation line; dividing line
界线标定 boundary demarcation
界线测定 boundary determination
界线测量 edge measurement
界线层型 boundary stratotype
界线点 ruling point
界线分明的 well-defined
界线勘定 boundary demarcation
界线内调查 <区界线内出发地与目的地调查> internal study
界线墙 boundary wall
界限 ambit; atobit; boundary line; bourn(e); circumscription; confinement; limit(ation); mark; purlieu; termination; terminus [复 termini]; tether; threshold; verge
界限比降 threshold gradient
界限标 limit mark
界限材料 marginal material
界限层 limiting bed; limiting stratum
界限层型 boundary stratotype; kimitotype
界限臭味试验 tincture odo(u)r test(ing)
界限出现 bound occurrence
界限点 boundary point
界限叠标灯 lights in line
界限定理 enclosure theorem
界限对 bound pair
界限法 bound method
界限范围 bounding
界限范围外 off-limit
界限分明的 well-defined
界限分明的总体 well-defined population
界限分析 marginal analysis
界限符 bound symbol
界限概率 marginal probability
界限含水率 limit moisture content; moisture content limit
界限含水量试验 Atterberg limit moisture content test; water content as limit test
界限荷载 load bounding
界限寄存器 bound register; limit register
界限间隔 edge spacing
界限检查 limits-checking
界限检验 bounded test
界限校验自陷 limit checking trap
界限控制模块 bound control module
界限粒径 constrained diameter
界限流量 limiting flow
界限门 clearance gate
界限模块 bound module
界限膜 boundary film
界限配筋梁 balanced reinforcement beam
界限偏心距 balanced eccentricity
界限频率 threshold frequency
界限曲线 boundary curve
界限燃气 limit gas
界限任务集 bound task set
界限容量 marginal capacity
界限速度 hump speed
界限条件 terminal condition
界限调整 threshold adjustment
界限弯曲 marginal compliance
界限文件 limits file
界限线 clearance line
界限限度外 off-limit
界限效用 marginal utility
界限协议 threshold agreement
界限选择 limit option
界限应变(水平) threshold strain(level)
界限预紧密封比压 limit pretightening sealing load
界限约束 boundary constraint
界限载荷 load bounding
界限之外 out of bounds
界限值 boundary value; limit value; threshold quantity
界限终端速度 terminal velocity
界限砖墙 brick boundary wall
界限追索法 tracing boundary method
界限组织 boundary tissue
界限作用 marginal effect
界元素 bound component
界值 critical value
界址标灯 landmark beacon
界址点 boundary mark; boundary point
界柱 boundary post
界砖 pool block; sill block
界桩 border pile; boundary marker; boundary monument; boundary post; land mark; terminus[复 termini]; terminus boundary marker

疥

疥虫病 acariasis

借

借报价 borrow offer
借差 debit balance
借差控制 control of lending and deposit balance
借出 lend; loan <美>
借出物 loan
借出者 loaner
借贷 borrowing; debit and credit
借贷边际 lending margin
借贷偿还能力 ability to repay loan
借贷筹资 debt financing
借贷担保 debit and credit guarantee
借贷抵押书 bill of goods adventure
借贷对照表 accounting; balance sheet; financial statement
借贷法则 debit and credit convention
借贷关系 debtor-creditor relationship
借贷合同 borrow and loan contract; contract of loan
借贷机制 debit-credit mechanism
借贷记账法 debit and credit accounting system; debit-credit bookkeeping method; debit-credit plan
借贷结清 both sides clear
借贷款 borrowing-lending; debit and credit
借贷利率 borrowing rate
借贷利息 loan interest
借贷平衡表 balance sheet
借贷平衡原则 principle of equilibrium
借贷凭单 debit and credit memos
借贷收付平衡 balance of payments credits and debits
借贷双方认可的细账 account stated
借贷所 credit agency
借贷通知单 debit advice
借贷细账 <指贷方交给借方审查和清算的> account rendered
借贷业 lending and borrowing business; money-lending business
借贷业务佣金 procuration money
借贷银行 borrower's bank
借贷原理 principle of debit and credit
借贷资本 loan(ed) capital
借贷资金 loan fund
借单 debit voucher
借道过境 corridor traffic
借的东西 borrowing
借地 land lending
借地权 leasehold
借调 secondment
借发价 borrow offer
借方 borrower; creditor; debit side; debtor; increase side
借方差额 debit balance
借方对销 contra debit
借方分录 debit entry
借方金额 amount of debit side
借方栏 debit column
借方列 debit row
借方票据 debit note
借方欠户 debit customer
借方通知 debit note
借方银行 debit bank
借方应付利息 debitor interest; interest on debit balance
借方余额 debit balance
借方账户 debit account
借光窗 borrow(ed) light
借和贷 debit and credit
借货资本 borrowed capital; interest-bearing capital
借记 charge; debit
借记报单 advice of debit
借记净余额 net debt
借记通知书 debit advice; debit memorandum; debit note
借记总数 total debts
借鉴 borrow ideas from; draw lessons from
借景 borrowed scenery; borrowed view; borrowing space; view borrowing
借景窗 picture window
借镜 mirror
借据 certificate of indebtedness; debit memorandum; evidence of debt; I owe you; receipt for a loan
借口 evasion; pretend; veil
借款 ask for a loan; borrow money; loan(money); money advanced
借款安排 borrowing arrangements
借款保证函 loan guarantee
借款财团 loan consortium; loan syndicate
借款偿还保证 guarantee of repayment
借款偿还基金 fund for repayment of borrowings
借款偿还期 payback period of loan
借款成本 borrowing cost; cost of borrowing
借款筹资 debt financing
借款代理机构 loan agency
借款单位 borrower
借款担保 security for loan
借款的发放费用 cost of borrowings issuance
借款的付息及还本 loan servicing
借款的货币单位 currency borrowed
借款的延期偿还 extension of loan
借款调换 conversion of a loan
借款方 debt side
借款费用 borrowing cost; cost of borrowing; financing charges
借款分类账 loan ledger
借款服务处 debt service; debt serving
借款股份 debenture stock
借款股份股息 debenture interest
借款股票 debenture stock; loan stock
借款过多状况 over loan situation
借款合同 loan agreement
借款合约 loan agreement
借款还本付息计算方案 loan repay capital with interest statement
借款净额 net borrowing
借款决定 resolution to borrow
借款扩大资本 trading on the equity

借款利率 interest rate on borrowing; lender rate
借款利息 interest on a loan; interest on borrowing; loan interest
借款能力 ability to borrow; borrowing potential (power); capacity to borrow
借款平均偿付期限 average life(period)
借款凭证 loan note
借款期满 fall-in
借款期限 life of loan
借款契约 loan agreement; loan contract
借款清单 debit note
借款权限 borrowing power
借款人 borrower; credit giver
借款人的权利义务 right and obligation of the borrower
借款人风险 borrower's risk
借款人以现住房临时作抵得款以购置另一住宅 swing mortgage
借款融资 debt financing
借款申请书 loan application
借款市场 loan market
借款授权 borrowing authority
借款条件 borrowing requirement; conditions of a loan; loan term
借款通知书 debt note
借款拖欠率 delinquency ratio
借款限额 borrowing demand; borrowing limit
借款协议 loan agreement
借款需求 borrowing demand
借款与贴现 loans and discounts
借款暂时的 day-to-day
借款账户 borrowed money accounts
借款证 loan note; receiver's certificate
借款中途解约 break a loan
借款总安排 general agreements to borrow
借款总额 aggregate level of borrowing
借款总费用 overall borrowing cost
借款总账 loan ledger
借来的 leasehold
借票 due bill
借热进气管 hot spot intake manifold
借入 debitor
借入股票 borrowed share; borrowed stock
借入过多 overborrowing
借入金额 amount due to
借入净额 net borrowed
借入款 loan payable
借入款利息 interest on loans
借入流动资金 borrowed current fund
借入某账户 charges to an account
借入有价证券 borrowed security
借入者 loanee
借入准备金 borrowed reserve
借入资本 borrowed capital; borrowed fund; borrowed money; capital borrowed; debenture capital; debt capital; loan(ed) capital; outside capital
借入资金 borrowed capital; borrowed fund; borrowed money; fund borrowed; loan proceed
借入资金账户 borrowed money accounts
借书处 delivery desk; loan desk
借书站 delivery station
借书证 identification card
借条 I owe you; note of hand
借土 borrow earth; borrow fill material; borrow soil
借土边坡 borrow bank
借土场地 borrow site
借土地点 borrow site
借土方数 borrow yardage
借土费用 cost of borrow
借土沟 borrow ditch
借土开挖 borrow cut; borrow excavation
借土坑 barrow pit; borrow cut
借土填方 borrow(ed) fill
借土土方 borrow material
借土挖方 borrow cut
借位 borrow place
借位发生器 borrow generating device
借位数 borrow digit
借项科目 debit entry; debit item
借项凭单 debt memo
借项通知单 debit memorandum; debit note
借用 borrow(ing); secondment
借用合同 contract for borrowings; contract of loan for use
借用件计划方法 planning method for parts from other designs
借用孔 via hole
借用劳动力 loaned labo(u)r
借用时间 borrowing time
借用物 loaner
借余 debit balance
借约 <以服务抵偿债务的> due bill
借债 ask for a loan; borrow money; contact debt; get into debt; incur debt; raise a loan; run into debt
借债抵押品 security for a loan
借债谋利 leveraged buyout
借债能力 ability to borrow; debt capacity
借涨价将原料成本的增加转嫁给消费者 pass-through
借支 ask for an advance on one's pay
借助计算机的 computer-based
借助钎子用空气清理锅炉管子积灰 air lance
借助试验的决策 decision-making with experimentation

巾

碲铁石 kinichilite

巾夹 towel clip
巾钳 towel forceps

今

地温梯度 present geothermal gradient

今日起息 value today
今时荷载 updated load
今天起生效 take effect as from this day's date

斤

catty; chin

斤斗 overhead turn

金

胺 auramine

金包饰 gold filled
金本位货币 gold currency
金本位 gold standard
金本位制法 gold standard act
金币本位制 gold current standard
金币兑换制 gold exchange standard
金币合金 coinage gold
金币花饰 bezantee
金碧辉煌的 rich-glittering
金边 colo(u)r-under gilt; Phnom penh <柬埔寨首都>
金边债券 gilt-edged bond
金伯利岩【地】kimberlite
金伯利岩的分类图 classification of kimberlites
金伯利岩含金刚石建造 kimberlite diamond-bearing formation
金伯利岩类 kimberlite group
金伯利岩球 spherolitic kimberlite
金铂合金 <含铂 11%> platino
金铂合金卡环丝 gold-platinum alloy clasp-wire
金箔 aurum foliatum; beaten(-coben) gold; gold foil; gold leaf; leaf gold; rolled gold
金箔工 gold beater
金箔静电计 gold-leaf electrometer
金箔黏[粘]合剂 mordant
金箔探测器 foil detector
金箔涂料 foil coating
金箔验电器 gold-leaf electroscope
金箔罩 mask of beaten gold
金层丝网 hardware mesh
金成色 fineness of gold
金橙黄 aurantia
金道钉 <新建铁路打下的最后一枚道钉> golden spike
金德系数 Kind modulus
金的多因复成矿床 polygenetic compound gold deposit
金点 gold point
金电极 gold electrode
金锭 bar gold; bullion bar; gold bullion; gold ingot
金额 amount (of money); sum (of money)
金额不符 amounts differ
金额分类计息法 interest method of account current
金额分配 allotment of money
金额符号 dollar sign
金额换算系统 accounting system
金额货币 amount tendered
金额栏总计 column total
金额限制 monetary limitation
金额须全数收取 no margin allowed
金额易货贸易 value barter trade
金尔星对测时法 method of time determination by Zinger star-pair
金法郎 gold franc
金钒电阻合金 gold-vanadium alloy
金粉 gold dust; golden powder; powdered gold
金粉浆 bronzing liquid
金粉漆 bronze lacquer; bronze paint; bronzing lacquer
金粉清漆 bronzing varnish
金粉印刷 bronze printing
金粉油墨 metallic ink
金橄榄榴辉岩 griquaite
金刚刀 diamant
金刚粉 diamond dust
金刚光泽 adamantine luster[lustre]
金刚硅砖料 carbofrax
金刚合金 adamantine
金刚化合物 adamantine compound
金刚铝 diamantin(e)
金刚绿 diamond green
金刚绿色淀颜料 diamond green lake
金刚硼(结晶) adamantine
金刚砂 abradant; abrasive sand; boart; carbide of silicon; carborundum; corundum; diamond dust; diamond grains; diamond grit; emery sand; grinding compound; powder emery; samite; shot bort(z)[boart]; silicon carbide
金刚砂布 abrasive fabric; carborundum cloth; emery cloth; sand cloth
金刚砂布带 emery fillet; emery belt
金刚砂布或纸 carbonrundum cloth or paper
金刚砂锉 emery file
金刚砂带 carborundum fillet; grinder belt
金刚砂刀片 diamond-impregnated blade
金刚砂导布辊 emery-covered roller
金刚砂电炉 carboradiant kiln
金刚砂防滑条 carborundum grit slide-proof strip; non-slip emery insert
金刚砂粉 abrasive powder; carbonrundum dust; corundum powder; powder corundum; powdered carborundum; powdered emery; pulverised[pulverized] corundum; emery powder
金刚砂辊擦布机 cloth emerizing machine
金刚砂糊 emery paste
金刚砂集料 carborundum aggregate
金刚砂检波器 carborundum detector
金刚砂建筑骨料 emery construction aggregate
金刚砂锯 carborundum saw; diamond saw(splitter)
金刚砂卷布辊 emery-coated beam; emery-covered roller
金刚砂卷带 emery tape
金刚砂砾 grit carborundum
金刚砂粒 emery grit
金刚砂轮 carborundum wheel; corundum wheel; emery wheel
金刚砂轮修整器 emery wheel dresser
金刚砂磨床 emery grinder; emery grinding machine; emery sharpener
金刚砂磨光混凝土 emery-ground concrete
金刚砂磨光轮 emery buff
金刚砂磨块 emery cake
金刚砂磨料 emery abrasive
金刚砂磨轮 carborundum grinding wheel
金刚砂磨盘 abrasive disc[disk]
金刚砂磨石 artificial mill-stone; emery grinder; emery stone
金刚砂耐火制品 corundum refractory product
金刚砂耐火砖 corundum refractory brick
金刚砂盘 carborundum disc
金刚砂抛光 diamond polishing
金刚砂抛光带 emery belt
金刚砂片 carborundum disc
金刚砂湿磨机 wet emery mill
金刚砂研膏 carborundum paste
金刚砂研磨膏 emery grinding grease
金刚砂圆锯 carbonrundum disc; carborundum circular saw; diamond circular saw; emery circular saw
金刚砂纸 carborundum paper; emery paper
金刚砂砖 carbonrundum brick; carborundum tile; emery brick; refrax; rubbing brick
金刚砂钻探 adamantine drill
金刚砂钻头 corundum bit; emery bit; adamantine bit
金刚石 adamant; adamantine; adamas; carborundum stone; corundum; diamond; emery stone; Indian stone
金刚石板 diamond plate
金刚石笔 diamond point
金刚石笔刻磨 diamond-point engraving
金刚石表面磨光 glazing of diamond
金刚石玻璃刀 diamond glass cutter
金刚石薄膜 diamond thin film
金刚石不取芯钻头 <用于回转钻进> diamond plug bit
金刚石掺结磨具 diamond-impregnated tool
金刚石产地 diamond field
金刚石车床 diamond lathe

金刚石车刀 diamond bit; diamond cutter; diamond tool
金刚石车削 diamond turning
金刚石成型修整器 diamond form
金刚石冲头 diamond hammer
金刚石出刃 diamond exposure; stone exposure
金刚石触笔 diamond styli
金刚石触针 diamond stylus
金刚石串珠 diamond beads
金刚石窗口 diamond window
金刚石次料 diamond scrap
金刚石打磨器 diamond dress
金刚石代用品 diamond substitute
金刚石刀 cutter's diamond; cutting diamond; diamond knife
金刚石刀车床 diamond tool lathe
金刚石刀夹 diamond tool holder
金刚石刀具 diamond cutter
金刚石刀片 <用于混凝土路面刻槽> diamond blade
金刚石刀片混凝土锯缝机 diamond-bladed saw
金刚石刀头 diamond pit
金刚石的 X 射线拣选 X-ray sorting of diamond
金刚石的石墨化 graphitizing of diamonds
金刚石等级 diamond grade; grade of diamonds
金刚石点阵 diamond lattice
金刚石雕刻(图案) diamond-point engraving
金刚石定向 diamond orientation
金刚石分布图 <钻头切削表面的> setting pattern of diamond
金刚石(分级)筛 diamond screen
金刚石(分级)筛组 diamond screen set
金刚石分选机 diamond separator
金刚石粉粒 bort(z)
金刚石粉(末) diamond dust; diamond powder
金刚石粉烧结体 diamond compact
金刚石复合片 polycrystalline diamond compact
金刚石复合片钻头 polycrystalline diamond compact bit
金刚石高频选矿 high-frequency separation of diamond
金刚石割刀 diamond cutter; glass cutter
金刚石工具 diamond tool
金刚石刮刀钻头 diamond drag bit
金刚石管靴钻头 diamond shoe
金刚石光彩 adamantine luster [lustre]; diamond lustre
金刚石光学磨具 diamond grinding tools for optic(al) industry
金刚石光泽 adamantine luster [lustre]; diamond lustre
金刚石滚花 diamond pattern knurling
金刚石滚花刀 diamond knurls
金刚石滚花头螺钉 screw with diamond knurls
金刚石含量 diamond content; stone content; stone weight
金刚石耗量 diamond loss
金刚石耗损 <钻进时> caratloss
金刚石和硬质合金刀具镗床 diamond and carbide tool boring machine
金刚石花型 diamond pattern
金刚石划片 diamond scribing
金刚石环效应 diamond ring effect
金刚石环形刀具 diamond-charged ring tool
金刚石回收 diamond recovery; diamond salvage
金刚石级别 diamond grade; grade of diamonds
金刚石计数器 counting diamond; diamond counter
金刚石夹具 diamond holder
金刚石尖点 diamond point
金刚石尖头 diamond point
金刚石尖头凿(子) diamond-point chisel
金刚石尖头钻头 diamond-pointed bit
金刚石角定向 point orientation of diamond
金刚石角锥硬度 diamond pyramid hardness
金刚石铰刀 diamond reamer
金刚石结构 diamond structure
金刚石结合砂轮 diamond bonded wheel
金刚石解离系数 liberation coefficient of diamond
金刚石解理 diamond cleavage
金刚石晶格 diamond lattice
金刚石晶体计数器 diamond crystal counter
金刚石晶体磨光面 diamond crystal grinding face; was
金刚石锯 diamond saw(splitter)
金刚石锯锯口 <圆盘式的> diamond-sawn
金刚石锯片 diamond cutting saws
金刚石(颗)粒数 <钻头上的> diamond count; stone count
金刚石刻划 diamond sliding
金刚石空心钻头 diamond core boring bit
金刚石矿床 diamond deposit
金刚石矿区 diamond field
金刚石框架锯条 diamond frame saw blades
金刚石扩孔器 diamond-set reaming shell; diamond reamer
金刚石拉模 diamond drawing plate
金刚石拉丝模 diamond wire drawing die
金刚石拉丝模抛光机 diamond die polishing machine
金刚石类别 diamond grade; grade of diamonds
金刚石冷阴极发光 diamond cold cathode luminescence
金刚石立方结构 diamond cubic structure
金刚石粒 bort(z)
金刚石粒度 diamond grit; stone size
金刚石模 diamond die
金刚石(模)拉丝 diamond drawn wire
金刚石模式 diamond pattern
金刚石膜 diamond film
金刚石磨光 polish of diamond
金刚石磨浆 diamond paste
金刚石磨料粒 diamond grit
金刚石磨轮 diamond-impregnated wheel
金刚石磨轮整形机 diamond wheel dresser
金刚石磨盘 diamond grinding plate
金刚石磨平 diamond worn flat
金刚石磨石 diamond grindstone
金刚石磨损 diamond wear
金刚石磨条 diamond stick
金刚石磨头 diamond mounted point; diamond-point engraving
金刚石磨头切割轮 diamond slitting wheel
金刚石磨琢法 cabochon
金刚石浓度 concentration of diamond; diamond concentration; stone concentration
金刚石排列 arrangement of diamonds
金刚石排列形式 <钻头底唇的> diamond pattern
金刚石抛光 <用细粒金刚石钻头钻进极坚硬细粒岩石时> polishing of diamonds
金刚石抛光粉 diamond polishing powder
金刚石劈理 diamond cleaving
金刚石片 diamond chip(ping)s
金刚石品级 diamond grade; grade of diamonds
金刚石破损率 breaking rate of diamond
金刚石强度 strength of diamond
金刚石强度测定仪 friatest
金刚石强度计 diamond strength tester
金刚石切割 diamond cutting
金刚石切割刀 diamond cutter
金刚石切割机 diamond cutting machine
金刚石切割轮 diamond saw(splitter)
金刚石切割盘 diamond cutting disk
金刚石切割片 diamond slicing disk
金刚石切割砂轮 carborundum cutting wheel; diamond slitting wheel
金刚石切削刃陆续露出 diamond cutting edges successively appear
金刚石球锥贯入仪 <用于路面硬度试验> diamond sphero-conic(al) penetrator
金刚石取芯 diamond coring
金刚石取芯钻机 diamond core drill
金刚石取芯钻头 diamond core(boring) bit
金刚石刃 diamond knife
金刚石刃片钻头 diamond blade bit
金刚石砂 boart
金刚石砂粒 crushing bortz; diamond grit
金刚石砂轮 diamond (grinding) wheel; diamond grindstone
金刚石砂轮修整器 diamond dress
金刚石砂轮整形器 diamond grinding wheel dresser
金刚石上的比压 <钻进时> stone pressure
金刚石绳锯 diamond wire saw
金刚石石墨化 graphitization of diamond
金刚石石油钻头 diamond oil drill bit
金刚石手工具 diamond hand tool
金刚石似的 adamantine
金刚石碎屑 diamond chip(ping)s; fractural diamond
金刚石镗孔 diamond boring
金刚石天平 diamond scale
金刚石条带嵌入型扩孔器 insert-type reaming shell
金刚石头 diamond point
金刚石凸板 diamond crown
金刚石涂层 diamond coating
金刚石脱落 stone dropout
金刚石微粉 diamond micro-powder; micro-diamond
金刚石稳定器 diamond inserts stabilizer
金刚石无岩芯钻头 solid crown bit
金刚石吸笔 diamond point
金刚石洗选机 diamond washer
金刚石铣盘 diamond milling tool
金刚石细晶粒 diamond grains
金刚石镶的工具 diamond-set tool
金刚石镶的(扩孔)环 diamond-set ring
金刚石镶嵌不足的钻头 underweight bit
金刚石镶嵌工 diamond setter; field setter; hand setter
金刚石镶嵌块 diamond-set inserts
金刚石镶嵌模式 diamond setting pattern
金刚石消耗 <钻进时> caratloss
金刚石小圆锯片 diamond disc[disk]
金刚石屑 boart
金刚石修整笔 diamond dresser; dressing diamond
金刚石修整工具 diamond dresser
金刚石修整滚轮 diamond dressing roller
金刚石选形 shape sorting for diamond
金刚石压痕计 diamond indenter
金刚石压花 diamond marking
金刚石压头 diamond cone; diamond penetrator
金刚石压砧 diamond opposed anvil
金刚石岩芯钻机 diamond core drill
金刚石岩芯钻进 diamond core drilling
金刚石岩芯钻头 diamond core boring bit; diamond core head; diamond-set core bit
金刚石研磨 diamond grinding
金刚石研磨膏 diamond paste
金刚石研磨机 diamond lapping machine
金刚石研磨器 diamond lap
金刚石异常 anomaly of diamond
金刚石硬度试验仪 diamond indenter
金刚石油石 diamond stick
金刚石圆锯 diamond circular saw; diamond saw(splitter); diamond disc [disk]
金刚石圆锯片 diamond saw blade
金刚石圆切片刀 diamond circular saw blade
金刚石圆锥压头 <洛氏硬度试验机的> brale
金刚石凿井 diamond drilled well
金刚石凿井机 diamond drill rig
金刚石凿子 diamond chisel
金刚石闸瓦 diamond brake shoe
金刚石真空吸笔 diamond needle; diamond pick-up tube; diamond pipe
金刚石砧 diamond anvil
金刚石砧压槽 diamond-anvil cell
金刚石振动选形机 shape sorting vibrating table for diamond
金刚石整形 shaping for diamond
金刚石整形器 diamond dresser
金刚石整修 diamond dressing
金刚石支承履 diamond chip(ping)s
金刚石制的 adamantine
金刚石制品 diamond composition
金刚石质量 diamond quality; stone quality
金刚石轴承 diamond bearing
金刚石转化率 diamond yield rate
金刚石锥 diamond cone
金刚石锥刻硬度试验 diamond pyramid hardness test
金刚石锥体刻痕仪 <硬度试验的> diamond pyramid indenter
金刚石锥体硬度 diamond pyramid hardness
金刚石锥体硬度试验 diamond pyramid hardness test
金刚石锥头 brale
金刚石总消耗量 total diamond loss
金刚石钻顶 diamond crown
金刚石钻机 diamond drill(ing machine)
金刚石钻机机组人员 diamond drill crew
金刚石钻机取芯 diamond drill coring
金刚石钻机岩芯 diamond drill core
金刚石钻进 diamond boring; diamond drilling
金刚石钻进方法 diamond drilling system
金刚石钻进管材 diamond drill pipe
金刚石钻进(取得的)岩芯 diamond core

金刚石钻进设备 diamond drilling outfit
金刚石钻进钻杆 diamond drill pipe; diamond drill rod
金刚石钻进钻工 diamond driller
金刚石钻进钻孔 diamond drill cover
金刚石钻井 diamond drilled well
金刚石钻具 diamond(-inset) tool
金刚石钻具的钻择 selection of diamond tools
金刚石钻孔 diamond drill hole
金刚石钻(孔)机 diamond drill
金刚石钻孔探测管 diamond drill hole probe
金刚石钻探 diamond drilling
金刚石钻探机 diamond bit boring machine; diamond drill(rig)
金刚石钻头 adamantine bit; adamantine drill; adamantine head; bort(z) bit; cast-set diamond bit; diamond coring bit; diamond crown bit; diamond drill (bit); diamond head; diamond(-set) bit
金刚石钻头的刀具 boring head
金刚石钻头扩孔器 diamond reamer
金刚石钻头类型 type of diamond bit
金刚石钻头胎体 diamond drill bit matrix
金刚石钻头瓦 diamond-point tile
金刚石钻头镶嵌 diamond bit setting
金刚石钻头镶嵌车间 setting room of diamond bit
金刚石钻头选择指南 diamond bit selection guide
金刚石钻头制造 manufacturing of diamond bit
金刚石钻头钻进 diamond bit drilling
金刚石钻头钻取的岩芯 diamond drill core
金刚石钻岩机 diamond(core) drill
金刚石钻钻探 diamond drilling
金刚石最大效能 peak diamond performance
金刚烷 adamantane; diamantin(e)
金刚砖 <具有斜削边缘的砖,铺路用> adamant clinkers
金刚钻 diamond; spark
金刚钻加工透镜机 curve generator
金刚钻角锥硬度 diamond pyramid hardness
金刚钻拉丝模 diamond die
金刚钻石笔 diamond point
金刚钻石角锥硬度 diamond hardness
金刚钻头 diamond point
金刚钻岩芯 <用金刚石钻机钻出的岩芯> diamond drill core
金刚钻锥体 diamond cone
金刚钻钻头 bort(z) bit; diamond bit; diamond nib
金钢砂轮 corundum disc
金钢石消耗 diamond loss
金膏 paste gold
金工 metal work(ing)
金工车间 machine shop; metal shop; metal work(ing shop); metal workshop
金工机械 metal working machinery
金工用锯 metal cut saw
金宫 <位于意大利威尼斯> Golden House
金汞齐 goldamalgam
金光大红 bronze scarlet
金光红 bronze red
金光闪闪的 clinquant
金光铁蓝 bronze blue
金龟子 lamellicorn
金龟子科 chafer; scarab
金焊 gold solder
金焊料 golden solder
金合欢【植】 sponge tree; acacia; cassie-oil-plant; sweet acacia
金合欢胶 acacia; Arabic gum; gum acacia
金合欢树胶 acacia gum
金合欢属 spearwood; Acacia <拉>
金合欢属植物生态系统 acacia ecosystem
金和象牙制器 chryselephantine
金黑体 gold blackbody
金黑涂层 gold-black coating
金桁 intermediate purlin(e); principal purlin(e)
金衡 <金、银、宝石等的衡量> troy weight
金衡盎司 <质量单位,1盎司 = 31.103克> troy ounce
金衡制 <金、银、宝石的衡量制度> troy ounce; troy system; troy weight
金衡制的 troy
金红 gold ruby
金红玻璃 golden red glass; gold ruby glass
金红色 golden red
金红色椴木 satinwood
金红石 paraedrite; schorl rouge
金红石含量 rutile content
金红石化 rutilize
金红石矿 cajuelite; rutile <含钛主要矿石>
金红石矿石 rutile ore
金红石棱镜 rutile prism
金红石染料 rutile pigment
金红石砂 rutile powder
金红石陶瓷 rutile ceramics
金红石谐振器 rutile resonator
金红石型 rutile modification
金红石型二氧化钛 rutile titanium dioxide
金红石型混相颜料 rutile mixed phase pigment
金红石型结构 rutile structure
金红石型晶格 lattice of rutile type
金红石型晶种 rutilization nuclei
金红石型钛白 rutile titanium dioxide
金红石颜料 rutile pigment
金红石英 rutilated quartz
金红石原矿 primary minerals of rutile
金红针水晶 needlestone
金黄宝石 topaz; yellow sapphire
金黄蛋白石 gold opal
金黄吉丁虫 golden buprestid
金黄烤漆 gold stoving varnish
金黄色 auratus; golden
金黄色玻璃 canary glass
金黄色的 golden yellow; titian
金黄油 blond(e) oil
金簧 discharging spring; gold spring
金汇兑本位(制) gold exchange standard
金或银与其他金属的合金 billon
金鸡 golden pheasant
金鸡纳树 peruvian bark tree
金鸡纳树属 <拉> Cinchona
金鸡纳霜 quinine
金吉丁 <拉> Chrysochroa fulgidissima
金夹层接触 gold sandwich contact
金鉴定 gold assay
金浆 gold size
金匠收据 goldsmiths' notes
金匠原则 goldsmith principle
金胶 bronzing liquid
金胶漆 gold size
金精红 aurin red
金桔 calamondin orange; oval kumquat
金桔色 Chinese orange
金桔属 kumquat
金橘 calamondin orange
金坑 crater king
金库 chest; coffer; exchequer; national treasury; specie room; treasurehouse; treasury; vault <银行等的>
金库账 account of treasury
金块本位制 gold bullion standard
金矿 goldmine
金矿床 gold ore
金矿化探 geochemical exploration for gold
金矿开采 gold mining
金矿区 goldfield
金矿石 gold ore
金矿隧道 gold mine tunnel
金矿异常 anomaly of gold ore
金莲花 Troll flower
金檩 intermediate purlin(e); principal purlin(e)
金陵灰岩 <早石炭世> kinking limestone
金陵金箔 Jinling gold foil
金陵折扇 Jinling folding fans
金绿宝石 alexandrite; chatoyant; chrysoberyl; chrysopal
金绿玉 chrysoberyl
金绿柱石 heliodor
金猫 <东南亚产的> Asian golden cat
金霉素 aureomycin; chlorotetracycline
金门大桥 <主跨1280米悬索桥, 1937年建于美国旧金山海湾> Golden Gate Bridge
金礞石 phlogopite
金膜测汞仪 gold-film mercury analyser[analyzer]
金膜电阻测汞仪 gold-film resistor mercury analyser[analyzer]
金钠氯化物 gold-sodium chloride
金尼型机械真空泵 Kinney pump
金漆 gold lacquer; gold paint; gold size; Ningpo lac; Ningpo varnish
金漆胶水 gold size glue
金钱补偿 pecuniary compensation; pecuniary redress
金钱的 picuniary
金钱获得者 earner
金钱菌属 <拉> Collybia
金钱赔偿 pecuniary reparation
金钱槭 golden maple
金钱上的 pecuniary; monetary
金钱松 golden larch
金钱松属 pseudolarix
金钱损失 monetary loss
金枪鱼船 tuna clipper
金枪鱼及鲣船 tuna and bonito clipper
金枪鱼延线钓船 tuna long liner
金青铜 gold bronze
金雀花 besom
金溶胶 gold sol
金融风险 financial risk
金融公司 finance company; finance corporation; finance house; financial company
金融机构 banking institution; financial institution; institutional lender; monetary facility
金融机构贷款 institutional loan
金融机关 financial institution
金融集团 financial clique; financial plutocracy
金融家 city man; financier
金融界 financial circle; financial community; financial corporation; financial interests; money market
金融紧缩 financial stringency
金融经济学 monetary economics
金融居间人 financial intermediary
金融前景 money outlook
金融市场 financial market; money market
金融中心 banking center[centre]; financial center[centre]
金融资产管理公司 financial assets management company
金融组织 financial institution; financial organization
金色 gold(en color)
金色的 gilt
金色光泽 gold luster[lustre]
金色黄铜 pinchbeck
金色甲虫 goldbug
金色烤漆 gold stoving varnish
金色料 auripigment
金色喷漆 gold lacquer
金色青铜粉 powdered gold bronze
金色清烘漆 gold stoving
金色铜 oroide; pinchbeck
金色铜粉 gold bronze
金色铜锌合金 pinchbeck
金色涂层 gilt
金色颜料 ormolu
金色氧化膜铝合金 Alcumite
金色油墨 gold ink
金色云母 cat gold
金沙萨 <扎伊尔首都> Kinshasa
金石学 epigraphy
金氏干固白色胶结料 Keene's marble cement
金氏干固水泥 <由无水石膏制成的白色水泥> Keene's(marble) cement
金氏胶结料 Keene's cement
金氏石 kingite
金氏水泥 <即干固水泥> gypsum cement
金氏水泥人造大理石 marezzo marble
金氏通海阀 Kingston valve
金饰 shell gold
金属凹格 <天花板的> metal caisson
金属凹格型天花板 metal caisson type ceiling
金属凹面垫片 <用于抓紧铆钉> rove
金属凹(嵌)条 metal sanitary cove
金属八角垫密封 metal octagonal ring closure
金属把手 metal handle; pig lug
金属靶 metallic target
金属白炽灯 metal filament lamp
金属白热灯 metal filament lamp
金属百叶 metal louver[louvre]
金属百叶窗 metal(window) shutter
金属板 metal plate; metal sheet; sheet metal; metal deck
金属板杯突试验 metal plate Erichsen indentation test
金属板表面加工 metal plate surfacing
金属板表皮 plate skin
金属板并丝机 plate doubler
金属板波纹压机 shrinker
金属板裁剪 plate clippings
金属板沉淀池浮渣收集器 plate scum collector
金属板沉箱 metal sheet caisson
金属板衬里 metal plate lining
金属板大梁 metal plate girder
金属板顶板 metal panel ceiling
金属板顶棚 metal panel ceiling
金属板方格 metal sheet waffle
金属板蜂窝 metal sheet waffle
金属板盖 plate hood
金属板干燥台 plate drying table
金属板刚度 metal plate rigidity
金属板隔墙 partition plate
金属板工 plater
金属板工件 sheet metal work
金属板管道 plate duct
金属板滚筒 plate drum; plate roll; sheet-metal roller
金属板涵洞 metal plate culvert
金属板盒 metal sheet cassette
金属板弧焊 metallic arc welding

J

金属板滑动门 alfalfa gate
金属板集装箱 plate container
金属板加固陶瓷 sheet-reinforced ceramics
金属板夹钳 plate cramp
金属板剪切 plate clippings
金属板接触冻结方式 plate contact refrigeration
金属板劲度 metal plate stiffness
金属板卷筒 plate drum
金属板链环滚子链 sheet-roller chain
金属板料仓 plate bin
金属板料斗 plate bin;plate hopper
金属板漏斗 plate funnel;plate hopper
金属板螺钉 sheet-metal screw
金属板螺桨 plate screw
金属板模板 plate form(work)
金属板模型 plate form(work)
金属板碾 plate roll
金属板碾筒装砂石口 plate roller gate cylinder
金属板平屋顶 sheet-metal flat roof
金属板平轧机 sheet-metal smoothing roll(er)
金属板铺面 metal plate surfacing
金属板潜水钟 metal sheet caisson
金属板容器 plate container;plate reservoir;plate tank
金属板水套 sheet-metal water jacket
金属板条 metal batten;metal lath;metal slat;metal strip
金属板贴面 metal plate surfacing
金属板筒仓 plate silo
金属板透镜 metal plate lens
金属板瓦 metal roof tile
金属板外壳 plate cowl
金属板外墙 sheet-metal closure
金属板网 expanded metal fabric;expanded metal net;metal lathing
金属板围墙 sheet-metal closure
金属板屋顶的表面覆盖 metal sheet roof cladding
金属板屋顶覆盖层 metal sheet roof cover(ing)
金属板屋顶面 metal sheet roof cover(ing)
金属板屋面 sheet-metal roofing
金属板箱 metal sheet cassette
金属板小室 plate cab(in)
金属板烟囱 plate chimney;plate funnel
金属板咬口 cross welt(ed seam);seam;welt
金属板印刷品 mezzotint
金属板雨水槽 plate rainwater gutter
金属板圆筒 plate roller gate cylinder
金属板院门 sheet-metal gate
金属板罩 metal plate cover(ing);metal sheet cover(ing);plate cowl;plate hood
金属板折叠机 plate doubler
金属板蒸发器 plate evapo(u)rator
金属板制品 sheet metal work
金属板贮器 plate reservoir
金属板装配式跑道 mat runway
金属板座舱 plate cab(in)
金属版 metallograph
金属版印刷法 mezzotint
金属半成品 melter product
金属半圆联珠饰 metal astragal
金属半圆线脚 metal astragal
金属棒 metal bar;metal rod
金属棒相对导热率试验 Ingenhausz's experiment
金属棒凿孔机 stick perforator
金属包层 clad;metal clad
金属包层波导 metal-clad waveguide
金属包层薄板 metal cladding sheet
金属包层法 cladding;metal cladding
金属包层防火门 tin-clad fire door
金属包层钢板 coclad
金属包层光学波导 metal-clad optic(al) waveguide
金属包层片材 metal cladding sheet
金属包瓷 metal ceramic
金属包垫 metaled gasket
金属包封 metal wrapping
金属包敷 metallize
金属包覆电缆 iron-clad cable
金属包覆线 metal-shielded wire
金属包角 metal angle bead;metal trim
金属包门 kalamein door
金属包面板 metal-(sur)faced board
金属包面窗 metal-(sur) faced window
金属包面门 metal-(sur)faced door
金属包面橡胶 metal-(sur) faced rubber
金属包皮 kalamein sheathing;metal cover(ing);metal sheath(ing)
金属包皮导线 sheathed wire
金属包皮的 metal-sheathed
金属包皮的防火门 kalamein door
金属包皮电缆 metal-sheathed cable
金属包皮防火门 kalamein fire;metal-clad fire door
金属包皮拼合木门 metal-clad laminated wood door
金属包皮锈 metal-envelope rusty
金属包(石棉)垫片 metal jacket gasket
金属包头 ferrule
金属包头与O形环的组合接头 joint listing metal ferrule with O-ring
金属包装 metal wrapping
金属保护 metal coating
金属保护措施 metal protection
金属保护的 metal-clad
金属保护设备 metal protection
金属保护装置 metal protection
金属爆炸差厚成型法 metal gathering
金属爆炸成型 explosive metal forming
金属爆炸成型法 dynaforming
金属背衬胶带 metal-backed tape
金属背衬密封环 metal-backed seal
金属背荧光屏 metallized screen;mirror reflection fluorescent screen
金属本位 metallic standard
金属本位制 metallic standard system
金属箅子 metal grating
金属壁板 metal siding
金属壁骨 metal stud
金属壁缘 metal frieze
金属边沟 metal gutter
金属边角料 metal angle
金属边角小球 metal angle bead
金属边角小珠 metal angle bead
金属边饰 metal curb;metal trim
金属编织层 wire sheathing
金属编织物 <用于混凝土中> maxweld
金属变形 flow of metal
金属标签 metal marker tag
金属表层沉积 metal surface precipitation
金属表面处理 metal finishing;metal surface treatment
金属表面处理废料 metal finishing waste;metal surface treatment waste
金属表面处理剂 metal conditioner
金属表面浮雕 celature
金属表面钢化 acieration
金属表面精加工 metallic finish
金属表面磨损 honing
金属表面渗碳 diffusion hardening
金属表面形貌学 topography
金属裱板 metal-mounted board
金属波导管 metallic waveguide
金属波纹管 corrugated metal pipe;metal bellows;metallic corrugate pipe
金属波纹盒 metal bellows
金属波纹膨胀节 bellows-type metal expansion joint
金属玻璃 metallic glass
金属剥离工艺 metal lift-off technology
金属箔 blocking foil;flitter;metal(lic) leaf;metal(lic) foil;metal(lic) paper;tinsel
金属箔保护层 foil cover(ing)
金属箔表面绝缘 foil surface insulation
金属箔薄片 foil sheet(ing)
金属箔层 metal foil layer
金属箔插入物 metal foil insert(ion)
金属箔衬垫 metal foil insert(ion)
金属箔垫片 metal foil insert(ion);metal foil layer
金属箔泛水薄膜片 metal foil flashing piece
金属箔覆面油毡 metal foil surfaced asphalt felt
金属箔加热器 metal foil heater
金属箔夹层 metal foil layer
金属箔绝缘 foil insulation
金属箔蒙皮 foil cover(ing);foil jacket
金属箔抛散装置 dispersing machine
金属箔屏罩应变计 foil encapsulated strain ga(u)ge
金属箔嵌衬物 foil insert(ion)
金属箔墙纸 foil paper
金属箔热处理法 metal foil heat treating method
金属箔外套 foil jacket
金属箔泻水薄膜片 metal foil flashing piece
金属箔纸 metal foil paper
金属箔状装饰 foil-like finish
金属薄板 lame;latten;metal sheet(ing);sheet metal;works annealed sheet
金属薄板板材 sheet-metal panel
金属薄板沉箱 sheet caisson;sheet cassette;sheet coffer
金属薄板成型法 Guerin process
金属薄板冲孔机 sheet-metal perforating machine
金属薄板的横接缝 transverse seam
金属薄板房屋 sheet-metal house
金属薄板覆盖层 sheet cover(ing)
金属薄板工 sheet-metal worker
金属薄板工程 sheet metal work
金属薄板管道 sheet-metal duct
金属薄板剪 tin snips
金属薄板矫直机 plate stretcher
金属薄板门 sheet-metal door
金属薄板面层胶合板 metal faced plywood
金属薄板平屋顶 metal deck
金属薄板外套 sheet-metal lagging
金属薄板围堰 sheet coffer
金属薄板箱 sheet metal cabinet
金属薄箔 metal leaf
金属薄膜 metallic film
金属薄膜滤光器 metal film filter
金属薄片 foil;metal flake
金属薄片护面沥青毡 metal foil faced bitumen felt
金属薄片墙面 metal foil wall covering
金属薄片取土器 foil sampler
金属薄片贴面胶合板 plymetal
金属薄片用清漆 varnish for foil
金属薄条 web
金属部件 metal parts
金属擦光剂 metal polish
金属材料 metal(lic) material
金属材料换热器 metal heat exchanger
金属材料库 metallic materials warehouse
金属采暖板 metal radial panel
金属残渣 metal remains
金属仓库 metal silo
金属槽 metallic tank
金属槽汞弧整流器 metal-tank mercury-arc rectifier
金属槽形龙骨 metal furring channel
金属测辐射热计 positive-α bolometer
金属测井结果解释 interpretation of mining log
金属层敷涂 metal coating
金属层喷涂 spray deposit
金属插入物 metal insert(ion)
金属插塞 metal nailing plug
金属插头座 metal connector
金属插座 metal cradle
金属掺杂物 metallic contaminant
金属缠制枪管 twist barrel
金属超应力引起的腐蚀 stress corrosion
金属车间 metal(pattern) shop
金属车身 metal body
金属车削 metal turning
金属沉淀 metal precipitation
金属沉淀反应 metal precipitation reaction
金属沉淀剂 metal-precipitator
金属沉积法 metalliding
金属沉积物 metal deposit
金属沉箱 metal caisson
金属衬板 metal lining
金属衬层 metal lining
金属衬垫 metal back;metal gasket;metal insert(ion)
金属衬固隧道 metal-lined tunnel
金属衬里 metal lining
金属衬里的 metal-lined
金属衬料 metal lining
金属衬面的 metallic-faced
金属衬片 metal lining
金属衬套 metal lining
金属撑条 metal bar
金属成分 metallic component
金属成矿地图 metallogenic map
金属成品率 metal yield
金属成型 metal forming
金属承载立筋 load-bearing metal stud
金属冲出 breakout
金属冲天炉 metal cupola
金属除锈 rust removal of metal
金属储量 reserves in metal
金属触点 hard contact
金属穿墙披水板 metal thru-wall flashing
金属窗 metal window
金属窗框 metal sash;metal window frame
金属窗框窗 metal sash window
金属窗框工程 metal sash work
金属窗框砌块 metal sash block
金属窗盘 metal window sill
金属窗扇 metal casement;metal(window) sash
金属窗扇油灰 metal-casement putty
金属窗锁闩 metal sash bar
金属窗台板 metal window sill
金属窗条接头 <一种专利品> fenestra joint
金属窗芯子 metal sash bar
金属窗用腻子 metal sash putty
金属窗用油灰 metal sash putty
金属纯度 metal purity
金属醇化物 metal alcoholate
金属醇盐 metal alkoxide
金属磁带 metallic magnetic tape
金属磁性颜料 magnetic metal pig-

ment
金属粗糙破裂面 hackly
金属簇 metal cluster
金属催化剂 metallic catalyst
金属淬火剂 metal hardener
金属存储器 memory in metal
金属锉屑 metal filings
金属搭扣 <石块相联结的> agraf(f)e
金属大孔网筛 wire-mesh screen
金属带 metallic tape; metal strip; ribbon; saw band; rope <干扰雷达用的>
金属带材 sheet-metal strip
金属带焊管法 amalgaline plumbing
金属带加强件 metal strip stiffener
金属带锯机 metal band sawing machine
金属带锯条 band saw for metal
金属带扣 metal belt fastener
金属带捆箍机 banding machine
金属带条 metal strap
金属带状光源 metal ribbon source
金属单环 single steel intrauterine device
金属挡板 metal sheeting; metal siding
金属挡风雨条 <门窗的> spring strip
金属挡块 metal backup
金属挡水板 metal flashing
金属导电 metallic conduction
金属导电性 metallic conductivity
金属导管 metal conduit
金属导体 metallic conductor
金属道面跑道 metal runway
金属的 metalled; metallic
金属的过老化 overag(e)ing of metal
金属的挤压成型 extrusion of metals
金属的克分子量 mole of metal
金属的连续性 metallic continuity
金属的时效 ag(e)ing of metal
金属的延展阶段 ductile stage
金属的乙炔化物 metal acetylide
金属的应力腐蚀 stress corrosion
金属灯丝 metalized filament; metallic filament
金属滴管 metallic dropper
金属滴水【建】 metal drip
金属底板 base metal; metal base plate
金属底层处理用漆 active primer; etching primer; wash primer
金属底壳 metal pan
金属底片 metal negative
金属底漆 metal primer
金属底座 base metal; metab; metal base
金属底座工作台 metal base plate
金属地窖 metal silo
金属电镀 metal plating
金属电镀废水 metal plating wastewater
金属电镀过程废水 metal plating process wastewater
金属电镀污水 metal plating process wastewater
金属电弧 metal arc
金属电弧焊(接) metal(lic) arc welding
金属电弧焊条 metal electrode
金属电火花加工法 metal electro-sparking work
金属电极 metal(lic) electrode
金属电胶液 electrosol
金属电缆管道 metal raceway
金属电线管 electric(al) metallic tubing
金属电铸 metal plating
金属电阻炉 metallic resister furnace
金属电阻温度计 metallic resistance thermometer
金属电阻应变仪 metal resistance strain ga(u)ge
金属垫板 metal backing
金属垫衬 metal backing
金属垫块 backing metal
金属垫料 metallic packing
金属垫片 foot liner; metallic gasket; metal insert(ion)
金属垫圈弹簧 gasket spring
金属雕带 <古典檐梁装饰> metal frieze
金属吊钩 metal hanger
金属吊架 metal hanger
金属吊平顶 metal counter ceiling
金属碟 metal tray
金属钉条 metal nailing plug
金属顶层 metal cope
金属顶盖 metal cope
金属顶梁 roofmaster
金属顶棚 metal ceiling
金属定位销 metallic dowel
金属定型模板 metal mo(u)ld panel
金属锭 cake of metal; ingot metal; pig metal
金属锭块 pig
金属锭生产法 ingot production process
金属毒性 metallic toxicity
金属渡槽 metal flume
金属镀层 coat of metal; metal coat
金属镀层保护 metallic coating
金属镀层表面处理 metal coating surface treatment
金属镀层法 metal coating(method)
金属镀胶 rubber plating metal
金属镀面 metal coating
金属镀面的 plated
金属镀铁硬化 acieration
金属短条 billet
金属断面 metal profile
金属堆焊 replating
金属堆焊表面 weld metal buildup surface
金属对金属的钢盘密封 metal-to-metal disc seal
金属对模成型 matched metal mo(u)lding
金属钝化剂 metal deactivator
金属惰化剂 metal deactivator
金属惰气焊接 metal-inert-gas welding
金属惰性气体切割 metal-inert-gas cutting
金属钒 vanadium metal
金属反射 metallic reflection
金属反射镜 metal(lic) mirror
金属反射镜电极 mirror-metal electrode
金属反射率标准 R 值 metal reflectivity standard R value
金属反射膜 metallic reflective coating
金属反射器 metallic reflector; solid metal reflector
金属反射涂层 metal reflective coating
金属反应检查法 metalloscopy
金属反应性 metal reactivity
金属泛水 metal flashing
金属泛水板 metal flashing shingle
金属方格 metal waffle
金属方格形天花板 metal waffle type ceiling
金属防腐剂 anti-colodal
金属防护 metal protection
金属防护罩 shelter-clad
金属防水液 metallic liquid
金属防锈处理 metal rust proofing
金属防锈涂层 anti-rust metal coat(ing)
金属防锈油漆 anti-rusting paint; rust preventing paint
金属房屋 metal building
金属飞檐挡水板 metal cornice flashing piece
金属飞檐泛水 metal cornice flashing piece
金属非金属共晶合金 metal-nonmetal eutectic alloy
金属非金属双 O 形环密封 metallic-nonmetallic O-ring seal; metal O-ring and nonmetallic O-ring seal
金属废料 junk; scrap metal; waste metal
金属废料处理设备 scrap metal processor
金属废料运输拖车 salvage trailer
金属废物 metal waste
金属分布比 metal distribution ratio
金属分格条 base screed
金属分离器 metal separator
金属分馏真空泵 metal fractionary pump
金属分析 assay; metal analysis
金属粉 metal powder
金属粉尘 metal(lic) dust
金属粉粒 metal powder grain
金属粉末 metal dust; metallic powder; powder metal
金属粉末材料 <金属上包覆陶瓷时黏[粘]结用> metallizer
金属粉末成型 shaping of metal powders
金属粉末化 metal pulverization
金属粉末检波器 coherer
金属粉末扩散渗镀法 peen plating
金属粉末(喷涂)法 metal powder method
金属粉末喷涂系统 metal powder system; metal spraying system
金属粉末切割 metal powder cutting
金属粉末悬浮现象 leafing
金属粉末压机 metal powder press
金属粉末氧割 metal powder oxygen cutting
金属粉末轧制带材 powder strip
金属粉腻子 metallic cement
金属粉切割 metal power cutting
金属粉(色)浆 bronze paste
金属粉涂料 metallic paint
金属粉屑的毒性 toxicity of metal dust
金属粉颜料 metal powder pigment
金属粉与污水比 filings/wastewater ratio
金属丰度 metal abundance; metallicity
金属风管 metal air duct
金属风筒 steel ventilation pipe
金属封闭开关柜 metal-enclosed switchgear
金属封闭型电器 metal-enclosed apparatus
金属封油环 grommet
金属蜂窝 metal waffle
金属缝线 metal wire suture; wire ligature
金属敷层 metal backing
金属敷层防蚀法 prevention of corrosion by metallic coating
金属敷层显像管 metal back tube
金属敷镀 metal cladding
金属扶手 metal handrail
金属浮雕 metal bas-relief
金属浮雕的 toreutic
金属浮雕工艺 toreutics
金属浮雕花饰 repousse
金属浮雕饰 embossed metal ornamentation
金属浮雕术 toreutics
金属浮渣 dross metallics; metal dross
金属辐射板 metal radial panel
金属辐射板采暖 metal radial panel heating; metal radiant panel heating
金属辐射供暖 metal radial panel heating; metal radiant panel heating
金属腐蚀 metal(lic) corrosion
金属腐蚀剂 mordant
金属腐蚀试验用的腐蚀膏 corrod(o)kote paste
金属附件 hardware
金属复式醇盐 double alkoxide
金属覆盖 metal cladding
金属覆盖层 iron clad; metallic coating; metal sheath(ing)
金属覆盖的 plated
金属覆盖试验 testing of metallic coatings
金属改性的 metal-modified
金属改性氧化物 metal-modified oxide
金属钙 calcium metal
金属盖 metal cover
金属盖片 <防漏用> cap flashing
金属盖涂料 metal closure coating
金属干扰带 window
金属干涉滤光片 metal interference filter
金属杆 metal post; metal rod; metal stake; fauton <埋在混凝土中的>
金属杆天线 flagpole antenna
金属高温计 metallic pyrometer
金属格构工 metal lattice work
金属格栅 metal grating; metal grill(e)
金属格子窗 metal grill(e)
金属隔板 metal partition
金属隔层 metal jacket
金属隔断 metal partition
金属隔膜泵 metal diaphragm pump
金属隔片 metal spacer
金属隔墙 metal partition
金属隔墙抹灰骨架 metal partition base
金属隔热层 metallic insulation
金属隔声板 metal sheet coffer
金属隔心墙 metal sandwich wall
金属隔音天花板 absorbing metal ceiling
金属铬 chrome metal
金属工人 metal(l)ist
金属工艺 smithcraft
金属工艺学 metallurgic(al) technology; technology of metals
金属弓锯 metal hack saw
金属汞 metallic mercury
金属拱套 metal arch casing
金属沟槽 metal gutter; metal valley
金属钩 crampo(o)n
金属钩子 metal hanger
金属钩子和 D 形环 hook and dee ring
金属构架 metal(lic) structure; metal framing
金属构件 hardware; metal work
金属箍 <常装在带子末端> tag; aglet
金属箍圈 ferrule
金属骨架油封 metal-cased seal
金属骨架支承的外墙拉毛粉刷 stucco-exterior-ledger-supported system
金属骨料 metallic aggregate
金属骨料灰浆 metallic-aggregate mortar
金属固定件 metal fastening; metal fixing
金属刮刀 metallic spatula
金属刮平板 <具有凸缘的，抹灰用> basebead
金属挂钩 metal hanger
金属挂镜线 metal picture rail
金属挂瓦条 metallic lath(ing)
金属挂网 metal mesh; wire fabric
金属拐弯托座板 metal knee bracket plate
金属冠 metal crown
金属管 all-metal tube; metallic con-

duit; metallic pipe [piping]; metallic tube[tubing]
金属管道 metallic channel; sheath <放置钢索的>
金属管拱形换热器 metallic-tube arch-type heating exchanger
金属管基 metal base
金属管脚手架 tubular scaffold(ing)
金属管脚手台 metal pipe staging; metal tube staging
金属管空间框架 tubular metal space frame
金属管路 metal channel
金属管线供水系统 metallic water-piping system
金属管转子流量计 metal-tube rotameter
金属管子配件 metallic piping fitting
金属罐 can(n)ister
金属罐道 steel guide
金属光亮漆 metallic luster paint
金属光学 optics of metals
金属光掩模 metal photomask
金属光泽 metallic luster[lustre]; metal lustre
金属光泽面漆 metallic finish coat
金属光泽涂料 metallic paint; metallized coating
金属光栅 metal grating
金属硅 metallic silicon; silicon metal
金属硅酸盐泥 metal-silicate mud
金属硅氧烷聚合物 metallosiloxane polymer
金属轨枕 sleeper plate
金属辊式百叶窗 metal roller shutter; metal rolling shutter
金属滚压网格 metal rolling grill(e)
金属滚压栅栏 metal rolling grill(e)
金属滚轴带氯丁橡胶板接缝 metal rollers with neoprene plate joint
金属过渡 metal transfer
金属过渡方式 mode of metal transfer
金属过渡率 metal transfer rate
金属过渡特性 metal transfer characteristics
金属过滤器 metal(ic) filter
金属铪粉 hafnium metal powder
金属氦 metallic helium
金属含量 metallic content
金属焊补 replating
金属焊接 metal bonding; metal welding
金属焊接油罐 welded steel tank
金属焊料 brazing metal; solder metal
金属焊条 metal(ic) electrode
金属焊条惰性气体 metal-inert-gas
金属焊条惰性气体保护焊 metal-inert-gas welding; metal inertia gas welding; mig welding; metallic-electrode inert-gas welding
金属合金 metal alloy
金属合金陶瓷 ceramal
金属和金属连接 metal-to-metal bond
金属核 metal core
金属盒 metal pan
金属盒开关 enclosed knife switch; safety enclosed switch
金属褐色 metallic brown
金属桁架 metal girder
金属后滑 backward creep
金属厚度 metal thickness
金属弧焊 metallic arc welding
金属弧焊条焊把 metallic arc welding electrode holder
金属互化物 alloys; intermetallic compound; intermetallics
金属护板 metal casing
金属护角 metal corner bead; metal guard
金属护笼 roll cage
金属护面板 armo(u)red faceplate
金属护面涂层 protective finish of metals
金属护面油漆 protective finish of metals
金属护皮电缆 sheathed wire
金属护墙板 metal(wall) panel
金属护套 metal sheath(ing)
金属护网安全灯 garage lamp
金属滑车 metallic sheave
金属化 metallization; metallize
金属化的 metallized
金属化合物 metallic compound
金属化互连图 metallization pattern
金属化塑料带 metallized plastic tape
金属化铁炉 metal cupola
金属化(通)孔 plated-through hole; through hole
金属化图形 metallization pattern
金属化涂层 metallizing
金属化温度 metallizing temperature
金属化学 metal chemistry
金属化作用 metalation; metallization
金属划痕硬度试验计 turner scalerometer
金属还原剂 metallic reducing agent
金属环 metallic ring; metal ring
金属环法 wire loop method
金属环箍柱 annulated column
金属环过滤器 metallic ring filter
金属换热器 metallic recuperator
金属灰 calx[复 calces/calxes]
金属回路 metallic return circuit
金属回收 metal recovery
金属回收率 metal recovery rate
金属回收设备 metal recovery unit
金属回线 metallic return
金属混合炉 metal mixer
金属混凝土 <混凝土内含有细粒金属骨料> betonac
金属活动关节 metal hinge
金属活动天棚 movable metal ceiling
金属活页 metal hinge
金属火焰喷涂 molten metal flame spraying
金属货币单本位制 monometallic monetary system
金属基层卡 metal base clip
金属基复合材料 metal matrix composite
金属基片 metallic substrate
金属基体 ground mass; metal base; metal(lic) matrix
金属基座 metal base plate
金属级品位 metal-grade
金属极电弧焊 metal-arc welding
金属极电弧切割 metal-arc cutting
金属极惰性气体保护焊 metal-inert-gas arc welding
金属极气保护电弧切割 cutting
金属极气保护焊 metal-arc gas-shielded welding
金属集料 metal(lic) aggregate
金属集料砂浆 metallic-aggregate mortar
金属集装箱 metal container; metallic container
金属脊帽 metal ridge capping; ridge roll
金属技工 metal shingles
金属加工 metal(lic) processing; metal work(ing); working of metal
金属加工厂 fabricator
金属加工工具 metal working tool
金属加工工业 metal processing industry; metal working industry
金属加工工作 metal work
金属加工和表面处理 metal processing and finishing
金属加工和修饰 metal processing and finishing
金属加工混合料 metal working compound
金属加工机械 metal working machinery
金属加工间 metallic shop; metal(lic) work(shop)
金属加工碎屑 scraps from metal processing
金属加工液 metal working fluid
金属加固的 metal-reinforced shield
金属加固电动机 metal-clad motor
金属加固软管 metal-reinforced hose
金属加强板 metal gusset plate
金属加强的预制屋面材料 metal-reinforced ready roofing
金属加热炉 metal furnace
金属夹 metal clip; metal cramp
金属夹圈砖 metal-cased brick
金属夹砂 metallic bead
金属夹芯胶合板 plywood with metal core
金属夹杂物 metal(lic) inclusion
金属夹杂物分离器 tramp-iron rejector
金属价值指数 <等于抗拉极限与拉伸百分比的乘积> merit number
金属架 metal frame; metal holder
金属间壁 metal partition
金属间层 intersheathes
金属间化合的 intermetallic
金属间化合物 intermetallic compound; intermetallics
金属间化合物涂层 intermetallic coating
金属间摩擦 metal-to-metal friction
金属间相 intermetallic phase
金属减反射膜 metal anti-reflection coating
金属剪 metal shears
金属检测/分离器 metal detector/separator
金属检验 metal inspection
金属件 metal pieces
金属件冲压 extrusion of metals
金属建筑 metal construction
金属建筑材料 metal building material; metal construction(al) material
金属建筑零配件 metal builders fitting
金属建筑物 metal building
金属鉴别仪 metalsorter
金属键 metallic bond
金属浆爆破 metallized slurry blasting
金属降解 metal degradation
金属胶合板 metal wood
金属胶合剂 adhesive for metals; metal adhesive
金属胶接 metal bonding
金属胶体着色 metal-colloidal colo(u)ration
金属角 metal angle
金属角板 metal gusset plate
金属角撑板 metal corner plate
金属角切刀 metal angle cutter
金属绞丝布 twisted wire cloth
金属脚手架 iron scaffold; metal scaffolding
金属铰接 metal hinge
金属铰链 metal hinge
金属接地 metallic earth
金属接点 metallic contact
金属接缝 metallic joint
金属接缝条 metallic joiner
金属接管零件 metallic piping fitting
金属接轨(夹)板 metal fish plate
金属接合 metallic joint
金属接合(夹)板 metal fish plate
金属接合配位体 metal-binding ligand
金属接结 metal tying
金属接头 metal connector
金属节点板 metal gusset plate
金属结点板 metal gusset plate
金属结构 metal(lic) fabrication; metal(lic) construction; metal(lic) structure
金属结构材料 metal construction(al) material; metal structural material; structural metallic material
金属结构厂 construction iron works; metal structure plant; metal structure works
金属结构车间 structure shop
金属结构工 metal lattice work
金属结构工厂 construction works
金属结构罐 steel tank
金属结构件 structural metal
金属结构物 metal structure
金属结合 metal bonding
金属结合剂 metal bond
金属结合剂用金刚石 diamond grains for metal bond
金属结合砂轮 metal bonded wheel
金属截面 metal profile; metal section
金属介质干涉量度学 metal-dielectric-(al) interferometry
金属介质干涉滤光片 metal-dielectric-(al) interference filter
金属介质滤光片 metal-dielectric(al) filter
金属金属共晶合金 metal-metal eutectic alloy
金属紧固件 metal fastening
金属紧扣件 <木支撑中用> brob
金属紧密配合连接 ground joint
金属浸入化学溶液进行褪光 matte dig
金属浸酸 metal pickling
金属浸注材 metal impregnated wood; metal-treated wood
金属晶格 metal(lic) crystal lattice
金属晶格动力学 lattice dynamics of metal
金属晶排探伤 flow detection
金属晶排探伤仪 flow detector
金属晶体 metal crystal
金属精炼 metal refinement; refining of metals
金属精炼法 metal-purifying process
金属精整 metal finishing
金属井架 metal head frame
金属净化剂 metal cleaner
金属静力学的 metallostatic
金属静压力 metallostatic pressure
金属镜 metal mirror; speculum [复 specula]
金属救生艇 metal(lic) lifeboat
金属锯 metal saw
金属锯床 metal sawing machine
金属锯条倒条机 metallic clothing unwinding machine
金属锯屑 grit; metal filings
金属聚硅酸盐络合物混凝剂 metal-polysilicate complex coagulant
金属卷尺 metal(lic) l tape
金属卷带周边滤清元件 metal edge element
金属卷升百叶窗 metal roller shutter; metal rolling shutter
金属卷升百叶门 metal roller shutter; metal rolling shutter
金属绝缘体 metal insulator
金属绝缘体-半导体激光器 metal-insulator-semiconductor laser
金属绝缘子 metallic insulator
金属卡固件 metal lock fastener
金属卡片存储器 metal card memory
金属开槽锯 metal-slitting saw
金属铠装 metal armo(u)ring; metal sheath(ing); shelter-clad
金属铠装暗盒 metal cassette

金属铠装暗盒式天花板 metal cassette type ceiling
金属铠装暗箱 metal cassette
金属铠装变电站 metal-clad station
金属铠装地下电缆 parkway cable
金属拷铲出白 bare metal
金属颗粒 prill
金属壳 metal back(ing);metal casing;metallic shell
金属壳背 metal backing
金属壳衬垫 metal backing
金属壳电子管 all-metal tube
金属壳机身 metal monocoque
金属壳漂移管 metallic drift tube
金属壳显像管 metal
金属空气换热器 metallic air recuperator
金属孔掩模 metal aperture mask
金属孔眼 grommet;grummet
金属扣件 metal lock fastener
金属块 biscuit;derby;pig metal
金属矿 metal
金属矿产 metallic commodities;metallic ore
金属矿产资源 metallic mineral resources;metalliferous ore resources
金属矿床 metallic mineral deposit
金属矿地震勘探 metal mine seismic prospecting
金属矿化探 geochemical exploration for ore deposits
金属矿开采 underground metal mining
金属矿脉 metalliferous vein
金属矿山 metalliferrous mine
金属矿石 metallic mineral;metallic ore;ore mineral
金属矿物 metallic mineral;ore mineral
金属矿物产品 metallic mineral products
金属框格窗 metal sash window
金属框架 metal frame(work)
金属框架窗 metal framed window
金属框架分隔墙 metal framed partition(wall)
金属框架建筑物 metal frame building
金属框笼 metal crib
金属框子 escutcheon
金属捆绑 metal tying
金属拉杆 metal bar
金属拉手 metal handle
金属拉丝用润滑剂 drawing compound
金属拉网 expanded metal lath(ing);expanded sheet metal;sheet lath;metal lath;perforated sheet lath <抹灰用>
金属拉网卡 metal lath clip
金属拉网抹灰隔墙 expanded metal lath partition
金属拉网上抹灰 plaster on metal lath(ing)
金属拉桩 metal anchor
金属栏杆 metal rail
金属栏杆柱 metal baluster
金属缆拉索 twisted wire tie
金属肋板条 metal lathing
金属肋片 metal fin
金属冷作 cold work(ing)
金属离子 metallic ion
金属离子掺杂物 metal ion dopant
金属离子毒性 toxicity of metal ion
金属离子分离法 method of separation metal ion
金属离子缓冲 metal ion buffer
金属离子混凝剂 metal ion coagulant
金属离子类型 type of metal ion
金属离子浓度 metal ion concentration
金属离子驯化 acclimatization with metallic ion
金属立筋 metal stud
金属立筋分隔墙 metal stud partition wall
金属立筋隔板墙 metal stud curtain wall
金属立筋隔墙 metal stud partition
金属立面 metal facade
金属粒 clipped wire;grained metal;metallic bead
金属粒化 shotting
金属粒化处理 granulation
金属粒子 metallics
金属连焊接 bonding of metal(s)
金属连接 bonding of metal(s);metal bonding
金属连接板 metal connection plate;metal gusset plate;metal-joint plate
金属连接带 metal-joint strip
金属连接片 metal-joint strip
金属连接器 metal connector
金属连接条 metal-joint strip
金属联结板 metal-binding plate
金属链带 metallic link belt
金属梁 metal bar;metal beam
金属梁托 metal hanger
金属亮漆 metallic lacquer
金属量测量 metallo-metric(al) survey
金属量测量结果图 resultant plot of metallometric survey
金属料 metal charge
金属裂缝探伤器 inspectoscope
金属磷酸膜被覆法 rovalising
金属鳞片 metal flake
金属零件 metal parts
金属流 metal flow
金属流变 flow of metal
金属流纹 flow of metal
金属硫化物泥 metal-sulfide mud
金属硫钛 metallothiopeptide
金属硫因 metallothionein
金属龙骨 metal stud
金属龙骨隔墙 metal stud partition
金属龙骨幕墙 metal stud curtain wall
金属笼框 metal crib
金属楼板 metal deck floor;metal floor decking;metal flooring
金属楼面 metal floor decking
金属楼梯 metal stair(case)
金属卤化物 metal halide
金属卤化物灯 metal halide lamp;metallic-additive lamp
金属卤素灯 metal halide lamp;metallic-additive lamp
金属滤泵 filter pump
金属滤材 metal media
金属滤网 metal mesh filter;metal screen
金属路面 metal surface
金属路面板 landing mat
金属路钮 <路面交通标志用的> metallic button
金属路缘 metal curb
金属铝 metallic aluminium
金属氯化物 metallic chloride
金属氯化物防水剂 metallic chlorinate waterproofing agent
金属轮廓 metal profile
金属螺钉 metal screw
金属螺栓 metal stud
金属螺旋楼梯 metal spiral stair(case)
金属裸线 plain conductor
金属络合 metal complexation
金属络合反应 metal complexation reaction
金属络合剂 metal chelating agent
金属络合物结构 structure of metal complex
金属络合作用 complexation of metal
金属埋件 embedded metal work
金属毛坯 metal shape
金属锚碇 metal anchor
金属锚固件 metal anchorage
金属锚具 metal anchorage
金属锚头 metal anchorage
金属茂 metallocene
金属帽盖的 metal capping
金属帽盖泛水 metal cap flashing;metal counter flashing
金属镁 magnesium metal
金属门 metal door
金属门窗结构 metal framery
金属门窗框 metal casing
金属门工厂 metal door factory
金属门槛 metal threshold
金属门框 metal door frame;metal trim
金属锰 manganese metal
金属密封(材料) metallic seal(ing)
金属密封环 metallic packing ring;metal ring seal
金属密封镶边的玻璃窗组件 metal edge sealed glazing unit
金属面胶合板 armo(u)red plywood;plywood metal sheet;plymetal
金属面木作 metal-faced joinery;woodwork with metal facing
金属面着色 metallochrome
金属模 metal pan
金属模板 metaform;metal(lic) forms;metal shuttering;metal form(work)
金属模版 metal matrix
金属模锭 chill cast ingot
金属模壳 metal shuttering
金属模片 metal template
金属模型 metal(lic) mo(u)ld;metal model;metal pattern
金属模型板 metal panels for concrete form
金属模铸造 die cast
金属模子 metal mo(u)ld
金属膜 metal(lic) film;metal membrane
金属膜电位器 metal film potentiometer
金属膜电阻 metalster
金属膜电阻器 metal(ized) film resistor
金属膜盒 metal bellows
金属膜盒压力计 metallic bellows ga(u)ge
金属膜片 metallic diaphragm;metallic membrane
金属膜片过滤器 metal diaphragm filter
金属膜掩蔽 rejection mask
金属膜荧光屏 metallized screen
金属磨损 galling
金属母模 metal mother
金属母盘 metal master;metal negative
金属木材连接间 metal timber connector
金属幕墙 metal curtain wall
金属幕墙(镶)板 metal curtain wall panel
金属内壁 metal wall
金属钠 sodium metal;sodium metallic
金属耐久力 metal endurance
金属耐久性 metal endurance
金属耐疲劳度 metal endurance
金属挠性导管 metal flexible conduit;metal hose
金属年产量 annual output of metals
金属黏[粘]合工艺 metlbond
金属黏[粘]合剂 metal adhesive
金属黏[粘]接 metal(lic) bond;bonding of metal(s)
金属黏[粘]结 metal(lic) bond;bonding of metal(s)
金属黏[粘]结灰浆 metallic-aggregate mortar
金属黏[粘]结剂 metal adhesive
金属浓度 metal concentration
金属暖气罩 metal radiator shield
金属偶 metal pair
金属排水管 metal drain tile
金属盘 metal boat;metal dish;metal pan;salver
金属抛光 metal finishing
金属抛光废料 metal finishing waste
金属抛光工业 metal finishing industry
金属抛光剂 metal polish
金属刨子 metallic plane
金属配合物 complexing compound;metal complex
金属配位染料 metal complex
金属喷镀 metallization;metal spraying;pulverization;Schoop process;spray gun process
金属喷镀层 flash coating
金属喷镀法 spray metal coating;metalikon
金属喷镀器 metallization apparatus;pistol;spray gun
金属喷敷 spluttering;spraying
金属喷敷层 spray metal coating
金属喷流 <爆炸焊的> metal jet
金属喷膜法 metalikon process
金属喷枪 metal spray gun
金属喷水抽气泵 metal-water-jet pump
金属喷涂 mellozing;metalikon;metallic spraying;metallize;metal pulverization;metal spraying;metal spray plating;spray metal plating
金属喷涂层 spray metal coating
金属喷涂法 spray metal coating
金属喷涂过的 metal-sprayed
金属喷涂器 gas metal(l)izator
金属喷涂枪 wire-spray gun
金属坯 base metal
金属坯段 billet
金属坯块 metal compact
金属坯料 planchet
金属坯胎 metallic substrate
金属坯胎皱痕 waviness of metal body
金属披水板 metal flashing shingle
金属皮 metal skin;sheet metal
金属皮泛水 flexible metal flashing(piece)
金属皮绝缘电缆 metal-sheathed mineral-insulated cable
金属皮屋顶 flexible metal sheet roof cladding;flexible metal sheet roofing;flexible metal sheet roof sheathing
金属皮胀凸 cupping
金属疲劳 fatigue of metal;metal fatigue
金属片 bonding jumper;junk;metallic flake;metal sheet;sheet metal;tinsel
金属片包片 sheet metal pocket
金属片材泛水 sheet-metal flashing
金属片材盖板 sheet-metal cover(ing)
金属片材钢板 sheet-metal sheathing
金属片材望板 sheet-metal sheathing
金属片材屋顶排水沟槽 sheet-metal valley gutter
金属片材屋面盖板 sheet-metal roof cladding
金属片测厚器 reflectoga(u)ge
金属片电路接触式(车辆)探测器 electric(al) contact detector
金属片覆盖的梯阶 plate-covered step
金属片互搭接头 drip joint

J

金属片护墙板 metal sheet panel
金属片加工 bossing
金属片加工槌 bossing mallet
金属片伸缩缝 plate-type contraction joint
金属片透镜 metal plate lens
金属片屋面板(条) metal sheet roof sheathing
金属片镶板 metal sheet panel
金属片芯撑 sheet-metal chaplet
金属片状粉末 metal flake
金属片状毛坯 slug
金属品工人 smith
金属品位 metal-grade
金属品位级纯度 metal-grade purity
金属平板印刷术 metal plate lithography
金属平垫密封的螺栓力计算 calculation for bolt force of metal flat gasket
金属平顶镶板 metal coffer
金属屏 metal screen
金属屏蔽 metallic screen
金属屏蔽线 metal-shielded wire
金属泼散器 metal splasher
金属剖面 metal section
金属铺板 metal deck(floor)
金属铺板楼盖 metal deck floor
金属铺衬的 metal-lined
金属漆 metallic paint
金属漆液 bronzing liquid
金属旗杆 metal flake
金属器具 hardware
金属器具商 ironmonger
金属器皿 metalware
金属铅 blue lead
金属铅粉 lead powder
金属浅浮雕 metal low relief
金属嵌入物 < 木轮中的 > coak
金属墙板 metal siding
金属墙板条 metal wall panel
金属墙角护条 cornerite;metal corner bead
金属墙上插头 metal wall plug
金属墙上灯座 metal wall plug
金属墙栓 metal wall plug
金属墙镶板 metal wall panel
金属墙镶条 metal wall panel
金属墙(腰)箍 metal wall tie
金属墙柱 metal stud
金属敲击成型 dressing
金属桥接 metal bridging
金属桥梁 metal bridge
金属切除量 metal removal
金属切割 metal cutting
金属切割吹管 metal-cutting torch
金属切削 metal cutting;scissel
金属切削机 metal-cutting machine
金属切削机床 metal-cutting machine tool
金属切削加工 machining of metals
金属切削理论 metal-cutting theorem
金属切削率 metal removal factor; metal removal rate
金属切削能力 metal-cutting capacity
金属切削液 metal machining liquid
金属切削油 metal-cutting oil
金属切削原理 metal-cutting principle
金属切屑 borings;swarf
金属氢 hydrogenium
金属氢氧化物固体 metal hydroxide solid
金属清洁液 metal-cleansing solution
金属清洗剂 metal cleaner
金属穹顶 metal cupola
金属曲柄 metal handle
金属屈服 yield of metal
金属取代 metallation
金属圈 eyelet;quoit
金属全量 total metal content
金属燃烧室 metal combustion chamber
金属染料 metal dye
金属染色探裂法 met-L-check
金属热 metal fever
金属热处理保护膜 protection film for heat treatment of metal
金属热电偶 metallic thermocouple
金属热辐射计 metal bolometer
金属热还原 metallothermic reduction
金属热还原处理 metallothermic processing
金属热还原的 bomb-reduced
金属热加工 hot working
金属热切圆锯片 circular saw blade for hot metal cut
金属热熔炼车间 exothermic smelter shop
金属刃刮路机 metal blade drag
金属日珥 metallic prominence
金属绒 metal wool
金属容器 canister;metal container
金属容污器 metal sink
金属溶解 metal dissolution
金属溶性 metal solubility
金属溶液 metallic solution
金属熔补 burning-on
金属熔滴 metal drop(let)
金属熔滴的分离 metal droplet detachment
金属熔滴或飞溅 < 焊接时间的 > welding dribble
金属熔合 alligation
金属熔炼厂 metal melting works
金属熔炼炉 metal-melting furnace
金属熔喷盖层 metal spray coating
金属熔喷枪 metal spray gun
金属熔融喷镀(涂)层 sprayed metal coating
金属熔融喷涂 metal spraying
金属熔融深度 depth of fusion
金属蠕变 metal(lic)creep
金属软管 flexible metal(lic)conduit; flexible metal (lic) hose; flexible metal (lic) tube [tubing]; flexible metal(lic) pipe[piping]; metal flexible conduit;metal(lic)hose
金属软夹 tingle
金属三角垫密封 seal by metallic delta gasket
金属伞 rain cone;rain cone
金属散热片 metal fin
金属散热器罩 metal radiator shield
金属色 metallochrome
金属色料 metallic colo(u)r
金属纱窗 metal screen
金属砂粒 metallic grit
金属筛 metallic screen
金属筛网 metallic sieve
金属栅 metal gate;wire netting
金属栅长度 < 应变片内的 > grid length
金属栅栏 wire netting
金属栅滤光片 metal(lic)grating filter
金属栅状膜 metal(lic)grid coating
金属栅状涂层 metal(lic)grid coating
金属闪光底涂层罩清漆涂装法 base coat/clear metallic system
金属闪光面漆 metallized finish
金属闪光漆 metallic finish coat; metallic pigmented paint
金属闪光涂层 metallic coating
金属闪光涂料 metallized coating
金属扇叶 metal blade
金属上雕刻花饰 celature
金属上釉棒 metal glazing bar
金属上釉杆 metal glazing bar
金属烧损 iron loss
金属蛇(形)管 metal hose; flexible metal hose; flexible metallic conduit;flexible metallic tube[tubing]
金属射照相术 radiometallography
金属伸缩棚罩 iron expansion shield
金属伸缩片 expansion metal sheet; metal expansion strip
金属伸缩软管 metal bellows
金属渗入 metal penetration
金属渗入砂型 burn-in;burning-in
金属渗碳 metallized carbon
金属生产量 metal production
金属生物材料 metal biomaterial
金属声 metallic sound
金属绳履带片 strand shoe
金属绳筛 wire rope screen
金属失光 tarnish
金属石棉摩擦衬片 metallic asbestos brake lining
金属石墨 metal graphite
金属石墨电刷 metal-graphite brush; metallized brush
金属时代 metal age
金属试验器 metallometer
金属试样 test button
金属饰件 metal ornament
金属饰框 escutcheon;scutcheon
金属饰面 metal facing;metal finish
金属收缩留量 metal-shrinkage allowance
金属手柄 metal handle
金属受氢蚀致脆 hydrogen embrittlement of metals
金属树脂酸盐 metallic resinate
金属竖管 metal stake
金属竖铰链窗 metal-casement window
金属竖井 metal silo
金属刷 metal(lic)brush
金属刷盾尾密封 wire brush tail seal
金属水槽 metal flume;metallic tank
金属水密封 metal waterstop
金属水泥 metallic cement
金属丝 hair; tinsel; tinsel tin-plate; wire
金属丝包编机 wire-covering machine
金属丝编带机 wire braiding machine
金属丝编织物 wire braid
金属丝标尺 wire rod
金属丝布 metallic fabric;wire cloth; wire fabric (sheet); wire gauze; woven-wire cloth
金属丝布的经线 < 筛网 > longitudinal wire of the cloth
金属丝布规格 wire cloth standard; wire fabric standard; woven-wire cloth standard
金属丝厂 wire work
金属丝尺寸 wire size
金属丝粗网筛 wire coarse sieve
金属丝叠层玻璃 wire laminated glass
金属丝方孔筛 wire-mesh screen; wire screen
金属丝规 wire ga(u)ge
金属丝过滤器 wire filter
金属丝基衬垫 wire insertion gasket
金属丝加强金属 < 一种纤维加强金属基复合材料 > metal wire reinforced metal
金属丝加强橡皮管 wire-reinforced rubber hose
金属丝篮 wire basket;wire cradle
金属丝量热计 wire calorimeter
金属丝滤布 wire filter cloth
金属丝滤网 wire basket;wire gutter top
金属丝喷涂 rod spraying;wire metallizing;wire spraying
金属丝喷涂法 Schoop process
金属丝喷涂枪 wire gun;wire pistol
金属丝喷制枪 wire pistol
金属丝筛 wire sieve
金属丝筛布 metal cloth
金属丝筛网 metal screen
金属丝筛网布 gauze wire screen cloth
金属丝筛网刷 wire sieve brash
金属丝刷 metal-bonded brush; wire brush;metal plug < 清扫凝汽器管的 >
金属丝刷抛光轮 wire buff
金属丝刷子 scratching brush
金属丝送料 wire feed
金属丝透度计 wire-type penetrometer
金属丝网 gauze (screen); meshed wire; wire cloth; wire fabric; wire ga(u)ge; wire mesh; wire netting; wire screen;wire work;metal gauze; metal mesh;wire gauze
金属丝网布 gauze wire cloth; wire screen cloth; woven-wire screen cloth
金属丝网格 wire grill(e)
金属丝网滤清器 wire-mesh filter
金属丝网筛 wire screen
金属丝网纬线 transverse wire of the cloth
金属丝细网筛 wire-mesh screen; wire sieve;woven-wire screen
金属丝颜色 fabric colo(u)r
金属丝应变仪 wire strain ga(u)ge
金属丝增强 metal reinforcement
金属丝扎紧 wire grip
金属丝织物 wire cloth;wire work
金属丝制品 wire article;wire product;wire work
金属丝制造厂 drawing mill
金属丝装成的刷子 metal-bonded brush
金属塑料复合材料 plastimets
金属塑料联合冠 metal plastic crown
金属酸浸除锈处理 dead dipping
金属酸洗 metal pickling
金属酸洗厂 metal pickling plant
金属酸洗法 pickling of metal
金属碎片 flitter
金属碎屑 sludge
金属碎渣 sludge
金属踏步 climbing irons; stepping iron
金属态磷 black phosphorus; metallic phosphorus
金属弹簧重力仪 metallic spring gravimeter
金属弹性减振垫 metalastic mounting
金属弹性减振器 metalastic mounting
金属探测器 metal detector; mine detector
金属探伤 metal defect detection;metal inspection
金属探伤器 stethoscope
金属探寻器 metal locator
金属探针 metal probe
金属碳化物 metal(lic)carbide
金属碳混合电刷 compound brush
金属碳刷 metallic graphite brush
金属碳酸盐固体 metal carbonate solid
金属陶瓷 ceramet; cerametallics; ceramic metal; metal (lized) ceramics; metaloceramic; sintered metal; sinter(ing)metal
金属陶瓷材料 ceramet material
金属陶瓷车刀 ceramet bit; ceramic tool
金属陶瓷磁铁 ceramic magnet
金属陶瓷刀具 ceramic tool
金属陶瓷刀片 ceramic tip
金属陶瓷刀头 ceramet bit
金属陶瓷的 cerametallic;ceramic-metallic
金属陶瓷电阻 cermet resistance

金属陶瓷电阻器 cermet resistor
金属陶瓷封接 metal ceramic seal; ram seal
金属陶瓷复合材料 ceramic-metal composite; metal ceramic composite material
金属陶瓷管 ceramic-metal tube
金属陶瓷过滤器 metal ceramic filter; sintered metallic filter
金属陶瓷焊接 cement-welding
金属陶瓷合金 cermet
金属陶瓷接触器 cermet contactor
金属陶瓷联合冠 metal porcelain crown
金属陶瓷摩擦材料 friction(al) cermet; metal ceramic friction material
金属陶瓷黏[粘]合制品 ceramic-metal adhesive combination
金属陶瓷钮扣式摩擦块 cermet button
金属陶瓷烧结制品 metal ceramic agglomerate
金属陶瓷饰面 cermet facing; cermet finish
金属陶瓷塑料复合材料 metal ceramic-plastic composite
金属陶瓷涂层 cermet coat(ing); metal ceramic coating
金属陶瓷外层 cermet coat(ing)
金属陶瓷纤维 cermet fiber[fibre]
金属陶瓷学 metal ceramics
金属陶瓷制品 ceramic-metal combination; metal ceramic combinations
金属套 metallic sheath
金属套管 metal jacket; metal sleeve
金属套管扭接 twisted sleeve joint
金属套环 metal capping strip
金属套筒 metal sleeve
金属特性 metallic character; metal property
金属特征 metallicity
金属锑 metallic antimony; regulus antimony
金属踢脚板 metal shirting
金属提取率 metal extraction efficiency; metal fall
金属提手 metal handle
金属替换精炼法 metal substitution refining process
金属天窗 metal roof-light; metal skylight
金属天沟 metal gutter; metal valley
金属天花板 metal ceiling
金属天花板框架 metal ceiling panel
金属天花板镶板 metal sheet coffer
金属天线 metal antenna
金属添加剂 metal additive
金属填充齐 metallic stuffing
金属填缝料 metal-joint filler
金属填缝装置 metal-joint filler assembly
金属填料 metal filings; metal filler; metal(lic) joint(ing); metal(lic) packing
金属填料夹层结构 metal sandwich
金属填料箱 metallic stuffing box
金属填密片 metal gasket
金属挑檐挡水板 metal cornice flashing piece
金属挑檐泛水 metal cornice flashing piece
金属条 bonding jumper; metal rod; steel bar
金属条板拉展菱形网 diamond mesh flat expanded metal lath
金属条带 strip metal
金属调理剂 metal conditioner
金属贴脸 flat metal trim; metal trim
金属贴面 metal overlaid; metal surfacing
金属贴面板 armo(u)r plywood; metal-(sur)faced board
金属贴面窗 metal-faced window
金属贴面的 metal-faced
金属贴面法 metal facing
金属贴面工艺 metal facing
金属贴面胶合板 metal-clad plywood; metal-faced plywood; plymetal
金属贴面门 metal-faced door
金属贴面橡胶 metal-faced rubber
金属铁 metallic iron
金属通道 metal channel
金属铜 metallic copper
金属头版 master negative
金属透镜天线 metal lens antenna
金属涂布纸 metallic paper
金属涂层 metal coat(ing)
金属涂镀法 spray metal coating
金属涂敷 metallic coating
金属涂敷法 metallization
金属涂覆 washing
金属涂覆温度 metallizing temperature
金属涂料 metal coating
金属涂漆 metal paint(ing)
金属涂色 colo(u)ring metal
金属托架 metal cradle
金属托盘 metal tray
金属脱脂 metal degreasing
金属椭圆环密封 metal oval-ring closure; seal by metallic oval-ring
金属瓦 metal tile
金属瓦片 metallic tile
金属外包窗 metal-covered window
金属外包防火门 meta-clad fire door
金属外包门 metal-clad door; metal-covered door
金属外层 metallic coating
金属外挂板 metal sheet cladding; metal structural cladding
金属外观 metal facade
金属外壳 metal casting; metal jacket; metal shell
金属外皮建筑物 metal-clad building
金属外套 metal jacket
金属外形 metal profile
金属丸铸造 shot casting
金属烷氧化物 metal alkoxide
金属网 expanded(metal) mesh; expanded metal sheet; steel mesh; wire lath
金属网鞍形填料 McMahon packing
金属网板条 expanded metal lath-(ing)
金属网布 screen cloth
金属网带条 expanded metal strip
金属网兜 wire cradle
金属网反射器 screen reflector
金属网粉刷平顶 metal lath and plaster ceiling
金属网粉刷天棚 metal lath and plaster ceiling
金属网幅 fabric width
金属网覆面层 wire-mesh facing
金属网格 rib mesh; wire screen; wire mesh
金属网格楼板 metal grid floor(ing)
金属网格子 expanded metal grid
金属网隔断 mesh partition
金属网规则填料 Stedman packing
金属网焊机 wire-mesh welding machine
金属网护栅 expanded metal grate
金属网护罩 expanded metal guard
金属网集装箱 metal mesh container
金属网加固 wire-mesh reinforcement
金属网加强物 expanded metal reinforcement
金属网交织排列填料 Spraypak packing
金属网孔板 expanded metal
金属网炉条 expanded metal grate
金属网络 metallic network
金属网棉毡 wire-mesh mattress
金属网面层 metal mesh facing
金属网抹灰 metal lath and plaster
金属网抹灰顶棚 metal lath and plaster ceiling
金属网牌号 <一种用于加强砖工的> Exmet
金属网丝规 fabric wire ga(u)ge
金属网为骨架的陶瓷材料 Keramonite
金属网线 mesh wire
金属网线规 fabric wire ga(u)ge
金属网眼 screening
金属网眼抹灰 plaster on metal lath-(ing)
金属网眼屏 <反眩光> expanded mesh screen
金属网印 metal screen
金属网栅栏 expanded metal fence
金属网织机 wire weaving machine
金属微粒 metal particle
金属围护结构 metal structural cladding
金属围栏 metal surround
金属围篱杆 metal fence stake
金属围篱尖桩 metal fence picket
金属围篱竖管 metal fence stake
金属围篱支墩 metal fence post
金属围篱支柱 metal fence post
金属围篱柱 metal fence stake
金属围篱桩 metal fence stake; metal picket
金属围墙 metal wall
金属围堰 metal coffer
金属尾水管 metal draft pipe
金属温度表 metallic thermometer
金属温度调节 metal matching
金属温度计 metallic thermometer; metal thermometer
金属温度控制 control of metal temperature
金属温度确定 metal temperature determination
金属稳定剂 metallic stabilizer
金属蜗壳 sheet-metal casing
金属污染 metallic contamination; metal(lic) pollution
金属污染物 metallic contaminant; metallic pollutant
金属屋顶板 metal shingles
金属屋顶材料 <石棉保护的> cellactite
金属屋顶窗 metal roof-light
金属屋顶的表面覆盖 metal roof cladding
金属屋顶覆盖层 metal roof cover-(ing)
金属屋顶建筑物 metal-roofed building
金属屋顶面 metal roof cover(ing)
金属屋面 metal roofing
金属屋面板 metal shingles; metal roof sheathing
金属屋面滴水槽 drop apron
金属屋面连接片 gusset piece
金属钨粉 metal tungsten powder
金属无损流线探伤法 non-destructive (flaw) detection
金属物返料 revert metallics
金属物理学 metal physics
金属物料 metalliferous material
金属物质 metallics; metallic substance
金属雾 metal fog
金属吸附 metal sorption
金属吸附炭 metal-absorbent char
金属吸气膜 getter mirror; getter patch
金属吸声板吊顶 metal acoustic(al) ceiling
金属吸声天花板 absorbing metal ceiling
金属吸收 metallic absorption
金属吸收膜 metallic absorbing layer
金属洗涤盆 metal sink
金属铣床 metal milling machine
金属系杆 metal tie rod
金属系件 metal tie
金属细工锤 chasing
金属细筛 wire screen; wire sieve
金属狭板 metal batten
金属纤维 metal-fiber[fibre]; metallic fibre[fiber]; metal wool
金属纤维材料 metallic fiber[fibre] material
金属纤维增强复合材料 metal fiber [fibre]-reinforced composite
金属显微组织 microstructure of metal
金属显像管 metal-Braun tube
金属线 wire
金属线变阻器 metallic rheostat
金属线槽 metal raceway
金属线导管 wireway
金属线缝接 wire joint
金属线工业 wire industry
金属线加工 wire working
金属线脚 metal mo(u)lding; metal trim
金属线接合法 wire bonding method
金属线绝缘用化合物 wire-insulating compound
金属线路 metallic circuit
金属线帽 wire nut
金属线圈 pigtail
金属线筛 woven-wire screen
金属线绳 wire rope
金属线涂层用化合物 wire-covering compound
金属线网格 wire grill(e)
金属线星 metallic line star
金属相 metal phase
金属相碳 metal carbon
金属箱 metal pan
金属镶板 metal panel
金属镶板天花板 metal panel ceiling
金属镶板型天花板 metal coffer type ceiling
金属镶边 metal lipping; metal trim
金属镶边镜子 metal-edged mirror
金属镶边石膏板 metal-edged gypsum plank
金属镶边条 flat metal trim
金属镶衬的 metal-lined
金属镶嵌 gold filigree
金属镶嵌的 damascene; damascening
金属镶饰的挂件 damask-hung
金属橡胶结合法 metalastik
金属削凿刀 cold chisel
金属消耗率 rate of metal consumption
金属消声器 metal silencer
金属小杯 pannikin
金属小块 slug
金属小轮 slug
金属小片 metal flake
金属小球 prill
金属小珠 button
金属泻水板 metal flashing
金属屑 chip(ping)s; cuttings; filings; metal chip(ping)s; metal grit; metal scrap; scrap metal; sweepings
金属屑检波器 coherer
金属芯玻璃纤维 metal core glass fibre
金属芯盒 master pattern
金属芯片 metal core

金属芯碳棒 metal cored carbon
金属芯子 filler;metal core
金属锌 metallic zinc
金属锌镀层 metallic zinc coating
金属锌还原法 metal zinc reduction
金属锌颜料 metal(lic) zinc pigment
金属星 metallic star
金属形态学 metal morphology
金属型材 metal shape
金属型材断面 light-metal profile
金属型铸造 permanent metal-mold casting
金属性 metallicity
金属性参数 metallicity parameter
金属性的 metallic;metalline
金属性毒物 metallic poison
金属性短路 metallic short circuit
金属性金刚石 metallic diamond
金属性能 metallic behavio(u)r
金属性质 metalline
金属修饰剂 metal modifier
金属锈 metal rust
金属锈蚀 corrosion of metal
金属锈蚀脱皮 surface scaling
金属须 whiskers
金属徐变 creep of metals
金属旋压 metal spinning
金属压顶 metal coping
金属压杆 metal strut
金属压舌板 metal tongue depressor
金属压条 metal bead; metal casing; tack
金属烟 metallic fume
金属烟尘热 metal fume fever
金属烟囱 abat-vent; metal chimney; metal smoke-stack; smokestack
金属烟雾 metallic fume
金属烟雾热 galvo
金属研磨材料 metal abrasive material
金属研磨用冷却油乳液 grinding oil
金属盐调色剂 metal toner
金属盐类 metallic salt
金属盐/叔胺混合促进剂 mixed metal salt/t-amine accelerator
金属颜料 metallic pigment
金属颜料清漆 ormolu varnish
金属檐沟 metal eaves gutter; metal gutter; metal valley
金属掩模 metal mask
金属阳极 metal anode
金属阳极隔膜电解槽 diaphragm cell with metal anodes
金属阳极氧化物 metal-anodic oxide
金属阳离子 metal cation
金属氧化 burning
金属氧化坩埚 metal oxide crucible
金属氧化铝半导体 metal-alumina-semiconductor
金属氧化铝半导体存储器 metal-alumina-semiconductor memory
金属氧化膜 metal oxide film
金属氧化-氢氧化物泥 metal-oxide-hydroxide mud
金属氧化物 aerugo; metal oxide
金属氧化物半导体 metal oxide semiconductor
金属氧化物半导体电阻器 metal oxide semiconductor resistor
金属氧化物半导体二极管 metal oxide semiconductor diode
金属氧化物半导体集成电路 metal oxide semiconductor integrated circuit
金属氧化物半导体晶体管 metal oxide semiconductor transistor
金属氧化物沉淀物 metal oxide precipitate
金属氧化物催化剂 metal oxide catalyst
金属氧化物电极 metal oxide electrode
金属氧化物混相颜料 mixed metal oxide pigment
金属氧化物研磨料 crocus
金属样板 metal(lic) template; set-iron; template hardware
金属摇柄 metal handle
金属冶炼 metal smelting
金属冶炼和精制 metal-smelting and refining
金属液 molten metal
金属液泵 molten metal pump
金属液槽 float bath; float chamber; molten metal bath
金属液层 metal pad
金属液池 metal reservoir
金属液滴 dripping
金属液面 metal level; metal(lic) bath surface
金属液体温度计 liquid-in-metal thermometer
金属液脱氧度试验 settling test
金属液温度报警器 milliscope
金属衣金刚石 metallic clad diamond
金属移变作用 metallotrophy
金属异物探测器 boloscope
金属阴极 metallic cathode
金属音 metallic sound
金属音色 metallic tone quality
金属引线架 metallic lead frame
金属印模 plaquette
金属硬币划痕 coin marking
金属硬度测定的电子设备 cyclograph
金属硬度测定电子仪 cyclograph
金属硬度测量仪 cyclograph
金属硬度计 scleroscope
金属硬化成分 metal hardener
金属硬化过程(法) metal hardening process
金属硬化剂 metal hardener
金属硬化物 metallic cement
金属硬脂酸盐 metallic stearate
金属用底漆 metal primer
金属用黏[粘]胶剂 mastic for metal
金属用涂料 paint for metal
金属用油漆 paint for metal
金属有机化合物 metal-organic compound; organometallics
金属有机络合物 metal-organic complex
金属有机物质 metallorganics; metal-organic; organometallics
金属釉 metallic glaze
金属鱼鳞板 metal sheeting; metal shingles
金属鱼尾板 metal sheeting; metal shutter; metal fish plate
金属与玻璃黏[粘]结 metal-to-glass bond
金属与金属化合物 metallide
金属与金属间的水密封 metal-to-metal water stop
金属与金属密封 metal-to-metal seal(ing)
金属浴 metal bath
金属浴钎焊 metal dip brazing
金属预处理 metal pretreatment
金属预处理底漆 metal pretreating primer
金属预制件 metal fabrication
金属元件 hardware
金属元素 metallic element
金属元素含量 metallic element content
金属原料 raw metal
金属圆钉 metallic button
金属圆顶 metal cupola
金属圆顶炉 <立式的> metal cupola
金属圆盘 metal disc
金属圆柱筒 metal cylinder
金属杂物分离机 metal eliminator
金属杂物分离装置 metal eliminator
金属杂质 foreign-metal impurity; metal impurity
金属杂质分离器 metal catcher
金属载体强相互作用 strong metal support interaction
金属皂 metal(lic) soap
金属皂的形成 metallic soap formation
金属皂(类)稳定剂 metallic soap stabilizer
金属造型 metal shape
金属增富 metal enrichment
金属渣 dross of metal; greaves; regulus[复 reguli/ reguluses]; scoria[复 scoriae]
金属轧制 metal extrusion
金属轧制设备 metal shaping equipment
金属毡 felt-metal
金属罩 cap; metal covering
金属遮篷式窗 metal awning-type window
金属遮篷形窗 metal awning-type window
金属折(叠)门 metal folding door
金属针布包卷机 metallic clothing mounting machine
金属针布焊接器 metallic clothing welder
金属振动板 vibrating metal
金属蒸发镀膜 vapo(u)r plating
金属蒸气 metal vapo(u)r
金属蒸气灯 metal vapo(u)r lamp
金属蒸气放电管 metal vapo(u)r lamp
金属蒸气真空弧 metal vapo(u)r vacuum arc
金属蒸汽连结器 metallic steam connection
金属整流器 dry-disc[disk] rectifier; metallic rectifier
金属正版 metal positive
金属正片 metal positive
金属支撑 metal post
金属支撑物 metal anchor
金属支承 metal support
金属支护 steel lining
金属支架 metal cradle; metal hanger; metal support; steel support; steel timber; through metal
金属支柱 metal strut
金属织网 gauze fabric
金属直规 proof staff
金属止水 metal seal
金属止水片 metal sealing strips
金属止水器 metal waterstop
金属指示剂 metal indicator; metallochromic indicator
金属制成品 metal build-up
金属制的 metallic; metalline
金属制的设备 metal unit
金属制垃圾箱 trash can
金属制品 fabricated metal; hardware; metal; metal products; metal work
金属制品工业 fabricated metal industry
金属制液体容器 jerrican
金属制造 metal work
金属质防水剂 waterproofing metallic
金属质绝热隔声材料 metallic insulation
金属质量 metal quality
金属质碳 metallic carbon
金属中毒 metal poisoning
金属中楣 metal frieze
金属中硬夹杂 shot
金属重氮法 physical diazo process; silver diazo process
金属骤然放热 recalescence
金属珠 bead
金属主杆 metal principal post
金属主龙骨 metal runner
金属主盘 metal master; metal negative
金属主支撑 metal principal post
金属主柱 metal principal post
金属柱 metal column; metal post
金属柱筒 metal cylinder
金属铸锭 cast metal
金属铸件 metal casting
金属铸块 ingot metal; pig metal
金属铸模 casting die; chill; metal mo(u)ld; metal pattern
金属铸型 metal mo(u)ld; permanent mo(u)ld
金属铸造 casting; found
金属铸造字母 cast metal letter
金属砖片 metal tile
金属转门 metal revolving door
金属桩 metal post; metal stake
金属桩靴 metal pile shoe
金属装配式跑道 metal runway
金属装饰件 decorative hardware; decorative metal
金属装饰牌 metal plaque
金属装饰品 ornamental fittings
金属装桶 ladling
金属锥芯 piercing plug
金属着色 metal colo(u)ring
金属自动浇铸炉 automatic metal feeding furnace
金属总产量 total metals
金属钻 metal drill
金丝黄釉 gold filament yellow glaze
金丝密封圈 gold wire seal
金丝嵌饰 filigree enrichment
金丝嵌饰件 filigree decorative fixture
金丝雀黄 canary yellow
金丝雀色 canaria; canary
金丝镶嵌 gold filigree
金斯波长 Jeans wavelength
金斯伯里式球面推力轴承 Kingsbury spheric(al) thrust bearing
金斯伯里式轴承 Kingsbury bearing
金斯伯里式推力轴承 Kingsbury-type thrust bearing
金斯伯里式止推轴承 Kingsbury spheric(al) thrust bearing
金斯不稳定度 Jeans instability
金斯长度 Jeans length
金斯定理 Jeans theorem
金斯敦 <牙买加首都> Kingston
金斯敦港 <牙买加> Port Kingston
金斯敦协议 Kingston Agreement
金斯判据 Jeans criterion
金斯球体 Jeans spheroid
金斯速度 Jeans velocity
金条 bar gold; gold bar
金调色法 gold toning
金铁合金 blue gold
金铜矿 tetra-auricupride
金铜矿石 Au-bearing copper ore
金伍石 <产于美国西弗吉尼亚州的一种石英石> Kingwood stone
金锡紫 Cassius purple; gold-tin purple
金线 gold wire
金相 metallic phase
金相断面磨片 metallographic(al) examination
金相分析 metallographic(al) analysis
金相观察 metallographic observation
金相检验 metallographic(al) examination
金相平衡图 constitutional diagram
金相切片 microsection
金相切片机 microtome
金相侵蚀 metallographic(al) etching
金相实验室 metallographic(al) labo-

ratory;metallograph laboratory
金相试验 metallographic(al) examination;metallographic(al) test;microscopic examination;microscopic test
金相试样 metallographic(al) specimen
金相图 constitution(al) diagram;equilibrium diagram;metallurgic(al) phase diagram
金相显微观察 fractography
金相显微检验 metalloscopy
金相显微镜 metallograph;metallographic microscope;metallomicroscope;metalloscope;metallurgic(al) microscope
金相显微术 metallomicroscopy
金相显微照相机 metallograph
金相学 metallography
金相学的 metallographic(al)
金相学家 metallographer;metallographist
金相研究室 metallurgy cell
金相仪 metallograph
金相照片 metallograph
金相组织 fine texture;metallurgic(al) structure
金相组织稳定处理 stabilizing heat treatment
金星 morning star;phosphorus;Venus
金星玻璃 <嵌有黄铜粉的茶色玻璃> aventurin(e) glass
金星绿 aventurin(e) green
金星幼虫 Cyprids
金星釉 aventurin(e) glaze;goldstone glaze
金锈菌属 <拉> Chrysomyxa
金盐 <即氯金酸钠> golded salt
金叶 beaten gold;gold leaf;leaf gold
金银本位并用制 composite system
金银比价 parity of gold and silver;ratio of gold and silver
金银箔饰 bespangle
金银成色 fineness
金银秤 bullion balance
金银纯度检验印记 hallmark
金银锭 bullion
金银二本位制 bimetallism
金银管理 gold and silver control
金银合金 dore metal;electrum;gold and silver alloy
金银合金锭 dore bullion bar
金银合金硫逸度测定法 electrum-tarnish method
金银花 honeysuckle
金银花草纹 honeysuckle
金银混合本位 symmetallism
金银鉴定 gold and silver assay
金银块 bullion;dore metal
金银矿石 Au-Ag ore
金银市场 bullion market
金银饰带 passementerie
金银丝花边 bullion
金银丝锦缎 lame
金银丝细工饰品 filigree
金银丝缨穗 bullion
金银条 <成色在 0.992 以上的> mint fine bar
金银铜合金 yellow gold
金银铜镍装饰合金 pink gold
金银珠花边 galloon
金樱子 chemofaciescherokee rose
金蛹油 chrysalic oil
金鱼 goldfish
金鱼草属 snap-dragon
金鱼池 goldfish pond
金鱼缸 fish globe
金鱼枪 tuna
金云母 amber mica;magnesia mica;phlogopite
金云母白榴岩 phlogopite leucitite
金云母白云(石)碳酸岩 phlogopite rauhaugite
金云母大理岩 phlogopite marble
金云母橄榄石矽卡岩 phlogopite olivine sharn
金云母矿床 phlogopite deposit
金云母镁云碳酸岩 phlogopite beforsite
金云母蛇纹岩 phlogopite serpentinite
金云母矽卡岩 phlogopite sharn
金盏花 French marigold
金盏花属 calendulin
金盏酸 calendic acid
金质路标柱 <在罗马帝国马路的终点> milliarium aureum
金蛭石 zonolite
金钟柏 arbor-vitae;thuja[thuya];white cedar
金钟柏属 arborvitae;Thuja <拉>
金钟花 golden-bells
金柱 hypostyle column;principal column
金铸币本位制 gold coin standard
金砖 clink paving brick
金兹堡显微煤岩类型 Ginsibourg's microlithotypes of coal
金紫红 purple of cassius
金字顶式建筑物 A-frame
金字塔 pyramid;pyramidal tomb
金字塔坝 pyramid dam
金字塔建筑 pyramid building
金字塔建筑群 pyramid complex
金字塔群 great pyramids
金字塔式加价 pyramiding
金字塔式建筑 pyramid construction
金字塔式交易法 pyramiding
金字塔式控制 pyramid control
金字塔式推销 <为积累利润而连续经营> pyramid selling
金字塔式组织图表 pyramid organization chart
金字塔形比率 <进行财务比率分析的一种方法> pyramid ratio
金字塔形的 pyramidal
金字塔形的树 narrow upright tree
金字塔形尖顶 pinnacle terminating in pyramidal form
金字塔形结构 <即纵向结构> pyramid structure
金字塔形墓室 tomb chamber pyramid
金字塔形沙丘 pyramid-shaped dune
金字塔状四坡屋顶 pyramidal hipped roof
金棕色 cashew lake
金棕色的 auburn

津 ford

津巴布韦陆核 Zimbabwe nucleus
津波 tsunamic;hydraulic bore
津格尔星对测时法 method of determination by Zinger star-pair
津锦地毯 Jinjin rug
津卡锌铝合金 Zinkalium
津亏火炽 deficiency of fluid with exuberant fire
津浪 seismic sea wave;tsunami
津流 ford
津羟锡铁矿 jeanbandyite
津贴 allowance;benefit;bonus;compensatory allowance;emolument;grant;pension;perquisite;stipend;subsidization;subsidize;subsidy;subvention;entitlement <美>
津贴表 table of allowances
津贴和奖金 subsidies and incentives
津贴计划 bonus scheme
津贴运费订价法 freight absorption pricing
津贴证书 grant deed
津贴支付 allowance payment
津贴制 allowance system

筋根 tendon

筋灰 fibered
筋节 stringy knot
筋条加强 finning
筋状凸焊 ridge welding

襟边 <踏步式基础中每一踏级的平面宽度> tread of footing

襟翼 flap;tail flap
襟翼板 flap panel
襟翼舵 current actuated rudder;flap type rudder;Flettner rudder

仅保单独海损 subject to particular average

仅保全损 total loss only
仅保战争险 war risks only
仅传数据的卫星地面站 data-only satellite earth station
仅次正定 merely positive subdefinite
仅负完全损失之责 <指保险> total loss only
仅供参考 for your information
仅供参考声明 disclaimer's statement
仅留主枝的修剪 buckhorn
仅能维持生存的经济 subsistence economy
仅能维持生存的农业 subsistence agriculture
仅拟凸 merely quasiconvex
仅伪凸 merely pseudo-convex
仅限海上 <指保险> sea-borne only
仅限于申报 for declaration purpose only
仅限转账 for deposit only
仅因意外事故造成的损坏 damage-only accident
仅用配合料熔制的玻璃 glass melted from batch only
仅在必需时进行检修 inspect and repair only as needed
仅在存款 unconnected depositor

紧板 shrunk flat

紧板铁马 floor clamp;floor cramp;floor dog;floor hanger
紧版楔 sidestick
紧包光通信[讯]纤维 tight tube optic(al) communication fiber[fibre]
紧抱反射 embrace reflex;Moro reflex
紧抱右岸航行 hug the right bank
紧抱左岸航行 hug the left bank
紧闭的笼 enclosing cage
紧闭电动机 permissible motor
紧闭金属集装箱 tight metal container
紧闭金属容器 tight metal container
紧闭密封 tight seal
紧闭容器 tight container
紧闭型褶皱 tight fold
紧闭褶皱 tight fold
紧边 tension side;tight side
紧边互锁接缝 <柔性金属屋顶的接缝> lock joint
紧充码 close packed code;close-packet code
紧船索 bridle
紧凑 compaction
紧凑包装 close package
紧凑编码法 compact coding technique
紧凑表 dense list
紧凑的 compact
紧凑的风格 severe style
紧凑的通道 compacting pass
紧凑度 compactness
紧凑二进制码 dense binary code
紧凑分组控制按钮 compactly grouped control buttons
紧凑集 compact set
紧凑建筑计划 compact construction planning;compact planning
紧凑结构 cramped construction
紧凑拉伸(试件) compact tension specimen
紧凑理论 packing theory
紧凑内存 compacting memory
紧凑拍摄 tight shot
紧凑设计 compact design;packaged design
紧凑式厨房 package kitchen
紧凑式气体绝缘开关柜 gas-insulated switchgear;switchgear in compact
紧凑式汽车 compact car
紧凑式热交换器 compact heat exchanger
紧凑式太阳热水器 close-coupled solar water heater
紧凑式只读存储器 <通常指只读光盘> compact disk-read-only memory [CD-ROM]
紧凑型电机 compact(ing) machine
紧凑性 compactness
紧带 ribbon;taut band
紧带安倍计 taut band ammeter
紧带扳手 strap wrench
紧带惰轮 belt tensioning idler pulley
紧带轮 belt tightener;pinch roller;pinch wheel;pulley tightener
紧带器 belt tightener
紧带装置 belt take-up;belt tension
紧单板 tight veneer
紧钉 tacking
紧定额 tight rate
紧定滑衬套 withdrawal sleeve
紧定滑销 withdrawal pin
紧定环箍 set hoop
紧定夹持器 straining ear
紧定螺钉 forcing screw;holding screw;set(ting) screw;stopper screw
紧定螺母 set nut
紧定螺栓 set bolt
紧定套(筒) adapter sleeve;adaptive sleeve;tapered adapter-sleeve
紧定套组件 adapter assembly
紧动配合 close running fit;wringing fit
紧度 tightness
紧度计 tautness meter
紧封 tight seal
紧缝 herringboning;small tear darning
紧缝铆钉 quilting rivet;tack rivet
紧公差 close clearance;close tolerance
紧公差锻造 close tolerance forging
紧箍 clamping nut;lock(ing) ring
紧箍钉 hoop fastener
紧箍器 hoop driver
紧固 fastening;binding;clamping;fixture;lacing;staying
紧固扳手 spanner
紧固板 mounting plate
紧固柄 clamping lever
紧固插销 <安全窗扇间的> sweep lock
紧固插座 fastening point

紧固长度 <钢筋> bond length
紧固度 tautness
紧固法兰 tightening flange
紧固方法 fastening device
紧固杆 anchorage bar
紧固工具 fastening tool
紧固环 dead ring
紧固夹 anchorage clip
紧固夹板 panel strap;strap
紧固件 anchorage bar; anchorage clip; deck clip; fastening element; fastening part; fastening piece; fixing device;scuring anchor
紧固件遮盖处理 fastener treatment
紧固接头 fastening joint
紧固拉线用的物体 <地锚横木> stay tight
紧固零件 fastener
紧固螺钉 backing-up screw; binding rivet; binding screw; camp (ing) screw;fastening screw;fixing screw; forcing screw; holding screw; stop screw;tightening screw;trip bolt
紧固螺帽 clamp nut
紧固螺母 clamp nut; fastening nut; tight nut
紧固螺栓 binding bolt; clamp bolt; draw bolt; fastening bolt; holding-down bolt; securing bolt; tap bolt; tightening bolt; tight-fitting bolt; track shoe bolt;trip bolt
紧固螺丝 binding screw; camp(ing) screw; captive screw; fastening screw;tightening screw
紧固螺纹 binding thread; fastening thread;holding thread
紧固扭矩 tightening torque
紧固配合 immovable fitting;wringing fit
紧固片 connecting plate
紧固器 spanner
紧固设备 <用于大理石薄墙板的> Zibell anchoring system
紧固手把 clamp handle
紧固手柄 clamping lever
紧固手轮 closing handle
紧固顺序 tightening sequence
紧固榫 false tenon
紧固索带 securing strap
紧固套 adapter sleeve;locating collar
紧固套筒 fastening socket
紧固凸耳 fastening lug
紧固凸缘 tightening flange
紧固托板 guard plate
紧固物 cross arm brace
紧固线 bracing wire
紧固销 holding pin
紧固销钉 pin for suppressing metal
紧固销铰链 fast pin hinge
紧固楔(子) tightening key; assembly key
紧固用钉 fastening nail
紧固用钢丝 fastening wire
紧固用油膏 clamping paste
紧固约束 binding constraint
紧固装置 catching device; clamp device;fastening device
紧固作业 lashing operation
紧固作用 clamping action
紧管套 tightening sleeve
紧轨距 tight ga(u)ge
紧裹包壳 collapsible cladding
紧合公理 axiom of aggregation
紧滑配合 close working fit
紧化 compactification
紧急 emergency;imperative;urgency
紧急安全车道 emergency escape lane
紧急安全阀 emergency relief valve; pop safety valve

紧急按钮 danger button; emergency (push) button;panic button
紧急保卫活动 emergency security operation
紧急保险按钮 intervention button
紧急保险开关 emergency switch; intervention switch;panic button
紧急保险螺栓 panic bolt
紧急保险止动器 panic stop
紧急保险装置 exclusive safety device
紧急保养 urgent maintenance
紧急报警警铃 emergency alarm bell
紧急报警通信[讯]设备 emergency alarm communication equipment
紧急备用 emergency use
紧急备用车道 critical lane
紧急备用车辆 emergency vehicle
紧急备用电池 emergency battery
紧急备用电路 emergency circuit
紧急备用电源 emergency supply
紧急备用动力 emergency power
紧急备用阀 emergency valve
紧急备用机 emergency engine
紧急备用轮对 emergency wheel sets
紧急备用破碎机 emergency breaker
紧急备用系统 emergency standby system
紧急备用制动系统 emergency brake system
紧急比率 urgency rating
紧急避难 emergency escape
紧急避难所 emergency shelter
紧急避难中心 emergency refuge center[centre]
紧急标准 emergency level
紧急补救工作 urgent remedial work
紧急补修 emergency repair
紧急舱底污水泵 emergency bilge pump
紧急操纵位置 emergency application position
紧急操作 emergency operation
紧急操作规程 emergency operating order
紧急偿还 emergency amortization
紧急车钩装置 emergency coupler
紧急车辆 emergency service vehicle
紧急车辆优先权 emergency vehicle priority
紧急车辆自动检测 emergency vehicle automatic detector
紧急车速标志 emergency speed sign
紧急撤离计划 emergency evacuation plan
紧急撤退 emergency evacuation; emergency withdraw
紧急程序 emergency procedure
紧急出口 emergency egress;emergency exit; emergency opening; escape hatch; evacuation slide; exit emergency;fire exit
紧急出口标志 emergency exit sign
紧急出口窗(户) emergency egress window;emergency exit window;fire escape window <火灾时用的>
紧急出口门 emergency door
紧急出口栓 panic bolt; panic hardware
紧急出口照明 emergency exit lighting
紧急出口装置 exit device
紧急出水 emergency surfacing
紧急出水减压 emergency surfacing decompression
紧急除雪 emergency snow clearing
紧急储备 emergency stock
紧急储备金 emergency reserves
紧急处理 emergency management
紧急处置 emergency action
紧急触摆杆 safety trip lever
紧急传呼系统 emergency call system

紧急措施 crash program(me);emergency action; emergency measure; expedient
紧急打开 emergency open
紧急代理人 agent of necessity
紧急贷款 emergency loan
紧急倒车 crash reversal
紧急倒车试验【船】 emergency astern test
紧急倒扣释放 emergency torque release
紧急的 emergent;stringent
紧急等级 emergency level
紧急地区 emergency area
紧急电报 una;urgent telegram
紧急电话 emergency call; emergency telephone;urgent telephone
紧急电话标志 emergency telephone sign
紧急电话号码 emergency telephone number
紧急电话台 emergency telephone station
紧急电话亭 emergency telephone place;emergency telephone post
紧急电话亭洞室 niche for emergency telephone place
紧急电话系统 emergency telephone system
紧急电力供应 emergency power supply
紧急电力荷载 emergency power load
紧急电力系统 emergency electric(al) system
紧急电气系统 emergency electric(al) system
紧急电源 emergency power source
紧急订货 rush order
紧急定货 pressing order;rush order
紧急定位器发射机 emergency locator transmitter
紧急定位信标 emergency locator transmitter
紧急断电控制 emergency power-off control
紧急断开 off-emergency
紧急断开机构 emergency trip
紧急断流 emergency cut-out
紧急断流闸 emergency stop cock
紧急断路 emergency cut-off
紧急断气阀 emergency breakaway valve
紧急堆芯冷却 emergency core cooling
紧急躲避处 emergency retreat
紧急二段阀 two-stage emergency valve
紧急发电机 emergency generator
紧急发电系统 emergency power generating system
紧急阀 alarm valve; pop-off valve; quick-action valve
紧急阀座 emergency valve seat
紧急反应 alarm reaction
紧急反应系统 emergency response system
紧急方案 crash program(me)
紧急防险建筑物 emergency construction
紧急防治措施 emergency control measure
紧急放风阀 emergency vent valve
紧急放空 emergency blow-down
紧急放空线 dropout line
紧急放泄阀 emergency relief valve
紧急费率 emergency rate
紧急风缸 emergency reservoir
紧急服务机构 emergency service
紧急浮水装置 emergency flo(a)tation gear

紧急附加费 emergency surcharge
紧急复印 emergency copy; emergency run;tide-over run
紧急隔断阀 emergency separation valve
紧急工程定货 rush engineering order
紧急工程计划 emergency engineering project
紧急工程项目 emergency project; crash program(me);crash project
紧急工具箱 emergency tool box
紧急工作 critical activity
紧急公文通信[讯]电文 emergency signal service message
紧急供电 emergency electric(al) supply
紧急供电设备 critical branch
紧急供水 emergency water supply
紧急钩舌 emergency coupler knuckle
紧急故障信号 abort light
紧急挂闸 emergency application
紧急关闭 emergency cut-off; emergency shutdown;scram
紧急关闭阀 emergency shut-off valve
紧急关闭线路 emergency shutdown circuit;emergency shutdown line
紧急关断 emergency shut-off
紧急关税 emergency duty;emergency tariff
紧急关头 zero hour
紧急关闸设施 emergency closure
紧急管制 damage control
紧急广播系统 emergency broadcast(ing) system
紧急过后的评价 post-emergency evaluation
紧急海上情报广播 urgent marine information broadcast
紧急航速 emergency speed
紧急航行危险报告 urgent navigational danger report
紧急洪流 emergency flood flow
紧急后续电报 immediate following telegram
紧急呼叫 emergency call;urgent call
紧急呼叫键 emergency call key
紧急呼叫系统 emergency call box system
紧急呼救信号 emergency message
紧急滑板制动器 emergency skid brake
紧急滑行 emergency gliding;impending skid(ding)
紧急缓解 emergency release
紧急会议 emergency conference
紧急活塞 emergency piston
紧急活塞涨圈 emergency piston ring
紧急机器检验 exigent machine check
紧急急救处理指南 emergency first aid treatment guide
紧急集合 emergency call
紧急集合处 alarm post
紧急计划 contingency planning;crash program(me);crash project;emergency project
紧急继动阀 emergency relay valve
紧急寄宿处 emergency accommodation
紧急加闸 emergency brake application
紧急减压阀 emergency pressure reducing valve
紧急减压速度 emergency rate
紧急检修 emergency maintenance
紧急降落 emergency landing; emergency lowering
紧急交通 emergency traffic
紧急阶段 emergency phase
紧急结构 emergent structure
紧急截流 emergency closure

紧急截止阀 emergency trip valve
紧急解锁功能 emergency release feature
紧急解锁器 emergency release
紧急解锁装置 emergency releasing arrangement
紧急解脱系统 emergency release system
紧急进口税 emergency import duties
紧急进路 emergency route
紧急进三【船】emergency full ahead
紧急警报 red alert
紧急救护 first aid
紧急救护器材 emergency first-aid kit
紧急救护箱 emergency first-aid kit
紧急救护用具 emergency first-aid kit
紧急救济 urgent relief; bail-out <尤指经济援助>
紧急救济行动专家咨询小组 Expert Advisory Panel on Emergency Relief Operations
紧急救生 emergency survival
紧急救援 emergency relief; emergency rescue
紧急救援任务 emergency rescue mission
紧急救援无线电信标 emergency beacon
紧急救援系统设计院 Design Institute for Emergency Relief System
紧急救援医疗服务 emergency medical service
紧急开关 emergency shutdown; off-emergency; safety switch
紧急控制盘 emergency control panel
紧急控制器 emergency governor
紧急控制装置 emergency control device
紧急拦阻减速 emergency arrest
紧急冷却 emergency cooling
紧急冷却液泵 emergency coolant pump
紧急离机门 escape door
紧急连接 emergency connection; emergency junction
紧急连接器 emergency coupling(device)
紧急联络 emergency interconnection
紧急履带闸门关闭 emergency caterpillar gate cut-off
紧急落板口 emergency drop door
紧急落板装置 emergency drop door
紧急落放下车斜坡道绞盘室 compartment for detrainment ramp winder
紧急门 detrainment ramp
紧急鸣笛 emergency whistle
紧急能源切断器 emergency power cut-off
紧急排放 emergency drain
紧急排放口闸门 emergency gate
紧急排放预制梁的楼板 floor with precast beams placed close together
紧急排风 emergency exhaust
紧急排空点 emergency off-take point
紧急排气 emergency exhaust
紧急排气口 emergency vent
紧急排汽 emergency exhaust
紧急排汽阀盖接头 emergency exhaust valve head connection
紧急排污阀 emergency blowdown valve
紧急旁通管 emergency by-pass
紧急喷淋 emergency shower
紧急破损修理 emergency breakdown repairs
紧急期限 crash(ed)time
紧急启闭坑道 emergency valve gallery
紧急起飞 scramble
紧急气象报告 urgent meteorological danger report
紧急抢救收留站 emergency and accident department
紧急抢修 emergency repair; first-aid repair; jury repair; urgent repair
紧急切断阀 emergency shut-off valve
紧急切断机构 emergency trip
紧急切断装置 emergency shut-off device
紧急清除危险废料地区 emergency declaration area
紧急情况 critical situation; emergence [emergency]; emergency case; emergency condition; emergency situation
紧急情况报警 emergency call
紧急情况处理预案 disaster control
紧急情况室 emergency room
紧急求助(呼救)系统 emergency call system
紧急任务 hot job; imperative duty; rush job; urgent work
紧急入口 emergency entrance
紧急入口标志 emergency entrance marking
紧急塞门 emergency stop cock
紧急刹车 emergency brake[braking]; emergency stop
紧急刹车开关 emergency brake switch
紧急刹车控制器 scram controller
紧急刹车系统 emergency stopping
紧急刹车性能 emergency stopping performance
紧急闪光报警灯 emergency flasher
紧急上升 emergency ascent
紧急哨音 emergency whistle
紧急设备 emergency facility
紧急设施 emergency facility
紧急申请 emergency request
紧急声控系统 emergency acoustic(al) system
紧急使用 emergency usage
紧急示位无线电示位标 emergency position-indicating radio beacon
紧急示位无线电示位标电台 emergency position-indicating radiobeacon station
紧急示位无线电信标 emergency position-indicating radio beacon
紧急示位无线电信标电台 emergency position-indicating radiobeacon station
紧急事故停机 emergency shutdown
紧急事件 a matter of urgency; emergency incident
紧急事项 feature article
紧急室 emergency chamber
紧急释放通知 emergency release notification
紧急手柄 emergency handle
紧急手动解锁装置 emergency manual release
紧急疏散 emergency evacuation
紧急疏散防烟头罩 emergency evacuation smoke hood
紧急疏散路线 emergency evacuation route
紧急疏散器具箱 emergency evacuation kit
紧急疏散时间 urgent evacuation time
紧急疏散系统 abort escape system
紧急输入 emergency import
紧急胎链 emergency tire chain
紧急胎套 emergency tire[tyre] sleeve
紧急逃难路线 emergency route
紧急逃逸路线 emergency route
紧急逃逸系统 abort escape system
紧急条款 emergency provision
紧急调速器 emergency speed governor
紧急跳闸 emergency trip
紧急跳闸转速 emergency trip speed
紧急停车 emergency cut-off; emergency parking; emergency shutdown; emergency stop; emergency break-off; abort
紧急停车按钮 emergency stop push button
紧急停车保护 scram protection
紧急停车保护装置 emergency stop protection
紧急停车车道 emergency stopping lane
紧急停车措施 measure of emergency stop
紧急停车带 emergency parking area; emergency parking strip
紧急停车开关 emergency shutdown switch; emergency stop switch
紧急停车示像 emergency red aspect
紧急停车事故开关 emergency switch
紧急停车手柄 emergency stop handle
紧急停车显示 emergency red aspect
紧急停车装置 emergency stop apparatus; safety device
紧急停电 emergency power shut-off
紧急停堆 emergency shutdown; emergency shut-off; emergency trip; scram
紧急停堆安全装置 emergency shutdown assembly
紧急停堆阀门 emergency shutdown valve
紧急停堆极限 emergency shutdown limit
紧急停机 emergency engine kill; emergency shut-off; emergency stop
紧急停机开关 emergency stop switch
紧急停机系统 emergency stopping system
紧急停机信号 emergency stop signal
紧急停机装置 emergency shut-off device
紧急停料装置 emergency fuel trip
紧急停水装置 emergency water stop
紧急停运 emergency outage; emergency shutdown
紧急停止 fetch up
紧急停止保护装置 emergency stop protection
紧急停止指示器 emergency stop indicator
紧急通道 emergency access
紧急通风 emergency ventilation
紧急通告 emergency information
紧急通信[讯] emergency communication
紧急通信[讯]网 emergency network
紧急退三【船】emergency full astern
紧急脱钩电磁阀 emergency trip magnet valve
紧急脱钩开关 emergency trip switch
紧急脱机装置 panic relief installation
紧急脱扣 emergency trip
紧急危险 emergency risks
紧急维修 emergency maintenance
紧急文件 urgent message
紧急无线电信标 emergency radio beacon
紧急洗涤处 emergency wash
紧急洗眼处 emergency eye wash
紧急下潜 crash dive; emergency dive
紧急下塔滑绳 <起火时用> guy-wire slide
紧急线 critical line
紧急线法 critical path method
紧急限期 crash time
紧急响应 emergency response
紧急响应程序 emergency response procedure
紧急响应的组织管理 emergency response management
紧急消防泵 emergency fire pump
紧急消息 urgent message
紧急泄氨器 urgency ammonia eliminator
紧急泄氨装置 emergency ammonia relief device
紧急泄放 emergency release
紧急泄水渠 emergency channel
紧急信贷 emergency credit
紧急信贷援助 emergency credit assistance
紧急信号 alarm signal; emergency signal; urgency signal; urgent signal
紧急信号灯 emergency light
紧急信号与通信[讯] emergency signal and communication
紧急信息 emergency information
紧急信息处理 urgent message handling
紧急行动 emergency action; split-second action
紧急行动队 emergency action team
紧急行动中心 emergency operation center[centre]
紧急性维修 immediate maintenance
紧急修复 emergency rehabilitation; emergency restoration
紧急修理 emergency repair; first-aid repair; rush-repair job; urgent repair
紧急修理车 emergency repair truck; recovery vehicle
紧急旋塞 emergency cock
紧急信号标志 emergency signal(l)ing mark
紧急压载 emergency ballast
紧急掩蔽所 emergency shelter
紧急要求 emergency requirement
紧急医疗服务通信[讯] emergency medical service communication
紧急溢洪道 emergency spillway
紧急溢流 emergency overflow
紧急应变措施 emergency measure
紧急应变计划 emergency preparedness plan
紧急应答系统 emergency response system
紧急应用 emergency application
紧急用封隔器 emergency packer
紧急用救援车 rescue truck
紧急优先权 urgency priority
紧急预备费 emergency reserve
紧急预防措施 emergency provision
紧急预算 emergency budget
紧急援助 bail-out
紧急运输 urgent traffic
紧急灾情通信[讯]网 emergency network of the situation of a disaster
紧急再启动 emergency restart
紧急增压阀 emergency pressure increasing valve
紧急闸 emergency brake
紧急闸带 emergency brake band
紧急闸杆 emergency brake lever
紧急闸杆弹簧 emergency brake lever spring
紧急闸开关 emergency brake switch
紧急闸门 emergency closure; emergency lock
紧急闸装置 emergency brake gear
紧急闸座板 emergency brake carrier plate
紧急召回 emergency recall
紧急照明 emergency lighting
紧急照明电源镇流器 emergency ballast
紧急照明系统 emergency lighting

J

system
紧急照射 emergency exposure
紧急争端 emergency dispute
紧急征用 contingency expropriation; expropriation contingency
紧急支援船 emergency support vessel
紧急职务 emergency duty
紧急止回阀 emergency check valve
紧急止流电磁阀 emergency trip magnet valve
紧急止流阀 emergency stop valve
紧急指令 emergency instruction; urgent order
紧急制动 emergency braking; emergency application; hard braking; panic stop; scram; screeching halt; shaking the train; sharp braking; snub; wipe the clock <俚语>
紧急制动按钮 deadman's (throttle) button
紧急制动电阀 emergency braking electrovalve
紧急制动阀 conductor's valve; emergency brake valve; guard's van valve
紧急制动杆 emergency stop lever
紧急制动减速 emergency braking deceleration
紧急制动减速装置 emergency braking deceleration device
紧急制动减压量 emergency reduction
紧急制动距离 emergency brake distance; emergency braking distance
紧急制动控制继电器 emergency braking control relay
紧急制动灵敏度 emergency sensitiveness
紧急制动平均减速 average emergency braking deceleration
紧急制动器 accident brake; emergency brake
紧急制动位 emergency brake application
紧急制动位置 emergency (application) position
紧急制动系统 emergency braking system; emergency stopping
紧急制动系统的脱开 emergency system release
紧急制动性能 emergency stopping performance
紧急制动旋塞 emergency stop cock
紧急制动装置 emergency brake gear; safety stop
紧急制动作用 emergency brake application position
紧急治疗 emergency treatment
紧急中断 urgent interrupt
紧急重新启动 emergency restart
紧急转车道 emergency crossover
紧急转储【计】panic dump
紧急转换能力 emergency transfer capability
紧急转向 emergency steer(ing)
紧急转向泵 emergency steer pump
紧急转向法 emergency steer method
紧急转向系统 emergency steering system
紧急装油点 emergency loading point
紧急装置 panic devices on doors
紧急状况的准备工作 emergency preparedness
紧急状态 emergency circumstance; emergency condition; emergency level; emergency state; exigence; state of emergency
紧急状态通知 critical situation notification
紧急着陆 emergency landing
紧急着陆救生事故 emergency landing survival accident
紧急着陆信号 emergency landing signal
紧急着陆照明弹 emergency landing flare
紧急自动开启出口 emergency release exit
紧急自由上升 emergency free ascent
紧急作用阀 emergency application valve
紧集 compact set
紧接 touch elbows
紧接的 proximate
紧接房屋顶下不装修而封闭的空间 blind attic
紧接后元 immediate successor
紧接尖轨的直线 tangent adjacent to switch rail
紧接前项活动 immediate predecessor
紧接头 tight coupling
紧节 <木材的> tight knot
紧结 fast
紧结物 <如锁、闩、钩等> fastening
紧紧关上舷窗 scuttle down
紧卷旋臂 closely coiled arm; tightly wound arm
紧靠岸边 immediate bank
紧靠海岸航行 hug the coast; hug the shore
紧靠水边的堤岸 immediate bank
紧空间 compact space
紧扣部件 holdfast
紧缆浮标阵列 taut-wire buoy array
紧缆棍 belaying pin
紧缆架空索道 taut-line cableway
紧李群 compact Lie groups
紧联轴节 tight coupling
紧链装置 chain tensioning
紧轮 bearing up pulley; fast pulley; fixed pulley; tightener
紧轮箍圈 tire fastening; tyre fastening
紧螺帽机 rail-laying crane
紧螺母机 nut fastening machine
紧螺旋 tight-spiral
紧铆 tight riveting
紧密 close up; tightening; tight staunch and strong
紧密 T 形接合 closed tee[T] joint
紧密包装 close packing
紧密包装的 tightly packed
紧密冰 fast ice
紧密不扩散的 diffusion-tight
紧密不足 undertighten
紧密层 close bed
紧密掺和 intimate admixing
紧密掺和物 intimate admixture
紧密触压胶粘剂 close-contact adhesive
紧密床柱 dense-bed column
紧密存车 solid parking
紧密存储 compact storage
紧密单粒结构 compact texture of single particle
紧密的 close; compact; intermate; leakproof
紧密的车间时距 close headway
紧密点阵 closely spaced lattice
紧密度 closeness; compactedness; compactibility; compactness; degree of compaction; degree of tightness; tightness
紧密度容限 tight tolerance
紧密堆 compact reactor
紧密堆积方式 type of close packing
紧密对接 closed butt joint
紧密对接缝 close butt joint
紧密多层组合带 <一种预应力防锈用新材料> compact multi-mono tape
紧密封 tight seal
紧密封闭 dead end
紧密盖 enclosing cover
紧密焊缝 composite weld; tight seam
紧密夯实 dense packing
紧密混合物 compact mixture; intimate(ad) mixture
紧密间距的 closely spaced
紧密建筑的街区模式 closed building block module
紧密建筑的区段模式 closed building block module
紧密交会 close encounter
紧密胶结岩层 tightly cemented formation
紧密接触 close contact; impingement; intimate contact <颗粒的>
紧密接触颗粒 compact grain
紧密接触轴承 proper bearing
紧密接缝 air-tight joint
紧密接合 air-tight joint; tight connection; tight joint
紧密节 tight knot
紧密结构 dense texture; tight structure
紧密结合 tight joint
紧密结合层 close(d) binder(course)
紧密结合处理机 tightly coupled processor
紧密结合的 inwrought
紧密结合的表现 bond-limited subset
紧密结合的螺纹管 close nipple
紧密结合水 bound moisture
紧密结合形式 compact form
紧密晶格 closely spaced lattice
紧密颗粒 compact grain
紧密控制 close control
紧密连接 closed butt joint; fay; tight coupling
紧密连接的 close-connected
紧密连接 close-tight joint
紧密联结 close couple; tight junction
紧密联系 close connection
紧密邻接的挡土板 <开挖基槽的> closed sheathing
紧密炉料 dense charge
紧密路面 tight surface
紧密码垛 compact stacking; tight stowage
紧密铆合 tight riveting
紧密铆接 tight riveting
紧密密封压力 compacting pressure
紧密木材 dense wood
紧密木节 tight knot
紧密耦合 closed linkage
紧密耦合的 closely coupled
紧密耦合多处理机 tightly coupled multiprocessor
紧密耦合系统 tightly coupled system
紧密排档的速度 closely spaced speeds
紧密排列 close pack; dense packing
紧密排列电缆 close-spaced cable
紧密配合 close (-tight) fit; drive fit; driving fit; fit tightly; flush fit; leakproof fit
紧密容器 tight container
紧密砂 locked sand
紧密饰层 closed coat
紧密锁结的 tightly keyed
紧密锁结构 tightly keyed structure
紧密填筑 dense packing
紧密调整 fine set(ting)
紧密贴合 tight fit
紧密停车 solid parking
紧密涂层 closed coat
紧密涂敷 close plating
紧密推入式机械接头 grip-tite push-in mechanical joint
紧密吻合 tight fit
紧密相连的 allo
紧密性 compactibility; compactness; tightness
紧密性检查 leak detection
紧密性试验 tightness test
紧密压力 compacting pressure
紧密因素 compactness factor
紧密运行时刻 close timing
紧密运行时刻表的列车 train with strict running schedule
紧密运行时刻的列车 train with tight timing
紧密栅格 tight lattice
紧密砖砌 tight bricking
紧密装配冲落式坐便器 close-coupled wash down closet
紧密装配式抽水马桶 close-coupled water closet
紧密装填 close (d) packing; dense packing
紧密组织 full texture
紧面 tight side
紧模锻压 closed-die forging
紧摩擦 friction-tight
紧捻地毯毛纱 frieze yarn
紧捻圈绒面地毯 frieze carpet
紧耦合 close couple [coupling]; couple-close; fast coupling; tight coupling
紧耦合泵 close-coupled pump
紧耦合电路 closely coupled circuit
紧耦合式结构 close coupled construction
紧耦合系统 tightly coupled system
紧排 close up; squeeze
紧排文卷 squeezed file
紧排桩 close pile
紧配尺寸 tight size
紧配合 close fit; driven fit; driving fit; interference fit; snug fit; tight coupling; tight fit; wringing fit
紧配合法 tight-fitting system
紧配合间隙 tight size
紧配合套筒 drive-fit sleeve
紧配合销 drift pin
紧配合装配 driving fit
紧配连接螺栓 fitting screw
紧配螺栓 tight-fitting bolt; turned bolt
紧配螺旋 screw tight fitting
紧坡地段【铁】section of sufficient grade
紧迫导线(定线) strained routing of line
紧迫危险 immediate danger
紧迫性原则 urgency principle in dispatch
紧钳 clencher; clincher
紧钳轮辋 clincher rim
紧嵌式轮胎 beaded tire[tyre]; clincher tire[tyre]
紧墙螺栓 box closure
紧俏材料 critical material
紧俏市场 tight market
紧圈 shaft washer; shrunk ring; straining ring; torus ring
紧缺材料 critical material
紧缺零件 critical part
紧缺商品 bottleneck commodity; commodities in short supply
紧缺生产资料 scarce means of production
紧塞垫 gas check pad; obturator pad
紧塞具 obturator
紧塞螺母 packing nut
紧塞圈 obturator ring
紧塞轴 obturator spindle
紧塞轴弹簧 obturator spindle spring
紧塞锥 packing cone
紧砂 tight sand
紧绳夹 come-along
紧绳器 eufroe; euphroe
紧实 consolidation

J

紧实度 degree of packing; degree of ramming
紧实度计 compactness meter
紧实土(壤)compacted soil; tight soil
紧实性 compactability
紧实重量 stowing weight
紧式 compact form
紧束 joint packing
紧束分数 packing fraction
紧束缚近似 tight binding approximation
紧丝器 wire tightener
紧丝印刷(法)taut-wire printing
紧松指示器 up-and-down indicator
紧算子 compact operator
紧榫接 foxtail(ed)wedge
紧榫楔 fox wedge
紧缩 austerity; compress(ion); contraction; deflation; reduce; retrenchment); squeeze; squeezing; deflate
紧缩编制 reduce staff
紧缩财政 austere budget; austerity budget
紧缩差额 deflationary gap
紧缩措施 contraction measures; retrenchment measures
紧缩贷款 decreasing credit
紧缩的螺旋式上升 deflationary spiral
紧缩法 deflation approach
紧缩感 girdle sensation; tightness
紧缩关键路线 crashed critical path
紧缩辊 draw roll
紧缩环 shrink ring
紧缩货币财政政策 deflationary monetary and fiscal policies
紧缩计划 austerity program(me)
紧缩记法 compact notation
紧缩经济 deflate the economy; tighten the economy
紧缩开支 curtail outlay; cut-down expenditures; reduce budget expenditures; retrenchment of expenditures
紧缩控制 stringent control
紧缩率 bulk factor
紧缩面 pinch plane
紧缩内存 compacting memory
紧缩器 turnbuckle
紧缩生产 reduce production
紧缩时期 period of contraction
紧缩数组 packed array
紧缩算法 compaction algorithm
紧缩通货 deflate currency; deflation
紧缩通货和压低物价 deflate currency and price
紧缩投资 curtailment of investment
紧缩效应 contractionary effect
紧缩信贷 contract the line of credit; tightening of credit
紧缩信用 contraction of credit; tight credit
紧缩信用措施 credit squeeze measure
紧缩信用政策 tight monetary policy; tight money policy
紧缩性财政政策 tight financing policy
紧缩因素 deflator
紧缩银根 curtailment of bank facility; dear money; limiting the growth of the money supply; tight money
紧缩银根政策 tight money policy
紧缩与膨胀 deflation and inflation
紧缩预算 austere budget; austerity budget
紧缩预算支出 drastically reduce budget expenditures
紧缩政策 deflation policy; retrenchment policy
紧缩指数 deflator
紧缩资金投放 constrict the money supply; tighten up the money supply
紧缩自聚焦 strictional self-focusing
紧索棒 tautening rod
紧索架 tension carriage
紧索具 load binder
紧索(缆)道 <专供运送用> taut-line cableway
紧索轮 guy tightener
紧索螺套 rigging screw; turnbuckle
紧索越障法 tight-lining
紧锁舵栓 locking pintle
紧锁销 dead latch; Jesus pin <针形的>
紧套光纤 tight tube optic(al)fiber[fibre]
紧套接口 fit joint
紧蹄 <蹄式制动器的> leading shoe
紧贴 cling
紧贴的 proximate
紧贴地 skin to skin
紧贴地表的岩层 day
紧贴于表面的 applieate
紧桶板料 tight shook
紧桅箍 mast cap
紧握 cinch; clasp; enclasp; grapple; grasp; grip; hand grip; hand hold
紧握物 holdfast
紧系钢索 tight wire
紧隙铜焊 capillary brazing
紧隙铜焊法 capillary brazing
紧弦法 tightened chord method
紧线 stringing
紧线鬼爪 toggle
紧线滑轮 snatch block
紧线机 wire strainer; wire stretcher
紧线夹 come-along
紧线螺丝 turnbuckle screw
紧线器 come-along; stretching device; tightener; turnbuckle; wire grip
紧线钳 draw tongs; draw vice; straining vice; toggle; wire-draw tongs; wire stretcher; wire stripper
紧线台 wire tension table
紧线套环 toggle
紧线桩 bracing guy stub
紧限位结构 close-spaced structure
紧限制结 close confinement junction
紧镶 fay
紧悬钻具 <钢绳成就钻> tight hitched tool
紧压 coarctation; pinch
紧压包装 press packed bales
紧压成型机头 compacting head
紧压感 sense of compression
紧压力 pinching force
紧压石基层 Telford base
紧压装置 hold-down
紧要部分 head and front
紧要关头 critical moment; crucial moment
紧要作业 critical activity
紧域 compact region
紧约束 tight constraint
紧窄感 constriction
紧张车道 critical lane
紧张的工作 sharp work
紧张度 intension
紧张过度 over-strain; overtension
紧张过度的 overwrought
紧张情境 stress situation
紧张使用信道 heavily utilized channel
紧张状态 agonistic behavio(u)r; stress state
紧褶皱 compaction fold; tight fold
紧致定理 compactness theorem
紧致极点 compact pole
紧致集 compact set
紧致空间 compact space
紧致码 compact code
紧致特性 compactness property
紧致性 compactness
紧致域 compact region
紧轴 mandrel
紧轴压入试验 mandrel test
紧抓 purchase
紧转配合 close running fit
紧装电池 compact battery
紧装晶格 close-over lattice
紧装配螺栓 tight-fitting bolt

堇长角岩 seebenite

堇青安山岩 ambonite
堇青黑云片麻岩 cordierite biotite gneiss
堇青石 dichroite; iolite
堇青石白坯陶瓷制品 cordierite whiteware
堇青石白云母片麻岩 cordierite muscovite gneiss
堇青石板岩 cordierite slate
堇青石瓷 cordierite porcelain
堇青石二云片麻岩 cordierite two mica gneiss
堇青石角岩 cordierite
堇青石榴二长片麻岩 cordierite garnet potash-feldspar and plagioclase gneiss
堇青石榴钾长片麻岩 cordierite garnet potash-feldspar gneiss
堇青石麻粒岩 cordierite granulite
堇青石莫来石耐火材料 cordierite-mullite refractory
堇青石片麻岩 cordierite gneiss
堇青石炻器 cordierite stoneware
堇青石陶瓷 cordierite ceramics; jolite ceramics
堇青石矽线石角岩 cordierite sillimanite hornfels
堇云角岩 aviolite

谨防潮湿 guard against damp

谨防车叶 beware of propellers
谨防假冒 beware of imitations
谨防漏气 beware of fume
谨防行人过街 <美国交通警告标志用语> Ped Xing
谨防学生穿路 <美国交通警告标志用语> school Xing
谨慎操作 delicate operation
谨慎超车标志 pass with care sign
谨慎程度 standard of care
谨慎处理 due diligence; exercise due diligence
谨慎动机 precautionary motive
谨慎航行区 precautionary area
谨慎控制器 <按估值精度控制> cautious controller

锦标 pennant

锦标存放室 trophy room
锦标赛 title match
锦玻璃 glass mosaic; mosaic glass
锦带花【植】weigela
锦缎 brocade
锦缎玻璃 brocade glass
锦缎色 damask
锦鸡儿【植】pea tree
锦纶 nylon; polymer fibre
锦纶树脂 nylon resin
锦纶丝线 nylon thread
锦生铁 silky pig iron
锦熟黄杨 common box
锦窑 enamel kiln
锦砖 floor tile; mosaic(tile); porcelain tile; majolica mosaic <涂有不透明釉的>
锦砖地面 mosaic floor(ing)
锦砖楼板 mosaic floor(ing)
锦砖面层 mosaic tile surface
锦砖镶嵌细工 rectangular mosaic

尽快交货 as fast as possible

尽快装船 shipment as soon as possible
尽快装卸 fast as can
尽力联贷 best efforts syndication
尽量吃风 clean full
尽量靠上风航行 keep the royal touching
尽量逆风航行 peg to windward
尽量守住上风 <防下风有险礁> keep the wind

尽端 dead end

尽端暗管 blind main
尽端的 extreme; stud
尽端干管 blind main(pipe); dead-end main
尽端管线 dead-end(ed)piping
尽端路 <尽端有回车道> cul-de-sac(street); dead-end road
尽端墙 end wall
尽端墙墩 return wall
尽端式道路 terminal road
尽端式飞机库 dead-end hangar; dead-end shed
尽端式火车站 dead-end railroad station
尽端式货物站台【铁】end freight platform
尽端式枢纽 stub-end type junction terminal
尽端式站台 end platform
尽端式终点站 stud terminal
尽端式走廊 dead-end corridor
尽端站 dead-end anchor
尽端终点站 stud terminal
尽间 end bay
尽可能的最低价 lowest possible price
尽可能的最高价 highest possible price
尽善尽美 leave nothing to be desired
尽善尽美论 perfectionism
尽速交运 fast as can
尽速装船 shipment as soon as possible
尽头 <路的> dead-end(ed); impasse
尽头布置 terminal feature
尽头侧线 dead-end siding
尽头岔线 dead-end siding
尽头车站 head station
尽头管 dead-end main; dead-end pipe
尽头轨道 dead-end track; stud ended track
尽头街道 dead-end road; dead-end street
尽头街景 terminal feature
尽头客运枢纽 dead-end passenger terminal
尽头路 blind alley; blind pass; cul-de-sac(street); dead-end path; dead-end road; impasse blind alley pass; spur track
尽头披叠板 dead-end siding
尽头式车站 dead-end station; railhead; stub-end station
尽头式货场 stub-end goods yard
尽头式货运站 stub-end goods station
尽头式客运站 stub-end passenger station
尽头式枢纽 stub terminal
尽头式消防车道 dead-end fire driveway
尽头式站台 bay(ou)platform; dead-end platform

尽头式站台线 bay-line
尽头式终点站 <电车道的> tramway dead-end terminal
尽头铁路线 terminating line
尽头线【铁】 refuse siding;safety track;stub(-ended) track;stub-end siding;blind siding
尽头线火车站 stub station;stub terminal
尽头线路 dead-end track;stub-ended track
尽头小路 blind alley
尽头信号机【铁】 signal for stub-end track
尽头站 cusp station;dead-end bay;dead-end station;dead-end terminal
尽头折返线 dead-end turn-back track
尽头正线 dead-end line
尽头支线 branch line to outlying terminus;branch terminal line;dead-end siding【铁】
尽一切办法 anyhow and everyhow
尽一切力量 exert every effort
尽责速遣 due despatch[dispatch]

劲度 stiffness

劲度比 stiffness ratio
劲度常数 stiffness constant
劲度法 stiffness method
劲度方程 stiffness equation
劲度计 stiffness meter
劲度降低 stiffness degradation
劲度矩阵 stiffness matrix
劲度矩阵法 stiffness matrix method
劲度控制 stiffness control
劲度模量 stiffness modulus
劲度试验荷载 stiffness test load
劲度损失 loss in stiffness;stiffness loss
劲度条件 condition of stiffness;stiffness condition
劲度系数 coefficient of rigidity;coefficient of stiffness;stiffening coefficient;stiffness coefficient;stiffness factor;stiffness modulus
劲度效应 stiffening effect
劲度影响系数 stiffness influence coefficient
劲风 fresh breeze;high wind
劲化 stiffen(ing)
劲化现象 stiffening phenomenon
劲矩 moment of stiffness
劲联桁架 stiff-jointed truss
劲缩断面 near section
劲性 stiffness
劲性传力杆 stiff dowel bar
劲性封闭肋 stiff-closed rib
劲性钢筋 concrete-steel;rigid armo(u)ring;rigid reinforcement;stiff reinforcement
劲性钢筋混凝土房屋 concrete-steel building
劲性钢筋混凝土建筑 concrete-steel building
劲性钢筋混凝土结构 composite construction;steel composite construction
劲性钢筋混凝土梁 composite beam;steel-encased beam
劲性钢筋混凝土柱 composite column;composite steel concrete column
劲性骨架混凝土桥 skeleton reinforced concrete bridge
劲性混凝土柱 composite concrete column
劲性减小 reduction in stiffness
劲性接缝条 stiff dowel bar
劲性模量 stiffness modulus
劲性支柱 stiffleg

近岸 approach;inshore;offshore;shoreface

近岸安全距离 offing
近岸标 landfall mark
近岸表层流 near surface current
近岸表层温度场 near surface temperature
近岸冰 inshore ice;near shore ice
近岸波 coastal wave;nearshore wave
近岸测量 inshore survey
近岸潮汐 coastal tide
近岸沉积 nearshore deposit
近岸沉积层 hinter surf bed
近岸赤道 subequator
近岸处的 onshore
近岸大陆架 coast shelf
近岸带 littoral zone;nearshore zone;neritic province;neritic zone
近岸的 adlittoral;intracoastal;neritic;nearshore;offshore
近岸的海上工程 inshore marine construction
近岸地区 near shore area
近岸动物区系 nertitic fauna
近岸防波堤 nearshore breakwater
近岸风 coastal wind
近岸浮游动物 neritic zooplankton;neritic plankton
近岸观测设备 coast watching unit
近岸海槽 offshore trough
近岸海流 longshore current
近岸海蚀台 offshore bench
近岸海洋 coastal ocean;coastal sea
近岸海洋环境 inshore marine environment;near shore marine environment
近岸海洋学 coastal oceanography;nearshore oceanography
近岸海域 immediate offshore area;offshore area
近岸环境 nearshore environment
近岸环境模拟预报系统 nearshore environmental analog(ue) prediction system
近岸环流 coastal circulation;nearshore circulation
近岸结构 nearshore structure
近岸跨 shore space
近岸跨度 <指桥梁的> shore span
近岸浪 coastal wave
近岸流 nearshore current;coastal current;coastal flow;downcoastal flow;inshore current;inshore flow;littoral current;nearshore flow;offshore current;offshore flow;shore current
近岸流系 nearshore current system
近岸锚地 offshore anchor-ground;roadstead
近岸抛锚 offing
近岸浅水的 aktological
近岸浅滩 nearshore shoal
近岸桥墩 end pier
近岸桥跨 abutment bay;abutment span;shore span
近岸区 inshore zone;neritic province
近岸权 rights of access
近岸沙洲 inshore shoal
近岸设施 offshore installation
近岸社区 near-shore community
近岸试样 inshore sample
近岸水 inshore water;coastal water
近岸水道 intracoastal waterway
近岸水流 nearshore current
近岸水体 inshore waters;coastal waters
近岸水文测量 inshore hydrographic(al) survey
近岸水文测量学 inshore hydrography;inshore hydrology
近岸水下带 eulittoral
近岸水域 coastal waters;inshore waters;nearshore region;nearshore waters
近岸台地 shoreface terrace
近岸通航带 inshore traffic zone
近岸拖网渔船 inshore trawler
近岸污染 coastal pollution
近岸相 neritic facies;offshore facies
近岸引航 coast piloting
近岸油溢 offshore oil spills
近岸资源 coastal resources
近暗的 semi-dull
近坝式水电站 power station at the toe of the dam
近白色 off-white
近爆信管 proximity exploder(fuse)
近北极的 subarctic
近北极纬度 northern subpolar latitude
近比率双速电动机 close ratio two-speed motor
近壁底流层 laminar sublayer
近边 nearside
近边车道 nearside lane
近边缘的 antemarginal
近边缘发射线 near edge emission line
近变质作用 anchimetamorphism
近表面波 near surface wave
近表面层 near surface layer
近表面缺陷 near surface flaw
近表面试验 near to surface test
近滨 nearshore
近滨沉积 nearshore deposit
近滨带 nearshore zone
近滨环流 nearshore circulation
近滨流 nearshore current;inshore current
近滨流系统 nearshore current system
近滨区 <从低潮岸线到碎波区的外边缘> nearshore zone
近侧 nearside
近侧的 proximal
近侧距 near range
近层水 primary water
近层型 plesiostratotype
近差继电器 close differential relay
近场 near field
近场波束 near field beam
近场测试 near field testing
近场地震学 near field seismology
近场地震运动 near field earthquake motion
近场法 near field method
近场方向图 near field pattern
近场分析器 near field analyser[analyzer]
近场干涉图形 interference near field pattern
近场后向散射 near field backscatter
近场环状输出图 near field annular-output pattern
近场加速度图 near field accelerogram
近场能量 near field energy
近场区 near field region
近场全息术 near field holography
近场数据 close in data;near field data
近场水流模型 near field flow model
近场条纹 near field fringes
近场图样 near field pattern
近场现象 near field phenomenon
近场效应 proximity effect
近场衍射图 near field diffraction pattern
近场源二极 two-pole of near source
近场源激电曲线 curve of induced polarization at near source
近场源三极 three-pole of near source
近场源四极 quadripole of near source
近场噪声 near field noise
近场照片 near field photograph
近场质点速度 near field particle velocity
近程 proximity;short distance;short-(en) range
近程导弹 short-range missile;dart
近程导航 shoran;short-range guidance;short-range navigation
近程导航设备 short-range(navigation-(al)) aids
近程导航系统 shoran system
近程定位系统 short-range positioning system
近程对流层散射通信[讯]设备 short-haul tropospheric scatter radio system
近程防空综合设施 short-range air-defense complex
近程飞机 short-haul plane;short-range plane
近程高精度无线电导航设备 high precision short range equipment in electronic navigation
近程航标系统 short-range aids-to-navigation system
近程接续 short-haul connection
近程警戒雷达 proximity warning radar
近程雷达测位侦察 shoran reconnaissance
近程声呐 short-sonar
近程通信[讯] short-haul connection
近程相互作用 short-range interaction
近程信标 proximity beacon
近程有序 short-range order
近程有序结构 short-range order structure
近程远程控制 local-distance control;local distant control
近程指示元素 short-range indicator element
近程作用力 short-range force
近赤道纬度 equatorial latitude
近处 vicinity
近船尾储藏室 lazaret(to)
近垂直摄影航片 approximately vertical air photograph
近垂直摄影像片 near vertical photograph;near vertical picture
近代 modern times
近代巴洛克式园林 modern Baroque style
近代冰川作用 contemporary glaciation
近代沉积物 recent deposit;recent sediment
近代沉积岩 younger sedimentary rock
近代城市 modern city
近代冲积层 recent alluvium
近代大地构造学 neotectonics
近代地槽 recent geosyncline
近代地壳运动 recent crust movement
近代构造【地】 recent tectonics
近代构造运动 recent tectonic movement
近代火山活动 recent volcanism
近代建筑 modern architecture;premodern architecture
近代企业管理 modern business administration
近代史 modern history
近代示踪技术 modern tracing technique
近代数学 modern mathematics
近代铁路的高速列车 super train for the advanced railway

近代性 recentness
近代研究 recent studies
近代研究指出 recent studies show that
近代液相色谱法 modern liquid chromatography
近代艺术 modern art
近单矿物岩 anchimonomineralic rock
近单色辐射 near monochromatic radiation
近道位置 position of adjacent traces
近道选排图 near trace gather
近等比照片 photomacrograph
近等间距构造 subequal spacing structure
近等时性演化 subisochroneity in evolution
近低层 near-bottom layer
近低层水体 near bottom waters
近低层温度 near bottom temperature
近底层补偿流 undertow current
近底层流 near-bottom current
近底层水采样器 near bottom water sampler
近底流速 near bottom velocity
近地表变质作用 anchimetamorphism
近地表地震 near surface of earthquake;near surface seismic event
近地表火成岩 volcanics
近地表开挖 near surface excavation
近地表矿床 near surface deposit
近地表水体 nearby surface water
近地表效应 near surface effect
近地点 low apsis; perigee; point of perigee
近地点潮 perigean tide
近地点潮差 perigean tide range
近地点潮流 perigean tidal current
近地点潮汐周期 anomalistic(al) tide cycle
近地点大潮 perigean spring tide
近地点辐角 argument of perigee
近地点高度 altitude of perigee
近地点黄经 longitude of perigee
近地点角距 argument of perigee
近地点喷火 perigee kick
近地点通过时刻 epoch of perigee passage
近地点周期 perigee-to-perigee period
近地轨道 low earth orbit;near earth orbit
近地环境 near earth environment
近地空间 near earth space;terrestrial space
近地面层 ground layer;surface layer【气】
近地面的 subaerial
近地球卫星轨道 close satellite orbit
近地卫星 close earth satellite; near earth satellite
近地卫星理论 close satellite theory
近点 near point
近点潮 anomalistic(al) tide
近点潮周期 anomalistic(al) tidal cycle
近点的 anomalistic(al)
近点反应 near point reaction
近点角 anomaly
近点校正 near point correction
近点距离 anomalistic(al) distance; anomaly
近点年 anomalistic(al) year
近点平均运动 anomalistic(al) mean motion
近点卫星理论 close satellite theory
近点月 anomalistic(al) month
近点运动 anomalistic(al) motion
近点周 anomalistic(al) revolution
近点周期 anomalistic(al) period
近冻缘水系 submarginal drainage
近端 proximal end
近端串话 near end crosstalk
近端串音 near end crosstalk;sending-end crosstalk
近端的 near end;proximal
近端风暴沉积 proximal storm deposit
近端干扰 near end interference
近端力矩 near end moment
近端浊积岩 proximal turbidite
近伐木 adolescent
近反射 near reflex
近缝合带盆地 perisutural basin
近复消色差 holoscopic
近复消色差透镜 semi-apochromat
近感 proximal sensing
近拱点 periapsis
近拱点侧廊 periapsisial aisle
近拱点过道 periapsisial aisle
近共结岩 anchi-eutectic rock
近共线性 near collinearity
近古构造体系 neoid tectonic system
近观图 close up view
近光 dipped bean; meeting beam; passing beam;short-distance beam; lower(head lamp) beam < 汽车大灯 >
近光玻璃 close up deflecting glass
近光灯 front quarter light;passlamp
近光滑的 glabrate
近光开关 dipping switch
近光棱镜 close up(deflecting) prism
近光棱镜卡子 prism bracket
近光透镜 close up lens;side light lens
近海 adjacent sea; inshore; near waters
近海岸 nearshore
近海波高 inshore wave height
近海波浪 near source wave;offshore wave
近海泊位 offshore berth
近海补给船 offshore support ship; offshore support vessel
近海捕捞 offshore fishing
近海测量 offshore survey
近海产卵场 offshore spawning ground
近海沉积(物) hemi-pelagic deposit; offshore deposit;offshore sediment
近海沉积作用 paralic sedimentation
近海处理 offshore disposal
近海船 coaster
近海带 inshore zone; neritic zone; offshore strip;offshore zone
近海的 coastwise;maritime;nearshore; off-sea; paralic; sea approach; offshore
近海地带 offshore zone;paralic zone
近海地震 offshore earthquake
近海防波堤 offshore sea wall
近海浮式平台 offshore floating platform
近海工厂 offshore works
近海工程 offshore engineering; offshore works;maritime works
近海工程学 maritime engineering
近海供应船 offshore supply vessel
近海构筑物 coastal structure
近海固定平台 offshore fixed steel platform
近海固定式钢质平台 fixed steel offshore platform
近海管道 offshore pipeline
近海海底地形 inshore bottom contour
近海海底液压摇控装置 < 供原位测试及取样用 > stingray
近海海流 inshore current
近海海区 offshore zone
近海含煤建造 paralic coal-bearing formation
近海航船 coasting vessel
近海航路 offshore track
近海航线 greater coasting
近海航线船 greater coasting vessel
近海航行 offshore navigation
近海航运 shipping in coastal waters
近海河段 fluviomaritime section of stream;sea reach
近海核电站 offshore nuclear power station
近海湖 lagoon
近海湖港 lagoon harbo(u)r
近海环境 offshore environment; paralic environment;maritime environment
近海货轮 coastal cargo-liner
近海基础设施 maritime infrastructure
近海技术 offshore technology
近海建筑 offshore construction
近海建筑物 offshore structure;maritime structure
近海阶地 offshore terrace
近海结构物 offshore structure
近海开发 offshore development; offshore exploitation
近海开发银行 offshore bank
近海勘探 offshore exploration; offshore prospecting
近海贸易 short-sea trade
近海煤层【地】 paralic coal deposit
近海煤系 paralic coal deposit
近海盆地 paralic basin
近海漂浮的 vadal
近海平台 offshore platform
近海潜水 offshore diving
近海区(域) greater coasting area;offshore area;offshore waters
近海群岛 offshore arching
近海沙坝 offshore bar
近海深海沉积物 hemi-pelagic abyssal sediment
近海深水捕鱼 offshore fisheries
近海生态系统 nearshore ecosystem
近海声呐卫星集成装置 offshore acoustic(al) satellite integrated system
近海声呐卫星组合装置 offshore acoustic(al) satellite integrated system
近海石油开发保险 offshore oil exploration insurance
近海石油平台 offshore platform
近海石油资源 offshore oil resources
近海疏浚 offshore dredging
近海水沟 runnel
近海水域 coastal water area; coastal waters;offshore area; offshore waters
近海台地 offshore platform
近海特征 paralic feature
近海天然气 offshore gas
近海土力学 offshore soil mechanics
近海拖带供应船 offshore tug supply ship
近海拖轮 sea-going tug
近海王点 periposeidon
近海无线电中继站 offshore radio relay station
近海系泊 offshore mooring
近海现场勘察研究 offshore site investigation study
近海相 offshore facies
近海卸货 offshore discharge
近海巡逻船 offshore patrol vessel
近海养鱼 marine fish farming
近海样品 marine coastal sample
近海遥测波浪仪 marine wave telemetering system
近海溢油 offshore oil spillage
近海油港 offshore tanker terminal
近海油井钻井平台 offshore well drilling platform
近海油轮终端 offshore tanker terminal
近海油田 offshore oil field
近海鱼类 near sea fishery
近海渔业 inshore fishery; inshore fishing;offshore fishery
近海运输 < 租船合同用语 > short sea
近海运输船舶 short traffic ocean carrier
近海沼泽 paralic swamp
近海沼泽地 < 意大利 > maremma
近海支线货船 coastal feeder service ship
近海转运码头 offshore terminal
近海桩 offshore pile
近海桩基础 offshore piled platform
近海钻井 offshore boring; offshore drilling
近海钻井平台 offshore(well) drilling platform
近海钻探 offshore boring; offshore drilling
近海钻探和采矿 offshore drilling and mining
近海钻探平台 offshore(well) drilling platform
近海作业 offshore application
近河口区 near estuarial area
近河区 riverain;riverine
近红外 near infrared
近红外波段 near infrared band
近红外窗口 near infrared window
近红外干涉仪 near infrared interferometer
近红外光谱 near infrared spectrum
近红外激光器 near infrared laser
近红外区 near infrared band;near infrared region
近红外探测器 near infrared detector
近红外通信[讯] near infrared communication
近红外通信[讯]系统 near infrared communications system
近红外图像 near infrared image
近红外线 near infrared rays
近后期成岩作用 juxta-epigenesis
近乎垂直的 subvertical
近幻月 mock moon;paraselene
近回波 close echo
近火点 periareon;perimartian
近火灭火战斗 proximity fire fighting
近迹合成图 near trace gather
近极的 near polar;subpolar
近极地区 subpolar region
近极面 proximal face
近极区域 polar region
近极星 high-declination star
近间距平行跑道 close parallel runway
近简并放大器 almost degenerate amplifier
近讲传声器 close-talking microphone
近讲送话器 close-talking microphone
近郊 environs; faubourg; innermost suburbs; outskirt; purlieu; suburban;surrounding countryside
近郊道路 suburban road
近郊的 suburban;uptown
近郊地带 suburban zone
近郊化 suburbanization
近郊环路 peri-urban road
近郊交通 suburban traffic
近郊交通服务 suburban service
近郊居住区 residential suburb
近郊绿地 suburban green area
近郊桥梁 suburban bridge
近郊区 inner suburban district;suburban area;suburban district
近郊区通话 message unit call
近郊上下班交通功能 peri-urban

J

home-work function

近郊铁路 suburban railroad;suburban railway;suburban roadway

近郊住宅 suburban residential quarter

近郊住宅区 suburban residential quarter;suburb uptown

近胶体 mesocolloid

近焦点 perifocus

近界视力 peripheral vision

近晶的 smectic

近晶化合物 smectic compound

近晶相 smectic phase

近晶形液晶 smectic crystal

近晶型中间相态 smectic mesophase

近井点 control point of shaft

近景 close range;nearby view

近景测量仪 close range instrumentation

近景摄影 close shot;close up photography

近景摄影测量 close range photogrammetry;close up photogrammetry; short-distance photogrammetry;short range photogrammetry

近景摄影机 close up camera

近景像片 close range photograph

近景自动测图仪 short-range autograph

近净形成型 near net shape forming

近距 close range;near distance

近距测视力标型 Jaeger's chart;Jaeger's test type

近距车灯 dipper

近距导航设备 short-range navaid

近距灯 <投照路面的> dipper

近距地面位置指示器 short-range ground position indicator

近距观察 near viewing

近距极限 near limit

近距交叉口 closely spaced intersection

近距截获 short-range coverage acquisition

近距聚焦摄像管 proxicon

近距控制 in-plant control

近距离 close quarter;low coverage;close range;short-range

近距离导航设备 short-distance navigational aid

近距离电缆载波通信[讯]制 short haul cable carrier system

近距离电视中继装置 short-range pick-up television relay equipment

近距离发送器 short-distance sender

近距离故障 close in fault;close up fault

近距离观察 close range observation

近距离机械手 handler

近距离接收 short-distance reception

近距离空中侦察 short-distance reconnaissance

近距离控制 close control

近距离控制系统 in-plant control system

近距离碰撞 close collision

近距离平射的 point-blank

近距离扫描 short-range scanning

近距离射击 close range shooting;short-range firing

近距离摄影 close shot

近距离声波定位器 sonicator

近距离衰落 short-range fading

近距离探向 short-range direction finding

近距离调焦装置 near focussing device

近距离通信[讯] short-range communication

近距离无线电信标 short-range radio beacon

近距离物体 closer object

近距离系统 in-house system;in-plant system

近距离(小冲击)碰撞 close collision

近距离助航仪 shoran set

近距散射 short-distance scatter

近距摄影调焦 close up focusing

近距视觉 near vision

近距特性 short-range characteristics

近距位移调整器 short shift controller

近距物体 near object

近距系统 in-house system

近距线性调整器 short linearity controller

近可行点 near feasible point

近可行性 near feasibility

近控 close control

近矿围岩蚀变类型 alteration type of adjoining rock neat ore body

近离孔底 off-bottom

近联式悬挂 close-coupled mounting

近邻互连 near neighbor interconnection

近邻曲线 varied curve

近邻性分析 adjacency analysis

近临界的 close-to-critical;near critical

近临界频率吸收 deviation absorption

近零功率因数 near-zero power factor

近零排放 near zero release

近陆标志 landfall mark

近陆导标 landfall mark

近陆灯标 landfall light;making light

近陆浮标 landfall buoy

近路 by-pass;close cut;short cut

近路转弯 short-cut turn

近锚泊 <锚链长约水深 1.5 倍与海底大约成 45° 角> short peak;short stay

近锚锚泊 ride a short peak

近瞄准距 shorten range

近模 near lying mode

近木木点 perijove

近目瞄准孔 near vane

近拟赋值 approximate valuation

近凝聚 close aggregation contact

近拍 close perspective recording

近旁模型 nearby model

近抛物线轨道 nearly parabolic orbit

近炮点道号 near shot-point trace number

近平面 hither plane

近平坡 near-level grade

近平摄影 high-oblique aerial photograph

近破波 breaking wave

近期 near future;short-term

近期拗陷 neoid deep

近期到期 <外汇> short maturity

近期的 near term;recent

近期兑现资产 near liquid assets

近期发展 immediate development

近期观察 current observation

近期规划 short-range design;short-term planning

近期火山 recent volcano

近期火山活动 recent volcanic activity

近期货 <指距交收月份最近的期货合约> nearbys

近期建筑 priority construction

近期交割 near delivery

近期交货 near delivery

近期交易 transaction of near delivery

近期经济效益 immediate economic benefit

近期经济增长速度 economic growth rate in the near future

近期决策 near term decision

近期论文 current paper

近期目标 near term target;short-term goal;short-term objective

近期票据 bill at short sight

近期石化松香 recent fossil resin

近期松香 recent resin

近期线网 short-term road network

近期效应 short-term effect

近期雪 recent snow

近期有效资源量 effective resource amount in the near future

近期预测 conjunction forecast;last-period forecast

近期展望 near term prospect

近期装运 current shipment

近期最大利润 short-run maximization profit

近期作品 late opus

近墙格栅托梁 tail trimmer

近亲 next of kin

近亲关系 <血统上的> propinquity

近区 near field;near zone

近区地改值 terrain correction value of nearby distance

近区地形改正精度 accuracy of terrain correction on nearby distance

近区干扰 nearby interference

近区供电 nearby electric(al)supply

近区故障 close in fault

近区河水温度 near field river temperature

近区水流 near field flow

近区水流模型 near field flow model

近区烟缕水温度值 near field plume temperature value

近热反应堆 near thermal reactor

近日点 perihelion[复 perihelia]

近日点冲 perihelic opposition

近日点辐角 argument of perihelion

近日点合 perihelic conjunction

近日点黄经 longitude of perihelion

近日点进动 advance of the perihelion;perihelion precession;precession of perihelion

近日点距离 perihelion distance

近日点时间 time of perihelion passage

近日点效应 perihelion effect

近日点移动 perihelical motion;perihelion motion

近日点月 <27.5 天> anomalistic(al) month

近日距 perihelion distance

近日空间 near solar space

近筛孔(尺寸的)颗粒 near mesh particle

近摄 close perspective recording;close shot;close up view;macro

近摄镜头 close up lens

近声速 near sonic speed

近声速的 near sonic

近声速分界线 near sonic ridge line

近实时 near real time

近世代数 modern algebra

近视 myopia;near vision;short sight

近视的 short sighted

近视图 close up view

近视眼的 nearsighted

近水点 perimercurian

近水面船 near surface ship

近水面艇 near surface vehicle

近水平出现 near horizontal occurrence

近水碛谷 sub-drift valley

近斯刊行出版物 contemporary issue

近死剂量 near lethal dose

近似 approximate;approximation;proximity

近似边界 approximate boundary

近似表达式 approximate expansion

近似不透明 subopaque

近似测定 rough determination

近似测度 approximate measure

近似测量 approximate measurement

近似成本 approximate cost

近似成分 proximate component

近似程度 degree of approximation

近似抽样分布 approximate sampling analysis;approximate sampling distribution

近似处理 approximate treatment

近似垂直航空摄影 near vertical photography

近似垂直摄影航空照片 approximately vertical air photograph

近似垂直摄影透明片 near vertical transparency

近似垂直摄影像片 near vertical photograph

近似代用品 close substitute

近似导数 approximate derivative

近似的 apparent;approximate;coarse;proximal;proximate

近似等高距 approximate vertical interval

近似等高线 approximate contour

近似等距投影 approximately equidistance projection

近似等距圆锥投影 approximately equidistance conic(al)projection

近似等距最小误差圆锥投影 approximately equidistance minimum error conic(al)projection

近似等效电路 approximate equivalent circuit

近似等于 approximately equal to

近似定理 approximation theorem

近似定线 approximate align(e)ment

近似定向 approximate orientation

近似定值 approximate evaluation

近似读数 approximate reading;approximation reading;rough reading

近似多项式 approximation polynomial

近似法 approximate approach;approximate method;approximation approach;approximation method;approximation process;approximative method

近似法则 rough rule;simplified rule

近似方差 approximating variance

近似方程 approximate equation

近似方法 approximate method;approximation method

近似分布 approximate distribution;approximation to distribution

近似分析 approximate analysis;proximate analysis

近似分析(方)法 approximate analysis method;approximate analytic(al)method

近似符合 approximate match

近似公式 approximate equation;approximation equation;approximation expression;approximate expansion;approximate formula

近似估计 approximate evaluation;quick-and-dirty estimation;quick-and-dirty evaluation

近似估计法 rule-of-thumb

近似估价 approximate estimate

近似估算 approximate evaluation

近似估算额 approximate estimate sum

近似估值 approximate evaluation

近似关系 approximate relationship

近似荷载 apparent load

近似化 approximation

近似环形 subcircular

近似回答 approximate answer

近似货币 near money

近似积分(法) approximate integration;point-by-point integration

近似极端多重共线性 near extreme

multicollinearity
近似计算(法) rule-of-thumb; approximate calculation; approximate evaluation; approximate treatment; calculus of approximations; numeric(al) evaluation; proximate calculation; approximate calculation
近似计值 approximate evaluation; approximate value
近似假定 approximate assumption; approximation assumption; approximation hypothesis
近似假设 approximate assumption; approximation assumption; approximation hypothesis
近似检索 false retrieval
近似结果 approximate result
近似解(法) approximate solution; approximate approach; approximation solution; numeric(al) solution; simplified solution; approximate approach
近似理论 approximate theory; approximation theory
近似连续 approximate continuity; approximately continuous
近似量 approximate quantity
近似律 approximate rule
近似率 approximate rate
近似绿色的 chlorochrous
近似满载排水量 approximate loaded displacement
近似平差【测】 approximate adjustment; non-rigorous adjustment
近似平衡条件 approximate equilibrium condition
近似平面应力状态 state of plane stress
近似平行运动 approximate parallel motion
近似铅字质量 near letter-quality
近似求积 approximate integration
近似球形的 almost spherical; near spherical
近似曲线 approximation curve
近似容重 approximate unit weight
近似溶解度 approximate solubility
近似三角形的 subtriangular
近似扫描系统 proximal scanning system
近似色调 approximate colo(u)r harmony
近似式 approximant; approximate expression
近似收敛 approximate convergence
近似寿命 apparent lifetime
近似数 approximate number
近似数据 approximate data
近似数量 approximate quantity
近似数值 numeric(al) approximation
近似数值度量 approximate numerical measure
近似水平坡 near-level grade
近似算法 approximate calculation; approximate computation; method of approximation
近似特征 approximation characteristic
近似特征方程 approximate characteristic equation
近似条件 approximate condition
近似条件反射 approximation conditioning
近似条件作用 approximation conditioning
近似同轴的 approximately axial
近似推理 approximate reasoning
近似椭圆 approximate ellipse; false ellipse
近似椭圆的 subelliptical
近似椭圆拱 approximate ellipse arch; false ellipse arch
近似微分 approximate differentiation
近似位置 approximate location; approximate position
近似误差 approximate error; approximation error; error of approximate
近似现金的资产 near cash assets
近似线性法 approximate linear method
近似线性相关 near linear dependency
近似相等 approximately equal
近似延时 coarse delay
近似颜色 on shade
近似验算 rough check
近似样品 near miss
近似要素价值 approximate factor values
近似于球形状的 almost spherical
近似圆 approximate circle
近似圆形 subcircular
近似圆柱形的 subcylindric(al)
近似展开式 approximate expansion
近似涨潮时间 approximate duration of tidal rise
近似正态分布 approximately normal distribution
近似正态性 approximate normality
近似直径 approximate diameter
近似值 approximant; approximate value; approximation value
近似值测定数 approximate measure
近似值度量 approximate value measure
近似值公式 approximation formula
近似值函数 approximation function
近似值物价指数理论 approximation theory of price index number
近似众数 approximate mode
近似自动准直装置 near autocollimation arrangement
近似总重量 approximate packed weight
近似组成 approximate construction; proximate composition
近似最佳 quasi-optimal
近似最佳解 near optimum solution
近似最佳线性估计量 nearly best linear estimator
近似最优 near optimization
近似最优配置 approximating optimum allocation
近似作图 approximate construction; approximate drawing; approximation construction
近似坐标 approximate coordinates
近天顶的 circumzenithal
近天然铀反应堆 near-natural uranium reactor
近天王点 periuranian
近贴聚焦 proximity focus
近围岩岩脉【地】 salband; selvage
近未来大城(都)市 near-future metropolis
近无光的 semi-dull
近无毛的 glabrate
近无余量锻件 near net shape forging
近午 ex meridian
近午等高度改正量 equation of equal altitude
近午等高度天体经度 longitude by equal altitude
近午线的 circummeridian
近物源相 proximal phase
近心的 entocentric(al)
近心点 pericenter[pericentre]; perifocus
近星点 apse[复 apsides]; apsis[复 apsides]; lower apse; periastron; pericenter[pericentre]
近星点进动 advance of periastron; periastron advance
近星点经度 longitude of periastron
近星点效应 periastron effect
近星点运动常数 apsidal constant
近星点转动 apsidal rotation
近星点转动周期 apsidal period
近衍射极限反射镜 near diffraction-limited mirror
近洋航线 near sea shipping line; offshore line; offshore route
近腰部取景器 waist level viewfinder
近因 causa proxima; immediate cause; proximal cause
近因律 law of recency
近因效应 recency effect
近因原则 principle of causa proxima
近音速 near sonic speed
近音速的 near sonic
近银心点 galactic pericentre[pericenter]; perigalacticum[复 perigalactica]
近优解 near optimum solution
近有光 semi-gloss
近于纯白的 off-white
近圆轨道 near circular orbit
近圆锥形的 subconical
近缘的 submarginal
近缘碛 submarginal moraine
近源沉积 proximal sedimentary deposit
近源地震学 engysseismology
近源环境 proximal environment
近源浊积岩 proximal turbidite
近月潮 perigean tide
近月潮差 perigean tide range
近月潮流 perigean tidal current
近月点 pericynthion; perilune; periselen
近在眼前 close at hand
近炸雷管 proximity exploder(fuse)
近炸信管 proximity fuse
近站点 closest approach point
近真的 probable
近真面 vicinal face
近真速度 probable velocity
近真误差 probable error
近震 close earthquake; nearby earthquake; nearby shock
近震波 near source wave
近震体波震级 local magnitude
近震仪 near earthquake instrument
近震源 near source
近震源反应谱 near source response spectrum
近震震级 magnitude for local shock; magnitude of near earthquake
近正方形的 subquadrate
近致癌物 proximate carcinogen
近中的 mesial
近中天 ex meridian
近中天高度 ex-meridian altitude
近中向位 mesioversion
近中心点 pericenter[pericentre]
近中缘 mesial margin
近轴边缘光 paraxial marginal ray
近轴薄壁组织 adaxial parenchyma
近轴常数 paraxial constant
近轴成像 paraxial imagery
近轴单色光 paraxial monochromatic light
近轴的 adaxial; paraxial
近轴电子束 paraxial electron beam
近轴范围 parastas region; paraxial region
近轴光束 paraxial beam
近轴光速跟踪 paraxial ray tracing
近轴光线 axial ray; parastas ray; paraxial ray
近轴光学 paraxial optics
近轴焦点 paraxial focus
近轴近似法 paraxial approximation
近轴聚焦面 paraxial focal plane
近轴面上 the adaxial surface
近轴模 paraxial mode
近轴旁管薄壁组织 adaxial paratracheal parenchyma
近轴区 paraxial region
近轴射束 paraxial beam
近轴射线 paraxial ray
近轴像 paraxial image
近主焦点 perifocus
近子午圈的 circummeridian
近子午圈高度 circummeridian altitude; ex-meridian altitude
近子午圈观测 ex-meridian observation; extra-meridian observation
近子午圈恒星高度法测时 time by ex-meridian altitude of star
近子午圈天顶距 circummeridian zenith distance; ex-meridian zenith distance
近子午线的 ex meridian
近紫外 near ultraviolet
近紫外波段 near ultraviolet band
近紫外光 black light
近紫外光刻 near ultraviolet lithography
近紫外抗蚀剂 near ultraviolet resist
近紫外区 near ultraviolet band; near ultraviolet zone
近紫外线 near ultraviolet ray

进

进变作用 progradation

进波 afferent echo
进餐凹室 dinette; dining alcove; dining nook; dining recess
进餐平台 dining terrace
进餐时间 meal
进仓 warehouse entry
进舱许可 entry permit
进铲传动装置 <铲土斗的> crowding gear
进厂检验 incoming inspection
进厂廊道 entrance gallery
进厂修理【船】 dockyard over-haul
进场 approach
进场道 airfield approach
进场道路 construction access road
进场灯 approach light
进场段 <飞机> approach segment; approach way
进场方向 available approach; direction of approach
进场费 dockage
进场路线 approach course
进场门 approach gate
进场入口 approach portal
进场速度 approach speed; velocity of approach
进场锁定 approach locking
进场铁路 access railroad
进场图 approach chart
进场线路 access line; arrival route; leading-in line
进场许可 approach clearance
进场延迟 admission delay
进场占用时间 time for possession
进场指标 homing beacon
进场重新起飞 pull out
进场准备过程 arrival conditioning
进场作业 yarding
进潮 incoming tide
进潮口 tidal inlet
进潮棱柱水体 tidal prism
进潮量 tidal influx; tidal prism; tidal volume; volume of water entering on the flood tide
进潮流 ingoing flood; ingoing stream
进潮闸 go-out

进潮总量 volume of flood
进车不平衡系数【铁】 unbalance coefficient of locomotive to shed
进车道 access way
进车轨道【铁】 receiving track
进车库 garaging
进车坪 truck access pad
进城通勤交通者 in-commuter
进程 course; driftage; forward stroke; process
进程标识 process identification
进程标题 process header
进程标题槽 process header slot
进程标志 process tag
进程表 plan; schedule
进程表目 process entry
进程参数 process parameter
进程代换信息 process map
进程的等待状态 wait state of a process
进程的就绪状态 ready state of a process
进程的同步 synchronization of a process
进程的优先权 priority of a process
进程的运行状态 running state of a process
进程的状态 state of a process
进程调度 process scheduling
进程调度程序 process dispatcher
进程段 process section
进程段表 process section table
进程队列 process queue
进程多路转换 process multiplexing
进程付款 progress payment
进程关联 process context
进程关联堆栈指示字 process context stack pointer
进程关联转换 process context switching
进程管理 management of process
进程管理程序 process manager
进程划分 process partition
进程级间通信[讯] process to process level communication
进程间流程控制 process to process flow control
进程间通信[讯] interprocess communication
进程间通信[讯]设备 interprocess communication facility
进程检查 process check
进程角 angle of advance; angular advance
进程结构 process structure
进程空间 process space
进程控制 process control
进程连接表 process attachment table
进程流图 process flowchart
进程名 process name
进程命名 process naming
进程偏心轮 follower eccentric
进程切换 process switching
进程区分栈 process distinguish stack
进程区分栈号 process distinguish stack number
进程输入表 process imput table
进程输入和输出 process input-output
进程特权 process privilege
进程通信[讯] process communication
进程通信[讯]系统 process communication system
进程同步 process synchronization
进程图 process map
进程协调 coordination
进程遥信分区 directly surveillance subsection
进程遥信网络 directly surveillance network
进程页表 process page table
进程异常 process exception
进程优先级 process priority
进程支付的扣留总额 retainage
进程中断 process interrupt
进程状态 process status; state of a process
进程状态向量 process state vector
进程状态字 process state word
进尺【岩】 drilling depth; drilling footage; feed of drill; make hole; advance(rate); headway
进尺量 footage
进尺深度 depth of advance; run length
进出 spurt
进出厂段线 shop lead
进出车道坡度角 < 高速公路 > inclination of ramp
进出船闸的操纵 locking maneuver; maneuver for locking
进出道 haul road
进出费率 in-and-out rates
进出港 inward and outward (of the port)
进出港海图 approach chart
进出港航道 access channel; approach channel; approach route; approach sea lane; entrance channel
进出港签证 port entry and exit visas
进出港信号 entering and leaving signals
进出港运河 access canal
进出货栈 joint-locked warehouse
进出集中装置控制板 entrance-exit panel
进出孔 access eye; access hole
进出孔道 access duct
进出口 inlet outlet; port; export and import < 指外贸方面 >
进出口比价 terms of trade
进出口比价指数 terms of trade indexes
进出口比率 export-import cover ratio
进出口差额 gap between imports and exports
进出口差损补偿制度 compensation system
进出口点 ingress-egress point
进出口阀 terminal valve
进出口法兰尺寸 dimensions of suction and discharge flanges
进出口盖 access cover
进出口公司 import and export corporation
进出口关税 customs duty
进出口货物 cargoes imported and exported; imported and exported products
进出口货物报关单 customs declaration for imports and exports
进出口加工区 free trade zone
进出口价格弹性 price elasticity of import and export
进出口交换比价 terms of trade
进出口交换比率 term of trade
进出口节 < 涵管喇叭形的 > end section
进出口结合贸易 combination-deal trade
进出口经营权 import-export operations right; power to engage in import and export trade
进出口控制 access control; exit and entrance control; trade control
进出口口岸 import-export port
进出口理货计数单 inward-outward cargo tally sheet
进出口连锁制 import-export link system
进出口贸易值 value of import and export
进出口贸易总额 total volume of import and export trade; total volume of imports and exports
进出口(门) entrance and egress; entrance and exit
进出口配额制 import-export quota system
进出口平衡 balance between imports and exports
进出口企业的盈利性 profitability of the import and export enterprises
进出口商 export import firm
进出口商品比价指数 index of terms of trade
进出口商品检验 import-export commodity inspection; inspection and testing of imports and exports
进出口商品结构 commodity composition of import and export; pattern of import and export merchandise
进出口商品平衡表 merchandise balance
进出口商行名录 directory of importers and exporters
进出口实绩 export and import records or performance
进出口税 import and export duties
进出口隧道 access tunnel
进出口损耗 inlet and outlet losses
进出口缩进岸坡的涵洞 angle headwall culvert
进出口弹性 elasticity of export and import
进出口通道研究 < 开发设施内部道路及其与城市道路相连的 > access study
进出口完全管制 full access control
进出口物价指数 export and import price index
进出口物资运输保险 insurance for the transportation of imported and exported goods
进出口斜坡道 approach ramp
进出口许可证 import and export license[licence]
进出口许可证制度 import(-and)-export license system; system of import and export license
进出口业 import-export industry
进出口银行 < 美 > Export-Import Bank
进出口营业 export-import operation
进出口匝道 < 高速公路、港口等用的 > ro/ro ramp[roll-on/roll-off ramp]
进出口载货清单 manifest of import and export
进出口指数 index of import and export
进出口周转基金 export and import revolving fund
进出口资金融通 export-import financing
进出口总额 total export-import volume
进出口作业 import-export operation
进出廊道 entrance gallery
进出连线 access link
进出料机构试运转 loading and discharging test
进出流法 < 给水渠渗漏损失的试验方法 > inflow-outflow method
进出路 access road
进出权 ingress and egress
进出人孔 access manhole
进出时间卡 in-and-out time card
进出通道 access road(way)
进出坞操纵 docking and undocking maneuver
进出坞潮期 dockage period
进出坞航道 approach channel
进出线 incoming and outgoing feeder
进出线路 access route
进出许可 entry-exit permit
进出选路式按钮 entrance-exit button
进出选路式操纵台 entrance-exit console
进出选路式电气集中联锁 entrance-exit electric(al) interlocking
进出选路式电气联锁 entrance-exit electric(al) interlocking
进出选路式控制 entrance-destination control; entrance-exit control
进出选路式控制盘 entrance-exit panel
进出选路式控制台 entrance-exit console
进出选路式信号楼 entrance-exit tower
进出选路系统 entrance-exit system
进出选路原理 entrance-exit principle
进出选路制 entrance-exit system
进出闸机 entry-exit gate
进出站地道 < 火车站的 > platform tunnel
进出站控制 access control
进出站列车在咽喉线上的平行运行 parallel movements over throat tracks
进出站路线 approach line
进出站路线疏解 untwining for approach line
进出站线路 approach line
进出支洞 access tunnel; access tunnel
进出主管道 primary flow-and-return pipe
进出组合阀 combined inlet outlet valve
进船闸 entrance gate
进带 forward
进刀 advancement; cutting feed; feed; penetration of the tool; advance of tool
进刀变速手柄 feed change lever
进刀槽 feed chute
进刀传动杆 feeder drive link
进刀传动装置 feed gearing
进刀反向手柄 feed reverse lever
进刀方向 feeding direction
进刀附加装置 feed attachment
进刀痕(迹) < 加工表面留下的 > feed mark
进刀机构 delivering gear; feeding mechanism; feed unit
进刀机构变速齿轮 feed change gears
进刀机制 feed mechanism
进刀架回转部分 swivel portion of cutter head
进刀架紧固手柄 head clamping lever
进刀控制 feed control
进刀力 feed force
进刀连杆 feed operating link
进刀量 amount of feed
进刀深度 depth of cut
进刀速度 feeding speed; feed velocity
进刀调节手柄 feed regulating lever
进刀调整 feed adjustment
进刀箱 compound box; feed change; feed tank; gear box
进刀压力 feeding pressure
进刀装置 feeder; feed gear; work feeder
进刀锥形轮 feed cone pulley
进倒车掉头【船】 turning by ahead astern engine
进到不能再进之处 sticking place
进到不能再进之点 sticking point
进点预付款 mobilization advance
进动 processional motion; precess; precession
进动角 precession angle
进动角速度 angular velocity of precession
进动力矩 moment of precession
进动能量 translational energy

J

进动陀螺仪 precession gyro;secondary gyroscope
进动性 gyroscopic precession
进动轴 axis of precession;precession axis
进动锥 precession cone
进洞引道挖方 approach cutting
进度 advance rate;lead;progress;rate of progress
进度报表 progress report;progress sheet
进度报告 progress report
进度报告制度 progress reporting system
进度表 implementation schedule;process sheet;program(me)chart;progress chart;progress sheet;schedule of progress;time schedule;timing schedule;schedule
进度测量 progress survey
进度打乱 disruption of progress
进度分析 schedule analysis
进度(付)款 interim payment;progress payment
进度付款测量 progress payment survey
进度工作日程 progress schedule
进度估计 progress estimate
进度管理 progress control;schedule control
进度规划图表 progress schedule
进度计划 plan of schedule;program(me);progress schedule;schedule(d)plan
进度计划安排 scheduling
进度计划表 schedule diagram
进度计划明细表 detailed schedule
进度计划总表 master schedule
进度记录 progress record;progress report
进度记录员 progress clerk
进度检查 follow-up;progress check
进度检查员 progress chaser
进度卡 schedule card
进度控制 schedule control;progress(ion)control;follow-up;scheduling
进度款 progress payment
进度率 progression rate
进度拟订 progress method
进度评审技术 progress evaluation and review technique
进度申报 progress claim
进度时间表 process schedule;progress schedule
进度时间曲线 process-time curve
进度图(表)program(me)chart;progress chart;progress map
进度维护 scheduled maintenance
进度演替 progress succession
进度照片 photographs of progress
进度证(明)书 certificate on progress;progress certificate
进度支付 progress payment
进度纵断面图 progress profile
进发出来 break loose
进风 air supply;ingress of air;inlet of air;intake air
进风导向叶片 inlet guide vane
进风道 air inlet duct;air intake duct;air intake shaft;fresh flue;influent channel;inlet duct
进风斗 inlet scoop
进风阀体 inlet valve cage
进风风道 air intake duct
进风格栅 air inlet grill(e);supply grill(e)
进风管 air intake pipe;feed pipe;supply pipe
进风井 downcast shaft;inlet shaft;intake shaft
进风井气流 downcast air
进风孔 <下水道或暗沟的> fresh-air inlet
进风口 air inlet;blowing opening;blowing vent;inlet opening;intake opening;window scoop;air intake
进风口过滤器 air inlet filter
进风口面积 air-admitting surface
进风量 fresh-air volume;intake;supply air rate
进风门调节器 shutter adjuster
进风木百叶窗 air inlet wood shutters
进风设备 air intake equipment
进风竖井 air inlet shaft;air intake shaft;fresh-air shaft
进风速度 inlet velocity
进风塔 air inlet tower;air intake tower
进风系统 input system
进风巷道 intake adit
进风压头 intake head
进风叶片角度 inlet blade angle
进干船坞 dry dock(ing)
进港 enter port;inward bound;make a port;make the harbo(u)r;proceed into harbo(u)r;run into port
进港操纵 <船舶的> approach manoeuvre[manoeuver]
进港处 harbo(u)r approach
进港船 incoming vessel
进港船舶 ships entered harbo(u)r
进港船门 tidal lock;tide lock
进港大门 entrance gate;entry gate
进港导堤 entrance pier;harbo(u)r entrance jetty
进港导流堤 entrance jetty
进港道路 access road;road access
进港登记 check-in
进港登记闸门 check in gate
进港费 <船舶的> groundage
进港管制 harbo(u)r entry control
进港航道 approach channel;harbo(u)r access;port access;access road;access way;dock entrance;harbo(u)r approach;navigation entrance channel;port approach;port entrance;entrance channel
进港航道及水道的收费 <英> conservancy charges
进港航道图 approach channel chart;entrance channel chart
进港航速 entry speed
进港货物 inbound cargo
进港口灯船 harbo(u)r entrance light
进港口航道 approach channel
进港口检查船 harbo(u)r entrance control vessel
进港口门 harbo(u)r entrance;port entrance;port entry
进港口门导堤 harbo(u)r entrance jetty;port entrance jetty
进港口门灯标 harbo(u)r entrance light;port entrance light
进港口门灯塔 harbo(u)r entrance light
进港口门宽度 breadth of entrance
进港口障碍物 harbo(u)r entry obstacles
进港领航费 inward pilotage
进港声呐应答器 docking sonar transponder set
进港铁路专线 access railway
进港停泊 make harbo(u)r
进港通知 entrance notice
进港图 harbo(u)r approach chart
进港引水图 approach and landing chart;approach chart
进港预报 port entry forecast
进港指令 docking instruction
进港自由区 free zone
进给 feed(ing);input;intake
进给安全阀 feed stop valve
进给保持 feed hold
进给泵 feed pump
进给比 feed ratio
进给变速 feed change
进给变速杆 feed selection lever
进给长度 <钻进的> feeding length;feed range
进给齿轮 feed gear wheel
进给齿轮罩 feed gear bonnet
进给齿条 feed rack
进给冲程 intake stroke
进给传动装置 feed drive gearing
进给传送孔距 feed pitch
进给代码闭锁 feed code lock
进给的滚柱系 roller path
进给电动机 feed motor
进给动作 feed motion
进给端 supply side
进给阀 inlet valve;intake valve
进给阀垫密片 feed valve gasket
进给阀盖 inlet valve cap;inlet valve deck
进给阀杆螺母 feed valve stem nut
进给阀簧 inlet valve spring
进给范围 feed range
进给方向 direction of feed
进给分配系统 feed distribution system
进给附件 feed attachment
进给杆 feed bar;feeding rod
进给功能 feed function
进给管 feed conduit;feed pipe;service pipe;supply pipe
进给辊 feed roll
进给过滤箱 feed and filter tank
进给滑板 feed slide
进给换向 feed reverse
进给机构 advanced gear;feed(ing)mechanism
进给棘轮停止杆 feeder ratchet stop link
进给棘轮制动销 feeder ratchet stop pin
进给距离 feeding distance
进给卷盘 feed reel
进给控制 feed control
进给控制阀 feed control valve
进给控制机构 feeding control
进给控制手柄 feed control lever
进给力 centripetal force;feeding force
进给量 amount of feed;feed range
进给量范围 range of feeds
进给量级数 number of feeds
进给路 feed path
进给率指示器 feed rate indicator
进给轮 drive roll;feed wheel
进给螺杆 feed screw
进给螺杆挡环 feed screw collar
进给螺母 feed nut
进给摩擦 feed friction
进给盘 feed shelter
进给皮带 feed belt
进给剖角面 assumed working plane
进给气阀 inlet valve
进给器 feeder
进给器百分度盘 feeder hundreds dial
进给器十分度盘 feeder tens dial
进给石料 <轧石机的> incoming stone
进给室 feeder house
进给手柄 feed handle
进给手轮 hand feed wheel
进给速度 feed rate
进给速度修调 feed rate override
进给调节阀 feed regulating valve
进给调节器 delivery regulator
进给停止器 feed stopper
进给凸轮 feed cam
进给托架 feeding carriage
进给蜗杆 feed worm
进给线 feed line
进给箱 feed(ing)box;feed tank;gear box
进给行程 feed travel
进给旋塞 inlet cock;taking-in cock
进给选择 selection of feed
进给压力 feed pressure
进给研磨法 feed grinding
进给运动 feed motion;feed movement
进给轴 feed shaft
进给装置 delivering gear;feed apparatus;feed arrangement;feeding device;feeding unit;work feeder
进给锥轮 feed cone
进攻挫折假设 aggression-frustration hypothesis
进攻态势图 objective map
进关栈报单 declaration for warehouse
进光的玻璃口宽度 <窗的> sight size
进光孔 light well
进光穴 lighting-well
进航速度 headway
进户L形管接头 service ell;service L
进户T形管接头 service T
进户导线 service entrance
进户点 service point
进户电缆管道 service raceway
进户电线 service wire
进户电线入口 service entrance switch
进户电线入口管道 service entrance conductor
进户供电设备 electric(al)service equipment
进户线 drop wire;house lead-in;house-service wire;service drop conductor;service entrance conductor
进户线-架空线系统 service entrance conductors-overhead system
进户线熔断器 main service fuse
进户支管 branch to a building
进户支线 branch to a building
进化 evolution
进化的 developmental
进化论 theory of evolution
进化趋同 evolutionary convergence
进化趋异 evolutionary divergence
进化生态毒理学 evolutionary ecotoxicology
进化污染生态学 evolutionary pollution ecology
进化种 evolutionary species
进回活塞 bounce piston
进回气缸 bounce cylinder
进或退搜索线 forward or backward search line
进货 bought;goods carted into designated goods section;lay in a stock of merchandise;merchandise purchases;purchase of merchandise;purchasing;replenish stock
进货搬运费 cartage-in
进货部门费用 purchasing department expenses
进货簿 bought(invoice)book;invoice book;purchase book;purchase journal
进货车费 cartage-in
进货成本 cost of goods purchased;purchase cost;purchasing cost
进货纯价账 net cost account;purchasing agent
进货(订)单 purchase order;purchasing order

进货发票 invoice for purchase;purchase invoice
进货费用 buying expenses;cost of acquisition
进货分类账 bought ledger;purchase ledger
进货分析 purchasing analysis
进货付款利息 interest on payment for purchases
进货过多 overstock
进货合同 purchase contract
进货回扣及折让 purchase rebates and allowances
进货及存货预算 purchasing and stock budget
进货纪录 purchase records
进货价格 prime cost
进货检验 incoming inspection
进货净额 net purchase
进货款利息 interest on payment for purchases
进货率 receipt rate
进货批次 layer
进货平均价 purchase average cost
进货日记账(簿) purchase journal;purchases journal
进货申请书 purchase requisition;purchasing requisition
进货退回 returned purchase;return outward;return purchase
进货退回簿 purchase return book
进货退回及折让 purchase returns and allowances
进货退回及折让日记账 purchase return and allowance journal
进货退回凭单 returned purchase invoice
进货退回通知单 credit memo for purchase returns
进货退回账(户) returned purchase account
进货选择权 purchase option
进货预算 purchase budget
进货员 buyer
进货运费 freight inward
进货账(户) merchandise purchases account;purchase account
进货折让 discount on purchase;purchase allowance; purchase discount;purchase discounts and allowances
进货周期 receipt period
进货总额 gross purchases
进货总账 bought ledger;purchases ledger
进积层序 prograding sequence
进积三角洲 prograded delta
进积滩 progradational beach
进积型 prograding pattern
进积型生长层序 prograding growth sequence
进积作用 progradation
进级腐朽 advanced decay
进级期 recruitment period
进集料 <往轧石机或筛石机的> aggregate feeding
进价的净价账户 net cost account
进浆 feeding slip;slip feeding
进浆管 grout inlet tube
进浆器 slurry feeder
进界木 recruitment
进近着陆 approach-and-landing
进浸大陆海 transgressing continental sea
进局电杆 office pole
进局电缆 entrance cable;leading-in cable
进距 feed range
进空气阀 air admission valve
进口 access opening;admission opening;admission port;entrance;inlet hole;inlet opening;intake;orifice intake;port gangway
进口安全释放阀 inlet relief valve
进口按钮 entrance button;entry button
进口保证金 advance deposit;import deposit
进口报单 declaration for importation
进口报告书 report of entry
进口报关 enter inward;entry inward;import entry
进口报关单 bill of entry;customs declaration entry;declaration for import;declaration for importation;declaration inwards;import declaration
进口报关格式 customs entry form
进口报关清单 inward manifest
进口报关手续 customs entry;import entry
进口边缘损失 lip loss
进口补贴 import subsidy
进口部 import department
进口材 imported timber
进口材料 imported materials
进口参数 inlet condition;intake condition;throttle condition
进口舱单 import manifest;inward manifest
进口侧 inlet side;on the suction side
进口差额税 variable import levies
进口产品 imported product
进口产品促销组织 Manufactured Imports Promotion Organization
进口产品的处理办法 methods for handling imports
进口长廊 entrance piazza
进口车道 entrance driveway
进口车速 approach speed
进口承诺 import commitment
进口程序 import procedure
进口处 ingress
进口船闸 entrance lock
进口存款 import deposit
进口存款制 import deposit scheme
进口大门 entrance door;entrance gate;entry gate
进口大厅 grand entrance
进口代办行 import commission;indent house
进口代理 import agent
进口代理商 import(commission)agent;import commission house
进口代理佣金 import commission
进口代收 inward collection
进口单据到达通知书 import document arrival notice
进口单位价值指数 unit value index of imports
进口单证 import document
进口担保品 import collateral
进口挡板 inlet baffle plate
进口导堤 inlet training wall
进口导墙 inlet training wall
进口导叶 entry guide vane;inlet guide blade;intake guide vane
进口导叶片 inlet vane
进口道 approach
进口道车速 approach speed
进口道路 accessory road
进口道延误 approach delay
进口的 imported;inward
进口登记证明书 registration certificate of import
进口底槛 inlet sill
进口点 <道路立体交叉> access point
进口订单 import order
进口订货单 import order;indent
进口订货管理 management of import orders
进口订货行 indent house
进口定额 quantitative regulation of imports
进口定位 orientation of entrance
进口定向 orientation of entrance
进口端 access side;entrance end;entrance point;entry end;entry side;intake end;entering end
进口端墙 entrance end wall
进口段 entrance zone;inducer;inlet section
进口额 amount of imports;value of imports
进口二氧化碳浓度 starting carbon dioxide level
进口阀盖 suction valve cover
进口阀(门) intake valve;suction valve
进口法兰 suction flange
进口法兰直径 inlet flange diameter
进口费用 import charges
进口份额 import shares
进口浮标 <从海上进入航道或港口的第一个浮标> sea buoy;entrance buoy;fair buoy
进口附加税 import surcharge;import surtax;tax surcharge on imports
进口干道 leading collector
进口港 entrance harbo(u)r;entry port;port of entry;port of importation;import port <用于贸易方面>
进口港到岸价 port of entry price
进口格栅 intake screen
进口跟单汇票 documentary import bill;inward documentary bills
进口公称尺寸 inlet nominal size
进口估价 valuation of import
进口拐角 entrance corner
进口关税 import duty
进口关税条款 import duty clause
进口关税险 loss of import duty risk;risk of contingent import duty
进口管 induction pipe;inlet pipe
进口管道 entrance channel
进口管接头 inlet fitting
进口管线 intake(pipe)line
进口管制 import control;import restriction
进口国 import state
进口国货币 importer's currency
进口过境单 transit pass for imports
进口过滤层 inlet filter
进口过滤器 inlet filter
进口航槽 entrance channel
进口航道 approach;approach channel;entrance channel;inward passage
进口河道 entrance channel
进口河湾 entrance bay;headrace bay
进口后融通 post import financing
进口护板 entry guards
进口黄金点 import gold point
进口回车场 entrance turn
进口回车道 entrance turn
进口汇兑 import exchange
进口汇管 inlet manifold
进口汇票 import bill
进口货 import cargo;foreigner;importation;imports;inwards
进口货单 inward manifest
进口货临时报告书 bill of sight
进口货物 import cargo;import goods;inbound cargo;inward cargo
进口货物报单 <报关单之一,在到达港交货时完税> consumption entry;entry for consumption
进口货物国别价值 value of imports by country of origin
进口货物明细表 specification of imports
进口货物清单 inward manifest
进口货物再出口时的关税退税 customs drawback
进口货信用证 import letter of credit
进口货运费率 import rate
进口货指定检查 average sampling
进口集合管 inlet manifold
进口集流时间 inlet time
进口继电器 entrance relay
进口加价 import mark-up
进口价格 import(ed)price
进口减压阀 inlet relief valve
进口检查合格证 certificate for import inspection
进口检查证 certificate of inward clearance;inward clearing bill;jerque note
进口检疫 import quarantine
进口建筑物 inlet structure
进口渐变段 entrance transition;inlet transition
进口角度 angle of entrance;angle of entry;entrance angle;entry angle;inlet angle
进口接管螺母 inlet union nut
进口接头 inlet connection
进口结构 make-up of the imports
进口结关证明 clearance inward;clearance note
进口结汇证书 certificate of exchange settlement for import;certificate of settlement of import drafts
进口截面面积 inlet-duct area;intake area
进口津贴 bounty on import
进口净值 net import value
进口竞争货物 import-competing goods
进口救济 import relief
进口捐 import levy
进口绝对压力 inlet absolute pressure
进口壳体 suction casing
进口空气 inlet air
进口空气湿球温度 inlet air wet-bulb temperature
进口控制 access control;control access;control of access;inlet control <水位或流量的>;import control
进口控制大门 entry control gate
进口控制道路 controlled-access highway
进口控制式热水器 inlet-control water heater
进口控制系统 metering-in control system
进口扩压器 inlet diffuser
进口拦网 intake screen
进口拦污栅 intake screen
进口廊道 entrance gallery
进口连接 access connection;inlet connection
进口联检 entry joint inspection
进口联营 joint pooling of imports
进口量 import quantum;import volume
进口量所居位数 number of import to arrange in order
进口量占百分比 percentage annual import
进口料件 imported materials and parts
进口流量 inlet flow rate;input flow rate
进口流量曲线 entrance discharge curve
进口流速 entrance velocity;inlet velocity
进口楼梯 entrance stair(case)
进口楼厅 access balcony
进口滤网 intake screen
进口螺纹接套 inlet nipple
进口马赫数 inflow Mach number;inlet Mach number

进口贸易 import trade
进口贸易比价指数 index of terms of trade for imports
进口贸易流量 inward trade flow
进口贸易商 account party; import merchant; importer
进口门 entry door
进口门拱 entrance arch
进口门面 entrance facade
进口门厅 entrance foyer
进口能力 entrance capacity
进口能量 intake energy
进口能量损失 entrance loss
进口能量消耗 inlet energy dissipation
进口配额 import quota
进口配额申请书 application for import quota
进口配额制 import quota system
进口批发商 importing wholesaler
进口批件 import permit
进口批准单 import permit
进口票据的承受与清算 acceptance and settlement of import bills
进口品采购政策 import procurement policy
进口平台 entrance terrace
进口坡 access ramp; access slope
进口气 air inlet; suction port
进口气流 forward flow
进口气流参数 inlet condition
进口器材 foreign matter equipment and material
进口签证费 charges for licensing of import permit
进口签证规约 import licensing code
进口签证许可制 import licensing system
进口签证银行 appointed import licensing bank; import licensing bank
进口前资金融通 preimport financing
进口潜坝 inlet sill
进口墙板 entrance wall
进口桥架 entrance portal
进口侵蚀 inlet attack
进口倾向 propensity to import
进口区(段) entrance region; entry region; entry zone
进口曲线 entrance curve
进口渠道 entrance canal; entrance channel
进口缺槽 entry slot
进口燃料 exotic fuel
进口人 importer
进口融资 import financing
进口商 import merchant
进口商报关单 importer's entry of goods
进口商配额 importer quota
进口商品 commercial goods imported; importation; imported commercial goods; imported commodity; imports
进口商品的产地标记 mark of origin
进口商品的再出口 reexports of imported goods
进口商品价格管理 price control of import commodities
进口商品目录 list of import commodities
进口商品内容 import content
进口商声明及保证书 importers statement and guarantee bond
进口商行 import house
进口设备 imported equipment
进口设备选择 choice of importing equipment
进口申报 declaration for import; enter in
进口申报单 import declaration
进口申请 enter inward; entry declaration; notice of import
进口渗透 import penetration
进口声明书 import declaration
进口时间 inlet time
进口市场 importing market
进口收入账户 import credit account
进口手钮 entrance knob
进口手续 process of import
进口竖井 access shaft(to subway)
进口水道 entrance channel; entrance way; leading channel; intake conduit
进口水陆运费 inward freight and cartage
进口水头 entrance head; entry head
进口水位 entrance level
进口水箱 inlet box
进口水闸 inlet sluice
进口税 door and window tax; import tax; impost; tax on imports; import duties; import tariff
进口税缴纳证 import duty memo
进口税率 import tariff
进口税则 import tariff
进口速度 entering speed; inlet velocity; intake velocity
进口隧洞 access tunnel
进口损失 entry loss; inlet loss; intake loss; entrance loss
进口锁闭器 entrance lock
进口塔门 entrance pylon
进口替代 import substitution
进口替代型经济 import substituting economy
进口替代与出口替代 import substitute and export substitute
进口替代战略 import-substitution strategy
进口条件 <港口航道等的> entrance condition; inlet condition
进口调节 inlet control
进口通道 entrance channel
进口通关 import customs clearance
进口通知 clearance notice
进口头衔账户 import entitlement account
进口投入系数矩阵 matrix of imported input coefficient
进口托收 import collection; inward collection
进口外汇 import exchange
进口弯头 inlet bend; inlet elbow
进口完税价 duty paid
进口违禁品 contraband of import
进口温度 entering temperature; entry temperature; injection temperature; inlet temperature; input temperature
进口涡管 inlet scroll
进口蜗壳 inlet volute
进口物价指数 index number of import prices
进口物量指数 import of volume index; index of import volume; quantum index of imports
进口物再出口 reshipment
进口限额 import ban; import quota
进口限制 duty limited import; import restriction
进口箱 inlet box; inward container
进口项目单 import breakdown list
进口消费品报单 entry for consumer goods
进口消费品申报单 consumption entry
进口消声器 intake silencer
进口斜坡台 access ramp
进口信用证 import letter of credit
进口行 import house
进口形状 entry shape
进口需求的价格弹性 price elasticity of demand for import
进口需求的收入弹性 income elasticity of demand for import
进口需求量 import requirement
进口许可 licensing of import
进口许可委员会 Import Licencing Board
进口许可证 certificate of import; certificate of import licence[license]; entrance permit; import license [licence]; import permit
进口许可证申请书 application for import permit
进口许可证修改申请书 application for amendment of import permit
进口许可证制度 import license [licence] system; import licensing system
进口旋流 inlet swirl
进口旋钮 entrance knob
进口压力 entry pressure; front pump pressure; inlet pressure; input pressure; intake pressure
进口压缩比 inlet compression ratio
进口押汇 inward documentary bills
进口押金 import deposit
进口押金制 import deposit scheme
进口叶片 inlet vane
进口液流参数 inlet condition
进口一出口式控制 entrance-destination control
进口盈利指数 import profit indices
进口预先申报 preliminary entry; prime entry
进口原料 imported raw material
进口缘石 roll(ed) curb
进口运费 inward freight
进口运费及保险费 import freight and insurance
进口运费用保险费账户 import freight and insurance account
进口运价表 import tariff
进口运价率 import rate
进口运输 import traffic
进口匝道 entry ramp; in-ramp
进口杂费 import sundry charges
进口杂费账户 import sundry charge account
进口载货清单 import manifest
进口轧痕 enter mark
进口闸门 entrance gate; entrance lock; entry lock; inlet gate
进口张紧辊 entry tension roll
进口招标 import tender
进口照明 entrance lighting
进口整流锥 spike
进口证明 certificate of import
进口支出账户 import debit account
进口直径 <入口的> access dimension; entrance diameter; inlet diameter
进口值 import value
进口止回球 intake check ball; refill check ball
进口止球阀 intake check ball
进口指名器 entrance designator
进口终点 entrance terminal
进口轴套 suction side sleeve
进口转口货 imported transshipment cargo; imported transshipment goods
进口装货港口 port of loading for imports
进口装置 inlet device
进口锥体 snout
进口锥形岛 entrance taper
进口资金融通 import financing
进口资料清单 import status list
进口总额 gross import
进口总值 gross import value; total value of import
进口走廊 access corridor; access gallery; entrance corridor
进口阻力 entrance friction
进口(阻力产生的)水头损失 loss of head in entrance
进库流量预报 forecast(ing) of reservoir inflow
进库线 entrance line
进款 income; receipts; revenue
进款检查处 audit department
进款检查室 audit office
进款收入 revenue receipt
进款统计 statistics of income
进款账 income account
进款资金 income capital
进款资金状况表 income capital conditions sheet
进来的 incoming
进来的项目 ingoing
进量 input
进料 charge(-in); charge stock; feed charge-in; feed(ing); feed stock; incoming(stock); input
进料泵 charge pump; charging pump; feeding pump; fresh feed pump
进料比例 charge proportion
进料拔杆 <冷床的> kick-in arm
进料仓 feed bin; feeding chamber; feeding hopper; intake hopper
进料槽 feed chute; feeding canal; feeding pan; feeding tank; feeding trough; feed shoot; loading chute
进料侧 feed side; ingoing side
进料测定 feed measuring
进料场 loading bay
进料出料表 input-output table
进料带 feed apron
进料挡板 feed apron
进料刀 deed blade
进料道 feeding canal
进料的 feed-in
进料电动机 feed motor
进料吊斗提升机 feeder skip hoist
进料斗 feeder hopper; feeding bucket; feeding funnel; feeding hopper; feeding skip; feed magazine; scoop feeder
进料斗盖 hopper door
进料斗式升运机 feeding bucket elevator
进料端 feed end; feed side; inlet end; inlet head; inlet hood
进料端护罩 feed end housing
进料端空心轴 feed end trunnion; inlet trunnion
进料端空心轴内螺旋叶片 internal worm of inlet trunnion
进料端窑头罩 transition chamber; transition housing
进料端轴颈 feed end trunnion
进料发动机 feed motor
进料阀(门) fill valve; inlet valve
进料帆布输送带 feeder canvas
进料方向 direction of feed
进料费用 incoming charges
进料盖 feed cap
进料杆 follower arm
进料工程 intake project; intake works
进料沟 ground hopper
进料固体 feed solids
进料管 feed conduit; feeding chute; feeding pipe
进料管线 feeder line; feeding line
进料罐 feeding tank; head tank
进料罐区 intake tank farm
进料辊 charged roller; draw roll; feed(ing) roll(er)
进料滚轴 feeding roll
进料盒 feed box
进料护板 entrance wall
进料滑槽 feeding chute; feeding shoot

J

进料活套塔 infeed accumulator
进料机 aggregate feeding unit; feeder; feeder conveyer [conveyor]; feeding machine
进料机给料机 aggregate feeder unit
进料机构 feed(ing) mechanism
进料机件 feed mechanism
进料机器 aggregate feeder
进料机械 feed mechanism
进料加工 processing imported materials
进料加热器 feed(-water) heater
进料检验 receiving inspection
进料搅拌泵 feed mixing pump
进料阶段 charging stage
进料进度管理 materials progressing
进料净额 net purchase
进料卷取机 feed reel
进料刻度盘 feed dial
进料孔 charge opening; feed opening; receiving opening
进料控制 feed control; flow control
进料口 feed head; feeding hole; feed inlet; feed mouth; feed opening; feed port; filler; green end; loading shaft; material inlet
进料口宽度 width of feed opening
进料拉铲 dragline scraper
进料量 charge rate; charging rate; inlet amount; input quantity
进料量斗 batcher(scale)
进料量指示器 flow indicator
进料溜槽 charging chute; inlet chute; receiving chute; feeding chute
进料溜子 charging chute; inlet chute
进料漏斗 feed hopper; intake hopper; loading hopper
进料滤器 feed strainer
进料滤网 intake screen
进料率 charging rate; feed rate
进料螺杆机构 feed screw mechanism
进料门 feeding gate; feed(ing) opening
进料密封装置 entrance lock
进料浓度 input concentration
进料排气 charging emission
进料盘 feeding dial; feeding disc[disk]
进料配合比 feed proportioning
进料皮带 feed(ing) belt; feeder conveyer[conveyor]
进料皮带输送机 feed belt conveyer [conveyor]
进料破碎比 < 粗料/细料 > feed split ratio
进料器 bell and hopper; feeder
进料器的传动连杆轴承 feeder drive link bearing
进料器给料器 aggregate feeder unit
进料器棘轮机构 feeder ratchet
进料器链 feeder chain
进料器皮带 feeder belt
进料枪 feed gun
进料区段 pull-on section
进料渠道 feed channel
进料筛 feed(er) screen
进料设备 charging appliance; feed(ing) apparatus; feed(ing) unit
进料设施 intake facility; intake installation
进料升运机 feed(ing) elevator
进料室 feeding cell; feeding chamber; feed(ing) compartment; feeding space; transition chamber; transition housing
进料输送带 feeding web
进料输送机 feed(ing) conveyer[conveyor]
进料数量 feed(ing) quantity
进料速度 charging rate; feed rate; feed velocity
进料速度调节 feed speed adjustment
进料速率 charge rate; feed rate; rate of feed
进料碎裂比 < 粗料/细料 > feed split ratio
进料塔盘 feed tray
进料台 depiler; loading bay; table of feeder
进料调节器 feed regulator
进料通道 feeding passage
进料桶 head tank
进料筒仓 feed(ing) silo
进料头 feed head
进料投配 feed batching
进料位置 feeding position
进料线 charging line
进料箱 feed box; feed tray
进料小车 charging skip
进料斜槽 feed chute; feed(ing) spout
进料叶片 flight blade
进料预热器 feed preheater
进料运程 feed travel
进料运费 inward freight and cartage
进料闸(门) feed gate; intake gate; material lock
进料站 intake bulk station; intake depot; intake plant
进料指 feed finger
进料贮仓 feeding store
进料装置 charging apparatus; charging device; feeder unit; feed(ing) apparatus; feed(ing) device; feed(ing) equipment; feed(ing) unit
进料准备 preparation of feed materials
进料总管 feed main
进料阻塞 < 颚式碎石机的 > choke feeding
进料嘴 feed nozzle
进流 inflow current
进流端 < 船首浸水部分 > entrance
进流段 entrance
进流段长度 length of entrance
进流可变性 inflow variability
进流量不足 < 水泵等的 > starve
进炉辊道 furnace entry table
进路 access(road); access way; admission passage; entrance way; entry; ingress; inlet passage; land-access road; traffic route; route【铁】
进路按钮 route button; route key; route switch; routing button
进路保持电路 route holding circuit
进路保持继电器 traffic stick relay
进路保护装置 entry protection
进路表 route sheet; route table
进路操作 route working
进路操作作业 semi-automatic operation
进路程序控制 program(med) route control
进路程序选择 programmed route selection
进路出口按钮 exit route button
进路出清点 route clearing point
进路存储 route programming; route storage(arrangement)
进路存储器 route storage unit
进路存储设备 route storage equipment
进路存储式调车操作盘 shunting program(me) operating panel
进路存储系统 route storage system
进路存储制 route storage system
进路存储装置 route storage arrangement
进路的敌对性 incompatibility between routes
进路的规定 route establishing
进路电键 route key
进路电码 < 驼峰场自动扳动道岔时用 > route code; routing code
进路电气集中 electric(al) route interlocking
进路分段解锁 sectional route release [releasing]
进路分段解锁制 sectional route release system
进路分段锁闭 sectional route locking
进路分段锁闭电路 sectional route locking circuit
进路复原 route restoration
进路规定错误 error in routing
进路积蓄器 route storage
进路集中联锁 route-setting interlocking
进路集中联锁机 route control machine
进路集中联锁设备 route interlocking plant
进路继电器 route relay; traffic direction relay
进路继电式电气集中联锁 route type all-relay interlocking
进路继电信号楼【铁】 route relay signal box
进路监视 route monitoring
进路监视装置 path monitoring device
进路交叉 crossing of routes; cutting across of routes
进路交角度数 degree of access
进路接近锁闭 approach route locking
进路解锁 route lock(ing) release; route restoration
进路解锁表示 track release indication
进路解锁电路 route normalizing circuit
进路进口按钮 entering route button
进路开关 route switch
进路开关系统 route switch system
进路开关制 route switch system
进路开通设备 route-setting equipment
进路控制 access control; route control
进路控制计算机 route control computer
进路控制联锁系统 route control interlocking system
进路控制联锁制 route control interlocking system
进路控制器 track controller
进路连接 access connection
进路联锁 route installation; route-setting interlocking
进路联锁机 route control machine
进路联锁设备 route interlocking equipment; route interlocking plant
进路排列 line-up of route; route setting; route working
进路排列按钮 route-setting button; route-setting switch
进路排列程序控制 route programming
进路排列过程 route-setting process
进路排列开关 route-setting switch
进路排列开始 route initiation
进路排列时间 route-setting time
进路排列手续 route-setting process
进路排列系统 route-setting system
进路排列原则 route-setting principle
进路坡道 access ramp
进路起点 beginning of the route
进路区段 route section
进路取消 route cancellation
进路取消按钮 route cancel(l)ing key
进路取消电键 route cancel(l)ing key
进路权 access right
进路人工解锁 manual route release
进路人工解锁装置 emergency releasing arrangement
进路式电气集中联锁 electric(al) route interlocking
进路式电气联锁 electric(al) route interlocking
进路式集中联锁机 route type(control) machine
进路式联锁机 route type(control) machine
进路式驼峰电气集中 route type all-relay interlocking for a hump yard
进路式装置 route installation
进路手柄 route handle; route lever; route switch; track lever; traffic lever
进路手柄式信号楼【铁】 route lever signal box
进路手柄系统 route lever system; route switch system
进路手柄制 route lever system; route switch system
进路锁闭 route locking; track locking; traffic locking
进路锁闭表示 route locking indication
进路锁闭表示灯 route locking indication lamp; route locking indication light
进路锁闭防护法 route locking protection
进路锁闭继电器 traffic locking relay
进路锁闭区段 route locking section
进路锁尺 route slide
进路握柄 itinerary lever; route lever; track lever; traffic lever
进路握柄锁闭 track lever locking
进路显示 route indication
进路信号(机) inner distant signal; inner home signal; route signal
进路选择 route selection
进路选择机 route selection machine
进路选择系统【铁】 route selection system
进路一次解锁 route release at once
"进路已可利用"指示灯 "route available" lamp
进路由两段轨道电路解锁 two-section route release; two-track circuit route release
进路预排 presetting of route; route presetting
进路预排单元 programming switching unit
进路预先选择 advance route selection
进路照明指示器 illuminated traffic indicator
进路辙尖 entering point
进路指示 routing instruction; route indication
进路指示 route indication
进路指示器 route-indicating signal; route indicator; routing indicator
进路指示器电路 route indicator circuit
进路指示器握柄 route indicator lever
进路指示信号机【铁】 route-indicating signal
进路制 route-setting system
进路自闭继电器 traffic stick relay
进路自动复位解锁 automatic route restoration
进路自动复原 automatic route restoration
进路自动解锁 automatic route release; automatic route restoration
进路自动排列 automatic working of a route
进路自动排列和解锁 non-stick working of a route
进路自动排列系统 automatic route setting system

进路自动锁闭 automatic route locking
进路自动选择 automatic route selection;selective automatic route control
进煤井道 coaling trunk
进煤线 coal receiving track
进门侧石 roll(ed)curb
进面板 ingo plate
进磨热量 heat entering mill
进啮 engaging contact
进排过程 breathing action
进排气道积胶 <内燃机> port deposit
进排气阀 intake and exhaust valve;suction and exhaust valve
进排气夹金属丝网橡胶石棉板 compressed asbestos fibre pointing with steel wire
进排气孔口开闭时刻图 port timing
进排气口排列 porting arrangement
进排气系统 air intake and exhaust system;supply and exhaust system
进排水系统图 pumping and drainage plan
进气 access of air;admission intake;admission of air;air admission;air admittance;air-feed(ing);air-in;breath;incoming air;incoming gas;inflow;inlet gas;inlet(of)air;inspiration;inspire;intake;on-flow;supply air
进气百叶窗 air inlet louvers
进气瓣阀 air inlet clack valve
进气壁板 breather panel;breathing panel
进气篦栅 discharge grating
进气篦子 discharge grate;inlet grating
进气边 leading edge
进气冲程 admission stroke;aspirating stroke;induction stroke;inlet stroke;input stroke;intake stroke;suction stroke;charging stroke
进气冲积 admission stroke
进气传动装置 admission gear
进气导程 admission lead
进气导叶 inlet guide vane
进气道 admission passage;air inlet;air scoop;diffuser;free air diffuser;inlet channel;inlet duct;inlet passage;intake duct
进气道加热器 airscoop heater
进气道调节 inlet control
进气道外壳 air intake casing
进气道性能 inlet characteristic
进气道锥体操纵 spike control
进气道锥体偏转操纵 spike deflection control
进气道组件 inlet component
进气点 point of admission
进气度 admission;degree of admission
进气多头管 inlet manifold
进气阀 inlet(admittance)valve
进气阀导管 <柴油机> inlet valve guide
进气阀(杠)杆 air inlet valve lever
进气阀柜 inlet valve chest
进气阀开 inlet open
进气阀(门) admission valve;air inlet valve;air intake valve;inlet valve;intake valve;suction valve;gas valve;induction valve;inflow valve;air admittance valve
进气阀(门)摇臂 inlet valve rocker
进气阀挺杆 inlet valve tappet
进气阀凸轮滚轴杠杆 inlet cam roller lever
进气阀凸轮轴 inlet camshaft
进气阀凸缘 intake passage lug
进气阀座 inlet valve seat
进气防尘网 air inlet screen
进气风扇 inlet fan;intake fan;supply fan
进气负荷 inlet loading
进气杆 air intake lever
进气格栅 air inlet grill(e);gas feeder;supply grill(e)
进气管 admission pipe;admitting pipe;ah line;air diffuser;air entry tube;air feeder;air inlet pipe;air intake;air intake pipe;air intake tube;air line;breather pipe;breathing pipe;charging flue;gas input line;induction manifold;induction pipe;inlet pipe;intake duct;intake pipe;suction drum;suction piece;supply conduit;wind catcher
进气管泵 wind bore
进气管道 admission line;air duct;intake line
进气管接头 inlet pipe connection
进气管坑道 inlet pipe gallery
进气管孔压板 intake pipe hole plate
进气管廊道 inlet pipe gallery
进气管冷却器 air intake cooler
进气管连接 inlet pipe connection
进气管路 admission line;air inlet piping;air line
进气管系统 air intake duct system
进气管压力调节 manifold pressure control
进气和真空阀 air-and-vacuum valve
进气花格板 supply grill(e)
进气环室 inlet annulus
进气活门 air inlet clack valve
进气活门片 air-intake valve shutter;intake shutter
进气活门栅 flap valve grid;inlet valve bank
进气活塞 inlet piston
进气集气管 air inlet manifold;air intake manifold
进气加热器 air intake heater
进气降压 entry loss
进气阶段 charging stage
进气节气门 air inlet shutter
进气壳 air inlet housing
进气空间 admission space
进气空气 intake air
进气孔 admission opening;air inlet(louver);air intake(opening);air orifice;air supply opening;inlet port;suction port
进气口 admission port;admitting port;air admission port;air induction opening;air inlet port;air intake opening;air intake pipe;air scoop;air supply opening;diffuser;fresh-air inlet;gas intake;inlet port;inlet scoop
进气口调节 air inlet control;air intake control
进气口风扇 inlet fan
进气口格栅 inlet grate;inlet grid;inlet grille
进气口活门 air intake valve
进气口截面 admission section
进气口块体 inlet air block
进气口面砖 inlet air tile
进气口圈 ring of admission ports
进气口外室 intake casing
进气口镶套 intake insert
进气口阻力 airscoop drag
进气扩散道 free air diffuser
进气喇叭口 air scoop
进气量 air input;air intake volume
进气量不足 deficiency of air
进气流 intake air
进气流动速度 intake flow velocity
进气流速 air inlet flow rate
进气龙头 feed cock
进气炉箅 inlet grating
进气滤尘器 intake filter
进气滤清器 intake air filter
进气滤网 air in(let)screen;inlet-in screen
进气门 air intake valve;induction door;induction port;induction valve;suction valve
进气门凸轮 admission cam
进气喷管 aeration jet
进气喷嘴 nozzle of air supply
进气歧管 air inlet manifold;air(intake)manifold;induction manifold;inlet manifold;intake manifold;suction manifold
进气歧管喷射 manifold injection
进气歧管压力 intake manifold pressure
进气歧管柱螺栓 intake manifold stud
进气清洁消声器 air intake cleaner and silencer
进气日 air suction intake
进气容积 admission space;intake volume
进气容许压力 admission pressure
进气软管 air inlet hose
进气纱窗(口)air inlet screen
进气时间 period of admission
进气室 admission chamber;inlet chamber;inlet compartment;intake chamber;suction air chamber
进气竖井 air intake shaft
进气速度 approach velocity;entrance velocity;entry velocity;inlet velocity;intake velocity
进气损失 inlet loss
进气提前 intake advance
进气调节弹簧 air intake adjusting spring
进气调节螺钉 air intake adjusting screw
进气调节器 inlet regulator
进气停止 inlet close
进气挺杆 inlet ram
进气通道 inlet passage;intake passage;mouse hole
进气通道凸缘 intake passage lug
进气通风机 suction fan
进气凸轮 admission cam;inlet cam
进气凸轮轴 admission cam shaft
进气温度 initial steam temperature;inlet temperature(of air);intake temperature
进气蜗壳 inlet volute
进气系统 air intake system;gas handling system;supply system
进气线 admission line
进气限制继电器 air inlet limiting relay
进气巷道 intake
进气消声器 air inlet sound absorber;air inlet sound attenuator;air intake sound absorber;intake muffler
进气消音器 admission air silencer
进气行程 induction stroke
进气压差 intake pressure difference
进气压力 admission pressure;bubbling pressure;inlet pressure;input pressure;intake pressure;suction pressure;supercharge pressure
进气压力控制器 boost pressure controller
进气摇杆 inlet rocker
进气溢汽堰 <水流下有空气通路> overfall with air admission
进气用侧百叶窗 side air inlet louver
进气诱导 air induction
进气余面 outside lap
进气预旋 entry spin;preswirl
进气圆盘阀 air inlet dish valve
进气噪声 induction noise
进气增压 plenum[复 plenums/plana]
进气栅 air inlet screen
进气罩 airscoop shroud
进气支管 air intake branch
进气值 air entry value
进气周期 intake cycle
进气装置 air intake system;inlet duct;intake duct
进气总管 air inlet manifold
进气阻力 intake resistance
进气嘴 suction nozzle
进汽 admission of steam;admittance;feed steam;steam admission
进汽边 admission edge
进汽补充阀 supplementary steam valve
进汽部尾管 steam tail piece
进汽侧 steam admission side
进汽冲程 aspirating stroke
进汽道 admission passage;inlet
进汽阀 admission valve;intake valve;steam admission valve
进汽副阀 auxiliary live steam valve
进汽缸 inlet casing
进汽管 admission pipe;steam inlet pipe;sucker
进汽管路 admission passage
进汽管螺纹接套 steam inlet nipple
进汽空间 admission space
进汽孔 admission opening
进汽口 admission port;steam canal;steam inlet
进汽口塞 steam inlet plug
进汽扩压器 admission diffuser
进汽量 throttle flow
进汽门 suction valve
进汽室 steam chest
进汽温度 inlet steam temperature;throttle steam temperature
进汽行程 aspirating stroke
进汽压力 initial steam pressure;inlet steam pressure
进汽闸罩 intake valve cage
进汽装置 admission gear
进侵海 ingression sea
进区交通 incoming traffic
进取的 aggressive
进取(攻击)型 <“对抗他人”的人际关系> aggressive type
进人工作间 manlid
进人井 drop manhole
进人孔 entrance hole;inspection manhole;sewer manhole;colluviarium <管道维修及通风用>
进人孔盖 manhole cover;manlid
进人孔盖架 manhole frame and cover
进人冷藏室 walk-in cold storage
进人门 access door;man door
进人气闸 <气压沉箱的> man lock
进刃 entrance lip
进入 admittance;enter(ing);entrance;entry;incursion;ingoing;ingress;ingression;way-in
进入报端位置 extreme in position
进入闭塞区间 entry to a block section
进入壁柜 walk-in closet
进入变量 entering variable
进入泊位 berthing in
进入侧 approaching side
进入侧线示像 take-siding aspect
进入侧线指示器 take-siding indicator
进入车道 entrance lane
进入车辆百万数 million entering vehicles
进入车速 approach speed
进入池 intake basin

J

进入(齿)面 approach side
进入错路 misrouting
进入大气层轨道 atmospheric entry trajectory
进入道 admission passage; inlet passage; intake duct; manway
进入道框架 manway frame
进入的 inbound; incoming; inductive; ingoing
进入的废水 incoming waste
进入的空气 incoming air
进入地块的小街 marginal access street
进入地块的支路 marginal access road
进入地球表面的中子通量 Q-incoming neutron flux
进入地球大气层 earth atmospheric entry
进入地球轨道 earth-orbit entry
进入点 entry point
进入硐室的巷道 room neck
进入端 entering end; entrance end
进入段 approach section
进入阀 admission valve; induction valve; inflow valve; inlet valve; intake valve
进入法院 access to court
进入方向 direction of approach
进入符号 incoming symbol
进入干道的(专用)支路 access driveway
进入港 port of entry
进入工程现场 access to works
进入功率 ingoing power
进入管 admission pipe; admitting pipe; inlet pipe; intake pipe
进入管道 accessible(pipe) duct; inlet channel
进入管沟 accessible pipe duct; accessible pipe trench
进入管理程序中断 supervisor call interrupt
进入管线 incoming line
进入轨道 incoming trajectory; injection
进入和驶出口 in-and-out; inward and outward
进入环境途经 environmental pathway; environmental route
进入机场的雷达控制 radar approach control
进入键 enter key
进入交通 access traffic
进入角 angle of approach; angle of entry; entrance angle
进入进路 route entry
进入井 access shaft(to subway); access sile; access well; drop manhole
进入开关 access switch
进入空气 inlet air; intake air; plenum air; plenum in
进入孔 access eye; access hole; access port; colluviavium; entrance hole; inlet manhole; inlet opening; manhole
进入孔盖 access cover; manway cover
进入孔盖架 manhole head
进入孔间 manhole chamber
进入控制 control of access
进入口 access; inlet port; intake port
进入(快速干道的)车道 entrance lane
进入馈线 incoming feeder
进入廊道 access gallery
进入冷藏间 walk-in refrigerator
进入量 inlet
进入流道 intake flow
进入摩擦 engaging friction
进入目标 target approach
进入目标图 target approach chart
进入爬梯 access ladder
进入跑道的滑行道 runway access taxiway
进入毗邻两地的路 party driveway
进入气体量 entering gas quantity
进入气闸 man lock
进入区间 entering into section
进入区间信号 entering section signal
进入权 entree
进入日期 entry date
进入时间 entry time
进入使用 in service
进入市场 access to market
进入市场壁垒 barrier to entry
进入市场的自由 freedom of entry
进入熟料的煤灰 ash entering the clinker
进入术语 terms of access
进入水流 filling current; ingoing stream
进入速度 admission velocity; entry speed; inlet velocity; velocity of entry
进入损失 entry loss
进入锁环 entering catch
进入条件 entry condition
进入通道 access passage
进入通量 inward flux
进入同步 beating-in; fall-in; fall into step; lock-in synchronism
进入途径 route of entry
进入位置 in position
进入系统 log-in; log on
进入现场 access to site
进入箱 admission chamber
进入巷道 access gallery
进入消费领域 flow into the market places
进入形式 enter mode
进入选择项 enter selection
进入循环 incycle
进入压力 inlet pressure
进入岩 complementary rocks
进入异线 entering into unexpected track; entering into wrong track; enter on unexpected track
进入异线的货车 wrongly routed wagon
进入雨水沟 access gully
进入元内溶质通量 solute flux of entering volume element
进入原料 incoming stock
进入匝道 access ramp
进入载波 incoming carrier
进入占用线 entering into occupied track
进入者 entrant
进入支路 access driveway
进入指令 entry instruction
进入终态时间 settle-out time
进入装置 access to plant
进沙量 sediment intake
进筛粗料 coarse in feed(to screen)
进身之阶 stepping stone
进深 depth; throat
进深曲线 depth curve
进式熊阱堰闸门 roof weir gate
进水 admission of water; influent; water entrance; water penetration; water seepage
进水暗渠 inlet culvert
进水泵 inlet pump
进水泵站 inlet works
进水部尾管 water tail piece
进水槽 header channel; inflow channel; inlet channel; intake channel
进水池 entrance bay; intake basin; receiving basin; reception basin
进水出水孔 paddle hole
进水道 inlet duct
进水的 influent; water-logged <指船舶>
进水底孔拦污栅 bottom intake rack
进水点 draining point; point of inflow
进水点工业 point-of-entry industry
进水点水处理装置 point-of-entry water treatment device
进水点装置 point-of-entry device; point-of-entry system
进水渡槽 entrance flume
进水端 upstream end
进水阀 admission valve; feed valve; full flow valve; inlet valve; intake valve; flooding valve
进水分流 inflow splitting
进水干管 delivery manifold; intake header; intake main; leading collector; water inlet main
进水工程 intake works
进水沟 inlet channel; tributary ditch
进水构筑物 intake structure
进水管 admission pipe; admitting pipe; feed pipe; house inlet; induction pipe; inflow pipe; influent pipe; inhalant siphon[syphon]; inlet pipe; inlet tube; intake pipe; penstock; supply pipe; water inlet; water inlet pipe [piping]; water inlet tube[tubing]; water input pipe; water intake; water let in pipe
进水管道 access gallery; intake conduit; supply conduit
进水管坑道 inlet pipe gallery
进水管廊道 inlet pipe gallery
进水管下置深度 depth of water entering tube installation
进水管线 influent line; intake conduit pipeline; intake pipe line; water inlet line
进水管线廊道 intake pipe gallery
进水管直径 diameter of inflow tube
进水过程线 inflow hydrograph
进水涵洞 entrance culvert; filling culvert; inlet culvert
进水涵管 entrance culvert; filling culvert; inlet culvert
进水汇管 intake manifold
进水混合与微粒稳定阶段 influent mixing and particle stabilization stage
进水活瓣 bottom clack
进水间 intake chamber
进水建筑物 inlet structure; intake works
进水胶管 water inlet hose
进水角 angle of entrance; angle of entry; angle of flooding; entrance angle; flooding angle
进水接头 water supply connector
进水井 channel gull(e)y; drainage tank; entrance well; inlet opening; inlet well; intake well; receiving well; suction pool <泵站的>; inlet chamber <倒虹吸管用的>
进水井盖 gull(e)y grating
进水井帘格 gull(e)y grating
进水孔 inlet hole; inlet opening
进水孔口 entrance orifice; filling port
进水口 blasthole; catch basin; drain for rain water; entrance well; gull(e)y hole; inlet(opening); inlet port; intake(port); mouth of inlet; water catchment; water in; water inflow; water inlet; water intake
进水口长度 entry length
进水口挡水墙 intake dam
进水口挡鱼隔板 intake fish baffle
进水口挡鱼结构 intake fish baffle
进水口的帘格进口 grate opening of inlet
进水口底槛 inlet sill
进水口法 inlet method
进水口防臭阱 gull(e)y trap
进水口防臭设备 gull(e)y trap; yard trap
进水口格栅 inlet grate; inlet grid; inlet grille
进水口工程 headworks
进水口护栅 intake grate
进水口回水吊井 yard trap
进水口建筑物 intake structure
进水口拦污栅 intake screen
进水口帘格 inlet grate; inlet grating
进水口滤网 inlet strainer
进水口配件 <能调整水流方向和流量的> directional inlet fitting
进水口平台 intake deck
进水口竖井 inlet shaft
进水口水头损失 entrance head loss
进水口四周铺砌 gull(e)y surround
进水口镶嵌 inlet setting
进水口-泄水口重叠式布置 intake-under-outlet arrangement
进水口翼墙 inlet wing wall
进水口周围 inlet surround
进水口最大压力 maximum inlet pressure
进水廊道 intake gallery; water inlet gallery
进水莲蓬头 inlet strainer
进水量 incoming flow; inflow of water; quantity of water intake; water inflow
进水零值基线 zero inflow curve
进水流量 inflow discharge; rate of inflow
进水流量曲线 inflow discharge curve
进水流速 inflow velocity
进水龙头 feed cock
进水漏斗 cone of intake(of the well)
进水滤器 inlet filter; inlet strainer
进水滤网 inlet filter
进水率 inflow rate
进水门 entrance gate
进水面 inlet surface
进水面积 intake area
进水配水渠 inlet distribution channel
进水歧管喷射 manifold injection
进水区 inlet zone
进水区间 bilged compartment
进水曲面 cone of intake
进水渠(道) inflow channel; approach channel; head ditch; headrace conduit; influent channel; inlet channel; intake canal; intake channel; intake conduit; intake duct; head race; water inlet tunnel; entrance channel
进水渠首 intake heading
进水软管 intake hose; inlet hose; water supply hose
进水筛网 intake screen
进水设施 canal headwork
进水时间 <雨水从流域最远点流入雨水进水口的时间> inlet time; time of entry
进水室 receiving chamber; upstream chamber; inlet chamber <水工试验用的>
进水竖井 intake shaft
进水栓 intake crane
进水水槽 entrance flume
进水水头损失 loss in head in entrance
进水水质 influent water quality
进水水质指数 influent water quality index
进水速度 inlet velocity; intake velocity
进水速率 intake rate

进水隧道 headwater tunnel; intake tunnel; intake gallery
进水隧洞 headwater tunnel; intake tunnel; intake gallery
进水损耗 intake loss
进水损失 intake loss
进水塔 intake tower; tower intake; valve tower
进水调节器 inlet regulator
进水调整器 water-feed selector
进水头部 intake header
进水线 feeder line
进水蓄水排水曲线 inflow-storage-discharge curve
进水蓄水泄水曲线 inflow-storage-discharge curve
进水旋塞 suction cock
进水选择器 water supply selector
进水堰 influent weir
进水与回水分流管系统 separate flow and return system
进水闸(门) crown gate; entrance gate; head gate; inlet gate; inlet sluice; intake gate; intake sluice; top gate; top shield; water intake sluice
进水闸门门扇 top gate leaf
进水闸门巷道 intake gate road
进水闸门引水率 head-gate duty of water
进水闸室 intake chamber
进水止回阀 intake check valve
进水总管 intake main
进速系数 advance coefficient
进通道 stand in channel
进退 onset and retreat; ebb and flow <指潮水>
进退场 on-and-off the site
进退杆衬套 direction changing lever bushing
进退杠杆 direction changing lever
进退换向杆 forward-reverse lever
进退机件 driving and reversing mechanism
进退开关 forward-reverse switch
进退两难 cornering; dilemma
进退两难区 <平交道口定黄灯时间用>【铁】dilemma zone
进退维谷 dilemma
进退运动 <潮水的> dodge
进退装置【机】driving and reversing mechanism
进瓦 tile feed
进位 carry-over; carry bit; transfer
进位保留加法器 carry save adder
进位标志 carry flag
进位部分 carry portion
进位操作 carry operation
进位迟延 carry delay
进位储存 carry storage
进位触发器 carry flip-flop
进位传输 carry propagate
进位传送【计】carry propagation
进位电路 carry circuit
进位发生 carry generate
进位发生器 carry generator
进位阀 carry gate
进位法 transfer method
进位方程 carry equation
进位分离 carry separation
进位复位 carry reset
进位寄存器 carry register
进位加 add with carry
进位结束信号 carry-complete signal
进位控制 carry control
进位链 carry chain
进位逻辑 carry logic
进位脉冲 carry pulse
进位脉动 carry ripple
进位门 carry gate
进位门信号 carry gate signal
进位起始信号 carry initiating signal
进位清除 carry reset
进位清除信号 carry clear signal
进位舍入 round up
进位失败 carry failure
进位时间 carry time
进位输出标记 carry-out flag
进位输入 carry input
进位数 carry number
进位数字 carry digit
进位填充数 filler
进位通道 carrying channel
进位完毕 carry complete
进位完成 carry completion
进位完成信号 carry-complete signal
进位位 carry digit
进位线 carry line
进位信号 carry signal
进位信号终端 carry signal terminal
进位延迟 carry delay
进位延迟时间 carry delay time
进位指示符 carry indicator
进位制 scale
进位桩 stepping spud; walking spud
进位装置 carry-over facility
进位组 carry set
进坞 dock in; docking; dry dock
进坞报告 docking report
进坞吃水 docking draft; docking draught
进坞传令钟 docking telegraph
进坞放水塞 docking plug
进坞费 dock (ing) charges; docking fee; dock (ing) dues
进坞航道 navigation approach
进坞计划 docking schedule
进坞记录 docking memorandum
进坞检验 docking survey
进坞绞车 docking winch
进坞雷达 docking radar
进坞纳费收据 dock pass
进坞排水量 dock displacement
进坞碰撞击力 docking impact
进坞期船体变形 docking strain
进坞契约 docking indent
进坞日期 date on dock
进坞时间 docking time
进坞设备 docking accommodation; docking facility
进坞图 docking plan
进坞系统 docking system
进坞修理 docking repair
进坞作业 docking operation
进线 coil in; incoming line; inlet wire
进线隔离 entrance separator
进线管道 access duct
进线柜 incoming cabinet
进线和出线间隔 incoming and outgoing line bay
进线盒 leading-in box
进线回路 feeder
进线架 derrick; leading-in bracket
进线绝缘子 entrance bushing
进线开关柜 incoming feeder cubicle
进线口 inlet; service entrance
进线口硬套管 service raceway
进线配电盘 incoming panel
进线套管 entrance bushing
进线套筒 entrance bushing
进线箱 service box
进线直径 inlet wire diameter
进线总闸 main incoming switch
进相电容器 phase advanced condenser
进相负荷 condensive load (ing)
进相感受器 expandor phase advancer
进相机 advancer; phase advancer
进相角 angle of advance
进相运行 leading phase operation
进向 heading
进项 income
进行 make progress; on-going; precession; proceed; pursue
进行波 advanced wave; progress (ive) wave; travel (l) ing wave; wave train
进行操纵 exercise control
进行测量 run a survey
进行查询 institution an inquiry
进行单株选择 selecting single plant
进行的次序 along order
进行灯光 clear light
进行定案设计 final engineering
进行多次涂刷 multiple coat application
进行防霜冻灌溉 irrigation for frost protection
进行过水准测量的 spirit-level (l) ed
进行回火的房子 tempering house
进行技术经济论证 proceed technical and economic appraisal
进行近海潜水的常规方法 normal method of carrying out offshore diving
进行空中喷灌 continuous overhead sprinkling
进行控制 exercise control; progression control
进行连续取样 run continuous samples
进行联络 netting
进行列队仪式的庙宇 processional temple
进行目的制动 <对溜放车辆> target brake application
进行期 active stage; progressive stage; stadium augment; stadium increment
进行情况 going
进行全面灌水 overall watering
进行三角测量 triangulate
进行生长全期浇水 throughout like watering
进行实地调查 fact finding
进行示像 clear aspect; proceed aspect
进行式井点排水系统 progressive well point dewatering system
进行式制动 progressive braking
进行试验 put to test
进行水力试验 run hydraulic test
进行水准测量 run the level; take the level
进行索赔 pursue a claim
进行微调 fine-tune
进行显示 proceed indication
进行显示电码 proceed code
进行显示信号机构【铁】proceed indication signal mechanism
进行信号【铁】proceed signal; cleared signal
进行信号复示器 clear signal repeater
进行型 progressive type
进行性大块纤维化 progressive massive fibrosis
进行性破坏 progressive collapse
进行性坍塌极限状态 limit state of progressive collapse
进行一次试验 carry-out a test
进行制裁 impose sanction
进行中的工程 work-in-progress
进行中的建筑工程 construction work-in-process
进行中的炭化作用 in-service carbonation
进行中的项目 on-going project
进行中工程的详细清单 work in progress
进行中评价 on-going evaluation
进修 advanced study
进修课程 refresher course
进修离职制 <在工作岗位上作暂时性离职去进修的制度> block release
进压 entrance pressure
进样 sample introduction; sampling
进样阀 introduction valve; sample valve
进样法 sampling system
进样滑阀 slide sample valve
进样环管 sample loop
进样量 sample size
进样器 injector; sample injector; sampler
进样条件 sampling condition
进样系统 sampling system
进样装置 sampling device
进液阀 liquid-in valve
进一步的误期 prolonged delay
进一步调查 make further investigation
进一步发展 further development
进一步沟灌 more furrow irrigation
进一步加快环保计划 further speed up environmental protection plan
进一步研究 further investigations of; further studies on
进一步研究排水计划 study on water management scheme
进(英)尺【岩】footage
进油 feeding
进油阀 filling valve; induction valve; inflow valve; inlet valve; intake valve; suction valve
进油管 fuel inlet; induction manifold; inlet pipe; intake manifold; oil inlet pipe; sucker; suction manifold
进油管坑道 inlet pipe gallery
进油管廊道 inlet pipe gallery
进油管路 in-line
进油活瓣 bottom clack
进油计量调节系统 metering-in control system
进油节流 meter in
进油孔 fuel inlet; inlet port; oil inlet
进油口 inlet port; oil-in
进油路 oil supply
进油歧管喷射 manifold injection
进油调节器 inlet regulator
进油注射器 oil feed injector
进渣负荷 <成粒机的> slag load
进闸航道 navigation (al) approach
进闸机 entry gate
进闸时间 entering time; entrying time
进宅导线管 service pipe
进宅(电)接线盒 service box
进宅支管 <水管、燃气管> service pipe
进展 advance (ment); come along with; headway; make progress; marching
进展报告 advance report; progress report
进展的沙丘 marching dune
进展和现状报告 progress and status reporting
进展缓慢的 slow-footed
进展期 progressive stage
进展情况年度报告 yearly progress report
进展速度 rate of progress
进展性 progressivity
进展性边缘断裂(损坏) progressive edge breaking
进展性边缘开裂 progressive edge breaking
进展性点蚀 progressive pitting
进展性故障 evolving fault
进展性破坏 progressive failure
进占 <截流施工的> successive narrowing; bank-off advancing
进栈 push-on

进栈操作 push operation
进栈申报单 declaration for warehousing
进站 arrivals;pull-in;ride-in
进站大厅 entrance hall
进站道岔 entry point
进站的 inward bound
进站地道 entrance tunnel
进站电缆 entrance cable
进站轨道 approach track
进站汇管 incoming manifold
进站口 station entrance
进站列车 incoming train
进站坡度 access gradient
进站线(路) access line; approach line;approach track;entrance line;inbound track;leading-in line;leading-in track;approaches;line of approach;entry road
进站线路立体疏解 < 如建跨线桥 > vertical untwining
进站信号保留继电器控制电路 home stick relay control circuit
进站信号防护范围 home signal limit
进站信号防止重复继电器控制电路 home stick relay control circuit
进站信号(机) arrival signal;entrance signal;home signal;entry signal
进站信号机构【铁】 home signal mechanism
进站信号控制继电器 home relay;homing relay
进站信号桥 home signal bridge
进站信号示像 home signal aspect
进站引线【铁】 rail approach
进站预告标 station-approach warning sign
进站转辙器 entry point
进账报单 credit advice
进账单 pay-in slip
进账时间 entry time
进蒸汽侧 steam admission side
进整 round(ing)off
进制元素 binary element
进驻【计】 log on
进桩 advancing;stepping

晋级制度 system of promotion

晋升机会 opportunity for advancement
晋升渠道 channel promotion
晋升训练 training for promotion
晋升制度 promotional practice

浸柏油的 tarred;tar-saturated

浸沉木 snag
浸池 soaking pit
浸出 extraction;leaching(-out);leach out;lixiviation;soaking-out
浸出残渣 leach residue
浸出回路 leach circuit
浸出剂 leaching(re)agent;lixiviant
浸出精矿 leaching concentrate
浸出量 flush out
浸出料 leach feed
浸出笼 leaching cage
浸出瓶 extraction flask
浸出前溶液 head solution
浸出溶液 lixiviant
浸出添加剂 additive to extraction
浸出物 extract;extractive;ooze
浸出物测定 determination of extractives
浸出养分 nutrient leaching
浸出液 extract;leaching solution;lixivium
浸出用滤纸筒 extraction thimble
浸镀 dip coat;dip plating;hot dip;immersion plating
浸镀层 immersion plate
浸镀铬 Iriditing
浸镀铬法 Iridite process; Iriditing process
浸镀铝 dip calorizing
浸镀锡机 Moorwood machine
浸防腐油的 creosoted
浸粉磁带 magnetic powder-impregnated tape
浸膏 concrete;extract;extractum
浸膏调刀 extract spatula
浸汞接点继电器 mercury-wetted contact relay;mercury-wetted relay
浸灌防腐(剂的)木材 impregnated wood;impregnating wood
浸罐 wild flooding
浸柜 immersion tank
浸辊涂布机 dip roll coater
浸过的 impregnated
浸过油的 oil-impregnated
浸过油的破布 oil waste
浸焊 dip-solder(ing); solder dip-(ping)
浸焊条金属弧焊 impregnated-tape metal-arc welding
浸化 macerate
浸化器 macerater[macerator]
浸化作用 maceration
浸灰(法) liming;soak in lime
浸灰间 beamhouse
浸机 dipping machine
浸极式炉 immersed electrode furnace
浸剂 infusion;infusum
浸剂沉淀物 apothem
浸剂罐 infusion jar
浸煎剂 infusodecoction
浸碱 caustic dip
浸碱桶 silo mercerizer
浸碱压榨机 steeping and pressing tank
浸浆桶 dip tank
浸胶 gumming
浸胶玻纤布滑移 slip of impregnated glass cloth
浸胶罐 impregnating vessel
浸胶辊 roll coater
浸胶合板 densified plywood
浸胶木材 densified wood;pregwood
浸胶软管 proofed sleeve
浸胶体 impregnator
浸胶压缩材料 prewood
浸胶压缩木(材) compregnated wood;pregwood
浸胶纸带 tackiness paper tape
浸焦油 tarring
浸焦油麻绳 tarred cord
浸解 macerate;retting
浸解液 retting liquor
浸解液体 retting liquid
浸解作用 maceration
浸镜油 immersion oil
浸卷机 soaked bobbin
浸蜡固着油墨 wax-set ink
浸蜡纱 wax-bonded yarn; wax-impregnated yarn
浸蜡石墨电极 wax-impregnated graphite electrode
浸蜡线 paraffin(e)wire
浸冷 boshing;immersion cooling
浸冷水槽 bosh
浸离 macerating
浸礼教的洗礼堂 baptistery
浸沥青的 bitumen-dipped; bitumen-impregnated
浸沥青的粗麻布 bituminized jute hessian cloth
浸沥青的花岗岩 bituminous stone
浸沥青的麻绳 hessian cloth
浸沥青的砂 asphalt(-impregnated) sand
浸沥青的石 bituminous stone
浸沥青防水布 < 屋面用 > asphalt-saturated woven fabric
浸沥青隔热板 bitumen-impregnated insulating board
浸沥青隔热纤维板 bitumen-impregnated insulating board
浸沥青焦油麻绳 tarred cord dipped in asphalt
浸沥青棉毡 asphalt-saturated asbestos felt
浸沥青木块铺面 asphalt block pavement
浸沥青木丝板 woodwool plate soaked with bitumen
浸沥青石棉毡 asphalt-saturated rock wool felt;saturated bitumen asbestos felt
浸沥青屋面油毡 saturated roofing felt
浸沥青纤维板 bitumen-impregnated fiberboard
浸沥青毡 saturated(roofing)felt
浸亮剂 bright dip
浸量尺 dip rod;dipstick
浸量杆 dipstick
浸流焊接 immersion reflow soldering
浸硫酸镍 nickel sulfate dip
浸硫酸铜处理 < 木材处理 > copper sulphate treatment
浸滤 lixiviate
浸滤液 lixivium
浸滤作用 lixiviation
浸率处理 dip calorizing
浸满水的 water-logged[logging]
浸满水的地面 cold site
浸没 drown; immerse; immersion; submergence; submersion; underground submergence; swamp < 地下水位升高引起的 >
浸没泵 sinking pump; submerged pump;submersible pump
浸没长度 immersion length
浸没沉淀 immerse precipitation
浸没带宽度 width of immersion zone
浸没的 submerged
浸没地 submerged area
浸没地段岩性 soil property of immersion zone
浸没电子枪 flood gun
浸没调查 submergence investigation
浸没丁坝 dip groin
浸没镀层 immersion coating
浸没法沉积镀膜 dip coating deposition
浸没反射计 immersion reflectometer
浸没放大镜 immersion magnifier
浸没复消色差透镜 immersion apochromat
浸没覆盖 submerged cover
浸没耕地面积 cultivated area immersed
浸没管道 submerged tube
浸没管束浓缩器 submerged tube F.C. concentrator
浸没管束蒸发器 submerged tube F.C. evapo(u)rator
浸没管(子) immersion pipe;drowned pipe
浸没光学 immersion optics
浸没光栅 immersion grating
浸没湖 saucer lake
浸没焦平面透镜 immersed focal-plane lens
浸没介质 immersing medium
浸没流 submerged flow
浸没密度 buoyant density;immersed density;submerged density
浸没面积 < 洪水 > influence basin
浸没培养 submerged cultivation
浸没清洗 immersion cleaning
浸没区及防护区工程地质图 geological plan of immersion area and protection area
浸没燃烧 immersion combustion;interior combustion;submerged combustion
浸没燃烧式气化器 submerged combustion vaporizer
浸没燃烧式蒸发器 submerged-combustion vapo(u)rizer
浸没容积 immersed volume
浸没容重 immersed density
浸没上漆 dipping lacquer
浸没上釉 dipping glazing
浸没上釉底料 dipping engobe
浸没烧结 immersion sintering
浸没深度 immersion depth; submersion depth
浸没式 immersed
浸没式比色计 immersion colo(u)rimeter
浸没式变压器 subway transformer
浸没式出水口 submerged outlet
浸没式挡砖 floater extending deep down into the glass
浸没式电泵 underwater electric(al) pump
浸没式电热器 electric(al)immersion heater;immersion electric(al)heater
浸没式电子透镜 immersion electron lens
浸没式浮游回收装置 submersion skimmer
浸没式换能器 immersed transducer
浸没式加热器 immersion heater;immersion heating appliance
浸没式加热元件 immersion heating element
浸没式进水口 submerged intake
浸没式进水器 submerged inlet;submerged intake
浸没式聚光器 immersion condenser
浸没式冷凝器 submerged condenser
浸没式冷却器 immersion cooler
浸没式流液洞 sump throat
浸没式煤气喷灯 immersion gas burner
浸没式膜 immersed membrane
浸没式膜活性污泥法 immersed membrane activated sludge process
浸没式撇油器 submersion skimmer
浸没式燃烧炉 submerged burner furnace; submerged-combustion furnace
浸没式燃烧器 immersion burner;submerged-combustion burner
浸没式热辐射计 immersed bolometer
浸没式热水加热 immersion hot water heating
浸没式热水加热器 immersion hot water heating appliance
浸没式热水器 immersion-type water heater
浸没式杀菌器 immersion sterilizer
浸没式烧嘴炉 submerged burner furnace; submerged-combustion furnace
浸没式试验 immersion test
浸没式水封 dip trap
浸没式探测器 immersed detector
浸没式涡轮曝气机 submerged turbine aerator
浸没式旋转水表 immersion-type rotary water meter
浸没式叶轮曝气器 immersed impeller aerator

浸没式油泵 immersed oil pump;oil tank pump;submerged oil pump
浸没式折射分析法 immersion refractometry
浸没式折射计 dipping refractometer
浸没式振捣 immersion vibration
浸没式振动 immersion vibration
浸没式支撑轴承 submerged steady bearing
浸没式自动加热器 automatic immersion heater
浸没探测元件 immersed detector element
浸没挑流坝 dip groin
浸没条件 immersion service
浸没透镜 immersion lens
浸没土的密度 density of submerged soil
浸没危害 harm of immersion
浸没物镜 immersion objective lens
浸没系统 immersion system
浸没性 floodability
浸没油 immersion oil
浸没预测 prediction of immersion
浸没在水中的电气热水器 electric(al) immersion heater
浸没折流坝 dip groin
浸没折射计 immersion refractometer
浸没铸造 immersion casting
浸没装置 immersion system
浸媒 extractant
浸膜法 dipping film method
浸盘试验 <测定沥青混合料的抗水性> immersion-tray test
浸泡 dip;immerse;immersion;soakage;soaking;steeping;water infusion
浸泡槽 impregnation bath
浸泡池 impregnation bath
浸泡处理 diffusion treatment
浸泡法 dipping method
浸泡冷却 immersion cooling
浸泡期 soaking period
浸泡器 inundator
浸泡时间 ga(u)ging time;soak period;ga(u)ging period
浸泡试验 soak test
浸泡水的 water-logged
浸泡脱脂 soak degreasing
浸泡液 soak
浸皮试验 skin soaking test
浸漆 dip coating;dipping lacquer;dipping paint;varnish impregnation
浸漆布带 varnished cloth tape
浸漆绸 varnish silk
浸漆绸带 varnish silk tape
浸漆处理 penetrating finish
浸漆罐 impregnating vessel
浸漆绝缘 varnished insulation
浸漆绝缘布带 linotape
浸漆绝缘纸 varnish paper
浸漆丝绸 varnished silk
浸漆丝带 varnished silk tape
浸漆纤维管 varnish tube
浸漆织物 varnished fabric
浸取 solid-liquid extraction
浸取残渣 leach residue
浸取器 diffuser;leacher
浸染 dip colo(u)ring;imbue;impregnate;impregnating;steep;tincture;disseminate;dissemination【地】
浸染暗彩 impregnating scumble
浸染程度 degree of impregnation
浸染稠度 dipping consistence[consistency]
浸染催化剂 impregnation catalyst
浸染化合物 impregnation compound
浸染机 impregnating mangle;jigger;padder;padding mangle
浸染矿床 impregnation deposit
浸染浓度 dipping consistence
浸染岩 impregnated rock
浸染纸 impregnated paper
浸染状构造 disseminated structure;impregnated structure;impregnation structure
浸染状金矿石 disseminated Au ore
浸染状矿石 disseminated ore
浸染状铅锌矿石 disseminated Pb-Zn ore
浸热度 hot dipping
浸溶 dip solution
浸入 dip;immerse;immersion;infusion;submergence;submersion
浸入波 incident wave
浸入层 blot coat
浸入称重 immersion weighing
浸入淬火 dip quench
浸入带的几何因子 geometric(al) factor of the invaded zone
浸入带式磁选机 submerged-belt separator
浸入镀金法 immersion gilding
浸入管 dipleg;immersion pipe
浸入焊接 dip soldering
浸入取样器 dip sampler
浸入润滑 flood lubrication
浸入润滑系统 dip lubricating system
浸入润湿 immersion(al) wetting
浸入深度 depth of invasion
浸入湿润 immersion(al) wetting
浸入式电石篮 dipping basket
浸入式高温计 immersion pyrometer
浸入式恒温计 insertion thermostat
浸入式计数管 immersion counter
浸入式加热 immersion water heating
浸入式加热器 immersion heater
浸入式冷冻器 immersion freezer
浸入式冷却器 diving cooler
浸入式热电偶 immersion couple
浸入式热水器 immersion heater
浸入式润滑 submerged lubrication
浸入式深度规 immerseable finger
浸入式探测器 dip detector;dipmeter[dipmetre]
浸入式温度计 immersion thermometer
浸入式溢流堰 controlled spillway
浸入式振捣器 immersion vibrator
浸入式振动器 immersion-type vibrator
浸入水 water intrusion
浸入水中 immersion in water
浸入涂层 dip coating
浸入脱灰液 bate
浸入型电动机 immersible motor
浸入油内退火 annealing with oil
浸入铸造法 como-cast process
浸软 macerate;maceration
浸润 bucking;dampen;drench;etching;impregnate;infiltrate;infiltration;soaking
浸润不良 inhomogeneous sizing
浸润池 saturation tank
浸润法 infiltration method
浸润范围 absorption field;disposal field;drain field
浸润灌溉 irrigation by infiltration;land filtration irrigation;subsurface irrigation;underground watering;upward irrigation;wetting irrigation
浸润剂 binder;size stabilizer;sizing agent;wetting agent
浸润剂残留量 size residue
浸润剂含量 size content;sizing content
浸润剂回流管 size recovery pipe;size return pipe
浸润剂浸取 size pick-up
浸润剂配方 size formulation
浸润剂配制装置 size mixing equipment
浸润剂迁移 size migration
浸润角 wetting angle
浸润面 seepage face;seepage surface
浸润期 infiltration stage;soaking period
浸润器 size applicator;sizing roller
浸润区 absorption field;disposal field;drain field
浸润曲线 depression curve;drawdown curve
浸润深度 depth of immersion
浸润损失 absorption loss water
浸润土 water-logged soil
浸润纹(理)木材 dip-grained wood
浸润物 instillation;instil(l)ment
浸润系数 coefficient of water-lines;infiltration coefficient
浸润线 depression curve;infiltration line;line of saturation;line of seepage;percolation line;phreatic line;saturated line;saturation line;seepage line;wetting front;wetting line;phreatic line <土坝内的>
浸润线坡度 slope of seepage line
浸润线梯度 saturation gradient
浸润型 infiltrative type
浸润性 wettability
浸润周边 wet perimeter;wet periphery
浸润周界 wetted perimeter
浸润作用 immersion(al) wetting
浸射体 diffuser
浸深调节 submergence control
浸渗 imbibition;impregnation;infiltration
浸渗检验 penetrant inspection
浸渗介质 permeating medium
浸渗烧结 infiltration sintering
浸渗树脂压缩木 impregnated and compressed wood
浸渗压 imbibition pressure
浸湿 drench;immersion(al) wetting;moisten(ing);soaking;wetting
浸湿范围 leaching field
浸湿且变坏 soaked and spoiled
浸湿且发霉 soaked and mildewed;soaked and mo(u)lded
浸湿深度 depth of immersion
浸湿时间 soaking period
浸湿土 water-logged soil
浸湿性 soakage
浸湿砖 steeping brick;wetting brick
浸石板式存水弯 dipstone trap
浸石灰 liming
浸石棉布 impregnated asbestos web
浸蚀 etch(ing);impingement attack;pickle;staining
浸蚀槽 etching tank
浸蚀次数 number of dips
浸蚀脆性 pickle brittleness
浸蚀点 point of attack
浸蚀雕刻 dip solution
浸蚀法 etching process;method of sculpture
浸蚀反应 etch reaction
浸蚀腐蚀 erosion corrosion
浸蚀痕 erosion mark
浸蚀剂 etching agent;etching reagent
浸蚀坑 etch pit
浸蚀砾幕 erosion pavement
浸蚀抛光法 attack polishing method
浸蚀期 etching period
浸蚀溶液 etching solution
浸蚀试法 etching test
浸蚀试件 etched specimen
浸蚀试验 etching test
浸蚀饰面 caustic etch;frosted finish
浸蚀速度 etching rate
浸蚀图 etch figure
浸蚀陷斑 etched dimple
浸蚀象 etching figure
浸蚀型光洁度 etched like finish
浸式折光仪 immersion refractometer
浸饰坑法 etch-pit method
浸树脂石墨布 resin-impregnated graphite cloth
浸树脂织物 resin-impregnated fabric
浸水 flooding;immersion;inundation;soaking;water immersion
浸水饱和法 saturating of intrusion water
浸水崩解黏[粘]土 dispersive clay
浸水冰川 ram
浸水舱 bilged compartment
浸水层水位传导系数 conducting coefficient of water level of aquifer
浸水池 soaking vat
浸水除鳞 boshing
浸水的 soggy;water-soaked
浸水断面 immersed section;wetted cross-section
浸水断面面积 area of wetted cross-section;immersed cross-section(al) area
浸水法 intrusion water process
浸水风干法 <木材浸入水中 3 ~ 4 周,使树液溶解,然后取出风干> water-seasoning
浸水干燥 <木材的> seasoning by water immersion
浸水过程 soaking process
浸水矫正法 wetting rectification
浸水截面积 wet cross section
浸水纠偏法 wetting rectification
浸水抗压试验 <测定沥青混凝土水稳定性用> immersion-compression test
浸水冷却 boshing
浸水林地(雨季) flatwoods
浸水路堤 submerged embankment
浸水路面 ford
浸水率 permeability
浸水轮辙试验 immersion wheel tracking test
浸水密度 immersed section
浸水面 immersion surface;wetted surface
浸水面积 area of wetted surface;wetted(surface) area;influence basin <洪水的>
浸水破损 flooding damage
浸水剖面 immersed section
浸水期 ga(u)ging period;soaking period
浸水清洗 dunk rinsing
浸水深度 immersion depth
浸水式水翼 submerged foil
浸水试验 immersion test;ponding test;soaking test;submerging test;water-immersion test
浸水试验骨料 total water immersion test aggregate
浸水试样 soaking sample
浸水水面线 phreatic line
浸水水深 depth of immersion
浸水体中心 center[centre] of immersed bulk
浸水土层 submerged earth
浸水稳定性试验 water-immersion stability
浸水无侧限抗压试验 immersion unconfined compression test
浸水无侧限压缩试验 immersion unconfined compression test
浸水系数 coefficient of water-lines
浸水系统 deluge system;immersed system
浸水现象 <混凝土> water soaking
浸水压缩试验 <测定沥青混凝土水稳定性用> immersion-compression test
浸水养护 immersion cure;immersion-curing

浸水养护的 immersion-cured
浸水与加压矫正法 wetting and weighting rectification
浸水状态 submerged condition
浸水状态水线面 flooded waterplane
浸酸 acid etch;pickling
浸酸机 acidifying machine
浸提 digestion
浸提废液 leach liquor
浸提率 extraction rate
浸提器 diffuser[diffusor]
浸提液 extracting solution; leaching solution
浸铜焊 dip brazing
浸透 blotting; drench(ing); imbibe; imbibition; impregnate; impregnation; infiltration; penetration; saturate; saturation; soaking; water-logging; weld penetration
浸透变质作用方式 diabrochometamorphism way
浸透程度 degree of saturation
浸透带 zone of percolation
浸透的 saturated; saturating; waterlodged
浸透的岩芯 saturated core
浸透检查 penetrant inspection
浸透沥青的 asphaltic-bitumen-saturated [saturating]; bitumen-impregnated; bitumen treated
浸透沥青的混有软木的毛毡编织物坐垫 asphaltic-bitumen-saturated felted mat with cork
浸透沥青的混有软木的毛毡衬垫 asphaltic-bitumen-saturated felted pad with cork
浸透沥青的毛毡编织物 asphaltic-bitumen-saturated felted mat
浸透沥青的毛毡织物 asphaltic-bitumen-saturated felt(ed fabric)
浸透沥青的毛毡织物衬垫 asphaltic-bitumen-saturated felted pad
浸透沥青的破布油毡 saturated asphalt rag felt
浸透沥青的石棉(纤维)serval
浸透沥青的油毛毡 saturated felt
浸透沥青的纸 asphaltic-bitumen-saturated paper
浸透量 soakage
浸透率 wet-out rate
浸透能力 impregnability
浸透润滑脂衬片 grease-soaked lining
浸透树胶的布 impregnated cloth
浸透水 water of infiltration
浸透水的 water-logged;water-logging
浸透水的土壤 water-logged soil
浸透水压 seepage pressure
浸透速度 wet-out speed
浸透效应 trickling-down effect
浸透性能 impregnability
浸透油 impregnating oil
浸透组分 saturating composition
浸透作用 penetrant action
浸涂包装 dip package
浸涂表面 dip coating
浸涂槽 dipping tank;dipping vat
浸涂滴淌 dripping
浸涂(法)dip coating
浸涂焊条 dip-coated electrode
浸涂混合料 dipping compound
浸涂机 dip coater
浸涂金属 dip gilding
浸涂沥青的软钢板 pitch-on metal
浸涂清漆 dipping varnish
浸涂施工 dip application
浸涂涂层 dip coat(ing)
浸涂药皮 dipping drug skin
浸涂杂酚油的防腐木柱 creosoting post
浸土试样 soaking sample
浸尾试验 tail soaking test
浸析 leach(ing);lixiviate
浸析试验 extraction test
浸析作用 leaching;lixiviation
浸稀碱液 dilute alkali immersion
浸锡灯芯作用 wicking
浸洗 immersion cleaning;soak cleaning
浸洗机 soaker
浸压 compregnate
浸压机 steeping press
浸压木板 densified impregnated wood
浸压木材 compreg;compregnated wood
浸焰式燃烧器 submerged flame burner
浸药处置 immersion treatment
浸液 drench;immersion fluid;immersion liquor;index liquid;infusion
浸液电池 plunge battery
浸液电极 dipped electrode; immersion electrode
浸液电加热器 electric(al)immersion heater
浸液隔膜 submerged orifice
浸液过滤管 immersion filter tube
浸液加热器 immersion heater
浸液扫描法 immersion scanning
浸液扫描术 immersion technique
浸液深度 depth of immersion
浸液涂漆 solution coating
浸液物镜 immersion objective
浸液析射计 dipping refractometer
浸液制冷器 immersion freezer
浸银沸石 silver-impregnated zeolite
浸油 gumming;under oil
浸油保护 oil preservative
浸油饱和的麻绳 oil-saturated hemp rope
浸油变压器 oil-immersed transformer
浸油槽 dip tank
浸油池 saturation tank
浸油处理 oil soak treatment
浸油的 impregnated with oil;oiled
浸油电缆 oil-filled cable
浸油垫板 <轴箱盖> oil-pad casing
浸油法 creosoting process
浸油轨枕 impregnate tie
浸油回火钢丝 oil-tempered wire
浸油回头 oil tempering
浸油空气过滤器 viscous air filter
浸油离合器 wet clutch
浸油麻丝 dipped yarn
浸油润滑 flooding system lubrication; flood lubrication
浸油润滑轴承 flood-lubricated bearing
浸油石棉毡 asbestos felt; saturated asbestos felt
浸油式空气滤清器 bath filter
浸油式润滑 lubrication by means of oil dipper
浸油毡 saturated felt;sheathing felt
浸釉 dipping
浸釉槽 dip tank
浸釉底料 dipping engobe
浸釉量 dipping weight
浸浴 dipping bath
浸浴钎焊 dip brazing
浸浴润滑 dip-feed lubrication
浸浴铜焊 dip brazing
浸杂酚油防腐 creosoted
浸杂酚油防腐木桩 creosoted pile
浸在淡酸液中 pickle
浸在水里 swim
浸在水中 submerge
浸扎车 padder
浸轧机 impregnating mangle
浸沾钎焊 dip brazing
浸脂材 impreg;impregnated wood
浸脂木材 prewood
浸制 impregnation
浸制法 <木材防腐> method of impregnation
浸煮 digestion
浸煮器 digester[digestor]
浸注剂 impregnating compound
浸注液 impregnating fluid; impregnating liquid;penetrating fluid
浸渍 bucking; digest; dip(ping); doping; flood(ing); impregnate; impregnation; infuse; pickle; pickling; proofing; retting; soakage; steeping; water infusion
浸渍变换金属(电)弧焊接法 dip transfer metal-arc welding method
浸渍玻璃布 impregnated glass cloth
浸渍不足 insufficient impregnation
浸渍布 impregnated cloth
浸渍材 impreg
浸渍材料 bituminous saturant; impregnated material; saturating material
浸渍材体积率 volume concentration of impregnant
浸渍槽 dipping maceration tank; dip(ping) tank; impregnating bath; impregnation bath; impregnation tank; maceration tank;steeping trough
浸渍厂 impregnating plant; impregnation plant
浸渍车间 saturating plant
浸渍成型 dip forming; dip mo(u)lding
浸渍程度 impregnation degree
浸渍池 impregnating bath; impregnation bath;sleeping tank
浸渍稠度 dipping consistence
浸渍处理 dipping treatment; immersion treatment
浸渍处理法 dipping method
浸渍催化剂 impregnated catalyst; impregnation catalyst
浸渍单体 impregnating monomer
浸渍的 impregnated
浸渍滴淌 dripping
浸渍电杆 treated pole
浸渍电加热 submerged heating
浸渍电缆 impregnated cable
浸渍电缆纸化合物 diatrine
浸渍冻结 submerged freezing
浸渍度 degree of impregnation; impregnation degree
浸渍镀锌 dip galvanizing
浸渍法处理表面 dip coating
浸渍法清漆打底的 dip-primed
浸渍(法)试验 immersion test
浸渍(方)法 dip(ping) method; immersion method; impregnation method; infiltration method; infiltration process;steeping process
浸渍防腐法 <木材的> full-cell process;full-cell treatment
浸渍防腐木材 creosoted timber; impregnated wood
浸渍防腐油 impregnating oil
浸渍废液 spent pickle liquor; spent pickling solution
浸渍粉剂 impregnated dust
浸渍封接 impregnated seal
浸渍敷层 dip coating
浸渍工艺 impregnation technology
浸渍固体溶液 interstitial solid solution
浸渍管 dip pipe
浸渍罐 immersion vessel; impregnating vessel
浸渍过程 dipping process
浸渍过的 varnished
浸渍过的玻璃 leached glass
浸渍过的屋顶材料 treated roofing
浸渍化合物 impregnating compound
浸渍混合料 impregnating mix(ture)
浸渍混凝土 <即经过浸渍液处理的混凝土> impregnated concrete; concrete with impregnation
浸渍机 impregnator;saturator
浸渍剂 impregnant;impregnated compound; impregnating agent; impregnating compound; infiltrant; saturant;soaker
浸渍聚氨酯 impregnated polyurethane
浸渍聚氨酯泡沫 impregnated polyurethane foam
浸渍绝缘管 varnished tube
浸渍绝缘清漆 impregnating insulating varnish
浸渍绝缘纸 varnish(ed)paper
浸渍坑 soakage pit;soaking pit
浸渍沥青 impregnating asphalt; pitch impregnation;steep asphalt
浸渍沥青碱性耐火砖 pitch-impregnated basic brick
浸渍料 saturant
浸渍(毛)毡 impregnated felt
浸渍面 dip face
浸渍模塑 dip mo(u)lding
浸渍磨光 bright dip
浸渍木(材)impregnated wood; impregnated timber
浸渍木桩 treated pile
浸渍黏[粘]滞度 dipping viscosity
浸渍牛皮纸 impregnated kraft paper
浸渍抛光 bright dip;dip(ping)polish(ing)
浸渍泡沫 impregnated foam
浸渍期 impregnation period
浸渍器 digester;impregnator;macerater[macerator]; sleeping fluid; treater
浸渍清漆 dipping varnish; impregnated varnish; impregnating varnish; impregnation varnish
浸渍热 heat of immersion
浸渍容器 immersion vessel
浸渍溶液 dipping solution; impregnating solution
浸渍三聚氰胺的 melamine impregnated
浸渍上光 dip polishing
浸渍上釉 dipping glazing
浸渍设备 impregnated apparatus; impregnating apparatus
浸渍设施 impregnating installation; impregnating plant; impregnation installation;impregnation plant
浸渍深度 impregnating depth
浸渍石棉纸 impregnated asbestos paper
浸渍石墨材料 impregnated graphite materials
浸渍时间 dip time;impregnation time
浸渍时期 impregnation period
浸渍式阴极 impregnated cathode
浸渍试验 dipping test; impregnating test;impregnation test
浸渍树脂 impregnated resin; impregnating resin
浸渍树脂纸 impregnated paper
浸渍水泥 impregnated cement
浸渍丝稠 varnished silk
浸渍速度 impregnation speed; speed of impregnation
浸渍塑料 plastic-impregnated
浸渍炭棒 impregnated carbon
浸渍筒 dip vat
浸渍透过 bleeding
浸渍涂布 immersion coating
浸渍涂层 dip coat(ing)
浸渍涂敷 dip coating
浸渍涂料 dip coating
浸渍涂漆机 varnishing machine

浸渍温度 impregnating temperature
浸渍屋面料 treated roofing
浸渍物镜 immersion objective
浸渍系统 impregnated system
浸渍线圈 dipping coil; doping coil; impregnated coil
浸渍消毒装置 maceration-disinfection unit
浸渍形成的防护面层 protective coat by penetration
浸渍岩石 impregnated rock
浸渍阳极处理 impregnated anodizing
浸渍液 impregnant; impregnating fluid; impregnating liquid; maceration extract; sleeping liquor; steeping fluid
浸渍液成分 impregnating composition
浸渍用盐水 pickle
浸渍油 immersion oil
浸渍与非浸渍材料的微硬度比 microhardness ratio of composite to unimpregnated body
浸渍浴 impregnating bath; impregnation bath
浸渍云母电容器 impregnated mica condenser
浸渍者 macerator
浸渍织物 impregnated fabric
浸渍纸板 varnished pressboard
浸渍纸电容器 impregnated-paper condenser
浸渍纸绝缘 impregnated paper insulation
浸渍制品 dipped article
浸渍装置 impregnation installation
浸渍作用 maceration

烬

灰色的 cineritious

禁

爆开挖 <石方开挖只许钻孔开采> broaching line drilling

禁闭 confinement; detention
禁闭地区 coop
禁闭室 guard camber; prison; lockup <俚语>
禁泊区 prohibited anchorage
禁超车区 no-passing zone
禁带 forbidden band; forbidden region
禁带发射 forbidden emission
禁带宽度 band gap; energy gap
禁带谱线 forbidden line
禁带衰减 forbidden decay
禁带隙能 forbidden gap energy
禁带跃迁 forbidden transition; transition through forbidden band
禁带中间线 mid-gap line
禁地 forbidden area; out of bounds area; restricted area
禁伐林 ban forest; protection forest
禁伐林区 emergency district; forest reserve
禁伐区 emergency forest; reserve forest
禁伐森林 forest reserve
禁飞区 no-fly zone
禁复位 reset inhibit
禁航地区 prohibited area
禁航区 closed area; prohibited area; restricted navigation zone
禁火标志 hot rail
禁忌 contraindicate; taboo <宗教迷信或社会习俗方面的>
禁忌词 <情报检索> taboo term
禁忌污染物 incompatible pollutant
禁戒线 forbidden line
禁戒跃迁 forbidden transition
禁垦坡度 slope of banned cultivation
禁猎 preserve
禁猎地 preserve; reservation
禁猎季节 closed game-season
禁猎期 closed season; fence month; fence-time; period when hunting prohibited
禁猎区 game-cover; game preserve; game reserve; preserve area; refuge; reservation; sanctuary; game refuge; shooting preserve; suspended hunting area; wildlife reserves
禁猎区图 game map
禁令 ban; interdict; restraining order
禁令标志 prohibitory and restrictive sign; prohibitory sign; regulatory sign
禁令路面标记 prohibitory road mark(ing)
禁令路面标示 prohibitory road mark(ing)
禁溜车【铁】no-humping car; car forbidden for loose shunting
禁溜车停留线【铁】no-humping car storage
禁溜线【铁】set-out track for wagons forbidden from loose shunting
禁码 improper code
禁卖酒旅馆 coffee-tavern
禁鸣 prohibition of trumpet flowing
禁牧区 exclosure
禁区 closed area; closed security zone; control area; excluded region; exclusion area; fenced-off area; forbidden region; non-accessible lot; prohibited area; restricted zone; restricted area
禁区界线 boundary line; forbidden zone; limit of prohibited area
禁区能级 forbidden band
禁区跃迁 forbidden transition
禁区注记 cautionary note
禁入区 exclusion area
禁入栽植 access prevention planting
禁室 clauster
禁隙 forbidden gap
禁用 forbidden
禁用捕捞法 banned catching method
禁用产品 use-forbidden product
禁用代码 forbidden code; non-permissible code; unused code
禁用单元 forbidden cell
禁用的 illegal; unallowable; unused; non-permissible
禁用开关 disabled switch
禁用码 unused code
禁用码组合 forbidden-code combination
禁用码组合检验 forbidden-code combination check
禁用区 keep out area
禁用数位 forbidden digit
禁用数位检验 forbidden digit check
禁用数字 forbidden digit
禁用数字校验 forbidden digit check
禁用调和函数 forbidden harmonics; inadmissible harmonics
禁用渔具 banned fishing gear
禁用指令 illegal instruction
禁用转速范围 barred speed range
禁用子图 forbidding subgraph
禁用字符 forbidden character; illegal character; improper character
禁用组合 forbidden combination
禁用组合校验 forbidden combination check
禁渔期 fishing ban period
禁渔区 area closed to fishing; closed season; close fishing area; forbidden fishing zone; forbidden zone for fishing; game preserve; marine preserve; no fishing period
禁越车线 non-passing line
禁运 blockade; embargo; interdiction of commerce
禁运货单 embargo list
禁运货物 contraband goods
禁运品 contraband goods; prohibited goods
禁运算 not-if-then operation
禁运物品 prohibited article
禁运政策 embargo policy
禁止 prohibit; abolition; ban; estop; forbid; inhibition; interdict; provide against; quiescing; restrain; veto
禁止摆摊 no peddler
禁止标志 mandatory forbidding sign; prohibitory sign; restrictive sign; sign forbidding
禁止捕鱼季节 closed fishing season
禁止财产转移法令 disabling statutes
禁止操作 except operation; quiescing
禁止超车 no passing
禁止超车标志 "do not pass" sign; overtaking prohibited sign
禁止超车解除标志 pass with care sign
禁止超车区 no(n)-passing zone; non zone; no-overtaking zone
禁止车辆掉头 no turn
禁止(车辆)掉头标志 no-U-turn marking; no-U-turn sign
禁止车辆驶入标志 no-entry sign
禁止车辆通行 closed to traffic; no thoroughfare for vehicles; pedestrianize; prohibited to traffic
禁止出口 ban on export; export ban; non-exportation; prohibition of export
禁止船舶出口 embargo on ships
禁止船舶进出口 embargo
禁止船只出入 laying embargo on ships
禁止船只在领海内逗留法 hovering act
禁止存车 parking prohibited
禁止打印 nonprint
禁止的 disabled; illicit; inhibited; inhibitory
禁止灯光 prohibition light
禁止电路 except circuit; inhibit circuit
禁止调车 shunting forbidden; switching forbidden
禁止调车信号 shunting prohibition signal
禁止翻供证书 <贷款人签署有关欠款数额及利率的法律文件> certificate of estoppel
禁止反向交通流 closure to prevent reverse flow
禁止放牧 closure against grazing; exclusion of grazing
禁止飞行区 prohibited flight area
禁止概率 taboo probability
禁止干扰【计】inhibit noise
禁止各种车辆通行 closed to all vehicles
禁止过境交通标志 local traffic only sign
禁止航行区域 prohibited area
禁止呼入 incoming call barring
禁止黄金出口 embargo on the export of gold; gold embargo
禁止或限制标志 prohibitory and restrictive sign
禁止(货币)流通 demonetize
禁止机动车通行标志 motor vehicle prohibited sign
禁止交通 closed to traffic; prohibited to traffic; traffic prohibited
禁止进出口 embargo
禁止进口 ban on import; non-importation; prohibition of import
禁止进口货物 prohibited import articles
禁止进入区域 closed area
禁止开关 disable switch
禁止开矿地区 abandoned mining area
禁止扩散 non-proliferation
禁止令 injunction
禁止路边停车 curb parking taboo
禁止脉冲 disabling pulse; inhibit pulse
禁止锚泊标 anchor prohibited mark
禁止贸易 embargo
禁止门 except gate; inhibit gate; exclusion gate【计】
禁止鸣笛 no tooting
禁止挪拨基金 non-appropriation fund
禁止抛锚 anchorage-prohibited
禁止抛锚区 anchorage-prohibited area
禁止启动输入 inhibit enable input
禁止汽车通行 closed to car
禁止器 inhibiter[inhibitor]
禁止倾倒的物质 waste prohibited against dumping
禁止倾倒垃圾 commit no nuisance; prohibition of waste disposal
禁止区 exclusion area
禁止驱动器 inhibit driver
禁止缺页 disabled page fault
禁止绕阻 inhibit winding
禁止入内 no entrance
禁止入内的 out of bounds
禁止奢侈浪费的 sumptuary
禁止生产经营的食品 food prohibited for production and marketing
禁止使用起吊法 lifting method not to be used
禁止输出 output disable
禁止输入 inhibiting input
禁止输入端 inhibiting input
禁止数字 forbidden digit
禁止数字检查 forbidden digit check
禁止停车 no parking; parking ban; parking forbidden; parking prohibited; stop prohibition
禁止停车标牌 no-parking marker
禁止停车标志 no-parking marker; parking ban sign; standing and parking prohibited sign
禁止停车的道路 parking ban road
禁止停车路 parking ban road
禁止停车区 tow-away zone
禁止通车区 traffic-free area; traffic-free encave; traffic-free precinct
禁止通过 no thoroughfare
禁止通商 embargo; trade forbidden
禁止通行 closed to traffic; closing off; no thoroughfare; off-limit; passage prohibited; prohibited to traffic; stopping off; traffic prohibited
禁止通行标志 prohibition sign; road closed sign; traffic prohibited sign
禁止通行道路 prohibited road
禁止通行的 non-passing
禁止通行的载重汽车 off-highway truck
禁止通行路障 no-passing barrier
禁止通行区 prohibited pass area
禁止推翻契据 estoppel by deed
禁止推翻租借 lease by estoppel
禁止鸣笛 no horn
禁止吸烟(标志) no smoking
禁止显示 suppression
禁止线 inhibit line; inhibit wire
禁止向左转 left-turn ban
禁止信号 inhibit(ing) signal; locking signal
禁止行人通行 pedestrians prohibited

J

禁止性关税 prohibitive duty;prohibitive tariff
禁止性关税税则 prohibition tariff
禁止性进口税 prohibitive import duties
禁止性税收 prohibitive tax
禁止沿路缘石停车 curb parking taboo
禁止右转标志 no right turn sign
禁止右转弯 right-turn ban
禁止元件 inhibit element
禁止栽植 access prevention planting
禁止张网 no traps allowed
禁止直接交易 prohibition of direct transaction
禁止指令 inhibit command
禁止中断 disabled interruption;interrupt disable
禁止中断模块 disabled module
禁止驻车 parking prohibited
禁止转弯 turn-ban
禁止转弯标志 turn prohibition sign
禁止转向标志 turn prohibition sign
禁止组合 combination forbidden;forbidden combination
禁止组合数码 forbidden digit
禁止(左右)转弯标记 prohibitory turn marking
禁止左转标志 no left turn sign
禁止左转(弯)<道路标志> no left turn;left-hand turn prohibited
禁制令 injunction
禁制品 banned products;contraband
禁制因素 inhibitor
禁置位 inhibit set;set inhibit
禁阻电路 inhibit circuit

觐

觐见室 throne room

京

京 <计量单位> billion

京都协议书 Kyoto Protocol

经

经……渗透 leakage through

经办的主管部门 operating administration
经办合同公司 contracting agency
经办银行 managing bank
经保险公司认可的律师 approved attorney
经保养工作证实的 maintenance-proven
经编 warp knitting
经表面处理的颜料 finished pigment
经表面修整的圆钢 surface-conditioned round
经不起大风浪 make bad weather of it
经差 difference of longitude;longitude difference;meridian spacer;meridian spacing
经常安全浮动 always safely afloat
经常变化的多汊河流 ever changing braided river;ever changing braided stream
经常补助费 current subsidy;permanent subsidy
经常产生岩芯堵塞的 frequent core blocking
经常车轮荷载 prevailing wheel load
经常成本 standing cost
经常出没于 frequent
经常出现的风向 direction of prevailing wind
经常储备 current reserve;working stock
经常储备天数 days of normal stock
经常大修 general overhaul
经常调查 routing is investigation
经常调动工作者 job shopper
经常调换工作者 job shopper
经常订单 standing order
经常发生地震的 quake-prone
经常费(用) constant expenses;overhead cost;current expenditures;ordinary expenditures;overhead charges;overhead expenses;regular expenses;running cost;running expenses;standing expenses
经常费用单 standing expenses order
经常感潮滩地 normal tidal beach
经常供应 constant supply;regular supply
经常管理费用 overhead
经常国际交易 <即经常项目交易> current international transaction
经常检测 constant detection
经常检测制 constant detection system
经常检查 daily inspection;regular inspection;routine check;running check
经常教育统计资料 current school statistics
经常进款 ordinary receipts
经常开支 current expenditures;current expenses;overhead expenditures;running expenses
经常客流 commuter movement
经常库存 running stock
经常来往 commute
经常利益 ordinary profit
经常旅行路程 <美> commute
经常轮压 prevailing wheel load
经常能耗 regular energy consumption
经常啮合 <齿轮的> constant mesh
经常批量 regular lot
经常气候条件 prevailing weather condition
经常审计 continuous audit;repeating audit
经常收入 ordinary receipts;ordinary revenue
经常收入差额 currency account balance
经常收益率 current yield
经常收支 current balance
经常税 ordinary tax
经常损益 ordinary profit and loss
经常通知 keep one advised of
经常往来于两地间的人 commuter
经常违章者 persistent violator
经常维护 constant maintenance;current maintenance
经常维修 constant maintenance;current maintenance;maintenance overhaul;maintenance repair;permanent repair;routine maintenance;service repair
经常污雾笼罩的地方 smoggy bowl
经常无形项目 current invisible item
经常项目 current account;current item
经常项目差额 balance of current account;current balance
经常项目和长期资本往来的平衡 balance on current account and long-term capital
经常项目交易 current transaction
经常项目交易账户 current transaction account
经常项目平衡 balance on current account
经常项目平衡表 current account balance sheet
经常项目收支 balance of current account;balance on current account;current account margin
经常项目收支平衡 current balance of payments
经常性拨款 recurrent appropriation
经常性成本 recurrent cost
经常性费用 overhead charges;recurrent cost;recurrent expenditures
经常性分行服务 regular branch office service
经常性付款 current payment
经常性股息 regular dividend
经常性奖金 regular bonus
经常性开支 currency payment;current payment;overhead expenditures;recurrent cost
经常性排水 regular pit dewatering
经常性审计 recurring audit
经常性失业 chronic unemployment;long duration employment
经常性收入 regular income
经常性水质 conservative water quality
经常性损益 recurrent profit and loss
经常性调整 routine adjustment
经常性投入 current input
经常性挖泥 routine dredging
经常性往返出行 commuter trip
经常性维护 routine maintenance
经常性维修 maintenance overhaul;maintenance overhead;running maintenance
经常性卫生监督 regular sanitary supervision
经常性修理 current repair;running repair
经常性养护 constant maintenance;routine maintenance
经常性业务 current operation
经常性支出 current outlays;recurrent expenditures
经常性支付 current payment
经常性支付授权 standing order
经常性转移支付 current transfer
经常修理 running maintenance;running repair
经常修理费 current repair expenses
经常养护 constant maintenance
经常预算支出 above-the-line expenditures
经常肇事地点 high-accident location
经常支出 current expenditures;ordinary expenditures;recurrent expenditures
经常坐车往返 commute
经秤动 libration in longitude
经处理的 treated
经处理的环带 treated annulus;treated ring
经处理的金刚石 processed diamond
经处理的实木 improved solid wood
经处理的钻探泥浆 processed drilling fluid
经处理木材 treated wood
经处理水 treated water
经处理织物 finished fabric
经催化的集料 catalyzed aggregate
经催化的裂化 catalytic cracking
经得起 can afford to
经得起大风浪 make good weather of it
经得起海上风浪的 seakeeping
经得起碰撞事故的 <汽车> crash worthy
经得起损耗 heavy-duty
经得住风吹雨打 weatherability
经得住时间考验的 dateless
经典的严格性 classic(al) severity
经典的约束 classic(al) restraint
经典电动力学 classic(al) electrodynamics
经典方程 classic(al) equation
经典方法 classic(al) method;orthodox method
经典概度模型 classic(al) probability model
经典光学 classic(al) optics
经典回归模型 classic(al) regression model
经典积分 classic(al) integral
经典假设 classic(al) assumption
经典结果 classic(al) result
经典近似 classic(al) approximation
经典经济理论 classic(al) economic theory
经典控制 classic(al) control
经典理论 classic(al) theory
经典力学 classic(al) mechanics
经典流变体 classic(al) rheobody
经典流体力学 classic(al) fluid mechanics
经典热动力学 classic(al) thermodynamics
经典散射 classic(al) scattering
经典生物滤池 classic(al) biologic(al) filter
经典式烟雾 classic(al) smog
经典数学 classic(al) mathematics
经典数学分析 classic(al) mathematical analysis
经典体系 classic(al) formalism
经典天文学 classic(al) astronomy
经典统计法 classic(al) statistics
经典统计理论 classic(al) statistical theory
经典统计力学 classic(al) statistical mechanics
经典统计学 classic(al) statistics
经典途径 classic(al) pathway
经典网络理论 classic(al) network theory
经典问题 classic(al) problem
经典误差理论 classic(al) error theory
经典形式 classic(al) formalism
经典性条件反射 classic(al) conditioning
经典优选法 classic(al) optimization
经典振荡器 classic(al) oscillator
经典正态线性回归模型 classic(al) normal linear regression model
经典置信区间 classic(al) confidence interval
经典重力学模型 classic(al) gravitative model
经典子 classons
经电阻接地 resistance grounded
经度 degree of longitude;longitude
经度比例尺 longitude scale;scale of longitude
经度采用值 adopted longitude
经度测定 determination of longitude;longitude determination
经度差 deference of longitude;departure;longitude difference;difference of longitude
经度带 longitude zone;meridional zone
经度地带 longitude zone
经度法 longitude method
经度方程 longitude equation
经度分布 longitude distribution
经度分带 longitudinal zoning
经度观测 observation for longitude
经度起算点 origin of longitude
经度校正 longitude correction
经度圈 circle of longitude;longitude circle
经度误差 error in longitude;longitude error;longitudinal error
经度系数 longitude factor
经度线 line of longitude;meridian
经度相距 longitudinal extent
经度项 longitude term
经度效应 longitude effect

经度1分的长度 minute of standard length
经度因数 longitude factor
经度因素 <天球定位线上纬度每变动一分的经度变化> longitude factor
经度站 longitude station
经锻炼的 seasoned
经多次验证的 well-tried
经多滑轮的单根钢丝绳 multiple line
经法庭裁定后债权获得的财产留置权 after acquired property
经防渗处理的隧道环 treated annulus
经费 appropriation; current expenditures; expenditure; funds; outlay; spending
经费包干 contract for outlay
经费储备金 appropriation reserves
经费存款 expenditure fund deposit; expense fund deposit
经费分配 appropriation allotment; cost allocation; fund allocation
经费节减 curtailment of expenditures; expenditure reduction
经费结余 balance of appropriation
经费来源 ways and means
经费剩余 surplus fund
经费收支登记簿 register of expenses
经费说明 appropriation language
经费限额 expense quota
经费余绌 surplus or deficit of appropriation
经费余额 balance of appropriation
经费预算 appropriation budget
经费支出 appropriation expenditures
经费支出分类账 appropriation expenditures ledger
经费准备金 appropriations reserve
经费总账 expense ledger
经酚类化合物驯化的活性污泥 phenol acclimated activated sludge
经粉碎拌和的混合料 pulvimix(ing)
经风分选的材料 wind-sorted material
经风分选土壤 wind-sorted soil
经风雨剥蚀的 weather-beaten
经风雨吹打的 weather-beaten
经改进的设计 improved design
经改装的低污染车辆 retrofitted low-pollution vehicle
经盖公章 exemplification of probate
经干燥处理木材 dry stock
经干燥的木料 seasoned timber
经更改的票据 altered bill
经公证或核证的文件 attested documents
经公证人签章证明的汇票 notarized draft
经公证人证明的拒付 authenticated protest
经官方签署的契约 commissioner's deed
经管人 manager
经过沉淀处理的下水道污水 clarified sewage
经过处理的土 stabilised soil
经过处理的小区 treated plot
经过处理的油 treated oil
经过的触点 passing contact
经过的时间 elapsed time; time elapsed
经过地点 passing place
经过点 pass point
经过凋萎的青贮料 prewilted silage
经过煅烧的 annealed
经过反复试验后证明 well-tried
经过防护处理的轨枕 treated sleeper; treated tie
经过防护处理的木材 treated timber; treated wood
经过分类的废料 sorted scrap
经过海道 over the sea
经过荷载试验的设计 tested design
经过化学反应 after chemical reaction
经过回火的 tempered
经过回火硬度 tempering hardness
经过加工的燃料 prepared fuel
经过加工的石料砌体 dressed masonry
经过检查的数据 censored data
经过检定的 qualified
经过考验的企业 well-tempered enterprise
经过陆运 over the ground
经过排水的土壤 drained soil
经过票据所的票据交换总额 in clearing
经过确认具有束缚性的契约 firm contract
经过热处理的 heat-treated
经过时间考验的 time-tested
经过时间考验的产品 time-proven
经过谈判 by negotiations
经过贴现的应收期票 note receivable discounted
经过调节的空气 conditioned air
经过调节的流量 regulated discharge; regulated flow
经过调节的水位 regulated level
经过调整的翻转趋势 adjusted reverse trend
经过土壤稳固的路面 stabilized course
经过土壤稳固的跑道 stabilized course
经过研究讨论订出计划 thrash out plan
经过者 passer(-by)
经过整治的航道 rectified channel; regulated channel
经过整治的河槽 rectified channel; regulated channel
经过整治的河流 adjusted river; adjusted stream; regulated river; regulated stream
经过整治的水道 rectified channel; regulated channel
经过证明的副本 certified copy
经过装饰的柱子 column with cosmetic work
经海路运输 by sea
经核实的副本 verified copy
经核证的抄本 certified copy; verified copy
经核证转让 certified transfer
经核准的采种区 approved collection area
经互会 Council for Mutual Economic Assistance
经滑轮分为四股的缆索 four-part line
经会计师证明的财务报表 certified financial statement
经会计师证明的账目 certified account
经会计师证明的资产负债表 certified balance sheet
经惠贸易 reciprocal trade
经活性污泥法处理后的出水 activated sludge effluent
经机加工的表面 machined surface
经纪代理人 broker agent
经纪费 brokerage(charges); commission
经纪合同 contract of brokerage
经纪人 broker; business tout; commission agent; commission broker; jobber; mediator; middleman; operator; purchasing agent
经纪人酬金 courtesy to brokers
经纪人贷款 broker's loan
经纪人兼代理人 broker agent
经纪人留置权 broker's lien; lien of broker
经纪人契约 broker's contract note
经纪人商行 factoring firm
经纪人事务所 brokerage office
经纪人手续费 brokerage commission
经纪人通知书 broker's advice
经纪人许可证 pocket card
经纪人佣金 brokerage (commission); factoring commission
经纪人债券 broker's bond
经纪人助手 associate broker
经纪人装货收接单 broker's return
经纪商 broker's agency
经纪业 brokerage; commission agency
经纪业的 broking
经纪业务 commission trade
经纪租约 brokerage lease
经济安全 economic security
经济安全系数分析法 analysis method of economic safety coefficients
经济案件 economic case
经济坝高 economic dam height
经济坝址 viable site
经济搬运 economic haul
经济保护 economic conservation
经济保护主义 economic protectionism
经济保证 economic guarantee
经济报酬 economic returns
经济暴露 economic exposure
经济背景 economic background
经济崩溃 economic breakdown; economic bust
经济比较 comparative economy; economic comparison
经济比例 economics of scale
经济比例关系 economic proportional relation
经济(比例)失调 dislocation of economy
经济比例系数 economic scale factor
经济比率 <指钢筋混凝土中钢筋和混凝土的适当比率> economic ratio
经济贬值 economic depreciation
经济变动 economic change
经济变动性 economic mobility
经济变革 economic change
经济变量 economic variable
经济变数 economic variable
经济标准 economic criterion; economic yardstick
经济表现 economic indication
经济拨款 appropriation of economy
经济波动 economic fluctuation
经济剥采比 economic stripping ratio
经济补偿 economic compensation; financial compensation
经济补偿政策 economic offset policy
经济补助 economic grant
经济补助性 economic complementariness
经济不发达地区 economically underdeveloped area
经济不景气 economic depression
经济不平衡状态 economic imbalance
经济不稳定 economic uncertainty
经济不幸 economic misfortunes
经济部门 sector of economy; segment of the economy
经济财货 economic goods
经济财务处 economy and finance department
经济采购量 optimum order quantity
经济采购量决定法 economic order quantity method
经济采收率 economic recovery
经济参事 economic counselor
经济参数 economic parameter
经济参赞 economic counselor
经济参赞处 economic counselor's office
经济餐馆 cheap restaurant; harebell; hash house
经济餐厅 beanery
经济舱 coach class; economy class(room); tourist class
经济操作运行 economic operation
经济测量学 econometrics; econometry
经济差距 economic gap
经济差异 economic disparity
经济产量 economic output; economic yield
经济产品 economic product
经济阐述 economic interpretation
经济长期发展缓慢 chronic slow growth of economy
经济长周期论 economic long cycle theory
经济超级大国 economic super power
经济车速 economic speed
经济成本 economic cost
经济成长 economic growth
经济成长阶段论 theory of the stages of economic growth
经济成长率 economic growth rate
经济成长论 theory of economic growth
经济成分 economic sector; sector of economy
经济成果 economic gain
经济成就 economic performance
经济成熟度 economic maturity
经济成效 economic effect
经济城市 economic city
经济尺寸 economic size
经济尺度 economic size; efficient size
经济冲击 economic impact
经济冲突 economic conflict
经济冲突群 economic conflict groups
经济冲洗槽 economy sink unit
经济出路 economic opportunities for
经济出水量 <地下水的> economic yield
经济储量 economic reserve
经济纯利 economic rent
经济刺激 economic stimulus
经济大发展地区 growther
经济代理人 economic agent
经济带 economic belt
经济单位 economic unit
经济担保 financial security
经济的 economic; profit-proved
经济的拨款 appropriation of economy
经济的黑暗大陆 <指经济未开发的非洲> economy's dark continent
经济的混凝土 economic concrete
经济的解决方法 economic solution
经济的耐用年限 economic durable years
经济的抛泥区 economic deposit area; economic disposal area
经济的声热设计 economically sound thermal design
经济的使用期 economic durable years
经济的外律性 heteronomy of economics
经济的享受 economic pleasure
经济的异化 economic estrangement
经济的运距 economic hauling distance
经济的占用 appropriation of economy
经济的支付方法 economy's payments mechanism
经济的最优化 optimum of an economy
经济等级 economic rating
经济等级准则 economic ranking criteria
经济抵制 economic boycott
经济地理学 economic geography; geonomics
经济地使用 economic application
经济地图 economic map
经济地图集 economic atlas
经济地位 economic position; econom-

J

ic status
经济地质学 economic geology
经济地租 economic rent
经济递阶模型 economic hierarchical model
经济电流密度 economic current density
经济电阻 economy resistance
经济调查 economic investigation; economic research; economic survey
经济调度 economic despatching[dispatching]
经济调度控制 economic dispatch control
经济调研 economic research
经济订单数量 economic order(ing) quantity
经济订购(批)量 economic order(ing) quantity; economic purchasing quantity
经济订购批量模式 model of economic order quantity
经济订货量 economic order(ing) quantity
经济订货批量 economic order size
经济定购量 economic order(ing) quantity
经济定理 economic theorem
经济动机 economic motive
经济动力 economic motivation
经济动态 economic dynamics
经济动向调查指数 business survey index
经济动员 economic mobilization
经济断面 economic(cross-) section
经济多样化 diversification of economy
经济额定值 economic rating
经济二重性 economic dualism
经济发达国家 economically advanced country
经济发达区 developed area
经济发行 fiscal issuance
经济发展 development of economy; economic advance; economic development
经济发展的标兵 pace-setter for economic development
经济发展的过热症 overheat for economic development
经济发展规律 law of economic development
经济发展后劲 future economic development
经济发展会计 economic development accountancy
经济发展计划 economic development plan
经济发展阶段 stage of economic development; stages of economic growth
经济发展决定论 determination theory of economic development
经济发展论 theory of economic development
经济发展区 business development zone
经济发展趋势 economic trench
经济发展税 economic development levy
经济发展速度 rate of economic growth; economic growth rate
经济发展速度放慢 decelerating economic growth
经济发展学院 Economic Development Institute
经济发展预测 forecast economic development
经济发展战略 strategy of economy development
经济发展战略理论 theory on economic development strategy
经济发展指标 indicator of economic development
经济发展周期 economic development cycle
经济法 economic constitution
经济法典 economic code
经济法规 canon of economy; economic canon; economic law and regulation; economic legislation; economic status
经济法律 economic law
经济法调整对象 object of regulation of economic law; what economic law is to regulate
经济法则 economic criterion
经济繁荣 business prosperity; economic boom; economic prosperity
经济繁荣时期 boom period
经济繁荣与萧条的交替循环 boom and bust; boom and slump
经济方案 economic scheme; economic solution
经济方法 economic means
经济方法生产生石灰 economic production of quicklime
经济方面 economic aspect
经济方面的意见 economic advice
经济方针 economic guideline
经济防火理论 economic fire-control theory
经济房屋 tenement house
经济废弃 economic obsolescence
经济费用 <按影子价格计算的费用> economic cost
经济费用比较 economic cost comparison
经济分配 economic dispatch
经济分析 economic analysis
经济分析的误差 error in economic analysis
经济分析方法 method of economic analysis
经济分析和会计学派 economic analysis and accounting school
经济分析年限 analysis life of economy; economic analysis life
经济分析评价 economic analysis evaluation; economy study
经济分析中的假定 assumptions economic analysis
经济风速 economic air speed
经济风险 economic risk
经济封锁 economic blockade
经济福利 economic welfare; economic well-being
经济福利尺度 measure of economic welfare
经济福利量 measure of economic welfare
经济负担 economic load
经济负荷 economic load; most efficient load
经济负荷分配 economic load dispatching
经济负荷率 economic load ratio
经济负荷因素 economic load factor
经济负载 economic load; economy load
经济负载调度装置 economic load dispatcher
经济附庸 economic appendage
经济复苏 business recovery; business revival; economic recovery; economic resurgence; economic resuscitation; economic revitalization; pick-up
经济复兴 business revival; economic recovery; economic resurgence; economic rehabilitation
经济复原 economic recovery
经济腹地 economic hinterland
经济改革 economic reform
经济改正值 empiric(al) correction
经济改组 economic reorganization; economic restructuring
经济概况 economic profile
经济概念 economic sense
经济杠杆 economic lever
经济高度 economic depth; economic height
经济高涨 economic upswing
经济割据 economic separation
经济个体 economic unity
经济工况 efficient routine
经济工作者 economist
经济公开 accounts open to public
经济公寓 tenement(building); tenement house
经济公寓大楼 tenement block
经济功率 economic output; economic power
经济功能 economic function
经济共同体 economic community
经济购货量 economic purchase quantity
经济购货批量 economic order size
经济购入量 economic purchase quantity
经济估算 economic assessment
经济估值 economic evaluation
经济鼓励 economic incentive; economic stimulus
经济顾问 economic advisor
经济顾问会议 Council of Economic Adviser
经济关系 economic relation; economic relationship
经济观测 business measurement
经济观测指标 economic barometer
经济管径 <管道的> economic diameter of pipe; economic pipe size
经济管理 control of economy; economic management
经济管理的责任制 responsibility system in economy management
经济管理手段 economic management instrument
经济管制 economic regulation
经济规划 economic planning
经济规律 economic law
经济规模 economic scale; scale of economy
经济国际化 economic internationalization
经济过程 economic process
经济过剩 economic surplus
经济含钢率 balanced reinforcement; balanced steel ratio; economic percentage of steel; economic ratio of reinforcement
经济航道 economic channel; economic waterway
经济航速 economic speed
经济耗费 economic drain
经济耗竭 economic depletion
经济合理剥采比 break-even stripping ratio
经济合理性 economic advisability; economic feasibility; economic justification; economic rationality; economic reasonableness; economic viability
经济合理性研究 economic feasibility study
经济合理原则 principle of economic rationality; principle of rationalization in economy
经济合同 business contract; economic contract
经济合同的法律约束力 legal binding force of economic contract
经济合同法 economic contract law; law of economic contract
经济合同制 system of economic contract
经济合同仲裁 economic contract arbitration
经济合同仲裁委员会 Economic Contract Arbitration Committee
经济合作 economic collaboration; economic cooperation
经济合作和开发组织 <设在巴黎> Organization for Economic Cooperation and Development
经济合作与发展组织 Organization for Economic Cooperation and Development
经济合作制度 system of economic cooperation
经济合作组织 organization for economic cooperation
经济和地区分析 economic and sector analysis
经济和经营区平面图 plan of economic and use zones
经济和社会发展规划 economic and social development program(me)
经济和社会发展计划 economic and social development plan
经济和社会发展战略 economic and social development strategy
经济和社会决定因素 economic and social determinant
经济和社会利益 economic(returns) and social benefits
经济和社会效益论证 economic and social justification
经济核算 business accounting; economic accounting; economic calculation; economic evaluation; economic reckoning
经济核算成本 cost in economic accounting
经济核算单位 business accounting unit; economic accounting unit
经济核算队 economic calculation team
经济核算方法 method of economic calculation
经济核算基础工作 basic works of economic calculation
经济核算技术 economic evaluation technique
经济核算指标 economic accounting target
经济核算制(度) system of economic accounting; business accounting system; economic accounting system
经济荷载 economy load
经济荷载曲线 economy load curve
经济后果 economic consequence
经济厚度 economic thickness
经济互补 mutual complements in economy
经济互助理事会 Council for Mutual Economic Assistance
经济互助委员会 Council for Mutual Economic Assistance
经济划分 <用于财产增值的> economic division; economic lots
经济环境 economic environment
经济恢复 business pick-up; economic recovery; economic rehabilitation
经济回升 business upswing; business uptrend; business upturn
经济回收率 economic rate of return
经济混沌 economic chaos
经济混乱 economic dislocation

经济混凝土 econocrete
经济活动 economic activity
经济活动对环境的影响 environmental externalities of economic activities
经济活动分析 economic activity analysis
经济活动分析决策支持系统 economic activity analysis decision support system
经济活动机制 mechanism of economic activities
经济活动区域 economic sphere
经济活动人口 economic active population
经济活动总量 economic aggregate
经济活力 economic activity;economic viability
经济活跃 economic vitality
经济货物 economic goods
经济获益 financial gain
经济机构 economic agent; economic institution
经济机械钻速 economic machinery drilling speed
经济基础 economic base; economic basis; economic foundation; infrastructure of economy <各交通及电力设施等的>
经济基础乘数 economic base multiplier
经济基础设施 economic infrastructure
经济绩效指标 economic performance index
经济及财政趋势 economic and financial trend
经济及货币同盟 economic and monetary union
经(济及)社(会)理事会 <联合国机构> Economic and Social Council
经济级 economy grade
经济极限 economic limit
经济极限产量 economic limit rate
经济集结模型 aggregate model of the economy
经济集团 economic bloc; economic group
经济集团化 grouping and internationalization of the economy
经济集中制 economic concentration
经济计划 economic planning
经济计划管理 economic planning administration
经济计划会议 economic planning council
经济计划局 <英> Economic Planning Board
经济计量 economic measurement
经济计量对策模拟 econometric gaming
经济计量方法 econometric approach; econometric method
经济计量函数 econometric function
经济计量技术 econometric technique
经济计量模式 econometric model
经济计量模型 econometric model
经济计量模型的设定 specification of econometric model
经济计量模型的时间选择 timing in econometric model
经济计量模型的误用 falsification of econometric model
经济计量模型分析 econometric model analysis
经济计量模型建立技术 econometric modeling technique
经济计量模型结构形式的设定 specification of econometric model structural form
经济计量模型模拟 econometric model simulation
经济计量软件包 econometric software package
经济计量试验工作 econometric experimentation
经济计量统计推论 econometric statistical inference
经济计量系统 econometric system
经济计量学 econometrics
经济计量学方法论 econometric methodology
经济计量学家 econometrician
经济计量学术语 econometric jargon
经济计量研究的传统方法 orthodox approach in econometric research
经济计量研究方法 econometric research method
经济计量预测法 economic forecasting method
经济计量预测模型 econometric forecasting model
经济计量准则 econometric criterion [复 criteria]
经济计算 economic reckoning;economy calculation
经济计算表 economic sheet
经济计算论 theory of economic calculation
经济技术开发区 economic and technologic(al) development zone
经济技术系统 economic technical system
经济技术协作 economic and technical cooperation
经济技术指标 econo-technical index; econo-technical norm
经济价格 economic price
经济价值 commercial value;economic value;economic worth;monetary value
经济假设 economic hypothesis; economic postulate
经济监督 economic supervision
经济检验 economic test
经济建设 economic construction;economic development
经济建设地区 zone for economic activities
经济建设费 expenditures of economic construction
经济建设公债 economic construction bonds
经济建设潜力 economic creation potential
经济奖惩制 reward and punishment by economic means
经济交换部门 exchange sector
经济交易 economic transaction
经济阶层的形成 economic stratification
经济阶层结构模式 economic hierarchy scheme
经济接近性 economic proximity
经济拮据的 uptight
经济结构 economic structure
经济结构背景调查 background survey on economic structure
经济结构方程式 economic structural equation
经济结构学 structural economics
经济结果 economic consequence; economic issue;economic result
经济截面 <构件的> economic section
经济解法 economic solution
经济解释 economic interpretation
经济界 business career;business community; economic circle; economic community
经济界限 economic boundary
经济紧缩 economic austerity; economic contraction; economic retrenchment
经济紧缩方案 austerity program(me)
经济紧缩政策 business restraining policy
经济进步 economic progress
经济进步的最终渗透论 filter-down theory of economic progress
经济进展 economic advance
经济经营 economic management
经济经营中的本身利益 self-interest in economic management
经济景气 economic distress
经济警告指标 business warning indicator
经济净福利 net economic welfare
经济净现值 economic net present value
经济竞争 economic competition; economic rivalry;economic war(fare); white war
经济竞争法 economic competition act
经济纠纷案件 economic dispute case
经济局限性 economic limitation
经济距离 economic distance
经济决策 economic decision-making; economic policy-making
经济开采量 economic yield
经济开采期限 economic production life
经济开发 economic development
经济开发局 <美> Economic Development Administration
经济开发区 economic development zone
经济开发税 economic development levy
经济开挖 economic cut
经济考察 tour survey of economy
经济考虑 economic consideration
经济科学 economic science
经济可采储量 economic recoverable ore reserves
经济可能性 economic possibility
经济可行的 economically feasible
经济可行性 economic feasibility; economic viability
经济可行性分析 economic feasibility analysis
经济空间范围 spatial dimensions of economics
经济恐慌 business panics
经济控制 economic control
经济控制论 economic cybernetics
经济库容 <水库的> economic storage
经济跨度 <构件的> economic space; economic span(-length)
经济跨径 <构件的> economic span (-length)
经济宽裕 well-off;well-to-do
经济矿藏 economic ore
经济扩张 economic expansion
经济扩张动力 economic expansion incentives
经济扩张率 economic expansion rate
经济扩张政策 expansionary policy; expansionist policy
经济来源 exchequer
经济浪费 economic waste
经济类型的划分 classification of economic grouping
经济理论 economic theory
经济理论基础 underpinning in economic theory
经济理论与方法研究 economic theory and method research
经济力量 economic force
经济立法 economic legislation
经济利润 economic profit
经济利润标准 economic profitability criteria
经济利益 economic benefit;economic consideration;economic interest
经济利用 economic utilization
经济利用空间 economic of space
经济连续出力 economic continuous rating
经济连续性 economic continuity
经济联合 economic combination;economic complex;economic unity
经济联合优越性 advantage of economic integration
经济联盟 economic union
经济联系类型分析 linkage typology analysis
经济量 economic magnitude
经济量程 economic hauling distance
经济林 commercial forest; economic forest; economic trees; production forest
经济林木 tree of economic value
经济临界点分析法 analysis method of critical points in economy
经济流量 economic flow rate
经济流速 economic velocity
经济炉 economic stove
经济律 principle of economy
经济论证 economic argument; economic demonstration; economic justification
经济落后国家 backward country
经济满足 economic satisfaction
经济矛盾 economic conflict
经济贸易展览会 economic and trade exhibitions
经济密度 economic density
经济敏感性分析 economic sensitivity analysis
经济命脉 economic artery;economic lifeline
经济模式 economic model;economic pattern
经济模型法 econometric model method
经济模型分析 economic model analysis
经济模型结构 economic model construction
经济模型预测 economic model forecast
经济摩擦 economic friction
经济目标 economic ends; economic goal;economic objective;economic target;financial objective
经济内部回收率 economic internal rate of return
经济内部收益率 economic internal rate of return
经济内聚力 economic cohesion
经济能力 economic capability
经济年度 business year
经济年鉴 almanac of economy
经济年限 economic life
经济纽带 economic ties
经济赔偿 economic compensation;financial reimbursement
经济配筋率 economic ratio of reinforcement
经济喷口油道塞 economizer hopper passage plug
经济喷射器 <节煤省气的> economy jet
经济喷嘴 fuel and air restrictor
经济批量 economic batch quantity;economic lot size
经济批量方程 economic lot-size equation
经济批量公式 economic lot-size for-

mula
经济批量规模分析 economic lot-size analysis
经济批量决定法 economic batch determination
经济批量模型 economic lot-size model
经济平衡 economic balance;economic equilibrium
经济平均值 economic average
经济评估 economic assessment;economic evaluation
经济评估小组 panel for economic assessment
经济评价 business evaluation; economic appraisal; economic assessment;economic evaluation
经济评价方法 economic evaluation technique
经济评价模型 economic evaluation model
经济评论 economic review
经济坡度 <即道路最适宜的坡度> economic grade;economic gradient
经济破产对策 economic ruin game
经济剖析 economy anatomy
经济奇迹 economic wonder
经济起飞 economic take-off
经济起飞期 take-off period
经济汽化器 economic carburet(t)or
经济器 economizer
经济前景 economic outlook
经济前提 economic premise
经济潜力 economic potential
经济欠发达理论 theory of underdevelopment
经济墙 economy wall
经济情报 economic information; trade leads
经济情况 business picture;economic condition;economic feature
经济情况调查 needs test
经济情势 economic atmosphere;economic climate
经济情势观察指标 economic barometer
经济晴雨表 economic climate
经济区划 division of economic zones; economic zoning
经济区级 economic regional
经济区(域)economic area;economic region;economic zone
经济曲线 economic curve
经济趋势 economic trench
经济圈 economic circle
经济权益 economic rights and interests
经济群体 economic group
经济燃烧 economic combustion
经济热传导电阻 economic resistance of heat transfer
经济热阻 economic thermal resistance
经济人 economic man
经济人口统计模式 economic-demographic model(l)ing
经济商品 economic goods
经济上不合理 unreasonable economic action
经济上不合算项目 economically unsound project
经济上的标准 standard of economy
经济上的依附 economic parasitism
经济上合算 economically feasible
经济上可行的 economically feasible; economically practical
经济上可行的最佳技术 best available technology economically achievable
经济上可行性研究 economic feasibility study
经济上切实可行的 economically practical
经济上有开采价值的石油 economically recoverable oil
经济上有利的井 paying well
经济设计 economic design;economic study
经济社会学 economic sociology
经济社区 economic community
经济深度 economic depth
经济渗透 economic infiltration;economic penetration
经济生产 economic production
经济生产量 economic manufacturing quantity
经济生产率 economic productivity
经济生存能力 economic viability
经济生活 economic life
经济生命力 economic viability
经济剩余 economic surplus
经济失调 economic ailment;economic unequality; imbalance of economy
经济失衡 economic unequality
经济失控 runaway economy
经济时 daylight saving time
经济时间数列 economic time series
经济实惠 economic and practical
经济实绩 economic performance
经济实况 economic scene
经济实力 economic power;economic strength
经济实体 economic entity
经济实效指标 economic performance index
经济实用的 cost efficient
经济使用 economic use; utilize economically
经济使用年限 economic(service)life(time)
经济使用期限 economic lifetime
经济示范区 economic demonstration district
经济式船尾 economy flat plate stern
经济式锅炉 economic boiler
经济事态 economic event
经济事务 economic affairs
经济事务部 <英> Department of Economic Affairs
经济事业 economic establishment;economic undertaking
经济势能 economic capability
经济势头 economic momentum
经济试验 economic experiment
经济适度增长 appropriate speed for economic growth
经济收益 economic gain; economic returns
经济手段 economic means
经济寿命 <工程价值分析用> economic life(time)
经济寿命 economic life
经济寿命法 economic age-life method
经济寿命预测法 economic life cycle forecast method
经济输送法 economic dispatch
经济输送距离 economic transportability
经济数据 economic data
经济数量 economic magnitude;economic quantities
经济数量资料 quantified economic data
经济数学模型 mathematic(al) economic model
经济数学模型法 mathematic(al) economic model
经济衰退 business recession;business setback;economic decline;economic recession; economic slide; recession;economic obsolescence
经济水马力 economic hydraulic horse power
经济水深 economic depth range
经济水-油比 economic water-oil ratio
经济水资源规划 economic water resources planning
经济水资源规划模型 economic water resources planning model
经济司法 economic jurisdiction
经济速度 economic speed; economic velocity
经济速率 best speed;economic speed
经济损失 economic damage;economic lose
经济损益 economic gain or loss
经济索赔 financial claim
经济谈判 commercial negotiation
经济特点 economic trait
经济特区 economics zone;special economic zone
经济特性 economic character; economic performance
经济特许协议 economic concession
经济特征 economic characteristic
经济体系 economic system
经济体系的循环流动 circular flow of economic system
经济体系周流 circular flow of economic system
经济体制 economic setup;economic structure;economic system
经济体制改革 economic system reform
经济体制模式 economic structural mode
经济体制转机 economic structure shift
经济条件 economic condition
经济条件研究 investigation of economic condition
经济条件研究程度 investigation degree of economic conditions
经济调节机制 economic regulating mechanism; economic regulatory mechanism
经济调整 economic adjustment
经济停滞 business slack; business stagnation
经济统计学 economic statistics
经济统一 economic unity
经济统制 economic control
经济统制法 economic control law
经济统制政策 policy of economic control
经济投资 economic investment
经济推理 economic reasoning
经济退赔 return what one has unlawfully taken or pay compensation for it
经济挖泥航速 economic dredging speed
经济挖深 economic dredging depth
经济网 economic network
经济危机 economic crisis
经济危机的低谷 trough of depression
经济危机周期 economic crisis cycle; trade cycle
经济威胁 economic threat
经济萎缩 economic contraction
经济稳定 economic stabilization
经济稳定法 Economic Stabilization Act
经济稳定器 economic stabilizer
经济稳定性 economic stability
经济稳定政策 economic stabilization policy
经济问题 economic problem
经济污染阈值 economic pollution threshold
经济无增长 zero economic zone
经济物品 economic goods
经济物资 economic goods
经济系数 economic coefficient
经济系统 economic system
经济下降 economic downturn
经济下降趋势 economic downtrend
经济现实 economic reality
经济现象 economic phenomenon
经济现状 actual economic condition; economic phenomenon
经济限阈 economic threshold
经济限制 economic limit
经济消落高程 economic drawdown elevation
经济萧条 business depression; economic depression; inflationary recession
经济萧条区 distressed area
经济小吃店 hash house
经济效果 cost efficiency; economic effect; economic efficiency; economic gain;economic result
经济效果的评价标准 criterion for appraising economic results
经济效果的种类 type of economic results
经济效果分析 commercial efficiency analysis;cost-effectiveness analysis
经济效果评价 economy test
经济效果系数 coefficient of economic results
经济效果指标 economic benefit indicator;economic result indicators
经济效果指标体系 indicator system for economic results
经济效率 economic efficiency
经济效率研究计划 cost efficiency program(me);economic efficiency program(me)
经济效益 commercial efficiency;cost advantage of economics; economic benefit; economic efficiency; economic result
经济效益差 bad economic benefit
经济效益费用比 economic benefit cost ratio
经济效益分析 cost-benefit analysis; economic effectiveness analysis
经济效益好 yield good economic returns
经济效益、社会效益和环境效益的统一 harmony of economic returns and contribution to society and environmental protection
经济效益审计 audit of economic efficiency
经济效益提高率 increasing rate of economic effect
经济效益效应 economic effect
经济效益指标 cost-benefit indicator; economic benefit indicator
经济效益综合分析 overall analysis of economic benefits
经济效用 economic utility
经济效用降低 decline in economic usefulness
经济协调 economic coordination; economic harmony
经济协定 economic agreement
经济协会 economic associations
经济协作 economic cooperation
经济协作局 economic cooperation administration
经济协作区 economically coordinated region; economic coordination region
经济泄降高程 economic drawdown elevation
经济信号 economic signals
经济信赖率 economic dependency ratio

J

经济信息 economic information
经济兴旺 exhilaration
经济行为 economic behavio(u)r
经济形势 economic situation
经济形态 economic form; economic pattern
经济型评价法 economic-type appraisal method
经济型污水处理厂设计 economic design of wastewater treatment
经济型洗涤盆 popular sink unit
经济型油门操纵 economy treadle
经济性 economic efficiency; profitability; economy
经济性调查 profitability investigation
经济性工学 industrial economics
经济性决策 economic decision
经济性试验 economy test
经济性淘汰 economic obsolescence
经济性状 economic character
经济序列 economic series
经济学 economics
经济学的数学处理 mathematic(al) treatment of economics
经济学会 economic society
经济学家 economist
经济循环 business cycle; circular flow of economy; economic cycle
经济循环分析 business cycle analysis
经济循环图 economic circulative graph
经济压力 crunch; economic pressures
经济研究 economic research; economic study
经济研究所 institute of economics
经济研究中心 economic research center[centre]
经济扬程 economic head
经济业务 economic business; economic work
经济一体化 economic integration
经济依赖 economic dependence
经济意义 economic significance
经济因果律 economic causality
经济因素 economic factor; economics
经济应用 economic application
经济影响 economic impact
经济影响范围 economic sphere
经济影响分析 economic impact analysis
经济影响估计 economic impact evaluation
经济影响评估 economic impact evaluation
经济优化标准 economic optimization criterion[复 criteria]
经济优势 economic advantage; economic superiority; favo(u)rable economic condition
经济与人口预测技术 economic and population forecasting technique
经济与人口资料要目 inventories of economic activity and population
经济预报 economic prediction
经济预测 economic forecast(ing); economic prediction
经济预测中的倾向性 bias in economic prediction
经济原则 economic principle
经济援助 economic aid
经济援助项目 economic assistance project
经济远景 economic perspective
经济约束 economic constraint
经济月质学 economic selenology
经济运动 economic movement mechanism
经济运动的统一性 unity of economic movement
经济运距 economic haul; profitable haul
经济运距范围 limit of economic haul
经济运距限度 limit of economic haul
经济运输距离 economic hauling distance
经济运行 economy operation
经济运行机制 economic movement mechanism; economic operational mechanism; operational mechanism of economy
经济运行模式 economic operation model
经济运行效率 efficiency of economic operations
经济运转 economic running
经济藻类 economic algae
经济择伐 economic selection cutting
经济责任 economic accountability; economic responsibility
经济责任制 economic responsibility system
经济增长 economic growth
经济增长的传递 transmission of economic growth
经济增长基金 funds for economic growth
经济增长率 economic growth rate
经济增长论 economic growth theory
经济增长停滞 zero economic growth
经济增长系数 economic growth factor
经济增殖率 economic multiplier
经济展望 business outlook; economic outlook
经济占用 appropriation of economy
经济战 economic war(fare)
经济战略 economic strategy
经济战略目标系统 economic strategy goal system
经济战术 economic tactic
经济账户 economic account
经济折旧 economic depreciation
经济哲学 economic philosophy
经济振兴 economic prosperity
经济振兴时期 new period of vigorous economic growth
经济蒸发量 economic evaporation
经济整合 economic integration
经济政策 economic policy
经济政策保险 economic policy insurance
经济政策分析 economic policy analysis
经济政策理论 theory of economic policy
经济支援 economic support
经济支柱 pillar of economy
经济直径 economic diameter
经济职能 economic function
经济植物 economic plant
经济指标 economic guideline; economic index; economic indicator; economic norms; economic parameter; economy index
经济指标表 table of economic indicators
经济指标单一化 unitarization of economic indicators
经济指标体系 economic target system
经济指数 economic index(number); economic indicator
经济至上者 economizer
经济制裁 economic sanction
经济制度 economic system
经济制高点 commanding heights of economy
经济制图 economic mapping
经济制约 economic constraint
经济秩序 economic order
经济中的公营成分 public sector of the economy
经济中心 economic center[centre]
经济中心城市 city as an economic center[centre]
经济仲裁 economic arbitration
经济重建 economic reconstitution
经济重建和调整 economic reconstruction and readjustment
经济重要性 economic significance
经济周期 business cycle; economic cycle
经济周期波动 economic cyclical changes
经济周期波动论 business fluctuation theory
经济周期反常现象 cyclically perverse
经济周期分析 business cycle analysis
经济周期理论 economic cycle theory
经济周期模型 business cycle model
经济周期心理学 psychological theory of business cycle
经济周期信用论 credit theory of business cycle
经济周期预测晴雨表 barometer of business cycle forecasting
经济周期最高点 cyclic(al) peak
经济主义 economism
经济专区 exclusive economic zone
经济专员 economic attaché
经济砖 economy brick
经济状况 business situation; pecuniary condition
经济状况的变化 behavio(u)r of the economy
经济状况统计 business statistics
经济状态 economic picture; economic scene; state of economy
经济准则 economic criterion
经济准则系统 economic-criterion system
经济资产 economic assets
经济资料 economic data
经济资源 economic resources
经济资源保护 economic conservation
经济资源最优利用 best use of economic resources
经济自行增长 independent economic growth
经济自由 economic freedom
经济自由化 liberalization of economy
经济自由主义 economic liberalism
经济自足 economic self-sufficiency
经济综合发展 comprehensive development of economy
经济综合体 economic complex
经济总动员 economic mobilization
经济租金 economic rent
经济组织 economic entity; economic organization
经济组织的类型 type of economic organization
经济组织合理化 economic organization rationalization
经济组织结构 economic organization structure
经济组织种类 kind of economic organization
经济钻速 overall drilling speed
经济最低层 underclass
经济作物 cash crop; economic crop; industrial crop; manufacturing crop; money crop
经济座位 <火车、轮船、飞机等的> tourist class
经加固大梁 stiffened girder
经加压处理的木材 pressure-treated wood
经检查不合格材料 unqualified material
经检定产品清单 qualified products list
经检验定出的产量 tested capacity
经建筑处理的蓄水池 castellum
经浸渍的膨胀软木砖 impregnated expanded cork brick
经久的 long standing; non-ag(e)ing; time-proof
经久耐用 wear well
经久耐用的 long life
经久耐用的产品 long lived product
经久试验 ag(e)ing test
经久性 durability
经久性徐变 durability creep
经久硬化 age hardening; ag(e)ing hardening
经距 difference of longitude; longitude difference
经空气传播 air-borne transmission
经空气传播的疾病 air-borne disease
经空气调节的空间 air-conditioned space
经理 boss; chief manager; executive; intendant; manager
经理处 bond(ing) agent
经理船舶业务的船东 managing owner
经理负责制 manager responsibility system
经理人 intendant; syndic
经理人员集体审定法 jury of executive opinion method
经理商 dealer
经理商及代理商贷款 broker and dealer loans
经理室 manager's room
经理账簿 running the books
经理助理 assistant manager
经理自主权限 manager's discretionary limits
经历 background; career; experience; undergo
经历过的 experienced
经历寄存器 history register
经历时间 elapsed time standard
经历时限标准 runoff
经历最大洪水 maximum experienced flood
经沥青处理的板条 asphalt-impregnated strip
经沥青处理的封口绳 asphalt-impregnated sealing rope
经沥青处理的嵌缝绳 asphalt-impregnated sealing rope
经流时间 flow-through period; follow-through period
经贸信息管理系统 economic and commercial data bank
经面缎纹织物 warp satin
经面纹木材 felt wood
经磨的 wearable
经批准的方法 approved method
经批准的规则 approved rule
经签证的船员名册 certified crew list
经签证的转让 certified transfer
经轻爆破的 lightly-blasted
经清毒的房间 <供实验用的> clean room
经圈 meridian longitude
经圈面【天】 meridian plane; meridional plane
经认可的方法 approved method
经认可的规则 approved rule
经纱双股扭织法 leno weave
经商 trade
经上级认可 with approval of authority
经审定的财务报表 certified statement
经审定控制的物资 authorized controlled material
经慎重考虑的 well-weighed

J

经石灰作用的树脂 limed rosin
经时老化稳定性 ag(e)ing stability
经时硬化 age hardening
经手传播 transmission by hand
经手费用 handling charges
经受不住大风浪的船 fair weather ship
经受风雨损耗 weather-beaten
经受腐蚀的容器 vessels subjected to corrosion
经受试验 put to test
经受压力突然波动的开孔 openings subjected to rapid pressure
经售 commission sale;selling
经授权代表 authorized representative
经树脂处理的锚栓 resin anchored bar
经树脂处理的木材 resin-treated wood
经双方同意的 consensual
经水传播 water-borne transmission
经水传播的疾病 water-borne disease
经丝筛 harp type screen
经堂 Buddhist scripture hall;scripture hall
经条灯芯绒 Bedford cord
经同意 by agreement
经土壤传播 soil-borne transmission
经土壤传播的疾病 soil-borne disease
经纬测角仪 pantometer; theodolite goniometer
经纬测量 rectangular survey(ing)
经纬度 geodetic position; geographic(al) coordinates; geographic(al) location; longitude and altitude
经纬度编号法 geographic(al) mesh numbering
经纬度定位 fix by bearings
经纬度格 trapeze
经纬度格网 latitude longitude grid; lattice
经纬度水准器 Horrebow level
经纬度网格 geographic(al) mesh; graticule
经纬度原点 origin of longitude and latitude; standard datum of geographic coordinates
经纬度重复测定法 repeated theodolite survey
经纬度坐标 coordinates of latitude and longitude
经纬滑动 slippage
经纬距 latitude and departure; plane rectangular coordinates
经纬密度 thread count
经纬水准两用仪 convertible transit level
经纬水准仪 convertible transit level; theodolite level; transit level
经纬缩率差 off-square
经纬网 earth's graticule; fictitious graticule; geographic(al) graticule; geographic (al) mesh; graticule (line); graticule of meridians and parallels; grid of parallels and meridians; latitude longitude grid; Wulff net
经纬网交点 graticule intersection
经纬网交会 graticule intersection
经纬网延伸短线 graticule tick
经纬线 <地图上的> quadrillage
经纬线分幅 longitude-latitude division
经纬线浮点 raiser
经纬线网 geographic(al) net; grade grid; graphic (al) graticule grid; graticule net
经纬仪 altometer; surveyor's transit; survey transit; theodolite; transit; transit instrument; transit theodolite
经纬仪参考测站 reference transit station
经纬仪参考勘测站 reference transit station
经纬仪测绘法 mapping method with transit; method of transit mapping
经纬仪测量 theodolite survey(ing); transit survey
经纬仪测量队 transit party
经纬仪测量手簿 theodolite note; transit note
经纬仪测量员 theodolite man; transit man
经纬仪测图 topographic(al) mapping with transit
经纬仪测图外业手簿 transit note
经纬仪测站 transit point; transit station
经纬仪垂直轴 inner center[centre]
经纬仪导线 theodolite line; theodolite polygon; theodolite traverse; transit polygon; transit traverse; transit line
经纬仪导线点 theodolite traverse point; transit traverse point; transit traverse station
经纬仪导线站 theodolite traverse station; transit traverse station
经纬仪底脚调整螺钉 foot screw; level(l)ing screw
经纬仪读数 theodolite reading
经纬仪墩座 theodolite pier
经纬仪观测站 theodolite station
经纬仪和视距尺测量 transit-and-stadia survey
经纬仪检测 test of theodolite
经纬仪检验 test of transit; test of theodolite
经纬仪检验与校正 test and adjustment of theodolite
经纬仪交会法 intersection by theodolite method
经纬仪交会法测量观测手簿 transit intersection field book
经纬仪校正 theodolite adjustment
经纬仪镜内视距线 stadia hairs
经纬仪罗盘 theodolite compass; transit compass
经纬仪倾角法 tilting method with transit
经纬仪三角测量 theodolite triangulation
经纬仪三角高程测量 theodolite trigonometric level(l)ing; transit trigonometric level(l)ing
经纬仪三角基座 theodolite tribrach; transit tribrach
经纬仪上盘 upper circle; vernier circle; vernier circle of theodolite
经纬仪十字线 hairline
经纬仪式磁偏计 transit declinometer
经纬仪视距测量 stadia theodolite survey; stadia transit survey; tach(e)ometric(al) theodolite survey; tach(e)ometric(al) transit survey
经纬仪视距导线 theodolite stadia traverse; transit stadia traverse
经纬仪视距法 transit stadia method
经纬仪手簿 transit note
经纬仪竖直角 hollow center[centre]
经纬仪水平轴 transverse axis of theodolite; trunnion axis of theodolite
经纬仪水准法 level(l)ing with theodolite
经纬仪水准器 plate bubble
经纬仪投点法 method of transit projection
经纬仪望远镜 theodolite telescope
经纬仪望远镜位置 face of theodolite
经纬仪衔接器 theodolite adapter
经纬仪向右观测 face right
经纬仪向左观测 face left
经纬仪延长短线 graticule tick
经纬仪游标 transit vernier
经纬仪组 transit party
经稳定处理的道路 stabilized road
经系统规划的人行道 systematically laid-out pedestrian street
经线 departure line; longitude; longitudinal fiber[fibre]; meridian(line)
经线尺度 meridional scale
经线方向应力 meridian stress
经线间距 meridional interval
经线跨度 longitudinal extent
经线纤维 meridional fibers
经线型 meridional type
经线延长线 meridian extension
经线仪 chronometer
经线应力 meridian stress
经向暗条 radial filament
经向的 meridional
经向分带性 longitudinal zoning
经向风 meridional wind
经向构造体系 meridional structural system; meridional tectonic system
经向环流 meridional cell; meridional circulation
经向环流指数 meridional index of circulation
经向力 meridional force
经向气流 meridional flow
经向切线 meridional tangent
经向输送 meridional transport
经向梯度 longitudinal gradient; meridional gradient
经向凸条织物 Bedford cord
经向应力 meridian stress; meridional stress
经向应力的合力 meridional stress resultant
经向正切 meridional tangent
经消毒污水 disinfected sewage
经销 commission sale; distribution
经销成本 cost of marketing
经销处 agency
经销合同 distributor contract
经销经理 distribution manager
经销利润 distributive profit
经销利润率 distributor's profit margin
经销企业 distributing business
经销契约 distributorship agreement
经销权 franchise
经销权转让 assignment of marketing right
经销商 dealer; distributor; manufacturer's agent
经销商存货 distributor's stock
经销商利润赚头 distributor's profit margin
经销商询价 distributor inquiries
经销商折扣 distributor discount
经销商执照 dealer's license
经销协定 agreement to sell
经销协议 distributorship agreement
经销(行)业 distributive trade
经销学 marketing
经修整的树形 hewn foliage
经严格试验的 high test
经验 experience; know-how; taste
经验贝叶斯估计量 empiric(al) Bayes' estimator
经验贝叶斯过程 empiric(al) Bayes' procedure
经验背景 background of experience
经验比较 empiric(al) comparison
经验标准偏差 empiric(al) standard deviation
经验材料 empiric(al) material
经验参数 empiric(al) parameter
经验产量 empiric(al) production rate
经验常量 empiric(al) constant
经验常识 common sense
经验常数 empiric(al) constant
经验单位 regnancy
经验的 a posteriori; empiric(al); experimental
经验的正确性 empiric(al) validity
经验的阻碍作用 proactive inhibition
经验点据 empiric(al) point data
经验调查 experience survey
经验订货量 intuitive order quantity
经验定额 empiric(al) norm; experience rating
经验定量方法 empiric(al) quantitative approach
经验定律 empiric(al) law
经验定向 empiric(al) orientation
经验定则 empiric(al) rule
经验对比常数 empiric(al) correlating constant
经验法 empiric(al) procedure; thumb rule
经验法则 empiric(al) rule; rule-of-thumb
经验方差 empiric(al) variance
经验方程模型 experimental equation model
经验方程式 empiric(al) equation
经验方法 empiric(al) method; rule-of-thumb; empirical process
经验费率 experience rating
经验分布 empiric(al) distribution
经验分布函数 empiric(al) distribution function
经验分析 empiric(al) analysis
经验丰富的 experienced; veteran
经验丰富的投机商 wolf
经验符号论 empirio-symbolism
经验符合 empiric(al) fit
经验概括化 empiric(al) generalization
经验概率 empiric(al) probability
经验干燥方程 empiric(al) drying equation
经验工作法 <由经验中得出的粗糙方法> rule-of-thumb method
经验公式 empiric(al) formula; experimental formula; experiment formula; rule-of-thumb
经验估工法 estimation method of man-hours by experience; experience-based estimation of work hours
经验估计 estimation by experience; estimation by rule of thumb
经验估计法 rule-of-thumb method
经验估计模式 model of estimated experience
经验关系曲线 empiric(al) relation curve; empiric(al) relationship
经验关系式 empiric(al) correlation; empiric(al) relation(ship)
经验观测值 empiric(al) observation
经验观察技术 empiric(al)-observational technique
经验管理学派 empiric(al) school of management; experience school of management thought
经验规律 empiric(al) rule
经验规律性 empiric(al) regularity
经验规则 thumb rule
经验函数发生器 empiric(al) function generator
经验厚度 empiric(al) thickness
经验回归关系 empiric(al) regression relationship
经验机率 empiric(al) probability
经验积累 background of experience

经验假定 empiric(al) assumption
经验假设 empiric(al) assumption; empiric(al) hypothesis
经验检验 empiric(al) test
经验交流 exchange of experience; open house
经验教训 object lesson
经验解 empiric(al) solution
经验经济计量学 empiric(al) econometrics
经验科学 empiric(al) science
经验可靠性 dependability of experience
经验累积分布函数 empiric(al) cumulative distribution function
经验理性的变革策略 empiric(al)-rational change strategy
经验论 empiricism
经验模式 empiric(al) mode
经验模型 empiric(al) model
经验拟合 empiric(al) fit
经验拟合常数 empiric(al) fit constant
经验判别函数 empiric(al) discriminate function
经验配比法 arbitrary proportion method; proportioning by arbitrary; proportioning by assignment
经验配合 arbitrary proportioning; empiric(al) proportioning
经验配合比 arbitrary proportion; empiric(al) proportion; proportioning by experience
经验配合比法 empiric(al) proportioning
经验配合法 <未经预先试验> proportioning by arbitrary assignment; arbitrary proportion method; proportioning by arbitrary; proportioning by assignment
经验配料(比) empiric(al) proportioning
经验配料法 proportioning by assignment
经验批判主义 empirio-criticism
经验频率 empiric(al) frequency
经验频率分布 observed frequency distribution
经验频率曲线 experimental frequency curve
经验平均值 empiric(al) average; empiric(al) mean
经验评价 empiric(al) evaluation
经验曲线 empiric(al) curve
经验取值法 method of experimental value
经验认定法 judgemental identification
经验设计 empiric(al) design; experimental design
经验试验 empiric(al) experiment
经验收获表 empiric(al) yield table
经验数据 empiric(al) data; experimental data
经验数列 empiric(al) series
经验数值 empiric(al) value; experimental value
经验税率 experience rating
经验死亡率 experience mortality
经验算法 empiric(al) algorithm
经验体积比 <混凝土等的> arbitrary proportion
经验统计 empiric(al) statistics
经验统计定额 empiric(al) statistic-(al) rate
经验统计分析法 empiric(al) statistics analysis method
经验推论模型 <道路交通噪声推算的> empirically derived model
经验网格剩余系统 empiric(al) grid residual system
经验温度剖面 empiric(al) temperature profile
经验吸附等温线 empiric(al) isotherm
经验系数 empiric(al) coefficient; empiric(al) factor; experience factor
经验显著性水平 empiric(al) significance level
经验心理学 empiric(al) psychology
经验信息背景 background of information
经验性规律 empiric(al) law; empiric(al) regularity
经验性资料 empiric(al) documentation
经验修正系数 empiric(al) correction factor
经验修正因数 empiric(al) correction factor
经验需求函数 empiric(al) demand function
经验学派 empiric(al) school
经验样本平均值 empiric(al) sample mean
经验一元论 empirio-monism
经验预报 experimental forecast
经验预测法 empiric(al) prediction method
经验运筹学 empirically based operations research
经验正交函数 empiric(al) orthogonal function
经验证部件 proven component
经验证的签名 certified signature
经验之塔 cone of experience
经验知识 empiric(al) information
经验直观解释法 experience object interpretation
经验值 empiric(al) value
经验指数 empiric(al) index number
经验指数递减曲线 empiric(al) exponential decline curve
经验质量公式 empiric(al) mass formula
经验众数 empiric(al) mode
经验重现期 experimental reoccurrence period
经验主义 empiricism
经验主义的 empiric(al)
经验主义管理学派 empiric(al) management school
经验专家 experienced expert
经验资料 empiric(al) data; empiric(al) documentation
经养护硬化的混凝土 matured concrete
经业主批准使用 contingency allowance
经营 administration; engage; handle; management; operate; prosecute; run; carry on
经营办法 operation twist
经营报表 operating statement
经营报告 operational report
经营比率 operating ratio
经营比赛 management game
经营部分股票 dabble in stocks
经营部位 running a position
经营才干 management competence
经营才能 administrative ability
经营参与 management participation
经营策略 business strategy; management tactics
经营差异津贴 operating differential subsidy
经营成本 operational cost; rolling capital; operating cost; running cost
经营成本比较表 comparative statement of operation cost
经营成本管理 operational cost control
经营成本模型 operating cost model
经营成本制度 operation cost system
经营成果 business result; performance
经营成果报表 records of performance
经营成果分析 business result analysis
经营成果概念 result of operation concept
经营成果指标 economic performance indicators; measuring rod of economic performance
经营成绩 business performance
经营成绩管理会计 performance accounting
经营成绩评价 performance evaluation
经营成效 management performance
经营承包责任制 contractual management responsibility system
经营出租房屋业务 rent house management
经营纯损额 net operating loss
经营纯益额 net operating earning
经营从事 prosecute
经营粗放 poor management
经营措施 operational plan(ning)
经营措施等级 treatment class
经营代理商 management agent
经营单位 units in operation
经营单位获利能力 profitability of operating units
经营道德 business ethics
经营的 operating
经营的独立性 operating autonomy
经营的改善 improvement of business operation
经营低档商品增加销售量 trading down
经营调查 management review
经营动机 business motive
经营对策 operation gaming
经营多样化 business diversification; diversification
经营多样化指数 diversity index
经营法典 code of conduct
经营法则 working rule
经营范围 business scope; scope of business; scope of operation
经营方法 method of operation
经营方法改变 operation twist
经营方式 modes of business operation; type of operation
经营方向 direction of management
经营方针 management principle; operational policy
经营费率 operating expense ratio
经营费(用) business expenses; cost of operation; operating cost; operating expenses; operational expenditures; operation cost; working cost; working expenditures; working expenses
经营费用预算 operating expense budget
经营分析 business analysis; operation analysis
经营分析人员 business analyst
经营风险 business risk; operating risk
经营改善运动 management improvement
经营杠杆率 operating gearing
经营杠杆作用 operating leverage
经营高档商品提高利润率 trading up
经营工程学 administrative engineering; industrial engineering
经营估价 appraisal of business
经营股份 management shares
经营顾问 management consultant
经营关闭时的不变成本 fixed cost when business shut down
经营管理 business management; management and operation; management control; operating management; operation and management
经营管理不善 faulty operation and management
经营管理策略 business game
经营管理费用 operating expenses
经营管理改善 administrative improvement
经营管理工程学 industrial engineering; management engineering
经营管理合理化 managerial and operational rationalization
经营管理会计 administrative account(ing)
经营管理教育 business education
经营管理科学 management science
经营管理控制 management control
经营管理理论 classic(al) organization theory; management theory
经营管理理论学派 operational theory school
经营管理培训 management training
经营管理权 business management rights; management and administrative rights
经营管理人才 managerial and administrative personnel
经营管理人员 managerial force
经营管理审计 administrative audit
经营管理水平 managerial and administrative expertise
经营管理松弛 lax business management
经营管理系统 management information system
经营管理系统工程 management system engineering
经营管理效率 management efficiency
经营管理学 management science
经营管理研究 management study
经营管理研究院 academy of management
经营管理业务 management service
经营管理政策 administration policy
经营管理制度 management operating system
经营管理周期 management cycle
经营管理自动化 business automation
经营管理自主权 decision-making power in operation and management
经营惯例 business practice
经营规划 business plan
经营规划系统 administrative planning system
经营规模 scale of operation
经营规则 standing rule
经营规章 operating rule
经营合伙人 managing partner
经营合理化 business rationalization
经营合同 management contract; operating agreement
经营核算 business accounting
经营环境 business environment; condition of business; management environment
经营会计 performance accounting
经营会计分析制 operational accounting and analysis system
经营活动 business operation; operating activity
经营活动分析 business analysis
经营活动流程 stream of business activity
经营或连续投机 pyramid
经营机构 operating agency; operating unit
经营机制改革 reforming the methods of operation
经营计划 operational game; opera-

tional plan (ning); operational scheme; operation schedule; operation schematization
经营计划方案 operating program(me)
经营计划系统 operation planning system
经营记录 <房地产开发商的> track record
经营价值 going concern value; going value
经营建筑业者 builder
经营疆域 business boundaries
经营交易 business dealing
经营进出口业务的权力 right to handle imports and exports
经营经济 operating economy
经营经济学 business economics; managerial economics
经营经济学家 business economist
经营净收入 net income from operations
经营决策 business policy-making; managerial decision-making; operating decision; operation decision-making; operative decision
经营科学 business science; management science
经营控制 operational control
经营利率 business interest rate
经营利润 operating profit
经营良好 well-manage
经营流程图 operation flow chart
经营流动资金 working capital
经营毛利 currency margin
经营贸易 business transaction
经营目标 objective; operating objective
经营目的 purpose of operation
经营内容 scope of operation
经营能力 managed capacity cost; managerial competence; operational capacity
经营农业 agricultural operation
经营评价 business valuation
经营期 operating period
经营期间 operating cycle period
经营企业 business enterprise; operation of business
经营情报 management information
经营情报系统 management information system
经营情报系统计算机 management information system computer
经营情况 business circumstance; industrial performance; operating condition
经营情况表 operating statement
经营情况分析 analysis of the affairs of business
经营情况预测 business forecast(ing)
经营趋势 business trend
经营全部业务 full-service
经营全面业务的银行 all-purpose bank
经营权 management power; management right; right of management
经营人模型 managerial man model
经营商业 doing business
经营设施 <属于租户的> trade fixture
经营审计 managerial audit
经营失败 bankruptcy; bust
经营实绩 actual performance of a company
经营实力 business capacity
经营事务 business affairs
经营收费 operating charges
经营收入 opening revenue; operating income; operational earning
经营手则 operating rule
经营思想 ideas about business operation; management thought
经营损失 operating loss
经营所得税 business income tax
经营特点 operating characteristic
经营特权价值 franchise value
经营特性曲线 operating characteristic curve
经营特许权 franchise
经营条件 operating condition
经营统计 operating statistics
经营外汇业务 engage in all kinds of foreign exchange operations
经营危机 business crisis
经营位置 operation location
经营现金收入 cash provided by operations
经营项目 current account
经营萧条 business depression
经营小组 managing team
经营效果 efficient performance
经营效果研究计划 cost-effectiveness program(me)
经营效率 business efficiency; management efficiency; managerial efficiency
经营效能 operating effectiveness
经营协议 management agreement
经营心理学 managerial psychology
经营信贷 handle credit
经营信心 business confidence
经营性净资产 operating net assets
经营性控股公司 operating holding company
经营性资产收益率 rate of returns of operating assets
经营性资金容量 management funds volume
经营性租赁 operating lease
经营许可证 business certificate
经营学 business science; marketing
经营循环 cycle of operation
经营研究 business studies
经营业务 business events; current operation
经营意识 sense of business
经营盈利额 management profit charges
经营盈利增长率 increasing rate of management profit
经营用计算机 business computer
经营预测与目标规划 operation forecasting and object programming
经营预算 operating budget
经营原则 business principle
经营运输保险业务 underwrite transportation insurance
经营责任制 responsibility system for operation
经营战略 business strategy; management strategy
经营哲学 business philosophy
经营者 manager; proprietor
经营诊断 management consulting
经营政策 business policy; operational policy
经营支出 operating expenses
经营职能 operation function
经营职业介绍所 employment agent
经营指标 business indicator
经营指导 business consulting; business guide
经营质量管理(法) management quality control
经营中的不变成本 fixed cost when operating
经营中断保险 business interruption insurance
经营周期 earning cycle; operating cycle; period of operating cycle
经营专门化 management specialization
经营转换机制改革 mechanism conversion reform in management
经营转移(模式) operate-transfer
经营状况 management condition; operating status; state of operation
经营资本 functioning capital
经营资本的财务杠杆作用 operating leverage
经营资本利益率 operating earnings rate
经营资本周转率 turnover of total operation assets
经营资产总额周转率 turnover of total operation assets
经营资金 business fund; operating fund; rolling capital
经营自动化 business automation
经营自主权 autonomy in management
经营综合报告 executive summary
经营组织 operation schedule; operation schematization; operation scheme
经由错误径路的车辆 misrouted car
经由错误径路的货车 wrongly routed wagon
经由错误径路的一批货物 diverted consignment; wrongly routed consignment
经由的铁路 following railway; railway used
经由海路 by sea
经由空运 carriage by air
经由铁路 by rail
经由铁路运输 carriage by rail
经有关当局批准 with approval of authority
经雨淋日晒的干草 weathered hay
经斩琢的方石 hewn natural stone
经斩琢的石块 hewn natural stone
经蒸汽处理过的梧桐木 weathered sycamore
经整治航道 improved channel
经整治河槽 improved channel
经整治水道 improved channel
经正式核证的副本 duly certified copy
经证实可靠性 proven reliability
经指定外汇银行认可 approval by an authorized foreign exchange bank
经制成拒绝证书汇票 bill duly protested
经重新研磨的 reground
经轴 warper's beam
经轴烘燥机 beam drying machine
经轴架 creel
经轴颈 warping creel
经装饰的 ornamented
经装饰过的顶棚 decorated ceiling
经装饰过的门 decorated door
经装饰过的天花板 decorated ceiling
经装修的门框 door casing
经钻井标定的构造层分析 analysis of structural layers demarcated by well data

茎

茎的 cauline

茎梗饰【建】stalk
茎尖 stem apex
茎流 stem flow
茎上生的 <尤指茎的上部> cauline
茎叶切碎机 haulm pulverizer
茎叶切碎抛送机 chaff cutter thrower
茎叶切碎器 haulm cutter
茎叶箱 top hopper
茎叶植物 cormophyte
茎轴系统 shoot system

荆

荆笆墙 wattle and da(u)b

荆棘 bramble; thisltes and throns; thorns; thorny under-growth
荆棘挡栅 <除荆机的或除根耙上缘的> brush rack
荆棘地 landes
荆棘篱 thorn hedge
荆条 twigs of the chaste tree
荆条拖耙 brush harrow

惊

惊恐反应 alarm response

惊鸟器 bird spike
惊人的成就 starting achievement
惊人的进展 <科技等方面的> break-through
惊涛骇浪 fierce and frightening storm; frightful billows and terrible waves; tempestuous storm
惊险游乐场 adventure playground

晶

晶棒 crystal-bar

晶孢 space unit
晶胞 unit cell
晶胞参数 cell parameter
晶胞大小 unit cell dimension
晶胞聚结 cell coalescence
晶胞取向不同的国际符号 international symbol of other orientation
晶胞体积 <矿物的> volume state
晶胞中分子数计算 molecular number in the unit cell
晶边 crystal edge
晶变结构 transcrystallization structure
晶标轴率 parametral ratio
晶玻屑凝灰结构 crystal-vitric tuffaceous texture
晶玻屑凝灰岩 crystal-vitric tuff
晶场 crystal field
晶场参数 crystal field parameter
晶场光谱 crystal field spectrum
晶场理论 crystal field theory
晶畴 crystal domain; domain
晶簇【地】vug; clusters of crystal; crystal druse; druse; geode
晶簇油苗 liquid oil in vug
晶簇状 drusy
晶簇状包壳 drusy coating
晶簇状构造 drusy structure
晶簇状胶结物结构 drusy cement texture
晶带 crystal zone; zone of faces
晶带电子衍射图 crystal zone electron diffraction pattern
晶带定律 zone law
晶带符号 zone symbol
晶带面 zone face; zone plane
晶带曲线 zonal curve
晶带圈 zone circle
晶带束 zone bundle
晶带消光角法 zone extinction angle method
晶带轴 zone axis
晶锭 crystal ingot
晶锭修整 ingot cropping
晶洞 bugi hole; druse; drusy cavity; geode; miarolitic cavity; voog
晶洞构造 miarophitic structure
晶洞花岗岩 miarolyte
晶洞状的 miarolitic
晶发 trichite
晶杆 belonite
晶格 crystal grating; crystal lattice; lattice(beam)
晶格波 lattice wave
晶格不对称 crystal lattice asymmetry
晶格参量 lattice parameter
晶格参数 lattice parameter
晶格掺杂 doping

晶格常数 lattice constant
晶格弛豫 lattice relaxation
晶格错位缺陷 lattice dislocation defect
晶格的原子排列(紧)密度 compactness of the crystal lattice
晶格等球形晶胞 sphericized lattice cell
晶格点 lattice-site
晶格电荷 lattice charge
晶格发射 lattice emission
晶格分辨率 lattice resolution
晶格腐蚀 intergranular corrosion
晶格共振 lattice resonance
晶格构造 lattice structure; lattice work
晶格光学 lattice optics
晶格恒量 grating constant
晶格畸变 distortion in the crystal lattice; distortion of lattice
晶格极化 lattice polarization
晶格间距 lattice distance
晶格键 lattice bond
晶格结点 lattice point
晶格结构 lattice structure
晶格结构破坏 lattice disturbance
晶格结合 lattice binding
晶格紧密度 lattice tightness
晶格紧密性 compactness of crystal lattice
晶格距离 lattice spacing
晶格空胞 open position
晶格空缺 lattice vacancy
晶格类型 type of crystal lattice
晶格滤波器 crystal lattice filter
晶格面 plane of lattice
晶格模型 crystal model
晶格内部 intracell
晶格内的空位 lattice vacancy
晶格内空穴 vacant lattice site
晶格能 lattice energy
晶格能量密度 crystal lattice energy density
晶格配位数 lattice coordination number
晶格膨胀 lattice dilatation
晶格膨胀效应 effect of lattice dilatation
晶格匹配 lattice matching
晶格平衡位置 equilibrium lattice position
晶格平面 lattice plane
晶格平移矢量 lattice translation vector
晶格平移向量 lattice translation vector
晶格破坏退火 annealing of lattice disturbance
晶格缺陷 lattice defect; lattice imperfection
晶格缺陷散射 lattice defect scattering
晶格扰动 lattice disturbance
晶格散射 lattice scattering
晶格水 lattice water
晶格顺服 lattice compliance
晶格位错 lattice dislocation
晶格位移 lattice displacement
晶格吸收 lattice absorption
晶格型滤波器 lattice-type filter
晶格颜料 mixed metal oxide pigment
晶格应变 lattice strain
晶格杂质 lattice impurity
晶格振动 lattice vibration
晶格振动量子 lattice vibration quantum
晶格之内 intracell
晶格中节点间隙 interstitial position
晶格中空位 vacant lattice position
晶格转变点 lattice transformation point
晶格自扩散 lattice self-diffusion
晶函 crystal mount
晶核 crystallization center [centre]; crystal nucleus; nuclei of crystallization; nucleus [复 nuclei/nucleuses]; nucleus of crystal
晶核玻璃 host glass
晶核材料 host material
晶核化 germination
晶核化温度 germinative temperature
晶核生长 nucleus growth
晶核生成作用 nucleus formation
晶核形成 nucleation
晶核中心 germ nucleus
晶核籽 grain of crystallization
晶后变形 post-crystalline deformation
晶后的 post-crystalline
晶化 crystallization; crystallizing; blooming <防腐盐类在木材表面结晶>
晶化试验 crystallization test
晶架 mask pattern
晶架变形 lattice deformation
晶架单位 lattice unit
晶架方位 lattice orientation
晶架群 space group
晶间边界 grain to grain boundary
晶间脆裂 cleavage brittleness
晶间脆性 cleavage brittleness
晶间的 intercrystalline; intragranular
晶间断裂 intercrystalline fracture
晶间腐蚀 intercrystalline corrosion; intergranular attack; intergranular corrosion
晶间腐蚀试验 Huey test
晶间间距 intergranular space
晶间开裂 corrosion crack(ing)
晶间孔隙 intercrystalline pore
晶间裂纹 intercrystalline crack
晶间偏析 intercrystalline segregation
晶间破坏 intercrystalline failure
晶间侵蚀 intercrystalline attack; intercrystalline corrosion
晶间溶孔 intercrystalline dissolution pore
晶间石墨 Etype graphite
晶间势垒 intercrystalline barrier
晶间缩孔 micropipe
晶间岩 miarolithite
晶间应力 intergranular stress
晶碱 crystal carbonate; washing soda
晶界 crystal boundary; grain boundary
晶界的 intergranular
晶界断口 intergranular fracture
晶界断裂 intercrystalline cracking; intercrystalline failure
晶界分离 grain-boundary separation
晶界腐蚀 crystal boundary corrosion; grain-boundary corrosion
晶界共晶体 coring; grain-boundary eutectic
晶界滑动 grain-boundary sliding
晶界裂纹 grain-boundary crack
晶界流变 grain-boundary flow
晶界匹配度 matching at the boundary
晶界偏析 grain-boundary segregation
晶界破坏 intercrystalline failure
晶界迁移 crystal boundary migration
晶界强度 grain-boundary strength
晶界区 grain-boundary area
晶界弱化 grain-boundary weakness
晶界疏松 grain-boundary crack
晶界网状组织 veining
晶界形状 grain-boundary shape
晶孔 geode
晶控发射机 crystal-controlled transmitter
晶控振荡器 crystal-controlled oscillator
晶控直流伺服电动机 crystal-controlled dc servomotor
晶蜡石 hartite
晶蓝 royal blue
晶蓝颜料 royal blue pigment
晶类 crystal class
晶棱 crystal edge
晶棱成核 edge nucleation
晶棱定向 edge orientation
晶粒 crystal grain; crystalline grain; crystallite; grain
晶粒边界 grain boundary
晶粒边界滑移 grain-boundary slip
晶粒边界扩散系数 diffusion coefficient of grain boundary
晶粒边界面 grain-boundary plane
晶粒变粗 grain coarsening
晶粒冰 granular ice
晶粒玻璃 ambetti
晶粒长大 crystal grain growth; grain growth
晶粒长大抑制 grain growth inhibition
晶粒沉淀物 grain precipitate
晶粒弛豫 grain relaxation
晶粒持续生长 continuous grain growth
晶粒尺寸 grain-size
晶粒粗化 grain growth coarsening
晶粒错位 misplaced size
晶粒大小 grain-size
晶粒定向的 grain-oriented
晶粒度 grain-size
晶粒断口 crystalline grain fracture
晶粒断裂 smooth fracture
晶粒锻压纯化 hammer refining
晶粒对比 grain contrast
晶粒反常长大 abnormal grain growth
晶粒范围 grain colony
晶粒方位 grain arrangement
晶粒腐蚀 grain attack
晶粒构造 grain structure
晶粒滑移线 flow line
晶粒畸形长大现象 germination
晶粒间脆性 intercrystalline brittleness
晶粒间的 intercrystalline; intergranular
晶粒间的强度 boundary strength
晶粒间腐蚀 intergranular corrosion
晶粒间界 crystal boundary; grain boundary
晶粒间界淀积 grain-boundary precipitation
晶粒间界开裂 grain-boundary cracking
晶粒间界扩散 grain-boundary diffusion
晶粒间界能 grain-boundary energy
晶粒间界迁动 grain-boundary migration
晶粒间界运动 grain-boundary movement
晶粒间破坏 intergranular failure
晶粒间应力 Heyn stress
晶粒结构 crystalline texture; grain arrangement
晶粒界 boundary or grain
晶粒聚集体 crystallite aggregate
晶粒扩展 grain propagation
晶粒粒度控制 grain-size control
晶粒流动 grain flow
晶粒流线 grain flow line
晶粒密度 grain density
晶粒内 intragranular
晶粒内断裂 intracrystalline fracture; intracrystalline rupture
晶粒配位数 grain co-ordination number
晶粒取向 grain orientation
晶粒取向钢 grain-oriented steel
晶粒取向硅钢 grain-oriented silicon-iron
晶粒取向合金 grain-oriented alloy
晶粒生长 grain growth
晶粒石 hartite
晶粒石膏 granular crystalline gypsum
晶粒碎裂 grain fragmentation
晶粒团 grain colony
晶粒徙动 grain migration
晶粒细化 grain refinement; grain refining
晶粒细(化程)度 fineness of grain
晶粒细化剂 grain refiner
晶粒细化热处理 slack quench(ing)
晶粒细化温度 refining temperature
晶粒细化孕育剂 grain refining inoculant
晶粒线向 grain flow
晶粒形成 grain formation
晶粒形状 grain shape
晶粒氧化 grain oxidation
晶粒硬化 grain hardening
晶粒噪声 grain noise
晶粒之间 intergranule
晶粒装饰玻璃 ambetti
晶粒自发长大 spontaneous grain growth
晶粒组成 grain composition
晶裂 gas crazing
晶面 crystal face; crystallographic(al) plane; crystal plane; face of crystal; lattice plane
晶面表示法 crystallographic(al) notation
晶面长大组织 planar growth structure
晶面多重性因数 planar multiplicity factor
晶面符号 crystal(face) symbol; symbol of crystal face
晶面花纹 arabesquitics of crystal face
晶面间的 interplanar
晶面间距 interfacial spacing; interplanar distance
晶面角 interfacial angle
晶面距离 grating space; interplanar crystal spacing
晶面螺纹 thread of crystal face
晶面因数 planar factor
晶面指数 indices of crystal face; indices of crystallographic plane
晶内 intracrystalline; transgranular
晶内核状偏析组织 cored structure
晶内滑移 intragrain slip
晶内流变 intracrystalline flow
晶内扭折 intracrystal kink
晶内偏析 coring; coring segregation
晶囊 crystal sac
晶泡 lattice cell; lattice unit
晶胚 incipient crystal
晶片 crystal plate; crystal wafer; pellet; wafer
晶片堆 <用于换能器> crystal stock
晶片分布控制器 chip handler
晶片加工 wafer process
晶片检测器 wafer prober
晶片矩阵 wafer matrix
晶片开关 wafer switch
晶片试验 wafer test
晶片探测器 wafer prober
晶片图 wafer map
晶频控制装置 crystal frequency control unit
晶前变形 precrystalline deformation
晶球 geode
晶区 crystalline region
晶群 crystal group
晶熔发光 lyo-luminescence
晶砂 crystal sand
晶石 derbyshire spar; spar

J

晶石大理石 sparry limestone
晶石的 sparry
晶石粉 spar flour;spar powder
晶石粉尘 spar dust
晶石粉末 powdered spar
晶态 crystalline state
晶态各向异性 crystalline anisotropy
晶态陶瓷 crystalline ceramics
晶体 crystal(body)
晶体 X 轴线 electric(al)axis
晶体白云石 crystallized dolomite
晶体保护器 crystal shutter
晶体倍频器 crystal frequency multiplier
晶体变频器 crystal converter
晶体变频指示器 crystal frequency indicator
晶体标志发生器 crystal marker oscillator
晶体标志振荡器 crystal marker oscillator
晶体表面 crystal surface; plane of crystal
晶体表面积 crystal surface area
晶体并合 cementation;cementing
晶体玻璃 crystal(sheet)glass
晶体不对称 crystal asymmetry
晶体不完整 crystal imperfection
晶体材料 crystalline material
晶体测角仪 crystal goniometer
晶体测角仪器 instruments of crystal goniometry
晶体测量基本数据 elementary date of crystal goniometry
晶体测试设备 crystal test set
晶体常数 axial element; crystal constant
晶体场 crystal field;crystalline field
晶体场分裂 crystal field splitting
晶体场(理)论 crystal field theory
晶体场稳定化能 crystal field stabilization energy
晶体场效应 crystal field effects
晶体成长 crystal growth
晶体传导计数管 crystal conduction counter
晶体传感器 crystal probe
晶体传声器 crystal microphone; piezoelectric(al)microphone
晶体磁控管 madistor
晶体磁学 crystallomagnetism
晶体存储器 crystal storage
晶体错位 crystal dislocation
晶体单色器 crystal monochromator
晶体导电 crystal conduction
晶体的 crystalloid
晶体的 X 射线分析 X-ray crystallography
晶体的二色效应 crystalline dichroic effect
晶体的几何要素 geometric(al)element of crystal
晶体的结晶程度 crystallinity of crystal
晶体的解理面 crystalline cleavage plane
晶体的块结 caking of crystals
晶体的天然色痕 epimorph
晶体的原子结构 atom structure of crystal
晶(体的)轴(线)测定 axonometry
晶体点阵 crystal lattice
晶体点阵不对称性 crystal lattice asymmetry
晶体点阵理论 crystal lattice theory
晶体点阵能量密度 crystal lattice energy density
晶体点阵缺陷 crystalline imperfection
晶体电流 crystal current
晶体电致伸缩 crystal electrostriction
晶体定时器 quartz-timer
晶体定向 crystal orientation
晶体断口 crystalline break
晶体断裂 crystalline fracture
晶体断裂面 cleavage plane
晶体断面 crystal section
晶体堆 crystal stock
晶体对称分类 classification of crystal symmetry
晶体对称性 crystal symmetry
晶体对称要素 symmetry element of crystal
晶体二级管低噪声微波放大器 < 其中的一种 > reactatron
晶体二极管 crystal diode; semi-conductor diode
晶体二极管功率计 crystal diode power meter
晶体二极管整流器 crystal rectifier
晶体发光 crystalloluminescence
晶体发送器 crystal sender
晶体法 crystal method;Laue's method
晶体反射 crystal reflection
晶体反射膜 reflective crystal coating
晶体反射器 crystal reflector
晶体方位 grain arrangement
晶体放大系数 crystal gain
晶体分光仪 crystal spectrometer
晶体分析 crystal analysis
晶体粉末法 crystal powdered method
晶体符合线路 crystal gate
晶体复合物 crystalline complex
晶体割截器 crystal cutter
晶体格构 crystal lattice
晶体各向异性 crystal anisotropy
晶体各向异性常数 crystal anisotropy constant
晶体功率管 power transistor
晶体构造 crystal(line)structure
晶体管测试仪 transistor tester
晶体惯态 crystal habit;normal habit
晶体光电池 crystal photoelectric cell
晶体光电元件 crystal photoelement
晶体光率计法 crystal indicatrix meter method
晶体光谱计 crystal spectrometer
晶体光谱学 crystal spectroscopy
晶体光学 crystal optics
晶体光学缺陷 optic(al)defects of crystals
晶体光栅 crystal grating
晶体光轴 optic(al)axis of crystal
晶体光轴定向器 crystal orientation device
晶体光轴定向仪 crystal orientator
晶体光轴同心圆观测器 conoscope
晶体硅 crystalline silicon
晶体盒 crystal cartridge;crystal cell; crystal holder
晶体恒温器 crystal oven
晶体厚度 crystal thickness
晶体滑动 crystal gliding
晶体滑移 crystal slip
晶体化 crystallization
晶体化学 crystal chemistry
晶体话筒 crystal microphone
晶体换能器 crystal transducer
晶体换能头 crystal cartridge
晶体恢复 crystal restoration
晶体混波腔 crystal mixing chamber
晶体混合物 mixed crystal
晶体混频辐射计 crystal mixer radiometer
晶体混频器 crystal mixer
晶体混频腔 crystal mixing chamber
晶体活动性 crystal activity
晶体基(本)频(率)crystal fundamental frequency
晶体基本性质 basic property of crystal
晶体基质材料 crystalline host material
晶体基质点阵 crystalline host lattice
晶体激光器 crystal laser
晶体激光损伤 laser damage of crystal
晶体激活材料 crystal active material
晶体激励 crystal drive
晶体激振器 crystal exciter
晶体计数管 crystal counter
晶体计数器 crystal counter
晶体间架 crystal skeleton
晶体检波部分 crystal block section
晶体检波伏特计 crystal voltmeter
晶体检波接收机 crystal set
晶体检波器 crystal detector; crystal rectifier; natural detector; natural rectifier
晶体检波器保护器 crystal rectifier shutter
晶体检波器电桥 crystal rectifier bridge
晶体检定 crystal checked
晶体检流计 crystal galvanometer
晶体检验器 crystal checker
晶体键联 crystal binding
晶体胶结 caking of crystals
晶体角 crystal angle
晶体校准器 crystal calibrator
晶体接收机 crystal radio;crystal set
晶体接收机成套零件 crystal kit
晶体节理 cleavage
晶体结构 crystalline structure;crystal structure; crystal texture; lattice structure
晶体结构测定法 crystal structure determination
晶体结构对称要素 symmetry element of crystal structure
晶体结构分析 crystal structure analysis
晶体结构分析程序包 crystal structure analysis package
晶体结晶器 crystal crystallizer
晶体截割器 crystal cutting
晶体截面 crystal section
晶体截片 crystal cut
晶体界面角测量器 goniometer
晶体局部位错 partial dislocation of crystal
晶体开关 crystal switch
晶体开裂 crystal cleavage
晶体可劈性 divisibility
晶体刻纹头 crystal cutter
晶体空间光栅 crystal space grating
晶体空位 lattice vacancy
晶体控制 crystal control
晶体控制变频器 crystal-controlled converter
晶体控制的 crystal-controlled
晶体控制的信号 crystal-controlled signal
晶体控制接收机 crystal-controlled receiver
晶体控制振荡器 crystal-controlled oscillator;piezoelectric(al)oscillator
晶体(拉制)机 crystal pulling machine
晶体两极管 diode
晶体裂断状 crystal fracture type; crystal rupture type
晶体炉 crystal oven
晶体滤波器 crystal filter;crystal wave filter
晶体脉塞 crystal maser
晶体密封继电器 crystal can relay
晶体内的侵蚀 intracrystalline corrosion
晶体内侵蚀 intracrystalline attack
晶体排列 alignment of crystal
晶体培养 crystal bring-up
晶体坯 crystal blank
晶体匹配 crystal matching
晶体片 crystal wafer
晶体片支架 quartz plate holder
晶体频率指示器 crystal frequency indicator
晶体切割 quartz cutting
晶体切割机 crystal cutting machine; crystal edging machine
晶体切片 crystal cut
晶体切片机 crystal slicing machine
晶体球粒 spherulite
晶体取向接长 epitaxy
晶体缺陷 crystal defect; crystalline defect; imperfection of crystal; crystalline imperfection
晶体绕射图 crystallogram
晶体溶液 crystalloid solution
晶体三极管 crystal triode; triode transistor
晶体闪烁计数器 crystal scintillation counter
晶体闪烁体 scintillation crystal
晶体射频探头 crystal reflective frequency probe
晶体渗透压 crystalloid osmotic pressure;crystal osmotic pressure
晶体生长 crystal growing; crystal growth;growth of crystal
晶体生长段 crystal growing section
晶体生长法 crystal growth method
晶体生长器 crystal grower
晶体生长条件 condition of crystal growth
晶体生长要素 element of crystal growth
晶体拾音器 crystal pickup;piezoelectric(al)pick-up
晶体拾音系统 crystal pickup system
晶体示波器 piezoelectric(al)oscillograph
晶体势垒 crystal barrier
晶体视频接收机 crystal video receiver
晶体视频探测器 crystal video detector
晶体收集器 batea
晶体水溶性 crystalline water-soluble
晶体水声器 crystal hydrophone
晶体四极管 tetrode transistor
晶体送受话器 piezophony
晶体探测器 crystal counter; crystal detector
晶体探头 crystal probe
晶体提拉法 crystal pulling
晶体提拉机 drawing machine for quartz
晶体调谐器 crystal tuner
晶体调制器 crystal modulator
晶体投影 crystal projection
晶体透明度 crystal clarity
晶体图案 crystal pattern
晶体外形 crystal boundary
晶体完整程度 perfection of crystals
晶体完整性 crystal perfection
晶体位错 crystal dislocation
晶体稳定 crystal checked
晶体稳定的频率 crystal-controlled frequency
晶体稳定发射机 crystal stabilized transmitter
晶体稳频发射机 crystal-controlled transmitter
晶体稳频接收机 crystal-controlled receiver
晶体五极管 pentode transistor
晶体物理 crystallophy
晶体物理学 crystallophysics; crystal physics
晶体物质 crystalline solid
晶体习性 crystal habit
晶体镶嵌结构 mosaic structure
晶体谐波发生器 crystal harmonic generator
晶体谐振器 crystal resonator; quartz resonator

晶体形成 yielding of crystals
晶体形态学 crystal morphology
晶体学 crystallography;crystallology
晶体学平面 crystallographic(al) plane
晶体衍射 crystal diffraction
晶体衍射图 crystallogram
晶体液体对 crystal-liquid pair
晶体印痕 crystal imprint
晶体印模 crystal cast
晶体增益 crystal gain
晶体闸 crystal shutter
晶体照片 crystallogram
晶体照相术 crystallography
晶体折射计 crystal refractometer
晶体折射镜 crystal refractoscope
晶体振荡检波器 crystadyne
晶体振荡器 crystal oscillator;piezoelectric(al) oscillator;piezooscillator
晶体振子 quartz crystal unit
晶体振子电感常数 inductance constant of crystal unit
晶体整流器 crystal rectifier
晶体整流式谐波发生器 crystal-rectifier harmonic generator
晶体整流系数 crystal ratio
晶体支架 crystal cartridge
晶体指示开关 crystal marker switch
晶体指示器 quartz indicator
晶体致单色化辐射 crystal monochromatized radiation
晶体中心 germ nucleus
晶体钟 crystal clock;crystal electric(al) clock;crystalline clock
晶(体)轴 crystal axis
晶体主控振荡器 quartz master oscillator
晶体装置 crystal unit
晶体状 lenticular
晶体着色 colo(u)ring of crystal
晶体阻抗计 crystal impedance meter
晶体组织 crystal texture
晶头 crystal-tipped
晶团 colony
晶团显微组织 colony microstructure
晶纹 gas checking
晶纹磁漆 crystal enamel
晶纹花 frosting
晶纹面饰 crystallizing finish
晶纹油 frosting oil
晶纹(罩面)漆 crystallizing finish
晶系 crystallization system;crystal system;syngony;system of crystals
晶系测定 crystallographic(al) system determination
晶系的种类 kind of crystal system
晶隙【地】drusy cavity
晶腺 geode
晶霰 labile shower
晶相 crystal phase
晶向 crystal orientation
晶向指数 orientation index
晶屑 crystal fragment
晶屑凝灰熔岩 crystal tuff lava
晶屑凝灰岩 crystalloclastic tuff;crystal tuff
晶屑砂状结构 crystalloclastic psammitic texture
晶屑岩 crystallinoclastic rock
晶形 crystal(line) form;crystal(line) phase;crystal(line) shape
晶型转变热 heat of transformation
晶性 crystallinity
晶须 crystal whisker;whisker
晶须工艺学 whisker technology
晶须化 whiskerizing
晶须柱 whisker column
晶须装置 catwhisker set
晶穴 bug hole
晶芽 embryo
晶岩屑凝灰岩 crystal-lithic tuff
晶岩屑砂状结构 crystal-lithic psammitic texture
晶样体 crystalloid body
晶域 domain
晶缘 crystal edge
晶闸管开关电容器 thyristor-switched capacitor
晶胀现象 puffing
晶针 crystal needle
晶枝 dendrite arm
晶枝间隙 dentrite arm spacing
晶质 crystalloid
晶质玻璃 barium flint glass;crystal(sheet) glass
晶质的 crystalline
晶质集合体 crystalline aggregate
晶质开关 wafer switch
晶质鳞片状石墨矿床 crystalline flaky graphite deposit
晶质石墨矿石 crystalline graphite ore
晶质塑性 crystal plasticity
晶质碎屑 crystallinoclastic
晶质岩 crystal(line) rock
晶质铀矿 uraninite
晶蛭石 <高岭石与伊利石的混合> leverrierite
晶种 crystal seed;inoculating crystal;inoculating seed;seed crystal;seed particle
晶种法 seeding method
晶种粒度 seed size
晶种粒度范围 limit of seed size
晶粥 crystal mush
晶轴 axis[复 axes];crystalloaxis;crystallographic(al) axis
晶轴测定 axonometry
晶轴角 crystal axial angle
晶轴面 crystal axial plane
晶轴线 crystal axial line;crystal axis
晶状 crystal form;crystalline
晶状的 crystalline
晶状断口 crystalline fracture
晶状固相 crystalline solid phase
晶状路线算法 crystal-router algorithm
晶状石英 crystalline quartz
晶状水合物 crystallohydrate
晶状体 crystalline humor;crystalline lens
晶状体凹 lens pit
晶状体板 lens plate
晶状体半径 radius of lens
晶状体测光计 ophthalmophacometer
晶状体辐射线 radii lenti
晶状体核 lens nucleus;nucleus lentis
晶状体环 lens loop
晶状体屈光计 ophthalmophacometer
晶状体微粒 lens particles
晶状体异常 lens abnormality
晶状体轴 axis lentis;axis of lens
晶子 crystallite;matted crystal;micell(e)[复 micellae];seed crystal【化】;graining of crystallization
晶紫 crystal violet
晶族 crystal group;point group

腈 acid nitrile

腈分解菌 nitril-attack bacteria
腈-酚醛橡胶 nitrile-phenolic rubber
腈硅橡胶 nitrile silicone rubber
腈基丁二烯橡胶 nitrile-butadiene rubber
腈胶 nitrile glue
腈类 nitriles
腈纶 acrylic fiber[fibre];orlon;polyacrylonitrile fiber[fibre]
腈纶地毯 acrylic fiber carpet
腈树脂 nitrile resin
腈肟磷 phoxim
腈橡胶 nitrile rubber
腈橡胶胶水 nitrile rubber glue
腈橡胶乳 nitrile rubber latex
腈橡胶粘剂 nitrile rubber adhesive

精氨酸【化】arginine

精胺 diaminopropyl tetramethylene diamine
精拔钢 bright-drawn steel
精拔拉模 finishing die
精白蜡 refined white paraffin wax
精泵 sperm pump
精彩部分 highlight
精彩纹理面 highlighting
精测 fine measurement
精测岸线 surveyed coastline
精测尺 fine measuring scale
精测法 intensive method;intensive survey method
精测高温计 micropyrometer
精测海图 well surveyed chart
精测结果 fine measurement
精测雷达 <帮助着陆装置> precision approach radar
精测流体压力计 micromanometer
精测气压计 microbarometer
精测扫描 precision scanning
精测天线 fine antenna
精测线 scan line
精查 precise prospecting;sifting
精查者 sifter
精车 fine turning;finish turning;smooth turning
精车刀(具) finishing tool;shaving tool
精称 fine weighing
精称机构 jogging device
精冲模 sizing punch
精除鳞机 <连续酸洗线上的> pickle line processor
精处理 precision process(ing);refined processing
精打细算 meticulous plan all expenditures
精雕石工 monumental mason
精雕细刻 crandalled dressing
精读 careful reading;fine reading;intensive reading;perusal
精度 fineness;measure of accuracy;precision;truth
精度百分率 percentage of accuracy
精度比 ratio of precision
精度标准 accuracy standard;precision standard
精度表 accuracy table
精度参数 precision parameter
精度测量 measure of precision
精度处理塘 polishing pond
精度的比较 comparison of precision
精度的测定 measure of precision
精度的估计 estimation of accuracy
精度的几何因子 geometry dilution of precision
精度等级 accuracy class;accuracy grade;class of accuracy;class of precision;grade of precision;order of accuracy;precision class
精度范围 accuracy range;limit of accuracy
精度分配 accuracy distribution
精度分析 precision analysis
精度估计 precision estimation
精度规则 precision of rule
精度级 order of accuracy
精度极限 accuracy limit;limit of accuracy
精度检查 accuracy checking;alignment test;precision testing;test alignment
精度检验 accuracy test(ing);precision test
精度降低 deterioration in accuracy
精度界限 accuracy limit;limit of accuracy
精度控制 accuracy control
精度控制符号 accuracy control character
精度控制时窗 accuracy control time window
精度控制系统 accuracy control system
精度模 accuracy modulus;modulus of precision
精度耐久性 accuracy lasting
精度配合的分级 class of fit
精度三角测量 precise triangulation
精度试验 accuracy test(ing)
精度寿命 accuracy life
精度受损 damage to the accuracy
精度损失 loss of significance
精度提高 increase of accuracy
精度调整 accurate adjustment
精度误差 accuracy error
精度稀释 dilution of precision
精度系列 echelon
精度系数 accuracy factor;coefficient of accuracy;coefficient of fineness;quality coefficient
精度研究 investigation of accuracy
精度要求 accuracy requirement;accuracy specification;precision prescribed;precision requirement;required precision
精度余量 accuracy margin
精度约束 accuracy constraint
精度在 ±5% 以内 accurate to within plus or minus five percent
精度指数 accuracy exponent
精度属性 precision attribute
精锻 finish forge
精纺机 spinning-frame
精纺毛纱 worsted yard
精纺纱 spun yarn
精粉率 percentage of fines
精浮选 cleaner flo(a)tation
精格 grate
精耕细作 intensive and meticulous farming;intensive cultivation;intensive farming;intensive production
精耕细作农田 intensively farmed agricultural plots
精工 fine workmanship;precision work
精工制造 elaboration
精硅砂 sharp sand
精滚光 microfinishing
精珩磨 microhoning
精华 cream;distillate;essence;quintessence
精华地带 Ecumene
精华陶器 queen's ware
精化布格重力值 refined Bouguer gravity value
精极 essence exhaustion
精加工 brightwork;fine finishing;fine machining;finishing;finishing chip;finishing cut;finish machining;hard finish;precision work;smooth finish;smoothing
精加工板 precision-machined plate
精加工表面 polished surface
精加工槽 finishing groove
精加工车床 finish turning lathe
精加工车刀 finishing tool
精加工尺寸 finishing size
精加工锉 fine cut file;finishing file

精加工的 precision-machined; precision-processed
精加工度 degree of finish
精加工端面 finish facing
精加工符号 finish mark
精加工工具 finisher; smoothing tool
精加工机床 finishing machine
精加工进给 finishing feed
精加工精度 accuracy of finish
精加工精确度 machining accuracy; working accuracy
精加工面 finished surface
精加工模 die finish
精加工刨床 fine planer; finishing planer
精加工平面 precision-machined surface
精加工台 finishing table
精加工镗刀 true boring cutter
精加工图像 precision processing image
精加工铣刀 finishing cutter
精加工性 finishability
精加工序 finishing operation
精加工用钻头 finishing bit
精加工余量 allowance for finish; finishing stock
精加工制成品 highly wrought goods
精剪 fine pruning
精剪机 reshear
精简 abridg(e)ment; boil down; compaction; compress; economization
精简机构 simplify the organization
精简式数据检索装置 compact retrieval device
精简指令系统计算机 reduced instruction set computer
精铰 precision reaming
精铰刀 bottoming reamer; finishing reamer
精洁 chastity
精金属 pure metal
精矿 concentrate; finished ore; preparation concentrate
精矿采样 concentrate sampling
精矿仓 concentrate bunker
精矿产率 concentrate yield
精矿处理 concentrate handling
精矿等级 concentrate grade
精矿年产量 annual output of concentrates
精矿年产值 annual values of concentrates
精矿品位 concentrate grade; concentrate ore grade
精矿全部再浮选 bulk cleaner flo(a)tation
精矿砂 ore concentrate
精矿总产量 total concentrates
精拉 fine drawing; finish draw
精拉丝机 fine wire drawing machine
精拉削 burnish broaching
精冷 cold sperm
精冷轧 pinch pass
精力 stamina; vigour
精力过剩说 surplus energy theory
精炼 affinage; air refining; cleansing; clean-up; depurate; depuration; fining; finishing; purification; refine; refinement; refining; smelt; softening; sublimate; sublime
精炼饱和石蜡油 refined saturated paraffin oil
精炼不足 underrefining
精炼厂 refinery
精炼厂废料 refinery waste
精炼厂废水 refinery effluent; refinery waste
精炼厂接丝 refinery connection
精炼厂气体 refinery gas
精炼车间 refining plant
精炼纯金属 fine metal
精炼的 refined; wrought
精炼的锑 refined antimony
精炼的妥尔油 refined tail oil
精炼法 purifying method; refining process
精炼反应 purifying reaction
精炼肥料 refined compost
精炼废水 finishing effluent; finishing waste
精炼废水处理 finishing effluent treatment; finishing wastewater treatment
精炼钢 air-refined steel; purified steel; refined steel; refining steel
精炼工人 finer
精炼辊 refiner roll
精炼锅 boiler kier
精炼机 refiner
精炼技术 refining techniques
精炼焦油 refined tar
精炼金属 refined metal
精炼良好 well-refined
精炼炉 finer(y); fining furnace; improving furnace; refinery furnace; refining furnace
精炼炉床 bloomary; low-hearth
精炼炉渣 refinery cinder
精炼铝合金 wrought aluminium alloy
精炼镁 refined magnesium
精炼期 fining period; refining period
精炼气 refinery gas
精炼器 purifier
精炼铅 lead concentrate; refined lead
精炼设备 refining equipment
精炼生铁 refined pig iron; washed metal
精炼石油沥青 asphalt cement
精炼熟胡麻油 boiled linseed oil
精炼锑 star antimony
精炼铁 refined iron
精炼铜 refined copper
精炼温度 refining temperature
精炼锡 fine tin
精炼锌 zinc concentrate
精炼亚麻子油 boiled linseed oil
精炼冶金学 extractive metallurgy
精炼油 refined oil; tailor-made oil
精炼渣 refining slag
精炼者 refiner
精良 superior
精料 beneficiated burden material; concentrated feeding stuff
精料饲喂间 grain-feeding pen
精馏 careful distillation; finestill; fractionation; rectification; rectify; selective evapo(u)ration
精馏段 enriching section; rectifying section
精馏法 fractional distillation
精馏釜 rectifying still
精馏柜 rectifying tank
精馏过程 rectifying
精馏化 rectification
精馏计 rectometer
精馏酒精 rectified spirit
精馏硫酸 rectified oil of vitriol
精馏器 finestiller; rectifier
精馏塔 fractionating tower; rectification tower; rectifying column; rectifying tower
精馏柱 distillation column
精馏柱溢流管 down corner
精馏作用 fractional distillation; rectifying action
精滤器 polishing filter; precision filter; secondary filter
精滤清器 micronic filter
精码 precise code
精煤 cleaned coal; concentrate; float coal; washed coal
精煤灰分产率 ash yield of cleaned coal
精煤理论回收率百分比分级 theoretic(al) recovery percent graduation of cleaned coal
精煤水分 cleaned coal moisture
精美的 delicate; finished
精美琉璃瓦 artistic glaze tile
精密 minuteness; nicety
精密爆破 precision blasting
精密爆破技术 precision blasting technique
精密比较仪 high precision comparator
精密标尺 precise staff
精密标度 fine scale
精密标度盘 microdial
精密标准 precision standard
精密标准电容器 precise standard capacitor
精密波长计 precision wave meter
精密玻璃刻尺 glass precision scale
精密薄膜切割机 precision film cutter
精密补偿器 precision potentiometer
精密裁板机 precision board cutting saw
精密测标 precision fiducial
精密测地仪 tellurometer
精密测定 micrometric(al) measurement
精密测高仪 precision altimeter
精密测角仪 fine goniometer
精密测距 fine ranging; precise distance measurement; precise ranging
精密测距仪 microdist; microdistancer
精密测量 fine measurement; precise measurement; precise survey; precision measure(ment); rigorous survey
精密测量(齿轮)传动装置 precision weighing gear
精密测量台 precision measuring stage
精密测量显微镜 precision measuring microscope
精密测量仪器 fine measuring instrument; precision measuring instrument
精密测深 precise sounding
精密测深法 microbathymetry
精密测深仪 microbathymeter
精密测时计 chronometer
精密测试仪 precision aid
精密测图摄影机 precision mapping camera
精密测图仪 precision plotter
精密测微目镜 precision micrometer eyepiece
精密差分压力计 precision differential manometer
精密长度测量 precision measurement of length
精密车床 fine turning lathe; finishing lathe; precision lathe
精密沉降仪 precise settlement ga(u)ge
精密成套设备 accurate complete equipment
精密成型 precision form
精密程度 measure of precision
精密齿轮 precision gear
精密冲裁 fine blanking; fine-edge blanking
精密触点 precision contact
精密垂准 precise plumbing
精密锉 file of precision
精密大地点 <应用最全面资料和最佳计算技术经过区域平差而得的大地坐标> precise installation position; precise installation point
精密带尺 precision tape
精密单象坐标仪 precision monocomparator
精密刀具 precision(cutting) tool
精密导电塑料电位计 precision conductive plastic potentiometer
精密导线 precise traverse; precision traverse
精密导线测量 precise traversing; precision traversing
精密的 accurate; delicate; high precision; precise
精密地 by rule and line
精密地貌测量 precision profiling
精密电度表 precision kilowatt-hour meter
精密电位(差)计 precision potentiometer
精密电阻 precision resistance
精密电阻器 precision resistor
精密迭代操作 precision interactive operation
精密定程装置 precision traverse setting device
精密定时调整器 micrometric(al) timing adjuster
精密定时器 split-second timer
精密定位 precision positioning
精密定线 precise alignment; precise staking lines
精密定向 precise orientation
精密度 accuracy; accurate rate; degree of precision; measure(of) precision; closeness; exactitude; precision; degree of accuracy; exactness
精密度不够 imprecision
精密度测量 measure of precision
精密度调整 precision adjustment
精密度法则 precision rule
精密度分级 class of accuracy
精密度盘 precision dial
精密度确定法 precision determination method
精密度试验 accuracy test(ing); precision test
精密度限度 limit of precision
精密度指数 index of precision
精密端尺 reglette
精密短尺 reglette
精密锻机 precision forging machine
精密锻件 close to finish forging; net-size forging
精密锻压机 precision forging machine
精密锻造 close tolerance forging; precision forging
精密锻造机 precision forging machine
精密砝码 precision weights
精密放大镜 precision magnifier
精密分度盘 microdial; precision index plate
精密分馏 precision fractional distillation
精密分馏柱 concentric(al) tube column
精密分析 close analysis; exact analysis; rigorous analysis
精密钢管 precision tube
精密高差仪 cathetometer
精密高速车床 precision high speed lathe
精密高速度工具车床 precision high speed tool maker lathe
精密高速光学车床 precision high speed optic(al) lathe
精密高速专用机床 precision high speed production machine
精密工程 precision engineering
精密工程测量 precise engineering survey; precision engineering survey
精密工程控制 precise engineering

J

control
精密工具 precision instrument;precision tool
精密工具加工用锉 die sinker's file
精密工艺 microtechnology
精密钩尺水位计 micrometer hook ga(u)ge
精密光电电位计 precision photo-electric(al) potentiometer
精密光度计检测器 precision photometer detector
精密光学部件 precision optics
精密光学系统 precision optic(al) system
精密光学仪器 precision optic(al) instrument
精密光学装置 precision optics
精密过滤 secondary filtration
精密过滤器 precision filter;secondary filter
精密海底地图测绘声呐 Mills cross bottom mapping sonar
精密海洋测量 precise ocean survey
精密焊机 precision welding machine
精密焊接 fine welding; precision welding
精密航海表 deck watch
精密航空测量照相机 precision aerial camera
精密合金 precious alloy;precise metal alloy
精密荷重筒 load sensitive tube
精密红外线跟踪系统 precision infrared tracking system
精密湖泊水位计 microlimnigraph
精密回声测深仪 precision depth recorder;precision echo sounder
精密绘图机 precision drafting table
精密机床 precision machine(tool)
精密机构 precision mechanism
精密机器仪器设备制造 precision machinery and instruments
精密机械 fine mechanics; precision machinery
精密机械加工 precision machining
精密激光跟踪器 precision laser tracker
精密激光焊接机 precision laser welding machine
精密激光雷达 precision lidar
精密激光自动跟踪系统 precision laser automatic tracking system
精密级 micron order
精密极限 exacting limit
精密计量仪器 precision measuring instrument
精密计时计 chronograph; chronoscope
精密计时器 microchronometer; time keeper
精密计时装置 precise timing mechanism
精密记时表 chronograph watch
精密记时计 chronometer(clock)
精密记时器 chronometer
精密记时温度计 chronometric thermometer
精密技术 microtechique; microtechnic;pinpoint technique
精密加工 fine processing; precision finishing;precision work
精密减速器 precision speed reduction device
精密检测 close examination
精密检查 dog-eye
精密检验组件 accuracy verification package
精密浇注 precision casting
精密角度指示器 precise angle indicator
精密矫直机 precision level(l)er
精密铰孔 precision reaming
精密校平 precision level(l)ing
精密校正 accurate adjustment; fine adjustment
精密校正螺钉 fine adjustment screw
精密校正螺丝 fine adjustment screw
精密校正透镜 critically corrected lens
精密校准 accurate adjustment; fine calibration
精密校准陀螺罗经 precision alignment gyrocompass
精密结构 fine structure
精密界限 limit of accuracy
精密金刚石砂轮平面磨床 precision diamond-wheeled surface grinding machine
精密金属 precision metal
精密金属膜电阻器 precision metal film resistor
精密进场雷达 precision approach radar
精密进近 precision approach
精密进近 I 类灯光系统 precision approach category I lighting system
精密进近跑道 precision approach runway
精密经纬仪 precise theodolite; precise transit;precision theodolite
精密纠正仪 precise correction instrument;Rectimat <商品名>
精密距离测量 precision distance measurement
精密锯床 precision sawing machine
精密锯条 precision saw
精密聚焦环 fine focusing collar
精密聚焦器件 precision focusing device
精密开关 microswitch
精密科学 exact science
精密刻度尺 finely divided scale
精密刻度盘 microdial
精密孔斜仪 clinophone
精密控制 fine control; micromanipulation;precision control
精密控制器 micromanipulator
精密块规 precision block
精密快速割嘴 precision fast cutting nozzle
精密雷达 precision radar
精密雷达有效定位 precise radar significant location
精密立体测图仪 precise stereoplotter; precision stereoplotter; stereophotograph;Planimat <德国制造>;Stereotrigomat <德国制造>
精密立体镜 precise stereoscope
精密链 precision chain
精密量测 precision measure(ment)
精密量测机器 precision measuring machine
精密量测仪器 precision measuring instrument
精密量具 fine measuring instrument; precise measuring instrument
精密量器 precision measuring instrument
精密量深和水深测量系统 high-precision depth-measuring and sounding system
精密临界控制 close critical control
精密流体静力水准仪 precision hydrostatic(al) level
精密滤(清)器 fine filter; secondary filter
精密螺栓 precision bolt
精密螺纹 accurate thread; perfect thread
精密螺纹车床 precision chasing lathe
精密落料 fine-edge blanking
精密落料冲床 fine blanking press
精密秒表 split-second timer
精密模拟计算设备 precision analog(ue) computing equipment
精密磨床 precision grinder
精密磨轮打磨机 cracker jack grinding wheel dresser
精密磨削 accurate grinding;microfinishing
精密目标调整 accurate position finder
精密扭力天平 precision torsion balance
精密配合 fine fit;close fit
精密偏振计 polaristrobometer
精密频率计 precision frequency meter
精密平差 fine adjustment
精密平地机 fine grader
精密平衡 fine balance
精密平衡混合电路 precision-balanced hybrid circuit
精密平口钳 precision flat-nosed pliers
精密平面磨床 precision horizontal surface grinding machine
精密普通车床 precision geared head lathe
精密千分尺 micron micrometer
精密切边 close trim
精密切齿 finishing tooth
精密切割机 precision gas cutting machine
精密求积仪 precision planimeter
精密球径仪 precision spherometer
精密三角测量 precise triangulation
精密三角形波发生器 fine triangular waveform generator
精密扫描 accurate sweep; precision scanning;precision sweep
精密扫描发生器 accurate sweep generator
精密扫描振荡器 accurate sweep generator
精密设备 precision equipment
精密设计备选方案 elaboration of alternatives
精密摄谱仪 precision spectrograph
精密摄影机 <有时指航摄用的任何摄影机> precision camera
精密声级计 precision sound level meter
精密十字标线 fine retic(u)le
精密时计 isohronon; microchronometer
精密时间 chronometer time
精密时间间隔 precise time interval
精密蚀刻 fine etching
精密试验 microtest;precision test
精密手铰刀 hand precision reamer
精密手摇切片机 precision rotary microtome
精密衰减器 precision attenuator
精密水位计 microlevel ga(u)ge
精密水位仪 <测定湖面水位变位的> liminimeter[liminometer]
精密水准(标)尺 first-order staff; precision staff; meter rod; precise level(l)ing rod;precise level(l)ing staff
精密水准测量 fine level(l)ing; geodetic level(l)ing; high precision level(l)ing; precise level(l)ing; precision level(l)ing
精密水准点 precise benchmark; precise level(l)ing bench mark
精密水准仪 precise level; precision level
精密丝杠 precision lead screw
精密送料 inching;jog
精密缩放仪 precision pantograph
精密台式车床 precision bench lathe
精密探伤 precise examination
精密镗床 fine boring machine
精密镗刀头 microboring head
精密镗孔 fine-bore
精密陶瓷 precision ceramics
精密套筒接头器 precision-sleeve splicer
精密天平 analytic(al) balance; balance of precision;fine balance;precision balance;tare balance
精密条播机 spacer drill
精密调查 careful investigation; detailed examination
精密调焦器件 precision focusing device
精密调节 fine balance;minute adjustment;precise regulation
精密调节器 microadjuster
精密调相器 fine phase shifter
精密调谐 fine tuning
精密调整 accurate adjustment; delicate adjustment; fine set(ting); precision adjustment;fine-tune
精密调制盘 fine retic(u)le
精密铜焊 precision brazing
精密统计 accuracy statistics;accurate statistics
精密图示记录器 precision graphic(al) recorder
精密图像记录仪 precision graphic(al) recorder
精密退火 fine annealing
精密瓦特计 precision wattmeter
精密完工切削 fine finishing cut
精密网络 precision net
精密微波同轴小接头 precision small coaxial microwave connector
精密微差水准测量高程 precise differential leveled height
精密微差水准测量高度 precise differential leveled height
精密微倾水准仪 precise tilting level
精密微调镗刀头 microbore(lock type) unit
精密微调小圆规 bow compasses
精密位置指示器 accurate position indicator
精密温度计 microthermometer
精密温度控制 close temperature control;precise temperature control
精密无缝钢管 precision seamless steel tubes
精密无捻粗纱 precision roving
精密无线电导航系统 Lorac [Long-Range Accuracy system]
精密铣床 precision milling machine
精密细部作业 precise detail work
精密狭窄测深仪 precision narrow-beam sounder
精密线绕电阻器 precision wire-wound resistor
精密线纹尺 precision scale
精密线性缩小仪 precision linear reduction pantograph
精密限度 limit of accuracy
精密小径节插齿机 precision fine pitch machine
精密小孔测定器 bore check
精密小圆规 caliber compasses; caliper compasses;drops pen
精密星历 precise ephemeris
精密型挖掘机 precision-type excavator
精密型压力调节器 precision-type pressure regulator
精密性 accuracy
精密修整装置 trueing unit
精密旋光计 polaristrobometer
精密选波器 close selector
精密压力表 micromanometer

精密压铸 microdiecast
精密研究用测听计 precision research audiometer; precision testing audiometer
精密研磨 precision grinding
精密样板 precision template
精密夜间观察镜 precision night viewer
精密仪表 exact instrument; precision apparatus; precision instrument; precision meter
精密仪表跑道 precision instrument runway
精密仪表脂 precision instrument grease
精密仪器 exact instrument; first-order instrument; precise instrument; precision apparatus; precision instrument; precision tool
精密仪器操作 operation of precision tool
精密仪器的操作 operation of precision tool
精密仪器润滑油 fine instrument lubricant
精密仪器室 precision instrument room
精密仪器制造 precision instrument manufacture
精密油滤 high precision oil filter
精密预调机床 precision presetting machine
精密预调仪 microset presetting machine
精密圆球 microsphere
精密轧机 finishing rolling mill
精密照准 fine pointing; fining pointing
精密折射计 precision refractometer
精密蒸馏 precise distillation
精密整定 fine set(ting)
精密织补 invisible mending
精密指重表 vernier weight indicator
精密制图照相机 precision cartographic camera
精密制造 make to fine limits
精密质量测定 precise mass determination
精密重量指示器 vernier weight indicator
精密轴承 insert bearing
精密铸件 close tolerance casting; precision casting; precision machinery
精密铸造 cast to shape; hot investment casting; investment cast(ing); precise casting; precision casting
精密铸造法 microcast process
精密装备 precision assembly
精密装配 precision assembly; snug fit; close fit
精密准直 precise alignment
精密自动跟踪系统 precision automated tracking system
精密自动螺母机 precision nut tapper
精密自动同步机 microsyn
精密自动同步器 microsyn
精密自紧钻夹头 precision self-locking drill chuck
精密组合导航系统 precise integrated navigation system
精密钻床 precision drilling machine
精密坐标 precise coordinates
精密坐标格网 precision grid
精密坐标仪 precision coordinatograph
精绵纤维排列图 silk drafts staple diagram
精模冲 sizing punch
精磨 correct grinding; fine grinding; finish grinding; grind fine; hard finish; high milling; refining
精磨带 fine grinding belt; finishing belt
精磨刀片 carbide tip
精磨辊 refiner roll
精磨机 refiner
精磨用接触开关 final contact switch
精木料 clear lumber; clears; clear stuff; clear timber; free stuff
精囊石 gonecystolith
精碾程度 degree of polishing
精碾的 finely ground
精碾水泥 finely ground cement
精抛光 fine polishing; finishing chip; finishing polish; glossing
精刨 adjustable cast iron planes
精刨床 smoothing planing machine
精喷砂 fine(sand) blast
精巧 elaboration; lightness
精巧衬托 silking
精巧的 elaborate; subtle; workmanlike
精巧的石材工作 patent stone work
精巧的小机械 gadget
精巧工艺品 confection
精巧建筑 elaborate construction; light architecture
精巧控制系统 compacted system
精巧配合 fine fit
精巧小玩意儿 notions
精巧修整 graceful sweep
精巧制作 fine workmanship
精切刀 finishing cutter
精确 precision; exact; exactitude
精确安置 fine set(ting); precision settling
精确安置摄影机 precision settling camera
精确安装 fine set(ting); precise setting
精确编码 precision encoding
精确编码和模式识别 precision encoding and pattern recognition
精确标度盘 microdial
精确波束扫描法 accurate beam-scanning method
精确波形 precision waveform
精确测定 accurate determination; precision measure(ment)
精确测量 accurate measurement
精确测量仪表 accurate measuring instrument
精确测时计 interval timer
精确测试(检查) close control
精确测位仪 accurate position finder
精确测位装置 accurate position finder
精确产量 precise output
精确程度 accurate degree
精确尺寸 precise measurement
精确倒边 controlled bevel
精确到……为止 correct to
精确到……位数 correct to
精确的 precise; accurate; measured; rigorous; scientific; stringent
精确的标准 hard-and-fast rule
精确的调整 precise adjustment
精确等高线 accurate contour; normal contour; reliable contour
精确等级 accurate degree
精确地 by rule and line
精确地点停车 precision spotting
精确地图 accuracy map; controlled map
精确定点 pinpoint
精确定点摄影 pinpoint photography
精确定位 exact location; exact position; fine set(ting); precise setting; pinpoint(reference)
精确定位控制 pinpoint control
精确定位器 micropositioner
精确定位系统 precise positioning system
精确定位业务 precise positioning service
精确定位仪 accurate position finder; exact location finder; exact position finder
精确定线 fine alignment
精确定向 accurate pointing
精确定向传感器 precise orientation sensor
精确定义 adequate definition; explication
精确读数 accurate reading
精确度 accuracy rate; accuracy variance; degree of accuracy; degree of exactitude; degree of preciseness; degree of precision; measure of precision; precision and exactness; sharpness; exactness; precision
精确度测度 measure of precision
精确度等级 accuracy grade; accuracy order
精确度范围 accuracy to within
精确度分析 precision analysis
精确度级别 accuracy class
精确度控制 accuracy control
精确度控制记号 accuracy control character
精确度量 precision measure(ment)
精确度上限 upper precision
精确度寿命 accuracy life
精确度损失 loss of accuracy
精确度误差 <重复量测算术平均值与标准参考值的百分比> error in exactness
精确度增益 gain in precision
精确度指数 index of precision
精确断面 deliberate profile
精确对光 fine focus(s)ing; sharp focus(s)ing
精确对光的 sharply focused
精确法 refined method
精确费用 accurate cost
精确分布 exact distribution
精确分度盘 microdial
精确分光光度法 accurate curve method
精确分级 accurate sizing
精确分类 scientific classification
精确分析 exact analysis; rigorous solution
精确符合 closely coincide
精确复制 facsimile
精确跟踪 accurate tracking
精确估算 accurate estimate
精确关系 exact relation(ship)
精确光谱光度法 precision spectroscopy
精确回退 measured backspace
精确积 sharp product
精确极限 limit of accuracy; limit of precision
精确计量 accurate measurement; ga(u)ging
精确计时数据 chronometric data
精确计时装置 timekeeper
精确计算 accurate calculation; precise calculation; refined calculation; rigorous calculation
精确计算的 actuarial
精确记录 accurate record
精确剪板机 resquaring shears
精确检查 close control
精确检验 close control
精确交叉截获 accurate interception
精确校正 accuracy adjustment; accurate adjustment
精确校正电容器 incremental capacitor
精确结合 precision attachment
精确解(法) exact solution; accurate solution; rigorous solution
精确近程导航系统 precise radar navigation system; shoran; short-range navigation(al) system; short-range navigator
精确距离电位计 narrow gate range potentiometer
精确距离分压器 narrow gate range potentiometer
精确距离显示器 accurate range display; fine-range scope
精确聚焦 sharp focusing
精确聚焦单元 fine focusing unit
精确聚焦像 sharply focused image
精确科学 exact science
精确刻度 exact scale
精确控制 accurate control
精确块 accuracy block
精确离心铸造 true centrifugal casting
精确量测 accuracy measurement
精确量度 measure of precision; precise measurement
精确螺旋 precision spin
精确瞄准 accurate aiming
精确配合 exact fit; fine fit
精确配合螺栓 dowel bolt
精确配准 close register
精确曲线 exact curve
精确确定 specified
精确容差 stringent tolerance
精确色值 accurate colo(u)r value
精确筛选 accurate sizing
精确深度测定记录器 precision depth recorder
精确时标 precision timing
精确时计 chronometer
精确时间系统 precision timing system
精确数据 accurate data; precise data; precise information
精确数据传送装置 vernitel
精确数据通道 fine data channel
精确塑性理论 exact plastic theory
精确锁闭 positive locking
精确套合 absolute register; exact register; one-to-one correspondence
精确套准 dot-on-dot register
精确调焦 exact focusing; fine focus(s)ing
精确调节压力 close control of the pressure
精确调谐 fine tuning control; tight alignment
精确调整 accurate adjustment; sensitive adjustment
精确调整电容器 incremental capacitor
精确调整用手轮 slow-motion hand wheel
精确调整制动器 brake balancer
精确调制 delicate adjustment
精确调准 tight alignment
精确统计法 exact statistical method
精确图示测深仪 precision depth graphic(al) recorder
精确图纸 precise drawing
精确位置 exact location; exact position
精确位置显示器 accurate position indicator
精确位置指示器 accurate position indicator
精确喂料 precision feeding
精确线性关系 exact linear relation
精确线性函数 exact linear function
精确限度 accuracy tolerance; limit of accuracy
精确限幅器 precision limiter
精确信息 accuracy information; accu-

rate information
精确星历表 precise ephemeris
精确性 accuracy;precision;trueness;truth
精确盈余 actuarial surplus
精确值 exact value
精确质量测定 accurate mass measurement
精确中断 precise interrupt
精确钟表机构 timekeeper
精确装配 fine set(ting);precise setting
精确资料 precise information
精确坐标 precision coordinate
精砂 refined sand;washed sand
精筛 fine screen(ing);fine sizing;sorting by screens
精筛机 final screening plant
精筛选 fine screening
精神保健研究所 Institution of Mental Health
精神崩溃 nervous breakdown
精神病房的窗 psychiatric window
精神病疗养院 mental nursing home
精神病研究治疗学院 mental institution
精神病院 asylum for lunatic;bedlam;booby hatch;community residence;insane asylum;loony bin;lunatic asylum;madhouse;mental asylum;mental hospital;psychiatric clinic;psychiatric hospital
精神病诊所 psychiatric clinic
精神病住院区 psychiatric bed areas
精蚀 close etching
精饰 finish
精饰加工 spotting
精梳成卷机 comber lap machine
精梳机 comber;combing machine
精梳毛纱 worsted yard
精丝锥 third tap
精算成本 actuarial cost
精算的 actuarial
精算等值 actuarial equivalent
精算方法 actuarial method
精算费用 actuarial cost
精算估值 actuarial evaluation
精算剩余 actuarial surplus
精碎 attritioning;fine crushing
精碎机 refiner;second reduction machine
精镗 diamond boring;fine boring;finish boring
精陶 fine earthware;fine faience;fine pottery
精陶瓷黏[粘]土 purified clay
精锑 antimony regulus
精调刀头 microbore;microbore(lock type)unit
精调的石膏粉刷(灰浆) prepared gypsum plaster
精调电容器 finely tuning capacitor
精调控制 fine control
精调谐 hairbreadth tuning
精调(整)delicate adjustment;fine adjustment;fine balance;fine control;tight adjustment;fine positioning;fine regulation;microadjustment;pinpoint control;precision adjustment
精调整盘 vernier panel
精调装置 adjuster;microadjuster
精调自动同步机 fine selsyn
精通 be proficient in;conversance;familiar with;have a good command of;masterhood;mastership;mastery;proficiency;up in(on)
精通的 consummate;proficient
精通海事者 seaman
精通业务的 conversant with professional knowledge
精通业务和技术 be proficient in professional and technical work
精微 food essence;refined nutritious substances
精微测量器 acribometer
精硒锭 pure selenium ingot
精硒粉 pure selenium powder
精洗煤气 secondary gas
精洗煤气设备 secondary division of gas cleaning
精铣铣刀 finishing bit
精细 fine;nicety
精细程度 degree of precision
精细处理 silking
精细词汇表 sophisticated vocabulary
精细的 delicate;subtle
精细的玻璃 filigree glass
精细地调节 fine-tune
精细叠加道分析 fine traces analysis
精细动作 fine movement
精细读数 fine reading
精细度限度 limit of fineness
精细砝码 precision weights
精细分类 sophisticated category
精细分散 fine dispersion
精细分析 refined analysis
精细工程聚合物 precision engineered polymer
精细工艺 handwork
精细刮刨 cabinet scraper
精细管理 close supervision
精细烘焙的小砖 brick-size external cladding klinker
精细化学品 fine chemicals
精细混合 intimate mixing
精细浇铸 fine casting
精细结构 fine structure
精细结构参数 fine structure parameter
精细结构常数 fine structure constant
精细结构带 fine structure band
精细进给 fine feed
精细净化 fine cleaning;fine purification
精细颗粒 finest particle
精细颗粒材料 finest material
精细颗粒含量 fines content
精细控制 fine control
精细控制灵敏性 fine control sensitivity
精细雷达影像 detailed radar image
精细磨粉机 fine pulverizer
精细磨光 hard finish
精细木节 joinery
精细碾碎 final grinding
精细镊 fine forceps
精细耦合 fine coupling
精细排列 fine sort
精细抛光 fine finish
精细频谱分析 fine spectrum analysis
精细切碎机 thin cutter
精细砂磨 fine sand blast
精细蚀刻法 fine etching
精细数字处理 fine digital processing
精细水流 refined flow
精细陶瓷 fine ceramics
精细调节 delicate adjustment;fine adjustment
精细调谐 fine tuning
精细调整 delicate adjustment;fine adjustment;fine control
精细图案 fine pattern
精细退火 precision annealing
精细完工件 finely finished work
精细性 tractability
精细压碎 fine breaking
精细研究 scrutinizing
精细研磨 fine grinding
精细研磨机 fine grinder
精细研碎机 fine grinding mill
精细轧碎机 fine crushing machine
精细直线打磨法 hairline finishing
精细珠光体 fine pearlite
精细装修 cabinet finish
精细准直 fine collimation
精细准直仪器 fine collimation apparatus
精细组装 snug fit
精削 fine cut
精削齿 finishing tooth
精削机 rechipper
精削拉刀 finishing broach
精心处理 careful treatment
精心控制器 cautious controller
精心设计 be meticulous in design;by-the-book;elaborate design;making design elaborately;meticulous design
精心设计的 properly designed;well-designed
精心设计、精心施工和精心管理 elaborately design, construct and manage
精心施工 meticulous construction
精心(制成)的 elaborate
精心制作 elaboration
精心制作的产品 elaboration product
精心装饰 elaboration
精修机 finishing machine
精修饰涂层 setting coat
精选 beneficiation;choice;concentration;edulcorate;garbling;hand pick;refining;selection
精选比 concentration factor
精选槽 cleaner cell;cleaning cell;recleaner cell
精选的 blue ribbon;choice;chose;hand-picked;selected
精选的煤 colliery screened
精选的填料 selected filling
精选堆石料 selected rockfill
精选堆土 selected rockfill
精选关系 well-selected relation
精选货(品)choice goods;selected goods
精选机 classificator;concentration machine;concentrator;refiner;sorter
精选集料 clean gap graded aggregate
精选间断级配骨料 clean gap graded aggregate
精选金属硫化物 metal sulphide concentrates
精选矿 ore concentrate;washed ore
精选矿石 finished ore
精选粒度 optimum break
精选溜槽 clean-up chute
精选煤 cleaned coal;fancy coal;separation coal
精选木材 fancy wood
精选品 choice goods;selected quality
精选品质 choicest quality
精选筛 recleaner screen;recleaning screen
精选生石灰 selected quicklime
精选跳汰机 finishing jig
精选铁矿砂 beneficiated iron ore
精选尾矿 cleaner tailings
精选物淘汰 selection
精选摇床 concentrating table
精选质量 special selected quality
精镟 fine turning
精压 coining;pressure-sizing
精压操作程序 sizing procedure
精压出坯杆 sizing knockout;sizing stripper
精压零件 coined part
精压模 sizing die
精压模冲 sizing punch
精压坯块 coining compact
精压碎机 fine crusher
精压脱模杆 sizing stripper
精研 finish lapping;lapping
精研板 lapping plate
精研齿轮 lapping gear
精研缸机 barrel lapping machine
精研机 lapping machine;refiner;refining mill
精研磨 final grinding;smooth grinding
精研平台 flat lapping block
精研圈 lapping ring
精研研磨 lapping
精盐 table salt;white salt
精油沥青 refined tar
精凿痕面 eight-cut finish
精造矿砂 washed sand
精轧 fine rolling;finish rolling;planishing;precision rolling
精轧板 mill finished sheet
精轧薄板 planished sheet
精轧槽 finishing groover
精轧道次 finishing pass
精轧辊 planishing roll
精轧机 finisher;finishing mill
精轧机列 finishing mill line
精轧机组 finishing mill group
精轧机座 planisher;planishing stand
精轧孔型 finishing groove;finishing pass;last groove;last pass;planisher
精轧螺纹锚 thread bar anchorage
精轧前孔型 leader pass
精轧轧辊 finishing roll
精整 final finishing;finishing;sizing
精整表面 finished surface
精整薄板 finished sheet;processed sheet;processing sheet;trimmed sheet
精整薄钢板 second steel sheet
精整成卷带材 strip processing
精整冲裁 dies scalping
精整冲裁模 shaving die
精整冲模 trimming die
精整冲头 facing punch;trimming punch
精整钢板 finished plate
精整工 finisher
精整工段 finishing department
精整工作 finishing work
精整机 finishing machine
精整加工 final finish;ground finish
精整孔型 final polishing pass
精整模 die finish;sizing die
精整设备 adjustage;finishing equipment;sizing machinery
精整修理 finishing operation
精整修饰 finishing operation
精整压力机 sizing press
精整轧机 leader mill
精整作业线 finishing line
精制 clean-up;elaboration;fine purification;rectify;refine;refining;refinishing;reprocessing
精制柏油 refined tar
精制板 wrought board
精制边 stop edge
精制玻璃 crystal;processed glass
精制槽 refinery pit
精制产品 purified product
精制厂 refinery
精制虫胶 button lac;refined shellac;wax-free white shellac
精制纯汽油 straight refinery gasoline
精制的 elaborate;essential;fully refined;high finished;prepared;refined;wrought
精制地蜡 ceresin(e)
精制地沥青 epure(asphalt);refined asphalt;refined bitumen
精制垫圈 bright washer;machined washer
精制动物炭 purified animal charcoal
精制法 refining process

J

精制缸砖 fine clinker
精制钢 finished steel;refined steel
精制工厂 finishing plant
精制罐 treatment tank
精制规程 refinery procedure
精制硅藻土助滤剂 super-cell
精制过程 refining process;subtractive process;treating process
精制过的气体 processed gas
精制湖(地沥青)epure(asphalt)
精制湖沥青 refined lake asphalt
精制黄麻 tanned jute
精制机 finishing mill;refiner
精制级溶剂石脑油 refined grade solvent naphtha
精制加工 refining process
精制焦油 refined tar
精制接头 <水管的> turned joint
精制酪朊胶 prepared casein glue
精制离心机 affination centrifuge
精制沥青 refinery bitumen
精制硫黄 sulphur refined
精制炉甘石 calamina praeparata
精制螺钉 cap screw
精制螺母 bright nut;finished nut
精制螺栓 bright bolt;burnished bolt;finished bolt;precision bolt;reamed bolt;refined bolt;tight-fitting bolt;turned bolt
精制(煤)焦油 prepared tar
精制煤油 kerosene raffinate
精制木材 wrought timber
精制品 elaboration product
精制汽油的设备 gasoline refining equipment
精制器 treater
精制燃料 prepared fuel
精制润滑油料 bright stock
精制三氧化钼 refined molybdenum trioxide
精制石蜡 refined paraffin wax
精制石墨 washed graphite
精制石油 refined petroleum
精制石油沥青 refined asphalt;refinery bitumen
精制熟铁棒材 best puddled bar
精制松香 resin
精制损失 treatment loss
精制塔 treating column;treating tower
精制镗孔接头 <水管的> turned-and-bored joint
精制糖 refined sugar
精制锑 star antimony;star metal
精制橡胶 treated rubber
精制小五金 finish(ing)hardware
精制锌 redistilled zinc
精制亚麻油 prepared linseed oil;refined linseed oil
精制盐 purified salt;refined salt
精制盐生产成套设备 complete equipment for salt refining
精制盐水高位槽 purified brine head tank
精制羊毛脂 lanolin(e)
精制椰子油 Cochin oil
精制液化气 liquefied refinery gas
精制硬砖 fine clinker
精制用白土 refining earth
精制用溶液 treating solution
精制油 bleached oil;breakfree oil;refined oil;treated oil
精制油酸 oelic acid
精制釉陶面砖 fine faience tile
精制者 purifier
精制砖 fine brick
精致的 arabesque;delicate;exquisite;fine;sophisticated;wrought
精致的石膏饰品 parget
精致地 sophistication
精致化 sophistication
精致货 delicate cargo;fine cargo
精致木材 wrought timber
精致图 fine pattern
精致修饰 minute finish
精致旋制的木隔板 <封闭阿拉伯建筑阳台窗的> mushrabiya;meshrebeeyeh
精装 rich binding
精装版(本)edition de luxe;luxurious edition
精装本 de luxe volume;edition de luxe;splendid edition
精装的 dulux;hardcover

鲸

鲸背船 whaleback vessel
鲸背丘 whaleback dune
鲸背石 whaleback
鲸背式船尾楼 turtle-back poop
鲸背式褶曲【地】doubly plunging fold
鲸背形船尾楼 hood poop
鲸背形坡屋顶 whaleback roof
鲸背型甲板 whaleback deck
鲸背状沙丘 sand levee
鲸背状褶皱【地】whaleback fold
鲸骨脂 train oil
鲸脊 whaleback
鲸脊砂堤 sand levee
鲸加工工业 whaling industry
鲸蜡 spermaceti;spermaceti wax
鲸蜡醇 cetanol;cetyl alcohol
鲸蜡醇醋酸酯 cetyl acetate
鲸蜡烷 cetane;n-hexadecane
鲸蜡烯 cetene
鲸蜡烯酸 cetoleic acid
鲸蜡油 sperm oil
鲸类 cetacean;whales
鲸目 cetacea
鲸目动物的 cetacean
鲸脑油 spermaceti wax
鲸群 whale stocks
鲸食磷虾 krill
鲸须刷 <清沟渠用> whalebone brush
鲸油 blubber;whale oil
鲸鱼 whale
鲸鱼场 whaling ground
鲸鱼粉 whale meal
鲸鱼油 haco oil
鲸脂 blubber
鲸脂油 blubber oil
鲸资源 whale stocks

井

井泵 well pump
井泵总扬程 pump setting
井壁 well wall;hole wall;borehole wall;face of the well bore;face of well;hole face;mine shaft lining;shaft lining;shaft wall;shell of well;sidewall
井壁背板 shaft lagging
井壁不平的钻井 ragged hole
井壁材料 shaft cladding
井壁衬板 bank bar
井壁衬套 well lining
井壁挡土板 well curbing
井壁洞穴 wall cavitation
井壁封隔器 hook wall flooding packer;wall packer
井壁钢丝刷 wall cleaner;wall scraper
井壁固定器 silo wall bracket
井壁固结剂 borehole wall consolidating mixture
井壁刮刀 wall cleaner;wall scraper
井壁刮刀钻头 wall scraper bit
井壁刮洗器 wall cleaner;wall scraper
井壁管 casing pipe;casing tube;well casing;well pipe;well tube
井壁和套管间隙 gap between well wall and casing
井壁后注浆 grouting at back of shaft wall
井壁基 wall crib
井壁基环 crib
井壁及尾管封隔器 bottom wall and anchor packer
井壁间隙 <与钻具之间的> wall clearance
井壁进水 water entering from the wall of well
井壁冷却 wall cooling
井壁临时衬板 back deals
井壁摩擦 wall friction
井壁泥封 wall packing
井壁泥皮 filter cake;mud sheath;wall cake
井壁黏[粘]着 wall sticking
井壁平整的钻井 smooth-walled hole
井壁砌内衬 steaning
井壁砌筑 shaft walling
井壁清洁器 wall cleaner
井壁清理钢丝刷 wall-cleaning guide
井壁取芯 punch core;sidewall coring
井壁取芯方法 sidewall coring method
井壁取芯工具 sidewall coring tool
井壁取芯深度 depth of hole well coring
井壁取样 hole wall sampling;sidewall sampling
井壁取样器 sidewall coring tool;sidewall sampler;sidewall sample taker;slit-side solid sampler;wall sampler
井壁上的泥饼 mud wall-cake
井壁射击式取芯器 sidewall coring gun
井壁势函 well-wall potential function
井壁素描图 sketch of wall of a well
井壁托架 silo wall bracket
井壁稳定性【岩】hole wall stability
井壁悬挂装置 wall hook
井壁岩石 wall rock
井壁岩芯 sidewall core
井壁岩芯样品 sidewall core sample
井壁与岩芯管环状间隙 hole to core barrel annulus
井壁与钻头的间隙 bit clearance
井壁支持器 wall grip
井壁支护板 pit board;well curbing
井壁支护用丘宾筒 tubbing
井壁支木 pit barring
井壁中子测井 sidewall neutron log
井壁中子测井曲线 sidewall neutron log curve
井壁阻力 wall drag
井边 well edge
井边沿 brim of a well
井表面衬砌 surface lining of wells
井别 well distinguish
井测 well surveying
井场 bore field;derrick floor;well field
井场布置 drilling site arrangement
井场长度 drilling site length
井场辅助工 bully
井场管理费 field overhead
井场记录 recording in situ
井场宽度 drilling site wide
井场面积 drilling site area
井场填方 cubic(al)meter of site filling
井场停钻值班员 dry watchman
井场挖方 cubic(al)meter of site digging
井场悬臂起重机 wall bracket crane
井衬砌 lining of well
井衬套 well lining
井抽水时地下水位降落面 cone of influence of well
井抽水试验 well pumping test
井出水 well gone to water
井出水量 discharge of a well;output of well;well yield
井道 hoistway;lift well;well roads <建筑物的>;shaft way;well hole <升降机的>
井道顶棚 carriageway cover
井的 phreatic
井的比容量 specific capacity of a well
井的补给区 active zone of well
井的补给曲率 recharge line of wells
井的布置 spacing of wells;well arrangement;well spacing
井的产量 well production;well yield
井的产水率 specific well yield
井的抽降曲线 well drawdown curve
井的抽水头 pumping head of well
井的出水比率 specific capacity of well
井的出水量 capacity of well;water cut;well capacity;well yield;yielding capacity of a well;yielding content of a well;yield of well;discharge of well
井的出水率 capacity of well;specific capacity of a well;specific yield of well;well capacity
井的出水能力 well capacity
井的处理 well treatment
井的单位出水量 specific capacity of a well
井的单位流量 specific yield of well
井的方位测量 directional surveying of a well
井的干扰 well interference;interference of wells
井的过量抽水 overpumping of well
井的回洗 cross-over circulation
井的记录 well record
井的建造 well construction
井的降落漏斗 cone of influence of well
井的进水孔口 <指井管滤网> well intake
井的进水面积 well infiltration area
井的进水曲面 cone of intake(of well)
井的开采期限 life of well
井的开始产量 initial rating of well
井的轮廓 profile of a well
井的排水面积 drainage area of well;well drainage area
井的铅直剖面 well vertical section
井的渗流 seepage of well
井的渗流面积 seepage area of well
井的渗水面积 well infiltration area
井的试验容量 tested well capacity
井的水力学 hydraulics of well
井的水头损失 well loss
井的酸化处理 <指洗井除垢> acidizing of wells
井的特性曲线 character curve of well
井的位置 well array
井的吸收容量 inverted capacity of well
井的下沉 well lowering;well sinking
井的现场 site of the well
井的相互干扰 mutual interference of wells
井的修复 redevelopment of a well
井的影响半径 radius of influence of well
井的影响漏斗 cone influence of well
井的影响圈 circle of influence of well
井的涌水量 well yield

J

井的有效半径 effective well radius
井的增产 well stimulation
井的增强 stimulation of a well
井的直径 well diameter
井的重建修整 well reconditioning
井的注入剖面 input profile of a well
井的状态 behavio(u)r of well
井的自流量 artesian capacity
井的自流水生产量 artesian capacity of well
井的自喷期 flowing life
井的总出水量 total well capacity
井的总出水率 total well capacity
井的总容量 total capacity of well;total well capacity
井的最大流量 maximum well discharge
井底 bottom hole;bottom of shaft;bottom of the hole;hole toe;toe of hole;well bottom
井底把钩工 bottomman;onsetter
井底爆破 shoot the well;well shooting
井底爆炸 shoot the well;well shooting
井底标高 elevation of shaft bottom
井底测量 downhole measurement
井底车场 shaft bottom
井底车场平面图 shaft bottom map
井底车场设备 bottom installation
井底车场型式 type of bottom switchyard
井底沉没式泵 bottom-hole pump
井底的 downhole
井底动压力 flowing bottom hole pressure
井底堵塞 congestion of bottom-hole zone
井底发动机 downhole motor
井底法 well-point method
井底封隔器 bottom-hole packer
井底覆盖 bottom-hole coverage
井底灌水泥浆 plug-back cementing
井底进水 water entering from the bottom of well
井底井壁进水 water entering from the bottom and wall of well
井底井框 bottom frame
井底静止温度 bottom-hole static temperature
井底静止压力 bottom-hole static pressure
井底距离 bottom-hole spacing
井底矿仓 shaft pocket
井底流动压力 bottom flowing pressure;downhole flowing pressure
井底流体渗流强度 fluid conductivity of well
井底盲矿 blind orebody lower the bottom of borehole
井底面 sand face
井底排水孔 dibhole
井底喷嘴 bottom-hole flow bean
井底破碎机 shaft crusher
井底气体燃烧器 downhole gas burner
井底清洗 bottom-hole scavenging
井底驱动 bottom drive
井底取样器 bottom-hole sampler
井底绕道 run-around
井底射孔器 down-the-hole type of machine
井底深度【矿】bottom lift
井底事故 bottom-hole trouble
井底水仓 well hole
井底水力活塞泵 downhole engine pump
井底水平【矿】bottom lift
井底水平位移 bottom horizontal departure
井底水平移位 horizontal displacement of the bottom of the hole
井底水窝水泵 sump pump
井底条件 downhole condition
井底通道 boutgate
井底温度 bottom-hole temperature
井底循环温度 bottom-hole circulating temperature
井底循环压力 bottom-hole circulating pressure
井底压降曲线 drawdown bottom pressure curve
井底压力 bottom-hole pressure;pressure at the well bore
井底岩样 bottom rock sample
井底样(品) bottom-hole sample
井底油气分离器 bottom-hole separator
井底油嘴 bottom-hole choke
井底注水压力 sand face injection pressure
井底阻流器 bottom-hole choke
井点 well point
井点泵 well-point pump
井点抽水 pumping from well point;well-point drainage
井点抽水泵 wellpoint pump
井点抽水系统 well-point pumping system
井点串联 well-point in series
井点法 well pointing
井点工程 well-point works
井点管 riser
井点回灌 well-point back pumping
井点降低地下水位法 well-point method
井点降水 dewatering by wells;well-point dewatering;well-point drain;well pointing
井点降水(方)法 well-point dewatering method;well-point method of pumping
井点开挖法 well-point excavation
井点(滤管)上接 well-point top casting
井点排水 drainage by filter wells;drainage by well point;draining well points;well drain;well-point dewatering;well-point drain;well-point drainage;well-point dry;well-point unwatering;wellpointing
井点排水法 well-point method of dewatering;well-point method (of pumping)
井点排水井 Abyssinian well
井点排水开挖法 well-point excavation;well-point method of excavation
井点排水系统 well-point dewatering system;well-point pumping system
井点排水装置 well-point drainage installation
井点群 battery of(filter)wells
井点砂套管 sand casing of well points
井点射水口 jetting orifice
井点位置 site of the well
井点稳定出水量 stable yield of well point;yield of well-point
井点系统 well-point system
井点系统安装 installation of well-points system
井点阵 battery of filter wells
井点钻机 well point drill
井电视摄影机 borehole television camera
井吊桶 shaft bucket
井顶 head of a well
井顶主车场 major station
井段地层测试器 formation interval tester
井队长 leader of crew
井房 well house
井盖 pit cover;carriageway cover <行车道上>
井干式构架 log cabin construction
井干式构造 log construction
井干式构造木屋 log cabin
井格天花板 coffer(ed)ceiling
井沟 well drain
井管 casing pipe;tubing;well electrode;well pipe[piping];well tube[tubing]
井管的卡住线 frozen string of casing
井管的轧住线 frozen string of casing
井管防砂罩 well screen
井管根数 number of well pipe
井管规格 specification of well pipe
井管类型 type of well tube
井管滤网 filter pipe;screen pipe;well screen
井管摩阻系数 friction(al)and resistance coefficient of well pipe
井管内径 internal diameter of well pipe
井管外径 external diameter of well pipe
井管下置深度 depth of well casing installation
井管总长度 total length of well pipe
井管钻具组 string of casing
井灌 groundwater irrigation;irrigation with well;well irrigation
井过程线 well hydrograph
井过滤器 well filter
井海拔 elevation of well
井函数 well function
井函数标准曲线 type curves of well function
井号 well number
井或泉的总容量 total capacity of a well or spring
井甲板船 well decker;well deck ship
井架 derrick(leg);drilling tower;gallows (frame);headgear;headsticks;headworks;heap stead;shaft headframe;winding tower;drive block <打进井管用的>;headframe <浅井、竖井的>
井架安全皮带 derrick safety belt
井架安装 derrick assembly
井架安装工作 work derricks
井架板 derrick board
井架大梁 derrick girder
井架大腿 stay leg
井架底座 derrick substructure
井架地下室 drilling derrick cellar
井架吊车 drilling derrick crane
井架顶 derrick crown;drilling derrick crown
井架二层平台 thribble board
井架工 derrick man
井架工作平台 eighty-board
井架工作平台铺板 thribble board
井架火灾 pit frame fire
井架基础 derrick footing;derrick foundation;drilling derrick foundation
井架基础底柱 derrick foundation post
井架基础格床 drilling derrick grillage
井架基柱 derrick foundation post;drilling derrick foundation post
井架卷扬机 scaffold tower hoist
井架楼板 drilling derrick floor
井架平台 drilling derrick platform
井架起重机 drilling derrick crane
井架上檐口 drilling derrick cornice
井架式升降机 derrick hoist
井架台板平面 working floor level
井架天轮 headframe pulley
井架围梁 drilling derrick girder
井架支撑 derrick brace
井架支腿 derrick leg
井架支柱 derrick leg;drilling derrick leg
井间地震剖面法 cross-hole seismic profile method
井间地震剖面法地震仪 cross-hole seismic profile seismograph
井间干扰 interference of wells
井间距离 distance between wells
井间速通 connected between borehole
井进水口 well intake
井井有条的 shipshape
井颈 neck of shaft
井径 hole diameter;well diameter
井径标准 well size standard
井径测井(记录) cal(l)iper log;hole diameter logging
井径测井记录图 cal(l)iper logging
井径测量 cal(l)iper logging;cal(l)iper survey;hole diameter measurement
井径测斜仪 cal(l)iper diameter
井径规 cal(l)iper ga(u)ge;hole ga(u)ge;open hole caliper
井径记录图 caliper log
井径校正 borehole diameter correction
井径刻度环 calibration loop of caliper
井径扩大率 ratio of hole size enlargement
井径剖面 cal(l)iper log
井径曲线 hole diameter log curve
井径仪 cal(l)iper ga(u)ge;hole ga(u)ge;open hole caliper
井径仪刻度值 cal(l)iper calibration value
井距 spacing of wells;well spacer;well spacing
井距图 well spacing chart
井坑 well
井孔 bored well;well hole
井孔布置 shaft top arrangement
井孔动态 well characteristic
井孔分布 pattern of wells
井孔净保证出水量 net safe yield of well
井孔水样 water sample of well or boring
井孔套管 bore liner
井孔特性 well characteristic
井孔止水 sealing water in borehole
井孔钻进 well hole drilling
井口 bankhead;collar;hole top;intake;mouth of well;top of well;well edge;well head;well mouth;well top;adit to well;mine pore <矿井的>
井口安装泵 put on pump
井口把钩工 bank(s)man;stud duck
井口壁外推排水沟 water ring
井口标高 elevation of bore;elevation of well head;well-head elevation
井口采油装置 Christmas tree
井口侧石 curbstone of a well
井口出车台 bank levee
井口挡水围槛 coaming
井口导向盘 <海洋钻探用> temporary guide base
井口地面 pit-hill
井口地震测井 uphole shooting
井口短节 well-head tap
井口防护栏 lifting guard
井口房 heap stead;tipple building
井口附近临时堆放场地 paddock
井口干扰 hole noise
井口高程 elevation of bore;elevation of well;well-head elevation
井口工 banker
井口工具 well-head tool
井口构筑物 shaft top works

井口构筑物水平面 pit-bank level
井口管 collar piping;well casing;collared hole
井口合成地震记录 uphole synthesized seismic record
井口滑轮 sheave
井口环空压力 annulus pressure at surface
井口机械化平台 mechanized shaft-mouth platform
井口记录 uphole record
井口检波器 shot point seismometer;uphole detector;uphole geophone
井口建筑物 head-house;heap stead
井口控制 well-head control device;well-head control unit
井口控制阀 well-head control valve
井口控制管汇 well-control manifold
井口矿仓 headgear bin
井口栏杆 brandreth
井口密封装置 casing-head stuffing box
井口盘 drilling template;guide base
井口喷流压力 well-head flowing pressure
井口平台 pit bank
井口气分离出来的油 casing-head gasoline
井口气(体) casing-head gas;well-head gas
井口区 bank
井口热能成本 cost of the energy at borehole
井口设备 well-head equipment;well-head plant
井口设施 shaft top arrangement
井口深测绳 well-measure line;well-measure wire
井口拾振器 uphole geophone
井口水力压裂管线 well-head fracturing manifold
井口水准基点 benchmark of shaft
井口锁口圈 curb;stone kerb
井口天花 compartment ceiling
井口调节闸 collar control gate
井口瓦斯 bradenhead gas
井口温度 top-hole temperature;well-head temperature
井口无(泥浆)返出 loss of returns
井口信号工 cager
井口压力 pressure applied at the surface;top-hole pressure;well-head pressure
井口油水分离器 head piece
井口圆井 derrick cellar
井口再入系统 well-head re-entry system
井口支架 brow piece
井口装置 collar connection;collar hook up;control head;well-control equipment;well-head assembly;well-head equipment;well-head setup;well hook up
井口装置配件 well-head fittings
井口自喷装置 flow head
井口钻杆密封装置 tapping assembly
井框 crib;walling crib;well crib;bearing set <为木支架的>
井框垛盘 curb
井框间支柱 studdle
井框节段木制连接板 code-piece
井框支承圈 bearing ring
井框支架 cribbing;curbing
井拉杆 draw bar
井栏 brandreth;brim;casing of wells;curb[kerb];safety curb[kerb];well curb[kerb];puteal <古罗马的>
井梁楼板 well beam floor
井列 row of wells
井流量 well flow;well yield
井流水头损失 well loss
井漏 loss of well
井漏仪 current-loss instrument
井滤管 well screen
井滤网 well strainer
井漫顶 well flooding
井帽 well cap
井门 landing bottom
井名 well name
井内爆破 underground explosion
井内抽水降深 residual drawdown
井内处理 down-the-hole treatment
井内打捞钩 well hook
井内的 downhole
井内的关断阀 curb cock;pavement service valve
井内腐蚀 down-the-hole corrosion
井内关断阀 curb shut-off;curb stop;curb valve
井内技术情况检查 check of wellbore technical state
井内浇筑管道 pit-cast pipe
井内静水位 rest water level;static water level
井内砌圈 steining
井内设备 <过滤器、深井泵等> bottom equipment
井内升降机 silo-lift
井内水面高程 pumping level
井内水柱 water column in the well
井内填料 stemming infilling
井内温度 subsurface temperature
井内抓具 well grab
井内自由稳定流 unconfined steady flow in well
井排 well array
井排长度 length of well rows
井排方位 position of well rows
井排间距 interval between well rows
井排水 drainage with well;well drain(age)
井排与地下水流向关系 relation between well alignment and groundwater flow
井排与地形构造线关系 relation among well alignment and topography tectonic line
井旁测深曲线对比法 matching method with well side sounding curve
井旁地层倾角计算 dip calculations near borehole
井旁盲矿 blind orebody beside borehole
井喷 blowout;flowing of well;hole blow;well eruption;well shooting
井喷护罩 oil-well spray shield
井喷失火 blowout fire
井喷事件 well blowing out incident
井腔 well cavity
井清理(输送)机 pit sweeper
井区 bore field;well field
井区储罐 lease tank
井区配电系统 lease-distribution system
井区自动转输站 lease automatic custody transfer
井渠结合灌溉规划 conjunctive irrigation planning
井渠进水条件 water entering condition in wells and canals
井渠联灌 irrigation with well and ditch
井圈 curb [karb];curbstone;drum curb[karb];well curb[karb];well ring
井圈状 frustum
井泉 well spring
井群 battery of wells;concentrated wells;gang of wells;group of wells;row of wells;well field;well group
井群布置 grouping of wells
井群分布面积 distribution area of well group
井群干扰 well interference
井群互扰 interference of wells
井群排水 drainage by wells
井群系统 multiple well system
井群周边长度 perimeter of well group
井上工人 surface-man
井上女工 bal
井上亭子 well pavilion
井上下对照图 surface-underground contrast plan
井身 body of shaft;well bore;well shaft
井身半径 well radius
井身和大头尺寸 shaft and bell dimension
井身结构 casing program(me);well structure;well construction
井身扩大 wall cavitation
井身弯曲矫正 well straightening
井身直度自动记录仪 indenometer
井深 well depth
井深测绳 wire rope measuring
井渗流面积 well seepage area
井渗水面积 well seepage area
井式池窑 shaft tank furnace
井式船闸 shaft lock
井式顶棚 caissons;coffers;grid ceiling;lacunaria
井式基础 pit foundation
井式计数管 well-shaped counter
井式加热炉 pit furnace
井式楼盖 waffle slab floor;water slab
井式炉 shaft furnace;well furnace
井式炉膛 well type furnace
井式排气道 well vent
井式排水 well drain;absorbing drain
井式平顶 caissons;coffers;grid ceiling;lacunaria
井式气体渗碳电炉 pit-type gas carburizing electric(al) furnace
井式闪烁计数器 scintillation well counter;well scintillation counter
井式溢洪道 shaft spillway
井室 well chamber
井水 phreatic water;well water
井水采样 sampling of well water
井水动态 water regime(n) in well
井水动态观测 water behavio(u)r observation for well
井水供应 well water supply
井水灌溉 groundwater irrigation
井水过滤器 well screen;well strainer
井水含沙量 sand content of well water
井水加氯 chlorination of well
井水加氯消毒 chlorination of well
井水降落漏斗 well cone of influence
井水枯竭 well dry
井水漫顶 well flooding
井水水位 well water level
井水水源区 active zone of well
井水水质 well water quality
井水卫生 sanitation of well water
井水位过程线 well hydrograph
井水位曲线 well hydrograph
井水污染 well water pollution
井水消毒 disinfection of well water
井水影响漏斗 well cone of influence
井水源 well head
井水源保护 well-head protection
井水源保护区 well-head protection area
井水源保护区边界 well-head protection area boundary
井塌深度 position of cave-in
井塔 headgear;shaft headframe;shaft tower;winding tower
井台胶结凝合 well cementing
井探 test-pitting;costean(ing);shaft test;shallow shaft exploration
井探工程测量 underground prospecting engineering survey
井田 bore field;mine field;well field
井田构造 well field structure
井田勘探 mine field exploration
井田名 well field name
井亭 well house;well pavilion
井筒 pipe liner;pitshaft;shaft;vertical opening;well bore;well case;well casing;well pipe;well shaft
井筒半径 well radius
井筒测量 <测定井筒变形情况> shaft survey
井筒衬砌 mine shaft lining
井筒储存效应 effect of well-bore storage
井筒储存效应系数 well-bore storage coefficient
井筒的延伸 extension of the shaft
井筒断面尺寸 cross-sectional size of well table
井筒附近的储仓 shaft box
井筒附近的矿仓 shaft ore box
井筒隔间 shaft compartment
井筒工作面 <凿井时> pit bottom
井筒横梁 byat
井筒基础 cylindric(al) open caisson foundation;foundation on wells;hollow box foundation;open well foundation;shaft foundation;well foundation
井筒集水槽 garland;water ring
井筒结构 composition of shaft
井筒掘进 shaft excavation
井筒掘进炮眼组 shaft round
井筒开凿机 shaft-sinking machine;sinking machine
井筒滤管 well screen
井筒内横木梁 stemple
井筒内压力梯度 pressure gradient in tubing
井筒全截面掘进 full-bottom advance
井筒设备 pit gear
井筒十字中线标定 setting-out of cross line through shaft center[centre]
井筒式干燥机 cascade type drier[dryer]
井筒竖井 shaft well
井筒水泵设备 pitwork
井筒损坏比 well-bore damage ratio
井筒锁口盘 shaft collar
井筒梯子格 manway
井筒提水筒 water barrel
井筒下沉 sinking of cylindric(al) open caisson;well lowering;well sinking
井筒延伸测量 shaft-deepening survey
井筒延深 bating
井筒支护 <矿井的> mine shaft lining;shaft lining
井筒支架的倾斜 batice
井筒中心标定 setting-out shaft center [centre]
井筒中心炮眼 sumper
井筒状况 borehole condition
井筒钻进 mine shaft drilling
井筒钻凿 boring of shaft;shaft drilling
井头价格 well-head price
井头连接器 well-head connector
井头系统 well-head system
井外监工 bank(s)man
井网 well pattern
井网布置 pattern arrangement
井网控制面积 <为查明未来矿区地质水文条件的> area cover
井网密度 density of well spacing

井网死区 well pattern dead area
井围扩碎法 well fracturing
井位 drill site;location of(the)well;well location;well site
井位定线 alignment of well
井温测井 temperature log
井温测量 temperature survey
井温度 well temperature
井温计 well thermometer
井温仪 borehole thermometer
井温仪刻度值 temperature calibration value
井圬工 well masonry
井下U形燃烧器 downhole hairpin heat exchanger
井下摆 downhole pendulum
井下包体式应力计 borehole inclusion stressmeter
井下爆破 blast in borehole
井下爆破器 string shot
井下爆炸 well shooting
井下爆炸器 taw
井下泵 bottom-hole pump;downhole pump
井下采掘 underground mining
井下采煤区 underground coal mining district
井下彩电 downhole colo(u)r TV
井下测量 downhole measurement;underground survey(ing);well-measurement
井下测量数据 well figures
井下测量员 underground surveyor
井下测温仪 downhole temperature instrument
井下测站钉 spud
井下测震学 downhole seismometry
井下觇标 underground target
井下铲斗装载机 underground shovel
井下成套设备 downhole package
井下磁力防蜡器 magnetic anti-wax apparatus used in well
井下导线 underground traverse
井下导线测量 underground traversing
井下的 downhole
井下地球物理测井 downhole geophysical logging
井下地震计 borehole seismometer;downhole seismometer
井下地震仪 borehole seismograph
井下电动钻井 electric(al)bottom hole drilling
井下电热器 electric(al)well heater
井下电视 borehole televiewer;downhole television
井下电视段长度 length of TV under well
井下电视法 TV method under well
井下电视机 logging television
井下电视录像机 downhole TV camera
井下定向联系三角形 underground connecting triangle for shaft plumbing
井下发射 silo launch
井下发射设施 silo launch facility
井下发射试验设备 silo launch test facility
井下发射装置 silo launcher
井下防喷器 downhole blowout preventer
井下防水措施 measures of water prevention under the mine
井下放水 drainage in borehole
井下废石 deads
井下分段摄影法 underground stage plumbing
井下分段投影法 stage plumbing
井下分离器 downhole separator
井下封隔器 downhole packer
井下附属水泵 jackhead pump
井下高程测量 underground height measurement
井下工作 underground service
井下工作面以外的工作 back work
井下工作性能 downhole performance
井下固体取样器 downhole solid sampler
井下管理员 underground bailiff
井下机铲 underground shovel
井下记录 downhole logging
井下加速度计 borehole accelerometer;downhole accelerometer
井下加速度仪 downhole accelerograph
井下交叉风道 air crossing
井下接地 downhole ground
井下静力触探试验 downhole CPT [cone penetration test]
井下静态温度 static downhole temperature
井下开采 underground mining
井下开眼 under-ream(ing)
井下勘探 borehole survey(ing)
井下扩眼钻头 under-reamer
井下流量计 bottom-hole flow meter
井下录像机 downhole camera
井下密度测定仪 density logger
井下内燃无轨车辆 tunnel diesel locomotive
井下能量集聚装置 downhole energy gathering equipment
井下配车岔道 lay by(e)
井下平面控制测量 underground horizontal control survey
井下破碎机 underground crusher
井下取样 subsurface sampling;well sampling
井下取样泵 downhole sample pump
井下取样器 bottom-hole sampler;downhole sampler
井下三角高程测量 undershaft trigonometric level(l)ing
井下设备 downhole equipment
井下摄影剖面 photo profile in well
井下摄影剖面长度 profile length of photo taken in a well
井下摄影仪 borehole camera
井下事故次数 times of bottom hole accident
井下事故时间 bottom-hole accident time
井下试样 subsurface sample
井下水平控制测量 underground horizontal control survey
井下水准测量 undershaft level(l)ing
井下水准点 undershaft benchmark
井下隧道施工 underground tunnel(l)ing operation
井下台阵 downhole array
井下探水 water probing in well
井下条件 downhole condition
井下通风机 underground fan
井下通路 transportation road under shaft
井下挖掘机 underground excavator
井下瓦斯严重 outburst of gas
井下外因火灾 exogenous mine fire
井下温度 downhole temperature
井下温度记录仪 bottom-hole temperature recorder
井下巷道 roadway;underwork(ings)
井下消防站 fireman's cabin;fire station
井下斜井 inside slope
井下压风机 inbye compressor
井下压力 downhole pressure;underground pressure
井下压力计 subsurface pressure ga(u)ge
井下压力计空气浴 downhole pressure recorder hot air calibration bath
井下岩层 downhole formation
井下遥测技术 downhole telemetry
井下遥测系统 downhole telemetry system
井下液压式凿岩机 hydraulically powered underground drill
井下仪器规格 downhole instrument specification
井下用柴油机车 diesel underground locomotive
井下用装岩机 underground loader
井下用装载机 underground loader
井下油嘴 downhole choke
井下与露天采矿行业 pit and quarry industry
井下凿岩 underground drilling
井下照相机 downhole camera
井下振动锤 downhole hammer
井下装仓 underground bunkering
井下装载机 underground loader
井下自卸车 underground dumping car
井下钻进 downhole boring;downhole drilling;underground boring;underground drilling
井下钻进马达 downhole drilling motor
井下钻具 downhole equipment
井下作业 operation in the pit;underground works;underpit operation;workover and downhole operation
井下作业工具 tools for downhole operation
井下作业机械 underground machine
井下作业进口 underground service entry
井下作业时间 silo operating time
井下作业项目 jobs of downhole operation
井巷工程 mine works;sinking and driving engineering
井巷排水 drainage of mine works;shaft and tunnel drainage
井巷排水方法 shaft and tunnel drainage method
井巷突泥 bursting mud in mining tunnel
井巷维护 roadway maintenance
井巷注浆堵水 blocking water with grouting of shaft and mining lane
井效率 well efficiency
井斜 borehole inclination;hole deviation;well deflection
井斜变化率 deviation changing rate
井斜标准 well deflect standard
井斜测井 drift log(ging)
井斜测量 directional survey(ing)
井斜角 hole deviation angle
井斜数据列表 data table of inclination
井斜仪 drift meter;inclinometer;teleclinometer
井斜指示器 drift indicator
井形格床 two-way grillage
井形弦线 grid-type chord road
井型 type of shaft
井型方块 well-type block
井型计数器 well-type counter
井型甲板 well deck
井型闪烁计数器 well-type scintillation counter
井型闪烁晶体 well-type scintillation crystal
井穴 well cavity
井穴检验器 well checker
井穴检验人 well checker
井穴清洗 well cleaning
井压力 well pressure
井眼 borehole;drill hole;well bore
井眼半径 well radius
井眼补偿声波测井 borehole compensated sonic log
井眼补偿声波速度测井曲线 borehole compensated acoustic(al)velocity log curve
井眼补偿声速测井仪 borehole compensated acoustic(al)velocity logger
井眼的几何因子 borehole geometric(al)factor
井眼的损害 well-bore damage
井眼环形空间 hole coverage
井眼直径与钻头直径相近的井 near ga(u)ge hole
井眼直径与钻头直径相近的孔 near ga(u)ge hole
井眼中心线 center[centre] of borehole
井样 well sample
井液的胶凝强度 gel strength of drilling fluid
井液电阻率测井曲线 curve of liquid resistively logging in well
井影响范围 area of well influence
井影响面积 area of well influence
井涌量 amount of kick
井涌时间 kick time
井用气动手持式凿岩机 air sinker
井用气压泵 airlift well pump
井源 wellhead
井在燃烧 burning well
井窄 shaft well
井罩 pit covering
井中爆炸 hole shooting
井中充电法 borehole mise-a-la-masse method
井中充电法测井曲线 mise-a-la-masse method in borehole curve
井中出水量 water cut
井中磁测 magnetic survey in borehole
井中单分量磁测 single-component magnetic survey in borehole
井中单分量磁测连续记录曲线 continuous recording curve of single component magnetic survey in borehole
井中低频电磁法 borehole low-frequency electro-magnetic method
井中地面工作方式 borehole-surface mode
井中地震 borehole seismic prospecting
井中电磁波法 electromagnetic wave probing in borehole
井中电磁波法工作方式 variant of two borehole electromagnetic wave method
井中电磁波法交会图 borehole electromagnetic wave method crossing plot
井中电磁波法解释方法 interpretation method of borehole electromagnetic wave method
井中电磁波法类型 type of borehole electromagnetic wave method
井中电磁波法曲线 borehole electromagnetic wave method curve
井中电磁波法天线类型 type of antenna of borehole electromagnetic wave method
井中电磁法 borehole electro-magnetic method
井中电对比法 borehole electric(al) correlative method
井中电法 borehole electric(al)prospecting
井中电视 borehole televiewer
井中激发极化法 induced polarization

method in bore hole
井中井中工作方式 borehole-borehole mode
井中漏失区段 thief zone in a well
井中泥浆电阻率测定 mud log(ging)
井中三分量磁测 tri-component magnetic survey in borehole
井中水层厚度 water thickness in well
井中水样测氡法 determining radon method by water sample in hole
井中瞬变电磁法 borehole transient electro-magnetic method
井中物探方法名称 name of geophysical prospecting in borehole
井中重力 borehole gravimetry
井中重力测量 borehole gravity measurement
井中重力仪 borehole gravimeter
井中自然电场法 borehole self-potential method
井中自由水面无压 well in aquifer with free water surface
井状落水洞 well-shaped sink hole
井字格法 rectangular grid
井字格盒 slotted partition
井字梁 grillage beam
井字梁构造 beam and girder structure
井字梁结构 beam and girder construction
井字梁楼板 beam and girder floor; groined slab
井字码法 diagonal staggered pigeon hole packing
井字形堆垛法 pigsty stacking
井字形花纹 well crib pattern
井字形梁板 groin slab
井阻 well resistance
井组 battery of wells; gang of wells; well unit
井组出水量 yield of well group
井组取水 well group pumping
井钻 well drill
井最大产水率 well capacity

阱 trap

阱盖 area grating

肼【化】diamine; hydrazine

颈(凹)缩 neck

颈部 necking
颈槽 necking-groove
颈挂式传声器 lanyard microphone
颈喉 <英> crag
颈厚(电焊缝)throat thick
颈截面 throat area
颈圈 collar strap
颈缩 necking; necking down; striction <钢条接近拉断时的>
颈缩部分 necked section
颈缩路面 necking pavement
颈缩现象 necking phenomenon
颈缩效应 ink bottle effect
颈缩芯片 necked-down core
颈缩应变 striction strain
颈缩作用 necking-down action
颈弯饰 neck decoration
颈形水阀 swivel valve
颈轴承 neck-journal bearing

景德镇窑 Ching Te Chen kiln

景点 view spot
景点规划 site planning
景方向 depth direction
景观 landscape; landshaft; scenery; scenic overlooks
景观保持 protection of landscape
景观保护 landscape preservation; landscape protection
景观保护区 landscape preservation area; landscape protection area; landscape reservation
景观单位 landscape unit
景观单元 landscape cell
景观地球化学 geochemistry of landscape
景观地球化学流 landscape geochemical flow
景观地球化学区划 landscape geochemical regionalization
景观改造 landscape renovation
景观干扰 scenic-overlooks intrusion
景观工程 landscape engineering
景观工程师 landscape engineer
景观公园 landscape park
景观灌溉 landscape irrigation
景观广场 landscape square
景观规划 landscape plan(ning)
景观建筑师 landscape architect
景观建筑学 landscape architecture
景观角 angle of view
景观开发计划 landscape development plan
景观控制 aesthetic control
景观缆车 observation gondola
景观棱柱 landscape prism
景观绿化 landscape planting
景观略图 landscape sketch
景观美学 landscape aesthetics
景观评价 assessment of landscape; landscape evaluation
景观气候学 landscape climatology
景观区划 aesthetic zoning
景观设计 landscape design; landscaping
景观设计师 landscaper
景观生态系统 landscape ecosystem
景观生态学 landscape ecology
景观式办公室 landscaping office
景观式办公室布置 office landscape
景观水处理 landscape water treatment
景观特征 landscape characteristic; landscape feature
景观图 landscape map; landscape project
景观学 landscape esthetics
景观园艺 landscape gardening
景观园艺家 landscape gardener
景观园艺师 landscape gardener
景观栽植 landscape planting
景光保护 landscape conservation
景架式玻璃 picture framing glass
景架式舞台 picture-frame stage
景架式戏台 picture-frame stage
景空式舞台 picture-frame stage
景框式玻璃 picture framing glass
景框式戏台 picture-frame stage
景气 boom; good business condition; prosperity
景气变动 business cycle; trade cycle
景气动向调查 business survey
景气动向指数 diffusion index
景气计划 boom plan
景气年份 boom year
景气趋势及循环分析 business trend and cycle analysis
景气时期 boom period
景气市场 booming market
景气现象 bullishness
景气预测法 barometer methods
景色 landscape; lookout; outlook; prospect; scene(ry); view
景色亮度 scene bright
景色美丽的道路 aesthetic road
景色美丽的地区 aesthetic area; fine-sight district
景色设计 landscape design
景色眺望点 scenic vintage point
景色宜人的道路 scenic road
景色优美 wealth of views
景深 definition in depth; depth of field; depth of focus; depth of scene; range of focus setting
景深表 depth of field scale
景深层次 depth queuing
景深差别 depth difference
景深放大率 depth magnification
景深感(觉) depth perception; perception of depth
景深计算 depth of field calculation
景深鉴别 depth discrimination
景深鉴别力 appreciation of (difference in) depth
景深刻度 depth of field scale
景深前限 near limit of depth of field
景深清晰度 definition in depth; definition of depth
景深误差 error in depth
景深效果 impression of depth
景深移动 movement in depth
景深指示器 depth of field indicator
景泰蓝 cell enamel; cloisonne(enamel)
景泰蓝彩颜料 cloisonne pigment
景泰蓝瓷 porcelain with cloisonne enamel
景泰蓝装饰品 jewelry enamel
景物 photographic (al) field; scene(ry)
景物测试卡 scene chart
景物的清晰度 definition in depth
景物对比度 scene contrast
景物反差 object contrast
景物分析 scene analysis
景物亮度系数 object brightness coefficient
景物清晰度 scene bright; scene brightness
景物特征 object character
景像 image; scene; spectacle; vision
景像的多重性 multiplicity of image
景像分析 scene analysis
景像管 scenioscope
景像接收器 panadapter[panadaptor]
景像匹配 scene matching

警报 alarm signal; tocsin; warn(ing)

警报标准 alarm standard
警报的 warning
警报灯 alarm lamp; warning lamp; warning light
警报灯光 warning lighting
警报阀 alarm valve
警报蜂鸣器 warning buzzer; alarm buzzer
警报浮标 alarm buoy; alarm float
警报浮筒 alarm buoy; alarm float
警报号角 alarm horn
警报回路 alarm circuit
警报获悉 alarm acknowledged
警报记录 alarm logging
警报继电器 alarm relay
警报监测系统 alarm monitoring system
警报阶段 warning stage
警报接收机 warning receiver
警报开关 alarm switch
警报孔 telltale hole
警报喇叭 alarm horn
警报龙头 telltale cock; warning cock
警报牌 warning board
警报盘 alarm panel
警报汽笛 warning horn
警报器 alarm apparatus; alarm siren; annunciator; hooter; reverse warning alarm; signal alarm; siren(horn); telltale; warning horn
警报设备 alarm equipment
警报数据 alert data
警报水位 telltale water level; warning water level
警报通信[讯] warning communication
警报通信[讯]系统 alarm communication system
警报网 warning net
警报系统 alarm system; alert system; annunciator system; warning system
警报系统设计 design of alert system; plan of alert system
警报线路 alarm circuit
警报信号 alarm signal; signal alarm; signal alert; warning signal
警报信号灯 alarm light
警报信号器 alarm annunciator; alarm box
警报信号系统 alarm signal system; annunciator system
警报信号系统控制板 alarm switchboard
警报信号压力计 alarm manometer
警报信息 warning information
警报压力 alarm pressure
警报站 warning station
警报指示器 alarm indicator
警报装置 alarm box; alarm device; alarm equipment; alarming apparatus; alarm(ing) unit; alarm installation; warning device; warning system
警报装置电路 box circuit
警备车 prowl car; squad car
警标艇 beacon boat
警察 bluecoat; policeman; bull; cop <俚语>; constable <英>; constabulary <警察的总称>
警察队 platoon
警察分队 police contingent
警察局 police office; police station
警察派出所 station house
警察性机构 police
警察巡逻 police patrol
警察巡逻车 panda car; scout car
警车 cruiser; police car
警冲标 clearance post; fouling point indicator; fouling(point sign) post
警冲标内方【铁】inside of a fouling point; inside of a fouling post; inside of fouling point
警冲标外方【铁】outside of a fouling point; outside of a fouling post
警冲点 clearance point; fouling point
警冲点防护法 fouling point protection
警冲轨道电路 fouling rail circuit
警冲区段 fouling section
警冲铁条 clearance bar
警笛 alarm whistle; siren horn; warning horn
警笛组件 alarm horn assembly
警督 supervisor
警阀 warning valve
警告 admonition; alarm; give warning; monition; preception; warning (notice)
警告标 warning post
警告标灯 <筑路地点的> road beacon(for highway construction)
警告标志 caution sign; warning sign
警告表示 warning indication
警告的 cautionary; monitorial; monitory

警告灯 alarm light;caution light;danger light; warning lamp; warning light(ing)
警告电路 warning circuit
警告阀 alarm valve
警告阀簧 warning valve spring
警告反应时间 preception time-reaction
警告蜂鸣器 warning buzzer
警告服务 warding service
警告浮标 beacon buoy
警告符(号)warning character
警告火焰 flamboy
警告距离 warning distance
警告卡 warning card;caution card <发给司机、车长>
警告孔 warning port
警告牌 caution(notice)board;caution plate; danger board; notice board; warning board; warning card;warning notice
警告票(发给司机)caution ticket
警告旗 warning flag
警告闪(光警戒)灯 warning blinker
警告示像 warning aspect
警告书 follow-up letter
警告速度 caution speed
警告条件 warning condition
警告通知 warning notice
警告位置 caution position; warning position
警告系统 warning system
警告显示 caution position; warning indication;warning position
警告限 warning limit
警告信号 caution signal; warning; warning signal
警告信号灯 warning light
警告信号压力继电器 warning signal pressure relay
警告信息 warning message
警告性灯质 cautionary characteristic of light
警告悬条标(志)telltale
警告颜色 warning colo(u)r
警告者 warner
警告周期 warning period
警告装置 preventer; warning; warning device; warning indicator; warning system
警官 <英> constable
警棍 spontoon;lode <俚语>
警号 horn;warning sign
警号灯 warning lamp;warning light
警号龙头 telltale cock
警号气压计 alarm ga(u)ge
警监 commissioner
警戒 admonish; alert(ness); guard; lookout; outlook; precaution; security; vigil; vigilance; warn; watch(ing)
警戒按扣 vigilance push-button
警戒按钮 vigilance push-button
警戒标志 cautionary mark; caution notice;cordon mark;warning mark
警戒船 guard boat;warning ship
警戒的 precautionary;watchful
警戒灯 alarm light
警戒发射机 danger bearing transmitter
警戒反应 alarm response
警戒浮标 alarm buoy;alarm float
警戒管制 dim-out
警戒和警报系统 warning and alarm system
警戒级(别)alert level;warning level
警戒剂 warning agent
警戒舰 guard ship
警戒孔 batten <一组卡片的>;cordonnier
警戒控制系统 vigilance control system
警戒雷达站 spotter
警戒气 warning gas
警戒区(域)guard area;warning area;precautionary area; warning region
警戒圈 guard ring
警戒色 warning colo(u)ration;warning dye
警戒哨 piquet
警戒声呐 warning sonar
警戒时间 alert time
警戒水深 warning water depth
警戒水位 alarm stage; alarm water level;alert water level;danger line; warning stage;warning water level
警戒天线 alerting antenna
警戒艇 watch boat
警戒网 fence
警戒握紧环 vigilance grasp ring
警戒线 barrier line; cordon; danger(ous) line; fence; fense; warning line
警戒信号 tocsin;warning signal
警戒值 threshold value;warning value
警戒中心 warning center[centre]
警戒抓紧环 vigilance grasp ring
警戒装置 surveillance device
警觉时刻 alert time
警铃 alarm bell;call bell;sound alarm unit;warning bell
警铃标志 ring sign
警铃信号 alarm bell signal
警轮 warning wheel
警犬 caution, guard dogs
警水器 hydrostat
警司 superintendent
警惕 vigilance
警惕按钮 acknowledgement button; forestalling button; precautionary (push)button
警惕部件 acknowledging unit
警惕电路 acknowledging circuit
警惕继电器 acknowledging relay;forestalling relay
警惕接触器 acknowledging contactor
警惕开关 acknowledger switch; acknowledging switch; forestalling switch
警惕控制 deadman control
警惕控制装置 alertness control unit
警惕汽笛 acknowledging whistle
警惕器 acknowledger; forestalling unit
警惕手柄 acknowledgement lever; acknowledging contactor; acknowledging controller;acknowledging handle;acknowledging lever;deadman's handle;deadman's lever;forestalling handle;forestalling lever;monitoring lever;safety handle;vigilance lever
警惕踏板 deadman's pedal
警惕特征 deadman feature
警惕装置 acknowledging device;vigilance device
警惕装置离去测试 departure acknowledgment test
警卫岗 guard duty;guarding
警卫设备 guard facility
警卫室 brig; gatekeeper's house; guard chamber; guardhouse; guard room; hoos(e)gow; watchman's room;watch room
警卫宿舍 guard house
警卫用具 guarding equipment;guarding outfit
警卫员 bodyguard;watchman
警务车 radio car
警雾扩音器 megafog
警员 constable
警钟 alarm bell; fire alarm; tocsin; warning bell
警钟锤 clapper
警钟轭 bell yoke
警钟浮标 bell buoy;gong buoy
警钟曲柄 bell crank
警钟雾号 fog bell;fog gong
警钟摇动限制器 bell spring balance
警钟装置 bell rigging
警钟座 bell stand

净 <如净长,净重> in clear

净(坝顶)超高 net freeboard
净白铅 clear white lead;French white
净拌和(用)水(量)net mixing water
净保持量 net retention
净保费 net premium
净保护层 net protecting coating
净保留体积 net retention volume
净保险费总额 gross net premium
净暴露 net exposure
净暴露部位 net exposure position
净暴雨量 <形成径流部分的> net storm rain
净边路碾 clear-side roller
净边压路机 clear-side roller
净变 <交易所当日与前一日收盘价之差> net change
净变化 net change
净变现价值 net realizable value
净变现价值法 net realizable value method
净表面电荷 net surface charge
净部位 net position
净部位风险 net position risk
净材 clear lumber
净材积 <除去因缺陷而折减的材积> net scale
净材面锯切法 clean face cutting
净财产收入 net property income
净财产税 net wealth tax
净采光面积 net aperture area
净残值 <指海难后的残货值> net salvage
净苍黄色 clear pale yellow
净舱专用船 tank-cleaning vessel
净侧限压力 net confining pressure
净差额 net balance
净掺杂 net doping
净产出 net output;yield net
净产出率 rate of net output
净产冷量 net refrigerating effect
净产量 net output; net production; net yield
净产量系数 net yield coefficient
净产品 net product
净产值 net output value;net production value;net value of production
净长波辐照度 net longwave irradiance
净长度 clear length
净超高 net freeboard;flood freeboard
净超荷载 net load increment
净超载荷 net load increment
净车间时距 clear headway
净沉淀 plain sedimentation
净沉积量 net deposition;net sedimentation
净沉降(量)net settlement
净成本 flat cost;net cost;pure cost; bare cost
净成本账户 net cost account
净尺 net scale
净尺寸 clear dimension;dressed size; neat size;net size;size in the clear
净冲刷量 net scour
净抽气量 net extraction
净出 cleared-out
净出口 net export
净出口国 net exporter
净出口者 net exporter
净出力 net output
净出水高度 net freeboard
净出水量 net output
净初级生产力 net primary productivity
净储藏量 net reserves
净储蓄 net savings
净纯模塑 mo(u)lded net
净纯石膏灰泥 gypsum neat plaster
净慈寺 <杭州> Monastery of Pure Compassion
净存货 net inventory
净存量 net stock
净存置 net stock
净带 raw tape
净带器 belt cleaner
净贷款 net lending
净单方转让 net unilateral transfer
净单位燃料消耗量 brake specific fuel consumption
净当前值 net present value
净到岸价格 cost, insurance and freight net
净得 clean yield;net proceeds
净登记吨 net registered ton
净登记吨位 net registered tonnage
净地板 wearing floor
净地面辐射 net terrestrial radiation
净地球辐射表 net pyrgeometer
净第一性气体生产 net primary aerial production
净第一性生产 net primary production
净电功率 net electric(al)power
净电荷 net charge
净电抗 net reactance
净电力 net power
净电流 net current
净动力 net power
净冻结冷藏容积 net freezer refrigerated volume
净度 cleanliness;cleanliness grade
净短波辐照度 net shortwave irradiance
净断面 clearing section; inner cross-section; net section; clear opening <管道的>
净断面尺寸 clearing section size
净断面(面)积 net(cross-)section(al)area
净堆反应性 clean reactivity
净堆芯 clean core
净吨 <即短吨或美吨,相当于2000磅或907.2千克> net ton; deadweight ton;net registered ton
净吨公里 net ton kilometer[kilometre]
净吨位 net registered tonnage
净多头部位 net long position
净额 net amount
净额表示 stating the facts net
净额成交量 on balance volume
净额交易 netting
净额与毛额 net and gross
净额预算 net budget
净额总计 net aggregate
净二氧化碳交换 net carbon dioxide exchange
净二氧化碳同化 net carbon dioxide assimilation
净发电量 net electric(al)generation; net generation
净发股本 outstanding capital stock
净发股票 outstanding capital stock; shares outstanding
净发热量 net calorific power;net cal-

orific value;net heating value
净发热值 net calorific power;net calorific value;net heating value
净发行额 net issues
净发行股本 capital stock outstanding
净反应 net reaction
净非饱和增益 net unsaturated gain
净非现金 net non-cash
净费率 net premium rate
净费用效益 net cost benefit
净分摊额 net contribution
净峰态流量 net peak discharge;net peak flow
净浮力 net buoyancy
净辐射 net radiation
净辐射辐照度 net irradiance
净辐射计 net radiometer
净辐射率 net radiance
净辐射强度 net radiance
净辐射仪 net radiometer
净付款 net settlement
净负表面电荷 net negative surface charge
净负电荷 net negative charge
净负荷 dead load;net load
净负载 dead load;net load
净负债 net indebtedness;net obligation
净干 net dry weight
净干舷 <船舶> net freeboard
净干重 net dry weight
净高 clearance height;clear headroom;clear headway;clear height;headway;height clearance;in the clear;vertical clearance;clearance headway <桥下的>
净高峰流量 net peak flow
净高高度 <隧道桥梁等上方的> headroom
净高空 headway
净高控制区 zone of height limitation
净更替 net replacement
净工地面积 net site area
净工时 net operating hour
净公差 net tolerance
净功 net work
净功率 <带全部附件的> net(horse) power;net feed-drive power
净供水量累积曲线 Ripple diagram
净购入 net purchase
净管机 pipe cleaner
净管器 pipe cleaner
净灌溉率 net duty of water
净灌溉水 net duty of water
净灌溉需水量 net irrigation requirement;net duty of water
净灌水定额 net duty of water
净规格料 sized lumber
净轨器 rail cleaner
净国际清算平衡值 net foreign balance
净国外投资 net foreign investment
净耗量 net consumptive requirement
净耗热量 net heat
净耗热率 net heat rate
净耗水量 net consumptive requirement
净荷载 dead load;net load;payload
净荷载强度 net loading intensity;net loading strength
净横断面 clear cross-section
净横断面面积 net cross-section(al) area
净洪峰流量 net peak flow
净花费 net cost
净花费值 net spendable
净化 abstersion;clarificate;clarify;cleanse;cleansing;clean-up;decontaminate;decontamination;defecation;depurate;purage;purge;purify(ing);rectification;rectify;scavenge;scavenging
净化泵 self-fractionating pump
净化比 purification ratio
净化材料 scavenging material
净化操作 purification run
净化(操作)台 clean bench
净化槽 clarifier;purification tank;purifying tank
净化常数 purification constant
净化厂 clarification plant;purification plant
净化场 purification plant;sweeping field
净化车间 cleaning shop
净化城市河流环境 clean urban river environment
净化程度 degree of clarification;degree of cleaning;degree of purification
净化程序 decontamination procedure
净化池 clarification basin;clarification bed;clarification tank;clarifier-tank;clarifying tank;purification plant;purification tank;purifying pond;purifying tank;sludge extractor;treating pond;water purifying tank
净化处理 purification treatment
净化处理设备 treating plant
净化的 depurative;refined;smectic
净化的废水 clarified wastewater
净化的空气 purified air
净化电路 clean circuit
净化度 degree of clarification;degree of purification
净化发生炉煤气 clean producer gas
净化法 cleaning;clean-up method;method of purification;purification(method);purifying method
净化方法 purification method;purification process
净化费用 clean-up cost
净化分离设备 separating equipment for purification
净化干燥器 puridryer
净化工厂 purification plant
净化工段 purification section
净化工艺 clean-up process
净化工作台 clean bench
净化工作站 clean work station
净化构筑物 structure for water purification
净化罐 purification can
净化过程 process of purification;purging process
净化过的污水 clarified sewage
净化后的废水 settled wastewater
净化滑石粉 purified talc
净化还原联合操作 combination purification-reduction run
净化活动 clean-up activity
净化机理 purification mechanism
净化技术 cleaner technology;purification technique
净化剂 decontaminant;decontaminated agent;decontaminating agent;depurant;depurative;depurator;fining agent;purifying agent;scavenger;scavenging agent
净化剂储罐 cleanser drum;cleansing agent tank
净化剂注入器 cleanser injector
净化剂贮罐 depurant tank
净化空气 cleaner air
净化空气出口 clean air outlet
净化空气的集管 header for cleaned air
净化空气总管 clean air manifold
净化离心机 clarifying centrifuge
净化力 detergency[detergence]
净化联锁装置 purge interlock
净化量 purification amount;purified vector
净化流程 purification process
净化炉装置 assembly of purification furnace
净化滤池 decontamination filter
净化率 purification ratio
净化煤气 clean gas
净化煤液化废水 treating coal liquefaction wastewater
净化能力 purification capacity;purifying capacity
净化气出口 clean gas outlet
净化气体 cleaned gas;purge gas;purified gas
净化气体含尘量 cleaned gas dust content
净化器 cleaning cartridge;cleaning cell;deconcentrator;decontaminating apparatus;depurant;depurator;purger;purifier;separator;water purifier
净化器具 alembic
净化区 clean space;decontamination area <对人员、设备进行的>
净化去油剂 clearing and degreasing compound
净化溶液 purified solution
净化设备 cleaning equipment;decontaminating equipment;purification device;purification plant;purifying device;treating equipment
净化时间 purging time
净化室 clean room;decontamination chamber;white room
净化水 clarified water;purification water;purified water;treated water
净化水厂 water-purification plant
净化水出口 treated water outlet
净化水建筑物 structures for water purification
净化水汽车 water purification vehicle
净化速度 rate of purification
净化速率 purification rate
净化塔 clarifying tower;purification tower;purifying column;scavenging tower
净化塘 purification pond;purifying pond
净化脱矿质器 purification demineralizer
净化脱脂槽 predunk tank
净化污水 clarified effluent;sewage effluent
净化系数 coefficient of purification;decontamination factor;purification coefficient
净化系统 clarification system;decontamination system;purge recovery system;purification system;water purification system
净化纤维 mountain flax
净化箱 purifying box
净化向量 purified vector
净化效果 cleaning effect;clean-up effect;detergent effect;purifying effect
净化效率 cleaning efficiency;purification efficiency
净化循环 decontamination cycle
净化仪器 purifying apparatus
净化因数 decontamination factor
净化油 detergent oil
净化蒸馏塔 purification column
净化指标 clearing index;decontamination index
净化指数 clearing index;decontamination index;purification index
净化中心 decontamination center[centre]
净化柱 decontaminating column
净化装置 decontamination device;decontamination plant;depurator;purification equipment;purification plant;purifier;purifying device;purifying unit;reconditioner
净化作用 clarification;depuration;purification;clean-up effect;detergency[detergence]
净灰浆 neat plaster
净回归系数 partial regression coefficient
净货 clean cargo;fine cargo
净积累 net accumulation
净极限承载力 net ultimate bearing capacity
净计重量 net weigher
净加荷强度 net loading intensity
净加价 net mark-up
净加热速率 net rate of heating
净价 net(back) price
净价包销合同 net sale contract
净价法 net price method
净间接税 net indirect tax
净间距 clear spacing;net spacing
净建筑面积 net floor area
净浆 neat plaster
净浆浆体水泥 paste
净降落量 net precipitation
净降水量 net precipitation;net rainfall
净降雨量 net precipitation;net rainfall
净焦比 net coke ratio
净焦点 static focus
净接地面积 net contact area
净接受者 net receiver
净结果 net result
净截留损失量 net interception loss
净截面 internal cross-section;net (cross-) section;effective section <指钢筋混凝土梁拉力钢筋中心至受压面之间的断面>
净截面(面)积 effective cross-section(al) area;net cross-section(al) area
净进口 net import
净进口国 net importer
净进水量 <进入饱和区的水量> net intake
净进水总量 total net inflow volume
净经营收入 net operating income
净净重 net-net weight
净居住面积 net residential area
净距(离) clear distance;clear spacing;in clear;net distance;clearance (distance);gabarite;in the clear
净距自动传感器 automatic clearance sensing
净聚苯乙烯 unmodified polystyrene
净开挖量 net cut
净开挖线 neat line
净可靠能力 net dependable capacity
净可用水头 available net head;net available head
净空 clearance (limit);clear distance;clear headroom;clear headway;clear mesh;clear opening;free board;interspace;in the clear;limiting dimension;opening;overhead clearance;spacing;head room
净空半径 clearance radius
净空标 clearance marker
净空标志 clearance marker
净空测定车 clearance testing car
净空长度 net clearance length
净空尺寸 clearance size;size of gabarit

净空带 clear zone
净空道 <机场跑道端外> clearway
净空灯 clearance lamp; clearance light
净空高 clear head;flee height
净空高度 clearance height; clear headway; free head room; free height; headroom; overhead clearance;in the clear;headway <楼梯等>
净空规 clearance ga(u)ge
净空间 clear space
净空间距 clearance distance
净空检查车 clearance testing car
净空界线 clearance limit
净空界限 clearance limit; clearance notice;gabarite
净空界限测量 clearance limit measurement;clearance limit survey
净空空间 clear space;headroom
净空跨度 clear span
净空宽度 clearance width
净空气生产量 net aerial production
净空区测量 clearance limit survey
净空损失 clearance loss
净空条件 obstruction clearance criterion
净空头部位 net short position
净空图 clearance diagram
净空显示牌 clearance indicator
净空显示器 clearance indicator
净空线 clearance line
净空限制 clearance limitation; clearance restriction
净空限制标 limited clearance sign
净空限制面 obstacle limitation surface
净空直径 clearance diameter
净孔 clear opening;clear span
净跨(度) clearance of span; clear spalling;clear span;span clearance; clear space
净跨帐篷 clear span tent
净宽(度) clear(ing) width; clear opening;clear span;horizontal clearance; inner width; in the clear; width in the clear
净亏(损) dead loss; net deficiency; net loss
净亏损额 dead loss; net deficiency; net loss
净拉应力 net tensile stress
净来水(总)量 net inflow volume;total net inflow volume
净力 net effort;net force
净力矩 net torque
净利 net earnings; net income after taxes;net interest;net margin
净利比率 ratio of net profit
净利的分配 income apportionment
净利对净值的比率 ratio of net profit to net worth
净利对净值之比 net profit to net worth ratio
净利核正 net income correction
净利计算不实 net income distortion
净利润 neat profit; retained profit; clear profit;net profit;pure profit
净利润的处理 disposition of net profit
净利润的分配 distribution of net profit;division of net profit
净利润对资本比率 ratio of net profit to capital
净利润分配额 net profit quota
净利润率 net profit rate; profit margin
净利润再投资 reinvest profit
净利息 net interest
净利益 net advantage;net benefit;net gain

净利与净销售额比率分析 ratio analysis of net profits to net sales
净励磁 net excitation
净料 clean material;free stuff;plain
净流 net flow
净流动资产 net current assets
净流动资金 net current capital
净流量 net discharge;net flow
净流入量 net inflow volume
净楼板面积 superficial floor area
净马力 net horsepower
净毛机 whipper
净毛量 wool yield
净毛率 wool yield
净毛重量 clean-fleece weight
净煤 cleaned coal
净煤气 purified gas
净密度 net density
净面 clear face
净面边材 bright sap
净面钢 rimmed steel
净面积 clear area;free area;neat area;net area
净面积的 net areal
净面刨 thumb plane
净面树材 bright sap
净磨耗 net wear
净内容积 <集装箱的> unobstructed capacity
净能 net energy
净能比 net energy ratio
净能量 net energy
净能量分析 net energy analysis
净浓度 net concentration
净赔款成本 pre claim cost
净皮重 net tare
净片玻璃 clear glass;clear sheet
净平差 net adjustment
净企业储蓄 net business savings
净企业形成个数 net business formation
净气 net gas;pure oxygen
净气百叶窗 fresh-air louvers; fresh louver[louvre]
净气道 fresh-air flue
净气风扇 fresh-air fan;gas purifier fan
净气供暖 fresh-air heating supply
净气供应 fresh-air supply; fresh gas supply
净气管 fresh-air duct;fresh-air flue
净气进口 back vent; fresh-air inlet; fresh-air intake
净气门扇 fresh fan
净气器 air washer; gas cleaner; gas scrubber;gas washer
净气器风扇 gas purifier fan
净气装置 air washer
净迁移 <人口的> net migration
净牵引力 net tractive effort
净切边 clear cutting
净切削 clean-cut
净清偿差额 net liquidity balance
净取水率 net duty of water
净全辐射表 net pyrradiometer
净全辐照度 net total irradiance
净缺电量 net deficiency
净群落生产量 net community productivity
净热 net heat
净热耗 net heat consumption
净热交换 net heat exchange;net heat transfer
净热率 net heat rate
净热效率 net thermal efficiency
净热值 low(er) heat(ing) value;net heating power;net heating value
净日数 clear days
净容积 absolute volume; net capacity;net volume
净容量 net capacity

净容许承载力 allowable net bearing pressure;net safe bearing capacity
净入流量 net inflow volume
净入流总量 total net inflow volume
净塞 clean-out cock
净砂 clean sand;washed sand
净栅 clean lattice
净身盆 bidet
净身盆间 bidet closet
净身室 bidet
净生产额 net product
净生产量的总价值 aggregate value of net output
净生产率 net productivity
净剩余能量 net energy balance
净施主浓度 net donor concentration
净石膏灰 gypsum cement plaster; gypsum neat plaster
净石灰 neat lime
净实马力 dynamic(al) horsepower
净实重 net dry weight
净室损失 clearance loss
净收获 net produce
净收款额 net proceeds
净收入 clear income;net earnings;net income;net proceeds;net receipt
净收入按比例分成 proportional share-cropping of net income
净收入的处理 disposition of net earnings;disposition of net income
净收入的实现 realization of net income
净收入对在外股票比率 ratio of net income to outstanding stock
净收入分成制 system of share-cropping of net income
净收入分配 disposition of net income
净收入分配计算表 statement of appropriation of net income
净收入量 net income;net revenue
净收入率 net income ratio
净收入与销货净额比率 net income to net sales;ratio of net income to net sales
净收往年减除数 deductions from net income
净收益 net benefit; net earning; net proceeds
净收益比率 net income ratio
净收益的处理 disposition of net earnings
净收益度 netness
净收益对股息比率 ratio of net earnings to dividend
净收益对普通股息比率 dividend cover
净收益对现发股本比率 ratio of net income to outstanding stock
净收益对销售比率 ratio of net income to net sales
净收益对资本净值比率 ratio of net income to net worth
净收益对资本总额比率 ratio of net income to total assets
净收益额 net gain
净收益分配 disposition of net income
净收益分配表 statement of appropriation of net income
净收益估值法 net income approach
净收益栏 bottom line
净收益率 net income ratio;net yield
净收益贴现值对成本比率 ratio of discounted net benefit to cost
净收益现值 net benefit in present value
净收益中扣除数 deduction from net income
净收支不平衡 net budget imbalance
净受主浓度 net acceptor concentration

净输出功率 net output;net power
净输出量 net output
净输沙率 net transport rate
净输送 net transport
净树脂 straight resin;unmodified resin
净数 net amount
净衰耗 net attenuation
净衰耗测量 overall attenuation measurement
净衰耗频率特性测量 net loss frequency measure
净衰减 net loss;receiving attenuation
净衰减测量 overall attenuation measurement
净衰减量 net attenuation;overall attenuation
净水 ablution;clean water;clear water;pure water;purification water; purified water
净水槽 water purifying tank
净水厂 clarification plant;filter plant; filtration plant; purification plant; treatment plant; water purification plant; water purification station; water treatment plant
净水池 clear water basin;clear water reservoir; clear water tank; pure water reservoir;purifying pond;purifying tank;sediment detention basin;tumble bay;water apron;water purifying tank
净水处理 water treatment
净水处理厂 water treatment works
净水处理工程 water treatment works
净水处理器 water treatment tank
净水道 clear waterway
净水对策 clean water strategy
净水法 method of water purification; water purification
净水工厂 purification plant; water purification works; water purification plant
净水工程 purification works; water purification works
净水供应 clean-water supply
净水构筑物 clarification equipment; clarification structure; purification structure;structure for water purification; water purification structure
净水过程 purification process;water purification process
净水灰比 net water cement ratio
净水集水道 purified water gallery
净水剂 purifying agent; water purification agent
净水流送的 floated bright
净水泥 neat cement;plain cement
净水泥浆 neat cement grout;neat cement mortar; neat cement paste; neat cement slurry;neat paste;slurry of neat cement
净水泥胶浆 neat cement paste
净水泥软膏 neat cement paste
净水泥砂浆 neat cement mortar
净水平压力 net horizontal pressure
净水器 treater;water clarifier;water cleaner; water conditioner; water purifier;water purifying apparatus
净水渠 clarified water channel
净水设备 purification equipment;water purification unit; water purifying apparatus
净水石笼 water purifying stone-cage
净水所 water treatment plant
净水头 net(pressure)head
净水系统 water purification system
净水箱 purified water tank;water purifying box

净水型护岸技术 water purifying revetment technology
净水性能 water purifying performance
净水修复法令 Clean Water Restoration Act
净水运输 conveyance of purified water
净水站 purification plant
净水装置 purifier; purifying device; purifying unit
净税率 net rate of tax
净税人 net proceeds
净税收 net earnings; net income; net proceeds; net revenue
净速流动资产额 net quick assets
净速率 net rate
净损(耗) net loss
净损失 net loss
净损益 net income and loss
净所得 net earnings; net income; net proceeds; net revenue
净太阳辐射 net solar radiation
净体积 absolute volume; net volume
净填方量 net fill
净贴水 net premium
净停留时间 net retention time
净停留体积 net retention volume
净通量 net flux
净同化 net assimilation
净同化率 net assimilation rate
净投资(额) net investment
净土机 clay cleaner
净土收获率 clay yield
净推力 net thrust
净挖方量 net cut
净外汇部位 net exchange position
净外汇流量 amount of net foreign exchange
净外汇效果 net foreign exchange gains
净外汇余额情况 net exchange position
净弯矩 net moment
净位移 net displacement
净污染者 net donator; net polluter
净污水串通 cross connection
净吸附试验 <测定沥青在细集料上黏[粘]附性能的试验方法> net adsorption test
净吸入扬程 net positive suction head
净吸收量 net absorption; net retention
净吸水高度 net positive suction head
净吸水头 net positive suction head
净吸水扬程 net positive suction head
净吸引压头 net positive suction head
净息 net interest
净现金 net cash
净现金价 net cash price
净现金流量 amount of net cash flow; net cash flow
净现金流量现值 realizable value of net cash flow
净现金投资 net cash investment
净现值 net present value; net present worth
净现值法 net present requirement; net present value method; net present worth method
净现值率 rate of net present value
净现值模型 net present value model
净现值指数 net present value ratio
净相关 net correlation
净相关系数 net correlation coefficient; partial correlation coefficient
净向流 net current
净像片尺寸 net photo size
净消耗用水 net consumptive use of water
净消蚀量 net ablation
净销价 net sales
净销售额对应收款项比率 ratio of net sales to receivables
净销售额对资本净值比率 ratio of net sales to net worth
净销售额与流动资本净额比率分析 ratio analysis of net sales to net working capital
净效率 net efficiency
净效益 net benefit; net contribution
净效益流量 net benefit flow
净效应 net effect
净效用 net utility
净需水量 farm delivery requirement; net water requirement
净压力 fine pressure; net pressure
净压头 net pressure head
净压载水泵 clean ballast pump
净沿岸漂沙(量) net littoral drift
净扬程 net head; net lift
净移民量 net migration
净翼展 clear span
净英寸 <1 英寸 = 0.0254 米> inside measurement
净英吨 <1 英吨 = 1016.0 千克> net long ton
净盈利 net earning
净盈余 net surplus
净盈余观念 clean surplus concept
净盈余占用 appropriation of net income
净营业面积 net sales area
净营业收益 net operating earning
净营业收益估值法 net operating income approach
净营运资本周转率 net working capital turnover
净营运资产 net working assets
净营运资金 net working capital
净用水量 net duty of water; net water consumption
净用水率 net duty of water
净油 neat oil
净油池 oil clarifier; oil purifier; oil reclaimer; oil refiner
净油机 purifier
净油机排水泵 sludge pump
净油器 oil clarifier; oil cleaner; oil purifier; oil reclaimer; oil refiner
净油烟机 oil and smoke cleaner
净有效报酬率 net effective interest rate; net effective yield
净有效定子磁场通量 net effective stator field flux
净有效负载 final payload
净有效水头 available net head; net available head; net effective head
净有效转子磁场通量 net effective rotor field flux
净余 remainder; surplus
净余额 net balance
净雨 pure rain
净雨过程线 effective rainfall hydrograph
净雨量 effective rainfall; net (effective) rainfall
净雨率 intensity of effective rainfall
净雨强度 intensity of effective rainfall
净预见期 warning time
净预算 net budgeting
净圆孔 <螺栓孔的> clearance hole
净运费 net freight
净运费保险 net freight insurance
净运费契约 net freight contract
净运费租船契约 net charter
净运费租船条款 net charter terms
净运量 net traffic
净运输量 net traffic
净运送吨英里 <1 英里 = 1609.34 米> net ton-mile carried
净运送量 net transport
净运用资本周转率 turnover of net working capital
净运用资金率 net working capital ratio
净载荷 net load
净载货吨位 net capacity
净载流量 net retention
净载容量 net tonnage
净载重 net load
净载重吨位 <船舶> deadweight tonnage
净载重量 cargo deadweight; net capacity; useful deadweight; payload capacity
净载重能力 payload capacity
净再生产比率 net reproductive ratio
净再生产率 net reproduction rate
净凿岩速度 net drilling rate
净噪器 noise killer
净增长量 net growth
净增荷载 excess load; net load increment <箱基底面上的>
净增加 net increase
净增价百分率 net mark-up percentage
净增益 net gain
净增载荷 net load increment
净增值 net value added
净增重 net gain
净占地面积 net site area
净账面值 net book value
净折旧额 net of depreciation
净振幅 net amplitude
净蒸发率 net evapo(u)ration rate
净正吸升水头 net positive head
净正吸水头 net positive suction head
净(正)吸引压头试验 net positive suction head test
净支出 net disbursement
净值 clear amount; net amount; net price; net value; net worth
净值的盈利 return of net worth
净值对负债总额的比率 ratio of net worth to total debt
净值对资产总额比率 ratio of net worth to total capital
净值估价法 equity method of valuation
净值交易事项 equity transaction
净值利润率 profit ratio of net worth
净值收益(率) return on net worth
净值条款 net value clause
净值账户 net worth account
净值周转率 net worth turnover ratio; turnover rate; turnover ratio of net worth
净值总额 total net worth
净职工流动率 net turnover
净植物性生产 net primary production
净制动率 net braking ratio
净制冷量 net refrigerating effect; refrigerating net capacity
净终端价值 net terminal value
净重 actual weight; bare weight; deadweight; dry weight; empty weight; net weight; sheer weight; suttle weight
净重的 suttle
净重吨公里对总重吨公里百分率 percentage of net ton kilometres to gross ton kilometers
净重吨公里数 net ton kilometers
净重吨数 net tonnage
净重吨位 <船舶净载重货容积吨> net tonnage
净重公斤数 kilogram net weight
净重货运密度 net ton-kilometers per kilometer of line
净重条件 net weight terms
净周转率 net turnover rate
净周转资金 net working capital
净注册吨位 net registered tonnage
净赚 clean-up; net earning
净装船时间 net loading time
净装卸率 net crane rate
净装载吨数 net tonnage
净装载能力 net load capacity
净资本 net capital
净资本对债务比率 net capital to debt ratio
净资本额 net capital
净资本构成 net turnover formation
净资产 net assets
净资产值 net assets value
净自留额部分条款 net retained lines clause
净自留责任额 net line
净自由准备金 net free reserves
净自由准备净额 net free reserves
净总日射表 net pyranometer
净总值 net amount
净租船 <船方除航运外，不负担一切港务装卸费用> net charter
净租费 net rental
净租金 net rental
净租赁 <即承租人担负一切税捐费用的租赁契约> net lease; net charter
净租条件 <指租船> net terms
净租约 <房产税、保险、维修费等均由承租人负担> net lease
净阻力 net resistance
净钻率 net drilling rate
净作用力 bet effort; net effort

弪

弪 <弧度法的角度单位，约等于 57°17′44.8″> radian

径

径差补偿 radius compensation

径点互射影 diametric(al) projection
径分级 radial sector
径高比 ratio of diameter to high
径管接头 nipple
径厚比 radius-thickness ratio
径迹 path line; spur; track
径迹长度 track length
径迹电位计 rack potentiometer
径迹放射自显影 track autoradiography
径迹分析 track analysis
径迹老化 track ag(e)ing
径迹密度等值图 contour map of track density
径迹密度平剖图 profile on plane of track density
径迹密度值 density value of track
径迹敏感靶 track-sensitive target
径迹起点 track origin
径迹扫描仪型号 track scanning meter model
径迹深度 dip of the track
径迹蚀刻 track etching
径迹蚀刻分析(法) track etching analysis
径迹蚀刻剂量计 track etching dosimeter
径迹室 track chamber
径迹探测器材料 material of track detector
径迹探测器临界角 critical angle of track detector
径迹探测器阈值 threshold value of track detector
径迹图 ichography
径迹退火 track annealing
径迹褪化 track fading
径迹中的径迹 track-in-track
径迹总体 track population

径级择伐 diameter limit
径节 diameter pitch;diametral pitch;diametric(al)pitch
径节齿轮 pitch gear
径节放度 diameter enlargement
径节距 tooth diametral pitch
径节螺纹 pitch thread
径节螺纹级数 number of diametral pitch thread
径节系统 diametral pitch system
径节制 diametral system;pitch system
径截 quarter sawing;quarter-sawn
径截板 edge-grained lumber
径截纹 silver grain
径径比<土工试验中试件直径与最大粒径之比> size ratio
径距<齿轮的> diametral pitch
径锯 quarter-cut;quartered
径锯材 quarter-sawed lumber; rift-sawed lumber
径锯的 half quarter cut
径锯面 quarter-sawn; quarter surface;radial longitudinal section;radial cut
径锯木材 edge-grained lumber
径开木料 edge-grained lumber
径联系数 path coefficient
径裂 cross shake;radial shake
径裂节 star-checked knot
径裂条 trabecula[复 trabeculae]
径流 drain;flow off;radial flow;runoff(flow);runoff of water;surface flow;water runoff
径流百分数 runoff percentage
径流泵 radial-flow pump; runoff pump
径流变率 variability of runoff
径流变异性 variability of runoff
径流补给源 source of runoff
径流测定 measurement of flow through; measurement of run off; runoff measurement
径流测量 runoff measurement
径流场 runoff plat
径流成分 flow component
径流成因公式 genetic(al)runoff formula
径流冲失 runoff impact erosion
径流出现以前的降水 initial precipitation
径流出现以前的降雨 initial rain(fall)
径流带长度 length of runoff zone
径流带宽度 width of runoff zone
径流带强度 intensity of runoff zone
径流带深度 depth of runoff zone
径流带条数 number of runoff zone
径流等值线图 runoff map
径流电站 plant without storage
径流动力学 runoff dynamics
径流对土壤的冲刷 the washing away of soil by moving water
径流反应 runoff-measuring flume
径流分布 runoff distribution
径流分布曲线 runoff distribution curve
径流分布图 runoff map
径流分割 flow separation;runoff separation
径流分配 runoff distribution
径流分配曲线 runoff distribution curve
径流分析 runoff analysis
径流峰值 peak rate of runoff; peak runoff
径流高度 height of runoff
径流公式 runoff formula
径流估算推理方法 rational method of runoff estimates
径流过程 runoff process
径流过程线 runoff hydrograph
径流过程线分割 separation of runoff hydrograph
径流和渗漏 runoff and seepage
径流和土壤流失 runoff and soil loss
径流湖 drainage lake
径流汇集 accumulation of runoff
径流积分曲线 integral flow curve;integrated flow curve;mass diagram;runoff mass curve
径流计算 runoff calculation; runoff computation
径流计算推理法 rational method of runoff calculation
径流减速系数 runoff retardance coefficient
径流控制 stream-flow control
径流来源 runoff source; sources of runoff
径流累积量 runoff detention
径流累积曲线 integral flow curve;integrated flow curve; runoff mass curve
径流累积曲线图 mass diagram of runoff
径流累积图 mass diagram of runoff
径流累计曲线 mass runoff curve; runoff curve
径流理论公式 rational runoff formula
径流历时 flow duration
径流利用系数 runoff utilization factor;utilization factor of runoff
径流量 amount of runoff; runoff amount;runoff capacity
径流量计算公式 runoff formula
径流流量 rate of runoff
径流流入量 runoff inflow volume
径流率<指单位面积上的流量> factor of runoff; modulus of runoff; percentage of runoff; rate of runoff; ratio of runoff; runoff rate; modulus of flow
径流密度 density of runoff
径流面 runoff surface
径流面积 runoff area
径流模比系数 rate of modulus variation
径流模量 modulus of flow
径流模拟 flow simulation
径流模数 modulus of flow;modulus of runoff;rate of runoff;ratio of flow to mean flow; runoff modulus; specific discharge flow;specific modulus;specific runoff;unit runoff
径流模型 runoff model
径流泥沙关系 runoff-sediment relationship
径流泥沙关系曲线 runoff-sediment relationship curve
径流年变化 annual variation of runoff;yearly variation of runoff
径流年内分配 annual distribution of runoff
径流频率资料 runoff-frequency data; runoff-frequency information
径流期曲线的横坐标值 abscissa value of flow-duration curve
径流强度 runoff intensity;runoff rate
径流侵蚀 runoff erosion
径流情势 regime(n)of runoff
径流区 runoff area
径流区域 runoff plot
径流沙漠 runoff desert
径流深(度)depth of runoff;height of runoff;runoff(in)depth
径流时间分配 time distribution of runoff
径流实验小区 field plot;runoff plot; watershed plot
径流实验站 experimental basin; experimental catchment;experimental watershed; hydrologic(al) experiment(al)station;runoff experiment(al)station;runoff station
径流式 through-flow
径流式(发)电站 river-run plant;runoff(-river)plant;run-of-river power plant;stream-flow plant;run-of-river power station
径流式风机 radial fan
径流式风机调节器 radial air fan regulator
径流式风扇 radial-flow fan
径流式鼓风机 radial-flow blower
径流式河床发电站 run-of-river plant
径流式汽轮机 radial-flow turbine
径流式水池 radial-flow tank
径流式水电站 plant without storage; runoff-river hydroelectric(al)power plant;runoff-river plant;runoff-stream plant; run-off-river hydropower
径流式水力发电 run-of-river hydropower
径流式水力发电站规划 run-of-river scheme
径流式涡轮 turbine radial(-flow)
径流式涡轮机 radial-flow turbine
径流式涡轮增压器 radial-flow turbocharger
径流式压气机 radial-flow compressor
径流试验场 runoff plat
径流试验区 runoff plot
径流试验小区 elementary runoff plot
径流输沙率曲线 runoff-sediment discharge curve
径流数 runoff number
径流水 running off water
径流水质 runoff quality
径流水质模型 runoff-quality model
径流特征 runoff characteristic
径流特征值 eigenvalue of runoff
径流体积 runoff volume
径流条件 runoff condition
径流调节 discharge regulation; flow regulation;runoff regulation; stream-flow regulation; stream-low regulation
径流通风机 radial-flow fan
径流同步化 synchronization of flow
径流推算 prediction of runoff
径流推算理论公式 rational runoff formula
径流涡轮 radial-flow turbine
径流污染 runoff pollution
径流污染负荷 runoff pollution load
径流污染控制 runoff pollution control
径流污染物 runoff contaminant
径流系数 coefficient of runoff;drainage coefficient; drainage ratio; factor of runoff; flow coefficient; impermeability factor;ratio of runoff; runoff coefficient;runoff factor
径流系数法 runoff coefficient method
径流系统 flow-through system
径流现象 runoff phenomenon
径流消退 stream-flow depletion
径流形成 runoff generation
径流形成模型 runoff-generating model
径流悬移质记录 runoff suspended-sediment record
径流循环 runoff cycle
径流因数 factor of runoff;runoff factor
径流因素 factor of runoff;runoff factor
径流因子 runoff factor
径流雨量 excess rainfall; rainfall excess
径流预报 flow forecast;forecasting of water supply; forecast of runoff; runoff forecast(ing); stream-flow forecasting
径流预测 prediction of runoff
径流运动方式 flow pattern
径流站 runoff station
径流指数 index of flow
径流滞留量 runoff detention
径流贮积量 runoff detention
径流状况 regime(n)of runoff
径流资料 flow data; runoff data; stream-flow data
径流资源 discharge resources
径流总量 runoff volume; volume of runoff;volume of flow
径流阻滞量 runoff detention; runoff retardation
径流组成部分 runoff component
径路 pathway;routing
径路变更 route deviation; route diversion
径路反常的 off-path
径路规定错误 error in routing
径路图 route diagram
径路优先方向 route direction preference
径面刨切的 quarter-cut
径面纹理 edge grain;comb grain;felt grain; quarter-sawn grain; silver grain;straight grain;vertical grain
径偏转电极 radial deflection terminal
径切 center[centre]-sawed
径切板 edge grain lumber; quarter-sawed lumber
径切处理 vertical grain
径切的 quarter-sawed
径切对开木材 half quartered wood
径切法 rift saw(ing)
径切花纹木 comb-grained wood
径切面 comb grain; edge(r)grain; quarter-sawn grain; quarter surface;radial longitudinal section;rift sawn; rift vertical grain; vertical grain;radial cut
径切木板 edge-grained shingle
径切木材 edge-grained lumber
径切纹理 edge(r)grain;quarter-sawn grain;rift vertical grain
径切纹理的木瓦 edge-grained shingle
径切纹理(木)材 vertical grained lumber
径曲线 diametric(al)curve
径污比 dilution ratio
径向 radial direction
径向摆动 radial swing
径向摆动量 radical beat eccentricity
径向泵 radial pump
径向比 size ratio
径向壁 radial wall
径向壁厚 radial wall thickness
径向臂 radial arm
径向扁千斤顶 radial flat jack
径向扁千斤顶试验 radial flat jack test
径向变螺距 radial varying pitch
径向变位齿轮 X-gear
径向变形 diameter deformation; radial deformation;radial strain
径向波共振腔 radial wave resonator
径向薄壁组织 radial parenchyma
径向部分 radial component
径向操纵 radial steering
径向侧隙 radial backlash
径向测压计 radial pressure ga(u)ge
径向层析 radial chromatography
径向场 radial field
径向齿面 radial flank
径向传送 radial transfer
径向磁极块 radial pole piece
径向大梁 radial girder

径向刀杆 radial tool holder
径向导数 radial derivative
径向导叶 radial diffuser
径向的 diametral; diametric(al); radial
径向递增螺距 radially increasing pitch
径向电刷 radial brush
径向电压 diametral voltage
径向吊扇 radial roof fan
径向定位 radial location
径向定心轴承 aligning bearing
径向动量 radial momentum
径向动液力密封件 radial hydrodynamic seal
径向断层 radial fault
径向锻机 radial forging machine
径向锻造法 radial forging process
径向堆料输送机 radial stacker-conveyer[conveyor]
径向对称 radial symmetry
径向对称的 radially symmetric(al)
径向对称温度变化率 radial symmetry gradient
径向多活塞式泵 radial multiple piston type of pump
径向多项式 radial polynomial
径向二维模型 radial two-dimensional model
径向反击式水轮 radial reaction turbine
径向反演 radial inversion
径向反应器 radial-flow reactor
径向放射式道路 radial road
径向非均匀流 radially non-uniform inflow; radially varying inflow
径向分辨率 radial resolving power
径向分布 radial distribution
径向分布分析 radial distribution analysis
径向分布函数 radial distribution function
径向分布线荷载 transversely distributed line load
径向分层光纤 radially stratified fiber
径向分段壳式泵 radially split casing pump
径向分量 radial component
径向分速度 radial velocity component
径向风道 radial passage
径向缝 radial joint; radial slot; radiating joint
径向缝隙 radial gap
径向辐(条) radial spoke
径向负荷 radial load(ing)
径向负载轴颈 journal for radial load
径向复管孔 radial pore multiple
径向傅立叶分析 radial Fourier analysis
径向干涉图 radial interferogram
径向干缩(量) <木材> radial shrinkage
径向杆 radial bar
径向杆拉条 radius bar brace
径向刚度 radial rigidity
径向钢筋 radial bar
径向钢枕 radial flat jack
径向格栅 radial grating
径向公算误差 circular error of probability
径向供给 radial admission
径向沟 radial fissure; radial line
径向鼓风机 radial blower
径向固结 radial consolidation
径向固结系数 coefficient of consolidation for radial flow; radial consolidation coefficient
径向刮泥机臂 radial scraper arms
径向管子润滑 banjo lubrication
径向光度计 radial photometer
径向光栅 radial grating
径向滚削 radial hobbing
径向滚珠轴承 angular ball bearer; annular ball bearing
径向滚柱轴承 radial roller bearing
径向函数 radial function
径向耗氧量 radial oxygen loss
径向荷载 radial load(ing)
径向厚度 radial depth; radial thickness
径向滑动轴承 bushing bearing
径向回转柱塞液压马达 oil gear motor
径向会聚 radial convergence
径向会聚磁铁 radial convergence magnet
径向活塞泵 radial piston pump
径向活塞式气马达 radial piston air motor
径向活塞式液压电动机 radial piston hydraulic motor; Hele-Shaw motor
径向活塞式液压马达 radial piston hydraulic motor
径向畸变 radial distortion
径向极靴 radial pole piece
径向几率函数 radial probability function
径向几率密度 radial probability density
径向加强肋 radial rib
径向加速度 radial acceleration
径向间距 radial spacing
径向间隙 bottom clearance; diameter clearance; radial clearance; radial play; top clearance
径向间隙检测装置 radial clearance detector
径向间隙检验机 radial clearance checking machine
径向剪力 radial shear
径向剪力面 plane of radial shear
径向剪切 radial shear
径向剪切带 radial shear zone
径向剪切干涉仪 radial shear interferometer
径向剪应力 radial shear stress
径向焦线 sagittal focal line
径向角变量 diametral pitch
径向(角度)间隙 radial clearance
径向角面接触滚珠轴承 radial angular contact ball bearing
径向接缝 radial joint
径向节面 radial nodal plane
径向截面 radial section
径向进给车端面 radial facing
径向进给机构 depth-feed mechanism
径向进给丝杠 radial feed screw
径向进口 radial inlet
径向进口式泵 radial inlet impeller
径向进气 radial admission
径向净空 radial clearance
径向静电场 radial electrostatic field
径向距离 radial distance
径向锯材 edge-grain(ed) lumber; quartered timber; quarter-sawn timber
径向锯的木板 rift-sawn plank
径向锯木 quartering; quarter sawing; radial cut
径向锯(木)法 radial sawing
径向锯切 rift-sawed
径向聚焦 radial convergence
径向聚焦磁铁 radial convergence magnet
径向聚束管 radial beam tube
径向聚束行波管 spira(l)tron
径向均方差 radial root mean square error
径向开锯 radial cut
径向开裂 radial cracking; radial shake
径向抗力 radial resistance; radial-thrust force
径向抗摩轴承 radial anti-friction bearing
径向抗压强度 radial crushing strength
径向馈送伺服 radial feed servo
径向扩容 radial dilation
径向扩散 radial diffusion
径向扩散廊道 <船闸泄水> radial diffuser
径向扩散器 radial diffuser
径向扩压器 radial diffuser
径向扩张率 spiraling rate
径向拉铲 radial pulling scraper
径向拉撑 radial stay
径向拉力 radial pull
径向拉伸 radial drawing
径向拉伸变形 radial-draw deformation
径向拉线 radial wiring
径向拉应力 tensile radial stress
径向肋 radial rib
径向肋圆(屋)顶 radial-rib cupola
径向离合器 radial clutch
径向力 radial force
径向连接 diametric(al) connection; radial joint
径向帘布层 radial ply
径向帘布轮胎 radial ply tire
径向梁 <指弧形闸门> radial beam
径向裂缝 radial crack(ing); radial fissure
径向裂缝的 radially fissured
径向流(动) radial flow; run-of-stream
径向流鼓风机 radial-flow blower
径向流量 radial outward flow; radial outwash flow
径向流入 radial inflow
径向流式分级机 radial-flow classifier
径向流水池 radial-flow tank
径向流水固结系数 radial-flow consolidation coefficient
径向流速 radial velocity
径向螺纹梳刀 radial chaser
径向脉动 radial pulsation
径向迷宫气封 radial labyrinth gland
径向密封 radial packing; radial seal(ing)
径向密封片 apex seal
径向面板 radial surface shingle
径向磨削 radial grinding
径向内流 radial-inward flow
径向内流式水轮机 radial inflow turbine; radial inflow wheel; radial-inward flow turbine
径向挠度 radial deflection
径向能量分布 radial energy distribution
径向偶极测深曲线 curve of radial dipole-dipole sounding
径向耙斗 radial scraper
径向排列 radial seriation
径向排列发动机 radial engine
径向排列换向器 radial commutator
径向排水 radial drainage
径向排液 radial drainage
径向刨切 rift(ed)-sliced
径向配电馈路 radial distribution feeder
径向配电制 radial distribution system
径向配置活塞发动机 radial engine
径向膨胀 radial expansion; radial dilation
径向膨胀仪 dilatometer
径向劈裂试验 diametral compression test
径向偏差 radial deviation
径向偏焦 radial defocusing
径向偏转 radial deflection
径向偏转电极 radial deflecting electrode
径向偏转式 radial deflection type
径向平衡 radial equilibrium
径向平均对数能谱曲线 radial average logarithmic energy spectrum curve
径向平均频谱 radial average frequency spectrum
径向平面 sagittal plane
径向平叶轮 paddle-bladed impeller
径向平叶片 radial bladed impeller
径向破裂 radial crack
径向破碎强度 radial crushing strength
径向剖分壳式泵 radially split casing pump
径向汽封 radial gland
径向砌合顶砖 radial bonding header
径向千斤顶 circular jack
径向千斤顶试验 radial jack test
径向前角 radial rake
径向翘曲 crook warp
径向切变干涉仪 radial shearing interferometer
径向切口 radial cut; radial slot
径向切口环 radial cut ring
径向切面 radial section
径向切片 radial section
径向切纹 edge grain
径向求积仪 radial planimeter
径向球轴承 annular ball bearing; radial ball bearing
径向取样试验 radial test
径向入口叶轮 radial inlet impeller
径向散布 radial dispersion; radial scattering
径向散射器 radial scatter
径向扫描 radial scan
径向扫描旋转系统 trace rotation system
径向色谱法 radial chromatography
径向色位移 radial chromatic displacement
径向色误差 radial chromatic error
径向筛分机 radial screen
径向扇边 constant edge
径向射线 radial ray; radius
径向伸缩振动模式 radial extension vibration mode
径向渗透试验 radial percolation test
径向渗透系数 radial permeability coefficient
径向时基显示器 radial-time-base display
径向矢量 radial vector
径向式导水机构 radial guide apparatus
径向式电动油泵 radial electric(al) oil pump
径向式压缩机 radial-flow compressor
径向式叶轮 radial bladed impeller
径向式油封 radial-type oil seal
径向收缩 radial contraction; radial shrinkage; shrinkage in length
径向受压试验 <即劈裂试验> diametral compression test
径向梳刀 coventry
径向输送机 radial conveyer[conveyor]
径向输送器 radial transporter
径向衰减 radial attenuation
径向水量 radial outward flow; radial outwash flow
径向松胀仪 dilatometer
径向速度 radial speed; radial velocity
径向速度场 radial speed field; radial velocity field
径向速率 radial rate; radial speed
径向弹性模量 radial-elastic modulus
径向调节 radial adjustment
径向调整 <拱坝计算的> radial adjustment
径向跳动 circular runout; diameter runout; radial run-off; radial runout
径向跳动检查仪 eccentricity tester
径向跳动量 radical play eccentricity

径向通道 radial passage
径向通风道 radial duct
径向通风机 radial fan
径向凸轮 radial cam
径向推力 radial thrust
径向推力联合轴承 combined radial and axial bearing
径向推力球轴承 angular ball bearing
径向推力轴承 radial-thrust bearing
径向外流 radial outward flow;radial outwash flow
径向外流式水轮机 radial outward flow turbine
径向弯矩 radial bending moment
径向弯矩应力 radial bending stress
径向弯曲弯矩 radial bending moment
径向位移 radial displacement
径向位置 radial position
径向温度梯度 radial thermal gradient
径向涡流 radial whirl
径向污水管网 radial sewer network
径向无界 radially unbounded
径向无界函数 radially unbounded function
径向误差 radial error
径向稀释效应 radial dilution effect
径向系杆 radial bracing
径向下锯 center[centre]-sawed
径向线 radial line
径向线荷载 radial line load
径向线栅 radial grating
径向向量 radial vector;radius vector
径向像场应力 meridianal field stress
径向像散 radial astigmatism
径向效应 radial effect
径向泄流 radial drainage
径向悬臂梁 radial outrigger
径向悬浮澄清池 radiation plate suspension clarifier
径向选择装置 radial selector
径向(循)环电缆 radial loop cable
径向压溃强度 radial crushing strength
径向压力 radial pressure;radial thrust
径向压缩 diametric(al) compression;radial compression
径向压应力 radial compression stress;radial pressure stress
径向叶轮 radial impeller
径向叶轮泵 radial vane pump
径向叶轮表 radial vane meter
径向叶片 radial blade;radial vane
径向叶片吹风机 radial blade blower
径向叶片鼓风机 radial blade blower
径向叶片通风机 radial blade fan
径向叶片叶轮 radial vane impeller
径向液压枕 radial flat jack
径向液压枕法 diameter flat jack process
径向液压枕法试验 radial flat jack test
径向移动 radial dispersion;radial movement
径向移动式缆道 radial travel(l)ing cableway
径向引线 radial lead
径向应变 diameter strain;radial strain
径向应力 radial stress
径向游隙 end play;radial play
径向运动 radial motion;radial movement
径向运送机 radial transporter
径向再生区 radial blanket
径向展开(法)radial development
径向张力 radial tension
径向张应力 tensile radial stress
径向遮光板 radial screen
径向折射 radial refraction
径向振摆跳 circular runout
径向振荡 radial oscillation
径向振动 radial vibration
径向振动模式 radial vibration mode
径向振幅 radial amplitude
径向正变位齿轮 long addendum gear
径向支撑 radial bracing;radial support
径向支承板 radial bearing plate
径向支柱 radial strut
径向直叶风扇轮 paddle wheel
径向直叶片 straight radial blade
径向止推轴承 radial-thrust bearing
径向质点速度 radial particle velocity
径向(中间)缓冲器 radial buffer
径向中心 radial center[centre]
径向轴 radial axle
径向轴承 journal bearing;radial bearing;transverse bearing
径向-轴向通风 mixed ventilation
径向主应力 radial principal stress
径向柱塞泵 radial piston pump;radial plunger pump
径向柱塞马达 radial piston motor
径向柱塞式液压传动 radial piston transmission
径向柱塞式液压马达 radial plunger hydraulic motor
径向柱塞油泵 radial plunger oil pump
径向砖 radial brick;radius brick
径向转向架 radial axle bogie;radial truck
径向转移型模压机 radial transfer-type mo(u)lding press
径向装入式叶片 radial entry blade
径向自紧密封 radial self seal
径向综合误差 radial composite error
径向钻进 radial drilling
径向坐标 radial coordinate
径选 grade
径选机 diameter sizer;size grader;sizing machine

痉

痉挛 convulsion;spasm

痉挛的 spasmodic

竞

竞标 tender competition

竞出高价 bid up
竞技 arena
竞技场 arena;hippodrome;pagan arena <古罗马>
竞技场中标柱间的长栏 <古罗马> intermetium
竞技状态 agonistic behavio(u)r
竞买的最低价 <指投标的> lowest bid
竞买的最高价 <指投标的> highest bid
竞买人 bidder
竞卖 auction
竞卖最高价 highest bit
竞赛 competition;contest;match;racing;rivalry;rivalship
竞赛登记 competition entry
竞赛汽车 race engine
竞赛设计 competition design;competitive design
竞赛实验 competitive experiment
竞赛艇 wager boat
竞赛项目 competition entry;competition item
竞赛值 value of game
竞态条件 race condition
竞投 competitive bid
竞相出价 bid against each other
竞相提价 vie with one another to raise prices
竞相投标 bid against each other
竞销 dealer contest
竞选 campaign
竞争 competition;contend;contest;rival(ry);rivalship
竞争边缘 competitive fringe
竞争策略 competitive strategy
竞争产品 competing product
竞争厂商 opponent
竞争出价 competitive bidding
竞争导向的价格政策 competitive-oriented pricing
竞争的不利 disadvantage of competition
竞争的合作 competitive cooperation
竞争的经营者 competitive operator
竞争的商业环境 competitive business environment
竞争地带 zone of competition
竞争地位 competitive position
竞争对手 competitor;opponent
竞争法则 law of competition
竞争反应 competitive reaction;competitive response
竞争费率 competitive rate
竞争风险 venture of competition
竞争公司 rival firm
竞争关系 competitive relation
竞争规则 rule of competition
竞争过程 competition process;competitive process
竞争合同 contract by competition
竞争环境 environment of competition
竞争环境的趋同 similarity of competitive environment
竞争机会模型 competing opportunity model
竞争机制 competition mechanism;competitive mechanism
竞争及信贷控制条例 Competition and Credit Control Act
竞争价格 competitive cost
竞争胶结作用 competitive cementation
竞争阶段 competitive stage
竞争结构 framework of competition
竞争界限 competitive edge
竞争决策 decision under conflict
竞争扩大 increased competition
竞争利益 benefit of competition
竞争模式 interfering mode
竞争模型 competition model;competitive model
竞争能力 ability to compete;competitive capacity;competitiveness;competitive position;competitive strength;competitive power
竞争排斥原理 <即高斯原理> competitive exclusion principle
竞争品 competing goods;competitive commodities
竞争品系 competitive strains
竞争平衡 stability in competition
竞争企业 competitive enterprise
竞争曲线 competition curve
竞争商品 rival commodity
竞争商行 rival business firms
竞争设计 competitive design
竞争实验 competitive experiment
竞争市场分析 competitive market analysis
竞争衰变 competitive decay
竞争淘汰机制 mechanism of selection through competition
竞争同行 opponent firm
竞争投标 public tender bid;competitive tendering
竞争投资 competitive investment
竞争吸附质 competing adsorbate
竞争线 competitive line
竞争效应 competitive effect
竞争效应高 high rate of success in competition
竞争信息 competitive information
竞争型 state of conflict
竞争性报价 competitive bidding;competitive offer
竞争性贬值 competitive depreciation;competitive devaluation
竞争性标卖 competitive auction
竞争性拨款 competitive funding
竞争性补贴 competitive subsidization
竞争性的 competitive
竞争性的非升值 competitive non-revaluation
竞争性的局面 competitive situation
竞争性的行业 competitive trades
竞争性递价 competitive bidding
竞争性对比法 competitive comparison method
竞争性放射性测定 competitive radioassay
竞争性费率 competitive rates
竞争性工资 competitive wage
竞争性关联 competitive interconnection
竞争性广告 competitive advertising
竞争性价格 competitive price
竞争性假说 competitive assumption
竞争性结合 competitive combination;competitive conjugation
竞争性进口 competitive import
竞争性经济 competitive economy
竞争性径路 competitive route
竞争性均衡 competitive equilibrium
竞争性朗格缪尔吸附 competitive Langmuir adsorption
竞争性离子 competitive ion
竞争性络合 competitive complexation;competitive coordination
竞争性密封标单 competitive sealed bid
竞争性能的研究 competition studies in
竞争性配位 competitive coordination
竞争性平衡 competitive equilibrium
竞争性平衡的动态模型 dynamic(al) model of competitive equilibrium
竞争性平衡曲线 competitive equilibrium curve
竞争性市场 competitive market
竞争性输入 competitive import
竞争性投标 competitive bid;competitive tender(ing)
竞争性投标合同 competitive bid contract
竞争性投资 competitive investment
竞争性外汇贬值 competitive exchange depreciation
竞争性吸附 competitive adsorption
竞争性削价 predatory price cutting
竞争性销售 competitive sale
竞争性询价 inquiry with competitiveness
竞争性抑制 competitive inhibition
竞争性运价表 competitive tariff
竞争性运输市场 competitive transport market
竞争性战略 competitive strategy
竞争性招标 competitive bidding
竞争性招标制 competitive bidding system
竞争性中间产品市场 competitive intermediate market
竞争需求 competitive demand;rival demand
竞争需要限制规定 competitive needs limitations
竞争因素 competitive factor
竞争优势 advantage in competition;competitive edge

竞争者 competitor;emulator;rival
竞争政策 competition policy
竞争制度 competitive system
竞争中增长 growing in competition
竞争状态 competitive position; race condition
竞争作用 competitive effect
竞租 competitive leasing

敬老院 aged person's home; asylum for the aged; old folks' home; senior citizens housing

境边花坛 flower border

境范生物 ecad
境范型【生】ecad
境界 abuttal; ambit; boundary; circumference; pale; precinct
境界标 boundary mount
境界剥采比 boundary stripping ratio
境界彩色晕带 boundary band
境界出入调查 cordon traffic survey
境界符号 boundary symbol
境界射线 grenz ray
境界线 boundary line; dividing line; line of demarcation
境界线调查 boundary line survey
境界线交通调查 cordon traffic survey
境界线交通观测 cordon traffic survey
境界线交通量统计 cordon traffic count
境界线色带 boundary band
境界线网 <图面表示的各种境界线> boundary network
境况 environment; plight
境况较好 better-off
境内出行 internal trip; local trip
境内机构 domestic institution
境内交通 local traffic
境内票据 inland bill
境内生产总值 gross domestic product
境内债券 domestic bond issue
境内账户 internal account
境外出行 external trip
境外待付票据 made bill
境外的 transborder
境外兑换性 external convertibility
境外货款人 external lender
境外货适用的利率 external interest rate
境外机构 external institution
境外金融 offshore banking
境外金融中心 offshore banking center[centre]; offshore financial center[centre]
境外空壳分行 <美> offshore shell branch
境外利率 offshore rate
境外贸易往来 offshore trade transactions
境外贸易综合担保 comprehensive external trade guarantee
境外美元 external dollar; offshore dollar
境外美元市场 external dollar market; offshore dollar market
境外生产 offshore production
境外市场 external market
境外投资中心 offshore investment center[centre]
境外销售条款 extraterritorial sales clause
境外再保险 offshore reinsurance
境外账户 external accounts
境外资金 offshore fund
境域 <教堂的> precinct
境遇 predicament

静 <煤的重量单位, = 23500 千克> barge

静摆 dummy pendulum
静堡 tower of silence
静变流器 static inverter
静变位 static deflection
静冰强度 static ice strength
静泊松比 static Poisson's ratio
静铂微电极 stationary platinum microelectrode
静不定 static indeterminacy
静不定的 redundant; statically indeterminable; statically indeterminate; statically indetermine
静不定度 degree of indeterminacy; degree of redundancy
静不定结构 imperfect frame; redundant structure; statically indeterminate structure
静不定框架 statically indeterminate frame
静不定梁 statically indeterminate beam
静不定系统 statically indeterminate system
静不定性 hyperstaticity; static indeterminacy
静不平衡 static unbalance; unbalance static
静不稳定性 static unstability
静差 steady-state error
静长度 proper length
静沉淀 calm sedimentation
静沉试验 decantation test; sedimentation test
静撑柱 <仅承被撑构件的自重> dead shoring
静吃水 static draft
静抽力 static draft
静储量 permanent reserves
静触点 breakback contact
静触簧 back contact spring
静触探点数 number of static cone penetration test
静触探总进尺 total length of static cone penetration test
静触头 fixed arcing contact
静磁场 magnetostatic field
静磁带 magnetostatic zone
静磁的 magnetostatic
静磁电子透镜 magnetostatic electron lens
静磁学 magnetostatics
静淬火法 static quenching
静存储容量 inactive storage capacity
静带 dead band
静的 dead; static; undisturbed
静的形象 stationary picture
静滴法 sessile drop method
静地下水 dead ground water
静点 dead center[centre]; dead point; dead spot; quiescent point; silent point; stagnation point
静电安培 abstatampere; statampere
静电半径 electrostatic radium
静电曝光 electrostatic exposure
静电比拟法 method of electrostatic analogy
静电变压器 static transformer
静电标定装置 electrostatic calibration device
静电标记 electrostatic mark; static mark
静电波 electrostatic wave
静电测量器 electrometer; electroscope
静电场 electrostatic field
静电场干扰 electrostatic field interference
静电场强度 electrostatic field intensity; electrostatic field strength
静电场形变 fringing
静电尘 static dust
静电沉淀 electrostatic precipitation
静电沉淀法采样 sampling by electrostatic precipitation
静电沉淀器 electrostatic precipitator; rod-curtain precipitator
静电沉积 electrofiltration; electrostatic precipitation
静电沉积器 electrostatic precipitator
静电沉降 electrofiltration; electrostatic precipitation
静电斥力 electrostatic repulsion
静电充电 electrostatic charge[charging]
静电冲击焊 electrostatic percussive welding
静电除尘 electrostatic precipitation
静电除尘器 electric(al) dust collector; electric(al) precipitator; electrostatic cleaner; electrostatic collector; electrostatic filter; static precipitator; Cotrell dust catcher; Cottrell precipitator
静电除尘器控制室 electrostatic dust remover control room
静电除尘装置 electric(al) precipitator; electrostatic precipitator
静电除焦油器 electrode tarrer
静电除漆滴 electrostatic detearing
静电除污器 electrostatic strainer
静电处理 electrostatic process
静电处理器 electrostatic treater
静电磁场 electromagnetostatic field
静电磁通计 electrostatic fluxometer
静电存储管 electrostatic storage tube; electrostatic store tube
静电存储偏转 electrostatic storage deflection
静电存储器 electrostatic accumulator; electrostatic memory; electrostatic storage
静电打印 electrostatic dump
静电打印机 electrostatic printer
静电带 electrostatic belt
静电单位 electrostatic unit
静电地震计 electrostatic seismometer
静电地震检波器 electrostatic seismometer
静电地震仪 electrostatic seismograph
静电电动机 electrostatic motor
静电电荷 electrostatic charge
静电电力表 electrostatic wattmeter
静电电容 electrostatic capacitance
静电电容(法)测厚仪 electrostatic capacitance thickness meter
静电电容器 electrostatic condenser; static condenser
静电电位 electrostatic potential
静电电压表 electrostatic voltimeter; electrostatic voltmeter; electrovoltmeter
静电电子光学 electrostatic electron optics
静电电子束管 electrostatic cathode-ray tube
静电电子透镜 electrostatic electron lens
静电电子显微镜 static electron microscope
静电淀积 electrostatic precipitation
静电定影 electrostatic fixing
静电动机 mouse mill
静电耳机 electrostatic earphone
静电发电机 electrostatic generator
静电发射 field emission
静电发生器 electrostatic generator; static electric generator
静电法 electrostatic method
静电法拉 <静电电容单位, = 1.1126 $\times 10^{-12}$F> statfarad
静电法调整中心 electric(al) centering
静电反馈 electrostatic feedback
静电纺纱 electrostatic spinning
静电放电 electrostatic discharge; static discharge
静电放电器 static discharger
静电放电刷 static wick discharger
静电放射线照相术 xeroradiography
静电沸腾床涂装 electrostatic-fluidized bed coating
静电分布 electrostatic contribution
静电分离 electrofiltration; electrostatic precipitation; electrostatic separation
静电分离法 electrostatic separation method
静电分离器 electrostatic separator
静电分量 electrostatic component
静电分析器 electrostatic analyser[analyzer]
静电分选 electrostatic separation
静电分选器 electrostatic separator
静电粉尘采样器 electrostatic dust sampler
静电粉末喷涂 electrostatic powder coating
静电粉末涂装 electrostatic powder coating
静电粉末涂装装置 electrostatic powder coating plant
静电伏特 <静电制电压单位, = 299.796 伏> statvolt
静电伏特计 electrostatic volt(i)meter
静电附着 electrostatic adherence; electrostatic adhesion
静电复印 xerox; electrostatic copying
静电复印法 xerography; xeroprinting
静电复印粉 toner
静电复印副本 xerogram
静电复印机 electrostatic copying machine; electrostatic printer; xerographic(al) printer
静电复印技术 xerographic(al) technique
静电复印件 xerographic(al) print; xerox copy
静电复印术 xerography; xeroradiography; xerox
静电复印图 electrostatic print(ing); xerographic(al) print; xerox copy
静电复印纸 electrostatic recording paper; xerographic(al) printing paper
静电复制 electrostatic printing; xerox
静电干扰 electrostatic interference; precipitation statics; static disturbance; static interference
静电感受性 electrostatic receptivity
静电感应 electrostatic induction; static induction
静电高度计 electrostatic altimeter
静电高音号筒 electrostatic horn tweeter
静电工艺 electrostatic process
静电过电压 static overvoltage
静电过滤 electrostatic filtration
静电过滤层 electronic filter; electrostatic filter
静电过滤器 electric(al) precipitator; electrostatic filter; electrostatic precipitator
静电含水量计量表 proven electrostatic moisture meter
静电焊 electrostatic welding

静电荷 electrostatic charge; soakage; static charge
静电荷计 statometer
静电亨利 <1 静电电感单位 = 8.987 × 10^{-11}H> stathenry
静电横臂调位器 electrostatic beam positioner
静电换能器 electrostatic transducer
静电回授 electrostatic feedback
静电会聚 electrostatic convergence
静电活度系数 electric(al) activity coefficient
静电火花 electrostatic spark
静电火花探测器 electrostatic fire detector
静电机摩擦发电 electrophorus
静电级 static level
静电集尘 electrostatic dust collection; electrostatic precipitation
静电集尘单元 collecting cell; electrostatic dust collecting cell
静电集尘法采样 sampling by electrostatic precipitation
静电集尘器 electric(al) precipitator; electrostatic dust collector; electrostatic precipitator; static precipitator
静电计 electrometer; E-meter
静电计(电子)管 electrometer tube; electrometer valve
静电计放大器 electrometer amplifier
静电计式剂量计 electrostatic dosimeter
静电记录 electrostatic record
静电记录法 electrostatic recording
静电记录管 electrostatic charge printing tube
静电记录器 electrostatic recorder
静电记录头 electrostatic recording head; electrostatic writing head
静电记录纸 electrostatic recording paper
静电剂 electrostatic agent
静电加力袋式除尘器 electrostatically augmented baghouse
静电加热 electrostatic heating
静电加速器 electrostatic accelerator
静电检电器 static voltage detector
静电键 electrostatic bond
静电降尘 electrofiltration; electrostatic precipitation
静电降尘器 electrostatic dust precipitator
静电胶片 electrostatic film
静电接地 electrostatic grounding
静电接地装置 static electricity earthing device; static electricity grounding device
静电结合 electrostatic bonding
静电精制 electrorefining
静电净气器 electrostatic gas cleaner
静电聚灰 electrofiltration; electrostatic precipitation
静电聚灰器 electrostatic precipitator
静电聚集的 electrostatically focused
静电聚焦 electrostatic focusing
静电聚焦电子枪 electrostatic-focus gun
静电聚焦和静电偏转电子射线管 all-electrostatic tube
静电聚焦透镜 electrostatic focusing lens
静电聚焦系统 electrostatic focusing system
静电聚焦像管 electrostatically focused image tube
静电聚焦像增强器 electrostatically focused image intensifier
静电空间屏蔽稳定作用 electrostatic space shield stabilization
静电空气过滤器 electronic air filter
静电空气净化器 electronic air cleaner; electrostatic air cleaner
静电控制 electrostatic control; static control
静电库仑 statcoulomb
静电累加器 electrostatic accumulator
静电力 electrostatic force
静电力作用 electrostatic forcing
静电沥水 electrostatic detearing
静电粒子分离器 electrostatic particle separator
静电流 electrostatic current
静电流化床 electrostatic-fluidized bed
静电流化床涂装 electrostatic-fluidized bed coating
静电流量计 electrostatic flowmeter
静电漏泄 electrostatic leakage
静电-滤材并用型空气净化设备 downflow filtering media type electronic air cleaner
静电滤尘器 electrostatic precipitator
静电敏感器件 electrostatic sensitive device
静电敏感性 electrostatic susceptibility
静电摩擦 Coulomb friction
静电能 electrostatic energy
静电能垒 electrostatic barrier
静电黏[粘]结 adhesion due to electrostatic charge
静电黏[粘]液过滤器 electrostatic viscous filter
静电欧姆 <静电电阻单位, = 8.9876 × 10^{11}欧姆> statohm
静电耦合 electrostatic coupling; static coupling
静电喷镀 electrostatic spray(ing)
静电喷粉 electrodusting
静电喷粉器 electroduster
静电喷漆 electrostatic painting; electrostatic spray coating
静电喷漆机 balanced electro-paint sprayer
静电喷涂(法) electrostatic spray coating; electrostatic spray(ing)
静电喷涂机 electrostatic sprayer
静电喷涂器 spraytron
静电喷涂设备 electrostatic spray equipment
静电喷雾枪 electrostatic spray gun
静电喷釉 electrostatic glazing
静电喷釉室 electrostatic spray booth; static electricity spray booth
静电偏转 electrostatic deflection
静电偏转示波器 electrostatic oscillograph
静电偏转系统 electrostatic deflection system
静电平衡 electrostatic balance
静电平衡器 static balancer
静电屏蔽 electrostatic screen; electrostatic shield(ing)
静电屏蔽仪表 instrument with electrostatic screening
静电起电机 electrostatic electrify motor
静电起电机分离法 electrostatic machine separation method
静电起电器 electrostatic machine
静电起火 electrostatic fire
静电潜像 electrostatic latent image
静电强度 electric(al) stress; potential stress
静电清洁器 electrostatic cleaner
静电容 electrostatic capacitance; direct capacitance <两导体间的>
静电容量 electrostatic capacity
静电扫描 electrostatic scanning
静电摄影成像法 electrostatographic imaging process
静电摄影复制品 electrophotocopy
静电摄影感光纸 electrophotographic paper
静电摄影(术) electrostatic photography; electrophotography; electrostatography
静电摄影制版 electrostatic platemaking
静电声学仪器 electrostatic acoustic(al) instrument
静电示波器 static oscillograph
静电式 electrostatic
静电式测高计 electrostatic altimeter
静电式测试仪器 electrostatic instrument
静电式除尘器 electrostatic precipitator
静电式传声器 electrostatic microphone
静电式电表 electrostatic measuring instrument
静电式电子显微镜 electrostatic electromicroscope
静电式耳机 electrostatic headphone
静电式绘图机 electrostatic plotter
静电式绘图仪 electrostatic plotter
静电式继电器 electrostatic relay
静电式接地检测器 electrostatic ground detector
静电式喷粉机 electrostatic duster
静电式受话器 electrostatic receiver; electrostatic telephone
静电式扬声器 electrostatic loudspeaker
静电势 electrostatic potential
静电势垒 electrostatic potential barrier
静电释放 electrostatic discharge
静电收尘 electrostatic dust collection
静电收尘器 electrostatic dust precipitator
静电收集破损元件监测器 electrostatic collector failed element monitor
静电送话器 electrostatic microphone
静电探测 electrostatic detection
静电探测水分仪 proven electrostatic moisture meter
静电探伤法 statiflux
静电梯度 static gradient
静电透镜 electrostatic lens
静电图像 electrostatic image
静电涂布 electrostatic coating
静电涂镀 electrostatic painting
静电涂漆 electrostatic painting; electrostatic spray coating
静电涂装 electrostatic coating
静电推斥力 electrostatic repulsion
静电脱水器 electrostatic dehydrator
静电脱盐 electrostatic desalting
静电陀螺仪 electrostatic gyro(scope)
静电瓦特计 electrostatic wattmeter
静电危害 electrostatic hazard
静电危险 electrostatic danger; electrostatic hazard
静电无空气喷涂 electrostatic airless spray
静电雾化 electrostatic atomization
静电雾化器 electrostatic nebulizer
静电吸尘 electrostatic collection
静电吸尘器 electrostatic dust precipitator
静电吸附 electrostatic adherence; electrostatic adhesion
静电吸附作用 electrostatic adsorption
静电吸力 electrostatic attraction
静电吸引 electrostatic attraction
静电吸引定律 <库仑定律> law of electrostatic attraction
静电系仪表 electrostatic instrument
静电显微镜 electrostatic microscope
静电显影 electrostatic develop
静电相斥 electrostatic repulsion
静电相互作用 electrostatic interaction
静电像截面 electrostatic image section
静电消除 destaticizing
静电消除器 ionotron; static electricity eliminator; static eraser; X eliminator
静电效率 static efficiency
静电效应 electrostatic effect; static effect
静电行式打印机 electrostatic line printer
静电行式复印机 electrostatic line copier
静电型高电压发生装置 statitron
静电蓄能焊机 electrostatic stored energy welder
静电悬浮陀螺仪 electrically suspended gyro(scope); electrostatic suspended gyroscope
静电选矿(法) electrostatic separation
静电学 electrostatics; franklinic electricity; static electricity
静电学的 electrostatic
静电压 electrostatic pressure
静电烟气除尘器 electrostatic fly-ash collector
静电扬声器 capacitor loudspeaker
静电氧化锌复印法 electrofax
静电抑制器 static suppressor
静电引力 electrostatic attraction
静电印刷机 electrostatic printer; exrographic(al) printer
静电印字机 electrostatic printer
静电应力 electrostatic stress
静电影响 electrostatic effect; static effect
静电油过滤器 electrostatic viscous filter
静电噪声 static noise
静电增强洗涤器 electrostatically augmented scrubber
静电照相拷贝 xerographic(al) copy
静电支承陀螺仪 electrically supported gyroscope; electrostatic supported gyroscope
静电支承真空陀螺仪 electrically supported vacuum gyroscope
静电植绒 electrostatic flocking
静电致偏器 electrostatic deflector
静电置位 electrostatic positioning
静电中和 electrostatic charge neutralization
静电转印 electrostatic transfer
静电着火源 electrostatic ignition source
静电作用力 electrostatic force
静定的 statically determinable; statically determinant
静定刚架 statically determinate rigid frame
静定构架 isostatic frame; perfect frame(work); statically determinate framework
静定桁架 simple truss; statically determinate truss
静定基本系 statically determinate principal system
静定结构 determinate structure; isostatic structure; simple structure; statically determinate structure; static determinate structure
静定空间桁架 statically determinate space truss; static space truss
静定框架 statically determinate frame
静定梁 statically determinate beam
静定平衡 static equilibrium
静定曲线桁架 statically determinate

J

curved truss
静定容许乘数 <结构体在静定力场时容许采用的安全系数值> statically admissible multiplier
静定容许力场 <在允许荷载下内外力矩平衡和不超过塑性力矩时的力场> statically admissible field
静定条件 static condition
静定系统 statically determinate system;static system
静定性 static determinacy;static determinateness
静定应力 statically determinable stress;statically determinate stress
静动态探测试验 static dynamic probing
静段 dead band
静断裂模型 static fracture model
静发动机 hydrostatic motor
静防喷器 static blow-out preventer
静风带 calm belt
静风区 zone of silence
静风压头 static draft
静负荷 dead load;static load(ing)
静负荷挠曲 dead-load deflection
静负荷强度试验 static (loading) strength test
静负压水头 static suction head
静负载 dead load;quiescent load;static load(ing)
静观 in-position viewing
静贯入试验 static penetration test
静光灯 anti-dazzle lamp
静海 dead sea
静海沉积 euxinic deposit(ion)
静海的 euxinic
静海面 quiescent sea level
静海石 tranquillityite
静海寺 Jinghai temple
静海相 euxinic facies
静函数险态 static function hazard
静合接点 back contact;bottom contact;deenergized contact;normally closed contact;open circuit contact
静荷挠度 static deflection
静荷维持系统 load maintainer system
静荷载 dead load;quiescent load;static load(ing);steady load;stationary load
静荷载保安阀 deadweight safety valve
静荷载和长期作用的周期性荷载 static and long-term cyclic load
静荷载挠度 static load deflection
静荷载破坏的 statically broken
静荷载(强度)试验 static loading test
静荷载弯沉 static deflection
静荷载应力 static load stress
静横倾角 static heeling angle;static list angle
静弧 beck arc;quiescent arc;silent arc;tranquil arc
静化 staticize
静化器 staticizer
静环 seal stationary ring;stationary seal ring;stator ring
静环压盖 seal end plate
静环座 stationary seat
静会聚磁铁 convergence magnet
静活载 static live load
静火山 quiet volcano
静寂时间 dead time;silence period
静校正 static correction
静接地 static ground
静接点 stationary contact
静接点部件 stationary contact member
静接点簧片 stationary contact spring
静接点座 stationary contact base
静截面应力 dead-load stress
静界面张力 static interfacial tension
静卷扬力矩 static hoisting moment
静孔隙水压力 hydrostatic pore pressure
静控制 static control
静库容 level storage
静拉力试验机 quite tensile testing machine
静力 stable force;static force
静力安全系数 static factor of safety;static safety factor;flat factor of safety <提升钢丝绳的>
静力爆破 static implosion
静力比较 static comparison
静力变形 static deformation
静力变质 static metamorphism
静力不排水试验 static undrain test
静力测量 static sounding
静力承载量 static bearing capacity
静力承载(能)力 static bearing capacity
静力池 absorption basin
静力触探 static (cone) penetration;static sounding
静力触探杆 static sounding rod
静力触探试验 cone penetration test;static cone (penetration) test;static penetration test;static sounding test
静力触探探头阻力 static point resistance
静力触探消散试验 static cone penetration dissipation test
静力传感器 static probe
静力串联式压路机 static tandem roller
静力打桩公式 static pile-driving formula
静力的 static
静力等效 static equivalent
静力地面下的测探 static subsurface sounding
静力地面下的触探 static subsurface sounding
静力电平衡器 static balancer
静力多余约束 static redundant
静力法 static method
静力方程 static equation
静力方法 static method
静力防喷器 static blow-out preventer
静力分析 static analysis
静力分选槽 static bath
静力刚度 static stiffness
静力构型 static configuration
静力贯入度试验 static penetration test;static penetrometer test
静力海洋学 static oceanography
静力荷载 basic load(ing);static load(ing)
静力荷载试验 static loading test
静力活荷载 static live load
静力计 pressure at rest
静力计算 static calculation;static computation
静力计算图式 static scheme
静力加载 static load(ing)
静力校准 static calibration
静力结构性质 static structural character
静力静电计 static electrometer
静力矩 static moment
静力均衡 static balance
静力均衡调整 isostatic(al) adjustment
静力空间框架分析 static space frame analysis
静力拉伸动度模量 modulus of static tensile stiffness
静力量测法 static measurement
静力轮子平衡重 static wheel balancer
静力埋管机 static plough
静力埋缆犁 static plough
静力面 still water level
静力面积力矩 static moment of area
静力模量 static modulus
静力摩擦 static friction
静力摩擦系数 static coefficient of friction
静力耐力 static endurance
静力能探试验 static cone penetration test
静力凝结 static condensation
静力凝聚 static condensation
静力扭矩 static torque
静力排水试验 static drain test
静力平衡 static balance;static equilibrium
静力平衡法 static equilibrium method
静力平衡方程 static equilibrium equation
静力平衡器 static balancer
静力平衡条件 static equilibrium condition
静力平衡状态 static equilibrium state
静力平面桁架 static plane truss
静力破坏荷载 static failure load;static rupture load
静力破裂 static fracture
静力起动扭矩 static starting torque
静力气象学 static meteorology
静力强度 static intensity;static strength
静力球印硬度试验 static indentation test
静力确定 statically determinate
静力容许的 statically admissible
静力失速扭矩 standstill torque;static stall torque
静力失稳 static instability
静力实验模型 static model
静力式压路机 static roller
静力试验 static test
静力试验场 static test site
静力试验机 funicular machine;static testing machine
静力试验台 static testing pad
静力双滚筒压路机 static tandem roller
静力水深测量 static sounding
静力水位 static(water) level
静力水压 static head of water
静力弹簧重力仪 static spring gravimeter
静力弹性工作性能 static elastic behavio(u)r
静力弹性工作状态 static elastic behavio(u)r
静力弹性模量 static Young's modulus of elasticity
静力探测 static sounding
静力探测试验 static probing test
静力特征 static feature
静力梯度 static gradient
静力体系 static system
静力条件 static condition
静力通风 static draft
静力图式 static scheme
静力弯曲 static bending
静力位移影响函数 static displacement influence function
静力稳定大气 statically stable atmosphere
静力稳定度 static stability
静力稳定性 static stability
静力系数 static factor
静力系数法 static coefficient method
静力系统 static system
静力相似性 static similarity
静力性能 static behavio(u)r
静力学 statics
静力学分析 static analysis
静力学计算 <超静定的> hyperstatic calculation
静力学计算法 static calculation method
静力学理论 static theory
静力学条件 conditions of statics
静力学原理 principle of statics
静力压 static pressure
静力压拔桩机 hydrostatic pile press-extract machine;static pile press extract(ing) machine;static pile press extractor
静力压路机 static roller
静力压实 static pressure compaction
静力压桩 static pressing palisade;static press piling
静力压桩试验 pile static loading test
静力研究 static investigation
静力杨氏弹性模量 static Young's modulus of elasticity
静力杨氏弹性模数 static Young's modulus of elasticity
静力应变 static strain
静力应力 static stress
静力预压 static preload;static prestress
静力原理 static theorem
静力值 static value
静力重结晶作用方式 static recrystallization way
静力重力仪 static gravimeter
静力锥探仪 static (cone) penetrometer
静力锥形贯入阻力 static cone penetration resistance
静力作业 static work
静连接 static connection
静流 static flow;stationary stream;still water
静流体 hydrostatic
静逻辑险态 static logic hazard
静裸藻 Euglena deses
静脉 vein;vena
静密封 gasket-type seal;static seal
静面积矩 static moment of area
静摩擦力 breakout friction;friction of rest;static friction;stiction
静摩擦力矩 breakaway torque
静摩擦系数 coefficient of static friction;static friction coefficient;coefficient of friction of rest
静挠度 natural bow;static deflection
静能 rest energy;static energy
静能力 static capacity
静碾压路机 deadweight roller
静凝聚 static condensation
静扭矩 static torque
静泡法 sessile bubble method
静配合 interference fit;locational fit;static fit;stationary fit;tight fit
静疲劳 static fatigue
静疲劳失效 static fatigue failure
静片 still
静平衡 static balance[balancing]
静平衡的 statically balanced
静平衡器 static balancer
静平衡试验 static balancing test;static equilibrium test
静平衡条件 condition of static equilibrium
静平衡位置 equipoise
静启动 deadstart
静气 dead air
静气保温空间 dead-air space
静气的 pneumostatic
静气燃烧室 quiescent combustion chamber
静强度试验 test of static strength
静倾翻载荷 static tipping load
静倾角 angle of static inclination
静区 anacoustic(al) zone;blind spot;cone of silence;dead band;dead belt;dead ground;dead space;dead

zone;fade zone;neutral zone;shadow region;silent zone;skip area;sound shadow;zone of silence <无线电波的>
静区部件 dead-zone unit
静区特性 dead-space characteristic
静区调节器 dead-band regulator
静区误差 dead-space error
静区修正量 dead-space error
静区域 skip zone
静区装置 dead-zone unit
静热力学 thermostatics
静日变化 solar quiet daily variation
静上浮力 static lift
静声器 silencer
静时滞 static time delay
静使用荷载 service dead load
静式熏气 static fumigation
静视觉敏锐度 static visual acuity
静室 dead room
静适度人口 static optimum population
静输送水头<水泵中心至出水管口的高差> static delivery head
静水 calm water;dead water;lentic water;non-circulating water;non-flowing water;quiescent water;quiet water;slack water;smooth water;stagnant water;standing water;static water;stilling;still water;undisturbed water
静水不稳定性 hydrostatic instability
静水超压试验 hydrostatic overpressure test
静水沉淀 slack-water deposit;static water precipitation;static water sedimentation
静水沉淀池 quiescent tank
静水沉积型 limnetic sedimentary type
静水池 cushion pond;cushion pool;orifice box;spillway basin;stagnant pool;stilling basin;stilling pool;tumble bay
静水池调节 still pond regulation
静水池塘植物群落 stasium
静水的 len(i)tic
静水段<河流的> quiet reach
静水浮力 static lift
静水浮托力 hydraulic uplift;hydrostatic uplift
静水浮游生物 stagnoplankton
静水港口 slack-water harbo(u)r
静水航行 slack-water navigation;still water navigation
静水航运 slack-water navigation
静水河段 quiet reach;still water reach
静水荷载 hydrostatic load
静水荷载分布 hydrostatic load distribution
静水护壁钻孔法 static water head hole-boring method
静水环境 static water environment
静水加速仪 hydrostatic accelerometer
静水井 float well;stilling well
静水井滞后 stilling well lag
静水库 level reservoir
静水拉力 hydrostatic pull;hydrostatic tension
静水力垂曲线 hydrostatic catenary
静水力拱(曲线) hydrostatic arch
静水力计算 hydrostatic calculation
静水力平衡 hydrostatic equilibrium
静水力平衡线 isostatic line
静水力曲线 hydrostatic curve
静水力学 hydrostatics
静水力学称量法 dead water mechanical weighing method;hydrostatic weighing method
静水力学的 hydrostatic
静水力学悬链线 hydrostatic catenary
静水面 dead level;standing level;still water surface
静水面高程测量<由水面测量相对高程> still water level(l)ing
静水平面 hydrostatic level;rest water level;still water level
静水奇像 hydrostatic paradox
静水区 calm waters;calm water zone;dead pocket;quiet water region;stagnant area;standing water region;still waters;zone of silence
静水区域 dead water region;quiescent waters
静水群落 lenetic community
静水群落的 lenetic
静水上托力 hydrostatic uplift
静水设备 water-stilling device
静水深 still water depth
静水深度计 hydrostatic depth-control gear;hydrostatic depth ga(u)ge
静水升举压力 hydrostatic uplift pressure
静水生态系统 lentic ecosystem;standing water ecosystem
静水生物 stagnophile
静水式毒性试验 static toxicity test
静水式生物测验 static bioassay
静水式试验 static test
静水试验 hydraulic testing;stilling test
静水水深 still water depth
静水水位 hydrostatic water level;static(water)level
静水水域 quiescent waters
静水潭 weel
静水天平<一种既可称量在空气里的物体,也可称量悬浮在水中的物体的天平,因而可以计算它的密度> hydrostatic balance
静水头 hydrostatic head;standing water level;static head of water;static(water)head;static(water) level;still water head
静水头量测孔 static orifice
静水弯矩 still water bending moment
静水位 hydrostatic level;rest water level;standing(water)level;static water level;stationary level;still (water)level
静水位差 static-elevation difference
静水位移监测计 hydrostatic profile ga(u)ge
静水稳定性 hydrostatic stability
静水箱 stilling box;stilling chamber;tranquil(l)ing tank
静水压 static head of water
静水压比 hydrostatic ratio
静水压分布 hydrostatic distribution
静水压挤拔 hydraw
静水压挤压 hydrostatic extrusion;ramless extrusion
静水压力 fluid pressure;gravitational pressure;hydropressure;static pressure;vertical head;fluid static pressure;hydrostatic pressure;static water pressure;hydrostatic force;pressure of impounded water <筑坝的>
静水压力比 hydrostatic pressure ratio
静水压力差 differential hydrostatic(al)pressure
静水压力的 hydrostatic
静水压力阀 hydrostatic valve
静水压力方程 hydrostatic equation
静水压力分布 hydrostatic pressure distribution
静水压力分布图 distribution diagram of hydrostatic(al)pressure
静水压力拱 hydrostatic arch
静水压力拱形曲线 hydrostatic arch curve
静水压力荷载 hydrostatic load
静水压力盒<用以量测土中孔隙水的压力> hydrostatic pressure cell
静水压力基床 hydrostatic bed
静水压力计 isopotential level;piezometric surface;potentiometric surface;pressure surface
静水压力计 hydrostatic ga(u)ge
静水压力模数 hydrostatic modulus
静水压力排泥 sludge discharge by static water head
静水压力平衡 hydrostatic equilibrium
静水压力强度 hydrostatic strength
静水压力曲线 hydrostatic curve
静水压力设计应力 hydrostatic design stress
静水压力试验 hydrostatic(pressure) test(ing)
静水压力释放系统<地下室底板下> hydrostatic relief system
静水压力水头 hydrostatic head
静水压力水位 hydrostatic level
静水压力稳定性 hydrostatic stability
静水压力系数 hydrostatic pressure coefficient;hydrostatic pressure ratio
静水压力线 hydrostatic line;hydrostatic line of pressure
静水压力悬链曲线 hydrostatic catenary
静水压力指示器 hydrostatic pressure indicator
静水压力状态 hydrostatic static of stress
静水压排泥 hydrostatic sludge removal
静水压强 hydrostatic(intensity of) pressure;static pressure of water
静水压强分布图 distribution diagram of hydrostatic(al)pressure
静水压试验 hydrostatic test(ing)
静水压缩 hydrostatic compression
静水压头 head of water;hydrostatic (pressure)head;static head
静水压线 static pressure line
静水压悬链线 hydrostatic catenary
静水扬力 hydrostatic lift
静水扬压力 hydraulic uplift pressure;hydrostatic uplift
静水疑题 hydrostatic paradox
静水应力 hydrostatic stress
静水应力场 hydrostatic stress field
静水应力状态 hydrostatic state of stress;hydrostatic stress condition
静水域 still waters
静水运河 still water canal
静水栅 stilling grate;stilling grid
静水张力 hydrostatic pull;hydrostatic tension
静水止托力 hydrostatic uplift
静水柱 hydrostatic column
静水锥实螺 Limnaea stagnalis
静水阻力 smooth water resistance;still water resistance;water drag
静索 standing gear;standing line;standing rigging
静态 quiescent state;repose;static behavio(u)r;static state;stationary state
静态安定性 static stability characteristic
静态包络线 static envelope
静态报表 static statement
静态比率 static ratio
静态变换 static conversion
静态变量 local variable;static variable
静态变形 static deformation
静态表 static table
静态表达式 static expression
静态表面张力 static surface tension
静态表征 static attribute
静态泊松比 static Poisson's ratio
静态不平顺 static track irregularity
静态不稳定 static instability
静态部件 static component
静态财务报表 static statement
静态参数 static parameter
静态测量 static measurement
静态测试方式 static test mode
静态常数 static constant
静态超高压高温法 static ultra high pressure and high temperature process
静态超高压高温设备 static ultra high pressure and high temperature device
静态程序 static routine
静态处理 static handling
静态触发器 static flip-flop
静态传感器 static sensor
静态磁单元 static magnetic cell
静态存储 static store
静态存储器 static(random access) memory;static storage
静态存储装置 static memory
静态单功能流水线 static unifunctional pipeline
静态单位 static unit
静态单元 static cell;static unit
静态导数 static derivative
静态的 inactive;static
静态地图 static map
静态点 quiescent point
静态电动势 static electromotive force
静态电流 quiescent current
静态电路 static circuit
静态电平 dead level
静态电位 resting potential
静态电压 quiescent voltage
静态电再生技术 static electro-regeneration
静态堆肥化 static pile composting
静态对象 static object
静态多功能流水线 static multifunction pipeline
静态发酵 static fermentation
静态法 static method;stationary method
静态返本期 static payoff period
静态放大 static amplification
静态分辨率 static resolution
静态分程序 inactive block
静态分离自动跟踪 static split auto-tracking
静态分流系统 static split system
静态分配 static allocation
静态分区 static partition
静态分析 static analysis;vertical analysis
静态分析法 static analysis method
静态分析工具 static analysis tools
静态幅度 static margin
静态刚度 static rigidity
静态高压设备 hydrostatic pressure apparatus
静态跟踪误差 static tracking error
静态工作 quiescent operation;quiescent work
静态工作点 quiescent(operating) point
静态功耗 quiescent dissipation
静态功率直流放大器 power static DC amplifier
静态共轭效应 static effect of conjugation
静态故障容限 static fault tolerance
静态关系 static relation
静态贯入度试验 static penetration

testing
静态广告 static advertising
静态龟标 static turtle
静态规程 quiesce protocol
静态过程 static process
静态好氧堆肥 static aerobic compost
静态化 staticize
静态回复 static recovery
静态回馈分析 static feedback analysis
静态会聚 static convergence
静态混合器 motionless mixer; static mixer
静态或平衡理论 <潮汐理论> static or equilibrium theory
静态计算法 static calculating method
静态继电器 static type relay
静态检验 static check
静态检验装置 static checkout unit
静态交通 static state traffic
静态浇铸铁管 static cast pipe
静态校验 static check
静态校准 static calibration
静态接触力 static contact force
静态经济学 static economics
静态精(确)度 static accuracy
静态矩阵 static matrix
静态均衡 static equilibrium
静态开关 static switch
静态控制 static control
静态控制器 static control device
静态立体摄影 static stereo photography
静态量热计 static calorimeter
静态路由选择 static routing
静态冒险 static hazard
静态模量 static modulus
静态模拟试验 static analogue test
静态模式 static mode
静态模型 static model; steady-state model
静态摩擦 static friction
静态内容印出 static dump
静态能 static energy
静态疲劳试验 stationary fatigue test
静态疲劳试验机械 stationary fatigue test machinery
静态偏差 static deviation
静态偏心率 eccentricity of rest
静态平衡 equilibrium at rest; standing balance; standing equilibrium; stasis; static balance; static equilibrium
静态平衡方程 equation of static equilibrium
静态屏极电流 static operating plate current
静态破坏矩阵法 static failure matrix method
静态曝气器 static tube aerator
静态起弧电压 static striking voltage
静态强度 static strength
静态倾翻载荷 static tipping load
静态倾覆荷载 static tipping load
静态倾覆荷载额定值 static tipping load rating
静态情报资料 inactive information
静态确定随机混合型 static deterministic-random mixed model
静态确定型 static deterministic model
静态冗余 static redundance
静态设定值 static setting
静态时间 dwell time; quiet hour
静态事件变量 inactive event variable
静态试验 captive test; envelope test; ground test; standing test; static test(ing)
静态试验方法 method of static testing
静态试验台 static test stand
静态适度人口 static optimum population
静态收敛 static convergence
静态输出 static output
静态属性 static attribute
静态数据库 static database
静态水滴腐蚀试验 drop water drop corrosion test
静态随机型 static random model
静态损耗 quiescent dissipation
静态索引 static index
静态特性 quieting; static behavio(u)r; static characteristic; steady-state characteristic
静态特性曲线 static characteristic curve
静态特征曲线 static characteristic curve
静态条件 conditions of statics; static condition
静态调节 static regulation
静态调节范围 static adjustable range
静态调节器 static regulator
静态调试程序 static debugging routine
静态调用 static call
静态调制器 static modulator
静态通信[讯] quiesce communication
静态统计 static statistics
静态投入产出分析 static input-output analysis
静态投入产出模型 static input-output model
静态投入产出系统 static input-output system
静态投资 <不含施工期利息的> construction cost; static cost; static investment
静态图 static map
静态图块属性 static segment attribute
静态图像 frozen picture; frozen piece
静态图像字符 static picture character
静态推挽 quiescent push-pull
静态脱附率 static desorption efficiency
静态外区 static external area
静态温度 static temperature
静态文件 static file
静态稳定度 static stability; steady stability
静态稳定性 static stability; steady stability
静态问题 static problem
静态误差 static error; steady-state error
静态吸附 static adsorption
静态吸附性能 static adsorption property
静态系统 static system
静态显示 static status display
静态显示图像 static display image
静态响应 static response
静态效率 static efficiency
静态协议 quiesce protocol
静态信息 inactive information
静态信息转储 static dump
静态絮凝 static flocculation
静态压缩量 static deflection
静态遥感 static remote sensing
静态液力旋转斜盘马达 hydrostatic swash plate motor
静态液力油控制器 hydrostatic oil controller
静态移位寄存器 static shift register
静态诱导效应 static inductive effect
静态预算 static budget
静态源 static father
静态运行 quiescent operation
静态运用 quiescent operation
静态载波传输 quiescent-carrier transmission
静态载波调制 quiescent-carrier modulation
静态再构成 static restructuring
静态再生 static regeneration
静态真空质谱计 static vacuum mass spectrometer
静态振动 static vibration
静态值 quiescent value
静态制动力 static braking force
静态质谱测量 static mass spectrometric determination
静态中称重 static weigher
静态重结晶 static recrystallization
静态重力测量 static gravity survey
静态重量 static weight
静态轴重检测器 static axle weight detector
静态转储 static dump
静态转换 static switching
静态装载均衡 static load leveling
静态装置 static unit
静态状况研究 static state approach
静态资料 static data
静态资源指标 static reserve index
静态子程序 static subroutine
静态纵断面仪 static profilometer
静态阻抗 static impedance
静态阻力 stiction
静态最优化 static optimization
静态最优化和开环控制 static optimization and open-loop control
静态最优化问题 static optimization problem
静态作业 static work
静态作用 static action
静弹性模量 static modulus of elasticity
静弹性模数 static modulus of elasticity
静特性曲线图 speed droop graph
静提升力矩 static hoisting moment
静调库 static adjustment workshop
静调谐开关 muting switch
静停期 curing delay; preset(ting) period; prestreaming period
静停蒸汽养护 precuring
静土沉降 quiescent settling
静土压力 earth pressure at-rest
静推力 static thrust
静弯曲 static bending
静温 static temperature
静温度梯度 static thermal gradient
静稳(定)性 static stability
静稳(定)性曲线 curve of static stability
静稳(定)性曲线图 static stability diagram
静稳裕度 static margin
静物(画) still life
静物写生画 stiff life and figure drawing
静吸出水头 static draft head
静吸高度 static lift
静吸入水头 static draft head; static suction head
静吸入扬程 static suction head
静吸升高度 static(suction) lift
静吸升水头 static suction head; static suction lift
静吸水头 static draft head
静显像管 static image tube
静线 deadline
静线性压力 static linear pressure
静像 still image
静像开关 still switch
静像速度 still speed
静像调整 still adjustment
静泄水水头 static discharge head
静心图像 still image
静压 potential pressure
静压板状压差计 static plate manometer
静压比 static pressure ratio
静压补偿器 static pressure compensator
静压操纵管路 static line
静压测孔 static opening
静压测量孔 static bole
静压测针 static pressure probe
静压差 differential static pressure; static pressure differential
静压沉桩法 pile jacking-in method
静压出扬程 static delivery head
静压传感器 static pressure transducer
静压法 static pressure method
静压缝口 static slot
静压负荷运动 static loading motion
静压复得 static pressure regain
静压复得法 static (pressure) regain method
静压高差 hydrostatic head
静压管 static (pressure) line; static pressure tube; static tube
静压管读数 static tube reading
静压降 differential static pressure
静压胶合板 dead-piled
静压胶合的 dead-piled
静压空气轴承 pressure-feed air bearing
静压孔 atmosphere venting; static vent
静压控制器 static pressure controller
静压口 static opening
静压力 at-rest pressure; pressure at rest; static pressing; still pressure; static pressure
静压力补偿 static-pressure compensation
静压力测定孔 static pressure vent hole
静压力传感器 static probe
静压力管 static probe
静压力试验 at-rest pressure test
静压力受感器 static head
静压力水头 geodesic head; geodetic head; static head
静压力梯度 static pressure gradient
静压力增减率 static pressure gradient
静压力重新恢复 static regain
静压敏感元件 static sensor
静压强 static pressure
静压曲 static buckling
静压室 plenum chamber
静压水门 static sea cock; static sea valve
静压水面 potentiometric surface
静压水头 static draft; static head
静压提升 hydrostatic lifting
静压调节器 static pressure regulator
静压头 hydrostatic head; static draft; static-elevation difference
静压头计 piezometer
静压系数 static pressure coefficient
静压系统 static pressure system
静压线 static pressure line
静压箱 air plenum; attenuator box; plenum chamber
静压箱风速 plenum velocity
静压箱清扫口 plenum cleanout
静压效率 static efficiency
静压压实机 static compactor
静压液面计 static pressure level ga(u)ge
静压预制混凝土小桩 <基础托换用> Miga pile
静压轴承 hydrostatic bearing; static bearing
静压转弯指示器 static head turn indicator
静压桩 jack-up pile
静压桩工(程) silent piling
静岩压力 lithostatic(al) pressure
静岩应力 lithostatic(al) stress
静扬程 hydrostatic head; static deliv-

ery head
静叶【机】fixed blade
静叶可调整风机 blade adjustable in still condition fan
静叶片 stationary blade; stator blade; stator vane
静液传动 hydrostatic transmission
静液封 static seal
静液力泵 hydrostatic pump
静液力挤压 hydrostatic extrusion
静液力马达 hydrostatic motor
静液力式的 hydrostatic
静液面 static level
静液锁闭 hydrostatic lock
静液压参照工具 hydraulic reference tool
静液压传动 hydrostatic drive; hydrostatic transmission
静液压传动装置 hydrostatic transmission
静液压机械传动 hydrostatic-mechanical transmission
静液压铰接转向 hydrostatic articulation
静液压力 fluid pressure
静液压试验 <常用于检查排水系统中有无渗漏> hydrostatic test(ing)
静液压双轮振动压路机 hydrostatic double vibration roller
静液压系统 hydrostatic system
静液压转向 hydraulic steering
静音点 null
静音灵敏度 null sharpness
静音器 noise killer
静应变 static strain
静应力 dead stress; quiescent load; static stress; steady stress; still stress; sustained stress
静余量 static margin
静载的 quiescently loaded
静载动力 dead-load power
静载(荷) dead load; static load(ing); quiescent load
静载荷读数 dead load reading
静载荷耐久试验 static load endurance test
静载荷应力 dead-load stress; static stress
静载回弹弯沉 static rebound deflection
静载力矩 dead-load moment
静载量 deadweight carrying capacity
静载挠度 dead-load deflection; static deflection
静载挠曲 dead-load deflection; static deflection
静载扭转试验 static torsional test
静载疲劳试验 static load fatigue test
静载强度试验 static loading test
静载试验 static load(ing) test; static load(ing) trial
静载试验桩 tube-pile for static-loading test in design phase
静载条件 static condition
静载弯矩 dead-load moment
静载应力 dead-load stress; static stress
静载张力试验 static tension test
静载重 deadweight; stationary load
静载重挠度 static deflection
静噪 mute; noise elimination; noise stopping; quieting; silencing (of noise)
静噪变速箱 silent shift transmission
静噪电池 quiet battery
静噪电路 silent chain
静噪管 squelch tube
静噪开关 silent switch
静噪控制 mute control; squelch control
静噪控制管 noise suppression control tube
静噪灵敏度 noise quieting sensitivity; quieting sensitivity
静噪滤波器 clutter filter; noise filter; noise killer
静噪器 anti-hum; noise clipper; noise killer; noise limiter; noise silencer; noise trap; silencer; sound damper; sourdine; squelch system
静噪调谐键 muting
静噪调压管 codistor
静噪稳压管 codistor
静噪信号 purified signal
静噪抑制器 noise silencer
静噪装置 squelch system; static eliminator; static limiter
静噪自动音量控制 quiet automatic volume control
静噪自动增益控制 quiet automatic gain control
静振(波) seiche
静振波节数 nodal of seiche
静振历时 seiche duration
静震 standing surface wave
静震周期 period of seiche
静止 dwell; inaction; standstill
静止板块 inactive plate; stationary plate
静止变流器 static converter
静止变频器 static frequency changer
静止表压 static ga(u)ge pressure
静止冰川 stagnant glacier
静止不动 slack
静止部件 static component
静止侧压力系数【岩】coefficient of earth pressure at rest
静止沉淀 quiescence settling; quiescent settling; static settling
静止沉淀池 absolute rest precipitation tank <废水处理的>; static settling tank
静止沉降 quiescent settling
静止澄清法 stand clarification
静止池 quiescence tank; resting basin
静止持续时间 rest duration
静止处理机 dormant processor
静止触点 resting contact
静止存储器 dead memory
静止的 dead; dormant; motionless; perched; quiescent; sedentary; self-centered; static; stationary; still; stillstand; still stationary; stock-still
静止的间歇 interval of rest
静止的可能性 possibility of inaction
静止的人口 stationary population
静止的水 dead water
静止地下水 perched groundwater; stagnant ground water; stagnant pool
静止地下水位 perched ground water-table; perched water table; static groundwater level
静止点 rest point; stagnation point
静止电位 rest potential
静止反应杆件 stationary reaction member
静止方式 sleep mode
静止感应器 static transformer
静止轨道 geostationary orbit; stationary orbit
静止轨道系统 stationary orbit system
静止核 metabolic nucleus; resting nucleus
静止画面 still frame
静止换流器 static converter
静止换流器串级 static converter cascade
静止火源 stationary combustion source
静止交点 <簧片的> normal; static contact point
静止角 angle of repose; angle of rest
静止接点 break contact; resting contact
静止接缝 static joint
静止介质 stagnant medium
静止界面 stationary interface
静止井 well inactive
静止开关 rest switch
静止空气 dead air; stagnant air; still air
静止空气绝缘 dead-air insulation
静止空气冷却器 still air cooler
静止空气温度 static air temperature
静止框架 rest frame
静止励磁 static excitation
静止励磁硅整流器 static exciter silicon rectifier
静止励磁系统 static excitation system
静止流体 quiescent fluid; static fluid
静止流体柱 static fluid column
静止率 statics rate
静止蒙罩法 static matte
静止密度 rest density
静止面 standing face; stationary face
静止命令 still command
静止模式 quiet mode
静止摩擦 friction of rest; friction of static
静止摩阻 friction of rest
静止目标 static target
静止逆变器 static inverter
静止偏心距 eccentricity of rest
静止频率 rest frequency
静止期 quiescence stage; quiescent stage; repose period; resting period; resting stage; resting time; rest period; stillstand period; telogen
静止期间 quiescent period; rest duration
静止气流 still current of gas
静止气旋 colla; stationary cyclone
静止(前)峰 stationary front
静止区(域) stagnant zone; stagnation zone
静止燃烧室 stationary combustion chamber
静止上托力 hydraulic uplift pressure
静止设备 static equipment
静止摄影 still photography
静止时间 resting time; silent period
静止试验 standing test; stationary test
静止室 quiescent chamber
静止水 adherent water; quiescence water; non-moving water <含气带中的>
静止水体 impound(ed) body; impound water
静止水头侧压面 <地下含水层> potentiometric surface
静止水位 perched water table; static (water) level; static water table
静止条件 rest condition
静止调节器 static governor
静止通信[讯]卫星 geostationary communication satellite; stationary communication satellite
静止图像 non-animated picture; page image; rest image; stationary pattern; stationary picture; still picture; still image
静止图像发射 still video transmission
静止图像视频 still video
静止图像速度 still speed
静止土 repose soil
静止土压力 at-rest earth pressure; earth pressure at-rest; pressure at rest; static earth pressure
静止土压力系数 coefficient of at rest earth pressure; coefficient of earth pressure at rest; coefficient of static earth pressure
静止脱泥法 stand clarification
静止完成指示器 quiesce-completed indicator
静止卫星 motionless satellite; prescribed orbit satellite; stationary satellite; synchronous satellite
静止位置 home position; resting position
静止污染源 stationary sources
静止吸入高度 static suction lift
静止显像管 picture freezer
静止显影 stand development
静止信号 spacing wave
静止性震颤 static tremor
静止压力 static pressure
静止叶片 stationary vane
静止液流 still current of liquid
静止液膜 stagnant liquid film
静止液体 fluid at rest
静止液柱 standing column
静止油区 quiet zone of oil
静止噪声法 noise quieting
静止账户 inactive account
静止针入度 unworked penetration
静止帧 still frame
静止指令 still command
静止质量 rest mass
静止中的资金 money sitting
静止周围介质 stagnant ambient medium
静止轴 stationary axle
静止状态 condition of rest; quiescence condition; quiescency; quiescent condition; quiescent state; quietus; rest condition; resting position; resting state; state of rest; stationary state; steady-state condition; stillstand
静止状态下的衰减 decay air rest
静止自然电位 static spontaneous potential
静止坐标系 rest frame
静质量 proper mass
静滞地下水 perched groundwater
静滞地下水面 perched ground water-table
静滞地下水位 false ground water table
静置 quiescent sedimentation; setting; stewing
静置 10 分钟的泥浆静切力 static shear after gelling ten minutes
静置期 curing delay; holding period; presteaming period
静置试验 open standing test
静重 dead load
静重力仪 static gravimeter; static gravity meter
静重式调节器 deadweight-type regulator
静重试验器 deadweight tester
静重压力 static weight
静重仪 deadweight ga(u)ge
静轴 blind axle; dead axle; dead spindle; mandrel【机】
静主轴 mandrel
静抓力 holding power
静转矩 static torque
静锥触探试验 static cone penetration test
静锥贯入试验 static cone penetration test
静锥区 cone of silence
静子 stator
静自然电位 static spontaneous potential
静纵倾角 static trimming angle
静阻力荷载 static drag load

静作用捣实压路机 static tamping roller
静作用格栅碾 static grid roller
静作用格栅压路机 static grid roller
静作用光碾压路机 static smooth drum roller
静作用平足碾 static padfoot roller
静作用平足压路机 static padfoot roller
静作用压路机 static roller; static weight roller
静作用羊足碾 static sheep's foot roller
静作用羊足压路机 static sheep's foot roller
静坐配合 interference fit
静坐作业 sedentary trade

镜板 runner collar; runner plate; thrust bearing runner; rotating plate <推力轴承的>

镜背保护涂层 backing paint
镜臂 handel
镜边畸变 marginal error
镜波 mirror wave
镜测读数 mirror reading
镜测读数型 light spot type
镜池 mirror pool; reflecting pool
镜尺法 mirror and scale method
镜(赤)铁矿 specular hematite
镜道响应 image response
镜的朦胧 cloud
镜顶 vertex of mirror
镜顶公式 vertex formula
镜顶焦距 vertex focal length
镜顶屈光度 vertex diopter; vertex (dioptric) power
镜度计 lens(o)meter
镜反射 specular reflectance
镜反射方向 specular reflection direction
镜反射狭缝 specular reflectance slit
镜俘获 mirror trap
镜鼓 mirror wheel
镜鼓扫描器 mirror drum scanner
镜后快门 behind-the-lens shutter
镜架宽度计 besiclometer
镜间快门 between-lens shutter
镜检 microscopy
镜检凝集 microscopic agglutination
镜检学 micrology
镜焦点 mirror foci
镜口径 aperture of mirror
镜框 box for mirrors; cell; lens cell; picture frame
镜框玻璃 picture(framing) glass
镜框架 cell mount
镜框式舞台 picture-frame stage; proscenium stage
镜框式线脚 bolection; bolection mo(u)ld(ing)
镜框饰 balection mo(u)lding
镜框舞台剧院 proscenium theatre [theater]
镜亮煤 vitroclarite
镜路 reflector path
镜轮 mirror wheel
镜螺旋 mirror screw
镜毛坯 mirror blank
镜煤 vitrain; vitri-fusin; xylovitrain
镜煤半丝炭体 vitrosemifusinite
镜煤化 vitrinization
镜煤型 vitrinite
镜面 mirror surface; slickenside; specular surface
镜面标度 mirror scale
镜面玻璃 mirror glass; specular glass
镜面玻璃壁板 plate glass panel
镜面薄板 high mirror finishing sheet
镜面薄钢板 high mirror-finished sheet
镜面传输 specular transmission
镜面度盘 mirror scale
镜面镀银加工 mirror-deposit work
镜面对称 looking-glass symmetry; looking-mirror symmetry; mirror symmetry
镜面对称面 plane of mirror symmetry
镜面反射 direct reflection; mercury reflection; mirror reflection; specular reflection
镜面反射比 specular reflectance; specular reflectivity
镜面反射层 specular layer
镜面反射率 specular reflectance; specular reflectivity
镜面反射器 mirror reflector; specular reflector
镜面反射式遮光器 mirror shutter
镜面反射系数 specularity factor
镜面反射照明法 specular reflection method
镜面光洁度 mirror finish
镜面光亮薄板 bright luster sheet
镜面光泽 objective gloss; specular gloss
镜面光泽参数 parameter of specular gloss
镜面光泽度 mirror luster
镜面光泽面 polished finish
镜面化 crystallization
镜面加工 mirror finish; specular finish
镜面加工面 mirror finished surface
镜面降湿 mirror dehumidifier
镜面角 specular angle
镜面精加工光洁度 mirror finishing
镜面矩阵 mirror matrix
镜面聚光灯 mirror projector
镜面刻度线 tricky
镜面快门 behind-the-lens shutter; mirror shutter
镜面拉门 mirror-slide
镜面螺钉 mirror screw
镜面面层 specular finish
镜面磨光 mirror finished
镜面磨削 mirror grinding
镜面磨削机流 mirror surface machine
镜面磨削砂轮 mirror-finish grinding wheel
镜面抛光 colo(u)r buffing; looking-glass finish; mirror finish; mirror polish(ing)
镜面抛光薄板 bright-polished sheet
镜面抛光的 bright finished
镜面配准 lens register
镜面清洁防雾剂 fog preventing agent for cleaning mirror face
镜面去湿 mirror dehumidifier
镜面散射 mirror scattering; specular scattering
镜面砂光 mirror finish
镜面舌 mirror-like tongue
镜面摄影机 reflex camera
镜面探照灯 mirror projector
镜面透射比 specular transmittance
镜面透射率 specular transmittance
镜面涂敷 mirror plating
镜面位错 mirror dislocation
镜面修琢 figuring of mirror
镜面仪表 reflecting instrument
镜面照明槽 mirror-trough lighting
镜面罩 silver finished shade
镜盘 mirror disk
镜盘模 blocking shaper
镜片 eyeglass; glass; glass block; glass brick; lens; ophthalmic lens; optic; single eyeglass
镜片光心 optic(al) center of lens
镜片屈光力鉴定 measurement of refractive power of lens
镜片外圆 lens edge
镜片影像计 dioptoeikonometer
镜频 image frequency
镜频干扰 image frequency interference; image frequency jamming
镜频抗拒比 image interference ratio; image rejection ratio
镜频衰减 image attenuation
镜频衰减系数 image attenuation coefficient
镜频相对增益 image ratio
镜频响应 image response
镜频信号 image frequency signal
镜频仰制电路 image suppression circuit
镜频抑制 image rejection; image suppression
镜频抑制比 image frequency rejection ratio; image interference ratio
镜频抑制器 image rejector
镜频阻抗 image frequency impedance
镜平面 mirror plane
镜平行度 mirror-parallelism
镜前快门 before-the-lens shutter
镜(青)铜 speculum metal
镜倾斜装置 mirror-tilting mechanism
镜曲率 mirror curvature
镜圈 ring
镜扫描装置 mirror scanning mechanism
镜栅 grid of mirrors; mirror grating
镜身 shank
镜石膏 specular gypsum
镜示读数 mirror reading
镜示检流计 mirror galvanometer
镜示伸长计 mirror extensimeter[extensometer]
镜示仪表 mirror instrument
镜式波束结构 mirror wave-beam structure
镜式传动离合器 mirror drive clutch
镜式电测力计 mirror electrodynamometer
镜式电流计 reflecting galvanometer
镜式反射器 mirror reflector
镜式干涉仪 mirror interferometer
镜式功率计 mirror electrodynamometer
镜式光导管 mirror wave-beam guide
镜式检流计 mirror galvanometer
镜式力测电流计 mirror electrodynamometer
镜式取景器 brilliant finder
镜式伸长计 mirror extensimeter[extensometer]
镜式示波器 mirror oscillograph
镜式子午仪 mirror transit circle
镜室 mirror cell
镜丝煤 vitrofusi(ni)te
镜丝煤型 vitri-fusian; vitrinertite
镜台 dressing table; microscope stage
镜台测微尺 stage micrometer
镜台测微计 stage micrometer
镜台下部 substage
镜台下聚光镜 substage condenser
镜铁 <一种灰色的赤铁矿> specularite; mirror iron; specular cast-iron; spiegel(eisen); spiegel iron
镜铁矿 iron glance; specular iron; specularite
镜铁矿矿石 specularite ore
镜铁片岩 specular schist
镜筒 cylinder; draw tube; lens barrel; lens cone; shank
镜筒变形 deformation of mirror cylinder
镜筒垫圈 rim of tube
镜筒弯沉 flexure of the tube
镜头 eyepiece; lens; scene; shot
镜头板 lens board; lens panel
镜头(薄)纸 lens tissue
镜头窗框 film gate
镜头挡光板 gobo; lens shield
镜头端部 end head; lens head
镜头方位 direction of camera lens
镜头盖 lens cap
镜头更换 lens changing
镜头光阑 lens diaphragm
镜头光圈 lens aperture
镜头光圈指数器 lens aperture indicator
镜头光学长度 lens optic(al) length
镜头号码牌 slate
镜头横移装置 cross front
镜头后测光标志 behind the lens
镜头后移 track out
镜头滑动架 lens carrier slide
镜头滑座 lens slide
镜头环 lens collar
镜头回切 cutback
镜头畸变 lens distortion
镜头架 lens holder
镜头间颤动 frame-to-frame jitter
镜头校准 lens calibration
镜头解像力 resolution of lens
镜头开度 lens opening
镜头孔径 lens opening
镜头快门 front shutter; lens shutter
镜头快门转鼓 lens shutter drum
镜头毛刷 lens brush
镜头拍摄范围 lens coverage
镜头上移 pan-up
镜头视场角 lens angle
镜头视界 lens coverage
镜头速率 lens speed
镜头锁紧卡口环 breech-lock ring
镜头套 lens jacket
镜头筒 barrel; lens tube
镜头透过率 lens transmission efficiency
镜头透射率 transmittance of lens
镜头推进 track in
镜头无倾斜的纠正仪 non-tilting lens rectifier
镜头下移 pandown
镜头眩光 lens flare
镜头延伸管 extension tube of lens
镜头元件 lens cell
镜头罩 lens case
镜头遮光器 gobo flag
镜头遮光罩 flag; gobo flag; lens hood
镜头支架 lens bracket; lens holder
镜头直径与焦距之比 aperture ratio
镜头纸 lens paper
镜头中心 lens center[centre]
镜头转换 transition of shots
镜头转轮遮摄 lens turret matting shot
镜头组接 montage; mounting
镜头左转 pan left
镜头座 lens mount
镜透射比 specular transmittance
镜透射密度 specular transmission density
镜箱 mirrored cabinet
镜箱部分 body parts
镜箱常数 camera constant
镜箱方向【测】camera direction
镜箱后盖 camera back
镜箱性能 camera function; lens performance
镜箱轴【测】camera axis
镜像 image reversal; lateral reversal; mirror image; mirror inversion; opposite hand view; reverted image
镜像比 image ratio
镜像比例尺 image scale
镜像波道频率 second-channel fre-

quency
镜像参数 image parameter
镜像参数设计 image parameter design
镜像测量 mirror image measurement
镜像场 image field
镜像传输常数 image transfer constant
镜像导纳 image admittance
镜像电荷 image charge
镜像对称 looking-glass symmetry; looking-mirror symmetry; mirror symmetry
镜像法 image method; method of images; method of mirror; mirror method
镜像反转 mirror image reversal
镜像方程 eikonal equation
镜像负载 image load
镜像干扰 image interference; second channel interference
镜像干扰抑制 image rejection
镜像函数 mirror image function
镜像核 mirror nuclei
镜像井 image well
镜像开关 mirror image switch
镜像力 image force
镜像匹配 image match
镜像频率 image frequency
镜像屏蔽 image shield
镜像栅 shadow grid
镜像天线 image aerial; image antenna
镜像线路 image line
镜像效应 image effect; mirror effect
镜像信号 image signal
镜像形状 image shape
镜像抑制混频器 image-reject mixer
镜像语言 mirror(image)language
镜像元 mirror element
镜像原理 image theory; theorem of image sound
镜像转移常数 image transfer constant
镜像阻抗 image impedance
镜屑体 vitrodetrinite
镜旋转头 lens turret
镜雪花石膏 specular alabaster
镜映自我 <自己对自己的意识> look-glass-self
镜用合金 speculum alloy; speculum metal
镜缘 mirror edge
镜质树脂体 colloresinite
镜质丝质体 vitrofusi(ni)te
镜质体 vitrinite
镜质体反射率 reflectance of vitrinite; vitrinite reflectance
镜质体反射率分布图 reflectogram of vitrinite
镜质体平均反射率 mean reflectance of vitrinite
镜质体双反射率 bireflectance of vitrinite
镜质体随机反射率 random reflectance of vitrinite
镜质体最大反射率 maximum reflectance of vitrinite
镜质体最小反射率 minimum reflectance of vitrinite
镜质微亮煤 clarite V
镜质组 vitrinite; vitrinoid group
镜质组干酪根 vitrinite kerogen
镜轴测量法 axonometry
镜轴计 axonometer
镜子 looking glass; mirror
镜子玻璃 mirror glass; plate glass
镜子的 specular
镜子反射 specular reflection
镜子原理 mirror principle
镜座 microscope base; microscope stand

迴

迴水曲线 backwater curve

迴旋及钟摆电子控制 <车体倾斜> gyroscopic and pendulum electronic control
迴旋式停车场 ramp park
迴旋钻机 rotary drilling rig
迴转器电路 gyrator circuit

窘

窘境 dilemma

窘迫 ill at ease

纠

纠察线 picket line

纠缠 ravel; twine
纠缠的绳索 foul rope
纠缠物 entanglement
纠错 error correction
纠错保留点 error correction save point
纠错编码 error correcting code
纠错操作 error correction operation
纠错程序 error correcting routine; error correction procedure
纠错的 error correcting
纠错分析 error correcting parsing
纠错过程 error correction procedure
纠错码【计】 error correcting code; error correction code
纠错能力 error correcting capability
纠错时间 make-up time
纠错无线电路 error correct radio circuit
纠错系统 error correcting system; error correction system
纠错语法分析程序 error correcting parser
纠纷处理 settlement of disputes
纠结 <板单元体连续性的破坏> kinking
纠结式绕组 interleaved winding
纠结式线圈 interleaved coil
纠偏 correct an error; rectify a deviation
纠偏导板 <地下连续墙用> adjustable guide
纠偏卡型盒式磁带 cutaway cassette
纠偏弯筋 offset bend
纠突发错误码 burst-correcting code
纠突发删除卷积码 erasure-burst-correcting convolutional code
纠问式诉讼 inquisition procedure
纠斜【岩】 deviation correction
纠斜力 straightening force
纠斜率 straightening rate
纠斜器 straightening drill tool
纠正 rectification; rectify; redress
纠正板 aspheric(al)plate; compensating plate
纠正不平衡 redress disequilibrium
纠正措施 corrective action; corrective measure
纠正带距 distance of rectification zone
纠正底图 basis for rectification; rectification base
纠正点 control point for rectification; rectification point
纠正光学条件 optic(al)condition of rectification
纠正几何条件 geometric(al)condition of rectification
纠正偏差 correction of derivation
纠正晒像机 photoprinter-rectifier
纠正晒印像片 rectified print
纠正试验 correction test
纠正突发错误码 burst-correcting code
纠正图像 remedial frames
纠正相片 rectified print; transformed print
纠正像片 rectification picture; rectified photograph
纠正像片镶嵌图 rectified photographic(al)mosaic
纠正性养护 corrective maintenance
纠正仪 rectifier; rectifying instrument; rectifying printer; transformer
纠正仪承影面 rectification plane
纠正仪器 apparatus for rectification; transformation apparatus
纠正仪自由度 freedom of rectifier
纠正银行清算错误 reclamation
纠正元素 element of rectification
纠正自由度 degree for rectification; reference plane of rectification

鸠

鸠尾槽 dovetail groove; dovetail slot

鸠尾槽铣刀 dovetail cutter
鸠尾导轨 dovetail slide
鸠尾堆 pug pile
鸠尾对半接合 dovetail halving
鸠尾对半结合 dovetail halving
鸠尾合缝钉 dovetail dowel
鸠尾互搭接合 dovetail lap joint
鸠尾花 iris
鸠尾榫槽 dovetail slot
鸠尾回纹饰 dove fret
鸠尾键 dovetail key
鸠尾键槽 dovetail key way
鸠尾铰 dovetail hinge
鸠尾铰链 dovetail hinge
鸠尾接合 dovetail joint; fantail joint
鸠尾锯 dovetail saw
鸠尾肋 dovetail rib
鸠尾连接 fantail joint
鸠尾锚定槽 dovetail anchor slot
鸠尾燃烧器 fantail burner
鸠尾饰 dovetail mo(u)lding
鸠尾饰线脚 dovetail mo(u)lding
鸠尾榫 combed joint; culvertail; dovetail(ed)tenon; fantail; finger joint; dovetail joint
鸠尾榫槽接合 joint with dovetail groove
鸠尾榫滑键 dovetailed feather
鸠尾榫机 dovetailer; dovetail machine
鸠尾榫键 dovetail feather joint
鸠尾榫接合 cornerlock joint; dovetail halving; dovetailing; dovetail joint; dovetail fastening
鸠尾榫接头 dovetail joint
鸠尾榫锯 dovetail sheeting
鸠尾榫嵌接 dovetail halving
鸠尾榫制作 dovetail halving
鸠尾榫状模 dovetail mo(u)lding
鸠尾铁脚 dovetail anchor
鸠尾楔形(木)条 dovetailed fillet
鸠尾形 dovetail
鸠尾形城齿 dovetailed merion
鸠尾形缝道 dovetail slot
鸠尾形拱顶 dovetail vaulting
鸠尾形固结板 dovetailed lathing
鸠尾形键 splay piece
鸠尾形接合 dovetailing
鸠尾形孔 dove hole
鸠尾形扣钳 dovetail cramp
鸠尾形模板 dovetail sheeting
鸠尾形片材 dovetail sheeting
鸠尾形石板扣片 slate cramp
鸠尾形系件 dovetail tie
鸠尾形雉堞 dovetailed merion
鸠尾鸳鸯接头 dovetailed grooving and tonguing
鸠尾雉蝶墙 dovetail merlon
鸠尾桩 pug pile

九

九倍的 ninefold; nonuple

九边 nine edge
九边形 enneagon; nonagon
九齿钢锤 nine-point steel pad
九重 ninefold
九重的 nonuple; ninefold
九重线 nonet
九磁道带 nine-track tape
九道兼容 nine-track compatibility
九的补数 complement-on-nine
九灯(风向风速遥控)指示器 nine-light indicator
九灯风向风速仪 nine-light indicator
九点逼近 nine-point approximation
九点布孔网 nine spot pattern
九点二次曲线 nine-point conic
九点二次曲线平滑 quadratic smoothing with nine point
九点公式 nine-point formula
九点移动平均 nine points moving average
九点圆 nine-point circle
九段设计 nine-stage design
九个"9" <表示半导体材料纯度，即 99.9999999%> nine nines
九个一组 ennead
九个一组的 nonuple
九宫问题 eight queen problem
九级风 strong gale; wind of Beaufort force nine
九级浪 force-nine wave; phenomenon sea
九级能见度 exceptional visibility
九级涌浪 confused swell
九极管 enneode; nonode
九角形 enneagon
九进制的 novenary
九镜头摄影机 nine-lens camera
九九表 multiplication table
九硫沥青 thiokerite
九龙壁【建】 Nine-Dragon Screen
九龙山统【地】 Kiulungshan series
九氯联苯 nonachlorobiphenyl
九面体 enneahedron
九曲桥 zigzag bridge
九十度承插弯管 niniety degree socket bend
九十度大半径肘管 ninety degree long radius elbow
九十度带座肘管 ninety degree base elbow
九十度底弯 shoe elbow
九十度内喷射 angle blasting
九十度时间相移 time quadrature
九十度弯管 quarter bend
九十度弯头 knee bend 90 degrees; ninety degree bend; right-angle bend; square bend
九十度相位差 quadrature
九十度相移 phase quadrature
九十度相移调制串音 quadrature crosstalk
九十度相移分量 quadrature component
九十度转角(两跑)式楼梯 staircase of quarter-turn type; quarter-space stair(case)
九十度转弯 one-quarter bend
九十进制 nonagenary
九十九年租约 <一种对未开发土地的长期租约> ninety-nine year lease
九水砷钙石 machatschkiite
九钛酸钡陶瓷 barium nonatitanate

J

ceramics
九五折 five percent off
九元数 nonion
九柱式 enneastyle
九柱式建筑 enneastyle building; enneastylos
九柱戏 ninepins

久沸残渣 long residuum

久耕地 long-cultivated field; long cultivated land; old land
久旱 drought
久航高度 altitude for maximum endurance
久航速度 speed for maximum endurance
久经考验的 time-proved
久经考验的原理 time-tested principle
久经试验的出口限额技术 well-tried export quota technique
久燃煤油 <信号灯用> long-time burning oil
久效磷毒性 monocrotophos toxicity
久雨 excessive rain(fall of long duration)
久远波动 long wave

韭闪石 pargasite

酒 alcoholic mass

酒吧 room for drinks
酒吧车 bar coach; cafe coach
酒吧单间 salo(o)n bar
酒吧服务柜台 service bar
酒吧高脚凳 barstool
酒吧间 bar room; dram shop; drinkery; salo(o)n; tap house; tap room; tapster; wine vault
酒吧间及冷饮间洗盆 bar and soda-fountain sink
酒吧间门 bar door
酒吧间招待员 tapster
酒吧装修 bar finish
酒杯 stoup
酒仓 bouteillerie
酒槽 distiller's grain; wine stillage
酒厂 brewery; distillery; winery
酒厂废物 brewery waste; distillery waste; winery waste
酒厂废渣 distillery residues
酒厂污水 distillery waste(water)
酒店 ale-house; drinkery; hotel; porter's house; public house; shebang; tap house; wineshop; chafer house <英国酒店旧称>
酒馆 drunkery; inn; public house; salo(o)n; tavern
酒罐 wine jar
酒红色 claret red
酒红颜料 claret red
酒后驾车 driving while influence
酒后开车 drunken driving
酒化酶 zymase
酒加仑 wine gallon
酒窖 catacomb; cellar; pitcher house; window cellar; wine cellar; wine vault
酒精 alcohol; ethyl alcohol; grain alcohol; spirit of wine
酒精饱和 alcoholization
酒精苯胺混合物 <一种高辛烷值汽油的掺和组分> anilol(e)
酒精比重计 alcoholi(o)meter; alcoholometer; vinometer
酒精表 alcoholometer
酒精擦浴 alcohol bath
酒精槽 alcohol trough
酒精测定 alcoholmetry
酒精测压计 alcohol ga(u)ge
酒精厂 alcohol plant; grain distillery
酒精沉淀试验 alcohol-precipitation test
酒精处理方法 <用以增加油的回收率> alcohol slug process
酒精船式水平仪 spirit level-boat
酒精瓷漆 alcohol enamel
酒精灯 alcohol burner; alcohol lamp; spirit lamp
酒精定量计 oenometer
酒精发动机 alcohol motor; spirit engine
酒精发酵 alcoholic fermentation
酒精发酵废水 wastewater from alcoholic fermentation
酒精复写板 master for spirit duplicating
酒精复制 alcohol duplicating
酒精含量 alcohol content
酒精和汽油混合燃料 alky gas
酒精净化 alcohol purification
酒精浓度 alcohol strength
酒精泡沫 alcohol foam
酒精喷灯 alcohol blast burner; alcohol torch(lamp)
酒精(气泡)垂线规 spirit plumb rule
酒精气压计 alcohol ga(u)ge; ebullioscope
酒精汽油 <汽油与酒精混合的汽车燃料> gasohol
酒精汽油混合燃料 agrol fluid
酒精(汽油混合物)燃料 alky gas
酒精清漆 alcoholic varnish; alcohol varnish; spirit varnish
酒精去冰器 alcohol deicer
酒精燃料 alcohol fuel
酒精燃烧法 alcohol-burnt method
酒精溶剂 spirit solvent; denatured alcohol
酒精溶解的染色剂 spirit stain
酒精溶解树脂 alcohol-soluble resin
酒精溶液 alcoholic solution
酒精式水平仪 spirit level
酒精水准仪 alcohol level; spirit level
酒精温度表 alcohol thermometer
酒精温度计 alcohol thermometer
酒精污斑 spirit stain
酒精液压气压表 alcohol manometer
酒精饮料 alcoholic beverage
酒精油漆 spirit varnish
酒精运输船 spirit tanker
酒精蒸馏 alcohol distillation
酒精中毒 alcoholism; alcohol poisoning
酒精着色剂 spirit stain
酒库 liquor store
酒狂 potomania
酒类(货物) wet goods
酒类容器车 cask wagon
酒类饮料 intoxicant
酒石测试器 tartaric tester
酒石盖瓦 tartaric tiling
酒石黄 tartrazine yellow
酒石黄色淀 tartrazine lake
酒石面砖 tartaric tiling
酒石酸 tartaric acid
酒石酸的 tartaric
酒石酸二胺乙烯 <一种常用的换能器材料> ethylene diamine tartrate
酒石酸二丁脂 dibutyl
酒石酸二钾 <一种常用的换能器材料> dipotassium tartrate
酒石酸钙 calcium tartarate
酒石酸钾钠 Seignette salt
酒石酸钠钾 <一种常用的换能器材料> sodium-potassium tartrate
酒石酸氢钠 sodium bitartrate
酒石酸氢盐 bitartrate
酒石酸戊酯 amyl tartrate
酒石酸盐 amyl tartrate; tartrate
酒石酸养锑钾 tartar emetic
酒石酸酯 tartrate
酒石瓦 tartaric tile
酒石值 tartaric value
酒石砖 tartaric tile
酒厅 cocktail lounge
酒桶车 cask wagon; tun wagon
酒桶状石吞肠 barrel-shaped boudin
酒窑 wine cellar
酒椰子 wine palm
酒醉的 awash
酒醉驾车 driving under influence of intoxicating liquor
酒醉骑车 drunken cycling
酒醉者 alcoholic
酒座 cocktail lounge

旧版 obsolete edition

旧包装 second-hand packing
旧病复发 relapse
旧产变卖价值 disposal value of assets to be retired by project
旧产品折余价值 salvage value
旧偿债基金 old sinking fund
旧车 second-hand car; worn-out car
旧车辆 rattle trap
旧城 inner city; old city
旧城改建 urban renewal
旧城改造 urban redevelopment
旧城区 old urban area
旧城衰退 old-town grey
旧船 second-hand ship
旧袋 second-hand bag; used bag
旧道 <河流的> abandoned channel; dead river channel
旧的 second-hand
旧的会计年度 old account period
旧的屋面瓦 second-hand roof(ing) tile
旧吨位量法 builder's old measurement
旧方法专利 oil process patenting
旧房翻新 rehousing
旧房天止【植】 old house borer
旧房整修 refurbishment of existing building; renovation of old buildings
旧废河道 bayou lake
旧废料加工利用 rework
旧格网 obsolete grid
旧工艺专利 oil process patenting
旧公积 old surplus
旧公寓 old apartment
旧股份 old share
旧管切断器 old flue cutting-out tool
旧管子 salvaged pipe
旧规范 outdated specification
旧轨 used rail
旧轨枕 second-hand tie
旧海图 obsolete chart
旧航道 relocated channel
旧河床 by-channel; by-water; wash
旧河道 bygone water; old channel
旧河道湖 bayou lake
旧环境 built environment
旧回历 Moslem calendar
旧混凝土 old concrete
旧货 junk; used goods
旧货店 buy-and-sell shop; junk shop; second-hand shop; thrift shop <美>
旧货廉卖 <英> jumble sale
旧货商 second-hand dealer; broker <英>
旧货市场 flea market; junk market
旧货摊 junk shop; junk store
旧机器 second-hand machine
旧机器更新时的折余价值 residual value at replace-merit
旧机器现有折余价值 residual value
旧机器折余价值 remaining value
旧价 old price
旧件修复 renewal of parts
旧金山海湾地区高速运输系统 <美> Bay Area Rapid Transit
旧历 old style
旧例 old terms
旧链 old chain
旧料复拌机 reclaimer
旧料改新 rehash
旧路改建前的纵断面 <美> blue-top grade
旧路面 in service pavement
旧路面翻修并利用废料 road recycling
旧轮胎的新胎面 retread
旧轮胎护岸 used tires revetment
旧轮胎混合沥青 rubber asphalt
旧轮胎胎面翻新 recap
旧木材 old wood
旧捻絮 <挖掉木甲板缝的> rip
旧漆层 flat coat
旧汽车 old car; crate
旧汽车场 auto junkyard
旧汽车轮胎 used automobile tire [tyre]
旧砌块 second-hand block
旧墙纸表面涂料显示失调的缺点 grinning
旧区改造计划 slum upgrading programs
旧热带植物区 pal(a)eotropic(al) region
旧砂 old sand
旧砂处理 sand reconditioning
旧砂处理机 sand-conditioning machine
旧砂干法清洗装置 sand scrubber
旧砂过筛处理 dry reconditioning
旧砂冷却器 sand cooler
旧砂冷却装置 sand cooling equipment
旧砂再生 regenerating used foundry sand
旧砂再生炉 in-hearth out-hearth furnace; multiple hearth furnace
旧砂再生装置 sand reclaimer; scrubber
旧设备 second-hand equipment
旧设备的处置 equipment disposal
旧深泓线 abandoned thalweg
旧绳屑填料 junk
旧石器 pal(a)eolith
旧石器时代【地】 Pal(a)eolithic Age; Early Stone Age; Old(er) Stone Age; Chellean Age <欧洲>
旧石器时代的 Pal(a)eolithic
旧时代的 old-world
旧式 old type; orthodox
旧式抽水马桶 <其中之一种> wash-out closet
旧式的 antiquated; antique; old fashioned
旧事物 hand-me-down
旧书店 second-hand bookstore
旧水路 by-water
旧塑性图 old plasticity chart
旧坦克(建成的)桥梁 tank-bridge
旧条款 old terms
旧图 obsolete map; obsolete sheet
旧屋拆除公司 wrecking company
旧屋面防水层 old roof membrane
旧屋面膜 old roof membrane
旧屋收买人 knacker
旧物储藏室 lumber room
旧物堆藏室 lumber room
旧线改建 reconstruction of existing

J

line
旧箱 old case;used case
旧箱板 second-hand case planks
旧型号 early model;old model
旧雪 old snow
旧银器色 old silver
旧债 dead horse
旧账 old account
旧值 old value
旧址 ruin
旧铸件 cast-iron scrap
旧砖 second-hand brick
旧砖(石)混凝土 rubble concrete
旧砖瓦 second-hand block

臼 acetabulum;cotyle;mortar

臼板 crushing plate
臼齿 back teeth;grinding tooth;mill tooth;molar teeth
臼形轴承 footstep bearing
臼研机 mortar mill

桕脂 Chinese(vegetable)tallow

厩 animal shelter;stable;stall

厩肥 animal manure;barnyard manure;stable manure;straw mulch
厩肥臭 animal manure odo(u)r
厩肥清除机 manure cleaner
厩粪 stable dung
厩楼 loft
厩内牛角 stabled cows
厩棚废水 barn wastewater
厩舍起重机 barn hoist
厩水 liquid dung
厩液肥沟 liquid mature gutter
厩液喷洒机具 manure rain equipment
厩液洒布机 slurry spreader

救护 aid

救护班 ambulance party
救护车 ambulance(car);motor-ambulance
救护车服务员 ambulance attendant
救护车救护员 ambulanceman
救护船 ambulance;lifeboat;obliged vessel;rescue boat
救护吊车 accident crane
救护队 ambulance;first-aid team;rescue crew
救护飞机 ambulance aircraft
救护费用 salvage expenses
救护工作 salvage work
救护客车 ambulance coach
救护列车 ambulance train
救护起重机 accident crane
救护器械 safety apparatus
救护损失 salvage loss
救护所 medical aid station
救护条款 sue and labo(u)r clause
救护艇 ambulance boat
救护网 life net
救护箱 ambulance car
救护用的 ambulance
救护用具 rescue apparatus
救护用旅行汽车 ambulet
救护站 ambulance station;first-aid station;rescue post
救护直升机 heliambulance
救火 fire fighting
救火车 fire brigade vehicle;fire engine;fire-fighting truck;fire truck;motor fire brigade vehicle;pumping engine
救火车的伸缩梯 motor collapsible ladder
救火车房 fire engine house
救火船 fire vessel
救火队 fire brigade;fire-fighting team
救火房 fire house
救火供水 fire-fighting water supply
救火钩 fire rake
救火规则 fire code
救火机 fire engine;fire tender;fire wagon
救火龙头 hydrant;penstock;plug
救火路线 fire path;fire route
救火皮带 fire hose;fire nose
救火皮带卷轴 fire reel
救火(汽)车 motor fire brigade vehicle
救火器 fire apparatus
救火软管 fire hose
救火水车 tanker
救火水龙带 fire hose
救火水龙头 fire hose;nosepiece
救火水桶 fire bucket
救火梯 fire escape ladder;fire ladder;pompier(ladder)
救火通路 fire road
救火头盔 fire helmet
救火衣 fire entry suit;fire-protection suit
救火用高喷水塔 water tower
救急车 emergency car;emergency vehicle
救急贷款 stand-by credit
救急工作 emergency works
救急机车 emergency engine;emergency locomotive
救急(绳)索 <架空索道> emergency rope
救急水 <灌区的> relief water
救急站台 emergency platform
救济 redress;rescue;salvation;succo(u)r
救济车 recovery vehicle
救济厨房 soup kitchen
救济费 relief expenses;salvage cost
救济服务车 relief-service car
救济沟渠 relief sewer
救济或资助贫民税 poor rate
救济基金 fund for relief
救济基金准备 relief fund reserves
救济金 alms;benefit;relief benefit;relief fund;relief payment
救济金箱 alms-box
救济粮 relief food
救济品 alms;hand out;succo(u)r
救济品分发处 almonry
救济施舍的房屋 elemosinaria
救济所 almonry house
救济先于权利 remedies precede rights
救济院 almshouse;asylum;hospice;xenodochium <中世纪的>
救济者 reliever
救捞 salvage
救捞安全操作规程 safety regulations for salvage operation
救捞把杆起重机 salvage sheer-leg vessel
救捞船 salvage ship;salvage vessel
救捞公司 salvage company
救捞起重机 floating crane for salvage
救捞潜水员 salvage diver
救捞协会 salvage association
救捞作业前的潜水检查 diving inspection before salvage
救命带 life line
救难偿金 salvage money
救难船 salvage ship;rescue ship
救难船队 salvage corps
救难费 salvage money
救难拖船 salvage tug
救难用软管 wrecking hose
救难者 salver[salvor];wrecker
救生 life salvage;rescue;rescue and survival;rescue of survivals
救生保温用具 life thermal protective aids
救生背包 life-support back pack
救生背心 flo(a)tation jacket;life jacket;life waistcoat
救生部署表【船】boat stations bill
救生舱 rescue capsule;rescue chamber
救生车 rescue car
救生橙 buoyant deck seat
救生橙颜料 rescue orange
救生船 lifeboat;life preserver;life-saving ship;rescue boat
救生带 life belt;safety belt
救生灯 life light
救生灯浮 self-igniting light
救生凳 life bench
救生电台 safeguard station
救生吊车 ark;safety car
救生吊框 life cradle
救生发报机风筝 life kite
救生筏 life(-saving)raft;pontoon raft
救生筏标记 marking of liferaft
救生筏乘员定额 carrying capacity of liferaft
救生筏滑架 stage for lifecraft;stage of lifecraft
救生筏体 raft body
救生筏自动释放 life raft autoreleasing
救生法 lifesaving
救生服 life suit;survival suit
救生浮标 ascending buoy;message buoy;rescue buoy
救生浮具 buoyant apparatus;carley float;life(-saving)float
救生浮具标记 marking of buoyant apparatus
救生浮具试验 buoyant apparatus tests
救生浮艇 life float
救生浮筒 <海洋钻探的> escape booms
救生浮属具 equipment of life float
救生和搜救分委员会 Subcommittee on Life-saving Search and Rescue
救生滑槽 escape chute;fire escape chute
救生火号 Holme's light;rescue signal light
救生火箭 escape rocket;life-saving rocket
救生机构 life-saving service
救生基本知识 ABC of life-saving
救生加压舱 life compression chamber
救生甲板 boat deck
救生口粮 survival rations
救生快艇 high-speed lifeboat
救生抛缆的引头 life arrow
救生抛绳枪 life line-throwing gun
救生抛绳设备 life line-throwing appliance
救生汽艇 motor lifeboat
救生器 life preserver
救生潜水器 rescue submersible
救生潜水员 salvage diver
救生圈 buoy ring;circular life-belt;life buoy;life ring;life vest;ring lifebuoy;safety buoy
救生圈浮灯 life buoy light
救生圈火号 floating light
救生圈信号 life buoy light;life buoy signal
救生圈烟火 life buoy flare
救生舢板 lifeboat
救生设备 life-saving appliance;life-saving equipment;survival equipment
救生设备分委员会 Subcommittee on Life-saving Appliances
救生设备证书 life-saving appliances certificate
救生绳 life line
救生绳火箭发射器 life line rocket apparatus
救生食品 survival food
救生索 life line
救生索发射炮 life line(-throwing)gun
救生索发射器 life line-throwing appliance
救生索浮圈 buoyant rescue quoit
救生索浮子 seine float
救生索火箭发射器 line rocket gun
救生索抛射枪 life line-throwing gun;life mortar
救生索投射器 whip apparatus
救生艇 accident boat;crash boat;lifeboat
救生艇备用食品 boat rations
救生艇编号 boat nomenclature
救生艇标记 marking of lifeboat
救生艇布置图 boat arrangement
救生艇操作 handling of survival craft
救生艇尺度 dimensions of lifeboat
救生艇灯 boat lamp
救生艇垫座 boat chock;boat cradle
救生艇吊杆绞辘 lifeboat tackle
救生艇吊索 boat sling
救生艇钉 boat nail
救生艇舵柄 boat tiller
救生艇舵手 boat steerer
救生艇发动机 boat engine
救生艇筏 survival craft
救生艇筏电台 survival craft station
救生艇帆具 boat sailing equipment
救生艇浮力箱 boat tank
救生艇浮锚 lifeboat drag
救生艇供气系统 airing system of lifeboat
救生艇钩篙 lifeboat hook
救生艇海图 boat's chart
救生艇滑架 boat skate
救生艇降落装置 lifeboat launching gear
救生艇结构 boat construction
救生艇罗经 boat compass;lifeboat compass
救生艇起放 boat handling
救生艇容积 cubic(al)capacity of lifeboat;lifeboat capacity
救生艇容量 cubic(al)capacity of lifeboat;lifeboat capacity
救生艇洒水系统 sprinkler system of lifeboat
救生艇驶风 boat sailing
救生艇收放绞车 boat handling winch
救生艇收放指挥信号 boat handling signals
救生艇水手操练 exercise of boat's crew
救生艇天幕 boat awning
救生艇艇员 boat's screw;lifeboatman
救生艇艇员合格证书 certificate of lifeboatman
救生艇挽钩 lifeboat hook
救生艇舷握索环 life ring
救生艇用测深锤 boat lead
救生艇用具 boat equipment
救生艇站 lifeboat station;life-saving station
救生艇属具 equipment of lifeboat;lifeboat equipment
救生网 jumping net;life net
救生握索 grab line;grab rope
救生系泊设施 survival mooring
救生系统 life support system;rescue

system
救生小船 life raft
救生信号 general boat alarm signal; life-saving signal
救生演习信号 boat stations signal
救生氧气袋 pneumatophore; pneumatophorus
救生腰带 salvage waist band
救生衣 cork jacket; cork life-belt; flo(a)tation suit; life jacket; life vest
救生衣浮力试验 buoyancy test for life jacket
救生椅 buoyant deck chair
救生用的 lifesaving
救生用具 boat equipment; life preserver
救生员 life guard; life saver
救生载具 survival craft
救生站 life-saving service; life-saving station
救生钟 rescue bell; rescue chamber
救生抓索 life grab
救生作业 rescue operation
救世军旅舍 Salvation Army Hostel
救世主符号 <希腊字母组成的> chrismon; Christogram
救险 breakdown van
救险车 emergency service vehicle; recovery vehicle; retriever; tender; wrecker; wrecking tool; wrecking truck
救险车臂式起重机 wreck derrick
救险船 retriever; wrecking tool
救险吊车 breakdown crane
救险复轨器 wrecking frog
救险工程车 breakdown lorry; breakdown vehicle; mechanics truck
救险工程生 recover vehicle
救险钩 retrieval hitch
救险起重车 breakdown crane wagon; breakdown lorry; accident crane; retriever's hoist; wreck(ing) crane; breakdown lorry <汽车式的>
救险汽车式起重机 breakdown lorry
救险区 recovery area
救险人员 wrecker
救险用起重机 salvage crane
救险鱼尾板 emergency joint bar
救援 rescue; salvaging; wrecking
救援被救货物或船舶 salvage
救援车 ambulance coach; breakdown lorry; breakdown van; relief(-service) car; relief wagon; rescue car; retriever; tow car; wrecker; wreck(ing) car; wreck van; tow truck <将车辆拖走的>; recovery vehicle
救援船 rescue ship; retriever; salving vessel; salvor; stand-by vessel; wrecker
救援船舶 salve
救援电话 emergency telephone
救援电缆 relief cable
救援吊车 <起吊失事车辆用> wreck crane
救援队 breakdown gang; rescue squad; trouble gang; wrecking company; wrecking crew
救援费(用) salvage money
救援复轨器 wrecking frog
救援工作 rescue work
救援钩 wreck hook
救援挂车 breakdown trailer
救援机车 ambulance train; breakdown locomotive; relief engine; relief locomotive
救援绞盘 recovery winch
救援列车 breakdown train; relief train; rescue train; wrecker; wreck(ing) train
救援列车停留线 hold track for breakdown train; wrecker track <两端通行的>
救援起重机 big hook; breakdown crane; wrecking crane <装有大型起重机的车辆,为吊起翻倒或出轨的机车车辆>
救援人员 salvager; salvor
救援设备 rescue equipment
救援水罐消防车 fire-crash water tender
救援损失 salvage loss
救援索 <架空索道> rescue rope
救援条款 rescue clause
救援铁链 wrecking chain
救援推土机 wreck dozer
救援线路 wrecker track
救援用浮式起重机 floating crane for salvage work
救援用锚 wrecking anchor
救援用起重机 salvage crane
救援用铁路起重机 wreck railway crane
救援站 emergency service
救援者 rescue
救援中心 relief center[centre]
救援组 rescue group
救援钻孔 rescue borehole
救灾 disaster relief
救灾工作负责人 relief manager
救灾工作人员 relief worker
救灾式的激励 crisis motivation
救灾通道 anti-disaster access; emergency access
救灾中心 disaster assistance center [centre]
救助 relief; rescue; salvage; salvation; salve
救助报酬 salvage award; salvage money; salvage prize; salvage remuneration
救助泵 salvage pump
救助泵吸入软管 salvage suction hose
救助船 rescue ship; rescue vessel; salvage boat; salvage ship; salvage vessel
救助单位 rescue unit
救助费用 salvage charges; salvage expenses; salvage fee; salvage money
救助分中心 rescue sub-center [sub-centre]
救助服务机构 salvage service
救助浮船坞 salvage floating dock
救助公司 salvage company
救助合同标准格式 standard form of salvage agreement
救助机场 salvage service
救助机动艇 rescue motor launch
救助绞车 salvage winch
救助金 salvage remuneration
救助留置权 salvage lien
救助落水人员操纵 maneuver for man overboard
救助锚 salvage anchor
救助契约 salvage agreement; salvage bond
救助潜水员 relief diver
救助人(员) rescuer; salver [salvor]; salvager
救助设备 rescue unit; salvage appliance
救助设备柜 rescue equipment locker
救助收入 salvage proceeds
救助守候行为 stand-by act
救助水上飞机 rescue seaplane
救助损失 salvage loss
救助条款 rescue clause; salvage clause
救助艇 rescue boat; rescue craft
救助拖缆 rescue hawser
救助拖轮 rescue tug; salvage tug
救助网 cowcatcher
救助协调中心 rescue co-ordination center[centre]
救助协议 salvage agreement
救助与救助费 salvage and salvage charges
救助者 helper; saver
救助直升机 rescue helicopter
救助装置 salvage gear
救助作业 salvage operation

就

就……订合同 enter into a contract with; make a contract with

就……进行招标 call for bids on
就……进行承包 make a tender for
就……进行投标 make a bid for
就餐费 table money
就餐角 dining corner
就餐露台 dining terrace
就餐设备 catering facility
就厂直拨 direct allocation of goods by the factory
就车交货 free on rail
就船交货价格 free on board
就地 in-situ; on-site; on the ground
就地安装 fabricated on site; local mounted
就地办案 circuit and on-spot trial
就地拌和 in-place mixing; mixing at site; mix(ing)-in-place; mix(ing)-in-situ; on-site mixing
就地拌和表面处治 mixed-in-place surface treatment
就地拌和材料 materials-mixed in site; materials-mixed in situ
就地拌和的 mixed-in-place
就地拌和法 mixed-in-place method; mixing-in-place method
就地拌和法筑路 mixed-in-place construction of road
就地拌和机 in-situ mixer; on-site mixer; on the road mixer
就地拌和路面层 mixed-in-place course
就地拌和施工 mixed-in-place construction
就地拌沥青路面 mixed-in-place bituminous surfacing
就地保护 in-situ conservation
就地保护战术 defend in place strategy
就地表盘 local panel
就地玻璃化法 in-situ vitrification
就地采样 in-situ sampling
就地仓库贷款 field warehouse loans
就地操纵 local control; local operation
就地操纵按钮 local(control) button
就地操纵的 local-controlled
就地操纵的道岔 locally actuated points; locally controlled points; locally operated points; locally worked points; local-operated switch
就地操纵机 local control machine
就地操纵继电器 local control relay
就地操纵手柄 local lever
就地操纵箱 local control box; local controller
就地沉没 in-place drowning
就地成批处理 local batch processing
就地成型的 formed in place
就地出渣 on-site disposal
就地处理 on-site disposal; on-site handling; on-the-spot disposal
就地处理系统 onsite disposal system
就地处置 on-site disposal
就地大检修 in-situ overhaul
就地单独系统 individual on-site system
就地道路施工焦油 mixed-in-place construction of road
就地的砾石 in-place gravel
就地的土壤 in-place soil
就地电解氯化 on-site electrolytic chlorination
就地电锁闭 local electric locking
就地定居 local settlement
就地发泡 in-situ foaming
就地反硝化活力 in-situ denitrification activity
就地防御 defending in-place
就地分异作用 in-situ differentiation
就地焚化 on-site incineration
就地焚化炉 on-site incinerator
就地封顶 in-situ topping
就地敷设管道 in-situ pipe lining
就地改建 in-situ conversion
就地工作条件局部工作情况 local operating condition
就地供暖 spot heating
就地灌浇桩 pile built in place
就地灌注 cast-in-place; mo(u)ld in place; poured-in-place; cast-in-situ <美>
就地灌注地下连续墙 cast-in-place diaphragm wall
就地灌注混凝土 poured-in-place concrete
就地灌注混凝土衬砌 cast-in-place concrete lining
就地灌注混凝土桩 cast-in-place concrete pile; cast-in-situ concrete pile
就地灌注无壳桩 cast-in-place shell-less pile
就地灌注桩 cast-in-place pile; cast-in-site pile; cast-in-situ pile; Dowsett Prepakt pile; in-situ(concrete) pile; mo(u)lded-in-place pile; packaged in place pile; pile built in place; site pile; driven cast-in-place pile <留管的>
就地灌筑 cast-in-place; cast-in-situ; poured-in-place
就地焊接 field joint
就地环境采样器 on-site environmental sampler
就地混凝土 in-situ concrete
就地活动半径 capture radius
就地级工作站软件 software for local operator workstation
就地级控制 local level control
就地加工 on-line processing; on-the-spot processing; process goods locally
就地监督 on-the-spot control
就地检查 field inspection
就地检修的可及性 in-site accessibility
就地检验 floor inspection; on-site inspection
就地建造 on-site construction
就地交货 delivery on field
就地浇捣混凝土桩 cast-in-place concrete pile
就地浇捣轻质混凝土 cast-in-place light(weight) concrete
就地浇捣渠道 conduit cast-in site
就地浇灌拉桩 cast-in-place tension pile
就地浇制的金属外壳混凝土桩 Simplex pile
就地浇注场地 on-site casting yard
就地浇注的混凝土桩 cast-in-place pile
就地浇注的拉力桩 cast-in-situ tension pile
就地浇注的套管混凝土桩 cast-in-place cased concrete pile
就地浇注管路 poured-in-place pipeline
就地浇注管线 poured-in-place pipeline

就地浇注混凝土 cast-in-site concrete;cast-in-situ concrete;pour-in-place concrete
就地浇注混凝土板 poured-in-place concrete slab
就地浇注混凝土衬垫 poured-in-place concrete lining
就地浇注混凝土管 poured-in-place concrete pipe
就地浇注混凝土肋 poured-in-place concrete rib
就地浇注混凝土楼板 in-situ-cast concrete floor
就地浇注抗拔桩 poured-in-place tension pile
就地浇注拉力桩 poured-in-place tension pile
就地浇注肋 in-situ rib
就地浇注楼板 poured-in-place floor
就地浇注楼面 poured-in-place floor
就地浇注(桥)墩 poured-in-place pier
就地浇注饰面混凝土 fair-faced poured in-place concrete
就地浇注无壳桩 cast-in-place shell-less pile; cast-in-place uncased pile;poured-in-place shell-less pile
就地浇注无套桩 cast-in-place shell-less pile;cast-in-place uncased pile
就地浇注心墙 poured-in-place core
就地浇注桩 cast-in-place pile;in-situ-cast pile;pile built in place;poured-in-place pile
就地浇注桩帽 poured-in-place(pile) cap
就地浇筑 poured-in-place
就地浇筑场地 on-site casting yard
就地浇筑的 cast-in-place; cast-in-site;cast-in-situ
就地浇筑法 cast on scaffolding method
就地浇筑混凝土 cast-in-place concrete;cast-in-situ concrete;poured-in-place concrete
就地浇筑混凝土电缆管道 cast-in-place concrete cable duct
就地浇筑混凝土加肋地板 cast-in-place concrete rib(bed) floor
就地浇筑混凝土结构 cast-in-place concrete structure
就地浇筑混凝土壳体 cast-in-place concrete shell
就地浇筑混凝土楼板 cast-in-place concrete floor
就地浇筑混凝土楼梯 cast-in-place concrete stair(case)
就地浇筑混凝土阳台 cast-in-place concrete balcony
就地浇筑混凝土桩 cast-in-place concrete pile
就地浇筑路缘梁 in-situ curb beam
就地浇筑桥梁 whole bridge cast in site
就地浇筑桩 cast-in-situ pile
就地浇铸 cast-in-place; cast-in-situ <美>
就地搅拌 mixed-in-place
就地搅拌法 mixed-in-place method
就地搅拌混凝土桩 mixed-in-place pile
就地搅拌筑路 mixed-in-place construction of road
就地搅拌桩 mixed-in-place pile
就地搅注桩 mixed-in-place pile
就地控制 local(ized) control
就地控制道口 level-crossing controlled at site
就地控制盘 local control panel
就地控制器 control pillar
就地控制设备 local control equipment
就地馈电 local feed
就地培训 local training; on-the-spot training
就地拼装 assemble in the field
就地平浇竖立施工法 <混凝土墙板> tilt-up construction
就地曝气井 in-situ aeration well
就地启动 in seat starting
就地气泡性能 expanded in-situ capability
就地砌砖 in-situ brickwork
就地清洗 clean-in-place
就地清洗水管 in-place pipe cleaning
就地取材 get raw materials from local resources;locally produced raw materials; make use of indigenous materials; obtain raw material locally;on-site material
就地取料坑 local borrow
就地取土坑 local borrow
就地确定 in-situ determination
就地燃烧 combustion of oil in situ
就地审计 on-the-spot audit;site audit
就地生产 manufacture complete sets of equipment locally;on-site generation
就地生长 grown in situ
就地生物地下水反硝化 in-situ biological groundwater dentrification
就地生物地下水脱氮 in-situ biological groundwater dentrification
就地生物滤池反硝化系统 in-situ biodentrification system
就地生物滤池脱氮系统 in-situ biodentrification system
就地生物脱氮活力 in-situ dentrification activity
就地施工 on-site construction
就地试验 in-situ test(ing);on-job trial;spot test
就地收购 on-the-spot collection
就地手动控制 local manual control
就地锁闭的道岔 locally locked points
就地踏勘 site investigation
就地填筑桩 built-in place pile
就地同化混染作用 in-situ assimilation and contamination
就地完工 job made
就地污水处理系统 on-site sewage disposal system; on-site sewage treatment system;on-site wastewater disposal system
就地污水管理 on-site management of wastewater
就地下沉 sinking in-site
就地销售 market goods locally
就地修理 in-situ accessibility;jobsite repair;localized repair;on-the-spot repair;spot reconditioning
就地旋回 pinwheeling; turning short round
就地压实 on-site compaction
就地氧化 in-site oxidation;in-situ oxidation
就地再处理 reprocessing in situ
就地再生 in-place regeneration
就地再用系统 on-site reuse system
就地诊验 examination on-the-spot; medical examination on the spot surveillance;on-site examination
就地支撑模板 stay-in-place form(work)
就地(制)灰浆 in-situ mortar
就地制模 mo(u)lded-in-place
就地制造 in-situ preparation
就地转弯 on-the-spot turning
就地转移劳动力 on-the-spot transfer of surplus labor force
就地装填 in-situ filling
就地着陆 in-situ landing
就地组装 site assembly
就工人人数而论的工厂规模 size of establishment by employment
就工选料工作 working from the flat
就货物损坏的诉讼 action in respect of damage to goods
就机交货 free on place
就近浇筑混凝土构件后安装的施工方法 tilt-up construction
就近就业 local employment
就任 accede
就任、调职和解职旅费 transfer and separation;travel on appointment
就位 in place;into position;positioning;driving home <部件的>
就位道 path of insertion
就位定当 complete in place
就位机 positioner
就位加工 revale
就位年龄 emplacement age
就位桩 pile in position
就绪表 ready list
就绪表队列 ready list as a queue
就绪队列 ready queue
就绪复审 readiness review
就绪接收数据 ready for data
就绪链 ready chain
就绪任务 ready task
就绪任务排队 ready task queue
就绪态程序 ready program(me)
就绪(条件) ready condition
就绪通知 notice of readiness
就绪显示器 ready indicator
就绪引线 ready line
就绪指示灯 ready light
就绪指示符 ready indicator
就绪状态 ready condition;ready mode
就要倒坍的 <建筑物> tumble-down
就业 employment; obtain employment;take-up an occupation
就业保险 employment insurance
就业保障 employment security
就业不足 underemployment
就业不足的均衡状态 underemployment equilibrium
就业部门 employment department
就业测验 employment test
就业乘数 employment multiplier
就业调查 employment survey
就业法 Employment Act
就业范围 number of jobs available
就业费用指数 index of employment cost
就业规则 work rule
就业过多 hyperemployment
就业函数 employment function
就业和失业 employment and unemployment
就业活动率 activity rate
就业机会 employment chance;employment opportunity;job opportunity
就业基数 employment base
就业计划 employment scheme
就业结构 employment structure; occupational pattern
就业介绍机构 placement service
就业经历 employment experience
就业劳动力 employed labor force
就业理论 theory of employment
就业利息 employment interest
就业量 quantity of employment
就业率 employment rate;employment ratio;job rate
就业率下降 decline in job
就业论 employment theory
就业能力 employability
就业年龄 age of entry into employment
就业年龄差异法 <美> Age Discrimination in Employment Act
就业培训 induction training
就业前的(技术)等级 preprofessional grade
就业前健康检查 pre-employment health examination
就业前体会 pre-employment physical examination
就业潜力 employment potential;job creation potential
就业情况 employment status
就业情况说明 employment letter
就业人口 employed population;occupied population;working population
就业人数 number of employment; quantity of employment;total staff
就业人数指标 index of number employed
就业人员数 employed persons
就业税 payroll tax
就业弹性 elasticity of employment
就业统计 employment statistic
就业稳定基金 employment stabilization fund
就业问题 the problem of employment
就业系数 employment coefficient
就业效果 effect of get employment; employment effects
就业训练 career training
就业预测 employment forecast
就业增长率 accession rate;hiring rate
就业职位求供比率 opening-to-application ratio
就业指数 employment index;occupational index
就业制度 employment system
就业中心 employment center[centre]
就业转移 job displacement
就业状况 employment status; work status
就业总数 total employment
就职 accession;chair
就职薪金 entrance salary
就座 chair

居 巴雨飑 <新几内亚海上> guba

居高临下的 commanding
居家办公室 office-at-home
居间变量 intermediate variable
居间场 intermediate field
居间车 push car
居间大气层 intervening atmosphere
居间的 interjacent;intermediate;middle
居间拱肋 tierceron
居间合同 contract of brokerage
居间价格 trader's price
居间肋 tieceron;intermediate rib <哥特式穹的>
居间肋拱顶 tierceron vault
居间流变学 metarheology
居间贸易 intermediary trade
居间耦合 intermediate coupling
居间人 intermediary
居间商 agent middleman
居间射线 intermediate rays
居间调停 intermediation
居间性的商业组织 intermediate commercial organizations
居间业务 intermediation
居间障碍物 intervening obstruction
居间砧木 intermediate stock
居里 <放射性强度单位> Curie
居里常数 Curie constant
居里秤 Curie balance
居里当量 Curie equivalent
居里等温线 Curie isotherm
居里点 Curie point
居里点等温线 Curie point isotherm
居里点热解器 Curie point pyrolyzer [pyrolyser]
居里点深度 Curie point depth

居里点温度 Curie point temperature
居里点写入 Curie point writing
居里定律 Curie law
居里恒量 Curie constant
居里截割 Curie cut
居里截式晶体 Curie cut crystal
居里面深度图 Curie isotherm surface depth map
居里强度 curiage
居里数 curiage
居里图 curiegram;Curie plot
居里温标 Curie temperature scale
居里温度 Curie temperature;magnetic transition temperature
居里温度点 Curie point
居里小时 curie-hour
居留 reside
居留的 resident
居留地 place of sojourn;reservation
居留证 residence permit
居留证件 residence certificate
居民 apartment dweller;community;dweller;habitant;inhabitant;residence;resident
居民乘车系数 coefficient of passengers to inhabitants
居民稠密地区 congested area;densely settled area
居民稠密区 densely settled area
居民道路占有率 road area per capita
居民地 habitation;inhabited locality;inhabited place;populated place
居民地区 populated country
居民点 cantonment;community;conglomeration;hamlet;housing district;housing estate;inhabited locality;inhabited place;population center;residential area;populated place
居民点表示法 habitation representation
居民点道路 housing estate road
居民点的偏僻性 remoteness of community
居民点聚集 community cohesion
居民点密度 density of settlements
居民点名称 populated place name
居民过密的 overpeopled
居民集居点 nucleated habitat
居民俱乐部 residential club
居民联防 voluntary security service
居民年平均出行率 average annual trip rate of inhabitant
居民区 human settlement;inhabited area;populated area;residential area;residential district;settlement area
居民区规划 community planning
居民区绿化 planting in residential area
居民区上空飘的废气 community airborne waste
居民区设计 community design
居民区设施 community facility
居民区卫生 dwelling area hygiene
居民区污染 community pollution
居民人均税额 per capita level
居民疏散 population dispersal
居民委员会 neighbo(u)rhood committee;resident's committee;villagers committee
居民稀少地区 thinly populated country
居民小组 neighbo(u)rhood group
居民新村 housing colony
居民需水量 domestic water demand
居民中心 community center[centre]
居民住宅 residential building
居民住宅建设 construction of housing
居民住宅建筑投资 capital formation in residential building construction
居群力学 population dynamics
居室 habitable house;habitable room
居室高度 height of room
居室火炉 register stove
居室进深 depth of room
居室密度 density of habitable rooms
居室面积 floor space
居室日照 room insolation
居室微小气候 house microclimate
居室要求 dwelling room requirements
居所 living space
居委会 neighbo(u)rhood committee
居伊阶 <始新世>【地】Cuisian
居者有其屋计划 home ownership scheme
居中的 intermediary;medial;mid;middle
居中点 <直线段的> middle
居中调节 centering[centring] control;framing control
居中调整 centering control;positioning control
居住 abode;dwell(ing);inhabit;inhabitancy;inhabitation;live;occupancy[occupance];occupation;reside;residence;resident;residential occupancy
居住办公两用建筑物 flats-and-officers block
居住标准 dwelling standard;housing standard;occupancy standard;residential standard
居住驳船 accommodation barge;berthing barge
居住不方便户 household with inconvenient space distribution
居住舱室 accommodation quarters;accommodation space;living accommodation;living chamber;living compartment;living quarter
居住层 residential floor;residential stor(e)y
居住产业的交换 exchange of residential property
居住场所 place of residence
居住城郊 residential suburb
居住城镇 dormitory town
居住处所 accommodation quarters;accommodation space;living accommodation;living chamber;living compartment;living quarter
居住船 accommodation ship;accommodation vessel
居住带 residential zone
居住单位 dwelling unit
居住单位面积 area of dwelling unit
居住单元 dwelling unit;living unit;residential unit;housing unit
居住单元调查法 dwelling unit interview method
居住单元访问法 dwelling unit interview method
居住单元规模 dwelling unit scale;scale of dwelling unit
居住单元面积 area of dwelling unit
居住单元人数限制 occupancy limitation
居住道路占有率 road area per capita
居住的 residential
居住的房地产 residential property
居住的高楼 dwelling tower
居住地 habitancy;resident
居住地变更 change of residence
居住地带 <乘公共汽车上下班的人> commuter belt
居住地点 place of residence
居住地规划 settlement planning
居住点 housing estate
居住点组群体系 human settlement system
居住法(律) housing law
居住房屋 domestic building;dwelling building;dwelling house;residence building;residential block;residential building;bed-sitting room dwelling unit <卧室兼起居室共有的>
居住费 dwelling expenses
居住功能 residential function
居住荷载 occupant load
居住环境 dwelling environment;inhabited environment
居住迹 dwelling trace
居住迹构造 dwelling structure
居住甲板 accommodation deck;berth deck;living deck
居住建筑 building of residential;domestic architecture;dwelling construction;residential architecture
居住建筑隔声标准 sound insulation standards for dwellings
居住建筑净密度 net density of residential structures
居住建筑面积 residential floor area
居住建筑面积密度 density of residential floor area
居住建筑物 residential building
居住街坊 domestic block;residential block
居住净密度 net residential density
居住净面积 net residential area
居住空间 habitable area;living space
居住困难户 habitation-shortage household;household habitation-shortage
居住邻里 neighbo(u)rhood dwelling
居住率 occupancy rate
居住密度 accommodation density;average number of inhabitants per building;density of occupancy;density of occupation;dwelling density;resident density;residential density
居住密度过高 over-crowding;overdwelling
居住面积 dwelling space;floor space;habitable area;live area;living (floor) area;living floor space;living space
居住面积比 ratio of living area
居住面积比值 livability space ratio
居住面积密度 density of living floor area
居住期限 length of residence
居住潜穴 <遗迹化石> dwelling burrow
居住区 community;dewelling district;homestead area;housing area;housing colony;place of abode;populated area;populated range;populated zone;quarter district;residence district;residence quarter;residential area;residential belt;residential development;residential range;residential zone
居住区单元住房 housing estate unit
居住区道路 housing estate road;residential street;resident road
居住区公园 residential park
居住区规划 community planning;planning for residential area;planning of residential area;residential district planning
居住区建设 housing estate development
居住区交通管理 residential traffic management
居住区街道 residence street;residential frontage;residential (local) street
居住区临街面 residential frontage
居住区绿化 green space of residential
居住区毛密度 gross residential density
居住区密度 occupancy per person in dwelling
居住区内电影院 nabe
居住区域 resident district;residential district
居住区噪声问题 community noise aspect
居住区中心 center[centre] of residential area
居住区主要街道 primary residential street
居住权 right of occupancy
居住群 dwelling group
居住人口 dormitory population;night-(-time) population;resident(ial) population;sleeping population
居住人口净密度 net resident population density
居住人口密度 density of inhabitation;density of registered inhabitants
居住设施 dwelling facility
居住社区 resident community;residential community
居住适宜性 habitability
居住适应性 habitability;livability
居住适用性 livability
居住舒适指数 comfort index
居住水平 dwelling level
居住所 habitation
居住条件 dwelling condition;housing condition
居住条件摘要 summary of housing condition
居住拖车 accommodation trailer
居住限用地区 restricted residential district
居住小区 block of dwelling houses;housing estate;residential community;living quarter;residential quarter
居住小区公园 patio
居住营地 residential camp
居住拥挤地区 densely inhabited district
居住拥挤户 overcrowded household
居住用地 residential land
居住用地净面积 net residential area
居住用房产 domestic premises
居住用房屋 domestic premises
居住用简屋 living hut
居住用建筑物 residential structure
居住用建筑物的固定投资额 fixed investment in residential structures
居住用建筑许可数 residential building permits
居住用茅舍 living hut
居住用途 dwelling occupancy;residential occupancy
居住与生产条件的改善 bonification
居住在一房屋内的最多人数 occupancy content
居住者 dweller;habitant;occupant;tenant
居住证 certificate of occupancy;occupancy permit;residential permit
居住中心 housing center[centre]
居住专用地区 exclusive residential district;restricted residential district
居住状况 housing situation
居住自动喷洒灭火器 occupancy sprinkler system
居住租金 shelter rent
居状 bedded

拘

拘传 bench warrant
拘留水 trapped water
拘留所 calaboose;choky;consolidated jail;detention building;house of detention;lockup;place of deten-

tion; place of internment; prison; round house; way car
拘束 bridle; cab(in); constrain
拘束度 constraint degree; degree of restraint; intensity of restraint
拘束抗裂试验 Lehigh restraint cracking test
拘束力 binding
拘束试验 lock test
拘束条款 binding clause
拘束物 bridle
拘束性固定成本 committed fixed cost
拘束性决定 binding decision
拘束性判决 binding decision
拘押高低不同拱座的 rampant

掬

掬水轮 scoop wheel

超

超上通风筒 updraft ventilator

裾

裾礁 fringing reef; shore reef
裾状冰川 fringe glacier; fringing glacier

局

局 bureau[复 bureau/ bureaus]

局部 part
局部安装的喷水灭火系统 partial sprinkler system
局部凹陷 local dent; local depression; local yield(ing)
局部摆动 local vibration; partial swing
局部饱和 partial saturation
局部保护放牧 local protecting grazing
局部暴雨 isolated storm
局部备用方案 local backup
局部备用设备 local backup
局部背景 local background
局部崩塌 partial collapse
局部比例尺 local scale
局部编码 local code
局部编址 local addressing
局部变薄 locally thinning
局部变动 local variation
局部变化 local change; local variation
局部变化改正 correction for local variations
局部变换 local transformation
局部变量 local variable
局部变量符(号) local variable symbol
局部变量说明 local variable declaration
局部变数 local variable
局部变态 local deformation
局部变形 local deflection; local deformation; local distortion; local strain; regional metamorphism
局部变形理论 partial deformation theory
局部变质作用【地】regional metamorphism; local metamorphism
局部标记 local flag
局部表面切割 spot gouging
局部冰封 local icebound
局部波浪破裂 partial breaking of waves
局部玻璃化 partial vitrification
局部薄膜应力 local membrane stress
局部补强 local reinforcement
局部不平衡 local imbalance
局部不完全收缩 partially suppressed contraction
局部不稳定 local instability
局部不相依总体相依 local independence dependence in general
局部不整合 local unconformity
局部擦除 selective erase
局部采暖 partial heating
局部参考光束全息术 local reference-beam holography
局部参数 local parameter
局部参数的最佳不变量估计 best invariant estimate of location parameter
局部参数的最佳不变量试验 best invariant test for location parameter
局部参数的最小最大估计 minimax estimate of location parameter
局部舱壁 partial bulkhead
局部操作 partial operation
局部侧摩擦力 local side friction
局部侧摩擦阻 local side friction
局部测量 local measure; local survey
局部测试 local test
局部层间等厚图 thickness isogram of local interval
局部插头 local plug
局部查账 partial audit
局部产流 partial area contribution; partial area runoff
局部场地地质(情况) local site geology
局部场地条件 local site condition
局部超采 <地下水的> local over-development
局部超高速缓冲存储器 local cache
局部沉淀 partial subsidence
局部沉积 localized deposition
局部沉降 local depression; local fall-out; local settlement
局部沉降物 local fallout
局部沉没 partial submergence
局部沉陷 local depression
局部承压面积 partially loaded area
局部程序 local program(me)
局部程序设计 local programming
局部尺度 local scale
局部齿墙 partial curtain; partial cut-off
局部充气水流 partly aerated flow
局部冲刷 local erosion; localized scour(ing); local scour; partial erosion; partial scour(ing)
局部冲刷坑 local scour hole; local scour pit
局部冲刷模型试验 model test for local scour
局部冲刷深度 local scour depth
局部抽吸 zone-pumping
局部出入口限制 partial control of access
局部处理 local processing; minor treatment; partial treatment
局部处理的 partially processed
局部处理机 local processor
局部处理器 local processor
局部触发 local trigger
局部传染 local infection
局部传热 localised heat transfer
局部船楼 detached superstructure; partial superstructure
局部船上层建筑 detached superstructure
局部垂线 local vertical
局部磁场 local magnetic field
局部磁场干扰 local attraction; local magnetic disturbance
局部磁带回线【计】minor loop
局部磁力偏差 local magnetic deviation
局部磁力异常 local magnetic anomaly
局部磁异常 local magnetic anomaly
局部磁异常图 local magnetic anomaly chart
局部淬火 local hardening; point hardening; selective quenching; spot hardening
局部淬硬 local hardening; point hardening; spot hardening
局部存储器 local memory; local storage
局部大地水准面图 local geoidal map
局部单值化参数 local uniformizer
局部单值解 locally univalent solution
局部导数 local derivative; partial derivative
局部的 in the small; local; partial; regional
局部的扩充性系数 coefficient of partial expansiveness
局部的试验性改革 experimental reforms on a local basis
局部的系统 regional system
局部笛卡尔坐标 local Cartesian coordinates
局部底沙运动 partial bed load movement
局部底质运动 partial bed load movement
局部地球化学测量 local geochemical survey
局部地球化学异常 location anomaly of geochemistry
局部地区风 local wind
局部地区基准面 local base level
局部地区计算机网 local computer network
局部地区气象学 micrometeorology
局部地区网 local area; network
局部地区网络 local area network
局部地区污染 local pollution
局部地热梯度 local geothermal gradient
局部地下室 partial basement
局部地下水流系统 local ground water system
局部地形 local topography
局部地形改正 local terrain correction
局部地形起伏 local relief
局部地震 local earthquake
局部地震活动性 local seismicity
局部地址 local address
局部地质构造 local tectonics
局部地质学 local geology
局部地质影响 influence of local geology
局部递归 local recursion
局部递归函数 partial recursive function
局部电池 local battery; local cell; local element
局部电池腐蚀 local cell corrosion
局部电镀 parcel plating
局部电话线不空 local busy
局部电缆 local cable
局部电离平衡 local ionization equilibrium
局部电流 local current
局部电路 local circuit
局部电偶 local couple
局部电锁闭 local electric locking
局部电位 local potential
局部电压降 partial drop of pressure
局部电源 local power source; local power supply
局部电阻系数 coefficient of local resistance; local resistance factor
局部定床模型 semi-rigid model
局部定位椭球 local best-fitting ellipsoid
局部定向聚合 topotactic polymerization
局部定义函数 locally defined function
局部动床 local movable bed
局部毒作用 local toxic effect
局部镀金的 parcel-gilt
局部镀银镜式分离器 partially silvered mirror splitter
局部段 local segment
局部断面视图 broken-out section
局部对比 local correlation
局部镦粗 gathering stock
局部镦粗试验 upending test
局部多次反射 local multiple reflection
局部多项式模型 local polynomial model
局部发亮 flashing
局部发生器 local-generator
局部发水 local freshet
局部发展规划 local plan
局部反馈 local feedback; minor-loop feedback
局部反射 local reflex
局部反射面 partially reflecting surface
局部反循环 partial reverse circulation
局部反应 local reaction; particular reaction
局部方法 partial approach
局部防治 local control
局部放大 local amplification; sectional enlarging; selective enlargement
局部放大部分 <图纸、照片、地图等的> blown up
局部放大视图 partial enlarged view
局部放大图 close up view; drawing of partial enlargement; partial enlarged detail; partial enlarged drawing
局部放大详图 part of detail in enlarged scale
局部放电 partial discharge; shelf depreciation
局部放电试验 partial discharge test
局部放射量探测 area monitoring
局部沸腾 local boiling
局部分段式 local burst mode
局部分化 regional differentiation
局部分解 local decomposition
局部分离 local separation; semi-stall
局部分流排水系统 partially separated system
局部分流系统 partially separated system
局部分流制 partially separated system
局部分路 local bypass
局部分散 separate dispersion
局部分水界 local divide
局部分析 partial analysis
局部风环境 local wind environment
局部风向 local wind direction
局部否定 partial denial
局部服务 local service
局部服务区 local service area
局部符号 local symbol
局部辐射供暖 partial panel heating
局部辐射供暖系统 local radiation heating system
局部辐射效应 local radiation effect
局部辐照 local irradiation
局部辅助投影图 partial auxiliary view
局部腐蚀 local action; local(ized) corrosion; pitting; selective corrosion
局部腐蚀势 pitting potential
局部腐蚀作用 selective corrosion
局部负电荷 localized negative charge
局部负荷 local load
局部负载 partial load
局部富集作用 localization
局部改善 local improvement; minor betterment
局部改造 local improvement; minor betterment
局部盖板 partial cover plate
局部干扰 local disturbance; spot jamming

局部干燥 local desiccation
局部干燥水下焊接 local drying underwater welding
局部钢化玻璃 partially tempered glass
局部高应力 high localized stress
局部隔堵 partial bulkhead
局部隔水层 local aquifuge
局部跟踪 local tracking
局部更新 partial renew(al)
局部更新过程 local update procedure
局部耕作 partial cultivation
局部工人 detail labo(u)r
局部工作的最佳化 suboptimization
局部功能 local functioning
局部供电 local power supply
局部供电制电话机 local battery telephone set
局部供给 partial admission
局部供暖 background heating; local heating; spot heating
局部供水 particular water supply
局部拱 minor arch
局部共享资源 local shared resources
局部共振 local resonance; particular resonance
局部构造类型 classification of local structure
局部构造图 local structural map
局部构造研究 study of local structure
局部构造应力场 local tectonic stress field
局部固定 spot fixing
局部固定的 partial fixed; spot-fixed
局部故障 local failure; local fault; partial failure; single failure
局部关闭 <闸门> partial closure
局部光彩 local colo(u)r
局部光浴 partial light bath
局部规划 sector planning
局部规模 local scale
局部过度开发 local over-development
局部过厚 lens; sun burner
局部过滤效率 fractional efficiency; particle-size efficiency
局部过热 hot spot; local(ized) overheating
局部过热点 local hot spot
局部海浸【地】 local transgression
局部海面相对上升 local relative rise of sea level
局部海面相对下降 local relative fall of sea level
局部海损 partial sea damage
局部海图 local chart
局部海退 local regression
局部焊后热处理 local postweld heat treatment
局部河段整治 regulation of local river section
局部河流流域 local river basin
局部荷载 partial load; local load
局部恒温器 local thermostat
局部后备(保护) local backup
局部呼叫 local call
局部花纹图案 abstract designs
局部化 localization; localize
局部化学 topochemistry
局部化学反应 topochemical reaction
局部化学聚合 topochemical polymerization
局部环境 local circumstance; local surrounding
局部环境温度 local ambient temperature
局部环流 local circulation; tertiary circulation
局部环路 local circuit
局部缓冲存储器 local buffer storage
局部缓和 partial relief
局部回返 partial inversion
局部回火 localized tempering; selective tempering
局部回路 inner loop; local loop; minor loop
局部回授 local feedback
局部回转 partial swing
局部回转挖土机 part-swing shovel
局部汇编 sectional assembly
局部混合湖 meromictic lake
局部活动性 local activity
局部或固有类型 local or own type
局部或相对减小 local or relative minimum
局部机械通风 local mechanism ventilation
局部积炭 patch of carbon
局部基向量 local base vector
局部基准面 local base level
局部畸变 local distortion
局部汲水 zone-pumping
局部极大(值) local maximum
局部极限定理 local limit theorem
局部极小化问题 local minimization problem
局部极小(值) local minimum
局部极值 local extremum
局部集尘方式 local dust collecting
局部挤压伤 local crush injury; local squeeze
局部计算机网络 local computer network
局部计算设施 local computing facility
局部记载 topography
局部剂量 local dose
局部寄存器 local register
局部寄生 partial parasite
局部加长 local extension
局部加粗桩 local enlarged pile
局部加固 local improvement; local stabilization; local stiffening
局部加厚 local intensification
局部加厚处理 burn-in
局部加筋砖墙砌体 partially reinforced masonry wall
局部加强 local reinforcement
局部加热 differential heating; district heating; hot spotting; local(ized) heating; selective heating; spot heat
局部加热消除应力 stress-relieving by local heating
局部加热装置 area heating installation
局部加速度 local acceleration
局部监理系统 local supervisory system
局部减薄 local reduction
局部减压 local pressure reduction
局部减压阀 local pressure reducing valve
局部减压室 local pressure reducing chamber; quick action chamber; quick service chamber
局部剪力 local shear
局部剪力阶段 stage of local shearing
局部剪力破坏 local(ized) shear failure
局部剪力破坏阶段 stage of local shearing failure
局部剪切 local shear
局部剪切变形阶段 partial shear deformation stage
局部剪切阶段 stage of local shearing
局部剪切破坏 local(ized) shear failure
局部剪切破坏阶段 stage of local shearing failure
局部检测 limited inspection
局部检查 toposcopy
局部渐近最大功效检验 locally asymptotically most powerful test
局部渐缩 partial taper
局部键 local key
局部降水量 local precipitation
局部降温 localized cooling; localized drop in temperature
局部降雨 local rain(fall); scattered shower
局部胶合 spot-glued; spot gluing
局部胶结 partial cementation; spot gluing
局部焦距 local focal length
局部阶地 local terrace
局部接合 partial conjugation
局部节流 part throttle
局部结构 partial structure
局部结构不连续性 local structural discontinuity
局部结果 local result
局部截面 partial cross-section
局部截水墙 partial curtain
局部解 local solution
局部解冻 partial thawing
局部解剖图 topography
局部解剖学 topology
局部紧致 locally compact
局部进气 partial admission
局部进气式透平 partial-admission turbine
局部进气式涡轮机 partial-admission turbine
局部进汽 partial admission
局部进水量 local inflow
局部进水式水轮机 partial-admission turbine
局部浸出 selective leaching
局部浸润 local infiltration
局部浸浴 partial immersion bath
局部浸渍 partial impregnation
局部经济 localization economy
局部绝缘 minor insulation
局部均布荷载 partially distributed uniform load
局部均衡 local isostasy; partial equilibrium
局部均衡分析 partial equilibrium analysis
局部均衡经济学 partial equilibrium economics
局部均衡型 partial equilibrium type
局部开工生产指数 index of partial production
局部开关 local switch
局部开裂 local break; local cracking
局部开启 partial opening
局部开挖 local excavation; partial excavation
局部勘测 partial reconnaissance
局部可采煤层 local workable coal seam
局部可采煤层数 amount of local unworkable coal seam
局部可焊性 local weldability
局部可换性 local commutativity
局部可微性 local differentiability
局部垦殖 partial cultivation
局部空调 partial air conditioning
局部空调器 spot air conditioner
局部空泡 partial cavity
局部空穴 partial cavity
局部控制 decentralized control; independent control; local control; partial control; selective control
局部控制按钮 local(control) button
局部控制棒 part-length rod
局部控制测量 local control survey
局部控制的 local-controlled
局部控制电路 local control circuit
局部控制机 local control machine; local controller
局部控制机组 local control unit
局部控制继电器 local control relay
局部控制器 local controller
局部控制手柄 local lever
局部控制系统 decentralized control system
局部控制箱 local control box
局部控制液力操纵板 local control hydraulic panel
局部库容 partial storage
局部馈电 local feed
局部扩展显示器 expanded partial-indication display
局部拉伸 partial tensioning
局部冷凝 dephlegmation
局部冷却 bottom cooling; spot cooling; subcooling
局部历时系列 partial duration series
局部立面 part elevation
局部利益 local interest; partial interest
局部连接的 locally attached
局部连接序列 locally catenative sequence
局部连通度 local connectivity
局部联锁 locally controlled interlocking
局部联锁式继电联锁 local all-relay interlocking
局部联网 local networking
局部晾干的 partially air dried
局部临界通量 local critical flux
局部流速 local flow rate; local flow velocity; local stream velocity
局部硫化 spot cure
局部隆起 blistering; blub; poulticing; ridging
局部露骨 <表面处治等的> scabbing
局部密度近似求解法 local density approximations
局部密封罩 partial enclosure
局部面积 local area
局部灭菌 partial sterilization
局部模拟 partial simulation; physical simulation
局部模式 local pattern
局部模式匹配 local pattern matching
局部模型 local(ized) model; partial model
局部摩擦阻力 local friction drag
局部磨损 concentrated wear
局部目标 localized target
局部挠曲 local deflection
局部逆温 local inversion
局部黏[粘]合 spot bonding
局部黏[粘]合的 spot-bonded
局部黏[粘]结应力 local bond stress
局部扭曲 bird caging; local distortion; wrinkling <薄壁构件>
局部浓度 local concentration
局部排放 partial drainage
局部排风 local exhaust ventilation
局部排风系统 local exhaust system
局部排风罩 hood
局部排气 local exhaust
局部排气管 local vent
局部排气口 local vent
局部排气通风 local exhaust ventilation
局部排水泵房 local water discharge pump room
局部排水系统 partial sewerage system
局部判据 local criterion[复 criteria]
局部配筋 partial reinforcement
局部配筋的 partially reinforced
局部配筋混凝土砌体(圬工) partially reinforced concrete masonry
局部喷水灭火系统 partial sprinkler system
局部疲劳 local fatigue
局部偏差 local deflection

J

局部偏位 local deflection
局部偏析 spot segregation
局部偏斜 local deflection
局部偏转 local deflection
局部拼接 partial splice
局部平差【测】local adjustment
局部平面 part plan
局部平坦的 locally flat
局部平稳过程 locally stationary process
局部屏蔽 local shield(ing)
局部屏蔽加热 pattern heating
局部屏幕更新存储器 local screen refresh memory
局部破坏 local failure; localized crushing; partial collapse; partial failure
局部破坏试验 fraction-failed test
局部破坏性检验 semi-destructive examination
局部破浪 partial breaking of waves
局部破碎 localized crushing
局部剖面 local section; part section
局部剖面图 partial section view; part-sectioned view
局部剖视 broken-out section view
局部剖视图 cutaway view; partial section; partial section view; part-sectioned view
局部普查 partial census
局部气候 local climate; mesoclimate
局部气候学 microclimatology
局部气流 local current
局部(气象)预报 local forecast
局部气压盾构 partial pneumatic shield; shield with partial compressed air
局部气压法 <盾构> local pneumatic process
局部嵌固 partially fixed
局部强度 local strength
局部强度系数 coefficient of local resistance; local resistance factor
局部强化玻璃 partially tempered glass
局部侵染 local infection
局部侵蚀 local erosion
局部倾斜 local dip; local inclination
局部区域 local region
局部区域空气调节 local air conditioning
局部区域网络 local area network
局部屈服 local yield(ing)
局部屈曲 local buckling; partial buckling
局部渠化 local canalization
局部圈闭分类和评价 classification and evaluation of local traps
局部缺失 local lacuna
局部缺陷 local defect
局部群落 lociation
局部燃烧 partial combustion; restricted burning
局部扰动 local dip; local disturbance; local perturbation
局部热处理 case heating-treatment; differential heat treatment
局部热传导 localised heat transfer
局部热动平衡 local thermodynamic(al) equilibrium
局部热击穿 local thermal runaway
局部热力学平衡 local thermodynamic(al) equilibrium
局部热通量 local heat flux
局部热源 local heat source
局部认付 partial acceptance
局部入中继线继电器组 local incoming trunk relay group
局部润滑 separate lubrication
局部润滑器 local lubricator; single lubricator
局部三角测量 local triangulation
局部扫描 fractional scanning
局部扇风机 auxiliary blower; local fan
局部上层建筑 partial superstructure
局部舍入误差 local rounding error; local round-off error
局部射线照片 spot radiograph
局部射线照相 spot radiographed
局部伸长 local elongation; local extension
局部伸缩缝 partial contraction joint
局部深度构造图 local depth structure map
局部深熔 <电子束焊的> spike
局部审计 limited audit
局部渗氮 selective nitriding
局部渗碳 local carburization; local carburizing; selective carburizing
局部渗透率 local permeability
局部升温 local heating
局部生产率指数 partial productivity indices
局部生活范围 local activity zone
局部生境 local habitat; partial habitat
局部失稳 local instability
局部失稳破坏 crippling; local instability failure
局部施用 topical application
局部式截水墙 <未到基岩的> partial cut-off
局部视图 local view; scrap view; partial view
局部试验 local test
局部收敛 local convergence
局部收缩 local contraction; subcontract; partial contraction
局部收缩缝 partial contraction joint
局部受压 local pressure
局部受压强度 local bearing strength
局部疏散 partial evacuation
局部束狭的收缩段 partially suppressed contraction
局部束窄 local contraction
局部束窄河段 bottleneck; local contraction reach
局部数据传输 local data transmission
局部数据缓冲器 local data buffer
局部数据库 local data base
局部数据库管理系统 local data base management system
局部双层底 partial double bottom
局部水流 local current
局部水流现象 local phenomenon of flow
局部水头损失 local head loss
局部说明的有限状态机 partially specified finite-state machine
局部送风 localized air supply; local relief
局部送风系统 local air supply system; localized air supply system; local relief system
局部速度 local velocity
局部速度变化 local change of velocity with time
局部损害 local lesion
局部损耗 local loss
局部损坏 fractional damage; local damage
局部损失 local loss
局部锁 local lock
局部锁闭系统 local locking system
局部锁闭制 local locking system
局部态 localized state
局部态跃迁 localized states transition
局部碳化 partial carbonization
局部淘刷 localized scour
局部提单 local bill of lading
局部天幕甲板船 partial awning-deck vessel
局部调节 independent control; local conditioning; local control; local(ized) regulation
局部调节容量 partial pondage
局部调整 local adjustment; local control; local readjustment; partial adjustment
局部调整假设 partial adjustment hypothesis
局部调整模型 partial adjustment model
局部停电 <防止电站超荷> load-shedding
局部通道 local channel
局部通风 local ventilation
局部通风参数 parameter of local ventilation
局部通风方式 method of local ventilation
局部通风管 local ventilating pipe
局部通风机 booster; local fan
局部通风孔 local vent
局部通风装置 local exhaust ventilation
局部通风阻力 local ventilation resistance
局部通量剧增 flux peaking
局部通气管 local vent; local ventilating pipe
局部通信[讯] local communication
局部通信[讯]枢纽【铁】communication center of railway administration
局部通用 local general
局部统计量 local statistic
局部投标 partial bid
局部投影图 partial projection drawing
局部凸出 local bulging
局部凸出或凹陷 local project or dent
局部凸的 locally convex
局部凸起 local crowning
局部图 partial drawing
局部图像分析法 image segmentation
局部图像纠正 partial image rectification
局部土壤 local soil
局部推进控制台 propulsion local control console
局部退火 differential annealing; local annealing; selective annealing; spot annealing
局部退火深拉延法 differential annealing process
局部弯曲 local buckling
局部网络 local area network; local(ized) network
局部网络控制程序 local network control program(me)
局部微场强 local microfield intensity
局部微观场 local microfield
局部位错 partial dislocation
局部温度 local temperature
局部文件 local file
局部稳定性 local stability
局部稳定作用 local stabilization
局部握裹应力 local bond stress
局部污染 pollution in limited area; regional pollution
局部污染源 local pollution source
局部误差 local(ized) error
局部系数 partial factor
局部系统 decentralized control system; local system; partial system
局部系统队列区 local system queue area
局部狭窄河段 bottleneck; local contraction reach
局部狭窄路段 bottleneck road
局部下沉 partial subsidence
局部现象 local phenomenon
局部线路 local line
局部线圈 local coil
局部限制 local restriction
局部陷落 local depression
局部相干性 local coherence; partial coherence
局部相互作用 local interaction
局部相依 local dependence
局部相依变化 dependent variation in local range
局部消除应力 local stress relieving
局部消耗 partial spent
局部效率 component efficiency
局部效应 local effect; locality of effect
局部协助 local assistance
局部谐振 local resonance; particular resonance
局部泄水 localized release
局部信号楼【铁】local signal box
局部信号箱【铁】local signal box
局部性 endemism; locality
局部性堵水 local water blocking
局部性观测网 local observation net
局部性灌溉(方法) localized irrigation
局部性环境异常 partial environmental anomaly
局部性遗忘 localized amnesia
局部性原理 principle of locality
局部性运动 local movement
局部性质 local property
局部性准则 local criterion
局部修补用漆 touch coating
局部修理 localized repair; partial repair
局部修饰用漆 touch coating
局部需要 local demand
局部蓄水量 partial pondage
局部选择 local selection
局部眩光 spot glare
局部循环 local circulation; local loop
局部循环通风 local circulation ventilation
局部循序性模型 partially sequential model
局部压力 local pressure; partial pressure
局部压力降 partial drop of pressure
局部压力脉动 local pressure pulsation
局部压力损失 local pressure drop; local pressure loss
局部压力梯度 local pressure gradient
局部压屈 local buckling; crippling <工字梁腹在集中荷载或反力下的>
局部压屈损坏 <指钢梁> crippling; local buckling damage
局部压碎 localized crushing
局部压弯 local buckling
局部压应力 partial pressure
局部淹没 partial submergence
局部淹没孔口 partly submerged orifice
局部验收 partial acceptance
局部扬水 zone-pumping
局部氧化 partial oxidation; selective oxidation
局部要价 partial bid
局部一般照明 localized general lighting
局部移交 partial handover
局部异常 local anomaly
局部异常磁变 anomalous magnetic variation
局部异常图 figure of local anomaly
局部异常下限 local threshold
局部抑制 topoinhibition
局部因素 local factor
局部引力 local attraction

局部应变 local strain
局部应力 local(ized) stress
局部应力集中 local stress concentration; stress raiser
局部应用 local application; spot application
局部硬化 local hardening; selective hardening; spot hardening
局部拥挤 local congestion
局部用地 parcel land
局部用火 patch burning
局部优化 local optimum
局部有吊顶 partly with suspended ceiling
局部雨 local rain
局部预加应力 partial prestress(ing)
局部预热 local preheating
局部原因 local cause
局部源 localized source
局部约束 local restriction; partial restraint
局部约束的 partial fixed
局部约束应力 local bond stress
局部运费 local freight
局部噪声 top noise
局部增温 local heating
局部债券 divisional bonds
局部占线 local busy
局部照明 local illumination; local lighting; spotlighting
局部照明灯 local lighting lamp
局部照明示意图 schematic diagram of local lighting
局部照射 local irradiation
局部遮光法 dodging
局部折屈 local yield(ing)
局部折射 local refraction
局部褶皱 local wrinkle
局部真空 partial vacuum; under-pressure
局部振荡 local oscillation
局部振荡器 local oscillator
局部振动 local vibration
局部振鸣 local singing
局部震震级 local magnitude
局部蒸馏 partial distillation
局部整体连接 local global connection
局部整治 local improvement; local regulation; partial regulation
局部正规化 local regularization
局部知识 local knowledge
局部值 local value
局部指标体系 local indicator system
局部制动 half braking
局部智能 local intelligence
局部滞止 semi-stall
局部中心坐标 topocentric coordinates
局部重力循环 local gravity circulation
局部重力异常 local gravity anomaly
局部珠光体化断口 pepper and salt fracture
局部主控机 submaster controller
局部注水 spot flooding
局部转储 partial dump
局部转换 local switch
局部转换开关 local plug
局部转轴窗 type sash
局部装配 subassembly
局部装配工 subassembler
局部装配线 subassembly line
局部装药 part charge
局部自动化系统 local automation system
局部自动信息计算 local automatic message accounting
局部总体不相依 local and general independence
局部总线 local bus
局部纵弯(失稳) local buckling
局部阻抗系数 coefficient of local resistance; local resistance factor
局部阻力 local drag; local resistance
局部阻力等值系数 equivalent coefficient of local resistance
局部阻力系数 coefficient of local resistance; local resistance factor
局部阻力有效系数 effective coefficient of local resistance
局部最大功效等级顺序检查 locally most powerful rank order test
局部最大(值) local maximum
局部最佳化 suboptimization
局部最佳拟合椭圆 datum-centered ellipsoid
局部最佳状态 local optimum
局部最小值 local minimum
局部最优(点) local optimum
局部最优方案 locally optimal plan
局部最优化 local optimization; suboptimization
局部最优解 locally optimal solution
局部最优值 local optimum
局部作用量 local action; local effect; topical action
局部坐标 local coordinates
局部坐标系 local coordinate system
局等级 office class
局地变化 local change; local variation
局地冰冠 local icebound
局地环流 local circulation
局地气候 local climate
局地速度 local velocity
局地网控制程序 local network control program(me)
局地预报 local forecast
局地阵雨 isolated shower
局地作用 local action
局端 central office termination
局管内工作车 local car
局号 office number
局间拨号 interdialling
局间的 interoffice
局间电缆 interoffice cable
局间干扰 interstation interference
局间干线 interoffice trunk
局间识别 identification of station
局间通信[讯] interoffice communication
局间通信[讯]枢纽 communication center inter administration
局间选择 interoffice selection
局间中继线 interoffice trunk
局间中继线载波系统 exchange trunk carrier system
局界调度电话【铁】 dispatching telephone of administration's branch
局界会议电话 administration line; conference telephone of administration's branch
局界站【铁】 divisional station of railway administration
局控模式 local operation mode
局面 conjuncture; phase; situation; tableau[复 tableaus/tableaux]
局内变量 endogenous variable
局内传输电路 cross office connection
局内电缆 internal cable; local cable; office cable
局内电力网 station network
局内各组间的通话业务 inter-group traffic
局内连接 intra-office connection
局内链架 office-link frame
局内设备 station equipment
局内绳路架 <纵横制> office-link frame
局内线 office line; office wire; trunk circuit
局内选线器的选择 <自动电话> local selection
局内选择器 <自动电话> local selector
局内中继器 local trunk circuit
局内中继线 intra-office trunk; local trunk; sender link
局内自动信息记账 local automatic message accounting
局识别符 station identifier
局外变量 exogenous variable
局外波 extraneous wave
局外交换业务 foreign exchange service
局外人 outlier; outsider
局外信号 extraneous signal; extraneous wave
局外用户 outside party
局限 localization
局限处理设备 confined disposal facility
局限的 stenoecic
局限加固理论 theory of laterally confined consolidation
局限空间 restricted space
局限矢量 localized vector
局限台地沉积 restricted platform deposit
局限台地相 restricted platform facies
局限体系 closed system
局限型 topical type
局限性 boundedness; local
局限性的等价形式 fragmentary equivalent form
局限性调查 spot survey
局限性极限 limitation
局限性强直 localized tetanus; modified tetanus
局限性因素 limiting factor
局用电缆 central office cable
局用数字终端 host digital termination
局域惯性架 local inertial frame
局域惯性系统 local inertial system
局域平衡 local thermodynamic(al) equilibrium
局域网 local area network; local network
局域网仿真 local area network simulation
局域有序 local order
局(站)前人孔 vault manhole
局长 commissioner; managing director; director
局长助理 assistant director
局中人 player
局中人的容许值 admissible value for a player

菊瓣式链接总线 daisy chain bus

菊橙 chrysol
菊池谱带 Kikuchi band
菊池线 Kikuchi line
菊海鞘属 Botryllus
菊花 Chinese chrysanthemum
菊花窗 marigold window
菊花链 daisy chain
菊花链总线 daisy chain bus
菊花轮 daisy wheel
菊花轮打印机 daisy wheel printer
菊花全连式优先权机构 daisy chained priority mechanism
菊花形 cosmos
菊花形喇叭式溢红道 marguerite type of bellmouth spillway
菊花形石墨 graphite rosette
菊花形铣刀 rose cutter
菊花状断口 rosette fracture
菊花状共晶组织 rosette
菊花状石墨 graphite rosette
菊花状钻头 rosette bit
菊花钻 rose bit; rose countersink
菊化石 chrysanthemum stone
菊苣属 succory
菊科 compositae
菊石 <一种古生化石> ammonite; snakestone
菊石动物地理区 ammonite faunal province
菊石绝灭 ammmonoid extinction
菊石纹 ammonite scroll
菊形铰刀 ball reamer
菊状结构 foliated structure

橘瓣式抓斗 orange-peel bucket

橘瓣式抓斗挖土机 orange-peel excavator
橘瓣形戽斗 orange-peel bucket
橘瓣抓斗 orange-peel grab; orange-peel bucket
橘瓣抓斗式戽斗挖土机 orange-peel dredge(r)
橘棒 counterpoise lift
橘铬 chrome red
桔铬黄 chrome orange
橘红硫锑矿 kermesite
橘红色 brick-red; Chinese red; jacinth; tangerine
橘黄(色) flame colo(u)red; orange yellow; saffron yellow; buff
橘黄色火焰 flame colo(u)red
橘黄色滤光镜 orange filter
橘黄紫胶漆 orange shellac
橘皮 dog skin; orange peel
橘皮纹 orange-peel effect
橘皮纹饰 orange peel(ing)
橘皮样表面状态 orange peel surface appearance
橘色矿石 mineral orange
橘树 tangerine
橘纹漆 orange-peel finish
橘子 orange

沮洳的 quaggy

沮洳地 marsh land

举办融资业务 provide financing services

举车机 carriage hoist; vehicle hoist
举炊场地 fireplace
举袋机 bag elevator
举袋卡车 bag lift truck
举到位置上 jack to position
举动 goings-on
举斗高度 discharge height
举杆叉 raising fork
举高集水射流 elevated master stream
举高喷水炮 elevating nozzle
举高平台车 platform lift truck
举高射流 elevated stream
举高射水装置 elevating water device
举高消防车 elevating apparatus; elevating fire truck
举架 raising the purlin(e)
举架法【建】 raising-of-truss method
举空深度 liquid level depth after job
举力 lifting capacity
举力系数 lift coefficient
举例说明 exemplify; illustration
举例询问 query by example
举起 draw up; hold-up; lift; rear up; uphold; upraise; uprear
举起抛出 heave and cast
举起物 heaver
举起者 raiser
举升臂 lift arm
举升车架 <自卸汽车的> lift frame
举升垫板 jacking plate
举升堆垛机 stacking elevator
举升机水平装置 elevator car leveling

device
举升就位 jack to position
举升能力 elevating capacity
举升速度 lifting speed
举升凸耳 jacking plate
举升腿架 raising pusher leg
举升行程 lifting range
举升液压缸 lift cylinder;hoist cylinder
举升周期 raising cycle
举手表决 vote by show of hands
举物人 heaver
举析 raising the purlin(e)
举行 staging
举行开幕式 auspicate
举行落成典礼 auspicate
举行落成(通车)仪式 inaugurate
举扬物 lifter
举一反三 draw inference
举债 contract a loan;raise a loan
举债成本 cost of debt
举债筹资 <以发行债券或期票筹集资金> debt financing
举债的抵押 collateral in raising loan
举债经营 equity trading;trading on equity
举债经营效果 effect of financial leverage;leverage effect
举债权 borrowing power
举折【建】raising-and-depression
举针杆 needle lifter
举证 testification
举证事实 factum probantia
举证责任 burden of proof;evidential burden;onus of proof
举证责任迁移 shifting of the burden of proof
举止 deport
举重臂 erector(arm)
举重活塞 load piston
举重机 lifting jack
举重架 jack frame
举重力 lifting power
举重器 barbell set;jack;weight lifter
举重钳 <盾构用> grip
举重室 weight lifting room
举重台 platform
举足轻重 to carry a big weight in;to play a decisive role
举阻比 lift-drag ratio

矩

鞍形填料 Intalox saddle

矩比 moment ratio
矩臂 moment arm
矩尺 back square;carpenter's square;square;trying square
矩磁材料 rectangular hysteresis material
矩磁金属磁性材料 metallic magnetic material with square loop
矩磁铁氧体材料 rectangular loop ferrite material
矩法 method of moments
矩法估计 estimation by the method of moment
矩估计量 moment estimator
矩管 quarter bend
矩规 normal square
矩函数 moment function
矩极 moment pole
矩量法 method of moments;moments method
矩量矩阵 moment matrix
矩量母函数 moment generating function
矩量生成 moment generating
矩量生成函数 moment generating function
矩量限制 moment restriction
矩轮齿离合器 rectangular tooth clutch
矩谱 moment spectrum
矩求积仪 integrometer
矩体 cuboid;rectangular parallelepiped;rectangular paralleling
矩问题 moment problem
矩系数 moment coefficient
矩心 center[centre] of moment;centroid;moment center[centre]
矩心的 centroidal
矩心轴 centroidal axis
矩心主轴 principal axis of centroid
矩心主轴线 centroidal principal axis
矩形 oblong;orthogon;rectangle;rectangular figure
矩形凹槽 rectangular notch
矩形板 rectangular board;rectangular (flat-) plate;under-window spandrel panel <上下层窗槛之间的>
矩形板桩 rectangular sheet pile
矩形棒 rectangular bar
矩形比 rectangular ratio;squareness ratio
矩形表体系 system of rectangular tables
矩形波 rectangular wave;square wave
矩形波传递函数 square-wave transfer function
矩形波串 <美> box car
矩形波电压 square wave voltage
矩形波调制 square-wave modulation
矩形波发生器 rectangular wave generator; square-wave generator;square-wave oscillator
矩心波放大器 square-wave amplifier
矩形波函数 boxcar function
矩形波图板 rectangular chart
矩形波响应 square-wave response
矩形波响应特性曲线 square-wave response characteristic
矩形波形成放大器 squaring amplifier
矩形波形成器 squarer
矩形波载波 square-wave carrier
矩形波振荡器 square wave(form) oscillator
矩形布水池 rectangular distributor
矩形布水器 rectangular distributor
矩形裁剪窗口 rectangular clipping window
矩形槽 rectangular slot;dado
矩形槽口 rectangular notch
矩形槽口堰 rectangular notch weir
矩形测量堰 rectangular measuring weir
矩形插头座 blue ribbon connector;rack and panel connector;rectangular connector
矩形沉淀池 rectangular sedimentation tank;rectangular settling tank
矩形沉管 rectangular tube
矩形沉箱 rectangular caisson
矩形衬砌 rectangular lining
矩形成分 quadratic component
矩形澄清池 rectangular clarifier
矩形池 rectangular basin
矩形冲击脉冲 rectangular shock pulse
矩形窗口 rectangular window
矩形磁偏转系统 square yoke
矩形磁性吸盘 rectangular magnetic chuck
矩形磁滞材料 rectangular hysteresis material
矩形磁滞回线材料 square hysteresis loop material
矩形单墙沉井 rectangular single wall caisson
矩形单元 rectangular element
矩形单元体 rectangular element
矩形导杆 rectangular guide bar
矩形导轨 rectangular guideway
矩形的 orthogonal;rectangular;square
矩形堤块 rectangular pierhead
矩形堤头 rectangular pierhead
矩形底脚 rectangular footing
矩形地 rectangular area
矩形地板调节风口 rectangular floor register
矩形地下消防栓 rectangular underground fire hydrant
矩形点阵 rectangular lattice
矩形电子束管 square-corner Braun tube
矩形垫圈密封 coined gasket seal
矩形调查法 rectangular survey
矩形独立基础 rectangular single base
矩形渡槽 rectangular flume
矩形断面 rectangular(cross-)section
矩形断面管 rectangular tube
矩形断面梁 bar rectangular section
矩形断面木笼式丁坝 rectangular crib groin;rectangular groyne
矩形断面水槽 rectangular channel
矩形断面堰 rectangular weir
矩形断面轧材 rectangular section
矩形断面轴 rectangular shaft
矩形对策 rectangular game
矩形对策的基本定理 fundamental theorem for rectangular game
矩形墩 four-sided pier
矩形墩头 rectangular pierhead
矩形盾构 rectangular(shaped)shield
矩形多仓室谷仓 rectangular multiple compartment bin
矩形多分隔斗仓 rectangular multiple compartment bin
矩形多格斗仓 rectangular multiple compartment bin
矩形反射镜 rectangular mirror
矩形方块 rectangular block
矩形方木 rectangular timber
矩形分布 rectangular distribution
矩形分幅 rectangular map-subdivision
矩形分区测量 rectangular survey
矩形风道 rectangular air duct
矩形风管 rectangular air duct
矩形风管带风门的送回风口 rectangular duct air supply and return opening with damper
矩形风管的圆形当量 circular equivalent of rectangular duct
矩形风管防火阀 fire-resisting valves in square and rectangular ducts
矩形风口 rectangular orifice
矩形风帽 rectangular cowl
矩形风区 rectangular fetch
矩形缝 rectangular aperture;dado joint
矩形浮坞门 rectangular type floating caisson
矩形杆 rectangular bar
矩形杆件 rectangular bar
矩形刚架 rectangular rigid frame
矩形钢丝 oblong steel wire
矩形格网 rectangular grid;rectangular net(work)
矩形格栅板 pan slab
矩形格子设计 rectangular lattice design
矩形工作台 rectangular table
矩形公差带 rectangular tolerance zone
矩形共振空腔 rectangular cavity
矩形沟槽 dado
矩形构架 rectangular frame
矩形箍 rectangular hooping;rectangular loop
矩形箍筋 rectangular hoop
矩形管 rectangular pipe
矩形管道 rectangular conduit;rectangular duct
矩形罐 rectangular tank
矩形罐梁 bunton
矩形光栅 rectangular grating;rectangular raster
矩形轨枕 rectangular tie
矩形锅炉 tank boiler
矩形含水层 rectangular aquifer
矩形涵洞 box culvert; rectangular culvert
矩形航线进场 rectangular approach
矩形河槽 rectangular canal;rectangular channel
矩形荷载面积 rectangular loaded area
矩形桁架 parallel chord truss
矩形护舷 rectangular fender
矩形环 straight flanked ring
矩形环磁滞曲线 rectangular loop hysteresis
矩形回线 rectangular loop; square loop
矩形回线铁氧体 square loop ferrite
矩形或方形断面实心条带和D型空心护舷 rectangular or square section solid strip and D-hollow fender
矩形机车库 rectangular engine house;rectangular loco shed
矩形积分 rectangular integration
矩形基础 rectangular footing;rectangular foundation
矩形基础墩 rectangular foundation pier
矩形基脚 rectangular footing
矩形集 rectangular set
矩形加速度脉冲 rectangular acceleration pulse
矩形简仓 rectangular silo
矩形角尺 block square
矩形接插件 blue ribbon connector;rectangular connector
矩形截面 rectangular section
矩形截面钢板 rectangle section steel
矩形截面梁 rectangular(cross-)section beam
矩形截面喷管 rectangular section nozzle
矩形截面水道 rectangular channel
矩形截面水渠 rectangular channel
矩形截面锁舌 dead bolt
矩形井筒钢支护 rectangular steel shaft set
矩形井筒支护 rectangular shaft set
矩形矩阵 rectangular matrix
矩形距离 rectangular distance
矩形锯材 rectangular timber
矩形开口沉井 rectangular drop shaft
矩形开口沉箱 rectangular open caisson
矩形勘探网 rectangular exploration grid
矩形壳体 rectangular shell
矩形空腹型钢 rectangular hollow section
矩形空气分布器 rectangular air distributor
矩形空心断面(构件)rectangular hollow section
矩形空心型钢 rectangular hollow section
矩形孔径 rectangular aperture
矩形孔(口)rectangular opening;rectangular orifice;rectangular port
矩形孔型 box pass;closed box groove
矩形孔眼格栅 rectangular mesh grating
矩形拉杆 rectangular tie
矩形拉结筋 rectangular tie
矩形拉延 rectangular drawing
矩形喇叭 rectangular horn
矩形棱镜 rectangular prism
矩形棱柱(体)rectangular prism
矩形冷凝水箱 rectangular condensate

J

(water) tank
矩形力矩图 moment block
矩形联合底座 rectangular combined footing
矩形联合柱基 rectangular combined footing
矩形联箱 rectangular heater
矩形梁 rectangular beam
矩形量水堰 rectangular ga(u)ging weir; rectangular measuring weir
矩形料仓 rectangular bunker
矩形龙骨 bar keel
矩形螺纹 rectangular thread; straight thread
矩形落水管 rectangular downpipe
矩形马赛克 rectangular mosaic
矩形脉冲 rectangular pulse; square pulse
矩形脉冲断开 gate turnoff
矩形脉冲发生管 squaring valve
矩形脉冲发生器 micropulser; rectangular pulse generator; square waveform oscillator
矩形脉冲分量 burst pedestal
矩形脉冲形成电路 squarer circuit; squaring circuit
矩形脉冲形成管 squaring tube
矩形脉冲形成设备 squarer
矩形脉冲振荡器 square-wave oscillator
矩形满槽宽堰 rectangular full-width weir
矩形膜 rectangular membrane
矩形木材 rectangular timber
矩形耐火板 tile
矩形泥门 box-shaped bottom door; box-shaped hopper door
矩形排架 rectangular bent
矩形排水 rectangular drainage pattern
矩形排水系统 rectangular drainage system
矩形配水器 rectangular distributor
矩形盆地 rectangular basin
矩形膨胀水箱 rectangular expansion tank
矩形坯 rectangular bloom
矩形频率分布 rectangular frequency distribution
矩形频率图 rectangular frequency diagram
矩形平板 rectangular flat-plate
矩形屏显像管 rectangular picture tube
矩形坡式(屋顶) ranch shape
矩形起落航线 rectangular course; square course
矩形企口 dado joint
矩形砌块 rectangular block
矩形墙 <上下层窗槛之间的> under-window spandrel
矩形墙箍 rectangular tie
矩形桥墩 rectangular pier
矩形切口 rectangular notch
矩形切口堰 rectangular notch weir
矩形穹顶 rectangular dome
矩形全宽堰 rectangular full-width weir
矩形缺口 rectangular notch
矩形缺口堰 rectangular notch weir
矩形容器 rectangular vessel
矩形散流器 rectangular air distributor
矩形扫描 rectangular scanning
矩形砂箱 rectangular flask
矩形筛孔 rectangular mesh
矩形筛眼 rectangular mesh
矩形上升回转选择器 <一种步进制自动电话交换机> tetragonal selector
矩形设计 rectangular design
矩形石吞肠 rectangle boudin
矩形视频信号 square-wave video signal
矩形收缩堰 rectangular contracted weir
矩形梳状滤波器 rectangular comb filter
矩形输水道 rectangular conduit
矩形数组 rectangular array
矩形水道 rectangular conduit
矩形水落管 rectangular downpipe
矩形水系 rectangular drainage
矩形送风口 rectangular air supply opening
矩形搜索 rectangular search
矩形缩口堰 rectangular contracted weir
矩形套筒 rectangular collar
矩形体 cuboid
矩形天窗 rectangular skylight
矩形天线阵 square-shaped array
矩形条 rectangular bar
矩形条钢 rectangular bar
矩形条叶片 rectangular bar blade
矩形调节风口 rectangular register
矩形调制盘 square reticle
矩形铁芯线圈 square iron-core coil
矩形通道 rectangle conduit; rectangular duct
矩形(统计)图 histogram
矩形投影 rectangular projection
矩形凸爪离合器 square-jaw clutch
矩形图廓 rectangular map format
矩形图像 rectangular image
矩形图纸 rectangular drawing; short demy
矩形瓦 rectangular tile
矩形网板 rectangular otter board
矩形网格 rectangle grid; rectangular mesh
矩形网(络) rectangular net(work)
矩形网眼 rectangular mesh
矩形围堰 rectangular cofferdam
矩形系数 squareness factor; square ratio
矩形系铁 rectangular tie
矩形显像管 square-corner Braun tube
矩形线圈 square coil
矩形镶嵌 square mosaic
矩形橡胶垫圈 square rubber gasket
矩形小孔 rectangular orifice
矩形型 rectangular pattern
矩形性 rectangularity
矩形芽接 rectangular patch budding
矩形烟道 rectangular flue
矩形延迟脉冲 square delayed pulse
矩形堰 rectangular weir
矩形堰量计 rectangular weir meter
矩形窑 rectangular kiln
矩形引水槽 rectangular flume
矩形雨水沟 rectangular rainwater gutter
矩形源 rectangular source
矩形载波 square-wave carrier
矩形栅状调制盘 square field picket fence reticle
矩形罩盖 rectangular cover
矩形罩壳 rectangular cover
矩形支柱 four-sided pier
矩形直方图 rectangular histogram
矩形直片式散流器 rectangular truncated pyramid type ceiling diffuser
矩形滞后回线 rectangular hysteresis loop
矩形滞后结构 rectangular lag structure
矩形中间支柱双向地下隧道 rectangular twin-track underground tunnel with supporting web
矩形柱 rectangular column
矩形砖 rectangular brick
矩形桩 rectangular pile
矩型材 bar stock
矩型钢 bar steel
矩序列 moment sequence
矩阵 matrix[复 matrixes/matrices]; rectangular matrix
矩阵板 matrix plane
矩阵保存值 matrix save value
矩阵本征值 matrix eigenvalue
矩阵比较法 matrix matching method
矩阵变换 matrixing; matrix transformation
矩阵变换电路 matrix[复 matrixes/matrices]; matrixer
矩阵标准形式 normal form for matrix
矩阵表示(法) matrix representation
矩阵表示法会计 matrix approach accounting
矩阵表述 matrix formulation
矩阵簿记 matrix bookkeeping
矩阵操纵 matrix manipulation
矩阵插接板 matrix pin board
矩阵乘法 matrix multiplication
矩阵乘积 matrix multiplication
矩阵乘数 matrix multiplier
矩阵抽样 matrix sampling
矩阵传置 transpose matrix
矩阵存储器 matrix storage; matrix store
矩阵代数 matric[matrix] algebra; algebra of matrices
矩阵代数表 matrix algebra table
矩阵单元 matrix unit
矩阵导数 derivative of a matrix
矩阵的边缘估值 border evaluation of a matrix
矩阵的表示法 representation of a matrix
矩阵的乘法 multiplication of matrices
矩阵的典型分解 canonic(al) decomposition of a matrix
矩阵的范数 norm of a matrix
矩阵的分块乘法 block multiplication of matrices
矩阵的迹 spur of a matrix; trace of a matrix
矩阵的积分 integration of a matrix
矩阵的连锁 matrix concatenation
矩阵的零空间 null space of a matrix
矩阵的模 matrix norm
矩阵的逆 inverse of a matrix
矩阵的特征方程 characteristic equation of a matrix
矩阵的微分 differentiation of a matrix
矩阵的相合 congruence of matrices
矩阵的行列式 determinant of a matrix
矩阵的移项 <行数同列数互换> transposal of a matrix
矩阵的元 elements of matrix; entry of a matrix
矩阵的元素 element of a matrix
矩阵的秩 rank of matrix
矩阵的主对角线 principal diagonal line of a matrix
矩阵的转置 transposal of matrix; transpose of a matrix
矩阵等式 matrix equality
矩阵电路 matrix(ing) circuit
矩阵迭代法 matrix iteration
矩阵迭代分析 matrix iterative analysis
矩阵对策 matrix game; rectangular game
矩阵对策的夏普莱-斯诺方法 Shapley-Snow procedure for matrix game
矩阵对角化 diagonalization of a matrix
矩阵对角线 diagonal of a matrix
矩阵反演 inverse matrix; matrix inversion
矩阵方程 matrix equation
矩阵(方)法 matrix method; matrix analysis; matrix(ing) network
矩阵放大器 matrix amplifier
矩阵放大器增益控制 matrix gain control
矩阵分块 partitioning of matrices
矩阵分块乘法 block multiplication of matrices
矩阵分数 matrix fraction
矩阵分析 matrix analysis
矩阵符号 matrix notation; matrix symbol
矩阵符号表示 matrix notation
矩阵符号差 signature of a matrix
矩阵符号刻图仪 rectangle scriber
矩阵概率及统计推断 matrix probability and statistic(al) in conference
矩阵固有值 matrix eigenvalue
矩阵管理 matrix management
矩阵光电管 phototron
矩阵轨迹 matrix trace
矩阵函数 matrix(ing) function
矩阵化 matrixing
矩阵环 matrix ring
矩阵缓冲器 matrix buffer
矩阵积 product of matrices
矩阵及向量程序 matrix and vector program(me)
矩阵级数法 matrix progression method
矩阵集合 set of matrices
矩阵计算 matrix calculation; matrix computation
矩阵记号 matrix notation
矩阵加法 addition of matrices; matrix addition
矩阵减化法 matrix subtraction
矩阵检验 matrix check
矩阵简化 matrix reduction
矩阵阶 order of a matrix
矩阵结构分析 matrix structural analysis
矩阵解法 matrix solution
矩阵开关 matrix switch
矩阵控制法 matrix control method
矩阵亏数 defect of matrix
矩阵类法 matrix solution
矩阵类型 matrix type
矩阵理论 matrix theory
矩阵力法 matrix force method
矩阵力学 matrix mechanics
矩阵列 matrix column; rectangular array
矩阵列向量 matrix column vector
矩阵论 matrix theory
矩阵逻辑 array logic
矩阵门 matrix gate
矩阵名 array name
矩阵模块 matrix module
矩阵模量 matrix norm
矩阵模型 matrix model
矩阵逆转 matrix inversion
矩阵匹配 matrix matching
矩阵评价法 matrix assessment
矩阵奇异值 singular values of a matrix
矩阵求逆 inverse matrix; matrix inversion
矩阵求逆方法 matrix inversion technique
矩阵式 matrix form
矩阵式编码器 matrix encoder
矩阵式存储器 coordinate storage
矩阵式打样机 matrix proofer
矩阵式打印机 matrix printer
矩阵式加法器 matrix adder
矩阵式天线阵 mattress array
矩阵式印刷机 matrix(wire) printer
矩阵式组织 matrix organization
矩阵收缩 matrix deflation
矩阵输出 matrix output
矩阵束 matrix pencil; pencil of matrices
矩阵树定理 matrix tree theorem
矩阵数码 matrix number
矩阵特征根 characteristic root of a matrix

矩阵特征值 matrix eigenvalue
矩阵通式 general form of a matrix
矩阵网络 matrix(ing) network
矩阵微分方程 matrix differential equation
矩阵微积分 matrix calculus
矩阵伪逆元 matrix pseudo-inverse
矩阵位移法 matrix displacement method
矩阵文法 matrix grammar
矩阵显示 matrix display
矩阵显示板 matrix display panel
矩阵线路 matrix circuit
矩阵线印刷 matrix printing; wire printing
矩阵相关 matrix correlation
矩阵相合 congruence of matrices
矩阵相连法 rectangular association scheme
矩阵行列式 determinant of a matrix
矩阵形成 matrix formulation
矩阵形式 matrix form; matrix notation
矩阵型式的结构 matrix type structure
矩阵修正 matrix correction
矩阵寻址 metric(al) addressing
矩阵译码法 matrix-decoding method
矩阵语言 matrix language
矩阵元(素) element of matrix; matrix element
矩阵运算 matrix analysis; matrix operation
矩阵秩 rank of matrix
矩阵中的单体 element of a matrix
矩阵柱 matrix column
矩阵转置 matrix transpose; transpose of a matrix
矩阵组 matrix system
矩阵组织 matrix form

榉木 beech; zelkova

榉木焦油 beechwood
榉木楼梯踏步板 beechwood tread
榉木条拼镶地板 beechwood parquet(ry)
榉木瓦 beechwood shingle
榉属 zelkova

句法控制概率 syntax-controlling probability

巨坝 infinite dam

巨板块 megaplate
巨并指 megalosyndactylia[megalosyndactylae]
巨波痕 megaripple
巨波纹 megaripple
巨大 greatness
巨大爆声 big bang
巨大笨重的船 hulk
巨大成本差额 substantial cost differentials
巨大城市 metropolis
巨大城市走廊 mega(lo)politan corridor
巨大的 giant; enormous; huge; jumbo(-sized); mammoth; massive; monstrous; vast
巨大的冰川 ice floe
巨大的冰川体 ice field
巨大的码头 massive pier
巨大的数字 googol
巨大电位 giant electric(al) potential
巨大动物群 mammoth fauna
巨大浮冰 large floe
巨大功率 great power
巨大畸形 gigantism
巨大纪念碑 colossal monument
巨大建筑的 megastructural
巨大建筑物 castle
巨大结构 mammoth structure
巨大金额 bouncing sum
巨大菌落 giant colony
巨大企业 giant business
巨大起重机 titan crane
巨大潜力 tremendous potential; tremendous potentiality
巨大头像 giant head
巨大灾祸 catastrophe
巨大症 gigantism
巨大柱体岩 monolith
巨洞 giant cave; giant void; glory hole; void
巨额冲销 big bath
巨额的成本差异 substantial cost differentials
巨额定单 maxiorder
巨额负荷 block load(ing)
巨额负载 block load(ing)
巨额交易 extensive transaction
巨额交易自动报价制度 block automation system
巨额借款 wholesale money
巨额贸易 extensive transaction; major transaction
巨额投机利润 huge speculative profit
巨额危险 <保险> peak risk
巨额折价债券 deep discount bond
巨额证券 block
巨额支出 heavy payment
巨额租赁 big ticket leasing
巨风尘 blowing dust
巨浮冰块 vast ice-floe
巨拱 arc doubleau
巨共振 giant resonance
巨观构造 megatexture
巨观纹理 megatexture
巨光脉冲 giant optic(al) pulse
巨光脉动 giant optic(al) pulsation
巨横推断层【地】 megashear
巨厚层构造 very thick bedded structure
巨厚层矿体 giant-bedded orebody
巨厚层状 very thick bedded
巨厚冲积层 inwash
巨厚煤层 large-thick coal seam
巨胶束 giant micelle
巨晶 ingotism macrocrystalline
巨晶白云岩 macrocrystalline dolomite
巨晶灰岩 macrocrystalline limestone
巨晶结构 macrocrystalline texture
巨爵星座【天】 crater
巨坑 endocrator
巨块岸壁 massive quay wall
巨块结构 massivity
巨块型 massive type
巨款 big dough; monstrous sum
巨矿脉 master lode
巨澜 rip
巨缆 <周径在 10 英寸以上的,1 英寸 = 2.54 厘米> cable; hawser
巨浪 angry wave; beach comber; billow; large wave; mountainous sea; precipitous sea; storm surge; surge; terrific sea; tremendous sea; very rough sea
巨冷杉 western balsam; white fir
巨砾 boulder
巨砾爆破 boulder fragmentation
巨砾层 boulder bed; boulder gravel
巨砾的 megagrained
巨砾堆 heap of boulders
巨砾角砾岩 boulder breccia
巨砾结构 boulder texture
巨砾解爆 boulder fragmentation
巨砾泥 rubble drift
巨砾破碎 boulder fragmentation
巨砾碛 block wall
巨砾碎块 boulder fragmentation
巨砾滩地 boulder bank
巨砾岩 boulder stone
巨砾原 boulder-field
巨粒的 giant-grained
巨粒化 germination
巨粒类土 oversized coarse-grained soil
巨粒土 over coarse-grained soil
巨粒温度 germinative temperature
巨量 flood tide
巨量泥沙 enormous quantities of sediment; large amount of sediment
巨量消失 catastrophic cancellation
巨陆【地】 megagea
巨轮 huge ship; huge vessel; very large ship
巨脉冲 giant pulse
巨脉冲发射 giant pulse emission
巨脉冲激光器 giant pulse laser
巨脉冲技术 giant pulse technique
巨脉冲全息术 giant pulse holography
巨脉冲全息图 giant pulse hologram
巨面 macroface
巨木 backlog
巨偶极子 giant dipole
巨漂砾 erratic block(of rock)
巨人 colossus; giant; monster
巨人式混凝土料斗 elephant trunk spout
巨杉 big tree; giant sequoia
巨石 cyclopean; knocker; megalith
巨石碑 megalith
巨石的 Megalithic
巨石堆积的 cyclopean
巨石工程 cyclopean masonry work
巨石纪念碑 megalithic monument; stone row; trilith(on)
巨石建筑 megalithic architecture
巨石结构 <古代小亚细亚的> Pelasgian construction
巨石开炸 boulder blasting
巨石块 cyclopean block; derrick stone
巨石墓室 megalithic burial chamber
巨石砌体 megalith masonry
巨石器阶 Megalithic
巨石器时代 Megalithic Age
巨石圬工 megalithic masonry
巨石柱群围栏 <英国原始社会的遗迹> stone hedge
巨石钻孔爆破 block holing
巨鼠型掘进机 <地下旋转掘进机的一种> giant mole
巨数 significant amount
巨头鲸 sperm whale
巨物 buster; mammoth; monster; whacker
巨系统理论 macrosystem theory
巨细胞 idioblast
巨相 magnafacies
巨屑混杂堆积 chaos
巨屑混杂岩 chaos
巨蟹座 cancer
巨形发育 gigantism
巨形海草 kelp
巨形角砾岩 megabreccia
巨形块石 <俚语> doniker
巨型 giantism; jumbo
巨型拗陷构造 mega-depression tectonics
巨型班轮 super-liner
巨型超级市场 hypermarket
巨型成品油轮 very large product carrier
巨型城市 mega(lo)polis
巨型出租(汽)车 maxi-taxi
巨型船舶 jumbo ship; mammoth vessel
巨型大学 megaversity <拥有数万学生的>; multiversity <由多院、系组成,进行高深学术研究的大学>
巨型的 jumbo-sized; mammoth; macroscopic <指地质构造>
巨型地貌 macroscopic landform
巨型雕塑 colossus
巨型方块 cyclopean block
巨型方块防波堤 concrete monolith upright on rubble mound composite breakwater; gravity wall of giant blocks; cyclopean block breakwater
巨型飞机 aerodreadnaught
巨型风力发动机 jumbo windmill
巨型浮冰 <横跨 10 公里以上> giant floe
巨型浮吊 heavy-lift floating crane
巨型浮游生物 megaloplankton
巨型钢柱断面 jumbo column section
巨型高架起重机 goliath crane
巨型工程 macro-engineering
巨型拱 massive arch
巨型拱坝 massive arch dam
巨型拱形 super-arch fender
巨型构造 macrotectonics; megatectonics
巨型核动力气垫船 hoverliner
巨型桁架 megatruss
巨型混凝土坝 massive concrete dam
巨型混凝土墩 massive concrete pier
巨型混凝土基础 massive concrete foundation
巨型混凝土空心方块 monolith
巨型混凝土空心柱体 monolith
巨型混凝土块 huge concrete block
巨型混凝土桥台 massive concrete abutment
巨型混凝土支座 massive concrete abutment
巨型货船 super-carrier
巨型机 giant computer
巨型计算机 giant-scale computer; super-computer
巨型建筑 megastructure
巨型建筑物(聚合体) megastructure
巨型结构 mammoth structure
巨型井筒圈梁 bunton
巨型客机 sky master
巨型跨立式脚手架 giant straddle strafer
巨型跨坐式货车 giant straddle truck
巨型块石 monolithic block
巨型矿体 giant orebody
巨型履带式车 crawler jumbo
巨型轮胎 giant pneumatic tire[tyre]; giant tire[tyre]; jumbo tire[tyre]
巨型毛石方块 cyclopean block
巨型喷气机 jumbo(jet)
巨型起重机 giant crane; heavy-duty crane; titan crane
巨型气田 giant gas field
巨型散货船 super-bulk carrier; very large bulk carrier
巨型设备 jumbo
巨型石油矿石两用船 very large oil-ore carrier
巨型枢纽港 megahub port; superhub port
巨型水电站 super-hydro
巨型隧道盾构 tunnel boring jumbo
巨型隧道掘进机 tunnel boring jumbo
巨型燧石结核 huge chert nodule
巨型筒仓 giant silo
巨型望远镜 giant telescope
巨型细菌 megabacterium[复 megabacteria]
巨型悬臂起重机 giant cantilever crane
巨型(移动式)起重机 goliath(crane)

巨型油船靠泊作业 handling a very large tanker alongside
巨型油轮 < 通指 15 ~ 30 万吨级 > very large crude carrier; very large oil carrier; giant tanker; gigantic tanker; super-tanker; tanker
巨型油轮开敞海域系泊平台 giant tanker open mooring platform
巨型油轮码头 < 通指 15 ~ 30 万吨级 > very large crude-oil carrier terminal
巨型油田 giant oil field
巨型远洋轮 leviathan
巨型运煤船 super-collier
巨型运输机 jumbo aircraft; titan crane < 自动的 >
巨型载重汽车 super-truck
巨型招牌 spectacular sign
巨型褶皱 macrofold
巨型整块 monolithic block
巨型柱 < 两层通高的柱式 > giant order
巨型自航式挖泥船 super-hopper dredge(r)
巨型钻杆钻头 super-rod bit; Erod bit
巨旋层 megacyclothem
巨旋回 megacycle
巨旋回层 megacyclothem
巨灾风险 catastrophe risk
巨灾损失 catastrophe loss
巨灾损失分保保险费 catastrophe reinsurance cover premium
巨灾危险 catastrophe hazard
巨藻 giant kelp
巨阵列 rectangular array
巨重快测计 poidometer
巨肘弯头 sweep elbow
巨柱式 colossal order; giant order
巨柱柱身 elephant trunk
巨著 high-volume work

拒 disaffirm

拒保 declinature
拒爆 failure of shot; misfire; misfired detonation
拒爆残药 unfired explosive
拒爆孔 unexplosive hole; unfired hole
拒爆炮(孔) cut-off shot; miss shothole; unfired hole
拒爆炮眼组 missed round
拒爆药包 unexploded cartridge
拒波部件 rejector unit
拒波滤波器 rejection filter
拒波器 rejection trap; rejector
拒斥频带 rejection band
拒电的 electrophobic
拒付 decline draft; dishono(u)r (draft); protest; refusal of payment; refused payment; refuse draft; repudiate draft
拒付贷款 credit boycott
拒付的票据 dishonored bill
拒付风险 risk of non-payment
拒付汇票 bill dishonored; dishonored bill of exchange; dishonored note; dishonoured bill
拒付款 payment withheld
拒付票据 bill dishonored; dishonored note
拒付票据分录 entry of notes dishonored
拒付期票 protest a bill
拒付期票者 protestor
拒付欠款 repudiate a debt
拒付人 protesting party; protestor
拒付申明书 protest for non-payment
拒付说明书 statement of refusal to pay
拒付通知 notice of dishono(u)r
拒付通知书 protest note
拒付债务 repudiate; repudiation
拒付证书 certificate of protest; dishonored certificate; protest for non-payment
拒付支票 dishonored check
拒绝 abstinence; declining; disclaim; objection; overrule; rebuff; refuse; refusing; reject; renunciation; repudiation; repulse; turn down
拒绝采用 rejection
拒绝偿还(债务) recourse repudiation
拒绝承保的风险 prohibited risks
拒绝承保险表 prohibited list
拒绝承担责任 disavow
拒绝承兑 actual dishono(u)r; dishono(u)r; non-acceptance; refusal to accept
拒绝承兑的追索权 recourse for non-acceptance
拒绝承兑汇票 bill dishonored by non-acceptance
拒绝承兑通知书 protest for nonacceptance
拒绝承兑证书 protest for nonacceptance
拒绝抽样 rejective sampling
拒绝出售 refusal to sell
拒绝贷款 decline loan
拒绝登记 refusal of registration
拒绝订单并加以说明 rejection of order with explanation
拒绝订货 refuse an order
拒绝兑付 dishonor; non-acceptance; unpaid
拒绝发运 refusal to deliver
拒绝法 rejection method
拒绝放弃 withhold
拒绝付款 default of payment; dishonour; refusal of payment
拒绝付款通知书 protest for non-payment
拒绝付款证书 protest for non-payment
拒绝负责 repudiate
拒绝购买 sales resistance
拒绝购置 sales resistance
拒绝加班 reject overtime
拒绝检验 reject test
拒绝交付 refusal to deliver
拒绝交易 boycott
拒绝接纳 exclude
拒绝接受特别提款权分配额的权力 out opting
拒绝履行合同 lying down
拒绝履行契约 lying down
拒绝履行义务 repudiate obligation
拒绝率 reject rate
拒绝赔偿 indemnity refused
拒绝赔付 repudiation of claims
拒绝请求 declining an application
拒绝区(域) region of rejection; reject region
拒绝全部投标 rejection of all bids
拒绝申请 refusing an application
拒绝受领 abandonment
拒绝数 rejectance number; rejection number
拒绝司法 denial of justice
拒绝提货 refusal to take delivery
拒绝同意 refusal of consent
拒绝投标(书) rejection of tender; reject bid; reject tender
拒绝虚无假设 reject the null hypothesis
拒绝验收工程 rejection works
拒绝域 rejection region
拒绝运输 refusal to transport
拒绝证书 certificate of protest; certified protest; notarial protest certificate; protest
拒绝支付 non-payment; withhold payment
拒绝支付抗议书 protest for non-payment
拒绝中断 disarmed interrupt
拒绝状态 disarmed state
拒马 knife rest
拒木 abat(t)is
拒赔 claim rejected
拒认付 no acceptance
拒识率 reject rate
拒收 dishonour; rejection
拒收百分率 percentage of reject
拒收材料登记簿 stores rejected book
拒收承兑证书 protest for nonacceptance
拒收的部件或零件 rejected parts
拒收的风险 declined risk
拒收工程 rejected works
拒收货车 refusing a wagon
拒收货物 goods rejected
拒收品质水准 rejectable quality level
拒收投标书 rejection of tender
拒收险 rejection risks
拒受处理 refusal to treatment
拒受的保险业务 declined risk
拒受点 refusal point
拒鼠设施 rat stoppage
拒水的 hydrofuge
拒水面 water-repellent surface
拒选 selective reject
拒用货车 refusing a wagon

具 保谋职 securities employment

具保证的抵押合同 mortgage contracts with warrants
具备的(生产)要素 factor endowments
具柄眼 stalked eye
具齿状的 having dentils
具齿状缺刻的 dentate incised
具抵押贷款 secured loan
具抵押品的债券 secured bond
具抵押债权人 secured creditor
具陡倾轴面的简单褶皱系 simple fold systems with steeply dipping axial plane
具阀作用的 valvular
具法律效力 acquire full legal force
具有工艺流程图的操作台 panel with flow diagram
具缓倾片理的地区 areas with gently dipping schistosity
具结 binding over; recognizance; sign a bond; sign an undertaking
具结书 affidavit
具名图纸 title sheet
具名者 the undersigned
具名支票 enfaced paper
具能量 self energy
具实值 in the money
具体编址 specific addressing
具体表现 embodiment
具体代码 specific code
具体单位 concrete unit
具体的 bodily; concrete; substantial
具体地址 specific address
具体方案 detailed program(me)
具体工作条件 special operating condition; specific operating condition
具体规划 detailed planning; physical planning
具体化 embodiment; embody; materialize; substantiation; visualization
具体劳动 concrete labo(u)r
具体劳动产品 specific product of labor
具体例子 object lesson
具体码 specific code
具体模型 concrete model
具体目标 physical objective
具体批准 specific approval
具体期限 specified period
具体起重能力 specific capacity
具体情况 physical circumstance
具体设计 detailed design
具体实例 concrete figure
具体事务文件 transaction file
具体数字 concrete figure
具体条件 pertinent condition
具体尾部 particular-postlude
具体问题 specific problem
具体细节 concrete details
具体项目 specific item
具体信号 concrete signal
具体循环 specific cycle
具体值 occurrence
具体智能 concrete intelligence
具填充物的不连续面【地】 filled discontinuity
具填充物的软弱结构面 filled discontinuity
具微褶皱 with microfold
具先存面理 with preexisting foliation
具有斑块的红色土壤 mottled reddish soil
具有不同色光弧的灯标 sectored light
具有舱面室的平底驳 house scow
具有敞开式河湾的径流电站 run-of-river plant with open bay
具有超早期稳定性的喷射混凝土 concrete-spraying with high early stability
具有城市特点的 urbanoid
具有触变作用的 thixotropic(al)
具有磁干扰的浅水区 magnetic shoal
具有大城市特点的 urbanoid
具有大城市特性的 urbanoid
具有大理石纹的 marmorate(d)
具有蛋壳光泽的厚绘图纸 egg-shell paper
具有滴水槽的 water checked
具有地方特色的房屋 sectional building
具有调光器 theatre dimmer
具有顶端托板的柱 abacus column
具有顶铰链的拱 arch with apex hinge; arch with crown hinge; arch with top hinge
具有动人吸引力的 eye appeal
具有独立增量的过程 process with independent increment
具有多级转子的压缩机 compressor with multi-stage rotor
具有多余杆件的(结构) overrigid
具有多盏煤气灯头的饰灯 gaselier
具有多种手艺或不同行业会员证工人 combination man
具有分接头的电路 tapped circuit
具有蜂窝状布局的学校 school with honeycomb layout
具有钢壳的现浇混凝土桩 metal-cased pile
具有哥特式建筑风格的 Gothicized
具有管道设施的地区 area with main services
具有横向稳定梁系统 system with transverse stabilization beams
具有缓冲作用的瞬时式安全钳 instantaneous safety gear with buffered effect
具有回铃键的电话装置 ring-back telephone set
具有火灾危险的距离 exposure distance
具有计轴器设备的容许闭塞 axle counter permissive block

具有加速泵的水井 accelerator well
具有加速泵的油井 accelerator well
具有剪力墙的框架系统 shear wall-frame system
具有建筑特色的地方 architecturally beautiful squares
具有建筑艺术的 architecturally treated
具有较强耐火性能的轻质灰浆 pyropruf
具有接地的电插座 plug with earthing contact
具有金属光泽的釉 glaze with metallic lustre
具有景观的高速公路 landscaped freeway
具有孔眼花格的砖 brick with lattice perforations
具有蓝色污点的软木 blue goods
具有冷却水管的炉箅 water-cooled grate;water-tube grate
具有力学墙心的建筑 building with mechanical core
具有两管的下穿污水管 depressed sewer with two pipes
具有两性的 hermaphroditic(al)
具有木质外形的褐煤 bituminous wood
具有内螺纹的接头 joint for fittings with internal threads
具有耐高温胶缝的胶合板 plywood with boilproof glue lines
具有棚屋的 hutted
具有碰热保护的自动断路器 automatic circuit-breaker with magneto-thermic protection
具有平特性的 constant potential
具有平稳增量的泊松过程 Poisson's process with stationary increments
具有平稳增量的马尔可夫过程 Markov process with stationary increments
具有全悬挂式栏杆设备的光源 luminaire fixture with integral mounting rail
具有人类特点的 humanoid
具有软木的沥青饱和毡织物 asphalt-saturated felted fabric with cork
具有三个侧厅或侧柱的 tripteral
具有筛形孔的 cribbled
具有生物活性的紫外辐射 biologically active ultraviolet radiation
具有生物效应的紫外辐射 biologically effect ultraviolet radiation
具有水平活动弹簧的发报快键 bug key
具有水平平衡作用的摇筛机 horizontal counter-balanced action shaking screen
具有弹性反馈的无差调节 proportional-plus-floating control
具有同等效力 equal authenticity
具有同等效力的 equally authentic
具有同期性的分形几何图形 fractal geometric morphology with periodicity
具有透明感的水彩画 aquarelle
具有椭圆形截面插销的卸扣 oval sectional pin shackle
具有完全代表性样本 perfectly representative sample
具有完全信息的期望利润 expected profit with perfect information
具有危险性的职业 hazardous occupation
具有围墙的建筑 curtain-wall block; curtain-wall building
具有卫生设备的车辆 self-contained vehicle
具有卫星城的城市 conurbation
具有稳定结构的 structural-stable
具有吸声粉刷层的天花板 absorbing plaster ceiling
具有吸声毡的天花板 absorbing felted fabric ceiling
具有线性趋势的总体 population with linear trend
具有线性向量图的万有曲面 universal surface with linear vectogram
具有斜方格花纹的地板 diagonal coffer(slab) floor;diagonal cored slab floor;diagonal panel slab floor;diagonal waffle slab floor
具有斜方格花纹的拱腹 diagonal coffered soffit
具有蓄水室的船闸 lock with storage chamber
具有旋转环的货钩 Seattle cargo hook
具有业务偿债能力 business solvency
具有一个比一个高的拱座的 rampant
具有一排抽屉的书桌 escritoire
具有优越条件者 one with the excellent qualifications
具有优越性的出口产品 favo(u)rable export terms
具有有限应变势的液化 liquefaction with limited strain potential
具有增入资料的专用地图 base map
具有增升装置的飞机 augmentor wing
具有障栅的信息存储管 Radechon
具有止回阀的(井)管脚 float shoe
具有中柱的螺旋楼梯 newel stair-(case)
具有转动元件的炉箅 grate with rotating units
具有装饰的天花板 plafond
具有装卸设备的载货汽车 mechanized lorry
具有资格的 qualified
具缘纹孔 bordered pit
具缘纹孔导管 bordered pit vessel
具属名称 qualified name
具资产保证的证券 asset-backed securities

炬头 torch head

俱乐部 chapter house; club; club-fraternity-lodge

俱乐部会所 clubhouse
俱乐部建筑 club building
俱乐部聚会室 clubroom

剧变 abrupt change; explosion; perturbation

剧场 odeom; playhouse; theatre[theater]
剧场池子 parterre
剧场的上层楼厅 peanut gallery
剧场调光器 theater[theatre] dimmer
剧场工程地质勘察 engineering geologic(al) exploration of theatre ground
剧场后边楼厅 rear balcony
剧场换幕机具 <古希腊> periaktos
剧场看台入口 vomitorium
剧场前侧包厢 proscenium box
剧场入口 vomitory
剧场设计师 theatrical designer
剧场视线 theatre sight lines
剧场舞台部分 stage block
剧场舞台的表演挑台 balcony stage
剧场下层厅 <前几排座位> mezzanine
剧场小包箱 cubiculo
剧场休息室 crush room; foyer (of theatre)
剧场休息室入口 entrance foyer
剧场正厅 orchestra; parquet
剧场座位 theater[theatre] seat(ing)
剧毒材料 highly toxic material
剧毒的 extremely toxic; virulent
剧毒化合物 deadly poisonous compound
剧毒农药 acute-toxic pesticide
剧毒素 acute toxin
剧毒物 violent in toxicity
剧毒物质 extremely toxic substance
剧毒性 hypertoxicity
剧烈地震 megaseism; subsidence earthquake
剧烈断裂带 zone of intense fracturing
剧烈风化的 completely weathered
剧烈搅拌 violent stirring
剧烈搅动 churn
剧烈竞争 cut-throat competition
剧烈气味 sharp odo(u)r
剧烈运动 strenuous exercise
剧烈增加 peaking
剧烈振动 excessive vibration; jar; strenuous vibration; vigorous agitation
剧烈震荡 concussion
剧烈震动 sharp pounding
剧情说明 continuity
剧热 causus
剧团 theatre[theater]
剧院 show house
剧院包厢 loge
剧院包厢席 box seat
剧院边厢 side box
剧院布景用纱网 theatrical gauze
剧院采暖 theatre heating
剧院大楼 theatre block
剧院大幕 house curtain
剧院的侧翼楼座 wing balcony
剧院的顶层楼座 peanut gallery
剧院灯光控制室 lighting booth
剧院电视 large screen television; screen size television
剧院调光室 dimmer room
剧院观众席 theatre auditorium
剧院观众席的 sight line
剧院观众席走道 ai(s)le
剧院后台快速换装室 quick change room
剧院后台休息室 green room
剧院或音乐厅的正厅后排 parquet circle
剧院建筑 theatre architecture; theatre building; theatre construction
剧院看台的顶排座位 pigeon hole
剧院靠墙排座 blind row
剧院乐池 parquet
剧院楼下正厅(后)座 parterre
剧院楼下正厅后座包厢 parterre box
剧院前舞台讲坛 <古希腊> thymele
剧院台幕 house curtain
剧院舞台两翼侧门 <罗马> itinera versurarum
剧院舞台上口的灯光架 concert border
剧院舞台提词人窗口 prompt box; prompter's box
剧院休息室 crush room
剧院正厅 cavea
剧院最高层楼座 <俚语> nigger heaven
剧增 soar
剧增腐蚀 breakaway corrosion; runaway corrosion
剧增温度 runaway temperature
剧震 magaseism

据报 reported; said to be <提单批语>

据称伤亡不保 free of reported casualty
"据称"条款 "said to be" clause
据称重量 said to weight
据粗略估计 by rough estimate
据点 foot hold; ruling point; strategic point
据估计 by-estimate
据市场行情估价 market approach to value

距地航高 flying height above the ground

距高比 spacing-height ratio
距机场里程 distance to airfield kilometerage
距间呼叫 station-to-station calling
距角 <行星的> elongation
距离 distance; event; geodesic distance; range; remoteness; space; stitch
距离保护 distance protection
距离比例尺 distance scale; range ring
距离比例尺转换器 range scale selector
距离比例圈 range ring
距离编码 range code
距离变更法 range-changing method
距离变化率观测 range-rate observation
距离变化率数据 range-rate data
距离变化率误差 range-rate error
距离变换器 range converter
距离变形理论 theory of distance distortion; theory of distortion of distance
距离标度 distance scale; range scale
距离标度选择开关 range scale selector
距离标记 range mark
距离标线灯 distance marking light
距离标志 distance mark; distance sign(al); range mark(er); range signal <供海道测量测深用>
距离标志偏移 range mark offset
距离补偿器 range compensator
距离步长 distance interval
距离操作手 range operator
距离测定 distance measurement; range determination; range finding; range measurement
距离测定计 diastimeter
距离测定器 range counter
距离测定仪 ranging computer
距离测定员 range operator
距离测量 chain survey(ing); distance measurement; distance measuring; range finding; range measurement
距离测量继电器 distance measuring relay
距离测量仪 distance ga(u)ge; distance meter
距离测量装置 distance measuring device
距离差制 differential distance system
距离成本 distance cost
距离程控 preset range control
距离尺 range arm; distance rule
距离尺度 distance scale
距离传感器 distance sensor; range sensor
距离船位线 distance circle of position
距离垂线 range vertical
距离粗测器 coarse-range scope
距离单位 <等于 1.48 千米> milliarium
距离倒数 inverse distance
距离的测定 espacement
距离灯标 distance marking light

J

距离定标电路 range marker circuit
距离定位 fixing by distance
距离定位系统 range positioning system
距离范围 distance range
距离范围选通脉冲 range strobe
距离方程 range equation
距离方位 range-azimuth
距离方位管 range-azimuth tube
距离方位显示 range-azimuth presentation
距离方位显示器 range-azimuth display;range-bearing display
距离方位指示器 range-azimuth indicator
距离方向选择器 distance mode selector;range-mode selector
距离防护 distance protection;protection of distance
距离放电时间 time to sparkover
距离分辨力 range discrimination; range resolution; resolution in range
距离分辨率 range discrimination; range resolution(rate); resolution in range
距离分布 distance distribution;range distribution
距离分划筒 range drum
距离分压器 range potentiometer
距离辅助电路 junior range circuit
距离改正【测】 linear reduction
距离概念 distance conception
距离感受器 distance receptor;distoceptor;teleceptor;teleconference
距离感知器 tele(re)captor
距离高度变换器 range-height converter
距离高度显示器 range-height display;range-height indicator
距离高度指示器 distance-height indicator;range-distance indicator
距离格网 equidistant lattice
距离跟踪 range-tracking
距离跟踪电路 range-tracking circuit
距离跟踪仪 range tracker
距离跟踪装置 range-follow-up unit
距离公式 range formula
距离估测 range estimation
距离观测 range observation
距离光电倍增管 range photomultiplier
距离光度关系 distance-luminosity relation
距离归一化 range normalization
距离过近 hypotelorism
距离过远 hypertelorism
距离函数 distance function
距离和测定 distance sum measurement
距离和测量制 distance sum measurement system
距离和方位标志 range and bearing marker
距离换算 reduction for distance
距离计数器 distant counter; range counter
距离记录器 distant counter;range recorder
距离记录仪 distance recorder
距离继电器 distance relay
距离监视 range surveillance
距离检核 distance check
距离角度导航 rho-theta
距离校验 distance check
距离校正 distance adjustment; range adjustment; range correction; range normalization
距离校正靶 range-calibrator target
距离校准 distance calibration; range calibration
距离校准标记 range marking
距离阶梯 range step
距离精测器 fine-range scope
距离精度 range accuracy
距离均方误差 mean square distance error
距离开关 distance gate;range gate
距离刻度标识器 range marker
距离刻度环 range ring
距离刻度(盘) range scale; scale of distance
距离刻度圈 range ring
距离刻度校准器 range marker
距离刻度指示器 range marker
距离孔径 range aperture
距离控制 range control
距离控制计算机 range control computer;range and cutoff computer
距离零位 range zero
距离零位调节 range-zero control
距离脉冲 range pulse
距离矛盾 distance paradox
距离模糊 range ambiguity
距离模数 distance modulus
距离判定 range estimation
距离判决函数 distance decision function
距离偏差 range deviation
距离平差【测】 distance adjustment
距离平方倒数法 reciprocal square distance method
距离圈 range ring
距离圈亮度 rings intensity
距离容许误差 distance tolerance
距离扫描 range sweep
距离扫描电路 range-sweep circuit
距离扫描电压 range-sweep voltage
距离扫描多谐振荡器 range multivibrator
距离扫描校正 range-rate correction
距离扫描选通脉冲发生器 range-sweep gate generator
距离时间曲线 distance-time curve
距离时间显示器 range-time display
距离试验 distance test
距离收敛 distance convergence;lineal convergence <两子午线间的>
距离数据传输系统 range-transmitting system
距离数据输出分压器 range-transmitting potentiometer
距离数字显示 range digital indicator
距离衰减 range attenuation
距离衰减函数 range-attenuation function
距离顺序整理系统 sequential collation of range
距离伺服放大器 distance servo amplifier
距离-速度-时间-计算公式 distance-speed-time formula
距离速度时延 distance velocity lag
距离速度延迟 distance velocity lag
距离速度滞后 distance velocity lag
距离缩小 reduction for distance
距离条件 distance condition
距离调整 range adjustment;ranging
距离调整环 distance setting ring
距离误差 distance error;range error
距离系数 distance coefficient
距离显示 distance display; distance indication; distant indication; range present;range presentation
距离显示管 range tube
距离显示器 range(-amplitude) display
距离线 range line
距离限 distance bound
距离限制 range constraint
距离信号 distance signal
距离信号编码 range coding
距离修正 range adjustment
距离修正器 range corrector
距离选通 range gating
距离选通成像技术 range-gated imaging technique
距离选通激光器 range-gated laser
距离选通技术 range-rate-gate technique
距离选通脉冲 range gate
距离选通探测 range-gated detection
距离选择脉冲 range kip
距离选择器标尺 range notch
距离延迟 range delay
距离-仰角显示器 range-elevation display
距离遥远 a far cry(from)
距离硬度 <顶端淬火时的> distance hardness
距离元(素) distance element;element of distance
距离原则 <运价的> distance principle
距离运价 distance rate;distance tariff
距离运价结构 distance rate structure
距离运价率表 distance rate scales
距离运价制度 distance rate system
距离噪声 range noise
距离丈量【测】 distance measurement
距离照明 range blanking
距离振幅补偿 distance amplitude compensation
距离指标 range index
距离指点标 distance marker; range marker
距离指示器 range indicator; range scope
距离指示系统 distance indicating system;range indicating system
距离指数 range index
距离转换开关 range control switch; range selector;range switch
距离自动跟踪系统 automatic range-tracking system
距离自动同步机 range selsyn
距离阻抗保护 distance impedance protection
距离坐标 distance coordinates
距列相 smectic phase
距码头里程 distance to docks kilometerage
距门 range gate
距平 deviation from the mean
距平差积曲线 residual mass curve
距平的 anomalous;anomaly
距平距限曲线 zone curve
距平累积曲线图 residual mass diagram
距平线 anomaly contour
距平线图 anomaly map
距事故发生时间 time to accident

飓风 hurricane(wind);severe storm

飓风暴潮 hurricane surge
飓风波涛 hurricane surge; hurricane tide;hurricane wave
飓风参数 hurricane parameter
飓风潮 hurricane-induced surge; hurricane-induced tide; hurricane storm surge;hurricane storm wave
飓风跟踪 hurricane tracking
飓风监测浮筒 hurricane monitoring buoy
飓风警报 hurricane warning
飓风警报系统 hurricane warning system
飓风狂浪 hurricane tide
飓风浪 hurricane storm wave
飓风力 full-gale;hurricane force
飓风路径 hurricane alley; hurricane path;hurricane track
飓风锚固件 hurricane anchor
飓风模拟 hurricane analogue
飓风屏蔽结构 hurricane barrier
飓风屏障 hurricane barrier
飓风三角洲 hurricane delta
飓风涡 bath plug vortex
飓风眼 eye of hurricane
飓风涌波 hurricane surge; hurricane tide;hurricane wave
飓风涌浪 hurricane surge; hurricane tide;hurricane wave
飓风雨 hurricane rain
飓风造成的损失 hurricane damage
飓风中心 hurricane center[centre]
飓风中心测定仪 cyclonoscope
飓风阻挡物 hurricane barrier

锯板 sawn plank

锯板厂 board mill;sawmill
锯板机 board cutting machine;board sawing machine
锯板条 shredding
锯板头 resawed shale
锯背 back of the saw
锯冰机 ice scouring machine
锯材 bolt timber;carving wood;cleaving timber;conversion of timber;converted timber;industrial wood;lumbering; rectangular timber; sawed timber; saw(ing) lumber; sawn log;sawn lumber;sawn timber
锯材林木 saw timber
锯材树 standard
锯材原木 clear log;saw log
锯材圆木 log wood
锯槽 saw kerf[复 kerve];sawed groove
锯槽锯 grooving saw
锯成材 sawing lumber
锯成的 sawed
锯成的材 saw lumber
锯成的方边木 sharp-edged timber
锯成的木材 sawn wood
锯成的木(片)瓦 sawed shingle;processed shake
锯成的石面 sawed finish;sawn finish
锯成方缘木 sharp-edged timber
锯成缝 <混凝土路面> saw-cut joint;sawn joint
锯成缝槽 <水泥混凝土路面的> sawed groove
锯成规定尺寸材 sawn sized lumber
锯成棱边 edge
锯成面 sawed face;sawn face
锯成木材 sawn timber;stock lumber
锯成木料 sawed timber;sawn timber
锯成石材 sawed stone
锯成石料 sawn stone
锯成石面 sawed finish of stone;sawn finish of stone
锯成试件 sawn specimen
锯成缩缝 sawn contraction joint
锯成正方形木材 square-sawn timber
锯齿 bite;serrate;teeth of a saw
锯齿板 coxcomb;fish back
锯齿板磨锐机 gummer machine
锯齿边 vandyke
锯齿边料 Vandyke pieces
锯齿边契约 deed indented
锯齿波 saw-tooth wave; serrasoid; steep-fronted wave
锯齿波的非线性系数 non-linear coefficient of saw-tooth wave
锯齿波电压 saw-tooth voltage
锯齿波发生器 beam relaxor; saw-

tooth(wave)generator
锯齿波发生器电路 sweep-generator circuit
锯齿波返程 saw-tooth retrace
锯齿波扫描 sweep of the sawtooth
锯齿波输出 saw-tooth output
锯齿波信号 serrated signal
锯齿波形 saw-tooth wave-form;saw-wave form
锯齿波形成器 saw-tooth former
锯齿波移相控制器 saw-tooth phase shifting controller
锯齿波振荡器 saw-toothed oscillator
锯齿剥绒机 saw-tooth linter
锯齿侧向错齿量 tooth swage set
锯齿齿前 front
锯齿错齿 saw setting
锯齿的矫平 breasting
锯齿电流波发生器 saw-tooth current-wave generator
锯齿顶部微折 add to set
锯齿断面 saw-tooth profile
锯齿缝 indent
锯齿缝法 indenting
锯齿钢丝 burr wire;garnett wire
锯齿高度 gullet
锯齿拱 zigzag arch
锯齿滚刀 saw-tooth hob
锯齿滚筒式清洁器 saw-tooth cylinder cleaner
锯齿痕 chev(e)ron mark
锯齿夹角 fleam
锯齿价格 ratchet rate
锯齿尖打磨 sharpening saw
锯齿间凹槽 gullet of saw
锯齿间空隙 gullet
锯齿剪切机 pinking shear
锯齿槛 zigzag sill
锯齿角 angle of saw-tooth
锯齿开合桥 zigzag bridge
锯齿路面 <用以限制车速的一种凹凸不平路面> zigzagged pavement
锯齿轮 serrated wheel
锯齿轮毂 serrated wheel hub
锯齿轮离合器 saw-tooth clutch
锯齿螺纹 buttress(screw)thread
锯齿脉冲 serrated pulse
锯齿面 serrated face
锯齿模 zigzag mode
锯齿磨床 saw grinder
锯齿磨锐 sharpening of a saw
锯齿盘式并条机 toothed disk draw-frame
锯齿刨 toothing plane
锯齿偏侧度 set of teeth;teeth setting
锯齿破碎机 saw-tooth crusher
锯齿器 saw jumper
锯齿曲线 jagged curve
锯齿刃磨机 saw grinding machine;saw sharpening machine
锯齿山脊 sawback;sierra
锯齿扇形 notched segment
锯齿式滚筒 saw cylinder
锯齿式镰刀 notched serrated sickle
锯齿式码头 saw-tooth wharf
锯齿式锚固螺栓 indented bolt
锯齿式输送机 ridged conveyer[conveyor]
锯齿式天窗 saw-tooth skylight
锯齿式屋架 north-light truss;saw-tooth truss
锯齿式组合梁 indented beam;indented girder
锯齿试件 sawn specimen
锯齿饰【建】chev(e)ron;dancette
锯齿踏板 rat-trap pedal
锯齿纹 hackle mark
锯齿铣槽刀轴 saw arbor
锯齿铣刀 saw-tooth milling cutter;saw-tooth type cutter
锯齿线 jaggies
锯齿形 chev(e)ron type;indent;jigsaw shape;jugged;saw-tooth shape;zigzag form;saw tooth;serration;hackle
锯齿形板 serration plate
锯齿形表面 serrated-surface
锯齿形波 zigzag wave
锯齿形薄壳 saw-tooth(thin)shell
锯齿形薄壳屋顶 saw-tooth shell roof
锯齿形层错 zigzag fault
锯齿形厂房屋架 workshop truss
锯齿形翅片 serrated fin
锯齿形冲裁 stagger blanking
锯齿形传动键 grooved drive stud
锯齿形刀片 saw-toothed blade;serrated blade
锯齿形的 denticulate;ragged;serrated;saw-toothed;zigzag
锯齿形的停车排列 saw-tooth parking arrangement
锯齿形地形 serrated topography
锯齿形电流 saw-tooth current
锯齿形电压调制 serrasiodal modulation
锯齿形调制干扰 saw-tooth modulated jamming
锯齿形顶 half monitor
锯齿形顶棚 saw-tooth ceiling
锯齿形断续角焊缝 zigzag intermittent fillet weld
锯齿形缝 saw-tooth slot
锯齿形改变 serrated change
锯齿形钢筋混凝土薄壳结构 saw-tooth thin shell reinforced concrete structure;thin-shell reinforced concrete structure
锯齿形根 serrated root
锯齿形构造 interdented structure
锯齿形固体激光器 zigzag solid laser
锯齿形刮刀 serrated spatula
锯齿形过程线 saw-tooth-shaped hydrograph
锯齿形海岸 crenulate coast
锯齿形海岸线 crenulate coastline;crenulate shoreline;serrate shoreline
锯齿形海滩 crenulate-shaped beach
锯齿形焊缝 crimp seal
锯齿形桁架 saw-tooth truss;workshop truss;zigzag truss
锯齿形花键轴 serration shaft
锯齿形花饰 chev(e)ron
锯齿形回采法 saw-tooth stoping
锯齿形矫正 breasting
锯齿形接合 forked joint;saw-tooth(ed)joint
锯齿形街沟 choppy grade of street gutter;choppy street gutter;saw-toothed gutter
锯齿形框架 saw frame
锯齿形裂缝 zigzag crevasse
锯齿形裂纹 saw-tooth chipping
锯齿形楼梯斜梁 stepped string
锯齿形炉栅 serrated grating
锯齿形滤波器 zigzag filter
锯齿形轮廓 serrate profile
锯齿形螺纹 buttress(screw)thread;saw-tooth thread
锯齿形脉冲 saw-tooth impulse;saw-tooth pulse
锯齿形泥刀 serrated spatula;serrated trowel
锯齿形劈理 crenulation cleavage
锯齿形皮带 toothed belt
锯齿形剖面 serrated profile
锯齿形铺砌 arris ways;arris-wise
锯齿形砌合 zigzag bond
锯齿形墙 battlement
锯齿形桥栏 embattled bridge parapet
锯齿形切割器 saw-tooth cutter
锯齿形曲线 saw-tooth curve;zigzag line
锯齿形缺口 jag
锯齿形扫描 saw-tooth sweep;zigzag scan
锯齿形沙嘴 barrier chain
锯齿形射线模型 zigzag ray model
锯齿形双曲抛物面构架建筑 saw-tooth hyper shell frame(d)building
锯齿形水道 indenting course
锯齿形(水文)过程线 saw toot-shaped hydrograph
锯齿形送进 stagger feed
锯齿形送料 zigzag feed
锯齿形天窗 saw-tooth skylight
锯齿形天窗屋顶 saw-toothed skylight
锯齿形天线 zigzag antenna;Chireix-Mesny antenna
锯齿形条 serrated strip
锯齿形桶状薄壳屋顶 saw-tooth barrel shell roof
锯齿形凸起 saw-tooth projection
锯齿形屋顶 north-light roof;sawn shingle;saw-tooth roof
锯齿形屋顶脊瓦 ridge tile for saw tooth roof
锯齿形屋架 saw-tooth roof truss
锯齿形屋面结构 saw-tooth roof structure
锯齿形线 jagged line
锯齿形线脚 chev(e)ron mo(u)lding;dancette mo(u)lding;zigzag mo(u)lding;crenel(l)ated mo(u)lding
锯齿形线饰 embattled mo(u)lding
锯齿形相栅调制器 saw-tooth phase grating modulator
锯齿形信号 saw-tooth signal
锯齿形信号跟踪电路 saw-tooth tracking circuit
锯齿形信号回程 saw-tooth retrace
锯齿形信号振荡器 saw-toothed oscillator
锯齿形胸墙 embattled parapet wall
锯齿形牙 Hutchinson's teeth;notched teeth syphilitic teeth
锯齿形窑 zigzag kiln
锯齿形窑具 serrated saddle
锯齿形雨水边槽 saw-tooth rainwater gutter
锯齿形雨水边沟 saw-tooth rainwater gutter
锯齿形圆柱薄壳 saw-tooth cylindrical shell
锯齿形圆柱弓形屋顶 saw-tooth cylinder segment roof
锯齿形月台 saw-tooth platform;saw type platform
锯齿形运动 zigzagging
锯齿形凿刀 cradle
锯齿形站台 saw-tooth platform
锯齿形竹节钢(筋)indented ribbed bar
锯齿形转角 zigzag corner;zig
锯齿形桩尖标高 staggered toe elevation
锯齿形装车站台 saw-tooth loading platform;serrated loading platform
锯齿形装饰边 vandyke
锯齿形装卸平台 saw-tooth platform
锯齿形纵断面 chopping grade;choppy grade;serrated profile
锯齿形钻头 saw-tooth bit
锯齿型 saw-tooth pattern
锯齿型时间数列 saw-tooth shaped time series
锯齿修磨机 saw grinding machine;saw sharpening machine
锯齿修整 wrest of saw
锯齿修整器 saw doctor;saw set(ting);saw wrest
锯齿压力 tooth pressure
锯齿錾 indented chisel
锯齿轧花机 saw-tooth cotton gin
锯齿状 crenation;hackly;indented;zigzag
锯齿状板牙 serrated die
锯齿状边缘 jagged edge
锯齿状边缘反射 zigzag contour reflection
锯齿状表面 hackly surface
锯齿状波形 zigzag wave
锯齿状层理 crenulated bedding
锯齿状的 corbelled out;crenel(l)ated;flexuose[flexuous];jagged;jaggy
锯齿状垫圈 serrated lock washer
锯齿状断层 zigzag fault
锯齿状断口 hackly fracture;jag;zigzag fault
锯齿状断裂 zigzag fault
锯齿状分水岭 zigzag divide;zigzag watershed
锯齿状构造 hacksaw structure
锯齿状构造带 zigzag tectonic belt
锯齿状海岸线 jagged shoreline
锯齿状桁架 saw truss;workshop truss
锯齿状基底 serrated base
锯齿状激励 saw-tooth drive
锯齿状交错层理【地】zigzag crossing-bedding
锯齿状交错层理构造 choppy cross-bedding structure
锯齿状接合 saw-tooth joint
锯齿状结构面 serrate discontinuity
锯齿状结合 saw-tooth joint
锯齿状晶体 fern-leaf crystal
锯齿状裂缝 zigzag crack
锯齿状裂谷 zigzag rift
锯齿状裂纹 hackly fissures
锯齿状裂隙 zigzag crevasse
锯齿状排列 saw-tooth arrangement;saw-tooth system <岩层面的>
锯齿状缺痕 beard
锯齿状缺口 jag
锯齿状山脊 comb ridge;zigzag ridge
锯齿状手镐 serrated pick
锯齿状套管 serrated casing
锯齿状套管头 serrated casing shoe
锯齿状屋顶 saw roof
锯齿状物 crenel(l)ation
锯齿状缘 ora serata retinae
锯齿状站台 saw-type freight platform
锯齿状褶皱 zigzag fold
锯齿状钻头 saw-tooth bit;saw-tooth crown
锯出尺寸 off-saw size
锯床 hacksaw(ing);sawing machine
锯锉 setting block
锯带 saw band;saw belt
锯道线 sawway
锯的拨料 shaping
锯的齿室 gullet
锯的工作台 saw table
锯掉三边的圆木 billet
锯断的 sawed-off;sawn-off
锯垛工 chopper
锯法 sawing
锯方木 square-sawn timber
锯方整的 square-sawn
锯缝 joint sawing;kerf[复 kerve];sawed joint;saw kerf;sawn joint;sawway
锯缝机 joint saw;joint sawing machine
锯割 saw cut(ting)
锯割铝板 sawed alumin(i)um plate;sawn alumin(i)um plate
锯割深度 depth of cut
锯工 sawing;sawyer
锯工班班长 powersaw boss

J

锯工台架 sawyer's trestle
锯弓 saw bow;saw frame
锯轨 sawing of rail
锯轨机 rail cutting machine;rail sawing machine
锯过的面 sawed face;sawed finish;sawn finish
锯好的木材 cut engineered timber
锯痕 curf;saw kerf[复 kerve];saw cut;saw notch
锯后 offsaw
锯后形成的边 sawed edge;sawn edge
锯机 saw;sawing machine;sawmill
锯机虎钳 saw vice
锯架 body of saw;breast bench;sawbuck;saw bow;saw frame;sawgate;saw horse;saw log
锯截 saw cut
锯截口 saw kerf
锯开 buck;saw(ing)
锯开薄板 sawn veneer
锯开的 sawed
锯开的木块 juggle
锯开的镶板 sawed veneer
锯开的圆木 sawn log
锯开木材 ripping-up
锯开石 half-sawn stone
锯开石料 sawn stone
锯开石面 sawn face;sawn finish
锯开试样 sawed sample
锯坑 saw pit
锯控制缝 saw cut
锯口 saw cut;saw kerf
锯扣 buckle
锯框 bow;husk;sash;saw bow;saw frame
锯链 saw chain
锯料 carving wood;cleaving timber;flitch
锯裂面 split face
锯路 saw kerf;saw line;swage set
锯末 excelsior;saw dust;saw powder;scobs;wood flour
锯末和草碳 sawdust and peak
锯末混凝土 sawdust concrete
锯末砂浆 sawdust mortar
锯末水泥 sawdust cement
锯末砖 sawdust brick
锯木 saw timber;wood flour
锯木厂 lumber mill;sawmill;saw yard;timber mill
锯木场 saw yard;sawmill
锯木车间 timber mill
锯木成斜接缝的工具 miter[mitre] box
锯木凳 saw horse
锯木垫块 saw block
锯木方工人 squarer
锯木工(人)saw(y)er;wood sawer;logger;pitman
锯木机 sawing machine
锯木技师 wood-cutting mechanist
锯木架 bucker;gang-sawing machine;saw block;saw jack;saw(y)er's trestle;sawbuck <美俚>
锯木坑 saw pit
锯木坑木架 saw-pit horse
锯木前划线 lining out
锯木时掉下木质颗粒 very fine wood particles removed by a saw
锯木台 canting table;rod bench;saw bench
锯木屑 saw dust;wood dust
锯木者 sawyer
锯木(支)架 saw horse
锯木组 saw gang
锯钮 box
锯盘 slitting disc[disk];slitting wheel
锯劈痕 saw kerf
锯片 circular saw blade;saw bit;saw blade;saw web;hacksaw blade
锯片用金刚石磨料 saw diamond abrasive
锯偏 variation in sawing
锯剖图 sawing pattern
锯切 saw cutting;sawing
锯切单板 sawed veneer;sawn veneer
锯切单位 cutting unit
锯切分级法 cutting system
锯切混凝土 sawing concrete
锯切机 dapper
锯切毛尺寸的 sawn full
锯切饰面表层 saw-cut veneer
锯切饰面表皮 saw-cut veneer
锯琴 musical saw
锯曲线机 jig saw
锯曲线用的带形锯 scroll saw
锯去板皮的原木 slabbed log
锯去背板 slab
锯绳 saw-fly
锯剩木材 yard lumber
锯石 sawed stone;sawn stone
锯石成板 <美国约克郡方言> wibit
锯石钢绳 stone-sawing strand
锯石膏纤维板的锯子 board saw
锯石机 rock saw;stone-sawing machine
锯石用手锯 grub saw
锯术场 mill yard
锯树机 saw nose dozer
锯榫 cut joint
锯台 buck;saw bench;sawbuck;saw table
锯条 blade;saw band;saw belt;saw blade;saw web;web of saw
锯条长度 length of saw blade
锯条带钢 section strip
锯条底炉 notched furnace
锯条焊(夹持)器 saw brazing clamp
锯条夹 blade holder
锯条架 blade saw frame
锯条铜焊(夹持)器 saw brazing clamp
锯头推土机 saw nose dozer
锯纹 saw tex(tured);texturing <水泥混凝土路面增加粗糙度用>
锯纹装饰镶板 ruff sawn
锯线 saw line
锯削头 saw head
锯屑 coom;saw dust;saw powder;scobs;excelsior <填塞用的>
锯屑骨料 sawdust aggregate
锯屑灰浆 sawdust mortar
锯屑混凝土 sawdust concrete
锯屑机 excelsior cutting machine
锯屑集料 sawdust aggregate
锯屑焦油 sawdust tar
锯屑轮胎 sawdust tyre[tire]
锯屑清洗机 sawdust scrubber
锯屑收集器 sawdust collector
锯屑水泥 sawdust cement
锯屑填缝材料 sawdust joint filler
锯屑炸药 carbonite
锯屑砖 sawdust brick
锯样法 saw sample process
锯用金刚石 diamond grains for metal bond saw
锯凿形边缘 ragged edge
锯枕木 sawing of sleeper
锯制板 converted timber;lumber;sawn plank
锯制薄木板 sawn veneer
锯制层板 sawed veneer;sawn veneer
锯制单板 sawn veneer
锯制的木瓦 processed shake
锯制规格材 saw-sized lumber
锯制木材 converted timber
锯制直纹木材 quarter-sawn conversion(of log)
锯轴 mandrel;saw arbor
锯砖机 brick saw
锯状缝 serrated suture
锯状山脊 comb ridge;zigzag ridge
锯子 joggy;saw
锯组 battery of saws
锯座 saw carriage

聚

聚β-氨基丙酸 poly-beta-alanine
聚氨基甲酸乙酯 polyurethan(e)
聚氨基甲酸乙酯面漆 polyurethan(e) finish
聚氨基甲酸乙酯树 polyurethan(e) resin paint
聚氨基甲酸乙酯树脂 polyurethan(e) resin
聚氨基甲酸乙酯涂料 polyurethan(e) coating
聚氨基甲酸酯 polycarbam(in)ate
聚氨基甲酸酯材料 polyurethan(e) base material
聚氨基甲酸酯隔热板 polyurethane insulating board
聚氨基甲酸酯胶粘剂 polyurethan(e) resin adhesive
聚氨基甲酸酯类黏[粘]合剂 desmodur
聚氨基甲酸酯泡沫 polyurethan(e) foam
聚氨基甲酸酯泡沫衬垫 polyurethan-(e) foam pad
聚氨基甲酸酯泡沫塑料 foamed polyurethan(e);polyurethan(e) foamed cellular
聚氨基甲酸酯泡沫塑料块 polyurethan(e) foam unit
聚氨基甲酸酯泡沫塑料条 foamed polyurethan(e) strip
聚氨基甲酸酯树脂涂料 polyurethan-(e) resin coating
聚氨基甲酸酯涂层 polyurethan(e) coating
聚氨基甲酸酯纤维 polyurethan(e) fiber[fibre]
聚氨基甲酸酯橡胶 polyurethan(e) rubber
聚氨基甲酸酯橡胶填料 polyurethan-(e) rubber filling material
聚氨基双马来酰亚胺树脂 polyaminobismaleimide resin
聚氨脂唇式密封 polyurethan(e) lip-type seal
聚氨脂灌浆 polyurethan(e) grouting
聚氨脂化学灌浆体系 takenaka aqua-reactive chemical soil-stabilization system
聚氨脂骥料 polyurethan(e) plastics
聚氨脂(类)泡沫 polyurethan(e) foam
聚氨脂现场发泡绝热层 foamed-in-place polyurethane insulation
聚氨脂橡胶 polyester rubber;polyurethan(e) rubber
聚氨酯 polyurethan(e);urethane
聚氨酯(表面)涂料 polyurethan(e) surface coating material
聚氨酯薄膜 polyurethan(e) film
聚氨酯材料 polyurethan(e) material
聚氨酯层合织物 urethane laminated fabric
聚氨酯地板嵌缝材料 polyurethan(e) flooring sealing material
聚氨酯防水材料 polyurethan(e) waterproofing paint
聚氨酯封接 polyurethan(e) sealer
聚氨酯敷层 polyurethan(e) coating
聚氨酯改性醇酸(树脂) urethane alkyd
聚氨酯隔热材料 polyurethan(e) insulating material
聚氨酯隔热芯体 polyurethan(e) insulating core
聚氨酯隔声材料 polyurethan(e) insulating material
聚氨酯隔声芯体 polyurethan(e) insulating core
聚氨酯固化剂 polyurethan(e) curative
聚氨酯挤出装置 polyurethan(e) extruder
聚氨酯甲酸乙酯 polyurethan(e) base
聚氨酯甲酸乙酯地板材料 polyurethan(e) floor cover(ing)
聚氨酯甲酸乙酯地板密封胶 polyurethan(e) floor(ing) sealant
聚氨酯甲酸乙酯覆盖清漆 polyurethan(e) clearcolle
聚氨酯甲酸乙酯胶粘剂 polyurethan-(e) bonding adhesive
聚氨酯甲酸乙酯楼板覆盖层 polyurethan(e) floor cover(ing)
聚氨酯甲酸乙酯硬泡沫 polyurethan-(e) hard foam
聚氨酯甲酸乙酯油灰 polyurethan(e) cement
聚氨酯胶乳 polyurethan(e) latex
聚氨酯绝热材料 urethane insulation
聚氨酯绝缘材料 polyurethan(e) insulating material;urethane insulation
聚氨酯绝缘芯体 polyurethan(e) insulating core
聚氨酯块 polyurethan(e) mass
聚氨酯类浆材 polyurethan(e) grouting
聚氨酯两面黏[粘]接 polyurethan(e) two-part bonding adhesive
聚氨酯密封膏 polyurethan(e) sealant
聚氨酯密封剂 polyurethan(e) sealant
聚氨酯面漆 polyurethan(e) finish
聚氨酯挠性泡沫管内清管器 urethane flexible foam internal pipe-cleaning device
聚氨酯腻子 polyurethan(e) putty
聚氨酯黏[粘]合剂 polyurethan(e) adhesive
聚氨酯泡沫 polyurethan(e) foam
聚氨酯泡沫板 polyurethan(e) foam board;polyurethan(e) foam sheet
聚氨酯泡沫清管器 polyurethan(e) foam pig;polyurethan(e) foam scraper
聚氨酯泡沫塑料 expanded polyurethane;polyurethan(e) foam plastics;rigid foam insulation
聚氨酯泡沫填充料 urethane insulation
聚氨酯泡沫条 polyurethan(e) foam strip
聚氨酯泡沫涂料 foam polyurethan-(e) coating
聚氨酯泡沫屋面板 urethane foam roofing board
聚氨酯泡沫装置 polyurethan(e) foam unit
聚氨酯喷漆 polyurethan(e) lacquer
聚氨酯嵌缝材料 polyurethan(e) sealant
聚氨酯嵌缝膏 polyurethan(e) sealant
聚氨酯清漆 polyurethan(e) lacquer;polyurethan(e) varnish
聚氨酯热塑性弹性体 polyurethan(e) thermoplastic elastomer
聚氨酯热塑性非弹性体 polyurethan-(e) thermoplastic non-elastomer
聚氨酯饰面层 polyurethan(e) surface coating
聚氨酯树脂 polyurethan(e) resin;urethane resin
聚氨酯树脂黏[粘]合 polyurethan(e) resin adhesive
聚氨酯树脂漆 polyurethan(e) paint

聚氨酯塑料 polyurethan(e) plastics;urethane plastics

聚氨酯弹性体 urethane elastomer

聚氨酯条 polyurethan(e) strip

聚氨酯涂层聚丙烯织物 polyurethan(e) coated polypropylene fabric

聚氨酯涂层聚酯织物 polyurethan(e) coated polyester fabric

聚氨酯涂层织物 urethane coated fabric

聚氨酯涂料 polyurethan(e) coating;polyurethan(e) paint

聚氨酯纤维 polyurethan(e) fiber[fibre]

聚氨酯现场浇注隔热材料 polyurethan (e) poured-in-place thermal break material

聚氨酯硬泡沫板 polyurethan(e) rigid foam

聚氨酯硬泡沫板材 polyurethan(e) rigid foam building board

聚氨酯硬泡沫胶合板材 polyurethan(e) rigid foam laminated board

聚氨酯预聚物 prepolyurethan(e)

聚氨酯罩面漆 polyurethan(e) finish

聚胺 polyamine

聚胺基添加料 polyamine-based agent

聚胺甲烯树脂 polyamine-methylene resin;resinat

聚胺树脂 polyaminoresin

聚胺酯弹性塑料 Roylar

聚胺族 polyamine group

聚斑岩 culmophyre

聚倍半硅氧烷 polysilsesquioxane

聚苯 polyphenyl;poly-p-phenylene

聚苯胺 polyaniline

聚苯并咪唑 polybenzothiazole

聚苯并咪唑树脂 polybenzimidazole resin

聚苯并咪唑酮 polybenzoimidazolone

聚苯并噻唑 polybenzothiazole

聚苯撑氧 polyphenylene oxide

聚苯基甲基硅氧烷 polyphenylmethylsiloxane

聚苯硫醚 polyphenylene sulfide

聚苯醚 polyphenylene oxide;polyphenyl ether

聚苯醚树脂 polyphenyl ether resin

聚苯醚涂 polyphenylene coating

聚苯骈呋喃 paracoumarone

聚苯树脂 polyphenylene resin

聚苯氧涂料 polyoxyphenylene coating

聚苯乙烯 polystyrene;polystyrol;styroflex

聚苯乙烯板 polystyrene board;polystyrene sheet

聚苯乙烯丙烯腈 polystyrene acrylonitrile

聚苯乙烯薄膜 plasticon;polystyrene film

聚苯乙烯薄膜电容器 polystyrene film capacitor

聚苯乙烯电容器 polystyrene capacitor

聚苯乙烯丁二烯 polystyrene butadiene

聚苯乙烯隔热板 polystyrene insulating board

聚苯乙烯共聚物 polystyrene copolymer

聚苯乙烯混凝土 polystyrene concrete

聚苯乙烯胶合板 polystyrene plywood laminate

聚苯乙烯胶乳 polystyrene latex

聚苯乙烯金箔胶合板 foil-polystyrene board

聚苯乙烯金属箔层合板 foil polystyrene laminate

聚苯乙烯金属箔胶合板 foil polystyrene laminate

聚苯乙烯绝热材料 polystyrene insulant

聚苯乙烯绝缘 polystyrene insulation

聚苯乙烯绝缘材料 polystyrene insulant;trolit

聚苯乙烯绝缘电缆 styroflex insulated cable

聚苯乙烯绝缘体 polystyrene insulator

聚苯乙烯空心模 polystyrene void former

聚苯乙烯空心砖 polystyrene tile

聚苯乙烯扩散展宽 polystyrene diffusion broadening

聚苯乙烯门窗装饰 polystyrene trim

聚苯乙烯膜 polystyrene film

聚苯乙烯泡沫 polystyrene foam

聚苯乙烯泡沫板 expanded polystyrene board

聚苯乙烯泡沫覆盖板 polystyrene foam cladding panel

聚苯乙烯泡沫混凝土 polystyrene foam concrete

聚苯乙烯泡沫块 expanded polystyrene block

聚苯乙烯泡沫片材 expanded polystyrene sheet

聚苯乙烯泡沫塑料 cellular foamed polystyrene;expanded polystyrene

聚苯乙烯泡沫塑料片瓦 foamed polystyrene tile

聚苯乙烯泡沫塑料片砖 foamed polystyrene tile

聚苯乙烯膨胀集料 expanded polystyrene aggregate

聚苯乙烯膨胀微珠 expanded polystyrene beads

聚苯乙烯膨珠混凝土 polystyrene concrete

聚苯乙烯膨珠骨料 expanded polystyrene bead aggregate

聚苯乙烯片 polystyrene sheet

聚苯乙烯墙面面砖 polystyrene wall tile

聚苯乙烯墙面贴砖 polystyrene wall tile

聚苯乙烯轻混凝土 polysterol concrete

聚苯乙烯软电缆 styroflex cable

聚苯乙烯软片 polystyrene film

聚苯乙烯软性绝缘电缆 styroflex cable

聚苯乙烯树脂 polystyrene resin

聚苯乙烯塑料 polystyrene plastics

聚苯乙烯塑料材料 trolitul

聚苯乙烯天花板 polystyrene ceiling board;polystyrene ceiling tile

聚苯乙烯填心板 polystyrene core panel

聚苯乙烯涂料 polystyrene paint

聚苯乙烯瓦管 polystyrene tile

聚苯乙烯瓦片 polystyrene tile

聚苯乙烯瓦涂层胶黏[粘]剂 polystyrene tile adhesive

聚苯乙烯橡胶混合物 polyblend

聚苯乙烯异戊二烯橡胶 styrene isoprene rubber

聚苯乙烯注入混凝土 polystyrene-impregnated concrete

聚苯乙烯纵断面 polystyrene profile

聚苯乙烯纵剖面 polystyrene profile

聚苯乙酯 polyhydroxy benzoic acid

聚吡咯 polypyrrole

聚变比降 break grade

聚变产额 fusion yield

聚变反应 fusion reaction

聚变反应堆 fusion reactor;thermonuclear reactor

聚变核能发电厂 fusion energy plant

聚变裂变混合反应堆 hybrid fusion-fission reactor

聚变能 fusion energy

聚变燃料 fusion fuel

聚变热 heat of fusion

聚变温度 fusing point;fusion temperature

聚变装置 fusion facility

聚表氯醇 polyepichlorohydrin

聚丙二醇 polyoxypropylene glycol;polypropylene glycol

聚丙二醇醚 polypropylene glycol ether

聚丙三醇 polyglycerol

聚丙烯 polypropylene

聚丙烯波纹管 polypropylene corrugated pipe

聚丙烯薄膜 polypropylene film;polypropylene sheeting

聚丙烯薄膜纤化纤维 polypropylene fibrillated film fibre

聚丙烯草酸 polypropylene oxalate

聚丙烯电容器 polypropylene capacitor

聚丙烯管 polypropylene pipe

聚丙烯-胶合板层合板 polypropylene-plywood laminate

聚丙烯胶片 polypropylene film

聚丙烯金属 polypropylene logic array

聚丙烯筋带 polypropylene belt

聚丙烯腈 polyacrylonitrile

聚丙烯腈超滤膜 polyacrylonitrile ultrafiltration membrane

聚丙烯腈聚合物 polyacrylonitrile copolymer

聚丙烯腈纤维 polyacrylonitrile fiber [fibre]

聚丙烯腈纤维废水 polyacrylonitrile fiber wastewater

聚丙烯缆索 polypropylene rope

聚丙烯沥青面层 <战地机场临时用> polypropylene-asphalt membrane

聚丙烯滤布 woven polypropylene filter cloth

聚丙烯乳胶嵌缝料 acrylic latex polymer ca(u)lk

聚丙烯软片 polypropylene sheeting

聚丙烯树脂 polymeric acrylic resin

聚丙烯水库 polypropylene water reservoir

聚丙烯丝混凝土 polypropylene reinforced concrete

聚丙烯撕裂纤维 polyacrylic torn fiber

聚丙烯塑料 polypropylene plastics

聚丙烯酸 polyacrylic acid

聚丙烯酸钙 calcium polyacrylate

聚丙烯酸化物 polyacrylics

聚丙烯酸化物树脂 polyacrylic resin

聚丙烯酸化物橡胶 polyacrylic rubber

聚丙烯酸甲酯 polymethyl acrylate

聚丙烯酸聚偏氟乙烯共混膜 polyacrylic acid-polyvinylidene fluoride blending membrane

聚丙烯酸类塑料 polyacrylic plastics

聚丙烯酸类脱盐 polyacrylic desalination

聚丙烯酸钠 sodium polyacrylate

聚丙烯酸树脂 polyacrylic resin

聚丙烯酸塑料 Acrylite

聚丙烯酸涂料 acrylic plastering

聚丙烯酸盐 polyacrylate

聚丙烯酸酯 polyacrylate acrylic ester

聚丙烯酸酯改性水泥 polyacrylate modified cement

聚丙烯酸酯树脂 polyacrylate resin

聚丙烯套管 polypropylene sheathing;worm polypropylene jacket

聚丙烯涂层聚丙烯织物 polypropylene coated polypropylene fabric

聚丙烯系纤维 acrylic

聚丙烯纤维 polypropylene fiber [fibre]

聚丙烯纤维混凝土 polypropylene fiber concrete

聚丙烯纤维水泥 polypropylene fiber cement

聚丙烯纤维增强混凝土 polypropylene fiber reinforced concrete

聚丙烯纤维增强水泥 polypropylene fiber reinforced cement

聚丙烯酰胺 polyacrylamide

聚丙烯酰胺肼 polyacrylamide hydrazine

聚丙烯酰胺凝胶 polyacrylamide gel

聚丙烯酰胺凝胶电泳 polyacrylamide gel electrophoresis

聚丙烯酰胺絮凝剂 polyacrylamide flocculant

聚丙烯亚胺 polypropyleneimine

聚丙烯酯胶合铺料 acrylic mastic

聚场镜 collecting mirror

聚场透境 collecting lens;collector lens

聚尘 dust collection;dust precipitation

聚尘器 dust collector;dust precipitator;precipitation tank;precipitator

聚沉 coagulation

聚沉剂 coagulant;coagulating(re) agent;coagulator

聚沉值 coagulation value

聚成堆 piling

聚成块 knot

聚成球形 conglomerate

聚成球形的 conglomerate

聚丛 clumping

聚丛分析 cluster analysis

聚丛技术 clumping techniques

聚醋酸甲基乙烯酯 <一种绝缘材料> Formvar

聚醋酸乙烯 polyvinyl acetate

聚醋酸乙烯黏[粘]合剂 polyvinyl acetate adhesive;polyvinyl acetate bonding agent

聚醋酸乙烯乳液 polyvingl acetate emulsion

聚醋酸乙烯水泥 polyvinyl acetate cement

聚醋酸乙烯涂料 polyvinyl acetate paint

聚醋酸乙烯纤维素 <一种混凝土外加剂> polyvinyl acetate

聚醋酸乙烯酯 polyvinyl acetate

聚醋酸乙烯酯结合料 polyvinyl acetate bonding agent

聚醋酸乙烯酯乳液水泥砂浆 polyvinyl acetate emulsion-cement mortar

聚醋酸乙烯酯树脂胶 polyvinyl acetate resin adhesive

聚醋酸乙烯酯水泥 polyvinyl acetate cement

聚醋酸乙烯酯系列 Lemac

聚醋酸乙烯酯悬浮液 polyvinyl acetate suspension

聚醋酯乙烯黏[粘]结剂 polyvinyl acetate adhesive

聚醋酯乙烯酯地板面层 polyvinyl acetate floor cover(ing)

聚醋酯乙烯酯混凝土 polyvinyl acetate concrete

聚醋酯乙烯酯胶 polyvinyl acetate glue

聚醋酯乙烯酯胶粘剂 polyvinyl acetate adhesive

聚醋酯乙烯酯乳化漆 polyvinyl acetate emulsion paint

聚醋酯乙烯酯砂浆 polyvinyl acetate mortar

聚催化降解 polycatalytic degradation

聚氮丙啶 polyethlenimine

聚氮化硫 polysulfur nitride

聚点 accumulation point;limiting point;cluster point

聚碘乙烯 polyvinyl iodide

聚电解质 polyelectrolyte

聚电解质络合物 polyelectrolyte complex
聚电解质强化槽滤 polyelectrolyte enhanced ultrafiltration
聚丁二醇 polyoxytetramethylene glycol;polytetramethylene glycol
聚丁二酸丁二醇酯 polybutylene glycol succinate
聚丁二酸乙二醇酯 polyethylene glycol succinate
聚丁二烯 polybutadiene
聚丁二烯苯乙烯 polybutadiene styrene
聚丁二烯苯乙烯树脂 polybutadiene styrene resin
聚丁二烯丙烯腈 polybutadiene acrylonitrile
聚丁二烯丙烯酸/丙烯腈 polybutadiene-acrylic acid-acrylonitrile
聚丁二烯丙烯酸共聚物 polybutadiene-acrylic acid copolymer
聚丁二烯复合推进剂 polybutadiene composite propellant
聚丁二烯人造橡胶 buna
聚丁二烯橡胶 polybutadiene rubber
聚丁胶板 butadiene rubber plate
聚丁烯 polybutene;polybutylene
聚丁烯管 polybutylene pipe;polybutylene tube
聚丁烯合成纤维 vistanex
聚丁烯合成橡胶 vistanex
聚丁烯基 polybutene base
聚丁烯胶带 polybutene tape;polybutylene tape
聚丁烯树脂 polybutylene resin
聚丁烯塑料 polybutylene plastics
聚丁橡胶 butadiene rubber
聚丁乙烯 polybutadiene
聚对苯撑氧 poly(-p)-phenylene oxide
聚对苯二酐 poly-terephthalic anhydride
聚对苯二甲撑 poly(-p)-xylylene
聚对苯二甲酸丁二醇酯 polybutylene terephthalate; polytetramethylene terephthalate
聚对苯二甲酸乙二醇酯纤维 terylen(e)
聚对苯二甲酸乙酯 polyethylene terephthalate
聚对苯二甲酸乙酯废水 polyethylene terephthalate wastewater
聚对苯二甲酸酯 polyterephthalate
聚对苯二甲酸酯塑料 polyterephthalate plastics
聚对苯甲酸乙二酯纤维 <俗称的确良> Dacron
聚对苯酰胺 poly-benzamide
聚对二甲苯 polyphenylene ethyl; polyxylene
聚对酞酐 poly-terephthalic anhydride
聚多碱 polybase
聚二醇 polyglycol
聚二氟氯乙烯 polychlorodifluoroethylene
聚二甘醇己二酸酯 polydiethylene glycol adipate
聚二甲苯 polyxylene
聚二甲基硅氧烷 polydiethylene siloxane
聚二硫化乙烯 polyethylene disulfide
聚二氯苯乙烯 polydichlorostyrene
聚二氯季戊醚 penton
聚二氯乙烯 polyvinyl dichloride
聚二烯 polydiene
聚二烯丙酯(类) diallyls
聚二烯类 polydienes
聚芳砜【化】 polyarylsulphone
聚芳基砜 polyaryl sulfone
聚芳基醚 polyaryl ether
聚芳醚 polyaryl ether

聚芳氧基硅烷 polyaryloxysilane
聚芳酯 aromatic polyester; polyarylester
聚酚酯 aromatic polyester
聚风板 wind gathering board
聚风风道 gust speed
聚砜 polysulfone;sulfone polymer
聚砜树脂 polysulfone resin
聚砜酰胺 polysulfonamide
聚氟丁二烯 polyfluoroprene
聚氟乙烯 polyvinyl fluoride
聚氟乙烯丙烯 fluorinated ethylene propylene;polyvinyl fluoride
聚甘油 polyglycerin;polyglycerol
聚甘油酯 polyglycerol ester
聚光 condensing;photospot;spotlight
聚光板 condensing panel
聚光本领 light-gathering power
聚光比 concentration ratio
聚光玻璃纤维 light-focusing glass fiber[fibre]
聚光单色器 condensing monochromator
聚光灯 bank light; condense lamp; flood light; line light; projector; reflector lamp; sealed beam lamp; spot lamp;spotlight
聚光灯灯泡 projector lamp
聚光灯吊架 gallows arm
聚光灯间 spotlight booth
聚光灯室 spotlight booth
聚光灯头 prefocus cap
聚光电池 concentrator cell
聚光反射镜 condenser mirror; condensing mirror
聚光光学系统 light-gathering optics
聚光集热器 concentrating collector
聚光镜 collecting mirror; condenser lens; condensing lens; convergent lens;lens condenser
聚光镜的焦平面 condenser focal plane
聚光镜放大率 condenser magnification
聚光镜光学零件 condenser optics
聚光镜孔径 condenser aperture
聚光镜物镜的距离 condenser-to-lens distance
聚光镜旋转器 condenser revolver
聚光开关 light-integrating switch
聚光孔径 collecting aperture
聚光孔径角 convergent pencil of rays
聚光能力 light gathering
聚光气 diphosgene;surpalite
聚光器 concentrator;condensator;condenser; condensing apparatus; light collector; light-gathering device; light-gathering optics;optic(al) collector
聚光器光栏 substage condenser iris
聚光器孔径 condenser aperture
聚光器透镜系统 condenser lens system
聚光器旋转器 condenser revolver
聚光器转换器 condenser revolver
聚光器装置 condenser arrangement
聚光圈 bezel
聚光色素 light harvesting pigment
聚光式太阳能集热器 concentrating solar collector
聚光束 convergent pencil of rays
聚光透镜 bull's eye; collecting lens; collective lens; condensator; condensing lens; convergent lens; converging lens
聚光透镜系统 condensing lens system
聚光物镜 collecting objective; condensing objective
聚光系统 condenser system
聚光型集热器 focus solar collector
聚光照明 convergent illumination; spotlighting

聚光照明装置 floodlighting system
聚硅类 polysilicones
聚硅硫酸铝 polyalumin(i)um silicate sulfate
聚硅硫酸铁 polysilicon ferric sulfate
聚硅硫酸铁絮凝剂 polysilicon ferric sulfate flocculant
聚硅醚铝皂润滑脂 polysiloxane alumin(i)um soap grease
聚硅酸 polysilicic acid
聚硅酸聚氯化铁絮凝剂 polysilicic acid-polyferric chloride flocculant
聚硅酸絮凝剂 polysilicate flocculant
聚硅酸盐 polysilicate
聚硅酸乙酯 ethyl polysilicate
聚硅酮 silicone
聚硅酮抛光剂 silicone polish
聚硅橡胶 polysilicone rubber
聚硅氧 silicone
聚硅氧烷 polysiloxane;silicone
聚硅氧烷塑料软管 silicone hose
聚硅氧烷橡胶 polysiloxane rubber
聚硅氧油 silicone
聚癸二酸亚丙基酯 polytrimethylene sebacate
聚过氧化物 polyperoxide
聚合 polymerize
聚合斑状 glomerophyric
聚合板块【地】 convergent plate
聚合泵 polymer pump
聚合表达式 aggregate expression
聚合薄膜 polymer thin film
聚合材料 polymeric material
聚合差 angle of convergence[convergency];convergence
聚合产物 polymerisate
聚合程度 degree of aggregation; extent of polymerization; stage of aggregation
聚合程度不大的油 short oil
聚合处理机 polymerization processor
聚合促进剂 polymerization promotor
聚合催化剂 polymerization catalyst
聚合大型构件 polymerizing large unit
聚合带 condensation zone
聚合单位 polymeric unit
聚合的 concentric(al); polymeric; polymerized;glomerate
聚合电解质 polyelectrolyte
聚合度 degree of polymerization;polymerization degree
聚合度多分散性 polydispersity
聚合度小的清漆 short-oil varnish
聚合反射 convergence reflex
聚合反应 fusion reaction; polyreaction;polymerization
聚合分离器 polymeric separator
聚合分析 cluster analysis; polymerization analysis
聚合釜 polymerizer
聚合改性剂 polymeric modifier;polymerization modifier
聚合高压釜 polymerization autoclave
聚合隔膜 polymeric membrane
聚合管 polymerization pipe
聚合硅酸铝 polyalumin(i)um
聚合硅酸铝铁 polyalumin(i)um ferric silicate
聚合硅酸氯化铝 polyalumin(i)um silicate chloride; polysilic alumin(i)um chloride
聚合硅酸氯化铝铁 polysilicate ferric alumin(i) um chloride; polysilic alumin(i)um ferric chloride
聚合硅酸氯化铁 polysilicate ferric chloride
聚合硅酸镁铁 polysilicic acid with magnesium and ferric irons
聚合硅酸锌 zinc polysilicate
聚合硅酸盐 cyclosilicate

聚合过程 polymerization process
聚合化 polymerization
聚合机理 polymerization mechanism
聚合基 polyradical
聚合基材料 polymeric based material
聚合基结合料 polymer based binder
聚合技术 polymerization technique
聚合剂 polymerization chemicals;polymerizer;polymerizing agent;polymerization agent
聚合加速剂 polymerization accelerator
聚合结合料 polymeric binding material
聚合晶体 crystal group
聚合力 aggregation force
聚合历程 mechanism of polymerization;polymerization mechanism
聚合沥青 polymer bitumen
聚合链 polymeric chain
聚合料黏[粘]合剂 polymerizing adhesive
聚合磷硫酸铁 polyphosphate ferric sulfate
聚合磷氯化铁 polyferric phosphonate chloride
聚合磷酸铝 polyalumin(i)um phosphate
聚合磷酸铝铁 polyalumin(i)um ferric phosphate
聚合磷酸铁 polyferric phosphonate sulfate
聚合硫酸铝 polyalumin(i)um sulfate [sulphate]
聚合硫酸铝硅铁 polyalumin(i)um ferric silicate sulphate; polysilic alumin(i)um ferric sulfate
聚合硫酸铝铁 polyalumin(i)um ferric sulphate;polyferric alumin(i)-um sulfate;polymeric alumin(i)um ferric sulfate
聚合硫酸氯化铝铁 polyalumin(i)um ferric sulphatochloride
聚合硫酸铁 polyferric sulfate;polymeric ferric sulfate
聚合铝 polyalumin(i)um chloride
聚合率 polymerization exponent
聚合氯化钙铝 polyalumin(i)um calcium chloride
聚合氯化铝 polyalumin(i)um chloride
聚合氯化铝铁 polyalumin(i)um ferric chloride;polyferroalumin(i)um chloride
聚合氯化铝锌 polymeric alumin(i)-um zinc chloride
聚合氯化镁铁 polymagnetsium ferric chloride
聚合氯化铁 polyferric chloride;polymerized iron chloride
聚合木松香 nuroz
聚合能力 polymerizing power
聚合泥石堆 coalescent debris cone
聚合皮电线 polymer skin wire
聚合频率 junction frequency
聚合汽油 polymer gasoline
聚合器 polymerizer
聚合区域 zone of convergence
聚合染料 polymerization dye
聚合热 heat of polymerization
聚合设备 polymerization unit
聚合射线 aggregate ray
聚合时间 polymerization time
聚合树脂 polymerization resin;polymer(ized) resin
聚合水 polywater
聚合松香 polymerized rosin
聚合速度 polymerization rate
聚合速率 rate of polymerization
聚合碎屑状 glomeroclastic
聚合陶瓷 polycerams
聚合体 aggregate;polymer

聚合体系 system of polymerization
聚合调节剂 polymerization regulator
聚合桐油 polymerized tung oil
聚合脱水蓖麻油 polymerized dehydrated castor oil
聚合微粒结构 glomerogranulitic texture
聚合稳定剂 polymerization stabilizer
聚合物 polymer; polymeride; polymerized substance
聚合物半导体 polymer semiconductor
聚合物包层石英纤维 polymer-clad silica fiber
聚合物包膜颜料 polymer-coated pigment
聚合物表面活性剂 polymeric surfactant
聚合物薄膜 thin polymer film
聚合物薄膜烟感火灾探测器 polymer film detector of fire smoke; polymer film smoke fire detector
聚合物材料 polymeric material
聚合物掺量 polymer concentration
聚合物淬火 polymer quenching
聚合物大分子 polymer macromolecule
聚合物的立体异构基本单位 stereobase unit
聚合物电解质 polyelectrolyte
聚合物电介质 polymeric dielectrics
聚合物端基封闭 capping
聚合物废料 polymer waste
聚合物分散体 polymer dispersion
聚合物分子量 polymer molecular weight
聚合物粉末 comminuted polymer
聚合物辐射降解 radiation degradation of polymer
聚合物复合材料 polymeric composite
聚合物改良的沥青混合料 polymer-modified asphalt mix
聚合物改良结合料 polymer-modified binder
聚合物改性 polymer modification
聚合物改性玻璃纤维增强混凝土 polymer-modified glass fibre reinforced concrete
聚合物改性混凝土 polymer-modified concrete
聚合物改性剂 polymeric modifier; polymer modifier
聚合物改性沥青 polymer-modified asphalt
聚合物改性沥青水泥 polymer-modified asphalt cement
聚合物改性乳液 polymer-modified emulsion
聚合物改性砂浆 polymer-modified mortar
聚合物改性水泥砂浆 polymer-modified cement mortar
聚合物改性油 polymer-modified oil
聚合物钢丝网水泥 polymer ferrocement
聚合物格网加强 polymer grid reinforcement
聚合物隔气层 polymeric vapor barrier
聚合物给体 polymeric donor
聚合物共混 polyblend
聚合物光学纤维 polymer optic(al) fibre
聚合物含量 polymer content
聚合物合金 polymer alloy
聚合物灰浆 polymer mortar
聚合物混凝土 polymer concrete
聚合物基复合材料 polymer composite
聚合物基料 base polymer; polymeric matrix
聚合物基体材料 polymer matrix
聚合物极化 polarization of polymer
聚合物加固作用 polymer stabilization
聚合物降解 polymer degradation
聚合物交键 cross-linking of polymers
聚合物交替结构 alternating structure
聚合物胶结混凝土 polymer concrete
聚合物胶结料 polymer binder
聚合物(接)受体 polymeric acceptor
聚合物结合料 polymer binder
聚合物浸渍钢丝网水泥 ferro-cement impregnated with polymer
聚合物浸渍混凝土 polymer impregnated concrete
聚合物浸渍砂浆 polymer impregnated mortar
聚合物浸渍预制混凝土 polymer impregnated precast concrete
聚合物沥青油毡 polymer bitumen sheeting
聚合物链 polymer chain
聚合物链构形的圈球转变 coil/globule transition
聚合物流变学 polymer rheology
聚合物滤色片 polymer filter
聚合物蒙皮 polymer compound outer cover
聚合物密封剂 polymer sealer
聚合物母体 polymer matrix
聚合物泥浆 polymer slurry
聚合物黏[粘]度调节剂 polymeric viscosity modifier
聚合物凝胶 polymer gel
聚合物强化水驱动 polymer-augmented water flooding
聚合物取向 polymer orientation
聚合物溶剂相互作用 polymer-solvent interaction
聚合物溶液 polymer solution
聚合物熔融温度 polymer melting temperature
聚合物熔体 polymer melt
聚合物熔体温度 polymer melting temperature
聚合物乳胶 polymer emulsion
聚合物乳液 polymer dispersion; polymer emulsion
聚合物砂浆 polymer mortar
聚合物试剂 polymeric reagent
聚合物水泥 polymer cement
聚合物水泥比 polymer cement ratio
聚合物水泥混凝土 polymer (Portland) cement concrete
聚合物水泥砂浆 polymer cement mortar
聚合物塑料 polymer plastics
聚合物碳 polymer carbon
聚合物特性黏[粘]度 intrinsic(al) viscosity of polymer
聚合物添加剂 polymeric additive
聚合物涂层 polymer coating; polymeric coating
聚合物网加强 polymer grid reinforcement
聚合物网络 polymer network
聚合物稳定剂 polymer stabilizer
聚合物稳定(土壤) polymer stabilization
聚合物屋面 polymer roofing
聚合物系列 polymer series
聚合物纤维浸渍混凝土 polymer impregnated fibre concrete
聚合物形态学 polymer morphology
聚合物絮凝剂 polymer flocculant
聚合物烟热器 polymer fume fever
聚合物增塑剂 polymeric plasticizer
聚合物重复结构单元 recurring structural unit
聚合物重复链节 recurring unit
聚合物主链 polymer backbone
聚合物注入混凝土 polymer impregnated concrete
聚合物钻井液 polymer drilling fluid
聚合物钻孔液 polymer drilling fluid
聚合系数 coefficient of polymerization
聚合现象 polymerism; polymerization
聚合相 polymer phase
聚合型边界 convergence boundary
聚合型二苯甲烷二异氰酸酯 polymeric diphenyl methane diisocyanate
聚合性的 collective
聚合性石末沉着病 conglomerate silicosis
聚合性矽肺 conglomerate silicosis
聚合亚麻子油 bodied linseed oil; pale-boiled oil
聚合烟尘雾热 polymer fume fever
聚合颜料 polymeric pigment
聚合乙甲基丙烯酸甲酯 perpex
聚合抑制剂 polymerization retarder
聚合引发剂 polymerization initiator
聚合硬化 harden polymerization
聚合油 bodied oil; polymerized oil
聚合织物防水层 waterproof polymer fabrics
聚合止水材料 polymerizing sealant
聚合脂肪酸 polymerized fatty acid
聚合指数 polymerization exponent
聚合中间体 polymerization intermediate
聚合中心法 method of clustering center[centre]
聚合装置 polymerization plant; polymerization unit; polymer plant; polyplant; poly-unit
聚合阻滞 polymerization retardation
聚合阻滞剂 polymerization retarder
聚合作用 aggregation; polymerization
聚琥珀酰亚胺 polysuccinimide
聚环戊二烯 polycyclopentadiene
聚环氧丙烷 polypropylene oxide
聚环氧琥珀酸 polyepoxysuccinic acid
聚环氧化物 polyepoxide
聚环氧乙烷 ethylene oxide polymer; polyethylene oxide
聚灰点 ash pocket
聚会地点 venue
聚会光束 convergent pencil
聚积 accumulating
聚积的地表水 impounded surface water
聚积管 collecting pipe
聚积冷凝器 accumulating condenser
聚积束 stacked beam
聚积物 accumulation
聚积植物 accumulator plant
聚集 accumulate; afflux; aggregate; agmen; budget; building-up; centralize; collection; confluence; congregation; gathering; muster; aggregation
聚集边界 bound of aggregation
聚集表达式 aggregate expression
聚集采样 accumulative sampling
聚集层 aggregation bed
聚集成带 banding
聚集成球 glomeration
聚集成团(现象) agglomeration
聚集程度 degree of packing
聚集处 habitat
聚集的表面水 impounded surface water
聚集的放射性核素 accumulated radionuclide
聚集的雪水 impounded melt of snow
聚集点 accumulation point
聚集度 concentration class; crowding level; degree of aggregation
聚集分析 aggregation analysis; analysis of agglomeration; cluster analysis
聚集股份 reverse split
聚集记法 aggregate notation
聚集结晶 accretive crystallization; accumulative crystallization
聚集经济 agglomeration economy; cluster economy
聚集冷凝器 accumulating condenser
聚集粒子结构 aggregated particle structure
聚集密度 gather density
聚集器 accumulator
聚集曲线 concentration curve
聚集热 heat of aggregation
聚集容量 aggregate capacity
聚集容器 aggregate capacity
聚集市场 assembling market
聚集体 assemblage
聚集稳定性 aggregation stability
聚集物 accumulation; conglomerate
聚集系数 accumulation coefficient
聚集系数法 accumulative coefficient method
聚集线圈 convergence coil
聚集效应 build-up effect; crowding effect
聚集阳极溶出伏安法 anodic tripping voltammetry with collection
聚集因素 agglomerative factor
聚集再结晶 collective recrystallization
聚集植物 accumulator plant
聚集柱 accumulative column
聚集状态 aggregate state; coherent condition; state of aggregate
聚集作用 accumulation; aggregation
聚己二酸丙二醇酯 polypropylene adipate
聚己二酸丁二醇酯 polybutylene glycol adipate
聚己二酸乙二醇酯 polyethylene glycol adipate
聚己二酰己二胺 polyhexamethylene adipamide
聚己内酰胺 caprolactam; polycaprolactam
聚己内酰胺纤维 Caprone
聚己内酯多元醇 polycaprolactone polyol
聚己内酯二醇 polycaprolactone glycol
聚己内酯纳米纤维 nanofiber membrane polycaprolactone
聚甲二醇 polymethylene glycol
聚甲基苯 polyphenylene methyl
聚甲基苯乙烯 polymethyl styrene
聚甲基丙烯酸 polymethacrylic acid; polymethyl acrylic acid
聚甲基丙烯酸丁酯乳液 polybutyl methacrylate emulsion
聚甲基丙烯酸环己酯 polycyclohexyl methacrylate
聚甲基丙烯酸甲酯 polymethyl methacrylate
聚甲基丙烯酸甲酯板 perspex sheet
聚甲基丙烯酸甲酯堵漏液 polymethyl methacrylate base injection paste
聚甲基丙烯酸甲酯树脂 Plexiglass
聚甲基丙烯酸树脂 polymethyl methacrylate resin
聚甲基丙烯酸烷基酯 polyethyl methacrylate
聚甲基丙烯酸乙酯 methacrylate
聚甲基丙烯酸酯 lucite; polymethacrylate
聚甲基丙烯酸酯凝胶 polymethacrylate gel
聚甲基丙烯酰胺 polymethacrylamide
聚甲基丙烯乙酯尖 polyethylmethacrylate point

聚甲基硅酮树脂 methyl silicone resin
聚甲基硅氧烷 methyl polysiloxane; methyl silicone
聚甲基甲丙烯酸 polymethylmethacrylic acid
聚甲基氢硅氧烷 polymethylhydrosiloxane
聚甲基戊烯 polymethyl pentene
聚甲醛 polyformaldehyde; polyoxymethylene
聚甲醛类 polyformaldehydes
聚甲醛树脂 acetal resin
聚甲醛塑料 polyoxypropylene plastics
聚甲醛纤维 polyoxymethylene fiber [fibre]
聚甲炔 polymethine
聚甲炔染料 polymethin dye
聚甲酸乙烯酯 polyvinyl formate
聚甲烯 polymethylene
聚间苯二甲酸乙二醇酯 polyethylene isophthalate
聚焦 focalize; focus
聚焦杯 focusing cup
聚焦标 focusing mark
聚焦标记 focusing mark
聚焦波束 narrow beam
聚焦箔 focusing foil
聚焦测井 focused log
聚焦场 field of focus; focusing field
聚焦程度 focus level
聚焦磁铁 focusing magnet
聚焦粗调 coarse focus control
聚焦带 focal zone
聚焦单色仪 focal monochromator
聚焦灯 focus lamp
聚焦底片 focusing negative
聚焦点 focal spot; focus point
聚焦电极 focusing electrode
聚焦电流 focusing current
聚焦电流稳定器 focus current regulator
聚焦电压 focusing voltage
聚焦法 focusing
聚焦反射镜 focusing mirror
聚焦反射器 focusing reflector
聚焦范围 focus range
聚焦分光计 focusing spectrometer
聚焦光束 focused beam
聚焦光纤 focusing optic(al) fiber
聚焦环 focusing ring
聚焦激光多普勒测速计 focusing laser Doppler velocimeter
聚焦极 concentration cup; forming electrode
聚焦集热器 focusing collector
聚焦几何形状 focusing geometry
聚焦架 focusing mount
聚焦检验底片 focus test negative
聚焦校正 convergence correction
聚焦节距镜 focusing telescope
聚焦精度 focusing accuracy
聚焦距离 focusing distance
聚焦孔径 focal aperture
聚焦控制 convergence control; focusing control
聚焦框架 focus mount
聚焦炉 image furnace
聚焦螺栓 convergence bolt
聚焦螺旋 focusing screw
聚焦面 focusing surface; focal plane
聚焦面积 focal area
聚焦偏转线圈 focus-deflection coil
聚焦屏 focusing screen
聚焦器 focalizer; focuser; focusing device
聚焦区 focal area
聚焦缺陷 focusing defect
聚焦栅 focusing grid
聚焦栅极 focus mask
聚焦设备 focalizer; focus set
聚焦深度 depth of focus
聚焦式太阳能发电厂 focusing solar power plant
聚焦条件 focused condition; focusing condition
聚焦调节螺丝 focusing screw
聚焦调整 convergence control; focus modulation; focus set; focusing control
聚焦调制 focus modulation
聚焦筒 focus drum
聚焦投影和扫描法 focus projection and scanning
聚焦透镜 focusing lens
聚焦网 focus mask
聚焦稳压 focus regulation
聚焦稳压器 focus regulator
聚焦系数 focusing factor
聚焦系统 focalizer; focusing system
聚焦线圈 focus(ing) coil
聚焦线圈壳 focus coil housing
聚焦线圈系统 focus-coil assembly
聚焦线圈轴 focus-coil axis
聚焦像全息摄影 focused image holography
聚焦形式 type of focus
聚焦型探头 focused transducer
聚焦旋钮 focus knob
聚焦衍射计 focusing diffractometer
聚焦阳极 focusing anode
聚焦阴极 beam-forming cathode
聚焦于一点的 point-focused
聚焦圆 focal circle
聚焦圆筒 concentration cylinder; concentric(al) cylinder
聚焦装置 focusing aid; focusing arrangement; focusing device; focusing unit
聚焦准则 focusing criterion
聚焦组件 focus pack
聚焦作用 focusing action; focusing force
聚结 coalescence; coalescing
聚结分离原理 coalescing-separating principle
聚结剂 coalescent; coalescing agent; coalescer
聚结粒子 coalescing particle
聚结面积 area of cohesion
聚结器 coalescer
聚结溶剂 coalescing solvent
聚结填料 coalescent pack
聚结铜 coalesced copper
聚结温度 coalescing temperature
聚结稳定性 coagulation stability
聚结新生变形作用 coalescive neomorphism
聚结性 cohesiveness
聚结元件 coalescing element
聚解 depolymerization
聚晶 glomerocryst
聚晶金刚石 compact diamond; polycrystal diamond; polycrystalline diamond; polycrystal diamond bit
聚晶金刚石钻头 polycrystalline diamond bit
聚晶金刚石复合体钻 polycrystal diamond compact bit
聚晶石墨 synneusis graphite
聚晶状 synneusis
聚居村 agglomerated settlement
聚居单元 colony unit
聚居地 habitation; housing colony
聚居区 agglomeration
聚居群 population
聚居植物群 resident flora
聚均苯四甲酰亚胺 polypyromellitimide
聚口灯头 cluster burner
聚库玛隆 paracoumarone
聚库玛隆树脂 cumar resin; paracoumarone(-indene) resin
聚矿构造 ore-concentrating structure
聚喹唑啉二酮 polyquinazoline dione
聚类 clustering
聚类分析 cluster analysis
聚类分析方法 clustering method; method of clustering
聚类分析分组 classification of cluster analysis
聚类分析模型 cluster analysis model
聚类合并 merging cluster
聚类文件 clustered file; clustering file
聚类形态 cluster shape
聚离子 polyion
聚粒构造【地】aggregated structure
聚粒结构 aggregated texture
聚粒结晶 sammel crystallization
聚敛 convergence
聚敛板块边界 convergent plate boundary
聚敛偏光 convergent polarized light
聚敛型板块 convergent plate
聚敛运动 convergent movement
聚链烷 polyalkane
聚两性电解质 polyampholyte; polyamphoteric electrolyte
聚料斗 <沥青摊铺机或沥青拌制厂中用> surge hopper
聚邻苯二甲酸二烯丙酯 polydiallyl phthalate
聚邻苯二甲酸二烯丙酯树脂 diallyl phthalate resin
聚邻苯二甲酸甘油酯 polyglyceryl phthalate
聚磷硫酸铝铁 polyphosphate alumin(i)um ferric sulfate
聚磷氯化铝 polymeric phosphate-alumin(i)um chloride
聚磷酸铵 ammonium polyphosphate
聚磷酸钙 calcium polyphosphate
聚磷酸钠 polyphosphate sodium
聚磷酸盐 polyphosphate
聚磷酸盐积累菌 polyphosphate accumulating bacteria
聚磷酸盐积累生物 polyphosphate accumulating organism
聚磷酸盐交换剂 polyphosphate exchanger
聚磷酸盐菌 polyphosphate bacteria
聚磷酸盐颗粒 polyphosphate granule
聚磷酸盐生物 polyphosphate accumulating organism
聚磷酸酯 polyphosphate ester
聚流电极测井记录 guard electrode log
聚硫 polysulfide
聚硫代氨基甲酸酯 polythiourethane
聚硫合成橡胶 polysulphide synthetic(al) rubber
聚硫化铵 ammonium polysulfide
聚硫化物 polysulfide; polysulphide
聚硫化物密封膏挤出机 polysulphide sealant extruder
聚硫化物涂层 polysulfide coating
聚硫基密封剂 polysulphide liquid polymer based sealant
聚硫氯化铝 polyalumin(i)um chloride sulfate[sulphate]
聚硫氯化铁 polyferric chloride sulfate
聚硫醚 polythioether
聚硫密封膏 polysulphide sealant
聚硫嵌缝膏 polysulphide sealant
聚硫酸铝改性膨润土 polyalumin(i)um sulfate modified bentonite
聚硫酸铝改性膨润土混凝剂 polyalumin(i)um sulfate modified bentonite coagulant
聚硫涂料 polysulfide coating
聚硫酰胺 polythioamide
聚硫橡胶 polysulfide rubber; sulfide rubber; thiocol[thiokol]; thio rubber
聚硫橡胶建筑玛琋脂 polysulphide-based rubber building mastic
聚硫橡胶黏[粘]合剂 polyblend; thio rubber adhesive
聚硫液体聚合物 polysulfide liquid polymer
聚硫酯 polythioester
聚六苯甲酸 polyhexaphenylformic acid
聚拢微薄的资力 club small means together
聚铝混凝剂 polyalumin(i)um coagulant
聚氯苯基化合物 polyphenyl chloride compound
聚氯丁二烯 chloronorgutta; polychlorobutadiene; polychloroprene
聚氯丁二烯橡胶 polychloroprene rubber
聚氯丁烯 polychloroprene
聚氯丁烯泡沫 polychloroprene foam
聚氯丁橡胶浆 neoprene latex
聚氯氟烃塑料 chlorofluorocarbon plastics
聚氯合成橡胶 neoprene gum
聚氯化铝 polyalumin(i)um chloride
聚氯化铝絮凝剂 polyalumin(i)um chloride flocculant
聚氯化铁絮凝剂 polyferric chloride flocculant
聚氯联苯 polychlorinated biphenyls
聚氯醚 polychloroether
聚氯蒎烯 polychloropinene
聚氯乙烯 polyvinyl chloride[PVC]
聚氯乙烯 ABS 掺和料 cyconvin
聚氯乙烯板 polyvinyl chloride board; polyvinyl chloride panel
聚氯乙烯波纹板 polyvinyl chloride corrugated board
聚氯乙烯波纹污水管 polyvinyl chloride corrugated sewer pipe
聚氯乙烯薄板 polyvinyl chloride sheeting
聚氯乙烯薄膜 membrane of polychlorothene; polyvinyl chloride film
聚氯乙烯薄膜色层压花钢板 sun steel
聚氯乙烯层罩面板 laminated polyvinyl chloride cover(ing)
聚氯乙烯窗构件 polyvinyl chloride window unit
聚氯乙烯窗型材 polyvinyl chloride window shape
聚氯乙烯醋酸酯 polyvinyl chloride acetate
聚氯乙烯大直径重力污水管 polyvinyl chloride large-diameter plastic gravity sewer pipe
聚氯乙烯带垫污水管件 polyvinyl chloride gasketed sewer fitting
聚氯乙烯带肋重力污水管 polyvinyl chloride ribbed gravity sewer pipe
聚氯乙烯地板块 polyvinyl chloride floor tile
聚氯乙烯地板面层 polyvinyl chloride floor finish
聚氯乙烯地面卷材 polyvinyl chloride floor sheet
聚氯乙烯地面砖 thermoplastic vinyl tile
聚氯乙烯地毯 polyvinyl chloride carpet
聚氯乙烯电缆 polyvinyl chloride cable
聚氯乙烯垫带 polyvinyl chloride gasket
聚氯乙烯顶棚 polyvinyl chloride ceiling
聚氯乙烯顶棚镶边条 polyvinyl chlo-

ride ceiling trim
聚氯乙烯顶棚型材 polyvinyl chloride ceiling profile
聚氯乙烯酚醛树脂类黏[粘]合剂 durolok
聚氯乙烯复合钢板 vinyl-coated steel
聚氯乙烯隔热层 polyvinyl chloride thermal insulation
聚氯乙烯构件 polyvinyl chloride unit
聚氯乙烯管 polyvinyl chloride conduit; polyvinyl chloride pipe; PVC conduit; PVC pipe; PVC tubing; vinyl chloride pipe
聚氯乙烯合金 polyvinyl chloride alloy
聚氯乙烯糊 polyvinyl chloride paste
聚氯乙烯护面钢筋 PVC coated bar
聚氯乙烯花槽 polyvinyl chloride flower trough
聚氯乙烯花盆 polyvinyl chloride flower box
聚氯乙烯基 polyvinyl chloride base; vinyl polymer
聚氯乙烯基树脂 vinylite
聚氯乙烯及玻璃纤维缠裹的管道 PVC and fibreglass wrapped pipe
聚氯乙烯建筑板材 polyvinyl chloride building board
聚氯乙烯胶 polyvinyl glue
聚氯乙烯胶泥 polyvinyl chloride cement
聚氯乙烯焦油混合物 polyvinyl chloride-tar mixture
聚氯乙烯接缝材料 polyvinyl chloride ca(u)lking compound
聚氯乙烯结构型材 polyvinyl chloride construction section
聚氯乙烯卷材 polyvinyl chloride sheet
聚氯乙烯绝缘带 vinyl tape
聚氯乙烯绝缘电缆 polyvinyl chloride cable
聚氯乙烯绝缘及护套铜芯电力电缆 polyvinyl chloride insulated sheathed copper core power cable
聚氯乙烯绝缘膜 polyvinyl chloride insulating film; polyvinyl chloride insulation grade film
聚氯乙烯铠装电缆 polyvinyl chloride sheathed cable
聚氯乙烯空心构件 polyvinyl chloride hollow unit
聚氯乙烯空心镶边条 polyvinyl chloride hollow trim
聚氯乙烯空心型材 polyvinyl chloride hollow section
聚氯乙烯滤料 polyvinyl chloride filter media
聚氯乙烯煤焦油沥青油毡 polyvinyl chloride coal tar pitch roofing
聚氯乙烯煤焦油油毡 polyvinyl chloride coal tar roofing felt
聚氯乙烯煤沥青毡 polyvinyl chloride coal tar pitch roofing
聚氯乙烯门窗 polyvinyl chloride door and window
聚氯乙烯密封板 polyvinyl chloride sealing sheeting
聚氯乙烯面层 polyvinyl chloride cover(ing)
聚氯乙烯排水管 polyvinyl chloride drain pipe
聚氯乙烯泡沫 polyvinyl chloride foam
聚氯乙烯泡沫塑料 foamed polyvinyl chloride
聚氯乙烯片 polyvinyl chloride sheet
聚氯乙烯片材 polyvinyl chloride sheet
聚氯乙烯片材屋面 polyvinyl chloride sheet roofing
聚氯乙烯铺地砖 polyvinyl chloride flooring tile
聚氯乙烯墙板 polyvinyl chloride wall board; polyvinyl chloride wall sheet
聚氯乙烯取样管 polyvinyl chloride corer
聚氯乙烯热稳定剂 polyvinyl chloride heat stabilizer
聚氯乙烯软片 polyvinyl chloride film
聚氯乙烯石棉卷材 polyvinyl chloride asbestos sheet
聚氯乙烯饰面层 polyvinyl chloride coating
聚氯乙烯树脂 corvic; polyvinyl chloride resin; PVC resin
聚氯乙烯塑料 igelite; polyvinyl chloride plastics; vinyon
聚氯乙烯塑料管 polyvinyl chloride plastic pipe
聚氯乙烯塑料排水管 polyvinyl chloride plastic drain water pipe
聚氯乙烯塑料气炬 polyvinyl chloride plastics torch
聚氯乙烯塑料天花板 polyvinyl chloride ceiling
聚氯乙烯塑性溶胶 polyvinyl chloride plastisol
聚氯乙烯涂层钢板 Vynitop
聚氯乙烯涂层织物 polyvinyl chloride coated fabric
聚氯乙烯瓦 polyvinyl chloride(roof) tile
聚氯乙烯屋面卷材 polyvinyl chloride roofing sheet
聚氯乙烯线槽 polyvinyl chloride duct; PVC duct
聚氯乙烯镶边条 polyvinyl chloride trim
聚氯乙烯橡胶 polyvinyl chloride rubber
聚氯乙烯型材 polyvinyl chloride profile; polyvinyl chloride section; polyvinyl chloride shape
聚氯乙烯压力管 polyvinyl chloride pressure pipe
聚氯乙烯压力级管 polyvinyl chloride pressure rated pipe
聚氯乙烯乙酸乙烯酯 polyvinyl chloride-vinyl acetate
聚氯乙烯乙酸酯 polyvinyl chloride acetate
聚氯乙烯有机溶胶 polyvinyl chloride organosol
聚氯乙烯雨水系统 polyvinyl chloride rainwater system
聚氯乙烯织物 polyvinyl chloride fabric
聚氯乙烯止水带 polyvinyl chloride waterstop; PVC water bar
聚氯乙烯止水片 polyvinyl chloride waterstop
聚氯乙烯止水条 polyvinyl chloride waterbar; polyvinyl chloride waterstop
聚氯乙烯主窗 polyvinyl chloride prime window
聚氯乙稀绝缘线 polyvinyl chloride insulated wire; thermoplastic-covered wire
聚氯乙稀橡胶 vinyl chloride rubber
聚氯酯硬质泡沫塑料 polychloroesters hard foam plastics
聚落环境 settlement environment
聚马来酸 polymaleic acid
聚马来酸酐 poly aleinic anhydride
聚马来酸乙二醇酯 polyethylene glycol maleate
聚茂 polycyclopentadiene
聚煤带 coal accumulational zone
聚煤古地理类型 pal(a)eogeographic-(al) type of coal formation
聚煤古构造 pal(a)eostructure of coal-accumulation
聚煤模式 coal-forming model
聚煤盆地 coal accumulation basin
聚煤盆地参数 parameters of coal accumulation basin
聚煤盆地分析 coal accumulated basin analysis
聚煤期 coal-forming period
聚煤区 coal accumulational area
聚煤中心 coal accumulational center [centre]
聚醚 polyether
聚醚二醇 polyether glycol
聚醚二异氰酸酯 polyether diisocyanate
聚醚废水 polyether wastewater
聚醚砜 polyether sulfone
聚醚类表面活性剂 polyether surfactant
聚醚醚酮 polyetherether keton
聚醚树脂 <一种防护用的冷固塑料> esserbetol
聚醚酰亚胺 polyetherimide
聚醚橡胶印模材料 polyether rubber impression material
聚醚型多元醇 polyether polyol
聚醚型聚氨酯 polyether polyurethane
聚醚增塑齐 j polyether plasticizer
聚脒 polyamidine
聚嘧啶酮-喹唑啉酮 polypyrimidone quinazolone
聚能爆破 shaped blasting
聚能爆炸 energy-gathered shooting
聚能定向爆破装药 hollow charge
聚能器 amplitude transformer
聚能射孔药包 jet perforator charge
聚能削装药 hollow charge
聚能效应 cumulative effect; Mohaupt effect
聚能炸药 shaped charge
聚能炸药爆破钻进 shaped charge drilling
聚能炸药穿孔 shaped charge perforation
聚能炸药穿孔器 shaped charge perforator
聚能装药 shaped charge
聚能作用 cumulative action
聚泥鼓 mud drum
聚脲(类) polyurea(s)
聚脲树脂 carbamide resin
聚片双晶 multiple twin; polysynthetic-(al) twin
聚偏二氯乙烯 polyvinylidene chloride
聚偏二氯乙烯纤维 polyvinylidene chloride fiber
聚偏氟乙烯 polyvinylidene fluoride
聚偏氟乙烯不对称膜 asymmetric-(al) polyvinylidene fluoride membrane
聚偏氟乙烯超滤膜 polyvinylidene fluoride ultrafiltration membrane
聚偏氟乙烯多孔膜 multiporous polyvinylidene fluoride membrane
聚偏氟乙烯非对称膜 polyvinylidene fluoride asymmetric(al) membrane
聚偏氟乙烯膜 polyvinylidene fluoride membrane
聚偏氟乙烯膜生物反应器 polyvinylidene fluoride membrane bioreactor
聚偏氟乙烯树脂 polyvinylidene fluoride resin
聚偏氟乙烯塑料衬黑色金属管 polyvinylidene fluoride plastic-lined ferrous metal pipe
聚偏氟乙烯微孔膜 polyvinylidene fluoride microporous membrane
聚偏氟乙烯中空纤维膜 polyvinylidene fluoride hollow fibre membrane
聚偏氯乙烯 polyvinylidene chloride
聚汽室 boiler steam dome; steam dome; steam header
聚汽油室 gasoline trap
聚羟基醚 polyhydric ether; polyhydroxy ether
聚羟基烷酸酯 polyhydroxyalkanoate
聚羟基戊酸 polyhydroxyvalerate
聚氰基烷基硅氧烷 polycyanoalkylsiloxane
聚全氟乙丙烯树脂 exhaustive fluorinated ethylene propylene
聚醛树脂 aldehyde resin
聚炔 carbene
聚炔烃 polyyne
聚群 bunching
聚群谐振器 buncher
聚热区 region of heat accumulation
聚热质量 heat accumulation quality
聚壬二酸酐 polyazelaic polyanhydride
聚三氟苯乙烯 polytrifluorostyrene
聚三氟氯乙烯 fluorothene; polychlorotrifluoroethylene; polytrifluoro chloro ethylene
聚三氟氯乙烯树脂 daiflon
聚三氟一氯乙烯 polytrifluoromonochlorethylene
聚三氯乙酸 metachloral parachloral
聚散度 vergence[vergency]
聚散光两用照明灯 solarspot
聚生群体 gregaroid colony
聚声器 sound trap
聚声透镜 collecting lens
聚式流化床 aggregative fluidized bed
聚束 beam bunching; beaming; bunching
聚束不足 underbunching
聚束导纳 bunching admittance
聚束灯光 bunch light
聚束电荷 bunched charge
聚束电流 bunched current
聚束电压 buncher voltage; bunching voltage
聚束电子 bunched electron
聚束管 bunching tube
聚束光学系统 beam-forming optics
聚束极 beam confining electrode; buncher
聚束极耦合因数 buncher coupling factor
聚束加速器 bunching accelerator
聚束角 bunching angle
聚束频率 buncher frequency
聚束器 buncher
聚束腔 buncher cavity; bunching cavity
聚束栅 buncher grid; variator
聚束栅空间 buncher space
聚束上浆 beam sizing
聚束隙 buncher gap
聚束线图分析 <研究回归和复回归相关系数间的关系> bunch-map analysis
聚束效应 bunching effect; bundling effect
聚束谐振腔 buncher cavity; buncher resonator; bunching cavity
聚水坑 sump
聚水器 drain trap; water trap
聚水区 gathering ground
聚水筒 pillar-box
聚水污门 water trap
聚水现象 <例如沥青罩面后路基的聚水、饱水现象> hydrogenesis
聚水作用 <例如沥青罩面后路基的聚水、饱水现象> hydrogenesis
聚四氟乙烯 polyfluotetracthylene;

J

polytetrafluoroethylene
聚四氟乙烯板 polyfluoratetraethylene plate
聚四氟乙烯薄膜 polytetrafluoroethylene film
聚四氟乙烯补偿器 Teflon compensator
聚四氟乙烯垫圈 polytetrafluoroethylene gasket
聚四氟乙烯滑板支座 Teflon plate-coated sliding bearing
聚四氟乙烯滑动支座 Teflon sliding bearing
聚四氟乙烯换热器 Teflon heat exchanger
聚四氟乙烯密封件 Teflon seal
聚四氟乙烯盘根 polytetrafluoro ethylene packing
聚四氟乙烯石墨 graphite filled Teflon
聚四氟乙烯树脂 Polyflon; tetrafluoethylene resin; fluon
聚四氟乙烯塑料衬黑色金属管 polytetrafluoro ethylene plastic-lined ferrous metal pipe
聚四氟乙烯塑料衬里离心泵 centrifugal pump with lining Teflon
聚四氟乙烯涂层 Teflon-coating
聚四氟乙烯涂层玻纤织物 polytetrafluoro ethylene coated glass fabric
聚四氟乙烯外脱膜剂 polytetrafluoro ethylene external mo(u)ld-release agent
聚四氟乙烯纤维 polytetrafluoro ethylene fibre
聚四氟乙烯支座 polytetrafluoroethylene bearing; Teflon bearing; TFE bearing
聚四氟乙稀不锈钢 fluon-to-stainless steel
聚四氟乙稀密封 fluon seal
聚四氟乙稀瓶 fluon bottle
聚四氢呋喃 polytetrahydrofuran; polytetramethylene oxide
聚羧酸 polycarboxylic acid
聚羧酸黏[粘]固粉 polycarboxylate cement
聚羧酸锌黏[粘]固粉 zinc polycarboxylate cement
聚羧乙烯 carbopol; carboxyvinyl polymer
聚缩醛 polyacetal
聚缩系统 condensed system
聚碳发酯 assemble carbonic acid fat
聚碳硼烷硅氧烷 polycarboranesiloxane
聚碳酸脂电容器 polycarbonate capacitor
聚碳酸酯 polycarbonate
聚碳酸酯板 polycarbonate sheet
聚碳酸酯薄膜滤器 polycarbonate membrane filter
聚碳酸酯树脂 panlite; polycarbonate resin
聚碳酸酯塑料 polycarbonate plastics
聚羰酰亚胺 polycarboimide
聚套光纤 tight tube fiber[fibre]
聚烷基合成润滑剂 polyalkyl synthetic(al) lubricant
聚烷氧化物 polyalkoxide
聚烷氧基硅烷 polyalkoxysilane
聚烯 polyene
聚烯丙醇 polyallyl alcohol
聚烯树脂 polyolefin(e) resin
聚烯酸 polyolefin acid
聚烯烃 polyolefin(e)
聚烯烃表面处理 surface treatment of polyolefins
聚烯烃管 polyolefin pipe
聚烯烃类 polyolefins
聚烯烃树脂 polyolefin resin
聚烯烃塑料 polyolefin plastics
聚烯烃塑性体 polyolefin plastomer
聚烯烃油 olefin polymer oil
聚酰氨纤维 silon
聚酰胺 amilan; polyamide
聚酰胺稠化润滑油 polyamide-thickened lubricant
聚酰胺固化环氧漆 polyamide-cured epoxy paint
聚酰胺环氧树脂 polyamide-epoxy
聚酰胺膜 polyamide film
聚酰胺树脂 Amilan; polyamide resin
聚酰胺树脂涂料 nylon paint
聚酰胺塑料 aminoplastics; polyamide plastics
聚酰胺纤维 cupron; nylon; perlon; polyamide fiber[fibre]
聚酰胺酰亚胺 polyamide-imide
聚酰胺酰亚胺树脂 polyamide-imide resin
聚酰胺酯 polyesteramide; polyaminoester
聚酰胺酯物料 polyesteramide material
聚酰肼 polyhydrazide
聚酰纤维 polyester fiber[fibre]
聚酰亚胺 polyimide
聚酰亚胺树脂胺 polyamide resin
聚硝基苯 polynitrobenzene
聚新戊二醇己二酸酯 polyneopentyl glycol adipate
聚形 combinated form
聚形纹 combination striation
聚溴乙烯 polyvinyl bromide
聚悬胶(体) polysuspensoid
聚压 ironing
聚亚苯基硫醚 polyphenylene sulfide
聚亚苯基醚 polyphenylene oxide
聚亚己基氨基甲酸四亚甲酯 polytetramethylene hexamethylene urethane
聚亚甲胺树脂 polyamine-methylene resin
聚亚甲基硅烷 silmethylene
聚亚甲基聚苯异氰酸酯 polymethlene polyphenyl isocyanate
聚亚糠基丙酮 polyfurfurylidene acetone
聚亚烷基二醇 polyalkylene glycol
聚亚烷基酰胺 polyalkylene amide
聚烟道 gathering
聚烟器 smoke condenser
聚氧化丙烯 polypropylene oxide
聚氧化甲烯树脂 polyoxymethylene resin
聚氧化亚乙基烷基胺 polyoxyethylene alkyl amine
聚氧化亚乙基烷基醚 polyoxyethylene alkyl ether
聚氧化乙烯 polyoxyethylene oxide
聚氧化乙烯醇 polyoxyethylene alcohol
聚氧化乙烯聚合物 polyethylene oxide polymer
聚氧甲烯 polyoxyethylene methylene
聚氧乙二醇 polyethylene glycol; polyoxyethylene glycol
聚氧乙烯 polyethylene glycol; polyoxyethylene
聚氧乙烯醚 polyethenoxy ether
聚氧乙烯烷基胺 polyoxyethylene alkyl amine
聚氧乙烯烷基苯醚乙醇 alkyl phenoxy poly(ethyleneoxy) ethanol
聚氧乙烯烷基醚 polyoxyethylene alkyl ether
聚氧乙烯辛基苯醚 polyoxyethylene octyl phenyl ether
聚氧乙烯型表面活性剂 polyoxyethylene type surfactant
聚氧乙烯月桂基醚 polyoxyethylene lauryl ether
聚乙二胺纤维素 polyethylenediamine cellulose
聚乙二醇 polyethylene glycol; polyglycol
聚乙二醇单甲醚丙烯酸酯 polyethylene glycol nonylphenyl ether
聚乙二醇单硬质脂酸酯 polyethylene glycol monostearate
聚乙二醇二硬脂酸酯 polyglycol distearate
聚乙二醇醚 polyethylene glycol ether; polyglycol ether
聚乙二醇硬酸 polyethylene glycol stearate
聚乙二酰胺 polyoxamide
聚乙基苯 polyphenylene ethyl
聚乙基硅氧烷 polyethyl silicone
聚乙基氢硅氧烷 polyethylhydrosilicone
聚乙甲基丙烯酸甲酯 perspex
聚乙醛 metaldehyde
聚乙炔 polyacetylen
聚乙酸乙烯酯 polyvinyl acetate
聚乙酸乙烯树脂黏[粘]合剂 polyvinyl acetate resin adhesive
聚乙酸乙烯水泥 polyvinyl acetate cement
聚乙酸乙烯酯 polyvinyl acetate
聚乙酸乙烯酯类黏[粘]合剂 texibond
聚乙酸乙烯酯乳胶 polyvinyl acetate latex
聚乙酸乙烯酯乳液 polyvinyl acetate emulsion; venamul
聚乙酸乙烯酯乳液黏[粘]合剂 vinayil
聚乙酸乙烯酯树脂 venac; vinylite
聚乙酸乙酯胶粘剂乳液 polyvinyl acetate emulsion adhesive
聚乙烯 alkathene; polyethylene; polythene; polyvinyl
聚乙烯胺 polyvinyl amine
聚乙烯板 polythene sheeting
聚乙烯保护板材 polyethylene protection sheeting
聚乙烯保护层 polyethylene coat
聚乙烯保护膜 polyethylene protection film; polythene protection film
聚乙烯薄膜 polyethylene film; polyethylene membrane; polythene film; polythene sheet(ing) <用于混凝土养护等>
聚乙烯薄膜防潮层 polyethylene sheet(ing) dampproof(ing) course
聚乙烯薄膜卷铺垫衬 <垫铺于混凝土路面下> polythene underlay roll
聚乙烯薄膜印墨黏[粘]附试验 chapman test
聚乙烯薄片 polyethylene sheeting
聚乙烯层合纸 polyethylene laminated paper
聚乙烯衬里 polyethylene-lined
聚乙烯醇 polyethylene glycol; polyvinyl alcohol; vinol
聚乙烯醇浓度 polyvinyl alcohol concentration
聚乙烯醇乳液 polyvinyl alcohol emulsion
聚乙烯醇缩丁醛 polyvinyl butyral
聚乙烯醇缩丁醛树脂 polyvinyl butyral resin; vinyl butyral resin
聚乙烯醇缩甲醛 polyvinyl formal
聚乙烯醇缩甲醛树脂 formal resin
聚乙烯醇缩甲醛铜线 formal copper wire
聚乙烯醇缩醛 polyvinyl acetal
聚乙烯醇缩醛类 polyvinyl acetals
聚乙烯醇缩醛树脂 polyvinyl acetal resin
聚乙烯醇缩醛纤维 vinylon
聚乙烯醇缩乙醛 polyvinyl acetal
聚乙烯醇纤维 vinal
聚乙烯大直径异形壁排水管 polyethylene large diameter profile wall drain pipe
聚乙烯大直径异形壁污水管 polyethylene large diameter profile wall sewer pipe
聚乙烯地膜 polyethylene geomembrane
聚乙烯电介质 polyethylene dielectric
聚乙烯垫圈 polythene washer
聚乙烯对苯二甲酸酯 polyethylene terephthslate
聚乙烯对碳清漆 <掺在焦油中的> polyvinyl anti-carburant varnish
聚乙烯防潮防透气薄膜 polyethylene vapor barrier
聚乙烯呋喃树脂 polyvinyl furan resin
聚乙烯改性沥青 polyethylene modified asphalt
聚乙烯盖布 polyethylene tarpaulin
聚乙烯钢条隔片 polyethylene bar spacer
聚乙烯高压盘根 high-pressure polyethylene packing
聚乙烯管(道) polyethylene pipe[piping]; polyethylene tube[tubing]; polythene pipe; tygon tube
聚乙烯管件 polyethylene pipe fitting
聚乙烯海底管道 polyethylene submarine pipeline
聚乙烯和聚丙烯船用缆绳 polythene
聚乙烯化过氧氢 polyethylene hydroperoxide
聚乙烯化合物的 polyvinyl
聚乙烯基吡咯烷酮 polyvinyl pyrrolidone
聚乙烯基甲基醚 polyvinyl methyl ether
聚乙烯基咔唑树脂 polyvinyl carbazole resin
聚乙烯基类树脂 polyvinyl resin
聚乙烯基醚 polyvinyl ether
聚乙烯基乙基醚 polyvinyl ethyl ether
聚乙烯基异丁基醚 polyvinyl isobutyl ether
聚乙烯挤压型洗瓶 polyethylene squeeze type wash bottle
聚乙烯建筑板材 poly(e) thene building sheet
聚乙烯胶合剂 polyvinyl bonding medium
聚乙烯聚胺 polyethylene polyamine
聚乙烯聚乙酸乙烯酯 polyethylene-polyvinyl acetate
聚乙烯绝缘电缆 polyethylene insulation cable
聚乙烯绝缘铝芯电缆 polyethylene insulation alumin(i) um-core cable; Alpeth cable
聚乙烯绝缘软质电缆 vinylcabtiret
聚乙烯(绝缘)铜线 formale copper wire
聚乙烯咔唑树脂 polectron
聚乙烯蜡 polyethylene wax
聚乙烯沥青装置 polyethylene asphalt unit
聚乙烯硫酸 polyvinyl sulfuric acid
聚乙烯农用薄膜 polyethylene agricultural film
聚乙烯排水板 polyethylene drainage plate
聚乙烯泡沫(塑料) polyethylene foam
聚乙烯瓶 formale bottle
聚乙烯鞘 polyethylene sheath
聚乙烯热塑性塑料高压灌溉管道系统 polyethylene thermoplastic high-pressure irrigation pipeline system
聚乙烯软管 flexible poly(e) thene pipe
聚乙烯润滑油 polyethylene oil

聚乙烯树脂 polyethylene resin
聚乙烯树脂胶 polyvinyl-resin glue
聚乙烯塑料 polyethylene plastics; polyvinyl plastics;vinyon
聚乙烯塑料暗管 PVC plastic pipe
聚乙烯塑料防水板 polyethylene plastic waterproofing membrane
聚乙烯塑料防水层 polyethylene plastic waterproofing membrane
聚乙烯缩丁醛 polyvinyl butyral
聚乙烯缩甲醛 polyvinyl formal
聚乙烯套管 < 用来保护预应力束、斜拉桥拉索等 > polyethylene sheath; PE sheath; polyethylene duct
聚乙烯涂层钢管 polyethylene coated steel pipe
聚乙烯涂层聚乙烯织物 polyethylene coated polyethylene fabric
聚乙烯涂层聚酯织物 polyethylene coated polyester fabric
聚乙烯纤维 polyethylene fiber[fibre]; spun-bonded polyethylene
聚乙烯亚胺 polyethyleneimine; polymine
聚乙烯养护 < 混凝土的 > polyethylene cure
聚乙烯氧化掺和剂 polyethylene oxide admixture
聚乙烯乙二醇 polyethylene glycol
聚乙烯鱼泡绝缘电缆 polyethylene balloon insulated cable
聚乙烯浴室出水口 polyethylene bathroom outlet; polythene bathroom outlet
聚乙烯浴室进水口 polyethylene bathroom inlet;polythene bathroom inlet
聚乙烯浴室排水管 polyethylene bathroom gulley
聚乙烯浴室上落管 polythene bathroom gulley
聚乙烯浴室水落管 polyethylene bathroom gulley
聚乙烯织物 polyethylene fabric
聚乙烯止水条 polyvinyl waterbar; polyvinyl waterstop
聚乙烯酯乳液胶 polyvinyl acetate resin adhesive
聚乙氧基烷基酚 polyethoxylated alkyl phenol
聚已二酸亚丙基 polytrimethylene adipate
聚已内酯 polycaprolactone
聚异丁烯 isobutene polymer; polyisobutylene;vistanex
聚异丁烯薄膜 polyisobutylene film; polyisobutylene sheet(ing)
聚异丁烯薄片 polyisobutylene film; polyisobutylene sheet(ing)
聚异丁烯合成橡胶 polyisobutylene synthetic(al) rubber
聚异丁烯膜 polyisobutylene sheet(ing)
聚异丁烯树脂 isobutylene resin
聚异丁烯酸树酯 plexiglass
聚异丁烯橡胶 polyisobutylene rubber
聚异丁烯异戊二烯 polyisobutylene-isoprene
聚异分体 polyallomer
聚异氰酸酯泡沫 cellular polyisocyanate
聚异氰酸酯泡沫保温板 cellular polyisocyanate thermal insulation board
聚异三聚氰酸盐泡沫 polyisocyanate foam
聚异戊二烯 polyisoprene
聚异质同晶体 polyallomer
聚阴离子 polyanion
聚阴离子传感器 polyanion sensor
聚茚树脂 indene resin; polyindene resin
聚油槽 oil drain tank
聚油带 oil bank
聚油窝沟 sump
聚油箱 oil drain tank
聚有机改性硫酸铝 polyalumin(i)um organic modified sulfate[sulphate]
聚有机硅氧烷 polyorganosiloxane
聚有机钛硅氧 polyorganotitanosiloxane
聚有机锡硅氧烷 polyorganostannosiloxane
聚釉 coalesced glaze
聚酯 polyester
聚酯板 polyester board
聚酯波纹片 polyester corrugated sheet(ing)
聚酯玻璃钢板 polyester-glass fiber[fibre] sheet
聚酯玻璃钢集装箱 fiberglass reinforced plastic container
聚酯玻璃丝板 polester-glass fiber[fibre] sheet
聚酯薄膜 mylar diaphragm; mylar film;polyester film
聚酯薄膜面吸声板 mylar-faced acoustic(al) tile
聚酯薄膜树脂 mylar resin
聚酯薄膜图 polyester printing
聚酯薄膜吸音板 polester-faced acoustic(al) tile
聚酯薄片 polyester sheet
聚酯层合薄膜 polyester laminated film
聚酯窗 polyester window
聚酯醋酸盐纤维染色废水 polyester and acetate fibre dyeing effluent
聚酯地板材料 polyester floor cover(ing);polyester floor(ing)
聚酯二醇 polyester glycol
聚酯废水 polyester wastewater
聚酯粉末涂料 polyester powder coating
聚酯灌浆 polymer grouting
聚酯合成润滑剂 polyster synthetic(al) lubricant
聚酯合成物 polyester compound
聚酯化合物 polyester compound
聚酯化作用 polyesterification
聚酯灰浆 polyester mortar
聚酯绘图薄膜 polyester drawing film;polyester film
聚酯绘图片 polyester drawing sheet
聚酯混凝土 polyester concrete
聚酯混凝土护墙板 polyester concrete panel
聚酯混凝土镶板 polyester concrete panel
聚酯基油毛毡屋面 polyester base felt roofing
聚酯加强网 polyester reinforcing fabric
聚酯胶结玻璃丝板 polyester-glass fiber[fibre] sheet
聚酯胶结玻璃纤维板 polyester-glass fiber[fibre] sheet
聚酯胶片 mylar;polyester film;prepreg
聚酯胶粘剂 polyester(resin) adhesive
聚酯类塑料 polyester plastics
聚酯类橡胶质 paracon
聚酯楼面覆盖层 polyester floor cover(ing);polyester floor(ing)
聚酯门 polyester gate
聚酯模板 polyester form(work)
聚酯黏[粘]合剂 polyester adhesive
聚酯黏[粘]结剂 polyester bonding agent
聚酯片 polyester diapositive; polyester plate
聚酯片基 polyester base
聚酯漆 polyester paint
聚酯漆包线漆 polyester wire enamel
聚酯软片 polyester film
聚酯纱 polyester yarn
聚酯砂浆 polyester mortar; sand-filled polyester
聚酯绳索 polyester cord
聚酯树胶 vestopal
聚酯树胶黏[粘]合料 vestopal binder
聚酯树脂 alkyd resin;vibrin;polyset
聚酯树脂板 polyester resin board
聚酯树脂电容器 mylar capacitor
聚酯树脂敷涂的 polyester resin coated
聚酯树脂合成物 polyester resin compound
聚酯树脂化合物 polyester resin compound
聚酯树脂混凝土 polyester resin concrete
聚酯树脂锚栓 resin anchored bar
聚酯树脂饰面的 polyester resin-faced
聚酯树脂透光波纹板 polyester resin corrugated light-admitting board
聚酯树脂增强层压材料 polyester resin reinforcing layup
聚酯树酯 polyester resin
聚酯树酯涂料 polyester resin coat(ing)
聚酯塑料 polyester plastics
聚酯塑料浴盆 polyester bath
聚酯胎体 polyester base
聚酯涂层 polyester coat(ing)
聚酯纤维 polyester fiber[fibre]; dacron
聚酯酰胺 polyesteramide
聚酯酰亚胺 polyester imide
聚酯橡胶 lactoprene; polyester rubber
聚酯型氨基甲酸酯 polyester urethane
聚酯型多元醇 polyester polyol
聚酯型聚氨酯 polyester polyurethane
聚酯异氰酸酯 polyester isocyanate
聚酯硬纸板 polyester fiber[fibre]
聚酯油灰 polyester putty
聚酯釉质树脂 polyester cast(ing) resin
聚酯增强氧化沥青油毡 polyester reinforced oxidized bitumen sheet
聚酯增塑剂 polyester plasticizer
聚酯毡 polyester fleece;polyester mat
聚酯织物 polyester fabric; polyester fiber[fibre]
聚酯终饰 polyester finish
聚酯铸塑树脂 polyester cast(ing) resin
聚腙 polyhydrazone

捐款 beneficence; benevolence; donation;dues;endowment fund

捐款国 donative-country; donor country
捐款人 donor;subscribers
捐款箱 < 做礼拜的 > offertory box
捐税 dues and taxes; tax; taxes and levies
捐税当期分配 tax allocation with a period
捐税清册 tax roll
捐税收入簿 register of collections
捐献 contribution;subscribe
捐献财物的教堂 offering chapel
捐献清单 offering table
捐献台 offering table
捐献箱 < 教堂、庙宇的 > alms-box
捐赠 donate;donation;endow
捐赠差益 surplus from donation
捐赠地产 donated land
捐赠地产储备 donated land reserve
捐赠股处理 disposal of donated shares
捐赠股份 donated stock
捐赠国 donor country
捐赠基金 donated fund; endowment fund
捐赠牌 donor plaque
捐赠软件 donate-ware
捐赠养老金 contributory pension
捐赠盈余 donated surplus
捐赠营运资本 donated working capital
捐赠运用资本 donated working capital
捐赠账户 donated account; donation account
捐赠者 contributor;don(at)or
捐赠资本 contributed capital;donated capital
捐赠资产 donated assets
捐赠资金 capital endowment
捐助 contribute; donate; offer financial assistance;subscribe
捐助人 contributor
捐助物 beneficence;benevolence

涓滴 dribble; drib(b)let; droplet; thimbleful

涓流 trickle
涓流充电 trickle charge
涓流充电器 trickle charger
涓流床 trickle bed
涓流集热器 trickle collector

卷拔杆 winding lever

卷柏 wolf's claw
卷板 coiled sheet; roll sea; roll template
卷板对接焊 coil weld
卷板机 bending machine; bending roll;plate(bending) roll;rolling machine;veneer reeling machine
卷板加工 crimping plate process
卷板夹 coil plate clamp
卷板式单层高压筒 rolled plate high pressure cylinder
卷板条 rolling slat
卷包 wrap-around
卷包式太阳电池 wrap around type solar cell
卷绷带机器 bandage roller;bandage-winder
卷边 bead(ed edge);bead forming; beading; crimp(ing); curl(ing); double selvedge; edging; flange up; flanging; flaring; hem(ming); piping; rolled edge; roll-out; roll rim; edge folded
卷边槽钢 lipped channel
卷边侧导板 curling side guide
卷边冲头 curling punch
卷边的 flanged
卷边滴水 welted drip
卷边对接 edge flare
卷边对接接头 flange butt joint
卷边封口器 seamer;seaming pliers
卷边封面 overlapping cover
卷边工具 beader;bead tool
卷边管 beaded tube
卷边焊 flanged edge weld
卷边焊缝 flange-to-web weld;flange weld
卷边厚度 curling thickness
卷边机 beading machine; crimper;

crimping machine
卷边加工 curling
卷边角 flanging angle
卷边角钢 lippped angle
卷边角焊缝 corner flange weld
卷边接缝 hollow roll; lock seam; seaming; welted seam; Pittsburgh seam < 风管四角的 >
卷边接缝的加固条 seam roll
卷边接缝手钳 seamer; seaming pliers
卷边接合 seaming
卷边接合机 seaming machine
卷边接合模 lock seaming dies
卷边接头 edge(-flange) joint; flanged joint
卷边结合 lock beading
卷边金属丝布 woven-wire cloth with turned up edges
卷边铆接 spinning
卷边模 beading die; crimping die; curling die
卷边偏转线圈 saddle coil
卷边器 beader
卷边钳 crimping pliers; seamer; seaming pliers
卷边嵌线 bead wire
卷边式接缝 roll joint
卷边试验 flange test
卷边锁缝 lock seam
卷边涡流 curl
卷边线脚抹子 margin trowel
卷边靴 < 刹车装置 > hem shoe
卷边压力机 wiring press
卷边阳模 curling punch
卷边咬合接缝 double-lock seam
卷边咬口 < 风管四角的 > Pittsburgh seam
卷边(咬口)压床 horning press
卷边毡 curled felt
卷边展生的 effuse reflexed
卷边纸 wavy paper
卷边转盘 curling wheel
卷边装订 yapp
卷边装配 flanging arrangement
卷边子 bulb edge
卷标的开始 beginning-of-volume label
卷标(号) volume label
卷标记 volume mark
卷标签 volume label
卷波 plunging breaker; plunging wave; rolling wave
卷波点 < 波浪的 > plunge point
卷布 batching
卷布给湿机 wet wrapper damping machine
卷布辊 batching roller; cloth roller
卷布机 batcher; cloth rewinder; cloth rolling machine
卷布机构 roll-up mechanism
卷布局 volume layout
卷布式轧光机 jacking roll calender
卷材 coil; coiled material; coil stock; roofing; sheet material
卷材磅秤 coil scale
卷材边缘 coil edge
卷材长度 length of roll
卷材车 coil car
卷材地面 sheet flooring
卷材端头 coil end
卷材方 < 屋面卷材面积单位, 1 卷材方 = 108 平方英尺, 1 平方英尺 = 0.0929平方米 > roll square
卷材固定装置 coil positioner
卷材矫直机 coil straightener
卷材进给装置 coil cradle
卷材连续涂覆 coil coating
卷材平屋面 built-up flat roof
卷材平整机 coil-skin pass mill; coil-temper-mill
卷材输送带 coil conveyer[conveyor]
卷材输送机 coil conveyer[conveyor]
卷材涂料 coil coating
卷材涂料体系 coil coating paint system
卷材涂装 coil painting
卷材涂装机 coil coater
卷材涂装最高板温 peak metal temperature
卷材屋面 membrane roofing; prepared roofing; roll roofing
卷材移动台车 coil car
卷材装卸起重机 coil handling crane
卷草纹 floral scroll
卷层云 cirrostratus; cirrus stratum; stratocirrus; wane cloud
卷缠 circumvolution; serve
卷缠成型 wrap forming
卷缠钢缆用的镀锌细钢丝 seizing strand; seizing wire
卷缠木槌 serving board; seving mallet
卷缠用的小绳 serving stuff
卷缠用的油麻绳 serving marlin(e)
卷场机式钢筋冷拉机 winch type cold-drawing machine
卷车 wire winch
卷成 coiled
卷成卷轴形 scroll
卷成线球状的水带 potato roll
卷成漩涡 whirl
卷尺 band chain; band tape; flexible rule(r); ga(u)ge tape; line tape; measuring reel; measuring tape; metering tape; push-pull tape; reel tape; ribbon tape; survey tape; tape line; tape measure
卷尺标定 tape standardization
卷尺测工 contact man
卷尺测量 tape measure
卷尺持平垂准置距法 horizontal taping and plumbing
卷尺垂曲 sag of tape
卷尺定线校正 tape alignment correction
卷尺度量 taping
卷尺改正 tape correction
卷尺检定 standardization of tape; tape standardization
卷尺校正 tape correction
卷尺平差 adjustment of tapes
卷尺温度 tape temperature
卷尺温度计 tape thermometer
卷尺修正 tape correction
卷尺野外检定 field standardization of tape
卷尺丈量 tape measurement
卷出 detrain
卷窗帘 roller blind
卷存订购单 filing order
卷错误分析 error volume analysis
卷错误统计 error statistics by volume
卷带 rewind(ing)
卷带串珠装饰 reel and bead enrichment
卷带电动机 reel motor
卷带电机 tape feed motor
卷带鼓轮 tape drum
卷带盒 reel case; take-up case
卷带机 tape handler
卷带机构 tape mechanism
卷带磨光 coil grinding
卷带盘 take-up reel
卷带式磨光机 roll grinder
卷带式抛光机 roll grinder
卷带铁心 bimag
卷带信号 thread in signal
卷带张力 take-up tension
卷带轴 take-up spool
卷带转矩 take-up torque
卷担子菌属 < 拉 > Helicabasidium
卷刀口 bending
卷到甲板上的涌浪 green sea
卷得过紧 overwind
卷得太紧 overwind
卷的 tortile
卷的初始化 volume initialization
卷登记项 volume entry
卷迭频率 folding frequency
卷叠 roll up
卷叠矿体 roll ore body
卷叠频率 folding frequency
卷叠式舱口盖 roll-up hatch cover
卷定位数据库 volume location database
卷动 roll; scrolling
卷动标尺【测】 tape rod
卷动格栅 roller grille
卷动格栅门 rolling lattice gate
卷动格子窗 rolling grille
卷动盒 scroll box
卷动箭头 scroll arrow
卷动锁定键 scroll-lock key
卷动条 scroll bar
卷蛾科 < 拉 > Tortricidae
卷耳 rolled eye
卷帆滑车 fall block
卷帆索 brail(line); inhaul
卷放电缆支撑架 cable drum table
卷缝 round seam
卷缝法 round seaming
卷钢背(面)涂层 backing coat
卷钢卷涂长度计数器 starter strip
卷管机 bending rolls; reel machine; tendon and winding machine; tendon duct winding machine
卷辊 winding up roller
卷滚 scroll
卷过头 overwind
卷焊钢管 butt-welded tube
卷焊管 reel welded tube
卷焊式单层圆筒 roll-welded (monolayered) cylinder
卷号 volume number; reel number < 钢丝绳、电线等的 >
卷痕 cinch mark
卷烘处理 Haefely process
卷花 coiling soup; curling
卷滑构造 flap structure
卷簧机 spring coiling machine
卷簧器 spring winder; winder
卷簧组 nest spring
卷积 convolution
卷积编码 convolutional encoding
卷积定理 convolution theorem
卷积法 convolution method
卷积和 convolution summation
卷积积分 convolution integral; faulting integral
卷积积分模型 convolution integral model
卷积滤波 convolution filtering
卷积滤波图像 convolution filtered image
卷积码 convolution(al) code; recurrent code
卷积器 convolver
卷积输出 convolution output; convolver output
卷积特性 convolution property
卷积信号 convolution signal
卷积云 cirrocumulus; cirrostratus; cumulocirrus
卷积云天 mackerel sky
卷角 corner folded
卷角垫圈 angle washer
卷结束标号 end-of-volume label
卷结束(符) end of volume
卷解试验 cracking test; mandrel test
卷紧 cinching; wind-up
卷经匀整装置 beam evening device
卷开关过程 volume switch procedure
卷开始标号 beginning-of-volume label
卷开式铝格栅 alumin(i)um rolling grill(e)
卷控制 volume control
卷捆式捡拾压捆机 rotobaler
卷捆室 roll-box
卷拉边 roll rim
卷缆车 reel
卷缆花饰 cable mo(u)lding; rope mo(u)lding
卷缆机 cable picking and laying machine; cable winder
卷缆绞盘 capstan; warping capstan
卷缆饰 cabling
卷缆筒 cable collector drum
卷缆柱 cable column; cabling
卷缆柱连接板 cable column
卷浪 comber; hollow sea; plunging breaker; roller; rolling sea; blind roller; blind sea
卷浪危险旗号 roller flag
卷楞瓦屋面做法 roll-capped system; rolled cap roofing
卷连续号 volume serial number
卷帘 roller blind; rolling blind; rolling screen; window shade
卷帘坝 curtain dam
卷帘百叶 roller shutter; rolling shutter; roller jalousie
卷帘百叶窗罩 blind apron
卷帘百叶门 roller jalousie gate
卷帘百叶箱 roller jalousie housing
卷帘板 rolling slate
卷帘窗 revolving shutter; roller shutter window; rolling shutter; roll-up window
卷帘格栅 rolling grille
卷帘格栅门 rolling grille door
卷帘隔断 rolling partition(wall)
卷帘隔墙 rolling partition(wall)
卷帘轨 shutter rail
卷帘盒 roller shutter casing
卷帘铝质百叶窗(门) alumin(i)um rolling shutter
卷帘门 overhead-type garage door; rolled-up door; roller shutter door; rolling (-shutter) door; roll-up door; sectional overhead door; shutter door
卷帘幕 rolling curtain
卷帘式百叶窗 rolling shutter; Spanish blind
卷帘式百叶窗框 roller blind frame
卷帘式壁龛 shutter box
卷帘式防火门 fire-protection shutter
卷帘式过滤器 roller curtain type filter; roll filter
卷帘式框架堰 rolling-up curtain weir
卷帘式门 folding shutter door
卷帘式铁门 metal shutter; shutter
卷帘式遮阳帘 roller shades
卷帘天幕 rolling cyclorama
卷帘堰 curtain weir
卷链 winding chain
卷链架 winding chain bracket
卷链筒 chain drum
卷链轴 winding shaft
卷链轴板 winding shaft plate
卷链轴掣子 winding shaft ratchet pawl
卷链轴掣子安全销 winding shaft ratchet pawl safety pin
卷链轴掣子托 winding shaft ratchet pawl bracket
卷链轴棘轮 winding shaft ratchet
卷料 coil stock
卷料槽 looping channel
卷料机 coiling machine; plait mill; power drum

卷料架 coil cradle
卷料开卷机 dereeler
卷裂 coil break
卷流 plume
卷码 convolution code
卷毛 bob;woolpack
卷毛岩 roche moutonnee
卷毛云 woolpack cloud
卷毛云天 fleecy sky
卷门 overhead door of the roll-up type;roller shutter;rolling door
卷门罩 hood
卷名 volume name
卷(末)索引 volume index
卷目录表 volume table of contents
卷钮 film transport knob; winding knob
卷盘 bobbin disk;drum;swift
卷盘到卷盘 reel-to-reel
卷盘机 reeler
卷盘胶管 hose reel tubing
卷盘水带 donut roll
卷盘型集袋器 reel-type sack magazine
卷盘制动器 reel brake
卷盘轴 spool spindle
卷棚 round ridge roof
卷棚屋顶 Chinese round ridge roof
卷片 film advance;quill;winding film
卷片暗盒 take-up film cassette
卷片扳手 film-wind tap; removable wind crank
卷片传输装置 film transporting mechanism
卷片方向 advancing direction
卷片和快门联锁机构 interlocked film wind and shutter mechanism
卷片机 winder
卷片拉力 take-up tension
卷片钮和扳手 film advance knob and crank
卷片盘 film spool
卷片曲柄 crank
卷片式幻灯片 film astrip
卷片式照相机 roll-film camera
卷片室 rewinding room
卷片筒 coil
卷片旋钮 film winder
卷片指示器 film supply indicator; film transport indicator
卷片轴 take-up spool
卷片装置 film moving mechanism; take-up device
卷破波 plunging breaker
卷破浪 plunging wave
卷铺屋面材料 roll roofing
卷起 involute; plait; roll(ed) up; tuck;wind-up
卷钳 crimp pliers
卷切机 winding cutter; winding machine
卷曲 crimple; crinkle; crisp; oil-canning;twirl;warp(ing);warpage
卷曲玻璃纤维 curled glass fiber
卷曲层 contorted bedding
卷曲层理 convolute bedding;crinkled bedding;curled bedding;curly bedding
卷曲成型模 finish-curl die
卷曲的 crisp
卷曲的平底面 <弯曲楼梯> flueing soffit
卷曲花纹 curl type
卷曲花纹贴面板 butt veneer
卷曲机 crimper
卷曲脊瓦 wind ridge
卷曲角钢 crimp angle
卷曲浪 curing of waves
卷曲裂开 curling-cracking
卷曲木丝 crurls
卷曲片岩 curly schist
卷曲石 helictite
卷曲纹(理) curly grain
卷曲物 curl
卷曲纤维 crimped fiber[fibre]
卷曲纤维毡 swirl mat
卷曲消除器 decurler
卷曲转盘 curling wheel
卷曲装饰 curlicue[curlycue]
卷曲状 ripple figure
卷曲状的 capreolate
卷曲作用 curling action
卷取 batching;take-up;wind-up
卷取槽 looping channel
卷取导管 reel pipe;run pipe
卷取工段 wind-up station
卷取辊 batch roller;take-up roll
卷取辊齿轮 beam wheel
卷取机 coiling machine;power drum; recoiler; recoiling machine; reeler; reeling machine;winder reel
卷取机操纵台 coiler pulpit
卷取机构 spooler; winding down frame
卷取机卷筒 coiler mandrel;reel block
卷取机卷筒夹紧爪 reel gripper jaws
卷取机张力调节器 reel tension regulator
卷取机支座 coiler stand
卷取炉 coiler furnace;reeling furnace
卷取设备 taking-up equipment
卷取速度 coiling speed
卷取装置 batching apparatus; batch up gear; coiling apparatus; take-off device;take-up gear(stand);winding-off device
卷圈器 <屋面卷材铺设机中的> looper
卷绕 coiling;pirn;wind;wrap-around
卷绕比 winding ratio
卷绕波纹管 convoluted bellow
卷绕层理【地】 convolute bedding
卷绕隔墙 <可卷绕箱中> coiling partition
卷绕管 winding tube
卷绕过紧 overwinding
卷绕机 up-coiler; winder; winding machine
卷绕机构 winding gear
卷绕钳 crimping pliers
卷绕式波导管 coiled waveguide
卷绕式绞车 warping winch
卷绕式空气过滤器 moving curtain air filter;roll air filter
卷绕速度 rope speed
卷绕筒 winding up drum
卷绕装置 winding installation
卷绕状态 reeling condition
卷入 enwrap;immixture;involvement
卷入部分 tuck-in
卷入空气 entrainment of air
卷入碎波 plunging breaker
卷入杂质 entrapped dirt
卷入作用 involution
卷杀 entasis treatment
卷上 enlace
卷升百叶窗 roller shutter; rolling shutter
卷升百叶门 roller shutter type door; rolling(-shutter) door
卷升隔墙 roller partition
卷升门 rolling door;roll-up door
卷升式百叶门 rolling-shutter type door
卷升式上翻门 up-and-over door of the roll-up type
卷绳 winding rope
卷绳车 gurdy[gurgite]
卷绳器 rope winder
卷绳饰 cabling;rudenture
卷绳线脚 cable mo(u)lding;rope mo(u)lding
卷绳状雕饰 <柱头下的> cabling
卷绳状筒形线饰 <柱头下的> rudenture
卷式方阵 roll-up type solar array
卷式银幕 roll-up screen
卷饰 roll mo(u)lding
卷束环状流 wispy annular flow
卷数多的 voluminous
卷刷机 canroy machine
卷顺序号 volume serial number
卷丝灯 coiled lamp
卷缩 crispation;curling
卷缩机 crimper
卷索车 hawser reel
卷索横向移动(机械) fleet
卷索绞车 hawser winch
卷索筒 warping drum
卷索(悬挂法) reel suspension
卷索眼 eyelet grommet
卷索轴 cable reel
卷提式打桩机 monkey engine
卷铁皮管 rolled tube
卷筒 cable wheel; winder; capstan; coiler; drum reel; mandrel; reel; swift;winch drum;winding barrel; winding drum;rope drum
卷筒百叶窗 revolving shutter
卷筒标记 sign of rubber stick
卷筒长度 drum length
卷筒车 cable reel car;hurdy-gurdy
卷筒传动 drum drive
卷筒带槽护套 grooved logging
卷筒分切机 reel slitter
卷筒工作面 drum face
卷筒过绕 overwind
卷筒和钢丝绳(直径)比 drum to rope ratio
卷筒加工法 drumming
卷筒架 reel stand
卷筒胶卷 panchromatic safety roll film
卷筒胶印油墨 web offset ink
卷筒绞车 reel crab;crab reel
卷筒接头 hollow roll
卷筒节径 pitch diameter of drum
卷筒离合器 drum clutch
卷筒盘 spool flange
卷筒平衡重 drum counterweight
卷筒铺管船 pipe-laying reel ship
卷筒欠绕 underwind
卷筒热风烘燥机 reel drier
卷筒容量 drum capacity
卷筒容绳量 permissible rope length of drum;rope capacity
卷筒刹车 drum brake
卷筒砂布 alumin(i)um oxide cloth in roll
卷筒式堆垛机 mandrel piler
卷筒式绞车 drum hoist
卷筒式绞机 drum hoist
卷筒式进料机构 reel-type feed mechanism
卷筒式卷扬机 drum hoist
卷筒式开卷机 mandrel payoff reel; mandrel uncoiler
卷筒式铺管驳 pipe-laying reel barge; reel barge; reel-type pipe laying barge
卷筒式提升机 drum hoist
卷筒式涂版机 whirler
卷筒式压力棍 mandrel roll
卷筒式张紧装置 drum tightening device
卷筒提升机 drum hoist
卷筒条纹 block mark
卷筒凸轮 drum flange
卷筒系数 drum factor
卷筒小车 spool-cart
卷筒形铺管驳 reel barge
卷筒形铺设管线器 reel carrier
卷筒形线脚 roll-and-fillet mo(u)lding
卷筒旋转指示器 drum rotation indicator
卷筒油毛毡 roll roofing felt
卷筒胀大 mandrel expand
卷筒支承轴 layshaft
卷筒直径 drum diameter;block diameter
卷筒直径与钢绳直径之比 rope to drum ratio
卷筒纸 continuous paper;endless paper;paper web;rolled paper
卷筒纸包装机 roll wrapper
卷筒纸导辊 jockey roller
卷筒纸电子定位器 insetter
卷筒纸定位器 webatron
卷筒纸给纸 web-fed
卷筒纸切纸机 sheeter
卷筒纸印刷 web printing
卷筒纸印刷机 web press
卷筒轴 drum shaft
卷头标 beginning-of-volume label
卷凸缘 edging
卷涂机储漆盘 pan
卷弯试验 wrap bending test
卷尾标号 end-of-volume label
卷尾标志 end-of-reel marker
卷尾插销 monkey-tail bolt
卷尾处理程序 end-of-reel routine
卷尾的 end of reel;monkey-tail
卷尾例行程序 end-of-reel routine
卷尾支架 pigtail
卷尾状扶手端 monkey's tail;monkey-tail bolt
卷尾状扶手末端 quoit terminal
卷纬 quilling;weft winding
卷纬机 cop winder; quiller; weft (pirn) winder
卷纹 wavy grain;weavy grain
卷涡叶饰 acanthus scroll
卷吸作用 entrainment
卷系列号 volume serial number
卷系旗 awheft
卷线 reel
卷线驳船的 reel barge
卷线车 reel
卷线管 pony roll
卷线机 coiler; coil winder; winder; wire-winding machine
卷线机卷筒 coiler mandrel
卷线架 spool stand;wire reel
卷线脚 roll mo(u)lding
卷线盘 take reel;winding roll
卷线筒 spooler; take reel; winding reel
卷线筒卷 reel
卷线轴 hank
卷相机 jenny
卷挟 entrainment
卷屑器 chip former
卷心式胶合板 rolling core veneer
卷形的 scrolled
卷形踏步 curtail step;scroll steps
卷形弹簧 coiled spring;spiral spring
卷型【电】 former
卷须 <攀缘植物> tendril
卷须状的 capreolate
卷序号 volume sequence number
卷旋 convolution
卷雪崩 rolling avalanche
卷压辊 pressure roll(er)
卷烟包装机 cigarette packer
卷烟厂废水 cigarette factory wastewater
卷烟工业 cigarette industry
卷烟机 cigarette making machine
卷烟式引流管 cigarette drain

J

卷烟式引流条 cigarette drain
卷烟纸 cigarette paper
卷扬 drum winding; winching
卷扬吊起 winch hoist
卷扬斗 gunboat
卷扬发动机 hoist engine
卷扬鼓轮 elevating drum
卷扬机 cable hoist; cable lift; capstan (engine); capstan winch; cathead; crab(winch); donkey engine; draw hoist; haulage engine; hauling engine; hoist(er); hoisting engine; hoisting equipment; hoisting machine; hoisting winch; hoisting works; jenny; lifting winch; power winch; rack hoist; reel crab; tackle; teagle; tractor cable winch; whim; winch; winder; winding-drum machine; winding engine; windlass
卷扬机操作工 winch operator; hoistman
卷扬机超风速制动闸 hoist overwind device
卷扬机车 winch truck
卷扬机齿轮 winding gear
卷扬机的驱动机械 drive machine
卷扬机吊钩 hoist hook
卷扬机吊钩定位线 hoist line
卷扬机发动机 hoist motor; hoisting engine
卷扬机房 gig house
卷扬机附属设备 winch attachment
卷扬机(钢丝)绳 winch rope
卷扬机(钢丝绳)拉力 line pull
卷扬机工程车 winch truck
卷扬机构 hoisting mechanism
卷扬机鼓轮 hoist(ing) drum
卷扬机滚筒 drum reel; drum spool; hois(ing) drum
卷扬机滑车 bailer sheave block
卷扬机滑轮 head sheave
卷扬机架 hoisting frame
卷扬机绞盘 hoist(ing) winch
卷扬机绞盘发动机 hoist winch engine
卷扬机卷筒 lifting drum; winding engine drum; hoisting drum
卷扬机控制器 hoist controller
卷扬机拉索 hoist guy(rope)
卷扬机缆索 hoist cable
卷扬机缆索卷筒 hoist cable socket
卷扬机离合器 hoist clutch
卷扬机链条 hoist chain
卷扬机马达 hoist motor
卷扬机平台 drum head
卷扬机起重(拉)索 hoist rope
卷扬机刹车 hoist brake
卷扬机绳 hoist rope
卷扬机施工临时提升架 hoist tower
卷扬机式冷拉机 winch type cold-drawing machine
卷扬机室 hoisting chamber; hoisting room
卷扬机提升平台 platform hoist
卷扬机系统 hoisting system
卷扬机限速开关 hoist overspeed device
卷扬机限程齿轮 hoist limit gear
卷扬机械 fair leader
卷扬机由于平衡重失稳产生的负荷载 overhauling load
卷扬机运送材料的笼子 material cage
卷扬机站 hoist station
卷扬机罩 hoist house
卷扬机遮棚 lookum
卷扬机制动柄 hoist brake
卷扬缆绳 winch cable
卷扬驱动 winch drive
卷扬设备 tackle gear
卷扬绳 winch line; winch rope
卷扬式打桩机 monkey driver
卷扬式启闭机 cable gate hoist
卷扬式启门机 hoist gate lifting device
卷扬式闸门启闭机 hoist gate lifting device
卷扬速度 winding speed
卷扬索套 lifting sling
卷扬塔 winding tower
卷扬提升机 traction lift; traction sheave elevator
卷扬斜桥 hoist bridge
卷扬用电动机 winding motor
卷扬装置 lifting apparatus; lifting device; winding gear
卷叶 leaf roll
卷叶式浮雕 creeper
卷叶式花饰 creeper
卷叶饰 acanthus; crocker
卷叶饰凸雕 <哥特式建筑> crocket
卷叶饰柱头 crocket capital
卷叶形浮雕 crocker
卷叶形花饰 crocket
卷叶形柱头 crocket capital
卷涌破碎波 plunging breaker
卷涌碎浪 plunging breaker
卷于圆锥体上 coning
卷圆压力机 crimping press
卷跃波浪 plunging wave
卷跃破波 plunging breaker
卷跃碎波 spilling breaker
卷跃碎浪 plunger breaker; plunging breaker
卷云 cirro; cirrus [复 cirri]; cirrus cloud; colt's tail
卷云层 cirrostratus
卷云线脚 curled clouds
卷云状的 cirriform
卷在线轴上 quill
卷闸门 rolling shutter
卷折 convolution; fold
卷折边 feint; feinted edge
卷折薄钢 crimped metal
卷折盖式写字台 roll-top desk
卷纸 roll paper; stock form
卷纸机 paper winder; reel machine
卷纸筒 paper drum; paper web
卷制轴套 wrapped bearing bush
卷终 end of volume
卷轴 capstan; pony roll; reel; scroll; spool; winding shaft
卷轴机 beamer
卷轴积云 roll cumulus
卷轴架 scrolls rack
卷轴式记录纸 roll paper
卷轴式牵引机 spool donkey
卷轴式缩微胶卷 roll microfilm
卷轴式纸 roll paper
卷轴手柄 shutter handle
卷轴套 winding shaft sleeve
卷轴小车 spool-cart
卷轴支承 winding shaft bearing
卷住 cling
卷转移 migration volume
卷装保温材料工人 paper-latcher
卷装货 cargo in coil; cargo in roll
卷装像纸 rolled paper
卷状物 scroll
卷状物件夹具 rolled stock grab
卷状阴极 Juno cathode; wrapped cathode
卷宗 document file; dossier
卷宗保持 file maintenance
卷宗标记 volume label
卷宗测试 volume test
卷宗分配 volume allocation
卷宗集合 volume set
卷宗头标 volume header label
卷宗文件 volume file
卷宗信息 volume information
卷宗序列号 volume serial number
卷宗元素 volume element
卷宗状态 volume state
卷走 carry away

锩毛条件反射 behind conditioned reflex

绢画 silk painting

绢石 bastite; schiller spar
绢石蛇纹岩 blacolite
绢丝 floret; pun silk yarn; silk spun; silk yarn
绢丝光泽 silky lustre
绢网 silk gauze; silk net
绢网印花 silk-screen printing
绢云母 episericite; sericite
绢云母粉 sericite in powder
绢云母化 sericitization
绢云母块 sericite lumps
绢云母片麻岩 sericite-gneiss
绢云母片岩 pinal schist
绢云母千枚岩 sericite phyllite
绢云母砂岩 sericite sandstone
绢云母石英片岩 sericite-quartz schist
绢云母石英岩 sericite quartzite
绢云片岩 sericite-schist

圈养动物处 dog run

决标 award of bid; award of contract; bid awarding; decision on award

决标单 list of award
决标会议 award meeting
决标价 price of award
决标书 letter of award
决标委任 award mandate
决策 decision-making; policy decision; policy-making; strategy
决策报告 record of decision
决策变量 decision variable
决策标准 decision criterion
决策标准的确定 determination of decision criteria
决策表 <列出解决某工程或某问题各种办法的表> decision table
决策表处理模式 decision table processor mode
决策表法 decision-form approach
决策博奕 decision game
决策步骤 decision(-making) steps; steps in decision-making
决策参数 decision parameter
决策层次作业评价法 decision band method
决策差别成本 discretionary cost
决策产物 result of decision
决策陈述 decision statement
决策程序 decision-making procedure; decision (-making) procedure; policy-making process
决策程序流程图 decision tree
决策持续性 decision-making continuum
决策带法 decision band method
决策单位 decision unit
决策单元 decision package
决策当局 decision-making authority
决策导向 decision oriented
决策的分级优选基准 suboptimization basis for decision-making
决策的辅助判据 secondary criterion for decision
决策的计时 timing of decision
决策的控制论模式 cybernetic model of decision-making
决策的类型 decision-making types
决策点 decision point
决策反馈系统 decision feedback system
决策方法 decision-making technique; decision procedure
决策方面的角色 decisional roles
决策费用 cost for decision-making; decision cost
决策分解 decision split
决策分析 decision analysis
决策分析的迭代特性 iterative nature of decision analysis
决策分析过程 decision analysis process
决策辅助系统 decision support system
决策辅助信息 information to aid in decision
决策复合体 decision-making complex
决策估计 decision evaluation
决策管理 decision-making management
决策管理理论 theory of decision management
决策管理学派 decisional management school
决策规则 decision rule
决策规则的本质完全类 essentially complete class of decision rule
决策规则的极小完全类 minimal complete class of decision rule
决策过程 decision-making procedure; decision-making process; decision procedure; decision process
决策函数 decision function
决策和活动分析 decision and action analysis
决策衡量准则 decision criterion
决策环 decision loop
决策会计 decision-making accounting
决策机构 decision-making body; policy-making body
决策机理 decision mechanism
决策机制 decision mechanism
决策基准 decision criterion
决策集 decision set
决策计算表 decision scoring table
决策计算机 decision computer
决策记分器 decision integrator
决策技术 decision-making technique
决策检验 decision test
决策阶段 <价值工程工作计划的阶段之一> decision phase; decision stage
决策结点 decision node
决策结构 decision structure
决策矩阵 decision matrix
决策科学 decision science
决策可分性 separability of decision
决策空间 decision space
决策块 decision block; decision box
决策理论 decision theory; theory of decision-making
决策理论方法 decision-theoretic approach
决策理论性分析 decision-theoretic analysis
决策量 decision content
决策论 theory of decision
决策逻辑 decision logic
决策门 decision gate
决策模拟推断 decision game
决策模式 decision mode; mode of decision making
决策模型 decision model
决策模型的部分解 partial solution of decision model
决策能力 decision capability

决策判断 judgement in decision
决策判据 decision criterion
决策配制 decision formulation
决策情况 decision situation
决策区域 decision region
决策权 decision-making authority; right to make decision
决策人(员) decision-maker
决策软技术 soft technique of decision; soft technology for decision
决策设计 decision design
决策时间滞差 decision lag; inside lag; recognition lag
决策时滞 decision lag
决策事件链锁 decision-event chain
决策树 decision tree
决策树法 decision-tree approach
决策树分析 decision-tree analysis
决策树支图解 branch of tree diagram
决策树中的结果 consequence in decision tree
决策体系 decision tree
决策体系法 decision-tree method
决策体系分析 decision-tree analysis
决策图 decision mapping
决策图表 decision tree
决策图权 decision fork
决策网络 decision network
决策问题 decision problem
决策问题的不变性 invariance of decision problem
决策问题中的样本容量 sample size in decision problem
决策系统 decision(-making) system
决策箱 decision box
决策效果 effects on decision-making
决策行动 decision action
决策行为 decision behavio(u)r
决策形势 decision situation
决策形势的构成 formulation of decision situation
决策形势的唯一性 uniqueness of decision situation
决策形势中的变量 variable in decision situation
决策形势中的行动变量 action variable in decision situation
决策学 policy-making study
决策因素 decision element
决策因子 decision factor
决策硬技术 hard technique of decision; hard technology of decision
决策战略 decision strategy
决策者 decider; decision-maker
决策者的期望值 total expected value of decision maker
决策支持系统【计】 decision support system
决策支援分析 decision-assisting analysis
决策支援模型的输出 output from decision-assisting model
决策值 decision value
决策指令 decision instruction
决策中心 decision center[centre]
决策周期 decision-making period
决策状况 decision situation
决策资料 decision data; options paper
决策资讯系统 decision information system
决策宗谱 decision tree
决策组 decision package
决策组织模型 decisive model of organization
决堤 bank breach; breaking of dike [dyke]; dam break(ing); dike[dyke] burst; dike[dyke] failure; dike[dyke] breach(ing); dike[dyke] break; falling of dike [dyke]; falling of embankment; levee crevasse
决定不能 indecision
决定布置成本 determining cost of layout
决定簇 determinant
决定簇测定 determinant assay
决定的 deterministic
决定电路 decision-making circuit
决定订购 decide to order
决定法 deterministic approach
决定废弃 condemn
决定各工作区的工作方法 determining work method for each work area
决定各种生产作业标准 determining production standard for all operation
决定工作方法 determining work method
决定工作项目 determining the items of work
决定过程 decision process
决定函数 determining function
决定价格 fix a price; price determination
决定论 determinism
决定票 casting vote
决定评价方法 determine evaluation strategy
决定趋势 determining tendency
决定设计 resolution on a design
决定生产量 determining quantities of production runs
决定生产日程进度表 determine production schedule
决定数据 determination data
决定维度的检测仪 astrolabe
决定问题 decision problem
决定系数 coefficient of determination; determination coefficient
决定性标准 deterministic standard
决定性参数 decisive parameter
决定性策略 deterministic policy
决定性的 critical; crucial; decisive; definitive; determinant
决定性分析法 deterministic analysis method
决定性荷载 final load
决定性集 decisive set
决定性技术 deterministic technique
决定性阶段 critical stage
决定性考验 critical test
决定性力矩 final moment
决定性评价法 deterministic appraisal approach
决定性设计 deterministic design
决定性时刻 critical moment; zero hour
决定性实验 crucial experiment; crucial test
决定性试验 conclusive test; crucial test
决定性问题 deterministic problem
决定性意见 last word
决定性因素 bottom line; decision element; pacing factor; deciding factor; determining factor
决定性影响 decisive influence; dominating influence
决定性有限自动机 deterministic finite automaton
决定性预报 cause-and-effect forecasting; deterministic forecasting
决定性证据 conclusive evidence
决定性自动机 deterministic automation
决定性作用 decisive effect; decisive role
决定修复 crevasses repair
决定需求的因素 determinants of demand
决定因素 decision factor; determinant; determinative factor; determinator; determiner; governing factor; pacing factor; pacing item; payoff
决定源 determining source
决定者 decider
决断层【地】 phantom
决断高度 decision height
决口 < 堤坝的 > blowout; breach; crevasse; inrush; levee breach; levee break; burst (ing break); branching
决口处 point of water inrush
决口扇(沉积) crevasse splay
决口扇相 crevasse splay facies
决口扇形滩 crevasse splays
决口水道 crevasse channel
决口自然堤 crevasse splay-natural levee
决口(钻孔中)进水 inrush of water
决流槽 chute
决赛 decider
决水罪 crime of breaking dike[dyke]
决算 account settled; actual (balanced) budget; audit (ing); award of bid; balanced budget; closing account; dosing account; final cost; final estimate; final settlement (of accounts); final account
决算(报)表 final statement; budget result table; conventional form; financial statement; final account
决算报告 final report; statement of final accounts; financial report
决算表分析 statement analysis
决算成本 final cost
决算单 balance ticket; final certificate; list of award
决算费用 closing cost
决算公开 disclosure
决算后发生事件 events subsequent to balance sheet
决算后各种费用 back charges
决算金额 final sum
决算竣工图 as-built drawing for settling accounts
决算期 period of settlement; settlement terms; settling term
决算日 closing date; closing day; date of balance sheet; tick day
决算日期 date of settlement
决算审计 audit of returns
决算书 balance sheet; final certificate; final report
决算说明书 statement of final accounts
决算账(户) balance account; final account
决算整理 closing adjustment
决算总金额 final sum
决泄板 flashboard
决泄板节制闸 flashboard check gate
决泻闸板 flashboard
决选名单 short list
决议 act; resolute < 美 >
决议草案 draft decision; draft resolution

诀窍 mystique

抉择 alternative; choice

抉择准则 decision criterion

绝版 exhausted edition; out of print

绝版地图 out-of-print map
绝版书 extinct books
绝壁 beetling wall; bold cliff; hanger; hanging wall; linn; palisade [palisado]; precipice; sheer precipice; steep
绝壁的 bluff
绝不间断 never failing
绝尘的 dust-tight
绝尘室 < 精细仪器或试验用 > white room; clean room
绝大多数 on the overwhelming majority; overwhelming majority
绝顶 culminating point; culmination; spire; tiptop; vertex [复 vertices/vertexes]
绝顶的 culminant; topmost
绝对 Y 阶矩 absolute Yth moment
绝对安培 abampere; abstatampere
绝对安全 foolproof
绝对安全贷款 ultra-safe lending
绝对安全性 absolute safe; foolproofing
绝对白体 absolute white body
绝对保留时间 absolute retention time
绝对保留体积 absolute retention volume
绝对保险(额) absolute cover
绝对保证 absolute undertaking
绝对背书 absolute endorsement
绝对比重 absolute specific gravity
绝对必要的 imperative
绝对闭合差 absolute closing error; absolute misclosure
绝对闭塞 absolute block; positive block
绝对闭塞区段 absolute block section; absolute block signal
绝对闭塞区间 absolute block section
绝对闭塞系统 absolute block system; positive block system
绝对闭塞信号法 absolute block signal(l)ing
绝对闭塞信号机【铁】 absolute block signal
绝对闭塞制 absolute block system; positive block system
绝对闭锁 positive block
绝对边界 absolute bound
绝对编码 absolute coding; actual coding; basic coding
绝对编码器 absolute encoder
绝对编址【计】 absolute address(ing)
绝对变差 absolute deviation
绝对变化率 absolute variability
绝对变位 absolute deflection; absolute displacement
绝对变形量 absolute deformation
绝对变异测度 measure of absolute variability
绝对变异度 absolute variability
绝对变异量 absent variability
绝对变异性 absolute variability
绝对标尺 absolute scale
绝对标定 absolute calibration
绝对标度 absolute scale
绝对标高 absolute altitude; absolute elevation; absolute level; dead level
绝对标准 absolute standard; categorical standard
绝对标准气压表 absolute standard barometer
绝对标准熵 absolute standard entropy
绝对表达式 absolute expression
绝对波长计 absolute wavemeter
绝对补集 absolute complement set
绝对不等式 absolute inequality
绝对不对称 absolute asymmetry
绝对不对称合成 absolute asymmetric(al) synthesis
绝对不精确性 absolute uncertainty
绝对不可靠性 absolute uncertainty
绝对不稳定性 absolute instability

绝对不应期 absolute refractory period
绝对参考系 absolute reference system
绝对糙度 absolute roughness
绝对糙率 absolute roughness
绝对测定(法) absolute determination
绝对测高计 absolute altimeter; terrain clearance indicator
绝对测光 absolute photometry
绝对测光星等 photometric(al) absolute magnitude
绝对测量 absolute measurement
绝对测量(方)法 absolute method of measurement
绝对测量仪表 absolute instrument
绝对测量制 absolute system of measurement
绝对测斜仪 absolute inclinometer
绝对测压计 absolute manometer
绝对差量 absolute dispersion
绝对产量 absolute yield
绝对(产)权 absolute title
绝对长度 absolute length
绝对常数 absolute constant
绝对超前 absolute advance
绝对沉降量 absolute settlement
绝对成本 absolute cost
绝对成本差 absolute difference in cost
绝对成本差额 difference of absolute cost
绝对成本差异 difference of absolute cost
绝对成本说 absolute advantage theory
绝对成本优势 absolute cost advantage
绝对承担 absolute acceptance
绝对诚信 utmost good faith
绝对程序 absolute program(me)
绝对程序的装入程序 absolute program(me) loader
绝对程序设计 absolute programming
绝对尺寸 absolute dimension
绝对尺度 absolute scale
绝对冲角 absolute angle of attack
绝对初压力 initial absolute pressure
绝对除盐 < 水的软化 > absolute demineralization
绝对垂度 absolute deflection
绝对垂线偏差 absolute deflection; absolute deviation of the vertical
绝对磁导率 absolute magnetic permeability
绝对磁强计 absolute magnetometer
绝对粗糙度 absolute roughness
绝对(大)气压 absolute atmosphere
绝对大气压力 absolute pressure
绝对大小 absolute magnitude
绝对代码 absolute code; basic code; code direct; direct code; specific code
绝对单位 absolute unit
绝对单位制 absolute system of units; absolute unit system; system of absolute unit
绝对导磁率 absolute permeability
绝对导数 absolute derivative
绝对道地址 absolute track address
绝对的 absolute; categorical
绝对的获利权 sheer earning power
绝对等高线 absolute contour; absolute isohypse < 不变压力和不变海拔高度的等高线 >
绝对滴定度 absolute titer
绝对滴定值 absolute titer
绝对地形 < 重力测量的 > absolute topography
绝对地应力测量 absolute ground stress measurement
绝对地址 absolute address(ing); actual address; specific address; absolute coding
绝对地址定位 specific addressed location
绝对地址汇编程序 absolute assembler
绝对地址码 one-level code
绝对地址装入程序 absolute loader
绝对地质年代学 absolute geochronology
绝对地租 absolute ground-rent; absolute land rent; absolute rent
绝对电磁单位 absolute electromagnetic unit
绝对电磁单位制 absolute electromagnetic system; centimeter-gram-second electromagnetic system
绝对电流单位 absolute unit of current
绝对电平 absolute level
绝对电位 absolute potential
绝对电压量规 absolute voltage level
绝对定位 absolute fix
绝对定向 absolute orientation
绝对定向元素 element of absolute orientation
绝对动力黏[粘]结度 absolute dynamic(al) adhesiveness
绝对动量 absolute(linear) momentum
绝对动态模量 absolute dynamic(al) modulus
绝对毒性 absolute toxicity
绝对读数 absolute reading
绝对度量 absolute measure
绝对度量制 absolute system of measures
绝对断代 absolute dating
绝对断路 absolute block
绝对对称 absolute symmetry
绝对对称函数 absolutely symmetric(al) function
绝对对称平衡 absolute symmetric(al) balance
绝对多边形命令 absolute polygon command
绝对多数 absolute majority
绝对额 absolute size
绝对二进制 absolute binary
绝对发光度曲线 absolute luminosity curve
绝对发光率阈 absolute luminance threshold
绝对法拉 < 电容单位，$=10^{-6}$F > abfarad
绝对反应期 absent refractory period
绝对反应速率理论 absolute reaction rate theory
绝对范数 absolutely normal number
绝对方法 absolute method
绝对方式 absolute mode
绝对方位 absolute bearing
绝对方位角 absolute azimuth
绝对方位元素 elements of absolute orientation
绝对房租 absolute rent
绝对仿视星等 absolute photovisual magnitude
绝对放大率 absolute magnification
绝对放大系数 absolute amplification
绝对放射性 absolute activity
绝对放射性法 absolute activity method
绝对沸点 absolute boiling point
绝对分布 absolute distribution
绝对分隔制 absolute block system
绝对分光光度梯度 absolute spectrophotometric gradient
绝对分支 absolute branch
绝对丰度 absolute abundance
绝对封闭 positive confinement
绝对否决权 absolute veto
绝对伏特 < 电压单位，$=10^{-10}$伏 > abvolt; absolute volt; abstatvolt
绝对符号 absolute symbol
绝对幅值 absolute amplitude
绝对辐射表 absolute radiometer
绝对辐射星等 absolute radiometric magnitude
绝对概率 absolute probability
绝对概念 absolute concept
绝对干旱 absolute drought
绝对干球温度 absolute dry-bulb temperature
绝对干涉测量激光器 absolute interferometric laser
绝对干燥的 absolute dry; bone dry; theoretically dry
绝对干燥状态 absolute dry condition; absolutely dried condition
绝对干重 absolute dry weight
绝对感受性 absolute sensitivity
绝对刚性结构 absolutely rigid structure
绝对高程 above sea level; absolute altitude; absolute elevation; absolute height; dead level; sea level elevation
绝对高程计 absolute altimeter
绝对高度 absolute altitude; absolute height; flight height
绝对工资 absolute wages
绝对工资成本 absolute wage cost
绝对攻角 absolute angle of attack
绝对供暖效果 absolute heating effect
绝对共变式 absolute covariant
绝对构型 absolute configuration
绝对固定成本 absolute fixed capital; absolute fixed cost
绝对关键字 actual key
绝对观念 absolute idea
绝对管制空域 positive control airspace
绝对光电星等 absolute photoelectric(al) magnitude; photoelectric(al) absolute magnitude
绝对光度测量 absolute photometry
绝对光度学 absolute photometry
绝对光频测量 absolute optic(al) frequency measurement
绝对光谱灵敏度 absolute spectral sensitivity
绝对光谱灵敏度特性 absolute spectral sensitivity characteristic
绝对光谱透射率 absolute spectral transmission
绝对光谱响应 absolute spectral response
绝对光视效率曲线 absolute luminosity curve
绝对规则 absolute rule
绝对轨道 absolute orbit
绝对过滤率 absolute filtration rating
绝对过滤器 < 高性能空气过滤器 > absolute filter
绝对过剩人口 absolute overpopulation
绝对海拔 absolute altitude
绝对含水量 absolute moisture content; absolute water content
绝对航差 absolute drift
绝对航高 absolute flying height; flying altitude above mean sea level; flying height above mean sea level; flying height above sea level; absolute flight height
绝对航高测定仪 absolute altimeter
绝对航高上限 absolute ceiling
绝对航行倾斜 absolute fore-and-aft tilt
绝对黑度绝对元素测量法 absolute blackness absolute element measurement method
绝对黑体 absolute black body; complete black body; perfect black body
绝对亨(利) < 电感单位，$=10^{-9}$H > abhenry
绝对横摇 absolute rolling
绝对呼叫 absolute calling
绝对华氏温标 Rankine's temperature scale
绝对化 absolutization
绝对环境容量 absolute environmental capacity
绝对汇编 absolute assembly
绝对汇兑平价 absolute par value exchange
绝对绘图机控制器 absolute plotter control
绝对活度 absolute activity
绝对活性 absolute activity
绝对火焰温度 adiabatic combustion temperature
绝对机器单元 absolute machine location
绝对基面【测】 absolute datum
绝对基准 absolute standard
绝对畸变 absolute distortion
绝对级 absolute level
绝对极限 absolute extreme
绝对极小(值) absolute minimum
绝对极值 absolute extremum
绝对计程仪 absolute log
绝对计算法 absolute calculation (method)
绝对计算(值) < 物理量的 > absolute measurement
绝对季节变动 absolute seasonal fluctuation
绝对(加)热效应 absolute heating effect
绝对加速度 absolute acceleration
绝对价 absolute valence[valency]
绝对价格 absolute price
绝对检流计 absolute galvanometer
绝对交通(容)量 absolute traffic capacity
绝对较差 absolute range
绝对校准 absolute calibration
绝对界限 absolute limit
绝对紧急情况 absolute urgency
绝对近点 absolute near point
绝对进口供应额 absolute availability of import
绝对进站信号 absolute entrance signal
绝对进站信号机【铁】 absolute entrance signal
绝对浸水率 absolute permeability
绝对禁食 absolute fasting
绝对禁运品 absolute contraband
绝对禁止令 absolute prohibition
绝对精密度 absolute precision
绝对精(确)度 absolute accuracy; absolute precision
绝对净损 < 保险 > absolute net loss
绝对净值 net absolutely
绝对径尺寸 absolute bore size
绝对静电单位制 absolute electrostatic system
绝对静止 absolute rest
绝对静止沉淀池 < 废水处理的 > absolute rest precipitation tank; rest precipitation tank
绝对酒精 dehydrated alcohol
绝对矩 absolute moment
绝对(觉)阈 absolute threshold
绝对均匀性 homogeneity
绝对可靠的 fail safe
绝对可靠性 absolute reliability; fail-

safety
绝对可溶量 absolute solvent
绝对空隙率 absolute void content
绝对孔隙度 absolute porosity
绝对孔隙率 absolute porosity
绝对孔隙性 absolute porosity
绝对控制 absolute control
绝对控制点 absolute control point
绝对库仑 abcoulomb
绝对跨度 absolute advance
绝对块 absolute block
绝对累积误差 absolute cumulative error
绝对离差 absolute dispersion
绝对力 absolute force
绝对力量 absolute strength
绝对立体视差 absolute stereoscopic parallax
绝对利润 absolute profit
绝对利益 absolute advantage
绝对利益论 absolute advantage theory
绝对利益原则 principle of absolute advantage
绝对连续分布 absolutely continuous distribution
绝对连续函数 absolutely continuous function
绝对联结稳定性 absolutely connective stability
绝对亮度 absolute brightness;absolute luminosity
绝对亮度曲线 absolute luminosity curve
绝对亮度阈(值) absolute luminance threshold
绝对量 absolute dimension;absolute magnitude
绝对量度 absolute measurement
绝对量值 absolute magnitude
绝对烈度 absolute intensity
绝对灵敏度 absolute sensitivity
绝对零点 absolute zero point;actual zero point
绝对零点能量 energy of absolute zero
绝对零度 absolute temperature zero;absolute zero(temperature);zero absolute temperature
绝对零度不能达到原理 principle of unattainability of absolute zero
绝对龄期 absolute age
绝对流场 absolute flow field
绝对流域 absolute basin;absolute line of flow
绝对垄断 absolute monopoly
绝对漏洞 absolute photographic(al) gap
绝对路径 absolute path
绝对路签 absolute staff
绝对绿时差 absolute offset
绝对码 absolute code;basic code;direct code
绝对密度 absolute density;absolute specific gravity
绝对密封 positive confinement
绝对免赔额 deductible average;deductible franchise
绝对免赔率 deductible franchise
绝对免赔限度 excess;excess franchise
绝对免疫 absolute immunity
绝对明度阈限【心】 absolute brilliance limen
绝对命令 absolute command;absolute order
绝对模量 absolute modulus
绝对模式 absolute mode
绝对姆欧<电导单位,$=10^9$ 欧> abmho
绝对目标 absolute object
绝对目标程序 absolute object program(me)
绝对目标模块 absolute object module
绝对挠度 absolute deflection
绝对年代【地】 actual age
绝对年代测定(法) absolute dating
绝对年代学【地】 absolute chronology
绝对年龄 absolute age;absolute date;actual age
绝对年龄测定 absolute age dating;absolute age determination
绝对年龄测定水样 water sample for measuring the absolute age
绝对年龄分析 absolute age analysis
绝对年温差 absolute annual range of temperature
绝对黏[粘](滞)度 absolute viscosity;dynamic(al) viscosity
绝对黏[粘](滞)度系数 coefficient of absolute viscosity
绝对黏[粘]滞系数 absolute viscosity coefficient
绝对浓度 absolute concentration
绝对欧姆<电阻单位,$=10^{-9}$欧> abohm
绝对判断 absolute judgement
绝对赔偿责任 absolute liability
绝对配额 absolute quota;global quota
绝对膨胀 absolute expansion
绝对膨胀系数 absolute coefficient of expansion
绝对偏差 absolute deviation
绝对偏移 absolute deflection
绝对漂移 absolute drift
绝对贫困化 absolute impoverishment;absolute pauperization
绝对贫困线 absolute poverty line
绝对频率 absolute frequency
绝对频率函数 absolute frequency function
绝对频谱反应 absolute spectral response
绝对平衡 absolute equilibrium
绝对平衡压力 absolute equilibrium pressure
绝对平价 absolute par
绝对平均偏差 absolute mean deviation
绝对平均误差 absolute average error
绝对平面的 fully flattened
绝对气压 absolute pressure
绝对气压计 absolute manometer
绝对气压为……磅/平方英寸 absolute pounds per square inch
绝对迁移率 absolute mobility
绝对强度 absolute intensity;absolute strength
绝对倾斜仪 absolute inclinometer
绝对区截 absolute block
绝对曲率半径 absolute radius of curvature
绝对全部损失 absolute total loss;actual total loss
绝对全损 absolute total loss;actual total loss
绝对权数 absolute weight
绝对权益 absolute interest
绝对让度 absolute conveyance
绝对热光度 absolute bolometric luminosity
绝对热效率 absolute thermal efficiency
绝对热星等 absolute bolometric magnitude;bolometric absolute magnitude
绝对人工闭塞 absolute manual block
绝对认址 absolute address(ing)
绝对任务集 absolute task set
绝对容积 absolute volume
绝对容量 absolute capacity
绝对容量模块 absolute capacity module
绝对容许闭塞 absolute permissive block
绝对容许闭塞法 absolute permissive blocking
绝对容许闭塞方案 absolute permissive block scheme
绝对容许闭塞系统 absolute permissive block system
绝对容许闭塞信号法 absolute permissive block signal(l)ing
绝对容许闭塞信号控制电路 absolute permissive block signal control circuit
绝对容许闭塞制 absolute permissive block system
绝对容许路签机 absolute and permissive staff instrument
绝对溶解力 absolute solvent power
绝对入口地址 absolute entry address
绝对软化<水的> absolute demineralization
绝对散射本领 absolute scattering power
绝对散射力 absolute scattering power
绝对散射率 absolute scattering power
绝对散射能力 absolute scattering
绝对摄动 absolute perturbation
绝对摄动法 absolute perturbation method
绝对伸长(率) absolute elongation
绝对深度 absolute depth
绝对渗透率 absolute permeability
绝对升限 absolute ceiling
绝对生产费用 absolute cost of production
绝对生长曲线 absolute growth curve
绝对生长速度 absolute growth speed
绝对剩余价值 absolute surplus value
绝对失真 absolute deformation
绝对湿度 absolute humidity;absolute moisture content;specific humidity
绝对湿度百分率 percentage absolute humidity
绝对时间 absolute time
绝对时间码 absolute time code
绝对实用单位制 absolute practical system of units
绝对矢量 absolute vector
绝对视差 absolute parallax
绝对视觉阈 absolute visual threshold
绝对适航保证 absolute warranty of seaworthiness
绝对收敛 absolute convergence
绝对收入 absolute income
绝对收入假设 absolute income hypothesis
绝对数 absolute number
绝对数据 absolute data
绝对数量 absolute amount;absolute quantity
绝对数值 absolute figure
绝对双反射率 absolute bireflectivity
绝对水分 absolute water
绝对水面 dead level
绝对水平 absolute level;dead level
绝对速度 absolute speed;absolute velocity
绝对速度降 absolute speed-drop
绝对速度指示器 absolute speed indicator
绝对损失 deadweight loss
绝对所得 absolute income
绝对所有权 absolute ownership
绝对所有人 absolute owner
绝对锁闭 positive locking
绝对探测极限 absolute detection limit
绝对淌度<离子的> absolute mobility
绝对特效性 absolute specificity
绝对特异反应性 absolute idiosyncrasy
绝对梯度 absolute gradient
绝对体积 absolute volume
绝对体积法 absolute volume method
绝对体积计算法 mix proportion by absolute volume
绝对体积配比 proportioning by absolute volume
绝对体积配合比 mix proportion by absolute volume
绝对停车标志 absolute stop marker
绝对停车灯 absolute stop light
绝对停车示像 absolute stop aspect;stop-and-stay aspect
绝对停车显示 absolute stop aspect
绝对停车信号(机) absolute stop signal;stop-and-stay signal
绝对停留时间 absolute retention time
绝对停止信号机【铁】 absolute signal
绝对通货膨胀 absolute inflation
绝对同一 absolute identity
绝对透气性 absolute permeability
绝对瓦特 absolute watt;abwatt
绝对弯曲度 absolute deflection
绝对微分学 absolute differential calculus;Ricci calculus
绝对违禁品 absolute contraband
绝对位移 absolute displacement
绝对位置 absolute location;absolute position
绝对温标 absolute temperature scale;absolute thermometric scale;Kelvin's temperature scale;Kelvin's thermodynamic scale of temperature;Kelvin scale
绝对温度<开尔文氏温度,开氏温度> absolute temperature;degree Kelvin;Kelvin's temperature
绝对温度标 absolute thermometer scale
绝对温度范围 absolute scale
绝对温度计 absolute thermometer;Kelvinometer
绝对温度零度 temperature-absolute zero
绝对温度热力标度 absolute thermodynamic(al) scale of temperature
绝对温度制 absolute temperature system
绝对稳定常数 absolute stability constant
绝对稳定性 absolute stability
绝对稳定性准则 unconditional stability criterion
绝对涡度 absolute vorticity
绝对涡量 absolute vorticity
绝对无偏估计 absolutely unbiased estimation
绝对无偏估计量 absolutely unbiased estimator
绝对无条件付款 absolute promise to pay
绝对无效 absolute nullity
绝对无噪声电动机 supersilent motor
绝对误差 absolute error;absolute uncertainty
绝对稀缺 absolute scarcity
绝对细骨料率 absolute fine aggregate percentage
绝对细集料率 absolute fine aggregate percentage
绝对线长闭合差 absolute linear misclosure
绝对相关 absolute correlation
绝对相位 absolute phase
绝对向量 absolute vector
绝对向量地址 absolute vector address
绝对项 absolute term
绝对销售额 absolute sale
绝对销售水平 absolute sale level
绝对效率 absolute efficiency

绝对效率检验 absolute efficiency inspection
绝对效用 absolute utility
绝对写入地址 absolute load address
绝对信号机【铁】absolute signal
绝对信号时延 absolute signal delay
绝对信任委托 blind trust
绝对星表 absolute(star)catalog(ue)
绝对星等 absolute magnitude
绝对星等效应 absolute magnitude effect
绝对行动 absolute action
绝对形变 absolute deflection; absolute deformation
绝对形率 absolute form quotient
绝对形数 absolute form-factor
绝对性 absoluteness
绝对性调节 absolute adjustment
绝对休耕地 bare fallow
绝对需求 absolute demand; absolute desire
绝对需要 absolute demand
绝对序列 absolute sequence
绝对选址 absolute address(ing)
绝对寻址 absolute address(ing); specific addressing
绝对压力 absolute pressure
绝对压力表 absolute manometer
绝对压力传感器 absolute pressure pick-up
绝对压力计 absolute manometer; absolute pressure ga(u)ge
绝对压力强度 absolute pressure intensity
绝对压力调节器 absolute pressure regulator
绝对压力头 absolute pressure head
绝对压力真空计 absolute pressure vacuum ga(u)ge
绝对压力指示器 absolute pressure indicator
绝对压强 absolute(intensity of) pressure
绝对压缩 absolute compression
绝对压下 absolute draft
绝对延迟 absolute delay
绝对延伸 absolute extension
绝对延误 absolute delay
绝对盐度 absolute salinity
绝对厌氧自养菌 strict anaerobic autotrophic bacteria
绝对仪器 absolute instrument
绝对异常 absolute anomaly
绝对音调 absolute pitch
绝对音调感觉 sense of absolute pitch
绝对音调器 apparatus for absolute pitch
绝对音感 absolute sound sensation
绝对应力 absolute stress
绝对硬度 absolute hardness degree
绝对优势 absolute advantage; absolute predominance; overwhelming superiority
绝对优先权 absolute priority
绝对优先项目 first priority
绝对余集 absolute complement set
绝对语言 absolute language
绝对元素 absolute element
绝对原点 true origin
绝对云底高度 absolute ceiling
绝对云幂高 absolute ceiling
绝对运动 absolute motion; true motion; true tracking
绝对运动雷达 true motion radar
绝对运动图 geographic(al) plot; true plot(diagram of situation)
绝对运动显示器 true motion display; true tracking indicator
绝对运动作图 geographic(al) plotting; true plotting
绝对噪声测定表 objective noise meter
绝对责任 absolute liability
绝对增长 absolute increase
绝对增(长)量 absolute increment
绝对张量 absolute tensor
绝对照相星等 absolute photographic(al) magnitude
绝对折射率 absolute index of refraction; absolute refraction factor; absolute refractive index
绝对折射系数 absolute refraction factor
绝对折射指数 absolute refractive index
绝对真空 absolute vacuum; perfect vacuum
绝对真空表 absolute vacuum ga(u)ge
绝对真空计 absolute vacuum ga(u)ge
绝对真理 absolute truth
绝对蒸汽压力 absolute vapo(u)r pressure
绝对正确 inerrancy
绝对支付指示 absolute order to pay
绝对执行区域 absolute execution area
绝对直接日射表 absolute self-calibrating pyrheliometer
绝对直线闭合差 absolute linear misclosure
绝对值 absolute magnitude; absolute value
绝对值表示法 absolute representation
绝对值传感器 absolute value transducer
绝对值大小 order of magnitude
绝对值的阶 order of magnitude
绝对值的平方 squared absolute value
绝对值法 <即点值法> absolute method
绝对值符号 absolute value sign
绝对值函数 absolute function
绝对值阶 order of magnitude
绝对值界限 absolute bound
绝对值器件 absolute value device
绝对值数字 absolute digital number
绝对值算术操作 magnitude only arithmetic operation
绝对值误差 absolute value error
绝对值运算 signed magnitude arithmetic
绝对值指令 absolute value instruction
绝对值中的最小值 minimization of the sum of absolute value
绝对指标 absolute index; absolute indicatrix
绝对指令 absolute order; complete instruction; absolute instruction
绝对指针设备 absolute pointing device
绝对质量 absolute quality
绝对质量单位 absolute mass unit
绝对致病菌 absolute pathogenic bacteria
绝对致命伤 absolutely fatal wound
绝对致死带 zone of absolute fatality
绝对致死剂量 absolute lethal dosage; absolute lethal dose
绝对致死量 absolute lethal dose
绝对致死浓度 absolute lethal concentration
绝对滞留时间 absolute retention time
绝对重叠系统 absolute overlap system
绝对重叠制 absolute overlap system
绝对重力 absolute gravity; sheer gravity
绝对重力测定 absolute gravity determination
绝对重力测量 absolute gravity measurement
绝对重力点 absolute gravity point; absolute gravity station
绝对重力网 absolute gravity station; absolute gravity system
绝对重力值 absolute gravity value
绝对重力值系统 absolute gravity system
绝对重量 absent weight; absolute weight
绝对周期运动 absolute periodic movement
绝对专一性 absolute specificity
绝对转动 absolute rotation
绝对转让 absolute assignment
绝对转移 absolute branch; absolute jump
绝对装入程序 absolute loader(routine)
绝对装入程序的绝对地址 absolute address in the absolute loader
绝对装入地址 absolute load address
绝对装入模块 absolute load module
绝对准确度 absolute accuracy
绝对准则 absolute criterion
绝对浊音 absolute dullness
绝对浊音区 absolute dullness area
绝对自行 absolute proper motion
绝对阻遏 absolute block
绝对阻力 absolute resistance
绝对阻尼 absolute damping
绝对最大额定值 absolute maximum rating
绝对最大极限 absolute maximum
绝对最大力矩 absolute maximum moment
绝对最大速度 absolute maximum speed
绝对最大弯矩 absolute maximum moment
绝对最大值 absolute maximum; bare maximum
绝对最低水位 absolute minimum stage
绝对最低(值) absolute minimum
绝对最低致死温度 absolute minimum fatal temperature
绝对最高额定值 absolute maximum rating
绝对最高水位 absolute maximum stage
绝对最高(值) absolute maximum
绝对最高致死温度 absolute maximum fatal temperature
绝对最坏情况 absolute worst case
绝对最佳函数 absolute optimal function
绝对最小半径 absolute minimum radius
绝对最小值 absolute minimum; bare minimum
绝对坐标词典 absolute coordinate dictionary
绝对坐标数据 absolute coordinate data
绝对坐标(系) absolute coordinates
绝对坐标系统 absolute coordinate system
绝干比重 absolute dry specific gravity
绝干重量 absolute dry weight; bone dry weight
绝干状态 absolute dry condition; absolutely dried condition
绝光化 adiactinic
绝光化辐射的 adiactinic
绝光化物质 adiactinic
绝迹 disappear
绝境 extremity; impasse; quagmire
绝静安培 abstatampere
绝静伏特 abstatvolt
绝流试验仪 isolation tester; isotest device
绝密 most confidential; supersecret; top secret
绝密的 strictly confidential
绝密件 strict confidential
绝密文件 strictly confidential; supersecret documents; supersecret file; top secret file
绝灭类群 extinct group
绝灭率 rate of extinction
绝灭种 extinct species
绝契 deed of release
绝热 thermal insulation
绝热板 adiabatic layer; board insulation; heat insulating shield; heat insulating slab; insulation board; insulation plate
绝热包壳 adiabatic envelope
绝热饱和 adiabatic saturation
绝热饱和变化 adiabatic saturated change
绝热饱和温度 adiabatic saturated temperature; adiabatic saturation temperature
绝热保温层 heat insulation
绝热背衬 backing insulation
绝热比 adiabatic relation
绝热壁 adiabatic wall; diathermic wall; insulation wall
绝热变化 adiabatic change; adiabatic variation; isentropic change
绝热变化过程 adiabatic process of change
绝热变化图 adiabatic chart
绝热玻璃 heat insulating glass; heat insulation glass; heat-intercepting glass; insulating glass
绝热玻璃纤维 fibreglass insulation
绝热不可压缩性系数 adiabatic incompressibility
绝热材料 adiabator; heat insulating material; heat insulation material; insulant; insulating material; insulating matter; insulation(material); lagging material; thermal insulating material; thermal insulation(material)
绝热舱盖 heat insulating hatchcover
绝热槽形板 grooved slab insulation
绝热测热器 adiabatic calorimeter
绝热层 heat insulating layer; insulating layer; lagging; thermal insulation blanket; thermal insulation layer
绝热层压板 laminate insulation
绝热常数 adiabatic constant
绝热车 insulated car; insulated vehicle
绝热车皮 insulated rail-car
绝热衬里 insulating lining
绝热衬料 insulating lining
绝热磁化 adiabatic magnetization
绝热大气 adiabatic atmosphere
绝热带 heat insulation tape; insulation lamina
绝热的 adiabatic; adiathermal; adiathermic; heat-insulated; heat-insulating; lagged; thermally insulated
绝热滴定量热计 adiabatic titration calorimeter
绝热递减率 adiabatic gradient; adiabatic lapse rate
绝热电离能量 adiabatic ionization energy
绝热电子光学系统 adiabatic optics
绝热垫圈 heat insulating washer
绝热垫砖 insulating pack-up block
绝热定律 adiabatic law
绝热动车 insulated rail-car
绝热发动机 adiabatic engine
绝热法 adiabatic method
绝热反转 adiabatic inversion

绝热方程式 adiabatic equation
绝热防寒屋面板 insulating roof deck plate
绝热放气 adiabatic degasing
绝热分隔器 thermal separator
绝热分解温度 adiabatic decomposition temperature
绝热粉 powder insulation
绝热覆盖棚 insulated cover
绝热盖板 non-conducting covering
绝热盖布 insulated tarpaulin
绝热干湿表 adiabatic psychrometer
绝热干燥 adiabatic drying
绝热干燥器 adiabatic drier[dryer]
绝热刚性模量 adiabatic rigidity modulus
绝热隔板 fire wall; insulating partition(wall); thermal baffle
绝热隔层 adiabatic insulation
绝热隔膜 adiabatic diaphragm
绝热工程 insulation works
绝热工作 adiabatic operation
绝热关系 adiabatic relation
绝热管 covered pipe; covered tube
绝热管道 lagged pile
绝热管壳 pipe insulation
绝热罐 insulated tank
绝热过程 adiabatic process; isolate process
绝热过程曲线 adiabatic curve; adiabatic line
绝热函数 adiabatic function
绝热弧形板 curved board insulation
绝热灰浆 thermal insulating plaster
绝热恢复温度 adiabatic recovery temperature
绝热混合 adiabatic mixing
绝热混凝土 heat insulating concrete; insulating concrete
绝热火焰温度 adiabatic flame temperature
绝热及耐火材料 heat insulation and refractory material
绝热集装箱 insulated container
绝热挤出 adiabatic extrusion
绝热挤压 adiabatic extrusion
绝热计算 calculation of heat insulation
绝热技术 thermal insulation technique
绝热加湿 adiabatic humidification; adiabatic humidifying
绝热加速度 isoenergetic acceleration
绝热夹套 insulating jacket
绝热建筑材料 insulating building material
绝热浇注件 insulating castable
绝热胶 insulation paste
绝热胶布 heating tape
绝热胶泥 heat insulating concrete; insulating cement
绝热节流系数 isenthalpic temperature pressure coefficient
绝热金属屋面 insulating metal roofing
绝热近似法 adiabatic approximation
绝热精馏 adiabatic rectification
绝热精馏柱 adiabatic rectification column
绝热卡计 adiabatic calorimeter
绝热壳量热器 adiabatic shell calorimeter
绝热可逆过程 adiabatic reversible process
绝热空间 insulation space
绝热块体 heat insulating block
绝热快速到达法 insulation heat fast attain method
绝热快速通过法 insulation heat fast pass method
绝热框格玻璃窗 Thermopane glazing
绝热扩张 adiabatic expansion
绝热冷凝 adiabatic condensation
绝热冷凝温度 adiabatic condensation temperature
绝热冷却 adiabatic cooling
绝热冷却曲线 adiabatic cooling curve
绝热冷却线 adiabatic cooling line
绝热流(动) adiabatic flow
绝热率 adiabatic rate
绝热玛琋脂 hot insulation mastic
绝热脉动 adiabatic pulsation
绝热帽 head box
绝热模板 insulating formboard
绝热膜 adiathermic membrane
绝热幕帘 insulative curtain
绝热耐火材料 insulating refractory
绝热耐火混凝土 insulating refractory concrete
绝热耐火砖 insulating firebrick; insulating refractory brick; refractory insulating brick
绝热能力 capacity insulation
绝热凝结 adiabatic condensation
绝热凝结温度 adiabatic condensation temperature
绝热泡沫玻璃 thermal insulating foam glass
绝热膨胀 adiabatic expansion; isoentropic expansion
绝热膨胀系数 adiabatic expansion coefficient
绝热漂移波 adiabatic drift wave
绝热平衡 adiabatic equilibrium
绝热平屋顶 thermolite
绝热屏 heat screen
绝热起动 adiabatic turnon
绝热汽化 adiabatic vaporization
绝热器 heat insulator; thermal insulator
绝热墙 adiabatic wall; refractory wall
绝热曲线 adiabatic line; adiabatics; adiabatic path
绝热去磁 adiabatic demagnetization
绝热燃烧 adiabatic combustion
绝热热降 adiabatic heat drop
绝热热量计 adiabatic calorimeter
绝热容器 heat-insulated container
绝热升温 adiabatic heating; adiabatic rise of temperature; adiabatic temperature rise
绝热绳 rope insulation
绝热湿球温度 adiabatic wet-bulb temperature
绝热湿治(法) adiabatic curing
绝热石膏墙板 insulating gypsum wallboard
绝热石膏条板 insulating gypsum lath
绝热式不变量 adiabatic invariant
绝热式精馏柱 adiabatic column
绝热式量热计 adiabatic calorimeter
绝热式量热器 adiabatic calorimeter
绝热试验 adiabatic test; insulating test
绝热室 insulated cabinet
绝热收缩 adiabatic contraction; adiabatic shrinkage; adiabatic switch-on
绝热衰减率 adiabatic lapse rate
绝热水泥 thermal insulating cement
绝热弹性 adiabatic elasticity
绝热弹性模量 adiabatic modulus of elasticity
绝热毯 insulating blanket
绝热套 insulation sleeve; muff
绝热梯度 adiabatic gradient
绝热梯度板 adiabatic gradient plate
绝热体 adiathermal body; heat guard; heat insulator; heat screen; thermal insulator
绝热填料 filled insulation
绝热条件 adiabatic condition
绝热图(解) adiabatic diagram; adiabatic chart
绝热涂层 insulating coating
绝热涂料 thermal insulating painting
绝热外壳 lagging casing
绝热温度 adiabatic temperature
绝热温度变化 adiabatic temperature change
绝热温度传感器 adiabatic temperature probe
绝热温度上升 adiabatic temperature rise
绝热温度梯度 adiabatic temperature gradient
绝热温升 adiabatic rise of temperature
绝热温升状态 adiabatic storage condition
绝热温压系数 isenthalpic temperature pressure coefficient
绝热稳定作用 adiabatic stabilization
绝热屋面板 insulating roof deck
绝热物 thermal break
绝热系数 coefficient of heat insulation; insulating coefficient; thermal insulating coefficient
绝热系统 adiabatic system
绝热纤维 insulating fiber[fibre]; insulation fiber[fibre]
绝热纤维板 insulating fiber board
绝热纤维板条 insulating fiber board lath
绝热现象 adiabatic phenomenon
绝热线 adiabat
绝热线路 adiabatic path
绝热箱 insulated tank
绝热响应 adiabatic response
绝热效率 adiabatic efficiency; efficiency adiabatic; isentropic efficiency; thermal insulating efficiency
绝热效应 athermic effect
绝热性 adiabaticity; adiathermance [adiathermancy]
绝热性能 adiabatic property; heat insulating property
绝热性质 thermal insulating property
绝热压密 adiabatic compaction
绝热压气机 adiabatic compressor
绝热压缩 adiabatic compression; isentropic compression
绝热压缩机 adiabatic compressor
绝热压缩系数 adiabatic coefficient of compression; adiabatic compressibility; coefficient of adiabatic compressibility
绝热压缩性 adiabatic compressibility
绝热压头 adiabatic head
绝热养护 adiabatic curing; mass curing
绝热液态含水量 adiabatic liquid water content
绝热移位 adiabatic shift
绝热异构件 special-shaped insulation
绝热应变 adiabatic strain
绝热原理 adiabatic principle
绝热再压缩 adiabatic recompression
绝热增温 adiabatic heating; adiabatic warning
绝热毡 blanket insulation; thermal insulation blanket
绝热帐篷 insulated tent
绝热蒸发 adiabatic evapo(u)ration
绝热直减度 adiabatic gradient
绝热直减率 adiabatic lapse rate
绝热值 thermal insulating value; thermal insulation value
绝热纸 sheathing paper
绝热指示效率 adiabatic indicated efficiency
绝热指数 adiabatic exponent; adiabatic index; isentropic exponent; rate of specific heat; ratio of specific heat
绝热砖 cell insulate brick; heat insulating brick; insulating block; insulating brick; insulation brick; silocell
绝热转化 adiabatic conversion
绝热装置 adiabatic apparatus
绝热状态 adiabatic condition; adiabatic state
绝热状态的热试验 adiabatic test
绝热作用 heat-blocking action
绝射的 adiactinic
绝湿 waterproof
绝微细粒 subsubmicron
绝压控制器 absolute pressure controller
绝崖海岸 steep coast
绝氧的 anaerobic; anoxybiotic
绝氧条件 anaerobic condition
绝音 sound insulation
绝缘 insolate; insulate; isolation
绝缘靶 insulating storage surface
绝缘板 board insulation; insulated plate; insulating board; insulating plate; insulating sheet; insulation board; insulation plate; slab insulant; celotex board <木质纤维毡压制的>
绝缘绑带 insulband
绝缘棒 insulating bar
绝缘棒探测法 buzz stick method
绝缘包布 covering tape; insulation tape
绝缘包缠班 coating and warping crew [gang/party/team]
绝缘包裹的钢轨导接线 covered rail bond
绝缘保护 insulation protection
绝缘壁 insulation wall
绝缘波纹卡(片)纸板 insulating corrugated cardboard
绝缘玻璃钢鱼尾板 insulation glass fiber plastic fishplate
绝缘薄板 insulating sheet
绝缘薄膜 insulation film; insulating film
绝缘薄膜复合制品 film composite insulation
绝缘不良 defective insulation; insulation defect; insulation fault
绝缘布 insulating cloth
绝缘布带 varnished cloth tape
绝缘材料 dielectric; dope material; hold-over; insulant; insulated material; insulating material; insulation; insulation material; isolating matter; lagging material; non-conductor
绝缘采水瓶 insular water bottle
绝缘采样器 insulation sampler
绝缘测试 insulation test(ing); megger test
绝缘测试仪器 insulation testing instrument
绝缘层 covering; heat insulating course; heat insulating layer; insulating barrier; insulating course; insulating layer; insulating sheath; insulation course; insulation layer; insulation wrapping; lagging; layer of insulation; layer of non-conducting materials; osculatory
绝缘层电容 isolation capacitance
绝缘层电阻试验 insulation resistance test(ing)
绝缘层漏孔 insulation leakage hole
绝缘层漏泄 volume leakage
绝缘层压制品 insulating laminated product
绝缘插头 blind plug; dummy plug

J

绝缘产品 building insulating article; building insulating products; insulation products
绝缘衬底 insulating substrate
绝缘衬底上外延硅 silicon on insulating substrate; silicon on insulator substrate
绝缘衬垫 insulating cell; insulating lining
绝缘衬里 insulating lining
绝缘承口 insulation joint
绝缘绸带 varnish silk tape
绝缘瓷 electric(al) porcelain; insulation porcelain
绝缘瓷瓶 Johnny ball
绝缘磁器 electric(al) porcelain
绝缘瓷釉 insulating glaze
绝缘带 adhesive tape; insulating tape; insulation tape
绝缘导管 insulated conduit; insulated pipe; insulated rod; partition insulator
绝缘导轨接头 insulated rail joint
绝缘导体 insulated conductor
绝缘导线 insulated conductor; insulated wire
绝缘道岔 insulated switch
绝缘道岔导管 insulated switch rod
绝缘道岔导管路 insulating point rodding
绝缘稻草板 insulating straw board
绝缘的 dielectric; insulated; insulating; isolate; non-conducting
绝缘等级 class of insulation; insulation class; insulation grade; insulation level
绝缘等级块体 insulation-grade block
绝缘底板 insulating base
绝缘底座 dielectric(al) support; insulating base; isolated base
绝缘地基 insulating base
绝缘电导体 insulated electric(al) conductor
绝缘电缆 dielectric(al) cable; insulated cable; insulation cable; isolating cable
绝缘电木 bakelite
绝缘电漆 electroinsulating varnish
绝缘电刷 insulated brush
绝缘电线 insulated electric(al) conductor; rubber insulation wire; insulated wire
绝缘电阻 dielectric(al) resistance; insulance; insulating resistance; insulation resistance
绝缘电阻测量 insulation resistance measurement
绝缘电阻试验 insulating resistance test
绝缘垫 felted fabric pad; felt pad; insulating bushing; insulating mat; insulation wrapping; partition insulator
绝缘垫层 insulating blanket
绝缘垫块 cross-over block; insulation block
绝缘垫片 insulating insert(ion); insulating spacer; insulation spacer
绝缘垫圈 dielectric(al) bead; insulating washer
绝缘垫珠 axial wire bead; dielectric(al) bead
绝缘吊钩 insulating suspender
绝缘吊弦 insulated line hanger
绝缘吊线 insulated hanger
绝缘定位器 steady arm with insulating part and offset hook end clamp; steady arm with insulating rod and offset hook end clamp
绝缘定位销 insulated dowel
绝缘度 insulativity
绝缘额定值 dielectric(al) rating
绝缘法兰 insulating flange
绝缘法兰盘 insulated flange
绝缘反正扣 insulated turnbuckle
绝缘方法 insulation method
绝缘防寒屋面板 insulating roof deck
绝缘防护板 insulated plate for protection
绝缘放大器 isolated amplifier
绝缘放电 discharge in insulation
绝缘粉 insulation powder
绝缘缝 insulation slit
绝缘敷层 insulating coating; insulation coating
绝缘覆面 insulating lining
绝缘盖 insulating cover
绝缘杆 insulated rod; insulating bar
绝缘钢轨 insulated rail
绝缘钢轨接头 insulated rail joint
绝缘钢轨扣板 clip with rail insulation
绝缘钢套导线管 insulated steel sheathed conduit
绝缘膏 insulating compound; insulating paste
绝缘膏填充 compound-filled
绝缘隔板 insulating barrier; insulating cell; isolating partition; partition insulator
绝缘隔层 isolating layer
绝缘隔间 insulating cell
绝缘隔热(聚苯乙烯)塑料板 Dorvon
绝缘公差 insulation allowance
绝缘钩 insulated hook
绝缘箍 insulating ferrule
绝缘股道 insulated track
绝缘股线间 intrabundle
绝缘故障 insulation failure
绝缘挂钩 insulating suspender
绝缘关节 insulated overlapped section
绝缘管 bush; bushing insulator; covered pipe; covered tube; insulated pipe; insulated tube; insulating pipe; insulating tube
绝缘管线 insulated pipe line
绝缘轨道 insulated track
绝缘轨道车 insulated rail-car
绝缘轨道区段 insulated track section
绝缘轨距杆 insulated ga(u)ge bar; insulated ga(u)ge rod
绝缘棍 insulated bar
绝缘合成板 insulation batt; insulation blanket
绝缘和包缠 coating and warping; dope
绝缘盒 insulated casing
绝缘厚板 insulating plank; insulating slab
绝缘厚度 insulation thickness
绝缘厚纸 insulating cardboard
绝缘护环 insulated thimble
绝缘护套 insulated sleeve; insulating sheath
绝缘环 dead ring; insulating ring
绝缘缓冲垫层 insulating buffer layer
绝缘缓冲钢板 insulating buffer plate
绝缘灰板条 insulation lath
绝缘灰泥 insulating plaster
绝缘回流系统 insulated-return system
绝缘回流制 insulated-return system
绝缘回路供电制 insulated-return power system
绝缘回线 insulated return
绝缘混合灰泥 insulating mixed plaster
绝缘混凝土 insulating concrete; insulcrete
绝缘混凝土板 insulcrete slab
绝缘混凝土地板 insulcrete concrete floor
绝缘击穿 dielectric(al) breakdown; insulation breakdown; insulation failure; insulation puncture; puncture of insulation; spark over
绝缘击穿电压 breakdown voltage
绝缘击穿强度 breakdown strength; dielectric(al) strength; disruptive strength
绝缘击穿试验 dielectric(al) breakdown test
绝缘机 dope machine; insulating machine
绝缘基座 insulating base
绝缘剂 insulating compound
绝缘夹板 cleat insulator; insulating joint bar
绝缘夹线板 insulated clip
绝缘夹支承电缆 cleat wiring
绝缘架 insulating frame; insulating stand
绝缘尖端杆 insulated(point) stretcher; insulated stretcher bar
绝缘尖轨连接杆 insulated(point) stretcher; insulated stretcher bar
绝缘间距 insulation spacing
绝缘间隙 insulation gap
绝缘监督 insulation control
绝缘监视装置 insulation inspecting device
绝缘检漏孔 holiday locator; insulating locator
绝缘检漏仪 gyp; holiday detector; insulating detector
绝缘浆 insulating paste
绝缘胶 insulating paste; insulation paste; insulator
绝缘胶布 empire cloth; friction(al) tape; insulating rubberized fabrics; insulating tape; black friction <黑色的>
绝缘胶带 electric(al) tape; insulated tape; insulating rubber tape
绝缘胶冻裂点 freezing breakage point of insulating gel
绝缘胶结材料 insulating cement material
绝缘胶木 bakelited wood
绝缘胶木纸 isolit
绝缘胶黏[粘]附率 adherence ratio of insulating gel
绝缘胶收缩率 contraction ratio of insulating gel
绝缘胶粘剂 non-conducting adhesive
绝缘胶纸板 isolit
绝缘接缝 insulated joint; insulation joint; isolation joint
绝缘接合杆 insulated joint
绝缘接头 insulated joint; insulating joint; insulation joint; isolation joint
绝缘节 insulation joint; insulated joint
绝缘节测试 insulated joint test
绝缘介质 insulating medium; insulation medium; isolation medium
绝缘介质强度 dielectric(al) strength
绝缘金属薄片 insulating foil
绝缘浸渍电缆 impregnated cable
绝缘浸渍纸 impregnated paper
绝缘距离 insulation distance
绝缘聚合物 insulating polymer
绝缘卷材 blanket insulation
绝缘孔眼 insulated eye
绝缘控制 insulation control
绝缘跨接线 bridle wire
绝缘块 collet; insulator
绝缘矿产材料 mineral for insulation material
绝缘蜡 insulating wax
绝缘老化 ag(e)ing of insulation; insulation ag(e)ing
绝缘老化速度 insulation ag(e)ing rate
绝缘冷却剂 insulating coolant
绝缘里衬 insulating lining
绝缘连接杆 insulated connecting rod
绝缘联轴节 insulating coupling
绝缘料填芯纸板 <隔声隔热用> quilting
绝缘楼板 insulating floor
绝缘漏泄 insulation leakage; volume leakage
绝缘轮轴 insulated wheel axle
绝缘螺栓 insulated bolt; insulating bolt
绝缘麦杆板 insulating straw board
绝缘锚段关节 insulated overlap
绝缘媒质 isolation medium
绝缘门双极晶体管 isolated gate bipolar transistor
绝缘面层的金属薄板 insulated metal sheeting
绝缘模压制品 insulating mo(u)lded product
绝缘膜 dielectric(al) film; foil insulant
绝缘母线 isolate bus
绝缘耐热电缆 heat-resisting cable
绝缘能力 insulating ability; insulating power; insulation resistance
绝缘盘 insulating disk
绝缘泡沫 insulating foam
绝缘泡沫塑料板 insulating plastic foam board
绝缘配合 insulation coordination; rationalization of insulation
绝缘片 insulating piece; insulating trip; insulation strip
绝缘屏蔽 insulation shielding
绝缘破坏 insulation failure; insulation fault
绝缘破损 insulation breakdown; insulation fault
绝缘漆 electric(al) insulating varnish; insulated paint; insulating coating; insulating paint; insulation paint; insullac
绝缘漆绸 insulating varnished silk
绝缘漆管 insulating varnished sleeving
绝缘砌块 insulating block
绝缘器 insulator
绝缘钳 insulated pliers
绝缘强度 breakdown field strength; insulance; insulating strength; insulation resistance
绝缘强度试验 dielectric(al) strength test; dielectric(al) test; insulation strength test
绝缘强度试验器 dielectric(al) strength tester
绝缘墙 insulating wall
绝缘墙板 insulating wallboard; insulating wallpaper
绝缘清漆 dielectric(al) varnish; insulating varnish
绝缘圈 insulating ring
绝缘绕阻 encapsulated winding; taping
绝缘韧铜线 insulated annealed copper
绝缘容差 insulation allowance
绝缘容器 insulated container
绝缘软管 flexible insulated hose; insulated flexible pipe; loom
绝缘软木薄板 insulating cork sheet(ing)
绝缘软木厚板 insulating cork slab
绝缘软线 flexible cord
绝缘栅场效应晶体管 insulated-gate field-effect transistor
绝缘失效 insulation failure
绝缘石板 insulating slab; micanite

J

绝缘石棉板 insulating asbestos board
绝缘试验器 < 兆欧电阻计 > "meg" insulation tester;megger
绝缘手柄 insulated handle
绝缘手套 insulating gloves
绝缘手套生产线 technology equipment for insulation glove
绝缘寿命试验模型 motorette
绝缘栓钉 insulating peg
绝缘水泥 insulating cement
绝缘水平 dielectric(al) level;insulation level
绝缘丝带 varnished silk tape
绝缘(松紧)螺旋扣 insulated turnbuckle
绝缘塑料 ambroin < 适作铸模用 >;insulating plastics
绝缘损坏 destruction of insulation
绝缘台 insulating stand
绝缘弹簧 insulated spring
绝缘毯 insulation blanket
绝缘陶瓷 insulating ceramics
绝缘套 bushing;insulating covering
绝缘套管 empire tube; insulated sleeve;insulating bush(ing);insulating sleeve;spaghetti
绝缘套圈 insulating ferrule
绝缘套筒 insulating bushing; insulating sleeve
绝缘体 dielectric(al) body; insulation; insulator; isolater[isolator]; isolating matter;non-conductor
绝缘体失效 insulator failure
绝缘体销 insulator pin
绝缘体心轴 insulator spindle
绝缘体支架 insulator support
绝缘填充料 < 砖石砌体用 > masonry fill
绝缘填料 insulating packing
绝缘条 insulated bar;insulating strip;isolation strip
绝缘调整硬化纸板 adjusting insulation fiber sheet
绝缘贴面 insulating trim
绝缘涂层 insulating coating; insulation coating; non-conductive coating;insulating blanket
绝缘涂料 insulating facing; insulating paint;insulating varnish(and enamel)
绝缘外壳 insulating skin
绝缘外皮 insulation sheath
绝缘外套 insulating coating
绝缘圬工工程 insulating masonry (work)
绝缘屋面板 insulating roof deck plate
绝缘屋面填充材料 insulating roof fill
绝缘屋瓦 insulating roof(ing) tile
绝缘物 isolator
绝缘物件 insulated object
绝缘物体 insulated object
绝缘物质 dielectric(al) substance;insulant; insulater[insulator]; insulating substance; isolating matter; megohmit(e);insulating compound
绝缘系数 coefficient of insulation
绝缘系统 insulating system
绝缘纤维 insulation fiber[fibre]
绝缘纤维板 insulating fiber board; masonite(board)
绝缘纤维套管 insulation fiber tube
绝缘线 covered wire; enamel(l)ed cable;insulating wire
绝缘线夹 insulating clamp
绝缘线套 spaghetti
绝缘镶边 insulating trim
绝缘销子套筒 insulated pin sleeve
绝缘小珠 insulating beads
绝缘效果 isolation effectiveness
绝缘效率 isolation effectiveness
绝缘协调 insulation coordination
绝缘鞋 insulating shoes
绝缘芯 insulating core
绝缘芯子 insulation core
绝缘型桥式起重机 overhead isolation crane
绝缘型热敏电阻器 insulated thermistor
绝缘性 insulativity
绝缘性传导 insulated conduction
绝缘性能 insulating efficiency;insulating property
绝缘性质 insulating property
绝缘悬挂螺栓 insulated suspension bolt
绝缘旋钮 knob insulator
绝缘液体 insulating liquid
绝缘用合成纤维板 pressboard
绝缘用胶带 insulating tape
绝缘用木材浆料 wood pulp
绝缘油 electric(al) insulating oil; electric(al) insulating(switch) oil
绝缘油布 empire cloth;oiled cloth
绝缘油毛毡 insulating felt
绝缘油闪点 insulating oil flash point
绝缘油酸化变压器 acid transformer
绝缘油皂化值 insulating oil saponification number
绝缘油纸 empire paper
绝缘釉 insulating glaze
绝缘釉料元件 insulating glazing unit
绝缘鱼尾板 insulating fishplate
绝缘毡 blanket insulation; insulating blanket;roll insulation
绝缘占空系数 insulation space factor
绝缘罩 insulating boot
绝缘支持 insulating support
绝缘支持器 insulated swivel clip holder
绝缘支架 insulator bracket
绝缘支座 insulating support
绝缘值 insulating value; insulation value
绝缘纸 building insulating paper;dielectric(al) paper; felt(ing) paper; insulated paper; insulating paper; sheathing paper
绝缘纸板 insulating cardboard
绝缘制品 insulating article
绝缘质点 insulating particle
绝缘中线 < 对地的 > insulated neutral
绝缘中线制 nonground neutral system
绝缘珠 insulating bead
绝缘珠支持线路 bead-supported line
绝缘砖 building insulating brick;insulating brick
绝缘转换柱 insulated transition mast
绝缘转辙器 insulated switch
绝缘装置 insulated unit;seal
绝缘子 electric(al) insulator; insulator;isolater;wire holder
绝缘子玻璃 insulator glass
绝缘子槽 groove of insulator;insulator groove
绝缘子测试棒 spark stick
绝缘子串 chain insulator; insulator chain;insulator series
绝缘子固定螺栓 bolt for insulator steady
绝缘子螺脚 < 线路用 > cupholder
绝缘子排 insulator chain
绝缘子裙部 insulator shed
绝缘子闪络 insulator flashover
绝缘子试验 insulator test
绝缘子水洗 insulator washing
绝缘子托架 insulator bracket
绝缘子外裙 petticoat of insulator
绝缘子弯脚钉 hook pin
绝缘子泄漏距离 insulator leakage distance
绝缘子直脚钉 straight pin
绝缘子组合承力索座 insulated catenary wire support clamp
绝缘子最小爬距 minimum creepage length of insulator
绝缘座 bench insulator; insulation base;insulation stool
绝折射率 absolute index of refraction
绝种 loss of species

觉察时间 perception time

掘槽采样 channel sample

掘铲 share
掘铲吊耳 shovel bail
掘铲支柱 lifter beam
掘出 exhume;gouge out;pick out;unearth
掘出树根 grub
掘除 stumping
掘除树根 grubbing up roots
掘穿 run-through
掘洞 bore;caving
掘斗刃齿 digging prong
掘翻田地 trench
掘镐 pick-mattock
掘根 grub;stumping
掘根锄 grub hoe
掘根伐木机具 snagging equipment
掘根斧 grub axe;mattock
掘根机 grubber;stumper
掘根开荒犁 grub-breaker
掘根犁 grubber plow;rooter plough;rooter plow
掘根耙 timber rake
掘工事 intrench
掘沟机 bagger;trench digger
掘沟器 trencher
掘沟用铲 trenching spade
掘壕 entrench
掘壕沟 intrenchment
掘壕机 ditching machine;trench digger
掘进 advance; digging; dig in; drifting; drivage; drive-in; driving; holing;tunnel(l)ing
掘进爆破 heading blast(ing)
掘进操纵杆 crowd lever
掘进长度 cycle length;round
掘进程序 boring operation
掘进(刀)板 poling plate
掘进导洞 heading for advancing
掘进导坑 heading for advancing
掘进的 driven
掘进地质指导 advance geologic(al) control
掘进断面 driving section; excavated section;section of excavation
掘进断面尺寸 driving section size
掘进方法 drivage method; driving method;method of excavation work
掘进方向 drive direction
掘进工 driver; heading driver; heading man
掘进工程 headworks
掘进工作 heading work;headworks
掘进工作面 drift face; fore breast (line);heading(face)
掘进工作面的通风 heading ventilation
掘进护板 header
掘进护盾 mining shield
掘进机 boring machine; breasting wheel machine; development machine; entry-driving machine; mechanical boring machine; mole; shield tunnel(l)ing machine;tunnel(l)er;pusher
掘进机法 tunnel boring machine method
掘进机构 crowd mechanism; feed mechanism
掘进机开挖 machine excavation;mole drive
掘进机隧洞施工 machine bored tunnel(l)ing
掘进机钻臂 boom
掘进记录 digging record; driving record
掘进阶段 phase of boring
掘进缆绳 crowd rope
掘进联合机 continuous heading machine;mechanical heading machine
掘进量 advance quantity
掘进率 drivage ratio
掘进面 development face;driving face
掘进平峒 < 又称掘进平洞/掘进平峒 > working adit
掘进平巷 driftage;heading for advancing
掘进设备 drifting machine
掘进深度 digging penetration
掘进生产率 excavating productivity
掘进速度 digging rate; rate of advance; speed of tunnel(l)ing < 隧道 >
掘进索 < 挖掘机 > inhaul
掘进提升方法 excavation hoisting method
掘进通风 heading ventilation
掘进巷道 driving;heading for advancing
掘进循环 excavating cycle; excavation cycle
掘进延长 extension of excavation
掘进作业 boring operation
掘井 digging well;dug well
掘井方法 dug method; excavating method
掘井机 trepan
掘井人 well digger
掘井(水力冲刷)勘探 costean
掘开 baring
掘孔机 hole digger
掘口 exhume
掘路 pull(ing) up;street excavation
掘路机 pavement breaker; road breaker
掘路楔块 road wedge
掘路楔凿 road wedge
掘路钻 paving breaker drill
掘煤 coal cutting
掘煤电铲 coal shovel
掘煤机 coal cutting
掘煤用尖镐 coal pick
掘墓 exhume
掘黏[粘]土铲 clay spade
掘起 lift;mine up;turn up
掘起铲 lifting blade;lifting share;lifting shovel
掘起犁 lifting plow
掘起力 breakout force
掘锹 digging spade
掘切板 ground penetrating blade
掘去树桩 stub;stump
掘沙的 sand burrowing
掘蚀 excavation
掘松 hoeing
掘探 trial work
掘探孔 prospect hole
掘通巷道 holing through laneway; work through laneway
掘通巷道间 holing through
掘土铲 clay digger
掘土工具 grubber
掘土机 clay excavator;earth excava-

J

tor; excavator; grubber; power shovel; ripper; road rooter; rootdozer
掘土开度 bite opening
掘土耙 digging rake
掘土器 mole
掘土撬杆 tramp-pick
掘土深度 depth of cut
掘土作业 earth-digging-and lifting operation
掘挖沟槽机 trenching machine
掘削机 tunnel(l)er
掘削深度 digging depth
掘穴 burrow
掘穴动物 burrowing animal
掘穴生物 burrowing organism
掘雪犁 revolving snow plow
掘岩层 rock ripper
掘岩机 tunnel boring machine
掘岩芯铲斗 coral rock bucket
掘运工具 cut-and-carry tool
掘运机具 cut-and-carry tool
掘凿工 sinker
掘凿机 excavator
掘凿器 digger
掘凿深度 digging depth

桷 rafter

蕨类微镜煤 fern-vitrite

蕨类植物 fern;Pteridophyta

爵状科植物 acanthus

嚼用蜡 chew(ing)wax

攫斗铲 grab spade

攫斗挖泥机 grab-dredge(r)
攫取 snatch
攫取法 grab method
攫取高额利润 rake in enormous profits from
攫取面 gripping surface
攫取装置 seizing device
攫去 whip off
攫石器 stone grapple
攫式戽斗 grab bucket
攫式挖泥机 grab bucket dredge(r)

军备 armament

军备竞赛 armament race
军车轮载 military wheel load
军刀锯 saber[sabre] saw
军队 armament;legion
军队的 military
军队复员中心 separation center[centre]
军队轮载 military wheel load
军队卫生 medical services of the armed force
军队运输驳船 troop barge
军队运输船 trooper;troopship
军队在水污染控制的作用 army role in water pollution control
军法 martial law
军法审判 court-martial
军费 military expenditures
军港 fortified port;military harbo(u)r;military port; military terminal; naval harbo(u)r;naval port
军工标准 <美> Mil Std [military standard]
军工废物 ordnance waste
军工作业 army operation
军公货物运价 government cargo rate
军官 officer
军官病房 sick officer's quarters
军火 munition
军火补给船 munition ship
军火(仓)库 ammunition depot;arsenal;magazine
军火工厂 army munitions plant
军火列车 ammunition train
军舰 battle ship; naval vessel; war ship;war vessel;naval ship
军舰灰色 battleship gray[grey]
军舰舰长用艇 galley
军舰锚地 naval roadstead
军舰排水量 tonnage
军舰司令塔 conning tower
军舰卫生所 sick bay
军舰修造所 <英> dock yard
军民通用航空管理系统 common air traffic control system
军民用机场 joint airport
军区 military district
军人 serviceman
军人候车室 soldier's waiting room
军人违反职责罪 military crime
军事靶场 firing-in butt
军事标准 military standard
军事博物馆 military museum
军事测绘 military geodesy and cartography; military surveying and mapping
军事测绘勤务 military topographic(al)service
军事测绘装备 military topographic(al)equipment
军事测绘资料 military topographic(al)data
军事测距系统 lacrosse
军事测量 military survey
军事策略 military game
军事地理学 military geography
军事地形略图 military sketch
军事地形图 military chart
军事地形学 military topography
军事地质学 military geology;war geology
军事碉堡 military tower
军事法庭 court-martial
军事废物 military waste
军事高空交通管制区 military upper traffic control area
军事根据地 military stronghold
军事工程 military project; Military Engineering <美国季刊>
军事工程测量 military engineering survey;military project survey
军事工程测量学 military engineering surveying
军事工程地质学 military engineering geology
军事工程土壤快速稳定法 expeditions military soil stabilization
军事工程心理学 military engineering psychology
军事工程学 military engineering
军事工业 military industry; war industry
军事功能 military function
军事管制法 martial law
军事海图 naval chart
军事海洋学 military oceanography
军事基地 military base
军事建筑 military architecture
军事建筑工程 infrastructure;military civil engineering work
军事据点 military base
军事模型 military model
军事目标 feature of military value
军事气象学 military meteorology
军事潜水 military diving
军事情报 military intelligence
军事设施 military installation
军事施工卫生 hygiene of military construction
军事统计 military statistics
军事物资 military material; war material
军事系统工程 military system engineering
军事修建 military construction
军事学院 military academy; military institute
军事演习区 military exercise zone
军事演习区标 military practice area mark
军事要塞 military stronghold
军事医院 military hospital
军事影响 military effect
军事运输调度员 military traffic controller
军事指挥系统 military command system
军事制图学 military cartography
军团 corps
军团病 legionnaires' disease
军校 military academy;military school
军械 armament;ordnance;weapon
军械补给品 ordnance supply
军械材料 ordnance store
军械长 armament factory
军械库 armory;arms depot;ordnance storage;ordnance store
军需补给仓库 quarter master depot
军需部 Q department
军需车 quarter master truck
军需储备物品 war reserves
军需储备物资 war reserves
军需工业 military industry
军需品 materiel need;military stores; munition
军需品补给船 combat store ship
军医 medical officer;military surgeon
军医大学 military medical college
军医学校 military medical academy; military medical school
军医院 army hospital
军营 army camp
军用鞍 military saddle
军用标准 military standard
军用参考坐标 military grid reference
军用测量 military survey
军用车 army vehicle;ordnance vehicle
军用车辆 military vehicle
军用城市地图 military city map
军用船 naval ship;war ship
军用大比例尺测图 military large scale mapping
军用大客车 carryall
军用道路 military road
军用道路测量 military road survey
军用的 military
军用地带 military zone
军用地图 military chart; military map;ordnance map
军用地图系列 military map series
军用地形略图 military sketch
军用地形图 war office map
军用电话机 field telephone
军用电缆 field cable
军用电台 forces station
军用电线 field wire
军用毒剂 warfare agent
军用毒气 warfare gas
军用毒物 military toxicant
军用防毒面具 military gas-mask
军用房屋 military building
军用房屋构造 military building construction
军用房屋营造 military building construction
军用飞机 military airplane;troop carrier
军用飞机场 military airfield
军用飞机场建造 military construction
军用高精度测图仪 military high-precision plotter
军用工程 military engineering
军用工程机械 military construction machinery
军用工程机械族系 <美> family of military engineer construction equipment
军用公路 military road
军用光学仪器 military optic(al)instrument
军用规范 army specification
军用规格 military specification
军用海图 military chart
军用红外装置 military infrared equipment
军用厚橡木板 madrier
军用机场 advanced landing ground
军用基面 <英> ordnance datum
军用建筑 military building
军用建筑工程 military building construction
军用卡车 camion;military motor lorry;military truck
军用勘察 military reconnaissance
军用可靠管 military ruggedized tube
军用控制点 military geodetic control point
军用列车 military train;troop train
军用码头 military terminal
军用锚地 man-of-war anchorage
军用目标判读 interpretation of military object
军用耐震管 military ruggedized tube
军用品 ordnance
军用汽车 camion
军用器材 ordnance
军用潜望镜 hyposcope
军用强化管 military ruggedized tube
军用桥(梁) military bridge;treadway bridge
军用轻便电话机 buzzerphone
军用哨所 military post
军用设施 military installation
军用术语 war term
军用数据码 field data code
军用水准仪 military level
军用隧道 military tunnel
军用铁道 military railway
军用铁路 military railroad; military railway
军用通信[讯]网 forces network
军用通信[讯]卫星 tacsatcom
军用望远镜 military telescope
军用无线电设备 pack radio section
军用物资 military goods
军用线 military cable;field cable
军用运输船 troop carrier
军用站台 military platform; military ramp
军用坐标网 military grid
军援协定 subsidiary treaty
军运后付运费 military transport charges paid after arrival
军运控制站 regulating station
军运列车 military train;troop train

君迁子【植】date-plum

君士坦丁堡的圣莎菲亚教堂 Hagia Sophia at Constantinople
君士坦丁堡使徒教堂 church of the apostles at constantinople

均苯三酸 trimesic acid
均苯四酸 pyromellitic acid
均苯四酸二酐 pyromellitic dianhydride
均苯四酸二酐亚胺 pyromellitic diimide
均苯四酸酐 pyromellitic anhydride
均苯四酸酯 pyromellitic ester
均苯四酰二烯丙(基)亚胺 bis-N-allyl pyromellitic imide
均变荷载 uniformly varying load;uniform varying load
均变模数 uniformity modulus
均变说 uniformitarianism
均变组构 homeostatic fabric
均布超细颗粒的致密体系 densified system containing homogeneously arranged ultrafine particles
均布的 equi-spaced
均布动荷载 moving uniform load;uniform live load
均布负载 even load(ing);uniform load(ing)
均布辊 distributing roller
均布荷载 area load(ing);distributed load;even load(ing);evenly distributed load;uniform distributed load;uniformity distributed load;uniform load(ing)
均布荷载的 uniformly loaded
均布荷载强度 intensity of uniform loading
均布恒载 uniform dead load
均布活荷载 equivalent live load;uniform live load
均布静载 uniformly distributed static load
均布局部荷载 uniformly distributed partial load
均布线荷载 uniformly distributed linear load
均布应力 uniformly distributed stress;uniform stress
均布圆形荷载 uniform circular load
均布载荷 uniforming load
均差 divided difference;mean deviation;mean difference
均差化等额因数 gradient factor
均差内插公式 formula for interpolation by divided differences
均差系数 coefficient of average deviation;coefficient of mean deviation
均差运算 divided difference operation
均缠 level winding
均场测光 flat field photometry
均称的 proportioned
均称谱线 homologous lines
均称谱线组 set of homologous lines
均称线对 homologous line pair
均称线对法 method of homologous line pair
均尺寸材料 one-size material;single-size material
均等 equability;equipollence;parity
均等沉降曲线 curves of equal settlement
均等的 break-even;equalling;equipollent;even;uniform
均等点 equalization point
均等断面 uniform cross-section
均等分 bisect
均等分布 equal distribution
均等分摊法 equal instalment system
均等共享 equitable sharing
均等核对多项式 parity check polynomial
均等核对符号 parity check symbol
均等核对矩阵 parity check matrix
均等核对码 parity check code
均等化 equalization
均等划分 equally split
均等机会 equal chance;equal opportunity;equal time;even break
均等价格政策 odd and even price policy
均等减数分裂 equational reduction
均等扩散面 uniform diffuser
均等摩阻计算法 <送风管道的> equal friction method
均等期 equalization stage
均等热分配 equalized heat distribution
均等热分配法 equalized heat distribution method
均等收入 iso-income
均等相 phase of equality
均等向量 equalized vector
均等住房机会 equal housing opportunity
均等状态 state of equalization
均低聚物 pleionomer
均镀能力 throwing power
均二苯代乙烯 stilbene
均二苯硫脲 thiocarbanilide
均方 mean square
均方差 average quadratic error;mean quadratic error;mean square error;quadratic mean deviation;root mean square deviation;root mean square error;root mean square residual;square root deviation;standard deviation;standard error
均方差的最优化 mean-squared error optimization
均方差判据 mean-variance criterion [复 criteria]
均方带宽 mean square band width
均方递差检验 mean square successive difference test
均方典型相关系数 mean square canonical correlation coefficient
均方反应 mean square response
均方分布 mean square distribution
均方分散度 mean square scatter
均方根 mean square root;root mean square
均方根百分误差 root mean square percent error
均方根波高 root mean square wave height
均方根测量仪 root mean square meter
均方根差 root mean square deviation;root square deviation
均方根差余(值) root mean square residual
均方根粗糙度 root mean square roughness
均方根点位误差 root mean square positional error
均方根负载 root mean square load
均方根高度 root mean square height
均方根功率 mean effective power
均方根检波器 root mean square rectifier
均方根量 root mean square quantity
均方根烈度 root mean square intensity
均方根流速梯度 root mean square velocity gradient
均方根马力法 root mean square horsepower method
均方根脉冲持续时间 root mean square pulse duration
均方根模拟误差 root mean square simulation error
均方根判别准则 root mean square criterion
均方根判据 root mean square criterion
均方根偏差 root mean square deviation
均方根速度 root mean square velocity
均方根提问 root mean square question
均方根位移 root mean square displacement
均方根误差 mean square error;quadratic error;root mean square error
均方根误差准则 root mean square criterion
均方根异常 root mean square abnormal;root mean square prediction error
均方根噪声电压 root mean square noise voltage
均方根振幅百分比 percentage of root mean square amplitude
均方根振幅值 root mean square amplitude
均方根值 root mean square value
均方回归 mean square regression
均方回归平面 mean square regression plane
均方积分 mean square integral
均方角散射 mean-square-angle scatter
均方距离 mean square distance
均方离差 mean square deviation
均方连续 continuous in the mean
均方连续波动估计量 mean square consecutive fluctuation estimator
均方连续性 continuity in the mean (square);mean square continuity
均方列联 means square contingency
均方列联系数 coefficient of mean square contingency;mean square contingency coefficient
均方烈度 root mean intensity
均方模 mean square modulus
均方偏差 mean square departure;quadric mean deviation;mean square deviation
均方偏移 mean square deviation;mean square displacement
均方普密度 mean square spectral density
均方收敛 convergence[convergency] in the mean square
均方速度 mean square velocity
均方弯矩 mean square moment
均方位移 mean square displacement
均方误差 error of mean square;mean (quadratic) error;mean square error;quadratic mean error;root mean error;standard deviation
均方误差低效率 mean square error inefficiency
均方误差范数 mean square error norm
均方误差效率 mean square error efficiency
均方误差准则 mean square error criterion
均方线 mean square line
均方预测误差 mean square prediction error
均方值 mean square value;quadratic mean
均分 apportionment;average;dichotomy;equipartition;share;sharing
均分笔石科 <拉> Dichograptidae
均分到货 split delivery
均分定理的应用 application of equipartition theorem
均分负载磁开关 load-sharing magnetic switch
均分负载(法) load(ing) sharing
均分负载矩阵开关 load-sharing matrix switch
均分负载组 load balancing group
均分死时间法 shared-dead-time method
均分原则 principle of equipartition
均高二叉树 height-balanced binary tree;AVL-tree <一种平衡二叉树结构>
均衡 balance;equibalance;equilibrate;equilibrium [复 equilibria/equilibriums];equipoise;equiponderance;equiponderate;proportionment
均衡办法 balance approach
均衡报酬 equilibrium return
均衡滨线 equilibrium shoreline
均衡补偿 isostatic compensation
均衡补偿机制 mechanism of isostatic compensation
均衡补偿校正 correction for isostasy;correction for isostatic compensation
均衡补偿面 isostatic compensation surface
均衡补偿深度 depth of isostatic compensation
均衡补偿准备 equalization reserve
均衡布局 balanced allocation;balanced distribution
均衡部位 equilibrium position;square position
均衡参数 balance parameter
均衡槽 balancing tank;equalization tank;equalizing tank
均衡层合板 balanced laminate
均衡产量 equilibrium quantity
均衡厂商 equilibrium firm
均衡沉陷 isostatic subsidence
均衡成本 balance cost
均衡乘数 equilibrium multiplier
均衡池 balancing tank;equalization basin;equalizing basin
均衡充电 equalizing charge
均衡出水 equalization of discharge
均衡窗 counter-balanced window
均衡锤 balance(d) weight;balancing weight
均衡大地水准面 isostatic geoid
均衡带 <混凝土轨枕> equalizing strip
均衡的 equalizing;equiponderant;isostatic【地】
均衡的惟一性 uniqueness of equilibrium
均衡等力线 isostatic line
均衡地段 balance district
均衡递动阀 equalizing graduating valve
均衡点 equant equation;equilibrium point;point of equilibrium
均衡电缆 compensating cable;equalizing cable
均衡电流 equalizing current
均衡电路 averaging circuit;equalization circuit
均衡电容器 equalizing capacitor
均衡电阻 equalizing resistance
均衡发展 balanced development
均衡阀 balanced valve;equalizing valve
均衡方程 regime(n) equation
均衡方程式 balance equation;equilibrium equation
均衡放大器 equalizer amplifier
均衡放风阀 equalizing discharge valve
均衡分布 equidistribution;equilibrium distribution
均衡分布密度 uniform density
均衡分摊风险 balanced allocation of risk
均衡分析 equilibrium analysis
均衡风缸 equalising[equalizing] reservoir;surge chamber

J

均衡风缸管 equalizing reservoir pipe
均衡浮力 isostatic buoyancy
均衡负载 equally loaded
均衡改正 isostatic correction
均衡刚架 balanced rigid
均衡(杠)杆 balancing lever;compensating link; equalising [equalizing] bar;equalizer(lever)
均衡杠杆及移动杠杆的拉杆 equalizing lever and live lever connection
均衡杠杆连接链 <通过台> equalizer connecting chain
均衡杠杆托 equalizing lever bracket
均衡杠杆组 equalizing lever set
均衡高度 graded height;graded level
均衡工班 <指配备着适当装备和人力而以同一进度进行全面工作的工作队> balanced crew
均衡鼓风 balanced blast
均衡关系 equilibrium relationship
均衡管 equaling tube
均衡归正的重力值 isostatically reduced gravity data
均衡国民收入水平 equilibrium level of national income
均衡海滩 graded beach
均衡河 poised stream; stream at grade
均衡河床坡度 graded slope
均衡河段 graded reach
均衡河流 graded river;graded stream; mature river; mature stream; river at grade;steady-state stream;stream at grade
均衡河(流的洪)泛平原 graded river floodplain
均衡荷载应力 balanced load stress
均衡荷重应力 balanced load stress
均衡滑阀 equalizing slide valve
均衡滑轮 compensating pulley
均衡环 equalizer ring
均衡缓冲弹簧 equalizing buffer spring
均衡汇流条 equalizing busbar
均衡汇率 equilibrium rate of exchange
均衡活塞 equalizing piston
均衡活塞室 equalizing piston chamber
均衡机组 equalizer set
均衡基面 plane of isostatic compensation
均衡计算 isostatic calculation;isostatic computation
均衡计算表 isostatic table
均衡计算分区图 division map of balance calculation
均衡计算区 balance calculation area
均衡记录 equilibrium writing
均衡价格 equilibrium price
均衡交货 steady delivery
均衡角 angle of balance
均衡阶步 dancing steps
均衡结构 balanced construction
均衡解决 equilibrium solution
均衡经济学 equilibrium economics
均衡精度 accuracy of equalization
均衡静态翘曲 isostatic static warping
均衡开关 equalizer switch
均衡孔隙度 equilibrium porosity
均衡跨 counterweight spalling
均衡宽度 regime(n)width
均衡缆索 counterweight cable
均衡理论 equilibrium theory;regime(n)theory;theory of proportions
均衡力 equilibrant
均衡力矩 counter moment
均衡利率 equilibrium interest rate
均衡梁 balance arm; compensating beam; equalizer; equalizing bar; equalizing beam
均衡梁弹簧 equalizer spring; equalizing spring
均衡梁支点 equalizer fulcrum
均衡梁支架 equalizer support
均衡梁座 equalizing bar seat
均衡流 balanced flow
均衡流模式 equilibrium flow pattern
均衡流形态 equilibrium flow pattern
均衡炉衬 zoned lining
均衡轮 balance wheel;dancing pulley
均衡螺栓 equalizing bolt
均衡脉冲 equalizing pulse
均衡脉冲间隔 equalizing pulse interval
均衡脉冲信号 equalizing pulse signal
均衡门 counter-balanced door;counter-balanced gate
均衡面 isostatic surface
均衡模型 equilibrium model
均衡母线 balanced bus
均衡能力 ability of equalization
均衡扭矩 countertorque
均衡排泄 equilibrium drainage
均衡旁瓣天线 equalized side lobe antenna
均衡配置 balanced configuration
均衡平衡 isostatic equilibrium
均衡平价区 equilibrium parity zone
均衡坡度 balanced grade;equilibrium slope
均衡坡面 graded slope
均衡剖面 graded profile;profile of equilibrium
均衡期 balancing period; equalizing stage
均衡器 balancer; balance weight; equalizer(set)
均衡器架 equalizer bay
均衡牵引状态 no-side-draft position
均衡区 balance area
均衡绕组 equalizer winding
均衡热电偶 booster thermocouple
均衡任务分配 equalized assignment
均衡设计 balanced design
均衡深度 depth of isostasy
均衡生产 equilibrium production;level(l)ing of production
均衡生产年限 period of balanced production
均衡生产线 balanced production line
均衡失常 isostatic anomaly
均衡施工 balanced construction
均衡时期 <冲淤的> graded time
均衡式升船机 counter-balanced shiplift
均衡试验设备 equipment of balance test
均衡室 surge chamber
均衡收入 equilibrium income
均衡收入水平 equilibrium level of income
均衡寿命 balance life
均衡树 balanced tree
均衡数量 equilibrium amount; equilibrium quantity
均衡水 equilibrium water
均衡水池 equalizing tank
均衡水库压力 equilibrium reservoir pressure
均衡水平 equilibrium level
均衡水位 graded height;graded level
均衡说 isostatic theory
均衡送风 balanced blast
均衡速度 balancing speed
均衡踏步 balanced steps; dancing steps
均衡弹衡 equalizing spring
均衡弹簧 balance spring
均衡弹簧盖 equalizer spring cap;equalizing spring cap
均衡弹簧盒 balance spring box
均衡弹簧座 equalizer spring seat;equalizing spring seat
均衡特性曲线 equalizer curve
均衡梯级 dancing steps
均衡条件 equilibrium condition
均衡调节 isostatic(al)adjustment; proportional-plus-floating control
均衡调整 isostatic(al)adjustment
均衡通风 balanced ventilation
均衡通货膨胀率 equilibrium rate of inflation
均衡投资 uniform investment
均衡图 equilibrium figure
均衡土方工程 balanced earthwork
均衡椭球 isostatic spheroid
均衡挖填 balanced cuts and fills
均衡弯矩 balanced moment
均衡网络 equalization network; equalizer;equalizer network;equalizing network
均衡网络设计问题 equilibrium network design problem
均衡物 equiponderant
均衡误差法 balance error method
均衡系统 ecology;equalizing system
均衡下降 isostatic depression
均衡现象 isostasy
均衡线 equilibrium line;isostatic line
均衡箱 balance box
均衡削减保护措施 balanced reduction of protective measures
均衡消耗 equilibrium depletion
均衡斜坡 graded slope
均衡(斜)踏步 dancing winders
均衡信号 equalizing signal
均衡型 balanced type
均衡性 proportionality
均衡性测验 test for equilibrium
均衡性的 balanced
均衡修正 isostatic correction
均衡需求 equilibrium requirement
均衡蓄水池 equalising [equalizing] pond; equalising [equalizing] reservoir
均衡学说 equilibrium theory;isostatic theory
均衡压力 counterpressure; equalization of pressure
均衡压力用覆盖板 caul
均衡压制成型 equipollent press forming
均衡亚区 balance subarea
均衡要素 balance element
均衡要素确定方法 method of balance element determination
均衡要素相关曲线 correlation curve of balance element
均衡要素影响因素关系曲线 related curve of balance element-influence factor
均衡异常 equilibrium anomaly; isostatic anomaly【地】
均衡雨 steady rain
均衡运动 isostatic movement
均衡运输 balanced transport; steady traffic
均衡运输问题 balanced transportation problem
均衡运行 equilibrium operating;even running; harmonizing operation; smooth running;balanced operation
均衡运转 balanced running
均衡增长 balanced growth
均衡增长率 equilibrium rate of growth
均衡闸门 balance gate
均衡支付 equalization payment
均衡支架 equalizing prong
均衡值 equilibrium value;regime(n) value
均衡制通风系统 balanced ventilation system;balance system of ventilation
均衡中和 equalization neutralization
均衡重 weight counterbalance
均衡重力分异 isostatic gravity anomaly
均衡重力异常 isostatic gravity anomaly
均衡重平衡梁 equalizing beam for counterweight
均衡重式起重机 balance crane
均衡装置 equalizer;equalizing device
均衡状态 equilibrium state;equiponderant state; state of equalization; state of equilibrium
均衡准备 equalization allowance
均衡作业 evenness in operation
均衡作用 counteraction
均厚沉积 blanket deposit
均化 equalizing;homogenize
均化仓 blending silo
均化槽 homogenizing trough
均化池 equalization basin; equalization reservoir; equalizing tank; pondage reservoir;regulating reservoir
均化储库 homogenizing store
均化剂 level(l)ing agent
均化炉 homogenizing furnace
均化器 homogenizer
均化溶剂 level(l)ing solvent
均化润滑脂 homogenized grease
均化温度 homogeneous temperature; homogenization temperature
均化系数 <道路车辆与人通量> homogenizing coefficient
均化效应 level(l)ing effect
均化作用 homogenization
均极键 homopolar bond
均减速运动 uniformly retarded motion
均角法 average angle method
均角投影图 axonometry
均角投影图法 axonometry
均绞 <缆索的> equal lay
均距界 average distance bound
均距中心 center[centre] of mean distance
均聚合物 homopolymer
均聚合物树脂 homopolymer resin
均聚作用 homopolymerization
均可退费 full return
均孔膜 homopore membrane
均力杆 compensating bar
均力器 fusee
均力式擒纵机构 constant force escapement
均力洗脱色谱【化】 isocratic elation chromatography
均力圆锥滑轮链 fusee chain
均力圆锥轮 fusee
均粒滨线 graded coastline; graded shoreline
均粒沉积 graded deposition
均粒沉积物 <地质的> graded sediment
均粒骨料混凝土滤管 filter pipe of single-size material concrete
均粒海岸线 graded coastline;graded shoreline
均料机 refiner
均裂 homolysis
均裂反应 homolytic reaction
均裂作用 homologisation[homologization]
均流 current equalization; equal current;flow equalization;flow equalize
均流电抗器 current stabilizing reac-

tor;equalizing reactor
均流电缆 equal current cable
均流器 current equalizer;flow straightener
均流系数 current stabilizing factor
均流线 current equalizer
均脉 equal pulse;even pulse
均密砂岩 honestone;razor-edge stone
均密石英岩 novaculite;razor stone;Arkansas stone
均民 migration from high population density area to low one
均能的 homoenergetic
均能流 homomergic flow
均平效应 equalization effect
均坡 steady gradient
均期股利 equalizing the dividend
均染剂 level(l)ing agent
均染染料 level(l)ing dye
均热 soak(age)
均热处理 soaking
均热淬火工艺 soak-quench technique
均热带 soaking zone
均热管 Thiele tube
均热加热 soak heating
均热坑 dead soaking pit
均热炉 soakage pit;soaker;soaking furnace;soaking pit
均热炉夹钳 soaking pit clamp
均热炉坑 hole in soaking pit
均热炉起重机 soaking pit crane
均热炉钳式吊车 ingot pit crane
均热炉渣 flue cinder
均热炉组 homogenizing furnace
均热期 soaking period
均热区 soaking zone
均热时间 soak section
均热温度 soaking temperature
均热状况 homothermal condition
均三甲苯 mesitylene
均三嗪 sym-triazine
均色 homochromatic
均熵的 homoentropic
均湿机 samming machine
均时退火 isochronal annealing
均时钟差 equation clock
均势 balance of power;equilibrium [复 equilibria/equilibriums];equipoise;parity
均数 arithmetic(al) mean;mean
均数标准差 mean standard deviation
均四甲基苯酚 durenol
均速度 uniform velocity
均态 homogeneous state
均摊费用 share the expenses equally
均涂棒 equalizer rod
均涂合成剂 level(l)ing compound
均涂效应 level(l)ing action
均涂性 equalization;flow level(l)ing
均涂性能 level(l)ing property
均涂作用 equalization;level(l)ing action
均温层 hypolimnion[hypolymnion]
均温块体 block
均稀抽样 uniform sampling
均相测量 homogeneous phase measurement
均相沉淀 homogeneous precipitation;precipitation from homogeneous solution
均相沉淀法 homogeneous precipitation method
均相催化 homogeneous catalysis
均相催化反应 homogeneous catalytic reaction
均相催化剂 homogeneous catalyst
均相催化湿空气氧化 homogeneous catalytic wet-air oxidation
均相反应 homogeneous reaction
均相分散 homodisperse
均相芬顿氧化混凝工艺 homogeneous phase Fenton oxidation-coagulation process
均相光催化 homogeneous photocatalysis
均相化学平衡 homogeneous chemical equilibrium
均相火焰 homogeneous flame
均相聚合作用 homogeneous polymerization
均相流化 homogeneous fluidization
均相膜 homogeneous membrane
均相平衡 homogeneous equilibrium
均相乳油 homogeneity of concentrate
均相(体)系 homogeneous system
均相性 homogeneity
均效螺距 mean effective pitch
均效压力 mean effective pressure
均斜的 homoclinal;isoclinal
均斜(结构) homocline
均压 equal potential;potential equalization;voltage-sharing;confining pressure
均压板 caul
均压变压器 balancer-transformer
均压电极头 equalized tip
均压电缆 equalizing cable
均压电流 equalizing current
均压电路 equalizer circuit
均压电阻 equalizing resistance
均压阀 balance valve;pressure equalizing valve
均压复式接头 common manifold
均压管 balance tube;equalizer;pressure equalizer;pressure equalizing tube
均压管道 pressure equalizing passageway
均压罐 equalizer tank
均压焊嘴 equalized tip
均压焊嘴夹头 equalized tip holder
均压环 equalizer ring;grading ring;piezometer ring
均压汇流条 equalizing busbar
均压机组 balance set
均压结线 equipotential connection
均压开关 equalizer switch
均压孔 balanced hole;balancing hole
均压连接 equalizing connection
均压灭火 fire-fighting by equal pressure
均压母线 equalizing busbar;equalizer
均压拍击气门 pressure flap
均压屏蔽环 grading and shielding ring
均压器 balancer;equalizer;pressure equalizer;pressure equalizing tube;voltage balancer【电】
均压曲线 equilibrium curve
均压绕组 equipotential winding
均压跳线 potential equalizing jumper
均压网 potential equalizing net
均压线 cable bond;continuity cable bond;equalizing cable;potential equalizing wire;pressure equalizer
均压线连接 equalizer connection
均压线圈 equalizer coil
均压箱 pressure equalizing tank;surge tank
均压闸 counterpressure brake
均压制动器 counterpressure brake
均压装置 pressure equalizing device
均一 unity
均一尺寸 one-size
均一尺寸材料 one-size material
均一尺寸的 single-size
均一尺寸的集料 one-size(d) aggregate
均一尺寸石料 one-size stone
均一处理机群 anonymous processor pool
均一的 equal;homogeneous;uniform
均一电桥 uniform bridge
均一废料 homogeneous waste
均一费率 flat rate
均一构造的 even-textured
均一结构 homogeneous texture
均一颗粒的 single-size
均一粒径骨料 single-size(d) aggregate
均一内径 uniform internal diameter
均一票价 uniform fare
均一坡度 even pitch;uniform slope
均一强度 uniform strength
均一体系 uniform system
均一温度 homogenization temperature
均一温度场 homogeneous temperature field
均一温度范围 range of homogenization temperature
均一性 equality;homogeneity;similarity;uniformity
均一性测定 homogeneity test
均一性系数 homogeneity coefficient
均一压力 homogenization pressure
均一岩层 uniform type of rocks
均一岩基 homogeneous batholith
均一增益带宽 unity gain bandwidth
均一状结构 homogeneous structure
均夷滨线 graded shoreline
均夷方程 regime(n) equation
均夷河 regrading stream
均夷河流 graded river;river at grade;stream at grade
均夷理论 regime(n) theory
均夷流 regrading stream
均夷面 planation surface
均夷平原 graded plain
均夷坡(度) slope of equilibrium
均夷作用【地】 gradation;planation <指河流切割河谷>
均云 homogeneous cloud
均匀白色漫射屏 flat-white nondirectional screen
均匀半空间 homogeneous half-space
均匀半球 uniform hemisphere
均匀拌和 intimate mixing
均匀暴雨型 uniform rainstorm pattern
均匀编码 uniform encoding
均匀变化荷载 uniformly increasing load;uniformly varying load
均匀变歪剖面 plane of uniform distortion
均匀变形 homogeneous deformation;affine deformation【地】
均匀遍历定理 uniform ergodic theorem
均匀(标度)色品图 uniform chromaticity scale diagram
均匀表观流动 uniform apparent flow
均匀波导 smooth waveguide
均匀泊松过程 homogeneous Poisson process
均匀材料 homogeneous material;uniform material
均匀采光 continuous lighting
均匀(彩)色空间 uniform colo(u)r space
均匀层 conforming layer
均匀层理 homogeneous bedding
均匀掺混 even blend
均匀场 homogeneous field;uniform field
均匀场克尔盒 uniform field Kerr cell
均匀超负荷 <如指挡土墙以上的填土> uniform surcharge
均匀超载 uniform supercharge;uniform surcharge
均匀车间距 homogeneous headway
均匀沉淀 homogeneous precipitation;precipitation from homogeneous solution;uniform sedimentation;uniform(ly) settling
均匀沉降 equal settlement;uniform sedimentation;uniform (ly) settling;uniform settlement
均匀沉降的基础 uniform yielding foundation
均匀沉降曲线 curves of equal settlement
均匀沉陷的基础 uniformly yielding foundation
均匀程度 degree of uniformity;homogeneous degree
均匀尺寸的 single-sized
均匀充气混凝土 uniform aerated concrete
均匀出口气流喷管 uniform exit flow nozzle
均匀磁场 homogeneous magnetic field
均匀磁化 uniform magnetization
均匀催化剂 homogeneous catalyst
均匀淬火 uniform hardening
均匀大气层 homogeneous atmosphere
均匀代码 uniform code
均匀带 homogeneous band
均匀导电性 homogeneous conductivity
均匀的 even;stepless;uniform
均匀的含水率 uniform moisture content
均匀的坡度 even pitch
均匀的温度分布 uniform temperature distribution
均匀的研磨浆 clean grind
均匀的硬黏[粘]性土 uniform stiff cohesive soil
均匀的锥形收缩 uniform taper(ing)
均匀底板 uniform mat
均匀底流 uniform underflow
均匀底坡河槽 uniform grade channel
均匀地壳 homogeneous crust
均匀地震 uniform ground shock
均匀点辐射源 uniform point source
均匀点火器 ignition rectifier
均匀点源 uniform point source
均匀电场 uniform electric field
均匀电导率 homogeneous conductivity
均匀电镀能力 <对不规则工件的> bright-throwing power
均匀电介质 uniform dielectric
均匀电流 uniform current
均匀电流密度 uniform current density
均匀电码 even length code
均匀电子流 uniformly distributed electron shower
均匀电子束 homogeneous beam
均匀垫层 equalizing bed
均匀度 consistency;degree of consistency[consistence];degree of homogeneity;evenness degree;regularity;uniformity;particle-size distribution <灰尘在空间的>
均匀度传感器 evenness transducer
均匀度试验器 regularity meter
均匀度指数 evenness index
均匀镀层 homogeneous coating
均匀断口 even fracture
均匀断面 uniform section
均匀多孔介质 homogeneous porous medium
均匀阀 equalizing valve
均匀反应 homogeneous reaction
均匀放射 homogeneous radiation
均匀放射层 homogeneous radioactivity layer
均匀分布 adequate distribution;equidistribution;even distribution;homogenous distribution;rectangular

distribution;uniform distribution
均匀分布参数线路 smooth line
均匀分布的 evenly distributed;uniformly distributed
均匀分布的函数 uniformly distributed function
均匀分布定律 equipartition law
均匀分布荷载 uniformly distributed load;evenly distributed load
均匀分布流 stream with uniform distribution
均匀分布随机数 uniform random number
均匀分布应力 uniformly distributed stress
均匀分布在胎体上 <金刚石> evenly distributed throughout the matrix
均匀分层的 even bedded
均匀分层流 uniformly stratified flow
均匀分格抽样 factorial sampling
均匀分解 homolysis
均匀分配 homogeneous distribution
均匀分配的 evenly distributed
均匀分散 homodisperse
均匀风场 uniform wind field
均匀风险 uniform hazard
均匀辐射 homogeneous radiation;uniform radiation
均匀辐射能 homogeneous radiant energy
均匀腐蚀 generated corrosion;uniform corrosion
均匀腐植体 levigelinite
均匀负荷 even load(ing);uniform load(ing)
均匀负荷钻头 even-duty bit;uniform load(ing) bit
均匀负载 uniform load(ing)
均匀负载钻头 even-duty bit;uniform load(ing) bit
均匀复用线路 homogeneous multiplexed circuit
均匀概率设计 uniform probability design
均匀格网法 uniform-grid method
均匀各向同性紊流 homogeneous isotropic turbulence
均匀各向异性 homogeneous anisotropy
均匀给料装置 uniform feeding device;uniform feeding mechanism
均匀构造 even texture
均匀构造的 massive
均匀骨料 short-range aggregate;single-size(d) aggregate;uniform size aggregate
均匀固熔体 homogeneous solid solution
均匀固体 homogeneous solid
均匀光(线) homogeneous light;uniform light
均匀光学波导 homogeneous optic(al) waveguide
均匀光源 uniform source of light
均匀海洋 homogeneous ocean
均匀含盐层 homohalin layer
均匀河槽 uniform channel
均匀荷载 even load(ing);uniform load(ing);uniformly distributed loading
均匀横流 uniform cross flow
均匀厚度 uniform ga(u)ge;uniform thickness;uni-thick
均匀化 homogenization;level(l)ing;uniformization
均匀化变换 uniformization transformation
均匀化退火 homogenizing annealing
均匀混合 streakless mixing;uniform mixing;unimixing
均匀混合料 intimate mixture
均匀混合物 homogeneous mixture;intimate mixture;uniform mix(ture)
均匀混合系统 uniformly mixed system
均匀货流 uniform flow of traffic
均匀激波 uniform shock wave
均匀激发 homogeneous excitation
均匀级配 narrow gradation;uniform grading
均匀级配的 uniformly graded;narrow graded
均匀级配的配合料 uniformly graded
均匀级配骨料 uniformly graded aggregate
均匀级配集料 uniformly graded aggregate
均匀级配砂 uniformly graded sand
均匀级配土 uniformly graded soil
均匀级数 uniform series
均匀集料 short-range aggregate;single-size(d) aggregate;uniform aggregate
均匀加感 krarupization;Krarup loading;uniform load(ing)
均匀加感电缆 Krarup cable
均匀加荷 constant rate of loading;continuous load
均匀加热炉 equiflux heater
均匀加热器 equiflux heater
均匀加速度 uniform acceleration
均匀加载 constant rate of loading;continuous load
均匀加载装置 load pacer
均匀间隔的 uniformly spaced
均匀间隔能级 evenly spaced energy level
均匀减压 even decompression
均匀搅拌 intermate mixing;intimate mixing;uniform mixing
均匀接触 uniform contact
均匀结构 even texture;uniform construction;uniform structure
均匀结构润滑脂 smooth-texture grease
均匀介质 homogeneous medium
均匀介质膜 homogeneous dielectric(al) film
均匀紧密度 uniform tightness
均匀近似法 uniform approximation
均匀浸没 homogeneous immersion
均匀浸润 homogeneous immersion
均匀浸液 homogeneous immersion fluid
均匀抗力 uniform resistance
均匀颗粒材料 one-size material;single-size(d) material;uniform particle material
均匀颗粒材料混凝土 single-size material concrete
均匀颗粒骨料 one-size(d) aggregate;single-size(d) aggregate
均匀颗粒集料 one-size(d) aggregate;single-size(d) aggregate
均匀颗粒源 uniform particle source
均匀空气隙 smooth air-gap
均匀控制混凝土 controlled concrete
均匀扩散传输 uniform diffuse transmission
均匀扩散反射 perfectly diffusing reflection
均匀扩散理论 uniform diffusion theory
均匀扩散面 uniform diffuser face
均匀扩散器 uniform diffuser
均匀拉片扫描 continuous film scanner
均匀拉伸 general extension
均匀朗伯分布 uniform Lambertian distribution
均匀冷却 uniform cooling
均匀力 uniform force
均匀砾石 uniform gravel
均匀粒度 uniform particulate size
均匀粒径 uniform particle size
均匀粒径粗骨料 sized coarse aggregate
均匀粒径粗集料 sized coarse aggregate
均匀粒径分布 homogeneous grain size distribution
均匀粒径骨料 uniform size aggregate
均匀粒径混凝土 single-sized concrete
均匀粒径集料 single-size(d) aggregate
均匀粒料加气混凝土 single-sized aerated concrete
均匀粒料砂浆 single-sized mortar
均匀粒状结构 equigranular texture
均匀连续 uniform continuation
均匀连续性 uniform continuity
均匀梁 uniform beam
均匀亮度 uniform brightness;uniform luminance
均匀亮度的天空半球 hemi-sphere of sky of uniform brightness
均匀亮度面积 uniform luminance area
均匀量化 uniform quantization;uniform quantizing
均匀流 uniform stream
均匀流出 smooth outflow
均匀流动 homogeneous flow;uniform flow
均匀流化床 homogeneously fluidized bed
均匀流体 homogeneous fluid;uniform fluid
均匀流体流动 uniform fluid flow
均匀流条件下水深 normal depth
均匀流运动方程 motion equation for uniform flow
均匀馏分 uniform fraction
均匀率 uniformity ratio
均匀卵形环 uniform oval ring
均匀马尔可夫过程 homogeneous Markov process
均匀马尔可夫链 homogeneous Markov chain
均匀码 uniform code
均匀漫反射 uniform diffuse reflection
均匀漫射 uniform diffusion
均匀漫射面 uniform diffuser;uniformly diffusing surface
均匀漫射体 uniform diffuser
均匀漫透射 uniform diffuse transmission
均匀媒质 homogeneous medium
均匀密度 uniform density
均匀密度透镜 uniform density lens
均匀密集气孔 uniform porosity
均匀密实 uniform density
均匀明度标尺 uniform lightness scale
均匀明渠流 uniform open channel flow
均匀模量 uniform modulus
均匀膜 homogeneous membrane
均匀磨耗 equalizing abrasion;uniform wear
均匀磨损 equalizing abrasion;even wear;uniform wear
均匀木纹 even grain
均匀目标 homogeneous target
均匀能谱 uniform power spectrum
均匀泥沙 uniform material;uniform sediment
均匀凝胶体 levigelinite;telogelinite
均匀排队长度部分 uniform components of queue length
均匀排列 homogeneous alignment
均匀排列结构 homogeneous alignment texture
均匀配水 uniform distribution
均匀膨胀 uniform expansion
均匀膨胀性 uniform dilatancy
均匀片状石墨 A-type graphite
均匀偏差 uniform deviate
均匀频谱随机噪声 uniform-spectrum random noise
均匀平衡状态 homogeneous equilibrium state
均匀平面波 uniform plane wave
均匀平面偏振电磁波 uniform plane-polarized electromagnetic wave
均匀坡 even slope;regular slope;uniform slope
均匀坡度 steady gradient;uniform grade;uniform gradient
均匀谱线 homogeneous line
均匀谱线增宽 homogeneous line broadening
均匀气层 homosphere
均匀气流 uniform aggregate
均匀前缘 even front
均匀浅海 homogeneous shallow water;uniform shallow water
均匀强度 uniform strength
均匀切变 homogeneous shear
均匀侵蚀 uniform attack
均匀倾斜的塔 tower with constant batter
均匀区段编号 number of homogeneous subarea
均匀区段位置 position of homogenous subarea
均匀取样 uniform sampling
均匀燃烧 homogeneous combustion;uniform burning;uniform combustion
均匀染料 even dye
均匀染色 level dyeing
均匀扰动 homogeneous disturbance;homogeneous perturbation;isotropic(al) turbulence
均匀热处理 homogenizing treatment;homo-treatment
均匀溶液反应堆 homogeneous solution-type reactor
均匀熔解温度 uniform melting temperature
均匀撒播 uniform broadcasting
均匀散列 uniform hashing
均匀散列函数 uniform hashing function
均匀散射面 uniformly diffusing surface
均匀色标 uniform colo(u)r scale
均匀色度标 uniform chromaticity scale;uniform lightness-chromaticness scale
均匀色度间距 uniform chromaticity spacing
均匀色度图 uniform chromaticity chart
均匀色度子空间 uniform chromaticness subspace
均匀色度坐标 uniform chromaticity coordinates
均匀色品图 uniform chromaticity scale chart
均匀色品系 uniform chromaticity scale system
均匀色三角 uniform chromaticity triangle
均匀砂 uniform sand
均匀设计 uniform design
均匀射束 homogeneity beam;homogeneous beam
均匀射线 homogeneous ray
均匀伸长 general extension;uniform elongation
均匀渗碳 homogeneous carburizing
均匀势流 uniform potential flow

均匀收敛 uniform convergence
均匀树苗 uniform size of tree seedlings
均匀水流断面因数 section factor for uniform flow
均匀水流深 uniform flow depth
均匀水深 uniform water depth
均匀送风 balanced ventilation
均匀速度 even speed;uniform velocity
均匀随机取样 uniform random sampling
均匀碎石 one-size stone
均匀损耗网络 uniformly dissipative network
均匀弹性材料 uniform elastic material
均匀体系 homogeneous system
均匀调节 fine control
均匀调节放水 uniform regulated discharge
均匀调节流量 uniform regulated discharge
均匀调节速度 polyspeed
均匀调谐旋纽 fine tuning control
均匀调整 continuously variable control;slide control;stepless control
均匀调制的随机过程 uniformly modulated random process
均匀停车 uniform stop
均匀停车率 uniform components of stop rate
均匀通风 balance draft
均匀通风系统 balanced ventilation system
均匀通量 uniform flux
均匀涂层 homogeneous coating;homogeneous cover(ing)
均匀土类 undifferentiated soil
均匀湍流 homogeneous turbulence;uniform turbulence; uniform turbulent flow
均匀退火 diffusion annealing
均匀椭球 homogeneous ellipsoid
均匀弯矩 uniform moment
均匀危险因素 uniform hazard
均匀温差效应 uniform temperature effect
均匀温度 uniform temperature
均匀温度分布 flat-temperature profile
均匀纹理 even grain
均匀纹理的 even-textured
均匀紊动 isotropic(al)turbulence
均匀紊流 homogeneous turbulence;isotropic (al) turbulence; uniform turbulence;uniform turbulent flow
均匀稳定流 uniform steady flow
均匀涡度流(体) uniform vorticity fluid
均匀涡流 uniform turbulence; uniform volume
均匀物料 homogeneous material;uniform material
均匀雾化 uniform atomizing
均匀系列 uniform series
均匀系数 coefficient of uniformity; coefficient of homogeneity; degree of uniformity;uniformity factor
均匀下沉带 zone of regular subsidence
均匀弦 uniform string
均匀线 uniform line
均匀线段 homogeneous section
均匀相 homogeneous phase
均匀向上荷载 uniform upward load
均匀斜度 uniform slope
均匀行进流 uniformly progressive flow
均匀形变 homogeneous deformation
均匀型地基 even bedded subgrade
均匀性 flatness; steadiness; homogeneity;uniformity
均匀性测定 homogeneity test
均匀性试验 homogeneity test; nick and break test
均匀性系数 uniformity coefficient
均匀性指数 evenness index
均匀需求 uniform demand
均匀悬浮物 uniform suspension
均匀旋度 uniform vorticity
均匀压力 even pressure; uniform pressure
均匀压密 uniform compaction
均匀压实 uniform compaction
均匀压缩 homogeneous compression; uniform compression
均匀延误 uniform delay
均匀延误部分 uniform components of delay
均匀岩基 homogeneous batholith
均匀颜色 even colo(u)r
均匀样本 uniform pattern; uniform sample
均匀样品 uniform sample
均匀液体 homogeneous fluid
均匀一致地层 stratum of uniform composition
均匀异常 isotropic(al)anomaly
均匀应变 homogeneous strain; uniform strain
均匀应力 homogeneous stress; uniform stress
均匀应力部位 uniform stress area
均匀应力场 homogeneous stress field
均匀应力区 uniform stress area
均匀应力状态 homogeneous state of stress
均匀硬板 homogeneous rigid board
均匀有界变差 uniformly bounded variation
均匀预应力混凝土 isostatic prestressed concrete
均匀运动 uniform motion
均匀运转 quiet run
均匀增长率法【交】 uniform growth factor method
均匀增宽效应 homogeneous broadening effect
均匀渣 uniform slag
均匀轧车 evenness calender
均匀展宽 homogeneity broadening; homogeneous broadening
均匀照明 balancing illumination;continuous lighting; even illumination; uniform illumination;uniform light
均匀阵列微型机 uniform array-based microcomputer
均匀支承 even bearing
均匀质地 even texture
均匀质量 uniform mass
均匀滞流池 equalization pond
均匀重力异常 isotropic(al)gravity anomaly
均匀状态 homogeneous state
均匀锥形桩 uniform taper pile
均匀着落 uniform landing
均匀阻抗 uniform impedance; uniform resistance
均匀阻力 uniform resistance
均匀组构 homogeneous fabric
均匀最优方案 uniformly optimal plan
均匀作用 homogenization; progressive action;stepless action
均匀坐标系统 homogeneous coordinate system
均整 expansion;reel
均整机 < 管材 > reeler; reeling machine;reeling mill
均整线圈 graduator
均值 equalizing value; mean; typical value
均值标准误差 standard error of mean
均值的置信区间 confidence interval of mean
均值定理 law of mean; mean value theorem
均值定律 law of mean
均值法 averaging method;mean value method;method of mean value
均值函数 mean value function
均值化 equalization
均值极限 limit-in-mean
均值记忆示波器 average value memory oscilloscope
均值加权平方 weighted mean square
均值检验的运算特性 operating characteristics of the test of mean
均值校正 correction for mean
均值绝对离差 mean absolute deviation
均值控制图 mean chart
均值离差 deviation from mean
均值偏差 deviation from mean
均值器 equalizer
均值收敛 convergence [convergency] in mean
均值数列 series of mean
均值误差的标准单位 standard units of mean error
均值向量 mean vector
均值与方差间的相关 correlation between mean and variance
均值预测 mean prediction
均质 homogen; isotrope; uniform quality
均质坝 homogeneous dam
均质板 isotropic(al)
均质半镜质体 telosemicollinite
均质变形 homogeneous deformation
均质材料 homogeneous material;isotropic(al)material;uniform material
均质层 homogeneous layer;homogeneous stratum; homosphere; uniform bed;uniform layer
均质层顶 homopause
均质沉积 isotropic(al)deposit
均质成核 homogeneous nucleation
均质大气层 homogeneous atmosphere
均质大气高度 scale height
均质的 homogeneous;homogenic;isotropic(al)
均质地层 isotropic(al)formation
均质地基 homogeneous foundation
均质电介质 isotropic (al) dielectric-(al)medium
均质电离室 homogeneous ionization chamber
均质对称 isotropic(al)symmetry
均质反应堆 homogeneous reactor
均质钢 homogeneous steel
均质钢板 homogeneous steel plate
均质各向同性弹性半空间 homogeneous isotropic elastic half-space
均质各向同性弹性体 homogeneous isotropic elastic mass
均质各向同性含水层 homogeneous isotropic aquifer
均质各向异性含水层 homogeneous anisotropic aquifer
均质构件 homogeneous member
均质含水层 isotropic(al)aquifer
均质合金 homogeneous alloy;homogenized alloy
均质河 homogeneous river; homogeneous stream
均质护壁板 homogeneous cover(ing)
均质花岗岩 uniform granite
均质化 homogenization; isotropization
均质混合物 homogeneous mixture
均质混合岩 homogenic migmatite
均质混凝土 homogeneous concrete; like-grained concrete
均质建造 isotropic(al)formation
均质结构 homogeneous texture
均质介质 homogeneous medium;isotropic(al)medium
均质介质滤池 homogeneous medium filter;isotropic(al)medium filter
均质镜质体 homocollinite; telocollinite
均质聚氯乙烯涂层 homogeneous polyvinyl chloride cover(ing)
均质空间 homogeneous space
均质矿物 isotropic(al)mineral
均质流态 homogeneous flow regime
均质流体 homogeneous fluid
均质密封 homogeneous seal
均质面砖 homogeneous tile
均质模数 uniformity modulus
均质膜 homogeneous membrane
均质平台 isotropic(al)rig
均质剖面 uniform profile
均质器 homogenizer
均质燃烧 homogeneous combustion
均质扰动 isotropic(al)disturbance;isotropic(al)turbulence
均质散射 isotropic(al)scattering
均质砂 cut sand;uniform sand
均质砂岩 uniform sandstone
均质碎料板 homogeneous particle board
均质弹性体 homogeneous elastic solid
均质弹性土 isotropic(al)elastic soil
均质体 homogeneous body; homogeneous mass;isotrope;isotropic(al) body
均质填筑坝 homogeneous earth(fill) dam; homogeneous embankment dam
均质土坝 homogeneous earth dam; monozone dam
均质土堤 single-zone embankment
均质土(壤) homogeneous soil; isotropic(al)soil;uniform soil
均质湍流 homogeneous turbulence
均质推进剂 homogeneous propellant
均质紊流 homogeneous turbulence
均质物质 isotropic(al)substance
均质系数 coefficient of homogeneity; coefficient of uniformity; uniformity coefficient
均质系统 homogeneous system
均质纤维 isotropic(al)fiber[fibre]
均质纤维板 homogeneous fibre[fibre] board
均质纤维墙板 homogeneous fiber wallboard
均质性 homogeneity; homogeneousness;isotropism;isotropy
均质性测定 homogeneity test
均质压力 isotropic(al)pressure
均质岩层 lithostrome
均质岩基 homogeneous batholith
均质岩墙 homogeneous dike[dyke]
均质岩石 homogeneous rock;isotropic(al)rock;uniform type of rocks
均质液体膜 homogeneous liquid membrane
均质仪 isotropic(al)instrument
均质应力 isotropic(al)stress
均质硬岩 homogeneous hard rock
均质铸锭法 homogeneous casting process
均质组构 isotropic(al)fabric
均重 counterpoise
均重杆 weighted lever
均重杆润滑器 weighted lever lubricator
均重杠杆支点 < 两轴守车 > equalizing bar pedestal

均重块 counter-balance;counterweight

龟

龟裂 alligator crack; alligator-hide crack(ing); alligatoring; alligatoring honeycomb cracking; chap; checking; chicken-wire cracking; chink; cracking; craze; crazing; crevasse crack; crocodile cracking; crocodiling; desiccation crack; discrepitate; fissuration; gas checking; gas crazing; honeycomb crack; map crack(ing); map crazing; mosaic cracking; mud cracking; overbreak; pattern crack(ing); shelling

龟裂表面 checked surface
龟裂的 chappy;rimose;rimous
龟裂的黏[粘]土 fissured clay
龟裂的形成 formation of cracks
龟裂地 adobe soil
龟裂地面 polygonal ground
龟裂花纹银色涂料 hamme ton silver
龟裂花样银花涂料 hamme ton silver
龟裂-鳞片状的 diffracted-scaly
龟裂面 check surface
龟裂漠境 takir desert
龟裂黏[粘]土 adobe clay; fissured clay
龟裂区(域) polygonal area; rupture-(d)zone
龟裂试验 cracking test
龟裂掏槽 crack cut; shatter cut <隧道爆破>
龟裂土 adobe(soil);takyr(soil)
龟裂形土纹 polygon
龟裂型土 takyr-like soil
龟裂永久变形 cracked permanent deformation
龟裂状(土纹) polygon

菌

菌柄 stipe

菌床 bacteria bed
菌腐 mycocring
菌盖 pileus
菌根 myco(r)rhiza
菌害 fungus attack
菌害木 foxy tree
菌寄生 <拉> Hypomyces
菌胶层 <沙滤层的表层> zoogloeal layer
菌胶团 zooglea
菌胶团基质 zoogloeal matrix
菌胶团块 zooglea mass;zoogloeal mass
菌界 <拉> Mycota
菌类体 sclerotinite
菌落 colony
菌落计群器 <自来水细菌检验> colony counter
菌落计数计 colony counter
菌落计数器 bacterial colony counter
菌落形成单位 colony-forming unit
菌落总数 total number of bacterial colony
菌毛 fimbria;pilus
菌膜 mycoderm;pellicle
菌群 bacterial community; bacterila population;colony of bacteria;flora
菌式桥 Pilz bridge
菌丝 hypha[复 hyphae]
菌丝层 subiculum
菌丝体 mycelium[复 mycelia]
菌苔 lawn
菌体 thallus[复 thalluses/thalli]
菌托 volva
菌形按钮 mushroom button
菌形阀 mushroom valve;open chamber needle valve
菌形结构 mushroom construction
菌形路钮【道】 mushroom button
菌形锚 mushroom anchor
菌形桥 mushroom-type bridge
菌形清沟器 mushroom anchor
菌形穹隆 laccolite;laccolith
菌形随动体 <凸轮的> mushroom follower
菌形岩穹隆 laccolite;laccolith
菌瘿 fungusgall;mycocecidium
菌藻处理 microbiologic(al)control
菌藻共生 helotism
菌藻控制 bacterial and algae control
菌藻系统 bacteria-algae system
菌毡 mycelial felt
菌褶 gill
菌褶缘 gill edge
菌致分解 <污水处理的> digestion
菌种 bacterial species;strain
菌种保藏 culture preservation
菌种筛选 pure culture
菌株 strain
菌株分离 strain isolating
菌状石 gour rock; mashroom rock; pedestal rock

郡

郡 county

郡道 <英国一种依法由地方养护的> delegated road
郡界 county boundary;county line
郡图 county map
郡县委员会 county council

峻

峻岭 steep mountain

峻峭 jag
峻峭的 cragged;craggy;steep

浚

浚槽【疏】 dredge cut

浚工长 dredge master
浚后测量 post-dredging survey; after-dredging survey;post works survey
浚泥槽 dredge trench
浚泥船 dredge
浚泥机 dredging machine
浚前测量 predredging survey; pre-works survey
浚前浚后 pre and post-dredging
浚深的航道 dredged channel
浚挖铲斗 dredge bucket
浚挖成本 dredging cost
浚挖成的感潮泊位 dredged tidal berth
浚挖成的深度 dredged depth
浚挖承包商 dredging contractor
浚挖出的物质 dredged material
浚挖的泥沙 dredged material; dredged spoil
浚挖的体积 dredged volume
浚挖的土 dredged soil
浚挖的物质 dredged material
浚挖断面监测器 dredged profile
浚挖方法 dredging method
浚挖费用 dredging cost
浚挖工程估价 costing dredging work
浚挖工序 dredging process
浚挖骨料 dredged aggregate
浚挖合同 dredging contract
浚挖集料 dredged aggregate
浚挖机 dredging machine
浚挖机械 dredging machinery
浚挖基槽 dredging trench
浚挖计划 dredging programme
浚挖技术 dredging technique
浚挖竣工高程 dredged level
浚挖竣工实际高程 actual dredged level
浚挖宽度 cut width
浚挖矿藏 dredging for minerals
浚挖历时 dredging duration
浚挖面积 dredging area
浚挖剖面 dredging profile
浚挖区 dredging site;dredging area
浚挖容许误差 dredging tolerance
浚挖深度 dredging depth
浚挖深度容许误差 dredging depth tolerance
浚挖示意图 dredging diagram
浚挖通航 dredging for navigation purposes
浚挖线 dredging line
浚挖循环 dredging cycle
浚挖岩石 rock dredging
浚挖预处理的岩石 dredging pretreated rock
浚挖抓斗 dredge bucket
浚挖作业 dredging operation

竣

竣工 completion;completion of construction;completion of works;final completion;finish and service; finishing;finish work;top off

竣工保证书 completion bond
竣工报表 statement at completion; statement of completion
竣工报告 completion report; final construction report; project completion report
竣工标桩 finished stack
竣工标准 finished standard
竣工测量 acceptance survey; acception survey;completed survey;final survey;finish construction survey
竣工长度 finished length
竣工地面高程 finished ground level
竣工典礼 completion ceremony
竣工断面 built profile;finished cross-section
竣工工程 completed project
竣工工程量超过预计数量 quantity overrun
竣工工程量低于预计数量 quantity underrun
竣工工作通知 completed work order
竣工合格证明 certificate of compliance
竣工合格证书 certificate of completion
竣工后测量 after-construction survey;post-construction survey
竣工后测量尺寸 finished size
竣工后沉降 post-construction settlement
竣工后的地面 finished grade
竣工后的开裂 post-construction cracking
竣工后服务 post-completion service
竣工后监测 post-construction monitoring
竣工后清除垃圾、废料 site cleanup
竣工厚度 finished thickness
竣工价值 completion value
竣工检查 final inspection
竣工检验 completion test; final inspection;tests on completion
竣工建筑附加业务 post-completion service
竣工建筑物 finishing building
竣工奖金 bonus for completion
竣工奖励 bonus for completion
竣工结算 actual budget on completion; completion settlement; final account; final account for completed project
竣工决算 budget needed for the completion of project;final settlement
竣工决算报表审计 completion final statements audit
竣工决算审计 audit of last account
竣工宽度 finished width
竣工路面 finished surface
竣工面积 floor space completed
竣工年份 year of completion
竣工平面图 as-built return plan
竣工平面图资料 as-built return plan data; as-built return plan information
竣工坡度 finish(ed)grade
竣工期限 time for completion
竣工期限的延长 extension of time for completion
竣工清场交付 broom clean
竣工清理 final cleanup
竣工清扫 clean-up and move out
竣工日程 latest finish time
竣工日期 completion date; date of completion;latest finish date
竣工时间 latest finish time; time for completion;time of completion
竣工时现场清理 site cleaning on completion
竣工试验 complete test; completion test;test on completion
竣工水深 finished depth
竣工说明 as-built description
竣工说明书 complete certificate
竣工图 as-built drawings; as-built for settling the accounts; as-completed drawing setting the accounts; as-constructed drawings; as-construction drawings;completion drawing; finish drawing;record drawings
竣工拖延 delay in completion
竣工文件 as-built documents
竣工(现场)清理 clearance of site on completion
竣工线 finished line
竣工项目 completed project
竣工验讫 final acceptance
竣工验收 acceptance of completed project; completion acceptance; final acceptance; finishing acceptance; inspection and acceptance of finished works
竣工仪式 completion ceremony
竣工证明 certificate for completion; certificate of completion; completion certificate; certification of completion
竣工证书 certificate for completion; completion certificate
竣工支付 completion payment
竣工桩【侧】 finishing stake
竣工总平面图 general plan of finish construction; general plan of as-built works
竣炮工 chargeman

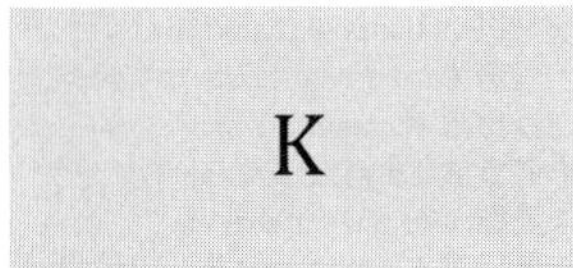

K

咔嗒声 rattling

咔唑 carbazole
咔唑(结构)染料 carbazole dye

咖啡焙炒工业 coffee roasting industry

咖啡焙烘 coffee roasting
咖啡茶几 coffee table
咖啡店 coffee shop
咖啡废料 coffee waste
咖啡馆 coffee house;coffee palace
咖啡罐 canister
咖啡壶 coffee maker;coffee urn;percolator
咖啡加工废水 wastewater from processing of coffee
咖啡色 brown
咖啡室 coffee room;coffee shop
咖啡属 coffee tree
咖啡小餐室 coffee-tavern
咖啡因 caffeine;thein(e)
咖啡渣 coffee grounds
咖喱(粉) curry

喀嗒声 click

喀尔巴阡古陆【地】Carpathian old land
喀尔巴阡山脉 Montes Carpatus
喀尔巴阡山前凹陷 pre-Carpathian depression
喀尔巴阡石 carpat(h)ite[karpat(h)ite]
喀尔金斯基间冰期 Karginsky interglacial stage
喀拉多克阶 <晚奥陶世>【地】Caradoc(ian);Caradoc stage
喀拉海 Kara Sea
喀拉逊地毯 khorasan
喀啦啦噪声 rattling noise
喀啦声 bang;rattling
喀纳事件 Kaena event
喀尼阶 <晚三叠世>【地】Carnian [Karnian]
喀山阶 <晚二叠世>【地】Kazanian
喀什海湾 Kashi gulf
喀斯特 karst[carst]
喀斯特暗河 karst river
喀斯特处理 karst treatment
喀斯特的 karstic
喀斯特地层 karstic formation
喀斯特地基 karst subgrade
喀斯特地貌 karst geomorphy
喀斯特地区 karst area;karst(ic) terrain;karst region;karstified region
喀斯特地下水 karstic groundwater
喀斯特地形 karst(ic) feature;karst landform;karst topography
喀斯特地形区大洼地 poljie[复 polgia]
喀斯特地质学 karstic geology
喀斯特洞底池 rimstone pool
喀斯特高原 karst plateau
喀斯特海岸 karst coast
喀斯特含水层 karst aquifer
喀斯特河 carst[karst] river;intermittent interrupted stream
喀斯特湖 karst lake;solution lake
喀斯特化 karstification
喀斯特化的 karstified
喀斯特化岩石 karstificated rock;karstified rock
喀斯特角砾岩 karst breccia
喀斯特井 <石灰岩中的> karst pit;karst well
喀斯特景观 karst landscape
喀斯特裂隙 karst fissure
喀斯特漏斗 karst funnel;sink hole
喀斯特铝土矿 Karst-bauxite
喀斯特落水洞 karst hole
喀斯特盆地 karst depression;karst(ic) basin
喀斯特平原 karst plain
喀斯特侵蚀 karst erosion
喀斯特(侵蚀)基准(面) karst base level
喀斯特侵蚀最低面 karst base level
喀斯特区 karst
喀斯特泉(水) exsurgence;karst(ic) spring
喀斯特溶洞 karst cave
喀斯特石灰岩 karstic limestone
喀斯特水 karst(ic) water
喀斯特水动态 karst water regime
喀斯特水文地质学 karstic hydrogeology
喀斯特水文学 karstic hydrology
喀斯特塌陷 karstic collapse
喀斯特特征 karstic feature
喀斯特天窗 karst window;karst fenster
喀斯特通道 karstic channel;karst passage(way)
喀斯特洼地 karst depression;polje[复 polgia]
喀斯特系统 karst system
喀斯特现象 karst phenomenon
喀斯特形态 karstic feature
喀斯特旋回 karst cycle
喀斯特源泉 karst source
喀斯特准平原 karst peneplain
喀斯特作用 karstification;karst process
喀土基层 <晚泥盆世> Catskill beds
喀土穆 <苏丹首都> Khartoum
喀占特涅夫间冰期 Kazantzevo interglacial stage

卡 caloric unit;calorie;small calorie

卡拜特炸药 Carbite
卡板 bale;card;snap ga(u)ge;strap clamp
卡包立 <酚醛塑料> carbolite
卡包纶 <碳化硅的商品名> carbolon
卡包塑料 carbolite
卡贝尔扇风机 Capell fan
卡贝萨基尘飑 Kal Baisakhi
卡必醇 diethylene glycol monoethyl ether
卡必醇溶剂 Carbitol solvent
卡毕阿姆铝铜合金 carbium
卡表 loop galvanometer
卡宾 carbene
卡宾石 karpinskite
卡波夕耳 <收集灰尘用润滑剂> Carboseal
卡波硬质合金 carballoy
卡脖子 bottleneck
卡脖子包裹体 necking-down of inclusion
卡脖子地段 bottleneck section
卡脖子现象 bottleneck phenomenon
卡伯值 Kappa number
卡卜施胶度试验法 Cobb sizing test
卡布水蓝色 Capri blue
卡岑叶械 boxelder
卡车 automotive truck;autotruck;camion;flat car;freight car;lorry;motor lorry;motor truck;road haul truck;truck;wheeler;block bogie <农村用的>
卡车拌和 <混凝土> truck mixing
卡车拌制法 truck mixing
卡车侧 truck side
卡车场 truck farm
卡车车身 lorry body
卡车车体 truck body
卡车车体外板 truck body panel
卡车车位 truck berth
卡车车厢底面高度 truck bed height
卡车道 truck lane
卡车的载荷量 truck-load
卡车登记牌 truck licence plate number
卡车底盘 truck chassis
卡车递送 truck delivery
卡车地磅 truck scale
卡车吊 crane truck
卡车队 truck fleet
卡车发动机 truck engine
卡车服务站 truck stop
卡车公路 truck-type highway
卡车荷载 truck loading
卡车混凝土搅拌机 lorry-mounted mixer
卡车急救车库 emergency truck garage
卡车驾驶员 driver;gear jammer;teamster;truck driver;trucker
卡车交货价格 free on car;free on truck
卡车禁止 truck ban
卡车可起落装卸货物的尾板 lift tail gate
卡车零担的 less-than-truckload
卡车零担货物 less-than-truckload lot
卡车轮胎噪声 truck tyre noise
卡车漆 truck paint
卡车起重机 crane truck;truck crane
卡车牵引车 truck tractor
卡车倾卸的乱石堆 truck-dumped riprap
卡车倾卸堆垛机 truck dump piler
卡车倾卸机 truck dumper
卡车倾卸设备 truck-mounted tipping unit
卡车容量 truck capacity
卡车入口 lorry entrance
卡车上安装的绞盘式起重机 lorry-mounted winch
卡车上交货 on truck
卡车身 truck body
卡车式半拖车 tractor-truck
卡车式拌和机 mixer truck
卡车式底盘 <挖掘机> truck-type mounting
卡车式混凝土搅拌机 truck-traffic mixer
卡车式搅拌机 truck mixer
卡车式平地机 truck grader
卡车式扫雪机 truck snow plough
卡车式台架 truck jumbo
卡车式挖土机 truck-mounted shovel
卡车式雪犁 truck snow plough
卡车式压力喷洒机 truck-mounted pressure distributor
卡车受荷 truck-load
卡车司机 truck driver;trucker
卡车司机室背面装置的伸缩臂式起重机 telescoping hoist;truck hoist
卡车送货 truck delivery
卡车-铁路间搬运作业 truck-rail transfer operation
卡车停留空间 truck standing space
卡车通道 lorry lane
卡车托架 truck carrier
卡车拖车 truck tractor;truck trailer
卡车拖车组合 truck-trailer combination
卡车拖挂车 truck trailer
卡车拖拉机 truck tractor
卡车拖运 haulage by truck;truck hauling
卡车尾板 tail board
卡车尾板长度 tailboard length
卡车尾门 tail gate
卡车斜坡台 truck ramp
卡车卸载 detruck
卡车徐行速度 truck creep speed
卡车液压起落的尾门 lift gate
卡车用变速箱 truck transmission
卡车用柴油发动机 truck diesel engine
卡车有效载重量及车身重量 payload and body allowance
卡车运费 truckage;truck fee;trucking expense
卡车运输 lorry haul(ing);truck haulage;truck transportation;truck-traffic
卡车运输汽车化作业 trucking operation
卡车运输枢纽 truck transport terminal
卡车运输行业 trucking industry
卡车运送 truck delivery
卡车载运 truck hauling;trucking
卡车载重 truck load(ing)
卡车载重量 truck capacity
卡车载钻机 earth borer
卡车站 truck terminal
卡车整车货物装载 truck-load
卡车重量调查 truck weight study
卡车周转箱 truck liner
卡车装车处 lorry loading
卡车装卸工 swamper
卡车装卸平台 truck apron;truck loading platform
卡车(装卸)跳板 truck ramp
卡车装载机 truck-mounted crane
卡车装卸月台高低调整器 dock level(l)er
卡车装卸月台缓冲设施 dock bumper
卡车装运区 truck loading area
卡车租费 truck rent expense
卡尺 beam cal(l)ipers;cal(l)iper rule;cal(l)ipers;slide cal(l)ipers;slide ga(u)ge;sliding cal(l)ipers
卡齿 latch
卡齿导框 latch guide
卡齿导框底板 latch guide patch plate
卡齿弹簧 latch spring
卡茨漏斗 Katz funnel
卡带 Scotch tape
卡丹酚 cardanol
卡丹架 Cardan mount
卡丹节 cardan joint
卡丹式悬架 Cardan's suspension
卡丹运动 Cardan motion
卡丹轴 Cardan axis
卡德威尔大直径钻孔桩机 Caldwell drill
卡迪式研磨机 Kady mill
卡蒂尔比重计 Cartier hydrometer
卡丁加群落 caatinga
卡钉 attachment clamp;attachment clip;bali;bracket;clamp;guard staple;shovel bail;staple(bolt)
卡多米造山运动 Cadomian orogeny
卡多思(火烧)方法 Cardox method
卡恩法 Kahne's method
卡尔德-福克斯除尘器 Calder-Fox separator
卡尔德-福克斯洗涤器 Calder-Fox scrubber
卡尔德郎废钢装料机 Calderon charger
卡尔德伍水泥 <一种天然水泥> Calderwood cement
卡尔东的毕达哥拉斯墓穴 grotto of Pythagoras in Cartone
卡尔顿管接头 Carlton joint
卡尔多-希克斯检验 Kaldor-Hicks test
卡尔多斜吹氧气转炉炼钢法 Kaldo

process
卡尔多旋转式转炉 Kaldo converter
卡尔发克斯感光乳剂 kalfax
卡尔阀 Carle valve
卡尔-费希尔水分测定法 Karl-Fischer's method
卡尔浮照明系统 Calvert lighting
卡尔冈法 <增加钻井供水量的方法> Calgon method
卡尔汞 <一种处理水用的表面活性剂> Calgon
卡尔玛斯缸径规 bar type cylinder-gauge; Carlmahr's cylinder ga(u)ge
卡尔曼滤波 Kalman filtering
卡尔曼滤波法 <一种逐步逼近法,多用于宇航,我国首先用于桥梁工程> Carmann filtering method
卡尔曼滤波器 Kalman filter
卡尔曼滤波系统 Kalman filtering system
卡尔曼滤波原理 Kalman filter theory
卡尔梅特铬镍铝奥氏体 Calmet
卡尔-普赖斯单位 Carr-Price unit
卡尔齐启-奥乃斯梯效应 Calzecchi-Onestic effect
卡尔钎头 Carr bit
卡尔群落 carr
卡尔森氏应变计 Carlson type strain meter
卡尔特教会修道院 certosa; charter-house
卡尔瓦尔光致散射体 Kalvar
卡尔瓦胶片 Kalvar film
卡尔西尔 <一种石膏水泥> Calseal
卡尔逊传感器 Carlson sensor
卡尔逊电阻计 Carlson resistance ga(u)ge
卡尔逊混凝土应力计 Carlson stress meter for concrete
卡尔逊罗盘 Carlson compass
卡尔逊氏应变计 Carlson type strain meter
卡尔逊式电阻计 Carlson resistance ga(u)ge
卡尔逊式应变仪 Carlson type strain ga(u)ge
卡尔逊旋(转)钻(探装置) Carlson rotating auger
卡尔逊仪表 Carlson instrument(ation); Carlson meter
卡尔逊应变计 Carlson strain meter[metre]
卡尔逊应力计 Carlson stress meter; Carlson strain meter[metre]
卡发利上蜡法 Caffali process
卡法树脂 kawine
卡方检验 chi-square test
卡方拟合优度检验 chi-square goodness of fit test
卡夫拉伊斯基任意伪圆柱投影 Kavraisky's pseudocylindric(al) arbitrary projection
卡浮风 caver[kaver]
卡钩 slip hook; tongs
卡钩头伤孔 dog hole; picaroon hole
卡箍 clamp(er); clamping hoop; collar; drive shoe; holding-down clip; hoop; keeper; lathe dog; stirrup strap; strap
卡箍管子 victaulic pipe
卡箍连接 hoop-iron bond
卡箍联结器 victaulic coupling
卡箍托板 clamp holder
卡规 cal(l)iper ga(u)ge; cal(l)ipers; ga(u)ge cal(l)ipers; ga(u)ging rod; plain snap ga(u)ge; snap ga(u)ge; template; templet
卡规测径器 caliber[calibre]
卡规校正 ga(u)ge setting
卡规校准 ga(u)ge setting
卡红 carmin(e)
卡胡能-洛夫变换 <信息最集中的> Karhunen-Loeve transformation
卡环 clasp; clip ring; holderbat; retainer ring; retaining ring; shackle; slip ring; snap ring
卡环槽 snap-ring slot
卡环拆装钳 lock-ring pliers
卡环(沟)槽 <轮箍的> retaining ring groove
卡簧 circlip
卡簧手钳 circlip pliers
卡辉铋铅矿 canchizzarite
卡活斯风 kaus
卡积 cap product; Whitney product
卡计 calorimeter vessel
卡夹 buckle clamp; dog
卡夹盘 holding chuck
卡夹切口 catching groove
卡夹装置 catching device
卡金斯基间冰阶 Karginsky interstade
卡紧 chucking
卡紧范围 gripping range
卡紧轮子的制动 locked wheel braking
卡紧弹簧 garter spring
卡紧装置 chocking
卡具 clamping apparatus; fixture; mo(u)ld clamps
卡口 bayonet; bottleneck road
卡口插头 aligning plug
卡口插销座 bayonet(lamp) holder
卡口插座 bayonet holder; bayonet socket; plug-in socket
卡口灯帽 bayonet cap
卡口灯泡 bayonet base; bayonet base lamp; bayonet-socket bulb; bulb with bayonet cap; bulb with swan cap; bulk socket with swan
卡口灯头 bayonet base; bayonet cap; bayonet (lamp) holder; bayonet lamp-socket
卡口灯座 bayonet base; bayonet (lamp) holder; bayonet lamp-socket; bayonet socket; bulb socket with swan cap; swan base; swan(-neck) socket
卡口底座 bayonet base
卡口电子管插座 aligning tube plug
卡口盖 bayonet cap
卡口固定件 bayonet mount
卡口管座 swan socket
卡口河段 bottleneck reach
卡口护圈 lug shank retainer
卡口架 bayonet mount
卡口接合 bayonet joint
卡口接头 bayonet coupling; bayonet joint; snap fitting; swan base
卡口绝缘子 bracket insulator
卡口离合器 bayonet clutch
卡口连接 bayonet catch; bayonet connection; bayonet fastening
卡口连接装置 bayonet attachment
卡口式固定 bayonet fixing
卡口式连接 bayonet catch; bayonet joint; bayonet lock; bayonet unit
卡口式联结器 bayonet coupling
卡口式排气管 bayonet stack
卡口式组装件 bayonet fitting
卡口座 bayonet holder
卡扣 latching
卡块 bail block; fixture block; sleeve chuck
卡拉OK厅 Karaoke hall
卡拉伯恩风 Carabine
卡拉布里亚阶【地】 Calabrian
卡拉尔钙铝合金 Calal
卡拉圭-安科勒旋回【地】 Karagwec-ankole cycle
卡拉哈里锰矿床 Karahari manganese deposit
卡拉胶 car(r)ag(h)een
卡拉卡勒温泉 Thermae of Caracalla
卡拉库姆地块 Karakum massif
卡拉库姆古陆 Karakum old land
卡拉拉玻璃 Carrara glass
卡拉拉大理岩 Carrara marble
卡拉敏锌铅锡合金 Calamine
卡拉奇港 <巴基斯坦> Port Karachi
卡拉乔尔风 karajol
卡拉西奥道里外测度【数】 Caratheodory outer measure
卡拉雅胶 Indian tragacanth; Kadaya gum
卡腊贾斯型铁矿床 Calacas-type iron deposit
卡赖半径经验公式 Kanai's semi-empiric(al) formula
卡兰达蜡 caranda wax
卡兰达棕 caranda
卡劳密克镍铬铁合金 Calomic alloy
卡乐比丘 <一种含沥青的水溶性颜料> colorbitu
卡勒克斯钻孔法 <钢靴钻孔法> Calyx boring
卡雷马风 Karema
卡累利阿运动 Karelian orogeny
卡里桉木 <坚韧耐久且耐火> karrah
卡里桉树 kar(r)i
卡里别尔炸药 Carribel explosive
卡里多镍铬铁合金 Calido
卡里尔 Q 系数 Callier's Q factor; Callier's Q coefficient
卡里尔商 Callier quotient
卡里尔(湿空气)曲线图 Carrier chart
卡里夫风 karif
卡利罗管 kallirotron
卡利普循环 Callippic cycle
卡利普周期 Callippic cycle
卡利式救生筏 Carley raft
卡利特铁镍铝铬合金 Calite
卡利许【地】 caliche
卡量计 calorimeter
卡料 core grouting
卡林塞反射炉 Carinthian furnace
卡林型金矿床 Carlin-type gold deposit
卡留斯法 Carius method
卡硫钴矿 cattierite
卡卢德斯测流垂直旋杆 Carruthers vertical log
卡卢德斯流速仪 Carruthers current meter
卡卢德斯余(海)流计 Carruthers residual current meter
卡路浮选槽 Callow flo(a)tation cell
卡路浮选法 Callow flo(a)tation process
卡路里 calorie(unit)
卡路里的电当量 electric(al) equivalent of calorie
卡路里计 calorie meter; calorimeter
卡路里计算器 caloricomputer
卡路里热力 calor(if)ic power
卡路筛 Callow screen
卡路系 Karoo system
卡路锥 Callow cone
卡路锥形水力分级机 Callow cone hydroseparator
卡伦德方程 Callendar's equation
卡伦德公式 Callendar's formula
卡伦德系统 Callendar's system
卡罗来纳湾洼地 Carolina Bays
卡罗萨利断裂时间试验 breaking time test of Caroselli
卡洛夫阶 <中侏罗世>【地】 Callovian
卡洛里 thermal unit
卡洛里斯盆地 Caloris basin
卡洛利特镍铁合金 Calorite
卡洛磷青铜 caro bronze
卡洛氏三角 Calot's triangle; cystohepatic triangle
卡马风 bialamicol; Camoform
卡玛管 Carmatron
卡曼比拟 Karman analogy
卡曼常数 Karman constant
卡曼数 Karman number
卡曼涡激 Karman vortex excitement
卡曼漩涡 Karman vortex
卡梅利亚合金 Camelia alloy
卡门公式 <测定水泥比表面积的> Carman equation; Karman equation
卡门斯基差分法 Kamensiji difference method
卡门涡街 Karman vortex street
卡门涡列 Karman vortex street; Karman vortex train
卡门涡流 Karman vortex flow
卡门涡旋尾迹 yon Karman vortex trail
卡米尔过滤机 Kamyr filter
卡米诺伊德 aminopeptodrate; caminoids
卡米图加石 kamitugaite
卡明斯基近似公式 Kaminsty approximation formula
卡莫斯式体系建筑法 Camus system
卡姆巴尔达式镍矿床 Kambalda-type nickel deposit
卡姆镍铬铁合金 Camloy
卡内黑松 Canary pine
卡那文式拱 Carnarvon arch
卡纳华统【地】 Kanawha series
卡纳克的阿蒙神庙 <埃及> great temple of Amon at Karnak; Temple of Amon at Karnak
卡纳斯托特阶【地】 Canastotan
卡南加油 cananga oil
卡尼法 Kani method
卡尼夫砂浆拌和机 Canif mixer
卡尼奇型钢 Carnegie section
卡宁伯拉造山运动【地】 Kanimbran orogeny
卡诺定理 Carnot's theorem
卡诺定律 Carnot's law
卡诺发动机 Carnot's engine
卡诺热机 Carnot's heat engine
卡诺石 carnotite
卡诺试剂 Carnot's reagent
卡诺试验 Carnot's test
卡诺图 Karnuagh map
卡诺效率 Carnot's efficiency
卡诺循环 Carnot's cycle
卡诺原理 Carnot's principle
卡诺制冷机 Carnot's refrigerator
卡诺制冷系数 Carnot's refrigeration coefficient
卡诺制冷循环 Carnot's refrigerating cycle; Carnot's refrigeration cycle
卡诺周期 Carnot cycle
卡帕木 <镶木地板用> karpawood
卡攀叶槭 ash-leaved maple; boxelder
卡盘 adapter socket; bowl and slips; cartridge; cathead; chopping disc; chuck; clamping chuck; clutch jaw; rotation chuck; slip bowl; slip spider; spider and slips; wedge block; wedge ring
卡盘把手 chuck lever
卡盘扳手 chuck handle; chuck spanner; chuck wrench
卡盘扳手孔 hand chucking hole
卡盘扳子 chuck master
卡盘车床 chucker; chuck lathe; end lathe
卡盘衬套 spider bushing
卡盘挡 cartridge stop
卡盘顶丝 chuck bolt
卡盘工作 chucking work
卡盘固定螺钉 chuck set screw
卡盘管 spider pipe[piping]; spider tube[tubing]

K

卡盘架 chuck holder
卡盘卡瓦 chuck jaw;chuck piece
卡盘卡爪张开量 opening of jaws
卡盘类型 chuck type
卡盘螺栓 chuck bolt
卡盘磨床 chucking grinder
卡盘钳夹 chuck collet
卡盘式机床 chucking machine
卡盘式转塔车床 chucking machine
卡盘凸缘 chuck flange
卡盘爪 chuck jaw
卡盘最大装夹直径 chuck capacity
卡盘作业 chuck work
卡硼镁石 karlite
卡硼烷 carborane
卡片 card(board)
卡片式索引 card index
卡片座 card bed
卡普进相机 Kapp phase advancer
卡普兰式水轮 Kaplan wheel
卡普兰式水轮机 Kaplan turbine;variable-pitch turbine
卡普兰式转轮 Kaplan runner
卡普兰水轮机 adjustable blade wheel;Kaplan turbine
卡普隆 <商品名> Caprone;Perlon-1;Kupron
卡普隆氏点 Capuron's(cardinal) point
卡普罗提式阀动装置 Caprotti valve-gear
卡普瓦尔陆核【地】Kaapvaal nucleus
卡普线 Kapp line
卡普相位超前补偿器 Kapp phase advancer;Kapp vibrator
卡普振子 Kapp vibrator
卡其布 <黄褐色衣料> khaki
卡钎 steel sticking;stuck steel
卡钎器 lug chuck;steel puller;steel retainer
卡钳 bow compasses;caliber(ga(u)ge);calibration bar;caliper(ga(u)ge);cal(l)ipers;catcher;firm-joint cal(l)ipers;holding-down clip
卡钳钉 plain pin
卡取岩芯 <由钻杆投卡料的> core grouting
卡圈 bail;closing ring;collar;rand
卡萨格兰德比重计 Cassagrande hydrometer
卡萨格兰德飞机场跑道土分类法 Cassagrande system of classification of soil for airport projects
卡萨格兰德(分类法)类别符号 Cassagrande group symbol
卡萨格兰德孔隙压力测头 Cassagrande dot
卡萨格兰德孔压测头 Cassagrande dot
卡萨格兰德(氏)工程用的土分类法 Cassagrande system of engineering classification of soil
卡萨格兰德塑性图 Cassagrande plasticity chart
卡萨格兰德土分类 Cassagrande soil classification
卡萨格兰德土分类图 Cassagrande soil classification chart
卡萨格兰德液式复合受压渗透(固结)仪 Cassagrande type of consolidometer for combined compression
卡萨格兰德液限测定机 Cassagrande liquid limit machine
卡萨格兰德液限剪力试验机 Cassagrande shear test apparatus
卡萨格兰德液限仪 Cassagrande liquid limit apparatus
卡塞 chock;hanging-up
卡塞尔测光灯 Carsel lamp
卡塞尔黄 Cassel yellow
卡塞尔绿 Cassel green
卡塞尔曼绿色颜料 Casselmann green
卡塞尔试验机 Cassel tester
卡塞尔纤维鉴定法 Cassella's fibre test
卡塞尔棕 Cassel brown;Cassel earth
卡塞格林反射望远镜 Cassegrain(ian) reflecting telescope
卡塞格林辐射计 Cassegrain(ian) radiometer
卡塞格林副镜 Cassegrain(ian) secondary
卡塞格林焦点 Cassegrain(ian) focus
卡塞格林校正器 Cassegrain(ian) focus corrector
卡塞格林镜 Cassegrain(ian) mirror
卡塞格林喇叭形天线 Cassegrain(ian) horn antenna
卡塞格林天线 Cassegrain(ian) antenna
卡塞格林望远镜 Cassegrain(ian) telescope
卡塞格林物镜 Cassegrain(ian) objective
卡塞格林系统 Cassegrain(ian) system
卡塞格林照相机 Cassegrain(ian) camera
卡塞格伦天线 Cassegrain(ian) antenna
卡塞拉自动显微镜 Casella automatic microscope
卡塞内特风 Carcenet
卡塞岩块 <留在岩芯管内的> blocky formation
卡森带宽 Carson bandwidth
卡森带宽法则 Carson bandwidth rule
卡氏测压计 Cassagrande piezometer
卡氏离心脱水器 Carpenter centrifuge
卡氏塑度计 Kanavec plastometer
卡氏塑性计 Kanavec plastometer
卡氏系数 Carter's coefficient
卡氏液限仪 Cassagrande disc;Cassagrande liquid limit apparatus
卡氏蒸炼木材法 Card process
卡氏(最小功)定理 <从应变能关系求弹性体各点在变形时的位移的一般算式,可应用于超静定结构> Castigliano's theorem
卡双酚 cardbisphenol
卡斯巴双晶 Carlsbad[Karlsbad] twin
卡斯巴双晶律 Carlsbad[Karlsbad] twin law
卡斯贝克计数网 Kalsbeek counting net
卡斯底葛吕恩诺第二定理 <即最小功原理> Castigliano's second theorem
卡斯底葛吕恩诺第一定理 Castigliano's first theorem
卡斯底葛吕恩诺定理 Castigliano's principle;Castigliano's theorem
卡斯底葛吕恩诺能量法 Castigliano's energy method
卡斯卡底(造山)运动 Cascadian orogeny
卡斯勒黄颜料 Cassler yellow
卡斯纳电解池 Castner cell
卡斯纳法 Castner process
卡斯纳过程 Castner's process
卡斯特港 <拉丁美洲岛国圣卢西亚> Port Castries
卡死 blind
卡松式 Cassone equation
卡索 <灯光度单位,1 卡索 = 6.9 英国烛光单位> Carcel
卡锁 locking;snap-close
卡锁硬度试验 kayser hardness test
卡他温度表 catathermometer
卡塔兰法 Catalan process
卡塔兰熟铁炉 Catalan forge
卡塔温度计 Kata thermometer
卡套 cutting ferrule;cutting sleeve;draw-in attachment;guard staple;sleeve chuck
卡特尔 cartel[kartel]
卡特尔定价者 price-fixer
卡特尔关税 <保护关税的一种> cartel tariff
卡特尔价格 cartel price
卡特尔类型 form of cartels
卡特尔式国际协定 cartel-like international agreement
卡特尔条件 conditions of cartel
卡特法铅白 Carter lead
卡特可逆摆 Kater's reversible pendulum
卡特拉斯塔合金 Cutlasta alloy
卡特论点 Catt concept
卡特迈式 Katmanian
卡特迈型 Katmanian type
卡特图 Carter chart
卡特-沃耳夫光源 Carter-Wolf source
卡特系数 Carter's coefficient
卡铁 gib
卡铁托 latch bracket
卡铁销 latch pin
卡铁座 <卧铺> latch bracket
卡通 cartoon
卡通电影 animate cartoon
卡通片 cartoon
卡瓦 gripping dies;gripping jaw;rotary slip;serrated slips;slips
卡瓦补心 spider bushing
卡瓦打捞筒 slip socket
卡瓦打捞筒导管 slip-socket bowl
卡瓦打捞筒夹钳 slip-socket clip
卡瓦打捞爪 slip grip
卡瓦负荷 <转盘内> slip load
卡瓦焊接套管挂 slip-weld hanger
卡瓦夹住段 <钻杆> slip area
卡瓦块 <拧卸时把钻头固定在转盘上用的> breakout block;slip dogs
卡瓦旁开式吊卡 sidedoor elevator with slips
卡瓦旁开式提引器 sidedoor elevator with slips
卡瓦式打捞筒 bulldog slip socket
卡瓦式吊卡 slip-type elevator
卡瓦式封隔器 slip supported packer
卡瓦提筒 square socket
卡瓦引罩 slip bowl
卡万试验 Kveim test
卡维雪 kaavie
卡文迪什实验 Cavendish experiment
卡文迪什天平 Cavendish balance
卡西阿尔造山运动 Cassiar orogeny
卡西姆算子 Casimir operator
卡西尼卵形线 ovals of Cassini
卡西尼投影 Cassini's projection
卡西尼重力公式 Cassini formula of gravity
卡西诺高速钢 Casino
卡销 bayonet lock;detent
卡辛-贝克病 Kaschin-Beck disease
卡辛博雾 cacimbo
卡型盒式磁带 cassette tape
卡雅卡兰蓝 Kayakalan blue
卡雅楝属 African mahogany;khaya
卡雅鲁斯棕 Kayarus brown
卡雅诺尔红 Kayanol red
卡雅诺尔蓝 Kayanol blue
卡伊纳反向极性亚带 Kaena reversed polarity subzone
卡伊纳反向极性亚时 Kaena reversed polarity subchron
卡伊纳反向极性亚时间带 Kaena reversed polarity subchronzone
卡尤加统【地】Cayugan
卡于井内的 caught on
卡于孔内的 caught on
卡于夹紧器 clip squeezer
卡在孔内 become stuck in a hole
卡泽诺维阶【地】Cazenovian
卡札采夫间冰期 Kazantzevo interstade
卡值 caloric value;calorific value;calorimetric value
卡纸 paperboard;paper jam
卡纸板 cardboard
卡滞 clamping stagnation
卡住 jam(ming);lock;bayonet lock;bite;freeze in;frozen up;hang;hitch;pinching;seize;seizing;seizure;stick(ing)
卡住的 bulldogged;retaining;stump
卡住的齿轮 jammed pinion
卡住的冲击式钻杆 stuck jumper
卡住的井管 frozen casing
卡住的套管 stuck casing
卡住的钻管 stuck drill pipe
卡住的钻头 stuck bit
卡住活塞 seized piston
卡住螺纹 <拧螺纹过紧> cross threading
卡爪 chuck jaw;claw;dog;grab;gripping jaw;jack catch;jaw
卡爪盘 dog plate
卡爪式耦合器 claw coupling
卡爪印 grip mark
卡爪座 master jaw
卡转换器 ticket converter
卡装 choking setting
卡装磨床 chucking grinder
卡装磨削 chucking grinding
卡装式吊顶板 clip-on ceiling panel
卡装式踢脚线 clip-on skirting
卡子 arresting device;catch;clip;dog catch;fastener;holding-down clip;holding latch;latch hook;paul;pawl;trip latch
卡子固定法 anchor clip system
卡钻 drilling tool blocking;drill pipe frozen;drill rod sticking;drill tool sticking;freeze in;jamming of a drilling tool;pipe becoming stuck;steel jamming;sticking drill tool;sticking of drill rods;sticking string;stick of tools;wedging of drill tools;fitchering
卡钻部位 freeze point
卡钻深度 depth of free point
卡钻事故数据 data of sticking

开 <纯金含量单位> karat[carat]

开暗井 winze
开凹槽 recessing
开凹口 jagging
开凹口模 notching die
开坝放水 dam off
开板轮 open plate wheel
开办 establish;launch;set-up;start-up
开办成本 initial cost;organization cost
开办登记费 organization tax
开办费的资本化值 capitalized syndication fee
开办费分配 organization cost distribution
开办费摊提 amortization of initial expenses
开办费摊销 amortization of initial expenses;amortization of organization expenses;organization cost amortization
开办费(用) start-up cost;establishment charges;first cost;formation expenses;front-end fee;initial cost;initial expenditures;initial expenses;initial investment;installation fee;mobilization expense;opening expenditures;organization(al) expenses;organization(al) cost;origination(al) fee;preliminary expenses;promotion expenses;start-up cost
开办费支出 preliminary expenditures
开办基金 initial fund

开办期损失 initial loss
开办税 organization tax
开办准备费 preopening expenses
开办资金 initial fund
开半对搭接 halve
开半接合 halving
开半直线 open half line
开瓣锐声 opening snap
开包装检查权 right of opening packages
开报价函 opening letter of quotations
开杯 open cup
开杯闪点试验 open cup flash test
开杯闪点试验器 open cup flash tester
开杯试验器 open cut tester
开本 format
开泵时间 running pump time
开闭 switching
开闭程序 switching program(me)
开闭动作 on-off action;open and shut action
开闭阀 open and close valve
开闭杆 <车窗> driven rod
开闭杆衬套压盖 <车窗> driven rod cap
开闭杠杆 switching lever
开闭杠杆挡 switching lever stopper
开闭杠杆架 switching lever bracket
开闭杠杆架螺丝 switching lever bearing screw
开闭杠杆弹簧 switching lever spring
开闭函数 switching function
开闭机构 breech operating mechanism; make-and-break mechanism; switching mechanism
开闭门间隔定时器 door-interval timer
开闭门时间 door time
开闭门时间间隔 door-time interval
开闭汽缸 latch-release cylinder
开闭器 shutter; switch circuit controller
开闭式动作 on-off action
开闭式锅炉控制阀 on-and-off-type boiler control
开闭式通风系统 open/closed ventilation system
开闭式遮蔽甲板船 open/closed shelter deck ship
开闭手把插口盖 <车窗> operating handle hole cover
开闭手把插口套 <车窗> operating handle hole bushing
开闭所 switching station; switching substation
开闭轴 <车窗> screw shaft
开闭轴齿轮 screw-shaft gear
开闭轴隔套 screw-shaft distance piece
开闭轴套 screw-shaft bush
开闭装置 make-and-break device; opening and shutting installation; opening device;switching device
开闭作用 on-off action; switching function
开边界 open boundary
开扁销 split cotter
开标 bid letting; bid open(ing); letting of bid; open bid(ding); open(ing) of bids; opening of tenders; opening tenders; open sealed tender;open tender;tender opening
开标程序 bid opening procedure
开标价格 tenders price
开标开启承包书 open bid(ding)
开标日期 date set for the opening of tenders;tender opening date
开波导 open waveguide
开不等式 open inequality
开材榫 chase mortising
开裁口 rebating
开采 mine;mining;quarrying;exploit; exploitation; extract; free working; getting;open(ing) up
开采补给量 recharge during ground water extraction
开采沉陷 mining subsidence
开采成本 cost of winning
开采程度 recovery percent
开采程序 mining sequence
开采抽水法 mining pumping method
开采初期 early production period; initial stage of production
开采储量 developing reserves;mining reserves;workable reserves
开采单位 mining unit
开采的矿块 intervening block
开采地下水 groundwater mining
开采动态分析法 analysis method of developing regime
开采法 extraction system
开采方法 getting method;mining method;mining practice
开采方式 production pattern; type of mining
开采高度 headroom
开采工程 exploitation engineering
开采过甚 overact mining
开采海底骨料 marine aggregate mining
开采和保护税 severance and conservation taxes
开采褐煤的动力铲 brown coal shovel
开采机 miner
开采计划 exploitation plan; production program(me)
开采记录 production record
开采技术条件研究 investigation of mining-technical conditions
开采技术条件研究程度 investigation degree of mining-technical conditions
开采阶段 developing stage;mining stage
开采井 producing well
开采井架 operating derrick
开采井密度过大 overdensity of developing well
开采可行性报告 mining feasibility report
开采块段法 exploitation oreblock method
开采块石 gadding
开采矿脉 lode mining
开采矿石 developed ore
开采利益 <石油业的> working interest
开采量 mining yield; production volume;recovery volume
开采量保证率曲线 curve of guarantee rate of mining quantity
开采量表 production schedule
开采量所居位数 number of output to arrange in order
开采量占百分比 annual mining output at percentage
开采裂隙 induced cleavage
开采漏斗面积 area of mining funnel
开采漏斗中心水位标高 water-level altitude mining funnel
开采漏斗中心水位埋深 buried depth of water level at mining funnel
开采率 <地下水> rate of draft
开采面 front bank
开采面积 area of getting;area of mining;area of working;producing area
开采模数比拟法 analogy method of mining modulus
开采模数法 mining modulus analogy
开采泥煤爆破法 peat blasting
开采泥炭爆破法 peat blasting
开采强度 attack rate
开采强度法 mining intensity method
开采情况 circumstance of mining
开采区(段) mine section
开采区域 mining region
开采区中心水位降 water-level drawdown at the center of mining area
开采权 claim
开采设计 mining plan
开采深度 mining depth
开采试验抽水 trial-developing pumping test
开采试验法 mining-test method
开采水平 extracting level;main level; mine level;mining level
开采顺序 sequence of getting
开采速度 exploitation velocity; mining rate;mining speed
开采损害 mining damage
开采损失 exploitation losses
开采体积 excavation volume
开采条件 mining condition
开采条件评议 conditions of mining assessment
开采位置 stripping position
开采问题 mining problem
开采线 excavation line
开采陷落带 littoral zone
开采型 development type
开采性抽水试验 trial exploitation pumping test
开采影响距离 distance of mining influence
开采与搬运 winning
开采租约 mining lease
开采钻进 production drilling
开采最终深度 final mining depth
开彩票 drawing of ballot
开舱 open hatch
开舱单 permit to open hatch
开舱卸货 breaking bulk
开槽 grooving; chamfering; fillister; fluting; gaining; hacking; kerfing; necking-groove; notching; raggle; slitting;slotting;trench(ing)
开槽扁口凿 cape chisel
开槽波导(管) leaky waveguide; slotted waveguide
开槽波导天线 leaky waveguide antenna
开槽部分 slotted section
开槽测试线 slotted line
开槽衬垫 slotted liner
开槽衬套 slotted liner
开槽锤 acute hammer; bumping hammer;horning hammer
开槽磁控管 slot magnetron
开槽锉 cotter file;nicking file;slitting file;slotting file
开槽搭焊缝 slot welding
开槽刀 dike cutter;necking tool
开槽刀具 dado head; dado head machine
开槽导管 slot(ted) conduit
开槽的 grooved;keyed;notched;slotted
开槽的小型凿子 quirking tool
开槽底板 channel(l)ed substrate
开槽叠接 double notching
开槽定子 slotted stator
开槽段 slotted line; slotted section; slotted waveguide
开槽钢材 slotted steel profile
开槽钢筋 notched bar
开槽格栅 notch joist
开槽工具 dado head; grooving tool; parting tool;slotting tool
开槽工作 trench work
开槽沟 curf;plough
开槽管 slotted tube
开槽管井 slotted tube well
开槽规 mortice ga(u)ge
开槽焊 groove weld(ing);slot weld
开槽机 dado head machine;fork grooving machine; groove-cutting machine; groover; grooving machine; notcher; notching machine; rabbeting machine; router; slotting machine;trenching machine
开槽脊形波导 slotted ridge guide
开槽胶合板 grooved plywood
开槽角钢 slotted angle
开槽接合 notched joint;notching
开槽节流阀 groove control valve
开槽锯 drunken saw; grooving saw; slash saw; slitting saw; splitting saw;wobble saw
开槽锯刃磨机 slitting saw sharpening machine; slotting saw sharpening machine
开槽锯最大直径 maximum diameter of slotting saw
开槽孔的防浪墙 slotted wave screen
开槽口 jagging;notching
开槽口的铺胶器 notched spreader
开槽梁 notched beam
开槽铝管 <用于路面排水> slotted aluminium pipe
开槽螺帽 slotted nut
开槽螺母 slotted nut
开槽门框边梃 rabbeted door jamb
开槽木板条 plough strip
开槽木条 plow strip
开槽木销 keyed dowel
开槽黏[粘]土取样器 grooved soil sampler
开槽排水管 slotted drainage pipe
开槽刨 dado plane; grooving plane; hollow; match(ing) plane; rabbet plane; router (plane); toothing plane;trenching plane
开槽喷管 slotted nozzle
开槽伸缩缝 grooved contraction joint
开槽施工 open cut;open trench
开槽施工法 trench method
开槽式芯光缆 slotted core cable
开槽式荫罩 slit type mask
开槽试件冲击试验 notch-bar impact test
开槽试样 grooved specimen
开槽饰面 <指挖有平行槽的饰面> furrowed surface
开槽榫法 chase mortising
开槽榫接 klaw notch
开槽锁环扳手 face spanner for slotted lock rings
开槽套筒 slotted casing
开槽头 dado head;slotted head
开槽推土法 slot dozer;slot dozing
开槽挖土法 trench method
开槽铣刀 slitting mill
开槽销 dowel pin;slotted pin
开槽型材 slotted steel profile
开槽溢洪道反弧段 slotted spillway bucket
开槽溢洪道挑流鼻坎 slotted spillway bucket
开槽溢洪道消力戽 slotted spillway bucket
开槽影响 notch effect
开槽用划线盘 mortice ga(u)ge
开槽用砂轮 slotting wheel
开槽油环 channel(l)ed oil ring
开槽圆锯 dapper;timber dapper
开槽圆柱天线 slotted cylinder antenna
开槽錾子 notched chisel
开槽凿 notched chisel
开槽轴 fluted shaft
开槽砖 notched brick
开槽转子 slotted rotor
开槽桩 slotted pile
开叉式砖土取样器 split spoon sampler
开长槽的剪力墙 slitted wall

开长槽墙 slitted wall;slotted wall
开长孔 slot
开场白 lead-in;opening remark
开敞表面冷凝器 open surface condenser
开敞泊位 open berth;sea berth
开敞布置办公室 open landscaped office space
开敞程度 exposure
开敞处所 open space
开敞船台 awning type berth
开敞窗 open window
开敞的郊外 open country
开敞的乡下 open country
开敞港池 coastal basin
开敞港口 open port
开敞海岸 open(-sea) coast;open shore
开敞海岸港 open coastal port
开敞海面 high sea;open sea
开敞海面装卸设施 open-sea loading facility
开敞河口 free mouth;free outfall
开敞河口湾 open estuary
开敞或半开敞锚地 roadstead
开敞货舱 clear hold
开敞甲板 open deck
开敞尽端式舞台 open-end stage
开敞进口 open inlet
开敞空间 wide open space
开敞肋板 open floor
开敞楼梯 open stair(case)
开敞锚(泊)地 open anchorage;open berth;open road;open roadstead;roadstead
开敞平面的学校 open plan school
开敞式 open style
开敞式泵送 open pumping
开敞式变电站 conventional substation
开敞式布置 open planning
开敞式布置图 open layout
开敞式厕所隔间 open-type toilet cubicle
开敞式厂房 open industrial structure
开敞式厨房 open kitchen
开敞式窗洞 opening light
开敞式存车库 open parking structure
开敞式电机 open-type machine
开敞式港池 open basin;open dock;unclosed dock
开敞式港湾 open harbo(u)r;open port
开敞式湖水混成层 open mixolimnion
开敞式回转弯头 open pattern return bend
开敞式教室 open classroom
开敞式救生艇 open lifeboat
开敞式开关 conventional switchgear
开敞式开关站 conventional substation
开敞式码头 open sea terminal;open-type quay;open-type wharf
开敞式皮带运输机 open belt conveyer[conveyor]
开敞式平面 open plan
开敞式平面布置方法 open plan system
开敞式前室 open air vestibule
开敞式取水建筑物 open intake
开敞式砂滤池 open sand filter
开敞式竖井 open shaft;open well
开敞式水轮机 open flume turbine
开敞式屋顶 open roof
开敞式屋面 open roof
开敞式舞台 open stage
开敞式小便隔间 open-type urinal enclosure
开敞式小艇 canoe
开敞式堰 open weir
开敞式叶轮 open-type impeller
开敞式溢洪道 free spillway;open (channel) spillway
开敞式溢洪道的表面磨耗 open flow spillway surface abrasion
开敞式溢流坝 open weir
开敞式溢流堰 free waste weir;open spillway;open weir
开敞式引道 open approach
开敞式引道排水 open approach drainage
开敞式鱼梯 open fishladder
开敞式院落 open courtyard
开敞式运河 open navigation canal;stepless canal
开敞式转轮 open impeller
开敞式座谈间 exedra
开敞水道 open(-type) channel
开敞水面 free water;open water
开敞水域 exposed waters;free waters;open waters
开敞水域单点系泊 exposed location single buoy mooring
开敞水域抛泥 open-water placement
开敞停车结构 open parking structure
开敞通道 transparent passage(way)
开敞信道 clear channel
开敞形缩孔 primary pipe
开敞型保险器 open fuse
开敞型电动机 open motor;skeleton type motor
开敞型电机 open-type machine
开敞型通道客车 coach with open aisle
开车 <发动机> power-on
开车时刻 time of departure;time of train departure【铁】
开车位置 service position
开车信号 starting signal
开车肇事后逃跑的 hit-and-run
"开车至停车"时间 <自甲站开车至乙站停车的运转时分> "start to stop" time
"开车至通过"时间 <自甲站开车至乙站通过的运转时分> "start to pass" time
开程 opening stroke
开齿器 gummer
开出 debouchment;launch;pull out
开出单据 drawn bill
开出发票 invoicing
开出附说明的账单 descriptive billing
开出汇票 issue of a bill of exchange
开出价格 giving quotation
开出票据 bill rendered;drawn bill
开出时间 departure time
开出信用证 opening of a letter of credit
开出账单 render account
开出账目 render account
开除 dismiss(al);dismission;discharge;dismember;expulsion
开除留用 nominal expulsion
开除信用证分类证 letter of credit issued ledger
开船 cast off;departure;sail(ing)
开船日期 sailing day;shipping date;shipping day
开船时刻 time of departure
开串 open string
开窗壁槽 bay window
开窗匙 fenestration scoop
开窗刀 fenestration knife
开窗的顶层墙 clerestor(e)y
开窗法 windowing technique
开窗方式 method of opening
开窗技术 windowing
开窗假楼 clear stor(e)y
开窗检索 retrieval by window
开窗口 open window;windowing
开窗口方案 windowing scheme
开窗器 mechanical operator;multiple-window opener;window opener
开窗设备 window opening device
开窗条件 windowing facility
开窗信封 window envelope
开窗摇柄 window lowering crank
开窗装置 sash opener;windowing facility;window opener
开床色谱法 open bed chromatography
开创 auspicate;inauguration;originate
开创阶段企业 development stage enterprise
开创就业门路 job creation
开创新纪元的 epoch-marking
开创性发明 pioneer invention
开创性专利 pioneer patent
开醇酸 kerrolic acid
开大 turn up
开大孔 wide-bore
开带夹装置 cartridge opener drive
开单成本 billing cost
开单电子计算机 electronic billing computer
开单机 billing machine
开单价 billing rate
开单形 open simplex
开刀 putty knife
开导 enlightenment
开导线 open(-end) traverse;unclosed traverse
开道车 pilot car
开灯 open light;switch on
开底驳(船) barge hopper;bottom-dump barge;dump barge;hopper barge
开底铲斗 dump bucket
开底车 bottom-dump truck
开底沉箱式码头 open caisson type wharf
开底船 barge hopper
开底斗 bottom-opening skip
开底井 open-ended well
开底空心混凝土砌块 open end block
开底垃圾驳 ramped dump barge
开底泥驳 barge hopper;bottom door type of hopper barge;bottom-dump barge;bottom-dump scow;bottom(-opening) hopper barge;door barge;dump(ing) barge;hopper barge with bottom door;hopper barge
开底倾卸 split-bottom dump
开底式铲斗 open bottom scoop
开底式活动平台 open bottom floating platform
开底式泥驳 hopper
开底式挖斗 bottom-opening skip
开底试验 open-end test
开底挖泥船 dredge hopper;hopper dredge(r)
开底吸扬式挖泥船 hopper suction dredge(r)
开底卸泥门 bottom-discharge door
开底循环 open-ended circulation
开底运料斗 bottom-opening skip
开底装置 tripper
开电 switch on
开电梯工人 liftboy;liftman
开顶单灯 open-top single lantern
开顶的 open top
开顶涵洞 open-top culvert
开顶货车 open-top wagon
开顶集装箱 open-top container
开顶实验槽 open-top chamber
开顶式冰柜 open-top type freezer
开顶式搅拌运输车 open-top type truck
开顶式拖车 open-top type trailer
开顶式熏气 open-top type fumigation
开顶双灯 open-top type duplex lantern
开顶桶 open-top drum
开顶阴极 open-top cathode
开动 start(ing);kick(ing);bring into motion;firing;initiation of motion;operate;put into motion;putting into operation;run(ning);set going
开动臂 actuating arm
开动不了的 inoperative
开动的 in gear;operated
开动电流 actuating current
开动发动机 fire an engine;run an engine
开动杆 engaging lever
开动机器 machining;set in motion
开动开关 starting switch
开动快门 release the shutter
开动期 breaking-in period
开动器 starter
开动筛机 starting-up a screen
开动时间 starting time
开动水井数 number of well operation
开动提升卷筒 throw on the rope
开动位置 running position
开动线 actuating wire
开动压缩机 starting compressor
开动制动转换开关 power-brake changeover switch
开动制动转接开关 power-brake transfer switch
开动钻机 starting drill
开动钻机台数 amount of operating rigs
开动钻头 starting bit
开冻 ice break(-up);thaw
开冻日 first open water
开洞的 pierced
开洞剪力墙 pierced shear wall;shear wall with opening
开斗铲装法 <铲土机> open bowl loading
开斗车 open car;open wagon
开斗式铲运机 open bowl scraper
开斗装置 bucket-tipping device
开度 aperture;jaw opening;opening;opening angle
开度标称 close-off rating
开度计 opening ga(u)ge
开度角 angle of opening;divergence angle
开度控制设备 opening limiter;opening limiting device
开度限位控制 opening limit control
开度限制装置 opening limiter;opening limiting device
开度指示器 indicator of opening
开端 beginning;commencement;dawn;inception;leading-off;preamble;prolog(ue);start(ing);threshold
开端的 open ended;preliminary
开端式煤柱回采法 open-ended pillar method
开端式谐振腔 open-ended resonator
开端天线 open-ended aerial;open-ended antenna
开端效应 open-ended end effect
开端型系统 open-ended system
开段【交】 anti-block
开段沟 pioneer cut
开断电流 dropout current
开断电压 dropout voltage
开断计算机 cut-off computer
开断面 <桥梁的> open section
开断容量 break(ing) capacity;switching capacity
开断时期 off period
开断值 switching value
开断周期 cut-off cycle;switching cycle
开断状态 open position
开尔芬效应 Kelvin effect
开尔拉米兹特集料 <波兰的一种人造

集料 > Keramzyte
开尔文 Kelvin(degree)
开尔文保护环电容器 Kelvin's guard-ring capacitor
开尔文波 Kelvin's wave
开尔文(测深)管 Kelvin's tube
开尔文测深仪 Kelvin's sounder
开尔文电天平 Kelvin's balance
开尔文方程 Kelvin's equation
开尔文-伏格特模型 Kelvin-Voigt model
开尔文固体 Kelvin's solid
开尔文固体模型 Kelvin's solid model
开尔文-亥姆霍兹收缩 Kelvin-Helmholtz contraction
开尔文化学测深管 Kelvin's chemical tube
开尔文环量定理 Kelvin's circulation theorem;Thomson circulation theorem
开尔文积分器 Kelvin's integrator
开尔文流变模型 Kelvin's rheologic-(al) model
开尔文模型 Kelvin's model
开尔文内波 internal Kelvin's wave
开尔文黏[粘]弹性应力应变关系 Kelvin's visco-elastic stress-strain relation
开尔文体 Kelvin's body;Kelvin's substance
开尔文-瓦利滑动电阻 Kelvin-Varley slide
开尔文温标 degree Kelvin
开尔文温度 Kelvin's temperature
开尔文温度计 Kelvinometer
开尔文效应 Kelvin's effect
开尔文-休斯(式)回声测深仪 Kelvin-Hughes echo sounder; Kelvin and Hughes echo sounder
开尔文循环定理 Kelvin circulation theorem
开尔文验潮仪 Kelvin's tide ga(u)ge
开尔文最小能量定理 Kelvin's minimum energy theorem
开发 developing; development; exploit;exploitation;open up
开发不足 under exploitation
开发部 development board
开发场地外交通量 off-site traffic
开发成本 cost of development;developing cost;development cost
开发程序 development procedure;sequence of development
开发程序库 development support library
开发出水力(发电) developed water power
开发贷款 development loan
开发贷款基金 development loan fund
开发的经济效果 economic effect of development
开发地区 development area
开发段 developed section
开发方案 development program(me)
开发费用 cost of development;development cost; development expenses;expense of developing
开发工程 developed project;developmental project
开发工程管理系统 development engineering management system
开发工程师 development engineer
开发工具 development tool
开发工业储量 developed commercial reserves
开发工作 development effort;development work
开发公司 development corporation
开发功率 power developed
开发规划 developed project;developmental project;development project;development plan(ning)
开发过程 development process
开发合同 development contract
开发和发展费用 exploitation and development cost
开发河段 developed river stretch;utilized river reach[section]; utilized river stretch
开发环境模型 development environment(al) model
开发机构 development institution
开发基金 development fund
开发基金贷款 lending of development funds
开发基金的补充 replenishment of development fund
开发计划 development effort;development fund;development plan(ning); development program(me);development project
开发记录 development records
开发技术研究 mining research
开发价值 exploitability
开发奖励 bonus incentives for development
开发交通量 development traffic volume
开发阶段 development phase; development stage;stage of development
开发经济学 development economics; open economics
开发井 development well; extension well
开发井类别 development well classification
开发局 development board
开发勘探 development exploration
开发目标 purposes of development
开发票 draw a bill; drawing; make out a bill;write a receipt
开发票的根据 basis for invoicing
开发期 development period
开发期票的人 promiser[promisor]
开发前土地所有者 predevelopment landholder
开发区 develop(ing) area; development district;development zone
开发权 development rights
开发权转让 development rights transfer
开发人口 open population
开发容量 development capacity
开发融资 development financing
开发时间 development time; time of opening
开发市场 developing target market
开发试验 development test; development trial
开发手段 development tool
开发售货 development credit
开发水 developed water
开发水头 developed head
开发水资源 development of water resources
开发税 development tax
开发速度 rate of development
开发条 wind
开发厅 development board
开发通航河道 open waterway
开发为工业区的乡间地 subtopia
开发委员会 development board
开发系统 development system
开发限制区域 development restriction area
开发项目 development(al) item; development(al) project
开发项目放款 loan of development project
开发小组 development group
开发新产品 product innovation
开发新市场概率 probability of new marketing
开发信贷的撤销与偿还 cancellation and refunding of development credit
开发信贷汇总表 summary statement of development credits
开发型股份企业 development-oriented shareholding enterprises
开发型移民 development-oriented resettlement
开发性调查 development investigation
开发性销售 developmental marketing
开发研究 development research
开发研制 research and development
开发银行 development bank
开发影响费用 development impact fee
开发油田 develop field
开发鱼群 exploited stock
开发援助 development aid
开发援助委员会 Development Assistance Committee
开发—运营—移交 develop-operate-transfer
开发债券 development bond
开发者 developer
开发指标计算 calculation of development indicator
开发种群的数量动态 dynamics of exploited stocks
开发周期 development cycle
开发转让权 transfer of development right
开发资金 development capital
开发资源 develop resources; exploit the natural resources;tap the natural resources
开发资助 development financing
开发自然资源 development natural resources
开发总成本 total development cost
开阀时间 duration of valve opening
开阀室 valve house
开阀阻力 resistance to opening of valve
开方 evolution;extract a root;extraction of the square root;radication【数】
开方法 extraction of square root;extraction of a root;extraction【数】
开方放大器 root amplifier
开方计算键 root key
开方器 square root extractor
开方指令 extract instruction
开放 clearing; open-to-air; patency; unblock
开放编号 open numbering
开放编号制 open numbering system
开放泊地 open roadstead
开放部位 open position
开放场所 place open to the public
开放城市 city opening;open city
开放迟延 delayed opening
开放触点 open contact
开放导液法 open drainage
开放的 open ended
开放的跑道 open runway
开放的信号机【铁】 cleared signal
开放的最短路径优先路由协议 open shortest path first
开放灯光 clear light
开放抵押 mortgage open-end; open-end mortgage
开放地 on limits area
开放电路 clearing circuit
开放阀 relief valve
开放港口 open harbo(u)r;open port
开放工厂 open plant;open shop
开放工程 development project
开放工作 openworking
开放公司 public company;public corporations
开放供签署 open for signature
开放沟通 opening-up communication
开放故障 clear failure
开放光线 naked light
开放过程 open process
开放河道 open river
开放互连系统参考模型 open system interconnection reference model
开放环礁 open ring reef
开放计算站 open computation shop
开放季节 open season
开放继电器 clearing relay
开放交通 open(ing) to traffic
开放交通年 opening year
开放角 <摄影机快门的> angle of opening
开放竞争 open competition
开放空间 open space
开放口岸 open port
开放买回协议 open repo
开放锚位 open berth
开放门户 open door
开放模型 open model
开放目标 open object
开放暖气 turning on steam
开放拍击音 opening snap
开放排气 exhaust open
开放契约 open contract
开放权益 open commitments;open interest
开放时间 open(ing) time
开放示像 clear aspect
开放式 outward orientation
开放式仓储 open style
开放式槽 open trough
开放式车间 open job shop
开放式储油器 vented reservoir
开放式传输网(络) open transport network
开放式存储单元 open memory location
开放式单元 open cell
开放式订货 open order
开放式盾构 open shield
开放式放电器 open gap
开放式工会 open union
开放式回路 open loop
开放式混炼机 mixing mill
开放式机房 open shop
开放式给水系统 open feed system
开放式计算站 open shop
开放式加热器 open heater
开放式交通线网 open transport network
开放式浇注系统 unchoked running system
开放式进口许可证 open-end licence
开放式经济 open economy
开放式客厅式车厢 open saloon
开放式空气分配 <冷藏车> open air distribution
开放式冷却塔 atmospheric cooling tower;bare cooling tower
开放式潜水呼吸器 open breathing apparatus
开放式燃(气用)具 flueless gas appliance;unvented type
开放式软件基金会 open software foundation
开放式收费系统 open toll system
开放式塔 atmospheric tower
开放式通道客车 open aisle coach
开放式系统 open system
开放式系统互连 open systems interconnection
开放式系统结构 open system architecture
开放式谐振腔 open cavity
开放式翼形螺母 open wing nut
开放数据库链接性 open database

connectivity
开放水道 open channel
开放体系 open system
开放体系结构 open system architecture
开放条件 open condition
开放条约 open treaty
开放同盟 open conference
开放委托购买 open indent
开放位置 clear position;release position <缓行器的>;off position <信号机的>
开放吸气 inlet open
开放吸入法 open inhalation
开放系统 open system
开放系统管理 open system management
开放系统互连 open system interconnection
开放系统互连参考模型 open system interconnection reference model
开放显示 clear position;off aspect
开放线 open track
开放信号 cleared signal;clearing signal;display signal
开放信号表示 clear signal indication
开放信号复示器 clear signal repeater
开放信号检查 on signal proving
开放信托投资 open-end investment trust
开放信用证 open letter of credit
开放型冰丘 open moraine
开放型地热系统 open geothermal system
开放型共同基金 open-end mutual fund
开放型基金 open-end fund
开放型浇注 casting-in open;opencasting-in
开放型设计 open design
开放型系统互连 open system interconnection
开放型系统结构 open system architecture
开放性 openness
开放性产品策略 extensive product strategy
开放性大学 open university
开放性群体 open population
开放性人口 open population
开放性社会技术体系 open-socio-technical system
开放性生产 open production
开放性市场 open market
开放性数据库接口 open database control
开放性双重经济 open dual economics;open dualistic economics
开放许可证 open license[licence]
开放循环系统 open circulatory system
开放引流法 open drainage
开放佣船契约 open charter
开放远期部位风险 open forward position risk
开放运输 opening to traffic
开放运行 running open
开封 unsealing
开封水 first open water
开缝 open slot;slitting;slot(ting)
开缝波导天线 leaky waveguide antenna
开缝槽钻 slot driller
开缝的 slotted
开缝的石膏吸声粉刷板 slotted gypsum acoustic(al) plasterboard
开缝垫圈 open washer;slotted washer;split washer
开缝风洞 slotted tunnel
开缝管 open-seam tube
开缝环形板牙 adjustable round split die
开缝活塞导缘 split skirt
开缝机翼 slotted aerofoil
开缝键槽铣床 slot and keyway milling machine
开缝接头 open joint
开缝襟翼 slotted flap
开缝炉 split furnace
开缝螺母 half nut;slit nut
开缝排水沟 open joint drainage
开缝喷嘴 slotted nozzle
开缝偏心式钻头 slotted eccentric bit
开缝铺板法 open boarding
开缝器 jointer
开缝墙 slot wall
开缝清洁机 crack-cleaning machine
开缝式沟渠 open joint drainage
开缝式管道排水 open joint drainage
开缝式盲沟排水 open joint drainage
开缝透镜 slit lens
开缝铣刀 metal slitting cutter;slitting cutter
开缝销 slotted pin
开缝叶片 slotted blade
开缝叶片轴流风机 slotted-blade axial-flow blower
开缝阴沟 joint drainage
开缝钻头 slot driller;slotted bit
开符号 open symbol
开幅辊 expander
开幅机 scutcher
开幅洗涤机 open width scouring machine;open width washer
开腹拱桥 open-spandrel
开覆盖 open covering
开盖的 uncapped
开盖集装箱 open-top container
开盖子 uncover
开杆式水压机 open rod hydrodynamic(al) press
开高价发票 overinvoice
开割槽 opening slot
开给支票 issue of cheque
开工 commencement;commencing of works;breaking-in;come into operation;commissioning;go into operation;inauguration;on-stream;operation;place in operation;put into operation;start (of construction);start of run;start operation;commence;commencement of works;ground breaking;starting of construction <尤指土木工程方面>
开工报告 commencement report;construction starting report
开工不足 be operating under capacity;operate under capacity;under-capacity operation;working under capacity
开工舱口数 number of hatches in operation
开工的先决条件 conditions precedent to commencement
开工建造建筑物 housing start
开工典礼 commencement of works;ground-breaking ceremony;inauguration
开工令 notice to commence;order of commencement of work;work order
开工率 capacity operating rate;operating rate;rate of capacity utilization;rate of operation;utilization of capacity
开工率指数 index number of capacity utilization;index of operating rates
开工期 on-stream period;under-stream period
开工期间维修 on-stream maintenance
开工前融化 preconstruction thawing
开工前测量 pre-works survey;preconstruction survey
开工前阶段 preconstruction stage
开工日期 beginning date;commencement date;commencement date of the work;date of commencement of the work;start(ing) date;starting date of a project
开工时的地面标高 commencing surface level
开工时间 commencement time;commencement time of the work;on-stream time
开工时间不足 on short time
开工条件 conditions for commencement of works
开工通知 notice to commence;order to proceed
开工文件 profile exec
开工系数 stream coefficient
开工因数 <工作日数与日历日数之比> service factor
开工展布 deployment for dredging commencement
开工(正式)通知书 notice to proceed
开工准备 operating reserves
开弓形栏杆小柱 double-bellied
开沟 channel(l)ing;ditch cut(ting);ditching;furrowing;gull(e)ying;gutter;ploughing;trenching
开沟爆破 ditch blasting
开沟并铺管机 trench and laying machine
开沟铲 furrowing blade;opening share
开沟挡板 trench shield
开沟段 stripping line
开沟法 guttering
开沟耕作 listing
开沟工具 gutter tool
开沟回填块石护岸 trench-fill revetment
开沟机 basin forming machine;channel(l)er;ditch digger;ditching machine;furrowing machine;opening share;trench digger;trencher;trenching machine
开沟犁 <拖拉机拖带的> mole plough
开沟浇注 grooved casting
开沟浇铸 grooved casting
开沟犁 digger plough;ditching plough;ditching plow;gripping plough;gutter-plough;gutter plow;mole plough;mole-plow;plough-type trencher;toolbar lister;trenching plough
开沟犁体 furrowing bottom;furrowing body
开沟排水 diking;mole drainage;sough
开沟刨 grooving plane
开沟平路机 ditching grader
开沟破土犁 middle breaker
开沟铺管机 pipe-laying trencher
开沟器 boot;colter(boot);furrow opener;opener boot;opening share;ploughshare;plow share
开沟器导杆 furrow opener drag-bar
开沟器拉导杆 opener draw rod
开沟器起落机构 colter lift;colter raising mechanism
开沟器体 opener shank
开沟作垄器 bedder lister
开估价单 quote
开骨线 keel line
开关 breaker;breaking device;circuit breaker;circuit changer;circuit closer;contact maker;contactor;cut-out;derail(ment);disjunctor;faucet;make-and-break key;on-off;permutator;switch(ing);switch key;valve;control switch <控制回路内的>
开关按钮 on-off button;shift knob;start-stop button;switching pushbutton;switch knob
开关把手 switch handle
开关板 key board;shifter plate;switchboard(panel);switch panel;switch plate
开关保险丝 switch fuse
开关保险锁 blade latch
开关闭合 closing of switch
开关闭锁 switch lock
开关臂 switch arm
开关边界 switching boundary
开关变量 switching variable
开关标牌 switch position plate
开关标识符 switch identification;switch identifier
开关表 switch list
开关柄 shift bar
开关部件 switch block
开关舱盖费 opening/closing hatch cover
开关操纵继电器 switching relay
开关操纵力调节 switch-operated response control
开关操作 on-off operation;switching manipulation
开关操作冲击耐受电压 switch impulse withstand voltage
开关操作循环 switching cycle
开关测量器 on-off ga(u)ge
开关插入 switch insertion
开关插头 switch plug
开关常数 switching constant
开关厂 switchgear plant
开关程序 switching program(me);switching sequence
开关齿轮 switch gear
开关冲击 switching surge
开关触点 switch contact
开关触点电流 current-on contact
开关触头 breaker contact;switch contact
开关磁芯 switched core;switch(ing) core
开关存储器 switch storage
开关代数 switching algebra
开关导线 switch wire
开关的顺序 sequence of switches
开关灯头 key lampholder;key lampsocket;key socket;switch socket
开关点 switching point
开关电弧 switching arc
开关电抗器 switching reactor
开关电缆 switching cable
开关电流 switching current
开关电路 on-off circuit;switched circuit;switching circuit
开关电路自动网络 switched circuit automatic network
开关电码 on-off code
开关电器插座 switch socket outlet
开关电容网络 switched capacitor network
开关电梯门设备 parking device
开关电源 switch power supply
开关电子管 nomotron;switch tube
开关定时 breaker timing
开关动作 on-off action;open and shut action;switch motion

开关额定值 switch rating
开关二极管 switching diode
开关阀 on-off valve;switch valve
开关阀系 switch valve system
开关方式 on-off mode
开关防跳 switch debouncing
开关房 opening house;operating house <活动桥的>
开关盖板 cover plate to switch
开关杆 switch lever
开关钩键 switch hook
开关构件 switching member
开关拐柄 angle handle
开关管 switch(ing) tube

开关柜 cubicle switchboard; power cabinet; switchboard; switch cubicle; switch(gear) cabinet
开关柜控制 switch cubicle control
开关柜内腔 switchgear bay
开关过程 switching process
开关函数 switch(ing) function
开关盒 switch box; switchgear cabinet; panel box
开关机构 switch gear; switching mechanism
开关计算机 switching computer
开关寄存器 switch register
开关架 switch frame; switch raceway; switch rack
开关间 switch building; switch(gear) cabinet
开关间隔 circuit-breaker cell; switch gap
开关鉴相器 phase sensitive keyed detector
开关键 switching key
开关键控 on-off keying
开关角 switching angle
开关接地线 switch ground wire
开关接线端子 switch terminal
开关结构 construction of switch
开关晶体管 switching transistor
开关矩阵 switching matrix
开关绝缘棒 switching rod
开关卡 on-off card
开关控制 off-on control; on-off control; open and shut control; start-stop control; stop-go control; switching control; two-position control
开关控制动作 on-off control action
开关控制寄存器 on-off control register
开关控制器 on-off controller
开关控制器系统 on-off controller system
开关控制室 switch house
开关控制特性(曲线) gate control characteristic
开关拉索 sash cord
开关廊道 switching gallery
开关浪涌 switching surge
开关理论 switching theory
开关连接杆 switch rod
开关量 switching value
开关列 switch train
开关龙头 cock stop
开关滤波器 switch filter
开关轮 switch wheel
开关脉冲 switched pulse
开关门 shifter gate
开关命令 switch command
开关命名符 switch designator
开关盘 switchboard; switch panel
开关盘室 switchboard room
开关起动器 switch starter
开关器 derailing switch
开关器具 switch apparatus
开关器外壳 switch housing
开关曲面 switching surface
开关曲线 switching curve
开关熔断器 switch fuse
开关熔丝 switch fuse
开关设备 switch apparatus; switch gear; switch(ing) plant; switching device
开关设备转轮 <电路的> rack wheel
开关时间 switching time
开关时间比 on-off(time) ratio
开关时间常数 switching time constant
开关式 switching regulator
开关式电源 switch mode power
开关式恒温器 on-off thermostat
开关式集电极 hoot-collector
开关式控制 bang-bang control
开关式调温器 on-off thermostat
开关式调制器 switch-type modulator
开关式限幅积分器 switch-type limiting integrator
开关室 switch(board) house; switchboard room; switchgear cabinet; switchgear room
开关手柄 switch knob
开关输入 switching input
开关树 switch tree
开关衰减器 switching pad
开关栓 switch lock
开关瞬态 switching transient
开关说明 switch declaration
开关伺服机构 on-off servo mechanism
开关伺服系统 on-off servo mechanism
开关伺服装置 on-off servo device
开关速度 switching speed
开关损耗 switching loss
开关损失 loss due to valve
开关锁 switch lock
开关台 switch bench; switch desk
开关特性 switching characteristic
开关调节 open and shut control; switch regulating
开关调整 switch adjustment
开关亭 switching kiosk
开关通断 switch-on and off
开关同步误差 switch-timing error
开关头 valve head
开关网络 switching network
开关网络综合算法 synthesis of switching network algorithm
开关系统 switching system
开关线 switching line
开关线路 switching circuit
开关箱 breaker box; cabinet switch; switch box; switch gear; switch-(ing) cabinet; panel box
开关箱托架 switch box support
开关效应 switching effect
开关信号 switch(ing) signal
开关型控制器 on-off controller
开关型信号 on-off-type signal
开关旋轮 star wheel
开关旋钮 knob
开关旋塞 switch cock; three-way cock
开关延迟 switching delay
开关仪表板 switch panel
开关涌浪 switching surge
开关油 circuit-breaker oil; switch oil
开关油箱 switch tank
开关与熔断器组合 switch and fuse combination
开关预行程 switch pretravel
开关元件 on-off element; switching element
开关钥匙 disconnect key
开关越程 switchover-travel
开关运算放大器 switched operational amplifier
开关闸 breaker
开关闸刀 knife of switch; switch blade
开关闸杆 breaker arm
开关站 switch(ing) station; switch yard
开关照明 switch lighting
开关罩 switch cover
开关振荡器 switching oscillator
开关指令 switch order
开关指示符 switch indicator
开关指示器 switch indicator
开关指示柱 indicator post
开关制动销 switch-stop
开关滞后 switching hysteresis
开关钟 switch clock
开关钟表 <测量仪表> switching on clock
开关周期控制器 on-off cycle controller
开关轴 switch shaft
开关转臂 switch arm
开关装置 switching arrangement; switching device; switching gear
开关状态条件 switch-status condition
开关准则 switching criterion
开关字符 switch character
开关阻抗 hindrance
开关组 shut-off block; switch(ing) group
开关组合 switch combination
开关组态 switching configuration
开关作用 gate action; on-off action; open and shut action
开关座 switch base
开管 open pipe
开管法 open tube process
开管沟 trench cutting
开管流动系统 open flow system
开管式柴油锤 open tube diesel hammer
开管压力计 open manometer
开管柱 capillary column; open tubular column
开罐浸油处理法 <木材防腐> open tank
开锅式拌和机 open pan mixer
开焊 sealing-off; tip-off
开焊接坡口 bevel(l)ing
开行 open string
开航 set sail
开航保证 warranty to sail
开航电报 sailing telegram
开航港 port of sailing
开航公告牌 sailing board
开航结关证书 outward clearance certificate
开航命令 sailing order
开航前检查 pre-trip inspection
开航日期 date of departure; date of sailing; sailing date
开航日期表 sailing list
开航时间 sailing time; time of departure; time of sailing
开航通知 sailing instruction; sailing order
开航通知单 sailing notice
开航许可证 sailing permit
开航证明书 certificate of date of sailing
开航准备工作 preparation for sea
开壕 trenching
开合板 drawbridge
开合斗闭斗力 closing force; closure force
开合浮桥 floating opening bridge; opening pontoon bridge; pontoon swing bridge
开合接点 break-make contact
开合跨 navigation opening
开合螺母 clasp nut; half nut
开合螺母凸轮 half-nut cam
开合门 leaf gate
开合门扉 opening leaf
开合门廊 open leaf
开合桥 bascule bridge; domino bridge; drawbridge; folding bridge; leaf bridge; maneuverable bridge; movable bridge; opening bridge; pivot bridge; strip bridge; movable bridge
开合桥操作人员 bridgeman
开合桥的翼 leaf
开合桥电路闭合器 drawbridge circuit closer
开合桥电路控制器 drawbridge circuit controller
开合桥电锁闭器 electric(al) drawbridge lock
开合桥防护法 drawbridge protection
开合桥防护信号(机) drawbridge signal
开合桥钢轨锁闭器 drawbridge rail lock
开合桥回路管制器 drawbridge circuit controller
开合桥孔 draw space; draw span
开合桥跨 draw space; draw span; pivot span
开合桥跨墩 pivot pier
开合桥连接器 drawbridge coupler
开合桥耦合器 drawbridge coupler
开合桥桥墩(支座) bascule pier
开合桥扇 bascule
开合式浮桥 pontoon swing bridge
开合式闸坝 bear-trap dam; bear-trap weir <又称熊阱堰>
开合式闸门 <又称熊阱闸门> bear-trap gate
开合调节器 on-off regulator
开合运动 open and close movement
开河 break up of ice; ice break(-up)
开后门的 under-the-counter
开弧【数】 open arc
开户 establish an account; open an account; opening of book
开户录入单【计】 open account
开户头 opening an account
开户银行 bank of deposit; open bank
开花 blooming; blossom
开花草坪 flowering lawn
开花浪 breaking sea
开花螺帽 castellated nut; castle nut
开花螺母 castellated nut; castle nut
开花木桩 broomed pile; broomed wood pile
开花期 anthesis; florescence; efflorescence; flowering period; flowering stage; inflorescence
开花植物 flowering plant
开花桩头 broom head of pile
开环 open cycle; open(ed) loop; split-ring
开环策略 open loop policy
开环传递函数 open loop transfer function
开环带宽 open loop bandwidth
开环电压增益 open loop voltage gain
开环垫圈 split-ring washer
开环方案 open loop policy
开环轨迹线 open loop trajectory
开环过程控制 open loop process control
开环加成聚合 ring opening polyaddition
开环接合 split-ring connection
开环接件 split-ring connector
开环聚合 ring-expansion polymerization
开环控制 open cycle control; open loop control
开环控制器 open cycle controller
开环控制系统 open cycle control system; open loop(control) system; unmonitored control system
开环控制线路 open loop control circuit
开环连接件 split-ring connector
开环描述函数 open loop describing function
开环频率响应 open loop frequency response
开环式泵送灰浆 open circuit grouting
开环式活塞胀圈 split-ring piston packing
开环数控系统 open loop numerical control system
开环水解 ring-opening hydrolysis
开环调节器 open cycle controller
开环系统 open(cycle) system; open

loop system
开环相角 open loop phase angle
开环相位响应 open loop phase response
开环响应 open loop response
开环形山弧 open arc
开环形山链 open chain
开环增益 open loop gain
开环制 open system
开环自动控制 automatic open cycle control;automatic open loop control
开环最优反馈 open loop-optimal feedback
开荒 assart
开荒道路 pioneer road
开荒犁 <装有近似螺旋形犁体> breaking(-up) plow; plow for reclamation work
开簧器 spring(-leaf) opener
开回路粉碎 open circuit crushing
开回路特性 open loop characteristic
开回丝机 hardwaste breaker
开汇票 draw a money-order; draw draft;draw money order
开汇票人 drawer
开火 firing
开机 log on;starting up
开机率 set in use
开机器脚踏车者 motor cyclist
开机时间 available machine time;machine available time
开级配 open gradation
开级配的 open-graded
开级配混合料 open mix(ture); porous mix(ture)
开级配抗滑层 open-graded friction course
开级配沥青抗滑层 open-graded asphalt friction course
开级配磨耗层 open friction course
开级配排水层 open-graded drainage layer
开级配式面层 open-textured surface
开集 open set
开集装箱取货 unstuffing container
开价 initial price;make a price;offering;opening price; price asked offer;quotation;quote
开价低于市场价格 underquote
开价趋势 movement of quotation
开架管理 open stack management
开架区 exposure area
开架商品陈列 eye-level shelf location
开架式 open shelf system
开架式气化器 open rack vaporizer
开架式书库 open stack
开架书架 open shelf
开架阅览 free reading
开架阅览室 open shelf reading room
开架阅览制 open shelf <美>; open access <英>
开架阅览制度 free access system
开间 bay(width);case bay
开键槽机 key-seating machine
开江 break-up of the ice in a river; resumption of navigation after river thawing
开胶 disbond
开角 angular aperture
开脚扳手 spanner wrench
开脚螺栓 dovetail bolt;fish bolt;fishtail bolt
开节流阀 throttle opening
开进 drop into
开井 flowing a well
开井压力 open hole pressure
开井钻 well auger
开具清单 draw up a clear statement
开锯齿机 saw shaper
开锯齿器 saw punch
开卷 decoil; paying-off; uncoil; unreel;unroll
开卷磁带传送机 open-reel tape transport
开卷的 open-book
开卷机 coil holder; coil opener; decoiler;decoiling machine;feed reel; payoff reel; swift; uncoiler; uncoiling machine; uncoiling reel; uncoiling unit; unwinder; unwind(ing); unwinding coiler;unwinding reel
开卷机带材板直辊 decoiler roll
开卷机的带卷座 coil cradle
开卷机装料台 coil ramp
开卷校直机 uncoiler leveller
开卷卷筒 take-off drum
开卷线 coil feed line
开卷站 unroller station
开卷装置 decoiling equipment
开掘工程师 <美期刊名> Excavating Engineer
开掘水下隧道 subaqueous tunnel(l)ing
开浚河道 canalized river
开垦 break ground; cultivate; cultivation; land reclamation; reclaim(ation); stump-grubbing
开垦地 clearage; exploitation field; reclaimed land; reclamation ground; taimgya; thwaite
开垦费用 cost of clearing
开垦工程 pioneering works; reclamation project; reclamation works
开垦沟地 reclaiming of gullies
开垦湖地 lake bottom reclamation
开垦荒地 development of (waste) land; exploit the virgin land; reclaiming
开垦区 reclaim area
开垦土地 land reclamation
开垦挖泥机 reclamation dredge(r)
开垦用推土机 reclamation dozer
开垦沼泽地 reclaimed marsh
开空桥跨 open-end space; open-end span
开孔 open pore(d); tapping; trepanning; opening; starting a hole【岩】; starting a well【岩】; open cell <泡沫塑料>
开孔百分数 percentage of open area
开孔爆破 open hole shooting
开孔补强 opening reinforcement
开孔材料 open cell material
开孔沉箱 perforated wall caisson
开孔沉箱防波堤 perforated caisson breakwater
开孔沉箱直立堤 vertical breakwater of perforated caissons
开孔成型 olden-void formation; open void formation
开孔尺寸 starter size
开孔短岩芯管 starter barrel
开孔发泡的 open cell foamed
开孔防波堤 perforated breakwater
开孔高度 height cut-out
开孔构造 <面层的> open void formation
开孔管 perforated pipe
开孔机 tapping machine
开孔锯 keyhole saw; tubular saw
开孔抗张强度 open hole tensile strength
开孔口 opening of hole
开孔块体 open blockwork
开孔率 percent of open area
开孔密封膏衬材料 open cell sealant backing
开孔面积 aperture area; area of opening; opening area
开孔面积比 open area ratio
开孔面积系数 <以筛子开孔面积占50%者为1> open area factor
开孔泡沫 foam with open cells; open cell foam
开孔泡沫塑料 open cell cellular plastics; open cell foamed plastics
开孔砌体工程 open blockwork
开孔日期 spudding date
开孔散热片 louver board
开孔时间【岩】 opening time
开孔式处理 <木材防腐处理> open cell process
开孔式多孔材料 open cell cellular material
开孔套管井 perforated casing well
开孔铜网 punched copper screen
开孔网格 perforated grill
开孔箱防波堤 caisson breakwater having a vertical wall penetrated by holes; perforated box caisson breakwater
开孔岩芯管 starting core barrel
开孔于…… vent
开孔圆盘 apertured disc[disk]
开孔直径 diameter of borehole mouth; initial hole diameter; starting diameter
开孔阻力 resistance of opening
开孔钻进 hole-in
开孔钻头 collaring bit; opening bit; pitching borer; short borer
开孔钻头直径 initial diameter of drilling bit; starter size
开口 aperture; broach; cut-out; gap clearance; opening; open mouth; open window; shedding; venting; yawn; cutting window <在套管上>
开口T形接头 open T joint
开口摆轮 cut balance
开口扳钳 open-end(ed) spanner
开口扳手 open-end(ed) spanner; open-end(ed) wrench
开口扳头 open-end(ed) wrench
开口保险 open insurance
开口保险单 open policy
开口杯闪点 open cup flash point
开口杯式 open cup type
开口杯式闪火点 open cup flash point
开口比 aperture efficiency; opening rate; open ratio
开口编篮码法 open basket weave packing
开口扁销 split key
开口薄壁杆件 open thin-walled member; thin-walled member with slit section
开口槽 open slot
开口槽法 open tank method
开口侧壁 split jamb
开口测压计 open pipe piezometer
开口车顶 opening roof
开口沉井 sunk well
开口沉井基础 open caisson foundation
开口沉井基础结构 drop shaft foundation structure
开口沉箱 cylinder caisson; open caisson; stranded(open) caisson; sunk(en) well; impet dam <小型的>
开口沉箱法 open caisson method
开口沉箱基础 open caisson foundation
开口沉箱结构 open caisson foundation structure
开口成喇叭状 flaring
开口尺寸 opening size; slot size
开口传动 open drive
开口粗轧孔型 open roughing pass
开口带线圈 split thread ring
开口导缆钳 open chock
开口的 open; open-end
开口的冲制扳手 open-end slugging wrench
开口的钻孔匙 clay auger
开口堤 open levee
开口电路调节器 open cycle controller
开口垫圈 C-washer; horseshoe washer; open(ed) washer; slotted washer; snap washer; split collar; split washer; U-washer
开口吊斗 open-end bucket
开口吊货钩 western cargo hook
开口丁坝 open groin[groyne]; open spur dike[dyke]
开口订货单 open indent
开口洞 ambut
开口端 open-end; soft end
开口断层 open fault
开口断面 open section
开口锻模 open die
开口对接 gap butt; open butt
开口对接缝 open butt joint
开口对接管 open-jointed pipe
开口对接焊 open butt weld
开口阀罩 <深井泵的> open cage
开口翻斗 open-end skip
开口方形直通系统 open square strand passes
开口防波堤 open mole; open weir
开口防波堤斗支墩 open pier
开口缝 open joint
开口坩埚 open pot; shoe
开口钢箍 split stirrup; open stirrup
开口港 open harbo(u)r
开口高度 open(ing) height
开口箍 U-stirrup
开口箍筋 open stirrup
开口管 open tube
开口管壳 flap pipe section
开口管套 slitted pipe section
开口管筒 open joint tube
开口管柱 open tabular column
开口管桩 open-end pipe pile; open tabular pile
开口合同 open(ed) contract; open-end contract
开口滑车 notch block; return block; snatch block; snatch pulley; viol block; gate block <闸门、坞门或船坞牵引索的>
开口环 clip ring; snap ring; split collar; split loop; split-ring
开口环连接 split-ring connection
开口环连接件 split-ring connector
开口环钳 snap-ring pliers
开口环弹簧 split-ring
开口环提芯器 core catcher; core gripper; core lifter; ring lifter; split-ring core lifter; split-ring lifter
开口环形垫圈 split-ring
开口环轴承 snap-ring bearing
开口环装卸器 snap remover
开口环装卸钳 snap-ring pliers
开口环状礁 open ring reef
开口簧环 circlip; split circlip
开口回路 open(ed) loop
开口机 tapping machine
开口间隙 end clearance
开口剪床 gap shears
开口键 forelock key; split key
开口角复板 opening corner plater
开口接杆 slotted jaw
开口接合 open joint; slot(ted) joint
开口接合杆 slotted joint rod
开口截面 open cross section
开口井 open-end well
开口井筒基础 open well foundation
开口壳 open shell
开口空隙 opened void

开口空隙率 open porosity
开口孔 open pore
开口孔隙 opened void
开口孔形 open pass
开口垃圾箱 drop box
开口链 open link(chain)
开口梁形轧槽 live beam pass
开口料斗 open-end skip
开口裂缝 open fissure;open fracture
开口率 aperture opening ratio
开口螺帽 split nut
开口螺栓 split bolt
开口锚环 open socket
开口铆钉 bifurcated rivet;split rivet
开口铆钉用钢丝 bifurcated-rivet wire;split-rivet wire
开口面积 opening area
开口面积比 open area ratio
开口面积系数 hollow area coefficient
开口面积效率 aperture area efficiency
开口木楦 <铅管> tampin
开口内桩 collet
开口泡 broken blister;broken seed
开口泡沫 open cell foam
开口喷发 vent opening eruption
开口皮带 open belt
开口皮带传动 open belt drive
开口皮带传动装置 open belting
开口铺板 open boarding
开口期货合同 position
开口气孔 open pore
开口气孔率 open porosity
开口气泡 open bubble;open slot bubble
开口气压计 open tube manometer
开口契约 open(-end)bond
开口器 mouth gag
开口钎 tap-hole bar;tap-out bar;tapping bar
开口钳 open mouth tongs
开口圈 broken ring;split-ring
开口缺陷 open defect
开口裙式活塞 slit-shirt piston
开口三角形接法 open-delta connection
开口三角形(连接)<三相交流电源> open-delta
开口闪点 open flash point
开口闪点试验 open cup flash test
开口闪点试验器 open cup flash tester
开口勺钻 split spoon
开口式 open-type;spilt-ring
开口式地下排水管 open drain
开口式风洞 open jet wind tunnel
开口式管状取土器 open tube sampler
开口式机架 housing of the open top;open-top roll housing
开口式螺旋管钻 open spiral auger
开口式排水管 open drain(age)
开口式偏斜楔 spade-end wedge
开口式调节系统 open cycle control system
开口式铁水罐 open-top ladle
开口式挖掘铲 split-digger blade
开口式岩芯管体断环 split-ring core lifter
开口式岩芯卡环 split-ring core catcher
开口榫 open mortise;slip mortise
开口缩孔 open pipe
开口弹簧(圈)【机】circlip
开口套管 split coupling
开口套绳头套环 open-end socket
开口套筒联轴节 split muff coupling
开口天线 aperture antenna
开口调整环 split adjusting collar
开口铁芯 open core
开口铁芯式 open-core type
开口突堤 open mole
开口弯曲框架 open bending frame
开口网状礁 open mesh reef
开口线圈 open-ended coil
开口销 beta-split pin;cotter(pin);cotton pin;forelock;linchpin[lynchpin];pintle;slit pin;splint;split cotter;split key;split lock;split pin
开口销拔器 cotter-pin extractor;split pin extractor
开口销分离机 cotter-pin extractor;split pin extractor
开口销钳 split pin pliers
开口小沉井 limpet
开口小气泡 broken blister
开口协定 open-end agreement
开口信托 open-end trust
开口形接头 open tee joint
开口胸墙 perforated parapet
开口穴 open cavity
开口圆扳牙 adjustable round split die
开口轧槽 open groove
开口毡封圈 split-ring seal
开口轴承 split bearing
开口轴环 split collar
开口爪(式)扳手 open jawed wrench;open jawed spanner
开口桩 open-ended pile;open-foot pile
开口桩尖 open end of pile
开口租船合同 open charter
开口租约 open-end lease
开口组 open-end class;open group
开口组分类 open-end classification
开口钻 starting bit
开跨接 cocking;cogging ca(u)lking;corking
开旷林地 nemus
开旷水面 open water
开矿 mining;open a mine;open pit mining
开矿废渣 mining waste
开矿机 miner
开矿作业废料储存坝 mine tailings dam
开矿作业积水 mine water
开眶术 orbitotomy
开眶探查术 exploratory orbitotomy
开捆 uncoil
开扩式(停)机坪 open apron system
开括号 opening bracket
开阔大洋 open ocean
开阔的海洋 high seas
开阔的航道 open channel
开阔的直线段 straight clear path
开阔地 clear terrain;open country;open ground;unclosed ground
开阔地带风模型 open-terrain wind model
开阔高地 down
开阔管理视野 broadening vision in management
开阔海岸 open coast
开阔海港 open bay
开阔海面 open sea;main sea;open surface of sea;open water
开阔海湾 bight;open bay;open sound
开阔海无定形相 open marine amorphous facies
开阔海峡 open sound
开阔海洋 open sea and ocean
开阔海藻质相 open marine algal facies
开阔河道 open river;open stream
开阔河段 broad;broadland
开阔环境 open space
开阔空间 open space
开阔林地 open wood land
开阔牧场 open pasture land
开阔平原 open plain
开阔浅海沉积 open neritic marine deposit
开阔浅海相 open neritic marine facies
开阔群落 open community
开阔树林 open tree formation;open wood land
开阔水面 open water surface
开阔水域 open waters
开阔顺直段 straight clear path
开阔台地 open platform
开阔台地相 open platform facies
开阔型陆外下陷盆地 open downwarped extracontinental basin
开阔沼泽沉积 water-logged reed marsh deposit
开阔沼泽地 everglade
开阔褶皱 open fold
开来出口信用证 export letter of credit received
开来的船舶 approaching vessel
开勒法 Keller process
开立方 extraction of the cubic(al) root;subtriplicate
开立公司账簿 opening corporation book
开立户头 opening of an account
开立结算账户 open a settlement account
开立票据 draw
开立透支账户 establishment of credit
开立新账 open the books
开立新账户申请书 new account application
开立信用证 establishment of letter of credit;issuing credit;open a credit
开立银行账户的申请书 application form for a banking account
开立闸泄水 sluice
开立账簿 opening the books
开立账户 opening an account
开立账户申请书 new account application
开利姆地毯<起源于东方挂毯,具有镶嵌图案的地毯> khelim;khaki
开链 open chaining
开链烃【化】open chain hydrocarbon
开链烃类 open chain hydrocarbons
开链有机化合物 open chain organic compound
开列 quote
开列的市价 quoted market price
开列名单 list building
开列其计算方式 memorandum of exchange
开列清单 draw up a list;make an inventory;make out a list
开列商品清单 bill goods
开列账单 render account;render bill
开裂 chink;chop;cleavage;crack(ing);craze;dehisce;gape;indentation;onset of cracking;splitting
开裂安全度 safety against cracking
开裂边缘 cracked edge
开裂的 cracked
开裂的边缘 crack edge
开裂的路面 broken surface;torn-up surface
开裂的外观 crack appearance
开裂断面 cracked section
开裂断面校核<坝体等的> crack(ed)section check
开裂缝密度 open fracture density
开裂钢锭 clinked ingot
开裂工具 parting tool
开裂荷载 cracking load(ing);load at first crack
开裂荷载安全系数 safe factor for cracking load
开裂后延性 postbuckling ductility
开裂混凝土 cracked concrete;crack-resistant concrete
开裂机理 mechanism of cracking
开裂极限状态 limit state of cracking
开裂阶段 cracking stage
开裂节疤 open knot
开裂截面 cracked section
开裂控制 controlled cracking;cracking control
开裂力矩 cracking moment
开裂力矩能量 cracking moment capacity
开裂率<裂缝所占面积与调查路面总面积之比> cracking ratio
开裂敏感性 fracture susceptibility
开裂能 cracking energy
开裂黏[粘]土 fissured clay
开裂扭矩 cracking torque
开裂频率 cracking frequency
开裂起始点 crack starter
开裂前恰贝试验 pre-cracked Charpy test
开裂强度 cracking strength
开裂墙 crack wall
开裂倾向 tearing tendency;tendency to cracking
开裂区 cracked zone
开裂区段 cracked section
开裂趋势 cracking tendency
开裂软化<混凝土的> softening cracking
开裂时间 cracking time
开裂试验 cracking test;split(ting)test
开裂受拉区 cracked tension zone
开裂弯矩 cracking moment
开裂危险 cracking risk
开裂温度 cracking temperature
开裂系数 crack factor
开裂线 divisural line;line of cleavage
开裂限制状态 cracking limit state
开裂型强度因子 factor of cracking-type strength
开裂雪面 cracked snow surface
开裂抑制机构 crack arrest mechanism
开裂应变 cracking strain
开裂应力 cracking stress
开裂载重 load at first crack
开裂指数 cracking index
开裂状态 cracked condition;cracked state;state of cracking
开裂阻力 splitting resistance
开邻域 open neighbo(u)rhood
开林 khlellin
开流 open circuit
开流粉磨 grinding in open circuit
开流破碎 open circuit size reduction
开流系统 open circuit system
开留声机 phonograph
开露式桁架 open-type truss
开炉 blow in;blow on;open-hearth furnace;run of a furnace
开炉操作 start-up of the furnace
开炉底料 blowing-in burden(ing)
开炉钢 open-hearth furnace steel
开炉配料 blown in burden
开炉渣 open-hearth furnace slag
开路 break a way;broken circuit;chop;clear the way;gap open;open circuit;pioneer;throw off
开路波道 open channel
开路参数 open circuit parameter
开路操作 open circuit operation
开路插孔 open circuit jack
开路插头 open plug
开路插座 open circuit jack
开路车<汽车比赛中的> pace car
开路触点 dead contact;off-contact
开路导纳 open circuit admittance
开路的 open-circuited
开路电池 open cell;open circuit cell
开路电弧 open circuit arc
开路电键 trip key
开路电解系统 open electrolytic circuit
开路电流 open circuit current
开路电流强度 opening amperage
开路电枢 open coil armature
开路电压 open circuit voltage
开路粉磨 grinding in open circuit;

open circuit grinding
开路粉碎 reducing in a single pass; reduction in a single pass
开路粉碎系统 open circuit grinding system
开路浮选 batch flo(a)tation
开路辐射 open circuit radiation
开路辐射器 open radiator
开路工兵 pioneer
开路工作 open circuit operation; open circuit working
开路灌浆系统 open circuit grouting (system)
开路过渡法 open circuit transition method
开路换接过程 open circuit transition
开路计时 <电子毫秒表> open circuit timing
开路接点 breakback contact; circuit-opening contact; dead contact
开路接法 circuit-opening connection
开路接头 break connection
开路控制 open circuit control; open cycle control; open loop control
开路控制系统 open loop control system
开路励磁 open circuit excitation
开路漏极 open drain
开路漏极缓冲器 open drain buffer
开路漏(泄)电流 open contact leakage current
开路磨机 open circuit mill
开路磨矿 open circuit grinding; single-pass grinding
开路破碎 open circuit crushing
开路破碎循环 open circuit column
开路绕组 open winding
开路塞孔 open circuit jack
开路散热器 open circuit radiator
开路式轨道电路 normally deenergized track circuit; opened track circuit; open-type track circuit
开路式轨道电路继电器 open track circuit relay
开路式轨道电路系统 open track circuit system
开路式轨道电路制 open track circuit system
开路试验 open circuit test
开路瞬变过程 open transition
开路碎石系统 open circuit crushing
开路损失 no-load loss
开路特性(曲线) no-load characteristic; open circuit characteristic
开路调节 open circuit control
开路通风式电机 machine with open circuit ventilation
开路推土机 trail builder
开路网络控制 open network control
开路位置 off position
开路系统 open circuit system; open system; single-pass system
开路系统中的粗磨机 primary mill in open circuit
开路先锋 trailbreaker
开路线 open-circuit(ed) line
开路线圈 open coil
开路线圈电枢 open coil armature
开路相 open phase
开路信号发送 open circuit signaling
开路型 open ended
开路循环 open cycle
开路循环机理 open cycle mechanism
开路循环燃气轮机 open cycle gas turbine
开路延迟线 open-circuited delay line
开路研磨 open circuit grinding; single-pass grinding
开路预粉磨流程 open pregrinding circuit
开路原理 open circuit principle
开路原则 open circuit principle
开路运行 open running
开路值 quiescent value
开路指示器 open circuit indicator
开路制 open circuit system
开路自动控制 open loop automatic control
开路阻抗 open circuit impedance
开路阻抗参数 open circuit impedance parameter; Z-parameter
开路阻尼绕组 open amortisseur
开罗的苏丹哈桑礼拜寺 Mosque and Mausoleum of Sultan Hasan at Cairo
开罗的伊本图伦清真寺 Mosque of Ibn Tulun at Cairo
开锚(外挡) offshore anchor
开门 door opening
开门板 push plate
开门方向 door hand; door swing
开门服务员 door opener
开门拉手 door opening handle
开门亮 door contact; door switch
开门命令 door-open command
开门器 door opener; door starter
开门营业招牌 open sign
开门指令 door-open command
开门装置 door drive operator; door opener
开棉机 asbestos deferring machine; fiberizer
开面冠 half-cap crown; open face crown; window crown
开面砂铸 open sand casting
开面式冷却器 open surface cooler
开明的 enlightened
开模 die sinking; disassemble mo(u)ld
开模顶出柱塞 push-back ram
开模工 die sinker
开模力 mo(u)ld parting force
开模线 mo(u)ld parting line
开模型 open model
开莫耐特溶液 chemonite
开木料 breaking down
开幕式 inauguration; opening ceremony; opening exercise
开幕展览会 inaugural exhibition
开内插曲线 open interpolated curve
开涅尔表示法 Kellner's representation
开涅尔目镜 Kellner's eyepiece
开诺二极管 <充有稀薄氖气> kino
开诺全息照片 kinoform
开拍价格 upset price
开排水沟刀具 mole blade
开排水沟犁 drainage plow; draining plough; draining plow
开排水鼠洞 moiling
开派斯模型 Kepes model
开盘价(格) at the opening; opening price; opening quotation; opening rate; opening transaction; initial price
开盘日期 opening date
开盘式 reel(-to)-reel
开盘式拌和机 open pan mixer
开炮孔 cut hole
开坯 blooming; cogging; cogging down; knobbling
开坯锻锤 cogging hammer
开坯机 big mill; bloomer; blooming mill; breakdown mill; cogging mill; roughing mill
开坯机轧辊 cogging-down roll
开坯机座 cogging stand
开坯机座轧辊 breakdown roll; getting-down roll
开坯孔形 bloom pass; cogging-down pass; pinch pass; reducing pass
开坯模 breakdown die
开坯能力 billeting capacity
开坯切机 mo(u)lder
开坯原动机 cogging engine
开坯轧辊 knobbling roll; pressure roll(er); reducing roll
开坯轧机 big mill; getting-down mill
开辟 inaugurate; open up; pioneer(ing); subdue
开辟财源 develop financial resources; tap financial resources
开辟市场 find a market; open up a market
开辟推销地区 establishing sales territories
开辟住宅区 housing development
开劈 hewing
开片 crackle; slitting
开片机 slicer; slitting mill
开片釉 crackle glaze
开票 billing; issuing
开票部门 bill department
开票后 bill after date
开票记账法 bill and charge system
开票人 drawee; issuer
开票日期提前 dating forward
开平底槽刨 dado plane
开平方 extraction of square root; rooting
开瓶扳头 opener
开坡口 bevel
开坡口焊接 groove weld(ing)
开普地槽面 Cape geosyncline
开普敦大学工艺 University of Capetown process
开普敦港 <南非> Port Cape Town
开普海盆 Cape basin
开普勒定律 Kepler's law; Keplerian law
开普勒方程 Kepler's equation; Keplerian equation
开普勒轨道 Kepler's ellipse; Kepler's orbit; Keplerian ellipse; Keplerian orbit
开普勒轨道参数 Keplerian orbit parameter
开普勒椭圆 Kepler's ellipsoid; Keplerian ellipsoid
开普勒望远镜 Kepler's telescope; Keplerian telescope
开普勒系统 Kepler's system; Keplerian system
开普勒要素 Kepler's element; Keplerian element
开普勒运动【地】 Kepler's motion; Keplerian motion
开普山纬向构造带【地】 Cape mountain tectonic belt
开启承包书 opening of bids
开启尺寸 opening dimension
开启窗 opening light
开启打印 open printing
开启电流 firing current
开启电平 unblocked level
开启电压 cut-in voltage
开启杆 all-or-nothing piece
开启工具 opener
开启混频器 unblanking mixer
开启机构 opener
开启间隙 open gap
开启孔 bascule span
开启气隙冷却转子 open gap-cooled rotor
开启桥 balance bridge; bascule bridge; drawbridge; movable bridge
开启桥的平衡装置 bascule
开启桥活动桁架 bascule
开启桥 openable bridge; movable bridge
开启桥跨 bascule span
开启桥桥墩 bascule pier
开启桥升吊索 outhaul cable
开启时间 opening time; time of opening
开启式 open air; open-type
开启式继电器 open relay
开启式压缩机 open-type compressor
开启式压缩机组 open-type compressor unit
开启式有烟道燃具 open flued appliance; type B appliance
开启速度 opening speed
开启位置 enable position; open position
开启文件 file opening
开启系统 opening system
开启型变压器 open frame transformer
开启型灯泡式水轮机 opening bulb turbine
开启型电机 open machine
开启型熔断器 open wire fuse
开启压力 cracking pressure; opening pressure; response pressure <压力阀的>
开启者 opener
开启轴承 open bearing
开启柱塞装置 stopper lifting device
开启装置 opening gear
开气孔 ventilate
开汽车 <美> automobilism
开汽车的人 autoist
开桥信号 opening bridge signal
开切工作 solid work
开切航道 starting a cut
开切眼【采矿】 open off cut; through cut
开清单 invoice
开球【数】 open ball
开区间 open interval
开区域 open region
开曲线 open curve
开渠 channel(l)ing
开渠道 canalization
开渠机 channel(l)er; trencher
开渠挖沟机 ditch-and-trench excavator
开圈式电枢绕组 open coil armature winding
开全风门 give full throttle
开塞子锥 tap borer
开赛河 Kasai River
开赛陆核【地】 Kassai nucleus
开伞索 ripping cord
开散列表 open hash table
开散列定义 open hash definition
开散列法 open hash method
开散列技术 open hash technique
开砂造型 original cost value
开山机支柱 drill column
开扇 open sash
开扇形孔 scalloping
开上开下 drive on/drive off; roll on/roll off
开上开下泊位 roll-on/roll-off berth
开上开下船 go-ro ship; roll on/roll off ship
开上开下方式 drive on/drive off system
开上开下坡道 roll on/roll off ramp
开上开下运输 ferry traffic; piggyback transport; roll on/roll off traffic
开设 establish; float; open
开设日期 opening date
开设账户 establish an account
开绳法 opening a new coil
开石 hewing of rock
开石工作 rock-cut job; rock cutting
开石机 gadding machine
开石门 cross-cutting
开石钻 rock drill
开始按钮 starter button
开始编号 open numbering
开始变形温度 initial deformation temperature

开始冰冻 initiation of freezing
开始长 starting length
开始成本 start-up cost
开始成本价值 original cost value
开始出水 come on water
开始的 base line;incipient;opening
开始电路 initiation circuit
开始调查 institute an inquiry
开始冻结温度 initial freezing temperature
开始对策 open game
开始发电 first power
开始放电电压 firing voltage
开始放电试验 discharge inception test
开始分程序 beginning block
开始分录 opening entry
开始符号 begin symbol;break sign;starting symbol
开始负债 run into debt
开始工资率 starting rate of pay
开始工作 come into operation;cut-in;place in operation;start-up
开始工作点 cut-in point
开始广播 take the air
开始航进 fetch headway
开始航行 fetch(a)way
开始后退 fetch sternway
开始滑动 incipient skidding
开始环节 starting link
开始回升 bottom out
开始活动时间 starting time of fault growth
开始记录 opening entry
开始继电器 initiating relay;starting relay
开始阶段 beginnings;incipient stage;initial stage;start-up stage
开始—结束(程序)块 begin-end block
开始井坑 <隧道工程的> starting pit
开始看见 make
开始孔 starting hole
开始块 begin block
开始栏 begin column
开始链 begin chain;beginning-of-chain
开始列 begin column
开始流动 starting fluid
开始流行 come into vogue
开始脉冲 starting pulse
开始破坏 incipient failure
开始期 elementary period
开始起作用 come into operation;set to work
开始前进 gather way
开始取样 start sampling
开始日期 beginning date;commencement date;date commenced;starting date
开始入侵 initial intrusion
开始软化温度 flow point
开始筛组 starting-up a screen
开始审计 start auditing
开始生产 breaking-in
开始生产检验 initial production check
开始生效 come into effect;come into force;enter into force
开始施工 initia(liza)tion of construction
开始施行日期 date of entry into force
开始时间 onset time;starting period;start time;time opening;time started
开始时刻 zero hour
开始使用 breaking-in
开始使用日期 in-service date
开始收集资料 start data collection
开始受水底的影响 feeling bottom
开始水串 initial water breakthrough
开始水头高度 initial height of water
开始送风 blow(ing)in
开始搜寻方式 commence search pattern
开始速度 commencing speed
开始条款 opening clause
开始通话时间 time on
开始通信[讯]信号 initial-of-message signal
开始投产 put into commission;put into operation;put into production
开始投资 initial investment
开始退水 beginning of fall
开始位 start bit
开始卸货 break-bulk
开始卸货时所取样品 start sample
开始信号灯 beginning lamp
开始行 begin column;initial line
开始蓄水 <水库等的> beginning of storage
开始选择 proceed-to-select;start option
开始营业 commencement of business;open for business;set-up in business
开始涌水矿床 field going to water
开始与结尾 beginning and ending
开始语句 begin statement;initial statement
开始元素 start element
开始元素号 start element number
开始运营 entry into service
开始运营的铁路线 line open to traffic
开始运转 come into operation;initial run;start of run
开始涨水 beginning of rise
开始着火 initial burning
开始证实安全性 sign-on verification security
开始执行程序 initialization of program(me)
开始值 starting value
开始职位 starting position
开始指令 sign on
开始装船日期 alongside date
开始字符 beginning character
开始奏效 fruit inception
开始钻进 <冲击钻> spud in
开始钻进直到……深度 <钻孔> start for
开始做 set ones hand to
开氏测深管 Kelvin's tuber
开氏度(数)degree Kelvin
开氏绝对温标 Kelvin's absolute scale
开氏绝对温度 <开氏绝对温度 K 与华氏绝对温度 F 的关系是 $K = 5/9(F-32)+273.15$> degree Kelvin;Kelvin's degree
开氏热力学温标 Kelvin's thermodynamic scale of temperature
开氏温标 absolute thermometric scale;degree Kelvin;Kelvin's temperature scale;Kelvin's thermometric scale;Kelvin scale
开氏温度 Kelvin's temperature
开式 open pattern;open system
开式棒磨机 open circuit rod mill
开式槽流量计 open channel meter
开式插口 open socket
开式承力结构 open carrying structure
开式齿轮 exposed gear;open gear
开式齿轮传动装置 open gearing
开式齿轮副 open gear pair
开式齿轮润滑油 open gear lubricant
开式抽气晒版机 open faced vacuum frame
开式传动 exposed drive
开式传动皮带 open belt
开式船 open-type ship;open vessel
开式船制 open ship system
开式床身 open bed
开式单轨系统 monorail opened system
开式挡板 open sheeting;open shield
开式导缆器 open chock;open fairlead
开式导线 open traverse
开式的 open-type
开式电动机 open motor
开式电路 open circuit
开式吊架 <轴承用> double hanger
开式叠绕组 open lap winding
开式锭带纱线 open-band twine;right-hand twine
开式锭子轴承 open spindle bearing
开式盾构 open-face shield
开式发电机 open-type dynamo
开式放电器 open gap
开式分程序 begin block
开式(分级)流程 open circuit
开式粉碎 open circuit grinding
开式风洞 open circuit tunnel;open jet tunnel
开式钢肋正交异性板面桥梁 orthotropic deck bridge with open ribs
开式搁板 open shelving
开式工艺破碎 <破碎筛分后大颗粒不再送回原破碎机再次破碎> open circuit comminution
开式供油 sight oil feed
开式过滤器 open filter
开式桁架 open-type truss
开式桁架桥 open-type truss bridge
开式宏程序 open macro
开式环路 open loop
开式回路 open hydraulic circuit
开式回路潜水装置 open circuit diving gear
开式回路热水潜水服 hot-water open circuit diving suit
开式回水 open backwater;open(water)return
开式回水系统 open return system
开式级配 open grading
开式级配的 open-textured;open-graded
开式级配骨料 <无填料> open-graded aggregate
开式级配混合料 loose mix;open-graded mix;open-textured mix;open-type mixture
开式级配集料 <无填料> open-graded aggregate
开式级配焦油碎石路 open-textured tar macadam
开式级配结构 open texture
开式级配沥青混凝土 open-graded bituminous concrete;popcorn
开式级配沥青碎石路 open-textured bitumen(ous)macadam
开式级配路拌法修筑的路面 open-graded road mix surface
开式级配路拌路面 open-graded road mix surface
开式级配面层 open surface
开式级配砂 open sand
开式级配组织 open texture
开式给水加热器 open type feedwater heater
开式给水预热器 open type feedwater preheater
开式加压气焊 open butt gas pressure welding
开式剪切机 open-side vertical shears;open throat shears;single-sided shears
开式键盘 buffered keyboard
开式绞刀 open cutter;straight-arm cutter
开式结构 open structure
开式结合层 open binder;open binder course
开式卡环 open shackle
开式开关柜 open switch cabinet;open-type switchgear
开式颗粒结构 open-grain structure
开式壳管冷凝器 open shell and tube condenser
开式可倾压力机 open-type inclinable press
开式控制 open cycle control;open loop control
开式冷冻机 open refrigerator
开式冷却 open circuit cooling;open cooling;open surface cooling
开式冷却塔 open-type cooling tower
开式冷却系统 open cooling system
开式离心泵 open centrifugal pump
开式联合碎石机组 open-type crushing plant
开式流槽 open launder
开式楼梯梁 cut string
开式炉 open-hearth
开式炉膛 open furnace
开式螺旋 open auger
开式螺旋桨轴 open-type propeller shaft
开式面层 open surface;open-textured surface
开式模板 open formwork
开式模锻造 open die forging
开式模(具)open die
开式模壳 open formwork
开式模铸造 open die forging
开式排水孔 free flooding opening
开式喷油器 open fuel injector
开式喷嘴 open nozzle;open-type nozzle
开式膨胀水箱 open expansion tank
开式偏斜楔 straight-type wedge
开式起动器 open starter
开式潜水服 open diving dress
开式潜水呼吸器 open circuit underwater breathing apparatus
开式潜水钟 ambient dive bell;open bell;open-bottomed bell;open diving bell
开式燃料喷嘴 open fuel nozzle
开式燃烧室 open combustion chamber
开式绕组 open lap winding;open winding
开式热水供应系统 open system of hot water supply
开式热水热网 open-type hot-water heat-supply network
开式熔丝保险器 open fuse cut-out;open plain cutout
开式润滑(法)open lubrication
开式三角形接法 open-delta connection;V-connection
开式三轴试验 open-type triaxial test
开式闪点燃点试验仪 open cup flash point and fire point apparatus
开式生态系统 open system
开式绳索接头 open socket
开式试验法 <土体冻胀试验等的> open system test
开式收集管 open collecting pipe
开式输种开沟器 open delivery boot
开式双动曲柄压力机 open-type double action crank press
开式双柱可倾压力机 opening press with two inclinable poles
开式水轮机 open flume water turbine
开式水箱 open tank;open water tank
开式碳精弧光灯 open carbon arc light
开式提引器 unclamped elevator
开式铁水罐 open-type ladle
开式通风系统 open ventilation system
开式透平 bare turbine
开式万向传动轴 open-type propeller shaft
开式万向联轴节 bare universal joint
开式网络控制 open network control
开式尾柱 open stern frame
开式纹理结构 open-grain structure
开式涡轮机 bare turbine

开式无拱炉膛 archless furnace
开式系统 open-type system
开式舷孔 free flooding opening
开式谐振腔 open resonator
开式泄水管 open-ended drain pipe
开式寻址 open addressing
开式循环 open circuit; open circulation; open cycle
开式循环发动机 open cycle engine
开式循环反应堆系统 open cycle reactor system
开式循环节流制冷器 open cycle throttling refrigerator
开式循环冷却系统 open circulation cooling system; open system of recirculated cooling water
开式循环燃气轮机 open cycle gas turbine
开式循环燃气透平 open cycle gas turbine
开式循环燃气涡轮机 open cycle gas turbine
开式压力机 gap-frame press; open-front press
开式盐水柜 open brine tank
开式盐水系统 open brine system
开式叶轮 open-type impeller; unshrouded impeller
开式叶轮泵 open impeller pump
开式叶轮混流泵 mixed flow pump with open impeller
开式叶轮泥泵 open impeller type dredge pump
开式叶轮淤泥泵 open impeller sludge pump
开式液压回路 open circuit
开式液压离合器 non-sealed fluid coupling
开式灶面板 open-top; open-type hot-plate
开式造纸机 open-type paper machine
开式遮蔽(防浪)甲板船 open shelter decker; open shelter-deck ship
开式制冷法 open refrigeration
开式轴承 open bearing
开收据 write out a receipt
开水 hotwater; aqua bulliens
开水间 hot-water service room; hot-water supply room; kettle room
开水器 water heater
开水闸引水 sluice
开四次方运算器 quater-square multiplier
开松机 carding willow; willey
开隧道的盾构法 shield tunnel(l)ing
开榫 mortise[mortice]; tenoning
开榫槽 dado
开榫槽机 mortising slot machine
开榫的 tenoned
开榫机 mortise [mortice] machine; mortiser; mortising machine; mortising slot machine; tenon-cutting machine; tenoner; tenoning machine; tenon-making machine
开榫锯 tenon saw
开榫眼 mortice[mortise]
开榫眼机 mortice[mortise] machine
开榫凿 mortice[mortise] chisel
开锁 unlock
开锁杆 unlocking rod
开锁杆套 unlocking shoe
开锁环 unlocking link
开锁环心杆 unlocking link stem
开锁混频器 unblanking mixer
开锁区域 unlocking zone
开锁语句【计】unlock statement
开锁制表键 latch-out tabulator key
开锁装置 unlocking apparatus
开态 on-state
开态电流 on-state current
开态电阻 on resistance
开态电阻温度系数 on resistance temperature coefficient
开态阻抗 on-impedance
开—梯气化法 K-T gasification method
开体泥驳 split dump barge; split hopper barge; split-hull hopper barge
开体泥舱排泥 split hopper discharge
开体卸泥方式 split hull discharge system
开天窗 put in a skylight
开天窗的圆屋顶 skylight dome
开铁芯变压器 open-core transformer
开庭日 court day
开停控制系统 on-off control system
开停频率 on-off frequency
开停系统 on-off service; on-off system
开通 clearing; cut-over; put into operation
开通闭塞区间 clearing the block
开通的(洞)open throughout
开通的区间 block cancel(l)ed; block released
开通电路 clearing circuit
开通故障 clear failure
开通继电器 clearing relay
开通进路 route clearing; route setting
开通进行显示 clear proceed indication
开通路线 open line
开通区段 section of restored traffic
开通显示正常 normally at clear
开通信号 clear(ed) signal; highball
开通闸 free flowing lock; open lock
开通正线 clearing of main lines
开通中速 <显示列车可用中速通过进路> clear medium
开头 <船头先离泊位> head off
开头抵押 head mortgage
开头符号 first symbol
开头项 first term
开头终结符 first terminal
开头租赁 head lease
开脱钩 throw off hook
开脱性条款 exculpatory clause
开脱罪责的 exculpatory
开拓 exploitation; exploit(ing) <采矿>; reclaim; develop; opening; open up; reclamation
开拓城乡市场 develop urban and rural markets
开拓储量 assured mineral; developed ore; developed reserve; measured ore; measured reserves
开拓道路 development road
开拓地 reclamation ground
开拓点变换 extended point transformation
开拓方案 development program(me)
开拓方法 development method; method of opening
开拓方式 mode of opening
开拓工程 development opening; development work
开拓工作 pioneering(work)
开拓阶段探采结合 drilling-mining combine of development phase
开拓进尺 <煤矿> tunnel(l)ing footage
开拓井巷涌水量 water yield of development opening
开拓坑道 development drift
开拓矿量 development reserves
开拓矿量保有期限 period of retention reserves for development
开拓矿量变动 variation of development reserves
开拓矿石 development rock
开拓面 development face
开拓平巷 development drift
开拓堑沟 development trough
开拓区 reclaim area
开拓水道 open lead
开拓巷道 development opening
开拓销售市场 marketing
开拓新市场 developing new market
开拓型建造师 pioneering architect
开拓者 pathfinder; settler
开拓钻孔 development drilling
开挖 cutting; digging; excavate; excavation
开挖岸坡 bank cutting
开挖边 excavation side; excavation slope
开挖边界 limit of excavation; excavation limit
开挖边界线 neat line
开挖边坡 excavated side slope; side slope cutting; slope cut(ting); slope of an excavation
开挖表土 topsoil excavation
开挖步骤 excavation step
开挖槽 box cut; cutting of grooves
开挖侧帮 sides of excavation
开挖侧面 excavation side
开挖层立体图 relief map of excavation levels
开挖成的人工港 excavated artificial harbo(u)r
开挖程序 excavation sequence
开挖(出的)土 excavated earth
开挖出来的土石堆 mucking pile
开挖处理 excavation treatment
开挖到指定标高 cut to line
开挖到指定水平线 cut to line
开挖的 dug
开挖的底部 bottom to be excavated
开挖的废土 excavated spoil
开挖的排水沟 excavating drain trench
开挖的试样 cut sample
开挖的稳定边坡 safe cut
开挖的蓄水池 excavated tank
开挖底坡 excavated bottom slope
开挖地面 bottom of excavation
开挖掉头(开挖)法 reversed head method
开挖断面 excavated section; excavation section; section of excavation
开挖范围 excavation limit
开挖范围界线 excavation limit; limit of excavation
开挖方法 digging method; excavation method; method of digging; method of excavation
开挖方量 excavated volume; excavation quantity
开挖防护 excavation protection
开挖放样板 profile board
开挖废渣 excavated spoil
开挖费用 excavation cost
开挖覆土段 cut-and-cover section
开挖工程 cutting work; excavating engineering; excavation works
开挖工程的挡土板 poling board
开挖工程间隔铺设的挡土板 open poling
开挖工程预先降低地下水位 pre-drainage
开挖工程中保持岩石整体稳定性的地锚 ground anchorage primary reinforcement
开挖工程中地基细颗粒土的流失 loss of ground
开挖工具 excavation equipment; excavation plant
开挖工作 excavation works
开挖工作面 cutting face
开挖沟 cutting of grooves
开挖沟槽 cutting of trenches; trench excavation
开挖沟槽机 bucket ladder excavator
开挖横撑木 waling; waling for excavation
开挖后崩坍 collapse after excavation
开挖后需要迅速处理的地面 heavy-ground
开挖机 excavator; excavating machine
开挖机械 excavation machinery
开挖基槽挡土板的支撑框架 poling frame
开挖基槽挡土的木板、钢板 sheeting
开挖基础 base of excavation; excavation base
开挖基坑侧面的变形 yielding of sides of excavation
开挖基线 baseline of excavation; excavation baseline
开挖计量【疏】measurement in the cut
开挖降水 dewatering of excavation
开挖角 angle of cutting; angle of loosening <松动的>
开挖截面 cut section
开挖界线 digging line
开挖进尺 progressing of excavation
开挖进度 progress of excavation
开挖犁 excavating plough
开挖立方码 cut yard
开挖立方码值 cut yard
开挖量 excavate volume; excavation quantity; quantity of excavation
开挖临界深度 critical depth of foundation
开挖路缘槽 cutting curb
开挖(轮廓)线 excavation line
开挖面 cutting face; development face; driving face; excavated face; excavated surface; excavating face; excavation face; excavation surface; front bank; heading face; working face
开挖面衬墙 facing wall
开挖面挡土板 breast board
开挖面的勘测孔 exploratory holes in face
开挖面机车 overburden locomotive
开挖面积 excavated area
开挖面极限高度 critical height of face
开挖面千斤顶 <盾构的> face(-breasting) jack
开挖面稳定(性)face stability; stability of excavation face
开挖面以下截水墙深度 cutoff depth
开挖面支护 breast board; face supporting
开挖面中心 focal point of working
开挖木撑 timbering for excavation
开挖平行槽 excavation of parallel trench
开挖坡度 cut slope; excavated bottom slope; slope of cutting
开挖前预先打入土中的挡土板 forepole
开挖强度 excavation intensity
开挖区 excavated area
开挖渠道 canal in cutting
开挖取土 borrow excavation
开挖设备 block take-off; excavating plant; excavation equipment; excavation plant
开挖射流 cutting jet
开挖深度 cutting depth; cutting height; depth of cut; depth of excavation; excavating depth; excavation depth
开挖深度线 digging depth line; digging line
开挖施工前的探测洞 feeler hole
开挖施工图 drawing of excavation construction
开挖石方 rock excavation

开挖竖井 excavating shaft;shaft excavation
开挖竖井的支撑 cleading
开挖数量 excavation quantity
开挖水道 canalize;canalized waterway
开挖水射 <水力开挖法的> cutting jet
开挖顺序 sequence of excavation
开挖速度 rate of advance
开挖坍方 sloughing of a cutting
开挖体积 excavated volume
开挖图 cut sheet
开挖土方 earth excavation
开挖土方的挡土结构 timbering
开挖土料 excavated material
开挖稳定条件 excavation-stability condition
开挖线 excavation line; foundation line;line of excavation
开挖型铲斗 open work bucket
开挖岩壁 wall of excavation
开挖岩层 baring rock strata
开挖岩石 rock excavation
开挖引起的沉降 settlement due to excavation
开挖引起的沉陷 settlement due to excavation
开挖用索道 excavating cableway
开挖淤泥 muck excavation
开挖运河 canal in cutting
开挖运河的剖面 canalization section
开挖运输累积曲线 mass-haul curve
开挖运输曲线 mass-haul curve
开挖运渣机 excavating loader
开挖支渠 canal branching
开挖直径 excavating diameter
开挖中的排水 dewatering of excavation
开挖桩 construction stake
开挖装料机 excavating loader
开挖纵坡 excavated profile grade
开往本国的 inbound;homeward bound
开往国外的船 outward-bound ship
开往南方去的 south bound
开往外埠 outward-bound
开往外地 outward-bound
开往外国的 outbound
开往指定出口港火车上交货价 free on board cars LCL[less than carload lot]
开尾地脚螺栓 fox bolt
开尾钉 ca(u)lking nail
开尾接合 cotter joint
开尾螺栓 ca(u)lked end;fox bolt;split-and-wedge(type)bolt;split bolt
开尾螺栓连接 split-bolt connector
开尾铆钉 split rivet
开尾系杆 calked end
开尾销 cotter key; cotter pin; forelock; split cotter; split cutter pin; split pin
开尾销式同步器 split pin synchronizer
开尾凿 splitting chisel
开尾支柱 split pillar
开文件 open file
开系 open system
开先例 create a precedent;set a precedent
开线头机 thread opening machine
开相继电器 open-phase relay
开箱机 box opener;case opener
开箱检查 open case inspection
开箱器 box opener;case opener;opener
开箱取货 unstuffing container
开箱设备 unpacking equipment
开箱偷货 broach cargo
开箱造型 open sand mo(u)lding
开项 open term
开项目 project inception
开销 outgoings;overhead;spending
开销的 overhead
开销费用 overhead cost
开销接入 overhead access
开销时间 overhead time
开销太大 over-spend
开销通信[讯]量 overhead traffic
开小孔 spile
开小口 spile
开斜槽 oblique notching
开斜角 open bevel
开心果 pistachio
开心式操纵阀 open center[centre] control valve
开心式滑阀 open center[centre] slide valve
开心式回路 open center[centre] loop
开心式液压系统 open center[centre] hydraulic system
开信用证 letter of credit opening;open credit
开型 open form
开型代码 open code
开型的 open
开型对策 open game
开型法 open method
开型环路 open loop
开型会计数据 open account
开型积分公式 open integration formula
开型计算 open account
开型节点 open node
开型孔隙 open void
开型孔隙率 porosity of opened voids
开型(例行)程序 open routine
开型码 open code
开型图段 open segment
开型寻址 open addressing
开型子程序 direct insert routine; direct insert subroutine; in-line subroutine; open subprogram(me); open subroutine
开胸盾构法 open shield method
开选 choice-start
开寻址列 open addressing
开循环 open loop
开压力 <限压阀的> response pressure
开押信号 open bond
开眼顿钻钻头 spudding bit
开眼钎头 pitching borer
开眼钎子 jumper
开眼用钎头 first bit
开眼用钻头 first bit
开眼钻头 opening bit
开窑 excavation
开药方 prescribe
开业 commencement; establish; get customers;open business;practice;set(ting)-up a business;start business
开业报批程序 entry application and approval procedure
开业费 expense incurred for opening of business
开业工程师 practicing engineer
开业合法证书 official licence to do business issued by the local authority
开业会计师 C.A. chartered accountant
开业建筑师 architect in private practice
开业税 occupation tax
开业许可税 occupational tax
开业许可证 occupational permit
开业医生 medical;practitioner
开业银行 operating bank
开业者 <尤指会计师、律师等> practitioner
开业准备费用 setting-up expenses
开腋榫 haunching
开印样 machine proof; press proof; press pull
开映图 open map
开映射定理 open mapping theorem
开油门 power-on
开油桶扳手 barrel wrench
开有槽沟的拱 scuncheon arch
开有窗孔的混凝土墙板 concrete panel with window opening
开有螺旋槽的油环 spiral slotted oil control ring
开预存记账户 open a credit account
开域 open domain;real domain
开圆盘剪切机 circular shears
开源节流 broaden sources of income and reduce expenditures; tap new resources and economize on expenditures
开运河 canalization;canalize
开运行 open shop
开凿 cut-through;cutting;dig(ging); drivage <采矿>
开凿导洞 drive a heading;head driving
开凿方法 drivage method
开凿井筒 shaft job
开凿木榫 chase mortising
开凿岩石 rock excavation
开凿者 excavator
开轧槽 cut a groove
开闸 switch off
开闸放水 sluicing
开闸灌水 flashing
开闸价格 sluice-gate price
开闸泄水 sluicing
开炸系数 blastability coefficient
开展海湾 bight
开展活动 initiation of operations; opening movement
开展计划 development plan(ning)
开展角度 angular divergence
开展绿色活动 advocate green activities
开展式基础 extended foundation
开展速度 rate of propagation;spread speed;spread velocity
开展性破坏 spreading failure
开栈交货 <纳税后> exbond
开站(运行)【计】open shop
开张 get customers
开张器 speculum[复 specula]
开账 make out an account; opening the books
开账单 render a bill;tabulation of bill
开账分录 opening entry
开账机 billing machine
开账员 billing clerk
开褶皱 open fold
开蒸馏器的入孔盖 strip a still
开证 establishment of letter of certificate
开证人 accountee;issuer
开证日期 issuing date
开证申请人 <信用证> accountee; account party; accredited buyer; accredited party; orderer; principal customer; applicant for the credit; opener
开证(银)行 bank with whom the credits opened; issuing bank; issuing opening bank; opening bank; originating party
开支 expenditure;expense;outgoings; outlay;spending
开支标准 spending standard
开支差异 spending variance
开支加酬金合约 fee plus expense agreement
开支亏损索赔 claim for loss and expenses
开支类别 expenditure category
开支票 draw(up) a check; issue of check;make out a cheque;make remittance
开支票人已签字(盖章)由收款人自填金额的支票 blank cheque
开支税 expenditure taxes
开支项目 expenditure item
开支账(户)expense account
开支总表 cost record summary
开中心阀 open center[centre] valve
开柱 open column
开爪锚 fluke anchor
开状态 on status
开着的 unclosed
开着花的 blooming
开着位置 <缓行器> open position
开子程序 open subroutine
开足铰链 <门窗的> swing clear hinge
开足马力施工 to go into full construction
开钻 collar a hole;collaring
开钻泥浆 spudding mud
开钻日期 spudding date
开钻直径 diameter of borehole mouth; initial hole diameter; starting diameter

揩

揩边 edge wiping
揩布 duster;tack rag;wiper
揩地板布 floor cloth
揩光浆 casein finish
揩金 bronzing
揩金粉 dusting bronze
揩金(粉)油墨 dusting ink
揩莱安矿 kelyanite
揩抹者 wiper
揩漆 <用软包上漆> fadding
揩拭灰尘用破布 tack rag
揩涂 swabbing;tamponing
揩涂清漆 French varnish
揩涂增厚出亮 bodying

锎

锎 californium

凯

凯蒂规则 <计算热水管辐射面积的规则> Keith's rule
凯恩公式 Cain's formula
凯恩斯计划 Keynes plan
凯恩斯理论 Keynesian theory
凯恩斯学派经济学 Keynesian economics
凯恩斯学说 Keynesianism
凯恩斯增长理论 Keynesian growth theory
凯尔 F 型树脂 Kel F resin
凯尔盖朗海台 Kerguelen plateau
凯尔卡洛伊复合钢 Kelcaloy
凯尔库仑 <1972 年推广的一种砖的尺寸> Calculon
凯尔奈克薄膜防水系统 Karnak membrane system
凯尔什立体测图仪 Kelsh stereoscopic plotting instrument
凯尔特人的石墓室 cistvaen
凯尔特十字架 Runic cross; Celtic cross <英>
凯尔特十字柱头 Celtic cross
凯尔特式建筑 Celtic[Keltic] architecture
凯尔特式人的石墓室 kistvaen
凯尔特式纹样 <英> Celtic ornament
凯尔特式装饰 Celtic ornamentation
凯芙拉 <超高强度合成纤维,用芳香聚酰胺制成,韧性为钢的五倍> kevlar
凯夫拉系船缆 kevlar mooring line
凯哥涅式建筑 Coignet
凯哥涅式建筑体系 Coignet system
凯哥涅柱 Coignet pile
凯克磨机 Kek mill
凯拉维斯岩 Kellaways rock

凯莱-哈密顿定理 Cayley-Hamilton theorem
凯莱-克莱因参数 Cayley-Klein parameter
凯莱逆矩阵 Cayley inverse matrix
凯勒成堆运砖法 Keller system
凯勒式电弧炉 Keller furnace
凯利导杆抓斗 Kelly guided grab
凯利(方)钻杆 kelly bar
凯利皮锤 <捣实试模中砂浆专用> Kelebe hammer
凯利球试验仪 <试验混凝土稠度的> Kelly ball tester
凯利球体贯入度 Kelly ball penetration
凯利球(体)贯入试验 Kelly ball(penetration)test
凯利球体贯入仪 Kelly ball
凯利色品图 Kelly colo(u)r chart
凯利型过滤器 Kelley filter
凯利型压滤机 Kelley filter press
凯利叶片式压滤机 Kelly filter
凯利原状取土器 Kelly core sampler
凯列特过程 <气体由高压到低压自由膨胀过程> Caillet
凯林热压法 Koehring process
凯林试验 Kelling's test
凯洛格方程 Kellogg equation
凯洛格交叉式 Kellogg crossbar system
凯洛格曲线图 Kellogg chart
凯洛格纵横自动交换制 Kellogg crossbar system
凯曼海沟 Caiman trench
凯米多尔石灰 Kemidoln
凯帕科石膏型铸造法 Capaco process
凯撒公司生产的半球形圆屋顶 Kaiser dome
凯撒公司生产的楼板 Kaiser floor
凯撒墙壁 Kaiser wall
凯撒与奥古斯塔斯市场 Market of Caesar and Augustus
凯塞 Kayser;rydberg
凯塞单位 Cathie unite
凯瑟达格统【地】Cassadagan
凯森纳(循环)旋转刷 <活性污泥中用以维持循环和供氧的圆筒形金属刷> Kessener revolving brush
凯森纳转刷曝气 Kessener brush aeration
凯森纳转刷曝气器 Kessener brush aerator
凯氏(半)球体贯入度试验 <测定混凝土稠度用> Kelly ball test
凯氏点 Casparian dot
凯氏耐蚀试验 Kesternich test
凯氏盘式离心机 Kaye disk[disc] centrifuge
凯氏球 <测定新拌混凝土稠度用的> Kelly ball
凯氏探针 K-probe
凯司寻线机 Keith line switch
凯司主控寻线机 Keith master switch
凯思内斯暗灰色砂岩 Caithness
凯思内斯板层 Caithness flag
凯斯方程 Keyes equation
凯斯勒耐磨试验机 Kessler abrasion tester
凯斯勒轧机 Kessler mill
凯特尔内斯层 Kettleness bed
凯特勒-德鲁德色散方程 Kettler-Drude dispersion equation
凯托斯铬锰钨钢 ketos
凯旋门 arc de triomphe;arch of triumph;cancel arch;gateway of triumph; triumphal arch; triumphal gate(way);victory gateway
凯旋式的 triumphal
凯旋柱 pillar of victory; triumphal column; victory pillar; column of triumph <古罗马的>

铠

铠板 armo(u)r
铠包绝缘 belt insulation
铠甲 armo(u)r;shield
铠甲电动机 armo(u)red motor
铠架隧洞掘进法 shield-driven tunnel(l)ing
铠架尾部 <隧道护盾> tail of shield
铠皮涡流损耗 sheath eddy current loss
铠装 armature;armo(u)r(ing);harness; metal clad; restrictive coating; sheathing; sheath restrictive coating;shield
铠装板 armo(u)r plate
铠装泵 armo(u)red pump
铠装边帮 armo(u)red corner
铠装表面处理 armo(u)r cladding
铠装玻璃 armo(u)red glass
铠装玻璃板 armo(u)r(ed) plate glass
铠装材料 armo(u)red material;armo(u)ring material
铠装层 armo(u)red layer;reinforced coat
铠装磁铁 encased magnet
铠装带 armo(u)ring tape
铠装的 armo(u)red; belted; dressed with; panzer; shielded; steel armo(u)red;iron clad
铠装的管线 steel armo(u)red conduit
铠装电磁体 iron-clad electromagnet
铠装电磁铁 pot electromagnet
铠装电动机 armo(u)red motor;metal-clad motor
铠装电缆 armo(u)red cable;armo(u)ring wire;belted cable;BX cable; iron-clad cable; locked coil rope;metal-clad cable;paper-insulated lead-sheathed cable;sheathed cable;shielded cable
铠装电缆钢丝 armo(u)red cable wire;armo(u)ring cable wire
铠装电缆用金属线 armo(u)ring wire
铠装电线 armo(u)red wire
铠装钢带 armo(u)ring steel tape
铠装钢丝 armo(u)ring wire
铠装钢索 armo(u)red rope
铠装管状地板 armo(u)red tubular floor
铠装混凝土 armo(u)red concrete
铠装火药柱 coated charge
铠装胶带给料机 belt-apron feeder
铠装胶管 wire-wound rubber hose
铠装胶管用钢丝 hose armo(u)ring wire
铠装胶合板 armo(u)red plywood
铠装开关箱 steel-clad switchbox
铠装矿粉绝缘电缆 mineral insulated cable
铠装缆索 locked coil rope
铠装棱角 armo(u)red corner
铠装链式运输机 armo(u)red chain conveyer
铠装面 armo(u)red front
铠装挠性运输机 armo(u)red flexible conveyer[conveyor]
铠装铅包电缆 armo(u)red lead cable
铠装铅锑蓄电池 Exide ironclad battery
铠装潜水设备 armo(u)red diving apparatus
铠装球形活动接头 armo(u)red rolling contact joint
铠装热电偶 armo(u)red thermocouple
铠装软管 armo(u)red(rubber)hose
铠装软线布线 flexible steel-armo(u)red cable wiring
铠装式配电盘 metal-clad type switchboard
铠装式潜水服 armo(u)red diving dress;armo(u)red diving suit
铠装输送机 panzer
铠装温度计 armo(u)red thermometer
铠装线 armo(u)ry wire; sheathed wire;sheathing wire
铠装橡胶管 armo(u)red(rubber) hose
铠装型测量仪表 shielded measuring instrument
铠装蓄电池 iron-clad battery
铠装用料 sheathing material
铠装运输机 armo(u)red conveyer; panzer
铠装炸药 sheathed explosive

蒈

蒈烯 carene

刊

刊出时间 time of coming out
刊物名称 journal name

看

看管 attendance;handling;oversight
看管定额 machine-tending quota
看管人 caretaker;keeper
看管人员 minder
看管循环期 machine-tending cycle
看管者 caretaker;keeper
看护 watch
看护单位 nursing unit
看守 custody;guarder;outlook;sentinel;watching
看守的 custodial
看守房 watchman's box;watchman's house
看守费 watchman's expenses
看守工(人)caretaker;watchman
看守角塔 watch turret
看守人 custodian; custos; keeper; minder; warden; watch(er); watchman
看守人责任 custodianship
看守人资格 custodianship
看守所 prison
看守塔 bicoca
看守小屋 lodge
看守员 watchman
看守者 caretaker; guard; lookout man;watchman
看守政府 caretaker government

勘

勘标出道路路线 <测时用交会法> blaze the line
勘测 exploration survey; exploratory survey; field survey; prospecting; provisional survey; reconnaissance survey;running survey;survey;surveying work; acquisition; expeditionary topography;running survey
勘测报告 project performance audit report; reconnaissance report; survey report
勘测步骤 order of the investigation
勘测草图 reconnaissance diagram;reconnaissance sketch;reconnaissance map
勘测程序 surveyor
勘测导洞 exploratory adit
勘测点 survey station
勘测队 field party;party on line work; reconnaissance team; survey crew; survey(ing)party;survey team
勘测方法 investigation method;method of investigation
勘测飞行 reconnaissance flight
勘测费(用)survey expenses
勘测工艺 exploration procedure
勘测检核样图 control reconnaissance sheet
勘测阶段 phase of exploration;reconnaissance level
勘测经纬仪 expedition theodolite;expedition transit
勘测孔 probe
勘测人员 survey crew
勘测设备 survey equipment
勘测设计阶段测量 survey for design stage;survey in reconnaissance and design stage
勘测摄影 reconnaissance photography
勘测摄影机 reconnaissance camera
勘测图 exploratory map;survey map
勘测卫星 reconnaissance satellite
勘测选点 exploration;reconnaissance
勘测用手提水准仪 locator's hand level
勘测员 investigator;surveyor
勘测站 survey station
勘测资料 data of reconnaissance and survey;survey data
勘测组 survey crew
勘测钻探 exploratory drilling
勘查 exploration; investigation; prospecting;reconnaissance;survey
勘查船 research ship
勘查地球化学原理 principle of exploration geochemistry
勘查工作程度 exploratory intensity
勘查设备 survey department
勘察 cruise; exploration; investigation;pioneering;prospecting;reconnaissance; reconnoiter [reconnoitre];site investigation
勘察报告 report of reconnaissance
勘察的 prospecting
勘察队 survey(ing) party; survey(ing)team
勘察费用 intersection cost;investigation cost
勘察工作成果 result of investigation
勘察工作程序 procedure of site investigation
勘察工作定额 working quota of investigation
勘察工作纲要 outline of site investigation
勘察工作类型 working type of investigation
勘察工作量 working quantity of investigation
勘察阶段 investigation phase; phase of exploration
勘察坑道 adit;exploratory of adit
勘察孔 investigation bore
勘察内容 content of investigation
勘察潜水 exploration diving
勘察区 investigation area
勘察区研究的程度 degree of investigation of the construction site
勘察设计 prospective design
勘察设计费 cost of survey and design; survey and design expenses; survey and design fee
勘察设计依据 design basis for investigation
勘察挖坑 exploratory excavation
勘察项目种类 type of investigation program(me)
勘察员 scout
勘察者 reconnoiterer
勘察资料与数据 material and data of

investigation
勘察钻孔 test hole
勘定干舷 statutory freeboard
勘定甲板线 statutory deck line
勘定器 locator
勘定载重线 statutory load line
勘定折旧 observed depreciation
勘根法 locating of root
勘界 boundary settlement; location of boundary
勘探 exploration; exploratory; prospect(ing); proving; scout prospecting
勘探坝址 prospective site; site exploration
勘探报告 exploratory report
勘探报告图件 attached map of exploratory report
勘探标志 prospecting guide
勘探部门 exploration department
勘探采样 exploratory sampling
勘探测井 exploration logging
勘探测量 exploration survey
勘探策略 exploration strategy
勘探成本 exploration cost
勘探程度 degree of exploration; degree of prospecting
勘探程度不合理的原因 reason leading unreasonable exploratory degree
勘探程度高区 high exploration area
勘探程度类型和分区 classification and regionalism of exploration intensity
勘探程度中等区 middle exploration area
勘探程序 exploration procedure; program(me) of investigation; program(me) of prospecting; program(me) of surveying
勘探储量比例 exploration reserve proportion
勘探处 exploration department
勘探船 exploration ship; exploration vessel; observation ship; research and exploration vessel; survey vessel
勘探船队 exploratory fleet
勘探锤 prospecting hammer
勘探打孔 exploration drift
勘探导洞 exploratory heading; trial heading
勘探导坑 exploration tunnel
勘探地球化学 exploration geochemistry
勘探地球物理学 exploration geophysics
勘探地球物理学家 exploration geophysicist
勘探地区 potential area
勘探地震学 exploration seismology; prospecting seismology
勘探地质报告 geologic(al) report in exploration stage
勘探地质学 exploration geology
勘探地质学家 exploration geologist
勘探点 exploration point; exploratory point; exploratory spot; project hole
勘探洞 exploration adit
勘探队 exploration crew; prospecting team; research party
勘探对象 exploratory target
勘探多用处理机 exploratory multiprocessor
勘探范围 explored range
勘探方法 exploration method; method of exploration; prospecting method
勘探费用 exploration expenditures
勘探费用义务 exploration expenditure obligation
勘探风险 exploration risk
勘探工程 engineering of exploration; exploration engineering; exploratory work; prospecting project
勘探工程布置 arrangement of exploratory work
勘探工程布置不合理 unreasonable arrangement of exploratory engineering
勘探工程布置图 map of prospect engineering arrangement
勘探工程间距 spacing of exploratory work
勘探工程见矿率 ore rate in exploration engineering
勘探工程类型 exploration type
勘探工程施工过程模拟 simulation of construction process of exploration engineering
勘探工程系统 system of exploratory engineering
勘探工程总体布置 overall arrangement of exploratory engineering
勘探工作 exploration work; prospecting work
勘探过的 explored
勘探活动 < 包括航测、地质研究、物探及钻探等 > exploration activity
勘探基线 prospecting baseline
勘探计划 exploration plan; exploration program(me); exploration project; prospecting scheme
勘探记录一览表 scout sheet listing
勘探技术手段 technical means of exploration
勘探家 explorationist
勘探阶段 exploration stage; phase of exploration; prospecting stage
勘探经济学 exploration economics
勘探经理 exploration manager
勘探精度 accuracy of exploration; exploration accuracy
勘探精度评价 evaluation of exploration precision
勘探井 exploratory well; exploration well; investigation shaft; prospecting well
勘探决策 exploratory decision
勘探开采孔 prospect-mining hole
勘探开发 exploratory development
勘探坑道 exploration adit; exploration tunnel; prospecting gallery
勘探坑道排水 drainage of exploratory tunnel
勘探坑道通风 ventilation of exploratory tunnel
勘探坑道照明 illumination of exploratory tunnel
勘探孔 borehole for inspection; coverhole; curtain hole; exploration hole; exploratory hole; prospecting hole; scout hole
勘探孔布置 test hole pattern
勘探孔的处理 conduct of exploratory borehole
勘探孔钻进 test hole boring; test hole drilling
勘探类型定量评价参数 parameter of quantitative evaluation of exploration type
勘探面积 potential area
勘探目的层 exploration target
勘探平硐 < = 勘探平洞 > exploration adit; exploration drift; prospecting adit; exploratory adit
勘探平台 survey platform
勘探平巷 exploratory drift
勘探剖面精度分析(方)法 analysis methods of exploratory profile; analytic(al) method of profile accuracy
勘探期 exploratory period
勘探器具 exploration prospecting instrument
勘探浅眼 test hole
勘探区 exploration area
勘探区地形地质图 topographic-geologic(al) map of exploration area
勘探区地质图 geologic(al) map of exploration area
勘探区工程布置图 engineering arrangement map of exploration
勘探区工程设计图 engineering design map of exploration
勘探区构造 exploration area structure
勘探区实际材料图 measured data map of exploration
勘探区水文地质图 hydrogeologic(al) map of exploration area
勘探人工岛 exploration island
勘探人员 explorer; prospector
勘探设备 survey department
勘探设计 exploration planning; exploration project
勘探深度 depth of exploration; exploration depth; explored depth
勘探生产井 exploration-production well
勘探生产孔 exploration-production hole
勘探石油 explore for oil
勘探试坑 prospecting pit
勘探手段 ways of exploration
勘探竖井 exploratory shaft; prospecting shaft; vertical exploratory opening
勘探数据处理 exploration data processing
勘探隧道 exploratory tunnel
勘探隧洞 exploration tunnel
勘探投资 exploration investment
勘探图 exploration map; exploratory map; prospecting map
勘探网 exploratory grid; prospect network
勘探网测量 prospecting net(work) survey
勘探网测设 prospecting net(work) layout
勘探网度 density of exploratory grid; prospecting interval
勘探网度确定方法 method of determination of the exploratory grid
勘探网法 exploration grid method
勘探网间距 distribution of exploration net
勘探网类型 type of exploratory grid
勘探网密度 density of prospecting net
勘探卫星 explore-typer satellite
勘探误差 exploration error
勘探线 exploratory line; prospecting line
勘探线测量 exploratory line survey; prospecting line survey
勘探线储量计算剖面图 reserve-calculating section on exploratory line
勘探线地质剖面图 geologic(al) profile along exploratory line
勘探线法 exploration line method
勘探线方位 exploratory line azimuth
勘探线号 exploratory line number
勘探线间距 exploratory line interval
勘探线类型 type of exploration line
勘探线剖面图 exploratory line profile map; prospecting line profile map
勘探项目 exploration project
勘探效率 exploration efficiency
勘探信息系统 exploration information system
勘探性开采 exploring mining
勘探性开挖 exploratory excavation
勘探性钻探 exploratory drilling
勘探许可 exploration permit
勘探许可证 prospecting license [licence]
勘探仪器 prospecting instrument
勘探移动 exploratory move
勘探用隧道 exploration tunnel
勘探与生产 exploration and production
勘探预算 exploration budget
勘探远景 exploration potential
勘探远景评价 exploration prospect evaluation
勘探远景区 prospect area
勘探增减储量 increased/decreased reserves by exploration
勘探者 explorer
勘探中段 exploratory level
勘探周期 exploration cycle
勘探桩 stake
勘探资金 exploration funds
勘探资料 exploration data
勘探资料解释系统 exploration data interpretation system
勘探钻 prospecting bit; prospecting bore bit
勘探钻车 development rig
勘探钻机 prospecting drill
勘探钻进 exploration boring; exploration drilling; exploratory boring; exploratory drilling; survey by boring; survey by drilling
勘探钻井 exploration drilling; exploratory boring; exploratory drilling; probe drilling; prospecting drilling; test well
勘探钻孔 exploratory(bore) hole; exploratory boring; investigation hole; pioneer well; prospecting borehole; prospect(ing)(drill-) hole
勘探钻头 exploration bit; prospecting bore bit
勘探作业 exploration operation
勘误 correction
勘误表 correction chart; correction table; list of errata; table of correction; corrigendum; erratum
勘误号 bug patch
勘误文件 differential file
勘有载重线标志的船 loadline ship

龛 niche

龛灯 dark lantern
龛室 baldachin; baldaquin; ciborium

堪 萨斯冰川作用【地】 Kansan's glaciation

堪萨斯冰期 Kansan's glacial epoch; Kansan's glacial stage
堪萨斯城标准 Kansas city standard
堪萨斯柔性路面设计法 Kansas method of flexible pavement design
堪萨斯州三轴试验法 < 美国设计柔性路面厚度的方法 > Kansas triaxial method

坎 贝尔定理 Campbell's theorem

坎贝尔公式 Campbell's formula
坎贝尔量规 Campbell's ga(u)ge
坎贝尔气压计 Campbell's ga(u)ge
坎贝尔-斯托克日照计 Campbell-Stokes' sunshine recorder
坎贝尔-斯托克斯式日照光度计 Campbell-Stokes' heliograph
坎伯兰板岩 < 英 > Cumberland slate
坎唇高程 lip elevation
坎达塔木 < 镶木地板用 > Kandatawood
坎德拉 < 发光强度单位 > candela

[ed];new candle
坎德拉每平方米 candela per square meter[metre]
坎德拉盐 Candlot's salt
坎儿井 g(h)anat;horizontal well;kanat;karez [kariz];khanat;quanta;Care;kanr well <新疆地区的一种灌溉工程>;qanat <伊朗等国从山上引水至平原的>
坎坎尼绝对烈度表 Cancani absolute intensity scale
坎坷地面 hilly terrain
坎裂强度 resistance to cracking
坎锰钢矾 campigliaite
坎泌水性 resistance to bleeding
坎面 step face
坎那油 canadol
坎尼夫磁合金 cunife magnet alloy
坎尼扎罗反应 Cannizzaro reaction
坎宁安校正系数 Cunningham correction factor
坎宁安校正值 Cunningham correction (value)
坎宁安修正值 Cunningham correction (value)
坎帕阶 <晚白垩世>【地】Campanian
坎帕拉 <乌干达首都> Kampala
坎普-迈德尔不等式 Camp-Meidell inequality
坎普-迈德尔条件 Camp-Meidell condition
坎普数 <流速梯度与滞留时间的乘积> Camp number
坎撒·兰奇欧屋面瓦 Case Rancho roofing tile
坎萨尔斯铬铝电热丝 Kanthal
坎瑟尔合金 Kanthal alloy
坎弯性 resistance to bend(ing)
坎兹雷尔铜合金 Canzler

砍

砍薄的砖砌层 split course

砍除器 lopper
砍锤 chop hammer
砍刀 billhook;chopper;chopping blade;chopping knife;hacking knife
砍倒 cut down;hew down
砍断面 split face
砍断石块 chopping block
砍伐 cut down;cutting;hacking;hewing;stump
砍伐不良树木品种改善环境 improvement cutting
砍伐残根 snagging
砍伐的树杆 green pole
砍伐工 hacker
砍伐全部树木 clear-cut
砍伐森林 deforest;disforest(ation)
砍伐树林 hag
砍伐树木的人 faller
砍斧木 hackia
砍工具的棚盖 hack cap
砍光 cut-over;hackle
砍痕 hack;slash;slash-cut
砍角砖 king closer
砍块石 sledged stone
砍劈 hack
砍劈工具 hack tool
砍劈加工的木材 hewn timber/wood
砍平 adzing
砍平木料 hewn wood
砍平原木 hewn timber
砍去 prune;strike off
砍烧耕作法 slash and burn
砍石锤 scutcher
砍石块 sledged stone
砍石肋条 shim and feather
砍石楔 feather
砍树处理 <澳大利亚用语> stumping off
砍树堆叠机 delimber-buncher
砍树枝机 delimber-slasher
砍树筑路 bed-a-tree
砍头 behead
砍头砖 end-cut brick
砍下的树枝 lop
砍下口 fit;undercut
砍削 hack
砍削处理 <用扁斧对木材表面进行处理修光代替刨面> adz(e)work
砍削枕木 hack
砍印 score mark
砍砖 brick cutting;brick set;cut brick

看

看板管理 card control

看板制度 card system
看版台 shiner
看边工 port walker
看不见的损失 invisible loss
看船人 shipkeeper
看窗 sight glass
看房人 house sitter
看关手 hatchman;hatchminder;hatch signal man;hatch tender
看火 fire sighting;kiln monitoring;monitoring of kiln
看火玻璃 inspection glass
看火工 burner(man);kiln attendant;kiln operator
看火工长 lead kiln operator
看火镜 burner glasses;sight glass
看火孔 glory hole;kilneye;observation hole;observation port;peep hole;porthole;sight hole
看火孔砖 block with sight hole;peephole block
看火门 observation door
看火目镜 inspection glasses
看火平台 burner's platform
看火罩 fire shield
看货后购买的货物 goods on approval
看货买卖 as seen
看漏 oversight
看炉 watching chamber
看门电话 enterphone
看门工 trapper
看门狗 watchdog
看门人 caretaker;gatekeeper;janitor;ostiary;porter;warder;commissionaire <大旅馆、商店、剧院穿制服的>
看门人住屋 gatekeeper's dwelling;gatekeeper's lodge
看磨工 mill attendant;miller
看平 level watching
看清情况运行 running at sight
看台 stand;tribune <古罗马赛马场的>
看台入口 vomitory
看样本后决定出价 offer subject to sample approval
看样本后决定发盘 offer subject to sample approval
看样成交 conclude business after viewing samples;sale by sample
看样后报价 offer subject to sample approval
看涨 bullish;upward trend
看涨的行情 strong market
看涨货币 bull currency
看涨买进 long purchase

康

康巴高导电铜 Combarloy

康白度 comprador
康采恩 konzern
康达效应 Coanda effect
康达效应流量计 oscillating jet flowmeter
康德拉捷夫长期波动周期 Kondratieff cycle
康德拉捷夫循环波 Kondratieff wave
康狄晶体 Condy's crystal
康杜洛镍铜合金 conduloy
康顿-穆顿效应 Contton-Mouton effect
康顿赛电瓷 Condensite
康多尔自动控制导航系统 condor
康多合金 Kondo alloy
康多温度 Kondo temperature
康恩混凝土加筋系统 Kahn system
康恩铁 Kahn iron
康费克坦 confectant
康弗拉特密封 Conflat seal
康复疗养院 home-nursing-convalescent
康复室 <手术后的> recovery room
康复(医)院 care home;convalescent home
康复中心 convalescent center[centre];regulation center[centre];rehabilitation center[centre]
康克林选煤法 Conklin process
康寇长螺旋钻孔压浆灌注桩 Concore auger-injected pile
康奎尔硅锰钢 conqueror
康奎宁 conqinine;quinidine
康拉德间断【地】Conrad discontinuity
康拉德-林巴赫法 Conrad-Limpach method
康拉德面【地】Conrad discontinuity
康拉德面厚度 thickness of Conrad discontinuity
康拉逊残碳试验仪 Conradson carbon apparatus
康拉逊碳值 Conradson carbon value
康乐优先区 recreation priority area
康龙吸湿性 Kuron's hygroscopicity
康洛铜铝合金 conloy
康姆顿效应 <光子变成自由电子时能量损失> Compton effect
康姆斯托克热压硬质合金法 Comstock process
康纳尔镍钴合金 Konal alloy
康尼茂阶 <上石炭纪>【地】Conemauch
康尼茂系【地】Conemauch series
康尼提卡特棕色石料 <一种在美国初期广泛使用的深棕色建筑石料> Connecticut brownstone
康涅狄格 <美国州名> Connecticut
康涅尔代用白金 Konel metal
康宁玻璃 corning glass
康宁低耗光缆 corguide
康珀尔 <一种有高抗溶性的聚乙烯醇类树脂> Compar
康普 <意大利丈量地面单位> campo
康普顿半径 Compton radius
康普顿波长 Compton wavelength
康普顿-德拜效用 Compton-Debye effect
康普顿规则 Compton rule
康普顿过程 Compton process
康普顿计 Compton meter
康普顿截面 Compton cross section
康普顿静电计 Compton electrometer
康普顿-拉曼散射理论 Compton-Raman theory of scattering
康普顿偏振计 Compton polarimeter
康普顿散射 Compton scattering;gamma-ray scattering
康普顿吸收 Compton absorption
康普顿吸收系数 Compton absorption coefficient
康普顿修正值 correction value of Compton
康普顿移动 Compton shift
康普洛特绘图机 <商品名> Complot plotter
康普尼克铁镍基导磁合金 Conpernik
康氏试验 Kahn test
康斯合金 konstruktal
康索尔海图 Consol lattice chart
康索尔航标 Consol beacon
康索尔台 Consol station
康索尔图 Consol chart
康索尔系统 Consol;Consol system
康索尔信标 Consol beacon
康索兰 Consol sonne
康索兰系统 Consolan
康铜 <一种铜镍合金> cupron;konstantan[constantan]
康托尔集合 Cantor set
康托洛维奇法 Kantorovich method
康威式(向后)装渣机 Conway shovel
康沃架 <一种供暂时支承木脚手架、模壳的专利支架> Conwall bracket
康西多体系【建】Considere system
康熙三彩 Bringal

糠

糠 rice polishings

糠秕 scurf
糠丙酮 furfuryl acetone
糠醇 furfuryl alcohol
糠椴 manchurian linden
糠基 furfuryl
糠基树脂 furfuryl resin
糠馏油 pityrol
糠醛 furaldehyde;furfural;furfuraldehyde;furol
糠醛胺 furfuramide
糠醛胺树脂 furfuramide resin
糠醛苯胺 aniline-furfural
糠醛苯胺树脂 furfural aniline resin
糠醛丙 furfural acetone resin
糠醛萃取 furfural extraction
糠醛萃取法 furfural process
糠醛废水 furfural wastewater
糠醛润滑脂 furfural grease
糠醛试验 furfural test
糠醛树脂 furfural resin
糠酸 furancarboxylic acid;furoic acid;pyromucic acid
糠酸甲酯 methyl furoate
糠酰胺 furamide
糠油 rice bran oil
糠浴 bran bath

扛

扛轨器 track raiser

抗

抗癌作用 anti-carcinogenesis

抗暗玻璃 anti-blur glass;anti-dim glass
抗凹局部阻力(金属板) local resistance to denting
抗拔拉强度 pull-out strength
抗拔拉阻力 <桩的> pull-out resistance
抗拔力 pulling resistance;pull-out capacity;upright resistance;withdrawal resistance
抗拔力试验 <用拔出法来试验钢筋与混凝土的黏[粘]结力> pull-out bond test(for reinforcement);pull test
抗拔力试验用试件 pull-out specimen
抗拔强度 pull strength
抗拔区 resistance zone
抗拔试验 pull-out test;uplift test
抗拔性 resistance to pull-off
抗拔桩 anchor pile;tension pile;uplift pile
抗拔桩试验 tension pile test
抗白蚁性 resistance to termite
抗柏油油漆 tar-resisting paint

K

抗摆秤 pendulum resistant balance
抗摆水舱 anti-rolling tank
抗摆系杆 sway brace
抗斑污 <楼地面> chemical resistance
抗饱和逻辑电路 anti-saturated logic (al) circuit
抗饱和作用 anti-saturation
抗暴雨 resistance against pelting rain
抗曝光 resistance to exposure
抗爆 anti-detonation
抗爆层 bursting layer
抗爆掺和值 anti-knock blending value
抗爆的 anti-knock
抗爆度 anti-knocking rating
抗爆化合物 anti-knock compound
抗爆剂 anti-detonant; anti-detonator; anti-knock agent; anti-knock component; anti-knock compound; anti-shock substance; depinker; dope; knock-compound; knock-reducer; knock suppressor
抗爆结构 blast protection structure
抗爆结构物 explosion-resistant structure
抗爆力 blastability
抗爆裂强度 burst strength
抗爆率 anti-knock rating
抗爆汽油 anti-detonation fuel; anti-knock gasoline; anti-knock petrol; anti-shock gasoline
抗爆汽油添加剂 anti-knock petrol additive
抗爆强度 bursting strength
抗爆墙体砌块 wall unit with yielding to blast
抗爆燃剂 anti-knock
抗爆燃料 anti-detonation fuel; anti-fuel; anti-knock fuel; anti-pinking fuel
抗爆燃性 anti-knock quality
抗爆燃油 anti-detonation fuel; anti-knock fuel; anti-pinking fuel; doped fuel
抗爆试验 anti-knock test
抗爆特性 knock characteristic
抗爆添加剂 anti-knock additive; anti-knock dope
抗爆性能 anti-knock performance
抗爆性(质) anti-knock quality; anti-detonating quality
抗爆液 anti-detonating fluid
抗爆炸的 bomb-resistant
抗爆炸建筑 slanting construction
抗爆震的 anti-knock
抗爆震性试验 knock test(ing)
抗爆震指数 anti-knocking rating
抗爆值 anti-knock rating; anti-knock value
抗爆组分 anti-knock component
抗本地干扰 anti-clutter
抗本地干扰电路 anti-clutter circuit
抗崩解持久性试验 slake-durability test
抗崩裂能力 resistance to breaking up
抗变暗性 resistance to darkening
抗变黑性 resistance to darkening
抗变灰性 greying resistance
抗变量 contravariant
抗变色性 resistance to bleeding
抗变试验 transverse test
抗变形钢 non-shrinking; non-shrinking steel
抗变形能力 non-deformability
抗变形性 resistance to deformation
抗变形性能 deformation resistance
抗变性【数】 contravariance
抗冰材 ice knee
抗冰衬板 ice doubling
抗冰船首 ice resistant bow
抗冰冻保护设计 design for protection against frost action
抗冰浮标 ice buoy
抗冰骨架 ice framing
抗冰护舷 ice fender
抗冰加强材 ice strengthening
抗冰近海结构物 ice resistant offshore structure
抗冰梁 ice beam
抗病毒的 antiviral
抗病害性 resistivity
抗病力 disease resistance
抗病性 disease resistance
抗玻璃液侵蚀性 corrosion resistance to molten glass
抗剥离 <沥青及充填物间的黏[粘]结力> anti-strip(ping)
抗剥离件 reel stop
抗剥离性 strip resistance
抗剥落 anti-strip (ping); scaling resistance
抗剥落掺和料 anti-stripping additive
抗剥落混凝土 scale-resistant concrete
抗剥落剂 anti-spalling agent; anti-stripping product; anti-stripping agent <常指增加沥青与石料表面黏[粘]结力用的掺和剂>
抗剥落力 anti-stripping force; spalling resistance
抗剥落添加剂 adhesion promoting agent; anti-stripping additive
抗剥落性(能) anti-strip performance; scaling resistance; spalling resistance
抗剥蚀砖 anti-spalling brick
抗擦伤性 scratch resistance
抗擦拭性 wipe resistance
抗侧力构件 lateral load resisting member
抗侧力结构 lateral resisting structure
抗侧力能力 lateral resisting capacity
抗侧力体系 lateral force resisting system
抗侧力系统 lateral force resisting system
抗侧倾杆 anti-roll bar
抗侧弯力 resistance to lateral bend(ing)
抗侧弯能力 resistance to lateral bend(ing)
抗侧弯强度 resistance to lateral bend(ing)
抗颤弹簧 anti-chatter spring
抗颤噪声的 anti-microphonic
抗超载特性 anti-overloading performance
抗潮 humidity resistance
抗潮能力 moisture resistance
抗潮湿性 moisture resistance
抗车辙能力 rut resistance
抗扯裂的 tear proof
抗扯裂化合物 anti-seize compound
抗扯裂极限 tearing limit
抗扯裂性 tear resistance
抗扯(破)强度 tear(ing) strength
抗扯性 tear resistance
抗尘剂 dust protection agent
抗尘(作用) anti-dusting
抗沉点 pile stoppage point; refusal (point) <桩的>
抗沉淀 anti-sludge
抗沉淀的 anti-sludging
抗沉淀剂 anti-precipitant
抗沉淀素 anti-precipitin
抗沉降剂 anti-settling agent
抗沉性 floatability; insubmersibility
抗冲保护层 armo(u)red(motor)car; armo(u)red layer
抗冲穿强度 puncture resistance
抗冲点 erosion resistant point
抗冲河床 flow resistant bed
抗冲击的 impact-resistant; impact-resisting
抗冲击(能)力 impact resistance; resistance to shock; resistance to impact
抗冲击破坏强度 resistance to impact fracture
抗冲击强度 dynamic(al) resistance; dynamic(al) strength; impact resistance; impact strength; resistance to impact; shock strength
抗冲击强度试验机 impact resiliometer
抗冲击试验 impact endurance test; impact resistance test
抗冲击试验机 impact resilience tester
抗冲击系数 toughness factor
抗冲击性(能) impact resilience; impact resistance; resistance to impact; resistance to shock; shock resistance; crashworthiness; impact property
抗冲剪能力 resistance to punching shear
抗冲能力 shock resistance
抗冲强度 shock resistance
抗冲墙 counter dam
抗冲刷 anti-scour
抗冲刷沉排 scour-resistant mattress
抗冲刷的 erosion-resistant
抗冲刷河岸 resistant bank
抗冲刷河槽 erosion resistant channel
抗冲刷护坦 anti-scour apron
抗冲刷能力 erosion resistance
抗冲刷性 erosion resistance; scour resistance
抗冲刷性能 erosion-resisting characteristic
抗冲系数 coefficient of restitution
抗冲压试验 bursting pressure test
抗冲撞能力 impact resistance
抗虫害的 vermin-resistant
抗虫植物 zoophobous
抗虫蛀能力 <木材> durability
抗抽吸功 resistant pumping work
抗臭氧化合物 anti-ozone compound
抗臭氧剂 anti-ozonant
抗臭氧裂纹性 resistance to ozone cracking
抗臭氧性(能) ozone resistance
抗臭氧作用的能力 ozone resistance
抗触变性 anti-thixotropy
抗穿孔层 anti-perforation layer
抗穿透力 penetration resistance
抗穿透强度 penetration strength
抗穿透性 penetration resistance
抗穿透性试验 resistance-to-penetration test
抗串扰性 crosstalk resistance
抗锤入力 resistance to driving
抗醇性 resistance to alcohol
抗磁(磁)化率 diamagnetic susceptibility
抗磁磁强计 diamagnetic Gaussmeter
抗磁的各向异性 diamagnetic anisotropy
抗磁的离子 diamagnetic ion
抗磁的气体 diamagnetic gas
抗磁等离子体 diamagnetic plasma
抗磁感应 diamagnetic response
抗磁合金 diamagnetic alloy
抗磁化系数 diamagnetic susceptibility
抗磁极性 diamagnetic polarity
抗磁力 coercive force; diamagnetism
抗磁屏蔽 anti-magnetic shield; diamagnetic shield
抗磁圈 diamagnetic loop
抗磁态 diamagnetic state
抗磁探针 diamagnetic probe
抗磁体 diamagnet; diamagnetic body; diamagnetic material
抗磁物质 diamagnetic substance
抗磁现象 diamagnetism
抗磁效应 diamagnetic effect
抗磁性 diamagnetism
抗磁性材料 diamagnetic material
抗磁性的 anti-magnetic; diamagnetic
抗磁性法拉第效应 diamagnetic Faraday effect
抗磁性屏蔽 diamagnetic shielding
抗磁性体 diamagnetic body
抗磁学 diamagnetism
抗催化剂 anti-catalyst; anti-catalyzer
抗大气腐蚀 weather-resistant
抗大气性 resistance to atmosphere
抗代谢物 anti-metabolite
抗倒塌 collapse resistant; counter collapse
抗倒塌骨架 counter collapse skeleton
抗倒塌系数 collapse resistant coefficient
抗盗设备 burglary resistance; burglary resistive
抗低温开裂性 cold crack resistance
抗低温细裂性 cold crack resistance
抗地面干扰 clutter lock
抗地物干扰系统 anti-clutter
抗地震 earthquake resistance
抗地震的 anti-seismic; aseismic; seism-resistant; earthquake-proof; earthquake resistant
抗地震基础 earthquake-proof foundation
抗地震建筑 earthquake construction
抗地震拉板 earthquake resistant plate; earthquake resisting tensile plate; seism-resistant plate
抗地震设计 earthquake resistance[resistant] design
抗地震试验场 earthquake-proof site
抗地震性(能) earthquake resistance; seismic performance
抗点蚀性 resistance to pit corrosion
抗电弧径迹性 tracking resistance
抗电弧性(能) <绝缘材料> arc resistance
抗电强度 dielectric(al) with standing voltage
抗电网干扰 anti-interference for power grid
抗电纤维 anti-static fiber
抗电性 electric(al) resistivity
抗动载强度 dynamic(al) resistance; dynamic (al) strength; fracture strength
抗冻材料 frost-resistant material
抗冻层 anti-frost layer
抗冻垂直孔黏[粘]土砖 frost-proof vertical coring (clay) brick; frost-resistant vertical coring(clay) brick
抗冻措施 protection measure against frost
抗冻的 freeze-proof; frost-proof; frost-resisting
抗冻多孔砖 frost-proof porous brick; frost-resistant porous brick
抗冻工程用砖 frost-resistant engineering brick
抗冻化学品 deicer chemical
抗冻灰砂砖 frost-proof lime-sand brick; frost-proof sand-lime brick; frost-resistant lime-sand brick; frost-resistant sand-lime brick
抗冻混凝土 frost-resistant concrete; frost-resisting concrete
抗冻剂 anti-freeze agent; anti-freeze compound; anti-freezer
抗冻剂引起的剥落 deicer scaling
抗冻力 bending brittle point
抗冻砾石层 frost blanket gravel
抗冻能力 frost resistance; resistance to freezing
抗冻黏[粘]土砖 anti-freezing clay

brick
抗冻强度 frost strength
抗冻融交替 resistance to alternate freezing and thawing
抗冻融耐久性 freeze-thaw durability
抗冻融力 frost thaw resistance
抗冻融能力 freeze-thaw resistance
抗冻融性(能) freeze-thaw resistance;resistance to freezing and thawing
抗冻深度 frost-proof depth
抗冻实心灰砂砖 frost-proof solid sand-lime brick
抗冻实心砖 frost-proof solid brick; frost-resistant solid brick
抗冻水平孔黏[粘]土砖 frost-proof horizontal coring(clay)brick
抗冻添加剂 frost-resisting admixture
抗冻系数 coefficient of frost resistance
抗冻性(能) resistance to frost; cold resisting property; freeze-proof; freeze resistance; freezing resist; freezing resistance; frost-resistant; frost-resisting property; resistance to freezing;frost resistance
抗冻性试验 freezing test
抗冻油 non-congealable oil
抗冻砖 frost-resisting brick; non-frost-active(clay)brick
抗毒的 antitoxic
抗毒反应 anti-toxic reaction
抗毒剂 counterpoison
抗毒素 <尤指解蛇毒药> antivenene
抗毒性 anti-genicity
抗毒药 antidote
抗断裂安全系数 coefficient of safety against rupture
抗断裂的 break-resistant
抗断裂强度 bursting strength; resistance power
抗断裂试验机 bursting strength tester
抗断裂性 break-resistance; crack resistance
抗断强度 breaking resistance; breaking strength; fracture strength; rupture strength; tearing resistance; tenacity
抗断应力 breaking stress
抗恶劣环境计算机 severe environment computer
抗发白测定 blush-resistance determination
抗发白性 blush resistance; resistance to blush
抗发黄性 resistance to yellowing
抗翻倒作用 anti-dumping
抗反复挠曲龟裂性 flex cracking resistance
抗反射敷层 anti-reflection coating; anti-reflective coating
抗反射涂层 anti-reflection coating; anti-reflection film
抗反射涂膜 anti-reflection coating; anti-reflection film
抗反射作用 ant-reflection
抗泛黄性 resistance to yellowing
抗泛灰性 gray(ing)[grey(ing)] resistance
抗放射性 radiation resistance
抗放射性的 radiation resistant
抗放射性污染性 anti-radioactive contamination
抗沸胶黏[粘]剂 boil resistant adhesive
抗分解能力 ability to withstand decomposition
抗分解添加剂 antidecomposition additive
抗分裂 resistance to separation
抗粉化型二氧化钛 chalk grade titanium dioxide
抗粉化性 chalk resistance
抗风 wind resistance
抗风暴的 stormproof
抗风暴建筑物 stormproof building; stormproof structure
抗风暴能力 stormproof ability
抗风撑杆 wind-braced boom
抗风(大)梁 wind girder
抗风灯 hurricane lantern;storm light
抗风端跨柱 end panel columns resisting wind load
抗风钢索 wind cable
抗风工程 wind engineering
抗风构架 wind frame
抗风构造 wind guard; wind resistant construction
抗风桁架 lateral truss; wind resistance truss; wind-resisting truss; wind truss
抗风横撑 cross framing
抗风化 weathering resistance; weatherproof
抗风化的 weathering-proof; weatherproof(ing); weather-resistant; weather resisting; efflorescent-proof
抗风化的化合物 weatherproofing compound
抗风化钢 weatherproof steel; weather-resistant steel; weather-resisting steel
抗风化能力 efflorescence resistance; resistance to weather(ing); resisting weathering; resisting wind force; weathering resistance
抗风化黏[粘]结剂 weatherproof glue
抗风化性 resistance to weather(ing); weathering-fastness; weathering-proof; weathering quality; weathering resistance; weatherproofness
抗风化性材料 weather-resisting material
抗风化颜色 weatherproof colo(u)r
抗风化作用 resistance to weathering
抗风火柴 storm match
抗风剪刀撑 wind cross; wind brace
抗风结构 wind structure
抗风框架 wind portal
抗风拉索 wind cable tie
抗风缆 wind cable
抗风缆索 wind cable
抗风浪 wind-wave resistance
抗风浪性能 seakeeping ability; seakeeping quality
抗风力 resisting wind force
抗风联杆 wind brace; wind tie
抗风联结系 wind brace[bracing]
抗风梁 wind beam; wind girder
抗风锚 weather anchor
抗风面的安装 hurricane area installation
抗风木架 wind bent
抗风能力 wind loading rating; wind resistant
抗风排架 wind bent
抗风设计 wind resistant design
抗风设计的 wind-designed; wind resistant designed
抗风蚀的 weather fast; weatherproof
抗风树木 wind-enduring plant; wind-enduring tree
抗风索系杆 wind cable tie; wind tie
抗风稳定性 <又称空气动力稳定性> wind resistant stability; aerodynamic(al)stability
抗风系杆 wind beam
抗风斜撑 wind tie; wind brace
抗风斜杆 wind tie
抗风性能 wind resistant
抗风雨性 weathering quality
抗风支撑 lateral; wind brace[bracing]
抗风支撑吊杆 wind-braced boom
抗风支撑连接 wind bracing connection
抗风植物 wind resistant plant
抗风柱 wind column
抗浮(动)安全系数 factors of safety against flo(a)tation; factors of safety against buoyancy
抗浮设防水位 water level for prevention of up-floating
抗浮托力能力 uplift capacity
抗浮稳定 safety against uplift
抗辐射 antirad; anti-radiation
抗辐射的 radiation resistant
抗辐射能力 radiation resistance
抗辐射稳定剂 radiation stabilizer
抗辐射效应 anti-radiation effect
抗辐射性 radiation resistant; radioresistance
抗腐烂能力 rot resistance
抗腐石墨油漆 dryflex
抗腐蚀 anti-corrosion; chemical resistance; corrosion-proof; etch-proof
抗腐蚀材料 corrosion-resistant material
抗腐蚀层 etch-resistant layer
抗腐蚀的 corrosion-proof; corrosion-resistant; non-corroding; corrosion-resisting; incorrodible; non-corrodible
抗腐蚀附加剂 rust inhibitor
抗腐蚀钢 corrosion-resisting steel
抗腐蚀剂 corrosion inhibitor
抗腐蚀金属和合金 corrosion-resistant metal and alloy
抗腐蚀能力 corrosion resistance; non-corrodibility; resistance to corrosion
抗腐蚀外加剂 corrosion inhibiting admixture
抗腐蚀物 passivator
抗腐蚀性 corrosion resistance
抗腐蚀液性 resistance to etching solution
抗腐蚀作用 passivation
抗腐性 non-corrosive
抗附着性能 anti-fouling property
抗干扰 anti-clutter; anti-interference; anti-jam(ming)
抗干扰保护频带 interference guard band
抗干扰措施 anti-interference measure
抗干扰的 anti-jamming; interference-free; immune from interference; jamproof; unjammable
抗干扰的天线系统 anti-interference aerial system
抗干扰电路 interference suppressor circuit
抗干扰度 interference rejection; noise immunity
抗干扰滤波器 anti-interference filter
抗干扰能力 interference rejection
抗干扰设备 anti-interference equipment; anti-interference installation
抗干扰特性 noise-proof feature
抗干扰天线 anti-interference antenna
抗干扰通信[讯]网 unjammable communication network
抗干扰性 freedom from jamming; interference rejection
抗干扰遮隐 anti-jamming blanking
抗干扰装置 anti-interference installation; anti-jamming unit
抗高温氧化性 resistance on oxidation at high temperature
抗割裂强度 cutting resistance
抗工业烟雾性 resistance industrial fume
抗汞的 mercury-resistant
抗鼓出阻力 buckling resistance
抗刮性 scratch resistance
抗管涌稳定性 stability against heave
抗贯穿强度 penetration resistance
抗光及抗风化试验 resistance to light and weather test
抗光物质 anti-sun material
抗光性 light resistance
抗光晕层 anti-halation
抗龟裂性 checking resistance; resistance to cracking
抗过烘烤性 resistance to overbake
抗过氧化物添加剂 anti-peroxide additive
抗海浪干扰 anti-cluster sea
抗海水腐蚀性 resistance to corrosion from seawater
抗寒的 cold proof
抗寒性 cold resistance; winter hardiness; winter resistance
抗寒植物 cold resistant plant
抗旱 drought control
抗旱措施 drought-resistance measures; drought resisting measure
抗旱的 drought defying
抗旱品种 drought-resistant variety
抗旱效益 drought mitigation benefit
抗旱性 drought resistance
抗旱植物 drought-resistant crop; drought-resistant plant
抗旱作物 drought-resistant crop
抗焊接的 anti-welding
抗焊媒 anti-flux
抗河川径流能力 resistance to stream flow
抗哼声 anti-hum
抗横摇 anti-rolling
抗横摇鳍 anti-rolling fin
抗横摇水舱 anti-rolling tank
抗横摇陀螺仪 anti-rolling gyroscope
抗横摇装置 anti-rolling stabilizer
抗衡 counter-balance
抗衡离子 gegenion
抗洪抢险 fight against the flood emergency; flood fighting
抗滑 anti-slip; skid(ding)resistance
抗滑安全 safety against sliding
抗滑安全系数 factor of safety against sliding; safety factor against sliding; safety factor of sliding resistance
抗滑表面 skid-resistant surface
抗滑挡土墙 anti-slip retaining wall
抗滑的 anti-skid; resistant; skid-proof(ing); skid-resisting
抗滑动安全度 safety against sliding
抗滑动安全系数 factor of safety against sliding failure
抗滑动能力 skid-resisting capability; resistance to sliding
抗滑动铺面 no-skid pavement; no-skid surface
抗滑动稳定分析 stability analysis of sliding
抗滑动系数 coefficient of sliding friction; coefficient of sliding resistance
抗滑骨料 slip-resistant aggregate
抗滑集料 slip-resistant aggregate
抗滑角 angle of resistance; resistance angle
抗滑力 skid(ding)resistance
抗滑力矩 resistance moment
抗滑溜能力 resistance to skid(ding)
抗滑溜性 resistance to skid(ding)
抗滑路面 non-skid pavement; skid-resistant surface
抗滑摩阻力 friction(al)resistance to sliding
抗滑能力 skid-resisting capability; sliding resistance
抗滑能力测量 measurement of skid-

ding resistance
抗滑能力的恢复 restitution of skid resistance
抗滑强度 sliding strength
抗滑试验 anti-skid test; slide test; sliding test
抗滑试验机 skid resistance tester
抗滑试验装置 skid resistance tester
抗滑数值 skid number
抗滑特性 anti-skid characteristic; anti-skid property
抗滑纹理 skid resistant texture
抗滑稳定 stabile against sliding
抗滑稳定性 resistance to sliding; skidding stability; sliding stability; stability against sliding
抗滑系数 anti-skid factor; coefficient of sliding resistance; skid resistance coefficient
抗滑行阻力试验装置 skid resistance test device
抗滑性 anti-skid quality; non-skid property; pavement grip; skid-resisting property
抗滑性能 skid-resisting property
抗滑性能测量 measurement of skidding resistance
抗滑因数 anti-skid factor
抗滑应力 cohesion stress
抗滑值 skid resistance value
抗滑趾 toe hold
抗滑桩 anti-slide pile; anti-slip pile; counter-sliding pile; non-skid pile; pile of slide prevention; slide-resistant pile
抗滑阻力 grip resistance; skid(ding) resistance; sliding resistance
抗滑阻力测量 skidding investigation
抗化学变质能力 resistance to chemical deterioration
抗化学变质性 resistance to chemical deterioration
抗化学反应性 chemical resistance
抗化学腐蚀能力 resistance to chemical attack
抗化学剂试验 resistance to chemical reagents test
抗化学品的 impermeable to chemicals; impervious to chemicals
抗化学侵蚀性 chemical resistance; resistance to chemical attack
抗化学性 chemoresistance
抗化学作用 chemical resisting
抗划道 anti-scratch
抗划痕 anti-scratch
抗划痕性 mar resistance
抗划耐磨油墨 non-scratch and rub-proof ink
抗划伤性 mar resistance; scratch resistance
抗环境条件应力龟裂性 resistance to environment(al) stress cracking
抗混色性 colo(u)r-bleeding resistance
抗混浊剂 anti-blushing agent
抗火的 apyrous; fire-resistant; fire-resisting; fire-resistive
抗火花的 spark resistant
抗火混凝土 fire-resisting concrete
抗火间壁 fire-resistive partition
抗火楼板 fire-resistive flooring
抗火性 apyrous; fire-resistance; flame resistance
抗火焰冲刷性 flame erosion resistance
抗火焰度 degree of non-flammability
抗机械冲击性 mechanical shock resistance
抗机械损伤性 mechanical bruise resistance
抗机械损伤性能 bruise resistance
抗基础水压力的安全措施 safety against foundation water pressure
抗畸变强度 distortion resistance
抗激光束涂层 anti-laser beam coating
抗急冷急热性 thermal shock resistance
抗挤安全系数 squeezing safe factor
抗挤强度 collapsing strength
抗寄生物剂 anti-parasitic
抗减振 anti-damping
抗剪板 shear plate
抗剪薄腹板 thin shear web
抗剪槽钢连接件 channel shear connector
抗剪短杆 shear stud
抗剪断强度 shearing strength
抗剪腹板 shear web
抗剪刚度 shear(ing) rigidity; shear(ing) stiffness
抗剪刚度系数 coefficient of shearing stiffness
抗剪钢筋 shear reinforcement; shear (reinforcing) bar; web bar; web reinforcement
抗剪钢销接合 pin splice; shear pin splice
抗剪隔板 shear diaphragm
抗剪构件 shear-resisting element
抗剪极限 shearing limit; ultimate shear (ing) resistance
抗剪极限值 shearing limit value
抗剪加固 reinforcement for shearing
抗剪加劲板 shear plate
抗剪键 shear key
抗剪角 angle of shearing resistance
抗剪接头 joint for shear resistance
抗剪结合器 <组合梁的> shear connector
抗剪筋比 ratio of shear reinforcing bar
抗剪劲度 shear stiffness
抗剪块体 shearing block
抗剪力 resistance to shear; resisting shear; shear force; shear(ing) resistance
抗剪力墙 shear wall
抗剪力墙框架相互作用体系的抗震结构 aseismatic structure with shear wall frame interaction system
抗剪力墙体系的抗震结构 aseismatic structure with shear wall system
抗剪连接板 shear-plate connector
抗剪连接件 shear connector
抗剪联结器 binder stud
抗剪联结 shear splice
抗剪联结件 shear connector
抗剪联结器 shear connector
抗剪螺栓 shearing nut; shear stud
抗剪模量 modulus of rigidity; rigidity modulus
抗剪内摩擦角 angle of internal shear strength
抗剪能力 shear-bearing capacity
抗剪配筋 shear reinforcement
抗剪疲劳试验 fatigue shear test
抗剪拼接 shear splice
抗剪拼接板 <钢板梁的> sheared plate
抗剪拼(联)结板(处) shear splice
抗剪破坏安全系数 safety factor against shear failure
抗剪强度 resistance to shear; shear(ing) resistance; shear strength; strength of shearing; tensile strength
抗剪强度包(络)线 intrinsic (al) shear strength curve; shear strength envelope
抗剪强度参数 parameter of shear strength; shear strength parameter
抗剪强度峰值和残余抗剪强度 peak and residual shear strength
抗剪强度记录 sheargraph
抗剪强度降低系数 shear strength reduction factor
抗剪强度角 angle of shearing resistance
抗剪强度试验 shear(ing) strength test
抗剪强度与垂直压力的关系曲线图 relationship curves between shear strength and vertical pressure
抗剪强度指标类型 type of shear strength index
抗剪切 resisting shear
抗剪切破坏的安全措施 safety against shear failure
抗剪设计 shearing design
抗剪试件 shear test block
抗剪试验 cleavage test; shear test
抗剪榫 shear key
抗剪弹性模量 modulus of elasticity in shear; shear elasticity modulus; shearing modulus of elasticity; shear modulus
抗剪弹性系数 shear modulus
抗剪填充物 shear bulkhead
抗剪稳定性 shear stability
抗剪无纹栓杆 shear stud
抗剪系数 coefficient of shearing resistance
抗剪销(钉) shear pin
抗剪斜钢筋 inclined shear reinforcement
抗剪性 shear resistance
抗剪性能 resistance to shear
抗剪性试验 shearing test
抗剪柱头 shear head
抗剪柱头钢筋 shear head reinforcement
抗剪阻力 shear-resisting; shear(ing) resistance
抗碱玻璃纤维 alkali-resistant glass fiber[fibre]
抗碱的 alkali-resistant; antalkaline; resistant to alkali
抗碱等级 class of resistance to alkalis
抗碱底漆 alkali-resisting primer
抗碱性 alkali(ne) resistance; alkali-resisting property
抗溅水性 resistance to splash water
抗溅性 spatter resistance
抗浆力 frost resistance
抗焦化剂 anti-scorching agent
抗焦作用 anti-scorching
抗结露保护措施 anti-condensation protective measure
抗劲度 torsion stiffness
抗浸水性 immersion proof
抗晶间腐蚀性 resistance to intergranular corrosion
抗静电 anti-static resistance
抗静电擦布 anti-static polishing cloth
抗静电材料 anti-static material
抗静电层 anti-static layer
抗静电的 antistatic
抗静电地板 anti-static floor
抗静电干扰天线 anti-static antenna
抗静电剂 anti-static agent; antistat(ics)
抗静电(毛)刷 anti-static brush
抗静电墙地砖 anti-static tile
抗静电添加剂 anti-static additive
抗静电涂料 anti-static coating
抗静电物 anti-static agent
抗静电纤维 anti-static fiber[fibre]
抗静电橡胶 anti-static rubber
抗静电效果 anti-static effect
抗静电性能 anti-static electricity property; static electricity resisting property
抗静电织物 anti-static fabric
抗静电装置 anti-static device
抗静水压力的 resistant to hydrostatic pressure
抗静水压力强度 hydrostatic strength
抗静水扬压力 against hydrostatic(al) uplift
抗静弯强度 strength in static bending
抗酒精性 spirit resistance
抗矩 resistance moment; resisting force
抗拒出港指令 defying departure order
抗距 resisting length
抗聚剂 inhibitor
抗菌的 anti-bacterial; anti-biotic
抗菌法 anti-sepsis
抗菌肥料 anti-biotic fertilizer
抗菌废水 anti-microbial wastewater
抗菌剂 anti-microbial agent; antiseptic agent; antiseptics; germifuge
抗菌能力 bacteria resistance
抗菌漆 anti-bacterial paint
抗菌水泥 anti-bacterial cement; antibiosis cement
抗菌素 anti-biotics; anti-mycin
抗菌素疗法 biostrategy
抗菌涂料 anti-bacterial paint
抗菌物 anti-bacterial
抗菌性 fungus resistance
抗菌作用 anti-bacterial action; antibiosis
抗坑状腐蚀能力 resistance to pit corrosion
抗空化 cavitation resistance
抗空化合金 cavitation resistant alloy
抗空蚀 cavitation resistance
抗空蚀合金 cavitation resistant alloy
抗空蚀涂层 anti-cavitation coat
抗空蚀性 cavitation resistance; pitting resistance
抗昆虫或其他动物能力 infestation resistance
抗拉安全系数 tensile safe factor
抗拉的 tensile
抗拉法兰 tension flange
抗拉刚度 extensional rigidity; tensile rigidity
抗拉钢筋 reinforcement for tension; tensile reinforcement; tension bar; tension reinforcement; tension steel
抗拉构件 tensile component; tension component; tension member
抗拉荷载 tensile load(ing)
抗拉互搭接头 tensile lap splice
抗拉积 tensile product
抗拉极限强度 ultimate tensile strength
抗拉加固 reinforcement for tension
抗拉力 resistance to tensile stress; resistance to tension; stretching force; stretching resistance; tensile resistance
抗拉裂钢筋 reinforcement against tensile splitting
抗拉裂加固 reinforcement against tensile splitting
抗拉螺栓 tension bolt
抗拉面积 tension(ing) area
抗拉模量 tensile modulus
抗拉模数 tensile modulus
抗拉能力 tension capacity
抗拉黏[粘]结 tensile bond
抗拉疲劳试验 fatigue tension test
抗拉平接板 tension butt strap
抗拉砌合 tensile bond
抗拉强度 intensity of tension; resistance to shear; resistance to tensile stress; strength of extension; tenacity; tensile strength; tension strength
抗拉强度极限 tensile strength limit
抗拉强度试验 tensile strength test
抗拉强度试验机 tensile strength tester; tensile strength testing machine
抗拉强度指标 tensile figure
抗拉强度-重量比 tensile strength to weight ratio
抗拉区 resistant zone
抗拉伸 stretch-proof

抗拉(伸)能力 resistance to tension
抗拉试件 tensile test piece
抗拉试验 tensile test;tension test
抗拉试验曲线 tensile test curve
抗拉试验图 tension test diagram
抗拉弹性模数 modulus of elasticity in tension
抗拉套筒 tension sleeve
抗拉性能 tensile capability; tensile property
抗拉压疲劳试验 repeated tension and compression test
抗拉翼缘 tension flange
抗拉应变 tensile strain
抗拉应力 tensile stress
抗拉鱼尾板 tension butt strap
抗拉缘条 tension boom
抗拉值 tensile figure
抗拉质量 tensile quality
抗拉主钢筋截短点 curtailment point
抗拉主钢筋截短图 curtailment diagram
抗拉组件 tensile component; tension component
抗蓝斑的保护作用 <木材的一种疵病> preserving action against blue stain
抗浪能力 wave resistance
抗浪性 behavio(u)r at sea; behavio(u)r in a seaway
抗老化 resistance to ag(e)ing
抗老化变质性 resistance to determination on ag(e)ing
抗老化的 age-fast; ag(e)ing-resistant; age-proof; age-resistant; weather resisting
抗老化剂 ag(e)ing-resistant; age-resister[resistor]; anti-ag(e)ing agent; anti-ager; anti-oxidant; anti-ag(e)ing protective
抗老化胶 weatherproof glue
抗老化焦油 weather-resistant tar
抗老化力 age-resistance
抗老化添加剂 age inhibiting addition
抗老化稳定性 ag(e)ing stability
抗老化性(能) ag(e)ing resistance; age-resistance; resistance to ag(e)ing; weather resisting property
抗涝 anti-water logging
抗冷脆性 cold check resistance
抗冷的 cold-resistant
抗冷裂性 cold check resistance
抗冷性 cold resistance
抗力 drag; resistance; resistance capability; resistance force; resisting force; resisting power
抗力变量的模拟 model(l)ing of resistance variable
抗力分项系数 partial safety factor for resistance
抗力结构 resistant structure
抗力矩 moment of resistance; resisting moment
抗力模量 modulus of resistance; resistance modulus
抗力扭矩 resisting torque
抗力偶臂 arm of resisting couple
抗力体 resistance mass
抗力系数 coefficient of reaction
抗力线 burden; line of resistance
抗力线拱 linear arch
抗砾石试验 gravel resistance testing
抗裂 crack-preventing; crack-resistant
抗裂安全 safety against cracking
抗裂安全系数 coefficient of safety against cracking; factor of safety against cracking
抗裂的 anti-crack(ing); break-resistant; crack-proof
抗裂度 crack resistance; crack safety
抗裂缝钢筋 anti-crack reinforcement
抗裂缝扩展性 resistance to crack propagation
抗裂钢筋 anti-crack bar; anti-crack reinforcement; anti-crack steel
抗裂面【地】 anti-clastic surface
抗裂能力 resistance to rupture
抗裂强度 breaking resistance; breaking strength; fracture strength; resistance to rupture; splitting resistance; splitting strength
抗裂试验 crack(ing) test; splitting test
抗裂试验机 crack tester
抗裂涂层 anti-crack coating
抗裂涂料层 anti-crack coating
抗裂纹生长性 crack growth resistance
抗裂纹性 cracking resistance; resistance to cracking
抗裂系数 coefficient of cracking resistance; cracking resistant coefficient; tear factor
抗裂性 crack resistance; crazing resistance; split resistance
抗裂性试验环 cracking ring
抗裂压力 cracking pressure
抗裂张加筋 bursting reinforcement
抗裂指数 index of cracking resistance
抗流 choke
抗流变 flow resistance
抗流变流体 rheopectic fluid; rheopexy
抗流变性 rheopecticity; rheopexy
抗流变压器 choker transformer; draining transformer
抗流电路 choke circuit
抗流动 flow resistance
抗流动剂 anti-running agent; anti-sagging agent
抗流动性 resistance to flow
抗流挂作用 sag resistance
抗流圈 choke coil; choker; choking coil; choking turn
抗流圈保护 choke protection
抗流圈变压器耦合 choke transformer coupling
抗流圈耦合放大器 choke-coupled-amplifier
抗流圈调制 choke modulation
抗流润滑脂 bleeding resistant grease
抗流塑能力 resistance to yield
抗流凸缘 choked flange
抗流线圈 choking winding
抗流线圈法 retardation coil method
抗硫催化剂 sulfur resistant catalyst
抗硫分类 sulfate-resistant classification
抗硫蚀 resistance to sulfide tarnishing
抗硫酸盐波特兰水泥 sulfate [sulphate]-resisting Portland cement
抗硫酸盐的 sulfate-resistant; sulfate-resisting
抗硫酸盐腐蚀能力 sulfate [sulphate] resistance
抗硫酸盐硅酸盐水泥 sulfate [sulphate]-resisting Portland cement
抗硫酸盐剂 sulfate-resistant
抗硫酸盐矿渣水泥 sulfate-resistant blast furnace cement
抗硫酸盐侵蚀能力 sulphate resistance
抗硫酸盐侵蚀性 resistance to sulfate attack; sulphate resistance
抗硫酸盐试验 <混凝土的> sulphate soundness test; sulphate resistance test; test for sulphate resistance
抗硫酸盐水泥 Ferrair cement; sulfate [sulphate]-resistant cement; sulfate [sulphate]-resisting cement
抗硫酸盐特性 sulfate[sulphate]-resisting characteristic
抗硫酸盐稳定试验 sulfate soundness test
抗硫酸盐性 sulfate resistance
抗硫油井水泥 sulfate-resistant oil well cement
抗隆起稳定性 stability against upheaval
抗漏电涂层 anti-tracking coat
抗氯能力 chloride resistance
抗漫顶损坏能力 resistance to damage during overtopping
抗毛细作用 anti-capillary
抗煤油性 kerosene resistance
抗霉玻璃 stain-resistant glass
抗霉剂 mildew resistance
抗霉菌 fungal resistance
抗霉菌试验 fungus test
抗霉素 anti-mycin
抗霉性 fungal resistance
抗霉性能 anti-fungal property
抗霉性增塑剂 fungus resistant plasticizer
抗朦 anti-dim
抗朦剂 anti-dimmer
抗摩(擦) anti-friction
抗摩擦的 anti-frictional
抗摩合金 anti-friction metal
抗摩(擦力)的 anti-frictional
抗摩强度 friction(al) resistance
抗摩制品 anti-frictional composition
抗摩轴承 anti-frictional bearing
抗摩铸铁 anti-frictional cast iron
抗摩阻 anti-friction
抗磨板 facing plate; wear(ing) plate
抗磨表层 top course
抗磨材料 abrasion resistance material; abrasive-resistant material; wear-resistant material
抗磨的 abrasion-proof; wear-proof
抗磨垫片 wear washer
抗磨度 endurance
抗磨镀层 wear-resistant coating
抗磨复合材料 wear-resisting composite
抗磨干颜料 abrasion-resisting pigment
抗磨钢衬板 abrasive resistant steel liner
抗磨钢轨 anvil faced rail; wear resistant rail; wear resisting rail
抗磨光骨料 polish resistant aggregate
抗磨光集料 polish resistant aggregate
抗磨光性 burnish resistance; resistance to polishing
抗磨耗性 abrasion resistance; attrition resistance; resistance to wear; wear resistance
抗磨耗指数 abrasion resistance index
抗磨合金 anti-friction alloy
抗磨环 retaining ring; wearing ring
抗磨混合料 anti-wearing mixture
抗磨极限 endurance limit
抗磨剂 anti-scuff agent; anti-wear additive; anti-wear agent; wear prevention agent; wear-preventive additive
抗磨力 abrasion strength; abrasive resistance; attrition resistance; resistance to wear; wear hardness; wear-(ing) resistance; resistance to abrasion
抗磨螺旋输送机 anti-friction worm conveyer[conveyor]
抗磨螺旋运输机 anti-friction worm conveyer[conveyor]
抗磨能力 abrasion resistance; wearing capacity
抗磨强度 abrasion resistance; wear-resistance strength; friction(al) resistance; resistance of friction; resistance to friction; wearing strength
抗磨蚀添加剂 anti-abrasion additive
抗磨试验 wear test(ing)
抗磨试验机 rattling machine
抗磨寿命 wear-life
抗磨损 anti-fraying; resistance to wear; scuff-proof; without wear
抗磨损的 anti-wear; damage resisting; wear-resistant
抗磨损集料 damage resisting
抗磨损能力 wearing power
抗磨损强度 wear strength
抗磨损试验 abrasion resistance test
抗磨损添加剂 wear(ing) inhibitor; anti-wear additive
抗磨损添加物 wear(ing) inhibitor
抗磨损填料 damage resisting
抗磨损物 wear inhibitor
抗磨损橡胶 wear-resisting rubber
抗磨损性 abrasion resistance; anti-wear performance; attrition resistance
抗磨套 wearing sleeve
抗磨特性 <路面> wearing characteristic
抗磨添加剂 anti-wear agent
抗磨涂层 scratch-resistant coating; wear-resistant coating; wear-resisting coating
抗磨蜗杆输送机 anti-friction worm conveyer[conveyor]
抗磨蜗杆运输机 anti-friction worm conveyer[conveyor]
抗磨限度 endurance limit
抗磨性 abrasive resistance; anti-friction property; attrition resistance; resistance to abrasion; wearability; wearlessness; wear resistance; wear-resisting property; resistance to wear; abrasion resistance
抗磨性耐火材料 abrasion-resistant refractory
抗磨因数 tear factor
抗磨硬度 polishing hardness; wear(ing) hardness
抗磨硬度测定 grindings hardness determination
抗磨值 abrasion value
抗磨轴承 anti-frictional bearing
抗磨阻力 abrasion resistance
抗墨性 ink resistance
抗内压安全系数 internal compressive safe factor
抗内压强度 internal compressive strength
抗钠玻璃 sodium resistant glass
抗耐磨光能力 resistance to polishing
抗挠刚度 bending rigidity; flexural rigidity
抗挠刚度特性 flexural stiffness property
抗挠劲度 flexural stiffener; flexural stiffness
抗挠强大 flexure strength
抗挠强度 bending strength; flexural strength; flexure strength; strength in bending; flexing resistance
抗挠曲强度 flexing resistance; transverse strength
抗挠曲性 flexing resistance
抗挠曲阻力 flexing resistance
抗挠应力 flexure stress
抗逆性膨胀 reversible expansion
抗溺水面罩 anti-drowning mask
抗黏[粘]附剂 anti-tack agent
抗黏[粘]合性 bond resistance
抗黏[粘]剂 anti-blocking agent; anti-plastering aid; anti-sticking agent
抗黏[粘]结 resistance to bond
抗黏[粘]连剂 anti-blocking agent
抗黏[粘]连性 anti-adhesiveness; block-(ing) resistance
抗黏[粘]性 anti-seizing property; re-

sistance to bond
抗黏[粘]着 anti-sticking;resistance to bond
抗黏[粘]着剂 anti-tack agent
抗黏[粘]着力 resistance to bond
抗黏[粘]着性 blocking resistance
抗碾性 crushing resistance;resistance to crushing
抗鸟撞性 bird impact resistance
抗凝 anti-freeze
抗凝的 anti-freezing
抗凝固剂 anti-coagulant
抗凝集素 anti-agglutinin
抗凝剂 anticipated coagulant; paraflow;pour inhibitor;pour point depressant
抗凝剂性质 anti-coagulant property
抗凝胶收缩润滑脂 bleeding resistant grease
抗凝结的漆 certosec
抗凝结涂料 < 一种专卖的 > Corktex
抗凝聚漆 anti-condensation paint
抗凝水保护措施 anti-condensation protective measure
抗凝素 anti-coagulant
抗凝添加剂 pour-depressant addition
抗扭 anti-torsion;torsion-resistance
抗扭吊架 torsional suspension
抗扭刚度 anti-torsion rigidity;rigidity in torsion; stiffness in torsion; torsional rigidity; torsional stiffener; torsional stiffness;twisting rigidity
抗扭刚度系数 coefficient of torsion(al)stiffness
抗扭刚性矩 moment of torsional stiffness
抗扭钢 torsional steel
抗扭钢筋 torsional reinforcement
抗扭构件 torsional member
抗扭惯性矩 torsional inertia
抗扭荷载 torsional loading
抗扭盒式结构 torsional box structure
抗扭劲度 stiffness in torsion;torsional rigidity; torsional stiffener; torsional stiffness
抗扭矩 resisting torque
抗扭力 resisting torque; torsional force
抗扭力矩 anti-torque moment;resisting moment
抗扭能力 torsional capacity;torsional resistance
抗扭配筋 torsional reinforcement
抗扭强度 torsional strength; twisting strength
抗扭曲刚度 torsional rigidity
抗扭曲加劲 stiffening against buckling
抗扭曲劲度 torsional rigidity
抗扭试验 torsional test;twist test
抗扭试验器 torsional tester
抗扭弹簧 torsional spring
抗扭弹性 torsional elasticity
抗扭箱形纵桁 torsional box girder
抗扭橡胶支座 torsional rubber mount
抗扭斜 deskew
抗扭性 resistance to torsion;torsibility
抗扭性能 torsional property
抗扭应力 torsional stress
抗扭支撑 torsional bracing
抗扭支座 torsion-resistance bearing
抗扭转 resisting torque
抗扭转强度 resistance to torsion; strength in torsion
抗扭阻力 torsional resistance
抗拍击梁 panting beam
抗拍结构 panting arrangement
抗拍梁 panting beam
抗泡剂 defoaming agent;kilfoam
抗泡沫剂 anti-foam; anti-foaming agent
抗喷气和燃油的 < 常指沥青混凝土路面填缝料 > jet and fuel resisting
抗喷气和燃油的(路面)填缝料 joint sealing compound
抗喷气机燃料油侵蚀面层 < 混凝土跑道 > jet-fuel-resistant coating
抗喷气路面 jet resistant pavement
抗膨胀化 proof to swelling
抗劈力 cleavage strength
抗劈强度 cleavage strength; split resistance
抗劈试验 cleavage test
抗疲劳 anti-fatigue
抗疲劳剂 anti-fatigueness
抗疲劳能力 fatigue resistance
抗疲劳强度 fatigue resistance
抗疲劳性 anti-fatigueness;fatigue resistance
抗片落底漆 chip resistance primer
抗片落漆 anti-chipping paint
抗片落性 chipping resistance; scaling resistance
抗片状剥落性 flaking resistance
抗偏刚度 yaw stiffness
抗平剂 anti-desiccant
抗破坏安全 safety against rupture
抗破坏安全系数 factor of safety against failure
抗破坏能力 damage capability;resistance to breakage
抗破坏强度 breaking resistance; resistance of failure; resistance to failure
抗破坏限度 damage capability
抗破坏性 resistance to rupture
抗破裂的安全措施 safety against failure
抗破裂能力 resistance to breaking up
抗破裂强度 bursting strength
抗破裂性 resistance to rupture;resistance to spalling
抗破碎强度 crushing limit
抗曝晒降解性 resistance degradation by sunlight
抗漆刷拉力 pulling under the brush
抗起毛性 fuzz resistance;pricking resistance
抗起泡沫能力 resistance to foaming
抗起泡性 blistering resistance
抗气蚀 cavitation resistance
抗气蚀合金 cavitation resistant alloy
抗气蚀能力 resistance to cavitation
抗气蚀性(能) resistance to cavitation;cavitation resistance;pitting resistance
抗气性 air resistance
抗汽蚀层 anti-cavitation coat
抗汽油润滑剂 gasoline-proof grease
抗强 resisting strength
抗敲击 anti-knock
抗翘起刚度 tilting stiffness
抗切断强度 cutting resistance
抗切割强度 cutting strength
抗切割性 cutting resistance
抗切口冲击性 notch impact resistance
抗切口性能 jag resistance
抗切强度 shearing strength
抗切试验 non-loaded shear test
抗切削破坏能力 resistance to cutting damage
抗切削性 resistance to cutting
抗切性 cutting resistance
抗侵蚀河槽 erosion resistant channel
抗侵蚀能力 erosion resistance
抗侵蚀性 erosion resistance; resistance to fouling
抗侵蚀性措施 anti-corrosive precaution
抗侵蚀性能 erosion-resisting characteristic
抗青铜斑性 resistance to bronzing
抗倾 anti-overturning
抗倾覆 resistance to turnover
抗倾覆 L 形悬臂墙 anti-overturning L-cantilevered wall
抗倾覆安全度 safety against overturning
抗倾覆安全系数 factor of safety against overturning
抗倾覆力矩 anti-tipping moment;moment to resist overturning
抗倾覆稳定分析 stability analysis of overturning
抗倾覆稳定性 stability against overturning;stability against tilting
抗倾覆性 resistance to overturning; resisting moment
抗倾覆作用 anti-dumping
抗倾力矩 moment of overturning resistance
抗倾斜的角撑 sway brace
抗倾斜杆 sway rod
抗倾斜压杆 sway strut
抗泅色性 colo(u)r-bleeding resistance
抗曲安全度 safety against buckling
抗屈服能力 resistance to yield
抗屈曲 anti-bucking
抗去污剂性 resistance to cleaning
抗燃 anti-detonation
抗燃的 fire-resistant
抗燃烧材料 incombustible material
抗燃烧建筑物 incombustible construction
抗燃烧性 fire-resistance
抗燃性 flame resistance
抗燃油 fire-resistant oil
抗燃油封缝料 fuel resisting joint sealing
抗染污性 resistance to crocking
抗扰 noise-immune
抗扰度 immunity
抗扰性 immunity; vulnerability to jamming
抗扰性不良 jamming vulnerability
抗热 heat-proof; heat protection; heat-repellent;radiation resistance
抗热玻璃 heat-resisting glass
抗热剥裂性 spalling resistance
抗热冲击力 thermal shock resistance
抗热冲击性 resistance to heat shocks;thermal impact resistance; thermal shock resistance
抗热冲击阻力 thermal shock resistance
抗热的 heat-repelling; temperature-resistant; thermophylactic; thermoresistant;heat-resistant
抗热度 resistance to heat
抗热绝缘纸 heat-resistance insulating paper
抗热力 heat hardiness
抗热黏[粘]合剂 fire-retardant adhesive
抗热强度试验 heat-resistance test
抗热涂料 heat-resistance paint
抗热型混凝土 heat-resistance concrete
抗热性 heat resistance; resistance to heat;thermal resistance
抗热性混凝土 heat-resistant concrete
抗热应力系数 anti-thermal stress coefficient
抗热震试验 thermal shock resistance test
抗热震性 heat-shock resistance
抗热震性测定法 thermal shock resistance measuration
抗热震性试验 panel spalling test
抗热指数 < 沥青混凝土的 > heat-resistance index
抗人为破坏能力 vandal resistance
抗日光 anti-sun
抗日光玻璃 anti-sun glass
抗日光悬臂式屋顶 anti-sun cantilever roof
抗日光照射材料 anti-sun material
抗溶剂滞留起泡性 solvent popping resistance
抗溶剂作用 solvent resistance
抗溶蚀力 tarnish resistance
抗溶性细菌 lyso-resistant bacteria
抗溶作用 resistance to solvent action
抗熔性 non-fusibility
抗熔渣 anti-flux
抗熔渣侵蚀能力 slag resistance
抗蠕变 resistance to creep
抗蠕变的 creep-resistant;creep-resisting
抗蠕变合金 creep-resistant alloy
抗蠕变力 creep resistance
抗蠕变强度 creep strength
抗蠕变性 creep(ing)resistance
抗蠕动的 creep-resisting
抗蠕流性 creep resistance
抗乳化剂 demulsibility agent; emulsion inhibitor
抗乳化强度 resistance to emulsion
抗乳化性 emulsion resistance
抗乳化值 resistance to emulsion number
抗散列剂 anti-spalling agent
抗散裂强度 spalling resistance
抗散落添加剂 anti-stripping additive
抗色料扩散性 resistance to bleeding
抗砂(砾)试验器 gravelometer
抗上拔力能力 uplift capacity
抗烧毁能力 burn-out resistance
抗烧性 burning resistance
抗射线(老化)剂 anti-rads
抗渗标号 anti-seepage mark number
抗渗的 impervious
抗渗混凝土 water-tight concrete
抗渗剂 permeability reducing admixture
抗渗面 impervious surface
抗渗色性 bleeding resistance; colo(u)r-bleeding resistance
抗渗水性 impermeability to wear
抗渗透性 anti-permeability;water impermeability;impermeability
抗渗透性膨胀水泥 permeability resisting non-shrinkage cement
抗渗透性试验 impermeability test(ing)
抗渗透性无收缩水泥 permeability resisting expansive cement
抗渗外加剂 waterproofer; waterproofing material
抗渗围堰 anti-seepage cofferdam
抗渗系数 impermeability coefficient; impermeability factor
抗渗性 imperviousness; penetration resistance
抗渗性耐酸胶结料 permeability and acid resisting binder
抗渗性膨胀水泥 permeability resisting expansive cement
抗渗性试验 impermeability test(ing)
抗渗性无收缩水泥 permeability resisting non-shrinkage cement
抗渗压力 impermeability pressure
抗生的 anti-biotic
抗生素 anti-biotics;microbiotics
抗生物降解物质 recalcitrant substance
抗生(现象)anti-biosis
抗生作用 anti-biosis
抗声的 noise-proof
抗声扰度 noise immunity
抗声扰性 noise immunity
抗施工应力钢筋 reinforcement for stresses in erection

抗施工应力加固 reinforcement for stresses in erection
抗湿的 dampproofing; moisture-proof; moisture-repellent; moisture-resistant; moisture-resisting
抗湿度试验 resistance to moisture test
抗湿剂 moisture retardant
抗湿性 moisture resistance
抗湿纸 wet strength paper
抗石的 anti-lithic
抗石膏 <污染的泥浆处理剂> anhydrox
抗石灰化剂 slimicide
抗石灰性能 resistance to lime
抗石击漆 anti-chipping paint
抗石击性 resistance to chipping; resistance to stone-chipping; stone chip resistance
抗时效的 age-fast; age-proof; age-resistant
抗时效性 ag(e)ing resistance
抗蚀材料 erosion resistant
抗蚀残积 residual sediment; resistate
抗蚀的 corrosion-proof; corrosion-resistant; non-corrosive; non-rusting
抗蚀钢 corrosion-resisting steel; non-corrosive steel
抗蚀合金 non-corrosion alloy; non-corrosive alloy; non-destructive test(ing)
抗蚀河岸 resistance bank; resistant bank
抗蚀剂 corrosion inhibiting admixture; corrosion resister; etching resist; resist; slushing compound
抗蚀(刻)涂层 etch-resistant coating
抗蚀磷化法 atrament process
抗蚀膜 etchant resist; resist; resist film
抗蚀强度 corrosion strength
抗蚀墙 counter dam
抗蚀润滑剂 slushing compound
抗蚀润滑油 slush; slushing oil
抗蚀润滑脂 slushing grease
抗蚀砂浆 anti-corrosive mortar; corrosion inhibiting mortar; corrosion inhibiting slurry
抗蚀图形 resist pattern
抗蚀性 corrosion resistance; corrosion stability; counteretch; resistance to fouling; resistivity; tarnish resistance
抗蚀性材料 corrosion-resistant material
抗蚀油脂 slushing compound; slushing oil
抗蚀作用 against corrosion
抗试剂性 reagent resistance
抗收缩钢筋 shrinkage bar; shrinkage reinforcement; shrinkage steel
抗鼠疫的 anti-plague
抗衰减 anti-damping
抗衰老的 age-fast; age-proof; age-resistant
抗衰落放大器 fading amplifier
抗衰落天线 anti-fading antenna
抗甩性 anti-centrifugal splash; centrifuge adhesion
抗霜白花性 efflorescence resistance
抗霜的 non-frost-active
抗霜冻保护设计 design for protection against frost action
抗霜(冻)性 frost resistance; resistance to frost
抗霜多孔砖 frost-proof porous brick; frost-resistant porous brick
抗霜灰砂砖 frost-proof lime-sand brick; frost-proof sand-lime brick; frost-resistant lime-sand brick; frost-resistant sand-lime brick
抗霜砖 non-frost-active(clay) brick
抗水板 loading coat; loading concrete; loading slab
抗水波纹纸板 water resistance corrugated board
抗水玻璃 water-resistance glass
抗水处理 water-repellent treatment
抗水的 hydrostable; water-fearing; water repellent; water-resistant
抗水化性 hydration tendency
抗水剂 water-repellent admixture
抗水胶 hydraulic glue
抗水解能力 hydrolytic resistance
抗水解稳定性 hydrolytic stability
抗水解性 hydrolysis resistance
抗水流能力 flow resistance
抗水树形击穿 water treeing resistant
抗水土壤 earth water proofing
抗水稳定性 hydrostability
抗水洗能力 washload resistance
抗水性 resistance to water; water-proof(ing) quality; water-repellency; water resistance; water-resisting property
抗水性测定 water resistance measurement
抗水性涂料 waterproof paint
抗水油漆 water-resistant [resisting] paint
抗水蒸气的 water vapo(u)r resistant
抗水阻力 resistance to water; water resistance
抗撕裂的 tear proof
抗撕裂强度 tear resistance; tear strength
抗撕裂性 tear resistance
抗酸材料 acid-resistant material
抗酸处理 <用高温煤焦油和煤油处理> niggerizing
抗酸的 acid-fast; acidoresistant; acid-resisting; acid-resistant; anti-acid
抗酸等级 class of resistance to acids
抗酸杆菌 acid-fast bacillus
抗酸合金 acid-resisting alloy
抗酸混凝土 acid-resisting concrete
抗酸剂 antacid; anti-acid; resist
抗酸碱砖 acid and alkaline resisting brick
抗酸胶 acid-proof mastic
抗酸金属 anti-acid metal; Monel metal
抗酸金属合金 regulus metal alloy
抗酸力 acid-resistance
抗酸青铜 anti-acid bronze
抗酸染色 acid-fast stain
抗酸染色法 acid-fast staining
抗酸水泥 anti-acid cement
抗酸添加剂 anti-acid additive
抗酸涂料 acid-resisting paint
抗酸系统 acid feed system
抗酸(细)菌 acid-fast bacteria
抗酸性 acid-resistance; acid-resisting
抗酸性试验 acid-resistance test
抗碎裂 shatter-resistant
抗碎落性 resistance to chipping
抗碎强度 crushing strength; resistance to breakage
抗碎强度范围 crushing strength range
抗碎强度分级 resistance to breakage graduation
抗碎强度级别 crushing strength class
抗碎强度龄期关系 <混凝土> crushing strength-age relationship
抗碎强度试验 crushing strength test
抗碎强度域 crushing strength range
抗损坏的坚牢度 fastness against damage
抗损力 resistance against damage
抗损强度 resistance against damage
抗损寿命 wearing life
抗损性 damage fastness
抗缩 non-shrink
抗缩处理 anti-shrinkage treatment
抗缩的 anti-shrink; non-shrinking; shrink-proof
抗缩砂浆垫层 anti-shrinking mortar pad
抗缩水泥 non-shrink cement
抗塌落 collapse resistance
抗弹力 elastic resistance
抗弹性系数 elastoresistance coefficient
抗体 anti-body
抗涂划漆 anti-graffiti paint
抗团聚力 resistance to agglomeration
抗推 pushing resistance
抗推劲度系数 thrust stiffness factor
抗褪色稳定性 light stability
抗脱色性 resistance to crocking
抗外力内弯曲 resistance moment
抗外力弯矩 resistance moment
抗弯 bending resistance
抗弯安全 safety against buckling
抗弯长度 buckling length
抗弯的 bendproof; flexurally rigid
抗弯的空间构架 space frame-moment resisting
抗弯负载 three-point loading
抗弯刚度 bending rigidity; bending stiffness; flexural rigidity
抗弯刚度的 resistant to bending
抗弯刚度系数 coefficient of bending stiffness
抗弯刚性 bending rigidity; bending stiffness; flexural rigidity
抗弯钢筋 moment reinforcement
抗弯钢螺栓连接 bolted moment-resisting steel joint
抗弯节点 moment resisting connection
抗弯劲度 bending stiffness
抗弯矩拼接板 moment plate
抗弯开裂 anti-flex cracking
抗弯抗拉试验机 machine for flexural tensile tests
抗弯空间框架 moment resisting space frame
抗弯框架 moment resisting frame
抗弯拉 bending resistance
抗弯力 bending resistance
抗弯力系数 buckling factor
抗弯联结 moment connection; moment resisting connection
抗弯裂 anti-flex cracking
抗弯模量 bending modulus; flexural modulus; flexure modulus
抗弯模数 bending modulus; flexural modulus; flexure modulus
抗弯能力 bending resistance; bending strength; bending value; buckling resistance; buckling strength; resistance to bend(ing)
抗弯扭稳定性 bending torsion stability
抗弯疲劳强度 endurance bending strength
抗弯强度 bending resistance; bending strength; bend strength; buckling strength; flexural resistance; flexural strength; flexure strength; resistance to bend(ing); strength in bending; strength of flexure; transverse strength
抗弯桥墩 moment-resistant pier
抗弯曲的 bendproof; resistant to bending
抗弯曲强度 flexural resistance
抗弯曲性 bending resistance; flexure resistance; resistance to bending strain
抗弯曲应变力 resistance to bending strain
抗弯曲振动强度 flexural oscillation strength
抗弯屈服点 bending yield point
抗弯试棒 arbitration bar; flexure test bar
抗弯试验 beam test; bending test; transverse test
抗弯弹性模量 modulus of elasticity in static bending
抗弯稳定性 buckling stability
抗弯性 buckling resistance; flexing resistance
抗弯性能 flexural behavio(u)r
抗弯因数 buckling factor
抗弯应力 bending stress; buckling stress; flexural stress; flexure stress
抗弯应力强度 bending stress strength
抗弯阻力 buckling resistance
抗微生物的 anti-microbic
抗微生物废水 anti-microbial wastewater
抗微生物剂 anti-microbial agent
抗微生物物质 anti-microbial substance; anti-microbic substance
抗温度的 temperature-proof; temperature-resistant
抗温度试验 resistance to temperature test
抗温钢筋 temperature reinforcement
抗涡流板 eddy plate
抗污染 anti-fouling
抗污染的 resistant to pollution
抗污染剂 anti-pollutant
抗污染能力 pollution resistance
抗污染树种 anti-pollution tree species; pollution-resisting species of trees
抗污染物质的刺激 anti-pollution incentives
抗污染型 resistant form
抗污染性 resistance to staining
抗污染植物 pollution-resisting plant
抗污染装置 anti-pollution device
抗污染作用 anti-pollution
抗污着反渗透 fouling resistance reverse osmosis
抗污着反渗透膜 fouling resistance reverse osmosis membrane
抗雾玻璃 fog resistant glass
抗雾电阻 anti-mist resistance
抗雾绝缘子 anti-fog insulator
抗吸潮老化性 resistance to humid ag(e)ing exposure
抗吸附 anti-adsorption
抗吸附剂 inhibitor adsorption
抗细菌的 anti-bacterial
抗细裂性 checking resistance; craze resistance
抗下垂作用 sag resistance
抗下陷性 sink resistance
抗显黏[粘]性 resistance to tack development
抗相关 decorrelation
抗斜刚度 tilting stiffness
抗斜剪刀撑 sway brace
抗性害虫 resistant insect
抗性试验 resistant proof
抗性消声器 reactive muffler
抗性植物 resistant plant
抗朽 decay resistance
抗朽性 decay resistance
抗锈 rust-proof(ing)
抗锈膏 rust preventing grease
抗锈剂 rust resister
抗锈蚀 resistance against rust; resistant to tarnishing
抗锈蚀的 resistant to rust; resistant to tarnishing
抗锈蚀钢 corrosion resistant steel
抗锈蚀能力 corrosion resistance
抗锈蚀润滑剂 corrosion protecting lubricant

抗锈蚀性 rust quality; rust-resisting property
抗徐变的 creep-resistant; creep-resisting
抗絮凝剂 deflocculant; deflocculating agent
抗絮凝离心机 deflocculator
抗絮凝器 deflocculator
抗絮凝污泥 deflocculated sludge
抗絮凝作用 deflocculation
抗压 resist compression
抗压刚度 compressive rigidity; compressive stiffness
抗压刚度系数 coefficient of compressive stiffness
抗压钢筋 compressed reinforcement; compression bar; compression reinforcement; compression steel; compressive bar; compressive reinforcement; reinforcement for compression
抗压钢筋比率 ratio of compressive reinforcement
抗压构件 compressional member in compression; compression strut
抗压荷载 compression load
抗压痕性 dent resistance
抗压回弹量 tensile resilient modulus
抗压极限强度 ultimate compressive strength
抗压加固 reinforcement for compression
抗压加筋 reinforced for compression
抗压加强 reinforcing for compression
抗压力 bearing resistance; compressive force
抗压立方强度 cube crushing strength
抗压模量 compressive modulus
抗压模数 compressive modulus
抗压能力 compression resistance
抗压潜水 anti-pressure diving
抗压强度 compressing strength; compression strength; compressive resistance; compressive strength; resistance to compression; strength of compression
抗压强度范围 compression strength range; compressive strength range
抗压强度分等 compressive strength class
抗压强度级别 compression strength class
抗压强度试验 compression strength test; compressive strength test; strength test of compression
抗压强度试验用立方试块 compressive strength test cube
抗压强度仪 compressive strength tester
抗压曲强度 buckling strength
抗压屈服点 compressive yield point
抗压蠕变 pressing creep
抗压入强度 resistance to indentation
抗压试件 compression test specimen; testing compression specimen
抗压试验 compression test; compressive test; cube test <混凝土立方体试验>
抗压试验机 compressive test machine
抗压试验用立方试件 compression cube
抗压碎强度 crushing strength
抗压碎性 resistance to crushing
抗压缩性 resistance to compressive strain
抗压缩应变力 resistance to compressive strain
抗压弹性极限 elastic limit under compression
抗压弹性模数 modulus of compression
抗压稳定 stabile against crushing; stability against crushing
抗压性 resistance pressure; resistance to compression
抗压性能 compressive property; load(ing) resistance; resistance to load
抗压应力 compression stress; compressive stress; pressure load(ing)
抗压应力场 compressive stress field
抗压支柱 knee strut
抗压支座 tension-compression bearing
抗压阻力 compressive resistance
抗烟酸 anti-niacin; anti-nicotinic acid
抗烟雾污染性 smoke stain resistance
抗烟性 fume resistance
抗淹性 water-logging resistance
抗盐水性 salt-water resistance
抗盐雾性 resistance to salt spray fog
抗盐性 salt-resistance
抗阳光降解性 resistance degradation by sunlight
抗氧化 oxidation resistance
抗氧化的 inoxidizable; oxidation resistant; resistant to oxidation
抗氧化钢 age resistant steel; oxidation-resistant steel
抗氧化剂 age-resister[resistor]; anti-oxidizing agent; anti-oxygen; anti-precipitant; inhibitor; oxidation inhibitor; oxidation resistant; protection agent; anti-oxidant
抗氧化能力 oxidation resistance
抗氧化润滑脂 oxidation-inhibited grease
抗氧化添加剂 <润滑油中的> anti-oxidant additive
抗氧化涂层 anti-oxidation coating; oxidation-resistant coating
抗氧化性 anti-oxidant; anti-oxidation; inoxidizability; non-oxidizability; oxidation resistance
抗氧化油 inhibited oil
抗氧化作用 anti-oxidation
抗氧活性 anti-oxygenic activity
抗氧剂 anti-oxygen; chemical inhibitor
抗氧剂保护系数 protective factor (of an anti-oxidant)
抗氧添加剂 anti-oxidant additive
抗摇摆系杆 sway brace
抗摇溶现象 anti-thixotropy; negative thixotropy
抗摇支撑 sway bracing
抗咬合性 seizure resistance
抗咬起性能 self-lifting resistance
抗药性 drug resistance
抗液冲性 resistance to hydraulic shock
抗液化系数 liquefaction resistant factor
抗液化指数 liquefaction resistant index
抗一氧化碳 carbon monoxide resistance
抗议信号 protest signal
抗议与索赔 complaints and claims
抗议者 complainant; demurer
抗印刷性 print resistance
抗油 oil-proofing
抗油的 fuel oil-proof; fuel oil-resistant; oil-resistant
抗油污染物 anti-oil pollutant
抗油性 grease resistance; oil fastness; oil resistance; resistance to oil
抗油性表面处置 oil-resistant surface dressing
抗油性聚氯乙烯 oil resistance polyvinyl chloride
抗有机磷害虫 organophosphate resistant strain
抗釉裂 crazing resistance
抗淤沉 anti-sludge
抗淤沉添加剂 anti-sludge additive
抗淤积 anti-sludge
抗淤积的 anti-sludging
抗余辉性 afterglow resistance
抗雨力 rain resistance
抗雨雪干扰 anti-clutter rain
抗御自然灾害的能力 capacity to combat natural adversities
抗原 anti-gen
抗原性 anti-genicity
抗杂波(干扰) anti-clutter
抗灾社区 disaster-resistant community
抗再沉积剂 anti-redeposition agent
抗脏 soil and oil repellent
抗脏污水性 resistance to dirt
抗噪的 noise-proof
抗噪电路 anti-jamming circuit; anti-noise circuit
抗噪声 noise-immune
抗噪声传声器 anti-noise microphone; noise canceling microphone
抗噪声的 anti-microphonic; noise-stop; anti-noise
抗噪声电路 noise suicide circuit
抗噪声度 noise immunity
抗噪声送话器 anti-noise microphone; noise-cancelling microphone
抗噪声性 noise immunity
抗噪特性 noise-proof feature
抗噪性 noise immunity
抗渣试验 slag corrosion test
抗渣性 resistance to slag erosion; slag corrosion resistivity; slag resistance
抗沾污性 anti-contamination
抗黏[粘]性 tackiness resistance
抗张积 tensile product
抗张力 stretching force; stretching resistance; tensile; tension stress
抗张裂加筋 bursting reinforcement
抗张模量 tensile modulus
抗张能量 tensile power
抗张强度 strength of extension; tensile strength; tension strength
抗张强度测定 tensile strength test
抗张弹性 tensile elasticity
抗张性能 tensile property
抗张应力 tensile-stressed skin
抗张值 tensile figure
抗张质量 tensile quality
抗胀性 swelling resistance
抗照射 resistance to exposure
抗折叠性(能) crease resistance; creasing resistance
抗折断裂模量 modulus of rupture in bending
抗折开裂 anti-flex cracking
抗折肋骨 panting frame
抗折裂 anti-flex cracking
抗折破坏荷载 rupture load in bending
抗折强度 bending strength; cross-bending strength; cross-breaking strength; flexural strength; rupture strength
抗折强度仪 bending strength tester
抗折试验 bending test; cross-bend test; rupture test
抗折纵材 panting stringer
抗真菌 fungal resistance
抗真菌的 anti-fungal; anti-fungus; fungus-proof
抗真菌或其他微生物能力 infection resistance
抗振 anti-knock; anti-vibration; shake-proof
抗振荡阻力 resistance to oscillation
抗振的 vibration resistant; vibration-proof
抗振动的 vibration resistant
抗振结构系数 aseismatic structural factor
抗振强度 anti-vibration strength
抗振台 anti-vibration mounting
抗振托架 anti-vibration mounting
抗振性 freedom form vibration; immunity to vibration; resistance to vibration; vibration resistance
抗振装置 anti-vibration device; anti-vibration mounting
抗振作用 anti-hunt action
抗震 anti-detonation; resistance to shock; seismic resistance; seismic restraint; shock resistance
抗震安全度 aseismatic safety
抗震安全性 aseismatic safety; aseismic safety
抗震保护 aseismic protection
抗震玻璃 non-shatterable glass
抗震部件 earthquake resistant component; earthquake-resisting component
抗震撑杆 seismic bracing
抗震措施 aseismatic measure; aseismic measures; aseismic protective measures; earthquake protective measure; earthquake resistant measure; seismic fortification measure; seismic measure
抗震的 anti-knock; earthquake resistance; anti-seismic; earth proof; knock-sedative; quake-proof; shatter-proof; shock-proof; shock-resistant; shock resisting
抗震电子管 nuvistor
抗震动 resistance to shock
抗震对策 earthquake protection policy
抗震分析 earthquake resistant analysis
抗震缝 anti-seismic joint; aseismic joint; earthquake separation; seismal joint; seismic joint
抗震缝盖板 aseismic joint cover
抗震概念设计 conceptual seismic design; seismic concept design
抗震钢弹簧板 anti-vibration steel-spring plate
抗震工程 anti-seismic engineering; earthquake-proof construction
抗震工程学 aseismic engineering; earthquake engineering; engineering seismology
抗震构件 earthquake resistant element; earthquake-resisting element
抗震构造 anti-seismic construction; aseismic construction; aseismic structure; earthquake-proof construction
抗震构造措施 details of seismic design; details of seismic measures
抗震惯性 seismic acceleration
抗震规定 aseismatic code
抗震规范 aseismic code; earthquake resistant code; seismic code
抗震规划 seismic planning
抗震规则 earthquake resistant regulation
抗震荷载 earthquake load(ing)
抗震化合物 anti-detonator
抗震基础 earthquake-proof foundation; foundation designed for seismic load
抗震计算 anti-seismic calculation; anti-seismic computation; aseismic calculation; aseismic computation
抗震技术 aseismic technique; earthquake-proof(ing) technique
抗震剂 anti-detonator; anti-knock; anti-knock compound; knock agent;

K

knock-compound; knock reducer
抗震加固 aseismatic strengthening; aseismic hardening; aseismic strengthening; aseismic upgrading
抗震加固补助费 earthquake prevention subsidies
抗震加强支架 anti-detonation timbering
抗震减灾规划 earthquake disaster reduction planning
抗震剪力墙 aseismic shear wall
抗震剪力墙简体结构 aseismatic structure with shear wall core
抗震剪力墙结构 aseismatic structure with shear wall
抗震建筑物 earth building; earthquake-proof structure; earthquake-proof building; anti-seismic construction; anti-seismic structure; aseismic structure; earth-proof construction; earthquake-proof construction; earthquake resistant construction; seismic construction
抗震接头 aseismatic joint; earthquake-proof joint
抗震结构 anti-seismic structure; aseism(at)ic structure; earthquake-proof construction; earthquake resistance structure; earthquake resistant structure; quake-proof structure; quake resistant structure
抗震结构系数 aseismic structural factor
抗震救灾指挥部 earthquake relief headquarters
抗震决策分析 aseismic decision analysis
抗震能力 aseismic capacity; earthquake capacity; earthquake resistance; earthquake resistant capability; seismic resistant capability; seismic resistant capacity; shock-absorbing capacity
抗震棚 earthquake shelter
抗震强度 anti-seismic strength; aseismatic strength; aseismic strength; shock strength; strength of breaking; strength under shock
抗震强度图 sheargraph
抗震墙 aseismic wall; earthquake resistant wall; earthquake-resisting wall; quake-resistant wall; seismic structural wall
抗震墙柱 earthquake resistant wall column
抗震设防 earthquake precaution; earthquake protection
抗震设防标准 earthquake precautionary criterion[复 criteria]; seismic fortification criterion[复 criteria]; seismic precautionary criterion[复 criteria]
抗震设防烈度 earthquake precautionary intensity; seismic fortification intensity; seismic precautionary intensity
抗震设防目标 fortification target of earthquake resistance
抗震设防区划 earthquake resistant fortification zoning
抗震设计 anti-seismic design; aseismatic design; aseismic design; design for earthquake; earthquake design; seismal resistant design; seismic design; seismic resistance design; seismic resistant design
抗震设计参数 seismic design parameter
抗震设计规范 aseism(at)ic design code; earthquake resistant design code
抗震设计决策分析 aseismic design decision analysis; seismic design decision analysis
抗震设计烈度 design seismicity
抗震试验 aseism(at)ic test; knock test(ing)
抗震试验机 shock tester
抗震弹簧 anti-chatter spring
抗震特点 earthquake resistance feature
抗震特征 earthquake feature
抗震条例 earthquake resistant regulation
抗震稳定性 anti-vibrating stability; aseismic stability; seismal stability; seismic stability
抗震物 shock resistance
抗震系统 seismal control system; seismic control system
抗震细部 aseismic detailing
抗震斜撑 earthquake bracing
抗震型木结构 mill-type timber construction
抗震性 aseismicity; earthquake proofness; earthquake resistivity; knock characteristic; resistance to shock; shock resistance
抗震性能 earthquake resistant behavio(u)r; earthquake-resisting behavio(u)r
抗震性试验 shock-proof test
抗震研究 seismic study
抗震要求 aseismic requirement
抗震仪表 ruggedised[ruggedized] instrument
抗震用的基底隔振 aseismic base isolation
抗震油剂 anti-knock compound
抗震运动特殊接缝 special joint for seismic movements
抗震政策 aseismic policy; earthquake protection policy
抗震支撑 aseismic brace
抗震支承 aseismic support
抗震支座 aseismic bearing; earthquake resistant bearing
抗震值 anti-knock value; knock value
抗蒸馏性 retort resistance
抗蒸腾 anti-transpirant
抗致癌物 anti-carcinogen
抗重 anti-gravity; counter-balance
抗重过滤 anti-gravity filtration
抗重力 anti-gravitation; anti-gravity
抗重力阀 anti-gravity valve; anti-g valve
抗重力过滤 anti-gravity filtration
抗重力机 anti-gravity machine
抗重力筛 anti-gravity screen
抗重力装置 anti-gravity device
抗重筛 < 筛料自下而上筛过 > anti-gravity screen
抗轴向压缩力 resistance to axial compression
抗皱性(能) wrinkle resistance; crease resistance
抗煮沸的 boil(ing) proof
抗蛀性 moth repellency
抗抓拉强度 grab tensile strength
抗转矩 resisting torque
抗转绳 anti-rotating rope
抗撞墩 anti-collision pier
抗撞性能 anti-collision property; crashworthiness
抗紫外线变色性 resistance to colo(u)r change by ultraviolet
抗紫外线的 uviofast; uvioresistant
抗紫外线光能力 ultraviolet light resistance
抗紫外线光稳定性 ultraviolet light stability
抗紫外线性 ultraviolet protective property
抗纵向弯曲力 buckling resistance
抗纵向弯曲强度 buckling strength
抗纵摇鳍 anti-pitching fin
抗阻导流片 anti-drag baffle
抗阻电桥 impedance bridge
抗阻尼 anti-damping
抗阻塞 anti-blocking
抗阻运动 resistive exercise

炕

炕式坩埚炉 pit-type crucible furnace

钪

钪矿 scandium ore
钪矿床 scandium deposit
钪绿柱石 bazzite
钪霓辉石 jervisite
钪钇石 thortveitite

考

考柏斯水平烟道炼焦炉 Koppers horizontal-flue oven
考贝式热风炉 Cowper stove
考毕兹振荡器 < 电容回授振荡器 > Collpits oscillator
考查 research; review
考察 expedition; expeditionary observation; exploration; exploratory search; inspection; investigation; scrutinizing; study tour; tour of observation
考察船 recording ship; recording vessel; research ship; research vessel
考察船队 research vessel unit
考察队 expedition; expedition party; expedition team
考察旅行 study tour; tour of observation
考察任务 exploratory mission
考察团 exploratory mission; inspection delegation; investigation group; observation group
考察性调查 expeditionary research
考察者 explorer
考察资料 investigation material
考大曼碘值 Kaufmann iodine value
考得量度 < 木材的 > Cord measure
考得数 cordage
考得(英)尺 < 4×4×1,等于层积计算单位的 1/8 > cord-foot
考杜导火线 Cordean
考尔巴杆尺 Colby's bars
考尔茨发动机 Kauertz engine
考尔公式 Cauer formula
考尔泰松 Coulter pine
考夫阶 < 中泥盆世 >【地】Couvian
考古博物馆 Museum of Archaeology
考古地点 archaeologic(al) site
考古发掘 archaeologic(al) dig
考古法 archaeologic(al) method
考古化学 archaeologic(al) chemistry
考古勘察 archaeologic(al) exploration
考古潜水 archaeologic(al) diving
考古摄影测量 archaeologic(al) photogrammetry
考古水文学 archaeo-hydrology
考古图 archaeologic(al) map
考古学 archaeology
考古学的 archaeologic(al)
考古学家 archaeologist
考古学证据 archaeologic(al) evidence
考古资料分析 archaeology data analysis
考核 qualify for
考核标准 assessment criterion
考核成绩 results of rating
考核规程 verifying procedure
考核加薪 merit increase
考核鉴定 verification
考核内容 appraisal criterion
考核指标 check index; criterion[复 criteria] for evolution
考核制度 check-up system; feedback system; system of rating
考机 burn-in
考绩 merit rating
考绩标准 performance rating
考绩等级尺度 performance rating scale
考绩提资 merit increase pay
考绩征税办法 merit rating plan
考绩制度 merit rating plan
考科环 Koch ring
考科瓶 Koch flask
考克 cock
考克把手 cocket handle
考克罗夫-瓦耳顿发电机 Cockcroft-Walton generator
考克罗夫-瓦耳顿式加速器 Cockcroft-Walton type accelerator
考拉洛铝镁合金 colalloy
考拉尼尔铜镍合金 Corronil
考拉尼姆合金 Corronium
考拉聂尔镍钼铁合金 Corronel
考雷斯电炉 Cowles furnace
考雷斯铜铝合金 Cowles
考里树胶 kauri
考林托港 < 尼加拉瓜 > Port Corinto
考林辛两廊为 15 柱的八圆柱式神庙 Corinthianesque peripteral octastyle temple with fifteen columns on the flanks
考林辛式 Corinthian style
考林辛式底脚 Corinthianesque base
考林辛式顶盘 Corinthian entablature
考林辛式建筑 < 古希腊 > Corinthian
考林辛式圆柱式神庙 Corinthianesque peripteral temple
考林辛式柱础 Corinthianesque column base
考林辛式柱顶板下纤细柱身 Cauliculus
考林辛式柱廊 Corinthianesque portico
考林辛式柱帽 Corinthianesque capital
考林辛式柱头 calathus; Corinthian capital
考林辛式柱型 Corinthian order
考林辛柱 Corinthian column
考林辛柱顶盘 Corinthian entablature
考林辛柱头 capital of Corinthian column
考虑产品的设计 considerations in product design
考虑到环境因素的经济 environmentally determined economy
考虑的坝址 considered dam site
考虑的港址 considered port site
考虑地面影响的电容 grounded capacitance
考虑发盘 entertain offer
考虑霜冻导致强度下降的地基设计 frost condition reduced(sub) grade strength design
考虑土和结构相互作用的设计 soil-structure interaction design
考马姆拉模型 Komamura model
考马斯亮蓝 Coomassie brilliant blue
考莫尔钴钼永磁合金 Comol
考莫钴钼高速钢 Co-mo
考涅尔代用白金 konel
考涅尔铁镍铬合金 conel
考潘轴承合金 Copan
考佩尔镍铜电阻合金 Copel
考勤本 attendance book
考勤簿 time book
考勤登记本 roll book
考勤奖金 attendance bonnet

考勤卡 clock card;time card
考勤钟 telltale;time clock
考任制 system of recruitment of cadres
考斯风 cowshee;kaus;sharki
考特开帕式护舷 Cordkapp fender
考瓦尔铝合金 Koval
考维特式建筑 <一种类似卡莫斯式的体系结构> Cauvet
考验场 proving ground
考依波泥灰岩 Keuper marl
考依波-钦利极性带【地】Keuper-Chinle polarity zone
考依波-钦利极性时 Keuper-Chinle polarity chron
考依波-钦利极性时间带 Keuper-Chinle polarity chronzone
考依波统 <晚三迭纪含泥灰岩及砂岩>【地】Keuper(series)
考证 textural criticism; textural research
考证规 reference ga(u)ge

拷版机 plate whirler; whirler machine

拷贝 copy(ing); manifold; replica; duplicating film
拷贝文件 copying file
拷边机 serger
拷花机 crimping machine

栲胶 tannin extract

栲里树胶 Cowrie
栲利树胶 Kauri gum
栲利树脂 kauri resin
栲利酸 Kaurinic acid
栲林 evergreen chinquapin
栲树 katus
栲树属 evergreen chinquapin
栲属 <拉> Castanopsis

烤板 construction heater;grilling

烤焙器 grill(e)
烤钵 cupel
烤钵冶金法 cupellation
烤瓷 stove enamel
烤瓷法 stove enamelling
烤干 baking;dry out;furnace drying;oven drying;stoving
烤干瓷漆 baking enamel;stoving enamel
烤干的 baked
烤干清漆 baking varnish
烤干涂料 baking paint;stoving paint
烤花 decorating fire;enamel firing
烤花窑 decorating kiln;decorating lehr; decoration firing lehr; decoration kiln
烤火费 <俚语> winter coal allowance
烤火钢盆 Salamander
烤架 gridiron;grilling;salamander grill
烤胶 tannin extract
烤焦 scorch;singe
烤焦的 adust
烤焦煤 baking coal
烤炉 bake oven; baking oven; grin burner;oven;roasting oven
烤面包炉 baker oven
烤面包室 bakery
烤盘 Salamander
烤漆 baking;baking paint;baking finish; baking varnish; japanning; stoving finish;stoving varnish
烤漆处理 baked finish
烤漆烘箱 paint baking oven;paint oven
烤漆炉 paint baking oven
烤漆饰面 baked finish; baked(-on) enamel finish;baking finish
烤器 salamander grill
烤清漆 backing varnish; stoving finish;stoving varnish
烤清漆饰面 backing varnish finish
烤肉餐厅 grill(e);grill(e)room
烤肉店 rotisserie
烤烧(肉鱼)barbecue
烤烧釉下颜料窑 hardening-on kiln
烤铜焊 furnace brazing
烤箱 backing oven;bake oven;broiler
烤箱灶 cooker; gas cooker; gas range;gas stove
烤鸭店 roast-duck restaurant
烤窑 heating-up; roasting kiln; warming up
烤窑时间 heating-up time; warming-up time
烤窑烟道 start-up flue
烤窑用灯头 pit burner
烤窑用燃烧器 heat-up burner; start-up burner
烤炙炉 grill(e)burner
烤炙器 griller
烤炙肉品店 grill(e)room
烤炙室 grill(e)room
烤砖窑 brick heating kiln

铐子链 endless chain for fastening wire rope;rigging chain

靠岸 alongside; make a landing; touch at

靠岸测速仪 berthing aid system;docking sonar
靠岸船闸 <双线船闸中的> land lock
靠岸船闸闸墙 land wall of lock
靠岸单墙式浮船坞 single-walled floating dock
靠岸航行 hug the coast;hug the land; hug the shore
靠岸(横)码头 landing quay;landing pier;landing wharf
靠岸缆索 checkline
靠岸力分布 distribution of docking force
靠岸桥墩 abutment pier; butment pier;leaning pier
靠岸区 landing area;landing zone
靠岸式浮(船)坞 offshore floating dock
靠岸索 breasting line
靠岸系泊 moor alongside
靠岸(闸)墙 land wall
靠坝式水电站 dam type power plant; dam type power station
靠板 backup plate
靠帮 fender
靠背 backrest;backup holstering
靠背板 back-board; backplate; seat back plate
靠背衬料 seat back lining
靠背底板 seat back base
靠背垫 arm rest;squab;back cushion
靠背垫面 seat back cover
靠背扶手 seat back arm
靠背壳体 coupler body
靠背框 seat back frame
靠背镶边 seat back edge
靠背斜度可调座椅 tilting seat
靠边车道 side lane
靠表 pictest
靠泊 berth alongside; berthing; going alongside;landing;moor alongside
靠泊传令钟 docking telegraph
靠泊船舶 berthing ship;berthing vessel;docking ship;docking vessel
靠泊船舶的有效动能 effective energy of berthing vessel
靠泊船只 berthed vessel; berthing ship;berthing vessel;docking ship; docking vessel
靠泊调动 mooring maneuver
靠泊反力 berthing reaction
靠泊方法 method of docking
靠泊辅助系统 berthing aid system
靠泊和系泊 dock functions
靠泊荷载 berthing load
靠泊及系缆两用码头墩子 breasting/mooring pier
靠泊建筑物 berth structure
靠泊角度 angle of ship approach
靠泊力 berthing force
靠泊码头 berthing in
靠泊模式 berthing mode
靠泊能量 berthing energy
靠泊设备 berthing accommodation; berthing facility;docking accommodation;docking harbo(u)r;docking facility
靠泊设施 berthing accommodation; berthing facility;docking accommodation;docking harbo(u)r;docking facility
靠泊时间 berthing time
靠泊速度 approaching speed; approaching velocity;berthing speed; berthing velocity;mooring speed
靠泊系缆 berthing hawser
靠泊线 berthing line
靠泊信号 berthing signal
靠泊用拖轮 berthing tug(boat)
靠泊原则 principle of berthing
靠泊作业 berthing maneuver
靠叉 <塔上钻杆> hay rake
靠尺 batter stick; feather-edge; guiding rule;lute;plaster ground;plumb rule; running rule; screed; screed guide;slipper guide;straight edge
靠尺板 plaster ground;square staff
靠船臂架 mooring boom
靠船边 berthing impact
靠船操纵 berthing maneuver
靠船冲击荷载 berthing impact load; docking impact load(ing)
靠船冲击力 docking impact force; docking impact load(ing)
靠船冲力 docking impact
靠船冲力荷载 docking impact load(ing)
靠船簇桩 breasting clustered piles; breasting dolphin;piled dolphin
靠船岛 breasting island
靠船地 breasting island
靠船墩 berthing dolphin; berthing pier;breasting dolphin;breasting island;dolphin;mooring dolphin
靠船墩式泊位 fixed mooring berth
靠船构件 berthing member
靠船构筑物 structure for berthing; works for berthing
靠船和系船 dock functions (of a ship)
靠船荷载 berthing load
靠船护舷 berthing fender
靠船架 breasting dolphin; breasting island;fender rack
靠船建筑物 berthing structure; docking structure;work for berthing
靠船角 angle of approach
靠船结构物 berthing structure
靠船力 berthing impact;breasting load; docking force;breasting force
靠船力计算 evaluation of berthing load
靠船梁 berthing beam
靠船码头 ship(ping) terminal
靠船码头前沿线 berthing head line (of jetty)
靠船面 berthing face
靠船能力 berthing capacity
靠船能量 berthing energy; docking energy
靠船能量计算 evaluation of berthing energy
靠船平台 berthing platform;breasting platform
靠船区 docking area
靠船设备 berthing accommodation; berthing plant;facility for berthing
靠船设施 breast work;berthing facility
靠船声呐系统 docking sonar system
靠船速度 berthing speed;berthing velocity; docking speed; docking velocity
靠船速度监测仪 speed-of-approach monitoring aid
靠船速度监测设备 speed-of-approach monitoring aid
靠船系船墩 dual-purpose dolphin
靠船用排桩 <运河口设备> mooring rack
靠船栈桥 berthing jetty;berthing beam
靠船柱 breasting dolphin
靠船桩 fender pile
靠船撞击力 berthing impact;docking impact
靠船撞击能量 berthing impact energy
靠船撞击荷载 berthing impact load
靠船作业 berthing maneuver
靠垫 back cushion
靠动力回摆和倾斜的推土板 power angle and tilt blade
靠动力回转的推土板 power angle blade
靠动力倾斜的铲刀 power tilt blade
靠动力倾斜的推土板 power tilt blade
靠动力调节回摆角 power angle tiltdozer
靠动力调整推土板倾斜角 power tilt
靠陡岸 going alongside the steep shore
靠风航行 hug the wind
靠浮船坞的栈桥码头 floating dock berth
靠工资为生的人 wage earner
靠工资维生的工人 hourly period worker
靠骨灰【建】pricking-up coat
靠惯性滑行下坡 coast
靠辊 roller rest
靠海滨的 beachfront
靠机械力回位的斗 mechanical resetting skip
靠挤压力 berthing pressure
靠接 inarching;nurse graft
靠近 border on; border upon; by the side of; close at hand; draw near; touch at
靠近船尾 aft most
靠近的 closely spaced
靠近港 off the port
靠近海岸的河段 maritime river reach
靠近祭坛的座位 <古英国> frithstool
靠近路边的一侧 nearside
靠近码头的地方 quayside
靠近墙角的标石 witness corner
靠近(他船)舷侧 aboard;shipboard
靠近障碍物的工作 close work
靠近主房的披屋 attached pent-house
靠离作业拖轮 berthing tug(boat)
靠拢 close up;curtate <卡片信息孔的>【计】
靠拢过来 get close
靠拢停泊 get alongside; moored a-

longside
靠(路)边车道 nearside lane
靠路边停靠站 near-side stop
靠路肩车道 shoulder lane
靠轮拉动的<拉门> underhung
靠轮子在轨道上滚动的拉门 underhung door
靠码头 alongside a pier; alongside wharf; berthing; berthing alongside; dockage; wharf
靠码头的船舶 berthing ship; docking ship; docking vessel
靠码头荷载 berthing load
靠码头控制 approach docking control
靠码头时间 berthing time
靠码头速度 berthing speed; berthing velocity; approaching speed; approaching velocity; mooring speed
靠码头速度监测仪<船舶> speed-of-approach measuring equipment
靠码头停泊 lie in berth
靠码头系统 berthing system
靠码头卸货 discharging at wharf
靠码头作业 berthing maneuver
靠模 cam; contour cam; explorator; master; master form; model(l)ing; profile modelling; profiling
靠模板 master plate
靠模板斜度 can slope
靠模槽 cam slot
靠模车床 cam lathe; copying lathe; forming lathe; geometric(al) lathe; tracer-controlled lathe
靠模车削 cam-turning; copying turning; profile turning
靠模刀具 profiling cutter
靠模等值面 contour plate
靠模端面车削 contour facing; profile facing
靠模法 form copying
靠模仿形 profile tracer
靠模附件 copying attachment; forming attachment; profiling attachment
靠模复制装置 duplicator
靠模杆 profiling bar
靠模工具机 profiler
靠模滚子 tracer roller
靠模机床 contouring machine; copying machine; profiling machine
靠模加工 copying; profiling
靠模加工活塞 cam-shaped piston
靠模进给 copying feed
靠模控制 tracer control
靠模控制样板 form control template
靠模磨削 profile copy grinding
靠模磨削的 cam ground
靠模刨床 copying planer
靠模铺路机 profiler
靠模切面 copy facing
靠模切削 copying cutting
靠模随动件 contour follower
靠模摊铺机 pavement profiler
靠模凸轮 leader cam; master cam
靠模弯曲试验 guided bend test
靠模铣 copying milling; templet milling
靠模铣床 contour milling machine; copy milling machine; die sinker; profiler; tracer milling machine
靠模铣刀 routing tool
靠模系统 copying system
靠模楔面 cam wedge
靠模旋压 contour spinning
靠模样板 contour ga(u)ge; contour plate; copying template; master profile template; profile plate
靠模整形 copy truing
靠模指 tracer point
靠模轴 profiled shaft
靠模装置 copying apparatus; copying device
靠墙 against wall
靠墙板 ledge
靠墙壁安装的盥洗盆 wall lavatory basin
靠墙壁炉 fireplace leaning to wall
靠墙扶手 grab rail; wall-fixed handrail; wall rail
靠墙扶手托架 wall rail bracket
靠墙格栅尾座梁 tailstock trimmer
靠墙管子扶手 pipe-wall rail
靠墙龙头 wall tap
靠墙(楼)梯 semi-housed stair(case)
靠墙楼梯扶手 wall handrail
靠墙楼梯梁 stairwall string
靠墙楼梯斜梁 wall string(er)
靠墙铝扶手 alumin(i)um wall rail
靠墙小桌 console table
靠墙座椅端 wall seat end
靠人行道上车 kerbside loading
靠人行道上装货 kerbside loading
靠山侧 landside
靠梢造林 top cutting
靠实力 on one's own merits
靠手 arm rest
靠头之物 head rest
靠舷侧 broadside on; come alongside
靠压缩空气 pneumatically
靠椅扶手 chair rail
靠椅护墙板 chair rail
靠椅栏 chair rail
靠右(侧)行车 driving on the side; right driving
靠右(侧)行驶 driving on the side; right driving
靠右(侧)行驶的交通 right-hand traffic
靠右舷 alongside starboard
靠雨水灌溉的农业 rain-fed agriculture; rain-fed farming
靠在 abutting
靠在墙上 lean against wall
靠在指梁上的管子 setback of piping; setback of tubing
靠站时间<公共交通车辆> dwell time
靠真价 on one's own merits
靠枕 backing block; corner head rest
靠枕底板座 corner head rest seat
靠直升飞机搬运的轻型手台泵 helipumper
靠重力流动 flow by gravity
靠重力下降和钢索提升的推土板 gravity and cable-lifting
靠走道的座椅外侧端 aisle seat end
靠走道座位 aisle seat
靠左(侧)行驶 left driving
靠左舷 alongside port
靠左行车 left driving

苛

苛化丹宁 sulphonating tannin
苛化剂 causticizer; causticizing agent
苛化器 causticizer
苛化氢化法<一种除垢法> caustic hydride process
苛化树脂 limed rosin
苛捐杂税 exaction
苛刻的合同 harsh contract
苛刻的条件 exacting terms; harsh terms
苛刻的租金 rack rent
苛刻工作条件下试验 severe test
苛刻环境 harsh environment; severe rugged environment
苛刻条件 severe condition
苛酷租金 rack rent
苛性 causticity
苛性氨 caustic ammonia
苛性白云石 caustic dolomite
苛性脆化 caustic brittleness; caustic cracking; caustic embrittlement; caustic embrittleness
苛性脆化曲线 Straub curve
苛性脆裂 caustic cracking; caustic embrittlement
苛性的 acrid; caustic
苛性腐蚀 caustic attack; caustic corrosion
苛性化作用 causticization
苛性剂 caustics; escharotic
苛性钾 caustic potash; kali; potash lye; potassium hydroxide
苛性碱 caustic; caustic alkali; caustic soda
苛性碱度 caustic alkalinity; hydroxide alkalinity
苛性碱粉 ground caustic
苛性碱溶液 caustic solution
苛性碱水 suegee; sujee; suji-muji
苛性碱液 aqueous caustic; caustic alkalinity
苛性浸渍 caustic dip
苛性裂纹 caustic cracking
苛性菱苦土 caustic magnesite
苛性镁 caustic magnesia
苛性钠 caustic soda; hydrate of sodium; soda-lye; sodium hydroxide; super-alkali
苛性钠纯度 purity of caustic soda
苛性钠法 soda process
苛性钠刨片机 caustic flaking machine
苛性钠液 caustic lye
苛性石灰 caustic lime; drowned lime; hydrated lime; slaked lime; white lime
苛性水环境 harsh water environment
苛性苏打 caustic soda
苛性苏打法 caustic soda process
苛性苏打灰 caustic soda ash
苛性苏打软水法 caustic soda softening
苛性盐 caustic salt
苛性蒸汽洗油舱法 caustic steaming of cargo tanks
苛性作用 caustification

柯

柯艾林伐磁性合金 Coelinvar
柯巴里尔树脂 Courbaril copal
柯巴玛琋脂 copal mastic
柯巴树脂<制清漆用的一种天然树脂> copal(resin)
柯巴树脂化合物 copal resin compound
柯巴树脂胶黏[粘]剂 copal resin adhesive
柯巴树脂密封合成物 copal resin sealing compound
柯巴树脂黏[粘]结剂 copal resin bonding agent
柯巴树脂黏[粘]结介质 copal resin bonding medium
柯巴脂 copal balsam
柯巴脂胶凝剂 copal cementing agent
柯巴脂黏[粘]结剂 copal adhesive
柯巴脂嵌缝合成物 copal ca(u)lking compound
柯巴(脂)清漆 copal varnish
柯巴脂油型清漆 copal oil type varnish
柯巴脂制止器 copal stopper
柯巴酯 copal ester
柯柏尔计算法 corbel's method
柯本气候分类法 Koppen's climate classification
柯布兰兹阶【地】Coblenzian
柯布林<一种用于混凝土地面的防水剂> corbulin
柯布伦兹阶<早泥盆世> Koblenz(ian) stage
柯达彩色胶卷 Kodachrome; Kodachrome film; Kodacolo(u)r
柯达彩色胶片 Kodachrome
柯达夫公式计算法 Kedafu formula method
柯达光敏树脂凸版 Kodak relief plate
柯达无烟药 cordite
柯达照相机 Kodak camera
柯道方胶 Kordofan gum
柯德石料 Coade stone
柯登式平机 Cottons patent frame
柯迪勒拉腕足动物地理大区 Cordilleran brachiopod region
柯蒂斯-多伊西单位 Curtis-Doisy unit
柯蒂斯级 Curtis stage
柯蒂斯铝合金 Curtis
柯蒂斯喷管 Curtis nozzle
柯蒂斯汽轮机 Curtis turbine
柯蒂斯叶轮 Curtis wheel
柯多瓦粉红色花岗岩<一种产于美国德克萨斯州的> Cordova pink
柯恩达效应<指自喷嘴喷出的气体或液体保持贴近壁面运动的趋势,为射流元件起作用的一个因素> Coanda effect
柯尔莫哥洛夫 0-1 定律 Kolmogorov's zero-one law
柯尔莫哥洛夫不等式 Kolmogorov inequality
柯尔莫哥洛夫概率 Kolmogorov axioms for probabilities
柯尔莫哥洛夫-斯米尔诺夫检验 Kolmogorov-Smirnov test
柯尔莫哥洛夫-斯米诺夫分布系 Kolmogorov-Smirnov distribution
柯尔莫哥洛夫-希奈不变量 entropy of a transformation; Kolmogorov-Sinal invariant
柯尔莫哥洛夫相容性条件 Kolmogorov consistency condition
柯尔莫哥洛夫准则 Kolmogorov criterion
柯尔姆公式<用于长期经济预测> Colm formula
柯尔木尔型连续采煤机 Colmol miner
柯尔尼—杰利特棱镜 Cornu-Jellet prism
柯尔尼棱镜 Cornu prism
柯尔尼棱镜装置 Cornu mounting
柯尔涅工业化混凝土构造体系<法国> Colgnet system
柯尔仁斯基矿物相律 Korzhinsky's mineralogic(al) phase rule
柯尔仁斯基相律 Korzhinsky phase rule
柯尔斯顿螺旋桨 Kirsten propeller
柯伐合金 Covar[Kovar]
柯克兰-奥克特迭代法 Cochran-Orcutt iterative method
柯克兰-奥克特法 Cochran-Orcutt method
柯克兰-奥克特两步法 Cochran-Orcutt two-step technique
柯克兰锅炉 Cochran boiler
柯克兰检验 Cochran's test
柯克兰判定准则 Cochran's criterion
柯克兰准则 Cochran's rule
柯克斯图 Cox chart
柯克伍德-布里恩克赖理论 Kirk-wood-Brinkely's theory
柯克伍德空隙 Kirkwood gaps
柯勒物<一种防火滑门> Curlew
柯勒照明 Kohler illumination
柯勒照明器 Kohler illuminator
柯立斯摆动阀 Corliss valve
柯立斯摆动阀装置 Corliss valve gear
柯林斯低温恒温器 Collins cryostat
柯林斯换热器 Collins heat exchanger
柯林斯气泡黏[粘]度计 Collins bubble

K

viscometer
柯林斯柱头 bud capital; Collins capital
柯罗金锚固装置 Korovkin anchorage system
柯罗金式锚头 <前苏联柯罗夫金设计的一种预应力锚头> Korovkin anchorage
柯罗林 <一种棕色线条晒图纸> coralin
柯罗炸药 koronit
柯能肋形板 Koenen floor; Koenen plate
柯尼尔螺线 Cornu's spiral
柯尼尔石英棱镜 Cornu quartz prism
柯硼钙石 korahinskite
柯普冷挪磁带 coplanar tape
柯羟氯镁石 korshunovskite
柯石英 coesite
柯氏光测弹性法 <确定眼杆头中应力分布> Cokeff's classic work
柯水硫钠铁矿 coyoteite
柯台纶纤维 Cordelan fiber[fibre]
柯特克矿 koutekite
柯莞油 cacahuananche oil
柯西比率检验法 Cauchy's rationing
柯西比率判别法 Cauchy's ratio test
柯西边界条件 Cauchy's boundary condition
柯西并项判别法 Cauchy's condensation test
柯西-泊松关系 Cauchy-Poisson relation
柯西不等式 Cauchy's inequality
柯西残数定理 Cauchy's residue theorem
柯西超越方程 Cauchy's transcendental equation
柯西乘积 Cauchy's product
柯西定理 Cauchy's theorem
柯西定律 Cauchy's law
柯西二次曲面 Cauchy's quadric
柯西分布 Cauchy's distribution
柯西幅角原理 Cauchy's principle of the argument
柯西根式判别法 Cauchy's radical test
柯西积分定理 Cauchy's integral theorem
柯西积分公式 Cauchy's integral formula
柯西矩阵 Cauchy's matrix
柯西-黎曼方程 Cauchy-Riemann equation
柯西色散公式 Cauchy's dispersion formula
柯西-施瓦茨不等式 Cauchy-Schwarz inequality
柯西收敛准则 Cauchy's test for convergence
柯西数 <研究水锤作用时引用的惯性力与弹性力的比值> Cauchy's number
柯西问题 Cauchy's problem
柯西相似(定)律 Cauchy's law of similarity
柯西相似准则 Cauchy's similarity criterion
柯西型分布 Cauchy-type distribution
柯西型极值分布 Cauchy's type extreme value distribution
柯西-许瓦尔兹不等式 Buniakowski's inequality
柯西序列 Cauchy's sequence; fundamental sequence
柯西运动方程 Cauchy's equation of motion
柯西中值 Cauchy's mean
柯西中值定理 Cauchy's mean value theorem
柯西主值 Cauchy's principal value
柯秀 <一种专利滑门齿轮> Curfew
柯因 chrysin
柯兹尼方程式 Kozeny's equation
柯兹尼-卡曼方程 Kozeny-Carmen equation

珂

珂巴酯 ester copal

珂罗版 collotype plate; collotype printing; photogelatin; phototype
珂罗版印刷 collotype printing; phototypy
珂罗版印刷品 phototypy
珂罗版印刷油墨 collotype ink
珂罗玛镜 colmascope
珂锣酊 collodion

科

科比桩 <美国的一种现场灌注桩> Cobi pile

科毕塔铝合金 kobitalium
科宾铜合金 Corbin
科博尔特统【地】Cobalt series
科布-道格拉斯产出函数石砌路 Cobb-Douglas production function
科布-道格拉斯生产函数 Cobb-Douglas production function
科茨图 Coatest graph
科茨沃尔德反向极性带 Cotswold n reversed polarity zone
科茨沃尔德反向极性时 Cotswold reversed polarity chron
科茨沃尔德反向极性时司带 Cotswold reversed polarity chronzone
科达木结构镜质体 cordaitotelinite
科达齐条件式 Codazzi condition
科达树微镜煤 Cordaite-vitrite
科德焦点 Coudé focus
科德焦距比数 Coudé f-number
科德角式房屋 Cape Cod house
科德摄谱仪 Coudé spectrograph
科德望远镜 Coudé telescope
科德系统 Coudé system
科迪克算法 Kordic algorithm
科迪勒拉安第斯经向构造带【地】Cordilleran-Andes Meridian tectonic belt
科迪勒拉成矿带 Cordilleran metallogenic belt
科迪勒拉地槽 Cordilleran geosyncline
科迪勒拉海槽 Cordilleran marine trough
科迪勒拉山脉 Montes cordillera
科迪勒拉型造山带 orogenic zone of Cordilleran type
科迪勒拉植物地理大区 Cordilleran floral region
科蒂斯式涡轮机 Curtis-wheel turbine
科丁顿放大镜 Coddington magnifier
科丁顿透镜 Coddington lens
科顿磁秤 Cotton balance
科顿-莫顿常数 Cotton-Mouton constant
科顿-莫顿双折射 Cotton-Mouton birefringence
科顿-莫顿效应 Cotton-Mouton effect
科顿平衡仪 Cotton balance
科顿效应 Cotton effect
科厄姆班风 Koembang
科恩分部分离法 Cohn fractionation
科尔伯恩法 Colburn method; Colburn sheet process
科尔伯-施密特合成 Kolbe-Schmitt synthesis
科尔伯烃合成法 Kolbe hydrocarbon synthesis
科尔布鲁克关系式 Colebrook equation
科尔布鲁克管道摩擦公式 Colebrook's pipe friction formula
科尔哈特高级耐火材料 Corhart
科尔-柯尔模型 Cole-Cole model
科尔劳施方法 Kohlrausch method
科尔劳旋定律 Kohlrausch's law
科尔莫诺伊合金 Colmonoy
科尔默格罗夫-斯米尔诺夫滤波器 Kolmergorov-Smirnov filter
科尔默试验 Kolmer test
科尔皮托管流速表头 Cole Pitometer
科尔皮托管流速计法 <测流速用> Cole Pitometer method
科尔坦耐大气腐蚀高强度钢 Cor-Ten
科耳波兹振荡器 Colpitts oscillator
科耳逊合金 Corson alloy
科菲蒸馏器 Coffey-still
科芬矿 coffinite
科铬铅矿 chrominium
科汞铜矿 kolymite
科赫测微光度计 Koch's microphotometer
科赫电阻 Koch's resistance
科赫冻结凿井法 Koch's freezing process
科赫现象 Koch's phenomenon
科技博物馆 Museum of Science and Technology
科技成果 scientific and technical payoff; scientific and technical result; scientific and technologic(al) achievements
科技成果鉴定 appraisal of scientific and technical achievements; appraisal of scientific and technologic(al) achievements
科技成果转化 commercialization of research findings
科技城 technopolis
科技大学 university of science and technology
科技发展规划 plan for the development of science and technology
科技发展基金 science and technology development fund
科技法制 legal system of science and technology
科技干部 brain power
科技工业园 science-technology industrial park
科技工作者 scientific and technological worker; technologist
科技管理学 management of science and technology
科技界 scientific and technologic(al) circle
科技力量 brain power
科技情报 scientific and technologic(al) information; scientific and technical information
科技情报文献处 <英> Technical Information & Documents Unit
科技情报系统 scientific and technologic(al) information system
科技人才开发银行 Scientific Personnel Development Bank
科技人员 boffin <英俚>; brain power; scientifically oriented individuals; scientific and technologic(al) personnel; technical people
科技三项费用拨款 appropriation for three categories of scientific use
科技社会 technopolis
科技术语 scientific and technical terminology
科技投入 science and technology input
科技文献 scientific and technical literature
科技协作合同 contract for scientific and technical cooperation
科技信息 scientific and technical information
科技兴国 building the nation with science and technology
科技中心 center[centre] of science and technology
科技主义者 technocrat
科技专家 technologist
科教电视 educational television
科教片 cultural documentary
科教潜水 scientific and educational diving
科教兴国战略 the strategy of developing the country by relying on science and education
科克-巴斯玛金法 Cook-Basmadjian method
科克同套盆地 Keketongtao basin
科拉达风 <加利福尼亚湾强烈北或西北风> Collada
科累马地块 Koliuma massif
科里奥利参数 Coriolis parameter
科里奥利定理 Coriolis' theorem
科里奥利加速度 Coriolis acceleration
科里奥利力 Coriolis force
科里奥利力校正 Coriolis correction
科里奥利算符 Coriolis operator
科里奥利效应 Coriolis deflection; Coriolis effect
科里奥利影响 <使地球上运动物体在北半球偏右南半球偏左> Coriolis effect; Coriolis influence
科里曼强力截装机 Korimann power loader
科里姆古陆【地】Kolim old land
科林思与横梁之间雕画带 acanthus frieze
科隆的使徒教堂 church of the Apostles at Cologne
科隆黄 cologne yellow
科隆酒精 cologne spirit
科隆土 cologne earth
科隆主教堂 <德国西部一个城市> Cologne cathedral church
科隆棕 cologne brown
科隆棕颜料 Vandyke brown (pigment)
科鲁萨砂岩 <产于美国加州的一种砂岩> Colusa sandstone
科伦坡港 <斯里兰卡> Port Colombo
科伦坡根 Colombo root
科罗拉多低压 Colorado low
科罗拉多河 <美> Colorado River
科罗拉多红宝石 Colorado ruby
科罗拉多黄玉 Colorado topaz
科罗拉多阶【地】Coloradoan stage
科罗拉多统 <早白垩世>【地】Coloradian series
科罗拉多州立大学研究基地 <美> Colorado State University Research Foundation
科罗门脱型掏槽 Coromant cut
科罗内尔合金 Coronel
科洛构造结 Keluo tectonic knot
科洛马尼 <一种电阻合金> Chromanin
科洛马斯 <一种耐热合金> Chromax
科洛莫 <一种铬钼钨钢> Chromow
科洛值 <衡量人的衣服绝缘性的值> Clo-value
科马提岩 komatiite
科曼齐系 <美国早白垩世>【地】Comanchic system; Comanchian
科曼齐系结构【地】Comanchic structure
科默雷尔熔接料弯曲试验 <德国工业标准> Kommerell bead bend test
科姆累阶【地】Comleyan
科姆累砂岩 Comley sandstone
科姆索尔银铅焊料 Comsol
科目 account; classification; clause;

course;discipline;subject
科目编号 symbolization of accounts
科目分类 account classification
科目分类细则 classification manual
科目汇总表 categorized accounts summary
科纳-阿伦单位 Corner-Allen unit
科纳风 kona
科纳克里 <几内亚首都> Conakry
科纳气旋 kona cyclone;Kona storm
科尼尔公式 Cornu formula
科尼尔耐蚀铬镍合金钢 Colonial
科尼斯贝格比 Koeningsberger ratio
科尼斯单烟道锅炉 Cornish single-flue boiler
科尼斯-费雪展开式 Cornish-Fisher expansion
科尼斯辊碎机 Cornish roll
科尼斯花岗岩 Cornish granite
科尼斯锰钢 Cornith
科尼斯石板 Cornish slab
科尼斯式锅炉 Cornish boiler
科尼斯水泵 <一种老式水泵> Cornish pump
科尼旺戈组【地】Conewangoan
科尼希定理 Konig's theorem
科尼希硬度 Konig hardness
科尼亚斯阶 <晚白垩世>【地】Coniacian
科努耳试验 Kohinoor test
科努耳值 Kohinoor value
科帕托群【地】Koipato group
科佩尔港 <南斯拉夫> Port Kopar
科普读物 popular science readings
科普特教堂 Coptic church
科普特式玻璃 Coptic glass
科普特式建筑 Coptic architecture
科普特修道院 Coptic monastery
科羟铝黄长石 kamaisshilite
科钦港 <印度> Port Cochia
科钦油 Cochin oil
科萨瓦风 kossava
科氏力 Coriolis force
科室工作 desk work
科水矾矿 corvusite
科水砷锌石 koritnigite
科斯脱莱辛表面磷化处理 Costellising
科碳磷镁石 kovdorskite
科特导流管 Kort nozzle
科特导流管舵 Kort nozzle rudder
科特雷尔除尘器 Cottrell dust precipitator
科特雷尔电除雾器 Cottrell moist precipitator
科特雷尔电分离器 Cottrell electric(al) precipitator
科特雷尔管子静电集尘器 Cottrell pipe precipitator
科特雷尔静电沉降器 Cottrell precipitator
科特雷尔静电除尘器 Cottrell process
科特雷尔静电分离器 Cottrell electrostatic precipitator
科特雷尔静电集尘器 Cottrell precipitator
科特雷尔效应 Cottrell effect
科特雷尔烟雾排除器 mist Cottrell precipitator
科特雷尔整流器 Cottrell rectifier
科瓦茨指数 Kovats index
科瓦合金 Kovar alloy
科瓦氏点 Cova's point
科瓦铁镍钴合金 Kovar alloy
科威尔法 Couwell method
科威特 Kuwait
科威特基金会 Kuwait Fund
科沃德图 <采矿> Coward diagram
科西嘉松 Australian pine; Corsican pine
科学报告集 proceedings
科学表示法 scientific notation
科学博物馆 science museum
科学成就 scientific achievement
科学程序 scientific procedure
科学出版社 Academic(al) Press
科学词汇 scientific terminology
科学大会 science congress
科学的边缘区域 sidelines of science
科学调查船 exploration vessel; research ship;research vessel
科学发展动态 state-of-the-art
科学(发展)水平 state of knowledge
科学法学 science of law
科学方法 scientific approach;scientific method
科学分类 scientific classification
科学分支 science branch;subscience
科学符号格式 scientific notation form
科学耕作 scientific agriculture
科学工作者 brain power; scientific worker;scientist
科学公园 scientific park
科学顾问 scientific consultation
科学馆 science building;science park
科学管理 research-on-research;scientific administration; scientific management
科学管理学 management of scientific research
科学管理原则 principle of scientific management
科学和技术促进环境保护方案 Science and Technology for Environmental Protection
科学和技术情报(所) <前苏联> Scientific and Technical Institute
科学化 scientize
科学会议 science congress
科学及工业研究署 <英> Department of Scientific and Industrial Research
科学计量学 scientific metrology;scientometrics
科学计算 scientific calculation
科学计算程序库 scientific computing program(me) library
科学计算器 scientific calculator
科学计算系统 scientific system
科学计算用程序 scientific program(me)
科学计算语言 scientific language
科学记数法 scientific notation
科学技术 science and technology
科学技术白皮书 white book on science and technology
科学技术部 Department of Technical Science
科学技术成就 scientific and technical achievement; technologic(al) achievement
科学技术发展 scientific and technical advance;technologic(al) advance
科学技术发展动态 state-of-the-art
科学技术发展规划 scientific and technical development program(me)
科学技术发展战略 science and technology development strategy
科学技术基础 technologic(al) foundation
科学技术进步 scientific and technologic(al) progress;technologic(al) change
科学技术进步的速度 pace of technologic(al) innovation
科学技术进步奖 science and technic progress prize
科学技术景观 technoscape
科学技术局 <美> Office of Science and Technology
科学技术情报 scientific-technical information
科学技术情报咨询委员会 <英> Advisory Committee for Scientific and Technical Information
科学技术人员 <尤指航空工业,英国俚语> boffin
科学技术体系学 systematics of science and technology
科学技术委员会 Science and Technological Commission; Science and Technology Commission
科学技术文献 scientific and technical literature
科学技术协作 scientific and technical cooperation
科学技术预测 science and technology forecast; scientific and technical forecast
科学家 brain power;scientist
科学尖端领域 frontiers of science
科学建筑 science building
科学街(坊) science block
科学界 scientific community
科学进展 scientific advance;scientific progress
科学景观论 scientific landscape theory
科学开发区 scientific developing area
科学考查潜水 scientific investigation diving
科学考察 scientific expedition
科学理论 scientific theory
科学楼 science house
科学论文集 scientific papers;scientific proceedings
科学论证 scientific verification
科学名词 scientific term; scientific terminology
科学评估小组 panel for scientific assessment
科学气球 scientific balloon
科学气球探测 scientific ballooning
科学潜力 scientific potential
科学情报 scientific information
科学情报学 scientific intelligence science
科学人工造雨 scientific rainmaking
科学人力委员会 Scientific Manpower Commission
科学设计的 scientifically designed
科学时号 rhythmic(al) time signal
科学时号归算 reduction of rhythmic(al) signal
科学实验 scientific experiment
科学实验人员 experimentalist
科学实验室 research laboratory
科学术语 scientific terminology
科学术语命名人 nomenclator
科学数据 scientific data
科学数据处理 scientific data processing
科学水文学 scientific hydrology
科学水文学会 Scientific Hydrologic(al) Association
科学硕士 master of science
科学态度 scientific attitude
科学讨论会 scientific symposium
科学团体 scientific community
科学推理 scientific reasoning
科学推销法 scientific method of amortization
科学卫星 science satellite
科学文化素质 cultural and scientific qualities
科学文献 scientific documents;scientific literature
科学文献索引 science citation index
科学文摘 science abstracts
科学问题工作组 working group on science
科学协会 scientific institution
科学信息系统 scientific information system
科学性关税 scientific tariff
科学学 science of science;scienology
科学学士 Bachelor of Science
科学研究 scientific research;scientific study
科学研究费 expenditure of scientific research
科学研究工作 research activity
科学研究合同 research contract
科学研究领域 area of scientific investigation
科学研究所 research institution
科学研究仪器设备 experiment
科学研究院 research establishment; research institution
科学研究中心 center[centre] for scientific research;research establishment
科学仪器 scientific apparatus;scientific instrument
科学仪器制造协会 Scientific Apparatus Makers Association
科学用计算机 scientific computer
科学用系统 scientific system
科学与工程研究协会网络 Science and Engineering Research Council Network
科学与工业研究部 <英> Department of Scientific and Industrial Research
科学预报 scientific prediction
科学预测 scientific forecasting;scientific prediction
科学预测学 futurology
科学预见 scientific prediction
科学园区 science park
科学原理 scientific principle
科学院 Academy of Sciences
科学院院士 academician
科学院院长 president academies
科学站 scientific station
科学政策 science policy
科学政策咨询委员会 <美> Advisory Council on Scientific Policy
科学指导 research-on-research
科学指挥学 soft science
科学指令集 scientific instruction set
科学指令系统 scientific instruction system
科学著作 scientific paper
科学专题论文集 scientific symposium
科学咨询 scientific consultation
科学咨询委员会 Scientific Advisory Committee
科学总结 scientific epitomization
科学钻探 scientific drilling
科研保护区 scientific reserves
科研报告集 proceedings
科研补助金 research grant
科研成果 achievements in scientific research; result of scientific research; scientific pay-off; scientific research achievements
科研出差 study tour
科研单位经费 research unit expenditures allowance
科研费用 research and development cost;scientific research cost
科研工作 scientific effort
科研管理 management of research and development
科研合同制 contract system of scientific research
科研机构 scientific research institution
科研基金制 funding system for scientific research projects
科研计划 scientific effort

科研考察船 scientific surveying ship
科研潜水 scientific diving
科研潜水规范 Code of Conducts for Scientific Diving
科研潜水员 research diver
科研情报服务(所) research information service
科研人才 scientific manpower
科研人员 scientific research personnel
科研实验室 research laboratory
科研室 research office
科研条件管理 management of factors of scientific research
科研卫星 scientific research satellite
科研项目 scientific research item
科研用的岛屿 islands for science
科研用显微镜 microscope for research
科伊克变换 Koyck transformation
科伊克几何滞后形式 Koyck geometric lag scheme
科员 clerk; officer
科长 section chief

钶

钶乙矿 eytlandite

颏

颏 chin

颗

颗分原理 granulometric principle

颗砾层收尘器 gravel bed filter
颗粒 grain; granule; particle; particulate; pellet
颗粒板 particle board
颗粒半径 particle radius
颗粒比 particle-size ratio
颗粒比表面 specific grain surface
颗粒比表面积 specific surface area of particle
颗粒边界 grain boundary
颗粒边界离析 grain-boundary segregation
颗粒边界黏[粘]附 grain-boundary adhesion
颗粒变大 size enlargement
颗粒变小 size reduction
颗粒表面 grain surface; particle surface
颗粒表面积 particle surface area; surface area of particle; grain surface area;
颗粒表面特征 surface features of grain
颗粒表面特征鉴定 surface characteristic determination of grain
颗粒表征反应器 particle characterization reactor
颗粒不圆度 not roundness
颗粒不匀的 unequigranular
颗粒材料保温 granular-fill insulation
颗粒材料堆 heap of granular material
颗粒材料镶面 faced with granular material
颗粒测定(方)法 granulometry
颗粒测定仪 granulometer
颗粒测量 granulometry
颗粒测量仪 granulometer
颗粒层 grained layer; stratum granulosum
颗粒层除尘器 granular bed filter; granular bed separator; gravel bed dust filter
颗粒层集尘器 granular bed filter; granular bed separator; gravel bed dust filter
颗粒层收尘器 granular bed filter; granular bed separator; gravel (bed) dust filter
颗粒沉淀 particle precipitation
颗粒沉淀定律诺谟图 Stokes law homograph
颗粒沉淀物 granular deposit
颗粒沉积 deposition of particles
颗粒沉积定向 apposition fabric
颗粒沉积受外力作用下的定向 deformation fabrics
颗粒沉积物 granular deposit
颗粒沉降 particle fall; particle sediment; particle settling; settling of particles
颗粒沉降速度 particle fall velocity; particle settling velocity; settling velocity of particles
颗粒沉降特性 settling characteristics of particles
颗粒成分 granular composition
颗粒成团 agglomerate of grains; agglomeration of grains
颗粒尺寸 grainage; grain diameter; grain-size; particle size
颗粒尺寸测定 particle-size determination
颗粒尺寸分布 composite grain size distribution; particle-size distribution; grain-size distribution
颗粒尺寸分析 particle-size analysis
颗粒尺寸改进 grain-size refinement
颗粒尺寸级配 ballast grading; grain-size grading
颗粒尺寸极限 particle-size limit
颗粒尺寸系列 sequence of grain sizes
颗粒床除尘器 granular bed filter
颗粒床分离器 granular bed separator
颗粒粗化 coarsening of particles
颗粒催化剂 bead catalyst
颗粒错动 particle movement
颗粒错位 misplaced size
颗粒大理石 sparry limestone
颗粒大小 grain-size; granular size; particle size; size of grain
颗粒大小范围 range of screening
颗粒大小分布 particle-size distribution
颗粒大小分布频率曲线 size frequency curve
颗粒大小分布曲线 particle-size distribution curve
颗粒大小分布图 particle-size distribution diagram
颗粒大小分析 grain-size analysis; granulometric analysis; particle-size analysis
颗粒大小混杂的 mixed-grained of various of grain-size
颗粒大小频率图 grain-size frequency diagram
颗粒大小效应 particle-size effect
颗粒大于筛孔 particle plus mesh
颗粒氮 particulate nitrogen
颗粒当量直径 equivalent particle diameter
颗粒的 grained; granular; granulometric
颗粒的级分 size fraction
颗粒的聚集 particle aggregation
颗粒的平均体积 mean volume of particle
颗粒电导 grain conduction
颗粒定向组构 oriented fabric
颗粒度 graininess; granularity
颗粒度测定 grain-size measurement; granulometric analysis
颗粒度分布 size distribution
颗粒度分析 grain-size measurement; granulometric analysis; sieve analysis; sizing analysis
颗粒堆积 particle packing
颗粒对颗粒的压力 grain-to-grain bearing strength
颗粒法捕集率 counting method particle number efficiency
颗粒放大 size enlargement
颗粒肥料 granulated fertilizer
颗粒废料处理 solid waste disposal
颗粒分布 grain distribution; granulometric distribution; particle distribution; particle sizing
颗粒分布分析 grain-size distribution analysis
颗粒分布机 particle-size distributor
颗粒分布曲线 grain distribution curve
颗粒分级 assortment of particle; grain fraction; grain sizing; granulometric grading; particle-size bracket; particle sizing; screening classification; size grading; sizing
颗粒分级标准 gradation scale; grade scale
颗粒分级筛 classifier sieve
颗粒分级作用 gradation
颗粒分类 particle-size category
颗粒分离法 particle isolation method
颗粒分离器 particle separator
颗粒分散胶体 particle dispersoid
颗粒分析 grain-size analysis; granularmetric analysis; granulometry
颗粒分析法 granulometric analysis
颗粒分析方法 granulometry
颗粒分析曲线 gradation curve; granulometric analysis curve; granulometric curve; mechanical analysis curve
颗粒分选器 particle-size distributor
颗粒风筛机 air classifier
颗粒浮托力 buoyant support of grain
颗粒负荷 grain loading
颗粒复合材料 particulate composite
颗粒感 granular sensation
颗粒工程 particulate technology
颗粒骨架 grain skeleton
颗粒固定 granulopexy
颗粒管型 granular cast
颗粒轨迹 particle path
颗粒过滤器 graded filter
颗粒海藻酸钠聚氧化乙烯凝胶吸附剂 granular sodium alginate-polyethylene oxide gel adsorbent
颗粒含量 content of clay particle
颗粒滑移 particle sliding
颗粒化 granulating; granulation
颗粒化需氧量 particle chemical oxygen demand; particulate chemical monitor
颗粒化颜料 pelletized pigment
颗粒环境监测器 particle environment monitor
颗粒混合物 grain mix(ture); particle mix(ture)
颗粒活性炭 active granular carbon
颗粒活性炭过滤 granular activated carbon filtration
颗粒活性炭强化砂滤池 granular activated carbon intensified sand filter
颗粒活性炭填料床反应器 granular activated carbon packed bed reactor
颗粒活性炭吸附 granular activated carbon adsorption
颗粒活性炭吸附法 granular activated carbon adsorption method
颗粒活性炭厌氧流化床工艺 granular activated carbon anaerobic fluidized bed process
颗粒活性无烟煤 granular active anthracite
颗粒级别 size fraction
颗粒级配 distribution of grain size; grading; grain gradation; grain-size distribution; granular composition; granulometric distribution; particle-size distribution; size distribution; mechanical composition
颗粒级配成分 grain composition
颗粒级配范围 grading limitation
颗粒级配分析 grading analysis; mechanical analysis; particle-size analysis; granulometric grading
颗粒级配规范 grading specification
颗粒级配均匀的 evenly graded
颗粒级配良好的 well-graded
颗粒级配曲线 grading curve; grain-size distribution curve; granular measurement curve; granulometric curve; particle-size distribution chart; particle-size distribution curve; size analysis
颗粒级配筛分试验 gradation test; grading test; graduation test
颗粒级配调整 adjustment of grading
颗粒计数 grain count
颗粒计数器 particle counter; particle counting device
颗粒计数透度计 particle counting penetrometer
颗粒剂 pelletized granule
颗粒剂农药 granular pesticide
颗粒间脆性 intergranular brittleness
颗粒间的 intergranular
颗粒间的应力 <土壤的> intergranular stress
颗粒间多孔性 interparticle porosity
颗粒间滑动面 intergranular slip-plane
颗粒间界 grain boundary
颗粒间距 grain spacing
颗粒间开裂 intergranular cracking
颗粒间空隙 intergranular space
颗粒间力 intergranular force
颗粒间连接 grain connection; grain interlocking; interparticle bridging
颗粒间摩擦 intergranular friction; interparticle attrition; interparticle friction
颗粒间黏[粘]着力 adhesion of granules; bonding of granules
颗粒间隙 particle spacing
颗粒间压力 intergranular pressure
颗粒间应力 grain-to-grain stress
颗粒检测器 particle detector
颗粒碱 granular soda
颗粒交联 particle cross-linking
颗粒胶 pearl glue
颗粒胶合剂 grain glue
颗粒胶结 granular cementation
颗粒胶黏[粘]剂 grain adhesive
颗粒接触类型 contact type of grain
颗粒结构 allochem grain texture; grain structure; granular composition; particle structure
颗粒结构分析 grain structure analysis; granular composition analysis; granular structure analysis
颗粒结合 particle binding
颗粒结团 aggregation of particles
颗粒介质 granular medium
颗粒介质过滤 granular-medium filtration
颗粒界面 particle interface
颗粒界限 grain boundary
颗粒金属挤压成型法 pellet extrusion modeling
颗粒金属浓度 particulate metal concentration
颗粒径 grain diameter
颗粒聚集 agglomerate of grains; particle aggregate
颗粒聚结 particle coalescence
颗粒绝缘材料 granular insulant
颗粒均匀的 even-grained; evengranular
颗粒均匀的充气混凝土 even-grained aerated concrete
颗粒均匀的灰泥 even-grained mortar
颗粒均匀的混凝土 even-grained con-

crete
颗粒均匀的砂浆 even-grained mortar
颗粒克耶定氮量 particulate Kjeldahl nitrogen
颗粒孔隙度 grain porosity; particle porosity; porosity of grains; porosity of particles
颗粒孔隙率 grain porosity; particle porosity; porosity of grains; porosity of particles
颗粒控制 grain control
颗粒矿物特性 mineralogic(al) character of particles
颗粒矿渣 granulated slag
颗粒扩散系数 diffusion coefficient of particle; particle diffusion coefficient
颗粒雷诺数 grain-size Reynolds number; Reynold's number of particles
颗粒累积曲线 grain accumulation curve
颗粒棱角性 particle angularity
颗粒冷却器 pellet cooler
颗粒离析 particle segregation; particle-size segregation
颗粒粒度 coarseness of grading; grain-size
颗粒粒度研究 particle-size study
颗粒粒级 grain-size grade
颗粒粒级结构 grade texture of grain
颗粒连续级配 <如土壤、砂砾等> continuous grading
颗粒料层 particle bed
颗粒料斗 granule hopper
颗粒裂面 granular fracture
颗粒磷 particulate phosphorus
颗粒流 grain flow
颗粒流动化 fluidization
颗粒流动速度 particle moving velocity
颗粒流动性 particle interference; particle mobility
颗粒滤料 granular filter material; granular filter medium
颗粒密度 block density; grain density; particle density; pellet density
颗粒面 granulation
颗粒模塑料 granule mo(u)lding compound
颗粒膜 membrane granulosa
颗粒摩擦 grain attrition; grain wear; particle attrition; particle wear
颗粒磨耗 grain attrition; grain wear; particle attrition; particle wear
颗粒磨损 grain attrition; grain wear; particle attrition; particle wear
颗粒内的 intragranular
颗粒内滑动 intragranular sliding
颗粒内扩散 interparticle track
颗粒囊裸藻 Trachelomonas granulata
颗粒黏[粘]合剂 grain adhesive
颗粒凝胶 granulated gel
颗粒凝聚 particle coagulation
颗粒凝聚作用 pellet flocculation
颗粒浓度 particle concentration
颗粒排放量 particulate emission
颗粒排列 grain packing
颗粒排列方式 form of grain arrangement
颗粒配比与分布 grain spacing
颗粒碰撞 grain collision; interparticle collision; particle collision
颗粒偏析 size segregation
颗粒平衡 equilibrium of grains; grain equilibrium
颗粒平均大小 particle mean size
颗粒平均粒径 mean particle diameter
颗粒破碎率 grain breakage; percentage of particle breakage
颗粒铺面 granular facing; granular surfacing
颗粒铺面材料 granular cover material
颗粒期前的 pregranular
颗粒起动 initiation of grain motion
颗粒起动下限 threshold of grain motion
颗粒迁移率 particle interference; particle mobility
颗粒强度 grain strength; particle strength
颗粒氢氧化铁 granular ferric hydroxide
颗粒球形度 degree of sphericity of particle
颗粒区 granular area; granulomere
颗粒取向 particle orientation
颗粒去除机理 particle-removal mechanics
颗粒群 particle swarm
颗粒扰动 particle destabilization
颗粒散发物 particulate emission
颗粒散射 particulate scattering
颗粒筛分 particle sizing
颗粒上的推动力 impelling force on particles
颗粒生长 germination; grain growth
颗粒生物活性炭 granular biological activated carbon
颗粒石灰岩 grainstone
颗粒石棉材料 particulate asbestos material
颗粒石面 grained stone facing; granulated stone facing
颗粒收集器 particle collector; pellet receiver
颗粒树脂 resin particle
颗粒数 number of particles
颗粒数/标准英尺 grains per standard cubic(al) foot
颗粒数/立方米 grains per stere
颗粒水力分级 hydroclassifying of particles
颗粒水析分级 elutriation
颗粒速度 particle velocity
颗粒态 particulate form
颗粒态污染物 particle stated contaminant; particulate stated contaminant
颗粒炭黑 solid black
颗粒碳 particulate carbon
颗粒特性 grain property
颗粒特征 particulate characteristic
颗粒体积-表面积平均(直)径 mean volume-surface diameter of particles
颗粒体积平均(直)径 volume mean diameter of particles
颗粒填充物 granular filler
颗粒填充型复合材料 particle-filled composite
颗粒填料 particulate filler
颗粒透过过滤层的比率 <指定粒径的> filtration ratio
颗粒土(壤) granular soil
颗粒团 cluster of grains; cluster of particles
颗粒团聚 aggregation of particles
颗粒团形成 granulosis
颗粒脱稳 destabilization of particles
颗粒瓦 rice grain tile
颗粒网目板 granulated screen
颗粒纹理石面 sand-sawed finish
颗粒稳定律 law of granular stability
颗粒稳定性 granular stability
颗粒污泥膜生物反应器 granular sludge membrane bioreactor
颗粒污泥序批间歇式反应器 granular sludge sequencing batch reactor
颗粒污染物 particulate pollutant
颗粒无定向组构 unoriented fabric
颗粒无机磷 particulate inorganic phosphorus
颗粒无机物 particulate inorganic material
颗粒物 particulate matter
颗粒物分析器 particulate mass analyser[analyzer]
颗粒物过滤器 particulate filter
颗粒物控制技术 control technology of particulate
颗粒物拦截阱 particle interceptor trap
颗粒物粒度 particulate size
颗粒物特征 characteristics of particulate matter
颗粒物污染 pollution by particulates
颗粒物质 granular material; particulate substance; particulate matter
颗粒物质采样 sampling of particulate matter
颗粒物质来源 sources of particulate matter
颗粒物质浓度 particulate mass concentration
颗粒洗涤试验 decantation test
颗粒系数 size factor
颗粒细度 fineness of grain; grain fineness; particle fineness
颗粒细度分布图 grain-size distribution diagram
颗粒显微结构 particle microstructure
颗粒限度 particle limit
颗粒相 particle phase
颗粒相互破碎法 particle-against-particle crushing
颗粒相互破碎作用 particle-against-particle crushing
颗粒相逆增聚偏氟乙烯膜 particulate phase-inversion polyvinylidene fluoride membrane
颗粒箱 graining box
颗粒形成的 granuloplastic
颗粒形状 grain shape; particle shape; shape of particle
颗粒形状均齐度 proportion
颗粒形状试验 grain shape test; particle shape test
颗粒形状系数 particle shape factor; shape factor
颗粒形状因数 grain shape factor
颗粒形状因素 grain form factor
颗粒形状指数 particle shape index
颗粒性 graininess; granularity
颗粒性物种浓度 particulate species concentration
颗粒性质 granulometric property; nature of grains; nature of particles
颗粒悬浮剂 <液体的> dispersing agent
颗粒选分 size separation
颗粒压碎强度 crushing strength of grains
颗粒叶片状构造 grain foliated structure
颗粒移动 particle movement
颗粒影响 particle-size effect
颗粒硬度 particle hardness
颗粒有机氮 particulate organic nitrogen
颗粒有机碳 particulate organic carbon
颗粒有机物 particulate organic material
颗粒有效直径 effective diameter of grain; effective diameter of particle
颗粒圆度 degree of rounding of grains
颗粒噪声 grain noise
颗粒增强金属基复合材料 particle-reinforced metal matrix composite
颗粒增强金属间基复合材料 particle-reinforced intermetallic matrix composite
颗粒增强金属钛基复合材料 particle-reinforced titanium matrix composite
颗粒之间的应力 grain-to-grain stress
颗粒支撑 grain-supported
颗粒支撑组构 grain-supported fabric
颗粒直径 diameter of particle; grain diameter; grain-size; particle diameter
颗粒指数 particle index
颗粒指数试验 particle index test
颗粒制剂 granular formulation
颗粒质地 particle texture
颗粒质量 granular quality
颗粒终降速度 particle terminal fall velocity
颗粒状 graininess; granulation; prill
颗粒状材料 granular material
颗粒状粗面 plucked finish
颗粒状的 granular; granulose
颗粒状废物 particulate waste
颗粒状高炉熔渣 granulated blast furnace slag
颗粒状构造 granular structure
颗粒状混浊 granular cloudiness
颗粒状活性炭 granular activated carbon
颗粒状活性炭池 granular activated carbon filter
颗粒状活性炭法 granular activated carbon process
颗粒状活性炭滤床 granular activated carbon bed; granular carbon bed
颗粒状燃料 granular fuel
颗粒状软木 granular cork; granulated cork
颗粒状软木铺面 granular cork surfacing
颗粒状树脂 granular resin
颗粒状态 nature of grains
颗粒状土 granular soil
颗粒状污泥 granular sludge
颗粒状物 particulate
颗粒紫胶 bisacki
颗粒自由沉淀 particle free sedimentation
颗粒自由沉降 particle free sediment
颗粒纵列 grain column
颗粒组 size fraction
颗粒组成 grain composition; granular composition; granulometric composition; mechanical composition
颗粒组成分析 grain-size analysis
颗粒组成曲线 particle-size curve
颗粒组分 aggregate mix(ture); granular composition
颗粒组合 particle association
颗石(藻) coccolith
颗石(藻)类 coccolithus
颗石(藻)软泥 coccolith ooze

蝌

蝌蚪图 arrow plot; tadpole plot

可

可安装的 erectable; mountable

可按面值收取的票据 par item
可按面值收取的制度 par collection
可按票据面值收取的制度 par collection
可按墙厚调整的门框 adjustable door frame
可巴尼克镍钴铁合金 Cobanic
可搬动的家具 moveable
可搬迁的建筑物 relocatable building
可搬运的 portative; transferable; transportable
可搬运可拆式水箱 portable drop tank
可半开的闸门 regulating gate
可拌和的 miscible
可拌和性 miscibility
可饱和的 saturable
可饱和电抗器 saturable reactor

可饱和共振腔 saturable resonator
可饱和染料 Q 开关 saturable dye Q-switch
可饱和铁芯磁强计 saturable-core magnetometer
可饱和吸收 Q 开关 saturable absorption Q-switching
可饱和吸收器 saturable absorber
可饱和有机染料 saturable organic dye
可保财产 insurable property
可保风险 insurable risks
可保价值 insurable value
可保利益 insurable interest
可保留的钻管 retainable drill pipe
可保权益 insurable interest
可报销费用 reimbursable expenses
可爆空气探测器 firedamp detector
可爆性 blastability; explosibility; explosiveness
可爆炸的 detonable; explosible
可爆蒸汽 explosive vapo(u)r
可背书支票 endorsable cheque
可被区分的 designable
可被识别的 designable
可泵送的 pumpable
可泵(送的)混合物 pumpable mix
可泵(送的)混凝土 pumpable concrete
可泵送时间 pumpability time
可泵性 pumpability
可逼近性 approximability
可比标准 comparable standard
可比产品 comparable product
可比产品成本 cost of comparable products
可比产品成本降低额 reduced amount of cost of comparable products; reduced cost of comparable products
可比产品成本降低率 cost reduction percentage of comparable products
可比产品成本降低任务 cost reduction target on comparable products
可比的 commensurable
可比度量 comparable measure
可比方法 comparable method
可比非控制价格法 comparable uncontrolled price method
可比分析 comparable analysis
可比规范 comparable regulations
可比函数 comparable function
可比机器设备 comparable machine and equipment
可比集 comparable aggregate
可比价 comparables
可比价格 comparable price
可比较图 comparability graph
可比较性 comparability
可比拟的 analogous
可比年限 comparable life
可比收益 comparable income
可比数值 commensurable number
可比稳定性 probable stability
可比项 comparable term
可比项目 comparables
可比销售法 comparable sales approach
可比形式 comparable form
可比性 commeasurability; commensurability
可避免成本 avoidable cost
可避免的风险 unsystematic(al) risk
可避免的时间损失 avoidable downtime
可避免的误差 avoidable error
可编程垂直定时发生器 programmable vertical timing generator
可编程定时器 programmable timer
可编程集线器 programmable concentrator
可编程控制器 programmable controller
可编程序除法器 programmable divider
可编程序的 programmable
可编程序的火灾探测区 programmable fire detection zone
可编程序定序器 programmable sequencer
可编程序放大器 programmable amplifier
可编程序公式计算机 programmable desk computer
可编程序集中器 programmable concentrator
可编程序计时器 programmable timer
可编程序计数器 programmable counter
可编程序计算器 programmable calculator
可编程序接口 programmable interface
可编程序控制 programmable logic(al) control
可编程序控制器 programmable controller
可编程序逻辑 programmable logic; programmed logic
可编程序逻辑控制器 programmable logic(al) controller
可编程序逻辑控制器控制 programmable logic(al) controller control
可编程序逻辑控制装置 programmable logic(al) control system
可编程序逻辑类型 programmable logic(al) type
可编程序逻辑流 programmable logic(al) spectrum
可编程序逻辑系列 programmable logic(al) spectrum
可编程序逻辑系统 programmable logic(al) system
可编程序逻辑阵列 programmable logic(al) array
可编程序时钟 programmable clock
可编程序输入输出 programmable input, output
可编程序数据采集器 programmable data logger
可编程序数据传送器 programmable data mover
可编程序数据速率 programmable data rate
可编程序数据选择器 programmable data selector
可编程序数字控制机 programmable digital controller
可编程序数字调制解调器 digitally programmable modem
可编程序通信[讯]接口 programmable communication interface
可编程序通用机器人 programming general robot
可编程序图表生成器 programmable graph generator
可编程序外围接口 programmable peripheral interface
可编程序维护过程 programmable maintenance procedure
可编程序系统接口 programmable system interface
可编程序销售点终端 programmable point-of-sale terminal
可编程序性 programmability
可编程序运算放大器 programmable operational amplifier
可编程序阵列 programmable array
可编程序只读存储器 programmable read-only memory
可编程序作业控制器 programmable operation control
可编程终端 programmable terminal
可编目永久性文件 caralogable permanent file
可编微程序积木系统 microprogrammable building block system
可编微程序性 microprogrammability
可便携性 transportability
可变倍率 variable power
可变倍率望远镜 vary-power telescope
可变比 variable ratio
可变比变压器 adjustable transformer; continuously adjustable transformer; variable ratio transformer
可变比例尺 varying scale
可变比例缩放仪 variable ratio pantograph
可变比位 variable bit
可变闭塞区段模型 variable block model
可变闭塞区段系统 variable block system
可变闭塞区段制 variable block system
可变编号 variable numbering
可变标高 variable elevation
可变标号 variable label
可变标价 alternate bid
可变标准器 variable standard
可变波长相位显微镜 variable wavelength phase microscope
可变波段 swept band
可变薄的 thinnable
可变步长 variable mesh size; variable step size
可变部分 variable part
可变采样精度 variable sampling precision
可变采样偏移 variable sampling bias
可变参量 variable parameter
可变参数 variable element; variable parameter; varying parameter
可变差异法 method of difference
可变产量 variable rate of production
可变长度 variable-length
可变长度(编)码 variable-length code
可变长度代码 variable-length code
可变长度记录 variable-length record
可变长度卡片馈送 variable-length feed
可变长度块 variable-length block
可变长度命令 variable-length command
可变长度起重臂 varied length jib
可变长度输送 variable-length feed
可变长度数据包 variable-length data package
可变长度数据项 variable-length data item
可变长度指令 variable-length instruction
可变长度指令格式 variable-length instruction format
可变长度字段 variable-length field
可变长格式 variable-length format
可变长记录分类 variable-length record sorting
可变长记录格式 variable-length record format
可变长记录文件 variable-length record file
可变长记录系统 variable-length record system
可变长记录制 variable-length record system
可变长数据 variable-length data
可变长数据表 variable-length table
可变长字 variable-length word
可变偿还法 variable or flexible plan
可变车速标志 variable speed sign
可变车速控制系统 variable-speed control system
可变成本 direct cost; variable cost
可变成本比率 variable cost ratio
可变成本法 direct costing; variable costing
可变成本加成定价法 flexible markup pricing
可变乘法器 variable multiplier unit
可变程序段 chameleon segment
可变程序工业机器人 industrial robot for variable program(me)
可变程序机器人 variable sequence robot
可变程序块格式 variable block format
可变程序设计系统 flexible programming system
可变尺寸 variable dimension
可变尺寸节点 variable size node
可变齿轮速比 optional gear ratio
可变冲程发动机 variable stroke engine
可变抽样法 variable sampling
可变垂直角的水平仪 gradiometer
可变窗长 variable window length
可变窗长对比法 variable window length correlation method
可变磁阻步进电动机 variable-reluctance stepper motor
可变磁阻齿轮 variable-reluctance toothed wheel
可变磁阻传感器 variable-reluctance transducer
可变磁阻传声器 variable-reluctance microphone
可变磁阻(抗) variable reluctance
可变磁阻拾音器 variable-reluctance pick-up
可变错误 variable error
可变大小的节点 variable size node
可变大小项 variable size item
可变单向交通街道 reverse one-way street; reversible one-way street
可变导磁率线圈 permeability-tuned inductor
可变导向标志 variable direction sign
可变的 alterable; changeable; versatile
可变等高距 variable contour interval
可变底数 variable radix
可变地址 variable address; floating address【计】
可变地址计算机 variable-address computer
可变点 variable point
可变电磁耦合 variable coupling
可变电感 variable inductance
可变电感耦合器 coupler
可变电感器 adjustable inductor; variable inductor; varindor; variometer
可变电感器线圈 variometer coil
可变电感拾音器 variable-inductance pick-up
可变电感式加速度计 variable-inductance accelerometer
可变电感线圈 adjustable inductor; variable coil; variable inductor
可变电抗 variable reactance
可变电抗混频放大 mavar; mixer amplification by variable reactance
可变电抗器 varactor; variable reactor
可变电抗调制放大器 modulating amplifier by variable reactance
可变电容 variable capacitance
可变电容传感器 variable-capacitance transducer
可变电容器 adjustable capacitor; adjustable condenser; variable capacitor; variable condenser; variodencer[variodenser]; rotary capacitor
可变电容器动片 rotor of condenser
可变电容器转动片 moving plates of variable condenser

K

可变电容器组 adjustable gang-condenser;variable condenser block
可变电容箱 subdivided capacitor
可变电压 variable voltage
可变电压电容器 voltage-variable capacitor
可变电压发电机 variable voltage generator
可变电阻 adjustable resistance;rheostat;thyrector;variable resistance;varistor[varister]
可变电阻臂 variable-resistance arm
可变电阻器 adjustable resistor;variable-resistance unit;variable resistor;variohm
可变电阻式加速度计 variable-resistance accelerometer
可变垫板 variable pad
可变订货量系统 variable order-quantity system
可变定时装置 variable timing unit
可变定速时钟 variable pacer clock
可变动的汇率 flexible exchange rate
可变动的价格 flexible price
可变动的间接费 variable overheads
可变动的进口税征收额 variable import levy
可变动定额 variable standard
可变动计划 moving plan
可变动式输入 variable format input
可变(动)营运费用 <与车公里成正比,如汽油、轮胎消耗费等> variable operating cost
可变动预算表法 flexible budget method
可变段 variable field
可变多路传输器 varioplex
可变反差 variable contrast
可变反差像纸 variable contrast paper
可变反差照相纸 variable contrast paper
可变反复荷载 variable repeated load
可变范围 variable range
可变方向的棱形天线 multiple unit steerable antenna
可变放大 variable gain
可变放大率 variable magnification;variable power
可变放大率目镜 variable power eyepiece
可变放大率透镜 variable magnification lens;variable power lens
可变放大系数 variable-mu
可变放大系数管 multimu tube;multimu valve;variable-mu tube;variable mu valve
可变放大系数四极电子管 variable-mu quadrupole
可变放大系数五极管 variable-mu pentode
可变费用 direct charges;output cost;variable charges;variable cost;variable expenses
可变粉磨流程 flexible grinding circuit
可变风险 variable risk
可变浮力装置 variable buoyancy device
可变符号 flexible symbol;variable symbol
可变幅和回转的起重机 derrick barge
可变负荷 variable load;varying duty
可变负载 variable load;varying duty
可变刚性弹簧 dual-rate spring
可变高度截面的框架 variable depth section frame
可变格式 variable format
可变更的 permutable
可变(更)性 alterability
可变功能发生器 variable function generator
可变估价 variable evaluation
可变估值 variable evaluation
可变关税 flexible tariff;flight tariff
可变惯量 variable interia
可变惯性矩 variable moment of inertia
可变光程器 variable path transmitter
可变光程样品池 variable path-length cell
可变光阑 iris diaphragm;variable diaphragm
可变光阑变化机制 iris change mechanism
可变光阑波导 iris wave-beam guide
可变光阑波束结构 iris wave-beam structure
可变光阑波束装置 iris wave-beam device
可变光阑测微光度计 iris microphotometer
可变光阑光度计 iris photometer
可变光阑孔径 iris aperture
可变光阑套 iris mount
可变光阑(叶)片 iris blade
可变光阑作用 iris action
可变光圈 iris ring
可变光束衰减器 variable beam attenuator
可变光衰减器 variable optic(al) attenuator
可变光学密度 variable optic(al) density;varying optic(al) density
可变光闸 variable shutter
可变辊隙压滤机 vari-nip press
可变函数 variable function
可变函数发生器 variable function generator
可变函数生成程序 variable function generator
可变荷载 changing load;variable load;varying load
可变后座 variable recoil
可变厚度 variable thickness
可变互导管 super-control tube
可变缓解阀 variable release valve
可变换柴油打桩锤 convertible diesel pile hammer
可变换的 convertible;transferable
可变换的非对称消像散镜组 convertible unsymmetrical anastigmat
可变换的物质 convertible matter
可变换记忆系统 changeable memory
可变换轮廓的幕帘 contour curtain
可变换铁铲 convertible shovel
可变换性 convertibility;transformability
可变汇率 flexible rate;floating rate
可变汇率制 floating exchange rate system
可变绘图仪 variplotter
可变货币资本 variable money-capital
可变货柜船 convertible container ship
可变基础利率 flexible prime rate
可变基数 shifting base;variable radix
可变基数点表示法 variable-point representation
可变基准线 chord
可变集中荷载 variable concentrated load
可变集装箱船 convertible container ship
可变几何 variable geometry
可变几何动力涡轮机 variable geometry power turbine
可变计量法 variable metric method
可变记录长度 variable record length
可变加速度 variable acceleration
可变价格 variable cost
可变价值 variable value
可变间隔数字化器 variable interval digitizer
可变间接费差异 variable overhead variance
可变间距 variable spacing
可变间隙 variable gap
可变简约法 variable reduction method
可变鉴别器地震仪 variable discriminator seismograph
可变交叉皮带轮 variable diagonal pulley
可变焦度系统 variable power system
可变焦距 variable focal length;variable focus;zoom
可变焦距的 pancreatic;varifocal
可变焦距镜头 variable focal length lens;varifocal lens;zoom lens
可变焦距镜头系统 zoomar
可变焦距莫尔波带片 varifocal Moire zone plate
可变焦距式 zoom type
可变焦距透镜 lens of variable focal length;zoom lens;variable focus lens
可变焦距透镜系统 zoomar
可变焦距物镜 objective with variable focal length
可变焦距寻像器 zoom finder
可变焦立体镜 zoom stereoscope
可变焦透镜系统 variable focus lens system
可变焦物镜 variable focus objective
可变角度 variable angle
可变角度喷嘴 variable-angle nozzle
可变接点 variable contact
可变节距 variable pitch
可变节流口 settable orifice
可变结构 varistructure
可变结构处理器 variable architecture processor
可变结构计算机 variable structure computer
可变结构系统 varistructured system
可变截面 variable area;variable section
可变截面流量计 variable area flowmeter
可变截面排气喷管 variable area exhaust nozzle
可变截面推力喷管 variable area propelling nozzle
可变截面柱 column with variable cross-section
可变进气管 variable inlet duct
可变矩的传动 variable torque drive
可变距标 marker;variable range marker
可变距离标志 variable marker counter
可变距离圈 variable range ring
可变开度光阀 variable aperture shutter
可变空腔 variable cavity
可变孔板流量控制器 variable-orifice flow controller
可变控制 variable control
可变控制块区 variable control block area
可变块 variable block
可变快门 variable shutter
可变宽度 variable width
可变框架结构 variset
可变力 variable force
可变力矩 variable torque
可变利率 flexible rate;floating rate;variable interest rate
可变利率存单 variable rate certificates of deposits
可变利率的金边债券 variable rate gilt-edged bonds
可变利率抵押(贷款) variable rate mortgage
可变利率合同 variable rate contract
可变利率证券 variable rate stock
可变利率作价 variable rate pricing
可变利润 variable profit
可变利用度 variable utilization
可变利用系统 system with variable utilization
可变连接 variable binding
可变连接点 variable connector
可变连接符 variable connector
可变连接器 variable connector
可变连接指令 variable connector
可变连续通行系统 flexible progressive system
可变量 variable
可变量透平 variable discharge turbine
可变量涡轮机 variable discharge turbine
可变邻接矩阵 variable adjacency matrix
可变灵敏度 variable sensitivity
可变流量泵 variable delivery pump;variable flow pump
可变流水线 variable assembly line
可变流向车道 reversible flow lane
可变漏阀 variable valve
可变履带距 variable ga(u)ge;vari-ga(u)ge
可变履带距的行走架 variable-ga(u)ge under-carriage
可变逻辑 variable logic
可变逻辑元件 flexible logic(al) cell
可变螺距 adjustable pitch;variable pitch
可变螺距螺旋桨 changeable pitch propeller;controllable pitch propeller;variable propeller
可变螺距推进器 changeable pitch propeller;controllable pitch propeller;variable propeller
可变马赫数喷管 variable Mach number nozzle
可变慢化剂反应堆 variable moderator reactor
可变密度地震屏幕显示 variable-density seismic screen display
可变密度滤光片 density wedge filter;variable-density filter
可变密度盘 variable-density disk
可变面积 variable area
可变面积槽 variable area channel
可变面积流量计 variable area flowmeter
可变名(称) flexible name
可变年金 variable annuity
可变黏[粘]度 variable viscosity
可变耦合变压器 jigger;resolver
可变耦合器 variable coupler;variocoupler
可变排量 variable displacement
可变排量油马达 variable displacement motor
可变喷嘴 variable nozzle
可变膨胀 variable expansion
可变偏心筛 selector screen
可变偏压 variable bias
可变偏振 variable polarization
可变频宽滤波器 variable-band-width filter

可变频率 variable frequency
可变频率触发振荡器 variable frequency trigger generator
可变频率-可变电压交流电动机 variable frequency-variable voltage AC motor
可变频率振荡器 variable frequency generator;variable oscillator
可变坡玻璃水槽 glass-panel(l)ed tilting flume
可变坡度 variable inclination
可变强度 variable intensity
可变强度高温计 variable intensity

pyrometer
可变强度光束 variable-density beam; variable intensity beam
可变强度式仪器 variable intensity device
可变倾角 variable incidence
可变情报 variable information
可变区 variable region
可变权 variable weight
可变权数 changing weight
可变燃料发动机 alternative-fuel engine
可变燃料口式汽化器 variable fuel orifice carburetor
可变人工成本 variable labo(u)r cost
可变容差数据精简 variable-tolerance-band compaction
可变容积泵 variable displacement pump
可变容量 variable capacity; varying capacity
可变扫描 variable sweep
可变色滤光片 variable color filter
可变色偏振 variable color polarizing
可变栅漏 variable grid leak
可变上下界 variable bound
可变伸距卸煤机 luffing crane type coal unloader
可变深度 variable depth
可变深度声呐 variable depth sonar
可变时标 variable time scale
可变时间 variable time
可变时间比率 variable time scale
可变时间标度 variable time scale
可变时间增量 variable time increment
可变时序 arbitrary sequence
可变时序计算机 arbitrary sequence computer
可变式灯光信号控制系统 versatile system of signaling
可变式拱架 yieldable arch
可变式信号系统 versatile system of signaling
可变收入计划 variable earnings program(me)
可变收益 variable gain
可变收益投资收入 income from variable yield investment
可变输出耦合器 variable output coupler
可变数据 variable data
可变衰减器 variable attenuator
可变税额 variable levies
可变税率 flexible tariff
可变顺序 variable order
可变速电子快门 variable electronic shutter
可变速度 variable speed; variable velocity
可变速度控制器 variable-speed control
可变速度显示牌 variable speed sign
可变速卷扬机 variable-speed winch
可变速自行车法 derailleur
可变酸物质 acidoid
可变损耗器 variolosser
可变缩拍 variable reduction
可变弹性模量 variable modulus of elasticity
可变弹性模数 variable modulus of elasticity
可变弹性系数 variable modulus of elasticity
可变梯度 variable gradient
可变条款 variable clause; variation clause
可变铁芯扼流圈 controlled magnetic core reactor
可变投入 variable input
可变推力 controllable thrust; variable thrust
可变推力发动机 variable-thrust engine
可变网距 variable mesh size; variable step size
可变微程序控制逻辑 variable micrologic
可变微逻辑 variable micrologic
可变微周期定时 variable microcycle timing
可变为无效的合同 voidable contract
可变位的支承 yielding support
可变位移式仪器 variable displacement device
可变温度低温恒温器 variable temperature cryostat
可变物理布局 changeable physical layout
可变误差 variable error
可变吸声体 variable sound absorber
可变稀释采样法 variable dilution sampling
可变系数 variable coefficient; variable factor
可变系统程序表 flexible system program(me) list
可变狭缝 variable gap
可变现价值 cash realizable value; realizable value
可变现净值 net realizable value
可变现资产 realizable assets
可变线路标志 changeable route sign
可变线路信号 changeable route signal
可变线性差分变压器 variable linear differential transformer
可变线性差分传感器 linear variable differential transformer
可变线性系统 variable linear system
可变限速标志 variable-speed-limit sign
可变限速控制 variable-speed limit control
可变相位板 variable phase plate
可变相位物体 changeable phase object
可变相位信号 variable phase signal
可变相序 variable phasing sequence
可变向车道 reversible flow lane
可变向的中央车道 reversible center path
可变向设施【交】reversible facility
可变向(行车)的中央车道 reversible center[centre] path
可变向中心车导线 reversible center [centre] lane line
可变像场大小 changing field size
可变小数点 variable point
可变小数点表示 variable-point representation
可变小数点记数制 variable-point representation system
可变小数点数据 variable point
可变信号处理 variable information processing
可变信托 net realizable value method
可变信息 changeable message sign (system); variable information
可变信息标志 changeable message sign(system); message changeable sign; variable information sign
可变信息标志网 variable massage sign network
可变信息处理包 variable information processing package
可变信息存储器 variable information storage
可变信息文件 variable information file
可变信息显示(系统) changeable message sign(system)
可变形的 deformable; yielding
可变形的模型 deformable model
可变形反射镜 deformable mirror
可变形飞行器 variable geometry aircraft
可变形铰接拱 articulated yielding (roadway) arch
可变形体 deformable body
可变形性 deformability
可变性 variability
可变性指数 variability index
可变选择度 variable selectivity
可变循环泵送 variable cycle pumping
可变压降 variable pressure drop
可变压力 variable pressure
可变压力除氧器 variable pressure deaerator
可变压缩比 variable compression ratio
可变压缩发动机 variable compression engine
可变压头 variable head
可变压载 variable ballast
可变压载水舱 variable ballast tank
可变延迟脉冲发生器 variable delay pulse generator
可变延迟线 variable delay line
可变仰角波束 variable elevation beam
可变仰角射束天线 variable elevation beam-antenna
可变叶角喷嘴 variable geometry nozzle
可变移相器 variable phase shifter
可变异的 variable variate
可变翼形舵 flap type rudder
可变因素 variable factor
可变因子 variable factor
可变预算 flexible budget; variable budget
可变域 variable domain; variable field
可变域长度 variable field length
可变阈值逻辑电路 variable-threshold logic circuit
可变裕度带压缩 variable-tolerance-band compaction
可变约束 variable bound
可变运动 variable motion
可变载荷 changing load
可变载面风洞 variable cross-section wind tunnel
可变增量 variable gain
可变增益 variable gain
可变增益放大器 variable gain amplifier
可变增益装置 variable gain device
可变整数 variable integer
可变支出 variable charges; variable expenses
可变址的 indexable
可变纸带速率记录器 variable-paper-speed recorder
可变指令 variable order
可变指示标志 variable sign
可变中子通量反应堆 variable flux reactor
可变重复次数数据项 variable occurrence data item
可变周期 variable cycle
可变周期操作 variable cycle operation
可变轴 flexible shaft
可变轴距 flexible wheel base
可变主钟 variable master clock
可变贮存量 variable storage
可变转矩电动机 variable torque motor
可变装置 variset
可变准备 flexible reserve; variable reserves
可变资本 variable capital; wage capital
可变字长 variable word length
可变字长计算机 variable word length computer
可变字组格式 variable block format
可变自动程序 vaviomatic
可变自动相位控制器 variable quadricorrelator
可变(棕)色玻璃 non-browning glass
可变阻抗 adjustable resistance
可变阻抗功率计 variable impedance power meter
可变阻力 adjustable resistance; variable resistance
可变组 variable field
可变组成指数 variable weighting index number
可变最长绿灯控制机 variable maximum controller
可变最长绿灯控制器 variable maximum controller
可变作用 variable action
可遍历性 traversability
可辨度 intelligibility
可辨清晰度 sharpness of definition
可辨认的成本 identifiable cost
可辨认点 identifiable point
可辨识性 identifiability
可辨像素 resolvable picture element
可表达性 expressiveness
可剥离层 stripcoat; strippable coating
可剥离的 <墙面覆盖物> strippable
可剥离涂料 strippable coating
可剥(漆)膜 stripping film
可剥涂料 strip coating
可剥型 peelable type
可剥性 strippable property
可剥性漆 peelable paint; strippable paint; stripping lacquer
可剥性涂层 peelable coating; strippable coating
可剥性涂料 peelable coating; stripcoat; strippable coating
可剥性涂料的脱漆剂 demasking agent
可剥性油漆 strippable paint
可补偿的 atonable; reparable
可补偿海损 average payable
可补偿损失 recoverable loss; repairable loss
可补偿性 compensability
可补还的费用 cost reimbursable
可补救的 repairable
可捕标准 haulage standard
可捕阶段 exploitable phase
可捕捞鱼 harvestable fish
可捕量 haulage allowance
可捕鱼类大小 fishable size
可捕种群 catchable population; fishable population
可不间断的 uninterruptible
可不停的 uninterruptible
可擦除编程 erasable programmable
可擦(除)的 erasable
可擦存储(器) erasable memory; erasable storage
可擦度 erasability
可擦净的 scrubbable
可擦去编程只读存储器 <指紫外线法> erased programmable read only memory
可擦洗壁纸 washable wallpaper
可擦洗性 washability
可擦写光盘【计】 CD-RW; erasable optic(al) disk
可擦写式光盘 compact disc rewritable
可擦性 erasability
可采边界线 minable boundary
可采层厚度 exploitable thickness
可采成本 cost of mining
可采成熟度 reaped ripeness
可采程度 deliverability
可采储量 workable reserves
可采储量的整体估计 global estima-

tion of recoverable reserves
可采储量的整体估计值 global estimated value of recoverable reserves
可采膏组 workable group of gypsum seams
可采含煤系数 percentage of workable coal thickness
可采厚度 minable thickness; workable thickness
可采基 admissible basis
可采块段比例 proportion of recoverable block
可采宽度 minable width
可采矿 prospective ore
可采矿床 payable ground
可采矿床的最小厚度 mining width
可采矿量 workable reserves
可采矿石 exploitable mine pay; paydirt
可采矿石的最低品位 minimum grade of ore
可采煤层 workable coal seam
可采煤层累计厚度 total thickness of workable coal seam
可采煤层数 amount of workable coal seam
可采煤层之上的薄煤层 rider
可采煤样 workable coal seam sample
可采纳的策略 admissible strategy
可采纳的决策 admissible decision
可采纳性 admissibility
可采区 payable area
可采沙金 pay gravel
可采砂层 productive sand
可采石油 availability of oil
可采系数 coefficient of mineability
可采性 mineability
可采用策略的概率 probability of adapting strategy
可采用性 adoptability
可采用值 acceptable value
可采贮量 recoverable reserves
可操向性 steering response
可操纵的 dirigible; steerable
可操纵的步行式机械 steerable walking mechanism
可操纵的滚筒 steerable roll (er wheel)
可操纵的履带拖拉机 steerable crawler
可操纵的压路机 steerable roll (er wheel)
可操纵减摇器 active roll resisting fins
可操纵气球 dirigible balloon
可操纵水翼 steerable hydrofoil
可操纵稳定器 all-movable stabilizer
可操纵性 controllability; dirigibility; manageability; maneuverability; navigability; steerability
可操作度 operability
可操作经济计量模型 operational econometric model
可操作性 handleability; manipuility; operability
可操作性政策 operational policy
可槽运混凝土 chutable concrete
可侧式列车 tilting train
可测侧向应力固结仪 plastometer
可测定的 measurable; presumable; determinable
可测定日期的 datable
可测函数 measurable function
可测集 measurable set
可测空间 measurable space
可测孔隙水压力测头 piezocone
可测量 measurable quantity
可测量的 measurable
可测量的热损失 measurable heat loss
可测流量 measurable discharge
可测事件 measurable event
可测试结构 testable structure
可测随机过程 measurable stochastic process
可测温升 observable temperature rise
可测误差 determinable error
可测性 mensurability
可测验性 amenability
可测值 measurable value
可测总收益 total measurable benefit
可插车空档 acceptance gap
可插捣性 rodability
可插件 pluggable unit
可插上边桩的平板车 stake lorry
可插上边桩的平板汽车 stake truck
可插性 pluggability
可查明的 ascertainable
可察觉的 observable
可察觉误差 appreciable error
可拆玻璃线脚 loose mo(u)ld
可拆玻璃压条 <木质的> loose mo(u)lding
可拆部分 free section; loose part
可拆部件 detachable
可拆侧栏式挂车 stake-side trailer
可拆插头板 removable plugboard
可拆车体 demountable body
可拆(除)的 demountable; removable
可拆除的橡胶坝 collapsible rubber dam
可拆的下部结构 removable substructure
可拆灯泡 disconnect lamp
可拆改的包装机 retrievable packer
可拆隔墙 demountable division wall; demountable partition
可拆管堵 retrievable choke
可拆合页 loose-joint hinge
可拆换的 demountable
可拆换的舱壁 shiftable bulkhead
可拆换的刀片 shiftable mo(u)ldboard
可拆换的挖沟装置 removable type trenching element
可拆换式戽斗 detachable bucket
可拆毁的 demolishable
可拆集装箱 demountable container
可拆桨叶 detachable blade
可拆铰链 loose-joint butt; loose-joint hinge
可拆接合 detachable joint
可拆接头 detachable fitting
可拆开的 knock down; loose-jointed
可拆离合器 disconnectable clutch
可拆连接 releasable connection; detachable joint
可拆联轴节 separation coupling
可拆链环 connecting link; detachable link; missing link
可拆轮辋 removable rim
可拆模(具) collapsible die; opening die; segmental die; split(ting)-die; split mo(u)ld; split-segment die
可拆盘管 movable coil
可拆汽缸盖 detachable head of cylinder
可拆曲柄箱 split crankcase
可拆式部件 detachable parts
可拆式刀柄 detachable shank
可拆式刀杆 detachable shank
可拆式电缆盒接头 flip-plug adapter [adaptor]
可拆式坩埚炉 pull-out type crucible furnace
可拆式钢盖 detachable head
可拆式格栅 removable grate
可拆式隔断 demountable partition
可拆式火灾探测器 detectable type fire detector
可拆式联结装置 removable draw bar
可拆式联轴节 separable coupling
可拆式联轴器 separable coupling
可拆式梁 collapsible beam
可拆式喷油机 demountable distributor
可拆式钎尾 detachable shank
可拆式砂箱 hinged flask; snap flask
可拆式输送螺旋 dismountable auger conveyer[conveyor]
可拆式水斗 detachable bucket
可拆式天线 dismountable antenna
可拆式芯盒 collapsible core box
可拆式岩芯管 split barrel
可拆式钻头 jack bit
可拆手柄 removable handle
可拆体系 decomposable system
可拆下边板的货车 wagon with removable sides
可拆下的车端板 removable end
可拆下的阀座 detachable valve seat
可拆线圈 detachable coil
可拆卸暗盒 detachable magazine
可拆卸包装 dismountable package
可拆卸部件 take-down
可拆卸插头 flit-plug
可拆卸车辆零件 detachable car fitting
可拆卸车轴 withdrawable axle
可拆卸衬套 sectional nave
可拆卸触探头 detachable point
可拆卸窗棂 removable muntin
可拆卸窗梃 removable muntin
可拆卸的 collapsible; condemned; demountable; dismountable; dismounted; movable; removable; detachable
可拆卸的百叶窗 detachable shutter
可拆卸的部件 dismountable element
可拆卸的插头板 detachable plugboard
可拆卸的公路铁路两用水箱 demountable road-rail tanker
可拆卸的公路铁路两用油车 demountable road-rail tanker
可拆卸的桁架 demountable truss
可拆卸的连接 demountable connection
可拆卸的轮轴 withdrawable axle
可拆卸的牵引杆 detachable tow-bar
可拆卸的设备 dismountable apparatus
可拆卸的伸缩架 collapsible stripper
可拆卸的随机访问 removable random access
可拆卸的桅杆 demountable mast
可拆卸的支架 removable support
可拆卸叠罐 collapsible tank
可拆卸叠箱 collapsible tank
可拆卸端(部) removable end
可拆卸端盖 removable end cover; removable head
可拆卸法兰 disassembling flange
可拆卸反光镜 detachable specular reflector
可拆卸反向铲挖土机 detachable ditcher
可拆卸房屋 sectional building
可拆卸飞轮 split flywheel
可拆卸附件 removable attachment
可拆卸钢钎 sectional steel
可拆卸隔板 demountable partition
可拆卸隔断 demountable partition
可拆卸隔墙 demountable partition
可拆卸刮板 removable flighting
可拆卸管 collapsible tube; demountable tube
可拆卸建筑物 demountable building
可拆卸接点 demountable connection
可拆卸接合 demountable joint
可拆卸接头 demountable joint; dismountable joint; knock-off joint
可拆卸垃圾箱 detachable container
可拆卸连接 dismountable connection
可拆卸联轴节 loose coupling; separable coupling
可拆卸链 knock down chain
可拆卸梁 collapsible beam
可拆卸轮辋 demountable rim
可拆卸螺栓 hinged bolt
可拆卸螺旋桨叶 detachable blade; loose blade; loose propeller blade; separable blade
可拆卸门槛 <炉子> strip baffle
可拆卸面板 detachable panel
可拆卸配件 detachable fitting
可拆卸牵引装置 removable traction device
可拆卸式电缆接线盒 cable flit-box
可拆卸式模架导柱 removable type die set guide pin
可拆卸式取样管 removable sampling tube
可拆卸式装配 detachable fixing
可拆卸式钻头 bottoming type bit; detachable bit
可拆卸水箱 demountable tank; detachable tank
可拆卸探测器 detachable detector
可拆卸天线杆 dismountable mast
可拆卸托架 removable bracket
可拆卸挖沟机 demountable ditcher; detachable trencher
可拆卸桅杆 collapsible mast
可拆卸吸顶灯 detachable specular reflector
可拆卸行走机构 removable undercarriage
可拆卸性 demountability; detachability
可拆卸页片 detachable blade
可拆卸油箱 demountable tank; detachable tank
可拆卸闸板 collapsible flash board
可拆卸闸门 collapsible gate
可拆卸针头 detachable needle
可拆卸轴 demountable axle; removable axle
可拆卸轴承 demountable bearing
可拆卸装置 detachable device
可拆卸钻头 demountable bit; removable bit; detachable bit
可拆卸钻头的钻 crown drill
可拆型箱 snap flask
可拆型心 collapsible core
可拆性 dismountability; removability
可拆桩靴 withdrawable shoe
可拆装的 removable
可拆装的隔断 relocatable partition
可拆装的集装箱 collapsible container
可拆装的卷宗 removable volume
可拆装的链轨节 master link
可拆装的随机存取 removable random access
可拆装式搅拌机 removable agitator
可拆装钻头 withdrawable bit
可拆座位 jump seat
可缠绕的绳索长度 rope capacity
可铲污泥 spadeable sludge; workable sludge; working sludge
可长期持续的设计 sustainable design
可长期存在 long standing
可长期使用的 non-expendable
可偿付任何一方 repayable to either
可偿公司债券 redeemable debenture
可偿还的 refundable; reimbursable
可偿还的费用 cost reimbursable
可偿还的支出 reimbursible expenditures
可偿还的支付 reimbursable expenses
可偿还的资助 reimbursable financing
可偿还份额 redeemable share
可撤导板 retractable guide
可撤回控制策略 revocable control strategy
可撤销财产转移 revocable transfer
可撤销的 reversible
可撤销的报价 revocable offer

可撤销的合同 voidable contract
可撤销的信用证 revocable letter of credit
可撤销的信用证 revocable credit
可撤销的银行未保兑信用证 revocable unconfirmed banker's credit
可撤销无保兑银行信用证 revocable unconfirmed banker's credit
可撤销信托 revocable trust
可撤销信用状 revocable credit
可撤销性 reversibility
可沉淀的 precipitable
可沉淀的颗粒 settleable solid;settling solid
可沉淀固体 settleable solid; settling solid
可沉淀物质 settleable matter
可沉淀性 precipitability
可沉固体 settleable solid
可沉固体试验 settleable solids test
可沉降固体 settleable solid
可沉降固体量比 settleable solid volume fraction
可沉降物 settleable matter
可沉浸的水泵 submergible pump
可沉浸水泵 submersible pump
可沉性固体(颗粒) settleable solid
可称量的 ponderable;weighable
可称量性 ponderability; scalability; weightness
可称式前炉 mobile forehearth
可称重物的吊钩 weighted hook
可成粉末的 pulverizable
可成为薄层的 laminable
可成型板 formable sheet
可成型的 fabricable
可成型性 formability;shapeability
可承兑性 acceptability
可承荷载 bearable load
可承认的 recognizable
可承受性 affordability
可承受噪声级 acceptable noise level
可乘的 multiplicable
可乘函数 multiplicative function
可程控软件 software programmable
可程式化 programmed
可持续城市排水系统 sustainable urban drainage system
可持续发展 sustainable development
可持续发展战略 strategy of sustainable development
可持续发展指标 sustainable development indicator
可持续开发 sustainable development
可持续排水系统 sustainable drainage system
可持续生活环境 sustainable living environment
可持续生态系统 sustainable ecosystem
可持续水资源 sustainable water resources
可持续污水管理 sustainable wastewater management
可持续性 sustainability
可持续性城市水管理 sustainability of urban water management
可持续饮用水源利用 sustainable use of potable water sources
可持续运输 sustainable transport ·
可充电的 chargeable
可充电电池 built-in battery
可充电电钻 rechargeable power drill
可充电蓄电池组 rechargeable battery cell
可充气 inflatable
可充气的塞子 inflatable plug
可充气氯丁橡胶球 inflatable neoprene ball
可充实 solidifiable
可充水式潜水器 flooded submersible
可冲床底河川 erodible bed stream
可冲淡的 liquescent
可冲淡性 liquescence
可冲蚀的 erodible
可冲刷河槽 erodible channel
可冲刷性 erodibility
可冲洗滤芯 rinse and brush cartridge
可冲销租金 redeemable rent
可冲压成型片材 stampable sheet
可重安装性 reinstallability
可重定位表达式 relocatable expression
可重定位程序 relocatable program(me)
可重定位的 relocatable
可重定位地址 relocatable address
可重定位库 relocatable library
可重定位项 relocatable term
可重复测角经纬仪 repeating theodolite
可重复的 renewable;repeatable;replicable;reproducible
可重复利用的 returnable;reusable
可重复率度量 repeatability measure
可重复使用程序 reusable program(me);reusable routine
可重复使用的 reusable
可重复使用的软管配件 reusable hose fitting
可重复使用文件 reusable file
可重复使用性 reusability
可重复性 repeatability
可重建数据库 recreatable data base
可重入程序 reenterable program(me);reentrant program(me);reenterable routine;reentrant routine
可重入代码 pure code;reentrant code
可重入的 reenterable
可重入模块 reenterable module
可重入性 reenterabilty
可重入属性 reenterable attribute
可重入装配模块 reenterable load module
可重入子程序 reenterable subroutine
可重塑性 remo(u)ldability
可重调的 resettable
可重调性 resettability
可重现的 repeatable
可重现性 repeatability;reproducibility
可重写的 rewritable
可重写型光驱 compact disk rewritable[CD-RW]
可重新进入的 reenterable
可重新排序的交换设备 rearrangeable switch
可重新配置编码 relocatable coding
可重新起动的 restartable
可重新上漆的 repaintable
可重新输入模件 reenterable load module
可重新输入组匣 reenterable load module
可重新再扎的钢轨 rerolled rail
可重新再轧 rerollable
可重选的 reeligible
可重用程序 reenterable program(me)
可重用例行程序 reusable routine
可重用资源 reusable resource
可重整性 renormalizability
可重置数据库 resettable data base
可抽出外壳的混凝土桩 peerless pile
可抽丝松弛 Spinnbarkeit relaxation
可抽送性试验 pumpability test
可抽提有机质含量 content of extractable organic matter
可抽运性 pumpability
可筹措资金项目 bankable project
可出口量 export availability
可出口剩余量 exportable surplus
可出口盈余 exportable surplus
可出售的产权 merchantable title
可出租的 rentable
可出租的面积 lettable area
可出租净面积 net leasable area
可出租毛面积 gross leasable area
可出租面积 leasable area
可出租面积比 building efficiency
可出租面积系数 rentable space ratio
可除代数 division algebra
可除的超概念 elidible hypernotion
可除环 division ring
可除尽的【数】divisible;dividable
可除尽性 divisibility
可除去的污染物 removable contaminant
可除去性 removability
可除污染物 removable pollutant
可除性 divisibility
可储存成本 storable cost
可储存性 storability
可处分另外一人财产的权利 servitude
可处理的物品和容量 disposable articles and containers
可处理卡片 processable card
可处理缺口卡片 processable scored card
可处理任务图 processable task graph
可处理物品 disposable goods
可处理型记分卡 processable scored card
可处理性 amenability;treatability
可处理性系数 treatability factor
可处理性研究 treatability study
可触的 palpable;touchable
可触发性 ignitionability
可穿过的 penetrable;traversable
可穿透的 transparent
可穿透性 penetrability;penetrance
可穿越空档 acceptance gap
可传递的 transferable
可传递性 transferability;transitivity
可传动的 transmissive
可传送的 transmissible
可传送复制品 transportable copy
可传送性 transportability
可传性 transmissibility
可串行化 serializability
可串行化类 serializable class
可吹气的 inflatable
可垂永久的 monumental
可磁化的 magnetic;magnetisable
可磁化性 magnetisability
可从股道上搬下的 derailable
可从净收入中扣除的项目 deduction from net income
可从库存中拨给的 available from stock
可从库存中取用的 available from stock
可从毛收入中扣除的项目 deduction from gross income
可从收入中扣除的项目 deduction from income
可粗调的时延 coarse delay
可催缴成本 assessable capital stock
可淬性 hardening capacity
可淬硬地带 band of hardenability
可淬硬性 hardenability
可淬硬性带 hardenability band
可萃度 extractability
可萃取的乙烷物质 hexane-extractable material
可萃取性 extractability
可萃取有机卤化物 extractable organic halide
可萃取有机卤素 extractable organic halogen
可萃取有机氯化物 extractable organic chlorine compound
可萃取有机碳 extractable organic carbon
可萃取有机物 extractable organic matter
可存程序计算机 stored program(me) computer
可存储的混合料 stockable mixture
可存放性 storageability
可存取地址空间 accessible address space
可存取性 accessibility
可搓捏的 kneadable
可达比【交】accessibility ratio
可达边界 accessible boundary
可达边界点 accessible boundary point
可达车速 attainable speed
可达到标准成本 attainable standard cost
可达到的 accessible;attainable;reachable
可达到的标准 attainable standard
可达到的成本 attainable cost
可达到的高标准 attainable high standard
可达到的精度 available accuracy;obtainable accuracy
可达到的正常工厂生产能力 feasible normal plant capacity
可达到的最高速度 maximum attainable speed
可达到集 reachability set
可达(到)性 reachability
可达到映射 reachability map
可达点 accessible point; reachable point
可达范围 coverage; effective coverage
可达范围图 coverage diagram
可达高度 altitude capability; operational height
可达国民生产总值 potential gross national product
可达集 reachable set
可达精度 available accuracy; obtainable accuracy
可达距离 range capability
可达排列 accessible permutation
可达区 accessible region
可达区域 range coverage
可达生产集 attainable production set
可达图 reachability graph
可达稳定点 accessible stationary points
可达性 accessibility
可达性矩阵 matrix of reachability; reachability matrix
可达性指标【交】accessibility index
可达状态 accessible state; attainable state;reachable state
可达准确度 obtainable accuracy
可打钉的 nailable
可打钉的混凝土 nailable concrete
可打捞的 salvageable
可打磨二道浆 sanding surfacer
可打磨封闭底漆 sanding sealer
可打磨清漆 polishing varnish;rubbing varnish
可打磨性 sanding property
可打入的木螺钉 drive screw
可打入钉的 nailing
可打折扣的 discountability;discountable
可代换 replaceable;substitutable
可代换性 replaceability; substitutability
可代替的 interchangeable; renewable; replaceable
可代替的解决方法 alternative solution
可代替证券 fungible securities
可贷资本 loanable capital
可贷资金 loanable fund

可导道路网 navigable road network
可倒摆 reversible pendulum
可倒的桅 movable mast
可倒空的大型垃圾箱 drop-off box
可倒水准管 reversible level tube
可倒水准器 reversible level; reversible level tube
可倒转的 reversible
可得到的 attainable; available; obtainable
可得到的抽力 available draft
可得到的信息 available information
可得到的资本 capital availability
可得的能量 available energy
可得的最佳控制污染技术 best available contamination control technology
可滴定的 titratable
可滴定酸度 titrable acidity
可抵偿 commutable
可抵偿的 commutable; expiable
可抵偿性 commutability
可抵免税款 creditable tax
可抵免性 creditability
可地下采矿的 workable by underground mining
可递关系 transitive relation
可颠倒的 reversible
可点燃 ignitable
可点燃性 ignitionability
可电解的 electrolyzable
可电离疏水有机化合物 hydrophobic ionizable organic compound
可电离吸附质 ionizable adsorbate
可电离有机物种 ionizable organic species
可电脑化的 computerizable
可淀析 precipitable
可雕刻的 inscribable
可吊的 suspensible
可吊起的(活动)屋顶 draw roof
可调动的 maneuverable
可调度变量 schedulable variable
可调换的 replaceable; reversible
可调换的抵押 convertible mortgage
可调换定期人寿保险 convertible term assurance
可调换二元通货债券 reverse dual currency bond
可调换债券 convertible bond
可调换债券的收益 convertible bonds yields
可调用子程序 callable subprogram(me); callable subroutine
可钉板条 <用来挂瓦或压缝的> nailing batten
可钉板条托架 nailing strip bracket
可钉材料 nailable material
可钉地板 nailable floor
可钉钉的钢地板 nailable steel flooring
可钉钉的混凝土 nailable concrete
可钉花砖 nailable tile
可钉混凝土 nailcrete; nail(ing) concrete
可钉砌块 nailing block
可钉瓦 nailable tile
可钉纤维衬板 fiber board nail-based sheathing
可钉性(能) nailability; nailing property
可钉在墙上的 pin-up
可定向的 orientable
可定向的曲面 orientable surface
可定向流形 orientable manifold
可定向伸缩式溜槽 orientable telescopic chute
可定向弯管 orientable elbow
可定向性 orientability
可定向总管 orientable manifold
可定义性 definability
可定域性 localizability
可动边界 movable boundary
可动标记 movable mark
可动玻璃墙 movable glass wall
可动部分 moving element
可动部件 movable parts
可动衬板寿命 <破碎机> mantle life
可动触点部件 moving contact member
可动磁铁 moving-magnet
可动磁头 movable head
可动的舱底板 loose ceiling
可动底盘标志杆 pedestal sign
可动点基数表示法 variable-point representation
可动端 movable end
可动隔板沉淀池 movable partition cell
可动轨 movable rail
可动轨撑 adjustable rail brace
可动焊接工作台 welding positioner
可动基金 mobile fund
可动夹钳 movable clamp
可动剪刃 moving blade
可动铰接支座 hinged movable support
可动接点 travel(l)ing contact
可动刻度 movable mark
可动刻度标志 movable mark
可动刻度盘 movable scale
可动炉条 alternate grate bar
可动螺旋桨叶 movable propeller blade
可动抹磁头 retractable erase head
可动黏[粘]膜 movable type mucosa
可动配合 movable fit
可动偏心轮 movable eccentric
可动平台 movable deck; movable platform; sliding deck
可动屏蔽 barricade shield
可动铅格 moving grid; Potter-Bucky grid
可动墙 movable boundary
可动桥跨 movable space; movable span
可动球形支座 movable ball support
可动色玻璃框式灯光信号机构 movable roundel light unit
可动式粉碎机 mobile breaker
可动态移位程序 dynamic(al) relocation program(me)
可动铁芯 movable core
可动铁芯变压器 movable core transformer
可动头 moving head
可动系统设备 mobile systems equipment
可动线圈 movable coil; moving coil
可动线圈交流焊机 removal coil type alternating current welder
可动线圈式示波器 Duddell oscillograph
可动心轨 movable frog
可动心轨道岔 movable center[centre] points(crossing)
可动心轨菱形交叉 diamond crossing with movable points
可动心轨辙叉 movable-point crossing; movable-point frog; swing-nose crossing
可动形态 movable core
可动性 movability; transferability
可动性指数 mobility number
可动压模 floating die
可动掩模 movable mask
可动堰 movable weir
可动阳极 movable anode
可动叶片 movable blade; movable vane
可动翼轨式辙叉 movable wing frog; sliding frog
可动用本期盈余 available current surplus
可动用的结存数 available balance
可动用的经济盈余 available current surplus
可动用公积金 available surplus
可动用建筑公积金 available construction surplus
可动用节余 available balance
可动用结余 available balance
可动用利润 available profit
可动用临时盈余 available temporary surplus
可动用日期 available date
可动用收入 available income
可动用现金 available cash
可动用盈余 available surplus
可动用贮存量 available storage(capacity)
可动用资产 available assets
可动用资金 fund available
可动油图 movable oil plot
可动圆柱支座 movable cylindrical support
可动栅极 movable grid
可动辙叉 movable crossing; swing-nose crossing
可动辙轨菱形交叉 diamond crossing with movable points; movable switch diamond
可动针塞 movable bullet
可动支架 movable support
可动轴承 movable bearing
可动装置 mobile
可冻结水 freezable water
可读度 readability
可读复制资料 hard copy
可读行 readable line
可读距离 legibility distance
可读卡片 ready-read card
可读临界度 threshold legibility
可读式油位计 sight oil ga(u)ge
可读性 readability
可独立计算的成本 separable cost
可独立应用的闭环温度控制器 stand-alone closed loop temperature controller
可度量 metrizable
可度量的 mensurable
可度量的属性 measurability attribute
可度量化空间 metrizable space
可度量特征 measurable characteristic
可度量信息 metric(al) information
可度量性 mensurability
可镀性 platability
可短期内收回的款项 money at call and short term
可断定 predicable
可断定的 predicable
可断定性 predictability
可断开性 severability
可锻材料 ductile material
可锻的 ductile; forgeable; malleable; wrought
可锻钢板 forging quality plate
可锻合金 forging alloy; wrought alloy
可锻化 malleablize
可锻化退火 malleable anneal; malleablizing annealing
可锻黄铜 forging brass; wrought brass
可锻镍 Inco nickel
可锻生铁 forge pig iron; malleable (pig) iron
可锻铁 forgeable iron; malleable iron; mitis
可锻铁铸辊 ductile cast iron roll
可锻铁铸件 mitis metal
可锻铜合金 cupaloy
可锻性 ductility; forgeability; forging quality; malleability
可锻性试验 forge[forging] test; jump test; knock down test
可锻优质钢板 forging quality steel
可锻造的钢板 forging plate
可锻铸件 mitis
可锻铸铁 ductile cast iron; forgeable cast iron; malleable cast-iron <俗称马铁>; nodular graphite cast-iron; semi-steel
可锻铸铁辊 ductile cast iron roll
可锻铸铁件 mitis metal
可锻铸铁接头配件 fitting of forgeable cast iron; fitting of malleable cast iron
可锻铸铁配件 malleable fittings
可锻铸铁铁丸 malleable shot
可锻铸铁用生铁 annealing pig iron
可锻铸铁制造法 Kranz Triplex method
可锻铸铁铸件 malleable casting
可堆肥垃圾 compostable refuse
可对角化的 diagonalizable
可对角化矩阵 diagonalizable matrix
可对准性 alignability
可兑换的 convertible; exchangeable
可兑换的外币 convertible currency
可兑换的外汇 hard currency
可镦锻性试验 upending test
可尔多那左风 <墨西哥 6~11 月间的一种南来大风> Cordonazo
可发酵的 fermentable
可发泡性聚苯乙烯 expandable polystyrene
可发射 transmissive
可发性聚苯乙烯 expandable polystyrene; foamable polystyrene
可发性聚苯乙烯颗粒 expandable polystyrene pellet
可发性聚苯乙烯珠粒 expandable polystyrene bead
可发性塑料 expandable plastics
可翻开窗扇 southwood
可翻式驾驶室 tilting cab
可翻松的 rippable
可翻卸罐笼 tilting-deck cage
可翻折的 turn down
可翻转的 reversible
可翻转的发动机罩 swing open hood
可翻转的格栅 reversible grating
可翻转的推进器 roll-over feed
可翻转护墙板 reversible siding
可翻转救生筏 reversible lifeboat
可翻转模板 invertible formwork
可翻转托盘 reversible pallet
可翻转用的壁板 reversible siding
可反复使用的杆接头 reusable coupling
可反复试验的集装箱 reusable container
可反合页 reversible hinge
可反射 reflectible; reflexible
可反向插锁 reversible mortise lock
可反向车道 reversible lane
可反向电动机 reversible motor
可反向吊机臂 reversible jib
可反向辐射的 reradiative
可反正转的液压马达 bidirectional hydraulic(al) motor
可反转的 reversible
可反转的窗 reversible window
可反转的鼓风机 reversible fan
可反转的扇风机 reversible fan
可反转电动机 reversible motor
可反转斗式提升机 bucket elevator with return run
可反转发动机 reversible engine
可反转式子午仪 reversible transit circle
可反转用的抹子 reversible pallet
可反转用的平板架 reversible pallet
可防范空间 <用建筑处理来加强邻里联系、防止偷盗和对付犯罪的>

K

defensible space
可防止的 preventable
可防止的事故 preventable accident
可访问点 addressable point
可访问性 accessibility
可放倒(车厢)侧栏板 drop-side
可放倒式吊艇柱 collapsible davit
可放倒式桅杆 collapsible mast; lowering mast; strike mast
可放倒烟囱 hinged funnel; lowering funnel
可放回原处的 replaceable
可放入桶中的 tubbable
可放下的 falling back
可放下的起落架 droppable landing gear
可废除 defeasible
可废除的 revocable
可分变数 variable separable
可分辨的碎部 discernible detail
可分辨的细部 discernible detail
可分辨点(数) resolvable spots
可分辨性 discriminability
可分成本 separable cost
可分的 separable
可分的固定成本 separable fixed cost
可分的生产函数 separable production function
可分的效用函数 separable utility function
可分的债务 separable obligation
可分等 gradable
可分等级性 gradability
可分段拆卸的浮船坞 self-docking dock
可分对策的典式 canonic(al) representation of separable game
可分多项式 separable polynomial
可分费用 separable cost
可分费用剩余效益法 separable cost-remaining benefits method
可分割的 dividable; divisible
可分割的产品 dissectible product
可分割的信用证 divisible letter of credit
可分割列车组 divisible train set
可分割认股权证 detachable warrant
可分割性 divisibility; severability
可分隔程序库 separable library
可分规划 separable planning
可分合同 separable contract
可分级的 gradable
可分级调整的 adjustable in steps
可分件 detachment
可分节点位移法 method of separate joint displacement
可分解单元数 resolvable number
可分解的 collapsible; decomposable; demountable; dissoluble; dissolvable
可分解的产生式系统 decomposable production system
可分解的多项式 factorable polynomial
可分解的污染物 degradable pollutant
可分解的属性 decomposability attribute
可分解对策 decomposable game
可分解矩 decomposable matrix
可分解链 decomposable chain
可分解码 decomposable code
可分解模型 decomposable model
可分解算子 decomposable operator
可分解性 decomposability; subsetability
可分解有机质 decomposable organic matter
可分开的 detachable; partable; separable
可分开的插头板 detachable plugboard
可分开合同 severable contract
可分开轮辋 separable rim
可分空间 separable space
可分扩张 separable extension
可分类 gradable; separate family
可分离 dissociable
可分离的 jettisonable; separable
可分离挂梁 jettisonable pylon
可分离光学耦合器 separable optic(al) coupler
可分(离)规划 separable programming
可分(离)函数 separable function
可分离核 separable kernel
可分离性 detachability; separability; separable characteristic
可分量 aliquot
可分裂的 fissionable
可分裂同位素 fissile isotope
可分码 separable code
可分配 distributable
可分配存货量 availability of inventory
可分配的 assignable
可分配间接费用 assignable indirect charge
可分配空间 allocable space
可分配利润 attributable profit; distributive profit
可分配利益 profit available for dividend
可分配资产 distributable assets
可分配总收入 gross income for distribution
可分区域 separated region
可分散的 dispersible
可分式散热器 sectional radiator
可分式轴箱 divided axle-box
可分受益 divisible benefits
可分摊部分 apportionable part
可分摊的固定费用 allocable fixed cost
可分摊的间接成本 assignable indirect charge
可分摊固定成本 allocable fixed cost
可分特性 separable characteristic
可分条件 separation condition
可分图 separable graph
可分土墙 sectile opus
可分析的 analyzable; collapsible
可分析性 analyticity; analyzability
可分效益 separable benefit
可分性 partibility; separability; separableness
可分页的 pageable
可分页动态区 pageable dynamic(al) area
可分有向图 separable directed-graph
可粉化 pulverizable
可粉化性 pulverability
可粉碎性 reducibleness
可服务时间 serviceable time
可服务时间比 serviceability ratio
可服务性 serviceability
可服务性级别指示处理 serviceability level indicator processing
可浮动表达式 relocatable expression
可浮动程序 relocatable program(me)
可浮动地址 relocatable address
可浮动符号 relocatable symbol
可浮动库 relocatable library
可浮动名 relocatable name
可浮动模块 relocatable module
可浮动区 relocatable area
可浮动入口地址 relocatable entry address
可浮动项 relocatable term
可浮动形式 relocatable form
可浮动性 relocatability
可浮动子程序 relocatable subroutine
可浮性等级 grade of floatability
可浮性能 buoyant property
可浮(选)性 floatability
可浮烟火信号 buoyant smoke signal
可辐射固化基料 radiocurable binder
可辐射固化聚合物 radiation curable polymer
可辐射固化树脂 radiation-curable resin
可腐败的 putrescible
可腐败性 putrescibility
可腐烂废物 putrescible waste
可腐蚀的 corrodible
可腐蚀性 corrodibility
可付的 payable
可付还的 reimbursable
可付外币 foreign currency bills payable
可付余额 payable balance
可复发的 relapsable
可复位 reset enable
可复位的 reducible
可复位数据库 resettable data base
可复位性 resettability
可复现性 reproducibility
可复用文件 reusable file
可复用资源 flowing resources; perpetual resources; recoverable resources
可复原的 recoverable; replaceable
可复原性 recoverability
可复制 reproducible
可复制程序 refreshable program(me)
可复制副本 reproducible copy
可复制性 reproducibility
可覆盖段 overlayable segment
可改编程序的 reprogrammable
可改变的 convertible
可改变的牲畜车 stock car convertible
可改变排量的泵 variable displacement pump
可改变性 convertibility
可改道的 by-passable
可改良性 improvability
可改塑性 <混凝土> remo(u)ldability
可改造车 convertible car
可改正错误 recoverable error; soft error
可改正的 corrigible
可改装的船(舶) convertible ship; convertible vessel
可干燥的 water-borne; water reducible
可感半径 radius of perceptibility
可感大气 sensible atmosphere
可感到的杂音电平 perceived noise level
可感地震 sensible shock
可感觉的 sensible
可感热 sensible heat
可感热度 sensible heat content
可感热对流 convection of sensible heat
可感热交换 convection of sensible heat
可感热流 sensible heat flow
可感受的特性 quale
可感温度 sensible temperature
可感信息处理量 amount of sensible information processing
可感噪声分贝 perceived noise decibel
可感噪声级 perceived noise level
可割性 cuttability
可跟踪的 trackable
可跟踪性 trackability
可更换刀齿 replaceable cutter teeth
可更换的 dismountable; interchangeable; renewable
可更换的工具 replaceable attachment
可更换的掘齿 replaceable teeth
可更换的前端设备 convertible front equipment
可更换的摄影机镜筒 interchangeable camera cone
可更换的循环信用证 convertible revolving credit
可更换阀 replaceable stem seal
可更换附件 convertible attachment
可更换工质的袋式过滤器 bag-type replacement media filter
可更换拱顶 bung-top arch
可更换光学组件 optic(al) change-over assembly
可更换辊轴 conversion type roller
可更换滚筒 conversion type roller
可更换过滤器 renewable filter
可更换过滤器组件 throwaway filter element
可更换零部件 removable elements; removable parts
可更换滤料的干式空气过滤器 dry-type disposable media air filter
可更换韧衬的刹车片 brake block with removable liner
可更换性 convertibility; replaceability
可更换装备的起重机 convertible crane
可更换阻流嘴 retrievable choke
可更换钻头 interchangeable bit
可更新部件 renewable parts
可更新的 renewable
可更新的门槛 renewable sill
可更新计入期 crediting period renewable
可更新能源 renewable sources of energy
可更新数据 updatable data
可更新缩微胶片 updatable microfilm
可更新资源 flowing resources; perpetual resources; renewable natural resources; renewable resources
可耕的 arable
可耕地 arable land; cultivable land; infield; tillable land; tillage land
可耕地面积 arable area
可耕地栽培 arable cropping
可耕荒地 available uncultivated land
可耕土 arable soil; infield; plough land
可耕性 ploughability
可耕自流灌溉控制面积 culturable commanded area
可工作的程序 workable program(me)
可工作的系统 workable system
可工作时间 up-time; workable time
可公度量 commensurable quantity
可公度数 commensurable number
可公度性 commeasurability
可公开的 ostensible
可供采用的方案 alternative plan
可供查找信息 searchable information
可供承付资金的组成 composition of resources available for commitment
可供存车车位数 provision of parking spaces
可供分配的利润 distributable profit
可供分配的资产 distributable assets; distribute assets
可供分配股利的利润 profit available for dividend
可供给额法 affordable method
可供股息分配的盈余 surplus available for dividends
可供海轮航行的 navigable for sea-going vessels
可供花费的平均周收入 spendable average weekly earnings
可供开采年限 recoverable mine age
可供清理债务的资产 available assets
可供使用的 ready-to-use
可供使用的字节数 byte free
可供使用经济计量模型 operational econometric model
可供水 available water
可供水量 available water supply
可供停车车位数 provision of parking spaces
可供销售的商品成本 cost of goods available for sale
可供销售的商品数量 volume of marketable goods

可供选择的 alternative
可供选择的布局对策 alternative location strategy
可供选择的布置 alternative layout
可供选择的代用品 alternative substitution
可供选择的方案 alternative plan; alternative proposal
可供选择的方针政策 alternation policy
可供选择的会计方法 alternative accounting methods
可供选择的技术 alternative technology
可供选择的两种或两种以上方法 alternative ways
可供选择的模式 alternative model
可供选择的设计方案 alternative design
可供选择的条款 alternative clause
可供选择的(投)标价 alternative bid
可供选择或采用的方案 alternative
可供选择或采用的方法 alternative ways
可供选择项目 optional project
可供营运的资产净额 net operating assets
可供优选的方案 options for optimization
可供住家的船 house boat
可供装货的货车利用率 car availability for loading
可供自己支配的资金 funds for use at one's own discretion
可供租的土地 commercial acre
可共享的程序 shareable program(me)
可共享映象 shareable image
可构造函数 constructable function
可构造性 constructibility; constructivity
可估测回弹 appreciable rebound
可估函数 estimable function
可估计的 appreciable
可估计量 ponderable amount
可估价的 appreciable; assessable; rat(e)able
可估量的供应 visible supply
可估误差 appreciable error
可估值股票 assessable stock
可固定的 fixable
可刮削封接涂层 abradible sealing coating
可挂硅整流器 thyrode
可关闭的 closable
可关断晶体闸流管 trun-off thyristor
可观测变量 observable variable
可观测到的极限温升 limiting observable temperature rise
可观测的量 observable quantity
可观测的误差项 observable error term
可观测性 observability
可观测性条件 observability condition
可观测性指标 observability index
可观察的 observable
可观察控制 observable control
可观察量 observable
可观察性 observability
可观的 appreciable
可管理的 controllable
可管理性 manageability; manipuility
可贯入的 penetrable
可灌的 irrigable
可灌地 <有水源的适耕地> irrigated land
可灌地区 irrigable area
可灌溉地 irrigable area; irrigable land
可灌溉面积 irrigable area
可灌溉区 irrigable area
可灌浆比(值) groutability ratio
可灌面积 irrigable area
可灌入的 pourable
可灌台地 irrigable bench; irrigable terrace
可灌土地 irrigable land
可灌性 groutability
可灌注的 pourable
可灌注的环氧 pourable epoxy
可灌注性 <混凝土> placeability
可灌筑的 placeable
可灌筑性 placeability
可灌总面积 gross commanded area
可归回收益 reversionary interest
可归因性 imputability
可归因于 attributable
可归属成本 attributable cost
可归属核算单位成本 attributable segment cost
可归属流动资产类的投资 investments belong to current assets; investments classifiable as current assets
可归作成本的费用 inventorial expenses
可规范化的 normalizable
可规范化函数 normalizable function
可规范化核 normalizable kernel
可过边界点 accessible boundary point
可过户证券 assignable instrument; negotiable instrument
可过滤的 filterable
可过滤的残渣 filtrable residue
可过滤固体 filtrable solids
可过滤性 filterability
可焊的 weldable
可焊的结构钢 weldable structural steel
可焊复合铜板 weldable copper
可焊钢 weldable steel
可焊接的不锈钢 <铬 16%,镍 2%,其余是铁> kromarc
可焊接性 solderability
可焊结构钢 weldable steel
可焊试验 weldable test
可焊性 solderability; weldability; welding capacity
可焊性试验 test for weldability; weldability test
可夯实性 compactibility
可航半圆 <台风圆内反台风方向航行> navigable semi-circle
可航海区 seaway
可航空域 navigable airspace
可航宽度 navigation span
可航水域 working pool
可航行的 boatable; easy areas; floatable; navigable
可航行支流 navigable tributary
可航性 navigability
可航最大吃水 controlling depth
可航最小水深 controlling depth
可耗竭资源 depletable resources; exhaustible resources
可耗尽资源 depletable resources; exhaustible resources
可耗式触探头 <一种触探头,用到相当时期,即行报废> expendable drive point
可合汞的 amalgamable
可和函数 summable function
可和级数 summable series
可和性 summability
可核实性 verifiability
可横的 traversable
可横移的门架 side shift mast
可横越的 transversely traversable
可横越的坡道 traversable ramp
可衡量的资金效果 measurable funds effect
可后移滚珠轴承 ball reciprocating bearing
可呼吸的尘埃 respirable dust
可呼吸的粉尘含量 respirable dust content
可忽略的残值 negligible residue
可忽略的量 negligible quantity
可忽略概率 negligible probability
可忽略环境影响 negligible environmental impact
可忽略速率 negligible rate
可忽略误差 negligible error
可忽略影响 negligible effect
可忽视残留 negligible residue
可忽视坐标 ignorable coordinates
可互拌的 intermixable
可互补碇泊期限 reversible lay days
可互换 interconvertible; replaceable
可互换版本 interchangeable design
可互换备件 interchangeability of spares
可互换变速齿轮 loose change gear
可互换标准件 modular unit
可互换部件 interchangeable parts; interchangeable unit
可互换材料 interchangeable material
可互换车身 interchangeable body
可互换车轴的货车 wagon with interchangeable axles
可互换程序带 interchangeable program(me) tape
可互换齿轮 interchangeable gear
可互换单元 interchangeable unit
可互换的 interchangeable
可互换的反虹吸装置 interchangeable anti-siphonage device
可互换的欧洲托盘 interchangeable European pallet
可互换的前部装置 interchangeable front equipment; interchangeable front rig
可互换的设备项目 interchangeable equipment item
可互换的设计 interchangeable design
可互换的制造 interchangeable manufacture
可互换反射镜 interchangeable mirror
可互换附件 interchangeable attachment
可互换滑板 interchangeable slide
可互换货品 fungible goods
可互换货物 fungible goods
可互换基础 exchangeable basis
可互换镜头 interchangeable lens
可互换棱镜 interchangeable prism
可互换零件 identical parts; interchangeable parts
可互换物镜 interchangeable objective
可互换性与置换 interchangeability and replacement
可互换砧面 interchangeable anvil pallet
可互换装配 interchangeable assembling
可互换总成 interchangeable assembly
可互通的客车 intercommunicating coach
可花费的收入 spendable earnings
可滑动车顶 retractable roof
可滑动的传力杆 slip bar
可滑动式建筑物 sliding type building
可化合性 combinableness
可化为直线的曲线 linearizable curve
可划分的计算机系统 partitionable computer system
可还原的 reducible
可还原性 reducibility; reducibleness
可缓冲支承法 dynamic(al) suspension
可换测砧 anvil piece
可换衬套 loose bush; slip bushing
可换尺杆 beam micrometer
可换齿铰刀 replaceable teeth-cutter
可换齿轮 pick-off gear
可换储存器 changeable storage; exchangeable storage
可换磁盘组 interchangeable disk pack
可换存储器 changeable storage
可换刀具 replaceable cutter
可换刀片衬垫 reversible cutting insert
可换导套 renewable bushing
可换的切刀 replaceable cutter teeth
可换的钻头 replaceable cutter teeth
可换掉车轮的起重机 convertible wheel crane
可换公司债 convertible bond
可换股次级无抵押债务 convertible subordinated unsecured loan stock
可换股债券 convertible loan stock
可换关系 commutative rejection
可换滑板 renewable skid
可换环 commutative ring
可换机座 change stand
可换尖 renewable point
可换矩阵 commutation matrix; commutative matrix
可换卡片输入 interchangeable card feed
可换犁铧 alternative share
可换犁胫刃板 replaceable shin plate
可换零件 exchangeable parts; removable parts
可换滤芯 replaceable element; filtration packaging
可换律 commutative law
可换耐磨导套 renewable wearing bushing
可换片的广告牌 change-panel signs
可换普罗塔镜头 convertible Protar lens
可换腔模具 interchangeable cavity mo(u)ld
可换容器 alternative pack
可换式犁胫板 replaceable shin plate
可换式内管 retrievable inner barrel
可换式墙上标志 changeable wall sign
可换式牙轮钻头 retractable rock bit
可换式牙面 interchangeable facing
可换式岩芯钻头 retractable core bit
可换式钻头 interchangeable bit; retrievable drill bit; slip-on detachable bit
可换算 commutability; commutable
可换算符 commuting operator
可换套筒 replaceable sleeve
可换透镜 interchangeable lens
可换物镜 conversion objective; convertible objective; interchangeable objective
可换现股票 redeemable stock
可换镶块 reversible insert
可换向的细齿棘轮 fine-toothed reversible ratchet
可换向的压实机 reversible compactor
可换向的振动板压实机 reversible vibratory plate compactor
可换向犁 throw-over plow
可换向性 reversibility
可换向烟道 reversible flue; revertible flue
可换像 commutative image
可换性 changeability; commutativity
可换闸瓦 renewable brake shoe
可换债券 interchangeable bond
可换证券 convertible securities
可换支座 interchangeable mount
可换轴承合金 interchangeable metal
可换字棒 interchangeable type bar
可恢复变形 reversible deformation
可恢复变形功 recoverable strain work
可恢复测站 recoverable station
可恢复错误 recoverable error; soft error
可恢复的 recoverable; renewable; retrievable
可恢复的变形 recoverable deformation; retrievable deformation
可恢复的非正常结束 recoverable ab-

normal end
可恢复的事项处理 recoverable transaction
可恢复的误差 recoverable error
可恢复的异常结束 recoverable abnormal end
可恢复的资源 renewable resources
可恢复的自然资源 renewable natural resources
可恢复点 recoverable point
可恢复控制点 recoverable control point;recoverable reference point
可恢复目录 recoverable catalog
可恢复能量形式 recoverable form of energy;retrievable form of energy
可恢复事务处理 recoverable transaction
可恢复数据库 resettable data base
可恢复水准点 recoverable level(l)-ing point
可恢复同步 recoverable synchronization
可恢复系数 restorable system
可恢复性 recoverability;restorability
可恢复性弯沉 reversible deflection
可恢复中断 recovery interrupt
可恢复资源 flowing resources; perpetual resources; recoverable resources; renewable resources; retrievable resources
可恢复自然资源 recoverable natural resources; retrievable natural resources
可挥发的 volatilizable
可挥发水 evaporable water
可回摆导管 swing pipe
可回变剪切 recoverable shear
可回采金属量 recoverable quantity of metal
可回采平均品位 recoverable mean grade
可回答状态 respond opportunity
可回复的变形 recoverable deformation
可回复剪切 recoverable shear
可回火的 temperable
可回收的 non-expendable; reclaimable;recoverable
可回收的地沥青 recoverable asphalt
可回收的模板拉杆 recoverable tie
可回收的内筒 retrievable inner barrel
可回收的偏斜楔 retractable wedge
可回收的热量 recoverable heat
可回收的容器 returnable container
可回收的油 recoverable oil
可回收废热 recoverable waste heat
可回收废物 reclaimable waste
可回收费用 recoverable expenditures
可回收集装箱 returnable container
可回收价值 recoverable value
可回收瓶 returnable bottle
可回收使用的 returnable
可回收式封隔器 retrievable packer
可回收式桥塞 retrievable bridge plug
可回收碎石 reclaimed quarry
可回收损失 recoverable loss
可回收性 recuperability;retrievability
可回收贮存 retrievable storage
可回收资源 recoverable resources
可回送托盘 returnable pallet
可回缩的 retractile
可回缩的脊椎式溜槽 telescopic(al) chute
可回缩脊椎节式溜斗<装船用>retractable telescopic chute
可回缩式衣绳 retractable clothes line
可回转和变幅的吊臂 derrick boom
可汇编段 assembly unit
可毁房屋 disposable house
可毁灭的 destroyable

可混合的 blendable;miscible
可混合货品 fungible goods
可混合流体 miscible fluid
可混合性 miscibility
可混胶色谱法 gel permeable chromatography
可混溶的 miscible
可混溶性 compatibility
可混性 solubility
可混用性 compatibility
可活动范围 collapsible ground
可获得的 available
可获得性 procurability
可获发还之税款 tax refundable
可获利的 payable
可获量 availability
可获性效应 availability effect
可获资助地区 assisted area
可机加工性 machinability
可机器加工的 machinable
可机械化的 mechanizable
可机械加工的 machinable
可积分的 integrable
可积分函数 integrable function
可积分条件 integrability condition
可积分性 integrability
可积分组合 integrable combination
可积函数 integrable function;summable function
可积累使用的信用证 cumulative letter of credit
可积条件 condition of integrability
可积性 integrability
可积性条件 integrability condition
可激发性 excitability
可激射染料 lasable dye
可及 attainability
可及性 accessibility
可及准确度 available accuracy
可即时放送的录像 instant replay
可即时支付的现金声明 cash on hand statement
可极化 polarizable
可集装箱化的 containerizable
可几稳定性 probable stability
可几误差 probable error
可几值 probable value
可挤出性 extrudability
可挤式电动转辙机 electric(al) trailable switch machine
可挤性 trailability
可挤压性 extrudability
可计利益 tangible benefit
可计量的 accountable;ga(u)geable;measurable
可计量的收益 measurable benefit
可计量的效用 measurable utility
可计量分析 accountability analysis
可计量性 accountability;measurability;ponderability
可计入平均数的收入 averagable income
可计事件数 countable number of events
可计数 count enable
可计数的 countable
可计数函数 countable function
可计算的 calculable; computable; countable;count enable
可计算的价值 computable value
可计算概率 countable probability
可计算机化的 computerizable
可计算数 computable number
可计算物 countable entity
可计算性 calculability;computability
可计损失 tangible losses
可计资产 controllable assets
可记录加速仪 recording accelerometer
可记录速度计 recording speed(o) meter
可记在某人账上的劳务费 chargeable labo(u)r
可记账劳务费 chargeable labo(u)r
可继承的财产 hereditament
可继承权利 heritable rights
可继承有形不动产 corporeal hereditament
可继承债务 heritable obligation
可继续的契约 renewable contract
可继续的信用证 renewable letter of credit
可加倍的 multiplicable
可加长的斗柄 extendable dipperstick
可加的 additive
可加抵押 mortgage open-end
可加独立性 additive independence
可加独立性的检验 verification of additive independence
可加独立性假设 additive independence assumption
可加工的 machinable;workable
可加工的得分卡片 processable scored card
可加工的钉 workable nail
可加工的粉末 workable powder
可加工的管子 workable pipe
可加工的金属 workable metal
可加工的金属颜料 workable metal pigment
可加工的矿石 workable ore
可加工的生铅 workable raw lead
可加工的树脂酸盐 workable resinate
可加工的颜料 workable pigment
可加工的氧化物 workable oxide
可加工的氧化物颜料 workable oxide pigment
可加工性 machining quality; processability;tooling quality;workability
可加工性好的混凝土混合料 workable concrete
可加工性时间 workability period
可加工性试验 machinability test
可加工性损失 workability loss
可加工性指数 index of workability; workability index
可加工云母陶瓷 machinable mica ceramics
可加过程 additive process
可加结构 additive structure
可加偏好 additive preference
可加热的 heatable
可加随机游走过程 additive random walk process
可加索引的 indexable
可加效用函数 additive utility function
可加效用函数的评估 assessment of additive utility function
可加信道 additive channel
可加信托契据抵押 open-end trust deed mortgage
可加信息 additional information
可加性 additivity
可加性函数 additive function
可加性假设 additivity assumption
可加性检验 additivity test
可加压球状气罐 Horton sphere
可驾驶的 steerable
可驾驶性 manageability;steerability
可假定的 presumable
可间断供电 interruptable power
可兼段 inclusive segment
可兼容的 compatible
可兼容软件 compatible software
可兼容外围设备 compatible peripheral device
可兼容性 compatibility
可监督性 controllability
可减保额条款 deductive coverage clause
可减吨位 deductible space
可减免费用 deductible expenses

可减免国外纳税额 foreign tax credit
可减免课税的 tax deductible
可减(免)项目 deductible item
可减轻的 modifiable
可减少的 reducible
可减少的损失 deductible loss
可减少性 reducibleness
可减税额 deductible
可减损失 deductible loss
可减缩的马尔可夫链 reductible Markov chain
可减条款 deductible clause
可检波 detectable
可检波性 detectability
可检测误差 detectable error
可检测像素 detectable element
可检测(像素)组 detectable group
可检测性 detectability
可检测元素 detectable element
可检查性 detectability
可检出的最低限值 lower limit of detectability;minimal detectable limit
可检出元素 detectable element
可检出组 detectable group
可检控书 indictable offence
可检率 specific detectivity
可检取性 detectability
可检索的信息 retrievable information
可检信息 retrievable information
可检验的 verifiable
可检验的假设 testable hypothesis
可检验性 testability;verifiability
可简化的 reducible
可简化的矩阵 reducible matrix
可简化性 reducibleness
可见报警信号 visual alarm
可见笔记录 visible writing recorder
可见边 visible edge
可见标记 visible marker
可见标志 visible mark
可见标准辐照度 visual standard irradiance
可见波 visible wave
可见波长 visible wavelength
可见波长扫描器 visible wavelength scanner
可见波周期 apparent wave period
可见仓储 visible supply
可见初始裂缝 first visible crack
可见的 lucid
可见地平(线) visible horizon; sensible horizon;visual horizon
可见电晕 visual corona
可见读出 visual readout
可见读数 visible reading;visual reading
可见度 luminosity;visibility;visuality
可见度标度 visibility scale
可见度测定计 visibility meter;visible meter
可见度差 poor visibility
可见度等级 visibility scale
可见度函数 luminance function;visibility function
可见度极限 limit of velocity
可见度降低 visibility reduction;visible reduction
可见度距离 visibility distance;visible distance
可见度曲线 eye sensitivity curve;visibility curve
可见度数 visible display; visual display
可见度系数 luminosity coefficient; visibility coefficient
可见度烟缕 visible plume
可见度因数 display loss;visibility factor
可见度转换曲线 visibility conversion curve
可见发射率 visible emissivity

可见范围 visible range
可见方位 visible bearing
可见分辨率 apparent resolution
可见分光光度法 visible spectrophotometric method
可见分光光度学 visible spectro-photometry
可见分光计 visible spectrometer
可见符号 visicode
可见辐射 visible radiation
可见感光光催化剂 visible light sensitive photocatalyst
可见隔离器 visible optic(al) isolator
可见光 visible light; visual light; visual ray
可见光波长 visible wavelength
可见光波长传感器 visible wavelength sensor
可见光波长水色传感器 visible wavelength oceanic-colo(u)r sensor
可见光补色滤色镜 visible complementary filter
可见光穿透率 visible light transmission
可见光传感器 visible light sensor; visible light transducer
可见光分光法 visible spectrometry
可见光辐射 <波长在 0.38 ~ 0.76μm 范围以内> visible light radiation
可见光光度测定 visual photometry
可见光和红外自旋扫描辐射计 visible and infrared spin scan radiometer
可见光和紫外激光器 visible ultraviolet laser
可见光激光器 visible laser
可见光监测器 visible range monitor
可见光近红外波段 visible and near infrared waveband
可见光滤光片 visible filter
可见光谱 <波长在 0.38 ~ 0.76μm 范围以内> visible spectrum
可见光谱段 visible part of spectrum
可见光谱段图像 visual band imagery
可见光谱法 visible spectrometry
可见光谱范围 limit of visible spectrum
可见光谱区 visible range; visible region
可见光谱学 visible spectroscopy
可见光谱遥感 visible spectral remote sensing
可见光强度 visual intensity
可见光区与紫外区单色仪 monochromator in visible and ultraviolet
可见光视觉 photopic vision
可见光束激光器 visible beam laser
可见光透过系数 coefficient of visible light transparency
可见光吸收光谱测定法 visible absorption spectrometry
可见光线 luminous ray; visible ray
可见光消色差性 optic(al) achromatism; visual achromatism
可见光遥感 visible remote sensing
可见光与红外光线光谱法 visible and infrared spectroscopy
可见光与红外自旋扫描辐射计 visible-infrared spin-scan radiometer
可见光云图 visual light cloud picture
可见光子 light photon; optic(al) photon
可见光子束 light photon beam
可见光紫外色谱分析仪 visible-ultraviolet chromatogram analyser[analyzer]
可见号码指示器用的脉冲 call-indicator pulse
可见和近红外光谱响应 visible and near-infrared response
可见红外分光计 visible-infrared spectrometer
可见红外分光镜 visible-infrared dichroic mirror
可见红外平行平面分光镜 visual-infrared-plane-parallel dichroic mirror
可见红外自旋扫描辐射仪 visible-infrared spin-scan radiometer
可见呼叫指示器 grid indicator
可见记录 visible recording
可见记录计算机 visible record computer
可见记录器 visual recorder
可见截止点 visual cut-off
可见警告系统 visible warning system
可见警示灯 visual warning lamp
可见距离 optic(al) distance; range of visibility; sighting distance; visibility
可见可听范围 visual-aural range
可见可听式的 visual aural
可见空化 macroscopic cavitation
可见裂缝 <肉眼能见的裂缝> eye visible crack; visible crack
可见裂纹 visible crack
可见轮廓线 object line; visual object line
可见麻点 visible pits
可见目标 visual target
可见黏[粘]性 colloidal viscosity
可见谱线 visible line
可见强度 vision intensity; visual intensity
可见清晰度 visible sharpness; visual sharpness
可见区 field of view; field of vision; viewing field; visual field
可见区域 visibility region
可见扫描 visual scan
可见扫描器 visual scanner
可见扇形区 visible arc; visual sector
可见射程 visual range
可见射线 visible ray; visual ray
可见实时信息 real-time visual information
可见输出信号 visible output
可见输入 optic(al) input
可见数据集合 visual data acquisition
可见双星 visible binarier
可见水平 visible horizon
可见体绘制 visible volume rendering
可见天空 <指从采光口可看到的那部分天空> visible sky
可见天空角 angle of visible sky
可见条件 observability condition; observable condition; visible condition
可见通信[讯]系统 visual communication system
可见图像 visual image; visual picture
可见图像处理机 visual image processor
可见图形 eye diagram
可见显示 visible display; visual display
可见显示(器)装置 visual display unit
可见像 visual image
可见信号 visible signal; visual indication
可见信号设备 visual alarm
可见信息 visual information
可见性 visibility
可见性假设 visibility hypothesis
可见询问 visual inquiry
可见影像 virtual image; visible image
可见预告系统 visible warning system
可见阈 threshold visibility
可见杂质 visible impurity
可见噪声 visible noise
可见增透膜 visible anti-reflection coating
可见证据 tangible proof
可见指示 visual indication
可见属性 visual attribute
可见助航标志 visual aids
可见紫外分光光度分析 visible ultraviolet spectrophotometric analysis
可见紫外光谱 visible ultraviolet spectrum
可见紫外色谱分析器 visual ultravoilet chromatogram analyser[analyzer]
可建宽度 buildable width
可建立条件码 condition code enable
可建面积 buildable area
可建性 buildability
可建用地率 coverage ratio
可降级系统 degradable system
可降解的污染物 degradable pollutant
可降解分解物 degradable pollutant
可降解碳 degradable carbon
可降解物质 degradable substance
可降解物质浓度 degradable substance concentration
可降解性 degradability
可降解一次性塑料袋 throwaway biodegradable plastic bag
可降解有机碳 degradable organic carbon
可降解有机物质 degradable organic material
可降落飞机的 air-landable
可降水分 precipitable water vapo(u)r
可降水量 precipitable water
可降雨量 precipitable water
可交付的 referable
可交付品级 deliverable grade
可交付使用的结尾项目 deliverable end item
可交换 commutability
可交换百分比 exchangeable fraction ratio
可交换部件 interchangeable parts
可交换的 commutable; commutative; convertible; exchangeable; interchangeable
可交换的产生式系统 commutative production system
可交换的产生系统 commutative production system
可交换的金额 tradable amount
可交换电子能量 exchangeable ion energy
可交换方式线路 switchable-mode line
可交换功率 exchangeable power
可交换价值 exchangeable value
可交换矩阵 commutative matrix
可交换离子 exchangeable ion
可交换钠百分数 exchangeable sodium percentage
可交换事件 exchangeable event
可交换态 exchangeable form
可交换系统 commutative system
可交换项目 interchangeable item
可交换性 communicativity; exchangeability; interchangeability
可交换性钠 exchangeable sodium
可交换阳离子 exchangeable cation
可交替的 interchangeable
可交替性 interchangeability
可交易的金额 tradable amount
可交易排放许可 tradable discharge permit
可交易性 exchangeability
可交易许可证 tradeable permit
可浇注的 pourable
可浇注的刚玉衬里 castable alumina lining
可浇注密封剂 pourable sealer
可浇注性 pourability
可浇筑的 placeable
可浇筑性 placeability of concrete
可浇铸材料 castable
可浇铸性 castability
可矫正的 rectifiable
可矫正性 rectifiability
可校误差 correctable error
可校正的 adjustable
可校正曲线 adjustable curve
可校正误差 adjustable error
可校准的 adjustable
可接长取芯筒 extension core barrel
可接长岩芯管 extension core barrel
可接的最小压力 minimum acceptable pressure
可接近的 accessible
可接近性 accessibility; approachability
可接近状态 accessible state
可接近子集 approachable subset
可接收度 receptivity
可接收性测试 acceptability test
可接受保险的财产 insurable property
可接受标记 acceptable indexing
可接受车间隙 <前后车间容许其他车辆插入的车间距离> gap acceptance
可接受程序 acceptable program(me)
可接受的 well-accepted
可接受的产品质量 acceptable product quality
可接受的尺寸 acceptable size
可接受的地震危害 acceptable seismic risk
可接受的发射极限 accessible emission limit
可接受的方案 acceptable program(me)
可接受的风险 accepted risk
可接受的辐射 accessible radiation
可接受的会计原理 acceptable accounting principle
可接受的货币 acceptable currency
可接受的可靠性水平 acceptable level of reliability; acceptable reliability level
可接受的品质水平 acceptable quality level
可接受的日取水量 acceptable daily intake
可接受的生产率 acceptable productivity
可接受的条件 acceptable term
可接受的危险度 acceptable risk
可接受的危险水平 acceptable risk level
可接受的项目 acceptable item
可接受的证据 admissible evidence; receivable testimony
可接受的质量标准 acceptable quality level
可接受的质量标准测试 acceptable quality level test
可接受的质量级别 acceptable quality level
可接受的质量水平 acceptability quality level
可接受的最低标准 minimum acceptable standard
可接受风险安全度 level of acceptable risk
可接受函数 acceptable function
可接受价格 acceptable price
可接受假设 acceptable hypothesis
可接受空档 acceptable gap; gap acceptance
可接受空档交汇控制 gap acceptance merge control
可接受配数 acceptable numbering
可接受品质水准 acceptable quality level
可接受水平 acceptable level
可接受损伤率 acceptable hazard rate
可接受系统 acceptable system
可接受性 acceptability; creditability

可接受性测试 acceptability test
可接受域 acceptable region
可接受原理 acceptable principle
可接受质量标准 acceptable quality limit
可接受质量等级试验 acceptable quality level test
可接受质量水平 acceptable quality level
可接受状态 receptive phase
可接受最大数量 maximum quantity acceptable
可接受最小数量 minimum quantity acceptable
可节理性 cleavability
可节省成本 eliminable cost;escapable cost
可节省劳动力的 labo(u)ring-saving;labo(u)r-reducing
可结合的拉盖尔多项式 associated Laguerre polynomial
可结合的拉盖尔函数 associated Laguerre function
可结合的勒让德多项式 associated Legendre polynomial
可结合的勒让德函数 associated Legendre function
可结合的椭圆积分 associated elliptic-(al) integral
可结合性 bondability;combinableness
可结晶的 crystallizable
可结晶分段 crystallizable fragment
可结晶性 crystallizability
可解标记过程 solve-labeling procedure
可解除的 dissoluble
可解的 solvable
可解节点 solved node
可解决的 soluble;solvable
可解决性 amenability;resolvability;solubility;solubleness
可解理性 cleavability
可解流形 solvmanifold
可解码 decodable code
可解码性 decodability
可解群 solvable group
可解释变差 explained variation
可解释性 solubility
可解脱离合器 disconnectable clutch
可解析的 analysable
可解析平衡不完全区组设计 resolvable balanced incomplete block design
可解析性 resolvability
可解性 solvability
可解译的 decodable
可解译码 decodable code
可解组 solvable group
可借出的 loanable
可借贷的 lendable
可借鉴的经验 referential experience
可紧缩的橡皮管 deflatable rubber tube
可紧致性 compactability
可近 accessibility
可近似性 approximability
可进出的平巷 admissible field
可进口的商品 importable merchandise
可进人冷却器 walk-in cooler
可进行装卸舱口 available working hatch
可浸长度 floodable length
可浸长度计算 flooding calculation
可浸长度曲线 flooding curve
可浸出性 leachability
可浸的 immersible
可浸没的 submergible
可浸入水中的 submergible;submersible
可浸透的 saturable
可浸性 floodability
可经济地开采的石油 economically recoverable oil
可经诉讼取得的财产权 choses in action
可经运输的工地临时单元房屋 transportable site accommodation unit
可经营的 workable
可精选的矿石 milling grade
可精制的 fin(e)able
可竞争设备 competitive equipment
可纠正的 reparable
可救助的 salvageable
可救助性 salvageability
可居住的 habitable
可居住的屋顶阁楼 habitable attic
可居住地面积 habitable land area
可居住房屋 habitable house
可居住空间 livability space
可居住面积 <房屋的> living space
可居住性 habitability;livability
可居住用房 habitable room
可局部向量化 locally vectorizable
可局限性 localizability
可举升的吊臂 raisable jib
可拒绝的质量水准 rejectable quality level
可锯大圆木 saw log
可锯木 saw log
可锯圆木 saw log
可聚合单体 polymerizable monomer
可聚合的 polymerisable [polymerizable]
可聚合低聚物 polymerizable oligomer
可聚合性 polymerizability
可卷百叶窗 louver screen
可卷的 reelable
可卷(翻)式屏幕输出【计】 scrollable screen output
可卷钢格子门窗 steel rolling grille
可卷钢栅 steel rolling grille
可卷油管车 coil tubing unite
可卷油毛毡 dry felt jumbo roll
可决策命题 decidable proposition
可决程度 degree of determination
可决定的损失 determinable losses
可决定性 decidability
可决系数 coefficient of determination
可决指数 index of determination
可掘进率 rate of digging for exploiting and lengthening tunnel and shaft
可均衡的 proportionable
可喀斯特化的 karstifiable
可卡断的拉杆 snap tie
可卡因 cacaine;erythroxylon
可开采储量 recoverable reserves
可开采的 free working;workable
可开采石油储量 recoverable oil reserves
可开采性 minability
可开顶的棚车 roof-openable box car
可开发潮汐资源 exploitable tidal resources
可开发的水力发电 developable hydropower
可开发率 exploitability
可开发水头 developable head
可开发性 exploitability
可开关的地板 shutter floor
可开可关的窗户 open light
可开垦的 arable
可开启的窗 opening light;operable window
可开启的隔墙 operable partition
可开启的门顶窗 operable transom
可开启的门楣 operable transom
可开启的墙 operable wall
可开启的楣窗 operable transom
可开式汽车车顶 sun roof
可开通的进路 route cleared
可看见的 visible
可靠 credibility
可靠标准层 reliable marker
可靠操作运行 reliable operation
可靠产量 firm yield
可靠产水量 dependable yield;reliable yield;safe yield
可靠成果 reliable result
可靠程度 confidence;degree of reliability;margin of safety;reliability characteristic;reliability level
可靠出力 dependable output;firm output;firm power
可靠储量 < 指地下水、矿藏等的 > actual reserve;assured mineral;blocked out ore;developed ore;developed reserve;measured ore;ore in sight;positive reserves
可靠措施 confidence building measures
可靠的 bona fide;credible;dependable;fail safe;failure-free;firm;reliable;responsible;trouble-free
可靠的安全 sure-footed safety
可靠的操作系统 reliable operating system
可靠的工作 secure job
可靠的经费基础 sound financial footing
可靠的支票 good paper
可靠的最低价投标者 lowest responsible bidder
可靠电力 firm power;primary power
可靠电能 dependable energy;firm energy
可靠电平 fiducial level
可靠定位 reliable position keeping
可靠度 confidence level;fiduciary level;reliability(level)
可靠度等级 reliability level
可靠度分析 reliability analysis
可靠度基准期 reliability datum period
可靠度理论 reliability theory
可靠度试验 failure test;reliability test;reliability trial;reliable test
可靠度系数 reliability coefficient
可靠度指标 reliability index
可靠度指数 reliability index
可靠峰值容量 firm peak capacity
可靠服务 reliable service;unfailing service
可靠概率 probability of survival
可靠工作值 reliable operating value
可靠公式 safe formula
可靠功率 dependable power
可靠供水量 firm yield
可靠估计 reliable estimate
可靠观测 reliable observation
可靠极限 confidence limit;fiducial limit
可靠界限 confidence limit;fiducial limit
可靠近海岸 accessible coast
可靠精确度 reliable precision
可靠库容 dependable capacity
可靠矿石储量 ore in sight
可靠来水量 dependable inflow
可靠来源 reliable source
可靠流量 dependable flow;firm discharge
可靠陆标定位 strong fix
可靠率 reliability
可靠能力净值 net dependable capacity
可靠拟合 reliable fit
可靠情报 exact information
可靠区间 confidential interval;reliable interval
可靠容量 dependable capacity;firm capacity
可靠软件 reliable software
可靠润滑 proper lubrication
可靠商誉 positive goodwill
可靠设计 fail-safe design
可靠使用年限 proven life
可靠视距 safe sight distance
可靠试样 authentic sample
可靠数据 authentic data
可靠水电容量 dependable hydroelectric(al)capacity
可靠停机 positive shutdown
可靠投标人 responsible bidder
可靠投标商 responsible bidder
可靠投标者 responsible bidder
可靠投资 sound investment
可靠涂层 trouble-free coating
可靠吸取值 reliable pick-up value
可靠系数 coefficient of confidence;confidence coefficient;reliability factor;safety factor
可靠系统 reliable system;secure system
可靠现状 security status
可靠(泄)流量 dependable discharge
可靠信息 authentic communication
可靠性 authenticity;availability;certainty;credibility;dependability;fail-safety;margin of safety;reliability;reliability characteristic;responsibility;safety;validation
可靠性保证 reliability assurance;reliable assurance
可靠性保证规划 reliability assurance program(me)
可靠性保证周期 reliability proof cycle
可靠性报告 reliability report
可靠性标准 reliability standard;reliable standard
可靠性测定试验 reliability determination test
可靠性测量 reliability measurement
可靠性测试 reliability testing
可靠性测试装置 reliability test assembly
可靠性程度 reliability standard
可靠性的一般测定 general measure of reliability
可靠性等级 grade of fit;reliability step
可靠性度量 degree of reliability;measure of reliability
可靠性方法 reliability method
可靠性方块图 reliability block diagram
可靠性方针 reliability policy
可靠性分配 reliability allocation;reliability apportionment;reliability assignment
可靠性分析 fail-safe analysis;reliability analysis;reliable analysis
可靠性概率 reliability probability;reliable probability
可靠性工程 reliability engineering
可靠性工作项目协调 coordination of reliability efforts
可靠性估计 reliability assessment;reliable estimation
可靠性管理 reliability administration;reliability management
可靠性规划 reliability program(me)
可靠性规划评价 evaluation of reliability program(me)
可靠性函数 reliability function
可靠性合格标准 acceptable reliability level
可靠性机理 reliability mechanism
可靠性基本术语和定义 basic term and definition for reliability
可靠性计划 reliability program(me)
可靠性技术 reliability engineering

可靠性鉴定器 security assessor
可靠性鉴定试验 reliability compliance test;reliability evaluation test
可靠性考虑 reliability consideration
可靠性、可用性与可维修性 reliability,availability and serviceability
可靠性控制 reliability control
可靠性控制工程 reliability control engineering
可靠性控制算法 reliability control algorithm
可靠性框图 reliability block diagram
可靠性理论 reliability design;reliability theory; reliable theory; theory of reliability
可靠性临界问题 reliability critical problem
可靠性灵敏值 reliability figures of merit
可靠性论证 reliability demonstration
可靠性逻辑 reliability logic
可靠性逻辑图 logic(al) diagram of reliability
可靠性能 reliability performance;unfailing performance
可靠性判据 acceptable degradation rate;acceptable malfunction rate
可靠性评估 reliability assessment
可靠性评审 reliability evaluation
可靠性破坏分析 reliability failure analysis
可靠性期望值 expected reliability
可靠性认证 reliability certification
可靠性筛选 reliability screening
可靠性设计 design for reliability;reliability design; reliability engineering;reliable design
可靠性设计方法论 reliability design methodology
可靠性设计分析 reliability design analysis
可靠性设计分析报告 reliability design analysis report
可靠性试验 failure test; reliability test; reliability trial; reliable test; fail test <试验局部故障时>
可靠性试验路 reliability test road
可靠性试运行 reliability run
可靠性数据表示法 presentation of reliability data
可靠性数学 reliability mathematics
可靠性水平 reliability level
可靠性物理学 reliability physics
可靠性系数 coefficient of reliability; reliability coefficient; reliability index;reliable coefficient
可靠性信息协调 reliability information coordination
可靠性性能测定技术 reliability performance measure
可靠性研究 reliability consideration; reliability study
可靠性验证 reliable demonstration
可靠性验证实验 reliability compliance test
可靠性验证周期 reliability proof cycle
可靠性业务协调 reliability activity coordination
可靠性应力分析 reliability stress analysis
可靠性余度校验 redundancy check
可靠性预测 prediction of reliability; reliability prediction
可靠性原理 reliability principle
可靠性约束 reliability constraint
可靠性再分配 reliability reassignment
可靠性增长速度 growth rate
可靠性指标 confidence index;reliability goal;reliability index
可靠性指标的百分数 reliability percent of goal
可靠性指数 index of reliability;reliable index
可靠性置信带 confidence bound
可靠性综合标准 reliability trade-off
可靠性最优化 reliability optimization
可靠运行 reliability service
可靠账户 reliable account
可靠证件 reliable documents
可靠证据 admissible evidence; reliable evidence
可靠证券 fine paper
可靠证人 reliable witness
可靠支持 solid support
可靠止水系统 positive sealing system
可靠指标 reliability index
可靠质量水平 confidence level
可可 coco(a)
可可豆 cacao
可可树 cacao
可可斯板块 Cocos plate
可可棕色 cocoa brown
可刻录光盘 CD-R
可课税潜力 reserve of taxable capacity
可课税性 taxability
可课税资产 admissible assets
可垦地 reclaimable land
可垦荒地 available uncultivated land
可空运的 air-portable
可控变量 controllable variable; controlled variable
可控变速输送机 variable controllable speed conveyer
可控表面线圈法 method of coils with ruled surfaces; single-loop winding method
可控成本 available cost; cost in control
可控充气二极管 controllable gas diode
可控储量 controllable storage
可控的散热瓣 gills
可控等离子体 confined plasma
可控地球卫星 guided earth satellite
可控电弧焊接 controlled arc welding
可控电势电解 controlled potential electrolysis
可控电压整流器 controlled voltage rectifier
可控对 controllable pair
可控反应堆 controllable reactor
可控分辨率 controlled resolution
可控分辨能力 controlled resolution
可控浮标 control buoy
可控负荷 controllable burden
可控汞弧整流器 controlled mercury-arc rectifier
可控贡献额 controllable contribution
可控固定资本 controllable fixed cost
可控硅 controllable silicon;controlled silica;controlled silicon;thyristor
可控硅变流器 thyristor converter
可控硅变频器 thyristor converter
可控硅电源 thyristor supply
可控硅断路器 thyristor chopper
可控硅堆 thyristor stack
可控硅多用机床 silicon controlled multi-purpose machine tool
可控硅阀 silicon controlled valve; thyristor valve
可控硅换流器 thyristor inverter
可控硅开关 reverse blocking tetrode thyristor;silicon controlled switch; transwitch
可控硅控制的 thyristor controlled
可控硅控制器 controllable silicon controller
可控硅逆变 thyristor inversion
可控硅斩波控制器 thyristor chopper controller
可控硅斩波器 thyristor chopper
可控硅整流器 controlled silicon rectifier; controlled thyrister current rectifier; reverse blocking triode thyristor;silicon(e) control(led) rectifier;thyristor
可控硅整流器机车 silicon controlled rectifier locomotive
可控硅整流器组 thyristor rectifier set
可控硅装置 silicon controller;thyristor installation
可控过渡电弧焊 controlled-transfer welding
可控函数 controllable function
可控恒温恒湿器 controlled thermohygrostat
可控横模 transverse mode-controller
可控环境 controlled environment
可控环境释放 controlled environmental release
可控火花隙 controllable spark gap
可控继电器 control relay
可控间隙 control gap
可控间歇振荡器 triggered blocking generator
可控减速器 controllable retarder
可控降解 controlled degradation
可控开关 regulator tap
可控雷 controlled mine
可控流量泵 flow control pump
可控模 mode-controller
可控内部水处理 controlled internal water treatment
可控偶 controllable pair
可控耦合器 controllable coupler
可控排量泵 controlled volume pump
可控皮带轮 controlled sheave
可控起动 controlled start
可控气氛炉 controlled atmosphere furnace
可控气氛热处理 controlled atmosphere heat treatment
可控权益 controllable interest
可控扰流片 controllable spoiler
可控生态系统群落 controlled ecosystem population
可控生态系统污染 controlled ecosystem pollution
可控式多菱形天线 multiple unit steerable antenna;musa
可控式高速锤 controlled energy-flow machine
可控试验 controlled experiments
可控释放技术 controlled release technology
可控释放农药 controlled release pesticide
可控释放消毒剂 controlled release disinfectant
可控数量 controlled quantity
可控水体污染 controlled waters pollution; pollution of controlled waters
可控速率信源 controllable-rate source
可控损耗设备 variolosser
可控天线 steerable antenna
可控涡流清洗系统 controlled swirl scavenging system
可控污染 controlled pollution
可控系统 controllable system; controlled system
可控相角开关管 <一种固定调谐式宽频带开关管> phase-tuned tube
可控项目 controlled item
可控卸载车辆 controlled-discharge wagon
可控行为 operant behavio(u)r
可控性 maneuverability
可控性标准 controllability criterion
可控性矩阵 controllability matrix
可控性试验 steering test
可控性条件 controllability condition
可控性指数 controllability index
可控旋塞 controllable cock
可控雪崩器件 controlled avalanche device
可控雪崩整流器 controlled avalanche rectifier
可控衍射光栅 controllable diffraction grating
可控要素 controllable element
可控业绩 controllable performance
可控液晶显示装置 controllable liquid-crystal display device
可控溢洪道 controllable spillway
可控因素 controlled variable
可控载波 controlled carrier
可控载波调制 controlled carrier modulation
可控载波系统 controlled carrier system
可控震源的振动频率 vibrated frequency of controllable source
可控指向标 mouse beacon
可控制差异 controllable variance
可控制成本 controllable cost
可控制词表 controlled vocabulary
可控制存储器 writable control storage
可控制的 controllable;controlled;dirigible
可控制的差异 controllable variance
可控制的成本 programmed cost
可控制的范围 coverage available
可控制费用 controllable burden;controllable expenses
可控制权益 controlling interest
可控制填充量的 scoop controlled
可控制投资 controllable investment
可控制性 amenability; dirigibility; steerability;controllability
可控制性原则 controllability principle
可控制因素 controllable factor
可控制制造费用差异 controllable factory overhead variance
可控转动式舵机 controlled radial steering
可控状态表示方式 controllable state representation
可控资产投资报酬率 return on assets managed
可扣除的 deductible
可扣除的借款 deductible loan
可扣除的税款 deductible tax
可扣除费用 deductible expenses
可扣除借款 deductible contributions
可扣除免税项目 deductible allowance
可扣除迁移费 deductible moving expenses
可扣除损失 deductible loss
可扣除药费 deductible medicines and drugs
可扣除医疗费用 deductible medical expenses
可扣除营业支出 deductible expenditures-business
可扣除支出 deductible expenditures
可扣减的 deductible
可快速调换 quick change
可快速供货的 off-the-shelf
可扩充编译程序 extendible compiler
可扩充的 open-end(ed)
可扩充的操作码 extended operation code
可扩充的程序 open-ended program(me)
可扩充的复式交换机 extensible multiple switchboard
可扩充结构 open-ended architecture; open-ended structure

可扩充起动器系统 expandable starter system
可扩充设计 open-ended design
可扩充特性 open-ended characteristic
可扩充系统 open-ended system
可扩充性 expandability
可扩充语言 extensible language
可扩充指令系统 expandable instruction set
可扩充装置 open-ended system
可扩路 augmenting path
可扩螺旋桨 detachable propeller
可扩散的 diffusible
可扩散性钙 diffusible calcium
可扩缩性 scalability
可扩展 open-end
可扩展的 expandable
可扩展设计 <能适应未来发展的设计> open-ended design
可扩展体系结构 scalable architecture
可扩展系统 expandable system
可扩展性 expandability; expansibility
可扩展制 expandable system
可扩张的 augmentable; extensible
可扩张的管塞 expanding plug
可扩张拖拉式凸纹滚柱 expanding ridged tractor roller
可拉出旗杆 telescopic(al) flagpole
可拉风 colla(tempestade)
可拉伸性 tensi(bi)lity; drawability
可拉式电动转辙机 electric(al) trailable switch machine
可拉制性 drawability
可赖以筹措资金的 <俚语> bankable
可累积定期循环信用证 revolving cumulative credit
可累积信用证 cumulative letter of credit
可冷锻性 cold ductility
可冷加工的 cold-workable
可冷凝的 condensable
可冷提取的铜 cold extractable copper
可冷提取重金属 cold extractable heavy metal
可离子化基团 ionogen
可理解的 accessible; cleavable
可理解性 intelligibility; understandability
可立即供电的 available for prompt delivery
可立即供货的 available for prompt delivery
可立即供水的 available for prompt delivery
可利用 available
可利用的泊位 available berth
可利用的材料 availability of materials
可利用的空间表 available space list
可利用的空间表的历史 history of available space list
可利用的劳动力 availability of labo(u)r
可利用的排出物 utilizable discharge
可利用的热 useful heat
可利用的委托人基金 availability of client fund
可利用的自然资源 available natural resources
可利用的最大水位降 maximum allowable drawdown
可利用度 exploitability
可利用干围级 exploitable girth
可利用节点池 pool of available nodes
可利用空间表 list of available space
可利用流量 utilizable discharge
可利用率 availability factor; exploitability
可利用热 available heat
可利用生产能力 available productive capacity
可利用时间 available time
可利用收益 available income
可利用水量 available water supply
可利用水源 available water supply
可利用土地 land availability; reclaimable land
可利用系数 available coefficient; available factor
可利用性 exploitability; utilizability
可利用延性 available ductility
可利用养分 available nutrient
可利用资产 available assets
可利用资源 available resources
可利用最大洪水位 maximum available drawdown
可沥滤矿物 leach material
可连接程序 linkable program(me)
可连续不停车变速换挡的变速箱 continuously variable transmission
可连续重用程序 serially reusable program(me)
可连续重用的 serially reusable
可连续重用例程 serially reusable routine
可连续重用例行程序 serially reusable routine
可连续重用模块 serially reusable module
可连续重用属性 serially reusable attribute
可连续重用资源 serially reusable resources
可连用程序 serially reusable program(me)
可连用的 serially reusable
可连用装入模块 serially reusable load module
可联动的 interlocking
可谅解的延迟 excusable delay
可量测性 scalability
可量化函数 quantifiable function
可量化数据 quantifiable data
可列集 countable set; denumerable set
可列可加性 countable additivity
可列入存货的成本 inventoriable cost
可列性 countability
可列作资本利得 capital gain option
可裂变材料 fissile material; fissioner
可裂变成分 fissile component
可裂变的 fissionable; fissile
可裂变同位素 fissile isotope
可裂变物质 fisser; fissile material; fissioner
可裂变性 fissility
可裂变元素 fissile element
可裂的 cleavable
可裂化性 crackability
可裂性 cleavability; fissility
可裂性破坏 cleavage fracture
可临时停留棺木的大门 corpse gate
可淋溶性 leachability
可令吊 crane
可另有保险 other insurances permitted
可流荷载量 amount of river load
可流水量减少 decrease of water quantity in river
可流态化的颗粒大小 fluidizable particle size
可流通 afloat
可流通仓单 circulating warehouse receipt; negotiable certificate of deposit
可流通单据 negotiable documents
可流通定期存单 negotiable certificate of deposit
可流通来人支票 negotiable check
可流通票据 negotiable bill; negotiable instrument; negotiable note; negotiable paper
可流通期票 negotiable note
可流通提单 negotiable bill of lading
可流通信用证 negotiable letter of credit
可流通性 negotiability
可流通证券 negotiable instrument; negotiable security
可流通支票 negotiable check
可露天采矿的 workable by open-cast mining
可滤过的 filtrable
可滤过剂 filtrable agent
可滤过性 filterability
可滤活性垒 permeable reactive barrier
可滤取 leachable
可滤性 filterableness; flit(e)rability
可滤性数 filterability number
可绿化的 afforestable
可氯化钛渣 chlorinatable titanium slag
可略去不计的 negligible
可满足性 satisfiability
可墁抹修平的 trowelable
可墁抹整平的 trowelable
可锚泊的 anchorable
可锚泊地 holding ground
可没入水中的 submergible
可枚举集 enumerable set
可枚举性 enumerability
可弥补的 retrievable
可弥补的贬值 curable depreciation
可密封的透明覆盖物 sealable transparent cover
可密封的透明面层 sealable transparent cover
可密封性 sealability
可免成本 escapable cost
可免税的折旧 depreciation allowance
可免税耗减 depletion allowance
可描画的 traceable
可摹写的 traceable
可模锻性 formability
可模性 mo(u)ldability; normability
可磨度 grindability
可磨光的 polishable
可磨面的 buffable
可磨面性 buffability
可磨蚀陶瓷 abradible ceramics
可磨性 grindability
可磨性曲线 grindability curve
可磨性试验机 grindability tester
可抹性 erasing ability; trowel(l)ability
可牧林地 grazable woodland
可纳税收入 assessable income
可耐受疲劳 surmountable fatigue
可挠波导 flexible waveguide
可挠管 flexible pipe
可挠曲的 flexible
可挠曲的钢结构拱 flexible steel arch
可挠曲性 flexibility; plasticity
可挠弹性状态 flexible elastic condition
可挠型道岔设备包 package of flexible turnout
可挠性 compliance; pliability; pliancy
可挠增音机箱 flexible repeater housing
可能坝址 potential (dam) site; prospective(dam) site
可能被控的 chargeable
可能变酸的物质 acidoid
可能产量 potential output
可能产水量 potential yield
可能畅销品 sleeper
可能沉降 potential subsidence
可能成功的迹象 likelihood
可能出水量 potential yield
可能储(藏)量 possible output; possible reserves; probable reserves
可能错误 possible error
可能达到的最高产量 maximum potential output
可能得到的投入 availability of inputs
可能得到的最高价 highest possible price
可能的 possible; probable
可能的产出量 potential output
可能的非法行为 possible illegal act
可能的海岸冲刷 possible coast erosion
可能的海流 probable current
可能的货车径路联合图 diagram of possible route combinations
可能的价格 possible price
可能的交通密度 probable densities of traffic
可能的矿物 probable mineral
可能的买主 prospective buyer
可能的损失 possible loss
可能的淤积 possible accretion
可能的预期程序 possibly-intended program(me)
可能地下水产水量 potential groundwater yield
可能发生的 eventual
可能发生的洪水 eventual flood
可能发生的事情 likelihood
可能发生的最大损失额 probable maximum loss
可能发生洪水 probable flood
可能发生流量 probable discharge; probable flow
可能发震地点 possible place of earthquake
可能发震时间 possible time of earthquake
可能发震震级 possible magnitude of earthquake
可能范围 possible range
可能分布带 zone of possible distribution
可能分布区 zone of possible distribution
可能分配 probable distribution
可能改正 probable correction
可能工程地址 potential site
可能功率 power capability
可能含油地区 potential area
可能洪水 probable flood
可能滑动面 potential surface of sliding
可能回收率 potential yield
可能活动断层 capable fault
可能获利的空间极限 spatial margins to profitability
可能唧泥的土 <混凝土板下的> potentially pumping soil
可能建筑费用 probable construction cost
可能降水量 possible precipitation; probable precipitation
可能交通量 possible traffic capacity
可能角度 angle range
可能精确度 possible accuracy
可能开采方式 possible mining mode
可能库存 possible reserves
可能矿量 possible ore
可能离差 possible deviation
可能力 potentiality
可能利用率 operating availability
可能领域 feasible domain
可能流量 probable discharge
可能隆起带 zone of potential heave
可能牟利的机会 probabilities of advantage
可能碰撞点 point of possible collision
可能碰撞区 area of possible collision
可能偏差 probable deviation
可能破坏臭氧的过程 potentially ozone-destroying process

可能潜在的开裂缝 potential crack
可能日照百分率 percent possible sunshine
可能容量 possible capacity
可能融雪量 melt potential
可能散发 potential transpiration
可能渗入 possible infiltration
可能生命期 life potential
可能事件表 possibilities list
可能输出 possible output
可能输出曲线 capability curve
可能水位 probable stage
可能速度 probable velocity
可能体积变化 potential volume change
可能体量 <建筑物的> bulk envelope
可能贴现额 available discount
可能通过能力 possible(pass) capacity; possible traffic capacity; potential traffic capacity; service volume <一定道路条件下的>
可能同时使用的径路 simultaneously possible route
可能投资者 potential investor
可能突水 possibly bursting water
可能位移原理 principle of possible displacement
可能位置 probable location
可能污染物质 potential pollutant
可能误差 possible error; probable error
可能消费量 possible consumption
可能消耗臭氧层物质 potentially ozone-depleting substance
可能效力 possible effectiveness
可能性 capability; feasibility; possibility; potentiality; probability
可能性的远景规划 probabilistic long range planning
可能性范围 range of possibility
可能性分析 probability analysis
可能性函数 possibility function
可能性检验 feasibility test
可能性研究 feasibility study
可能选用方案 potential alternative
可能选用港址 prospective port site
可能压力 feasible pressure
可能液化区 possible liquefaction zone
可能应用 potential use
可能有毒化学品国际登记中心 International Registry of Potentially Toxic Chemicals
可能有害物质 potentially harmful substance
可能有害于环境的 potentially environmentally detrimental
可能有效解决办法 possible solution
可能原因 possible cause
可能造成污染的活动 potentially polluting activity
可能蒸发量 evaporation capacity; evaporation power; opportunity evapo(u)ration; potential evapo(u)ration
可能蒸发率 evaporation opportunity; potential rate of evapo(u)ration
可能蒸散(发) potential evapo(u)r transpiration
可能蒸腾量 potential transpiration
可能值 probable value
可能致癌性 possible carcinogenicity
可能准确度 possible accuracy
可能自燃因素 may self-combustion factor
可能总收入 potential gross income
可能最大暴雨 probable maximum storm
可能最大洪水 probable maximum flood
可能最大降水量 possible maximum precipitation; probable maximum precipitation
可能最低低潮位 lowest possible low water
可能最低低水位 lowest possible low water
可能最低水位 possible minimum stage; probable minimum water level
可能最高车速 the highest possible speed
可能最高高潮位 highest possible high level; highest possible high water
可能最高高水位 highest possible high level
可能最高水位 highest possible high water; possible maximum stage; probable maximum water level
可能最早到达时间 earliest possible time of arrival
可逆把手 reversible handle
可逆摆(锤) reversible pendulum
可逆饱和绝热过程 reversible saturation-adiabatic process
可逆泵 reversible pump; two-way pump
可逆编码 reversible encoding
可逆变化 reversible change; reversible variation
可逆变换 reversible conversion; reversible transformation
可逆变速箱 reverse gearbox
可逆变形 reversible deformation
可逆波 reversible wave
可逆补偿器 reversible booster
可逆车道 reversible lane
可逆沉淀作用 reversible precipitation
可逆程度 degree of reversibility; reversible process
可逆程序 reversible process
可逆触点 reversing contact
可逆传动 reversible drive
可逆串联起动变阻器 reversible series starting rheostat
可逆磁化过程 reversible magnetic process
可逆磁化率 differential magnetic susceptibility
可逆磁性后效 reversible magnetic after effect
可逆带式输送机 reversible flat band conveyer[conveyor]
可逆导磁率 reversible permeability
可逆的 convertible; invertible; up-down
可逆的化学反应 reversible chemical reaction
可逆的收缩 reversible shrinkage
可逆电池 reversible cell
可逆电动机 reversible motor
可逆电动势 reversible electromotive force
可逆电极 reversible electrode
可逆电解 reversible electrolysis
可逆电路 bilateral circuit; reciprocal circuit
可逆电码轨道电路 reversible coded track circuit
可逆电平 reversible level
可逆电容 reversible capacitance
可逆定理 law of reciprocity
可逆二进位制计数器 reversible binary counter
可逆发动机 reversing engine
可逆阀 reversal valve; reverse valve; reversible valve; reversing valve
可逆反击式锤碎机 reversible impact type hammer crusher
可逆反应 reciprocal reaction; reversible reaction
可逆放大器 reversible amplifier
可逆工作 reversible working
可逆功 reversible work
可逆功能 reversible function
可逆关系 reciprocity relation
可逆光损伤 reversible optic(al) damage
可逆光学记录媒质 reversible optic(al) recording medium
可逆过程 quasi-static process; reversible process
可逆函数【数】 invertible function
可逆环形计数器 reversible ring counter
可逆换能器 reversible transducer
可逆换向装置 reversible steering gear
可逆换转器 reversible transducer
可逆回水系统 reversed return system
可逆机 reversible engine
可逆棘轮扳手 reversible ratchet handle
可逆棘轮机构 reversible ratchet
可逆计数器 forward backward counter; reversible counter; up-down counter
可逆记录 reversible recording
可逆加成反应 reversible addition reaction
可逆交换器 reversing exchanger
可逆胶体 reversible colloid
可逆绞车 reversible winch
可逆接触器 directional contactor
可逆接头拨动式开关 toggle switch
可逆矩阵【数】 invertible matrix
可逆卷扬机 reversing winch
可逆绝热曲线 reversible adiabatic curve
可逆控制 reversible control
可逆控制器 reversing controller
可逆扩散 reversible diffusion
可逆离合器 reversing clutch
可逆联锁 reciprocal interlock
可逆链轮 reversible sprocket
可逆流 reversible flow
可逆路程 reversible path
可逆律 invertible law
可逆马尔可夫链 reversible Markov chain
可逆码 reversible code
可逆媒质 reversible medium
可逆模板 reversible pattern plate
可逆膜片 reversible film
可逆凝胶体 reversible gel
可逆凝聚 reversible coagulation
可逆盘式输送机 reversible pan conveyer[conveyor]
可逆膨胀 reversible expansion
可逆偏好 reversing preference
可逆漂白染料液 reversible bleachable dye solution
可逆起动器 reversing starter
可逆切刀 reversible cutter
可逆裙板输送机 reversible pan conveyer[conveyor]
可逆热机 reversible heat engine
可逆热膨胀 thermally reversible expansion
可逆溶胀 reversible swelling
可逆乳剂 reversible emulsion
可逆润滑脂 reversible grease
可逆设计 reversal design
可逆升压器 reversible booster
可逆十进位计数器 reversible decade counter
可逆式初轧机 reversing bloomer; reversing blooming mill; reversing cogging mill
可逆式粗轧机座 reversing rougher; reversing roughing stand
可逆式二辊轧机 reversing two-high mill
可逆式发电电动机 reversible generator motor
可逆式发动机 reversible engine
可逆式钢板轧机 reversible billet mill; reversing plate mill
可逆式冷轧机 reversing cold mill
可逆式炉卷轧机 Steckel mill
可逆式螺旋桨 negative thrust propeller; reversible airscrew
可逆式十进计数管计数器 reversible dekatron counter
可逆式输送机 shuttle conveyer[conveyor]
可逆式水泵水轮机 reversible pump-turbine
可逆式水力机械 reversible hydraulic machine
可逆式水轮机 pump-turbine; reversible turbine
可逆式四辊冷轧机 four-high reversing cold mill
可逆式型钢轧机 reversing shape mill
可逆式轧机 reversible mill; reversing mill
可逆式轧机座 reversing rolling stand
可逆式转向器 reversible steering gear
可逆视频终端 reverse video
可逆双相可控硅变换器 reversible biphase thyristor converter
可逆水解 reversible hydrolysis
可逆水流 reversing current; reversing flow
可逆条件 reversal condition
可逆调节器 reversing controller
可逆调压器 reversible booster
可逆透磁率 reversible permeability
可逆网络 reciprocal network
可逆文法 invertible grammar
可逆涡轮机 reversible turbine
可逆系统 bilateral system; reversible system
可逆向车道 reversible lane
可逆向器 reversible steering gear
可逆向运行的列车组 reversible trainset
可逆向运行线路<即双向运行线> reversible track
可逆效应 reversible effect
可逆行车道 reversible lane
可逆行控制列车 reversible control train
可逆型反击式破碎机 reversible impactor
可逆性 convertibility; invertibility; reciprocity; reversibility
可逆性磁导率 reversible permeability
可逆性磁化 reversible magnetization
可逆性的 reversible
可逆性毒作用 reversible toxic effect
可逆性凝胶 reversible gel
可逆性溶胶 reversible sol
可逆性示温涂料 reversible temperature-indicating coating; reversible thermopaint
可逆性示温颜料 reversible temperature-indicating pigment
可逆性条件 reversibility condition
可逆性原理 reciprocity principle; reversibility principle
可逆徐变 reversible creep
可逆循环 reversible cycle
可逆压力曲线 reversible pressure curve
可逆压缩 reversible compression
可逆压载系统 reversible ballasting system
可逆液压马达 reversible motor
可逆运输机 reversible converter
可逆运行 push-pull running
可逆运转 reversible operation
可逆运转的带式输送机 reversible

belt conveyer[conveyor]
可逆增压机 reversible booster
可逆中断 reverse interrupt
可逆轴流式风扇 reversible axial flow fan
可逆爪 reversible jaw;reversible pawl
可逆转变 reversible transformation
可逆转锤式破碎机 reversible hammer breaker;reversible hammer crusher;reversible hammer mill
可逆转单带轮副轴 one-belt reversing countershaft
可逆转的 reversible
可逆转的棘轮 reversible ratchet
可逆转的开关 reversible switch
可逆转的印刷装置 reversible copying unit
可逆转动 reversible rotation
可逆转发动机 reversing engine
可逆转风扇 reversible fan
可逆转风扇的护罩 reversible fan guard
可逆转换器 reversible converter
可逆转皮带运输机 reversible belt
可逆转式燃气轮机 reversible gas turbine
可逆转式涡轮机 reversing turbine
可逆转向 reversible steering
可逆转向装置 reversible steering gear
可逆转性 reversibility
可逆转辙电动机 reversible point motor;reversible switch motor
可逆转轴 reversing shaft
可逆作用 reversible action
可碾压性 rollability
可凝固 solidifiable
可凝集性 agglutinability
可凝结的 coagulable;condensable
可凝结的蒸气 condensable vapo(u)r
可凝聚性 condensability
可凝缩性 condensability
可凝性 coercibility;condensability
可凝性气体 condensable gas
可凝性水 challenge water
可凝有机物分析 challenge organism analysis
可浓缩的 compressible
可耙松的 rippable
可耙松性 rippability
可怕的 monstrous
可拍卖的排放权利 auctionable emission rights
可排出的 drainable
可排列的 permutable
可排水的 drainable
可排泄的 drainable
可攀登的 scalable
可判程度低 low interpretability
可判程度高 high interpretability
可判程度中等 middle interpretability
可判定性 decidability
可判定子类 decidable subclass
可抛固体压载 droppable solid ballast
可抛光清漆 polishing varnish
可抛弃的 jettisonable
可抛射的 projectile
可抛压载 jettisonable ballast
可抛重量 jettisonable weight
可赔偿的 reimbursable
可喷布的材料 sprinkle material
可喷浇的 gunnable
可喷洒的 sprayable
可喷射稠度 gun consistence[consistency]
可喷射的 sprayable
可喷涂的 gunnable
可喷涂性 sprayability
可喷性 shootability
可膨胀的 dilatable;distensible;expandable;inflatable
可膨胀地层 swellable formation
可膨胀热塑性微球体 expandable thermoplastic microsphere
可膨胀塑料 expandable plastics
可膨胀橡胶防冲材 inflatable fender
可膨胀性 capability of swelling;expansibility;swellability
可劈开的 cleavable
可劈木材 cleavable wood
可劈性 cleavability;fissility;partibility;ripperability
可偏转激光束 deflectable laser beam
可偏转喷射流 movable jet
可漂白滤色片 bleachable filter
可漂白吸收体 bleachable absorber
可漂白油墨 bleachable ink
可漂浮的 buoyant;floatable
可漂浮物质 floatable material
可平面性 planarity
可评价的 rat(e)able
可凭使用信用证 operative cable credit
可屏蔽中断 maskable interrupt
可屏蔽中断标志 mask interrupt enable flag
可屏蔽中断指令 maskable interrupt
可破坏的 destructible
可破碎性 crumbliness;crushability;ripperability
可剖成片的 < 如云母等 > sectile
可剖分空间 polyhedron;polytope
可铺撒性 placeability
可起电性 electrifiability
可起钉的木工斧 half hatchet
可气化的 gasifiable
可弃压载 discardable ballast;drop ballast;expendable ballast
可弃用品 disposables
可弃油箱 droppable tank;slipper tank
可弃置的垃圾箱 disposable container
可弃置钻头 disposable bit
可汽化的 vapo(u)rable;vapo(u)rizable
可迁律 transitive law
可迁群 transitive group
可迁性 transitivity
可迁移 transportable
可迁移的元素 elements of migration
可迁有向图 transitive digraph
可迁指数体系 transitive system of index numbers
可牵引性 toxicity
可潜泵 submersible pump
可潜的 submergible;submersible
可潜平台 submersible platform
可潜入水中的趸船 submersible pontoon
可潜式舱底水泵 submersible bilge pump
可潜式救生艇 submersible lifeboat
可潜式挖泥船 submersible dredge(r)
可潜试验装置 submersible test unit
可潜水的 submersible;submersion-proof
可潜水发动机 submersible motor
可潜小艇 submersible boat
可嵌入的 embeddable
可强行的 enforceable
可强制的 coercible
可强制执行 < 法律的 > enforceability
可抢救的 salvageable
可切割性 cutability
可切开的 sectile
可切削的 machinable
可切削微晶玻璃 machinable glass ceramics
可切削性 curability;cutting property;machinability;machining property;sectility
可切削硬质合金 machinable carbide
可切性 cutability
可亲性 accessibility
可侵蚀的 corrodible
可侵蚀度 erodibility
可侵蚀河槽 erodible channel
可侵蚀性 erodibility
可倾侧车体列车组 tilting body train-set
可倾车体客车 tilting body coach
可倾倒拌和机 tile-type mixer;tilting mixer
可倾动式炉箅 tipping grate
可倾翻的搅拌筒 tilting pan
可倾翻集装箱 tippable container
可倾混合炉 tilting-type mixer
可倾混铁炉 tilting-type mixer
可倾炉 rocking furnace;tilting furnace
可倾模锭坯 tilt-mo(u)ld billet
可倾式 tilting-type
可倾式拌和机 tilting mixer;tilt-type mixer
可倾式抽筒 dump bailer
可倾式感应炉 rocking chair induction furnace
可倾式搅拌机 tilting mixer;tilting-type;tilt-type mixer;tipping mixer
可倾式缆索道塔架 luffing cableway mast
可倾式列车 tilt body train;tilting train
可倾式平炉 open-hearth rolling furnace
可倾式前(斗)门 tilting front gate
可倾式熔炉 semi-rotary melting furnace
可倾式锁栓 dump latch
可倾式堰 tilting weir
可倾桶 tilting ladle
可倾斜的 inclinable;tiltable
可倾斜式客车 coach with tilting body
可倾斜水槽 tilting flume
可倾斜台拖车 tilt deck trailer
可清除的 erasable
可清除的涂料 removable paint
可清除区 erasable area
可清除时钟模块 resettable clock module
可清除有机卤化物 purgeable organic halide
可清除有机氯化物 purgeable organic chloride
可清存储器 erasable storage
可清洗的空气过滤器 cleanable type air filter
可清洗卷帘式(空气)过滤器 roller-type clearable air filter
可清洗性 erasability
可求长的 rectifiable
可求长曲线 rectifiable curve
可求和的被加数 summable
可区别的 distinguishable
可曲金属管 flexible metal hose
可曲性云母 flexible mica
可屈服性 yieldability
可取坝址 attractive site
可取出的水泥塞 removable cementer
可取出接头 retrieving sub
可取代的 replaceable
可取代性 replaceability
可取得的材料 available material
可取的 preferred
可取方案 preferred plan
可取工程地址 attractive site
可取函数 admissible function
可取角度 < 楼梯的 > preferred angle
可取解决办法 preferred solution
可取路线 preferred route
可取消的 dissoluble;dissolvable;retractable;reversible
可取消的地产所有权 defeasible title
可取消的房地产继承权 defeasible fee title
可取消的继承权 fee simple defeasible
可取消的信贷 revocable credit
可取消的信用证 revocable credit;revocable letter of credit
可取消合同 voidable contract
可取消租约 cancelable lease
可取行为 available act
可去不连续点 removable discontinuity
可去除的污染物 removable contaminant;removable pollutant
可去的不连续点 removable discontinuity
可去孤立奇点 removable isolated singularity
可去奇(异)点 movable singular point;moving singularity;removable singularity
可去性 removability
可确定程度 degree of confirmation
可确定的负债 determinable liabilities
可确定界限 ascertainable limit
可确定利润中心 ascertainable profit center[centre]
可确定性 ascertainability;confirmability;determinability
可确信范围 confidence limit
可燃部分 combustible constituent
可燃材料 combustible material
可燃成分 combustible component;combustible constituent
可燃的 combustible;combustive;ignitable;inflammable
可燃的极限 flammability limit
可燃的泥板岩 combustible shale
可燃的油页岩 combustible shale
可燃动物岩 caustozoolith
可燃毒物 burnable poison;burn-out poison
可燃废料 waste fuel
可燃废物 burnable refuse;flammable waste;ignitable waste
可燃粉尘 combustible dust
可燃混合气 combustible gas mixture
可燃混合气的爆轰范围 detonation limit for mixture gases
可燃混合气体 burning mixture;fuel mixture
可燃混合物 combustible mixture;flammable mixture;fuel mixture;inflammable mixture
可燃基 combustible basis
可燃基腐殖酸 humic acid in combustible base
可燃极限 inflammability limit
可燃极限浓度 inflammability limiting concentration
可燃建筑材料 combustible building material
可燃壳体 combustible case
可燃垃圾 burnable refuse;combustible debris
可燃料质量 < 每平方英尺建筑面积中含有可燃材料的质量 > fire loading
可燃硫 combustible sulfur
可燃泥煤 combustible peat
可燃片岩 combustible schist
可燃气类别 kinds of flammability gas
可燃气(体) combustible[combustion] gas;fire gas;flammable gas;fuel gas;inflammable gas
可燃气体检漏器 combustable gas detector
可燃气体浓度测定仪 explosimeter
可燃气体枪 gas gun
可燃气体探测器 fire-gas detector;inflammable gas detector
可燃气体探测系统 combustible fume

K

detection system
可燃气体指示器 combustible gas indicator
可燃气体指示仪 combustible gas indicator
可燃区间 flammable range
可燃上限 upper flammable limit
可燃烧的 burnable;flammable
可燃烧废物 combustible rubbish;flammable waste;combustible waste
可燃实体围篱 combustible blind fence
可燃物 burnable
可燃物的杂凑连续性 patchy continuity
可燃物损失 combustible loss
可燃物质 combustible mass;combustible material; inflammable substance;combustible matter;inflammable matter
可燃吸收体 burnable poison
可燃限度 limit of inflammability
可燃性 adustion;burnability;combustibility; flammability; ignitability; inflammability
可燃性等级 combustibility rating
可燃性动物岩 caustozoolith
可燃性极限 flammability limit; limit of inflammability
可燃性垃圾 combustible refuse
可燃性生物岩 caustobiolith
可燃性试验 flammability test;inflammability test
可燃性围篱 combustible screen fence
可燃性油母页岩 pyroshale
可燃性有机岩 caustobiolith
可燃性植物岩 caustophytolith
可燃性指数 flammability index
可燃岩 caustolite
可燃页岩 burnable bone;combustible shale;pyroshale
可燃液体 burnable liquid; combustible liquid; combustion liquid; flammable liquid
可燃蒸气 combustible vapo(u)r; flammable vapo(u)r
可燃蒸气浓度 flammable vapo(u)r concentration
可燃装饰 combustible decoration
可燃组分 combustible constituent;inflammable constituent
可染色的 pigmentable
可染色的黏[粘]结料 pigmentable binder
可染性 dyeability
可让渡权益 marketable equity
可绕的 reelable
可绕性 reelability
可热处理的 heat-treatable
可热处理性 heat-treatability
可任意使用的 disposable
可任意使用区 scratch area
可任意形状的软油罐 formed rubber tank
可容度 containment;content
可容纳的 admissible
可容纳人数 seating capacity
可容忍的 tolerable
可容双人卧室 double bedroom
可容许迟延 excusable delay
可容许的 allowable
可容许风险 maximum tolerance risk
可容许公差 permissible tolerance
可容许供水水质 tolerable water supply quality
可容许量 tolerable level
可容许浓度 tolerable concentration
可容许排污 permissible discharge
可容许污染 permissible contamination
可容许物体运动速度 allowable subject moving speed; allowable subject moving velocity
可容许误差 permissible error
可容许性 admissibility
可溶出性 leachability
可溶的 soluble;solvable
可溶淀粉 soluble starch
可溶毒物 soluble poison
可溶酚醛清漆 novolak
可溶酚醛树脂 A-stage resin;bakelite A
可溶钴催干剂 soluble cobalt drier
可溶化的 dissoluble
可溶混的误传 miscible
可溶混液体 miscible liquid
可溶极限 soluble end
可溶剂化性 solvability
可溶钾玻璃 water-pearl-ash glass; water-potash glass
可溶解的 dissolvable;solvent;dissoluble
可溶解度 dissolubility
可溶解性 deliquescence; resolvability;dissolubility;dissolvability
可溶解组 solvable group
可溶可熔酚醛环氧树脂 phenol-novolac epoxy resin
可溶可熔酚醛树脂 phenolic novolac
可溶矿物质 soluble mineral
可溶浓度 soluble concentration
可溶染料 soluble dye(stuff)
可溶入冷水 soluble in water
可溶铁 soluble iron
可溶物 soluble matter
可溶物含量 soluble matter content
可溶物质 soluble material; soluble matter;solvend
可溶镶块 insert ring
可溶硝棉 pyroxylin(e)
可溶性 solubility;solubleness
可溶性玻璃 soluble glass;water glass
可溶性产物 solubility product
可溶性催干剂 soluble drier[dryer]
可溶性氮 soluble nitrogen
可溶性地层注水泥 dissoluble well cementing
可溶性淀粉 dissolvable starch;soluble starch;tragantine
可溶性二氧化硅 dissolved silicon dioxide
可溶性粉剂 soluble powder
可溶性腐殖质 soluble humus
可溶性复合物 soluble complex
可溶性固体 soluble solid
可溶性固体总量 total dissolved solid
可溶性硅酸钠 soluble glass
可溶性硅酸盐 soluble silicate
可溶性化学(药)品 soluble chemicals
可溶性还原染料 solubilized vat dye
可溶性灰分含量 soluble ash content
可溶性碱 water-soluble alkali
可溶性晶体 soluble crystal
可溶性聚合物 soluble polymer
可溶性磷肥 soluble phosphoric manure
可溶性硫化染料 solubilized sulfur dye
可溶性铝 soluble alumin(i)um
可溶性锰 soluble manganese
可溶性黏[粘]土 soluble clay
可溶性铅 soluble lead
可溶性切削油 soluble cutting oil
可溶性石膏 soluble gypsum
可溶性铊 dissolvable thallium
可溶性铁 soluble iron
可溶性铜浓度 dissolved copper concentration
可溶性无机磷 dissolvable inorganic phosphorus
可溶性无水硫酸钙 soluble gypseous anhydrite
可溶性无水石膏 soluble anhydrous gypsum
可溶性物质 soluble matter; soluble substance
可溶性系数 solubility coefficient
可溶性显色剂 soluble developer
可溶性型芯油冷通道 soluble cored oil cooling gallery
可溶性盐 deliquescent salt; soluble salt;water salt;dissolved salt
可溶性盐类 soluble salts
可溶性盐染色法 soluble underglaze technique
可溶性盐吸湿膨胀 salt expansion
可溶性颜料 soluble colo(u)r
可溶性氧化铝 soluble alumina
可溶性优势杂种 dominant soluble species
可溶性有机物 soluble organic matter
可溶性有机物含量 soluble organic content
可溶性杂质 soluble impurity
可溶性蒸发残渣 soluble evapo(u)rated residue
可溶性质 petrolene
可溶岩类型 dissoluble rock type
可溶盐 soluble salt
可溶盐充填 soluble saline filling
可溶盐含量 soluble salt content
可溶盐芯 soluble salt core
可溶油 emulsifying oil;soluble oil
可溶有机质抽提 extraction of soluble organic matter
可溶有机质分离 separation of soluble organic matter
可溶于二硫化碳 soluble
可溶于碱液的 alkali-soluble
可溶于溶剂的染料 solvent soluble dye
可溶于水 soluble in water
可溶于水的 water-soluble
可溶于酸的 acid-soluble
可溶于油的 oil-soluble
可熔保险丝 electric(al) fuse;switch fuse
可熔的 fusible;meltable
可熔电阻(器) fusible resistor
可熔酚醛树脂 resol
可熔合金 fusible alloy
可熔化的 meltable
可熔阶段酚醛树脂 A-stage phenol-formaldehyde resin
可熔阶段树脂 A-stage resin
可熔连杆 fusible link
可熔片 fuse
可熔塞 fusible plug
可熔消锌心 expendable zinc core
可熔性 fusibility; meltability; meltableness
可熔性粉末 fusible powder
可熔盐的分离作用 separation of soluble salt
可乳化本领 emulsifiability
可乳化的 emulsifiable
可乳化环氧化物 emulsified epoxide
可乳化基质 emulsifiable base
可乳化矿物油 emulsified mineral oil
可乳化漆 emulsifiable paint
可乳化性 emulsifiability
可乳化油 emulsifiable oil;soluble oil
可入性 penetrability
可润湿的 wettable
可赛银粉 calcimine;kalsomine
可赛银粉石粉浆 <刷墙用的> calcimine
可赛银粉刷 Casein wash
可三角剖分的 triangulable
可三态的 three-stateable
可色层分离微量级有机物 chromatographable trace level organics
可色层分离有机卤素化合物 chromatographable organic halogen compound
可筛选物 screenable matter
可删的 erasable
可删减边界条件 suppressible boundary condition
可商讨的出价 subject bid
可上市证券 legal list
可上锁的壁橱 wall key cabinet
可上锁的铰合门 lockable hinged door
可上下冲击的打捞筒 beetle socket
可烧结粉末 sinterable powder
可烧结性 sinterability
可设计性 designability
可涉的浅滩 ford
可涉及的 referable
可涉深度 fordable depth
可涉水处 drift
可涉水而过的地方 ford
可摄影窗口 photographic(al) window
可申请交税的 declarable
可伸长 producibility
可伸长的 tensile
可伸长式桌 extension table
可伸出 protractile
可伸式铲斗柄 extendible stick
可伸缩臂空中工作台 extendable-boom aerial platform
可伸缩充气密封 retracting inflatable seal
可伸缩传送带 extensible belt conveyer[conveyor]
可伸缩导轨 telescopic(al) guideway
可伸缩的 extension-type;retractable;telescopic(al);telescopiform
可伸缩的打桩机导向支柱 telescopic(al) leader
可伸缩的带式输送机 extensible belt conveyer[conveyor]
可伸缩的活动桥 traversing bridge
可伸缩的金属支撑件 telescopic(al) metal joist
可伸缩的劳动时间 flexitime
可伸缩的输送带 extensible belt conveyer[conveyor]
可伸缩的下料口 telescopic(al) spout
可伸缩的橡胶坝 collapsible rubber dam
可伸缩吊杆起重机 telescoping boom crane
可伸缩端 expansion end
可伸缩多面体搜索 flexible polyhedron search
可伸缩隔离衬垫 expanding space
可伸缩滑块 expansion sliding block
可伸缩减震器 telescopic(al) shock absorber
可伸缩减震柱 telescopic(al) shock strut
可伸缩接头 flexible connector
可伸缩拉杆伺服机构 extensible link servo
可伸缩肋 flexible rib
可伸缩立柱 jack column
可伸缩模板 telescoping form(work)
可伸缩内径规 adjustable calliper ga(u)ge;telescoping ga(u)ge
可伸缩皮带机 telescopic(al) belt
可伸缩旗杆 telescopic(al) flagpole
可伸缩起落架 retractable landing gear;retractable under carriage
可伸缩起重杆 telehoist
可伸缩桥跨 movable span
可伸缩容限法 flexible tolerance algorithm
可伸缩散热器 retractable radiator
可伸缩散装头 telescopic(al) loading spout
可伸缩式 telescoping

可伸缩式标尺 telescopic(al) staff
可伸缩式溜槽 extensible chute
可伸缩天线 retractable antenna; telescopic(al) aerial; telescopic(al) antenna
可伸缩梯 extending ladder
可伸缩调节部件 extension device
可伸缩调节的模板支撑 push pull prop
可伸缩跳板 telescopic(al) gangway
可伸缩万向接头 universal extensible joint
可伸缩万向节 universal extensible joint; universal slip joint
可伸缩屋顶 retractable roof
可伸缩物镜 free objective
可伸缩橡胶管 flexible rubber
可伸缩运输机 pick-a-back conveyer [conveyor]
可伸缩支撑 extension trench braces
可伸缩支柱 telescopic(al) prop
可伸展的 distensible; extensible
可伸展工作平台 extendible platform
可伸展天线杆 extending tower
可伸支臂 extensible boom
可审性 auditability
可渗入的 penetrable
可渗水孔隙 water permeable voids
可渗透的 penetrable; permeable; pervious
可渗透的土工织物 permeable synthetic fabric membranes
可渗透封闭层 permeable confining bed
可渗透隔水层 permeable confining bed
可渗透介质 permeable medium
可渗透水蒸气的 water vapo(u)r-permeable
可渗透塑料 permeable plastics
可渗透系数 coefficient of transmissibility
可渗透岩层 permeable rock
可升降的司机室 elevated cab
可升降灯塔 telescopic(al) lighthouse
可升降胶带输送机 liftable and lowerable belt conveyer[conveyor]
可升降摄像机台 stacker
可生产性 producibility
可生物分解有机化合物 biologically decomposable organic compound
可生物降解百分数 biodegradable fraction
可生物降解表面活性剂 biodegradable surfactant
可生物降解的 biodegradable; bio-oxidisable
可生物降解废水 biodegradable wastewater
可生物降解废物污染 pollution by biodegradable waste
可生物降解高分子 biodegradable polymer
可生物降解化学物 biodegradability of chemicals
可生物降解挥发性固体 biodegradable volatile solids
可生物降解溶解有机碳 biodegradable dissolved organic carbon
可生物降解溶解有机碳含量 biodegradable dissolved organic content
可生物降解生物表面活性剂 biodegradable biosurfactant
可生物降解示踪剂 biodegradable tracer
可生物降解塑料 biodegradable plastic
可生物降解污染物源 source of biodegradable contaminant
可生物降解物质 biodegradable substance
可生物降解洗涤剂 biodegradable detergent
可生物降解有机物 biodegradable organism
可生物降解有机物质 biodegradable organic matter
可生物消除溶解有机碳 bioeleminable dissolved organic carbon
可生物氧化的 bio-oxidisable
可省略性 dispensability
可施工的劣质底漆 workable poor primer
可施工性 constructability
可湿性 wet ability; wettability
可湿性的 wettable
可湿性粉剂 wettable powder
可识别的 legible
可识别的经济因素 identifiable economic factor
可识别范围 recognizable set
可识别恒等目标 identifiable target
可识别级 discernible step
可识别模式 recognizable pattern
可识别性 diserimity; identifiability
可识过程模拟 simulation of cognitive processes
可识字符【计】 character outline
可实际占有的物 choses in possession
可实施的 enforceable
可实现的 realizable
可实现函数 realizable function
可实现价值 realizable value
可实现净值法 net realizable value method
可实现性 realizability
可实行的 realizable
可食黏[粘]土 edible clay
可食用的 eat out
可食用性 edibility
可使用舱口 workable hatch
可使用的 availability for service; employable; workable
可使用的敞地 usable open space
可使用的共用敞地 usable common open space
可使用的机器 live machine
可使用的列车运行线 available train path
可使用的日数 days when available
可使用的庭院 usable yard
可使用的通货 fit currency
可使用的外汇总值 valuta
可使用的雨水天沟 workable rainwater gutter
可使用国民收入 available national income
可使用假设 working hypothesis
可使用库容 usable capacity; usable storage
可使用两种燃料的燃烧器 dual-fuel burner
可使用面积 operational zone
可使用模型 working model
可使用年限 serviceability life; serviceable life
可使用寿命周期 useful life cycle
可使用数据库 active bank
可使用性 manageability; service ability; workability
可使用状态 serviceable condition
可示踪的 traceable
可视编程 visual programming
可视表面 visible surface
可视测量法 visual method
可视的底面 visible under-face; visible underside
可视电话 picture telephone; television telephone; video-phone; video telephone; viewphone; visionphone; visual telephone
可视电话机 television telephone set
可视范围 visual range
可视辐射 visible radiation
可视给油润滑器 sight feed lubricator
可视光盘 video compact disc
可视化分层结构 visualizing hierarchical structure
可视化系统 visualization system
可视加油器 sight feed oil lubricator
可视建筑物 visible structure
可视角 angle of visibility
可视结构 visual structure
可视进料 sight feed
可视进料管 sight feed tube
可视进料器体 sight feed body
可视进料润滑器玻璃眼 sight feed lubricator glass
可视距离 visual range
可视流量指示器 sight flow indicator
可视区域 visual field
可视润油器 sight feed oil lubricator
可视设计 visual design
可视数据终端【计】 video data terminal
可视塑性 visioplasticity
可视图文 videotext
可视图文技术 videotext technology
可视图像采集 video image acquisition
可视文件 video file
可视显示 visual display
可视显示装置 visual display unit
可视信号 visible signal; visual signal
可视信息 visual information
可视性 visibility
可视语言 visual language
可视正文图形 videotext picture
可视指示剂 sighting agent
可视指示器 sight indicator; visual detector
可视终端 video terminal
可试验的 testable; triable
可适应的 adaptable
可适应系统 adaptive system
可适用的 applicable
可适用的法律 applicable law
可适用地下水水质区分类 classification of zones of groundwater quality suitable
可适用性 applicability
可适于居住的 inhabitable
可释放能量 releasable energy
可收回成本 recoverable cost
可收回的 recoverable; retractable
可收回的程度 collectibility
可收回的贷款 repayable loan
可收回的价值 recoverable value
可收回的事务费 reimbursable service
可收回的支出 reimbursable expenditures
可收回费用的事务 reimbursable service
可收回全部挖方成本的挖层 pay formation
可收回权 <财产继承中的> possibility of reverter
可收回损失 recoverable loss
可收回性 collectibility; returnability
可收回岩芯管 retractable core barrel
可收回优先股 callable preferred stock
可收回债券 callable bond
可收回支出 recoverable expenditures
可收回支架 removable support
可收回贮存 retrievable storage
可收回钻头 retractable core bit
可收集的 collectable; collectible
可收集商品 collectible goods
可收卷的百叶门 roller blind door
可收拢的床 rollaway bed
可收起车轮 retractable wheel
可收起落地轮 retractable wheel
可收缩的 collapsible; contractile; retractable; shrinkable
可收缩的图 contractible graph
可收缩扶梯 retractable ladder
可收缩容器 collapsible container
可收听区域 service area
可收账款 collectable; collectible
可受保的风险 insurable risks
可受钉的 nailable
可受钉的混凝土板 nailable castlite
可受钉的砖 nailing brick
可受钉的砖块 nailable brick
可受钉地面 nailing ground
可受钉块 nailing block
可受钉木塞 nailing plug; wooden wall plug
可受钉砌块 nailable block
可受钉条 nailable strip; nailing strip
可受钉预制混凝土板 nailable precast concrete plank
可受拉的填料 tensional gasket
可受载的 loadable
可受张的填料 tensional gasket
可疏出的 drainable
可输出的 output enable
可赎的 expiable
可赎股投资公司 open-end investment company
可赎回贷款 callable loan
可赎回的 atonable; callable
可赎回公司债 redeemable debenture
可赎回股份 redeemable share
可赎回股票 redeemable stock
可赎回债券 redeemable bond
可竖直的 erectile
可数次可加 countably subadditive
可数的 countable; denumerable; enumerable; numberable
可数覆盖 countable covering
可数过程 denumerable process
可数函数 denumerable function
可数集 countable aggregate; countable set; denumerable aggregate; enumerable set
可数结果变量 denumerable outcome variable
可数紧集 countably compact set
可数可加性 countably additive
可数数目 countable number
可数无穷子集 countably infinite subset
可数性 countability; enumerability
可数性公理 countability axiom
可数性状相关表 contingency table
可数序列【数】 denumerable sequence
可数样本空间 denumerable sample space
可刷稠度 brushable consistence [consistency]; brushing consistency
可刷洗的 scrubbable
可刷新程序 refreshable program(me)
可刷新的 refreshable
可刷新装入模块 refreshable load module
可刷性 brushability
可水解的 hydrolyzable
可税能力 taxable capacity
可税所得 taxable income
可撕裂的 lacerable
可搜集的 collectable
可塑 plasticizing
可塑变化 reversible change
可塑层 plastic layer
可塑成型 plastic forming; plastic mo(u)lding
可塑成型法 plastic making
可塑稠度 plastic consistence [consistency]
可塑的 castable; ductile; plastic; plasticised[plasticized]
可塑的接合环 ductile joint ring
可塑度 plasticity; plasticity number

可塑法 stiff-mud process
可塑法成型 plastic making
可塑范围 plastic range;plastic region
可塑含水量 <土的> plastic limit
可塑混凝土 plasticised [plasticized] concrete
可塑流 plastic flow
可塑黏[粘]土 plastic clay
可塑水量 water of plasticity
可塑态 plastic state
可塑弹性固体 elastico-plastic solid
可塑涂布纸 cast-coated paper
可塑土 plastic soil
可塑物 plastomer
可塑物质 plastic substance
可塑限 upper plastic limit
可塑效率 plasticizing efficiency
可塑性 plasticity; adaptability; ductibility;ductility;formability;mo(u)ldability;plastic behavio(u)r;plastic nature;plastic property;reversibility
可塑性薄膜理论 membrane theory of plasticity
可塑性测定 plasticity measurement
可塑性拱 yielding roadway arch
可塑性颗粒排斥学说 particle repulsion theory of plasticity
可塑性颗粒吸引学说 particle attraction theory of plasticity
可塑性耐火材料 mo(u)ldable refractory
可塑性黏[粘]土 fat clay
可塑性试验 plasticity test
可塑性污泥 workable sludge
可塑性物质 plastic material; plastic substance
可塑性指数 plasticity number
可塑造 flexible;shapeable
可塑造的 fabricable
可塑炸药 plastic explosive
可塑值 plasticity number; plasticity value
可塑指数 plastic index
可塑状态的混凝土 fresh concrete
可酸化的 acidifiable
可算函数 computable function
可算条件 ready condition
可随时支取的 callable
可随意调节的 panoramic
可碎材料 comminutible material
可损耗的 consumable
可缩传送带 retraceable belt conveyer [conveyor]
可缩的 contractible;reducible
可缩的缆索卷筒 retractable cable reel
可缩的梭动式输送带 retractable shuttle belt conveyer[conveyor]
可缩吊桥 retractile(draw-)bridge
可缩斗底 <轮式铲运机> retractable floor
可缩斗底顺序阀 <轮式铲运机> retractable floor sequence valve
可缩斗底液压缸 <轮式铲运机> retractable floor jack
可缩放体系结构 scalable architecture
可缩钢梁 retractable steel joist
可缩回的 retraceable;retractible
可缩减性 reducibility
可缩绞车 retracting winch
可缩进的开启桥 retractile (draw-) bridge
可缩进性 retractility
可缩入的 retractable
可缩式活塞取土器 retractable plug sampler
可缩式开合桥 retractable draw bridge
可缩式开启桥 retractile(draw-)bridge
可缩式桥 retractable bridge
可缩梭动式输送机 retractable shuttle belt conveyer[conveyor]
可缩坍橡胶坝 collapsible rubber dam
可缩小的 reducible
可缩性 contractility
可缩性材料 yielding material
可缩性衬砌 yieldable lining
可缩性拱形钢支架 yieldable arch steel set;yielding arch steel set
可缩性拱形支架 yieldable arch;yielding arch
可缩性路拱 sliding roadway arch
可缩性支撑 sliding support; yielding support
可缩性支架 yieldable arch support
可锁闭的差速器 lock-up differential
可锁闭的液力变矩器 lock-up converter
可锁的 lockable
可锁井帽 lockage well cup
可锁容器 locker
可锁住的插销 dead latch
可探测 detectable;observable
可探测的圈闭 detectable trap
可探测率 detectivity
可探测性 detectivity
可躺式座椅客车 slumber coach
可躺座客车 chair car
可提供的泊位 berth on-line
可提换式钻头 retractable rock bit
可提款货币 drawable currency
可提炼的 fin(e)able;extractive
可提前偿还的债券 callable bond;option(al)bond;redeemable bond
可提前偿还公司债 redeemable debenture
可提前处理的 prior processable
可提前兑付债券 callable bond
可提前回收优先股 callable preferred stock
可提取的 extractable
可提取的流出物 extractive effluent
可提式偏斜楔 retrievable wedge
可提折旧额 depreciation allowed
可替代的 fungible
可替代需要 alternative demand
可替换部分 counterpart
可替换部件 plug-in package
可替换刀架 replaceable bit
可替换刀头 replaceable bit
可替换的 alternative; displaceable; permutable
可替换的付款人 alternative drawee
可替换的进口商 alternative importer
可替换的收款人 alternative payee
可替换的中心凸块 <细粒金刚石钻头的> replaceable central pilot
可替换货物 alternative goods
可替换零件 interchangeable parts
可替换切削翼片钻头 replaceable blade bit
可替换式卡盘轴套 replaceable chuck bushings
可替换式牙轮钻头 replaceable rock bit
可替换稳定圈 replaceable ferrule
可替换系统 replacement system
可替换镶嵌块 replaceable insert
可替换钻头 replaceable bit
可填充的孔隙率 fillable porosity
可调 tunable
可调 U 形同轴线 trombone
可调按钮 reset knob
可调百叶窗 adjustable shutter
可调扳手 adjustable spanner;adjustable wrench; crescent wrench; clip wrench
可调扳牙 adjustable die; sliding die; spring die
可调板 adjustable plate
可调倍率式杠杆比较仪 Fortuna minimeter
可调泵叶 adjustable pump vane
可调变比式变压器 adjustable-ratio transformer
可调变距螺桨 controllable pitch airscrew
可调变量 process variable
可调变量器 adjustable transformer
可调变速马达 adjustable varying-speed motor
可调变压器 adjustable transformer; transtat;variable transformer
可调变压器放大器 tuned-transformer amplifier
可调变阻器 regulating switch
可调标度盘 adjustable dial
可调标识器 adjustable marker
可调波纹管 adjustable bellows
可调车削头 adjustable turning head
可调撑杆 adjustable jack;adjusting jack
可调成型机头 adjustable drum
可调尺寸 adjustable dimension
可调赤道仪装置 adjustable equatorial mount
可调冲程的液压缸 adjustable stroke cylinder
可调冲模 setting die
可调除霜通风机 adjustable defroster vent
可调触点 adjustable contact
可调触片 adjustable contact plate
可调垂球 adjustable plumb bob
可调磁场 controlling magnetic field
可调磁场型电动机 field control motor
可调锉 adjusting file
可调单价 adjustable unit price
可调挡板 adjustable damper
可调挡块 adjustable dog
可调挡圈 adjustable stop
可调刀板倾斜角的推土机 tilting dozer
可调导板 adjustable guide
可调导轨 adjustable gib
可调导轨支撑 adjustable conductor rail support
可调导流叶栅 variable stator
可调导向板 adjustable deflector
可调导向轨 adjustable guide rail
可调导向器 adjustable guide rail
可调导叶 adjustable blade;adjustable guide vane; adjustable vane; variable-angle nozzle;variable stator blade
可调导叶片 adjustable guide blade
可调的轨距规 adjustable rail ga(u)ge
可调的犁 adjustable plow
可调的铆接机 adjustable riveting machine
可调的通风口盖 adjustable vent-flap
可调低温恒温器 variable temperature cryostat
可调底板 <装置有螺旋千斤顶的> adjustable base plate
可调电感 adjustable inductance;controllable impedance
可调电感器 variable inductor
可调电抗变压器 variable reactance transformer
可调电容(器) adjustable capacitor; adjustable condenser;tuning capacitor
可调电刷 adjustable brush
可调电压 variable voltage
可调电压发电机 variable voltage generator
可调电压反用换流器 voltage-regulated inverter
可调电压稳压器 floating regulator
可调电阻 adjustable resistance
可调电阻存储器 memister
可调电阻器 adjustable resistor; control resistor;varistor[varister]
可调吊杆 adjustable jib
可调丁字尺 adjustable angle square; adjustable head T-square
可调顶柱 adjustable shore
可调定位器 adjustable positioner
可调定向耦合器 transvar; transvar coupler
可调斗柄 adjustable dipper arm
可调斗杆 adjustable dipper arm
可调端锚具 adjustable anchorage
可调端面扳手 adjustable face spanner
可调短路终端 adjustable short-circuit termination
可调多向阀 diversion valve
可调多谐振荡器 variable multivibrator
可调扼流圈 transbooster
可调颚板 adjustable jaw flap
可调发声器 adjustable sounder
可调反射 regulating reflection
可调范围 rangeability;variable range
可调放大率 pancratic magnification
可调分辨率 controlled resolution
可调分压器 adjustable voltage divider
可调风戽 adjustable scoop
可调风量通风器 hit-and-miss ventilator
可调风门 adjustable damper
可调风门片 adjustable flap
可调蜂鸣器 variable-note buzzer
可调蜂音器 variable-note buzzer
可调缝隙的 expanding-slot
可调缝隙喷雾器 expanding-slot atomizer
可调缝隙式喷油嘴 expanding-slot atomizer
可调幅的起重桅杆 derrick kingpost
可调幅的全回转起重机 full-rotating derrick
可调负载 tunable load
可调附属装置 adjustable attachments
可调杆 adjustable bar
可调钢轨扣件 adjustable rail fastener
可调钢支撑 adjustable steel strut
可调杠杆 adjustable lever
可调高度装卸站台 loading dock leveler
可调隔仓板 adjustable diaphragm
可调工程项目 adjustable item
可调工作台 adjustable bed
可调供气扇 adjustable air supplying fan
可调构件 adjustable member
可调固定汇率 adjustable peg;adjustable peg rate of exchange
可调固定汇率制 adjustable peg rate system
可调刮板 adjustable plough
可调管扳手 Stillson wrench
可调管夹 adjustable pipe clip
可调管钳 adjustable pipe tongs; adjustable tongs
可调管子扳钳 Stillson pipe wrench
可调管子扳手 Stillson pipe wrench
可调管子扳牙 adjustable pipe die
可调管子钳 Stillson wrench
可调光焦透镜 pancratic lens
可调光栏 adjustable stop; variable stop
可调光阑 adjustable diaphragm
可调光圈 adjustable aperture
可调光学带通滤波器 tunable optic(al)bandpass filter
可调轨撑 adjustable rail brace
可调红外激光器 turnable infrared laser
可调虹吸 adjustable siphon
可调滑车轮 adjustable sheave
可调划线规 adjustable marker
可调缓冲减振器 adjustable cushion
可调缓冲器 adjustable cushion
可调回摆角和倾斜角的推土板 angle and tilt blade

可调回波谐振器 tunable echo box
可调回波谐振腔 tunable echo box
可调绘图桌 adjustable drawing table
可调活板 adjustable flap
可调活动模板 adjustable shuttering
可调激光振荡器 tunable laser oscillator
可调集成稳压器 adjustable integrated stabilizer
可调剂使用的装卸日数 <装和卸日数可以互相调整> reversible lay days
可调剂用的装卸日 reversible lay days
可调加工系统 flexible manufacture system
可调夹具 adjustable clamp
可调夹钳 adjustable clamp
可调夹头 adjustable clamp
可调价合同 contract of readjustable
可调间隔记录器 adjustable-span recorder
可调减震器 adjustable damper; adjustable shock absorber; ride-control shock absorber
可调键 adjustable key
可调桨式水轮机 adjustable vane turbine; movable blade turbine
可调桨叶 controllable pitch propeller
可调桨叶角度的水轮机 variable-pitch turbine
可调桨叶螺旋桨 feathering
可调焦透镜 pancratic lens
可调角尺 adjustable angle square
可调角度的方向盘立柱 adjustable steer column
可调铰刀 expanding reamer
可调校准器 adjustable marker
可调接点 adjustable contact
可调节 U 形波导节 trombone
可调节扳手 podger
可调节板式搅拌叶片 adjustable paddle type blade
可调节产量 controlled production
可调节撑脚 adjustable stabilizer
可调节承板的金属支架 Tonk's fitting
可调节单点悬挂脚手架 single-point adjustable suspension
可调节的 adjustable; controllable; mitigable
可调节的抵押契据 adjustable mortgages
可调节的伐木钩 adjustable dog hook
可调节的搅拌叶片 adjustable mixing blade
可调节的锯弓 adjustable saw bow
可调节的锯框 adjustable saw frame
可调节的空调进口阀 adjustable port proportioning valve
可调节的平面扳手 adjustable face spanner
可调节的尾喷管锥体 throat bullet
可调节的闸门 regulating gate
可调节的制动机缓解装置 adjustable brake release device
可调节灯具 adjustable luminaire
可调节低压空气 adjustable low-pressure air
可调节抵押贷款 adjustable mortgage loans
可调节吊墙 adjustable curtain wall
可调节丁坝 adjustable groyne
可调节阀 variable valve
可调节范围 adjustable extent; adjustable range; rangeability
可调节浮式平台 tuned floating platform
可调节杠杆 adjustable rod
可调节钢顶撑 adjustable steel strut
可调节间隙 adjustable clearance
可调节铰刀 adjustable reamer

可调节接头 adjusting joint
可调节距叶片 adjustable pitch blade
可调节卡车装卸跳板 adjustable truck ramp
可调节控制系统 flexible control system
可调节流孔 adjustable orifice
可调节炉箅 shutter grate
可调节轮对 adjustable wheel set
可调节目镜 pancratic eyepiece
可调节喷管 adjustable jet
可调节喷口 <半圆形调节片的> eyelid
可调节球形合页 adjustable ball hinge
可调节球形铰链 adjustable ball hinge
可调节燃烧器 modulating burner
可调节刃的铰床 adjustable blade reamer
可调节湿式潜水服 adjustable size wet suit; controllable size wet suit
可调节数组 adjustable array
可调节双瓣式喷嘴 eyelid-type nozzle
可调节丝锥 adjustable compound tap
可调节速度的传动装置 adjustable speed transmission
可调节外架总管 adjustable outrigger collector
可调节尾喷管锥体 movable bullet; throat bullet
可调节物镜 pancratic lens
可调节性 adjustability; controllability
可调节悬挂装置 adjustable suspension
可调节压块 clamping block
可调节延迟线 variable delay line
可调节堰板 adjustable weir
可调节叶片 adjustable vane
可调节椅 barker chair
可调节溢流堰 controlled spillway; controlled weir
可调节支撑 adjustable prop
可调节支点 adjustable fulcrum
可调节指示器 adjustable indicator
可调节轴 adjustable axle
可调节座位 adjustable seat
可调截面喷管 controllable area nozzle
可调解斜度的铲斗 tilt bucket
可调金属膜滤光器 tunable metal film filter
可调进刀架 adjustable head
可调进气导片 variable inlet guide vanes
可调进气口 adjustable mouth; adjustable scoop; variable inlet
可调进气叶片 variable inlet vane
可调精研圈 adjustable lapping ring
可调径铰刀 expansion reamer
可调径丝锥 receding chaser collapsing tap
可调距的推土机 adjustable track tractor
可调距的拖拉机 adjustable track tractor
可调距离 adjustable distance
可调距螺桨 adjustable pitch propeller; variable pitch propeller
可调卷扬机 variable-speed winch
可调卡规 adjustable ga(u)ge
可调靠背椅 reclining chair
可调靠背座席 adjustable seat
可调空腔谐振器 tunable cavity; tunable echo box; variable cavity
可调空心刀具 adjustable hollow cutter
可调孔 adjustable port
可调孔径 adjustable aperture
可调孔口 adjustable orifice
可调孔式格筛 adjustable-aperture grizzly
可调库存 available inventory
可调跨度的梁或桁架式构件 horizontal shore
可调宽度脉冲 variable-length pulse
可调快速扳手 speed wrench
可调拉杆 adjustable drawbar; adjustable rod
可调力 variable force
可调力矩 variable torque
可调连接杆 adjustable link
可调联结杆 adjusting link
可调联轴节 adjustable coupling
可调梁座 adjustable beam saddle
可调两脚规 adjustable divider
可调量 controlled variable
可调量规 mortise ga(u)ge
可调流量泵 variable capacity pump; variable displacement pump; variable flow pump
可调漏孔 adjustable leak
可调炉箅 shutter grate
可调滤波器 tuned filter
可调履带距 variable ga(u)ge; variga(u)ge
可调螺钉 adjustable screw; expansion screw
可调螺杆 adjustable bolt
可调螺距 adjustable pitch
可调螺距螺旋桨 controllable pitch propeller; variable-pitch propeller; adjustable pitch propeller
可调螺帽 adjustable nut
可调螺母 adjustable nut
可调螺丝 adjustable screw; expansion screw
可调脉冲电压绕组 stress-control winding
可调毛细管阀 adjustable capillary valve
可调锚杆 adjustable anchorage
可调门框 adjustable door frame
可调门框座 adjustable base anchor
可调膜盒 adjustable bellows
可调膜片 adjustable diaphragm
可调摩擦减震器 adjustable friction damper
可调木工刨 adjustable plane; adjusting plane
可调目镜 adjustable eyepiece
可调内侧距离的轮对 adjustable gauge wheel set
可调耦合器 variable coupler
可调耦合线圈 slide coupler
可调排量的泵 variable delivery pump
可调配重 adjustable counter balance
可调喷管 adjustable nozzle
可调喷口 adjustable orifice
可调喷油嘴 adjustable flow beam
可调喷嘴 adjustable nozzle; adjustable orifice; flexible nozzle; variable nozzle
可调偏心轮 adjustable eccentric wheel; variable eccentric wheel
可调频电源 adjustable frequency power supply
可调平衡锤 adjustable counterweight
可调屏(障) adjustable mask
可调坡度水槽 tilting flume
可调起动变阻器 adjustable starting rheostat
可调起动器 adjustable starter
可调起垄犁体 adjustable ridging body
可调起重机臂 adjustable jib
可调起重机架 adjustable jack table
可调起重器 adjustable jack; adjusting jack
可调气门 adjustable port
可调气隙 adjustable air gap
可调千分尺 adjustable micrometer
可调千斤顶 adjustable jack; adjusting jack
可调前轴 adjustable front axle
可调潜孔 adjustable submerged orifice
可调倾角摄影机 variable perspective camera
可调倾斜度的板 tilt blade
可调倾斜度的推土铲 tilt blade; tilt dozer
可调倾斜用的反铲推土机 straight tiltdozer
可调清扫器 adjustable plough
可调曲柄销 adjustable crank pin
可调曲线规 adjustable marker
可调绕线架 adjustable drum
可调绕组 teaser winding
可调三脚架 adjustable tripod
可调筛孔的筛 adjustable sieve
可调上料铲 adjustable loading shovel
可调伸缩软管 adjustable bellows
可调湿度室 humidity chamber
可调时间继电器 variable time-setting relay
可调式岸用跳板 adjustable shore ramp
可调式冲程给料机 adjustable stroke feeder
可调式垂直闸门给料器 adjustable vertical gate feeder
可调式断路器 adjustable circuit breaker
可调式多轴钻床 adjustable multiple spindle drill
可调式阀座垫圈 valve adjusting washer
可调式钢轨撑 adjustable rail brace
可调式钢轨扣件 adjustable rail fastening system
可调式轨撑的实底滑床板 solid base slide plate for adjustable rail brace
可调式过载摩擦离合器 adjustable overload friction clutch
可调式缓冲装置 adjustable cushion
可调式极限螺纹卡规 adjustable limit snap thread ga(u)ge
可调式联运散货集装箱 flexible intermediate bulk container
可调式排架支座 adjustable trestle support
可调式器械桌 adjustable instrument table
可调式牵引杆 adjustable hitch bar
可调式手铰刀 adjustable hand reamer
可调式输料泵 adjustable delivery pump
可调式双筒放大镜 adjustable binocular loupe
可调式踏板 adjustable pedal
可调式弹簧定位装置 adjustable spring ga(u)ge
可调式膝形刀 adjustable knee tool
可调式稳船架 adjustable bilge aim
可调式心轴 expanding [expansion] mandrel
可调式液力变矩器 adjustable torque converter
可调式圆柱凸轮 barrel cam
可调式闸门 adjustable gate
可调式闸瓦 adjustable brake block
可调式轴承 adjustable bearing
可调式座椅 adjustable seat
可调视角 adjustable viewing angle
可调数组 adjustable size array
可调数组说明符 adjustable array declarator
可调衰减器 adjustable attenuator; adjustable pad
可调水量 transferable water amount
可调水门 adjustable port
可调说明符下标 adjustable declarator subscript
可调丝锥 adjustable tap; expanding tap; expansion tap; solid adjustable taps

可调丝锥扳手 adjustable tap wrench
可调速电动机 adjustable speed motor
可调速度 adjustable speed;adjustable velocity
可调锁(闭)杆 adjustable lock rod
可调锁簧 adjustable dog
可调锁紧螺帽 adjusting lock nut
可调锁紧螺母 adjusting lock nut
可调台面 adjustable bed
可调台式水准仪 adjustable bench level
可调探针 tuning probe
可调套管 adjustable sleeve
可调提升杆 level(l)ing lift rod
可调提升斜拉杆 level(l)ing lift rod
可调挺杆 adjustable jib
可调通风 adjustable ventilation
可调通风窗 controlled ventilation window
可调通风口 air register
可调筒形铰刀 adjustable shell reamer
可调头交叉口 turn crossing
可调透镜组 pancratic(lens)system
可调凸轮 adjustable cam
可调推进器叶片 adjustable blade
可调推力 controllable thrust;variable thrust
可调推力发动机 variable-thrust motor;variable-thrust unit
可调托架 adjustable bracket
可调维数 adjustable dimension
可调位的夹箍 adjustable clip
可调温度计 sliding thermometer
可调稳压器 adjustable voltage stabilizer
可调握柄 adjustable lever
可调狭缝 adjustable slit
可调狭缝组件 adjustable slit assembly
可调显微镜 adjusting microscope
可调镶条 adjustable gib
可调橡皮停止杆 adjustable rubber rest bar
可调斜度的输送带 adjustable tilt conveyer[conveyor]
可调谐的 tunable
可调谐环形天线 spiral loop
可调谐激光器 tunable laser
可调谐滤光器 tunable filter
可调谐前置放大器 tunable preamplifier
可调谐双折射滤光器 tunable birefringent filter
可调谐天线 tunable antenna
可调谐相干光源 tunable coherent light source
可调谐振腔 tunable cavity;variable resonator
可调卸料齿轮泵 adjustable discharge gear pump
可调行程限制器 adjustable dog;adjustable stop
可调性 adjustability
可调旋塞 controllable cock
可调压板 adjustable clamp
可调压电动机 adjustable voltage motor
可调压信号灯 signal lamps with adjustable potential
可调压载 adjustable ballast;adjustable weight
可调压载水舱 adjustable ballast tank;variable ballast tank
可调延迟(时刻)adjustable delay
可调掩模 adjustable mask
可调堰顶 adjustable crest
可调扬料勺 adjustable lifter scoop
可调仰角射束 variable elevation beam
可调样板<制作轮廓不规则的线脚的> Maco ga(u)ge
可调叶片扩锥 adjustable blade reamer
可调叶片螺旋桨泵 adjustable blade propeller pump
可调叶片式轴流泵 adjustable blade propeller pump
可调叶片水轮机 movable blade turbine
可调叶片转桨式水轮机 adjustable blade turbine
可调页动态区 pageable dynamic(al) area
可调页分区 pageable partition
可调页核心程序 pageable nucleus
可调页区 pageable region
可调溢流结构 overflow structure adjustable
可调应力接触线 tension-regulated contact wire
可调圆扳手 adjustable round die;button die
可调圆规 adjustment compass
可调圆片式喷嘴 disk nozzle
可调圆片式实心雾锥喷嘴 disk solid-cone nozzle
可调增益控制 adjustable gain control
可调闸门 adjustable deflector
可调栅格 adjustable grill(e)
可调张力绝缘器 adjustable strain insulator
可调张力绝缘子 adjustable strain insulator
可调振荡器 tunable oscillator
可调整板牙手柄 stock for adjustable die
可调整触头 adjustable contact
可调整挡铁 ga(u)ge stop
可调整刀片 adjustable blade
可调整导板 adjustable slide
可调整的 adjustable;sliding
可调整的摆动铣床 wobbling bit
可调整的保险费 adjustable premium
可调整的关系汇率制 adjustable peg system
可调整的扩充 adjustable extent
可调整的锚杆 adjustable anchorage bar
可调整的每日价格限度 variable daily limit
可调整的起轨器 adjustable rail lift
可调整的圆刨 adjustable circular plane
可调整的支撑 adjustable shore
可调整的支承 adjustable bearing
可调整的支柱 adjustable prop
可调整的止推轴颈 adjustable thrust journal
可调整的装置 adjustable device
可调整抵押贷款利率 adjustable rate mortgage
可调整电源 regulated power supply
可调整吊车臂 adjustable jib
可调整附件 adjustable attachments
可调整高低的搁板 adjustable shelving
可调整搁架 adjustable shelf
可调整格栅 adjustable grill(e)
可调整钩头尺 adjustable hook rule
可调整滚轴 adjustable roller
可调整后准星 adjustable rear sight
可调整基杆 adjustable stem
可调整价格合同 variation of price contract
可调整角度的推土铲 angle bulldozer
可调整锯架 adjustable saw bow
可调整靠背斜度的座椅 tilting seat
可调整空心铣刀 adjustable hollow mill
可调整宽度的舞台口 adjustable proscenium
可调整利率债券 adjustable rate bond
可调整梁座 adjustable beam saddle
可调整量规 stop ga(u)ge
可调整螺栓 adjustable bolt
可调整螺丝攻 solid adjustable taps
可调整螺旋运送机 adjusting worm
可调整平价 sliding parity
可调整前准星 adjustable front sight
可调整曲柄 adjustable crank
可调整曲线 adjustable curve
可调整式螺旋形转向装置 adjustable screw type steering gear
可调整式堰顶 adjustable crest
可调整式闸瓦【机】adjustable brake block
可调整水槽 adjustable flume
可调整弹簧环 adjustable spring collar
可调整通风折翼 adjustable vent-flap
可调整稳定面 adjustable stabilizer
可调整蜗杆 adjusting worm
可调整性 adjustability
可调整延时继电器 graded time-lag relay
可调整叶片 adjustable blade
可调整叶片的水泵-水轮机 adjustable blade pump turbine
可调整叶片的水轮机组 adjustable blade unit
可调整支承 adjustable bearer
可调整支柱 adjustable strut
可调整止动螺钉 adjustable stop screw
可调整指标 adjustable index
可调正镗钎 changeable boring bar
可调支撑 adjustable shoring
可调支承 adjustable bearing
可调支承体 adjustable supporting body
可调支架 adjustable fulcrum;adjustable support;all-angle bracket
可调支柱 adjustable fixing;adjustable prop
可调支座 adjustable bearing
可调直角尺 adjustable square
可调指示器 adjustable probe;controlled marker
可调制动器底板 adjustable shoe sole
可调制动器释放装置 adjustable brake release device
可调制动爪 adjustable dog
可调轴衬 adjustable bush
可调轴承 split bearing;two-piece bearing
可调轴承支架 adjustable bearing
可调轴承(支)座 adjustable bearing
可调轴瓦 adjustable brass
可调主轴铣床 adjustable spindle milling machine
可调爪形钩 adjustable dog hook
可调转筒 adjustable drum
可调装车铲 adjustable loading shovel
可调锥体 adjustable cone
可调准滚轴 adjustable roller
可调钻头 adjustable bit
可调钻头夹具 doweling jig
可贴合性 applicability
可贴曲面 applicable surface
可贴现的 discountable
可贴现票据 bankable bill
可贴现性 discountability
可贴性 applicability
可听到的范围 audible range
可听到的信号 audible call;audible signal
可听度 audibility
可听度差 bad audibility;difficult communication
可听度范围 range of audibility
可听度系数 audibility factor;coefficient of audibility
可听范围 audibility range;auditory area;ear reach;earshot;range of hearing
可听范围内的声音 sound in the audible range
可听方向 aural course
可听见的声波频率 audio frequency
可听距离 audibility range;range of audibility
可听频信号 audio signal
可听区(域)auditory area;audibility zone
可听上限 threshold of feelings
可听声调 audible tone
可听声频下限 lower frequency limit of audibility
可听声信号 audio;signal
可听声(音)audibility sound;audible sound
可听数据 audible data
可听无线电航标 aural radio range
可听限度 audibility limit
可听限制<声音强弱和频率高低的上下界限值> audible limit
可听型发送机 audible-type transmitter
可听阈(值)audible threshold
可听振铃声 audible ringing tone
可听值 audibility value;audible value
可停车街道 authorized street parking
可停放车辆、飞机等的硬质地面 hard stand
可通船的 navigable
可通达性 accessibility
可通过的 passable
可通过的分隔带 crossable separator
可通过能力 possible traffic capacity
可通过区 accessible region
可通过性 negotiability
可通过银行承兑的票据 bankable bill
可通过质量标准 acceptable quality level
可通航坝 navigable dam
可通航的 navigable
可通航的海岸 accessible coast
可通航的河道 navigable channel
可通航的上游段 navigable headwaters
可通航的水道 navigable waters
可通航的主航道 main navigable watercourse
可通航宽度 navigable span;navigation span
可通航性 navigability
可通视的 intervisible
可通小船的 boatable
可通行的 negotiable;passable;trafficable
可通行的小径 negotiable path
可通行地沟 accessible trench
可通行管道 accessible canal
可通行过的 passable
可通行海轮航道 navigable by sea-going vessel
可通行汽车的 motorable
可通行性 trafficability
可通约的 commensurable
可通约性 commensurability
可通知偿还的债券 callable bond;redeemable bond
可同度量数 commensurable number
可同化有机碳含量 assimilable organic carbon content
可同化有机碳浓度 assimilable organic carbon concentration
可同化有机碳营养生物测定 assimilable organic carbon nutrient bioassay
可同时实现的 simultaneously realizable
可同意 all correct;all right
可投放邮箱 drop tank
可投弃的 jettisonable
可透层 permeable layer
可透过的 pervious
可透水的 pervial;porous
可透塑料 permeable plastics
可透析的 dialyzable

可透性 perviousness;transmissibility
可透性石 permeable rock
可透性土壤 permeable soil
可透性系数 coefficient of transmissibility;transmissibility coefficient
可突变性 mutability
可涂布性 spreadability
可涂覆性 spreadability
可涂面漆时间 time to coat ability
可涂漆性 paintability
可涂漆性加工 paintable finish
可涂色性 paintability
可涂色性加工 paintable finish
可涂刷稠度 brushable consistence [consistency];brushing consistency
可涂刷的 brushable;paintable
可涂刷性 paintability
可涂性 coatability
可推测的 presumable
可推定的 constructive
可推断的 deducible
可推荐的 presentable
可推算的 predictable
可推算性 predictability
可退还的定金 refundable deposit
可退回的 returnable
可退容器 returnable containers
可退税款 refundable taxes
可脱开的旋转锤 rotor-set-hammer
可脱水污泥 drainable sludge
可拓展为 widenable to
可挖直沟、竖沟和矩形沟的铲斗 bell-hole and cementary bucket
可外购备件 buyable spare part
可外贸货物 tradable goods
可外伸的 protractile
可外望的玻璃窗 vision light
可弯曲波导 flexible waveguide
可弯曲波导管 flexible waveguide;interlocked type waveguide
可弯曲材料 pliable material
可弯曲的 flexible
可弯曲的管 flexible pipe
可弯曲的印刷电路板 flexible printed wiring board
可弯曲风管 flexible duct
可弯曲金属管 flexible metallic hose
可弯曲铠装输送机 flexible armo(u)red conveyer[conveyor]
可弯曲塑料管 bendable plastic pipe
可弯曲芯棒 snake
可弯砂岩 articulite;itacolumite
可弯式尖轨 flexible switch
可弯性 bendability;bending capability;bending property;deflectivity;flexibility;pliability
可弯轴 flexible shaft
可完成的 achievable
可挽救的 retrievable
可挽救价值 salvage value
可微调的火花隙 micrometer spark gap
可微调的探头 tunable probe
可微调性 trimmability
可微分簇 differentiable variety
可微分的 differentiable
可微分函数 differentiable function
可微分性 differentiability
可微分值等价 differentially value-equivalent
可微函数芽 germ of differentiable function
可微弧 differentiable arc
可微结构 differentiable structure
可微图 differentiable atlas
可微性性质 differentiability property
可微映射 differentiable mapping
可维持产量 sustainable yield
可维持的经济福利量 maintainable economic welfare amount
可维护度函数 maintainability function
可维护性 maintainability;serviceability
可维修性 maintainability;maintenance-ability;serviceability
可维修性函数 maintainability function
可维修指数 maintainability index
可闻报警信号 audible alarm
可闻度 audibility;audibleness
可闻度的极限 limit of audibility;limit of audition
可闻度电流 audibility current
可闻度范围 audibility range;zone of audibility
可闻范围 audible range;range of audibility;range of hearing
可闻距离 audibility range;range of audibility
可闻声 audible sound
可闻声频 audible frequency
可闻声频上限 upper-frequency limit of audibility
可闻系数 audibility factor
可闻限度 audible limit
可闻限以下的 subaudible;subaudio;subsonic
可闻信号 audible call;audible signal
可闻阈 threshold of audibility;threshold of hearing
可闻噪声分贝 perceived noise decibel
可闻振铃音 audible ringing tone;audible signal
可稳定性 stabilizability
可雾化性 sprayability
可吸附分子 adsorbable molecule
可吸附离子 adsorbable ion
可吸附卤素化合物 adsorbable organic halogen compound
可吸附溶解有机碳 adsorbable dissolved organic carbon
可吸附物种 adsorbable species
可吸附性 adsorbability
可吸附有机硫化合物 adsorbable organic sulfur compound
可吸附有机卤化物 adsorbable organic halogenide
可吸入微粒 inhalable particles
可吸入性粉尘 respirable dust
可吸收的 absorbable
可吸收渗漏液体的地下土层 leach bed
可吸收铁 available iron
可吸收性 absorbability
可吸收性纤维素 absorbable cellulose
可吸收状态 absorbability
可析像素 resolvable picture element
可析因运动 factorable motion
可牺牲的 expendable
可惜地 unfortunately
可稀释度 dilutability
可稀释性 dilutability
可洗擦层 wash prime coat
可洗擦涂层 wash prime coat
可洗的墙纸 washable wallpaper
可洗涤的刷墙粉 washable distemper
可洗(涤)性 washability
可洗掉水溶性颜料 washable water paint
可洗含油色料 Hydrmel
可洗去的涂料 water paint
可洗水浆涂料 washable distemper
可洗水溶性沥青漆 <具有各种颜色的> Matt Bitu
可洗性 washability
可洗性曲线 effective washability curve
可洗性色浆 washable distemper
可洗性水涂料 washable water paint
可洗选性等级 grade of washability
可洗颜色胶料 washable distemper
可铣的 millable
可铣性 millability
可细调的时延 fine delay
可显示记录器 visible recorder;visicorder
可显示索引 displayable index
可显影的 developable
可现振型 available mode
可限级数解 finite series solution
可相伴设计 associable design
可相乘矩阵 conformable matrix
可相乘阵 conformable matrix
可相互操作性 interoperability
可相互连接性 interconnectability
可相互转换的 interconvertible
可享用的利益 beneficial interest
可向侧面移动的 side-shiftable
可向后翻转的司机室 tilt-back cab
可消除的 eliminable;erasable
可消化的 digestible
可消化性 digestibility
可销售的 merchantable
可销售品质 merchantable quality
可销性 merchantability
可协调成曲线的 curve-negotiating
可协调性 coordinability
可协商的 negotiable
可协商性 negotiability
可协作的 interoperable
可斜式压力机 inclinable press
可携带的 portable;portative
可携带的烤烧架 barbecue
可携带设备 portable equipment
可携带性 portability
可携式地下水位测定仪 portable dipmeter
可携式数据采集系统 mobile data acquisition system
可携性 portability
可写的 reloadable
可写信息 writable information
可写性 writability
可卸柄操纵器 loose-crank operator
可卸部件 detachables
可卸插件 detachable plugboard
可卸插接板 detachable plugboard;removable plugboard
可卸的关闭器 detachable shutter
可卸底模 collapsible pan
可卸阀 retrievable valve
可卸法兰 dismountable flange
可卸钢角尺 take-down square
可卸格栅 removable grating
可卸隔墙 dismountable division wall
可卸毂 split hub
可卸荷载 disposable load
可卸检影器 detachable viewfinder
可卸接合 disconnectable coupling
可卸控制机构 removable controls
可卸连接 detachable joint;discharging connection
可卸链 detachable chain
可卸零部件拉力试验 tension test for loose gear
可卸炉条 removable grating
可卸轮辋 demountable rim;side rim
可卸轮辋锁环 side ring of rim
可卸轮缘 demountable rim
可卸锚式封隔器 screw casing anchor packer
可卸气泡六分仪 detachable bubble sextant;Gothic sextant
可卸气泡水准六分仪 detachable bubble horizon sextant
可卸取景器 removable viewfinder
可卸设备 removable equipment
可卸式车体 detachable body
可卸式堵塞器 removable packer;retrievable packer
可卸式封隔器 removable packer;retrievable packer
可卸式工具 retrievable tool
可卸式架 detachable mount
可卸式卡瓦 <钻杆夹持器的> removable jaw
可卸式钎头 bottoming type bit;detachable drill head;removable cutter;removable drill bit;removable rock bit;sectional drill rod;shoulder-type bit;rip bit
可卸式切削具 removable cutter
可卸式砂箱 taper flask
可卸式舞台 demountable stage
可卸式压模 loose mo(u)ld
可卸式钻头 bottoming type bit;detachable drill head;detached bit;removable cutter;removable drill bit;removable rock bit;sectional drill rod;shoulder-type bit;detachable bit;rip bit
可卸双颚板破碎机 two-movable jaw crusher
可卸凸缘轮辋 rim with removable flange
可卸下的 demountable
可卸下的轮 detachable wheel
可卸性 dismountability;removability
可卸叶片 detachable bucket
可卸支承 withdrawable beating
可卸止动器 removable stop
可卸重量 consumable weight
可卸轴 detachable axle
可卸轴承 split bearing;withdrawable beating
可卸装置 dismountable installation
可卸钻头 bottoming bit;collapsible bit;knock-off bit
可信 credibility
可信标书 bona fide bid
可信的 credible
可信度 credence;degree of belief
可信度计算和传播 calculation and propagation of reliability
可信度检测程序 confidence program(me)
可信度数值 confidence level
可信极限 fiducial limit
可信赖程度 confidence level
可信赖的投标者 responsible bidder
可信赖性 dependability;responsibility
可信区间 credibility interval
可信区间下限 lower confidence limit
可信任的 accredited
可信投标 bona fide bid
可信托的 fiducial
可信系数 confidence coefficient
可信限 confidence limit
可信性 creditability;dependability
可行的 viable
可行的计划 feasible plan;feasible schedule
可行点 feasible point
可行法 feasible method
可行范围 area of feasible solutions
可行方案 feasible alternative;feasible program(me);program(me) of feasible solutions
可行方向 feasible direction
可行分解 feasible decomposition
可行弧 feasible arc
可行基本解 feasible basic solution
可行集合 feasible set
可行交通量 service volume
可行校正 feasible correction
可行解 feasible solution
可行解集 set of feasible solutions
可行解区域 area of feasible solutions;domain of feasible solution
可行可计算性 feasible computability
可行区域 area of feasible solutions;feasible region
可行人的屋盖 walked-on roof covering
可行矢量 feasible vector
可行驶车辆交通的路面宽度 traffic-

able width
可行驶机动车的 <英> motorable
可行算法 effective algorithm
可行通道 feasible path
可行下降方向 feasible decent direction
可行向量 feasible vector
可行行动 actionable course of action
可行性 accessibility; effectiveness; feasibility; practicability
可行性报告 feasibility report; feasible report
可行性标准 feasibility criterion; standards of feasibility
可行性测定 feasibility testing
可行性初步研究 prefeasibility study
可行性的估计 feasibility assessment
可行性调查研究 feasibility investigation; feasibility study
可行性调研 feasibility survey
可行性范围 feasibility area
可行性分析 feasibility analysis
可行性概算 feasibility budget
可行性估价 feasibility estimate
可行性检验 feasibility test; proof of feasibility
可行性建议 viable proposal
可行性鉴定 feasibility appraisal
可行性勘探 feasibility exploration
可行性论证 feasibility study; proof of feasibility
可行性评估 feasibility appraisal; feasibility evaluation
可行性评价 feasibility appraisal; feasibility assessment
可行性区间 interval of feasibility
可行性设计 feasibility design
可行性试验 feasibility test(ing)
可行性研究 feasibility investigation
可行性研究报告 feasibility study report; report on feasibility
可行性研究和选点调查 feasibility and reconnaissance survey
可行性研究阶段 feasibility (survey) stage
可行性研究岩土工程勘察 feasibility geotechnical investigation
可行性研究小组 feasibility group
可行序列 feasible sequence
可行域 feasible region; feasible zone
可行远洋轮的内河深水航道 seaway
可行约束 feasible constraint
可形成离子的化合物 ionogen
可修补的 repairable
可修材料 repairable material
可修复部件 repairable items; repairable parts
可修复的 recoverable; repairable
可修复的废品 repairable defective products
可修复的破坏 repairable damage
可修复数据库 repairable data base
可修复系统 repairable system
可修复性 maintainability; recoverability; repairability
可修理的 repairable
可修理性 repairability
可修整性 finishability; tailorability
可修正件 rectifiable work piece
可续编性抵押契约 fictitious mortgage
可续编性契约 fictitious instrument
可续编性文件 fictitious document
可续编性信托契据 fictitious deed of trust
可蓄(容)量 holding capacity
可宣告破产的行为 available act of bankruptcy
可悬浮的 suspensible
可悬挂的 suspensible
可旋转的 slewable
可旋转的吊钩 <起重机> swivel hook
可旋转的飞机库 rotating airplane hangar
可旋转的浸渍装置 rotatable immersion device
可旋转焊接变压器 rotary welding transformer
可旋转冷却器 pivotal cooler
可旋转喷雾头 rotatable spray head
可选部件 selectable unit
可选出行(交通方式) choice trip
可选多种转向装置 selectable steering
可选进程 eligible process
可选控制系统 candidate control system
可选项 option
可选性 washability
可选性曲线 washability curves
可选用的道路 alternate course
可选用的航道 alternate course
可选用状态 status available
可选择保险额的保险 income option policy
可选择采用的规定 selectable provision
可选择的 facultative; selectable; optional
可选择的发展 alternative development
可选择的技术 alternative technology
可选择的解决方案 alternative solution
可选择的进路 optional route; possible route
可选择的径路 optional route; possible route
可选择的模式 alternative pattern
可选择的视频切换 optional video switching
可选择第二遇险报警网络 selectable secondary distress alerting network
可选择法偿 optional legal tender
可选择高度位置 alternative height position
可选择件 optional parts
可选择设备 optional equipment
可选择受理业务 optional service
可选择项目 alternative item; optional item
可寻的 traceable
可寻地址点 addressable point
可寻迹性 traceability
可寻址光标 addressable cursor
可寻址位置 addressable position
可寻址系统 addressable system
可训练性 trainability
可迅速拆卸 quick detachable
可迅速交货 available from stock
可压锭模 Erical mo(u)ld
可压度 compressibility; compressibility degree
可压服的 enforceable
可压紧的 compressible
可压凝气体 coercible gas
可压凝性 coercibility
可压强度 compressive strength
可压实波导管 squeezable waveguide
可压实性 compactibility; squeezability
可压碎性 crushability
可压缩 compressible
可压缩波导段 squeeze section
可压缩波导管 squeezable waveguide
可压缩层 compressed stratum; compressible layer; compressible stratum
可压缩程度 degree of compressibility
可压缩的 coercible; compressible; condensable
可压缩的材料 compressible material
可压缩的流动 compressible flow
可压缩的液流 compressible fluid flow
可压缩垫密材料 compressible packing material
可压缩护舷 compressible fender
可压缩介质 compressible medium
可压缩空气动力学 compressible aerodynamics
可压缩流 compressible flow
可压缩流扩张 compressible flow diverging
可压缩流收缩 compressible flow converging
可压缩流体 compressible fluid
可压缩流体边界层 compressible boundary layer
可压缩流体的流动 motion for compressible fluid
可压缩流体动力学 compressible fluid dynamics
可压缩流体附面层 compressible boundary layer
可压缩流体流 compressible fluid flow
可压缩流体流动方程 equation of compressible flow
可压缩流体射流 compressible jet
可压缩原则 compressible flow principle
可压缩气体 coercible gas
可压缩区段 squeeze section
可压缩柔性填缝材料 soft compressible filling material
可压缩土层 compressible formation; compressible ground
可压缩土(壤) compactable soil; compressible soil
可压缩涡流 compressible volume
可压缩系数 compressible coefficient
可压缩性 coercibility; compressibility; condensability; squeezability
可压缩性参数 compressibility parameter
可压缩性和非弹性 yielding and inelastic behavio(u)r
可压缩性紊流 compressible turbulence
可压缩叶栅气流 compressible cascade flow
可压缩液体 compressible liquid
可压延性 malleability
可压制的 malleable
可压制性 pressability
可压溃元件 collapsible element
可亚硝化农药 nicrosoable pesticides
可轧的 malleable; millable
可轧性 aptitude to rolling; millability
可轧制性 <金属轧制变形的能力> rollability
可轧制性极限 limit of rollability
可淹没式定轮闸门坝 submersible roller dam
可淹没式码头面 submersible quay surface
可淹没式圆辊坝 submergible roller dam
可延长的 extensible; producible
可延长的翻板 extensible trap door
可延长性 producibility
可延长债券 extendibles
可延期成本 postponable cost
可延期费用 postponable cost
可延伸的 extendable; extendible; extensible; productile
可延伸性 expansibility
可延展的 ductile
可延展的资本 malleable capital
可延展性 ducti(bi)lity; extensibility
可延铸铁管 ductile iron pipe
可岩溶化的 karstifiable
可研磨性 abradibility
可厌的东西 nuisance
可厌恶货物 <如腐臭物品> offensive goods
可厌物质 obnoxious substance
可氧化氮 oxidizable nitrogen
可氧化的 oxidable; oxidizable
可氧化化合物 oxidizable compound
可氧化性 oxidizability
可氧化盐 oxidizable salt
可摇动的 shakable
可液化的 dissoluble; liquable; liquefiable; liquescent
可依赖的 reliable
可依赖性 dependability
可移动泵 portable pump
可移动泵设备 portable pumping unit
可移动财产 transferable goods
可移动插头板 removable plugboard
可移动秤台 portable weighing machine
可移动触探试验 mobility cone penetrometer test
可移动磁盘组件 removable disk pack
可移动带盘标志杆 pedestal sign
可移动单轨吊车梁 removable monorail beam
可移动的 mobilizable; moveable; portable; removable; travelable; walking
可移动的表面 translational surface
可移动的车辆称量器 portable weigh scale
可移动的储料罐 portable tank
可移动的底部 shifting bed; shifting bottom
可移动的东西 moveable
可移动的高秤 dennison
可移动的隔墙 portable partition
可移动的轨条 shift rail
可移动的祭坛 portable altar
可移动的壳体 translational shell
可移动的桥式起重机 travel(l)ing bridge crane
可移动的切向摆动支承 movable tangential rocker bearing
可移动的切向摆动支座 movable tangential rocker bearing
可移动的圣坛 portable altar
可移动的双曲线率壳体 translational shell of double curvature
可移动吊杆 movable davit; movable lever davit
可移动顶尖 movable center[centre]
可移动防波堤 transportable breakwater
可移动隔板 <装在船舱内防止货物移动> shifting board
可移动隔墙 movable partition(wall)
可移动工作台式压力机 moving bolster press
可移动轨道 carryable track
可移动锅炉 portable boiler
可移动滑车 floating block
可移动机组 removable unit system
可移动矩阵式标志 portable matrix sign
可移动空气压缩机 stovis
可移动楼梯 moving stair(case)
可移动炉箅 dog grate
可移动路面 moving pavement
可移动棚 portable shed
可移动潜水器 mobile submersible
可移动球形铜杯 movable spheric(al) brass cup
可移动筛 movable screen
可移动设备 movable equipment
可移动升降机 free elevator
可移动升降梯 free elevator
可移动石墨块 removable graphite block
可移动式搅拌机 mobile mixer
可移动式皮带传送带 carryable belt conveyer[conveyor]

可移动式皮带输送机 carryable belt conveyer[conveyor]
可移动式平台 mobile platform; mobile stage
可移动式潜水装置 mobile diving unit
可移动式清漆热炼锅 removable varnish kettle
可移动式数字计算机 mobile digital computer
可移动式液压升降平台 beanstalk
可移动式凿岩机 portable drilling machine
可移动式照明装置 portable luminaire
可移动式钻机 mobile drill(ing)rig
可移动式钻井平台 mobile drilling platform
可移动台 portable station
可移动通信[讯]工具 movable means of communication
可移动头 moving head
可移动围栏 portable fence
可移动性 mobility; transportability
可移动压载物 portable ballast; shifting ballast
可移动支架 removable support
可移动轴组合钻削头 quill-type drilling unit
可移动装置 movable fixture; packaged plant; packaged unit
可移动座脚 withdrawable shoe
可移隔板 dismountable partitioning
可移号志 portable signal
可移篮式烘干炉 transportable basket drying stove
可移联轴节 slide coupling
可移排列 migratory permutation
可移式玻璃墙 moveable glass wall
可移式分配器 movable distributor
可移式刚性联轴器 fast coupling
可移式锅炉 package boiler
可移式框架 mobile frame
可移式料斗 mobile hopper
可移式淋浴器 movable shower
可移式漏斗 mobile hopper
可移式舷梯架 ladder stand
可移式乙炔发生器 mobile acetylene generator
可移式重型摇臂钻床 heavy-duty travel(l)ing type radial drilling machine
可移跳线 removable jumper
可移型 move mode
可移性 removability; transitivity
可移异点 movable singular point
可移植程序 portable program(me)
可移植的 transferable
可移植的操作系统 portable operating system
可移植软件 portable software
可移植文档格式 portable document format[pdf]
可移植文件软件 portable document software
可移植性 portability; transferability; transportability
可移转性 transferability
可移装置车 mobile-unit truck
可移走的浮坞门 free floating gate
可遗坐标 ignorable coordinates
可疑层 doubtful bed
可疑的 ambiguous; dubious; problematic(al)
可疑的土地财产所有权 doubtful title
可疑地体 suspect terrane
可疑放款 doubtful loan
可疑迹【地】fucoid
可疑礁滩 vigia
可疑水深 doubtful sounding
可疑污染区 area of suspected pollution; contamination-suspect area

K

可疑债务 doubtful debt
可疑值 dubious value
可疑致癌物 suspected carcinogen
可疑资产 doubtful assets
可以U形或左右转弯【交】U or left, right turn OK
可以保险的 insurable
可以步行的 walkable
可以步行的市中心 pedestrian city center[centre]
可以撤销的合同 contract voidable
可以乘行的 rideable
可以重新议定条款的固定价格合同 fixed price contract subject to redetermination
可以达到 within reach
可以当床用的沙发 studio couch
可以倒退的振动平板夯 reversible vibro plate
可以得到 within reach
可以电解的 electrolyzable
可以多方向自由活动的 double-jointed
可以废除的杂费 defeasible fee
可以分析(解)的 analysable
可以更换车辆转向架或车轮的线路 wheeling track
可以更换的 renewable
可以合理做到的最低水平 as low as reasonably achievable
可以厚涂的耐化学的触变性聚酯涂料 gel coat(ing)
可以接近病号的区域 patient vicinity
可以接受保险的 insurable
可以接受的材料最低强度 minimum acceptance strength
可以接受的公差 acceptable tolerance
可以接受的期限 acceptable date
可以卷起来的 collapsible
可以开采的流体 production fluid
可以看到的混凝土形状 exposed concrete form
可以看到的缺陷 patent defect
可以控制情况 <河道的> in regime
可以扩建的房子 block adaptable to extension
可以模塑的材料 mo(u)ldable refractory
可以逆向运行的列车 pull and push train; push-pull train
可以松开的打捞工具 <钻探用> releasable casing spear
可以松开的套管夹 <钻探用> releasable casing spear
可以投保的所有权 insurable title
可以退回的玻璃容器 returnable glass container
可以委托的 delegable
可以锡焊的 solderable
可以行驶的 rideable
可以运输的工地临时单元房屋 transportable site accommodation unit
可以转让的排放权 tradable emission rights
可议付的金额 negotiable amount
可抑制的 suppressible
可抑制点 suppressible point
可译性 decipherability
可易的 reciprocal
可易图形 reciprocal figure
可因呼吸进入人体的悬浮微粒 respirable suspended particulates
可引渡的罪名 extraditable offence; extraditable crime
可引渡的罪行 extraditable crime
可引起应力的外力 stress-producing force
可引伸的 tensile
可引用的 citable
可引证的 citable
可饮用地下水 potable groundwater

可饮用水 potable water
可饮用水补给 potable water recharge
可饮用水含水层 potable water aquifer
可饮用水水源 useable source of drinking water
可饮用水水资源 potable water resources
可印的 printable
可应用性 applicability
可硬化的 hardenable
可硬化度 hardenability
可硬化性 hardenability
可拥护的 supportable
可用扳手的螺母 wrenchable nut
可用泵抽的 pumpable
可用泵抽送的 pumpable
可用比特率 available bit rate
可用表面 available surface
可用部分 available part
可用材 utility grade wood; wood of ripe age
可用材料 available material
可用长度 usable length
可用场强 usable field
可用车辆 serviceable car
可用成就的 achievable
可用出力 available power
可用储量 usable storage
可用床位占用率 rate of occupancy of available beds
可用存储区表 available storage list
可用带宽 available bandwidth
可用带宽比 available bandwidth ratio
可用的 available; usable
可用的跑道 usable runway
可用的水 up-to-standard water
可用的主存储区 free core pool
可用地板面积 usable floor area; useful floor area
可用地下水 available groundwater
可用动力 power usable
可用发电量 available energy output
可用方法 available means
可用风量 available draft
可用(符合要求的)基层 available base
可用功 available work
可用功率 available capacity; available horsepower; available power; taxable horsepower; useful efficiency; power usable
可用功率响应 available power response
可用构件 utilitarian element
可用估计值 available estimate
可用荷载 available load; disposal load
可用汇票支付 payable in exchange
可用货车库存 available stock
可用机车台数 locomotive availability
可用机器的时间 available machine time
可用机时 available machine time
可用基金 available fund; disposable fund
可用集装箱运输的 containerizable
可用集装箱运输的货物 containerizable cargo
可用给水 available supply of water
可用记录误差 useable recording error
可用降水量 available precipitation
可用金额 avail
可用金属 available metal
可用径流量 available runoff
可用空间 available space
可用孔径 usable aperture
可用库容 available storage (capacity); usable storage
可用拉力 usable pull
可用利润 available profit
可用两种燃油的系统 dual-fuel system
可用量 available quantity
可用列车进路 available train path
可用零 usable zero

可用溜槽浇筑的混凝土 chutable concrete
可用溜槽输送的 chutable
可用流量 available discharge; available flow; useful flow; utilizable flow
可用路肩 usable shoulder
可用率 availability (ratio); available factor; available rate
可用绿 available green time
可用面积 usable area; useful area
可用内存储量 available memory
可用能 available energy
可用能量 available energy
可用年限 asset life; replacement period; serviceable life; service life
可用频率 allowed frequency; available frequency
可用频率上限 top available frequency; top usable frequency
可用期 available life
可用牵引力 usable pull
可用区域 use district
可用人工从股道上搬下的(车辆) derailable by hand
可用人工移动的(车辆) removable by hand
可用容积 available volume; usable capacity; useful capacity
可用容量 active volume; available capacity
可用设备表 available device table
可用升力 available lift
可用湿度 available moisture
可用时间 available time; serviceable time; up-time <设备无故障时间>
可用输出功率 available output
可用数据 data available
可用水补给 available water consumption
可用水分 available moisture; available water
可用水量 available water; chresard
可用水流 us(e)alable flow
可用水深 available water depth
可用水头 available head; available hydraulic head
可用水洗掉的水溶液性颜料 washable water paint
可用水资源 available water resources
可用速度 available velocity
可用特性 available characteristic
可用铁锹挖掘的土壤 soil diggable by spade
可用图表 usable logs
可用推土机作业的土壤 dozeable
可用物质 working substance
可用现金 available cash
可用线路 available line
可用小船运输的 boatable
可用信号噪声比 available signal-to-noise ratio
可用信息 available information
可用信用证 available credit
可用性 availability
可用性区域 range of applicability
可用蓄量 useful storage
可用蓄量有效库容 useful storage
可用压差 available head
可用压力 available pressure
可用页面队列 available page queue
可用因数 availability factor
可用因素 availability factor; efficiency factor
可用营业盈余 available earning surplus
可用有效浮力 disposable buoyancy
可用有效水头 available net head
可用余额 available balance
可用雨量 available rainfall
可用增益 available gain

可用直线测度的 rectifiable
可用值 usable value
可用贮藏面积 usable storage capacity
可用状态 available mode
可用资产 available assets
可用资金 expendable fund;fund availability
可用资金积累额 usable resources cumulative
可用资料 available information
可用最大风量 maximum available draft
可用作摇钱树的 bankable
可用作支付股息的利润 profit available for dividend
可优化循环 optimizable loop
可由法院审理的争端 justiciable dispute
可由法院审判的 judicable
可由任何电源供电的 all-mains
可游泳水水质 swimmable water quality
可有开关控制 switchable
可有理化积分 rationalizable integral
可与主机同时工作的绞盘 winch-on-the-fly
可预报程度 degree of predictability
可预测的 predic(t)able
可预测模式 predictable pattern
可预测性 predictability
可预测中断 predictable interrupt
可预触发的 retriggable
可预防的 preventable
可预防性 preventability
可预购的 bookable
可预计性 predictability
可预见的 foreseeable
可预见的损害赔偿 foreseen damages
可预见的损失 foreseeable damages;foreseeable loss;foreseen loss
可预见性控制 prospective control
可预知的 predictable
可预置计数器 presettable counter
可原谅并应给予补偿的拖期 excusable compensable delay
可原谅但不给予补偿的拖期 excusable non-compensable delay
可原谅的延期完工 excusable delay
可原谅拖期 excusable delay
可援助的 supportable
可约变换 reducible transformation
可约表示 reducible representation
可约的 dividable;divisible;reducible
可约的线性表示 reducible linear representation
可约对应 reducible correspondence
可约多项式 reducible polynomial
可约二次曲线 degenerate conic
可约分数 imprinter fraction;improper fraction;reducible fraction
可约过程 reducible procedure
可约矩阵 reducible matrix
可约律 cancellation law
可约曲线 reducible curve
可约算子 reducible operator
可约图形 reducible graph
可约性 divisibility;reducibility;reducibleness
可约性公理 reducibility axiom
可约性问题 reducibility of problem
可越过的坡度 overcoming grade
可越式(路)缘石 <容许车辆驶上的缘石> mountable curb
可允许的误差 leeway
可允许的最大浓度 maximum allowable concentration
可允许度 admissibility
可允许角 acceptance angle
可运的 mover
可运输的 transportable
可运输反应堆 transportable reactor
可运输性 roadability;transportability
可运算 operable
可运行性 performability
可运用的 serviceable
可运用性 handleability;maneuverability
可运转的 operable
可运转的污水处理工厂 operable treatment works
可运转时间 workable time
可再充电的 rechargeable
可再充电的原电池 rechargeable primary cell
可再充电电池 rechargeable battery
可再触发的 retriggerable
可再定位程序 relocatable program(me)
可再定位程序库 relocatable program(me) library
可再定位代码 relocatable code
可再定位的 relocatable
可再定位地址 relocatable address
可再定位二进制程序 relocatable binary
可再定位阶段 relocatable phase
可再定位模块 relocatable module
可再定位区 relocatable area
可再定位任务组 relocatable task set
可再定位项 relocatable term
可再定位性 relocatability
可再定位指令块 relocatable block of instruction
可再利用废物 reclaimable waste
可再利用粒数 salvage count
可再排程序 redlocatable program(me)
可再任命的 reeligible
可再入 reentrant
可再入的 reenterable
可再润湿的 re-wetabble
可再生产的固定资产 reproducible fixed assets
可再生产的有形资产 reproducible tangible assets
可再生产的资产 reproducible assets
可再生的 reproducible
可再生的自然资源 renewable natural resources
可再生能源 perpetual resources;regenerative energy;renewable energy resources;renewable energy source;renewable sources of energy
可再生能源核准证 renewable energy certificate
可再生义务证书 renewable obligation certificate
可再生资源 flowing resources;perpetual resources;recoverable resources;renewable resources
可再生资源开发 development of renewable resources
可再(使)用的 reusable;renewable;serially reusable
可再使用碎石 reclaimed quarry
可再贴现票据 eligible bill for rediscounting
可再涂性 recoatability
可再现性 reproducibility
可再循环凝结剂 recyclable coagulant
可再用程序 reusable program(me);reusable routine
可再用的保险丝 renewable fuse
可再用的托盘 reusable pallet
可再用例程 reusable routine
可再用模块 reusable module
可再用容器 reusable container
可再用属性 reusable attribute
可在道路上运移的泵 road pump
可在公路上通行的机械 highway machinery
可在崎岖地带工作的叉车 rough terrain fork lift truck
可在中途站下车的客票 stop-over ticket
可暂住的房间 occupable room
可凿性 <岩石的> ripperability
可皂化的 saponifiable
可皂化物 saponifiable matter;saponifiable substance
可皂化物含量 saponifiable content
可造出的 developable
可造林的 afforestable
可增稠污泥 drainable sludge
可增大的 augmentable
可增的 open ended
可增加的 multiplicable
可增加租赁面积的选择权 option for additional space
可增压加热的 autoclavable
可渣化性 flexibility
可炸性 blastability
可粘贴的 stick-on
可展的 developable;laminable
可展曲面 developable(curved) surface;torse
可展软座 extensible upholstered seat
可展式环形支护 expandable ring support
可展性 malleability;tensibility;tensility
可占用空间 occupable space
可占有的 occupable
可张性 tensi(bi)lity
可张翼舵 bifurcated rudder
可胀堵塞 <用于孔内隔离生产层或灌水泥浆> bridge plug
可胀式心轴 expanding mandrel;expansion mandrel
可胀丝锥 expanding tap;expansion tap
可找回的 recoverable
可照时数 possible sunshine duration
可折部分 detachable section
可折偿的 commutable
可折撑件 folding stabilizer
可折到一边的 foldaway
可折叠鞭状天线 collapsible-whip antenna
可折叠的 accordion;collapsible;folding
可折叠的表尺 folding sight
可折叠的帆布艇 faltboat
可折叠的三张相相连的图画 folding triptych
可折叠管芯 collapsible mandrel
可折叠罐 fabric tank;folding tank
可折叠后收起来的 foldaway
可折叠货柜 collapsible container
可折叠式集装箱 collapsible container;folding container
可折叠式容器 collapsible container
可折叠式卧铺 <铁路车厢> Pullman berth
可折叠式针堰 collapsible needle weir
可折叠天线 collapsible antenna
可折叠铁栏 barrier reef
可折叠桶 jerribag
可折叠翼 flexible wing
可折叠油罐 collapsed storage tank;collapsible storage tank
可折合性 reducibleness
可折后栏板铰链杆 tail-gate hinge-rod
可折后栏板链 tail-gate chain
可折后栏板链扣 tail-gate-chain catch
可折后栏板链托架 tail-gate-chain bracket
可折后栏板踏阶 tail-gate step
可折回遮篷 retractable awning
可折活页 loose-joint butt
可折货柜 collapsible container
可折桨叶 detachable blade
可折铰链 paumelle hinge
可折屏风 foldable screen
可折三角形机翼 flex-wing
可折射的 refractable;refrangible
可折射性 refractability;refrangibility
可折式砂箱 pop-off flask
可折式输送机 folding conveyer[conveyor]
可折式托盘 collapsible pallet
可折式装车斜坡台 collapsible loading ramp
可折桅 knuckle mast;movable mast
可折现 discountable
可折斜角规 folding square
可折性 creasability
可折袖珍尺 folding pocket rule
可折遮阴棚架 helioscene
可折直角尺 folding square
可折转的 reflexible
可折座 tilting seat
可折座椅 collapsible seat
可诊断性 diagnostic ability
可振动混凝土混合料 vibratable mix
可震动的 shakable
可征地 assessable land
可征收的 assessable;collectable;leviable
可征收关税的 customable
可征税财产 taxable property
可征税的 leviable
可征税股票 assessable stock
可征税利润 taxable profit
可征税收入 taxable income
可蒸发的 evaporable;vapo(u)rable;vapo(u)rizable
可蒸发水 evaporable water
可蒸发性 evaporability
可蒸馏液体 pot liquor
可整除的 exactly divisible
可整流 commutable
可整流的 rectifiable
可正反向工作的 reversible
可正交化的 orthogonalizable
可正交码 orthogonalizable code
可证明的 provable
可证明的破产债务 debts-provable in bankruptcy
可证实的 provable
可支撑的 supportable
可支承的 supportable
可支承荷载 bearable load
可支持的 supportable;tenable
可支付的 payable
可支配的个人收入 disposable personal income
可支配的税后收入 disposable assessed income
可支配的资金 amount of funds available for distribution
可支配基金 disposable fund
可支配价格 disposable price
可支配价值总额 disposable value aggregate
可支配利润 disposable profit
可支配实际收入 disposable real income
可支配收入 disposable income;spendable income
可支配收入总额 total disposable income
可支配周工资收入 spendable weekly earnings
可支配资力总量 total disposable means
可支用费用中心 discretionary expense center
可支援性 supportability
可知性 knowability
可执行程序 executable program(me)
可执行程序单元 executable program(me) unit
可执行程序段 phase
可执行的 executable
可执行模块 executable module
可执行数组语句 executable array

statement
可执行态 executable
可执行文件 executable file
可执行性 performability
可执行映象 executable image
可执行语句【计】executable statement
可执行指令 executable instruction
可执行状态 executable state
可直接消费的产品 directly consumable products
可直接用于计算机的 machine-readable
可指出的原因 assignable cause
可指定变差 assignable variation
可指定的 assignable
可制造性 manufacturability; producibility
可制止性 preventability
可置换 replaceable
可置换的过滤层 cartridge filter
可置换的过滤设施 disposable filter
可置换的离子类型 type exchangeable ones
可置换光学装置 changeable optics
可置换件 disposable
可置换氢 replaceable hydrogen
可置换芯体 replaceable cartridge
可置换性 permutability; substitutability
可置换元件 disposable element
可置平模型 flat model
可置位 set enable
可置位计数 settable count
可中断供应的煤气 interruptable gas
可中断供应的瓦斯 interruptable gas
可中断性 interruptibility
可中断指令 interruptable instruction
可中断状态 interruptable state
可中止的 suspendable
可中止的产权权益 terminable interests
可中止子系统 suspendable subsystem
可终止的 terminable
可终止的继承权 fee simple subject to a condition subsequent
可终止的马尔可夫链 terminating Markov chain
可终止性 terminability
可住的屋顶阁楼 attic habitable
可住人的楼层 habitable stor(e)y
可注性 castability
可贮藏性 storing properties
可铸的 castable
可铸耐火材料 castable refractory
可铸性 castability
可铸硬铝 cast dural
可转拨账户 transferable account
可转刀片 reversible cutter bit
可转动把手 twist grip
可转动刀片 reversible cutting insert
可转动的关闭方木(或钢轨)stop block
可转动管接头 rotating joint
可转动线圈 rotating choke
可转换代码 switchable code
可转换的 convertible
可转换浮动利率本票 convertible floating rate note
可转换股份 convertible stock
可转换股权欧元债券 equity convertible Eurobonds
可转换煤气内燃机 convertible gas engine
可转换驱动(器) convertible drive
可转换设备 convertible equipment
可转换摄远物镜 convertible telephoto objective
可转换双光泽 convertible double glazing
可转换性 convertibility
可转换循环信用 convertible revolving credit
可转换优先股 convertible preferred share
可转换元素 fertile element
可转换债券 convertible bond; convertible debenture
可转换证券调整 convertible securities adjustments
可转嫁性 imputability
可转接的网络 switchable network
可转接头 swing joint
可转喷嘴 variable-angle nozzle
可转让 heritable
可转让仓单 negotiable warehouse receipts
可转让仓库收据 negotiable warehouse receipts
可转让存款 transferable deposit
可转让贷款融资 transferable loan facility
可转让单据 negotiable documents
可转让的 transferable
可转让的大额定期存款单 negotiable
可转让的股票 transferable shares
可转让的排污许可证 transferable discharge permit
可转让的提货单 negotiable letter of credit
可转让的土地 alienable land
可转让的信用证 assignable credit
可转让定期存单 negotiable certificate of deposit
可转让定期存款证 negotiable certificate of time deposit
可转让分割信用证 transferable and divisible letter of credit
可转让复合运送单据 negotiable multiple transport documents
可转让股票 transferable share
可转让合同 assignable contract
可转让票据 negotiable bill; negotiable documents; negotiable instrument; negotiable paper; stock warrant
可转让票据法 law of negotiable checks
可转让提单 negotiable bill of lading; order bill of lading
可转让提货单(货到通知原收货人) order notify
可转让提款指令账户 negotiable order of withdrawal account; now account
可转让文件 negotiable documents
可转让信用证 transferable credit; transferable letter of credit
可转让信用证的受益人 beneficiary of transferable credit
可转让信用状 transmissible credit; assignable credit <美>
可转让性 assignability; negotiability; transferability <财产>
可转让与可分割信用证 transferable and separable letter of credit
可转让债券 transferable bond
可转让证券 negotiable credit instrument; negotiable documents; negotiable instrument; negotiable security; transferable instrument
可转让证书 negotiable instrument
可转让政府证券 governments
可转售证券 marketable securities
可转线圈 movable coil; moving coil; rotatable coil
可转向的 steerable
可转向履带 steerable tread
可转向性 steering response
可转移的 transferable
可转移信用证 transferable letter of credit
可装配的 erectable
可装配式冷却器 clip-on cooling unit
可装设的 fixable
可装卸窗扇 removable casement
可装卸式直接存取存储器 removable direct access storage
可装折的看台 foldable grandstand
可追查性 traceability
可追溯成本 traceable cost
可追溯的 traceable
可追溯的资金供应 retroactive bank
可追溯性 traceability
可追踪成本 traceable cost
可追踪的 traceable; trackable
可着火的 ignitable
可着色的 pigmentable
可着色的涂层 toner-receptive coating
可着色图 colo(u)rable graph
可着色性 colo(u)rability; pigmentability
可琢磨的 polishable
可资利用水力的河流 power stream
可自动调节的 self-adjustable
可自动化的 automatable
可自动化机械 automatable machine
可自动转换附件的轮胎式装载机 toolcarrier
可自燃的 self-inflammable
可自乳化的 self-emulsifiable
可自行支配的资金 funds at one's disposition
可自由兑换的外汇 free convertible currency
可自由支配的 unencumbered
可租的 rental
可租赁的 tenantable
可租面积 rentable space
可组装成海上钻井平台的船 uniflote
可钻的永久桥塞 permanent drillable bridge plug
可钻掉的封隔器 drillable packer
可钻掉的铝或镁合金套管 drillable metal casing
可钻度 boreability; drillability
可钻度指数 drillability index
可钻孔的 drillable
可钻深度 drillable depth
可钻性 boreability; drillability
可钻性指数 drillability index
可钻永久式封隔器 permanent drillable packer
可作床用的长沙发 studio couch
可作陡坡倾斜的牵引式铲运机 drag scraper with steeply inclined ramp
可作他用的 fluid
可作用的时间 up-time

渴望购买 keen to purchase

克贝尔目镜 Kerber eyepiece

克卜里特海渊 Kebrit deep
克当量 gram(me) equivalent(weight)
克当量浓度 normal concentration
克碲铀矿 cliffordite
克恩涂料黏[粘]附性试验法 Kern method
克尔常数 Kerr constant
克尔磁光效应 Kerr magneticoptic-(al) effect
克尔磁效应 magnetic Kerr effect
克尔电光定律 Kerr electro optic(al) law
克尔非线性 Kerr nonlinearity
克尔盒 Kerr cell
克尔盒照相机 Kerr cell camera
克尔克林顿砂岩 Kirklington sandstone
克尔克桥 <南斯拉夫> Krk Bridge
克尔纳目镜 Kellner eyepiece
克尔期砷钢 Kerchsteel
克尔调节器 Kerr modulator
克尔效应 <电介质内光电效应> Kerr effect
克尔效应材料 Kerr-effect material
克尔效应液体 Kerr-effect liquid
克尔效应自聚焦 Kerr-effect self-focusing
克分子 gram(me)-molecule; gram-mole
克分子百分数 mol percentage
克分子比 mole ratio
克分子等张比容 parachor
克分子沸点升高 molecular elevation of boiling-point
克分子分率 mole fraction
克分子分数 mole fraction
克分子量 gram molecular weight; molar weight <旧单位>
克分子量比 molecular ratio
克分子量比图 map of molecular ratio
克分子凝固点降低 molecular depression of freezing point
克分子容积 gram(me) molecular volume
克分子溶液 gram(me) molecular solution; molecular solution
克分子数 molfraction
克分子数相等 equimolal
克分子体积 gram molecular volume; mole fraction
克服高度 ascent of elevation; height of lift(ing)
克服后结圈 tackling clinker ring
克服摩阻力 overcome friction
克服弹簧阻力 against the force of the spring; against the reaction of the spring
克服总阻力能高线 whole resistance line
克哈达极性超带 Khadar polarity superzone
克哈达极性超时 Khadar polarity superchron
克哈达极性超时间带 Khadar polarity superchronzone
克卡 mean calorie; gram-calorie <热量单位>; therm <一克水由摄氏零度升高1度时所需的热量>
克扣 scant; skimp
克扣工资 reduction of wages
克拉 <宝石质量单位,1克拉=200毫克> carat[karat]; metric(al) carat
克拉巴尔特铬钴钨钢 Crobalt
克拉迪铬钨锰钢 Crodi
克拉夫特温度 Kraft temperature
克拉基热压法 Kratky process
克拉计数 carat count
克拉均匀加感电缆 Krarup cable
克拉卡铬钒钴硅钢 Crocar
克拉卡托风 Krakatoan wind
克拉卡托型 Krakatoan type
克拉克 Clarke; crustal abundance
克拉克标准电池 Clark cell
克拉克地球椭圆体 <1866年> Clarke ellipsoid of 1866; Clarke spheroid of 1866
克拉克定线曲线 Clark alignment curve
克拉克度 degree Clarke
克拉克法 Clark process
克拉克公式 Clarke's formula
克拉克合金 Clark's alloy
克拉克数 Clark number
克拉克投影 Clarke's projection
克拉克透视方位投影 Clarke's perspective azimuthal projection

克拉克循环 Clark cycle
克拉克值 Clarke's value
克拉里登组【地】Clarendonian
克拉里奇地沥青 <产于法国图罗山> Seyssel
克拉里锥式澄清池 Clari cone clarifier
克拉马杜尔铬锰钒钢 Cromadur
克拉马尔铝合金 Cromal
克拉马铬锰钢 Croma
克拉麦里地穹列 Karamali geodome series
克拉麦里-莫钦乌拉褶皱断裂带【地】Karamali-Moqinwula fold-fault belt
克拉曼铬锰钼硅钢 Croman
克拉曼西尔铬锰硅钢 Cromansil
克拉茂定理 Kramer's theorem
克拉茂法则 Kramer's rule; Kramer's theorem
克拉茂均匀系数 Kramer's uniformity factor
克拉茂-克朗尼希(色散)关系 Kramers-Kronig relation
克拉茂模数 Kramer's modulus
克拉茂-沙诺软化点 Kramer-Sarnow softening point
克拉茂-沙诺软化点试验 Kramer-Sarnow softening point test
克拉茂-沙诺水银吸移管 <确定沥青材料的软化点用> Kramer-Sarnow mercury pipe-line
克拉莫凡铬钼钒钢 Cromovan
克拉默法则 Cramer's rule
克拉默-拉奥不等式 Cramer-Rao inequality
克拉默-拉奥有效性 Cramer-Rao efficiency
克拉默-切贝谢夫不等式 Cramer-Tchebychev inequality
克拉默试验 Cramer's test
克拉尼弗镍铬合金 Cronifer
克拉尼克斯镍铬合金 Cronix
克拉珀龙定理 Clapeyron's theorem
克拉珀龙方程 Clapeyron's equation; Clapeyron-Clausius equation
克拉珀龙三力矩定理 Clapeyron's theorem of three moment
克拉普顿氏线 Clapton's line
克拉索夫斯基回转椭球体 Krasovsky spheroid
克拉索夫斯基椭球 Krasovsky ellipsoid
克拉索夫斯基椭球体 1938 Krassowski ellipsoid of 1938
克拉天平 carat balance
克拉通【地】craton
克拉通成因的 kratogenic
克拉通地体 cratonic terrane
克拉通化阶段 cratonizational stage
克拉通化作用 cratonization
克拉通内地槽 intracratonic geosyncline
克拉通内盆地 interior craton basin; intracratonic basin
克拉通盆地 craton basin
克拉通区【地】Kratogen
克拉重量 carat weight
克莱恩洛戈尔金属骨料 Kleinlogel metal(lic) aggregate
克莱格雷斯石 Craigleith stone
克莱劳方程 Clairaut's equation
克莱劳公式 Clairaut's formula
克莱劳微分方程 Clairaut's differential equation
克莱迈尔-沙尔诺沥青熔化点试验 Kraemer-Sarnow test
克莱迈尔-沙尔诺软化点 Kraemer-Sarnow softening point
克莱迈尔-沙尔诺软化点试验 Kraemer-Sarnow softening point test
克莱迈尔-沙尔诺(树脂软化点)测定法 Kraemer-Sarnow method
克莱迈尔-沙尔诺水银吸移管 Kraemer-Sarnow mercury pipeline
克莱曼对称条件 Kleinman symmetry condition
克莱门活动百叶窗 Clement's shuttering
克莱门活动窗板 Clement's shuttering
克莱门式划痕硬度试验仪 Clemen scratch(ing)tester
克莱门式刻痕硬度仪 Clemen hardness apparatus
克莱门式逆流真空浮选机 Clemen counter vacuum flo(a)tation cell
克莱门式硬度计 Clemen hardness tester
克莱门式真空浮选机 Clemen vacuum flo(a)tation cell
克莱默合金 Clamer's alloy
克莱姆胶 Klemm glue
克莱姆塞公式 Kremser formula
克莱森烧瓶 Claisen flask
克莱森蒸馏瓶 Claisen distillation flask
克莱特-萨默森比色计 Klett-Summerson colo(u)rimeter
克莱因-戈德伯格模型 Klein-Goldberger model
克莱因-戈登方程 Klein-Gordon equation
克莱因假说 Klein's hypothesis
克莱因-里德伯方法 Klein-Rydberg method
克莱因-里德伯结构 Klein-Rydberg construction
克莱因-米尔曼定理 Krein-Milman theorem
克莱因-仁科公式 Klein-Nishina formula
克莱因试剂 Klein's reagent
克莱茵瓶 Klein bottle
克莱茵群 Kleinian group
克赖恩纳空心地板 Kleine hollow floor
克赖恩纳空心楼板用砖 Kleine hollow floor(clay)brick
克赖恩纳空心耐火黏[粘]土砖 Kleine block
克赖恩纳空心砖地板 Kleine hollow-brick floor
克赖格洪水强度公式 Craig's formula
克郎宁壳模铸造法 Croning method; Croning process
克朗港 <马来西亚> Port Kelang
克朗纳克尔德尔塔 Kronecker delta
克劳 <熵的单位,1 克劳 = 4186.8J/K> clausius
克劳伯格单位 Clauberg unit
克劳德法 Claude process
克劳德过程 Claude process
克劳凡铬钒钢 Krovan
克劳方法 Crower process
克劳福德水银蒸汽泵 <一种发散喷嘴扩散泵> Crawford pump
克劳铬钢 crow
克劳凯特带式磁选机 Crockett separator
克劳雷薄煤层采煤机 Crawley midget miner
克劳马尔钼高速钢 Kromal
克劳马科镍铬合金 Kromax
克劳莫尔镍铬合金 Kromore
克劳斯-杜兰法 Cross-Doland method
克劳斯法 Cross method <即力矩分配法>; Kraus process <一种活性污泥法的改型>【给】
克劳斯-克兰流动起重车 Klauskran mobile
克劳斯蓝 Claus blue
克劳斯窑 Claus kiln
克劳特浮选机 Kraut cell
克劳特化简法 Crout reduction
克劳斯弯矩分配法 Hardy Cross method
克劳修斯不等式 Clausius theorem
克劳修斯单位 Clausius unit
克劳修斯定理 Clausius theorem
克劳修斯定律 Clausius law
克劳修斯范围 Clausius range
克劳修斯方程 Clausius equation
克劳修斯-克拉珀龙方程式 Clausius-Clapeyron equation
克劳修斯-莫索蒂方程 Clausius-Mosotti equation
克劳修斯数 Clausius number
克劳修斯说法 Clausius statement
克劳修斯维里定理 Clausius Virial theorem; virial theorem
克劳修斯原理 principle of Clausius
克劳兹方程 Klotz equation
克劳兹轧机 Krause mill; Krause rolling mill
克雷布斯黏[粘]度单位 Krebs unit
克雷布斯-史托摩尔型旋转式黏[粘]度计 Krebs-Stormer's visco(si)meter
克雷格公式 <计算洪水强度的> Crag's formula
克雷格玄武岩 Craigockhart basalt
克雷姆尼茨白 Kremnitz white
克离子 gram(me)-ion
克离子浓度 gram-ion/liter[litre]
克里底王的迷宫 labyrinth of Crete
克里蒂安反射镜系统 Chretien system
克里蒂安望远镜 Chretien telescope
克里米松 Crimean pine
克里姆林宫 Kremlin
克里木森色淀 crimson lake
克里普山姆石 <英国产的浅黄色石灰石> Clipsham stone
克里斯蒂森单位 Christensen unit
克里斯蒂森模型 Christensen model
克里斯皮炉衬 Crespi lining
克里斯琴森波长 Christiansen wavelength
克里斯琴森干涉仪 Christiansen interferometer
克里斯琴森滤光器 bandpass filter; Christiansen filter
克里斯琴森效应 Christiansen effect
克里斯托弗符号 Cristoffel symbol
克里特尔侵蚀方程 Criddle's erosion equation
克里特海槽 Crete trough
克里特建筑学 Cretan architecture
克里特棱镜 Crete's prism
克里特式建筑 Cretan architecture
克里特式柱型 Cretan column
克里维茨风 crivetz
克厘米 <力矩单位,1 克厘米 = 9.807 $\times 10^{-5}$ 牛顿米;能量单位,1 克厘米 = 9.807 $\times 10^{-5}$ 焦耳> gram-centimeter
克力 gram-weight; gram-force
克立方厘米 gram per cubic centimeter
克/立方厘米 gram per cubic(al) centimeter
克/立方厘米/厘米 gram/cm3/cm
克立夫兰闪点试验仪 Cleveland flash point tester
克立格法 Kriging method
克立格方案 Kriging plan
克立格方差 Kriging variance
克立格方程组 system of Kriging equations
克立格估计量 Kriging estimator
克立格矩阵 Kriging matrix
克立格权系数 Kriging weighting coefficient
克利德凿孔机 Creed receiving perforator
克利夫顿期【地】Cliftonian
克利夫兰敞杯法闪(火)点 <试验重质油类及沥青材料用> flash point of Cleveland open cup
克利弗兰敞口杯 Cleveland open cup
克利弗兰法闪点 Cleveland flame point
克利弗兰港 <美> Port Cleveland
克利弗兰高湿试验箱 Cleveland high humidity cabinet
克利弗兰开杯 Cleveland open cup
克利弗兰开杯法闪(火)点 flash point of Cleveland open cup
克利弗兰开杯闪点试验 Cleveland open cup test
克利弗兰开杯闪烁式试验 Cleveland open cup test
克利弗兰开杯闪烁式试验器 Cleveland flash tester; Cleveland open cup tester
克利弗兰开杯式闪点试验器 Cleveland open cup flash point tester
克利弗兰开杯试验器 Cleveland tester
克利弗兰冷凝型潮湿室 Cleveland condensing humidity cabinet
克利格灯 kliegshine
克利纳楼板 Kliene floor
克利帕顿破裂带 Clipperton fracture zone
克利帕顿纬向构造带 Clipperton latitudinal tectonic belt
克利普托尔电阻材料 Kryptol
克利斯蒂特合金 Cristite
克利特发报机 Creed transmitter
克利特复凿收报机 Creed receiving reperforator
克利特继电器 Creed relay
克利特接收凿孔机 Creed receiving perforator
克利特莫尔斯复凿孔机 Creed-Morse reperforator
克利特莫尔斯键盘凿孔机 Creed-Morse keyboard perforator
克利特莫尔斯印字机 Creed-Morse printer
克利特印字电报机 Creed printing telegraph
克利特印字机 Creed printer
克利亚德风 Criador
克连酸 crenic acid
克列格或渥奇型 Creager or Ogee shape
克列门斯型刻痕硬度仪 Clemens hardness apparatus
克列莫纳多边形 Cremona's polygon of forces
克列莫纳桁架计算法 Cremona's method
克列莫纳桁架内力图解法 Cremona's stress diagram
克列氏酸 Cleve's acid
克列酸 Lacid
克林闭包 Kleene's closure
克林不动点定理 Kleene's theorem on fixpoint
克林顿阶【地】Clintonian
克林顿石灰岩 Clinton Limestone; Clinton shale
克林顿铁矿床 Clinton iron deposit
克林根别尔格黏[粘]土 Klingenberg clay
克林根别尔格岩石真实渗透率 <与流体的压力和性质无关的> Klingenberg permeability
克林泼振荡器 Clapp oscillator
克林式盛铁桶 Kling-type ladle
克林星号算子 Kleene's star operator
克林正则集定理 Kleene's theorem on regular set
克令顿层 <晚志留世>【地】Clinton beds
克隆 clone
克隆斯坦值 Kronstein's number
克隆四端网络 Kron network
克虏伯型隧道掘进机 Krapp tunnel-boring machine

克鲁 <蠕变单位,1000 小时发生 10% 蠕变> cru
克鲁克管 cryptosciascope
克鲁克斯玻璃 Crookes glass
克鲁克斯辐射计 Crookes radiometer
克鲁克斯管 crookes
克鲁克斯阴极射线管 Crookes tube
克鲁尼斯铜镍锌合金 Clunise
克鲁普奥氏体铬镍合金钢 krupp austenite steel
克鲁普防护装置 Krupp guard
克鲁普高速钢 Krupp triple steel
克鲁普铬钼钒高速钢 Krupp triple steel
克鲁普横断面 Krupp section
克鲁普球磨机 Krupp ball mill;Krupp mill
克鲁普型材 Krupp section
克鲁普型悬浮预热器 Krupp suspension preheater
克鲁普转炉炼钢法 Krupp-Renn method
克鲁萨特 <一种专卖的防水墙用的硬化液体> Crusader
克鲁司钨钢 Kerus
克鲁斯凯极限 Kruskal limit
克鲁斯凯统计量 Kruskal statistic
克鲁索油 creosote(oil)
克鲁修斯热扩散柱 Clusius column
克吕尼修道院 <10~12 世纪法兰西> Abbaye;Cluny
克伦普堰 Crump weir
克伦琴 <能量转换单位> gram-roentgen
克伦台尔等时法 Cullender isochronal method
克伦威尔潜流 Cromwell current
克罗地亚 <欧洲> Croatia
克罗顿式球阀 <活塞垂直移动> Croydon ball valve
克罗尔海绵金属 Kroll reactor product
克罗柯方程 Crocco's equation
克罗柯氏喷管 Crocco-type nozzle
克罗克特型磁选机 Crockatt magnetic separator
克罗里美特耐蚀镍基合金 Chlorimet
克罗马克青铜 Chromax bronze
克罗迈尔灯 Kromayer lamp
克罗曼格不锈钢 Chromang
克罗曼铁镍铬锰合金 Chroman alloys
克罗梅尔镍铬耐热合金 Chromel
克罗默尔间冰期 Cromerian interglacial stage
克罗内克符号 Kronecker delta
克罗内克和 Kronecker sum
克罗内克积 Kronecker product
克罗纳转换法 Cronapress
克罗尼格双谱线公式 Kronig's doublet formula
克罗托里特铜镍铝合金 Crotorite
克罗瓦波长 Crova wavelength
克罗泽海盆 Crozet basin
克洛 <衣服的热绝缘性单位> clo
克洛夫风 kloof wind
克洛普弗真空计 Klopfner ga(u)ge
克洛斯氏法 <即力矩分配法,弯矩分配法,主要用于设计连续梁和刚架> moment distribution method
克洛斯-伊定斯-皮尔逊-华盛顿岩石分类法【地】 C.I.P.W.[Cross, Iddings, Pirsson, Washington] system of rock classification
克马德克海沟 Kermadec trench
克每升 gram per liter
克美特合金 Kermet
克米 gram-meter[metre]
克秒 gram-second
克模 mol
克摩尔的 equimolar
克木烂盐剂 <一种木材防腐剂,主要含亚砷酸铜氨液> chemonite
克尼达斯的狮墓 Lion Tomb at Cnidos
克尼潘诺拉玛系统 Kinepanorama
克涅特石 kettnerite
克诺索斯的米诺斯王宫 <位于克里特岛> great palace of Minos at Knossos
克诺索斯米诺王宫 <希腊> Palace of King Minos at Knossos
克齐尔库姆地块 Kyzylkum massif
克取面 <钻头的> penetrating face
克瑞 <质量单位,1 克瑞 = 0.0986 克> crith[krith]
克瑞木 <硬木地板用> kerriwood
克森勒刷 Kessener brush
克-沙氏软化点 K-S softening point
克-沙氏软化点试验 K-S softening point test
克山病 Keshan disease
克/升 gram per liter
克什尔构造段【地】 Kizilye tectonic segment
克式量 formal
克式量浓度 formal concentration
克式浓度 formality
克水碳锌铜石 claraite
克丝钳 cutting nippers;cutting pliers; nippler pliers; pliers; thin nose pliers;wire cutting pliers
克特 cut
克铁蛇纹石 cronstedtite
克希荷夫第一定律 Kirchhoff's first law
克液量 filling amount
克元素/克岩石 gram element/gram rock
克原子 gram(me)-atom
克原子量 gram atomic weight
克原子热容量 atomic heat capacity
克制 restrain
克质量 gram-mass
克重 gram-weight

刻 carving

刻凹槽 notching
刻凹槽窗台板 notched sill
刻凹槽梁 notched beam
刻凹槽门槛 notched sill
刻凹槽砖 notched brick
刻板的 cut and dried
刻版 stereotype
刻版机 engraver;engraving machine; plate maker
刻版印刷 block printing
刻边工具 nurling tool
刻标 blaze
刻标棒状温度计 engraved-on-stem thermometer
刻玻璃装饰法 cut-glass decoration
刻剥薄膜 cut-and-strip
刻槽 carving groove; chamfer(ing); chase; dapping; devilling; grooving; notch groove; score; scoring; sinking;texturing
刻槽表面 scored surface
刻槽采样 channel sampling
刻槽测速钢轨 notched speed sensing rail
刻槽串珠线脚 quirk bead
刻槽的 chamfered
刻槽法 <防滑处理> grooving method
刻槽反复挠曲试验 alternating notch bending test
刻槽反复弯曲试验 alternating notch bending test
刻槽方钢条 chamfered square bar
刻槽杆件 <冲击试验的> notched bar
刻槽工具 chamfering tool; grooving tool
刻槽工作 boasted work
刻槽轨道表示盘 notched track diagram
刻槽机 closing machine;grooving machine
刻槽交变挠曲试验 alternating notch bending test
刻槽交变弯曲试验 alternating notch bending test
刻槽角(度) <用于冲击和疲劳试验> angle of notch;notch angle
刻槽锯 bead saw
刻槽抗拉强度 <等于抗拉极限除以刻槽处断面积> notch rupture strength;notch tensile strength
刻槽挠曲试验 nick bend test
刻槽器 nicker
刻槽取样 channel sampling; trench sampling
刻槽取样器 trench sampler
刻槽试杆 notched bar
刻槽试件 notched specimen
刻槽条 rustication strip
刻槽弯曲断裂试验 nicked fracture test
刻槽弯曲试验 notched bend test; notch flexure test
刻槽系数 notch factor
刻槽线脚板 quirk board
刻槽效应 notch effect
刻槽压痕试验 indentation test
刻槽影响 notch effect; punching effect
刻槽柱 nicked column
刻槽琢石 boasted work
刻槽作业 boasted work
刻成齿纹的 engrailed
刻成齿纹状 engrailment
刻齿 indent;toothing
刻齿刀片割刀 serrated section sickle
刻齿定刀片 serrated ledger plate
刻齿动刀片 serrated knife; serrated section
刻齿割刀护刃器 serrated guard
刻齿痕 nicked tooth
刻齿纹 serrating
刻赤钙磷铁矿 kertschenite
刻赤铁矿床 Kerch iron deposit
刻触 sculpture
刻粗边 burr
刻锉机 file cut
刻刀 chisel; crow-quill pen; cutting knife; cutting tool; drafting stylus; engraving tool; etching knife; holder;nicking tool
刻刀刃 graver point
刻点 cutting point; punctum; stipple point
刻点仪 dot cutter;dot scriber;dotter; dotting machine;engraver;unit dotter
刻度 calibration; degree scale; dial of meter; division; graduation; graduation scale;ruling;scale division
刻度板 scale plate;scale slate
刻度杯 graduated glass(ware)
刻度变换 scale transformation;transformation of scale
刻度表 dial ga(u)ge
刻度表指针 dial pointer
刻度长度 scale length
刻度尺 dividing ruler;graduated rod; measuring scale; plotting scale; scale rule
刻度传递棱镜 scale transfer prism
刻度窗 dial window
刻度单位 scale base;scale unit
刻度的 graduated
刻度的工作部分 effective range
刻度范围 meter [metre] full scale; scale range
刻度放大镜 estimating microscope; scale microscope
刻度非零开始仪器 inferred-zero instrument
刻度幅度 scale spacing
刻度高度 scale height
刻度管 graded tube
刻度规 dial compass
刻度合格证书 calibration certificate
刻度弧 dial arc;graduation arc
刻度弧规 graded scale curve
刻度环 index ring;scale ring
刻度机 dividing engine; dividing machine;graduator
刻度级变 calibrated step wedge
刻度计 dial ga(u)ge
刻度计数器 pointer counter
刻度间隔 scale interval;scale span
刻度间距 scale interval;scale spacing
刻度角尺 graduated L-square
刻度(校验)记录 calibration tails
刻度校正 index correction
刻度校正振荡器 calibrating oscillator
刻度卡钳 graduated cal-(l)ipers
刻度控制器 graduated acting
刻度框 grade frame
刻度扩展 scale expansion
刻度量杯 graduated measure
刻度量程 scale range
刻度量规 visual-indicating ga(u)ge
刻度量瓶 graduated flask
刻度量器 graduate
刻度量筒 graduated cylinder
刻度零点 scale zero
刻度罗盘 dial compass
刻度目镜 graduated eyepiece
刻度内卡钳 graduated inside cal(l)ipers
刻度盘 calibrated disc;dial;dial(type) scale;divided circle;division circle; graduated circle; graduated disk[disc];graduated ring;index dial;index(ing) plate;reading device;rose; scale card; scale plate; index gear <压下装置的>
刻度盘变形仪 dial extensimeter[extensometer]
刻度盘灯 dial lamp
刻度盘读数 scale reading
刻度盘计量器 dial batcher
刻度盘每格读数值 reading value per division of dial disc
刻度盘面 dial face
刻度盘式计数器 dial counter
刻度盘式温度计 dial thermometer
刻度盘式应变仪 dial indicator strain ga(u)ge
刻度盘饰框 escutcheon
刻度盘天平 dial balance
刻度盘线 dial cord
刻度盘照明 <仪器的> dial illumination
刻度盘照明仪表 illuminated dial instrument
刻度盘指示器 dial indicator;dial ga(u)ge
刻度盘指针 dial needle
刻度盘中心为零的仪表 center[centre] zero instrument
刻度盘座 dial flange
刻度器 graduator
刻度区域 scale zone
刻度曲线 calibration curve
刻度圈 graduated ring;scale circle
刻度容器 graduated vessel
刻度上段 high scale
刻度烧杯 meter glass
刻度设备 graduated acting
刻度绳 current line
刻度数码 scale numbering
刻度水位标尺 graduated staff ga(u)ge

刻度水准器 scale level
刻度弹簧 graduating spring
刻度特征 scale characteristic
刻度调节 adjusting scale; adjustment scale
刻度调整 scale setting
刻度筒 dial drum
刻度投影器 scale projector
刻度凸轮 dial drum
刻度退拔 graduated taper
刻度外的零点 inferred zero
刻度外卡钳 graduated outside cal(l)ipers
刻度误差 calibration error; error of graduation; error of scale; graduation error; scale error
刻度误差表 scale error card
刻度下段 lower scale
刻度显微镜 scale microscope
刻度线 calibration tails; graduation mark; reading line; ruler line; scale mark
刻度效应 scale effect
刻度形状 scale shape
刻度移液管 measuring pipet(te)
刻度员 graduator
刻度圆 calibration circle
刻度圆盘 dial disc[disk]
刻度照明 dial illumination
刻度照明亮度控制 scale lamp dimmer control
刻度值 graduation value; scale value
刻度指示 scale indication
刻度指示器 division indicator; scale indicator
刻度指针 dial indicator
刻度锥 graduated taper
刻锻模刀具 die sinking cutter
刻锻模机 die making machine; die sinking machine
刻对角线槽石面 broached work; punched work
刻缝 incising
刻沟 ditch; rout
刻沟器 grooving tool
刻痕 blaze; dap; etch mark; hacking; impressing; incising; indent(ation); knurl(ing); nick; notch; score; scotch; scratch; tool mark; cinder spots <管材的>
刻痕标记 blaze
刻痕脆性 notch brittleness
刻痕刀 scoring knife
刻痕的 nicked
刻痕度 scratchability
刻痕法 indentation method
刻痕法硬度试验 scratch test for hardness
刻痕钢筋 indented bar
刻痕钢丝 corrugated wire; indented (steel) wire
刻痕工作 scoring
刻痕滚子 indenting roller
刻痕和堆焊 bossing
刻痕机 scoring machine
刻痕结合 <墙饰面> clouring
刻痕螺栓 indented bolt
刻痕面 scored surface
刻痕面砖 score cutting tile
刻痕器 notcher; indenter <硬度试验的>
刻痕面切割器 score(d) cutter
刻痕韧钢 notch-tough steel
刻痕韧性 notch toughness
刻痕韧性标准 notch toughness criterion
刻痕韧性指标 notch toughness criterion
刻痕深度 <布氏硬度试验> depth of impression
刻痕深度指示器 depth indicator
刻痕深度指示仪 <用于硬度试验> depth indicator
刻痕试杆冲击试验 notched bar test
刻痕试验 scratch test; streak test
刻痕调整 notch adjustment
刻痕纤维 indented fiber[fibre]
刻痕效应 notch effect
刻痕压路机 indenter
刻痕硬度 indentation hardness; scratch hardness
刻痕硬度试验 scoring test; scratch hardness test
刻痕硬度试验仪 scratch hardness tester
刻痕轧辊 ragged roll
刻痕折断法 nicking and breaking
刻痕作用 notch action
刻花 carved decoration; carved design; incised decoration; texturization
刻花玻璃 Bohemian glass; cut glass; engraved glass; etched glass
刻花瓷砖 sculptured tile
刻花的厚玻璃(器皿) cut glass
刻花工人 cutter
刻花辊 engraved roll
刻花机 brilliant cutter; checkering machine
刻花加工 embossed work
刻花砂轮 carborundum cutting wheel; slotting wheel
刻花直线密度 checkering line count
刻划 dividing; score
刻划刀 scriber; scribing iron
刻划法 scarification method
刻划光栅 ruled grating
刻划硬度 scratch hardness
刻划硬度试验 finger-nail test
刻划值 graduation interval
刻画方法 <象征性字码的> symbol word marking
刻绘底图 scribed key
刻绘轮廓线 engraved outline
刻绘原图 engraving; scribed origin
刻击韧性 notch toughness
刻记号 impress; blaze <路标>
刻蜡版 stencil
刻棱花 <玻璃> rigaree
刻路标 blaze
刻螺纹 threading
刻螺纹的器具 comb
刻面 <宝石等的> facet(te)
刻面效应 facet effect
刻模 die sinking; engraving
刻模工 die sinker
刻模机 carving machine; die sinker; engraving machine
刻模铣刀 engraving cutter
刻平行槽石面 boasted joint surface
刻缺 notch
刻缺边 notched edge
刻缺盘 notched disc[disk]
刻缺锁闭片 notched segment
刻缺锁尺 notched tappet rod
刻缺锁簧杆 notched tappet rod
刻入读数 indentation reading
刻上记号 imprint
刻上缺口 jag
刻石工艺 lapidary
刻石工作 boasted work; roasted work
刻石作业 boasted work
刻蚀 mechanical erosion; sculpture
刻蚀地雕刻 sculpture
刻蚀法 etching method
刻蚀谷 corrasion valley
刻蚀过程 etching process
刻蚀环痕 etching ring
刻蚀机 etcher
刻蚀能力 etching power
刻蚀平原 etch plain
刻蚀时间 etching time; etch period
刻蚀椭圆痕 etched ellipse
刻蚀作用 corrosion
刻图 needle drawing
刻图版 engraving sheet; scribe sheet; scribing sheet
刻图材料 scribing material
刻图底图图形 scribing guide
刻图法 scribing; engraving
刻图工具 facility for scribing; scribe tool; scribing instrument; uni-engraver
刻图工艺 scribing technologic(al) scheme
刻图环 ring engraver; ring-type scriber
刻图膜 scribe coat; scribing coating
刻图膜保护层 scribe-coating protection
刻图膜面 scribed surface
刻图膜片 scribe coat film; scribed-coated base
刻图片 blank plate; plate blank
刻图片基 scribe-base material
刻图头 cutting head; engraving head; scribe-head; scribing head
刻图修改 scribed adjustment
刻图仪 engraver; graver; scriber
刻图阴片 line negative
刻图员 map scriber
刻图原图 scribed map
刻图针 engraving needle; etcher's needle; scribing needle
刻图桌 layout table
刻图钻石 engraving diamond; scribing diamond
刻纹 epigraph; ragging(mark)
刻纹刀 cutting stylus
刻纹过度 cutting through
刻纹过深 cutting through
刻纹机 groove cutter
刻纹速率 cutting rate
刻纹头 cutter; cutting head; head; phonograph cutter; recording head
刻纹圆线条装饰 gadroon
刻纹针 cutting chisel
刻线 hachuring; scratch; scribe-coating
刻线刀 tint tool
刻线法 channel(l)ing method; linear-channel method; simple channeling method
刻线放大镜 microscope with line
刻线工具 scratch tool
刻线光栅 ruling grating
刻线机 ruling engine; ruling machine
刻线间距 ruling span
刻线条 line cut
刻线仪 line scriber
刻线装置 graduating device
刻像 imagery
刻削 scratching
刻压机 branding iron; crimper; indenter
刻压仪 indenter
刻印 mint-mark; stamp mark
刻印标记 dot mark
刻印机 imprinter
刻印模 die impression
刻有凹槽的门槛 notched sill
刻有铭文的碑 tablature
刻有线脚的石头 mo(u)ld stone
刻有柱身凹槽的 striated
刻有柱身突筋的 striated
刻釉装饰法 cut glaze decoration
刻于签牌上 tally
刻圆仪 scribing aids
刻针 cutting stylus; cutting tip; needle pointed stylus; scribing point; stylus
刻针杆 needle lifter
刻针型号 scriber type
刻针装置 scratch device
刻钟 quarter
刻柱身凹槽 striation
刻砖机 brickwork chaser
刻字 engraved letters; lettering
刻字平面 <建筑物或岩石上准备的> stele

客

客班轮 passenger liner
客变量【物】 extraneous variable
客舱 cab(in); passenger accommodation; passenger cabin
客舱甲板 salo(o)n deck
客车 coach; passenger automobile; passenger car; passenger coach; passenger train; passenger vehicle; vehicle; varnished car <火车的>
客车百叶窗 carriage blind
客车包房 compartment
客车标记 marking of coaches
客车采暖 carriage heating
客车场 coach park
客车车场 coach yard
客车车底 set of coaches
客车车底停留线 passenger train stock storage track
客车车底周转图 coaching stock working diagram; passenger train stock working program(me)
客车车库 coaching stock
客车车辆人均占用面积 average area of one passenger occupied in a carriage
客车车体 coach body
客车车组 set of coaches
客车出入连廊 entrance vestibule
客车到站牌 destination board
客车底架 underframe of coach
客车电动机 motor coach
客车顶气窗 clear stor(e)y
客车定员 seating capacity
客车端部车顶弯梁 platform roof carline
客车端部纵向梁 platform sill
客车段修 carriage repair at depot
客车翻板提手 platform trap door lift
客车公里 carriage kilometer; coach kilometer; passenger car kilometer
客车关节式门 articulated door of coaches
客车横摆运行 swing movement of coaches
客车互通折棚通道 intercommunicating bellows gangway
客车换算值 passenger car equivalent
客车给水栓 hydrant for passenger train
客车给水栓室 well for passenger train hydrant
客车给水站 watering station; water supply station for passenger train【铁】
客车技术整备所 <库列检>【铁】 passenger car technical servicing depot
客车检查库 carriage inspection shed
客车脚蹬翻板 platform trap door
客车脚蹬台阶 platform step
客车救险(用)斧 axe for coaches
客车客座利用率 percentage of passenger seats utilization per car
客车库 car shed
客车跨局开行加给收入 passenger train beyond bureau driving increased revenue
客车联运交接规则协定 <美> passenger car interchange rules agreement

K

客车门 carriage door
客车内部压条 inside cornice
客车内部装设隔板 internal partitioning of coach
客车配属系数 the number of allocated passenger car
客车平均日车公里 average car kilometers per car-day
客车平均载运人数 average transporting passengers of coach
客车前窗视野 passenger car vision
客车清洗场 coach cleaning yard
客车清洗库 car cleaning plant
客车入口 access to a coach
客车上的侧车顶 main roof
客车式车厢 <火车> salo(o)n car
客车枢纽站 limousine terminal
客车弹簧 coach spring
客车停留线 passenger car track
客车通过台端门 platform tail gate
客车头靠 head rest
客车尾灯 platform tail lamp
客车未连挂机车时的蒸汽取暖连接装置【铁】 steam connection for cars without locomotive attached
客车洗车场 coach cleaning yard
客车洗车线 washing siding for passenger vehicle
客车洗涤场 passenger train track stock cleaning yard
客车洗刷所【铁】 passenger train washing plant
客车现有数 carriage stock; number of passenger cars on hand
客车验收 acceptance for carriage
客车钥匙 carriage key
客车运输 coaching traffic
客车载客人数 number of passengers carried per passenger carriage
客车折旧费 passenger train depreciation expenses
客车整备 passenger car servicing
客车整备场 passenger yard; service yard; coach yard
客车整备场领工员 passenger yard foreman
客车整备场主任 passenger yard foreman
客车整备库(棚) coach servicing shed; passenger train stock servicing shed
客车整备所 passenger car servicing depot; passenger car servicing point; passenger train stock servicing point
客车制动机 passenger car brake
客车制动试验 passenger car braking-test
客车制造商 coachbuilder; coach maker
客车中间走廊 central corridor
客车终点站 limousine terminal
客车周转率 bus turnover rate
客车轴公里 coach axle-kilometre
客车自重 carriage tare weight
客车座位图 seating diagram
客车座席 carriage seat; coach seat
客船 passenger boat; passenger carrier; passenger ship; passenger vessel
客船安全证书 passenger ship safety certificate
客船统舱 steerage
客串用户【计】 guests
客店 <中、西亚供商队住宿的> caravansary
客渡 passenger ferry
客房 guest bedroom; guest chamber; guest room; passenger room; spare room
客房电表 tenant's meter
客房服务(部) room service
客根 extraneous root
客观保真度标准 objective fidelity criterion
客观变量 objective variable
客观变数 objective variable
客观标准 objective criterion[复 criteria]; objective standard
客观测验 objective test
客观存在性 outness
客观的 objective
客观的合理性 objective rationality
客观的评价 objective appraisal
客观的特征 clarification of objective
客观地修正偏好 objectively correct preference
客观定量(标准) objective quantification
客观读数法 objective reading
客观分析 objective analysis
客观概率 objective probability
客观概率分布 objective probability distribution
客观公正 objective and fair
客观光度计 objective photometer; physical photometer
客观规律 objective law
客观化 objectivization
客观环境 objective environment
客观价值 objective value
客观价值学说 objective value theory
客观交换价值 objective exchange value
客观量测 objective survey
客观量度 objecting measurement; objective measurement
客观判断 objective judgment
客观凭证 objective evidence
客观破坏概率 objective failure probability
客观声级计 objective noise meter
客观使用价值 objective use value; objective value in use
客观世界 external world; world-as-it-"really"-is
客观事实 objective fact
客观事物 objective(things)
客观事物的概率分布 objective probability distribution
客观属性 objective attribute
客观数据 object data; objective data
客观条件 objective condition
客观现实 external reality; objective reality
客观效用 objective utility
客观性 externality; objectivism; objectivity
客观性概率分配 objective probability distribution
客观性原则 objectivity principle
客观需要 desirability
客观样品 objective sample
客观因素 objective element; objective factor
客观预报 objective forecast(ing)
客观原因 objective cause
客观噪声计 objective noise meter
客观证据 objective criterion; objective evidence
客观指标 objective indicator
客观最优拟合 objective best-fit
客观最优适合 objective best-fit
客户 client; correspondent; customer
客户保证负债 customer's guarantee liability
客户保证金 customer's credit balance; customer's deposit
客户表 customer list
客户承兑负债 customer's acceptance liability
客户存款 customer's deposit
客户的不法行为 illegal client acts
客户的承兑负债 customer's letter of credit liability
客户的信用证负债 customer's acceptance liability
客户调整分录 client's adjusting entries
客户订单汇总表 summary of customer's orders
客户订货单 customer's order
客户定金 customer's deposit
客户对账单 customer's statement
客户分户账 client ledger; customer's ledger
客户分类 customer classification
客户分类账 customer's ledger
客户风险 customer risk
客户否定费用 no admission charges
客户管理 customer management
客户化 customization
客户机服务器 client-server
客户机-服务器网络 client-server network
客户结单 customer's statement
客户结账单 customer's statement
客户款已贴现 customer's account discounted
客户培训 customer's training
客户签署意见 client's written representations
客户赊购账 charge account
客户审计师 user auditor
客户贴现佣金 commission paid on discounted
客户信贷分类 credit rating
客户信息控制系统 customer information control system
客户信用调查员 credit man
客户信用证负债 customer's letter of credit liability
客户意见 customer complaint
客户盈利分析 customer profitability analysis
客户预付款 advances from customers
客户账 customer's account
客户账贷差 customer's credit balance
客户账户 clients' account
客户账贴现 customer's account discounted
客户资信分类 credit rating
客户资信筛选 credit screening
客户自动出纳机 customer automated teller
客货班轮 packet boat; packet ship; passenger cargo liner; scheduled passenger-cargo liner; mail boat
客货车检车员 carriage and wagon examiner
客货车可调式制动系统 goods-passenger braking system
客货车可转换的制动机 goods-passenger change-over brake
客货车(辆)工厂 carriage and wagon works
客货船 mixed passenger-cargo ship; combination vessel; intermediate ship; mixed boat; passenger and cargo ship; passenger cargo vessel; semi-cargo boat; semi-passenger ship
客货混合列车 mixed(unit) train
客货混合运输 mixed traffic
客货混流【铁】 mixed traffic
客货混运【铁】 mixed traffic
客货两用车 light van; ranch wagon
客货两用电梯 service elevator
客货两用机车 mixed traffic locomotive
客货两用轿车 <英> estate car
客货两用汽车 beach wagon; notchback <美>; station wagon
客货两用小汽车 estate car
客货流通量 traffic flow
客货流向 current of traffic
客货轮 combination vessel; intermediate ship; mixed boat; passenger and cargo ship; passenger cargo vessel; semi-cargo boat; semi-passenger ship
客货起码价费 minimum charges
客货通用机车 all-purpose locomotive
客货统计现代化与信息共享 passenger and freight statistical modernization and data sharing
客货营销 passenger and freight marketing
客货运服务收入 transport service revenue
客货运混合线路 railway for mixed passenger and freight traffic
客货运季节波动系数 coefficient of seasonal fluctuations in passenger traffic
客货运价率的变动 alteration in fares and rates
客货运量转移到其他运输方式的损失 loss of traffic
客货运流 stream of traffic
客货运输 transport of both travellers and goods
客货运输单位 <吨公里或旅客公里> unit of traffic
客货运站【铁】 combination station; mixed passenger and freight station
客货运转 movement of goods and persons
客货纵列式 passenger train and freight train yard longitudinal arrangement
客机 aerobus; airbus; air coach; airliner; passenger liner; passenger plane
客机给水站【铁】 water supply station for passenger locomotive
客机坪 passenger apron
客机普通舱 economy class
客籍工人 guest worker
客晶 chadacryst; guest-crystal
客矿物 guest mineral
客流 passenger flow; passenger movement; passenger stream; passenger traffic
客流波动系数 fluctuating coefficient of passenger flow
客流潮 passenger flow
客流调查 passenger flow investigation; passenger survey
客流断面不均匀系数 unbalanced factor of passenger flow section
客流方向图 passenger flow diagram for each direction
客流回运系数 return-carrying coefficient of passenger flow
客流集散点 collecting and distributing point of passenger flow
客流经济调查 economic research of passenger flow
客流量 passenger flow volume; passenger volume; volume of passenger flow
客流流向 passenger flow direction
客流区段 district of passenger flow
客流统计 passenger flow statistics
客流图 passenger flow diagram; passenger traffic diagram
客流斜线表 passenger flow form of oblique line
客流预测 passenger flow forecast
客流月 the month of passenger flow
客流运送系统 pedestrian distribution system
客流组织 organization of passenger flow

客轮 passenger boat;passenger liner;passenger ship;passenger steamer;passenger vessel
客轮高等舱位 state cabin
客轮货物 liner cargo
客轮上的统舱 steerage
客轮载运汽油特许证 oil permit
客满 sell out
客票 passenger ticket
客票本 book of tickets
客票编号方式 encoding format of tickets
客票持有人 holder of ticket
客票的发售 issue of tickets
客票发售量 passenger sales;ticket sales
客票房 ticket office
客票盖戳机 ticket stamping machine
客票稽查 ticket inspector
客票经销处 ticket agency
客票签证 endorse
客票收入 passenger ticket revenue
客票样本 specimen ticket
客票有效期满 expiry of the availability of a ticket
客票有效期限 ticket availability;validity of a ticket
客人卧室 guest bedroom
客商 investor;travel(l)ing trader
客式 receiver system
客室 passenger compartment;state room
客室安装 passenger compartment installation
客水 <来源于其他流域的水> foreign water
客梯 passenger elevator;passenger lift
客体 object
客体的名称 name of an object
客体税 objective tax
客厅 recepting room;reception room;area of activity;drawing room;lounge;parlo(u)r;salo(o)n;mandarah <埃及及阿拉伯人的>;xenodocheum <古建筑的>;aiwan <古伊朗建筑>
客厅起居两用室 combined parlour and sitting room
客厅式客车 <英> salo(o)n car
客土混层稀释 mixing dressed soil for dilution
客位 passenger space
客位公里成本 passenger-place kilometers cost
客位数 passenger carrying capacity
客行斜坡道 passenger ramp
客用电梯 passenger elevator;passenger lift
客寓 tavern
客运 passenger traffic;passenger transport;transportation of passengers
客运班机 passenger liner
客运班轮 passenger liner
客运波动系数 coefficient of fluctuation in passenger traffic
客运产品 product of passenger traffic
客运车辆 passenger coach;passenger stock
客运车厢 passenger train car
客运车站 passenger station;passenger railway station【铁】
客运成本 cost of passenger service
客运处 passenger traffic department
客运处处长 passenger traffic manager
客运大厦 passenger block
客运单列成本 a train cost of passenger transport
客运单位成本 passenger traffic unit cost
客运电梯井 passenger lift shaft
客运调度 passenger train control;passenger train dispatching
客运调度员 passenger train controller
客运渡船 passenger ferry
客运费 passenger fares
客运服务 passenger handling
客运服务工作 passenger handling
客运服务设备 passenger service equipment
客运港 passenger harbo(u)r;passenger port
客运公路 <美国货车禁止行驶或数量极少的> passenger-type highway
客运(管理)局 <大城市的> Passenger Transport Authority
客运管理员 passenger clerk
客运和货运业务 passengers and freight service
客运机车 passenger engine;passenger locomotive;passenger train locomotive
客运记录 railway passenger traffic record
客运价格表 passenger way-bill
客运交通 passenger traffic
客运经理 passenger agent
客运局 passenger transport department
客运拒赔 reject of passenger transport compensation claim
客运快速干道 carriage motorway
客运里程 <以一人一英里为单位> seat mile
客运联营 passenger pool
客运量 passenger capacity;passenger traffic volume;ridership;volume of passenger transported;passenger throughput
客运列车 passenger train
客运列车员制服 monkey suit
客运列车运转设备 passenger train operation equipment
客运旅行次数 journey frequency
客运率 ridership
客运轮渡 passenger ferry
客运码头 passenger landing;passenger port;passenger quay;passenger terminal;passenger wharf;passenger dock
客运密度 density of passenger traffic;density of passenger transportation;passenger traffic density
客运能力 capacity of passenger transportation;passenger capacity;person-capacity
客运票价的分段 fare stage
客运票据 the receipt of passenger transport
客运平均收入率 average revenue rate of passenger traffic
客运其他收入 other income of passenger transport
客运汽车 passenger accommodation carrying vehicle;passenger accommodation service vehicle;passenger vehicle
客运汽车出租 taxi service
客运清单 berth list
客运区 passenger zone
客运人员工资 the labo(u)r expense of passenger transport
客运设备 passenger accommodation;passenger equipment;passenger facility
客运市场的扩大 passenger marketing
客运市场调查 market investigation of passenger traffic
客运市场细分 marketing segmentation of passenger traffic
客运市场营销管理 marketing of passenger traffic
客运市场营销预测 marketing forecast of passenger traffic
客运市场营销组合策略 marketing mix of passenger traffic
客运事故 passenger traffic accident
客运收入 passenger receipts;passenger traffic revenue
客运枢纽 passenger terminal
客运枢纽站主楼 passenger terminal building
客运税 passenger duty
客运索道 cableway for passenger traffic
客运铁路 passenger traffic railway
客运统计 passenger traffic statistics
客运线路 passenger traffic line
客运业务 passenger service
客运员 passenger clerk
客运运价表 <包括票价、行李、包裹等价费> passenger tariff
客运运输 movement of goods and passengers
客运杂费 passenger sundry expenses
客运站 passenger depot;passenger station;passenger terminal
客运站本部 passenger station proper
客运站技术作业过程 technologic(al) process of trains at passenger station
客运站台 combined passenger and trucking platform;passenger platform
客运站行车工作计划 operation work plan of passenger station
客运站行车工作指标 operation work indices of passenger station
客运站自动广播系统 automatic broadcast system of passenger station
客运站综合体 passenger station complex
客运支出 passenger transport expenses
客运终点站 passenger terminal(building);passenger terminus
客运周转量 passenger-mileage;passenger turnover;turnover volume of passenger transported
客运主任 passenger agent
客运主要线路 main-line for passenger train
客运专线【铁】 passenger special line;passenger traffic only line;railway line for passenger traffic;special line for passenger train
客运专线铁路建筑接近限界 construction clearance of special line for passenger train
客栈 hostelry;inn;kip;pub;public house;road house;serai;tap house;xenodochium
客栈或旅店 <古希腊的> xenodocheum
客栈庭院 inn yard
客账贷余 customer's credit balance
客账分析表 ag(e)ing schedule
客账结单 statement of account
客账经纪商号 factoring firm
客账贴现簿 discounted account register
客账贴现佣金 commission paid on discounted accounts
客账贴现佣金支出 commission paid on discounted accounts
客座公里成本 seat-kilometer[kilometre] cost
客座教授 visiting professor
客座利用率 percentage of passenger seats utilization;utilization ratio of the seating capacity of an aircraft
客座利用效率 seat-load factor
客座密度 seating density
客座千米 seat-kilometer[kilometre]
客座千米成本 seat-kilometer cost
客座占用率 rate of using passenger seat;seat occupancy rate

恪

恪守法令 compliance with statutes
恪守合同 compliance the contract

课

课室 recitation room
课室单元 classroom unit
课室建筑 classroom building
课税 duty assessment;imposition
课税标准 base of taxation;basis of assessment;standard of taxation;tax basis;tax criterion[复 criteria]
课税参考价格 tax reference price
课税差别 tax difference
课税处理方法 taxation treatment
课税从轻 lower the duty
课税单位 taxable unit;tax unit
课税的保险理论 premium theory of taxation
课税的边际效用理论 marginal utility theory of taxation
课税的分担理论 contribution theory of taxation
课税的支付能力原则 ability-to-pay principle of taxation
课税对象 basis of assessment;object of taxation;subject to taxation
课税法人 tax corporate;tax corporation
课税范围 coverage of taxation;scope of assessment;scope of taxation
课税方法 tax technique
课税分成 tax sharing
课税负担 tax burden
课税港 customs port
课税根据 basis of assessment;evidence at assessment
课税公平 tax equity
课税估定财产价值 assessed value
课税归宿 tax incidence
课税过重 over-tax
课税后利润 earnings after tax
课税环节 taxable level
课税豁免 tax exclusion
课税基期 basis period tax
课税基准 tax base
课税价格 tax price;tax value
课税价值 ratable value;value of assessment
课税减免 tax deduction
课税减免指数化与税收 indexation of tax allowances and taxation
课税扣除 tax credit;tax deduction
课税扣押权 tax lien
课税利润 taxable profit
课税留置权 tax lien
课税免除 tax deduction

课税能力 taxability
课税能力原则 faculty principle of taxation
课税年度 taxable year;tax year
课税品 customs goods;object of taxation
课税前津贴 pretax allowance
课税清册 tax roll
课税情况 tax position
课税权力 power to tax
课税受益原则 tax-benefit rule
课税所得 taxable income
课税所得减除额 income tax deduc-

tion
课税所得申报额 reported taxable income
课税外收入 non-revenue receipts
课税外项目 tax exclusion
课税委员会 fiscal committee
课税限度 taxable limit
课税限额 tax limit
课税效果 tax effect
课税形式 form of taxation
课税依据 evidence at assessment; tax base
课税影响 tax effect
课税原则 canons of taxation
课税沾惠原则 tax-benefit rule
课税证价审查委员会 board of review
课税制度 tax system
课税主体 subject of taxation
课税准则 canons of taxation
课税总额 lump-sum tax
课税租赁 tax lease
课堂培训 in-class training
课堂信息系统 classroom information system
课题 assignment; subject matter; theme; topic
课题承包制 contract system of internal research subjects
课题管理 management of research subjects
课题计划 project planning
课题设计 item design
课题小组 theme-group
课题研究 subject study
课外活动 extracurricular activity
课外作业 home work
课以罚金 under penalty of
课征 assessment
课征点 impact point
课征对象 object of assessment
课征方法 tax technique
课征方式 tax treatment
课征基准 basis of assessment
课征效率 tax effort
课征重税 heavy taxation
课桌 school table

氪

氪灯 krypton lamp
氪溴法 krypton-bromine method

肯

肯布勒层 Kemble beds
肯德尔等级相关系数 Kendall's tau coefficient
肯德尔季节性检验 Kendall's seasonal test
肯德尔系数 Kendall's coefficient
肯德尔效应 Kendall's effect
肯德胡克层【地】 Kinderhook bed
肯德胡克群【地】 Kinderhookian
肯定储量 positive ore; proved ore; proved reserves
肯定的决定 definite decision
肯定的商誉 positive goodwill
肯定回答 affirmative acknowledgement
肯定命题 affirmative proposition
肯定情况下决策 decision-making under certainty
肯定式函证 positive confirmation
肯定响应 positive response
肯定信号 positive acknowledge signal
肯定行动 affirmative action
肯定型网络图 affirmative network diagram
肯定性 definiteness
肯定应答 affirmative acknowledgement; positive acknowledgement; positive response
肯定支付 payment certain
肯定中断 acknowledge interrupt
肯定字符 acknowledge character
肯弗尔德试剂 Canfield's reagent
肯弗尔德厌氧氨氧化 Canfield anaerobic ammonia oxidation
肯梅特摇床 Cammett table
肯纳逊流量喷嘴 Kennison flow nozzle
肯纳逊喷嘴 Kennison nozzle
肯纳硬质合金 Kennametal
肯尼迪萃取器 Kennedy extractor
肯尼寇特绝热、隔声和防火材料 Keenekote
肯尼森-库毕洪峰流量公式 Kinnison-Colby's flood-flow formula
肯尼特临界流速 Kennedy's critical velocity
肯涅利-海维赛层 Kennelly-Heaviside layer
肯宁安氏南美杉 colonial pine
肯皮尔赛铬矿床 Kempirsay chromium deposit
肯普费法 Kampfe process
肯普费黏[粘]度计 Kampfe viscometer
肯塔基 <美国州名> Kentucky
肯塔基岩石与地沥青混合料 <一种特制的薄层防滑面层> Kentucky-rock asphalt
肯塔基州青石 <一种蓝灰色砂石> Kentucky bluestone
肯塔基州柔性路面设计法 Kentucky method of flexible pavement design
肯塔基州设计法 Kentucky design method
肯太炸药 <硝酸铵,硝酸钾,三硝基甲苯炸药> kentite
肯特拔钉锤 Kent claw hammer
肯特篙斧 Kent axe
肯特郡硅质砂岩 Kentish rag
肯特郡花格窗 <英> Kentish tracery
肯特型卡环 Kenter type shackle
肯特型连接卡环 Kenter type joining shackle
肯特型锚卡环 Kenter type anchor shackle

垦

垦堤 reclamation dam
垦伐 assart
垦荒 land reclamation; pioneering
垦荒机械 land reclamation machinery
垦区 reclamation area
垦区围墙 reclamation wall
垦拓 reclamation
垦拓地 reclaimed land
垦拓计划 reclamation project
垦拓事务 reclamation service
垦拓滩地用围堤 reclamation dike [dyke]
垦拓土地 land improvement; land reclamation; reclaimed land
垦拓围堤 reclamation dam
垦务局 Bureau of Reclamation
垦殖费用 reclamation expenses
垦殖耕作 plantation plowing
垦殖工程 reclamation works
垦殖沼地 reclaimed marsh
垦殖指数 waste-land reclamation index

啃

啃边 edge failure

坑

坑板 pit board
坑壁板 walling board
坑壁横撑板 walling board
坑边堆土 side cast(ing)
坑边卸料 <挖掘机> side cast(ing)
坑槽 pot-hole
坑槽补给 pit recharge
坑槽式煤仓 pit bin
坑槽探方量 total volume of exploring mining and exploratory trench
坑厕 pit privy; privy pit
坑道 adit; drift (way); excavation; gallery; heading; mine tunnel; sap; sough; air tunnel <用压缩空气在软土中开挖的>
坑道爆破 heading blast(ing); undermining blast(ing)
坑道编录 gallery documentation
坑道测量 tunnel survey(ing); underground survey(ing)
坑道超前钻孔 protection hole
坑道出入口 adit opening
坑道处置 tunnel disposal
坑道的蓄水能力 capacity of a gallery
坑道底板 gallery floor
坑道地下水廊 gallery
坑道地质编录 geologic(al) documentation of opening
坑道地质图 underground geologic(al) map
坑道电缆 gallery cable
坑道顶板 forepole
坑道顶木 lagging
坑道顶支撑 roof support
坑道定线 underground alignment
坑道断面尺寸 section size of tunnel
坑道工兵 sapper
坑道工程系统 exploring mining system
坑道工事 mining system
坑道轨道 mine track
坑道滚筒 sap-roller
坑道尽端 dean
坑道进水方式 the inflow way of water in gallery
坑道开挖 gallery driving
坑道开凿 gallery driving
坑道口 adit; adit opening; gallery opening
坑道木梁 wooden roof bar
坑道内作业 inside work
坑道平面图 adit planimetric map
坑道坡道 drift slope
坑道入口 adit opening; adit entrance
坑道深度 depth of gallery
坑道水文地质图 hydrogeologic(al) map in tunnel
坑道水文地质展示图 hydrogeologic(al) map of tunnel spreading
坑道水准测量 underground level(l)ing
坑道素描图 sketch of drift
坑道台阶式挖掘 chamber bench excavation
坑道梯架 scarcement
坑道通风 gallery ventilation; intake
坑道头 sap-head
坑道头部 tunnel head; tunnel terminal
坑道卫生 tunnel hygiene
坑道斜入口面 under-tipped face
坑道用空压机 inbye compressor
坑道原始地质编录 initial geologic(al) logging in galley
坑道运工人车辆 Irish mail
坑道运输车 baby truck; tunnel car
坑道运渣方式 haulage system; muck-removal technique
坑道支撑 gallery frame; tunnel timbering
坑道支护 tunnel support
坑道支架 gallery frame
坑道支柱 key post; pitprop; puncheon
坑道中的蛇行 snake in the tunnel
坑道装岩运输 loading and haulage in tunnel exploration
坑道装置名称 arrangement nomenclature of tunnel
坑道状态 underground condition
坑道自稳时间 self-stabilization time of tunnel
坑道钻机 underground drill(ing machine)
坑道钻进 drill for underground; underground boring; underground drilling
坑道钻孔 underground borehole; underground drill-hole
坑道钻孔方向计 monstrometer
坑道钻探 underground boring
坑道作业 tunnel(l)ing; underground works
坑底不稳定性 basal instability
坑底隆起 bottom heave; heaving of bottom
坑底挖掘 undercut
坑底中央突起 central peak of crater
坑地沥青 pit asphalt
坑点 sand hole
坑顶坍落面 thrust plane
坑顶支撑 top timbering
坑洞 cahot; kettle hole; low spot; pit hole; pot-hole; chuck hole <路面上的>
坑洞填补工 pot-hole patcher
坑洞填补机 pot-hole patcher
坑洞修补 pot-hole patching
坑盖 pit cover
坑灌 tank irrigation
坑灌法 basin irrigation; basin method for irrigation
坑基 pit foundation
坑井渗水法 pit seepage method
坑井支撑 shaft timbering
坑锯 pit saw
坑孔 pit hole
坑口 bankhead; mine mouth; pit entrance; pit-head
坑口采石工业 pit and quarry industry
坑口电站 electric(al) power station near coal mines; mine-mouth power plant; pit-head power plant
坑口动力厂 mine-mouth power plant
坑口高程 altitude of pit mouth
坑口构筑物水平面 pit-bank level
坑口(火力)发电厂 mine-mouth power plant
坑口矿渣 pit slag
坑口浴场 pit-head bath
坑口浴池 pit-head bath
坑口装卸平台 bankhead
坑矿料源 <骨料的> pit source
坑砾石 pit gravel; pit-run gravel; pit-run sand
坑砾石道砟 pit-run gravel ballast
坑炉 pit furnace
坑煤 pit coal
坑门通气门 weather door
坑木 mine prop; mine timber; mining timber; pitprop; pitwood
坑木回收 drawing timber
坑木回收机 timber drawer
坑木回收者 timber drawer
坑木载运车 timber troll(e)y
坑内爆炸 underground blasting; undermining blast(ing)
坑内动力铲 underground shovel
坑内设备 tunnel equipment
坑内升降机 <隧道矿井用> manengine
坑内柱间横挡板 interpit sheeting (sheathing)
坑黏[粘]土砾石 pit-tun clay gravel
坑取材料 pit-run material
坑取砾石 pit-run gravel

坑取石料 pit-run material
坑取土料 pit-run earth
坑砂 pit(-full) sand;pit-run sand
坑石屑 pit-run fines
坑蚀 pit(ting) corrosion
坑式电炉 pit-type electric(al) furnace
坑式焚化 pit incineration
坑式坩埚炉 liftout crucible (type) furnace;pit-type crucible furnace
坑式炉 pit furnace
坑式渗碳炉 pit-type carburizing furnace
坑式水轮机 pit-type turbine
坑式托换 pit underpinning
坑式铸管法 pit casting process
坑室爆破 chamber blasting
坑水 effluent
坑台法 top heading and bench method
坑探 exploring mining;pit test;prospecting by trial pits;test pitting
坑探爆破 blasting for tunnel exploration
坑探编录表 record table of exploring
坑探采样 pitting sampling
坑探成本 exploration drift cost
坑探工程 exploratory tunneling engineering; tunnel exploration engineering
坑探工程编号 pit engineering No.
坑探工程测量 adit prospecting engineering survey
坑探工程法 exploration method by opening engineering
坑探工程原始地质编录 pitting initial geologic(al) logging
坑探工程种类 type of pit engineering
坑探取样器 pit sampler
坑探设备类型 type of exploration tunnel(l)ing equipment
坑探设备性能 performance of exploration tunneling equipment
坑探仪表类型 type of exploration tunnel(l)ing instrument
坑探仪表性能 performance of exploration tunneling instrument
坑探与物化探结合法 exploration method by combined opening-geophysical chemical engineering
坑探凿岩 drilling for tunnel exploration
坑探直接成本 direct cost of exploratory drift
坑塘 dishing;swag
坑塘补给 pit recharge
坑塘蓄水 pocket storage
坑头 pit-head
坑洼 chuck holes;low spot;ponding;pot-hole
坑洼储水 depression storage
坑洼蓄水 depression storage
坑外领工(员) bank(s)man
坑外设备 surface equipment
坑外作业 grass work
坑线 ramp
坑穴 <因颗粒膨胀而在混凝土表面引起的> popouts
坑压材 brace
坑罩 pit covering
坑中爆炸 pit shooting
坑种 pit-culture
坑柱 jamb;mine timber
坑铸法 pit teeming
坑铸管 pit-cast pipe
坑铸铸铁法兰管 pit cast cast-iron flange pipe
坑钻结合 combination of exploring-drilling
坑钻组合工程系统 system of exploring mining and drilling combine engineering

空

空拔 empty sinking
空斑 holiday
空斑试验 plaque assay
空斑形成单位 plaque forming unit
空包装箱运价 tariff for tare carriage
空爆 explosion in air
空杯离心机 hollow bowl centrifuge
空泵管道 killing line
空壁喷管 hollow nozzle
空壁烟道 cavity chimney
空变量 dummy variable
空变元 empty argument
空表 empty list
空驳 dummy barge;pontoon bridge
空驳停泊区 empty barge anchorage; empty barge harbo(u)r; empty barge storage
空泊位 free berth
空仓 <沥青拌和中的> hot-bin starvation
空舱 void compartment
空舱费用 dead freight
空舱位 breakage;vacant space
空舱运费 dead freight
空操作 do-nothing operation;no-operation
空操作码 no-operation code
空操作位 no-operation bit
空操作指令 blank instruction; non-operation instruction; skip instruction; do-nothing instruction; dummy instruction
空槽 dead slot
空层【矿】 dead level
空层音 dead level tone
空层中继线 dead level trunk
空叉 top loader
空插件 blank card
空插孔 idle jack
空插头 blind plug;dummy plug
空敞桥面大梁 <铁路轨枕直接搁在大梁上> open-deck girder
空车 deadhead; empty car; empty wagon;tare car;idler【铁】
空车安全阀 empty wagon safety valve
空车保有量 plan of number of empty serviceable wagons to be kept
空车的 unladen
空车调配站 distribution station
空车而回 <卡车等> deadhead
空车返回 empty back haul
空车公里 empty car kilometrage
空车回程 return empty journey
空车回程速度 empty return speed
空车回送 dead-heading of empty cars
空车回送方向货物 back freight
空车集结线 empty car accumulating track
空车开路 no-load
空车里程 deadhead mileage
空车里程的最优化 optimization of empty car miles
空车列 empty queuing
空车列车 train of empty stock
空车流 empty car flow;empty wagon flow
空车路程单 empty car waybill
空车牵引力 tractive effort on return
空车试验 cold test;run-in test
空车速度 no-load speed
空车调整 adjustment of empty cars
空车调整计划 empty wagon regulation plan
空车调整图 empty wagon regulation diagram
空车停车处 dead parking
空车停放 dead parking
空车停放场 dead parking
空车停放处 dead parking
空车停留线 empty siding
空车位置 empty wagon position
空车现有数 empty stock
空车行程 deadhead mileage; empty trip
空车行驶 deadheading
空车运行 empty car movement;empty running;no-load run(ning)
空车运行速度 no-load speed;empty running speed <叉车>
空车直达列车 through train with empty cars
空车制动作用 braking of the tare
空车质量 empty mass
空车重量 car weight;empty weight; lightweight; tare weight; unladen (vehicle) weight;unloaded weight; vehicle empty weight;weight-empty of a car
空车周距 average empty wagon kilometers[kilometres]
空车周转时间 empty wagon turnround time
空车转数 free running revolutions
空车状态 unladen state
空车走行公里 empty wagon kilometers[kilometres]
空车走行率 percentage of unloaded car kilometers[kilometres]; percentage of empty of loaded wagon kilometers[kilometres]
空程 back play; empty trip; freewheeling;idle run
空程离合器 freewheeling clutch
空程凸轮样板 cam template for idle stroke
空冲程 empty stroke;idle stroke
空触点 dead contact;dumb contact;idle contact
空传变应原污染 air-borne allergen pollution
空传尘埃 air-borne dust
空传输测试 blank-transmission test
空传污染 air-borne contamination; air-borne pollution
空传噪声 air-borne noise
空传致病生物 air-borne pathogenic organism
空船 clean ship;empty ship
空船年度租约 bare boat charters on annual contracts
空船排水量 light displacement of vessel
空船首尾吃水差 initial trim
空船条款 demise clause
空船压载状态 ballasted condition
空船重 empty weight
空船租船合同 demise charter
空船租船契约 bare boat charter party;charter bare;charter party;demise charter party
空船租赁 bare boat charter
空串 empty string; null character string;null string
空床接触时间 empty bed contact time
空存储 empty store
空存储槽 empty slot
空存储选择器 free memory selector
空代码 blank code
空带 blanking bar;empty band;empty tape
空袋贮库 magazine for empty wall
空单元 dummy cell
空氮化 blank nitriding
空挡位置 back play;free position(retarder);neutral position
空刀 undercut
空刀槽 clearance groove;escape
空刀距离 pitching-in
空的 empty; hollow vacuous; unfilled;vacant;vain;void
空的媒体 empty medium
空的事务处理 void transaction
空的字符串【计】 null character string
空的字符行 null character string
空底键 hollow key
空底装药 hollow charge
空点 ignore
空电混合制动 combination brake of air and electricity
空电设施 air environment
空吊速率 light hook speed;light line speed
空定位符变量值 null locator value
空定位符值 null locator value
空定义符 null delimiter
空定址值 null locator value
空动 idle motion;lost motion
空洞 cavern; cavitas; cavity; cavity and pocket;cavity in the concrete; hollow knot; hollowness; hollow space;open void;tenuity;void
空洞的 thin
空洞断裂 cavitation fracture
空洞节 pith knot
空洞率 voidage
空洞气泡 cavity pocket
空洞形成 cavitation;porosis
空兜墙 hollow masonry(work)
空斗间砌合 rat-trap bond
空斗墙 all-rowlock; box bond brick wall;brick wall;cavity wall;hollow bonded wall;hollow masonry wall; hollow wall;rat-trap wall;rowlock cavity wall;rowlock wall
空斗墙的立砌隔砖 withe
空斗墙隔热填充料 cavity wall insulation material
空斗墙连接砖 bonding brick
空斗墙砌法 rat-trap bond;silver-lock bond
空斗墙砌合 rat-trap bond;silver-lock bond
空斗墙竖缝 collar joint
空斗石墙 emplecton [emplectum]; opus emplectum
空斗石墙砌体 opus emplectum
空度计 porosimeter
空端【计】 dead end
空端夹子 hollow nose tongs
空端开关 dead-end switch
空端效应 dead-end effect
空段 dead band;dead section
空段发生器 void generator
空段移动 <区域熔炼> movement of void
空锻 hollow forging
空队列 empty queue
空对地导弹 air-to-ground missile
空对地激光测距 air-to-ground laser ranging
空对地激光测距仪 air-to-ground laser rangefinder
空对地通信[讯] air-ground communication
空对地无线电通信[讯]频率 air-ground radio frequency
空对地相关 air-ground correlation
空对地重力归算值 down-ward-to-the-ground of gravity value
空对空 air-to-air
空对空激光测距 air-to-air-laser ranging
空对空通信[讯] air-to-air communication
空对空寻的 air-to-air-homing
空额信用证 blank credit
空额支票 blank check
空法兰盘 <未钻螺栓孔的> blank

K

flange
空返 deadheading
空房 spare room; vacancy; vacant house; vacant possession; vacant room
空房比 <一定地区中未使用房屋数占总住宅数的比率> allowance for vacancy; vacancy rate
空房调查表 quantity survey(ing)
空房率 allowance for vacancy; vacancy allowance rate; vacancy rate
空房损失因素 vacancy factor
空房与收租损失 vacancy and rent loss
空房租约 shell lease
空放车辆 deadhead car
空放船舶 ship in ballast
空放阀 pressure-relief valve
空放航次 ballast run; ballast voyage
空放航行 ballast passage; ballast sailing
空放津贴 ballast bonus
空放试航 ballast trial
空放油轮 ballasting tanker
空费时间 void time
空费系数 the ration of cannot be used time to the whole time used
空分 space division
空分多址连接 space division multiple access
空分复用制 space division multiplex(ing)
空分交换 space division switching
空分制 space division system
空缝 hollow joint
空符号 <分类法中没有安排类目的> empty symbol; null symbol; skip symbol
空负荷 no-load; zero load
空负荷汽耗 no-steam consumption
空负荷装置 no load device
空腹 open stalk
空腹坝 hollow dam
空腹板 caisson slab; open web
空腹板墙筋 open-web stud
空腹大梁 open-spandrel girder; open-web girder; open frame girder; hollow-web girder; Vierendeel girder
空腹的【建】open web
空腹墩 braced pier
空腹杆 Vierendeel girder; Vierendeel pole
空腹钢材 open-web steel
空腹钢窗 hollow steel window
空腹钢格栅 open-web steel joist
空腹钢构架 hollow steel frame
空腹钢桁架 open-web steel joist
空腹钢梁 castellated beam; open-web steel joist
空腹钢龙骨 open-web steel joist
空腹格栅 open-web joist
空腹工字梁 tubular girder
空腹拱 caisson soffit; hollow spandrel arch; open-spandrel arch; spandrel (-braced) arch
空腹拱墩 open-spandrel pier
空腹拱构架 spandrel arch frame
空腹拱框架 spandrel frame
空腹拱桥 arch bridge with open spandrel; open-spandrel arch bridge; spandrel-braced arch bridge
空腹构件 Vierendeel member
空腹桁架 hollow truss; open-spandrel truss; open-web truss; Vierendeel truss
空腹桁架梁 open frame girder
空腹架构 open frame
空腹结构 cancelled structure
空腹金属窗 hollow metal window
空腹金属防火门 hollow metal fire door
空腹金属门 hollow metal door
空腹空格钢筋混凝土桥墩身 bridge pier body of cellular reinforced concrete
空腹肋 open-spandrel rib
空腹梁 box girder; cellular girder; cored beam; laced beam; open-web girder; Vierendeel girder
空腹梁桥 open-web girder bridge; Vierendeel girder bridge
空腹楼板 caisson floor plate; caisson floor slab
空腹木结构 hollow wood construction
空腹桥墩 braced abutment; braced pier
空腹轻钢梁 open-web steel joist
空腹轻钢龙骨 open-web steel joist
空腹石拱桥 hollow mason arch bridge; open-spandrel stone arch bridge
空腹式大梁 open frame girder; Vierendeel girder
空腹式钢柱 spaced steel column
空腹式拱 open-spandrel
空腹式桁架梁桥 Vierendeel girder bridge
空腹式桁架桥 open-web truss bridge
空腹式柱 space(d) column
空腹箱形截面联结系 Vierendeel box-section bracing
空腹支墩 hollow buttress
空腹支墩坝 hollow buttress dam
空腹重力坝 hollow gravity dam
空腹重力拱坝 hollow gravity arch dam
空腹柱 batten plate column; combination column; dash web column
空港 aerial port; air harbo(u)r
空港标志 airport identification sign
空港管理 airport administration
空港位置 airport location
空隔舱 cefferdam
空公用块 blank common block
空拱肩 open arch spandrel
空谷尔阶 <早二叠世>【地】Kungurian(stage)
空鼓 hollowing
空管 blank pipe
空管波导 hollow pipe waveguide
空管接合 dry connection
空管纤维 hollow tube fiber
空管柱 empty tube column
空罐 empty
空过股利 passed dividend
空过股息 passed dividend
空海联航 fly-cruise
空海联运 <一种新旅游法> fly-cruise
空航载货运费率 berth cargo rate
空号 absentee; dead number; idle number; open number; service suspending number; space <通信[讯]>
空号标号转换 space-to-mark transition
空号波 compensation wave; negative wave
空号电流 spacing current
空号蜂音信号 <电话> no such number tone; number-unobtainable tone
空号服务 absent service
空号接点 space contact
空号螺钉 spacing screw
空号脉冲 spacing pulse
空号偏压 spacing bias
空号频率 space frequency
空号损耗 spacing loss
空号同步 space hold
空号信号 spacing wave
空号音 number-unobtainable tone
空号中继线 dead number trunk
空耗水 consumptive water
空荷载法 zero load method
空盒气压表 aneroid altimeter; aneroid barograph; aneroid barometer; holosteric barometer
空盒气压计 altimeter-aneroid; aneroid; aneroid altimeter; aneroid barograph; aneroid barometer; aneroidograph; aneroid pressure meter; capsule aneroid barometer; dial barometer; surveying altimeter; surveying aneroid
空盒气压计高程测量 altimeter-aneroid observation
空盒气压计高程观测 altimeter-aneroid observation
空盒气压记录仪 aneroidograph
空盒气压曲线 aeroidogram
空盒式气压表 aneroid
空盒式温度计 aneroid thermometer
空盒压力敏感装置 aneroid pressure sensing device
空虹吸管 suction pipe
空化保证 cavitation guarantee
空化比尺 cavitation scale
空化标准 cavitation criterion
空化剥蚀 cavitation damage
空化参数 cavitation parameter
空化程度 level of cavitation; degree of cavitation
空化初生 cavitation inception; incipient cavitation; onset of cavitation
空化传感器 cavitation sensor
空化度 cavitation degree
空化范围 cavitation range
空化腐蚀 cavitation erosion
空化核谱 cavitation nuclei spectrum
空化机理 cavitation mechanism; mechanism of cavitation
空化激振力 cavitation excited force
空化级别 level of cavitation
空化降解 cavitation degradation
空化类型 kind of cavitation
空化流 cavitating flow
空化流的线性化理论 linear theory of cavitating flow
空化敏感性 cavitation susceptibility
空化敏感性测定仪 cavitation susceptibility meter
空化泡 cavitation bubble
空化起始 cavitation inception; onset of cavitation
空化气泡 cavitation bubble
空化强度 cavitation intensity
空化时滞(现象) hysteresis of cavitation
空化试验 cavitation test
空化数 cavitation number
空化水流 cavitation flow; cavity flow
空化水平 level of cavitation
空化特性(曲线) cavitation characteristic
空化尾流 cavitating wake
空化系数 cavitation coefficient; cavitation sigma
空化效应 cavitation effect
空化性能试验台 cavitation performance test stand
空化穴 cavitation pocket
空化仪 cavitation meter
空化噪声 cavitation noise
空化指数 cavitation index
空化滞后 hysteresis of cavitation
空化中心 cavitation core
空化作用 cavitation
空环 idle loop
空换位 void transposition
空回 back lash
空回次 idle run
空回水管 <锅炉的> dry return
空货舱 clear hold
空货船 no-cargo on board
空货位 clear space
空机操作 blank run
空机重量 empty weight
空基激光反卫星系统 air based laser anti-satellite system
空级 vacant level
空集 void set
空集合 empty set; null set
空集问题 emptiness problem
空集装箱 empty container
空集装箱清点报告表 empty container inventory report
空记录 null record
空寄存器 dummy register
空架突堤结构 open pier construction
空架突堤式 open pier type
空架运材车 skeleton log car
空间 air space; daylight; free board; interspace; space
空间 90°相位差 space quadrature
空间保真度 spatial fidelity
空间背景 space background
空间比 <两灯间的距离对其工作面距离之比> spacing ratio
空间比较 spatial comparison
空间编码 spatial encoding
空间变化 space variation; spatial change; spatial variation
空间变化类型 spatial variation type
空间变化水流 spatially varied flow
空间变换 spatial transformation
空间变量 space variable
空间变率 space rate of change
空间变形 space deformation; spatial deformation
空间变形状态 three-dimensional state of deformation
空间变性 spatial distortion
空间辨别 spatial discrimination
空间标度 space scale
空间标志 space indicate
空间波 atmoshperic wave; space wave; spatial wave
空间不变系统 spatially invariant system
空间不变性 space invariance; spatial invariance
空间不变性条件 space invariability condition
空间不均匀性 spatial non-uniformity
空间不相关的 space independent
空间布局 space planning; spatial arrangement; spatial distribution
空间布置 space layout; spatial arrangement; spatial layout
空间步长 space step
空间裁定 space arbitrage
空间采暖 space heating
空间测标 space mark
空间查询 spatial query
空间车速分布 space counting distribution; space speed distribution
空间成本 space cost
空间成本曲线 space cost curve
空间成像 aerial image
空间承载结构 space bearing structure
空间承重钢结构 steel space load-bearing structure
空间承重结构 space bearing structure; spatial load bearing structure; spatial load-carrying structure; spatial loaded structure; spatial weight-carrying structure
空间尺度 spatial dimension
空间充满 <与真空相对> plenum[复 plenums/plana]
空间处理 treatment of space
空间传播速度 spatial propagation ve-

K

locity
空间传感器 space sensor
空间传感数据 space sensor data
空间磁导率 space permeability
空间大地测量 space geodesy
空间大地网 space geodetic network
空间大地站 space geodetic network
空间带 band space
空间带宽积 space bandwidth product
空间单元 space unit;spatial unit
空间当量 space equivalent
空间导杆 space rod;spatial rod
空间导航系统 space navigation system
空间的 dimensional; spatial; steric; tridimensional
空间的闭合 enclosure of space
空间的畴数 category of a space
空间的分支 component of a space
空间的风险 place risks
空间的概念 concept of space
空间的节约 economic of space
空间的连续性 continuity of space
空间的灵活布置 flexible handling of space
空间等温线 chor(o)isotherm
空间点 space point;spatial point
空间点阵 space lattice
空间电荷 space charge
空间电荷波传播 space-charge-wave propagation
空间电荷波模式 space charge mode
空间电荷层 space charge layer
空间电荷场 space-charge field
空间电荷电流 space-charge current
空间电荷分布 space-charge distribution
空间电荷管 space-charge tube; spacistor
空间电荷光学系统 space charge optics
空间电荷离散 space-charge debunching
空间电荷脉冲 cloud pulse
空间电荷密度 space-charge density
空间电荷模型 space-charge model
空间电荷平衡流 space-charge balanced flow
空间电荷区 space charge region
空间电荷散焦 space-charge debunching
空间电荷栅极 space charge grid
空间电荷势垒层 space-charge barrier layer
空间电荷探测器 space-charge detector
空间电荷限制 space charge limitation
空间电荷效应 space charge effect
空间电荷云 space-charge cloud
空间电流 space current
空间电热器 space heater
空间电子学 space electronics
空间垫板 spandrel;spandril
空间定位 space orientation; spatialization;spatial orientation
空间定位光纤束 spatially aligned bundle
空间定向 dimensional orientation; orientation of space; space orientation;spatial orientation;special orientation
空间定向装置 vertistat
空间动态结构 spatio-dynamic composition
空间动态组成 spatio-dynamic composition
空间度量 three-dimensional design; three-dimensional measurement
空间度数 space degree
空间渡船 shuttle; space ferry; space shuttle
空间端 vacant terminal
空间对称性 spatial symmetry
空间对称振动 spatial symmetric(al) vibration
空间对角线 isotropic(al) line; space diagonal
空间对接 space link-up
空间对流加热器 space heater
空间对射变换 correlation in space
空间多边形 space polygon
空间多路层析 X 射线照相法 spatial multiplex tomography
空间多路传输红外照相机 spatially multiplexed infrared camera
空间多路法 spatial multiplexing
空间发射 spatial emission
空间发展城市 high-rise city; spatial city;vertical city
空间法 space law
空间反应谱 spatial response spectrum
空间范围 space range; spacial scale; spatial dimension;spatial limit
空间方位【测】spatial orientation; dimensional orientation
空间方位角 attitude
空间方向 spatial direction
空间飞船 space vehicle
空间飞行 space flight
空间飞行器 aerospace vehicle; space craft;space vehicle
空间非相干光 spatial incoherent light
空间费用 space charges
空间分辨率 range resolution; spatial resolution
空间分布 direction distribution; space distribution; spacial distribution; spatial distribution
空间分布规律性 regular of space distribution
空间分布计算机控制系统 spatially distributed computer control system
空间分布数 number of spatial distribution
空间分割 space division
空间分割多路系统 space division multi-channel system
空间分割交换 space division switching
空间分割系统 space division system
空间分割制 space division system
空间分割制交换机 space division switching system
空间分隔 partitioning of space; space division; space partition; space separation;spatial division
空间分隔多工制 space division multiplex(ing)
空间分集 space diversity
空间分集接收 space diversity reception
空间分析 spatial analysis
空间分选 spatial sorting
空间封闭的 space-enclosed
空间封闭结构 space-enclosing structure
空间封闭物 spatial enclosure
空间浮动测标 spatial floating mark
空间符号 space character
空间辐射 space radiation
空间辐射基准 space reference radiation level
空间辐照度 spatial irradiance
空间改正 free air reduction
空间干扰预报 space disturbance forecast
空间杆 space bar
空间感觉 feeling of space; space perception
空间感觉形态 spatial modality
空间刚架 moment resisting space frame;space frame work
空间钢框结构物 steel space frame structure
空间高度的玻璃窗 floor-to-ceiling window
空间格构 space lattice
空间格局 spatial pattern
空间格网 spatial grid
空间格子 space lattice
空间格子类型 type of space lattice
空间格子要素 element of space lattice
空间隔离 spatial isolation; spatial separation
空间跟踪系统 space tracking system
空间工业 aerospace industry
空间工作间 space chamber
空间工作情况 space behavio(u)r; spatial behavio(u)r
空间工作箱 space chamber
空间工作性能 spatial behavio(u)r
空间共享 space sharing
空间构架 space frame; three-dimensional frame(work)
空间构架工程 space framework; spatial frame(work)
空间构架结构 space frame structure
空间构架桥 space frame bridge
空间构架支承结构 spatial frame(d) supporting structure
空间构件 space unit
空间构图 space composition; space configuration;spatial composition
空间构型 space configuration; spatial configuration
空间构造 space construction; spatial composition; spatial construction; spatial unit
空间固定基准 space fixed reference
空间观测器 aeroscope
空间管线 three-dimensional pipeline
空间贯穿 spatial penetration
空间光谱学 space spectroscopy
空间光调制器 spatial light modulator
空间光通信[讯] space optic(al) communication
空间光学 space optics
空间光栅 space grating
空间归算的调整大地水准面 free air cogeoid
空间规划 space planning
空间规整性【化】stereoregularity
空间轨迹 space-trajectory
空间过程 space process
空间海洋学 oceanography from space
空间和时间的特性 space specific and time specific
空间荷载 space loading; spatial load(ing)
空间桁构 three-dimensional truss
空间桁架 space truss; spatial truss; structure in space;truss in space
空间桁架结构 space truss structure
空间桁架模拟法 <用以推求钢筋混凝土受扭构件强度> space truss analogy;spatial truss analogy
空间桁架模型 space truss model
空间红化 space redding
空间后方交会 resection in space; three-intersection in space
空间后方交会法 space resection; spatial resection
空间湖泊酸度监测网 spatial lake acidity monitoring network
空间滑轨系统 three-dimensional crossslide system
空间化学 space chemistry
空间划分 division of space
空间划分多路传输 space division multiplex(ing)
空间环境 space environment; spatial environment
空间环境规划 spatial environmental planning
空间环境监测仪 space environmental monitor
空间汇交力系 concurrent force system in space
空间汇线 spatial sink line
空间获得 space gain
空间积分 space integral; spatial integration
空间积分法 spatial integration method
空间积群法 space cluster
空间基准 space reference
空间畸变 space distortion
空间激光跟踪指向标 space tracking laser beacon
空间极迹 herpolhode
空间极坐标 polar coordinate in the space;space polar coordinate
空间几何形状 spatial geometry
空间计数分布 space counting distribution
空间计算 space calculation
空间技术 space technology
空间寄生植物 space parasite
空间加热 space heating
空间价格差别 spatial price discrimination
空间间隔 distance interval; space interval;space separation;spacing interval
空间间隔闭塞系统 space interval block system
空间间隔闭塞制 space interval block system
空间间隔法 space interval method
空间间隔系统 distance interval system;space interval system
空间间隔信号机【铁】space interval signal
空间间隔行车 space interval running
空间间隔原理 space interval principle
空间间隔运行 space interval running
空间间隔制 distance interval system; distance separation system; distance spacing system; space interval system
空间间距 spatial distance
空间监视系统 space surveillance system
空间简并度 spatial degeneracy
空间简并效应 spatial degeneracy effect
空间交贯 interpenetration of spaces
空间交滑轴系 three-dimensional crossslide system
空间交会 space intersection
空间交会法 space crossing method
空间角 angle in space
空间校正 correction for free air; space correction

空间接点 disconnected contact
空间节约 space-saving
空间结构 framing structure; space construction; space structure; spatial structure; structure in space; three-dimensional structure
空间结构变量 spatial structural variable
空间结构体系 spatial structural system
空间结构型材 hollow structural section
空间介质 space medium
空间经济 space economy

空间经济调整 spatial economic adjustment
空间经济学 spatial economics
空间晶格 space lattice
空间晶体生长 crystal growth in space
空间警告区域 air-space warning area
空间径向流 spatial-radial flow
空间矩 spatial moment
空间距离 space length
空间决策 spatial decision
空间决策支持系统 spatial decision support system
空间均一性 space homogeneity; spatial homogeneity
空间科学 space science
空间科学计划 space effort
空间可变性 space variance; spatial variability
空间课题 spatial problem
空间跨度 space spanning
空间跨距 space spanning
空间框架 non-planar frame; space frame(work); spatial frame(work)
空间框架薄壳 double-layered space frame shell
空间框架结构 space frame structure
空间拉伸 spatial stretching
空间棱镜 space prism
空间力 non-coplanar force; space force
空间力偶 couple in space
空间力系 force system in space; space force system
空间力系的合成 composition of force in space
空间立体结构分析 space stereo-structure analysis
空间利用 beneficial occupancy; space-consuming; space utilization; utilization of space
空间利用规划 spatial planning
空间利用系数 space utilization factor
空间连接 space linkage
空间连续性 space continuity; spatial continuity
空间链合 space linkage
空间亮度 spatial brightness
空间流 three-dimensional flow
空间流速 space flow rate; space velocity
空间垄断 spatial monopoly
空间滤波 spatial filtering
空间滤波法 spatial filtering method
空间滤波过程 space filtering operation
空间滤波器 spatial filter
空间滤波调制盘 space filtering reticle
空间滤波图像 spatial filtered image
空间滤波坐标 space filtering coordinates
空间滤光片 spatial filter
空间轮廓 line of space; space outline
空间螺旋特性 chirality
空间码 space code
空间脉冲 space impulse
空间描述 spatial description
空间模拟室 space chamber; space simulator
空间模拟装置 space simulation facility
空间模型 space model; spatial model
空间模板 space shuttering
空间目标跟踪激光雷达 space target-tracking laser radar
空间目标跟踪激光器 space track laser
空间内插 spatial interpolation
空间能力测验 spatial ability test
空间耦合 space coupling
空间排列 spatial arrangement
空间排列的 steric
空间排阻层析 spatial exclusion chromatography
空间排阻色谱法 spatial exclusion chromatography
空间配合关系 dimensional coordination
空间膨胀理论 cavity expansion theory
空间频率 spatial frequency
空间频率倍增 spatial frequency multiplexing
空间频率分量 spatial frequency component
空间频率函数 function of spatial frequency
空间频率假彩色编码 spatial frequency pseudocolo(u)r encoding
空间频率鉴别 spatial frequency discrimination
空间频率滤波器 spatial filter
空间频率偏移 space frequency migration
空间频率特性 spatial frequency characteristic
空间频率响应 spatial frequency response
空间频率向量 spatial frequency vector
空间频率域 spatial frequency domain
空间频谱 space position; spatial frequency spectrum
空间平均车速 space mean speed
空间平均速度 space mean speed
空间平均值 space average; space averaged value; space mean
空间平行力系 parallel force system in space
空间平行体系 spatial parallel system
空间屏蔽稳定作用 spatial steric stabilization
空间前方交会 space forward intersection; space intersection; spatial intersection
空间嵌板图案 space panelling pattern
空间强度分布 spatial intensity distribution
空间曲率 compound curvature; curvature of space; space curvature
空间曲面 spacelike surface
空间曲线 curve in space; skew(ed) curve; space curve; spatial curve; twisted curve; twisting curve
空间曲线束(筋) space-curved tendon
空间取暖装置 space heater
空间群 space group; spacer
空间群测定 space group determination
空间群符号 symbol of space group
空间群消光 space group extinction
空间绕流 three-dimensional flow
空间热负荷 space heat load
空间任意力系 arbitrary force system in space
空间三点交会法 three-point intersection in space
空间三角测量 spatial triangulation
空间三角形网络法 space triangle network method
空间扫掠 floodlight scanning
空间扫描相关器 spatial scanning correlator
空间色散 spatial dispersion
空间栅格 space lattice
空间烧孔膜 spatial hole burning mode
空间设计 space design; space layout; spatial design; spatial layout; three-dimensional design
空间射线 space ray
空间摄影 space photography
空间摄影测量学 space photography
空间摄影机 space camera
空间摄影照片 extraterrestrial photograph; space photograph
空间渗透 penetration of spaces
空间生态单元 ecotone
空间生物学 space biology
空间声差 space parallax
空间时代 space age
空间时间的 spatiotemporal
空间时间电光调制器 spatial-temporal electro-optic light modulator
空间时间关系 space time
空间时间关系图 space-time diagram
空间时间候车区 off-hour waiting area
空间时间图 space-time diagram
空间时间域偏移 migration in space time domain
空间实验室 space lab; space laboratory
空间使用 space-consuming
空间势函 spatial potential function
空间视差 space parallax
空间视觉锐度 space acuity; spatial acuity
空间适用的 space qualified
空间收入曲线 space revenue curve
空间属性 space attribute
空间束缚函数 spatially bound function
空间数据 space data; spatial data
空间数据转换 spatial data transfer
空间衰减 spatial attenuation
空间双点定位法 double resection in space
空间双点后方交会法 double resection in space
空间水跃 spatial hydraulic jump
空间速度 space rate; space velocity
空间随机性 spatial randomness
空间随机作用 spatial random action
空间索面 spatial cable plane
空间探测 space exploration
空间探测和跟踪系统 space detection and tracking system
空间探测器 space probe
空间探索 space exploration
空间套利 space arbitrage
空间特征 spatial character; spatial characteristics
空间体系 spatial system; three-dimensional system
空间天文学 space astronomy
空间调节 spatial modulation
空间调制 space modulation; spatial modulation
空间调制技术 space modulation technique
空间调制器 spatial modulator
空间通信[讯] space communication; space telecommunication
空间通信[讯]技术 space communication technique
空间统计量 space statistics; spatial statistics
空间透视法 space perspective
空间图 free space diagram; solid coverage; space diagram; space pattern; spatial pattern
空间图形 spatial pattern
空间推进 space propulsion
空间弯曲 space curvature; three-dimensional bending
空间网格 space grid; space lattice
空间网格结构 space frame
空间网架 grid structure; space frame work; space lattice; grid frame (work) <三维的>
空间网架结构 spatial grid structure
空间网络 space lattice
空间望远镜 space telescope
空间微分 spatial differentiation
空间卫星大地网 satellite space geodetic network
空间位隔能力 spacing capability
空间位隔效应 spacing effect
空间位(势) spatial potential
空间位置 locus; space position; spatial limit; spatial location; spatial position
空间位置图 space diagram
空间位阻 steric hindrance
空间温度场 spatial temperature field
空间稳定的 space-stabilized
空间稳定摄影机 aspect camera
空间稳定照相机 aspect camera
空间问题 space problem
空间无线电通信[讯] space radio communication
空间武器 space weapon
空间舞台 space stage
空间物体 spatial body
空间吸声体 functional absorber; suspended absorber
空间系数 space factor; spatial coefficient
空间系统 space system
空间系统部分 space system segment
空间隙 open space
空间狭窄 <安全用语> confined space
空间显示多目标雷达 volumetric(al) radar
空间限度 limit of space
空间限制 limitation of space; space limit(ation)
空间相干辐射 spatially coherent radiation
空间相干光 space coherent light; spatially coherent light
空间相干光束 space coherent beam; spatially coherent beam
空间相干函数 spatial coherence function
空间相干性 space coherence; spatial coherence
空间相关程度 degree of spatial correlation
空间相关性 spatial correlation
空间相互渗透 spatial interpenetration
空间相交不平行的线 skew line
空间相容度 steric compatibility
空间相似变换 spatial similarity transformation
空间相位 space phase; spatial phase
空间相位不均匀误差 error due to non-uniformity of space phase
空间相移 spatial phase shift
空间镶板图案 spatial panel(l)ing pattern
空间镶条 spatial purlin(e)
空间向量 space vector
空间像素错位法 spatial offset technology
空间效应 three-dimensional effect
空间谐波成分 space-harmonic component
空间信息增强 spatial information enhancement
空间形成的平面 space-creating plane
空间形式 space form(work); spatial form; spatial shape
空间形状 space configuration
空间型 spatial mode
空间性 spatiality
空间性能 space behavio(u)r; spatial behavio(u)r
空间性总和 spatial summation
空间需求 space requirement
空间需要量工作表 space requirement work sheet

空间序列 spatial sequence; spatial series
空间选择性衰落 space selective fading
空间循环 space cycle
空间研究 space research
空间研究计划 space research plan
空间衍射光栅 space grating
空间要求 space requirement
空间一致性 space homogeneity; spatial homogeneity
空间艺术 spatial art
空间异常 free air anomaly; space anomaly
空间异构 spatial isomerism
空间抑制 space suppression
空间因数 space factor; spatial factor
空间因素 space factor; spatial factor
空间应变状态 general state of strain
空间应力状态 general state of stress; three-dimensional stress state
空间优化 space optimization
空间有效分辨元 spatial effective resolution element
空间娱乐 playful use of space
空间与色彩定律 laws of space and colo(u)r
空间与色彩原理 laws of space and colo(u)r
空间预应力 spatial prestressing
空间域 space domain; spatial domain
空间域磁性界面反演 magnetic interface inversion in space domain
空间域滤波 spatial domain filtering
空间圆穹 space dome
空间运动 space motion
空间运载的 spaceborne
空间运载系统 space borne system
空间载波 spatial carrier
空间载运系统 space borne system
空间噪声滤波 spatial noise filtering
空间噪声滤波器 spatial noise filter
空间增大 space gain
空间增益 gain in space; spatial gain
空间占用率 space distribution occupancy rate
空间占用系数 space factor
空间占有成本 space occupancy cost
空间占有率 space occupancy
空间站 air station; space station
空间张拉 spatial tensioning
空间张量 space tensor
空间照相机 camera in space
空间侦察 space reconnaissance
空间振荡器 space oscillator
空间支承结构 space supporting structure; spatial supporting structure; supporting three-dimensional structure
空间知觉 space perception; stereoscopic(al) perception; three-dimensional perception
空间直角坐标 rectangular space coordinates; survey coordinates <航测>
空间直线 air line
空间直线距离 airline distance
空间值 spatial value
空间制图学 aerospace cartography; space cartography
空间质谱分析 space mass spectrometry
空间中断 not-busy interrupt
空间重力加速度 gravity acceleration in space
空间周期性反转饱和 spatial periodic inversion saturation
空间轴系 system of space axes
空间柱簇 spaced columns
空间装填谜题 space filling puzzle
空间锥面 herpolhode cone; space cone
空间资源 space resources
空间自聚焦 spatial self-focusing
空间自相关 spatial autocorrelation
空间自相关函数 spatial autocorrelation function
空间综合水质数据 spatially integrate water quality data
空间总和 spatial summation
空间阻碍 steric hindrance
空间组成 spatial composition
空间组合 space combination
空间最优化 spatial optimization
空间作用 space behavio(u)r; spatial behavio(u)r
空间作用分配系数 space distribution factor
空间坐标 coordinates in space; reference frame; space position; spacewise; spatial coordinates; spatial value; volume coordinates
空间坐标导数 space coordinate derivative
空间坐标函数 function of space coordinates
空间坐标数据 space data; spatial data
空间坐标系 frame of reference; space coordinate system
空间坐标轴 solid axis[复 axes]; space axis[复 axes]
空键 space bar
空降 paradrop
空降场 air head; airstop; flight strip
空胶检查 holiday detection
空焦料 coke blank
空接点 dead contact; idle contact
空进程 null process
空晶石 chiastolite; cross-stone; crucite; macle
空井 duster
空距 ullage
空距表 <油轮> ullage report; ullage table
空卷 blank coil
空军 air force
空军部 Department of Air Force
空军基地 air(force) base; air station
空军人员 airman
空军医院 air hospital
空卡片叠 dummy deck
空瞰图 aeroplane view; air view
空壳公司 shell firm
空壳铸件 flow casting; hollow casting; slush casting
空孔节 hollow knot
空扣 <接头连接后未拧到底的> stand-off thread
空库 reservoir empty
空旷地 open area
空旷地段 open district
空旷地方 <英国可供呼吸新鲜空气的> lung
空旷地区 open area; open country; open district; open territory
空旷地区的道路 exposed road
空旷砂地 <一般位于郊区，供游戏和运动用> sandlot
空矿车 empty tub
空框桁梁 open frame girder
空框架 bare frame; open frame
空廊 <有屋顶的> dogtrot
空冷淬火 dry quenching
空冷淬硬钢 self-hardening steel
空冷的 blown
空冷电阻器 blown resistor
空冷调相机 air-cooled condenser
空冷火桥 split fire bridge
空冷炉墙 air-cooled wall
空冷式变压器 air-cooled transformer
空冷式电动机 air-cooled motor
空冷式空气压缩机 air-cooled air-compressor
空里 aeronautical mile; air mile
空立管 dry riser
空连接 null link
空联节 dummy coupling
空辆鉴别号码 vehicle identification number
空裂隙 empty fissure
空灵 spaciousness
空流段 dead part of canal; dead reach (of canal)
空陆水联运集装箱 air-intermodal container; air/surface container
空路 dead circuit
空论家 theorist
空码触发器 space flip-flop
空码计数器 space counter
空门【计】null gate
空面板 blank panel
空描述段 empty descriptor segment
空能级 unoccupied level
空能继电器 slip-sensing relay
空盘 blank panel; empty reel
空炮 blown-out shot; windy shot
空炮眼 burn hole; buster hole; empty hole; unloaded hole
空泡 air cavity; blown-out hole; cavity pocket; vacuole; vacuum bubble; void
空泡变性 vacuolar degeneration
空泡表面稳定性 bubble surface stability
空泡长度 cavity length
空泡发育 bubble growth
空泡轨迹方程 trajectory of gas bubble
空泡厚度 cavity thickness
空泡回弹 bubble rebound
空泡溃灭 bubble collapse; cavitation bubble collapse
空泡溃灭声 snapping sound
空泡流 cavity flow
空泡流理论 cavity flow theory
空泡气蚀 bubble cavitation
空泡强度 cavitation intensity
空泡生长 bubble growth
空泡试验 cavitation test
空泡试验筒 cavitation tunnel
空泡系数 cavitation index; cavitation number
空泡现象 cavitation
空泡形成 vacuolation; vacuolization
空泡压力 cavity pressure
空泡压强 bubble pressure
空泡指示器 cavitation indicator
空泡阻力 cavity drag
空泡阻塞 cavitating choking
空皮重 weight empty
空瓶子堆场 empty bottle store
空气 body of air; open air
空气瓣阀 leaf-type damper
空气包 air chamber; air dome; air pack; dome
空气包水泵 air chamber pump
空气包压力 pressure of surge chamber
空气饱和 air saturation; saturation of the air
空气饱和潜水技术 air saturation diving technique
空气保持 air conservation
空气保护 air conservation
空气保留时间 air retention time
空气爆破 air blasting; air breaking; air shooting
空气焙烧 air roasting
空气泵 air extracting apparatus; air lift pump; air pump; air-removal apparatus; pneumatic pump
空气泵送法 air pumping method
空气比 air ratio
空气比较仪 pneumatic comparator
空气比重计 air picnometer
空气壁 air wall; dead-air space <冷藏车的>
空气壁电离室 air wall ionization chamber
空气标准循环 air standard cycle
空气表面 air face
空气冰冻指数 <离地面 4.5 英尺(1 英尺 = 0.3048 米)测定空气温度后所求得的冰冻指数> air freezing index
空气波 air wave
空气波速 atmospheric celerity
空气玻璃的传输 air-to-glass transition
空气玻璃反射 air glass reflection
空气玻璃界面 air glass interface; air glass surface
空气玻璃面 air-to-glass surface
空气补偿单元 make-up air unit
空气补偿喷嘴 air compensating jet
空气补偿器 air weighted surge tank
空气补偿装置 air make-up unit; make-up air unit
空气补充法 method of air supply
空气不流通的 airless
空气不流通区域 dead zone
空气采样 air sampling
空气采样测量 air sampling measurement
空气采样法 air sampling method; impingement; method air sampling
空气采样器 aerosol sampling device; air sampler; impinger
空气采样网 air sampling network
空气采样系统 air sampling system
空气采样与分析方法 methods of air sampling and analysis
空气采样装置 aerosol sampling device; air sampling rig
空气参数 air parameter
空气舱 air cabin; air tank; air chamber
空气操纵杆 air horn
空气操纵设备 air-operated equipment
空气操作 air-operated
空气槽 air-activated chute; air slide; air slot
空气侧放热系数 air film transfer coefficient
空气测微计 air micrometer
空气层 air layer; air space; air stratum; cavity; dead-air compartment; dead-air space; layer of air
空气查漏检验 <管线的> pneumatic test(ing)
空气差压变送器 air differential pressure transducer
空气潮解 air slake
空气潮解的石灰 air slaked lime
空气尘埃颗粒分析测定仪 air siltometer
空气尘度计 koniogravimeter
空气尘量计 konimeter
空气成分 air composition
空气冲击 bumping; air blast
空气冲击波 air blasting wave; shock wave
空气冲击旋转钻进 air percussion rotary drilling
空气冲刷 air swept
空气冲刷面 air swept surface
空气冲洗 air scouring; air washing
空气冲洗总管 air scouring manifold
空气抽出器 air ejector
空气抽水器 air lift

空气抽样网 air sampling network
空气出口 air outlet;air outlet slit
空气初级滤清器 precleaner
空气初滤器 air pre-cleaner
空气初滤器管道 precleaner air line
空气除尘器 infrasizer
空气除臭 deodo(u)rization of air
空气储存量 air storage capacity
空气储存期 air storage
空气储气罐 air receiver
空气储蓄器 air holder;air receiver
空气处理 air-handling; air preparation;air treatment
空气处理机组 air-handling unit
空气处理设备 air handler; air-handling equipment
空气处理设施 air-handling device
空气处理系统 air-handling system
空气传播的 air-borne
空气传播花粉 air-borne pollen
空气传播污染 air-borne contamination
空气传播污染物 air-borne contaminant;air-borne pollutant
空气传播致病生物 air-borne pathogenic organism
空气传导 air-conduction
空气传导性 air conductivity
空气传递 aerial transmission
空气传染 aerial infection; air-borne infection
空气传声 air-borne noise; air-borne sound transmission
空气传声隔绝 air-borne sound insulation
空气传送音 air-borne sound
空气床垫 air-bed
空气吹除 air scavenging
空气吹除岩土的钻(井)架 airlift drilling rig
空气吹除岩土的钻孔法 airlift drilling
空气吹断式火花发生器 air interrupted spark generator
空气吹拂器 air squeegee
空气吹弧开关 air blast circuit-breaker;air blast switch
空气吹弧式断路器 air blast circuit-breaker
空气吹灰器 air soot blower
空气吹灰枪 air lance
空气吹净 air blast
空气吹炼 converting with air
空气吹淋器 air shower
空气吹淋室 air shower
空气吹扫 air purge
空气吹扫粉磨机 air-swept pulverizer
空气吹脱 air-rectification
空气吹脱法 air stripping(method)
空气吹制的 air-blown
空气吹制地沥青 air-blown asphalt
空气吹制钢 air-blown steel
空气锤 air hammer;pneumatic hammer
空气纯度 air purity;air quality
空气纯度测定法 eudiometry
空气纯度测定管 cacaerometer; eudiometer
空气纯度测定器 cacaerometer
空气纯度(检查)镜 aeroscope
空气磁导率 air permeability
空气磁阻 air reluctance
空气从结构物或容器中逃逸 exfiltration
空气粗滤器 air pre-cleaner;air strainer; coarse air filter; prescreener; rough air filter
空气粗滤器管道 precleaner air line
空气粗滤器管道的软管 precleaner air line hose
空气促溶剂再生法 solutizer air regenerative process
空气簇射 air shower;shower
空气淬火 air hardening; air patenting;air quenching
空气淬火钢 air hardening steel
空气淬冷 air chilling;air quenching
空气淬冷钢化玻璃 air quenching hardened glass
空气淬冷喷嘴 air quenching nozzle
空气淬硬 air hardening
空气淬硬合金 air-hardening alloy
空气存储器 air accumulator
空气带 air belt
空气袋 air dunnage bag
空气氮的固定 fixation of atmospheric nitrogen
空气当量 air equivalent
空气挡板 air baffle; air damper; air disk;air register
空气导管 aerial conductor;air duct
空气导流板 air deflector
空气导流器 air deflector;air director
空气导向阀 air pilot valve
空气道 air channel
空气的 airy
空气的对流作用 convection of air
空气的分流 air split
空气的守恒性质 conservative properties of air
空气的水蒸气 atmospheric water vapo(u)r
空气的引入 air introduction
空气等离子体吹管 air plasma torch
空气等效材料 air equivalent material
空气电池 air cell
空气电池组 <一种可再充电的电池,电流因金属的氧化而产生> air battery
空气电磁阀 air solenoid valve
空气电导率 air conductivity
空气电弧炉 air-arc furnace
空气电弧切割 air-arc cutting
空气电极 air electrode
空气电离作用 aeroionization; ionization of air
空气电热器 electric(al)air heater
空气电容 air capacitance
空气电容器 air capacitor; air condenser
空气垫 air bearing kit; air mattress; air suspension
空气垫层 air cushion
空气垫座 air pillow
空气顶压逆流再生 air blanket countercurrent regeneration; air hold-down countercurrent regeneration
空气动力 aerodynamic(al) force; air force;air power
空气动力表面 aerodynamic(al) surface
空气动力不稳定性 aerodynamic(al) instability
空气动力侧向力量 cross-wind component
空气动力测定 aerodynamic(al) measurement
空气动力(产生的)声音 aerodynamically generated sound
空气动力导流片 aerodynamic(al) vane
空气动力的阻力 aerodynamic(al) resistance
空气动力调节器 aerodynamic(al) controller
空气动力舵 aerodynamic(al) rudder
空气动力放大系数 aerodynamic(al) admittance
空气动力分析 aerodynamic(al) analysis
空气动力负荷 aerodynamic(al) load
空气动力管 whirl tube
空气动力合力 combined air force
空气动力荷载 aerodynamic(al) load
空气动力后拖量 aerodynamic(al) drag
空气动力机械 air-driven machine
空气动力加热 aerodynamic(al) heating
空气动力减速器 aerodynamic(al) decelerator
空气动力焦点 aerodynamic(al) center[centre]
空气动力控制 aerodynamic(al) control
空气动力控制滚动系统 aerodynamic(al) roll control system
空气动力控制器 aerodynamic(al) controller
空气动力力矩 aerodynamic(al) moment
空气动力面 aerodynamic(al) surface;aerofoil;air foil
空气动力模型 aerodynamic(al) model
空气动力平衡 horn balance
空气动力绕流体 aerodynamic(al) body
空气动力设计外形 aerodynamic(al) configuration
空气动力升力面 aerodynamic(al) lifting surface
空气动力升阻比 aerodynamic(al) quality
空气动力失稳 aerodynamic(al) instability
空气动力试验 aerodynamic(al) test
空气动力试验设备 free air facility
空气动力特性 aerodynamic(al) behavio(u)r;aerodynamic(al) characteristic;aerodynamic(al) property
空气动力特性的改善 aerodynamic(al) refinement
空气动力特性列线图 aerodynamic(al) nomogram
空气动力特性曲线 aerodynamic(al) characteristic curve
空气动力天平 aerodynamic(al) balance
空气动力外形 aerodynamic(al) form
空气动力稳定性 aerodynamic(al) stability;wind resistant stability
空气动力稳定性试验 aerodynamic(al) stability test
空气动力涡轮机 aerodynamic(al) turbine
空气动力系数 aerodynamic(al) coefficient
空气动力下沉效应 effect of aerodynamic(al) downwash
空气动力弦 aerodynamic(al) chord
空气动力现象 aerodynamic(al) phenomenon
空气动力效应 aerodynamic(al) efficiency
空气动力型的 aerodynamically shaped
空气动力性能 aerodynamic(al) quality;air performance
空气动力学 aerodynamics; airflow mechanics
空气动力学糙率 aerodynamic(al) roughness
空气动力学粗糙度 aerodynamic(al) roughness
空气动力学的 aerodynamic(al)
空气动力学家 aerodynamicist
空气动力学粒径 aerodynamic(al) size;inertial size
空气动力学实验 aerodynamic(al) experiment
空气动力学试验室 aerodynamic(al) laboratory;aerodynamics laboratory
空气动力学直径 aerodynamic(al) diameter
空气动力压缩机 aerodynamic(al) compressor
空气动力阴影 blanketing effect
空气动力阴影区 recirculation cavity; zone of aerodynamic(al) shadow; zone of recirculating flow
空气动力诱发噪声 aerodynamically induced noise
空气动力噪声 aerodynamically induced noise; aerodynamic (al) noise; air dynamic(al) noise; air power noise
空气动力制动 aerodynamic(al) braking
空气动力制动装置 aerodynamic(al) brake
空气动力中心 aerodynamic(al) center[centre]
空气动力轴承 aerodynamic(al) bearing
空气动力阻力系数 aerodynamic(al) drag coefficient
空气动力作用 aerodynamic(al) effect
空气冻结 air-freezing
空气冻结法 air freezing method
空气冻结系统 air freezing system
空气断路 air break
空气断路接触器 air break contactor
空气断路开关 air break switch
空气断路器 air breaker;air switch
空气断路式 air break type
空气对空气换热器 air-to-air heat exchanger
空气对空气热泵 air-to-air heat pump
空气对空气热交换器 air-to-air heat exchanger
空气对流 air convection;inflow of air
空气对流混合 thermal turbulence
空气对流损失 air convection loss
空气对石块太阳能加热系统 air-to-rock solar heating system
空气对水热泵 air-to-water heat pump
空气舵 air vane
空气恶化 air vitiation
空气二次冷却器 air after cooler
空气二次通过的冷却机 double pass cooler
空气二次循环 air recycling
空气发动机 air engine;air motor
空气发射性污染 air-borne contamination
空气发射性指示器 air activity monitor
空气阀(门) air gate; air cock; air shutter; air valve; atmospheric valve;atmos-valve;pressure lock
空气阀体 air valve cage
空气阀凸轮轴 air valve camshaft
空气阀小室 air valve chamber
空气反力 air reaction
空气反射层 air baffle
空气反作用力 air force
空气防波堤 air breakwater;pneumatic breakwater
空气防污系统 anti-air pollution system
空气房 <气球、汽艇的> ballonet
空气放出阀 air discharge valve
空气放出口 air discharge outlet
空气放射性污染 air-borne contamination
空气分布 air distribution
空气分布板 dispersion plate
空气分布法 air distribution method
空气分布管道 air distribution line
空气分布口 air distribution outlet
空气分布器 air distributor
空气分布设备 air distribution equipment

K

空气分布速度 air distribution velocity
空气分布系统 air distribution system
空气分布原则 air distribution principle
空气分层 air stratification; stratification of air
空气分级 air classification
空气分级机 air classifier
空气分级器 air classifier
空气分类 air classification
空气分离 air fractionation; air separation; air sifting
空气分离机 air separator
空气分离技术 air separation technology
空气分离器 air separating tank; air separator
空气分离塔 air separation column
空气分离箱 air separating tank
空气分离装置 air-separating plant; air separation plant; air separation unit; air stripper
空气分馏 air fractionation
空气分配 air distribution; air sharing
空气分配阀 air distributor
空气分配器 air distributor
空气分配设备 air distribution equipment
空气分配室 air chamber
空气分配系统 air distribution system
空气分析 air analysis
空气分析器 air analyser[analyzer]
空气分选 elutriation
空气分选黏[粘]土 aeroclay
空气粉尘 air-borne dust
空气粉尘粒径测定仪 micromerigraph
空气风洞 wind channel
空气风干砖 air brick
空气风力分级 air classification
空气封闭循环式吸气器 closed air aspirator
空气峰 air peak
空气浮动磁头 air-floated magnetic head
空气浮力 air buoyancy
空气浮箱 air camel
空气浮选法 air flo(a)tation
空气浮选粉料 air flo(a)tation powder; air-floated powder
空气浮选浓缩池 air flo(a)tation thickener
空气浮游生物 aerial plankton; air plankton
空气辅助静电喷枪 air assisted electrostatic gun
空气腐蚀 air corrosion
空气负荷 air force
空气负荷中断开关 air load-interruption switch
空气负压 negative air pressure
空气负压表 minimeter
空气改善 air-condition
空气干电池 air dry cell
空气干化 air drying
空气干绕圈清漆 air-dried coil varnish
空气干绕组清漆 air-dried coil varnish
空气干湿调节室 conditioning chamber
空气干燥 air dry(ing); air seasoning
空气干燥材料 air-dried material
空气干燥的 air-dried
空气干燥法 airing; air seasoning method; desiccation
空气干燥机 air drying machine
空气干燥器 air dehumidifier; air drier [dryer]; atmospheric drier[dryer]
空气干燥清漆 air drying varnish
空气干燥室 desiccation chamber; seasoning chamber
空气干燥通风系统 air dry vent system
空气干燥状态 air-dried state
空气缸 air cylinder
空气高温计 air pyrometer
空气割断旋塞 air isolating cock
空气隔层 air buffer
空气更新 air revitalization
空气更新物质 air revitalization material
空气功率 air horsepower
空气供给 air supply
空气供给装置 air feeder
空气供暖法 air heating
空气供应 supply air flue
空气供应记录器 air supply register
空气汞系统接触角 contact angle of air-mercury system
空气汞系统界面张力 interfacial tension of air-mercury system
空气鼓风发生器 air-blown producer
空气鼓风机 air blaster
空气鼓风曝气槽 air-blown aeration tank
空气鼓泡 air lift
空气鼓室的 aerotympanal
空气固化 air cure[curing]
空气关闭阀 air shut-off valve
空气管 air entry tube; air intake tube; air tube; blast line
空气管道 air channel; air conduit; air duct; air flue; air funnel; air line; air pipe(line)
空气管道布置 air piping
空气管道过滤器 air piping filter
空气管道系统 air circuit
空气管接头 boot
空气管路 airflow line; air(pipe) line
空气管路单元 airline cell
空气管路距离 airline distance
空气管线 aerial line; air pipeline
空气管状散热器 air tube radiator
空气罐 air bottle; air drum; air holder; air receiver; air reservoir; air tank
空气光 airlight
空气柜 air tank
空气过滤 air cleaning; air-filtering; air filtration
空气过滤调节器 air filter regulator
空气过滤机组 air filter unit
空气过滤器 aerofilter; air cleaner; air filter(tray); air strainer; can(n) ister; inhaler; dust filter
空气过滤器单元 air filter unit
空气过滤器箱体 air filter casing
空气过滤器用油 aerofilter oil; air filter oil; air strainer oil
空气过滤器油杯 air cleaner oil cup
空气过滤器装置 air filter apparatus
空气过滤设备 air filtration unit
空气过滤室 air filter chamber
空气过滤网 air strainer
空气过滤箱 cabinet air purifier
空气过滤元件 air filter element
空气过滤纸 air filtration paper
空气过剩 air excess
空气过剩系数 air excess factor; coefficient of air excess; coefficient of excess air
空气含尘量 dust content of air
空气含量 air content
空气含铅量指示器 lead-in-air indicator
空气含湿量 air moisture
空气恒温器 air thermostat
空气恒压室 plenum space
空气烘箱 air oven
空气互换 interchange of air
空气护散器 air diffuser
空气化学 aerochemistry; air chemistry
空气环境参数 air environmental parameter
空气环境质量 quality of air environment
空气环流 air circulation
空气环路 air loop
空气缓冲 air buffering; air cushioning
空气缓冲层 air cushion
空气缓冲器 air buffer; air cushion; air dashpot
空气换气率 air change rate
空气换热器 air heat exchanger
空气换向阀 air reversal valve
空气换向器 air tumbler
空气灰雾 aerial fog
空气回流运行 recirculated air operation
空气回折 air diffraction
空气混合器 air blender; air mixer
空气混合室 air mixing chamber; air mixing plenum
空气混合物 air mixture
空气混入 aeration
空气活化系统 air activation
空气活塞 air piston; air slide
空气活性污泥法设计 air-activated sludge design
空气击穿 air breakdown
空气机械浮选机 pneumo-mechanical flo(a)tation cell
空气机械泡沫 air mechanic foam
空气激波 air-shock wave
空气集尘器 air collector
空气集菌器 aeroscope
空气计量器 <浇筑加气混凝土用> air meter[metre]; air(o) meter
空气剂量 air dose
空气加热 air heating; plenum heating; warm-air heating
空气加热机组 air-heating unit
空气加热老化试验 air oven ag(e)ing test
空气加热器 air boiler; air heater; hot-air blower; hot-air unit; plenum heater; space heater; warm-air furnace
空气加热器金属支架 metallic support of air heater
空气加热器上给阀 upfeed valve of air heater
空气加热器组 air heater battery
空气加热设备 air-heating apparatus; air-heating device; air-heating installation; air-heating plant; warm-air heating installation
空气加热系统 air-heating system
空气加热装置 air-heating apparatus; air-heating device; air-heating installation; air-heating plant
空气加湿 air humidification; air humidifying; air moistening; moistening of air
空气加湿器 air humidifier
空气加湿设备 air humidifying equipment
空气加温法 air heating
空气加温器 fire cannon
空气加压系统 pressurization system
空气夹层 air blanketing
空气夹层玻璃 <用于保温隔热> metal edge sealed glazing unit
空气间层 air space
空气间隔 air space
空气间隔同轴线 air-spaced coax
空气间隙 air break; air interstice; air gap
空气间隙比 air-space ratio
空气间隙光纤 air-supported fiber[fibre]
空气监测 air monitoring
空气监测分析和预测 air monitoring analysis and prediction
空气监测器 air monitor
空气监测系统 atmospheric monitoring system
空气减幅 air damped; air damping
空气减流器 air heater; air reducer; warm-air furnace
空气减压阀 air-pressure reducer; air (-pressure) reducing valve
空气减压器 air-pressure reducer
空气减震 air damped; air damping; pneumatic cushioning
空气减震器 air bumper; air cushion; air shock absorber; air spring (cushion)
空气检测 aerial detection
空气检查器 aeroscope
空气交换 air exchange; exchange of air; interchange of air
空气交换器 air reversal valve
空气搅拌 pneumatic blending; pneumatic homogenization; pneumatic homogenizing
空气搅拌仓 aerated blending silo; air blending silo
空气搅拌池 pneumatic cell
空气搅拌库 aerated blending silo; air blending silo
空气搅拌器 airlift agitator; airlift type agitator
空气搅拌式浮选槽 agitator flo(a)tation cell
空气搅拌式浮选机 agitator machine
空气搅拌系统 air merge system
空气搅拌液体渗氮法 aerated bath nitriding
空气搅动 air agitation
空气搅动系统 air agitation system
空气接通口 air connection
空气节流阀 air throttle
空气节制器 air damper
空气洁净 air purification
空气洁净(程)度 air cleanliness; air purity
空气解吸法除氨 air stripping of ammonia
空气介质 air dielectric
空气介质电容器 air dielectric(al) capacitor
空气进出口 access of air
空气进口 air connection; air entry
空气进口阀 air inlet valve; air intake valve
空气进口滤气器 air inlet strainer
空气进口栅 air inlet grill(e)
空气进气滤气器 air intake filter
空气进入格栅 air inlet grill(e)
空气进入系统 plenum system of air supply
空气井 <又称空气阱> air trap
空气净度指示器 air contaminator
空气净化 air cleaning; air filtration; air purge; air purification
空气净化厂 air cleaning plant; air treatment plant
空气净化阀 air purge valve
空气净化法 Clean Air Act
空气净化机 air cleaner; air purifier; eliminator
空气净化机组 air purifying unit
空气净化进气管 air cleaner inlet
空气净化器 air cleaner; air cleaning unit; air eliminator; air purifier; eliminator
空气净化器及消声器 air cleaner and silencer
空气净化器接头 air cleaner adapter
空气净化器台座 air cleaner tray; air cleaning tray

K

空气净化器吸入 eliminator filling
空气净化器支架 air cleaner tray;air cleaning tray
空气净化设备 air cleaning device;air cleaning equipment;air cleaning facility;air cleaning plant
空气净化设施 air cleaning facility
空气净化式呼吸器 air purifying respirator
空气净化系统 air cleaning system;air cleaning unit; air purification system
空气净化效率 efficiency of air cleaning
空气净化装置 air cleaner;air cleaning equipment;air cleaning facility;air cleaning unit;air purification equipment
空气净区 air oasis
空气静力学 aerostatics
空气静力学的 aerostatic
空气静力轴承 aerostatic bearing
空气静压箱 air plenum chamber
空气静压轴承 aerostatic bearing
空气局部扰动 rocking
空气举 air lift
空气绝对湿度 absolute humidity of the air
空气绝热 air insulation
空气绝热变化 adiabatic change of air
空气绝热冷却温度 adiabatic cooling temperature of air
空气绝缘 air insulation
空气绝缘变压器 air immersed transformer
空气绝缘的 air insulated;air space
空气绝缘同轴电缆 air-spaced coaxial cable
空气绝缘屋顶做法 air insulated roofing system
空气均匀性 air uniformity
空气开关 air circuit breaker;air-operated switch;air switch
空气-空气后冷系统 air-to-air after cooler system
空气-空气热回收 air-to-air heat recovery
空气-空气系统 air-to-air system
空气孔 air intake opening;air port
空气孔特性 <土壤的> air-void characteristic
空气孔隙比 air-space ratio;air-void ratio
空气孔隙度 air-filled porosity;air-space porosity
空气孔隙率 air-filled porosity
空气孔隙率线 air voids line
空气孔隙系统 system of air voids
空气控制 air control;pneumatic control
空气控制的真空制动系统 air-controlled vacuum brake system
空气控制等温退火炉 air-controlled isothermal lehr
空气控制阀 air control valve
空气控制器 air director
空气口 air entry;air scoop
空气矿物黏[粘]附 air mineral adhesion
空气扩散 aerial dispersion;air diffusion;air diffusing
空气扩散板 bubble tray;diffused air plate;diffuser plate
空气扩散法 air diffusion method
空气扩散管 air diffuser;diffused air pipe;diffuser pipe
空气扩散(流)口 air diffusing outlet
空气扩散率 air diffusivity
空气扩散曝气 air diffusion aeration;diffused air aeration
空气扩散器 air diffuser
空气扩散设备 air diffusing equipment
空气扩散式曝气器 air diffusion aerator
空气扩散系统 diffused air system
空气扩散罩 diffuser dome
空气冷淬 air chill
空气冷冻法 air-freezing
空气冷冻机 air refrigerating machine
空气冷凝 air setting
空气冷凝管 air set pipe
空气冷凝机 aerial condenser;air condenser; air-cooled condenser; atmospheric condenser
空气冷凝器 aerial condenser;air condenser;air-cooled condenser
空气冷却 air cooling;native air cooling;air quenching
空气冷却保护罩 cool cap
空气冷却变压器 air blast transformer;air-cooled transformer
空气冷却淬火 air quenching
空气冷却的 air blast cooled; air-cooled
空气冷却电阻器 air cooled resistor
空气冷却发动机 air-cooled engine
空气冷却发火管 air-cooled ignitron
空气冷却反应堆 air-cooled reactor
空气冷却反应器 air-cooled reactor
空气冷却管式冷却器 air cooling tubes condenser
空气冷却机组 air cooling unit
空气冷却剂 air coolant
空气冷却矿渣 air-cooled slag
空气冷却扩散泵 air-cooled diffusion pump
空气冷却力计 comfimeter
空气冷却盘管 air cooling coil
空气冷却片 air cooling fin
空气冷却器 air-cooled condenser;air cooler; atmospheric cooler; aftercooler <压缩机后的>
空气冷却器冷却效能 air cooler sensitive cooling effect
空气冷却器盘管 air cooler coil
空气冷却区 air cooling zone
空气冷却去湿装置 air cooling dehumidifier
空气冷却热交换器 air-cooled heat exchanger
空气冷却蛇管 air coil
空气冷却设备 air cooling equipment
空气冷却式变压器 dry-type transformer
空气冷却塔 air cooling tower; dry cooling tower
空气冷却系统 air cooling system
空气冷却压缩机 air-cooled compressor;air cooling compressor
空气冷却引燃管 air-cooled ignitron
空气冷却照明器 air-cooled lamp
空气冷却整流子 air-cooled collector
空气冷却制冷器 air-cooled chiller
空气冷却装置 air cooling apparatus
空气冷热调节轮 <空调装置中的> heat-recovery wheel
空气冷硬 air chill
空气离析法 air elutriation method
空气离析黏[粘]土 aeroclay
空气离心机 air centrifuge
空气离子 air ion
空气离子化 air ionization
空气理论量 theoretic(al) amount of air
空气力学 aeromechanics;air mechanics
空气立管 air header
空气粒析器 infrasizer
空气粒子(放射性)监测器 air particle monitor
空气连接阀 air coupling valve
空气连接口 air connection
空气连接装置 air connection
空气连续监测规划 continuous air monitoring program(me)
空气连续监测规划站 continuous air monitoring program(me) station
空气连续监测站 continuous air monitoring station
空气帘 air-bubble screen;air curtain; air screen; pneumatic barrier; air wall
空气帘防波堤 air-bubble breakwater;pneumatic breakwater
空气量 air capacity;air quantity;air requirement;air volume;amount of air;volume of air
空气量的测定 measurement of air quantity
空气量规 air ga(u)ge
空气量孔阀 air bleed valve
空气淋浴 air shower;air bath
空气淋浴格栅 air shower grille
空气淋浴送风口 air shower grille
空气流 air course; air current; air draft;air stream;stream of air;air flow
空气流导管 air(flow) duct
空气流动 air motion;air movement
空气流动方向 airflow direction
空气流动示踪气体 tracer gas
空气流量 air discharge;airflow rate;air-mass flow; air rate; air weight flow;rate-of-flow air
空气流量表 air flow meter
空气流量调节器 airflow controller
空气流量计 aerometer;air flow meter;air meter[metre];air(o) meter
空气流入 access of air
空气流速 air velocity
空气流速计 air flow meter;air(o)-meter;air-speed meter
空气流体力学 aerohydromechanics
空气流通 air circulation;airiness
空气流泄 air drainage
空气流型 air pattern
空气漏气试验 air leak(age) test
空气漏入 air inleakage;inleakage of air
空气漏损 air leak(age)
空气炉 air furnace
空气滤尘器 aerial dust filter
空气滤尘止回阀 air straining check valve
空气滤池 aerofilter
空气滤床 aerofilter
空气滤光器 air respirator
空气滤净器 air cleaner;air scrubber; air strainer
空气滤器 air intake filter
空气滤器及消声器 air strainer and silencer
空气滤清器 aerating filter;air cleaner;air cleaner filter;air strainer;air washer
空气滤清器保养点 air cleaner service
空气滤清器杯 air cleaner bowl
空气滤清器的干滤芯 air cleaner dry filter
空气滤清器底壳 air cleaner base
空气滤清器底座 air cleaner base
空气滤清器服务车 air cleaner servicer
空气滤清器消声器 air filter silencer
空气滤清器芯子 air cleaner element
空气滤清系统 air cleaner system
空气滤清装置 air filtration unit
空气滤网 air screen;air strainer
空气滤油器 bath filter
空气氯化 aerochlorination
空气轮胎拖拉机 air tired[tyred] tractor
空气螺旋桨 air propeller;air screw
空气螺旋桨船 aerial propeller vessel; aeropropeller vessel
空气马达 air motor;reciprocating air motor
空气马力 air horsepower
空气脉冲选粉机 jet air separator
空气帽 air cap
空气煤气 air gas
空气煤气发生器 air producer gas generator
空气煤气混合式引燃器 carburet(t)-ing pilot
空气煤气配比调节器 air-gas proportioner
空气朦胧阴沉 murkiness of air
空气密度 air density;density of air
空气密度校正 correction for air density
空气密度校正因数 air density correction factor
空气密度影响 elasticity effect
空气密封 aeroseal;air-tight seal
空气密封垫圈 air grommet washer
空气密封管 seal-air pipe
空气密封门 aeroseal door
空气密封圈 air seal ring
空气密封装置 air sealing apparatus
空气灭弧 air blowout
空气灭弧断路器 air blast circuit-breaker
空气模 air mode
空气模拟 model(l)ing with air
空气模型 air model
空气模型试验 air model study
空气膜 air film
空气膜层界面 air film interface
空气摩擦 air friction
空气摩擦测力计 air friction dynamometer
空气摩擦损失 air friction loss
空气摩阻 air friction
空气幕 air-bubble screen;air curtain; air screen
空气幕沉井法 air-jetting method
空气幕法 air curtain method
空气幕法下沉沉井 sinking open caisson by injected air curtain
空气幕设备 air curtain installation; air curtain unit
空气幕装置 air curtain installation; air curtain unit
空气囊 air bag;air pocket
空气囊第二系悬挂装置 airbag secondary suspension
空气黏[粘]度 air viscosity
空气凝固法 air setting
空气凝固砂浆 air-setting mortar
空气凝汽器 air condenser
空气浓度 air concentration
空气排出口 exit air
空气排除 air removal;deaerate
空气排代泵 air-displacement pump
空气排放 air relief
空气排放标准 atmospheric emission standard
空气旁通管 air pipe
空气炮 air blaster; air blast gun; big blaster;blast aerator;shock blaster
空气泡 air bubble;air pocket
空气泡分布 air-void spacing
空气泡沫 air foam
空气泡沫灭火法 air foam fire extinguish method
空气泡沫灭火器 air foam fire extinguisher
空气泡沫灭火系统 air foam fire extinguishing system
空气泡沫喷嘴 air foam nozzle
空气泡沫枪 hose line foam nozzle
空气泡沫设备 air froth equipment
空气泡沫系统 air foam system
空气喷出口拱顶 <平炉的> airport

arch
空气喷净 air blast
空气喷净法 air blasting
空气喷口 air jet
空气喷磨 air buffing
空气喷气动力装置 air-breathing power plant
空气喷气发动机 aerojet engine; atmospheric jet
空气喷气推进装置 ducted-propulsion unit
空气喷枪 aerograph;airgun
空气喷砂 air sand blow
空气喷砂机 air sand blower
空气喷砂器 air sand blower
空气喷射 aerojet;air blast;air injection;air jet
空气喷射柴油机 air-injection diesel
空气喷射冷冻机 air blast freezer
空气喷射冷却 air blast cooling
空气喷射磨 air jet mill
空气喷射喷雾器 air blast atomizer
空气喷射喷嘴 air injection nozzle
空气喷射器 air ejector
空气喷射器风扇 air ejector fan
空气喷射式柴油机 air injection engine
空气喷射式燃烧器 air injection burner
空气喷射提升机 air jet lift
空气喷射系统 air injection system
空气喷射压力 air injection pressure
空气喷射制冷 air blast refrigeration
空气喷水器 air jet nozzle
空气喷涂 air spray coating
空气喷涂法 air spray finishing
空气喷雾 aerial spray
空气喷雾喷灯 air atomizing burner
空气喷雾燃烧器 air atomizing burner
空气喷油系统 air injection system
空气喷油嘴 atomizer airblast
空气喷嘴 air nozzle; blow nozzle; skelp blower
空气喷嘴鼓风机 air jet blower
空气膨胀室 air expansion chamber
空气偏导器 air deflector;spoiler
空气平衡 air balance;air poise
空气平衡泵组 air balanced pumping unit
空气平衡室 air balancing chamber
空气屏障 air curtain
空气瓶 air bottle;air tank
空气瓶接收器 air bottle receiver
空气谱线 air line
空气曝露试验 atmospheric exposure test
空气曝气 air aeration
空气曝气污染系统 air aerated sludge system
空气歧管 air manifold
空气起动阀 air starting valve
空气起动机 air-starter
空气起动设备 air starting system
空气气流 air draught
空气气体 air gas
空气汽缸 air cylinder
空气铅粒污染 air pollution with lead particles
空气潜水 air diving
空气潜水表 air dive schedule
空气潜水法 air diving
空气潜水方案 air dive profile; air dive project
空气潜水呼吸器 air diving breathing apparatus
空气潜水减压 air diving decompression
空气潜水员 air diver
空气切断旋塞 air shut-off cock
空气切换器 air alternator
空气侵入 air invasion
空气清洁法 Clean Air Act
空气清洁器 air cleaner
空气清洁系统 air washer
空气清洁政策 clean air policy
空气清洁指数 indices of atmospheric purity
空气清洁装置 air cleaning device
空气清洗 air purge;air wash
空气清洗式计量仪器 air purged instrument
空气驱动 air drive
空气驱动的 air-actuated;air-operated
空气驱动绞车 air winch
空气取样 air sampling; atmospheric sampling
空气取样器 air sampler
空气取样装置 air sampling rig
空气去极化电池 air depolarized battery;metal air battery
空气(去极化)电池组 air cell battery
空气去湿器 air dehumidifier
空气圈 aerosphere;air sphere
空气燃料比 air-fuel ratio
空气燃料比控制 air-fuel ratio control
空气燃料混合比控制(装置) air-fuel ratio control
空气燃料气混合物 air-fuel gas mixture
空气燃气化合物 total air-gas mixture
空气燃气流相交角 cross-angle of air and gas streams
空气燃气预混器 air and gas premixer
空气燃烧 air burning
空气燃油比 air-fuel ratio
空气燃油混合气 air-fuel mixture
空气扰动 air agitation
空气扰动法 air turbulence method
空气扰动阻力 air churning resistance
空气热弹性(理论) aerothermoelasticity
空气热化学 aerothermochemistry
空气热交换器 air heat exchanger
空气热力学 aerothermodynamics
空气热源 air source heat
空气热源热泵 air source heat pump
空气热源热泵系统 air source heat pump system
空气热源式气化器 ambient air-based heating vaporizer
空气容积 air volume
空气容量 air capacity
空气溶胶 aerosol
空气溶胶分析器 aerosol analyser[analyzer]
空气溶解浮选法 dissolved air flo(a)tation
空气熔化指数<离地面4.5英尺测定空气温度后所求得的融化指数,1英尺=0.3048米> air thawing index
空气熔炼的 air melted
空气入口 air inlet;air intake
空气入口温度 inlet temperature of air
空气入渗 intakage of air
空气软管 air hose
空气软管爆裂 air hose burst
空气软管和空气制动机试验装置 air hose and air brake testing plant
空气润滑气垫船 trapped air cushion vehicle
空气润滑轴承 air-lubricated bearing
空气润滑装置 air lubricator
空气润滑作用 air lubrication
空气塞门 air cock
空气散发 air emission
空气散流器 air diffuser;diffuser
空气散热 air cooling
空气散热片 air-cooled fin;air cooling fin
空气散热器 air radiator
空气散热叶片冷却器 air fin cooler
空气扇 air screw
空气上升道 air uptake
空气射流 aerojet;air jet;air spray;air stream
空气射流泵 air jet pump;ejector air pump
空气射流速度 air jet velocity
空气渗出 leakage exfiltration;air exfiltration <空气向室外渗透>
空气渗漏 air leak(age)
空气渗漏试验 air leak(age) test
空气渗滤器 air percolation
空气渗入 air infiltration; air inleakage; inleakage of air; intakage of air;leakage infiltration
空气渗入作用 air infiltration
空气渗透 air infiltration; air leak(age); air permeation; pervious to air
空气渗透率 air permeability;air permeance
空气渗透率法 air-permeability method
空气渗透试验 air-permeability test
空气渗透系数 air diffusion coefficient;air infiltration coefficient
空气渗透性 air permeability
空气渗透仪<测定水泥比表面积的> air-permeability apparatus
空气渗透阻力 air infiltration resistance
空气升降机 air lift
空气升力 air lift
空气升水泵 air lift pump
空气升温 air temperature rise
空气升压泵 air-booster
空气升液泵 air lifter;air lift pump
空气升液泵法 airlift pump method
空气升液管管脚 airlift foot
空气升液机 air hoist;air lift
空气升液器 air lift;airlift system
空气升液洗井 airlift flushing
空气生物形态 air-borne biological form
空气生物学 aerobiology
空气声传播 air-borne sound transmission
空气声隔绝 air-borne sound insulation
空气声隔声 air-borne sound insulation
空气声隔声参考曲线 curve of reference value for airborne sound; sound insulation reference contour
空气声声强 air-borne sound intensity
空气声学 aeroacoustics
空气湿电池 air wet cell
空气湿度 air humidity;air moisture; atmospheric moisture (capacity); humidity of air;moisture of air
空气湿度(参数)测定仪 hygronom
空气湿度测定法 psychrometry
空气湿度舒适度曲线 air moisture comfort curve
空气湿度舒适曲线 air humidity comfort curve
空气湿度图 psychrometric chart
空气湿度指示器 air humidity indicator
空气湿度指示仪 air humidity indicator
空气湿度指数 air humidity index
空气湿含量 moisture content of air
空气湿润 air humidifying;air wetting
空气式功率计 air brake
空气式冷冻机 cold air refrigerating machine
空气试验 air test
空气室 air cell;airdome;airhood;air plenum;air vessel;wind box
空气室发动机 air cell engine
空气室式柴油机 air cell diesel; air chamber diesel; diesel engine with air cell
空气收集器 air collector;air drum; air holder; air trap; common air chamber
空气输出量 air output
空气输入量 air input
空气输送 pneumatic conveying
空气输送管 air delivery pipe; pneumatic transport pipe; pneumatic tube conveyer[conveyor]
空气输送管道 airflow pipe
空气输送机 air-activated conveyer [conveyor]
空气输送溜槽 air-slide conveyer[conveyor]
空气输送能力 air capacity
空气输送器 air conveyer[conveyor]
空气输送设备 air-handling unit
空气输送斜槽 aerated conveying trough; aerated trough conveyer; air slide; air-slide conveyer; air trough conveyer; fluidizing conveyer; pneumatic fluidizing conveyer[conveyor]; pneumatic transportation groove
空气输送装置 pneumatic conveyer [conveyor]
空气熟化 air dry curing;air slacking; air slake
空气束缚管 air-bound pipe
空气数据传感器 air data sensor
空气栓 air tap
空气栓塞症 aeroembolism;air embolism
空气水分 air moisture
空气水分界面 air-water interface
空气水冷却 air-water cooling
空气水力学 aerohydromechanics
空气水汽 aqueous vapo(u)r;atmospheric vapo(u)r
空气水热交换器 air-to-water heat exchanger
空气水系统 air-water system
空气水系统接触角 contact angle of air-water system
空气水系统界面张力 interfacial tension of air-water system
空气水相互作用 air-water interaction
空气水压机 air hydraulic press
空气水压力器 air-water pressure vessel
空气水压蓄力器 air hydraulic accumulator
空气水诱导器 air-water induction unit
空气水蒸气混合物 air-water vapo(u)r mixture
空气松料散装水泥罐 air-activated bulk cement container
空气松料水泥罐 air-activated cement container
空气速度 air velocity
空气速度指示器 air-speed indicator
空气胎缓冲器 airbag buffer
空气太阳能加热系统 air based solar-heating system
空气太阳能系统 air type solar-heating system
空气弹簧 air spring(cushion);pneumatic spring
空气弹簧调平阀 air spring level(l)ing valve
空气弹簧风缸 air suspension reservoir
空气弹簧隔振器 air cushion shock absorber;air spring vibration isolator
空气弹簧气囊 air suspension bellow
空气弹簧韦格曼转向架 air-sprung Wegmann bogie
空气弹簧悬架 air spring suspension
空气弹性力学 aeroelasticity

空气弹性稳定 aeroelastic stability
空气弹性振动 aeroelastic vibration
空气探测仪 pneumo-fathometer
空气碳酸计 carbometer
空气淘净 air elutriation
空气淘析 air elutriation; elutriation by air
空气淘析法 air elutriation method
空气淘洗装置 air elutriation apparatus
空气套 air casing; air jacket
空气提升泵 air lift pump
空气提升储热催化裂化 airlift thermofor catalytic cracking
空气提升机 air hoist; pneumatic hoist
空气提升搅拌器 airlift type agitator
空气提升井试验 airlift well test
空气提升器 air(jet)lift
空气提升升压器 airlift booster
空气提升弹簧降下式集电弓架 air risen spring lowered type pantograph
空气提升挖泥船 airlift dredge(r)
空气提升系统 airlift system
空气提升装置 airlift unit
空气体积 air volume; volume of air
空气体积测量器 air volume measuring apparatus
空气体积调节 adjustment of air volume
空气调节 air-conditioning; air regulation; artificial atmosphere; conditioning of air
空气调节板 air damper; air slide
空气调节采暖与通风 <期刊> Air-conditioning, Heating and Ventilating
空气调节舱 air-conditioned cabin; climatized cabin
空气调节车辆 air-conditioned rolling stock
空气调节的 air-conditioned
空气调节的天花板 conditioned ceiling
空气调节阀 air control valve
空气调节方法 air-conditioning method
空气调节房间 air-conditioned room; conditioned space
空气调节风洞 air-conditioned wind tunnel
空气调节杆 air distribution bar
空气调节管道 air conditioner line; air-conditioning conduit; air-conditioning duct
空气调节管道系统 duct system
空气调节过程 air-conditioning process
空气调节机 air-conditioning machinery
空气调节机房 air-handling unit room
空气调节集装箱 air-conditioned container
空气调节计划 air-conditioning planning
空气调节计算室外温度 calculating outdoor temperature for air conditioning
空气调节计算室外相对湿度 calculating outdoor relative humidity for air conditioning
空气调节客车 air-conditioned coach
空气调节孔 air louver
空气调节控制 air-conditioning control
空气调节理论 air-conditioning theory
空气调节器 air-conditioner; air-conditioning unit; air governor; air regulator; conditioner
空气调节器的冷凝器 air conditioner condenser
空气调节器电线束 air conditioner harness
空气调节器室 air-conditioning machine room
空气调节区 air-conditioned zone; conditioned zone
空气调节设备 air-conditioner unit; air-conditioning equipment; air-conditioning plant; air-conditioning unit; air-handling equipment; apparatus for air conditioning
空气调节设计 air-conditioning planning
空气调节室 air-conditioning chamber; conditioning chamber
空气调节舒适区 comfort zone with air conditioning
空气调节系统 air-conditioning system; air-handling system; plenum system
空气调节系统工程 ductwork
空气调节系统冷负荷 air-conditioning system cooling load
空气调节压气机 air conditioning compressor
空气调节蒸发器 air-conditioning evapo(u)rator
空气调节装置 air-conditioning set; air-conditioner; air-conditioning installation; air-conditioning plant; air-conditioning system; air-conditioning unit; air-handling unit
空气调节组件 air conditioning module; air-conditioning package
空气调湿法 humidification
空气铁心的 air-cored
空气停滞 air stagnation
空气通道 aircourse; air duct; air tunnel; airway; cooling duct; duct; passage of air; ventilation duct
空气通风 air draft; air draught; air ventilation
空气筒 air collector; air drum
空气湍流 air torrent; air turbulence
空气推动 air operation
空气推进器 aerial propeller; aeropropeller; air propeller
空气推进艇 air boat
空气托垫 air cushion pallet
空气脱臭 air sweetening
空气脱水 dehydration of air
空气(外)套冷凝器 air-jacketed condenser
空气微粒测算器 aerosoloscope
空气微粒监测器 air particle monitor
空气微粒检测器 air particle detector
空气微生物采集器 aeroscope
空气微生物取样器 aeroscope
空气围带密封 inflatable seal
空气围带式备用密封 inflatable standby seal
空气卫生 air hygiene; air sanitation
空气温差 differential of air temperature
空气温度 air temperature
空气温度表 air temperature indicator
空气温度传感器 air temperature indicator
空气温度规 air temperature ga(u)ge
空气温度毫安计 air thermometer milliammeter
空气温度计 air thermometer
空气温度梯度 air temperature gradient
空气紊流 air turbulence
空气涡流 air eddy; air turbulence
空气涡流分离器 air vortex classifier
空气涡轮泵 air turbine pump
空气污尘 air-borne dirt
空气污染 aerial contamination; aerial pollution; air contamination; air pollution; air vitiation; atmospheric contamination; infection aerialis
空气污染本底监测网 background air pollution monitoring network
空气污染标准 air contamination standard; air pollution standard
空气污染测定规划 air contamination measure-ment program(me); air pollution measurement program(me)
空气污染程度 air contamination exposure level; air pollution exposure level
空气污染传感器 air contamination sensor; air pollution sensor
空气污染的定义 definition of air pollution
空气污染的法律制裁 legal remedy of air pollution
空气污染的工程控制 engineering control of air pollution
空气污染的技术数据 air pollution technical data
空气污染的天然来源 natural sources of air pollution
空气污染点源 point source of air pollution
空气污染调查 air contamination survey; air pollution survey
空气污染度 dustiness of air pollution; dustiness of the air
空气污染度监视器 air pollution monitor; gas pollution monitor
空气污染对人体健康的影响 effect of air pollution on human health
空气污染法 Aerial Contamination Act; Aerial Pollution Act; Air Contamination Law; Air Pollution Act; Air Pollution Law
空气污染法规 Aerial Contamination Code; Aerial Pollution Code; Air Contamination Regulation; Air Pollution Code
空气污染法律依据 legal authority for air pollution
空气污染防治 air pollution control; air pollution prevention; control of air pollution
空气污染防治法 Air Contamination Control Law
空气污染防治条例 Air Contamination Control Regulation; Air Pollution Control Regulation
空气污染防治系统 air contamination control system; air pollution control system
空气污染防治中心 air pollution control center[centre]
空气污染分析 air contamination analysis; air pollution analysis
空气污染工程师 air pollution engineer
空气污染观测站 air contamination observation station; air pollution observation station
空气污染管理局 Air Pollution Control Administration
空气污染管制区 air pollution control district
空气污染管制员 air contamination controller; air pollution controller
空气污染规章 air pollution regulation
空气污染环境问题 air pollution environmental problem
空气污染集中点 air pollution focal point
空气污染技术情报中心 Air Pollution Technical Information Center[Centre]
空气污染监测 air contamination monitoring; air pollution monitoring
空气污染监测激光雷达 air pollution monitoring laser radar
空气污染监测激光器 air pollution monitoring laser
空气污染监测器 air pollution monitor
空气污染监测系统 air pollution monitoring system; air pollution surveillance system
空气污染监视 air contamination surveillance; air monitoring; air pollution surveillance
空气污染监视系统 air pollution surveillance system
空气污染减轻装置 air contamination reduction device; air pollution reduction device
空气污染检测器 air contamination controller; air pollution controller
空气污染检查器 cacaerometer
空气污染警报 air pollution alert; warning of air pollution
空气污染控制 air contamination control; air pollution control; odo(u)r control
空气污染控制处 <美> Air Pollution Control Office
空气污染控制活动 air pollution control activity
空气污染控制区 air contamination control district; air pollution control district
空气污染控制系统 air pollution control system
空气污染控制协会 <美> Air Pollution Control Association
空气污染立法 air contamination legislation; air pollution legislation
空气污染面源 area source of air pollution
空气污染模式预报 air pollution forecasting by model
空气污染模型 air contamination model; air pollution model; air shed model
空气污染浓度 aerial contamination concentration; aerial pollution concentration; air contamination concentration; air pollution concentration
空气污染浓度预报 air pollution concentration forecasting
空气污染偶发事件 air contamination occurrence; air pollution occurrence
空气污染排放 air contamination emission; air pollution emission
空气污染排放因素 air contamination emission factor; air pollution emission factor
空气污染气味分类 air pollution order classification
空气污染气象学 air contamination meteorology; air pollution meteorology
空气污染潜势 air contamination potential; air pollution potential
空气污染潜势预报 air pollution potential forecasting
空气污染情报和计算机系统 air pollution information and computer system
空气污染区 air contamination region; air contamination zone; air pollution region; air pollution zone; air shed
空气污染区模式 air shed model
空气污染趋势 air pollution trend
空气污染全球监测 global monitoring

of air pollution
空气污染确定 definition of air pollution
空气污染日变化 daily change of air pollution
空气污染实施 air pollution exercise
空气污染事故 air contamination disaster;air pollution disaster
空气污染事件 air contamination episode;air pollution episode
空气污染诉讼 aerial contamination complaint; aerial pollution complaint;air pollution complaint
空气污染损害 damage by air pollution
空气污染条例 Air Contamination Regulation;Air Pollution Regulation
空气污染听证委员会 Air Contamination Hearing Board; Air Pollution Hearing Board
空气污染统计预报 air pollution statistical forecasting
空气污染问题工作队 working party on air pollution problem
空气污染问题经济专家组 group of economic experts on air pollution
空气污染物的逐渐减少 decay of air pollutant
空气污染物含量 air pollution load; content of air pollutant
空气污染物来源 source of air pollutant
空气污染物浓度 air pollutant concentration;air pollution load
空气污染物排放清单 air pollutant emission inventory
空气污染物质 aerial contaminant; aerial pollutant;air contaminant;air pollutant(matter)
空气污染系数 air pollution coefficient
空气污染线源 line source of air pollution
空气污染效应 air pollution effect
空气污染研究基金会 Air Contamination Fund;Air Pollution Fund
空气污染影响 influence of air pollution
空气污染预报 air pollution forecasting
空气污染预报系统 air pollution forecasting system
空气污染源 air contamination sources; air pollution sources; sources of air pollution
空气污染源控制 control of air pollution sources
空气污染灾害 air pollution disaster
空气污染者 air polluter
空气污染指标 air pollution index
空气污染指数 air contamination index;air pollution index
空气污染致癌性 air pollution carcinogenesis
空气污染致癌作用 air pollution carcinogenesis
空气污染综合征 air pollution syndrome
空气物理学 aerophysics
空气雾号 air fog signal
空气雾化 air atomization; air-atomizing
空气雾化喷(油)嘴 air atomizing burner
空气雾化器 air atomizer
空气吸潮器 air-breather
空气吸泥机 mud suction pump
空气吸入 aeroaspiration
空气吸入口 air suction inlet;air suction intake
空气吸升 air lift
空气吸声体 functional absorber
空气吸收(率) air absorption
空气稀薄 air-free dilution; tenuity; under-pressure
空气稀薄程度 degree of rarefation; degree of rarefication
空气稀薄的 air-free
空气熄弧 air blast
空气袭警板 air-raid alarm
空气洗涤 air scrubbing;air washing
空气洗涤器 air scrubber;air washer; eliminator of air washer;scrubber
空气洗涤室 humidifying air washer
空气洗涤塔 pneumatic scrubber
空气洗井 air circulation
空气洗井钻进 air(flush) drilling
空气系统 air system
空气细菌 air bacteria
空气细菌测定器 aerobioscope
空气细菌计数器 aerobioscope
空气隙 air gap(clearance); daylight clearance
空气隙不均匀 non-uniform air gap
空气隙磁阻 gap reluctance
空气隙放电器 plain gap
空气隙双合透镜 air-spaced doublet
空气隙铁芯扼流圈 gap choke
空气下降道 air downtake
空气下降度 airdrop
空气相对湿度 relative humidity of the air
空气箱 air box;air buoyancy tank;air case;air tank;buoyancy tank
空气箱密性试验 tightness test of air box
空气消毒 air sterilization
空气消耗量 air consumption;specific air consumption
空气消和的 air slaked
空气消化石灰 air slaked lime
空气消声器 air silencer
空气消音 air-borne sound insulation
空气消音器 air(intake) silencer; air sound attenuator
空气携带的灰尘 air-borne dust
空气携带的泥砂 air-borne sediment
空气携带的微粒 air-borne globule
空气携带性能 air portability
空气卸料槽 aerated discharge channel;pneumatic discharge channel
空气芯 air core
空气芯变压器 air core transformer
空气芯电磁铁 air-core electromagnet;solenoid electromagnet
空气芯扼流圈 air reactor
空气芯线圈 air core coil
空气芯圆筒形线圈 air core solenoid
空气新鲜度指标 freshness index
空气信号 air signal
空气信号放风阀拉绳 bell cord; bell rope
空气形成的 air-formed
空气形成的薄膜 air-formed film
空气性质 air property
空气需要量 air requirement;required air amount
空气蓄电池 air accumulator
空气蓄积 air accumulation
空气蓄热废气 air regenerative exhaust
空气蓄热室 air regenerator
空气蓄热室顶 air checker arch
空气蓄热室烟道 air regenerator flue
空气悬浮 air levitation; pneumatic suspension
空气悬浮台 air suspension block
空气悬浮物 air suspension
空气悬浮悬挂装置 air cushion suspension unit
空气悬浮预热器 air suspension preheater
空气悬架系统 air suspension system
空气旋流管 air swirl pipe
空气旋流器 air cyclone
空气旋塞 air cock;air tap
空气旋转法 air rotary method
空气旋转钻进 air rotary drilling
空气选粉机 air separator
空气选粉机控制磨机喂料 mill feed control by air separator
空气选粒 dry elutriation
空气选粒器 air classifier
空气循环 air circulation;air cycle
空气循环鼓风机 air-circulating blower
空气循环冷却 air cycle refrigeration
空气循环率 rate of air circulation
空气循环设备 air-circulating device; air cycle equipment
空气循环式水冷器 atmospheric type water cooler
空气循环室 air-circulating chamber
空气循环效率 air cycle efficiency
空气循环制冷机 air cycle refrigerating machine
空气循环阻力 air circuit resistance
空气压机 air ram(mer)
空气压降 airflow differential; air-pressure drop
空气压力 air-pressure;pressure of air
空气压力表 air ga(u)ge;air-pressure ga(u)ge;compressed-air ga(u)ge
空气压力传动 air-pressure drive
空气压力传感器 air-pressure probe; Pitot-static system
空气压力调节阀 air-pressure regulator valve
空气压力调节器 air-pressure regulator
空气压力灌 air-pressure tank
空气压力计 air manometer;air-pressure ga(u)ge
空气压力试验 air-pressure test
空气压送机 air placer
空气压缩 air compression; compression of air
空气压缩泵 air compressor pump; air-pressure pump
空气压缩电动机 air compressor motor
空气压缩机 air-boost compressor;air compressing engine;air compressing machine;air compressor(plant);air-pressure engine; air pump; air receiver;compressed-air engine;compressed-air equipment; compressor;gas compressor;inflator;pressure blower; bulkload compressor <松散材料装料用的>
空气压缩机安装 air compressor mounting
空气压缩机储气罐 compressor air tank
空气压缩机调压器同步系统 air compressor governor synchronizing system
空气压缩机阀门 air compressor valve
空气压缩机房 air compressor plant; compressor plant
空气压缩机风量 wind volume of air compressor
空气压缩机缸体 air compressor cylinder
空气压缩机管道 air compressor line
空气压缩机活塞 air compressor piston
空气压缩机活塞环 air compressor piston ring
空气压缩机进风滤尘器 air compressor suction strainer
空气压缩机开关 air compressor switch
空气压缩机皮带轮 air compressor pulley
空气压缩机曲柄箱 air compressor crank case
空气压缩机曲柄轴 air compressor crank shaft
空气压缩机试验台 air compressor test bench; air compressor test stand
空气压缩机室 air compressor chamber;air compressor room
空气压缩机系统 air compressor system
空气压缩机卸荷器 air compressor unloader
空气压缩机油 air compressor oil
空气压缩机噪声 noise of compressor
空气养护 air curing;air dry curing; dry curing
空气养护的 air-cured
空气养护混凝土 air-cured concrete
空气养护试件 air-cured specimen
空气养生 air curing;dry curing
空气氧化 air oxidation; atmospheric oxidation
空气氧化法 air oxidation method
空气氧化灰雾 aerial oxidation fog
空气氧化脱硫 air oxidation desulfation;air oxidation desulphation;air sweetening
空气氧化脱硫塔 air oxidation desulfation tower; air oxidation desulphation tower
空气液化 air liquefaction
空气液化器 air liquefier
空气液化装置 air liquefying apparatus
空气液压加力器 air hydraulic booster
空气一次通过的冷却器 single-pass cooler
空气一致性 air uniformity
空气乙炔焊(接) air acetylene welding
空气抑制 air inhibition
空气逸出 <压气隧道> blow
空气硬化 air hardening; self-hardening of air
空气硬化钢 air hardening steel; self-hardening steel
空气硬化剂 air cure agent
空气硬化黏[黏]结剂 air curing binder
空气用量 air consumption
空气油分离器 air-oil separator
空气油系统接触角 contact angle of air-oil system
空气油系统界面张力 interfacial tension of air-oil system
空气油压减震支柱 aerooleopneumatic shock absorbing strut; air-oil shock strut
空气油液式支柱 air-oil strut
空气有机质测定计 sepsometer
空气诱导 air induction
空气与孔隙体积比 air-void ratio
空气浴(器) air bath
空气浴装置 air-bath equipment
空气预过滤器 air pre-cleaner
空气预加热器 air preheater
空气预冷器 air precooler
空气预热 air preheating
空气预热管 economizer bank
空气预热器 blast heater
空气预热室 air preheating chamber
空气运动 air motion;air movement
空气(载)声 air-borne sound
空气载声传声损失 air-borne sound transmission loss
空气载运的 air-borne

空气再流转 air recirculation
空气再热 air reheating
空气再热器 air reheater
空气再生系统 air regenerative system
空气再生装置 air regeneration unit
空气再循环 air recirculation
空气噪声 air-borne noise;air-borne sound;air noise
空气增湿器 air humidifier
空气闸门 air lock;air shutter
空气栅栏 <即水下减震措施的气泡帘> air barrier
空气胀 air bulking
空气障碍 air-bound
空气罩 air case;airhood
空气折流板 air deflector
空气折射校正 atmospheric refraction correction
空气折射率效应 air refractivity effect
空气真空二位阀 air-vacuum two way valve
空气真空阀 air-and-vacuum valve
空气真空两用制动机 combined compressed-air and vacuum brakes
空气振荡器 air alternator
空气振捣 air ramming
空气振动 air vibration
空气蒸发 air evapo(u)ration
空气蒸发冷却 evaporative air cooling
空气蒸气混合器 air vapo(u)r mixture
空气蒸汽鼓风 air and steam blast
空气支撑式储仓 air-supported silo
空气支承 air bearing
空气支承的 air-borne
空气支承结构 air-supported structure
空气支管 air lateral;air manifold
空气植物群落 air flora
空气止回阀 air back valve
空气纸绝缘电缆 air core cable;air-space(paper core) cable;dry core cable
空气纸绝缘铅包电缆 lead-paper cable
空气指示马力 air indicated horsepower
空气制动 aerodynamic(al) brake;air braking;air damping
空气制动分配器 air brake distributor
空气制动管 air brake-pipe feed
空气制动机 air brake dynamometer;air brake gear;pneumatic brake
空气制动机充气 charge the brake
空气制动机工程 air brake engineering
空气制动机集中试验操纵台 <对整列车集中充气、放气,并进行试验> central air test panel
空气制动机协会 <美> Air Brake Association
空气制动机中继车 <挂在长大列车中部> air brake repeater car
空气制动监察员 air brake supervisor
空气制动教练车 air brake instruction car
空气制动开关 air brake switch
空气制动器 air brake
空气制动软管 air brake hose
空气制动施加 pneumatic brake application
空气制动式测功机 air brake dynamometer
空气制动系统 air brake system
空气制动系统管道 air brake system pipe
空气制动转速计 air braking tachometer
空气制动装置 air brake gear;air brake equipment <不包括基础制动>
空气制动装置试验台 air brake system testing stand
空气制冷机 air refrigerating machine;cold air machine
空气制冷循环 air refrigeration cycle
空气质点 air particle
空气质量 air mass;air quality;mass of air
空气质量标准 air quality criterion;air quality standard
空气质量分级 air quality classification
空气质量分析 air quality analysis
空气质量和排放标准 air quality and emission standard
空气质量监测 air quality monitoring
空气质量检测 air quality measurement
空气质量控制 air quality control
空气质量控制区 air quality control region
空气质量模式 air quality mode;ambient air quality mode
空气质量模型 air quality model;ambient air quality model
空气质量目标 air quality objective
空气质量维护 air quality maintenance
空气质量问题 air quality problem
空气质量准则 air quality criterion
空气滞留 air stagnation
空气滞留点 dead-air spot
空气置换采样法 exchanging air sampling method
空气(中)变应原 aeroallergen
空气中的 air-borne
空气中的电离 ionization in air
空气中的放射量 air-borne radioactivity
空气中的放射性 air-borne radioactivity
空气中的排放物 air-borne emission
空气中的污染物 air-borne pollutant
空气中的悬浮灰 air-borne ash
空气中毒物浓度 air toxicant concentration
空气中方块试验法 <沥青材料软化点试验法> cube-in-air method
空气中放电 aerial discharge
空气中废物 air-borne waste
空气中浮游生物 aeroplankton
空气中辐射剂量 air dose
空气中干缩 air shrinkage
空气中汞 air-borne mercury
空气中固化 air set
空气中回火 air tempering
空气(中)凝固 air setting
空气中凝固的 air set
空气中热传导系数 air-to air-heat transmission coefficient
空气中散发的尘埃 fugitive dust
空气中水分含量 water loading of air
空气中水化 <指石灰> air slake
空气中水汽被水解石灰和水泥吸收 air slaked
空气中碳化合物馏分 air-borne fraction of carbon
空气中微粒测量表 aerosoloscope
空气中污染物的吸入容许量 breathing tolerance
空气中污染物的吸收容许量 breathing tolerance
空气中悬浮的 air suspended
空气中悬浮微粒 air-borne particulate
空气中载尘量 dust loading
空气重度差 air density difference
空气重度系数 air density coefficient
空气重力流(动) gravity flow of air
空气重力流速 velocity gravitational air flow
空气重力落锤 airlift gravity drop hammer
空气重量计 air poise
空气轴承 <借薄喷气层的压力支持机轴> air bearing
空气骤冷 air quenching
空气骤冷篦式熟料冷却器 air quenching grate clinker cooler
空气主管路 air main
空气助流组件 air assist assembly
空气助压喷烧器 air assisted pressure jet burner
空气注入式燃烧器 atmospheric injection-type burner
空气柱 air column
空气转筒 air tumbler
空气转向器 air deflector
空气状的 aeriform
空气状况 air regime
空气资源 air recourses
空气资源管理 air resource management
空气自动断路器 air circuit breaker
空气自然循环 natural air circulation;direct circulation
空气自然氧化 air natural oxidation
空气总管 air main
空气阻聚 air inhibition
空气阻抗 air resistance
空气阻力 aerodynamic(al) drag;aerodynamic(al) drag resistance;air drag;air friction;air reaction;air resistance;air restriction;drag force;drag resistance;windage;wind resistance
空气阻力系数 coefficient of air friction;coefficient of air resistance
空气阻力现象 drag phenomenon
空气阻力因数 factor of air resistance
空气阻尼 air damping
空气阻尼摆 air damped pendulum
空气阻尼的 air damped
空气阻尼器 air damper
空气阻尼天平 air damping balance
空气阻气门 air strangler
空气阻塞 <管道或泵顶的> air-bound
空气阻滞 air inhibition
空气阻滞作用 air drag
空气组成 air composition;composition of air
空气钻进 air boring;air drilling
空气钻探 air flush drilling
空气钻眼 pneumatic drilling
空器 pocket
空铅 quad(rat)
空铅盒 space box
空前的 unexampled;unheard-of;unparalleled;unprecedented
空前未有的 unparalleled
空前涨价 unprecedented rise
空腔 cavity;cavity pocket;space cavity
空腔波长计 cavity wavemeter
空腔波导管 hollow guide;hollow pipe waveguide;hollow waveguide
空腔磁控管 cavity magnetron
空腔挡水板 cavity flashing;cavity tray
空腔调谐 cavity tuning
空腔发射(能力) cavity emissivity
空腔反射式天线 cavity-backed radiator antenna
空腔泛水 cavity tray
空腔防水 cavity waterproofing
空腔分离 cavity detachment
空腔辐射 cavity radiation
空腔辐射器 cavity radiator
空腔辐射体 cavity radiator
空腔腐蚀 cavitation corrosion;cavity corrosion
空腔隔板 cavity barrier
空腔共振 cavity resonance
空腔共振器 cavity resonator;microwave resonance cavity;resonant cavity;resonant chamber;resonant element;rhumbatron;tuned cavity;waveguide resonator
空腔共振器方法 cavity resonator method
空腔灌浆 cavity grouting
空腔火障 cavity barrier
空腔接收器 cavity receiver
空腔滤波器 cavity filter
空腔模 evacuated mo(u)ld
空腔耦合 cavity coupling
空腔排水缝 open joint
空腔频率计 cavity frequency meter
空腔侵蚀 cavitation erosion
空腔区 cavity zone
空腔试验 cavitation test
空腔水流 cavitating flow;cavity flow
空腔损坏 cavitation damage
空腔填充料 cavity fill
空腔稳频振荡器 cavity-stabilized oscillator
空腔吸声 absorption in cavity;sound absorption in cavity
空腔镶板结构 drum panel(l)ing
空腔效应 cavity effect
空腔谐振 boominess;cavity resonance
空腔谐振磁控管 cavity magnetron
空腔谐振模 cavity mode
空腔谐振器 cavity resonator;resonant cavity;resonant tank;rhumbatron
空腔谐振器电路 cavity circuit;resonant-cavity circuit
空腔谐振器耦合系统 cavity coupling system
空腔形成 cavitation
空腔圆顶 hollow dome
空腔振荡电路 cavity circuit;resonant-cavity circuit
空腔振荡器 hollow space oscillator
空勤人员 aircrew;flight crew
空勤作业员 air-borne operator
空区 dead zone;depletion region;empty space;skip area
空圈闭 barren trap
空圈效应 <感应线圈> dead-end effect
空热耗 fire over;idle
空容积 head space;vacuity
空容器 empty container
空塞子 dummy plug
空摄地图 aerial picture map;skyograph
空时电压 timing voltage
空时光学 space-time optics
空蚀 cavitation;cavitation corrosion;cavitation erosion;cavitation pitting;pitting corrosion
空蚀剥损 cavitation pitting
空蚀程度 cavitation level;cavitation scale;degree of cavitation
空蚀传感器 cavitation sensor
空蚀度 cavitation degree;cavitation limit;level of cavitation
空蚀痕迹 cavitation pitting
空蚀机理 mechanism of cavitation
空蚀级别 cavitation level
空蚀坑 cavitation pitting
空蚀坑体积 pitting volume
空蚀类型 cavitation pattern
空蚀破坏 cavitation damage
空蚀破坏作用 cavitation attack
空蚀曝气系统 cavitation aeration system
空蚀蚀穿 pit-through

空蚀试验 cavitation test
空蚀试验台 cavitation performance test stand
空蚀数 cavitation number
空蚀水流 cavitation flow
空蚀特性(曲线)cavitation characteristic
空蚀系数 cavitation coefficient;cavitation sigma;pitting coefficient
空蚀小洞 cavitation damage
空蚀性能 cavitation-free performance
空蚀穴 cavitation pocket
空蚀仪 cavitation meter
空蚀余量 <泵的> net positive suction head
空蚀运行 cavitation-free operation
空蚀指数 cavitation index
空蚀滞后 cavitation hysteresis
空蚀中心 cavitation core
空蚀准则 cavitation criterion
空驶 empty running
空驶车辆 waste traffic
空驶费 charges for returning of private carriage or special passenger train stock
空驶交通 waste traffic
空式桥 open bridge
空式桥面 open bridge floor
空事件 null event
空事务处理记录 void-transaction log
空试车 blank test
空竖板 open riser
空数据区 null data area
空数据组 null data set
空速 air speed;air velocity
空速表 air-speed indicator;air-speed meter
空速测量传感器 air-speed measuring sensor
空速管 air-speed head;Pitot
空速管柱 Pitot mast
空速计 air-speed meter
空速计算器 air-speed computator
空速马赫指示器 air-speed mach indicator
空速矢量 air velocity vector
空速指示器 air-speed indicator
空态 vacant state
空套齿轮 free gear
空提包 parapack
空体积 void volume
空调 air-conditioning
空调舱 air-conditioned cabin
空调舱室 air-conditioned cabin
空调测量装置 air-conditioning measuring facility
空调车辆 air-conditioned rolling stock
空调储气室干燥器 receiver-dryer [drier]
空调单元 conditioning unit
空调的通风井 conditioning duct shaft
空调的显热与总热荷之比 sensible heat factor
空调地带 conditioning zone
空调调节机组 air-conditioning unit
空调房间 air-conditioning room
空调房间专用窗锁 air-conditioning lock
空调房屋 air-conditioned building
空调负荷 air-conditioning load
空调工程 air-conditioning engineering
空调工况 air-conditioning condition
空调工况制冷量 rating under air conditioning condition; refrigerating output under air conditioning condition
空调供气 conditioned air supply
空调管道 air-conditioning duct
空调管道井 air-conditioning shaft
空调管线 air-conditioning piping
空调荷载 air-conditioning load
空调机 air-conditioner
空调机房 air-conditioner room; air-conditioning machine room; air-conditioning plant; air conditioning plant room
空调机房模块 modular air conditioning plant room
空调机房平面图 air-conditioning machine room layout
空调机控制箱 control box for air conditioner
空调机组 air-conditioning installation;air-conditioning system
空调及排风装置 air-conditioning and exhausting apparatus
空调技术 air-conditioning engineering;air-conditioning technique
空调降温 temperature decrease of air conditioning
空调洁净器 air cleaner
空调空间 air-conditioned space; air-conditioning space; conditioned space
空调控制板 air-conditioning control panel
空调控制设备 air-conditioning control device
空调口 air-conditioning inlet
空调冷凝器 air-conditioning condenser
空调冷热负荷 cooling and heating load for air conditioning
空调列车 air-conditional train; air-conditioned train
空调面积 conditioned area
空调能力 air-handling capacity
空调票 supplement ticket for air-conditioner
空调平衡 balancing
空调平面图 air-conditioning layout
空调气闸 air-conditioning lock
空调器 air-conditioner
空调器安装槽 trough for air conditioning unit
空调器管理 conditioner supervision
空调器容量 conditioner capacity
空调器效率 conditioner efficiency
空调器效能 conditioner performance
空调器形式 conditioner type
空调器性能 conditioner performance
空调区(域)air-conditioning zone; conditioned area;conditioning zone
空调全景特快列车 air-conditioned panoramic express
空调容量 air-handling capacity
空调软管 flex-duct
空调设备 air-conditioner; air-conditioning equipment; air-conditioning plant; air-conditioning unit; air equipment; conditioning unit; ventilation equipment
空调设备室 air-conditioning equipment room;conditioning equipment room
空调设计 air-conditioning design
空调设施 air-conditioning installation;air-conditioning plant
空调湿调设备 humidifying and air conditioning equipment
空调湿度计 Kata thermometer
空调室 air-conditioned cabin;air-conditioned space; air-conditioning chamber
空调水 conditioning water
空调送风箅子 conditioned air discharge grill(e)
空调塔 air-conditioning tower;conditioning tower
空调系统 air-conditioning system; conditioning system
空调系统控制 air-conditioning system control
空调系统预过滤设施 prefilter for air-conditioning system
空调系统中的管子 conditioning system pipe
空调新风机 air-conditioner fresh air fan
空调用 idle call
空调噪声 air-conditioning noise
空调站 air-conditioning station
空调照明设备 air-conditioning luminaire; air-handling luminaire; air-light troffer
空调照明装置 air-conditioning luminaire; air-handling luminaire; air-light troffer
空调制冷水循环系统 cooling circulating system for air conditioning
空调终端设备 air terminal unit
空调专业 air-conditioning discipline
空调装置 air-conditioning plant; air-conditioning installation; air-conditioning unit;air-breather;aircon
空调装置检修车间 air-conditioner workshop
空调装置清洗设备 cleaner for air conditioning equipment
空桶 drums empty;empty
空头 bear; bear seller; bull seller; over-sold(position);short;top hat
空头部位 bear position;short position
空头产权 bare ownership
空头的 wildacat
空头地位 open position
空头对冲 short hedge
空头股利 fictitious dividend
空头股票 kiting stocks
空头行情 bear position
空头轧平 bear squeeze;short squeeze; squeeze
空头集团 bear clique
空头计划 bubble scheme
空头交易 bear transaction; bond washing;short
空头交易合同 short contract
空头借人 borrowing short to lend
空头票据 accommodation bill;accommodation kite; accommodation note;fictitious bill;fictitious paper; kite;kite bill
空头商行 bogus company
空头市场 bearish market;bear market
空头提单 accommodation bill of lading;fictitious bill of lading
空头头寸 bear position
空头投机 bear speculation
空头信托 blankcheck trust
空头业者 bear
空头债 phoney loans
空头账户 bear account;short account
空头支票 accommodation bill; bad check; bad cheque; dishonoured cheque;fictitious bill;fictitious paper; kite; kiting cheque; rubber check;rubber cheque
空投 aerial delivery;air-borne drop; airdrop
空投程序 drop sequence
空投袋 drop container
空投的 paradrop
空投救生艇 air-borne lifeboat
空投抛弃式海洋遥感器 air droppable expendable ocean sensor
空投气象浮动站 parachute weather buoy
空投器 paracrate
空投区 drop zone;target area
空投深水炸弹 aerial depth charge
空投深水炸药 aerial depth charge
空投试验 drop test
空透深度 skin depth
空透性吊顶 hollow furred ceiling
空图 empty graph;null graph
空文件节 empty file section
空问波 space ray
空屋条款 vacancy clause
空吸 suction
空吸泵 suction pump
空吸波 suction wave
空吸抽机 suction pump
空吸管 suction pipe
空吸煤气 suction gas
空吸切削疏浚 suction cutter dredging
空吸切削疏浚机 suction cutter dredge(r)
空吸式高温计 suction pyrometer
空吸式供纸器 suction feeder
空吸式挖泥船 drag-suction dredge(r)
空吸效应 suction effect
空吸压力泵 suction and force pump
空吸状态 <泵的> snoring condition
空席 vacant position
空袭警报 air alert;air-raid alarm;air warning
空袭目标 target model;target of air attack
空袭目标资料 air target material
空袭式核查 surprise check
空袭式清点 surprise count
空袭式审计 surprise audit
空系 empty set
空细胞(防腐)法 <木材防腐的压力处理法> empty-cell process;open cell process; open cell method; Rueping
空细胞加压不完全浸注法 <木材防腐处理> empty-cell pressure process
空险 air risks
空线 deadline; disengaged free; idle line;idle wire
空线上的速度(调车)speed on open track
空线信号 free line signal;idle indicating signal
空线信号灯 visual idle indication lamp
空线指示器 ring-off indicator
空线状态 absent-subscriber condition;free condition
空箱 empty van;in empty <指集装箱>
空箱比重 <集装箱> percentage of empty container
空箱出场通知 <集装箱> empty container gate-out advise
空箱存场报告 <集装箱> empty container inventory report
空箱吊具 <集装箱> non-loaded container spreader
空箱堆场 <集装箱> van pool
空箱堆箱机 empty van staker
空箱进口 imported empty
空箱式挡土墙 cellular retaining wall
空箱式基础 hollow box foundation
空箱提交单 <集装箱> equipment dispatch order

空想 phantasma
空想城市规划 utopian schemes of city planning
空想的 fancy
空想的计划 babel
空想者 theorist
空项 null term
空心 air core
空心坝 cavity dam;hollow dam
空心板 cavity panel;cored slab;fluted board; hollow core plank; hollow plate;hollow slab;voided slab
空心板结构 cored slab construction;

hollow wood construction
空心板框 hollow slab frame
空心板梁 tubular girder
空心板楼板 hollow slab floor;hollow tile floor
空心板楼面 hollow tile floor
空心板墙 cavity panel wall
空心板桥 hollow slab bridge;voided slab bridge
空心棒 hollow rod
空心包体【地】hollow inclusion
空心保温 cavity insulation
空心爆破作业 open face blasting
空心壁柱 hollow pillar
空心边墩 cellular abutment
空心变压器 air core transformer
空心波导 hollow waveguide
空心玻璃壳微球靶 hollow microsphere target
空心玻璃砌块 hollow glass block
空心玻璃微珠 hollow glass microspheres
空心玻璃细珠 hollow glass beads
空心玻璃纤维 hollow glass fiber[fibre]
空心玻璃制品 hollow glass ware
空心玻璃砖 hollow glass block;hollow glass brick;hollow glass tile
空心玻璃砖封接机 hollow glass block sealing machine
空心玻璃砖隔墙 hollow glass block partition(wall)
空心玻璃砖砌体 glass masonry
空心车轴 hole-bored axle from end to end;hollow axle
空心撑杆 hollow stay
空心承重混凝土砌块 hollow load-bearing concrete masonry unit
空心齿轴 hollow pinion
空心冲【机】dinking;hole punch
空心冲杆 hollow plunger
空心冲头 hollow punch
空心冲錾 hollow punch
空心窗框 box frame
空心打开塞 hollow trip plug
空心大板码头 wharf of precast hollow slab
空心大梁 hollow girder
空心大砖 hollow building block;hollow building brick;cavity block
空心带壳桩 hollow shell pile
空心导线 cellular conductor;hollow conductor;hollow tubing conductor;tube conductor
空心的 cored;hollow;walt
空心的东西 incavation
空心地板 cored floor;hollow floor
空心地板填充料 hollow floor filler
空心地面 pot floor
空心第一级塞 hollow first-stage plug
空心电车杆 tubular pole
空心电动仪表 air cored instrument
空心电感线圈 air core inductance
空心电抗器 air core reactor
空心电缆 hollow(core)cable
空心电枢 coreless armature
空心电线杆 tubular pole
空心电子柱 hollow beam
空心垫缝带 hollow(extrusion)gasket
空心垫砖 backup tile
空心吊杆 hollow derrick
空心顶镦凸模 recessed heading tool
空心顶棚 cored ceiling
空心度 hollowness;voidness ratio
空心端铣刀 shell-and-milling cutter;shell end mill
空心断面 hollow cross-section;hollow profile;hollow section;open section
空心垛式支架 pigsty timbering
空心扼流圈 air choke;air-core(d)reactor;no-core reactor
空心阀 hollow core valve
空心阀杆气门 hollow-stem valve
空心阀芯 hollow spool
空心帆桁 hollow spar
空心方钢 hollow square steel
空心方钢犁梁 hollow square beam
空心方块 <一种防波堤块体> cob walling;hollow block;hollow square
空心方块码头 concrete cellular block quay wall;hollow square quay wall
空心方块式码头 concrete crib type wharf
空心方线脚【建】hollow square mo(u)lding
空心分户(共用)墙 hollow party masonry wall
空心风道墙 cavity shaft wall
空心浮标 hollow float
空心浮石混凝土加筋梁 pumice concrete hollow beam
空心浮子 hollow float
空心腹板梁 hollow web girder
空心杆冲钻 hollow rod churn drill
空心杆螺旋钻 hollow stem auger
空心秆 culm
空心钢 hollow section
空心钢材 hollow steel
空心钢窗 hollow metal window
空心钢辐轮 hollow steel spoke wheel
空心钢辊 hollow steel roller
空心钢门 hollow core steel door;hollow metal door;hollow steel door
空心钢坯 hollow billet
空心钢丝绳 hollow wire rope
空心钢索 hollow rope
空心钢桅 metal mast;plated mast
空心钢桩 hollow steel pile
空心搁板门框背面的缝口 throat opening
空心隔断 hollow partition
空心隔墙 double partition;hollow partition(walling)
空心隔墙板 hollow partition slab
空心隔墙砌块 hollow partition block
空心隔墙砖 cavity partition(wall)tile;hollow partition tile
空心共用隔墙 hollow party wall
空心共用墙 cavity party wall
空心构件 hollow component;hollow core member;hollow member;hollow unit
空心构件断面 hollow frame section
空心构造 cavity construction;hollow core construction
空心股线 hollow section strand;tubular strand
空心关闭塞 hollow closing plug
空心管模 hollow tube mode
空心管坯 hollow bloom;hollow shell
空心管形铆钉 tubular rivet
空心管桩 pipe pile
空心管子 hollow pipe
空心光锥 hollow cone;hollow conical beam of light
空心硅酸钙板 cored calcium silicate slab
空心硅酸钙砖 cored calcium silicate brick;hollow calcium silicate brick
空心辊 hollow roll
空心滚筒 bored roll
空心过梁 hollow lintel
空心焊丝 cored solder wire
空心合页心 hollow hinge pin;pivot tube
空心荷载传感器 hollow load cell
空心横隔墙 cavity cross-wall
空心滑阀 hollow plunger
空心环 cavity ring;hollow ring
空心灰泥板 hollow plaster panel
空心灰砂板 cored lime-sand slab
空心灰砂砖 cored lime-sand brick;cored-sand-lime brick;hollow lime-sand brick
空心混凝土 core concrete;hollow concrete
空心混凝土(大)方块 concrete monolith
空心混凝土方法 hollow concrete method
空心混凝土格体 concrete hollow cellular block
空心混凝土块 aerated block;concrete hollow block;dri-crete
空心混凝土块件 hollow block;hollow box;hollow building block;hollow unit
空心混凝土块体 hollow concrete block;cavity block
空心混凝土梁 hollow concrete beam
空心混凝土楼板 hollow concrete floor
空心混凝土砌块 cavity concrete block;concrete pot for walls;hollow concrete block
空心混凝土砌体 cavity block;hollow block
空心混凝土墙 cavity concrete wall;hollow concrete wall
空心混凝土砖 hollow concrete brick
空心混凝土砖砌体 blockwork
空心活连杆 hollow piston rod
空心活塞 hollow piston
空心活塞泵 hollow piston pump;hollow ram pump
空心活塞拉条 piston staybolt
空心活塞起重器 hollow piston jack
空心活塞千斤顶 hollow piston jack
空心火山泥球构造 voidal volcanic mud ball structure
空心基础 core foundation
空心基墩 hollow foundation pier
空心挤压型材 hollow extruded shape
空心夹板构造 hollow wood construction
空心夹板门 hollow core flush door
空心夹层墙 hollow wall
空心夹层墙板 hollow core sandwich panel
空心夹墙 hollow partition
空心件 hollow block
空心件挤压模 bridge die
空心件模锻 core forging
空心件铸造 slush casting
空心建筑砌块 hollow cored building block
空心建筑砖 hollow building block;hollow building brick
空心键 hollow key
空心桨叶 hollow blade
空心浇注 slush casting
空心浇铸法 hollow casting method
空心胶合板 hollow plywood
空心胶合板结构 hollow wood construction
空心胶塞 hollow plug
空心铰刀 hollow reamer;shell reamer
空心铰刀轴 hollow cutter shaft
空心铰链销 pivot tube
空心铰销 pivot tube
空心搅拌器 hollow stirrer
空心节 hollow knot
空心结构 hollow core construction
空心结合 hollow joint
空心结核 voided concretion
空心截面 hollow section;voided section
空心截面柱 column of hollow section
空心介质波导 hollow dielectric(al)waveguide
空心金属防火门 <中垫绝缘层的> hollow metal fire door
空心金属(件)hollow metal
空心金属框架 hollow metal frame
空心金属门 hollow metal door;sheet-metal door
空心金属圆锥体 rain cone
空心金属支柱 hollow prop
空心茎 hollow stalk
空心矩形尺 open block square
空心聚焦线圈 air core focusing coil
空心卷筒 hollow roll
空心均力圆锥轮 hollow fusee
空心颗粒 hollow bead
空心壳 cavity shell
空心孔 <螺丝攻的> internal point
空心块间壁 partition block
空心块间壁墙 hollow partition
空心块砌体 hollow unit masonry
空心块砌体结构 hollow unit masonry construction
空心块墙 cavity block masonry wall;hollow body wall
空心块(体)cavity block;hollow block;hollow body;hollow slug;cored block
空心阔脚桩 disc pile
空心肋 hollow rib
空心肋板 bracket floor;half solid floor;lightened floor;lightened plate frame;lightening plate frame;open floor;skeleton floor
空心肋构桥 hollow-ribbed bridge
空心肋式楼板 hollow-ribbed floor
空心棱镜 hollow lens;hollow prism
空心冷拔型材 hollow drawn shape
空心粒子 hollow granule
空心连续旋翼螺钻 hollow-stem continuous flight auger
空心梁 cellular girder;cored beam;hollow beam;corite <一种专利用于防火楼面的>
空心梁防火地板 bison
空心梁楼板 box beam floor
空心梁砌块 beam hollow block
空心流 cavity flow
空心楼板 cored ceiling;cored floor;hollow core floor slab;hollow plank;hollow floor slab;hollow tile
空心楼板挤出机 hollow slab extruder
空心楼板梁 hollow floor beam
空心楼板砖 floor hollow brick
空心楼面 pot floor
空心楼梯栏杆柱 hollow newel
空心炉撑 hollow stay bolt
空心炉渣砖 hollow clinker block
空心率 percentage of hollow filament
空心轮辐 hollow spoke
空心轮胎 air core tyre
空心轮辋 hollow(steel)rim
空心螺撑 hollow stay bolt
空心螺钉 hollow screw
空心螺栓 banjo bolt
空心螺纹提土器 hollow auger
空心螺线管 air core solenoid
空心螺旋 cored screw
空心螺旋立轴 through-feed screw
空心螺旋桩 hollow screw pile
空心毛细管填充柱 open tubular capillary packed column
空心铆钉 blind rivet;hollow(ed)rivet;tubular rivet
空心煤渣砖 hollow cinder block
空心门 hollow core door
空心门芯 implanted core
空心密封垫 hollow gasket
空心模 hollow mo(u)lding

空心模成型 pot die forming
空心模具 hollow mo(u)ld
空心模型 cored pattern
空心模制楼板 hollow mo(u)ld floor
空心抹灰墙板 hollow plaster panel
空心木板结构 hollow wood construction
空心木垛 open crib
空心木性陶器 terra-cotta lumber
空心内柱轴 hollow draw-in spindle
空心耐火砖过梁 Fawcett's lintel
空心黏[粘]土大砖 jumbo
空心黏[粘]土砌块 double clay pot; hollow clay block; hollow clay building block
空心黏[粘]土砖 hollow clay brick; hollow clay tile; structural clay tile
空心黏[粘]土砖地面 clay pot floor
空心黏[粘]土砖烟囱 chimney of hollow clay tile
空心扭剪试验 torsional shear hollow cylinder test
空心耙齿结构 shell-tine construction
空心盘管 hollow coil
空心泡沫控制混凝土砌块 cored foamed slag concrete block
空心喷嘴 hollow jet
空心喷嘴针形阀 hollow jet needle valve
空心膨胀煤渣混凝土砌块 cored expanded cinder concrete block
空心坯 hollow ingot
空心偏转线圈 air core deflection coil
空心平缝层 hollow bed
空心平面门 hollow core flush door
空心屏障 cavity barrier
空心砌合墙 hollow bonded wall
空心砌块 cavity block; cavity concrete block; cellular block; hollow block; hollow building block; hollow masonry unit; hollow pot; hollow stone; hollow unit; building block
空心砌块侧面 face shell
空心砌块成型机 hollow block machine
空心砌块隔断墙 partition block
空心砌块间壁 partition block
空心砌块楼板 hollow block floor
空心砌块密度 hollow block density
空心砌块模 cavity block mold
空心砌块模板 hollow block mo(u)ld
空心砌块模型 hollow block mo(u)ld
空心砌块砌体 hollow unit masonry
空心砌块墙 cavity block wall; hollow block masonry wall; hollow block wall
空心砌块试验机 hollow block tester
空心砌块圬工 hollow unit masonry
空心砌块圬工工程 cored block masonry work
空心砌块制坯机 stupid
空心砌块制造 hollow block making
空心砌块制造机 cavity block making machine
空心砌体 hollow masonry unit
空心砌体隔热填充料 masonry fill
空心砌体墙 wall of hollow masonry
空心砌砖 hole block
空心器皿 hollow ware; terra-cotta ware
空心器皿玻璃 hollow ware glass
空心钎头 hollow bit
空心钳 hollow bit tongs
空心嵌条 hollow fillet
空心墙 cavity wall; hollow core wall; hollow masonry wall; multiunit wall; veneered wall; diamicton <古罗马建筑中填碎料的>
空心墙板 hollow panel
空心墙的一面墙 withe[wythe]
空心墙隔热填充料 cavity wall insulation material
空心墙隔绝(性能) hollow wall insulation
空心墙构造 hollow wall construction
空心墙角基石 hollow quoin
空心墙块 hollow wall block
空心墙联系件 wall tie
空心墙砌体 hollow wall of masonry
空心墙体 hollow walling
空心桥墩 cellular abutment; cellular pier; hollow pier
空心桥面板 voided deck
空心桥台 hollow abutment; hollow pier
空心桥座 cellular abutment; hollow pier
空心轻楼板 hollow floor
空心轻质炉渣混凝土砌块 hollow light(weight) slag concrete
空心球 hollow ball; hollow sphere
空心球轴承 hollow ball bearing
空心区域 hollow area
空心曲柄销 hollow crank pin
空心曲柄轴 hollow crank shaft
空心溶渣砖 hollow clinker block
空心熔渣砌块 clinker pot
空心扫描显示器 expanded-center display
空心烧结砖 hollow clinker block
空心舌槽瓦 clay book tile
空心舌槽砖 clay book tile
空心射束 hollow beam
空心石板 hollow stone
空心石膏板 Bellrock hollow plaster slab; hollow gypsum plank
空心石膏地砖 gypsum floor pot
空心石膏砌块 hollow gypsum building block
空心石核 geode
空心石灰砂砖 hollow sand-lime brick
空心石块 hollow drilled stone
空心石块件 hollow block; hollow box; hollow building block; hollow unit
空心石泡构造 voidal lithophysa structure
空心式 open-core type
空心式放热器 core type radiator
空心纾子 cop
空心枢 hollow pivot
空心输电线杆 hollow transmission line mast
空心水锤泵 hollow ram pump
空心水泥板 hollow cement flag
空心丝 air silk
空心四方块体 hollow square
空心四面体 hollow tetrahedron
空心碎料板 hollow core particle board; tubular particle board
空心踏板 rat-trap pedal
空心踏步 hollow step
空心镗刀油 hollow boring bit
空心陶土过滤块 filter block
空心陶土过滤器 filter block
空心陶土块 hollow clay block
空心陶土砖 hollow clay tile
空心陶砖 <一种专利的具有隔离性能的> Cranham
空心套管 core drill
空心套管传动 quill drive
空心天花板 cored ceiling
空心填块 hollow filler
空心填料 cavity filling; hollow packing
空心填土坝 cavity dam
空心挑檐 box(ed) cornice
空心铁杆 steel spar
空心通风砖 ventilating brick
空心铜线 hollow copper wire
空心筒形冰 tube ice
空心头固定螺钉 hollow head set-screw
空心瓦 hollow tile
空心外墙 cavity external masonry wall
空心(外圆)铣刀 hollow mill
空心微球 cenosphere
空心围堰 cellular cofferdam
空心桅杆 hollow mast
空心涡 hollow vortex
空心涡轮钻杆 hollow turbine drill rod
空心圬工 hollow masonry(work)
空心圬工墙 cavity masonry(work)
空心雾锥喷嘴 hollow cone type nozzle
空心铣刀 hollow milling cutter; hollow milling tool
空心纤维 hollow fiber[fibre]
空心纤维超滤 hollow fiber ultra-filtration
空心纤维法 hollow core method
空心纤维膜 hollow fiber membrane
空心纤维渗透器 hollow fiber permeator
空心衔铁 coreless armature
空心线脚 hollow fillet
空心线圈 air core coil; blank coil; hollow coil
空心箱 box out
空心镶板楼板 cored panel floor
空心镶面砖 hollow cladding tile
空心橡胶堵塞物 <一种专利建筑材料> Craftplug
空心心轴 hollow mandrel
空心心轴车床 hollow mandrel lathe
空心芯子 hollow core
空心型材 hollow profile; hollow section; hollow shape
空心型钢 structural hollow section
空心旋压模 hollow spinning block; hollow spinning chuck
空心压力盒 hollow load cell
空心岩石锚杆 hollow(core) rock bolt
空心岩栓 hollow core rock bolt
空心堰 hollow weir
空心阳圾 hollow anode
空心氧化锆球 bubble zirconia
空心氧化铝球 bubble alumina
空心氧化铝球砖 alumina bubble brick
空心叶片 hollow blade
空心阴极板 hollow cathode
空心阴极灯 hollow cathode lamp
空心阴极放电 hollow cathode discharge
空心阴极放电管 hollow cathode discharge tube
空心阴极放电光谱分析 hollow cathode discharge spectroscopic analysis
空心阴极管 hollow cathode tube
空心预制预应力楼板 hollow precast prestressed floor slab
空心圆钢柱 lally column
空心圆筒 cannon
空心圆筒(径向受力)护舷 hollow cylindric(al)(diametrically loaded) fender
空心圆筒就地浇筑混凝土桩 hollow cylindric(al) cast-in-place pile
空心圆形桥墩 hollow round pier
空心圆柱 hollow cylinder
空心圆柱体 hollow cylinder
空心圆柱体试验 hollow cylinder test
空心圆锥体 female cone; hollow cone
空心晕 peripheral halo
空心凿 hollow ground tool
空心造型 casemate; casement
空心整体刚架 hollow integral rigid frame
空心支墩 cellular buttress; hollow buttress
空心支架 hollow sting
空心支柱 hollow pillar
空心支座 hollow abutment
空心直浇口棒 pattern bush
空心止口 spigot
空心纸绝缘电缆 dry core cable
空心制品 hollow article
空心钟乳石 sode straw
空心重力坝 hollow gravity dam
空心轴 cannon; hollow shaft(ing); hollow spindle; sleeve piece; tubular axle; tubular shaft
空心轴衬板 trunnion liner
空心轴衬里 trunnion lining
空心轴传动 hollow shaft drive; quill; quill drive
空心轴传动连接 trunnion connected drive
空心轴弹性传动 quill drive
空心轴颈 hollow trunnion
空心轴套 hollow shaft sleeve
空心轴喂料磨机 trunnion feed mill
空心轴卸料磨机 trunnion discharge mill
空心轴轴承 trunnion bearing
空心注件 opencast
空心注浆 drain cashing; hollow casting
空心柱 cased column; hollow column; open column
空心柱塞 hollow plunger
空心柱塞泵 hollow plunger pump; hollow ram pump
空心柱形测孔规 annular plug ga(u)ge
空心铸件 hollow casting
空心铸轮 hollow cast wheel
空心铸模 gula
空心铸塑 hollow casting
空心铸铁柱 hollow cast-iron column
空心铸造的活塞 hollow cast piston
空心砖 air brick; building tile; carrelage; caving brick; cavity brick; cavity tile; cell brick; cored block; cored brick; cored tile; H-brick; hole tile; hollow block; hollow brick; hollow filler; hollow tile; lattice brick; perforated brick; terracotta; tubing brick; tubular brick; vertical coring brick; hollow filler brick <密肋楼板用的>
空心砖板墙 hollow brick partition; hollow tile partition
空心砖承包人 tile contractor
空心砖地板 pot floor
空心砖地面 pot floor
空心砖多肋楼板 rib and filler block floor
空心砖复合墙板 hollow brick composite wall
空心砖腹板 web of tile
空心砖腹隔 web of hollow tile; web of tile
空心砖钢筋混凝土楼板 hollow tile floor slab
空心砖隔墙 hollow tile partition
空心砖工 cavity brickwork
空心砖工墙 cavity brick work wall
空心砖混凝土块 cellular block
空心砖混凝土密肋楼板 hollow filler block floor
空心砖加筋密肋楼板 tile lintel floor
空心砖孔 cell in hollow tile; cellsin hollow tile
空心砖孔隙度 hollow tile density
空心砖楼板 cavity block floor; cavity-tile floor; hollow-ribbed floor; hollow tile floor; hollow tile floor slab; hollow tile slab; pot floor
空心砖楼板建筑 hollow tile floor construction
空心砖楼盖 hollow tile floor

空心砖密度 hollow tile density
空心砖密肋楼板 hollow filler floor
空心砖密肋楼板系统 hollow filler floor system
空心砖模 cavity-tile mo(u)ld;hollow tile mo(u)ld;pot mo(u)ld
空心砖砌体 cavity brickwork; pot masonry work
空心砖墙 brick cavity wall; cavity brick wall; cavity-tile wall; hollow brick masonry; hollow brick wall; hollow brickwork wall; hollow tile masonry wall; hollow tile wall; masonry cavity wall; pot masonry wall; pot wall
空心砖踏步 pot step
空心砖台阶 cavity block step
空心砖外壁 shell of tile
空心砖外壳 leaf of blocks; tile shell
空心砖圬工 cavity brick masonry (work)
空心砖圬工工程 cored brick masonry work
空心砖屋顶 cavity block roof; hollow tile roofing; pot roof; roof in hollow tile
空心砖制造机 cavity-tile making machine; pot making machine
空心转筒澄清机 hollow bowl clarifier
空心转筒离心机 hollow bowl centrifuge; hollow bowl clarifier
空心转子 sleeve rotor
空心转子测速发电机 drag-cup tachogenerator
空心转子电动机 drag-cup type rotor motor
空心转子感应电动机 drag-cup induction motor
空心桩 hollow(-section) pile
空心装药 shaped charge
空心锥体 conulite
空心字 outline letters
空心组合板 hollow composite slab
空心钻 copper drill; corduroy bit; corduroy drill; core drill; hollow drill; hollow-stem auger
空心钻杆 hollow boring rod; hollow drill(shank) steel; hollow rod; hollow drill
空心钻杆钢丝绳冲击式钻机 hollow rod churn drill
空心钻杆钻进 hollow rod drilling
空心钻钢 hollow drill shank steel
空心钻井钻杆 hollow drill rod
空心钻探 core boring
空心钻探钢材 hollow drilling steel
空心钻头 core bit; cored drill bit; hollow bit; hollow boring bit
空芯墙 caving wall; cavity masonry (work); cored wall
空芯墙板 cored wall panel
空芯墙泛水 cavity flashing
空芯墙隔热材料 cavity wall insulation
空芯墙绝热材料 cavity wall insulation
空芯墙拉杆 cavity wall tie
空芯墙联系件 cavity wall tie
空芯墙披水 cavity flashing; cavity tray
空芯墙清除口 clean-out of wall cavities
空芯墙上的框架用以固定钢窗 cavity sub frame
空芯墙梯式加固 cavity wall reinforcing(ladder type)
空芯墙系铁 cavity wall tie
空信道加荷 idle channel loading
空信息组 null field
空行 running on cushion <凿岩机>
空行程 back play; empty run; free-wheeling; idle motion; idle running idle stroke; virtual travel
空行程传动 free transmission
空行程混合物成分调节 <发动机> idle mixture adjustment
空行程速度 no-load speed
空行速度 <机车> idling speed; idle speed
空型 casement
空虚 vacuum
空虚的 vacant
空穴 cavity; hole; pigeon hole; positive hole; vacancy; opa <古典庙宇中屋顶梁的>; vug(g) hole <岩石中的>
空穴长度 cavity length
空穴传导 hole conduction; p-type conduction
空穴导电 hole conduction; p-type conduction
空穴电导 hole conductance
空穴电导率 hole conductivity
空穴电流 hole current
空穴电子对 hole-electron pair
空穴电子复合 hole-electron recombination
空穴度 cavitation limit
空穴泛水 cavity tray
空穴范围 hole range
空穴俘获 hole capture; hole trapping
空穴厚度 cavity thickness
空穴结合能 hole binding energy
空穴井 <打到漂石砾石砂层内的水井> cavity well
空穴扩散 hole diffusion
空穴扩散长度 hole-diffusion length
空穴扩散度 hole diffusance
空穴扩散系数 hole-diffusion coefficient
空穴类型 kind of cavitation
空穴理论 cavity theory
空穴流 cavitation flow; cavity flow
空穴密度 hole density
空穴密集带 hole conduction band
空穴浓度 hole concentration; hole density
空穴膨胀理论 cavity expansion theory
空穴漂移 hole drift
空穴漂移度 hole driftance
空穴迁移 hole migration
空穴迁移度 hole mobilance
空穴迁移率 hole mobility
空穴区 hollow space
空穴缺陷 cavitation damage
空穴燃烧效应 hole-burning effect
空穴色谱法 vacancy chromatography
空穴数 cavitation index
空穴水 <矿物的> aerohydrous water
空穴态 hole state
空穴徙动 hole migration
空穴系数 void coefficient
空穴现象 cavitation; hole phenomenon; voidage
空穴陷阱 hole trap
空穴效应 hole effect; void effect
空穴效应模型 hole effect model
空穴压力 cavity pressure
空穴载流子 hole carrier
空穴注入 hole injection
空穴注入速率 hole injection rate
空穴阻力 cavity drag
空循环 idle loop
空压机 air compressing engine; air compressing machine; air compressor; compressor; gas compressor
空压机泵站 compressed-air pump station
空压机抽水装置 air compressor pumping installation
空压机电机 compressor motor
空压机房 air compressor plant; compressor plant
空压机排气管 hot-gas line
空压机容量 gas compressor capacity
空压机输出压力 delivery pressure of air compressor
空压机洗井 well cleaning with air compressor
空压机站 air compressor installation; air compressor plant; flowing plant
空压机装置数据 installation data of air compressor
空压特性 no-load characteristic
空轧道次 lost pass; shallow pass
空轧过的 <无压下轧制的> dummied
空轧机座 dummy stand
空轧孔型 dead pass; dummy pass; idle pass; shallow pass
空轧通过 dumming
空岩 goaf; gob
空眼法钻进 line-hole drilling
空眼掏槽 burned cut
空眼掏槽爆破 burned cut blasting
空页【计】 gutter
空印 blinding printing
空应答 null reply
空英里 <长度同海里, 1 空英里 = 1853.24 米> aeronautical mile; air mile
空邮 airmail
空邮收据 airmail receipt
空油变换器试验台 air hydraulic converter test bench
空语句【计】 dummy statement; null statement
空域 air space; empty space
空裕 process allowance
空裕时间 process allowance
空员表示灯 idle operator lamp
空圆柱体 hollow cylinder
空运 aerial navigation; aerial transport(ation); aerotransport; aircraft delivery; air lift; airplane delivery; air traffic; air transport(ation); carriage by air; air freight
空运包裹 air exposure
空运保险 aerial insurance; air transportation insurance
空运保险单 policy of air transportation insurance
空运部件 air parts
空运成本 air freight cost
空运单 air bill; air waybill
空运的 air-borne
空运发货单 air consignment note
空运分提单 house air(way) bill
空运服务组 air transport service division
空运港 air port
空运航线 air lift
空运航线交通控制中心 air route traffic control center[centre]
空运货物 air-borne goods; air cargo; air goods; airlift cargo
空运货物单据 house air bill; house air waybill; house waybill
空运货物提单 airway bill of lading
空运货物委托书 instruction for despatch of goods; shipper's letter of instructions
空运机 air carrier aircraft
空运机交货 ex plane
空运津贴 air transport subsidy
空运进口货物提单 import airway bill of lading
空运里程测量计 air mileage unit
空运量 air lift
空运路线 air route; airway; air line
空运贸易 air-borne trade
空运企业 airshipper
空运清单 air freight list
空运索道 aerial ropeway
空运提单 air freight bill of lading; delivery order of airfreight
空运托运单 air consignment note
空运网 airline network
空运险 air risks
空运线 air bridge; air lane
空运业务 air ferry service
空运邮件 air cargo; plane post
空运(运)费 air freight
空运运输提单 air waybill
空运站 air transport station
空运主提单 master airway bill
空运转 dry run; fire over; idle; idle running; lost motion; running free; running on cushion; free running
空运转热消耗 holding heat; no-load heat consumption
空运转状态 free running phase
空匝 dead turn
空匝损耗 dead(-end) loss
空匝效应 dead-end effect
空载 carrying idler; idler; idling; no-live load; no-load; no load live load; weight empty; zero load
空载 Q 值 basic Q factor; unloaded Q
空载饱和曲线 no-load saturation curve
空载变速 no-load speed changing
空载驳船队 light tows
空载车 idler
空载车轴 loose axle
空载程序块 idle block
空载吃水 light draft; light draught; lightweight; unloaded draft
空载吃水线 light load line; light (water) line
空载传输 back haul
空载船 light ship
空载船吃水线 light water line
空载倒闸 disconnection of lines at no-load
空载的 loose; no-load
空载点 no-load point
空载电流 idle current; idling current; no-load current; running-light current
空载电路 idle circuit
空载电压 floating voltage; open circuit voltage
空载电压比 no-load voltage ratio
空载调速器 no-load speed governor
空载段 <皮带输送机的> return unloaded belt
空载断路器 no-load switch
空载法 running-light method
空载返航 deadheading
空载分接开关 open circuit tap changer
空载风压 no-load air pressure
空载钢丝绳 empty rope
空载工况 idle condition
空载功率 idle capacity
空载功率消耗 no-load power consumption
空载功率消耗量 no-load power requirement
空载光学天线 spaceborne optic(al) antenna
空载航次 ballast run
空载航行 light voyage; navigation in ballast
空载耗气量 free air consumption
空载红外云层测绘仪 spaceborne infrared cloud mapper
空载回程 deadheading

空载回转 < 挖掘机 > swing empty
空载加速度 non-loaded acceleration
空载剪切强度 < 指结构支座移动或温度变化时产生的剪切强度 > no-load shear strength
空载交通 waste traffic
空载静变位 unladen static deflection
空载开度 no-load opening
空载控制 no-load control
空载励磁 no-load excitation; open circuit excitation
空载/满载比 unloaded/load ratio
空载能耗 no-load power consumption
空载排水吨 deadweight ton; light placement
空载排水量 displacement light; light load displacement; lightweight
空载起动 no-load starting
空载起动电气阀 no-load starting electro-pneumatic valve
空载切断 idling cut-off
空载情况 no-load condition
空载燃料流量率 idle fuel flow rate
空载热负荷 no-load heat duty
空载热耗 non-productive heat consumption
空载时的功率损失 no-load horsepower loss
空载时低速 low no-load speed
空载时动力消耗量 no-load power consumption
空载时间 dead time; idle time; idling time; loss time; unload deadweight
空载时间损耗 dead time loss
空载时重量 unladen weight
空载实验 no-load test; running-light test; zero load test
空载试验 no-load test; running-light test; zero load test; unload test
空载试验法 running-light method
空载试运转 no-load test run
空载水线 light load line; light(water) line
空载速度 idle speed; idling speed; no-load speed; runaway velocity; speed no-load; speed without load
空载速率 no-load speed
空载损耗 dead time loss; no-load loss; open circuit loss
空载损失 dead time loss; idling loss; no-load loss
空载索 empty rope
空载太阳泵浦激光器 spaceborne sun pumped laser
空载特性 no-load characteristic
空载特性曲线 no-load characteristic curve
空载提升速度 no load lift speed
空载条件 idle condition; no-load condition
空载停泊 flying light
空载位置 idle position
空载线(路) dead main; no-loaded line
空载线路切合过电压 overvoltage of no-load line switching
空载线路特性曲线 open circuit characteristic
空载消耗量 no-load consumption
空载小齿轮 lazy pinion
空载行程 deadheading; lost motion
空载行驶车辆 deadheading
空载运行 deadheading; empty running; idle running; no-load operation; no-load run(ning); no-load work; operation at idling condition; running-in; running light; vacant run(ning)
空载运转 idle motion; no-load run(ning)
空载振幅 non-loaded amplitude
空载重量 unloaded weight
空载轴 empty axle
空载转速 idle speed; no-load speed; runaway speed; speed no-load
空载状态 idling condition; light condition; light load condition; light ship condition; no-cargo condition
空载纵倾 cork-light trim
空渣车吊高器 < 隧道施工用 > cherry picker
空占重 taring
空正面 dead front
空值 null value
空职的 vacant
空指令 blank command; blank instruction; dummy instruction; dummy order; waste instruction
空指示符 null indicator
空指针值 null pointer value
空置(的土)地 vacant land
空置地盘 < 建筑 > vacant site
空置换 empty substitution
空置建筑地盘 vacant building site
空置物业豁免 vacant premises exemption
空置线圈 idle coil
空置住宅 vacant tenement
空中 in the air; in the sky; midair
空中巴士 < 中短程客机 > airbus
空中曝光指数 aerial exposure index
空中爆破法 air shooting
空中爆炸 air blast; airburst; explosion in air; air shoot < 空中激发产生地震波 >
空中爆炸的冲击波 explosive-produced air shock
空中爆炸法 air shooting
空中标志 aerial signal
空中补给线 air lift
空中测绘 airplot
空中测量设备 air metering device
空中城市 space city
空中传播的声音 air-borne sound
空中传递 aerial transmission
空中传感系统 air-borne sensor system
空中待机 air alert
空中导航 aerial navigation; aeronavigation; air navigation; avigation
空中导航法案 Air Navigation Act
空中导航检影器 aerial navigational viewfinder
空中导航用的无线电站 aeradio
空中导线 aerial traverse; aerotraverse; aeropolygon
空中导线测量 aerial traverse; aerotraversing
空中导线法 aeropolygon procedure
空中的 aerial; air-borne; airy
空中低压区 air pocket
空中地磁探测的 aeromagnetic
空中地质观测 geologic(al) aerovisual observation; geologic(al) airview
空中吊索架设法 erection by working cable
空中吊运仓库 chain trolley
空中吊运车 dan; load car; troll(e)y
空中吊运车缆索 troll(e)y rope
空中吊运车绳索 troll(e)y cord
空中吊运车系统 troll(e)y system
空中吊运起重机 troll(e)y crane
空中吊运起重机的承重钢梁 troll(e)y beam
空中短程往返服务 air shuttle service
空中断面记录 air-borne profile recording
空中断面记录图 air-borne profile; flight profile
空中堆旋 air stack
空中发射 air-launch
空中防治 aero-control
空中纺缆法 < 悬索桥主缆施工的 > aerial spinning method; air spinning method
空中纺缆技术 < 悬索桥主缆施工的一种方法 > aerial spinning technique
空中放电 air discharge
空中放线法 < 简称 AS 法,悬索桥主缆施工 > aerial spinning method; air spinning method
空中飞机 air-borne aircraft
空中飞行 aerial flight
空中浮游尘埃 air-borne dust
空中浮游生物 aeroplankton
空中浮游植物 aero(plankto)phyte
空中俯瞰图 aeroview
空中公共汽车 airbus
空中攻击 air strike
空中观测术 aeroscopy
空中管制中心 air control center[centre]
空中海上救助 air-sea rescue
空中航道 air lane
空中航道导航设备图 enroute chart
空中航线 skyway
空中航行 avigation
空中核爆炸 air nuclear burst
空中花园 < 古巴比伦建的 > hanging garden
空中滑行 volplane
空中货运 air freight; all-cargo airline service
空中货运费 air freight
空中基线【测】air base(line)
空中基线平面 basal plane
空中基线倾斜度 air base inclination
空中吉普 aerial jeep; air-borne jeep; air jeep
空中集材 < 利用气球或直升飞机 > aerial logging
空中继线指示灯 idle trunk lamp
空中加油 air refuelling; flight-refuel
空中加油飞机 aircraft tanker; air tanker; tanker aircraft
空中加油锥套 drogue
空中监测 air monitoring
空中监视 aerial surveillance; air surveillance
空中监视雷达 air surveillance radar
空中检测 aerial detection
空中交叉 overhead crossing; poleless transposition
空中交通 air traffic
空中交通管理 air traffic control
空中交通管理系统 air traffic control system
空中交通管制 air traffic control
空中交通管制联锁装置 air traffic control interlock
空中交通管制许可证 air traffic control clearance
空中交通管制员 air traffic controller
空中交通间隔规则 air traffic separation rule
空中交通控制中心 air route traffic control center[centre]
空中交通(运输)网 air traffic network
空中交通指挥 air traffic control
空中禁区 air-space reservation
空中景观 aerial view
空中警戒 air-borne alert
空中警戒哨 air pick(er)
空中警钟 aerial bell
空中距离 air distance; beeline
空中绝缘工作台 insulated aerial work platform
空中勘测 aerial reconnaissance
空中客车 aerobus; skylounge < 由直升机载客从市中心到机场 >
空中客机 aerobus; aerocab
空中控制 aero-control
空中控制系统 air-borne control system; borne control system
空中快速运输(系统) aerometro
空中缆车 aerial transporter; funicular railway; overburden funicular railway < 露天开挖系统用 >
空中缆道 aerial ropeway
空中雷达地质勘查 air-borne radar geologic(al) reconnaissance
空中里程装置 air mileage unit
空中力量 air power
空中立体三角测量仪 stereo-aero triangulation
空中列车 aerial train; aerotrain
空中领航 avigation
空中领航数据 aeronautical data; air data; flight data
空中楼阁 air castle
空中轮廓 skyline
空中模拟器 space simulator
空中目标速度测量装置 radist[radio distance]
空中目标镶嵌图 air target mosaic
空中目标资料 air target data; air target material
空中能见度 flight visibility
空中鸟瞰图 airscape
空中喷药 aerial application of pesticides; aerial spraying
空中偏转和调制 air deflection and modulation
空中起动 air start
空中起重机 sky crane
空中气象记录仪 aerograph
空中牵引 aerotow
空中桥梁 < 连接各地的航空路线 > air bridge
空中倾斜摄影 side oblique air photograph
空中热动力学 aerothermodynamics
空中人 < 俚语 > airman
空中三角测量 aerial triangulation; aerotriangulation; air triangulation; phototriangulation; spatial triangulation; stereotriangulation; three-dimensional triangulation
空中三角测量法 aerial level(l)ing
空中三角测量区域网 aerial triangulation block
空中三角(测量)仪 aerotriangulator; bridging instrument; aerial bridging instrument; aerial triangulator
空中三角网区 aerial triangulation block
空中扫射 strafe
空中摄影 aerial shot; air-borne photography
空中摄影测量 aerial photogrammetry
空中摄影地图 aerial photomap; photomap
空中摄影定时器 photogrammetric(al) intervalometer
空中摄影法 air phototechnique
空中摄影机 aerocamera
空中摄影枪 camera gun
空中摄影三角测量 photogrammetric(al) aerotriangulation
空中摄影学 aerial photography
空中摄影站 air station; camera station
空中摄影照片 aerial view; aerophoto(graph)
空中摄影侦察 photorecon; photoreconnaissance
空中声波测距 aerial sound ranging
空中实验室 skylab
空中输送机 aerial conveyer[conveyor]

空中数据计算机 air data computer
空中水准测量 aerial level(l)ing
空中索道 aerial cableway
空中索扣 <吊桥> aerial frog
空中台 air-borne set
空中探测 aerial reconnaissance
空中特区 special air region
空中天气侦察 weather reconnaissance
空中铁道 aerometro
空中通信[讯] air-borne communication
空中通信[讯]装置 air-borne communicator
空中投影法 aero-projection method
空中透视 aerial perspective
空中微迹系统 air trace system
空中微粒显微镜 aeroscope
空中微生物 air-borne bacteria
空中微生物群落 phytoaeron
空中位置 air position; no-wind position
空中位置指示器 air position indicator
空中温度校正 air temperature correction
空中污染 air-borne pollution
空中无线电话机 aerophone
空中物体 aerial object
空中显示系统 air-borne display system
空中线段校正 airline correction
空中陷阱 air hole
空中斜摄影 bird view
空中卸料 <架空索道起重机斗> aerial dump
空中悬吊输送机 troll(e)y conveyer [conveyor]
空中悬浮尘雾 air-borne particulate
空中悬浮微粒体 air-borne particulate
空中悬浮盐类 air-borne salt
空中巡逻 aerial patrol
空中巡视管线 air surveillance patrol; pipeline supervision by overlight
空中压条 air layering
空中优势 air domination
空中运动数据 air movement data
空中运输 air transport(ation)
空中运输设备 off-ground hauler
空中运载工具 air-borne vehicle
空中照片嵌拼地图 aerial mosaic
空中照片制图仪 aerocartograph
空中照相机 aerocamera
空中照相枪 camera gun
空中照相(术) aerophotography
"空中支架"设计 <1924 年艾尔里斯特兹克与马特斯坦所设计的,建立在巨大支架上跨越城市通道的办公大楼> Cloud Props project
空中直线距离 airline distance
空中直线里程 airline mile
空中终端 air terminal
空中重力计 air-borne gravimeter
空中自行车 <一种垂直起落飞行器> aerocycle
空中总重量 all-up weight
空中纵断面记录器 air-borne profile recorder; terrain profile recorder
空中走廊 air corridor; air lane; corridor; lane
空中坐标 <三角测量的> air coordinates
空中坐标系 air coordinate system
空重 bare weight; empty weight; lightweight; unladen weight; tare weight <车辆或集装箱>; tare <汽车等除去燃料、冷却水等的>
空重车称重风缸 strut cylinder
空重车交换装置 car switching equipment
空重车可调制动机 empty-loaded change-over brake
空重车可调制系统 empty-loaded braking system
空重车流 combined loaded and empty wagons flow
空重车调整制动机 load compensating brake
空重车制动机 double capacity brake
空重车制动位调整器 empty-loaded adjusting device
空重车转换阀 empty and load valve
空重车转换塞门 empty and load change-over cock
空重车转换制动机 empty-loaded change-over brake
空重车转换装置 empty-loaded change-over device
空重车(自动转换)制动装置 empty and load brake equipment
空周期 null cycle
空周转距离 average empty wagon kilometers in one complete turn-around of wagon
空轴 trunnion
空竹式瓷绝缘器 diabolo type porcelain insulator
空注阀 hollow jet valve
空注针形阀 hollow jet needle valve
空柱 void column
空转 blank run; bluff racking; dummy; excessive idling; free play; free-wheeling; idle motion; idle operation; idle run(ning); idling(run); no-load; no-load run(ning); preoperation; race rotation; race running; run-down idle; running dry; run(ning) empty; running free; run(ning) idle; running-in; run(ning) light; running no-load; skid; slipping; vacant run(ning); wheel slipping; zero discharge; drilling free; drilling off <钻进时>
空转保护 clip protection
空转并发出哒哒声 tick-over
空转程序步 dummy step
空转齿轮 idling gear; idler gear
空转传动齿轮 drive idler gear
空转动 lost motion
空转惰轮 dead idler
空转防护装置 slipping protection device
空转功率 idle capacity; shut-off horsepower
空转构件 false member
空转辊 dummy roll; underdriven roll; idle roll(er)
空转辊轴 <输送带的> idler shaft
空转滑车 loose pulley
空转滑轮 idle(r) pulley
空转回收 slip recovery
空转机构 freewheeling mechanism
空转机组 idle unit
空转机座 idle stand
空转接收机 dallying receiver
空转孔 idle hole
空转控制 slow-running control
空转轮 dead pulley; driven wheel; free pulley; free rolling wheel; free wheel; gear idle; idle gear; idle wheel; idling gear; intermediate wheel; loose pulley; pulley idler
空转轮臂 idler arm
空转轮螺旋线圈 idler solenoid
空转轮弹簧 idler spring
空转轮轴 idler shaft
空转轮转速 idler revolution
空转马达 idling motor
空转摩擦功 no-load work
空转摩擦力 motoring friction
空转排气孔 idle port
空转喷口【机】 idling jet
空转喷嘴 no-load nozzle
空转皮带轮 loose pulley
空转汽化器 idling carburet(t)or
空转切断 idling cut-off
空转燃料流量率 idle fuel flow rate
空转伤痕 <钢轨的> wheel turn
空转时间 dead time; downtime; idle period; idler; idle time; interference time; latency time; void time
空转试验 blank experiment; motoring test; preoperation(al) test; racing test; running-in test
空转速 free speed
空转速度 free running speed; free running velocity; idle speed; idling speed; load-free speed; no-load speed
空转速度调节 idle speed adjustment
空转损耗 idling loss; no-load loss
空转损失 idling loss; no-load loss
空转特性曲线 no-load characteristic curve; no-load curve
空转调节装置 idling adjustment
空转调试 racing test; running-in test
空转调整 idle speed adjustment; idling adjustment
空转调整计 idling adjusting needle
空转位 idle position
空转位置 idle position
空转限制 slipping limit
空转消耗 idling consumption; no-load consumption
空转小齿轮 lazy pinion; loose pinion
空转循环 idle cycle
空转(轧)辊 idle roll(er)
空转周期 null cycle
空转轴 idler shaft; pony axle
空转轴承 box bearer; box bearing
空转轴齿轮 idler shaft gear
空转轴从动齿轮 idler shaft driven gear
空转轴低速齿轮 idler shaft low speed gear
空转轴轴承 idler shaft bearing
空转轴轴承杯 idler shaft bearing cup
空转轴轴承盖 idler shaft bearing cap
空转轴轴承锥 idler shaft bearing cone
空转转速 free running speed; idling speed
空转装置 idle unit; idling device
空转状态 idling condition
空走距离 distance travelled during equivalent virtual braking; idling distance
空走时间 idle time; time elapsed during equivalent virtual braking
空走轧道 false pass
空组合 idle pattern

孔

孔板 diaphragm plate; orifice; orifice plate; orifice restrictor; pore plate
孔板测流规 orifice ga(u)ge
孔板测流计 plate orifice meter
孔板测试器 orifice well tester
孔板顶棚 ventilated ceiling
孔板拦污栅 plate screen
孔板流量计 flow orifice; hole-plate flowmeter; orifice flowmeter; orifice meter[metre]; orifice well tester
孔板伸缩节 <用于拉索的> dead eye
孔板式定量投药装置 orifice proportioning feeder
孔板式定量注入装置 orifice proportioning feeder
孔板式混合池 perforated mixing basin
孔板式节流器 orifice choke
孔板式流量计 orifice plate flowmeter
孔板送风 orifice feeding; perforated ceiling air supply
孔板塔 perforated plate tower
孔板蒸馏塔 perforated plate distillation column
孔板砖 perforated brick
孔板组 orifice plate unit
孔半径体积 volume of hole radius
孔壁 borehole wall; face of the well bore; face of well; hole face; hole wall; pore wall; shaft wall; side-wall; wall of hole
孔壁背板 shaft lagging
孔壁不平的钻孔 ragged hole
孔壁衬板 bank bar
孔壁掉块 lump drop from bore wall
孔壁洞穴 wall cavitation
孔壁封隔器 hook wall flooding packer; wall packer
孔壁钢丝刷 wall cleaner; wall scraper
孔壁固结剂 borehole wall consolidating mixture
孔壁刮刀 wall cleaner; wall scraper
孔壁刮刀钻头 wall scraper bit
孔壁刮洗器 wall cleaner; wall scraper
孔壁管 wall casing; well casing; well tube
孔壁基 wall crib
孔壁及尾管封隔器 bottom wall and anchor packer
孔壁间隙 wall clearance
孔壁冷却 wall cooling
孔壁临时衬板 back deals
孔壁摩擦 wall friction
孔壁泥封 wall packing
孔壁泥皮 filter cake; mud sheath; wall cake
孔壁黏[粘]着 wall sticking
孔壁平整的钻孔 smooth-walled hole
孔壁砌内衬 steaning
孔壁清理钢丝刷 wall-cleaning guide
孔壁取芯 punch core; sidewall coring
孔壁取芯方法 sidewall coring method
孔壁取样 hole wall sampling; sidewall sampling
孔壁取样器 sidewall core device; sidewall coring tool; sidewall sampler; sidewall sample taker; slit-side solid sampler; wall sampler
孔壁上的泥饼 mud wall-cake
孔壁射击式取芯器 sidewall coring gun
孔壁稳定性【岩】 hole wall stability
孔壁修整工具 tubular saw
孔壁悬挂装置 wall hook
孔壁岩石 wall rock
孔壁岩芯 sidewall core
孔壁岩芯样品 sidewall core sample
孔壁应变法原位应力测试 in-situ stress test by drill shaft strainmeter method
孔壁与岩芯管环状间隙 hole to core barrel annulus
孔壁(与钻具之间的)间隙 wall clearance
孔壁与钻头的间隙 bit clearance
孔壁支持器 wall grip
孔壁支护用丘宾筒 tubbing
孔壁支木 pit barring
孔壁阻力 wall drag
孔变薄翻边 hole extruding
孔槽 block out
孔锤 drift
孔大小 hole size
孔道 channel; couloir; drill way; duct; passage; mortise <榫眼的>
孔道窗 opening window
孔道灌浆 duct grouting
孔道模 porthole die

孔道模具 cored mo(u)ld
孔道探测杆 rodding dolly
孔道狭窄 arctation
孔道压浆 duct grouting
孔的不圆度 bore-out-of-round
孔的布置 <钻孔或炮眼> pointing of holes
孔的尺寸 hole size
孔的传导率 aperture conductivity
孔的大小 opening of hole
孔的宽展 spread of holes
孔的水平位移 horizontal drift of a (bore) hole
孔的缩径 undersize of hole
孔的影响 <孔边应力集中> effect of holes
孔的有效面积 effective area of an orifice
孔底 borehole bottom; bottom face; bottom hole; bottom of boring; bottom of the hole; face of hole; hole toe; toe of hole
孔底标高 bottom elevation of borehole
孔底的 downhole
孔底电钻 downhole electrodrill
孔底电钻钻具 downhole electric(al) drill
孔底定向 bottom-hole orientation
孔底动力机钻进 downhole motor drilling
孔底动力钻机 downhole motor drill
孔底动力钻进 submersible motor
孔底动力钻具 downhole motor tool
孔底反循环冲捞器 jet-powered junk retriever
孔底分离器 bottom-hole separator
孔底荷载 bottom loading
孔底记录器 downhole recorder
孔底记录系统 downhole recording system
孔底间距 bottom-hole spacing
孔底减压钻进 fanning the bottom of the borehole
孔底静压力 static bottom hole pressure
孔底局部反循环 downhole partial reverse circulation
孔底局部反循环钻具 downhole partial reverse circulation tool
孔底可卸式钻头 bottoming type bit
孔底扩大 under-ream(ing)
孔底扩大的 under-reamed
孔底扩大器 under-reamer
孔底起爆 bottom initiation; bottom priming
孔底清洁的地层 clean cutting formation
孔底清洗 bottom scavenging; hole bottom cleaning
孔底取样 bottom-hole sample
孔底取样器 bottom-hole sampler; bottom-hole sample taker; pressure thief
孔底水平位移 bottom horizontal departure
孔底条件 downhole condition
孔底温度 bottom-hole temperature
孔底温度计 bottom-hole temperature bomb; bottom-hole temperature ga(u)ge
孔底压力 bottom-hole pressure; pressure at the well bore
孔底压力计 bottom-hole pressure bomb; bottom-hole temperature ga(u)ge; hole bottom pressure ga(u)ge
孔底压力指示器 bottom-hole pressure indicator
孔底应变法原位应力测试 in-situ stress test by overcoring strain method
孔底应变计 doorstope strain ga(u)ge
孔底振动钻进 downhole vibro-drilling
孔底振动钻具 downhole vibration drill
孔底装药 bottom charge
孔底状态 downhole performance
孔底钻进 drilling on the bottom
孔垫式滤器 air mat filter
孔顶 top of boring
孔定位器 hole locator
孔洞 aperture; cavity; eye; opening; perforation; hole; orifice; longitudinal cavity <黏[粘]土带孔板的>; rock pocket【地】
孔洞构造 cavity structure
孔洞率 core ratio; void ratio
孔洞油苗 liquid oil in cavity
孔堵 aperture plug; seal lock
孔度 cell size; porosity
孔度计 porosimeter
孔端 nose end
孔顿夕电瓷 <一种介电常数很高的瓷料> Condensite
孔多塞标准 Condorcet criterion
孔翻边 hole flanging
孔分布 pore distribution
孔分布图直径 hole-circle diameter
孔分类 hole sort
孔腐蚀 pitting; pitting corrosion
孔负中心质 pore negative center[centre]
孔杆 eye bar; vent stem
孔格形芯墙 cellular core wall
孔观颜色 aperture colo(u)r
孔管 window pipe
孔规 hole ga(u)ge
孔焊 eyelet welding
孔号 borehole number [No.]; boring number; hole number
孔号记录 log of boring number
孔喉比 pore throat ratio
孔喉网络类型 network-type of throats with connecting pores
孔后距 distance in back of hole
孔环 eye; orifice ring
孔级配 pore size gradation
孔几何学 pore geometry
孔计数器 hole counter
孔间地震法的 cross-hole-seismic
孔间距 pitch of holes; tie
孔间通道 pore interconnection
孔间行距 row spacing of bore hole
孔节 hollow knot
孔结构 pore structure
孔颈 throat
孔径 aperture dimension; bore; bore diameter; diameter of aperture; diameter of opening; hole aperture; hole size; opening of hole; pore diameter; pore size; width of hole; borehole diameter; diameter of hole; hole diameter【岩】
孔径比 aperture ratio; nozzle opening; relative aperture
孔径比值 aperture ratio number
孔径变形 aperture distortion
孔径变形法原位应力测试 in-situ stress test by aperture deformation method
孔径表面 aperture surface
孔径测量 cal(l)iper measure
孔径测量记录 cal(l)iper log
孔径测量仪器 internal measuring instrument
孔径尺寸 aperture size
孔径磁约束 aperture-magnetic confinement
孔径大小 pore size
孔径当量 aperture equivalent
孔径调准器 aperture compensator
孔径定位 aperture setting
孔径分布 pore size distribution
孔径分布分析 pore size distribution analysis
孔径分径 distribution of pore size
孔径辐射强度 aperture radiance
孔径干涉仪 bore interferometer
孔径公差 hole tolerance
孔径光阑 aperture diaphragm; aperture stop
孔径规 bore ga(u)ge
孔径函数 aperture function
孔径畸变 aperture distortion
孔径畸变补偿 aperture compensation
孔径计 apertometer
孔径渐晕 aperture vignette
孔径角 angle of aperture; angle of opening; angular aperture; aperture angle; apex angle
孔径校正 aperture correction
孔径校正器 aperture compensator; aperture corrector
孔径宽度 aperture width
孔径量测 cal(l)iper logging
孔径率 opening ratio
孔径面积 bore area
孔径面积率 aperture efficiency
孔径面照明 aperture illumination
孔径瞄准具 aperture sight
孔径瞄准器 aperture sight
孔径色 aperture colo(u)r
孔径栅 aperture grill
孔径失真 aperture distortion; aperture effect; aperture loss; loss aperture
孔径失真补偿 aperture compensation
孔径失真补偿器 aperture compensator
孔径时间 aperture time
孔径数 aperture number
孔径特性曲线 aperture response
孔径天线 aperture antenna
孔径通量密度 aperture flux density
孔径透镜 aperture lens
孔径透射力 aperture admittance
孔径误差 aperture error
孔径限制器 aperture restrictor
孔径相关函数 aperture correlation function
孔径响应 aperture response
孔径像 aperture image
孔径像差 aperture aberration
孔径效率 aperture efficiency
孔径效应 aperture effect
孔径衍射 diffraction by aperture
孔径仪 apertometer; open hole caliper
孔径因子 aperture factor
孔径与光阑 aperture and stops
孔径照度 aperture illumination
孔径照明 aperture illumination
孔径遮光 aperture blocking; aperture stop
孔径综合 aperture synthesis
孔径钻探剖面 cal(l)iper log
孔径作用 aperturing
孔距 distance between holes; hole spacing; pitch (-row); row pitch; space between the holes
孔锯 hole cutter; hole saw
孔菌 pore fungus
孔口 aperture; collar; collar of hole; hole top; mouth of the (bore) hole; opening; orifice; porthole
孔口保护装置 opening protective
孔口边顺砌石块 rybat(e)
孔口标高【岩】elevation of borehole
孔口布置 access arrangement
孔口测流板 orifice plate
孔口测流设备 orifice measuring device
孔口测流装置 orifice measuring device
孔口尺寸 opening size
孔口出流 effusion; orifice(out) flow; sluice flow
孔口出水 orifice flow
孔口方程 orifice equation
孔口盖板 blind patch
孔口高程 altitude of borehole mouth
孔口管 grout nipple; conductor pipe【岩】; nipple for grout
孔口接钻杆 add rod ahead
孔口节流器 orifice restrictor
孔口节制器 orifice restrictor
孔口控制阀 orifice control valve
孔口栏板 coaming
孔口量水箱 orifice box
孔口流变仪 orifice rheometer
孔口流量 orifice flow
孔口流量计 orifice gas flow meter; orifice ga(u)ge; orifice meter[metre]; orifice flowmeter <测流量用>
孔口流量系数 coefficient of orifice; orifice-metering coefficient
孔口帽 orifice cap
孔口泥浆压力 surface mud pressure
孔口黏[粘]度计 orifice(-type) visco(si)meter
孔口牌 opening casing
孔口盘 drilling template
孔口平面 spot face
孔口起爆 collar priming
孔口式混凝土斗门 concrete orifice turnout
孔口式混凝土分水阀 concrete orifice turnout
孔口式混凝土分水闸 concrete orifice turnout
孔口式溢洪道 orifice(-type) spillway
孔口水箱 orifice box
孔口套管 <钻孔时为防止坍孔而打入土中1.0~1.5米的套管> drive pipe
孔口套管管靴 drive shoe
孔口套管帽 drive head
孔口投料箱 orifice feed tank
孔口投药箱 orifice feed tank
孔口系数 coefficient for orifice; orifice coefficient
孔口压头损失 loss of head at orifice
孔口应力 stress around opening
孔口涌水高度 height of water flush at well mouth
孔口涌水时的孔深 well depth of water yielding at well mouth
孔口有效截面 effective opening
孔口有效面积 effective area of orifice
孔口罩 orifice hood
孔口直径 diameter of opening; orifice diameter
孔口周围的应力流 stress flow around an opening
孔口自流水量 quantity of flowing water at well mouth
孔阑 aperture stop
孔列 series of holes
孔裂 porous dehiscence
孔流 orifice flow
孔流混合器 orifice mixer
孔流速计 orifice meter[metre]
孔率 aperture ratio
孔率检验器 porosity tester
孔率性计 porosimeter
孔率仪 porosity apparatus
孔模式 hole pattern
孔模 blanking die; casement
孔内爆破 downhole explosion
孔内爆破药包 high-pressure charge
孔内残留岩芯 lost core

K

孔内测量 downhole survey
孔内拆开套管柱 part the casing
孔内的 downhole
孔内掉钻头 bit full down hole
孔内加热油井增产法 volcanic treatment
孔内架桥 bridge the hole
孔内金属落物 tramp iron
孔内径 bore
孔内扩孔 under-ream(ing)
孔内流量计 downhole flowmeter
孔内取样 subsurface sampling
孔内设备 <过滤器，深井泵等> bottom equipment
孔内深层强夯法 downhole dynamic(al)compaction
孔内事故【岩】 downhole trouble; hole trouble
孔内试样 subsurface sample
孔内水温 water temperature in well
孔内台阶 shoulder of hole
孔内探测设备 survey equipment inside boring
孔内套管隔离的 cased off the(bore) hole
孔内压力 subsurface pressure
孔内研磨 internal grinding
孔内涌砂高度 height of sand flush from well
孔内涌水 hole inflow
孔内装置 borehole device
孔内阻塞卡钻 jamming in the hole
孔钠镁矾 konyaite
孔平直度 hole straightness
孔前距 distance in front of hole
孔桥带应力 ligament stress
孔圈 hole circle
孔雀 peacock;peafowl
孔雀大理石 pavonazzo
孔雀岛 Kongque island
孔雀蓝 peacock blue
孔雀绿 malachite green;peacock green
孔雀绿沉淀颜料 malachite green lake
孔雀绿分光光度法 malachite green spectrophotometry
孔雀绿光量计 malachite green actinometer
孔雀绿磷钼多酸分光光度法 malachite green-phosphomolybdic heteropolyacid spectrophotometry
孔雀绿露光计 malachite green
孔雀绿色淀 malachite green lake
孔雀绿色源 malachite green toner
孔雀绿釉 peacock green glaze; turquoise glaze
孔雀石 cuprocalcite;green basic copper carbonate; green copper ore; malachite <碳酸铜矿>; mountain green;peacock stone
孔雀石绿 China green;mineral green
孔雀石绿色 chrysocolla
孔雀石绿色淀颜料 diamond green lake
孔雀石绿颜料 copper green
孔雀铜矿 peacock copper;peacock ore
孔雀眼 <木材缺陷> peacock's eye
孔雀眼花纹 peacock's eye grains
孔雀眼饰面板 peacock's-eye veneer
孔容 pore volume
孔塞 aperture plug;spout plug;Welch plug
孔塞驱进枪 plug-driving gun
孔砂眼 dit
孔筛 hole sizer
孔身扩大 wall cavitation
孔深【岩】 boring depth;depth of borings;drill hole depth;hole depth
孔深测微计 depth micrometer
孔深度尺 hole length meter
孔深计 hole depth ga(u)ge
孔深误差 error rate of drilling depth; hole depth error
孔蚀 pitted corrosion; pitting corrosion
孔蚀率 pitting factor
孔蚀系数 pitting factor
孔数错 hole count error
孔数检验 hole count check
孔斯曲面 Coons curved surface
孔坍 hole caving
孔体积 hole volume;pore volume
孔体积百分数 percentage of porosity
孔脱常数 Kundt's constant
孔脱定则 Kundt's rule
孔脱管 Kundt's tube
孔外电雷管导线 lead out wire
孔位 borehole site; drilling location; drilling position; drilling site; hole site
孔隙 aperture gap; interstitial void; pore; pore space; vent; ventage; void;voidage;void space;porosity; freckle <镀锡铁板缺陷>
孔隙百分率 percentage of voids; percent air void
孔隙百分率(配料)法 percentage air void method
孔隙百分数 percent(age)voids
孔隙比 air-void ratio;pore(-solid) ratio; porosity ratio; ratio of void; void factor; void ratio; space ratio <水泥纯浆的>
孔隙比(e)与压力(p)关系图 relationship between void ratio e and pressure p
孔隙比变化 void ratio change
孔隙比测井 porosity log
孔隙比率 porosity percent; porosity ratio
孔隙比-强度曲线 void ratio-strength curve
孔隙比-时间曲线 void ratio-time curve
孔隙比试验 void ratio test
孔隙比压力(关系)曲线 pore ratio-pressure curve; void ratio-pressure curve
孔隙比重叠图 porosity overlay
孔隙壁 pore wall
孔隙变化梯度 porosity gradient
孔隙冰 pore ice
孔隙材料 interstitial material
孔隙测定 void determination; void test
孔隙测定仪 void measurement apparatus
孔隙成因类型 genetic(al) type of pore
孔隙尺寸改善 pore size refinement
孔隙充水矿床 mineral deposit of pore inundation
孔隙充填 pore-space filling
孔隙充填程度 degree of pore filling
孔隙处理 <砖石防潮方法> pore treatment
孔隙大小 pore size
孔隙大小分布 pore size distribution
孔隙大小分配 pore size distribution
孔隙的含量 content of voids
孔隙堵塞 void plugging
孔隙度 amount of porosity;degree of porosity; extent of porosity; poriness;porosity;porousness
孔隙度测定 porosimetry
孔隙度单位 porosity unit
孔隙度降低 reduction of porosity
孔隙度曲线 porosity curve
孔隙度试验 porosity test
孔隙度因数 porosity factor
孔隙度英尺 porosity feet
孔隙分布 pore distribution
孔隙沟路曲折系数 pore tortuosity factor
孔隙固体比 pore-solid ratio
孔隙含量 pores content;void content
孔隙含水层 porous aquifer
孔隙含水率 air-space ratio
孔隙几何系数 pore geometry factor
孔隙几何形状 pore geometry
孔隙胶结 porous cementation
孔隙胶结材料 pore cement(ing material)
孔隙结构 aerated structure; pore structure
孔隙结构参数 pore structure parameter
孔隙结构参数测定方法 measuring technique of pore structure
孔隙结构类型 type of pore geometry
孔隙截面 pore cross-section
孔隙介质 porous medium
孔隙空间 pore space
孔隙空间类型 type of pore space
孔隙空气压力 pore air pressure
孔隙宽度 width of opening
孔隙扩散 pore diffusion
孔隙类型 pore type
孔隙量 pore content; pore volume; void content;volume of pores
孔隙裂缝系 pore-fracture system
孔隙裂隙含水层 pore-fissure aquifer
孔隙裂隙水 pore-fissure water
孔隙流速 interstitial velocity; pore flow rate;pore velocity
孔隙流体 pore fluid
孔隙流体声波时差 sonic wave interval transit time of fluid in pore
孔隙流体压力 pore fluid pressure
孔隙流体运动 pore fluid motion
孔隙流体阻力 pore fluid resistance
孔隙卤水 pore brine
孔隙率 air porosity;amount of porosity; factor of porosity; fractional void;percentage of voids;poriness; porosity;porousness;voidage;void content;void factor;void rate;air void
孔隙率测定 porosity measurement
孔隙率分数 fractional porosity
孔隙率计 poremeter;porosimeter
孔隙率检查 porosity inspection
孔隙面 interstitial surface
孔隙面面积 interstitial surface area
孔隙黏[粘]结材料 pore cement(ing material)
孔隙黏[粘]结料 pore matrix
孔隙配合法 void method of proportioning
孔隙配料法 void method of proportioning
孔隙平均直径 average diameter of pore
孔隙气体压力 pore air pressure
孔隙强度曲线 void-strength curve
孔隙泉 porous spring
孔隙容积 pore space; pore volume; porosity volume;void content
孔隙容量 pore space;pore volume
孔隙溶液 pore solution
孔隙水 aerohydrous; interstitial water; pore water; void water; pore angle water <指黏[粘]土接触间的角隅水>
孔隙水产状 occurrence of pore water
孔隙水分 pore moisture
孔隙水含量 pore water content
孔隙水含率 pore water content
孔隙水泥比 void-cement ratio
孔隙水(水)头 pore(water)head
孔隙水消散 dissipation of pore water
孔隙水压测头 piezometer tip
孔隙水压力 hyperstatic pressure;neutral pressure;pore water pressure; void water pressure;interstitial hydraulic pressure;pore pressure
孔隙水压力参数 pore(water) pressure parameter
孔隙水压力传感器 pore pressure transducer
孔隙水压力观测 observation of water pressure
孔隙水压力盒 pore pressure cell; pore water pressure cell
孔隙水压力计 hydraulic piezometer; piezometer;pore pressure cell;pore pressure ga(u)ge;pore water pressure cell; pore water pressure ga(u)ge
孔隙水压力监测 pore water pressure monitoring
孔隙水压力消散 dissipation of pore water pressure
孔隙水压力仪 piezometer;pore water pressure cell
孔隙水逸出 extrusion of pore water
孔隙水张力 pore water tension
孔隙特性 pore characteristic
孔隙体积 pore volume;void volume; volume of pores;volume of voids
孔隙体积的热膨胀系数 thermal expansivity of pore volume
孔隙填充 filling of voids;pore filling
孔隙填充理论 <一种关于集料级配的理论> void-filling theory
孔隙填充物 pore filling;void filler
孔隙填封 pore seal(ing)
孔隙填封准备 pore sealing preparation
孔隙填料 pore filler
孔隙调整 clearance adjustment
孔隙透镜 aperture lens
孔隙吸力 pore suction
孔隙系数 pore-solid ratio;void factor
孔隙系统 pore system;void system
孔隙相 pore phase
孔隙形成 pore formation
孔隙形成器 void former
孔隙形态 pore shape
孔隙形状 pore form;pore shape
孔隙型谐振器 hole-and-slot resonator
孔隙性 porosity
孔隙性圈闭 porosity trap
孔隙性试验 porosity test
孔隙性样品 porosity sample
孔隙学 porology
孔隙压力 interstitial pressure; pore pressure;pressure in pores
孔隙压力比 pore pressure ratio
孔隙压力表 pore pressure meter
孔隙压力参数 pore pressure parameter
孔隙压力测量 pore pressure measurement
孔隙压力测压盒 pore water pressure cell
孔隙压力的衰减率 decay rate of pore pressure
孔隙压力放散 pore pressure dissipation
孔隙压力盒 pore pressure cell
孔隙压力计 pore pressure cell; pore pressure ga(u)ge; pore pressure meter
孔隙压力理论 pore pressure theory
孔隙压力问题 pore pressure problem
孔隙压力系数 pore pressure coefficient;pore pressure parameter
孔隙压力系数 A 和 B pore pressure coefficients A and B
孔隙压力参数 A pore pressure coeffi-

cient *A*-parameter
孔隙压力参数 *B* pore pressure coefficient *B*-parameter
孔隙压力消散 pore pressure dissipation
孔隙压力消散百分数 dissipation percentage pore pressure
孔隙压力消散试验 pore pressure dissipation test
孔隙压力消失 pore pressure dissipation
孔隙压缩系数 pore compressibility
孔隙液体 pore liquid
孔隙仪 porosimeter
孔隙油层模型 porous reservoir model
孔隙与水泥容积比 void-cement ratio
孔隙张力 pore tension
孔隙直径 pore diameter
孔隙直径变化 change of pore diameter
孔隙指标 index of pore in rock
孔隙指数 index of porosity; void index
孔隙中和应力 pore neutral stress
孔隙中流体密度 density of fluid in pore
孔隙中流体速度 pore fluid velocity
孔隙中气泡分布 air-void spacing
孔隙中心网络运移模式 migration model of pore center[centre] network
孔隙中值 medium value of pore
孔隙总体积 volume of the pore space
孔下的 downhole
孔下电视录像机 downhole TV camera
孔下记录探测器 donwhole recording probe
孔下记录系统 donwhole recording system
孔效应 effect of holes
孔斜 hole deflection; hole deviation
孔斜计 <用以测量竖坑的倾斜度> clinograph
孔屑 chad; chip
孔屑箱 chad box; chip box
孔心横距 latitudinal distance between the borehole centers[centres]
孔心砌块 cellular block
孔心纵距 longitudinal distance between the centers[centres] of two boreholes
孔形设计 design of grooves; design of passes
孔型 holing; pass
孔型安排 pass schedule
孔型侧壁 sidewall of pass
孔型的顶角 pass angularity
孔型断面轮廓 shape of pass
孔型配置 pass positioner
孔型入口侧 inlet of pass
孔型设计 grooving
孔型锁口 parting of the pass; roll joint
孔型调整 pass set-up
孔型凸度 pass convexity
孔型外形 pass contour
孔型系统 pass schedule
孔修正 uprighting
孔穴 cavity; bugi hole <岩石中的>
孔穴泛水 cavity tray
孔穴绝缘 cavity insulation
孔穴状气泡 hole bubble
孔压触探仪 piezocone
孔压电视录像机 downhole television camera
孔压管 piezometer tube
孔压静力触探试验 cone penetration test with pore pressure measurement; piezocone test
孔压力 hole pressure
孔压系数 coefficient of pore pressure
孔压消散曲线 dissipative curve of pore pressure
孔压修正 pore pressure correction
孔眼 aperture; borehole; eye hole; eyelet; oylet; perforation; scab; well bore; oillet(te) <油罐的、油箱的>; eye <圆穹顶上的>
孔眼薄毡 perforated mat
孔眼尺寸 pore size
孔眼抽汲干净 pumping hole clean
孔眼杆件端 <穿销钉用> eyebar head
孔眼面积百分数 percent open area
孔眼钳 eyelet pincers; eyelet pliers; eyelet punch
孔眼套管 perforated pipe casing
孔眼掩模 aperture mask
孔眼引起的失效 eye failure
孔眼直径 eye diameter
孔眼钻边翼 router
孔用弹簧挡圈 internal circlip
孔用弹性挡圈 circlip for hole
孔圆 hole circle
孔缘 peritreme
孔泽尔测深杆 Künzel sounding rod
孔障板 aperture mask
孔罩 escutcheon
孔至井距离 distance from hole to shaft
孔周应力 peripheral stress
孔状白腐 white pocket rot
孔状白云岩 cavernous dolomite
孔状风化 cavernous weathering
孔状构造 cavernous structure
孔状灰岩 cavernous limestone
孔状结构 cavernous texture
孔状植树 patch planting
孔组 punch combination
孔钻 dowel(l)ing jig

恐

恐火症 pyrophobia

恐龙绝灭 dinosaurs extinction
恐龙属 Dinosaur
恐水病 lyssa; rabies

空

空白 blank space; vacuity; white space

空白版 dummy plate
空白版面 non-image area; non-print area
空白背书 blank endorsement; endorsement in blank
空白背书汇票 bill endorsed in bank
空白背书支票 bill indorsed in blank
空白比特 dummy bit
空白边 lay edges
空白标签 blank label
空白表 hole table
空白表格 blank form; empty form; spacing chart
空白表格软件 spread sheet
空白表格纸 blank form
空白表示法 null representation
空白表式 blank form; blank forms or schedules
空白簿 blank book
空白测试 skip test
空白插入 space insertion
空白场 skip field
空白承兑 acceptance in blank
空白承兑汇票 blank acceptance
空白传输 blank transmission
空白传输测试 blank-transmission test
空白传送 blank transmission
空白传送测试 blank-transmission test
空白带 raw tape; skip band; space band
空白带卷 blank coil
空白单据 <印有企业名称、地址的> bill head
空白单元数 number of blank
空白的 barren; unwritten
空白地图 blank map
空白点 void
空白订单 blank order form
空白定单 order form
空白定位图 plotting chart
空白定位纸 plotting sheet
空白段 clear band; space band
空白对比试样 blank specimen
空白符号 null character
空白符删除器 blank deleter
空白格式 blank form
空白公共区【计】 blank common
空白公用块 blank common block
空白公用数据块 blank common data block
空白关系 void relation
空白过户单 assigned in blank
空白过户凭证 blank transfer
空白海图 oceanographic (al) blank chart; plotting sheet; position sheet
空白合同 blank form contract
空白汇票 bill of exchange in blank; blank note
空白记录 space record
空白检测指令 skip test
空白检验 blank check
空白胶片 blank lacquer
空白校正 blank correction
空白介体 blank medium
空白介质 blank medium
空白卷 blank coil
空白卡片 blank card
空白空间 empty space
空白扩孔器 blank reaming shell
空白媒体 blank form; blank medium; empty medium; virgin medium
空白命令 blank command
空白盘 blank
空白片 blank
空白票据 blank bill; blank bond
空白铅条 space band
空白清除符 deleterious
空白区 clear area; clear band; lacuna [复 lacunae]; space area
空白区分配例行程序 space allocation routine
空白区检查 test for blank
空白区域 vacancy area
空白散射 blank scatter
空白删除器 blank deleter
空白删去器 blank deleter
空白申请单 application blank
空白申请书 application blank; application form
空白实验 blank experiment
空白式 blank
空白事项 void transaction
空白事项登记记录 void-transaction log
空白试验 blank assay; blank determination; blank test; dry run; vacancy test(ing)
空白试样 blank sample
空白收据 blank receipt
空白数据 clear data
空白所得税申报表 income tax return blank; return blank
空白抬头 to order
空白套管钻头 blank-casing bit
空白提单 blank bill of lading
空白提料单 blank release order
空白填补型 <一种可变标志> blank out
空白填充 blank fill
空白图 blank map
空白图幅 blank sheet
空白委托书 carte blanche
空白位 space bit
空白文件 null file
空白显示 blanking
空白线 stray line
空白项 void item
空白消除设备 blank deleter
空白信号 blank signal
空白信用汇票 blank credit
空白信用票据 blank credit
空白信用证 blank credit; blank letter of credit
空白行 blank line
空白样本 dummy
空白要素 blanked element
空白页 blind sheet; fly-leaf; intentionally left blank
空白域 null field
空白域说明符 blank field descriptor
空白账簿 blank account book; blank book
空白账册 blank account book
空白支票 bank check; bank note; blank check; blank cheque; blank note
空白纸 plain paper
空白纸带 blank tape
空白纸带卷 virgin coil; blank paper tape coil
空白纸带圈 blank paper tape coil
空白指令 blank instruction; no-operation instruction blanking instruction; skip instruction
空白指令部分 skip field
空白仲裁条款 blank arbitration clause
空白专栏 blank column
空白转让书 assigned in blank
空白字段 blank field; null field
空白钻头 blank bit; blank crown; steel bit; steel blank
空场采矿法 open stope method; open stope mining method; open stopping
空场测验 open field test
空场法开采 open stope mining
空场工作面 open stope
空出 vacation
空处 vacuum
空档 disengaging gear; neutral; room; ullage; leave-out <路面施工暂时留出的>; stop short <俗称天窗>
空档保险装置 transmission neutral lock
空档变换信号相位 gap change
空档观测 gap observation
空档换相 gap change
空档(间隙)搜索计算法 gap-searching algorithm
空档控制 gap control
空档时间配置 <感应信号> gap time setting
空档特性曲线 neutral performance curve
空档通行式 gap mode
空地 bare area; clear space; empty land; esplanade; maidan; open ground; opening; open land; open space; side land; space; unoccupied land; vacant ground; vacant lot; vacant land
空地出卖 vacant lot
空地或空房调查表 quantity survey(ing)
空地建设的例外办法 open land exception
空地率 open space ratio
空地区 vacancy area
空地通信[讯] air-ground communica-

tion;air-to-ground message
空地围墙 area wall
空地址【计】 address blank
空地指数 open space index
空格 blank;space;spacing
空格保持 space hold
空格标记字符 indent tab character
空格布 space cloth
空格舱法 empty-cell process;empty-cell treatment
空格传输测试 blank-transmission test
空格到符号瞬变 space-to-mark transition
空格的用法 use of blanks
空格底板 false floor
空格点 vacancy
空格符 space character
空格符号 space symbol
空格键【计】 space bar;space key
空格扩展键 space expand key
空格拉杆 space bar
空格偏移 spacing bias
空格桥面 grid deck
空格填土坝 cavity dam
空格压缩 space suppression
空格指标 space cursor
空格制表符 indent tab character
空行 space;white line;empty string;null line;null string
空缺策略 default strategy
空缺的职位 vacant job
空缺额 vacancy
空缺率 vacancy rate
空缺陷上能级 empty upper defect level
空缺职位 vacant position
空位 bit bare;dummy bit;filler;space bit; spare space; vacancy; vacant site;vacant state;dead space <不能载货的>
空位表示灯 idle operator lamp
空位错位的互作用 vacancy-dislocation interaction
空位的 vacant
空位对 vacancy pair
空位风 vacancy wind
空位符号 sprocket bit
空位环 vacancy loop
空位机理 vacancy mechanism
空位架 spacer
空位扩散 vacancy diffusion
空位扩散系数 diffusion coefficient of vacancy
空位率 job vacancy rate
空位脉冲 p-pulse
空位名 slot name
空位凝聚 vacancy condensation
空位偶 vacancy pair
空位盘 vacancy disc[disk]
空位平衡浓度 equilibrium concentration of vacancy
空位迁移率 vacancy mobility
空位缺陷 Schottky defect; vacancy defect
空位示踪原子互换 vacancy tracer exchange
空位现象 voidage
空位销孔 dowel hole
空位移动 vacancy migration
空位源 vacancy source
空位运费 <包用船位装不满时应付的> dead freight
空位值 slot value
空隙 air gap;air space;air void;entrapped air void;free distance;free play;inner width;interspace;interstice;lash;natural air void;pore;pore space;rift;space cavity;ventage;void;voids content;contline <绳股间或并列桶子间的>;killesse <舞台两侧布景之间的>
空隙百分率 percentage(of)voids
空隙爆破 air shot
空隙比 air-space ratio;fraction void;pore(-solid)ratio;void factor;void ratio
空隙比强度(关系)曲线 void-strength curve
空隙表面面积 apparent gap area
空隙冰 interstitial ice
空隙测定 void determination;void test;porometry
空隙测定仪 void measurement apparatus;voidmeter
空隙充填黏[粘]合剂 gap-filling adhesive
空隙的 interstitial
空隙的填实 infilling
空隙电导 pore conduction
空隙电导噪声 pore noise
空隙调整器 slack adjuster
空隙度 porosity;porousness;voidage;void fraction
空隙法 air-gap method
空隙分布 pore distribution
空隙分数 fractional void
空隙腐蚀 cavitation erosion
空隙含量 void content
空隙焊 open weld
空隙击穿 gap breakdown
空隙计 porosimeter;voidmeter
空隙剪压机 gap squaring shears
空隙检验 gap test
空隙结构 pore structure
空隙绝缘 air-space insulation
空隙空间 void space
空隙宽度 gap width
空隙类型 hole type;pore type
空隙量 pore content;pore volume;voidage;void content;void space;void volume
空隙量测 porometry
空隙量强度曲线 void-strength curve
空隙裂缝 interstice
空隙率 percentage of voids;poriness;porousness;void factor;void fraction
空隙配料法 void method of proportioning
空隙气蚀 clearance cavitation
空隙侵蚀 cavitation erosion
空隙容积 voidage;void volume
空隙试验 gap test;void test
空隙水 interstitial water;void water
空隙水压力 interstitial hydraulic pressure
空隙(松紧)调节器 slack adjuster
空隙特性 pore characteristic;cavitation characteristic <泵的>
空隙体积 pore volume;void space;void volume;volume of voids
空隙填充 pore filling
空隙填封 pore seal(ing)
空隙填封周边 pore sealing preparation
空隙填料 infilling
空隙填砂 filling up
空隙通风 cavity venting
空隙系数 void factor
空隙现象 cavitation
空隙现象试验 cavitation test
空隙线 air voids line
空隙泄漏 air-gap leakage
空隙形成 pore formation
空隙形状 pore form;pore shape
空隙性 porosity
空隙学 porology
空隙直径 pore diameter
空隙指标 void index
空闲 vacancy
空闲表示灯 clear light
空闲车辆 idle car
空闲程序 idle routine
空闲池 free pool
空闲传声器 idle microphone
空闲存储表 free storage list
空闲存储器 free storage
空闲的 disengaging;free;non-occupied
空闲的仓库 free depot
空闲的端子 vacant terminal
空闲地 idle land;vacant land
空闲电路 free circuit;idle circuit
空闲电路信号 idle circuit signal
空闲房间 <未使用的> tenantless room;vacant room
空闲服务 leisure service
空闲股道 non-occupied track
空闲轨道电路 unoccupied track circuit
空闲过程 idle process
空闲记录器 idle register
空闲间隔 clear spacing
空闲接点 disconnected contact
空闲空间 free space
空闲控制区间 free control interval
空闲库 free pool
空闲块 free block
空闲块的组合 combination of free blocks
空闲例行程序 idle routine
空闲链路 idle link
空闲率 idleness;vacancy rate
空闲码 bell idles
空闲模式 idle mode
空闲区 free area
空闲区段 unoccupied section
空闲区间 unoccupied section
空闲区域 clear area
空闲塞绳 idle cord
空闲生产能力 idle capacity;spare capacity
空闲时间 dead time;dodge time;floor time; free time; idle hours; idle time; off-hour; off-time; stand-by time;vacant time
空闲时间补充(工资)率 idle time supplementary rate
空闲时间的估价 valuation of leisure time
空闲通道状态 idle channel state
空闲通信[讯]方式 idle communication mode
空闲线 free line;idle line;clear line
空闲线路 clear track; empty line; empty track; non-occupied track; unoccupied line;unoccupied track
空闲线路终接负载 idle line termination
空闲信道 idle channel
空闲信道的噪声 idle channel noise
空闲信道加载 idle channel loading
空闲信道检测 idle channel detection
空闲信号 idle signal; idling signal; subscriber-free signal
空闲用户 free subscriber
空闲指示信号 idle indicating signal
空闲中继线 idle trunk
空闲状态 idle condition;idle state
空闲字符 idle character

控槽 dap

控电板 panel
控电压池 cubicle
控告违约 sue for a breach of promise
控告与索赔 complaints and claims
控购商品 merchandise subject to controlled purchases
控股公司 holding company; holding corporation; proprietary company; securities company <以控制股权为目的的投资公司>
控股公司核数师 principal audit
控股公司审计 principle audit
控股兼营业公司 holding-operating company
控股有限公司 proprietary limited
控火 fire knockdown
控坑工时 hours of digging
控矿地质因素 geologic(al)factors of ore-controlling
控矿因素和标志的有利数值区间 favo(u)rable numerical interval of ore-control factors and indexes
控矿因素统计分析 statistic(al)analysis of ore-control factors
控流阀 metering pin
控凝(掺和)剂 set-controlling admixture
控凝水泥 regulated-set cement
控钮站 push-button station
控泡沫剂 foam control agent
控气阀 air control valve
控气冷藏法 controlled atmosphere storage
控栅屏极间的互导 control-grid plate transconductance
控伤回波 flaw echo
控石 perpen(d);perpend stone
控时断路器 time switch
控时摄影 memomotion
控释技术 controlled release technology
控水工程 water-controlling structure
控水器 water regulator
控速阶段 rate-determining step
控速调节系统 velocity-controlled system
控速信号 <车辆必须以低于规定的车速驶进信号,才能准许前进> speed control signal;pilot signal
控缩衬板 shrink-control backing sheet
控缩片基 shrink-control backing material
控温集装箱 controlled temperature container
控温热敏电阻器 temperature control thermistor
控温运输 transport under controlled temperature
控压比 control ratio
控压电池 additional cell
控烟 smoke control
控烟门 smoke control door
控烟系统 smoke control system
控增长断裂 growth-controlled fracture
控震断裂 earthquake controlling fault
控震构造体系 tectonic systems controlling earthquakes
控制安全阀 pilot relief valve
控制按钮 control(push)button;control(push)knob;pushing button
控制坝上游的发电用蓄水区 head pond
控制板 console panel; control console; control plate; control rack; control slab; dash board; dispatcher's supervision board; operating panel; operator's panel; pendant control;plugboard;switchboard(panel);switch panel;wiring board
控制半径 control radius
控制棒 absorbing rod; control rod; control strip
控制棒补偿性能 control rod worth
控制棒传动 control rod drive
控制棒导向装置 control rod follo-

wer;control rod guide
控制棒延迟 nuclear delay
控制棒有效半径 effective radius of a control rod
控制保护装置 supervisory and control arrangement
控制保险丝 control fuse
控制报告 control report
控制爆破 controlled blasting; controlled explosion
控制爆破法 controlled blasting method
控制备料 blank stock
控制泵 control pump
控制泵和主动回油泵 control and primary scavenging pump
控制比 control ratio
控制比(率)流 <如标准堰流> modular flow
控制比值 control ratio
控制笔 control peg
控制臂 control arm
控制变化范围 span of control
控制变化率 control rate
控制变换 control change
控制变量 control(led) variable;dominant variable;manipulated variable
控制变量法 control variate method
控制变量名 control variable name
控制变数 master variable
控制变压器 control transformer
控制标高 control(ling) elevation
控制标记 control mark(ing);control tab
控制标识符 control identifier
控制标志 control mark(ing)
控制标准 control criterion[复 criteria];control standard;set the standard
控制表 control meter;control schedule; control sheet; control table; program(me) sheet
控制表示灯 control indicating lamp; control light
控制并行性 control concurrence
控制波 control wave
控制波段 control band
控制玻璃 feed glass
控制步骤 control step;operation step
控制部 control department
控制部分 control component;control section
控制部件 control block;control box; control component;control(ling) unit; control module; control part; control portion;function unit;operating part;valve block
控制部门销售成本 marketing cost control by division
控制采样 control sampling
控制参数 control(ling) parameter; control quantity【交】
控制参数对 pair of control parameter
控制操纵 directing operation
控制操作 control function; control operation;supervised operation
控制操作员终端 control operator's terminal
控制槽 control flume
控制测量 control measurement; control survey
控制测量等级 control survey classification
控制测量复测 rerunning control survey
控制测量网 control net(work)
控制测站 control meter station; control station;key station
控制策略 control strategy
控制层 key course;operating floor
控制层次 control hierarchy; control level;hierarchy of control
控制层次算法 control hierarchy algorithm
控制掺杂 controlled doping
控制产品 control product
控制产品销售成本 marketing cost control by product
控制长度指示器 suppress length indicator
控制场 controlling field
控制车速触觉装置 tactite speed control device
控制掣子 latch retainer
控制陈述 control statement
控制成本 cost for control;monitoring cost
控制成分 control component
控制程度 controlling degree; degree of regulation
控制程序 control procedure; control program(me); control routine; control sequence; directing operation
控制程序参数表 control program(me) parameter list
控制程序的功能 function of control program(me)
控制程序读数 control program(me) read
控制程序块 control block
控制程序命令 control program(me) command
控制程序设备 control program(me) facility
控制程序优先级 control program(me) privilege class
控制尺寸 check measurement; controlled diameter; controlling dimension
控制齿轮 control gear
控制齿轮箱 control gear cabinet
控制抽象化 control abstraction
控制出料的混凝土铺筑机 controlled-discharge door concrete spreader
控制出油的计量法 <喷油泵> metering-out control system
控制储量 probable reserves
控制储水量 controlled storage
控制处理部件 control processing unit
控制处理机 control processor
控制处理机的从态 slave state of the control processor
控制处理机主态 master state of control processor
控制处理机状态 control processor state
控制穿孔 control punch(ing)
控制传导机构 control drive mechanism
控制传动 control drive
控制传动装置(主促动器) control actuator
控制磁铁 control magnet
控制存储 control store
控制存储监视器 control store monitor
控制存储器 control memory; control storage
控制存储器保存 control storage save
控制存货的定期进货法 periodic(al) ordering
控制措施 controlling means; control measure;control strategy
控制代码 control routine
控制带 control tape
控制带机构 control tape mechanism
控制单元 control cell; control element;control(ling) unit
控制挡 controller notch
控制刀形开关 control knife switch
控制的 controlled; controlling; drawn; operated;supervisory
控制的差动装置 controlled differential
控制的汇率浮动 controlled float
控制的紧急制动 controlled emergency; controlled emergency braking; delayed emergency
控制的决策 controlling decision
控制的裂缝 controlled cracking
控制的破坏模式 controlling failure mode
控制的人行横道 controlled pedestrian crossing
控制的条件转移 conditional transfer of control
控制灯 control lamp
控制底版参考机 master reference machine
控制底图 photo-control base
控制地段 control location
控制地区 control area
控制地区销售成本 marketing cost control by territory
控制地震 control earthquake
控制地震值 control earthquake value
控制递开簧 application graduating spring
控制点 base station; control(ling) point;control post;control station; datum mark(of levelling);dominating point; fundamental point; governing point;main base;pass point; point of mirror;point of reference; reference mark; reference point; ruling point;set point;vertical control point;point of minor control
控制点辨认 control-station identification;identification of control points
控制点测定 determination of control point
控制点测量 control point survey
控制点成果表 control point list
控制点重新定位 relocation of a control station; relocation of control points
控制点的自动调整 automatic setting of control point
控制点的自动装置 automatic setting of control point
控制点高程 control(ling) elevation
控制点工程 control engineering
控制点合理安排 economy of control
控制点计数 key count
控制点加密 control extension; densification of points
控制点类别 classification of control point
控制点埋石 marking of control station
控制点平差 adjust on control points
控制点设计 control point design
控制点调整 control point adjustment
控制点网 network of fixed points; framework of fixed points; net of control points
控制点文件 control point files
控制点镶嵌图 control(led) mosaic
控制点展绘 control plotting; plotting of control points
控制点转换开关 control point selector
控制点装定 control point set
控制点自动标定 automatic point marking
控制点坐标 control point coordinates
控制电磁铁 operating magnet
控制电动机 control motor;pilot motor
控制电弧 arc control
控制电话增音机 control telephone repeater
控制电极 control electrode;inner grid
控制电解粉末粒度法 Drouily's method
控制电缆 actuating cable;control cable
控制电缆地道 control cable tunnel
控制电缆管道 control cable duct
控制电缆廊道 control cable gallery
控制电缆隧道 control cable tunnel
控制电缆隧洞 control cable tunnel
控制电流 controlling current
控制电流或控制电压 control current or voltage
控制电路 checking circuit; control(ling) circuit; pilot circuit; steering circuit
控制电路的放大器 keying amplifier
控制电路接法 control circuit connection
控制电路联锁 interlocking of control circuits
控制电路图 control circuitry
控制电路系统 control circuitry
控制电码 control code;office code
控制电码存储器 control-code storage
控制电码发送器 control transmitter
控制电码接收器 control receiver
控制电平 control level
控制电容 control capacitance
控制电势法 controlled potential method
控制电位计 control potentiometer
控制电位脉冲 controlled potential pulse
控制电线路 control line
控制电压 control voltage;driving voltage
控制电压波形 control waveform
控制电源 control power supply
控制电源保险丝 controlling power supply fuse
控制电闸 control switch
控制电子学 control electronics
控制电阻器 control resistor
控制定额 control rating
控制定律 control law
控制定时器 control timer
控制动作 control action
控制动作装置 control mode equipment
控制端子 control terminal
控制段 control portion; control reach; control section; control segment
控制断面 control(cross-) section
控制断面图 control profile
控制对策 control strategy
控制对象 controlled function; controlled marker;controlled member; controlled object;field function
控制额 quota
控制发电机 control generator
控制发动机 control engine
控制发送器 control transmitter
控制阀 actuated valve;adapter;application valve; brake valve; control(ling) valve; inhibitor valve; operating valve; operation valve; pilot valve;regulation valve;shift valve; apron control valve <轮动式铲运机>;compression valve <凿岩机>

控制阀操作杆 control valve operating lever
控制阀衬套 control valve bush
控制阀盖 application valve cover; control valve cap
控制阀簧 application valve spring; control valve spring
控制阀活塞杆 control valve piston rod
控制阀刻度板 control valve dial plate
控制阀门活塞 control valve piston
控制阀歧管 control valve manifold
控制阀塞 control valve plug
控制阀试验装置 control valve test device

控制阀手操纵装置 control valve manual operating gear
控制阀体 application valve body; control valve block
控制阀通气孔 control valve breather
控制阀托架 application valve bracket; control valve bracket
控制阀稳定性 control valve stability
控制阀箱 control valve box
控制阀支管 control valve manifold
控制阀指度盘 control valve dial
控制阀至操作室管道 control valve to operating chamber pipe
控制阀至止回阀管道 control valve to check valve pipe
控制阀柱塞 control valve plunger
控制法兰 control flange
控制翻译器【计】Contran
控制反应 control response
控制返回 return of control
控制范围 area of control; control area; control limit; control range; scope of control; span of control
控制方案 control plan; control scheme
控制方程 control equation; governing equation
控制方法 controlling means; control method; control mode; method of control
控制方式 control mode; control system
控制方位 control azimuth
控制放大器 control amplifier; regulated amplifier
控制费用 controlling expenses
控制分辨力 control resolution
控制分布图 network diagram
控制分层 control hierarchy
控制分类账 controlling ledger
控制分配站 controlling and distributing station
控制分析 control analysis
控制分系统 control subsystem
控制分组 control packet
控制风缸 control air cylinder; control reservoir
控制风速 capture velocity; control velocity; control wind speed; control wind velocity
控制风险 control risk
控制封锁事件 control block event
控制缝 <混凝土路面收缩开裂的> contraction joint
控制缝块 control joint block
控制缝填块 control joint block
控制浮筒 controlling buoy; controlling pontoon
控制浮子 control float
控制符(号) control character; control mark(ing); control symbol; functional character; instruction character; operational character
控制改变 comparing control change; control break; control change
控制改变级 control break level
控制概念 control concept
控制干线 controlling trunk line
控制杆 control bar; control column; control cylinder-rod; control horn; controller lever; control(ling) lever; control(ling) rod; control stick; doctor bar; dolly bar; joy stick; lever; rigging rod
控制杆保护罩 control lever boot
控制杆布置 arrangement of levers
控制杆材料 control rod material
控制杆衬套 control lever sleeve
控制杆传动机构 control rod actuator
控制杆夹 control lever clamp
控制杆架 control lever bracket
控制杆罩 control lever housing
控制杆支点 control lever fulcrum
控制冈布设 control work
控制缸 master cylinder
控制缸盖 application cylinder cover
控制钢管 drawn pipe
控制高程 designated elevation
控制格式 control format
控制格式项 control format item
控制工程 control works
控制工具 control tool
控制工艺 control technology
控制工作 control work
控制公司 controlling company; controlling corporation; holding company
控制公司会计 controlling-company accounting
控制功率计 elastic calibration device
控制功能 control function
控制共计 control total
控制构件 controlling element
控制股票 controlling stock
控制股权(权益) controlling interest
控制固化 controlled solidification
控制关系 control relationship
控制观测 control observation
控制管 control pipe; control valve; driver tube; cylinder feed pipe <针形阀的>
控制管理程序 control supervisor
控制管理会计 accounting for management control
控制管路 pilot line
控制灌沥青的阀 bitumen injection control valve
控制规律 control law
控制轨线 control trajectory
控制柜 control box; control cabinet; control console; control cubicle
控制过程 controlled process; controlling process; control procedure
控制过滤 controlled filtration
控制过滤器 controlled filter
控制海水侵入 controlling seawater intrusion
控制海滩结构 beach control structure
控制函数 control function; dominant function; majorant(e)
控制航速 <港区> controlled speed
控制航线【测】control strip
控制航线布点【测】control point distribution for control strip
控制航线飞行 control flight
控制行 control line
控制号 control number
控制合计 control footing
控制和 gibberish total
控制和保护器 switch gear
控制和测试 control and test
控制和数据采集系统 control and data acquisition system
控制荷载 control load
控制盒绞车 winch for pod
控制洪水 control of flood
控制化学分析 control chemical analysis
控制环 adjustable ring; control ring; gate operating ring; guide ring; operating ring; speed ring; shift ring <水轮机的>
控制环节 controlling unit
控制环路 control loop
控制缓冲器 controller buffer
控制回路 control circuit; control loop; duct pilot
控制回路放大系数 loop gain
控制回声 control echo
控制回填土 engineered fill
控制汇率制度 controlled exchange system
控制活塞 control piston; operating piston
控制活塞螺母 control piston nut
控制火灾 bring the fire under control
控制机 controlling machine
控制机构 controlet; control(ling) gear; control(ling) mechanism; controlling member; controlling organization; control organ; controls; steering mechanism
控制机关 controlling organization
控制机理 control mechanism
控制机械 control gear
控制机械装置 shift transmission
控制机组 control unit
控制积雪措施 snowdrift control
控制基线 base of verification; control base; control line
控制激冷 controlled chilling
控制级 controlled stage; control level; pilot stage
控制级别 control hierarchy; control level
控制级别算法 control hierarchy algorithm
控制级指示符 control level indicator
控制极 gate
控制极强驱动 high gate drive
控制极限 control limit
控制极限开关 control limit switch
控制极抑制器 gate suppressor
控制极阻抗 gate impedance
控制集中度 degree of concentration of control
控制计划 control plan
控制计数器 control counter
控制计算机 control computer
控制计算机子系统 control computer subsystem
控制计算器 control counter
控制记号 functional character
控制记录 controlling record
控制记录点 control-metering point
控制技术 control technique; control technology
控制剂 control(ling) agent
控制继电器 control relay; holding-on relay; pilot relay; steering relay
控制寄存器 control register
控制加速表 control accelerometer
控制价格 administered price; administered rate; controlled price; pegged price; price control
控制价格结构 trigger price mechanism
控制架 control frame
控制间 panel room
控制间隔 control interval
控制间隔分割 control interval split
控制监测软件 control and monitoring software
控制检定 control verification
控制检验 control test
控制建筑物 control structure; limiting structure
控制键 control key
控制键盘 supervisory keyboard
控制交换中心 control switching point
控制角 pilot angle
控制角钻进 controlled angle drilling
控制校正向量 control correction vector
控制接触器 control contactor
控制接点 pilot contact
控制(接)缝 control joint
控制(接)缝灌浆 control joint grouting
控制接合 control joint
控制接合点 control joint
控制接口 control interface
控制接收器 control receiver
控制节 control section
控制节流孔 control orifice
控制节流口 control orifice
控制结构 control structure
控制结合点 control joint
控制截面 control section
控制介质 control agent
控制界限 control limit
控制进程 flow of control
控制进尺 controlled footage
控制进出 exit and entrance control
控制进入的道路 controlled-access highway
控制进入的公路 controlled-access highway
控制进入路 controlled access road
控制进油的计量法 <喷油泵> metering-in control system
控制经济 command-directed economy; command economy; controlled economy
控制经济学 economics of control
控制精密度 control precision
控制精(确)度 control accuracy
控制井 controlling manhole
控制静态负荷压力 control of static load pressure
控制局 control(ling) exchange; control(ling) office; control(ling) operator
控制矩阵 gating matrix
控制矩阵网络 control matrix network
控制卷 control column; control volume
控制决策 control decision
控制卡(片) control card
控制卡片规格 control card specification
控制卡片说明 control card specification
控制卡片箱 control card stack
控制开关 control(ling) switch; ga(u)ge tap; pilot switch; trip switch; control stop
控制开关点 control switching point
控制开口 control opening
控制空气 control air
控制空气阀 control air valve
控制空气焚化炉 controlled air incinerator
控制空气型减压阀 control air type reducing valve
控制空域 controlled air space
控制孔 control hole; controlling borehole
控制孔形 control pass
控制跨度 chain of command; span of control
控制块 control block
控制扩展法 control extension
控制垃圾堆 controlled tip
控制栏 control group
控制廊道 control gallery
控制冷处理 controlled cooling treatment
控制冷却 controlled cooling
控制理论 control theory; theory of control
控制力 command; controlling force; masterdom
控制力减弱 hypotaxia
控制力矩 controlling moment
控制例行程序 control routine
控制粒径 control grain size; controlled diameter
控制连杆系 control linkage
控制连接 pilot connection
控制联想 controlled association

控制链 control chain
控制梁 restrained beam
控制量 controlled quantity; control volume
控制量规 control ga(u)ge
控制量水表 control meter
控制裂缝钢筋 crack control reinforcement
控制灵敏度 control response
控制流 control flow
控制流程 control flow
控制流程错误【计】control flow error
控制流程优化程序 control flow optimized program(me)
控制流动 control flow
控制流计算机 control flow computer
控制流量 dominant discharge
控制流量的阀门柱塞 metering pin
控制流向 flow of control
控制流域 control catchment
控制楼 control box;control building;control tower
控制楼设备 tower equipment
控制楼作业员 control tower operator
控制路线 flow of control
控制轮 trick wheel
控制轮模型 cybernetic model
控制论 cybernetics[kybernetics]
控制论系统 <具有自适应、自学习、自修理和自组织等一个或多个特性的> cybernetics system
控制论学者 cybernetician;cyberneti(ci)st
控制论优化 cybernetics culture
控制论专家 cybernetician;cyberneti(ci)st
控制论准则 cybernetics criterion
控制逻辑 control logic
控制逻辑生成器 logic(al) equation generator
控制螺母 control nut
控制螺母转向装置 steering nut gear
控制马达 control motor
控制码 control code
控制脉冲 control impulse; control(ling) pulse; control wave; dating pulse; gating pulse; steering impulse;switching pulse
控制脉冲发生器 clamp-pulse generator
控制漫灌 controlled flooding
控制贸易 administered trade
控制媒介 control agent
控制门 control gate
控制门触发电路 gate trigger circuit
控制门触发器 gate trigger
控制门触脉冲 gate trigger pulse
控制面 chain of command; control base;control surface;span of control
控制面板 control panel
控制面积 control area
控制面力矩 control surface moment;control surface torque
控制面模型 control volume model
控制命令 control command
控制命令程序 control command program(me)
控制命令数据 control command data
控制模件 control module
控制模块 control module; control zone adapter module;individual addressable module
控制模块区 control module area
控制模片 control template
控制模式 control mode
控制模型 control model
控制膜盒 actuating bellows;operating bellows
控制木材保护法 controlling wood protection

控制目标 control objective
控制能力 control ability;control capability;control efficiency;controllability
控制黏[粘]稠料加热的工人 pot fireman
控制凝结时间的外加剂 additive for setting time control;set-controlling admixture
控制凝结外加剂 set-control additive
控制扭矩 control torque
控制钮 control button
控制钮板 control cluster
控制浓度 concentration to control;controlled concentration
控制耦合开关 control coupler switch
控制耦合器 control coupler
控制牌 control board
控制盘 console panel; control cabinet;control console;control(ling) board;control panel;control plate;instrument board;operation board;switch panel
控制盘表示 control panel indication
控制盘底座 panel bed
控制盘接触器接线图 wiring diagram of contactor switch gear of control panel
控制盘配置 control panel layout
控制盘设计 control panel layout
控制盘装置 panel installation
控制配件 control fitting
控制片 pick photograph
控制偏差 control deviation; system deviation
控制偏心轮 control eccentric
控制偏转 controlled deflection
控制平衡装置 balancing control device
控制平台 control platform
控制屏 control flow; control(ling) board; control panel; panel board; switch panel;switch screen
控制坡度 rolling gradient;ruling grade;ruling gradient
控制期间 control period
控制气 control gas
控制气氛 controlled atmosphere;prepared atmosphere
控制气氛光谱分析 controlled atmosphere spectrochemical analysis
控制气氛熔炼法 atmosphere melting
控制气孔陶瓷 controlled pore ceramics
控制气流 pilot air
控制气筒垫密片 control cylinder gasket
控制器 actuating apparatus;combination switch; controller; controlling apparatus;control(ling) unit;control pillar; governor; manipulator;operator;regulator;sequencing unit;inversor <保持正确共轭距和负片、透镜、框架面有正确共线性的>
控制器把手 controller handle
控制器操作 controller function
控制器常规设计 controller conventional design
控制器触头 controller contact
控制器存储器保留区 controller storage save
控制器导阀 controller pilot valve
控制器端钮 controller terminal
控制器功能 controller function
控制器柜橱 controller cabinet
控制器滚筒 controller drum
控制器接触 contactor control
控制器接口 controller interface unit
控制器结束条件 control unit end condition

控制器绿灯时间 controller green time
控制器配置程序 controller configuration facility
控制器生成参数表 controller creation parameter table
控制器手柄 controller handle; controller lever
控制器数据 controller data
控制器箱 controller case
控制器箱盖 controller cover
控制器圆筒 controller cylinder
控制器增益 controller gain
控制器罩 controller cage
控制器中断 controller interruption
控制器终端 operator's terminal
控制器总线 controller bus
控制切换点 control switching point
控制球 control ball;track ball
控制区 air traffic control zone;control block;control(ling) zone;control region
控制区段 control block; controlled district;controlling section
控制区分割 control area split
控制区间 controlling section
控制区间口令 control interval password
控制区面积 area of control region
控制区域 area of control; control band; control region; control section;control zone;control area
控制区元素丰度 element abundance of control region
控制区资源量 resource of control region
控制曲线 control(led) curve
控制驱动装置 accessory drive
控制权 control power;masterdom
控制权的获得 acquisition of control
控制权流向 flow of control
控制券 <册页票> control coupon
控制燃烧 controlled burning
控制扰动燃烧 controlled-turbulence combustion
控制绕组 control winding; signal winding
控制人孔 controlling manhole
控制人为地面沉降 control man-made land subsidence
控制任务 control task
控制日 control day;key day
控制容积 control volume
控制溶解速度的因素 factors controlling rate of dissolution
控制软件说明 control software specification
控制扫描 directed scan;gated sweep
控制栅 <场效应管的> control gate;control grid
控制栅供电电压 control grid supply voltage
控制栅极 control gate;control grid;inner grid;signal grid
控制栅孔径 aperture control-grid
控制栅偏压 control-grid bias
控制栅阳极跨导 control-grid plate transconductance
控制商品产销协定 commodity agreement
控制上限 upper control limit
控制设备 control(ling) appliance;control(ling) device;control(ling) equipment; control(ling) facility;controlling means;maneuvering apparatus;operating device;operation device
控制设备操作层 operating floor
控制设备故障 control equipment fault
控制设备元件 controlling element
控制设施 control(ling) device;control(ling) facility; control(ling) structure
控制设有调节水位装置的坝顶溢洪道 controlled crest spillway;controlled crest wasteway
控制射流 control jet
控制摄影机 control camera
控制深度 controlling depth
控制渗流措施设计 design of seepage control measures
控制生产 control production
控制生产费用的职能 cost control function
控制生物滤池 control biofilter
控制声道 control track
控制绳 tricing line
控制湿度 controlled humidity
控制湿度下的干燥 controlled humidity drying
控制时段 control interval;control period
控制时间 control period
控制时间淬火 time quenching
控制时期 control period
控制实体 controlling entity
控制实验 approval test
控制实验室 control laboratory
控制市面 regulate the market
控制示位器 control position indicator
控制式管理 management by control
控制式交叉口 controlled intersection
控制式落地门枢 checking floor hinge
控制式预算 control-type budget
控制试件 check sample
控制试验 approval test; check test;control experiment;controlled test
控制试样法 method of control sample
控制室 console cabinet;console room;control booth;control cab-(in);control cabinet; control compartment;control cubicle; control house; controlling office;control post;operating cab;operating room;operation room;pulpit;switch house; switching cabinet
控制室操纵的起重机 pulpit-operated crane
控制室操作人员 houseman
控制室大楼 control room building
控制室地段 control room block
控制收敛定理 dominated convergence theorem
控制手把 control handle;manual controller
控制手柄 control knob;controlling lever;hand control lever; joy stick;operating handle;pilot circuit;pilot lever
控制手钮 control knob
控制输入 control input
控制数 control number
控制数据 control data
控制数据表 control data table
控制数据库 control library
控制数据名 control data name
控制数据项 control data item
控制数字 control data;control figure;planned target
控制刷 pilot brush
控制水槽 control flume
控制水库中的洪水演进推算 routing in controlled reservoir
控制水门 regulating gate
控制水平 control level
控制水深 <能通航的最小深度> controlling depth; limiting water depth
控制水跃的底槛 sill for jump control
控制水准 control level
控制顺序 control sequence;sequence

of control
控制顺序表 control sequence table
控制说明书 control specification
控制速率特性 control-rate characteristic
控制算法 control algorithm
控制所 controlling office
控制索 check cable; control cable; control cord; controlling rope
控制锁 control lock
控制锁闭 control locking
控制塔 bridle tower; console; control desk; control tower
控制塔能见度 control tower visibility
控制踏板 control pedal; modulating pedal; operating pedal; shift pedal; trip pedal
控制台 bench board; console; control(ling) bench [board/ booth/ box/ bridge【机】/ center/ centre/ console/ desk/ panel/ plate/ post/ rack/ stand(of multiplex)/ station/ table]; instrument(ation) panel; key station; operating board [console/ platform]; operational console; operator's desk; pulpit; steering console【船】; supervisor's desk; supervisory control desk; switch desk
控制台变量 console variable
控制台部件 console package
控制台操作员 console operator
控制台打印机 console printer
控制台打字机 console printer
控制台单元 control desk element
控制台堆栈 console stack
控制台功能 console function
控制台光显示绘图仪 console optical display plotter
控制台缓冲器 console buffer
控制台间信息程序 interconsole message program(me)
控制台监视打字机 console monitor typewriter
控制台键盘 console keyboard; control desk keyboard
控制台开关 console switch
控制台控制电路 console control circuit
控制台命令 <打字机下达的> console command
控制台室 control cubicle; control room
控制台调试 console debugging
控制台调整 console debugging
控制台调整程序 console debugging
控制台显示 console display
控制台显示牌 console directory
控制台显示器 console scope
控制台陷阱 console trap
控制台信息 console message
控制台终端 console terminal
控制台装置 table control device
控制弹簧 controlling spring
控制套筒 control sleeve
控制特性 control characteristic
控制梯度固结试验 consolidation test under controlled gradient
控制体积 control volume
控制体系 hierarchy of control
控制天线 control antenna
控制填方 control(led) fill
控制条 control strip
控制条件 controlled condition; controlling condition; control requirement; dominating condition; operating condition; ruling condition
控制停车地区 controlled parking area; controlled parking zone
控制停车控制区 controlled parking zone
控制挺杆 control jib
控制通道 control channel
控制通道程序清单 line procedure specification
控制通货膨胀 curbing inflation; inflation control
控制通路 control access; control path
控制同步机 control synchro; transolver
控制同步器 control synchro
控制筒 application cylinder; control cylinder; master drum
控制头 control head
控制头间隙 controlled head gap
控制头栏 control heading(group)
控制投机活动 curb speculation
控制投入组合 domination of input combinations
控制投资 control investment
控制投资公司 regulated company
控制凸轮 control cam
控制突变法 control break
控制图 control sequence table
控制图(表) control chart; control diagram; control sheet; control sequence table
控制图的概率极限 probability limits for control chart
控制图法 control chart method
控制图形语言 control diagram language
控制土方 pay-dirt
控制土壤侵蚀的种植 control of soil erosion by planting
控制拖车 control trailer
控制外径的聚乙烯管 outside diameter controlled polyethylene pipe
控制弯段 control curve; limiting curve
控制弯曲试验 guide bend test
控制网【测】 control net(work); framework of control; network of control; survey grid; frame of fixed points; frame work
控制网布设 control work
控制网布设方案 layout of control
控制网布置 layout of control
控制网测量 network measurement
控制网加密 density of control; extension of control
控制网精度 accuracy of network; precision of network
控制网扩展 extension of control
控制网络 directed net; network control
控制网密度 control density; control network density
控制网选点 reconnaissance for control point selection
控制网优化设计 optimal design of control network
控制网原点 origin of control network
控制危害区 controlled injury zone
控制尾栏 control footing group
控制纬度 control latitude
控制委员会 control committee
控制位 control bit
控制位置 control location; place of control
控制位置精度 control positioning accuracy
控制温度 controlled temperature
控制温度集装箱 controlled temperature container
控制文件 control documents; control file; gate element
控制涡流 controlled vortex flow
控制握柄 controlling lever
控制污染措施 measures for pollution control
控制污染封闭系统 enclosure system
控制污染债券 pollution control bond
控制无条件转移 unconditional transfer of control
控制物价 holding the line; price control
控制误差 control error; governing error
控制吸入管路 control suction line
控制系缆柱 checking bollard
控制系数 control factor; control rating; control ratio
控制系统 control(ling) system; operation system; steering system; avionics; control circuit
控制系统测试 control system test
控制系统传感器 control sensor
控制系统的灵敏度 sensitivity of control system
控制系统的设计 control system design
控制系统的相补角 phase margin of control system
控制系统电压 control system voltage
控制系统定时机构 control timing
控制系统动力传动装置 control power unit
控制系统动力传运装置 control system servo
控制系统动力学 control system dynamics; operating system dynamics
控制系统反馈 control system feedback
控制系统工程 control system engineering
控制系统计算机 steering computer
控制系统逻辑 control system's logic
控制系统设备 control system equipment
控制系统图示法 control system flow charting
控制系统中的阻尼 control system damping
控制系统综合 synthesis of control system
控制下限 low(er) control limit
控制显示码 control-code display
控制显示(器) console display; control display
控制线 controlling line; control wire; guideline; pilot wire
控制线对 control pair
控制线路 control line; guideline; control wiring; operation circuit; pilot circuit
控制线圈 clutch coil; control coil
控制线匝 control turn; control winding
控制限度 control limit
控制相位 control phase
控制箱 control cabinet; control casing; control(ling) box; gear change control housing
控制镶嵌 checked mosaic; controlled mosaic
控制镶嵌法 controlled mosaicity method; controlled mosaicking method
控制响应 control response
控制向量 dominant vector
控制项 control item
控制相片 control point photograph
控制相片数量 number of control photographs
控制消除 controlled cancel
控制消息 control message
控制销售成本 marketing cost control
控制小计 control footing
控制效率 control efficiency; efficiency of control
控制效应 controlling influence
控制协议 control protocol
控制斜台 control bench board
控制泄放 controlled discharge
控制泄流阀 pilot relief valve
控制信标 mouse beacon
控制信道 control channel
控制信号 control message; control signal; control wave; drive signal; driving signal; excitation drive; pilot signal; steering command; steering order
控制信号阀 controlling signal valve
控制信号楼 control signal box
控制信号盘 telltale board
控制信号显示 control-message display
控制信息 control information; control message; program(me) channel; steering information
控制信息显示器 control-message display
控制行动 control action
控制性船闸 controlling lock
控制性工程进度 master project schedule
控制性进度 critical schedule
控制性垄断 controlled monopoly
控制性漫灌 controlled flooding
控制性能 controllability
控制性能要求 quality of control requirement
控制性排水 controlled drainage
控制性权益 controlling interest
控制性热力破坏性试验 controlled thermal severity test
控制性热力严重度试验 controlled thermal severity test
控制性试验 control test
控制性详细规划 control detailed planning
控制序列 control sequence
控制序列处理 control sequence processing
控制旋钮 control handle; control knob
控制旋塞 control cock; regulator tap
控制循环 control loop
控制压力 control pressure; operating pressure
控制压力灌浆 controlled pressure grouting
控制延迟线 pilot delay line
控制堰 control weir
控制阳光遮棚 solar control shade
控制要素 controlling element
控制依据 controlling criterion
控制仪表 checkmeter; controlling equipment; controlling instrument(ation); director; instrumentation for control; monitoring instrument; operating instrument; operation board; operation panel
控制仪表板 control board; operating board; control console
控制仪表选择钮 control meter selector
控制仪器 control equipment; control instrument
控制因数 <最小强度与平均强度之比值> control factor
控制因素 controlling factor; dominating factor; governing factor
控制因素单位 control factor unit
控制因子 controllable factor
控制阴极 control cathode; Wehnelt cathode
控制窨井 controlling manhole
控制应变 controlled strain
控制应力 controlled stress; proof stress
控制应用 control application
控制应用程序 controlling application program(me)
控制用费 regulate expenditures
控制用计算机 control computer

控制用空气 control air
控制用配线 control wiring
控制油的调节阀 pilot oil regulating valve
控制油口 control port
控制油压 pilot oil pressure
控制油压力 control-oil pressure
控制有害因素 harmful agents control
控制有机质演化的因素 controlling factor of organic matter evolution
控制与计时装置 control and timing unit
控制与通信[讯]工程 control and communication engineering
控制与显示装置 control and display unit
控制语句【计】control statement
控制语句分析程序 control statement analyser[analyzer]
控制语言 control language
控制预算差异 control-budget variance
控制域 control domain;control field
控制域分类 control field sorting
控制元件 control block;control component;control(ling) element;gating element;pilot cell
控制元素 control element
控制原理图 control diagram;schematic diagram of control panel
控制钥匙开关 control key switch
控制越限 control overrun
控制运动 controlled motion;controlled movement
控制载波传输 control carrier transmission
控制载波系统 controlled carrier system
控制造价 fixed limit of construction cost
控制噪声幕帘 noise control curtain
控制增减触发器 up-down flip-flop
控制增益 ride gain
控制闸(门) control gate;regulating gate;work gate
控制栈 control stack
控制站 control(ling) point;switching station
控制站计数 key count
控制站交通计数 key-station volume count
控制账户 control account
控制者 master
控制振荡计数器 gated oscillator counter
控制振荡器 control generator;controlled oscillator
控制政策 policy of regulation
控制直角杠杆 rigging bell crank
控制值 controlling value
控制值整定 control index setting
控制职能 control function
控制只读存储器 control read-only memory
控制指标 guide post
控制指令 control command;control flow;control instruction;control order;steering order
控制指令的转移 transfer of control instruction
控制指令计数器 control instruction counter
控制指令转移 control instruction transfer
控制指数调整 control index setting
控制指针 steering needle
控制制 controlling system
控制制度 control system;system of controls
控制质量的容许度检验器 go-and-no-go ga(u)ge
控制质量试样 control specimen
控制质量用试样 check sample;check specimen
控制质量准则 control criterion
控制滞后【电】control hysteresis
控制中断 control break
控制中心 control center[centre]
控制中心计算机 central control computer
控制中止 control break
控制终端(设备) control terminal
控制周期 control cycle
控制轴 control shaft;ruling axle
控制住 gripe;hold in hand
控制注水试验 controlled filling experiment
控制驻车区 controlled parking zone
控制柱 control pillar;control stand
控制转换卡 transition card
控制转换器 <一种混合着公式翻译程序语言和 Algo160 的最需要特征的计算机语言> Contran
控制转矩 controlling torque
控制转移 control transfer;transfer of control
控制转移操作 control transfer operation
控制转移卡 transfer card;transfer of control card;transition card
控制桩【测】control stake;control peg
控制装备 control equipment
控制装载装置 load controller
控制装置 control(ling) apparatus;control(ling) device;control(ling) gear;control set-up;control unit;monitor
控制装置符号 operator controls symbols
控制装置总成 control body assembly
控制装置总成架 control console
控制状态 control behavio(u)r;control mode;control state
控制准确度 control accuracy
控制准则 controlling criterion
控制资料表 control data list
控制资料卡 trig card
控制子区(域) control subarea
控制字【计】control word
控制字段 control field
控制字符 control character
控制字格式 control word format
控制字库 control dictionary
控制自动化系统 control automation system
控制总成架 control console
控制总额 control total
控制总数 control footing;control total
控制总线 control bus
控制总线比较器 control bus comparator
控制走向 control flow
控制阻抗 control impedance
控制组 control group
控制组合 control combination
控制组件 control assembly;control module
控制钻进 check-boring;check-drilling;controlled drilling
控制钻井 controlled well drilling
控制钻井法 key well system
控制钻孔【岩】controlling hole;key hole
控制钻孔偏斜钻具 drill tool for controlling hole deviation
控制最佳化程序 control optimization program(me)
控制最优化程序 control optimization program(me)
控制作用 control action
控制座 control pedestal
控柱洞器 posthole borer;posthole digger

抠炉 furnace lining corrosion

口岸 port of entry;gateway;port

口岸检查机关 inspection office at the port
口岸药检 medicine examination at the port
口坝型三角洲沉积 mouth-bar-type deltaic deposit
口槽 sump
口承 mouthpiece
口传的 unwritten
口唇情结 oral complex
口唇性格 oral character
口袋法 <发给每个司钻一批钻头,每天检查钻头情况,以计算金刚石损耗的方法> bag system
口道 porthole
口凳 banket(te)
口笛 whistle
口服致死剂量 oral lethal dose
口号 watchword
口环 mouth-ring
口交换 interchange
口紧 <修锯不当> tire
口径 aperture;bore;caliber[calibre]
口径比 aperture ratio
口径尺寸 caliber[calibre] size
口径效应 aperture effect
口径以英寸计的东西 incher
口粮 ration
口令 watchword;password【计】
口令保护 password protection
口门 doorway;gateway;entrance <港池的>
口门尺度【港】dimension of entrance
口门导流堤 entrance jetty
口门定向 orientation of entrance
口门角度 <航道等的> angle of entry;entrance angle;entry angle
口门宽度 breadth of entrance;entrance width;width of entrance
口门内浅滩 shoal inside estuary;shoal inside outfall
口门迁移 migration of entrance
口门区【港】entrance area
口门水深 entrance depth
口门外衔接段 transitional reach outside entrance
口门制动距离【港】brake distance in breakwater entrance
口模 neck ring mo(u)ld
口腔科 department of stomatology;stomatology
口腔医院 stomatologic(al) hospital
口琴阀 flap valve
口声频率 <大约从 300 ~ 3400 赫兹> voice frequency
口头采购 oral purchasing
口头订货 verbal order
口头合同 oral contract;simple contract;verbal contract
口头合约 oral agreement;oral contract
口头批准 verbal approval
口头契约 oral deed
口头审计报告 oral audit report
口头声明 oral representation
口头提出 oral present
口头通知 oral notice;oral notification;verbal notification
口头协定 parol contract
口头协议 oral agreement;oral contract;parol agreement;parol contract;verbal agreement
口头形式 oral form
口头遗嘱 nuncupative will
口头约定 oral contract;verbal contract
口头允诺 parol promise
口头证据 oral evidence;parol evidence
口头证据法规 parol evidence rule
口头证明 oral testimony
口头指令确认 confirmation of oral instruction
口头指示 oral instruction
口外海滨段 seashore reach outside estuary
口外沙坝 outer bar
口外沙堤 outer bar
口型座板 die base
口有螺纹的 screw-topped
口罩 mouth mask;mouthpiece;respirator
口状物 mouthpiece

叩打 percussion

叩焊 face bonding;flip-chip bonding
叩焊晶片 flip chip
叩击(声) rap
叩响 percussion resonance;resonance
叩响增强 increased resonance

扣板 gusset plate;pad eye;pinch plate

扣板式扣件 clip fastening;pinch plate rail fastening
扣拨器滚轮 check roller
扣车【铁】car detained for repair
扣车条件【铁】condition of car detained for repair
扣齿孔 sprocket hole
扣齿链 sprocket chain
扣齿链轮 sprocket gear
扣齿啮合计 lead and taper ga(u)ge
扣除 check off;make allowance for;off-take;recoup(ment);set-off;stoppage;subduce;subtract;subtraction
扣除背景 background correction
扣除的免赔额 deductible franchise
扣除的皮重 tare
扣除额 stoppage;deduction
扣除法 deduction method;method of residues
扣除费用 deduct expenses
扣除副产品 by-products recovery
扣除股利后净收益 net income after dividends
扣除和豁免 deduction and exemptions
扣除借支 deducting payments
扣除金额 amount deducted
扣除经营费用后的收入 net operating income
扣除捐税后的剩余财产 residue
扣除捐税后的实得工资 take-home pay
扣除利润分配中重复课税的制度 imputation system
扣除利息税证明书 certificate of deduction of interest tax;interest tax deduction certificate
扣除免税项目 deduction of the tax-exempt items
扣除皮重计算法 tare and tret
扣除前净收益 net revenue before de-

K

ductions
扣除前总量 adds
扣除色谱法 subtraction chromatography
扣除税金后净利 earnings after tax
扣除税捐等后的实发工资 take-home pay
扣除税款后净额 net of tax
扣除税款后支付额 pay after tax
扣除损失后回收坏账净额 net after provision for losses
扣除所得税后的利润 after-tax profit
扣除所得税后净利 net profit after income tax
扣除所得税后净收益 net income after income taxes
扣除系数 coefficient of deduction
扣除项目 deduction item
扣除项目来源 source of deduction
扣除预支(款) deduct prepayment
扣除运费后 after deducting freight
扣除折旧费的净收益 base charge
扣除折旧后净利 net profit after depreciation
扣除准备金后净额 net of reserves
扣船 arrest of ship
扣船、扣货抵债权 maritime lien
扣存押金 deposit(e) retained
扣存准备金 deposit(e) retained
扣搭板桩 interlocking sheeting
扣搭块 interlocking block
扣搭屋面板 interlocking shingle
扣底卡板 holding-down plate
扣底铁件 <尖轨防跳装置,弹簧辙叉活动心轨防跳装置> hold-down
扣钉 clasp nail; cramp; fastener; pintle; corner cramp <斜角接头的>
扣钉板 pintle plate
扣钉铰链 pintle hinge
扣钉孔 pintle hole
扣钉链 pintle chain
扣钉弹簧 pintle spring
扣定螺帽垫片 lock nut washer
扣定套筒 lock sleeve
扣发工资 wage deduction; wage garnishment
扣发债务人部分工资 garnishment
扣发(债务人工资) garnish(ment); garnishee
扣根管壁截面积 thread root casing wall cross section area
扣钩 clasp; clip; hook; pintle hook
扣轨弹条 rail clips
扣轨件 rail fastener
扣轨梁 rail girder
扣轨螺栓 fastening bolt
扣轨器 railroad jack
扣好吊卡 latch on
扣合 cocking
扣合模 locked die
扣合式砂箱 snap flask
扣环 coupling collar; cramp ring; jump ring; retaining ring; shackle; shrink ring; snap ring; Mansell retaining ring <L 或 U 形>
扣环槽 retaining ring groove
扣环唇 retaining ring lip
扣环钢条 retaining ring bar
扣环接头 loop joint
扣环紧压接头 <石棉水泥管用> ring-shaped water supply pipe net(work); ring-tie coupling
扣环离合器 split-ring clutch
扣环连接 shackle joint
扣环螺钉 retaining ring bolt
扣环密封 snap-ring seal
扣回款项 droppage
扣机销 trigger pin
扣夹 <皮带等的> buckle clamp
扣夹封袋机 bag clasping machine
扣价 discount
扣减 abatement; deduction
扣减价格 deductive value
扣减免赔额 deductible franchise
扣减期票 discount a bill
扣件 deck clip; fastener; fastening; rail fastenings【铁】; mousing <俚语>
扣件附属配件 auxiliary fastenings
扣件扣压力 toe load of fastening; clamping force
扣件式钢管脚手架 tube-and-coupler scaffold(ing)
扣件阻力 fastening resistance
扣交 withholding
扣角钢 clip angle; gusset angle
扣缴 withhold(ing)
扣缴报表 withholding statement
扣缴捐税 tax withheld
扣缴税额 amount withheld
扣缴税捐 taxes withheld
扣缴税款 withholding of tax
扣缴税款凭证 tax withheld certificate
扣缴税款清单 withholding statement
扣缴税前净收益 net income before income tax
扣缴所得税 withholding income tax
扣缴所得税报告表 the withholding income tax return; withholding income tax return
扣缴所得税后的净收益 net income after income taxes
扣缴所得税凭单 withholding statement
扣缴义务人 the withholding agent
扣缴制 withholding system
扣接的 snap-fitted
扣接合 lock joint
扣紧 buckle; buckling; button up; fasten; tighten up
扣紧工具 gripping apparatus
扣紧轨距 tightening of gauge
扣紧接合法 clasp
扣紧螺钉 tightening screw
扣紧螺杆 fastening bolt
扣紧螺母 binding nut; block nut; captive nut; check nut; clamp nut; jam nut; locking nut; retaining nut; safety nut; securing nut
扣紧螺栓 captive bolt; retaining bolt; take-up bolt
扣紧螺丝 tightening screw
扣紧物 <如书夹> clasp
扣紧装置 tightening device; tightening-up device
扣款 cut payment; deduct(ible) money; withholding(detain)
扣缆滑轮 snatch block
扣牢 fasten
扣牢门窗用的 S 形钩子 keeper hook
扣链板 snatch plate
扣链齿 cocking piece; sprocket; whelp
扣链齿轮 sprocket gear
扣留 attachment; confiscation; detainment; detention; embargo; seizure; withhold
扣留船(只)或货物 detention of vessel or cargo; arrestment
扣留待查 detained pending investigation
扣留的押金 deposit(e) retained
扣留货物 detained goods; detainment of cargo; detention of cargo
扣留驾驶执照 suspension of driver's license[licence]
扣留(列车)命令 holding order
扣留权 retention right
扣留物品凭单 detention ticket
扣留者 detainer
扣帽 <气钻> connecting nut
扣片 cramp
扣齐地事件 Cochiti event
扣齐地正向极性亚带 Cochiti normal polarity subzone
扣齐地正向极性亚时 Cochiti normal polarity subchron
扣齐地正向极性亚时间带 Cochiti normal polarity subchronzone
扣牵条 gusset stay
扣钱 deduct money
扣绳滑车 snatch block; gate block
扣绳滑轮 snatch block
扣式电池 button cell
扣闩式铝框 snap-on alumin(i)um trim
扣税后净收益 net income after taxes
扣损余全损 salvage loss
扣榫 coak
扣锁 padlock
扣锁环链 die locked chain
扣套 retaining ring
扣藤石 katoite
扣铁挡 latch stop
扣铁弹簧 latch spring
扣头 agio
扣息 discount
扣息贴现承兑 rebated acceptance
扣薪 <作年终分红用> plowed-back earnings; deduct from the salary
扣型代号 thread form character
扣修车 car detained for repair
扣压力 toe load of fastening
扣压螺栓 clamping bolt
扣押 apprehend; arrestment; attachment; detainer; detention; distrain upon; hold in custody; impound(ing); seize; sequester; sequestrate; sequestration
扣押被告财产的通知 garnishment
扣押财产 attachment; distrainment; distress; seize; seizure of property; sequester; sequestrate
扣押财产物发还 replevin
扣押财物 <抵债用> distrain(t)
扣押财物的 distress
扣押财物的出售 distress sale
扣押的货物 distrained goods
扣押货拍卖 distress sale
扣押货物 seizure of goods
扣押货物充抵运费 distress freight
扣押货物充抵租金 distress for rent
扣押令 attachment order; elegit; garnishment; warrant of commitment; extent <英>
扣押令执行者 sequestrator
扣押期 period of line
扣押权 lien(waiver); mechanic's lien; mortgage lien; power of detention; lien mechanic's
扣押权书 letter of lien
扣押权信 letter of lien
扣押人 distrainer
扣押他人财物的人 distrainer
扣押物 distress; seizure
扣押物拍卖 distress sale
扣押信用证 simple credit
扣押债款 attachment of debts
扣押债务人的财产 attachment of debtor's property; garnish; garnishee
扣押债务人动产令 fieri facias
扣押者 detainer; seizer
扣押资产 assets subject to lien
扣账信用证 simple credit
扣住 buckle; button; button up; clasp; detain
扣子 clasp; hasp; turning bolt

寇

阿相思木 koa

寇乌式气压表 kew-pattern barometer

筘

reed

筘齿 reed dent
筘齿隔距 reed ga(u)ge
筘钉 reed nail
筘幅 reed width
筘座脚 lay sword

刳

补锯 dowel saw; plug saw

刳刀 parting tool
刳刨 router
刳刨器 router ga(u)ge
刳铣机 router
刳钻 <木工用> routing bit

枯

斑 necrosis[复 necroses]

枯边 dry edging
枯冰期 drought period
枯病 rot
枯草层 thatch
枯草堆 duff
枯潮平流 slack-water on the ebb
枯潮时干枯的港湾 stranding harbo(u)r
枯倒木 fallen dead wood
枯顶 top dry
枯干物 dryness
枯黄后 after-yellow(ing)
枯黄色 crocus
枯基苯酚 cumyl phenol
枯基过氧化氢 cumyl hydroperoxide
枯季 low-flow period; period without rainfall
枯季径流 dormant-season streamflow; runoff of dry season; runoff of low water
枯竭 depletion; drain; drought
枯竭阶段 depletionary phase
枯竭井 depleted well; exhausted well; marginal well
枯竭率 voidage rate
枯竭曲线 depletion curve
枯竭性抽水量 depletion yield; exhaustive yield
枯井 dead well; dumb well
枯井洞 dry hole
枯立木 dry wood; snag; stem dryness
枯木 dead wood
枯木节疤 encased knot
枯瘦 lack of filling power
枯水 fleet water; lob water; low flow
枯水调查 low-water investigation; low-water survey
枯水调节库容 low-water regulation storage
枯水调蓄 low-water regulation storage
枯水航道 navigation channel at low water
枯水航道尺度 dimension of navigational channel at low stages
枯水河 oued
枯水河槽 low-flow channel; low-water channel
枯水河床 low-water river bed; minor river bed
枯水急流 low-water race
枯水急滩 low-water rapids
枯水季 drought season; dry season; low-water season; dry period; low-flow season; low-level season
枯水季节 dry season; low-flow season
枯水季流量 dry season flow; dry-weather flow
枯水季水流 dry season flow; dry-weather flow

K

枯水警报 low-water alarm
枯水径流 low runoff;low-water runoff;runoff dry season;runoff low;runoff of low water;scanty runoff
枯水径流预报 forecast of minimum water supply
枯水流量 base runoff;low flow;low runoff;low-water discharge;low-water flow;minimum flow;scanty water discharge;scanty water runoff;droughty water-discharge
枯水流量调节 regulation of low water flows
枯水流量频率曲线 low-flow frequency curve
枯水流量增加(率) low-flow augmentation
枯水年 dry year;low-flow year;year with low flow;year with low water
枯水剖面 low-water profile
枯水期 drainage time;drain time;drought period;dry period;dry season;low-flow period;low-flow season;low-water period;low-water season;period of low flow;period without rainfall;time of low water
枯水期补充 low-flow augmentation
枯水期调节流量 regulated discharge during dry season
枯水期径流量 runoff in drought season
枯水期缺水量 low-water deficiency
枯水期水量 low-flow augmentation
枯水期水位 water-level in drought season
枯水期水源 low-flow augmentation
枯水通航河槽 navigable low water channel;navigation low-water channel
枯水通航河道 navigable low water channel;navigation low-water channel
枯水通航深度 low-flow navigation depth
枯水位 droughty water level;low-water level;low-water stage;minimum flow;scanty water level
枯水位报警器 low-water alarm
枯水位高程 elevation of low water;height of low-water
枯水位频 low-flow frequency
枯水位频曲线 low-flow frequency curve
枯水线 low-water line
枯水预报 low-flow forecast;low-water forecast(ing)
枯水月份 dry season months
枯水整治 low-water regulation
枯水中位 low-mid level
枯死树 <洪水淹死的> dry-ki
枯萎 crozzle;shrivel
枯萎百分数 wilting percentage
枯萎病 drop;fading;wilt;blight
枯萎的 sere;wizen(ed);sear
枯萎点 wilting point;withering point
枯萎区【植】 blighted area
枯萎系数 wilting coefficient;wilting percentage
枯烯 cumene;cumol;isopropyl benzene
枯朽 dry rot
枯叶剂 defoliant
枯叶色的 filemot
枯燥无味的 insipid
枯枝 dead arm;dead wood
枯枝落叶层 dead soil covering;duff;forest litter;ground leaf cover;ground litter;leaf cover;litter;litter horizon;litter layer;mulch cover(ing);tree litter;soil litter <指土壤>
枯枝落叶覆盖 dead soil covering

窟 burrow

窟窿 cove
窟窿布置 kuppel horizon
窟屋 rock-cut building
窟状突起 warty projection

苦艾绿的 absinthe green

苦艾脑 absinthol
苦艾油 oil of absinthe
苦艾油醇 absinthol
苦拔炸药【化】 coopal powder
苦橄斑岩 picritic picrite;schönfelsite
苦橄玻璃 picritic glass
苦橄沸绿岩 picritic teschenite
苦橄玢岩 picrite porphyrite
苦橄粒玄岩 picrite dolerite
苦橄玄武岩 picrite basalt
苦橄岩 picrite
苦工 drudgery;hack work;labo(u)r;slave;toil
苦湖 bitter lake
苦活 toil
苦碱水 bitter water
苦矿水 aperient
苦矿质水 bitter mineral water
苦乐原则 pleasure-pain principle
苦力 coolie;cooly
苦力费 coolie hire
苦栎 bitter oak
苦楝 chinaberry;China tree
苦楝子油 margosa oil
苦木 bitter wood;quassia(wood)
苦泉 bitter spring
苦醛腐蚀溶液 <金相检验用> picral
苦石灰盐 tachyhydrite
苦树 bitter wood
苦树属 <拉> Picrasma
苦水 bittern liquor;brackish water
苦水湖 bitter lake
苦水井 bitter well;hard water well
苦酸味 picric acid
苦酮酸盐 picrolonate
苦土 bitter earth;hitter earth;magnesia;magnesium oxide
苦味 bitterness;bitter taste
苦味的 bitter
苦味酸 picranisic acid;picric acid;trinitrophenal
苦味酸铵 ammonium picrate;ammonium trinitrophenolate
苦味酸铵炸药 dunnite;explosive D
苦味酸苯胺黑 picronigrosin
苦味酸的【化】 picric
苦味酸钠 sodium picrate
苦味酸盐 picrate
苦味质的 amaroidal
苦咸水 alkaline water;brackish water
苦咸水湖 brackish lake
苦盐 sal amarum
苦盐水 brackish water
苦杨 bitter poplar
苦役监禁 imprisonment with hard labo(u)r

库 library <指图书资料等>;pool <指池塘蓄水>

库埃特校正系数 Couette correction
库埃特流动 Couette flow
库埃特黏[粘]度计 rotational visco(si)meter
库埃特絮凝器 Couette flocculator
库岸 reservoir bank;reservoir shore
库岸冲刷 reservoir bank erosion;reservoir erosion
库岸侵蚀 reservoir bank erosion
库岸渗漏 leakage from reservoir
库岸土壤吸水储蓄 bank soil water-absorbing storage
库岸稳定性 stability of reservoir slope
库岸盐渍区 salinization range along reservoir
库岸演变 evolution of reservoir bank;reservoir bank change;reservoir bank variation
库岸原始坡角度 original slope-angle of reservoir bank
库岸再造 bank reshaping;bank restructuring
库岸再造观测 observation of bank ruin of reservoir
库坝清基 stripping of reservoir
库贝尔卡-蒙克等式 Kubelka-Munk equation
库贝尔卡-蒙克理论 Kubelka-Munk theory
库贝尔卡-蒙克散射系数 Kubelka-Munk scattering coefficient
库比特 <长度单位,1 库比特 = 45.7 厘米> cubit
库编辑程序 library editor
库藏 <在仓库中保存材料> yard(ing)
库侧入口 lateral silo entrance
库侧卸料阀 lateral unloading valve of silo
库侧卸料器 silo side discharge set
库场货物周转量 turnover capacity of storage space
库场利用率 occupancy rate of storage area;space efficiency;turnover capacity of storage space;utilization rate of storage yard
库场面积 storage area
库场能力 storage capacity
库场平均堆存期 mean period of storage
库场容量 storage capacity
库场容量周转次数 turnaround number of storage capacity
库场通过能力 throughput capacity of storage;turnover capacity of storage space
库场有效面积 effective storage space
库场装卸工艺系统 storage handling system
库场总面积 total storage space
库场作业 storage area operation;storage operation
库成员 library manager
库程序 library routine
库程序包 library package
库程序编制 library programming
库程序系统 librarian system
库秤 hopper scale;skip scale
库茨涅兹循环 <指平均周期为 15 ~ 25 年幻景气循环> Kuznets cycle
库存 on hand;repertory;stock;stock on hand;stoppage
库存按成本计价法 cost method of inventory pricing
库存板 stock sheet
库存半成品 partly completed stock
库存(保管)单位 stockkeeping unit
库存报表程式 status reporting program(me)
库存报告单 inventory report
库存备件 depot spare;depot spare part
库存变动 inventory change
库存表 cash statement;statement of cash in vault;store list
库存补充 restocking
库存不锈钢窗 stock stainless steel window
库存不足费用 stockout cost
库存材料 materials in stock;materials in storage;materials on hand;reserve of materials;stock of materials
库存材料的稳定性 <保持库存物资有一定的数量或防止贮藏物品的损坏> storage stability
库存材料预算 material inventory budget
库存产成品 manufactured inventories
库存成本 cost inventory;stock holding cost
库存成本的选择 inventory cost selection
库存成本计价与控制 inventory costing and control
库存成本计算法 inventory costing method
库存成本计算与管理 inventory costing and control
库存成本控制 dollar control
库存成品 stocking
库存持有量 stockholding
库存尺寸 stock size
库存储备成本 cost of carrying inventory
库存储备金 deposit(e) retained
库存存货 inventory on hand
库存存货的增加 increase in stock of inventories
库存单 inventory sheet;stock list;store list
库存档案记录 item master record
库存调查 inventory survey
库存短缺 stock out
库存额 inventory value
库存费用 inventory carrying cost;inventory cost;storage charges;storage expenses
库存分类管理法 management method of stock classification
库存分析 inventory analysis
库存风险 inventory risk
库存副产品 by-product inventory
库存高低点定量控制系统 max-min system
库存高低点定量控制制度 order-point control
库存公司债 treasury bond
库存估价 evaluation of inventory;inventory valuation
库存估价调整(额) inventory valuation adjustment
库存股本交易所得资本 capital from treasury stock transactions
库存股份 treasury stock
库存股票账户 treasury stock account
库存关联费用 inventory relevant cost
库存管理 inventory control;inventory management;material requirements planning;stock control
库存管理程序和控制技术 inventory management program(me) and control technique
库存管理程序与计算技术【计】 impact
库存管理检查规则程序 test rules for inventory management
库存管理卡 stock control card
库存管理模拟程序 inventory management simulator
库存管理模型 inventory control model
库存管理系统 inventory management system
库存管理信息系统 information system of inventory control
库存管理制度 inventory management system;stock control system
库存过剩 overstock

库存耗竭 stock out
库存耗用率 rate of inventory usage
库存核算 inventory account
库存货 article from the store rooms; stock on hand
库存货物 product stored; warehouse goods
库存基金 stock fund
库存及储藏费用 warehousing and storage margins
库存计价 inventory pricing; pricing the inventory
库存计价法 inventory pricing method
库存计算法 inventory method
库存记录卡 store record card
库存价格 inventory price
库存价值 inventory value
库存价值总额 total stock value
库存减少 inventory liquidating
库存降价损失 loss of inventory valuation
库存卡 store card
库存控制 inventory control; stock control; storage control; stored control
库存控制卡 stock control card
库存控制理论 inventory control theory
库存控制问题 inventory control problem
库存控制系统 system of inventory control
库存(理)论 inventory theory
库存(例行)程序 library routine
库存量 oddment; stock balance; stock size; storage rate
库存量基准 storage objective
库存量平均计算 averaging of stock
库存量预算 stock budget
库存率 percentage of storage; stock-sales ratio
库存模型 inventory model
库存木材 stock lumber
库存木窗 stock timber window
库存木制品 stock millwork
库存目录 stock inventory
库存内容 content of inventory
库存能力 stockholding
库存盘存报表 inventory sheet
库存盘点 inventory survey; stock taking
库存盘点人 inventory checker
库存盘盈盘亏报告 inventory shortage and over report
库存抛售 stock-releasing
库存品 pile
库存平衡表 balance of stores sheet
库存平衡记录 balance of stores records
库存期限 life of stock
库存器材的维修 maintenance in storage
库存清单 inventory
库存燃料 depot fuel
库存日程计划 inventory scheduling
库存软件 library software
库存商品 commodity stocks; goods on hand; merchandise on hand
库存商品成本 cost of goods on hand
库存商品明细账 subsidiary ledger of merchandise in store
库存商品销售 sales of merchandise from stock
库存审查 inventory audit
库存审计 audit of treasury; stores audit
库存寿命 shelf life
库存水平 stock level
库存损坏工件 pieces-damaged stock; pieces-spoiled stock
库存损失 inventory loss
库存调剂 stores coordination
库存调节 adjustment of inventory
库存调整 inventory adjustment; stock adjustment; store adjustment
库存统计表 inventory statistics
库存投资 inventory investment
库存投资的调整 adjustment of inventory investment
库存未登记股票 letter stock
库存问题 inventory problem; warehouse problem; warehousing problem
库存无形短缺 invisible shrinkage
库存物 magazine; oddment
库存物料 supplies on hand
库存物品 stock article
库存物资 goods kept in stock; warehouse goods
库存物资发出簿 stores issued book
库存物资分类户卡 stores ledger card
库存物资分类清单 stores ledger sheet
库存物资分类账 stores ledger
库存物资购入簿 stores purchase book
库存物资火险 fire insurance on stock and supply
库存物资基金 stores fund
库存物资盘存报告单 stores inventory report
库存物资盘点报告 stores inventory report
库存物资清领单 stores requisition
库存物资收发簿 stores received and issued book
库存物资周转量 turnover capacity of storage space
库存物资准备 stores reserves
库存系统 inventory system
库存现金 cash balance; cash balance on hand; cash holding; cash in hand; cash in treasury; cash in vault; cash on hand; vault cash
库存现金表 statement of cash in treasure
库存现金簿 account of cash in vault
库存现金及银行存款账户 cash on hand in bank account
库存现金审计 cash holding audit
库存现金账户 cash on hand account
库存削价成本 stockout cost
库存修理用零件 inventory of repair parts
库存循环 inventory cycle
库存已用包装物 used packaging supplies in storage
库存易耗品 consumable supplies
库存硬化 stockhouse set; warehouse set
库存硬化水泥 warehouse set cement
库存用完 inventory depletion
库存余额 balance in hand; balance of stores; balance on hand; stock balance
库存余额记录 balance of stores records
库存余数 balance on hand
库存与控制 inventory and control
库存原材料的盘存 inventory of raw materials on hand
库存原料 materials inventory; raw materials inventory
库存增加 crease in stocks; increase in inventories; inventory building
库存增值 stock appreciation
库存债券 treasury bond
库存账目 stock accounting
库存指示 stockage objective
库存指数 inventory index(number)
库存制成品 manufactured inventory
库存中断 stock out
库存周期 inventory cycle
库存周转率 inventory turnover; inventory turnover ratio; rate of inventory turnover; stock turnover
库存周转期 inventory turnover period
库存主档 items master file
库存转换 conversion of stock; conversion of stores
库存装运比 inventory-shipment ratio
库存状况 inventory status
库存准备 inventory reserve
库存资产 inventory assets
库存资产会计 accounting for inventories
库存资金融通 inventory financing
库存子程序 library subroutine
库存自制半成品 self-manufactured semi-finished products in stock
库存组成 formulation of stocks
库存最大最小定量控制系统 max-min system
库存最低量 minimum quantity of stores
库存最高量 maximum quantity of stores
库单位 library unit
库德优先选择记录 Kuder preference record
库底 silo bottom
库底沉积物 bottom deposit
库底充气板 aerated silo floor
库底贱卖 cheap clearance sale
库底泥沙 bottom deposit
库底卸料器 silo bottom
库恩菇属 <拉> Kuehneromyces
库恩-塔克乘子法 Kuhn-Tucker multiplier method
库恩-塔克定理 Kuhn-Tucker theorem
库恩-塔克条件 Kuhn-Tucker condition
库尔伯格摆 Kullenberg's balance
库尔管 <一种水泥石棉电线导管> Korduct
库尔冷伯格取样器 <用于采取海底土样> Kullenberg's sampler
库尔洛夫式 Kurllov formula
库尔曼法 Culman's method
库尔曼-里特(求桁架内力的)截面法 Culman-Ritter method of dissection
库尔曼图解(法) Culman's graphical construction
库尔曼土压计算法 Culman's procedure for computing earth pressure
库尔曼弯矩面积法 Culman's moment area
库尔曼线 Culman's line
库尔水泥 Kuhl cement
库尔斯克型铁矿床 Kursk-type iron deposit
库尔特(颗粒)计数器 Co(u)lter counter
库尔修斯反应 Curtius reaction
库钒钛矿 kyzylkumite
库房 stock house; stock room; storage building; storage premises; store house; storeroom; storing room; almary[almery]; a(u)mbry; barn; pack-house
库房标签 bin tag
库房储存区间 magazine slot
库房工具架 magazine tool holder
库房水泥结块 stockhouse set
库非可铜铁钴合金 Cuferco
库分配 library allocation
库分配程序 library allocator
库弗尼厄姆铜镍铁合金 cufenium
库辅程序 library subprogram(me)
库付票据账户 bills payable account
库更新 library update
库工作区 library work area
库功能 library facility
库管理 library management
库管理程序 librarian; library manager
库管理程序设计 librarian programming
库管理程序系统 librarian system
库过程【计】 library procedure
库函数 built-in function; library function
库函数程序 library function routine
库函数例行程序 library function routine
库宏定义 library macrodefinition
库辉铋铜铅矿 krupkaite
库结构 library structure
库克单位 Cooke unit
库克分类法 Kuck classification schema
库克海峡 Cooke Strait
库克镜头 Cooke lens
库克曼数 Gukhman number
库克目镜 Cooke eyepiece
库克三合透镜 Cooke triplet lens
库克三合物镜 Cooke triplet objective
库克湾盆地 Cooke inlet basin
库克物镜 Cooke objective
库克型淘析器 Cooke elutriator
库克油页岩 kukersit(e)
库空情况 reservoir-empty condition
库控制语句 library control statement
库拉板块 Kula plate
库拉密斯 <一种专卖的彩色水泥和骨料> cullamix
库拉托夫斯基引理 Kuratowski's lemma
库拉辛统 <晚寒武世,美国>【地】 Croizian series
库利-图基算法 Cooley-Tukey algorithm
库隆剪切器 <简易手动触探仪> Cohron shear graph
库鲁克塔格断隆 Kuruktag fault uplift
库鲁克塔格构造段【地】 Kuruktag tectonic segment
库鲁克塔格海槽 Kuruktag marine trough
库鲁克塔格隆断区 Kuruktag upwarping faulted region
库仑 Coulomb
库仑包络线 Coulomb's envelope
库仑标准公式 Coulombic standard formula
库仑测氧计 couloximeter
库仑场 Coulomb field
库仑斥力 Coulomb repulsion
库仑滴定 coulometric titration
库仑电量计 coulombmeter
库仑电势谱法 coulopotentiography
库仑电位 Coulomb potential
库仑定律 Coulomb's law; Coulomb's theory; law of electrostatic attraction
库仑法氮氧化物监测仪 Coulometry nitrogen oxides monitor
库仑法二氧化碳监测仪 Coulometry sulfur dioxide monitor
库仑方程式 Coulomb's equation
库仑分析 coulometric analysis
库仑分析法 coulometry
库仑公式 <用于土力学> Coulomb's formula
库仑基本方程 Coulomb's basic equation
库仑激发 Coulomb excitation
库仑计 coulometer; voltammeter
库仑检测器 coulometric detector
库仑静电场 Coulombian field; Coulombic field
库仑抗剪强度公式 Coulomb equation for shear strength
库仑理论 Coulomb's theory
库仑力 Coulomb force; Coulombian force
库仑模量 Coulumb's modulus

库仑模数 Coulumb's modulus
库仑摩擦 Coulomb's friction
库仑-莫尔剪切破坏理论 Coulomb-Mohr shear failure theory
库仑-莫尔准则 Coulomb-Mohr law
库仑能 Coulomb energy
库仑破坏包络线 Coulomb's failure envelope; Coulomb's rupture envelope
库仑破坏线 Coulomb's rupture line
库仑强度包络方程 Coulomb's strength-envelope equation
库仑散射 Coulomb scattering
库仑湿度计 coulometric hygrometer
库仑式楔 Coulomb's wedge
库仑势 Coulomb potential
库仑势垒 Coulomb barrier
库仑-太沙基破坏准则 Coulomb-Terzagli criterion
库仑条件 Coulomb's condition
库仑土壤破坏棱柱体 Coulumb's soil-failure prism
库仑土体破坏楔体 Coulomb's soil failure prism
库仑土压力 Coulomb's earth pressure
库仑土压力理论 Coulomb's earth pressure theory
库仑位垒 Coulomb's barrier
库仑吸引 Coulomb's attraction; electrostatic attraction
库仑线 Coulomb's line
库仑相互作用 Coulomb's interaction; Coulombic interaction; electrostatic interaction
库仑效率 Coulomb's efficiency
库仑效应 Coulomb's effect
库仑楔体土压理论 Coulomb's wedge theory
库仑引力 Coulombic attraction
库仑重量分析 coulogravimetric analysis; coulometric gravimetric analysis
库仑阻尼 Coulomb's damping
库玛隆 coumarone
库玛隆树胶 cumar gum
库玛隆树脂 coumarone-indene resin; coumarone resin; cumar; cumar resin
库曼纳尔合金 Kumanal(alloy)
库曼天线阵 Kooman's array
库米什盆地 Kumishi basin
库面高程-库容关系 capacity-elevation relation
库命令 library command
库模块 library module
库木库里盆地 Kumukuli basin
库目录 library directory
库内充气 silo aeration
库内结硬 <水泥> warehouse set
库内作业 operation in warehouse
库尼尔黄铜合金 Kunial brass alloy
库尼克铜镍合金 cunic
库尼镍铜 Kunnifer
库涅特桩 <一种钢筋混凝土桩> Coignet pile
库凝 silo set; stockhouse set; warehouse set
库凝水泥 warehouse set cement
库盘清理 clearance of reservoir bottom
库棚 storage shed; store shed
库棚顶 shed cover
库珀氏荷载 <火车机车的> Cooper's loading
库珀-雅可比分析法 <地下含水层可透性系数和存储系数的简化计算方法> Cooper-Jacob analysis
库普拉利司铜锂合金 cupralith
库普拉利铜铝合金 cupralium
库普罗德合金 Kuprodur alloy
库前接受制度 terminal receiving system
库区 reservoir area; reservoir basin; reservoir region
库区调查 reservoir area survey; up-stream dam survey
库区航道 channel in reservoir region
库区绿化 reservoir region afforestation
库区平均水位 average stage in reservoir region
库区气候 reservoir climate
库区清理 reservoir clearing
库区水位 stage in reservoir region
库区特征 reservoir characteristic
库区淹没损失 reservoir inundation loss
库区移民安置方针 regional resettlement strategy
库区蒸发量 reservoir evapo(u)ration
库容 capacity of reservoir; reservoir capacity; reservoir storage; reservoir volume; volume of reservoir; water storage capacity
库容变化 variation of reservoir storage
库容测量 reservoir storage survey
库容出流曲线 <水库的> storage-outflow curve
库容分配 storage allocation
库容量 storage capacity
库容流量曲线 storage-discharge curve
库容曲线 capacity curve; reservoir storage curve; storage (capacity) curve; capacity curve
库容绳套曲线 storage loop
库容调节 pondage
库容土方比 water-to-earth ratio
库容挖方比 storage/excavation ratio; storage ratio
库容系数 <水库的> capacity factor; storage coefficient; storage factor
库容演算 storage routing
库沙金变形公式 transform formula of Kossakin
库沙金公式 Kossakin formula
库设备 library device
库式磨木机 magazine grinder
库式水电站 reservoir power plant
库首三角洲 reservoir delta
库水车用水池 noria basin
库水静压力 hydrostatic pressure of reservoir
库水面 reservoir surface
库水硼镁石 kurnakovite
库水位 reservoir level; reservoir stage
库水位降落 reservoir drawdown
库水位抬高 reservoir raise
库水位下降 reservoir drawdown
库水位泄降 reservoir drawdown
库搜索 library searching
库特粗糙系数 Kutter roughness coefficient
库特公式 <用于水力学> Kutter's formula
库特奈统 Kootenai series
库湾养殖 cove culture
库维护 library maintenance
库尾 head of reservoir; reservoir head
库尾上翘 ascending of reservoir head
库文 library text
库文件 library file
库文件描述符 library file descriptor
库文件指示符 library file designator
库务功能 treasury function
库西洛铜硅合金 cusiloy
库信息 library information
库修 running repair
库序部 library prelude
库蓄 storage in reservoir
库页岛经向构造带【地】 Sahalin meridianal tectonic belt
库页冷杉(枞木) abies sachalinensis
库尤特黏[粘]度计 Couette visco(si) meter
库缘凹填方 rim work
库址 reservoir site
库址选择 reservoir site selection
库砖 <一种卷折形砖,用于插接新的混凝土梁与老混凝土工程上> Ku brick

裤

裤溜子 split chute; two-way discharge chute

裤衩三通 fork-shaped tee
裤式救生圈 breeches buoy
裤形救生吊笼 breeches buoy

酷

酷寒 hard frost

酷烈的 <指寒暑> rigorous
酷热 intense heat; sultriness
酷热的 red hot; torrid
酷热气候混凝土施工 hot-weather concreting
酷热日 tropic(al) day
酷热天气 sultry weather
酷暑 dog days; intense heat; severe heat
酷暑界限 sultry limit
酷渔 overfishing

夸

夸大比例 exaggerated scale

夸大的索赔 exaggerated claim
夸大地形模型 exaggerated relief model
夸大立体感比值 appearance ratio
夸大立体观测 exaggerated stereo-view
夸大率 exaggerated ratio; ratio of exaggeration
夸大损失 exaggeration of damages
夸尔扎耳铝基轴承合金 Quarzal
夸克 <理论上一种比原子更小的基本粒子,作为质子、中子等已知粒子的基本构成部分的带电核粒子> quark
夸克学 quarkonics
夸雷拉砂岩 Quarella sandstone
夸普 <含有一个反质子和一个夸克的核粒子> quap
夸特 quarter
夸特宽 quarter width
夸(脱) <容量单位> quart

垮

垮坝 bursting of dam; dam break(ing); dam failure

垮坝的 dam-bursting
垮坝洪水 dam-collapse flood
垮落法控制顶板 caving method roof control
垮落前落石 picking
垮圈 slabbing of ring
垮砂 push-up
垮塌角砾岩 ablation breccia; solution breccia
垮台 burst up; downfall
垮窑皮 coating failure

挎

挎刀 <两端有柄的> draw knife

挎刨补片 router patch

胯

胯部 crotch

跨

跨 astraddle

跨鞍式减径-定径机 straddle-type mill
跨板 straddle
跨臂锁紧手柄 overhead arm locking lever
跨变刚构 span-change rigid frame
跨步电压 pace voltage; step voltage
跨步反射 stepping reflex
跨步焊 step-by-step welding
跨步式夯实 <如用蛙式打夯机之类的压实工作> straddling compaction
跨步式索铲 walking dragline
跨步式挖掘机 walker excavator; walking digger
跨部门的 interagency
跨插 cross-over
跨铲法 across earth-scraping process
跨长 span length
跨车 <铁路与公路间装卸集装箱用> straddle carrier; straddle carrier crane; straddler; straddle truck
跨车起重夹头 straddle carrier lifting lug
跨车站月台 cross station platform
跨车站站台 cross station platform
跨乘罗盘 striding compass
跨档作业 overspanning operation
跨导 controlled plate conductance; grid-anode transconductance; grid plate transconductance; mutual conductance; transconductance
跨导倒数 transimpedance
跨导计 Gm-meter; slope meter
跨导调整电位器 slope potentiometer
跨点阻抗 transfer impedance
跨电导 transconductance
跨斗 side car body
跨斗式摩托车 side-car; side car machine
跨度 span(ning); bay; cut bay; flight distance; flying distance; fly-past; interjoist
跨度及伸臂系统 bay and cantilever system
跨度净空 clearance of span; span clearance
跨度距离 span length
跨度/宽度比 span/breadth ratio
跨度上均布荷载 load uniformly distributed over span
跨度下垂度 sag of span
跨度中心 center[centre] of span
跨缝连续层 <跨越下层混凝土接缝用的> continuous bridging layer
跨缝伸出钢筋 starter bar
跨盖 step covering
跨杆 straddle pole
跨高比 span-depth ratio; spacing-height ratio; span-to-depth ratio
跨隔测试 straddle packer test
跨隔式封隔器 straddle packer
跨谷测量 span valley crossing
跨谷桥 span valley bridge
跨谷水准测量 span valley crossing level
跨规 span indicator
跨轨导管导轮 transverse pipe carrier
跨轨天桥 cross-bridge
跨轨误差 cross-track error
跨轨信号架 cross ga(u)ntry; gauntree; ga(u)ntry
跨国的 transnational
跨国调水 inter-republic water transfer
跨国法 transnational law

跨国公司 multinational company; multinational corporation; trans-corporation; transnational company; transnational corporation
跨国公司的 multinational
跨国公司法 international corporation law
跨国公司会计 multinational accounting
跨国公司经营 multinational operation
跨国公司行动守则 Code of Conduct on Transnational Corporations
跨国会计公司 multinational accounting firm
跨国会计事务所 multinational accounting firm
跨国集中 transnational concentration
跨国集装箱 <即国际标准组织规定的集装箱> transcontainer
跨国集装箱国际运输公司 Intercontainer; the Company for International Transport by Transcontainers
跨国籍企业 multinational corporation
跨国经营 multinational operation; transnational operations
跨国经营战略 transnational business strategy
跨国联合组织 <托拉斯> transnational merger
跨国旅游机构 transnational tourist agency
跨国企业 multinational enterprise; multinational firm; transnational enterprise
跨国契约 transnational agreement
跨国商号 multinational firm
跨国市场集团 multilateral market group
跨国银行 multinational bank
跨过 bridge over; cross-over; span
跨过沟 stride a ditch
跨海大桥 overwater bridge
跨海集装箱 transcontainer
跨海运输 transocean; transoceanic transport
跨河大桥 overwater bridge
跨河的 overriver; river crossing
跨河渡槽 flume crossing
跨河建筑物 flyover structure above channel (river); overriver structure; river overcrossing structure; structure crossing over river channel
跨河缆道 cable ferry
跨河桥 river bridge; river-crossing bridge; stream crossing; stream crossing bridge
跨河沙埂 crossing bar
跨河设施 river-crossing facility
跨河水准测量 overriver level(l)ing; river-crossing level(l)ing; river crossing
跨架置 straddle mounting
跨架置小齿轮 straddle mounted pinion
跨间 ai(s)le; opening
跨间接缝 bay joint
跨间支撑 <混凝土梁模板的> horizontal shore
跨接 bridge; bridge connection; bridging; cross connection; crossing; in bridge; jumper; transpose
跨接测试器 jumper tester
跨接的 by passed
跨接电缆 jumper cable
跨接电缆接头 jumper cable coupling
跨接电位 cross-over potential
跨接法兰 cross-over flange
跨接负载 shunt loading
跨接管 cross-over connection; cross-over tube; cross under pipe; jumper tube
跨接接合 joint bridging
跨接接头 jumper head
跨接结构 cross-over
跨接梁 spreader beam
跨接器 junctor
跨接软管联轴节 jumper hose coupling
跨接台车 straddle truck
跨接图 bridge diagram
跨接网络 cross-over network
跨接线 across-the-line; bonding conductor; bonding jumper; bridging bond; bridging line; bridle; electric (al) jumper lead; jumper; jumper wire; jumping wire; tie jumper; wire jumper; cross-over
跨接线杆吊环 bridle ring
跨接线排 cross-connexion field; jumper field
跨接在线路上 across-the-line
跨界辐射 grenz ray
跨界桥 transborder bridge
跨界日 <增或减一日> anti-podean day
跨晶断裂 transcrystalline failure
跨径【道】 span
跨径长 span length
跨径划分 proportioning of the space; proportioning of the span
跨径净空比 span to headroom ratio
跨矩 moment of space; moment of span
跨距 after overhang; interjoist; spacing; span(length); strided distance; track
跨距长度 length of span; span length
跨距法 setover method
跨距计算 spacing computation
跨距中点 center[centre] of span; mid-point of span; mid-span; span center[centre]
跨孔地震法的 cross-hole-seismic
跨孔发射 cross-hole shooting
跨孔法 <波速测定的> cross-hole (shooting) method
跨孔法波速测试 wave velocity test by cross-hole(shooting) method
跨孔剪切波速法 cross-hole shear wave velocity measurement
跨孔声波测量 cross-hole sonic measurement
跨孔实验 cross-hole testing
跨宽 width of span
跨宽比 span/breadth ratio
跨廊式楼层 skip corridor floor
跨立 straddle; straddling
跨立式 straddle mounted type
跨立式脚手架 straddle scaffold
跨立式输送机 <多用于隧道运土> straddle conveyor[conveyor]
跨立式转运工具的倾卸装置 dumping device for straddle carrier
跨连 bridging
跨链定位 interchain fixing
跨梁桥 canal bridge
跨两层楼的公寓套房 duplex
跨零波数 number of zero up-crossing
跨零波周期 zero crossing wave period
跨零点 zero crossing point
跨流域调水 interbasinal diversion; interbasinal water diversion; interbasin water transfer; transbasin diversion; water importing from transwater shed
跨流域调水工程 interbasin water transfer project
跨流域开发规划 interbasinal development planning
跨流域开发计划 interbasinal development planning
跨流域引水 interbasinal diversion; interbasinal water diversion; interbasin (water) diversion; interbasin water transfer; transbasin diversion; trans-mountain diversion; trans-watershed diversion; water importing from transwater shed
跨流域引水工程 interbasin diversion project; trans-mountain diversion project
跨路的 overline; overroad
跨路拉索 overroad stay
跨路拉线 overroad stay
跨路桥 overcrossing
跨路天桥 cover bridge; line bridge; overbridge; overline bridge
跨路停靠站 flyer stop
跨路线桥 cross-over
跨轮 back gear; minute wheel
跨轮架 throw-over gear
跨马路拉线 overroad stay
跨美运输服务处 Trans-America Transportation Services
跨膜电位差 transmembrane potential difference
跨膜动作电位 transmembrane action potential
跨内弯矩 moment of span
跨年 overyear
跨年调节 interannual regulation
跨年度 overyear; split year
跨期的 over-period
跨期分摊 <指在前后两个会计期间分摊> interperiod allocation
跨期分摊账户 transition account
跨期税款 interperiod tax
跨期所得税当期计纳法 flow-through method
跨期摊配 over-period allocation
跨期摊配账户 interperiod allocation account
跨墙角拱 squinch arch
跨墙脚拱 squinch
跨桥结构 associated bridge structure
跨桥线 flyover crossing
跨区供应 transregional supply of commodities
跨区记录 spanned record
跨区交售 transregional sales of commodities
跨区收购 transregional purchase of commodities
跨区协作 transregional cooperation
跨渠槽 overchute
跨渠渡槽 canal aqueduct
跨渠管道 canal aqueduct
跨渠水管 canal aqueduct
跨山引水 trans-mountain water diversion
跨深比 span-depth ratio
跨声速 transonic speed
跨声速边界层 transonic boundary
跨声速的 transonic
跨声速马赫数 transonic Mach number
跨声速热晕 transonic thermal blooming
跨声速特征 transonic characteristic
跨声速效应 transonic effect
跨声速障 transonic barrier
跨绳 span rope
跨绳端点 span point
跨绳滑车 span block
跨绳加油设备 <海上两船并列航行加油用> span-wire fueling rig
跨省电网 interprovincial power network
跨省区分行 trans-provincial or trans-regional branches
跨时累积过程 process of accumulation overtime
跨时消费群 inter-temporal consumption baskets
跨世纪的 cross-centenary
跨式安装 straddle mounting
跨式搬运车 straddle carrier
跨式打包机 straddle packer
跨式放大镜 bridging microscope
跨式挂车 straddle trailer
跨式甲板起重机 deck straddling crane
跨式架 straddle mounting
跨式拉刀 straddle broach
跨式链轮铣刀 straddle sprocket milling cutter
跨式轮胎龙门起重机 straddle tired [tyred] gantry crane
跨式起重机 straddle crane
跨式倾卸装置 straddle dump device
跨式输送机 straddle conveyer [conveyor]
跨式水准器 stride level
跨式拖拉机 saddle type tractor
跨式铣刀 straddle cutter; straddle mill
跨式压实机 straddle packer
跨式运输车 straddle carrier
跨式装填机 straddle packer
跨树保护线 tree wire
跨水准器 striding level
跨所有制 transownership
跨特宽 quarter width
跨铁路桥 railroad underbridge
跨听筒电容器 telephone capacitor
跨头横杆 overhead crossbar
跨位 amphi-position
跨屋隅的小拱 trumpet arch
跨溪桥 brook bridge
跨铣 straddle milling
跨铣加工 straddle mill work
跨系绳 span lashing
跨隙效应 bridging effect
跨下净高 clearance under space; clearance under span
跨线 flying lead
跨线标志结构 sign gantry
跨线的 overline
跨线电线杆 crossing pole
跨线货棚 hangar
跨线交叉 flying crossing; flyover crossing
跨线路 <跨越公路、铁路等的桥梁或其他通道> overpass
跨线桥 bridge crossing; bridge over railway; cover bridge; cross-over; deck bridge; dry bridge; flying bridge; flyover; flyover roundabout; gauntree; ga(u)ntry; grade-separated bridge; grade-separation bridge; line bridge; overbridge; overcrossing; overhead bridge; overline bridge; overpass bridge; railroad overcrossing; separation structure; underbridge; viaduct; flyover bridge <立体交叉用>; gantry <铁路上支持信号装置的>; railroad underbridge <铁路线在下>
跨线桥步行道 flying footway
跨线桥环形立体交叉 flyover roundabout
跨线桥简易立体交叉 flyover crossing
跨线桥结构 flyover structure
跨线桥净空 overhead clearance
跨线桥桥面 flying deck
跨线桥桥下净空 underbridge clearance
跨线桥人行道 flying footway
跨线桥支架 flying support
跨线设备 through track group facility
跨线天桥 line bridge; overhead floor bridge

跨线雨棚 hangar
跨线装卸集装箱的活动龙门起重架 <活动龙门吊> transtainer
跨线总站 <指几条线路的总站> through terminal
跨项 spanned item
跨信息 transinformation
跨行区段 <机车或列车在邻段或邻局线路上的> interpenetration section
跨行业公司 conglomerate
跨行业经营 multisectoral operation
跨行业跨地区的经济区 intertrade and transregional economic zone
跨行业企业合并 conglomerate merger
跨行业销售 scrambled merchandising
跨形屋顶 compass roof
跨旋回地槽 conjunct-cycle geosyncline
跨学科 interdiscipline
跨学科的 interdisciplinary
跨学科合作 interdisciplinary cooperation
跨学科经济学 interdisciplinary economics
跨学科研究法 inter-disciplinary approach
跨腰梁 straining beam; straining piece; strutting piece
跨业公司 <控制或经营多种公司的> multicompany
跨页标题 double spread
跨 1 和 0 测试 marching 1's and 0's test
跨音速 transonic speed; transonic velocity
跨音速范围 transonic range
跨音速风洞 transonic wind tunnel
跨音速和超音速空气动力学 transsuper aerodynamics
跨音速机 transonic aircraft
跨音速加速度 transonic acceleration
跨音速空气动力学 transonic aerodynamics; transonics
跨音速流场 transonic flow field
跨音速流动 mixed flow; transonic flow
跨音速流管 transonic stream tube
跨音速喷管 transonic nozzle
跨音速试验段 transonic test section
跨音速压气机 transonic compressor
跨音速叶栅 transonic cascade
跨音速阻力 near sonic drag
跨域逻辑单元 cross-domain logic (al) unit
跨域资源管理 cross-domain resource management
跨月度船舶 stowage ship; straddle ship
跨越 astride; bridge over; bridging over; cross-over; jump over; junction; overcrossing; overhead crossing; span(ning)
跨越搬运 cross-hauling
跨越赤道 crossing the equator; crossing the line
跨越地域 cross-domain
跨越地域分区链路 cross-domain subarea link
跨越地域键 cross-domain key
跨越地域链路 cross-domain link
跨越地域通信[讯] cross-domain communication
跨越地域资源 cross-domain resource
跨越地域资源管理程序 cross-domain resource manager
跨越点 cross(-over) point
跨越断层设计 fault crossing design
跨越阀 cross-over valve
跨越分区 cross-subarea
跨越分区链路 cross-subarea link
跨越杆 crossing pole; cross-over pole
跨越管 cut-off
跨越轨道的通道 passage over tracks
跨越国界水域 transboundary waters
跨越航道的桥跨 channel span
跨越河流 stream crossing
跨越记录 spanned record
跨越交叉 overcrossing
跨越结构 crossing structure
跨越距离 <折射法勘探> cross-over distance
跨越绝缘子 crossing insulator
跨越开挖基槽以便车辆通行的钢板 crossing plate
跨越宽度 span width
跨越栏止线 barrier line
跨越连接管 jumpover connection
跨越频率 cross-over frequency
跨越桥 flyover bridge
跨越设备 line balance converter
跨越式(吊运)升船机 straddle lift
跨越式起重装载机 straddle carrier crane
跨越水道的桥跨 channel span
跨越梯 flyover ladder
跨越洼地 sag crossing
跨越弯头 cross-over bend
跨越无路地区 across country
跨越线 cross connecting line
跨越闸门 by-pass damper
跨越值 spanning value
跨运车 straddle bus; straddle carrier; straddle truck; van carrier
跨运车方式 straddle carrier system
跨运车系统 <集装箱码头的> Matson system
跨载 twin load
跨载机法 straddle carrier system
跨载起重机 straddle carrier crane
跨闸涵洞 loop culvert
跨枕 span bolster
跨中 mid-space; mid-span; span centre
跨中板带 middle strip; slab strip
跨中垂度 centre sag; sag of span
跨中钢筋 mid-span reinforcement; span reinforcement
跨中荷载 center[centre] load(ing); mid-span load
跨中截面 span section
跨中挠度 mid-span deflection
跨中配筋 span reinforcement
跨中弯矩 mid-span moment; moment of span
跨州的 multistate
跨洲合并(铁路) transcontinental merger
跨洲运价组合 transcontinental rate group
跨专门小组 multidisciplinary group
跨专业组织 outside line organization
跨装 straddle; straddling
跨装车组 wagon-group used to straddle goods
跨装法 straddle attachment
跨装附件 straddle attachment
跨装货物 goods straddled on two or more wagons
跨装货物在支重块外的悬垂部分 overhang portion of load
跨装起重机 straddle crane
跨装支距 distance between two goods turning racks
跨着 astride
跨阻抗 transimpedance
跨阻抗作用 transistance
跨座式 straddle type
跨座式单轨铁路 straddle monorail; straddle-shaded mono-railway

会

会计 account(ancy); accounting <指工作>; accountant; bookkeeper; treasurer <指人员>

会计报表 accounting statement
会计报表的格式 form of accounting statements
会计报表的种类 kind of accounting statements
会计报告 accounting report
会计标准化 standardization of accounting
会计部门 accountant's department; accounting department; accounting division
会计簿 accounting form
会计长 accountant general
会计常规审计 accounting regularity audit
会计成本 accounting cost
会计成本管理 accounting cost control
会计成本监督 accounting cost control
会计程序 accounting procedure; accounting process
会计处 accounting department
会计处理 accounting treatment
会计传票 voucher
会计单位 accounting unit
会计档案 accounting archive
会计的 financial; fiscal
会计的时间观念 periodicity concept of accounting
会计电算化 accounting by electronic data processing
会计电子计算机 unit record equipment
会计对方 <尤指贷方> contra
会计发展与技术 accounting trends and techniques
会计法 accountancy law
会计方法 accounting method
会计分类 accounting classification
会计分录 accounting entry
会计分析 accounting analysis
会计工作 accountancy
会计工作电子计算机化 accounting by electronic data processing
会计估价 accounting evaluation
会计惯例 accounting convention
会计规程 manual of accounts
会计规则 accounting rule; accounting system
会计和商业研究 accounting and business research
会计核算 accounting
会计恒等式 accounting equation; accounting identity
会计汇率 accounting exchange rate; accounting rate
会计机构 accounting organ
会计机器记账法 accounting by machine method
会计机器整理 machine method of accounting
会计基本原理 fundamentals of accounting
会计基础理论 accounting concept
会计基础审计 audit of accounting basis
会计及财务审计 accounting and financial audit
会计计算机 clerical machine; computing machine; accounting machine
会计技术 accounting technique
会计价格 accounting price
会计监督 accounting control; accounting supervision
会计监督系统 accounting control system
会计检查 auditing
会计检验 accounting check
会计校验 accounting check
会计经营业务 accounting transaction
会计决算报表 final accounting statements; statement of final accounts
会计科 accounting department; accounting house; account section
会计科目 accounting item; accounting subject; account title; caption of account; name of account
会计科目表 chart of accounts; classification of accounts
会计科目名称 capital of account
会计科目一览表 account chart
会计控制 accounting control
会计控制系统 accounting control system
会计理论 accounting theory
会计理论入门 introduction to accounting theory
会计流程图 account flow chart
会计年度 accounting period; accounting year; business year; financial year; fiscal accounting year; fiscal year
会计凭证 accounting documents; accounting evidence; accounting voucher; voucher
会计期 accounting period
会计期间 accounting period; fiscal period
会计期间资本回收率 accounting rate of returns
会计期终结账日 fiscal closing date
会计情报 accounting information
会计情报利用人 accountee
会计趋势 accounting trend
会计权责发生制 accrual basis of accounting
会计人员 accounting personnel; accountant
会计日报表 daily accounting report
会计上的调整资本 accounting recapitalization
会计师 accountant; certified public accountant; chartered accountant; comptroller; expert accountant; public accountant
会计师报告 accountant's report
会计师公费 accountant's fee
会计师事务所 accountant's firm; accounting firm
会计师室 accountant office; accountant room; accounting room
会计师证明 testimonial by accountants
会计师证明书 accountant's certificate
会计师之职 accountancy
会计实践 accounting practice
会计实习 accounting practice
会计事务所 accountant's office
会计事项 accounting transaction
会计试算表 trial balance(table)
会计室 accounting house; counting-house

会计手册 accounting; manual of accounts
会计术语 accounting terminology
会计数据 accounting data
会计数据的用途 usefulness of accounting data
会计条例 accounting code; accounting regulation
会计文件 accounting documents; accounting file
会计系统 accounting system
会计现代化 modernization of accounting

会计信息系统 accounting information system
会计学 accountancy; accounting
会计学基础 basis for invoicing
会计学术 accountancy
会计研究 accounting research study; accounting study
会计业 accountancy
会计用计算机 accounting machine
会计用语 accounting terminology
会计员 accountancy profession; accountant officer; accounting clerk; bookkeeper; steward <团体、公会等的>
会计原理 accounting principle; principle of accounting
会计原则 accounting principle
会计月报表 account current
会计运算 accounting operation
会计责任 accountability
会计账簿 account books
会计职能 function of accounting
会计职务 accountantship
会计职业团体 accounting profession organization
会计制表 accounting tabulating
会计制度 accounting system; accounts system; system of accounts
会计主管 account(ant) officer
会计主任 accountant general; accounting general; accounting head; accounting manager
会计助理 accounting assistant
会计专门化 specialized phases of accounting
会计专票 accounting voucher
会计专业 accounting profession
会计准则 accounting standard
会计咨询 accounting consultation
会计组织 accounting organization

块

块比重 weight of lump with unit volume

块比重煤样 coal sample for determination of weight of unit volume
块变量 block variable
块标识符 block identifier
块标志 block mark
块表 block list
块冰 pack ice; patch ice
块材保温 block-type insulation
块材的面 block face
块材地板 block flooring
块材模型 block mo(u)ld
块材铺面 block pavement; block paving
块材制作 forming of blocks
块差错率检验 block error rate test
块长度 block length
块长石 block spar
块长指示符 block length indicator
块出错率 block error rate
块处理 block processing

块处理程序 block processor
块传输 block transmission
块传送 block movement; block transfer; block transmission
块带式 block-belt type
块的分割 splitting of blocks
块地址 block address
块迭代法 block iterative method
块度 blockness; grain-size; lumpiness
块度范围 size range
块度控制 size control
块段 ore block
块段储量 reserves of ore block
块段法 ore block method
块段克立格法 block Kriging
块段面积 area of ore block
块段平均厚度 average thickness of ore block
块段平均品位 average grade of ore block
块断储量 blocked out ore
块断区和裂谷区 block-fault and rifted regions
块断褶皱作用 block folding
块断作用【地】 block fault(ing); block-fault folding
块对角矩阵 block diagonal matrix
块垛墙 pinion wall
块砚石 newtonite
块方向图 block directed graph
块分隔 block separation
块分隔符 block separator
块分类 block sort
块分离 block splitting
块分裂 block split
块分析 block analysis
块封锁状态 block lock state
块干石灰墁灰 adamant plaster
块割点图 block-cut point graph
块格式 block format
块根切碎机升运器 elevator for root cutter
块根切洗机 root cut-and-cleaner
块根挖掘机 root digger; root lifter
块规 block ga(u)ge; ga(u)ge block; slide ga(u)ge; slip ga(u)ge
块规夹持器 block holder
块规组 <机械量测的> stack of ga(u)ge blocks
块硅镁石 norbergite
块焊接 block welding
块黑铅矿 plattnerite
块滑 block slide
块滑石 potstone; steatite
块滑石陶瓷 steatite ceramics; steatite porcelain
块滑石线圈架 steatite bobbin
块化 blocking; massing
块环链【机】 block chain
块辉铋铅矿 rezbanyite
块辉铋铅银矿 schirmerite
块辉铋铅矿 rezbanyite
块辉锑铅矿 eakinsite
块机 briquet(te) press
块集冰盾 agglomeratic ice sheet
块计数 block count
块计数出口程序 block count exit routine
块计数字段 block count field
块记录 block record
块加密 block encryption
块间的 interblock
块间隔 block gap; interblock gap
块间隙 block gap
块检查序列 block check sequence
块检验 block check
块检验字符 block check character
块交换 block switch
块焦 <直径75毫米以上> lump coke
块校验 block check
块校验规程 block check procedure
块校验字符 block check character
块结 cake; caking
块结大理岩 ruin marble
块结构 block structure
块结构的机构 block structure mechanism
块结构语言 block-structured language
块结束 block end; end of block
块结束符 end of block character
块金 bullion; nugget【地】
块金常数 nugget constant
块金属膜电阻器 bulk metal film resistor
块金效应 nugget effect
块金效应型变化 variation of nugget-effect type
块茎 tuber
块茎状的 tuberose; tuberous
块矩阵 block matrix
块控制 block control
块垒地 block graben
块沥青 asphalt rock
块砾碛【地】 block moraine
块链接 block chaining
块料 block; lump(y) material
块料侧面 cheek of block
块料的铺砌花式 laying pattern
块料地板 block flooring
块料地面 paved floor
块料分割器 block splitter
块料光学塑料 bulk optic(al) plastics
块料锯开机 block splitting machine
块料拼门 block leaf
块料铺砌 <路面> laying of setts
块料铺砌的再填缝 jointing of sett paving; rejointing of sett paving
块料铺砌法 block paving
块料(铺砌)路面 block pavement
块料砌合 block bond
块料钎焊 block brazing
块料切割机 block cutter; block cutting machine; block splitter; cutting machine
块料散射 bulk material scattering
块料试验机(器) block testing machine
块料吸收 bulk material absorption
块料筑成的码头岸壁 block quay wall
块裂 block crack; map crack(ing)
块裂结构 fracture texture
块磷锂矿 lithiophosphate
块磷铝矿 berlinite
块磷铝石 berlinite
块硫铋银矿 pavonite
块硫钴矿 jaipurite
块硫镍钴矿 siegenite
块硫砷铅矿 guitermanite
块硫锑铅矿 boulangerite
块硫锑铜矿 famatinite
块瘤结构 nodular structure
块逻辑设计 block logic(al) design
块码 block code
块煤 bitumenite; chimney coal; chinley coal; kerosine shale; large coal; lump coal; range coal; torbanite
块煤下限率 undersize percentage of lump coal
块名(字) block name
块凝物 clot
块奇偶性 block parity
块砌岸壁 block wall
块砌坝 <混凝土块> masonry dam
块砌墩 <用混凝土块砌成的> masonry pier
块砌墙 block-walling
块钎焊 block brazing
块前导 block prefix
块强度 bulk strength
块熔岩 aa; aa lava; aphrolite; aphrolithic lava
块熔岩地 clinker field
块熔岩(分布)区 aa-field; clinker field
块熔岩通道 aa channel
块入口 block entry
块三对角线矩阵 block tridiagonal matrix
块砷铝铜石 ceruleite
块砷镍矿 aerugite
块石 rubble; angular boulder; blocked stone; block rock; block(y) stone; boulder; mammock; quarry rubble; quarry stone
块石坝 rubble dam
块石坝趾 rock dam toe; rock toe
块石保护层 rock blanket
块石层 stone course; stone layer
块石衬砌 block stone lining; stone lining
块石衬砌的 stone lined
块石成型工程 stone milling work; stone shaping work
块石粗加工 knobbing
块石的 rubbly
块石垫层 penning; rock mattress; stone underlayer
块石顶层 armo(u)r capping
块石端砌 isodomon; isodomum; opus isodomum
块石堆 heap of rubble
块石堆筑 quay run rockfill; rubble fill
块石防波堤 block breakwater; quarrying rock breakwater; rock breakwater; rubble-mound breakwater
块石缝填充料 sett joint filler
块石拱桥 block stone arch bridge
块石海岸 block coast
块石护岸 block protection; rock revetment; rubble protection
块石护层 protective rock blanket
块石护面 <防波堤> rock armo(u)r; stone armo(u)r
块石护面T形盘头 stone armo(u)red tee-head; stone-protected teehead
块石护坡 facing of embankment; pitching; rubble pitching
块石护坡工程 pitched works; rubble pitching work
块石护坦 rubble apron
块石灰 lump lime; white lump lime
块石混凝土 cyclopean concrete; rubble concrete; stone concrete
块石基层 stone packing
块石基层碎石路面道路 Telford road
块石基础 rubble footing; rubble foundation
块石胶 lump glue
块石料 rubble stone
块石棱体 rubble backing
块石沥青沉排 stone-asphalt mattress
块石路面 block pavement; block road; block stone pavement; pavement of stone blocks; pitching pavement
块石排水沟 rubble drain
块石坡 block slope
块石铺盖 rock blanket
块石铺路 stone setting
块石铺面 rubble pavement
块石铺砌 rubble paving; stone paving
块石铺砌的路面 paving in stone blocks; penning
块石铺砌路面 block stone pavement
块石砌 stone masonry
块石砌缝 abre(a)uvior
块石砌墙法 <每皮高度不同的> pseudisodomum
块石砌体 cyclopean rubble masonry; rubble masonry; stone masonry
块石砌筑 stone rubble masonry (work); stone setting
块石墙 rubble stone wall
块石墙上的砌砖或砌细琢石加劲层 lacing course
块石顺垒砌法 opus quadratum
块石提升夹钳 lifting tongs; stone lifting tongs
块石填缝砂 sett joint sand
块石填料 rock fill
块石圬工 stone rubble masonry(work)
块石相对重度 relative mass density of rock
块石斜坡 rubble-slope(protection)

块石样 debris sample
块石重度 unit weight of rock
块石抓斗 rock grab;rock grapple
块石装载工 lander;top hooker
块石琢边 drafted margin
块石琢成的凹边 sunk draft
块石琢成的凹面 sunk draft
块石作业 blockwork
块式基础 block foundation
块式记录 blocked record
块式连接件 block-type connector
块式制动器 block-type brake; shoe-type brake
块首 block head
块输出 block output
块输入 block input
块树脂石 ajkite
块数据 block data
块松弛 block relaxation
块燧石 bur
块体 block;block mass;lump;massif
块体搬运车 block carrying truck
块体搬运吊装 block handling
块体衬砌 backed with block
块体尺寸 block size
块体粗粒斑状花岗岩 massive coarse grained porphyritic granite
块体吊装设备 block-setting plant
块体顶层 armo(u)r capping
块体堆场 block storage
块体分析 <岩石力学的> block analysis
块体隔墙 block partition(wall)
块体工程 blockwork; prefabricated concrete block structure
块体护岸 block protection
块体护面抛石防波堤 rubble mound breakwater armored with blocks
块体滑动 blockglide;block slide
块体滑坡 blockglide;block slide
块体混凝土 monolith(ic concrete)
块体间的接缝 joints between blocks
块体剪切试验 block shear test
块体接触面 block interface
块体结构 block structure; massive structure
块体力学 clastic mechanics
块体路面 block pavement
块体锚固 <块锚法> block anchorage
块体模式 block model
块体铺面 block pavement
块体铺砌路面 block stone pavement
块体铺砌面层 block paving
块体砌合 bond in blockwork; block bond
块体砌筑码头 masonry block wall quay
块体强度 block strength;bulk strength
块体墙设计 design of blockwall
块体容许失稳率 allowable ratio of instability of block
块体容重 mass unit weight
块体试样 block sample
块体系统不连续变形分析 discontinuous deformation analysis
块体效应 block effect
块体形状 shape of block
块体烟囱 block stack
块体移动 block movement; mass movement
块体预制场 block yard
块体运动 block movement; mass movement
块体组合梁 block beam
块体作用 block action
块铜矾 antlerite;vernadskite
块铜矿 antlerite;arnimite
块头 block head
块图 block chart;block graph(ics)
块土 lump soil
块团 lump
块团尺寸 patch size
块团大小 patch size
块相加 block add
块形大方脚 block footing
块形底脚 block footing
块形基础 block-type foundation; pad foundation
块形连接 bump contact
块形镘刀 derby float
块形柱头 block capital
块型绝缘材料 block-type insulant
块型脱轨器 derail block
块延迟失真 block delay distortion
块岩丘 block-dome
块岩熔地面 aa-field
块因子 blocking factor
块银 bullion
块油罐田内的油罐组 tank group
块云母 bliabergite; block mica; killinite
块渣 lump slag
块闸 block brake
块铸 block casting
块砖平铺 flat brick paving
块装配 block load(ing)
块状 in block;in lump
块状保护装置 block protector
块状本征锗 bulk intrinsic germanium
块状冰川 block glacier
块状冰川运动 block ice-movement
块状播种 sowing in patches
块状材料 lump material
块状层理构造 massive bedding structure
块状冲断层 block thrust
块状虫胶 block lac
块状的 blocklike; blocky; clumpy; lumpy;massive
块状底脚 massive footing
块状电刷 block brush
块状断层 block fault(ing)
块状断裂 <滑坡体破坏> block disruption
块状辐射板 unit radiant panel
块状腐朽 cubic(al)rot
块状隔热材料 block-type insulant
块状构造 blocklike structure; blocky structure;cloddy structure;massive structure
块状固体 bulk solid
块状花岗岩 blocky granite
块状结构 blocky texture;blocky structure; massive structure; massive texture
块状金属 reguline metal
块状晶质石墨 massive crystalline graphite
块状绝缘 block insulation
块状绝缘层 block insulation
块状矿(石) massive ore
块状沥青 massive bitumen
块状砾岩 clumpy conglomerate
块状裂缝 block crack
块状裂化 bulk cracking
块状磷砷铜矿 luzonite
块状硫化物型多金属矿床 massive sulfide-type polymetallic deposit
块状硫化物型铜矿床 massive sulphide-type copper deposit
块状硫酸铝 lump alumin(i)um sulphate
块状路面 block pavement
块状绿地 green plot
块状煤样 block coal sample
块状棉 cubic(al)wool
块状模塑料 bulk mo(u)lding compound
块状耐火黏[粘]土 nodular fireclay
块状黏[粘]土 lumpy clay
块状凝聚 conglomeration
块状砌层 blocked course
块状铅泛水板 lead soaker
块状铅锌矿石 massive Pb-Zn ore
块状熔岩 block lava
块状熔岩构造 aa lava structure
块状熔岩流 block lava flow
块状润滑油 block grease;brick grease
块状山 block mountain;massive mountain
块状生石灰 lump lime
块状石灰 lump lime
块状石墨 blocky graphite
块状石英 blout
块状试样 block sample;chunk sample
块状熟料 caked clinker
块状碎裂结构 massive cataclastic texture
块状态 block state
块状条纹 block stripe
块状图 block diagram; block graph; block map
块状无烟煤 coal stone;stone coal
块状物 brick;cake
块状物料 lumpy material
块状相 massive phase
块状消气剂 bulk getter
块状压实齿 pad foot
块状岩 block rock;massive rock
块状岩流 block stream
块状阳极簇电解槽 cell with packets of block anodes
块状氧化铝 tough alumina
块状页岩 nodular shale
块状油藏 massive pool
块状油毛毡 tile lino(leum)
块状原木 cut log
块状运动 massive movement
块状闸 shoe brake
块状转变 massive transformation
块状组织 massive texture
块组 block group
块作用的 fast speed

快

快摆桩锤 rapid swing hammer
快办费 express fee
快报 dispatch;express information
快变换拖式铲运机 rapid-shifting drag scraper machine
快拨凸轮 fast advance cam
快波群 fast body waves
快餐 fast foods;quick-lunch;snack
快餐部 buffet; luncheon bar; quick lunch counter; snack bar; snack counter
快餐餐厅 fast food restaurant; snack bar
快餐车 snack bar car
快餐店 snack bar;lunchroom
快餐服务设备 fast food service installation
快餐革命 fast food revolution
快餐柜 snack bar
快餐柜台 snack counter
快餐酒吧 buffet bar
快餐零售 fast food retailing
快餐食堂 quick lunch stand
快餐亭 drive-in restaurant
快餐休息室 buffet lounge
快拆 flip down
快拆开的 quick detachable
快长的 large-growing
快车 cannon; cannonball; express (train);express wagon;fast train;flier;flyer;hot shot;red ball <俚语>
快车部件商店 <高速赛车> speed shop
快车道 clearway; driveway; fast-driving road; fast lane; fast-moving vehicle lane; freeway; high-speed vehicle lane; rapid vehicle lane; roadway; speed-track; speed way; traffic strip
快车公路 express highway
快车机车 express train locomotive
快车交通 fast vehicular traffic
快车路 expressway
快车票 express ticket
快船 clipper ship; express boat; hot shot;speedster
快存区 resolver
快达货 express consignment
快刀 sharp knife
快氘核 fast deuteron
快递 express (delivery); hurry-up; special delivery <美>
快递吊货索 hurry-up fall;rapid transit fall;troll(e)y fall
快递费 express fee; express paid; express charges
快递费已付 express paid
快递费已邮付 express paid by post
快递分析 express analysis
快递公司 express agency; express company
快递货 express goods
快递货件 time freight
快递件 quick dispatch[despatch]
快递邮件 express mail;express post
快电码 quick code
快定时 fast timing
快动按钮 run button
快动泵 rapid approach pump
快动闭阀 fast-acting closing valve; quick-operating valve; slam shut valve
快动刀架 quick-action slide tool
快动的 quick acting
快动断路器 quick-break cut-out
快动阀 quick-action valve; quick-operating valve; rapid action valve; snap valve
快动跟踪系统 fast-acting tracking device
快动虎钳 quick active vise
快动机械压坯机 quick-acting mechanical briquetting press
快动继电器 fast-acting relay; quick-acting relay; quick action relay; quick-operating relay
快动夹具 quick-acting clamp
快动开关 perking switch; quick-acting shutoff; sensitive switch; snap (action) switch
快动离合器 rapid clutch
快动螺母扳手 nut spinner
快动汽缸帽 quick-action cylinder cap
快动三通阀 quick triple valve
快动双效水压机 Fastraverse press
快动调节器 high-speed regulator; quick-acting regulator
快动闸 quick-acting brake
快动作 fast operation; quick operation;snap action
快动作阀 quick-action valve
快动作缸盖 quick-action cylinder cap
快动作继电器 fast-operating relay; high-speed relay
快动作球阀 quick-action ball valve
快动作摄影 accelerated action photography
快冻 quick freeze
快冻处理 deep freezing
快读流程表 quick-read flow sheet
快镀 quickening
快断 quick break
快断机构 quick-breaking mechanism

快断开 quick break
快断开关 quick-break switch
快阀 pop-off valve
快翻式犁体 quick turn bottom
快反向 snapback
快返回分析程序 fast-back parser
快返回算法 fast-back algorithm
快返回自顶向下分析 fast-back top-down analysis
快放继电器 fast release relay；quick-drop（-away）relay；quick-release relay
快分的 quick detachable
快分路轨道电路 quick shunting track circuit
快干 flash dry；heat set（ting）；rapid-curing cutback
快干材料 fast-drying material；rapid-drying material
快干瓷漆 fast-drying enamel（paint）；nitrocellulose paint enamel
快干瓷釉 cellulose enamel
快干磁漆 cellulose enamel；cellulose enamel paint
快干的 fast-drying；rapid-drying
快干凡立水 quick drying varnish；siccative varnish
快干环氧涂层 quick drying epoxy undercoat
快干机 flash drier[dryer]
快干剂 fast-drying material；soligen drier <调和油漆用>
快干胶黏[粘]剂 quick drying adhesive
快干沥青 rapid-curing asphalt
快干腻子 size putty
快干黏[粘]结剂 quick-acting binder
快干漆 fast drying paint；quick drying paint；sharp paint
快干清漆 japan gold size；quick drying varnish；siccative varnish
快干设备 units for fast drying
快干熟油 quick drying boiled oil
快干树脂 copal；quick drying resin
快干水泥 alumina cement；quick-setting cement
快干水性石膏腻子 hard stopping
快干涂料 dried to touch；quick dry facing wash；quick drying paint；sharp paint
快干性 fast-setting
快干性的 quick drying
快干液剂 quick drying liquid product；rapid-drying liquid product
快干油 drying oil；quickly drying oil
快干油墨 fast-drying ink；fast-setting ink；quick-setting ink
快干油漆 quick drying paint；quickly drying colo（u）r；rapidly drying paint
快干植物油 cicoil
快感区图 comfort zone chart
快感线 comfort line
快感原则 pleasure principle
快割螺丝板 ratchet screwstock
快割咬口钳 ratchet diestock
快固结剪力试验 quick consolidated shear test
快固结剪切试验 quick consolidated shear test
快固结试验 quick consolidated test
快固沥青 rapid-curing asphalt
快固着油墨 quick-setting ink
快关阀 fast valve；quick-closing valve；emergency shut off valve
快光 fast rays
快光轴 fast axis
快化石灰 quick slaking lime；rapid slaking lime
快换刀架 quick change tool holder；quick change tool rest
快换的 quick changing
快换夹具 magic chuck
快换拉紧装置 rapid-shifting bridle arrangement
快换轮车床 quick change gear lathe
快换式犁铧 quick change share；quick-detachable share
快换式喷杆 <喷雾机的> quick change spray boom
快换销钉 quick change pin
快换销轴 quick change pin
快换销子 quick change pin
快换钻夹 quick change chuck
快汇 express
快货列车 <英国七十年代发展的> speedlink
快货销售库存报告 fast-selling stock report
快货运 quick dispatch freight
快机 hot shot
快剪 <土的> quick shear
快剪强度 quick shear strength；undrained shear strength
快剪强度曲线 quick shear strength curve
快剪试验 <土的> quick（shear）test；Q-test；short-time test；quasi-static test
快件 express mail；fast freight；fast goods
快件货 express consignment
快件货物 express goods
快件运输公司 express agency；express company
快件运输收入 express revenue
快键 bug；side key
快接器 quick coupler
快结 rapid setting
快捷方式 short cut
快捷服务 clipper service
快解接头 quick-disconnecting coupling
快解乳浊液 quick-breaking emulsion
快进给 quick feed
快镜 fast lens
快镜拍摄 snapshot
快开阀 quick-opening valve
快开封头盖 quick actuating closure
快开杆式闸阀 quick-opening rising stem gate valve
快开关调节仪表 scram controller
快开流量特性 quick open flow characteristic
快开喷水灭火系统装置 quick-opening sprinkler system device
快开人孔 quick-opening manhole
快开散热器阀 quick-opening radiator valve
快开堰顶闸 shutter
快口钢 cutlery steel
快乐情调 hedonic tone
快离耦合器 quick-disconnecting coupling
快离子导体 fast ion conductor
快粒子 fast particle
快裂 quick-setting；rapid setting
快裂沥青乳液 quick-setting asphaltic emulsion；rapid setting asphaltic emulsion
快裂乳化地沥青 rapid breaking emulsified asphalt；rapid setting emulsified asphalt
快裂乳化沥青 rapid setting emulsion
快裂乳液 rapid setting asphaltic emulsion；quick-setting emulsion <美>；labile emulsion；quick-breaking emulsio <英>n
快裂阳离子路用乳液 <美> rapid acting cationic road emulsion
快溜放示像 hump-fast aspect
快溜放显示 hump-fast indication
快录示波器 rapid record oscillograph
快滤 rapid filtration
快滤池定额 rapid sand filter rating
快滤池高速冲洗 high celerity wash of rapid filter
快滤池滤器 rapid sand filter strainer
快滤池喷嘴 nozzle for rapid filter
快滤池设计滤速 rapid sand filter rating
快滤砂滤器 rapid sand filter strainer
快脉冲反应堆 fast-burst reactor
快慢车道分行公路 <有分隔带的公路> divided highway
快慢车分行的公路 multilaned highway
快慢轮 cone pulley
快慢运输种类说明 description of traffic
快门 drop shutter；lens shutter；light valve shutter；shutter；shutter leaf
快门保险 shutter guard
快门闭锁 shutter lock
快门薄片 shutter blade
快门待发装置 shutter cocking
快门缝隙 shutter-slit
快门缝隙宽度 shutter slit width
快门杆 release lever
快门关闭 shutter cutoff
快门管 shutter tube
快门光圈联锁装置 shutter-aperture interlock
快门光学有效系数 shutter efficiency
快门机构 shutter mechanism
快门经纬仪 shutter theodolite；shutter transit
快门卷帘 shutter blind
快门开关 shutter release
快门开角 shutter opening angle
快门脉冲 shutter pulse
快门片 shutter disc[disk]
快门扫描校正 shutter sweep correction
快门速度 shutter speed；shutter velocity
快门速度调节圈 shutter speed setting ring
快门速度检验 shutter speed testing
快门速度刻度盘 shutter speed dial
快门速度预选 preselection of shutter speed
快门速率 shutter rate
快门透光率 transmit efficiency of shutter
快门线 cable release
快门线插口 cable release socket
快门箱 shutter casing
快门效率 efficiency of shutter
快门叶片 blade；leaf；shutter blade
快门叶片推动凸轮 shutter-blade actuating cam
快门叶片抑制器 shutter-blade arrester
快门轴 shutter axis
快门装置 release device；shutter setter
快黏[粘] quickstick
快黏[粘]试验 quick stick test
快凝 fast-setting；quick set；rapid-curing cutback；accelerated set
快凝波特兰水泥 quick-setting Portland cement
快凝玻璃 quick-setting glass；short glass
快凝材料 rapid-curing material
快凝掺和剂 quick-setting additive
快凝的 fast-setting；quick settling；rapid setting；quick curing；rapid curing <液体沥青>
快凝防水剂 quick-setting water-proofing compound
快凝固 quick settling
快凝固的 quick set（ting）
快凝硅酸盐水泥 quick-setting Portland cement
快凝灰浆 quick-setting mortar
快凝灰泥 hard plaster
快凝混凝土 fast-hardening concrete；fast-setting concrete；quick-setting concrete
快凝剂 quick additive；quick-setting additive；quick-setting agent；rapid setting admixture
快凝胶合剂 fast-setting patching compound
快凝胶接料 quick-setting binder
快凝胶结料 quick-setting binder
快凝胶黏[粘]剂 quick-setting adhesive
快凝角凝材料 quick-setting cement
快凝快硬氟铝酸盐水泥 quick-setting and rapid hardening fluoaluminate cement
快凝快硬硅酸盐水泥 quick-setting and rapid hardening Portland cement
快凝快硬水泥 quick-setting quick-hardening cement
快凝沥青 quick-setting asphalt；rapid-curing asphalt
快凝沥青乳剂 quick-set emulsion
快凝片材 fast-setting sheet
快凝轻制地沥青 <由汽油或石脑油掺膏体地沥青制成> rapid-curing cutback asphalt；rapid-curing cutback bitumen
快凝乳化地沥青 rapid setting emulsified asphalt
快凝乳化剂 quick-set emulsion
快凝乳化液 rapid setting emulsion
快凝砂浆 quick-hardening mortar；quick-setting mortar
快凝熟石膏灰浆 unretarded hemihydrate gypsum plaster
快凝水泥 accelerated cement；early setting cement；fast-hardening cement；fast-setting cement；high-speed cement；jet set cement；quick cement；quickly taking cement；quick-setting cement；quick-taking cement；rapid hardening cement；rapid setting cement
快凝添加剂 quick-setting additive
快凝外加剂 quick-setting additive
快凝液体地沥青 <常指轻制地沥青> rapid-curing liquid asphalt
快凝渣层 fast-freezing slag layer
快凝装饰线条石膏 rapid setting mo（u）lding plaster
快拍 snap
快拍照相机 quick fire camera；snapshot camera
快膨胀性水泥 high-expansion cement
快启龙头 quick-release cock
快切换通道 fast switching channel
快燃药柱 fast-burning charge
快热粉 mercaptobenzothiazole
快热管 quick heater tube
快热锅炉 flash boiler
快热耦合反应堆 fast thermal coupled reactor
快融解的冰 soft ice
快扫描 short scan
快扫描到慢扫描 fast-to-slow scan
快扫描行 fast-scan line
快砂滤池 rapid sand filter
快闪存储器 flash memory
快闪光 quick flashing light；quick light

快闪明暗光 occulting quick flashing light
快上闸 quick brake application
快烧 fast firing;quick fire;rapid firing
快烧步进式窑 fast firing walking beam kiln
快烧推板式窑 fast firing pusher-type kiln
快烧颜料 fast fired colo(u)r;fast firing colo(u)r
快摄照片 snap;snapshot
快升温锅炉 express boiler
快绳端 fast line-end
快绳滑轮 < 天车的 > fast sheave
快绳拉力 fast line stresses
快时标 fast time scale
快时间标度 fast time scale
快时间常数 fast time constant
快时间控制 fast time control
快式接口 quick connect coupling
快释偶合 quick-release coupling
快收辘绳 quick recovery fall
快熟石灰 quick slaking lime
快衰落 fast fading;rapid fading;short-term fading
快衰落余量 fast fading margin
快松夹紧装置 quick-release clamp
快松夹器 quick-release clamp
快松式夹具 quick-release grip
快速 fastness;immediate action
快速安定性试验 accelerated soundness test
快速安放仪表 quick-setting instrument
快速安平水准仪 quick-setting level
快速安平装置 quick level(l)ing head
快速安置仪器 quick-setting instrument
快速安装 quick fixing;rapid erection
快速安装的起重机 fast-erecting crane
快速安装法 instantaneous erection;quick erection method
快速拔梢 quick taper
快速扳手 speed wrench
快速班船 express liner
快速拌和机 speedline mixer
快速拌和器 flash mixer
快速保留单元 quick cell
快速保留设备 quick cell facility
快速曝光照片 rapid exposure photograph
快速曝光照相 rapid exposure photography
快速崩裂强度 quick burst strength
快速崩裂试验 quick burst test
快速崩裂压力 quick burst pressure
快速闭合 quick make;rapid closing
快速闭合开关 quick-make switch
快速编码 fast coding;speed coding
快速编码系统 speed-coding system
快速变负荷能力 quick load change capability
快速变换齿轮箱 quick change gearbox
快速变换的 quick changing;quick replaceable
快速变换装置 quick change attachment; quick change gear; quick change gearing
快速变焦距 zoom
快速变形模量 modulus at rapid deformation
快速冰冻 sharp freezing
快速并行运算器 fast parallel arithmetic
快速并直接预测 quick-and-direct prediction
快速拨号 speed dialing
快速拨号系统 speed dial
快速波放大 magnification for rapid waves
快速布雷区 hasty mine field
快速采样器 instantaneous sampler
快速操作 fast operation;real-time operation
快速测地系统 rapid geodetic surveying system
快速测定 rapid determination;rapid monitoring
快速测定 CBR 的落球试验法 < CBR 指加州承载比 > a rapid method of measuring the CBR by the ball drop test
快速测定法 rapid test method
快速测定器 rapid tester
快速测辐射热计 fast bolometer
快速测高 flying level
快速测量 hasty survey;quick survey;rapid measurement;rapid survey
快速测碳法 Enlund method
快速测微仪 flying micrometer
快速层离试验 accelerated delamination test
快速查找卡 quick reference card
快速拆旧法 sum-of-the-year digits depreciation
快速拆卸 quick knock down
快速产品项目 flash item
快速超前进位 fast-carry lookahead
快速超前进位算术运算 fast-carry look-ahead arithmetic
快速车道 express roadway;motorway
快速车辆 fast vehicle
快速沉淀的 quick settling
快速沉降 quick settling
快速陈腐 quick ag(e)ing
快速衬砌 rapid lining support
快速城市铁路 rapid street railway
快速乘法器 fast multiplier
快速齿轮 fast gear
快速充电 boost charge; quick-acting charging;quick charge
快速充电法 rapid charging
快速充电机 quick charger
快速充电率 rapid charge rate
快速充电蓄电池 boosting battery
快速冲击式凿岩 rapid-blow drilling
快速冲击式钻眼 rapid-blow drilling
快速冲击钻进 rapid-blow drilling
快速冲击钻孔 rapid percussive drilling
快速出口坡道 express exit ramp
快速初测 rapid original survey
快速初凝水泥 cement of rapid initial set(ting)
快速除漆剂 < 一种清除油漆剂 > quickstryp
快速除渣法 rapid spoil removal
快速处理 demand processing;immediate processing;time-sharing process(ing)
快速处理程序 faster handler
快速处理机 faster handler;faster processor
快速传感器 fast-response transducer
快速传输 bursting transmission;speedy transmission
快速磁带部件 hypertape unit
快速磁芯存储器 fast core memory
快速刺点器 snap marker
快速促进剂 quick-acting accelerator
快速淬火 rapid quenching
快速淬硬法 quick hardening
快速萃取装置 rapid contractor
快速存储器 active memory;fast-access memory; fast-access storage; immediate-access storage; rapid memory
快速存取 immediate access;short-access
快速存取存储器 fast-access storage; quick access memory;quick access storage; rapid access memory; short-access storage; fast-access memory
快速存取存储器芯片 fast-access memory chip
快速存取的 fast-access
快速存取环 rapid access loop
快速存取记忆 rapid access memory
快速存取数据 quick access data
快速存取信息检索 fast-access information retrieval
快速存取信息检索系统 fast-access retrieval system
快速锉磨器 rapid-filing device
快速打印机 quick printer;rapid printer
快速大容量存储器 fast mass storage
快速代码 speed code
快速单元 quick cell
快速单元设施 quick cell facility
快速倒带 fast reverse;fast rewind
快速倒转 quick return
快速道路 express road;expressway
快速道路牵引车 fast road towing
快速的 fast speed; high-speed; quick acting;quick-operating;real-time
快速滴滤法 high rate trickling filtration
快速地下径流 prompt subsurface runoff
快速地址 fast address
快速电报 high-speed telegraph
快速电报传输 high-speed telegraph transmission
快速电传打字机 fast teletype
快速电路 fast circuit
快速电梯 express elevator;express lift
快速电压控制 quick-response voltage control
快速电子 energetic electronic
快速电子束 high-velocity electron beam
快速吊机 express lift
快速调换部件 black box
快速调换器 quick change adapter
快速迭代 iteratively faster
快速订单 quick order
快速定期船 express liner
快速定向 rapid orientation
快速动作 perk;snap action
快速动作阀 regeneration valve
快速冻结 quick freezing;sharp freezing
快速冻结器 sharp freezer
快速冻结装置 quick-freezing plant
快速断电 fast break
快速断裂 fast fracture;quick-breaking
快速断路 quick break;quick release
快速断路器 fast chopper
快速断续器 light chopper
快速煅烧 flash calcining;quick firing
快速煅烧炉 flash calciner;flash roaster
快速堆肥 quick composting
快速对称透镜 rapid symmetrical lens
快速对焊 flash butt weld
快速发报键 bug key;side key
快速发汽锅炉 < 蒸汽机车用 > Serpollet boiler
快速发生 tachygenesis
快速阀 quick valve
快速法 accelerated method
快速帆船 clipper;heeler
快速翻译程序 Quicktran
快速翻译语言【计】Quicktran
快速反绕控制 fast rewind control
快速反绕控制器 fast rewind controller
快速反应 fast reaction;immediate response
快速反应的 quick response
快速反应堆 fast reactor
快速反应能力 quick reaction capability
快速反应热电偶 high-velocity thermo couple
快速反应洒水喷头 fast response sprinkler
快速反应时间 fast-response time
快速反应系统 quick reaction system
快速反转法 rapid inversion method
快速反转系统 rapid inversion system
快速返回 fast return; quick return; rapid return
快速返回控制器 fast return controller
快速返回行程 rapid return stroke
快速返回运动 rapid return motion
快速方式 immediate mode
快速仿真 high-speed simulation
快速访问【计】immediate access
快速访问道 rapid access loop;regenerative track;revolver
快速访问环 rapid access loop
快速访问信息检索 fast-access information retrieval
快速访问信息检索系统 fast-access retrieval system
快速访问循环 rapid access loop
快速放大器 < 建起时间很短 > fast amplifier
快速飞剪 < 剪切钢材前端 > snap shears
快速分度 quick index(ing);rapid index(ing)
快速分类 quick sort
快速分类方案 quick sort scheme
快速分离喷嘴 quick-disconnecting nozzle
快速分配阀 quick-action distributor valve
快速分析 rapid analysis;real-time analysis
快速分析法 rapid analysis method
快速分析仪 rapid analysis machine
快速分组 fast packet
快速粉末冶金 flush sintering
快速风化试验 accelerated weathering test
快速服务 clipper service; express service;quick service
快速浮选 speed flo(a)tation
快速符合电路 fast coincidence circuit
快速符合线路 fast coincidence circuit
快速辐射热测量计 fast bolometer
快速付现法 fast-cash
快速复温 fast thawing
快速复制 rapid copy
快速傅立叶变换 fast Fourier transformation
快速傅立叶变换分析仪 fast Fourier transform analyzer[FFT analyzer]
快速傅立叶变换分析装置 fast Fourier transformation analysis system
快速傅立叶反变换 fast Fourier inverse transform
快速傅立叶分析 fast Fourier analysis
快速傅立叶算法 fast Fourier transformation algorithm
快速干道 express line; expressway; freeway;express artery < 部分为立交 >;motorway < 控制进出口的 >
快速干燥 flash drying;speedy drying;force dry
快速干燥炉 flash-baker
快速干燥器 Atritor flash drier[dryer];flash drier[dryer];rapid drier[dryer]
快速干燥系统 flash drying system
快速感光片 fast film
快速高温固化 fast-high-temperature cure
快速高温硫化 fast-high-temperature cure

快速给进 fast feed;high feed
快速给进齿轮 fast feed gear; high feed gear
快速更换的 quick changing;quick replaceable
快速更换附加装置 quick change attachment
快速工具 speeder;hot shot <运送易腐货物等的>
快速工艺 shock processing
快速公共交通 mass and rapid transit; rapid transit
快速公共汽车 express bus
快速公路 express highway; limited access highway; thruway; expressway
快速购置建设用地 quick-take
快速估算法 quick estimate
快速固化 rapid solidification
快速固结 accelerated consolidation
快速固结试验 quick consolidated test;rapid consolidation test
快速固结压缩试验 quick consolidated compression test
快速故障防护 scram protection
快速挂钩 snatch block
快速挂钩脱钩的拖式铲运机 rapid-shifter
快速挂结犁 fast-hitch plow
快速关闭 quick-acting shutoff; quick closedown
快速关闭阀 quick-closing valve
快速关闭方式 fast pull down system
快速关闭式舱口盖 quick-acting scuttle
快速关闭闸门 quick-closing gate; quick-closing lock
快速关闭主气门 combined stop and emergency plant
快速关闭装置 quick-closing lock
快速关断定时甄别器 snap-off timing discriminator
快速管接头 quick-connect fitting; quick coupling
快速管理 fleet management
快速光电倍增器 fast-response photomultiplier
快速光阑 blowout diaphragm
快速轨道公共交通 rapid railway public transportation
快速轨道交通 rapid rail transit
快速轨道系统 rapid rail system
快速过流保护(装置) fast overcurrent protection
快速过滤 rapid filtering; rapid filtration
快速过滤池 rapid sand filter bed
快速过滤漏斗 rapid filtering funnel
快速过滤器 rapid filter
快速氦分析仪 fast helium analysis
快速含水量测定仪 speedy moisture (content) tester
快速焊接 faster welding; high-speed welding
快速横动 fast traverse; rapid traverse;rapid traverse drive
快速烘焙 flash baking
快速烘干 flash baking; flash drying; forced drying
快速烘干机 <立筒式> flash drier [dryer]
快速烘烤 flash baking
快速滑动刀架 quick-action slide tool
快速化学反应 fast chemical reaction
快速化验室 express laboratory
快速划线法 quick marking method
快速缓解 quick release;rapid release
快速缓解阀 quick-release valve
快速换机油法 high speed oil change
快速换模方式 quick die change system
快速换气 rapid air change
快速换向 fast turnaround
快速换向开关 fast reverse
快速挥发溶剂 fast solvent
快速挥发性有机化学物负荷缓冲器 quick volatile organic chemicals load equalizer
快速回程 quick return; quick-return motion;rapid return
快速回程缸 regenerative actuator;regenerative cylinder
快速回归径流 quick-return flow
快速回归水流 quick-return flow
快速回火 prompt tempering; snap tempering
快速回零 flyback
快速回零机能 flyback action
快速回吸成型 snapback forming
快速回行 quick return
快速回转 fast cornering
快速回转油真空泵 Speedivac rotary oil pump
快速绘图头 rapidograph
快速混合 fast mixing; flash mixing; rapid mixing
快速混合池 flash mix tank
快速混合机 positive mixer
快速混合器 flash mixer;rapid mixer; speedline mixer
快速混合设备 rapid mix unit
快速混合絮凝池 rapid mix and flocculation basin
快速混凝 rapid coagulation
快速混凝土沉淀装置 high-speed coagulative precipitation unit
快速混凝土试验 accelerated concrete test
快速混砂机 centrifugal muller;speed muller
快速活性生物滤池 biologic(al)active rapid filter
快速活性炭过滤 rapid activated carbon filtration
快速火车(地铁)路线 <美国纽约、华盛顿> metro linear
快速货车 express freight train
快速货船 express cargo boat
快速货轮 high-speed cargo liner
快速货物运输 accelerated goods traffic; fast freight traffic; fast goods transport
快速货物运输直达线 fast freight line
快速货运 hot short
快速货运电梯 express goods elevator;express goods lift
快速货运列车 freight liner
快速集装箱 express container ship; speedtainer
快速集装箱装卸方式 speed container system;speedtainer system
快速集装箱装卸系统 speed container system;speedtainer system
快速计算 rapid calculation;real-time computation
快速计算机 real time machine
快速记录 quick-look record(ing)
快速记录器 fast-response recorder; quick-acting recorder
快速记录示波器 rapid record oscilloscope
快速记录示波仪 high-speed oscilloscope
快速剂 accelerating admixture
快速继电器 fast relay;high-speed relay
快速寄存器 fast register
快速加荷 rapid loading
快速加热 flash heating; heat flash; rapid heating
快速加热冷却淬火法 dynamic(al) hardening
快速加热器 rapid heater
快速加热烧结 flash heating sintering
快速加热装置 non-storage calorifier
快速加水法 fast fill
快速加速 tachy-acceleration
快速加温<发动机的> quick warm-up
快速加液法 fast fill
快速加油法 fast fill
快速加载 quick loading;rapid loading
快速加载试验<试桩的> quick-loading test
快速加载系统 quick loading system
快速夹紧 fast action cramp
快速夹紧夹具 rapid clamping fixture
快速夹紧装置 quick circuit;rapid circuit
快速夹具 quick-acting clamp
快速夹钳 quick-acting clamp
快速架设的起重机 rapid erection crane
快速架设法 quick erection method
快速架设系统 speedy erection system
快速坚牢颜料 rapid fast colo(u)r
快速减水剂 high-rate water-reducing admixture
快速减压阀 accelerating reducing valve
快速检视 rapid look technique
快速检索 rapid retrieval
快速检修 high-speed repair
快速检修法 high-speed repair method
快速检验 quick test; rapid examination
快速交错 fast crosstalk
快速交付 accelerated delivery
快速交互检索系统技术 high-speed interactive retrieval system technique
快速交货 express delivery
快速交接 fast turnaround
快速交通 express traffic;fast-moving traffic; fast traffic; fast vehicular traffic;rapid traffic; rapid transit; swiftly moving traffic
快速交通导向结构 rapid transit guideway structure
快速交通网 rapid transit network
快速交通系统 rapid transit system
快速交通线路 rapid transit line
快速交通运输系统 rapid transit system
快速搅拌 rapid agitating; rapid mixing;rapid stirring
快速搅拌槽 mixing tank for coagulation
快速搅拌机 speedline mixer
快速搅拌器 flash mixer
快速校验钢条成分仪 identometer
快速接触装置 rapid contactor
快速接近 fast traverse forwards
快速接通开关 quick-make switch
快速接头 disconnect; intake installation;quick connect; quick coupler; quick joint; quick-release connection;quick union;rapid acting coupling;rapid coupler
快速截止阀 rapid closing stop valve
快速解 quick solution
快速解开 quick disconnect
快速解开连接器 quick disconnect coupler
快速解缆钩 quick-release mooring hook
快速解缆系船柱 quick-release bollard
快速解列 scram
快速解锁 quick release;rapid release
快速解析法 quick-look method
快速界面态俘获 fast-interface-state capture
快速界面态损失 fast-interface-state loss
快速紧固装置 rapid fastener
快速近似估计 quick-and-dirty estimation
快速进带 fast forward
快速进给 fast feed; quick feed; rapid approach;rapid feed
快速进英尺 fast footage
快速径流 prompt runoff;quick flow
快速聚合 rapid polymerization
快速聚焦 rapid convergence
快速卷片拔杆 quick transport lever
快速卷扬机 fast winch
快速决策 high-speed decision
快速掘进 high-speed drivage; quick tunnel(l)ing; rapid excavation; speedy drivage
快速军用土壤稳定法 expeditious military soil stabilization
快速卡车 fast truck
快速卡头 quick gripping
快速开关 high-speed switch; quick-acting shutoff; quick switch; rapid-shifter
快速开关阀 acceleration switching valve
快速开关管 rapidly switched tube
快速开关运动 rapid switching movement
快速开关装置 fast switching arrangement
快速开挖 rapid excavation
快速勘测 rapid reconnaissance
快速抗弯试验 quick bending test
快速可锻铁 quick malleable iron
快速可靠定点直达集装箱货运列车<英> fast, reliable and scheduled freightliner
快速可靠通信[讯] quick dependable communication
快速客运 personal rapid transit
快速客运电梯 express passenger elevator;express passenger lift
快速客运桥 rapid transit bridge
快速空冷 rapid air cool
快速空转 fast idle
快速控制 fast time control;split-second control
快速控制存储器 fast control memory
快速快门 fast shutter;no-delay gate
快速扩大 proliferation
快速(垃圾)轨道系统 <一种垃圾机械收集装置> refuse rapid-rail system
快速拉伸压力机 quick draw press
快速缆道 fast cableway; speedy cableway
快速老化 quick ag(e)ing; rapid ag(e)ing
快速老化试验 accelerated ag(e)ing test
快速累积 accelerated accumulation
快速冷冻间 sharp freezer
快速冷凝 rapid condensation
快速冷却 flash cooling; quick chilling;quick cooling;rapid cooling
快速冷却带 quick cooling zone
快速冷却的 quick chilling
快速冷却器 flash cooler
快速离合器 fierce clutch;split-second clutch(coupling)
快速离散余弦变换 fast discrete cosine transform
快速励磁 high-speed excitation;quick-response excitation
快速砾石滤池 rapid gravel filter
快速连接 fast connect; momentary connection;quick connection;quick union

快速连接板 quick tach plate
快速连接法 <利用方钻杆鼠洞接长钻杆的> flying connection
快速连接/解脱装置 quick connect/disconnect coupler
快速连接装置 fast-hitch mechanism; rapid coupler
快速联结 quick coupling
快速联结管 quick coupler pipe; rapid coupling pipe
快速联结拉杆 quick hitch arm
快速联结器 quick connector; quick coupling
快速联结装置 quick coupling
快速联结器 quick attachable coupling; quick coupler; rapid coupler
快速联轴节 quick attachable coupling; snap coupling; speed coupling
快速联轴器 quick-acting coupling; rapid coupler
快速链接码 <PDP 机中用的> thread code
快速量测 quick measurement
快速列车 highball; personal rapid transit
快速列车时刻表 accelerated schedule
快速灵敏进给 rapid and sensitive feed
快速硫化法 quick cure
快速硫化树脂 fast-curing resin
快速硫化体系 fast-curing system
快速滤池 rapid filter
快速滤清器 rapid sand filter bed
快速路径潜在事项处理 fast path potential transaction
快速路径相关区 fast path dependent region
快速路径性能 fast path feature
快速路径选择 hot potato routing
快速路径专有事项处理 fast path exclusive transaction
快速路面试验机 accelerated pavement tester
快速路桥 skyway bridge
快速旅客列车 express passenger train
快速轮班制 rapidly rotating shift system
快速螺钉 super-fast screw
快速码 speed code
快速煤气热水器 instantaneous gas water heater
快速模拟模型 fast time simulation model
快速磨合 rapid break-in
快速泥石流 rapid earth flow
快速凝固 flash set; accelerated set
快速凝固材料 rapid-curing material
快速凝固工艺 rapid solidification technology
快速凝固灰浆 rapid setting mortar
快速凝固混凝土 rapid setting concrete
快速凝固技术 rapid solidification technology
快速凝固砂浆 rapid setting mortar
快速凝结 rapid condensation
快速浓淡图 fast shaded graphics
快速暖水 instantaneous warm water
快速偶合 quick coupling
快速拍摄镜头 follow focus lens
快速排空阀 quick exhaust air valve
快速排空罐 blowdown tank
快速排气阀 quick exhaust valve; rapid escape valve
快速盘旋 quick spiral
快速配电 quick change panel
快速配位 real-time coordination
快速喷浆混凝土支护 instant shotcrete support
快速喷射机 speedline spraying outfit
快速喷涂机 speedline spraying outfit
快速碰焊机 flash welder
快速疲劳试验 accelerated durability test; rapid fatigue test
快速拼接法 rapid assembly method
快速频率 fast frequency
快速频移键控 fast frequency shift key(ing)
快速平行运算器 fast parallel arithmetic
快速平行运算装置 fast parallel arithmetic unit
快速评估污染物输移模型 rapid assessment contaminant transport model
快速普查 quick census
快速启动 quick start
快速启动灯 quick start lamp; rapid start lamp
快速启动锅炉 instant starting boiler
快速启动恒温控制阀 snap-acting thermostatic valve
快速启动恒温器 snap-acting thermostat
快速启动日光灯 quick start fluorescent lamp; rapid start fluorescent lamp
快速启动荧光灯 rapid start fluorescent lamp
快速起动的虹吸管 quick-priming siphon pipe
快速起动的虹吸式溢洪道 quick-priming siphon spillway
快速汽车 high-speed car
快速汽船 fast steamship; greyhound
快速牵引车底盘 fast towing chassis
快速浅层气浮法 fleet floor flo(a)tation
快速强度试验 accelerated strength test
快速强度试验法 quick testing method of strength
快速强制混料机 compulsion type mixer
快速切断 quick-acting switching-off
快速切断阀 rapid cut-off valve
快速切削 fly-cut(ting); high-speed cutting; rapid stock-removal
快速侵蚀 rapid erosion
快速轻轨交通系统 light rail rapid transit system
快速清偿(债务) quick payoff
快速清洗剂 rapid cleaning agent
快速球磨机 rapid ball grinder
快速取数 rapid access
快速全色照相镜头 speed panchro lens
快速确定 rapid determination
快速确定尺寸方法 rapid design method
快速燃烧 conflagration; deflagration; fast burn
快速燃烧发动机 fast burn engine
快速燃烧法 rapid combustion method
快速燃烧器 single-point heater
快速染色 rapid dy(e)ing
快速热电偶 fast thermocouple
快速热焊法 quick thermit weld
快速热交换器 quick heat exchanger
快速热水炉 geyser; instantaneous water heater; non-storage water heater
快速热水器 geyser; instantaneous electric(al) water heater; instantaneous(sink) water heater; non-storage water heater; quick-action water heater
快速熔断器 rapid fuse
快速熔断丝 rapid fuse
快速熔丝保险器 quick-break cut-out
快速三通阀 quick-action triple valve
快速扫描 fast scan; fast sweep; rapid scanning
快速扫描单色仪 rapid scanning monochromator
快速扫描分光光度法 rapid scanning spectrophotometry
快速扫描分光(光度)计 rapid scanning spectrometer
快速扫描干涉仪 rapid scanning interferometer
快速扫描示波法 speed oscillograph
快速扫描示波器 high-speed oscilloscope
快速扫描照相机 streak camera
快速扫帧 fast-scan frame
快速刹车 quick-acting brake
快速砂过滤 high-speed sand filtration; rapid sand filtration
快速砂滤池 rapid sand filter
快速砂滤池定额 rapid sand filter rating
快速砂滤池反冲洗 automatic backwashing of rapid sand filter
快速砂滤池滤器 rapid sand filter strainer
快速筛分毒性 rapid screening toxicity
快速筛分机 rapid screening machine
快速闪光 quick flashing light
快速闪光同步 fast synchronisation
快速闪烁 fast blink
快速烧成 fast-burning; fast firing; fast sintering; rapid firing
快速烧成法 rapid burning process
快速烧成窑 fast firing kiln; rapid firing kiln
快速烧成釉 fast firing glaze
快速烧结 acceleration of sintering; flash sintering; rapid sintering
快速设备控制块 immediate device control block
快速设计 short-cut design
快速设计草案 esquisse
快速设计草图 esquisse
快速设计(方)法 rapid design method; speedy design method
快速摄影 high-speed photography
快速摄影机 pistolgraph
快速伸缩塔伸 fast central telescoping
快速渗滤 rapid infiltration; rapid permeability
快速渗滤池 rapid infiltration basin
快速渗滤土地处理系统 rapid infiltration land treatment system
快速渗滤系统 rapid infiltration system
快速渗透 rapid infiltration
快速渗透性 rapid permeability
快速升压试验 rapid rise test
快速生长树木 quick-growing tree
快速生物反应器 quick bioreactor
快速生物过滤层 high rate biological filter
快速生物过滤器 quick biofilter
快速失重 rapid loss of load
快速施工 accelerated construction; fast track; high-geared operation; rapid construction
快速施工法 accelerated construction method; fast track construction; speedy construction method
快速施工升降机 rapid building hoist
快速施工提升机 rapid building hoist
快速湿治 rapid curing
快速时标 fast time scale
快速时间比例 fast time scale
快速式热交换器 instantaneous type water heater
快速事故闸门 emergency gate for fast closing
快速试验 accelerated test; accelerating test; high-speed test; prompt test; quick test; rapid test; short-time test
快速试验环线 <美> facility for accelerated service testing
快速试验强度 accelerated strength
快速适应 fast adaptation
快速释放 quick release; rapid release
快速释放销 quick-release latch
快速释放制动片 quick-release catch
快速收回的贷款 quick loan
快速收敛 rapid convergence
快速竖立起重机 rapid erection crane
快速数据处理 rapid data processing
快速数据库管理系统 rapid data base management system
快速数据块 expedited data unit
快速数据率 high-speed data rate
快速数字处理机 fast digital processor
快速数字计算机 automatic digital calculator; high-speed digital computer
快速数字自动计算 rapid digital automatic computing
快速衰减 rapid decay
快速双效水压机 Fastraverse press
快速水泥 rapid cement; speed cement
快速水压计 quick-acting water manometer
快速水准测量 <无水准点的> fly(ing) level(ling)
快速水准检测 flying level(l)ing
快速松放连杆 quick-release pitman
快速松脱阀 quick-release valve
快速松脱挂钩 quick coupler
快速松脱离合器 quick coupler; quick-release coupling
快速送货服务 express delivery service
快速送进 swift feed
快速搜索 rapid reconnaissance
快速算法 fast algorithm
快速隧道施工 high-speed tunnel(l)ing
快速缩放方式 fast zoom mode
快速索道 fast cableway
快速摊提 accelerated amortization; rapid amortization
快速摊销 rapid amortization
快速探测器 fast detector
快速提升机 quick shift hoist bucket
快速提升装置 quick-lift attachment
快速条件 quick condition
快速条件破坏 quick condition failure
快速调平球座 quick level(l)ing head
快速调平水准仪 quick level(l)ing head
快速调平头 quick level(l)ing head
快速调平装置 quick level(l)ing head
快速调速器 fast governor
快速调谐 fast tuning
快速调整 quick adjusting; rapid adjustment; split-cycle control
快速调整的 quick adjusting
快速铁路 <指市区和郊区短距离的地下和高架高速铁路> rapid transit railway; rail rapid transit
快速铁路联络支线 <英> speedlink feeder
快速停闭 quick closedown
快速停堆 scram
快速停堆按钮 safety switch; scram button
快速停堆棒 scram rod
快速停堆机构 scramming mechanism
快速停堆系统 scram system
快速停送 quick closedown
快速停止机构 scramming mechanism
快速通信接收机 burst receiver
快速通行 rapid transit
快速通行隧道 rapid transit tunnel

快速同态信号分析 short-time homomorphic signal analysis
快速统计 express statistics
快速透镜 rapid lens; speed lens
快速图像变换 rapid picture manipulation
快速图像处理 rapid picture manipulation
快速土质调查 hasty soil survey
快速推土法 fast dozer
快速退刀 rapid return
快速退回运动 drag link motion
快速退火 rapid annealing; short annealing
快速退火可锻铸铁 short-cycle malleable iron
快速退火炉 quick anneal oven; short anneal(ing) furnace
快速拖网渔船 fast trawler
快速脱缆沟 quick releasing[release] hook
快速脱离 quick disconnect
快速脱氯 rapid dechlorination
快速脱模混凝土 rapid stripping concrete
快速挖掘隧洞 rapid tunnel(l)ing
快速弯曲试验 quick bending test
快速稳定装置 quick-settlement assembly
快速污泥回流机理 rapid sludge return mechanism
快速无线性畸变镜头 rapid rectilinear lens
快速吸附 advanced absorption
快速吸收试验 accelerated absorption test
快速系统 quick system; short system
快速下降档 quick drop catch
快速下降法 gradient method
快速下降机构 quick lowering mechanism
快速下流砂滤池 rapid downward flow sand filter
快速显影液 fast-working development
快速现场检定 rapid field assessment
快速现场评定 rapid assessment
快速相关器 high-speed correlator
快速响应 fast response; high respond; quick response
快速响应红外装置 fast-response infrared device
快速消畸变镜头 rapid rectilinear lens
快速消畸透镜 rapid rectilinear lens
快速泄气阀 quick-release valve
快速卸载 rapid loss of load
快速信号 fast signal
快速信息处理 expedited message handling
快速信息处理机 rapid processor unit
快速信息交换 instantaneous information exchange
快速行车 dispatch driving
快速行程 fast travel
快速行程齿轮传动 <横刀架和工作台的> rapid traverse gear
快速行程活塞 rapid traverse piston
快速行动程序 fast track procedure
快速行动装备 quick-acting equipment
快速性能试验 accelerated service test
快速修补法 high-speed patching method
快速修补剂 structite
快速修测 rapid revision
快速修理垫圈 quick repair washer
快速修理法 fast repair method; rapid repair method
快速序列照相机 rapid sequence camera
快速旋转 twirl
快速旋转式接插件 coronet coupling
快速选择 fast select; split-second selection
快速选择器 rapid selector
快速寻址 immediate addressing
快速循环取数区 rapid access loop; revolver track
快速压出炉黑 fast extrusion furnace black
快速压紧盖 snap in cover
快速压紧装置 quick grip take in
快速压缩孔型系统 quick reduction series
快速压缩试验 consolidated quick compression test; fast compression test; quick shear test; quick test
快速压缩试验法 fast compression process
快速岩芯钻固定器 rapid core drill anchor
快速研磨机 speed muller
快速演化地 tachytely
快速养护 <混凝土的> accelerated curing; rapid curing
快速养护罐 accelerated curing tank
快速养护试验 accelerated curing test
快速氧化膜 fast-fired coating
快速摇镜头 swish pan
快速摇摄 whip pan
快速遥测设备 high-speed telemetering device
快速页码型随机存取存储器【计】fast page mode
快速液限试验 quick liquid limit test
快速仪器测定 quick time instrumental measurement
快速移动 fast motion; quick travel; rapid transit
快速移动的 fast-moving
快速移动的低气压 fast-moving depression
快速移动吊车 fast-travel crane
快速移动起重机 fast-travel crane
快速移动提升机 quick shift hoist bucket
快速移动挖土机 fast-travel excavator
快速移动液压吊车 fast-travel hydraulic crane
快速移动液压起重机 fast-travel hydraulic crane
快速移动液压装载机 fast-travel hydraulic loader
快速移动纸 flying paper
快速移镜头 zoom
快速以太网 fast ethernet
快速印刷装置 flexowriter
快速盈利 quick payoff
快速荧光测定法 rapid fluorometric method
快速硬固 quick hardening; rapid hardening
快速硬化 quick hardening; rapid hardening; slow hardening
快速硬化剂 rapid hardener
快速硬化器 rapid hardener
快速用继电器 fast-acting relay
快速有轨电车线路 fast-speed tramway
快速有轨交通 rapid rail transit
快速语言传输指数 rapid speech transmission index
快速浴室 instant bathroom(unit)
快速远洋船 ocean greyhound
快速阅读 speed read
快速越程 jump feed
快速运动 quick movement; rapid movement
快速运货汽车 fast truck
快速运输 clipper transport; express carriage; gallop; quick transport; rapid transit; transportation by leaps and bounds
快速运输车 rapid transit vehicle
快速运送 gallop
快速运送系统 rapid transit system
快速运行 fast operation
快速运转 fast turnaround
快速运行试验 accelerated service test
快速载荷试验 accelerated load test
快速再充气 quick recharge
快速凿孔机 high-speed perforator
快速增长 swift growth
快速增殖反应堆 fast breeder reactor
快速闸门 stop gate
快速炸药 high explosive
快速斩波器 fast chopper
快速罩面 ready coating
快速折叠百叶门 quick-acting folding shutter door
快速折旧 accelerated depreciation
快速折旧法 accelerated depreciation method
快速折旧率 accelerated rate of depreciation
快速折射红外光学系统 fast refractive infrared optic(al) system
快速振荡 galloping oscillation
快速振动方向 fast-vibration direction
快速蒸发 flash evapo(u)ration; flashing plant; quick steaming
快速蒸发锅炉 flash boiler
快速蒸发技术 flash evapo(u)ration technique
快速蒸发器 flash evapo(u)rator
快速蒸发装置 quick steaming unit
快速蒸化 shock ag(e)ing
快速蒸馏 flash distillation
快速蒸汽养护 high-speed steam curing
快速蒸汽养护法 high-speed steam curing process
快速蒸煮 quick cooking
快速整定仪表 quick-setting instrument
快速整治法 quick curing
快速正向控制 fast forward control
快速正向控制器 fast forward controller
快速支援船 fast deployment logistic ship
快速直读光谱测定法 rapid-direct-reading spectrographic determination
快速直线透镜 rapid rectilinear lens
快速制动 fast braking; quick-acting braking
快速制动阀 quick-acting brake valve
快速制动器 fast brake; high-speed brake; quick-acting brake
快速制动伺服机构 rapid action brake servo
快速制动位 quick application position; rapid-application position
快速置初值 quick initialize
快速中子活化分析 fast neutron activation analysis
快速中子源 fast neutron source
快速重复模拟计算机 fast repetitive analog(ue) computer
快速重力过滤层 rapid gravity filter
快速重力滤池 rapid gravity filter
快速重力砂滤池 rapid gravity sand filter
快速周期性执行计划表 fast periodic scheduling table
快速周转 fast turnaround
快速周转调制解调器 modem quick turnaround
快速轴 fast axis
快速主轴调整 <钻床的> quick spindle adjustment
快速转储 high-speed dump
快速转动 turnround quickly; twirl
快速转换 fast conversion; fast turnaround; quick switching
快速转换法 rapid inversion method
快速转换器 sampler
快速转接 fast switch over
快速转筒烘干机 rapid rotary dryer
快速转弯 flipper-turn
快速转辙机 quick-acting switch machine
快速转辙器 quick-acting switch machine
快速装拆式铲斗 quick attach bucket
快速装卷 quick loading
快速装料 super-fast loading
快速装配 rapid fixing
快速装配法 rapid assembly method
快速装配接合 quick fit joint
快速装入 fast load
快速装卸 quick dispatch[despatch]
快速自动检查设备 rapid automatic checkout equipment
快速自动检查仪 rapid automatic checkout equipment
快速自动摄印机 photomaton
快速自动增益控制 fast automatic gain control
快速走带 fast feed
快速组装法 quick-assembly method
快速钻井技术 rapid speed drilling technology
快速最优控制系统 time optimum control system
快速作业 quick operation; sharp work
快速作用 fast-acting; quick-action
快速作用的 quick-operating
快速作用断路器 ballistic breaker
快速作用阀 snap action valve
快调铰刀 quickset reamer
快调水准仪 quick-setting level
快调速器 fast governor
快艇 cutter; express boat; fast patrol; fly-boat; gig; mosquito boat; speed boat; yacht
快艇碇泊池 yacht basin
快艇队 mosquito fleet
快艇港 yacht harbo(u)r
快艇航海图 small craft chart; yachting chart
快艇舰队 fly-boat fleet; mosquito fleet; yachting fleet
快通道 fast channel
快同步 fast synchronization; fast lock
快脱联轴节 quick-release coupling
快文本方式 quick text mode
快吸缓放继电器 quick-operating slow-release relay
快吸继电器 quick pickup relay
快吸快放继电器 quick-operating quick-release relay
快响应 fast response
快像增强器 fast image intensifier
快削青铜 free cutting bronze
快消石灰 quick slaking lime; rapid slaking lime
快效应 fast effect
快泄安全阀 pop safety valve
快泄阀 quick emptying valve; quick-release valve
快泄阀簧座 quick-release valve spring seat
快卸 flip down
快卸机构 quick-release mechanism
快卸夹具 <预应力混凝土用> quick-release grip
快卸接头 quick-disconnecting fitting; quick-release coupling
快卸漏斗车 rapid-discharge hopper

快卸效益 dispatch earnings
快信 dispatch; express letter; speed letter
快行车 <在编组场> fast runner; fast running car
快行道 clearway; expressway; fast traffic lane; fast traffic path; fast way; speed way
快行环路 circumferential expressway
快修 quick repair; quick service
快延烧性面 surface of rapid flame spread
快要腐烂的 dozy
快要修理 tumble down
快移 rapid traverse
快移动低气压 fast-moving depression
快硬 rapid hardening
快硬波特兰水泥 high-early strength Portland cement; rapid hardening Portland cement
快硬的 fast-hardening; quick hardening
快硬硅酸盐水泥 rapid hardening Portland cement
快硬化 quick hardening
快硬混凝土 fast-hardening concrete; fast-setting concrete; high-early (strength) concrete; overnight concrete; rapid hardening concrete
快硬剂 quick-hardening agent; early strength component
快硬硫铝酸盐水泥 sulpho-aluminate early strength cement
快硬喷浆混凝土 instantaneously hardening shotcrete
快硬石灰 quick-hardening lime; rapid hardening lime
快硬水泥 cement fondu; early strength cement; fast-hardening cement; ferrocrete; high-early (strength) cement; high-speed cement; quick (-hardening) cement; rapid cement; rapid (hardening) cement; speed cement
快硬外加剂 <混凝土的> accelerator admix(ture) for hardening
快硬性混凝土 rapid hardening concrete
快邮 express; express mail
快运 express (transportation) <小件货物>; quick dispatch[despatch]; rail ex
快运包裹 package express carrier
快运包裹车 express car
快运包裹路程单 waybill for express parcel
快运包裹运输业者 package express carrier
快运包件 express parcel
快运车 express car
快运的货物 express goods
快运定期货物列车车站 <英国主要运送国内和远洋集装箱的固定车列的> freightliner depot
快运费 <包裹等的> expressage
快运公司 express company
快运货 express consignment
快运货车 red ball; manifest <运易变质物品>
快运货物 express goods; fast freight; fast goods; manifest freight; quick dispatch freight; time dispatch freight; time freight
快运货物列车 fast freight train
快运货物运输 fast freight traffic
快运货物直达运输线 fast freight line
快运线路 express line; express track <美>
快燥黑凡立水 quick drying black lacquer
快闸 high-speed brake
快照 instantograph; snap; snapshot
快制动 quick brake application
快中子【物】high-speed neutron; fast neutron
快中子钚反应堆 fast plutonium reactor
快中子测谱学 fast neutron spectrometry
快中子反应堆 fast neutron reactor
快中子脉冲反应堆 fast-burst reactor
快中子探测器 fast neutron detector
快中子陶瓷反应堆 fast ceramic reactor
快中子增殖(反应)堆 fast breeder reactor
快中子增殖系数 fast fission factor
快中子指数实验装置 fast exponential experiment
快周期 fast period
快转变 prompt inversion
快转发动机 quick revolution engine
快装处理厂 packaged treatment plant
快装的 packaged; ready-packaged
快装费 dispatch money
快装工业废水处理厂 packaged industrial treatment plant
快装锅炉 packaged boiler
快装给水厂 packaged water system
快装接头 snap fitting
快装快卸 quick dispatch[despatch]
快装燃气轮机 packaged gas turbine
快装式 ready-package
快装式采暖锅炉 packaged heating boiler
快装式反应堆 package reactor
快装式供暖锅炉 packaged heating boiler
快装式锅炉 package boiler; shop-fabricated boiler
快装式红色滤光片 snap-on red filter
快装式涡轮机 package turbine
快装式蒸汽锅炉 package-type steam generator
快装污水处理厂 packaged sewage treatment plant
快钻 unspool
快作用 quick effect; quick service
快作用的 quick acting; quick response
快作用电子线路 fast electronics
快作用夹紧装置 quick-action clamp
快作用夹具 quick-acting clamp
快作用夹器 quick-action clamp
快作用夹钳 quick-acting clamp
快作用键控箝位 fast-acting keyed clamp
快作用联轴器 quick-acting coupling
快作用炸药 quick-acting explosive

宽

宽板钢梁 broad-flanged girder
宽板横梁 strength beam; strong beam; web beam
宽板肋骨 web frame
宽板轧机 wide plate mill
宽边 broadside
宽边丛林帽 bush hat
宽边方向 broadside
宽边天线阵 broadside array
宽边浴盆 wide ledge tub
宽边凿 pitching chisel
宽波带循环器 broadband circulator
宽波段 broadband; wideband; wide range
宽波段间隔 broadband space
宽波段雷达干扰台 crab
宽波段全息透镜 broadband hologram lens
宽波段双元件系统 broadband two-element system
宽波段天线 broadband antenna
宽波段振荡器 wide range oscillator
宽玻璃板 broad glass
宽裁口 wide rebate
宽槽河道 spilling river
宽槽刨 badger
宽槽推刨 badger plane
宽侧石 wide curb
宽产品系统战略 broad line strategy
宽铲 broad share
宽长比 aspect ratio; breadth length ratio; width-to-depth ratio
宽场 wide field
宽敞 commodiousness; spaciousness
宽敞的 commodious; roomy; spacious <指视界、振幅、大厅、候车室等>
宽敞度 spaciousness
宽敞锚地 clear anchorage
宽敞锚位 swinging berth
宽畅的 ample
宽车体车辆 wide-bodied car
宽车体的 wide-bodied
宽衬垫 wide liner
宽程摄谱仪 broad spectral-range spectrograph
宽齿锯 rack saw
宽齿耙 drag harrow
宽打期限 outer limit
宽打窄用 budget liberally and spend sparingly
宽大 tolerance
宽大的 tolerant
宽大短外套 blouse
宽大货物限界 clearance for oversize commodities; clearance limit for freight with exceptional dimension
宽大型摊铺机 large-width paver
宽带 broadband
宽带比 wideband ratio
宽带变频器 broadband converter
宽带变压器 broadband transformer; wideband transformer
宽带波带片 broadband wave plate
宽带材 wide strip
宽带材轧机 wide strip mill
宽带测深 swathe sounding
宽带测深仪 swathe sounder
宽带传输 broadband transmission
宽带传输系统 wideband transmission system
宽带传真机 wideband facsimile apparatus
宽带打磨机 wide belt sander
宽带电光调制器 broadband electrooptic modulator
宽带电压调谐振荡器 wideband voltage tunable oscillator
宽带放大器 broadband amplifier; wideband amplifier
宽带分组技术 wideband packet technology
宽带辐射 broadband radiation
宽带钢 wide flat steel; wide strip
宽带钢轧机 broad strip mill
宽带隔离装置 broadband isolator
宽带光泵 broadband light pump
宽带光电导探测仪 broadband photoconductive detector
宽带光电调制器 broadband electrooptic modulator
宽带光频变换 wideband optic (al) frequency translation
宽带光栅滤波器 broadband grating filter
宽带光调制器 wideband optic (al) modulator
宽带耗散衰减器 broadband dissipative attenuator
宽带恒定束宽声呐 broadband constant beam width sonar
宽带鉴别器 wideband discriminator
宽带交换 broadband exchange
宽带交换机 wideband exchange unit; wideband switch
宽带交换业务 broadband exchange services
宽带接收机 broadband receiver
宽带金属介质膜干涉滤光片 broadband metal-dielectric (al) interference filter
宽带晶体电视接收机 wide range crystal video receiver
宽带晶体接收机 wideband crystal receiver
宽带精度 broadband exactness
宽带可调谐振器 wide range tunable resonator
宽带空气扩散 wideband air diffusion
宽带雷达传输设备 broadband transmission equipment
宽带连接 broadband connection
宽带滤光片 broadband pass filter; wideband filter
宽带码分多址 wideband code division multiple access
宽带脉冲 wideband pulse
宽带脉冲放大器 wideband pulse amplifier
宽带去耦法 wideband decoupling method
宽带容量 broadband capacity
宽带设备 broadband equipment; wideband equipment
宽带射频电缆网络 broadband radio frequency cable network
宽带声发射计 wideband acoustic(al) emitter
宽带声像显示 wideband acoustic(al) imaging
宽带声学流速仪 broadband acoustic current meter[metre]
宽带视频检波器 broadband video detector
宽带视频探测器 broadband video detector
宽带数据传输 wideband data transmission
宽带数据传输方式 wideband data transmission system
宽带数据传输机 wideband data set
宽带数字用户线系统 broadband digital subscriber line
宽带随机过程 broadband random process
宽带天线 broadband antenna
宽带调谐短截线 broadband stub
宽带调谐短线 broadband stub
宽带调制解调器 group band modem; wideband modem
宽带通道 broadband channel
宽带通信[讯]网(络) broadband communication network
宽带通信[讯]系统 wideband communication system
宽带通信[讯]线路 wideband link
宽带同相天线阵 wideband cophased antenna array
宽带同轴电缆 broadband coaxial cable
宽带网络 broadband network
宽带稳态噪声 broadband stationary noise
宽带吸收 broadband absorption
宽带吸收体 broadband absorber
宽带系统 broadband system
宽带相干光调限制器 wideband coherent light modulator
宽带信道 broadband channel
宽带信号 broadband signal
宽带载波系统 J-carrier system

宽带噪声 broadband noise; broad spectrum noise
宽带转发器 wideband repeater
宽带综合业务数字网 broadband integrated services digital network
宽的边缘 ample margin
宽的混凝土侧石 wide concrete curb
宽的混凝土路缘石 wide concrete curb
宽底低地 uvala
宽底地埂 broad base terrace
宽底方位镜 broad base azimuth mirror
宽底钢轨 broad base rail; broad footed rail; flanged rail; flat-bottomed rail; wide bottom flange rail
宽底轨 flange rail
宽底轨条 broad footed rail; girder rail
宽底胶胎轮辋 wide base rims for tires
宽底阶地 broad base terrace
宽底盘型钢支座 bearing pile
宽地址总线 wide address bus
宽电闸 wide gate
宽丁字刀托 <木工车床的> broad T-rest
宽顶量水堰 broad crested measuring weir; wide-crested measuring weir
宽顶堰 broad crest(ed) weir; flat-crested weir; long crested weir; wide-crested weir
宽动态范围 wide dynamic(al) range
宽斗挖掘机 wide bucket excavator
宽斗挖土机 wide bucket excavator
宽度 breadth; broadness; duration; width
宽度比 ratio of width
宽度比法 <地基沉降计算压缩层深度> breadth ratio method
宽度编码 width coding
宽度标志 fender marker
宽度表 span table
宽度不同的屋面板 random shingles
宽度尺寸 width dimension
宽度的中心 mid-width
宽度方向 spanwise
宽度渐变的沟 tapering gutter
宽度渐变段 taper
宽度控制 width control
宽度留量 allowance for width
宽度说明 width specification
宽度调整 width adjustment; width control
宽度弯曲振动模式 width flexure vibration mode
宽度系数 spread factor
宽度限制标志 width limit sign
宽度优先 breadth-first
宽度优先过程 breadth-first procedure
宽度优先生成 breadth-first generation
宽度优先搜索 breadth-first search
宽度与深度优先搜索 breadth-and-depth-first search
宽端弯头楔形砖 feather end
宽端斜沟 tapering gutter
宽而短的泥刀 wide-heel London
宽范围的 wide range
宽范围监视器系统 wide range monitor system
宽范围控制器 wideband controller
宽范围调整 wide range regulation
宽方位角线 broad azimuth trace
宽放 liberalization
宽缝 double joint; macrocrack(ing); wide joint
宽缝焊接 spreading weld
宽缝重力坝 broad suturing gravity dam; slotted gravity dam
宽扶手 wide handrail
宽幅箔 wide foil
宽幅薄膜 wide foil
宽幅地毯 <机织幅宽 2.7 米、3.6 米、4.6 米或更宽，用作满铺地毯> broadloom carpet
宽幅度调温器 wide range temperature controller
宽幅犁 big base plow
宽幅喷嘴 wide(jet) spray nozzle
宽幅平切铲 wide cutting knife
宽幅撒肥机 widespread distributor
宽幅薪水结构 broadbanded salary structure
宽幅悬臂 broadcast boom
宽辐射图光束 broad radiation pattern beam
宽斧 block bill; broad axe
宽腹梁 plain girder
宽干谷 dallol
宽钢皮列车 wide strip train
宽高比 <截面的> width-to-depth ratio; aspect ratio
宽格式 wide format
宽工作面掘进 wide face drivage
宽谷 broad valley; dale; strath
宽谷阶地 strath terrace
宽管带 wider strip
宽光谱段 wide spectral range
宽光谱光电倍增管 photomultiplier with wide spectral response
宽光谱区 wide spectral range
宽光束 angle pencil of ray; broad beam
宽广的 spacious
宽广的海域 expanse of beach
宽广谷地 broad valley
宽广航行海面 sea room
宽广台地 broad base terrace
宽轨(距) <间距为 1.524 米> wide ga(u)ge; broad ga(u)ge; wide track
宽轨距的 broad ga(u)ge; wide tracked
宽轨(距)机车 broad ga(u)ge locomotive
宽轨铁道 broad-ga(u)ge railroad; broad-ga(u)ge railway; wide ga(u)ge railroad; wide ga(u)ge railway
宽轨铁路 broad-ga(u)ge railroad; broad-ga(u)ge railway; wide ga(u)ge railroad; wide ga(u)ge railway
宽轨线路 broad ga(u)ge line; wide ga(u)ge track
宽轨枕 broad tie
宽果苦槛蓝 sandalwood
宽焊道 spreading bead
宽行打印机 line printer
宽行栽培 spacing cropping
宽行作物 spaced crop
宽河谷 strath
宽厚比 flakiness ratio; width thickness ratio <集料的>
宽厚效应 leniency effect
宽缓海滩 rolling beach
宽回转弯头 wide return bend
宽惠的 grace
宽火箱 wide fire box
宽基极 wide base
宽基梯田 broad base terrace
宽级配 spreading gradation
宽级配的 wider graded
宽级配土 broadly graded soil
宽急流冲沟 agouni
宽间距的 wide-spaced
宽间距电除尘器 wide space electric(al) precipitator
宽间距静电集尘器 wide space electrostatic precipitator
宽肩台斜坡堤 wide-berm rubble mound breakwater
宽减税项 relief tax
宽胶片 wide film
宽角度的 broad angle; wide angle
宽角前辅透镜 wide-angle converter
宽角扫描器 large-angle scanner
宽角摄影 wide-angle photography
宽角望远镜 wide-angle telescope
宽脚短粗榫 stump tenon
宽脚短凸榫 stump tenon
宽脚榫 stump tenon
宽阶底脚 offset footing
宽接头 wide joint
宽截盘截煤机 breast machine
宽禁带半导体 wide energy gap semiconductor
宽禁带化合物 high-gap compound
宽禁带结 wide gap junction
宽径比 width diameter ratio
宽径(回转)弯头 wide return bend
宽刻度仪表 wide meter
宽口槽钢 trough iron
宽口打捞筒 wide mouth socket
宽口接杆 wide-slotted jaw
宽口收集器 <复合冲压发动机的> wide-mounted collector
宽口小斧 broad hatchet
宽口圆锯 drunken saw
宽口凿 blocking chisel
宽跨比 width(-to)-span ratio
宽阔道路 broadway
宽阔的 wide
宽阔管 spacistor
宽阔过道 broad aisle
宽阔河段 broad river reach; open river reach
宽阔接触区 wide bearing
宽阔漫水地带 wide flood plains
宽阔走廊 broad aisle
宽廊 promenade
宽肋骨架 <横骨架式> deep framing
宽量程 wide range
宽量程仪表 wide range meter
宽料锯狭 crown cut; flat cut
宽裂缝 macrocrack(ing); wide crack; wide seam
宽留边 wide selvage
宽馏分汽油型燃料 wide cut gasoline type fuel
宽馏分燃油 wide cut fuel
宽馏燃料 wide cut fuel
宽垅播种机 spacing drill
宽滤波器 constant band width filter; flat filter
宽路边石 wide curb[kerb]
宽路缘石 wide curb[kerb]
宽履带推土机 wide-tracked caterpillar bulldozer
宽履带拖拉机 wide-track tractor
宽轮辋轮胎 wide base tyre[tire]
宽螺距的 widely pitched
宽脉冲 broad pulse
宽面 broadside
宽面掘进 driving on broad front; driving with broad face
宽面沥青屋面卷材 wide-selvage asphalt roll roofing
宽面轮 wide face wheel
宽面轮胎 wide base tyre[tire]
宽面石凿 batting tool
宽面巷道 wide opening
宽面凿子 boaster
宽面纸 broadsheet
宽面轴瓦 large area bearing
宽磨 wide wheel grinding
宽内圈轴承 bearing with extended inner ring
宽能分布源 broad energy distribution source
宽能谱源 broad energy-spectrum source
宽年轮 wide ring
宽年轮的 coarse-grained; wide-ringed
宽年轮木材 coarsely ringed timber; wide-ringed timber; wood with large annual rings
宽刨推刨 badger plane
宽频带 broadband; wide frequency band; wideband
宽频带按钮机 multifrequency push-button set
宽频带变压器 bandpass transformer
宽频带传感器 broadband transducer
宽频带的 broadband; multiband; wide range
宽频带地震荷载 wideband earthquake loading
宽频带地震计 wideband seismometer
宽频带地震仪 broadband seismograph; wideband seismograph
宽频带电报制 wideband telegraphy system
宽频带电缆 broadband cable
宽频带多通道电子倍增器 wideband multichannel electron multiplier
宽频带反馈地震计 wideband earthquake seismometer
宽频带放大器 broadband amplifier; fast amplifier; flat-staggered amplifier wideband amplifier
宽频带过程 wideband process
宽频带鉴别器 wideband discriminator
宽频带交换 broadband exchange
宽频带接收机 broadband receiver
宽频带开关管 bandpass tube; broadband tube
宽频带滤波器 wideband filter
宽频带滤光片 broadband filter
宽频带脉冲放大器 wideband pulse amplifier
宽频带膜层 wideband coating
宽频带匹配 broadband matching
宽频带去耦装置 broadband isolator
宽频带示波器 wideband oscilloscope; wide scope
宽频带视频检波器 broadband video detector; wideband video detector
宽频带水平偶极子 band horizontal dipole
宽频带速调管 broadband klystron; skirtron
宽频带随机过程 broadband random process
宽频带随机振动 broadband random vibration
宽频带天线 all-channel antenna; broadband antenna; multiband antenna; wideband antenna
宽频带通路 broadband path
宽频带通信[讯]通道 Telpak
宽频带通信[讯]线路 wideband line
宽频带微波 broadband microwave
宽频带无线电接力线路 wideband link
宽频带线性放大器 wideband linear amplifier
宽频带响应 broad
宽频带信道 wideband channel
宽频带仪 wideband instrument
宽频带有线电视 wideband cable television
宽频带载波系统 broadband carrier system
宽频带增透膜 broadband anti-reflection film
宽频带振荡器 wide range oscillator
宽频带中继网络 broadband relay network

宽频带中频放大器 stagger amplifier
宽频带综合水污染测量 wide area comprehensive water pollution survey
宽频带总能量剩余曲线 total energy residual curve for wide frequency band
宽频地震仪 full spectrum seismograph
宽频开关 wideband switching
宽频滤波 wide frequency filtering
宽平扁斧 poll adze
宽平谷地 < 非洲 > leegte
宽平海滩 rolling beach
宽平面 < 锤等的 > poll
宽屏幕电视系统 wide-screen system
宽浅河段 broad shallow reach
宽浅内陆盆地 bolson
宽浅水道 broad (and) shallow channel;wide shallow channel
宽戗台防波堤 berm type breakwater;reshaping breakwater
宽戗台海堤 bermed seawall
宽裙式绝缘子 mushroom insulator
宽刃斧 block bill;block bogie
宽容 breadth
宽容度 tolerance;tolerance level
宽容条款 allowance clause
宽赛银锡锑基合金 argentine metal
宽深比 aspect ratio;breadth depth ratio;width depth ratio;form ratio < 河流的 >
宽声束回声测深仪 wide beam echo sounder
宽石板瓦 slate-and-a-half slate;wide slate
宽式刨床 widened planer;widened planing machine
宽视角辐射计 wide-angle radiometer
宽视角透镜 lens covering a wide angle of field
宽视野 wide angle visibility
宽视野门架 wide view mast
宽视野司机室 environmental cab
宽室研磨机 wide chamber mill
宽束辐照 broad beam irradiation
宽束伽马射线 broad beam γ-ray
宽束彗形像差 wide beam coma
宽束屏 broad beam shielding
宽恕行为 act of grace
宽松的市场 relaxed market
宽松下垂的 baggy
宽踏步 commode step
宽体客机 wide body
宽体窑 wide hearth kiln
宽天然侧石 wide natural stone curb
宽条带状结构 widebanded structure
宽条带状煤 widebanded coal
宽条公路 broad strip train
宽条街道 broad strip train
宽条形基础 wide strip foundation
宽条轧钢机 broad strip mill
宽调节范围的 wide range
宽调谐 broad tuning
宽通带红外系统 wide passband infrared system
宽通道或宽街道 < 古罗马的 > platea
宽通过台 wide vestibule
宽筒绞车 wide drum winch
宽筒卷扬机 wide drum winch
宽头车刀 shovel bit
宽头刀 dutch nose tool
宽头斧 broad axe
宽投射光束 wide projective bundle
宽凸缘的 broad-flanged
宽突堤码头 peninsular pier;wide pier
宽网孔的 wide-meshed
宽尾冰川 expanded-foot glacier
宽尾墩 flaring(gate) pier
宽尾墩消能 flaring pier energy dissipation
宽纹木材 coarsely ringed timber
宽显示器 wide display
宽显线 banner
宽线 wide line
宽线迭加剖面 wide line stack section
宽线叠加道数 traces of wide line stack
宽线谷 dans
宽线剖面法 wide line profile method
宽线组合 wide line array
宽限 < 票据等到期后的 > grace (term);term of grace
宽限年限 year of grace
宽限期 < 指货款仅还利息 > grace period
宽限日(期) day of grace
宽限时间 time allowance
宽巷道 breasting
宽型船(舶) beamy vessel;beamy ship
宽选通脉冲闸门电路 wide gate
宽选择脉冲 wide gate
宽压差孔板流量计 wide range orifice meter
宽压差锐孔流量计 wide range orifice meter
宽芽香蒲 reed mace
宽延期 days of grace
宽檐廊 wide corridor
宽阳极 wide anode
宽腰 T 形钢 high-webbed tee iron
宽腰 T 字钢 high-webbed tee iron
宽腰轨 full-web-section rail
宽腰尖轨 full-web-section switch point rail
宽腰尖轨转辙器 switch with full web section point-rail
宽叶铰链 wide-throw hinge
宽叶香蒲 bulrush;reed mace;reed spike
宽移频系统 wide shift system
宽翼板 wide flange
宽翼的 broad-flanged
宽翼工字钢 H-bar;wide-flange I beam section;wide flanged section;wide flange steel section
宽翼工字梁 broad-flanged beam;wide flange H-beam
宽翼工字柱 H-column
宽翼梁 differflange beam;wide flange beam
宽翼型钢 wide-flange shape
宽翼缘 broad flange;wide flange
宽翼缘的 < 指工字梁或板梁 > wide flanged
宽翼缘断面 broad flange section;Peine section;wide flanged section
宽翼缘工字杆 H-column;H-post
宽翼缘工字钢 H-section iron;H-section steel;H-shaped iron;H-steel
宽翼缘工字钢梁 H-section Peine girder;wide flanged steel beam
宽翼缘工字截面 H-section
宽翼缘工字梁 H-girder;H-shaped beam;H-beam
宽翼缘工字柱 H(section) column
宽翼缘工字桩 H-section steel pile;H-beam pile
宽翼缘加板工字型钢柱 H-column with covers
宽翼缘梁 wide flange beam;wide flange girder
宽翼缘型材 wide flanged section
宽银幕电影院 wide screen cinema
宽硬叶植被 broad-sclerophyll vegetation
宽语言频带 wider speech band
宽域搜索 broad search
宽裕的 spacious
宽裕的拨款 lush appropriation
宽缘 I 字截面支撑 broad-flanged I-section prop
宽缘大梁 wide flange girder
宽缘钢梁轧机 wide flange beam mill
宽缘工钢 H-section
宽缘工字钢 broad-flanged beam;broad flanged steel;H-bar;H-beam steel;H-iron;H-steel;wide flange I-beam
宽缘工字钢梁 differflange steel beam
宽缘工字钢桩 H-beam pile;H-pile;H-section pile
宽缘工字截面 Bethlehem section;broad section
宽缘工字梁 Bethlehem beam;differflange;differ flange (rolled) section joist;H-broad beam;wide flange beam
宽缘工字柱 H-column;H-section column
宽缘梁 broad beam;differflange beam;wide flange beam
宽缘型钢 universal shape
宽凿 boaster;broach;broad chisel;broad tool
宽凿的石料 punched work
宽凿工 boasted work;drove work
宽凿接缝槽面 boasted joint surface
宽闸门 wide gate
宽窄板交替(使用)壁板 board and batten siding
宽窄不齐的 wan(e)y
宽展机座 < 用于增大板坯宽度 > broadside mill;broadside stand;spreading stand
宽展率 percentage spread
宽展期 extension
宽展型褶皱 open fold
宽展轧制 broadside rolling;spread rolling
宽支承端(钢筋混凝土)密肋楼板 skip joist system floor
宽周期范围 wide period range
宽柱 wide column
宽装 loose fit
宽锥形喷嘴 broad cone nozzle

款

款目 entry

款目词 entry term
款式 design;fashion;pattern;style
款项 fund;sum of money
款项的追领 retroactivity of payments
款项全清 all-squared
款项尚未给付的通知 lien mechanic's
款项余额 balance of amount
款已收到 received payment

匡

匡流型 runoff type

匡算 crude estimate

筐

筐 crate;scuttle

筐格式结构工程 cribwork
筐篮式合绳机 planetary closer;planet type strander
筐篮式捻股机 crank strander;planetary strander;planet type closer;sun-and-planet strander
筐式过滤器 basket filter;crib filter
筐式空气过滤器 basket type air filter
筐式离心机 basket centrifuge
筐式炉栅 basket grate
筐式滤水管 crib filter
筐式送锭车 pot car
筐形线圈 stagger-wound coil

狂

狂暴天气 inclement weather

狂暴雪崩 wild snow avalanche
狂吹 overblow
狂风 high wind;squall;storm;turbonada;wild wind;whole gale
狂风暴雨 inclemency;rain squall;windy downpour
狂风暴雨的 inclement
狂风暴雨天气 inclement weather;rough weather
狂风大浪 heavy sea;wild sea
狂风警报 white gale warning;whole gale warning
狂风天气 squally weather
狂浪 angry wave;heavy swell;high sea;monster wave
狂浪交错 cross seas
狂烈风暴 severe storm
狂犬病 lyssa
狂涛(海面) < 浪高达 20 ~ 40 英尺 >【气】very high sea;billow;precipitous or very high sea
狂响聚声 acoustic(al) dazzle
狂涌 high swell
狂阵风 flaw

旷

旷道 open line

旷地 esplanade;open space
旷地开放纲领 open space land program(me)
旷工 absence without leave;absentee;absenteeism;non-attendance
旷课 absentee
旷野 moorland;open country
旷野风 open-terrain wind
旷野灌溉法 open field irrigation
旷职 absence without leave;delinquency;unauthorized absence

矿

矿 < 英 > wheal

矿柏油 earth pitch;mineral tar
矿比 ratio of ore
矿壁 ore rib;rib
矿冰 stone ice
矿井富水系数 water content coefficient of mine
矿仓 mineral bunker;ore box;pocket
矿仓闸门 bunker gate
矿层 manto;mineral stratum;ore bed;ore formation;ore horizon;seam;streaking
矿层锤 seam hammer
矿层的地层次序 stratigraphic(al) sequence of the beds
矿层对比图 correlation of ore-bearing strata
矿层构造图 seam structure map
矿层露头 basset
矿层(煤层)薄 thin ore bed
矿层面密度 facial density of ore layer
矿层倾斜 seam pitch
矿层倾斜测量 fall measurement
矿层泉水 strata spring
矿层深度 producing depth
矿层图 seams plan
矿层中的岩石包裹体 ba(u)lk
矿层柱状对比图 columnar contrast chart in ore layers
矿层走向 bed course;course;ore run
矿产 mineral substance
矿产财富 mineral wealth
矿产储藏 mineral reserves
矿产储量 mineral reserves;ore reserves
矿产储量保有期限 period of reten-

tion ore reserves
矿产储量变动统计 statistics for ore reserves variation
矿产储量表 mineral reserve forms; mineral reserves sheet
矿产储量动态 mineral reserves dynamic
矿产储量分类 classify of mine reserves
矿产储量数据库 mineral reserves data base
矿产储量统计 statistics of ore reserves
矿产地投资额 field investment
矿产地突破率 renewal rate of mine field
矿产地质调查 investigation on mineral deposits
矿产地质评议 geologic(al) and ore deposition assessment
矿产地质图 geologic(al) map of mineral deposits
矿产地质因素 factors of mineral deposition and geologic(al) condition
矿产调查 mineral survey
矿产断面图 map intersection of deposits
矿产分布图 distribution map of mineral deposits; map of distribution of mineral deposits
矿产分类 classification of mineral commodities
矿产工业 mineral industry
矿产工业要求 industrial requirements for ores
矿产工业指标 industrial indices of mineral resources
矿产加工技术低 lower techniques of mineral commodity processing
矿产加工技术高 higher techniques of mineral commodity processing
矿产价格刺激 price spread effect
矿产价格对策 price strategy of mineral commodities
矿产价格偏低 price lower
矿产价格稳定 price restraint
矿产经济临界品位 break-even economic grade of mineral commodity
矿产经济指标 economic indicator of mineral commodities
矿产开采基地 mining base regions
矿产开发可行性评价 feasibility assessment of ore exploitation
矿产勘查 prospecting and exploration of mineral resources
矿产勘查工作阶段 stage of mineral exploration; stage of prospecting and exploration of mineral resources
矿产勘探 mineral prospecting
矿产贸易对策 trade strategy of mineral commodities
矿产煤 pit coal
矿产名称 name of mineral commodities; title of mineral commodities
矿产品 colliery products; mineral products; minerals
矿产品次要用途 minor use of mineral commodities
矿产品供需分析 mineral commodities supply and demand analysis
矿产品供需量 annual feed and supply of mineral commodities
矿产品无销路 find no market of ore products
矿产品用途 use of mineral commodities
矿产品用途分析 applied analysis of mineral commodities
矿产品战略储备 mineral commodity strategic stockpile
矿产品指标 mineral commodity indicator
矿产品主要用途 principal use of mineral commodities
矿产普查 prospecting of mineral resources; search for mineral deposits
矿产普查地质条件 geologic(al) conditions for prospecting
矿产普查削弱 mineral commodity prospecting to diminish in strength
矿产普查增强 mineral commodity prospecting to increase in strength
矿产权 mineral rights; mining right
矿产市场预测 market forecasting of mineral commodities
矿产税 mine area tax; mine-lot tax; mine tax
矿产图 mineral map
矿产详查 detailed mineral investigation
矿产信息转换表 transformation table of commodity information
矿产需求对策 demand strategy of mineral commodities
矿产预测 prediction of mineral deposite
矿产质量 quality of minerals
矿产质量评议 ore quality assessment
矿产种类 mineral kind
矿产资源 mineral resources; mineral wealth
矿产资源保护 mineral resources conservation
矿产资源变化度 diversity of commodity
矿产资源常用分类 common classification of mineral resources
矿产资源储备动态分析 dynamic(al) analysis of mineral resources reserved
矿产资源的国家所有权 state ownership of mineral resources
矿产资源调查 mineral resources survey(ing)
矿产资源定量预测及评价 mineral resources quantitative prediction and appraisal
矿产资源法 mineral resources law
矿产资源分类 classification of mineral resources
矿产资源国际分类 international classification of mineral resources
矿产资源监督管理暂行办法 Temporary Statute of Supervision and Management of Mineral Resources
矿产资源经济决策 economic determination of mineral resources
矿产资源评价程序包 mineral resources appraisal package
矿产资源评价数据库 mineral resources appraisal data base
矿产资源潜力评价 potential assessment of mineral resources
矿产资源税 mineral resources tax
矿产资源税率 mineral resources tax rate
矿产资源图 map of mineral resources; mineral resources map
矿产资源形势 the situation of mineral resources
矿产资源总量 total mineral resources
矿产资源总量预测 total mineral resources prediction
矿产自给率 ratio of reed divided by supply in country
矿产综合利用问题未解决 ore compositive use unsettled
矿长 bar marker
矿场 mine site; mine working; mine yard; ore yard; pit yard; quarry
矿场残渣 mining waste
矿场的轨道斗车 corve
矿场废物 mine refuse
矿场轨道 mine track
矿场机械形状 field geometry
矿场交货 ex mine
矿场量产品重量者 weighmaster
矿场起爆点火线 quarry cord
矿场起爆软线 quarry cord
矿场乳化油 oil field emulsion
矿场设备 lease equipment
矿场石油乳化液 oil field emulsion
矿场原产砾石 pit-run gravel
矿场钻孔机 quarry drill machine
矿巢 bonney; ore bunch; ore nest; nest
矿车 bogie [bogey/ bogy] (truck); mine (ral) car; miner's truck; miner's wagon; mining car; pit car; quarry car; skip car; tramcar
矿车的无极绳抓链 chain grip jockey
矿车翻笼 car tipper
矿车跟车工 gang rider; swamper; trip rider
矿车轨道 lorry track
矿车驾驶员 mine driver
矿车减速器 car retarder
矿车连接器 link
矿车列车 trip
矿车皮带运输机 pit car loader belt
矿车牵引 car haul
矿车清扫器 mine car cleaner
矿车清洗车间 mine car cleaning plant
矿车清洗装置 mine car cleaning plant
矿车速度控制器 wagon booster-retarder
矿车提升 mine car winding
矿车限速自动控制器 automatic wagon control
矿车用推车 barney; larry
矿车运行阻力 motion resistance of mine car
矿车自动折返装置 backshunt; shuntback
矿尘 mine dust; mineral dust
矿尘浮选 dust flo(a)tation
矿尘量 dust burden
矿储藏量 mineral reserves
矿床 mine(ral) deposit; ore bed; orebody; ore-deposit; ore formation; placer
矿床剥离比等值线图 contour map of stripping ratio of ore deposit
矿床采准 mineral deposit prepared
矿床产量 yield of deposit
矿床成因 genesis of mineral deposit
矿床成因类型 genetic(al) type of mineral deposits; genetic(al) type of ore deposits
矿床成因论 metallogeny
矿床充水水源 water source of mineral deposit inundation
矿床充水条件 condition of mineral deposit inundation
矿床储量 reserves of ore deposit
矿床储量核算 deposit(e) reserves nuclear counting
矿床垂向边界类型 type of vertical boundary of mineral deposit
矿床捣锤 decking ram
矿床底板 foot side; foot wall
矿床地球化学 geochemistry of mineral deposits
矿床地形地质图 topographic-geologic(al) map of ore deposits
矿床地质 geology of mineral deposits
矿床地质图 geologic(al) map of ore deposits
矿床地质研究 investigation of geology of ore deposit
矿床地质研究程度 investigation degree of geology of ore deposit
矿床地质综合评价 synthetic(al) assessment of geology of mineral deposits
矿床断面图 map of intersection of deposits
矿床分带 zonal distribution of mineral deposits
矿床风化露头 blowout
矿床工程地质条件研究 investigation of engineering-geologic(al) conditions of ore deposit
矿床工程地质条件研究程度 investigation degree of engineering-geologic(al) conditions of ore deposit
矿床工业类型 industrial type of(mineral) deposits
矿床构造 structure of mineral deposit
矿床构造位置 structural position of ore deposit
矿床规模 size of ore deposit
矿床回采 mineral deposit stoping
矿床经济评价 economic evaluation of ore deposits
矿床开采 exploitation
矿床开采程序 ore deposit mining program(me)
矿床开采技术条件 mining technologic(al) condition of mineral deposits
矿床开发的方向 bearing of the trend
矿床开拓 development of mineral deposits; mineral deposit development
矿床开拓系统 deposit(e) development system
矿床勘查削弱 mineral deposit exploration to diminish in strength
矿床勘查增强 mineral deposit exploration to increase in strength
矿床勘探 exploration of mineral deposits; mineral exploration
矿床勘探程序包 mineral deposit exploration package
矿床勘探点 exploration point of a deposit
矿床勘探类型 exploration type of ore deposits; prospecting type of ore deposits
矿床勘探统计分析 statistic(al) analysis of mineral exploration
矿床矿物学 mineralogy of ore-deposits
矿床类型 type of mineral deposit
矿床立体统计预测 stereo statistic(al) prediction of mineral deposits
矿床名称 title of ore deposits
矿床模拟 simulation of deposits
矿床模型 deposits model
矿床模型法 deposit(e) modeling method
矿床平均矿石量 mean reserves of deposit
矿床平均品位 average grade of mineral deposit; average grade of ore deposit
矿床平面边界类型 type of planar boundary of mineral deposit
矿床评价 mineral deposit evaluation
矿床取样平面图 sampling distribution plan of ore deposits
矿床商业类型 commercial types of mineral deposits
矿床实际材料图 factual material map of ore deposits; measured data map of ore deposits
矿床疏干 deposit(e) drainage
矿床疏干方式 pattern of mineral deposit dewatering
矿床疏干工程 engineering of mineral

deposit dewatering
矿床疏干与矿井防水 mineral deposit dewatering and water prevention in mine
矿床数据库 mineral reserves data base
矿床水平断面图 horizontal section of ore deposit
矿床水文地质 mineral deposit-hydrogeology
矿床水文地质边界 hydrogeologic(al) boundary of mineral deposit
矿床水文地质调查 hydrogeologic(al) survey of mineral deposit
矿床水文地质分类 classification of mineral deposit-hydrogeology
矿床水文地质分类等级 classificatory grade of mineral deposit-hydrogeology
矿床水文地质类型 type of mineral deposit-hydrogeology
矿床水文地质数据 data of mineral deposit-hydrogeology
矿床水文地质条件复杂程度 complicated degree of condition of mineral deposit-hydrogeology
矿床水文地质条件研究 investigation of hydrogeologic(al) conditions of ore deposit
矿床水文地质条件研究程度 investigation degree of hydrogeologic(al) conditions of ore deposit
矿床水文地质图 hydrogeologic(al) map of ore deposit
矿床探矿工程分布图 distribution map in exploratory engineering of ore deposit
矿床统计预测分类 classification of statistic(al) prediction of deposits
矿床图 map of mineral deposits
矿床外剥离量计算平面图 calculating plan of outer stripping amount of ore deposit
矿床学 study of mineral deposit
矿床一般概念 general concept of mineral deposit
矿床中段地质图 geologic(al) plan of level of ore deposits
矿床综合评价 comprehensive evaluation of mineral exploration
矿床总走向 general strike of a deposit
矿滓 mineral tar
矿代世代 generation of mineralization
矿带划分 dividing mineralized zone
矿袋 ore pocket;pocket
矿袋土 pocket clay
矿道 ore pass;scoria[复 scoriae]
矿灯 mining lamp
矿灯充电架 lamp-charging rack
矿灯管理房 lamproom
矿灯管理室 lamproom
矿灯管理员 lampman
矿灯清理工 lamp trimmer
矿底钻机 reaming bottom drill
矿点 mineral occurrence
矿点检查 examination of discovery; inspection of mineralization point; mineral occurrence inspection
矿点检查报告 examination report of ore discovery
矿点检查图 inspection map of mineralization point
矿点矿床单元 mineral occurrence and deposit cell
矿点踏勘 reconnaissance of mineralization point
矿点综合评价 synthetic(al) assessment of mineralization point
矿斗 ore bucket;ore-deposit
矿斗容量 skip capacity
矿毒污染 mine pollution
矿段 ore block;ore segment
矿堆 muck pile;stock heap
矿堆块度 ore-dump blockness
矿房 board room;ore room
矿房运输机 room conveyer[conveyor]
矿分带 zoning of ore deposit
矿粉 mineral dust;mineral fines;mineral flour; mineral powder; filler <沥青混合料>
矿粉焙烧炉 smalls roaster
矿粉称量斗 <沥青拌和机的> filler weigh hopper
矿粉秤 <沥青拌和机的> filler scale
矿粉浆 ore slurry;slurry mineral
矿粉浆泵 slurry pump
矿粉煤渣 breeze
矿粉提升机 <沥青拌和机的> filler elevator
矿粉筒仓 <沥青拌和机的> filler silo
矿粉液化装卸法 slurry system
矿粉液化装卸系统 Marconaflo slurry system
矿粉增塑剂 mineral powder plasticizer
矿粉贮存装置 <沥青拌和机的> filler storage unit
矿粉着色 pulverized mineral colo(u)ring
矿工 collier;hard hat;miner;pitman;rockman
矿工尘肺病 miner's phthisis
矿工村 miner village
矿工灯 miner's lamp
矿工肺 miner's lung
矿工换区日 caviling days
矿工居住区 mine housing estate
矿工牛角 miner's horn
矿工贫血症 miner's anemia
矿工气喘病 miner's asthma
矿工新村 miner's estate
矿工英寸 miner's inch
矿工寓所 miner's dwelling
矿工住处 miner's dwelling
矿工住宅 miner's dwelling
矿工自救器 miner's self-rescuer
矿核冒落空穴 bellhole
矿化 mineralize
矿化背景 background of mineralization
矿化标志 ore guide
矿化层位深度 mineralized horizon depth
矿化产状 mineralized occurrence
矿化带 mineralization belt; mineralization zone;zone of mineralization
矿化带控制点 control point of mineralization zone
矿化地下水 mineralized groundwater
矿化点 mineralized point; point of mineralization
矿化度 degree of mineralization;mineralization degree; mineral level; total ionic concentration
矿化度大 high mineralization
矿化度的递减率 decreasing rate of salinity
矿化度的增长率 increasing rate of salinity
矿化峰 mineralize peak
矿化规模变异序列 variation sequence of mineral size
矿化后晕 post-ore halo
矿化灰岩 mineralized limestone
矿化集中(金属)区学说 theory of concentration of metallogenesis
矿化剂 agent of mineralization;mineralizer;mineralizer agent;mineralizing agent
矿化阶段 mineralization stage; stage of mineralization
矿化接枝 mineralization graft
矿化均匀程度 homogeneous degree of mineralization
矿化垃圾固定床 aged-refuse fixed bed
矿化率 mineralization rate
矿化煤 carbominerite
矿化泡沫 mineral-laden bubbles
矿化期 mineralization epoch;mineralization period
矿化气泡 armo(u)red bubble;mineralized bubble
矿化前晕 pre-ore halo
矿化强度 mineralization intensity
矿化强度指数 mineralization intensity index
矿化水 mineralized water
矿化碳棒 mineralized carbon
矿化物 mineralizer
矿化系数 mineralization coefficient
矿化细胞 mineralized cell
矿化细胞法(处理) mineralized cell treatment
矿化形式 mineralization pattern
矿化作用 mineralization
矿灰 calcigenous;calx[复 calces/calxes]
矿混凝土砌块 slag concrete block
矿浆 mash;mineral pulp;ore magma; ore pulp;ore slurry;pulp
矿浆澄清 pulp clarification; slime clarification;slurry clarification
矿浆充气 pulp aeration
矿浆充气式浮选机 pulp-body machine
矿浆电解 in-pulp electrolysis
矿浆分配器 pulp divider
矿浆分析 pulp assay
矿浆缓流箱 drop box
矿浆流程图 pulp flow graph; pulp flowsheet
矿浆密度 pulp density
矿浆密度计 diver
矿浆密度记录器 pulp density recorder
矿浆浓度 pulp concentration
矿浆输送管道 ore slurry pipeline
矿浆树脂离子交换法 resin-in-pulp ion(ic) exchange
矿浆体泡沫浮选 pulp-body froth flo(a)tation
矿浆天平 pulp balance
矿浆脱水 pulp dewatering
矿浆物理和化学状态 pulp climate
矿浆稀释 pulp dilution
矿胶 mineral glue
矿焦油软质天然地沥青 mineral tar
矿井 coal pit; delf; mining shaft; ore mine;pit;shaft;well;wheal <尤指锡矿>
矿井爆破 mining blasting explosive
矿井泵 pit pump;shaft pump
矿井测量图 underground survey map
矿井衬砌 mine shaft liner
矿井垂线 shaft plumb line
矿井底炮眼 back hole
矿井地下水灾害 groundwater disaster in mine
矿井地震勘探 in-mine seismic prospecting
矿井电工 mine-electrician
矿井电缆 borehole cable
矿井调查 investigation of mine
矿井定向联系测量 connection survey for shaft orientation
矿井堵水方法 block up water method in mining well
矿井堵水效果 effect of water blocking of mine
矿井防水墙 mille dam
矿井废水 mine drainage water; mine wastewater
矿井废水处理 mine wastewater treatment
矿井分区通风 shaft zoning ventilation
矿井风机 mine fan
矿井风压空气柱 motive column
矿井服务年限 mine life
矿井工程地质勘探类型 engineering geologic(al) exploration types of shaft
矿井工作 mining work
矿井工作面长度 wall length
矿井工作日 colliery working day
矿井观测点 observation point of mine
矿井火灾 mine fire
矿井机车 mine locomotive
矿井机工 mine-mechanism
矿井架 headstock;mineral skeleton
矿井建设 shaft building
矿井绞车 well winch
矿井井框支架 cribbing
矿井救援工作 mine rescue work
矿井卷扬机 miner winding engine
矿井开拓 development
矿井开拓工程 mine development
矿井空气 mine air
矿井口 mine mouth;pit-head
矿井口建筑 pit-hill
矿井联系测量 shaft transfer survey
矿井排水 mine drainage
矿井排水方法 pit drainage method
矿井排水量动态曲线 regime(n) curve of mine drainage
矿井排水平洞 sough
矿井排水设备 pit pump equipment
矿井排水污染物 mine drainage contaminant
矿井排水系统 pit drainage system
矿井起重链 mine-hoist chain
矿井气 fired damp; mine(drainage) gas
矿井气温 atmospheric temperature of mine
矿井抢救工作 mine rescue work
矿井区段 mine block
矿井圈 walling crib
矿井设备 pit gear
矿井设计 design of mine
矿井设计服务期限 prospective mine life
矿井深度 depth of a shaft
矿井升降口 pit hatch
矿井生产的材料 pit-run material
矿井生产准备 production preparation of coal pits
矿井竖井 mine shaft
矿井水 mine water;pit water
矿井水泵 mine pump
矿井水仓 mine sump
矿井水动态观测 water behavio(u)r observation for mine
矿井水温 water temperature of mine
矿井隧道 mining tunnel
矿井探水与放水 probing water and draining water in the mine
矿井梯子的横木 mining ladder rung
矿井梯子的踏板 mining ladder rung
矿井提升 mine hoisting
矿井提升机 mine hoist; miner winding engine;shaft hoist
矿井提升链 mine-hoist chain
矿井提升信号 shaft signaling
矿井通风 mine ventilation;ventilation of mine;ventilation of coal pits <煤矿的>
矿井通风不足 dacker
矿井通风方法 shaft ventilation method
矿井通风机 pit ventilator
矿井通风容积效率 volumetric(al) efficiency of mine air

矿井通风速度压头 mine velocity head
矿井通风特性曲线 mine characteristic curve
矿井通风系统 mine ventilation system; ventilation system of mines
矿井通风总压头 mine total head
矿井通风阻力 mine resistance
矿井通风阻力特性 mine characteristic
矿井突水 bursting water in mine
矿井瓦斯 damp; gas of coal mine; weather-damp
矿井瓦斯等级 gas rank of mine
矿井温度 temperature of mine
矿井污水 colliery effluent
矿井下沉 sunk shaft
矿井下作业进口 underground service entry
矿井岩温 rook heat of mine
矿井涌沙 sand gushing in mine
矿井涌水量 water yield of mine
矿井涌水量预测 prediction of water yield of mine
矿井涌水量预测方法 method of water yield prediction
矿井涌水率单位 miner's inch
矿井着火 firing of mine
矿井支柱 pit underpinning
矿井中的梯子 mining ladder
矿井逐层递送法 cast after cast
矿井柱 shaft pillar
矿坑 pit; stall
矿坑大气 mine atmosphere
矿坑导线 mining traverse; underground traverse
矿坑底板 floor of gallery
矿坑调查点 observation point of mine
矿坑顶板 roof of gallery
矿坑废水 wastewater of deposit
矿坑回填 mine backfilling
矿坑空气出口 exit mine air
矿坑口 mine mouth; pit-head
矿坑排水 mine dewatering
矿坑实测涌水量 measured water yield mine
矿坑水 mine water; pit water
矿坑水动态 water regime(n) in mine
矿坑水文地质现象 hydrogeologic (al) phenomenon in mines
矿坑碎石 mine run rock
矿坑坍陷 mining subsidence
矿坑外作业 grass work
矿坑下陷 mining subsidence
矿坑淹没 submerged roadway
矿坑涌水量 mine inflow
矿坑预测涌水量 predicting water yield of mine
矿坑正常涌水量 normal water yield of mine
矿坑总涌水量 total water yield of mine
矿坑最大涌水量 maximum water yield of mine
矿控 ore control
矿口 pit-head
矿口电厂 mine-mouth power plant
矿口价格 mine-mouth price
矿块 nugget; ore block
矿块设计图 map of ore block design
矿块生产能力 production capacity of ore block
矿块体积 volume of ore block
矿块图 ore blocks map
矿蜡 mineral tallow
矿砾 shoad stone; shode
矿粒 ore grain; ore particle
矿量管理 reserves control
矿量增加 reserves increment
矿料 mineral aggregate
矿料称量装置 mineral material weight balance
矿料斗 ore bunker
矿料盖层 mineral cover
矿料集中系数 coefficient of mineral concentration
矿料面层卷材屋面 mineral-surfaced roll roofing
矿瘤 chamber of ore
矿滤池净化机理 purification mechanism of sand filter
矿脉 gash vein; ledge; matrix[复 matrixes/matrices]; mineral vein; ore lode; ore vein; reef; rock(y) ledge; vein; wyethern
矿脉层 bed of vein
矿脉的夹杂物 gangue
矿脉等倾斜【矿】 underlie
矿脉底部 ledger
矿脉顶 apex[复 apices/apexes]; apex of vein
矿脉断层 jump
矿脉俯角 dip of lode
矿脉富集部分 moor
矿脉基座 foot wall
矿脉沥青 vein bitumen
矿脉露头 basset
矿脉露头的风化 bloom
矿脉露头的脱散块 shoad stone
矿脉泥 lama
矿脉下盘 foot wall; heading wall
矿脉指示碎石 broil
矿脉中空穴 loch
矿脉中裂缝 loch
矿脉走向 bearing; strike of ore vein
矿毛绝缘材料 rock wool
矿毛绝缘纤维 rock wool
矿帽 capping; deposit(e) capping
矿煤 pit coal
矿棉 mineral cotton; mine wool; mountain wool; silicate cotton; silicate wool; slag wool
矿棉板 mineral wool board; mineral wool panel; mine wool slab; rockwool slab
矿棉板半干法制板工艺 semi-dry process for making mineral wool slab
矿棉板烘干机 dryer for mineral wool slab
矿棉板条 mineral wool strip
矿棉包覆绳索 silicate cotton covering cord
矿棉保温 silicate cotton insulation
矿棉保温层 rockwool quilt
矿棉保温套管 rockwool lagging section
矿棉薄板 mineral wool sheet; rockwool sheet
矿棉薄片 mineral wool sheet
矿棉带 mineral wool strip; mine wool belt
矿棉垫 rockwool mat
矿棉隔热板 rockwool insulation-grade slab
矿棉隔热材料 rockwool insulation (grade) material
矿棉隔热料 rockwool insulator
矿棉隔声板 rockwool insulation-grade slab
矿棉隔声材料 rockwool insulation (grade) material
矿棉管道保温套 mineral wool pipe insulating section; mineral wool pipe insulation
矿棉管吸声板 mineral wool acoustic (al) tile
矿棉建筑板 rockwool building
矿棉建筑板材 rockwool building board
矿棉绝热 silicate cotton insulation
矿棉片 mineral wool panel
矿棉砌块 silicate cotton block
矿棉嵌缝材料 slag wool joint filler
矿棉球 pelleted mineral wool
矿棉(热)绝缘 mineral wool insulation
矿棉(热)绝缘材料 mineral wool insulating material
矿棉绳 mine wool rope; mine wool twine
矿棉绳套 rockwool cord covering
矿棉绳罩 rockwool cord covering
矿棉瓦 mineral fiber tile
矿棉吸声砖 mineral fiber acoustic (al) tile
矿棉纤维 rockwool fibre[fiber]; slag-basalt fiber
矿棉纤维瓦 mineral wool fiber tile
矿棉毡 lamella mat; mineral wool blanket; mineral wool quilt; rockwool felt; silicate cotton felt; slag felt; rockwool building <高密度的>
矿棉纸 mineral wool tissue
矿棉纸油毡 asphalt-saturated mineral wool felt; saturated bitumen mineral wool felt
矿末煅烧炉 smalls roaster
矿内暴风 wind blast
矿内毒气 damp
矿内空气分析器 mine air analyser [analyzer]
矿内缺氧 blackdamp
矿内巷道 gate road; workings
矿内运输 internal transport(ation)
矿囊 bonney; chamber of ore; ore bunch; ore chamber; ore pocket; pocket
矿泥 fango; mud; ore pulp; pulp; slime; sludge(ore)
矿泥摆床 slimer
矿泥泵 slime pump
矿泥沉淀池 slurry pond
矿泥澄清 slime clarification
矿泥储坑 slime pit
矿泥带式流槽 slime vanner
矿泥分离器 slime separator
矿泥分选盘 framing table
矿泥浮选 slime flo(a)tation
矿泥浆开采法 slurry mining
矿泥精矿 slime concentrate
矿泥溜槽 slime sluice
矿泥煤 slime peat
矿泥浓缩机 slimes concentrator
矿泥筛 slurry screen
矿泥水 slime water
矿泥桶 sludge ladle
矿泥洗选机 slime washer
矿泥摇床 slime table
矿铅年龄 ore-lead age
矿球 ore pellet
矿区 mineral district; minery; mine site; mine claim; mining area; mining field; ore district; diggings
矿区边缘井 flank well
矿区标志 location monument
矿区补勘 supplement exploration of mine district
矿区测量 mineral survey; mining survey
矿区沉降水准测量 mining subsidence level(l)ing
矿区大地构造位置 geotectonic position of the ore district
矿区地界 boundary of property
矿区地面平面控制测量 mining ground horizontal control survey
矿区地下热害 heat hazard of mining area
矿区地形地质图 topographic-geologic (al) map of ore[mine] districts
矿区地质图 geologic(al) map of mine district; geologic (al) map of ore district
矿区地质综合评价 synthetic(al) assessment of geology of ore district
矿区高程控制 vertical contour of mining area
矿区工程地质条件 engineering geologic(al) condition of ore district
矿区构造 mine field structure
矿区规模 mine scale
矿区环境保护 environmental protection of mine
矿区环境地质条件 environmental geologic(al) condition of ore district
矿区建设 mine are construction
矿区降低地下水 mine dewatering
矿区尽域构造位置 regional structural position of the ore deposit
矿区经济地理条件 conditions of technologic(al)-economic of mine region
矿区矿床图件 map about ore districts and deposit
矿区扩勘 expand exploration of mine district
矿区扩展 extension of field
矿区盲矿统计预测 statistic(al) prediction of blind ore
矿区面积 area of ore district
矿区名称 title of ore districts
矿区排水 mine drainage
矿区平均标高 average elevation of mine area
矿区平均水深 average depth of mining area
矿区平面地质图 mine plan of geology
矿区平面坐标系统 plane coordinate system of mining area
矿区墙角石 corner stone of a mining field
矿区取样平面图 sampling plan of ore district
矿区实际材料图 measured data map of ore district
矿区使用费 mining royalty; royalty
矿区水化学形成作用 hydrochemical formation in mine area
矿区水文地质条件 hydrogeologic (al) condition of ore district
矿区水文地质图 hydrogeologic(al) map of mine district; hydrogeologic (al) map of ore district
矿区水准尺 mine staff
矿区税 mining area tax
矿区塌陷 mining subsidence
矿区探矿工程分布图 distribution map in exploratory engineering of ore district
矿区特许使用权益 royalty interest
矿区铁道 mineral railroad; mineral railway
矿区铁路 mineral railroad; mineral railway
矿区铁路线 mineral line
矿区统计 statistics of mining area
矿区投影水准面 projection level of surface of mining area
矿区图 mine plan; mining field subdivision map; plan of mining areas
矿区外部条件评议 conditions of outer area of mining
矿区巷道底面图 ground plan of mine workings
矿区永久界石 mineral monument
矿区丈量员 bounder
矿区自然地理经济条件 physicographic(al) economical condition of ore district
矿区总体设计 general layout of mine area

矿权 mineral rights
矿泉 mine(ral) spring; spa; watering-place
矿泉池 mineral pool
矿泉井 mineral well
矿泉疗养池 cure
矿泉疗养池废水 wastewater of spa
矿泉疗养地 spa
矿泉疗养公园 spa garden
矿泉水 mineral spring; quarry water; mineral water
矿泉水疗养所 kurhaus
矿泉水水质标准 quality standard of mineral springs
矿泉水文地质调查 hydrogeologic(al) survey of mineral spring
矿泉水文地质图 hydrogeologic(al) map for mineral spring
矿泉学 balneology
矿泉浴 mineral bath
矿泉浴疗养学 balneology
矿群 bal; ore cluster
矿散交代作用 diffusive metasomatism
矿砂 metal-bearing sand; mineral sand
矿砂舱 ore hold
矿砂船 ore carrier
矿砂分级机 sand classifier
矿砂溜槽 ore sluice
矿砂码头 ore wharf
矿砂球团船 ore pellet carrier
矿砂熔剂混合物 mixture of ores and fluxes
矿砂/石油船 ore/oil carrier
矿砂摇床 sand table
矿筛 jig
矿山 bal; diggings; mine; mining area
矿山安全技术工程师 mine analyst
矿山安全监察 mine safety supervision
矿山安全统计 statistics of safety in mine
矿山安全卫生管理局 <美> Mine Safety and Health Administration
矿山爆胶 mine gel
矿山表层剥离机 stripping shovel
矿山采剥比 <黑色冶金> overburden ratio of mine
矿山采掘计划 mining plan
矿山采石 mine quarry
矿山测量 mineralogic(al) survey; mine(ral) survey(ing); mining survey
矿山测量学 mining geodesy; mining surveying
矿山测量员 mining surveyor; underground bailiff
矿山测斜仪 mining inclinometer
矿山产量 mine output
矿山沉降水准测量 mining subsidence survey
矿山秤 pit scale
矿山储量 mine reserves
矿山处理厂 ore-handling plant
矿山地面 grass
矿山地面测量 mine surface survey
矿山地面水 day water of mine
矿山地平面 ground-level in mining
矿山地球物理学 mining geophysics
矿山地质阶段 mining geology phase
矿山地质开采权 concession
矿山地质师 mining geologist
矿山地质学 mining geology
矿山电厂 mine-mouth power plant
矿山定界人 bounder
矿山断面图 mine section
矿山堆场 pit bing
矿山法 <指隧道开挖> blasting method; conventional method; mine tunnel(l)ing method; mining method
矿山法隧道施工 mining method of tunnel construction
矿山防爆机车 electric(al) permissible mine locomotive
矿山防爆式电机车 electric(al) permissible mine locomotive
矿山防尘 mine dustproof
矿山废石 chats; mullock
矿山废石堆 waste ore
矿山废水 mine wastewater; ore sewage
矿山废土(石) mullock
矿山废物 mine waste
矿山风动装车机 air-driven mine car loader
矿山服务年限 mine age
矿山副测量员 deputy mining surveyor
矿山矸石堆 mine dump
矿山工程 mine engineering
矿山工程测量 mine engineering survey
矿山工业废水 ore industry sewage; ore industry waste water
矿山工业废物 ore industry waste
矿山工作面 mine working
矿山公害 mining nuisance
矿山固定租金 dead rent
矿山固体废弃物 solid waste of mine
矿山规模 scale of mine
矿山环境工程地质 engineering geology of mine environment
矿山环境影响评价 effective evaluation of mine environment
矿山环境噪声标准 noise standard of mine environment
矿山环境质量报告书 report of mine environment quality
矿山环境质量评价 environment quality evaluation of mine
矿山环境质量评价图 evaluation map of mine environment
矿山回填 mine filling
矿山机 mining machine
矿山机车 mine locomotive; mining locomotive
矿山机械 mining machinery
矿山机械厂 mining machinery plant
矿山基本地质图 mine basic geology map
矿山基地选择 option of mine base
矿山基建 mine capital construction
矿山加工厂 ore-handling plant
矿山加工流程 mine treatment flow
矿山碱性排水 alkaline mine drainage
矿山建设 construction of mine
矿山建设条件评议 conditions of mining assessment
矿山交货(价) ex mine
矿山结束 mine end
矿山结束阶段 step of mine end
矿山经理 bar marker; mine manager
矿山经纬仪 miner's theodolite; mining foreman's theodolite; mining theodolite; mining transit
矿山井下采场管理 management of underground mine stopes
矿山井下津贴 allowance for underpit work
矿山井巷 mine working
矿山救护人员 draegerman
矿山救援工作 mine rescue work
矿山距火车站里程 distance between mine and station
矿山距市场里程 distance between mine and market
矿山掘进 mining excavation
矿山开采 ore getting; ore mining; quarry operation
矿山开采年限 mine life
矿山开采区域 mining region
矿山开发 mine development; mine exploitation
矿山开发程序 procedure of mining exploitation
矿山开发费 mine development cost
矿山开发勘探 productive exploration
矿山开拓 mine development
矿山开拓方案 mine development program(me)
矿山开拓位置图 location plan
矿山可采期 age of mine
矿山可能规模 possible method of mine
矿山坑道的尽端学院院长 dean
矿山林场用轮胎 mining and logging tire
矿山流运槽 launder
矿山漏风 fugitive air
矿山绿 mountain green
矿山罗盘 dip compass; mine compass; miner's compass; miner's dial; mining compass; mining dial
矿山罗盘仪 circumferenter; mine compass
矿山罗盘仪测量 dialling; mine compass dialing
矿山名称 name of mine
矿山排出污水及废渣的水渠 mill tail
矿山排水 mine dewatering; mine drainage; mine unwatering
矿山排土场 mine dump
矿山平面图 mine plan; plan of mining areas
矿山平巷 mine tunnel; road
矿山评价 mine evaluation
矿山企业 bargh; mine enterprise
矿山企业构成 mine enterprise morphology
矿山企业经济效益 mine enterprise economic benefit
矿山企业设计 mine enterprise planning
矿山气体分布 mine gas distribution map
矿山抢救工作 mine rescue work
矿山区域稳定性 regional stability of mine
矿山三级矿量 <黑色冶金> three stages of ore reserves
矿山扇风机信号系统 mine fan signal system
矿山设备 pit equipment
矿山设备租赁 mineral property lease
矿山设计 mine planning
矿山设计方案选择 mine planning program(me) asseverated
矿山设计阶段 step of mining planning
矿山设计中地质工作 geologic(al) work in the mine design
矿山设计准备地质工作计划任务书 preparation geology work of mine design
矿山深部疏干 deep dewatering at the mine
矿山生产 mine production
矿山生产能力 mine capacity; production capacity of mine
矿山使用费 royalty
矿山事故 mining damage
矿山竖井衬里 mine shaft liner
矿山竖井支护 mine shaft liner
矿山水处理 mine water treatment
矿山水锤 mine water hammer
矿山水污染物 mine drainage contaminant
矿山水准测量 mine level(l)ing
矿山水准尺 mine rod
矿山水准仪 mine's level
矿山酸性废水 mine acid wastewater
矿山酸性排水 acid mine drainage; mine acid drainage
矿山隧道 mining tunnel
矿山铁路 mine(ral) railroad; mine(ral) railway; ore-carrying railway
矿山铁路信号系统 mine railway signal system
矿山通风站 mine ventilation station
矿山投资 habilitation; habilitation for mines
矿山图 mine map; mine plan; plan of mining areas
矿山维护费 expense for protecting mines
矿山污染 mine pollution
矿山显微镜 mining microscope
矿山现状调查 nowadays mine surveying
矿山巷道 mine roadway; mine working; mine works; mining excavation
矿山消防车 mine fire truck
矿山压力破裂带深度 depth of fractured zone of mine-pressure
矿山压力系数 pressure coefficient of mine
矿山烟雾 mine smoke
矿山岩层 ore barrier pillar
矿山用车 mine car
矿山用钢丝绳 wire rope for mine
矿山用卡车 mining truck
矿山用炸药 Hercules powder
矿山用钻机 mine rig
矿山诱发地震 mining-induced earthquake
矿山远景估价 appraisal of mine long-range
矿山运输 mine haulage
矿山运输建设 mine transport building
矿山凿岩设备 mine rig
矿山占用或采掘税 mine occupation or severance tax
矿山站 mining depot
矿山支撑型材 mine support section
矿山制动装置 cataract
矿山专用机械 specialized mining machinery
矿山专用线 mining siding
矿山资料 mine information
矿山自卸汽车 mine automobile
矿山总体性地质图 mine totality geologic(al) map
矿上晕 superore halo
矿肾【地】 kidney
矿石 mine quarry; mineral; mine rock; ore(body)
矿石搬运车 ore carrier
矿石比重 specific gravity of ores
矿石标本 ore specimen
矿石采出率 ore extraction
矿石采取率 recovery
矿石采样 ore sampling
矿石仓 ore bin; reef bin
矿石车 mineral wagon; ore car; ore wagon
矿石成因类型 genetic(al) type of ore
矿石储存库 ore storage yard
矿石储量 reserve in ore
矿石储量分析 ore-reserve analysis
矿石处理 milling of ore; ore handling; ore processing
矿石处理量 throughput
矿石船 buck ore vessel; ore carrier; ore ship
矿石粗磨 arrastra
矿石带状沉积 zonal deposition of ore
矿石单位毛值 gross unit value of ore
矿石道路 ore channel
矿石的斑点 macula[复 maculae]
矿石的化学组成 chemical composition of ore

矿石的矿物组成 mineral composition of ore

矿石的露天开采 ore open pit mining

矿石吊桶 muck kibble

矿石斗 ore bunker

矿石堆 muck pile;ore pile

矿石堆采样 ore-dump sampling

矿石废料 attle

矿石分离器 ore separator

矿石分析 ore assay

矿石分析样品 sample for ore analysis

矿石浮选 ore flo(a)tation

矿石浮选促进剂 ore flo(a)tation promoter

矿石港 ore harbo(u)r

矿石工业类型 industrial type of ores

矿石工业品级 industrial sorting of ores

矿石工业品位 industrial grade of ores

矿石工业指标 industrial factors for ores

矿石构造 ore structure; structure of ores

矿石红 mineral red

矿石化学成分 chemical component of ores

矿石化学分析 chemical analysis of ores

矿石还原法 reduction of ores

矿石回采工 stoper

矿石回收率 ore extraction

矿石货 ore cargo

矿石极限品位 limiting grade of ores

矿石加工 ore handling

矿石加工技术条件 ore processing technologic(al) condition

矿石加强式散货船 bulk carrier ore strengthened

矿石检波器 crystal detector; natural detector;natural rectifier

矿石建造 ore formation

矿石鉴定 ore identification

矿石鉴定报告 report on ore identification

矿石鉴定样品 sample for ore determination

矿石浆货轮 slurry tanker

矿石结构 ore texture

矿石结构(与)构造 texture and structure of ores

矿石结核 aetite

矿石晶位 ore grade

矿石卡车 ore hauling truck

矿石可选性 dressability of ore; washability of ores

矿石可选性试验报告 report testing separability of ores

矿石可选性研究 study of ore dressability

矿石矿物成分 mineral component of ores

矿石类型 ore type;type of ores

矿石类型变化 variation of ore type

矿石类型带 zone of ore type

矿石类型与品级边界线 boundary line of ore types and grades

矿石料 ore charge

矿石料仓 ore storage bunker

矿石列车 mineral train

矿石码头 ore terminal; ore pier < 突堤式的 >

矿石棉 rock wool

矿石内的脉石 veinstone in ores

矿石年龄 age of minerals

矿石牌号 ore rank

矿石配料 ore burdening

矿石漂砾 ore boulder

矿石贫化 ore dilution

矿石贫化分类 type of dilution

矿石贫化率 dilution of ores; dilution ratio of ores;rate of ore dilution

矿石品级 grade of ores; ore grade; ore order or ore sort

矿石品级变化 variation of ore order

矿石品级带 zone of ore rank

矿石品位 ore content;ore grade;tenor;tenor of ores

矿石品位变化 variation of ore grade

矿石品位低或有害组分高 ore low grade or ore of tall harmful constituent

矿石品位分级 ore grade

矿石品位校正系数 rectifying coefficient of ore grade

矿石平衡 carbon-iron balance

矿石破碎 ore reduction

矿石破碎锤 bucking hammer

矿石破碎机 ore crusher

矿石破碎筛分车间 rock house

矿石取样法 ore sampling

矿石熔炼厂 ore smelting works

矿石熔烧炉 ore hearth

矿石-散货-石油三用船 ore/bulk/oil carrier

矿石烧结机 ore-sintering machine

矿石湿度 ore dampness

矿石湿法粉碎机 ore wet grinding mill

矿石试验磨碎机 ore assay mill

矿石试样剂量 ore charge

矿石收货港 ore receiving port

矿石收音机 crystal radio;crystal receiver;crystal set;detector set

矿石素描图 ore sketch

矿石碎块 knocking

矿石碎磨 moler

矿石损失 ore loss

矿石损失分类 type of ore losses

矿石损失率 ore losses ratio

矿石损失率分类 type of ore losses ratio

矿石提取法 ore-extraction process

矿石提升机 ore hoist

矿石体重 volume weight of ore

矿石体重变化 variation of ore unit-weight

矿石条纹 belt of ore

矿石物性试验报告名称 title of test report of ore physical ability

矿石细磨 all sliming

矿石纤维 mineral wool

矿石形成 ore formation

矿石性质 nature of ore;ore nature

矿石岩石学【地】 ore petrology

矿石研磨机 ore grinder

矿石样品 prospect

矿石冶炼工作 metallurgic(al) working of ores

矿石硬度系数 mineral hardness factor

矿石有害组分 harm component of ore

矿石原油两用船 dual-purpose bulk carrier

矿石运输卡车 quarry lorry

矿石运输铁路 ore-carrying railroad

矿石运输线 mineral line

矿石栅栏支柱 ore barrier pillar

矿石质量 ore mass;quality of ore

矿石质量管理 ore management

矿石中杂质 gangue

矿石贮仓 ore bin;ore bunker

矿石贮存管理人员 ore grader

矿石抓斗装卸装置 ore grab unloading system

矿石专用港 ore harbo(u)r

矿石转运站 ore terminal

矿石转载机 ore-loading plant

矿石装船港 ore-loading port

矿石装船设施 ore-loading facility

矿石装卸 ore handling

矿石装卸吊车 ore-loading crane

矿石装卸桥 ore bridge

矿石装卸设备 ore-handling plant

矿石自磨机 ore crusher

矿石自然类型 natural type of ore

矿石自卸车 quarry tipper

矿石组成 composition of ore

矿石组构 texture of ores

矿石最低品位 limiting grade of ores

矿水 mineral water

矿税 tax on mine

矿酸 < 主要指各种无机酸如硫酸,硝酸、盐酸 > mineral acid

矿胎 protore

矿体 body of deposits; orebody; ore mass

矿体边界 orebody boundary; ore boundary

矿体边界模数 boundary module of orebody

矿体变化程度 variation intensity of orebody

矿体变化范围 variation range of orebody

矿体变化幅度 variation amplitude of orebody

矿体变化速度 variation rate of orebody

矿体变化性 variation of orebody

矿体变化性定量指标 quantitative variation index of orebody

矿体变化性质 variation property of orebody

矿体剥离比等值线图 contour map of stripping ratio of orebody

矿体剥蚀程度 denudational intensity of orebody

矿体侧伏方向 pitch of orebody

矿体侧伏角 pitch angle of orebody

矿体产状 occurrence mode of orebody;orebody occurrence

矿体产状变化 variation of orebody occurrence

矿体长度 length of orebody

矿体储量计算垂直投影图 vertical longitudinal of orebody for reserve calculation

矿体储量计算水平投影图 horizontal projection of orebody for reserve calculation

矿体穿通点 ore intersection

矿体垂直投影图 vertical projection of orebody

矿体垂直纵投影图 vertical longitudinal projection of orebody

矿体大小 dimensions of orebody

矿体等厚线图 isopach map of ore body;isopachous map of orebody

矿体底板等高线图 contour map of ore body footwall

矿体底面等高线图 contour map of bottom surface of orebody

矿体地质 geology of ore body

矿体顶板等高线图 contour map of ore body roof

矿体顶面等高线图 contour map of top surface orebody

矿体废物 mass wasting

矿体复合纵投影图 combined longitudinal projection of orebody

矿体构造类型 type of orebody structures

矿体规模 size of orebody

矿体规模小而分散 orebody of small scale and dispersion

矿体厚度 orebody thickness; thickness of orebody

矿体厚度变化 variation of orebody thickness

矿体交错 ore intersection

矿体结构变化 textural variation of orebody

矿体可采边界线 workable boundary line of ore body

矿体可采界限 assay walls

矿体空间位置 location of ore body in space

矿体控制点 control point of ore body

矿体宽度 width of orebody

矿体零点边界线 zero boundary line of ore body

矿体埋藏深 beyond unworked depth of ore body

矿体埋深 buried depth of ore-body

矿体面积 area of orebody

矿体内边界线 inner boundary line of ore body

矿体内部结构 internal texture of ore body

矿体难采边界线 unworkable boundary of ore body

矿体品位 orebody grade

矿体平均厚度 average thickness of orebody

矿体平均品位 average grade of orebody

矿体评价钻进 assessment drilling

矿体倾伏方向 plunge of orebody

矿体倾伏角 plunge angle of orebody

矿体倾角 dip angle of orebody

矿体倾向 dip direction of ore body; dip of orebody

矿体取样平面图 sampling plan of orebody

矿体圈定 delineation of ore deposits

矿体上界面 overlying of ore body

矿体视厚度 apparent thickness of ore body

矿体数 number of orebodies

矿体水 water in ore body

矿体水平地质图 geologic(al) plan of level ore body

矿体水平断面图 horizontal section of orebody

矿体水平投影图 horizontal projection of orebody

矿体体积 volume of orebody

矿体投影图 projection of orebody

矿体外边界线 outer boundary line of ore body

矿体外剥离量计算平面图 calculating plan of outer stripping amount of orebody

矿体围岩 country rock of orebody

矿体围岩技术条件差 bed conditions of ore body surrounding rock

矿体下界面 underlying of ore body

矿体相对厚度 relative thickness of orebody

矿体斜长 inclined length of orebody

矿体斜度 slope of the ore body

矿体形态 morphology of orebody

矿体形态变化 morphologic(al) variation of orebody

矿体形态复杂程度 morphologic(al) complexities of orebodies

矿体形状 shape of orebody

矿体终止点 ore terminal

矿体自然边界线 natural boundary line of ore body

矿体总体积 total volume of orebodies

矿体走向 strike of orebody

矿体最大变化标志 index of maximum variation of ore body

矿体最大变化方向 direction of maximum variation of ore body

矿田 field; mine field; mining field; ore field

矿田地质图 geologic(al) map of ore

field
矿田构造 orefield structure; structure of orefield
矿田构造类型 type of orefield structures
矿田投资额 field investment
矿田图件 maps about ore field
矿田异常 orefield anomaly
矿筒 ore chimney; ore chute; ore pipe
矿头 orebody head; pit-head
矿土流化 liquefaction of sand(soil)
矿尾 orebody tail
矿务局 Bureau of Mines
矿物 mineral
矿物板 mineral board
矿物包裹体 bleb
矿物包裹体鉴定 identification of mineral inclusion
矿物饱和指数 saturation index of mineral
矿物变化 change of mineral
矿物标本 mineral specimen
矿物标本组 cabinet
矿物标型特征 typomorphic(al) characteristic of mineral
矿物财富 mineral wealth
矿物采样 mineral sampling
矿物采运 mineral winning
矿物测量仪器 mine surveying instrument
矿物掺和剂 mineral admixture
矿物产状 occurrence of minerals
矿物沉淀 mineral deposit
矿物成分 constituent mineral; mineral composition; mineral constituent; mineralogic(al) composition; mineralogic(al) constituent
矿物成分的门芯 mineral composition core
矿物成熟度 mineral maturity
矿物成因分类 genesis classification of minerals
矿物储量 mineral deposit; mineral reserves; reserves in mineral
矿物储量计算 computation of ore reserves
矿物处理 ore handling
矿物磁学性质 magnetic property of minerals
矿物错断 mineral broken
矿物带 mineral belt; mineral zone
矿物带偏移 band wander
矿物单元 mineral unit
矿物的标型 typomorphism of minerals
矿物的成因 genesis of minerals
矿物的开采 production
矿物的形态 morphology of minerals
矿物的颜色 colo(u)rs of mineral
矿物等电 pH 值 isoelectric(al) pH value of mineral
矿物地热温标 mineral geothermometer
矿物电学性质 electric(al) property of minerals
矿物定量分析 quantitative mineralogic(al) analysis
矿物对 mineral pair
矿物对比法 method of mineral comparison
矿物对间镍配分与温度函数关系图 partition of Ni between mineral pair as a function of temperature
矿物对氢同位素分馏 mineral pair hydrogen isotope fractionation
矿物对碳同位素分馏 mineral pair carbon isotope fractionation
矿物对氧同位素分馏 mineral pair oxygen isotope fractionation
矿物二氧化碳同位素分馏 mineral-CO_2 isotope fractionation
矿物发光性种类 type of luminescence of minerals
矿物放射性 radioactivity of minerals
矿物废料 mineral waste
矿物废水 mineral wastewater
矿物分带 mineral zoning
矿物分级 sizing of mineral
矿物分解 mineral disintegration
矿物分离 mineral separation
矿物分离称重法 mineral separation weighing method
矿物分离法 mineral separation method
矿物分析 assaying of mineral; mineral analysis; mineral assay; mineralogic(al) analysis
矿物分析样品 sample for mineral analysis
矿物粉(尘) mineral dust
矿物粉末 mineral powder
矿物丰度 abundance of minerals
矿物富集作用 mineral enrichment composition
矿物盖料 mineral cover
矿物港 ore harbo(u)r
矿物工业 mineral industry
矿物工业要求 industrial requirements for minerals
矿物共生 mineral paragenesis
矿物共生体 mineral assemblage; mineralogic(al) assemblage; mineral association
矿物共生学 minerocoenology
矿物共生组合 paragenetic association of minerals
矿物构造 mineral structure
矿物骨架 mineral skeleton
矿物骨料 inert aggregate; mineral aggregate
矿物骨料仓 mineral aggregate bin
矿物骨料的标称细度 nominal size of mineral aggregate
矿物骨料的粒化 fraction of mineral aggregate
矿物骨料的破碎 fraction of mineral aggregate
矿物骨料的填充料 mineral aggregate filling
矿物骨料混合物 mineral aggregate mix(ture)
矿物骨料料斗 mineral aggregate bin
矿物固体废物 solid mining wastes
矿物光性 optic(al) property of minerals
矿物光学性质 optic(al) property of minerals
矿物含量 mineral content
矿物黑 mineral black
矿物琥珀 mineral amber
矿物化学 mineral chemistry
矿物化学分离 chemical separation of minerals
矿物化学式 chemical formula of minerals
矿物化学组成 chemical composition of minerals
矿物黄 mineral yellow
矿物灰 mineral ash; mineral grey
矿物基机油 mineral base oil
矿物基体 mineral ground; mineral substrate
矿物基质对 mineral-matrix pair
矿物及废料装载设备 ore-and waste-loading equipment
矿物集合 mineral combination
矿物集合体 mineral aggregate
矿物集合体填充料 mineral aggregate filling
矿物集料 inert aggregate; mineral aggregate
矿物集料的标称细度 nominal size of mineral aggregate
矿物集料覆面沥青油毛毡 mineral-surfaced bitumen felt
矿物集料覆面油毡 mineral-surfaced felt
矿物加工 ore handling
矿物建筑材料 mineral construction(al) material
矿物建筑集料 mineral construction(al) aggregate
矿物鉴定 assaying of mineral; mineral identification
矿物鉴定报告 report on mineral identification
矿物鉴定样品 sample for mineral determination
矿物浆输送管漕 ore slurry pipeline
矿物交代圈闭 mineral cement trap
矿物胶 mineral rubber
矿物胶冻 mineral jelly
矿物胶体 mineral colloid
矿物结构 mineral structure
矿物解理 mineral cleavage
矿物界 mineral kingdom
矿物晶体 mineral crystal
矿物晶体化学分类 crystallochemical classification of minerals
矿物晶体化学式 crystal-chemical formula of minerals
矿物精选 ore beneficiation
矿物井内直导向孔 straight hole guide
矿物绝缘低压电缆 <一种高韧性、不燃、耐高温的> Pyrotenax
矿物颗粒 mineral grain; mineral particles
矿物颗粒集合体 aggregation of mineral particle
矿物颗粒硬度测定 mineral grain hardness determination
矿物蜡 fossil wax; mineral wax
矿物蓝 mineral blue
矿物类别 mineral classification
矿物类建筑材料 mineral building material
矿物类黏[粘]合的 mineral bound
矿物类黏[粘]结的 mineral bound
矿物类黏[粘]结剂 mineral bond
矿物类黏[粘]结料 mineral binder
矿物力学性质 dynamics property of minerals
矿物粒度分析试验 sizing assay test
矿物粒料 mineral granule
矿物粒料覆面沥青屋面卷材 mineral-surfaced roll roofing
矿物粒料覆面沥青油毡 mineral-surfaced asphalt sheet
矿物绿 mineral green
矿物棉 mine wool; mineral wool
矿物棉板 mineral wool slab
矿物棉带 mineral wool belt
矿物棉绳 mineral wool rope; mineral wool twine
矿物棉套管 mineral wool pipe section
矿物棉吸声板 mineral fiber[fibre] type acoustic(al) tile; mineral wool acoustic(al) tile; mineral wool sound absorbing sheet
矿物棉毡 mineral wool felt
矿物棉纸 mineral wool paper
矿物棉纸油毡 mineral wool paper asphalt sheet
矿物棉装饰板 mineral wool decorative panel
矿物磨料矿产 abrasive mineral commodities
矿物内部结合水 bound water inside the mineral
矿物能 fossil energy
矿物年龄 mineral ages
矿物黏[粘]合板 mineral-bonded board
矿物黏[粘]结剂 mineral binder
矿物劈理面 cleavage plane
矿物贫化率 percentage of mineral dilution
矿物其他性质 other property of minerals
矿物切削油 mineral cutting oil
矿物燃料 fossil fuel; fuel as mined; mineral earth oil; mineral fuel
矿物染料 colo(u)ring earth
矿物热学性质 thermal property of minerals
矿物润滑剂 mineral lubricant
矿物撒料 mineral dressing
矿物生成顺序 mineral paragenetic sequence
矿物实用分类 applied classification of minerals
矿物世代 mineral generation
矿物树脂 mineral resin
矿物数据库 mineral data base
矿物水 fossil water
矿物-水氢同位素分馏 mineral-water hydrogen isotope fractionation
矿物-水氧同位素分馏 mineral-water oxygen isotope fractionation
矿物酸 mineral acid
矿物酸度 mineral acidity
矿物炭 mineral charcoal; motherham; mother of coal
矿物陶瓷 alumin(i)um oxide
矿物特性 mineralogic(al) property
矿物填(充)料 mineral filler
矿物填料矿石 filler mineral commodities
矿物条纹 mineral streak
矿物贴面(材料) mineral(sur)facing
矿物同位素成分 mineral isotope composition
矿物同位素平衡 isotope equilibrium between minerals
矿物涂层 mineral coating
矿物涂料矿产 mineral paint commodity
矿物外加剂 mineral admixture
矿物温标温度 mineralogic(al) temperature
矿物温度计 mineralogic(al) thermometer
矿物稳定剂 mineral stabilizer
矿物污染 mineral pollution
矿物物理性质 physical property of minerals
矿物物理性质度量 grade of physical property of minerals
矿物物理学 mineral physics
矿物析离 exsolution
矿物稀释剂 mineral thinner
矿物系列 mineral suite
矿物纤维 mineral cord; mineral fiber [fibre]
矿物纤维板 mineral fiber board
矿物纤维板材 mineral fiber slab
矿物纤维布 mineral fiber cloth
矿物纤维衬垫 mineral fiber mat
矿物纤维瓷砖 mineral fiber tile
矿物纤维隔热隔音层 mineral fiber insulation
矿物纤维隔声板 mineral fiber sound-deadening board
矿物纤维管道截面 mineral fiber pipe section
矿物纤维(热)绝缘材料 mineral fiber insulating material
矿物纤维松散保温材料 mineral fiber loose-fill thermal insulation

矿物纤维天花板 mineral fiber tile
矿物纤维吸声瓷砖 mineral fiber acoustic(al) tile
矿物纤维吸声天花板 mineral fiber board acoustic(al) ceiling
矿物纤维毡 mineral fiber mat
矿物显微镜 mineralogic(al) microscope
矿物线理 mineral lineation
矿物相 mineral facies;mineral phase
矿物相变 mineral phase change;phase change of minerals
矿物相律 mineralogic(al) phase rule
矿物橡胶 gilsonite
矿物形状的量纲 dimension of mineral shapes
矿物性粉尘 mineral dust
矿物性混合骨料 mineral aggregate
矿物性结构材料 mineral structural material
矿物性能 mineralogic(al) property
矿物选择性萃取 mineral selection extractions
矿物学 mineralogy
矿物学标志 marker of mineralogy;mineralogic(al) indication
矿物学分类 classification of mineralogy
矿物学家 mineralogist
矿物学论著 mineralogy article
矿物学描述 mineralogic(al) description
矿物学资料 mineralogy data
矿物压力计 mineralogic(al) piezometer
矿物岩 mineral rock;mine rock
矿物颜料 colo(u)ring earth;earth colo(u)r;earth pigment;mineral paint;mineral pigment;mineral raw material
矿物颜料矿产 pigment mineral commodities
矿物颜色 mineral colo(u)r
矿物(硬)沥青 mineral pitch
矿物油 connate water;fossil water;mineral earth oil;mineral oil
矿物原料 mineral material;raw mineral materials
矿物杂质 dirt;gangue;mineral inclusion;mineral matter
矿物指标 mineral indicator
矿物质 mineral load;mineral matter;mineral substance
矿物质沉积层 mineral deposit
矿物质底层 mineral ground
矿物质基层 mineral ground
矿物质松节油 mineral turpentine
矿物质体积 <岩石中> volume of the mineral substance
矿物质填(充)料 mineral-filled material;mineral filler
矿物中水的类型 type of mineral water
矿物猪油 mineral lard oil
矿物转化 mineral inversion
矿物装卸 ore handling
矿物资源 mineral association;mineral resources
矿物资源保护 mineral resources conservation
矿物紫 mineral violet
矿物组成 mineral composition;mineral constituent;mineral content;mineralogic(al) composition;mineralogic(al) constitution
矿物组分 mineral constituent
矿物组合 mineral assemblage;mineral association
矿席 blanket
矿下晕 subore halo
矿相 mineralogic(al) phase
矿相分析 mineralogic(al) analysis
矿相镜 mineralographic(al) microscope
矿相显微镜 mineragraphic(al) microscope;ore microscope
矿相学 mineragraphy;mineralography;ore microscopy
矿屑 attle
矿芯编号 ore core number
矿芯采取率 percentage recovery of ore core
矿芯长度 ore core length
矿穴 pocket
矿穴沉陷 <由于地下开矿而引起的沉陷> mining subsidence
矿压 formation pressure
矿压分析 strata-control analysis
矿岩 ore-deposit
矿岩矿车 muck wagon
矿岩列车 muck train
矿岩竖井 muck shaft
矿盐 mine salt
矿业 mineral industry;mining;mining industry
矿业财产 mining property
矿业产品 mining product
矿业城市 mining industrial city
矿业城镇 mining town
矿业法 Mining Act
矿业法规 mining law
矿业法律 mining law
矿业股票 mining stock
矿业固体废物 mining solid waste
矿业管理 mining authority
矿业会计 mining accounting
矿业机构 mine organization
矿业经济指标 economic indicator of mining
矿业开发技术低 lower-method of mining
矿业开发技术高 higher-method of mining
矿业开发兴旺 mining thrived
矿业权 mineral property
矿业生产统计 production statistics of mineral industry
矿业税 mining tax
矿业萧条 mining depression
矿业学会 mining academy
矿业学院 mining academy
矿业组织 mine organization
矿异常 anomaly related to mineral deposit;mine anomaly
矿异常类型 type of ore anomaly
矿英寸 <美国西部矿山使用的流量单位> miner's inch
矿用安全灯 geordie
矿用泵 mine pump
矿用变电所 mine substation
矿用驳船 mining barge
矿用材 mine timber;mining timber;pitwood
矿用柴油机车 diesel mine locomotive
矿用铲斗 mining bucket
矿用磁倾仪 dipping compass;miner's dip needle
矿用的 mining
矿用电动机 mining motor
矿用电话 minephone
矿用电话机 iron clad telephone;mine telephone set
矿用电机车 mining electric(al) locomotive
矿用电石灯 carbide lamp
矿用丁字镐 hack iron
矿用分支馈路箱 junction box
矿用风机 mine ventilator
矿用钢轨 pit rail
矿用钢丝绳 mining rope;pit rope
矿用钢支架 steel set
矿用机车 mine locomotive;mining locomotive
矿用机车接电器 current-collector for mine locomotives
矿用机车坡度 locomotive gradient
矿用激光测距仪 mine laser geodimeter
矿用绞车 mining winch
矿用经纬仪 mining transit
矿用空盒气压计 mining aneroid
矿用罗盘 geologic(al) compass;mine dial;mining dial
矿用螺旋立柱 steel jack
矿用木材 pitwood
矿用内燃机车 gasoline locomotive
矿用轻便小绞车 tugger
矿用扇风机 mine ventilating fan
矿用升降机 mine hoist
矿用手提灯 hand electric(al) lamp
矿用拖拉机 mine tractor
矿用挖掘机 mining shovel
矿用无线电话系统 mine radio telephone system
矿用无液气压计 mining aneroid
矿用压风机 mine blower
矿用炸药 mining explosive
矿用支架 pit barring
矿用转车盘 turn sheet
矿用钻车 mine jumbo;mining jumbo
矿用钻机 mine rig
矿用钻具 mine rig
矿油 fossil oil
矿油精 mineral turpentine;mineral spirit
矿浴 mineral tar
矿源层 ore source-bed;source bed
矿藏 mine deposit;mineral deposit;mineral resources;ore-deposit;ore formation;ore reserves
矿藏采掘工业 mining and extractive industry
矿藏丰富 abundance of minerals
矿藏勘探 mineral prospecting;mineral prospection
矿藏量 ore reserves
矿藏资源 mineral resources
矿渣 blast-furnace slag;cinder;dross;dross coal;gangue;incrustation;mineral waste residue;mine refuse;scoria[复 scoriae];sinter;slag;ore slag;clinker
矿渣板 slag cork;slag plank
矿渣波特兰水泥 blast-furnace Portland cement;iron Portland cement;Portland-slag cement;slag Portland cement
矿渣车 slag wagon
矿渣澄清 slag clarification
矿渣储集 tailing impoundments
矿渣处理厂 slag processing plant
矿渣处理装置 slag processing plant
矿渣吹制棉 thermafiber[thermafibre] blowing wool
矿渣粗骨料 slag coarse aggregate
矿渣粗集料 slag coarse aggregate
矿渣大坝水泥 slag dam cement
矿渣道床 slag ballast
矿渣的 scoriaceous
矿渣的成粒池 granulation pot
矿渣的成粒用水分 granulation water
矿渣的泡沫成型法 foaming process of slag
矿渣废料堆存地 mine dump
矿渣粉 slag dust;slag flour
矿渣粉尘 slag dust
矿渣浮石 slag pumice
矿渣骨料 cinder aggregate;slag aggregate
矿渣骨料混凝土 clinker concrete
矿渣骨料块材 slag aggregate block
矿渣硅酸盐水泥 blast-furnace Portland cement;clinker-bearing slag cement;Hoogoven cement;iron Portland cement;metallic cement;Portland blast furnace cement;Portland blast furnace slag cement;Portland-slag cement;slag Portland cement
矿渣硅酸盐水泥粉刷 metallurgic(al) cement rendering
矿渣硅酸盐水泥抹灰 metallurgic(al) cement rendering
矿渣戽斗 slag bucket
矿渣灰 slag dust
矿渣灰膏隔墙 slag plaster partition
矿渣回填料 slag backfill
矿渣混合料 slag mix
矿渣混合物 slag mix
矿渣混凝土 cinder concrete;slag concrete
矿渣混凝土垫层 slag concrete bedding
矿渣混凝土块 slag block;cinder block
矿渣混凝土砌块 clinker block;slag concrete block
矿渣活性指数 slag activity index
矿渣火山灰水泥 slag pozzolanic cement
矿渣基层 slag base
矿渣基水泥 slag based cement
矿渣基座 slag-bed
矿渣集料 cinder aggregate;slag aggregate
矿渣集料混凝土 clinker aggregate concrete
矿渣集料块材 slag aggregate block
矿渣建成的屋顶 slag built-up roof(ing)
矿渣块 lump slag;slag block;slag sett
矿渣冷却坑 slag cooling pit
矿渣硫酸盐水泥 slag sulfate[sulphate] cement
矿渣炉 slag furnace
矿渣路 slag road
矿渣路床 slag stone
矿渣路面 slag surface
矿渣镁氧水泥 slag-magnesia Portland cement
矿渣棉 cinder wool;mineral cotton;mineral wool;silicate cotton;slag cotton;slag wool
矿渣棉包面绳索 slag wool covering cord
矿渣棉保温 slag wool insulation
矿渣棉粉尘 mineral wool dust
矿渣棉绝热 slag wool insulation
矿渣棉毛毡 slag wool felt
矿渣棉砌块 slag wool block
矿渣配料 raw meal with blast furnace slag
矿渣膨胀水泥 slag expansive cement
矿渣膨珠 expanded slag beads
矿渣破碎厂 slag crushing plant
矿渣破碎机 slag breaker;slag crusher
矿渣破碎装置 slag crushing plant
矿渣铺路石 slag paving stone
矿渣铺面 clinker pavement
矿渣普通水泥 slag Portland cement
矿渣砌块 slag block
矿渣球 pelleted slag
矿渣绒 cinder wool;mineral wool
矿渣绒板 mineral wool board
矿渣砂 crushed ballast-furnace slag sand;crushed slag sand;slag sand
矿渣砂混凝土 slag sand concrete
矿渣砂砌块 slag sand block
矿渣砂芯材砌块 slag sand cored block
矿渣砂砖瓦 slag sand tile
矿渣石 slag stone

矿渣石膏板 slag-gypsum board
矿渣石膏隔墙 slag-alabaster partition
矿渣石膏水泥 slag sulfate cement
矿渣式混凝土 clinker floor
矿渣水泥 blast-furnace cement;clinker cement; cold process cement; Ferrair cement; iron-ore cement; metallurgic(al) cement; Portland blast furnace slag cement; slag cement
矿渣水泥混凝土 blast-furnace cement concrete
矿渣锶水泥 slag strontium cement
矿渣碎块 hard core
矿渣碎石 broken slag; crushed slag; slag pancake
矿渣碎石路 slag macadam
矿渣陶瓷 slagceram
矿渣填充 slag filling
矿渣填充材料 cinder dust
矿渣填方 slag fill
矿渣填料 slag filler;slag fill(ing)
矿渣桶车 slag ladle car
矿渣微晶玻璃 slag glass-ceramics; slag sitall
矿渣稳定性 stability of slag
矿渣纤维 slag fiber[fibre]
矿渣屑 slag chip(ping)s
矿渣玄武岩纤维 slag-basalt fiber[fibre]
矿渣氧化镁水泥 slag-magnesia Portland cement
矿渣硬块 slag stone
矿渣用铲斗 bucket for slag
矿渣毡 lag felt;slag felt
矿渣质量系数 slag quality coefficient
矿渣砖 cinder brick; iron brick; slag brick
矿渣砖地面 clinker floor
矿渣砖铺砌 iron brick paving
矿脂 mineral jelly; paraffinum liquidus; petrolat; petrolatum; petrolatum oil; petroleum jelly; petroleum ointment; soft petroleum ointment; vaseline
矿脂氧化物 vasogen
矿质 mineral matter
矿质白垩 chalk flint
矿质变色 mineral stain
矿质成分 mineral constituent
矿质肥料 mineral fertilizer; mineral nutrition
矿质骨料 mineral aggregate
矿质过多 hypermineralization
矿质过少 hypomineralization
矿质黑颜料 mineral black
矿质火山灰 mineral trass
矿质集料 mineral aggregate
矿质集料骨架孔隙 <以立方厘米计> voids in the mineral aggregate frame work
矿质集料空隙率 voids in mineral aggregate
矿质寄生的 prototrophic
矿质寄生物 prototroph
矿质焦油 mineral tar
矿质绝缘电缆 mineral-insulated cable
矿质绝缘铜皮电缆 mineral-insulated copper-covered cable
矿质颗粒 mineral granule
矿质蜡 mineral wax
矿质沥青 mineral asphalt; mineral pitch
矿质棉 mineral wool
矿质泥沙 inorganic silt
矿质燃料 mineral fuel
矿质(热)绝缘 mineral insulation
矿质食物 mineral food
矿质树脂 mineral resin
矿质水 mineral water
矿质水井 mineral well
矿质填(充)料 <地沥青混凝土用的> mineral filler;inorganic filler
矿质填料孔 mineral void
矿质填料孔隙 mineral void
矿质填料沥青 mineral-filled asphalt
矿质条纹 mineral streak
矿质土(壤) mineral soil
矿质污泥 mineral sludge
矿质纤维衬垫 mineral fiber pad
矿质纤维砖 mineral fiber brick
矿质橡胶 rubrax
矿质颜料 mineral colour pigment; natural pigment
矿质养料 mineral nutrition
矿质营养 inorganic nutrition;mineral nutrition
矿质硬沥青 mineral pitch
矿质油漆 mineral paint
矿中火灾 pit fire
矿种 commodities
矿种名称 name of mineral resources
矿柱 jamb; mine prop; ore column; ore pillar;ore rib;ore shoot;pillar; post;prop;rib
矿柱保护范围 pillar-protected surface
矿柱回采 pillar extraction; robbing pillars
矿柱回收 robbing pillars
矿柱巷道 pillar split
矿柱压碎 pillar burst
矿柱支撑 pillar support

框

框板 deckle board
框标【测】 collimation mark; fiducial (collimating) mark
框标板 fiducial board;fiducial plate
框标测量 fiducial measurement
框标点 collimated point; collimating point;fiducial point
框标点间距 fiducial point separation; fiducial point spacing
框标点位置 fiducial point location
框标距离 distance between fiducials; distance of fiducial marks
框标线 fiducial line
框标中心 fiducial center[centre]; reference frame center[centre]
框标轴 fiducial axis;fiducial shaft
框表 frame table
框带 deckle strap
框档门 framed door;panelled door
框档双肚镶板门 framed and two-panel(l)ed door
框的竖柱 impost
框符 box
框幅摄影 frame photography
框格 gridiron;lattice;sash
框格坝 cavity dam;cellular dam
框格玻璃电热板 <镀有导电膜的> glass heating panel
框格长 cell length
框格船台 gridiron
框格窗 balanced sash;sash and frame; sash window;vertical sash
框格高 cell height
框格结构 cribbing
框格宽 cell width
框格排护岸 framed revetment
框格墙 panel wall
框格桥台 cellular abutment
框格升降器 sash operator
框格式坝 cellular dam
框格式边墩 cellular abutment
框格式沉排 framed mattress
框格式沉箱 cellular caisson
框格式船台 gridiron dock
框格式挡土墙 crib retaining wall
框格式建筑 cellular construction; panel type construction;panel type structure
框格式建筑法 cellular construction; cellular construction method
框格式结构 panel type construction; panel type structure
框格式结构墙 crib wall
框格式围堰 cellular cofferdam; crib type cofferdam
框格双层底 cellular double bottom
框格芯 skeleton core
框格芯平面门 skeleton core flush door
框格芯墙 cellular core wall
框格型 gridiron type
框格型挡土墙 cellular retaining wall
框格型楼板 framed cellular floor
框格状的 cellular
框工 cribwork
框构门 framed and braced door
框盒板台 box pallet
框盒底板 box pallet
框盒托盘 box pallet
框簧 casing spring
框积 box product
框极 strip electrode
框架 block house; carcase; chassis; former;frame(bent);framing; pigsty(e);skeleton(frame)
框架坝 framed dam
框架板 frame plate
框架板桩 framing sheet pile
框架边 leg of frame
框架变形 frame cripping; frame distortion
框架表示法 frame representation
框架不稳定性 frame instability
框架侧柱 prick post
框架测力计 chassis dynamometer
框架沉排 framed mattress
框架承重结构 framed(load-) bearing structure; framed weight-carrying structure
框架承重木结构 wooden space load-bearing structure
框架床铺 bunk
框架大门 framed timber door
框架单元 frame unit
框架挡销 frame stop;stop of frame
框架的 framed
框架的侧面 frame facet
框架的存取函数 frame access function
框架的机动理论 kinematic(al) theory of framework
框架的基本函数 frame basic function
框架的继承 frame inheritance
框架的描述 frame description
框架底板 frame base
框架地脚 frame foundation
框架顶木 head jamb
框架断裂 frame cripping
框架断言 frame assertion
框架对角撑木 X-frame brace
框架墩 frame pier;pier of rigid frame construction
框架房屋 framed house
框架分段重量 section weight of frame
框架分析 frame analysis
框架盖梁 bent cap
框架杆条 frame rod
框架刚度 frame rigidity
框架格子 frame slot
框架格子缺省 frame slot default
框架隔板 frame diaphragm
框架工程 frame work
框架工程方案 scheme of framework
框架公理【计】 frame axiom
框架公式 frame formula
框架构架 framing member
框架构件 frame component; frame rod; framing component; framing member
框架构造 frame construction; skeleton construction
框架和外壳的位置名称 dums
框架横架 frame rider
框架横梁 cruciform bracing; frame girder;spanning member
框架货柜 rack container
框架集装箱 cage-tainer
框架计划 framework plan
框架计算 framework calculation
框架加强 frame reinforcement
框架加载 frame loading
框架夹片 framing clip
框架间壁 framed partition(wall)
框架间距 framework bay
框架间用的石块砂浆填充料 <美国南部殖民地时期> pierrotage
框架剪力墙 frame-shear wall
框架剪力墙结构 frame and shear wall structure; walled frame structure
框架剪力墙耦联结构 coupled frame shear wall structure
框架建筑墙构件 stud(ding)
框架建筑(物) frame(d) building; frame construction; frame type building
框架建筑形式 frame type of construction;frame construction type
框架铰接 frame hinge
框架接地线 chassis ground
框架节点 joint of framework
框架节点连接件 framing anchor
框架结构 frame(d) construction; frame(d) structure; rahmen; skeleton structure; skeleton type construction
框架结构分析程序 framed structure analysis program(me)
框架结构件 framing member
框架结构建筑 skeleton construction building
框架结构空心门 framed construction hollow door
框架结构类型 skeleton construction type
框架结构墙 frame wall
框架结构实心门 framed construction solid door
框架结构形式 frame construction type
框架截面 frame section
框架截面模数 frame section modulus
框架锯 buhl saw;frame saw
框架库 library of frame
框架跨度 frame span; framework bay;abutment bay <框架式桥台的>
框架肋骨 all-round frame
框架理论 frame theory
框架理论模型 frame theory model
框架立柱 monial;upright of frame
框架连接 frame connection
框架梁 frame girder;Vierendeel girder
框架笼 form cage
框架楼板 framed floor
框架楼梯踏步 skeleton steps
框架漏电保护(装置) frame-leakage current protection
框架门 frame door
框架模型 <石膏的> case mo(u)ld
框架木箱 framework box
框架挠曲 frame buckling
框架扭曲 frame distortion
框架偏移地进行筛分 grading with frame offset

框架平面 frame plane
框架平台车 rack car
框架千斤顶 frame jet
框架嵌砖建筑 frame and brick veneer construction
框架嵌砖结构 frame and brick veneer construction
框架墙板共同作用 frame-panel interaction
框架墙板(装配)建筑 frame and panel construction;frame-panel building
框架墙板(装配)结构 frame and panel construction
框架墙结构 frame-wall structure
框架桥 frame(d)(type)bridge
框架桥面 framed floor
框架桥台 framed bent
框架轻板建筑 panel curtain wall frame building
框架倾斜机理 frame sway mechanism
框架取景器 frame finder
框架山墙 framed gable wall
框架上安装 frame mounting
框架上部结构 frame superstructure
框架上部支撑 upper support for frames
框架上陈列的小珍品 bibelot
框架失稳 frame instability
框架式坝 framed dam
框架式板台 frame pallet
框架式承重结构 frame-like (load) bearing structure
框架式船闸导航栈桥 leading jetty
框架式挡土墙 framed revetment
框架式地道桥 frame flyover bridge
框架式房屋 frame type house
框架式格子阵列 frame-like slot array
框架式隔墙 framed partition(wall); trussed partition(wall)
框架式固定 cell mounting
框架式护岸 framed revetment
框架式基础 frame foundation; frame type foundation
框架式建筑 framed building
框架式脚手架 framing scaffold
框架式结构 cage construction; frame construction; skeleton construction; panel type construction; tower structure
框架式进水口 framed intake
框架式冷铁 spider chill
框架式立柱 framed column; framed post
框架式桥 frame bridge
框架式桥台 abutment of framed structure; pile frame-bent abutment; skeleton abutment
框架式芯盘 frame type core box; plain-frame core box
框架式堰 frame weir
框架式支承结构 frame-like supporting structure
框架调直 squaring of frame
框架筒体结构 frame-tube structure
框架图 frame diagram
框架推力 frame thrust
框架陀螺仪 restrained gyroscope
框架外部构件 outside lining
框架外衬 outside lining
框架外饰板 outside lining
框架外形 frame shape
框架稳定指数 stability index of frame
框架问题 frame problem
框架误差 gimbal error
框架系统 frame system
框架芯 skeleton core
框架形灯桩 frame light beacon
框架形门式起重机 gantry crane with saddle
框架形状 frame shape
框架堰 framed weir
框架与加强表面板的复合结构 stressed-skin structure
框架预制木构件 studding
框架支承结构 framed supporting structure
框架支柱 frame post; framing column; leg of frame
框架直拼板门 framed and ledged door
框架中的槽 slot in frames
框架中的侧面 face in frames
框架中支柱枢轴 frame pivot bearing
框架轴 frame axis; gimbal axis
框架柱 frame column; frame post
框架转动惯量 gimbal moment of inertia
框架装置的电动机 frame-mounted motor
框架自锁 gimbal lock
框架自由度 gimbal freedom
框架总成 frame assembly
框架作用 frame action
框架座 frame stand
框槛 door frame
框景 enframed scenery; enframement; framed view
框锯 bracket saw; bucksaw; gang mill; gang saw; gate saw; mill saw; sash saw; span saw; stock-gang; web saw
框锯锉 frame-saw file
框锯条 frame saw blade
框锯制材厂 gang mill
框口净高 frame high
框柳 osier willow
框笼 <装土石块用的> gabion cage
框笼填石坝 crib dam
框面 holder plane
框木笼 cribbing
框内加强支撑 segmental timbering
框内屋角石 scontion
框式车架 closed frame
框式磁导计 yoke permeameter
框式给料器 gate feeder
框式混合器 gate mixer
框式机架 stirrup frame
框式加料斗 gate feed hopper
框式加料器 gate feed hopper
框式检测器 long loop detector
框式搅拌机 grid-type stirrer
框式搅拌器 gate type agitator; gate type stirrer; grid-type stirrer
框式锯木机 log frame saw
框式连杆 stirrup link
框式桥台 framed abutment; framed bent
框式取景器 frame type finder
框式水平仪 frame level
框式水准器 block level
框式舞台 picture-frame stage
框式压滤机 frame filter press
框式岩芯卡取器 finger-type core lifter
框式造型机 framelift mo(u)lding machine
框式支撑 gallery frame timbering; sett
框式支架 frame[framing] set; frame support; support frame(work)
框饰 chambranle; finish casing
框数据 box data
框榫 boxing tenon
框筒 frame(d)tube
框筒结构 framed tube structure
框筒结构体系 framed tube structural system; frame-tube system
框筒群结构 milt-cell framed tube structure; multicell-framed tube structure
框筒筒结构 framed tube-core structure
框图 block diagram; block graph; block layout; block map; block system; flow chart; flow diagram; schematic diagram; symbolic circuit
框图模板 template
框图模式 flowchart schema
框图模式的等价问题 equivalence problem of flowchart schema
框图模式停机问题 halting problem of flowchart schema
框图系统 block diagram system; block system
框图形成的图 flowchart graph
框图型程序模式 flowchart program (me) scheme
框图语言 block diagram language
框腿 upright of frame
框西活动房屋 <用瓦楞铁预制构件搭成的临时房屋> quonset hut
框限作用 box effect
框形测向器 frame direction-finder; loop direction finder
框形电动机 box frame motor
框形帽口 box hat
框形平面 frame plane
框形墙裙 framed dado
框形水准仪 frame level
框形天线 coil antenna; frame aerial; frame antenna; loop antenna
框形物 crib; cribwork
框型保持架 window type cage
框缘 architrave; epistyle; epistylium
框支剪力墙 frame supported shear wall
框状断口 frame fracture
框子挡块 frame stop; stop of frame

亏本 at a loss; lose money; loss capital; loss one's capital; red ink

亏本出售 barter away; distress selling; sacrifice; sacrifice sale; sell at loss
亏本出售的 distress
亏本出售的货物 distress goods
亏本出售的商品 distress merchandise; distressed goods; loss leader
亏本的出口 bleeding export
亏本的生产 wasteful production
亏本贱债 barter away
亏本(接受)订货 accepting at sacrifice
亏本率 loss ratio
亏本买卖 back bargain
亏本企业 loss maker
亏本生意 a losing proposition; bad bargain; losing proposition
亏本销售 selling at less than cost; to sell to disadvantage
亏本者 loser
亏舱 <船货未装满> broken stowage; dead space; broken space
亏舱系数 rate of broken stowage space
亏舱运费 shortfall freight
亏差 deficiency
亏短额 deficit
亏短概算书 deficiency estimates
亏短数 decrease
亏格 deficiency; genus
亏功 loss work
亏耗过程线 depletion hydrograph
亏耗货位 broken space; broken stowage
亏耗率 depletion rate
亏耗期 exhaustion period
亏耗曲线 <地下水的> depletion curve
亏耗水文曲线图 depletion hydrograph
亏空 be in debit; be in the hole; shortfall
亏空(赤字)的补偿 reimbursement of the deficits
亏空额 defalcation; deficit
亏空公款者 defaulter
亏空通知书 deficiency letters
亏累 show repeated deficits
亏量 defect; defective number; deficient number
亏率曲线 deficiency curve
亏欠 carry a load of debt
亏欠账户 deficit account
亏蚀 lost money in business
亏数 deficient number; deficiency
亏数曲线 deficiency curve
亏水 depletion
亏水方程 recession equation
亏水过程线 depletion hydrograph; recession hydrograph
亏水河 <补给地下水的> influent river; influent stream; losing stream; seepage river; seepage stream
亏水量 deficient draft; water deficit
亏水曲线 depletion curve; flow recession curve; lowering limb; recession curve
亏损 defect; detriment; discrepancy [discrepance]; impairment; in the red; loss; make a loss; negative profit; out-of-pocket
亏损表 deficit statement
亏损补偿准备 reserve for losses
亏损补贴 allowance for damage
亏损处理计算书 statement of absorption of deficit
亏损单位 deficit unit
亏损的风险 downside risk
亏损抵前 loss carry back
亏损点 shut-down point
亏损额 amount of loss; deficit
亏损额计算书 deficit reconciliation statement
亏损方程 defective equation
亏损分摊 apportionment of losses; sharing of losses
亏损分析 loss analysis
亏损概算书 deficiency estimates
亏损结转 carry-over of losses
亏损结转到结清为止 deficit carried forward till extinction
亏损结转下期 deficit carried forward
亏损净额 net deficiency; net loss
亏损矩阵 defective matrix
亏损利益 tax-loss benefit
亏损率 depletion rate; loss ratio
亏损弥补方案 plans for making up losses
亏损企业 loser; losing business; losing proposition; unprofitable firm
亏损区 loss area
亏损曲线 deficiency curve
亏损群 defect group
亏损商品 merchandise priced below cost
亏损实现 realization of loss
亏损税款抵免 tax-loss benefit
亏损条款 deficit clause
亏损调节表 deficit reconciliation statement
亏损系数 coefficient of losses
亏损线路 uneconomic line; unprofitable line
亏损项目 defective item
亏损预算 deficiency estimates
亏损账户 carry-account; deficiency account; deficit account; impairment of capital account; loss account

亏损值 defective value
亏损指数 deficit index
亏损转回 carry-back of losses
亏损转回退税 refund by carrying a loss back to a prior year
亏损总额 total loss
亏氧量 oxygen deficit;oxygen lack
亏月 old moon;waning moon
亏载 non-utilized cargo payload;broken stowage
亏值 defect value;deficit value
亏指标 deficiency index
亏指数 deficiency index

盔瓣 galea

盔孢伞属 <拉> Gaierina
盔顶 helmet roof
盔式护罩 helmet shield
盔饰盖布 lambrequin
盔形的 <多指应力分布图> helmet-shaped
盔形顶 helmet-shaped roof
盔形螺栓 queen bolt
盔云 cloud crest;crest cloud
盔胄 armature

窥测孔 spyhole

窥测器 inspection eye
窥火孔 sight hole
窥镜 door viewer;endoscope;looking glass;sight glass
窥孔 loophole;peep hole;spyhole
窥孔检验 sight check
窥孔掩码 peephole mask
窥孔优化(技术) peephole optimization
窥视 glint;peep at;spy on
窥视玻璃孔 inspection pane
窥视窗 hagioscope; peep window; squint;squint window;viewer
窥视缝 direct vision port;sighting slit
窥视镜 peep glass;see-through mirror
窥视孔 eye bolt;eye hole;eyelet;eyesight; inspecting [inspection] hole; inspection pane;judas window;observation door; oylet; peep; peep hole[holing];sight hole;spyhole
窥视孔盖 inspection hole cap
窥视口 inspection door;viewing port
窥视算法 mouse algorithm
窥水镜 looking glass
窥探 mouse;peep;pry
窥探算法 mouse algorithm

奎达砌式 <巴基斯坦的一个城市建筑形式> quetta bond

奎靛红 quinisatin
奎尔波 Quer-wave
奎宁 quinine

喹吖啶酮红 quinacridone red

喹吖啶酮系颜料 quinacridone pigment
喹吖啶酮紫 quinacridone violet
喹啉 quinoline
喹啉蓝 quinocyanine;quinoline blue
喹啉蓝染料 cyanin(e)
喹啉染料 quinoline colo(u)ring matter;quinoline dye
喹啉酮 quinophthalone
喹哪啶红 quinaldine red
喹唑啉 quinazoline

葵花子油 sunflower(seed) oil

魁北克港 <加拿大> Quebec Port

魁北克桥 <加拿大> Quebec Bridge (Canada)
魁北克水电公司 <加拿大> Quebec Hydro Utility
魁北克云杉 Quebec Spruce

溃 dowse

溃坝 burst(ing) of dam;dam breach; dam break(ing);dam failure;embankment failure <指土石坝>
溃坝波 dam-break wave
溃坝的 dam-bursting
溃坝洪水 dam-breach flood; dam-break (ing) flood; dam-bursting flood
溃坝洪水调查 survey of dam breach flood
溃堤 inrush;breaching of dike[dyke]
溃决 breach;break;burst;failure;outbreak;outburst
溃块型泥石流 burst type mud-stone flow
溃裂 <冰河的> debacle
溃裂浮冰 debacle
溃灭空穴 collapsing cavity
溃灭压力 collapse pressure

馈出 feed-out

馈出线开关 outgoing feeder cubicle
馈带辊 feed roll
馈带机构 tape feed
馈电 feed(ing)
馈电保护装置 feeder protection equipment
馈电比 feed ratio
馈电臂 feed arm
馈电边 <天线的> feed base
馈电变压器 supply transformer
馈电波导管 conducting waveguide
馈电部件 feeding pack
馈电侧 supply side
馈电导体 feed-through
馈电点 distributing point; feed(ing) point
馈电点阻抗 feed point impedance
馈电电抗器 feed reactor
馈电电缆 feed(er) cable
馈电电缆组 set of feeder cables
馈电电流 feed (ing) current; supply current
馈电电路 electric(al) power supply circuit;feed circuit
馈电电桥 battery supply bridge;supply bridge;transmission bridge
馈电电压 feeding voltage
馈电端 feed end
馈电扼流圈 feeder reactor
馈电方法 feeding method;method of feeding
馈电分配中心 feeder distribution center[centre]
馈电分站 feeder substation
馈电干线 feed(er) main;supply main
馈电耗损 feeder loss
馈电继电器 feed relay
馈电接线柱 feeder clamp
馈电坑道 feed gallery
馈电(控制)板 feeder panel
馈电喇叭 feed horn
馈电链路 feeder link
馈电明线 open wire feeder
馈电偶极子 feed dipole
馈电盘 feeder bay;feeder panel;load-dispatching board
馈电配电盘 feeder switchboard
馈电配线盘 feeder distribution center [centre]
馈电桥路 <用于电话线路内> battery supply bridge
馈电区域 feeder section
馈电软线 feed(er) cord
馈电刷 feeder brush
馈电损耗 feeder loss; transmission loss
馈电条 power strip
馈电调整 feed adjustment
馈电网 supply network
馈电系统 feed system; transmission system
馈电线 electric(al) feeder;feeder busbar; feed (er) cable; mains; power lead;supply head;supply lead;feeder;feed wire;transmission line
馈电线吊弦 brace
馈电线端子 feeder clamp
馈电线扼流圈 feeder reactor
馈电线分配板 feeder distribution center[centre]
馈电线夹 feeder ear
馈电线绝缘子 feeder insulator
馈电线控制板 feeder panel
馈电线路 supply line
馈电线下垂 tie-down
馈电线柱 feeder pillar
馈电箱 feeder box
馈电中心 feeding center[centre]
馈电柱 feeder pillar
馈电装置 feeder equipment
馈电阻抗 feed impedance;imput impedance
馈给 feed
馈给机构 feeding mechanism
馈给压头 feed head
馈供终端 supply terminal
馈料泵组 dosage pump set
馈路电度表 supply meter
馈路电抗器 feeder reactor
馈路电压降 feeder drop
馈路电压调整器 feeder voltage regulator
馈路开关 feeder switch
馈路母线 feeder bus-bar
馈路区间 feeder section
馈入 feed-in
馈入端 feed-through terminal
馈入拉出技术 feed-in-pull-out technique
馈入装置 feed-through
馈送 feed(ing)
馈送穿孔 feed punch
馈送带 feed shelf
馈送道 feed track
馈送机 feed machine
馈送机构 feed mechanism
馈送孔 feed hole
馈送孔间距 feed pitch
馈送控制 feed control
馈送率 feed rate
馈送率数 feed rate number
馈送盘 feedboard
馈送盘升降控制 feedboard raising and lowering control
馈送器 feeder
馈送托盘 feed tray
馈送支架 feed tray
馈送状态 feed status
馈通 feed-through
馈通电导 feed-through conductance
馈通电压 feed-through voltage
馈通功率测量仪 feed-through power meter
馈通式 feed-through system
馈通信号 feed-through signal
馈线 feed(er) line;supply line
馈线保护装置 feeder protection equipment
馈线电缆 feeder cable
馈线电压降 feeder drop
馈线吊线 feeder messenger wire
馈线耳 feeder ear
馈线分配中心 feeder distribution center[centre]
馈线合地线支撑线夹 feeder line and earth wire support clamp
馈线夹 feeder clip
馈线接口单元 feeder interface unit
馈线接线柱 feeder clip
馈线连接点 contact line connection
馈线连接线夹 feeder wire clamp
馈线升压器 sucking booster
馈线式航空港 feeder-type airport
馈线式天线 feeder antenna
馈线调整器 feeder regulator
馈线跳接板 feed jumper
馈线网 feeder network
馈线系统 feeder system
馈线下锚 feeder termination
馈线线夹 feeder clamp
馈线悬挂 feeder suspension
馈线压接头 feeder compression clamp
馈线罩 feedome
馈线支撑绝缘子 feeder support insulator
馈线支承线夹 feeder support clamp
馈线支架 feeder wire support
馈线组件 feeder assembly
馈赠税 gift tax

昆策尔测杆 Kunzel sounding rod

昆虫的 entomic(al)
昆虫纲 Insecta
昆虫生物防治法 biologic(al) insect control
昆虫学 entomology;insectology
昆仑山脉 Kunkun mountain
昆士兰黑胡桃壳色硬木 <产于澳大利亚> Queensland walnut
昆斯兰樟木 Queensland camphor
昆西花岗岩 <产于美国> Quincy granite

醌【化】quinone

醌醇 quinol
醌茜 quinizarin
醌茜素 quinalizarin
醌氢醌 quinhydrone
醌色素 quinochrome
醌图谱 quinine profile
醌系颜料 quinone pigment
醌亚胺染料 quinonimine dye

捆 baling;bind;bunch;clamping operation;pack(age);sheaf

捆把机 bunch machine
捆版线 page cord
捆绑 binding; lacing; lashing; seizing; tie-up;truss up
捆绑连接系杆 tie bar joint with rope lashing
捆绑软件 bundled software
捆绑绳索 lashing rope
捆绑死 death due to trussing up
捆绑头 <钢丝绳的> seizing end
捆绑线 lashing line;lashing wire
捆绑用的带钩套索 choker hook
捆包 bale packing

捆包货倾卸设备 bale dumping device
捆包机 strapper
捆包装 bale packaging;baling
捆变形 bundles deformed
捆草机 strawtrusser
捆柴排机 choker
捆成束 tie-in
捆带条 strapping
捆吊床结 marl
捆吊费 slinging
捆帆绳 gasket
捆缚用的链条 lashing chain
捆钩 baling hook
捆挂工 hooker
捆挂索吊梁 spreader
捆货网兜 lashing net
捆紧 strapping
捆木工 chokerman;hooker
捆木链 decking chain
捆木索 choker;sling
捆木索钩 choker hook
捆起 sheaf
捆起吊桶 heave out and lash up
捆束 fag(g)ot;harness
捆束机 bundler;looper
捆束纤维 bound fiber[fibre]
捆束主干 harness run
捆束组件 harness assembly
捆丝导向器 wire guide
捆索 lashing
捆条 withe[wythe]
捆条碰垫 fag(g)ot fender
捆头 <钢丝绳> seizing end
捆系钢箍 tie hoop
捆线盘机 wire-tying machine
捆扎 binding;bundle;enlace;lashing;strapping;tier;trussing;whipping
捆扎筏 catamaran
捆扎杆 lashing bar
捆扎钢丝 tie wire
捆扎钢丝线圈 lashing wire coil
捆扎钢条 strapping
捆扎工 bracer
捆扎荷载装置 load holding device
捆扎机 baler;binding machine;strapper;strapping machine
捆扎件 trussing piece
捆扎/松绑 lashing/unlashing
捆扎物 whipping
捆扎用带材 tie band
捆扎员工 lashing gang
捆扎装置 tying mechanism
捆轧 bind;tie
捆轧厂 knot plant
捆轧钢丝 lashing wire
捆轧货 bundle cargo
捆轧设备 knot facility;knot installation;knot plant
捆轧与铅封 taping and sealing
捆轧圆木绳结 <木材水运> timber hitch
捆轧装置 knot facility;knot plant
捆针 packing needle
捆装 bundle
捆装货 cargo in bundles

闺 闺 <希腊人住宅中的> gynaeceum

困 河材 neap(ed)timber

困境 dilemma;plight
困境时间 dilemma
困窘万分 hard up
困倦 drowsiness
困倦的 dozy
困难的工作 task
困难的运行条件 severe service condition
困难地面 heavy ground
困难地区 difficult terrain
困难户抵押人 distressed mortgage
困难区间 <运转时分最大的区间> difficult section
困难条件工作挖掘机 extreme service bucket
困难中的列车 train in difficulties
困鼠对策 cornered rat game

扩 边井 delayed development well;extension producer; extension well;stepout well

扩边孔 stepout hole
扩边钳 expanding pliers
扩边钻井 extension drilling
扩程电阻 swamping resistance
扩程器 multiplier;multiplier resistor;range multiplier
扩充 add-on;enlargement;expansion;extend;extension
扩充编址 extended addressing
扩充操作 extended operation
扩充操作码 augmented operation code
扩充操作员控制站 extended operator control station
扩充插槽 expansion slot
扩充插件板 expansion card
扩充查找 extension hunting
扩充穿孔卡码 extended punched card code
扩充存储器 extended memory;extended storage
扩充存储区 extended storage area
扩充的二叉树 extended binary tree
扩充的辅助操作员控制台 extended secondary operator control station
扩充的基本操作员控制站 extended primary operator control station
扩充的棘轮装置 expand escapement
扩充地址 extended address
扩充电路 extension circuit
扩充方式 extended mode
扩充访问 extended addressing
扩充费用 extended price;extensions
扩充(分)区说明表 extended partition specification table
扩充服务 <公共交通班次或路线的> extension of service
扩充浮点 extended floating point
扩充浮点数 extended floating point number
扩充浮点运算 extended floating point operation
扩充符号处理 extended symbol processing
扩充辅助操作员控制站 extended secondary operator control station
扩充工业标准结构总线 extended industry standard architecture
扩充工作码 own coding
扩充公司债 extension bond
扩充功能 extended function
扩充功能操作板 expanded function operator panel
扩充功能符 escape
扩充管理情报系统 extension management information system
扩充基金 expandable fund
扩充及改良准备 additions and betterments reserve
扩充记录输出 extended logout
扩充寄存器 extension register
扩充接口 extended interface
扩充节点 expanding node
扩充结果输出 extended result output
扩充精度 extended precision
扩充精度浮点 extended precision floating point
扩充精度字 extended precision word
扩充控制方式 extended control mode
扩充口 docking station
扩充路径 extended route
扩充率 expansion rate
扩充内存 expanded memory
扩充内存管理器 expanded memory manager
扩充能力 expansion capacity
扩充器 extender
扩充区 extended area
扩充区服务 extended area service
扩充生产能力的投资 capacity expansion investment
扩充实数集 extended reals
扩充实体数据 extended entity data
扩充事业的拨款 appropriations for additions of property
扩充搜索 extension hunting
扩充算子 augmented operator
扩充锁定方式 extended lock mode
扩充体系结构 extended architecture
扩充网络 extended network
扩充文本【计】expand text
扩充文法 extended grammar
扩充问题 extended problem
扩充系统内容目录 extended system contents directory
扩充线 extension line
扩充向量 extended vector;extending vector
扩充信息 extend information
扩充形式 extend type
扩充需求 expansion demand
扩充寻找 extension hunting
扩充样本 expanded sample
扩充要求空间 extended requirement space
扩充要旨 expansive keynote
扩充营业准备 reserve for business expansion
扩充优先文法 extended precedence grammar
扩充余地 allowing for extension
扩充域 extended range
扩充运算部件 extended arithmetic element
扩充运算单元 extended arithmetic element
扩充运算器 extended arithmetic element
扩充运算元件 extended arithmetic element
扩充站 extension station
扩充支配 extended dominance
扩充主操作员控制站 extended primary operator control station
扩充转移网络 augmented transition network
扩充准备 reserve for expansion;reserve for extensions
扩充资本 capital infusion
扩充走路 expand escapement
扩充组编码记录 extended group coded recording
扩充组网性能 extended networking
扩大 broaden(ing);enlargement;enlarging;extension;widen
扩大保险范围 extended coverage
扩大比例 exaggerated scale
扩大边 extension side
扩大边相对中误差 relative mean square error of extended side
扩大变动幅度 widening of the band;wider currency band
扩大不足的钻孔 under-ream(ing)
扩大财源 open up new sources of revenue
扩大侧向电导率 extended lateral range electric(al)conductivity
扩大产品 extensive lines
扩大城镇 expanding town
扩大抽样 extensive sampling
扩大出口 export expansion
扩大初步设计 enlarged preliminary design; expanded preliminary design;extended preliminary design
扩大带 enlarger zone
扩大单元结线 enlarged unit line connection
扩大导洞 opening cut
扩大的 amplified;exaggerated;prolate
扩大的菲利普斯曲线 augmented Phillips curve
扩大的国际货币基金组织 Expanded International Monetary Fund
扩大的过水地面 enlarged discharging area; enlarged water-carrying cross-section
扩大的核查 amplified verification
扩大的价值形式 expanded form of value;expanded value form
扩大的孔眼 reamed hole
扩大的水道 expanding channel
扩大的相对价值形式 expanded relative form of value; expanded relative value-form
扩大的样本 enlarged sample;expanded sample
扩大的涌浪 amplified surge
扩大底部的建筑物 bulb-shaped base
扩大抵押协议 spreading agreement
扩大地基 enlarged base
扩大垫圈 doughnut
扩大订货 expansion enterprise
扩大端 bell end
扩大段 belled-out section;expanding reach;expanding section;expansion section
扩大段水头损失 head loss due to enlargement;loss of head due to enlargement
扩大断面 enlarged section
扩大对比度 expanded contrast
扩大方案 expansion project
扩大放款 expanded lending
扩大风险保险 extended risk guarantees;extended risk insurance
扩大覆盖面边墙式洒水喷头 extended coverage sidewall sprinkler
扩大覆盖面洒水喷头 extended coverage sprinkler
扩大耕地面积 bring more land under cultivation
扩大工业标准结构 enhanced industrial standard architecture
扩大工作内容 job enlargement
扩大观察 extensive observation
扩大管端工具 flaring tool
扩大滚柱钻头 enlarging roller bit
扩大国家财力 expansion of state financial resources
扩大绘图器 diagraph
扩大机 enlarger
扩大积累 enlargement of accumulation
扩大基本建设支出 capital expenditure expansion
扩大基底 bell-out
扩大基础 footing foundation;spread footing;spread foundation;expanded base
扩大基底的沉井 belled caisson
扩大基底开挖 belled excavation
扩大基期法 broadened base system
扩大角 angle of widening;widening angle
扩大节理【地】gull

扩大截面 belled-out pit; belled-out section
扩大进出口贸易 widen import and export trade
扩大经营 extensive operating
扩大经营范围 extensive operating range
扩大经营公积金 reserve for business expansion
扩大井筒 cutting down
扩大镜 magnascope
扩大就业 job enlargement
扩大就业机会优惠 job development credit
扩大开采量 augmenting mining yield
扩大开挖(断面)enlargement of excavation;enlargement in excavation
扩大空洞型消音器 expansion chamber type absorber
扩大孔底用小量装药 squib
扩大矿产品用途 expansion use of mineral commodities
扩大量 extensive magnitude; extensive quantity
扩大裂缝 gull
扩大流通渠道 broaden the channels of circulation
扩大率 amplification degree; amplification ratio; magnification ratio
扩大麻机 hemp scutcher
扩大铆钉孔 ream
扩大贸易法 <美> Trade Expansion Act
扩大贸易及商务 extend trade and commerce
扩大模数 multimodule; multimodulus
扩大能力 capacity building; magnifying power
扩大炮孔 springing blast hole
扩大炮眼 springing blast hole
扩大平衡 expanding equilibrium
扩大平面指示器 expanded plan position indicator
扩大奇偶校验码 augmented parity check code
扩大器 aggrandizer; amplifier; expander; intensifier
扩大器和移动器的稳定器 expander and remover stabilizer
扩大铅管木楦 tampin
扩大区域城市规划 extensive city planning
扩大区域服务 extended area service
扩大取样 extensive sampling
扩大权限 extensive authority
扩大生产 expanded production
扩大生产规模 expand production capacity
扩大生产能力 expand production capacity
扩大生产能力的迫切需要 pressure on capacity
扩大生产能力的需要 capacity needs
扩大生产能力所需的时间 lead-time for capacity expansion
扩大时期 enlarged period
扩大使用 extended application; extended use
扩大市场推销 market expansion promotion
扩大市场作用 give more rein to market forces
扩大式壁锚 expansion anchor
扩大式底脚 spread footing
扩大式基础 extended foundation; spread foundation
扩大式尾水管 spreading draft pipe; spreading draft tube
扩大式桩台 spread footing
扩大视野 vista clearing
扩大试验 expanding test; pilot-scale test
扩大试验研究 pilot study
扩大试载法 amplified trial load method
扩大室 expansion chamber
扩大竖井 belled-out pit
扩大损失 enlargement loss
扩大台网 extensive network
扩大舞台口升降装置 apron lift
扩大系数 multiplication factor; sampling factor
扩大显示 expanded display
扩大巷道 kanch
扩大销路 broaden sales
扩大销路的活动 sales promotion
扩大销售 sales promotion
扩大信贷 expand the line of credit
扩大信用 ease; easy credit
扩大业务 broaden business
扩大因数 enlargement factor
扩大因素 augmenting factor
扩大银行机构网 expansion the network of banking of business
扩大营业 branching; expansion of business
扩大再生产 enlarged reproduction; expanded reproduction; expansion of reproduction; extended reproduction; extensive reproduction; reproduction on an enlarged scale; reproduction on a progressively increasing scale
扩大再生产基金 extended reproduction funds
扩大照相机 megascope
扩大支承面 flared support
扩大中间调 expand middle tones
扩大桩端 enlarged pile base
扩大桩尖 bell-out
扩大资本 widening of capital
扩大钻孔 hole reaming; hole slash
扩大钻孔刃具 bore excavator
扩大作用 expanding action
扩底 <灌注桩> enlarged base; under-ream(ing)
扩底的 pedestal; under-reamed
扩底墩 belled pier; belled shaft; under-reamed pier
扩底工具 <灌注桩> belling tool
扩底管柱式突堤码头 belled cylinder pier
扩底混凝土桩 pedestal concrete pile
扩底基础 under-reamed foundation
扩底脚桩 enlarged pile
扩底式羊足压路机 club-foot sheep's foot roller
扩底挖斗 belling bucket
扩底现场灌注桩 bulb pile; pedestal pile
扩底桩 belled(-out) pile; bulk pile; club-footed pile; disc pile; disk(formation) pile; enlarged-base pile; enlarged toe pile; expanded-base pile; pedestal pile; under-reamed pile
扩底钻孔灌注桩 bellend bored pile; bell-out bored pile; bored under reamed pile; pedestal pile
扩底钻孔现场灌注桩 under-reamed bored pile
扩底钻孔桩 <大脚钻孔桩> under-reamed bored pile
扩底钻头 under-reamer bit
扩端桩 bulb pile; expandable tip pile
扩房群 service unit
扩放喷管 Curtis nozzle
扩缝 ream
扩缝锤 hawsing beetle; horsing beetle
扩缝料 filleting
扩幅辊 spreading roll
扩幅汽蒸机 spreader-steamer
扩杆 spreader bar
扩管机 expanding machine; expanding mill; pipe expander; pipe expanding machine
扩管口器 belling expander
扩管器 belling expander; expander; expanding arbor; pipe expander; tube expander; tube reamer
扩管器冲头 expander punch
扩管试验 bulge test; enlargement test; expanding test
扩换支撑 replacing of support; replacing of timbering
扩建 betterment; block extension; expansion; extension; extension of building
扩建部分 addition; continuation; enlargement
扩建方案 expansion proposal; extension proposal
扩建房屋 additional building
扩建费用 development cost
扩建工程 betterment works; expansion project; expansion works; extension project; extension works
扩建工作 expansion effort
扩建和改建 additions and alterations
扩建及改造准备 addition and betterment reserve
扩建计划 expansion plan; expansion project
扩建建筑 addition; annex(e)
扩建建筑物 extended structure
扩建企业 expansion project
扩建投资 expansion investment
扩建项目 expansion project
扩建意见 extension proposal
扩建用地线 improvement line
扩建支出 expansion spending
扩建住宅 expansible house
扩角板条 square staff
扩脚桩 disc-footed pile; enlarged toe pile; pedestal pile; pile with bulk shaped base <爆炸成型的>
扩界申请 acquisition of development rights
扩径 expanded diameter; expansion diameter
扩径导线 expanded diameter conductor
扩径管 increasing coupling
扩径机 beckern mill; expanding machine; expanding mill; repiercing mill
扩径式螺栓连接管片 expanded-bolted segment
扩径式支撑 expanding support
扩径水管 increaser
扩开螺钉 expansion screw
扩开螺栓 expansion bolt
扩孔 bore; broaching; chambering; drifting; enlarging hole; fan boring; hole reaming; realm; reaming of hole; ream out; slash of hole; under-ream(ing)
扩孔爆破 chambering; springing; springing blast; squibbing; squibbing blast
扩孔爆破眼 springing blast hole
扩孔不足 under-ream(ing)
扩孔不足的 under-reamed
扩孔齿 <钻头的> reaming teeth
扩孔冲床 expanding press
扩孔刀 cornish bit
扩孔刀具 broad
扩孔刀头 reamer shell
扩孔导向器 reaming pilot assembly
扩孔导向器连接管 reaming pilot horn
扩孔导向钻头 <套管与扩孔器之间的> reaming pilot adapter
扩孔的 under-reamed
扩孔底爆破 springing blast
扩孔垫圈 opening washer
扩孔锻造 <圆环零件在心轴上的> becking
扩孔锻造用心轴 expanding bar
扩孔工人 reamer; rimer
扩孔机 reamer; reaming machine; repiercing mill; staving press
扩孔机床胀带闸 expanding bench
扩孔夹具 broaching fixture
扩孔件表面 <钻头端部> reaming surface
扩孔角 reaming angle
扩孔铰刀 expanding reamer; expansion reamer
扩孔金刚石 <钻头外表面上的> reamer stone; reaming diamond; reaming stone
扩孔理论 cavity expansion theory
扩孔能力 reaming capacity
扩孔碾磨机 expanding mill
扩孔炮眼 ream hole
扩孔偏心钻头 bit for underreaming
扩孔器 bit reamer; broach; expander; expansion bit; hole opener; hole sizer; opening bit; quid; reamer; reamer shell; reaming ring; reaming shell; rimer; rod reaming shell; rod shell; underreamer; widener; bit reaming shell <细粒金刚石>
扩孔器导管 reaming barrel
扩孔器导向部分 reaming pilot
扩孔器高度 reaming shell height
扩孔器加工的孔 reamered holing
扩孔器切削刃 reamer blade
扩孔器体 reamer body
扩孔器外径 reaming shell outside diameter
扩孔器稳定管 reaming barrel
扩孔器与钻头直径之差 shell clearance
扩孔器种类 kind of reaming shell
扩孔钎头 reaming bit
扩孔刃 reaming edge
扩孔刃面 reaming face
扩孔试验 drift test
扩孔筒 reamer shell; reaming shell
扩孔牙轮 reaming wheel
扩孔用导向杆 guide coupling
扩孔凿 reaming iron
扩孔锥 opening bit; reamer; reaming iron; rimer; rose bit; tapered reamer
扩孔钻 bit reamer; chamfer bit; core bore; core drill; expanding auger; expanding drill; expansion drill; hole enlarging drill; plug-center [centre] bit; reamer; reamer bit; rimer; counterbore; fraise <岩石钻孔扩大直径>
扩孔钻导柱 counterbore guidance; counterbore guide
扩孔钻进 reaming
扩孔钻井工具 expanding drilling tool
扩孔钻头 broaching bit; enlarging bit; expanding bit; expansion bit; gouge bit; hole dilating drill; hollow reamer; reaming bit; re-drill bit; underreaming bit; plug-center bit
扩孔钻头导杆 reaming pilot
扩孔钻头的导杆 pilot
扩口 roll-out; spin over
扩口铲斗 belling bucket
扩口的 flaring
扩口端部 flaring head
扩口工具 flaring block; flaring tool
扩口拱脚石 flared haunch
扩口箍 beaded ferrule
扩口管 flare(d)(up) tube; funneled pipe

扩口焊接 spigot joint
扩口机 pipe expanding machine
扩口接合 bump joint; expanded joint; flared joint
扩口接头 expanded joint; flared joint; flare fitting
扩口连接 flared fitting
扩口联管节 flared union
扩口铆机 spinning riveter
扩口试验 drifting test; flaring test
扩宽路口型交叉口 flared intersection
扩力剪 purchase shears
扩力器 dynameter
扩链剂 chain extender
扩量程电阻 added resistance; swamping resistance
扩裂楔 fox-tail(ed) wedge; fox wedge
扩流管 bell-mouth pipe
扩流区 diffuence
扩流锥 mushroom
扩路机 road-widener
扩轮器 wheel stretcher
扩频 spread spectrum
扩频通信[讯] spread spectrum communication
扩频系统 spread spectrum system
扩权让利 expansion of powers and transfer of profits
扩泉工程 enlarging spring construction
扩泉井 spring well
扩容 dilatation
扩容成因 dilatancy genesis of earthquake
扩容干燥器 flash drier[dryer]
扩容模量 modulus of dilatation
扩容模型 dilatancy model
扩容气 flash gas
扩容器 expansion tank; flash box; flasher; flash tank; flash vessel
扩容水箱 expansion cistern
扩容系数 coefficient of dila(ta)tion; efficiency of dila(ta)tion
扩容现象 dilatancy
扩容箱 flash chamber
扩容形过冷却器 flash type subcooler
扩容压力 flash pressure
扩容硬化 dilatancy hardening
扩容蒸发器 flash evapo(u)rator
扩容蒸气 flashed vapo(u)r
扩容蒸汽 flash(-off) steam
扩撒出风口 anemostat diffuser
扩散 diffuse(ness); diffusion; dispersal; dispersion; proliferation; propagation; rate of diffusion; scatter(ing); spraying; spread
扩散板 diffuse plate; diffusing block; diffusion plate
扩散板试验 diffusion plate test
扩散半径 dispersion radius; radio of diffusion; radius of extent
扩散包覆层 diffusion coating
扩散背景 diffuse background
扩散本领 diffusibility
扩散泵 diffuser casing pump; diffusion pump; vapo(u)r pump
扩散比(率) diffusion ratio
扩散比拟法 diffusion analogy; method of diffusion analogy
扩散壁 diffusion wall
扩散边界 divergency boundary; divergent boundary
扩散边界层 diffusion boundary layer
扩散变晶作用方式 petroblastesis way
扩散标准 emission standard
扩散波 dilatation wave; propagating wave; expansion wave; diffusive wave; diverging wave
扩散波导 diffused waveguide
扩散参数 diffused parameter; diffusion parameter; dispersion parameter
扩散槽 extended slot
扩散测量 diffusion measurement; measurement of diffusion
扩散测试法 <在 0% ~ 50% 湿地范围内的> dry-cup method
扩散层 diffused layer; diffusion layer; spreading layer
扩散层电阻 diffused layer resistance
扩散层厚度 thickness of diffusion layer
扩散层模型 diffuse layer model
扩散掺气 diffused air aeration
扩散掺气板 diffuser plate
扩散长度 diffusion length
扩散常量 diffuse constant; diffusion constant
扩散常数 diffuse constant; diffusion constant
扩散场 diffusion field
扩散场距离 diffuse field distance; reverberation radius
扩散成分 diffusion component
扩散程 diffusion path
扩散池 diffusion cell
扩散处理 diffusion treatment
扩散传输 diffuse transmission
扩散传输因数 diffuse transmission factor
扩散传送过程 diffusion transfer process
扩散传质机理 material transfer by diffusion
扩散磁通 dispersing flux
扩散带 zone of diffusion
扩散带范围 diffusion zone
扩散的 diffused; diffuse porous; diffusive
扩散电导 diffusion conductance
扩散电感 diffusion inductance
扩散电极 diffusion electrode
扩散电流 diffusion current
扩散电容 diffused capacity; diffusion capacitance
扩散电容器 diffused capacitor
扩散电势 diffusion potential
扩散电位 diffusion potential
扩散电压 disintegration voltage
扩散电阻 diffused resistor; diffusion resistance; spreading resistance
扩散定律 scattering law
扩散度 diffusance; divergence
扩散镀层 diffusion coating
扩散镀铬 chromising[chromizing]
扩散镀锌 coronizing
扩散镀锌法 sherardising[sherardizing]
扩散段 diffuser; expanding section; expansion section
扩散二极管 diffusion diode
扩散阀 diffuser valve
扩散法 diffusion method; diffusion process
扩散反复熔炼法 diffused-melt back
扩散反射 diffuse(d) reflection; scattered reflection
扩散反射率 diffuse reflectance
扩散反射系数 <反射光强与入射光强之比> albedo
扩散范围 range of scatter
扩散方程 diffuse equation; diffusion equation; diffusivity equation; dispersion equation; equation of diffusion
扩散方式 diffusing pattern; diffusion pattern
扩散放射 diffusion radiation
扩散分布图 diffusion profile
扩散分析 diffusion analysis
扩散辐射 diffused radiation
扩散工艺 diffusion technology
扩散管 anemostat; diffuser; diffuser pipe; diffuser tube; diurnal tube; divergent pipe; diverging pipe; diverging tube; effuser; tube diffuser
扩散管标高 elevation of diffusers
扩散管出水孔眼 port(of diffuser pipe)
扩散管流速 velocity in diffuser pipe
扩散光 diffuse light
扩散光波导 diffused optic(al) waveguide
扩散光源 diffused light source
扩散光晕 diffusion halation
扩散硅压力传感器 diffusion silicon pressure sensor
扩散过程 diffusion process
扩散函数 spread function
扩散焊接 diffusion bonding; diffusion welding
扩散合金化 diffusion-alloying
扩散核 diffusion kernel
扩散荷电 diffusion charging
扩散盒 diffusion chamber
扩散痕色 diffusion streak
扩散化 proliferation
扩散环 diffusion aureoles; diffusion ring
扩散混合器 diffuser as mixers; diffusing mixer; diffusion mixer
扩散火焰煅烧 diffusion flame firing
扩散火焰式燃烧室 diffusion flame combustor
扩散机理 diffusion mechanism
扩散基极 diffused base
扩散基区晶体管 diffused-base transistor
扩散级 expansion stage
扩散极限 limit of diffusion
扩散集中荷载梁 spreader beam
扩散计 <气体的> effusiometer
扩散技术 diffusion technique
扩散剂 diffusant; diffusing agent; dispersal agent; dispersant; dispersing agent
扩散假说 diffusion hypothesis
扩散交代作用方式 diffusive metasomatism way
扩散胶结 diffuse cementation
扩散角 angle of spread; angle of widening; dispersion angle; divergence angle
扩散结 diffused junction; diffusion-type junction
扩散结电容器 diffused junction capacitor
扩散结合 diffusion(al) bond(ing)
扩散结探测器 diffused junction detector
扩散结型晶体管 diffuse-junction transistor
扩散近似 diffusion approximation
扩散晶体管集总模型 diffusion-transistor lumped model
扩散井 diffusing well; diffusion well
扩散净化 purification by diffusion
扩散距离 diffusion distance; diffusion length
扩散坑 diffusing pit; diffusion pit
扩散空气 diffused air
扩散空气槽 diffused air tank
扩散空气池 diffused air tank
扩散空气搅拌 diffused air agitation
扩散空气曝气 diffused air aeration
扩散空气曝气水 diffused air water
扩散空气曝气系统 diffused air aeration system
扩散空气箱 diffused air tank
扩散控制 diffusion control
扩散控制反应 diffusion-controlled reaction
扩散控制生长 diffusion-controlled growth
扩散块 diffusing block; diffusion block
扩散廊道 diffuser
扩散类比法 diffusion analogy; method of diffusion analogy
扩散冷却 diffusion cooling
扩散理论 diffusion theory; dispersion theory
扩散力 diffusive force
扩散连接 diffusion bonding
扩散流 diffusion flow; divergent current; flow diffusion; spread flow
扩散流密度 diffusion current density
扩散流叶轮 diffusion vane
扩散炉 diffusion furnace
扩散滤波器 diffusion filter
扩散路径 dispersal route
扩散路线 dispersal route
扩散率 diffusibility; diffusion coefficient; diffusivity; dispersion ratio
扩散率测定器 diffusiometer
扩散漫射 diffuse
扩散门限译码器 diffuse threshold decoder
扩散面 diffused surface; diffusing surface
扩散面积 area of dispersion; diffusion area
扩散灭弧 diffusing extinction of arc
扩散模拟 diffusion analogy
扩散模拟法 method of diffusion analogy
扩散模式 pattern for diffusion
扩散模型 diffusion model
扩散膜 diffusion barrier; diffusion film; diffusion membrane
扩散能力 diffusive capacity; dispersive capacity
扩散黏[粘]结法 diffusion bonding
扩散黏[粘]结漏嘴 diffusion bounded tip
扩散偶 diffusion couple
扩散攀移 diffusive climb
扩散喷嘴 diffusion nozzle; expanded nozzle
扩散盆地 spreading basin
扩散平衡 diffusion equilibrium
扩散曝气器 diffusion aerator
扩散曝气系统计算机辅助设计 computer-aided design of diffused aeration system
扩散器 bubbler; diffuser; diffuser grid; disperser; effuser; scatterer
扩散器比例 diffuser ratio
扩散器额定值 diffuser rating
扩散器喉部截面积 diffuser throat area
扩散器率定 diffuser rating
扩散器启动泵 diffuser priming of pump
扩散器入口 diffusor entry
扩散器栅 diffuser grid
扩散器式水泵 diffuser priming of pump
扩散器室 <涡轮式水泵的> diffuser chamber
扩散器系统 diffuser system
扩散器效率 diffuser efficiency
扩散器叶片 diffuser blade; diffusion vane; diffuser vane
扩散器阻力 diffuser drag
扩散区 diffusion region; divergence zone; extended area
扩散曲线 diffusion profile
扩散渠道 divergent channel
扩散圈 diffusion circle
扩散热 diffusion heat
扩散热处理 diffusing heat treatment
扩散蠕变 diffusion(al) creep; Nabar-

ro-Herring creep
扩散烧结 diffusion sintering
扩散射流 spray jet
扩散深度 diffusion depth
扩散渗氮 tufftride
扩散渗镀 diffused coating
扩散渗镀法 peen plating
扩散渗硅 siliconizing
扩散渗流 diffuse seepage
扩散渗透 diffuse transmission
扩散渗透性 permeability to diffusion; perviousness to diffusion
扩散渗析 diffusion dialysis
扩散渗锌 zinc diffusion
扩散声场 diffuse sound field
扩散声传递 diffuse sound transmission
扩散声控制 diffuse sound control
扩散声衰减 diffuse sound reduction
扩散声音 diffuse sound
扩散湿度 diffusion humidity
扩散湿度表 diffusion hygrometer
扩散湿度计 diffusion hygrometer
扩散湿气 diffusion moisture
扩散式沉淀 diffused sedimentation
扩散式混合 diffusion mixing
扩散式交叉口 outspread intersection
扩散式离心泵 diffuser-type centrifugal pump
扩散式路径选择(网) flooding routing
扩散式喷燃器 outside-mixing burner
扩散式喷洒头 bubbler head
扩散式喷嘴 diffuser nozzle; divergent nozzle
扩散式曝气法 diffused aeration (method)
扩散式曝气系统 diffused aeration system
扩散式燃烧 diffusion combustion
扩散式燃烧器 diffusion flame burner; neat gas burner; non-aerated burner; post-aerated burner
扩散式水跃 diffusion jump
扩散式消力墩 diffusion block
扩散式消力戽 diffusion bucket
扩散式旋风集尘器 diffusion cyclone
扩散式旋风吸尘器 diffusion cyclone
扩散式遮罩 diffuser-type of shade
扩散试验 diffusion experiment
扩散室 expansion room; delivery space <离心泵>
扩散收缩管 divergent-convergent duct
扩散数 diffusion number
扩散衰变 diffusional decay
扩散双电层 diffuse double layer
扩散水槽 diverging duct
扩散水流 divergent[diverging] flow
扩散水污染源 diffusion source of water pollution
扩散速度 diffusion velocity; velocity of diffusion; velocity of propagation; spread velocity <波浪的>
扩散速率 diffusion rate; diffusion speed; rate of diffusion; rate of spreading
扩散损失 diffuser loss; divergence loss
扩散梯度 diffusion gradient
扩散体 diffuser
扩散条纹 bleeding fringe; diffusion streak
扩散通道波导 diffused channel waveguide
扩散通风 diffusion ventilation
扩散通风的 diffusion-ventilated
扩散通量 diffusion flux
扩散通气器 diffusion aerator
扩散头部 bulb nose
扩散透射 <漫透射> diffused transmission
扩散图(解) diffusion diagram; scatter diagram
扩散图像 atomization pattern
扩散涂层 diffused coating; diffusion coating
扩散涂料 diffused coating
扩散途径 diffusion path; dispersal route
扩散退火 diffusion annealing; homogenizing annealing
扩散脱氧 deoxidized by diffusion
扩散网络 diffusion network(ing)
扩散位错 extended dislocation
扩散温差 diffusion temperature difference
扩散温度 diffusion temperature
扩散问题 diffusion problem
扩散涡管 diffusing scroll
扩散污染 diffused pollution
扩散污染负荷 diffused pollution loading
扩散污染源 diffused pollution source; diffused source of pollution
扩散物体 diffusing object
扩散物质 diffusate
扩散物质连续方程 continuity equation of diffusion substance
扩散误差 propagated error; propagation error
扩散吸收式系统 diffusion-absorption system
扩散洗涤 diffusion washing
扩散系数 coefficient of diffusion; coefficient of dispersion; diffusion coefficient; diffusivity; dispersion coefficient
扩散系数值 diffusion coefficient value
扩散先验分布 diffusion prior to distribution
扩散现象 diffusing phenomena; phenomenon of diffusion
扩散线族 expansion fan
扩散限制聚集模型 diffusion-limited aggregation model
扩散相变 diffuse transformation
扩散箱 diffusion chamber
扩散效率 diffuse efficiency
扩散效应 diffusing effect; diffusion effect; spreading effect
扩散型半导体传送器 diffused silicon transmitter
扩散型成色剂 diffusing coupler
扩散型管道 expanded channel
扩散型离心泵 diffuser-type centrifugal pump
扩散型喷管 divergent channel; expansion nozzle
扩散型喷嘴 divergent bore nozzle
扩散型相变 diffusion transformation
扩散性 diffusance; diffusibility; diffusivity
扩散性电解质 diffusible electrolyte
扩散性抑制 irradiation of inhibition
扩散性转移 diffusional transfer
扩散循环 diffuse circulation; diffusion circulation
扩散压合 diffusion bonding
扩散压力 diffusion pressure
扩散研究 diffusion research
扩散衍射 dilatation diffraction
扩散掩蔽 diffusion mask
扩散掩蔽法 diffuse masking
扩散焰 diffusion flame
扩散叶轮 diffuser vane
扩散叶片 diffusion vane
扩散议程 equation of diffusion
扩散异常 diffusion anomaly
扩散因素 diffusion factor; spreading factor
扩散阴极 diffusion cathode
扩散影响函数 diffusion kernel
扩散硬化处理 diffusion hardening
扩散硬钎焊 diffusion brazing
扩散源质点 diffusant particle
扩散云室 diffusion cloud chamber
扩散晕 diffusion halo
扩散晕影 halation by diffusion
扩散杂质 diffusant
扩散造型 diffusion mo(u)lding
扩散增湿作用 diffusion humidification
扩散照明 diffused illumination
扩散振荡器 dispersal oscillator
扩散蒸馏釜 diffusion still
扩散指数 diffusion index
扩散指数法 diffusion index[复 indices method]; method of diffusion index
扩散舟皿 diffusion boat
扩散柱 diffusion stack
扩散转变 diffusion transformation
扩散转移 diffusion transfer
扩散转移反转法 diffusion transfer reversal process
扩散转移过程 diffusion transfer process
扩散转印 diffusion transfer
扩散转印法 diffusion transfer process
扩散装置 disperser
扩散状态 disperse state
扩散锥(体) diffuser cone; divergent cone
扩散着色 diffusion colo(u)ration
扩散阻碍 diffusion barrier
扩散阻挡层 diffusion barrier
扩散阻力 diffusion(al) fastness; diffusion resistance
扩散作用 diffusion effect; dispersive effect
扩声器 microphone
扩声系统 amplifying system; public address system; sound amplification [amplifying] system; sound-reinforcement[reinforcing] system
扩声装置 public address system
扩束器 <用于使光束扩展成面光场> diffusing lens
扩束透镜 extender lens
扩束系统 expander system
扩算系数 coefficient of enlargement reckon
扩榫接合 joining with swelled tenon
扩榫接头 joining with swelled tenon
扩探 extension test
扩挖 expanded excavation
扩压 diffusion
扩压泵 diffuser casing pump
扩压管 diffuser
扩压管唇部 diffuser lip
扩压器 diffuser
扩压器进口 diffuser intake
扩压器内导向叶片 diffuser vane
扩压器入口 diffuser inlet
扩压器效率 diffuser efficiency
扩压式汽阀 diffusing type steam valve
扩压因子 diffusion factor
扩压作用 diffusing action
扩眼 reaming enlarge hole
扩眼导向钻头 pilot reamer bit
扩眼器 reamer
扩眼钻头 enlarging bit; re-drill bit
扩音装置 public address set; public address system
扩油器 oil-expansion vessel
扩增长度 augmentation distance
扩展 broaden(ing); dilatation; expansion; expend; extension; prolongation; propagation; roll-out; spread
扩展 X 射线吸收精细结构 extended X-ray absorption fine structure
扩展板 spreading beam
扩展保险 extended cover
扩展保险所加条款 extended coverage endorsement
扩展保险责任批单 extended coverage endorsement
扩展波 Cauchy-Poisson wave
扩展波段雷达发射机 ben
扩展波形发生器 spreading waveform generator
扩展操作 extended operation
扩展操作指令 extended operation instruction
扩展插件槽 expansion slot
扩展插口 docking station
扩展产业的拨款 appropriations for additions of property
扩展衬度 expanded contrast
扩展城市郊区 suburban expansion
扩展磁芯存储器 extended core storage
扩展存储器 extension memory
扩展错位 extended dislocation
扩展代码行 expanded code line
扩展德拜-休克尔方程 extended Debye-Huckel equation
扩展的二叉树 extended binary tree
扩展的表格 spread sheet
扩展的冯·米塞斯准则 extended Von Mises failure criteria
扩展的函数空间 extended function space
扩展的卡萨格兰德氏(土)分类法(较其他工程土壤分类法包含更多的类别与次类别(英)) extended Casagrande classification (of soil) system
扩展的麦斯卡特分析法 extended Muskat method
扩展的运算单元 extended arithmetic element
扩展底座 spread footing; spread foundation
扩展底座扩大式基础 spread foundation
扩展独立基础 spread footing foundation
扩展杜比宁-拉杜施凯维奇方程 extended DR equation
扩展度 divergence
扩展法 development method
扩展范围 extended range; spreading range
扩展分辨率 extended resolution
扩展分支机构 <商店等> branch forth
扩展公职 reserve for extensions
扩展管网 expanded pipe network; extended pipe network
扩展管压头损失 loss of head due to enlargement
扩展规律 regularity of propagation
扩展轨道 expansion path
扩展函数 expanded function; spread function
扩展护罩 expansion shield
扩展基础 spread footing
扩展基脚 spread footing
扩展级联 expansion cascading
扩展计划 expansion plan; redevelopment plan
扩展记录器 spread recorder

扩展监督方式 extended monitored mode
扩展节点 expanding node
扩展镜 magnifier
扩展卡 expansion card
扩展刻度 expanded scale; extension scale
扩展朗格缪尔方程 extended Langmuir equation
扩展联网 extended networking
扩展量程光度法 expanded scale spectroscopy
扩展裂缝 progressive fracture; vee

crack
扩展流域 spreading basin
扩展路径 expansion path
扩展率 rate of expansion; rate of propagation; rate of spread
扩展螺栓 expanding bolt; expansion bolt
扩展码 extended code
扩展名 extension
扩展命令 expanded order
扩展模型 extended model
扩展能力 expansion capacity
扩展能量 <裂纹的> propagation energy
扩展能量损失 enlargement loss
扩展频谱 spread(ed) spectrum
扩展频谱系统 spread spectrum system
扩展曝气 diffused aeration
扩展器 expander; stretcher
扩展区 extension area
扩展区域业务 extended area service
扩展渠道 expanded canal; expanded channel
扩展扫描 expanded scan; expanded sweep
扩展时标 extended time scale
扩展时间量程 extended time scale
扩展市场 expand market
扩展式分类法 expansive classification
扩展式浮筒系泊 spread buoy mooring
扩展式基础 extended foundation; spread foundation; spreading footing
扩展式基脚 spread footing
扩展式铰刀 expansion reamer
扩展式扩大器 expansion reamer
扩展式偏转系统 flared deflection yoke
扩展式蓄水池 expansion-type reservoir
扩展式旋转生物接触器 rotating biologic(al) extended contactor
扩展受热面 extended surface
扩展输入输出控制装置 extensiveness input, output control
扩展数据输出动态存储器 extended data out random access memory
扩展水流 expanding current
扩展损失 expanded loss; widening loss
扩展锁定方式 extended lock mode
扩展网络 extended network
扩展位错 extended dislocation
扩展系数 spreading coefficient
扩展信息 extend information
扩展形 extensive form
扩展性 augmentability; expansibility; expansibleness
扩展性货币政策 expansionary monetary policy
扩展性破坏 progressive collapse
扩展性损坏 progressive damage
扩展寻址【计】extended addressing
扩展业务 activate business
扩展因数 flare factor
扩展淤积 <河渠的> channel splay
扩展域 extension field
扩展原理 extension principle
扩展源 extended source
扩展责任 extended cover
扩展指令 extended instruction
扩展桩基 bulb-shaped base
扩展状态 extended mode
扩展(字)符 escape character
扩展组编码记录 extended group coded recording
扩张 aggrandizement; dispread; distend; distension [distention]; enlarge; expand; expansion; extend; extension; outstretch; dilatation <在力学上指三个轴向应变的总和>
扩张比 divergence ratio
扩张边缘盆地 extensional marginal basin
扩张波 divergent wave; diverging wave
扩张薄膜 expanded film
扩张承口 divergent mouthpiece
扩张措施 expansionist measures
扩张大陆边缘 rifted continental margin
扩张的 augmented; dilated; ectatic; flared
扩张的正交群 extended orthogonal group
扩张度 divergence rate; expansion ratio
扩张段压头损失 loss of head due to enlargement
扩张腭片 <锥体抽出试验的> expanding jaw (of pull-out test)
扩张法兰 expanded flange
扩张管 divergent pipe; diverging pipe; diverging tube
扩张管嘴 divergent mouthpiece
扩张轨道 expansion orbit
扩张河段 expanding reach
扩张环 tensioner ring
扩张基期 broadened base period
扩张基期法 broadened base system
扩张记录器 <桥梁试验的> spread recorder
扩张记录仪 <桥梁试验的> spread recorder
扩张角 angle of flare; angle of widening; divergence angle; flare angle; widening angle
扩张铰刀 spring reamer
扩张阶段 expansionary phase
扩张接口 divergent mouthpiece
扩张力 expansionary force
扩张流 divergent current; expansion flow
扩张螺丝 stretching screw
扩张螺旋 stretching screw
扩张脉 dilational vein
扩张锚杆 expansion fastener
扩张贸易法 Trade Expansion Act
扩张面积 extended area
扩张器 dilator; expander; spreader
扩张器管 expander tube
扩张区 expanding area
扩张设备 expanding device
扩张式衬套 expanding bushing
扩张式地脚螺栓 expansion bolt
扩张式吊具 expandable spreader
扩张式分岔 extended splitting
扩张式管子割刀 expanding cutter; expansion cutter
扩张式铰刀 expanding [expansion] reamer
扩张式井壁刮刀 expansion wall scraper
扩张式离合器 expanding clutch
扩张式柱头 expanded column head
扩张试验 drift test; expanding [expanded] test; bulge test <钢管的>
扩张术 dilatation; dilation
扩张水流 divergent flow; expansion flow
扩张损失 divergence loss; enlargement loss; expansion loss
扩张弹簧 spreader spring
扩张挖沟机 spreader ditcher
扩张系数 flare factor
扩张楔 foxtail wedging; fox wedge; wedging
扩张心棒 expanding arbor
扩张型经济 expanding economy
扩张型流道 divergent channel
扩张型喷管 divergent nozzle; expanding nozzle
扩张性 dilatancy; distensibility; extensibility
扩张性的 dilatant
扩张性预算 expansionary budget
扩张因素 broadening factor
扩张因子 broadening factor
扩张引导 expanding pilot
扩张者 expander
扩张振动 extensional vibration
扩张中心 spreading center[centre]
扩张装置 expanding device; extension fixture
扩张锥(体) diverging cone; spreader cone
扩张子空间 expanding subspace
扩张钻(头) reamer bit
扩张作用 spreading action
扩胀 dilatancy
扩胀锚杆 expansion anchor
扩胀器 dilator
扩胀式铰刀【机】expansion reamer
扩胀试验 expanding test
扩枕机 tie spreader
扩锥 reamer
扩钻 counterboring
扩座柱脚 pedestal foot(ing)

括板 loam board; rubbing board

括板泵 vane pump
括板螺旋输送机 broken-bladed conveyer[conveyor]
括板式搅拌器 rake stirrer
括板式梯格 <输送机的> drag flights
括粗层 pricking up
括缝刀 raising knife; raising scriber; scribing knife
括号表达式 parenthesized expression
括号的嵌套 parenthesis nesting
括号对 bracket pair
括号积 bracket product
括号逻辑表达式 bracketed logic(al) expression
括号内数字 bracket figure; bracket number
括号算术表达式 bracketed arithmetic expression
括号运算 bracket operation
括号重数 parenthesis nesting
括花粉刷 scraffeto
括去法 method of sweeping out
括入括号 bracketing
括有糙痕的拱底面 hacked soffit
括约 rounding
括制木纹法 cut graining

阔把龙头 fan-key cock

阔把旋塞 fan-key cock
阔边帽 sun shade; petasus <古希腊>
阔边刨 badger
阔齿锯 rack saw
阔粗凿石 batted work; broad tooled; broad tooling
阔大的托运货物 over-dimensional consignment
阔大货物 exceptional dimension freight; exceptional dimension goods
阔刀齿耙 Acme harrow
阔顶堰 broad crested weir
阔幅布 broadcloth
阔幅平布 sheeting
阔斧 broad axe
阔脚轨 Vignole's rail
阔脚桩 disc[disk] pile
阔口轮辋 wide base rim
阔面拉刀 slab broach
阔面铣 slabbing; slab mill(ing)
阔面铣刀 slabbing mill; slabbing milling cutter
阔头钉 bullen nail; bullet catch
阔头光车刀 broad nosed finishing tool
阔瓦 tile-and-a-half(tile)
阔隙窗铰 extension casement hinge; extension hinge
阔隙窗铰链 cleaning hinge
阔型床 king-size bed
阔叶 deciduous
阔叶材 <少数几种阔叶材除外> pored wood; porous wood; hard wood
阔叶材层积单位 <层积 75 英尺,实积 50 英尺,1 英尺 = 0.3048 米> lead square
阔叶材胶合板 hardwood plywood
阔叶材焦油沥青 hardwood tar pitch
阔叶常绿灌木群落 laurifruticeta
阔叶常绿林群落 aiphyllium
阔叶常绿木本群落 laurilignosa
阔叶赤铁树油 mowrah oil
阔叶合欢 ko(k)ko; siris
阔叶林 broadleaf; broad-leaved forest; broad-leaved tree; deciduous forest; laurisilvae
阔叶林木 leaf wood
阔叶柳 sallow
阔叶乔木群落 laurisilvae
阔叶饰 acanthus-mollis; akanthus
阔叶树 broadleaf tree; broad-leaved tree; foliaged tree; hardwood tree; leaf(-bearing) tree
阔叶树材 broadleaf wood; broad-leaved wood
阔叶树材地板块 hardwood floor block
阔叶树草原 mopane
阔叶树林 angiospermous forest; broadleaf forest; hard wood; hardwood forest; leaf-bearing forest
阔叶树林镶嵌地板 hardwood mosaic floor
阔叶树木材 deciduous wood; leaf wood
阔叶形三角洲 arcuate delta
阔叶植物 broad-leaved plant
阔翼梁 broad-flanged beam
阔圆头钉 bullen nail
阔凿(子) drove; drove chisel; batting tool; boaster; boasting chisel; broad tool; tooler
阔展 splay
阔嘴斧 broad axe
阔嘴钳 broad nose pliers

廓度计 auxiometer

廓清 clearance
廓清试验 clearance test
廓线 profile
廓型误差 profile error
廓型修正 profile correction
廓影 silhouette(picture)
廓影法水下探测系统 silhouetting underwater detecting system
廓影照片 silhouettograph

L

垃圾 rubbish; garbage; off-scourings; refuses; solid waste; street sweeping; sweeping; trash (ery); trashiness; waste; cultch <美>

垃圾驳(船) dump barge; dump scow; garbage lighter; rubbish barge; sludge removal barge; sullage barge
垃圾残骸痕迹线 debris line
垃圾槽 refuse chute; dust shaft <楼房倒垃圾用>
垃圾产生的燃料 refuse-derived fuel
垃圾场 dump(ing) area; dump(ing) place; limbo; nuisance ground; spoil dump; spoil tip; waste tip; waste yard
垃圾场温度 refuse temperature; tip temperature
垃圾车 ash car; ash cart; collecting lorry; collecting vehicle; dump cart; dumper; dumping wagon; dust cart(ing); garbage truck; refuse (collection) truck; refuse wagon; spoil wagon; trash truck; honey-wagon <俚语>; dirt wagon <美>
垃圾车内压缩装运系统 internal compaction transfer system
垃圾沉淀 spoil deposit
垃圾成分 component of refuse; refuse composition
垃圾臭气 garbage odo(u)r; refuse odo(u)r
垃圾储藏室 refuse storage chamber; rubbish storage chamber
垃圾储存及装箱室 waste storage chamber
垃圾储存器 spoil bin
垃圾储存箱 waste storage container
垃圾处理 dirt disposal; disposal of refuse; refuse disposal; refuse handling; refuse processing; refuse treatment; rubbish disposal; treatment of refuse; waste disposal; garbage disposal
垃圾处理槽 garbage disposal chute
垃圾处理厂 destruction plant; destructor; destructor plant; garbage disposal plant; refuse processing plant
垃圾处理场 garbage disposal plant; garbage disposal site; refuse disposal plant; refuse disposal site
垃圾处理地点顺序或等级 ranking or rating of landfill site
垃圾处理法 refuse disposal method
垃圾处理竖井 garbage disposal shaft
垃圾处理系统 refuse disposal system
垃圾处理装置 garbage disposal unit; treatment equipment of garbage
垃圾处置 disposal of refuse; disposal of rubbish; garbage disposal
垃圾处置厂 garbage disposal plant; garbage treatment plant
垃圾处置场 disposal site; garbage disposal plant
垃圾处置器 garbage disposer
垃圾船 dump barge; garbage boat; offal boat; sewage boat; sewage vessel; sludge boat
垃圾存置系统 garbage conservancy system
垃圾打包厂 refuse baling plant
垃圾打捆机 refuses baler
垃圾袋 disposal bag; garbage bag; litter bag; refuse container; trash bag; sweeping bag; waste sack
垃圾倒卸 rubbish dump
垃圾道 dust chute; stack; trash chute
垃圾的化学组成 refuse chemical composition
垃圾的热解 pyrolysis of refuse
垃圾的物理组成 refuse physical composition
垃圾的压实 refuse compaction
垃圾的转运 transfer of refuse
垃圾堤坝 brush dam; rubbish dam
垃圾垫土 landfill
垃圾吊车 refuse crane
垃圾定点收集 collection of refuse at gathered places
垃圾动物肥 garbage tankage
垃圾斗 refuse hopper; spoil bucket
垃圾堆 debris dump; dump; dumping ground; dust heap; garbage heap; heap of debris; lay stall; midden; refuse dump; refuse heap; refuse-up; rubbish heap; sanitary fill; scrap heap; spoil dump; spoil tip; trash dump; waste tip; waste pile
垃圾堆场 rubbish tip
垃圾堆放场 refuse tip
垃圾堆放室 refuse collecting chamber
垃圾堆肥 garbage compost; refuse composting
垃圾堆积 spoil deposit
垃圾堆积场 dumping ground; dumping place; sanitary fill; sanitary landfill
垃圾堆集场 dump site
垃圾堆渗出液 refuse dump seepage
垃圾堆置场 disposal site
垃圾堆置场的使用后管理 after-care of disposal sites
垃圾发电 garbage power; power generation by rubbish
垃圾发酵处理 refuse fermentation treatment
垃圾翻倒 refuse dumping; refuse turning
垃圾房 garbage room
垃圾分类 refuse classification
垃圾分类收集 collection of classified refuse; separate collection of refuse
垃圾焚化 garbage incineration; incineration of garbage; refuse incineration
垃圾焚化厂 destructor plant; garbage incinerator plant; incineration plant; refuse destructor plant; rubbish incinerator plant
垃圾焚化场 burning area; crematorium; crematory; refuse destructor plant
垃圾焚化间 destructor room; incinerator room
垃圾焚化炉 cinerator; cremator; destructor; garbage furnace; gas disposer; incinerator; refuse burner; refuse destructor; refuse furnace; refuse incinerator
垃圾焚化站 garbage incineration house; incineration house
垃圾焚化装置 incineration unit of garbage; refuse incinerator
垃圾焚毁设备 refuse burning equipment
垃圾焚烧 incineration of refuse; refuse burning
垃圾焚烧厂 garbage incinerator plant; refuse destructor plant; refuse incineration plant
垃圾焚烧供热 waste heating
垃圾焚烧炉 destructor; garbage destructor; incinerator; incinerator stoker; refuse burner
垃圾焚烧器 garbage burner
垃圾焚烧设备 refuse incinerator
垃圾焚烧用火 debris burning fire
垃圾粉碎机 garbage crusher; waste pulverizer
垃圾粪便堆肥化 refuse and night soil composting
垃圾辐照处理 irradiation treatment of refuse
垃圾覆土填埋 sanitary landfill
垃圾干馏法 Landtz process
垃圾格网 trash screen
垃圾格栅 trash rack
垃圾给料机 refuse feeder
垃圾工(人) collector hauler; dustman
垃圾管道 refuse channel; refuse chute; refusing conduit; garbage chute
垃圾管理 waste management
垃圾含气率 refuse moisture content
垃圾好氧消化 aerobic digestion of refuse
垃圾和通风共用管道系统 combination waste and vent system
垃圾滑槽 garbage chute; garbage shoot; rubbish chute; rubbish shoot; trash chute
垃圾滑槽盖 garbage chute lid
垃圾滑车 rubbish pulley
垃圾滑道 refuse chute; rubbish chute
垃圾回收 refuse reclamation; refuse regain
垃圾混合收集 combined collection of refuse
垃圾集运车 refuse collection vehicle; waste collection vehicle
垃圾集运汽车 refuse collection truck
垃圾集中焚烧 central incineration
垃圾加工 waste processing
垃圾间 garbage room; refuse container chamber; trash closet
垃圾井道 refuse chute
垃圾井筒 dust shaft; garbage chute; refuse chute
垃圾颗粒密度 refuse particle density
垃圾坑 bog hole; dump(ing) well; dump pit; dust hole; dust well; dust trap; midden; refuse chute; refuse pit; rubbish pit; spoil dump; spoil tip
垃圾空隙比 refuse porosity ratio
垃圾空隙度 refuse porosity
垃圾利用 refuse reclamation; rubbish utilization
垃圾利用工厂 refuse utilization plant
垃圾沥青 garbage pitch
垃圾量 quantity of refuse; refuse quantity; volume of garbage
垃圾淋出液成分 composition of leaching liquid from refuse
垃圾临时存放坑 storage pit
垃圾溜槽 garbage chute; Garchey sink; trash chute
垃圾溜放槽 refuse chute
垃圾溜筒 waste chute
垃圾漏斗 refuse hopper
垃圾门 chute door
垃圾密度 density of refuse; refuse density
垃圾磨碎 garbage grinding
垃圾磨碎处理 garbage grinding treatment
垃圾磨碎机 garbage grinder; refuse crusher; refuse grinder; rubbish grinder; waste pulverizer
垃圾磨碎及过筛系统 rasping system
垃圾磨细排入下水道的装置 garburator; waste disposal unit
垃圾能 energy from refuse; refuse derive energy
垃圾碾磨机 rubbish grinder
垃圾碾碎机 refuse crusher
垃圾破碎 crushing of refuse
垃圾破碎机 garbage grinder; refuse crusher; refuse grinder; waste grinder
垃圾弃置 waste disposal
垃圾汽车 refuse(collecting) truck
垃圾倾倒场 disposal site; dumping ground; dumping place; dumping position; dumping site; garbage dumping place; spoil ground; garbage yard
垃圾倾倒处 disposal dump
垃圾倾倒区 disposal site; dumping ground; garbage dumping place; garbage yard; spoil ground
垃圾倾倒区浮标 spoil ground buoy
垃圾倾弃 garbage dumping
垃圾倾弃地 garbage dump; refuse dump
垃圾倾入大海 refuse dumping at sea
垃圾倾卸场 tipping space
垃圾清除 garbage removal; refuse cleaning; refuse removal
垃圾清扫船 garbage cleaning vessel
垃圾清运 refuse collection
垃圾区 depositing ground
垃圾燃料 refuse fuel; supplementary fuel
垃圾燃烧 garbage combustion; refuse burning
垃圾燃烧锅炉 refuse boiler
垃圾燃烧炉 garbage combustion chamber; refuse burner
垃圾燃烧气 refuse combustion gas
垃圾燃烧器 refuse burner
垃圾燃烧值 fuel value of refuse
垃圾热解 pyrolysis of refuse
垃圾热解装置 refuse pyrolysis plant
垃圾容器 refuse container; refuse receptacle; carrying container
垃圾容重 refuse volume weight
垃圾筛网 trash screen
垃圾渗滤液 landfill leachate
垃圾生物降解 biodegradation of refuse
垃圾收集 garbage collection; refuse collection; sanitary refuse collection
垃圾收集场 refuse dump
垃圾收集车 compactor truck; refuse vehicle
垃圾收集次数 collection frequency of refuse
垃圾收集点 refuse collecting station
垃圾收集口 open(ing) of refuse channel
垃圾收集器 open of refuse channel; refuse collector; sanitary refuse collector
垃圾收集压实车 compactor collection truck
垃圾收集运送车 refuse collection lorry; refuse collection vehicle
垃圾收集运送汽车 refuse collection truck
垃圾收集站 refuse collection point
垃圾收集中心 central collection point
垃圾输送船 refuse barge
垃圾输送管道 refuse transport channel; refuse conduit
垃圾输送系统 refuse transport system
垃圾竖管 waste stack
垃圾竖井 disposal shaft; dispose-all

垃圾水分 refuse moisture
垃圾撕碎 refuse shredding
垃圾撕碎压实机 refuse shredding compactor;shredder compactor
垃圾撕碎压缩机 refuse shredding compressor
垃圾送料装置 refuse feed mechanism
垃圾特性 refuse property
垃圾体积 volume of garbage
垃圾体积密度 refuse bulk density
垃圾填堤处理 disposal of refuse in land-fills
垃圾填地 <符合卫生要求的> sanitary landfill
垃圾填方 offensive fill(ing) of ground
垃圾填坑 sanitary landfill
垃圾填埋 landfill of refuse; sanitary (land) fill
垃圾填埋产生的沼气 landfill gas
垃圾填埋场 refuse landfill
垃圾填埋处理 landfill disposal; landfill treatment
垃圾填埋单元 landfill cell
垃圾填埋地的重新整修 redevelopment of landfill site
垃圾填埋的覆盖土 cover material of landfill
垃圾填埋的最终整平 final grade of landfill
垃圾填埋工程 reclamation works of landfill
垃圾填埋工程中倾卸垃圾控制 controllable tipping of landfill
垃圾填埋工程中压实层厚 cell height of landfill
垃圾填埋厚度 lift depth of landfill
垃圾填埋机械 landfill machine of landfill
垃圾填埋控制 controllable dumping of landfill
垃圾填埋每日的覆盖土量 daily cover of landfill
垃圾填埋每日的垃圾处理量 daily capacity of landfill
垃圾填埋面 fill face of garbage
垃圾填埋气 landfill gas
垃圾填埋污染 landfill contamination
垃圾填埋压实机 static refuse roller; static sanitary landfill roller; sanitary landfill compactor; landfill compactor
垃圾填埋占地 landfill site
垃圾填土 garbage dump; sanitary landfill
垃圾填筑(工)地 landfill waste site
垃圾桶 ash bin; ash-can; dispose-all; disposer; garbage can; litter bin; refuse container; refuse receptacle; rubbish bin; trash barrel
垃圾桶搬运机 trash container handler
垃圾桶室 dust-bin chamber; dust-bin room
垃圾桶提升机 dust-bin lift
垃圾筒 garbage can; garbage shaft; trash can
垃圾土 muck soil
垃圾土地填埋 landfill
垃圾土地填埋淋滤液 landfill leachate
垃圾卫生处理 sludge hygienisation
垃圾卫生化 sludge hygienisation
垃圾污泥堆肥化 refuse and sludge composting
垃圾污染 garbage pollution; refuse pollution; rubbish pollution
垃圾细菌分解槽 treatment tank
垃圾箱 dust bin; dust box; catch-all; charge well; container for refuse; dispose-all; garbage bin; garbage can; garbage container; litter receptacle; muck bin; refuse box; refuse container; refuse receptacle; refuse storage container chamber; rubbish box; rubbish can; rubbish container; rubbish storage chamber; swill box; trash barrel; trash can; waste bin; waste receptacle; litter bin <英国街上,公园设置的>
垃圾箱冲洗器 garbage can washer
垃圾箱储藏室 bin store
垃圾斜道 dispose-all
垃圾卸下 rubbish dump
垃圾轧碎机 refuse crusher
垃圾压捆机 garbage press
垃圾压实处理 compaction of refuse
垃圾压实机 landfill compactor; refuse compactor; refuse roller; waste compactor
垃圾压缩 refuse compacting
垃圾压缩比 refuse compaction ratio; refuse compressibility
垃圾压缩机 waste compactor
垃圾压榨传送机 squeeze action conveyer[conveyor]
垃圾研磨机 refuse grinder; waste disposal unit
垃圾研磨装置 refuse pulping unit
垃圾研碎机 refuse crusher
垃圾厌氧消化 anaerobic digestion of refuse
垃圾与废物处置 garbage and waste disposal
垃圾预处理 refuse pre-treatment
垃圾运费 rubbish cartage
垃圾运输 garbage transport
垃圾运输(汽)车 refuse collection lorry; refuse collection vehicle; refuse collector; refuse wagon
垃圾运送 refuse conveying
垃圾再生率 diversion rate of refuse
垃圾闸门 trash gate
垃圾站 refuse chemical and distributing center[centre]
垃圾沼气 sewage gas
垃圾真密度 true refuse density
垃圾直接倾倒和转运系统 direct-dump transfer system
垃圾中可燃物 combustible in refuse
垃圾贮存容器 refuse storage container
垃圾贮存桶 refuse storage container chamber
垃圾转运系统的压实坑 compaction pit for refuse transfer system
垃圾转运站 refuse transfer station
垃圾装卸槽 garbage chute
垃圾装运桶 carrying container; tote barrel
垃圾装运箱 tote box
垃圾装载压实运输车 refuse truck
垃圾自卸车 refuse tipper
垃圾组成 composition of refuse; refuse composition; refuse constituent

拉

昂特克斯 <镁质地板的总称> liotex

拉昂锡基轴承合金 Lion metal
拉巴腊溶液 eau-de-Labarrque; Labarraque's solution
拉巴勒逆变换公式 converse-Labo-(u)rer formula
拉巴石 labite
拉巴斯 <玻利维亚首都> La Paz
拉巴特 <摩洛哥首都> Rabat
拉巴特磨料 rabat
拉拔 drag; draw(ing up)
拉拔道次 drawing passes
拉拔道次变形量 drawing deformation for a pass
拉拔的 holed
拉拔法 hubbing
拉拔缸 puller cylinder
拉拔缸行程 puller cylinder range
拉拔工 draftsman; drawer
拉拔工具 drawer
拉拔工作台 drawbench
拉拔机 bench; drawbench; drawing machine; motobloc
拉拔机的机座 drawbench bed
拉拔机机头 drawhead
拉拔机链条 drawbench chain
拉拔检验 bar drawing inspection
拉拔力 drawing load; pulling capacity; pull-out force
拉拔力试验 pull-out test
拉拔模 drawing die
拉拔模孔 drawhole
拉拔模入口 die approach
拉拔器 drawer; puller
拉拔器横架 puller cross head
拉拔强度 pull strength
拉拔润滑脂 drawing grease
拉拔伤痕 draw mark
拉拔时效硬化 stew(ing)
拉拔试验 <锚杆的> pull-out test
拉拔速度 drawing speed; drawing velocity
拉拔握裹试验 <钢筋的> pull-out bond test(for reinforcement)
拉拔应力 drawing stress
拉拔用乳剂 drawing compound; wire-drawing compound
拉拔用润滑剂 drawing compound
拉拔装置 draw-off gear; pulling attachment
拉拔状态 as-drawn
拉拔总变形量 total drawing deformation
拉拔阻力 pull-out resistance
拉柏里堡岩群 Raeberry castle group
拉斑橄榄粒玄岩 tholeiitic olivine dolerite
拉斑橄玄岩 markle basalt
拉斑辉绿岩 tholeiitic diabase
拉斑粒玄岩 tholeiitic dolerite
拉斑玄武玻璃 tholeiitic glass
拉斑玄武石 tholeite
拉斑玄武岩 tholeiite
拉斑玄武岩浆 tholeiitic magma
拉斑玄武岩系列 tholeiite series
拉板 arm tie; draw plate; ribbon board; slip puller <泵缸套的>
拉板炉 drawplate oven
拉棒 pull rod
拉贝风 Labbé
拉比迪蒂磁选机 Rapidity separator
拉比兹构造 <钢丝网建筑的> Rabitz construction
拉比兹灰浆饰面 Rabitz finish
拉比兹墙 Rabitz wall
拉比兹式 Rabitz type
拉比兹式操作 Rabitz type work
拉比兹式村里 Rabitz type lining
拉比兹式衬砌 Rabitz type lining
拉比兹式顶棚抹灰 Rabitz type ceiling paster
拉比兹式钢丝灰泥纤维 Rabitz type steel-wire plaster fabric
拉比兹式拱顶 Rabitz type vault
拉比兹式芦苇板条 Rabitz type reed lath(ing)
拉比兹式抹灰管道外套 Rabitz type casing
拉比兹式平板 Rabitz type board
拉比兹式石膏 Rabitz type gypsum
拉比兹式挑檐 Rabitz type cornice
拉比兹式箱匣 Rabitz type box
拉比兹式圆顶 Rabitz type vault
拉比兹式最后加工 Rabitz type finish
拉臂轴 arm shaft
拉边辊 top roller
拉边机 top roller
拉边纠偏装置 edge holder
拉别令密封 labyrinth seal
拉柄式注油枪 grease gun lever type
拉波安特型拣矿机 La Pointe picker
拉波特效应 Labuotes effect
拉波特选择定则 Laporte selection rule
拉剥 broach
拉薄层 attenuated layer
拉薄模 ironing die
拉布拉多海 Labrador Sea
拉布拉多海流 Labrador current
拉布雷亚砂岩 La Brea sandstone
拉布离心泵 La Bour centrifugal pump
拉槽 kerve; key seating <孔壁形成的>
拉铲 boom dragline; dragline; pull-(ing) scraper; pull shovel; drag bucket
拉铲铲斗 dragline bucket; dragline excavator
拉铲轭 dragline yoke
拉铲缆 <铲土机> apron rope
拉铲牵索 <挖掘机> drag cable
拉铲式装载机 scraper loader
拉铲索 apron rope
拉铲索道 slackline cableway
拉铲挖掘机 dragline; dragline excavator; dragline scraper; drag scraper; drag shovel; pull shovel
拉铲挖掘机拉索 drag cable
拉铲挖泥船 dragline dredger
拉铲挖掘索道 dragline cable way
拉铲挖土机 dragline; dragline conveyer[conveyor]; dragline excavator; dragline scraper; drag scraper; drag shovel
拉铲运载机 dragline scraper
拉铲载荷 dragline load
拉长 draw out; elongate; extension elongation; lengthen (ing); outstretch; prolong(ation); pull out; stretch
拉长安山岩 alberanite; alboranite
拉长斑岩 labradophyre
拉长的晶粒 elongated grain
拉长度 elongation
拉长石 labradorite; labrador spar
拉长试验 elongation test
拉长线理 stretching lineation
拉长斜长岩 labradorite anorthosite
拉长岩 labradite
拉长晕彩 labradorescence
拉扯窗 sliding window
拉撑 stay bolt; tension brace[bracing]
拉成丝 draw wire
拉成纤维的 fine-fibered[fibred]
拉尺杆 tension bar
拉尺器 stretching apparatus; tape stretcher
拉冲头 draw punch
拉出 draw out; roll-out
拉出断开式按钮 open-when-pulled button
拉出辊 pull-out roll
拉出器 puller; slip puller
拉出式 drawable
拉出式保护装置 pull-out guard
拉出式继电器 draw-out relay
拉出式铠装开关装置 draw-out metal-clad switchgear
拉出试验 bar drawing inspection
拉出线脚 run a mo(u)lding
拉出旋钮 pull knob
拉出值【电】 stagger
拉出值仪 stagger ga(u)ge
拉出装置 pulling-off device
拉出阻力 pull-out resistance
拉船道 stripe road

拉船路 strip road
拉椽条 tension fillet
拉床 broacher; broaching machine; drawbench; drawing bench; motobloc
拉床机机头 drawhead
拉床精削齿 finishing tooth of broacher
拉单晶 crystal pulling
拉单晶法 crystal pulling
拉单晶机 puller
拉单晶技术 pulling technique
拉单晶装置 cage assembly
拉档偏心销 detent eccentric
拉档限动杆 detent bridle
拉刀 broach; broaching tool; pull-type broach; scraping out cutter
拉刀长度 broach length
拉刀的半精切齿 semi-finishing tooth of broacher
拉刀后导部 broach back pilot
拉刀夹头 pulling chuck
拉刀磨床 broach grinder; broach grinding machine; broach sharpener
拉刀全长 overall length of broach
拉刀刃磨床 broach sharpening machine
拉刀行程 broach travel
拉刀支架 broach support
拉道 draw bead
拉得不紧 undertighten
拉得过紧 overtighten
拉德柏恩方式设计法 Radburn system
拉德柏恩规划【道】Radburn plan
拉德单位 rad unit
拉德克-普劳斯尼茨方程 Radke-Prausnitz equation
拉德斯托克阶 <晚石炭世>【地】Radstockian(stage)
拉登滤光片 Wratten filter
拉笛绳 whistle cord
拉底 bottom cut
拉底炮眼 bottom shot; stope hole
拉丁方【数】Latin square
拉丁方格法 Latin square method
拉丁方设计 Latin square design
拉丁方试验 Latin square experiment
拉丁方阵随机化 Latin matrix randomization
拉丁建筑 Latin architecture
拉丁阶 <中三叠世>【地】Ladinian (stage)
拉丁美洲船东协会 Latin American Shipowner's Association
拉丁美洲共同市场 Latin American Common Market
拉丁美洲铁路共同体 Latin American Railway Community
拉丁美洲铁路协会 <设在阿根廷布宜诺斯艾利斯> Latin American Railway Association
拉丁美洲自由贸易区 Latin American Free Trade Area
拉丁美洲自由贸易协会 Latin American Free Trade Association
拉丁美洲综合协会 Latin American Integration Association
拉丁期海退【地】Ladinian regression
拉丁十字架 crux immissa
拉丁十字形平面 <教室> cloverleaf type plane
拉丁式建筑 Latin architecture
拉丁式十字架 Latin cross
拉丁文 Latin language
拉丁锌铜合金 Lattens
拉丁语 Latin language
拉丁字母表 Latin alphabet
拉锭器 ingot puller
拉斗 drag bucket
拉斗装料的挖掘机 pull shovel
拉断 abruption; pull-apart; tensile failure; tensile rupture
拉断强度 tension strength at break
拉断绳索 part a line
拉多格统 <前寒武纪>【地】Ladogisian
拉多公式 Rateau formula
拉多加型精密回声测深仪 Ladoga precision depth recorder
拉尔金注水泥法套管鞋 Larkin cementing shoe
拉尔森表土层钻探装置 <边钻边下套管> Larssen's ledge finder
拉发引信 pull action fuze
拉法 dragging method; traction; daraf <法拉的倒数,1/F>
拉法吉水泥 Lafarge cement
拉返绳索 pullback line
拉放绳 tripping line
拉分构造 pull-apart structure
拉分盆地 pull-apart basin
拉丰表【气】Lafond's Tables
拉风 punka(h)
拉夫洛克检测器 Lovelock detector
拉夫斯相 Laves' phases
拉幅干燥框 tenter drier[dryer]
拉幅钩 tenter hook
拉幅机 stenter; stretching machine; tenter; tentering machine
拉盖尔多项式 Laguerre polynomial
拉盖尔网络 Laguerre network
拉盖尔微分方程 Laguerre's differential equation
拉杆 anchor tie; beam pitman; brace bar [rod]; bridle rod; coupling bar[rod]; draft bar; drag bar; drag rod; draught bar; draw bar [tongue]; exterior tieback; guy (rod); jerker rod; king bolt; linkage; member in tension; pull bar[rod]; reach rod; slide rod; spanner; span piece; staking pole; stay bar; straining beam; stretching pole; strutting piece; tensioning bar; tension piece; tieback; tie bar [beam/ member/ rod]; drag link; tie bolt <混凝土路面接缝的>; straining piece <双柱上撑式桁架下弦>
拉杆安全塞 drag link safety plug
拉杆泵 drawbar pump; rod pump
拉杆臂 tie-rod arm
拉杆叉 tie-rod fork
拉杆叉形头 clevice; clevis
拉杆衬垫 pull-rod gasket
拉杆撑板 drawbar plate brace
拉杆冲程加长器 pendulum multiplier
拉杆打夯机 tie tamping machine
拉杆挡土墙 tied retaining wall
拉杆导板 drawbar guidance; drawbar guide
拉杆导套 drawbar guide sleeve
拉杆低位安装 low-mounted draw bar
拉杆端 drag link end
拉杆端塞 drag link end plug
拉杆轭 drawbar yoke
拉杆反向螺母 reach rod reverse screw nut
拉杆防尘盖 drag link dust seal
拉杆防尘盖垫 drag link dust cover pad
拉杆防尘罩 drag link dust cover
拉杆辐射架 tie-rod spider
拉杆拱 tied arch
拉杆拱构架 tied-arch frame
拉杆固定点 draught link anchorage
拉杆护脂圈 drag link grease retainer
拉杆机 drawbar machine
拉杆机构 drag link mechanism
拉杆机械装置 drag link mechanism
拉杆间距 pull-rod spacing
拉杆角度 anchor angle
拉杆绝缘子 anchor insulator
拉杆开关 pull-rod operator
拉杆拉力 drawbar pull
拉杆拉力磅 drawbar pounds pull
拉杆拉力千瓦 drawbar kilowatt
拉杆离合支柱 take-off post
拉杆连接 pull rods connection; rod joint
拉杆连接头 pitman coupling
拉杆连接销 link pin
拉杆螺母 pull rod nut
拉杆螺栓 stay bolt
拉杆螺栓螺丝 stay bolt screw
拉杆马力 drawbar(horse) power
拉杆锚 tieback anchor
拉杆锚碇物 <英> tie-back
拉杆锚桩 anchor pile; anchor raking pile; deadman
拉杆平地机 drawbar grader
拉杆铺设机 tie bar placer
拉杆牵引力 drawbar pull
拉杆球(端) drag link ball; link ball
拉杆球头柱螺栓 drag link ball stud
拉杆球窝 drag link ball socket
拉杆球形螺母 drag link ball nut
拉杆球座 drag link bearing; drag link ball seat
拉杆刹车 lever brake
拉杆式搬运器 pull rods carrier
拉杆式定子框架 tie-rod stator frame
拉杆式浮筒 tension bar type buoy
拉杆式工具 pull rods carrier
拉杆式锚碇装置 tieback anchor
拉杆式千斤顶 drawing rod type jack; pull-rod jack
拉杆式四砧超高压高温设备 tetrahedral anvil ultra-high pressure and high temperature apparatus with tie rods
拉杆式弹簧夹头 draw collet
拉杆式装载机 tension bar loader
拉杆弹簧 pull rod spring
拉杆弹簧座 drag link spring bumper; drag link spring seat
拉杆套 tie sleeve
拉杆体 drag link body
拉杆天线 telescopic(al) antenna
拉杆填料 rod packing
拉杆填料盒 rod stuffing box
拉杆调整螺母 pull-rod adjusting nut
拉杆头 jaw plate
拉杆托板 drawbar carrier
拉杆拖车 drawbar trailer
拉杆匣 drawbar pocket
拉杆箱 drawbar box; drawbar frame
拉杆销 pull rod pin; stay rod pin
拉杆压入机 tie bar placer
拉杆压入装置 tie bar punching mechanism
拉杆眼 drawbar eye
拉杆支座 drag link bearing
拉杆轴 linkage shaft
拉杆转子 rod fastening rotor
拉杆座架 <抽屉的> pull rods carrier
拉感式浮筒 tension bar type buoy
拉缸 cylinder scoring; scuffing of cylinder bore
拉杠 tie bar
拉高 pull-up; swig up
拉格尔格伦二级动力学方程 second-order kinetic law of Lagergren
拉格朗日波 Lagrangian wave
拉格朗日参数 Lagrangian parameter
拉格朗日测量法 Lagrangian current measurement
拉格朗日插值 Lagrangian interpolation
拉格朗日插值公式 Lagrange's interpolation formula
拉格朗日乘子 Lagrange's multiplier; Lagrangian multiplier
拉格朗日乘子法 method of Lagrange multipliers
拉格朗日待定系数 Lagrangian method of determinate
拉格朗日定理 Lagrange's theorem
拉格朗日法 Lagrangian method
拉格朗日方程 Lagrange's equation; Lagrangian equation
拉格朗日公式 Lagrangian formulation
拉格朗日函数 Lagrangian function
拉格朗日恒等式 Lagrange's identity; Lagrangian identity
拉格朗日渐近算法 Lagrangian relaxation algorithm
拉格朗日流体流动 Lagrangian fluid flow
拉格朗日模型 Lagrangian model
拉格朗日-牛顿法 Lagrangian-Newton method
拉格朗日求解法 Lagrangian approach
拉格朗日算子 Lagrangian operator
拉格朗日算子法【数】Lagrange's multiplies method
拉格朗日投影 Lagrange's projection
拉格朗日运动方程 Lagrangian equation of motion
拉格朗日中值定理 theorem of Lagrange's mean
拉格朗日坐标 Lagrangian coordinates
拉格特风 Ghaziyah; rageas; ragut
拉各斯 <尼日利亚首都> Lagos
拉沟开挖(路堑) gullet working
拉钩 drag hook; draw-hook; pull hook; retracter[retractor]
拉钩检查距离【铁】distance for inspection couples
拉钩连杆 jack
拉钩销员【机】pin puller
拉古萨沥青 Ragusa
拉刮刀 draw knife; draw scraper
拉管 draw tube slide-trombone; pull tube; stay tube
拉管法 tube-drawing process
拉管机 drawing of tubes; tube-drawing machine
拉管器 <坑道钻用> rod puller
拉管台 plyers; tube-drawing bench
拉管子到钻塔中 pull into derrick
拉光 bright-drawing
拉辊 carry-over pinch roll; pinch roll; withdrawal roll
拉辊装置 pinch roll unit
拉合门 slide-by door
拉合千斤顶 coupling jack; pull(-in) jack
拉痕 scuff
拉桁弦 pull-chord
拉后退火 <线材的> patenting annealing
拉后指标 lagging indicator
拉弧时间 arc time
拉滑轮 tension pulley
拉坏 failure by pull
拉环 draw ring; pull(ing) eye; stay collar; suspension link
拉环法 ring method
拉环式的 ring pull
拉环指示计 tension ring indicator
拉荒车刀 bull-nose tool
拉荒机床 strip machine
拉簧 extension spring; pullback spring; tension spring
拉辉煌岩 odinite
拉辉正长岩 elkhornite
拉回 haul back; retract; shrink; unreeve; pullback
拉回滑车 haulback block
拉火绳 laniard; lanyard
拉挤缠绕工艺 pull winding
拉挤产品 pultrusion product

拉挤成型 pultrusion
拉挤用无捻粗纱 roving for pultrusion
拉挤与摩压联合工艺 pull forming
拉剪 <用张力卷筒> draw cut
拉矫机组 withdrawal straightening stands
拉接 tension joint
拉结层 binder course; binding course; bond course; chain course; lacing course
拉结丁砖 bonder; bond header
拉结钢丝 wire tie
拉结梁 tie beam
拉结木板条 batoon
拉结墙 tie wall
拉结石 binding stone; bond stone; perpen(d); perpeyn
拉结石外露端 clean back
拉结条 binder bar; bracing
拉结砖 bonding brick; tie brick
拉金 lashing wire
拉金效应 Razin(-Tsytovitch) effect
拉筋 damping wire; lacing bar; lacing wire; lashing wire; reinforcement; shrouding wire; tie bar; tie piece; tie wire
拉筋孔 lacing hole
拉紧 tighten(ing); tighten up; tight pull; hove taut; tauten; tautness; tensioning
拉紧柄 tension(ing) lever
拉紧槽 rubbish chute
拉紧带 puller strap
拉紧的 braced; taut
拉紧吊耳 tighting ear
拉紧度 <缆索等的> tautness
拉紧端 pull side
拉紧杆 tensioning lever; tie rod; span rope <钻塔的>
拉紧钢丝基线法 <测桥梁挠度的方法> taut-wire baseline method
拉紧钢丝绳 keep wire line in tension
拉紧工具 tightener
拉紧鼓筒 <皮带机的> tension drum
拉紧滚筒 take-up pulley
拉紧滑轮 straining pulley
拉紧滑轮组 sling block
拉紧夹 strain clamp
拉紧夹具 stretching device
拉紧接头 slack adjuster
拉紧绝缘器 strain insulator
拉紧绝缘子 ball insulator; globe insulator; strain insulator
拉紧卡子 <电线或绷绳> buffalo grips
拉紧联结器 buckle
拉紧链 tightening chain
拉紧轮 belt tightener; straining pulley; take-up pulley
拉紧螺钉 slack adjuster; stretching screw
拉紧螺杆 rigging screw; tightening up screw
拉紧螺帽 tension nut
拉紧螺母 tightening nut
拉紧螺栓 buckle; drag bolt; draw-in bolt; maneton bolt; side rod; stay bolt; strain bolt; strainer; stretching bolt; tension bolt; tie bolt; tightening bolt; tightening screw; twisting stick
拉紧螺套 sheeting jack
拉紧木板的(金属)条 kicking strap
拉紧皮带 tension on belt
拉紧器 bridle; pulling device; tension carriage; tensioner; tightening device; stretcher jack <深井泵拉杆的>
拉紧千斤顶 tension jack
拉紧牵条 tension brace
拉紧设备 puller device
拉紧绳索 string the line
拉紧收紧器 stay tightener
拉紧索 <防牵引索松垂> slack puller
拉紧弹簧 back-moving spring
拉紧套管 tension sleeve
拉紧铁箍 <装载货物加固> high-tension band
拉紧系泊 taut mooring
拉紧线 elastic threads; jerk line
拉紧楔 tension wedge
拉紧行程 take-up travel
拉紧咬送辊 drag pinch roll
拉紧在一起 tension together
拉紧制动带 pull of the brake band
拉紧重锤 tension weight
拉紧转矩 tightening torque
拉紧桩 anchor spike
拉紧装置 back balance; slack adjuster; strainer; stress accommodation; stretching device; take-up device; tension apparatus; tightening device; tensioner system <深海钻井平台的>
拉紧装置间距 distance between tension equipment
拉紧装置配重 take-up counterweight
拉紧钻杆柱测量钻杆柱拉紧伸长量 <以确定卡钻位置> take a stretch on pipe
拉进 drawing-in; haul in
拉进式航空螺旋 tractor airscrew
拉晶 crystal pulling; pulldown crystal; pulled crystal; withdrawal crystal
拉晶操作 pulling operation
拉晶机 crystal puller
拉晶炉 crystal pulling furnace; pulling furnace
拉晶速率 pulling rate
拉锯 cross-cutting saw; drag saw; two-handed saw
拉卡符号 Racah's notation; Racah's symbol
拉卡赛特阶【地】Lacasitan(stage)
拉卡系数 Racah's coefficient
拉开 drawback; hang off; pull-apart; pulldown; pull open
拉开插栓 unlatch
拉开差价档次 space out the difference in the prices
拉开距离 pulldown
拉开拉链 unzip
拉开盆地 tension-open basin
拉开收入差距 widen differences in personal income
拉开爪 pull-off
拉科式铁矿床 Lako-type iron deposit
拉科斯特摆 Lacoste pendulum
拉科斯特-隆伯格 Lacoste and Romberg
拉科斯特-隆伯格重力仪 Lacoste-Romberg gravimeter
拉克计划 Rucker plan
拉克鲁瓦牌路面弯沉仪 <法国> Lacroix deflectograph
拉孔 broaching; pulling eye
拉库尔电动机 Lacour motor
拉拉布 granny rag
拉拉德散热器 <一种隐蔽式散热器> Rayrad
拉拉链 zip
拉拉米砂层 Laramian sand
拉拉米旋回【地】Laramian cycle
拉拉米运动 <美国白垩纪晚期>【地】Laramide orogeny; Laramide revolution
拉缆 back guy
拉缆坑 draw pit
拉牢 anchorage; grapple; grappling
拉牢式绝缘器 anchorage insulator
拉牢支柱 anchorage support
拉离型陆外下陷盆地 pull-apart downwarped extracontinental basin
拉力 draft force; portative force; pulling; pulling capacity; pulling force; pulling power; resistance force; resisting force; stretching force; tensile force; tensile pull; tension
拉力摆式墩 tension-pendulum pier
拉力板 pull cap
拉力变形 tensile deformation; tension set
拉力表 drawbar dynamometer; dynamometer; pull dynamometer; tens(i)ometer; tension dynamometer; traction-type dynamometer
拉力波 tensile wave; tension wave
拉力波前沿 tension wave front
拉力测定仪 instron tensile(strength) tester
拉力测力计 tension dynamometer
拉力测量 measurement of tension
拉力磁导计 traction permeameter
拉力的 tensile
拉力负载试验 tensile load test
拉力改正 tension correction
拉力杆 stayed mast; tension(ing) rod; tension(ing) bar
拉力钢筋 tensile reinforcement; tension reinforcement
拉力钢皮带 high-tension band
拉力荷载 tensile load
拉力环 tensile ring; tension ring
拉力环状指示计 tension ring; tension ring indicator
拉力环状指示针 tension ring indicator
拉力计 draft ga(u)ge; dynamometer; pull tension ga(u)ge; strain ga(u)ge; tautness meter; tens(i)ometer; tension meter; traction-type dynamometer
拉力架 chaining buck; straining trestle; straining tripod; tensile carriage; tensile tripod; tension carriage; tension foot; tension tripod
拉力减径 stretch reducing
拉力减径机 stretch reducer
拉力校正 <量距离时> correction to tension; correction for pull
拉力接合 tension joint
拉力结构 tensile structure; tension structure
拉力开裂 tensile cracking
拉力连接 tension connection
拉力裂缝 tension crack
拉力螺栓 stress bolt; tension bolt
拉力铆钉 rivet in tension
拉力疲劳试验 fatigue tension test
拉力平衡器 <钢尺量距时的> tape balance; spring balance
拉力破坏 fail in tension; tensile failure; tension failure
拉力器 spring exerciser; tensioner
拉力千斤顶 pulling jack
拉力强度 intensity of tension; tensile intensity; tensile strength; tension intensity
拉力强度极限 tensile strength limit
拉力区 tensile area; tensile region; tensile zone; tension area; tension region; tension zone
拉力曲线 pull-up curve
拉力屈服点 tensile yield point; tension yield point
拉力试棒 tensile bar; tensile specimen; tension specimen; test specimen
拉力试杆 tension specimen
拉力试验 pull(ing) test; tensile test; tension test
拉力试验机 lacerating machine; tensile testing machine; tension tester; tension testing machine
拉力试验夹具 tension grip
拉力试验图 tensile test diagram
拉力竖杆 tension vertical
拉力损失 tensioning loss
拉力弹簧 draught spring
拉力系数 coefficient of tension
拉力斜撑 tension diagonal
拉力修正 tension correction
拉力仪 tensile force ga(u)ge; tension dynamometer
拉力与重量之比 <车辆的> drag-to-weight ratio
拉力增量 incremental tension force
拉力支撑 tension bracing
拉力支架 fan guard
拉力值 tensioning value
拉力中心 center[centre] of drag
拉力桩 pile anchor; tension pile
拉力桩试验 tension pile test
拉力状态 state of tension
拉帘 draw curtain
拉链 drag chain; fastener; guy chain; pull(ing) chain; slide fastener; taping; tension chain; zip-fastener; zipper
拉链操作器 pull-chain operator
拉链渡船 chain(-operated) ferry
拉链耳子 anchor ear
拉链开关 pull-chain operator
拉链冷却机 drag chain cooler
拉链起重器 chain block
拉链器 chain tensioner
拉链式的 zippered
拉链式矩形钢制保温蝶阀 insulated rectangular steel butterfly valve with chain
拉链式矩形钢制蝶阀 rectangular steel butterfly valve with chain
拉链式起重器 pull lift
拉链式输送机 zipper conveyer[conveyor]
拉链式圆形钢制蝶阀 round steel butterfly valve with chain
拉链式装配玻璃 zipper glazing
拉链输送带 drag chain belt conveyer[conveyor]
拉链输送机 drag chain conveyer[conveyor]
拉链条 zipper strip
拉链条款 zipper clause
拉链文具盒 zippered pencil case
拉梁 collar beam; straining beam; tie beam
拉料辊 gripping roll; pull-out roll; take-off roller
拉裂 crack in tension; drawing breakage; hot tear crack; parch crack; pull-apart; pull crack; restriction crack; tensile failure; tensile rupture; tension fracture
拉裂缝 tension crack
拉裂钢筋 tensile splitting reinforcement
拉裂裂纹 pull crack
拉裂面 pull apart plane
拉裂强变试验 tensile splitting strength test
拉裂试验 tensile splitting test
拉裂型裂缝 tearing crack
拉铃线 ringing wire
拉轮法 pull wheel process
拉轮器 puller; pulley extractor; withdrawer; withdrawing device
拉马各尔铝镁耐火材料 Lamagol
拉马管 larmatron
拉马克学说 Lamarck's theory
拉曼非活性 Raman non-activity

拉曼光谱 Raman spectrum
拉曼光谱法 Raman spectroscopy
拉曼光谱分析 Raman spectroscopy
拉曼光谱计 Raman spectrometer
拉曼光谱图 Raman spectrogram
拉曼光谱学 Raman spectroscopy
拉曼回波 Raman echo
拉曼混频 Raman mixing
拉曼活性 Raman activity
拉曼激光材料 Raman laser material
拉曼激光器 Raman laser
拉曼激光源 Raman laser source
拉曼激光作用 Raman laser action
拉曼频移 Raman shifting
拉曼谱带 Raman band
拉曼谱线 Raman line
拉曼强度 Raman intensity
拉曼散射 Raman diffusion;Raman scattering
拉曼散射光 Raman scattered light
拉曼散射激光雷达 Raman scattering laser radar
拉曼散射系数 Raman scattering coefficient
拉曼摄谱仪 Raman spectrograph
拉曼式散射 Raman-type scattering
拉曼探针分析 Raman probe analysis
拉曼位移 Raman displacement
拉曼位移光 Raman-shifted light
拉曼相移过程 Raman dephasing processes
拉曼效应 Raman effect
拉曼油 Lallemantia oil
拉曼跃迁 Raman transition
拉曼振荡器 Raman oscillator
拉曼转动光谱 Raman rotational spectrum
拉毛【建】broom finish;napping;pull(ing)-up;roughen(ing)(by picking);score;sparrow peck;texturing
拉毛长 gig mill
拉毛的 scored
拉毛粉饰 stucco
拉毛粉饰涂装 stucco coating
拉毛粉饰檐 stucco cornice
拉毛粉刷 comb plaster;graffito;picking-up coat; stucco; stucco stippling; stucco strap; stucco work; stuke
拉毛粉刷层 picking-up coat
拉毛粉刷工程 stucco work
拉毛粉刷工匠 stuccoist
拉毛粉刷工人 stuccoist;stucco worker
拉毛粉刷工作 stucco work
拉毛粉刷建筑 stucco architecture
拉毛粉刷平顶 stucco ceiling
拉毛粉刷式样 stucco pattern
拉毛粉刷天棚 stucco ceiling
拉毛粉刷镶饰的墙 stucco-encrusted wall
拉毛粉刷型 stucco pattern
拉毛粉刷檐饰 stucco cornice
拉毛工具 <泥水工用的> scratcher
拉毛灰泥 stucco
拉毛混凝土 broom-finish concrete; scrubbed concrete
拉毛混凝土板 scrubbed concrete slab
拉毛混凝土花槽 scrubbed concrete flower trough
拉毛混凝土面层 scrubbed concrete facing
拉毛面【建】roughcast; harl; scored surface
拉毛墙面 roughcast
拉毛试验仪 pick tester
拉毛水泥 stucco
拉毛水泥形式 stucco pattern
拉毛凸粉刷 pargetry
拉毛涂层 stucco coating
拉毛涂装法 alsgraffits painting; tex finishing
拉毛罩面 Tyrolean finish
拉毛抓子 scratcher
拉锚 tieback
拉锚杆 tie-down
拉锚式锚(具) jacking through anchorage
拉锚移船 kedge
拉铆枪 easy squeeze blind rivet gun; hand riveter
拉帽 pull cap
拉梅常数 <弹性体表示应力应变关系的两个常数> Lame's constant
拉梅公式 <弹性体应力应变计算公式> Lame's formula
拉梅椭球面坐标 Lame's ellipsoid coordinates
拉梅应力椭球 Lame stress ellipsoid
拉梅应力指示面 Lame stress-director surface
拉美破布木 princewood
拉美苏木 log wood
拉美西姆 <古埃及国王拉美西斯二世陵庙> Rames(s)eum
拉门 slide door; slide gate; sliding gate;fusuma <日本房屋中的>
拉门导轨 door track;guide rail;flooring guide <楼板、地板上的>
拉门导轨托 door track bracket
拉门底部导轨 sliding door bracket
拉门吊挂滑轮 door hanger sheave
拉门吊挂装置 door hanger
拉门滚轮 door guide roller;door roller
拉门滑轨 sliding door rail
拉门滑轮 door guide roller; door sheave;door shoe;door slide;sliding door roller
拉门门挡 open door stop
拉门上导轨 top door rail
拉门上导轨导架 door rail bracket
拉门锁 lift latch;sliding door lock
拉门铁梃 sliding door stile
拉门箱 boxing
拉蒙氏点 Ramond's point
拉蒙式锅炉 La Mont boiler
拉蒙特定律 La Mont's law
拉蒙絮状试验 Ramon flocculation test
拉锰矿 ramsdellite
拉米定理 Lami theorem
拉米克斯法 Lamex process
拉米逻辑式磁放大器 Ramey type magnetic amplifier
拉模 broaching die;conic(al)die;pulling form;reducing die;running
拉模板 die plate; drawing block; drawing-out frame; draw (ing) plate; draw ring; whirtle plate; wire-drawing block
拉模板座 die stand
拉模剥光 die scalping
拉模成型 pulling form mo(u)lding
拉模的出口 die relief
拉模的入口喇叭 die entrance
拉模法 dragged form method
拉模盒 die box
拉模划痕 die mark; die score; die scratch
拉模孔 drawhole;drawing pass
拉模孔壁磨损圈 die drawing ring
拉模孔的圆柱形部分 die parallel
拉模孔光洁度光学检查仪 profiloscope
拉模孔型 die profile
拉模入口锥 die bell;die entrance
拉模套 die case
拉模钻孔 die piercing
拉膜孔定径带 <圆柱形部分> die bearing
拉磨床 broach grinder
拉抹 twitcher
拉莫尔半径 gyromagnetic radius;Larmor radius
拉莫尔定理 Larmor theorem
拉莫尔公式 Larmor formula
拉莫尔轨道 Larmor orbit
拉莫尔角频率 angular Larmor frequency
拉莫尔进动 Larmor precession
拉莫尔进动频率 Larmor precession frequency
拉莫尔频率 Larmor frequency
拉莫尔旋进 Larmor precession
拉莫管 larmotron
拉姆达 <容积单位> Lambda
拉姆奈特水泥 <一种高铝水泥> Lumnite cement
拉姆齐松德统【地】Ramsay Sound Series
拉姆齐问题 Ramsay problem
拉姆萨斯高巨柱式 colossal statue of Ramses
拉姆斯博顿安全阀 Ramsbottom safety valve
拉姆斯的涅墨西斯神庙 Temple of Nemesis at Rhamnus
拉姆辛(直流)锅炉 Ramzin boiler
拉姆逊冲孔法可锻性试验 Ramshorn test
拉姆移位 Lamb's shift
拉幕 draw curtain
拉幕区 curtain zone
拉纳佩勒蓝 Lanaperl blue
拉纳新绿 Lanasyn green
拉尼尔蓝 Lanyl blue
拉尼克合金 <一种钨基镍合金> Renik's metal
拉尼娜("圣女")现象 La Nina episodes
拉尼镍 Raney's nickel
拉尼镍废水 Raney's nickel wastewater
拉尼镍铝合金 Raney's alloy
拉钮 draw knob;draw stop;pullbutton
拉钮开关 pull contact
拉帕劳 <一种纤维素塑料> Rapaloid
拉朋佐夫石 labuntsovite
拉坯 knuckling;throw
拉坯棒 throwing stick
拉坯成型 hollowing
拉坯成型法 throwing
拉坯吹塑机 stretch-blow mo(u)lding machine
拉坯工 jigger man
拉坯工人 thrower
拉坯轮车 potter's wheel
拉坯泥料 throw clay
拉坯黏[粘]土 throw clay
拉坯形成的条纹 throwing marks
拉坯用泥段 hump
拉皮尔 <一种混凝土搅拌机> Rapier
拉片距 pulldown
拉片时间 pull-in time
拉偏试验 bias test
拉平 adequation; flare-out; flattening-off; flattening out; laying off; level(ling)up;pull out
拉坡工作 grading work
拉坡机 haulage winch
拉坡推土机 grade builder
拉坡系统 pull slope system
拉普拉斯变换 Laplace's transform(ation);Laplacian transform(ation)
拉普拉斯变换表 Laplace's transform table
拉普拉斯参数 Laplace's parameter
拉普拉斯点 Laplace's point;Laplace's station; Laplacian point; Laplacian station
拉普拉斯定律 Laplace's law
拉普拉斯反变换 inverse Laplace's transform(action)
拉普拉斯反演定理 Laplacian inversion theorem
拉普拉斯方程(式) Laplace's equation;Laplacian equation
拉普拉斯方位角 Laplace's azimuth; Laplacian azimuth
拉普拉斯分布 Laplace's distribution
拉普拉斯公式 Laplace's formula
拉普拉斯积分 Laplace's integral
拉普拉斯检核 Laplacian control
拉普拉斯离差 Laplace's measure of dispersion
拉普拉斯连续律 Laplace's law of succession
拉普拉斯流体动力学说 Laplace's hydrodynamic(al) theory; Laplacian hydrodynamic(al) theory
拉普拉斯面谐函数 Laplacian surface harmonics
拉普拉斯模型 Laplace's model
拉普拉斯逆变换 inverse Laplace's transform(action);inversion Laplacian transform
拉普拉斯逆变换公式 converse-Laplacian formula
拉普拉斯偏微分方程 Laplace's partial differential equation
拉普拉斯平面 Laplace's plane
拉普拉斯曲线 Laplacian curve
拉普拉斯矢量 Laplace's vector
拉普拉斯算符 Laplace's operator; Laplacian operator
拉普拉斯算子 Laplace's operator; Laplacian operator
拉普拉斯条件 Laplace's condition; Laplacian condition
拉普拉斯无旋运动 Laplace's irrotational motion
拉普拉斯系数 Laplacian coefficient
拉普拉斯线性方程 Laplace's linear equation
拉普拉斯星云假说 Laplacian nebular hypothesis
拉普拉斯学说 Laplace's theory
拉普拉斯音速 Laplacian speed of sound
拉普拉斯展开 Laplace's development
拉普拉斯展开定理 Laplace's expansion theorem
拉普拉斯展开式 Laplace's expansion
拉普拉斯准则 <对策论中一种准则> Laplace's criterion
拉普拉塔河 La Plata River
拉普拉塔砂岩 La Plata sandstone
拉普帖夫海 Laptev Sea
拉起 bowse away; draw up; heave up;heaving;pull-up;trice
拉牵杆 stayed pole
拉牵力 towing force
拉钳 draw tongs;frog clamp;toggle
拉墙 counterfort;countermure
拉切 draw cut;pull cut
拉切法砍树 draw shear
拉切式牛头刨 pull-cut shaper
拉绒厂 gig mill
拉绒机 napper;raising gig
拉绒织物 velour
拉入杆 draw-in rod
拉入绕组 pull-in winding;pull-through winding; push-through winding; threaded-in winding
拉入同步 pull(ing)-in step
拉软床 stake
拉软机 staking machine
拉萨地块 Lhasa block
拉萨涅试验 Lassaigne's test

拉瑟福德模型 Rutherford's model
拉森厚木板 Larssen's section
拉森-奈尔逊体系建筑 <丹麦建筑体系之一,构件尺寸与房间相等,装配成箱形,外墙覆面为隔热层夹心板> Larssen-Nielson
拉森氏板桩 Larssen piling
拉森式钢板桩 Larssen's (sheet) piling;Larssen's(steel sheet) pile
拉森式钢板桩墙 Larssen's steel sheet pile wall
拉森式前探钢桩 Larssen's pile
拉森式桩 Larssen's piling
拉森型材 Larssen's section
拉森型柱桩 Larssen's pile
拉沙特尔泡沸点压力校正 Lasater's bubble-point pressure correction
拉伤 strain
拉上船台 hauling-up the slip(way)
拉上滑道 hauling-up the slip(way)
拉尚反向极性亚带 Laschamp reversed polarity subzone
拉尚反向极性亚时 Laschamp reversed polarity subchron
拉尚反向极性亚时间带 Laschamp reversed polarity subchronzone
拉尚线普事件 Laschamp event
拉伸 drawing; drawing out; elongation due to tension; ironing; length-en(ing); stretching; tension
拉伸板 stretched plate
拉伸包装 stretch wrap
拉伸比能 specific energy of tension
拉伸变薄 tension-thinning
拉伸变定 tension set
拉伸变形 stretch elongation; stretcher strain; stretching strain; tensile deformation
拉伸变形纹 stretcher strain marking
拉伸丙烯酸塑料 stretched acrylic plastic
拉伸长度 length of draw; stretch elongation; stretching distance; tensile elongation
拉伸长度增量 stretching distance increment
拉伸成型法 stretcher forming; wrap forming
拉伸成型机 stretch former; stretch forming machine
拉伸冲击试验 tensile impact test
拉伸的 drawn; stretched; tensile
拉伸的金属板 draw roll
拉伸的铅条 drawn lead
拉伸度 degree of stretch
拉伸断层 extension fault; stretch thrust
拉伸断裂 tensile break; tensile cracking; tension fracture
拉伸翻边 stretch flanging
拉伸翻边模 stretch-flanging die
拉伸负荷 tensile load(ing); tension load
拉伸刚度 extensional rigidity
拉伸共振 draw resonance
拉伸龟裂 tension cracking
拉伸辊 draw roll; stretching roller
拉伸过程 process of stretching; stretching run
拉伸和断裂强度 tensile strength and collapse resistance
拉伸荷载 tensile load(ing)
拉伸回复力 tensile recovery
拉伸回转成型 stretch rotary forming
拉伸机 draw frame; stretcher; tensioning machine
拉伸机油泵 pull-stretch fuel pump
拉伸加捻机 draw-twist machine
拉伸加压缩试验 tensile and compression
拉伸剪切强度 tensile shear(ing) strength
拉伸剪切试验 tensile shear(ing) test
拉伸矫直 stretcher level(l)ing; stretch rolling
拉伸矫直法 stretcher straightening
拉伸矫直机 stretcher level(l)er
拉伸校平 stretch level(l)ing
拉伸距离 stretching distance
拉伸距离增量 stretching distance increment
拉伸卷缠成型 stretch-wrap forming
拉伸力的行径 path of stretching force; path of tensioning force
拉伸力轨迹 trajectory of stretching force
拉伸裂缝 tensile crack; tension crack
拉伸流动 elongational flow; extensional flow
拉伸络丝机 draw winder
拉伸模 drawing die; stretching die
拉伸模量 modulus of elongation; tensile modulus
拉伸模数 modulus in tension; tensile modulus
拉伸黏[粘]度 extensional viscosity
拉伸黏[粘]结性能 tensile-adhesion property
拉伸疲劳 fatigue in tension
拉伸疲劳试验 fatigue tension test; repeated tensile test; tensile fatigue test
拉伸破坏 tension failure
拉伸破坏试验 tensile rupture test
拉伸破裂 tensile failure; tensile fracture; extension fracture
拉伸器 pulling tool; stretcher
拉伸强度 hot strength; stretching strength; tensile strength
拉伸强度试验机 instron
拉伸强度试验用砂 <粒径 0.6 ~ 0.85 毫米> tensile test sand
拉伸曲线 tensile curve
拉伸屈服 tensile yield
拉伸屈服点 tensile yield point
拉伸屈服应力 tensile yield stress
拉伸容量 tensile capacity
拉伸柔量 compliance in extension
拉伸蠕变 tensile creep
拉伸蠕变试验 tensile creep test
拉伸设备 equipment for tensioning
拉伸伸长 linear deformation
拉伸试棒 tensile test bar
拉伸试件 Erichsen test coupon
拉伸试验 elongation test; extension-(al) test; pulling test; pull-off test; tensile test; tension test
拉伸试验机 cupping machine; tensile testing machine; tens(i)ometer
拉伸试验试棒 tensile test specimen
拉伸试验仪 tens(i)ometer
拉伸试样 tensile sample
拉伸速率 rate of extension
拉伸损坏 fail in tension; failure in tension
拉伸缩颈 necking in tension
拉伸弹簧 extension spring; tension spring
拉伸弹性 tensile elasticity; tension elasticity
拉伸弹性极限 point of maximum load
拉伸弹性模量 modulus of elasticity in tension; tensile modulus of elasticity
拉伸弹性模数 modulus of elasticity in direct stress
拉伸凸缘 stretch flange
拉伸图 tensile diagram
拉伸弯曲 stretch bending
拉伸弯曲法 stretch bend method
拉伸弯曲应力 tensile bending stress
拉伸系数 coefficient of elongation
拉伸纤维 fibre[fiber] in tension
拉伸效应 stretching effect
拉伸型裂纹 stretching mode crack
拉伸性 extensibility; stretchability
拉伸性能 tensile property
拉伸性能试验 Erichsen test
拉伸徐变 tensile creep
拉伸压缩循环 extension-compression cycle
拉伸延长 extension elongation
拉伸应变 elongation strain; extension-(al) strain; stretching strain; tensile strain; tensive strain
拉伸应力 intensity of breaking; pulling tension; stretching stress; tensile stress; tension stress
拉伸应力应变模量 tensile stress-strain modulus
拉伸应力应变图 load-extension curve
拉伸浴 stretch bath
拉伸运动 extensional motion
拉伸摺缘 stretch flanging
拉伸制动 stretch braking
拉伸制品 drawn product
拉伸装置 stretching equipment
拉伸状态 in tension
拉砷铜石 lammerite
拉深 redraw
拉深成型 deep drawn forming
拉深模模口圆角半径 die radius
拉深性 drawability
拉深压边筋 draw bead
拉深压床 drawing press
拉升用绳索 raising cord
拉绳 back guy; cable brace; drag cable; drag rope; guy rope; haulage rope; hauling rope; pull(ing) line; pull(ing) rope; stay cord; stretching wire; tricing line
拉绳打桩机 bell rope hand pile driver
拉绳挂铁 transom cleat
拉绳滑轮 jockey well; loose pulley
拉绳轮 <钢绳冲击钻的> bull wheel; tug pulley
拉绳模 <金刚石> wire die
拉绳式打桩机 bell rope hand pile driver
拉绳式道口栏木 rope-stretching barrier
拉绳握柄 cord grip
拉绳行为 string-pulling behaviour
拉氏分布 Laplace's distribution
拉式火警箱 pull-station
拉式平刨 drawing type flat plane
拉手【建】 handle; knop; pull (handle); grab handle; hand hold; heft; kep; pull hardware
拉手带襻 supporting strap
拉手环 pull ring; supporting loop
拉手架 grip handle
拉栓 pulling plug
拉丝 drawing; wire drawing; wire stretching
拉丝长度 length of string
拉丝厂 drawing mill
拉丝法 <测定玻璃黏[粘]度方法> fiber elongation method
拉丝坩埚 bushing
拉丝机 bull blocker; drawbench; drawing machine; motobloc; pulling machine; wire drawer
拉丝机弹簧板 drawgear spring plate
拉丝卷筒 block for drawing; cone; drawing block
拉丝孔模 die orifice
拉丝模 bull block; drawing die; wire-drawing block
拉丝模板 drawing block; drawing board; wortle plate
拉丝模孔口 wire-drawing die orifice
拉丝模框架 drawing-out frame
拉丝模模孔光学检查仪 profiloscope
拉丝模模孔检查仪 wire-drawing die profilometer
拉丝模圆柱孔长度测量表 Zet meter
拉丝模组合 die assembly
拉丝式锚 anchorage obtained thru wire stretching
拉丝式送丝机构 pull-type wire feeder
拉丝试验 stringing test
拉丝速度 <玻璃纤维> attenuation rate
拉丝涂料 cobweb coating
拉丝(线)机 wire-drawing machine
拉丝性 webbing
拉丝性能 stringiness
拉丝用润滑脂 drawing grease
拉斯基律法 Lasky law method
拉斯卡式厕所 <一种蹲式水冲厕所> Lascar closet
拉斯姆工艺 Ransome's process
拉斯姆搅拌机 Ransome mixer
拉斯佩齐亚港 Port La Spezia
拉斯特法 Rast's method
拉斯特方位图 Rust's azimuth diagram
拉速 pulling rate
拉缩回 draw-in
拉缩(头) <带翼缘断面轧件的> pulling down
拉索 anchor line; back guy; backstay cable; backstay rope; bight line; bracing cable; bracing wire; bridge stay; bridle rope; dragline; guy; guy cable; guy rope; guy wire; hauling cable; inhaul cable; pull-chord; rope guy; stay cable; stay cord; staying wire; stay rope; stretching wire; string; tag line; tieback; towing cable; traction cable; travel cable; travel rope; wire pull; pendant <起重机的>
拉索铲斗 dragline capacity
拉索铲斗吊杆 dragline bucket boom
拉索铲挖掘机 dragline; dragline excavation; pull shovel; slackline cableway excavator
拉索超限 <起重机> overhoist
拉索斗式挖土机 dragline excavator
拉索杆 stay rod
拉索戽斗 dragline bucket
拉索加固的高塔 tall guyed tower
拉索架 dragline yoke
拉索结构 guyed structure
拉索锚碇 backstay anchor; guy anchor
拉索锚固 anchorage of hauling; backstay anchor; guy anchor
拉索锚桩 stay pile
拉索幕 <将扇形索斜拉桥的拉索假定为连续的帷幕,以便为动力分析建立微分方程> stay curtain
拉索耙运机 dragline scraper
拉索起重机 guy derrick
拉索桥 cable-stayed bridge; stayed bridge
拉索桥塔 guy-cable tower; tower for cable-stayed bridge
拉索清管 dragline go-devil; dragline pig; drag-type scraper
拉索区 cable area
拉索容量挖掘力 dragline capacity
拉索式堆垛机 cable stack
拉索式起重机 guyed derrick
拉索式挖掘机 rope-operated excavator
拉索式桅杆起重机 guy derrick
拉索式转臂起重机 fly jib
拉索式装载机 dragline loader
拉索式自卸卡车 cable-dump truck

拉索速度的控制 line speed control
拉索体系 cable-stayed system
拉索挖掘机 excavating cableway
拉索挖泥船 dragline dredge(r)
拉索挖土斗 dragline bucket
拉索挖土机 dragline-type shovel
拉索卸料斗 drag line bucket
拉索张力指示器 < 卷扬机的 > rope tension indicator
拉索桩 guy anchor;stay pile;stay rod
拉锁 zip-fastener;zipper
拉塔暗红色装饰硬木 < 产于新西兰 > Rata
拉塔基亚港 < 叙利亚 > Port Laltakia
拉探杯突试验 cup drawing test
拉特 < 辐射吸收剂量单位,1 拉特 = 100erg/g > rad [radiation absorption dose]
拉特格工艺 < 木材防腐,用杂酚油一氯化锌乳剂 > Rûtger's process
拉特兰大教堂 < 罗马 > Lateran
拉特兰宫 < 罗马 > Lateran
拉特兰郡硅酸盐水泥 Ketton cement
拉梯 extension of ladder
拉条 anchor line;back guy;back-tie;brace;bracing;bridle;draw bar;guy;span piece;spar piece;sprag;staddle;stay;strainer;straining piece;stretching piece;strutting piece;tension brace;tieback;tie-back tie
拉条 T 形铁 boiler T
拉条成型机 depositor
拉条地锚 tieback anchor
拉条钢筋 stay bar
拉条荷载 tieback load
拉条横梁 stay transom
拉条螺母 brace nut
拉条螺栓及螺母 brace bolt and nut
拉条式系船浮标 tension bar type mooring buoy
拉条位置 tieback location
拉条系统 system of span pieces
拉铁丝 bracing wire
拉筒 slide
拉托涡轮机 Rateau turbine
拉脱接头 pull-apart connector
拉脱力 pulling out force;tube-to-tubesheet joint load
拉脱强度 pull-off strength
拉脱式电缆接头 breakaway connector
拉脱维亚 Latvia
拉瓦尔管 convergent-divergent channel
拉瓦尔喷管 contracting-expanding nozzle;convergent-divergent nozzle;converging-diverging nozzle;Laval nozzle
拉瓦尔喷管扩散段 convergent-divergent inlet
拉瓦尔型倒喷嘴 reversed de Laval nozzle
拉瓦捷克黏[粘]度 Lawaczek viscometer
拉弯 stretch bending;stretch forming
拉弯机 stretch bender
拉韦纳的西奥地里克陵园 < 美 > Mausoleum of Theodoric at Ravenna
拉维克托 < 一种采暖板 > Rayvecto
拉维塔斯点 Lavitas point
拉维特法 Lavite process
拉文奈 < 一种覆盖屋面用的压缩油毛毡 > Ravenite
拉乌尔定律 Raoult's law
拉乌尔法 Raoult's method
拉乌公式 Rao formula
拉希驳 lighter aboard ship[LASH]
拉希船 lighter aboard ship[LASH]
拉希德港 < 阿拉伯联合酋长国 > Mina Rashid Port
拉希方式 LASH system
拉希勒投影 La Hire's projection
拉希载驳货船 LASH vessel
拉希子驳 LASH barge;LASH lighter
拉希子驳装卸机 LASH barge loader
拉稀薄灰浆 mortar reducing
拉细 drawing out;reducing;fine draw
拉细区 attenuating zone
拉细丝 fine draw
拉细丝机 finishing block
拉下 depress;haul down;pulldown;pluck
拉下遮盖 draw over
拉纤 cordelling;towing;trackage;tracking
拉纤道 tow(ing)path
拉纤机车 towing engine
拉纤铁路 towing track
拉弦 pull-chord
拉弦杆 tension chord
拉弦拱 strainer arch
拉线 anchor;anchor line;back guy;boom guy;bracing wire;guy-(line);guy wire;haul back;haul-(i)er;pull-chord;pull wire;run a line;spanning;span wire;stay guy;staying wire;strain (ing) wire;stretching wire;tie line;tightening wire;wire stay
拉线板 strain plate
拉线撑杆 anchor strut
拉线穿线环 stay thimble
拉线灯口 pull socket
拉线地锚 guy anchor
拉线电杆 span pole
拉线电门 pull switch
拉线钉 stand-off
拉线法 pull line method
拉线方式 span-wire system
拉线杆 anchor bar;guyed pole;stayed mast;stayed pole;stay rod
拉线钢带 snake
拉线隔电子 stay insulator
拉线钩 guy hook;stay hook
拉线盒 pull box;terminal box
拉线虎钳 devil claw
拉线机 wire stretcher
拉线夹 anchor(ing) clamp;anchoring clip;pressure connector;strain clamp
拉线夹板 guy clamp
拉线脚【建】run a mo(u)lding
拉线紧固体 stay tightener
拉线绝缘 insulation in guy
拉线绝缘子 egg insulator;guy (-wire) insulator
拉线开关 ceiling switch;chain-pull switch;cord-pull switch;cord switch;pendant switch;pull-chord type switch;pull switch;suspension switch
拉线轮 mounting pulley
拉线螺丝 turnbuckle
拉线螺旋 turnbuckle
拉线模板 reducing die
拉线耐拉绝缘子 guy strain insulator
拉线盘 cable quadrant
拉线器 line stretcher;wire grip
拉线器移相器 line-stretcher phase shifter
拉线钳 draw vice[vise];wire-draw tongs
拉线上的水准仪 nevellator
拉线式电杆 guyed mast
拉线式井架 guyed mast
拉线式塔架 guyed mast
拉线式天线杆 guyed antenna mast
拉线式铁塔 stayed tower
拉线水准仪 < 水准仪两端有钩,挂在水平钢丝绳上,用于开挖基槽及铺设管道工程 > line level
拉线塔 anchor tower;transmission line tower
拉线铁塔 stayed tower
拉线图 cording diagram
拉线箱 pull box
拉线用复滑轮 adjusting ear
拉线张紧器 stay tightener
拉线找平 < 砌砖等 > line level
拉线找中法 stretched wire method of aligning
拉线支持腕臂 anchor arm
拉线支柱 anchor strut
拉线桩 guy anchor;guy rod;guy stub;stay block;stay bolt;stay crutch;stay rod
拉线装置 stretching device
拉削 broach(ing)
拉削刀具 broaching cutter;broaching tool
拉削夹具 broaching fixture
拉削压力机 broaching press
拉歇环 Raschig ring
拉歇环冷却器 Raschig-ring cooler
拉形 stretch forming
拉修 upkeep
拉逊板桩 Larrson pile
拉压传感器 load cell
拉压弹性模量 elastic modulus of tensile compression
拉压弹性模数 elastic modulus of tensile compression
拉压杆 tie-strut
拉压刚度 longitudinal rigidity
拉压交替压力 reversed direct stress
拉压疲劳极限 tension-compression fatigue limit
拉压疲劳试验 repeated tension and compression test
拉压系统 tension-compression system
拉压应力 stress of tensile compression
拉压振动 longitudinal vibration
拉压支座 tension-compression bearing
拉延 draw
拉延凹模圆角半径 draw(ing) edge radius
拉延比 draw(ing) ratio
拉延反拉延组合模 combination draw-reverse draw die
拉延工序 drawing operation
拉延工艺 drawing work
拉延间隙 drawing gap
拉延件 drawn component
拉延件壁上皱纹 puckers
拉延件侧壁皱纹 body wrinkles;puckers
拉延筋 brake bead;draw bead
拉延力 drawing pressure
拉延润滑膜 drawing film
拉延速度 drawing speed
拉延凸模圆角半径 drawing punch radius
拉延系数 drawing coefficient
拉延压机 stretching press
拉延用钢板 drawing sheet
拉延再拉延组合模 combination draw-redraw die
拉曳分粒器 drag classifier
拉曳刮土 drag scraper
拉曳就位 pulling to place
拉曳破坏 failure by pull
拉曳器 barney
拉伊 < 泰国面积单位,1 拉伊 = 1600 平方米 > rai
拉引 draft;drag
拉引池 drawing pot
拉引辊 guide roll
拉引技术 pulling technique
拉引率 drawing rate
拉引式清管器 pull-type go-devil;pull-type pig;pull-type scraper
拉引式信号开关 signal(l)ing key of pull type
拉引室 drawing chamber
拉引室窗 end-door window
拉引室门 end door;pit door
拉引速度 drawing speed;stretching speed
拉引调谐 pulling into tune
拉引线道 dragline;lip streak
拉引着色 drawing induced colo(u)ration
拉应变 stretching strain;tensile strain
拉应力 pulling stress;tensional stress;traction;tensile stress
拉应力脆性 tension brittleness
拉应力轨迹线 tensile trajectory
拉英斯攀式体系建筑 < 英国建筑体系之一,主要用于学校建筑 > Laingspan
拉轧辊 withdrawal and reducing roll
拉轧机 pull-out and reducing stand
拉闸杆 brake pull-rod
拉窄 drawing out
拉毡台 mat(te) tentering table
拉展金属件 expanded metal
拉展金属网 expanded metal lath-(ing);expanded sheet metal
拉张 guy rope
拉张边界 tensional boundary
拉张裂缝 tensile crack
拉张盆地 extension basin
拉张强度 tensile strength
拉张硬度 drawing hardness
拉张运动 extensional movement
拉张褶皱 tension fold
拉者 puller
拉直 adequation;flare-out;straightening;stretching
拉直钢板 stretcher level(l)ing
拉直钢丝模 flattener
拉直机 stretching machine
拉直器 straightening apparatus;stretching apparatus
拉直线 alignment;snap the line < 铺砌时的直线标准 >
拉直线关闭规律 linear closure principle
拉直折线 straightening polyline
拉指令 pull instruction
拉制 drawing;drawing out;pulling
拉制玻璃 drawn glass;flat-drawn (sheet) glass
拉制车间 drawing mill
拉制的 drawn;solid-drawn
拉制的玻璃光纤 drawn glass fiber
拉制的单晶 pulled crystal
拉制的圆筒摊平玻璃 drawn cylinder glass
拉制钢 drawn steel
拉制钢管 drawn pipe;drawn steel piping;drawn steel tubing
拉制钢筋 expanded reinforcement
拉制钢丝 drawn wire;tensioned wire
拉制工具 drawing tool
拉制管 drawn pipe [piping];drawn tube[tubing];solid-drawn tube
拉制机 drawing machine
拉制件 drawn part;draw piece
拉制金属 draw metal;drawn metal
拉制来福线 rifle
拉制来复线机 rifling machine
拉制平板玻璃 drawn sheet glass
拉制设备 drawing device
拉制试验 drawing test
拉制条纹 seam line
拉制无缝(钢)管 seamless drawn

tube; solid-drawn pipe; solid-drawn tube; weldless drawn pipe; solid-drawn steel pile; solid-drawn steel tube
拉制线材后的退火处理 patenting
拉制型材 drawn shape
拉制性 drawing quality
拉制用青铜 drawing bronze; Nida
拉制用油 drawing oil
拉制轧制管材 drawn and rolled tubes
拉重 tensile weight; tension weight
拉桩 anchor pile; tension pile; tie pile
拉桩固定器 anchor
拉桩环 anchor ear
拉桩绝缘器 anchorage insulator
拉桩绝缘子 anchorage insulator; anchor insulator
拉桩支栓 anchor strut
拉桩支柱 anchor strut
拉着吊带站立的乘客 strap hanger
拉综梁 lam

邋 遢的场地 frowy ground

喇 叭 hooter; klaxon device; loudspeaker; signal alarm; sound horn; trumpet

喇叭按钮 horn button; horn push < 车辆的 >
喇叭按钮座板 horn button base plate
喇叭布 baffle cloth
喇叭齿轮 horn toothed wheel
喇叭的响声 tantara
喇叭反射面天线 horn reflector antenna
喇叭方程 horn equation
喇叭盖 horn hood
喇叭拱 splayed arch
喇叭管 flared pipe; horn tube; trumpet(tube)
喇叭管接头 flare-tube fitting; manipulative joint
喇叭管连接 union joint
喇叭管状 flare
喇叭喉 horn throat
喇叭喉部和口 horn throat and mouth
喇叭花 petunia
喇叭花式柱 morning-glory column
喇叭换能器 horn-type transducer
喇叭继电器 horn relay
喇叭结构 horn structure
喇叭菌属 < 拉 > Craterellus
喇叭开关 horn switch
喇叭壳 horn housing; horn shell
喇叭孔口 bellmouth orifice
喇叭孔溢洪道 glory-hole spillway
喇叭口 belled mouth; bell-mouthed opening; bell-mouth(ing); die relief; evase; flare (opening); horn mouth; hydraucone; mouth; negative delta; spigot
喇叭口打捞器 bell-mouth socket
喇叭口的 bell-mouthed
喇叭口辐射波导 flared radiating guide
喇叭口沟 tapering gutter
喇叭口管 bell joint
喇叭口交叉口 trumpet intersection
喇叭口接头 flare fitting
喇叭口扩角 angle of flare
喇叭口连接 flared joint
喇叭口排水塘 bell-mouth pond
喇叭口配件 flare fitting
喇叭口区 bell-mouth area
喇叭口式溢洪道 shaft spillway
喇叭口湾 negative delta
喇叭口尾水管 flaring draft pipe
喇叭口形 trumpet-shaped
喇叭口形入口 flared access
喇叭口形烧成带 funnel-shaped burning zone; funnel-shaped sintering zone
喇叭口溢洪道 morning-glory spillway; trumpet spillway
喇叭口溢流 bell-mouth overflow
喇叭口溢汽道 morning-glory spillway
喇叭口状的 flaring
喇叭馈电抛物面天线 horn-fed paraboloid
喇叭庙 lamasery
喇叭膜 horn membrane; welding bell
喇叭膜护圈 horn diaphragm washer
喇叭膜片 horn diaphragm
喇叭钮 horn knob
喇叭盘 horn disk[disc]
喇叭抛物线天线 horn parabolic(al) antenna; horn reflector antenna
喇叭皮带线盆 bell shape; flower pot; three feet
喇叭球背罩 horn spheric(al) back cover
喇叭声 poop; toot; trumpet
喇叭式 trumpet type
喇叭式 T 形立体交叉 trumpet grade separation
喇叭式风斗 cowl head ventilator; wind cowl
喇叭式进水管 flaring inlet
喇叭式立体交叉 trumpet type interchange
喇叭式偏转系统 flared deflection yoke
喇叭式扬声器 horn loudspeaker
喇叭套管连接 flare fitting
喇叭天线 electromagnetic horn; feed horn; flare; funnel-shaped antenna; hoghorn antenna; horn antenna; horn-lens antenna
喇叭筒 megaphone; speaking trumpet
喇叭透镜 horn-lens
喇叭线 horn wire
喇叭线接触杯 horn cable contact cup
喇叭形 splay
喇叭形 V 形槽焊 flare V groove weld
喇叭形薄膜 toroidal membrane
喇叭形潮汐河口 tidal funnel
喇叭形出水口 flare(d) outlet; outlet bellmouth
喇叭形船闸入口 bell-mouth(ed) entrance of lock
喇叭形打捞器 horn socket
喇叭形导纱器 trumpet guide
喇叭形的 bell-mouth; flaring; funnel-shaped; horn-shape; shaped; splayed; trumpet
喇叭形顶的柱 morning-glory column
喇叭形端部 flaring head
喇叭形反射器天线 horn reflector antenna
喇叭形风斗 bell-mouth ventilator
喇叭形辐射波导 flared radiating guide
喇叭形辐射器 horn radiator
喇叭形拱 splaying arch; trumpet arch
喇叭形管 bell-mouth pipe; diverging duct; flaring pipe
喇叭形管嘴 bell-mouth nozzle; diverging nozzle
喇叭形过渡段 transition flare
喇叭形海岸 funnel coast
喇叭形河口 bell-mouth estuary; funnel-shaped estuary
喇叭形河口整治 bell-mouth estuary regulation
喇叭形互通式立交 trumpet type interchange
喇叭形交叉口 trumpet intersection
喇叭形接缝 < 用于装配式预应力路面板 > horn-joint
喇叭形接头 trumpet junction
喇叭形进口 bell-mouth entrance; flared access; trumpet inlet
喇叭形进水口 bell-mouth inlet; bell-mouth intake; flared inlet; tapered inlet
喇叭形孔口 bell-mouth(ed) orifice
喇叭形馈源 horn feed
喇叭形扩孔器 belling bucket
喇叭形立交 trumpet interchange
喇叭形立体交叉 three-legs interchange; trumpet interchange
喇叭形漏斗 flaring funnel
喇叭形面层 toroidal membrane
喇叭形排气管 exhaust trumpet
喇叭形坡口焊接 flare welding
喇叭形穹顶 trumpet vault
喇叭形入口 bell-mouth entrance; bell-mouth inlet; flaring inlet; flared entrance < 支流或河港挖入式港池的 >
喇叭形竖井溢洪道 morning-glory shaft spillway
喇叭形双导流堤 trumpet shaped jetty
喇叭形天线 box horn; electromagnetic horn; horn aerial; horn feed antenna; horn-type antenna; horn radiator
喇叭形天线馈电 horn feed
喇叭形天线张开角 aerial beam width
喇叭形尾水管 flaring draft pipe; hydraucone; hydraucone draft pipe; hydraucone draft tube; spreading draft pipe; spreading draft tube
喇叭形物 trumpet
喇叭形斜角槽焊 flare bevel groove weld
喇叭形堰顶 morning glory sill
喇叭形溢洪道 bell-mouth overflow spillway; morning-glory spillway; shaft and tunnel spillway
喇叭形溢流结构 bellmouth overflow
喇叭形溢流口 overflow bellmouth
喇叭形翼墙 flare wall; flare wing wall
喇叭形张拉器 slope stretcher
喇叭形柱顶 flared column head
喇叭形柱头 flared column head
喇叭形转向盘 cone-type handle
喇叭张角 hornflare angle
喇叭支板 horn support plate
喇叭状红宝石激光器 trumpet-shaped ruby laser
喇叭状扩大开口 bell-mouthing
喇叭状配置弹簧 splayed spring
喇叭状支承 flared support
喇叭锥顶角 flaring angle
喇叭座 horn base
喇嘛教 Lamaism
喇嘛寺院 lamaist temple; lamasery; Lama temple
喇嘛塔 lamaist pagoda

腊 肠 sausage

腊梅 winter flower; wintersweet

蜡 板 paraffin(e) board; stencil plate

蜡版 wax impression
蜡版术 cerography
蜡笔 wax crayon; crayon
蜡笔画 crayon drawing; pastel drawing
蜡补 waxing
蜡布 patent cloth; wax bandage; wax cloth
蜡槽 wax bath
蜡层 wax coating
蜡匙 wax spoon
蜡醇 cerotin; ceryl alcohol
蜡刀 wax spatula
蜡垫焊瘤 wax collar
蜡雕刻刀 wax carver
蜡雕刻刀与蜡匙 wax carvers and spatulas
蜡防印花 batik
蜡分离剂 wax sequestering agent
蜡封 wax-sealing
蜡封的 wax-sealed
蜡封法 wax-sealing method
蜡封试样 wax-sealed sample
蜡封土样 wax-sealed sample
蜡改性剂 wax modifier
蜡改性器 wax modifier
蜡膏 cerate
蜡膏打光 waxing
蜡光仿羊皮纸 glazed parchment
蜡光泽 waxy luster[lustre]
蜡光纸 calendered paper; flint-glazed paper; glazed paper; glossy paper; satin paper
蜡硅锰矿 bementite
蜡锅 paraffin(e) pan
蜡含量 wax content
蜡画 encaustic
蜡画法 wax painting; encaustic painting
蜡黄色 wax yellow
蜡绘 encaustic painting
蜡混凝土养护剂 wax concrete agent; wax concrete curing compound; wax curing compound
蜡基 ceryl
蜡基养护剂 wax-base curing compound
蜡基质成粒法 wax based granulation
蜡剂 cerate
蜡浸漆包线 enamel paraffin(e) wire
蜡浸透 waxed impregnation
蜡精 cerotin
蜡抗蚀的应用 < 玻璃刻花 > application of wax resist
蜡科布榈 carnauba palm
蜡克 lacker; lacquer
蜡克盘 lacquer disc[disk]
蜡克原盘 lacquer original
蜡克主盘 lacquer master
蜡刻版 wax engraved plate
蜡刻法 cerography
蜡块光度计 wax block photometer
蜡类脂 ceride
蜡馏出物 wax distillate
蜡煤 pyropissite; wax coal; waxy coal
蜡模 wax matrix; wax pattern
蜡模型 maquette
蜡模铸造法 investment casting; lost wax casting
蜡模铸造用耐火材料 investment compound
蜡膜 cere
蜡囊 wax pocket
蜡泥塑料 plasticine
蜡凝固油墨 wax-set ink
蜡盘 cake wax
蜡抛光模 wax polisher
蜡片 wax disc[disk]; wax sheets and plates
蜡球 wax ball
蜡染布 batik fabrics
蜡染和拔染制品 batik and wax printing article
蜡染剂 wax stain
蜡染印花生产废水 wax printing production wastewater

L

蜡溶解性 wax solubility
蜡溶颜料 wax stain
蜡溶液 wax solution
蜡乳化液 wax emulsion
蜡色 ceraceous
蜡蛇纹石 cerolite[kerolite]
蜡石 agalmatolite;alabaster
蜡石化学成因 petrochemical origin
蜡石耐火材料 agalmatolite fireproofing material
蜡石耐火砖 agalmatolite(fire)brick
蜡树 wax-tree
蜡水 liquid wax
蜡素 cerin(e)
蜡塑的 ceroplastic
蜡酸 cerotic acid;cerotinic acid
蜡酸盐 cerotate
蜡台形灯座 candelabrum base
蜡筒线 cotton sewing threads on cylinders
蜡图纸 enamel paper
蜡涂层 coat of wax;wax coat
蜡碗 cell cup;paraffin(e)bowl
蜡污点 wax stain
蜡下(油)foots oil
蜡线 wax wire
蜡线出气孔 core vent;wax vent
蜡像 wax figure;wax work
蜡像陈列馆 wax museum;wax work
蜡型 wax pattern
蜡型表面湿润剂 wax pattern wetter
蜡型精密铸造法 investment casting method
蜡型制作 wax pattern preparation
蜡型铸件 wax casting
蜡性着色料 waxy stain
蜡养护剂 <混凝土> wax agent
蜡样变性 waxy degeneration
蜡样的 waxy
蜡样管型 waxy cast
蜡样坏死 waxy necrosis
蜡样浸润 waxy infiltration
蜡样菌素 cerein
蜡样皮脂溢 seborrhea cerea
蜡样屈曲 flexibilitas cerea;waxy flexibility
蜡样质 ceroid
蜡油 wax oil
蜡油残渣 waxy residue
蜡浴 paraffin(e)bath;wax bath
蜡浴器 paraffin(e)bath apparatus
蜡渣 petroleum tailings;still wax;wax-tailings
蜡脂泥炭 torch peat
蜡脂质 cerolipoid
蜡纸 oil paper; paraffin(e) paper; stencil paper; stencil sheet; wax(ed)paper
蜡制的 wax;waxen
蜡制品 wax work
蜡质的 waxy
蜡质褐煤 pyropissite brown coal
蜡质沥青 waxy bitumen
蜡质体 wax resinite
蜡烛 candle;glim;paraffin(e)candle;wax candle
蜡烛工厂 candle works
蜡烛果油 anda-assu oil;nogueria oil
蜡烛机 candle machine
蜡烛竞卖法 <到蜡烛点完为止,决定成交> auction by candle
蜡烛台 candlestick
蜡烛心 candlewick
蜡烛烟黑 candle black
蜡烛业 chandler
蜡铸模 wax mo(u)ld(ing)
蜡状的 ceraceous;waxy
蜡状糨糊抛光 wax paste polish
蜡状糨糊上光 wax paste polish
蜡状物 wax
蜡棕 wax palm
蜡棕榈 carnauba wax

辣

辣的 pungent

辣椒红色 capsanthin
辣木油 ben oil

来

来报 incoming message; incoming telegram

来报记录 receiving record
来报台 incoming position;inward position
来宾入口 visitor entrance
来宾室 visitor room
来宾用车 visitor's car
来波角 angle of wave approach
来赤铁木 malam
来访者 visitor
来复 reflex
来复锉 riffler
来复电路 reflex circuit
来复电路装置 reflex circuit arrangement
来复杆 Rigle bar;twist bar
来复管 threaded line pipe
来复螺母 rifle nut
来复式放大 reflex amplification
来复式放大器 reflex amplifier
来复式检波器 reflex detector
来复式接收法 reflex reception
来复式接收机 reflex receiver
来复式连接 countercontact connection
来复探测仪 rifle scope
来复线 rifle;rifling
来复线缠度 rate of twist
来复线管 rifled pipe;rifled tube
来复线角 angle of rifling
来复线拉刀 rifling head
来港船只 incomer
来港的 inward bound
来港货物 inbound cargo
来户 vostro account
来话报务员 incoming operator
来话代答 call pickup
来话电路 incoming circuit
来话呼叫 incoming call
来话记发器 incoming register
来话台 B-position;incoming position;inward position
来话台座席 junction position
来话中继 in-trunk
来话中继电路 incoming trunk circuit
来回 back and forth;come-and-go;reciprocate;reciprocation
来回摆动 to-and-fro movement; to-and-fro oscillation
来回程 round trip;turnaround
来回程租船契约 return voyage charter
来回的 reciprocating;to-and-fro
来回地 back and forth
来回法 to-and-fro method
来回交通 shuttle traffic
来回路程 double journey;round trip
来回旅程 round trip
来回票 return ticket;round-trip ticket
来回票回程券 return coupon of return ticket
来回票价 double fare; return ticket fare;round-trip fare
来回曲折方法 <在岩芯箱中放置岩芯> snake fashion
来回时间 turnaround time
来回搜索 out-and-in search
来回一次时间 round-trip time
来回折叠 zigzag fold
来回震动 to-and-fro oscillations
来回周转时间 <如循环直达列车> round-trip cycle time
来货与样品不符 shipment not in accord with the sample
来件装配 assemblage business;assembling parts supplied by clients;assembling with customer's parts
来件装配合同 contract for assembly
来接线器 incoming connector
来历 history
来料板坯 incoming slab
来料加工 processing materials supplied by clients; processing on order; processing with customer's materials;processing with supplied materials
来料加工贸易 processing trade
来流 incident flow
来龙去脉 <事物发生的> context; ins and outs
来年春季 next spring
来牌订货 order with customer's brand
来取即付 bill on demand
来取即付的汇票 bill payable on demand;draft on demand;draught on demand;sight bill
来去指示器 sense indicator;to-from indicator
来人即付的支票 check payable to bearer
来人支票 bearer cheque
来沙 incoming sediment
来沙尔 lysol
来沙量 amount of sediment inflow; incoming sediment;sediment delivery;sediment inflow
来沙率 imposed sediment discharge
来水 incoming flow;incoming water; inlet water; inrush of water; oncoming flow
来水槽 approach flume
来水过程线 inflow hydrograph
来水来沙 incoming water and sediment
来水来沙条件 conditions of incoming water and sediment
来水流量曲线 inflow discharge curve
来水曲线 inflow curve
来水预报 forecasting of water supply
来水预测 inflow forecast
来苏儿 cresol soap
来图加工 processing with supplied drawings
来往 backward and forward
来往存折 current pass-book
来往交通空间 circulation space
来往交通面积 circulation area
来往交通塔楼 circulation tower
来往旅客 comers and goers
来往账编码 cash account code
来往账(目)account current
来为特殊复杂问题进行综合运算体系设计的> systems engineering
来袭波 attacking wave;invading wave; incoming wave
来向增音机 incoming repeater
来压 coming pressure
来压方式 pattern of coming pressure
来液管线 receiving line
来液汇管 receiving manifold
来源 contributor;source
来源的性质 nature of sources
来源地 source region
来源地区 area of source
来源国 country of origin
来源机构部门 institutional sector of origin
来源区 source area
来源于农业的收入 income originating from agricultural industry
来源于石油的燃料 petroleum-derived fuel
来源于中国的股息 dividend with a source in China
来中继线 incoming trunk
来自海外的 come from oversea;transmarine
来自某地或某方向 bound from
来自人类活动的应力 stress resulting from anthropogenic sources
来自声呐设备的脉冲信号 ping

莱

莱昂哈特法 <预应力钢筋张拉系统> Leonhardt system

莱昂哈特预应力体系 Leonhardt prestressing system
莱昂哈特(预应力)张拉系统 Leonhardt system
莱昂惕夫倒数 Leontief inverse
莱昂型瓦斯检定器 Leon firedamp tester
莱昂轴承合金 Lion bearing alloy
莱比锡黄 chrome yellow; Leipzig yellow
莱比锡商场 Leipzig market halls
莱布尼兹法则 Leibnitz's rule
莱布尼兹判别法 Leibnitz's test
莱茨干涉显微镜 Leitz interference microscope
莱茨扇形快门 Leitz sector shutter
莱达管 ledatron
莱达黏[粘]土 Leda clay
莱德伯格技术 Lederberg technique
莱德伯里页岩 Ledbury shale
莱德洛伊易切削钢 ledloy
莱德岩系碱度率 rock series alkalinity ratio of Read
莱登晶体 leukocytic crystal;Leyden's crystals
莱登蓝 Leyden blue
莱登瓶 Leyden jar
莱登锌合金 Ledden alloy
莱迪斯式磨床 Landis type grinder
莱弟阶【地】Ledian(stage)
莱丁水泥 <商品名> Lighting cement
莱顿布扎尔德砂 <英国供水泥试验的> Leighton Buzzard sand
莱顿布扎尔德银砂 Leighton Buzzard silver sand
莱顿弗罗斯特点 Leidenfrost point
莱顿弗罗斯特现象 Leidenfrost's phenomenon
莱恩定律 Lane's law
莱恩加权徐变理论 Lane's weighted creep theory
莱尔特十字头 <双滑板单侧式> Laird crosshead
莱尔线 <一种坚韧的棉线> lisle
莱弗里特函数 Leverett function
莱河矿 laihunite
莱卡石 rankachite
莱科波洛斯现象 Liacopoulos phenomenon
莱科克超速器 Laycock overdrive
莱拉硅钙石 reinhardbraunsite
莱雷黏[粘]度计 Laray viscometer
莱鲁布万向接头 Layrub universal joint
莱曼阿尔法辐射 Lyman-alpha radiation
莱曼带 Lyman band
莱曼鬼线 Lyman ghost
莱曼级数 Lyman series
莱曼极限 Lyman limit
莱曼棱镜 Leman prism
莱曼连续光谱 Lyman continuum

L

莱曼连续能谱 Lyman continuum
莱曼连续区 Lyman continuum
莱曼谱(线)带 Lyman band
莱曼跳变 Lyman jump
莱曼线 Lyman line
莱曼(线)系 Lyman series
莱曼线系限 Lyman limit
莱曼跃变 Lyman discontinuity
莱曼紫外线 Lyman ultraviolet
莱蒙托夫石 lermontovite
莱纳减薄液 Lainer's reducer
莱奈特铜铝合金 Lynite(alloy)
莱尼埃燧石层 Rhynie Chert
莱诺管 Linotron
莱诺特朗阴极射线照相排字机 Linotron
莱诺照相排字机 Linofilm
莱普生石 lepersonnite
莱契森铜镍合金 Lechesne alloy
莱氏体 <一种铁碳系共晶体> Ledeburite
莱氏体共晶体 ledeburite eutectic
莱斯铅青铜 Reith's alloy
莱斯特郡石 <英> Charley forest
莱索托 Lesotho
莱威克统【地】Lerwick Series
莱西达尔 <一种易切削高强度铝合金小于> Recidal
莱阳统【地】Laiyang series
莱阳组【地】Laiyang formation
莱因地堑系【地】Rhine graben system
莱茵-波希米亚腕足动物地理大区 Rhenish-Bohemian brachiopod region
莱茵地堑地震构造带 Rhine graben seismotectonic zone
莱茵海槽 Rhenish marine trough
莱茵河 Rhine River
莱茵凝灰岩 Rhenish trass
莱茵式建筑 Rhenish architecture; Rhenish style
莱茵式砖 Rhenish brick
莱兹纳尔蓝 Leithner's blue

铼

铼187含量 content of 187Re

铼锇法 rhenium osmium method
铼锇年代测定法 rhenium osmium age method
铼锇测年法 rhenium osmium dating method
铼黑 rhenium black
铼矿 rhenium ore
铼矿床 rhenium deposit
铼膜电阻 rhenium film resistor
铼镍废水 Re-Ni wastewater
铼钛铌矿 risörite

赖

赖氨酸 lysine

赖氨酸二异氰酸甲酯 lysine diisocyanate methyl ester
赖氨酸二异氰酸酯 lysine diisocyanate
赖弗拉托洛伊合金 Refractoloy alloy
赖哈格分离器 Ryhage separator
赖克特-迈斯耳值 Reichert-Meissl value
赖克特数 Reichert number
赖克特值 Reichert value
赖拉克斯辊筒烘燥机 Relax cylinder drier[dryer]
赖塞托 dimethylpiperazine tartrate; lycetol
赖时分析 <即分析对象为时间的函数> time dependant analysis
赖斯传声器 Reiss microphone
赖斯栅极中和 Rice neutralization
赖特-邓肯模型 Wright-Dengken model
赖特网 Polar equal-area net
赖特望远镜 Wright telescope
赖特系统 Wright system
赖特现象 Wright's phenomenon
赖债 repudiate a debt
赖账 bilk;welsh
赖账不还 dead beat
赖兹纳稳定指标 <地下水腐蚀和起垢性的> Ryzner stability index
赖兹纳稳定指数 Ryzner stability index
赖兹纳指数 Ryzner index

兰

兰柏氏松 sugar pine

兰勃特正形投影地图 Lambert conformal chart
兰彻斯特方程 Lanchester equation
兰彻斯特减振器 Lanchester damper
兰彻斯特平衡器 Lanchester balancer
兰彻斯特涡流面 Lanchester type vortices
兰茨伯格沸点计 Landsberger apparatus
兰茨点 Lanz's point
兰茨法 Lantz process
兰茨线 Lanz's line
兰德霍尔特条纹 Landholt fringe
兰登阶【地】Landenian(stage)
兰杜勒克面 Rendulic's surface
兰杜勒克图 Rendulic's plot
兰多尔特带 Landolt's band
兰多尔特纤维 Landolt's fiber[fibre]
兰多黏[粘]合机 Rando-bonder
兰方黄长岩 okaite
兰方煌沸岩 heptorite
兰嘎式偏心系船浮筒 Lamgar eccentric mooring buoy
兰格尔桁架 Langer truss
兰格尔桁架桥 Langer bridge
兰格尔桥 <一种系杆拱> Langer bridge
兰格里尔指数 <水质化验指标> Langelier's index
兰格利亚地体 Wrangellia terrane
兰格捻 <钢绞线捻向与钢丝绳捻向相同> Lange lay
兰金度数 degree Rankine
兰金发动机 Ranking engine
兰晶石矿床 kyanite deposit
兰开斯特混合机 Lancaster mixer
兰开斯特阶 <晚石炭世>【地】Lancastrian(stage)
兰开夏锅炉 Lancashire boiler
兰开夏升压器 Lancashire booster
兰开夏式平刷 Lancashire pattern distempering brush
兰开夏双火筒锅炉 Lancashire two-flue boiler
兰开夏双烟道锅炉 Lancashire two-flue boiler
兰开夏砖 <一种密实不透水的优质红色面砖> Lancashire brick
兰考恩规划 <1967年英国利物浦新城规划> Runcorn planning
兰科 orchid
兰克福特值 Lankford value
兰克-赫尔胥效应 <制冷> Ranque-Hilsch effect
兰利 <太阳辐射测量单位> langley
兰伦特车辆制造厂 <英> Leyland vehicles
兰伦特实验车 <英> Leyland experimental vehicle
兰姆凹陷 Lamb's dip
兰姆半经典理论 Lamb's semiclassical theory
兰姆波 Lamb's wave
兰姆达海洋水文定位系统 Lambda
兰姆稳频 Lamb's dip frequency stabilization
兰姆问题 Lamb's problem
兰姆移动 Lamb's shift
兰那尔阶 <晚石炭世>【地】Lanarkian
兰尼集水管 Ranney collector
兰尼井 <一种旧式辐射井> Ranney well
兰尼井内集水管 Ranney well collector
兰尼石油采矿系统 Ranney oil-mining system
兰尼式井 Ranney well
兰坪构造结【地】Lanping tectonic knot
兰桑风 lansan
兰砷铜锌矿 stramskiite
兰石棉 cape asbestos
兰石棉矿床 crocidolite-asbestos deposit
兰氏比率 Lang factor
兰氏捻钢丝绳 lang-lay rope
兰氏温度 <兰氏温度=华氏温度 F + 460> degree Rankine
兰斯堡电离空气喷枪 Ransburg electro-air gun
兰斯堡叶片式静电涂漆机 Ransburg electrostatic blade coater
兰斯菲尔德沉淀试验 Lancefield precipitation test
兰松式坝 <1908年左右推荐的平板式坝> Ransom type dam
兰泰尔镜头 Lanthar lens
兰维尔阶【地】Lanvirnian(stage)

拦

拦坝 barrage;ponding

拦冰墩 icebreaker cell
拦冰埂 ice deflecting boom
拦冰栅 ice deflecting boom;ice guard
拦潮堰 tidal weir
拦车横木 crossbar
拦船木栅 boom
拦挡坝 <泥石流> mud avalanche retaining dike[dyke]
拦顶板 ledger board
拦断 damming
拦废物筛 trash screen
拦废物栅 rack;trash rack
拦浮栅 drift barrier
拦光孔径 masking aperture
拦河坝 barrage;barrage lasher;checking dam;cross dike[dyke];detention dam;diversion dam;diverting dam;flood barrier;lasher;river barrage;river dam;river weir;storage dam;weir with lock;waterline control dam <控制水位的>
拦河埂 boom;fender boom;straight-line apron boom
拦河工程 flood retarding project
拦河建筑物 river barrage
拦河建筑物落差 cascade of barrage
拦河建筑物闸门 barrier gate
拦河节制闸 cross regulator
拦河警告线 overhead warning line
拦河堰 barrage;lasher;river barrage;river weir;weir
拦河闸 barrage;cross dike[dyke];sluice across river
拦河闸坝 river dam and sluice
拦河闸堰 barrage
拦河栅 <河中捕鱼用的> kiddle
拦洪 detention;flood retention
拦洪坝 detention dam;flood barrier;flood-control dam;flood detention dam;floodwater retarding dam
拦洪池 retaining basin;retarding basin
拦洪工程 flood retarding project
拦洪库容 detention storage;flood detention storage
拦洪率 rate of retention;retention rate
拦洪能力 retention ability;retention capacity
拦截漂流木材的缆绳 drift barrier
拦洪区 flood retention basin;flood retention area
拦洪容量 detention volume
拦洪水库 detention basin;detention reservoir;flood-control reservoir;flood retention basin;retarding basin;retarding reservoir
拦火抽风幕 curtain board
拦火道 draft stop;draught stop
拦火物 fire stop
拦获波 trapped wave
拦集 <水面浮油等> containment
拦家畜用壕沟 ha-ha;haw-haw
拦江船闸 damming lock
拦江浅滩 bar shallow
拦江沙 bar;river bar;sand bar;sand reef
拦江沙(低潮)水深 bar draft
拦江沙浮标 bar buoy
拦江闸 damming lock
拦焦车 coke guide
拦劫 hold-up
拦截 catch(ing);hold-up;intercept(ion)
拦截沉淀 intercepting sedimentation
拦截点 intercept point
拦截方位 intercept bearing
拦截概率 interception probability
拦截工程 obstructing works
拦截机 intercepter[interceptor]
拦截器 <人孔中的,有阀可清除阻塞> Kenyon interceptor;intercepter[interceptor]
拦截设施 <污水处理用> inceptor
拦截物 interceptor
拦截下水道 interceptor sewer
拦截斜板式沉淀 intercepting inclined plank sedimentation
拦截斜板式沉淀池 intercepting inclined plank settling tank
拦截蓄水 interception storage
拦截沿岸流的沙埂 littoral barrier
拦路木 gate arm;lift(ing) gate
拦路抢劫 hijack
拦路水闸 lifting gate
拦门 toll bar
拦门岛 barrier island
拦门潜洲 bar shoal
拦门沙 bar;bar river mouth;channel-mouth bar;mouth bar;river mouth bar;sand bar;bar shoal <河口的>
拦门沙堤深 bar draught;barrier draught
拦门沙上水深 depth of a bar
拦门沙形态 type of river mouth bar
拦门沙洲 barrier bar
拦门沙洲吃水 bar draught;barrier draught
拦门栓沙 entrance bar
拦门洲 bar river mouth
拦木坝 stop-log dam
拦木坎 water bar
拦木控制 gate controlling device
拦泥坝 dam
拦泥坑 sediment trap
拦泥库 mud retaining shed
拦泥沙坑 sediment trap
拦泥原理 silt trapping principle
拦墙 cut-off wall
拦墙沟 cut-off trench

拦墙石【建】parapet stone
拦沙 <又称拦砂> sediment trapping
拦沙坝 barrier dam; check dam; debris barrier; debris dam; desilting dam; detention dam; drop structure; sediment barrier; sediment control dam; sediment storage dam; silt arrester; silt-trap dam; checking dam
拦沙场 debris basin
拦沙池 debris basin; slit-collecting pool
拦沙堤 check dike[dyke]; debris dam; sand arresting bank
拦沙底槛 bed-load deflecting sill
拦沙埂 debris barrier; littoral barrier; debris dam
拦沙谷坊 debris dam
拦沙护坦 bed-load deflection apron
拦沙建筑物 check structure; debris retaining structure; sediment retention works; trapping structure
拦沙槛 bed-load deflection apron; sand trap; wash trap
拦沙阱 sand trap; wash trap
拦沙坎 shingle trap
拦沙坑 sand trap; sediment trap
拦沙篱笆 sand fence
拦沙靡 fence
拦沙能力 debris storage capacity
拦沙撇水墙 skimming wall
拦沙撇水堰 skimming weir
拦沙期 silt detent period
拦沙墙 shingle trap; sand arresting wall
拦沙设备 debris protection; silt arrester
拦沙设施 debris protection; sediment barrier; sediment diverter; sediment retention works; silt arrester; sand interceptor
拦沙箱 gravel box; gravel decant line; silt box
拦沙效率 trap efficiency
拦沙堰 debris barrier; sediment barrier
拦沙造田坝 check dam for building farmland
拦沙闸(门) sand lock; trap gate
拦沙栅 sand arresting hedge
拦石坝 debris fence; debris-intercepting dam
拦石墙 retaining wall for falling stone; rock-fall prevention wall
拦石网 prevention mesh for falling stone; rock-fall prevention net
拦水 retaining
拦水坝 check dam; debris barrier; debris dam; impounding dam; retaining; retaining dam; retaining wall
拦水梗 water bar
拦水工程 retaining works
拦水沟 catch-water ditch; intercepting ditch; outfall drain
拦水建筑物 check structure; water barrier
拦水坎拦住的水量 water head
拦水坎拦住的水位 water head
拦水埝 <坑道中阻止涌水外流的> astyllen
拦水线 baffled decant line
拦水栅 water barrier
拦土堤 soil saving dike[dyke]
拦湾坝 bay bar
拦网 barrier net; boom net
拦围空间 carol(le)
拦污坝 barrier dam
拦污保护 debris protection
拦污浮排 trash boom
拦污埂 holding boom
拦污井 trash rack well
拦污滤网井 screen grillage well
拦污栅清理机 trash rack rake
拦污墙 skimmer wall; trash baffle
拦污设备 debris barrier; debris unit; trash-intercepting device
拦污设施 debris barrier; debris unit; trash-intercepting device
拦污条 trash bar
拦污闸门 trash gate
拦污栅 coarse screen(ing); screen rack; trash bar; trash boom; trash rack(rake); trash screen; water screen; drainage grating <排水沟栅>; barrack; containment boom
拦污栅格架井孔 screen rack well
拦污栅净断面 net rack cross section
拦污栅毛断面 gross rack cross section
拦污栅耙 rack rake
拦污栅清理机 rack cleaning machine; screen rack
拦污栅清理耙 rack rake; screen rack; trash rack rake
拦污栅清耙机 raking equipment
拦污栅清污机 screen cleaner; screen cleaning machine
拦污栅清污器 screen cleaner
拦污栅清洗器 trash rack cleaner
拦污栅室 <污水处理场中的> screen chamber
拦污栅(水头)损失 trash rack loss
拦污栅栅条 screen rack
拦污栅栅座 rack seat
拦污栅阻塞 rack clogging
拦污栅座 rack seat
拦污装置 debris guard
拦蟹栅 crab grate
拦蓄 dammed-up; impoundment
拦蓄的(来)水量 influent impounded body
拦蓄区 impounding area
拦蓄曲线 water-retention curve
拦蓄设施 storage facility
拦蓄水 impound water; intercepted water
拦蓄水量 influent impounded body
拦雪绿篱 living snow fence
拦腰裂开 waisting crack
拦液池 retention pool
拦油臂架 oil boom; oil containment boom
拦油浮栅 oil boom; oil fence; oil barrier
拦油器 grease interceptor[intercepter]
拦油栅 oil boom; retention barrier; containment boom
拦淤坝 silt arrester
拦淤工程 desilting works
拦淤设备 silt arrester
拦鱼坝 barrier dam
拦鱼导栅 picketed lead
拦鱼电网 electric(al) fish screen
拦鱼格栅 heck
拦鱼网栅 fish stakes
拦鱼堰 fish pound
拦鱼栅 fish barrier; fish rack; picket gate; fish screen
拦鱼栅格 heck
拦鱼栅网 fish screen
拦杂光光栏 anti-reflection diaphragm
拦渣坝 obstructing sediment dam
拦渣板 scum board; scum plate
拦渣栅 scum barrier
拦栅丁坝 stockade groin; stockade groyne
拦障 barrier
拦滞水流 water flow retardant; water flow retardation
拦阻 barrage; dam up; detain; interdict
拦阻河 ponded stream
拦阻距离 pull-out distance
拦阻气球 barrage balloon
拦阻射击 barrage; interdiction fire
拦阻索 check cable
拦阻物 retainer
拦阻线 barrier line

栏

栏板 balustrade; breast board; frieze panel; guard board; railing panel; repeller; side board; rave <运货车四周的>

栏板车厢载重汽车 rack-body truck
栏板挂车 drop-sided trailer
栏板卡车 bulk lorry
栏顶板 ledger board
栏二进制卡 column binary card
栏杆 balustrade; bannister; fender rail; gangway rail; gathering line; guard bar; guard railing; guard rod; hand hold; handrailing; open rail(ing); parapet(wall); perclose; rail(ing); rail post; breast rail <船侧、窗前的>; fly rail <舞台天桥上的>
栏杆边 baluster side
栏杆插座 rail socket
栏杆的圆形扶手 mopstick
栏杆底座和压顶的冲模 baluster seating
栏杆扶手 hand rail; ledger board; top rail
栏杆扶手螺栓 joint bolt
栏杆高度 railing height
栏杆管子 railing barrel
栏杆建筑材料 railing material
栏杆角钢 railing angle
栏杆角柱 corner post of balustrade
栏杆卷形饰 handrail scroll
栏杆空档 interbaluster; void between balusters
栏杆立柱 rail(ing) post; rail upright; banister
栏杆螺丝 handrail screw
栏杆末端的蜗形 handrail scroll
栏杆上档 top transom
栏杆式侧板 railed side
栏杆式样 handrail shape
栏杆铁棍支杆 cancelli
栏杆托座 handrail support
栏杆围幕 rail screen
栏杆系统 railing system
栏杆下档 bottom transom
栏杆下横档 footline
栏杆小木柱 wooden banister
栏杆小柱 banister; baluster
栏杆小柱顶 abacus[复 abaci/abacuses]
栏杆形柱 baluster column; baluster shaft
栏杆型材 handrail section
栏杆悬挂物 pull rods hanger
栏杆造型机 spindle mo(u)lder
栏杆栅栏 rail fence
栏杆之间 interbaluster
栏杆支撑 balustrade stay
栏杆支架 handrail standard
栏杆支柱 baluster; rail stanchion; rail post
栏杆主柱 newel post
栏杆柱 baluster column; bannister; colonnette; guard stanchion; handrail baluster; handrail banister; handrail stanchion; handrail standard; navel of winding staircase; spindle; railing post
栏杆柱法兰底座 baluster cover flange
栏杆砖 ceramic screen brick
栏杆装饰木 balaustre
栏隔式多载客车车道【交】barrier-separated HOV facility
栏架 hurdle
栏间空隙 intercolumn
栏间注释 centre notes
栏框式密封 dike-type seal
栏链 gangway chain
栏木 barrier(arm); boom; gate barrier; lifting gate; roadway gate
栏木标志 gate target
栏木操纵轮 gate driving wheel
栏木灯 gate arm lamp
栏木灯光 gate arm light
栏木电动机 gate motor
栏木关闭 closing of barrier
栏木机构 level-crossing gate gear
栏木机构转矩测试 gate mechanism torque testing
栏木机构转矩测试设备 gate mechanism torque testing equipment
栏木绞车 gate winch
栏木警灯旋转装置 gate lamp swiveling apparatus
栏木就地操纵道口 level-crossing with barriers worked locally
栏木控制 gate control
栏木联结器 barrier coupling
栏木驱动轮 gate driving wheel
栏木锁闭器 gate lock
栏木锁闭器握柄 gate lock lever
栏木位置 gate arm position
栏木遥控操纵道口 level-crossing with barriers worked remotely
栏木止挡 gate stop; level-crossing gate stop
栏木止挡握柄 gate stop lever
栏木转矩 gate arm torque
栏目 column
栏砂 sand hindrance
栏石 curbstone; stone curb
栏石墙 retaining wall for rock-fall
栏式分隔带 barrier stripe
栏式集装箱 pen container
栏式缘石 barrier curb
栏式栽植 barrier planting
栏式中央分隔带 barrier centerline stripe
栏数 column number
栏索 bull rope
栏外会计 below-the-line
栏外条款 marginal clause; warranted clause
栏外注解 margin note
栏英寸 column inch
栏影圈 diaphragm-spot
栏栅 barrier; guard fence
栏栅干扰 railing
栏栅杆 rack stake; stockade groyne
栏栅装修 railing fitting
栏障 barrier layer
栏柱 baluster
栏柱卡车 <车身装有栏柱> stake truck

阑

阑额【建】architrave

蓝

蓝矮星 blue dwarf

蓝桉 blue gum
蓝桉胶 blue gum
蓝桉树 blue gum
蓝斑 locus ceruleus; stain; blue stain <木材的>
蓝版 blueprinting plate; cyan printing plate
蓝宝石 sapphire
蓝宝石衬底 sapphire substrate
蓝宝石硅(片) silicon on sapphire

蓝宝石基片 sapphire substrate
蓝宝石尖晶石 sapphire spinel
蓝宝石矿床 sapphire deposit
蓝宝石帽 sapphire cap
蓝宝石色的 sapphire
蓝宝石上外延硅工艺 silicon-on-sapphire technique
蓝宝石套 sapphire jacket
蓝宝石透射比 sapphire transmittance
蓝宝石纤维 sapphire filament
蓝宝石纤维增强剂 sapphire filament strengthener
蓝宝石轴承 sapphire bearing; sapphire point
蓝贝里斯板岩 Lanberis Slates
蓝碧硒 Brazilian sapphire; indicolite
蓝变 blue stain; blu(e)ing < 一种木材缺陷 >
蓝变材 blue lumber
蓝变防止剂 <磷酸乙基汞> lignasan
蓝柄轴导框 jackshaft pedestal
蓝玻璃 smalt
蓝彩钠长石 peristerite
蓝草 blue grass; indigo
蓝侧位会聚装置 lateral blue convergence assembly
蓝梣 blue ash
蓝磁极 blue end; blue pole
蓝磁性 blue magnetism
蓝脆 brittle at blue heat
蓝脆性 blue brittleness; blue shortness
蓝脆性的 blue-heat brittle; brittle at blue; brittle at blue heat
蓝达夫里阶【地】Landoverian
蓝达夫里统 < 英国早志留世 >【地】Landovery
蓝代洛板层和灰岩 Landeilian flags and limestone
蓝代洛阶【地】Landeilian(stage)
蓝代洛统 < 英国中奥陶世 >【地】Landeilian series
蓝带 blue band
蓝带程序 blue ribbon; blue ribbon program(me); star program(me)
蓝丹油 frankincense oil
蓝蛋白石 girasol
蓝灯 blue lamp
蓝底白字 white characters on blue background
蓝底图 blue key
蓝地 blue earth; blue ground
蓝电平恢复器 blue restorer
蓝电气石 indicolite; indigolite
蓝调 melody
蓝度 blueness
蓝度表 < 测海洋或天空蓝度的 > cyanometer
蓝度计 < 测海洋或天空蓝度的 > cyanometer
蓝度指数 blueness index
蓝敦变换 Landen's transformation
蓝二向色反射镜 blue dichroic mirror
蓝法 blue laws
蓝矾 blue copperas; blue vitriol; chalcanthite; copper vitriol
蓝方石 ajuin; auina; hauyne; latialite
蓝分色镜 blue dichroic mirror
蓝分支 blue branch
蓝腐菌 < 拉 > Ceratostomella pilifera
蓝富铁钠闪石 taramite
蓝钢 blue steel
蓝钢皮 blue sheet
蓝高岭石 miloschite
蓝高岭土 alustite
蓝光电池 blue cell
蓝光响应 blue response
蓝光源 blue-light source
蓝光泽彩 blue lustre
蓝果树属 < 拉 > Nyssa
蓝褐色 blue-brown
蓝黑镁铝石 mauritzite
蓝黑色 blue black
蓝红色 bluish red
蓝花岗石 blue pearl
蓝化 blu(e)ing; oil blackening
蓝化钢 oil blackeite
蓝灰色 blue-grey; bluish-grey; iron blue; Russian blue; sky gray; slate green
蓝灰色灰岩 < 英 > Bristol pennant
蓝灰色黏[粘]土 blue-grey clay
蓝灰色砂石 < 产于英国约克郡 > robin hood
蓝灰砂岩 blue stone
蓝辉 blue aura
蓝辉光 blue glow
蓝辉光管 blue tube
蓝辉铜矿 alpha chalcocite; blue chalcocite; digenite
蓝基色点 blue apex
蓝基色信息 blue primary information
蓝浆料 blue pigment in oil
蓝界 blue edge
蓝金 < 金 75%，铁 25% > blue gold
蓝晶 aquamarine; lazulite
蓝晶石 cyanite; disthene; rhaetizite; sappare; sapparite; sapper; zianite
蓝晶石白云母片麻岩 cyanite muscovite gneiss
蓝晶石白云母片岩 cyanite muscovite schist
蓝晶石白云母石英片岩 cyanite muscovite quartz schist
蓝晶石带 kyanite zone
蓝晶石二云母片岩 cyanite dimicaceous schist
蓝晶石二云母石英片岩 cyanite two mica quartz schist
蓝晶石二云片麻岩 cyanite two mica gneiss
蓝晶石黑云母片岩 cyanite biotite schist
蓝晶石黑云母石英片岩 cyanite biotite quartz schist
蓝晶石黑云片麻岩 cyanite biotite gneiss
蓝晶石矿石 ore grade kyanite
蓝晶石榴二长片麻岩 cyanite garnet potash-feldspar and plagioclase gneiss
蓝晶石榴辉岩 cyanite eclogite
蓝晶石榴钾长片麻岩 cyanite garnet potash-feldspar gneiss
蓝晶石片岩 kyanite schist facies; cyanite schist
蓝晶石石英片岩 cyanite-quartz schist
蓝晶石岩 kyanite
蓝晶石云母片岩 disthene-mica schist
蓝晶质 cyanocrystalline
蓝鲸 blue whale
蓝静会聚磁铁 blue static convergence magnet
蓝钧釉 blue Jun glaze
蓝孔雀石 azurmalachite
蓝块萤石 blue john
蓝筐 basket
蓝冷脆性 blue brittleness; blue shortness
蓝里亚斯层【地】Blue Lias
蓝栎 blue oak; mountain white oak
蓝磷铝铁矿 vauxite
蓝磷铜矿 cornetite
蓝菱锌矿 azulite
蓝领工人 blue-collarite; blue-collar worker; blue-collar employee
蓝领(人员) < 指体力劳动为主的 > blue collar
蓝滤色镜 blue-transmitting filter
蓝路黑电平 blue black level
蓝绿版编绘原图 blue and green compilation
蓝绿光谱范围 blue-green region of spectrum
蓝绿茎牧草 blue grass
蓝绿片岩 glaueophane schist
蓝绿片岩系 glaueophane schist series
蓝绿色 aquamarine; blue-green; bluish-green
蓝绿色的 aeruginous
蓝绿色光波通信[讯] blue-green optic(al) wave communication
蓝绿闪 blue-green flame
蓝绿石 aquamarine; glaueophane
蓝绿氩激光器 bluish-green argon laser
蓝绿玉 aquamarine
蓝绿藻 blue-green alga[复 algae]
蓝绿藻生长 blue-green algal growth
蓝玛瑙 blue agate
蓝煤气 blue gas; blue water gas
蓝煤气柏油 blue gas tar
蓝霉斑 blue stain
蓝霉菌 blue stain fungi
蓝敏底片 blue-sensitive plate
蓝敏度 blue sensitivity
蓝钼矿 ilsemannite
蓝黏[粘]土 blue clay
蓝片岩绿片岩相组 glaucophane schist-green schist facies group
蓝片岩相 blue schist facies
蓝旗防护法 < 修车线 > blue flag protection
蓝铅 blue lead
蓝铅漆 blue lead paint
蓝铅油 bearing blue
蓝雀冰 fruit drops
蓝热 blue heat
蓝热脆铁 blue short iron
蓝热脆性 blue brittleness; blue shortness
蓝色 bice; bite; blueness
蓝色板岩 shiver
蓝色玻璃 blue glass; blue-tinted glass
蓝色差矩阵 blue colo(u)r difference matrix
蓝色差调制器 blue colo(u)r difference modulator
蓝色差信号轴 blue colo(u)r difference axis; B-Y axis
蓝色磁性 blue magnetism
蓝色脆性区 blue shortness section; blue shortness zone
蓝色的 blue
蓝色电话线 < 用于准备和火箭发射之间的通信[讯] > blue phone line
蓝色调 blue tone
蓝色度盘 blue scaler
蓝色二向色镜 blue dichroic mirror
蓝色封缝砂浆 blue seal
蓝色辐射 blue radiation
蓝色铬黑 blue chrome black
蓝色汞浸液 < 镀银前 > blue dip
蓝色横向会聚 blue lateral convergence
蓝色护目镜玻璃 blue eye-protection glass
蓝色回火的 blue finished
蓝色混凝土 blue concrete
蓝色计划 blue plan
蓝色金砂矿 blue lead
蓝色聚苯乙烯泡沫绝热层 blue-tinted styrofoam insulation
蓝色控制栅 blue control grid
蓝色劳动布工作服 denims
蓝色连接器 blue connector
蓝色磷光体 blue phosphor
蓝色滤光镜 blue filter; blue-free filter
蓝色滤光片 blue filter
蓝色盲 blue blindness; tritanopic
蓝色南极磁性 blue magnetism
蓝色漂白剂 blu(e)ing
蓝色平印油墨 litho-blue
蓝色茜素色淀 blue alizarin(e) lake
蓝色染料 blue dye(stuff); blue pigment; blue pigment dyestuff
蓝色色淀 blue lake
蓝色闪光灯 blue flashbulb; blue-tinted flash bulb
蓝色石灰 blue lime; Lias lime < 下侏罗纪的 >【地】
蓝色石灰岩 Lias
蓝色水硬石灰 blue lias lime
蓝色燧石玻璃 Waterford glass
蓝色所得税申报表 blue-form(income tax) return
蓝色碳酸铜 Bremen blue
蓝色铜盐颜料 blue verditer
蓝色线 blue line
蓝色线条图 blue line
蓝色小体 cyanelles
蓝色信道 blue channel
蓝色信号 < 防护工人在机车车辆或列车下面工作 > blue signal
蓝色信号射束 blue beam
蓝色颜料 blue(pigment)
蓝色焰晕 blue cap; firedamp cap; flame cap
蓝色羊毛标准 blue wool scale
蓝色印样 blue appearance; blue copy; blue line; blueprint; cyanotype copy
蓝色荧光 blue-fluorescence
蓝色油 blue oil
蓝色有机颜料 blue organic pigment
蓝色照明波 blue illuminating wave
蓝色照相 blueprint
蓝砂岩 blue stone
蓝晒 blueprinting
蓝晒法 cyanotype
蓝晒图 blueprint(drawing)
蓝晒图纸 ferroprussiate paper
蓝晒纸 blue-out paper; blueprint paper
蓝闪 blue flash
蓝闪绿泥片岩 glaucophane-chlorite schist
蓝闪片岩相 blue schist facies
蓝闪石白云母绿泥石片岩 glaucophane muscovite chlorite schist
蓝闪石(矿物) glaucophane
蓝闪石片岩 glaucophane schist
蓝闪石片岩系列 glaucophane schist series
蓝闪石型变硬砂岩-变基性岩建造 metamorphic greywacke-metamorphic basite formation of glaucophane type
蓝闪石型绿岩建造 greenstone formation of glaucophane type
蓝闪石硬柱石片岩相 glaucophane-lawsonite schist facies
蓝闪岩 glaucophanite
蓝闪硬柱绿泥片岩 glaucophane-lawsonite chlorite schist
蓝闪云母片岩 glaucophane-mica schist
蓝石 blue stone
蓝石棉 blue asbestos
蓝石蕊试纸 blue litmus paper
蓝石英 azure quartz; carbonate of iron; chalybite; sapphire quartz; siderite
蓝水硅铜石 apachite
蓝水氯铜矿 calumetite
蓝水煤气 blue water gas
蓝水平支 blue horizontal branch
蓝水平支星 blue horizontal branch star
蓝丝藻 blue-green algae
蓝天法 blue-sky law

蓝天工程 blue-sky project
蓝铁矿 berthierite;vivianite(earth);blue iron earth <含水磷酸铁>
蓝铜矾 bonattite;langite
蓝铜矿 azurite;azurite malachite;blue copper ore;blue malachite;blue spar;chessylite;covelline[covellite];blue carbonate of copper <石青>
蓝铜锍 blue metal
蓝铜钠石 chalconatronite
蓝透闪石 winchite
蓝图 blue base;blue copy;blue key;blue line;blueline guide;blueline image;blueline print;blueline reproduction;blueprint;blueprint drawing;blueprinting plate;cyanotype copy;cyan printing plate;ozalid;working drawing
蓝图板 blueline board
蓝图拼套台纸 blueline key
蓝图拼贴 preliminary compilation;provisional compilation;sheet assemble
蓝图清绘 blueprint drawing
蓝图纸 blueprint(ing) paper
蓝土 blue ground
蓝维尔恩阶【地】Lanvirnian(stage)
蓝维尔恩统【地】Lanvirn series
蓝位会聚 blue lateral convergence
蓝位校正 blue lateral convergence
蓝硒铜矿 chalcomenite
蓝线 blue line;lead line
蓝线平纹袋 blue striped heavy cees
蓝线石 dumortierite
蓝线石矿石 ore grade dumortierite
蓝线图 blueline reproduction
蓝相 blue shade
蓝锌粉 blue metal;blue glaze;blue powder
蓝锌锰矿 loseyite
蓝型扶柄 basket handle
蓝颜料 blue pigment
蓝颜料浆 blue pigment in oil
蓝焰喷灯 blue flame burner
蓝(焰水)煤气 blue gas
蓝移 blue shift
蓝印绘图纸或塑料片 <上有蓝印的草图或轮廓,作为绘制正图的底样,不显现在正图的照片上> blue line
蓝印纸 blueprint paper
蓝萤石 blue john
蓝油 blue oil;violet paste
蓝釉 blue glaze
蓝玉髓 azurlite
蓝原色 blue primary
蓝云沸玄岩 ghizite
蓝藻 blue algae
蓝藻纲 Cyanophyceae
蓝藻门 Cyanophyta
蓝藻植物 Cyanophyte
蓝噪声 blue noise
蓝针 blue needle
蓝珍珠 blue pearl
蓝正长石 lazurfeldspar
蓝柱石 euclase
蓝砖 blue brick;grey brick
蓝锥矿 benitoite
蓝紫色 blue-violet;royal purple

篮 basquet

篮桉 Tasmanian bluegum
篮(筐)状岩芯提取器 basket core lifter
篮框充石坝 basket dam
篮球 basketball
篮球场 basketball court;basketball field
篮球架 basketball stands
篮球网 basketball nets
篮式冰仓 basket ice bunker
篮式采样器 basket type sampler
篮式粗滤器 basket strainer
篮式电镀 basket plating
篮式干燥机 basket drier[dryer]
篮式干燥器 basket drier[dryer]
篮式过滤器 basket filter
篮式离心机 basket centrifuge
篮式滤网 basket strainer
篮式木笼 basket crib
篮式套 basket hitch
篮式线圈 basket wave coil;basket winding;lattice winding
篮式栅 basket grate
篮式蒸发器 basket type evapo(u)rator
篮形充填坝 basket dam
篮形绕线 basket winding
篮形绕组 basket coil;basket winding
篮形线脚 basket mo(u)lding
篮形线圈 basket;basket coil;basket wave coil
篮压 basket layering
篮栽 basket pot
篮状觇标 basket signal
篮状扶柄 basket handle
篮状拱 basket handle arch
篮状护罩 <提灯的> basket guard
篮状排架 basket bent;basket crib
篮状饰 pannier
篮状岩芯提取器 basket type core lifter
篮状种植器 basket container
篮状柱头 basket capital
篮子 crate

镧 138 含量 content of 138 La

镧 140 辐射 radiation of 140La
镧-钡法 lanthanum barium method
镧矿 lanthanum ores
镧石 lanthanite
镧铈法 lanthanum cerium method
镧系 lanthanides;lanthanide series;lanthanoids
镧系元素 lanthanides;lanthanide series;lanthanoids
镧铀钛铁矿 davidite
镧族元素 lanthanon element

揽钩牵引力 drawbar pull

揽货 canvass for cargo
揽货报告单 canvassing report
揽货通知书 canvassing note
揽货员 freight canvasser
揽客 cruise
揽客的小汽车 cruising vehicle
揽载 solicitation
揽载的运费 subfreight
揽子承包商 package dealer
揽总抵押 blanket encumbrance;blanket mortgage
揽总抵押信托书 blanket trust deed

缆 rope

缆槽 wire duct
缆测 cable measurement
缆车 cable car;cable carriage;cable conveyer[conveyor];dummy car;funicular railway car[coach];load car;troll(e)y;monkey slide <俚语>;troll(e)y <美>;live-roller cradle;marine railway cradle <升船用的>
缆车道 aerial cableway;aerial ropeway;aerial tramway;cable tramway;cableway;cog railway;funicular;funicular railroad;incline(d plane);marine railway;funicular railway
缆车渡 flying ferry
缆车钢索 carrier cable
缆车滑道 live-roller type spillway;marine railway;patent slip;slipway
缆车集装箱起重机 container crane with rope trolley
缆车架 crab frame
缆车绞索轮 driving drum
缆车龙门支柱 gantry support for catenary
缆车码头 cable railway terminal;sloping berth with cable railway;sloping wharf with cable way
缆车盘运 tramway portage
缆车起重机 cable car crane;crane on cable railway
缆车式泵站 cable car pumping station
缆车式升船滑道 marine railway
缆车式卸煤机 ropetrolley type coal unloader
缆车式运输机 telpher conveyer[conveyor]
缆车速率 cable speed
缆车索道 cableway;funicular railway;tramcar;tramway <美>
缆车铁道 cable railroad;cable railway
缆车铁路 cable railroad;cable railway
缆车网格支柱 lattice mast
缆车系统 troll(e)y system
缆车用粗钢缆 gut line
缆车运输 flexible transport
缆车运输机 telpher conveyer[conveyor]
缆道 cable railroad;cable railway;cable road;cable roadable picking and laying machine;cableway;ropeway;track cable;tramway
缆道测量 cableway measurement;ropeway measurement
缆道电车 cable tramcar
缆道吊船 boat anchored by cableway
缆道起重运送机 cableway transporter
缆道输送机 cable conveyer[conveyor];telpher conveyer[conveyor]
缆道塔 cableway tower
缆道线路 cable run
缆道移动塔 travel(l)ing unloading tower
缆道运输机 cableway transporter
缆道运载斗 cableway bucket
缆端眼圈 Elliott eye
缆风 guy cable;guy line;stay rope
缆沟深度 depth of trench
缆股 strand
缆夹 nipple;rope clamp
缆架式皮带运输机 rope frame(belt) conveyer[conveyor]
缆径测量仪 cable diameter ga(u)ge
缆具车间 rigging loft;rigging shop
缆具装置 rigging arrangement
缆具装置图 rigging plan
缆控挖掘机 cable-actuated excavator
缆控挖土机 cable-actuated excavator
缆拉力 line force
缆拉索缠包 cable wrapping
缆绳 guy cable;guy line;guy rope;pennant line;pennant wire;hawser;reeved fall <复滑轮中的>;mooring rope【船】
缆绳打井法 rope drilling
缆绳导轮 cable guide
缆绳的分段 parts of line
缆绳钢 plow steel
缆绳滚筒 cable drum
缆绳卡箍 cable band
缆绳琵琶头 <套系缆桩用> bollard eye
缆绳牵引 funicular traction
缆绳式桅杆起重机 guyed derrick crane
缆绳(索)护栏 cable parapet
缆绳作用 rope action
缆式铲运机 cable drag scraper
缆式吊灌 cableway bucket
缆式吊索 cable sling
缆式钢丝绳 cable lay wire rope
缆式火灾探测敏感元件 fire-wire sensing element
缆式火灾探测器 fire-wire electric(al)cable
缆式结构 cable structure
缆式掘进机 rope drilling
缆式起重机 cable crane
缆式悬桥 cable suspension bridge;rope suspension bridge;wire bridge;wire suspension bridge
缆式液压传动机械 roped hydraulic driving machine
缆式液压升降机 roped hydraulic elevator
缆式栅栏 cable barrier
缆束充气建筑 cable-restrained air-supported structure
缆索 cable rope;cablet;cordage;hawser;holding line;stay cable;thick rope;wire cable;wire guy
缆索鞍座 cable saddle
缆索摆渡 cable ferry
缆索保险锁 cable lock
缆索操纵 <靠码头用> line handling
缆索操纵的竖旋桥 cable lift bascule
缆索操纵的往返循环列车 cable-operated shuttle
缆索操纵升降桥 cable lift bridge
缆索操作 cable action
缆索操作机械 cable control unit
缆索槽 cable channel
缆索槽轮 cable sheave
缆索测流法 stay line method
缆索叉型驱动(装置) rope fork drive
缆索车 funicular railway car
缆索车道操纵室 cableway control house
缆索掣 carpenter stopper
缆索传动 cable drive;funicular transmission;rope drive
缆索传动的 cable-operated
缆索传送带式运输机 cable belt conveyer[conveyor]
缆索垂度 cable bent;cable sag;rope sag;sag of cable
缆索垂度测量 cable sag measurement
缆索簇 family of family
缆索打井法 cable drilling;rope drilling
缆索带动的 cable-powered
缆索带动的履带式挖土机 cable-operated crawler excavator
缆索刀 cable knife
缆索导轨 cable guide rail
缆索导向器 <起重机臂> cable guide
缆索道 cableway;wire ropeway
缆索的 funicular
缆索的外护层 cable guard
缆索等的拉紧度 tautness
缆索等级 rope grade
缆索电车道 cable tramway
缆索吊车 monkey slide
缆索吊车的绞盘 cable crane winch
缆索吊杆 cable boom;cable hanger
缆索吊机 cable crane
缆索吊架 cable dropper;cable hanger
缆索吊平顶 rope flat roof
缆索吊桥 cable suspender;cable suspension bridge
缆索吊运机 cable conveyer[conveyor]
缆索吊装法 cable erection;erection by cableway;erection with cableway

缆索吊装设备 cableway erecting equipment[plant]
缆索渡 <一种跨越河流短距运输的架空索道> flying fox
缆索渡船 cable ferry
缆索渡口 cable ferry
缆索端靴 cable shoe
缆索法 <测流的> stay line method
缆索防冲物 cable fender
缆索防护装置 rope guard
缆索分支 cable branch(ing)
缆索封头用合金 rope capping metal
缆索浮桥 rope ferry
缆索钢材 cable steel
缆索高度 cable level;rope level
缆索沟 cable trench;cable hook
缆索箍 cable band
缆索箍夹 cable band clamp
缆索刮土机 cable scraper
缆索管道 cable duct
缆索桁架 cable truss
缆索护栏 cable guard rail(ing)
缆索滑轮 cable pulley;cable sheave
缆索滑轮托架 cable pulley cradle
缆索滑运道 cable draw pit; cable chute
缆索几何形状 geometry of cable
缆索几何学 geometry of cable;cable geometry
缆索夹 cable clamp; cable clip; wire cable clamp
缆索夹具 rope grab
缆索架设 <桥梁的> cable erection
缆索架设工 cable layer
缆索绞车 cable hoist
缆索绞盘 cable reel;rope winch
缆索绞盘卡车 cable reel truck
缆索脚座 <吊桥上的> cable shoe
缆索接头 cable bond; cable connection;cable joint
缆索卷成螺纹 cable threading
缆索卷绕器 cable winding device
缆索卷筒 cable reel; cable revolving drum;cable winding drum
缆索卷筒运输拖车 cable drum trailer
缆索卡环 rope shackle
缆索开挖的塔 cable excavator tower
缆索开挖机 cableway excavator
缆索铠装机 cable sheathing press
缆索控制的 cable-controlled
缆索控制机 cable control unit
缆索控制系统 cable control system
缆索控制装置 cable control device; cable control unit
缆索捆绑结头 hawser bend
缆索拉力 cable tension; line force; rope tensile force
缆索拉力的水平分力 horizontal component of the cable tension
缆索拉力仪 rope tensile force ga(u)ge
缆索拉木机 cable log haul
缆索类 rope family
缆索理论用钢量 theoretic(al) quantity of cable steel
缆索连接 rope spear
缆索连接混凝土块体 cable-tied concrete block
缆索联结 cable bond
缆索链 cable chain
缆索埋管机 cable laying machine
缆索锚碇 cable anchor
缆索锚固 cable anchorage;cable dead end
缆索锚固墩 cable anchorage pier
缆索锚具 cable anchorage
缆索锚(栓) cable anchor
缆索啮抓器 cable engaging device
缆索盘 cable drum
缆索偏移 cable wander
缆索漂动 rope wander
缆索漂移 rope wander
缆索起重机 cable type crane; cableway;tow rope crane
缆索起重机吊斗 cableway bucket
缆索起重机吊运的料罐 cableway bucket
缆索起重设备槽 cableway bucket
缆索牵引 cable traction; funicular traction
缆索牵引渡船 cable ferry;chain ferry
缆索牵引渡口 cable ferry;chain ferry
缆索牵引力 cable towing traction; rope towing traction
缆索牵引小车 mule
缆索桥 cable bridge;rope bridge
缆索切断器 cable cutter
缆索曲线 cable curve;funicular curve
缆索驱动的带式输送机 cable-driven belt conveyor
缆索躯干 cable shaft
缆索润滑剂 wire cable lubricant
缆索润滑脂 cable grease
缆索散开室 steel cable splay chamber
缆索上的纽结 cat's ass
缆索升降摄像机台 cable stacker
缆索式铲运机 cable-controlled scraper;rope-operated scraper
缆索式卷扬机 cable hoist
缆索式拉铲挖掘机 dragline cableway excavation
缆索式起重机 cable crane; cable hoist;radial cable crane
缆索式升降机 carriage elevator
缆索式输送机 telpher conveyer[conveyor]
缆索式拖铲 dragline cableway excavator
缆索式挖掘 cable excavation
缆索式挖掘机 blond in cable-crane; cable-actuated excavator; cable-(way) excavator
缆索式挖土机 blond in cable-crane; cable excavator
缆索式凿井机 cable tool rig
缆索式抓斗 cable scraper
缆索式钻头 cable drilling bit; rope drilling bit
缆索输送机 cable conveyer[conveyor];telfer conveyer[conveyor]
缆索塔顶 head mast
缆索塔(架) cable bent tower
缆索探测器 cable tracing set
缆索套管 cable encasing-tube
缆索提升机 cable lift
缆索提升开启桥 cable lift bascule bridge
缆索提升仰开桥 cable lift bascule bridge
缆索体系 cable system;rope system
缆索铁道 cable railroad; funicular railroad;funicular railway;cog railway
缆索铁路 cable railway; funicular railroad; funicular railway; rope railway
缆索拖铲 cable drag scraper; cable scraper
缆索拖铲挖掘机 dragline cableway excavator
缆索拖铲挖土机 dragline cableway excavator; slackline cableway drag scraper
缆索拖带的两节(车厢)列车 cable-powered two-car train
缆索挖掘机 cableway excavator
缆索挖掘机的中央塔 head mast
缆索挖土机 cable excavator; cable scraper; dragline cableway excavator
缆索系列 family of cables; family of ropes;rope family
缆索下端站 cable lower station
缆索纤维 rope fiber[fibre]
缆索现场纺(旋)制工艺(技术) in-situ cable spinning technique
缆索卸扣 rope shackle
缆索悬臂桥 cable cantilever bridge
缆索悬测流速仪 cable-suspended current meter
缆索悬吊椭圆屋顶 rope suspended elliptic(al) roof
缆索悬挂屋盖 cable-suspended cantilever roof
缆索悬挂线 cable suspension line
缆索悬(索)桥 cable suspension bridge
缆索靴 cable shoe
缆索引出管 cable guide
缆索运输 cable haulage; cable transfer;rope haulage;telferage
缆索运输机 cable conveyer[conveyor];cableway transporter
缆索运输机器 cable haulage machine
缆索运输装置 cableway
缆索运送机 cable crane
缆索凿井机 cable rig
缆索凿井机组 cable tool rig
缆索闸门导向槽 rope groove
缆索支撑 cable stay
缆索支撑桥 cable-supported bridge
缆索支承 cable support
缆索支承架 cable support frame
缆索支承桥 cable-supported bridge
缆索支持的 cable-supported
缆索支墩 <吊桥上的> cable stay
缆索支架 cable holder
缆索直径 diameter of rope; rope diameter
缆索制止器 hawser clamp
缆索终端 cable end
缆索抓斗挖土机 cable clamshell; cable clamshell excavator
缆索抓固器 rope grab
缆索自由悬臂安装法 free cantilever erection with cables
缆索钻机 cable drill(er)
缆索钻进 cable drilling
缆索钻井 cable drilling
缆索钻具 cable tool
缆索钻具钻井法 cable tool drilling
缆索钻(探)架 cable rig
缆挖式调查潜水器 cable-controlled underwater research
缆挖式观察与救生装置 cable-operated observation and rescue device
缆线道 cable duct
缆线购物 cable shopping
缆线试验机 yarn tester
缆芯 cable core;wire core
缆芯绕包层 core wrap
缆眼支肋 cable-eye stiffener
缆扎绳 nipple;rope whipping line
缆柱 bitt;cable post;cavil
缆柱销 norman(-bolt);norman pin
缆桩倒肘 bitt standard; sam(p)son knee
缆桩肘 bitt bracket

榄

榄仁树 tropic(al) almond

榄香醇 elemol
榄香胶 elemi balsam;elemi gum
榄香树脂 elemi resin
榄香油 elemi balsam
榄香脂 elemi(balsam)

烂

烂疤 hard rot

烂东西 off-scourings
烂木灯 gate arm light
烂木头 daddock
烂泥 sludge; dirt; mud; mush; slosh [slush]
烂泥地 marshy land
烂泥覆盖的跑道 slush covered runway
烂泥坑 slush pit
烂泥砂 loam sand
烂泥炭 mud peat
烂泥型 loam mo(u)ld
烂砂 loam
烂砂碾磨机 loam mill
烂砂砖 loam brick
烂碎物 debris

滥

滥捕 heave fishing;over capture

滥捕鱼类 overfishing
滥发 <纸币、支票等> overissue
滥发奖金 overissue of bonus;reckless bonus paying
滥伐 denudation; denude; ruinous exploitation
滥伐地 denuded area
滥伐森林 tree butchery;deforestation
滥伐树木 tree butchery
滥耕 exhaustive farming
滥灌 overirrigation
滥计的成本 inflated cost
滥开汽车的人 road hog
滥垦草原 over reclamation on steppe
滥设陷阱诱捕 non-selective trapping
滥用 abuse; maltreatment; misappropriate; misappropriation; misuse; override;overuse
滥用公款 misapplication public money
滥用化学品 indiscriminate use of chemicals
滥用经费 squander fund
滥用款项 misspent sum
滥用垄断权 abuse of monopoly
滥用农药 pesticide abuse
滥用权利 abuse of rights
滥用杀虫剂 pesticide abuse
滥用天然资源 wasting asset
滥用信贷 abuse of credit
滥用信用 abuse of trust
滥用职权 breach of privilege;misfeasance;misuse of authority
滥于砍伐 butchery
滥支 misappropriate;misappropriation

郎

郎道矿 landauite

郎飞基础膜 Ranvier's membrane
郎飞氏氯化金染色法 Ranvier's gold chloride staining method
郎格尔(大)梁 Langer girder
郎奇测试法 Ronchi test

廊

廊 porch;portico;veranda(h)

廊道 alure; conveyer way; covered way;gallery;public arcade
廊道阀(门) culvert valve
廊道放水阀门 gallery gate
廊道掘进 gallery driving
廊道扩大段 expansion(in) gallery
廊道式进水口 water intake with filter gallery
廊道输水阀门 gallery gate
廊道卫星式 <客机坪> pier-satellite type
廊道指形式 <客机坪> pier-finger type
廊门 gallery portal

廊墙 partition wall
廊桥 gallery bridge
廊式公寓 apartment house of corridor access
廊式公寓住宅 gallery apartment house
廊式街道 covered street-way
廊式人行道 arcade sidewalk
廊式走道 covered walk
廊室 corridor;porch;vestibule
廊台 tribune
廊下 sotto portico
廊檐 shelter
廊檐顶棚 eaves ceiling
廊檐平顶 eaves ceiling
廊影 silhouette picture
廊柱 gallery column
廊柱园 patio;peristyle garden

榔

榔头 hammer

榔榆 Chinese elm

锒

锒木 veneer wood

朗

朗波特层 Langport beds

朗伯·波格和比尔定律的加和性 additive nature of the laws of Lambert-Bouguer and Beer
朗伯 <亮度单位> Lambert
朗伯-比尔定律 Lambert-Beer law
朗伯表面 Lambert's surface
朗伯表面光源 Lambertian surface source
朗伯定律 Lambert's law
朗伯发射定律 Lambert's emission law
朗伯反射定律 Lambert's law of reflection
朗伯反射体 Lambertian reflector
朗伯反照率 Lambert's albedo
朗伯方程 Lambert's equation
朗伯分布 Lambertian distribution
朗伯辐射体 Lambertian radiator
朗伯-嘎兰式系船浮标 Lambert-Garland mooring buoy
朗伯航程 Lambert's course
朗伯航向 Lambert's bearing
朗伯扩展光源 Lambertian extended source
朗伯律辐射体 Lambert's law radiator
朗伯入射余弦定律 Lambert's cosine law of incidence
朗伯特等积方位投影 Lambert's azimuthal equal area projection; Lambert's zenithal equal area projection
朗伯特等角投影海图方位 Lambert's bearing
朗伯特投影 Lambert's projection
朗伯特投影格网 Lambert's grid
朗伯特正形投影 Lambert's conformal projection
朗伯特正形投影图 Lambert's conformal chart
朗伯吸收定律 Lambert's law of absorption
朗伯余弦定律 Lambert's cosine law
朗伯余弦关系式 Lambert's cosine relation
朗伯源 Lambertian source
朗道长度 Landau length
朗道理论 Landau theory
朗道能级 Landau level
朗道涨落 Landau fluctuation
朗道阻尼 Landau damping
朗德 g 因子 Lande g factor
朗德因子 Lande factor
朗格尔梁 Langer beam
朗格光电比色计 Lange photoelectric-(al)colo(u)rimeter
朗格光泽计 Lange gloss meter
朗格利尔饱和指数 Langelier saturation index
朗格利尔指数 Langelier index
朗格缪尔暗区 Langmuir's dark space
朗格缪尔波不稳定性 Langmuir's wave instability
朗格缪尔波湍动 Langmuir's wave turbulence
朗格缪尔测量仪 Langmuir's probe
朗格缪尔单层吸附模型 Langmuir's single level adsorption model
朗格缪尔等温方程 Langmuir's isotherm equation
朗格缪尔定律 Langmuir's law
朗格缪尔方程 Langmuir's equation
朗格缪尔公式 Rangmuir equation
朗格缪尔模型 Langmuir's model
朗格缪尔黏[粘]度等 Langmuir viscosity
朗格缪尔黏[粘]度计 Langmuir visco(si)meter
朗格缪尔频率 Langmuir's frequency
朗格缪尔探针 Langmuir's probe
朗格缪尔湍流 Langmuir's turbulence
朗格缪尔吸附等温线 Langmuir's adsorption isotherm
朗格缪尔效应 Langmuir's effect
朗格缪尔-欣谢尔伍德动力学模型 Langmuir-Hinshelwood kinetic model
朗格缪尔-欣谢尔伍德机理 Langmuir-Hinshelwood mechanism
朗格缪尔型槽 Langmuir's trough
朗格缪尔型吸附 Langmuir-type adsorption
朗格缪尔学说 Langmuir's theory
朗格缪尔振荡 Langmuir's oscillation
朗肯被动区 passive Rankine zone
朗肯被动土压力状态 passive Rankine state
朗肯被动压力 passive Rankine pressure
朗肯常压气体黏[粘]度计 Rankine's constant pressure gas viscometer
朗肯度(数) Rankine degree
朗肯戈登公式 Rankine-Gorden formula
朗肯公式 Rankine's formula
朗肯-胡贡纽方程 Rankine-Hugoniot equation
朗肯解 Rankine's solution
朗肯刻度 Rankine's scale
朗肯理论 Rankine's theory
朗肯区 Rankine's zone
朗肯设计方法 Rankine's design method
朗肯设计立柱和挡土墙公式 Rankine's formula
朗肯体 Rankine's body
朗肯土压力理论 Rankine's earth pressure theory
朗肯温标 Rankine's temperature scale
朗肯温度 Rankine's temperature
朗肯温度标 Rankine's scale
朗肯涡流 Rankine's vortex
朗肯效率 Rankine's efficiency
朗肯循环 Rankine's cycle; steam cycle
朗肯循环发动机 Rankine's cycle engine
朗肯循环热效率 Rankine's thermal efficiency
朗肯应力状态 Rankine's states of stresses
朗肯主动及被动土压力状态 active and passive Rankine state
朗肯主动土压力 active Rankine pressure
朗肯主动土压力平衡状态 Rankine active state equilibrium
朗肯主动土压力状态 active Rankine state
朗肯状态 Rankine's state
朗姆酒 rum
朗奇光栅 Ronchi grating
朗奇刻线法 Ronchi ruling
朗奇图 Ronchigram
朗氏温标 Rankine's temperature scale
朗氏系数 Long's coefficient
朗斯基行列式 Wronskian
朗之万辐射压力 Langevin radiation pressure
朗之万函数 Langevin function
朗之万换能器 Langevin transducer
朗之万抗磁性理论 Langevin theory of diamagnetism
朗之万离子 Langevin ion
朗之万振动片 Langevin vibrator

茛

茛苕物岩 acanthus

茛苕叶形(装)饰【建】acanthus[akanthus];natural acanthus leaf

浪

浪 wave

浪潮 rip tide;tidal wave
浪成波峰 wave-built crest
浪成波峰线 wave-built crest line
浪成波痕 wave-built ripple; wave-formed ripple(mark); wave-generated ripple
浪成的 wave-built
浪成堤后池 overwash pool
浪成地层 undathem; wave-built formation
浪成海滨 beach formation by waves
浪成(海草)球 sea ball
浪成海滩 wave-built beach
浪成湖滨水下台地 littoral shelf
浪成湖滨台地 littoral shelf
浪成交错波痕 wave cross ripple (mark)
浪成阶地 wave-built platform; wave-built terrace; wave-cut terrace
浪成平台 wave-built platform
浪成平直海岸 wave-straightened coast
浪成三角洲 wave delta; storm delta
浪成水流 wave-built current
浪成台地 abraded platform; abrasion platform; wave-built platform; wave platform
浪成滩地 beach formation by waves; wave-built beach
浪成纹理 storm-surge lamination; wave-built lamination
浪成小三角洲 wave delta
浪成岩相 undathem facies; wave-built facies
浪成浊积岩 undaturbidite
浪程 fetch
浪冲刷(岸等) bathe
浪打船尾 poop
浪丁阶【地】Londinian(stage)
浪反射 wave reflection
浪费 consume; dilapidation; extravagant; prodigality; profusion; sink money; squander; uneconomic; wanton profusion; waste
浪费的 costly; uneconomic(al); wasteful
浪费量 wastage
浪费时间 kill time; time-consuming; potter
浪费系数 coefficient of waste
浪费信托 spendthrift trust
浪费者 waster
浪费资金 dissipation cost
浪费资源 resource-wasting
浪风绳 stay(ing) wire
浪峰 comb; hump
浪感电磁场 wave-induced electromagnetic field
浪高 height of wave; wave height
浪高仪 wave height meter
浪痕 runnel
浪花 blowing spray; breakers; broken water; lipper; sea bloom; sea cap; spindrift; spoon drift; spray; white cap
浪花带 spray zone
浪花翻滚形成激浪 cockle
浪花飞溅 blowing spray
浪花溅到甲板上 spray on deck
浪花饰线脚 oundy mo(u)lding
浪花似的 surly
浪花线 foam line
浪花形线脚 wave mo(u)lding
浪花状波痕 foam mark
浪击 assault of waves
浪击舵叶 kick of rudder
浪击海岸 surf-beaten shore
浪击落水 washing overboard
浪积波峰 wave-built crest
浪积阶地 built terrace
浪积扇圈闭 washover fan trap
浪积滩地 beach formation by waves
浪积浊流沉积 undaturbidite
浪基面 wave base
浪级表 sea scale; wave scale
浪建台地 built platform
浪溅腐蚀 splash zone corrosion
浪溅高度 swash height
浪溅区 splash zone; splash area
浪静下去 sea goes down
浪控三角洲 wave-dominated delta
浪漫古典主义 Romantic classicism
浪漫主义建筑 romanticism architecture
浪沫 white cap
浪爬高度 height of wave climbing
浪拍 wave slap
浪谱 wave spectrum[复 spectra]
浪切三角洲 wave-cut delta
浪扫全舱面 clean breach
浪上船 take water
浪蚀 abrasion; marine abrasion; marine erosion; wave corrosion; wave cut(ting); wave erosion
浪蚀岸 wave-cut shore
浪蚀岸线 abrasion shore line; wave erosion shoreline
浪蚀的 sea-cut; wave cut; wave-worn
浪蚀底 unda
浪蚀(底)地形 undaform; wave-cut topography
浪蚀(底)岩层 undathem
浪蚀地形学 wave-cut topography
浪蚀洞 nip; wave-cut notch
浪蚀陡崖滩 scarp beach
浪蚀海岸 outburst bank
浪蚀豁口 wave cut notch
浪蚀基面 level of wave-base
浪蚀基岩阶地 seter
浪蚀基岩面 abraded bedrock surface
浪蚀阶地 cut terrace; erosion terrace; marine-cut bench; marine-cut terrace; surf-cut terrace; wave-cut bench; wave-cut terrace
浪蚀龛 notch; wave-cut notch
浪蚀裂隙 wave-cut chasm
浪蚀平面 abrasion plane
浪蚀平台 abrasion platform; high water platform; shore platform; strand

L

flat;wave-cut bench
浪蚀平原 marine plain; wave-cut plain
浪蚀峭壁 sea cliff
浪蚀穹 sea arch
浪蚀石笋 chimney rock
浪蚀台 shore platform
浪蚀台地 abrade platform; abrasion platform; erosion platform; high water platform; shore platform; strand flat; wave-cut bench; wave-cut terrace; wave platform
浪蚀台地海滩 platform beach
浪蚀滩地 erosion platform; wave (-cut) platform
浪蚀悬崖 sea cliff; wave cut cliff
浪蚀崖 wave-cut cliff; wave-cut scarp
浪蚀崖面 abrasion plane; abrasion surface
浪蚀岩石阶地 rock abrasion platform
浪蚀岩柱 <海边的> chimney rock
浪蚀夷平作用 marine planation
浪式洗矿槽 surf washer
浪刷 awash
浪刷岩 awash rock
浪损 swell damage
浪涛 backwash
浪涛汹涌的海面 confused sea
浪头 crest of wave
浪弯辊压机 crimping machine
浪纹 slippage; rippling <钢材缺陷>
浪纹线脚 cyma
浪线 til
浪向 wave direction
浪形 shape wave
浪形保持架 ribbon cage; ribbon retainer
浪压力 wave pressure
浪涌 surge; surging
浪涌变压器 <消除单线干扰用> surge transformer
浪涌导纳 surge admittance
浪涌电流 surge current
浪涌电压 surge voltage
浪涌电压记录器 klydonograph; surge-voltage recorder
浪涌分流器 surge diverter
浪涌缓冲井 surge shaft
浪涌换向器 surge diverter
浪涌模拟器 surge simulator
浪涌能力 surge capacity
浪涌屏蔽绕组 controsurge winding
浪涌失真 surge distortion
浪涌损害 swell damage
浪涌线 surge line; surging line
浪涌撞击 surging shock
浪涌阻抗 surge impedance
浪云 billow cloud; undulatus

捞 fetching

捞船圆眼 hoisting shackle
捞粉器 chip catcher
捞杆 retrieving rod
捞钩 crowfoot[复 crowfeet]; tool extractor; tool grab
捞管器 <钻探工作用> casing catcher; casing dog; tube extractor; tubing catcher
捞环 finger basket
捞回 dredge for; fish for
捞雷船 torpedo recovery boat
捞矛 drag twist
捞泥船 spoon dredge(r)
捞泥砂用卷筒 bailing drum
捞泥砂用桶 bailing tub
捞泥勺 spoon bag
捞起断钢丝和工具 <冲击钻进> spud fishing
捞取钳 fishing tongs
捞砂【岩】 bailing up; fishing dust; sand pumping; sand dredging
捞砂机 bailing machine
捞砂卷筒 bailing drum; bailing reel
捞砂卷筒制动 sand brake
捞砂器 sand hog
捞砂绳 sand line; sand rope
捞砂绳滑轮 sand-line pulley; sand sheave
捞砂绳卷筒 sand-line spool
捞砂桶 bailing tub
捞砂筒 bailer; bailing bucket; bailing tube; hole bailer; slush basket; tubing drill; dart-valve bailer <带突板球阀的>
捞砂筒打捞爪 sand pump grab
捞砂筒倒砂门 bailer dump
捞砂筒底阀 bailer dart
捞砂筒阀门 bailer valve
捞砂筒钩环 bailer bail
捞砂筒井孔 bailer well
捞砂筒捞钩 bailer grab
捞砂筒连接环 bailer link
捞砂筒排水槽 bailing ditch
捞砂筒绳索 bailer line; bailing rope
捞砂筒提环 bailer bail
捞砂筒下部活门 bailer dart
捞砂筒岩样 bailer sample
捞砂筒轴柱 <冲击钻机的> tail post
捞砂筒注水泥法 bailer method of cementing
捞砂用天车绳轮 bailer crownblock
捞绳钩 rope spear
捞绳矛 <钢绳冲击钻用的> rope spear
捞绳抓钩 rope grab
捞筒 bailer; bailing bucket
捞筒式转鼓给料机 overshot rotary feeder
捞挖输送机 dredging conveyer[conveyor]
捞网 bag dredge; dredge(r)
捞油船 oil skimmer
捞鱼网 dip net
捞住落鱼 engaging fish
捞抓土样 basket core
捞爪 basket junk; finger basket; fishing basket

劳

劳埃德保险公司 Lloyd's underwriter
劳埃德保险公司代理人 Lloyd's agent
劳埃德保险经纪人协会 Lloyd's Insurance Brokers Association
劳埃德保险经纪商协会 Lloyd's Insurance Brokers Association
劳埃德保险协会代理人 Lloyd's agent
劳埃德船舶年鉴 Lloyd's List; Lloyd's register
劳埃德船规范 Lloyd's rule
劳埃德船级社 Corporation of Lloyd's; Lloyd's Register of Shipping
劳埃德船级社编号 No. Lloyd's
劳埃德船级社代理人 Lloyd's agent
劳埃德船级证书 Lloyd's certificate
劳埃德船名录 Lloyd's List
劳埃德公开格式 Lloyd's open form
劳埃德公司 Lloyd's company
劳埃德海损协议格式 Lloyd's form of average bond
劳埃德海运信息服务处 Lloyd's Maritime Information Service
劳埃德机械合格证书 Lloyd's machinery certificate
劳埃德经纪协会 Lloyd's Brokers Association
劳埃德镜 Lloyd's mirror
劳埃德冷冻机械证书 Lloyd's Refrigerating Machinery Certificate
劳埃德失踪船舶名册 black book
劳埃德数 Lloyd's number
劳埃德验船协会 Lloyd's survey
劳埃干涉图 Lloyd's interferogram
劳保费 labo(u)r insurance cost
劳保福利 labo(u)r insurance and welfare
劳保基金 labo(u)r insurance fund
劳保手套 leather working gloves; safety and industrial gloves; work gloves; work protective gloves
劳保医疗 labo(u)r protection medical care
劳保支出 labo(u)r insurance expenditures; labo(u)r protection payment
劳丹胶 Labdanum(gum)
劳登干燥机 Lowden drier[dryer]
劳动安全 labo(u)r security
劳动安全保护费 expenditure for protecting security of workers; expenditure of protecting safety for workers; expenditure of protecting security for workers
劳动安全措施 labo(u)r safety measure
劳动安全卫生法 law of labo(u)r safety and health
劳动保护 labo(u)r protection; labo(u)r security
劳动保护标准 labo(u)r protecting standard
劳动保护措施基金 funds for labo(u)r protection
劳动保护法 labo(u)r protection act
劳动保护设施 labo(u)r safety device
劳动保护鞋 safety footwear
劳动保险 labo(u)r insurance; workers' compensation insurance
劳动保险费 workers insurance expenses
劳动保险基金 labo(u)r insurance fund
劳动保险条例 labo(u)r insurance regulation
劳动保险支出 labo(u)r insurance expenditures
劳动保险制度 labo(u)r insurance system
劳动报酬 labo(u)r reward; payment for labo(u)r; remuneration for work
劳动报酬基金 labo(u)r recompense fund
劳动布 denim
劳动布裤 jeans
劳动部 Department of Labo(u)r
劳动部门 board of labo(u)r
劳动部门费用 employment department expenses
劳动部职业安全与卫生管理局 <美> Occupational Safety and Health Administration of Department of Labor
劳动产量比率 labo(u)r-output ratio
劳动产品 product of labo(u)r
劳动成本 labo(u)r cost
劳动成本比率 ratio of labo(u)r to cost
劳动成本说 labo(u)r cost theory
劳动酬报 remuneration of labor
劳动的标准价格 normal price of labo(u)r
劳动等级 labo(u)r grade
劳动定额 labo(u)r quota; labo(u)r stock; norm for estimating labo(u)r requirements; output standard; work norm; work quota
劳动定额测定 labo(u)r norm measurement
劳动定额管理 labo(u)r management of railway
劳动定员 fixed number of labo(u)r; labo(u)r requirement; manpower quota
劳动短缺 scarcity of labour
劳动法 labo(u)r law
劳动费用比例 labo(u)r rate ratio
劳动份额 labo(u)r quota
劳动服 bawneen
劳动服务费 labo(u)r service charges
劳动服务公司 labo(u)r service company; service company
劳动福利 workfare
劳动负荷量 work load
劳动工具 implements of labo(u)r; instrument of labo(u)r
劳动工资费 labo(u)r cost
劳动工资管理 labo(u)r wage management
劳动工资计划 labo(u)r and wage plan; plan concerning manpower and pay scales
劳动工资计划工作 the work of budgeting wages
劳动工资计划完成率 planned performance rate of labo(u)r wages
劳动工资科 labo(u)r and salary department
劳动工资率 labo(u)r wage rate
劳动观点 attitude to labo(u)r
劳动管理 labo(u)r control
劳动过程 labo(u)r process
劳动号子 work song
劳动合同 labo(u)r contract
劳动环境质量评价 labo(u)r environmental quality assessment
劳动集约程度 labo(u)r intensity
劳动纪律 labo(u)r discipline; labo(u)r regulation
劳动价值 labo(u)r cost
劳动价值说 labo(u)r theory of value
劳动阶层 cloth-cap
劳动节 Labo(u)r day
劳动节约原则 principle of motion economy
劳动经济效益指标 labo(u)r economic effectiveness indicators
劳动经济学 labo(u)r economics
劳动竞赛 labo(u)r emulation
劳动纠纷 labo(u)r dispute
劳动纠纷仲裁 labo(u)r arbitration
劳动救济 labo(u)rer relief
劳动局 labo(u)r bureau
劳动力 labo(u)r; labo(u)r force; labo(u)r power; manpower; work(ing) force
劳动力报告 manpower report
劳动力不足 manpower tightness
劳动力参加率 labo(u)r force participation rate
劳动力成本 labo(u)r cost
劳动力充裕 abundance of labo(u)r
劳动力储备 fund of labor
劳动力调配 allocation of labo(u)r force; deployment of manpower; handling of labo(u)r; labo(u)r exchange
劳动力调配表 man-assignment schedule
劳动力定额 labo(u)r constant
劳动力短缺 labo(u)r force shortage
劳动力构成 make-up of manpower
劳动力管理 handling of labo(u)r; man-management; labo(u)r management
劳动力过剩 abundance of labo(u)r
劳动力和材料支付契约 guaranty bond

劳动力极度缺乏 hyperemployment
劳动力价格 labo(u)r rate
劳动力开支 labo(u)r burden
劳动力流动 labo(u)r flux
劳动力流动率 labo(u)r turnover
劳动力迁移 labo(u)r migration
劳动力缺乏 labo(u)r famine;labo(u)r shortage
劳动力日报表 daily force report
劳动力生产率 labo(u)r productivity
劳动力使用 utilization of labo(u)r
劳动力市场 labo(u)r market
劳动力统计 costing;statistics of labo(u)r force
劳动力外流 brawn drain
劳动力吸收量 labo(u)r absorption
劳动力移动 labo(u)r migration
劳动力预算 manpower budget
劳动力再配置 manpower relocation
劳动力再生产 reproduction of labo(u)r power
劳动力资源 human resources;pool of labo(u)r power
劳动力自然更新速度 natural renewal of labo(u)r power
劳动力总数 total labo(u)r force
劳动量 amount of labo(u)r;labo(u)r content; quantity of work; work output
劳动量投入 labo(u)r input
劳动流程表 labo(u)r flow table
劳动流动性 labo(u)r liquidity;labo(u)r mobility
劳动率 labo(u)r rate
劳动密集操作 labo(u)r-intensive operation
劳动密集生产 labo(u)r-intensive production
劳动密集型的 labo(u)r-intensive
劳动密集型工业 labo(u)r-intensive industry
劳动密集型企业 labo(u)r-intensive enterprise
劳动密集型项目 labo(u)r-intensive project
劳动模范 model worker
劳动能力 ability to work; working capacity
劳动能力丧失 disability
劳动平衡 labo(u)r equilibrium
劳动强度 intensity of labo(u)r;intensity of work;labo(u)r intensity;labo(u)r strength
劳动强度研究 ergonomic study
劳动权 right of labo(u)r
劳动热情调查 morale survey
劳动人 labo(u)r force
劳动人口 labo(u)r force;labo(u)r population
劳动人数定额用工 amount of labo(u)r
劳动日 Labo(u)r day; man-day; workday;working day
劳动生产率 efficiency of labo(u)r; labo(u)r capacity;labo(u)r efficiency;productivity of labo(u)r; work productivity
劳动生产率计划 labo(u)r productivity plan
劳动生产率统计 statistics of labour productivity
劳动生产指数 labo(u)r productivity index
劳动生理学 physiology of labo(u)r; work physiology
劳动时间 hours of labo(u)r;labo(u)r time;working hours;working time
劳动时间的节省 saving on labo(u)r time
劳动时间价值 labo(u)r-time value
劳动时间效率 efficiency of labo(u)r time
劳动市场 job market
劳动事故 labo(u)r accident
劳动收入 earned income; income from work;labo(u)r income
劳动手册 labo(u)r handbook
劳动手段 labo(u)r instrument; means of labo(u)r
劳动熟练程度 skill of labo(u)r
劳动速率 rate of work
劳动所得价值 earned capacity value
劳动条件 conditions of labo(u)r;labo(u)r condition; working condition
劳动统计 labo(u)r(force)statistics
劳动统计局 Bureau of Labo(u)r Statistics
劳动统计年报表 annual abstract of labo(u)r statistics
劳动投入统计 statistics on labo(u)r input
劳动卫生 labo(u)r health;labo(u)r hygiene;occupational hygiene
劳动卫生标准 labo(u)r hygiene standard
劳动卫生规程 act of labour health
劳动卫生学 labo(u)r hygiene
劳动卫生研究所 institute of labo(u)r health
劳动物化在商品中 labo(u)r realizes itself in commodities
劳动消耗投入产出模型 model of input-output in labo(u)r consumption
劳动小时数 labo(u)r hour
劳动效率 efficiency of labo(u)r;labo(u)r efficiency;work efficiency
劳动效益 labo(u)r benefit
劳动心理学 industrial psychology;labo(u)r psychology
劳动需求 demand for labo(u)r
劳动用工权 labo(u)r right
劳动优化组合 optimum organization of labo(u)rs
劳动与工资核算 labo(u)r and wage accounting
劳动与资本资源 labo(u)r and capital resources
劳动占用节约率 economization rate of labo(u)r occupancy
劳动占用经济指标 labo(u)r holding economic indicator
劳动占用量 occupied amount of labo(u)r
劳动者 labo(u)r(er);labo(u)ring man;worker;workman
劳动者联合体 associations of laborers
劳动者生产率 productivity of workman
劳动者素质 educational level of workers;laborer's quality
劳动指标 labo(u)r index
劳动制度 labo(u)r allocation system; labo(u)r system; sweating system < 如泰罗制福特制等 >
劳动质量 quality of labo(u)r
劳动仲裁 industrial arbitration
劳动仲裁制度 labo(u)r arbitration system
劳动专门化 specialization of labor
劳动专业化 labo(u)r specialization
劳动资料 labo(u)r instrument; means of labo(u)r
劳动资源 labo(u)r forces
劳动组织 job engineering; job management; labo(u)r organization; organization of labo(u)r
劳厄斑 Laue's pattern
劳厄斑点 Laue's spot
劳厄斑点的畸变 Laue's spot deformation
劳厄背底 Laue's background
劳厄单调散射 Laue's monotonic scattering
劳厄点 Laue's point
劳厄对称 Laue's symmetry
劳厄对称型 Laue's class
劳厄法 Laue's method
劳厄方程 Laue's equation
劳厄干涉 Laue's interference
劳厄尖峰 Laue's spike
劳厄宽度 Laue's breadth
劳厄理论 Laue theory
劳厄平面 Laue's plane
劳厄群 Laue's group
劳厄三片式干涉仪 Laue's three-lamellar interferometer
劳厄石 laueite
劳厄条件 Laue's condition
劳厄图 Laue's diagram; Laue's pattern;Laue's photograph
劳厄效应 Laue's effect
劳厄(X 射线)型照相机 Laue's camera
劳厄衍射 Laue's diffraction
劳厄衍射方程 Laue's diffraction equation
劳厄衍射花样 Laue's diffraction pattern
劳厄衍射图(样)Laue's diffraction diagram;Laue's diffraction pattern
劳厄照片 Laue's photograph; Laue's picture
劳厄照相(术)Laue's photography
劳厄指数 Laue's index
劳方和资方 labo(u)r and capital;labo(u)r and management
劳费氏沉箱沉降法 < 沉箱做成上小下大,上部灌膨润土稀浆 > Lorenz/Fehlmann method
劳改(农)场 penal farm
劳工 labo(u)r;manual worker
劳工保险 workmen's compensation insurance
劳工保险局 Bureau of Labo(u)r Insurance
劳工部 < 美 > Department of Labo(u)r
劳工导向工业 labo(u)r-oriented industry
劳工法 labo(u)r law
劳工关系 labo(u)r relation
劳工管理 handling of labo(u)r
劳工合同 labo(u)r contract
劳工及材料付款担保 labo(u)r and material payment bond
劳工及福利支出 labo(u)r and welfare expenditures
劳工价值 value of labo(u)r power
劳工介绍所 labo(u)r exchange
劳工局 labo(u)r bureau
劳工立法 labo(u)r lawmaking
劳工流动性 labo(u)r mobility
劳工密集工业 labo(u)r-intensive industry
劳工赔偿 work compensation
劳工契约 labo(u)r contract
劳工条例 labo(u)r statute
劳工统计局 Bureau of Labo(u)r Statistics
劳工外流 brawn drain
劳工问题 labo(u)r problem
劳工险 insurance of workmen
劳工协会 labo(u)r association
劳工争议调解 labo(u)r conciliation
劳工争议仲裁 labo(u)r arbitration
劳工政策 labo(u)r policy
劳工周转率 labo(u)r turnover
劳工驻地 labo(u)r camp
劳工资料 labo(u)r information
劳工组织 labo(u)r organization
劳教农场 work farm
劳教所 protector
劳克试验 Lok-strength test
劳拉大陆【地】laurusia
劳拉大陆解体 Laurasia breakup
劳拉大陆与非洲大陆碰撞 Laurusia-Africa collision
劳拉大陆与冈瓦纳大陆分离 Laurasia-Gondwana separation
劳拉大陆与亚洲大陆碰撞 Laurusia-Asia collision
劳拉古陆 < 古陆名,范围包括现北美,欧洲和亚洲 >【地】Laurasia paleocontinent
劳拉壳块 Lauraian crustal cupola
劳拉型地台 Laurasia-type platform
劳兰模拟器 Loran simulator
劳兰系统 loran [long-range navigation]
劳勒尔管 Laurer's canal
劳勒尔-斯蒂尔达管 Laurer-Stieda canal
劳雷因型衬板压条 Lorain type shell liner
劳里森检测器 Lauritsen detector
劳里森验电器 Lauritsen electroscope
劳力不足 labo(u)r stringency
劳力常数 labo(u)r constant
劳力成本差异 labo(u)r cost differential
劳力单位 labo(u)r unit
劳力费用 labo(u)r cost
劳力供应源 labo(u)r pool
劳力过剩 labo(u)r surplus
劳力交换 labo(u)r exchange
劳力节省机械 labo(u)r-saving machinery
劳力节省机械工业 labo(u)r-saving machinery industry
劳力流动性 labo(u)r liquidity
劳力密集技术 labo(u)r-intensive technique
劳力市场 labo(u)r market
劳力数量 quantity of labour
劳力外流 manpower drain
劳力项目 service account
劳力增加型技术变化 labo(u)r-augmenting technical change
劳力资源 labo(u)r resources
劳磷铁矿 laubmannite
劳硫锑铅矿 launayite
劳伦板 Laurent plate
劳伦半影板 Laurent half-shade plate
劳伦半遮片 Laurent half-shade plate
劳伦大陆【地】Laurentia
劳伦大陆与波罗的大陆碰撞 Laurentia-Baltica collision
劳伦大陆与冈瓦纳大陆碰撞 Laurentia-Gondwana collision
劳伦定理 Laurent's theorem
劳伦级数 Laurent series
劳伦偏振计 Laurent polarimeter
劳伦造山运动 < 太古代元古代间 >【地】Laurentian orogenesis; Laurentian orogeny
劳伦展开 Laurent expansion
劳拿锦纶树脂 Norelac resin
劳农模型 Loonen model
劳氏斑点 Laue spot
劳氏保险公司 < 劳氏又译劳合社 > Lloyd's underwriter
劳氏保险公司代理人 Lloyd's agent
劳氏保险经纪人协会 Lloyd's Insurance Brokers Association
劳氏保险经纪商协会 Lloyd's Insurance Brokers Association
劳氏保险协会代理人 Lloyd's agent

劳氏报告 Lloyd's Report
劳氏承保人 Lloyd's underwriter
劳氏船舶动态日报 Lloyd's Shipping Index
劳氏船舶年鉴 Lloyd's List; Lloyd's register
劳氏船级社 Corporation of Lloyd's; Lloyd's Register of Shipping
劳氏船级社编号 No. Lloyd's
劳氏船级社代理人 Lloyd's agent
劳氏船级协会 Lloyd's association
劳氏船级证书 Lloyd's certificate
劳氏船名录 Lloyd's List
劳氏公开格式 Lloyd's open form
劳氏公司 Lloyd's companies;The Corporation of Lloyd
劳氏公证行 Lloyd's Surveyor
劳氏海损契约 Lloyd's average bond
劳氏海损协议格式 Lloyd's form of average bond
劳氏海运信息服务处 Lloyd's Maritime Information Service
劳氏(合社)船级 Lloyd's class
劳氏(合社)船(级)规范 Lloyd's rule
劳氏合社海损担保格式 Lloyd's form of average bond
劳氏机械合格证书 Lloyd's machinery certificate
劳氏经纪协会 Lloyd's Brokers Association
劳氏冷冻机械证书 Lloyd's Refrigerating Machinery Certificate
劳氏失踪船舶名册 black book
劳氏市场 <即伦敦保险市场> Lloyd's Market
劳氏数 Lloyd's number
劳氏效应 Laue effect
劳氏验船协会 Lloyd's survey
劳思表 Routh's table
劳思定则 Routh's rule
劳思法则 Routh's rule;Routh test
劳思惯性法则 Routh's rule of inertia
劳思近似值法 Routh's approximant
劳思氏紫 thionine
劳思式轧机 Lauth's mill
劳思数列表 Routh's array table
劳思阵列 Routh's array
劳思紫 Lauth's violet
劳损 strain
劳损评价 strain evaluation
劳塔尔铝硅铜合金 Lautal
劳托维克方式 Loutorick system
劳托维克集装箱移放方式 Loutorick transfer system
劳务 labo(u)r; personal service; service
劳务保险单 service policy
劳务报酬 remuneration for personal services
劳务报告 returns of labo(u)r
劳务成本 service cost
劳务成本分配 cost-of-service allocation
劳务成本计算 costing of labo(u)r
劳务承包商 labo(u)r contractor
劳务出口 labo(u)r service export
劳务的雇佣 engagement of labo(u)r
劳务费(用) charges for services; cost of labo(u)r; cost-of-service; labo(u)r rate; labo(u)r service charges; service charges; service expenses
劳务费用的划拨 appropriation of labo(u)r cost
劳务费账户 labo(u)r cost account
劳务雇佣 labo(u)r employment
劳务合同 contract for labo(u)r; contract for service; contract of employment; contract of services; labo(u)r contract; service contract
劳务计划 labo(u)r planning
劳务价格 labo(u)r cost; labo(u)r rate
劳务介绍所 employment exchange
劳务密集的 labo(u)r-intensive
劳务密集型 labo(u)r-intensive
劳务赔偿 reparation by service
劳务人员的遣返 repatriation of labo(u)r
劳务市场 service market
劳务协议 labo(u)r agreement
劳务账 service account
劳务征用 requisition in service
劳逊发动机 Lauson engine
劳逊判据 Lawson criterion
劳逊椅 <软垫矮背附属椅> Lawson chair
劳役 servitude
劳役偿债 peonage
劳役监禁 penal servitude
劳资 capital and labo(u)r; labo(u)r and capital; labo(u)r and management
劳资冲突 hostility between capital and labo(u)r
劳资关系 employee-employer relation; labo(u)r-capital relation; labo(u)r-management relations; labo(u)r relation
劳资合作 union management cooperation
劳资纠纷 labo(u)r trouble; industrial dispute; labo(u)r-capital dispute
劳资纠纷仲裁 conciliation; labo(u)r arbitration
劳资室 labo(u)r and salary office
劳资协商会 <英> trade board
劳资协议 labo(u)r agreement
劳资协议会 works council
劳资争端 industrial dispute
劳资争议 labo(u)r dispute; labo(u)r unrest
劳资争议法庭 labo(u)r court

牢房 cell room; penitential cell; skookum house <俚语>

牢房设计 cell design
牢固包装 strong packing
牢固的包装 durable packing
牢固地卡在提引器上 snag one
牢固镀层 close coating
牢固搁浅 hard and fast ashore
牢固接合 firm and impervious joint; mortice
牢固结合 compaginate
牢固连接的 stiff-jointed
牢固黏[粘]附 rigid adherence
牢固嵌入墙身 <悬臂构件> tailing
牢固缩绳结 knotted sheepshank
牢固特性 resistance property
牢固性 fastness property
牢固性油漆 <用于混凝土或石料表面> paintcrete
牢靠出流量 firm discharge
牢靠的 firm; rock-ribbed; steady; strong
牢牢固定的 hard set
牢配合 drive fit; driving fit; tight fit
牢配合螺栓 driving fit bolt
牢染色 fast colo(u)r
牢拴绳子 belay

老百姓 civilian

老板 boss; honcho <美>; patron
老残保险 insurance against old age and invalidity
老沉积土 pal(a)eo-deposit; pal(a)eo-soil
老成土 u(l)tisol; ustisol
老城市 mature city
老船 aged vessel; superannuated ship
老的混凝土 old concrete
老的生活单元 old living unit
老第三纪【地】 Eogene period
老第三纪气候分带【地】 Eogene climatic zonation
老第三纪夷平面【地】 Eogene planation surface
老第三系【地】 Eogene system
老房租 oil quarters
老坟砂岩 oldbury stone
老粉 calcimine
老妇人 <俗称英格兰银行> old lady
老港改建 reconstruction of old port
老港口 established harbo(u)r; established port; original harbo(u)r; original port
老港区 established port area; established sector
老工人 old hand; veteran; veteran worker
老工业基地 old industrial bases
老工作区 old workings
老公寓 old apartment
老公寓楼层 old flat
老公寓套房 old flat
老古董 museum piece
老航道 established channel; original channel
老河床 ancient geologic(al) gorge
老河道 old river; crease
老河改道 old river diversion
老荷兰式方法 old Dutch process
老荷兰式工艺 old Dutch process
老红层 old red
老红大陆 Old Red land
老红壤 Old Red earth
老红砂岩 Old Red sandstone
老红砂岩大陆 Old Red continent
老红砂岩统 <泥盆记>【地】 old Red Sandstone series
老虎窗 dormant window; dormer window; garret window; luthern; roof dormer; lucarne <指位于女儿墙处的老虎窗>; dormer <俗称>
老虎窗侧壁 dormer cheek
老虎窗侧挡板 check tile
老虎窗两侧 dormer cheek
老虎窗螺栓 dormer bolt
老虎钳 bench vice[vise]; cut(ting) nippers; hand vice[vise]; jaw vice[vise]; leg vice[vise]; pliers[plyers]; utility vise
老虎钳口 bit of the vice
老虎天窗 flat-roofed dormer-window
老花眼 presbyopia
老化 age hardening; ag(e)ing; burn-in; maturing; maturity; preburning; ripening; seasoning; secular variation; weathering
老化变黑层 age coating
老化变黄 yellowing on ag(e)ing
老化变色 weather stain
老化变硬 age-harden
老化冰脊 aged ice ridge; aged ridge
老化测试机 weatherometer
老化程度 degree of ag(e)ing
老化池 decay tank
老化处理 ag(e)ing treatment
老化脆性应变 age embrittlement strain
老化错误 ag(e)ing error
老化的 aged; weathered
老化法 ag(e)ing process
老化覆层 age coating
老化故障 ag(e)ing failure; degradation failure
老化故障期 loss failure period
老化罐 ag(e)ing can; digestion tank
老化过程 ag(e)ing process
老化海水 aged seawater
老化后的热阻值 aged insulation value
老化后性能 aged property
老化架 ag(e)ing rack
老化降解 degradation with ag(e)ing
老化阶段 ag(e)ing step
老化界限 ag(e)ing boundary
老化绝缘子 deteriorated insulator
老化开裂 age-crack; season cracking
老化抗力 ag(e)ing resistance
老化理论 ag(e)ing theory
老化沥青 aged asphalt
老化裂缝 atmospheric crack(ing)
老化裂纹 atmospheric crack(ing)
老化炉 ag(e)ing oven
老化率 ag(e)ing rate
老化黏[粘]度 aged viscosity
老化平面 degradation level
老化期限 limit of age
老化器 ag(e)ing vessel; ager
老化前性能数值 unaged property value
老化曲线 ag(e)ing curve
老化容器 ag(e)ing tank
老化筛选 burn-in screen
老化失效期 loss failure period
老化时间 ag(e)ing time; burning-in period
老化时期 ag(e)ing period
老化实验仪 ag(e)ing tester
老化试验 ag(e)ing test; degradation testing; heat run; weathering test
老化试验机 age tester; weatherometer
老化试验计 weatherometer
老化试验器 ag(e)ing apparatus
老化试验箱 ag(e)ing oven
老化试验仪 ag(e)ing tester
老化收缩 ag(e)ing contraction
老化寿命 ag(e)ing life
老化速度 ag(e)ing rate
老化特性 ag(e)ing behavio(u)r
老化稳定性 ag(e)ing stability; age stability
老化污点 ag(e)ing blemish
老化误差 ag(e)ing error
老化系数 ag(e)ing coefficient
老化现象 ag(e)ing phenomenon
老化效应 ag(e)ing effect; effect of ag(e)ing
老化性故障 gradual failure; gradual impairment; time-aged deterioration
老化性能 ag(e)ing behavio(u)r
老化性质 ag(e)ing property
老化仪 weather meter
老化因数 age(d) factor
老化因素 ag(e)ing factor
老化硬化 age-harden
老化指数 ag(e)ing index
老化周期 weathering cycle
老化柱 aged column
老化作用 ag(e)ing effect; effect of ag(e)ing
老黄土 loess loam; old loess; pal(a)eo-loess
老火车阶段【铁】 ag(e)ing step
老机组 ag(e)ing unit
老加里东造山作用幕 Old Caledonian orogeny
老旧的产业 wasting assets
老居民 host community; host population
老居住单位 old dwelling unit
老居住单元 old dwelling unit
老空地 old area
老矿区浅孔钻进 flank of play
老狼木 wolf tree

老练 grey experience
老练的 experienced; sophisticated
老练的人 veteran
老炼 burn-in; seasoning
老炼规范 ag(e)ing condition
老炼试验 heat run
老炼台 ag(e)ing rack
老龄化城市 ag(e)ing city
老窿素描图 sketch of historic(al) opening
老露天矿 meand
老泥炭 older peat
老年保险 insurance for old age
老年的 old; senile
老年地形 old form; old topography; senesland; topographic(al) old age
老年地形区 old land
老年公寓 aged flat; aged people's apartment; aged person's apartment; apartments for the elderly
老年河 old river; old stream; senile river; senile stream
老年(河)谷 old valley
老年湖 senescent lake; senile lake; old lake
老年景观 old landing
老年喀斯特 old karst
老年期 old stage【地】; old age; senescence; senility
老年期的 gerontic
老年期地貌 old-stage landform
老年人 oldster
老年人公寓 apartment for the elderly; old people's apartment(unit)
老年人家庭 old people's home
老年人口 ag(e)ing population
老年人社交中心 old people's community centre[center]
老年人之家 old people's home
老年人住处 old people's home
老年人住房 aged people's dwelling; hostel for the elderly; senior citizens housing; old people's dwelling
老年人住宅 old dwelling; old dwelling unit
老年山 old mountain; relict mountain
老年社区活动中心 aged people's community center[centre]
老年土(壤) senile soil; aged soil
老年性聋 presbyacusis
老年雪 old snow
老年岩溶 old karst
老年早期 senescence
老年住房单元 elderly unit
老黏[粘]土 aged clay; pal(a)eoclay
老黏[粘]土层 aged clay layer; old clay layer; pal(a)eo-clay layer
老黏[粘]性土 ancient deposited cohesiveness soil; pal(a)eo-cohesive soil
老凝聚体 aged floc
老炮眼 existing perforation
老铺 established business house
老区域 old area
老人出售个人住宅 <美国 55 岁以上的可以免去部分所得税> sale of personal residence by elderly
老人公寓 aged people's apartment; aged person's apartment; apartment for the aged
老人公寓楼层 old person's flat
老人公寓套房 old person's flat
老人医院 geriatric hospital
老人之家 home for the aged
老人住房 elderly housing; old people's housing
老人住宅 aged people's dwelling; house for the aged
老弱病残 crock
老弱的 decrepit
老沙丘 fossil dune
老世界区系 old world realm
老世界腕足动物地理区系 old world brachiopod realm
老式 out of mode
老式的 old fashioned; old style; outdated; out-of-date; out-of-fashion; prehistoric
老式机器 outdated machinery
老式唧筒 hand tub
老式建筑 old-fashioned building; outdated building
老式小汽车 tin lizzie
老熟 ag(e)ing
老衰期 gerontic stage
老司钻 stud driller
老宿舍 oil quarters
老塘 condie; goaf; gob
老套间 old apartment
老土 old soil
老围层【地】 butte temoin; outlier
老细末里运动 Old Cimmerian orogeny
老朽房屋 dilapidated building
老朽建筑物 superannuated building
老岩丘 huerfano
老岩溶 old karst
老檐桁 purlin(e)on hypostyle
老檐柱 external principal column
老窑水 goaf water
老窑突水 bursting water from goaf
老爷车 <俚语> banger
老住处 oil quarters
老住房单位 old dwelling unit
老住房单元 old dwelling unit
老钻工 old hand; oldtimer

姥

姥鲛烷【化】 pristane

姥鲛烷/正十七烷 pristine/n-17 alkane ratio
姥鲛烷/植烷比 pristine/phytane ratio

栳

栳樟油 Kusunoki-damashi oil

铑

铑 106 辐射 radiation of 106Rh

铑的 rhodic; rhodous
铑矿 rhodium ores

涝

涝 lodgment of water; water-logging

涝池 water pan
涝的 water-logged
涝水 local runoff; on-site runoff
涝水利用 on-site water use
涝洼地 water-logged lowland
涝原 flood basin; flood plain
涝灾 water-logging disaster
涝渍土 water-logged soil

烙

烙 cauterize

烙边 ironing
烙除法 igniextirpation; thermocauterectomy
烙刀 cautery knife
烙法 cauterization
烙画 poker picture; poker work; pyrograph
烙画法 art of pyrography; pyrography; pyrogravure
烙画用具 poker
烙焦法 <木材防腐> scaring
烙平沥青接缝的熨斗 smoothing iron
烙器 cauter(y)
烙热法 chauffage
烙上 burn-in
烙术 cauterization; cautery
烙铁 brand(ing) iron; flat iron; grozing iron; hand iron; searing-iron; smoothing iron; soldering bit; soldering hammer; soldering iron
烙铁加热 iron heating
烙铁钎焊 iron soldering
烙铁枪 soldering gun
烙铁术 technocausis
烙铁头 bit; soldering iron nozzle; welding head
烙印 brand(ing); overprint; sear
烙印器 brand punch
烙印铁 marking iron
烙针 cautery needle

酪

酪氨酸 tyrosine

酪蛋白 casein
酪蛋白粉 casein powder
酪蛋白胶 casein glue
酪蛋白胶凝材料 casein sizing material
酪蛋白胶水 casein size
酪蛋白黏[粘]结剂 casein glue
酪蛋白漆 casein paint
酪蛋白塑料 casein plastics
酪蛋白酸铵 ammonium caseinate
酪蛋白涂料 casein paint
酪皮 cheesiness
酪朊 casein(ogen)
酪朊粉末涂料 casein-powder paint
酪朊胶 casein glue
酪朊胶的类型 type of casein glue
酪朊黏[粘]合剂 casein adhesive
酪朊漆 casein paint
酪朊溶胶 casein sol
酪朊塑料 casein plastics
酪朊酸盐 caseinate
酪朊质水溶性涂料 casein water paint
酪素甲醛树脂 casein formaldehyde resin
酪素胶 casein glue
酪素介质 casein medium
酪素黏[粘]合剂 casein cement
酪素漆 casein paint
酪素乳液 casein emulsion
酪素树脂 casein resin
酪素水溶性涂料 casein water paint
酪素塑料 casein plastics
酪素涂料 casein paint
酪素颜料膏 casein pigment
酪酸的 butyric
酪酸发酵 butyric acid fermentation
酪酸盐透镜 butyrate lens
酪酸油漆 casein paint

乐

乐池 orchestra box; orchestra pit; pit

乐池栏杆 orchestra rail
乐队入口 <希腊剧院的> parados
乐甫波 <用于层状体系数学解> L(ove) wave; Q wave
乐甫数 Love number
乐观悲观正向修剪 optimistic-pessimistic forward pruning
乐观的模糊自动机 optimistic fuzzy automaton
乐观估计 optimistic estimate
乐观时间 optimistic time
乐果 <一种有机磷杀虫、杀螨剂> dimethoate
乐山大佛寺 <中国四川> Temple of the Large Leshan Buddha
乐音 musical note
乐于投标信 letter of interest
乐园 paradise
乐园子 grains of Paradise; Guinea grains

勒

勒贝格测度 Lebesgue measure

勒贝格积分 Lebesgue integral
勒贝格数 Lebesgue number
勒贝格-斯蒂尔吉斯积分 Lebesgue-Stieltjes integral
勒布朗克法 Leblanc process
勒布朗克接法 Leblanc connection
勒布朗克进相器 Leblanc phase advancer
勒布朗克连接法 Leblanc connexion
勒布朗克系统 Leblanc system
勒除器 snare
勒杜浮钟压力计 Ledoux bell meter
勒杜克电流 Leduc current
勒耳 <磁阻单位> rel
勒脚 lodgment table; plinth; plinth wall; quadra; foot stall <柱墩的>
勒脚层 base course; foundation course; plinth course
勒脚底 base course
勒脚木 plinth
勒脚砌体 plinth walling
勒脚石 skirting block
勒脚瓦 plinth tile
勒脚圬工作业 plinth masonry work
勒脚线 socle
勒脚线条 foot base
勒脚砖 plinth brick
勒金米塔尔合金 Lurgi metal alloy
勒克朗歇电池 Leclanche cell
勒克司 lux <照度单位>; lx <光照度符号>
勒克司(照度)计 illumination photometer; lux ga(u)ge; lux meter[metre]; lux(o)meter
勒克司烛光 lux candle
勒罗克斯组 Leroux formation
勒马罗伊铁钴钼合金 remalloy
勒马罗伊永磁合金 remalloy permanent magnet alloy
勒曼不连续面 Lehmann discontinuity
勒曼规则 <后方交会试错法> Lehmann's rule
勒曼选煤法 Lehmann process
勒梅特宇宙模型 Lemaitre cosmologic(al) model
勒梅特正规化 Lemaitre regularization
勒秒 lux-second
勒拿河 Lena River
勒纳德窗 Lenard window
勒纳德管 Lenard tube
勒纳射线 Lenard ray
勒诺特尔式园林 Le Notre's style garden
勒佩尔放电器 Lepel discharger
勒群 ethargy group
勒让德变换 Legendre's contact transformation; Legendre's transformation
勒让德定理 Legendre's theorem
勒让德多项式 Legendre's polynomial
勒让德多项式级数 series of Legendre polynomials
勒让德多项式系 Legendre's polynomials
勒让德法则 Legendre's rule
勒让德方程 Legendre's equation
勒让德函数 Legendre's function
勒让德级数 Legendre's series
勒让德条件 Legendre's condition
勒让德系数 Legendre's coefficient
勒时 lux-hour

勒索 blackmail;exaction;extort;pinch
勒索者 wringer
勒维图 Levi graph
勒夏特列埃比重瓶 <用于测定细粉末的比重> Le Chatelier flask
勒夏特列埃热电偶 Le Chatelier's thermocouple;Le Chatelier thermocouple
勒夏特列埃试验 <检验水泥稳定性的方法> Le Chatelier test
勒夏特列埃衰减试验 Le Chatelier test
勒夏特列埃水泥安定性试验 Le Chatelier soundness test
勒夏特列埃仪 <用于测量水硬性水泥安定性的仪器> Le Chatelier apparatus
勒夏特列埃原理 Le Chatelier's principle
勒夏特水泥安定性试验 Le Chatelier test
勒谢尔线 Lecher;Lecher line;Lecher wire;Lecher wire wavemeter
勒辛环 Lessing rings
勒辛环填料 Lessing ring packing
勒行悬浮研究车 tracked levitation research vehicle

雷奥坦电阻铜合金 rheostan

雷奥坦合金 rheotan
雷暴 lightning storm;thunderstorm
雷暴表 brontometer
雷暴等时线【气】homobront;isobront
雷暴电荷分离 thunderstorm charge separation
雷暴定位装置 thunderstorm locating device
雷暴活动区 region of thunderstorm activity
雷暴计 brontograph;brontometer
雷暴降雨量 thunderstorm rain(fall)
雷暴警报 thunderstorm warning
雷暴日 thunderstorm day
雷暴效应 storm effect
雷暴仪 keraunograph
雷暴雨 electric(al) storm; thunderstorm; thunderstorm rain(fall); thundery rain;thundershower
雷暴雨干扰 thunderstorm static
雷暴云 cumulonimbus
雷暴云泡 thunderstorm cell
雷暴云砧 <雷暴前常见的> thunderhead
雷暴自记器 brontograph
雷爆铅 fulminating lead
雷爆油 fulminating oil
雷飑 thunder squall
雷别卡导航系统 <一种无线电应答式导航系统> Rebecca
雷别卡-尤利卡系统 Rebecca-Eureka system
雷伯克齿槛式护坦 Rehbock dentated apron
雷伯克齿形挡板 Rehbock dental
雷伯克齿形消力槛 Rehbock dentated sill
雷伯克量水堰 Rehbock measuring weir
雷伯克水堰公式 Rehbock weir formula
雷伯克堰流公式 Rehbock weir flow formula
雷步耳效应 Reboul effect
雷达 radar[radio detecting and ranging]
雷达安全航标 radar safety beacon
雷达安全信标系统 radar safety beacon system
雷达岸形导航 counter method of piloting
雷达饱和与过载 radar saturation and overload
雷达报告 radar advisory
雷达标绘 radar plotting
雷达标图板 autoradar plot; chart comparison unit
雷达标志信标 radar marker
雷达表 radar meter
雷达波包 radar cell; radar wave packet
雷达波段 radar(frequency)band
雷达波反射力强的物标 radar conspicuous object
雷达波束 radar beam
雷达波束图 radar beam pattern
雷达补充天线 gap filler
雷达捕捉 radar contact
雷达布朗管 radar Braun tube
雷达操纵的 radar-directed
雷达操纵员 radar controller; radarman;scanner
雷达测车器 radar detector
雷达测出的速度 radar-based speed
雷达测定高度 radar altitude
雷达测方位透明板 mechanical bearing cursor
雷达测风 radar wind;rawin
雷达测风系统 radar wind system
雷达测风仪 radar sonde;radar wind sounding
雷达测风装置 radar wind system
雷达测高法 radar altimetry
雷达测高计 absolute altimeter; echo altimeter
雷达测高区 radar altimetry area
雷达测高仪 radar altimeter; radar ranging set
雷达测高仪标高 radar altimeter elevation
雷达测高仪剖面图 radar altimeter profile
雷达测绘板 chart comparison unit; radar board;radar plot
雷达测距 radar ranging
雷达测距基线 radar range marker
雷达测距器 electronic range finder; radar range-finder
雷达测距仪 electronic range finder; radar distance meter; radar rangefinder;radar ranging set;tellurometer
雷达测距装置 radar range unit
雷达测量 radar measurement; radar survey(ing)
雷达测量精度 radar measurement accuracy
雷达测量学 radargrammetry
雷达测流仪 radar type current meter
雷达测深 radar sounding
雷达测速 radar speed measurement
雷达测速计 radar meter;radar speed meter
雷达测速器 radarscope speedometer; radar speed estimator; radar speed meter;radar speedometer
雷达测速区 radar speed survey area
雷达测速仪 radar speed meter
雷达测图 radar mapping
雷达测图卫星 radar mapping satellite
雷达测图仪 radar plotter
雷达测向仪 radar direction-finder
雷达测雨 radar observation of precipitation
雷达常数 radar constant
雷达(车速)监视哨 radar trap
雷达成像 radar mapping
雷达成像传感器 radar imaging sensor
雷达传感器 radar sensor
雷达传真 radar photograph
雷达船位 radar fix
雷达窗 radar window
雷达大气穿透力 atmospheric penetration capability of radar
雷达导航 radan; radar guidance; radar navigation
雷达导航标 radar beacon
雷达导航控制系统 navar
雷达导航设备 radar navigation aid
雷达导航塔 radar tower
雷达导航图 radar chart
雷达导航系统 radar navigation system;radar navigator
雷达导航系统始发射台 primary radar
雷达导航信标 radar range
雷达导航信号发射台 radar beacon; radar marker
雷达导航仪 radar navigator
雷达导航装置 radar beacon
雷达地平(线)radar horizon
雷达地平(线)距离 distance of radar horizon
雷达地图 radar map
雷达地形显示图 radar map
雷达点 radar point;radar station
雷达电视 radar television
雷达电视导航 radar and television navigation; television and radar navigation
雷达电子干扰仪 carpet
雷达定位 positioning radar;radar fixing;radio location
雷达定位法 position by radar
雷达定位精度 positioning radar accuracy;radar fixing accuracy
雷达定向的 radar-directed
雷达断面图 radar profile;radar section
雷达对景图 radar view
雷达发射的脉冲 radar transmitted pulse
雷达发射机 radar transmitter
雷达发射装置 radar beacon
雷达发现概率 probability of radar detection
雷达法 radar method
雷达反射 radar reflection; radar return;radio echo
雷达反射板 radar reflectivity plate
雷达反射带 <救生艇筏用> radar reflector tape
雷达发射导航信号的航标 radar marker
雷达反射浮标 radar reflected buoy; radar reflecting buoy
雷达反射火箭 <救生艇筏用> radar reflector rocket
雷达反射率 radar reflectivity
雷达反射器 radar reflector;transponder
雷达反射器浮标 radar reflector buoy
雷达反射信号台 radar transponder beacon
雷达反射信息 radar reflection data
雷达反射作图器 radar reflection plotter
雷达方程 radar equation
雷达方位 radar bearing
雷达方位分辨力 radar azimuth resolution
雷达方位分辨率 radar azimuth resolution
雷达方位距离船位 fix by radar bearing and distance
雷达方位距离定位 fix by radar bearing and distance
雷达防线 radar chain
雷达防撞装置 radar collision
雷达分辨力 radar resolution
雷达分辨率 radar resolution
雷达风暴探测 radar storm detection
雷达风暴探测方程 radar storm detection equation
雷达浮标 radar buoy
雷达辐射图 radar beam marking
雷达辅助靠码头系统 radar-aided berthing system
雷达辅助天线 gap filler
雷达复示器 radar repeater
雷达覆盖空域 zone of radar coverage
雷达覆盖区 radar coverage
雷达干扰 radar gamming;radar interference;radar jamming
雷达干扰措施 radar countermeasures
雷达干扰带 window
雷达干扰台 radar jammer
雷达干扰装置 chaff device; radar jamming device
雷达干涉仪 radar interferometer
雷达高程测量 radar altimeter surveying
雷达高程计 radar altimeter
雷达高程仪 radar altimeter
雷达高程仪纵断面图 radar altimeter profile
雷达高度 radar altitude;radio altitude
雷达高度表 radar altimeter
雷达高度计 radar altimeter
雷达跟踪 radar tracking; skin tracking
雷达跟踪情报 radar tracking information
雷达跟踪速率 radar track speed
雷达观测 radar observation
雷达惯性导航系统 radar-equipped inertial navigation system
雷达光标 remark
雷达光标识 ramark
雷达海况分析器 radar sea state analyser[analyzer]
雷达海里 radar nautical mile
雷达海上平台 radar sea platform
雷达海图 radar chart
雷达海图投影器 radar chart projector
雷达航标 radar marker;ramark
雷达航空测量 radar aerosurveying
雷达航空像片 radar present
雷达航摄像片 radar photography
雷达和电视导航设备 radar and television aid to navigation;ratan
雷达横截面 radar cross-section
雷达红外混合系统 hybrid radar-infrared system
雷达互换装置 radar interswitch
雷达幻影 ghost signal;phantom signal
雷达回波 radar echo;radar return
雷达回波分析 radar return analysis
雷达回波强度控制 video-gain control
雷达绘迹图 radar plotting sheet
雷达火力 radar fire
雷达及电视导航系统 radar and television aid to navigation system
雷达计波摄影 radarkymography
雷达计数器 radar counter
雷达记录照相机 radar recording camera
雷达间隔周期 radar repetition interval
雷达监测系统 radar observation system
雷达监控 radar monitoring
雷达监视 radar watch
雷达监视站 radar surveillance station
雷达检测 radar inspection
雷达检测器 radar detector
雷达舰 radar station ship
雷达降水回波 radar precipitation echoes

雷达接口设备 radar interface equipment
雷达接收机 radar receiver
雷达截面 radar cross-section
雷达进场控制 radar approach control
雷达经纬仪 radar theodolite
雷达警戒舰 radar picket ship
雷达警戒潜艇 radar picket submarine
雷达警哨舰 picket boat
雷达静区 dead belt;radar shade
雷达静止时间 radar silence
雷达距标 radar range marker
雷达距离 distance by radar
雷达距离标尺 radar range scale
雷达距离分辨力 radar range resolution
雷达距离分辨率 radar range resolution
雷达距离警报系统 radar distance warning system
雷达距离圈亮度 ring intensity
雷达距离指示系统 radar range indicating system
雷达绝对运动显示 true motion radar presentation
雷达勘测 radar reconnaissance
雷达勘探 radar detection
雷达空中交通管理 radar traffic control
雷达控制 racon;radar control
雷达控制板 radar control plate
雷达控制器 radar controller
雷达棱镜 radar prism
雷达联络 radar netting
雷达联络中心站 radar netting station
雷达链 radar chain
雷达量测 radar measurement
雷达量测精度 radar measurement accuracy
雷达临场指挥 radar approach control;rapcon
雷达脉冲 radar pulse
雷达盲区 blind area;dead belt;radar shadow;shade area
雷达描绘器 radar plotter
雷达明亮显示器 radar bright display
雷达模拟板 radar simulation plate
雷达模拟器 radar simulator
雷达目标 radar target
雷达目标显示图 radar plot
雷达目标有效截面 radar cross-section
雷达旁向重叠 radar sidelap
雷达配电盘 radar distribution switchboard
雷达碰撞警报装置 collision warning equipment;radar collision warning device
雷达偏心平面显示器 off-center[centre] plan(e) position indicator
雷达频带 radar frequency band
雷达屏 radarscope
雷达屏幕图像 radar screen picture
雷达剖面图 radar profile;radar section
雷达气候学 radar climatology
雷达气球 rawin;rawinsonde
雷达气球目标 rawin target
雷达气象观测 radar meteorologic(al) observation;radar weather observation
雷达气象学 radar meteorology
雷达情报网 radar information network
雷达区域 radar volume
雷达锐方向性射束 radar pencil beam
雷达三边测量 radar trilateration
雷达三角测量 radar triangulation
雷达散射测量技术 radar scatterometry
雷达散射计 radar scatter(o)meter
雷达扫描 radar scan(ning)
雷达扫描技术 radar scanning technic
雷达扫描器 radar scanner
雷达扫描天线 radar scanning antenna
雷达扫描仪器 radar scanning equipment
雷达扫描装置 radar scanner
雷达上物标鉴别能力 radar target discrimination
雷达哨 radar picket
雷达哨护卫舰 radar picket escort ship
雷达哨舰 radar barrier ship;radar picket ship
雷达哨潜艇 radar patrol submarine;radar picket submarine
雷达设备 mickey;radar set;radio detector equipment
雷达射束 radar beam
雷达射束图 radar beam marking
雷达摄影 radar photography
雷达摄影测量 radar photogrammetry
雷达摄影术 radar photography
雷达摄影条带 radar strip
雷达摄影学 radargrammetry;radar photography
雷达声呐浮标 radar sonobuoy
雷达失效 radar neutralization
雷达时延 radar time delay
雷达示波器 radarscope
雷达视界 radar view
雷达视频信号 radar video signal
雷达视野 radar view
雷达试验场 electronic range
雷达室 radar room
雷达收发机 radar transceiver
雷达收发两用机 radar receiver transmitter
雷达收发器 radar transceiver
雷达手 mickey;radar operator
雷达数据 radar data
雷达数据处理 radar data processing
雷达数据处理系统 radar data processing system
雷达数据传输 radar transmission
雷达数据计算机 radar data computer
雷达水平线 radar horizon
雷达搜索天线 radar scanner
雷达台 Texas tower
雷达台座 radar console
雷达探测 radar detection geo-radar exploration;radar sounding
雷达探测暴风雨 radar storm detection
雷达探测器 radar detector;radar sounder
雷达探测区 radar coverage
雷达探空【气】 radar sounding
雷达探照灯 radiophare
雷达天气观测 radar weather observation
雷达天文学 radar astronomy
雷达天线 gantree;ga(u)ntry;radar aerial;radar antenna
雷达天线反射器 radar dish
雷达天线杆 radar mast
雷达天线塔 radar tower
雷达天线罩 radom(e)
雷达天线整流罩 radar dome
雷达天线装置 scanner unit
雷达天线座 antenna pedestal
雷达调谐指示器 radar tuning indicator
雷达通信[讯] radar communication
雷达同步干扰 radar same frequency interference
雷达图 radar map
雷达图表 radar chart
雷达图法 radar diagram method
雷达图像 radar image(ry)
雷达图像表面 radar video face
雷达图像测量(术) radargrammetry
雷达图像测量学 radargrammetry
雷达图像位移 radar layover
雷达图像镶嵌图 radar mosaic
雷达图像折叠 radar layover
雷达图像指示器 radar video indicator
雷达图像主题判读 thematic interpretation of radar imagery
雷达网 radar fence
雷达望远镜 radar telescope
雷达威力图 radar coverage-diagram
雷达微波中继装置 radar microwave link
雷达卫星 radarsat;radar satellite
雷达卫星海洋学 radar satellite oceanograph
雷达位置测定器 bug
雷达位置线 radar line of position;radar position line
雷达无线电定位器 radio locator
雷达物标 radar target
雷达物探法 radar geophysical survey
雷达系统 <指挥飞行的> navar
雷达系统参数 radar system parameter
雷达下点 subradar point
雷达显示 radar present
雷达显示表面 radar indicated face;radar video face
雷达显示的录像 video recordings of a radar display
雷达显示地形 radar represent(ation)
雷达显示管 radar Braun tube;radar tube;tonotron
雷达显示屏 radarscope
雷达显示器 radar display unit;radar indicator;radarscope;scope;radar display;radar presentation
雷达显示器透明图 radarscope overlay
雷达显示器支座 radar display console
雷达显示系统 radar display system
雷达显像管 radar display tube
雷达响应信标 radar responder beacon
雷达响应指标 racon
雷达向量 radar vector
雷达像片 radar photograph;radarscope
雷达效率 radar performance figure
雷达信标 hayrack;racon;radar beacon;radar mark(er);radar transponder;ramark
雷达信号处理 radar signal processing
雷达信号检测 radar signal detection
雷达信号胶片 radar signal film
雷达信号人工录取 manual extraction of radar information
雷达信号摄谱仪 radar signal spectrograph
雷达信息 radar information
雷达信息半自动提取 semi-automatic extraction of radar information
雷达信息变换器 radar converter
雷达信息自动提取 automatic extraction of radar information
雷达型测速仪 radar-type speed meter
雷达性能 radar performance
雷达性能指标 radar performance figure
雷达旋转天线装置 radar spinner
雷达选择开关 radar selector switch
雷达训练板 radar trainer plate
雷达湮没 blackout
雷达遥控装置 beeper
雷达阴影 radar shade;radar shadow
雷达引信 radio detonator
雷达应答标 radar responder beacon;radar responding beacon
雷达应答器 racon;radar beacon;radar responder;radar transponder
雷达应答器接收机 radar responser
雷达应答器容量 handling capacity of radar transponder
雷达英里 radar mile
雷达荧光屏 radar indicated face;radar screen
雷达荧光屏显示的影像 radarscope display
雷达荧光屏显示器 radar display
雷达荧光屏遮罩 radar hood
雷达映象 radar image
雷达有效区域显示器 radar coverage indicator
雷达雨量方程 radar rainfall equation
雷达预测方式 radar prediction type
雷达预测形式 radar prediction format
雷达预调制器 radar sub-modulator
雷达预警 early radar warning;radar early-warning
雷达预警设备 radar early-warning equipment
雷达员 operator;radar man
雷达杂乱回波 radar clutter
雷达站 radar outpost;radar platform;radar post;radar station;radio locator
雷达照片 radar photograph;radarscope photograph
雷达照射条带 radar illumination strip;radar illumination swath
雷达罩 radar dome;radom(e)
雷达折射 radar refraction
雷达侦察器 radar detector
雷达真运动显示 true motion radar presentation
雷达指示器 radar indicator
雷达指向 remark
雷达指向标 radar beacon;radar marker;ramark
雷达制导 radar guidance
雷达中断 blackout
雷达中继发送 radar relaying
雷达中继站 radar link;radar relay
雷达主平面位置显示器 master plan position indicator
雷达助航(系统) radar aids;radar aids to navigation
雷达转发器 radar repeater
雷达转接头 radar duplexer
雷达装置 radar gear;radar installation;radar set;radar unit
雷达追踪浮标 radar tracked drogue
雷达自动标绘仪 automated radar plotting aids;autoradar plot;chart comparison unit
雷达自动测高计 terry
雷达自动绘图器 automated radar plotter;autoradar plot
雷达自动绘图系统 automated radar plotting system
雷达自动瞄准头 radar-homer
雷达自动数据传输装置 radar automated data transmission assembly
雷达自动寻的 radar homing
雷达最大作用距离 maximum radar range
雷达作图器 radar plotter
雷达作用范围 radar range;radar rise gradient
雷达作用距离 radar horizon;radar range
雷达作用区 acquisition radar coverage
雷达作用最小距离 minimum radar

range
雷得列支(硅镁铬钛)矿 chromrutile
雷德菲尔德流出型黏[粘]度计 Redfield efflux viscometer
雷德福克斯镍铬耐热耐蚀钢 Red Fox
雷德黑德真空计 Redhead ga(u)ge
雷德康管 barrier grid storage tube; Radechon
雷德莱<一种镍铬合金> Redray
雷德勒埋刮链输送机 Redler en masse conveyer[conveyor]
雷德勒输送机<一种运送粉料的槽式链刮板输送机> Redler conveyer [conveyor]
雷德列支矿 redledgeite
雷德伍德黏[粘]度 Redwood viscosity
雷德伍德黏[粘]度计 Admiralty visco(si)meter; Redwood visco(si)meter
雷德伍德黏[粘]度计流出秒数 Redwood second
雷德伍德锐孔黏[粘]度计<又称雷氏锐孔黏[粘]度计> Redwood orifice viscosimeter
雷迪斯特双曲线定位系统 Raydist
雷迪斯特系统 Raydist(series)
雷电 thunder and lightning; thunderbolt; thunderstorm electricity; thunderstreak
雷电保护 lightning coverage
雷电保护装置 lightning protection equipment
雷电冲击残压 lightning impulse residual voltage
雷电冲击耐受电压 lightning impulse withstand voltage
雷电电流计 lightning-current meter
雷电放电 thunder discharge
雷电辐射 radiation of lightening discharge
雷电干扰 lightning interference; lightning static
雷电故障 lightning fault
雷电过电压 lightning surge
雷电和过电压防护 lightning-and-excess-voltage protection
雷电活动程度 lightning activity level
雷电击毁 thunderbolt
雷电计【气】ceraunograph
雷电交加的暴风雨 thunder-gust
雷电交加的风暴 thunder squall
雷电流陡度 lightning current steepness
雷电耐压 lightning impulse withstand voltage
雷电欧 radiohm
雷电闪光 lightning streak
雷电事故 lightning disturbance; lightning trouble
雷电损害 lightning damage
雷电跳闸率 lightning trip-out rate
雷电性能 lightning performance
雷电引起的火灾 lightning fire
雷丁层【地】Reading bed
雷杜克斯胶接法 Redux bonding
雷杜克斯黏[粘]合剂 Redux binder
雷杜克斯黏[粘]合料 Redux binder
雷度<一种乙烯树脂涂胶织物> Redo
雷顿仪 Rigdon's apparatus
雷恩<英制动力黏[粘]度单位,1 雷恩 = 68.950 泊,相当于 1/68950P> reyn
雷粉 fulminate
雷根斯堡大教堂 Ratisbo Cathedral
雷公柱 suspended column
雷龚法 Regon exhaust gas treatment process
雷汞 mercury fulminate
雷汞爆管 fulminating cap
雷汞导火线 fulminate fuse
雷管 auget; augite; blasting fuse; capsule; destructor; detonate tube; detonating cap; detonation cap; detonator; exploder; fulminating cap; igniting primer; ignition cap; knocker; percussion cap; primer; priming charge; priming tube; squib; trigger
雷管导线 cap wire
雷管的快速炸药 fast powder
雷管底铁 anvil
雷管电路 detonator circuit
雷管电桥线 detonator fuse bridge
雷管黄铜 primer gilding brass
雷管夹钳 crimping pliers
雷管脚线 detonator wire; leg wire
雷管接引线 priming
雷管壳 detonator tube
雷管库 shot house
雷管拉索 cap crimper
雷管连续结合 detonators connected in series
雷管帽 primer cap
雷管帽盖 detonator cap
雷管帽卷边机 cap crimper
雷管钳 detonator crimper
雷管桥线电阻 bridge wire resistance of electric(al) detonator
雷管熔丝电桥 detonator fuse bridge
雷管头 blasting cap
雷管线 cordeau
雷管延发 cap delay
雷管延期时间 delay time of electric(al) detonator
雷管药包 base charge; priming charge; priming compound
雷管炸药 base charge
雷管中装料 cap charge
雷轨 mine track
雷害 thunderstorm damage
雷击 lightning strike[stroke]; thunderstroke
雷击斑 lightning mark
雷击冲击试验 lightning impulse withstand voltage test
雷击电纹 lightning mark
雷击电涌 lightning surge
雷击害 damage by lightning strikes
雷击记录器 lightning-stroke recorder
雷击事故率 stroke-incidence rate
雷击死 death from lightning
雷吉轨迹 Regge trajectory
雷吉极点 Regge pole
雷开尔专家系统 Racal expert system
雷康 racon; radar beacon
雷克斯<一种油漆洗涤剂> Rex
雷克铜镍合金 Rake alloy
雷克西奥德<一种屋面油毛毡> Rexoid
雷克西莱特<一种屋面油毛毡> Rexilite
雷克雅未克<冰岛首都> Reykjavik
雷克子波 Ricker wavelet
雷利波<表面波> Raleigh wave
雷利商(导数) Rayleigh's quotient
雷利兹阶<北美> Relizian(stage)
雷锚 mine anchor
雷帽 fulminating cap
雷蒙德标准(贯入)试验 Raymond standard test
雷蒙德标准混凝土桩 Raymond standard concrete pile
雷蒙德带套管钻孔灌注桩 Raymond concrete pile
雷蒙德粉碎机 Raymond mill
雷蒙德混凝土桩 Raymond concrete pile
雷蒙德螺旋钻孔压浆桩 Raymond regulated injection piles
雷蒙德磨 Raymond mill
雷蒙德石<产于美国> Raymond granite
雷蒙德式桩 Raymond concrete pile
雷蒙德竖式粉碎机 Raymond vertical mill
雷蒙德污泥干化系统 Raymond system
雷蒙德现场灌注混凝土桩 Raymond cast-in-place concrete pile
雷蒙德型冲击式磨机 Raymond impact mill
雷蒙德型锤磨机 Raymond impact mill
雷蒙德研磨机 Raymond mill
雷蒙德桩 Raymond pile
雷蒙德桩基系列 Raymond piling systems
雷蒙子 Governor's plum
雷密楼板<一种轻质混凝土密肋楼板> Remy floor
雷鸣发生器<古希腊、古罗马> bronteum
雷姆<电离放射线量单位,人体伦琴当量> rem
雷纳克(盐) reineke
雷纳数列 Renard series
雷尼耳隔离箱 Reynier's isolator
雷尼克斯<一种压铸铝合金> Renyx
雷诺比拟 Reynold's analogy
雷诺病 Raynaud's disease
雷诺德湿度计 Regnault hygrometer
雷诺方程 Reynold's equation
雷诺合金<一种压铸铝合金> Reynold's alloy
雷诺类似 Reynold's analog(ue)
雷诺临界流速 Reynold's critical velocity
雷诺临界速度 Reynold's critical velocity
雷诺模拟 Reynold's analogy
雷诺模型 Reynold's model
雷诺模型律 Reynold's model law
雷诺数 Reynold's number; Reynolds; Reynold's analogy parameter
雷诺数表达式 Reynold's number expression
雷诺数的临界(值)范围 critical range of Reynolds number
雷诺塑性 Reynold's plastic
雷诺推移定理 Reynold's transport theorem
雷诺相似(定)律 Reynold's law of similarity; Reynold's similarity law
雷诺相似性 Reynold's analogy
雷诺效应 Reynold's effect
雷诺型架式气动凿岩机 Leyner
雷诺应力 eddy stress; Reynold's stress; turbulent stress
雷诺应力张量 Reynold's stress tensor
雷诺运输定理 Reynold's transport theorem
雷诺值<表示液体流态的值> Reynold's number
雷诺准数 Reynold's criterion[复 criteria]
雷诺准则 Reynold's criterion[复 criteria]
雷佩蒂阶<北美>【地】Repttian(stage)
雷珀(合成)法 Reppe process
雷茜斯塔<一种铁基铜合金> Resista
雷茜斯塔尔<一种铝青铜> Resistal
雷茜斯塔克<一种耐蚀耐热铁铝合金> Resistac
雷茜斯托<一种镍铁铬电阻线合金> Resisto
雷区 mine area
雷萨克深褐色硬木<产于马来西亚> Resac
雷萨作用<箱梁的底板内斜主应力引起的剪力折减> Resal effect
雷瑟石 inderite; lesserite
雷闪放电 lightning discharge
雷射测流仪 laser Doppler velocimeter
雷声 thunder; thunderclap
雷氏法则<用于圬工设计> Wray's rule
雷氏夹法水泥膨胀试验 expansion test using Le Chatelier needles
雷氏黏[粘]度计 Redwood visco(si)meter
雷氏黏[粘](滞)度 Redwood viscosity
雷氏盐 reineke
雷室 mine chamber
雷水硅钠石 revdite
雷斯科<一种铜铝合金> Resisco
雷酸 fulminic acid; paracyanic acid
雷酸汞 mercuric cyanate; mercuric fulminate; mercury fulminate
雷酸金 fulminating gold
雷酸盐 fulminate
雷酸银 silver fulminate
雷酸银钾 silver potassium fulminate
雷琐辛 resorcin(e); resorcinol
雷琐辛树脂 resorcinol resin
雷塔都<一种水泥缓凝剂> Rerardo
雷特仑系统【地】Ratran
雷特斯特(无线电导航)系统 Raydist
雷特养护剂<商品名> Ritecure
雷托防水剂<一种液体沥青防水剂> Ritolastic
雷托杀<一种杀虫剂> Rentokil
雷瓦龙<一种铜锌合金> Revalon
雷文定油 Lavandine oil
雷文杜醇 Lavandulol
雷纹石膏墙板 Raven
雷西公式 Lacey's formula
雷西泥沙系数 Lacey's silt factor
雷雨 lightning storm; thunderstorm (rain(fall))
雷雨表 brontograph; brontometer
雷雨锋 thunderstorm front; thundery front
雷雨计 brontograph
雷雨区 thunderstorm belt
雷雨日 thunderstorm day
雷雨天 thundery weather
雷雨云 thunder cloud; thunderstorm cloud
雷雨云层干扰 precipitation statics
雷雨云降水 thundery precipitation
雷雨灾害 thunderstorm damage
雷雨自记曲线 brontogram
雷阵雨 thundershower
雷阵雨型 spotty rainstorm pattern

嫘萦 rayon

镭(B+C)测镭含量 radium content determined by Ra(B+C) method

镭板 radium plaque
镭板适应计 radium plaque adaptometer
镭当量 radium equivalence
镭的铀当量 uranium equivalence of radium
镭辐射设备 radium irradiation equipment
镭管 radium cell; radium tube
镭含量 content 226 Ra
镭镤法 radium ionium method
镭检电器 radium electroscope
镭龄 radium age
镭年代测定法 radium dating
镭炮 radium bomb
镭热水 radium thermal water
镭射 laser
镭射气 radium emanation; radon

镭水 radium water
镭污染 radium contamination; radium pollution
镭-新钍水 radium new thorium water
镭银 silver fulminate
镭针 radium needle
镭植入管 radiode
镭中毒 radium poisoning
镭朱红 radium vermilion

垒道 terreplein

垒断层【地】horst fault
垒断山 horst mountain
垒墙黏[粘]土 terre pise
垒球场 baseball court; kitten-ball diamond; softball diamond; softball field
垒球缝法 baseball stitch
垒球手套 softball gloves
垒石堤 sheath
垒石工程 range masonry (work); range work
垒石墙用的木柱 oxter piece
垒岩石带 goaf pack building

累差分 repeated difference

累乘比值 multiplicative ratio
累乘晕 multiplicative halo
累次的 successive
累次积分 iterated integral; repeated integral
累次近似法 cut-and-try process
累次平均 repeated averaging
累次求和 repeated summation
累范太腊风 Levantera
累范特风 Levante
累函数 iterated function
累积 build-up; cumulation
累积百分频率 cumulative percent frequency
累积百分数 cumulative percentage
累积暴露指数 cumulative exposure index
累积曝光表 summation actinometer
累积爆炸 cumulative blast
累积比较 accumulative comparison; cumulative comparison
累积贬值 accrued depreciation
累积变形 accumulated deformation; progressive deformation; total creep
累积变址 cumulative index(ing)
累积表 accumulation schedule; cumulative table
累积表面点分布 cumulative surface site distribution
累积表面点分布函数 cumulative surface site distribution function
累积泊松分布 cumulative Poisson distribution
累积不符值 accumulated discrepancy
累积采样 integral sampling
累积彩色底版 integral tripack
累积测量法 accumulation measuring method
累积差值 accumulated deficiency; accumulated discrepancy; cumulative error
累积产量 cumulative production
累积产气量 cumulative gas production
累积产水量 cumulative water production
累积产烃率 accumulative hydrocarbon productivity
累积产油量 cumulative oil production
累积偿债基金 accumulation sinking fund; cumulative sinking fund
累积超值 accumulated excess
累积车辆计数器 accumulating traffic counter
累积车速分布曲线 cumulative speed distribution curve
累积沉降量 cumulative settlement; progressive settlement
累积沉陷量 progressive subsidence
累积称(重)量 accumulative weighing; cumulative weighing
累积成本合同 cost-plus contract
累积出力 cumulative output
累积出流量 accumulated outflow
累积出水量 accumulated outflow
累积出现频率 cumulative frequency of generation
累积的 accumulative; cumulate; cumulative
累积地震应变 cumulative seismic strain
累积点占有函数 cumulative site occupation function
累积电离室 integrating ionization chamber
累积毒性 cumulative toxicity
累积度日 accumulated degree day
累积断开 cumulative switching off
累积堆积量 cumulative accumulation
累积额 accumulation
累积二项分布 cumulative binomial distribution
累积二项分布值 cumulative binomial value
累积发散 accumulated divergence
累积发射 integrated emission
累积法 accumulation method; bin method; cumulative method
累积反射 integrated reflection
累积反射率 integrated reflecting power
累积方差贡献 accumulated variance contribution
累积费用 cumulative cost
累积费用曲线 cumulative cost curve
累积分【数】iterated integral; repeated integral
累积分布 cumulative distribution
累积分布函数 cumulative distribution function
累积分布曲线 cumulative distribution curve; integral distribution curve
累积分配 accumulated distribution
累积服务函数 cumulative service function
累积服务时间 cumulated service-time
累积浮物曲线 cumulative float curve
累积辐射 build-up radiation; integrated radiation
累积辐射剂量 cumulative radiation dose
累积辐射效应 cumulative radiation effect
累积概率 cumulative probability
累积概率分布 cumulative probability distribution
累积概率图 cumulative probability plot
累积概率值 accumulating probability value
累积公差 build-up tolerance
累积估计 accumulative estimation
累积股本 cumulative capital stock
累积股份 cumulative stock
累积股利 accumulated dividend
累积股利的股票 cumulative capital stock
累积故障概率 cumulative failure probability
累积观测 cumulative observation
累积光谱 integrated spectrum
累积光谱密度 cumulative spectral density
累积过程 accumulation; cumulative process
累积过筛百分数 cumulative percentage passing
累积函数 cumulant function
累积和控制图 cumulative and control chart
累积和统计图 cumulative sum chart; cusum chart
累积和系统 cumulative sum system; cusum system
累积红利 cumulative bonus; dividend accumulation
累积回归曲线 cumulative regression
累积火山 cumulovolcano
累积火山穹丘 cumulo-dome
累积激发 cumulative excitation
累积激发强度 integrated excitation intensity
累积级配曲线 cumulative grading curve
累积计分器 minute totalizer
累积计量 cumulative metering
累积计量法 summation metering
累积计数 stored count
累积计数器 totalizator; totalizer
累积计算器 totalizator; totalizer
累积剂量 accumulated dose; cumulative dose; integral dose
累积剂量计 cumulative dosimeter
累积加权法 aggregate value method of weighting
累积加速度 cumulative acceleration
累积剪切应变 cumulative shear strain
累积降水量 accumulation precipitation
累积降水量计 cumulative precipitation ga(u)ge
累积降雨侵蚀指数 cumulative rainfall erosion index
累积交通计数器 accumulating traffic counter
累积校正(值) cumulative correction
累积接触指数 cumulative exposure index
累积进水量 accumulated inflow
累积径流量 cumulative runoff; mass runoff
累积径流曲线图 cumulative runoff diagram
累积均方值函数 cumulative root mean square function
累积孔径分布 cumulative pore-size distribution
累积孔体积 cumulative pore volume
累积亏损 accumulated deficit
累积来水量 accumulation inflow
累积里程 accumulated distance
累积利润 accumulated profit
累积粒度分布 cumulative particle size distribution; over-size distribution
累积粒度分布曲线 cumulative size distribution curve
累积粒度曲线 cumulative grading curve; cumulative size curve
累积亮度 integrated brightness
累积量 accumulate; cumulant; semi-invariant
累积量母函数 cumulant generating function
累积量雨器 accumulative rain ga(u)ge
累积料仓输送带 cumulative bin conveyor belt
累积流量 cumulative discharge; flow mass; integrated flux
累积流量计 mass flowmeter
累积流量曲线 cumulative flow curve; integrated curve; integrated flow curve
累积露光计 summation actinometer
累积率 accumulation rate; cumulative percentage; rate of accumulation; specific accumulation
累积率波高 wave height of accumulation rate of wave train
累积脉冲 pile-up pulse
累积密度 integral density
累积面积比 accumulation area ratio
累积能力 accumulation capacity
累积能量 cumulative energy
累积黏[粘]滑量 cumulative amount of stick-slip
累积浓度 cumulative concentration
累积配料 cumulative batching
累积配料称量器 cumulative weight batcher
累积配料分批箱 cumulative batcher
累积配料计量器 cumulative batcher
累积偏差 cumulative departure; cumulative deviation; total deviation
累积频率 accumulative frequency; cumulative frequency; total frequency
累积频率分布 accumulative frequency distribution; ogive distribution
累积频率函数 accumulative frequency function; cumulative frequency function
累积频率曲线 accumulative frequency curve
累积频率(曲线)图 accumulative frequency diagram; cumulative frequency diagram
累积频率应变图 cumulative frequency-strain plot
累积频率直方图 cumulative frequency polygon
累积频率值 accumulate frequency value
累积频数 cumulative frequency
累积频数表 cumulative frequency table
累积频数分布 cumulative frequency distribution
累积频数分配 cumulative frequency distribution
累积频数曲线 cumulative frequency curve
累积频数曲线图 accumulative frequency diagram; cumulative frequency chart; cumulative frequency diagram; cumulative frequency polygon
累积平衡 accumulation equilibrium
累积平均日照 integrated average insolation
累积平均(数) cumulative mean; progressive average
累积破坏 cumulative damage; cumulative failure
累积谱 cumulative spectrum
累积器 accumulator; cumulator; integrating device
累积器系统 accumulator system
累积腔 integrating cavity
累积强度 integrated intensity
累积区 accumulation zone; accumulative zone
累积曲线 accumulation curve; cast line; cumulative curve; integral curve; integrated curve; summation curve; total curve
累积曲线图 accumulation diagram; accumulograph; mass curve; mass diagram; cumulative curve chart; cumulative diagram
累积屈服曲线 cumulative yield curve

L

累积去水量 accumulated outflow
累积缺量 accumulated deficiency
累积群体 accumulated population
累积容积曲线 cumulative volume curve
累积融雪量 accumulated snowmelt
累积融雪时间 cumulative time of snowmelt
累积蠕变 total creep
累积入流量 accumulated inflow
累积入射光 integrated incident light
累积三角形图 triangular-bar chart
累积色指数 integrated colo(u)r index
累积筛分曲线 cumulative curve of screening analysis
累积筛析 cumulative screen analysis
累积筛余百分数 cumulative percentage retained
累积筛余曲线 cumulative residue curve
累积舍入误差 accumulated roundoff error;round-off accumulating
累积剩余 cumulative remainder
累积失效概率 cumulative failure probability
累积失效概率的观测值 observed cumulative failure probability
累积时间 cumulative time
累积时间系列 cumulative time series
累积时数 accumulative hours
累积式采样器 accumulating sampler; integrating sampler
累积式光度计 integrating photometer
累积式计数器 storage counter
累积式流量计 integrating flowmeter
累积式淘汰盘 building buddle
累积式跳闸 cumulative tripping
累积式瓦特计 energy meter
累积式栅极检波器 cumulative grid detector; cumulative grid rectifier; grid-leak detector
累积收益 accumulated income; accumulated profit; accumulated (retained) earning
累积收益和亏损曲线 cumulative benefit and loss curve
累积收益曲线 cumulative benefit curve
累积数 cumulative count
累积数分布 cumulative distribution
累积数据 cumulative data
累积数字频率 cumulative number frequency
累积衰减谱 cumulative decay spectrum
累积水浸量 cumulative water encroachment
累积水油比曲线法 cumulative water-oil ratio curve method
累积税 aggressive tax
累积速度 accumulated speed; cumulative speed
累积速度分布曲线 cumulative speed distribution curve
累积速率 accumulation rate
累积速率分布曲线 <曲线的横坐标为速率,纵坐标为等于及小于相应速率的车辆占全部车辆的百分比> cumulative speed distribution curve
累积塑性变形率 cumulative plastic deformation ratio
累积塑性破坏 cumulative plastic damage; cumulative plastic failure
累积损坏 cumulative damage
累积损伤 cumulative damage
累积损失 accumulated loss
累积索引 cumulative index(ing)
累积特征曲线 cumulative property curve

累积体积 cumulative volume
累积天空亮度 total sky brightness
累积条款 cumulative provision
累积统计资料 historic(al) statistic
累积投资计划 cumulative investment program(me)
累积图 mass diagram
累积图表 cumulative chart
累积图分析法 mass diagram analysis
累积完成投资额 aggressive volume of completed investment
累积位移 cumulative displacement
累积温度 cumulated temperature; cumulative temperature
累积稳定常数 cumulative stability constant
累积误差 accumulated discrepancy; accumulated error; accumulative error; aggregated error; cumulative error
累积吸热量 heat accumulation
累积吸收系数 integrated absorption coefficient
累积系数 accumulation coefficient; accumulation factor
累积线 accumulograph; accumulation line <冰川冻结渗透区中的>
累积线偏振 integral linear polarization
累积效果 cumulative effect
累积效应 cumulative effect; storage effect
累积斜曲线 cumulative grading curve
累积星等 integrated magnitude
累积行走公里数 accumulation kilometrage
累积性沉降 progressive settlement
累积性毒物 cumulative poison
累积性滑动 progressive slide
累积性淤积 cumulative siltation
累积性振动 cumulative hunting
累积性中毒 cumulative poisoning
累积需量计 cumulative demand meter
累积需求 demand carry-over
累积需求函数 cumulative demand function
累积需水量曲线 accumulating diagram of water demand
累积需水量图 accumulating diagram of water demand
累积蓄水量 accumulated storage
累积样品 cumulative sample
累积液压系统 accumulation hydraulic system
累积因果模型 cumulative causation model
累积因素 accumulation factor; cumulative factor
累积应变 cumulative strain
累积应力 cumulative stress
累积盈余 accumulated surplus
累积用水曲线 accumulating diagram of water demand
累积用水图 accumulating diagram of water demand
累积优先股 cumulative preference shares(stock)
累积渔获量 cumulative catch
累积雨量 cumulative precipitation
累积雨量计 totalizator rain ga(u)ge; totalizer
累积雨量器 accumulative rain ga(u)ge; cumulative rain ga(u)ge
累积预测法 cumulative forecasting
累积原子时 integral atomic time
累积运输计数器 accumulating traffic counter
累积运转小时 accumulated running hours

累积再生理论 accumulation-regeneration theory
累积再现装置 accumulating reproducer
累积噪声 integrated noise
累积噪声温度 integrated noise temperature
累积增长 cumulative growth
累积增加 roll up
累积增益 storage gain
累积账户 accumulation account
累积照相星等 integrated photographic magnitude
累积折旧 accrued depreciation; accumulated depreciation; property reserved
累积折旧率 accumulated depreciation ratio
累积振动 cumulative vibration
累积正态分布 cumulative normal distribution
累积正态概率函数 cumulative normal probability function
累积正态曲线 cumulative normal curve
累积支出 accumulated outlay
累积直方图 cumulative histogram
累积值 accumulated value
累积值曲线 cumulative distribution curve
累积种群 accumulated population; cumulated population
累积重复装置 accumulating reproducer
累积重量 cumulative weight
累积装卸时间 cumulative handling hours
累积资本 accumulated capital; rolling capital
累积资金 accumulated capital
累积总供给函数 aggregate supply function
累积总量 accumulation volume
累积总数 cumulative total
累积总需求 aggregate demand
累积总需求函数 aggregate demand function
累积总需求价格 aggregate demand price
累积最大需量电度表 cumulative demand meter
累积作用 accumulation action; accumulative action; build-up; cumulative action
累积作用函数 cumulative effort function
累级数 iterated series
累计 accumulate; accumulating total; accumulative total; add up; batch accumulator; cumulation accumulation; grand total; integration; summation
累计安时计 integrating ampere hour meter
累计百分率 cumulative percentage
累计百分数 accumulative percentage; summation of percentage
累计编号法 accumulative numbering method
累计变形曲线 cumulative deflection curve
累计变形(值) cumulative deformation
累计标准轴次 cumulative standard axles
累计表 accumulation schedule; progressive schedule
累计表观功率计 integrating apparent energy meter
累计拨款额 cumulative disbursement

累计财富 accumulated wealth
累计采油量 cumulative recovery
累计产量 cumulative production; mass output
累计产量需求 cumulative requirement
累计产量最大需求 cumulative maximum requirement
累计产率 cumulative yield
累计产气量 cumulative gas
累计产值 cumulative output value
累计长度 cumulative length
累计常态分配函数表 table of the cumulative normal distribution
累计称量 cumulative weighing
累计成本 accumulated cost; accumulation cost; accumulative cost; cumulative cost
累计赤字 accumulated deficit
累计出力 cumulative output; mass output
累计穿孔机 accumulated total punch
累计粗糙度 total cumulative roughness
累计存贷 accumulated stock
累计货款 accumulated loan
累计当量轴次 accumulative equivalent axles
累计的消费基金 aggregate consumption funds
累计电流计时器 integrating electric(al) timer
累计额 accumulated amount; progressive total
累计发病率 cumulation incidence rate
累计放大器 integrating amplifier
累计分布函数 accumulated distribution function
累计分类账 progressive ledger
累计复制机 accumulating reproducer
累计概率分配 cumulative probability distribution
累计概率函数 cumulative probability function
累计工业总产值 total cumulative output value of industry
累计工作时间保养 cumulative time maintenance
累计功率计 totalizing wattmeter
累计股份 cumulative stock
累计股利 accumulated dividend
累计股息 cumulative dividend
累计光度表 integrating photometer
累计耗竭 accumulated deflection
累计基金 accumulated fund
累计级配曲线 cumulative grading curve
累计计秒器 second totalizer
累计计时器 hour totalizer
累计计数 stored count
累计数计 summating meter; totalizer; totalizing meter
累计交通量 cumulative traffic
累计金额 accruing amount
累计金属量 accumulated reserves of metal
累计净亏损 accumulated net loss
累计净收益 accumulated net income
累计净现金流量 accumulated net cash flow
累计净现金流量现值 realizable value of accumulated net cash flow
累计径流 cumulative runoff
累计径流图 cumulative runoff diagram
累计距离 accumulated distance
累计决算 accumulation settlement
累计矿石量 accumulated reserves of ore
累计矿石平均品位 accumulated average grade of ore

L

累计亏损 accumulated deficit
累计利润 accumulated profit
累计利息 accrual of interest
累计量 accumulate output
累计流量 cumulative discharge; cumulative through flow
累计流量计 integrating flowmeter
累计流量曲线 flow mass curve
累计流量仪 integrator
累计流体产量 cumulative fluid production
累计排水量 flow mass
累计盘存法 progressive inventory method
累计频率 cumulative frequency
累计频率曲线【水文】ogive
累计平均 progressive average
累计器 accumulator; integrating device; totalizer
累计曲线 accumulating curve; accumulation curve; cumulative curve; integrating instrument; resulting curve
累计热能产量 cumulative heat production
累计入渗量 cumulative infiltration
累计筛余百分率 percentage of accumulated sieve residues
累计筛余百分数 percentage of accumulated sieve residues
累计筛余率 cumulative percentage retained
累计舍入 accumulated roundoff
累计渗入量 <土壤的> cumulative infiltration
累计时间 cumulative time
累计式称量设备 cumulative batcher
累计式电度表 integrating wattmeter
累计式分类账 accumulative ledger
累计式仪表 integrating meter
累计收入 accrued revenue
累计收益 accumulated income
累计数 cumulative total
累计水流量计 integrating water flow meter
累计税制 progressive tax system
累计死亡率 cumulative mortality rate
累计速度分布曲线 cumulative speed distribution curve
累计塑性变形 accumulated plastic deformation
累计损耗 accumulated depletion
累计损失 aggregate losses
累计摊销 accumulated amortization
累计探明储量 cumulative demonstrated reserves; total demonstrated reserves
累计通过量 cumulative passing
累计统计声级 cumulative statistic(al) sound level
累计危险性 cumulative risk
累计物理开采量 cumulative physical recovery
累计误差 cumulative error
累计行驶里程 accumulating mil(e)age
累计压力计 integrating manometer
累计岩芯长度 accumulative length of core
累计验电器 condensing electroscope
累计仪器 integrating instrument
累计英里程 accumulating mil(e)age
累计盈利 accumulated earnings
累计盈余 accumulated surplus; accumulated balance
累计佣金 accumulative commission
累计运转时间 accumulated running time
累计账户 accumulation account
累计折旧 accumulated depreciation
累计支出 accumulated outlay
累计重量 cumulative weight
累计重量百分比 cumulative weight percentage
累计轴载作用次数法 cumulative axle loading procedure
累计装置 integrating device
累计资本 accumulated capital
累计总穿孔数 accumulated total punching
累计走行公里数 accumulative kilometrage; cumulative kilometrage
累计钻探进尺 cumulative feet drilled
累加 accumulate; accumulating; accumulation; summation
累加比值 additive ratio
累加定律 summation law
累加法 accumulative method; summation method
累加方程 sum equation
累加分配器 accumulation distribution unit
累加分批称量器 cumulative weight batcher
累加复孔机 accumulating reproducer
累加号 sign of summation
累加计量 cumulative metering
累加计数器 accumulating counter; summary counter
累加计数器单元 accumulator stage
累加寄存器 accumulation register; accumulator register; arithmetic (al) register
累加校验 total check
累加进位 accumulative carry
累加利息 cumulative interest
累加平均(数) progressive mean; cumulative mean; progressive average
累加平均值 progressive average; progressive mean
累加器 accumulator; register; storage element; store element; totaliser[totalizer]; totalisator
累加器操作 accumulator operation
累加器单元 accumulator stage
累加器闩锁 accumulator latch
累加器锁存器 accumulator latch
累加器稳定指令 accumulator stable instruction
累加器移位指令 accumulator shift instruction
累加器蒸馏室 accumulator still
累加器转移指令 accumulator jump instruction; accumulator transfer instruction
累加商寄存器 accumulation-quotient register
累加态 accumulation mode
累加误差 add up error
累加相互作用 additive interaction
累加效应 additive effect
累加型加法器 counter-type adder
累加寻址 accumulator addressing
累加循环 accumulation cycle
累加因素 cumulative factor
累加因子 additive factor; cumulative factor
累加原理 accumulation principle
累加原则 summation principle
累加晕 additive halo
累加载运器 accumulator carriage
累加值 accumulated value
累加总穿孔数 accumulated total punching
累加总计 accumulating total
累减税 regressive tax
累接 iterate; iteration
累接电路 iterative circuit
累接滤波器 iterated electric(al) filter; iterative filter
累接衰耗常数 iterative attenuation constant
累接衰减 iterative attenuation
累接网络 iterated network; iterative network
累接相位常数 iterative phase constant
累接阻抗 iterative impedance
累进饱和法 progression saturation method
累进偿付贷款 graduate payment loan
累进的 graduated; progressive
累进递减 progressive diminution
累进法 rate process
累进工资 incentive wage; progressive wage
累进供应 progressive provisioning
累进计算法 sliding scale
累进计算法手续费 sliding scale commission
累进控制式 graduated acting
累进利息 progressive
累进率 progressive rate
累进年金 increasing annuity
累进平均滞后法 progressive average lag method
累进破坏 progressive damage
累进切削法 progressive cutting
累进数字 progressive number
累进税 graduated tax(ation); progress taxation
累进税结构 progressive tax structure
累进税率 progressive rate; progressive tax rate
累进税制 progressive tax(ation)
累进所得税 progressive income tax; supertax
累进误差 progressive error
累进性沉降 progressive settlement
累进性滑动 progressive slide
累进支付抵押 graduated payment mortgage
累进直接控制式(电话) progressive direct control type
累年统计 historic(al) statistic
累年值 normals
累频 total frequency
累时计量 cumulative time metering
累试法 trial-and-error
累斯太风 leste
累退 regressive
累退税 regressive tax
累托石 rectorite
累托石矿床 rectorite deposit
累托石黏[粘]土 rectorite clay
累韦切风 leveche

磊

磊石滩 singly shoal

蕾

蕾形装饰 knop

肋

肋 rib(bing)

肋板 ribbed panel; ribbed plate; ribbed slab; cross brace; elbow rail; floor; floor plate; ledge; sprag; stiffener; toggle plate; distance bar
肋板边线 rising line
肋板材 floor board
肋板端 floor head
肋板高度 depth of floor
肋板加强材 floor rider
肋板间距 floor space
肋板角钢 floor angle; floor lug
肋板结构 pan construction
肋板楼面 ribbed-slab floor
肋板模板 rib-span formwork
肋板模壳 rib-span formwork
肋板嵌块 ribbed-slab filler
肋板桥 ribbed slab bridge
肋板上缘 top of floor
肋板式拱桥 ribbed plate arch bridge
肋板式支墩坝 slab and buttress dam
肋板头 floor head
肋板型金属条板 flat rib metal lath
肋板支承的穹顶 rib and panel vault
肋玻璃 <桥梁> rubber bridge bearing
肋部 flank
肋材 frame timber; knee; rib(bing); timber
肋材孔 futtock hole
肋材拼镶 ribbing up
肋材装配 finning; ribbing
肋的断面 rib-profile
肋的间距 rib spacing
肋的净间距 clear rib interval
肋的净距 clear rib spacing
肋的坡度 rib slope
肋的相交点 rib intersection
肋断面 rib section
肋墩 but buttress; buttress
肋墩坝 buttress dam; massive buttress dam
肋杆 rib member
肋杆纵帆 Chinese lug
肋钢 rib steel
肋高 rib depth
肋格半球(圆屋)顶 lamella cupola
肋格穹顶 lamella dome
肋根材 floor timber
肋拱 rib and panel arch; rib(bed) arch
肋拱撑架 groin centering[centring]
肋拱渡槽 ribbed arch aqueduct
肋拱料 ribbed arched girder
肋拱桥 ribbed arch bridge
肋拱穹顶 rib and panel vault
肋拱设计 rib design
肋拱形式 rib type
肋拱支承的 rib and panel
肋拱支承穹顶 rib and panel vault
肋构楼板 floor rib; ribbed floor; ribbed slab; rib floor slab
肋构楼面 ribbed floor
肋骨 frame; rib
肋骨衬条 frame liner; frame slip packing piece; plating liner
肋骨顶材延长部 timber head
肋骨拱 ribbed vault
肋骨横剖面图 frame body plan
肋骨间距 frame space
肋骨角材 frame angle bar; frame timber
肋骨结构 framing system
肋骨冷弯机 frame bender
肋骨内缘 inner edge of frame
肋骨内缘线 line of inside framing
肋骨剖面模数 frame modulus
肋骨深度 depth of frame
肋骨式空心扩孔器 winged hollow reamer
肋骨式取芯钻头 wing core bit
肋骨式提砂筒 rib-type bailer
肋骨挖斗 slat bucket
肋骨线 frame lines; frame stations
肋骨样板 frame mo(u)ld
肋骨肘板 frame bracket
肋骨装配 frame erection
肋骨钻铤 ribbed collar
肋管 angle branch; angle pipe; gilled pipe; gilled tube; ribbed pipe; ribbed tube; rib heating pipe
肋管采暖器 ribbed pipe heater; ribbed tube heater
肋管加热器 ribbed pipe heater; ribbed tube heater
肋管节能器 ribbed tube economizer

[economiser]
肋管散热器 ribbed tube radiator
肋管式给水加热器 feed heater with ribbed tubes
肋和木横板 ribs and wool lagging
肋桁拱 braced rib arch
肋及拱板组成的穹顶 rib and panel vault
肋间凹槽 rib valley
肋间的 intercostal
肋间隔 rib space;rib spacing;spacing of ribs
肋间距 rib interval;spacing of ribs
肋间砌块 hourdis stone
肋接 ribbed joint
肋节栓 toggle bolt
肋筋 gusset
肋距 frame space; frame spacing; room and space;spacing of frame; timber and space
肋梁 frame beam;ribbon strip
肋梁楼板 ribbed beam floor
肋面电机 ribbed surface machine
肋内钢筋 reinforcement in ribs
肋内受力筋 rib reinforcement
肋片 fin
肋片对流散热器 ribbed radiator
肋片管 extended surface tube;gilled tube;plate finned tube;ribbed pipe
肋片管式散热器 tube and fin radiator
肋片节距 fin pitch
肋片距 fin pitch;pitch of fins
肋片盘管 finned coil
肋片平板式散热器 finned plate radiator
肋片散热器 ribbed radiator
肋片式燃烧室 ribbed combustion chamber
肋片受热面 finned surface
肋片效率 fin efficiency
肋桥式拱桥 rib-plate-shaped arch bridge
肋式供暖器 ribbed heating unit
肋式拱顶 rib dome
肋式汽缸 finned cylinder;ribbed cylinder
肋式穹盖 rib dome
肋受荷载 rib loading
肋缩短 rib shortening
肋胎 shoulder tire[tyre]
肋条 gill;rib;rib strip
肋条钢丝网 rib lath;rib mesh
肋条横板法 rib and lagging method
肋条加强板 ribbed panel
肋条劲度 rib stiffener
肋条形花纹轮胎 rib-tread tire[tyre]
肋铁 rib metal
肋筒 ribbed tube
肋凸缘 rib flange
肋外形 profile of rib
肋纹滚压机 crimping roller
肋纹轮胎 rib-thread tire; rib-tread tire[tyre]
肋系统 rib system
肋相交 rib intersection
肋形板 ribbed slab;T-beam slab
肋形板结构 tee[T]-beam and slab construction;tee[T]-beam and slab structure
肋形玻璃 ribbed glass
肋形材料 ribbed material
肋形的 gilled
肋形垫板 < 混凝土轨枕 > ribbed soleplate;ribbed base plate
肋形垫板扣件 ribbed plate fastening
肋形缝屋面板 ribbed seam roof(ing)
肋形钢板条 dovetail lath
肋形钢筋混凝土管片 ribbed-typed reinforcement concrete segment
肋形钢楼盖 steel-ribbed floor
肋形钢丝网 rib lath;rib mesh
肋形拱顶 rib vaulting
肋形管 gilled tube
肋形花纹 rib tread
肋形混凝土楼盖 ribbed concrete floor
肋形挤压 ribbed extrusion
肋形金属板条 ribbed metal lathing
肋形开口镶板 chased-cell closure strip;closure strip
肋形连拱梁 ribbed continuous beam
肋形梁板结构 slab-and-joist ribbed construction
肋形楼板 hollow-ribbed floor;ribbed floor slab
肋形楼面 ribbed floor
肋形面 ridged surface
肋形碾 ribbed roller
肋形暖气管 ribbed heating pipe;ribbed heating tube
肋形排列 ribbing
肋形铁皮 ribbed sheet metal
肋形瓦 ribbed tile
肋形外壳 ribbed framing
肋形屋顶 ribbed roof
肋形灶面板 ribbed tray
肋形柱槽 cabled fluting;ribbed fluting;stopped flute
肋型垫板 ribbed plate
肋型金属膨胀钢板 rib-type expanded steel plate
肋型金属膨胀网 rib-type expanded mesh
肋腋板 slab with haunched ribs
肋柱 rib of column
肋状 carinate
肋状背斜 carinate anticline
肋状排列 ribbing up
肋状纹理 rib mark;ripple mark
肋纵梁 helper stringer

泪

柏属 < 拉 > Dacrydium

泪滴 < 一种漆病 > bead
泪滴边 beaded edge
泪孔 brick whistle;weep hole
泪珠 < 一种漆病 > bead(ing)
泪状物 tear

类

比 analog(ue);analogy

类比插值法 analog(ue) interpolation
类比法 analogic(al) method; analogism; analogy approach; analogy method
类比法解题 analogic(al) problem solving
类比反应 response by analogy
类比方式 analogic(al) pattern
类比量 analogous quality
类比模拟 analog(ue) simulation
类比模型 analog(ue) model(ing)
类比评价法 exploration method by analogic(al) evaluation
类比设计 analogic(al) design
类比实验法 experimental analogic method
类比试验法 experimental analogic method
类比推理 analogism
类比推论 analogic(al) reasoning
类比信道 analog(ue) channel
类比原则 analog(ue) principle
类别 category; class (ification); grade;sort;subsumption;type
类别不明 unclassified
类别不明的河流 unclassified stream
类别产品损益表 product-line profit and loss statement
类别尺度 nominal scale
类别符号 class code
类别概率 class probability
类别量 categorical measure
类别名 class name
类别试剂 general reagent;group reagent
类别数列 categorical series
类别锁 class lock
类别条件 class condition
类别调整 tuning category
类冰碛岩 tilloid
类补体 complementoid
类程 class
类代表值 class mark
类蛋白 albuminoid
类低共熔体 eutectoid
类点射电源 quasi-point radio source
类分相 generic phase
类芬顿氧化 Fenton-like reaction
类峰值 quasi-peak value
类复理石建造 flyschoid formation
类固醇 steroid
类光波 quasi-optic(al) wave
类光栅全息图 grating-like hologram
类鲑鱼 false salmon
类海平原 mare-like plain
类函数 generic function
类号对比 code comparison
类集 generic set
类集指数 group index;in-group rating
类加 dotting-on
类假设 class hypothesis
类胶体物质 pseudo-colloidal matter
类胶物质 gum like material
类焦炭污泥 coke-like sludge
类礁岩石 reefoid rock
类金刚石碳 diamond-like carbon
类金属 metalloid
类金属的 submetallic
类金属毒物 metalloid toxicant
类金属污染 metalloid pollution
类金属有机化合物 metalloid-organic compound
类金属元素 metalloid element
类晶体 crystalloid;paracrystal
类晶团聚体 tactoid
类镜煤 provitrain
类镜质组亚组 provitrinite
类菌质体 mycophasma
类壳质的 exinoid
类空 spacelike
类空间 spacelike
类空间隔 spacelike interval
类空路径 spacelike path
类空面 spacelike surface
类空矢量 spacelike vector
类空事件 spacelike event
类矿物 mineraloid
类镭 eka radium
类砾岩 conglomeratic mudstone; paraglomerate
类磨拉石建造 molassoid formation
类目 class heading
类漆防腐蚀保护 lacquer-like protecting layer
类琼胶 agaroid
类球状 near spherical
类群 monoid
类群分化循环 taxon cycle
类人猿 Anthropoid
类时 time-like
类时间方向 time-like direction
类时间隔 time-like interval
类时路径 time-like path
类时矢量 time-like vector
类属标题 generic heading
类属程序单位 generic program unit
类属的 generic
类属索引 generic index
类属性编码 generic coding
类树脂石 reussinite
类水溶剂 water-like solvent
类似 analogy; likeness; parallelism; parity;resemblance;resemble
类似产品 like products
类似大理石花纹 marble texture
类似的 analogous;similar
类似地区对照判读样板 analogous area key
类似地租 quasi-rent
类似点 similarity
类似货物 analogous articles
类似家庭户人口 population in quasi-household
类似家属(或亲属)的密切关系 kinship
类似角砾岩的 brecciated
类似禁运制品 contraband by analogy
类似经验 parallel experience
类似壳体 shell analogy
类似鳞片状颗粒 scale-like particle
类似模拟 quasi similitude
类似桃花心木的硬木 < 昆士兰产的 > maple silkwood
类似物 analog; similarity; similitude; synonym
类似橡胶的物质 elastomer
类似形式 kindred type
类似性 similarity
类似淤泥的 silt-like
类似元素 analogous element
类似站进程 hostel-like process
类似沼地的 swalelike
类似指令 near order
类似制品 analogous articles
类似钟乳 stalactited
类似重心 symmedian point
类似装置 similar device
类似组织 allied organization
类酸物质 acidoid
类特提斯【地】Parathethys
类同步 homochronous
类透镜的 lens-like
类透镜媒质 lens-like medium
类无向性 quasi-isotropy
类无向性材料 quasi-isotropic material
类矽卡岩 sharnaid
类纤维的 fibroid
类线路接口 circuit-like interface
类相等 quasi-equal
类星的 quasi-stellar
类星光学天体 starlike optic(al) object
类星射电源 quasar
类星体 quasar
类型 form;mode;set type;style;type
类型变换 type conversion
类型变量 categorical measure
类型标识符 type identifier
类型表 type list
类型的 modal
类型的稳定性 type constancy
类型定义 type definition
类型分布 type distribution
类型分级曲线 type grading curve
类型过程 type procedure
类型兼容 type compatibility
类型结合 type association
类型强度 pattern intensity; type intensity
类型属性 type attribute
类型数组 type array
类型说明 type declaration;type specification
类型特征 typical feature
类型图 type map
类型未分矿石 type-undivided ore
类型相容性 type compatibility

类型学 typology
类型语句 type statement
类型转换 type conversion
类选择性 group selectivity
类岩石材料 rock-like material
类岩石场地 rock-like site
类演算 calculus of classes
类阳离子【化】cationoid
类阳离子试剂 cationoid reagent
类氧化还原半电池反应 generic redox half-cell reaction
类氧化还原反应 generic redox reaction
类阴离子 anionoid
类阴离子重组 anionoid recombination
类皂的 soap-like
类正弦函数 sinusoidal function
类脂 lipid
类脂的 lipoid
类脂化合物 lipid(e)
类脂可溶性 lipid solubility
类脂树脂体 lipid resinite
类脂体 lipoid
类脂物 lipid(e);lipin;lipoid
类脂物质 lipoidal matter
类指数 similar index
类质二像 isodimorphism
类质同晶 isomorphism
类质同晶型混合物 isomorphous mixture
类质同晶型体 isomorph
类质同晶型(现象)isomorphism
类质同晶置换 isomorphous replacement
类质同象 isomorph;isomorphism
类质同象代替种类 type of isomorphous substitution
类质同象对 isomorphous pair
类质同象混合物 isomorphous admixture
类质同象混入物 isomorphous addition
类质同象系列 isomorphous series
类中值 class mark;class mid value
类烛煤 canneloid
类助回摆液压缸 pilot swing cylinder

棱 arris

棱堡 bastion;redoubt
棱边保护角钢 arris cover angle
棱边保护角铁 arris cover angle
棱边保护铁皮 arris cover strip
棱边角钢 arris cover angle
棱边角铁 arris cover angle
棱边截面 arris section
棱边精车过的活塞环 cornered piston ring
棱边裂缝 arris crack
棱边磨圆 arris rounding
棱边抹灰泥刀 arris trowel
棱边水平的构件 edge horizontal member
棱边铁皮 arris cover strip
棱边弯曲振动模式 edge-flexure vibration mode
棱边修圆 arris rounding
棱边压缩强度 edge compressive strength
棱边应力 arris stress;edge stress
棱波 edge wave
棱波衍射 edge wave diffraction
棱底线 base apex line
棱拱 groin vault
棱角 arris;corner angle;edge angle;pien(d);refracting angle
棱角半径 edge radius
棱角槽口 pien(d)check
棱角粗骨料 angular aggregate
棱角粗集料 angular aggregate
棱角大理岩 griotte
棱角度 angularity
棱角度对比图 angularity chart
棱角度系数 angularity coefficient;angularity factor
棱角度因素 angularity factor
棱角颗粒 angular grain;angular particle
棱角扣榫 pien(d)check
棱角粒料 grit
棱角明显的 very angular
棱角磨圆 arris rounding
棱角抹灰泥刀 arris trowel
棱角嵌块 arris fillet
棱角缺陷 edges imperfection
棱角砂 harsh sand
棱角砂光机 variety sander
棱角石料 angular stone
棱角式滤器 edge type filter
棱角数 angularity number
棱角碎片 angular fragment
棱角图 angularity chart
棱角瓦 arris tile
棱角线 kunckle line
棱角线条 arris fillet
棱角效应 edge effect
棱角形聚光器 pyramidal optical condenser
棱角形碎金属 metal grit
棱角性 angularity
棱角性试验 angularity test
棱角性因数 angularity factor
棱角性指数 < 颗粒的 > angularity index
棱角修圆 arris rounding
棱角因素 angularity factor
棱角褶皱 accordion fold
棱角柱 angularity
棱角状粗骨料 angular coarse aggregate
棱角状粗集料 angular coarse aggregate
棱角状的 angular
棱角状骨料 angular aggregate
棱角状集料 angular aggregate
棱角状砂 angular sand
棱角状态 angularity
棱结花边杆 bell hammer
棱晶 prisma;prismatic(al)crystal
棱晶形的 prismatic(al)
棱晶样的 prismoid
棱颈螺栓 ribbed neck bolt
棱镜 edge glass;glass prism;optic(al)prism;prism(a);step(ped)lens
棱镜板玻璃 prism plate glass
棱镜变形附件 prism anamorphic attachment
棱镜变形装置 prism-type anamorphotic attachment
棱镜玻璃 prism glass;prismatic(al)glass
棱镜补偿器 prismatic(al)compensator;prism compensator
棱镜部分 component prism
棱镜测角器 cross staff head
棱镜测距仪 prismatic(al)telemeter
棱镜衬底 prism substrate
棱镜单目镜 prism monocular
棱镜单色仪 prism monochromator
棱镜的 prismatic(al)
棱镜等高仪 astrolabe;prism astrolabe;prismatic(al)astrolabe
棱镜底面 base of a prism
棱镜底座 base of a prism
棱镜定位测微仪 prism positioning micrometer
棱镜法 prism method
棱镜反光镜 prismatic(al)reflector;prism mirror;prism reflector;reflection prism
棱镜反射镜 prismatic(al)reflector;reflection prism
棱镜反射镜系统 prism mirror system
棱镜反射器 prism reflector
棱镜放大率 prism magnification
棱镜分光 prismatic(al)decomposition
棱镜分光光度计 prism spectrophotometer
棱镜分光计 prismatic(al)spectrometer;prism spectrometer
棱镜分光镜 prismatic(al)spectroscope;prism spectroscope
棱镜分光谱 prismatic(al)spectrum
棱镜分光仪 prism spectrometer
棱镜分析的 prismatic(al)
棱镜干涉仪 prism interferometer
棱镜鼓 prismatic(al)drum;prism drum
棱镜光 prismatic(al)light
棱镜光导 prismatic(al)light guide
棱镜光度计 prism photometer
棱镜光谱 prismatic(al)spectrum
棱镜光谱仪 prism spectrograph;prism spectrometer
棱镜红外分光光度计 prism infrared spectrometer
棱镜幻像 prism ghost
棱镜脊 apex of prism
棱镜夹 prism clamp
棱镜架 prism holder;prism table
棱镜尖塔差 pyramidal error of prism
棱镜胶盘 prism block
棱镜角 prism angle
棱镜角差误 prism-angle error
棱镜矫视器 kratometer
棱镜校正 prism alignment;prism correction
棱镜校准 prism alignment
棱镜聚焦放大镜 prismatic(al)focusing magnifier
棱镜卡子 prism bracket
棱镜跨式水准仪 prismatic(al)stride level
棱镜框 prism holder
棱镜立体镜 prism stereoscope
棱镜六分仪 prismatic(al)sextant;prism sextant
棱镜罗经 prismatic(al)compass
棱镜罗盘(仪)prismatic(al)compass
棱镜面 prism face;prism surface
棱镜目镜 diagonal eye(piece);prismatic(al)eyepiece
棱镜耦合器 prism coupler
棱镜耦合器装置 prism coupler mount
棱镜排列 prism array
棱镜偏置 prism offset
棱镜前置色散器 prism predisperser
棱镜清查 prism cruising
棱镜屈光度 prism diopter;prismoptric
棱镜取景式照相机 prismatic(al)camera
棱镜缺陷 prism imperfection
棱镜色分辨率 prism chromatic resolving power
棱镜色散光谱 prism spectrum
棱镜色散系统 prismatic(al)dispersion system;prism dispersing system
棱镜设计 prism design
棱镜摄谱仪 prismatic(al)spectrograph;prism spectrograph
棱镜式双目望远镜 prismatic(al)binoculars
棱镜双筒望远镜 prismatic(al)binoculars;prismatic(al)binocular telescope
棱镜水准器 prismatic(al)level;prism level
棱镜搜索镜 prismatic(al)eye
棱镜缩小率 prism demagnification
棱镜体 prism block
棱镜体视镜 prismatic(al)stereoscope
棱镜透镜 prismatic(al)lens
棱镜透镜干涉仪 prism and lens interferometer
棱镜望远镜 prismatic(al)telescope;prism glasses;prism telescope
棱镜位错 prismatic(al)dislocation
棱镜误差 prismatic(al)error
棱镜效应 prismatic(al)effect
棱镜形的 prismatic(al)
棱镜形状 prism shape
棱镜型分光计 prism-type spectrometer
棱镜型分束器 prism-type beam splitter
棱镜旋转 prism rotation
棱镜仪 prism instrument;prismograph
棱镜展开图 prism tunnel diagram;tunnel diagram of prism
棱镜照相机 prismatic(al)camera
棱镜折光度 prism diopter
棱镜折射 prismatic(al)refraction;prism refraction
棱镜折射计 prism refractometer
棱镜正像系统 prism inversion system
棱镜直角器 prism square
棱镜制造公差 prism fabrication tolerance
棱镜轴 prism axis
棱镜转盘 prism turntable
棱镜转台 prism turntable
棱镜转像望远镜 prism-erecting telescope
棱镜转像系统 prism-erecting system
棱镜组合 prism combination
棱镜组件 component prism
棱镜作用 prismatic(al)action;prism power
棱镜座 prism table
棱孔菌属 < 拉 > Favolus
棱面 plane of prism
棱面玻璃 prismatic(al)glass
棱面玻璃砖 glass prism;prism tile
棱面断口 fracture of facet
棱片快门 shooting sheet shutter
棱球镜 prismosphere
棱石 facetted pebble;gibber
棱台 prismoid
棱台公式 prismoidal formula
棱体排水 prism drainage
棱体(土方)计算改正 prismoidal correction
棱条坡道 corded way
棱突粗面石砌体 prismatic(al)rustication
棱瓦 arris tile
棱位错 prismatic(al)dislocation
棱纹 rib weave
棱纹火炉 ribbed stove
棱纹家具布 friezette
棱纹平布 rep(p)
棱纹压花玻璃 prism glass
棱线 topographic(al)crest
棱形 prismatic(al)
棱形玻璃窗 prismatic(al)glass
棱形玻璃砖 prism tile glass
棱形薄壳木屋顶 wooden prismatic shell roof
棱形长方带线脚 prismatic(al)billet mo(u)lding
棱形成型车刀 flat forming tool
棱形构件 prismatic(al)member
棱形滚筒筛 prismatic(al)trommel
棱形花纹玻璃 prismatic(al)glass

棱形交叉 diamond crossing; double frog
棱形截面 double-wedge section
棱形拒马 hedgehog
棱形聚光器 corrugated lens condenser; prismatic(al) condenser
棱形硫 prismatic(al) sulphur
棱形曲线 prismatic(al) curve
棱形碎屑 angular fragment
棱形塔(斜拉桥) diamond-shaped tower
棱形体土方公式 prismoidal formula
棱形系数 cylindric(al) coefficient; longitudinal coefficient; prismatic(al) coefficient
棱形楔 arris-piece
棱形压花玻璃 prismatic(al) glass
棱形折叠板 prismatic(al) folded plate
棱形支撑 blade bearer
棱性差 prismatic(al) error
棱蓄 prismatic(al) storage
棱圆度 prismatic(al) roundness
棱圆度检查仪 Tallyrondo
棱缘节 corner knot
棱柱 prismatic(al)
棱柱层 prismatic(al) layer
棱柱错齿线脚 prismatic(al) billet mo(u)lding
棱柱法 prism method
棱柱构件 prismatic(al) member
棱柱河槽 prismatic(al) channel
棱柱环 prismatic(al) loop
棱柱面 prismatic(al) face
棱柱木 <东南亚> ramin
棱柱曲面 prismatic(al) face; prismatic(al) plane; prismatic(al) surface
棱柱壳 prismatic(al) shell
棱柱式亚结构 prismatic(al) substructure
棱柱试件 prismoidal specimen
棱柱试模 prism mo(u)ld
棱柱体 prismoid
棱柱体槽蓄 prismatic(al) storage
棱柱体的 prismoidal
棱柱体法则 prismoidal rule
棱柱体抗压强度 prismatic(al) compressive strength
棱柱体面积 area of prism
棱柱体强度 prismatic(al) strength
棱柱体渠道 <规则形状断面> prismatic(al) channel
棱柱体试件 prismatic(al) specimen; test prism
棱柱体试件抗折试验 beam test
棱柱体试模 prism test mo(u)ld
棱柱体试验 prism test
棱柱体土方公式 prismoidal formula
棱柱体(土方)计算公式 prismoidal formula
棱柱体弯曲试验 prism bending test
棱柱体形河槽 prismatic(al) channel
棱柱体形折板屋顶 prismoidal slab roof
棱柱体柱 straight-sided column
棱柱筒穹顶【建】prismatic(al) barrel vault
棱柱系数 prismatic(al) coefficient
棱柱形棒 prismatic(al) bar
棱柱形薄壳扇形拱 prismatic(al) shell segment
棱柱形薄壳圆屋顶 prismatic(al) shell cupola
棱柱形承载结构 prismatic(al) bearing structure
棱柱形储罐 prismatic(al) tank
棱柱形导轨 prismatic(al) guide; V-shaped guide
棱柱形的 prismatic(al)
棱柱形铬铅矿 prismatic(al) lead spar
棱柱形构件 prismatic(al) member
棱柱形固定结构 prismatic(al) supporting structure
棱柱形节理 columnar jointing
棱柱形结构 prismatic(al) structure
棱柱形截面 prismatic(al) section
棱柱形空间桁架 prismatic(al) space truss
棱柱形扩散器 prismatic(al) diffuser
棱柱形梁 prismatic(al) beam
棱柱形梁的破坏强度 prismatic(al) beam crushing strength
棱柱形梁抗压强度 prismatic(al) beam compressive strength
棱柱形梁强度 prismatic(al) beam strength
棱柱形梁弯曲试验 prismatic(al) beam bending test
棱柱形坯块 prismatic(al) compact
棱柱形切片 prismatic(al) cutplate
棱柱形穹隆 prismatic(al) dome
棱柱形天线 prism antenna
棱柱形下部结构 prismatic(al) supporting structure
棱柱形蓄水体 prism storage
棱柱形圆屋顶 prismatic(al) cupola
棱柱形折板扇形拱 prismatic(al) shell segment
棱柱形折板圆屋顶 prismatic(al) shell cupola
棱柱形支承结构 prismatic(al) supporting structure
棱柱形铸锭 prismatic(al) ingot
棱柱型测针 prism probe
棱柱状薄壳 prismatic(al) shell
棱柱状粗琢 prismatic(al) rustication
棱柱状的 prismatic(al)
棱柱状底基 prismatic(al) bed
棱柱状构件 prismatic(al) member of structure
棱柱状构造 prismatic(al) structure
棱柱状河床 prismatic(al) (river) bed
棱柱状基础 prismatic(al) foundation
棱柱状基础墩 prismatic(al) foundation pier
棱柱状结构 prismatic(al) structure
棱柱状壳(体) prismatic(al) shell
棱柱状梁 <即等惯矩梁> prismatic(al) beam
棱柱状路基 prismatic(al) bed
棱柱状石英 prismatic(al) quartz
棱柱状土壤结构 prismatic(al) soil structure
棱柱状屋顶 prismatic(al) roof
棱柱状折板结构 prismatic(al) folded plate structure
棱状粗琢 prismatic(al) rustication
棱状错齿线脚 prismatic(al) billet mo(u)lding
棱锥 pyramid
棱锥架旋臂起重机 pyramid slewing crane
棱锥结构 pyramid(al) structure
棱锥面 pyramid(al) surface
棱锥台 frustum(of pyramid)
棱锥体 pyramid
棱锥体的 pyramidal
棱锥体土方公式 pyramidal formula
棱锥天窗 pyramidal light
棱锥屋顶 pyramid(al) roof
棱锥形玻璃 <一种装饰玻璃> pyramid glass
棱锥形的 pyramidal
棱锥形方攒尖屋顶 pavilion roof
棱锥形坟墓 pyramidal tomb
棱锥形号筒 pyramidal horn
棱锥形合金钻头 carbide insert pyramid type bit
棱锥形空间桁架 pyramidal space truss
棱锥形墓室 tomb chamber pyramid
棱锥形式 pyramidal form
棱锥形天线 pyramidal antenna
棱锥形屋顶 pyramidal roof
棱锥形折板 pyramidal folded plate
棱锥形折结构系统 pyramidal folded structure system

楞

楞边焊缝 fillet weld
楞勃透镜 Luneburg lens
楞场 lumber yard; stack yard; stock yard; timber yard
楞次定律 Lenz's law
楞次定则 Lenz's rule
楞堆 deck; log deck; log pile
楞垛 deck
楞间通路 alley
楞角 plaster fillet
楞区 stacking yard; stock yard
楞台 mill dell
楞条织物 cording
楞腿 skids

冷

冷疤 cold shut
冷拔 cold drawing; cold-drawn; cold stretch; pinching-out
冷拔的 cold-drawn; cold extruded; hard drawing; hard drawn
冷拔的不锈钢构件 drawn unit in stainless steel
冷拔低碳钢丝 cold-drawn low carbon wire; hard-drawn mild steel wire; low-carbon cold drawn steel wire
冷拔风 cooling draft
冷拔钢 cold-drawn steel
冷拔钢筋 cold-drawn steel bar; cold-worked steel reinforcement; steel bar cold draw
冷拔钢丝 cold-drawn steel wire; cold-drawn wire; dead-drawn wire; drawn wire; hard-drawn wire
冷拔钢丝腐蚀 stress corrosion
冷拔钢丝配筋 cold-drawn wire reinforcement
冷拔钢丝绳 cold drawn steel wire
冷拔管 cold-drawn pipe; cold-drawn tube; draw pipe; solid-drawn tube
冷拔机 cold-extruding machine; draw-bench
冷拔加工状态 cold-drawn appearance
冷拔金属丝 cold-drawn wire
冷拔设备 cold draw equipment
冷拔速度 dieing-drawing speed
冷拔条钢 cold-drawn bar
冷拔无缝 seamless cold
冷拔型材 cold-drawn shape
冷拔应力消除 cold-drawn-stress relief
冷拔用润滑剂 cold drawing lubricant
冷白色 cool white
冷柏油混凝土 cold tar concrete
冷斑 cold spotty appearance
冷板冷藏车 cold plate refrigerated wagon
冷拌 cold mixing
冷拌材料 cold-mix material
冷拌法 cold mix(ing) method
冷拌和 cold blending; mixed cold; cold mix(ture)
冷拌和厂 cold-mix plant
冷拌和法 cold-mix process
冷拌和料 cold mix(ture)
冷拌混合料 cold mix(ture)
冷拌混凝土 cold-mixed concrete
冷拌拉起混凝土 Damman cold asphaltic concrete
冷拌冷铺 cold-mix type
冷拌沥青 cold-mix asphalt
冷拌沥青混合料 cold asphalt mix(ture)
冷拌沥青混凝土 cold-mixed asphaltic concrete
冷拌沥青路面 cold-mix bituminous pavement; cold-mix surface; cold-mix type pavement
冷拌沥青设备 cold-mix asphalt plant
冷拌沥青碎石 cold-mix bituminous macadam
冷拌沥青碎石路 cold-mix bituminous macadam road
冷拌料 cold mixes; cold mix(ture)
冷拌设备 cold-mix plant
冷拌式沥青路面 cold-mix type pavement
冷拌式沥青面层 cold-mix surface
冷拌再生基层 cold-mix recycled base
冷拌再生利用 <用于沥青路面> cold-mix recycle[recycling]
冷包裹法 cold pack
冷暴风 blizzard wind
冷爆 cold check(ing)
冷备用系统 cold standby system
冷备用制 cold standby system
冷壁法 cold wall method
冷壁真空容器 cold wall vacuum chamber
冷变定 cold set(ting)
冷变定黏[粘]合剂 cold-setting adhesive
冷变形 cold deformation; cold flow; cold forming; cold strain
冷变形的 cold-deformed; cold-strained
冷变形钢 cold shaping steel
冷变形强化 cold deformation strengthening
冷变形硬化 cold flow harden; flow harden
冷飑 guxen
冷表面 cold(ing) surface
冷饼试验 cold pat test
冷补 cold cure
冷补的 cold patch
冷补工作 <用冷(沥青)混合料补坑> cold-patch work; cold patching
冷补混合剂 cold-patch mixture
冷补(沥青)混合料 cold-patch mixture
冷补胎胶 tire[tyre] cold patching cement
冷捕集器 cold trap
冷布 cotton gauze; gauze
冷菜制作间 buffet kitchen
冷藏 chill; congeal; freeze; refrigerate; refrigerated storage
冷藏包装纸 locker paper
冷藏驳船 ice barge
冷藏材料 cold-stored material
冷藏仓库 stock freezer; cold-storage warehouse; cold store
冷藏舱 cold-storage hold; frozen chamber; refrigerated compartment; refrigerated hold
冷藏舱盖 hatchcover for refrigerated hold
冷藏舱位 refrigerated space
冷藏厂 locker plant; refrigerated plant
冷藏厂设备 cold-storage plant
冷藏车 chilled car; cold-storage; freezer; house-car; insulated lorry; reefer; refrigerated truck; refrigerated van; refrigerated vehicle; refrigeration truck; refrigerator car; refrigerator ear; refrigerator lorry; refrigerator truck; refrigerator van; refrigerator wagon; refrigerated rail-

car【铁】
冷藏车车体预冷 precooling of refrigerated wagon body
冷藏车的外车顶 main roof
冷藏车费 refrigerator wagon charges
冷藏车加冰台 refrigeration service platform
冷藏车空气壁 air space
冷藏车肉架 hanging bar
冷藏车身 refrigerated body
冷藏车通风 ventilation of refrigerated wagon
冷藏陈列柜 refrigerated display case; refrigerated show-case
冷藏橱窗 refrigerated window
冷藏船 freezer ship; reefer cargo carrier; reefer ship; refrigerated carrier; refrigerating carrier; refrigerating ship; refrigeration ship; refrigerated ship; refrigerator ship
冷藏的 refrigerated; refrigerating
冷藏地窖 cold cellar
冷藏动车 refrigerator rail-car
冷藏吨重 ton of refrigeration
冷藏法 refrigeration
冷藏干燥 freeze drying lyophilization
冷藏工人 freezer
冷藏挂车 refrigerator trailer
冷藏柜 freezer locker; reefer chamber; refrigerated locker
冷藏柜装置 cold-storage locker plant
冷藏和加热集装箱 refrigerated and heated container
冷藏环节 cold chain
冷藏货 chilled cargo; chilled goods; reefer cargo
冷藏货舱 cargo refrigerated space; refrigerated cargo hold
冷藏货舱位 reefer space
冷藏货车 refrigerator vehicle
冷藏货船 reefer; refrigerated cargo vessel
冷藏货柜 <集装箱> reefer container; refrigerated container
冷藏货物 cooled cargo; refrigerated cargo; refrigerated goods; refrigerating cargo
冷藏机械 refrigerating machinery
冷藏集装箱 cooltainer; frozen product container; reefer container; refrigerated cellular; refrigerated container; refrigerator container; self-refrigerating container
冷藏集装箱电源插座 reefer jack
冷藏集装箱管理系统 reefer container management system
冷藏加工船 chilled meat ship; refrigerating factory ship
冷藏间 cold room; cold-storage room; cool chamber; cooler room; locker; refrigerated storage room; refrigerating room
冷藏间冷却器 cold-storage cooler
冷藏减缩率 cooler shrinkage
冷藏空间 refrigerating space
冷藏空箱 empty reefer
冷藏库 cold-storage; cooler; cooling plant; cool storage; freezer; freezing locker; fridge; frig(e); ice chamber; ice house; refrigerated storage; refrigerated stowage; refrigerated warehouse; refrigerating plant; refrigerator; walk-in freezer
冷藏库门 cold-storage door
冷藏库小室 freezer locker
冷藏联合企业 cold-store combine; cold-store complex; cold-store facility
冷藏链 cold chain
冷藏列车 refrigerated train
冷藏轮 reefer tanker
冷藏码头 cold storage wharf
冷藏盘管 cooling coil
冷藏汽车 refrigerated lorry; refrigerated truck
冷藏器 cold-storage; congealer; cooling apparatus; freezing apparatus; refrigerator
冷藏器具 cooling apparatus
冷藏肉船 chilled meat ship; refrigerating meat ship
冷藏设备 cold storage accommodation; cold-storage plant; refrigerating equipment; refrigerating installation; refrigerating machine; refrigerating plant
冷藏设备证书 certificate for refrigerating apparatus
冷藏食品库 refrigerated food storage
冷藏食品室 provision ice chamber
冷藏室 chill box; chilling chamber; chill room; cold closet; cold-storage cooler; cold-storage room; cool(ing) chamber; cool(ing) house; freezing chamber; freezer; ice house; reefer; refrigerating chamber; spring-house
冷藏室门 cold-store door
冷藏水果船 refrigerated fruit ship
冷藏特快车 refrigerator express car
冷藏条款 refrigeration clause
冷藏系统 cryogenic storage system
冷藏险 risks of frozen products
冷藏箱 chill box; cold closet; congealer; cool chamber; cooler; cryogenic storage container; freezer; fridge; ice box; ice chest; refrigerated container; refrigerating box; refrigerating chamber; refrigerator
冷藏箱监控系统 reefer monitoring system
冷藏业务 refrigeration service
冷藏渔船 refrigerated fish ship
冷藏员 reefer; refrigerating engineer
冷藏运输 refrigerated traffic; refrigerated transport
冷藏运输船 cold-storage boat; refrigerated cargo ship
冷藏重箱 laden reefer
冷藏装货法 cold stowage
冷藏装置 cold-storage; cold-storage plant; cooling apparatus; cooling plant; refrigeration unit
冷藏着的 cool
冷操作的沥青混合料 <用于屋顶、地板等> bituseal
冷槽 cold trap; cold trough
冷测厚规 cold finger
冷差试验压力 cold differential test pressure
冷沉淀反应 cryoprecipitation
冷沉淀凝集素 cryoagglutinin
冷沉淀性 cryoprecipitability
冷成型 cold shape; cold form(ing)
冷成型焙烧制品 cold mo(u)lding
冷成型材料 cold mo(u)lding
冷成型钢 cold-formed steel shape
冷成型机 cold shaper
冷成型型材 cold-formed section
冷成型制品 cold-formed product
冷持管 persistatron; persister[persistor]
冷持元件 cryotron
冷冲击 cold shock
冷冲螺母 cold punched nut
冷冲模 cold punching mo(u)ld
冷冲压 cold drawing; cold forging; cold forming; cold pressing; cold stamping
冷抽风 cooling draft
冷抽提 cold extraction
冷储备 cold reserve
冷处理 cold cure; cold treatment; cold work(ing); cryothermal treatment; deep freezing; freeze process; refrigerating treatment; subzero cooling; subzero treatment
冷处理的 cold-worked
冷处理钢筋 cold-worked bar
冷处理剂 subzero coolant
冷处理特殊旋纹钢筋 cold-worked twisted special reinforcing bar
冷处理用冷却剂 subzero coolant
冷床 carry-over bed; cold bed; cold frame; cooler; cooling bank; cooling bed; rack; skid bank
冷床齿条 notched bar
冷床熔炼法 cold hearth melting
冷吹(风) cold blast; cold draft; cold blow(ing); cold flow
冷锤 cold hammer
冷粗轧轧机 cold roughing mill
冷脆 chill; cold short; low-temperature embrittlement
冷脆材料 cold short material
冷脆的 black short; cold short; short-cold brittle
冷脆点 brittle point
冷脆钢 cold short iron; cold short steel
冷脆临界温度 brittle transition temperature
冷脆热脆性 cold and hot brittleness
冷脆热性 cold and hot brittleness
冷脆试验 cold check test
冷脆铁 cold short iron
冷脆性 black shortness; cold brittleness; cooling brittleness; low-temperature brittleness; cold shortness
冷淬 chilling; cold quenching; cold shortness
冷淬钢铁 chilled steel
冷淬钢珠 chilled steel shot
冷淬钢珠研磨取芯钻 shot core drill
冷淬时效 quench ag(e)ing
冷淬铁 chilled iron
冷淬铁珠 chilled cast iron shot
冷淬铸铁 chilled cast iron
冷存 cool
冷搭 cold lap
冷打浇冒口 cold spruing
冷带 cold belt
冷淡的 marbly
冷淡水 cold freshwater
冷导体电桥 cold conductor bridge
冷捣法 cold vibration method
冷的 cold
冷灯丝 cold filament
冷等静压 cold isostatic press; isostatic cool pressing
冷等静压成型 cold isostatic compaction
冷等静压制 cool isostatic compression
冷等压压制 cool isostatic compression
冷低压【气】 cold core cyclone; cold core low; cold cyclone; cold depression; cold low
冷底漆 adhesive bitumen primer
冷底涂料 cold primer
冷底子【建】 prime coat(ing); primary coat
冷底子油 adhesive bitumen primer; cold primer-oil; cold priming oil; rapid curing
冷点 <泵送混凝土时的> cold point; cold spot
冷电位端 cold potential end
冷淀积 cold settling
冷淀物 cold break
冷顶 cold top
冷顶锻 cold-heading; cold-setting; cold upsetting
冷顶锻机 upsetter
冷冻 chilling; freezing
冷冻安装工程师 refrigeration installation engineer
冷冻氨水满流式 flooded system
冷冻靶 cryogenic target
冷冻包装盒 refrigerated container
冷冻仓 ice bank
冷冻舱 freezing room
冷冻厂 cold-storage plant; cooling plant; freezing plant; refrigerating plant
冷冻超薄切片机 cryoultramicrotome
冷冻沉淀法 cryoprecipitation
冷冻成型加工 cryoforming; cryogenic forming
冷冻除湿 refrigeration dehumidifying
冷冻储藏系统 cryogenic storage system
冷冻船货 refrigerated cargo
冷冻的 cryogenic; frigorific; iced; refrigerant; refrigerating
冷冻点 freezing point
冷冻度 degree of
冷冻吨 refrigeration ton; ton of refrigeration
冷冻法 cold method; freeze process; freezing process; refrigerant method; refrigeration method
冷冻法脱硫 frozen desulfurization
冷冻方法 freezing method
冷冻房 cold chamber; iced chamber
冷冻分离 subzero fractionation
冷冻分离装置 cold separation unit
冷冻负荷 refrigeration load
冷冻干燥 lyophilization; lyophilize
冷冻干燥法 cryochem; freeze drying
冷冻干燥机 freeze drier[dryer]
冷冻干燥加工 freeze drying process
冷冻干燥器 freeze drier[dryer]; lyophilizer
冷冻干燥切片法 freezing drying microtomy
冷冻供水管 chilled water supply
冷冻管 cryotron; refrigerator pipe
冷冻管道 freezing pipe(line); pipeline refrigeration
冷冻柜 chest freezer; freezing tank; reach-in freezer
冷冻恒温器 freezing thermostat
冷冻化学法 freeze chemical method
冷冻回水管 chilled water return
冷冻混合物 freezing mixture
冷冻货柜 refrigerated enclosed container
冷冻货物 <冷藏船装运华氏 30℉以下货物,30℉≈ -1℃> freezing cargo; freezing goods; frozen cargo; chilled cargo; refrigerated cargo
冷冻机 chiller; congealer; cooler; freezer; freezing machine; fridge; frig(e); ice machine; refrigerating machine; refrigeration compressor; refrigeration machine; refrigerator
冷冻机参数 refrigerator system rating
冷冻机房 refrigeration plant room; refrigerator room
冷冻机器 chiller
冷冻机润滑油 ice machine oil
冷冻机械车 <机械冷藏列车> refrigerating plant wagon
冷冻机油 refrigerant oil; refrigerator oil
冷冻机油的湿度试验 moisture test of ice machine oil
冷冻机证书 refrigerating machine

certificate
冷冻激光聚变燃料 cryogenic laser fusion fuel
冷冻集装箱 frozen products insulated container;refrigerated container
冷冻技术 chilling technique;cryogenics;cryosurgery
冷冻剂 cooling agency;cooling agent;cryogen; cryogenic coolant; freezing agent;freezing mixture;frigorific mixture;refrigerant;refrigeration mixture
冷冻剂压缩机 refrigerant compressor
冷冻加工船 freezing factory ship
冷冻间 chill room; freezed storage room;freezer;freezer room;freezing room;refrigeration room;walk-in freezer
冷冻浇注法 freeze casting
冷冻浸蚀技术 freeze etch technique
冷冻开裂 frost crazing
冷冻刻蚀(术) freeze etching
冷冻冷藏箱 household refrigerator-freezer
冷冻离心法 refrigerated centrifugation
冷冻离心分离机 refrigerated centrifuge separator
冷冻离心机 refrigerated centrifuge
冷冻螺旋管 refrigerating coil
冷冻密封泵 freeze seal pump
冷冻能力 refrigerating capacity; refrigeration capacity
冷冻浓缩法 concentration by freezing;concentration by refrigeration;freeze condensation
冷冻盘管 refrigerating coil
冷冻破坏法 cryolysis
冷冻器 congealer;cryotool;freezer;refrigerator
冷冻切片机 freezing microtome
冷冻溶解法 cryolysis
冷冻肉 chilled meat
冷冻伤亡 cold casualty
冷冻商品柜 service refrigerator
冷冻设备 icing facility;refrigerating equipment; refrigerating installation;refrigerating plant
冷冻时间 freezing time
冷冻试验 cold test;freezing test
冷冻室 chilling chamber; freezing chamber;refrigerating chamber
冷冻水 chilled water
冷冻水泵控制箱 control box for chilled water pump
冷冻水出口 chilled water outlet
冷冻水入口 chilled water inlet
冷冻水系统 chilled water system
冷冻水银法 mercast
冷冻水银模铸造 mercast process
冷冻水制冷方式 chilled water refrigerating[refrigeration] system
冷冻水制冷系统 chilled water refrigerating[refrigeration] system
冷冻水制冷装置 chilled water refrigerating[refrigeration] system
冷冻水装置 chilled water system
冷冻速度 chilling rate
冷冻速率 chilling rate
冷冻损伤 freezing damage;cold injury
冷冻台 freezing stage
冷冻探针 cryoprobe
冷冻探子 cryoprobe
冷冻拖网渔船 freezing trawler
冷冻脱漆 cryogenic stripping
冷冻脱水 lyophilization; sublimation from the frozen state
冷冻脱盐 freeze desalin(iz)ation
冷冻脱盐法 freeze desalting process; secondary-refrigerant desalin(iz)ation
冷冻温度 chilling temperature;cryogenic temperature
冷冻系数 freezing coefficient
冷冻系统 refrigerant system;refrigerating system;refrigeration system
冷冻系统额定功率 refrigerator system rating
冷冻线 refrigerant line
冷冻箱 freezing tank
冷冻循环 refrigerating cycle
冷冻压缩机 refrigerating accumulator
冷冻研磨 cryogenic grinding
冷冻盐 freezing salt
冷冻业务 refrigeration service
冷冻液 freezing solution;refrigerating fluid;refrigeration fluid
冷冻油 refrigeration oil;winter oil
冷冻鱼储藏室 frozen fish store
冷冻运输 frozen transport
冷冻摘出器 cryoextractor
冷冻站 refrigerating station;refrigeration station
冷冻真空干燥 vacuum freeze drying
冷冻真空干燥法 lyophilization
冷冻真空干燥箱 lyophilizer
冷冻止血法 cryohemostasis
冷冻注浆 freeze casting
冷冻贮存 cold-storage; refrigerated storage
冷冻装置 chiller;freeze installation;freezing unit;refrigerating installation; refrigerating plant; refrigeration plant
冷冻总厂 central refrigerating plant
冷冻佐剂 cryoadjutant
冷冻作用 refrigerating effect;refrigeration
冷洞 cold cave
冷抖式路面 cold-mix type pavement
冷镀锡 cold tin
冷镀锌 cold galvanizing
冷镀锌漆 cold galvanising[galvanizing] paint
冷镀锌涂料 cold galvanising[galvanizing] paint
冷端 cold junction;cool end
冷端斑点 <浮法玻璃缺陷> cold end specks
冷端补偿 <温差偶的> reference junction compensation
冷端补偿器 junction compensator
冷端补偿装置 cold end compensating unit
冷端镀膜 cold end coating
冷端腐蚀 cold end corrosion
冷端腐蚀和沉积 cold end corrosion and deposition
冷端扩大型窑 kiln with enlarged feed end
冷端全套生产线 complete cold end line
冷端温度 cold junction temperature
冷端温度补偿 cold junction compensation
冷端作业 cold end operation
冷锻 cold forging; cold hammering; forge cold
冷锻车间 cold hammering house
冷锻粗 cold upsetting
冷锻的 hard-wrought
冷锻钢 cold forging steel
冷锻机 cold forging machine; cold former;cold header
冷锻件图 cold forging drawing
冷锻螺栓 header bolt
冷锻模 cold forging die
冷锻铁 cold-hammered iron
冷堆 cold dome
冷对接式 cold butt-type
冷镦 cold forging; cold-heading; upsetting;cold(up) setting
冷镦机 cold header;heading machine
冷镦螺栓 upset bolt
冷镦锚头 anchor head by cold upsetting
冷镦条材 cold-heading rod
冷吨 refrigerating ton; refrigeration ton;standard ton;ton;ton of refrigeration
冷墩钢 cold forging steel; cold heading steel
冷墩机 heading press;upsetter
冷剁刀 cold chisel
冷发射 autoemission;cold emission
冷发射电流 autoelectronic current
冷发射离子源 cold emission ion source
冷法表面处理 cold surface treatment
冷法表面处理道路 cold surface treating road tar
冷法表面处置 cold surface treatment
冷法补坑 <用沥青混合料补坑> cold patch(ing)
冷法沉淀 cold process sedimentation
冷法地沥青工程 asphalt (tar) cold process construction
冷法管 radiation-cooled tube
冷法贯入 cold-penetration
冷法胶黏[粘] cold gluing
冷法焦油工程 asphalt cold process construction
冷法矫直 cold straightening
冷法就地再生 cold in-place recycling
冷法矿渣水泥 cold process slag cement
冷法拉直 cold straightening
冷法煤沥青工程 asphalt (tar) cold process construction
冷法灭菌 cold sterilization
冷法喷洒 cold spray
冷法施工屋面材料 cold process roofing
冷法石灰软化 cold lime softening
冷法修补 clod patch;cold repair
冷法要求 cold requirement
冷法煮剂润滑脂 cold-set grease
冷反光膜 cold mirror
冷房 cold roof;cold room
冷风 cold air blast; cold blast air; cooling draft
冷风白口铁 white cold blast pig iron
冷风暴 barber
冷风层控制器 cold deck controller
冷风挡板 cold air damper
冷风道 cooling air chimney; cooling air duct
冷风风门 cold air damper
冷风管 cold air pipe
冷风管道 cold air duct
冷风滑动阀 cold blast slide valve
冷风化铁炉 cold blast cupola
冷风机 air cooler;cold air machine;cold blast engine;fan-draught cooler; packaged air conditioner; unit cooler;cooler unit
冷风机组 self-contained cooling unit
冷风冷却 forced air cooling
冷风门 tempering air damper
冷风幕 cooling air curtain
冷风软管 cool-air hose
冷风扇 thermantidote
冷风渗透 air infiltration
冷风渗透耗热量 heat loss by infiltration;infiltration heat loss
冷风生铁 cold blast pig iron
冷风箱 packaged air conditioner
冷风循环方式 cold air circulating system
冷风循环系统 cold air circulating system
冷风循环装置 cold air circulating system
冷风栅 cooler fan
冷风总管 cold blast main
冷封式高压釜 cold seal pressure vessel
冷锋【气】 cold front
冷锋风暴 cold front storm
冷锋锢囚 cold front occlusion
冷锋雷雨 cold front thunderstorm
冷锋面 cataphalanx[kataphalanx]
冷锋型海风 cold-front-like sea breeze
冷锋雨 cold front rain
冷锋状海风 cold front-like sea breeze; sea breeze of the second kind
冷缝 cooling fissure;cold joint
冷缝线 cold joint line
冷敷法 <沥青的> cold process
冷敷沥青 cold process asphalt
冷敷沥青工艺 pavit
冷幅 <进出塔水温差> cooling range
冷幅高 <冷却后的水温与进塔空气湿球温度之差> approach
冷负荷 refrigeration duty; refrigeration load
冷负荷估算 cooling load estimation
冷负荷计算 cooling load calculation
冷负荷温度 cooling load temperature
冷干式垃圾管道 cold-dry type of refuse channel
冷坩埚法 cold container method;cold crucible technique; skull melting method
冷钢 chilled steel
冷高压 cold anticyclone; cold core high;cold high
冷隔 cold lap <未焊合>;cold shut <铸件的>
冷供料器 cold feeder
冷箍钢管 cold-banded steel pipe
冷骨料 cold aggregate
冷骨料供给装置 cold aggregate feeding unit
冷骨料进料系统 cold aggregate feed system
冷鼓风 cold air blast;cold blast;cold blow
冷固 cold curing
冷固化 cold set(ting)
冷固化胶黏[粘]剂 <20℃以下变定> cold-setting adhesive; cold-setting glue
冷固化黏[粘]合剂 <20℃以下变定> cold-setting adhesive; cold-setting glue
冷固化树脂 cold-setting resin
冷固胶 room temperature setting adhesive
冷固型树脂 cold curing resin; cold-setting resin
冷固着油墨 cold-set ink
冷锢囚锋【气】 cold occlusion front
冷管壳 cold can
冷贯入法 cold-penetration
冷灌 cold-penetration
冷灌材料 cold poured material
冷灌沥青 cold penetration bituminous
冷灌沥青的 cold penetration bituminous
冷灌沥青路面施工 cold penetration construction
冷灌沥青碎石 cold penetration (bituminous) macadam
冷灌沥青碎石路 cold penetration (bituminous) macadam
冷灌筑 cold application
冷光 <物体不是由吸热而是由其他原因的发光>【物】 luminescence; cold light

L

冷光灯 cold light lamp; cool-light lamp
冷光法制轴 cold-finished shaft
冷光反射镜 cold light reflector
冷光镜 cold light mirror; cold mirror; diathermic mirror
冷光源 cold light illuminator; cold light source
冷光照明 cold light illumination
冷轨光亮退火薄钢板 silver finish sheet
冷柜 refrigerated cabinet; refrigerator
冷柜外壳 cabinet shell
冷辊式挤出 cast film extrusion; chill-roll extrusion
冷滚 cold breakdown
冷滚成型 cold-roll forming
冷海 mare frigoris
冷海区 <低于10°C> psychrosphere
冷害 chilling injury; cold damage; cold injury
冷寒色 cold
冷焊 cold shut; cold weld(ing)
冷焊粗粒 cold welding seed
冷焊缝 solder joint
冷焊合 cold welding
冷焊接 cold soldering; zero welding; cold welding
冷焊料接头 cold solder joint
冷滑 cold running
冷还原取向性硅钢片铁芯 cold-reduced grain-oriented silicon steel core
冷环境 cold environment
冷荒漠 cold desert
冷黄土 cold loess
冷灰斗 combustion chamber hopper; dry bottom; dry bottom hopper; furnace hopper
冷回流 cold reflux
冷回路 cold loop
冷混 cold blending
冷混合 cold mixing
冷混合料 cold mix(ture)
冷混凝土 cold concrete; cold-laid concrete
冷火焰 cool flame
冷货 <冷藏船装运保持华氏30～40℃货物> chilled cargo
冷货集装箱 frozen products container
冷货运输船 freezing carrier; refrigerated carrier
冷机操作 cooling-down operation
冷机故障 cold fault
冷激波 condensation shock wave
冷激层 chill
冷极 cold pole
冷集料 cold aggregate
冷集料供给装置 cold aggregate feeding unit
冷集料进料系统 cold aggregate feed system
冷集料升降机 cold aggregate elevator
冷集料升送机 cold aggregate elevator
冷挤 cold extruded
冷挤的 cold extruded
冷挤压 cold extrusion; cold pressing
冷挤压成型法 koldflo
冷剂泵 coolant pump; cryogenic fluid pump; refrigerant pump
冷剂不足 lack of refrigerant
冷剂干燥器 liquid drier[dryer]
冷剂水 water as refrigerant
冷剂蒸气 refrigerant vapo(u)r
冷剂制模压力机 cold hobbing press
冷季 cold season
冷季节风 <地中海东部的> imbat
冷季作物 cool season crops
冷加工 cold deformation; cold forming; cold harden(ing); cold treatment; cold work(ing)
冷加工变形程度 degree of cold work
冷加工材料 cold-worked material
冷加工(材料变形)程度 degree of cold work
冷加工产品 cold-finished product
冷加工的 cold-worked; hard-wrought
冷加工法 cold process
冷加工法回收沥青路面重复使用 cold recycling
冷加工钢 work-hardened steel
冷加工钢材 cold-finished steel; cold-worked steel
冷加工钢筋 cold-finished bar; cold-worked bar
冷加工挤压型材 cold-finished extruded shape
冷加工精整 cold finish(ing)
冷加工精整钢 cold-finished steel
冷加工精制钢条 cold-finished bar
冷加工模具铬合金钢 chromium cold-die steel
冷加工铜 hard copper
冷加工性 cold workability
冷加工异形钢筋 cold-worked deformed steel bar
冷加工硬度 strain-hardness
冷加工硬化 cold(work)harden(ing); cold working hardening; strain-hardening
冷加料 cold feed
冷加压试验 cold pressor test
冷夹 cold pinch
冷架印 cold support scratch
冷间 cold chamber
冷间容量 capacity of a cold room
冷间歇泉 champagne geyser
冷减径 cold reduced
冷剪 cold shears
冷剪切 cold shearing
冷检验 cold inspection
冷碱净化 cold alkali purification
冷交换器 cool exchanger
冷浇 cold-pour
冷浇柏油 cold tar(ring)
冷浇堵缝剂 cold-poured sealing compound
冷浇焦油沥青 cold tarring
冷浇沥青 cold process asphalt
冷浇注的 cold poured
冷胶 cold glue
冷胶合的 cold-setting
冷胶黏[粘]结 <在室温下进行的> cold gluing
冷胶凝材料 cold cementing composition
冷胶凝复合物 cold cementing compound
冷胶填缝 gap-filling no-heat adhesive
冷矫正 cold straightening; ga(u)ging
冷矫直 cold bend(ing); cold finish; cold gagging; cold level(l)ing
冷搅拌 cold mix(ture)
冷搅拌层设备 cold-mix plant
冷搅拌厂 cold-mix plant
冷窖 cold cellar
冷接 cold joint; cold shut
冷接点 <热电偶> cold end; cold (end) junction
冷接缝 <新旧混凝土之间的> cold joint
冷接缝线 cold joint line
冷接合 cold junction
冷结 cold junction; cold shut
冷结疤 <锭面缺陷> teeming arrest
冷结合料 <金属> cold-solder
冷结节 cold nodule
冷结水 dripping moisture
冷截面 cold cross-section
冷介质淬火 cold quenching
冷金属锯 cold metal saw
冷金属露点仪 chill metal instrument
冷金属液 sluggish metal
冷进料挤出 cold feed extruder
冷浸 cold soaking
冷浸处理 <水溶性防腐剂> steeping treatment
冷浸法 cold maceration
冷浸防腐剂 steep(ing) preservative
冷浸剂 cold infusion
冷浸涂料 cold dip coating; cold dipping
冷浸渍 maceration
冷精压 cold coining
冷精轧 cold finish
冷精整 cold trim(ming)
冷阱 cold trap; cooling trap
冷净临界 cold clean criticality
冷静的 cool
冷镜反光器 cold mirror reflector
冷镜面法 chill mirror
冷锯 cold saw
冷锯机 cold sawing machine
冷聚合 cold polymerization
冷聚合橡胶 cold rubber
冷卷 cold coiling
冷绝缘材料 cold insulant
冷绝缘防潮胶合(铺)料 cold insulation mastic
冷绝缘胶合铺料 cold insulation mastic
冷抗压强度 cold crushing strength
冷可浇注性 cold pourable
冷空气 cool air; cooling; freezing air
冷空气吹送机 cold air blower
冷空气吹送器 cool air blower
冷空气低压槽 cold trough
冷空气调节风门 cool-air damper
冷空气调节器 cold air damper
冷空气鼓风机 cool air blower
冷空气管道 cold air duct; cooling air chimney
冷空气湖 lake of cold air
冷空气回流 cold air return
冷空气机 cold air machine
冷空气冷冻机 cold air refrigerating machine
冷空气帘 cool-air curtain door
冷空气流入量 influx of cold air
冷空气屏蔽门 cold air curtain door
冷空气侵入 cold air intrusion
冷空气入口管 cold air inlet duct
冷空气软管 cool-air hose
冷空气输送管 cool-air duct
冷空气吸入口 cold air intake
冷库 cold-storage; cold-storage locker; cold store; ice bank; refrigerated warehouse; refrigerating chamber
冷库保温 cold store insulation
冷库等级 class of cold storage
冷库辅助建筑 auxiliary buildings of cold store
冷库墙壁 cold-storage wall
冷库主体建筑 main building of cold store
冷矿泉 cold mineral spring
冷扩张 cold expanding
冷拉 cold-drawn; cold stretch(ing); hard draw; cold draw(ing)
冷拉拔 cold drawing
冷拉床 cold drawing bench
冷拉的 cold-drawn; cold stretched; hard drawing; hard drawn
冷拉的不锈钢镶边 drawn trim in stainless steel
冷拉的不锈钢型材 drawn profile in stainless steel; drawn section in stainless steel; drawn shape in stainless steel
冷拉的镶边 drawn trim
冷拉的型材 drawn profile; drawn section; drawn shape; drawn unit
冷拉钢 cold-drawn steel; drawing steel; drawn steel
冷拉钢管 cold-drawn steel pipe; cold-drawn steel tube
冷拉钢筋 cold-draw bar; cold drawing steel bar; cold-drawn bar; cold stretched steel bar; drawn bar; hard-drawn wire reinforcement
冷拉钢丝 cold-drawn steel wire; drawn wire
冷拉钢丝配筋 cold-drawn wire reinforcement
冷拉钢丝绳 cold drawn steel wire
冷拉构件 drawn unit
冷拉管 cold-drawn pipe
冷拉光条 bright-drawn bar
冷拉黄铜 hard drawing brass
冷拉黄铜件 cold-drawn brass article
冷拉机 cold drawing machine
冷拉紧的 cold-strained
冷拉率 cold-drawn rate
冷拉率控制张拉 prestressing by cold-drawn rate
冷拉模 cold drawing die
冷拉强度 cold tensile strength
冷拉润滑油 drawing oil
冷拉伸 cold drawing; cold strain
冷拉时效 time-effect of cold drawn
冷拉速度 cold drawing speed
冷拉铜 cold-drawn copper
冷拉铜丝 hard-drawn copper wire
冷拉铜线 hard-drawn copper wire
冷拉无缝钢管 seamless cold drawn steel pipe
冷拉纤维 drawn fiber[fibre]
冷拉线 cold-drawn wire; hard-drawn wire
冷拉圆钢 cold-drawn round steel
冷沥青灌浆法 cold bitumen grouting method
冷沥青混合料 cold-mix asphalt
冷沥青混凝土 cold asphalt concrete
冷沥青基黏[粘]结剂 cold asphalt-base adhesive; cold bitumen-based adhesive
冷沥青路面 fine cold asphalt
冷沥青砂浆 cold bitumen mortar
冷沥青砂浆混合料 cold mortar mix
冷炼油 bunghole boiled oil; cold-boiled oil
冷链接 cold link
冷凉或温暖气候地区 area of cool or temperate climate
冷凉试验 cold test
冷量回收装置 cold recovery plant
冷量积累 cold accumulation
冷料 cold burden
冷料厂拌的 cold plant-mixing
冷料斗 cold feed bin; cold feeder
冷料法 cold metal process
冷料阱 cold slug well
冷料输送 cold feed
冷料输送机 cold aggregate conveyer [conveyor]
冷料提升机 cold elevator; cold lift
冷料运输机 cold aggregate conveyer [conveyor]
冷料柱 pillaring
冷料转炉 stock converter
冷烈风 catabaltic wind
冷裂 cold fracture; cold rupture; cold tear
冷裂缝 cold crack(ing)
冷裂温度 cold crack temperature
冷裂纹 cold check(ing); colding crack
冷裂稳定性 cold crack stability
冷流 cold flow

冷流变 cold creep(ing)
冷流道模 cold runner mo(u)ld
冷流(粉碎)法 cold stream process
冷流试验 cold flow test
冷硫化 cold cure;cold vulcanization
冷落 snub
冷铆 rivet cold;cold rivet(ing)
冷铆接 cold rivet(t)ing
冷铆铆钉 cold-driven rivet
冷媒 cold medium; coolant; cooling medium; refrigerant; secondary refrigerant
冷媒泵 refrigerant pump
冷媒回流管 refrigerant return pipe
冷媒节流孔板 refrigerant reducing orifice
冷媒旁路 refrigerant bypass
冷媒液泵 liquid refrigerant pump
冷媒液泵系统 liquid pump refrigeration system
冷煤气 cooled coal gas
冷煤气效率 cold gas efficiency
冷面 back face;cold side;front surface of the sheet;cold face <耐火材料不面向热源的>
冷灭菌 cold sterilization
冷模 chin-chin hardening
冷模成型 cold mo(u)lding
冷模电弧炉 cold-mo(u)ld arc furnace
冷模锻 cold forming
冷模塑塑料 cold-mo(u)lded plastics
冷模压 cold mo(u)lding
冷磨 cold milling
冷磨合 cold breaking-in
冷磨机 cold milling machine
冷磨机具 cold milling equipment
冷磨机械 cold milling machine
冷磨设备 cold milling equipment
冷漠 flattening
冷目标 cold target
冷挠曲 cold flex
冷挠曲试验机 cold flex tester
冷挠曲温度 cold flex temperature
冷挠曲性 cold flexibility
冷能 cold energy
冷黏[粘]法 cold adhesion method
冷黏[粘]合料喷布器 cold emulsion sprayer
冷黏[粘]结 cold bonding
冷黏[粘]结复合物 cold bonding compound
冷黏[粘]结剂 cold bonding agent; cold glue;no-heat adhesive
冷黏[粘]结介质 cold bonding medium
冷黏[粘]结料 cold bonding composition
冷碾 cold-rolling
冷碾钢 cold rolled steel
冷碾(压)cold rolling
冷碾压缩 cold reduction
冷拧上 screw-on cold
冷凝 chilldown; condensation of moisture; condense; condensing; freezing
冷凝板 cold plate
冷凝泵 condensation pump; condenser pump; cryogenic pump; cryopump
冷凝边 condensation side
冷凝槽 condensate tank; condensate trap;condensation channel;condensation groove
冷凝产物 condensation product
冷凝厂 condensing plant
冷凝成分 condensation moisture
冷凝传感器 condensation sensor
冷凝单元 cooling unit
冷凝的 condensing
冷凝点 condensation point; congealing point;drip point;freezing point
冷凝段排热效能 condensing heat rejection effect
冷凝阀 condensation trap
冷凝法 condensation method;method by condensation
冷凝分离 condensation separation
冷凝干燥窑 condenser kiln
冷凝固 cold se(ting)
冷凝固化过程 congeal(ing)process
冷凝固胶黏[粘]剂 cold-setting adhesive
冷凝固胶水 cold-setting glue
冷凝管 cold finger; condenser tube [tubing]; condenser water pipe; drain sleeve
冷凝管捕集器 cold finger collector
冷凝管道 condensation flue
冷凝管夹 condensing tube tongs
冷凝管子工程 condensate pipework
冷凝罐 drainage receiver;drainer;intercepter[interceptor];steam trap
冷凝过程 condensation process;condensing process
冷凝回流管子工程 condensate return pipework
冷凝回水 condense return
冷凝回水泵 condense return pump
冷凝回水管 condense return pipe
冷凝回水管路 condensate return piping
冷凝机 cooler;freezing machine
冷凝机理 mechanism of condensation
冷凝机组 condensing unit
冷凝集反应 cold agglutination
冷凝集反应现象 cold agglutination phenomenon
冷凝集试验 cold agglutination test
冷凝集水槽 condensation sinking
冷凝集素 cold agglutinin
冷凝集素效价 cold agglutinin titer
冷凝剂 condensing agent; freezing mixture
冷凝胶 cold glue
冷凝接触 chilled contact
冷凝解吸塔 condensate stripper
冷凝阱 condensation trap;cryotrap
冷凝绝热线 condensation adiabat
冷凝开裂 cold crack(ing)
冷凝空气 condensed air
冷凝控制 condensation control
冷凝冷却器壳体 con-cooler shell
冷凝滤器 condensifilter
冷凝密封 freeze seal
冷凝面 condensing surface
冷凝明胶 chilling
冷凝模塑法 slushing mo(u)lding
冷凝黏[粘]合 setting cold adhesion
冷凝黏[粘]合剂 cold-setting adhesive
冷凝黏[粘]结剂 cold-setting adhesive
冷凝排气 cryogenic pumping; cryopumping
冷凝排热效应 condensing heat rejection effect
冷凝排水 condensate drain; condensate drainage;condensed water outlet
冷凝排水泵 condensate pump
冷凝盘 condensation tray
冷凝盘管 condensing coil; cooling unit;expansion coil
冷凝屏 condensing shield
冷凝瓶 condensing bulb
冷凝气阀 cold trap
冷凝器 chiller;condensator[condenser]; condensing apparatus; condensing vessel;cooler;cooler condenser;freezer;after-condenser <射汽抽气器的>
冷凝器瓣 cold trap
冷凝器的尾槽 tail tank of condenser
冷凝器风机 condenser fan
冷凝器隔板 condenser partition wall
冷凝器供水 supply of condensing water
冷凝器管用密封圈 condenser tube packing
冷凝器管(子)condenser tube; condenser pipe
冷凝器后的蒸汽抽气器 steam-jet ejector after condenser
冷凝器机组 condenser unit
冷凝器架 condenser support
冷凝器截止阀 condenser shutoff valve
冷凝器壳体 condenser shell
冷凝器冷却面积 condenser cooling surface
冷凝器流程数 condenser number of pass;number of passes
冷凝器内管 inner condensing tube
冷凝器盘 condenser pan
冷凝器盘管 condenser coil
冷凝器气压管 condenser leg(pipe); leg pipe
冷凝器清洗 condenser cleaning
冷凝器热负荷 condenser duty
冷凝器热量 condenser duty;condenser heat
冷凝器容量 condenser capacity
冷凝器水泵 condenser water pump
冷凝器筒体 condenser shell
冷凝器外壳 condenser casing; condenser shell
冷凝器效率 condenser efficiency
冷凝器效能 condenser performance
冷凝器形式 condenser type
冷凝器性能 condenser performance
冷凝器性能试验 condenser performance test
冷凝器压力 condenser pressure
冷凝器压力计 condenser ga(u)ge
冷凝器应力腐蚀开裂 condenser stress corrosion cracking
冷凝器蒸发器 condenser-reboiler
冷凝器装置 condenser installation
冷凝器组 bank of condensers
冷凝潜热 latent heat of condensation
冷凝取样 condensation sampling
冷凝热 condensation heat; heat of condensation
冷凝润滑器 condensing lubricator
冷凝蛇形管 condenser coil
冷凝设备 condensation plant;condensing plant
冷凝式机车 condensing locomotive
冷凝式雾滴蒸汽机 condensed mist separator
冷凝式蒸汽机 condensing steam engine
冷凝式重沸器 condenser-reboiler
冷凝试验 condensation test
冷凝室 condensation chamber
冷凝水 condensate;condensation water; condensed water; condenser water;dripping moisture;water of condensation
冷凝水泵 condensate removal pump; condensing water pump
冷凝水槽 condensate draining
冷凝水出口 condensate outlet
冷凝水除盐装置 condensate desalter
冷凝水存水弯 condensate trap
冷凝水地下管道 condensate water tunnel
冷凝水阀 condense valve
冷凝水高位槽 condensate head tank
冷凝水隔汽具 condensate trap
冷凝水管 condensate pipe;condense pipe
冷凝水过滤器 condensate filter
冷凝水含氧量 oxygen content of condensate
冷凝水回流 condensate return
冷凝水回流管 condensate return pipe
冷凝水回流管道 condensate return piping;condensation return piping
冷凝水回流立管 condensation return riser
冷凝水回收管 condensate return tank
冷凝水回收系统 condensate return system
冷凝水回水 condensate return;condensation return
冷凝水回水泵 condensate return pump;condensation return pump
冷凝水回水管 condensate[condensation] return pipe
冷凝水集水槽 condensation sinking
冷凝水检漏装置 circulating water leakage detector
冷凝水接收器 condensate receiver; udell
冷凝水井 condensate trap
冷凝水净化处理装置 scavenger for condensate water
冷凝水流量 condensate flow
冷凝水逆流 counter-flow of condensate
冷凝水排出 condensation water discharge
冷凝水排除 condensate drainage
冷凝水排除泵 condensate pump
冷凝水排除机 condensate unit
冷凝水排除器 steam trap
冷凝水排放沟 condensation gutter
冷凝水排放管 condenser drain line
冷凝水排放口 condensate drain outlet
冷凝水排水槽 condensation gutter
冷凝水排水渠 condensation gutter
冷凝水疏水器 condensate trap
冷凝水温度 condensate temperature
冷凝水箱 condensation tank
冷凝水小集水槽 <气窗上> condensation sink
冷凝水泄出管 drip pipe
冷凝水再循环管 condensate recirculating water pipe
冷凝水蒸气 condensed steam
冷凝水重力回水 gravity return of condensate
冷凝水主管 condensate main
冷凝水贮槽 condensate storage tank
冷凝速率 condensing rate
冷凝塔 condenser;condensing tower
冷凝态 frozen state
冷凝探测器 condensation sensor
冷凝套 condenser jacket
冷凝透平机车 condensing turbine locomotive
冷凝温度 condensation temperature; condensing temperature; freezing temperature
冷凝蜗形管 condensing worm
冷凝物 condensate
冷凝物分离罐 condensate knock-out pot
冷凝物质 condensed material
冷凝吸附泵 cryosorption pump
冷凝系数 coefficient of condensation; condensation coefficient; condensing coefficient
冷凝系统 condensed system;condenser system
冷凝箱 condensation chamber; cooling cylinder
冷凝效率 condensation efficiency
冷凝泄出管 drip
冷凝性 condensability
冷凝旋管 condenser coil;condensing

worm
冷凝压力 condensing pressure
冷凝压力调节阀 condensing pressure regulating valve
冷凝液 condensate liquid; condensator liquor; condensed fluid; condense liquor; liquor condensate; phlegma
冷凝液泵 condensate pump
冷凝液处理 condensate polishing
冷凝液分离罐 condensate knock-out pot
冷凝液罐 condensate pot; condensate receiver; drip leg; drip pot; drip trap; gas trap; syphon
冷凝液回流泵 condensate reflux pump
冷凝液加热器 condensate heater
冷凝液排出口 condensate outlet
冷凝液排放管 drip riser; drip stock
冷凝液闪蒸 condensate flash
冷凝液收集袋 drip pocket
冷凝液收集器 condensate trap
冷凝液受槽 condensate receiver
冷凝液体 condensed fluid
冷凝液箱 drip box
冷凝液泄出管 drip pipe
冷凝印刷 cold-set printing
冷凝油墨 cold setting ink
冷凝蒸汽管线 steam return line
冷凝制冷效能 condensing refrigerating effect
冷凝制冷效应 condensing refrigerating effect
冷凝贮液罐 condensate pot
冷凝贮液器 condenser receiver
冷凝装置 condensing apparatus
冷凝作用 condensation
冷扭 cold twisting
冷扭的 cold twisted
冷扭钢筋 cold-twisted(steel) bar
冷扭钢筋网 twisted(steel) fabric
冷扭特种钢筋 cold-twisted special reinforcing bar
冷暖气送风机 fan coil unit
冷排 < 指照相排字 > cold-type composition
冷排出物 cold effluent
冷盘管 cold coil
冷刨 cold planing
冷喷雾 cooling spray
冷膨胀 cold expanding
冷僻道路 quiet road
冷拼法 cold cut
冷平流 cold advection
冷平台式屋顶 cold roof
冷屏角 cold shield angle
冷屏效率 cold shield efficiency
冷铺 cold laying; cold application
冷铺柏油 cold-application tar
冷铺拌和料 cold-laid mix(ture)
冷铺厂拌(沥青)混合料 cold-laid plant mixture
冷铺粗煤沥青焦油混凝土 cold-laid coarse tar concrete
冷铺的 cold laid; laid cold
冷铺地沥青 cold asphalt; colas
冷铺地沥青混凝土路面 cold asphaltic concrete pavement
冷铺地沥青路面 cold-laid asphalt pavement; cold-laid bituminous pavement
冷铺地沥青碎石 cold asphalt macadam
冷铺法 < 铺筑沥青路面 > cold process
冷铺焦油沥青 cold-application tar
冷铺焦油沥青碎石路面或混合料 < 其中的一种 > tarmac
冷铺聚乙烯薄膜 cold-applied polyethylene sheet
冷铺沥青 cold bitumen
冷铺沥青混合料 cold-laid mix(ture); colprovia
冷铺沥青混凝土 cold-laid asphalt(ic) concrete; cold-laid bituminous concrete
冷铺沥青路 cold bituminous road
冷铺沥青路面 cold-laid pavement
冷铺沥青面层 cold-laid asphalt surface; cold-laid bituminous pavement
冷铺沥青石子混合料 < 其中的一种 > Amiesite
冷铺沥青碎石路 < 乳化液贯入法 > cold asphalt macadam
冷铺玛琋脂 cold-laid mastic
冷铺煤焦油 cold-application tar
冷铺皮尔格(无缝钢)管 cold-laid Pilgered pipe
冷铺石油沥青路面 cold-laid bituminous pavement
冷铺屋面 cold process roofing
冷铺细粒(地)沥青 fine cold asphalt; cold fine asphalt
冷铺细粒地沥青混合料 fine cold asphalt mixture
冷铺液体涂层材料 cold-laid liquid coating material
冷铺筑路材料 cold-application of road material; cold laid
冷期 cold period
冷漆 cold varnish
冷漆划线机 cold paint road marking machine
冷起动 cold start(ing); starting from cold; cold boot; cold start-up; start-up from cold
冷起动插座 starting receptacle
冷起动灯 cold start lamp
冷起动喷油器 cold start injector
冷起动时排出的废气 cold start emission
冷起动特性 cold-starting characteristic
冷起动性能 cold-starting performance
冷起动用发电机 cold cranking alternator
冷气 cooling air
冷气隔栅 cooling grid
冷气管 cold air pipe; cold air tube
冷气管线接头 reefer connection
冷气候 cold climate
冷气机 refrigerating machine
冷气机房 refrigerating plant
冷气机组 cooling unit
冷气机组除霜 cooling unit defrosting
冷气流 cold air flow
冷气流分量 cold gas fraction
冷气瓶 pressure accumulator
冷气侵入 bursting in of cold air
冷气团【气】 cold air-mass
冷气团区 cold air region
冷气温度 cooling temperature
冷气旋 cold cyclone
冷气穴 cold air sink
冷气循环装置 cooling air circulation system
冷气装置 cooling installation; thermantidote
冷汽器膨胀接头 condenser expansion joint
冷器 cold steel
冷强度 cold strength
冷桥 cold bridge
冷桥效果 cold bridge effect
冷切 cold cut
冷切边 cold trim(ming)
冷切割系统 cold cutting system
冷切刃具 cold cutter
冷区 cold sector
冷圈 condensing ring
冷圈密集养牛 cold confinement
冷泉 acratopega; cold spring; cool spring
冷却 chilldown; chilling; cooling action; cooling-down (off); cool(ing)-off; cool on; freeze
冷却板 cold(ing) plate; dead plate; plate cooler
冷却保护罩 cooling cap
冷却倍率 circulating ratio
冷却泵 cooling pump
冷却比 cooling ratio
冷却壁 cooling wall
冷却边界温度 cold boundary temperature
冷却变态 athermal
冷却变形 cooling deformation; cooling strain
冷却标准 cooling standard
冷却表面 cooling(-off) surface
冷却捕集 cold-trapping
冷却捕集器 cold trap
冷却部 cooling end; conditioner < 窑池的 >
冷却材料 coolant; cooling agent; cooling material
冷却残渣 cold break; trub
冷却槽 cooling trough; decay tank
冷却层 cooling zone
冷却程度 degree of cooling
冷却池 cooling bay; cooling trough; cooling water tank; cooling pond
冷却翅片 cooling fin
冷却存储器 cold-storage; cold store
冷却带 cold zone; cooling belt; cooling section; cooling zone
冷却带系统 cooling belt system
冷却挡板 refrigerated baffle
冷却导管 chilldown duct; cooling duct; psychrophore
冷却道 cooling channel
冷却的 cooled
冷却电动机用冷煤气 refrigerant gas for cooling motor
冷却定律 law of cooling
冷却度日 cooling degree day
冷却端 cooling end; feed end hood
冷却段 cooling section
冷却段多孔板 perforated plate for cooling
冷却法 cooling method; method for cooling
冷却范围 cooling range; quenching distance
冷却方法 cooling-down method; cooling means; method of cooling
冷却方式 cooling type
冷却防护板 cooling panel
冷却废钢 coolant scrap
冷却废水 coolant-water effluent
冷却沸腾器 cold boiler
冷却分析 diagnosis refrigeration
冷却分异 cooling differentiation
冷却风道 cool ventilation duct
冷却风机 cooling blower
冷却风扇 cooling(-down) fan
冷却风扇继电器 cooling fan relay
冷却风扇耦合器 radiator fan coupling
冷却缝 cooling joint
冷却幅度 cooling range
冷却负荷 cooling(-down) load
冷却负荷系数 cooling load factor
冷却附件 cooling attachment
冷却改正 cooling correction; radiation correction
冷却格栅 cooling-down grid
冷却隔板 cooled partition
冷却隔火墙 cooling baffle
冷却工作 cooling work
冷却功率 cooling power
冷却功率式风速计 cooling power anemometer
冷却供水 supply of condensing water
冷却骨料运输机胶带 cool belt
冷却鼓 drum cooler
冷却管(道) cooling duct; cooling pipe; cooling tube; refrigeration pipe; refrigeration tube
冷却管道系统 cooling pipe system; cool-tube system; pipe cooling system
冷却管式高温计 cooled-tube pyrometer
冷却管中的断裂 discontinuity in the cooling ports
冷却管组 cooling battery
冷却罐 cooling tank
冷却轨 cooling rail
冷却柜 cooling tank
冷却辊 chill roll; cooling roll(er)
冷却滚压机 cooling calender
冷却过程 cooling (-off) process; process of cooling
冷却荷载 cooling load
冷却恒温槽 coolant thermostat
冷却红外探测器 cooled infrared detector
冷却后水温 recooled water temperature
冷却护罩 cool cap
冷却化合物 quenching compound
冷却环 air ring; cold ring; cooling ring
冷却回路 cooling circuit; cooling loop
冷却混合物 cooling mixture
冷却或加热夹套 cooling or heating jacket
冷却货物 cooled freight; cooled goods
冷却机 cooler
冷却机篦子 cooler grate
冷却机鼓风机 cooler fan
冷却机过剩空气 excess cooler air
冷却机空气环路 cooler air circuit
冷却机螺旋输送机 cooler screw
冷却机热效率 heat efficiency of cooler
冷却机热烟室 feed end housing
冷却机组 cooling unit; unit cooler
冷却集管 cooling manifold
冷却计 frigorigraph
冷却计时钟表 cooling time clock
冷却技术 cooling
冷却剂 coolant; coolant compound; coolant medium; cooler; cooling agency; cooling agent; cooling material; cooling medium; cooling substance; cryogenin(e); freezing mixture; frigerant; heat-eliminating medium; heat-removing agent; kinetic chemicals; kryogenin; quenching compound; refrigerant
冷却剂材料 coolant material
冷却剂参数 coolant condition
冷却剂出口 coolant outlet
冷却剂供给系统 coolant supply system
冷却剂回路 coolant circuit
冷却剂激活 coolant activation
冷却剂接通装置 coolant connector
冷却剂进给系统 coolant-charging system
冷却剂净化装置 coolant purification system
冷却剂流量警告信号 coolant flow warning
冷却剂流率 coolant flow rate
冷却剂流失事故 loss-of-coolant accident
冷却剂流失试验 loss-of-coolant experiment

冷却剂流速 coolant flow rate
冷却剂喷嘴 coolant jet
冷却剂入口 coolant inlet
冷却剂损耗 loss of coolant
冷却剂条件 coolant condition
冷却剂消耗量 cooling medium consumption
冷却夹套 cooling jacket
冷却架 cooling shelf
冷却间 chilling room; cooler; cooling room; cooling station
冷却阶段 cooling-down period; standing off; standing-off period
冷却结晶器 chiller crystallizer; cooler crystallizer; cooling crystallizer
冷却结晶设备 cooling crystallizing equipment
冷却结晶作用 crystallization by cooling; pexitropy
冷却介质 coolant medium; cooling agency; cooling agent; cooling-down medium; cooling material; cooling medium; heat-eliminating medium; refrigerant; refrigerating medium
冷却介质间隙 coolant gap
冷却介质流量 cooling medium consumption
冷却金属喷管 cooled metal nozzle
冷却井 cooling shaft
冷却开裂 cool(ing) crack(ing); dunting
冷却坑 chilled sump; chilling sump
冷却空间 cooling space
冷却空气 air coolant; cooling air
冷却空气进入口 cooling air intake
冷却空气流 cooling air current
冷却空气温度 cooling air temperature
冷却空气循环 cooling air circulation
冷却孔道 coolant passage
冷却廊道 cooling tunnel
冷却肋片 cooling fin; cooling rib
冷却冷凝器 cooler condenser; cooling condenser
冷却历程 cooling history
冷却帘格 cooling-down grid
冷却裂纹 cooling crack
冷却溜盘 cooling disc[disk]
冷却流槽 cooling launder
冷却率测定仪 coolometer
冷却率温度计 catathermometer
冷却螺管 cooling coil; cooling spiral
冷却脉塞 cooled maser
冷却面 cooling surface; heat-absorbent surface; refrigeration surface
冷却面积 area of cooling surface; cooling(-off) area
冷却面温度 cold boundary temperature
冷却灭火 extinguishing by cooling
冷却模数 cooling modulus
冷却能力 cooling capacity; cooling power; refrigerating capacity
冷却凝析 cooling liquation
冷却盘 cooler pan
冷却盘管 cold coil; coolant coil; cooling coil; cooling coil(ed) pipe; cooling worm; refrigerating coil; spiral coil cooling tube; tempering coil
冷却盘管段 cooling coil section
冷却盘管选择 cooling coil selection
冷却盘管组 cooling battery
冷却喷洒水 cooling spray
冷却喷嘴 cooling jet; cooling nozzle
冷却片 cooling element
冷却平板 cooling plate
冷却铺法 cold-laid method
冷却气 cool gas
冷却气流 cooling blast
冷却气体塔 quenching tower
冷却器 chiller; congealer; cooler (body); cooling apparatus; cooling tower; cooling unit; freezer; heat-exchanger; radiator; refrigeratory
冷却器保养 cooling service
冷却器钉 cooler nail
冷却器管 cooler tube
冷却器净制冷量 cooler refrigerating net capacity
冷却器盘 chiller tray; cooler pan
冷却器入口 cooler inlet
冷却器外壳 cooler casing
冷却器洗涤剂 radiator cleaner
冷却器效率 cooler efficiency
冷却器性能 cooler performance
冷却器装置 cooler installation
冷却强度 intensity of cooling
冷却区 cooling block; cooling(-off) zone; cooling section; cooling space
冷却曲线 cooling curve; cooling-off curve; cooling program(me); freezing curve
冷却圈 cooling ring
冷却热 heat of cooling
冷却容量 cooling capacity
冷却散热片 cold sink
冷却蛇形管 cooling coil; cooling worm
冷却设备 chilling unit; cooling apparatus; cooling device; cooling equipment; cooling facility; cooling installation; cooling plant
冷却设备系统 cooling equipment system
冷却时间 cool(ing)(-down) time
冷却食物储藏室 chilled food storage room
冷却史 cooling history
冷却式发动机 cooled motor
冷却式露点温度计 cooling dew point thermometer
冷却式透平 cooled turbine
冷却式叶片 cooling blade
冷却式转子 cooled rotor
冷却试验 chill test; cooling test; pull-down test; refrigeration test
冷却室 cooling chamber; cooling room
冷却收缩 cooling shrinkage; temperature shrinkage
冷却竖管 cooling stack
冷却水 chilled water; circulating water; cooled water; cooling water; jacket water; quenching water; water coolant
冷却水包 cooling dam; dam cooler; overhead cooler; cooler < 平板玻璃平拉法 >
冷却水包封闭 cooler seal
冷却水泵 cooling water pump
冷却水泵房 cooling water pumping plant
冷却水泵控制箱 control box for cooling water pump
冷却水泵流量 coolant pump flow
冷却水泵站 cooling water pumping station
冷却水不回收的空调设备 unconserved air conditioning plant
冷却水槽 bosh; cooling basin; water bosh
冷却水厂 cooling water plant
冷却水池 cooling pond; cooling water tank
冷却水出口 cooling water outlet
冷却水出口温度 chilling water outlet temperature
冷却水储存库 chilled water storage
冷却水处理 cooling water treatment
冷却水带走的热损失 jacket heat loss
冷却水导向管 water director
冷却水防冻炉 cooling water heater
冷却水供应 chilled water supply; cooling water supply
冷却水供应系统 cooling water supply system
冷却水构筑物 structure for cooling water
冷却水管 cooling water pipe; cooling water tube
冷却水管道 cooling water piping; line for coolant
冷却水管塞 cooling plug
冷却水管系统 pipe cooling system
冷却水管线 cooling water line
冷却水耗量 consumption of cooling water
冷却水恒温器 cooling water thermostat
冷却水环流 cooling water circulation
冷却水环流管 circulating pipe for cooling water
冷却水回流 cooling water circuit
冷却水回路 chilled cooling water return; chilled water return
冷却水回水泵房 cooling water return pumping plant
冷却水回水泵站 cooling water return station
冷却水建筑物 structures for cooling water
冷却水接头 cooling water connection
冷却水结构 structures for cooling water
冷却水进出口 cooling water outlet and inlet
冷却水进口结构 cooling water intake structure
冷却水进水管 cooling water inlet pipe
冷却水流量 cooling water flow
冷却水流速 circulating water velocity
冷却水氯化 chlorination of cooling water
冷却水门 < 煤水车 > cooler cock
冷却水模型试验 cooling water model test
冷却水排出 discharge of cooling water
冷却水膨胀箱 cooling water expansion tank
冷却水歧管 water manifold
冷却水取水口 cooling water intake
冷却水入口 cooling water inlet
冷却水软管 cooling water hose
冷却水损耗 cooling water loss
冷却水塔 cooling water tank; cooling water tower
冷却水套 cooled shroud; cooling jacket; cooling water jacket; water chamber; water jacket; water jacket cooling ring
冷却水温差 cooling range
冷却水温度 cooling water temperation
冷却水温度安全停机 water temperature shut-off
冷却水温度传感器 coolant temperature sender
冷却水温度计 cooling water temperation ga(u)ge
冷却水温度指示器 water temperature indicator
冷却水温指示灯 water temperature light
冷却水系统 chilled water system; cooling water system
冷却水箱 coolant box; cooling box; cooling water tank
冷却水蓄水器 cooling water storage
冷却水循环 cooling water circulation; cooling water cycle
冷却水循环系统 cooling water circulation system
冷却水压力安全停机 water pressure shut-off
冷却水溢流箱 cooling water discharge box
冷却水用软管 hose for coolant hose
冷却水与排气量之比 water ratio
冷却水制冷方式 chilled water refrigerating[refrigeration] system
冷却水制冷系统 chilled water refrigerating[refrigeration] system
冷却水制冷装置 chilled water refrigerating[refrigeration] system
冷却水装置 chilled water unit; cooling water installation
冷却松砂机 airator; cooler blender
冷却速度 cool-down rate; cooling rate; cooling speed; cooling velocity; rate of cooling; speed of cooling
冷却速度试验器 quenchometer
冷却速率 cool-down rate; cooling-off rate; cooling rate; cooling speed; rate of cooling
冷却隧道 cooling tunnel
冷却损伤 chilling injury
冷却损失 cooling(-off) loss
冷却塔 chimney cooler; cooling column; cooling stack; cooling tower; quenching tower; tower cooler; water-cooling tower
冷却塔的方位 orientation of cooling tower
冷却塔的扬程 tower pumping head
冷却塔底盘 cooling tower saucer
冷却塔回水 cooling tower return
冷却塔控制箱 control box for cooling tower
冷却塔配水竖井 vertical well of water distribution
冷却塔配水系统 cooling tower distribution system
冷却塔式凝汽器 cooling tower condenser
冷却塘 cooling pond
冷却套 coolant jacket; cooling-down jacket; cooling jacket
冷却套管 cooling collar; radiating collar
冷却套冷却 jacket type cooling
冷却套容积 cooling jacket capacity
冷却调节器 cooler regulator
冷却停机 cooling shutdown
冷却通道 cooling channel; cooling duct
冷却通风 cooling blast; cooling channel; cooling draft
冷却通风系统 cooling fan installation; quenching system
冷却通风装置 cooling fan installation
冷却筒 cooler drum
冷却微波激射器 cooled maser
冷却温差 cooling range
冷却温度 cooling temperature
冷却温度表 < 低温的 > katathermometer[catathermometer]
冷却温度极限 limit of cooling temperature
冷却温度计 < 低温的 > katathermometer[catathermometer]
冷却温降 cooling range
冷却无缝管 weldless drawn pipe[piping]; weldless drawn tube[tubing]
冷却物 refrigerant
冷却吸收器 cooling absorber
冷却系恒温器 radiator thermostat
冷却系数 cooling-off coefficient
冷却系统 coolant system; cooling system; refrigerating system; refrigera-

tion system; coolant passage
冷却系统布置图 cooling arrangement
冷却系统的大气效应 atmospheric effect of cooling system
冷却系统能力 cooling system capacity
冷却系统容量 cooling system capacity
冷却系统设计 heat-sink design
冷却系统试验 cooling test
冷却系统优化因素 cooling system optimization factor
冷却系统阻力 cooling system drag
冷却下来 cool(ing)-down
冷却限度 cooling limit
冷却箱 cooler bin; cooler housing; cooling box; cooling tank
冷却效果 cooling performance
冷却效率 cooling efficiency
冷却效应 chilling effect; cooling (-down) effect
冷却型光电管 cooled photocell
冷却型架 cooling fixture
冷却修正 cooling correction
冷却旋管 cooling coil
冷却旋流器 cooling cyclone
冷却循环 cooling circuit; cooling circulation; cooling cycle
冷却循环水 cooling circulating water
冷却烟道 cooling stack
冷却叶片 cooling fin
冷却液 cold fluid; cold liquid; coolant; coolant liquid; cooling fluid; cooling liquid; liquid coolant; refrigerating fluid
冷却液泵 coolant pump
冷却液泵电动机 coolant pump motor
冷却液泵流量 coolant pump flow
冷却液出口管 coolant outlet
冷却液储存器 coolant reservoir
冷却液储存箱 coolant storage tank
冷却液分离器 coolant separator
冷却液供给设备 coolant supplying equipment
冷却液管 coolant tube
冷却液管道 line for coolant
冷却液加热器 coolant heater
冷却液加压法 coolant pressurizing method
冷却液接口 coolant connection
冷却液净化器 coolant cleaner
冷却液冷冻组合装置 coolant refrigerating units
冷却液流 cooling spray
冷却液流量 coolant flow
冷却液流体 coolant fluid
冷却液清净器 coolant separator
冷却液软管 cooling hose
冷却液输送管线 refrigeration pipeline
冷却液铁屑分离器 coolant separator
冷却液通道 cooling passage
冷却液温度 coolant temperature
冷却液温度表 coolant temperature ga(u)ge
冷却液温度传感器 coolant temperature sender
冷却液系统 cooling fluid loop
冷却液箱 tank for coolant
冷却液消化率 rate of expense of cooling liquid
冷却液循环装置 coolant circulation unit
冷却液压力 coolant pressure
冷却液用软管 hose for coolant hose
冷却液浴 coolant
冷却液装置 coolant apparatus
冷却应变 cool(ing) strain
冷却应力 cooler stress; cooling stress
冷却硬化 hardening by cooling
冷却用海水 sea for cooling
冷却用空气 tempering air
冷却用水槽 bosh
冷却用水水质标准 quality standard of cooling water
冷却油 cold oil; coolant oil
冷却油泵 cooling oil pump
冷却油回流 cold oil return
冷却余风 exhaust from cooler
冷却鱼鳞板 cooling baffle
冷却与供热热泵 cooling and heating heat pump
冷却元件 cooling element
冷却元件辐射计 cooled cell radiometer
冷却圆筒 cooling drum
冷却源 cooling source
冷却运输机 cooling conveyer [conveyor]
冷却运行方式 cooling-down operation
冷却噪声 cooling noise
冷却蒸气 cooling vapo(u)r
冷却制度 cooling schedule
冷却质 cooling medium
冷却周期 cooling(-off) cycle; cooling (-off) period; standing-off period
冷却转鼓 cooler drum
冷却装置 chiller; chilling unit; condensator; coolant mechanism; cooler; cooling apparatus; cooling device; cooling facility; cooling fixture; cooling means; cooling plant; cooling unit; refrigeration plant
冷却装置接头 cooling connector; cooling coupling
冷却状态 state of cooling
冷却锥体 cooling cone
冷却作用 chilling effect; cooling effect
冷热槽法 <木材处理的> open tank treatment
冷热调和水 mixing water
冷热分管终端混合箱 <空调> cual-duct terminal unit
冷热负载噪声源 cooled and thermal load noise generator
冷热交变试验 temperature cycling test
冷热交换 regenerative heating/cooling
冷热浸渍 <木材防腐处理的> hot and cold steeping
冷热两用拌和设备 combination hot or cold mix plant
冷热两用台 heating-freezing stage
冷热气界面 frontal surface
冷热切换盘管 heating/cooling changeover coil
冷热水管混合器 hot and cold water mixer
冷热水管系统 hot and cold water system
冷热水混合阀 water mixing valve
冷热水混合龙头 centerest sink faucets; combination faucet; mixed faucet; mixing faucet
冷热水混水器 hot and cold water mixer
冷热水浸渍试验 hot and cold water immersion test
冷热水调和箱 mixing tank
冷热水系统 hot and cold water system
冷热水异重流模型 hydrothermal model
冷热水装置 plumbing unit
冷热台 cold heat stage
冷热因素 <室内环境的> thermal factor
冷热指标 <人体感觉的> thermal index
冷溶 cold cut
冷溶清漆 cold cut varnish
冷熔 cold heat; sloppy heat
冷熔炼 cold heat
冷乳化 <沥青> cold emulsion
冷乳胶 cold emulsion
冷乳液 cold emulsion
冷乳液手提喷洒器 cold emulsion hand sprayer
冷软水法 cold softening process
冷塞 shut(up)
冷色 cold colo(u)r; cool colo(u)r; negative colo(u)r
冷色的 cold; cool
冷色调 cool tone
冷色料 cold colo(u)rs
冷杉 fir (tree); prince albert fir; white balsam
冷杉木 fir wood
冷杉木制的 firry
冷杉球果形密封垫 fir cone gasket
冷杉属 fir; Abies <拉>
冷杉树脂胶 Canada balsam
冷杉叶油 fir needle oil; fir oil
冷杉油 abies oil
冷舌 cold tongue
冷射流 cold jet; cooling jet
冷生铁 cold pigiron
冷施工 cold application
冷施工屋面 cold process roofing
冷湿敷 cold wet compress
冷湿坡 mesocline
冷石灰苏打法 cold lime-soda process
冷石灰中和作用 cold lime neutralization
冷时间间隙 cold clearance
冷实验室 <无放射性实验室> cold laboratory
冷食部 cold drink and snack counter
冷式厂拌 <沥青混合料> cold plant-mix type
冷式火花塞 cold plug
冷式路面铣刨机 cold milling machine
冷式压铸机 cold chamber die-casting machine
冷试验 cold testing
冷室 cold house
冷室火花塞 cold plug
冷室内试验 cold room test
冷室压铸 cold chamber die casting
冷室压铸机 cold chamber die-casting machine; cold chamber machine
冷适应 acclimatization to cold; adaptation to cold
冷适应性 cold acclimatization
冷霜 cold cream
冷水 aqua frigida; cold water; cooling water
冷水泵 chilled water pump; water supply pump
冷水泵房 cold water pumping house
冷水壁 cold wall
冷水表 cold water meter
冷水补给管 cold feed pipe
冷水槽 cold water cistern
冷水层 hypolimnion
冷水池 cold water basin; cold water tank
冷水供给 cold water supply
冷水供应 cold water feed; cold water supply
冷水供应设施 cold water service
冷水供应箱 cold water feed tank
冷水管 cold water pipe
冷水耗用量 cold water consumption
冷水环流 cooling water circulation
冷水机组 water chiller; water chilling unit
冷水进口 cooling water inlet
冷水进水管 cold feed pipe
冷水浸渍法(水泥)安定性试验 soundness test by immersion in cold water
冷水冷却 hydrocooling
冷水冷却器 chilled water cooler
冷水淋浴 cold shower
冷水龙头 cold tap; cold water tap
冷水栖居者 cool water dweller
冷水气味 odo(u)r of low temperature
冷水器 water chiller; water-cooler
冷水清洗 cold water rinse
冷水色漆 cold water paint
冷水升压试验 cold pressor test
冷水式系统 chilled water system
冷水输送管线 cold water feeding line
冷水塔 cooling column; cooling tower; trickling cooling plant
冷水涂料 cold water paint
冷水温度表 cold water thermometer
冷水系统 cold water system
冷水箱 cold water storage cistern; cold water tank
冷水性鱼 cold water fish
冷水性指示种 cold water indicator
冷水循环 cold water circuit
冷水循环式冷冻系统 circulating chilled water refrigeration system
冷水循环式制冷系统 chilled water refrigerating[refrigeration] system
冷水压力管 cold water pressure pipe
冷水有孔虫丰度 abundance of cold-water foraminifera
冷水有孔虫与暖水有孔虫相对丰度 relative abundance of foram in warm water and foram in cold water
冷水浴 cold bath; cooling bath; psychrolusia
冷水浴池 piscina
冷水浴室 <古罗马> frigidarium
冷水中心 cooling center[centre]
冷水总管 cold water main
冷送风 cold draft
冷塑 chili moulding; cold mo(u)lding
冷塑化 cold set(ting)
冷塑加工 cold flow
冷塑性 cold plasticity
冷塑性变形 cold plastic deformation
冷塑性(船底)防污漆 cold plastic anti-fouling paint
冷塑性(船底)漆 cold plastic paint
冷塑性基料 cold plastic matrix
冷酸器 acid cooler
冷碎强度 cold crushing strength
冷损耗 cold loss
冷缩成型 shrink-forming
冷缩缝 cold joint
冷缩管接头 shrunk joint
冷缩节理 cooling crack; cooling joint
冷缩口机 cold reducing machine
冷缩裂缝 cold short; cooling ca(u)lking; cooling fissure
冷缩论 contraction theory
冷缩配合 contraction fit; shrink(-on) fit; shrunk fit; shrinkage fit(ting)
冷缩配合构件 shrink member
冷缩配合环座 shrunk-on ring carrier
冷缩说 cooling system; shrinkage theory
冷缩装配 cold shrink fitting; shrink fit; shrinking on
冷台 cold stage
冷态 cold clean criticality; cold condition
冷态备用机组 cold reserve
冷态常数 cold constant
冷态电阻 cold resistance
冷态检修 cold repair
冷态拉紧 <补偿器的> pull-up cold

冷态模化 cold model

冷态模型试验 cold model test

冷态频率 cold frequency

冷态起动 cold start

冷态气体管道 cold gas duct

冷态强度 cold strength

冷态容量 cold capacity

冷态试验 cold test

冷态位置 cold position

冷态温度 cold state temperature

冷态再启动 cold restart

冷搪瓷 cold enamel

冷提炼方法 cold extraction method

冷提取 cold extraction

冷提取技术 cold extraction technique

冷天 winter

冷天保护 cold-weather protection

冷天充气压力 cold inflation pressure

冷天机械启动 cold-weather starting

冷填缝 cold ca(u)lking

冷调 cold adjusting

冷调整 cold-setting

冷贴油毡 cold-applied malthoid

冷铁 chill block;cold iron;frozen iron;iron chill

冷铁涂料 chill coating;chill wash

冷透的 stone cold

冷涂层 cold coat

冷涂底漆层 cold primer coat

冷涂饰 cold painting

冷涂(涂料) cold-applied coating

冷弯 bend cold;cold bend(ing);cold flex;low temperature flexing

冷弯边的 cold-flanged

冷弯度 cold bend(ing) grade

冷弯钢 cold-pressing quality steel

冷弯机 cold bend machine;forming mill;shaping mill

冷弯曲 cold bend(ing);cold gagging

冷弯曲试验 cold bend(ing) test

冷弯试验 cold bent test;cold flexure test;reversed bend test

冷弯试验机 cold bend testing machine

冷弯弯头 cold bend(ing);cold elbow

冷弯效应 effect of cold bending;effect of cold work

冷弯型钢 cold-formed steel;cold-rolled formed shape;cooled-rolled forming section;formed section;lightweight steel shape;mo(u)lded section;roll formed shape

冷弯性 cold flexibility

冷丸 cold-shot

冷喂料橡胶挤出机 cold feed rubber machine

冷屋面 cold roof

冷雾 cold fog;harl;haar <英国方言>

冷铣 <剥除老沥青路面一种常用方法> cold milling

冷铣机 cold milling machine

冷铣装置 cold milling equipment

冷陷阱方法 <测湿度用> cold-trap method

冷馅 cold pile

冷箱 cold box;ice chest

冷消毒 cold sterilization

冷效率 cold efficiency

冷泄流 drainage flow

冷芯盒 cold core box

冷芯盒法 cold box process

冷芯盒砂芯 cold box core

冷芯盒射芯机 cold box core blower

冷芯盒制芯机 cold box core making machine

冷型火花塞 soft plug

冷型浇注 cold cast

冷性反气旋 cold anticyclone

冷性肥料 cold manure

冷性锢囚低压【气】 cold occlusion depression

冷修 overhaul

冷修用稀释柏油 cutback road tar for cold repairs

冷修整 cold trim(ming)

冷旋工 cold-application of road material

冷旋压 cold spinning

冷穴 colded sink

冷血动物 cold blooded animal

冷循环 cold cycle

冷汛 cold spell

冷压 chill-pressing;cold compacting;cold compression;cold hammering;cold-molding;cold pressure

冷压凹凸印 cold embossing

冷压薄壁型钢 cold-formed thin-walled shape

冷压薄钢板 cold-pressed sheet steel

冷压成型 cold press mo(u)lding

冷压冲杆 cold press ram

冷压的 cold-driven;cold-pressed;cold pressured

冷压法 cold compression method;cold press method

冷压方法 cold-pressed process

冷压钢 cold-pressed steel

冷压钢板 cold-pressed steel plate

冷压焊 cold pressure welding;cold welding pressure;press cold welding

冷压机 chilling press;cold press

冷压胶合板 cold-pressed plywood

冷压胶合剂 adhesive for cold pressing

冷压接 cold weld

冷压浸渍法 infiltration process with cold pressing

冷压力加工 cold press working

冷压连接 cold pressed connection

冷压螺母 cold-pressed nut

冷压铆钉 cold-driven rivet

冷压模 cold stamping die

冷压模塑 cold mo(u)lding

冷压黏[粘]胶 glue for cold pressing

冷压坯块 cold-pressed compact

冷压树脂 cold press resin

冷压碎强度 cold crushing strength

冷压缩 cold compress

冷压性质 cold-pressing property

冷压延的 cold rolled

冷压印 cold blocking

冷压优质钢板 cold-pressing quality plate

冷压折 cold lap

冷压制 cold pressing

冷压铸造 cold chamber die casting

冷轧硬化 flow harden

冷轧 cold flattening;cold rectifying hard-rolled;cold-rolling

冷轧板材轧机 reduction mill

冷轧扁 cold flat rolling

冷轧扁钢 <长 6.5 毫米以上,宽 50 ~ 300 毫米> flat cold rolled bar

冷轧变形钢筋 cold-rolled deformation;cold-rolled deformed bar

冷轧薄板 flat cold rolled sheet;light cold rolled sheet

冷轧薄钢板 cold-reduced steel;cold-reduced (steel) sheet;cold-rolled sheet steel

冷轧材 cold-rolled section

冷轧槽钢 cold-rolled channel

冷轧产品 cold-rolled products

冷轧厂废水 cold-rolling wastewater;wastewater from cold rolling

冷轧车间 cold reducing department

冷轧成的 as-cold reduced

冷轧成型 cold-roll forming

冷轧带材 cold-rolled band;cold strip

冷轧带钢 cold-rolled steel strip;cold-rolled strip;cold (-rolled) strip steel;strip iron

冷轧带钢机 cold strip mill;cold strip steel rolling mill

冷轧带钢卷取机 cold strip reel

冷轧的 cold reduced;cold rolled;hard-rolled

冷轧的轻型钢材 light-ga(u)ge cold-formed steel member

冷轧法 cold-rolling practice

冷轧粉带 cold strip

冷轧钢 cold rolled steel;cold-rolling steel;cold-formed steel

冷轧钢板 cold-rolled plate;cold-rolled steel plate;steel plate cold rolled drawing sheet

冷轧钢材厂 cold-rolling mill

冷轧钢带 strip iron

冷轧钢废水 cold-rolling wastewater

冷轧钢管 cold-rolled steel pipe

冷轧钢筋 cold flattened steel bar;cold-rolled steel bar;steel bar cold flattening;cold worked steel reinforcement

冷轧钢梁 cold-rolled beam

冷轧钢丝 cold-drawn steel bad;cold-rolled thread

冷轧钢条 cold-rolled strip

冷轧箍钢 cold-rolled hoop

冷轧管 rocked tube

冷轧硅钢板 cold-rolled silicon iron

冷轧辊 cold roll

冷轧辊颈润滑脂 cold neck grease

冷轧机 cold calender;cold mill;cold reduction mill;cold roll;cold-rolling mill

冷轧机精轧机(座) cold finisher

冷轧金属 cold-rolled metal

冷轧金属(钢)板 cold-rolled sheet metal

冷轧螺纹 cold-rolled thread

冷轧螺纹钢筋 thread bar

冷轧轻钢 light-ga(u)ge cold-formed steel member

冷轧润滑油 cold-rolling oil;rolling oil

冷轧弹簧碳钢 cold-rolled carbon spring steel

冷轧涂层钢板 coated cold rolled flat products

冷轧型材 cold-rolled section

冷轧型钢 cold-formed shape;cold-rolled forming section;cold-rolled steel section

冷轧性 cold-rolling property

冷轧压缩 cold-rolling reduction

冷轧异形钢筋 cold-worked deformed steel bar

冷轧轧辊 roll for cold rolling

冷轧窄钢条 cold-rolled narrow strip

冷轧竹节钢筋 cold-rolled ribbed steel bar

冷烟囱 cold chimney

冷烟室 air housing;backend chamber;feed end hood;feed end housing

冷焰光 chemiluminescence

冷养护材料 cold-curing material

冷养护漆 cold-cured paint

冷养护树脂 cold-cured resin

冷养护涂料 cold-cured paint

冷养黏[粘]合剂 cold-curing adhesive

冷养树脂 cold curing resin

冷窑 cold kiln

冷窑运行 running the kiln till cold

冷窑运转 running the kiln till cold

冷液泵 condenser pump

冷液蛇形管 coolant coil

冷阴极 cold cathode

冷阴极充气二极管 cold cathode gas diode;taktron

冷阴极充气管 tactron

冷阴极磁控管真空计 cold cathode magnetron ga(u)ge

冷阴极灯 cold cathode lamp

冷阴极电离真空计 cold cathode ionization ga(u)ge

冷阴极电位 cold post potential

冷阴极电子管 cold cathode lamp;cold cathode tube

冷阴极发射 cold cathode emission

冷阴极放射 cold emission

冷阴极管 arcatron;cold cathode tube

冷阴极极隧射线管 cold cathode canal ray tube

冷阴极计数管 cold cathode counter tube;cold cathode counting tube

冷阴极离子泵 cold cathode ion pump

冷阴极离子源 cold cathode ion source

冷阴极脉冲 febetron

冷阴极脉冲 X 射线管 fexitron

冷阴极真空计 cold cathode ga(u)ge

冷阴极整流管 cold cathode rectifier

冷阴极指示管 cold cathode indicator tube

冷引导 cold bootstrap

冷饮店 <兼作药房的> spa

冷饮柜 ice cream cabinet;soda fountain

冷饮室 ice cream parlo(u)r

冷饮水喷泉 cold drinking water fountain

冷饮水器 water-cooling cabinet

冷饮摊 soda fountain

冷应变 cold strain

冷应力 cold stress

冷硬 chill(ing)

冷硬表面 corrugated surface

冷硬弹头 chilled iron shot

冷硬点 chilled spot

冷硬法 chill hardening

冷硬化 cold-setting

冷硬加工 chilled work

冷硬孔型轧辊 chill-pass roll

冷硬黏[粘]结剂 no bake binder

冷硬镍铸铁轧辊 nickel alloy chill roll

冷硬球墨铸铁轧辊 magnesium chilled iron roll

冷硬深度 chilled depth;depth of chill

冷硬树脂 cold-set resin

冷硬铁 chilled iron

冷硬丸粒 chilled iron shot;chilled shot

冷硬轧槽(铸造)轧辊 chill-pass roll

冷硬轧辊 chill(ed) roll

冷硬铸钢 chilled cast steel

冷硬铸件 chill(ed) cast(ing)

冷硬铸模 chill mo(u)ld

冷硬铸铁 chilled cast iron;cooling hardness cast-iron;hard iron

冷硬铸铁车轮 chilled iron wheel

冷硬铸铁犁壁 chilled cast iron mo(u)ld board

冷硬铸铁犁铧 chill cast share

冷硬铸铁犁体 chilled bottom

冷硬铸铁砂混凝土 chilled cast iron shot concrete

冷硬铸铁丸 chilled iron shot

冷硬铸铁小前犁 chilled skim

冷硬铸铁轧辊 chilled cast iron roll;chilled iron roll

冷硬铸造 cast in chilling;chilled casting;case-hardened casting

冷硬铸造轧辊 chill roll

冷用 cold application

冷用的 cold-applied

冷用地板胶 cold-type floor mastic

冷用地板玛琋脂 cold-type floor mastic

冷用法 cold process
冷用焦油沥青 cold(-application) tar
冷用接蜡 cold mastic wax
冷用拉砂浆 cold asphaltic-bitumen mortar
冷用沥青 cold asphalt
冷用沥青乳液 cold asphalt emulsion; cold asphaltic-bitumen emulsion
冷用密封材料 cold application sealer
冷用密封合成物 cold application composition
冷用黏[粘]带 cold-applied tape
冷用黏[粘]结剂 cold adhesive
冷用黏[粘]结剂复合物 cold adhesive compound
冷用黏[粘]结剂组成 cold adhesive composition
冷用石棉油毡 cold application asbestos felt
冷用填缝材料 cold application sealer
冷用填缝合成物 cold application composition
冷用杂酚油 cold application creosote; liquid cold-tar creosote
冷油 cold oil
冷油器 oil cooler
冷油器套 oil cooler jacket
冷油器通风片 oil cooler flap
冷油器芯子 oil cooler core
冷油散热器 oil cooling radiator
冷釉 cold glaze
冷原子吸收法 cold atomic absorption method
冷原子吸收分光光度法 cold atomic absorption spectrophotometry
冷原子荧光测录仪 cold atomic fluorescence spectrometry mercury analyser[analyzer]
冷原子荧光法 cold atomic fluorometric method
冷圆锯 cold circular saw
冷源 cold source; heat sink; low-temperature level; low-temperature receiver; source of cold; thermal sink
冷源温度 sink temperature
冷运行 cold operation
冷再热点 <汽轮机中间再热抽汽点> cold reheat admission
冷再生 cold recycling
冷凿 cold cut; cold chisel; cold cutter <冷作用凿子>
冷榨 cold pressing
冷榨去蜡油 pressed distillate
冷榨油 cold-pressed oil
冷黏[粘]胶 cold glue
冷胀合金 expanded metal
冷折叠 teeming arrest
冷蒸气原子荧光测录仪 cold vapo(u)r atomic fluorescence spectrometry mercury analyser[analyzer]
冷蒸汽法 cold vapo(u)r method
冷直 cold straightening
冷指 cold finger
冷制产品 cold production
冷制水 chilled water
冷致发光 cryoluminescence
冷轴碳钢 cold-rolled carbon steel
冷珠 cold-shot; drops
冷铸 chill(ed) moulding; chill(ed) cast(ing); cold mo(u)lding
冷铸车轮制造业协会 Association of Manufacturers of Chilled Wheels
冷铸钢粒 adamantine
冷铸轮 chilled iron wheel
冷铸轮剥落 chippings of chilled car wheel
冷铸锚具 chill casting anchorage
冷铸生铁轮 chilled iron wheel
冷铸型 chill mo(u)ld
冷装废钢法 cold scrap process
冷装料 cold charge; cold stock
冷装炉(钢)锭 cold charged ingot
冷装窑 furnace charge; furnace fill
冷锥密封结构 cold cone closure
冷子管 cryotron[kryotron]
冷子管低温闸门 cryotron[kryotron] gate
冷自举 cold bootstrap
冷阻管 cryosixtor
冷阻抗 cold impedance
冷作 cold forming; cold work(ing)
冷作变形钢筋 cold worked deformed bar
冷作的 cold-worked
冷作钢 cold-formed steel; cold-worked steel; cold working steel
冷作钢构件 cold formed member
冷作钢筋 cold-worked steel reinforcement
冷作工(人) sheet-metal worker; plater
冷作桁条 cold-formed truss purlin(e)
冷作加工 work hardening
冷作路面磨平机 cold planing machine
冷作模具合金钢 alloy cold-die steel
冷作强化 strengthened by cold working
冷作切割 cold cut
冷作时效 over-strain ag(e)ing
冷作业 cold cutter
冷作业区 cold operation area
冷作业屋面做法 cold process roofing
冷作硬化 cold harden(ing); cold work hardening; hammer harden; strain-hardening; work hardening
冷作用具 cold set
冷作凿 cold cutter

厘 <千分之一美元，只用于统计> mill

厘巴 <气压测量单位，1 厘巴 = 1/100 巴>【物】centibar
厘泊 <动力黏[粘]度单位> centipoise
厘规 centinormal
厘弧度 centrad
厘金 likin
厘克 centigram(me)
厘克当量 centival
厘克法 centigram method
厘米 centimeter[centrimetre]
厘米波 centimeter[centimetre] wave; centimetric wave
厘米波测高计 centimeter[centimetre] height finder
厘米波长 centimeter[centimetre] wavelength
厘米波段 super-high frequency band
厘米波辐射 centimetric emission
厘米波功率振荡管 stabilotron
厘米超天体 centimeter-excess object
厘米倒数 reciprocal centimetre[centimeter]
厘米克秒单位 centimeter-gram-second unit
厘米克秒单位制 centimeter-gram-second unit system
厘米克秒静电制单位 statunit
厘米克秒制 centimeter-gram-second system
厘米克秒制单位 centimeter-gram-second system unit
厘米每秒 centimeter[centimetre] per second
厘米烛光 <照度单位> phot
厘亩 cent(i)are
厘升 centiliter[centilitre]
厘斯(坦) <力单位，1 厘斯(坦) = 10 牛顿> centisthene
厘斯·(托克) <动力黏[粘]度单位> centistoke

梨花形饰 pear drop

梨木 pear tree; pear wood
梨皮纹釉 pear peel glaze
梨式给料器 plough feeder
梨式混凝土拌和机 pear shaped concrete mixer
梨式卸料器 plow tripper
梨属【植】pear; Pyrus <拉>
梨树 pear; pear tree
梨小铁圈 <钢丝绳头的> thimble
梨形 pyriform; shaped like a pear
梨形坝 pear-shaped dam
梨形拌和筒 pear-shaped mixing drum
梨形宝石 pendeloque
梨形玻璃垂饰 <枝形吊灯的> pendeloque
梨形槽 dew drop slot; peariform slot
梨形堤 pear-shaped dyke[dike]
梨形丁坝 pear-ended spur dyke[dike]
梨形舵 rudder with bulb
梨形搅拌机 bowl type mixer
梨形拉线开关 pear-switch
梨形零速度线 pear-shaped curves of zero velocity
梨形轮廓 pear-shaped profile
梨形耙刮机 plough-type raking machine
梨形穹隆 pear-shaped dome
梨形体 aploid
梨形铁水罐 Kling-type ladle
梨形挖沟机 plough-type ditcher
梨形物 pear
梨形洗涤器 pear-shaped syringes
梨形洗涤球 shape syringe pear
梨形铣刀 pear-shaped cutter
梨形线脚 pear-shaped mo(u)lding
梨形卸料器 plow scraper
梨形心 pear-shaped heart
梨形轴 pear-shaped shaft
梨形柱身 pear-shaped shaft
梨形自锚头 pear-shaped self anchoring end
梨形纵断面 pear-shaped profile
梨油 pear oil
梨质纲 Piroplasmea
梨状的 pyriform
梨状孔 pyriform aperture
梨状深红宝石 ruby boule

离岸 off land

离岸泊位 offshore berth; island berth
离岸不很远的位置 offing
离岸岛式泊位 offshore island-type berth
离岸岛式防波堤 offshore island-type breakwater
离岸岛式码头 offshore island-type berth; offshore island-type terminal
离岸岛屿 offshore island
离岸的 offshore
离岸的水下沙洲 offshore bar
离岸堤 detached breakwater
离岸防波堤 detached breakwater; offshore breakwater
离岸风 offset wind; offshore breeze; offshore wind
离岸浮船坞 offshore floating dock
离岸浮游生物 uferflucht
离岸港 offshore port
离岸工程 offshore engineering
离岸海岛港 offshore island port
离岸回流 undercurrent
离岸基金 offshore fund
离岸急流 sea push; rip current; rip surf; rip tide
离岸加运费价格 cost and freight
离岸价包括理舱费 free on board stowed
离岸价不包括理舱费 free on board unstowed
离岸价格 free on board
离岸价格生产地定价法 free on board point-of-production pricing
离岸价加运费 cost and freight
离岸建筑物 offshore structure
离岸建筑物外部大气层带 external atmospheric zone
离岸建筑物外部水下部分 external submerged zone
离岸礁(石) offshore reef
离岸结构(物) offshore structure
离岸金融中心 offshore financial center[centre]
离岸净空 bank clearance
离岸距离 bank clearance; bank distance; offshore distance
离岸控股保险公司 offshore captive insurance company
离岸宽度 bank clearance
离岸力 stand-off force
离岸流 offshore current; outset; ripe current; undertow; undertow current
离岸流水道 rip current channel
离岸流头 rip head
离岸码头 offshore terminal; jetty head; offshore pier
离岸码头与岸联系通道的端部结构 jetty head
离岸锚碇 offshore mooring
离岸排放垃圾区 offshore dumping area
离岸潜堤 offshore sill
离岸区 offshore area; offshore zone
离岸入海的污水排水口 offshore sewage outfall
离岸沙坝 epi
离岸沙埂 barrier beach
离岸沙洲 barrier bar; barrier beach; offshore bar; outlying sands; barrier island; bar beach
离岸沙洲形成过程 barred beach sequence
离岸珊瑚礁埂 barrier reef
离岸深水泊位 offshore deep-water berth
离岸深水码头 offshore deep-water terminal
离岸石油平台 offshore platform
离岸驶去 stand-off
离岸式浮(船)坞 offshore(floating) dock
离岸式码头 offshore quay; offshore terminal; offshore wharf; detached pier
离岸输沙 offshore sediment transport
离岸水工建筑物 offshore marine structure; offshore maritime structure
离岸水流运动 offshore water movement
离岸水域 offshore waters
离岸台地 offshore terrace
离岸台地的向海斜坡 offshore slope
离岸停泊 dolphin berth; offshore mooring
离岸土力学 offshore soil mechanics
离岸位置 offshore position
离岸相 offshore facies
离岸向海上行驶 stand out
离岸卸油浮筒 offshore oil-unloading

buoy
离岸业务金融中心 offshore center [centre]; offshore financial center [centre]
离岸银行 offshore bank
离岸银行单位 offshore banking unit
离岸银行业务 offshore banking transaction
离岸油轮泊位 offshore tanker berth
离岸油轮码头 offshore tanker terminal
离岸运动 offshore movement
离岸障碍物 outlying danger
离岸重量 shipping weight
离岸重量或质量 shipping weight/quality
离壁(式)衬砌 separate(d) lining
离泊 unberthing
离泊角度 angle of ship departure
离层 abscission layer; delamination; separation layer
离差 deviation; variance
离差测定 measures of dispersion
离差常数 constant of dispersion
离差的度量 measure of dispersion
离差的绝对度量 absolute measure of dispersion
离差的原点 origin of deviation
离差度 dispersion
离差法 method of deviation
离差分析 analysis of dispersion
离差积和 deviation product sums
离差量 amount of deviation; amount of dispersion
离差平方和 sum of squares of deviations
离差系数 coefficient of deviation; coefficient of dispersion; coefficient of variation
离差指数 index of dispersion
离厂价 FOB [free on board] factory price
离场爬升速度 climb-out speed
离窗卷帘 hook-out blind
离窗遮帘 hook-out blind
离带观测 off-band observation
离地 lift-off
离地高度 above ground level; clearance height; terrace clearance; terrain clearance; ground clearance
离地间隙 ground clearance
离地间隙测定 ground clearance measurement
离地间隙尺寸 ground clearance dimension
离地净高 <路面至车架最低点的净距> ground clearance; terrace clearance; terrain clearance
离地净空 ground clearance; terrace clearance; terrain clearance
离地距离 ground clearance; terrace clearance; terrain clearance
离地运动 <如气垫列车> off-the-road locomotion
离地张拉压力 <预应力混凝土构件> lift-off pressure
离地张力 <预应力混凝土构件> lift-off pressure
离调电容器 detuning capacitor
离顶空间 free head room
离陡岸 clearing from steep shore
离堆山 cut-off meander spur; cut-off spur; meander core; rock island
离队 dequeue; reneging
离伐 isolation; severance felling
离缝 gap; open joint
离缝接合 open joint
离缝组合 spaced columns
离浮筒 cast off buoy; unmoor
离港 departure; off harbo(u)r; proceed out of harbo(u)r; put forth
离港呈报 departure declaration
离港吃水 departure draft; leaving draft
离港船 outgoing steamer
离港的道路 outward-bound road
离港货物 outbound cargo
离港誓言 path on departure
离港证明书 certificate of departure port
离宫 detached palace
离钩 off-hook
离钩业务 off-hook service
离管薄壁组织 apotracheal parenchyma
离光束轴散射 off beam axis scattering
离海岸远的 mediterranean
离海的 off-sea
离海风 off-sea wind; offshore wind
离海回流 undertow
离合 on-off
离合棒条筛 drop-bar grizzly
离合测量 on-off measurement
离合点 clutch point
离合点燃系统 make-and-break igniting system
离合电磁铁 clutch magnet
离合垫片 gag
离合发火系统 <内燃机> make-and-break igniting system
离合阀 on-off valve
离合杆 clutch; clutch yoke; engaging lever; return bar; tripping lever
离合杆滚轮 trip roller
离合杆簧 set spring
离合控制 on-off control
离合联轴节 clutch coupling; cogwheel coupling; disengaging coupling
离合面 interface
离合钮 clutch knob
离合皮带轮 clutch pulley
离合片 clutch plate
离合器 clutch; clutch coupling; coupling
离合器拔叉 clutch shifter; clutch slipper yoke
离合器拔叉和凹槽 clutch prongs and slots
离合器保险(装置) clutch lock
离合器被动片制动器 clutch brake
离合器本体 clutch body
离合器变速箱传动轴 jackshaft
离合器拨叉 clutch yoke
离合器操纵 clutch control
离合器操纵杆 clutch control lever; clutch control rod; clutch lever; clutch operating lever; coupling lever
离合器操纵杆系 clutch linkage
离合器操纵机构 clutch operating device; control system of clutch
离合器操纵联杆 clutch linkage
离合器操纵增强器 clutch control booster
离合器操纵轴 clutch operating shaft
离合器操纵轴承 declutch bearing
离合器操纵轴杆 clutch operating shaft lever
离合器叉 clutch fork; disengaging fork
离合器颤动 clutch judder
离合器衬片 clutch(disc) facing; clutch liner
离合器齿轮 clutch gear
离合器齿轮操作杆 clutch and pinion operating lever
离合器传动 clutch-type transmission
离合器传动片 clutch driving strap
离合器传动压气机 clutch driven compressor
离合器传动压缩机 clutch driven compressor
离合器传动轴凸缘 clutch driving shaft flange
离合器从动盘 clutch driven plate; clutch spider
离合器从动盘毂 clutch spider hub
离合器从动片 clutch driven plate
离合器打滑 clutch slip; slipping of clutch
离合器挡板 clutch back plate
离合器导向轴承 clutch pilot bearing
离合器的滑动 slipping of clutch
离合器的液压回路 clutch-circuit
离合器底壳 clutch housing under pan
离合器电磁铁 clutch magnet
离合器垫片 clutch facing
离合器对中 clutch alignment
离合器放松叉套 clutch release fork sleeve
离合器放松杆弹簧 clutch release lever spring
离合器放松杆销 clutch release lever pin
离合器放松轴承套 clutch release bearing sleeve
离合器分离 breaking of coupling; clutch out; declutch
离合器分离叉 clutch release fork; clutch shifter; clutch throwout yoke; yoke assembly
离合器分离叉杆 clutch release fork lever
离合器分离叉调整螺栓 clutch yoke bolt
离合器分离杆 (clutch) release lever
离合器分离活塞 release piston
离合器分离机构 clutch linkage
离合器分离拉杆 clutch release rod
离合器分离器 clutch yoke
离合器分离弹簧 release spring of clutch
离合器分离套 clutch release sleeve
离合器分离推力轴承 clutch thrust bearing
离合器分离轴承 clutch release bearing; clutch throwout bearing; release bearing of clutch; throw-out bearing
离合器分离轴承座 clutch release bearing carrier
离合器盖 clutch back plate; clutch case
离合器(杠)杆 coupling lever; clutch lever
离合器隔膜弹簧 clutch diaphragm spring
离合器滚柱轴承 clutch roller bearing
离合器滑动环箍 clutch shifter collar
离合器滑转量 clutch slippage
离合器缓冲装置 clutch cushion
离合器活动环箍 shift collar
离合器活塞 clutch piston
离合器机构 clutch mechanism
离合器脚踏杆 clutch foot lever
离合器脚踏杆衬套 clutch foot lever bushing
离合器脚踏杆座 clutch foot lever bracket
离合器接合 clutch engaging; clutch locking
离合器接合螺丝 clutch engagement screw
离合器结合杆 clutch rod; clutch shifter
离合器开关杆 uncoupling lever
离合器空气罐 clutch air tank
离合器控制 clutch control
离合器控制的传动装置 independent clutch controlled drive
离合器控制杆 clutch control lever; clutch control rod; clutch operating rod
离合器拉杆 clutch pull rod; clutch tie rod
离合器离合 clutch on-off
离合器联动装置 clutch linkage
离合器链轮 clutch sprocket; clutch sprocket wheel
离合器螺栓 clutch bolt
离合器面片铆钉 clutch facing rivets
离合器摩擦衬(面) clutch facing; clutch lining
离合器摩擦弹簧 clutch friction spring
离合器摩擦块 clutch block
离合器摩擦片 clutch disc [disk]; clutch lining; clutch plate
离合器摩擦圈 clutch spreader
离合器啮合 clutch engagement screw
离合器啮合点 clutch point
离合器钮 clutch knob
离合器盘 clamping disc [disk]; clutch cushion; clutch disc [disk]; clutch plate
离合器盘扭转弹簧 clutch disc [disk] torsion spring
离合器盘形摩擦片 clutch disc[disk]
离合器盘压力 clutch disc [disk] pressure
离合器皮带轮 clutch pulley
离合器片 clutch disc[disk]
离合器片压紧机构 clutch pressure assembly
离合器壳护板 clutch housing dust plate
离合器壳(体) bell housing; clutch bowl; clutch box; clutch housing
离合器驱动 clutch drive
离合器容量 clutch capacity
离合器上壳 upper clutch casing
离合器式转向装置 clutch steering
离合器手把 clutch handle
离合器手把挂架 clutch handle hanger
离合器手把托 clutch handle bracket
离合器手把支点托 clutch handle fulcrum
离合器手柄 clutch handle
离合器踏板 clutch paddle; clutch pedal (shaft lever)
离合器踏板垫 clutch pedal pad
离合器踏板复位簧 clutch pedal return spring
离合器踏板杆 clutch pedal rod
离合器踏板间隙 clutch pedal clearance; clutch pedal play
离合器踏板拉簧 clutch pedal retracting spring
离合器踏板连杆 clutch pedal connecting link
离合器踏板调整连杆 clutch pedal rod adjusting yoke
离合器踏板轴 clutch pedal shaft
离合器踏板轴衬套 clutch pedal bushing; clutch pedal shaft bushing
离合器踏板轴杆 clutch pedal shaft lever
离合器踏板自由行程 clutch pedal play
离合器弹簧 clutch spring
离合器弹簧圈 clutch spring ring
离合器弹性环 clutch spring collar
离合器套 clutch sleeve
离合器套环 clutch collar
离合器体 clutch body
离合器调节臂 clutch adjusting arm
离合器调压阀 clutch pressure modulating valve
离合器调整 clutch adjustment
离合器调整盖 clutch adjusting cover
离合器调整螺钉 clutch adjusting

screw
离合器调整螺帽 clutch adjusting nut
离合器筒 clutch bowl
离合器凸轮 clutch cam
离合器推杆 clutch push rod; clutch throwout lever
离合器托架 clutch bracket
离合器脱开 clutch disengagement; declutch
离合器脱开踏饭 throw-out clutch pedal
离合器脱开装置 clutch release
离合器脱离轴 clutch disengaging axle
离合器瓦 clutch shoe
离合器外齿轮 external clutch gear
离合器(外)壳 clutch housing
离合器弯爪 clutch arm
离合器下壳 clutch housing pan
离合器箱 clutch box
离合器箱盖 clutch housing cover
离合器箱体 clutch housing
离合器小制动器 clutch stop
离合器型螺丝刀 clutch-type screwdriver
离合器压板 clutch pressure plate; pressure plate of clutch
离合器压板螺钉 clutch pressure plate screw
离合器压板销 clutch pressure plate pin
离合器压杆 clutch pressure lever
离合器压环 clutch pressure ring
离合器压紧弹簧座 clutch spring cap
离合器压力 clutch pressure
离合器压力板 pressure plate
离合器压盘 clutch(pressure) plate
离合器压盘分离杆 clutch (release) finger; release lever
离合器压盘销 clutch operating pin
离合器(压)片 clutch plate
离合器压销 clutch pressure operating pin
离合器与制动器结合转向 clutch and brake steering
离合器(圆)盘 clutch disc[disk]
离合器圆锥 clutch cone
离合器闸 clutch brake
离合器支承 clutch carrier
离合器止推轴承 clutch thrust bearing
离合器指 clutch finger
离合器轴 clutch shaft
离合器轴承 clutch bearing; declutch bearing
离合器主动盖 clutch driving case
离合器总成不调配 clutch pack modulation
离合器总成不调制 clutch pack modulation
离合器阻力 clutch drag
离合器组 clutch pack
离合轴 detached shaft
离合装置 engaging and disengaging gear
离合作用(动作) clutch action
离机 deplane
离机的 off-machine
离机系统 egress system
离家非上班(出行) home-based other
离家上班(出行) home-based work
离间自我疏外 alienation
离浆作用 syneresis
离焦 defocussing; out-of-focus
离焦反射镜 defocused reflector
离焦量 defocusing amount
离焦容限 defocusing tolerance
离焦探测技术 off-focus detection technique
离焦图像 out-of-focus image
离焦像 defocused image; out-of-focus image
离焦效应 defocusing effect
离焦状态 out-of-focus appearance
离礁的 off-reef
离角 axial relief; end cutting edge angle
离解 breakdown; breaking dissociation; decompose; disassociation; dissociate
离解常数 dissociation constant
离解场强效应 dissociation field effect
离解成离子 ionic dissociation
离解(程)度 dissociation degree; degree of dissociation
离解电势 dissociation potential
离解反应 dissociation reaction
离解俘获 dissociative capture
离解复合 dissociation recombination; dissociative recombination
离解过程 dissociation process
离解化学干扰 dissociation chemical interference
离解化学吸附 dissociative chemisorption
离解激发 dissociative excitation
离解扩散 dissociative diffusion
离解率 dissociation yield
离解能 dissociation energy
离解能量 dissipation energy
离解平衡 dissociation equilibrium
离解气体 dissociating gas
离解热 heat of dissociation
离解温度 dissociation temperature
离解吸附 dissociative adsorption
离解性质 dissociation property
离解压力 dissociation pressure
离解子 dissociator
离解作用 decomposition; dissociation
离境办事处 office of exit
离境交通 outgoing traffic
离距 separation; separation of fault
离聚物 ionomer
离聚物树脂 ionomer resin
离均差 deviation from average; deviation from mean; deviation from the mean; mean deviation
离均差积和 sum of products of mean deviations
离均系数【水】 coefficient of dispersion
离开 clearance; depart; depart from; departure; deviate from; diverging; leave; leaving; shy away
离开泊位 berthing out
离开泊位时间 unberthing time
离开处 runoff point
离开的 off-lying; outgoing
离开定线 out-of-line
离开发射中心的测试站 downrange station
离开阀座 lift-off a seat; unseat
离开高速公路的匝道 off-ramp
离开共振 off-resonance
离开轨道 disorbit
离开海岸 offshore; off the coast
离开陆地 leaving the land; off the land
离开码头 berthing out; cast off wharf
离开平面的 out-of-plane
离开屏幕 frame out
离开屏幕的 off-stage
离开曲线 departure curve
离开生产力发展要求 regardless of the level of the productive forces
离开时间 departure time; time of departure
离开速度 rate of departure; rate of opening
离开位置 release position
离开舞台的 off-stage
离开原地处理 ex situ treatment
离开原定进程 derail(ment)
离开原位 dislocation
离开正题的 tangential
离开中区的 outbound
离开中心 out of center[centre]
离开中心的 acentric; outlying
离开轴心的 abaxial
离开住处 dislodge
离壳 shrinking away from the shell
离孔底距离 off-bottom spacing
离流程线调节 off-line equalization
离路边远侧的 offside
离路事故 leaving-road accident
离路行驶 off-the-road locomotion
离码头 slipping from alongside; undock; undocking
离磨热量 heat leaving mill
离去表示 departure indication
离去表示灯 train departure indication lamp
离去测试 departure test
离去继电器 departure relay
离去角 angle of departure; departure angle
离去区段 departure section; section after the departure
离群 stray
离群车辆 discrete unit
离群的 stray; withdrawn
离群动物 stray animal
离任审计 audit of leaving office
离任主席 retiring president
离日的,背光的 apheliotropic
离溶 exsolution
离溶共生 exsolution paragenesis
离散 divergence; fringing straddling; straggling; variance
离散白噪声 discrete white noise
离散斑点 definite spot; discrete spot
离散板块 divergent plate
离散板块边界 divergent plate boundary
离散逼近 discrete approximation
离散逼近的收敛性 convergence of discrete approximation
离散比 discretization
离散边缘 divergent boundary
离散变换 zee-transform; Z-transform
离散变量 discrete variable
离散变量的概率分布 probability distribution of a discrete variable
离散变量法 discrete variable method
离散变数 discrete variable
离散标度 discrete scale
离散表示法 discrete representation
离散采样 discrete sampling
离散参数 discrete parameter; straggling parameter
离散参数过程 discrete parameter process
离散参数马尔可夫链 discrete parameter Markov chain
离散参数时间序列 discrete parameter time series
离散参数系(统) discrete parameter system
离散参数组 discrete parameter system
离散常数 constant of dispersion
离散程度 dispersion degree
离散抽样 discrete sampling
离散单元法 discrete integral element method
离散的 discrete
离散地址 discrete address
离散地址通信[讯]系统 discrete address communication system
离散点 discrete point
离散点荷载 discrete point load
离散电流 stray current
离散电流腐蚀 stray current corrosion
离散定律 dispersion law
离散动态系统 discrete dynamic(al) system
离散度 degree of dispersion; measure of dispersion
离散度大读数 poor ties
离散对数能谱曲线 discrete logarithmic energy spectrum curve
离散对数正态分布 discrete logarithmic normal distribution
离散多元分布 discrete multivariate distribution
离散范围 discrete range; dispersal range; range of scatter
离散方差 dispersion variance
离散仿真 discrete simulation
离散分布函数 discrete distribution function
离散分析 analysis of variance; discrete analysis
离散幅度 discrete range
离散傅立叶级数 discrete Fourier series
离散傅立叶逆变换 discrete inversion Fourier transform
离散概率分布 discrete probability distribution
离散概率函数 discrete probability function
离散共晶体 divorced eutectic
离散构件 discrete component
离散固定底座 discrete fixed base
离散光谱 discrete spectrum
离散过程 departure process; discrete process
离散函数 discrete function
离散化 discretization
离散化误差 discretization error
离散激发 discrete excitation
离散极大值原理【数】 discrete maximum principle
离散集 discrete set
离散集合上的最大化 maximization over discrete
离散胶体 dispersoid
离散角 walk-off angle
离散铰模型 discrete hinge model
离散结构 discrete structure; discrete topology
离散近似 discrete approximation
离散决定性过程 discrete deterministic process
离散均匀分布 discrete uniform distribution
离散颗粒 discrete particle
离散空间 discrete space
离散空间概率 probability in discrete space
离散控制 discrete control
离散控制系统 discontinuous control system
离散类型 discrete type
离散类型属性 attribute of discrete type
离散离子 discrete ion
离散离子吸附 adsorption of discrete ion
离散粒子 discrete particle
离散率 dispersion ratio
离散逻辑 discrete logic
离散马尔可夫过程 discrete Markov process
离散脉冲 discrete pulse
离散密度级 discrete density levels
离散命令 discrete command
离散模 walk-off-mode
离散模拟 discrete analog(ue); discrete simulation; event-oriented simulation

离散模谱 discrete mode spectrum
离散模式 discrete model
离散模型【数】discrete model
离散目标 dispersive target
离散帕累托分布 discrete Pareto distribution
离散频率 discrete frequency
离散频率发生器 discrete frequency generator
离散频谱 discrete spectrum
离散谱 discrete spectrum;point spectrum
离散气流 stray air current
离散区 region of separation
离散取样 discrete sampling
离散确定性过程 discrete deterministic process
离散柔性底座 discrete flexible base
离散渗碳体 divorced cementite
离散声源模型 <由道路交通噪声推算的> discrete source model
离散时间 discrete time
离散时间动态系统 discrete time dynamic(al) system
离散时间控制 discrete time control
离散时间马尔可夫运动 discrete time Markovian motion
离散时间数列 discrete time series
离散时间系统 discrete time system
离散时间序列 discrete time series
离散时空 discrete space time
离散事件仿真程序包 discrete event simulation package
离散输出 discrete output
离散输入 discrete input
离散树脂 dispersion resin
离散数据 discrete data
离散数列 discrete series
离散数学 discrete mathematics
离散搜索 discrete search
离散搜索模型 model for discrete search
离散速度 detachment velocity
离散随机变量 discrete stochastic variable;discrete random variable
离散随机非线性系统 discrete random nonlinear system
离散随机过程 discrete random process;discrete stochastic process
离散体系 discrete system
离散条件分布 discrete conditional distribution
离散调整器 discrete regulator
离散通道 decentralized channel
离散图像 discrete picture
离散拓扑 discrete topology
离散微分对策 discrete differential game
离散误差 dispersion error;divergence error
离散吸收 discrete absorption
离散系数 coefficient of dispersion; dispersion coefficient; dispersion factor
离散系统 discontinuous system; discrete system; dispersion system; separate system <结构的>
离散系统的数学模型 mathematic(al) models of discrete systems
离散相 discrete phase
离散相关 discrete correlation
离散像点 discrete image
离散消费量流 discrete consumption stream
离散消息 discrete message
离散信道 discrete channel
离散信号 discrete signal
离散信号源 discrete message source
离散信息 discrete message
离散信息通道 discrete message channel
离散信息源 discrete information source
离散信源 discrete source
离散型边界 divergence boundary
离散型分布 <一种统计分布> discrete distribution
离散型傅立叶变换 discrete Fourier transform
离散型规划 discrete programming
离散型数据 discrete type data
离散型随机变量 discrete type random variable
离散型随机误差 discrete random error
离散型网络设计问题 discrete network design problem
离散型问题 discrete variable problem
离散型自动机 discrete automaton
离散型最优化问题 discrete optimization problem
离散性 discreteness;discretion
离散性指标 indicator of divergence
离散性资料 discrete data
离散序列 discrete series
离散选择 discrete choice
离散选择模型 <交通方式划分预测模型之一> discrete choice model
离散样本 discrete sample
离散样元 discrete sample
离散应力 dispersive stress
离散用户的随机使用 random access discrete address
离散余弦变换 discrete cosine transform
离散余弦反变换 inverse discrete cosine transform
离散元 discrete element
离散元法 discrete-element method; distinct element method
离散载体全息图 discrete-carrier hologram
离散折现 discrete discounting
离散褶积 discrete convolution
离散正态分布 discrete normal distribution
离散值 discrete value
离散值函数 discrete-valued function
离散值目标函数 discrete-valued objective
离散值随机变量 discrete-valued random variable
离散指令 discrete command
离散指数 dispersion index
离散质量 discrete mass
离散状分布 dispersive distribution
离散状态 discrete state
离散自动机 discrete automat
离散最大值原理 discrete maximum principle
离散最优化 discrete optimization
离散最优解 discrete optimum
离散作用 debunching action
离散坐标 discrete coordinates
离石黄土 <中国> Lishi loess
离势系数 coefficient of dispersion; discrete coefficient
离手速度 hands-off speed
离水器 water separator
离水性 negative hydrotropism
离台 destage
离台错 destaging error
离态 apomorph
离题 beside the point;divagation
离位 dislocation; off formal; off-normal
离位触点 off-normal contact
离位簧 off normal spring
离位接点 off-normal contact
离位节数 dislocated segment
离坞 dock out
离析 break-up; emanation; isolation; resolution; segregate; segregating; separation
离析冰 segregated ice
离析池 segregated pool; segregation pool
离析出的骨料混凝土 <指混凝土中> segregated aggregate stockpiling
离析的 segregative; separating; unmixing
离析法 segregation process
离析混凝土 segregated concrete; segregating concrete
离析精度 precision of separation
离析器 segregator;separator
离析区 <即贫水泥区> segregation zone
离析速度 rate of break
离析污泥 separated sludge
离析物 educt
离析现象 segregation
离析性 liquation;segregability
离析与检定 separation and identification
离析作用 maceration
离隙 relief
离现场筛分和贮存 off-site screening and storage
离线 off-line;contact loss
离线操作 off-line operation
离线测试 off-line test(ing)
离线处理 off-line processing; off-line working
离线存储 off-line storage
离线分解炉 off-line calciner; separate-line calciner
离线分析 off-line analysis
离线工作 off-line working
离线计算机 off-line computer
离线控制 off-line control
离线率【铁】contact loss rate
离线模拟 off-line simulation
离线切割机 off-line cutting machine
离线设备 off-line equipment
离线试验 off-line test(ing)
离线输出 off-line output
离线数据处理 off-line data processing
离线调节 off-line equalization; off-line regulation
离线涂覆 off-line coating
离线涂装 off-line coating
离线系统 off-line system
离线修理 off-line repair
离线印刷装置 off-line printer
离线运算【计】off-line operation
离相 out-of-phase
离相母线 isolated phase bus
离向角 angle of divergence
离向摄影 divergent photography
离向摄影像片 divergent photograph
离向式【摄】case of divergence
离向性 diatropism
离向运动 divergence[divergency]
离心 decenter; off-center[centre]; out of center[centre]
离心摆 centrifugal pendulum
离心摆动 centrifugal swing
离心保险销 Sample plunger
离心泵 centrifugal(water) pump; impeller pump; pump centrifugal type; vane-type pump
离心泵定则 centrifugal pump law
离心泵轮 pump runner
离心泵排水 centrifugal pump drainage
离心泵启动 priming of centrifugal pump
离心泵气蚀 cavitation in centrifugal pump
离心泵特征曲线 characteristics of centrifugal pump
离心比率分离机 ratio separator
离心变形 centrifugal distortion
离心剥壳机 centrifugal sheller
离心薄膜式蒸发器 centrifugal-film evapo(u)rator
离心捕集器 centrifugal collector
离心布局 decentralization
离心测量法 <含砂量测定> centrifuge method
离心超分馏器 centrifugal super-fractionator
离心超滤 centrifugal ultrafiltration
离心超速接触器 centrifugal overspeed contactor
离心沉淀 centrifugation; inertial setting
离心沉淀法 centrifugal;sedimentation
离心沉淀机理 centrifugal precipitation mechanism
离心沉淀器 centrifugal precipitator
离心沉降 centrifugal sedimentation; centrifugal settling; centrifugal subsidence
离心沉降机 sedimentation centrifuge
离心沉降器 centrifugal settler; sedimentation centrifuge
离心沉降物 centrifuged compact
离心成型 centrifugally spun mo(u)lding
离心成型玻纤增强热固性树脂管 centrifugally cast glass-fiber-reinforced thermosetting resin pipe
离心成型法 flospinning; rotational mo(u)lding; spinning mo(u)lding
离心成型工艺 centrifugal compacting process
离心成型混凝土 centrifugally cast concrete; spun concrete
离心澄清池 centrifugal clarifier
离心澄清机 centrifugal clarifier; centrifugal separator
离心澄清器 centrifugal clarifier
离心持水当量 centrifuge moisture equivalent
离心冲击研磨机 centrifugal impact mill
离心抽水机 centrifugal pump
离心抽提法 centrifugal extraction method
离心出料 centrifugal discharge
离心出料提斗机 centrifugal discharge bucket elevator
离心除尘机 hydrocyclone
离心除尘器 centrifugal deduster; centrifugal dust collector; centrifugal duster; centrifugal dust separator; cyclone collector
离心除渣器 centrifugal pulp cleaner
离心处理 centrifuging
离心处理燃料 centrifuge stock
离心串注 centrifuging
离心串注件 centrifugally cast cluster
离心锤 flyball
离心锤式粉碎机 centrifugal hammer crushing machine
离心萃取器 centrifugal extractor
离心导流转盘式喷雾器 centrifugal disk atomizer
离心导流转盘式雾化器 centrifugal disk atomizer
离心的 acentric
离心涤气机 centrifugal gas cleaner
离心涤气器 centrifugal scrubber
离心电杆 spun mast
离心断层 centrifugal fault
离心对称 centrifugal symmetry
离心法 centrifugal method; centrifugal process; centrifuging(process); rotary process; spinning process;

centrifuge method < 测湿的 >; spinning method < 混凝土制品 >
离心法沉淀 centrifugal sedimentation
离心法沉淀器 centrifugal settler
离心法成型 centrifugal mo(u)lding
离心法分离 centrifugal separation
离心法附着力 centrifuge adhesion
离心法干化 centrifugal drying
离心法干燥 centrifugal drying
离心法回收 reclaiming by centrifuge
离心法浇制钢筋混凝土管 centrifugal reinforced concrete pipe
离心法浇制混凝土排水管 centrifugally cast concrete drain pipe
离心法浇制混凝土桩 centrifugal concrete pile
离心法浇制柱子 centrifugally cast column
离心法浇注钢筋混凝土管 centrifugal reinforced concrete pipe
离心法浇注混凝土 centrifugally cast concrete; centrifugal concrete
离心法浇注混凝土桩 centrifugal concrete pile
离心法浇筑混凝土 works for centrifugally cast concrete
离心法取样 sampling by centrifugal separation
离心法脱水 centrifugal dewatering; centrifugal drying
离心法预制(钢筋混凝土)桩 pile-fabricated by centrifugal method
离心法再生废油 centrifuge reclaiming waste oil
离心法制成的立柱 spun column
离心法制混凝土 spun concrete
离心法制混凝土管 centrifugally spun concrete pipe; centrifugally spun concrete tube
离心法制造的混凝土 spun concrete
离心法制造(管子内)沥青衬壁 spun lining
离心法制造(混凝土构件)工序 centrifugal process; spinning process
离心法制造混凝土管 centrifugal method of manufacturing concrete pipe
离心法铸铁管 centrifugal cast iron pipe
离心飞摆式调速器 centrifugal fly-ball governor
离心分布 centrifugal distribution
离心分级 centrifugal classification; centrifugal classifying
离心分级机 centrifugal classifier; gyrotor classifier
离心分级器 centrifugal classifier
离心分类 centrifugal classification
离心分离 centrifugalization; centrifugalize; centrifugal separation; centrifugation (separation); centrifuging; whiz
离心分离法 centrifugal separation method
离心分离法采样 sampling by centrifugation separation
离心分离机 separating centrifuge; whizzer; centrifugal machine
离心分离器 whizzer
离心分离效应 centrifuge effect
离心分离液 centrate
离心分离作用 centrifugation; centrifugalization
离心分粒 centrifugal sizing
离心分析 centrifugal analysis
离心分选 centrifugal classifying; centrifugal classification
离心分选法 centrifugal classification
离心分选机 centrifugal classifier; centrifugal separator
离心风机系统 centrifugal fan system
离心辐流式水轮机 radial outflow water wheel
离心干燥 centrifugal drying; drying by centrifugal force
离心干燥机 centrifugal drier[dryer]; whizzer
离心干燥器 centrifugal hydroextractor; whizzer
离心钢筋混凝土压力管 spun reinforced concrete pressure pipe
离心隔膜微滤 centrifugal disk microfiltration
离心工艺 centrifugal process; centrifugation process
离心鼓风机 centrifugal fan; positive blower; turbo-blower
离心管 centrifugal tube
离心惯性分离器 centrifugal inertial separator
离心惯性矩 centrifugal moment of inertia
离心惯性力 centrifugal inertial force
离心罐 tophan box
离心光度分析器 centrifugal photometric analyser[analyzer]
离心光度分析仪 centrifugal photometric analyser[analyzer]
离心辊轮 centrifugal wheel
离心辊磨 centrifugal roll mill
离心辊压法 centrifugal rolling process
离心过程 centrifugalization; centrifugal process
离心过滤 centrifugal filtration
离心过滤产物 product of centrifuge
离心过滤法 centrifugal filtration process
离心过滤机 centrifugal filter
离心过滤器 centrifugal filter
离心过滤转鼓 centrifugal basket
离心含水当量 centrifugal moisture equivalent; centrifuge moisture content; centrifuge moisture equivalent
离心含水率 < 土壤的 > centrifugal moisture content
离心荷载 centrifugal load(ing)
离心荷重 centrifugal load(ing)
离心环球式磨机 centrifugal ring-ball mill
离心混凝土电杆 spun concrete mast [pole]
离心混凝土管 centrifugal concrete pipe
离心混凝土排水管 spun concrete drain pipe
离心混凝土压力管 spun concrete pressure pipe
离心机 centrifuge; centrifugal machine; centrifugal apparatus; centrifuger; hydroextractor; whizzer; spinning machine < 成型混凝土的 >
离心机抽提分析 centrifuge extraction analysis
离心机处理 centrifuge treating
离心机大风叶 whizzer blade
离心机带孔转鼓 perforate bowl
离心机吊篮 centrifugal basket; centrifuge basket; spinner basket
离心机法 centrifuge method
离心机法(废润滑油)再生 centrifuge reclaiming
离心机感应加热 spinner induction heating
离心机滚筒 centrifugal basket
离心机篮壁 bowl-shell wall
离心机模拟 centrifugal model(l)ing; centrifuge model(l)ing
离心机盘 centrifuge basket
离心机筛篮 basket for centrifuge; centrifugal basket
离心机试验 centrifuge test
离心机中过水量 super-pool in centrifuge
离心机转筒 basket for centrifuge; centrifugal basket; centrifugal bowl
离心机转筒筛 centrifugal bolting mill
离心机转子 centrifuge rotor
离心积分器 centrifugal integrator
离心畸变 centrifugal distortion
离心集尘器 centrifugal dirt collector; rotary strainer
离心集油器 centrifugal grease interceptor
离心集渣浇口 spinning gate; swirl gate; whirl gate
离心集渣冒口 whirlgate feeder; whirlgate head; whirl riser
离心集渣器 whirlgate dirt trap
离心继电器 centrifugal relay
离心加厚 centrifugal thickening
离心加速度 centrifugal acceleration
离心加油器 centrifugal oiler
离心减载 centrifugal discharge
离心浇制钢筋混凝土桩 centrifugally compacted reinforced concrete pile
离心浇制混凝土管 spun concrete pipe
离心浇制混凝土桩 spun concrete pile
离心浇制预应力混凝土管(道) prestressed centrifugally cast concrete pipe
离心浇注 centrifugal pouring; spun casting; centrifugal casting
离心浇注的 centrifugally spun
离心浇注钢筋混凝土管 centrifugal reinforced concrete pipe
离心浇注钢筋混凝土桩 centrifugal reinforced concrete pile
离心浇注混凝土 centrifugal casting concrete; centrifugal casting of concrete; centrifugally casting concrete; spun concrete
离心浇注混凝土打入桩 centrifugally cast concrete drive pile
离心浇注混凝土管 centrifugal casting concrete pipe; centrifugally casting concrete pipe; spun concrete pipe
离心浇铸 rotational casting; spun casting
离心浇铸的 centrifugally cast(ed)
离心浇铸法 centrifugal casting
离心浇铸铁管 centrifugal cast iron pipe
离心浇铸制动鼓 centrifuge drum
离心浇铸轴承 spun bearing
离心焦油萃取器 centrifugal tar extractor
离心焦油提取器 centrifugal tar extractor
离心角 angle of eccentricity; eccentric angle
离心搅动器 centrifugal stirrer
离心搅砂机 centrifugal sand mixer
离心接触器 centrifuge contactor
离心结核 centrifugal concretion
离心进气 radial outward admission
离心浸涂(合金)法 centrifugal immersion process
离心精炼 centrifuge refining
离心精炼炉 centrifiner
离心精炼铁 spun-refined iron
离心净化 centrifugal clarification; centrifugal purification
离心净化机 centrifugal purifier
离心净化器 whirler
离心径流叶轮 < 液力耦合器的 > outflow wheel
离心均质机 clarifixator
离心卡盘 centrifugal chuck
离心空气除离器 whizzer air separator
离心空气分离 centrifugal air separation; whizzer air separation; whizzer separation
离心空气分离器 centrifugal air separator; whizzer air separator
离心空气压缩机 centrifugal air compressor
离心拉伸 centrifugal stretching
离心拉丝 centrifugal drawing
离心力 centrifugal effort; centrifugal force; centrifugal pull; uncompensated force
离心力场 centrifugal force field
离心力场强度 intensity of centrifugal field
离心力成粒机 centrifugal force pelletizer
离心力除尘器 centrifugal precipitation
离心力调速器 centrifugal pendulum; centrifugal speed governor
离心力分量 component of the centrifugal force
离心力浇筑混凝土的装置 install for centrifugally cast concrete
离心力矩 centrifugal moment
离心力控制 centrifugal force control
离心力偶 centrifugal couple
离心力试验 whirling test
离心力制钢筋混凝土管(桩) Hume pipe; centrifugal reinforced concrete pipe
离心链斗式提升机 centrifugal discharge bucket elevator
离心流 centrifugal flow
离心滤器 centrifugal filter
离心滤网 centrifugal screen
离心滤液 centrate
离心滤油器 centrifugal oil cleaner; centrifugal oil filter
离心率 eccentricity
离心螺旋泵 centrifugal screw pump
离心煤油当量 < 一种测定细集料表面吸油量指标 > centrifuge[centrifugal] kerosene equivalent
离心煤油当量试验 centrifuge kerosene equivalent test
离心煤油当量仪 centrifuge kerosene equivalent apparatus
离心模拟器 centrifugal simulator
离心模型 centrifuge model
离心模型试验 centrifuge[centrifugal] model test
离心模制 centrifugal mo(u)lding
离心磨矿机 centrifugal mill
离心磨石机 centrifugal mill
离心浓缩法 centrifugal concentration method
离心浓缩机 centrifugal concentrator; centrifugal thickener
离心浓缩器 centrifugal thickener
离心浓缩污泥法 centrifuging
离心排气机 centrifugal exhauster
离心盘式喷雾干燥器 centrifugal disc sprayer drier[dryer]
离心喷吹 TEL 法 TEL process combined
离心喷吹法 combined centrifuging and gas attenuating process
离心喷棉机 centrifugal with surrounding blowers
离心喷射 centrifugal atomization
离心喷涂 centrifugal spray
离心喷雾 centrifugal spray
离心喷雾塔 centrifugal spray tower
离心皮带运输机 thrower belt conveyer[conveyor]
离心撇清法 centrifugal decantation method
离心破碎机 centrifugal breaker;

L

hammer mill;vertical impact crusher
离心曝气器 centrifugal aerator
离心气洗机 centrifugal gas washer
离心器模拟 centrifuge simulation
离心迁徙 centrifugal migration
离心切换 centrifugal switching
离心倾向 centrifugal tendency
离心球磨机 ball-bearing mill
离心趋离 dispersion tendency
离心乳化剂 centrifugal emulsor
离心乳脂分离器 centrifugal cream separator
离心色谱法 centri-chromatograph;chromatofuge
离心刹车<当起重机吊的重物下落时所用的制动机构> centrifugal brake
离心砂泵 centrifugal sand-pump
离心筛 centrifugal sieve
离心扇 radial fan
离心扇形湿式洗涤器 centrifugal fan type wet scrubber
离心设备 centrifuged apparatus
离心射流 centrifugal jet
离心升举力 centrifugal lift
离心湿度当量 centrifugal moisture equivalent; centrifuge moisture equivalent
离心湿润器 centrifugal humidifier
离心湿式除尘器 centrifugal wet scrubber
离心湿式洗尘器 centrifugal wet scrubber
离心实验 centrifuged laboratory experiment
离心实验室试验 centrifugal laboratory test
离心市场 centrifugal market
离心式 centrifugal type
离心式冲击破碎机 centrifugal impact crusher
离心式除尘器 centrifugal separator
离心式除雪犁 centrifugal snow plough
离心式吹风机 centrifugal blower
离心式的 centrifugal
离心式调节器 centrifugal governor
离心式调速器 centrifugal governor
离心式斗式提升机 centrifugal bucket elevator
离心式断路器 centrifugal breaker
离心式分离机 centrifugal separator
离心式分离器 centrifugal separator;centrifugal interceptor
离心式粉碎机 centrifugal mill
离心式风泵滤尘器 centrifugal air pump strainer
离心式风机 centrifugal blower;centrifugal fan
离心式风扇 centrifugal fan
离心式干燥机 centrifugal drier[dryer];spin-drier[dryer]
离心式干燥器 centrifugal drier[dryer];spin-drier[dryer]
离心式鼓风机 centrifugal blower;paddle wheel fan;radial blower;rotary blower
离心式惯性除尘器 centrifugal inertial separator
离心式过滤器 centrifugal filter
离心式混砂机 centrifugal muller
离心式机油滤清器 centrifugal oil filter
离心式集尘器 centrifugal collector;whirler-type collector; centrifugal dust collector
离心式加湿器 spinning disk humidifier
离心式浇注 centrifugal casting;spun casting
离心式浇注法 centrifugal casting process
离心式浇注机 centrifugal casting machine
离心式浇铸机 centrifugal casting machine
离心式搅拌机 centrifugal blender
离心式净油器 centrifugal oil cleaner
离心式开关 centrifugal switch
离心式克特尔塔板 Kittel centrifugal tray
离心式空气分级机 centrifugal air classifier; whirlwind classifier; whizzer classifier
离心式空气分级器 centrifugal air classifier; whirlwind classifier; whizzer classifier
离心式空气分离器 centrifugal air classifier
离心式空气清洁机 centrifugal air cleaner
离心式空气压缩机 centrifugal air compressor;radial-flow compressor
离心式空压机 centrifugal compressor
离心式快速分析仪 centrifugal fast analyser[analyzer]
离心式冷却机 centrifugal chiller
离心式冷却液过滤器 centrifugal coolant clarifier
离心式冷水机 centrifugal chiller
离心式冷水机组 centrifugal water chiller
离心式离合器 centrifugal clutch
离心式沥青抽提仪 centrifuge extractor
离心式滤气器 whirler
离心式滤油器 centrifugal oil purifier
离心式氯气压缩机 chlorine centrifugal compressor
离心式弥雾 centrifugal atomization
离心式灭火水泵 centrifugal fire pump
离心式磨机 centrifugal force mill;centrifuge mill
离心式泥泵 centrifugal dredge pump
离心式泥浆净化器 centrifugal mud machine
离心式暖风机 unit heater with centrifugal fan
离心式排种器 centrifugal feed
离心式喷射阀 centrifugal type injection valve
离心式喷头 centrifugal sprinkle head
离心式喷雾 centrifugal atomization
离心式喷雾加湿器 centrifugal spraying humidifier
离心式喷雾器 centrifugal atomizer;centrifugal sprayer
离心式喷雾圆盘 disc[disk] atomiser [atomizer]
离心式喷油嘴 fuel swirler
离心式喷嘴 centrifugal nozzle;swirler
离心式破碎机 centrifugal breaker;centrifugal crusher
离心式起动开关 centrifugal starting switch
离心式起动器 centrifugal starter
离心式气体压缩机 centrifugal gas compressor
离心式清洁器 centrifugal cleaner
离心式球磨机 centrifugal ball mill
离心式燃料喷嘴 fuel swirler
离心式润滑 banjo lubrication
离心式润滑器 centrifugal lubricator
离心式撒播机 spinner broadcaster
离心式撒布机 centrifugal spreader
离心式撒布盘 centrifugal spinning disk[disc]
离心式撒布器 centrifugal distributor;centrifugal spinning disk[disc];centrifugal spreader;spinner
离心式扫雨器 clearing view disc;view screen
离心式筛(分机) centrifugal screen
离心式射流泵 centrifugal jet pump
离心式深井泵 centrifugal deep-well pump
离心式湿法集尘器 centrifugal wet collector
离心式水泵 centrifugal water pump
离心式水冷却器 centrifugal water chilling unit
离心式水冷却装置 centrifugal water chilling unit
离心式水轮机 radial outward flow turbine
离心式瞬时薄膜(蒸发)浓缩器 ultra-short time film evapo(u)rator
离心式速率计 centrifugal type of speedometer
离心式淘析器 elutriator-centrifugal apparatus
离心式通风机 centrifugal fan;centrifugal ventilator;radial fan
离心式通风器 centrifugal breather
离心式涂料泵 centrifugal paint pump
离心式脱水机 dewatering centrifuge;spin-drier[dryer]
离心式脱水机脱水 dewatering by centrifuge
离心式微尘收集器 centrifugal collector
离心式涡轮机 radial outward flow turbine
离心式涡轮压缩机 centrifugal turbine compressor
离心式污泥泵 sludger
离心式污水泵 centrifugal sewage pump
离心式污水浓缩机 centrifugal wastewater concentrator
离心式屋顶通风器 centrifugal roof ventilator
离心式雾化加湿器 centrifugal atomizing humidifier
离心式吸尘风扇 centrifugal suction blower for impurities
离心式吸尘器 centrifugal aspirator;centrifugal dust collector
离心式吸气器 centrifugal aspirator
离心式旋流滤清器 cyclonic filter
离心式旋制混凝土管 centrifugally spun concrete conduit;centrifugally spun concrete pipe; centrifugally spun concrete tube
离心式旋制机<水下混凝土> spinning machine
离心式选粉机 centrifugal air classifier; centrifugal air separator; rotating air separator; Sturtvant type air separator;whizzer classifier
离心式压气机 centrifugal blow compressor; centrifugal-flow compressor
离心式压缩机 centrifugal compressor;radial compressor;radial-flow compressor;radial outflow compressor
离心式研磨机 centrifugal mill
离心式氧化剂喷嘴 oxidant swirler
离心式叶轮 centrifugal impeller;receded disk impeller
离心式叶轮拌和机 centrifugal impeller mixer
离心式叶轮混合机 centrifugal impeller mixer
离心式叶轮搅拌机 centrifugal impeller mixer
离心式油泵 centrifugal oil pump
离心式油水精分机 purifier centrifuge
离心式增压泵 centrifugal booster pump;centrifugal pump
离心式增压器 centrifugal blower;centrifugal supercharger
离心式真空泵 vacuum centrifugal pump
离心式止动螺栓 centrifugal stop bolt
离心式制动机 centrifugal brake
离心式制动器 centrifugal brake
离心式制管厂 spinning mill
离心式制冷机 centrifugal refrigerating machine
离心式转数计 centrifugal force tachometer;flyball tachometer
离心式转速表 centrifugal tachometer
离心式转速计 centrifugal(force) tachometer
离心式自动离合器 centrifugal type automatic clutch
离心势 centrifugation potential
离心势垒 centrifugal barrier
离心试验系统 centrifuge test system
离心收缩 eccentric contraction
离心甩残漆 whirling
离心水泵 centrifugal pump
离心水泵预注水 priming of centrifugal pump
离心水封 centrifugal water-packed gland
离心水头 centrifugal head
离心水系 centrifugal drainage
离心速度 centrifugal speed
离心塑型 centrifugal compacting
离心套管 centrifugal shield
离心提取分析 centrifugal extraction analysis
离心提取器 centrifugal extractor
离心调节器 centrifugal regulator;flyball regulator
离心调速器 ball governor;centrifugal speed regulator;roto blower
离心调速器的飞锤 governor ball
离心调整器 centrifugal regulator
离心跳汰机 centrifugal jig
离心通风机 centrifugal blower
离心通风机方形百叶式起动风门 square louvred starting damper of centrifugal fan
离心通风机选择 selection of centrifugal fan flower
离心头 spinner
离心涂覆 centrifugal coating;centrifugal finishing
离心涂漆 centrifugal enamelling
离心脱水 centrifugal dehydration
离心脱水法 centrifugal dewatering;centrifuging
离心脱水机 centrifugal dehydrator;centrifugal hydroextractor; hydroextractor model
离心脱水器 centrifugal hydroextractor;centrifuge dehumidifier
离心脱水作用 centrifuge
离心稳定器 centrifugal stability
离心涡轮压缩机 turbo-compressor
离心蜗壳泵 centrifugal screw pump
离心误差 centrifugal error
离心雾化 centrifugal atomization
离心雾化器 centrifugal atomizer
离心雾化型喷雾干燥器 centrifugal type spray drier
离心吸尘器 centrifugal dirt collector
离心吸集器<吸集气体悬浮微粒用的> centrifugal collector
离心吸入 positive prime
离心吸收器 centrifugal absorber
离心洗涤器 center washer;centrifugal scrubber;rotary scrubber
离心显微镜 centrifugal microscope
离心显微镜检查 centrifuge microscopy
离心相障再压蒸发法 centrifugal phase-barrier recompression distillation
离心卸料 centrifugal discharge
离心卸料斗式提升机 bucket elevator with centrifugal discharge
离心卸料提升机 centrifugal discharge

elevator
离心型城市化 centripetal urbanization
离心旋风干式集尘器 centrifugal dry dust collector
离心旋流喷雾嘴 centrifugal nozzle
离心旋制混凝土 spun concrete
离心旋转法铸造 spun casting
离心旋转浇铸法 centrifugal casting; spun casting
离心旋转制造混凝土 spun concrete pipe
离心选粉 centrifugal classification
离心选粉机 centrifugal separator
离心压气机 centrifugal compressor
离心压缩机 centrifugal (blow) compressor; non-positive compressor
离心研磨机 centrifugal grinder
离心叶轮 centrifugal wheel
离心叶轮混合器 centrifugal impeller mixer
离心叶轮连接板 centrifugal impeller web
离心液 centrifugate
离心液泵 centrate pump
离心液(湿)井 centrate wet well
离心液体分离机 centrifugal hydroextractor
离心因子 centrifugal factor; eccentric factor
离心应力 centrifugal stress
离心预应力混凝土桩 centrifugal prestressed concrete pile
离心造型 centrifugal mo(u)lding; rotor forming
离心增湿器 centrifugal humidifier
离心闸 speed brake
离心展开 centrifugal development
离心张力 centrifugal tension
离心振动法 centrifugal vibrating process
离心振动工艺 centrifugal vibrating process
离心振动滚压法 centrifugal vibrating rolling process
离心蒸馏器 centrifugal still
离心蒸压混凝土桩 centrifugal autoclaved concrete pile
离心制的 centrifugally spun
离心制动轮 centrifuge brake drum
离心制管 centrifugal mo(u)lding for pipe; spun pipe
离心制混凝土管 centrifugal concrete pipe
离心重块 centrifugal weight
离心轴流混合压气机 centrifugal mixed flow compressor
离心轴流式压气机 mixed flow blower
离心注油 centrifugal lubrication
离心注油器 centrifugally lubricator
离心柱 spun column
离心铸钢 centrifugal steel
离心铸管 spun cast pipe
离心铸管法 centrifugal casting; de-Lavaud process
离心铸术 centrifugal casting
离心铸铁管 centrifugally cast-iron pipe; centrifugally cast pipe; spun cast-iron pipe; spun-iron pipe
离心铸铁压力管 spun cast-iron pressure pipe
离心铸型 spinning mo(u)ld
离心铸造 center die-casting; centrifugal casting; centrifuge casting; rotational casting; spinning
离心铸造法 center spinning; spun-in casting; centrifugal (pressure) casting
离心铸造钢 centrifuge(d) steel
离心铸造管 centrifugally casted pipe
离心铸造机 centrifugal casting machine
离心铸造铸型 centrifugal casting mo(u)ld
离心转鼓涂漆 centrifugal barrel finishing
离心状撒播机 separated broadcaster
离心状水系 centrifugal drainage pattern
离心作用 centrifugal action; centrifugal effect; centrifuge action; centrifuging
离型粉 parting compound; parting powder
离型剂 mo(u)ld release
离岩净空 bank clearance
离焰 flame-lift; lifting
离异曲线 aberration curve
离异系数 coefficient of alienation
离域 delocalization
离域分子轨道 delocalized molecular orbital
离域作用 delocalization
离匀系数 coefficient of dispersion
离站的道路 outward-bound road
离站旅客 departing passenger
离站时间 leaving time
离正道 declination; stray
离正轨 divagation
离职偿金 withdrawal settlement
离职工资 dismissal wage
离职或解雇 break your pick
离职金 severance pay
离职证书 certificate of discharge
离中趋势 dispersion; scedasticity; skedasticity
离中趋势指数 index of dispersion
离中系数 coefficient of variation
离中纤维 efferent fibre
离中心 decenter[decentre]
离中心端 distal end
离轴波带透镜 off-axis zone plate lens
离轴参考波 off-axis reference wave
离轴的 off-axis
离轴法 off-axis method
离轴反馈 off-axis feedback
离轴反射式准直仪 off-axis reflecting collimator
离轴菲涅耳全息术 off-axis Fresnel holography
离轴分布 off-axis distribution
离轴激光共振腔 off-axis laser resonator
离轴空间带宽乘积 off-axis space bandwidth product
离轴模式 off-axis mode
离轴抛物面反射镜 off-axis parabolic mirror
离轴平面波 off-axis plane wave
离轴球面反射镜 off-axis spheric(al) mirror
离轴全息摄影 off-axis holography
离轴全息术 off-axis holography
离轴全息图 off-axis hologram; offset hologram
离轴全息照片 offset hologram
离轴椭球镜 off-axis ellipsoidal mirror
离轴椭圆镜 off-axis elliptical mirror
离轴误差 off-axis error
离轴像差 off-axis aberration
离轴效应 off-axis effect
离轴荧光 off-axis fluorescence
离子斑点 ion burn; ion spot
离子半径 ionic radius
离子棒 ion stick
离子苯甲酸 ion phenylformic acid
离子泵 ionization pump; ion pump
离子泵质谱仪 ion-pump mass spectrometer
离子比(率) ion(ic) ratio
离子比值 ion(ic) ratio
离子变频管 ion inverter
离子变频式交流电动机 alternating current electronic motor
离子波 ion wave
离子层 ionosphere; ion sheath
离子层析 ion chromatography
离子掺杂 ion doping
离子掺杂技术 ion doping technique
离子场 ionic field
离子沉淀净化 ion-precipitation purification
离子成分 ionic composition
离子乘积 ion product
离子冲压式发动机 aeroduct
离子传导 ionic conduction
离子传输 ion transmission
离子簇 ion cluster
离子大小 ionic size
离子代换 ionic substitution
离子氮化处理设备 ionitriding treatment equipment
离子氮化法 ionitriding
离子当量电导 ionic equivalent conductance
离子导电 ionic conduction
离子导电机制 mechanism of ionic conduction
离子导电性 ionic conductivity
离子导体 ion conductor
离子的 ionic
离子的平均寿命 ion mean life
离子的线密度 linear ion density
离子缔合作用 ionic association
离子电导率 ionic conductivity
离子电镀 ion plating
离子电镀法 ion plating
离子电荷 ionic charge
离子电荷数 ionic charge number
离子电极 ion electrode
离子电极法 ion electrode analysis; ion electrode method
离子电流 gas current; ion current; ionic current
离子电流率 gas ratio
离子电渗作用 ionization
离子电位 ionic potential
离子调节 ionic regulation
离子镀工艺品和机械零件 ion-plating handicraft article and machine part
离子镀膜机 ion plating equipment
离子对 ion-pair
离子对层析 ion pair chromatography; paired ion chromatography
离子对色谱法 ion pair chromatography; paired ion chromatography
离子发动机 electrostatic engine; ion engine
离子发射 ion emitting
离子发射光谱法 plasma emission spectrometry
离子反射 ion reflection
离子反射系数 ion reflection coefficient
离子反应 ionic reaction
离子方程式 ionic equation
离子放电 ionic discharge
离子非弹性碰撞 inelastic collision of ions
离子分散体 ionic dispersion
离子浮选法 ion flo(a)tation
离子复合通道 ion recombination channel
离子钙 ionized calcium
离子共振型质谱仪 ion resonance mass spectrometer
离子固定作用 ionic fixation
离子管脉冲发生器 gas-tube pulse generator
离子光束质谱法 particle beam mass spectrometry
离子轨道 ion orbit; ion trajectory
离子含量 ionic concentration
离子轰击 ion bomb
离子轰击质量分析器 ion bombardment mass analyser[analyzer]
离子化 ionize
离子化辐射 ionizing radiation
离子化合物 ionic compound
离子化氢 ionized hydrogen
离子化溶剂 ionizing solvent
离子化学溶液 ionic chemical solution
离子化作用 ionization
离子活度 ionic activity
离子活度积 activity product of ions
离子活度系数 ionic activity coefficient
离子积常数 ion product constant
离子激光器 ion laser
离子极化 ionic polarization
离子计数器 ion counter
离子际距 interionic distance
离子剂 seeding
离子加热阴极 ion(ic)-heated cathode
离子加速 acceleration of ions; ionic acceleration
离子加速电压 ion accelerating voltage
离子加速器 ion acceleration; ionic accelerator
离子间的 interionic
离子间距 interionic distance
离子间引力 interionic attraction
离子检测 ion detection
离子检测器 ion detector
离子键 ionic bond; ionic link; linkage
离子键合 ionic bonding
离子键力 ionic bonding force
离子键联 ionic bonding
离子键树脂 ionomer resin
离子交换 base exchange; ion(ic) exchange
离子交换薄层层析 ionic exchange thin-layer chromatography
离子交换薄层色谱法 ionic exchange thin-layer chromatography
离子交换材料 ionic exchange material
离子交换槽 exchanger cell
离子交换层析 ionic exchange chromatography
离子交换常数 ionic exchange constant
离子交换程度 degree of ion(ic) exchange
离子交换除臭处理 odo(u)r treatment by ion(ic) exchange
离子交换除盐装置 ion(ic) exchange demineralizer
离子交换处理 ion(ic) exchange treatment
离子交换床层膨胀率 ionic exchange bed expansion
离子交换电渗析 ion(ic) exchange electrodialysis
离子交换法 ion-exchange process; ion-exchange route; ionic exchange method; ionic exchange technique
离子交换法预处理 ionic exchange pre-process
离子交换反应 ion-exchange reaction
离子交换废水 ionic exchange wastewater
离子交换分离 ionic exchange separation
离子交换分离法 ionic exchange separation method
离子交换过程 ionic exchange process
离子交换海水淡化 desalination by ion(ic) exchange

离子交换混合柱 mixed bed column
离子交换火焰原子吸附法 ionic exchange flame atomic absorption method
离子交换机 ionic exchanger
离子交换技术 ionic exchange technique
离子交换剂 cationite; ion (ic) exchange material; ion (ic) exchanger; ionic exchange agent
离子交换剂再生 ionic exchange regeneration; regeneration of ion(ic) exchange agent
离子交换接合 ionic binding
离子交换净化 ionic exchange purification
离子交换膜 amberplex; ionic exchange film; ionic exchange membrane; Amfion <均质的>; neosepta <其中的一种>
离子交换膜电解法 ionic exchange membrane electrolysis
离子交换膜法 ion(ic) exchange membrane method
离子交换能力 capability of ion(ic) exchange; capacity of ion(ic) exchange; ion-exchange capacity
离子交换平衡 ion-exchange balance; ionic exchange equilibrium
离子交换器 ion-exchange apparatus; ion-exchanger; ion-exchange unit; ionic exchanger
离子交换容量 ion-(ic) exchange capacity
离子交换软化法 ionic exchange softening method
离子交换软化剂再生 regeneration of ion(ic) exchange softener
离子交换软化水 ion-exchange water softening
离子交换软水法 ion-exchange water softening
离子交换软水器 ion-exchange softener
离子交换色层法 ion(ic) exchange chromatography
离子交换色层分析法 ionic exchange chromatography
离子交换色谱 ion-exchange chromatography
离子交换色谱法 ionic exchange chromatography
离子交换设备 ion-exchange unit
离子交换树脂 Duolite; ion-exchange resin; ionic exchange resin; nalcite; organolite
离子交换树脂光度法 ionic exchange resin photometry
离子交换树脂类 ion-exchange resins
离子交换树脂再生 ionic exchange resin regeneration; regeneration of ion-change resin; regeneration of ion(ic) exchange resin
离子交换树脂再生效率 regeneration efficiency of ion(ic) exchange resin
离子交换水 ion(ic) exchange water
离子交换水软化器 ionic exchange softener
离子交换塔 ionic exchange tower
离子交换提取 sorption-extraction
离子交换团 ion-exchange group
离子交换微珠 ion-exchange bead
离子交换吸附 ionic exchange adsorption
离子交换吸附剂 ion-exchange absorbent
离子交换系统 ionic exchange system
离子交换纤维素 ionic exchange cellulose
离子交换型防锈颜料 ionic exchange anti-corrosive pigment
离子交换性能 ionic exchange property
离子交换再生剂用量 regeneration level
离子交换纸 ionic exchange paper
离子交换柱 exchange column; ion column; ion(ic) exchange column
离子交换作用 ionic exchange action
离子交联聚合物 ionomer
离子交联树脂 ionomer
离子胶体 ionic micelle
离子拮抗作用 ion antigenism
离子结合 ionic bonding
离子近层水 primary water
离子晶格 ionic crystal lattice
离子晶体 ionic crystal
离子晶体半导体 ionic crystal semiconductor
离子阱 ion trap
离子阱检测器 ion trap detector
离子阱检测器系统 ion trap detector system
离子阱质谱法 ion trap mass spectrometry
离子径流量 ion runoff
离子聚合 ionic polymerization
离子扩散 ion diffusion
离子类型 ion type
离子离解 ionic dissociation
离子离心机 ionic centrifuge
离子离子发射 ion-ion emission
离子流 ion flow
离子率 ion ratio
离子密度比 ion density ratio
离子敏感电极 ionic sensitive electrode
离子能量发散 ion energy spread
离子凝胶 ionic gel
离子浓度 concentration of ion; ion-(ic) concentration
离子浓度的递减率 decrement rate of ion concentration
离子浓度的增长率 incremental rate of ion concentration
离子偶 ion-pair(ing)
离子偶极子 ion dipole
离子耦合 ionic bonding
离子排斥色谱法 ionic exclusion chromatography
离子碰撞 ion bomb
离子平衡 ion balance; ionic equilibrium
离子谱法 ionography; ion spectrometry
离子气氛 ionic atmosphere
离子迁移 ionic migration; ion transport
离子迁移率 ionic mobility; ions mobility
离子迁移数 transference number of ions
离子强度 ionic strength
离子强度调节剂 ionic strength adjustment agent
离子驱动超滤 ion-expulsion ultrafiltration
离子取代 ionic substitution
离子容积 ionic volume
离子溶剂化值 solvation number of ion
离子溶剂化作用 solvation of ion
离子乳化剂 <泥浆添加剂> ionic emulsifying agent
离子散射分析 ion scattering analysis
离子色谱法 ion chromatography
离子色谱仪 ion chromatograph
离子筛 ion(ic) sieve
离子射线 ionic ray
离子渗透压 ionic osmotic pressure
离子渗析 ion dialysis
离子实 ion core
离子式火灾报警探测器 fire alarm detector of ion type
离子式探测器 ionization sensor
离子式烟感器 ionization smoke detector
离子室 ion chamber
离子收集器 ion collector
离子收集系统 ion collection system
离子寿命 ion life
离子束 ion(ic) cluster; ion(ic) beam
离子束的角发散 angular spread of ion beam
离子束的能量发散 energy spread of ion beam
离子束缚 ion binding
离子束聚焦 focusing of ion beam
离子束宽度 ion beam width
离子束扫描 ion beam scanning
离子束质谱仪 ion beam mass spectrometer
离子束中和器 beam neutralizer
离子数 ionic number
离子水合作用 ion(ic) hydration
离子水化作用 ion(ic) hydration
离子酸度 ionic activity
离子探测器 ion detector
离子探针 ion probe
离子探针微量分析仪 ion probe microanalyzer[microanalyser]
离子探针显微分析仪 ion probe microanalyzer[microanalyser]
离子淌度 ionic mobility; ions mobility
离子淌度光谱法 ionic mobility spectrometry
离子特定电极 ion specific electrode
离子特定膜 ion specific membrane
离子特性 ion characteristic
离子特性吸附 ions specifically adsorb
离子推进 ionic propulsion
离子脱附率 ion desorption rate
离子微量分析器 ion microanalyzer
离子微探针分析 ion microprobe analysis
离子微探针质谱计 ion microprobe mass spectrometer
离子物种 ionic species
离子吸附 adsorption of ion; ion adsorb; ion adsorption
离子吸附质 ionic adsorbate
离子相互作用 ionic interaction
离子形成动力学 kinetics of ion formation
离子型表面活性剂 ionic surfactant
离子型辐射 ionizing radiation
离子型结晶 ionic crystal
离子选矿法 ion flo(a)tation method
离子选择电化学传感器 ion selective electrochemical sensor
离子选择电极 ion selective electrode
离子选择电极法 ion selective electrode method; selected ion electrode method
离子选择电极分析 ion selective electrode analysis
离子选择监测气相色谱法 gas chromatographic(al) method with selected ion monitoring
离子选择检测法 selected ion monitoring method
离子选择检测气相色谱法质谱法联用 selected ion monitoring gas chromatography-mass spectrometry
离子选择交换 selective ion exchange
离子选择膜 ion selective membrane; selective membrane
离子选择性膜 selective membrane of ions
离子扬声器 ionophone
离子移动 ion transport
离子源 ionic source
离子源寿命 ion source life
离子源质谱计 ion source mass spectrometer
离子云 ion cloud
离子运行时间测定 ion-transit-time measurement
离子载体 ionophore
离子指数 ion exponent
离子置换 ion substitution
离子注入 ion implantation
离子状态 ionic state
离子总量 total ionic concentration
离子总浓度 total ionic concentration

骊

骊山烽火台 Ramparts

犁

犁把手 plough handle

犁板 <平路机铲刀> earth board; plough board
犁板到地面的距离 blade ground clearance
犁板随主机的转弯半径 plough turning radius
犁壁 mo(u)ld board
犁壁撑杆 mo(u)ld board stay
犁壁覆土板 coverboard
犁壁刮土板 <圆盘犁的> mo(u)ld board type scraper
犁壁加强筋 mo(u)ld board reinforcement
犁壁式起垄器 mo(u)ld board ridger
犁壁碎土板 furrow breaker
犁壁延长板 mo(u)ld board extension
犁壁翼撑杆 mo(u)ld board bracket
犁柄 glow tail; plow stick
犁侧板 landside
犁侧板后踵 side cap
犁铲 ploughshare
犁刀柄 colter shank
犁刀(头) co(u)lter; cutting co(u)lter; plough co(u)lter
犁的侧置安装架 offsetting plow attachment
犁的尖头 tusks
犁底板 slade
犁底层 plough pan; plough sole; plow pan; plow sole; tillage pan
犁底磐 plough pan
犁地 ploughing
犁风 plough wind; plow wind
犁幅度 plow width
犁幅宽度 width of swath
犁杆 trussed beam
犁钢 plough steel; plow steel
犁沟 lister furrow; supply ditch
犁沟壁 landside
犁沟底 pan furrow
犁后碎石镇压器 plow packer
犁铧 ploughshare; plow blade; plow share; share
犁铧的穹顶 plowshare twist
犁铧的穹隆 plowshare twist
犁铧伽马测量 gamma-ray survey with share
犁铧钢 ploughshare section
犁铧能谱测量 gamma-spectrum survey with share
犁架高度 underframe clearance
犁尖 tusses
犁梁 beam; plow beam
犁路机 road plough; road rooter
犁轮弯壁轴 cranked axle of plow
犁锚 one-arm anchor; one fluke anchor
犁面曲度 plows curvature
犁耙 plough harrow; plow harrow
犁耙式混料器 ploughshare mixer
犁盘 soil shoe

犁铧 plow pan
犁片 blade;plow blade
犁入 <塑性岩石破碎机理> plowing
犁深调节 plow-depth control
犁式除荆机 brush plough;brush plow
犁式除雪机 blade snow plough; spreader snowplough; V-type snow plough
犁式断层 listric fault
犁式给料器 plow-type feeder
犁式埋设机 cable plough
犁式扫雪机 snow plough
犁式挖沟机 digger plough; digger plow; ditching plow; gutter-plough; mechanical trench plow; plough digger; plough-type trencher; plow-type trenching machine; trenching plough; trough gutter
犁式挖掘机 digger plough
犁式稳定土搅拌机 blade plough soil stabilizer
犁体 plow base; plow body; plow bottom
犁体翻转机构 <双向犁的> body switchover
犁体螺钉 body screw
犁体倾斜度 body pitch
犁体曲面磨床 plow body grinding machine
犁体水平间隙 horizontal suction; side suction
犁田机 ploughing machine
犁头 ploughshare; plow blade; plow share
犁头卡夹 co(u)lter clamp; co(u)lter dip
犁头铁 co(u)lter; plow point
犁土机 rip(per) rooter
犁土平地机 scraping grader
犁托 frog
犁尾 plow tail
犁形的 tear-shaped
犁形附属物 plough attachment
犁形器具 plough; plow
犁雪 snow ploughing
犁雪车 push snowplough; snow-plow car
犁雪的宽度 ploughed width of snow
犁雪机 snow plough; snow plow
犁雪器 snow plow
犁扬机 elevating grader; elevation grader; grader elevator
犁翼 mo(u)ld board kicker
犁辕 beam
犁辕调节 beam adjustment
犁辕斜拉杆 beam brace
犁辕支撑架 beam support
犁柱 leg; plow standard
犁状屋顶 pyriform
犁状线脚 pyriform

漓湖 panne

漓漫灌溉 liman irrigation

黎巴嫩雪松 Lebanon cedar

黎格勒试验 Riegler's test
黎卡提方程 Riccati equation
黎曼 ξ 函数 Riemann zeta function; zeta function
黎曼不变量 Riemann invariant
黎曼定积分 definite Riemann integral
黎曼度量 Riemannian meter
黎曼方法 Riemann method
黎曼函数 Riemann function
黎曼积分 Riemann integral
黎曼几何学 Riemannian geometry
黎曼假设 Riemann hypothesis
黎曼-克里斯托弗尔曲率张量 Riemann-Christoffel curvature tensor
黎曼空间 Riemannian space; Riemann space
黎曼空间曲率 Riemann space curvature
黎曼联络 Riemannian connection
黎曼流形 Riemannian manifold
黎曼球面 Riemannian sphere
黎曼曲率 Riemannian curvature
黎曼曲率张量 Riemannian curvature tensor
黎曼曲面 Riemann surface
黎曼-斯蒂尔吉斯积分 Riemann-Stieltjes integral
黎曼映射定理 Riemann mapping theorem
黎曼张量 Riemann tensor

篱笆 fence; hurdle fence; perclose; raddle; rail fence; stockade; twig fence; wattle; zare(e)ba

篱笆标志 fence signs
篱笆的 wattled
篱笆顶部及底部的横条木 ledger board
篱笆房屋 wattle house
篱笆高度 fence height; height of fence
篱笆行 fence row
篱笆禁用材料 <指脆性的、易燃材料> prohibited materials for fences
篱笆两侧的狭长地带 a narrow strip on each side of a fence
篱笆门 bamboo blind door
篱笆抹泥墙 rad and dab; stud and mud
篱笆墙 wattled wall
篱笆式防波堤 slotted breakwater
篱笆式栽植 hedge planting
篱笆式栽植法 hedge planting system
篱笆条 wattle
篱笆围栏 twig fence; wattle fence [fencing]
篱笆围墙 wattle fence[fencing]
篱笆栅栏 wattle hurdle; hedge
篱笆桩 fence post; paling
篱边黏[粘]褶菌 Gloeophyllum saepiarium
篱边褶孔菌 shash conk
篱恒种植 fence planting
篱芥 <植物> ledge mustard
篱棚 wattled fence
篱墙 rail fence
篱墙两边的阶梯 stile
篱形整枝 espalier training
篱形整枝法 hedgerow system
篱用钢丝 steel wire for fences

礼拜场所 center[centre] of cult

礼拜清真寺 Friday mosque
礼拜室 chapel; cult room
礼拜堂 abaton; domestic chapel; place of worship; tabernacle; bethel <非英国国教的>; minster <修道院的>
礼拜堂拱廊 chapel arcade
礼宾处 protocol service
礼品部 gift and souvenir department
礼堂 assembly hall; auditorium[复 auditoria]; auditory; cafetorium; civic auditorium; hall; public assembly hall
礼堂(大厅)门 hall door
礼仪庭院 ceremonial courtyard

李拔克法 <木材防腐> Lebacq process

李比希冷凝器 Liebig condenser
李比希最低因子定律 Liebig's law of minimum
李变换群 Lie transformation group
李和诺瑟渗透性测定装置 Lea and Nurse permeability apparatus
李和派克石灰饱和系数 Lea and Parker lime saturation factor
李凯结晶定律【地】 Riecke's law of crystallization
李凯原理 <重结晶作用的> Riecke's principle
李利控制器 Lilly controller
李麦柯后张法 <一种预应力混凝土钢筋后张法> Lee-McCall
李麦可锚固体系 <一种锚固预应力混凝土中高强粗钢筋的方法> Lee-McCall (anchorage) system
李麦柯式高强粗钢筋 <预应力混凝土中> Lee-McCall bar
李麦柯式高强粗钢筋法 <预应力混凝土中> Lee-McCall system
李曼岩体原位三向应变计 Leeman or CSIR triaxial strain cell
李姆巴缆仁木 korina
李皮奇棱镜 Lippich prism
李皮奇偏振器 Lippich polarizer
李普曼彩色法 Lippmann colo(u)r process
李普曼彩色摄影术 Lippmann's colo(u)r photography
李普曼(方)法 Lippmann process
李普曼全息术 Lippmann holography
李普曼全息图 Lippmann hologram
李普曼乳剂 Lippmann emulsion
李普曼乳胶 Lippmann emulsion
李普曼条纹 Lippmann fringes
李普曼效应 Lippmann effect
李奇算法 Ricci calculus
李奇张量 Ricci tensor
李权 lee weight
李氏变换 Lie transformation
李氏波 Lie's wave
李氏代数 Lie algebra
李氏导数 Lie derivative
李氏度量 Lie meter
李氏级数 Lie series
李氏距离 Lie distance
李氏括号 Lie bracket
李氏落叶松 Lyall's larch; mountain larch
李氏模型 Lee's model
李氏全息图 Lee's hologram
李氏群【数】 Lie groups
李氏算法 Lee's algorithm
李属【植】 cherry
李树 plum
李希纳蓝 Lichner's blue
李亚普诺夫第二方法 Liapunov's second method
李亚普诺夫定理 Liapunov's theorem
李亚普诺夫法 Liapunov's method
李亚普诺夫函数 Liapunov's function; Lyapunov's function
李亚普诺夫稳定性 Liapunov's stability
李亚普诺夫向量函数 Liapunov's vector function
李兹曼倾斜 Litzmann's obliquity
李兹线 Litz wire

里 <中国旧长度单位> li

里阿斯统 <早侏罗世>【地】 Lias series
里昂假说 Lyon hypothesis
里昂丝绒 Lyon velvet
里昂现象 Lyon phenomenon
里奥格兰德海丘 Rio Grande rise
里巴风 Rebat
里巴特 ribut
里白枞 Nikko fir
里百叶门窗 back-flap; back fold; back shutter
里包约风 reboyo
里壁 backing; backwall
里壁衬 <墙内部用的次砖> backing-up
里壁容器 backing vessel
里壁砖 backing-up brick
里层 inlay; inside coat; lining
里层交错板 back crossing
里查满阶【地】 Richmondian
里衬 inner liner; backlining; furring
里程 mileage; trackage
里程碑 kilometer marker; kilometer [kilometre] marking; kilometer post; kilometer[kilometre] stone; kilo stone; land mark; marker; mileage dial; mileage point; mileage stone; mile post; milestone; milliarium; odometer; speedometer; military pillar <罗马公路上的>; mileage post <以英里计的,1 英里 = 1609.34 米>
里程碑进度表 key schedule; milestone schedule
里程碑排程 milestone scheduling
里程碑日期 milestone date
里程碑项目 milestone activity
里程碑预算 milestone budget
里程碑状态 milestone state
里程标 distance post; distance stone; kilometer post; kilopost; mileage post; mile post; milestone
里程标石 kilometer stone
里程标志 distance sign; mileage sign
里程表 cyclometer; distance table; hodometer; mileage counter; mileage indicator; mileage recorder; mileage sensor; mileage table; mileometer; odograph; o(e)dometer; pedometer; speedometer; tripdial; trochometer
里程表回零 speedometer reservoir
里程表软线 speedometer cable
里程计 cyclometer; cycloscope; hodometer; mileage counter; mileage sensor; mileometer; odograph; oedometer; opisometer; speedometer; taximeter; tripdial; trochometer
里程计定位杆 speedometer set stem
里程记录器 odograph
里程脉冲传感器 distance pulse generator; distance pulse sensor
里程盘 mileage dial
里程石 kilometer [kilometre] stone; milestone
里程试验机 mileage tester
里程图 mileage chart
里程系数 distance factor
里程行车部分 travel(l)ing section
里程仪 o(e)dometer
里程远近一律的运价 equal mileage scale rate
里程指示器 log clock; mileage indicator
里程桩 kilometer stone
里垂帘 back-flap
里挡锚 shore anchor
里档 dockside; wharfside
里档超车 <不合规章的超车> off-side overtaking
里档过驳 wharfside lightering; wharfside transfer
里得寇特 <一种涂料> Lithcote

里德伯 <光谱学测量单位> Rydberg
里德利-斯科尔斯的砂浮选法 Ridley-Scholes process
里德牙轮钻头 Reed roller bit
里德油墨计 Reed inkometer
里丁格定律 Rittinger's law
里恩德兹式(预制护坡混凝土)板块 Leenderste block
里儿茶丹宁 Gambier tannin
里反曲线 <上方凸、下方凹的波状花边>【建】cyma reversa
里菲山脉 Montes riphaeus
里扉 back-flap; back fold; back shutter
里封底 inside back
里封面 inside cover
里格 <国际制海上距离单位,1 里格 ≈4.8 千米> league
里格径向柱塞液压电动机 Rigg motor
里格若英 ligroin(e)
里钩 back hook
里轨 inner rail; lower rail
里海 Caspian Sea
里海裂纹试验 Lehigh restraint cracking test; Lehigh type cracking test
里海试样 <焊接试验用> Lehigh specimen
里季尼特 <硬质合金> lithinit
里脚手架 internal scaffold(ing)
里脚手砌法 overhand work
里绝热层 backing insulation
里坎酸 licanic acid
里克特电动机 Richter motor
里克特震级表 Richter scale
里面 finishing coat; inner; inner face; interior
里面的一排齿 <牙轮的> inner row teeth
里面向外 inside out
里面向外翻 inside out
里弄【建】alley; lane; terrace
里弄门 lane gate
里弄收集 alley collection
里普桥 <澳大利亚> Rip Bridge
里普图 Ripple diagram
里奇光楔光度计 Ritchie wedge photometer
里奇棱镜 Ritchie prism
里碛【地】internal moraine
里圈 inside track
里塞线 back cord
里氏地震强度分级 Richter scale
里氏震级 Richter magnitude
里氏震级表 Richter magnitude scale; Richter scale
里数 mileage
里思德兹式混凝土护坡块 Leenderste block
里斯本 <葡萄牙首都> Lisbon
里斯冰期【地】Riss glacial epoch; Riss glacial stage; Riss glaciation
里斯阶 Riss stage
里斯莱棱镜 Risley prism
里斯莱棱镜系统 Risley prism system
里斯期【地】Riss
里斯-玉木间冰期【地】Riss-Yumu interglacial epoch
里塔计划 Rivera and Tamayo fracture zone project
里胎 tire inner tube
里胎芯 airbag base
里特法 <桁架杆件内力的截面分析法> Ritter method
里特截面切割法 Ritter method of dissection
里特力矩方程 Ritter equation of moments
里特曼岩系指数 rock series index of Rittmann
里特压力盒 Ritter pressure cell
里填 backfilling
里庭 base-court
里维拉板块 Rivera plate
里屋 back room; inner room
里西定理 Ricci theorem
里西方程 Ricci equation; Ricci identity
里舷稳索 inboard guy
里亚式港湾 ria bay
里亚式海岸 Rias coast; ria type coast
里亚式(海)岸线 ria shoreline
里亚斯黏[粘]土 Lias clay; Liassic clay
里亚斯黏[粘]土砂岩 Liassic sandstone
里亚斯黏[粘]土砖 Lias brick
里亚斯石 Lias stone
里亚斯石灰石 <烧石灰用的黏[粘]土质石灰石> Liassic limestone
里亚斯统【地】Lias; Liassic (series)
里亚毯 Rya
里院 interior yard; inner court
里兹·加勒钦法 Ritz-Galerkin method
里兹并合定则 Ritz's combination principle
里兹德塑料 <一种无缝铺地板塑料,含沥青和皮革浆状物> Ritzide
里兹公式 Ritz's formula
里兹(解)法 <用最小能量计算结构的方法> Ritz's method
里兹组合原则 Ritz's combination principle

哩 mile

理财 financing

理财成本 finance cost
理财轮伐期 financial rotation
理财收获 financial yield
理财学 chrematistics
理残损 damage cargo clerk
理仓费 <船上> stowage
理仓工 stower
理舱 stow
理舱费 stowage charges; stowage fee
理舱用料 stowing material
理查德-杰泥型分级机 Richards-Janney classifier
理查德型槽式涡流分级机 Richards launder-type vortex classifier
理查德型干扰沉降分级室 Richards column
理查德型脉动跳汰机 Richards jig
理查德型深槽水力分级机 Richards deep-pocket hydraulic classifier
理查森数 <预测气象稳定性的指数> Richardson number
理查逊标绘图 Richardson's plot
理查逊定律 Richardson's law
理查逊数 Richardson's number
理查逊锡砷银锌合金 Richardson's alloy
理查逊效应 Richardson's effect
理查逊自动秤 Richardson's automatic scale
理齿 toothing
理发店 barber's shop; barbershop; hairdressing saloon; shaving saloon
理发店与美容店 barber shop and beauty parlor
理发店与美容室 barker shop and beauty parlor
理发店招牌 barber('s) pole
理发师 barber
理工学院 college of science and technology; institute of science and technology
理海型跳汰机 Lehigh jig
理化 rationalize
理化处理 physical and chemical treatment; physico-chemical treatment
理化的 physico-chemical
理化环境 physical and chemical environment; physico-chemical environment
理化环境指标 physico-chemical environment index
理化检查 physical and chemical examination; physico-chemical examination
理化检验 physical and chemical inspection; physico-chemical inspection
理化鉴定 physical and chemical identification; physico-chemical identification
理化性能 physical and chemical property; physico-chemical property
理化指标 physico-chemical index
理货 stow; tally
理货簿 check book; tally book
理货长 chief checker; chief tally clerk; chief tallyman
理货筹码 tally sticks
理货错误 mistally
理货单 tally sheet
理货费 <轮船> stowage charges; stowing charges; stowage; tallying fee
理货公司 cargo tally corporation
理货记录簿 tally book
理货间 tally room
理货日报表 daily tally report
理货员 checker; stower; tally clerk; tally keeper; tallyman
理货员协会 tallyman's association
理货账单 statement of tally account
理货证明书 tally certificate
理件装置 workpiece arrangement device
理解备忘录 memorandum of understanding
理解程序 prehension program(me); understander
理解工具 comprehension tool
理解和解释图纸 reading drawings
理解力 perception
理解器 understander
理科 science course
理科博士 doctor of science
理科硕士 master of science
理论 rationale; theory
理论板数 number of theoretic(al) plates
理论比例尺 expressed scale; theoretic(al) scale
理论比例规律 theoretic(al) scaling law
理论比推力 theoretic(al) specific impulse
理论边界 theoretic(al) boundary
理论边限 theoretic(al) margin
理论边缘 theoretic(al) margin
理论玻璃组成 theoretic(al) glass composition
理论测度 theoretic(al) measure
理论阐述 theoretical formulation
理论产量 theoretic(al) output; theoretic(al) yield
理论车道 notional lane
理论成本 theoretic(al) cost
理论成本标准 theoretic(al) cost standard
理论成分 theoretic(al) composition
理论成荒率 theoretic(al) quarry-stone yield
理论称量法 theoretic(al) weight method
理论尺寸 theoretic(al) dimension; theoretic(al) size
理论尺度 theoretic(al) dimension
理论抽力 theoretic(al) draft
理论抽象 theoretic(al) abstraction
理论出租价格 theoretic(al) leasing price
理论次数 theoretic(al) frequency
理论大测量学 theoretic(al) geodesy
理论单位重量 theoretic(al) unit weight
理论弹性力学 theoretic(al) elasticity
理论导程 theoretic(al) lead
理论的概率分配 theoretic(al) probability distribution
理论的理想波 theoretic(al) ideal wave
理论的数学表达式 mathematic(al) expression of theory
理论的先验信息 theoretic(al) prior information
理论地层学 theoretic(al) stratigraphy
理论地平 rational horizon
理论地震图 theoretic(al) seismograph
理论地震学 theoretic(al) seismology
理论点 mathematic(al) point
理论点源 virtual point source
理论断面 theoretic(al) profile
理论方程式 theoretic(al) equation
理论方法 theoretic(al) approach
理论分辨率 theoretic(al) resolving power
理论分布 theoretic(al) distribution
理论分布函数【数】theoretic(al) distribution function
理论分离系数 theoretic(al) separation coefficient
理论分析 rational analysis; theoretic(al) analysis
理论概括 theoretic(al) generalization
理论概率 theoretic(al) probability
理论概念 theoretic(al) concept
理论干燥过程 theoretic(al) drying process
理论刚度 theoretic(al) stiffness
理论高程 theoretic(al) elevation
理论高度 theoretic(al) height
理论根源 theoretic(al) source
理论公式 rational formula; theoretic(al) equation; theoretic(al) formula
理论公式表达 theoretical formulation
理论功率 theoretic(al) horsepower; theoretic(al) output
理论功率消耗量 theoretic(al) power consumption
理论估工 production off the job
理论光学 theoretic(al) optics
理论海洋学 theoretic(al) oceanography
理论耗热量 theoretic(al) heat requirement
理论耗酸量 theoretic(al) acid consuming
理论厚度 <焊缝的> theoretic(al) throat
理论化 theorization; theorize
理论化学 pure chemistry; theoretic(al) chemistry
理论环境学 theoretic(al) environmental science
理论回收率 theory recovery
理论混合物 stoichiometric(al) mixture
理论混凝土灌注周期 theoretic(al) concrete placing period
理论火焰温度 theoretic(al) flame temperature
理论机遇 theoretic(al) chance
理论基础 theoretic(al) basis; rationale

理论基础说明 rationale statement
理论级 theoretic(al) stage
理论极限 theoretic(al) limit
理论极限荷载 theoretic(al) limit load
理论极限值 theoretic(al) boundary
理论计算 theoretic(al) arithmetic; theoretic(al) calculation; theoretic(al) evaluation
理论计算能力 theoretical calculation capacity
理论记录波形值 values of waveform of theoretic(al) record
理论剂量 calculated dose
理论家 theoretician; theorist
理论价格 formula price; theoretic(al) price
理论假定 theoretic(al) assumption
理论截止频率 theoretic(al) cutoff frequency
理论经济计量学 theoretic(al) econometrics
理论晶体学 theoretic(al) crystallography
理论精煤回收率 theoretic(al) cleaned coal recovery
理论绝热功率 theoretic(al) adiabatic power
理论绝热压缩功 workdone for isentropic compression
理论开裂温度 theoretic(al) cracking temperature
理论开挖线 theoretic(al) line
理论空气量 theoretic(al) air
理论跨度 theoretic(al) span
理论肋骨线 assumed frame line
理论力学 theoretic(al) mechanics
理论量纲 theoretic(al) dimension
理论料耗 theoretic(al) raw material consumption
理论流化速度 theoretic(al) fluidized velocity
理论流量 theoretic(al) discharge; theoretic(al) flow
理论流体力学 theoretic(al) fluid mechanics
理论论据 theoretic(al) argument
理论马力 indicated horsepower
理论密度 theoretic(al) density
理论模式 theoretic(al) mode
理论模数 theoretic(al) module
理论模线的绘制 lofting
理论模型 ideal model; theoretic(al) model
理论模型时间剖面 theoretic(al) time section of model
理论能力 ideal capacity; theoretical capacity
理论扭矩 theoretic(al) torque
理论排量 theoretic(al) flow rate
理论判断 theoretic(al) prediction
理论配比的空气燃料比 stoichiometric(al) air-fuel ratio
理论频率 rational frequency; theoretic(al) frequency
理论频率分布 theoretic(al) frequency distribution
理论频率曲线 rational frequency curve
理论频数 theoretic(al) frequency
理论平价 theoretic(al) parity
理论平均值 theoretic(al) mean
理论评价 theoretic(al) evaluation
理论坡度 theoretic(al) slope
理论剖面 theoretic(al) profile
理论谱 theoretic(al) spectrum
理论气象学 theoretic(al) meteorology
理论恰当(燃料)混合气比 chemically correct fuel-air ratio
理论强度 desired strength; theoretic(al) strength
理论曲线 theoretic(al) curve
理论燃烧空气量 theoretic(al) air for combustion
理论燃烧气体体积 theoretic(al) combustion gas volume
理论燃烧温度 theoretic(al) combustion temperature
理论热量 theoretic(al) heat
理论热效率 theoretic(al) thermal efficiency
理论容积效率 theoretic(al) volumetric(al) efficiency
理论容量 theoretic(al) capacity
理论溶度平衡浓度 theoretic(al) solubility equilibrium concentration
理论溶液 theoretic(al) solution
理论三角形顶点 <坝体断面的> apex of the theoretic(al) triangle
理论筛选分割 theoretic(al) screen cut
理论上的 theoretic(al)
理论上的最高责任 maximum theoretic(al) liability
理论设计 theoretic(al) design
理论深度 theoretic(al) depth
理论深度基准面 theoretic(al) bathymetrical datum; theoretic(al) sea level datum
理论升限 absolute ceiling
理论生产量 theoretical output
理论生产率 theoretic(al) capacity; theoretic(al) productivity
理论生产(能)力 theoretic(al) capacity
理论生活费 theoretic(al) cost of living
理论声学 theoretic(al) acoustics
理论时间曲线 <固结的> theoretic(al) time curve
理论使用寿命 theoretic(al) service life
理论示功图【机】 theoretic(al) indicator card
理论势 theoretic(al) potential flow
理论视差 theoretic(al) parallax
理论释放能力 theoretically relieving capacity
理论输出量 theoretic(al) delivery
理论输送能力 theoretic(al) traffic capacity
理论数 theoretic(al) value
理论数据指示卡 theoretic(al) indicator card
理论数量方法 theoretic(al) quantitative approach
理论数值孔径 theoretic(al) numerical aperture
理论水电出力 theoretic(al) water power
理论水电发电能力 theoretic(al) water power
理论水力发电出力 theoretic(al) waterpower
理论水流特征 theoretic(al) flow characteristic
理论水平 theoretic(al) level
理论水文学 scientific hydrology
理论速度 theoretic(al) speed; theoretic(al) velocity
理论塔板 theoretically perfect tray; theoretic(al) plate
理论塔板等效高度 height equivalent to a theoretic(al) plate
理论塔板高度 height to a theoretic(al) plate
理论塔板数 number of theoretic(al) plates; theoretic(al) plate number
理论探讨 theoretic(al) approach
理论体积 theoretic(al) volume
理论天体物理学 theoretic(al) astrophysics
理论天文学 theoretic(al) astronomy
理论统计学 theoretic(al) statistics
理论凸轮曲线 theoretic(al) cam curve
理论图像 theoretic(al) shape
理论图学 theoretic(al) graphics
理论土力学 theoretic(al) soil mechanics
理论推导 theoretic(al) derivation
理论推力系数 theoretic(al) thrust coefficient
理论推力线 theoretic(al) line of thrust
理论推算 theoretic(al) prediction
理论推算法 theoretic(al) prediction method
理论弯沉系数 theoretic(al) deflection coefficient
理论完全燃烧 theoretically complete combustion
理论位流 theoretic(al) potential flow
理论位置 theoretic(al) location; theoretic(al) position
理论物理学 theoretic(al) physics
理论误差 theoretic(al) error
理论稀释线 theoretic(al) dilution line
理论系数 theoretic(al) coefficient
理论下界 theory lower-bound
理论线 theoretic(al) line
理论线图 assumption diagram
理论相对频率 theoretic(al) relative frequency
理论效率 theoretic(al) efficiency
理论卸船生产率 theoretic(al) unloading capacity
理论形态学 theoretic(al) morphology
理论性能 theoretic(al) performance
理论性研究 basic research
理论需氧量 theoretic(al) oxygen demand
理论循环 theoretic(al) cycle
理论压头 theoretic(al) head
理论扬程 theoretic(al) head
理论液压功率 theoretic(al) hydraulic power
理论应力 theoretic(al) stress
理论应力分布法 theoretic(al) stress distribution method
理论油水过渡带厚度 theoretic(al) thickness of oil water transition zone
理论有机化学 physical organic chemistry; theoretic(al) organic chemistry
理论有机碳量 theoretic(al) organic carbon
理论有效指数 theoretic(al) availability index
理论预测 theoretic(al) prediction
理论折旧 theoretic(al) depreciation
理论辙叉心 theoretic(al) point frog
理论真空 theoretic(al) vacuum
理论振幅 theoretic(al) amplitude
理论震源函数 theoretic(al) source function
理论值 theoretic(al) value
理论指示图 theoretic(al) indicator card
理论制动距离 theoretic(al) braking distance
理论众数 theoretic(al) mode
理论重力公式 formula for theoretic(al) gravity; theoretic(al) gravity formula
理论重量 theoretic(al) weight
理论重现期 theoretic(al) recurrence interval; theoretic(al) recurrence period
理论自由度 theoretic(al) freedom
理论总功率 overall theoretic(al) power
理论阻尼 theoretic(al) damping
理论最大密实度 theoretic(al) air free density
理论最大浓度 theoretic(al) maximum concentration
理论最大容重 theoretic(al) air free density
理论最大值 theoretic(al) maximum
理论最低潮面 theoretically lowest tide level
理论最高潮面 theoretically highest tide level
理论最小安全厚度 minimum safe thickness in theory
理姆斯主教堂 Rheims Cathedral Church
理念上能力 conceptual skill
理赔 claim settlement; set of claims; settle claims; settlement of claims
理赔部 claims department; loss department; settlement of claims; payment of claims
理赔代理费 claim settling fee
理赔代理人 average agent; claim settling agent; settling agent
理赔费用 claims expenses; settling fee
理赔检验代理人 claims surveying agent
理赔员 claim settling clerk; damage cargo clerk
理清 clear off
理清缠绳 clear foul rope; light up
理事 council(l)or; director; manager; syndic; warden <英>; trustee; council member
理事会 board of administration; board of directors; board of governors; board of management; council of directors; court; syndicate; trustee council
理事会理事长 chairman of board of directors
理事机构 governing body
理事长 chairman; president
理水 layout of waters
理顺 streamlining
理顺税、费、价三者关系 straighten out the relationships among taxes, charge, and prices
理算 adjustment
理算差额 adjust the difference
理算费用 adjustment charges; adjustment cost
理算行 clearing house
理算人 adjuster
理算师 adjuster
理算师附记 adjuster's note
理滩【水文】 rapids regulation
理线刷 rigger
理想白噪声 ideal white noise
理想摆法 ideal pendulum method
理想板 perfect plate
理想泵 ideal pump
理想比冲量 ideal specific impulse
理想比较仪 perfect comparator
理想边界 ideal boundary
理想编码 ideal coding
理想变化过程 ideal behavio(u)r
理想变量器 ideal transformer
理想变形 ideal deformation
理想变压器 ideal transformer
理想标准成本 ideal standard cost
理想并车 ideal paralleling
理想并联 ideal parallel
理想波 ideal wave; theoretic(al) ideal wave
理想采油指数 ideal productivity index

理想操作系统 hypothetical operating system
理想沉淀池 ideal setting basin; ideal setting tank
理想沉淀池效率 ideal setting basin efficiency
理想城市 ideal city; ideal town
理想尺寸 target size
理想传感器 ideal transducer
理想传声清晰度 ideal articulation
理想垂直摄影像片 true vertical photograph
理想粗粒土 ideal coarse-grained soil
理想脆性构件 perfectly brittle element
理想淬火 ideal quench(ing)
理想代码 abstract code
理想弹道 normal trajectory
理想弹塑性材料 perfect elastoplastic material
理想弹塑性的 elastic-perfectly plastic; ideal elastic-plastic
理想弹塑性体 elastic-perfectly plastic body
理想弹性材料 perfect elastic material
理想弹性构件 idealized elastic member; ideally elastic member
理想弹性固体 Hookean solid; idealized elastic solid
理想弹性连续体 idealized elastic continual mass
理想弹性体 ideal elastic body; perfect elastic body; perfect elasticity; perfect elastic material
理想的 sophisticated
理想的材料 sophisticated material
理想的次数分配 ideal frequency distribution
理想的级配材料 well graded material
理想的检索服务 idealized search service
理想的交替跨接 perfect jump
理想的散射 perfect diffusion
理想的无像差像点 ideal aberration-free image point
理想的作业顺序示意图 ideal schematic diagram
理想等离子体 ideal plasma
理想地平 ideal horizon; mathematic(al)horizon
理想点 ideal point
理想电介质 ideal dielectric; perfect dielectric
理想断面图 ideal section
理想发动机 ideal engine
理想发动机循环 ideal engine cycle
理想反光镜 optically perfect reflector
理想反光器 optically perfect reflector
理想反射 ideally reflecting
理想方案 ideal plan
理想房屋 ideal building
理想放音磁头 ideal reproducing head
理想非完美晶体 ideal imperfect crystal
理想分散 ideal dispersion
理想辐射器 perfect radiator
理想辐射体 ideal radiator
理想刚塑性体 rigid-perfectly plastic body
理想刚性辊 unflattened roll
理想工质 ideal working substance
理想共振 ideal resonance
理想构架 ideal frame; ideal framework; perfect frame(work)
理想固溶体 ideal solid solution
理想观测者 ideal observer
理想观测者准则 ideal observer criterion
理想光学系统 perfect optic(al) system
理想光源 perfect light source
理想光子接收器 ideal photon receiver
理想轨道 ideal orbit; ideal trajectory
理想国 utopia
理想海平面 ideal sea level
理想函数 ideal function
理想黑体 ideal blackbody; perfect black body
理想桁架 ideal truss
理想横剖面 conceptual cross-section; ideal profile
理想红外线检测器 blip
理想化 idealisation[idealization]; idealize; sublimation; sublime; transfigure
理想化的 idealized
理想化地震动 idealized earthquake ground movement
理想化结构 idealized structure
理想化模式 idealized pattern
理想化模型 idealized model
理想化特性 idealized characteristic
理想化系统 idealized system
理想化形式 idealized form
理想化震源模型 idealized source model
理想化值 idealized value
理想化状态 idealized state
理想环流 ideal circulation
理想换能器 ideal transducer
理想回热循环 ideal regenerative cycle
理想混合 perfect mixing
理想机器 hypothetical machine
理想积分器 ideal integrator
理想级配 ideal grading
理想剪切强度 ideal shear strength
理想铰 ideal hinge
理想结构 ideal structure
理想解 ideal solution
理想介质 perfect medium
理想晶体 ideal crystal; perfect crystal
理想聚焦场 ideal focusing field
理想聚焦磁场边界 ideal focusing magnetic field boundary
理想颗粒尺寸 ideal grain size; ideal particle size
理想颗粒大小分布 ideal particle size distribution
理想颗粒级配曲线 ideal grading curve
理想类型 ideal type; true type
理想冷冰循环 ideal refrigeration cycle
理想冷冻循环 ideal efficiency
理想理论 ideal theory
理想粒度 ideal grading
理想粒径 ideal grain size; ideal particle
理想粒状体 idealized fragmental mass
理想灵敏度 ideal sensitivity
理想流 frictionless flow; inviscid flow
理想流动 frictionless fluid; ideal flow; ideal fluid; perfect fluid
理想流体 frictionless fluid; ideal fluid; ideal gas; ideal liquid; perfect fluid; perfect gas
理想流体流动方程 equation for frictionless flow
理想流体中的阻力 ideal drag
理想滤波器 ideal filter
理想论板 theoretic(al) plate
理想码 abstract code; perfect code
理想漫反射面 perfect reflecting diffuser
理想漫反射器 perfectly diffuse reflector
理想模式 idealized model
理想模型 ideal model; theoretic(al) model
理想能力 ideal capacity; theoretical capacity
理想能坡线 ideal energy gradient
理想黏[粘]结 perfect bond
理想黏[粘]土 ideal clay
理想排气速度 ideal exhaust velocity
理想配比的 stoichiometric(al)
理想配筋率 ideal ratio of reinforcement
理想喷嘴 ideal nozzle
理想频域滤波器 ideal frequency domain filter
理想平面 ideal plane
理想屏幕 idealized screen
理想坡莫合金 idealoy
理想剖面图 ideal profile; ideal section
理想气候 ideal climate
理想气体 ideal gas; perfect gas
理想气体常量 ideal gas constant; perfect gas constant
理想气体常数 ideal gas constant; perfect gas constant
理想气体定律 general gas law; ideal gas law; law of perfect gas; perfect gas law
理想气体定律方程式 ideal gas law equation
理想气体动力学 perfect gas aerodynamics
理想气体方程 general gas law; ideal gas equation
理想气体方程式 equation of ideal gas
理想气体混合物 perfect gaseous mixture
理想气体特性 perfect gas behavio(u)r
理想气体状态方程式 perfect gas equation
理想强度 desired strength; ideal strength; theoretic(al) strength
理想切削 desired cut
理想取向 ideal orientation
理想缺失 anideation
理想燃料 ideal fuel
理想燃料消耗量 ideal propellant consumption
理想燃烧 ideal burning; ideal combustion
理想溶液 perfect solution; ideal solution
理想散体 idealized fragmental mass
理想扫描 ideal scan(ning)
理想杀生剂 ideal biocide
理想砂(土) ideal sand
理想筛网 idealized screen
理想射流速度 ideal jet velocity
理想生物气候 ideal bioclimate
理想湿度 ideal humidity
理想石墨 ideal graphite
理想时域滤波器 ideal time domain filter
理想示功图 ideal diagram
理想示踪物 ideal tracer
理想视差 hypothetical parallax
理想水管理条件下的作物产量 objective yield
理想速度 ideal velocity
理想塑性 ideal plasticity
理想塑性机制 ideal plastic mechanism
理想塑性理论 ideal plastic theory; theory of ideal plasticity
理想塑性体 ideal plastic body
理想塑性土 ideally plastic soil
理想碎屑体 idealized fragmental mass
理想塔 ideal column
理想塔板 ideal plate; theoretically perfect plate(tray)
理想弹性及塑性材料 elastic-perfectly plastic material
理想探测器 ideal detector; perfect detector
理想条件 ideal condition
理想投影 preferred view
理想透镜 perfect lens
理想土积曲线 ideal grading curve
理想土壤 ideal soil
理想土体 perfect soil
理想完美晶体 ideally perfect crystal
理想网络 ideal network
理想温度 ideal temperature
理想文丘里管 ideal Venturi(tube)
理想物体的基本模型 basic model of ideal body
理想物质 ideal mass
理想吸附溶液 ideal absorbed solution
理想吸附溶液理论 ideal absorbed solution theory
理想吸收溶液 ideal absorbed solution
理想系统 ideal system
理想线路 ideal line
理想线图 hypothetical diagram
理想像点 ideal image point
理想像对 ideal photopair
理想效率 ideal efficiency
理想信道 ideal communication channel
理想性能 ideal performance
理想循环 ideal cycle
理想压曲荷载 ideal buckling load
理想延性构件 perfectly ductile element
理想液体 ideal liquefaction; ideal liquid; non-viscous liquid; perfect fluid; perfect liquefaction; perfect liquid
理想液体流 frictionless flow
理想印刷中心线 ideal print center line
理想应变 ideal strain
理想应力 ideal stress
理想预报 perfect prognostic
理想预应力 perfect prestress
理想圆穹顶 ideal cupola
理想圆屋顶 ideal cupola
理想约束 ideal constraint
理想运转热消耗 ideal load heat consumption
理想真空 perfect vacuum
理想震源模型 idealized seismologic(al)model
理想直径 ideal diameter
理想直流电机 ideal direct current machine
理想直线 ideal line
理想值 ideal value
理想指示剂 ideal indicator
理想中等大小粒子 ideal middle-size(d)grain
理想中等粒径 ideal middle-size(d) grain
理想中值粒径 ideal middle-size(d) grain
理想重放磁头 ideal reproducing head
理想主义 idealism; rationalism
理想主应力 ideal main stress; ideal principal stress
理想柱 <中心荷载下的纯直> ideal column
理想转速 desired speed
理想状态 ideal state; perfect condition; perfect state
理想自我 ideal self
理想坐标 ideal coordinates
理性教育 rational education
理性阶段 reasonable stage
理性决策 rational decision making
理性科学 cognitive science
理性力学 rational mechanics
理性选择行为【交】 rational choice

behavio(u)r
理性主义 rationalism
理性主义建筑 rationalist period
理性主义时代 rationalist period
理由 the whys and wherefores
理智感 rational feeling
理智时代【地】age of reason
理智主义 intellectualism

锂白云母 lithian muscovite

锂冰晶石 cryolithionite[kryolithionite]
锂碘电池 lithium iodine battery
锂电池 lithium cell
锂电池组 lithium battery
锂电解槽 lithium cell
锂电气石 elbaite
锂丰度 lithium abundance
锂汞齐 lithium amalgam
锂光谱 lithium spectrum
锂辉石 spodumene; spodumenite; triphane
锂辉石含量 spodumene
锂辉石锂矿石 spodumene ore
锂基 lithium base
锂基润滑脂 lithium base grease; lithium(soap)grease
锂卡红 lithiocarmine
锂空气电池 lithium-air battery
锂矿(石)lithium ore
锂蓝闪石 holmquistite
锂离子吸附 lithium ion adsorption
锂磷铝石 amblygonite
锂磷石 lithiophosphate
锂硫蓄电池 lithium sulfur battery
锂滤色镜 lithium filter
锂铝矿 kunzite
锂绿泥石 cookeite
锂蒙脱石 hectorite; swinefordite
锂钠云母 hallerite
锂硼绿泥石 manandonite
锂铍脆云母 bityite
锂铍石 liberite
锂漂移硅探测器 lithium drifted silicon detector
锂漂移探测器 lithium drift detector
锂漂移锗晶体 lithium drifted germanium crystal
锂漂移锗探测器 lithium drift germanium detector
锂青铜 lithium bronze
锂润滑脂 lithium grease
锂水 lithium water
锂霞石 eucryptite
锂星 lithium star
锂亚硫酸氯化物电池 lithium thionyl chloride battery
锂盐 lithium salt
锂氧 lithia
锂硬锰矿 lithiophorite
锂云母 lepidolite; lithionite; scale stone
锂云母花岗岩 lithia granite
锂云母锂矿石 lithonite ore
锂云母岩 lepidolite rock
锂皂(基)润滑脂 lithium soap grease
锂皂石 hectorite
锂皂型压力枪用润滑脂 lithium-type pressure gun grease

鲤鱼 carp

鲤鱼钳 combination pliers; slip-joint pliers

力本论者 dynamicist

力比 force rate; force ratio
力比例尺 force scale
力臂 actuating arm; arm of force; lever of force; tension arm; power arm <杠杆的>
力臂比 leverage
力边界 force boundary
力变形关系 force-deformation relationship
力变形图 force-deformation diagram
力布局法 force placement method
力材 dead wood
力操纵机构 force motion
力测仪表 electrodynamic(al) instrument
力常数 force constant
力场 field of force; force field
力场理论 force-field theory
力场强度 force intensity
力车胎硫化机 cycle tire[tyre] vulcanizing press
力程 range
力触点 pressure contact
力传递系统 force transfer system
力传感器 force transducer
力导纳 mechanical admittance
力的饱和 saturation of forces
力的闭合多边形 closed polygon of forces
力的闭合三角形 closed triangle of forces
力的闭环传动 non-positive drive
力的变化 force variation
力的变化幅度 force amplitude
力的不平衡 force unbalance; unbalance force
力的冲量 linear impulse
力的传递 transfer of forces
力的单位 unit of forces
力的单一(分)解 univocal resolution of forces
力的方向 direction of force; force direction
力的分布 force distribution
力的分解 decomposition of forces; force decomposition; force resolution; resolution of forces
力的分量 component force; component of forces
力的杆杠作用 leverage of forces
力的合成 composition of forces; force resultant; resultant of forces
力的记号 symbolism of forces
力的空间分布 spatial distribution of forces
力的空间积分 space integral of forces
力的流线 flow of forces
力的偏心施加 eccentric application of force
力的偏心应用 eccentric application of force
力的平衡 equilibrium of forces
力的平行六面体 parallelepiped(on) of forces
力的平行四边形 parallelogram of forces
力的平行系统 parallel system of forces
力的起伏 play of forces
力的时间积分 time integral of forces
力的矢量 direction and magnitude of forces
力的图解 force diagram
力的相互作用 interplay of forces
力的运用 force application
力的种类 type of forces
力的总和 summation of forces
力的作用 force application
力的作用点 application point of forces; origin of forces; point of application
力的作用条件 force condition
力的作用位置 place of application of forces
力的作用线 line of action of forces; line of application
力多边形 force polygon; polygon of forces; reciprocal force polygon
力多边形闭合 closure of force polygon
力多边形图 force diagram
力法 <分析超静定结构的基本方法之一> force method
力反馈 force feedback
力反馈加速度计 force feedback accelerometer
力幅 force amplitude
力高 dynamic(al)height
力工 unskilled labo(u)r
力管 tube of force
力管指数 solenoidal index
力规 force transducer
力函数 force function
力夯 hand tamp
力恒量 force constant
力计算图式 static schematization
力交会点 point of force concurrence
力筋 stressing tendon; tendon
力筋布置图 tendon layout
力筋的有效应力 effective prestress in tendon
力筋管道 tendon duct
力筋锚具 tendon anchor; tension anchor
力筋用钢丝 tendon wire
力筋用锯丝 tendon wire
力劲 mechanical stiffness
力矩 bending moment; force moment; moment; moment of forces
力矩包(络)线 moment envelope
力矩比例尺 moment scale
力矩臂 moment arm; lever arm
力矩变换器 torque converter
力矩标度 scale for moments
力矩表 moment table
力矩不平衡 moment unbalance
力矩测量 torque measurement
力矩传感器 torque pickup
力矩的 momental
力矩的传递 transfer of moment
力矩巅值 moment peak
力矩迭代法 moment iteration method
力矩叠加 superposition of moments
力矩法 method of moments; moment method
力矩方程式 equation of moments; moment equation
力矩分布法 method of moment distribution; moment distribution method
力矩分量 component of moment
力矩分配法 <属于位移法类型的一种渐近法,主要适用于连续梁和刚架的计算> moment distribution method; method of moment distribution
力矩函数 moment function
力矩减小 reduction of moments
力矩卷绕图 torque-winding diagram
力矩控制截面 critical section for moment
力矩流 torque flow
力矩马达 torque motor
力矩面积 area moment; area of moment
力矩面积法 area moment method
力矩拼接 moment splice
力矩平衡 equilibrium of moments; moment balance; moment equilibrium
力矩平衡法 moment-balance method
力矩平衡器 moment compensator
力矩平衡条件 moment-balance condition
力矩器 torquer
力矩强度 moment strength
力矩曲率关系图 moment-curvature relationship
力矩曲线 moment curve
力矩曲线斜率 moment-curve slope
力矩容量 moment capacity
力矩三角形 moment triangle; triangle of moments
力矩矢量 momental vector; moment vector
力矩式同步机 torque synchro
力矩式自整角机 torque selsyn
力矩试验 moment test
力矩算符 moment operator
力矩图 force-moment diagram; moment curve; moment-diagram
力矩图面积 moment area
力矩图面积法 moment area method
力矩图形状 shape of the moment diagram
力矩系数 coefficient of moment; moment coefficient; torque factor
力矩系数导数 moment derivative coefficient
力矩限制开关 moment limit switch
力矩限制器 moment limit(ing) device
力矩引起的屈曲 moment buckling
力矩影响系数 moment-influence factor
力矩影响线 moment influence line
力矩与曲率关系图 moment-curvature diagram; moment-curvature relationship
力矩运算子 moment operator
力矩载量 moment capacity
力矩再分布 moment redistribution
力矩再分配 moment redistribution
力矩增大 torque multiplying
力矩张量 moment tensor
力矩支点 fulcrum of moments
力矩中心 center[centre] of moments; fulcrum of moments; moment center[centre]
力矩重量比 ratio of torque to weight
力矩轴 axis of torque; moment axis
力抗 mechanical reactance
力控制支承 force control bearings
力链 riding cable; riding chain
力量保存 reserve of strength
力量不等的 anisosthenic
力律 law of force
力锚 riding anchor; weather anchor
力密度 force density
力敏元件 force sensing element; piezosensor
力能工程 power engineering
力能学 energetics; power engineering
力欧姆 mechanical ohm
力偶 couple(of forces); force couple
力偶臂 arm of(a) couple
力偶矩 couple moment; moment of couples
力偶面 plane of couples
力偶轴线 axis of couples
力耦合成 composition of couples
力平衡 force balance; force equilibrium
力平衡式加速度计 force-balanced accelerometer
力平行四边形 force parallelogram
力迫法 forcing method
力三角形 force triangle; triangle of forces
力时积 time-impulse
力矢量 force vector
力士润肤室 <古希腊、古罗马体育场附属房间> conisterium

力势 force potential
力束 flux of forces；tube of forces
力顺 mechanical compliance
力所不及 out of(the)reach
力所能及 within ones reach；within the range of
力锁合 force closure
力调节器 load responsible controller
力调节器测量器 draft responsible member
力调节系统 draft control system；draft responsible system
力通量 flux of force
力图 forced diagram
力位移关系(曲线) force-displacement relationship
力位移(关系曲线)图 force-displacement diagram
力系 assemblage of forces；system of forces
力系合成 composition of forces
力系数 force coefficient
力线 flux line；force line；line of forces
力线管 field tube；tube of forces
力线密度 density of lines of forces
力线束 flux of force lines；flux of lines of forces
力线图 force diagram；reciprocal diagram；stress diagram
力限制器 force-limiting device
力心 center[centre] of forces
力畜 beast of burden；draught animal
力旋量 force screw
力学 mechanics
力学扁率 dynamic(al)flattening；dynamic(al)oblateness
力学测量 mechanical measurement
力学单位 mechanical unit
力学的 mechanical
力学方法 mechanical method
力学分点 dynamic(al)equinox
力学分析 mechanical analysis
力学分析曲线 mechanical analysis curve
力学构成 mechanical composition
力学关系 mechanical relationship
力学光学应变仪 mechanical optic (al)strain ga(u)ge；mechanics-optical strain ga(u)ge
力学化学 mechanochemistry
力学回复 mechanical recovery
力学家 dynamicist
力学量 mechanical quantity
力学模型 dynamic(al)model；mechanical model
力学耐久性 mechanical durability
力学欧姆 mechanical ohm
力学平衡条件 mechanical equilibrium condition
力学强度 mechanical strength
力学强度试验机 testing machine for material strength
力学时 dynamic(al)time
力学时标度 dynamic(al)time scale
力学实验设备 mechanics experimental equipment
力学视差 dynamic(al)parallax；hypothetical parallax
力学试验 mechanical test(ing)
力学特性 mechanical characteristic；mechanical property
力学体系 mechanical system
力学椭率 dynamic(al)ellipticity
力学系数 mechanical factor
力学系统 mechanical system
力学线路 mechanical line
力学相似定律 law of mechanical similarity
力学相似性 mechanical similarity
力学性能 mechanical property；mechanical behavio(u)r；mechanical character
力学性能检测 mechanical inspection
力学性能试验 mechanical aptitude test；mechanical inspection；mechanical property test(ing)；test of mechanical property
力学性能试验机 mechanical tester
力学性质 mechanical property
力学性质指标 index of mechanical properties
力学因素 mechanical factor
力学震动条件 mechanical shock condition
力学质量 mechanical mass
力学滞后 mechanical hysteresis
力学状态 mechanical state
力学状态方程 mechanical equation of state
力学阻抗作用 mechanical impedance
力因数 force factor
力原点 origin of forces；orifice of forces
力致伸缩 mechanostriction
力轴 mechanical axis
力阻 mechanical resistance
力阻抗 mechanical impedance
力作用点 point of force application
力作用方向 force direction
力作用线 line of forces

历

历表 ephemeris[复 ephemerides]
历法 calendar
历年 calendar year；civil year
历年洪水资料 flood series
历年平均洪水位 mean flood level in past years
历年值 annual value
历年资料外推法 historic(al)data extrapolation
历日 calendar day
历日期 calendar date
历日月 calendar month
历石 calendar stone
历时 duration；time duration
历时反应 time-history response
历时面积曲线 duration-area curve
历时面积深度关系 duration-area-depth relation
历时曲线 duration curve；duration hydrograph
历时系列 duration series
历时性 diachronism
历史保护区 historic(al)district
历史背景 historic(al)background；historic(al)context
历史比拟法 historic(al)analogy method
历史标志性建筑 landmark architecture
历史博物馆 historic(al)museum；history museum
历史产量品位法 historic(al)product-grade method
历史成本 historic(al)cost
历史成本法 historic(al)costing；historic(al)cost method
历史成本会计 historic(al)cost accounting
历史成本基础 historic(al)cost basis
历史成本假设 historic(al)cost assumption
历史成本与可变现净值孰低 lower of historic(al)cost or net realizable value
历史传统 historic(al)heritage
历史的破损率 historic(al)break rate
历史的(土地)界标 historic(al)landmark
历史的证明 testimony of history
历史地理学 historic(al)geography
历史地貌学 historic(al)geomorphology
历史地图 historic(al)map
历史地图集 historic(al)atlas
历史地震 historic(al)earthquake
历史地震调查 historic(al)earthquake survey
历史地震活动 historic(al)seismologic(al)activities
历史地震活动性 historic(al)seismicity；preceding seismic activities
历史地质学 geochronic geology；historic(al)geology
历史调查 historic(al)survey
历史调查洪水 historic(al)flood based on investigation
历史法 historic(al)method
历史分期排列法 historic(al)order
历史分期图 period map
历史古迹 historic(al)monument
历史古迹区 historic(al)relics area
历史观点 historic(al)viewpoint
历史惯性 historic(al)inertia
历史航迹 back trace；backtrack；historic(al)track
历史和文化上的密切关系 historic (al)and cultural affinity
历史洪水调查 historic(al)flood investigation；historic(al)flood survey
历史洪水损失 historic(al)flood damage
历史洪水位 historic(al)flood level
历史洪水灾害 historic(al)flood damage
历史画挂毯 storied tapestry
历史环境 historic(al)environment
历史记录 historic(al)records
历史记录洪水 history flood
历史记录推断 extrapolation of historic(al)records
历史记录中心 graphic(al)command center for history
历史记载 historic(al)records
历史记载的洪水 historic(al)flood
历史记载的特大洪水位 record flood
历史纪念物 ancient monument；historic(al)monument
历史价值 historic(al)value
历史建筑 historic(al)landmark
历史较高水位 higher high water level
历史考古法 historic(al)archaeologic(al)method
历史名城 famous historical city；historic(al)city
历史模拟 historic(al)simulation
历史模型 historic(al)models
历史前瞻性调查 historic(al)prospective study
历史区 historic(al)park
历史趋势 historic(al)climate
历史人口学 historic(al)demography
历史上的气候 historic(al)climate
历史上断层活动区 historically active fault zone
历史事件 historic(al)event
历史事件里程碑 land mark
历史数据 historic(al)data
历史顺序 historic(al)sequence
历史天气图 historic(al)weather map
历史条件 historic(al)context
历史土壤学 historic(al)pedology
历史文化名城 historic(al)cultural city
历史文化名城保护 conservation of historic(al)cultural cities
历史文物 historic(al)relics
历史文物保护 historic(al)relic preservation
历史文物(遗址)保护区 historic(al) relic preservation area
历史舞台 historic(al)stage
历史性标志 historic(al)landmark
历史性建筑 historic(al)building；historic(al)structure
历史性建筑保护 historic(al)preservation
历史性建筑保护计划 historic(al) preservation program(me)
历史性建筑保护证明 certificate of historic(al)buildings；certification of historic buildings
历史性建筑类型 historic(al)building styles
历史性建筑区 historic(al)area
历史性市区 historic(al)district
历史性资料 historic(al)materials
历史遗产 historic(al)heritage
历史遗迹 ancient monument；historic (al)monument；historic(al)ruin
历史遗址 historic(al)site
历史因素 historic(al)factor
历史悠久的 venerable
历史主义 historicism
历史资料 historic(al)data；historic (al)records
历史资料法 historic(al)data approach
历史最大洪峰 historic(al)peak flood；record peak flood
历史最大洪水 historic(al)maximum flood；maximum experienced flood
历史最大流量 highest ever-known discharge；highest high discharge；historic(al)flow
历史最低潮位 historic(al)lowest water level；lowest ever-known water level
历史最低低潮位 lowest low water level
历史最低水位 historic(al)lowest water level；lowest ever-known water level；lowest low water level
历史最高潮位 highest ever-known tide level；highest ever-known water level；highest high water level on record；highest recorded (water)level；historic(al)highest tidal level；historic(al)highest water level
历史最高(高)潮位 highest high water(level)
历史最高纪录 all time record
历史最高水位 highest ever-known water level；highest high water (level)(on record)；highest recorded(water)level；historic(al)highest water level
历史最小流水量 lowest ever-known discharge
历史最小水深 historic(al)least depth；record least depth
历书 almanac；calendar；ephemeris[复 ephemerides]
历书恒星时 ephemeris sidereal-time
历书经度 ephemeris longitude
历书秒 ephemeris second
历书日 calendar day；ephemeris day
历书时 almanac time
历书时差 <真太阳时与平太阳时的历书时角差> equation of ephemeris time
历书时间 ephemeris time
历书时角 ephemeris hour angle
历书中天 ephemeris transit
历书子午线 ephemeris meridian

历数书 siddhanta
历元 epoch
历元赤道 equator of epoch
历元间求差【天】 between epoch difference
历元平极 mean pole of the epoch
历月 calendar month
历钟 calendar clock

立奥缝隙 Lyot division
立奥滤光器 Lyot filter
立奥去偏振器 Lyot depolarizer
立奥日冕仪 Lyot coronograph
立奥消偏振镜 Lyot depolarizer
立板 riser
立板楼盖 plank-on-edge floor
立板木桥面 laminated timber floor; strip timber floor
立板条 boxing up
立篦式雨水口 inlet with vertical gratings
立臂 vertical arm
立臂式挖沟机 vertical boom trencher; vertical boom trenching machine
立臂式挖土机 vertical boom excavator
立边 stile
立标 beacon; pharos; staking out; floating mark <测距仪或测高仪的>
立标灯 beacon light
立标杆 post(ing)
立标牌 signing
立标志 sign posting
立标桩 stake-setting; staking; staking-setting
立标桩定线【道】 marking out
立柄犁刀 hanging colter
立波 clapotis; standing swell; standing wave; stationary wave; vertical wave
立波尔(水泥回转)窑 Lepol kiln
立波尔窑炉箅子预热机 Lepol grate process preheater
立波尔移动式炉箅子 Lepol travel(l)ing grate
立波理论 standing-wave theory; stationary wave theory
立波平均水位 mean level of clapotis
立波压力 standing-wave pressure; stationary wave pressure
立波壅水增加高度 clapotis set-up
立餐 stand meal
立仓 vertical silo
立槽割煤机 buttock machine
立测地面控制 stereoscopic(al) ground control
立测地形图 stereometric(al) map; stereoscopic(al) map
立层式振动筛 triple-deck vibrating screen
立插 vertical cutting
立场 position; standpoint
立场文件 position paper
立车 vertical boring and turning machine; vertical boring mill; vertical lathe
立迟 retardation of standing
立尺员 rod-melting process; staffman
立齿条 vertical tooth rack
立吹薄毡机组 vertical blast mat forming aggregate
立吹法 longitudinal blowing process; vertical blowing process
立吹炉 upright converter
立刀杠杆式剪切机 vertical knife lever shears
立刀架最大行程 maximum travel of vertical slide
立刀式分禾器 vertical knife divider
立德粉<油漆用白色颜料> Griffith's white; lithop(h)one
立德炸药<由苦味酸组成的烈性炸药> lyddite
立灯 floor lamp
立地 site
立地类型 site type
立地生产力 site quality
立地钟 tall-case clock
立电线杆 pole erecting
立顶 jack stand
立动式存储器 active memory
立堵 end dump
立堵法 end dumping method
立堵截流 end-dump closure; front-dump closure; vertical closure
立堵截流法 end dumping closure method; end fill closure method; end-tipped closure method; vertical closure method
立法部 legislature
立法机构大厦 capitol
立法机构行政会议厅 capitol
立法机关 legislature
立方 raise to third power; third power
立方八面体 cubooctahedron
立方表示法 cubic(al) notation
立方程式 equate
立方尺寸 cubic(al) dimension
立方次多项式 cubic(al) polynomial
立方次方程 cubic(al) equation
立方次函数 cubic(al) function
立方次曲线 cubic(al) curve
立方代数 cubic(al) algebra
立方氮化硼 Borazon
立方点阵 cubic(al) lattice
立方点阵晶胞 cubic(a) lattice cell
立方堆积 cubic(al) packing
立方吨 cubic(al) ton
立方分米 cubic(al) decimeter; deciliter[decilitre]
立方分束器 cube beam splitter
立方根 cube root; cubic(al) root; subtriplicate; third root
立方根色差方程 cube root colo(u)r difference equation
立方米 cubic(al) meter[metre]
立方厘米 cubic(al) centimeter[centimetre]
立方千米 cubic(al) kilometer
立方估价法 cube method
立方毫米 cubic(al) millimeter[millimetre]
立方结构 cubic(al) structure
立方结构铁淦氧 ferroxcube
立方结构铁氧体 ferroxcube
立方(紧)密堆积 cubic(al) closed packing
立方晶包 cubic(al) cell
立方晶格 cubic(al) lattice
立方晶体 cubic(al) crystal
立方晶体结构 cubic(al) crystal structure
立方晶系 cubic(al) crystal system; cubic(al) system; isometric(al) system
立方抗冲击强度 cube impact strength
立方空间点阵 cubic(al) space lattice
立方块强度试验 cube strength test
立方棱镜 block prism
立方厘米 cubic(al) centimeter[centimetre]
立方厘米分度 cubic(al) centimeter gradation
立方厘米/小时 cubic(al) centimeter per hour
立方量度<木材的> cubic(al) measure
立方律接收机 cubic(al) receiver
立方马氏体 cubic(al) martensite
立方码<体积单位> yard; cubic(al) yard
立方码散料 loose cubic(al) yard
立方码实方 bank cubic(al) yard; compacted cubic yard
立方码实方/英尺<1 英尺 = 0.3048 米> bank cubic(al) yard/foot
立方码数 yardage
立方码土方 bank cubic(al) yard
立方码虚方/英尺 loose cubic(al) yard per foot
立方米 cubic(al) meter[metre]; stere <量材积时用>
立方米/分 cubic(al) meters per minute
立方米每秒 cubic(al) meters per second; cumec
立方米/秒 cubic(al) meters per second; cumsec
立方米/日 cubic(al) meters per day
立方米土方 bank cubic(al) meter
立方米/小时 cubic(al) meters per hour
立方米预算 estimate on cubic(al) metre basis
立方密堆积结构 close-packed cubic(al) structure; cubic(al) closed packed structure
立方密装(晶格) cubic(al) closest packing
立方面线圈 cube-surface coil
立方面心的 cubic(al) face-centered
立方面心排列 face-central cubic(al) array
立方秒差距 cubic(al) parsec
立方抛物线 cubic(al) parabola
立方抛物(线)形缓和曲线 parabolic(al) transition curve
立方平面 cubic(al) plane
立方容积 cubic(al) capacity; cubic(al) content
立方容量 cubic(al) capacity; cubic(al) content
立方试件 test cube
立方试块 cube test specimen
立方试块抗压试验 cube crushing test
立方试体 test cube
立方数 cubic(al) number
立方体 hexahedron; regular hexahedron; cube
立方体匾式剪切仪 cubic(al) shear box
立方体单元 unicube
立方体的 cubic(al)
立方体法<估算房屋造价> cube method
立方体格子 cubic(al) body-centered lattice
立方体隔声板 cubic(al) acoustic(al) tile
立方体隔声天花板 cubic(al) acoustic(al) ceiling
立方体混凝土 cube concrete
立方体混凝土抗压强度 cube concrete strength
立方体混凝土块 cube concrete specimen
立方体混凝土试块 cube concrete test specimen
立方体解理 cubic(al) cleavage
立方体金刚石 cubic(al) diamond
立方体抗压强度 cube crushing strength; cubic(al) compressive strength
立方体抗压强度试验 cube crushing strength test
立方体棱法 cube-edge method
立方体强度 cube[cubic(al)] strength
立方体强度试验 cube strength test
立方体试件抗压强度 cube crushing strength; test cube strength
立方体试件破坏强度 cubic(al) crushing strength
立方体试件强度 cube strength
立方体试件压碎强度 cubic(al) crushing strength
立方体试块 test cube
立方体试块抗压强度 cube strength; test cube strength
立方体试块破坏强度 cubic(al) crushing strength
立方体试块压碎强度 cubic(al) crushing strength
立方体试模<混凝土> cube mo(u)ld; test cube mo(u)ld
立方体饰形 cubic(al) modification
立方体碎石骨料 cubic(al) aggregate
立方体网络 cube network
立方体系数<即评定碎石形状的系数> factor of cubicity; cubic(al) factor; cubicity factor
立方体心结构 cubic(al) body-centered structure
立方体压碎强度 cube crushing strength
立方体柱头 cube capital
立方体状颗粒 cubic(al) particle
立方天线 cubic(al) antenna
立方填充 cubic(al) packing
立方系 isometric(al) system
立方相交 intersection of cubes
立方行列式 cubic(al) determinant
立方形 cube; cubic(al) form
立方形的 cubic(al); cubic(al)-shaped; cubiform; cuboid
立方形房屋 cuboid house
立方形骨料 cubicle aggregate; cubic(al)(-shaped) aggregate
立方形集料 cubicle aggregate; cubic(al)(-shaped) aggregate
立方形搅拌机 cube mixer
立方形颗粒<三个方向长度大致相同的颗粒> cubic(al) piece
立方形颗粒材料 cubic(al) material
立方形空腔谐振器 cubic(al) cavity
立方形粒料 cubicle aggregate
立方压毁强度 cube crushing strength
立方压砧 cubic(al) anvil
立方岩浆岩 cubic(al) igneous rock chippings
立方英尺<1 英尺 = 0.3048 米> cube foot; feet cube; feet super; foot cube; solid foot; cubic(al) foot
立方英尺法<用于估算房屋造价> cubic(al) foot method
立方英尺/分 cubic(al) feet per minute
立方英尺/秒 cube[cubic(al)] feet per second; cusec; second-foot
立方英尺/秒流量 cusec
立方英尺/小时 cubic(al) feet per hour
立方英寸<1 英寸 = 0.0254 米> cube(d) inch; solid inch; cubic(al) inch
立方英码 cubic(al) yard
立方英寻<英国木材检尺单位,层积 6 英尺×6 英尺×6 英尺 = 216 立方英尺 = 6.12 立方米,实积 144 立方英尺 = 4.03 立方米> cubic(al) fathom
立方隅角反向反射器 cube corner retroreflector
立方轴 cubic(al) axis
立方轴系 cubic(al) axial system
立方最紧密堆积 cubic(al) closest packing
立方最紧密填充 cubic(al) closest

packing
立分支点 subcenter[subcentre]
立缝 standing seam
立缝白铁皮屋面 standing seam tin roof
立干漆 quickly drying colo(u)r; quickly drying paint
立杆 erecting pole; poling; pole setting; post shore; soldier; upright (stanchion); vertical (member); vertical rod
立杆分线台 pole platform
立杆机 pole-setting machine
立杆作业车 pole erecting working car; post-erecting car
立高 standing height
立根【岩】 grudging post; stand
立根摆管机构 pipe racking system
立根垫 pipe rack; pipe racking stand; pipe setback
立根盒 <安放钻杆的> setback
立根架 pipe setback
立根台 conduit support
立拱架控制器 centering control instrument
立构规整度 tacticity
立构规整接枝聚合物 stereograft polymer
立构规整嵌段 stereo-block
立构规整性 stereoregularity
立构聚合物 three-dimensional construction polymer
立构无规共聚物 stereorandom copolymer
立构橡胶 stereorubber
立构有规聚 stereoregular polymer
立管 down pipe; riser (pipe); rotary standpipe; service riser; stack(pipe); standpipe (riser); vertical pipe; vertical tube
立管出口 standpipe outlet
立管的尺寸 size of riser
立管管夹(子) riser clamp
立管卡子 riser clamp
立管控制阀 standpipe control valve
立管冷凝器 vertical tube condenser
立管排污口水力学 outfall riser hydraulics
立管区域凝固装置 vertical tube zone-freezing unit
立管热风供暖法 hot-air heating standpipe method
立管式 standpipe type
立管式反应柱 vertical pipe reaction column
立管式悬移质采样器 vertical pipe type suspension load sampler
立管式蒸发器 vertical tube evapo(u)rator
立管台 standpipe floor
立管通气法 stack venting
立管通气孔口 stack vent
立管系统 standpipe system
立管压力 standpipe pressure
立管组合 stack group
立柜 clothes closet; hanging cupboard; wardrobe
立辊 edger roll; vertical edging roll; vertical mill; vertical roller
立辊机座 edger mill; edging stand
立辊轧边机 vertical edger
立辊轧机 edger (mill); edging mill; vertical mill(er)
立焊 vertical position welding; vertical weld(ing)
立焊缝 cross joint (ing); vertical welding seam
立焊焊条 vertical electrode
立焊角焊缝 vertical fillet weld
立焊位置 vertical position; vertical position of welding
立即变换 immediate transformation
立即操作 immediate operation
立即操作符 immediate operator
立即操作数 immediate operand
立即操作指令 immediate operation instruction
立即撤职 summary dismissal
立即充填 simultaneous filling
立即处理 demand processing; immediate processing; time-sharing process(ing)
立即存储器 immediate-access storage
立即存取 immediate access; instantaneous access; zero access
立即地址指令 immediate address instruction
立即发货 immediate delivery
立即访问 instantaneous access; zero access
立即访问存储器 immediate-access memory; immediate-access storage; zero access memory
立即服务方式 loss system; non-hang-up base
立即付款 at-once-payment; instant payment; prompt cash (payment); prompt payment; repayable on demand
立即付现 immediate cash payment; prompt cash(payment)
立即付现折扣 prompt cash discount
立即环境终止 immediate environment termination
立即回答生效 subject to immediate reply
立即记录 immediate record
立即检验点 immediate checkpoint
立即交货 immediate delivery
立即接通 demand working
立即接通制 no-delay base; non-hang-up base
立即接续制 no-delay working; demand working; rapid toll plan; no-delay base; no-hung-up base
立即接续制通信[讯] no hand-up
立即解锁 instantaneous release
立即拒绝体制 loss system
立即可取报告 quick access report
立即可以进入并拥有该房地产的权利 rights of immediate possession
立即码 instantaneous code
立即命令 immediate command
立即赔偿 immediate compensation
立即清算债务的收款 collection with immediate settlement
立即请求方式 immediate-request mode
立即取数加 zero access addition
立即取消 immediate cancel
立即任务 immediate task
立即设备控制块 immediate device control block
立即释放信号 immediate release signal
立即数据 immediate data
立即死亡 immediate death
立即送交 prompt delivery
立即送数指令 immediate load instruction
立即跳动 immediate skip
立即停机 hard stop
立即停止方式 instant stop type
立即脱模 instantaneous removal of forms
立即响应方式 immediate-response mode
立即响应系统 on-demand system
立即行动 immediate action
立即型子命令 immediate subcommand
立即寻址方式 immediate addressing mode
立即预置 quick initialize
立即折返制【铁】 quick turnaround system
立即执行方式 immediate execution mode
立即指令 immediate instruction
立即致死带 zone of immediate death
立即致死量 incipient lethal level
立即装船 immediate shipment
立即装入指令 load immediate instruction
立即装运 immediate shipment
立即追索 immediate recourse
立即作废 immediate cancel
立见分晓的试验 <比喻> litmus test
立剑式开沟器 Suffolk co(u)lter
立交 grade elimination; grade separation
立交道口 elevated crossing
立交道口车辆汇流 ramp merge
立交的经济性 economics of grade separation
立交高架桥 separation structure
立交涵洞 flyover culvert
立交路口 flyover crossing; flyover junction
立交桥 bridge crossing; elevated crossing; flyover crossing; grade-separation bridge; interchange bridge; overpass; separation bridge; grade separated bridge
立交桥工程地质勘查 engineering geologic(al) exploration of grade separation
立交入口通行能力 ramp capacity
立交枢纽 grade-separated junction
立交匝道 interchange ramp
立交造价 cost of grade separation
立交造价分派 apportionment of cost of grade separation
立浇 upright casting; vertical casting
立角焊 fillet welding in the vertical position
立脚点 footing
立脚手架 scaffolding erection
立接缝 standing seam
立接缝金属屋顶 standing seam metal roof
立接缝屋面 standing seam roofing
立接缝做法 standing seam system
立接制 <长途电话> combined line and recording system; no-delay working
立接制长途电话交换系统 demand basic toll switching system
立接制长途通信[讯] combined line and recording service
立接制电话 no hand-up; rapid service
立界 delimitation
立界桩 erect boundary markers
立筋 stud
立筋等级 stud grade
立筋隔断 stud partition
立筋隔墙 stud wall(partition)
立筋构架隔断 stud framed partition; stud framed wall
立筋构架墙 stud framed wall
立筋间距 stud spacing
立筋木 quartering
立筋墙 framed wall(ing)
立井 riser shaft; vertical shaft
立井架 erection of derrick
立井施工测量 shaft construction survey
立据 certification
立锯 deep cut(ting)
立看位 <剧院的> standing room
立壳式 vertical shell type
立可销售的农作物 cash crop
立刻 without delay
立刻装运 prompt shipment
立枯病 damping-off
立框式 vertical shell type
立楞隔板 quarter partition
立楞隔断 quarter partition
立楞隔墙 quartered partition
立里程碑 milestone
立梁 primary girder
立龙骨 bar keel
立卖契 draw up a deed of transfer
立毛地毯 tufted carpet
立锚 anchor apeak; apeak; up-and-down anchor
立面 facade; vertical face
立面标记 object mark(ing)
立面草图 sketch of elevation
立面处理 treatment of elevation; treatment of facade
立面大部分向内倾斜的房屋 tumble home
立面俯视图 vertical view
立面角 solid angle
立面局部放大 part of elevation with enlarged scale
立面控制 vertical control
立面宽度 <建筑物> face measure
立面剖视图 sectional elevation
立面上升电缆 vertical riser cable
立面设计 elevational design
立面探测 vertical sounding
立面透视图 elevation perspective
立面图 elevation diagram; elevation drawing; elevation view; front elevation drawing
立面图像 elevational presentation
立面图(样) elevational drawing
立面细部 elevation detail; detail of facade <房屋>
立面细节 detail of facade
立面照度分布 vertical light distribution
立模 erection of formwork; forming; form laying; form placing; formwork erection
立模板 erection of forms; shuttering
立模测量 formwork uprighting survey
立模方法 forming method
立模工具 formwork tool
立模浇制混凝土 mo(u)lded concrete block
立模角点 <开始架立混凝土模板的三个角点> corner batt
立磨 vertical mill
立磨粉磨 vertical spindle milling
立木 standing timber; standing tree; stumpage
立木材积表 tree volume table
立木的树脂防腐处理 pitch treatment of standing tree
立木度 stocking; stocking degree
立木价值 stumpage
立木减量系数 cull factor
立木山价 stumpage
立木销售 standing sale
立木蓄积 growing stock; stumpage
立木样方 stocked quadrat
立木重建 restocking
立木注药防腐法 capping method
立刨 slot; slot (ting); vertical plane machine
立刨床 slotter; slotting machine; vertical slot
立刨刀 downcutting tool
立剖 deep cut(ting)
立剖面 sectional elevation
立剖面图 profile in elevation
立剖图 elevation drawing

立契出让 remise;deed <美>
立契约 covenant
立契约人 contractor
立契转让财产 deed
立砌 laid on end
立砌层 upright course
立砌门窗过梁 soldier arch
立砌平拱 soldier arch
立砌顺砖 bull-nose stretcher
立砌砖 brick laid on end;brick-on-end;soldier
立砌砖层 brick soldier course;laid-on-edge course;soldier course
立砌砖拱 brick-end arch;soldier arch
立砌砖块路面 upper brick paving
立砌砖块铺砌 upper brick paving
立砌砖墙 withe[wythe]
立墙法 tilt-up walling
立墙泛水 base flashing;soaker
立墙平浇建筑法 tilt-up construction
立墙平浇结构 tilt-up structure
立取照相 instantograph
立绒 velvet
立筛 slanted screen
立射俑 shooting;standing;warrior
立升 liter[litre]
立升跨度 vertical-lift span
立时动作继电器 instantaneous acting relay
立式 floor type;upright;vertical
立式 C 形压床 horning press
立式安瓿机 vertical ampoule forming machine
立式暗装 floor hideaway
立式拔丝机 vertical wire-drawing-machine
立式泵 vertical pump;void vertical pump
立式比较仪 vertical type comparator
立式表面减温器 shell-type attemperator
立式冰箱 upright refrigerator
立式布机 vertical fabric splitting machine
立式缠绕机 planetary type winding machine;rotating arm winding machine;vertical winding machine
立式车床 vertical boring and turning machine;vertical lathe
立式车铣床 turn-miller
立式沉淀仓 vertical settling bunker
立式沉淀池 vertical flow settling tank;vertical sedimentation basin;vertical sedimentation tank
立式成粒机 upright granulator;vertical granulator
立式成型铣床 spindle mo(u)lder
立式充压型静电加速器 vertical pressure generator
立式冲击破碎机 vertical impact crusher
立式储气罐 vertical air tank
立式吹炉 upright converter
立式锤 vertical hammer
立式带锯 vertical band saw
立式带锯机 vertical band sawing machine
立式单板刨切机 vertical veneer slicer
立式单臂单动冲床 vertical open rod single action presses
立式单次拉丝机 single vertical block
立式单动直边冲压机 vertical straight side single action presses
立式单轴木工铣床 vertical single spindle mo(u)lding machine;vertical single-spindle mo(u)lder
立式档案柜 vertical file
立式导承调整楔 jaw wedge
立式导缆钳 pedestal fair leader
立式的 standing type
立式电动机 vertical motor;vertical type shaft motor
立式电动往复泵 vertical electric-(al)-driven reciprocating pump
立式电机 vertical machine
立式电解平面磨床 vertical electrolytic surface grinding machine
立式吊篮萃取机 Bollmann extractor
立式蝶型干燥器 vertical disk drier [dryer]
立式冻结柜 upright freezer
立式多段燃烧炉 vertical multistage furnace
立式多管锅炉 vertical multi-tubular boiler
立式多管蒸汽锅炉 vertical multi-tubular steam boiler
立式多横火管锅炉 Cochran boiler
立式多速电动机 vertical multispeed motor
立式多轴夹盘车床 vertical chucking multi-spindle
立式发动机 upright engine;vertical engine;vertical motor
立式发酵罐 vertical disgester
立式翻斗加料器 vertical skip hoist
立式放大镜 standing magnifier
立式分级机 vertical classifier
立式分解炉 vertical calciner
立式分离器 vertical separator
立式风机盘管机组 vertical fan coil unit
立式风扇排气器 vertical extractor with fan
立式风扇通风机 vertical ventilator with fan
立式风筒 vertical stave fan
立式浮桶疏水器 upright bucket trap
立式干燥机 vertical drier[dryer]
立式高速泵 vertical type high speed pump
立式格栅集装箱船 vertical cell container ship
立式给水加热器 vertical type feed water heater
立式构架 vertical truss
立式管式锅炉 vertical tubular boiler
立式管式炉 vertical tubular furnace
立式管束单元 vertical tube bundle unit
立式罐 vertical tank
立式滚筒干燥机 vertical cylinder dryer[drier]
立式滚筒搅拌机 pan mixer
立式锅炉 vertical boiler
立式过热器 pendant superheater
立式号盘 vertical dial
立式桁架 vertical truss
立式横管锅炉 vertical cross tube boiler
立式横烟管锅炉 Cochran boiler
立式烘干机 tower stove;vertical drier[dryer];vertical stove
立式烘炉 shaft kiln;vertical kiln
立式烘砂炉 vertical sand drying oven
立式烘芯炉 tower core oven;vertical core oven
立式虎钳 staple vice
立式花盘 vertical face plate
立式环辊磨 vertical ring-roller mill
立式回转工作台磨床 vertical spindle rotary table grinding machine
立式回转烘芯炉 reel core oven
立式活套成型器 uplooper
立式火管锅炉 vertical fire tube boiler;vertical smoke tube boiler
立式机床 vertical(type)machine
立式集气罐 vertical air collector
立式继电器 vertical movement relay
立式加工中心 vertical machining centre
立式加料器 vertical skip hoist
立式家用冻结箱 upright household freezer
立式减速机 vertical type speed change gear;vertical type speed reducer
立式剪床 vertical shears
立式降膜冷凝器 vertical down-film condenser
立式降膜冷却器 vertical down-film cooler
立式浇注 vertical pouring
立式浇筑 table casting
立式搅拌机 circular pan mixer;vertical mixer;vertical paddle mixer;vertical revolving arm mixer
立式搅拌装置 vertical batch plant
立式搅动磨机 attrition mill
立式进水口<缘石上开口的进水口> curb-opening inlet
立式浸没筒袋泵 vertical submerged barrel pump
立式精密镗床 vertical fine boring machine
立式静电除尘器 vertical electrostatic precipitator
立式卷取机 vertical coiler
立式烤版机 vertical whirler
立式靠模铣床 vertical copy miller
立式壳管冷凝器 vertical single pass condenser
立式壳管式冷凝器 open shell and tube condenser
立式空心轴双速电机 vertical hollow shafting two speed motor
立式框锯 gang mill;vertical frame saw
立式拉床 vertical broaching machine
立式拉门 vertically sliding door
立式冷凝器 upright condenser;vertical type condenser
立式冷却板 cooling stave
立式冷却机 shaft cooler;vertical cooler
立式冷却器 shaft cooler;upright radiator;vertical cooler
立式冷室压铸机 vertical plunger cold chamber die-casting machine
立式离心泵 centrifugal pump with vertical axis;vertical centrifugal pump;vertical shaft centrifugal pump
立式离心除砂机 erkensator
立式离心机 vertical centrifugal machine
立式离心磨 vertical centrifugal mill
立式离心铸造 vertical centrifugal casting;vertical spinning
立式离心铸造机 vertical centrifugal casting machine
立式连续干燥机 continuous vertical drier
立式连续烘(干)炉 continuous vertical drying stove
立式连铸机 vertical casting machine
立式练泥机 vertical pug mill
立式链板干燥器 mangle dryer
立式料罐 vertical type bucket
立式灵敏钻床 sensitive upright drilling machine
立式六轴木材钻孔机 vertical six-spindle wood boring machine
立式炉 vertical chamber oven
立式螺杆压缩机 vertical screw compressor
立式螺旋泵 vertical screw pump
立式螺旋混合机 vertical screw mixer
立式螺旋输送机 vertical screw conveyer[conveyor]
立式锚机 capstan windlass
立式门板 standing panel
立式明装 floor exposed
立式磨边机 vertical edge grinding machine
立式磨床 vertical grinder
立式磨口机 vertical taper joint grinder
立式磨芯机 vertical spindle disc grinder
立式耐腐蚀液下泵 vertical submerged anti-corrosion pump
立式黏[粘]土搅拌机 masticator
立式黏[粘]土砂泥捏和机 loam kneader masticator
立式捻股机 vertical type stranding machine
立式捻绳机 vertical closer;vertical closing machine
立式牛头刨床 vertical shaper;vertical shaping machine
立式暖炉 free-standing heater
立式排锯 gang mill;vertical frame saw
立式排水系统 perpendicular drain(age)system
立式盘刀块根切碎机 vertical disk type root cutter
立式刨床 slotting machine;vertical shaping machine;vertical plane[planing] machine;vertical planer
立式配电盘 head board
立式配料机 upright batching plant
立式起重机 standing derrick
立式汽缸 vertical cylinder
立式汽轮机 vertical turbine
立式千斤顶 hydraulic jack
立式切割器 vertical cutter
立式擒纵机构 vertical escapement
立式清净装置 vertical cleaner
立式清洗机 vertical washing machine
立式球磨机 agitator mill;attritor
立式燃烧器 vertical burner
立式热虹吸式重沸器 vertical thermosiphon reboiler
立式容器 vertical tank;vertical vessel
立式容器的保温支承圈 insulation support ring for vertical vessels
立式三动冲床 vertical triple action press
立式散热器 column radiator;upright radiator
立式深井泵 vertical deep well pump
立式升降台铣床 vertical knee-and-column milling machine;vertical knee-and-column type miller
立式升降台铣镗床 vertical milling and boring machine
立式石灰窑 shaft lime kiln
立式输送机 vertical conveyer[conveyor]
立式熟料冷却机 shaft clinker cooler
立式熟料冷却器 shaft clinker cooler
立式双动冲床 vertical double action presses
立式水泵 upright pump;vertical shaft pump
立式水槽 standing gutter
立式水管锅炉 vertical water tube boiler
立式水轮机 vertical turbine
立式水泥窑 vertical cement kiln
立式榫槽机 hydraulic automatic mortising machine
立式炭化炉 vertical retort
立式镗车床 vertical boring and turning machine
立式镗床 vertical boring mill
立式停车场 multistor(e)y parking
立式透平 vertical turbine
立式推力轴承 frame pivot bearing;

pivoted bearing; pivoting bearing; step bearing
立式推线拉丝卷筒 push-up block
立式托盘 post pallet
立式外延反应器 vertical epitaxial reactor
立式外装泵 vertical charging pump
立式弯板机 vertical bending machine; vertical plate-bending machine
立式往返工作磨床 vertical spindle reciprocating table grinding machine
立式涡轮泵 vertical turbine pump
立式涡轮机 vertical turbine
立式污泥澄清池 vertical sludge blanket clarifier
立式吸尘器 upright vacuum cleaner
立式洗涤器 vertical scrubber
立式洗面器 pedestal lavatory; pedestal washbasin
立式系船环 standing type of mooring ring
立式显微镜 solid microscope
立式箱 vertical tank
立式镶板 standing panel
立式小便池 stand(ing) urinal
立式小便器 pedestal urinal; stall-type urinal; stall urinal; standing urinal
立式卸粮螺旋 grain discharge vertical auger
立式蓄热室 upright chamber; upright regenerator; vertical regenerator
立式悬挂 vertical suspension
立式旋管锅炉 vertical cross tube boiler
立式旋转烘版机 vertical whirler
立式旋转挤压制管工艺 packer-head process
立式旋转叶轮喂料机 vertical rotary feeder
立式选粉机 vertical classifier
立式压力机 vertical press
立式压缩机 vertical compressor
立式研磨分散机 vertical grinding dispersion machine
立式养护窑 vertical curing chamber
立式叶片混砂机 rotoil sand mixer
立式液下泵 vertical submerged pump
立式液压起落机构 vertical hydraulic lift
立式液压千斤顶 vertical jack cylinder
立式移窗 vertical sliding sash
立式饮水泉 ground-type drinking fountain
立式圆筒拌和机 end-over-end mixer
立式圆筒浮标 can buoy
立式圆筒混合机 end-over-end mixer
立式圆筒形浮筒 riser-type buoy
立式圆形沉砂池 vertical circular grit settling tank
立式圆柱形筒 vertical cylindric(al) tank
立式凿榫钻孔两用机 slot mortising and boring machine
立式凿岩机 vertical drill
立式摘锭 vertical spindle
立式照相机 vertical camera
立式振荡离心脱水机 oscillating screening centrifuge
立式振动成型法 vertical vibration mo(u)lding process
立式振动离心脱水机 vertical vibrating screening centrifuge
立式蒸发器 vertical evaporator; vertical type evapo(u)rator
立式蒸馏釜 alambique; upright still
立式蒸汽锅炉 vertical steam boiler
立式蒸汽机 beam engine; vertical steam engine
立式蒸煮锅 vertical digester
立式支座 vertical support
立式直接作用泵 <安于井上的> blue elephant
立式止推轴承 pivot(al) bearing; step bearing; toe bearing
立式止推轴承托架 step bearing bracket
立式指示表 upright dial ga(u)ge
立式制版照相机 vertical process camera
立式制管机 vertical type pipe making machine
立式轴承箱盖 pillow block cap
立式轴承箱组 bearing plummer block unit
立式轴流整周进水式水轮机 vertical shaft axial flow full-admission turbine
立式贮气罐 vertical air tank
立式柱塞泵 vertical plunger pump
立式砖块铺砌 upper brick paving
立式转盘烘砂炉 vertical rotating dryer
立式转刨床 vertical rotary planer; vertical (spindle) rotary planing machine
立式转塔车床 vertical turret lathe
立式(字)桁架 king-and-queen post truss
立式自行车车架 vertical bicycle stand
立式组合除水阀 vertical steam trap
立式组合煤磨机 vertical composite coal mill
立式钻床 column drill; drill press; upright drill(er); upright-drilling machine; vertical drill; vertical drilling machine
立式钻机 highwall drilling machine
立式钻孔镗孔两用机 vertical drilling and boring machine
立式钻探机 vertical boring machine
立视测绘仪 stereoscopic(al) plotting instrument
立视图 elevational drawing; elevation (al) view; front elevation drawing; sectional elevation
立收据 receipt
立艏【船】vertical stem
立索尔红 Lithol red
立索尔颜料 Lithol
立樘 mullion
立陶宛 Lithuania
立体 solid
立体 X 射线摄影术 stereo-radiography
立体 X 射线照片 stereoscopic(al) X-ray photograph
立体 X 线片测定法 radiographic(al) stereometry
立体 X 线影像测量法 stereoroentgenometry
立体 X 线照片 stereoroentgenograph
立体 X 线照相术 stereoroentgenography
立体 X 线正影器 orthostereoscope
立体 Y 形交叉 grade separated fork junction
立体安排 three-dimensional layout
立体包装 volumetric(al) packaging
立体变更 stereomutation
立体表示 three-dimensional representation
立体表示法 stereo-representation; stereoscopic(al) representation
立体波 stereoscopic(al) wave; stereo wave
立体波前 stereoscopic(al) wavefront
立体波前再现 stereoscopic(al) wavefront reconstruction
立体布景 set scene
立体彩色图 chromogram
立体彩色照片 anaglyph
立体彩饰法 stereochromy
立体仓库 tiered warehouse facility
立体测标 index stereomark
立体测波 stereoscopic(al) wave
立体测波仪 stereoscopic(al) wave recorder
立体测高 stereoscope height measurement
立体测绘地形图 stereometric(al) map
立体测绘仪(器) stereoscopic(al) instrument; stereoscopic(al) plotting instrument
立体测距仪 stereo range finder; stereoscopic(al) rangefinder; stereotelemeter
立体测量 measuring in space; stereoscopic(al) measurement; tridimensional measurement
立体测量法 stereogrammetric method; stereogrammetric plotting procedure; stereomethod; stereometric (al) method
立体测量图 stereometric(al) map
立体测量学 stereology; stereometry
立体测量仪 photostereograph; stereometer; stereometer-type instrument
立体测图 stereocompilation; stereomapping; stereoplotting
立体测图法 stereophotogrammetric plotting procedure
立体测图设备 stereoplotting equipment
立体测图术 photocartography
立体测图卫星 stereomapping satellite [stereosat]
立体测图仪 photocartograph; photogrammetric(al) plotter; photostereograph; plotting machine; stereocartograph; stereoequipment; stereogrammetric plotter; stereometrograph; stereoplotter; stereoplotting machine; stereorestitution instrument; stereoscopic(al) plotter; tracing stereometer; Aviomap <采用空气轴承的,瑞士制造>; planicart; planitop <德国蔡司厂制造>; Aviograph <瑞士制造>; Verostat <意大利制造>; Stereocartograf <意大利制造>
立体测图仪器 stereoscopic(al) plotting apparatus [instrument]; stereoplotting apparatus [device/ instrument]
立体测图员 stereo-operator; stereoplotter
立体测图装置 stereoplotting device; stereoscopic(al) (plotting) device
立体测图自动化 automation of stereo-compilation
立体测微计 stereomicrometer
立体测微器 stereomicrometer
立体测像仪 plotting instrument
立体尺寸 spatial dimension
立体重叠 stereo-overlap
立体重叠面 stereo-overlapping surface; stereoscopically covered surface
立体重复链节 stereorepeating unit
立体重合 stereoscopic(al) contact
立体处理 three-dimensional treatment
立体刺点装置 stereopricking device
立体道具 <剧场的> three-dimensional unit
立体的 spatial; stereo(me); stereoscopic(al); steric; three-dimensional; tridimensional; three-space
立体地球仪 relief globe
立体地图 relief map; relief model; three-dimensional map; tridimensional map; stereoscopic(al) map
立体地图测图仪 stereotopograph
立体地图模具 stereoscopic(al) plastic preform
立体地图热成型器 stereoscopic(al) cure oven
立体地图缩放刻模机 stereoscopic (al) pantograph router
立体地图压印机 mo(u)ld injection press
立体地图原模型 stereoscopic(al) master terrain model; original model of stereoscopic map
立体地形测量学 stereotopography
立体地形量测仪 stereotopometer
立体地形模型 stereoscopic(al) terrain model
立体地形图 hypsometric(al) map; relief map; stereotopographic (al) map
立体地形仪 stereotope
立体地质填图 stereo geologic(al) mapping
立体电视 relief television; spatial vision; stereoscopic (al) television; stereotelevision
立体电视接收机 stereotelevision receiver
立体电视系统 stereotelevision system
立体电影 three-dimensional film; vectograph
立体电影放映机 three-dimensional projector
立体电影院 theatre for three-dimensional film
立体电子感应加速器 stereobetatron
立体电子显微镜 stereo electron microscope; stereoscopic(al) electron microscope
立体电子显微术 stereo electron microscopy; stereoscopic(al) electron microscopy
立体调整 stereoscopic(al) adjustment
立体定位器 stereotaxic apparatus
立体定位术 stereotaxic technique
立体定位仪 stereotaxic instrument
立体定向 space orientation; spatial orientation; special orientation
立体定向的 stereospecific
立体定向合成 stereospecific synthesis
立体定向聚合 stereospecific polymerization
立体定向聚合物 stereo-directed polymer; stereospecific polymer
立体定向橡胶 stereospecific rubber
立体定向性 stereospecificity
立体动态镜 stereostroboscope; strobostereoscope
立体对称 cubic(al) symmetry
立体对合点 stereo-identical points
立体对应 stereoscopic(al) correspondence
立体对照片 stereoscopic(al) photograph
立体反射器 stereo reflector
立体放大 stereo-exaggeration; stereoscopic(al) exaggeration
立体放射线摄影术 stereo-radiography
立体放映 three-dimensional projection
立体分布 three-dimensional distribution
立体分段堆场 block stock yard
立体分划板 stereo reticle
立体分析 stereoscopic(al) analysis
立体符号 stereo symbol; three-dimensional symbol; volume symbol
立体感 cubic(al) effect; depth perception; form concept; model(l)ing; perception of relief; plastic

effect; relief perception; space perception; stereoscopic (al) perception; stereoscopic (al) sensation; stereoscopic(al) sense; stereoscopic (al) vision; three-dimensional perception; three-dimension effect
立体感灯光 model(l)ing light
立体感觉 perception of solidity; stereognosis; stereoperception
立体感图像 plastic figure in painting; stereoscopic(al) model
立体感效果 model(l)ing effect
立体高程量测 stereoscope height measurement
立体格网 stereographic(al) grid
立体格子 space lattice
立体跟踪 three-dimensional tracking
立体共轭 spatial conjugation
立体构架 space frame; spatial frame (work)
立体构架穹隆 space frame dome
立体构架塔楼 space frame tower
立体构架圆顶 space frame cupola
立体构像 steric conformation
立体构型 spatial configuration
立体构型仪 stereotopometer
立体估测 stereoscopic(al) evaluation
立体观测 stereopsis; stereoscopic(al) observation
立体观测法 stereoscopy; stereovision method
立体观测范围 stereoscopic(al) radius (of observation)
立体观测基线 stereoscopic(al) base
立体观测能力 aptitude for stereoscopic vision
立体观测仪(器) stereoscopic(al) machine
立体观测装置 stereoscopic(al) device
立体观察 stereoscopic(al) observation; stereoscopic(al) view(ing); stereoscopic(al) vision; stereo view (ing); stereovision; three-dimensional view(ing)
立体观察法 stereoscopy; stereovision method; three-dimensional vision
立体观察及量测 stereoscopic(al) vision and measurement
立体观察能力 power of stereoscopic observation; stereoview ability
立体观察能力试验图 stereoscopic (al) vision test chart
立体观察器 stereoscopic(al) viewer; stereoviewer
立体观察系统 stereoscopic(al) system; stereoscopic (al) (viewing) system
立体观察眼镜 spectacles for stereoscopic(al) viewing
立体观察仪 stereoscopic(al) viewer
立体观察原则 principle of stereoscopic vision
立体光度计 stereoscopic(al) photometer
立体光学 stereoptics
立体航测仪器 airphoto stereoscopic (al) instrument
立体航测照片 stereoscopic(al) aerial photograph
立体合成仪 stereoscopic(al) synthesizer
立体和谐函数 solids harmonic
立体河床纵剖面 stereoscopic(al) profile; three-dimensional profile
立体桁架模拟法 space truss analogy
立体弧度 sterad; ste(reo) radian
立体花坛 three-dimensional bedding
立体滑座 stereoscopic(al) slide; stereoslide
立体化学 spatial chemistry; stereochemistry
立体化学变化 stereochemical change
立体化学式 stereochemical formula
立体化学效应 stereochemical effect
立体画法 stereography
立体画法的平面投影 stereographic (al) projection
立体幻灯机 balopticon
立体幻灯片 anaglyphic lantern slide
立体绘图 graphic(al) stereocompilation
立体绘图仪 stereoplotter; stereoscopic(al) plotting instrument
立体混响 ambi(o)phony
立体混响系统 ambiophonic system
立体基线 stereobase
立体基准 stereobase
立体几何(学) solid geometry; stereography; stereometry; three-dimensional geometry
立体检测 stereodetection
立体检测器 stereodetector
立体检景器 stereoscopic(al) viewfinder; stereo viewfinder
立体交叉 cross-over; elevated crossing; flying crossing; flying junction; flyover (crossing); flyover junction; graded crossing; grade-separated junction; grade separating crossing; grade separation (junction); high-level crossings; multiple intersection; overhead crossing; solid crossing; split-level interchange; vertical crossing; interchange; grade-separated interchange
立体交叉道 separate grade crossing
立体交叉道路 cross-over road
立体交叉道桥 gallop bridge
立体交叉的单孔结构物 single-opening structure of grade separation
立体交叉的双孔构筑物 double-opening structure of grade separation
立体交叉的斜坡道 overpass ramp
立体交叉的直接联系设计 direct connection design
立体交叉点 cross-over point
立体交叉构筑物 grade-separation structure
立体交叉管 cross-over pipe
立体交叉建筑物 grade-separation structure
立体交叉结构 grade-crossing-elimination structure; grade-separation structure
立体交叉跨线桥 flyover
立体交叉路口 flyover crossing; flyover junction; overheading crossing; separate grade crossing
立体交叉桥 freeway overpass; gallop bridge; overpass bridge
立体交叉疏解【铁】 untwining at separate grade crossing
立体角 <法定单位为球面度> solid angle; frustum; polyhedral angle; spatial angle
立体角的光束密度 solid angular flux density
立体角反射器阵列 cube corner array
立体角密度 sterance
立体角投射面积 area of solid angle projection
立体角校正值 stereo-angle corrected value
立体角元素 element of solid angle
立体接目镜 stereoscopic(al) ocular
立体结构 stereoscopic(al) structure; three-dimensional arrangement; three-dimensional structure
立体结构调节剂 stereomodifier
立体解析几何学 analytic(al) geometry of space; analytic(al) geometry of three dimensions; solid analytic (al) geometry
立体经纬测角仪 stereopantometer
立体经纬仪 stereotheodolite
立体景深 stereoscopic(al) depth
立体镜 stereocomparagraph <具有视差杆的>; lens stereoscope; stereoscope
立体镜观测 stereo-inspection
立体镜检查 stereoscopic(al) examination
立体聚合物 space polymer
立体开发方式 <农业的> multilayer approach; stereo approach
立体刻模机 stereoscopic(al) pantograph; three-dimensional pantograph
立体刻模铣床 three-dimensional pantograph engraving machine
立体夸大 relief stretching
立体块规 stereo-block
立体雷达 stereo radar; volumetric (al) radar
立体雷达测图 stereo radar mapping
立体雷达(图像)判读 stereo radar interpretation
立体棱镜 stereoscopic(al) prism
立体连续摄影机 stereoscopic(al) strip camera
立体量测 stereomeasurement; stereoscopic(al) measurement; tridimensional measurement
立体量测精度 stereoacuity
立体量测摄影机 stereometric(al) camera
立体量测仪器 stereometer; stereometer-type instrument
立体量角仪 stereogoniometer
立体炉身 furnace stack
立体录音 stereophonic recording
立体描绘 stereomapping delineation; stereoscopic(al) drawing; stereoscopic(al) mapping delineation
立体描图 stereography
立体模板法 stereotemplet method
立体模板三角测量 stereotemplet triangulation
立体模壳 space form(work)
立体模片 stereotemplet
立体模片三角测量 stereotemplet triangulation
立体模型 relief model; space model; spatial model; stereomodel; stereoscopic(al) model; three-dimensional model
立体模型法 stereotemplet method
立体凝合 stereoscopic(al) fusion
立体农业 stereoscopic(al) agriculture
立体派 cubism
立体派建筑艺术 cubist architecture
立体派图画作风 <美术上> cubism
立体派形式 cubist style
立体派艺术家 cubist
立体判读仪 stereo-interpret-scope
立体配对片 stereo-mate
立体偏振软片 stereovectograph film
立体频数 stereogram
立体平画的 stereographic(al)
立体平画法 stereography
立体平画法的 stereographic(al)
立体平画片 stereograph
立体平面格子图 stereographic(al) grid
立体平面图 stereograph
立体屏 stereoscopic(al) screen; stereoscreen
立体屏蔽层 bulk shield
立体剖面 pedon
立体清晰度 stereoacuity
立体球形灯罩 cube globe
立体区域网平差 stereoblock adjustment
立体全息摄影 stereo holography
立体全息图 stereoscopic(al) holographic(al) view; three-dimensional holographic(al) view
立体人行道 pedestrian deck
立体容积 cubic(al) capacity
立体三角测量 stereotriangulation
立体扫描 stereoscan; volscan
立体扫描镜 scanning stereoscope
立体扫描器 stereoscanner
立体闪光灯 flashcube
立体设计 three-dimensional layout
立体射线照相术 serioscopy
立体摄像绘制仪 stereoplotter
立体摄像仪器 airphoto stereoscopic(al) instrument
立体摄影 stereophotography
立体摄影曝光 stereoexposure
立体摄影测量 stereophotogrammetric survey; stereophotogrammetry
立体摄影测量测图 stereophotogrammetric compilation
立体摄影测量的 stereophonic
立体摄影测量法 stereophotogrammetric method
立体摄影测量摄影机 stereophotogrammetric camera
立体摄影测量术 stereophotogrammetry
立体摄影测量学 stereogrammetry; stereophotogrammetry
立体摄影测量照相机 stereophotogrammetric camera
立体摄影地形测量学 stereophotography
立体摄影附件 stereo attachment
立体摄影光学 stereoptics
立体摄影机 double(-headed) camera; stereo-lens camera; stereometric(al) camera; stereoscope; stereoscopic(al) camera; stereocamera
立体摄影面积 <立体照片双片共摄的面积> stereoscopic(al) coverage
立体摄影术 stereo(phoro)graphy; stereoscopic(al) photography; three-dimensional photography
立体伸缩绘图仪 stereophotograph
立体声 fantasound; stereo; three-dimensional sound
立体声传声系统 stereomicrophone system
立体声磁带 stereotape
立体声磁带盒 stereo cassette
立体声的 binaural; stereophonic; stereosonic
立体声电视 stereophonic television
立体声耳机 stereophone
立体声仿真通道 stereo phantom channel
立体声放大器 stereo amplifier
立体声放音 playback on stereo
立体声副载波 stereo subcarrier
立体声广播 binaural broadcast(ing); stereobroadcasting; stereophonic broadcast(ing)
立体声和差变换系统 sum difference system of stereo
立体声交叉传声器 stereo crossed microphone
立体声录音磁带 stereophonic sound tape
立体声录音带 stereotape
立体声区分 stereoseparation
立体声拾音头 stereo cartridge
立体声收音机 stereophonic receiver; stereoreceiver

立体声双声道调频广播 multicasting
立体声系统 stereophonic sound system;stereophonic system
立体声效应 stereoeffect
立体声学 stereophony
立体施密特望远镜 solid Schmidt telescope
立体矢量 stereovector
立体式 graphic(al)formula
立体式测距仪 stereoscopic(al) rangefinder
立体式的 grade-separated
立体式环形交叉 bridged rotary intersection
立体式停车场 sky parking
立体视标线 stereograticule
立体视差 stereoscopic(al)parallax
立体视差仪 stereoscopic(al)parallax apparatus
立体视法 stereoscopic(al)vision;stereoscopy stereopsis
立体视觉 spatial vision;stereopsis;stereoscopic(al) vision;stereovision;three-dimensional seeing
立体视觉不好 dull sight
立体视觉敏感度 stereoscopic(al)acuity;stereoscopic(al)visual acuity
立体视术 orthostereoscopy
立体视学 stereoscopy
立体视野计 stereocampimeter
立体疏解 vertical untying
立体缩放仪刻模铣床 three-dimensional pantograph engraving machine
立体特异性 stereospecificity
立体挑出蜂窝状装饰 muqarnas
立体条带照相机 stereoscopic(al) strip camera;stereo strip camera
立体停车场提升装置 parking elevator
立体投影 perspective projection;perspective view(ing);stereographic(al)projection;stereoprojection
立体投影测图法 aero-projection method
立体投影法 aero-projection method
立体投影方式 type of stereographic(al)projection
立体投影屏 three-dimensional projection screen
立体投影器 aero-projector;stereographic(al)projector
立体投影图 axonometric(al)chart;fence diagram;orthographic(al) project map
立体透视 aerial perspective;stereo perspective
立体透视显示(器)perspective three-dimensional display
立体凸轮 solid cam
立体图 block diagram;block map;cubic(al) chart;exploded view;graphic(al)model;solid coverage;solid diagram;space diagram;space pattern;spatial pattern;stereogram;stereograph;stereonet;three-space diagram;alto-relievo map <夸张表示地貌的>
立体图程序 three-dimensional program(me)
立体图的 stereographic(al)
立体图法 morphographic method;stereography
立体图解 block diagram
立体图片 stereotome;three-dimensional picture
立体图像 three-dimensional picture;three-dimensional vision;autostereogram
立体图像显微镜 solid image microscope
立体图形 solid figure
立体图样 stereoscopic(al)model
立体万测仪 stereopantometer
立体网 stereoscopic(al)graticule
立体网格 space lattice
立体网形聚合物 space network polymer
立体望远镜 stereoscopic(al)telescope;stereotelescope;telestereoscope
立体卫星 stereosat(ellite)
立体物镜对 stereo lens pair
立体铣削 three-dimensional milling
立体系统 stereosystem
立体显示 space representation;stereo display;stereoscopic(al)presentation;three-dimensional display
立体显微镜 solid microscope;stereomicroscope;stereoscopic(al)microscope
立体显微镜检查 stereomicroscopy
立体显微射线照相术 stereomicroradiography
立体显微(照像)检验 stereomicrography
立体线形 stereo alignment
立体像 relief image;space image;spatial image;stereoscopic(al)image;stereoscopic(al)picture
立体像对 pair of stereoscopic picture;photographic(al) stereopair;stereogram;stereograph;stereo-mate;stereopair;stereoscopic(al) pair;twin photograph
立体像对观测 pair observation;stereoscopic(al)pair observation
立体像对像片 stereoscopic(al)pair photograph
立体像对旋角差 differential torque of stereoscopic pair
立体像对照片 stereoscopic(al)photograph
立体像观察法 stereoscopic(al)observation
立体像片 stereophotograph
立体像片重叠 stereographic(al)coverage
立体橡胶 stereorubber
立体效果 impression of space;stereoscopic(al)effect;stereoscopic(al) impression;three-dimensional effect
立体效果差 dull sight;stereoscopic(al)dull sight
立体效应 impression of space;relief effect;stereoscopic(al)effect;stereoscopic(al)impression
立体斜交线路 scissors crossover
立体谐(和)函数 solid harmonics;stereoscopic(al)harmonics
立体信息 steric information
立体形 solid figure
立体形式 space shape
立体选择反应 stereoselective reaction
立体选择性 stereoselectivity
立体寻像器 stereo viewfinder
立体眼底镜 stereofunduscope
立体样板 three-dimensional template
立体遥测仪 stereotelemeter
立体移点仪 point transfer device
立体异构 spatial isomerism;stereoisomerism
立体异构聚合 stereoregular polymerization
立体异构聚合物 stereoisomeric polymer
立体异构特异性 stereoisomeric specificity
立体异构体 stereoisomer(ide);stereomer(ide)
立体异构现象 stereoisomerism;alloisomerism
立体音响 dimensional sound
立体音响效果 stereophonic effect
立体印刷 stereoscopic(al) print;three-dimensional printing
立体荧光电影照相术 stereo-cinefluorography
立体荧光法 stereofluoroscopy
立体荧光屏 stereo-fluoroscope;stereoscreen
立体荧光屏透视检查 stereofluoroscopy
立体荧光术 stereofluoroscopy
立体影片 anaglyph map;stereoscopic(al)film;three-dimensional film
立体影像 exploded view;stereoscopic(al) image;stereoscopic(al) picture;stereoscopic(al)view
立体影像构成 stereoscopic(al)construction
立体有择催化剂 stereospecific catalysis
立体有择聚合 stereospecific polymerization
立体有择聚合物 stereospecific polymer
立体有择吸附剂 stereospecific adsorbent
立体有择性 stereospecificity
立体运转方式 speedtainer system
立体匝道标线 interchange ramp marking
立体造型 three-dimensional contouring
立体造型设计 three-dimensional design
立体展示 three-dimensional layout
立体照片 anaglyph;stereo(gram);stereo(photo)graph;stereoscope picture;stereoscopic(al)picture;three-dimensional photo(graph)
立体照片对 <立体照片左右两镜头分摄的重叠照片对> stereopair
立体照片投影 stereographic(al)projection
立体照相的 stereographic(al)
立体照相机 stereocamera;stereoscope
立体照相术 stereophotography;three-dimensional photography;stereoscopic(al)photography
立体照像 stereogram;stereophotograph
立体照像机 stereocamera;stereoscope;stereoscopic(al) camera;three-dimensional camera
立体照准 stereoscopic(al)contact;stereoscopic(al)pointing
立体正片 stereoslide;stereo transparency
立体正射像片 orthophoto stereomate;stereo-orthophoto
立体正射像片对 stereo-orthophoto pair
立体枝状冰晶 spatial dendrite;spatial dendritic crystal
立体知觉 perception of relief
立体织物 three-dimensional fabric
立体制图系统 stereo mapping system
立体制图仪 stereoplotter
立体砖砌体 brickwork cube
立体转刺 stereoscopic(al)transfer
立体转点仪 <又称刺点仪>【测】stereoscopic(al)point transfer device
立体转绘 stereoscopic(al)transfer
立体转塔车床 vertical turret lathe
立体字 stereograph;vertical letter(ing)
立体自动测图仪 stereoauto(mato)graph
立体阻碍 steric hindrance
立体作图法 stereography
立体作用 relief effect;stereoscopic(al)effect;three-dimensional effect
立体坐标 space coordinates
立体坐标测图仪 stereocomparagraph
立体坐标量测仪 restitution coordinatograph;stereocomparator
立体坐标显示器 perspective three-dimensional coordinate display
立体坐标仪 stereocomparator
立贴房屋 brick nogging building
立贴架 wall frame
立贴架结构 walled frame structure
立贴式房屋 brick nogging building
立梃 mullion;munnion
立桶钩 upright barrel hook
立筒式分解炉 calcining shaft
立筒式冷却器 vertical cooler
立筒预热器 preheater shaft;shaft preheater
立筒预热器窑 shaft preheater kiln
立托索尔坚牢桃红 lithosol fast pink
立椭圆孔型 off-round pass
立弯式连铸机 bend discharge machine;semi-low head machine
立位 erect position;standing position
立位片 erect film
立位桩 ga(u)ge pile
立位姿势 standing posture
立卧联合刨削机 vertical and horizontal shaping machine
立卧铣组合机床 combined vertical and horizontal milling machine
立铣 end milling;shaping
立铣床 end mill
立铣刀 butt mill;end cutter;end mill;end milling cutter;slotting cutter
立铣附件 vertical spindle milling attachment
立铣头 end mill head
立向下焊条 electrode of vertical down welding
立项 identification of project
立项报告 project proposal(report)
立像望远镜 erect image telescope;telescope of erect image
立旋窗 vertical pivoted window
立窑 shaft kiln;vertical furnace;vertical shaft kiln
立窑闭门操作 door closed shaft kiln operation
立窑车间 shaft kiln plant
立窑单位断面积产量 capacity of shaft kiln for unit cross-sectional area
立窑单位容积生产能力 capacity of shaft kiln for unit volume
立窑的黏[粘]边 peripheral coating of shaft kiln
立窑高温带 hot zone of shaft kiln
立窑喇叭口 inversed cone inlet of shaft kiln
立窑内偏火 offsetting combustion in shaft kiln
立窑内塌洞 funnel(l)ing inside shaft kiln
立窑内塌窑 material collapse inside shaft kiln
立窑跑生料 under burnt material discharged from shaft kiln
立窑喷火 blowouts in shaft kilns;jet fire
立窑砌石 vertical kiln stone
立窑熔渣 vertical kiln clinker
立窑设备 shaft kiln installation;shaft kiln plant
立窑石灰 shaft kiln lime;vertical kiln lime
立窑水泥 shaft kiln cement;vertical kiln cement

立窑水泥厂 vertical cement kiln plant
立窑筒体 kiln shaft
立窑卸料篦子 shaft kiln discharge grate
立窑预热器干法窑 dry process kiln with shaft preheater
立窑原料 shaft kiln stone
立咬口 standing lock
立遗嘱人 testator
立意抽样法 purposive sampling
立有存款账的雇主 account customer
立缘石 vertical curb
立约 make treaty
立约保险 underwrite risks
立约凭证 contract certificate
立约人 contractor; promiser [promisor]
立约者 contracting party;promisor
立运仪 vertical revolving circle
立轧 edge finish(ing);rolling on edge
立轧道次 edging pass;upset pass
立轧机架 edging mill
立轧孔型 edging pass
立轧梯形孔型 hat pass
立章程 make regulation
立证据者 substantiator
立支撑 shoring
立支架 staking
立止表 stop watch
立置 in the vertical position;stand on end
立轴 kingpost truss; spindle head; swivel pipe; upright shaft; vertical axis;vertical shaft;vertical spindle
立轴拌和机 turbid mixer;turbo-mixer
立轴部件 spindle assembly
立轴衬套 vertical shaft liner
立轴承 footstep bearing
立轴承垫座 footstep pillow
立轴锤式破碎机 vertical shaft hammer crusher
立轴单扇旋转坞门 single-wing dock gate
立轴给进长度 spindle feed length
立轴给进系统 spindle head feed system
立轴回转角 perpendicular shaft rotary angle
立轴回转磨床 vertical spindle rotary grinder
立轴回转式搂草机 gyrorake
立轴混凝土拌和机 vertical shaft concrete mixer
立轴绞车 capstan
立轴搅拌机 turbine mixer
立轴解理的 axotomous
立轴进给 spindle feed
立轴孔锯 spindle hole saw
立轴密封装置 vertical shaft seal
立轴磨煤机 vertical spindle mill
立轴内径 spindle inner diameter
立轴平面磨床 vertical spindle surface grinder
立轴球阀 vertical shaft globe valve; vertical stem globe valve
立轴上下给进 spindle feed up and down
立轴式 vertical shaft type; vertical spindle type
立轴式拌和机 vertical shaft mixer
立轴式泵 vertical spindle pump; vertical type pump
立轴式电动机 vertical spindle motor
立轴式交流发电机 vertical shaft alternator
立轴式搅拌机 pan mixer; vertical shaft mixer
立轴式离心泵 vertical spindle centrifugal pump
立轴式切茎器 vertical spindle cutter
立轴式水轮机 vertical shaft water turbine
立轴式岩芯钻机 spindle type core drill
立轴式轴流扇风机 vertical spindle type axial flow fan
立轴式钻机 spindle type drilling machine
立轴外径 spindle outside diameter
立轴涡流分离器 vertical separator
立轴下轴承 footstep bearing
立轴线 vertical axis
立轴行程 spindle feed length
立轴型 vertical spindle ultimate
立轴悬挂式液压挖掘机 hydraulic center post excavation
立轴旋涡 eddy with vertical axis; standing eddy;vertical whirl
立轴液压系统 spindle head hydraulic system
立轴圆盘碎矿机 vertical spindle disc crusher
立轴中线 axis of spindle
立轴中悬窗 centrally pivoted vertical window
立轴转速 perpendicular shaft rotary speed;rotational speed of spindle
立轴钻机 spindle type drill
立轴最大给进压力 feed thrust maximum
立轴最大提升能力 spindle pull maximum
立柱 leg piece;post(ing);post shore; prop;soldier beam;soldier pile;straddle;stud;upright;upright column;upright post;upright stanchion;vertical brace;vertical prop;straining standard < 钢丝网篱笆的 >;stake < 平车的 >;ashler < 屋顶层中楼板至屋檐的 >;king post
立柱安全荷载 < 脚手架的 > safe leg load
立柱板 soldier sheeting
立柱车 stanchion wagon
立柱撑杆 butt-prop
立柱撑梁桥 < 以立柱作支承的梁式桥 > leg bridge
立柱垂直度 verticality of mast
立柱导轨 leader guide-way
立柱等级 stud grade
立柱吊重式堆垛机 mast stack(er)
立柱钉板 < 临时木构 > planking and strutting
立柱顶撑 pole shore
立柱横梁结构 post-and-lintel construction
立柱护墙结构 post-and-panel structure
立柱回转机构 post-revolving mechanism
立柱机 pole press
立柱基础 column footing
立柱架 column support
立柱间的水平加固木 nogging piece
立柱净空距 clear distance between uprights
立柱可倾角度 leader slantable angle
立柱可移式龙门型 pit-type
立柱栏杆 baluster railing;post and rail
立柱楞条饰 orlo
立柱链 stanchion chain
立柱磨床 pedestal grinder; vertical spindle grinder
立柱母线 riser bus;rising main
立柱排列墙 stud wall
立柱牵索 pillar brace
立柱嵌板结构体系 post-and-panel
立柱墙 stud wall(partition)
立柱式 floor standing type
立柱式标志 post sign
立柱式打磨机 column grinder
立柱式大厅 pillared hall
立柱式工作平台 mast work platform
立柱式盥洗盆 wash stand
立柱式会堂 pillared hall
立柱式交通标志 post traffic sign
立柱式桥 leg bridge
立柱式水龙头 pillar(type)tap
立柱式水嘴 pillar tap
立柱式托盘 post pallet
立柱式洗脸盆水龙头 pillar type basin tap
立柱式铣床 column milling machine
立柱式小便器 pedestal urinal
立柱式旋臂起重机 pillar crane; revolving crane; revolving pillar jib crane;rotary crane
立柱双压管底座 double-clevis-base bracket for drop tube
立柱铁丝网围栏 post and wire fence
立柱围梁(结构)post and girt
立柱镶板式 post-and-panel
立柱镶板式结构 post-and-panel structure
立柱小栏杆 post and petrail
立柱压管底座 clevis-base bracket for drop tube
立柱压机 pole press
立柱移动工作台不升降铣床 bed-type vertical miller
立柱帐篷 pole tent
立柱罩壳 column cap
立柱之间的水平撑 < 美 > nogging piece
立柱支撑 post brace;post shore
立柱支托 post bracket
立柱柱脚 buckstay heel
立柱桩 soldier pile
立柱桩和挡板的组合墙 soldier pile and sheet wall
立爪扒渣机 digging arm loader
立爪式装载机 Haggloader; stand gathering arm loader
立砖 rolock;upright brick
立砖发圈 rolock arch
立转窗 reversible window;vertically pivoted window
立转带式砂光机 vertical head sander
立转让楔 draw up a deed of transfer
立转阻力 resistance to swing action
立桩 pegging out;stake(off);stake out; stake-setting;staking(out)【测】;soldier beam < 支承基坑挡土板的 >; soldier pile < 基坑围护的 >;pitching pile
立桩定线 staking
立桩横板挡土墙 soldier pile with lateral lagging
立桩划分 stake out
立装电动机 motor vertical
立装式幕墙 vertical inserted curtain wall
立字桁架 double hanging (roof) truss;king-and-queen post truss
立足板条 toe hold
立足处 foot hold
立足点 foot hold;footing;position of spectator

丽

丽齿菌属 < 拉 > Calodon

丽春红染料 ponceau
丽春花 ponceau

利

利奥 < 一种公制加速度单位,表示 10 米/平方秒的加速度 > LEO

利奥波德环境影响评价相关矩阵法 Leopold related matrix method of environmental impact assessment
利比法 < 一种拉制玻璃方法 > Libby-Owens
利比探测器 Libby detector
利比锡奥风 libeccio
利比亚建筑 Libya architecture
利弊分析 benefit-risk analysis
利波维兹(低温易熔)合金,黎氏合金 Lipowitz's alloy
利伯曼-布查尔德试验 Liebermann-Burchard test
利伯曼试验 Liebermann test
利伯曼-斯托希试验 Liebermann-Storch test
利伯梅网眼钢筋 Ribmet
利伯维尔 < 加蓬首都 > Libreville
利布曼效应 Liebmann effect
利材厂 reclamation plant
利材车间 material reclamation shop
利差 margin
利差幅度 interest margin
利达隆缓凝剂 Redalon
利得成本比率 benefit-cost ratio
利得税 profit tax;tax on profit
利登彼格铅锡铋易熔合金 Lichtenberg's alloy
利尔发动机 Lear engine
利改税 profit change into taxes system;reforming profit to tax
利钙霞石 liottite
利害关系人 interested party
利好市场 bullish market
利和税 interest and tax
利亨 < 电感的倒数单位、亨利的倒写 >【电】yrneh
利基石英岩 Lickey quartzite
利旧费 salvage cost
利锯锉 saw file
利空 bear
利空市场 bearish market
利量比率 < 利润销货额比率 > contribution ratio;profit-volume ratio
利量图 profit-volume graph
利硫砷铅矿 lieingite
利隆圭 < 马拉维首都 > Lilongwe
利率 interest rate; money rate; price of money;rate of interest
利率表 interest table;rate index;table of interest rate
利率差别补贴 interest rate differential subsidy
利率差异 interest rate differential
利率的期限结构 term structure of interest rate
利率风险 interest rate risk;rate risk
利率结构 structure of interest rate
利率模式 pattern of interest rate
利率期货 interest rate futures
利率期权 interest rate option
利率效应 interest rate effect
利率自动上调 interest escalation
利马 < 秘鲁首都 > Lima
利曼"挡门器"法 Leeman "doorstopper" borehole strainmeter
利曼多分量钻孔应变计 Leeman's multi-component borehole strain meter
利曼"门塞"法 Leeman "doorstopper" borehole strainmeter
利曼"门塞"钻孔应变计 Leeman "doorstopper" borehole strainmeter
利蒙港 < 哥斯达黎加 > Puerto Limon
利眠宁【医】chlordiazepoxide
利纳斯(比表面积测定)法 Lea-Nurse method
利诺弗尔特 < 一种墙隔热材料 > Linofelt
利普金比重计 Lipkin's pycnometer
利普里格脚手架 < 商品名 > Rap-rig

L

利普希茨条件 Lipschitz condition

利器 <刀剑等> cold steel

利润 benefit; earnings; financial return; profit

利润包干 complete responsibility for profits

利润边际 profit margin

利润变动表 statement of variation on profit

利润表 statement of income

利润补贴 allowance for profit

利润差额 profit gap

利润成本比 benefit-cost ratio

利润的组成 composition of profit

利润递减率 law of diminishing returns

利润动态 behavio(u)r of profit

利润额 amount of profit

利润分成 profit sharing

利润分红除外 exclusion of dividend received from profit

利润分配 allocation of funds; allocation of profits; appropriation of profit; distribution of profit; income distribution; profit distribution; profit sharing

利润分配定额法 profit distribution quota

利润分配决策 profit distribution decision

利润分配制度 profit sharing system

利润分析 profit analysis

利润分享 profit sharing

利润幅度 profit margin

利润改善计划 profit improvement plan

利润贡献 profit contribution

利润构成 profit structure

利润股息比率 dividend cover

利润管理 profit control; profit management

利润规划 profit planning

利润滚存 accumulated profit

利润函数 profit function

利润核算 profit accounting; profit calculation

利润计划 profit plan

利润计量 profit measurement

利润计算表 statement of profit calculation

利润结构 profit structure

利润结算 profit clearing

利润结余 balance of profits

利润解缴 pay profit

利润经理 profit manager

利润矩阵 profit matrix

利润扣除额 profit allowance

利润亏损分界图 profit-loss breakeven point chart

利润量 profit volume

利润量比率 profit-volume ratio

利润量分析 profit-volume analysis

利润量图表 profit-volume graph

利润留成 profit retention; retain a portion of profit to be placed at the disposal of the enterprise

利润留成基金 fund of partly remained profit

利润留成制 profit remaining system

利润率 earning capacity; margin of profit; profit margin; profit rate; rate of profit; rate of return

利润率测试 tests of profitability

利润率递减法则 law of the falling tendency of the rate of profit

利润率均等化 equality of rate of profit

利润率平均化 equalization of profit rates

利润率下降 falling rate of profit

利润率下降法则 law of the falling tendency of the rate of profit

利润率指数 profitability index

利润模式 profit model

利润平分制 half-profit system

利润平均化 equalization of profit

利润区 profit area

利润让渡论 theory of profit upon alienation

利润上缴 profits turned over to the state

利润上缴计划 plan of profit delivering

利润实现 realization of profit

利润收益 contribution to profit; yield returns

利润税 profit tax

利润提成 deduct a percentage from profit

利润提取 profit drawing

利润投资准则 profit-investment criterion[复 criteria]

利润限度 profit margin

利润向量 profit vector

利润效益 contribution to profit

利润余额 balance of profits

利润预测 forecasting of profit

利润预算 profit budget; profit estimating

利润再投资 plough back; reinvest profit

利润账户 profit account

利润指标 profit index; profit norm

利润制 profit system

利润中心 profit center[centre]

利润准则 profit criterion

利润总额 contribution margin; gross profit; mass of profit; total profit

利萨明绿 Lissamine green

利萨明紫 Lissamine violet

利桑革菌属 <拉> Licentia

利上加利 add-on interest

利蛇纹石 lizardite

利斯顿机械换流器 Liston chopper

利斯忒透镜 Lister lens

利斯忒物镜 Lister objective

利索派里 <一种粉刷溶液> lithoperl

利索派里粉刷液 Lithoperl

利索赛特 <一种砂浆料> Lithosite

利索赛特砂浆 Lithosite

利塔格 <一种制造混凝土的粉煤灰> lytag

利特尔顿点 <玻璃黏[粘]度为 107.6 泊的温度> Littleton-point

利特尔合金 Little's alloy

利特罗单色仪 Littrow's monochromator

利特罗反射镜 Littrow's mirror

利特罗分光计 Littrow's spectrometer

利特罗光栅摄谱仪 Littrow's grating spectrograph

利特罗棱镜 Littrow's prism

利特罗棱镜摄谱仪 Littrow's prism spectrograph

利特罗(棱镜)装置 Littrow's mounting

利特罗摄谱仪 Littrow's spectrograph

利特罗石英摄谱仪 Littrow's quartz spectrograph

利特罗式准直透镜 Littrow's type collimator lens

利特罗条件 Littrow's condition

利维斯顿阶 <美> Lewistonian(stage)

利维斯阶 <苏格兰>【地】Lewisian (stage)

利物浦港 <英> Port Liverpool

利物浦码头条款 <英> Liverpool quay terms

利息 cost of money; hypothetical cost; money rate

利息补贴 interest subsidization

利息补贴基金 interest subsidy fund

利息补贴住宅 interest subsidy home

利息差额 interest differential; interest spread

利息偿付 interest cover

利息偿付比率 interest coverage ratio

利息偿付期 interest payment period

利息成本 interest cost

利息单 coupon; subshare

利息的计算 calculation of interest

利息低 ease of money

利息兑现 cashing interest

利息法定支付期 term time

利息费用 capital charges; interest charges; interest expenses

利息合计借据 interest induced note

利息回扣 interest rebate

利息基金 interest fund

利息津贴 interest subsidization

利息另计借据 interest extra note

利息期 interest period

利息收入 interest earned; interest income; interest receipt

利息税 interest tax

利息套戥 interest arbitrage

利息条款 interest clause

利息限制 interest restriction

利息因素 interest factor

利息预扣税 interest withholding tax

利息暂记 interest suspense

利息债权 interest claim

利息账户 interest account

利息政策 interest policy

利息支出 interest exchange; interest expenses

利息准备(金) interest reserve

利益 advantage; beneficence; benefit; interests; profit

利益成本比率 benefit-cost ratio

利益成本分析 benefit-cost analysis

利益冲突 contradiction of benefit

利益的对抗性 antagonism of interest

利益分配条款 profit sharing

利益互惠 reciprocity of benefits

利益集团 interest groups

利益均占 participation of interests

利益扩展 beneficial spread

利益流量 benefit flow

利益率 percentage of profit; utilization factor

利益平衡 balance of interest

利用墙或楼板中的空槽作为电线管道 cellular raceway

利益损失 foregone benefit

利益相关者 stakeholder

利益协调 harmony of interest

利益转让 assignment

利用 draw upon; exploitage; exploitation; make something of; take the advantage of; utilization; utilize; resort to

利用……赚钱 make a market of

利用板桩墙断开 cutting-off by sheet pile wall

利用比 utilization ratio

利用不足 underutilization; underutilized

利用差异 utilization variance

利用成本 utilized cost

利用程度 degree of utilization

利用冲蚀面地形排水 autogenetic drainage

利用的容量 <在一条线路上,交通车辆每小时每一方向通过一固定点能够运送乘客的最大数目> utilized capacity

利用低熔点金属带将管子连接起来 amalgaline plumbing

利用地图行进 match by map

利用地形 adaptation to the ground

利用地形图 use of topographic(al) map

利用地质图和地质资料 use of geologic(al) map and data; use of geologic(al) map and information

利用电话线路传输的用户电报业务 telex service

利用吊车轨道作接零线 crane rails used as neutral wire(grounding)

利用动力的控制 power-assisted control

利用度 availability; exploitability

利用放电收缩预热的 pinch-preheated

利用非破坏性试验方法估测 non-destructive method for estimating

利用废料 convert wastes into useful materials; make use of scrap material; reclamation; salvaging; turn scrap material to good account; utilization of debris

利用废料生产的工厂 conservation plant

利用废气的热泵 heat pump using exhaust air

利用废热发电 cogenerate

利用费用与销货比率 ratio of interest expenses to sales

利用分级离心法 the use of gradient centrifugation

利用干蒸汽的地热电站 dry steam geothermal electric-power generator

利用杠杆移动的 prising

利用工业余热发电 cogeneration

利用轨枕 salvaged tie

利用航测照片 use of aerial photograph

利用核能的煤气化 nuclear-aid coal gasification

利用回扫脉冲的电源 kickback type of supply

利用激光反射的模型固定装置 reflection plane mounting

利用计算机的 computer-based

利用计算机设计 computer-aided design

利用计算机信息系统 computer-based information system

利用价 exploitation value; utilization value

利用价值 utility value

利用建筑空间 beneficial occupancy

利用旧件 cannibalization; cannibalize [cannibalise]

利用空挡的车道转换 gap lane change

利用空挡转换车道 gap lane change

利用控制保持转动 secure rotationally

利用列车间隔施工 constructing in train running interval

利用流力掉头 turning with the aid of current

利用流量 utilized flow

利用流入量 utilized inflow

利用率 availability (coefficient); availability factor; capacity factor; coefficient of utilization; efficiency; frequency of usage; operational availability; output coefficient; percent(age) utilization; rate of utilization; up-time rate; usage rate; use factor; utilisation factor; utility factor; utilization coefficient; utilization efficiency; utilization factor; utilization rate; utilization ratio; line efficiency <出线或机键能承担的话务量>

利用率高 higher availability; high usage

利用率高的线路 high usage line

利用绿地 utility green

利用能力 capacity utilization

L

利用屏栅特性弯曲部分检波 anode bend rectification
利用期 period of use
利用起动燃料点火 auxiliary ignition
利用气象资料 utilizing meteorologic(al) date
利用气压差测高公式 barometric(al) height formula
利用曲线 use curve
利用热耗 utilization heat rate
利用设备达到最大能力 utilize to the capacity
利用升力再入 lifting reentry
利用湿蒸汽的地热电站 wet steam geothermal power generator
利用收益的调换 applied proceeds swap
利用水头 utilized head
利用伺服机构控制 servo-operated control
利用天敌防治昆虫 biologic(al) insect control
利用土壤调查 use of soil investigation;use of soil survey
利用外部空气的热泵 heat pump using outside air
利用外资 absorb foreign investment; introducing of foreign investment; use foreign funds; utilize foreign capital;utilizing foreign capital
利用外资计划 plan of utilizing foreign capital
利用卫星测量 satellite measurement; satellite observation
利用系数 availability coefficient; availability ratio; available factor; capacity factor; coefficient of efficiency; coefficient of occupation; coefficient of utilization; duty factor;occupational factor; output coefficient; usage coefficient; usage factor; use coefficient; use factor; utilisation[utilization] factor; utilization[utilization] coefficient
利用舷门的装卸方式 sideboard system
利用向心力的 centripetal
利用效率 useful efficiency;utilization efficiency
利用液压工作 hydraulically
利用因数 availability factor;duty factor;use factor;utilization factor
利用因素 availability factor;duty factor;usage factor;utilization factor
利用余热干燥 drying by waste heat
利用蒸发池排水 dewatering by using of evaporating tank;fly-off
利用支付 benefit paid
利用职权营私 malpractice
利用指数 utilization index
利用制糖废液稳定土壤工艺(或技术)molasses stabilization
利用重力溜放的车辆 dropping car
利用重力向下运东西的输送机 toboggan
利用状态码 availability status code
利用资产过低 undertrading
利用自然 utilization of nature
利用自然水深 utilization of natural depth
利于生态环境的水电工程 eco-friendly hydropower project

励

励磁 energizing;magnetizing
励磁变阻器 field rheostat
励磁波 field wave
励磁场 exciting field; magnetizing field
励磁冲击电流 excitation surge current
励磁磁极 field pole
励磁磁铁 exciting magnet
励磁磁通 excitation flux;exciting flux
励磁电动发电机 exciter motor-generator
励磁电流 exciting current; field current;excitation current
励磁电流放大器 field amplifier
励磁电路 energizing circuit; exciter circuit;exciting circuit
励磁电纳 magnetizing susceptance
励磁电势 excitation potential
励磁电压 driving voltage; excitation voltage;exciting voltage;field voltage
励磁电源 field power supply
励磁电阻 excitation resistance
励磁调节器 field regulator
励磁断路器 field circuit breaker
励磁发电机 excitation generator
励磁放电 exciting discharge;field discharge
励磁分段开关 field break-up switch
励磁分路 field shunt
励磁分路调速 shunted field control
励磁功率 driving power; exciting power;exciting watt
励磁管 exciter tube
励磁柜 excitation cubicle;exciter cubicle
励磁回路接地故障保护(装置) field circuit earth fault protection
励磁回路时间常数 exciting circuit time constant
励磁机 exciter;exciting dynamo;initiator
励磁机磁场变阻器 exciter field rheostat
励磁机电刷 exciter brush
励磁机电压 exciter voltage
励磁机构 excitation mechanism
励磁机理 excitation mechanism
励磁机上盖端 exciter dome
励磁机室 exciter room
励磁机组 exciter set
励磁继电器 energized relay;field application relay
励磁接触器 excitation contactor
励磁接点 exciting contact
励磁开关 field switch
励磁控制 excitation control
励磁控制继电器 excitation control relay
励磁器 exciter; initiator; magnetizing exciter
励磁曲线 excitation curve
励磁绕组 excitation winding;exciting winding;field copper;field winding
励磁容量 excitation capacity
励磁溶液 excitant
励磁式扬声器 excited field loudspeaker
励磁水轮机 exciter turbine
励磁损耗 excitation loss
励磁损失 excitation loss
励磁条件 energizing requisition;excitation condition
励磁铁芯 field core
励磁通量 excitation flux
励磁透平 exciter turbine
励磁位置 energized position;position 1;on position <指继电器>
励磁系统 excitation system
励磁线圈 energizing coil; excitation coil; excitation winding; exciter coil;exciter winding;exciting coil; field coil;magnet exciting coil;magnetic coil;magnetizing coil
励磁线圈架 field spool
励磁限制继电器 excitation limiting relay
励磁涌流 excitation surge current; magnetizing inrush current
励磁整流器 field rectifier
励磁装置 magnetizer
励磁自动同步机 exciter selsyn
励弧阳极 excitation anode

沥

沥粉 embossed painting
沥粉贴金 gelled patterning and gilding
沥干 detearing;drain
沥干架 dripper
沥浆产 premature amniotic rupture
沥涝 water-logging
沥滤 leach(ing)
沥滤表面 leached surface
沥滤产物 leachate
沥滤场 leaching field;tile field
沥滤沉淀浮选选矿法 leach-precipitation-flo(a)tation
沥滤出 leaching-out
沥滤法 leaching process
沥滤法回收矿物堆 leach pile
沥滤溶液 leaching solution
沥滤水井 leaching well
沥滤损失 leaching loss
沥滤条件 leaching requirement
沥滤污水坑 leaching cesspool
沥滤要求 leaching requirement
沥滤液 leachate;leaching liquor;leaching solution
沥滤液处理 leachate treatment
沥滤液浓度 leachate concentration
沥滤液收集系统 leachate collection system
沥滤液特征 leachate characteristic
沥滤液污染的地下水 leachate polluted groundwater
沥滤液循环 leachate circulation
沥滤液再循环 leachate re-circulation;leachate re-cycling
沥青 asphalt(um); bitumen; pitch; chian; dacholeum; goudron; parchment;peucine
沥青氨基甲酸酯橡胶 tar urethane rubber
沥青按重量配料器 bitumen weighing batcher; bituminous weigh (ing) batcher
沥青百分比 bitumen content
沥青柏油 asphalt tar; bituminous pitch
沥青柏油胶 maltha
沥青柏油路 asphalt road
沥青板 asphaltic plank; asphaltic sheet;asphaltic slab;asphaltic tile; asphalt panel;asphalt plank;asphalt plate;asphalt sheet;asphalt slab;bituminous board;plate asphalt
沥青板地面 asphalt plank floor
沥青板(混凝土)磨耗层 asphaltic plank wearing course
沥青板条 asphalt strip
沥青拌骨料 asphaltic-bitumen aggregate
沥青拌和设备 asphalt plant
沥青拌和厂 asphalt mixing plant;bituminous mixing plant
沥青拌和机 asphalt mixer
沥青拌和机干燥筒 drum gas velocity
沥青拌和机干燥筒的气流速度<即总排气量除以筒的断面积> drum gas velocity
沥青拌和机冷骨料进料系统 cold aggregate feed system
沥青拌和块石防波堤 rock-asphalt breakwater
沥青拌和料 asphalt composition
沥青拌和物 asphalt mixture;bituminous mixture
沥青拌和装置 asphalt mixing plant; bituminous mixing plant
沥青拌集料 asphaltic-bitumen aggregate
沥青拌砾石 asphalt gravel
沥青拌石屑面层 asphalt-coated chip(ping)s carpet
沥青拌碎石屋面 asphalt-gravel roofing
沥青拌制的道砟 asphalt-coated ballast
沥青拌制的骨料 asphalt-coated aggregate
沥青拌制的集料<即黑色集料> asphalt-coated aggregate
沥青拌制砾石 asphaltic-bitumen(-coated) gravel;asphaltic gravel
沥青拌制砾石屋面 asphaltic-bitumen gravel roofing
沥青拌制砂 asphalt-coated sand; asphaltic-bitumen-coated sand; asphaltic-bitumen-impregnated sand
沥青包裹软木 bitumen bonded cork
沥青饱和 bitumen saturation;bituminous saturation
沥青饱和的 asphalt saturated;asphalt saturating
沥青饱和的毛毡织垫 bitumen-saturated felted fabric pad
沥青饱和的毛毡织物 bitumen-saturated felt(ed fabric)
沥青饱和的毛毡坐垫 bitumen-saturated felt(ed fabric) mat
沥青饱和的纸 asphalt-saturated paper;bitumen-saturated paper
沥青饱和混合料 bituminous saturating mix(ture)
沥青饱和料 bituminous saturant
沥青保护薄膜 bituminous protective membrane
沥青保护层 bitumen protection coat; bitumen protective coat; bituminous protective coat(ing)
沥青保护层材料 asphalt protective coating material
沥青保护层多层处理 double bituminous surface treatment
沥青保护毛毡 bitumen protective felt
沥青保护面层 armo(u)r coat
沥青保护涂层 asphaltic-bitumen protection coat(ing); bitumen protective coating
沥青保护油毡 bitumen protective felt
沥青保温罐 asphalt tank with heating device;asphalt tank with heater
沥青保温运输车 distributor truck
沥青泵 asphaltic-bitumen pump; asphalt(ic) pump;bitumen pump;bituminous pump;tar pump
沥青比 bitumen ratio
沥青比例分配泵 bituminous proportioning pump
沥青比例计量泵 bituminous measuring pump
沥青比量泵 bitumen proportioning pump
沥青标号 asphalt mark
沥青标准试块 asphalt briquet(te)
沥青标准水泥试块 asphaltic briquet(te)
沥青表面处理 asphalting;asphalt surface treatment; bituminous surface treatment
沥青表面处治 asphalt surface treatment; bituminous surface disposal;

bituminous surface treatment; surface dressing
沥青表面处治路(面) bituminous surface treated road
沥青表面加工 asphaltic surfacing work
沥青表面涂层 asphaltic-bitumen surface coating; asphalt surface coat(ing); bitumen(surface) coat(ing)
沥青饼 cake asphalt
沥青玻璃棉毡 asphalt glass felt
沥青玻纤排气基层油毡 asphalt-coated glass fiber venting base sheet
沥青薄板 bituminous sheet(ing)
沥青薄层 bituminous sheet(ing)
沥青薄面铺盖 bituminous decking
沥青薄膜 asphalt(ic-bitumen) film; bitumen film; bitumen membrane; bituminous membrane
沥青薄膜防水 asphalt membrane waterproofing
沥青薄膜防水层 waterproof asphalt membrane
沥青补路 bituminous patching
沥青补强层 asphalt overlay
沥青不透水层 bituminous impervious element
沥青材料 <包括地沥青及焦油沥青> bituminous material; bituminous matter; asphalt material
沥青材料扭点 twisting point
沥青材料软化点 softening point of bituminous material
沥青材料形成胶体能力 colloidal capacity of bituminous substance
沥青彩色面层 asphalt colo(u)r coat
沥青残渣 asphalt(ic) residue
沥青残渣油 asphalt residual oil
沥青仓的容量 asphalt storage capacity
沥青槽 pitch pocket
沥青槽接 asphalt groove joint
沥青测量方法 bitumen survey
沥青层 asphalt course; asphaltic-bitumen layer; asphalt(ic) layer; bitumen layer; bituminous coat(ing); bituminous mat; dead level asphalt
沥青层的 asphalt-laminated
沥青层防水油毡 asphaltic-bitumen prepared roofing
沥青层碎屑 bituminized chip(ping)s
沥青层压 asphalt lamination
沥青层压的 asphaltic-bitumen laminated
沥青掺和 asphalt addition
沥青掺和料 asphaltic-bitumen addition
沥青掺配 asphalt addition
沥青掺配图表 bitumen blending chart
沥青产品 asphaltic product; bitumen product; bituminous product
沥青铲斗 asphalt bucket
沥青厂拌混合料 asphalt plant mix
沥青沉积 asphalt deposit
沥青衬层 asphaltic lining
沥青衬垫 asphaltic-bitumen liner; bitumen liner
沥青衬里 asphalt(ing) lining; bitumastic lining; bitumen lining
沥青衬里的 bitumen-lined
沥青衬里管道 asphalt lined pipe
沥青衬里件 bitumen liner
沥青衬面 bituminous cover(ing)
沥青衬砌 asphaltic-bitumen liner; asphalt(ic) lining
沥青称量斗 asphalt weighing bucket
沥青称量配料机 asphalt weighing batcher
沥青称量配料器 binder weighing batcher
沥青成分 asphalt(ic) composition; bitumen composition; bituminous composition
沥青成因【地】 bitumogence
沥青秤 asphalt balance; asphalt scale; bituminous weigh(ing) batcher
沥青秤的最大计量值 asphalt balance maximum capacity
沥青秤斗 asphalt weighing bucket
沥青称量系统 asphalt measuring system
沥青重复处治 bituminous retreat
沥青重复利用 asphalt recycling
沥青齿耙 asphalt(ic) rake
沥青抽提仪 bitumen extractor
沥青稠度 bitumen consistency; consistency of asphalt
沥青臭味 asphalt odo(u)r; bituminous odo(u)r
沥青储存装置 bituminous storage installation
沥青处理 asphalt impregnation; bituminization; bituminize; bituminizing; bituminous treatment; oil treatment
沥青处理的材料 asphalt-treated material
沥青处理的基层 asphalt-treated base; bituminous treated base
沥青处理的基底 asphalt-treated base
沥青处理的屋面材料 asphalt prepared roofing
沥青处理过的 asphalt-treated; bitumen treated
沥青处理路边石 asphalt kerb
沥青处理纤维管 bituminized fiber[fibre] pipe
沥青处治 bituminization; bituminous disposal; bituminous treatment
沥青处治的 bituminous-treated
沥青处治(的道)路 oil mat road
沥青处治的底层 asphalt-treated base
沥青处治过的 asphalt-treated; bitumen treated
沥青处治沥青浇面 bituminous treatment
沥青处治粒料基层 bitumen treated granular base
沥青处治路肩 bituminous sealed shoulder
沥青处治路面 oil-treated surface
沥青处治面层 oil-treated surface
沥青船 asphalt ship; asphalt tanker
沥青吹制 asphalt blowing
沥青瓷漆 bitumastic enamel
沥青瓷砖地面 asphaltic tile floor covering
沥青粗麻布 <防潮层用的> dason
沥青粗制油毡 <屋面用> bitumen rag-felt
沥青打底 asphaltic-bitumen base; asphalt prime coat
沥青打底层 bituminous prime coat(ing)
沥青打底的 asphalt-base; asphaltic-bitumen based
沥青打底涂层 asphaltic-bitumen primer
沥青打底涂料 asphaltic-bitumen primer
沥青打底子涂料 asphalt-base paint
沥青代用品 bituminous substitution
沥青带 asphaltic-bitumen tape; asphalt tape
沥青单独涂层 asphalt individual coat; bitumen individual coat
沥青挡水板 bituminous shield
沥青刀 asphalt cutter
沥青倒乳液 <水分散在沥青中的乳液> inverted asphalt emulsion
沥青捣棒 asphalt tamper
沥青道床 asphalt cemented ballast bed
沥青道路表面修整路碾 blacktop finishing roller
沥青道路表面修整压路机 blacktop finishing roller
沥青道路乳液 bitumen highway emulsion; bitumen road emulsion
沥青的 asphaltic; bituminous; pitchy
沥青的防潮和防水 bituminous damp-proofing and waterproofing
沥青的化学组成 chemical composition bitumen
沥青的可涂刷混合物 bituminous brushable compound
沥青的沥青质 asphaltene of asphalt
沥青的黏[粘]合成分 bituminous adhesive composition
沥青的氢碳原子比 atomic ratio hydrogen/carbon of bitumen
沥青的压实 asphalt compaction
沥青的元素组成 elemental content of bitumen
沥青等级 asphalt(ic-bitumen) grade; bitumen grade
沥青底层 asphalt(ic) base(course); bituminous base (course); black base(course); asphalt primer
沥青底层油毡 coated base felt
沥青底封层 bituminous underseal
沥青底漆 asphalt primer
沥青底涂层 asphalt-base coat(ing); bituminous prime coat(ing); primary coat(ing); prime coat(ing); priming coat; bitumen primer
沥青底油 asphalt-base oil
沥青底子 asphaltic base; base asphalt coating; bitumen base
沥青地板砖 asphalt floor cover(ing) tile
沥青地面 asphalt floor cover(ing); asphalt floor finish; asphalt flooring); asphalt ground; lithocrete
沥青地面层 asphalt floor finish
沥青地面平整机 asphalt smoother
沥青地面砖 asphalt floor (covering)) tile
沥青地坪 asphalt ground
沥青地毯 bitumen carpet
沥青地原油 asphalt-base crude oil
沥青地毡 asphaltic-bitumen sheet(ing)
沥青垫层 asphalt mat(tress); bituminous mat(tress)
沥青垫层护岸 asphalt lamination
沥青垫层护岸 asphalt mattress revetment; bituminous mattress revetment
沥青垫层铺设船 asphaltic mattress laying vessel
沥青叠层的 bitumen laminated; asphalt-laminated
沥青叠层压合板 asphalt lamination
沥青叠层压合毡 asphalt lamination
沥青叠层压合纸 asphalt lamination
沥青丁坝 asphalt groyne
沥青堵漏 asphaltic sealing
沥青堆场面 asphalt pavement
沥青多孔板 asphaltic-bitumen perforated sheet(ing)
沥青多孔挡板 bitumen perforated sheet(ing)
沥青多孔片 asphaltic-bitumen sheet(ing)
沥青发火点试验仪 asphalt ignition point tester
沥青法 bitumen method
沥青凡立水 pitch varnish
沥青泛水胶泥 asphalt flashing cement
沥青泛油【道】 bleeding; flushing of asphalt
沥青芳香烃 aromatics of asphalt
沥青防潮 asphalt damp-proofing
沥青防潮层 asphalt damp-proof course; asphaltic-bitumen for damp-proof coating; bitumen damp-proof course; ledbit <有铅心的>
沥青防潮层混凝土墙 <挡土墙施工基槽中取代木模板的> facing wall
沥青防潮防水剂 bituminous damp-proofing water proofing
沥青防潮剂 bituminous damp-proofing agent
沥青防潮涂层 asphalt for damp-proof coatings
沥青防潮涂料 bitumen for dampproof coatings
沥青防潮纸 bitumen building paper
沥青防护层 asphalt protection coat
沥青防护涂料 asphalt protective coating(material)
沥青防黏[粘]剂 asphalt adhesion-preventing agent; asphaltic-bitumen adhesion preventing agent
沥青防渗墙 bituminous diaphragm
沥青防水 asphalting; asphalt waterproofing
沥青防水薄膜 asphalt membrane waterproofing; bituminous protective membrane; bituminous water-proofing membrane
沥青防水层 asphalt damp course; asphaltic-bitumen waterproofer coat; asphaltic water-proof course; asphalt(ing) lining; bitumen lining; bitumen waterproofer coat; bitumen waterproofer course; bituminous waterproof coat(ing); bituminous water-proofing; bituminous water-proofing coat(ing); bituminous water-proofing course; waterproofing with asphalt
沥青防水措施 bituminous waterproofing
沥青防水合成物 plastaleke
沥青防水剂 <一种专利产品> everseal
沥青防水胶带 asphalt-rubber strip
沥青防水料 asphalt sealing compound
沥青防水面层 asphaltic water-proof coat
沥青防水膜 asphalt(water-proofing) membrane; bitumen membrane; bituminous membrane
沥青防水膜层 asphalt-proof coating; bituminous proof coating
沥青防水涂层 asphaltic water-proof coat; flood coat
沥青防水油膏 asphalt ca(u)lking compound
沥青防水纸板 tar waterproof board
沥青防锈绝缘漆 bituminous insulating paint
沥青防锈涂层 asphaltic-bitumen-based rust protection paint; asphaltic-bitumen-based rust protective paint
沥青防锈涂料 asphalt-based rust protective paint; bitumen-based coating material
沥青房屋玛琋脂 bituminous building mastic
沥青房屋砂胶 bituminous building mastic
沥青分布机 distributing tank
沥青分批搅拌站 batch-type asphalt plant
沥青分散剂 asphaltic-bitumen dispersion
沥青分散液 <包括沥青乳液及沥青悬浮液> bituminous dispersion; asphalt dispersion
沥青分散作用 bitumen dispersion
沥青粉(末) asphalt powder; pow-

dered asphalt
沥青粉土 bituminous clay
沥青份量<混合料中的> bituminous fraction of mix
沥青丰度 abundance of bitumen
沥青封闭 asphalt seal; bituminous seal
沥青封闭层 asphalt seal coat; bituminous seal coat; tar seal
沥青封闭圈闭 tar-seal trap
沥青封闭油藏 tar-seal pool
沥青封层 asphalt seal coat; bituminous seal coat
沥青封底 asphalt subseal(ing); asphalt underseal(ing); bitumen subseal(ing)
沥青封底工程 asphalt underseal-work
沥青封缝 bitumen seal(ing); bituminous seal
沥青封缝混合料 bitumen-seal(ing) compound; bituminous sealing compound
沥青封接 bitumen jointing
沥青封口板 bitumen seal(ing) sheet(ing)
沥青封口(膏) bitumen seal(ing)
沥青封口护板 bitumen seal(ing) sheet(ing)
沥青封口浆 bitumen seal(ing) paste
沥青封口油麻丝 asphaltic-bitumen joint runner; asphalt sealing rope
沥青封泥 asphalt putty; bituminous putty
沥青封塞薄片 asphalt sealing sheet(ing)
沥青封塞料 asphalt sealing compound
沥青缝 asphalt(ic) joint; bituminous joint
沥青敷面 bituminous dressing; bituminous facing
沥青敷面处理 asphalt surface treatment
沥青浮化液 colas
沥青复苏剂 asphalt rejuvenating agent
沥青富化<养护作业中对含沥青较少的路面段加洒或加拌沥青,或配混合料时多用沥青> bitumen enrichment
沥青覆盖层 asphalt carpet; asphalt overlay; bituminous shield
沥青覆盖层碎石路 coated macadam
沥青覆盖处理<临时性稳定播种地区> mulch treatment
沥青覆盖料 asphalt mulch
沥青覆盖碎石路 coated macadam
沥青覆盖物 dressing compound
沥青覆面工作 asphaltic surfacing work
沥青覆面涂料 bitumastic compound
沥青覆涂胶料 asphalt coating material
沥青改性剂 asphalt modifier
沥青盖层 asphalt cover(ing); bituminous cover(ing)
沥青盖层碎石路 coated macadam
沥青盖顶 asphalt mulch top; bituminous mulch top
沥青盖料 asphalt(ic) mulch
沥青膏 mastic asphalt; asphalt(ic) mastic; asphalt(ic) cement; bituminised[bituminized] cement; bituminous cement; bituminous plaster; bituminous putty; black paste
沥青膏成分 bituminous cementing composition
沥青膏浆表面防水处理方法 mastic process
沥青隔板 asphaltic mattress
沥青隔热层 batt insulation
沥青工厂 asphalt plant
沥青工程 bituminous work
沥青工人 asphalter
沥青工种 asphaltic work; bituminous work
沥青公路 asphalt highway; asphaltic roadway; bituminous highway
沥青公路建造 bituminous highway construction
沥青公路施工 bituminous road construction
沥青公路用乳化沥青 asphalt highway emulsion
沥青供给系统 asphalt feeding system
沥青骨料 asphaltic-bitumen aggregate
沥青骨料拌和物 asphalt-aggregate mixture
沥青骨料比 asphalt-aggregate ratio
沥青骨料混合料 asphalt(ic-bitumen) aggregate mixture; bitumen-aggregate mixture
沥青骨料混合物 asphalt(ic-bitumen) aggregate mixture; bitumen-aggregate mixture
沥青骨料搅拌机 aggregate bituminizing plant
沥青骨料马歇尔试验分析系统 asphalt-aggregate Marshall analysis system
沥青骨料贮存合加热装置 binder bulk storage and heating installation
沥青固化 bitumen solidification; bituminization
沥青固沙 fixed sand by covering asphalt
沥青刮路机 asphalt smoother
沥青刮平层化混合物 bitumen screeding compound
沥青挂车 bitumen trailer
沥青管 asphalt pipe
沥青管道<沥青洒布机> binder tube
沥青管道涂料 bitumastic pipe-line coating
沥青贯入式 bituminous penetration
沥青贯入式浇灌路 bituminous penetration road(pavement)
沥青贯入式路面 bituminous penetration pavement
沥青贯入式碎石路基层 bituminous penetration macadam base course
沥青贯入式碎石路面 bituminous penetration[penetrating] macadam
沥青贯入式碎石面层 bituminous penetrating macadam surface course
沥青贯入式碎石铺路法 asphaltic macadam
沥青灌缝混合物 bitumen pouring compound
沥青灌浆 asphalt(ic) grouting; bitumen grouting; bituminous grouting
沥青灌浆材料 bituminous grout material
沥青灌浆的 asphalt-grouted
沥青灌浆护岸 grouted asphalt revetment
沥青灌浆块石 asphalt-grouted stone; stone asphalt
沥青灌浆碎石 asphalt-grouted macadam; asphaltic grouted macadam; asphaltic penetration macadam; bitumen grouted macadam
沥青灌浆碎石路(面) asphalt-grounded surfacing; grouted asphalt macadam
沥青灌入的碎石 bitumen grouted macadam
沥青灌入设备 bituminous injection device
沥青灌入碎石铺路法 asphalt macadam
沥青灌注 asphalt impregnating; bituminous penetration
沥青灌注碎石路面 asphalt-grouted surfacing; asphaltic-bitumen penetration macadam
沥青灌注碎石面层 asphalt-grouted surfacing
沥青罐 asphalt tank
沥青罐车 asphalt truck
沥青罐的容量 asphalt tank capacity
沥青光面外层 glaze coat
沥青光泽 pitch glance
沥青龟裂缝 asphalt alligator crack
沥青硅酸钙砖 asphaltic-bitumen calcium silicate brick
沥青硅酸盐砖 bitumen calcium silicate brick
沥青滚平机 asphalt finisher
沥青锅 asphalt heating pot; asphalt kettle; pitch pot; tar kettle
沥青过多处 fat spot
沥青过多的路面 overrich oiled surface
沥青过多的毡层 bitumen rich carpet
沥青过多地点 fat spot
沥青过滤层 bituminous filter layer
沥青含蜡量 wax content of asphalt
沥青含量 asphalt(ic-bitumen) content; bitumen content; bituminous fraction of mix<混合料中的>
沥青夯 asphalt tamper
沥青耗散 asphaltic dispersion
沥青合成橡胶结合料 bitumen-elastomer binder
沥青和柏油(溶解)烧锅 bitumen and tar(melting) kettle
沥青和铺路材料混合物 colasmix
沥青褐煤 bituminous lignite; pitch coal
沥青黑烤漆 baking black varnish
沥青黑色 pitch black
沥青烘漆 baking japan
沥青湖 asphalt lake; pitch lake
沥青护岸 asphalt revetment; bituminous revetment; mass asphalt revetment
沥青护层 coating asphalt
沥青护面 asphalt facing; asphalt felt coat; asphalt revetment; bituminous coat(ing); bituminous facing; bituminous shield
沥青护面层 armo(u)r coat; asphaltic overlay
沥青护面的 bitumen-sheathed
沥青护面防波堤 bituminous-cover breakwater
沥青护坡 asphalt revetment
沥青护墙 asphalt revetment
沥青护墙板 bitumen sheet(ing); bituminous sheet(ing)
沥青滑动层 bitumen slip coating
沥青化 bituminisation[bituminization]; bituminize
沥青化合物 asphalt compound
沥青化作用 asphaltization
沥青环氧胶 pitch-epoxy glue
沥青环氧树脂 bituminous epoxy resin
沥青黄布管 asphalt jute pipe
沥青黄麻管 asphalt jute pipe
沥青灰浆 bitumen grout
沥青灰浆封层 bitumen slurry seal
沥青灰泥 bituminous marl
沥青灰砂砖 asphaltic-bitumen limesand brick; asphalt sand lime brick
沥青灰岩 anthraconite; bitumen limestone
沥青挥发分 asphalt volatile constituent
沥青挥发分试验 evaporation loss test for asphalt
沥青回收 asphalt recycling
沥青回用 asphalt recycling
沥青混合料 asphalt compound; asphaltic mixture; bituminous composition; bituminous mixture
沥青混合料拌缸 asphalt mixer
沥青混合料拌缸衬板 asphalt pug mixer plate
沥青混合料拌缸浆柄 asphalt pug mixer paddle arms
沥青混合料拌缸叶片 asphalt pug mixer tips
沥青混合料拌缸轴 asphalt pug mixer shaft
沥青混合料拌和厂 asphalt plant
沥青混合料拌和机 asphalt mixer
沥青混合料拌和设备 asphalt mixing plant; asphalt paving plant
沥青混合料拌和设备中心控制室 asphalt plant central control station
沥青混合料拌和用滚筒 drum for(asphaltic) bitumen
沥青混合料抽提机 bitumen extractor
沥青混合料储仓 asphalt mixer silo
沥青混合料的出厂温度 discharge temperature of bituminous mixtures
沥青混合料的滚压温度 rolling temperature of bituminous mixture
沥青混合料垫层 asphalt cushion course
沥青混合料分析系统 asphalt-aggregate mixture analysis system
沥青混合料规范 asphalt mixture specification
沥青混合料搅拌设备 asphalt mixing plant
沥青混合料旧料再生设备 asphalt recycling plant
沥青混合料就地再生拌和设备 in-situ asphalt mixture recycling mixing plant
沥青混合料路 mixed bituminous road
沥青混合料路拌机 bituminous road-mixer
沥青混合料路面 bituminous mixed pavement
沥青混合料面层 oil mixed type surface
沥青混合料捏拌机 asphalt pug mixer
沥青混合料(配合比)设计法 asphalt-mix-design method
沥青混合料铺路机 bituminous paver
沥青混合料取料机 windrow elevator
沥青混合料热拌设备 hot-mix plant
沥青混合料摊铺机 bitumen paver; bituminous paver; asphalt paving machine; asphalt paver
沥青混合料填缝料 asphaltic mixture joint filler
沥青混合料再生拌和设备 asphalt mixture recycling mixing plant
沥青混合填料 asphaltic-bitumen filler mix(ture)
沥青混合屋面料 bitumen composition roofing
沥青混合物 asphaltic compound; bitubond<用以浇注洞孔>
沥青混凝土 asphaltic-bitumen concrete; asphalt(ic) concrete; bitumen concrete; bituminized concrete; bituminous concrete; tar concrete; bitulith
沥青混凝土拌和厂 asphalt concrete mixing plant; asphalt concrete plant
沥青混凝土拌和机 asphalt concrete plant; asphalt(ic) concrete mixer
沥青混凝土拌和设备 asphalt(ic) concrete mixing plant
沥青混凝土拌和站 asphalt(ic) con-

crete mixing plant
沥青混凝土拌和装置 asphalt(ic)concrete mixing plant
沥青混凝土表面层 bitumen concrete surfacing
沥青混凝土衬砌 asphaltic concrete lining
沥青混凝土打底 bitumen concrete base
沥青混凝土的 bitulithic
沥青混凝土的塑性指数 plastic index of bituminous mixture
沥青混凝土堤坝心墙 asphaltic concrete corewall
沥青混凝土底层 asphalt concrete base
沥青混凝土地面 asphalt concrete surface
沥青混凝土地毯 bitumen concrete carpet
沥青混凝土垫层 asphalt concrete base
沥青混凝土防渗心墙 asphaltic concrete corewall
沥青混凝土防水层 asphalt concrete base
沥青混凝土覆盖层 bitumen concrete carpet
沥青混凝土覆面邻接带 adjacent strip
沥青混凝土骨架 asphaltic concrete skeleton;bitumen concrete skeleton
沥青混凝土混合料 asphalt concrete mixture; asphaltic concrete mix(ture); bitumen-concrete mixture; bituminous concrete mixture
沥青混凝土基层 asphalt(ic)concrete base
沥青混凝土基础 asphalt(ic)concrete base
沥青混凝土搅拌机 asphaltic concrete mixer
沥青混凝土搅拌设备 asphaltic concrete mixing plant; asphalt mixing plant
沥青混凝土搅拌装置 asphaltic concrete mixing plant
沥青混凝土截水墙 asphaltic concrete cutoff wall
沥青混凝土块 asphaltic(concrete) block
沥青混凝土块材 asphalt block
沥青混凝土块体 asphalt block
沥青混凝土块体面层 asphalt block pavement
沥青混凝土矿物骨架 asphalt concrete mineral skeleton
沥青混凝土矿物质骨架 asphaltic-bitumen concrete mineral skeleton
沥青混凝土矿质骨架 asphaltic concrete mineral skeleton
沥青混凝土连续拌和机 continuous flow plant
沥青混凝土料 asphalt concrete mixture;bituminous concrete mixture
沥青混凝土楼地面 asphaltic concrete flooring;bituminous concrete flooring
沥青混凝土路 asphaltic concrete road;bituminous concrete road
沥青混凝土路基层 asphaltic(-bitumen) concrete base
沥青混凝土路面 asphaltic-bitumen concrete pavement; asphaltic concrete carpet; asphalt (ic) concrete pavement; bitulithic pavement; bitumen concrete pavement; bituminous concrete pavement; oil cake <俚语>
沥青混凝土路面层 asphaltic concrete surfacing
沥青混凝土路缘石 asphalt curb[kerb]
沥青混凝土面板 bituminous concrete facing
沥青混凝土面板坝 asphalt(ic)concrete facing dam
沥青混凝土面板土石坝 asphaltic concrete facing earth-rock dam
沥青混凝土面板堆石坝 asphaltic concrete-faced rockfill dam
沥青混凝土面层 asphalt concrete surfacing; bituminous concrete facing membrane
沥青混凝土跑道 asphaltic concrete runway
沥青混凝土配合料 asphalt(ic)concrete mix(ture)
沥青混凝土配料装置 asphalt(ic)concrete batching plant
沥青混凝土铺料机 asphaltic concrete paver
沥青混凝土铺路机 asphaltic concrete paver
沥青混凝土铺面 asphalt(ic)concrete pavement; bitumen concrete pavement; bituminous concrete pavement
沥青混凝土铺面层 asphalt (ic-bitumen) concrete carpet
沥青混凝土人行道 bituminous-concrete sidewalk
沥青混凝土摊铺机 asphaltic concrete spreading machine; asphalt paver; bituminous concrete paver
沥青混凝土心墙 asphalt concrete core
沥青混凝土心墙坝 asphalt concrete core dam
沥青混凝土心墙堆石坝 rock-fill dam with asphaltic concrete core wall
沥青混凝土心墙土石坝 asphaltic concrete core earth-rock dam
沥青混凝土与碎石灌沥青面层混合铺设法 asphalt macadamix
沥青混凝土熨板 asphalt ironing plate
沥青混凝土振动碾 asphalt vibratory compactor
沥青混凝土振动压实机 asphalt vibratory compactor
沥青活性 activity of bitumen
沥青基 asphaltic(-bitumen) base; bitumen base;naphthene base
沥青基层 asphalt(ic)base(course); bituminous base (course); black base(course)
沥青基层处理 asphalt subseal(ing); bitumen subseal(ing)
沥青基层涂层 asphalt-base coat(ing)
沥青基的 asphaltic-bitumen based
沥青基底层 asphalt-base course; bituminous base(course)
沥青基防水涂料 asphalt-base waterproofing paint
沥青基防锈漆 asphalt-based rust protective paint; asphaltic-bitumen-based rust protection paint; asphaltic-bitumen-based rust protective paint
沥青基封底 asphalt subseal(ing); bitumen subseal(ing)
沥青基玛琋脂嵌缝料 asphaltic-bitumen-based mastic joint sealer
沥青基玛琋脂填缝料 asphalt-base mastic joint
沥青基木纤维板 asphaltic-bitumen-type wood fibre board
沥青基黏[黏]膏 asphaltic-bitumen-based paste
沥青基燃油 asphalt fuel oil
沥青基乳液 asphalt-base emulsion
沥青基石油 asphalt-base oil; asphaltic base oil; asphaltic base petroleum
沥青基涂料 asphalt-base paint; asphalt-base paste
沥青基油漆 asphalt-base paint
沥青基原油 asphaltic base crude; asphaltic base crude oil; asphaltic base crude petroleum; crude asphaltic petroleum
沥青基质护面材料 bitumen-based coating material
沥青基制品 bitumen-based product
沥青及煤焦油熔锅 asphalt and tar (melting) kettle
沥青集料 asphaltic-bitumen aggregate
沥青集料拌和物 asphalt-aggregate mixture
沥青集料比 asphalt-aggregate ratio
沥青集料混合料 asphalt(ic-bitumen) aggregate mixture; bitumen-aggregate mixture
沥青集料混合物 asphalt(ic-bitumen) aggregate mixture; bitumen-aggregate mixture
沥青集料搅拌机 aggregate bituminizing plant
沥青集料马歇尔试验分析系统 asphalt-aggregate Marshall analysis system
沥青集料系统 asphalt-aggregate system
沥青集料贮存合加热装置 binder bulk storage and heating installation
沥青挤嵌 asphaltic-bitumen subseal(ing)
沥青计量泵 asphaltic-bitumen measuring pump; asphaltic-bitumen metering pump; asphaltic-bitumen proportioning pump; asphalt measuring pump; asphalt metering pump; asphalt proportioning pump; bitumen batching pump; bitumen measuring pump; bitumen metering pump; bitumen proportioning pump
沥青计量分批箱 asphaltic-bitumen weighing batcher
沥青计量器 asphalt scale
沥青计量装置 asphalt measuring unit
沥青加工厂 asphalt plant; asphalt refinery
沥青加固 bituminous stabilization; asphalt(ic-bitumen) stabilization
沥青加固胶粘剂 bitumen bonding adhesive
沥青加固土路 stabilized soil bituminous road
沥青加热厂 asphalt heating plant; bituminous heating plant
沥青加热车 asphalt tank car heater
沥青加热锅 asphalt cooker; asphalt heating kettle
沥青加热用锅炉 tar boiler
沥青加热机 asphalt heating plant
沥青加热炉 asphalt heating kettle; asphaltic-bitumen heater; asphalt melting kettle; bitumen heating kettle; bitumen melting boiler
沥青加热器 asphalt heater; asphaltic-bitumen cooker; asphaltic-bitumen heater; bitumen heater
沥青加热熔化锅 bituminous heater
沥青加热设备 bituminous heating installation; hot asphalt plant
沥青加热拖车 bituminous heating trailer
沥青加热装置 asphalt heater
沥青建筑材料 bituminous building material; bituminous structural material
沥青浆 asphalt grout; bituminous grout
沥青浆封缝 asphalt slurry seal; bitumen slurry seal
沥青浆塞缝 asphalt slurry seal; bitumen slurry seal
沥青浇灌 bituminous penetration
沥青浇灌路 bituminous penetration road(pavement)
沥青浇灌碎石路 bituminous penetration macadam
沥青浇口油麻丝 asphaltic pouring rope
沥青浇面 asphalt topping; bitumen top dressing; bituminous surface treatment
沥青浇面处理 asphalt surface treatment
沥青浇面料 asphalt top dressing
沥青浇注复合料 asphaltic-bitumen pouring compound
沥青浇注控制阀 asphalt injection control valve
沥青浇注嵌缝绳 asphaltic-bitumen pouring rope
沥青胶 asphaltic bitumen
沥青胶带 asphalt tape; bitumen tape
沥青胶合材料 asphaltic bonding composition
沥青胶合剂 asphalt adhesive; bituminous binder
沥青胶合料 asphaltic adhesive; asphaltic-bitumen bonding compound; bitumen binder
沥青胶浆填缝 asphaltic-bitumen slurry seal
沥青胶结层 bituminous tack coat
沥青胶结的 asphalt-bonded; asphalt-bound
沥青胶结化合物 bituminous adhesive composition; bituminous adhesive compound
沥青胶结剂 asphaltic cementing agent; bitumen cement(ing agent); bituminous cement; bonded with asphaltic material
沥青胶结块石 stone asphalt
沥青胶结块石防波堤 stone-asphalt breakwater
沥青胶结料 asphalt bonding adhesive; asphalt bonding agent; asphalt cement; asphaltic-bitumen binder; bituminous binder; bituminous cement
沥青胶结料规范 asphalt binder specification
沥青胶结体 bituminous cement
沥青胶块 mineral rubber
沥青胶料 asphalt-rubber mass; asphalt-rubber material
沥青胶泥 asphalt grout; asphalt(ic) cement; bituminized cement; bituminous cement; mastic asphalt
沥青胶泥勾缝 asphalt mastic pointing
沥青胶泥块 asphalt mastic block
沥青胶泥圬工 asphaltic mortar masonry(work)
沥青胶制锅 mastic asphalt cooker
沥青胶砂 sand asphalt
沥青胶砂防水层 waterproof asphalt mastic
沥青胶体 bituminous cement
沥青胶条 asphalt-rubber strip
沥青胶涂布料 asphalt coating compound
沥青胶脂 asphalt mastic
沥青胶纸板 asphalt-coated pasteboard
沥青胶质 resin of asphalt
沥青胶质稳定性 colloidal stability
沥青胶粘剂混合料 asphaltic adhesive mixture
沥青胶粘剂 asphalt adhesive; asphalt (bonding) adhesive; asphalt bonding

medium; asphaltic-bitumen bonding adhesive; asphaltic cement; asphalt mastic;bitumen adhesive
沥青焦 asphalt coke
沥青焦沥青 asphaltic pyrobitumen; wurtzilite
沥青焦沥青页岩 asphaltic pyrobituminous shale
沥青焦炭 pitch coke
沥青焦油 asphalt tar
沥青焦油混合料 bitumen-tar binder
沥青焦油胶 maltha
沥青焦油结合料 bitumen-tar binder
沥青搅拌机 asphalt mixer
沥青搅拌楼 asphalt plant
沥青接缝 asphaltic-bitumen joint;bitumen joint
沥青接缝浇道 bitumen joint runner
沥青接缝浇注混合料 bitumen joint pouring compound
沥青接缝麻刀 bitumen joint runner
沥青接缝填料 asphalt joint filler
沥青接合层 priming coat
沥青接头灌缝混合料 asphalt joint pouring compound
沥青接头灌缝料 asphaltic-bitumen joint pouring compound
沥青接头嵌缝料 asphaltic-bitumen joint runner
沥青接头嵌缝绳 asphaltic-bitumen joint runner
沥青结构 bituminous texture
沥青结合 bituminous bond
沥青结合白云石砖 tar-bonded dolomite brick
沥青结合层 asphalt binder course;asphalt intermediate course; bitumen prime coat; bituminous binder course
沥青结合的 pitch bonding
沥青结合碱性耐火砖 pitch-bonded basic brick
沥青结合料<包括改性和未改性沥青> asphalt(ic) binder; asphaltic bitumen;bituminous binder;bituminous bound material
沥青结合料层 asphalt binder course
沥青结合料基层 bitumen bound base
沥青结合料(路基)层 asphaltic binder course
沥青结合耐火砖 pitch-bonded brick
沥青结(合)柔性面层 bitumen-bound flexible pavement
沥青结粒料基层 bitumen bound base
沥青浸黄麻 asphalt jute
沥青浸染岩石 bitumen-impregnated rock
沥青浸润毡 asphalt-saturated felt
沥青浸透 asphalt saturation; bitumen impregnation
沥青浸透的碎石 bitumen penetration macadam
沥青浸透的碎石路 asphaltic penetration macadam
沥青浸涂<保护钢管> asphalt dip
沥青浸液 asphalt dip
沥青浸油毡衬垫 bitumen-saturated (felted) mat
沥青浸油毡软木衬垫 bitumen-saturated(felted) mat with cork; bitumen-saturated (felted) pad with cork
沥青浸汁矿棉纸油毡 asphalt-saturated felt
沥青浸渍 asphalt impregnation; bitumen impregnation; bituminous impregnation
沥青浸渍玻璃布 bitumen-saturated glass fabric
沥青浸渍玻璃纤维油毡 asphalt-saturated glass fiber[fibre] felt
沥青浸渍材料 bituminous saturant
沥青浸渍成分 bituminous impregnating composition
沥青浸渍粗制料 asphalt-saturated rag felt
沥青浸渍粗制毡 asphalt-saturated rag felt
沥青浸渍的 asphalt impregnating; bitumen-impregnated; bitumen impregnating
沥青浸渍的板条 asphalt-impregnated strip;bitumen-impregnated strip
沥青浸渍的保护毡 asphalt-impregnated protective felt
沥青浸渍的硅酸钙砖 asphaltic-bitumen-impregnated calcium silicate brick
沥青浸渍的硅酸盐砖 asphalt-impregnated calcium silicate brick; bitumen-impregnated calcium silicate brick
沥青浸渍的灰砂砖 asphaltic-bitumen-impregnated lime-sand brick; asphalt-impregnated lime-sand brick; asphalt-impregnated sand-limestone brick; bitumen calcium silicate brick; bitumen-impregnated sand lime brick;bitumen sand-lime brick
沥青浸渍的卷材 asphaltic-bitumen-impregnated strip
沥青浸渍的密封绳 asphalt-impregnated sealing rope
沥青浸渍的嵌缝油麻丝 asphalt-impregnated pouring rope
沥青浸渍的砂 bitumen-impregnated sand
沥青浸渍的填缝浅口 asphalt-impregnated joint runner
沥青浸渍的油毛毡 bitumen-impregnated felt
沥青浸渍防潮油毡 coated base sheet
沥青浸渍封口绳 bitumen-impregnated seal(ing) rope
沥青浸渍封塞绳子 bitumen-impregnated seal(ing) rope
沥青浸渍钢管 bitumen-dipped steel tube
沥青浸渍灌浆砂 asphalt sand
沥青浸渍灰砂砖 bitumen-impregnated calcium silicate brick; bitumen-impregnated lime-sand brick
沥青浸渍混合物 bituminous impregnating mix(ture)
沥青浸渍卷材 asphalt shingle
沥青浸渍绝热板 bitumen-impregnated insulating board
沥青浸渍料 bituminous saturant
沥青浸渍麻布 flax soaked with bitumen
沥青浸渍棉纤维屋面材料 cotton fabric saturated with bitumen
沥青浸渍棉织物 bitumen-saturated cotton fabric
沥青浸渍耐火砖 pitch-impregnated brick
沥青浸渍砂 asphalt-impregnated sand
沥青浸渍石棉油毡 asphalt-saturated asbestos felt
沥青浸渍条 asphaltic-bitumen-impregnated strip
沥青浸渍网状屋面板 asphalt-saturated glass fiber[fibre] felt
沥青浸渍屋顶油毡 asphalt-saturated roofing felt
沥青浸渍屋面毡 self-finished roofing felt
沥青浸渍纤维板 bitumen-impregnated fiberboard
沥青浸渍纤维材料 pitch fiber[fibre]
沥青浸渍纤维管 pitch fiber pipe
沥青浸渍亚麻油毡 impregnated flax felt
沥青浸渍油毡 sheathing felt
沥青浸渍油毡防水层 felt underlayment
沥青浸渍毡 asphalt felt;asphaltic saturated felt
沥青浸渍纸 bitumen-impregnated paper
沥青浸渍砖 tar-impregnated brick
沥青晶质铀矿 pitch blende
沥青精 asphaltene
沥青旧料再生设备 asphalt recycling plant
沥青锯 asphalt saw
沥青聚合物结合料 bitumen-polymer binder
沥青卷材 asphalt roll
沥青卷材屋面 asphalt prepared roofing; asphalt roll(ed-strip) roofing; asphalt shingle roofing; bitumen felt roof(ing)
沥青卷条屋面材料 bitumen roll(ed-strip) roofing
沥青绝缘板 asphaltic-bitumen insulating slab; asphalt (ic) insulating slab; bitumen insulating slab; bituminous insulation(-grade) board
沥青绝缘层 bitumen insulating coat
沥青绝缘的 bitumen-sheathed
沥青绝缘等级板 bituminous insulation-grade board
沥青绝缘电缆 bitumen cable; bitumen-sheathed paper cable
沥青绝缘膏 asphalt insulating paste; bitumen insulating paste
沥青绝缘糊 bitumen insulating paste
沥青绝缘胶 asphalt insulating paste; bitumen insulating paste
沥青绝缘涂层 asphaltic-bitumen insulating coat;asphalt insulating coat
沥青绝缘涂料 bituminous insulating paint
沥青可密封的孔隙 asphalt permeable voids
沥青可填充的孔隙 asphalt permeable voids
沥青坑 asphalt pit; pitch bay; slime pit
沥青空气氧化 asphalt blowing; asphalt oxidation
沥青空隙比 asphalt-void ratio
沥青孔隙比 asphalt-void ratio
沥青块 asphalt block;bituminous mass
沥青块材 asphalt(ic) block
沥青块沉排<护岸的> bituminous asphalt slab mattress
沥青块路面 asphalt block pavement
沥青块铺砌路面 asphalt block pavement
沥青矿 asphalite;bitumen deposit
沥青矿井 slime pit
沥青矿棉毡 bituminous mineral wool felt(quilt)
沥青扩散现象 asphaltic dispersion phenomenon
沥青老化 ag(e)ing of asphalt
沥青老化指数 asphalt ag(e)ing index
沥青勒脚 asphalt skirting;asphalt upstand
沥青类涂料 black japan
沥青冷脆点 brittle point of asphalt
沥青冷底子油 adhesive bitumen primer;asphalt cement; asphalt(ic) base oil;asphalt primer;bituminous primer;bituminous priming solution
沥青冷底子油膏 asphalt(ic) cement
沥青冷却器 pitch cooler
沥青里底子油膏 asphalt cement(ing) agent
沥青砾石 asphaltic-bitumen gravel; asphalt(ic) gravel;oil coated stone; oil macadam
沥青砾石拌和设备 coated gravel plant
沥青砾石铺屋面料 bitumen gravel roofing
沥青砾石屋面 bitumen gravel roofing;tar-and-gravel roofing
沥青联结层 asphalt (ic) binder course;bituminous binder course
沥青量 content of bitumen
沥青料泵 asphalt proportioning pump
沥青料斗 asphaltic-bitumen bucket
沥青料罐 bitumen bucket
沥青流量计 asphalt flow meter
沥青硫黄混合料 bitumen-sulphur mix
沥青硫混合料 bitumen-sulphur mix
沥青楼层覆面 bituminous floor cover(ing)
沥青楼地面 asphalt floor(ing)
沥青楼面 asphalt floor cover(ing); asphalt floor(ing)
沥青楼面层 asphalt floor finish
沥青楼面覆盖层 bituminous floor cover(ing)
沥青楼面砖 asphalt floor cover(ing) tile
沥青炉 asphalt furnace; asphalt kettle;asphalt oven
沥青路 asphalt(ic) road; bitumen surfaced road; bituminous road; blacktop road ped road; goudron highway;pitchy road
沥青路拌混合料 asphalt road mix
沥青路边石 asphalt kerb
沥青路面 asphaltic-bitumen pavement;asphaltic-bitumen road pavement;asphaltic-bitumen road surfacing;asphalt pavement;asphalt paving; bitumen pavement; bitumen surfaced road; bituminous coating; bituminous pavement; bituminous surface[surfacing]; blacktop pavement; blacktop surface; pavement of asphalt;blacktop road
沥青路面保护层 asphalt pavement sealer
沥青路面材料 asphaltic-bitumen pavement mix (ture); bituminous road material
沥青路面层 asphaltic pavement;bitumen road surfacing;blacktop
沥青路面层修整机 bituminous road surfacing finisher
沥青路面处理 bituminous road surface treatment
沥青路面泛油 bleeding asphalt
沥青路面封缝料 asphalt pavement sealer
沥青路面工种 asphaltic surfacing work
沥青路面红外线加热器 asphalt pavement infrared heater
沥青路面混合料 asphalt paving mixture;bitumen pavement mix(ture)
沥青路面火焰加热器 asphalt pavement flame heater
沥青路面机械 asphalt paving machine
沥青路面加热 asphalt surface heating
沥青路面加热滚筒 asphalt(surface) heating drum
沥青路面加热机 asphalt pavement heater
沥青路面加热器 asphalt surface heater
沥青路面结构 asphalt pavement structure
沥青路面就地再生机 asphalt pave-

ment in-site recycling machine
沥青路面局部露骨 scabbing
沥青路面锯缝机 asphalt saw
沥青路面烙铁 branding iron
沥青路面磨耗层 asphaltic-bitumen wearing course
沥青路面喷射车 boot truck
沥青路面喷射机 boot truck
沥青路面铺料机 blacktop paver
沥青路面热熨板 road burner
沥青路面乳化液 bituminous highway emulsion
沥青路面乳剂 bitumen road emulsion
沥青路面撒布机 blacktop paver
沥青路面撒布石屑 gritting
沥青路面设备 asphalt paving equipment
沥青路面摊铺机 asphalt paver; asphalt spreader
沥青路面涂层 bitumen surface coat(ing)
沥青路面芯样 X 射线层析摄影机 asphalt core tomographer
沥青路面修补 bituminous patching
沥青路面修补材料 asphalt patching material
沥青路面修整机 asphalt finisher; blacktop paver
沥青路面用熨平板 ironing plate for asphalt pavement
沥青路面油饼 pancake
沥青路面熨板 asphalt ironing plate
沥青路面再生作用 asphalt pavement recycling
沥青路面整修机 asphalt finisher
沥青路面作法 bitumen surfacing practice
沥青路铺路机 barber green finisher
沥青路铺面 asphalt road surfacing; bitumen road pavement
沥青路铺筑机械 asphalt paving machine
沥青路铺筑设备 asphalt paving equipment
沥青路用乳液 asphaltic-bitumen emulsion
沥青路缘(石) asphalt curb
沥青率 bitumen ratio
沥青麻刀 bitumen pouring rope
沥青麻筋 bituminous oakum
沥青麻绳 bituminous flax cord
沥青麻绳填料 asphalt cord filler; bitumen cord filler
沥青玛琋脂的 bitumastic
沥青玛琋脂碎石 stone mastic asphalt; stone matrix asphalt
沥青玛琋脂 asphalt(ic) mastic; bituminous mastic; mastic asphalt; pitch mastic
沥青玛琋脂板 sheet mastic
沥青玛琋脂的楼板面层 mastic asphalt floor topping
沥青玛琋脂地面 asphalt mastic floor(ing); pitch mastic flooring
沥青玛琋脂封层 asphalt mastic seal coat
沥青玛琋脂搅拌机 mastic asphalt mixer
沥青玛琋脂搅拌输送车 mastic asphalt mixer transporter
沥青玛琋脂模板假缝 asphalt mastic board dummy joint
沥青玛琋脂涂料 bitumastic paint
沥青玛琋脂涂面 mastic asphalt surfacing
沥青玛琋脂涂面的梁 mastic asphalt beam
沥青玛琋脂屋面 mastic asphalt roof(ing)
沥青玛琋脂修整机 mastic asphalt finisher
沥青玛琋脂煮釜 mastic asphalt cauldron
沥青漫涂层 flood coat
沥青毛 tar-stained wool
沥青毛石密封层 bitumen rubber sealant
沥青毛毡 asphalt wool felt
沥青煤 apple coal; asphalt(ic) coal; bitumenite; bituminite; bituminous coal; oil coal; pitch coal; rich coal
沥青煤沥青结合料 bitumen-tar binder
沥青密闭层 bituminous seal coat
沥青密封 asphaltic sealing
沥青密封层 asphaltic-bitumen sealing sheet(ing)
沥青密封的 asphaltic-bitumen seal(ing)
沥青密封膏 asphaltic-bitumen sea(ing) paste; asphaltic seal(ing) paste; bitumastic sealer
沥青密封混合物 asphaltic-bitumen sealing compound
沥青密封浆料 asphaltic seal(ing) paste
沥青密封涂层 asphalt seal coat
沥青面 asphalt coating; asphaltic-bitumen surfacing; asphaltic overlay; asphalt(ic) surfacing
沥青面板 bituminous facing
沥青面层 asphalt cover(ing); asphalt mat; asphalt surface coat(ing); asphalt surface course; asphalt top coat; asphalt topping; bituminous pavement; bituminous surface; bituminous surface course; bituminous surfacing; blacktop; blacktop surfacing; flush coat; oil mat
沥青面层成分 bituminous surfacing composition
沥青面层回收再生 asphalt pavement reclaiming
沥青面层破碎机 asphalt breaker
沥青面层切割器 asphalt cutter
沥青面层油毡 asphalt cap sheet
沥青面层再生 surface recycling
沥青面层凿缝斧 asphalt cutter
沥青面砖楼地面 asphalt tile flooring
沥青苗 asphalt seepage; tar seep
沥青模制(标准)试块 bitumen briquet(te); asphaltic briquet(te)
沥青膜 asphalt film; asphaltic(-bitumen) membrane
沥青膜剥落试验 stripping test of bituminous coat
沥青膜厚度 bitumen film thickness
沥青摩擦层 bituminous wearing course
沥青磨耗层 asphalt(ic) wearing course; bitumen wearing course; bituminous wearing coat; bituminous wearing course
沥青磨石子板 <板的下层为沥青材料,上层为石子面> asphaltic terrazzo tile
沥青磨损层 asphalt surface course
沥青末沉着病 bituminosis
沥青末肺 bituminosis
沥青木 bituminous wood
沥青木瓦 asphalt shingle
沥青木纤维板 asphalt wood fiberboard; bitumen wood fibre board
沥青泥浆 bituminous peat
沥青泥浆封层 bitumen slurry seal
沥青泥煤 bituminous peat
沥青泥炭 bituminous peat; pitch peat
沥青泥土混合料 bituminous-soil mix
沥青腻子 asphaltic-bitumen putty; asphalt putty; bitumen putty
沥青黏[粘]层 asphalt carpet; asphalt tack coat; tack coat
沥青黏[粘]度仪 asphalt viscosimeter
沥青黏[粘]附石料能力试验 stone coating test
沥青黏[粘]合 bituminous bond
沥青黏[粘]合板 bitumen slurry
沥青黏[粘]合剂 bituminised cement; bituminous binding material; pitch binder
沥青黏[粘]合绝缘板 bitumen-bonded insulating board
沥青黏[粘]合料 asphalt binder; bituminous binding material
沥青黏[粘]合料层 bitumen binder course
沥青黏[粘]结层 asphalt tack coat; bitumen binder(course) carpet coat; asphalt prime coat; tack of priming; tack coat
沥青黏[粘]结成分 asphaltic bonding composition; asphaltic cementing composition
沥青黏[粘]结混合料 asphaltic cementing compound
沥青黏[粘]结剂 asphaltic adhesive; asphaltic cementing agent; bitumen adhesive; cementing agent
沥青黏[粘]结剂成分 bitumen adhesive composition; bitumen adhesive compound
沥青黏[粘]结料 bitumen bonding adhesive; bitumen cement(ing agent)
沥青黏[粘]结料成分 bitumen bonding composition; bitumen cementing composition
沥青黏[粘]结柔性路面 bitumen-bond flexible pavement
沥青黏[粘]结软木 cork setting asphalt
沥青黏[粘]土 bituminous clay
沥青黏[粘]毡 asphalt-bonded felt
沥青黏[粘](滞)度 asphalt viscosity; viscosity of asphalt; viscosity of bitumen
沥青黏[粘](滞)度计 bituminous viscometer; visco(si)meter of bitumen
沥青黏[粘](滞)度仪 bituminous viscometer; visco(si)meter of bitumen
沥青黏[粘](滞)性 asphalt viscosity; viscosity of asphalt; viscosity of bitumen
沥青黏[粘]着剂 adhesive bitumen primer
沥青凝聚生成物 curd
沥青耙 asphalt fork
沥青排 bituminous asphalt slab mattress
沥青抛光模具 pitch polishing
沥青抛光盘 pitch lap
沥青跑道 asphalt runway
沥青配量泵 bituminous batching pump
沥青配料泵 asphalt(ic-bitumen) batching pump; bitumen batching pump; bituminous batching pump; bituminous proportioning pump
沥青配料计量器 asphalt batcher; bitumen batcher
沥青配料器 bitumen batcher; bituminous batcher
沥青喷布机 asphalt(ic-bitumen) distributor; bitumen distributor; bitumen sprayer; bitumen spraying machine; bituminous distributor; bituminous spray(ing) machine; distributing tank; goudronator; pressure distributor
沥青喷杆 binder spray(ing) bar
沥青喷管 asphalt spray bar
沥青喷灌机 tanker
沥青喷浆 asphalt gunite
沥青喷浆法 asphalt gunite process
沥青喷浆机具 asphalt gunite equipment
沥青喷浆装置 asphalt gunite equipment
沥青喷枪 asphalt gun; bitumen gun
沥青喷洒 asphalt distribution
沥青喷洒棒 bituminous spray(ing) bar
沥青喷洒泵 asphalt spray pump
沥青喷洒车 spreader
沥青喷洒罐车 pressure spray tanker
沥青喷洒机 asphalt distributor; bitumen distributor; bitumen sprayer; bitumen spraying machine; bituminous distributor; bituminous spray(ing) machine; dandy; goudronator; oil distributor; pressure distributor; spreader; tanker; tank sprayer
沥青喷洒器 bitumen distributor; tanker
沥青喷洒拖车 <有油嘴管> tank trailer(with spray bar)
沥青喷射 injection with asphalt
沥青喷射泵 asphalt spray pump
沥青喷射控制阀 asphaltic-bitumen injection control valve; bitumen injection control valve
沥青喷射器 asphalt gun
沥青喷雾密封 asphalt fog seal
沥青喷油棒 bitumen spray bar
沥青喷油管 asphaltic-bitumen spray bar; bitumen spray bar; bituminous spray(ing) bar
沥青喷嘴 asphalt spray nozzle
沥青片材 asphalt sheet; bitumen sheet(ing)
沥青片岩粉(填料) bituminous schist powder(filler)
沥青平路机 asphalt smoother
沥青平屋面系统 <由双层油毡组成的> dorok
沥青平整机 asphalt smoother
沥青铺布车 distributor truck
沥青铺层 asphaltic-bitumen facing
沥青铺块 asphalt paving block
沥青铺料厂 asphalt paving plant
沥青铺料混合物 colasmix
沥青铺料机 asphalt paving plant
沥青铺料设备 asphalt paving plant
沥青铺路 asphalt paving
沥青铺路材料 asphaltic paving-mix(ture)
沥青铺路护面整面机 bituminous paver-finisher; bituminous paving machine
沥青铺路护面整修机 bituminous paver-finisher; bituminous paving machine
沥青铺路机 asphalt distributor; asphalter; asphalt paver; asphalt spreader; bituminous paver; bituminous paving machine
沥青铺路及整修路面机 bituminous paver-finisher
沥青铺路块 <一种用于车辆繁忙的道路> lithofalt paving
沥青铺路面 blacktopping
沥青铺路整修机 bituminous spreading and finishing machine
沥青铺路专家协会 Association of Asphalt Paving Technologists
沥青铺面 asphalt cover(ing); asphaltic facing; asphalt(ic) pavement; asphalt paving; bituminous carpeting; bituminous pavement
沥青铺面层 asphalt(ic-bitumen) car-

pet; asphalt overlay; bituminous overlay; asphaltic-bitumen blanket
沥青铺面混合料 asphaltic paving-mix(ture); bituminous paving mixture
沥青铺面机 asphalt paving machine
沥青铺面(排)水沟 asphalt gutter
沥青铺面天沟 asphalt gutter
沥青铺面专家协会 Association of Asphalt Paving Technologists
沥青铺面砖 asphalt tile
沥青铺砌 asphalt paving
沥青铺砌块 asphalt paving block
沥青铺洒机 asphalt distributor; asphalt paver; bitumen layer; bituminous paver
沥青铺设机械 asphalt paving equipment
沥青铺屋面 bitumen roof(ing)
沥青漆 asphalt(ic) lac(quer); asphalt(ic) varnish; asphalt paint; bitumastic paint; bitumen paint; bituminous paint; black japan; black varnish
沥青砌块 asphalt block
沥青砌块路面 asphalt block pavement
沥青砌石护坡 asphalt jointed pitching
沥青铅封口用油麻丝 asphalt pouring rope
沥青嵌缝 asphalt(ic-bitumen) joint; asphalt(ic-bitumen) subseal(ing); asphalt fillet
沥青嵌缝(填充)料 asphalt pouring compound
沥青嵌缝用油麻丝 asphalt pouring rope
沥青嵌条 asphalt liner
沥青墙面板 asphalt(ic-bitumen) shingle; asphalt shingle; bitumen shingle
沥青墙砖 asphalt wall tile
沥青桥车行道路面 bitumen deck surfacing
沥青侵入体 exudatinite
沥青清漆 asphaltic varnish; asphalt lac; bitumen varnish; bituminous varnish; pitch varnish
沥青清漆烘烤装饰法 japanning
沥青丘 bitumen hill
沥青球 <乳浊液中的> asphaltic-bitumen globule; bitumen globule
沥青渠道衬砌 asphalt canal lining
沥青燃点 burning point of asphalt; fire point of asphalt
沥青燃料 bituminous fuel
沥青热拌厂 hot-mix asphalt plant
沥青热拌再生利用 asphalt hot-mix recycling
沥青热黏[粘]合料 hot asphalt adhesive composition; hot asphalt adhesive compound; hot asphalt bonding composition; hot asphalt cement; hot asphalt cementing compound
沥青热稳定性 hot stability of bitumen
沥青热油保温系统 hot-oil heater
沥青韧性试验 pliability test
沥青溶剂 asphalt fluxing oil
沥青溶剂止水材料 bitumen solution sealant
沥青溶解度 solubility of bitumen
沥青溶媒漆 bituminous lacquer
沥青溶液 asphaltic-bitumen solution; bitumen solution; bituminous solution
沥青溶液密封剂 bitumen solution sealant
沥青熔点 fusing point of asphalt
沥青熔点试验 melting point test
沥青熔锅 asphalt cauldron; asphalt melting kettle; binder cooker; binder heater; binder kettle
沥青熔锅车 fire wagon
沥青熔化锅 bitumen cooker; bituminous cooker; bituminous(melting) kettle
沥青熔化锅的容量 asphalt melter capacity
沥青熔化锅炉 asphalt boiler
沥青熔化加热装置 asphalt melting and heating device; asphalt melting and heating unit
沥青熔化装置 asphalt melting unit
沥青熔化装置的容量 asphalt melting unit capacity
沥青熔解罐 asphalt melting tank
沥青熔渣 asphalt clinker; asphaltic clinker
沥青融罐 asphaltic-bitumen melting tank
沥青融锅 asphaltic-bitumen melting boiler
沥青柔性试验 asphalt bend test; asphalt pliability test
沥青乳化机 bitumen emulsifying machine
沥青乳化能力 asphalt emulsibility
沥青乳化设备 bitumen emulsifying plant
沥青乳化液 colas; emulsified bitumen
沥青乳化液防水剂 plasbestos
沥青乳剂灌浆 <土的防渗> shell-perm process
沥青乳胶 asphalt emulsion; bitumen emulsion; colas; emulsified asphalt; emulsified bitumen; pitch emulsion
沥青乳胶体 <一种冷用的石油沥青> colas
沥青乳胶香 asphalt matrix
沥青乳液 bitumen emulsion; bituminous emulsion; colas
沥青乳液处治 emulsion treatment
沥青乳液浸渍的 asphaltic-bitumen-impregnated
沥青乳液喷浆法 asphaltic-bitumen gunite process
沥青乳液喷浆机 asphaltic-bitumen gunite equipment
沥青乳液喷浆枪 asphaltic-bitumen gunite
沥青乳液喷枪 asphaltic-bitumen gun
沥青乳浊液 asphalt(ic) emulsion; bitumen emulsion; bituminous emulsion; cold bitumen emulsion; emulsified bitumen; colas(mix)
沥青软膏 asphaltic-bitumen slurry; asphalt slurry
沥青软化点 <环球仪测定的> ring-and-ball point; softening point of bitumen
沥青软化点测定仪 asphalt softening point apparatus
沥青软化点试验 asphalt softening point test; bituminous softening point test
沥青软化点试验仪 asphalt softening point tester
沥青软化油 asphalt flux; fluxing oil
沥青软木贴面 asphalt cork surface
沥青软制油 asphalt fluxing oil
沥青撒布车 asphalt distributor; distributor truck
沥青撒布机 asphalt distributor; asphalt sprayer; binder spray(ing) machine; bitumen spreader; bituminous distributor; distributor; oil distributor; road oiler; road oiling machine; bitumen distributor; bitumen sprayer; bitumen spraying machine; bituminous spray(ing) machine; goudronator; pressure distributor
沥青撒布机试验 asphalt distributor test
沥青撒布机尾部的洒油管 spray bar
沥青撒布宽度测定 distribution width measurement
沥青撒布量测定 asphalt distribution measurement
沥青撒布器 asphalt sprayer
沥青塞缝料 bitumen-seal(ing) compound
沥青散播器 bitumen sprayer
沥青色面层 asphalt colo(u)r coat
沥青森林 <指竞争激烈的资本主义大城市> asphalt jungle
沥青砂 asphalt(ic) sand; bituminous sand; brea; sand asphalt; tar sand
沥青砂垫层 sand asphalt cushion
沥青砂堤面保护法 sand bitumen dike protection
沥青砂护坡面层 bituminized sand facing
沥青砂混合路面 sheet asphalt pavement
沥青砂浆 asphalt(ic-bitumen) mortar; bitumen mortar; bituminous grout; bituminous mortar
沥青砂浆表面处治 slurry seal
沥青砂浆粉刷 asphalt mortar plaster; bituminous mortar plaster
沥青砂浆封层 slurry seal coat
沥青砂浆接缝封层 bituminous mastic joint sealer
沥青砂浆楼地面 asphalt mortar flooring; bituminous mortar flooring
沥青砂浆面层 asphalt cover(ing); asphalt mortar finish; asphalt surface course
沥青砂浆砖石建筑 asphaltic mortar masonry(work)
沥青砂胶 asphalt grout; asphalt(ic) mastic; asphalt masthead; asphalt sand mastic; bitumastic; bitumen mastic; bituminous masthead; bituminous mastic; bituminous sand mastic; mastic asphalt; pitch mastic; sand mastic; sand mastic asphalt
沥青砂胶拌和机 bituminous mastic mixer
沥青砂胶的 bitumastic
沥青砂胶地面 asphalt mastic flooring; pitch mastic flooring
沥青砂胶法 sand mastic method
沥青砂胶封层 asphalt mastic seal coat
沥青砂胶灌入式路面 mastic-grouted surfacing
沥青砂胶混凝土 bituminous mastic concrete
沥青砂胶混凝土路面 bituminous mastic concrete paving
沥青砂胶混凝土面层 bituminous mastic concrete surfacing
沥青砂胶块 asphalt cake
沥青砂胶路面 asphaltic mastic pavement; mastic pavement
沥青砂胶黏[粘]合料 <多用于水泥混凝土路面修补> bitumastic adhesive
沥青砂胶铺地面层 mastic asphalt flooring
沥青砂胶铺面 asphalt mastic flooring; mastic pavement
沥青砂胶屋面 bitumastic roofing
沥青砂胶橡皮 mastic-bitumen rubber
沥青砂胶橡皮混合料 <用于混凝土路面填缝> mastic-bitumen rubber
沥青砂胶(脂)面层 mastic asphalt surfacing
沥青砂胶脂铺面 mastic asphalt surfacing
沥青砂胶煮釜 mastic asphalt cauldron
沥青砂砾混合料 sand-gravel-bituminous mixture
沥青砂路面 mastic pavement
沥青砂石 asphaltic sandstone; asphalt sandstone; bituminous rock; bituminous sandstone
沥青砂石混合料分析系统 asphalt-aggregate mixture analysis system
沥青砂石混合物 colasmix
沥青砂石路面 bituminous sandstone pavement
沥青砂土 sand bitumen
沥青砂土层 brea bed
沥青砂土芯墙 sand bitumen core wall
沥青砂芯墙 sand bitumen core
沥青砂岩 argulite; asphalt(ic) sandstone; tar sandstone; kyrock <美国>
沥青砂油毛毡 sanded bituminous felt
沥青砂罩面 sand asphalt facing
沥青闪点 flash point of asphalt
沥青上层 asphalt cover(ing)
沥青烧锅 bituminous cooker; bituminous kettle
沥青勺 pitch ladle; pitch paver
沥青设计含量测定法 determination of design bitumen content
沥青伸缩缝 asphalt expansion joint; bituminous expansion joint
沥青渗滤物 bitumen exudate
沥青渗透 bituminous penetration
沥青绳 bitumen tape
沥青石 asphalt-impregnated stone; asphaltite
沥青石灰石 asphalt limestone; swinestone
沥青石灰石粉 bituminous limestone powder
沥青石灰石开采场 bituminous limestone quarry
沥青石灰石路面 bituminous limestone pavement
沥青石灰岩 asphalt limestone; bitumen limestone; bituminous limestone
沥青石灰岩矿 asphaltic limestone quarry
沥青石棉 bitumen asbestos
沥青石棉拌和料 asphalt-asbestos composition; asphalt-asbestos compound
沥青石棉材料 asphalt-asbestos material
沥青石棉层 asphalt-asbestos sheeting; bitumen asbestos sheeting
沥青石棉管 pitch fiber[fibre] pipe
沥青石棉合成物 bitumen asbestos composition; bitumen asbestos compound; bitumen asbestos mass; bitumen asbestos material
沥青石棉混合料 asphaltic-bitumen asbestos composition; asphaltic-bitumen asbestos compound
沥青石棉混合物 asphalt-asbestos composition; asphalt-asbestos compound
沥青石棉胶合铺料 bitumen asbestos mastic
沥青石棉胶结料 bituminous asbestos mastic
沥青石棉胶泥 asphalt-asbestos
沥青石棉卷材 asphalt saturated and coated asbestos felt; self-finished bitumen asbestos felt <英>
沥青石棉玛𤧛脂 asphalt-asbestos; asphaltic-bitumen asbestos mastic; bituminous asbestos mastic
沥青石棉黏[粘]膏 asphalt-asbestos
沥青石棉嵌缝膏 asphalt-asbestos sealant; bitumen asbestos sealant

沥青石棉砂胶 asphaltic-bitumen asbestos mastic; bitumen asbestos mastic;bituminous asbestos mastic
沥青石棉绳 bituminous asbestos rope
沥青石棉屋面涂料 asphalt-asbestos roof coating
沥青石棉纤维复合物 asphaltic-bitumen asbestos composition
沥青石棉纤维胶泥 asphaltic-bitumen asbestos fiber cement
沥青石棉纤维水泥 asphalt-asbestos fiber[fibre] cement;bitumen asbestos fiber[fibre] cement
沥青石棉油毡 asphalt saturated and coated asbestos felt;bituminous asbestos felt
沥青石棉砖 asphalt-asbestos tile
沥青石屑 asphalt chip(ping)s;bituminous-coated chips
沥青石油合成物<用于修补屋顶> plastumen
沥青石子屋面 tar-gravel roofing
沥青式木纤维板 bitumen-type wood fiberboard[fibreboard]
沥青试块 asphalt briquet(te);asphaltic-bitumen briquet(te);bitumen briquet(te)
沥青试验 asphalt(ic-bitumen) test; bitumen test
沥青试验数据图 bitumen test data chart
沥青饰面 asphaltic facing; bitumen (sur)facing
沥青饰面料成分 bituminous facing composition
沥青首涂层 prime coat(ing)
沥青输送泵 asphalt transfer pump
沥青输送管 asphalt pipe;asphalt piping;asphalt tube;asphalt tubing
沥青属性 asphaltic nature
沥青树脂 asphalt(ic) resin;bitumen resin;bituminous resin;pitch resin
沥青树脂漆 bituminous resin emulsion paint
沥青刷面管 asphalt-coated pipe
沥青刷子 pitch mop
沥青水磨石砖 asphaltic terrazzo tile
沥青水泥 asphalt cement;tar cement
沥青水泥混合物 asphalt cement admixture
沥青水泥砂浆 asphalt cement mortar
沥青水填料 bituminated hydrofiller
沥青塑料 bitumen plastics; bituminous plastics;plasticity of asphalt
沥青酸 asphaltic acid
沥青酸酐 asphaltic acid anhydride
沥青碎石 bitumastic macadam;bituminous coated stone; bituminous macadam; oil coated stone; pitch macadam
沥青碎石拌和车间 bitumastic macadam mixing plant
沥青碎石拌和站 bitumastic macadam mixing plant
沥青碎石的 bitulithic
沥青碎石底层 bituminous macadam base course
沥青碎石垫层 bituminous mat
沥青碎石和柏油碎石拌和装置 bituminous macadam and tar macadam mixing plant
沥青碎石混合砾石骨料 bitumen macadam with gravel aggregate
沥青碎石混合砾石集料 bitumen macadam with gravel aggregate
沥青碎石混合料 bituminous macadam mixture; macasphalt; mixed bituminous macadam
沥青碎石路 asphalt(ic) macadam;asphalt macadam road; bitulithic; bitumen macadam road; bituminous macadam road;pitch macadam;bitumen macadam;bituminous macadam
沥青碎石路面 asphalt(ic) macadam pavement;asphaltic macadam surfacing;asphalt macadam surfacing; bitulithic pavement; bitumen macadam pavement;bitumen macadam surfacing; bituminous broken-stone pavement; bituminous macadam pavement; macasphalt pavement; macasphalt type pavement; pitch grounded surface
沥青碎石路面层 asphaltic-bitumen macadam surfacing
沥青碎石片面层 bituminous carpeting
沥青碎石铺面 asphalt macadam pavement;asphalt macadam surfacing
沥青碎石屋面 asphalt-gravel roofing
沥青碎屑涂层地毯 bitumen-coated chip(ping)s carpet
沥青摊铺车 asphalt truck distributor; distributor truck
沥青摊铺工具 asphalting tool
沥青摊铺机 asphalter;asphalt paver; asphalt paving machine; asphalt spreader;bitumen sprayer; bituminous paver; pitch paver; laydown machine
沥青摊铺机的整平板 tamping screed
沥青摊铺机附带的坡度自动控制器 mobile reference
沥青摊铺整修机 asphalt finisher
沥青毯 bitumen sheet(ing)
沥青炭 carbene
沥青添加剂 asphalt additives; bitumen addition
沥青填充拌和料 bitumen-filler mix(ture)
沥青填充的孔隙 voids filled with asphalt[bitumen]
沥青填充混合料 bitumen-filler mix(ture)
沥青填缝 asphalt jointing; bitumen jointing;bituminous seal
沥青填缝的 asphalt jointed
沥青填缝料 asphalt(ic) filler;asphaltic-bitumen filler mix(ture); asphalt joint filler; asphalt sealing compound;bitumen-seal(ing) compound;bituminous joint filler;bituminous sealing compound; pitch filler;bituminous filler
沥青填缝浅口 asphalt joint runner
沥青填缝砂浆 asphalt scaling mastic
沥青填缝条 asphalt board strip
沥青填角 asphalt fillet
沥青填料 bitumen filler; reclaimed filler
沥青填料混合物 asphalt-filler mix(ture);bitumen-filler mix(ture)
沥青填料混凝土 asphalt-filler mix(ture)
沥青填料胶浆 bitumen-filler mortar
沥青填隙率 voids filled with asphalt [bitumen]
沥青条 asphalt strip;bitumen strip
沥青贴面板 asphaltic facade slab
沥青贴面砖 asphalt wall tile
沥青贴墙板 asphaltic wall tile
沥青贴墙砖 asphaltic wall tile
沥青铜矿 pitch ore
沥青桶 asphalt tank
沥青头道涂层 asphalt prime coat
沥青透层 asphaltic primer; asphalt prime coat;asphalt primer;bitumen prime coat; primary coat(ing); prime coat(ing);priming coat
沥青透层施工 prime coat operation
沥青涂层 asphalt coat(ing); asphalt cover(ing);asphaltic-bitumen coat(ing); asphaltic coating; asphaltic limestone; asphalt overlay; asphalt primer; bitumen coating; bituminous coating
沥青涂层材料 bitumen coating material;bituminous coating material
沥青涂层混合料 bitumen coating compound;bituminous coating composition;bituminous coating compound; bituminous coating mass; bituminous finish composition
沥青涂层铸铁管 asphalted cast iron pipe
沥青涂过的石屑 bitumen-coated chip(ping)s
沥青涂过的筑路碎石 bitumen-coated road metal
沥青涂料 asphalt coating material;asphaltic overlay;asphalt(ing) paint; bitumastic paint;bituminous paint; dressing compound; plying cement <用于黏[粘]结油毡、织物等制造防水薄膜的>
沥青涂料成分 bituminous coating composition
沥青涂料混合物 bitumen coating compound
沥青涂料面 asphaltic coat; bituminous coat
沥青涂料面层 asphaltic coating;bituminous coating
沥青涂面层 asphalt overlay; asphalt (ic-bitumen) facing
沥青涂面工作 asphaltic surfacing work
沥青涂漆 bituminous lacquer
沥青涂刷混合料 bituminous brushable compound
沥青涂刷面 bituminous painted surface
沥青土 bituminous soil; pitch earth; soil bitumen
沥青土骨料 bituminous soil aggregate
沥青土混合料 bituminous-soil mix; bituminous soil mixture
沥青土基层 soil bitumen base
沥青土集料 bituminous soil aggregate
沥青土路面 asphalt earth pavement; soil bituminous road
沥青土稳定法 asphalt soil stabilization;bituminous soil stabilization
沥青瓦 asphalt shingle; asphalt tile; composition shingle;strip slate
沥青瓦屋面 asphalt shingle roofing
沥青外加剂 asphaltic adhesive
沥青温度计 binder thermometer; bituminous thermometer
沥青稳定 asphalt stabilization
沥青稳定处理 asphalt stabilization; bituminous stabilization
沥青稳定法 bituminous stabilization
沥青稳定化(土壤) asphaltic-bitumen stabilization
沥青稳定基层 asphalt-stabilized base course
沥青稳定技术 bituminous stabilization
沥青稳定路 bitumen-stabilized road
沥青稳定砂路面 bituminous stabilized sand pavement
沥青稳定砂土<沥青稳定土的一种> sand bitumen
沥青稳定土路 soil bituminous road; stabilized soil bituminous road
沥青稳定土(壤) soil stabilization with bitumen;asphalt soil stabilization; bitumen stabilization; bituminous stabilization
沥青稳定作用 bitumen stabilization
沥青污染 asphalt pollution
沥青屋顶层 asphalt shingle
沥青屋顶漆 asphalt roof paint
沥青屋面 asphalt(ic) roofing; combinite
沥青屋面板 asphaltic-bitumen roof(ing) sheet;asphaltic-bitumen shingle;asphaltic roof(ing) shingle;asphalt roofing shingle; asphalt shingle;bitumen roof(ing) shingle;bitumen shingle;bituminous roof(ing) sheet(ing);ready roofing shingle
沥青屋面薄板 asphalt roofing sheet (ing);bituminous roof(ing) sheet(ing)
沥青屋面层 asphaltic-bitumen roof(ing) sheet
沥青屋面防水毡 asphalt roofing felt
沥青屋面覆盖 bitumen roof cladding; bitumen roof covering
沥青屋面覆盖层 bitumen roof(ing) sheet(ing)
沥青屋面护墙板 bitumen roof(ing) sheet(ing)
沥青屋面胶结料 asphaltic roof(ing) cement
沥青屋面胶泥 asphalt roofing cement
沥青屋面卷材 asphaltic-bitumen rolled-strip roofing;asphalt roll(ed-strip) roofing;asphalt roofing
沥青屋面冷底子油膏 bitumen roof(ing) cement
沥青屋面料 asphaltic-bitumen prepared roofing; asphalt prepared roofing; asphalt ready roofing; asphalt roofing
沥青屋面毛毡 asphalt roofing felt
沥青屋面膜 bituminous roof(ing) membrane
沥青屋面黏结剂 asphaltic roof(ing) cement;asphalt roof cement
沥青屋面水泥 bitumen roof(ing) cement
沥青屋面涂层 bitumen roof cladding
沥青屋面涂料 asphalt roof coating
沥青屋面望板 bitumen roof(ing) sheet(ing)
沥青屋面油毡 asphalt composition roofing; asphaltic-bitumen roofing felt;bitumen roof(ing) felt;bituminous roof(ing) felt
沥青屋面毡 asphaltic-bitumen rag felt; asphaltic-bitumen ready roofing;asphaltic roof(ing) felt
沥青无缝地板 mastic asphalt jointless floor(ing)
沥青物质 bituminous agent; bituminous substance
沥青雾 asphalt cloud;asphalt fog
沥青雾层<极薄的表面处治层,不撒石屑或砂> asphalt fog coat; fog (seal) coat;asphalt fog seal
沥青雾密封<施用不加填料的液体沥青覆盖> asphalt fog seal
沥青雾状封层 fog seal
沥青吸收能力 bitumen-absorption ability
沥青烯 asphaltene
沥青稀浆<乳化沥青、水与石屑的混合物,用于封层,可以冷铺> asphalt slurry;bituminous slurry
沥青稀浆封层机【机】 asphalt slurry seal machine
沥青稀释 asphaltic cutback
沥青稀释剂 asphalt flux;fluxing oil
沥青稀释油 asphalt fluxing oil;cutter stock;flux oil
沥青系防锈绝缘涂料 bituminous insulating paint

沥青下(面)层<英> bituminous base(course)
沥青纤维管 bituminized fiber[fibre] pipe;bituminous fiber[fibre] pipe;pitch fiber[fibre] pipe
沥青纤维填缝料 bituminous fiber[fibre] filler
沥青纤维质填缝料 bituminous fiber[fibre] filler
沥青显示 bitumen show
沥青箱 bitumen tank
沥青箱加热车 bitumen tank car heater
沥青橡浆乳剂 asphaltic-bitumen-latex emulsion
沥青橡胶 asphalt rubber
沥青橡胶板条 bitumen-rubber strip
沥青橡胶材料 asphaltic-bitumen-rubber material
沥青橡胶成分 bitumen-rubber composition
沥青橡胶复合料 asphaltic-bitumen-rubber compound
沥青橡胶合成物 bitumen-rubber composition;bitumen-rubber compound;bitumen-rubber mass;bitumen-rubber material
沥青橡胶混合乳液密封剂 bitumen-rubber emulsion sealant
沥青橡胶混合物 bitumen rubber blend;bitumen-rubber compound
沥青橡胶浆乳化液 asphalt-latex emulsion;bitumen-latex emulsion
沥青橡胶块 asphaltic-bitumen-rubber mass
沥青橡胶乳剂 bitumen-latex emulsion
沥青橡胶乳液止水材料 bitumen-rubber emulsion sealant
沥青橡胶条 asphaltic-bitumen-rubber strip;bitumen-rubber strip
沥青橡胶油膏 asphalt-rubber ca(u)lk
沥青珠<乳浊液中的> asphaltic-bitumen globule;bitumen globule
沥青心墙 bituminous diaphragm
沥青形成胶态能力 colloidal capacity of bituminous substance
沥青型木纤维板 asphalt-type wood fiber board
沥青性的 peucinous
沥青修补小队 bituminous-patching crew
沥青修整机 asphalt finisher
沥青学会<美> Asphalt Institute
沥青循环加热器 asphalt surface heater
沥青压层 asphalt lamination
沥青压力喷车 pressure distributor truck
沥青压力喷浆 bitumen gunite
沥青压力喷洒机 tank pressure distributor
沥青烟雾污染 asphalt pollution
沥青延(伸)度 ductility of bitumen
沥青延(伸)度试验仪 asphalt ductility testing machine
沥青延(伸)度仪 asphalt ductilometer
沥青延伸仪 asphalt ductilometer
沥青延性试验仪 asphalt ductility testing machine
沥青岩棉板 rockwool asphalt board
沥青岩棉毡 asphalt-saturated felt
沥青岩(石) asphalt(ic) rock;bituminous rock;asphalt stone;asphaltite;bitumen rock;rock asphalt
沥青羊毛毡 asphaltic-bitumen wool felt;asphalt wool felt;bitumen wool felt
沥青氧后釜 blowing still
沥青氧化 asphalt oxidation
沥青氧化催化剂 asphalt blowing catalyst
沥青页岩 bituminous shale;naphtholithe;pyroschist
沥青引火点测定仪 asphalt ignition point tester
沥青硬度(数) bitumen hardness(degree);asphalt hardness(degree)
沥青硬化 asphalt hardening
沥青硬化点 hardening point of asphalt
沥青硬块 pitch cake
沥青油 asphalt(ic) oil;asphalt-saturated and coated felt;asphaltum oil;bituminous oil
沥青油灰 asphaltic-bitumen putty;asphalt putty;bitumen putty;bituminous putty
沥青油矿 pitch blende
沥青油毛毡 asphalt felt;asphaltic-bitumen rag felt;asphaltic-bitumen ready roofing;asphaltic roof(ing) felt;bituminous felt;self-finished bitumen felt<英>
沥青油毛毡屋顶 bituminous saturated felt roof
沥青油毛毡屋面 asphaltic-bitumen felt roof;bitumen felt roof(ing)
沥青油漆 asphalt paint;asphalt varnish
沥青油渣 asphaltic residual oil
沥青油毡 asphalt building paper;asphalt roll(ed-strip) roofing;bitumen felt;impregnated flax felt;rag felt;roofing felt;saturated and coated roofing felt;bituminous felt
沥青油毡板 asphaltic felt panel
沥青油毡层 asphalt carpet coat;asphalt(ic-bitumen) carpet
沥青油毡垫层 asphalt-saturated felt mat
沥青油毡盖片 asphalt shingle
沥青油毡隔层 asphalt-saturated felt mat
沥青油毡瓦 asphalt shingle
沥青油毡屋面 asphaltic-bitumen felt roof;bitumen felt roof(ing)
沥青油毡屋面覆盖层 bitumen roof covering
沥青油毡(中)间层 black sheeting felt
沥青油纸 asphalt paper;asphalt-saturated felt;saturated felt
沥青铀矿 coracite;massive uraninite;pitch blende;pitch ore;ulrichite;uraninite
沥青铀钍矿 thucholite
沥青釉质 bituminous enamel
沥青鱼油油膏 asphalt fish oil ca(u)lk
沥青与黑色碎石路面拌和厂 asphalt and coated macadam mixing plant
沥青与黑色碎石路面整修机 asphalt and coated macadam finisher
沥青与煤焦油熔锅 asphalt and tar(melting) kettle
沥青与植物纤维混合铺地面<运动场用> grass tex
沥青预浸渍 asphalt(ic-bitumen) pre-saturation;asphalt pre-saturating
沥青预浸渍处理 asphaltic-bitumen pre-impregnating;asphaltic-bitumen pre-saturating
沥青预先饱和 bitumen pre-saturating
沥青预先浸透 bitumen preimpregnating
沥青预先浸渍 bitumen preimpregnating
沥青预制板地板 asphalt plank floor
沥青预制块地基 asphalt tile base
沥青原油 asphaltic crude
沥青运输船 asphalt carrier;bitumen ship
沥青运载船 asphalt carrier;bitumen ship
沥青熨平机 asphalt finisher
沥青再生机 asphalt recycler
沥青再生剂<再生旧沥青路用> asphalt rejuvenating agent;asphalt recycling agent
沥青再生利用 asphalt recycling
沥青再生利用协会 Asphalt Recycling and Reclaiming Association
沥青再生性 asphalt recyclability
沥青增强剂 asphalt reinforcing agent
沥青渣油 asphalt bottom;asphalt bottom oil
沥青毡 asphalt felt;asphalt-saturated and coated felt;bituminous carpet;pitched felt;self-finished bitumen felt
沥青毡板 asphaltic felt panel
沥青毡层 asphalt cork surface;asphalt felt coat;bitumen carpet;bituminous carpet coat;pitched felt coat;bituminous mat
沥青毡的黏[粘]结物质 bonding compound
沥青毡铺设船 asphaltic mattress laying vessel
沥青毡屋面 asphalt felt roof;asphaltic-bitumen sheet roofing;bitumen sheet roofing
沥青毡屋面覆盖层 asphalt felt roof cladding
沥青找平层 asphalt level(l)ing course;bituminous level(l)ing course
沥青罩面 asphalt cover(ing);asphalt screen;bituminous cover(ing);bituminous overlay;bituminous surface covering
沥青罩面层 asphalt overlay
沥青罩面防水钢板 oriental metal
沥青罩面料 bituminous surface covering
沥青针入度 penetration of bitumen
沥青针入度保温碟 penetration dish
沥青针入度级 penetration grade
沥青针入度试验 asphalt penetration test
沥青针入度试验仪 asphalt penetrometer
沥青针入度仪 asphalt penetrometer;penetrometer of bitumen
沥青针入度指数 asphalt penetration index
沥青蒸发(减)量试验 evaporation loss for asphalt
沥青整面机 bituminous finisher machine
沥青整平层 bituminous level(l)ing course
沥青整修机 asphalt finisher
沥青织物 bituminized fabric
沥青脂 asphalt pitch;petrolene
沥青脂砂胶 pitch mastic
沥青止水 asphalt seal;bituminous seal;water sealing with asphalt
沥青止水料 bitumen-seal(ing) compound
沥青纸 asphalted paper;asphaltic-bitumen-impregnated paper;asphalt sheet;bitumen paper;bituminized paper;pitched paper;tar paper
沥青纸板屋顶 asphaltic cardboard roof
沥青纸胎油毡 asphalt saturated and coating organic felt
沥青纸毡 asphalt sheet
沥青纸毡屋面 asphalt sheet roofing
沥青指示植物 indicator plant of bitumen
沥青制备厂 asphalt plant
沥青制品 asphaltic product
沥青制造法 asphalt processing
沥青质 asphaltene[asphaltine];bituminic;bituminous matter
沥青质残油 asphaltic residual oil;naphthenic residual oil
沥青质沉积物 asphaltic sediment
沥青质成分 asphaltics
沥青质导管<敷设地下电缆用> bituminous conduit
沥青质的 bituminiferous;bituminous
沥青质灰岩 capelitic limestone
沥青质焦性沥青 asphaltic pyrobitumen;asphalt pyrobitumen
沥青质煤 fat coal
沥青质泥炭 bituminous peat;pitch peat
沥青质浓缩物 asphaltenic concentrate
沥青质砂岩 bituminous sandstone
沥青质石灰石 asphaltic limestone;bituminous limestone;limmer
沥青质石灰石粉 asphaltic limestone powder
沥青质石灰岩 asphaltic limestone;limmer
沥青质石灰岩粉 asphaltic limestone powder
沥青质石油 asphaltic petroleum
沥青质塑性胶泥 bituminous plastic cement
沥青质体 bituminite
沥青质填缝料 bituminous filler
沥青质岩脉 bituminous dike[dyke]
沥青质页岩 batt;bituminous shale;kerogen shale;naptholithe;pyroschist
沥青中毒 bitumen poisoning;pitch poisoning
沥青中间层 asphalt intermediate course
沥青种类 asphalt grade
沥青主层 bituminous body coat
沥青助熔剂 asphalt flux;semi-asphaltic flux
沥青注入器 bitumen filler
沥青注射 injection with asphalt
沥青贮仓 asphalt storage
沥青贮槽 asphalt reservoir
沥青贮存熔化装置 asphalt storage and melting plant
沥青贮存装置 asphalt storage;asphalt storage unit;bituminous storage installation
沥青贮罐 bituminous storage and supply tank;bituminous storage tank
沥青贮料罐 asphalt storage tank
沥青贮料箱 asphalt storage tank
沥青筑路材料 bituminous road material;bituminous structural material
沥青砖 asphalt brick;asphalt(ic) tile
沥青砖地面 asphalt tile floor
沥青砖封闭剂 asphalt tile sealer
沥青砖基 asphalt tile base
沥青砖铺地 asphaltic tile flooring
沥青砖雨水沟 asphaltic tile gutter
沥青转运泵 asphalt transfer pump
沥青装料泵 asphalt batching pump;asphaltic-bitumen batching pump
沥青状泥炭 pitch peat
沥青着色 colo(u)ring of asphalt
沥青组成 asphalt composition
沥青组成屋面料 bitumen prepared roofing
沥青组分分析 group analysis of asphalt
沥青组合屋面 asphalt built-up roof(ing);bituminous built-up roof(ing)
沥取 leaching
沥水 detearing

例常试样 routine class sample

例程 routine
例程选择 routine select
例假 annual holidays;official holiday
例检 routine inspection
例示 illustration
例条 brief note
例图 key drawing
例外保证 exceptive warranty
例外报表 exception report(ing)
例外报告 exception report(ing)
例外处理 exception handling
例外的 unusual
例外调度程序 exception scheduling routine
例外段落 exception paragraph
例外法则 exception principle
例外方向 exceptional direction
例外风险 except risks
例外概念 exception concept
例外管理 management by exception
例外管理技术 management by exception technique
例外过程 exception procedure
例外检查 routine inspection
例外紧急事件 exceptional urgency
例外控制 control by exception
例外联系 coordination(ic)exception
例外清单 exception list
例外情况 exceptional case
例外情况通知 notice of exception
例外事件 exceptional case
例外事况 saving clause
例外条件 exceptional condition
例外条款 exception clause; exoneration clause; saving clause; escape clause <贸易等的>
例外危险 excepted perils
例外危险条款 excepted perils clause
例外项目 extraordinary item
例外原则 exception principle; principle of exception
例外原则系统 exception principle system
例外约当代数 exceptional Jordan algebra
例外整数 exceptional integers
例外值 exceptional value
例外咨询 exception inquiry
例行保养 operating maintenance; routine maintenance; running maintenance
例行测量 routine measurement
例行测试 daily inspection; routine test
例行测试器 routine test apparatus; routine test equipment
例行测验表 routine schedule
例行查核 routine check
例行程序 general routine;routine
例行程序包 routine package
例行程序标志 routine denotation
例行程序分析程序 routine analyser [analyzer]
例行程序名 routine name
例行程序图案 routine-plan
例行程序正文 routine-text
例行磋商 customary consultation
例行调整 routine adjustment
例行分析 routine analysis
例行服务工作 service routine
例行更换 routine replacement
例行工作 daily routine;routine work
例行观测 routine observation
例行管理 routine care
例行和异常检查 procedural and exception test
例行计算 routine calculation
例行检查 current check; routine inspection
例行检修 regular maintenance
例行检验 routine inspection
例行实验 routine experiment
例行实验室试验 routine laboratory test
例行试验 routine test;type test
例行试验和发货 routine test and dispatch
例行手续 formality;mechanics
例行疏浚 routine dredging
例行维护 scheduled maintenance; routine maintenance
例行维修 routine maintenance; routine overhaul; running maintenance; scheduled maintenance
例行维修时间 routine maintenance time;scheduled maintenance time
例行消息 routing message
例行校验 current check
例行协商 customary consultation
例行修理 current repair
例行业务手续 business routine
例行折扣 customary discount
例行子程序嵌套 subroutine nesting
例行作业 routine operation
例证 case in point; example; exemplify; illustration

隶属度 degree of membership; membership grade

隶属关系 subordination
隶属函数 membership function; subordinate function
隶属任务 attaching task

栎精 quercetin;quercetinic acid

栎科 <拉> Balanopaceae
栎梁 ridge pole
栎木 oak;ridge roll;ridge tree
栎木板条栅栏 oak slat fence
栎木边框板 oak trim panel
栎木窗台板 oak sill
栎木地板 oak floor
栎木地板铺面材料 oak floor cover(ing)
栎木地板条 oak parquet
栎木杠子 oak spar
栎木胶合板 oak plywood
栎木浸液 oak extract
栎木楼面覆盖面材料 oak floor cover(ing)
栎木门槛 oak threshold
栎木拼花地板 oak parquet(ry)
栎木条板地板铺面层 oak strip floor cover(ing)
栎木条编成的篱笆 woven-oak fencing
栎木瓦 oak shingle
栎木(外)墙面板 oak shingle
栎木屋顶板 oak shingle
栎木栅栏桩 oak picket
栎木制的 oaken
栎木桩 oak post
栎木桩柱栅栏 oak stake fence
栎皮粉 quercitron
栎皮粉黄色淀 quercitron lake
栎皮红棕色淀 brown pink
栎属 dwarf oak;oak;Quercus <拉>
栎属橡木 Quercus
栎树 oak;yellow oak
栎树皮 oak bark
栎树皮丹宁 oakbark tannin
栎栓菌 Trametes quercina
栎五倍子 oak apple
栎藓树脂 oakmoss resin
栎藓油 oakmoss oil
栎棕色凡立水 oak varnish

荔枝 leechee;lichee;litchi

栗钙土 castanozem(s); chestnut colo(u)red soil;chestnut soil

栗褐色 badius
栗红色 maroon
栗红色料 maroon toner
栗级无烟煤 chestnut coal
栗级无烟煤块 <20.5~41 毫米> chestnut
栗木 chestnut
栗木盖屋板 chestnut(wood)shingle
栗木篱笆 chestnut paling
栗木木片瓦 chestnut(wood)shingle
栗色 castanea;chestnut;chestnut colo(u)r
栗色的 auburn; nut-brown; spadiceous;sorrel
栗色含铅颜料 chocolate lead
栗色土 chestnut soil
栗树 castanea;chestnut;chestnut tree
栗天牛 <拉> mallambyx raddei
栗形运条法 Marlon type oscillation method
栗属 <拉> castanea
栗状煤 chestnut coal
栗子 chestnut

砺石 burr

砾壁湖 walled lake

砾壁井 gravel packed well;gravel well
砾灰岩 rudstone
砾井 column of gravel
砾浪高度 gravel wave altitude
砾浪间距 gravel wave space
砾类土 gravelly soil
砾粒组 gravel fraction
砾列 boulder train
砾磨机 <用坚硬砾石代替钢球的磨机> flint mill;gravel mill;pebble mill
砾漠 gibber plain;gravel desert;serir
砾泥 boulder clay
砾泥岩 conglomeratic mudstone; paraconglomerate
砾铅石 magnetoplumbite
砾砂 <又称砾沙> gravelly sand; pebbly sand
砾石 gravel(stone); roughed aggregate;rounded pebble
砾石岸 gravel bank
砾石岸滩 shingle beach
砾石坝 gravel dam
砾石百分含量 percentage of gravel
砾石柏油屋顶覆盖 tar-and-gravel roof cover(ing)
砾石板 gravel plank
砾石包 gravel pack
砾石保护层 gravel envelope
砾石泵 gravel pump
砾石壁井 gravel wall well
砾石驳(运)船 gravel barge
砾石薄表层 fine surface mulch of gravel
砾石步道 gravel walk
砾石部分 gravel fraction
砾石材料堆 gravel fillet
砾石采矿与制备 gravel extraction and preparation
砾石层 gravel blanket; gravel course; gravel layer;gravel stratum[复 strata]
砾石层屏蔽 pebble-bed shield
砾石铲斗 gravel scoop
砾石场 gravel bar;gravel deposit
砾石撒布机 chipping spreader
砾石沉积(层) gravel deposit
砾石沉积物 gravel deposit
砾石衬垫 <钻孔滤管外的> gravel packing
砾石衬填厚度 gravel pack thickness
砾石成分 <粒径 2.0~60 毫米> gravel fraction
砾石承托层 gravel support
砾石充填法 gravel packing
砾石冲积扇 gravel splay
砾石冲洗机 gravel washer
砾石床面河流 gravel bedded stream
砾石床水栽法 gravel bed hydroponics
砾石袋沉排 gravel tube mattress
砾石当量系数 <表示结构层相对强度的> gravel equivalent factor
砾石挡板 gravel stop
砾石挡条 gravel stop
砾石道床 gravel bed
砾石道砟 gravel ballast(ing)
砾石的 gravelly
砾石堤 shingle beach ridge
砾石底 gravel bottom
砾石底层结构 gravel substructure
砾石底河床 gravel bed river; gravel bed stream
砾石底质 gravel bottom
砾石地 gravel(ly)ground
砾石地基 gravel foundation
砾石垫板 gravel board
砾石垫层 conglomerate stratum; gravel bed;gravel blanket
砾石堵塞 gravel packing;gravel plug
砾石堆 gravel fillet; gravel mound; ruckle
砾石堆坝 gravel bank
砾石堆场 gravel yard
砾石堆积 xalsonte
砾石堆积层 gravely deposit
砾石趸船 gravel pontoon
砾石防洪层 gravel flood coat
砾石分选机 gravel sorter
砾石分选器 gravel sorter
砾石封隔器 gravel packer
砾石覆盖层 gravel cover
砾石盖层 gravel blanket;gravel cushion
砾石盖面 gravel covering
砾石干燥器 gravel drier[dryer]
砾石埂 gravel rampart;gravel ridge
砾石工 gravel works
砾石沟排水 gravel trench drainage
砾石谷碛 gravel train
砾石骨料 gravel aggregate
砾石骨料混凝土 gravel aggregate concrete
砾石管磨 pebble tube mill
砾石灌浆 gravel grouting
砾石过滤层 gravel filter
砾石过滤井 gravel filter well
砾石过滤器 gravel chamber filter; gravel filter
砾石海滩 gravel beach; rolling beach <山崖脚下的>
砾石海滩顶部的防冲刷护岸 breast work
砾石和碎石作业 gravel and chip(ping)s works
砾石河床 gravel bed;gravel riverbed
砾石河底 gravel bottom
砾石护壁滤水井 gravel-wall well
砾石回填 gravel packing
砾石混凝土 boulders concrete; gravel concrete;gritcrete;pebble concrete
砾石混凝土板 gravel concrete slab
砾石混凝土墙板 gravel concrete wall panel

砾石基层 gravel base; gravel base course
砾石基础 gravel foundation
砾石基床 gravel bed
砾石基床层 gravel bedding layer
砾石级配 graded gravel
砾石集料 gravel aggregate
砾石集料混凝土 gravel aggregate concrete
砾石检验 conglomerate test
砾石件 gravel works
砾石阶地 terrace gravel
砾石(井)壁 gravel envelope
砾石开采 gravel mining
砾石坑 gravel pit
砾石拦截坑 gravel trap
砾石类土 gravel soil
砾石沥青 gravel asphalt
砾石沥青混凝土 gravel asphalt concrete
砾石粒级 gravel fraction
砾石粒组 gravel fraction
砾石料坑 gravel pit
砾石笼 gravel box
砾石滤层 gravel filter; gravel filter layer
砾石滤池 gravel filter
砾石滤床过滤池 gravel bed filter
砾石滤床过滤器 gravel bed filter
砾石滤器 gravel screen
砾石滤水井 gravel filter well
砾石路 gravel drive; gravel road; path gravel
砾石路肩 gravel shoulder
砾石路面 boulder pavement; boulder paving; groveling of road; macadam pavement
砾石路面隆起 chatter bump
砾石面层 gravel coating; gravel surface
砾石面路 gravel-topped macadam
砾石面组合屋顶 gravel surface built-up roof
砾石黏[粘]合 pebble bond
砾石排出孔 gravel pass
砾石排放道 gravel pass
砾石排放孔 gravel pass
砾石排水 gravel-drain
砾石排水沟 gravel drain
砾石排水设施 gravel drain
砾石跑道 gravel runway
砾石漂移 shingle drift
砾石破碎机 conglomerate mill
砾石铺盖 gravel blanket
砾石铺路(面) gravel(l)ing of road
砾石铺面 gravel surfacing; surface with gravel
砾石铺面的 gravel surfaced
砾石铺面碎石路 gravel-topped macadam
砾石起重机船 gravel pontoon
砾石砌的火炉 fieldstone fireplace
砾石墙 gravel wall
砾石取样器 gravel sampler
砾石群落 petrium
砾石人工岛 gravel island
砾石人行道 gravel(side) walk
砾石撒布机 gravel spreader
砾石撒布器 gravel distributor
砾石撒铺器 gravel spreader
砾石散布机 gravel spreader
砾石埽枕 gravel roll
砾石沙洲 gravel bar
砾石砂 gravel sand
砾石砂混凝土 gravelous sand concrete
砾石砂黏[粘]土混合物 gravel-sand-clay
砾石筛 gravel screen; gravel sieve
砾石筛分机 gravel siever; gravel sorter
砾石筛选厂 gravel plant
砾石筛选机 gravel plant
砾石扇 conglomerate fan
砾石梢龙 gravel roll
砾石梢笼 gravel roll
砾石生产 gravel production
砾石疏浚船 gravel dredge(r)
砾石水槽 gravel basin
砾石水泥混合料 gravel cement mixture
砾石碎石路面 gravel-topped macadam
砾石碎屑 gravel chip(ping)s
砾石台地 gravel terrace
砾石滩 chisle; gravel bank; gravel bar; ruckle; shingle bank; shingle beach; shingle flat
砾石滩顶防冲刷墙 breast work
砾石提炼 gravel extraction
砾石提选厂 gravel extraction plant
砾石填槽 gravel-filled trench
砾石填槽排水沟 gravel-filled drain trench
砾石(填充)坝 gravel-filled dam
砾石填充层 gravel pack
砾石(填充的)排水沟 gravel-filled drain trench
砾石填充料 gravel filling
砾石填方 gravel fill
砾石填坑 gravel pocket
砾石填料 gravel fill; gravel filter; gravel packing
砾石填料层 filter pack; gravel pack
砾石填质滤池 pebble matrix filter
砾石筒仓 gravel silo
砾石土 clay gravel; gravelly soil
砾石土路 gravel top-soil road
砾石挖掘机 gravel dredge(r)
砾石挖泥船 gravel dredge(r)
砾石屋顶 gravel roof
砾石洗涤机 gravel washer
砾石洗涤设备 gravel washing plant
砾石系数 coefficient of gravel; gravel coefficient
砾石箱 gravel box
砾石消波井 grain decreasing wave well
砾石消波室 grain decreasing wave room; shock wave reducing room using gravel
砾石小径 gravel path; gravel walk
砾石小路 gravel walk
砾石芯沉排 gravel core fascine; gravel core roll
砾石芯沉橱 gravel core fascine; gravel core roll
砾石芯埽枕 gravel core fascine; gravel core roll
砾石芯梢捆 gravel core fascine; gravel core roll
砾石芯梢笼 gravel core fascine; gravel core roll
砾石选矿 gravel dressing
砾石选矿厂 gravel dressing plant
砾石岩 bibbley rock
砾石硬(土)层 gravel hardpan
砾石运输 gravel transport
砾石找矿法 gravel method
砾石遮护料 gravel mulch
砾石制备厂 gravel preparation plant
砾石质网状河 pebbly braided river
砾石终碛 boulder well
砾石筑堤 mounding of gravel
砾石桩 gravel pile
砾石装载机 gravel loader
砾石总重量 total weight of gravel
砾石组成的屋顶覆盖物 gravel built-up roof cladding
砾石作业 gravel works
砾滩 boulder beach; shingle beach
砾土 gravel(ly) soil
砾屑 gravel clast
砾屑白云岩 dolorudite
砾屑构造【地】 psephitic structure
砾屑灰岩 calcirudite[calcirudyte]
砾屑结构 gravel elastic texture
砾屑碳酸盐 rudstone
砾屑岩 psephite; rudaceous rock; rudite
砾屑质岩 psephite
砾芯 gravel core
砾岩 bibbley rock; cemented gravel; conglomerate (rock); glomerate; gravel conglomerate; pebble rock; rudite[rudyte]; oligomict <由一种稳固的卵石构成的>
砾岩储集层 conglomerate reservoir
砾岩礁 reef conglomerate
砾岩接触面 gravel-rock contact
砾岩露头 outcrops of conglomerate
砾岩排水沟 gravel ledge drain
砾岩片麻岩 conglomerate-gneiss
砾岩破碎机 conglomerate mill
砾岩土 conglomerate clay
砾岩相 conglomerate facies
砾岩性的 conglomerate
砾岩性砂岩 conglomeratic sandstone
砾岩岩脉 conglomerate dike[dyke]
砾岩质泥岩 conglomeratic mudstone
砾岩状 conglomeratic
砾质辫状河沉积 gravelly braided-stream deposit
砾质沉积物 gravely sediment
砾质的 gravelly; rudaceous
砾质地 gravelly ground
砾质海岸 gravel coast
砾质黏[粘]土 gravelly clay
砾质壤土 gravelly loam
砾质沙漠 gravel desert; reg
砾质砂 <又称砾质沙> gravelly sand
砾质砂混凝土骨料 gravelly sand concrete aggregate
砾质砂土 gravelly sand
砾质砂岩 gravelly sandstone
砾质砂岩储集层 conglomeratic sandstone reservoir
砾质山麓平原 alluvial bench
砾质土 calculous soil; chiselly soil; gravel ground; gravel(ly) soil; rubbly soil
砾质亚黏[粘]土 gravelly loam
砾质亚砂土 gravelly sand loam
砾质岩 psephite[psephyte]; rudite [rudyte]
砾状的 psephitic; rudaceous
砾状构造【地】 psephitic structure
砾状灰岩 gravelly limestone
砾状结构 psephitic texture
砾状磷块岩 gravelly phosphoraite
砾状铍 pebble of beryllium
砾状岩 psephite; rudaceous rock; rudite[rudyte]

笠

笠石 tablet

粒

粒斑 granule
粒变岩 weisstein
粒层 granular layer
粒虫胶 molamma
粒碲银矿 empressite
粒度 particle size; grainage; graininess; grain-size; granularity; granule size; mesh size
粒度百分位数 percentile
粒度比 fineness ratio; grading factor; size scale
粒度标准 granulometry
粒度不均匀的产品 long-range product
粒度参数 grain-size parameter
粒度参数离散图解 scatter diagram of size parameter
粒度测定 particle measurement; particle-size determination; sizing (of particles)
粒度测定设备 grain-size determination apparatus
粒度测定(术) granulometry
粒度测量目镜 grain-size measuring eyepiece
粒度测量(术) granulometry
粒度成分 aggregate mix (ture); grained composition; granulometric composition
粒度尺寸 granulation size
粒度等级 <钢铁晶粒等级> grain fineness number
粒度递变沉积物 graded sediment
粒度调整 size adjusting; sizing
粒度范围 grading envelope; grading limit(ation); grading range; grading scale; particle-size range; size range
粒度分布 composite grain size distribution; distribution of grain size; grain-size distribution; particle-size distribution; size distribution
粒度分布测定仪 sedimentograph
粒度分布定律 law of size distribution
粒度分布方式 particle-size distribution mode; size distribution mode
粒度分布曲线 curve of size distribution; particle-size curve; size distribution curve; size frequency curve; grading curve
粒度分布曲线的偏度 skewness
粒度分布图 grain-size distribution diagram
粒度分布直方图 histogram of size distribution
粒度分级 distribution of grain size; grain-size classification; particle-size grading; size classification; size grading
粒度分级标准 grade scale
粒度分级采样器 size grading sampler
粒度分级器 particle-size classifier; size classifier
粒度分级系数 gradation factor
粒度分类 grain-size classification
粒度分配 distribution of sizes; grain-size distribution
粒度分配曲线 size distribution curve
粒度分配系数 sorting coefficient
粒度分析 grading analysis; grain-size analysis; grain structure analysis; granulometric analysis; granulometry; mechanical analysis; mesh analysis; size analysis; size fraction analysis; size test; sizing; sizing analysis
粒度分析标准 grade analysis standard
粒度分析定律 law of granulometry
粒度分析器 grain-size analyser[analyzer]; micromerograph; particle-size analyser [analyzer]; size analyser [analyzer]
粒度分析试验 gradation analysis test; gradation test; sizing test
粒度分析样品 sample for granularity analysis
粒度分析仪 grain-size analyser[analyzer]; micromerograph; particle-size analyser [analyzer]; size analyser [analyzer]
粒度分选 size sorting
粒度号数 grit number
粒度级 fractionation; particle-size frac-

tion
粒度级别 grain-size division;grain-size fraction;size bracket;size division;size fraction
粒度级分 cut;fraction
粒度级份额 size fraction
粒度级配 grain-size distribution;granulometric grading
粒度极限 grain-size limit;size limit
粒度计 granulometer;gronulometer;hondrometer
粒度减少 degradation in size;particle-size reduction
粒度减少程度 degree of size reduction
粒度均齐的产品 closely graded product;short-range product;uniform product
粒度均一土 closely graded soil
粒度均匀 epigranular
粒度均匀骨料 single-size(d) aggregate
粒度控制 grading control;grain-size control;particle-size control;size control
粒度累计曲线 particle-size accumulation curve
粒度模数 fineness modulus;modulus of granularity
粒度配比 blending of sizes
粒度偏集(现象) size segregation
粒度偏斜曲线 size-decline curves
粒度频率曲线 size frequency curve
粒度平均值 particle-size average
粒度曲线 grain-curve;sizing curve
粒度特性 size characteristic
粒度特性曲线 characteristic size curve;grain-size characteristic curve;size characteristic curve
粒度系数 coefficient of grain size;particle-size factor;size factor
粒度下限 bottom size;lower particle size limit
粒度相 granulometric facies
粒度性质 granulometric property
粒度仪 grain-size scale
粒度增大 coarsening
粒度值 granularity value
粒度指数 grain-size number
粒度准备 size preparation
粒度组成 coarseness of grading;gradation composition;granulometric composition;size consist
粒粪 pellet
粒腐 kernel rot
粒硅钙石 tilleyite
粒硅镁石 chondrodite
粒硅锰矿 alleghanyite
粒硅锰石 alleghanyite
粒化 beading;graining;granulate;pelletization[pelletisation];pelletize
粒化崩解 granular disintegration
粒化槽 shot tank
粒化的 grained
粒化肥料 granulated fertilizer
粒化高炉矿渣 granulated blast furnace slag
粒化合金 shotted fused alloy
粒化金属 granulated metal
粒化流槽 granulation launder
粒化母料 pelletized concentrate
粒化器 granulator
粒化铁粉 granulated iron powder
粒化渣 grain slag;pulverised[pulverized] slag
粒化装置 granulating device
粒化作用 granulation;granulitization
粒迹 tincle
粒级 grain-size grade;particle grade;particle-size bracket;particle-size class;size category fraction;size division;size fraction
粒级标度 grade scale
粒级标准 grade scale
粒级层 graded bedding;graded layer
粒级层理 graded bedding
粒级递变层 graded bed
粒级分布曲线 grain-size distribution curve
粒级分析 fractional analysis;particle-size study
粒级结构 graded texture
粒级累积曲线 cumulative grain size curve
粒级累计曲线 cumulative grain size curve
粒级曲线 grain-size curve
粒级砂岩 graded sandstone
粒级韵律层 graded rhythmite
粒级作用 gradation
粒剂 granula;granule
粒间 intergranule
粒间斥力 interparticle repulsion
粒间穿透 intergranular penetration
粒间的 intergranular
粒间电导 grain conduction
粒间断裂 intercrystalline rupture
粒间粉磨 interparticle comminution
粒间腐蚀 intergranular corrosion
粒间贯通裂纹 transgranular crack
粒间横压强度 crushing strength across the grain
粒间滑移 intergrain slip
粒间键 interparticle bond
粒间胶结 intergranular cement
粒间接触 intergranular contact
粒间接触压力 grain-to-grain contact;intergranular contact pressure
粒间结构 intergranular texture;interparticle structure
粒间孔隙 intergranular space;interparticle porosity
粒间孔隙度 intergranular porosity
粒间孔隙量 volume of intergranular space
粒间裂缝 intergranular cracking
粒间马丁斯体 intergranular martensite
粒间摩擦 intergranular friction
粒间摩擦力 interparticle friction
粒间黏[粘]合力 interparticle cohesion
粒间黏[粘]结力 interparticle cohesion
粒间黏[粘]结作用 interparticle bonding
粒间膨胀 interparticle swelling
粒间破碎 interparticle crushing
粒间侵蚀 intergranular attack
粒间溶孔 interparticle dissolution pore
粒间体积 intergranular volume
粒间同化作用 interassimilation
粒间吸力 interparticle attraction;interparticle attractive force
粒间压力 grain pressure;intergranular pressure
粒间压缩 interparticle compress
粒间引力 interparticle attractive force
粒间应力 grain-to-grain stress;intergranular stress
粒间纵压强度 crushing strength parallel to the grain
粒间作用力 interparticle attractive force;interparticle force;interparticulate force
粒胶 seed lac
粒结 burl
粒结构 kernel structure
粒界网状组织 subnet(work)
粒晶松脂石 flagstaffite
粒晶组织 coarse-grained texture
粒径 diameter of grain;gain size;grain diameter;nature of particles;particle diameter;particle size;size of grain
粒径比 size ratio
粒径比例 grain-size scale;particle-size scale
粒径不等的 unequigranular
粒径不足骨料 undersize of aggregate
粒径不足集料 undersize of aggregate
粒径测定 particle-size determination
粒径大小 grain-size;particle size
粒径等级 size grade
粒径范围 size limit;size range
粒径分布 grain-size distribution;granulometric distribution;particle-size distribution;size distance;size distribution
粒径分布测定 particle-size distribution determination
粒径分布曲线 grading curve;grain-size distribution chart;grain-size distribution curve;particle-size distribution curve;size distribution curve
粒径分布曲线图 particle-size distribution chart
粒径分布图 size distribution diagram
粒径分布系数 size distribution factor
粒径分布线图纸 grain size distribution graph paper
粒径分级 grading fraction;grain-size classification;size fraction;size grading
粒径分级标尺 grain-size scale
粒径分级标准 grain-size scale
粒径分级的重量百分率 percentage weight of grading fraction
粒径分级刻度 grain-size scale
粒径分级系统 grading system
粒径分类(法) grain-size classification;particle-size classification
粒径分配 grade distribution;grain-size distribution;size distribution
粒径分配曲线 grading curve;grain-size distribution curve
粒径分析 gradation test;grading analysis;grain-size analysis;granulometric analysis;granulometric grading;mechanical analysis;particle-size analysis;size analysis;sizing
粒径分析曲线 mechanical analysis curve
粒径分析试验 grading test
粒径分析仪 grain-size analyser[analyzer]
粒径级 size grade
粒径级配 size gradation;size grading
粒径级配范围 grading limit
粒径级配分析 mechanical analysis;particle-size gradation analysis
粒径级配曲线 grain-size distribution curve
粒径级配线 grain-size accumulation
粒径极限 particle-size limit
粒径计法 granulometer analysis
粒径记录 size data
粒径检测器 particle-size monitor
粒径界限 grain boundary;grain bounding;particle boundary
粒径均匀的砾石 uniform gravel
粒径均匀系数 uniformity coefficient of grain size
粒径累积曲线 grain-size accumulation curve;particle-size accumulation curve
粒径累积试验 grain-size accumulation test
粒径频率曲线 grain-size frequency curve
粒径频率图 grain-size frequency diagram
粒径曲线 grain-size curve
粒径上限 upper particle size limit
粒径数据 particle data;size data
粒径特性 grain-size characteristics;size characteristic
粒径特性图 grain-size characteristics diagram
粒径特征 grain-size characteristics
粒径特征图 grain-size characteristics diagram
粒径限度 size limit
粒径性质 nature of grains
粒径组 fraction of particle size;size grade
粒径组成 gradation composition;grain-size composition;granulometric composition;size composition;size fraction
粒径组合 grain-size fraction
粒料 aggregate;granular material
粒料保护层 granular blankets
粒料防冻层 granular frost blanket
粒料分选机 grain sizing machine
粒料改善土路 aggregate treated earth road
粒料过滤池 granular filter
粒料过滤器 granular filter
粒料基层 aggregate base course;granular base;unbound base
粒料加固路肩 granular shoulder
粒料(类)底层 granular base
粒料滤池 granular water filter
粒料路 <如碎石,砾石等> granular type road
粒料黏[粘]结 bonding of granules
粒料平台 granular terrace
粒料嵌入 granule embedment
粒料撒布机 <路用> road spreader
粒料摊平机 trimmer
粒料填方 granular fill
粒料外露 exposure of aggregate
粒料稳定基层 granular type stabilized base;mechanical stabilized base
粒料稳定路面(或面层) granular stabilized surface
粒料稳定土混合料 granular stabilized soil mixture
粒料稳定土基层 aggregate stabilized soil base
粒料形状 grain shape
粒磷锰矿 fillieite
粒磷钠锰矿 fillowite
粒磷铅铀矿 dewindtite
粒硫锑铅矿 ful(l)oppite
粒榴石 allochroite
粒煤 bean;pea coal
粒镁硼石 kotoite
粒面 grain surface
粒面的 granular;granulose
粒内的 intragranular
粒内孔隙度 intragranular porosity
粒内破裂 transgranular fracture
粒内迁移 intraparticle transport
粒内溶孔 intraparticle dissolution pore
粒内运动 intragranular movement
粒泥石灰岩 wackestone
粒泥状灰岩 wackestone
粒硼镁石 kotoite
粒皮桉 powderbark eucalyptus
粒群 particle group
粒溶作用 crinophagy
粒砂 buckshot sand;granular sand;granule
粒石 squared stone
粒氏法 shotting
粒水硼钙石 nifontovite
粒体 granular material
粒体力系 particulate mechanics system
粒体系 particulate system

粒铁 ball iron;granular iron;lappen;luppen
粒铁法 nodulizing
粒铁矾 roemerite
粒透辉石 funkite
粒团组构 domain fabric
粒丸絮体 pellet floc
粒析 size separation
粒霞正长岩 khibinite
粒屑 detritus
粒形 grain shape;granular form;particle shape
粒形熔渣 granulated slag
粒性 graininess;granularity
粒序层 graded bed
粒玄伟晶岩 dolerite pegmatite
粒玄岩 dolerite;mimesite
粒选 grain-by-grain selection
粒选机 classificator;classifier
粒雪 firn;firn snow;neve;neve snow;snow grain
粒雪冰 firn ice;ice(d)firn;neve ice
粒雪冰崩 firn ice avalanche
粒雪冰川 firn glacier;neve glacier;snow glacier
粒雪带 band of firn
粒雪堆 bank of firn
粒雪覆盖 firn cover
粒雪界 firn edge;firn line
粒雪盆地 firn basin;neve basin
粒雪区 firn area;firn zone
粒雪线 firn limit;firn line
粒雪形成(过程)firnification
粒雪原 firn field;neve field;snow field
粒雪(转变)成冰 conversion of firn into ice
粒渣胶 molamma
粒周交代作用 replacement along grain boundaries
粒状 granulose
粒状斑点 granule
粒状板 beadboard
粒状崩解 granular disintegration;granular exfoliation
粒状变晶结构 granular texture
粒状变性 granular degeneration
粒状表面 granular surfacing
粒状表面材料 granular surfacing material
粒状冰 granular ice
粒状玻璃 beaded glass;finely crushed glass;granulated glass
粒状剥落 granular disintegration;granular exfoliation
粒状不透明物质 granular opaque matter
粒状材料 bulk material;discrete material;granular material;granulated material;lumpy material
粒状材料垫层 granular bed
粒状材料浆液 particulate grout
粒状残渣 granular residue
粒状产品 granular product
粒状沉积 granular deposit
粒状成型料 granular mo(u)lding compound
粒状床 granular bed
粒状催化剂 pelleted catalyst
粒状大理石 grained marble;granular marble
粒状的 grained;grainiform;granular;granulated;granulitic;granulose;grainy;granulous
粒状底层 granular base
粒状底基层 granular sub-base course
粒状电石 granulated carbide
粒状断口 granular fracture
粒状肥料 granular fertilizer
粒状玢岩 granular porphyrite
粒状粉料 granular powder;nodular powder
粒状粉末 granular powder
粒状粉刷 granulated plaster
粒状高炉矿渣 granulated blast furnace slag
粒状高炉矿渣砂 granulated blast furnace slag sand
粒状隔热材料 granular insulation material
粒状隔声材料 granular insulation material
粒状构造 acinose structure;grain structure;granular structure;crumb structure
粒状骨架 granular skeleton
粒状骨料 granular aggregate
粒状钴 granulated cobalt
粒状固体 granular solid
粒状固体拌和 granular solid mixing
粒状硅钙石 calcia-chondrodite
粒状硅胶 granular colloidal silica
粒状过渡 olobby transfer
粒状过滤材料 granular filter material
粒状焊剂 granular flux
粒状焊药 granulated welding composition
粒状化 spheroidizing
粒状灰 granular ash
粒状灰岩 grainstone;granular limestone
粒状活性炭 granular activated carbon
粒状活性炭法 granular carbon process
粒状活性炭过滤器 granular active carbon filter
粒状活性炭滤池 granular activated carbon filter absorber
粒状火药 pebble powder
粒状货物 granular goods;granulated goods
粒状基层 granular base
粒状基层下层 granular sub-base course
粒状集料 granular aggregate
粒状碱 granular ash
粒状胶结作用 granular cementation
粒状角闪岩 granular amphibolite
粒状结构【地】granule texture;granular texture
粒状结构面 granular texture surface
粒状结构石膏 granular texture gypsum
粒状金属 granulated metal
粒状聚合物 bead polymer
粒状绝缘材料 granular insulation material
粒状绝缘体 granular insulator
粒状空泡变性 granulovacuolar degeneration
粒状矿物撒布料 granule mineral surfacing
粒状矿渣 granulated slag;pelletized slag
粒状矿渣混凝土 granulated cinder concrete;granulated slag concrete
粒状矿渣空心砖 granulated cinder cored block;granulated slag cored block
粒状矿渣砌块 granulated slag block
粒状矿渣砂 granulated slag sand
粒状矿渣瓦 granulated cinder tile
粒状矿质填料 granular dust filler
粒状磷块岩 grained phosphorite
粒状鳞片变晶结构 granular lepidoblastic texture
粒状炉渣混凝土 granulated cinder concrete
粒状炉渣空心砖 granulated cinder cored block
粒状炉渣瓦 granulated cinder tile
粒状滤池 granular water filter
粒状滤料过滤 granular-medium filtration
粒状马氏体钢 intergranular martensite
粒状煤渣混凝土 granulated cinder concrete
粒状煤渣空心砖 granulated cinder cored block
粒状煤渣瓦 granulated cinder tile
粒状绵 granular wool;granulated wool
粒状模塑料 palletized mo(u)lding compound
粒状磨碾高炉矿渣 granulated ground blast furnace slag
粒状耐磨表面材料 granular wearing surface material
粒状黏[粘]性土 granular-cohesive soil
粒状凝胶 granulated gel
粒状农药 granular pesticide
粒状偏析 cell segregation
粒状破坏 granular fracture;granular rupture
粒状破裂 granular fracture
粒状铺面材料 granular surfacing material
粒状球光体 granular pearlite
粒状熔渣 granulated slag
粒状软木 graduated cork
粒状软木护面 surfaced with granular cork
粒状软木面层 granulated cork surfacing
粒状软木嵌缝 granulated cork filler
粒状软木嵌缝材料 granulated cork filler material
粒状软木镶面 faced with granular cork
粒状渗碳体 granular cementite;nodular cementite;spheroidite cementite
粒状生胶 crumb
粒状石板 gravel flag
粒状石板铺盖面层 granulated slate surfacing
粒状石灰石 granular limestone
粒状石灰岩 granular limestone
粒状石面 grained stone facing;granulated stone facing
粒状石墨 graphite granule;nodular graphite
粒状石英 granular quartz
粒状树脂 palletized resin
粒状水泥熟料 cement grit
粒状燧石 flint pebble
粒状炭 Kryptol
粒状炭电阻炉 Krupp furnace
粒状炭黑 dustless carbon black;granular black
粒状炭滤池 granulated carbon filter
粒状碳化物 granular carbide
粒状碳酸盐岩 grainstone
粒状体 chondrule;coccoid;spheroidite
粒状填充绝缘材料 granular-fill insulation
粒状填料复合材料 particulate filler composite
粒状土(壤)granular soil;granulated soil
粒状土最优堆积方式 optimum packing of granular soil
粒状微粒体 granular micrinite
粒状污染物 particulate pollutant
粒状物 shot-like particle
粒状物堆积比重 bulk specific weight
粒状物料 granular material
粒状物污染 particulate pollution
粒状纤维变晶结构 granular fibrous blastic texture
粒状橡胶 crumb rubber;crumbs
粒状硝氨炸药 ammonium nitrate prill
粒状修饰 granulated finish
粒状絮体 pellet floc
粒状雪 granular snow
粒状岩类 grained rocks
粒状岩绵 granular rock wool
粒状岩(石)grained rock;gruss;kokkite
粒状岩石风化 fretwork
粒状荧光屏 beaded screen;grain screen
粒状淤渣 grain sludge
粒状圆石 granule roundstone
粒状云母 granulated mica
粒状渣 granulated slag;slag sand
粒状炸药 granular powder
粒状沼铁矿 granular bog iron ore
粒状珠光体 divorced pearlite;granular pearlite;spheroidised pearlite
粒状紫胶 graining lac
粒状组织 grain structure;pearl composition
粒子 corpuscle;particle;particulate
粒子安息角 repose angle of particle
粒子沉积 deposition of particles
粒子沉降速度 particle settling velocity
粒子催化氧化 particle catalyst oxidation
粒子大小 particle size
粒子大小分布 particle-size distribution
粒子当量尺度 equivalent particle size
粒子电极 particle electrode
粒子定向排列合金 grain-oriented alloy
粒子发射 particle emission
粒子分布 particle distribution
粒子分布函数 particle distribution function
粒子分布极限 particle distribution limit
粒子分级采样器 particle grading sampler
粒子分离器 particle separator
粒子分析器 particle analyser[analyzer]
粒子辐射 particle radiation
粒子附聚体 agglomerate;coagulum
粒子高能加速器 electronuclear machine
粒子光学 particle optics
粒子过滤检验法 filtered particle testing
粒子荷电 particle charging
粒子集结率 particle integration rate
粒子计数 particle count
粒子加速 particle acceleration
粒子加速器 particle accelerator
粒子间距 interparticle distance
粒子间碰撞 interparticle collision
粒子检测器 particle detector
粒子径迹 particle path;particle track
粒子径迹法 particle-track method
粒子空穴 particle-hole
粒子理论 particle theory
粒子粒子相互作用 particle-particle interaction
粒子流 particle flux
粒子流量密度 particle flux density
粒子内部空间 interparticle space
粒子内部扩散 interparticle diffusion
粒子能量 particle energy
粒子浓度 particle concentration
粒子偶生成 particle pair production
粒子碰撞 particle encounter
粒子迁移率 particle mobility
粒子驱进速度 migration velocity of particle
粒子散射 particle scattering;scattering of particle

粒子散射函数 particle scattering function
粒子散射因数 particle scattering factor
粒子筛选 particle sizing
粒子射程 range
粒子视界 particle horizon
粒子束 bunch of particles
粒子束流 particle beam
粒子束武器 particle beam weapon
粒子数 particle population; population
粒子数比 population ratio; ratio of number of particles
粒子数差 population difference
粒子数反转 population inversion
粒子数守恒方程 particle-conservation equation
粒子数效应 population effect
粒子数悬布 population hang-up
粒子数阈值 population threshold
粒子数再增 repopulation
粒子数增长时间 population rise time
粒子数增加 populate
粒子数增加的 populated
粒子速度 particle velocity
粒子探测 particle detection
粒子探测器 particle detector; radiation detector
粒子通量 particle flux
粒子图像测速法 particle image velocimetry
粒子污染物 particulate pollutant
粒子物理学 high energy physics; particle physics
粒子细度 fineness; particle fineness
粒子行程 range of particles
粒子形状 shape of particles
粒子性质 particle property
粒子抑制 particulate confinement
粒子约束 particulate confinement
粒子云 particle cloud; particulate cloud
粒子运动 particle motion
粒子直径 particle diameter
粒子状废物 particulate waste
粒子自动计数器 automatic particle counter
粒组 fraction; grain grade; grain-size division; size fraction; soil fraction
粒组划分 grain-size division

蛎

蛎壳 oyster shell

蛎壳灰 oyster lime
蛎字花纹 meander

痢

痢疾 dysentery

连

连 squadron

连岸防波堤 shore-connected breakwater
连岸结构物 shore-connected structure
连岸沙丘 attached dune
连斑结构 granoporphyritic texture
连包连铸 sequence casting
连保条件 continuation clause
连苯三酚 pyrogallic acid; pyrogallol
连苯四酸 prehnitic acid
连比 continued ratio
连比例 continued proportion
连闭灯【化】 occulting light
连臂板 arm tie
连编带绘 compilation together with drafting
连变分 joint variation
连并 transvection
连餐厅一起的厨房 kitchen/dining room
连测 conjunction
连测点 junction point; tie point
连测对比点 points of tie
连测水准标点 junction bench mark
连测水准基点 junction bench mark
连叉摆 bob pendulum
连铲带装 load-and-carry
连乘法 continued multiplication
连出指令 connect-out command
连串反应 consecutive reaction
连串漂移管 consecutive drift tube
连串起泡 bubbling
连串消化 consecutive digestion
连窗 <大厦接连成带状的> ribbon window
连打 beat away
连打滑片 repeating slide
连打机构 repeating mechanism
连带 association; conjunction
连带保证人 joint surety
连带担保 joint guarantee
连带法 association method
连带费用 joint expenses
连带辅助程序 associated support program (me)
连带负债 joint and several liability
连带回采 drag cut
连带级数 associated series
连带拉盖尔多项式 associated Laguerre polynomial
连带拉盖尔函数 associated Laguerre function
连带勒让德多项式 associated Legendre polynomial
连带勒让德函数 associated Legendre function
连带数 associate number
连带刷深 sympathetic (al) retrogression
连带损坏 secondary damage
连带椭圆积分 associated elliptic (al) integral
连带原因 contributory cause
连带责任 contiguous obligation; joint and several liability; joint liability; joint responsibility; solidarity
连带债务 joint credit; joint obligation
连带债务人 joint debtor
连氮 azine
连岛坝 tombolo
连岛沙坝 pendant terrace; pendent terrace
连岛沙洲 connecting bar; tying bar; tie bar; tombolo
连岛沙洲岸线 tombolo shoreline
连岛沙洲的形成 tombolo formation
连岛沙洲群 tombolo cluster; tombolo series
连底冻 freezing through
连动 interlocks
连动轴 connected shaft; couple axle
连动装置 interlinkage
连栋房屋 terrace house
连栋住宅 row house
连读次数 read-around ratio
连多硫酸 polythionic acid
连多硫酸盐 polythionate
连多硫酸盐法 polythionate process
连二次硝酸银 silver hyponitrite
连二磷酸 hypophosphoric acid
连二磷酸钙 calcium hypophosphate
连二磷酸银 silver hypophosphate
连二硫酸 dithionic acid; hyposulphuric acid
连二硫酸铵 ammonium dithionate
连二硫酸镉 cadmium dithionate
连二硫酸钾 potassium dithionate
连二硫酸钠 sodium dithionite
连二硫酸盐 dithionate; hydrosulfite; hyposulfate[hyposulphate]
连二硫酸银 silver dithionate
连二亚硫酸 hyposulphurous acid
连二亚硫酸钠 sodium dithionite; sodium hydrosulfite
连二亚硫酸盐 dithionite; hydrosulfite; hyposulfite[hyposulphite]
连二(正)磷酸盐【化】 hypophosphate
连发动机的泵 built-on pump; built-together pump
连发列车 consecutive train; train dispatched in succession
连发列车间隔 headway between consecutive trains
连发列车间隔时分/间隔 headway
连发列车(双线) trains dispatched in succession
连法 connection
连分式 continued fraction
连分式逼近 continued-fraction approximation
连分式展开式 continued-fraction expansion; expansion into continued fraction
连分数 continued fraction
连分数近似 continued-fraction approximation
连盖容器 hinged cover
连杆 connecting link; connecting rod; coupling link; coupling rod; crank arm【机】; cross transom <气窗的>; linkage; link lever; link rod; puller rod; reciprocating bar; slide rod; slotted lever; stretching piece; tie rod
连杆摆动角 angle of connecting rod
连杆臂 link arm; pitman arm
连杆叉 connecting rod fork
连杆衬套 connecting rod bushing; connecting rod sleeve; pitman shaft bushing
连杆传动 rod drive; side rod drive
连杆传动装置 link gearing
连杆大端 connecting rod tip
连杆大端轴承 big end bearing
连杆大头 big-end; big-end of connecting rod; connecting rod large end
连杆大头轴承 connecting rod big end bearing; connecting rod bottom-end bearing
连杆垫片 connecting rod shim
连杆吊架 link hanger
连杆定位器 connecting rod jig
连杆端 connecting rod head; stub end <木料大头>
连杆端部轴瓦 <大端> crankpin bearing
连杆端盖装配标记 connecting rod and cap marks
连杆小端轴承 rod pin bearing
连杆阀动装置 link motion valve gear
连杆方向的推力 connecting rod thrust
连杆方向的压力 connecting rod pressure
连杆机构 bar linkage; linkage gear; link mechanism; mechanical linkage
连杆机械 bar linkage
连杆颊板 pitman strap
连杆架 connecting rod rest
连杆溅油匙 splasher
连杆校弯器 connecting rod bending tool
连杆校正器 connecting rod aligner
连杆开口销 split pin for set pitman pin
连杆孔修刮机 connecting rod bearing reborer
连杆螺栓 big-end bolt; connecting rod bolt; shackle bolt; sling bolt
连杆配汽机构 link motion valve gear
连杆偏前量 pitman lead
连杆偏心轮 pitman wheel
连杆偏心轴承 <颚式破碎机的> pitman eccentric bearing
连杆切割器对位 pitman-cutter bar alignment; pitman-knife alignment
连杆曲拐头 big-end
连杆润滑喷孔 connecting rod spurt hole
连杆上轴瓦 connecting rod upper bearing shell
连杆式切割器 pitman-type cutter
连杆式压力机 link press
连杆索具 burtoning boom rig
连杆套 coupling rod bushing
连杆套筒扳手 connecting rod wrench
连杆体 connecting rod body; shank of connecting rod
连杆调节装置 link adjusting gear
连杆头 pitman coupling; pitman head; pitman stub
连杆头盖 connecting rod cap
连杆头孔 connecting rod eye
连杆头托座 pitman strap
连杆拖曳 rod trail
连杆瓦锁销 connecting rod bush lock
连杆窝形夹板 pitman socket
连杆系统 connecting linkage; linkage
连杆下瓦 connecting rod lower half bearing
连杆下轴瓦 connecting rod lower bearing shell
连杆销 connecting rod pin; link pin
连杆销轴 pitman pin
连杆小端 wrist-pin end of connecting rod
连杆小端衬套 wrist-pin bush
连杆小端孔 wrist-pin hole
连杆小端轴承 small end bearing
连杆小端轴瓦 connecting rod small end bush
连杆小头 connecting rod small end; little end of connecting rod; small end of connecting rod
连杆斜度 angularity of connecting rod
连杆油槽 connecting rod oil line
连杆油匙 connecting rod dipper
连杆与拉杆爪 connecting rod and reach rod jaw
连杆运动 link motion; linkwork
连杆运动机构传动 link motion drive
连杆轴 <轧碎机的> pitman shaft
连杆轴承 bearing of the connecting rod; connecting rod bearing; crankpin bearing; pitman box; pitman bearing <宾夕法尼亚钢丝绳钻进的>
连杆轴承垫片 connecting rod bearing shim
连杆轴承盖 connecting rod bearing cap; connecting rod cap
连杆轴承镗床 connecting rod bearing boring machine
连杆轴承轴瓦座 connecting rod bearing saddle
连杆轴颈 crankpin; rod journal; connecting rod journal
连杆轴颈修整工具 crankpin returning tool
连杆轴孔镗削工具 connecting rod bearing reboring device
连杆轴瓦 bearing shell; connecting rod bearing shell; rod bearing
连杆轴瓦锁 bushing lock
连杆轴瓦座 connecting rod bearing seat
连杆组合【机】 connecting rod-assembly
连根拔除 eradication

连根拔起 uproot
连根伐 grub felling
连根苗 suckering seedling
连根挖 grub out
连工作装置的长度 length with working tool
连拱 arcade; continuous arch; multiarch; multiple arch
连拱坝 continuous arched dam; multiarch dam; multiple arch(ed) dam; multiple arch type buttressed dam
连拱窗 arcaded window
连拱道 arcade apex
连拱顶 arcade apex; arcade crown; arcade top; arcade vertex
连拱顶石 arcade key
连拱墩 arcade impost; arcade pier
连拱分析 multiarch analysis
连拱扶垛 buttressflying
连拱花檐 arcade cornice
连拱画廊 arcaded gallery
连拱廊 arcade; gallery arcade
连拱廊道 arcaded gallery; dead arcade <一端不通的>
连拱廊通道 colonnaded avenue
连拱肋 arcade rib
连拱立面 arcaded facade
连拱楼座 arcaded gallery
连拱墙 continuous arched sidewall
连拱墙衬砌 lining with continuous arched sidewalls
连拱桥 multiarch bridge; multiple arch bridge
连拱式岸壁 arcade quay wall
连拱式驳岸墙 arcade quay wall
连拱式挡土墙 multiple arch retaining wall
连拱式飞檐 arcaded cornice
连拱式支墩坝 multiple arch type buttressed dam
连拱饰 arcading
连拱饰带挑檐 arched corbel table
连拱隧道 multiarch tunnel; multiple arch tunnel
连拱形走廊 arcaded lobby
连拱形屋顶 compasses roof
连拱支墩 arcaded pier
连拱走廊 arcaded gallery
连拱作用 continuous arch effect
连挂 coupling
连挂车辆长度 coupled length
连挂车组 coupled wagon group
连挂率 <溜放车辆> coupling rate
连挂速度【铁】coupling speed
连挂运行车辆称重 coupled-in-motion weigher
连管 siphonium
连贯 cohere; continuity; link-up
连贯操作 operation in tandem
连贯河流 successive river
连贯节 firm knot; fixed knot
连贯性 coherence[coherency]; consistence; continuity
连贯性校验 continuity check
连轨节的导轨 link rail
连焊作用 build-up
连合底部 connected footing
连合底脚 connected footing
连合基础 connected footing
连河湖 river-connected lake
连弧段 <钢板桩> arc cell
连弧线 <两个圆形格箱的钢板桩弧线> connecting arc
连环 connecting ring; interlink
连环抵押保险基金 mutual mortgage insurance fund
连环拱廊 arcaded court
连环链 hoop-linked chain
连环码 recurrent code
连环锚 linking anchor
连环式定向画面 comic-oriented image
连环式推销 referral selling
连环式旋扭构造 vortex structure chain
连环体 jugate
连环图式 comic mode
连环折扣 chain discount
连环状的 chain of rings
连机最佳化 on-line optimization
连继日 running days
连加号 summation sign
连加(求和)记号 summation notation
连枷臂 flail arm
连枷式刀片 swingback blade
连枷式击碎轮 flail-type beater
连接 accouple(ment); adhere; anastomosis[复 anastomoses]; articulate; attachment; binding; bonding; chaining; clutch; colligation; concatenation; conjugate; conjunction; connect; contiguity; fay; fitting attachment; interlock; joining(-up); junction (attachment); juncture; linkage; link(ing); link-up; locking; nexus; padding; terminating; interconnect <指信号灯控制机的互相连接的导线>
连接安装的木脚手架 joined and erected timber scaffold(ing)
连接板 connecting plate; connection plate; connector plate <木桁架弦杆和腹杆的>; cross piece; gusset; gusset piece; gusset plate; joint bar; joint plate; junction panel; junction plate; knee bracket plate; knee plate; link plate; patch; set bar; splice bar; splice piece; splice plate; webbing; rail splice【铁】
连接板焊接 tie welding
连接板桩 connection sheet pile
连接曝光 joint-up exposure
连接闭包 catenation closure
连接臂 arm tie; coupled arm
连接边 fillet
连接编辑 link(age) editing; link-edit(ion)
连接编辑程序 link(age) editor; linker
连接变形 joint faulting
连接标记 linkage flag
连接标识符 connection identifier
连接表 attachment table; chained list; link(ed) list
连接表结构 concatenation list structure
连接表面 connecting surface
连接不严密 leakiness
连接不正 malunion
连接部 interconnecting piece
连接部件 link
连接材料 fastener
连接操作 attended operation
连接测量 connection survey; orientation connection survey
连接测试路线 connection test line
连接层 adjoining course
连接叉 connecting fork; hitch yoke; rod clevis; shaft clevis; towing yoke; post yoke <柱端的>
连接叉头 coupling hook
连接插塞 interconnecting plug
连接插头 attachment plug; connection plug; connector plug; coupler plug; interconnecting plug; separable attachment plug
连接插头组件 cord set
连接插销 hitch pin
连接插座 gang socket
连接长途电话局 joint trunk exchange
连接车 motor vehicle combination
连接车的运行性能 performance of combination vehicle
连接车回转轨迹 turning locus for combination vehicle
连接成分 coordinator
连接程序 linker; link linkage
连接程序库 link library
连接迟缓 delayed union
连接尺 joint rule
连接尺寸 connection dimension; coupling dimension; dimension of connection; joint size; size for connection; connection size
连接尺寸标准 dimension standard
连接出口 connecting outlet
连接出口管 connecting outlet pipe
连接处板边的偏移 offset of plate edges at joints
连接处的装配 fitting-up joint
连接处理 connecting processing
连接触点 connecting terminal
连接串 catenated string
连接次序 order of connection
连接带 joint tape
连接单元 link(age) unit; joint element <有限元分析中的>
连接导管 connecting duct
连接导线 connected traverse; connecting traverse; tie line【测】; connecting conductor; connecting wire; wire-link【电】; link traverse <与高级控制网点相连接的>
连接导线的电感 inductance of connections
连接导线的金属套管 sleeve joint; thimble joint(ing)
连接导线工具 jointer
连接道 connecting road; connection path
连接道路 connecting path; connection road; link road
连接的 connecting; contiguous; coupled; coupling; join point; linked; serial; succeeding; syndetic
连接的浮桥 connecting gangway
连接的钢筋 linked bar
连接的焊后热处理 post-weld heat treatment of connections
连接的老虎窗 link dormer
连接的檩条 linked purlin(e)
连接的疲劳分析 fatigue analysis of attachment
连接的渠道 breachway
连接的引桥 connecting gangway
连接底冲式钻头的岩芯管 bottom-discharge core barrel
连接地址 link address
连接点 assemblage point; connecting place; connection point; coupling point; join point; junction; junction point; meeting; pass point; point of connection; point of junction; tie(-in) point; tying point; witness mark
连接点的径向位移 radial displacement of the joints
连接点焊 continuous stitch welding
连接点绝缘 connection insulation
连接点模片 passpoint templet
连接点详图 connection detail
连接电缆 cable jumper; connecting cable; connection cable; interconnecting cable; patch cord; stub cable; tie cable
连接电雷管和主线的支线 leg wire
连接电路 connecting circuit; interface; junction circuit
连接电线 connecting wire
连接电源 connection power; power connection
连接吊杆的横向梁 suspension strut
连接吊钩 connecting shackle
连接跌水窨井的进口与出口的陡槽 drop channel
连接丁字管 union tee
连接动力学 conjunctive kinetics
连接独立柱基础的重型混凝土梁 panhandle
连接端 coupling end
连接端片 bonding pad
连接端子 splicing ear
连接短管 joining nipple; junction piece; junction pipe
连接短线 leads
连接段 connecting piece; junction block; linkage section; linkage segment; middle piece
连接断裂 joint faulting
连接多路转接 connection multiplexing
连接耳 engaging lug
连接阀 connecting valve; connection valve; joint valve; junction valve
连接法 attachment; circuity; jointing method; connection; fastening
连接法兰(盘) coupling flange; adapter flange; adapting flange; attachment flange; connecting flange; connection flange
连接反应 coupled reaction
连接方案 scheme of connection
连接方法 connecting mean; joining; method of attachment
连接方式 attended mode
连接方向 connecting direction
连接防波堤 connecting mole
连接房间门锁 connecting door lock
连接房屋的管线 building connection
连接访问 connected reference
连接访问属性 link access attribute
连接分程序 link block
连接分割 connection splitting
连接分类 link sort
连接分配 linked allocation
连接分子 tie molecule
连接符(号) bound symbol; connector
连接符号顺序 bound symbol sequence
连接负荷 connected load
连接负载 connected load; linking loader
连接附件 coupling
连接复合体 junctional complex
连接盖板 fishing base-plate; mending plate
连接杆 actuator pole; attachment link; bonding bar; brace rod; connecting rod[bar/lever]; connection link[rod]; coupling bar; draft bar; drag bar; extension rod; fastening bar; hitch bar; interconnecting linkage; joint bar; joint lever; joint rod; link rod; pitman; shackle rod; tie-strut
连接杆臂 pitman arm
连接杆导承 connecting rod guide
连接杆件 bind member
连接杆支承 big-end bearing
连接杆轴 pitman arm shaft; pitman shaft
连接刚度 coupling rigidity
连接钢筋 binding reinforcement; connecting reinforcement; connection rebar; tie bar; link bar; continuity steel
连接钢丝绳 connection cable
连接杠杆 connecting lever
连接杠杆和均衡杠杆的拉杆 fixed lever and equalizing lever connecting rod
连接工的工具 <可供校验水平> old woman's tooth
连接工人 jointer
连接工艺技术 bonding technique

L

连接公路 connecting highway
连接功能 linkage function
连接共生 conjunctive symbiosis
连接钩 butt hook; coupling hook
连接构件 bind member; joining element; jointing element
连接箍 coupling band
连接故障 link(age) fault
连接挂盒 <车电> coupling box
连接关系 annexation
连接管 adapting pipe; connecting piece; connecting piping; connection canal; connection piping; connector; coupler; coupling pipe; fitting pipe; joint pipe; nipple; union joint; union pipe
连接管道 communication pipe; connection pipe [tube]; dust connection; knock over; connecting line [conduit/ pipe/ tube]
连接管道的金属紧固设备 S-hooks and locks
连接管线 connecting pipeline; jumper line; jump over; junction line
连接管桩的套筒 drive-fit sleeve
连接规则 concatenate rule
连接轨 connection rail
连接函数 contiguous function
连接焊缝 attachment weld
连接航道 connecting channel
连接荷载 connected load; connection load
连接盒 connecting box; connection box
连接横木 connected yoke; connecting yoke
连接横木条 batten
连接滑块 link block
连接滑行道 connecting taxiway; linking taxiway
连接环 connect collar; connecter; connecting loop; connection link; connector; coupling collar; hitch clevis; joint(ing) ring; towing eye; ring connector; ring joint; dee
连接环节 connecting link; transom
连接汇编 join assembly
连接混凝土桩 splicing concrete pile
连接或指针变量 link or pointer variable
连接机 junctor
连接机场铁路 access railway for airport
连接机构 connection; connector section; coupling arrangement; coupling mechanism
连接基脚 connected footing
连接基岩 bonding matrix
连接集团 connected clique
连接记发器的按钮 register key
连接继电器 connection relay
连接夹 connected yoke; union clip <铸铁槽的>
连接夹板 connecting cleat; tie clamping plate
连接夹具 connecting fixture; jockey
连接架 coupling frame; link span
连接检验 articulation test
连接件 attachment; connecting piece; connection; connection piece; connection plate; connector; extension piece; fastening; fastening piece; jointer; jointing element; jointing piece
连接件插头块 connector block
连接件焊缝 attachment weld
连接键作用 keying action
连接角 angle of attachment; angle of connection; contiguous angle; joint angle; connecting angle; connection angle
连接角度 joint angle
连接角钢 angle cleat; fittings; lag angle; splice angle; tie(angle) bar
连接角铁 angle clip
连接绞刀 joint cutter
连接接触 connector contact
连接接触面总压紧荷载 total compression load on joint contact surface
连接接盘 adapting flange
连接接头 connector lug
连接接头系统 system of jointing
连接节 linkage section
连接结构 connecting structure; draw bail
连接筋 <钢筋混凝土上的> dowel bar reinforcement; splice bar; stab bar; dowel; steel dowel
连接筋润滑剂 dowel lubricant
连接筋套 dowel sleeve
连接筋样板 dowel template
连接进口管 connecting inlet pipe
连接矩阵 adjacency matrix; connection matrix; connectivity matrix
连接卡 hitch clevis
连接卡板 connecting clip
连接卡环 bonding shackle
连接开关 linked switch
连接孔 tie hole
连接控制 link control
连接控制程序 link control program(me)
连接控制过程 link control procedure
连接控制块 link control module; thread control block
连接控制模块 link control module
连接口总成 stem assembly
连接库【计】 link library
连接块 connecting block; continuous block; coupling block; cross piece
连接框 connect box
连接拉杆 bonding tie
连接廊(道) junction gallery; breezeway; connecting gallery
连接类型 type of joints
连接力 connection force
连接链 connecting chain; coupling chain; coupling link
连接链环 connecting link; missing link
连接梁 articulated beam; bridge; connecting beam; tie beam
连接梁柱的剪力板的弯矩传递区 panel zone
连接两段链条的接头 lap link
连接两断层末端斜坡 fault splinter
连接料 binder; vehicle
连接零件 union piece
连接龙头 union cock
连接路 connecting road
连接路线 adapter path; tie circuit; tie conductor; connecting line; linking route
连接轮 <汽车尾部> fifth wheel
连接螺钉 attachment screw; connection screw; coupling screw; fitting screw
连接螺杆 connecting screw rod
连接螺母 connecting nut; coupling nut; right-and-left nut; sleeve nut; union nut
连接螺栓 attachment bolt; binder bolt; binding bolt; connecting bolt; coupling bolt; fastening bolt; joint bolt; tie bolt
连接螺套 union nut
连接螺旋夹 jubilee clip
连接锚 joist anchor
连接锚板 framing anchor
连接铆钉 connecting rivet; jointing rivet
连接帽 nut junction
连接门 bride-door
连接面 bracing plane; coupling face; faying surface; joint face
连接面形式 face type; type of connection surface
连接模块 link block; linking module
连接磨机的滚筒筛 mill trammel
连接末端 connection terminal
连接母线 connecting bus
连接木材的铁件 ferrocyanide timber connector
连接木块 connecting block
连接盘 adapter; flange; land; link plate; terminal area
连接旁通管 connecting bypass
连接配件 connection fittings
连接匹配 linkage convention
连接片 connecting bar; connecting strap; connecting strip; connection strap; connector; joining piece
连接坡道 ramp
连接起来 build-up a joint; confix; join up; make a junction
连接砌块 joint block
连接器 adapter(connector); associator; bonder; bridging part; clutch collar; connecter [connector]; connecting box; coupler; coupler socket; coupling adapter; coupling device; feed attachment; hitch cutter; hitch device; jointer; junctor; links; matching unit; spigot joint; coupling; lower coupling <汽车>
连接器插入损耗 connector insertion loss
连接器插头块 connector block
连接器杆 terminal bar
连接器汇流排 connection bus
连接器件 interface unit
连接器接头 adapter connector; connecter[connector] joint; union joint
连接器开关 connector switch
连接器螺栓 coupling bolt
连接器偏距 coupler offset
连接器手柄 coupling handle
连接器台 connector board
连接器箱 coupler box; coupling box
连接器销 coupler pin
连接器引起的光导体损耗 connector-induced optic(al) conductor loss
连接强度 joint strength; strength of connection; strength of joint; strength of materials
连接桥 connecting bridge
连接桥墩柱顶的横梁 cross head
连接鞘 connecting utricle
连接球端 <悬挂装置拉杆的> hitch ball
连接区 bonding pad; continuation area; linkage area
连接曲线 connecting curve; link curve
连接曲线半径 radius of connecting curve
连接渠道 connecting channel; connecting conduit; link canal
连接圈 coupling ring
连接裙 adapter skirt; skirt
连接入口 joint access
连接软管 connecting hose; connection hose; coupling hose; helically grilled tube
连接塞绳 connecting cord; junction cord
连接三角形 connection triangle
连接三通旋塞 union three way cock; union T cock
连接散热器 link radiator
连接设备 interface; link
连接设计 design of connections
连接绳 bond rope
连接石 bonder
连接时间 connect(ion) time; logged on time
连接使用 conjunctive use
连接式 dependent type
连接式防波堤 connecting breakwater; connecting mole
连接试样块 <与金属本体铸在一起> test lug
连接室 junction chamber
连接枢 coupling pin
连接输送机 approach conveyer[conveyor]; connecting conveyer [conveyor]
连接树形网络 threaded tree
连接闩 coupler latch
连接栓 tie cotter
连接水道的调节水库 secondary reservoir and connecting aqueduct
连接水箱的立管 tank riser
连接水源的总管 trunk main
连接顺序 order of connection
连接丝扣 thread
连接松动 slack in the couplings
连接算符 catenation operator; connection operator
连接榫 joint tongue
连接索具 butt rigging
连接台 junction board
连接套 coupling; washer bushing
连接套箍 union clip
连接套管 adapter sleeve; connecting duct; connection sleeve; coupling sleeve; coupling union sleeve; union coupling sleeve; splicing sleeve
连接套管的复合体 sleeve compound
连接套筒 adapter sleeve; branch sleeve; collar; connector sleeve; coupling sleeve; jointing sleeve; joint slack; shift sleeve; splicing sleeve; connecting sleeve; connection sleeve
连接套筒螺栓 connecting sleeve bolt
连接套销 connecting sleeve pin
连接体 bonding matrix; connecting piece; connector; connector body; interface; union body
连接体系 bonding system
连接条 connecting strap; connecting strip; connection strap
连接条件 junction condition; tie condition
连接铁件 binding of metal; joining iron; jointer
连接通道 conjunctive path; connecting gangway; connecting passage; connection canal; interface channel
连接筒 connecting cylinder
连接头 articulation joint; connector; coupling; coupling head; junction block
连接凸缘 connecting flange
连接图 connected graph; connection graph; cording diagram; diagram of connection
连接弯管 connecting elbow; connector bend; helically grilled tube
连接弯头 connector bend
连接尾管 union tail
连接位 link bit
连接位指示器 link bit indicator
连接文件 linked file; threaded file
连接纹 spread groove
连接稳固性 fixity at the connection
连接屋顶表面的角形瓦 bonnet hip
连接物 connector; junctional complex; fastening

L

连接系 bracing
连接系船浮筒与浮筒底链的小链 mooring pendant
连接系统 connected system
连接细部 connecting detail; connection detail
连接狭条 bride
连接纤丝 desmose
连接线补偿 lead wire compensation
连接线段 stub line
连接线夹 cable lug; connecting clamp; connection clamp
连接线(路) connecting path; linking route; tie line; adherent wire; conjugation line; connecting circuit; connecting wire; connection line; connector wire; feed-through; line of connection; link road; lunk; tie circuit; tie conductor; link line
连接线圈 adjacent coil
连接线性表 linked linear list
连接相关 join dependency
连接箱 connecting box; connection box; fishing box; gear box; gear case
连接向量器 interface vector
连接项目 continuous item
连接销 anchor pin; connecting pin; connecting tag; connection pin; coupling pin; dutchman; hinge pin; hitch pin; joint pin; link pin; plug connection; tie cotter
连接销处离地高度 height to hinge pin
连接销的弹簧卡 pin clip
连接销钉 connecting pin
连接楔 tie cotter
连接斜杆 bracing diagonal
连接卸扣 connecting shackle; joiner shackle; jointing shackle
连接心轴 coupling spindle
连接信息 linkage information
连接形式 type of attachment
连接性 connectivity
连接样条 connected spline; jointed spline
连接依赖 join dependency
连接仪表的接头 joint for attaching instrument connection
连接溢出 link overflow
连接翼板 coupling flange; link span
连接翼缘 connection flange
连接因素 compendency
连接引线 connecting gangway
连接映像 bind image
连接映像表 bind image table
连接鱼尾板 cranked splice bar
连接域 link field
连接员 coupler
连接约定 linkage convention
连接运河 connecting canal; connection canal
连接运算 concatenation operation
连接在千斤索拉端的三角眼铁 topping lift bail
连接站 connecting station; docking station
连接支管 connecting branch; branch connection
连接支柱 connecting strut
连接值 link value
连接指令 bind command; bridging order; linkage instruction; link order
连接指示器 joining indicator; joining pointer
连接制动缸杠杆的主制动拉杆 main brake pull-rod attached to the cylinder lever
连接中断 linkage interrupt
连接中断线 tie trunk
连接终点 connection endpoint; connection terminal
连接轴 connection shaft; coupling axle; coupling shaft; pitman shaft
连接轴的平衡 spindle balance
连接轴支架 spindle carrier bar
连接柱 binding post; frenulum; joint pin
连接柱脚 abut
连接装配程序 linking loader
连接装配更新区 link pack update area
连接装配区 link pack area
连接装配区队列 link pack area queue
连接装置 adapter; adapting device; connecting arrangement; coupling arrangement; coupling device; coupling gear; coupling unit; hitch bar; hitch cutter; hitch device; hookup mechanism; interface; jockey; linkage unit
连接装置主架 hitch frame
连接锥 coupling cone
连接字段 link field
连接自动化 linking autom(tiza)ation
连接自动机 linking automa(tiza)tion machine
连接(走)廊 connecting[connection] corridor
连接组 link group
连接组织 linked organization
连接钻杆 jointed rod
连接钻孔 joint drilling
连茎棕榈叶 palm branch
连晶 crystal stock; intergrowth
连井对比 correlation of linking wells
连井三维偏移剖面 three-dimensional migration profile of linking well
连锯器 saw jointer
连孔连接 jogged joint
连裤救生圈 breeches buoy
连裤内衣 combinations
连跨 continuous span
连框桁架 Vierendeel truss
连廊列车 <各车厢相通的> vestibule train
连廊式公寓 gallery apartment house
连廊式客车 vestibule type coach
连廊、通廊 <火车车厢末端的> vestibule
连力图 <对作用于同一平面内的力,求其合力的图解> line polygon
连梁柱 post-and-lintel
连流式内燃机 continuous flow internal combustion engines
连硫酸 thionic acid
连陆沙洲 connecting bar
连络道路 connecting road
连络阀 communication valve
连络坑道 <隧道的> connecting gallery
连络馈线 interconnecting feeder
连络线 connecting track; tie conductor
连码 joined mark
连绵大雨 heavy pelting rain
连绵的 undivided
连绵山脉 cordillera
连绵雨 excessive rainfall; steady rain
连绵雨期 rain spell
连名签署 countersign
连模 gang mo(u)ld
连尼氏船坞 sectional pontoon dock
连年 consecutive years; successive years
连年保续作业 deterioration indicator
连年的 current annual
连年丰收 bumper harvests for years running
连年商品 annual stumpage return
连年生长量 current annual increment
连排污水 continuous waste
连皮直径 diameter over bark
连片护岸 blanket revetment
连片式房屋 ribbon building
连片式码头 solid deck pier
连片销 connection plate bolt
连片用地【建】 grouped site
连桥 connecting bridge
连穹坝 multiple dome dam
连渠 junction canal
连三角的楼梯斜梁 cut stringer
连三硫酸 trithionic acid
连三硫酸铵 ammonium trithionate
连三硫酸盐 trithionate
连三硫酮 ketotrithion
连晒机 multiduplicating machine; printing-down machine; step-and-repeat
连衫裤工作服 boiler suit
连上四个碳原子的 quaternary
连身齿轮 cluster gear; nest
连生胶结物结构 intergrowth cement texture
连生节 intergrown knot; live knot
连生晶体 intergrow crystal
连生颗粒 interlocking particle
连生树节 intergrown knot
连生体 intergrowth
连生纤维 fiber in combination
连生组分的解离 liberation of intergrown constituents
连湿称法 wet basis
连湿计算 wet basis
连收区 sink block
连署 countersign
连水陆路 <两条水路之间的> portage
连四硫酸钾 potassium tetrathionate
连四硫酸钠 sodium tetrathionate
连四硫酸盐 tetrathionate
连锁 catena [复 catenae/catenas]; chain; concatenate; concatenation; continuity; interlocks; linkage; link in the chain
连锁保护(装置) interlock protection
连锁比 chain ratio
连锁比例 chain relative
连锁仓库 joint-locked warehouse
连锁触点组合 interlock contact assembly
连锁定律 linkage law
连锁法 chain rule
连锁反射 chain reflex; chain repercussion
连锁反应 chain reaction; circular reaction; circular response
连锁反应堆 chain-reacting pile
连锁反应事故 chain-accident
连锁分枝 chain branching
连锁风险 chain risk
连锁缝 interlocking joint
连锁故障 secondary incident
连锁过程 chain process
连锁合同 chain contract
连锁和变换规律 law of linkage and exchange
连锁基金 tying fund
连锁记录 chained record
连锁继电器 chain relay; interlocking relay; stick relay
连锁件 locking material
连锁键 burst key
连锁交易 junction; linked deal
连锁接触 interlocking contact
连锁接合 interlocking joint
连锁接头 interlocking joint
连锁开始 chain initiation
连锁控制 interrelated control
连锁力 interlock force
连锁螺线【数】 lituus
连锁平均数 chain average
连锁平瓦 flat interlocking(clay) tile
连锁破产 chain-reaction bankruptcy
连锁契约 tying contract
连锁曲面 desmic surface
连锁群 linkage group
连锁山脉 kettung
连锁商店 chain store; multiple shop
连锁市场 market chains
连锁式屋面槽瓦 long stringed gutter tile
连锁事故 accident-chain
连锁数据 interlocking data
连锁体 hormogonium
连锁图 linkage map
连锁网(络) chain network; network of chains
连锁屋瓦 Ludlow
连锁线 tie line
连锁效应 chain effect
连锁性迁移 chain migration
连锁银行 chain banking
连锁影响 chain repercussion
连锁圆管 round interlocking pipe
连锁运作体系 chain operation system
连锁折扣 chain discount
连锁值 linkage value
连锁指数 chain index; chain index number
连锁制 chain system; linkage system; linking system
连锁装配 interlock assembly
连锁装置 interlock assembly; linkage system; release locking device; sequential interlocking
连锁(作业)表 locking sheet
连锁作用 chain effect
连体节 live knot
连跳电缆 transfer trip cable
连跳电缆接头 transfer trip cable splice
连通 connectitvity; cross connection; intercommunication; interconnect
连通槽 <沟道窨井底部> flowing-through channel
连通道 connecting; connecting duct; drift; thirl(ing)
连通的连接片 link
连通的有向图 connected directed graph
连通度 connectivity
连通度对 connectivity pair
连通房间 communicating rooms
连通分量 connected component
连通分支 connected component
连通缝隙 <岩石、熔岩等的> communicating interstice
连通符 connector
连通沟槽 connecting duct
连通管 closed tube; communicating pipe; communicating tube; connecting pipe; connector; cross-over pipe; cross under pipe; interconnecting pipe; interconnector; snorkel
连通函数 connecting function
连通集 connected set
连通件 connectedness
连通结构 interconnected structure
连通井 combination well
连通矩阵 connection matrix
连通开关 coupling cock
连通空隙 <颗粒材料的> communicating interstice; communicating voids
连通孔 intercommunicating pore; interconnected pore; interlocking pore
连通孔隙率 connected porosity
连通毛细孔 continuous capillary
连通气孔 intercommunicating pore
连通气孔率 connected porosity
连通器 communicating vessel; connecting vessel; connector
连通器定律 law of connected vessels

连通器平衡定律 law of equilibrium in connected vessels
连通区域 connected region
连通曲面 connected surface
连通式蓄热室 continuous regenerator;united regenerator
连通试验 connecting test;tracer test(ing)
连通试验方法 method of conduit tracing test
连通数 Betti number; connectivity number
连通铁路 bridge line
连通图 connected graph
连通系统 connected system
连通行集合分配 connected row set assignment
连通性 connectedness;connectivity
连通性对 connectivity pair
连通性偶 connectivity pair
连通域 connected domain
连通支 connected component
连通状态 connected state
连同佣金 cum commission
连同杂费 all-around
连挖带运的 cut-and-carry
连网 networking
连系 connect;fastening
连系板 tie plate
连系杆 brace rod
连系杆件 tie element
连系钢箍 tie hoop
连系钢筋 connecting bar;linkage bar
连系管 communicating pipe;connecting pipe;connecting tube
连系角 angle of attachment
连系角铁 fastening angle
连系筋 binder
连系梁 binding beam;connecting beam;coupling beam;joining beam;linkage beam;linking beam;tie beam;footing beam <屋盖的>
连系母线 tie bus
连系系统 coupled system
连系柱 tied column
连线 binding wire;connecting line;interline;joint line;tie line;tie wire;apex mo(u)ld <拱冠剖面的>
连线表 wire list
连线端末机 on-line terminal
连线多边形 line polygon
连线干涉仪 connected-element interferometer
连线交通量 link-flow
连线链式结构 <用计算机编组列车运行图采用的> link chain structure
连线列车时刻表 <用计算机编制的> linked train timetable
连线上的电流断路器 tie breaker
连线时间【交】 link time
连线水力测量 in-line hydraulic measurement
连线图 connection diagram;diagram of connection
连线装置 cord set
连线最佳化 on-line optimization
连香树 katsura tree
连箱船闸 flight of locks
连心线 line of centers[centeres]
连续 continuance;continuation;continue;run-on;succession
连续 24 小时的 around-the-clock
连续 24 小时晴天工作日 weather working consecutive hours
连续 T 形刚构桥 continuous T-frame bridge
连续 T 形结构桥 continuous T-frame bridge
连续 X 线照相器 serialograph
连续 X 线照相术 serialography
连续 X 线照相装置 serialograph;serial radiographic apparatus
连续白噪声 continuous white noise
连续搬道机 continuous track shifter
连续板 continuous plate;continuous slab
连续板面板 continuous slab deck
连续板条 continuous strip
连续板条窗 continuous strip window
连续板条式水管 continuous stave pipe
连续半管壳机 continuous half-pipe section machine
连续拌和 continuous type
连续拌和厂 continuous mixing plant;continuous mix plant
连续拌和法 continuous mixing(method)
连续拌和机 continuous mixer;mixer of continuous method
连续拌和设备 continuous mix plant
连续保证书 continuing guaranty
连续暴雨 continuous storm
连续暴雨水污染模拟系统 continuous stormwater pollution simulation system
连续爆破 consecutive firing;continuous demolition;series firing;series shots;successive demolition
连续爆破工 sequential shot-firer
连续爆炸 continuous blast
连续曝光 continuous exposure
连续曝气 continuous aeration
连续背景 continuous background
连续崩落 progressive caving
连续泵 in-line pump
连续泵送 continuous pumping;uninterrupted pumping
连续泵送试验 continuous pumping test
连续比较指数 sequential comparison index
连续壁 underground wall
连续编辑程序 allocator;linkage editor
连续编码 continuous programming code;sequential coding;serial coding
连续变化 continuous variation
连续变换 continuous transformation
连续变量 continuous variable
连续变量的概率分布 probability distribution of a continuous variable
连续变量规划 continuous variable programming
连续变数 continuous variable
连续变速 continuous change;stepless change
连续变速传动 continuously drive transmission;continuously variable transmission
连续变推力控制 continuously variable thrust control
连续变形 continuous deformation
连续变形幕 successive phase of deformation
连续变异 continuous variation
连续标记 continued labelling
连续表格 continuous form
连续表格撕分 continuous form burst
连续表格撕开 continuous form burst
连续冰盾 continuous ice sheet
连续波 continuous wave;persistent wave;type A wave;unbroken wave
连续波调幅激光测距 amplitude modulation continuous wave laser ranging
连续波调频激光测距 frequency modulation-continuous wave laser ranging
连续波调制 continuous wave modulation;modulation of continuous wave modulation
连续波副载波调频激光测距 subcarrier frequency modulation continuous wave laser ranging
连续波干扰 continuous wave interference
连续波干扰器 continuous wave jammer;rail-fence jammer
连续波跟踪系统 continuous wave tracking system
连续波光学测距系统 continuous wave optic(al) ranging system
连续波激光器 continuous wave laser
连续波激光作用 continuous wave laser action
连续波雷达 continuous wave radar
连续波射光器 continuous wave laser
连续波速记录 continuous velocity log(ging)
连续波信号 continuous-waves signal
连续波振荡管 continuous wave tube
连续波振荡器 continuous wave oscillator
连续玻璃表面 continuous glass surface
连续玻璃丝 continuous glass filament
连续玻璃纤维 continuous glass fiber[fibre]
连续玻璃纤原丝毡 continuous filament mat
连续薄板电镀锌法 sherrite process
连续薄壳 continuous shell
连续补充充电 trickle charge;trickle charging
连续补充充电电流 trickle charging current
连续不等粒结构 seriate texture
连续不断的 unbroken
连续布置的多级船闸 lock flights in continuous arrangement
连续步序法 continuous process method
连续采光 continuous lighting
连续采集 consecutive collection
连续采掘机 continuous miner
连续采煤法 continuous mining
连续采煤机 continuous miner
连续采暖 continuous heating
连续采取岩芯 continuous coring recovery
连续采样 continuous sampling;serial sampling
连续采样法 continuous sampling method
连续采样监测器 continuous sampler monitor
连续采样器 continuous sampler
连续参数 continuous parameter
连续参数过程 continuous parameter process
连续参数马尔可夫链 continuous parameter Markov chain
连续参数时间序列 continuous parameter time series
连续舱壁 continuous bulkhead
连续操作 consecutive operation;continued operation;continuous operation;continuous running;handling operation;non-stop operation;progressive operation;succeeding operation
连续操作法 continuous control
连续操作分馏塔 continuous fractionation column
连续操作过程 continuous operational process
连续操作计算机 consecutive-sequence computer
连续操作时间 life time;power lifetime
连续操作系统 continuous operation system
连续操作装置 continuous plant
连续测量 continuous measurement;non-stop surveying
连续测量控制系统 continuously measuring control system
连续测量摄影机 serial photogrammetric camera
连续测量湿度计 continuous measuring hygrometer
连续测时法 continuous timing
连续测天 round-off sight
连续测图 continuous mapping
连续测压水头记录 continuous piezometric logging
连续测站 serial station
连续层 pantostrata;successive layers
连续层压法 continuous laminating
连续层制 continuous laminating
连续缠绕制管机 continuous winding machine for pipe
连续产出 continuous output
连续铲挖 successive cut
连续常年冻土层 continuous permafrost
连续超快闪光 continuous ultraquick light
连续车流 continuous flow;uninterrupted flow
连续沉淀 continuous precipitation
连续沉淀法 successive sedimentation
连续沉淀物 continuous sludge
连续沉降 continuously setting
连续沉降量 continuous settlement
连续沉箱 wall caisson
连续称量 continuous weighing
连续称量机 continuous weighing machine
连续称重 continuous weighing
连续称重器 continuous weigher
连续成本 continuing cost;running cost
连续成本函数 continuous cost function
连续成像 continuous imagery
连续成型 progressive forming
连续成型工艺 continuous process
连续成型纸 continuous forms
连续乘积 continued product
连续程序 continuous program(me)
连续程序工业 continuous process industry
连续澄清装置 continuous clarifier
连续齿人字齿轮 continuous tooth double-helical gear
连续充电 continuous charge
连续充气 continuous charge
连续冲床 multiple-die press
连续冲击试验 bump test;continuous impact test
连续冲模 follow-on die;progressive die;progressive press tool
连续冲洗 continuous flush
连续冲洗法 continuous irrigation
连续冲洗机 continuous processing machine
连续冲压压力机 progressive-die press
连续重复 tandem duplication
连续抽气通风单元 continuous extract ventilation unit
连续抽气通风设备 continuous extract ventilation unit
连续抽样 chain sampling
连续抽样法 successive sampling method
连续抽样方案 continuous sampling plan
连续出量 continuous output
连续出料 continuous discharge
连续出铁 continuous tapping

连续出铁槽 continuous tapping spout; front slagging spout
连续出铁冲天炉 continuous flow cupola
连续出行 linked trip
连续出渣冲天炉 continuous slagging cupola
连续除灰 continuous dust dislodging; continuous dust removal
连续除泥 continuous sludge removal
连续除盐器 continuous demineralizer
连续除渣层燃炉 continuous discharge stoker
连续处加强套管 pumpkin
连续处理 consecutive processing; continuous processing; continuous treatment; sequential processing
连续触发记录 continuous triggered recording
连续传动带称量 continuous belt weighing
连续传动试验 continuous driving test
连续传感和测量控制系统 continuously sensing and measuring control system
连续传感控制系统 continuously sensing control system
连续传输 serial transmission
连续传送器 continuous conveyer [conveyor]
连续传真发送机 continuous transmitter
连续窗 continuous lights
连续窗开关器 multiple-window operator
连续窗框 continuous sash
连续窗下墙 continuous breasts
连续创新 continuous innovation
连续吹炼法 continuous converting method
连续吹炼转炉 continuous converter
连续吹气氧化 continuous air blowing
连续垂直摄影机 vertical strip camera
连续纯水提取装置 continuous demineralizing plant
连续磁粉探伤法 continuous field method; continuous magnetic flux test method
连续磁化法 continuous magnetization method
连续次序 continuation order
连续存储 connected storage; consecutive storage
连续打插板护顶 driving and timbering
连续打击 batter
连续打印纸 continuous forms; continuous stationery
连续大梁 running girder; continuous girder
连续大气监测计划 continuous atmosphere monitoring program(me)
连续带绕铁芯 cut-wound core
连续带式转鼓真空过滤机 continuous belt drum filter
连续带饰 continuous ribbon
连续带状皆伐式渐伐作业法 progressive clear strip system
连续贷款协议 continuing loan agreement
连续单变量分布 continuous univariate distribution
连续单调增量函数 continuous monotonic increasing function
连续单航次租船合同 consecutive single trip charter party
连续单性点支承梁 beam on discrete elastic supports; beam on multiple elastic supports
连续单音控制静噪制 continuous tone controlled squelch system
连续单音制 continuous tone system
连续弹性体 solid elastic body
连续弹性支承体系 continuous elastic supporting system
连续弹性支座 continuous elastic support
连续挡板 continuous apron
连续导线器 duration selector
连续导向 continuous guidance
连续导向器 continuous pilot
连续倒位 tandem inversion
连续捣拌机 continuous flow pug-mill mixer
连续的 consecutive; continual; continuous; sequential; serial; stepless; successive; uninterrupted
连续的车辆磨损 continuous traffic wear
连续的窗下墙 continuous window spandrels
连续的干燥天气 dry spell
连续的两次故障 adjacent consecutive failure
连续的楼梯梁 continuous string(er)
连续的项目 continuing project
连续的圆柱体薄壳 continuous cylindric(al) shell
连续的状态 continuum of states
连续登记 continuous registration
连续堤坝 series of dams
连续滴定 continuous titration
连续滴定仪 continuous titrator
连续底脚 continuous footing; strap footing; strip flooring
连续底座 continuous footing
连续地板 continuous floor
连续地图 continuous map
连续地下挖掘 successive undermining
连续地震 consecutive earthquake; consecutive shock
连续地震带 continuous seismic zone
连续地震反射剖面 continuous seismic reflection profiling
连续地震剖面法 continuous seismic profiling
连续地震剖面图 continuous seismic profiling
连续地震剖面仪 continuous seismic profiler
连续地震效应 effect of successive earthquake
连续第三车行道 continuous third traffic lane
连续点 continuous point; sequential point; stream point; successive point
连续点焊 series spot welding; stitch welding
连续点焊焊接 stitch bonding
连续点火 series firing
连续点污染源 continuous point pollution source
连续电极 continuous electrode
连续电解氯化 continuous electrolytic chlorination
连续电流 constant current; continuous current
连续电码式列车自动控制 continuous code automatic train control
连续调分色机 continuous scanner
连续调速系统 continued type speed control system
连续调谐 continuous tuning
连续调整 process control; stepless control
连续调整传递 continuously regulated transmission
连续调整发送 continuously regulated transmission
连续调制 modulation of continuous wave
连续跌水 cascade drop
连续迭代【数】subsequent iteration
连续丁砖(砌合) continuous header; long header
连续顶棚 continuous ceiling
连续顶推千斤顶 continuous push jack
连续定向 continuous co-orientation; subsequent orientation; successive (co-) orientation
连续动力过滤器 continuous dynamic(al) filter
连续动力浓缩池 continuous dynamic(al) thickener
连续动态系统 continuous dynamic(al) system
连续动作 consecutive action; stepless action
连续动作控制器 continuous action controller
连续动作式计算机 linkage computer
连续斗链 close-connected bucket chain
连续斗链挖泥船 close-connected bucket dredge(r)
连续斗式提升机 continuous bucket elevator
连续斗式挖掘机 continuous bucket excavator
连续斗式装雪车 snow loader with continuous buckets
连续陡坡 continuous heavy grade; continuous heavy gradient; continuous steep grade; continuous steep gradient
连续读出 consecutive readout; continuous readout; successive readout
连续读出比(率) read-around number; read-around ratio
连续读数 continuous reading; continuous readout; successive reading
连续读数式电滴定仪 continuous ready electro-titration apparatus
连续读数折射计 continuous reading refractometer
连续度 continuity
连续镀锌 continuous zinc coating
连续堆料 continuous depositing
连续堆料法 continuous stacking method
连续对比 successive contrast
连续对策 continuous game
连续对流操作 continuous countercurrent operation
连续对应 continuous correspondence
连续多层铺沥青和油毡 continuous membranes
连续多级结晶器 continuous multistage crystallizer
连续多级漂白法 continuous multistage bleaching
连续多年冻土带 continuous permafrost zone
连续多年冻土区 continuous permafrost zone
连续多厢式直升载客设备 paternoster
连续额定负荷 continuous rating
连续额定功率 continuous horsepower rating
连续额定容量 continuous rated capacity
连续额定运行电动机 continuously rated motor
连续额定值 continuous rated capacity
连续发出 blaze away
连续发电 continuous power
连续发射 continuous emission; successive emission
连续发射光谱 continuous emission spectrum
连续发生 succession
连续发行的债券 bonds in series
连续筏基础 continuous raft
连续法 continuity method; continuous method; continuous mode; continuous process; continuum approach
连续反馈 series feedback
连续反馈抑制 successive feedback repression
连续反应 consecutive reaction; continuous reaction
连续反应过程 tandem reaction sequence
连续反应系(列) continuous reaction series
连续泛函 continuous functional
连续范围 continuous range
连续方程式 continuity equation; continuous equation; equation of continuities
连续方法 continuation method
连续方式 continuous mode; stream mode
连续方位角法 <导线测量> continuous azimuth method
连续仿真 continuous simulation
连续访问 connected reference
连续放大范围 <光学仪器> continuous magnification range
连续放电 continuous discharge
连续放牧 continuous grazing; continuous stocking
连续放水灌溉 continuity flow irrigation
连续沸腾床 continuous fluidized bed
连续分布 continuous distribution
连续分布函数 continuous distribution function
连续分布曲线 continuous distribution curve
连续分布帷幕作用 <对扇形斜拉桥作动力分析时将拉索对主梁的作用力假定为连续分布的帷幕力作用> distributed curtain action
连续分度法 continuous indexing
连续分级 series classification
连续分配 serial distribution
连续分数法 continued-fraction method
连续分析 continuous analysis; onstream analysis
连续分析器 continuous analyser[analyzer]
连续分析系统 continuous analyzing system
连续分析仪 continuous analyser[analyzer]
连续分选作业线 continuous assorting line
连续粉磨 constant flow grinding; continuous grinding
连续粉磨机 continuous pulverizer
连续粉末取样 continuous powder sample
连续风量计 debitgraph
连续缝 interlocking joint
连续缝隙 <岩石、熔岩等的> continuous interstice
连续扶手 continuous handrail
连续服务 continuous service
连续浮选 stage flo(a)tation
连续浮游生物自记仪 continuous plankton recorder
连续辐射散射 continuous radiation scattering
连续负荷 continuous duty; continuous load
连续负荷试验 green test; long duration test; long-term test
连续负载 continuous duty; continuous

load
连续负载额定值 continuous duty rating
连续复利 continuous compounding; continuous compound interest
连续复利计算 continuous compounding
连续傅立叶变换 continuous Fourier transform
连续干旱(无雨)<一般为 14 天> dry spell
连续干燥窑 progressive dry kiln
连续干燥装置 continuous drier installation
连续杆 continuity rod; junction arm
连续感 sense of continuity
连续感受控制系统 continuously sensing control system
连续感应滚焊 progressive induction seam welding
连续感应式机车自动信号 continuous inductive type of automatic cab signals
连续感应式列车自动停车系统 continuous inductive train stop system
连续感应式列车自动停车制 continuous inductive train stop system
连续刚构桥 continuous rigid frame bridge
连续刚架 continuous rigid frame
连续刚架桥 continuous rigid frame bridge
连续刚性(构)架 continuous rigid frame
连续钢板桩 continuous steel sheet piling
连续钢箍 continuity stirrup
连续钢轨辙岔 continuous rail frog
连续钢桁架 continuous steel truss
连续钢桁架桥 continuous steel truss bridge
连续钢筋 continuity reinforcement (bar); continuously reinforcement (bar); continuity bar; continuous bar
连续钢筋混凝土 continuously reinforced concrete
连续钢筋混凝土板 continuously reinforced slab; continuous reinforced slab
连续钢筋混凝土车行道 continuously reinforced concrete carriageway
连续钢筋配筋 continuous bar reinforcement; continuous rod reinforcement
连续高架桥 continuous viaduct
连续镐钻机 continuous wall drill
连续(格式)卡(片) continuous form card
连续格式纸 continuous forms; continuous forms paper
连续格式纸堆积箱 continuous forms stacker
连续格式纸连接 continuous forms attachment
连续隔声吊顶 continuous acoustic (al) ceiling
连续给料焚烧炉 continuous-feed incinerator
连续给煤层燃炉 compensating feed stoker
连续给纸装置 continuous feeder
连续工况 continuous duty
连续工作 continuous duty; continuous going; continuous operation; continuous service; continuous work(ing); non-stop run; trouble-free operation
连续工作的电磁铁 continuous duty electromagnet
连续工作额定值 continuous rating
连续工作方式 continuously running duty
连续工作可靠性 day-in and day-out dependability
连续工作两班 throw a double
连续工作日 running working days
连续工作时间 stream time; continuous time
连续工作时数 continuous hours; hours on stream; stream hours
连续工作式钻床 continuous drilling machine
连续工作式钻机 continuous drilling machine
连续工作寿命试验 succession operation life test
连续工作制度 continuous duty; continuously running duty
连续功率 continuous rating; continuous rating power
连续功率谱 continuous power spectrum
连续功率驱动 live-power drive
连续功能 continuous function
连续供电 uninterruptible power supply
连续供暖 continuous heating
连续供氧设备 constant flow oxygen equipment
连续供应 stream handling; without interruption
连续拱 continuous arch
连续拱墩 continuous impost
连续拱基 continuous impost
连续拱肩 continuous spandrel
连续拱肩墙 continuous spandrel walls
连续拱脚垫块 continuous impost
连续拱桥 continuous arch bridge
连续拱座 continuous impost
连续沟槽挖掘机 continuous trenching machine
连续构架 continuous frame; multiple span frame
连续构件 continuum element
连续构造作用 successive tectonism
连续箍筋 continuity stirrup
连续鼓风 continuous blast
连续固定底座 continuous fixed base
连续固定阅读器 continuous stationary reader
连续固溶体系列 continuous solid-solution series
连续固熔体 continuous solid solution
连续固体 continuous solid
连续固体浓度 continuous solid concentration
连续观测 continuous observation; series of observations
连续观测的年数 years of successive observation
连续观测系统 spread for continuous profiling
连续管 continuous pipe
连续管式吹塑法 continuous tube process
连续管线 continuous length; continuous line
连续贯入触探机 continuous penetrating sounding machine
连续灌溉 continuous irrigation
连续灌浆机 continuous mo(u)ld-pouring machine
连续灌注试验 continuous perfusion test
连续灌筑混凝土 continuous concreting
连续光电阴极 continuous photocathode
连续光亮退火炉 continuous bright-annealing furnace
连续光谱 continuous spectrum; continuum[复 continua]
连续光谱灯 continuum spectrum lamp
连续光谱辐射 continuous spectrum radiation
连续光楔 continuous solid; continuous wedge
连续光照 continuous illumination
连续规划过程 continuing planning process
连续硅太阳电池 continuous silicon solar cell
连续轨 running rail
连续轨迹控制式机器人 continuous path controlled robot
连续辊底式炉 continuous roller-hearth furnace
连续过程 continuous process; round-the-clock process
连续过程模拟 analog(ue) simulation
连续过程生产 continuous process production
连续过梁 continuous header
连续过滤 continuous filtration; series filtration
连续过滤器 continuous filter
连续海浪 green sea
连续函数 continuous function; continuous transformation
连续焊缝 continuous weld; continuous welding joint; continuous welding seam
连续焊(接) continuous weld; continuous welding; sequential welding
连续焊接(钢)轨 continuous welded rail
连续焊接轨(道) continuous welded rail
连续航测摄影 continuous air survey camera
连续航测摄影机 serial air survey camera
连续航程 consecutive voyages
连续航次 consecutive voyages
连续航次租船 consecutive voyage charter
连续航带晒印机 continuous strip printer
连续航带摄影 continuous strip photography
连续航带印像机 continuous strip printer
连续航空测绘(照)相机 serial air survey camera
连续航空摄影机 serial aerial camera
连续航空像片 consecutive photograph
连续航空照片 consecutive photograph; continuous photograph
连续航片 continuous strip
连续航摄底片 consecutive negative
连续航线 continuous strip
连续航线摄影测量 serial air photographic survey; serial air survey
连续航线摄影机 Sonne-camera
连续号 consecutive numbers
连续合同 continuing contract
连续合页 continuous hinge; piano hinge
连续河岸 continuous strand
连续核磁共振谱仪 continuous wave nuclear magnetic resonance spectrometer
连续荷载 continuous load
连续荷载状态 continuous load condition
连续桁架 continuous truss
连续桁架桥 continuous truss bridge
连续桁架式大梁 continuous trussed girder
连续烘干机 continuous drier[dryer]
连续烘干炉 continuous drying stove
连续烘芯炉 continuous core oven
连续虹吸(排水法) continuous siphon
连续呼叫 flash-recall; sequence calling; serial call
连续弧 continuous arc
连续护面系统 continuous faced system
连续护墙 continuous apron
连续护舷构架 continuous fender frame
连续戽斗链系统 continuous line bucket system
连续花饰 continuous ornament; running mo(u)ld; running ornament
连续花纹 all-over design
连续滑动 progressive slide; successive slip
连续滑溜 continuous skid
连续化 serialization
连续化学分析 continuous chemical analysis
连续还原器 continuous reactor
连续环 continuous loop
连续环流 through-circulation; unending circulation
连续环形放电 continuous ring discharge
连续换向失败 consequential commutation failure
连续回充水 continuously recharge
连续回灌 continuous recharge
连续回声测深法 continuous echo sounding
连续回授 series feedback
连续回纹(装)饰 running fret
连续回转澄清池 continuous rotary clarifier
连续回转过滤机 continuous rotary filter
连续回转净化器 continuous rotary clarifier
连续混合 continuous mixing
连续混合机 continuous mixer
连续混合梁 continuous composite girder
连续混炼机 continuous mixer
连续混料器 continuous mixer
连续混凝土墙 <不设伸缩缝的> continuous concrete wall
连续混砂机 continuous muller; flow mixer
连续机 continuous machine
连续机械重力脱水 continuously mechanical gravity dewatering
连续积分法 successive integration method
连续积雪层 continuous snow cover (age)
连续基础 continuous footing; continuous foundation
连续基脚 continuous footing
连续激发 continued excitation
连续激发源 continuous exciting source
连续及原状的岩芯 continuous and undisturbed core sample
连续级配 continuous gradation; continuous grading
连续级配的 continuously graded
连续级配骨料 continuously graded aggregate; continuously grading aggregate
连续级配混凝土 continuously graded concrete
连续级配集料 continuously graded aggregate
连续级数 continuous series
连续级数码 continuous progression

code
连续几何 continuous geometry
连续挤出机 continuous extrusion machine
连续挤压 continuous extrusion
连续挤压法 continuous extrusion process
连续计量给料机 continuous weighing feeder
连续计量给料器 continuous weighing feeder
连续计量喂料器 continuous weighing feeder
连续计数测站 continuous count station
连续记录 continuous record(ing)
连续记录的传感器 continuously recording sensor
连续记录电子测压计 continuous recording electronic manometer
连续记录黏[粘]度计 viscorator
连续记录器 continuous recorder;incremental recorder
连续记录示波器照相机 continuous recording oscilloscope camera
连续记录仪 continuous recorder
连续加感 continuous loading;krarupization
连续加感电缆 continuously loaded cable;Krarup cable
连续加工 successive procession
连续加工配料机 continuous compounder;continuous processor
连续加固的 continuously reinforced
连续加荷固结试验 continual loading consolidation test;continuous loading consolidation test
连续加荷固结仪 continuously loaded oedometer
连续加荷试验 continuous loading test
连续加劲悬桥 continuous stiffened suspension bridge
连续加料 chain feed(ing);continuous charge;continuous feed
连续加料器 chain feeder
连续加氯机 continuous acting chlorinator
连续加热 continuous heating
连续加热感应淬火 progressive induction hardening
连续加热炉 continuous furnace
连续加热时效 progressive ag(e)ing
连续加压过滤器 continuous pressure filter
连续加压试验 linkage voltage test
连续加油法 continuous oiling
连续架 continuous frame
连续间隙<颗粒材料的> continuous interstice
连续监测 continuous monitoring
连续监测记录仪 continuous monitor
连续监控 continuous monitoring
连续监控技术 continuous monitoring technique
连续监视 constant surveillance;continuous monitoring;continuous surveillance
连续监听 continuous monitoring
连续监听值班 listen continuously
连续减速近似法 continuous slowing-down approximation
连续检查 continuous review
连续检查许多参数的指示器 indicating scanner
连续检查制 continuous survey system
连续检验 continuous survey;conveyorized inspection
连续检验计划标记 approved continuous examination program(me) decal
连续降解 continuous degradation
连续降坡 consecutive descending grades;continuous descending grades
连续降水日数 days of continuous rainfall;days of steady rain
连续降水天数 days of continuous rainfall;days of steady rain
连续降雨 steady rain
连续降雨量 continuous rainfall
连续降雨日数 days of continuous rainfall;days of steady rain
连续降雨天数 days of continuous rainfall;days of steady rain
连续交通 continuous traffic
连续浇灌 continuous pour(ing)
连续浇灌混凝土 continuous concreting
连续浇注 continuous casting;continuous pour(ing)
连续浇注法 continuous casting process
连续浇注混凝土 continuous concreting
连续浇筑 continuous casting;continuous placing;continuous pour(ing)
连续浇筑法 continuous casting process
连续浇筑混凝土 continuous concreting
连续浇铸 continuous casting
连续浇铸机 continuous casting machine
连续胶合法 continuous gluing
连续胶片冲洗机 continuous film processor
连续焦化 continuous coking
连续焦化过程 continuous coking process
连续铰 continuous hinge;piano hinge
连续搅拌槽 continuous stirred tank
连续搅拌槽反应器 continuously stirred tank reactor
连续搅拌机 continuous pugmill;continuous pug mill mixer
连续搅拌式污水处理反应器 continuously stirred sewage treatment reactor
连续搅动 continuous agitation
连续校正法 continuous correction method;method of successive corrections
连续阶地 continuous terrace
连续接触焦化 continuous contact coking
连续接触器 continuous contactor
连续接触器系统 continuous contactor system
连续接缝 consecutive joint;continuous joint
连续接合传动 continuous drive
连续接近法 cut-and-try process
连续接收 continuous receive
连续接通计数器 continuous counter
连续接头 continuous joint
连续结点 moment connection
连续结构面 continuous discontinuity
连续结果变量 continuous outcome variable
连续结合道岔 bonded continuous turnout
连续截煤机 continuous coal cutter
连续截弯 wholesale cut-off
连续解 continuous solution
连续介质 continuous medium;continuum medium
连续介质法 continuum medium approach
连续介质理论 continuous medium theory;continuum medium theory
连续介质力学 continuum mechanics;continuum medium mechanics
连续筋<桥梁由简支变为连续梁时使用的预应力筋> continuity tendon
连续进给装置 continuous feeder
连续进料 continuous feed
连续进料焚化炉 continuous feed incinerator
连续进料量斗 continuous batcher
连续进水量 continuous inflow
连续浸渍复合料 continuously impregnated compound
连续经营 continuing appropriation
连续精炼法 continuous refining process
连续精馏 continuous rectification
连续井斜仪 poteclinometer
连续静压推入方式 continuous static thrust
连续聚合法 continuous polymerization
连续决策问题 sequential decision problem
连续绝缘 continuous insulation
连续掘进技术 continuous excavation technique
连续均化 continuous homogenization
连续卡环 continuous clasp
连续卡片 cards
连续开采 continuous ming
连续开采工艺 continuous ming technology
连续开工期限 on-stream period;on-stream time
连续开工日 stream day
连续开工时间 stream time
连续开工时数 stream hours
连续开炉 continuous furnace run;continuous slagging spout
连续颗粒 successive grain
连续可变调整 continuously variable control
连续可变光衰减器 continuous variable optic(al) attenuator
连续可变斜率增量调制 continuous variable slope delta modulation
连续可调电感线圈 continuously adjustable inductor
连续可调电容器 continuously adjustable capacitor
连续可调延迟线 continuously variable delay line
连续可调自耦变压器 variac
连续可分过程 continuous decomposable process
连续可微分函数 continuously differentiable function
连续空间 continuous space;uninterrupted space
连续空心大梁 continuous box girder
连续空中喷灌 continuous overhead sprinkling
连续孔 continuous space;continuous span
连续孔径 fulled aperture
连续控制 sequential control;series control;stepless control;uninterrupted control
连续控制法 continuous control
连续控制服务单元 association control service element
连续控制系统 continuous control system;continuous operation system
连续控制制 continuous control system
连续跨(度) continuous span
连续块焊法 progressive block method;wandering block method
连续块焊工序 wandering block sequence
连续快闪光 continuous quick light
连续矿机 continuous miner
连续框格窗 continuous sash window
连续框架 continuous frame
连续框架窗 continuous frame window
连续框架钢结构 continuous frame steel structure
连续扩散 continuous diffusion
连续垃圾掩埋机 continuous refuse-burial machine
连续拉窗 continuous sliding sash
连续拉杆 continuous draw bar
连续拉引法<平板玻璃> continuous (plate sheet) drawing process
连续拉制 continuous drawing
连续栏 continue column
连续缆道 continuous ropeway
连续老化 continuous ag(e)ing
连续雷电 continuous thunder and lightning
连续肋骨 continuous frame
连续累计流量计 continuously integrated flow meter
连续累加器 running accumulator
连续冷却 continuous cooling
连续冷却相变图 continuous cooling transformation diagram
连续冷却转变曲线 continuous cooling transformation curve
连续冷却转变图 continuous cooling transformation diagram
连续冷轧机 cold tandem mill
连续离心机 continuous centrifuge
连续沥青混合料拌和设备 continuous mixing plant
连续粒度组成 continuous gradation;continuous grading
连续装载机 continuous loader
连续链 continuous chain
连续梁 continuous beam;multispan beam;through beam
连续梁桥 continuous beam bridge;continuous girder bridge;cantilever girder bridge
连续列 continuation column;continue column
连续列车自动控制 continuous automatic train control
连续裂缝 continuous cracking
连续裂纹 continuous cracking
连续檩(条) continuous purlin(e)
连续溜放(调车) continuous thrower
连续溜放作业 continuous humping operation
连续流泵 continuous flow pump
连续流沉淀 continuous flow sedimentation
连续流沉淀池 continuing flow sedimentation tank
连续流程法 continuous flow method
连续流程设备 continuous flow plant
连续流(动) continued overflow;continuous flow;continuous stream(ing);flow in continuum;continuous current;smooth flow;streaming
连续流动常度序批间歇式反应器 continuous flow constant level sequencing batch reactor
连续流动超声波反应器 continuous flow ultrasonic reactor
连续流动短程硝化 continuous flow shortcut nitrification
连续流动法 continuous flow method
连续流动分析 continuous flow analysis
连续流动分析仪表 continuous flow analysis instrument
连续流动活体鉴定 continuous flow bioassay;flow-through bioassay
连续流动搅拌池式反应器 continuous flow stirred tank reactor

L

连续流动搅拌池式反应器串联模拟 continuous flow stirred tank reactors in series model
连续流动搅拌池式曝气池 continuous flow stirred tank aeration pond
连续流动扩散模型 continuous flow diffusion model
连续流动离心法 continuous flow centrifugation
连续流动量热法 method of continuous flow calorimetry
连续流(动)模型 continuous flow model
连续流动热焓测定法 continuous flow enthalpimetry
连续流动色谱法 continuous flow chromatography
连续流动升流式活性污泥法 continuous flow system activated sludge process
连续流动生物测定 continuous bioassay;flow-through bioassay
连续流动式干燥机 continuous flow drier[dryer]
连续流动试验 continuous flow test
连续流动输送机 continuous flow conveyer[conveyor];en-masse conveyer[conveyor]
连续流动系统 continuous flow system
连续流动序批间歇式反应器 continuous flow sequencing batch reactor
连续流动运输 continuous flow transport
连续流刮板输送机 flow conveyer [conveyor]
连续流灌溉 continuous flow irrigation
连续流化床 continuous fluidized bed
连续流搅拌池 continuous stirred tank
连续流搅拌池活性污泥处理法 activated-sludge process for continuous flow stirred tank
连续流取样器 continuous flow sampler
连续流入 continuous inflow
连续流式加热器 flow-type calorifier
连续流式热风炉 flow-type calorifier
连续流试验 continues flow test
连续流输送机 continuous flow conveyer
连续流水池 continues flow tank;continuous flow tank
连续流态 continuous flow condition
连续流体系 continuous flow system
连续流通运输 continuous flow transport
连续流系统 continues flow system
连续流浴盆 continuous flow bath
连续楼板 continuous floor slab
连续炉 continuous oven
连续滤层 continuous filter
连续路面 sheet pavement
连续路线系统 continuous path system
连续氯化 continuous chlorination
连续轮作地 cropland
连续罗经读数 boxing the compass
连续逻辑 continuous logic
连续螺纹 continuous thread
连续螺旋钻 continuous helical auger
连续螺旋钻进 fly auger drilling
连续码 continuation code
连续埋垃圾机 continuous refuse-burial machine
连续脉冲组 successive pulse groups
连续满面天线阵 continuous filled aperture array
连续满载运转 continuous full-load run
连续漫灌 continuous flooding
连续锚碇墙 continuous anchor wall
连续媒质 continuous medium
连续面层 continuous surface
连续灭菌 continuous sterilization
连续模 follow die;modulus of continuity;progressive die
连续模捣混凝土 rampant mo(u)ld concrete
连续模多工位模具布置 multistation die layout
连续模拟 continuous analog;continuous simulation
连续模型 continuous model
连续模压力机 progressive-die press
连续膜 continuous film
连续膜存储器 continuous film memory
连续膜滤 continuous membrane filtration
连续磨光 conveyor grinding and polishing
连续磨损 continuous wear
连续能谱 continuum energy spectrum
连续能区 energy continuum
连续逆流浸提 continuous countercurrent leaching
连续逆流离子交换 continuous countercurrent ion(ic)exchange
连续年金 continuous annuity
连续黏[粘]度测量法 continuous viscosimetry
连续农药模拟模型 continuous pesticide simulation model
连续浓度变更法 continuous density variation method;continuous variation method; equimolar series method
连续浓缩装置 continuous thickener
连续拍摄照片 serialograph
连续排出 continuously discharge
连续排出量 continuously flow
连续排队站 continuously queued station
连续排放污染源 pollution source with continuous discharge
连续排架 continuous bent
连续排泥 continuous sludge removal
连续排泥沉淀池 continuous sludge-removal tank
连续排泥沉淀器 continuous sludge-removal tank
连续排气管 continuous vent
连续排水 continuous drainage
连续排污 continuous blowdown;continuous blow-off
连续排污阀 continuous blow down valve
连续排污管 continuous blow-off pipe
连续排污监测 continuous emission monitoring
连续排污系统 continuous blow-off system
连续盘存 continuous inventory
连续盘型绕组 continuous disk[disc] winding
连续抛光机 continuous polisher
连续抛物曲线 continuous parabolic curve
连续培养 continuous cultivation
连续培养法 continuous culture method
连续培养物 continuous culture
连续配件路面板 reinforced continuous pavement slab
连续配筋 continuity reinforcement (bar)
连续配筋的 continuously reinforced
连续配筋的混凝土路面 continuously reinforced pavement
连续配筋混凝土 continuously reinforced concrete
连续配筋混凝土路面 continuously reinforced concrete pavement
连续配筋混凝土(路面)板 continuously reinforced concrete paving; continuously reinforced slab; reinforced continuous pavement slab
连续配筋路面 continuously reinforced pavement
连续配料 continuous proportioning
连续配料车间 continuous proportioning plant
连续喷发活动 successive eruptive events
连续喷砂装置 continuous sand blast apparatus
连续喷丸清砂 shot hanger blast
连续劈理 continuous cleavage
连续匹配继电器 rematching relay
连续片材 continuous sheet(ing)
连续偏斜器【道】 continuous whipstock
连续漂白 continuous bleaching
连续频谱 continuous spectrum
连续平地机的循环过程 successive rounds of grader
连续平顶 continuous ceiling
连续平滑运动 continuous movement
连续平均值 consecutive mean;continuous mean
连续平巷采矿机 continuous gallery machine
连续坡道 continuous gradient
连续坡度 continuous grade; steady gradient; sustaining slope; continuous gradient
连续破碎 continuous comminution
连续破碎机 continuous breaker;continuous pulverizer
连续剖面 continuous profile;continuous section;serial section
连续剖面法 continuous profiling
连续剖面图 ribbon diagram
连续铺板 continuous ceiling
连续谱爆发 continuum burst
连续谱发射 continuum emission
连续谱接收机 continuum receiver
连续谱图 continuous spectrum
连续谱线 successive line
连续谱源 continuum source
连续谱源条纹可见度 continuum fringe visibility
连续启动方式 sequence start system
连续启停操作 continuous start-stop operation
连续起拱大梁 continuous arched girder
连续气举 continuous gas lift;straight gas lift
连续气流 continuous gas flow
连续气体渗碳炉 continuous gas carburizer
连续契约 continuous contract
连续砌拱 laying arch continuously
连续潜挖 successive undermining
连续强化 continuous reinforcement
连续墙 continuous wall
连续墙法 slurry wall method
连续墙基础 barrettes;continuous wall footing
连续墙式沉箱 <作挡土墙用的> wall caisson
连续墙型不渗透水层 impermeable diaphragm of the continuous wall type
连续墙钻进 continuous wall drilling
连续桥跨结构 continuous space;continuous span; continuous span structure
连续桥面 continuous deck;jointless deck
连续切割 continuous cut;successive cut
连续切片 serial section
连续切削 continuous cut;successive cut
连续倾注法 continuous pour process
连续清晰调焦 continual sharp focusing
连续清洗 continuous cleaning
连续情报源 continuous information source
连续晴天工作日 consecutive weather working days
连续区 continuation area;continuous area;continuum[复 continua]
连续区间函数 continuous interval function
连续区域 continuum
连续区域精炼炉 continuous zone refiner
连续区域精炼设备 continuous zone-refining apparatus
连续曲率喷管 continuous curvature nozzle
连续曲线 continuous curve;full curve; solid curve line; solid line curve; sweeping curve;unbroken curve
连续渠道 continuous channel
连续渠化 continuous chanalisation [chanalization]
连续取料 continuous extraction
连续取心(钻进)continuous coring
连续取芯样 continuous sampling of cores
连续取样 continuous coring;continuous sample; continuous sampling; serial sampling
连续取样法 continuous sample method
连续取样器 continuous sampler
连续全面喷雾 continuous blanket spraying
连续全息叠加 successive holographic summation
连续确定性过程 continuous deterministic process
连续群 continuous group
连续群体 continuous population
连续燃烧 continuous combustion; continuous firing
连续燃烧式 continuous combustion type
连续燃烧式发动机 continuous engine
连续染色 continuous dy(e)ing
连续绕组 continuous winding
连续热清洗 coronising[coronizing]
连续热压 continuous hot press
连续任意方式 continue-any mode
连续日 continuous days
连续日冕 K corona
连续熔化 continuous melting
连续熔炼 continuous smelting
连续熔融法 continuous melting method
连续柔性底座 continuous flexible base
连续蠕变 continuous creep
连续蠕动 continuous creep
连续入流 continuous inflow
连续润滑 continuous lubrication
连续润滑膜 continuous lubricating film
连续塞环的导线 ring side
连续三班开钻 <钻机搬迁后的> break tour
连续三角测量 continuous triangulation
连续三跨度屋顶 roof continuous over three spans
连续扫描 continuous scan(ning); continuous sweep;sequential scan(ning)
连续扫描摄影机 continuously writing camera;continuous trace camera

L

连续色调 continuous tone
连续色调复印 continuous tone printing;continuous tone reproduction
连续色调灰度光楔 continuous tone gray scale
连续色调拷贝 continuous tone copy
连续色调摄影 continuous tone photography
连续色调图像 continuous tone image
连续色调物体 continuous tone object
连续色调像片 continuous tone photograph
连续色调原版 continuous tone original
连续色调原稿 continuous tone copy
连续色调原图 continuous tone original
连续色调照片 continuous tone photograph
连续色谱法 continuous chromatography
连续筛选 step sizing
连续闪光灯 group-flashing light
连续闪光对接焊 continuous flash butt welding
连续上坡(道)consecutive ascending grades
连续上升的浇筑层 consecutive lift
连续烧结 continuous sintering; stoking
连续射流 solid jet
连续射束 continuous beam; unchopped beam
连续射线摄影术 seriography
连续摄入 continuous intake
连续摄影 continuous photography; sequence photography
连续摄影测量 survey by serial photography
连续摄影航线 strip of successive photography
连续摄影机 continuous-motion camera; continuous strip camera; flow camera; series camera
连续审计 continuous audit
连续甚快闪光 continuous very quick light
连续渗铝 continuous aluminising
连续升降机 continuous lift
连续升坡 consecutive ascending grades; continuous ascending grades
连续升温时效 progressive ag(e)ing
连续生产 batch production; building in series; continuous production process; continuous running; serial fabrication; serialized manufacture; series manufacturing; series production; uninterrupted-run
连续生产机 continuous output machine
连续生产式 continuous production type
连续生产系统 continuous process system
连续生产线 serial production line; transfer line
连续生产型抽样检验 sampling inspection for continuous production
连续生产与间断生产模型的比较 continuous versus intermittent models
连续生产作业 continuous production operation
连续生物除磷 continuous biologic(al) phosphorous removal
连续生物滤池 continuous filter
连续声级听力计 continuous range audiometer
连续声速测井 sonic log(ging)
连续绳轮传动制 continuous rope drive system
连续绳束 continuous strand
连续绳索传动 continuous rope drive
连续绳制 continuous rope system
连续施工法 continuous construction; serial construction
连续施行制动 continuous brake application
连续时 <计算装卸期> consecutive hours
连续时号 permanent time signal
连续时间 clock time; subsequent time period
连续时间的序贯决策过程 continuous time sequential decision process
连续时间动态系统 continuous time dynamic(al) system
连续时间分支过程 continuous time multiple branching process
连续时间估计 continuous time estimation
连续时间马尔可夫链 continuous time Markovian chain
连续时间马尔可夫运动 continuous time Markovian motion
连续时间系列 continuous time series
连续时间系统离散化 discretization of continuous time system
连续时间信号系统 continuous time signal system
连续时间序列 continuous time sequence; continuous time series
连续时数 <通常用于租赁条款> running hours
连续时钟 continuous clock
连续实地盘存 continuous physical inventory
连续实地盘存制度 continuous system of physical inventory
连续实体照片投影检查 serioscopy
连续实线曲线 block curve
连续矢量函数 continuous vector function
连续矢量显示法 vector continue display mode
连续使用 long-term usage
连续使用期 instantaneous availability
连续使用权 prescriptive rights
连续式拌和工厂 continuous mixing plant
连续式拌和机 continuous mixer
连续式拌和设备 continuous mixing plant
连续式测厚计 continuous measuring ga(u)ge
连续式测厚千分表 flying dial ga(u)ge
连续式测厚仪 flying micrometer
连续式铲运机 carryall scraper
连续式车场布置 successive yards layout
连续式成排采光装置 continuous row lighting fixtures
连续式成排照明装置 continuous row lighting fixtures
连续式池窑 continuous tank
连续式窗下墙 continuous spandrel
连续式萃取设备 continuous extraction unit
连续式萃取设施 continuous extraction unit
连续式打印机 continuous printer
连续式带材热轧机 continuous hot-strip mill
连续式挡水面板 continuous slab deck
连续式道路立体交叉 successive interchange
连续式道路立体枢纽 successive interchange
连续式电影放映机 continuous film projector
连续式电子流量计 electronic flowmeter system
连续式电子自动平衡仪 series electronic self-balancing instrument
连续式定量供料器 continuous weighing feeder
连续式冻结器 continuous freezer; continuous working freezer
连续式反应器 flow reactor
连续式干燥 continuous drying
连续式干燥机 continuous drier[dryer]
连续式干燥炉 continuous drier[dryer]; continuous drying stove
连续式干燥器 continuous drier[dryer]
连续式干燥窑 progressive(type) kiln
连续式钢板测厚计 continuous sheet micrometer
连续式钢筋混凝土面层 continuously reinforced concrete pavement
连续式钢坯轧机 continuous billet mill
连续式工业黏[粘]度计 continuous industrial viscometer
连续式刮板输送机 continuous hollow flight screw conveyer[conveyor]
连续式轨道电路 continuous track circuit
连续式辊动炉底 continuous roller-hearth
连续式辊弯成型机 continuous roll-forming machine
连续式过滤池 continuous filter
连续式护岸 continuous revetment; continuous sea protection
连续式灰浆搅拌机 continuous mortar mixer
连续式回转过滤机 continuous rotary filter
连续式回转真空过滤机 continuous vacuum drum filter
连续式混凝土拌和机 continuous concrete mixer
连续式混凝土搅拌机 continuous concrete mixer
连续式混凝土小型搅拌机 constant flow concrete pug mill mixer
连续式活套轧机 continuous repeater mill
连续式机车信号 continuous(type) cab signal((l)ing)
连续式机车信号区域 continuous cab signal(l)ing territory
连续式机车信号示像 continuous cab signal aspect
连续式机车信号系统 continuous cab signal system
连续式机车信号制 continuous cab signal system
连续式记波摄影 serial kymography
连续式加热炉 continuous reheating furnace; continuous(type) furnace
连续式交通量观测站 continuous traffic count station
连续式搅拌机 continuous mixer
连续式搅拌库 continuous blending silo
连续式搅拌设备 continuous mixing plant
连续式搅拌站 continuous mixing plant
连续式控制器 continuous controller
连续式垃圾收集车 continuous action refuse collection truck
连续式拉床 continuous broaching machine
连续式拉丝机 continuous drawing machine
连续式离心分离机 continuous centrifugal separator
连续式离心干燥机 continuous centrifugal drier
连续式离心脱水机 continuous centrifugal dehydrator; continuous centrifugal drier
连续式沥青拌和厂 continuous asphalt plant
连续式沥青工厂 continuous asphalt plant
连续式沥青混合料搅拌设备 continuous type asphalt concrete plant
连续式沥青混凝土搅拌机 continuous type asphalt mixer
连续式沥青混凝土搅拌设备 continuous type asphalt mixing plant
连续式沥青设备 continuous asphalt plant
连续式沥青氧化 continuous asphalt blowing
连续式沥青制备设备 continuous asphalt plant
连续式链斗提升机 continuous bucket elevator
连续式量乳计 continuous flow milk meter
连续式列车速度监督 continuous train speed supervision
连续式列车速度自动控制 continuous train speed control
连续式列车无线控制 continuous wireless train control
连续式列车自动停车 continuous train stop
连续式列车自动停车继电器 continuous train stop relay
连续式列车自动运行控制 continuous automatic train-running control
连续式炉 continuous furnace
连续式炉焊管法 continuous weld process
连续式炉焊管机组 continuous butt-weld mill
连续式路肩 continuous shoulder; continuous spandrel
连续式螺旋钻 continuous flight auger
连续式弥雾器 continuous action atomizer
连续式模拟模型程序 continuously modeling program(me)
连续式磨机 continuous grinding mill
连续式逆流清洗 continuity type counter current rinsing; continuous countercurrent rinsing
连续式配料设备 continuous batching plant; continuous proportioning plant
连续式坯钢轧机 continuous billet mill
连续式热处理炉 continuous heat-treating furnace
连续式熔窑 continuous smelter
连续式上层建筑 continuous superstructure
连续式设备 continuous plant
连续式生产体制 continuous production system
连续式试验 long-run test
连续式竖向通风 continuous vertical vent
连续式水平干燥机 continuous horizontal drier
连续式四辊冷轧机 four-high tandem cold mill
连续式四示像机车信号 four-aspect continuously controlled cab signal(l)ing
连续式四显示机车信号 four-aspect continuously controlled cab signal(l)ing
连续式速度控制系统 continuous speed control system
连续式速度控制制 continuous speed control system
连续式酸洗 continuous pickling
连续式碎木机 caterpillar grinder
连续式损益表 running form of profit

and loss statement
连续式推运螺旋 continuous auger
连续式调节器 continuous type regulator
连续式退火 continuous annealing
连续式退火炉 continuous annealing furnace;continuous annealing oven
连续式退火窑 continuous annealing lehr;tunnel lehr
连续式挖方支撑 closed sheathing;closed sheeting;tight sheeting
连续式污水及排臭气管 continuous waste and vent
连续式污水通风管 continuous waste and vent
连续式屋顶采光 continuous rooflight
连续式无缝管轧机 continuous seamless tube rolling mill
连续式线材轧机 continuous rod mill;continuous wire mill
连续式小型搅拌机 continuous flow pug-mill;continuous flow pug-mill mixer
连续式卸车 continuous unloading
连续式压滤机 continuous filter press;continuous pressure filter
连续式窑 continuous(chamber) kiln
连续式优先车辆专用车道 continuous exclusive lane
连续式运输机 continuous conveyer [conveyor]
连续式轧机 continuous train mill
连续式整地机 carryall scraper
连续式铸造 continuous casting
连续式专用车道 continuous exclusive lane
连续式转钵离心机 alpha-Laval centrifuge
连续式装饰 continuous ornament
连续事故 continuous event
连续视距 continuation sight distance
连续试验 continuous test;long duration test;long-term test;long-time test
连续收集装载机 gathering loader
连续收益率 running yield
连续输出 continuous rated output
连续输入 consecutive input
连续输水灌溉 continuous delivery irrigation
连续输送带式炉 furnace of continuous conveyor type
连续输送机 continuous conveyer [conveyor]
连续输送量 continues throughput
连续束直线加速器 continuous beam linac
连续数 consecutive numbers
连续数据 continuous data
连续数据集 consecutive data set
连续数据集组织 consecutive data set organization
连续数据组 catenated data sets;concatenated data set
连续数列 continuous series
连续数字法 continuous numerical method
连续数字化 continuous digitizing
连续衰变 chain decay;chain disintegration
连续衰减 series decay
连续衰减率 sequence decay rate
连续双辊混合机 continuous two-stage twin-roller mixer
连续双辊压延法 Boudin continuous double-roll process
连续双螺条混合输送机 continuous twin-ribbon mixing conveyer [conveyor]
连续双向板 continuous two-way slab
连续双转子桨式搅拌机 continuous twin-rotor paddle mixer
连续水冷(却)的 hopper-cooled
连续水流 continuous flow;streaming flow
连续水面曲线 continuous surface curve
连续水平薄层层析法 continuous horizontal thin layer chromatography
连续水位记录仪 continuous water-level recorder
连续丝 continuous fiber
连续饲槽 continuous manger
连续送风 continuous blast air
连续送料器 continuous feeder
连续送料式炉 continuous pusher-type furnace
连续送丝电弧焊 continuous feed welding
连续速度测井 continuous velocity log(ging)
连续酸处理 continuous acid treating
连续酸洗 continuous acid-washing
连续算子 continuous operator
连续随动系统 continuous servo
连续随机变量 continuous random variable;continuous variate
连续随机过程 continuous random process; continuous stochastic process
连续损害 successive loss
连续损伤力学 continuous damage mechanics;continuum damage mechanics
连续损失 successive loss
连续索 continuous cable
连续塌陷 successive collapse
连续台车式烧结机 continuous pallet-type sintering machine
连续台式阅读器 continuous stationery reader
连续态 continuum of states
连续碳化 continuous carbonization
连续淘洗 continuous elutriation
连续特性 continuation property
连续梯度 continuous gradient
连续梯级船闸 multistage flight locks
连续提成 running royalty
连续提升机 continuous hoist;escalator
连续体 continuous body;continuum;non-individual body
连续体力学 continuum mechanics;mechanic of continua
连续体系 continuous system
连续天气图 continuous weather maps;successive weather maps
连续天数 continuous days;running days <通常用于租赁条款>
连续天线阵 filled array
连续填角焊缝 continuous fillet weld
连续条带摄影机 continuous strip camera
连续条件 continuity condition;continuous condition
连续条件方程 equation of continuities
连续条款 continuation clause
连续条线图 linked bar chart program(me)
连续条形(航空)摄影 continuous strip camera
连续条形航摄像片 continuous strip photograph
连续贴角焊 continuous fillet weld
连续贴现 continuous discount(ing)
连续停泊时间 running laydays
连续通道 continuous channel
连续通风 continuous draft;continuous ventilating;continuous vent(ilation)
连续通风器 continuous ventilator
连续通路 continuous path
连续通气管 continuous vent
连续通信[讯]系统 continuous communication system
连续同源 serial homology
连续统一体【数】continuum[复 continua]
连续桶板管 continuous stave pipe
连续筒壳 continuous cylindric(al) shell
连续投弹 stick
连续投配器 gradation unit
连续投票 successive ballot
连续投入产出 continuous input and output
连续突腰层 <墙上突出之砖层或石层> oversailing;oversailing course
连续突腰线 oversailing; oversailing course
连续图 chain image
连续图形 continuous graphics
连续图形处理 continuous image processing
连续推峰作业 continuous humping operation
连续推进式加热炉 continuous pusher-type furnace
连续推拉窗 continuous sliding sash
连续退火 <线、带材的> strand anneal(ing)
连续退火窑 continuous lehr
连续退水 continuous annealing
连续托换(基础) continuous underpinning
连续脱硫 continuous desulfurization
连续脱盐 continuous demineralization
连续脱盐法 continuous desalination method
连续挖土机 continuous earthmover
连续弯道 series of curves
连续弯曲强度 continuous bending strength
连续网 continuous net;dense net
连续往返航次租船合同 consecutive return trip charter party
连续往复 successive reciprocating
连续微管 continuous microtubule
连续微滤 continuous microfiltration
连续微滤技术 continuous microfiltration technology
连续微滤膜分离技术 continuous microfiltration membrane separation technology
连续微滤膜技术 continuous microfiltration membrane technology
连续喂料 continuous feed
连续文件 contiguous file
连续稳定阅读机 continuous stationary reader
连续涡轮增压系统 sequential turbocharging system
连续污泥浓缩池 continuous sludge thickener
连续污染物负荷总图 overall picture of continued pollutant loading
连续污染物源 continuous pollutant source
连续污染源 continuous pollution source
连续污水 continuous waste
连续无缝钢筋混凝土路面 continuously reinforced concrete pavement
连续无规噪声 continuous random noise
连续无线电时号 continuous radio time signal
连续无线电信标 continuous radio beacon
连续物理学 continuum physics
连续误差 error in reading
连续吸附 continuous adsorption;sequential adsorption
连续吸收 continuous absorption;sequential absorption
连续吸收系数 continuous absorption coefficient
连续吸音顶棚 continuous acoustic(al) ceiling
连续吸引器 continuous suction unit
连续析出 continuous precipitation
连续稀释 continuous dilution;serial dilution
连续洗砂过滤池 continuous sand-wash filter
连续铣削 continuous milling;string milling
连续系列 continuous series
连续系统 continuous system;continuum
连续系统的数学模型 mathematic(al) models of continuous systems
连续系统仿真 continuous system simulation
连续系统模拟程序 continuous system modeling program(me)
连续下坡(道) consecutive descending grades; continuous falling grade; continuous falling gradient
连续下水方法【船】tandem launching
连续纤维 continuous filament
连续纤维薄毡 continuous filament mat
连续纤维粗纱 continuous fiber[fibre] glass roving
连续纤维粒料 continuous fiber[fibre] pellet
连续纤维线 continuous filament yarn
连续纤维毡 continuous mat
连续弦杆桥 continuous chord bridge
连续显示 continuous indicating;permanent display
连续线 continuation line
连续线路 continuously route
连续线声源模型 continuous line source model
连续线源 continuous line source
连续线源模型 continuous line source model
连续相 continuous phase
连续相材料 continuous state material
连续相关 serial correlation
连续相关性 serial correlation
连续相片 serial photograph
连续相位频移键控 continuous phase frequency shift keying
连续箱板桥 continuous box girder bridge
连续箱式大梁 continuous box girder
连续箱形梁 continuous box girder
连续项(目) continuous item
连续象域【数】continuous image
连续像 continuous images
连续像对相对定向 one-projector method relative orientation; one-swing method relative orientation; relative orientation of conjunction of successive photographs
连续像片 serial photograph;successive photograph
连续像片连测 conjunction of successive photograph
连续像片衔接 bridging
连续像取样 continuous imagery
连续像纸晒像机 continuous paper processor
连续消毒 continues sterilization
连续消费流 continuous consumption stream
连续消光 serial extinction

连续消去法 successive elimination method
连续消息 continuous message
连续效应 continuous effect
连续协议 continuing agreement
连续斜梁 <弯曲楼梯的> continuous string(er)
连续斜坡 continuous slope;sustaining slope
连续斜坡长度 continuous grade length
连续斜坡缓冲作用 continuous grade retarding
连续斜坡阻滞 continuous grade retarding
连续卸船机 continuous bulk unloader
连续卸货机 continuous unloader
连续卸载 on the move dumping
连续芯墙 continuous core wall
连续信贷法 continuous credit
连续信道 continuous channel
连续信号 continuous signal(ling)
连续信号的仿真 analog(ue) simulation
连续信号法 continuous signal(l)ing method
连续信息 sequential information
连续信息-离散信息转换器 analog(ue)-to-serial converter
连续信息源 continuous message source
连续信源 continuous information source
连续行 consecutive line;continuation line;continued row
连续行程 continuous operation
连续行程测量器 continuous stroke measuring device
连续行程时间 uninterrupted travel time
连续形变 continuous deformation
连续形式 continuous form
连续形式标记 tab label
连续型 pulsations continuous
连续型规划 continuous variable programming
连续型时间函数 continuous time function
连续型随机变量 random variable of continuous type
连续型通风设备 streamline ventilator
连续型网络设计问题 continuous network design problem
连续性 continuity;continuum
连续性部件 continuity-fitting
连续性大雨 continuous heavy rain
连续性的模数 modulus of continuity
连续性调整 continuity control
连续性定理 continuity theorem
连续性定律 continuity law;continuous(ness) law;law of continuity
连续性方程 continuity equation;continuous equation;equation of continuities
连续性公理 axiom of continuity;continuity axiom
连续性轨道接头 continuity-bond
连续性检查 continuity check
连续性交通流 continuous traffic flow
连续性校正 correction for continuity
连续性决策问题 sequential decision-making problem
连续性库存系统 perpetual inventory system
连续性理论 continuity theory
连续性流动 flow continuity
连续性路旁障碍 continuous obstruction
连续性模型 continuity model
连续性契约 continuing contract
连续性趋向 continuous trend
连续性生产 continuous production
连续性试验 continuity test
连续性输送机械 constant flow machinery
连续性数据 continuity data
连续性条件 condition of continuity;continuity condition
连续性图 continuity chart
连续性系数 coefficient of continuity;continuity coefficient
连续性永久冻土带 continuous permafrost zone
连续性原理 principle of continuity
连续性噪声 continuous noise
连续性中断 discontinuous change
连续性中雨 continuous moderate rain
连续性资料 continuous data
连续性作业 continuous production process
连续胸墙 continuous breasts
连续修测 continuous revision
连续需水量 continuous demand
连续序列计算机 consecutive-sequence computer
连续悬挂式平顶 continuous suspended ceiling
连续悬挂式天棚 continuous suspended ceiling
连续悬挂系统 continuous suspension system
连续悬梁 continuous suspension girder
连续旋翼式机动螺钻 continuous flight power auger
连续旋翼式螺旋钻 continuous flight auger
连续旋转 long running
连续旋转过滤机 continuous rotary filter
连续旋转过滤器 continuous rotary filter
连续选速高速摄影机 continuous access high speed camera
连续选择 sampling;successive selection
连续寻线 continuous hunting
连续寻找 continuous hunting
连续询问 continuous interrogation
连续循环 continuous circulation;continuous cycle;singular cycle
连续循环行程 successive rounds
连续循环运输(系统) continuous circulatory transportation
连续压按操作 continuous pressure operation
连续压粉法 continuous compacting process
连续压裂作业 successive fracture treatment
连续压条法 continuous layerage
连续压延法 continuous calender process;continuous rolling process;continuous casting <玻璃板的>
连续压延给料系统 continuous calender-feed system
连续压制 continuous compaction
连续压煮器组 continuous digester series
连续延拓 continuous extension
连续岩体 continuous rock mass
连续岩系 continuous series
连续研磨 continuous grinding
连续研磨机 continuous grinder;continuous mill
连续研磨抛光装置 continuous grinder and polisher
连续厌氧铵氧化 subsequent anaerobic ammonium oxidation
连续氧化 continuous oxidation;sequential oxidation
连续氧化同化作用 continuous oxidation assimilation
连续样本 continuous sample
连续样品 continuous sample
连续窑 step-kiln
连续液液萃取器 continuous liquid-liquid extractor
连续液液萃取系统 continuous liquid-liquid extracting system
连续一致原则 principle of consistency
连续移动炉床 continuously moving hearth
连续移动燃料炉排 continuous discharge stoker grate
连续移轨机 continuous track shifter
连续溢出法 consecutive spilling
连续溢流 continued overflow
连续溢流注浆法 continued overflow casting
连续音 continuant
连续音叉 tuning-fork set
连续引爆 series fire[firing]
连续引水管 continuous stave pipe
连续应力 continuity stress;continuous stress
连续影调 continuous tone
连续映射 continuous mapping
连续永冻土层 continuous permafrost
连续永冻土带 continuous permafrost zone
连续涌浪 successive surge
连续用氯消毒 continuous chlorination
连续优化程序 continuous optimization program(me)
连续油流 continuous oil flow
连续油相运移模式 migration model of continuous oil phase
连续有缝薄膜纤维 continuous slit-film fiber
连续迂回管 jump over;return offset
连续迂回墙 return wall
连续与趋势模式法 continuity and trend model
连续雨 continuous rain
连续语句 continuous statement
连续预焙阳极 continuous prebaked anode cell
连续预测数据 continuously predicted data
连续预算 continuous budget(ing)
连续预缩机 continuous shrinking machine
连续预应力次效应 secondary effects of continuity prestress
连续预应力混凝土大梁 continuous prestressed concrete girder
连续预应力混凝土框架 continuous prestressed concrete frame
连续预应力梁 continuous prestressed beam
连续原理 continuity principle;principle of continuity
连续原丝薄毡 continuous strand mat
连续原丝毡 continuous strand mat
连续运动 continuous motion
连续运输 continuous transportation
连续运输工具 continuous unit
连续运算 continuous operation
连续运行 continues running;continuous operation;continuous running;continuous service;long running
连续运行电动机 continuous time-rated motor
连续运行额定值 continuous rating
连续运行方式 continuously running duty
连续运行负荷 continuously running load
连续运行工作制度 continuously running duty
连续运行功率 continuous power;continuous rating;time rating
连续运行最大转速 maximum continuous speed
连续运用定额 continuous rating
连续运转 consecutive operation;continuous going;continuous running;continuous operation;continuous working;run-through operation
连续运转的水质监测 continuous on-stream monitoring of water quality
连续运转时间 run-on time
连续运转式混凝土搅拌机 continuous concrete mixer
连续运转信号 continuous running signal
连续运转窑 progressive run kiln
连续韵律 continuous rhythm
连续载体 continuous carrier
连续再匹配 continuous rematching
连续再生 cyclic(al) regeneration
连续再循环 continuous recycling
连续在线仪表 continuously on-line instrument
连续噪声 continuing noise
连续增量调制 continuous delta modulation
连续轧染机 continuous pad-dyeing range
连续轧制 continuous rolling
连续账户 continuing account
连续照明 continuous illumination;continuous lighting;continuous lights
连续照片 serial-gram;serial photograph;successive photograph
连续照相 chronophotograph
连续照相机 non-intermittent camera;sequence camera
连续照相片 chronophotograph
连续折流分离 continuous deflective separation
连续折现 continuous discount(ing)
连续真空过滤机 continuous vacuum filter
连续真空过滤器 continuous vacuum filter
连续振荡 continuously running oscillation;continuous oscillation;persistent oscillation;undamped oscillation
连续振动源 vibroseis source
连续振幅滤波器 continuous amplitude filter
连续振铃 continuous ringing
连续震源 continuous seismic source
连续蒸馏 continuous distillation;continuous still battery;continuous still distillation
连续蒸馏器 continuous distiller;continuous still
连续蒸呢机 continuous decatizing machine
连续蒸煮器 continuous digester
连续支撑 continuous bracing
连续支撑理论 theory of continuous support
连续支撑形式 continuous support type
连续支承 continuous support
连续支承理论 theory of continuous support
连续支出 continuing expenditures
连续支点 consecutive support
连续支垫 continuous blocking
连续支架脚手 cross bracing
连续支座 continuous support
连续直立式炭化炉 continuous vertical retort
连续直通软化 line softening
连续值 continuous value;indiscrete value;successive value
连续值班 continuous duty

连续指定方式 continue-specific mode
连续指令 continual command
连续指示器 continuous indicator
连续指数 chain index; continuum index
连续指数修匀法 method of continuous exponential smoothing
连续制 continuous system
连续制板 continuous sheet making
连续制板工艺 continuous process for panels
连续制动(机) continuous brake
连续制动器 continuous brake
连续制动闸 continuous brake
连续制造程序 continuous process
连续种群 continuous population
连续重负荷运行 continuous heavy duty service
连续重负载运行 continuous heavy duty service
连续重击杵 stamp battery
连续重击杵的捣蹄 stamp battery shoe
连续重击杆 stamp battery
连续重力选 serial gravity concentration
连续周相培养 continuous phase culture
连续轴 continuous axle; solid shaft(ing)
连续煮沸器 continuous boiling unit
连续煮炼机 continuous boil off machine
连续注入 continuous injection
连续注射器 continuous syringe
连续注液器 continuous liquid ejector
连续柱子 continuous columns
连续铸锭 concast; continuous casting
连续铸锭机 continuous casting machine
连续铸锭跨 continuous casting bay
连续铸法 continuous metal cast process
连续铸造法 continuous casting process; Asarco method
连续铸造机 continuous machine
连续转动法 <求稳定性的转动导数用> continuous rotation method
连续转动式过滤器 continuous roll type filter
连续转换线条 line conversion
连续转弯 live-power turn
连续转向架构架 continuous truck frame
连续桩成墙 continuous piled wall
连续桩墙 <地下连续墙用> tangent pile
连续装煤炉箅 continuous charging grate
连续装配区排队 link pack area queue
连续装饰 running ornament
连续装卸日 <风雨和假日均计在内的装卸期> consecutive days; running days
连续装药 continuous charge
连续装运 continuous haulage
连续撞击 succession of blows
连续子集 continuation subset
连续自焙阳极糊 Soederberg (electrode) paste
连续自动闭塞系统 continuous automatic block system
连续自动闭塞制 continuous automatic block system
连续自动定时采水样器 continuous automatic timing water sampler
连续自动定时水采样器 continuous automatic timing water sampler
连续自动工作机床 transfer machine
连续自动化 continuous automatization; transfer
连续自动机 continuous automaton
连续自动监测系统 continuous and automatic monitoring system
连续自动烧成电极 continuous self baking electrode
连续自动式生产线 transfer line
连续自动送进 transfer feed
连续自动送进成型 transfer forming; transfer mo(u)lding
连续自动送料 transfer feed
连续自动钻床 station drilling machine
连续总体 continuity population; continuous population
连续纵波 continuous longitudinal wave
连续纵材 continuous string(er)
连续纵梁 continuous string(er)
连续纵梁机 continuous string(er)
连续纵坡 consecutive grades; continuous grade
连续租船 consecutive voyage charter
连续组织 consecutive organization
连续钻孔法 continuous operational drilling
连续钻芯取样 continuous core sampling
连续最优解 continuous optimum
连续作业 continuous operating; continuous process; continuous service; progressive production work; continuous operation
连续作业测验 continuous performance test
连续作业的装卸机械 continuous freight handling machinery
连续作业法 continuous operation; line production
连续作业日 consecutive days
连续作业时间 uninterrupted working time
连续作业式 continuous operation
连续作业式挖掘机 continuous digger
连续作业竖窑 continuous shaft kiln
连续作业线 continuous processing line
连续作业项 stacked job
连续作业卸船机 continuously operating shipunloader
连续作业窑 continuous kiln; step-kiln
连续作用 progressive action; sequential effect; stepless action
连续作用调节器 continuous controller; continuous regulator
连续作用控制器 continuous action controller
连续作用疏水器 continuous drainer
连续作用伺服机构 continuous action servomechanism
连续作用伺服系统 continuous control servomechanism
连檐板 eaves board; eaves catch; eaves lath
连檐(木) tilting fillet
连衣裤工作服 coverall; jump suit
连元定义 link definition
连元定义的相对名字 relative name in a link definition
连云港港 Port Liangyungang
连在……上 build on
连轧 tandem rolling
连轧机 tandem mill
连指手套 mitten
连轴 connecting shaft
连轴齿轮 stem gear
连轴齿套 adapter coupling; increaser
连轴电动换流机 direct coupling motor converter
连轴风扇 integral fan
连轴销 coupled axle-pin
连珠蛇丘 beaded escar
连珠蛇形丘 beaded esker
连柱厅 hypostyle hall
连铸法 continuous metal cast process
连铸机 conticaster; continuous caster
连铸引锭杆 dummy bar
连铸铸坯导架 strand guide
连缀系 lacing system
连缀系统 lacing system
连字符 hyphen
连字(弧线) ligature
连作 culture without rotation; sequential cropping
连座角尺 seated L-square
连座坐坡唐马 Tang style horse

帘 hanging curtain; hanging screen; screen

帘被拉起的 uncurtained
帘布 cord fabric
帘布外胎 cord tire[tyre]
帘格 grill
帘格进口 grate opening
帘格式街沟 grating gutter
帘格式进水口 grate type inlet; grating inlet; inlet of the grate-in-gutter type
帘挂 curtain button
帘轨 curtain rail
帘辊 curtain rod
帘滑轮轨 curtain track
帘幕 curtain
帘幕滑杆 drapery track
帘幕滑竿 drapery track
帘圈 curtain ring
帘栅板【电】screen-grid
帘栅调制 screen modulation
帘栅功率管 screen-grid power tube
帘栅管 screened plate tube; shielded-grid tube; shielded plate tube; screen-grid tube
帘栅管放大器 screen-grid amplifier
帘栅耗散 screen dissipation
帘栅极 anode screen; anode-screening grid; plate grid; shield grid; screen-grid
帘栅极板极 screen plate
帘栅极电流 screen current
帘栅极电压 screen-grid voltage
帘栅极电源 screen supply
帘栅极调制 screen-grid modulation
帘栅极耗散 screen dissipation
帘栅极损耗 screen dissipation
帘栅五极管 screen-grid pentode
帘式电缆系统 curtain cable system
帘式干燥机 apron drier[dryer]
帘式烘干机 apron drier[dryer]
帘式快门 curtain shutter
帘式淋涂 curtain coating
帘式淋涂机 curtain flow coater
帘式淋涂器 curtain coater
帘式涂覆器 curtain coater
帘式涂料器 curtain coater
帘式堰 curtain weir; rolling-up curtain weir
帘匣 curtain box
帘线 cord thread
帘帐顶饰 valance
帘状润滑 cascade lubrication
帘子布 tire[tyre] fabrics
帘子布筋 <轮胎的> fibercord framework (of the tire[tyre])
帘子式烘燥机 lattice drier[dryer]
帘子式喂给机 lattice feeder
帘子线倍拈机 twister winder

涟 波 capillary ripple; rips

涟波法 ripple method
涟波期 stage of ripple wave
涟波因数 ripple contain factor
涟漪 dimple; popple; ripple; rips
涟漪型玻璃 muffled sheet

莲 瓣柱基 lotus base

莲苞形式的 lotiform
莲花 lotus flower; west lake
莲花瓣形的 lotiform
莲花宝盖 lotus canopy
莲花池 lotus
莲花式柱 lotus column
莲花饰柱头 lotos glossom capital
莲花抓斗 orange-peel bucket
莲花状构造 lotus-form structure; ring-shaped structure
莲蓬式喷头 rugosa
莲蓬式喷嘴 rose; shower head; shower head injector
莲蓬头 basket strainer; intake screen; intake strainer; rosehead; shower (head); shower nozzle; spray rose
莲蓬头式喷头 shower head injector
莲蓬嘴喷壶 rose
莲翘属 forsythia
莲饰 lotos[lotus]
莲饰柱 lotus column
莲饰柱头 <古埃及的> lotus capital
莲叶冰 pancake ice
莲属 lotus
莲籽 lotus seed
莲座层 rosette tier
莲座簇 rosula
莲座状叶 rosulated leaf

联 氨 diamide; diamidogen; diamine; hydrazine

联板 brace piece; yoke plate
联邦 commonwealth
联邦安全饮用水标准 <美> Federal Safe Drinking Water Standards
联邦标准 <美> federal Standard
联邦标准方法 <美> Federal Standard method
联邦标准雪采样器 <瑞士> Standard Federal snow sampler
联邦补贴 <美> federal subsidization
联邦城市公共交通运输法令 <美> federal urban mass transportation act
联邦储备保险公司 Federal Deposit Insurance Corporation
联邦储备基金 <美> Federal Funds
联邦储备系统 <美> Federal Reserve System
联邦储备银行 <美> Federal Reserve Bank
联邦大地测量协调委员会 <美> Federal Geodetic Coordinating Committee
联邦道路 <美> federal highway
联邦道路法令 <美> federal highway act
联邦道路系统 federal highway system
联邦电信系统 Federal Telecommunications System
联邦电信组织 Commonwealth Telecommunications Organization
联邦法律 federal law
联邦放射性监测和援助计划 <美> Federal Radiological Monitoring and Assistance Plan
联邦辐射委员会 <美> Federal Radiation Council
联邦高架道路 Federal motorway via-

duct
联邦公共交通管理局 <美> federal Transit Administration
联邦公共交通条例 <美> Federal Public Transportation Act
联邦公路 Federal motorway
联邦公路管理局 <美> Federal Highway Administration
联邦公路跨线桥 Federal motorway viaduct
联邦古典复兴式风格 Federal style
联邦管理(监督) <美> federal regulation
联邦规范执行委员会 <美> Federal Specifications Executive Committee
联邦海事局 <美> Federal Maritime Board
联邦海运局 <美> Federal Maritime Board
联邦航空机构 <美> Federal Aviation A agency
联邦航空局 Federal Aviation Administration
联邦航空署 Federal Aviation Agency
联邦航空署土分类法 <美> Federal Aviation Agency Classification
联邦航空条例 Federal Aviation Regulation
联邦航运委员会 <美> Federal Maritime Commission
联邦河道 <美> Federal waterway
联邦环境局 <美> Federal Environmental Agency
联邦环境农药控制条例 <美> Federal Environmental Pesticide Control Regulation
联邦机动车安全标准 <美> Federal Motor Vehicle Safety Standard
联邦机构 federal agency
联邦技术规范 <美> Federal specification
联邦界 Federal static boundary
联邦紧急管理机关 <美> Federal Emergency Management Agency
联邦紧急救济法 <美> Federal Emergency Relief Law
联邦紧急情况管理署 Federal Emergency Management Agency
联邦居民贷款银行 <美> Federal Home Loan Bank
联邦科学技术评议会 <美> Federal Council for Science &Technology
联邦科学技术情报委员会 <美> Federal Committee on Scientific and Technical Information
联邦垦务条例 <美> Federal Reclamation Laws
联邦秘书处 Commonwealth Secretariat
联邦能源办公室 <美> Federal Energy Office
联邦能源管理局 <美> Federal Energy Administration
联邦能源委员会 <美> Federal Energy Regulation Commission
联邦平等居住法 <美> Federal Fair Housing Law
联邦清洁水法令 <美> Federal Clean Water Act
联邦全国抵押协会 <美> Federal National Mortgage Association
联邦全国铁道协会 <美> Federal National Railway Association
联邦试验方法标准 <美> Federal Test Method Standards
联邦水道 <美> Federal waterway
联邦水电局 <美> Federal Hydro Electric(al) Board
联邦水污染管理局 <美> Federal Water Pollution Control Administration
联邦水污染控制法令 <美> Federal Water Pollution Control Act
联邦水污染控制修正法令 <美> Federal Water Pollution Control Act Amendments
联邦水质管理局 <美> Federal Water Quality Administration
联邦所得税 federal income tax
联邦所有的土地 <美> federal land
联邦铁路管理局 <美> Federal Railway Administration
联邦通信[讯]委员会 <美> Federal Communications Committee
联邦土地银行系统 federal land bank system
联邦污染控制法令 <美> Federal Pollution Control Act
联邦消防委员会 <美> Federal Fire Council
联邦小企业管理局 <美> Federal Small Business Administration
联邦印花税票 <美> Federal Revenue Stamps
联邦应急管理局 <美> Federal Emergency Management Agency
联邦有线系统 <美> Federal Wire System
联邦预算 <美> Federal budget
联邦远程通信[讯]系统 Federal Telecommunications System
联邦运输拨款 <美> federal transportation funding
联邦运输协调机构 <美> Federal Coordinator of Transportation
联邦政府 federation
联邦(政府)补助 federal aid
联邦政府出版物 <美> federal publication
联邦(政府)的 Federal
联邦政府的拨款、拨地(或其他财产) <美> federal grant
联邦政府控制 federal control
联邦政府研究报告 <美> United States Government Research Reports
联邦政府赠地建立学院 <美> Land-grant College
联邦政府资助次要干道系统 <美> federal aid secondary (highway) system
联邦政府资助公路 <美> Federal aid road
联邦政府资助主要干道系统 <美> federal aid primary (highway) system
联邦州际商会 <美> federal Interstate Commerce Commission
联邦州际商务委员会 Interstate Commerce Commission
联邦住房贷款抵押公司 <美> Federal Home Loan Mortgage Corp.
联邦住宅贷款银行制度 <美> Federal home loan bank system
联邦住宅法 <美> Federal Housing Act
联邦住宅管理局 <美> Federal Housing Authority
联邦住宅管理局抵押保险 Federal Housing Administration insurance
联邦住宅管理局免除条款 Federal Housing Administration Escape Clause
联邦住宅(建筑)管理局 <美> Federal Housing Administration
联邦住宅局 <美> Federal Housing Administration
联邦咨询委员会 Federal Advisory Council
联邦资金 Federal Funds
联邦资金利率 <美> Federal Fund Rate
联邦资助公路法案 Federal-aid Highway Act
联邦最高法院 <美> Supreme Court
联苯 xenene
联苯胺 benzidine
联苯胺槽车 benzidine tank vehicle
联苯胺橙 benzidine orange
联苯胺反应 benzidine reaction
联苯胺红 benzidine red
联苯胺黄 benzidine yellow
联苯胺(结构)染料 benzidine dye
联苯胺蓝 benzidine blue
联苯胺试剂 benzidine reagent
联苯胺试验 benzidine test
联苯酚 diphenol
联苯酚卡巴肼 diphenol carbazide
联苯酚钠 sodium ortho-phenylphenate
联苯锅炉 diphenyl boiler
联苯基 biphenylyl; xenyl
联苯基胺 xenylamine
联苯基混合物 biphenyl mixture
联苯三酚 biphenyl triphenol
联苯物 phenylog
联苯酰 benzil
联编 binding
联编过程 binding process
联编一个程序 binding a program(me)
联冰脊 consolidated ridge
联丙烯 bipropenyl
联播台 affiliats
联测 tie-in; tie measurement
联测点 junction point; tie point; witness corner; witness mark
联测定标 corner accessory
联测定位 translocation
联测定位法 translocation mode
联测法 tying in
联测方位点 corner accessory
联测空间标 corner accessory
联产品 coproduct; joint product; multiproduct
联产品成本 combined cost; joint cost; joint product cost
联产品成本分摊法 joint product costing
联产品成本计算 joint products costing
联产品法 joint product method
联产品生产 joint product production
联撑 stretcher
联乘法 continued multiplication
联程出行 linked trip
联程票 coupon ticket
联储电信 Fedwire
联椽 binding rafter
联椽屋架 coupler roof construction
联窗门 door with sidelights; Venetian door
联带反射 synreflexia
联带费用 associated cost
联带函数 associated function
联单汇票 set of exchange
联调 integrated test
联顶节 landing joint
联动 gearing; interacting; interlock(ing); tandem drive
联动百叶式风口 grating with louvered[louvred] damper
联动曝光表 coupled exposure meter
联动比率 gearing rate
联动闭塞机 co-acting block; cooperating block
联动臂板信号 coupled semaphore signal
联动臂板信号机【铁】 coupled semaphore signal
联动柄箱 lever box
联动柄座 lever stand
联动测距器 coupled rangefinder
联动乘法器 linkage multiplier
联动单据 combined transport
联动档链系 gear chain
联动导轨 linkage guide
联动道岔 coupled points; coupled switch
联动的 connected axis; connected shaft
联动调谐 ganged tuning
联动调整系统 coordinated control system
联动发动机 coupled engine
联动附件 gearing attachment
联动复式道岔 <三开道岔> double turnout junction with switches worked by same lever
联动杆 interlock shaft
联动规划 coordinated planning
联动盒 gear box
联动活塞 coupled piston; slave piston
联动机构 aggregate unit; link gear
联动机件 transmission; transmittal
联动计算机 linkage computer
联动夹盘 universal chuck
联动交通信号 coordinating traffic signal
联动交通信号的反复协调 re-coordination
联动交通信号控制 coordinated traffic signal system
联动交通信号系统 system of coordinating traffic signal; systems of coordinating traffic signal
联动开关 coupled switch; ganged switch; linked switch
联动控制 coordinated control; gang control
联动控制器 coordinator
联动控制系统 coordinated control system; linked control system
联动栏木 coupled gates; sympathetic gates
联动链系 gear(ing) chain
联动轮 coupled wheel; engaged wheel
联动式 coordinated type
联动式交通信号 coordinating traffic signal
联动式信号 coordinated signal
联动手柄 co-acting lever; cooperating lever
联动锁 blocking lock
联动体系 coordinated system
联动跳闸 intertrip
联动握柄 co-acting lever; cooperating lever
联动系统 coordinated system; linked system; system of linkage
联动销 set bar
联动信号点 signal coordination points
联动信号台 synchronized beacon
联动信号系统 coordinated signal system
联动运行信号系统 coordinated movement signal system
联动轴 connected shaft; couple(d) axle; universal driving shaft
联动轴式机动车 motor vehicle with coupled axles
联动装卸法 house fall system
联动装卸方式 house fall system
联动装置 aggregate unit; common drive; group drive; interlocking device; interlocks; linkage; linkage device; linkage system; linkwork
联动子弹射孔器 simultaneous bullet gun perforator
联动组件 linkage unit
联斗铲运机 tandem bowl scraper
联斗轮式搅拌机 bucket wheel type

L

agitator
联斗式抽吸挖泥机 bucket wheel suction dredge(r)
联斗挖沟机 trencher ladder
联斗挖掘机 continuous excavator
联斗挖泥船 ladder dredge(r)
联断急闪光 group interrupted quick flashing light; quick flashing light with blinks
联顿光 group occulting light
联二苯 phenylbenzene; diphenyl
联方格网 lamella
联方体系 lamella system
联芳基合成 biaryl synthesis
联杆 bind member; brace piece; coupling rod
联杆传动 link drive; rod drive
联杆传动装置 linking gearing
联杆吊滑车组 yard-and-stay tackle
联杆吊货法 burtoning; burton system; burton tackle; double fall system; married fall system; shifting guy system; two-derrick boom cargo handling; union purchase system; yard-and-stay system
联杆吊货辘绳 married fall
联杆吊货索具 union purchase rig
联杆吊货装置 married gear; union gear
联杆吊架 link hanger
联杆索具 burtoning boom rig
联杆体 shank of connecting rod
联杆凸轮传动跳汰机 Hancock jig
联杆销 link pin
联杆作业吊货时的接钩手 burton man
联股 community of stock
联固板 binding strake
联管 connecting pipe
联管端堵 union ends checkstop
联管接 pipe union; union-screw coupling
联管接头 union joint
联管节 coupling; fitting union; pipe coupling; pipe union; tube union; union coupling; union joint; union ring; union-screw coupling
联管节扳手 union wrench
联管节旋转端 union swivel end
联管节柱螺栓 union stud
联管螺帽 union nut
联管螺母 union nut
联管器 union coupling
联管套节 union socket
联管箱 flow header; header; pipe header
联管肘管 union elbow
联管锥 union cone; union nipple; union spigot
联轨铁路 <为整个枢纽服务的> junction railway
联轨线 connecting line; junction line
联轨线表示器 junction indicator
联轨站 connecting station; junction; junction point; junction station
联轨站过轨调车 intermediate switching
联轨站信号机【铁】junction signal
联轨站信号楼 junction signal box
联轨站行车技术 junction operating technique
联轨站自动操作 automatic junction operation
联轨站最佳化技术 junction optimizing technique
联号 <业务经营上的联系> allied company; associated company; affiliate company
联号公司 affiliated company
联号企业 affiliated enterprise
联号商店 chain store; multiple shop
联号往来账 inter-branch account
联合 alliance; ally; amalgamate; anastomose; anastomosis [复 anastomoses]; assembly; associate; coalescence; coalition; combination; confederation; conjugate; conjugation; consociation; consolidation; junction; linking; tie-up; unification; unite
联合安装计划 joint installation plan
联合保险 blanket insurance; co-insurance
联合报表 combined statement
联合报价 combined offer
联合爆破 companion blasting
联合背书 joint endorsement
联合比色计 union colo(u)rimeter
联合比值方程 unity ratio equation
联合边缘分布 <三个随机变数联合分布的> joint marginal distribution
联合变量 joint variable
联合变压器 associated transformer
联合遍历随机过程 jointly ergodic random process
联合标号法 combined symbol system
联合标记 combined mark
联合财产 joint account
联合财务报表 conglomerate financial statement
联合裁切机 combination cutter
联合采购处 joint buying office
联合采掘机刀盘 cutting head
联合采矿机 continuous miner
联合采煤机 combined cutter loader; continuous miner; cutter loader
联合采煤机底座 cutter-loader bed
联合采煤机截盘 cutter-loader bar
联合采暖 combined heat supply
联合操纵系统 polar control; twist and steer control
联合操作 integrated operation
联合操作程序 joint operating procedure
联合操作中心 joint operation center [centre]
联合测试 combined test
联合测斜仪 combined inclinometer
联合层状结构 lamella roof structure
联合查询 conjunctive query
联合产品 joint product
联合产品法 joint product method
联合车站 joint station; union depot; union station
联合成本 associated cost; joint cost
联合成本方法论 joint-costing methodology
联合成本及普通分类账 combined cost and general ledger
联合承包方式 joint venture
联合承包商 cocontractor
联合城市 combined city
联合城市规划 allied city planning
联合冲积扇 coalescing alluvial fan
联合冲剪机 punching and shearing machine
联合筹资 joint funding
联合出价 combined offer
联合出口部 joint export department
联合出口代理人 joint export agent
联合出口代理商 joint export agent
联合除尘 mechanical and hydraulic combined dust removal
联合储备 combined storage
联合储库 combined storage hall
联合储水构造 combined storage structure
联合处理 co-disposal; combination treatment; combined treatment; joint treatment
联合处理工艺 combined process
联合处置 co-disposal
联合传动 group drive
联合船位 combined ship fix
联合次数函数 joint frequency function
联合存储器 associative memory
联合大梁 composite girder
联合代办所 joint agency
联合代理人 joint agent
联合代理商 joint agent
联合贷款 cofinancing; joint loan
联合单据 combined documents
联合单元 combined unit
联合单元结线 combine unit line connection
联合的 associated; associative; combinatorial; combined; conjoint; consolidated; federal; intermodal; joint
联合滴定 simultaneous titration
联合底脚 combined footing
联合底座 combined footing
联合抵押 blanket mortgage; mortgage pool
联合抵押人 co-mortgagor
联合抵押证券 mortgage securities pool
联合抵制 boycott
联合地槽 zeugogeosyncline
联合递价 joint bid(ding)
联合调查 joint investigation
联合调车场 combined yard
联合调度 joint operation
联合动作 team work
联合斗式提升机 combination bucket lifter
联合毒性 joint toxicity
联合毒性作用 joint toxicity action
联合堆场 combined store
联合堆垛机 combination stack
联合堆取料机 combined stacker-reclaimer
联合发电 cogeneration
联合发价 combined offer
联合发盘 combined offer
联合发起人 cosponsor
联合法提取 simex
联合法提取过程 simex process
联合反射 allied reflexes
联合泛滥平原 panplain
联合方差比检验 simultaneous variance ratio test
联合非参数区间 joint nonparametric confidence interval
联合费用 associated cost; joint cost
联合分布 joint distribution; simultaneous distribution
联合分布函数 joint distribution function
联合分类 connected classification
联合分配 joint distribution
联合分析 coalition analysis
联合粉磨 combined grinding
联合风 associated wind
联合封闭 combinated seal
联合浮动 joint float
联合符号 union of symbol
联合负载 connected load
联合盖板 combined capping slab
联合概率 joint probability
联合概率分布 joint probability distribution
联合概率分布函数 joint probability distribution function
联合概率函数 joint probability function
联合概率密度 joint probability density
联合概率密度函数 joint probability density function
联合干燥磨碎机 kiln mill
联合杆 combination lever
联合杠杆 combining leverage
联合杠杆效果 combined effect leverage
联合各态历经随机过程 jointly ergodic random process
联合给料机 combination feeder
联合耕作机 tiller combine
联合工程 associated works
联合工序分析 joint procedures analysis
联合工作组 joint working group
联合公报 joint communiqué
联合公路货运公司 < 美 > Consolidated Freightways
联合公司 allied company
联合公司发行的证券 securities issued by affiliated companies
联合供电网 electric(al) power pool
联合供给 joint supply
联合供热 combined heat supply
联合供应 joint supply
联合供应热电系统 cogeneration system
联合共同保险协议 joint common risks agreement
联合构造 united structure
联合构造剖面 combined structural sections
联合估计(值) joint estimate; joint estimation
联合古陆【地】Pangea; united paleocontinent
联合股份 combination of share
联合股份有限公司 joint stock limited partnership
联合固氮 associated nitrogen fixation
联合关闭和锁紧动作 combined closing and check action
联合观测 joint observation
联合观测值 joint observation value
联合管理 combined regulation; joint management
联合广播电台 affiliates
联合广告 collective advertising; cooperative advertising
联合广义刚度 combined generalized stiffness
联合规划法 unified program(me) planning
联合规则 joint project
联合国 United Nations
联合国标准调整委员会 United Nations Standards Coordinating Committee
联合国裁决 jurisprudence
联合国产品编号 United Nations serial number
联合国大厦 United Nations Secretarial Building; United Nations Headquarters Building
联合国发展局 United Nations Economic Development Administration
联合国发展论坛商业版 UN Development from Business Edition
联合国防止沙漠化会议 United Nations Conference on Prevention of Desertification
联合国非洲经济委员会 United Nations Economic Commission for Africa
联合国工业发展中心 United Nations Center for Industrial Development
联合国工业发展组织 United Nations Industrial Development Organization
联合国工业及发展基金 United Nations Industrial Development Fund
联合国工(业开)发组织 <联合国机构,在奥地利维也纳> United Nations Industrial Development Organization
联合国工业情报处 Industrial Infor-

mation Service(UN)

联合国工业中心 United Nations Centre for Industrial Development

联合国关税及贸易总协定 General Agreement on Tariff and Trade

联合国国际货物多式联运公约 United Nations Convention on International Multimodal Transport of Goods

联合国国际贸易法律委员会 United Nations Commission on International Trade Law

联合国海洋公约 United Nations Convention on the Law of the Sea

联合国海洋会议 United Nations Laws of the Sea Conference

联合国合同条款附件 appendixes to UN conditions

联合国环境方案基金作业总则 General Procedures Governing the Operations of the Fund of United Nations Environmental Program(me)

联合国环境规划管理理事会 Governing Council of the United Nations Environment Program(me)

联合国环境规划署 <联合国机构,肯尼亚内罗毕> United Nations Environmental Program(me)

联合国环境规划委员会 United Nations Environmental Program(me)

联合国环境会议 United Nations Environmental Conference

联合国环境基金 United Nations Environmental Fund

联合国环境计划基金作业总则 General Procedures Governing the Operations of the Fund of United Nations Environment

联合国环境特别委员会 United Nations Special Commission on Environment

联合国环境与发展会议 United Nations Conference on Environment and Development

联合国计划 United Nations plan

联合国技术援助方案 United Nations program(me) of technical assistance

联合国技术援助管理处 United Nations Technical Assistance Administration

联合国技术援助局 United Nations Technical Assistance Administration

联合国技术援助理事会 United Nations Technical Assistance Board

联合国技术援助业务局 United Nations Bureau of Technical Assistance Operations

联合国教育发展组织 United Nations Educational Development Organization; United Nations Educational Organization

联合国教(育)科(学及)文(化)组织 <联合国机构,设在法国巴黎> United Nations Educational, Scientific and Cultural Organization

联合国教(育)科学文化组织科学部 United Nations Educational and Scientific and Cultural organization Division of Water Science

联合国经济发展手册 manual on Economic Development Projects

联合国经济和社会理事会 United Nations Economic and Social Council

联合国经济社会理事会 United Nation Economic and Social Council

联合国经济社会事务部 United Nation Department of Economic and Social Affair

联合国经济社会资料中心 United Nations Centre for Economic and Social Information

联合国救灾处 United Nations Disaster Relief Office

联合国救灾协调专员办事处 United Nations Disaster Relief Office; United Nations Office of Public Information

联合国开发计划署 <联合国机构,美国纽约> United Nations Development Program(me)

联合国科技情报系统 United Nations Information System in Science and Technology

联合国科教文组织 United Nations Educational Scientific and Culture Organization

联合国科学技术开发会议 United Nations Conference on Science and Technology for Development

联合国科学技术咨询委员会 Advisory Committee on Science and Technology, UN

联合国跨国公司委员会 UN Commission Transnational Corporation

联合国拉丁美洲经济委员会 UN Economic Commission for Latin American

联合国粮农组织 Food and Agricultural Organization of the United Nations; United Nations Food and Agriculture Organization

联合国粮食及农业组织 Food and Agriculture Organization of the United Nations

联合国贸易单据固定格式 United Nations Layout Key for Trade Documents

联合国贸易和发展会议 United Nations Conference on Trade and Development

联合国难民事务高级专员办事处 United Nations High Commissioner for Refugees

联合国欧洲经济委员会 United Nations Economic Commission for Europe

联合国气候变化框架公约 United Nations Framework Convention on Climate Change

联合国情报服务站 United Nations Information Service

联合国情报组织 United Nations Information Organization

联合国全系统中期环境方案 The United Nations whole System Midterm Environmental Scheme

联合国人口活动基金 United Nations Fund for Population Activities

联合国人类环境会议 United Nations Conference on the Human Environment; United Nations Human Environment Conference

联合国人类环境会议宣言 Declaration of United Nations Conference Human Environment

联合国人类居住中心 United Nations Centre for Human Settlements

联合国人类住区会议 United Nations Conference on Human Settlements

联合国人类住区委员会 United Nations Commission on Human Settlements

联合国善后救济总署 United Nations Relief and Rehabilitation Administration

联合国社会发展研究所 United Nations Research Institute for Social Development

联合国社会防护研究所 United Nations Social Defence Research Institute

联合国生境和人类住区基金会 United Nations Habitat and Human Settlement Foundation

联合国生境人类住区会议 United Nations Conference on Human Settlements

联合国十年发展计划 United Nations Development Decade; United Nations development plan

联合国世界知识产权组织 United Nations World Intellectual Property Organization

联合国水事会议 United Nations Water Conference

联合国特别基金 United Nations Special Fund

联合国铁路小组委员会 Railway Subcommittee of the United Nations

联合国统计局 United Nations Statistical Office

联合国宪章 Charter of the United Nations

联合国新能源及可再生能源会议 United Nations Conference on New and Renewable Sources of Energy

联合国训练研究所 United Nations Institute for Training and Research

联合国训练研究学院 United Nations Institute for Training and Research

联合国亚太经济社会 United Nations Economic and Social Commission for Asia and Pacific

联合国亚洲及远东经济委员会 United Nations Economic Commission for Asia and the Far East

联合国与农业组织 Food and Agricultue Organization of the United Nations

联合国原子辐射影响科学委员会 United Nations Scientific Committee on the Effects of Atomic Radiation

联合国原子能委员会 United Nation Organization Atomic Energy Commission

联合国住房、建设与规划中心 United Nations Center for Housing, Building and Planning

联合国专门机构 specialized agency of the United Nations

联合国资本开发基金 United Nations Capital Development Fund

联合国资源和运输处 Resources & Transport Division of United Nations

联合国自然资源勘探循环基金 United Nations Revolving Fund for Natural Resources Exploration

联合国自然资源能源和运输中心 Center for Natural Resources, Energy and Transport

联合国自然资源、能源和运输中心 United Nations Centre for Natural Resources, Energy and Transport

联合国总部大厦 United Nations Building

联合国组织 United Nations Organizations

联合过程 combined process

联合海事委员会 Joint Maritime Committee

联合海外交换台 joint overseas switchboard

联合好氧处理工艺 combined aerobic treatment process

联合号笛系统 combined whistle system

联合弧 combination arc; conjunction(al) arc

联合弧形构造 conjunct arc structure

联合化学公司 <美> Allied Chemical Corporation

联合黄油搅拌器 combined churn

联合会 association; federal; federation; league; union

联合绘图 an-line plot

联合绘图机 an-line plotter

联合混凝系统 combination coagulation system

联合火控系统 integrated fire control system

联合货船 combination carrier

联合货物集装箱有限公司 <英国伦敦> United Cargo Containers Ltd.

联合货运制 joint cargo system

联合机 combination machine

联合机床 bastard machine tool

联合机理 association mechanism

联合机能试验 combine functional test

联合机务段 <客货联合或各路联合> joint locomotive terminal

联合机械 combination machinery; combine

联合机组 aggregate unit; combined unit; integral unit

联合机座 unified base

联合基础 combined footing; combined foundation

联合基脚 connected footing

联合集团 corporation; joint group

联合计算机系统 federated computer system

联合技术规划委员会 Joint Technical Planning Committee

联合技术委员会 Joint Technical Committee

联合检查 joint inspection; joint survey

联合检查船 joint inspection ship

联合检查证 joint inspection certificate

联合交会 combined intersection

联合截煤机 coal-cutter-loader

联合经理人 co-manager

联合经营 combination deal; combined management; joint management; joint undertaking; joint venture; unitization

联合经营商行 joint venture firm

联合经营体 joint venture

联合经营协议 pooling agreement

联合井 combination well

联合净化厂 joint purification plant

联合拒绝购买 boycott

联合拒绝使用 boycott

联合决算表 combined statement

联合决议草案 joint draft resolution

联合掘进机 continuous mining machine; helldriver; mechanical heading machine; mechanical mole; tunnel(l)ing boring machine; heldiver <斜井用>

联合开采 combined working

联合开采方式 type of combined mining

联合开发 joint development

联合开拓 combined development

联合开拓法 combined development method

联合科学委员会 Joint Science Committee

联合科研项目 joint scientific research project

联合控制 combination control; joint control

联合劳动 joint labo(u)r

联合类型 union type

联合历经随机过程 jointly ergodic random process

联合炼油厂 integrated refinery

联合梁 composite beam
联合梁桥 composite beam bridge
联合了的 united
联合裂化 combination cracking
联合路由 joint route
联合磨 combination mill
联合磨管机 combination tube mill
联合目录 joint catalog(ue); union catalog(ue)
联合泥石锥 coalescent debris cone
联合年金 joint annuity
联合耦合 unity coupling
联合排放 joint disposal
联合排水 cooperative drainage
联合配额 combination quota
联合配线盘 combined main and intermediate distributing frame
联合喷嘴 combining cone
联合票价制 intermodal tariff system
联合票据 joint note
联合频率分布 joint frequency distribution
联合频率函数 joint frequency function
联合平差 combined adjustment; simultaneous adjustment
联合平稳随机过程 jointly stationary random process
联合评估 joint appraisal
联合破碎过筛机 combined crushing and screening plant
联合剖面 composite profile
联合剖面地改参数【地】parameter of topographic(al) correction of combined profiles
联合剖面法 combined profiling method
联合剖面曲线 combined profiling curve
联合剖面装置 array for combined profiling
联合铺路机 all-in-one pav(i)er; combined paver; paving train
联合铺面机 paving train
联合企业 joint venture; associated enterprise; combine; conglomerate; conglomerate corporation; integrated complex; integrate enterprise; joint(ad) venture; joint enterprise; joint undertaking; Kartel; merger; trust
联合气门 <主气门和节流气门的> combined emergency stop and governing valve
联合气象局 Joint Meteorologic(al) Board
联合气象委员会 Joint Meteorologic(al) Committee
联合汽轮机 combination turbine; combined turbine
联合签署 joint signature
联合强度理论 combining strength criterion
联合驱动 range drive
联合群落 union
联合燃具 combined appliance
联合燃烧器 combination burner; combined burner
联合日期 joint occupancy date
联合熔接法 union-melt process
联合融资 cofinancing; joint financing
联合撒布机 <能喷洒沥青及撒布石屑> combination spreader; distributor-spreader
联合三极测深 combined three-electrode sounding
联合三极测深曲线 curve of combined three electrode sounding
联合散射 combinative scattering
联合散射效应 combined dispersion effect
联合山麓侵蚀面 desert peneplain; desert plain panfan; pediplain; pediplane
联合扇形洗涤器 combination fan scrubber
联合设备 joint facility
联合设备收益 joint facility income
联合设备租金 joint facility rent
联合设计 joint design
联合设计会 design liaison meeting
联合伸缩仪 combined extensometer
联合审计 joint audit
联合生产 joint production
联合生产成本 joint production cost
联合生产法 combined process
联合声明 joint declaration; joint statement
联合湿式洗涤器 combination wet scrubber
联合实施 joint implementation
联合使用灌溉规划 <地表水和地下水的> conjunctive irrigation planning
联合使用货车 <铁路合作组织> common use of wagons
联合市场研究 syndicated market research
联合式衬砌 double lining
联合式机械 combine machinery
联合式基础 combined column footing
联合式交通管理 traffic control of combined system
联合式街沟 combined curb-and-gutter
联合式皮带运输机 reunion
联合式数据库 union database
联合式屋顶 zebra roof
联合式压力表 multiple manometer
联合式压力计 multiple manometer
联合式压实机 combination compactor
联合式轧机 combination mill
联合式制造业 combination-type of industry
联合式柱脚 combined column footing
联合事件 joint event
联合事件熵 entropy of joint event
联合视察单位 joint inspection unit
联合视察组 joint inspection unit
联合试车 combined-test run
联合试运转费 combining running-in fee
联合收费 joint rate
联合收割 combining
联合收割机 combine; combine-harvester
联合收割机滑板 combine apron
联合收割机壳体 combine body
联合收获机 harvester thresher
联合枢纽 <几条铁路或客货运输的> joint terminal
联合疏干 combined dewatering
联合输电系统 integrated transmission system
联合输送机 unit conveyer[conveyor]
联合双边援助 associated bilateral aid
联合水轮机 combination turbine; combined turbine
联合水源 combined water source
联合水源保护 united water conservation district
联合随机变量 joint random variable
联合随机变数 joint random variable
联合随机过程 jointly random process
联合碎石机组 crushing plant
联合台风警报中心 <美国海空军> Joint Typhoon Warning Center
联合碳化物 union carbide
联合提供的标书 combined offer
联合体 consortium
联合体成员 member of a consortium
联合体负责人 partner in charge
联合体责任方 partner in charge
联合体主办人 partner in charge
联合铁路 joint railway
联合铁路技术机构 <英> Associated Rail Technologies
联合铁路客运枢纽 joint railway passenger terminal
联合通风 natural and mechanical combined ventilation
联合通风系统 combined system of ventilation; combined ventilation system
联合通融资金 joint financing
联合通信[讯] integrated communication
联合通信[讯]局 integrated communication agency
联合通信[讯]设备 joint communication facility
联合通信[讯]站 integrated communication activity
联合通信[讯]指令 integrated communication instruction
联合通信[讯]中心 integrated communication center[centre]
联合投标 joint bid(ding); joint tender; joint ventures bidder; tied bids
联合投配器 agrocement batcher
联合投资 joint financing
联合投资节约金 joint saving
联合投资企业 joint equity venture
联合投资组织 investment pool
联合透平 combination turbine; combined turbine
联合凸缘 companion flange
联合图像专家组 joint photograph expert group
联合挖泥机 combined dredge(r)
联合弯曲 combined flexure
联合王国 <即英国> United Kingdom
联合王国运输部 <英> UK Department of Transport
联合委托管理人 co-trustee
联合委员会 joint commission; joint committee
联合温床 hotbed combine
联合文丘里洗涤器 combination Venturi scrubber
联合涡轮机 combination turbine; combined turbine
联合污染物指数 combined pollutant index
联合污染指数 combined pollutant index
联合污水处理 combined wastewater treatment
联合洗井 combined well cleaning
联合系统 complex system
联合纤维 association fiber
联合线路 affiliated circuit; joint circuit; joint lines <一种铁路合并方式>
联合项目 joint project
联合协定 joint agreement
联合斜面 combination bevel
联合卸车装置 combination unloading installation
联合信贷 joint credit
联合信贷公司 cooperative credit association; mutual loan society
联合信息量 joint information content
联合信誉 consolidated goodwill
联合行动 joint action
联合行动议程 joint agenda for action
联合型调节器的传动 combination actuator
联合型绳卡 union rope socket
联合序列形式 combined sequential format
联合选择模型【交】joint choice model
联合循环 combined cycle
联合压机 combination-type press; gang press
联合压捆机 combine baler
联合研究 joint study
联合研究中心 <欧洲共同体委员会的> Joint Research Centre
联合养护 <混凝土用空气和水> combined air and water curing
联合要价 joint bid(ding)
联合依变数 jointly dependent variable
联合溢出域 overflow pool
联合银行 <由其他银行入股组成的银行> consortium bank
联合营业 joint business
联合用户组 joint users group
联合游动滑车 <与起重钩一体的> combination traveling block
联合预算 combination budget
联合运动 associated movement
联合运价(率) combined rate; joint rate
联合运输 combined traffic; combined transport(ation); intermodal transportation; direct traffic; joint traffic
联合运输单据 combined transport document
联合运输单证 combined transport document
联合运输费用 joint charges
联合运输经营人 combined transport operator
联合运输提单 combined transport bill of lading
联合运输系统 integrated transport system; intermodol transportation system
联合运输协定 intermodal agreement
联合运算 join operation
联合运算中心 join operations centre
联合运行 cooperation
联合运行电站 cooperating plants
联合运行装置 joint operation device
联合运营 joint working
联合运用 joint use; coordinated operation <一种水利工程操作方法>
联合载荷 connected load
联合轧钢机 combination mill
联合债权人 co-ownership
联合债务人 co-obligor
联合占用日期 joint occupancy date
联合账户 joint account
联合招标 joint invitation to tender
联合照会 note collective
联合真空压力泵 combined suction and force pump
联合震中测定法 method of joint epicenter determination
联合支柱 compound pier
联合止水 combined water sealing
联合指挥部 integrated command
联合制 combinatus; merger system; system of coalition
联合治疗 therapeutic alliance
联合主席 cochairman
联合柱基 combined footing
联合柱座 combined column footing
联合筑路机 <在一次行程中完成全部工序的筑路机> one-pass machine; all-in-one pav(i)er
联合转移原则 principle of associative shifting
联合桩基 combined pile footing; combined pile foundation
联合装车装置 combination loading installation
联合装置 combination plant; combination unit; complex; integrated unit; uniset
联合资本 joint capital

联合租赁 joint tenancy
联合租赁房产 joint estate
联合租赁者 joint tenant
联合组织 merger
联合钻眼法 combination drilling
联合最大化 joint maximization
联合作业 integration of operation; joint venture
联合作用 combined action; joint action
联互光 group alternating light
联环 connecting ring
联茴香胺橙 dianisidine orange
联会期 synaptic stage
联机 in-line; logging; on-line
联机帮助 on-line help
联机报警 on-line alarm
联机闭环 on-line closed loop
联机编辑法 on-line editing
联机编码 in-line coding
联机采集 on-line acquisition
联机操作 on-line operation; on-line processing; on-line working
联机测试 on-line test(ing)
联机测试系统 on-line test system
联机查询 on-line reference
联机查询打字机 on-line inquiry typewriter
联机沉淀器 on-line respirometer
联机成批处理 on-line batch processing
联机成批处理系统 on-line batch processing system
联机程序 in-line procedure
联机程序调试 on-line debug(ging); on-line program(me) debugging
联机程序调整 debugging on-line; on-line debug(ging)
联机出纳系统 on-line teller system
联机处理 in-line processing; on-line processing
联机处理机 on-line processor
联机处理优化 on-line processing optimization
联机传动 in-line drive
联机磁盘 on-line disc[disk]
联机存储器 on-line storage (unit); on-line memory
联机地下水水质监测站 on-line groundwater quality monitoring station
联机定题检索 on-line definite subject retrieval
联机定题情报服务 selective dissemination of information on-line
联机独立后援程序 on-line stand-alone support program(me)
联机方式 on-line mode
联机分析 on-line analysis
联机伏安污水分析仪 on-line voltammetric wastewater analyser[analyzer]
联机服务 on-line service
联机工作 on-line operation; on-line working
联机故障检测 on-line fault detection
联机洪水演算 on-line flow routing
联机呼吸计 on-line respiration meter
联机绘图机【计】on-line plotter
联机计算 on-line computation
联机计算机 on-line computer
联机计算机设备 on-line computer system
联机计算机系统 on-line computer system
联机记录设备【计】on-line recording device
联机记录装置 on-line recording device
联机监视【计】on-line monitoring
联机监听机 on-line monitor
联机检测 on-line detection
联机检查程序 on-line test routine
联机检错 debug on-line
联机检索 on-line retrieval; on-line searching
联机检验 on-line test(ing)
联机检验程序 on-line test program(me); on-line test routine
联机键 attention key
联机交互 on-line interaction
联机交互系统 on-line interactive system
联机交通模型 on-line traffic model
联机接线器 on-line adapter
联机空中三角测量 on-line aerophotogrammetric triangulation; on-line aerotriangulation
联机控制 on-line control
联机控制系统 on-line control system
联机离散数据获取系统 on-line discrete data acquisition system
联机流量演算 on-line flow routing
联机密码 on-line cipher
联机描绘器 on-line plotter
联机命令语言 on-line command language
联机命题语言 on-line command language
联机排除错误 debug on-line
联机批量处理 on-line batch processing
联机求助 on-line help
联机容量 on-line capacity
联机设备 in-line equipment; on-line equipment; on-line unit
联机实时操作 on-line real-time operation
联机实时处理 on-line real-time processing
联机实时控制 on-line real-time control
联机实时数据基组系统 <关于车辆运行记录> on-line real-time data base system
联机实时系统 on-line real-time system
联机试验 on-line test(ing)
联机输出 on-line output
联机输入 on-line input
联机输入设备【计】on-line input device
联机输入装置 on-line input device
联机数据【计】on-line data
联机数据处理 on-line data process(ing); on-line handling
联机数据简化 on-line data reduction
联机数据库系统 on-line data base system
联机数据立即处理 on-line data reduction
联机数据收集 on-line data collection
联机数据整理 on-line data reduction
联机数字化 on-line digitizing
联机数字化系统 digitising on-line system; on-line digitising system
联机数字输出 on-line digital output
联机数字输入 on-line digital input
联机数字图像复原 on-line digital image restoration
联机水质监测仪 on-line water quality monitoring instrument
联机调试 debugging on-line; on-line debug(ging)
联机调试技术 on-line debugging technique
联机调整 on-line adjustment
联机通信[讯] on-line communication
联机通信[讯]系统 communication based system
联机图灵机 on-line Turing machine
联机图像 on-line image
联机图形【计】on-line pattern
联机外围设备测试 on-line peripheral test
联机外围同时操作 simultaneous peripheral operation on line
联机文件 on-line file
联机文献检索【计】on-line bibliographic searching
联机问答系统 on-line question and answer system
联机系统 on-line system
联机系统化 on-line systematization
联机线路设计程序 on-line circuit design program(me)
联机线模拟量输出 on-line analog(ue) output
联机线模拟量输入 on-line analog(ue) input
联机修改 vary on-line
联机询问(站) on-line query; real-time remote inquiry
联机延时系统 on-line delayed time system
联机银行业务系统 on-line banking system
联机隐式计算 on-line implicit calculation
联机印刷装置 on-line printer
联机应用 on-line application
联机预报 on-line forecasting
联机运算 on-line operation
联机诊断 on-line diagnosis; on-line diagnostics
联机指示灯 on-line light
联机中断 attention interrupt(ion)
联机中央文件 on-line central file
联机终端 on-line terminal
联机终端测试 on-line terminal test
联机终端装置 on-line terminal
联机装置 on-line equipment; on-line unit
联机咨询 on-line interrogation
联机子程序 in-line subroutine
联机作业 on-line job
联机作业法 direct mode operation; on-line mode operation
联级板 cell connector
联检 joint inspection
联检船 joint inspection boat
联结 couple; bind(ing); chain connection; tie; articulation; splice; splicing wire; conjunction; copulation; hooking up; interlock; link-up
联结扒钉 crowfoot[复 crowfeet]
联结板 splice plate; coupling disc [disk]; joint cover(ing); rail splice
联结板螺栓 splice bolt
联结板桩 junction pile
联结泵 tandem-type pump
联结不稳定性 connective instability
联结层【道】binder course; binding course; binding layer
联结层材料 binder course material
联结插头 couple lug; pivot lug
联结插座 coupler socket
联结插座盖 coupler socket lid
联结沉淀 coherent precipitate
联结衬套 union coupling sleeve
联结尺寸 coupling dimension
联结椽 binding rafter
联结次优性 connective suboptimality
联结大梁 braced girder; bracing girder
联结的 braced; coupling
联结的大型屋面槽瓦 interlocking tile
联结登机桥 jetway
联结地面交通 access interface
联结地下水 attached ground water
联结点 brace point; junction point; point of attachment; wiring point; connection point; tying point
联结点坐标 tiepoint coordinates
联结电缆 tie cable
联结垫圈 joint ring
联结墩 braced pier
联结墩系 braced pier system
联结阀 coupled valve; coupling valve
联结法兰 coupling flange
联结方式 mode of connection
联结飞行 flight interface
联结缝 coupling link
联结杆 brace member; connecting rod; tie rod; union lever; brace rod; connecting link; joining beam; main tie; coupling link; attachment link; binding rod; coupling rod; pitman; reach rod
联结杆件 bridge member
联结格栅 binder; binding joist
联结各点 spline the points
联结工程 bridging work
联结工具 <抽筒钢丝绳的> knitting needle
联结工作 bridging work
联结拱梁 linked arched girder
联结钩 coupler hook; coupling hook
联结构架 braced forming; braced frame; braced framing; bracing frame; full frame
联结箍条 binding strake
联结管 union pipe; union joint
联结管道 connector
联结管线 connector
联结轨 make-up rail
联结轨道 junction rail
联结盒 coupling box
联结环 attachment ring; connecting link; drawbar ring; guilloche; shackle bar; split link; split ring
联结环节 connecting link
联结环上的钩 shackle hook
联结环上的螺栓 shackle bolt
联结环线 connecting loop line
联结环形构造 interlocking ring structures
联结机件用的螺钉 machine screw
联结基础 combined footing
联结剂 coupler
联结架 headstock
联结间期 coupling interval
联结检验 articulation test
联结件 binding piece; coupler; tie piece
联结渐近稳定性 connective asymptotic stability
联结角 angle of attachment
联结角钢 angle cleat
联结节 coupling
联结井 junction well
联结卡子 coupling pawl
联结考察 combined study
联结靠船墩 braced dolphin
联结可达性 connective reachability
联结可达有向图 connectively reachable digraph
联结块 brace block
联结链 connecting chain; attachment chain; coupling chain
联结链环 coupling link
联结梁 bracing beam; binding beam; articulated beam; connecting beam
联结螺钉 coupling screw
联结螺帽 coupling nut
联结螺母 coupling nut
联结螺栓 binder bolt; binding bolt; connection bolt; coupling bolt; attachment bolt; binder bolt; coupling bolt
联结门 braced door
联结面 bracing plane
联结模式 link model
联结膜 junctional membrane

联结摩擦 < 钢榫墙 > interlock friction
联结器 coupler;coupling;coupling gear;coupling piece;articulator;link coupling; unitor; cell connector; Hooke's joint < 电气输送用的 >
联结器分离链 uncoupling chain
联结器杆 binder stud
联结器钩环 shackle of coupling
联结器换向机构 coupling change(ment)
联结器拉条 coupler brace
联结器链 < 暖汽 > coupler chain
联结器螺栓 coupling bolt
联结器牵挽挡铁 coupler draft casting
联结器套 coupler casing
联结器托架 coupling bracket
联结器箱 coupling box
联结器销 binder stud
联结器柱 binder stud
联结器爪 coupling pawl
联结强度 strength of connection
联结曲柄 brace
联结曲拐 coupling crank
联结曲线 connecting curve
联结圈 joint ring
联结软管 coupling hose(pipe)
联结三通旋塞 union three way cock
联结设计 design of connections
联结石 bond stone
联结式 coupled
联结式履带拖拉机 quad-track
联结式桥墩 braced(bridge)pier
联结室 junction chamber
联结枢 coupling pin
联结说 connection theory
联结套 coupling sleeve
联结套管 union coupling sleeve
联结套筒 coupling sleeve;joint coupling;joint sleeve
联结体 connecting body
联结体 interlocking matrix; union body
联结填料 bonding pad
联结条 bracing beam
联结条件 junction condition
联结尾管 union tail
联结稳定性 connective stability
联结稳定域 region of connective stability
联结蜗壳底盘 volute casing cover
联结物 connective
联结系(统) brace[bracing] system; bridging system;link system
联结现象 anastomosis[复 anastomoses]
联结线 connecting line;tie line
联结限制 interconnection restriction
联结销 coupling pin;link pin
联结形式 type of joints
联结性 connectivity
联结旋塞 coupling cock;union cock
联结翼板 coupling flange
联结因素 compendency
联结用槽 groove for coupling
联结圆板 coupling disc[disk]
联结运算 connective operation
联结在一起 interknot
联结支撑 braced strut
联结支渠的检查井 branch manhole
联结中心 link center[centre]
联结轴 coupling shaft;coupling axle; universal-jointed shaft;link shaft
联结轴凸缘 coupling flange
联结装置 coupler; coupling device; coupling gear; fastening device; hitch;hookup mechanism
联结装置起落千斤顶 hitch lifting jack
联结装置球窝 hitch ball socket
联结状态标记 interface status flag
联结最终有界性 connective ultimate boundedness
联结作用 bridging action;connecting action
联解法 method of resultant
联觉 synesthesia
联孔 open cell
联控台 integrated console
联块体 block structure
联快闪光 group quick light
联廊 hyphen
联牢的 butted
联犁 gang plough;gang plow
联犁机 gang rooter
联立变数 simultaneous variables
联立不等式 simultaneous inequalities
联立常微分方程 simultaneous ordinary differential equation
联立城镇住房 townhouse dwelling
联立程序 coroutine
联立的 simultaneous
联立反应 simultaneous reaction
联立方程估计 simultaneous equations estimate
联立方程式 set of equations;simultaneous equations
联立方程组 simultaneous equations; simultaneous equations system; simultaneous system of equations; system of simultaneous equations
联立方程组方法 simultaneous equations method; simultaneous equations technique
联立方程组估计量 simultaneous equations estimator
联立房屋 row house
联立解 simultaneous solution
联立偏微分方程 simultaneous partial differential equation
联立全等 simultaneous congruence
联立三次方程 simultaneous cubic(al)equations
联立式住宅 dwelling attached; row home;semi-detached dwelling
联立式住宅单元 row-house-type dwelling unit
联立式住宅发展 row-house-type development
联立微分方程 simultaneous difference equation; simultaneous differential equation
联立线性方程式 simultaneous linear equations
联立效应 simultaneous effect
联立住宅组群 group house
联梁 binding beam;tie beam
联列拌和机 tandem mixer
联列的 multiple unit
联列式混凝土搅拌机 tandem concrete mixer
联列式搅拌机 tandem mixer
联列式住宅区 terrace-house development
联六苯 sexiphenyl
联隆地槽 zeugogeosyncline
联络 affiliation; communication; contact; handshaking; intercommunication;liaison;link-up
联络变压器 coupling transformer;interconnecting transformer; tie-in transformer
联络测线 joint line
联络测线闭合 tie line closure
联络车 shuttle bus
联络处 liaison office
联络船 advice boat;linking-up ship
联络道 connecting road;linking taxiway connecting
联络道路 interconnecting road
联络灯 assignment lamp
联络点 focal point;tie point
联络电话扩音器 talk-back speaker
联络电话设备 order line equipment
联络渡线 connecting crossover
联络阀 communication valve
联络飞机 liaison aeroplane
联络符号 < 闭塞机的 > communicating code
联络干线 interconnecting main; tie trunk
联络公司 affiliated company
联络股权 affiliated interests
联络会议 liaison meeting
联络简报 liaison bullet
联络开关 interconnecting switch; interconnection switch;linked switch
联络坑道 connecting adit;connecting gallery;cross-cut
联络坑道口 connecting adit
联络馈线 interconnecting feeder; interconnection tie
联络门 communicating door
联络门锁 communicating door lock
联络母线 interbus
联络母线变压器 interbus transformer
联络桥 advice boat
联络区 association area
联络渠道 communication channel
联络塞孔 connecting jack
联络丝 connecting strand;connecting thread
联络索 connecting strand
联络台 interception desk
联络铁路(线) connecting railroad; connecting railway; connecting track; junction railway; switching railroad < 美 >
联络艇 crew boat
联络通道 connecting passage
联络通话电路 talk-back circuit
联络网 liaison net
联络系数 coefficient of connection
联络线 bridge line;bridge road;bridging road;call wire;connecting line; connecting railway; connecting track;interconnect;junctor;lead in wire;link line;order wire;service wire;tie line;linking-up road < 厂矿等 >
联络线分配器 order wire distributor
联络线(捷径)关闭 closure of cut-off
联络线开关柜 connection cubicle
联络线路 interconnector;link circuit
联络线配电盘 junctor group frame
联络线振荡 tie line oscillation
联络巷道 cross head(ing); cut-through;dog hole;jitty;gate road < 采矿区内 >
联络巷道端部转载运输机 gate end conveyer[conveyor]
联络巷道端部装载机 gate end loader
联络小风巷 bolt hole
联络小巷 holding-through; thirling; througher;upset
联络小巷道 jitty
联络斜坡台 connecting ramp
联络信号 < 用手旗、灯、口笛、汽笛、风笛等显示的 > communicating signal
联络信号系统 communicating signal system
联络信号转换器 signal(l)ing translator
联络信号装置 < 客车与机车间 > communicating signal appliance
联络性 connectedness
联络用无线电设备 liaison-radio set
联络员 communicator;jointer;liaison man
联络运输 interline traffic
联络站 interface location
联络站台 < 连接基本站台和中间站台 > connecting platform
联络缀性 connectivity
联锚链环 club link
联锚卸机 bending shackle; club shackle; end shackle; harp-shaped shackle
联锚卸扣 bending shackle; club shackle; end shackle; harp-shaped shackle
联盟 alliance; association; coalition; confederation;federation
联盟变更 coalition change
联盟成员(局)administration member of an association
联盟的值 value of coalition
联盟结构 coalition structure
联名保管(户)joint custody
联名被保险 co-insured
联名票据 joint note
联名账户 < 银行的 > joint account
联明暗光 group occulting light
联明暗互光 alternating group occulting
联模 gang mo(u)ld
联排式多户住宅 continuous house
联排式住宅 row dwelling; row house;terrace house
联配摄影机 coupled camera
联配像片 composite photograph
联片供热 group heating
联票 combined ticket;coupon ticket
联剖交点性质 property of intersecting point in combined profiling method
联剖曲线弦切距 bowstring tangent distance of combined profile curve
联渠 connecting canal;connection canal;junction canal
联三苯 terphenyl
联闪光 group-flashing light
联闪互光 alternating group flashing (light)
联甚快闪光 group very quick light
联生藻类 adnate alga
联式泵 duplex pump
联式房屋 < 一宅分两家住的房屋,美国 > duplex house
联式房屋(平面)布置 duplex planning
联式机械泵 duplex mechanical pump
联署人 co-signatory;co-signer[co-signor]
联署者 co-signatory
联锁 blocking; hold positively; interdigitation;interlink;interlocks;linkage;linking;locking;lock positively
联锁报警器 interlock alarm
联锁闭塞 controlled block; interlocked block; interlocking block; lock and block
联锁闭塞机 interlocked block instrument; interlocking block instrument; lock-and-block apparatus; lock and block instrument
联锁闭塞区间【铁】interlocking block
联锁闭塞系统 block interlocking system;interlocking block system
联锁闭塞制 block interlocking system;lock-and-block system
联锁闭塞装置 interlocking block system
联锁编辑程序 linkage editor
联锁标准规则 Standard Code of Interlocking Rules
联锁表 interlocking chart; interlocking table; locking list; locking sheet;locking table
联锁表示器 interlocking indicator

L

联锁波导管 interlocked type waveguide
联锁部件 interlocking unit
联锁操作 interlocked operation
联锁操作图 manipulation chart
联锁操作员 interlocking operator
联锁槽 locking tray
联锁齿轮 interlocking gear
联锁触点 auxiliary contact; block contact; interlocking contact; locking contact
联锁触头 block contact; interlocking contact; locking contact
联锁床 lock box; locking tray; tower lock instrument
联锁磁铁 interlocking electromagnet
联锁单元 interlocking unit
联锁挡土板 tight sheathing
联锁刀 interlocking cutter
联锁刀具 interlocking cutter
联锁道岔【铁】interlocked switch; interlocked turnout; interlocked points
联锁(道口)栏木 interlocked gate
联锁的 blocked
联锁电磁铁 interlocking electromagnet
联锁电路 interlock(ing) circuit
联锁渡线 interlocked crossover
联锁断路器 interlocked circuit breaker
联锁阀 interlock valve
联锁法 interlocking
联锁范围 interlocked zone; interlocking area; interlocking limit; interlocking zone
联锁方式 interlock system
联锁分道叉 interlocked switch
联锁分类法 chain procedure
联锁缝 interlocking joint
联锁杆 blocking lever; interlocking bar; locking lever; locking link
联锁缸 interlock cylinder
联锁钢板桩 interlocking sheeting; interlocking steel sheet piles
联锁关系 interlocking relation
联锁规则 interlocking rule
联锁轨道布置 interlocking track layout
联锁轨道设计 interlocking track layout
联锁盒 bolt-lock
联锁护坡 interlocking revetment
联锁环 interlocking ring
联锁回路 interlock circuit
联锁机 interlocking (control) machine; interlocking plant
联锁机闭止把 interlocking machine latch
联锁机构 interlocking gear; interlocking mechanism
联锁机故障 interlocking machine failure
联锁机拐肘座 crank locking frame
联锁机柜 machine cabinet
联锁机架 machine frame
联锁机控制盘 interlocking(machine) panel
联锁机平衡锤 interlocking frame counterbalance
联锁机手柄 interlocking machine lever
联锁机托架 lock(ing) bracket
联锁机握柄 interlocking machine lever
联锁机握柄架 crank locking frame
联锁机握柄止台 interlocking frame quadrant; machine quadrant
联锁机重锤 interlocking frame counterbalance
联锁计算机柜 interlocking computer box
联锁继电器 block(ing) relay; interlock(ing) relay; latched relay; lockout relay; relay with latching
联锁架 interlocking frame
联锁件 locking material
联锁接点 interlocking contact
联锁接合 interlocking joint
联锁开关 interlocked switch; interlocking switch; linked switch; lockout switch
联锁控制 interconnected control; interlocking control
联锁控制台 interlocking board; interlocking control table
联锁控制系统 interlocking control system
联锁扣搭块 interlocking block
联锁块铺面 interlocking block pavement
联锁块(体) interlocking block
联锁逻辑 interlocking logic
联锁耦联 interlock coupling
联锁平瓦 flat interlocking(clay) tile
联锁铺地砌块 interlocking paving stone
联锁器 interlocker; interlocks
联锁区(域) interlocked zone; interlocking area; interlocking limit; interlocking zone
联锁设备 interlock; interlocking equipment; interlocking plant
联锁设计 interlocking design; interlocking layout; interlocking project
联锁式控制机构 block control
联锁式屋面槽瓦 interlocking tile
联锁式圆形屋脊瓦 interlocking round ridge tiles
联锁试验 interlocking test
联锁顺序试验 sequence test
联锁台 interlocking board
联锁条 interlocking bar
联锁跳闸 intertripping
联锁图 interlocking chart; interlocking diagram; locking scheme; plan of locking
联锁图表 interlocking chart; interlocking diagram
联锁脱轨器 interlocked derail
联锁瓦 interlocking tile
联锁瓦(片)屋面 interlocking tile roofing
联锁网络 interlocking network
联锁握柄 interlocker
联锁屋面 interlocking roofing
联锁屋面瓦 interlocking roofing tile
联锁屋瓦 interlocking roof tile
联锁系统 interlock(ing) system
联锁线 interlock line
联锁箱 interlocking compartment; point detector
联锁箱防护法 bolt lock protection
联锁箱控制握柄 bolt lock lever
联锁箱联锁 interlocking by point detector
联锁销 interlocking latch
联锁效应 interlocking; interlocking effect
联锁信号(机) dependent signal; interlocked signal; interlocking signal
联锁信号楼 interlocked signal tower; interlocking(control) tower; interlocking station
联锁性 inerlocking quality; interlocking property
联锁性质 interlocking property; interlocking quality
联锁硬件 interlocking hardware
联锁用线路 interlocking line
联锁元件 blocking element
联锁钥匙 interlocking key
联锁站 interlocking station
联锁振荡器 interlocked oscillator
联锁制 interlocking system
联锁中断 interlock interrupt
联锁轴 interlocking shaft
联锁转辙器【铁】interlock
联锁桩 interlocked pile
联锁装置 interlocker; interlocking apparatus; interlocking assembly; interlocking device; interlocking plant; interlocks; interlock system; release locking device
联锁着 interlocking
联锁自动秤 interlocked poidometer
联锁阻力 interlocking resistance
联锁组合开关 interlocking switch group
联体齿轮 cluster gear
联体物 siamesing
联条 bracing; lacing
联通房间门锁 communicating door lock
联通管 closed tube
联通系统 interconnection
联通性断裂 connecting fault
联同碾磨 <花岗岩和沥青> joint grinding
联筒燃烧室 cannular combustion chamber
联筒式燃烧室 basket tube combustion chamber
联网 link-up the networks; network connection; networking; power link
联网报告点 on-line reporting point
联系 connect; contact; hookup; interlock; linking; link-up; relation(ship); tie-up; touch
联系测量 connection survey
联系层 binding course
联系查找 associative search
联系船闸 communicating lock
联系代办处 bond(ing) agent
联系代表处 bond(ing) agent
联系点 tying(-in) point; witness mark
联系电路 connecting circuit; junction circuit
联系法 connection
联系杆件 linking member
联系钢筋 bracing reinforcement
联系焊缝 connective weld
联系基础构件的横梁 raising plate
联系角【测】witness corner
联系角铁 fastening angle
联系矩阵 relational matrix
联系梁 tie beam; bawk; binding beam; joining beam
联系木梁 joining balk
联系桥 approach bridge
联系区 communication region
联系渠 communicating canal
联系人 contact person; joiner; liaison; link man
联系三角形法 conjunction-triangle method; connection triangle method
联系数 correlate
联系数法 method of correlates
联系数法方程式 normal equation of correlates
联系数方程 correlate equation
联系数平差 adjustment by correlate
联系四边形法 connection quadrangle method
联系通道 linkway
联系文件 associator
联系系统 coupled system
联系信号 communication signal
联系运河 communicating canal; junction canal
联系中心 association centre
联系轴 body axis; chord axis
联系装置 interface
联系坐标系横轴 lateral body axis
联线 on-line
联线操作 on-line operation
联线处理 on-line processing
联线(道)流量图单位 link profile unit
联线调试 debugging on-line
联线计算 on-line computation
联线控制 on-line control
联线适配器 on-line adapter
联线数据处理 on-line data process(ing)
联线数字输出【计】on-line digital output
联线数字输入 on-line digital input
联线衔接器 on-line adapter
联线诊断 on-line diagnostics
联箱 channel; collector; manifold; union ends checkstop
联箱式给水加热器 header type feed heater
联箱罩壳 header enclosure
联想存储器 content-addressable memory
联想判读标志 associative key
联星 couple bar; couple star
联行 correspondent
联行往来 interbank transaction; interbank transfers; transfers between associated banks
联行往来利息 interest on inter-branches accounts
联行往来账户 inter-branch account
联檐屋架 couple roof construction
联焰管 crossfirer; cross flame tube; cross-ignition tube; flame tube interconnector
联乙烯 divinyl
联乙酰 diacetyl
联谊会 club-fraternity-lodge; fellowship
联营 affiliate; affiliation; joint investment; jointly-operate; joint operation; joint venture; pooling
联营承包商 cocontractor
联营船 associated ship
联营法 pooling of interest method
联营方案 pool scheme
联营公共汽车服务设施 coordinated bus service
联营公司 affiliate(d) company; allied company; associated company; joint company; joint marketing company; joint venture company
联营公司间会计事项 inter-company transactions
联营股权 affiliated interests
联营合并法 pooling of interests
联营缓冲 pooled buffer
联营会计 accounting for a pooling
联营集团 affiliated group
联营经济 pooling economy
联营列车 pool train
联营企业 associated enterprise; chains; combined pool; consortium; jointly run business; joint venture
联营企业集团内部提供的劳务 services in a group of associated enterprises
联营商店 chain store
联营商业中心 community shopping center[centre]
联营体 joint venture
联营体主办人 partner in charge
联营协定 pooling agreement
联营协议 amalgamation process; pooling agreement
联营银行 associated bank; consortia bank; consortium bank
联营作业 associated operation

L

联用操作 on-line operation
联用柱 coupled columns
联运 combined traffic; combined transport; coordinated transportation; goods through; intermodal transportation; multimodal transport; through; through shipment; through traffic; through transit; through transport; teaming <由开挖处移去挖土到岸上>; multimodal shipping
联运保赔协会 through transit club
联运舱单 through manifest
联运车 through car
联运车辆交换规则 interchange rule
联运车辆交接报告 interchange report
联运车辆交接的调车 interchange switching
联运车辆交接的行程 interchange run
联运车辆交接点 interchange point
联运车辆交接枢纽 interchange terminal
联运车辆交接线 interchange track
联运车辆交接站 interchange station
联运车辆径路的交换 interchange of routes
联运程运输 through carriage
联运单据 intermodal paperwork; multidocumentation
联运费 through freight
联运费率 joint rate; through rate
联运费用 joint expenses
联运分等 joint classification
联运管理系统 intermodalism management system
联运规则附录 supplement to the interchange rules
联运化 intermodalism
联运换乘站 intermodal station
联运货物 interline freight; intermodal cargo; through cargo
联运货物附加费 through cargo arbitrary
联运货物路程单 interline waybill
联运货物运单 through consignment note
联运货物转载 transshipment of intermodal cargo; transshipment of through cargo
联运集装箱 intermodal container
联运集装箱换装设施 intermodal container transfer facility
联运价 through rate
联运交通 through traffic
联运接续列车 interchange connection
联运经营人 combined transport operator; intermodal transport operator
联运客票 through ticket
联运里程 through kilometrage
联运联合泵 combined transportation
联运列车 <与船运衔接的> boat train
联运旅客站 through passenger station
联运票 connection ticket; connexion ticket; through ticket; combined ticket
联运票价 combined fare; through fare
联运清算所 clearing house
联运设备 intermodal facility
联运收入 joint traffic revenue
联运索赔委员会 joint claims committee
联运提单 combined transport bill of lading; composite transport bill of lading; through bill of lading
联运托盘 pallet for door-to-door transportation; pallet for through transportation
联运托运(行李、包裹) through registration
联运系统 intermodal transportation system
联运箱 consolidation box
联运协定 interchange agreement
联运业务 through service
联运业务中心 intermodal service centre
联运运费 joint rate; through freight
联运运费率 through rate; combination rate
联运运价 joint rate; transshipment cargo rate
联运运价表 combined tariff; joint tariff
联运运价的分配 division of joint rates
联运运输 through traffic; exchange traffic
联运站 junction station; transport connection; union station
联运站台 interchange cross-platform
联运制 intermodalism; intermodal system
联运转船货条款 through cargo clause
联皂 doublet soap
联轴 rotary joint
联轴杆 coupling lever
联轴节 connecting flange; coupler; coupling; coupling joint; coupling of shaft; shaft coupling; shaft-joint; union coupling
联轴节侧轴承 ball-bearing coupling side
联轴节窜动量 play in the couplings
联轴节接合 spigot joint
联轴节螺母 coupling nut
联轴节螺栓 coupling bolt
联轴节软管 coupling hose
联轴节缩小套节 increaser
联轴节套管 coupling sleeve
联轴节凸缘 flange of coupling
联轴节箱 coupling box
联轴节型滑块 hollow sliding block
联轴螺丝保护盖 nut guard
联轴器 clutch; coupling; joint slack; junction box; rotating joint; shaft coupling; shaft-joint; thimble; union
联轴器侧 shaft coupling side
联轴器端净出力 useful output of coupling
联轴器法兰 coupler flange; coupling flange
联轴器钩环 shackle of coupling
联轴器换向机构 coupling changement
联轴器连接 coupling joint
联轴器凸边 flange of coupling
联轴器箱 coupling box
联轴器罩 coupling guard
联轴器制造厂 coupling manufacturer
联轴式机车 coupled engine
联轴套 coupling band
联轴套管 adapter[adaptor]
联轴销 coupled axle-pin
联轴装置 hitch bar
联珠湖 paternoster lakes
联珠角线脚 return bead
联珠晶子 longulite
联珠式滚轮系统 live-roller system
联珠线脚 <木框转角凹凸榫上> return bead and rebate joint
联属及营业欠款 due from affiliated and associated companies
联铸接头 unitized joint
联缀 lacing
联座轴承 block bearing

廉

廉刀形沙滩 sickle beach

廉价 bargain price; sale price
廉价壁纸 <作衬纸用> lining paper
廉价部 bargain basement; Bargain Counter <美>
廉价成衣商店 slop shop
廉价出售 cut price offer; undersell(ing)
廉价出租 underlet(ting)
廉价处理 concessional disposal
廉价的 inexpensive
廉价饭店 beanery
廉价货 bargain; cheap article; pinchbeck
廉价货币 cheap money
廉价货品柜 bargain counter
廉价级 economy grade
廉价寄宿房屋 doss
廉价交易 bargain transaction; cheap goods bargain
廉价劳动 cheap labo(u)r
廉价劳动力 cheap labo(u)r force
廉价劣质的 hand-me-down
廉价抛售 distress selling
廉价品 bargain; cheap goods; distress merchandise
廉价品陈列台 <美> bargain counter
廉价汽车 tin lizzie
廉价墙纸 skin
廉价商店 baza(a)r; discounter; discount shop; discount store; cheapie <美>
廉价商品 cheap goods bargain
廉价商品店 dime store
廉价生产 produce with low cost
廉价市场 bargain center[centre]
廉价收购 bargain purchase
廉价水泥 non-premium cement
廉价添加料 cheapener
廉价脱手 bargain away
廉价吸附剂 low-cost sorbent
廉价销售 distress sale
廉价小汽车(尤指福特汽车) <美> flivver
廉价小商店 barrel-house
廉价优待 bargain offer
廉价杂货店 jumble shop
廉价值货 low-cost goods
廉价中心 bargain center[centre]
廉价住房 flop house; subsidized apartment
廉价住所 flop house
廉价住宅 low-cost dwelling house
廉售 bargain sale
廉售报价 special offer
廉租屋 public housing
廉租住房 subsidized apartment

镰

镰孢属 <拉> Fusarium

镰刀 cradle; reaping hook
镰刀杆 sickle bar
镰刀钩 shave hook
镰刀式(薄)扳手 sickle spanner
镰刀弯 <薄板缺陷> rocker; side strain
镰刀形 falcate; bent strip <带材缺陷>
镰刀形长的直角弯管 sweep long quarter bend
镰刀形长的直角弯头 sweep long quarter bend
镰刀形带材 bent strip
镰刀形的 sickle-shaped
镰刀形拱 crescent arch; sickle(-shaped) arch
镰刀形桁构拱梁 sickle-shaped trussed arched girder
镰刀形桁架 crescent truss
镰刀形屋顶 sickle-shaped roof
镰刀形物 sickle
镰刀形斜肋 sickle-shaped oblique rib
镰刀形油道 sickle-shaped oil passage
镰刀状 sickle-shaped
镰刀状的 falcate
镰式泵 sickle pump
镰式割草机 sickle mower
镰形 crescent
镰形刮器 sickle scaler
镰形树胶 lignum vitae
镰鸭 falcated teal
镰叶相思树 acacia harpophylla; sickle-leaf acacia
镰状刮器 sickle scaler

敛

敛缝 ca(u)lk; fuller

敛缝成套工具 ca(u)lking set
敛缝冲头 ca(u)lker's drift
敛缝锤 ca(u)lker; ca(u)lking hammer; ca(u)lking mallet
敛缝堵头 ca(u)lking
敛缝工具 ca(u)lking set; ca(u)lking tool
敛缝工人 ca(u)lker
敛缝合金 ca(u)lking metal
敛缝机 ca(u)lker
敛缝料 ca(u)lking compound; joint sealer
敛缝麻絮 ca(u)lker's oakum
敛缝铆钉 ca(u)lked rivet
敛缝片 ca(u)lking piece
敛缝软钢带 ca(u)lking strip
敛缝软钢条 ca(u)lking strip
敛缝条 ca(u)lking strip
敛缝油麻絮 oakum
敛汗 arrest sweating
敛集 pack(ag)ing
敛集部分 binding fraction; packing fraction
敛集亏损 packing loss
敛集率 binding fraction; packing fraction
敛集率损耗 packing fraction loss
敛集密度 packing density
敛紧 <钻头上的金刚石> peening
敛密缝 ca(u)lked joint; ca(u)lked seam
敛水圈 <井筒> water ring
敛缩性 compressibility
敛形水听器 shark-fin hydrophone

脸

脸护 face shield

脸盆 wash bowl; wash-hand basin
脸盆架 basin(-hand) stand; wash stand

练

练兵场 drill ground; parade ground

练功扶手 barre; practice barre
练力浴池 Hubbard tank
练泥 kneading; pugging
练泥机 pugmill
练泥机刀片 knives
练漂 scouring and bleaching
练身房 gymnasium[复 gymnasia]; gym room
练条机 drafter; faller; reducer
练习程序 exerciser
练习海图 exercise chart
练习角力及各种竞技的公共场所 <古希腊的> palaestra
练习器 exerciser; trainer
练习曲线 practice curve

炼

炼厂气 refinery gas

炼厂燃管 flame stack
炼厂酸渣 refinery sludge

炼动物油油厂 rendering plant
炼钢 steelification; steelify; steelmaking; steel production; steel-smelting
炼钢厂 blast-furnace plant; steel mill; steel plant; steel works
炼钢厂废水 steel mill waste; steel plant waste; steel works waste
炼钢厂废物 steel mill waste; steel plant waste; steel works waste
炼钢厂(钢)渣 steel mill slag
炼钢厂污染 steel mill pollution; steel plant pollution; steel works pollution
炼钢车间 steel mill
炼钢车间的铸锭跨 melting shop teeming bay
炼钢法 steelmaking process
炼钢工人 steel maker; steel producer; steelworker
炼钢工业 steel refining industry
炼钢合金剂 webbite
炼钢连铸比 continuous casting ratio of steelmaking
炼钢炉 converter; steelmaking furnace; steel-smelting furnace
炼钢炉平顶 plain roof
炼钢炉渣 steel slag
炼钢炉主厂房 main furnace building
炼钢清炉壁 chipping-out
炼钢设备 steelmaking equipment
炼钢生产管理 production management of steel-making
炼钢生产能力 steel capacity
炼钢生铁 basic pig iron; conversion pig; pig-iron for steel making purposes; steel pig; steel(y) iron
炼钢生铁炉渣 steel pig slag
炼钢铁厂 iron and steel plant; iron and steel works
炼钢业 steel manufacture
炼钢用铁 steel(y) iron
炼钢用铁矿石 steelmaking iron ore
炼己 training oneself
炼胶废水 glue wastewater
炼胶机 rubber mixing machine
炼焦 coke making; coking
炼焦残渣 coking residue
炼焦厂 coke-oven plant; cokery; coking plant; coking refinery
炼焦厂废水 coal carbonization wastes; coke plant wastewater; coking plant wastewater
炼焦厂废水处理系统 coke plant wastewater treatment system
炼焦的 coking
炼焦堆 heaps
炼焦法 coal-coking process; coking process
炼焦废水 coal carbonization wastes
炼焦废物 coal carbonization wastes
炼焦副产品 coke byproduct
炼焦工业 coke-oven industry; coking industry
炼焦过程 coking process
炼焦焦花 cauliflower
炼焦焦油 coking tar
炼焦炉 coke burner; coke furnace; coke-oven; coke-oven retort; cokery; pit kiln
炼焦炉副产煤气 by-product coke-oven gas
炼焦炉硅砖 coke-oven silica brick
炼焦炉耐火砖 coke-oven gan(n)ister brick
炼焦炉酸性耐火砖 coke-oven acid firebrick
炼焦炉组 battery of coke ovens; coke-oven battery
炼焦煤 backing coal; byerlile [byerlyle]; caking coal; close burning coal; coking coal; crozzling coal; metallurgic(al) coal; sintering coal; soldering coal
炼焦煤焦油 coke-oven(coal) tar
炼焦煤气 coke-oven gas
炼焦煤气发生炉 coke producer
炼焦煤气废水 coke and gas waste; wastewater from coking gas plant
炼焦煤气废物 coke and gas waste
炼焦配煤 mixing coal
炼焦器 coker
炼焦设备 coker
炼焦烟煤 byerlile[byerlyle]
炼金术 alchemy
炼金属 finishing metal
炼锍 matting
炼炉操作 furnace practice
炼炉底 burning-in
炼炉工具 furnace tool
炼炉铸件 furnace casting
炼铝 alumin(i)um metallurgy; alumin(i)um smelting
炼铝废水 smelt alumin(i)um wastewater
炼铝废水处理 smelt alumin(i)um wastewater treatment
炼铝废物处理 smelt alumin(i)um waste treatment
炼铝工业 alumin(i)um smelting industry
炼铝工业废水 alumin(i)um industry wastewater
炼铝工业废物 alumin(i)um industry waste
炼镍 nickel metallurgy; nickel smelting
炼浓 exaltation
炼乳厂 condensery
炼石膏 hard-burned gypsum
炼炭 fuel briquette
炼糖厂 sugar refinery plant
炼锑 antimony regulus
炼铁 iron making
炼铁厂 blast-furnace plant; iron mill; iron-smelting factory; iron-smelting plant; iron works
炼铁厂废水 iron-smeltery wastewater
炼铁成钢 steelify
炼铁工人 iron man
炼铁工业 iron industry
炼铁鼓风炉炉渣碎片 tar-coated iron blast-furnace slag chip(ping)s
炼铁炉 blooming furnace; iron-smelting furnace
炼铁炉渣复合屋面 iron slag built-up roof(ing)
炼铁炉渣骨料 iron slag aggregate
炼铁炉渣混凝土 iron slag concrete
炼铁炉渣纤维 iron slag fiber[fibre]
炼铁热洗炉 chipping-out
炼铜 copper metallurgy; copper smelting
炼铜工业废物 copper industry waste
炼铜炉渣 copper smelter slag
炼铜线 annealed copper wire
炼铜转炉 copper converter
炼铜转炉炉气 copper converter gas
炼锡碱性渣 short slag
炼锡酸性渣 long slag
炼锌 zinc metallurgy; zinc smelting
炼油 oil refining; rendering
炼油厂 mineral oil refining plant; oil plant; oil refinery (plant); petroleum refinery; processed plant; processing plant; refinery; rendering plant
炼油厂废料 refinery waste
炼油厂废弃物 refinery waste
炼油厂废水 oil refinery effluent; oil refinery wastewater; refinery effluent; wastewater from petroleum refinery
炼油厂废水回用 refinery wastewater reuse
炼油厂废酸渣 acid-sludge from petroleum refinery
炼油厂废物 oil refinery waste
炼油厂工艺设备 refinery process unit
炼油厂集污池 refinery catchment lake
炼油厂检修设备用的工具 tooling for refinery maintenance
炼油厂建设计划 refinery building program(me)
炼油厂建筑 building of refinery units; refinery construction
炼油厂结构 refinery construction
炼油厂沥青 refinery asphaltic bitumen
炼油厂起重机 refinery loading rack
炼油厂乳化废水 emulsified refinery wastewater
炼油厂水污染 water pollution from petroleum refinery
炼油厂污渣 refinery sludge
炼油厂下脚 refinery waste
炼油厂油罐 refinery tank
炼油成套设备 refining equipments in sets
炼油废水 oil refinery effluent; petroleum refining wastewater; refinery wastewater
炼油工业 oil processing industry; oil refining industry; petroleum refining industry; rendering industry
炼油锅 oil refining cauldron
炼油设备 refining equipment
炼油塔 oil rectifier
炼油烃类 refinery hydrocarbons
炼油用煤 coal for refining oil
炼渣 clinker
炼渣结硫 clinker
炼制残油 petroleum residue
炼制槽 refinery pit
炼制厂 refinery
炼制厂废硫酸 refinery waste sulfuric acid
炼制的 hard-burned
炼制的亚麻油 kettle boiled linseed oil
炼制过程 refining process
炼制合金 alloyage
炼制砖 hard-burned brick
炼制装置 refinery plant
炼砖 burned brick; ceramic brick; clinker; clinker brick; clinker hard-burned brick; well-burnt brick
炼砖路 clinker road
炼砖磨耗试验机 brick rattler
炼砖圬工 clinker masonry

恋

恋人沙发 love seat

链

链 <海上距离长度单位,英国 = 600 英尺,1 链 = 0.1 英里 = 160.9344 米> cable's length

链板 elevator; flight of step; key plate; link joint; scraping belt; track shoe
链板导承 <铲土机> elevator support
链板给料机 slat feeder
链板给料器 chain flight feeder
链板固定带 track belt
链板厚度 thickness of link plates
链板架 <铲土机> elevator frame
链板驱动装置 elevator drive
链板裙式输送机 drag plate apron conveyer[conveyor]
链板升送铲装法 <铲土机> elevated loading
链板升运器 scraper elevator
链板式铲运机 elevated loading scraper; elevating scraper
链板式传送器 drag link conveyer [conveyor]
链板式刮泥器 flight scraper
链板式加料机 apron-type feeder
链板式加料器 apron-type feeder
链板式捡拾器 raddle pick-up
链板式升运器 slatted-chain elevator
链板式输送带 apron conveyer; chain (plank) conveyer; chain-saddle conveyer; flight conveyer[conveyor]
链板式输送机 apron conveyer; chain (plank) conveyer; drag (link) conveyer; plate apron conveyer; slat conveyer; through chain conveyer; flight conveyer[conveyor]
链板式输送机进料器 apron conveyer feeder; apron-type mechanical feeder
链板式输送器 chain drag
链板式提升机 apron elevator
链板式喂料机 chain-plate conveyer [conveyor]
链板式洗砂机 chain sand washer
链板式卸载输送器 chain-and-salt unloader
链板式运输带 drag bar conveyer [conveyor]
链板式运输机 apron conveyer [conveyor]
链板式自动人行道 pallet-type moving walkway
链板输送机 chain-and-flight conveyer; chain conveyer; chain-plate conveyer; drag bar conveyer; dray-chain conveyer[conveyor]; slat conveyer
链板输送器 <铲土机> chain drag
链板推进 chain crowd(ing)
链板卸车机 hopper car unloader
链板运输带 rake conveyer[conveyor]
链板运输机 chain-and-flight conveyer; drag bar conveyer; flight conveyer; push-bar conveyer; rake conveyer; scraper conveyer [conveyor]
链板抓地板 grouser bar
链泵 chain pump
链篦加煤器 chain grate stoker
链编码 chain encoding
链表检索 list
链表结构 list structure
链舱底泄水板 manger
链槽接口 link chute adapter
链测 chaining; chain measure; chain measuring; chain survey(ing)
链测标杆 chain pin
链测长度 chainage
链测精度 accuracy of chaining; chaining accuracy
链测距离 chaining
链叉式固定升运器 chain-and-flight type stationary elevator
链插床 mortiser
链缠的锚 foul anchor
链长 cable length; chain length
链掣 chain brake
链成员 chain member
链尺 chain scale; chain tape
链齿 chain gear; pinion; sprocket
链齿轮传动 chain drive
链齿轮传动装置 chain gear(ing)
链传动 chain drive(n); chain gear; chain transmission; sprocket drive
链传动的 chain drive(n)
链传动惰轮 roller chain idler

链传动机构 chain-drive mechanism
链传动升降机 chain-driven elevator
链传动双辊破碎机 two-roll chain driven crusher
链传动箱 chain case
链传动装置 chain transmission device;sprocket gear
链吹挖泥船 bucket-pump dredge(r); sand pump bucket dredge(r)
链带 chain belt;link belt
链带给料机 link-belt feeder
链带痕 belt mark;chain mark
链带式单板干燥机 chain-belt conveyor veneer drier
链带式干燥机 continuous band drier [dryer]
链带式升运机 chain bucket elevator
链带送料 chain feed(ing)
链带踏级 chain tread
链带形格栅 band screen;belt screen
链带移运 endless chain haulage
链担子菌属 <拉> Sirobasidium
链档 stay in;stud
链刀起槽机 chain cutter mo(u)lding machine
链刀造型机 chain cutter mo(u)lding machine
链导规则 chain rule
链导微分法 chain rule for differentiation
链的首元素 first element of chain; first-in-chain
链的速止 short stopping of chain
链的中间 middle-of-chain
链的中止 short stopping of chain
链的终止 end stopping of chain
链的转节 swivel
链的最末元素 last element of chain; last-of-chain
链底铲斗 chain bucket
链电路继电器 link circuit relay
链吊式 chain pendant type
链调节螺钉 chain adjusting screw
链定向 chain orientation
链动传送带 chain-driven belt conveyer
链动葫芦 chain block
链动滑车 chain block
链动滑轮 chain block
链动机 link motion
链动机器脚踏车 chain-drive motorcycle
链动接点 chain contact
链动螺钻 flight auger
链动输送机 drag conveyer[conveyor];flight conveyer[conveyor]
链动转台 chain-driven rotary table
链斗 chain bucket
链斗传送器 chain of bucket;chapelet
链斗斗架 elevator frame; elevator ladder
链斗钩 cargo chain;chain hook
链斗绞车 bucket ladder winch
链斗框架 ladder frame
链斗升料机 chuck bucket elevator
链斗升运机 chuck bucket elevator
链斗式泵 chapelet;Paternoster pump
链斗式采样器 chain bucket sampler
链斗式开沟机 chain bucket excavator
链斗式括土机 ladder scraper
链斗式排水设备 chain of bucket
链斗式取料机 bucket chain reclaimer
链斗式升降机 paternoster elevator; paternoster lift
链斗式升料机 paternoster elevator
链斗式升运器 chain-and-bucket elevator
链斗式疏浚机 chapelet; paternoster pump
链斗式输送机 bucket conveyer[conveyor]
链斗式水泵 chapelet
链斗式水车 chain pump
链斗式水力挖掘船 bucket line and hydraulic dredge
链斗式提升机 bucket elevator(chain); chain(-type)(spaced) bucket elevator; chapelet; chuck bucket elevator; continuous bucket elevator; endless band elevator; endless belt elevator; floating bucket elevator; ladder chain carrying bucket; paternoster elevator; paternoster lift; chapelet
链斗式提水机 elevator pump; Paternoster pump
链斗式提水器 chain pump
链斗式挖沟机 bucket trenching machine; chain bucket trencher; continuous bucket ditcher; endless chain trench excavator; ladder dredge(r); multibucket trench digger; multibucket trencher; multibucket trenching plant; ladder ditcher; ladder trencher
链斗式挖掘船 dredge(r) excavator; elevator dredge(r)
链斗式挖掘机 bucket chain excavation; bucket excavator; bucket ladder excavator; chain bucket excavator; digging ladder; dredge(r) excavator; elevator-ladder dredge(r); ladder excavator
链斗式挖泥船 bucket-and-chain dredge(r); bucket chain dredge(r); bucket dredge(r); bucket elevator dredger; bucket ladder dredge(r); bucket line dredge(r); chain bucket dredger; elevating dredger; elevator dredge(r); elevator-ladder dredge(r); ladder bucket dredge(r); ladder dredge(r); multibucket dredge(r); multibucket elevator dredge (r); multibucket-ladder dredger; floating bucket elevator
链斗式挖泥机 bucket chain dredge(r); bucket dredge(r); bucket elevator dredger; chain bucket; chain bucket dredger; chain bucket excavator; elevating dredger; elevator dredge(r); ladder dredge(r); chain dredge(r)
链斗式挖土机 chain bucket excavator; dredge(r) excavator; elevator-ladder dredge(r); endless chain trench excavator
链斗式卸车机 <即联合卸煤机> chain bucket unloader
链斗式卸船机 ladder shipunloader
链斗式装卸机 chain bucket loader
链斗式装载机 chain bucket loader
链斗式钻车 ladder-mounted drill
链斗式钻机 ladder-mounted drill
链斗输送机 bucket conveyor
链斗提升机 bucket chain; Jacob's ladder; bucket elevator
链斗挖沟机 ladder ditcher; ladder dredge
链斗挖掘机 chain digger; multi-bucket excavator
链斗挖泥船 bucket dredger; chain bucket dredger; ladder dredger
链斗挖泥船桥档 bucket dredge(r) well
链斗挖泥船艏锚缆 headline of bucket loader
链斗挖泥机 ladder bucket dredge(r)
链斗挖土机 ladder excavator
链斗卸车机 chain bucket car unloader; unloading machine with chain buckets
链斗卸船机 chain bucket ship unloader
链斗卸煤机 bucket ladder coal unloading device
链斗装车机 loading machine with chain buckets
链斗装料机 bucket loader; chain bucket loader; elevating loader
链斗装载机 bucket loader; chain bucket car loader; elevating loader
链斗自动调平装置 <斗式装载机的> automatic bucket level(ling) device
链斗自动定位装置 <装载机> automatic bucket positioner
链端 end of the chain
链端静态指示器 quiesce-at-end-of-chain indicator
链段 chain segment; segmer
链断裂 chain break(age); chain interruption
链断裂作用 depropagation
链反应堆 chain-reacting pile
链反应机理 chain-reacting mechanism
链缝 chain seaming
链复形【数】chain complex
链杆 link
链杆法 bar chain
链杆式传送带 stud type chain
链杆式升运器 rod-chain elevator
链杆式输送器 rod-chain conveyer [conveyor]
链杆运输带 logging chain
链杆支轴 link fulcrum
链格孢属 <拉> Alternaria
链格式输送机 chain-flights conveyer
链钩 chain coupling; chain dog; chain sling; eye hook; grabs; sling
链钩起重机 chain block crane
链钩销 draw-hook pin; shackle pin
链构型 chain configuration
链刮板输送机 chain-and-flight conveyer; drag chain conveyer[conveyor]
链刮式输送机 drag(line) conveyer; drag link conveyer; scraper chain conveyer[conveyor]
链管切削刀具 chain tube cutter
链规托轮 carrier roller
链硅酸盐 chain silicate; inosilicate
链轨 caterpillar(track); track shoe
链轨板 track shoe
链轨导向板 track guide
链轨滑转 track slip
链轨节 chain link; link; spare track link; track link
链轨进度调整器 track adjuster
链轨式 track-mounted
链轨式输送机 track chain conveyer [conveyor]
链轨式装载机 tracked loader
链轨松紧度调整器护罩 guard of track adjuster
链轨托轮 track-carrier roller
链轨销 master track pin; track link pin; track pin
链轨支重轮 track roller
链辊 chain roll
链过船头 chain across ship's head
链海渊 chain deep
链合 link(age)
链和链轮 chain and sprocket
链和链轮传动 chain-and-sprocket drive
链核盘菌属 <拉> Monilinia
链痕 rack marks
链痕的 catenated
链滑车 chain block; chain pulley block; bit pulley and chain <换钻头用>
链滑车起重机 chain block crane
链滑轮 chain-and-tackle; chain sheave; gipsy sheave; mortise block; chain pulley
链滑轮组 chain-and-tackle block; chain(pulley) block
链化合物 chain compound
链化作用 catenation
链环 chain link; chain shackle; chain sling; endless chain; interlink(ing); link; link chain; link of chain; chain iron
链环插销 link bolt
链环挡 cable stud
链环档 stay pin; stud
链环距 pitch of chain
链环扣连接 knuckling
链环面 link face
链环式挖掘机 endless chain excavation
链环栅栏 chain link fence
链环执行 chaining
链环指数法 method of link relatives
链机 caterpillar
链加程序 chain addition program(me)
链架 link frame
链接 catenate; chaining; chain joint; concatenation; interlink(ing); linkage; catenation
链接编址 chained addressing
链接表 chained list; linked list
链接程序 chained program(me)
链接的 catenated
链接的图式 diagram of link
链接调度 chained scheduling
链接段缓冲 chained segment buffering
链接队列 linked queue
链接法 cascade synthesis
链接方式 on-link mode
链接分配 linked allocation
链接关键字 concatenated key
链接合 apex joint
链接记录 chained record
链接检查 chaining check
链接检索 chain(ing) search
链接库 chained library
链接链 chain link
链接码 concatenated code
链接命令 chained command
链接命令标志 chained command flag
链接区段 chained sector
链接式导向钻头 hinged guide bit
链接数据集 concatenated data set
链接特征 chain feature
链接围栏 chain link fencing
链接位 link bit
链接位指示器 link indicator
链接文件 chained file; threaded file
链接文件组织 chained file organization
链接相关 chained dependence
链节 chain element; chain knot; chain link; mer; monomeric unit; shackle (of cable); spare track link
链节板 bucket link; link plate
链节衬垫簧片 link shoe strap
链节弹性伸展 link stretch
链节架 link frame
链节距 chain pitch
链节末端短链环 short end link
链节示数器 shackle meter
链节式输送带 chain-linked conveyer [conveyor]
链节式药皮包丝焊接 cover chain welding
链节托 link support
链节销 pintle
链节运动 link motion
链结 chaining

链结合 chain combination
链结束(符) end of chain
链截锯 chain cut-off saw
链经 chain warp
链距 chain pitch
链锯 chain saw
链锯锉刀 chain saw file
链聚集 chain aggregation
链卷筒 chain barrel; chain sheave
链卡子 chain clip
链开始 start-of-chain
链孔肘板 hawse hook
链控舵柄 chain tiller
链扣 cargo chain
链捆集材 chaining
链拉输送机 drag chain conveyer[conveyor]
链栏 chain rail
链连接 chain connection; chain joint; eye joint; link connection; spline coupling
链炉箅 chute grate
链路 chain circuit; line link; link circuit; path of chain; periodic (al) line; tie line
链路变量 link variable
链路测试 link test
链路测试器 link routine tester
链路继电器驱动器 link relay driver
链路加密 link encryption
链路检验和 link checksum
链路交换 link exchange
链路接入规程 link access procedure
链路接续 link connection
链路控制规程 link control procedure
链路控制装置 link data unit
链路连接 link connection
链路协议 link protocol
链路协议数据单位 link protocol data unit
链路站 link station
链履带 track shoe
链轮 bull wheel; chain sprocket; chain wheel; rag wheel; sprocket(gear); sprocket wheel
链轮边缘 sprocket rim
链轮衬套 sprocket hub
链轮齿 sprocket tooth
链轮齿间隙 sprocket backlash
链轮齿圈 sprocket rim
链轮齿中心距 <挖掘机> pitch of sprocket
链轮齿轴承 sprocket bearing
链轮传动 sprocket drive; sprocket feed
链轮传动比 sprocket drive ratio
链轮道 sprocket channel
链轮底部 bottom sprocket(wheel)
链轮阀 chainwheel valve
链轮滚刀 sprocket hob
链轮护罩 sprocket guard
链轮环 chain pulley collar
链轮环链 sprocket chain
链轮换挡叉 sprocket shift fork
链轮换挡爪 sprocket shift claw
链轮换挡爪衬套 sprocket shift claw bushing
链轮换挡爪压圈 sprocket shift claw press ring
链轮间隙 sprocket backlash
链轮键 steering sprocket key
链轮绞车 sprocket winch
链轮绞盘 sprocket winch
链轮卷扬机 sprocket winch
链轮扣链齿 whelp
链轮螺丝(卧铺) chain pulley connecting screw
链轮曲柄 sprocket crank
链轮上的链条 sprocket chain
链轮式架空输送机 troll(e)y conveyer[conveyor]
链轮式拉力表 sprocket dynamometer
链轮式疏浚机 cutter-head dredge(r)
链轮式挖泥船 cutter-head dredge(r)
链轮式挖土机 cutter-head dredge(r)
链轮送纸 sprocket feed
链轮铣刀 sprocket cutter
链轮闸门 caterpillar gate
链轮轴 sprocket axis; sprocket shaft
链轮轴轴承 sprocket shaft bearing
链轮组件 sprocket wheel sub-assembly
链轮座(卧铺) chain pulley seat
链螺栓 chain bolt
链码天平 chain(omatic) balance
链锚固 chain anchorage
链铆钉 chain rivet
链霉素 streptomycin
链幕 chain curtain
链幕密闭度 tightness of the curtain
链幕喂料机 chain gate feeder
链扭式输送机 flight chain conveyer
链耦合 chain coupling
链耙 chain harrow; steel link harrow
链耙板止轴 <铲土机> upper shaft of elevator
链耙骨架 elevator frame
链耙刮板 elevator flight
链耙护罩 elevator guard
链耙式升运器 chain-and-slat type elevator
链耙式装干草机 chain-type hay loader
链耙下轴 <铲土机> lower shaft of elevator
链排式炉栅 chain-type grate
链屏 chain screen
链破裂带 chain fracture zone
链起始作用 chain initiation
链起重绞车 chain crab
链钳 chain-pipe tongs; chain(-pipe) wrench; chain pipe vise
链桥 link bridge
链取向 chain orientation
链圈表带 curved link band
链炔 alkine
链群 chain group
链熔线 link fuse
链润滑 chain lubrication
链筛 chain grizzly
链绳 chain fall
链绳式水位计 chain ga(u)ge
链式扳手 chain wrench
链式泵 chain pump
链式比重计 chain hydrometer
链式(编)码 chain code
链式表 chained list
链式剥皮机 chain barker
链式侧向搂草机 chain-type side rake
链式差动滑车 chain block; chain fall; chain hoist
链式差动滑轮 chain block; chain fall; chain hoist
链式铲运机 chain-and-scraper conveyer[conveyor]
链式程序操作 chained sequential operation
链式程序库 chained library
链式尺寸标注 chain dimensioning
链式齿条冷床 chain transfer rack
链式传动水尺 chain ga(u)ge
链式传送 chain delivery
链式传送带 chain conveyer[conveyor]
链式传送顶车机 chain-type pusher for transfer car
链式传送机 chain conveyer[conveyor]
链式粗梳机 chain bar spreader
链式搭接 chain bond
链式打印机 chain printer
链式大管钳 chain tongs; chain pipe vise; chain wrench
链式代码【计】chain code
链式地址 chain(ing) address
链式电路 link circuit
链式吊钩 chain hanger
链式吊篮输送机 chain conveyer[conveyor] for basket
链式吊桥 chain bridge; link bridge
链式吊索 chain sling
链式调度 chain scheduling
链式顶重器 chain jack
链式短壁截煤机 chain breast coal cutter
链式段缓冲 chained segment buffering
链式段缓冲器 chained segment buffer
链式断续(贴)角焊 chain intermittent fillet weld(ing)
链式队列 linked queue
链式二级减速齿轮 articulated gear
链式发动机 chain-type motor
链式法 chain method
链式法则 chain rule
链式反应 chain reaction
链式反应堆 chain-reacting pile
链式反应累计产额 cumulative chain yield
链式防撞装置 chain fender(ing)
链式访问 chain addressing
链式分段角焊 chain intermittent fillet weld
链式分配 chained allocation
链式分配器 link allotter
链式干燥窑 chain drier[dryer]
链式给料机 chain feeder
链式刮板输送机 flight conveyer; scraper chain conveyer; scraper flight conveyer[conveyor]
链式刮板输送器 chain drag
链式刮板运送机 scraper chain conveyer[conveyor]; scraper transporter; scraping transporter
链式刮料机 reclaiming scraper
链式刮路器 chain drag
链式刮泥机 chain collector; chain scraper
链式刮泥器 chain collector; chain scraper
链式刮土输送机 scraper chain conveyer[conveyor]
链式刮土运送机 scraper chain conveyer[conveyor]
链式管钳 chain-pipe tongs; chain-pipe vice[vise]
链式管子扳手 chain-pipe wrench
链式管子钳 chain wrench
链式管子台钳 chain-pipe vice[vise]
链式罐笼座 chain kep
链式过木机 chain logpass
链式桁架 hog chain truss
链式滑车 chain block and tackle; chain pulley
链式滑轮组 chain hoist; chain pulley
链式活动桥 chain draw bridge
链式脊 hog's back ridge; hogback ridge
链式记录 chained record
链式加料 chain feed(ing)
链式加料器 chain feeder
链式加煤机 chain stoker
链式加热炉 chain oven
链式检索 chain(ing)(re)search
链式绞车 chain crab; chain winch; windlass
链式绞盘 chain winch; windlass
链式结构 chain(-type) structure
链式截煤机 bar longwall machine; chain coal cutter; chain cutting machine
链式截盘 chain cutter bar; chain jib
链式进料机 chain feeder
链式锯 chain saw
链式锯石机 chain-type stone saw
链式卷扬机 windlass
链式开合桥 chain drag bridge; chain draw bridge
链式开榫机 chain mortiser; chain mortising machine
链式老虎钳 chain vice[vise]
链式冷床 chain-type cooling bed
链式连枷状搅拌器 chain flail stirrer
链式连接 chain
链式连接记录 chain link record
链式联轴节 chain coupling
链式料斗 chain feeder
链式炉 chain conveyer furnace
链式炉箅 chain grate
链式炉箅加煤机 chain grate stoker
链式炉排 chain grate; chain grate stoker
链式炉排加煤器 chain grate stoker
链式路刮 chain drag
链式落锤 chain-drop hammer
链式铆钉 chain-riveting
链式门扣件 chain door fastener
链式耙 chain harrow
链式耙路机 hinge type ripper
链式坯料分配器 chain billet switch
链式启闭机 chain hoist
链式起重滑车 chain hoist
链式起重机 <俗称神仙葫芦> chain jack; jinnie wheel; chain block; chain hoist
链式起重绞车 chain crab
链式起重器 chain jack
链式气电动机 link-type air motor
链式砌合法 chain bond
链式千斤顶 chain jack
链式迁移 chain migration
链式切割机 chain cutter
链式切坯机 chain-type cutter
链式切碎机 chain cutter
链式切削器 chain cutter
链式球形连接 knuckle-and-socket joint
链式筛 chain grit; chain sieve
链式设备 chain equipment
链式升降机 chain bucket elevator; chain elevator; chain hoist
链式升降桥 chain drag bridge
链式升运机 chain elevator; chain lifter
链式输送带 chain-belt conveyer[conveyor]
链式输送机 chain conveyer; chain-linked conveyer; flight chain conveyer; scraper chain conveyer[conveyor]
链式输送机构 chain delivery mechanism
链式输送器 chain conveyer[conveyor]
链式数据 chain data; chained record
链式数据标志 chain data flag
链式衰变 series decay
链式水(标)尺 chain ga(u)ge; tape ga(u)ge
链式松土机 hinge type ripper
链式送纸机构 chain delivery mechanism
链式台钳 chain-pipe vice[vise]
链式提升机 chain elevator; paternoster elevator
链式提升器拉杆 chain lifter rod
链式添加程序 chain addition program(me)
链式萜烯 olefinic terpene
链式图 chain image
链式推进器 chain feed(ing)
链式挖沟机 chain ditcher; chain line trencher
链式挖泥船 chain dredge(r)
链式网络 chain network

链式喂料机 chain feeder
链式文件 chained file
链式无声传送带 silent chain
链式细目记录 chained detail record
链式线性表 chained linear list
链式卸货机 ladder unloader
链式悬桥 chain(-suspension) bridge; link bridge
链式寻址 chain addressing
链式压实机 segmented wheel compactor
链式溢出 chaining overflow
链式运输机 chain conveyer[conveyor]
链式运送器 chain conveyer[conveyor]; drag chain conveyer[conveyor]
链式闸门 chain curtain
链式展幅机 clip stretcher
链式制动器 chain brake
链式抓具 chain grab bucket
链式抓桶 chain grab bucket
链式装载机 chain loader
链式作业 chain job
链饰(线脚) chain mo(u)lding
链首(部) beginning-of-chain; first-in-chain; first-of-chain; chain head
链顺序 chain sequence
链索 chain cable; chain link(age)
链索弹簧扣 snap hook; snap link
链索吊桥 chain bridge
链索斗挖泥机 elevator dredge(r); ladder dredge(r)
链索斗挖土机 elevator-ladder dredge(r)
链索渡船 <一种旅客渡船> cable ferry
链索轨道 chain railway
链索护栏 cable guard rail(ing)
链索绞接 chain splice
链索结 cable bend
链索起重机 cable hoist
链索牵引 chain traction
链索牵引渡船 chain-operated ferry
链索式推车机 rope pusher
链索提升 chain elevating
链索铁道 chain railroad
链索引 chain index
链索制动闸 chain brake
链锁 chaining; chain lock
链锁程序操作 chained sequential operation
链锁地址 chaining address
链锁法 chain method; chain rule
链锁反射 chain reflex
链锁反应 chain reaction
链锁合 chainclosure
链锁机构 chain mechanism
链锁检验 chaining check
链锁进位 chain carrier; chain carry
链锁迁移 chain migration
链锁式圆管 cylindric(al) interlocking pipe
链锁衰变 chain decay
链锁蜕变 chain disintegration
链锁瓦片 <一种产自法国北部和比利时的> courtrail tile
链锁载体 chain carrier
链锁中断 chain breakage; chain rupture
链台钳 chain-pipe vice[vise]
链套 link sleeve
链梯 Jacob's ladder
链条 catena[复 catenae/catenas]; chain(bar); link belt; link chain; Scaffixer <一种用于捆脚手架的>
链条拔销器 chain cutter; chain-rivet remover
链条扳手 backup chain tong; chain dog
链条搬动机 chain conveyer[conveyor]
链条臂杆式两瓣抓斗 cable arm clamshell bucket
链条拆卸器 chain cutter; chain detacher
链条弛度 chain slack
链条齿轮传动 chain-and-sprocket drive
链条传动 chain drive; chain transmission
链条传动比 chain transmission ratio
链条传动带 chain belt
链条传动的转盘 chain-driven rotary; chain-driven table
链条传动式栽植机 chain-driven planter
链条传动箱 chain transfer case
链条传动装置 chain gearing
链条传送带 chain conveyer[conveyor]
链条垂度 chain slack
链条带 chain zone
链条导板 chain guide
链条吊灯 chain pendant
链条调整器 chain adjuster
链条舵柄 chain tiller
链条复合组 chain compound
链条钢丝 chain wire
链条给进 chain feed(ing)
链条刮板喂料机 bar flight feeder
链条管(子)扳手 chain-pipe wrench; chain tongs; roll grip pipe wrench; chain-pipe spanner
链条管(子)钳 chain(-pipe) wrench; chain tongs
链条葫芦 chain block
链条虎钳 chain vice[vise]
链条滑车 chain block
链条滑轮滚珠轴承 ball-bearing trolley of chain
链条加油器 chain oiler
链条节距 chain pitch
链条卷筒 chain drum
链条掘进机 chain feed machine
链条联结 link bond
链条帘幕 chain curtain
链条炉 travel(l)ing grate stoker boiler
链条炉箅 chain grate
链条炉炉膛 grate-fired furnace
链条炉排 bar and key grate; chain grate; chain stoker; endless grate; travel(l)ing grate stoker
链条炉排的链节 flat link of chain
链条炉排加煤机 chain grate stoker; conveyer[conveyor] stoker
链条轮 chain wheel
链条密度 chain density
链条起重滑车 chain-and-tackle block
链条牵引 chain-and-drag
链条牵引的地面小车 chain floor troll(e)y
链条牵引拉力 chain towing traction
链条钳 chain tongs
链条强制给进 chain pulldown feed
链条区 chain section
链条润滑脂 chain grease
链条式破碎机 chain iron crusher
链条式启闭机 operating machinery with chain and sprocket
链条试验机 chain testing machine
链条输送机 chain conveyer[conveyor]
链条输送器 chain creeper
链条松紧度 chain tension
链条天平 chainomatic balance
链条网沉排 <内填充岩石等作防冲刷用> chain link fabric mesh mattress
链条系统蒸发强度 evaporating capacity of chain system
链条线速度 chain linear speed
链条箱 chain box
链条卸扣 shackle of cable
链条形图案 chain figure
链条悬挂密度 density of chain system
链条移动式风动起重机 air motor hoist with chain-driven trolley
链条引导轮 <铲土机> idler of elevator chain
链条与绳索连接的卸扣 splicing shackle
链条与圆筒 chain and barrel
链条张紧力 chain pull
链条张紧器 chain tight
链条张紧装置 chain tightener; chain tensioner
链条张拉设备 chain-tensioning device
链条张力 chain tension
链条罩 chain cover
链条支承的重块护舷 link-supported clump fender
链条直线垂挂 straight curtain hung
链条中心角 central chain angle
链条装置 slurry chains
链烃【化】 aliphatic hydrocarbon
链通道输入 chain-in
链同态【数】 chain homomorphism
链筒 chain barrel
链筒浮筒 trunk buoy
链筒系泊浮筒 trunk mooring buoy
链头 begin chain; beginning-of-chain
链腿 chain leg
链烷 alkane
链烷醇胺 alkanol amine
链烷烃 paraffin(e) hydrocarbon
链烷烃含量 paraffinicity
链烷属烃 paraffin(e)
链尾 last-of-chain
链烯 alkene
链烯烃 olefin(e)
链系 linkage; linkwork
链系比 linkage ratio
链系电动机 concatenated motor; concatenation motor
链系回转偶 turning pair
链系线点对偶 higher pair
链线 chain line
链线架空接触线 catenary overhead contact line
链箱 chain box
链销 chain pin
链效应 chain effect
链形变 chain-deformation
链形的 catenulate
链形电路 recurrent network
链形聚合物【化】 chain polymer
链形拉刀拉床 chain broaching machine
链形拉刀连续拉床 chain continuous broaching machine
链形连接(器) chain coupling
链形滤波器 chain filter; iterated electric(al) filter; iterative filter
链形铆接 chain-riveting
链形绕组 basket winding; chain winding; imbricated winding
链形网点 chain-dot
链形网络 chain network; iterated network; ladder network; recurrent network
链形网屏 chain-dot screen; elliptic(al) dot screen
链形线脚 chain mo(u)lding
链形线路 recurrent network
链形悬挂制 system with catenary suspension
链形装置 chain device
链型断续贴角焊 chain intermittent fillet weld
链型滤波器 chain filter
链型铆接 chain-riveting
链型坞系统 <船坞> chain system
链型系统 chain system
链型悬挂 catenary line; longitudinal suspension; overhead contact line with catenary
链悬吊桥 chain-suspension bridge
链悬桥 chain bridge
链延长 chain extension
链移动性 chain mobility
链引发 chain initiation
链引发反应 chain-initiation reaction
链引发剂 chain initiator
链应力 hoop stress
链映像 chain-mapping
链员【测】 tapeman
链凿式榫眼机 chain and chisel mortise machine
链增长反应 chain propagation reaction
链增长聚合作用 chain growth polymerization
链增长受控聚合 controlled chain growth polymerization
链闸 chain brake
链栅加煤机 chain grate stoker
链栅栏 chain barrier
链罩 chain guard
链支化 chain branching
链制动 link stop
链中第一单元 first-in-chain
链中最末元素 last-in-chain
链终止反应 cessation reaction
链终止剂 end stopper of chain; termination agent
链终止阶段 termination step
链终止作用 chain-cessation; chain termination
链轴【机】 chain axle
链珠饰 pearl mo(u)lding
链珠形花边 pellet mo(u)lding
链珠形线脚 pellet mo(u)lding
链注油 chain lubrication
链柱 chain post
链爪输送机 chain claw conveyer[conveyor]
链装程序 linking loader
链装配件 chain fittings
链状 chain
链状边饰 chainette fringe
链状波痕 catenary ripple
链状大分子 chain macromolecule
链状砝码 catenary poise
链状分子 chain molecule
链状构造 chain like structure
链状硅酸盐矿物 ion silicate minerals
链状花样 chain mo(u)lding
链状火山锥群 chain of cones
链状机构 link mechanism
链状基型 chain motif pattern
链状夹杂物 line inclusion
链状结构 chain like texture; chain structure
链状结合 concatenation
链状绝缘子 chain insulation; chain insulator
链状矿物 linked veins
链状磨痕 block rake
链状气泡 air chain
链状珊瑚 chain coral
链状闪电 chain lightning
链状线脚【建】 chain mo(u)lding
链状影纹 chain texture
链状栅栏 chain link fence
链子钩 coupling link
链自由基反应 chain free radical reaction
链组 linkage group

楝

楝科 <拉> Meliaceae
楝木 ceylan cedar
楝属 <拉> Melia
楝树 chinaberry; chinaberry tree; China tree; margosa

良导地 conductive ground

良导体 good conductor
良等路 fine level highway
良定集合 well-defined set
良定义的 well-defined
良港(口) good harbo(u)r;snug harbo(u)r
良工 excellent doctor
良好材料 sound material
良好船艺 good seamanship
良好的 prosperous;satisfactory
良好的工程质量 good practice
良好的工作状态 in good working order
良好的流线型 good stream shape
良好的商品质量 good merchantable
良好的水 better water
良好的体系结构 well-known architecture
良好的协调作业 good coordination
良好级配 well grain size distribution
良好级配的 well-graded
良好级配的骨料 well-graded aggregate
良好级配的集料 well-graded aggregate
良好级配的砾石 well-graded gravel
良好级配的砂 well-graded sand
良好结果 positive result
良好经济效益 cost-effective
良好颗粒性 fine granularity
良好路基土 good roadbed soil
良好能见度 <能见度为 12 ~ 20 千米> good visibility;fair visibility
良好黏[粘]结性煤 good caking coal
良好排列的 well-arranged
良好配比的 well-proportioned
良好配合的 well-proportioned
良好品质 qualitative behavio(u)r
良好平均品质 fair average quality
良好平均质量 fair average quality
良好绕流性 cleanliness
良好三角形 <三角网中三角形尽量接近等边以减少误差> well-conditioned triangle
良好生长条件 excellent growing condition
良好土层 good ground
良好土壤管理 good soil management
良好围栏 good fence
良好系泊 good mooring
良好系泊的原则 principle of good mooring
良好销售品质 good merchantable quality
良好行车 better-riding
良好性能 good performance; superperformance
良好训练的 well-trained
良好训练状态 good training condition
良好中等质量 fair average quality
良好住房 sound housing
良好状态 good order and condition; top condition
良好组织原则 principles of good organization
良基集 well-founded set
良级配 well grading
良级配骨料 well-graded aggregate
良级配砾石 well-graded gravel
良接地 better earth
良结构的 well-structured
良晶质的 eucrystalline
良流线体 fine streamline body; hydrodynamic(al) form
良流线形体 fine streamline body
良流线性 cleanliness
良木 sound wood
良平衡的 well-balanced
良田 fertile farmland;good farmland
良性网络 well-behaved network
良性循环 benign circle;benign cycle; favo(u)rable spiral
良性循环与恶性循环 good circle and vicious circle
良序 normal order
良序定理 well-ordering theorem
良序原则 well-ordered principle

凉板工艺 cooling plate technique

凉干 airing
凉货 <冷藏船装运保持华氏 40 ~ 60°的货物> air cooling cargo
凉廊 loggia[复 loggias/loggie];mirador
凉棚 mat-awning; mat shelter; shade-shed;casino <公园等的>;ramada
凉水槽 cold water tank
凉水池 cooling pond
凉水夹套罐 chilled water jacketed tank
凉水冷却系统 chilled-water refrigeration system
凉水塔 cooling tower; water-cooling tower
凉水塔风机 cooling tower fan
凉台 balcony;veranda(h);lanai <美国夏威夷的>
凉台砌块 patio block
凉亭 arbo(u)r; bower; Bowers ridge;gazebo[复 gazebo(e)s]; pergola; summer house; summer shelter;wayside pavilion;alcove <花园的>;kiosk <土耳其式的>
凉亭或娱乐室 <公寓附近的> plaisance
凉土群落 psychric
凉浴 cool bath
凉燥 cool-dryness

梁 ba(u)lk; beam; dormant tree; girder;girder beam;square beam

梁板 beam slab;boom plate
梁板筏式基础 beam and slab raft foundation; beam-slab raft foundation
梁板构造 beam and slab construction
梁板基础 beam and slab foundation
梁板结构 beam and slab structure; beam-slab construction; beam-slab structure
梁板结构的楼板 beam and slab floor
梁板两用材料 joist and plank
梁板楼盖 beam and slab floor
梁板楼面 slab-and-beam floor
梁板桥 beam-slab bridge; slab-and-beam bridge;slab-stringer bridge
梁板式结构 slab and beam structure; slab-on-girder structure
梁板式楼板 beam and slab floor
梁板式楼板结构 beam and slab floor; beam and slab floor construction
梁板式楼盖 beam and slab floor;slab and girder floor
梁板式楼面 beam and slab floor;slab and girder floor
梁板式桥 beam-slab bridge; slab-and-stringer bridge;slab-on-girder bridge
梁板体系 beam-and-foil system;beam-foil system;slab-and-beam system
梁板组件 beam-plate assemblage
梁比拟 <计算方法> beam analogue
梁比拟法 beam analogue
梁边风嘴 edge fairing
梁表面 beam surface
梁箔体系 beam-foil system
梁布置图 beam plan
梁部结构 girder structure
梁材 beam timber
梁槽 beam pocket
梁侧面 beam side
梁侧模 beam side panels
梁侧模板 beam side
梁侧模板固定装置 beam form-clamp
梁侧倾机理 beam sideway mechanism
梁叉 girder fork
梁长度 beam length
梁常数 beam constant;shape constant
梁撑 girder brace
梁承 <加在石壁中支持横梁的木条或铁片> torsel
梁承板 templet
梁的布置 beam layout
梁的侧面 beam side
梁的侧模 beam side
梁的侧倾(移) beam sideway
梁的长细比 beam slenderness ratio
梁的初步检验 preliminary beam test
梁的初步试验 preliminary beam test
梁的截换 sill splicing
梁的底模条板 riband
梁的定位 beam alignment;positioning of beams
梁的端部 beam end
梁的端头表面 cross-cut end of a beam
梁的断裂试验 beam breaking test
梁的断面 beam profile
梁的对接头 beam butt joint
梁的方程式 beam equation
梁的腹板 beam web
梁的覆面层 girder mo(u)ld
梁的刚节点 stiff girder connection
梁的刚性连接 beam-to-beam moment connection
梁的钢筋支座 beam bolster
梁的高度 beam depth;height of beam; depth of beam
梁的高度与跨长之比 depth-beam ratio
梁的拱度 hogging of beam
梁的横向失稳 lateral instability of beam
梁的回能 resilience of beam;resiliency of beam
梁的混凝土浇筑工(具) beam pourer
梁的活动端 free end
梁的计算 beam calculation
梁的加应力床 beam bed
梁的间隔 distance between girders
梁的间隔距离 beam distance
梁的间距 beam space;space between beams
梁的剪切变形 shear deformation of beam
梁的剪切作用 beam shear action
梁的浇注 <混凝土> beam casting
梁的铰接端 free end
梁的接合 beam joint
梁的接头 beam splice
梁的抗拉强度 beam strength
梁的课题 beam problem
梁的类型 beam type
梁的理论 beam theory
梁的联结 beam connection
梁的锚碇 beam anchorage
梁的挠度 beam deflection; beam deflexion;deflection of beam
梁的挠曲 beam deflection; deflection of beam
梁的扭曲压屈破坏 lateral torsional buckling of beam
梁的配筋 beam reinforcement
梁的拼接 sill splicing
梁的破坏 failure of beam
梁的破坏试验 beam breaking test
梁的剖面图 beam profile
梁的嵌接端 dapped end of girder
梁的强度 strength of beam
梁的曲率 beam curvature; curvature of beam
梁的设计 beam design; design of beam
梁的设计公式 beam design formula
梁的伸长 overhanging length
梁的外壳 <混凝土> beam encasement;beam encasure
梁的弯曲 beam deflection;bending of girder
梁的弯曲理论 beam flexural theory; beam flexure theory
梁的弯曲曲率 beam curvature
梁的弯曲原理 beam flexural theory; beam flexure theory
梁的下层钢筋 lower bars of the beam
梁的下翼缘 lower flange of girder
梁的一览表 beam schedule
梁的翼缘 beam flange
梁的有效长度 effective length of beam
梁的振动 beam oscillation; beam vibration
梁的支承间距 supporting distance of beam
梁的中心线 beam center[centre] line
梁的最佳弯矩间距点 Airy point
梁的作用 beam action
梁底 breast;beam bottom
梁底板 cut-in bottom
梁底标高 beam bottom elevation
梁底高程 beam bottom elevation
梁底面 beam bottom;beam soffit;soffit;soffit of girder
梁底模 beam bottom board
梁底模板 beam bottom;soffit form
梁底线 girder soffit; sodium of girder;soffit of girder
梁垫 beam bolster; beam pad; beam seat; bolster; crown plate; crown tray; pad; template; templet; wall plate
梁垫板 beam bearing plate; girder bearing plate
梁垫顶板 crown plate
梁垫头 beam cushion(block)
梁吊索 beam sling
梁顶面水平偏差 level difference in beam top surface
梁端 beam end;beam head
梁端部截面 beam head
梁端承重块 torsel
梁端垫块 padstone
梁端反力 end reaction of beam
梁端固定梁 clamped beam
梁端(加工)不正 beam ends out-of-square
梁端(加工)歪斜 beam ends out-of-square
梁端间的塞墙 sparrow starving
梁端间隙填塞物 beam filling
梁端截面 beam end face
梁端锚固 beam anchor(age)
梁端锚栓 beam anchor
梁端面 beam end face
梁端塞墙 sparrow starving
梁端填充墙 beam filling
梁端斜面 fire cut
梁端支承(钢垫)板 beam bearing plate
梁墩铰接 girder to pier hinged connection
梁腹 girder web;soffit of girder;stem of beam;beam web;web of beam; web of girder
梁腹板 beam web
梁腹变形加固件 crimped web stiffener
梁腹变形肋条 crimped web stiffener
梁腹部分 <T 形梁的> stem section

L

梁腹搭接 web splice
梁腹垫板 web filler
梁腹断面 stem section;stern section;web section
梁腹钢筋 web reinforcement;web rod
梁腹加筋角铁 stiffening angle of web;web stiffener
梁腹加劲板 web stiffener
梁腹加劲材 web stiffener
梁腹加劲杆 web stiffener
梁腹加劲构件 web stiffener
梁腹加劲夹层结构 web-stiffened sandwich structure
梁腹加劲角钢 stiffening angle of web
梁腹加劲角铁 web stiffener
梁腹剪力 web shear
梁腹剪切裂缝 web shear crack
梁腹截面 < T 形梁等的 > stem section
梁腹局部破坏 <由于集中荷载造成的> web crippling
梁腹连接盖板 web cover
梁腹模板 beam bottom formwork
梁腹拼接 web splice
梁腹破裂 web failure
梁腹屈曲 web buckling
梁腹曲线 soffit curve of girder
梁腹线 web line
梁腹镶板 web splice;web splice plate
梁钢 girder iron;joist bar;joist steel
梁高 beam height; depth of girder; girder depth
梁高度 beam depth
梁格 beam grill(ag)e;grid beam;grid girder;travis
梁格法 grillage analogy method
梁格分析 grid analysis;grillage analysis
梁格结点 grid node
梁格结构 gridiron
梁格框架 grid frame(work)
梁格理论 grillage beam theory
梁格式基础 beam grill(ag)e
梁格式桥面 grid deck
梁格式桥面系 grid decking
梁格体系 girder grid system
梁格系 grillage girder system
梁格栅 beam grid
梁拱 beam bending; beam camber; camber;camber of beam;crown of beam;round up of beam
梁拱度 beam camber;round of beam
梁拱腹 beam soffit
梁拱甲板 arch deck
梁拱曲线 camber curve
梁拱样板 beam mo(u)ld
梁构桁架 truss girder;girder truss
梁构件 member of girder
梁构造系统 beam system
梁箍 beam lock
梁箍筋 beam stirrup
梁规 trammel
梁号 <指工程图纸中梁的编号> beam number
梁和桁架挠度测定器 sphingometer
梁和填充式楼板 beam and filler floor
梁荷载 beam load(ing)
梁横断面 beam cross-section
梁后水平肘肘材 lodging knee
梁护面 < 混凝土 > beam casing; beam encasement; beam encasure; beam sheet coat
梁或格栅之间的填充砌块 masonry filler unit
梁机构 beam mechanism
梁及过梁均由柱支承的结构系统 trabeated system
梁屐 shoe
梁加腋 beam haunching
梁架 beam frame;beam mount(ing); spar frame
梁间 case bay
梁间充填 beam filling
梁间充填物 beam filling
梁间储藏室 carline box
梁间隔 case bay;girder space
梁间隔材 beam separator
梁间拱架系统 segmental arch system
梁间焊接 beam-to-beam weld
梁间架拱的结构系统 segmental arch system
梁间架拱的梁式楼板系统 segmental arch system
梁间间距 beam distance
梁间距 case bay;spacing of beams
梁间空间 case bay
梁间空心砌块 masonry filler unit
梁间墙 beam fill(ing)
梁间填充的砖石砌体 wind filling
梁浇捣 <混凝土> beam casting
梁铰 beam hinge
梁铰钢筋 stellar bar;stem bar
梁接口 beam butt joint
梁接头 beam butt joint
梁节点 girder connection
梁结构 beam texture;girder construction
梁结构系统 beam construction
梁距 spacing between beams
梁抗弯试验 beam test
梁口【建】beam aperture
梁跨 girder space
梁跨度 beam space;beam span;girder span;span of beam
梁跨距 beam span
梁块 girder block
梁宽度 beam breadth; beam width; breadth of beam
梁肋 beam rib;rib of girder
梁理论 beam theory
梁力矩 beam moment;girder moment
梁连接杆 beam pitman
梁连接杆支座 beam pitman bearing
梁楼面 beam floor
梁锚件 beam anchor
梁模 girder casing
梁模板 beam form;beam shuttering
梁模板的固定夹具 beam clamp
梁模板支托 beam hanger
梁模边板 beam side
梁模槽 beam pocket
梁模吊架 beam hanger;beam saddle
梁模挂钩 beam hanger
梁模夹紧件 beam clamp
梁模夹具 beam clamp
梁模紧固件 beam clamp
梁模压机器 beam-making machine
梁模支承架 beam hanger
梁木 ba(u)lk
梁木料 beam wood
梁木体系 <房屋的> girderage
梁挠度 beam deflection;sag of beam
梁排 grillage beam
梁排理论 beam grillage theory; grillage beam theory
梁排系 grillage girder system
梁平面图 beam plan
梁强度 beam strength
梁墙 beam filling
梁桥 beam bridge; through girder bridge
梁上拱度 beam camber
梁上荷载 beam loading
梁上开洞 beam opening; opening for beam
梁上系杆 beam tie
梁上翼 upper flange of girder
梁深 beam depth;depth of beam
梁氏地板 <由预制梁与砖块构成的防火地板> Liang's floor
梁式板 beam slab
梁式板组件 beam-plate assemblage
梁式表面振捣器 beam vibrator
梁式表面振动器 beam vibrator
梁式承台 girder grillage
梁式单竖杆桁架 kingpost
梁式渡槽 beam aqueduct;beam flume
梁式粉光器 smoothing beam finisher
梁式钢拱架 steel beam centering
梁式格排 girder grillage
梁式轨道 beam rail brake
梁式桁架 girder beam; girder truss; truss with parallel chords; girder frame
梁式护栏 beam-type guard rail
梁式护栏宽度 width of beam-type guard rail
梁式基础 beam foundation
梁式结构 beam fabrication; girder fabrication;girder structure
梁式结构体系 girder construction system
梁式连接法 beam-lead technique
梁式流变仪 bending beam rheometer
梁式楼板 beam and slab floor
梁式楼梯 stringer-type stairway
梁式锚杆支护法 beam building
梁式排架 girder bent
梁式起重机 beam crane;beam lifters <厂房中桥式行车>
梁式桥 beam bridge; girder bridge; girder and beam connecting bridge
梁式台架 beam gantry
梁式体系 girder system
梁式信号桥 beam-type signal bridge
梁式摇臂钻床 girder radial drilling machine
梁式引线 beam lead
梁式引线焊接 beam-to-beam weld
梁式引线焊接机 beam-lead bonder
梁式引线集成电路 beam lead integrated circuit
梁式引线接合法 beam-lead bonding
梁式引线连接法 beam-lead bonding
梁式振动器 vibrating beam
梁式重力仪 beam-type gravimeter
梁试验 beam test;girder test
梁索间距 girder-to-cable distance
梁套 beam blocking; beam casing; girder casing
梁铁 beam iron;girder iron
梁头焊上梁腹 stub-in
梁头填充 beam filling
梁托 beam hanger; beam saddle; bolster; corbel; corbel piece; hanger; joist hanger
梁托臂 beam haunching
梁托垫板 corbel plate
梁托工程 corbelling
梁托结构 corbelling
梁外撑架底座 outrigger base
梁弯曲 beam bending; beam deflection
梁弯曲理论 beam flexure theory
梁弯曲强度试验 beam bending test
梁尾端 < 指由墙挑出部分 > tail beam
梁尾端支承 tail bearing
梁尾接铁 beam knee
梁窝 bunton box
梁窝状沙地 grated sandsheet
梁屋顶 beam roof
梁系 girder system
梁系构架 contignation
梁下垂 beam sagging
梁下吨位 underbeam tonnage
梁下桁(梁) underbeam girder; underdeck girder
梁下皮 beam bottom;beam soffit
梁下翼(缘) bottom flange; lower flange of girder
梁下纵材 beam runner
梁下纵桁(架) underbeam girder
梁线 beam line
梁线脚压制机 beam mo(u)lding machine
梁形材轧制法 beam method of rolling
梁形横轴 beam axle
梁形孔型 beam pass
梁形直孔型 straight beam pass
梁形柱 < 承受非轴向荷载的柱 > beam column
梁型护栏 beam-type guardrail
梁型振动器 beam vibrator
梁型柱 beam column
梁压材 <木船的> waterway
梁压模 beam mo(u)ld
梁腋 < 梁端加厚部分 > hance [hanse]; haunch(ing); haunch of arch;beam haunch
梁腋板 haunch boards
梁腋砌块 haunch segment
梁翼盖板 flange cover plate
梁翼(加工)不正 beam flanges out-of-square
梁翼(加工)歪斜 beam flanges out-of-square
梁翼角钢 angle iron of the flanges
梁翼角铁 angle iron of the flanges
梁翼(缘) beam flange;flange of beam
梁翼缘撑杆 flange brace
梁用钢材 beam steel
梁用钢筋 beam steel
梁用预制钢筋骨架 beam cage
梁与椽子间填充物 rafter fill(ing)
梁与梁的连接 beam-to-beam connection
梁缘剪力 shear on girder edge
梁枕 crown plate;crown stay;crown tray
梁振动 beam vibration
梁支承 bearing of beam; girder support
梁支承板 girder bearing plate
梁支架 boom support
梁支柱 beam stanchion
梁支座 beam bearing;beam support
梁中弯矩 beam moment
梁中心线 beam central line
梁轴线 beam axis; beam center[centre] line
梁肘 bracket knee
梁肘板 beam bracket;beam knee
梁肘材 beam knee
梁柱 <承受横向和轴向两种力的杆件> beam column
梁柱承重构架体系 skeleton system
梁柱端部固定常数 end fixity constant
梁柱腹板联结 web connection of beams to columns
梁柱构架 post-and-beam framing
梁柱间的楔子 cleet
梁柱接点区 beam column panel zone
梁柱接合 beam column connection; beam-to-column connection
梁柱节点 node-beam-column
梁柱结构 beam and column construction; beam column construction; post-and-beam construction; post and girder construction; post-and-lintel construction
梁柱结构系统 beam and column construction system
梁柱结合 beam column connection; beam-to-column connection
梁柱框架式连接 framed connection
梁柱连接 beam column connection
梁柱连接点 beam column junction
梁柱联合作用 beam-and-column work
梁柱联结 beam column connection; beam-to-column connection

梁柱木结构 post and girt
梁柱式框架 post-and-beam framing
梁柱托座结合 bracket column connection
梁柱托座(连)接法 seat connection of beams to columns
梁柱托座(连)接头 seat connection of beams to columns
梁柱隅铁 beam knee
梁柱座接法 seat connection of beam to columns
梁状混凝土试件 test beam
梁状结构 beam texture
梁状铁 camacite
梁作用 beam action
梁作用假设 beam action hypothesis
梁座 beam saddle;beam seat

粮仓 barn;grain storage;grain store;grain warehouse;granary;silo;storage bin;storage silo

粮仓码头 barn quay;barn terminal;barn wharf
粮舱 rice store
粮船铺舱作业 grain fitting
粮袋码堆机 bag stacker
粮袋码垛机 bag piler;sack stacker
粮袋输送器 bag conveyer[conveyor]
粮店 grain shop
粮港 grain port
粮谷 rice and cereals
粮谷仓库 grain storage;granary warehouse
粮谷交易所 corn exchange
粮谷码头 grain quay;grain wharf
粮谷铺舱作业 grain fitting
粮谷输送廊道 grain gallery
粮谷圆筒仓 grain silo
粮谷专用船 grain carrier;grain ship
粮谷装卸机械 grain handling machinery
粮谷装卸码头 grain handling wharf
粮库 grain depot;granary
粮秣车 silo wagon
粮秣库 ration depot
粮食 foodstuff;grain;sustenance;susten(ta)tion;victuals
粮食保障 food security
粮食变质 grain deterioration
粮食泊位 grain berth
粮食补给船 store ship
粮食仓 barn;grainary
粮食仓库 grain storage;grain warehouse;granary
粮食产量 grain output
粮食车 grain car
粮食储备 grain reserve;grain stock
粮食储藏室 provisions room
粮食定量 grain ration
粮食分布图 map of food
粮食港 grain port
粮食供应 grain supply;provisionment
粮(食和)农(业)组织 <联合国机构,意大利罗马> Food and Agriculture Organization
粮食基地 food base;grain base
粮食加工厂 food processing factory;grain processing plant
粮食酒精 grain alcohol
粮食码头 grain terminal
粮食农场 cash-grain farm
粮食歉收 crop failure
粮食取样器 grain sampler
粮食生产 cereal production;food production
粮食水分测试仪 grain moisture meter
粮食筒仓 grain silo;grain storage elevator
粮食危机 food crisis
粮食污染 grain contamination
粮食运输 grain traffic
粮食装卸工人 grain porter
粮食装卸码头 grain handling wharf;grain port;grain terminal
粮食作物 alimentary crop;cereal crops;cereal plant;food crop
粮箱 corn bin
粮箱底 hopper bottom
粮箱通风器 grain bin aerator
粮箱卸粮杆 grain tank discharge lever
粮箱卸粮螺旋 tank discharge-auger
粮油储藏 grain and oil storage
粮油加工机械 cereals and oil-seeds processing machinery
粮栈 grain depot;wholesale grain store
粮站 grain distribution station;grain supply centre

量……围长 girt(h)

量板 graticule;master curve
量板尺 board rule
量板法 template method
量棒 length bar;point ga(u)ge
量磅 octarius;pint[pt]
量杯 beaker;counting cup;glass measure;graduate;graduated glass(ware);measuring cylinder;measuring glass;measuring pot;volumetric(al)glass(ware)
量表 dial ga(u)ge;ga(u)ge
量表使用费 meterage
量冰尺 ice ga(u)ge;ice scale
量仓 measuring bin
量测 admeasurement;ga(u)ging;measuration;measurement;metering;scaling
量测保真度 metric(al)fidelity
量测变换器 measurement transducer
量测标志 measuring mark
量测尺度 measurement scale
量测传感器 measurement transducer;measuring transducer
量测点 measuring point;metering point;point of measurement
量测电路 measuring circuit
量测电桥 measuring bridge
量测读数 reading
量测断面 measuring profile;measuring section;metering profile;metering section
量测断面间距 interval of measuring profiles
量测阀 measuring lock
量测范围 measurement range;measuring range
量测方法 measuring means;method of measurement
量测放大器 measuring amplifier
量测分流器 measuring shunt
量测分路器 measuring shunt
量测分析 analysis by measure;analysis of measures;measure analysis
量测格网 measuring grid
量测工具 measuring means
量测河段 measuring reach
量测荷载计 load indicator
量测回路 measurement circuit
量测机具 measuring machine
量测记录 reading
量测技术 measurement technique;measuring technique
量测监控系统 measuring and controlling system
量测校正 measurement update
量测结果 measuring result
量测精度 accuracy in measurement;accuracy of measurement;measurement accuracy;measuring accuracy;precision of measurement
量测井 measuring well
量测卷尺 measuring reel
量测开关 ga(u)ge cock
量测孔 measured hole
量测孔腔 orifice tank
量测廊道 metering gallery
量测立体镜 measuring stereoscope
量测螺旋 measuring screw
量测锚杆 measuring bolt
量测目镜 measuring eyepiece
量测频率 measuring frequency
量测器具 measurement arrangement;measuring arrangement
量测设备 measuring apparatus;measuring equipment;measuring means
量测摄影 <用于记录各种事件> metric(al)photography
量测摄影机 metric(al)camera
量测时间间隔 measuring frequency
量测栓 measurement plug
量测网 <立体测图仪> measuring plate
量测网板 measuring plate
量测物镜 mapping lens
量测误差 error in measurement;measurement error;measuring error
量测系统 measurement system;measuring system
量测显微镜 measuring microscope
量测线路 measurement circuit
量测楔 measuring wedge
量测信号 measuring signal
量测性能 metric(al)characteristic
量测仪(器) measuring apparatus;measuring device;measuring equipment;measuring instrument;measuring implement;measuring machine
量测用螺栓 measuring bolt
量测元件 measuring element
量测站 instrument station;measurement station
量测值 measured value
量测轴 measuring spindle
量测轴线 sensitive axis
量测装置 measurement device;measuring device;measuring equipment;measuring unit;metering system
量测准确度 accuracy of measurement
量层杆 height board;stor(e)y pole;stor(e)y rod
量长度 taping
量程 full-scale reading;measurement[measuring] range;quantum[复 quanta];range(of measurement);work range <仪表的>
量程比 turn down
量程变换 range conversion
量程变换器 range converter
量程电位器 range potentiometer
量程调整 range adjustment
量程范围 measurement range;rangeability
量程分析 range analysis
量程及距圈间隔指示器 range scale and range ring interval indicator
量程检查 range check
量程开关 meter scale switch;range switch
量程刻度 range scale
量程扩大器 range multiplier
量程扩展器 range expander
量程误差 range error
量程校准 range calibration
量程选择 range selection
量程选择钮 range selector
量程选择器 range selector
量程指示 range scale
量程指示转换开关 range scale selector
量程钟 quantum clock
量程转换 range switching
量程转换开关 range change-over switch;range-changing switch;range control switch;range selector
量尺 dipper stick;dipstick;graduated rod;measuring bar;measuring rule;measuring scale;measuring stick;metathesis-stick;mete-stick;scaled rule
量尺寸 dimensioning;sizing
量尺的长度标 teller
量尺货 measurement cargo
量齿微分尺 gear teeth ga(u)ge
量出 step off;scale off <在图上用比例尺>
量出尺寸 size up
量袋器 pocket meter
量滴 <液量最小单位,英制=0.0592cc,美制=0.0616cc> minim
量滴数法 drop number method
量地测链 pole chain
量地木栓 ground peg
量电表 electrometer
量电法 electrometry
量电分析 electrometric analysis
量电(阻)桥 measuring bridge
量斗 batch(er)bin;batching bin;batchmeter[batchmetre];dosing tank;ga(u)ge box;ga(u)ging box;measuring box;metering device
量度 admeasure;dimension;measure(ment);mensuration;meter;ruling;scantling
量度单位 measure unit
量度工具 measuring means
量度甲板 tonnage deck
量度显微镜 measuring microscope
量度仪 measuring machine
量度仪器 measuring tool;metering equipment
量度坐标 measured coordinates
量吨 tonnage
量吨舱口 tonnage hatch
量吨长度 tonnage length
量吨甲板 tonnage deck
量吨甲板上面 upside of tonnage deck
量吨减额 tonnage deduction
量吨井孔 tonnage well
量吨开口 tonnage hatch;tonnage opening
量吨开口盖板 tonnage board
量吨宽度 tonnage breadth
量吨容积 tonnage capacity
量吨深度 tonnage depth
量阀 metered valve
量法 mensuration
量粉计 <确定沥青混凝土骨料中极细粒料比率的仪器> flourometer
量杆 dipper stick;dipstick;ga(u)ge rod;measuring bar;measuring rod;staff ga(u)ge
量感 feeling of quantity
量高点 peak
量高温器 thermoelectric(al)couple
量管 measuring glass;buret(te)【化】
量规 bow compasses;caliber;caliber compasses;caliper compasses;cartometer;former;formwork;gad;ga(u)ges;ga(u)ging equipment;guiding rafter;measuring ga(u)ge;metric(al)ga(u)ge;subdivider;drift mandrel <量套管等内径>
量规检查钻头直径 put the ring on her
量规系统 ga(u)ge system
量规校准 ga(u)ge calibration
量规因数 ga(u)ge factor
量规游隙 ga(u)ge play

量过的 measured
量计 gasometer flask；ga(u)ge
量计系数 ga(u)ge factor
量间隙计 clearance meter
量角 angular measure(ment)；angulation
量角的 goniometric(al)
量角格网【测】angle measuring grid
量角规 angle block ga(u)ge；angle ga(u)ge；angle ga(u)ge block；angle protractor；bevel protractor；bevel square；meter[mitre] ga(u)ge
量角计 angle meter
量角块规 angle ga(u)ge block
量角器 angle ga(u)ge；angle ga(u)ge block；angle meter；angle protractor；angulometer；clinometer；goniometer；goni(asm)ometer；horn protractor；protractor；protractor scale；topoangulator <量测斜倾摄影中主平面的竖角>
量角器头 protractor head
量角学 goniometry
量角仪 angulometer；clinometer；goni(asm)ometer；graphometer
量脚规 bevel
量径规 diameter testing ga(u)ge
量具 ga(u)ge equipment；measurement device；measurer；measuring appliance；measuring device；measuring implement；measuring instrument；metering device；metric(al) instrument
量具车间 measuring ga(u)ge
量具刃具 measuring and cutting tool
量具误差 instrument error
量具用钢 ga(u)ge steel
量距仪 <地图等> opisometer
量孔 orifice
量孔符号 jet number
量孔校准 jet calibration
量孔节流单向阀 orifice check valve
量孔深度的杆 fit rod
量孔针阀 jet needle
量口径 calibration
量块 ga(u)ge block；Johnson ga(u)ge(block)；measuring block；size block；slip ga(u)ge
量矿器 measuring pocket
量力环 calibration ring；load ring；proving ring
量力器 dynamometer
量料斗 measuring bin；measuring box
量料框 measuring frame
量料漏斗 measuring hopper
量料器 batchmeter[batchmetre]
量料箱 ga(u)ge box；measuring box
量露器 dew ga(u)ge
量率 dose rate
量木材单位 load
量木尺 board rule
量配器 batcher
量配装置 metering device
量瓶 graduated flask；measuring flask；volumetric(al) flask
量坡度仪 gradiometer
量坡规 back sloper
量坡计 drift indicator
量坡仪 clinometer；gradient meter[metre]；grad(i)ometer；inclinometer
量气(纯度)管 eudiometer
量气计 aerometer；air meter[metre]；air(o)meter；eudiometer；gas(o)-meter
量气学 aerometry
量气仪 air meter[metre]
量汽计 steam meter[metre]
量器 ga(u)ge；measurer；measuring vessel；metering device；metroum；volume meter；volumetric(al) glassware)
量潜热器 latent heat calorimeter
量热 calorimetric
量热弹 bomb calorimeter；calorimetric bomb
量热法 calorimetering method；calorimetric method；calorimetry
量热分析 thermometric analysis
量热高温计 calorimetric pyrometer
量热计 calorie meter；calorimeter；heat meter
量热计筒 calorimeter vessel
量热计蒸发器 calorimeter boiler
量热器 caloric meter；calorie meter；calorimeter；calorimeter instrument；calorimetric bomb
量热容器 calorimeter vessel
量热式功率计 calorimetric power meter
量热式流量计 calorimetric flowmeter；thermal flowmeter
量热试验 calorimetric test
量热术 calorimetry
量热数据 calorimetric data
量热学 calorimetry
量热用温度计 calorimeter thermometer
量热装置 calorimeter assembly
量日镜 helioscope
量日仪 heliometer
量日仪测量术 heliometry
量色计 metrochrome
量砂斗 <冲水的> sand inundator
量砂器 sand ga(u)ge；inundator <用水饱和法的>
量砂箱 sand ga(u)ge box；sand measuring box；sand measuring container
量石板间的木尺 slate rule
量水 water batching；water measurement；water metering
量水坝 <有测流堰的> measuring dam
量水表 water ga(u)ge
量水玻璃管 ga(u)ge glass
量水槽 control flume；control meter；measuring channel；measuring flume；meter(ing) flume；water batcher
量水池 <量水堰上游水池> ga(u)ging pond
量水尺 sounding rod
量水单位 unit of water measurement
量水的 water measuring
量水管 water column
量水计 water meter
量水建筑物 water measuring structure
量水井 ga(u)ge well；ga(u)ging well
量水孔 metering jet；orifice meter[metre]
量水龙头 measuring faucet
量水门 meter gate
量水喷嘴 measuring nozzle
量水器 water meter
量水设备 water measurement device
量水桶 ga(u)ge tank
量水箱 ga(u)ge tank；ga(u)ging tank；measuring box；measuring tank；water batcher
量水旋塞 ga(u)ge cock
量水堰 flow measurement weir；ga(u)ging weir；measuring dam；measuring weir；stream-ga(u)ging weir
量水堰收窄末端 end contraction of ga(u)ging weir
量水溢流堰 waste weir
量水嘴 metering jet
量调节 flow mass conditioning；quantitative regulation；variable flow control
量桶 measuring tank
量桶停表法 bucket and stopwatch technique
量筒 dose-meter；dosimeter；ga(u)ging tank；graduate；graduated cylinder；graduated glass(ware)；measuring cylinder；measuring glass；measuring tube；volumetric(al) cylinder
量图 cartometric scaling；map measure(ment)
量图工具 cartometric aid；map measurer
量图器 map measurer；opisometer
量图学 cartometry
量图仪 map measurer
量温度 take temperature
量隙规 clearance ga(u)ge；examiner；feeler stock；thickness feeler
量箱 batch box；batchmeter[batchmetre]；dosing tank；measuring bin；measuring box；measuring tank
量斜度仪 slope meter
量雪 snow survey(ing)
量雪(标)尺 snow scale；snow stake
量雪计 nivometer；nivometric ga(u)ge；snow ga(u)ge
量雪器 nivometer；nivometric ga(u)ge；snow ga(u)ge
量雪箱 snow bin
量压的 piezometric
量压仪器 piezometric instrument
量氧计 oxymeter
量液泵 measuring pump
量液玻璃管 ga(u)ge glass
量液滴定管 measuring buret(te)
量液器 liquid dosing apparatus
量液(移液)管 measuring pipet(te)
量仪 meter ga(u)ge；metre ga(u)ge
量影尺 eikonometer
量影学 iconometry
量影仪 iconometer
量油尺 dipping line；dipping tape；dipstick；oil dipstick；oil measuring tape
量油尺垫片 oil level ga(u)ge gasket
量油尺浮子 oil level ga(u)ge float
量油杆 dip rod；dipstick；level rod；metering rod；oil dipstick；oil ga(u)ge stick；oil measuring rod
量油杆卡口槽 dipstick bayonet guide
量油杆口盖 dipstick cap
量油工 tank strapper
量油计 fuel oil level ga(u)ge；oil meter；oleometer
量油孔 dipping hatch；metering jet
量油手泵 oil measuring hand pump
量油箱 measuring tank
量油嘴 metering jet
量雨杯 rain glass
量雨的 pluviometric(al)
量雨罐 <雨量计的> measuring jar for rain ga(u)ge
量雨计 rain glass
量雨瓶 <雨量器的> measuring jar for rain ga(u)ge
量雨桶 rain ga(u)ge bucket
量雨筒 precipitation ga(u)ge；rain ga(u)ge bucket
量雨筒站 precipitation-ga(u)ging station
量圆尺 cyrtometer
量云计 nephometer
量云器 nephometer
量载(荷)规 loading ga(u)ge
量爪 measuring jaw
量折射术 refractometry
量针 metering pin；measuring pin
量砧 ga(u)ge button
量柱斜度器 stylometer

两 <重量单位> ounce <英>；tael
两岸坝座压力 abutment pressure
两岸间的 intercoastal
两凹槽间的凸楞 ridge fillet
两班工作制 double shift
两班制 double shift；two-shift；two-shift work
两班制工作 double-shift work
两班制运行 two-shift operation
两班作业 two-shift work
两半的 two-piece
两半结 double half hitch；two-half hitch
两半球间的整合作用 interhemispheric integration
两瓣(式)抓斗 clamshell(-type) bucket
两包黏[粘]在一起 two bales sticking together
两杯试验 two-glass test
两倍半传机 diplexer
两倍伴传制接收 duplex reception
两倍大小 double size
两倍的 double；two-fold；twifold
两倍照准差 discrepancy between twice collimation errors
两篦床复合式冷却机 two-grate combination cooler
两臂比例 arm ratio
两臂平伸 extend one's arms horizontally
两臂伸展宽度 arm span
两臂自然下垂 with two arms hanging on both sides
两边 both sides
两边凹的 amphicelous
两边侧板可拆卸的敞车 open-top car with removable sides
两边存(停)车 bilateral parking
两边带屉的写字桌 knee-hole table
两边底开门自卸车 saddle-bottomed wagon
两边多级网络 two-sided multistage network
两边滚子进料 double roll feed
两边铰链侧板可下放的敞车 open-top car with hinged sides
两边结构密封膏镶嵌玻璃 two-side structural sealant glazing
两边绝缘的结合 full insulated joint
两边磨耗不均 unsymmetric(al) wear
两边饰面 faced on both sides
两边小 narrowing toward each end
两边斜面的 bibevel(l)ed
两边卸车的漏斗车 saddle-bottomed wagon
两边照明 side lighting
两边支承 supported at two edges
两边装车站台 side loading platform
两冰期之间的 interstadial
两波束轴间夹角 squint
两步处理法 two-step process
两步贷款 two-step loan
两步读出 two-step read
两步法 two-stage process
两步控制器 two-level controller；two-step-controller
两步缩小法 two-step reduction
两步投标 two-stage bids
两步作用 two-level action
两部电动机的串并联操作 two-motor series-parallel operation
两部电动机的串并联运行 two-motor series-parallel operation
两部分的 two-component；two-part；two-piece
两部分构成的缓和线 clothoid biparties curve

两部分裂化 two-part cracking
两部阶跃预付电度计 two-part step-rate prepayment meter
两部式收益表 two-section income statement
两部预付两度计 two-part prepayment meter
两部制费率 two-part step tariff
两部制收费煤气表 two-part tariff meter
两仓磨 two-chamber mill
两仓球磨机 two-compartment ball mill
两舱进水不沉性 two-compartment floodability
两舱制船 two-compartment ship
两槽填条接合 slip-tongue joint
两侧 both sides
两侧板凸出的箱形 closed box boom
两侧不对称串列式道岔 tandem non-symmetric turnout
两侧采光 bilateral lighting
两侧储水空间 side water space
两侧带对流片板式散热器 panel with complex extended surface radiator
两侧倒置 side-inverted
两侧的 bilateral
两侧底脚 <指电机的> side feet
两侧对称 bilateralism; bilateral symmetry; monosymmetry
两侧对称的 equilater(al); monosymmetric(al)
两侧对称截面 monosymmetry cross-section
两侧多层单干形 twice storied cordon
两侧辐射对称 biradial symmetry; disymmetry
两侧供采光的门 Venetian door
两侧或两端有列柱式的 amphistylar
两侧交替折流板式鱼道 alternate obstacle fishway
两侧交织段 two-sided weaving section
两侧进气压气机 double entry compressor
两侧进汽 double entry
两侧开窗的 daylight from both sides
两侧开门集装箱 two-side openable container
两侧可停船码头 <伸展至水中的> quay pier
两侧抹灰泥 plastered both sides
两侧坡度很陡的海沟 trench
两侧倾卸车 double-side tipping wagon; two-way side dump car
两侧收缩矩形堰 rectangular weir with double side contraction
两侧束狭测流槽 flume with both side contraction
两侧搜索 two-sided search
两侧凸起的 <有浮起装饰的> bossed(on) both sides
两侧无柱式的 apteral
两侧楔形砖 two-sided wedge-shaped brick
两侧卸料 bilateral discharge
两侧悬挂 side-by-side mounting
两侧翼有 14 根柱的周柱六角式庙宇 peripteral hexastyle temple with fourteen columns on the flanks
两侧翼有 17 根柱的周柱八角式庙宇 peripteral octastyle temple with seventeen columns on the flanks
两侧有双塔的城楼 double-towered gatehouse
两测点间距 spacing between two survey points
两层板 two-ply
两层的 two-fold; two-ply
两层独立公寓 maisonette
两层粉饰 double coating
两层高隔断 double tier partition
两层高隔墙 double tier partition
两层高位储存系统 two-station high-head storage scheme
两层隔墙 two-withe[wythe]
两层公式 two-level formula
两层构造 two-layer structure
两层夹布内衬帆布耐油橡胶管 double-ply canvas lined oil-resisting rubber hose
两层甲板船 double deck
两层交替砌筑法 Flemish diagonal bond
两层金属化 double layer metallization
两层金属饰面 two-coat metallic finish
两层沥青间的垫石 traprock
两层林 two-stor(e)yed forest
两层楼 two-floor; two-stor(e)y
两层楼房子 two-storied house
两层楼高的墙板 two-floor(height) panel
两层楼货仓 two-level freight house
两层模式大洋 two-layer ocean
两层模型 two-layer model
两层抹灰 render and set; two-coat work
两层抹灰工作 two-coat plaster work
两层排架 two-stor(e)y bent
两层平房 <进口在地面，下层略低于地面> bi-level
两层式公共汽车 double decker
两层式火车 double decker
两层饰面工程 two-coat work
两层双合套 double lark's head
两层水平梁之间的支撑杆 spreader
两层一套的公寓住宅 maisonette
两层作业法 <涂涂料或油漆> two-coat system
两叉连管 two-legs of breech pipes
两叉矛 bident
两岔的 biramous
两差改正 curvature and refraction correction
两差异分析 two-variance analysis
两差异制造费用分析 two-variance overhead analysis
两场合成图像 two-field picture
两车钩联结的水平折转 jackknife
两车间时距 headway
两称的 bimodal
两冲程拌和料 two-stroke mix(ture)
两冲程柴油机 two-cycle diesel engine
两冲程汽油发动机 two-stroke petrol engine
两冲程振动式输送机 two-stroke vibrating conveyer[conveyor]
两重的 two-fold
两重烟道隔板 two-withe[wythe]
两穿堂或门厅中心线 axis line
两船安全会遇 safety meeting
两船并列靠拢 yardarm to yard-arm
两船并列逆风驶帆 hank for hank
两船对撞 head-on collision
两船间对话 talk between ships
两船交叉航驶 cut across
两船接近速度测量仪表 speed-of-approach measuring instrument
两船靠泊间隙 berthing gap
两船通过情况 passing situation
两船之间的横向安全距离 ship clearance
两垂线间距 plumbing base
两次拌和压力灌浆法 colcrete process
两次爆破炮点 pop
两次曝光 double exposure; exposure in two parts
两次曝光的 double exposed
两次曝光干涉量度学 double exposure interferometry
两次曝光全息干涉测量 double exposure holographic interferometry
两次曝光全息干涉量度学 double exposure holographic interferometry
两次曝光全息术 double exposure holography
两次曝光全息图 double-exposed hologram
两次曝光全息照片 double-exposed hologram
两次曝光装置 <重拍机构> double exposure device
两次测量结果之差 difference of two measures
两次穿孔法 double piercing process
两次到达之间的平均间隔时间 mean time between arrivals
两次电弧熔炼 double arc-melting
两次定性分析 qualitative analysis for two times
两次断陷盆地 duplex basin
两次煅烧白云石 magdolite
两次高潮潮差 high-water inequality
两次刮平法 <建筑混凝土路面> double strike-off method
两次积分法 double integration(method)
两次急骤蒸馏法 double flash distillation
两次计算 double-calculation
两次计算或反向计算 double or reverse calculation
两次加氯 double chlorination
两次加氯量法 double chlorination
两次加热 double heating
两次碾压覆盖宽度 width of two pass coverage
两次耙地 disking twice
两次抛物线 second-degree parabola
两次取样检验 double sampling
两次扫描的 two-pass
两次扫描的汇编程序 two-pass assembler
两次设计 two-phase design
两次施胶 double size
两次施釉 double glazing
两次税制 double tax system
两次踏离合器换挡法 double-clutching
两次停车间的平均间隔 average interval between stops
两次涂沥青法 two-bath method
两次性成熟 dissogeny
两次压实砖 double pressed brick
两次压制 double compression
两次压制法 double-press process
两次压制砖 double pressed brick
两次仪器高法 observation method by two instrument heights
两次运转对比 run to run
两次再热 dual reheat
两次再生 double regeneration
两次正火 double normalizing
两次直角拐弯楼梯 half-turn stair(case)
两次直角转弯楼梯 half-turn stair(case)
两次转换正像 double transfer
两次转运 double handling
两次装车间隔天数 <即车辆周转时间> car day between loadings
两次装车间平均公里 kilometers between loadings
两次装碴循环 double-mucking cycle
两大部分 two-large divisions
两代间变动率表 intergenerational mobility table
两代人平均间隔 mean interval between successive generations
两代岩浆的 bimagmatic
两带图灵机 two-tape Turing machine
两挡卷扬机 dual range hoist
两档变速箱 two-speed transfer case
两档开关 double-step switch
两刀论法 dilemma
两岛式船 tow-island ship
两导轨间距 distance between guides
两道带 two-track tape
两道粉刷 <二次工艺> lath, plaster and set
两道抹灰 render and set; two-coat plastering
两道抹灰工作 two-coat plaster work; two-coat work
两道抹灰作业 two-coat plastering
两道抹面 double coating
两道涂布 double pass coating
两道涂覆 double coating
两道涂装 double coating
两灯光示像 two-light aspect
两灯光信号 two-light signal
两灯光信号机【铁】 two-light signal
两抵 on the balance
两地点间传输 point-to-point transmission
两地套汇 direct arbitrage; two-point arbitrage
两地之间的直路 beeline
两地址 two-address
两点边值问题 two-point boundary value problem
两点辨别 two-point discrimination
两点测流法 two-point method of stream ga(u)ging
两点差别阈 double point threshold
两点对向水准测量 reciprocal level(l)-ing
两点法【测】 two-point problem; two-point method
两点分辨率 two-point resolution
两点分布【数】 two-point distribution
两点加载 two-point loading
两点间 point-to-point transmission
两点间操作 point-to-point operation
两点间传输 point-to-point transmission
两点间电视广播 fixed point-to-point television service
两点间线路 point-to-point line
两点间直线 beeline
两点检查 release by two sections
两点检查法 two-point detection
两点检验 pair test
两点校正法【测】 peg adjustment; two-peg method
两点校正器 peg adjuster
两点式 two-point form
两点式进路排列 end-to-end route lineup
两点式无曲柄压力机 double crankless press
两点试验法 two-point test
两点套汇 two-point arbitrage
两点透视 two-point perspective
两点系泊 two-point mooring
两点悬吊法 two-point lifting
两点悬吊式脚手架 two-point suspension scaffold
两点悬挂 two point
两点悬挂装置 two-point hitch; two-point linkage
两点摇摆式脚手架 two-point suspension scaffold
两点之间传送 point-to-point transmission
两点之间的直线 air line
两点支承推进器 two-point feed
两吊货杆的联动绞辘 schooner stay
两吊柱之间的横牵缆 spanner stay

两度抹灰 two-coat plaster
两端 both ends
两端搬运 end transfer
两端不锚着的预应力筋腱 non-end-anchored tendon
两端不收缩狭堰 suppressed weir
两端不束的长方形量水堰 suppressed rectangular weir
两端不束窄堰 <堰顶长度与河宽相等的> suppressed weir
两端侧柱廊式 amphistylar
两端撑紧槽钢 channel end bunt-on
两端成棒状的 biclavate
两端传播时间 two-way travel time
两端串联相加功率输送 double-ended series-aiding power feed
两端搭接焊 scarf weld(ing)
两端带活塞杆的油缸 double end rod cylinder
两端带螺纹的 both end threaded
两端带弯钩的钢筋 bar hooked at both ends
两端捣实轨道 end-bound track
两端的锐角辙叉 <菱形交叉或交分道岔> end frogs
两端点制 two-terminal system
两端分别带内外螺纹的弯管接头 street elbow
两端固定的大梁 girder fixed at both ends
两端固定梁 beam fixed at both ends; beam with both ends built-in
两端加压 bipolar pressure
两端尖的椭圆形 vesica
两端间 go-and-return
两端交流开关元件 diac
两端铰接 hinged-hinged end condition
两端铰接杆 hinged-hinged bar
两端锯齐的 double end trimmed
两端均有螺纹的连接管 double connector
两端开敞的箱式住宅预制单元 box-shaped module open on two side
两端开门的围栏 drift fence
两端刻螺纹的管子 threaded both ends
两端口接头 two-port junction
两端论法 dilemma
两端锚固的预应力钢筋 end-anchored tendon
两端锚固的预应力筋腱 end-anchored tendon
两端锚头的滑动 <预应力混凝土工程中> slip at the anchorages
两端平的 amphiplatyan
两端砌块的地板 double-ended floor
两端丝扣 U 形螺栓 bulldog grip
两端椭圆的绳梯板 oval ladder step
两端为锥形的原木 snaped
两端喂料 two-end feeding
两端无螺栓孔的钢轨 rail with blind ends
两端线路 two-terminal line
两端相接地 endway; endwise
两端相同的东西 double ender
两端卸载 end-to-end discharge
两端悬臂梁 beam with overhanging ends
两端悬挑梁 beam with overhanging ends
两端压制 double-ended pressing
两端有操纵室的单元 box-cab unit
两端有承插口的铸铁管 double hub
两端有螺纹的接管 union joint
两端有螺纹的螺栓 rod threaded at both ends
两端有螺纹的螺纹管耦合套 screwed conduit coupling sleeve
两端有螺纹的系杆 rod threaded at both ends
两端有悬臂的梁 beam with overhangs
两端约束固定梁 constrained beam
两端张拉 double end prestressing
两端辙尖 <交分道岔> end switch points
两端支承 straddle mounting
两端支承的 supported at both ends
两端支承梁 beam-supported at both ends; both ends supported beam
两端直径差 difference between both ends
两端直通的修车线 through-running repair track
两端自由梁 beam with free ends
两段逼近 two-segment approach
两段澄清 two-stage clarification
两段估计 two-stage estimation
两段轨道电路式进路解锁 two-track circuit route release
两段回归法 two-stage regression method
两段加反时限 two-step plus inverse time-lag
两段加压循环 dual-pressure cycle
两段减压阀 dual-pressure reducing valve
两段搅拌 two-stage agitation
两段进近 two-segment approach
两段距离保护特性 two-step distance protection characteristic
两段空气采样器 two-stage air sampler
两段煤燃烧过程 two-stage coal combustion process
两段破碎机 two-stage crusher
两段曝气 two-stage aeration
两段曝气槽 two-stage aeration tank
两段气流输送干燥器 two-stage pneumatic-conveyor drier[dryer]
两段燃烧法 two-stage combustion
两段熔化法 two-stage melting process
两段升流曝气生物滤池 two-section upflow biological aerated filter
两段生物滤池 two-stage biofilter
两段时效 split ag(e)ing
两段式加热炉 twin zone furnace
两段式进路解锁 two-section route release
两段式排气挤出机 two-stage vented extruder
两段式跳汰机 two-compartment jig
两段式线束缓行器 two-section group retarder
两段式招标 two-stage bidding
两段碳酸化作用 two-stage carbonation
两段投标 <国际承包工程方式之一> two-stage bidding
两段脱硫 two-stage desulfurization
两段消化器 two-stage digester
两段消化作用 two-stage digestion
两段液化 two-stage liquefaction
两段预先检验估计量 two-stage pretest estimator
两段再生 two-stage regeneration
两段招标 two-stage tendering
两段蒸发锅炉 dual-circulation boiler
两段制动停宅 two-application stop
两段主分量法 two-stage principal component method
两段最小平方法 method of two-stage least squares; two-stage least squares
两段最小平方估计量 two-stage least squares estimator; two-variable single equation estimator
两段最小平方剩余残差 two-stage least squares residuals
两堆存货系统 two-bin inventory system
两对称 bisymmetry
两对二端网络 four-terminal network
两对交叉撑 double bridging
两对角线矩阵 bidiagonal matrix
两分变量 dichotomous variable
两分的 dichotomous
两分法 dichotomy (method); law of divide into two
两分法分类 dichotomous classification
两分搜索 dichotomous search
两分搜寻 dichotomous search
两分枕木 halved tie
两伏特表测量法 two voltmeter method
两副杆 binary link
两港间的定期邮船 <载邮件和客货> packet
两格板门 two-panelled door
两格式门 two-panelled door
两个比率估计量的比率 ratio of two ratio estimators
两个部门增长模型 two-sector growth model
两个舱口之间的空间 no man's land
两个等光强的发光点 two-luminous points of equal intensity
两个地壳运动时期之间的相对平静时期 pediocratic period
两个动滑车 bell purchase
两个墩子 pair of piers
两个分布的间距 distance between two distribution
两个滑车中间的辘绳部分 leads
两个或多个电梯共同电梯井 common duct
两个(机场)定向塔 pair of pylons
两个肋 pair of ribs
两个码头 pair of piers
两个品系的混合 two-line mixtures
两个平均数间的差数 differences between means
两个平行筒状拱顶的贯穿 penetration of two parallel barrel vaults
两个全潮汐周期 two-full tidal cycles
两个算法间的等价性 equivalence between two algorithm
两个雨季的 birainy
两个字母并成一个单音编码 digraph coding
两个组合系统 twin-pack system
两功能的多拱架结构的集材机 two function multiple arch configuration skidder
两沟之间隆起的一条土带 row of soil lying between two furrows
两构件支架 two-piece set
两股(的) furcate; two-ply
两股吊索的轻型吊钩 two fall lightweight hookblock
两股曲入直出式会让线 split loop
两股线 packthread
两鼓一板垂直式线(护舷) two-cells one board vertical form
两鼓一板水平式线(护舷) two-cells one board horizontal form
两管电子透镜 two-tube electronic lens
两管五改 two-methods of control and five aspects of improvement
两管制水系统 two-pipe water system
两罐装 two-pack varnish
两罐装聚氨酯涂料 two-package polyurethane coating
两罐装清漆 two-container varnish
两罐装涂料 two-can coating; two-compartment coating; two-pot coating
两光交换法 alternating light method
两轨铁路 <与单轨铁路相对应> duorail
两辊混炼机 mixing roll
两辊冷轧机 two-high cold reduction mill
两辊磨 mixing mill
两国或数国共有的海 mare nostrum
两海岸间的 intercoastal
两合板 two-ply
两合公司 limited partner(ship)
两合胶 two-part glue
两河回流点 aber
两河口之间的 interestuarine
两河弯间河段 bendway
两河湾之间的直线段 river crossing; river crossover
两河之间的 interfluvial
两河之间的地区 doab
两横臂十字架 archiepiscopal cross; patriarchal cross
两横列舱口 two-row hatch
两户并联式住宅 duplex-type house
两户合用电话线 two party line
两户合住的房子 duplex house
两户住宅 two-family house
两回归线间的 subsolar
两击式水轮机 Banki turbine
两机构信号机【铁】 two-head signal; two unit signal
两级 two-stage
两级泵 double-stage pump; two-speed pump; two-stage pump
两级编码微指令 two-level encoding micro-instruction
两级掺加 two-stage addition
两级齿轮减速器 double reduction gearbox
两级冲裁模 two-step die
两级抽样 two-stage sampling
两级传动 double-stage driving
两级磁场削弱 two step field weakening
两级催化转换器 two-stage catalytic converter
两级存货管理制 two-bin system
两级单作用压缩机 two-stage single-action compressor
两级的 double-stage; two-step
两级滴滤池 two-stage trickling filter
两级滴滤器 two-stage trickling filter
两级跌水坝 two-stage dam
两级动作继电器 two-step relay
两级动作开关 two motion switch
两级动作选择器 two-motion selector
两级阀 two-stage valve
两级分离器 two-stage separator
两级分批配料设备 two-stop batch(ing) plant
两级粉磨 double-stage grinding; twin-stage grinding; two-mill type of grinding; two-stage grinding; two-unit grinding
两级粉碎 two-stage comminution; two-stage reduction
两级附加 two-stage addition
两级管网系统 two-stage system
两级过滤层 two-stage filter
两级过滤法 two-stage filtration
两级过滤器 two-stage filter
两级混合床反应器 two-stage hybrid reactor
两级计量 double-stage proportioning
两级记录 two-level recording
两级间歇曝气膜生物反应器 two-stage intermittent aeration membrane bioreactor
两级减速齿轮 double reduction gearing; two-stage reduction gearing
两级减速齿轮箱 double reduction gearbox
两级减速船用汽轮机 double reduc-

tion geared turbine
两级减速电动机 double reduction motor
两级减速驱动 double reduction drive
两级减速装置 double reduction gearing;two-stage reduction gearing
两级交替过滤 two-layer alternating filtration
两级接缝 two-stage joint
两级井点 two stage wellpoint
两级开路破碎 double-stage open circuit crushing
两级空气洁净器 two-stage air cleaner
两级空气压缩机 two-stage air compressor
两级控制器 two-level controller
两级扩容装置 double flash unit
两级拉曼散射 two-step Raman scatter
两级冷却机 double-stage cooler;two-stage cooler
两级离心泵 two-stage centrifugal pump
两级逻辑 two-level logic
两级配料 double-stage proportioning;two-stage proportioning
两级喷射器 two-stage ejector
两级膨胀 double expansion
两级膨胀复式蒸汽机 double expansion compound steam engine
两级评价 <自行评价和复查评价> 系统 two-tier evaluation system
两级破碎 double-stage crushing;two-stage breaking;two-stage comminution;two-stage crushing;two-stage reduction
两级曝气 two-phase aeration;two-stage aeration
两级曝气池 two-stage aeration tank
两级曝气法 two-stage aeration
两级曝气生物滤池 two-stage biological aerated filter
两级去矿物质器 two-stage demineralizer
两级燃烧 two-stage combustion;two-stage firing
两级人字齿轮减速器 double helical double-reduction unit
两级闪蒸 double flash evapo(u)ration
两级伸缩缸 telescopic(al) cylinder of two-stages
两级生物处理工艺 two-stage biological treatment process
两级生物接触氧化 two-stage biological contact oxidation
两级生物滤池 two-stage biofilter
两级式空气滤清器 dual-stage air cleaner
两级式燃烧室 dual-stage combustor
两级水泵 two-stage pump
两级锁定机构 two-stage holdback device
两级踏凳(台) two-step footstool
两级提升 double lift
两级提升器 two-stage lift
两级调节器 two-stage controller
两级投资托拉斯 split-level investment trust
两级微动控制 dual-ratio control
两级消化器 two-stage digester
两级消化作用 two-stage digestion
两级斜榫接头 double-step joint
两级泄压循环 two-step decompression cycle
两级行星减速器 compound epicyclic(al) reduction gear
两级型篦式冷却机 doustage grate cooler
两级循环 dual circulation
两级压力气体燃烧器 two-stage pressure-gas burner
两级压缩机 two-stage compressor
两级厌氧处理 two-stage anaerobic treatment
两级厌氧生物滤池 two-stage anaerobic biofilter
两级养护 two-stage curing
两级氧化工艺 two-stage oxidizing process
两级优先中断 two-level priority interrupt
两级再生 two-stage regeneration
两级责任制度 two-grades accountability system
两级转换器 two-stage converter
两级作用 two-level action
两级作用物【化】 actor
两极 double pole;two-pole
两极倒转术 bipolar version
两极的 bipolar;dipolar
两极电机 bipolar electric(al) motor;bipolar machine
两极轨道 polar orbit
两极上层浮游生物 bipolar epiplankton
两极限速器 maximum-minimum governor
两极增压器 two-step supercharger
两价商店 two-price house
两价制 two-price system;two-tier price system
两尖钉 dowel
两尖镀锌钢刺线 two-point galvanized steel barbed wire
两尖器 bident
两间式建筑物 double dwelling;double house
两件套 two-piece set
两件套卫生间 two-fixture lavatory
两件套浴室 two-fixture bathroom
两件组合的动臂 two-piece boom
两焦点 bifocal
两角的 dihedral
两角规形夹 cal(l)iper splint
两角套汇 two-point arbitrage in foreign exchange
两角铁砧 two-beaked anvil;two-horned anvil
两脚并拢 close the feet
两脚插头 two-pin plug
两脚车床 bar stock lathe;gantry lathe
两脚拱(梁) arched girder hinged at the abutment
两脚规 angle dividers;bisecting compasses;bow compasses;bow pens;caliber ga(u)ge;caliper ga(u)ge;cal(l)iper hook;cal(l)ipers;cartometer;compasses;dividers;firm joint;sector
两脚规法 dividers method
两脚架 bipod
两脚临时吊杆 sheer legs derrick
两铰拱 double-hinged arch;two-hinged arch
两铰拱桁架 two-hinged arch truss
两铰门架式桥 two-hinged portal frame bridge
两阶齿榫 double steps
两阶段艾特肯估计法 two-stage Aitken estimation method
两阶段艾特肯估计量 two-stage Aitken estimator
两阶段侧壁导坑法 two-step side-pilot tunnel(l)ing method
两阶段策略 two-step policy
两阶段程序 two-stage procedure;two-stage process
两阶段抽样法 two-stage sampling
两阶段的 two-stage;two-step
两阶段(方)法 two-stage method
两阶段交通工具划分模型 two-stage modal split model
两阶段竞争性招标 two stage competitive bidding
两阶段密封投标 two-step sealed bidding
两阶段热处理 two-step heat treatment
两阶段设计 two-stage design
两阶段实验 two-stage experiment
两阶段养护 two-stage curing
两阶段预测法 two-stage prediction method
两阶段招标 two-stage bidding;two-stage tendering
两阶段筑路法 two-stage road construction
两阶水道 two stage channel
两节刀刃式轨道衡 two-section knife-wedge railway track scale
两节柜 chest-on-chest
两节式发动机罩 two-section hood
两节式门架 duplex mast
两截门 Dutch door;dwarf door;stable door
两截式门门栓 Dutch door bolt
两截桅接头防护铁 doubling preventer clamp
两井定向 two-shaft orientation
两径间排柱式 systyle
两居室并带厨房、餐室的住宅 two-dining kitchen
两开间 two-bay
两开间小教堂 two-bay chapel
两开门 fly gate
两可的 double edged
两可地带 zone of indifference
两可融资 either-or facility
两可市场 either-way market
两可之间 border line
两跨框架 two-bay frame
两跨连续梁 two-span continuous beam
两跨梁 beam of two spans
两跨溢洪道 two-bay spillway
两块板道路 dual carriageway(road)
两块板的对接线 heading joint
两块板的平接缝 butt seam
两块板式车行道 dual carriageway (road)
两块玻璃的窗扇 double-pane sash
两块大浮冰相遇 ice nip
两块连接网板的重叠部分 seam lap
两矿脉交叉点 vein intersection
两肋 <立窑的> gilled ring
两力构件 two-force member
两立 coexistence
两梁间的横梁 line post
两两不相关 pairwise uncorrelated
两两不相交集 pairwise disjoint set
两两独立 pairwise independence
两两独立事件 pairwise independent events
两两相关 pairwise correlation
两两正交 pairwise orthogonal
两辆客车组 twin coach unit
两料配方 two-part formulation
两料配制 two-part formulation
两列舱口 two-row hatch
两列对向列车同时进站 dual entry
两列合并运行 double trains attached
两流体理论 two-fluid theory
两路供电 duplex feeding
两路供油阀 dual feed valve
两路开关 double switch;two-way switch
两路龙头 two-way tap
两路旋塞 two-way cock
两路预付电度计 two-circuit prepayment meter
两履带相对旋转 <实现原地转弯> track counter
两履带在驱动下转弯 power turn
两轮半拖车 two-wheeler
两轮车 <美国的一种高速两轮车> gyron
两轮车停放处 cycle park
两轮的 bicyclic(al)
两轮挂车 rear car;two-wheel(ed) trailer;two-wheeler
两轮机动车 two-wheeled vehicle
两轮静碾压路机 tandem static roller
两轮犁耕拖拉机 two-wheeled ploughing tractor
两轮轮缘间隙 rim clearance
两轮轮轴 two-wheel axle
两轮内向 toe-in
两轮牵引车 single-axle tractor
两轮驱动 two-wheel drive
两轮驱动的成套装置 dual drive wheel kit
两轮驱动式平地机 double wheel drive grader;two wheel drive grader
两轮驱动拖车 two-wheel drive tractor
两轮式水轮机 side-by-side turbine
两轮手推车 hand barrow;hand cart;sack barrow;tumbril;two-wheeled barrow
两轮拖车 rear car;two-wheel(ed) trailer;vear car
两轮拖拉机 single-axle tractor;two-wheel tractor
两轮外向 toe-out
两轮压路机 tandem roller;tandem-type road rollers;twin-roll
两轮运货马车 double-side tipping wagon
两轮振动压路机 double-drum roller;tandem vibrating roller
两马两轮战车 biga
两门工作台 two way entry
两门叶对开滑动型车门 sliding and bi-parting door
两米带尺 two-meter[metre] tape line;two-metre[metre] tape measure
两米等高距 two-meter[metre] contour interval
两米钢带尺 two-meter[metre] steel tape measure
两米折尺 two-meter[metre] folding rule
两面 both faces;both sides;two sides
两面凹的 biconcave;concave-concave;concavo-concave
两面凹进的 double concave
两面凹陷的 amphicelous
两面齿轮 bilateral gear
两面锉刀 double ender
两面搭接 double lap
两面搭头的窗横档 double meeting rail
两面搭头的窗梃 double meeting stile
两面的 bilateral;biracial;dihedral
两面粉饰 double-sided coating
两面复印 double-sided copying
两面光板材 double-faced stock
两面光胶合板 good two sides
两面光硬质纤维板 smooth-two-side hardboard
两面焊缝 double-welded joint
两面滑门阀 double-faced slide gate valve
两面计算尺 duplex slide rule
两面间隙 bilateral clearance
两面角 dihedral
两面可用软片 reversible film
两面可用性 reversibility
两面空心隔墙 double-side partition (wall)
两面立模浇灌混凝土施工法 side form

paving
两面临街地产 double-fronted lot
两面磨光夹丝玻璃 Saferite
两面磨光嵌网玻璃 Saferite
两面伸展的 amphidetic
两面受力中间浮坞门 bilaterally loaded inner floating dock gate
两面体 dihedron
两面凸 convexo-convex; double convex
两面凸的 biconvex; convex-convex; lenticular; lentiform
两面涂胶 double spreading
两面涂胶带 double coated tape
两面弯曲的波形金属薄板 corrugated metal sheet curved in two planes
两面下锯法 two-faced sawing
两面修饰材料 double-faced
两面压制 double-acting compression
两面用的双层布 double-faced
两面自卸车 double-side tipping wagon
两面作用的喷雾机 double-sided sprayer
两面作用活塞 double-action piston
两模数化平面的相交线 modular line
两内心挑尖拱 obtuse angle arch
两年冰 two-year ice
两年发生一次的事物 biennial
两年生的 biennial
两年生植物 biennial
两年一次的 biennial
两年预算周期 biennial budget cycle
两年责任 liability for two years
两年责任险 liability insurance for two years
两年振动 biennial oscillation
两排辊子的矫直机 two-high roller level(l)er
两排刻度 double scale
两排柱式的(建筑) amphistylar
两旁有房间的走廊 chambered corridor
两跑楼梯 parallel stair(case); two-flight stair(case)
两跑平行楼梯 dog-legged stair (case); U-stair
两披肩房 two-aisle building
两皮顺砖 double stretcher
两片玻璃的窗 double-pane sash
两片罐 two-piece can
两片模 cope and drag pattern
两片型透镜 two-element lens
两片轴 split sleeve
两频率间的间隔 separation of two frequencies
两平汇率 break-even exchange rate
两平面绕组 two-range winding; two-tier winding
两平图表 break-even chart
两平行墙之间的支撑或拉杆 wall damp
两坡不对称的硬山顶住宅 <美> saltbox type
两坡顶温室 even-span greenhouse
两坡式屋顶 <自山墙半高处突起尖顶> jerkin head roof
两坡天窗 double pitch skylight
两坡屋顶 comb roof; double pitch roof; double-sloping roof
两坡压顶 saddle-back coping
两栖铲土机 amphibious shovel
两栖车(辆) launching vehicle; amphibious vehicle
两栖船 amphibian vehicle; amphibious craft
两栖单斗挖掘机 amphibious shovel
两栖的 amphibian; amphibious; land-and-water
两栖登陆装备 beach gear
两栖动物 amphibian; amphibious animal
两栖反铲挖泥船 amphi-backhoe dredge(r)
两栖方驳 amphibarge; amphibian barge; amphibious barge
两栖攻击舰 amphibious assault ship
两栖舰艇 amphibious warships
两栖类 Gymnophiona
两栖类时期【地】 age of amphibians
两栖气垫平台 amphibious hover platform
两栖汽车 amphibious car; duck
两栖人口 amphibious population
两栖挖泥船 amphibian dredge(r); amphibious dredge(r); amphidredge(r)
两栖蜗牛 semi-aquatic snail
两栖研究船 amphibious research craft
两栖运输车 amphibious carrier
两栖运输舰 landing troopship; landing troop transport
两栖战舰 amphibious warfare ship
两栖植物 amphibious plant; amphiphyte
两栖作战登陆艇 amphibious boat; amphibious landing craft
两期的 two-stage; two-step
两期积累乘数 two-period cumulative multiplier
两歧状态【计】 bifurcation
两气循环高温级冷凝器 top-fluid condenser
两讫 account balanced; both sides clear; on the balance
两讫的 quits
两汽循环电站 binary cycle plant
两千年问题 Y2K problem
两腔的 bicavitary
两桥式后卸卡车 two axles rear-dump
两亲化合物 amphipathic compound
两亲物 amphiphile
两亲性物质 amphipathic substance
两区分割 two-cell partition
两曲线的交会点 cusp
两曲翼剖面 bicurve section
两圈的 bicyclic(al)
两人搬得动的抛石 two-man riprap
两人管理制的 two-man
两人合乘自行车(或马) ride double
两人(或两人以上)前后座自行车 tandem bicycle
两人零和对策 two-person zero sum game; zero sum two-person game
两人用帐篷 shelter tent
两刃 two-edged
两刃刀 reversible knife
两刃锯 reversible saw
两刃切断刀 catling
两色玻璃 dichroic glass
两色测光 two-colo(u)r photometry
两色的 bichrome
两色灯 bicolo(u)red light
两色光变曲线 light-curve in two colo(u)rs
两色光度测量 two-colo(u)r photometry
两色花 amphichrome
两色或更多色的 pantochromic
两色图 colo(u)r-colo(u)r diagram; colo(u)r-colo(u)r plot; two-colo(u)r diagram
两色显示 two-colo(u)r present; two-colo(u)r presentation
两色油漆 two-tone paint
两色指示剂 two-colo(u)r indicator
两扇窗框 two-light frame
两扇门 two-leaf door
两扇折门 two-leaved door
两商品交换 two-commodity exchange
两上两下斜纹 cassimere twill
两射放映机 epidiascope
两射投影灯 epidiascope
两摄影站高差 height difference of two air stations
两饰柱间的壁 metope
两室储罐 twin compartment tank
两室静电除尘器 two-chamber electrostatic precipitator
两室住宅 two-room house
两手交替拉绳法 hand-over hand
两手轮换行动 hand-over hand
两双工 biduplex
两双工系统 biduplexed system
两双数列相关比率 biserial ratio of correlation
两顺一丁砌法 Flemish double-stretcher bond; flying Flemish bond; monk bond
两速滑车 double speed pulley
两索套 two-leg sling
两台肩阀 split piston valve
两台连挂内燃机车 twin-unit diesel locomotives
两台推土机并列推土 side-by-side (bull) dozing
两态共存温度 coexistence temperature
两态马尔可夫跨越 two-state Markov crossings
两套住房合成的住宅 duplex house
两梯段式楼梯 two-flight stair(case)
两条车道的隧道 single two-way tunnel
两条出流河的地下水脊 interstream groundwater ridge
两条结构 two-strip structure
两条平行道路之间的通路 cross connection
两条线中间的虚线 interline
两条相邻河流之间的地 interfluve
两通阀 two-way valve
两通控制阀 two-way control valve
两通旋塞 two-way cock
两筒相贯穹顶 groined arch
两筒相套穹顶 groined arch
两筒正交相贯穹顶 groined vault
两筒正交相套穹顶 groined vault
两头扳手 double wrench
两头沉书桌 double pedestal desk
两头船 double bowed vessel; double-ended vessel; double ender
两头都是平头的管子接头 pipe nipple both end plain
两头对接 butt and butt joint
两头公扣抽油杆 double pin sucker rods
两头构造相同之物 double ender
两头尖暗销 double-headed nail
两头尖钉 double-headed nail; dowel pin
两头桨 double paddle; paddle
两头可开动的电车 double ender
两头拉臂 double eye arm
两头螺(丝)钉 dowel screw
两头塞绳 double-ended cord
两头圆针 strongyle; tylote
两透性 amphi-permeability
两突堤码头之间的港池 wet dock; pier slip
两维 bidimensional; two-dimensional
两维超声声像图 two-dimensional ultrasonic tomogram
两维弹性 two-dimensional elasticity
两维绘图 two-dimensional drawing
两维矩阵 two-dimensional matrix
两维轮廓图 line drawing; two-dimensional
两维气体 two-dimensional gas
两维图 graphics; two-dimensional
两维问题 two-dimensional problem
两维应力相等 state of all-round tension
两维应力状态 flat state of stress
两维作用 two-dimensional action
两位编码 dibit encoding
两位调节 two-position control
两位二进数 dibit
两位和 sum bit
两位活动喷嘴 two position nozzle
两位控制器 on-off controller; two-position controller
两位数 double figures
两位数代码业务 two-digit code services
两位数的通货膨胀 double digit inflation
两位数字 double digit
两位置杠杆开关 two position lever switch
两卧室单元 two-bedroom unit
两下推带机器 two-push-down tape machine
两舷 both sides
两舷平行 board and board; board by board
两舷水柜 twin tanks
两舷相接 board and board; board by board
两舷装卸 both side cargo handling
两线电路 two-wire circuit
两线间串音 side-to-side crosstalk
两线间(的) line-to-line
两线制 two-wire system
两相 biphase; diphase; two-phase
两相萃取 dual phase extraction
两相的 biphasic; quarter phase
两相低温液力透平 two-phase cryogenic liquid expander
两相滴定法 diphasic titration; two-phase titration method
两相电动机 biphase motor
两相电流 two-phase current
两相电位 diphasic potential
两相分离法 two-phase separation
两相复合材料 two-phase composite
两相供电 two-phase supply
两相黄铜 alpha-beta brass
两相混合流 two-phase flow
两相加热 quarter-phase heating
两相交流电路 two-phase alternating current circuit
两相交流发电机 diphaser; two-phase AC generator
两相接触器 two-phase contactor
两相接地故障 double earth fault; double ground fault
两相接法 two-phase connection
两相离子交换柱 two-phase ion exchange column
两相流(动) two-phase flow
两相平衡 biphase equilibrium; diphase equilibrium; two-phase equilibrium
两相取样 two-phase sampling
两相绕组 two-phase winding
两相热储 two-phase reservoir
两相三线制 two-phase three-wire system
两相生物甲烷化作用 biphasic biometanation
两相生物接触氧化 two-phase biological contact oxidation
两相生物流化床 two-phase biological fluidized bed
两相水流 two-phase flow
两相四线制 two-phase four-wire system
两相添加剂 two-phase additive
两相同流向水流间的地区 interfluve

两相透磁钢 two-phase permalloy
两相推流式反应器 two-phase plug-flow reactor
两相五线制 two-phase five-wire system
两相橡胶 diphase rubber
两相消耗法 two-phase digestion process
两相性动作电位 diphasic action potential
两相厌氧好氧工艺 two-phase anaerobic-oxic process
两相厌氧流化床反应器 two-phase anaerobic fluidized bed reactor
两相厌氧消化 two-phase anaerobic digestion
两相厌氧消化系统 two-phase anaerobic digestion system
两相液体渗流 two-phase liquid seepage flow
两相运行 two-phase operation
两相直线对比法 double phase linear comparative method
两相制 quarter-phase system; two-phase system
两相自动同步机 two-phase selsyn
两相自整角机 two-phase selsyn
两箱存储系统 two-bin inventory system
两箱造型 two-part mo(u)ld; two-part mo(u)lding
两箱造型机 twin-mo(u)lding machine
两箱造型模 cope and drag pattern
两镶板式门 two-panelled door
两向传导 duplex transmission
两向电色谱法 two-way electrochromatography
两向对称大梁 bisymmetric(al) girder
两向泛光照明 twin-flood lighting
两向固结 two-dimensional consolidation
两向键 reversible key
两向可调面机座椅 two-way adjustable seat
两向可调司机座椅 two-way seat
两向块形底脚 two-way block footing
两向块状底脚 two-way block footing
两向块状基础 two-way block foundation
两向盘状电泳法 double disc electrophoresis
两向色谱层法 two-dimensional chromatography
两向收紧 two-dimensional constriction; two-dimensional contraction
两向性的 bitropic
两向振动仪 two-component pallograph
两向纸色谱法 two-dimensional chromatography
两巷道掘通 thirling
两项方案都可通过 common to both alternatives
两斜面接头 tapered overlap
两心拱 Florentine arch
两星期 fortnight
两星期前(或后)的今天 this day fortnight
两星期一次 biweekly
两性表面活性剂 amphiprotic surface active agent; ampholytic surfactant; amphoteric surfactant; ampoteric surface active agent
两性的 bisexual; amphoteric【化】
两性等电化合物 amphoteric isoelectric(al) compound
两性电解质 ampholyte; amphoteric electrolyte
两性电解质电泳 ampholine electrophoresis
两性反应 amphiprotic reaction; amphoteric reaction
两性分子的 ampholine
两性共聚物 amphoteric copolymer
两性花 perfect flower
两性化合物 amphiprotic compound; amphoteric compound
两性混合 amphimixis
两性胶体 ampholytoid; amphoteric colloid
两性结构 <同时有酸碱性或正负电荷的结构> amphoteric structure
两性聚丙烯酰胺 amphoteric polyacrylamide; hermaphroditic polyacrylamide
两性聚合物 amphoteric polymer
两性离子 amphion; amphoteric ion; zwitterions
两性离子表面活性剂 bi-ion active agent; zwitterionic surfactant
两性离子化合物 zwitterionic compound
两性离子交换树脂 amphoteric ion(ic) exchange resin
两性离子洗涤剂 amphoteric detergent; zwitterionic detergent
两性硫化物 amphoteric sulfide
两性球粒陨石 amphoteric chondrite
两性溶剂 amphoteric solvent
两性溶质 amphoteric solute
两性融合 amphimixis
两性乳化剂 amphoteric emulsifier
两性树脂 amphoteric resin
两性特征 amphoteric character
两性体 bisexual; hermaphrodite
两性土壤 amphoteric soil
两性洗涤剂 ampholytic detergent
两性型聚电解质 amphoteric polyelectrolyte
两性性质 amphoteric character
两性絮凝剂 amphoteric flocculant
两性盐 amphoteric salt
两性氧化物 amphoteric oxide
两性异形 sex dimorphism
两性有机化合物 amphoteric organic compound
两性元素 amphotere; amphoteric element
两眼间的距离 interocular distance
两眼物像不等 aniseikonia
两页不能分离的铰链 jimmer
两液电池 double fluid cell; two-fluid cell
两液离心分离机 two-liquid centrifuge
两液喷嘴 two-fluid nozzle
两翼 ai(s)le
两翼产状 attitude of limbs
两翼开出 winging-out
两翼凸台 <古希腊剧场后台向前伸出的> parascenium; parashenion
两因素方差分析 two-way analysis of variance
两英尺长的尺 two-foot
两楹间房屋 two-aisle
两用 dual mode
两用扳手 combination wrench
两用拌和设备 dual-purpose mixing plant
两用扁锉 dual-purpose flat files
两用表 dual meter
两用铲 convertible shovel
两用铲斗 dual-purpose bucket
两用(长)沙发 divan-bed
两用车 dual mode vehicle
两用车辆 <轮胎与履带可转换的> convertible car; convertible vehicle
两用船 double-duty ship; dual-purpose ship
两用窗 <冬、夏> combination window
两用床 folding seat bed
两用的 bi-service; double service; double duty; dual-purpose
两用灯 <可用油灯,也可用电灯> convertible lantern
两用凳 <可作桌子用> deas
两用电路 dual use circuit
两用吊盘 Galloway sinking and walling stage; sinking walling scaffold
两用发射机 dual transmitter
两用反应堆 dual-purpose reactor
两用方尺 double square
两用房间 <卧室及起居室的> bed-sitting room; dual-purpose room
两用封隔器 <悬吊和锚碇的> combination wall and anchor packer
两用钢 <碱性炼钢炉及酸性炼钢炉都适用的生铁> duplex iron
两用公共汽车系统 dual mode bus system
两用戽斗 dual-purpose bucket
两用幻灯机 epidiascope
两用绘图仪 bi-level pantograph
两用活门 shuttle valve
两用火花扳手 double end spark plug wrenches
两用或多用工具 combination tools
两用货轮 combined cargo carrier
两用机械设备 double-duty plant
两用集装箱船 hybrid container ship
两用家具 <可做桌或椅子使用> table chair
两用键 combined key
两用交通系统 dual mode system
两用搅拌设备 dual-purpose mixing plant
两用介质 dual-purpose medium
两用卡盘 combination chuck
两用卡钳 double cal(l)ipers
两用开关 bivalent switch
两用犁 two-purpose plough
两用炉 dual-purpose stove
两用路碾 dual-purpose roller
两用履带车 convertible vehicle
两用轮胎车 convertible vehicle
两用码头 combination terminal
两用煤油 dual-purpose kerosene
两用汽车 convertible car
两用钳 gripping tongs
两用桥 combined bridge
两用燃烧器 dual furnace
两用沙发 davenport; sofa bed
两用摄影机 double purpose camera; dual-purpose camera
两用双动锤 double-duty double-acting hammer
两用顺序取样器 dual-purpose sequential sampler
两用塑料柄螺丝起子 dual-purpose screwdriver with plastic handle
两用通风管 dual vent
两用通气管 dual vent; union vent
两用头 combination head
两用小道 dual use path
两用性 compatibility
两用压路机 dual-purpose roller
两用阴沟 dual-purpose sewer
两用元件 dual component
两用圆规 combination compass
两用账户 two-way account
两用照相机 double purpose camera; dual-purpose camera
两用钻机 dual system
两浴法 <化工过程> two-bath method
两元法 two-dimensional method
两元配方 two-part formulation
两元配制 two-part formulation
两元性 superficial dimension
两月 bimester
两月一次的 bimestrial; bimonthly
两造 both parties
两站间标准运转时分【铁】 standard running time
两站制 two-terminal system
两张双人床客房 twin-double
两摺门 double folding door
两摺式摺门 double folding door
两者之中较小的 minor
两者中任取其一的 alternative
两支臂中间离地高度 struts centered height
两支点梁 girder supported at both ends; girder supported on two supports
两支流河口间的河段 channel segment; stream segment
两直角球面三角形 birectangular spheric(al) triangle
两掷开关 two-throw switch
两中心间的距离 center-to-center separation
两种不同金属产生的锈蚀 bimetallic corrosion
两种产品输送 dual-product operation
两种成分的 twin pack; two-component; two-part
两种成分的炸药 binary explosive
两种磁性成分 double magnetic components
两种滴定法 double methods of titration
两种方式 dual mode
两种化学天平 two types of chemical balance
两种计数的测量表 two-rate meter
两种金属接触处产生的锈蚀 corrosion at bimetallic contact
两种文字对照的 bilingual
两种文字对照图例 bilingual legend
两种压力平衡的压力控制阀 two-pressure-equalizing pressure control valve
两种压力平衡系统 two-pressure balancing system
两种语言的 bilingual; diglot
两种语言对照图 bilingual map
两种运价率结构 <普通运输与快速运输> dual-rate structure
两种运输方式的 <一般指公路和铁路> bimodal; dual mode
两种运输方式的联运车 dual mode vehicle
两种运输方式联合运输公司 bi-modal corporation
两周刊 biweekly
两轴车 four-wheeled car; four-wheeler; two-axis car
两轴光点颤动 two-axis spot wobble
两轴货车 two-axled wagon
两轴客车 carriage with two axles; two-axled coach
两轴式后卸卡车 two axles rear-dump
两轴线之间的空间 interaxis
两轴之间 interaxis
两轴转向架 four-wheel truck; two-axle bogie; two-axle truck
两柱间长 length between perpendiculars
两柱径式 systyle
两爪钉 cramp(iron); dog anchor; dog iron
两爪夹盘 two-jaw(ed) chuck
两爪卡盘 box chuck; two-jaw(ed) chuck
两爪铁扣 dog iron
两砖半墙 sixty-two cm brick wall; two-and-a-half brick wall
两砖厚墙 <古罗马> diplinthius
两砖墙 double brick wall; forty-nine

cm brick wall;two-brick wall
两字一音的 digraph;directed graph
两自由度体系 two degrees of freedom system
两足的 biped(al)
两足机器人 biped robot
两足人字起重机 shear-pole derrick
两族双曲线中等变化值连线 Lorhumb line
两组波浪相互干涉形成的波峰 interference peak
两组坐标较差 difference of two sets of coordinates

亮

亮氨酸 leucine
亮暗场聚光镜 bright-dark field condenser
亮暗煤 clarodurain
亮暗煤型 clarodurite
亮暗适应 light dark adaptation
亮白金水 liquid bright platinum
亮白(色) brilliant white
亮白温度 brightness temperature
亮斑 bright spot;hot spot;speck
亮边 luminance edge
亮边分离 chroma separation
亮边缘 bright limb
亮部 highlight
亮部曝光 highlight exposure
亮场 bright field
亮场成像 bright field imagery
亮场观察 bright field observation
亮场聚光镜 bright field condenser
亮场竖直照明 bright field vertical illumination
亮场图像 bright field image
亮橙 brilliant orange
亮橙红色花岗岩 <一种产于阿伯丁的> correnie
亮冲击 brightening impulse
亮窗 abatjour
亮带 bright band
亮灯 light on
亮灯的高塔 light pylon
亮灯显示图 illuminated diagram
亮碲金矿 montbrayite
亮碲锑钯矿 borovskite
亮点 brightened dot; bright point; bright spot; exploring spot; light spot; luminescent spot; luminous spot; snake; spot of light; visible point
亮点技术 bright spot technique
亮点剖面 bright point section
亮点消除器 spot killer
亮电阻 bright resistance
亮度 brightness; brilliance; grade of brilliance; illuminance; illuminating power; illumination; lighting power; light intensity; luminance; luminosity; luminous flux; luminous intensity; radiance; luminous intensity
亮度保持性 brightness retention
亮度倍增 brightness multiplication
亮度比 brightness ratio; brightness scale; luminance ratio
亮度编码技术 luminance encoding technique
亮度变化 variation in brightness; variation of brightness
亮度标度 luminosity scale
亮度标准 <视场中最亮处与最暗处的亮度之比> brightness scale; brightness standard
亮度波动 brightness fluctuation
亮度补偿 luminance compensation
亮度彩色信号幅值比 luminance-chrominance amplitude ratio
亮度测试图 brightness test chart
亮度差 brightness difference; difference of brightness; difference of luminance; luminance difference; range difference
亮度差拍 brightness beat
亮度差阈 boundary contrast; luminance difference threshold
亮度衬比 luminance contrast
亮度传感器 luminance sensor
亮度传输畸变 luminance transfer distortion
亮度传输特性 brightness transfer characteristic
亮度串色 cross-colo(u)r noise
亮度纯度 luminance purity
亮度单位 luminance unit
亮度等级 brightness degree
亮度等级校正 gamma correction
亮度等级校正器 gamma corrector
亮度电平 intensity level
亮度电压特性 brightness-voltage characteristic
亮度对比 brightness contrast; contrast of brightness; luminance difference
亮度对比度 luminance contrast
亮度对比范围 brightness contrast range
亮度对比界限 brightness contrast border
亮度反差 brightness contrast; luminance contrast
亮度范围 brightness range; luminance range; range of brightness
亮度范围压缩 luminance range compression
亮度放大器 luminance amplifier
亮度分辨力 luminance resolution
亮度分布 brightness distribution; intensity distribution; luminance distribution
亮度分布均匀度 uniformity of illumination
亮度分布曲线 brightness distribution curve
亮度分划 brightness scale
亮度感 brightness impression; perception of brightness
亮度感觉 brightness sensation
亮度高温计 luminance pyrometer
亮度函数 luminance function
亮度恒定性 brightness constancy
亮度基本量 luminance primary
亮度基色 luminance primary
亮度级 intensity level; light level; tonal value; luminance level
亮度极限 limit of brightness
亮度计 brightness meter; illuminometer; luminance meter; stilb-meter
亮度继电器 intensity relay
亮度间隔 brightness separation
亮度检波器 luminance detector
亮度检验 brightness testing
亮度鉴别(能力) brightness discrimination
亮度界限 brightness contrast border
亮度校正 lightness correction
亮度控制 beam control; brightness control; brilliance control; light control
亮度控制电路 intensity circuit
亮度落差 jump in brightness
亮度脉冲 brightness pulse
亮度敏锐性 brightness acuity
亮度匹配 brightness matching; luminance matching
亮度平面 luminance plane
亮度谱线束 luminance bunch
亮度区 brightness zone; light zone
亮度曲线 brightness curve
亮度扰动 brightness fluctuation
亮度色标 gray scale
亮度闪烁 brightness blink; brightness flicker; luminance flicker
亮度失真 luminance distortion
亮度矢量 luminance vector
亮度适应性 brightness adaption; luminance adap(ta)tion
亮度守恒 brightness conservation
亮度数据 luminance information
亮度衰减 brightness decay
亮度调节 black-white control; brightness control; brilliance control; dimmer control; gain control; intensity control
亮度调节电位器 luminance control potentiometer
亮度调节放大器 intensity control amplifier
亮度调节器 brightness regulator; dimming rheostat
亮度调整 dimming control; intensity control
亮度调制 brightness modulation; brilliance modulation; intensification modulation; intensity modulation; luminance modulation
亮度调制标志 intensity-modulated index
亮度调制的显示器 intensity-modulated display
亮度调制扫描 intensity modulation scan
亮度调制指示器 intensity-modulated indicator
亮度特性 light characteristic
亮度跳动 brightness beat
亮度通道 luminance channel
亮度通道预放器 luminance-channel preamp
亮度突然降低 gobo
亮度温度 brightness temperature; luminance temperature
亮度温度高温计 brightness-temperature pyrometer
亮度系数 brightness coefficient; coefficient of brightness; light illuminating factor; luminance factor
亮度显示 bright display
亮度陷波器 luminance notch
亮度响应 luminosity response
亮度消除器 spot remover
亮度消减 decline in brightness; decrease in brightness
亮度信道 luminance channel
亮度信号 brightness signal; luminance signal
亮度信号电压 luminance voltage; monochrome voltage
亮度信号发生器 luminance signal generator
亮度信号放大器 luminance amplifier
亮度信号检测器 <通信[讯]道内> brightness signal detector
亮度信号通路 brightness channel
亮度信号延迟 luminance delay
亮度信号载波 luminance carrier
亮度信息 luminance information; monochrome information
亮度信息频带 luminance band
亮度仪表 illuminometer
亮度因数 brightness factor; luminance factor
亮度因子 brightness factor; luminance factor
亮度阈 luminance threshold
亮度跃变 jump in brightness
亮度跃迁 black-to-white transition; brightness transition; jump in brightness; luminance transition
亮度噪声 brightness noise
亮度增强 brightness enhancing; luminance enhancement
亮度增益 brightness gain; luminance gain
亮度闸 intensity gate
亮度涨落 luminance fluctuation
亮度值 brightness value; luminance value
亮度指示量 luminance indicatrix
亮度轴 luminance axis
亮度主调整 master brightness control
亮度属性 brightness attribute
亮度自动控制 automatic brightness control
亮度纵断面 luminance profile
亮锇钛矿 iridosmine
亮反差 bright contrast
亮方解石 calc-sparite; sparrite; sparry calcite
亮粉 <碳酸钙> Paris white
亮格箱 open crate package; transparent box package
亮光笔 <做记号用的> highlighter
亮光漆 glossy ink
亮光清漆 polishing varnish
亮光温度 brightness temperature
亮光油墨 glossy ink
亮褐色海生石灰岩 <英> Caen-stone
亮红 azarin
亮环结构 bright rim structure
亮黄 brilliant yellow; jaune brilliant
亮迹 bright trace
亮金 bright gold
亮金黄色 burnished gold
亮金青铜饰面 light-gold bronze finish
亮金水 bright liquid gold; liquid bright gold
亮晶 spar(ite); spath
亮晶白云岩 dolosparite
亮晶的 sparry
亮晶断口 bright crystalline fracture
亮晶鲕粒灰岩 oosparite
亮晶方解石 sparry calcite
亮晶化作用 spathization
亮晶灰岩 sparite
亮晶胶结物 sparite cement
亮晶内碎屑灰岩 intrasparite
亮晶球粒灰岩 pelsparite
亮晶石灰岩 sparite
亮晶团块灰岩 lumpsparite
亮晶组构 spar fabric
亮镜煤 clarovitrain
亮桔红 brilliant orange
亮卡 flash card
亮口 <可锻铸铁件珠光体组织> bright fracture
亮框取景器 bright-frame finder
亮蓝 baby blue
亮绿 brilliant green; viride nitens
亮轮缘 bright border
亮麦杆色 burnished straw
亮煤 bright-banded coal; clarain; glance coal
亮煤素质 clarinite
亮煤体 clarinite
亮煤型 clarite
亮煤质煤 bright coal
亮屏运行 bright board operating
亮漆 clear lacquer; enamel paint; glossy varnish; japan; Japanese lacquer; lacker; lacquer
亮漆催干料 japan drier
亮漆凡立水 lacquer varnish
亮漆媒液 lacquer vehicle
亮嵌晶 sparry mosaic
亮清漆 lacquer varnish
亮区 bright region; luminance range; light field <光弹性力学试验的>
亮区边界 boundary of the bright region

亮日芒 bright mottle
亮色 brilliant colo(u)r; high luminance colo(u)r;intense colo(u)r
亮色调 high key
亮色调图像调节键 high key
亮色调异常 bright tonal anomaly
亮色分离 luminance separation
亮色交错信号 interleaved luminance signal
亮珊瑚红 bright coral red
亮视场像 bright field image
亮室操作 daylight operation
亮适应 light adaptation
亮水色 bright aqua
亮丝草 China green
亮丝炭 clarofusain
亮桃红 baby pink
亮天蓝色 bright cerulean blue
亮条 bright wisp;wisp
亮条纹 bright fringe
亮瓦 dead light
亮温度 brightness temperature
亮纹 bright rays
亮纹条 light line
亮现场 bright field
亮现场显微镜 bright field microscope
亮现场显微术 bright field microscopy
亮现场照明 bright field illumination
亮线 bright line
亮线光谱 bright line spectrum
亮线与暗线分界线 boundary between light and dark bars
亮像 bright image
亮星 bright star
亮猩红 brilliant scarlet
亮胭脂红 brilliant carmine
亮焰 luminous flame
亮洋红 brilliant carmine
亮叶桦 flame leaf birch
亮铱锇矿 nevyanskite
亮银 bright silver;silver luster[lustre] < 陶瓷器边饰 >
亮银色 bright silver
亮樱桃红色 bright cherry-red
亮油 gloss oil
亮釉 bright glaze
亮赭色 bright ochre
亮赭石 bright ochre
亮朱红 English vermilion
亮子 < 门上的 > door glazing; fanlight catch
亮紫 brilliant violet

谅解备忘录 memorandum of understanding

辆/日 vehicle-day

辆/时 vehicle-hour
辆/天 vehicles per day

晾舱 airing of cargo hold

晾碟架 dry sink
晾干 air dry;airing;air seasoning;dry in the air;seasoning
晾干的 air seasoned;weathered
晾干木材 seasoned lumber; seasoned wood; seasoning timber; seasoned timber
晾片架 drying rack
晾台 sleeping porch
晾衣场地 laundry drying ground
晾衣架 horse
晾置时间 < 黏[粘]接的 > assembly time; open-assembly time; open time

量本利关系式 volume-cost-profit relationship

量比概率设计 quantized probability design
量变 quantitative change
量变阶段 stage of quantitative change
量变项 quantitative variable
量不足 quantity not sufficient
量差 quantity difference; variance in quantity
量词管理 quantitative management
量词理论 quantification theory
量词作用域 scope of quantifier
量的 quantitative
量的测定 measurement of quantities
量的分析 quantitative analysis
量的跳跃 quantum leap
量的统计 quantitative statistics
量的突破 quantum leap
量的限制 quantitative limitation
量反应 quantitative response
量方 measurement of quantities;squaring up;working up
量方合同 agreement by meter[metre]
量方契约 agreement by meter[metre]
量方协议 agreement by meter[metre]
量纲 dimension
量纲比 dimensional ratio
量纲变换 dimensional transformation
量纲常数 dimensional constant
量纲尺寸 dimensional accuracy
量纲单位 dimensional unit
量纲的 dimensional
量纲法 dimensional method
量纲方程 dimensional equation
量纲非齐次性 dimensional non-homogeneity
量纲分析【物】dimensional analysis
量纲公式 dimensional formula
量纲关系 dimensional relation(ship)
量纲规则化 dimensional regularization
量纲齐次的 dimensionally homogeneous
量纲群 dimensional group
量纲输出 dimensional output
量纲相似性 dimensional similarity
量纲正规化 dimensional regularization
量纲正则化 dimensional regularization
量纲准确的 dimensionally accurate
量化 quantification; quantify; quantization;quantize;quantizing
量化电平 quantization level
量化调频 quantized frequency modulation;quantizing frequency modulation
量化发生器 stair-step generator
量化法 quantification method
量化符号 quantification symbol; quantized symbol
量化幅度控制 amplitude quantized control
量化活度 quantify activity
量化畸变 quantization distortion;quantizing distortion
量化间隔 quantizing interval
量化阶梯 quantum step
量化结构 quantizing structure
量化理论 quantification theory
量化律 quantization law
量化脉冲调制 quantized pulse modulation
量化命题 quantified statement
量化频率 sampling frequency
量化器 quantiser[quantizer]; scrambler
量化器输入端量化增量 quantizer input quantization increment
量化区间 quantized interval
量化失真 quantization distortion; quantizing distortion
量化失真功率 quantizing distortion power
量化时间控制 time quantized control
量化条件 quantum condition
量化图像信号 quantized visual signal
量化污染水平 quantify pollution level
量化污染物排放 quantifying drainage;quantifying pollutant discharge
量化误差 quantization distortion; quantization error
量化系统分析 quantified system analysis
量化信号 quantized signal
量化预测不确定性 quantifying predictive uncertainty
量化噪声 digital noise; quantization distortion;quantizing noise
量化值 quantized value
量积货 measurement cargo
量级 magnitude
量向量 quantity vector
量效关系 dose-effect relationship
量效应 graded effect
量刑 sentence discretion
量刑标准 scale of penalty
量雪 snow survey(ing)
量入为出 measure expenditures by income
量值 magnitude; quantity value; size; size of measurement
量值比较器 magnitude comparator
量子 quantum[复 quanta]
量子产额 quantum yield
量子产量 quantum yield
量子常数 quantum constant
量子场论 quantum field theory
量子电动力学 quantum electrodynamics
量子电子学 quantum electronics
量子放大器 maser;quantum amplifier
量子辐射能量 quantum energy
量子化 quantization
量子化学 quantum chemistry
量子化噪声 quantization noise
量子化装置 quantizer
量子阱材料 quantum well material
量子力学 quantum mechanics
量子论 quantum theory
量子生物物理学 quantum biophysics
量子生物学 quantum biology
量子数 quantum number
量子态 quantum mechanical state
量子探测器 quantum detector
量子统计学 quantum statistics
量子物理学 quantum physics
量子效率 quantum efficiency
量子泄漏 quantum leakage
量子噪声 quantum noise
量子值 quantum value
量子转化体 quantasome
量子状态 quantum state
量子状态数 number of quantum state

辽东枫木 Alnus tinctoria

辽东黑皮油松 Mukden pine
辽东冷杉 Manchurian fir;needle fir
辽三彩 Liao trichromatic decoration

疗法 therapeutics;therapy

疗养城镇 resort town
疗养地 health resort;salutarium
疗养地公园 spa park
疗养地花园 spa garden
疗养地旅馆 spa hotel
疗养地散步场所 spa promenade
疗养湖 recreational lake
疗养区 convalescent district;sanitarial district
疗养所 health building;health-care facility;kurhaus;sanitarium
疗养院 convalescent home; convalescent hospital;rest home;sanatorium; village hospital;sanitarium < 美 >
疗养中心 rest center[centre]

聊天区 chat room

僚台 slave station

撩边归堆机 slabber buncher

撩边锯机 slabber
撩荒地 abandoned land;lay land
撩荒灌丛 bush fallow
撩荒期 bush fallow

缭绕流 tortuous flow

缭绳滑车 sheet block
缭绳挽桩 sheet bitt;small bitt

燎裂子 ribbon mending

潦草的 slipshod

了机回丝 thrum

了解成本动态固定变异法 fixed-variable approach to know cost behavio(u)r
了解市场情况 acquaint with the market condition

钌 130 辐射 radiation of 130Ru

钌红 ruthenium red
钌矿 ruthenium ore
钌铱锇矿 rutheniridosmine

料板 flitch

料棒 charge bar
料饼卸出装置 cake discharge
料不到的事件 unforeseen event
料仓 batch feeder;bin;boot;bunker; feed bin; material bin; silo; stock bin;stock house;storage hopper
料仓安装 bin installation
料仓按重量配料的秤盘 bin weighing batcher scale
料仓壁 bin wall
料仓秤 bunker scale; suspension bucket scale; suspension hopper scale
料仓出口 bin outlet;hopper outlet
料仓出料装置 bin drawing device
料仓储量自动指示器 auto-bin indicator
料仓的机械设备 bin plant
料仓的料位 material level in bin
料仓分隔间 bin compartment
料仓高度探测器 bin level detector
料仓挂料 bin hang-up
料仓管状卸料系数 rat-holding factor

料仓和吊运配料装置 bin and troll(e)y batcher plant
料仓和分批配料装置 bin and batcher plant
料仓活容量 free running bin capacity
料仓加料 bin filling
料仓加料器 bin feeder
料仓料面高度 bin level
料仓料位 bin level
料仓料位测量 bin level measurement
料仓料位传感器 bin level transmitter
料仓料位高度 material level elevation
料仓料位计 silometer
料仓料位控制箱 bin level control housing
料仓料位限位开关 bin level limit switch
料仓料位指示器 bin indicator; bin level indicator
料仓漏斗 bunker
料仓门 bin gate
料仓门上控制料流的阀 bin door fill valve
料仓内死角 dead pocket
料仓内死区 dead region
料仓内物料形成的管状漏斗 rat hole
料仓倾卸槽 bin drawing channel
料仓群 cluster bins
料仓设备 bin plant
料仓式钢制挡土墙 bin type retaining wall of steel
料仓输送装置 bunker conveyer[conveyor]
料仓物料分层 bin segregation
料仓物料离析 bin segregation
料仓系统 bin system
料仓卸货 bin discharge
料仓卸载装置 bin unloader
料仓形状 bin shape
料仓应急卸料门 emergency bin discharge gate
料仓闸门 bin stopper;hood gate
料仓振捣器 bin vibrator
料仓振动器 bin vibrator
料仓中心锥体 central cone
料仓贮藏 bin storage
料仓装料活门 bin door fill valve
料仓自动称量计 hopper weigh(ing) batcher scale
料槽 batch bin;bin;cradle;feed shoe;silo;spout
料槽阻塞 bin hang-up
料层 batch(ed) layer;bed of material;charge bank;feed bed;material bed;material layer
料层厚度 depth of bed;height of layer
料层结块 bed sintering
料差分摊率 distribution rate of the variation of material
料场 material yard;stack yard;stock ground;stock(ing) yard;storage yard
料场底 quarry floor
料场底面 quarry floor
料场调查 material field investigation
料场范围线 boundary of borrow area or quarry area
料场分布图 distributed plan of borrow area
料场分类堆放的木材 yard lumber
料场距工地距离 distance between the site and building material field
料场勘探 borrow exploration;borrow survey
料场面积 building material field area
料场选择 selection of aggregate quarry
料场扬尘 scattering dust from material field
料车 buggy;jimmy;larry;skip;skip car
料车车体 skip bucket
料车钢索 skip cable
料车轨道 skip track
料车荷重 skip load
料车绞车 skip hoist
料车上料系统 skip charging system
料车升降机 skip hoist
料车振动器 skip vibrator
料袋 bag;pocket
料袋制动器 bin storage
料道 alcove;feeder channel;forehearth
料道入口砖 feeder entrance brick
料道着色 feeding channel colo(u)ration;forehearth colo(u)ration
料滴 drips;gob
料滴计数器 dropper
料滴剪切 gob cutting
料垫 <放料承垫> material bearing
料锭 charge bar
料斗 batcher;bin;charging bucket;charging hopper;charging spout;feeder;gunboat;hod;hopper;magazine;scoop box;silo
料斗车 box car;hopper car;hopper truck
料斗衬板 feed hopper liner;intake cone liner
料斗秤 hopper weigher
料斗传送带 pan conveyer[conveyor]
料斗磁铁 hopper magnet
料斗底 bin bottom;hopper bottom
料斗底装料阀 hopper door fill valve
料斗电子秤 hopper scale;load cell hopper scale
料斗定量秤 bin weighing batcher scale
料斗抖动器 bin activator;bin flow device
料斗抖动装置 bin flow device
料斗法兰 hopper flange
料斗盖装料阀 hopper door fill valve
料斗干燥器 hopper drier[dryer]
料斗供料机 hopper feeder
料斗轨道 skip track
料斗缓冲垫 bunker cushion
料斗给料机 bin feeder
料斗加料高度 bin feeding height
料斗加料器 hopper loader
料斗加热器 hopper heater
料斗检验台 bucket proofer
料斗绞车 skip hoist
料斗门 bin gate
料斗内材料分层分布 bin segregation
料斗前倾 forward tilting of the bucket
料斗容积 bucket capacity
料斗容量 hopper capacity
料斗式 hopper type
料斗式秤 hopper scale
料斗式输送机 pan conveyer[conveyor]
料斗式拖车 hopper trailer
料斗式卸料车 travel(l)ing hopper
料斗式装载机 hopper loader
料斗式自动车床 magazine type automatic lathe
料斗送料高度 bin feeding height
料斗送料轨道 magazine rail
料斗送料器 hopper feeder
料斗提升机 aggregate hopper hoist
料斗喂料高度 hopper feeding height
料斗斜槽 magazine chute
料斗卸料 bin discharge
料斗卸料槽 hopper drawing channel
料斗卸料口 hopper opening
料斗卸料装置 hopper drawing device
料斗行(列) line of buckets
料斗型分批称重系统 hopper type batch weigher system
料斗闸门 bin gate;bunker gate
料斗振动齿轮 skip shaker gear
料斗振动器 bunker vibrator
料斗支架 hopper base
料斗装量指示器 bunker position indicator
料斗阻塞 bin hang-up
料度 <锯的> saw set
料度调整器 saw set
料堆 bing;float batch;heap;lump;material pile;stock dump;stock heap;stockpile;windrow;batch pile <在玻璃面上的未熔化的料>
料堆端锥 end cone of pile
料堆断面测定样板 windrow sizer
料堆断面整型机 windrow sizer
料堆脊峰 ridge of pile
料堆角度 angle of response
料堆坑道式输送 tunnel under stockpiles
料堆取样 stockpile sample
料堆隧道坑式输送 tunnel under stockpiles
料堆摊平机 windrower;windrow evener
料堆整形机 windrower
料堆装载机 windrow loader
料垛 stack
料垛送进装置 crane saver
料方 batch formula;flich
料方配重 reformulation
料房 batch house;stock house
料分批计量机 aggregate batcher
料封 material lock;material seal
料封管 seal leg
料封卸料管 material lock discharging tube
料拱排除器 arch breaker
料管 feed pipe;feed tube
料罐 batch can(ister);bawke;bucket
料罐起重机 bucket crane
料罐汽车 tanker lorry
料集流管 supply header
料夹 feed collet
料价登记 price record
料架 material rack
料浆 raw mix slurry;slop;slurry
料浆包渗技术 slip pack coating technique
料浆泵 feed pump;slurry pump
料浆泵送量 slurry pumping rate
料浆饼 slurry cake
料浆饼输送机 slurry cake conveyer[conveyor]
料浆池 kiln basin;slurry basin;slurry tank
料浆池耙子 harrow
料浆稠化剂 slurry thickener
料浆管支架 slurry holder
料浆罐 slurry tank
料浆滚筒 slurry drum
料浆过滤 slurry filtration
料浆过滤机 slurry filter
料浆过滤器 slurry filter
料浆过滤器预热器 slurry filter preheater
料浆烘干 slurry drying
料浆烘干机 slurry desiccator;slurry drier[dryer]
料浆化学脱水 chemical dewatering of slurry
料浆搅拌 slurry blending;vortex of slurry
料浆搅拌池 blending basin;blending pond;blending pool
料浆搅拌机 slurry agitator
料浆校正 slurry correction
料浆校正仓 slurry doctor tank
料浆结圈 feed end ring
料浆进口 feed slurry inlet;slurry inlet
料浆库 slurry silo;slurry storage tank
料浆流动度 viscosity of slurry
料浆滤饼 slurry filter-cake
料浆磨 slurry grinding mill;slurry mill
料浆黏[粘]度 viscosity of slip
料浆浓缩机 slurry concentrator
料浆喷射预成型 slurry preforming
料浆瓶 paint bottle
料浆圈 inlet end ring;mud ring;slurry ring
料浆入口 feed slurry inlet;slurry inlet
料浆筛 slurry screen
料浆提升板 slurry lifter
料浆调整 slurry correction
料浆脱水 extraction of water from slurry;slurry dewatering
料浆喂料 slurry feed
料浆喂料机 slurry feeder
料浆喂入 slurry feed
料浆稀释剂 dispersant;slurry thinner
料浆需水量 water requirement of slurry
料浆溢流 slurry overflow
料浆预热 slurry preheating
料浆蒸发机 calcinator;desiccator;slurry drier[dryer]
料浆蒸发机窑 rotary kiln with calcinator
料浆蒸发炉 slurry calcinator
料浆制备 slurry preparation
料坑 pit;pit source;pit source of aggregate
料孔 bore
料库 material store;stockage
料筐 charging basket;pocket
料篮装料 basket charging
料粒 nodule
料粒分选器 classifier
料粒干燥器 pellet drier[dryer]
料流 feed stream
料门 bin gate
料面 charge level;material air interface
料面测量 charge level measurement
料面测量仪表 level ga(u)ge
料面高度 stockline
料面计 level ga(u)ge
料面监控 level monitoring
料面指示器 level indicator
料耙横梁 lifting beam with claws
料耙起重机 crow crane
料耙倾翻(卸)机构 claw tipping mechanism
料盘 tray
料盘式淬火传送带 tray dumper quench conveyer[conveyor]
料盘式增稠器 Dorr balanced-tray thickener;tray thickener
料盘中心槽 tray boot
料泡 parison
料棚 material shed
料片 tablet
料坡 charge bank
料器 glassware
料器玻璃 glass art products
料钎 dip rod;proof rod;trying iron
料枪给料反射炉 gun-feed reverberator
料球 nodule;pellet
料球爆裂 bursting of nodules;bursting of pellets
料球层 bed of nodules
料球分级 grading of nodules
料球炸裂 shattering of nodules;shattering of pellets
料山 float batch
料勺 drag ladle;dry ga(u)ge
料勺冷却盘 ladle cooling pot
料石 chipped stone;dressed stone;shaped stone;work stone
料石衬砌 stone masonry lining

料石窗 window in work stone
料石拱桥 ashlar arch bridge
料台 material platform
料条挤出 strand extrusion
料桶 charging basket
料筒 charging barrel;clay tube;feeder sleeve;feeder tube
料筒机构 tube mechanism
料筒前凸缘 front barrel flange
料头 stub bar
料团 batch cake;batch lump;batch pile;dough;lump <浮于玻璃液面未熔的>
料碗 bowl;orifice ring
料位 material level;nito
料位测定装置 level detection device
料位测量 measurement of material level
料位测量设备 filling level measuring equipment
料位测量仪表 level measurement meter
料位测试器 nivotester
料位高度测定仪 level detector
料位计 bin level detector;bin level indicator;charge level indicator;level meter;level meter of material;level-sensing device
料位检测 level check
料位检测器 level detector
料位开关 level switch
料位控制 level control;material level control
料位控制器 batch level controller
料位探测器 level sensor
料位限位开关 level limit switch
料位指示器 bin level detector;bin level indicator;level indicator;material level indicator;nitopilot
料隙比 material-to-void ratio
料线 charge level;stockline
料线保护板 stock line armo(u)r
料线指示器 stock indicator;stock line ga(u)ge
料箱 batch feeder;bin;cradle;feed box;gondola;material bin;work bin
料箱吊架 scrap chute hanger
料箱起重机 scrap charging crane
料想不到的 unforeseen
料屑 chip
料液 feed liquid;feed liquor;fee influent;liquor;slurry
料液泵 feed pump
料液进(入)口 entrance of feed liquid;liquor(feed liquor) inlet
料液面侵蚀 cutback;flux-line corrosion;metal line corrosion;metal line cut
料涌 material surge
料源 material source
料钟 bell;cone;furnace top bell
料钟操纵装置 bell operating rigging
料钟平衡锤 bell counterweight
料钟平衡杆 bell beam
料柱 stock column

撂

撂荒地 abandoned land;black fallow

瞭

瞭望 lookout;overlook;oversee;sighting

瞭望舱 <观光塔的> lookout gondola
瞭望侧窗 side bay side window
瞭望层 lookout floor
瞭望车 observation car;observation coach
瞭望车厢 superview cab(in)
瞭望传信器 lookout telegraph
瞭望窗 bay window
瞭望窗侧板 side bay side sheathing
瞭望窗端板 side bay end sheathing
瞭望顶棚 lookout
瞭望动车 observation railcar
瞭望端 observation end
瞭望辅助装置 lookout assist device
瞭望轨道车 observation railcar
瞭望机舱 superview cab(in)
瞭望间 observation room
瞭望角 visual angle
瞭望距离 viewing distance;visibility distance;visibility range;visible distance;vision distance;visual distance;visual range
瞭望距离不足 lacking visibility
瞭望孔 loophole;crenelet <要塞上的>
瞭望楼 belfry
瞭望楼层 viewing floor;viewing stor(e)y
瞭望平台 lookout deck
瞭望器 viewer
瞭望桥楼 lookout bridge
瞭望塔 belvedere;fire tower;fortress-house tower;lookout tower;observation tower;sightseeing tower;viewing tower;watch tower
瞭望塔楼 angle tile;angle turret;belvedere
瞭望台 bartizan;belvedere;garret;lookout deck;lookout station;lookout tower;observation floor;observation platform;observation tower;observatory;viewing deck;viewing gondola;viewing platform;watch tower
瞭望台栏杆 observation platform railing
瞭望条件 visibility condition
瞭望条件不良 poor visibility condition
瞭望亭 gazebo[复 gazebo(e)s]
瞭望信号的时限 sighting allowance
瞭望休息车 observation lounge
瞭望员 lookout;lookout man;watch man
瞭望圆顶 dome top;observation dome
瞭望站 lookout station
瞭望遮护板 viewing hood
瞭望装置 acknowledger

列

列奥米尔锑铁合金 Reaumur alloy

列奥米尔温度计 Reaumur thermometer
列板 strake
列表 list(ing);tab;table;tabulate;tabulation
列表编号 numbering of tables
列表插值 tabulated interpolation
列表程序 list procedure
列表处理系统 list processing system
列表的 tabular
列表的表示 representation of list
列表的记号 notation for list
列表的图式 diagram of list
列表法 listing method;schedule method;tabulating method;tabulation method
列表翻译程序 tabular interpretive program(me)
列表分析 tabulation analysis
列表机 tabulating machine;tabulator
列表间的等价性 equivalence between list
列表卡片 tabulating card
列表数据 table data;tabulated data
列表顺序 tab sequential
列表文件 listing file
列表元(素) list element
列表值 tabulated value
列别捷夫偏光干涉仪 Lebedeff polarising interferometer
列波 train wave
列车 shuttle;train;train unit
列车安全通过 safe passage of train
列车按计划时刻表运行 contemplated schedule movements of trains
列车按钮 train button
列车包乘组 train crew assigned to designated train
列车保护 train protection
列车保留 train stock reserved
列车报导 train information
列车报告地点 <对调度所> train reporting point
列车备用 train reserves
列车必须在指定地点会车的规则 positive-meet rule
列车闭塞行车法 blocking of trains
列车避让线 switch-off siding
列车编成 number of wagons in train
列车编成组计划 train formation plan
列车编号 train code number;train identification number;train identity number
列车编号发送器 train number transmitter
列车编号接收器 train number receiver
列车编号叙述器 train number describer
列车编号自动记录器 automatic train number recorder
列车编排程序 train editing routine
列车编组 composition of train;make-up;marshalling;sorting;train assembling;train classification formation;train configuration;train make-up
列车编组报告 train make-up report
列车编组表 <规定列车轴数和总吨数、车组号数和到达站等> train formation schedule
列车编组场 marshalling area
列车编组单元 train configuration unit
列车编组调度车 marshalling vehicle
列车编组计划 formation marshalling plan;marshalling plan;plan for marshalling trains;train formation plan;train marshalling plan
列车编组命令 train make-up order
列车编组时间 making-up time per train;sorting time per train
列车编组顺序表 composition of train;consist;train composition list;train consist;train consist list;train consist report;train list;train manifest
列车编组顺序表的核对 consist check
列车编组顺序单 manifest
列车编组顺序电报 <列车确报> train consist telegram
列车编组顺序通知书 train composition notice
列车编组图 train formation diagram
列车编组线 train formation line;train formation track;train making-up track
列车编组信号楼 <峰下编组场> train formation signal box
列车编组型式 train configuration type
列车编组预报 advance wheel report
列车编组预报数据 advance train consist data
列车编组站 marshalling station
列车编组作业 train make-up operation
列车标志 train marker
列车标志灯 marker lamp;marker light
列车表示器 <车站内,表示车次、到站、上车站台等> train indicator
列车不停车摘挂客车 rendezvous operated on the railway
列车步骤 <列车自编成发出站至计划到达站间一系列位置移动> train step
列车采暖 train heating
列车采暖线路 heating line of train
列车操纵要求 train handling requirement
列车长 conductor;guard;skipper;train conductor
列车长度 length of train
列车长度标准 train length norm
列车长度自动计算机 automatic train length computer
列车超轴 overloading of train
列车车次 train code number;train number
列车车次表示盘 train number indication panel
列车车次发送器 train number transmitter
列车车次接收器 train number receiver
列车车次叙述器 train number describer
列车车次在照明视频带上的自动显示 automatic indication of train numbers on illuminated video tape
列车车底 train set;train stock
列车车底需要数 number of passenger train set required
列车车务员 <尤指制动手> train-man
列车车组 train set
列车成队运行 train fleet;train running in fleet
列车成队运行制 fleet system of train dispatching
列车乘务人员钥匙开关 crew key switch
列车乘务员 member of train crew;passenger train attendant
列车乘务员合作制 train crew pooling system
列车乘务员宿舍 train crew dormitory
列车乘务组成员 member of train crew
列车乘务组换班 shift of train crew
列车乘务组派班员 crew-caller
列车乘务组派班主任 chief crew-caller
列车迟缓 behind the scheduled time
列车持续控制系统 continuous train control system
列车持续性监督 continuous supervision of trains
列车冲动 harsh slack action;slack action
列车冲击力 impact force of train
列车冲突 train collision
列车重开 <另开救援列车> duplication of a train
列车出发报告 train departure report
列车出发正点率 percentage of punctuality of trains despatched to total trains;punctuality ratio of train starting
列车出发作业 departure operation
列车出轨 train derailment
列车出清闭塞区间 train out of block
列车出清区间符号 train-out-section code
列车出站距离 distance run by train in departing from station
列车出站平均速度 average speed of train in departing from station
列车出站时间 time required for train

departing from station
列车带电平均电流 average current of charging train
列车待避 waiting for another train
列车待渡场 train parking for ferry
列车单速控制 one-speed train control
列车单位合力 specific resultant force of a train
列车单位牵引力 specific train effort; train specific tractive force
列车单位制动力 specific train braking force; train specific braking force
列车单位阻力 specific train resistance
列车倒退运转 reverse operation
列车到达 train arrival
列车到达表示器 train arrival indicator
列车到达方向牌 destination board
列车到达或出发振铃 ringing of the train
列车到达通知 advice of train arrival
列车到达站台 arrival platform; inbound platform; in-track platform
列车到达站指示器 train destination indicator
列车到达正点率 percentage of trains arrived on time
列车到发报告 train announcement; train announcing
列车到发报告员 train annunciator
列车到发广播通告 audible train announcement
列车到发广播通知 sound train announcement
列车到发广播员 train announcer
列车到发技术作业 train arrival and departure operation
列车到发录音通知 recorded train announcement
列车到发时间指示牌 station-calendar
列车到发时刻 train departure and arriving time
列车到发通告 train announcement; train announcing
列车到发通告器 train announcer; train annunciator
列车到发通告系统 train announcing system
列车到发通知铃 train announcing bell
列车到发通知信号 train announcing signal
列车到线路间的无线电通信[讯] train-to-wayside contact
列车到线路间的无线通信[讯]频率 train-to-wayside frequency
列车的后部 rear section of train
列车的激增 proliferation of trains
列车等待表示器 train waiting indicator
列车等候命令 wait order
列车等级 train class; train waiting for a receiving track; class of train
列车等(运行)线 train waiting for a path
列车颠覆 overturned from track
列车电动机气压接触器 train motor pneumatic contactor
列车电话(机) railophone; trainphone
列车电缆 train cable
列车电缆插座 train line receptacle
列车电缆连接器 train line connector
列车电务员 train electrician
列车电线连接器 electric(al) train line coupler
列车电线路 train line
列车电站锅炉 transportable boiler
列车调车机车 road switching locomotive
列车调度 train control; train dispatching
列车调度电话装置 train dispatching telephone system
列车调度管辖区 train control area
列车调度计划 train dispatch schedule
列车调度绞车 trip-spotting hoist
列车调度命令 train control order
列车调度牵引车 marshalling tractor
列车调度区段 <在区调度所下> train control section; train dispatching district; train dispatching section
列车调度设备 marshalling equipment
列车调度系统 train control system
列车调度员 train controller; train dispatcher; dispatcher <美>
列车调度员办公室 train dispatcher's office
列车调整 train regulation
列车定点 timing
列车定员 rated people on the train
列车动力分析器 <计算机模拟> train dynamics analyser
列车动力性能 train dynamic(al) characteristic
列车动力学 train dynamics
列车动能 train momentum
列车动能闯坡 train overcoming the gradient by momentum
列车渡船 train ferry
列车渡轮 railway ferry vessel; train boat; train ferry
列车渡轮货车 <在技术装备上有一些特别规定> train-ferry wagon
列车段 train crew district
列车对数 pairs of trains
列车二速控制 two-speed train control
列车发出 train departure
列车发出正点率 percentage of trains departing on time
列车方向检测器 train direction detector
列车方向牌 train direction board
列车防护 train protection
列车防护道岔 train protection switch
列车防撞系统 collision protection
列车飞条 butterfly
列车分部分运行 sectioning of trains
列车分部运行 <时刻表规定的列车可以分部运行并享有同等权利> operation in sections
列车分解车场 separating yard
列车分解溜放坡 incline for train sorting
列车分解作业 train sorting operation
列车分解作业计划 train sorting plan
列车分离 break-in-two; division of a train; train breaking away; breaking loose of a train
列车分裂 breaking of the train
列车分流 train shunt
列车分流效应 train shunting effect
列车分流作用 train shunting effect
列车分路 train shunt
列车分路效应 train shunting effect
列车分路作用 train shunting effect
列车分配计划 train distribution plan
列车风管 train line
列车服务号 train service number
列车服务员 train attendant
列车浮沉运动 movement perpendicular to the centre of track
列车负荷 train load(ing)
列车改编 reasoning of train; reforming of train; remarshalling; remarshalling of restoring the trains
列车改编场 train reassembly yard
列车改在下一运行线运行 train changed to a next path
列车赶点速度 gaining speed for making up time lost
列车赶点运行 train running at gaining speed for making up time lost
列车高架层或地下层 <与通往街道的车站地面层相对应> train floor level
列车跟车工 rope rider; trip rider
列车跟踪功能 train monitoring and tracing function
列车工作方案 train working programme
列车工作计划 train working plan
列车工作性能 train performance
列车工作性能的计算 train performance calculation
列车工作性能计算机 <模拟和测算列车运行速度、距离、时间、燃料消耗等> train performance calculator
列车工作性能图 train performance chart
列车公告牌 train bulletin board
列车公里 train-kilometer[kilometre]
列车公里成本 cost per train-kilometer[kilometre]
列车公里密度 <每公里线路的列车公里数> train kilometer[kilometre] density
列车功率对重量的比 power-to-weight ratio of train
列车供电母线 bus line
列车故障 train disturbance
列车管 main pipe; train pipe
列车管路 <包括空气制动、空气信号和暖汽等管> train line
列车管路截断塞门 train line cut-out cock
列车广播机 train broadcast set
列车广播系统 broadcasting system of train
列车广播员 train announcer
列车轨道相互作用 train/track interaction
列车轨迹 <在运行图上> trace of rain
列车过站报告 passing report
列车号记录 train number record
列车号态气阀 train air signal valve
列车和车辆控制 train and car control
列车和机车运行的调整 regulation of running of trains and locomotives
列车核对员 <在列车到发前后核对列车编组和车号等 train checker
列车荷载 train load(ing)
列车后端制动车 <即守车> rear brake van
列车后端制动阀 backup valve
列车后守望车 caboose
列车后退 train back-up
列车呼叫 train calling
列车互撞 butting collision of trains; train collision
列车滑行 train coasting; train drifting
列车恢复正常运行 train resuming its normal running
列车恢复正点 train recovering time lost
列车回车 train crossing
列车回转质量系数 coefficient of increase of mass of a train
列车会车 train crossing
列车会车时分 crossing time
列车会让 crossing and passing of trains
列车活塞作用 piston action of train
列车火灾 train fire
列车机车 road engine; road locomotive; train engine; train locomotive
列车机车乘务组 road crew
列车机车全周期时间 turnover of locomotive
列车机车小时 train engine hour
列车机械洗车机 mechanical train washer
列车基本时刻表 basic time table of trains
列车基本阻力 basic resistance of train
列车集成控制系统 train integrated management system
列车计长 number of standard wagons (at a length of kilometres each)
列车记录簿 <车站> train register
列车记录地点 <对调度所> train recording point
列车记录器 train describer
列车技术速度 train's technical speed
列车加挂车辆 strengthening of train
列车加开 running of extra train
列车加速度 train acceleration
列车间隔 interval between two trains; spacing of trains; train headway; train interval; train separation; train spacing; train succession
列车间隔调整程序 headway regulation program(me)
列车间隔距离 distance between trains
列车间隔时分 time between trains
列车间隔时间 headway time interval; interval time between two trains; train succession time
列车间隔制 train spacing system
列车间隔自动控制 automatic headway control
列车间通信[讯] train-to-train communication
列车间无线电通信[讯] train-to-train contact
列车减速度 rate of train deceleration; train deceleration
列车减速运行 train running at reduced speed
列车检测器 <检测在区间内有无列车> train detecting device
列车检查 train inspection
列车检查员 train examiner
列车检修所 train examination and repair point
列车渐近报警器 train approach warning device
列车鉴别系统 the train identification system
列车交错 train crossing
列车交换 trip change
列车交会 crossing; meeting of trains
列车叫重吨公里 train gross ton kilometres[kilometers]
列车接近 train approach
列车接近报告 approach train annunciation
列车接近表示器 train approach indicator
列车接近车站通知 train approach advice
列车接近(动作)接点 approach contact
列车接近检测器 train approach detector
列车接近通知 approaching announcing; approach train annunciation; train approach announcement
列车接近信号 train-approach signal
列车接近预告装置 train approach pre-warning installation
列车接入 reception of trains
列车接续 train connection
列车接续运行制 <单线同方向,美国> train following system
列车结点 node

列车结构速度 train construction speed
列车解钩 uncoupling
列车解体 break-up;train split up
列车解体编组流水作业系统 flow system of break-up and make-up operations
列车解体线 siding for splitting trains
列车解体作业 cutting operation
列车解体作业通知单 cut list; train break-up list
列车紧密衔接 close connections of trains at districts and marshalling stations
列车紧密运行时刻 tight timing
列车紧密运行时刻表 strict running schedule;tight schedule
列车近站信号 approach signal
列车进路 train path;train route
列车进入闭塞区间 train entering the block
列车进入会让线 take the siding
列车进入异线 train entering wrong track
列车进站 entry of train into station
列车进站间隔 time interval between two trains at station
列车进站距离 distance run by train in entering into station
列车进站平均速度 average speed of train in entering into station
列车进站时间 time require for train entering into station
列车进站线 entrance line; entrance track
列车进站自动通知 automatic announcement device of approach of a train
列车经过缓行器 buffing
列车净重吨公里 train net ton-kilometers
列车静调设备 train general testing device
列车开行 departure of train
列车客座利用率 percentage of passenger seats utilization per train
列车空间间隔 train span
列车空气信号 <利用列车风管使空气从列车发出警告汽笛> train air signal
列车空气信号遮断塞门 train air signal stop cock
列车空隙作业时间 working time between trains; working time of closed section; works occupation time
列车控制 train control
列车控制单元 train control unit
列车控制继电器 train control relay
列车控制系统 train control system
列车控制要求 train handling requirement
列车扣除系数 coefficient of train removal
列车库 train shed
列车类别疏解 untwining for train types
列车离去表示器 train departure indicator
列车离心力 centrifugal force of train
列车理论运行图 <指列车平行运行图> theoretic(al) train running graph
列车连续照明 through lighting of the train
列车两速度控制 two-speed train control
列车临界翻车风速 critical wind-speed of overturning a train
列车流 train flow
列车旅客 railer
列车旅客密度表 record of number of passengers on train by districts
列车旅行速度 train travel(l)ing speed
列车轮乘制 train crew pooling system
列车轮渡 aerial ferry; ferry bridge; railway ferry;train ferry
列车轮渡运输 train-ferry traffic
列车满载 full train load
列车密度 <区段每天通过列车数> train density;train frequency
列车描述系统 train describer system;train description system
列车明细表 <列车运行时刻表内规定的列车等级、方向、车次和运行办法> train schedule
列车命令调度制 train order system of control
列车模拟原理 train simulation rationale
列车内部控制(逆行)装置 <用于推拉式循环列车运行> internal train control
列车内的各个调车车组 cuts in train
列车暖汽减压阀 train heating valve
列车偶然分离 train divided accidentally
列车棚 <旅客列车停留在大站站台时的> train shed
列车平均编成辆数 number of cars per train
列车平均单位阻力 average specific train resistance
列车平均电流 average current of train
列车平均解体间隔时间 average sorting interval per train
列车平均牵引总重 average gross tonnage of a train
列车平均载客人数 average number of passenger carried per train
列车平均总吨数 average gross tonnage of a train
列车平行铺画运行图 parallel diagram(m)ing of trains
列车凭证交换器 token exchanger
列车凭证授受器 token carrier
列车凭注意通知单运行 <双线上遇有行车装置或电线故障时> train working under caution card
列车启动音频电路 audio-frequency train-activated circuit
列车起动加速度 starting acceleration of train
列车起动加速距离 starting distance
列车起动装置 train starting device
列车千瓦额定值 kilowatt rating of train
列车牵引 propulsion
列车牵引定数 train tonnage rating
列车牵引吨位 tonnage of train
列车牵引机组的更换 change-over of traction units of train
列车牵引净重 payload of train
列车牵引力 tractive force of train
列车牵引系数 drag coefficient; train traction coefficient
列车牵引性能 driving characteristics of train
列车牵引运行 train pulled forward by locomotive
列车牵引组 <机车或动车> train lead unit
列车前端 front of train;head of train
列车欠轴 underloading of train
列车倾覆 overturning; train capsized; train overturned;train up-turned
列车清洗设备 train washing equipment
列车清洗线 siding for washing trains
列车区间运转时间 train running time in block section
列车取暖锅炉 train-heating boiler
列车去向 train destination
列车确报 train list information after departure; train out report <在开车后报告>
列车确报电报 train out report telegraph
列车人员 <包括车长、司旗员、制动员> road-man
列车人员配备 train manning
列车容许最小时间间隔 minimum headway
列车上保护装置 <设在司机室内的一种故障安全装置> on-train protection device
列车上的 on-train
列车上峰顺序 sequence of trains to be humped
列车上互相通话 intercommunication in train
列车上伙食供应 on-train catering
列车上计算机 train-borne computer
列车上下行方向规定 specify the up and down directions of trains
列车上行方向 uptrain direction
列车上有线广播系统 on-train public address system
列车设备 train apparatus
列车失速 stalling of train
列车时间间隔计算 headway calculation
列车时刻表 timetable; train timetable; train working schedule; train working timetable
列车时刻表的变动 timetable alteration
列车时刻表规定的列车优先运行权规则 timetable superiority rules
列车识别 train identification
列车识别表示 train identification indication
列车识别号 train identification number;train identity number
列车识别系统 train identification system
列车识别显示 train identification indication
列车识别制 train identification system
列车(实绩)运行图自动记录器 automatic train graph recorder
列车驶出区段振铃信号 train-out-of-section bell signal
列车驶入区间 train-entering-section
列车式单元房 railroad apartment
列车事故 train accident;train disaster
列车事故查明原因手册 <美> Train Accident Cause-Finding Manual
列车事故伤亡人数 train accident casualties
列车守车 caboose;louse cage
列车输送带 train conveyer[conveyor]
列车数据 <计算列车运行时分用的> train data
列车甩摆动作 wobbling action of train
列车双向运行 either-direction train operation
列车顺序 train lineups
列车司机室与车厢间的通信[讯] caboose-to-engine communication
列车司机同调度集中调度员的对讲无线通信[讯] two-way radio communication with CTC operator
列车速度 train speed
列车速度计 train speedometer
列车速度系数 <旅行速度对技术速度之比> coefficient of commercial to technical speed
列车速度重量曲线 load curve
列车速度自动控制区域 automatic train speed control territory
列车速度自动控制系统 automatic train speed control system
列车速度自动控制制 automatic train speed control system
列车停车 train stop
列车停车点 stop-off point
列车停留小时成本 train-settling cost per hour
列车停运 train withdrawn from schedule
列车停站时分 stopping time
列车停站时分表 dwell time table
列车停止运行 suspension of service
列车通过 passage of trains
列车通信[讯] train communication
列车通信[讯]控制 communication based train control
列车通知地点 train announcing point
列车头部 <指机车> head(end) of train
列车头部侧面猛撞 <在道岔处> headend side-swipe collision
列车头部动力系统 headend power system
列车头尾联系 end-to-end contact
列车头尾通信[讯] end-to-end communication
列车头尾无线电话 end-to-end radio
列车头尾无线电通信[讯] end-to-end contact
列车突然猛拉 run-in and run-out
列车推峰间隔 time interval between the humping of two consecutive trains
列车推送运行 train propelled by locomotive;train pushed forward by locomotive
列车退入 <侧线> back in
列车退行 backing-out
列车脱钩 breaking of the train; division of a train
列车脱轨事故 accident of train derailment
"列车完整"口笛 <车长通知车站值班员> "train complete" whistle
列车晚点 train losing time;train running behind scheduled time
列车尾部 rear of train
列车尾部车辆制动力 brake power of end wagons
列车尾部防护 rear protection
列车尾部检查 tail checking
列车尾部圆盘 tail disc
列车尾车 rear wagon
列车尾灯 tail lamp;taillight
列车尾端 rear-end of train
列车尾牌 tail board
列车尾追冲突 butting collision; tail collision
列车尾追撞车 butting collision; tail collision
列车位置表 train position indication
列车位置和延误的自动显示 automatic display of train position and delay
列车位置和延误自动显示器 automatic display of train position and delay
列车位置记录器 <在调度集中室> train position recorder
列车无线电话 point-to-train radio; train radiophone; train-to-wayside radio
列车无线电台 train radio set
列车无线调度电话 train dispatching radiophone; train dispatching radio

telephone
列车无线调度转接分机 train subset for radio dispatching
列车无线调度转接总机 train control board for radio dispatching
列车无线通信[讯] communication between fixed points and mobiles; point-to-train communication
列车无线通信[讯]频率 point-to-train frequency
列车洗刷线 train clearing siding
列车下行方向 down-train direction
列车线 train line
列车消毒线 siding for disinfecting trains; train disinfecting siding; train disinfecting track
列车小时 train hour
列车信号 train signal
列车信号管 train signal pipe
列车信号机【铁】 train signal
列车信息系统 train information system
列车行程 train journey;train trip
列车行程表 train itinerary
列车序号 train code number
列车叙述系统 train describer system;train description system
列车续行 train succession
列车循环运行 pendulum operation
列车压缩力 compression of a train
列车延误 train delay
列车验票员 travel(l)ing ticket inspector
列车验收 acceptance of a train
列车摇摆力 lateral sway force of train
列车摇晃 train sway
列车医院 train hospital
列车引导员 pilot(man)
列车引导运行 piloting; pilot operation;pilot working
列车英里 train-mile
列车英里平均成本 average train mile cost
列车优先运行命令 train priority order
列车优先运行权 priority of train; train priority
列车与沿途通信[讯] train-to-wayside communication
列车与沿线互相联系通信[讯]系统 train-to-wayside communication system
列车预报 advance train report; train advance report; train list information in advance
列车预确报 train list information in advance and before departure
列车元件 train element
列车员 <指旅客列车检车员和货物列车制动员> train-man; car attendant;porter
列车员室 conductor's cab(in)
列车员厢 conductor's cab(in)
列车越行 overtaking of trains
列车越站 train skip
列车运缓 train running delay
列车运行 movement of trains; running of trains; train movement; train operation;train running
列车运行保护 protection of train running
列车运行报单 train journal
列车运行表示盘 <在调度集中室表示列车车次、位置、正线道岔位置、停车控制装置的行动等> train operation indication panel
列车运行表示器 train running indicator
列车运行持续自动控制 continuous automatic train-running control
列车运行次等级 inferior class
列车运行的仿真模型 simulation model of train working
列车运行调整 train operation adjustment
列车运行方向 current of traffic
列车运行方向上的优先权 <如下行优先于上行> right by direction
列车运行高等级 superior class
列车运行监督 supervision of train running
列车运行监督及最终程序 train movement monitoring program(me)
列车运行交路 train operating routing;train running circulation
列车运行里程 mileage of train runs
列车运行力学 mechanics of train movement
列车运行密度 moving density of train
列车运行描述设备 train describe-equipment
列车运行(明细)时刻表 <铁路内部使用> train working timetable
列车运行模拟器 train traffic simulator
列车运行区段 <在区调度所管辖下的> train running section
列车运行时分表 travel(l)ing time table
列车运行时刻的监督 supervision of train running
列车运行时上水槽 water pick-up apparatus
列车运行图 graphic(al) time table; rain graph(indicator); train graph (chart); train working diagram; train working graph
列车运行图格 forms of train working diagram with its vertical lines divided into columns of two or ten minutes,half hour and hour
列车运行图记录笔 train graph pen
列车运行图记录器 graphic(al) train recorder;train graph recorder
列车运行图记录纸 train graph paper
列车运行图描述器 train diagram describer
列车运行图实绩自动记录器 automatic train performance graph
列车运行图实绩自动铺画机 train grapher
列车运行图修订 train diagram revision
列车运行图要素 elements of a train graph
列车运行图周期 period of train graph
列车运行线 train path
列车运行业务 train service
列车运行优先权 superiority of trains
列车运行预报信息 advanced traffic information
列车运行正点率 punctuality ratio of train moving
列车运行中上水槽标志 water pick-up sign
列车运行自动保护 automatic protection of train running
列车运行自动化 train operation automa(tiza)tion
列车运行自动绘图仪 train operation autoplotter
列车运行自动记录系统 automatic train recording system
列车运行自动显示盘 automatic train traffic display panel
列车运行阻力 train running resistance
列车运转车长 guard
列车运转曲线 <横轴表示距离,纵轴表示速度> train operation curve
列车运转人员 train operator
列车载运能力 carrying capacity of train
列车载重 train load(ing); train net load(tons)
列车载重吨公里 train net ton-kilometre[kilometer]
列车载重量 train load(ing)
列车在闭塞区间线路上 train on line
列车在沿线 over-the-road
列车在站停留 stable a train
列车在终点站周转时间 train turn-around time at terminal
列车早到 train arrived ahead of scheduled time
列车早点 train running before scheduled time
列车早开 train dispatched ahead of scheduled time
列车增值 train appreciation
列车闸管 train pipe
列车照明 train lighting
列车折返 train reversal;train reverse operation;turn-back of train
列车震动 train jolt
列车整备员 train preparer
列车正点(运行) train running on scheduled time
"列车正在线路上"符号 train-on-line code
"列车正在线路上开来"符号 train-on-line-coming code
"列车正在线路上开去"符号 train-on-line-going code
列车指示牌 describer
列车制动管 train brake pipe
列车制动管再充气 train line recharging
列车制动机 train brake
列车制动机清单 brake list
列车制动机试验器 train brake tester
列车制动距离 train braking distance
列车制动力 braking force of train
列车制动重量 braked weight of train;weight of train braked
列车制动主管充气 charger the train line
列车质量标准 railway train load norm
列车智囊 train brain
列车中车钩间游间 train slack
列车中止 train discontinuance
列车中制动重量 braked weight of a train
列车中转作业 train relaying operation
列车终点表示器 train destination indicator
列车种类 category of trains;type of train
列车种类别疏解 train oriented decrossing
列车种类说明 <货物、旅客等> description of train
列车重量 train load(ing); train tonnage;train weight;weight of train
列车重量标准 train mass norm
列车重量对功率的比 <吨/马力> weight to power ratio of train
列车周长 train perimeter
列车主管 train conduit
列车转线 switchover; switchover a train;switchover of train
列车装货预测 train loading forecast
列车装载的 train-borne
列车装载能力 train load(ing)
列车装渣机 train loader
列车追踪间隔 train spacing
列车追踪运转时隔 time interval between following movement
列车自动保护 automatic train protection
列车自动保护超速警号 automatic train protection overspeed alarm
列车自动保护单元 automatic train protection unit
列车自动保护感应控制 automatic inductive train control
列车自动保护轨道馈电装置 automatic train protection track feed unit
列车自动保护装置 automatic train protection
列车自动报告 automatic train report
列车自动报告系统 automatic train reporting system
列车自动操纵 automatic train operation
列车自动程序控制 program(med) automatic train control
列车自动调度 automatic train dispatching
列车自动调节 automatic train regulation
列车自动调速 automatic train speed regulation
列车自动调整系统 automatic train regulation system
列车自动定位器 automatic train positioner
列车自动发出 automatic train dispatching
列车自动防护分系统 <美> automatic train protection subsystem
列车自动跟踪 train automatic follow
列车自动记录 train graph
列车自动监督 <调度监督> automatic train supervision
列车自动监控 automatic train supervision
列车自动检查 automatic train inspection
列车自动检车 automatic train inspection
列车自动控制 automatic train control
列车自动控制的警惕汽笛 train control acknowledge whistle
列车自动控制的汽笛 train control whistle
列车自动控制段 train control section
列车自动控制警惕器 train control acknowledger
列车自动控制能量 automatic train control energy
列车自动控制区 train control area
列车自动控制区域 train control territory
列车自动控制系统 automatic train control system
列车自动控制装置 automatic train control device
列车自动描述器 automatic train describer
列车自动识别 automatic train identification
列车自动识别装置 automatic train identification
列车自动停车 train stop; automatic train stop
列车自动停车保持机构 train stop retaining mechanism
列车自动停车地面元件 train stop track element
列车自动停车电空阀 electropneumatic train stop valve
列车自动停车感应器 automatic train stop inductor;train stop inductor
列车自动停车和机车信号系统 automatic train stop and cab signal(l)

ing system
列车自动停车和机车信号制 automatic train stop and cab signal(l)ing system
列车自动停车继电器 train stop relay
列车自动停车接收器 train stop receiver
列车自动停车区域 train stop territory
列车自动停车手柄 automatic train stop lever
列车自动停车装置 train stop(ping) device
列车自动停止装置 automatic train stopping device
列车自动限速 automatic train speed regulation
列车自动信号装置 automatic cab signal
列车自动选路 automatic train routing
列车自动选择车站进路 automatic train routing
列车自动引导进路系统 automatic train guidance system
列车自动运行 automatic operation of trains;automatic train operation
列车自动运行单元 automatic train operation unit
列车自动运行环形馈电装置 automatic train loop feed unit
列车自动指挥系统 automatic train direction system
列车总制动力 total train braking force
列车总重 train gross load(tons)
列车总重吨公里 train gross ton-kilometers
列车总重量 complete weight of a train
列车总阻力 total train resistance
列车走行公里 train-kilometer [kilometre]
列车阻力 train resistance
列车阻力公式 train resistance formula
列车阻力曲线 train resistance curve
列车组 series of trains;train set;train unit;turbotrain;group of tanks < 同一速度的 >
列车组的分布 < 在运行图上 > distribution of train groups
列车组的改编 reclassifying of train-set
列车最小容许间隔 minimum allowable headway
列成公式 formulation
列成柱式 columniation
列出方程 formulation of equation
列单 listing
列单人 lister
列岛 archipelago;chain islands;chain of islands;island chain
列岛裙 archipelagic apron
列德期【地】Ledian
列的长短 queue size
列的计算 column count
列地址 column address
列调【铁】train despatcher[dispatcher]
列队行进 parade
列多项式 polynomial formulation
列二进码 column binary code
列方程式 formulation
列分辨 column split
列分割 column split
列分隔 column split
列分解 column split
列分离 column split
列分组 column split
列弗 < 保加利亚货币代号 > Lv
列格式 column format
列工程项目 < 计算工程量的步骤之一 > taking-off
列管 tube array;tube nest
列管式反应器 shell-and-tube reactor
列管式固定管板换热器 fixed tube sheet heat exchanger
列管式换热器 shell-and-tube heat exchanger;tube type heat exchanger;tubular heat exchanger
列管式换热器的管束 tube bundle of tube-type heat exchanger
列管式冷凝器 shell-and-tube condenser
列管式蒸发器 shell-and-tube evapo(u)rator
列号 row number;slot number
列计数 column count
列计算器 column counter
列架警告信号电路 row alarm circuit
列间距 column pitch
列检所 car inspection and repair depot
列紧性 sequential compactness
列精度 column precision
列举 enumerate;enumeration;itemized;list;number up to;recount
列举成本 scheduled cost
列举的 enumerative
列举法 listing technique
列举式分类法 enumerative classification
列举所有路径 enumerating all paths
列(矩)阵 column matrix
列距 column distance
列克 < 阿尔巴尼亚货币 > LeK
列空间 column space;range space
列联 contingence[contingency]
列联表 contingence table;contingency table
列联表程序 contingence table program(me)
列联计算 calculus of contingency
列联系数 contingency coefficient
列名称 column name
列宁格勒 < 现圣彼得堡 > 的大理石皇宫 Marble Palace at Leningrad
列清单 accounts receivable;billing;sales analysis
列入报废 taking-out of service
列入备用 placing into reserves
列入变量 included variable
列入表定运费的货物 closed cargo
列入表内 tabulate
列入非运用日期 date of taking out of service
列入公路等级的道路 classified road
列入计划 scheduled
列入清单物质 listed substance;scheduled substance
列入生产计划 schedule into production
列入退休 placing in retirement
列入细数 short extended
列入议事日程 inscription on the agenda
列入运价表的车站 station included in tariff;tariff station
列入运用 < 机车车辆 > placing in service
列入总汇表的数据 tabulated data
列扫描 column scan
列扫描算法 column sweep algorithm
列生成 column generation
列生成法 column generation method
列矢量 column vector;support vector
列氏温标 < 指冻点 0R 和沸点 80R 之间的温标 > Reaumur thermometric scale
列氏温度 < 以水的冰点为 0°,沸点为 80°作为温标 > degree of Reaumur;Reaumur temperature
列氏温度表 Reaumur temperature scale
列氏温度度数 Reaumur degree
列氏温度计 Reaumur thermometer
列式表征 aligned attribute
列式打印机 train printer;train type printer
列式属性 aligned attribute
列数寄存器 number-of-column register
列为长期投资项目 capitalize
列维-齐维他平行性 Levi-Civita's parallelism
列维准则 < 重力坝设计的 > Levy's criterion
列文式蒸发器 Liewen evapo(u)rator
列线图 abac;alignment diagram;alignment line;alinement chart;nomogram;nomograph;nomographic(al) chart
列线图标度线 abac scale
列线图表 nomographic(al) chart
列线图计算法 nomographic(al) methods of computation
列线图解 alignment chart;nomogram;nomograph
列线图解法 nomography
列线图解术 nomography
列线属性 aligned attribute
列相畸变效应 deformation of aligned phases effect
列向量 column vector;support vector
列销 charge off
列效应 column effect
列选通器 column gate
列移动和删除 column move and delete
列于 fall under
列圆节 byzant
列圆饰 bezantee
列约束 column constraint
列运算 column operations
列在运行图上的铺画 scheduling of trains
列账 accounting
列账通知传票 interoffice voucher
列整理 column warp
列支敦士登 < 欧洲 > Liechtenstein
列支配 column dominance
列值 train value
列植 line(ar) planting;planting in rows;series planting
列指示器 column indicator
列指数 column index
列秩【数】column rank
列中位数 column median
列柱 colonnade
列柱墩座 podium[复 podiums/podia]
列柱法【建】columniation
列柱建筑 columnar building
列柱廊 < 柱边间距为 1.5 倍柱径的柱廊 > pycnostyle;peristylar;peristyle
列柱廊式的 perstylar
列柱廊式建筑 perstylos
列柱廊中庭 < 古罗马 > peristylium [复 peristylia]
列柱式 columniation;orthostyle;peristyle;prostyle;pycnostyle
列柱式长方形会堂 column(ar) basilica
列柱式的 peripteral
列柱式建筑 columnar architecture
列柱式神庙建筑 podium temple
列柱式寺院建筑 podium temple
列柱式厅堂 columned hall
列柱式希腊神庙 column Greek temple
列柱式柱廊 orthostyle;pycastyle
列柱式装饰 columnar decoration
列柱庭院 peristyle;peristylium[复 peristylia]
列柱游廊 terrace
列柱中庭的柱 peristyle column
列柱中心线 axis line
列转移 column jump

劣

劣比 ratio of less inequality
劣等 inferior quality;low grade;low quality
劣等材 wrack
劣等材料 shoddy
劣等的 inferior;shoddy
劣等感 inferiority
劣等工程 shoddy work
劣等货 adulteration;bastard
劣等机件 shoddy work
劣等结构 shoddy work
劣等金刚石 short bort
劣等金属 base metal
劣等木料 undergrade lumber
劣等品位 worseness
劣等树胶 negrohead
劣等质量 bad quality;bottom quality
劣等砖 cull of brick
劣地 attrital terra;badland;escabrodura;scabland
劣地形 escabrodura
劣函数 minorante
劣弧 inferior arc;minor arc
劣弧段 minor segment
劣化 deteriorate;deterioration
劣化度 impairment grade
劣化故障 degradation failure
劣化建筑 deteriorated building
劣化模型 degradation model
劣混合料 poor mix(ture)
劣混合物 poor mix(ture)
劣货 faulty goods;low-grade goods;throw-out
劣级配 bad grading;poor grade
劣级配骨料 poorly graded aggregate
劣级配集料 poorly graded aggregate
劣级配砾石 poorly graded gravel
劣焦煤 cinder coal
劣解 inferior solution
劣矿脉 coose
劣路线 minor path
劣煤 grizzly;smut
劣品 bad grade goods;inferior quality;poor products;rogue product
劣溶剂 poor solvent
劣石灰 poor lime
劣势 recessive
劣势差 inferiority gradient
劣位 min position
劣形 off-type
劣形晶 anhedron
劣纸 retree
劣质 inferior
劣质薄煤层 dilsh
劣质菜籽油 ravison oil
劣质粗锉 bastard rasp
劣质的 bastard;off-grade;poor;poor quality;ungraded
劣质底土 poor subsoil
劣质地下水 poor quality groundwater
劣质橄榄油 gallipoli oil
劣质工程 shoddy project
劣质骨料 poor aggregate
劣质管子 junk pipe
劣质海绵 glove sponge
劣质焊缝 poor weld
劣质焊件 bad weld
劣质河水 poor river water
劣质桁条 inferior purlin(e)
劣质灰浆 short working plaster
劣质混合物 poor mix(ture)
劣质混凝土 fault(y) concrete;poor concrete;poor quality concrete
劣质集料 poor aggregate
劣质建筑毛石 bastard free stone
劣质金刚石 poor diamond

劣质金元 baloney dollar
劣质酒精 faints
劣质扣价 < 商品 > counterbenefication
劣质路基 poor subgrade
劣质毛石 bastard free stone
劣质煤 bastard coal;blind coal;culm;faulty coal;grizzle;inferior coal;maggie;poor coal;smut
劣质煤层 dirt seam
劣质煤炭废料堆 culm and gob banks
劣质泥浆 poor mud
劣质黏[粘]土 poor quality clay
劣质黏[粘]土页岩 blae
劣质黏[粘]土页岩砖 blae brick
劣质品 adulteration;bastard;bad quality
劣质燃料 low-grade fuel
劣质软煤 sooty coal
劣质砂石 bastard
劣质石灰 poor lime
劣质熟铁 merchant bar
劣质水 poor quality water
劣质碎粒金刚石 diamond fragments
劣质无烟煤 lambskin
劣质细煤 dross
劣质橡胶 niggerhead;nigger head
劣质油 bad oil;poor oil
劣质原水 poor raw water
劣砖 brindles

烈

飑 heavy squall

烈度 earthquake intensity;intensity;intensity grade;seismic intensity
烈度标准 criterion of intensity
烈度表 intensity scale;scale of intensity
烈度超过概率 intensity exceeding probability
烈度超过率 intensity exceeding rate
烈度超越概率 intensity exceedance probability
烈度等级 intensity scale
烈度调零 intensity adjustment
烈度分布 < 地震的 > intensity distribution
烈度鉴定 intensity determination
烈度评定 intensity assessment;intensity rating
烈度区划图 map of intensity zoning
烈度衰减 diminishing of intensity;intensity attenuation
烈度衰减系数 coefficient of intensity decrement
烈度特征 intensity characteristic
烈度统计量 intensity statistics
烈度异常 anomalous intensity;intensity abnormal;intensity anomaly
烈度异常区 intensity abnormal region
烈度指数 severity index
烈度重现周期 intensity recurrence period
烈风 < 蒲福风级表的 9 级风,风速 20.8 ~ 24.4 米每秒 > strong gale;high wind;intemperate wind
烈风警报 severe storm warning;strong gale warning
烈火点 hot spot
烈火点控制 hot spotting
烈日 blazing sun
烈士公园 martyrs park
烈士纪念碑 monument sacred to the memory of martyrs;monument to martyrs
烈士纪念公园 martyr memorial park
烈士纪念堂 martyry
烈士墓 grave of a martyr
烈性 drastic
烈性传染病 fulminating infections disease
烈性的 strong
烈性毒药 acrid poison
烈性甘油炸药 dynamite
烈性煤油 power kerosene
烈性危险货 highly dangerous cargo
烈性炸药 disruptive explosive;high explosive;high-velocity blasting agent;penthrite;powerful explosive;sabulite;shattering explosive;strong explosive
烈焰 roaring flame
烈震 disastrous shock;violent shock

捩

断层【地】 flaw;heave fault;tear fault

捩转断层 heave fault;hinge fault
捩转断层作用 hinge type faulting

猎

鞍 hunting saddle

猎捕量限额 hunting quota
猎场 hunting field;hunting ground
猎户星座【天】 Orion
猎潜艇 hunter-killer;subhunter;submarine chaser;submarine hunter
猎区 hunting field;hunting zone
猎取经济情报者 bird dog
猎舍 hunting box;hunting lodge
猎屋 shooting box;shooting lodge
猎物禁猎区 game reserve
猎物养殖区 preserve
猎振带 hunting zone
猎振系统 hunting system
猎振现象 hunting effect

裂

瓣【地】 valve

裂瓣抛物面 split paraboloid
裂边 broken selvedge;burst edge;checked edge;crack edge;raw edge
裂变 disintegration;fission;scission
裂变材料 fissile material;fissionable material;fissioner
裂变材料生产堆 fissile material production reactor
裂变参量 fission parameter
裂变产额 fission yield
裂变产物 daughter;fission product
裂变产物沉降物 fission product fallout
裂变产物的放射性总强度 inventory of fission product radioactivity
裂变产物废物 fission product waste
裂变产物合金 fissium
裂变产物落下的灰 fission product fallout
裂变产物损害 fission product damage
裂变产物污染物 fission product contaminant
裂变产物沾染 fission-product contamination
裂变产物中毒 fission product poisoning
裂变常数 decay constant
裂变电离室 fission chamber;fission counter
裂变电流室 current fission chamber
裂变毒物 fission poison
裂变度 fissionability
裂变反应 fission reaction
裂变放射化学 fission radiochemistry
裂变份额 fission fraction
裂变腐蚀 fission corrosion
裂变轨迹年代测定法 fission track dating
裂变过程 fission process
裂变痕迹测定地质年限【地】 fission track dating
裂变化学 fissiochemistry;fission chemistry
裂变截面 fission cross-section
裂变径迹测年 fission track dating
裂变径迹测年法 fission track dating method
裂变径迹法 fission track method
裂变径迹方法 heat luminescent method
裂变径迹计数 fission track count
裂变径迹年龄 fission track ages
裂变径迹探测器 fission detector
裂变砾石 split gravel
裂变链 fission chain
裂变链产额 chain fission yield
裂变临时能量 activation energy for fission
裂变能级 fission level
裂变能力 fissionability
裂变能量 fission energy
裂变谱 fission spectrum
裂变气体 fission gas
裂变区 fissile region
裂变曲线 decay curve
裂变权重 fission weighing
裂变燃料 fissible fuel;fission fuel
裂变热 fission heat
裂变室 fission chamber
裂变碎片 fission fragment;fission segment;fragment;primary fission product
裂变碎片径迹甄别器 fission fragment track discriminator
裂变物质 fisser;fission(able) material;fission(able) substance
裂变系数 decay coefficient
裂变相 fissile phase
裂变性 fissi(bi)lity;fissile;fissionable
裂变铀 fissioning uranium
裂变阈 fission threshold
裂变元素 fissile element
裂变原子 fissionable atom
裂变原子弹 fission bomb
裂变中子 fission neutron
裂变中子的俘获 fission neutron absorption
裂变中子的吸收 fission neutron absorption
裂变作用 fission contribution;fission action
裂冰 caloing;ice caloing
裂冰带 < 纯海水与密冰的过渡带 > broken belt
裂冰作用 calving
裂槽 flaw
裂层 parting
裂成薄片 foliate
裂成几块 merotomize
裂成碎片 < 尤指爆炸 > fragmentate
裂齿菌属 < 拉 > Odontia
裂穿 through crack
裂点 break of slope;knick point;nick-point
裂掉 cracking-off
裂洞 fissure cavity
裂度反应共振 fission resonance
裂断 brisement;failure crack
裂断变位 deflection at break
裂断长度 breaking length
裂断伸长 elongation at break
裂断应力 failure stress
裂盾菌属 < 拉 > Schizothyrium
裂峰信号 split-blip
裂缝 back edge;backfin;chap;chink;chop;cleft;crack(ing);crevasse crack;fissure;gap(ping);gash;hiatus;interstice;nick;rent;rift;rip;rive;slit;slit orifice;splitting crack;tear;vein;yawn;cranny < 墙上的 >
裂缝背斜圈闭 fracturing-anticlinal trap
裂缝闭合 crack closure
裂缝波导天线阵 slotted waveguide array
裂缝剥落 crack spalling
裂缝不稳定开展 unstable crack propagation
裂缝参数 crack parameter;fracture parameter
裂缝测井 fracture density log;fracture log
裂缝测井曲线 fracture log curve
裂缝测量 gap survey
裂缝层 fracture(d) formation
裂缝插脚 slit prong
裂缝长度 crack length;length of cracks;length of earth fracture【地】
裂缝程度 degree of cracking
裂缝尺寸 flaw size
裂缝充填料 crack healer
裂缝充填物 crack filling;fissure filling
裂缝储集层 fractured reservoir
裂缝处理 crack treatment
裂缝传布展 crack propagation
裂缝带 fracture zone
裂缝的 fissured;leaky;rimose
裂缝的宽度 width of fissure
裂缝的深度 depth of fissure
裂缝的自动闭合 self-healing
裂缝等级 degree of cracking
裂缝调查 crack survey
裂缝堵气 storage in fissures
裂缝断层 fissure fault
裂缝断口 fracture
裂缝断面 cracked section
裂缝多 a lot of fissures
裂缝多的 choppy;cracky
裂缝发生 onset of cracking
裂缝反射 crack reflection
裂缝方向 orientation of earth fracture
裂缝分布 crack pattern;distribution of cracks
裂缝分布情况 crack pattern
裂缝分布图 crack pattern
裂缝腐蚀 crevice corrosion
裂缝腐蚀循环 cracking-corrosion cycle
裂缝网络密度 fracture density of a fracture network
裂缝公式 crack formula
裂缝观测 crack measurement;crack observation;fissure observation;gap observation
裂缝观察器 fault finder
裂缝灌浆 cementation of fissures
裂缝灌注 crack grouting
裂缝焊合 heal(ing)
裂缝焊接 cleft welding
裂缝合拢 healing
裂缝荷载 cracking load;crack loading
裂缝化黏[粘]土 fissured clay
裂缝缓慢增长 slow crack growth
裂缝活性 flaw activity
裂缝机理 cracking mechanism
裂缝几何学 crack geometry
裂缝加宽 crack widening
裂缝夹子 slit jaws
裂缝尖端 crack tip
裂缝间的 interstitial
裂缝间隔 crack interval
裂缝间距 crack interval;crack spacing;fracture interval;split spacing
裂缝监测 crack monitoring
裂缝监测片 telltale
裂缝检查 crack detection;flaw detection
裂缝检查器 < 钻眼内的 > break de-

tector;flaw detector
裂缝检验 flaw detection
裂缝角 angle of fracture
裂缝结构 fissured structure
裂缝开度 crack opening
裂缝开度量测 crack opening measurement
裂缝孔隙度 fracture porosity
裂缝控制 control of cracking;crack(ing) control
裂缝控制等级 classes for cracking control;class for cracking control
裂缝控制配筋 crack control reinforcement
裂缝宽度 crack opening;crack width;fracture width;width of cracks
裂缝宽度比例尺 crack-width scale
裂缝宽度极限状态 limit state of crack width
裂缝宽度曲线 crack-width curve
裂缝宽度限值 limit of crack opening
裂缝宽度中值 medium value of fracture width
裂缝矿脉 gash vein;fissure vein
裂缝扩大 crack growth
裂缝扩展 crack extension; crack propagation
裂缝扩展力 crack extension force
裂缝扩展速度 crack speed; rate of crack propagation
裂缝扩展速率 rate of crack propagation
裂缝类型 crack pattern;crack type
裂缝连接肋 splicing rib
裂缝率 cracking rate
裂缝脉 gash vein;ore vein
裂缝密度 fracture density
裂缝密封 sealing of cracks
裂缝面积率 area ratio of earth fracture
裂缝敏感性 crack sensitivity
裂缝摩阻力 break friction
裂缝末端 crack tip
裂缝(黏[粘])土 fissured clay
裂缝黏[粘]土剪切强度 shear strength of fissured clay
裂缝盘 slit disc
裂缝喷发【地】fissure eruption
裂缝喷溢 linear eruption
裂缝喷溢熔岩流 fissure flow
裂缝频度 frequency of fissures
裂缝平均宽度 average width of fracture
裂缝平面形状 planar outline of earth fracture
裂缝区 cracked zone;fractured zone
裂缝区段 cracked section
裂缝圈闭 fractured trap; fracturing trap
裂缝泉 fissure spring
裂缝深度 depth of earth fracture; penetration of fracture
裂缝渗透率 fracture permeability
裂缝声发射检测 crack detecting by acoustic emission
裂缝试验机 crack tester
裂缝刷 crevice brush
裂缝水 cleft water;crack water;fissure water
裂缝水泥混凝土板 cracked slab
裂缝探测 flaw detection
裂缝探测器 break scraper;crack detector; crack meter; break detector;flaw detector <钻眼内的>
裂缝探测仪 break scraper;crack detector;crack meter
裂缝天线 slit antenna;slot antenna
裂缝天线阵 slot array;slotted antenna array
裂缝填充 fissure filling
裂缝填充物 gap filler
裂缝统计 crack count
裂缝外观 appearance of the fracture
裂缝弯矩 cracking moment
裂缝系密度 fracture density of a fracture system
裂缝线密度 fracture linear density; linear fracture density
裂缝线楔荷载 crack-line wedge loaded
裂缝形成 crack formation;formation of cracks
裂缝形通道 fracture conduit
裂缝形式 crack pattern
裂缝型态 fracture pattern
裂缝性白垩储集层 fractured chalk reservoir
裂缝性背斜油藏 fracturing-anticlinal pool
裂缝性燧石储集层 fractured chert reservoir
裂缝性页岩储集层 fractured shale reservoir
裂缝迅速扩展 rapid crack propagation
裂缝延伸 crack propagation
裂缝延展方向 developing direction of crack
裂缝岩石 seamy rock
裂缝移动 crack wander
裂缝抑制 crack restraint
裂缝阴极 slit cathode
裂缝应力 crack stress
裂缝诱导槽 crack inducer;dummy joint
裂缝与梁厚比 crack to beam depth ratio
裂缝与梁深比 crack to beam depth ratio
裂缝愈合 healing
裂缝愈合剂 crack healer
裂缝愈合能力 crack bridging ability
裂缝原因分析 fracture origin analysis
裂缝增长 crack growth
裂缝张开 crack lipping
裂缝砖 chuff;cracked brick
裂缝自发增长 spontaneous growth of the crack
裂幅 rip panel
裂谷 central valley;mid-oceanic rift;rift(trough);rift valley
裂谷边缘沉积柱 rifted margin prism
裂谷带 rift zone
裂谷的闭合 closure of rift
裂谷地槽 rift geosyncline
裂谷垫层 rift cushion
裂谷断块谷 rift-block valley
裂谷断块山 rift-block mountain
裂谷海 rift sea
裂谷和沉陷模式 rift and sag mode
裂谷湖 rift lake;rift valley lake
裂谷化克拉通边缘 rifted cratonic margin
裂谷隆起 rift bulge;rift dome
裂谷盆地 rift basin
裂谷前隆起 prerift arch
裂谷穹隆 rift dome
裂谷系 rift system
裂鼓 rift drum
裂痕 cleft; crack; fish mouthing; fissure; flaw; fracture; rift; rip; scar; vein
裂痕面 torn surface
裂后强度 post-cracking strength
裂后延性 post-cracking ductility
裂后应力 post-cracking stress
裂化 crack
裂化残油 cracked oil;cracked residuum
裂化残渣 <石油裂化过程中的残渣> cracked residue
裂化厂 cracking plant
裂化池 seak tank
裂化粗汽油炉 reformer
裂化的 cracked
裂化地沥青 cracked asphalt
裂化法 cracking process
裂化反应 cracking reaction
裂化反应段 soaking section
裂化反应鼓 soaking drum
裂化反应器 cracking case
裂化反应时间 soaking time
裂化反应室 soaker
裂化工艺 cracking process
裂化罐 cracking still
裂化焦油 cracked tar;pressure tar
裂化沥青 cracked pitch
裂化溜出油 pressure distillate
裂化炉 cracked still; cracker; cracking furnace; cracking still; pressure still
裂化炉焦油 pressure-still tar
裂化气 cracked gas;crackgas
裂化气体设备 endogas unit
裂化汽油 cracked gasoline; cracked spirit;cracking gasoline
裂化器 converter;cracker
裂化区 zone of cracking
裂化蛇形管 cracking coil
裂化设备 cracker; cracking plant; cracking unit;soaker
裂化设备生产量 cracking capacity
裂化石脑油 pressure naphtha
裂化石油沥青 cracked asphalt
裂化室 cracker
裂化速率 rate of cracking
裂化系数 factor of cracking
裂化岩薄片 cracked rock section
裂化油 cracked oil
裂化增长 crack propagation
裂化蒸馏 cracking distillation
裂化蒸馏残油 cracking still
裂化重油 cracked fuel oil
裂化装置 cracker;cracking unit
裂化作用 cracking
裂环 split-ring
裂环管夹 holderbat
裂环机 split-ring
裂环接合 split-ring connection
裂环聚合作用 ring scission polymerization
裂环离合器 split-ring clutch
裂环(连)接件 split-ring connector
裂环连接件接头 split-ring connector joint
裂环取样器 split barrel sampler
裂火山口 breached crater
裂火山锥 breached cone
裂极式电焊发电机 welding generator with splitting pole
裂检验法 split test method
裂解 clearage; cracking; degradation; splitting;splitting decomposition
裂解残渣 cracked residue
裂解柴油 pyrolysis gas oil
裂解处理 split treatment
裂解反应 scission reaction
裂解方式 fragmentation pattern
裂解管式炉 pyrolysis tube furnace
裂解了的花岗石 gowan
裂解炉 cracker cell; cracking furnace;dissociation cell;pyrolyzer
裂解气 cracked gas;cracking gas;pyrolysis gas
裂解气急冷锅炉 quenching boiler
裂解气相色谱 pyrolysis gas chromatograph
裂解气相色谱法 pyrolysis gas chromatography
裂解气相色谱分析 pyrolysis gas chromatography
裂解汽油 pyrolysis gasoline
裂解色谱 pyrograph
裂解色谱法 pyrography; pyrolytic chromatography
裂解色谱图 pyrogram
裂解途径 fragmentation pathway
裂解因子 factor lytic
裂解油 cracked oil
裂解蒸馏 cracking distillation
裂解作用 splitting action
裂距 splitting
裂距前进法 split spacing of closure method
裂开 breakaway; break open; chop; cleavage; cleave; cracking; dehiscence;fission;gape;pop;rift;rive;scission;spall;splintering;splitting;split(-up);tear
裂开的 split
裂开点 splitting point
裂开缝 crack opening
裂开后 after separation
裂开环带 cleft girdle
裂开面 cleavage plane;parting plane;plane of cleavage
裂开木材 split wood
裂开试验机 bursting test machine
裂开危险 risk of cracking
裂开作用 blasting action
裂壳泵 split-casing pump
裂孔 gap;hiatus
裂孔膜 slit membrane
裂口 breach; bursting break; chasm; chink; chop; cleft; clink; crevasse; gape; gapping; laceration; open seam; rent; rift; rip; split heads; vent;gash
裂口背斜 breached anticline;scalped anticline
裂口衬套 split bushing
裂口出料搅拌机 split type mixer
裂口的 split
裂口灯 split burner
裂口垫板 split plate
裂口焊 cleft weld;deft welding
裂口焊接 cleft welding
裂口环 split collar
裂口火山锥 breached cone
裂口扩展 fracture propagation
裂口木材 cleft wood
裂口喷嘴 split burner
裂口圈 centering ring
裂口生长 crack growth
裂口效应 notch effect
裂块 cleavage block
裂浪 rip
裂理【地】parting
裂沥青 chapapote
裂流 rip(current);rip surf;rip tide
裂流带 rock flowage and fracture zone;zone of fracture and flowage;zone of rip current
裂流水道 rip channel
裂面 broken face;fractured surface
裂面过大 overbook;overbreak
裂面混凝土砌块 split block
裂面局部接触反应 local contact effect of cracked section
裂面石 split-stone finish
裂面石材 split-face finish
裂面外貌 appearance of fracture
裂面线 line of rupture
裂木锯 rift saw
裂片 bothridium; cleft; fragment; screed; shred; sliver; spall; splint(er);split;valve
裂片的 splintery
裂片断口 splintery fracture
裂片镊(钳)splinter forceps
裂片似的 splintery
裂片图 cracking pattern
裂片状 splintery

L

裂片状断裂面 splintery fracture
裂屏单元 split screen unit
裂区 split plot
裂区方差分析 split plot analysis of variance
裂区混杂 split confounding; split plot confounding
裂区排列 split plot arrangement
裂区设计 split plot design
裂区实验 split plot experiment
裂区试验法 split plot design method
裂区试验设计 split unit design
裂刃锯 rip blade saw
裂溶解反应 lytic reaction
裂山花 broken pediment
裂生树脂道 schizogenesis canal
裂生作用 schizogenesis
裂石草 <虎耳草属> Saxifrage
裂石楔 plug and feathers; plug and wedge
裂碎 cleavage fracture
裂碎机 breaker
裂损 rhegma
裂体吸虫病 bilharziasis
裂筒式拌和机 split-drum mixer
裂土 rip
裂土机 ripper; soil ripper
裂土机串联 tandem ripper
裂土耙土器 ripper-scarifier
裂土器 ripper linkage; ripper pin
裂土器齿柄 ripper shank
裂土器横架 ripper beam
裂土器横梁 ripper beam
裂土器护板销 shank pin
裂土器架 ripper linkage
裂土器类 ripper tip
裂土器液压缸 ripper cylinder
裂土器支臂 scarifier arm
裂土时间 rip time
裂土照明灯 ripper lighting
裂土作业 ripping
裂为薄层 delaminate; delamination
裂纹 backfin; breach; bull crack; chap; check and shake; cleavage; crack(ing); craze; crazing; crevice; fissure; flaw; fracture; nick
裂纹板头 edge of shake
裂纹表面 crack grain
裂纹表面标记 fracture surface marking
裂纹层 crizzle skin
裂纹长大 crack growth
裂纹长度 crack length; length of shakes <木材的>
裂纹初生的能量 crack initiation energy
裂纹的 crackled
裂纹的尺寸 flaw size
裂纹地砖 cleaving tile; split floor tile
裂纹顶端张开位移法 crack tip opening displacement method
裂纹发 crack propagation
裂纹发生 crack initiation
裂纹发生的能量 crack initiation energy
裂纹分叉 crack branching
裂纹分支 crack branching
裂纹腐蚀 shake rot
裂纹灌注 crack injection
裂纹迹 fault trace
裂纹加速扩展阶段 cracks accelerative extending and failure stage
裂纹尖端 crack tip
裂纹尖端张开位移 crack tip opening displacement
裂纹检查 crack detection
裂纹检验 crack detection; crackle test
裂纹检验器 check master
裂纹金刚石钻头 faikes
裂纹浸渍试验 crack impregnation test
裂纹开裂 crack initiation
裂纹开裂技术 crack started technique
裂纹开始 crack initiation
裂纹开展 crack propagation
裂纹开展力 crack extension force
裂纹跨接 crack bridging
裂纹扩展 crack extension; crack propagation; propagation of cracks
裂纹扩展力 crack extension force
裂纹扩展率 crack propagation rate
裂纹扩展能量 crack propagation energy
裂纹扩展速度 crack growth rate; crack speed; fracture speed
裂纹扩展阻力 crack resistance force
裂纹扩张 crack extension
裂纹蔓延 crack propagation
裂纹密集 crack bridging
裂纹面 checked surface
裂纹敏感性 cracking susceptibility; crack sensitivity
裂纹木杆加副木夹牢 fishing a spar
裂纹疲劳扩展速率 crack fatigue propagation rate
裂纹偏转韧化 crack deflection toughening
裂纹偏转增韧 crack deflection toughening
裂纹破坏 crack failure
裂纹漆 alligatoring lacquer; crack(ing) lacquer; crackled lacquer; crackled paint
裂纹漆工艺 brittle-lacquer technique
裂纹漆饰面 crackled finish
裂纹前缘 crack front
裂纹桥接 crack bridging
裂纹清漆 crackle varnish
裂纹清晰度 crack sharpness
裂纹缺陷 seaminess
裂纹深度 vent depth
裂纹式混凝土砌块 <饰面用> split-face block
裂纹式砌块 split(-face) block
裂纹试验 cracking detection; cracking test
裂纹探测仪 crack detector; crack meter
裂纹探伤 crack detection
裂纹探伤仪 crack detector
裂纹体系 fracture system
裂纹图形 cracking pattern
裂纹涂料 crackle paint
裂纹外观 crack appearance
裂纹微缝 craze crack
裂纹稳定扩展阶段 cracks increasing and extending stage
裂纹现象 seaminess
裂纹线 fault line
裂纹形成 crack formation; formation of cracks
裂纹延伸 crack extension; crack growth
裂纹域 slit domain
裂纹愈合 crack healing
裂纹增长 crack growth
裂纹增长率 rate of crack growth
裂纹增长特性 crack growth behavio(u)r
裂纹张开距离 crack opening distance
裂纹张开位移 crack opening displacement
裂纹张开位移测试 crack opening displacement test
裂纹张开位移试验 crack opening displacement test
裂纹张口位移 crack opening displacement
裂纹终止板 crack end plate
裂纹终止温度 fracture arrest temperature
裂纹状吸声板 fissured acoustic(al) tile
裂隙 chap; chasm; cleft(iness); crack; crack and fissure; crevasse; crevice; fissure; fissuring; flaw; fracture; hair crack; hiatus; rent; rift; rive; split
裂隙冰川 crevassed glacier
裂隙冰水沉积 crevasse filling
裂隙层 <岩石的> creviced rock; crevice formation
裂隙充水矿床 mineral deposit of fissure inundation
裂隙充填 crevasse filling; fissure occupation
裂隙充填物 fracture filling
裂隙传播 fracture propagation
裂隙的 fissured
裂隙的流过能力 <水力压裂时> fracture flow capacity
裂隙灯 slit lamp
裂隙灯显微镜 slit-lamp microscope
裂隙地层 fractured ground
裂隙地带 fissured zone
裂隙地下水 fault water; water vein
裂隙洞 fissure cave
裂隙断层 fissure fault
裂隙发育部位 fissure development locus
裂隙发育地层 strongly fissured stratum
裂隙方向 fracture direction; fracture orientation
裂隙(非常)发育的 highly fissured; highly jointed
裂隙分布 fracture spacing
裂隙分离边界 discrete crack-bounded
裂隙腐蚀 crevice corrosion
裂隙构造 fissured structure
裂隙构造地球化学 fissure tectonogeochemistry
裂隙灌浆 cementation of fissures; fissure grouting
裂隙含水层 fissured aquifer
裂隙涵管 fissure conduit
裂隙和断层 fracture and fault
裂隙间距 interval between fissures
裂隙间压力 interstitial pressure
裂隙检查 crack detection
裂隙交切 fissure intersection
裂隙介质 fissure medium
裂隙卡斯特 crevice karst
裂隙开度 joint opening
裂隙开展 crack propagation
裂隙开张 opening of crack
裂隙孔隙度 fissure porosity
裂隙孔隙介质 porous fissure medium
裂隙扩展速度 rate of crack propagation
裂隙梁 split beam
裂隙滤过膜 filtration slit membrane
裂隙率 fissure ratio; fracture porosity
裂隙脉 fissure vein
裂隙矛 fracture lance
裂隙密度 fissure density; fracture density
裂隙密集度 closeness of fissure
裂隙面 fissure plane; fracture plane
裂隙面水蚀痕迹 erosive trace of water on fissure surface
裂隙模型 model of fissuration
裂隙末端 crack tip
裂隙黏[粘]土 fissured clay
裂隙黏[粘]土含水层 fissure-clay aquifer
裂隙排水 fissure drainage
裂隙频度 fracture frequency
裂隙频率 fracture frequency
裂隙区 fracture zone
裂隙曲线 crevasse curve
裂隙泉 crevasse spring; fissure spring; fracture spring
裂隙容矿构造 ore-containing structure of fracture
裂隙渗透率 fissure permeability
裂隙式 fissure type
裂隙式火山 fissured volcano; fissure volcano
裂隙式沥青玛瑞脂混合料 <德国> split mastic asphalt
裂隙式喷发 fissure eruption
裂隙式熔岩流 fissure lava flow
裂隙水 crack water; crevice water; fissure water; fracture water; interstitial water; water vein
裂隙水压力 interstitial hydraulic pressure
裂隙水异常 anomaly of crevice-water
裂隙水折减系数 reduction factor of fissure water
裂隙填充 crevasse filling; fissure filling
裂隙填充物 crevasse infilling
裂隙填封 crack sealing
裂隙通路 fissure conduit
裂隙统计图 fissure diagram
裂隙土 fissured soil
裂隙系 fissure system; joint system; system of fissure
裂隙系数 coefficient of fissuration; coefficient of fissure; coefficient of fissuring
裂隙显微光度计 fissure microphotometer
裂隙形成 fissuration
裂隙形式 crack pattern
裂隙形状 crack pattern
裂隙性态 fracture behavio(u)r
裂隙锈(腐)蚀临界温度 critical crevice corrosion temperature
裂隙锈蚀 crevice corrosion
裂隙玄武岩 fissure basalt
裂隙岩层 crevice formation; fractured formation
裂隙岩脉 joint vein
裂隙岩溶含水层 fissure-karst aquifer
裂隙岩溶水 fissure-karst water
裂隙岩石 fissured rock
裂隙岩石地基 fissured rock foundation
裂隙岩体 jointed rock mass
裂隙研究 crevice-searcher
裂隙硬黏[粘]土 stiff fissured clay
裂隙油 crevice oil
裂隙状 fissure type
裂隙状落水洞 fracture-shaped sink hole
裂隙走向 strike of seam
裂隙组 fissure system; joint system; system of fissure
裂线理 current lineation; parting lineation
裂陷槽 taphrogenic trough
裂陷系 rift system
裂陷作用 taphrogenesis
裂相法 split-phase method
裂相继电保护 split-phase relay protection
裂像测距器 split-image field rangefinder
裂像光楔 split-image wedge
裂楔 splitting wedge
裂心结核 septarium
裂性 fragility
裂岩层 rock ripper
裂岩机 rock ripper
裂叶榆【植】Manchurian elm
裂余水饱和度 residual water satura-

tion
裂余油饱和度 residual oil saturation
裂圆钻 fissure round bur
裂源 vein
裂张 bursting tension
裂褶菌 Schizophyllum commune
裂褶菌属 <拉> Schizophyllum
裂子 crizzle
裂嘴壳属 <拉> Schizostoma

鬣丘【地】 scarp;cuesta <美>;escarpment

鬣丘圈闭 buried escarpment trap

拎耳 <手灯等的握柄> ear bali

拎头 leading ahead

邻氨基苯磺酸 ortho-aminobenzenesulfonic acid

邻氨基苯甲醚 ortho-anisidine
邻氨基苯甲酸 anthranilic acid;ortho-aminobenzoic acid
邻氨基偶氮甲苯 o-aminoazotoluene
邻胺基苯甲酸甲酯 methyl anthranilate
邻苯二酚 catechol;pyrocatechol
邻苯二酚胺 catecholamine
邻苯二酚紫 catechol violet;pyrocatechol violet
邻苯二甲腈 phthalonitrile
邻苯二甲酸 phthalic acid
邻苯二甲酸苄丁酯 benzyl butyl phthalate
邻苯二甲酸醋酸纤维素 cellulose acetate-phthalate
邻苯二甲酸丁苄酯 butyl benzyl phthalate
邻苯二甲酸丁基月桂酯 butyl benzyl phthalate
邻苯二甲酸丁酯 butyl phthalate
邻苯二甲酸二苯酯 diphenyl phthalate
邻苯二甲酸二丙烯 diallyphthalate
邻苯二甲酸二丙酯 dipropyl phthalate
邻苯二甲酸二丁辛脂 dioctyl phthalate
邻苯二甲酸二丁酯 dibutyl phthalate
邻苯二甲酸二丁酯增润剂 dibutyl phthalate plasticizer
邻苯二甲酸二甘醇酯 diglycol phthalate
邻苯二甲酸二庚酯 dibutyl phthalate
邻苯二甲酸二环己酯 dicyclohexyl phthalate
邻苯二甲酸二己酯 dihexyl phthalate
邻苯二甲酸二(甲基环己)酯 dimethyl cyclohexyl phthalate
邻苯二甲酸二甲酯 dimethyl phthalate
邻苯二甲酸二氢化松香醇酯 dihydroabietyl phthalate
邻苯二甲酸二壬酯 dinonyl phthalate
邻苯二甲酸二烯丙酯 diallyl phthalate
邻苯二甲酸二烯丙酯树脂 diallyl phthalate
邻苯二甲酸二辛酯 dioctyl phthalate
邻苯二甲酸二辛酯废水 dioctyl phthalate wastewater
邻苯二甲酸二乙酯 diethyl phthalate
邻苯二甲酸二异丁酯 diisobutyl phthalate
邻苯二甲酸二异葵酯 diisodecyl phthalate
邻苯二甲酸二异辛酯 diisooctyl phthalate
邻苯二甲酸二正丁酯 di-n-butyl phthalate
邻苯二甲酸二正辛酯 di-n-octyl phthalate
邻苯二甲酸二脂族醇酯 dialphanyl phthalate
邻苯二甲酸甘油树脂 glyceryl phthalate resin
邻苯二甲酸甘油酯 glyceryl phthalate
邻苯二甲酸酐 phthalic anhydrate
邻苯二甲酸癸丁酯 decyl butyl phthalate
邻苯二甲酸季戊四醇树脂 pentaerythritol phthalic resin
邻苯二甲酸甲基丁苯 methylbutyl benzene phthalate
邻苯二甲酸(甲酯)乙醇酸乙酯 methyl phthalyl ethyl glycolate
邻苯二甲酸树脂 alkydal; phthalic acid resin;phthalic resin
邻苯二甲酸树脂瓷漆 phthalic resin enamel
邻苯二甲酸双2-甲氧基乙基酯 bis-2-methylxyethyl phthalate
邻苯二甲酸双2-乙基乙基酯 bis-2-ethylhexyl phthalate
邻苯二甲酸双十三烷酯 ditridecyl phthalate
邻苯二甲酸盐 phthalate
邻苯二甲酸盐树脂 patha(ic) acid resin;phthalate resin
邻苯二甲酸盐树脂清漆 phthalate resin varnish
邻苯二甲酸盐树脂涂料 phthalate resin paint
邻苯二甲酸乙二醇酯 glycol phthalate
邻苯二甲酸异癸酯 diisodecyl phthalate
邻苯二甲酸异辛基异癸酯 isooctyl isodecyl phthalate
邻苯二甲酸正癸基正辛酯 n-decyl n-octyl phthalate
邻苯二甲酸正辛异基癸酯 n-octyl isodecyl phthalate
邻苯二甲酸酯 phthalate ester
邻苯二甲酸酯含量比 alkyd ratio
邻苯二甲酰磺乙酰胺 phthalylsulfacetamide
邻苯二甲酰肼 phthalylhydrazine
邻苯二甲酰亚胺 phthalimide
邻苯二甲酰(乙酯)乙醇酸乙酯 ethyl phthalyl ethyl glycolate
邻苯二酸酐 phthalic anhydride
邻苯基苯酚 o-phenyl phenol
邻苯基苯酚钾 kalium o-phenyl phenate
邻苯乙二胺 o-phenylethylenediamide
邻边【数】adjacent side
邻苄基对氯酚 o-benzyl-p-chlorophenol
邻丙基苯酚 mesitol
邻波 adjacent wave
邻层 neighbo(u)ring layer
邻产 adjoining property
邻窗 adjacent window
邻村 neighbo(u)ring village
邻带方里网 grid of neighbo(u)ring zone
邻道 adjacent channel
邻道干扰 interference from adjacent channel;monkey chatter
邻道图像载波 adjacent picture carrier;adjacent video carrier;adjacent vision carrier
邻道图像载波陷波器 adjacent picture carrier trap
邻道信号干扰 interference from adjacent channel signals;interference of adjacent-channel signals
邻道选择性 adjacent-channel selectivity
邻道抑制 adjacent channel rejection
邻地 adjoining land
邻地业主 abutting owner
邻顶【数】 adjacent vertex[复 vertices/vertexes]
邻断裂劈理 fault-related cleavage
邻对位定向 ortho-para orientation
邻二氮(杂)萘 cinnoline
邻二甲苯 o-dimethylbenzene;oxylene
邻二氯苯 o-dichlorobenzene;orthodichlorobenzene
邻二叔醇类 pinacol
邻二硝基甲酚 orthodinitrocresol
邻二乙基苯 o-diethylbenzene
邻二异丙苯 o-diisopropylbenzene
邻菲咯啉分光光度法 o-phenanthroline spectrophotometry
邻峰 adjacent peak
邻港 adjacent strip
邻国 neighbo(u)ring country
邻海 adjacent sea
邻航线 adjacent flight lines
邻磺胺 ortho-sulfanilamide
邻磺酰苯甲酰亚胺 benzosulfimide;saccharin
邻茴香胺 o-anisidine
邻基效应 adjacency effect
邻集 neighbo(u)r set
邻甲苯胺 o-nitrotoluene;ortho-aminotoluene; ortho-toluidine; o-toluidine
邻甲苯磺酰胺 ortho-toluene sulfonamide
邻甲苯甲酸 ortho-toluic acid;ortho-toluylic acid; o-toluamide; 2-methylbenzoic acid
邻甲酚 o-cresol;ortho-cresol
邻甲酚磺酞 cresol red;o-cresolsulfon-phthalein
邻甲酚酞 o-cresolphthalein
邻甲基苯胺 o-toluidine
邻甲氧基苯酚 guaiacel;guaiacol
邻角 adjacent angle;adjoining angles;contiguous angle
邻接 abut(tal);adjoin;butment;contiguity
邻接编目法 adjacency vertical listing
邻接表 adjacency list
邻接层 successive course
邻接层膜 contiguous stratum membrane
邻接产业 abutting property
邻接处 adjoiner
邻接传输损耗 contiguous transmission loss
邻接带 adjacent strip
邻接道路的土地所有者 abutter
邻接的 abutting;adjacent;adjoining;circumjacent;coadjacent;conterminous;contiguous
邻接的节点 adjacent node
邻接地 adjoining land
邻接地带 contiguous zone
邻接地段 abutting lot
邻接地区 adjoining square
邻接点 tie-in point
邻接方格(坐标网)adjoining square
邻接房地产 adjacent property; adjoining property
邻接房地产所有人 abutter
邻接海滩的 beachfront
邻接建筑物 abutting building;adjacent building
邻接浇注层 adjoining lift
邻接界限 bound
邻接近的 closely spaced
邻接矩阵 adjacency matrix
邻接控制区 adjacent control region
邻接跨 adjoining space
邻接跨度 adjoining span
邻接块(管片)adjacent segment
邻接面 abutted surface; bound surface;vicinal plane
邻接区 adjacent country;contiguous area
邻接曲线的公切线 continuous curve tangent
邻接曲线公切线 contiguous curve tangent
邻接群岛 adjacent arching
邻接收缩断面 adjacent contract section
邻接顺序法 successor listing
邻接碳原子 adjoining carbon
邻接图【测】adjacent map
邻接图幅 adjacent map; adjacent sheet; adjoining sheet; contiguous sheet;neighbo(u)ring sheet
邻接图形 contiguous graphics
邻接位置 adjacent location
邻接线 adjacent line
邻接项 contiguous item
邻接效应 adjacency effect
邻接性 adjacency
邻接牙 adjacent teeth;adjoining teeth
邻接圆盘 contiguous disk
邻接中断 contiguous interrupt
邻接砖层 adjoining course
邻接字符 adjacent character
邻接租借地 adjoining concession
邻近 adjacency; neighbo(u)rhood; propinquity;vicinity
邻近边缘 neighbo(u)ring edge
邻近波道干扰 adjacent channel interference
邻近财产 adjoining property
邻近侧向测井 proximity log
邻近侧向测井曲线 proximity log curve
邻近产业 <指房产、地产等> adjacent property; adjoining property; neighbo(u)ring property
邻近处 adjoiner
邻近大楼 neighbo(u)ring block
邻近大厦 neighbo(u)ring block
邻近的 closely spaced; neighbo(u)ring;proximal
邻近的干线 adjacent main
邻近的桩 neighbo(u)ring pile
邻近地段 abutting lot;adjacent land
邻近地区 vicinage
邻近地权 adjacent property
邻近地震 neighbo(u)ring earthquake
邻近定律 proximity theorem
邻近断层 branch fault
邻近房屋 adjoining building
邻近干扰 pick-up
邻近焊缝开孔 adjacent to welds; opening
邻近荷载 adjacent load
邻近回波 nearby echo
邻近间距 adjacency
邻近建筑物 adjacent accommodation;adjacent building
邻近街区 neighbo(u)ring block
邻近节点 adjacent node
邻近结点 neighbo(u)ring function
邻近开孔的补强 reinforcement for adjacent openings
邻近空间 proximity space
邻近跨 adjacent space;adjacent span
邻近链站 adjacent link station
邻近链站映像 adjacent link station image
邻近路站 adjacent link station
邻近面 neighbo(u)ring face
邻近频道干扰 side splash
邻近频率 nearby frequency
邻近区域 adjacent domain
邻近色 adjacent colo(u)r

L

邻近施工 adjoining construction
邻近市场 close to market;nearness to market
邻近衰落区 close range fading area
邻近探测仪 proximity meter
邻近通道直接干扰 direct adjacent channel interference
邻近土地所有者 adjacent landowner
邻近网络控制程序 adjacent network control program(me)
邻近效应 kindred effect; proximity effect
邻近效应加热 heating by proximity effect
邻近信道噪声 adjacent channel noise
邻近星 near stars
邻近性 proximity
邻近业主 adjoining owner; neighbo(u)ring owner
邻近住区 <系住宅区规划单位> neighbo(u)rhood unit
邻近子区 adjacent subarea
邻晶 vicinal
邻晶面 vicinal face
邻居 vicinage
邻居财产 neighbo(u)ring property
邻居房间 neighbo(u)ring room
邻居墙壁 neighbo(u)ring wall
邻局 adjoining administration; neighbo(u)ring administration
邻孔 adjacent opening;adjacent shothole;adjacent span
邻孔距 neighbo(u)ring span
邻跨 adjoining space
邻跨度 adjacent span;adjoining span
邻跨孔 adjacent opening;adjoining opening
邻里 neighbo(u)rhood
邻里保护 neighbo(u)rhood conservation
邻里参与 neighbo(u)rhood participation
邻里单位 <城市规划中的> neighbo(u)rhood unit;neighbo(u)ring unit
邻里单位面积 <城市规划中的> neighbo(u)rhood unit area
邻里分析 neighbo(u)rhood analysis
邻里公园 neighbo(u)rhood park
邻里购货区 neighbo(u)rhood shopping district
邻里购物区 neighbo(u)rhood shopping district
邻里购物中心 neighbo(u)rhood shopping center[centre]
邻里密度 neighbo(u)rhood density
邻里商业点 neighbo(u)rhood shopping district
邻里商业区 neighbo(u)rhood commercial district
邻里社区 neighbo(u)rhood community
邻里中心 neighbo(u)rhood center [centre]
邻里住宅密度 neighbo(u)rhood residential density
邻里住宅群 neighbo(u)rhood group
邻里助建房 house raising
邻联甲苯胺 orthotolidine;o-tolidine
邻联甲苯胺草酸 orthotolidine-oxalic acid
邻联甲苯胺试剂 orthotolidine reagent
邻联甲苯胺试验 orthotolidine test
邻联甲苯胺亚砷酸盐试验 orthotolidine arsenite test
邻路干扰 splatter
邻路选择性 adjacent-channel selectivity
邻路载波 adjacent carrier
邻氯苯胺 o-chloroaniline
邻氯苯酚 o-chlorophenol
邻氯苯甲酸 o-chloro-benzoic acid
邻氯甲苯 ortho-chlorotoluene
邻面 proximal(sur)face
邻面洞 interproximal cavity
邻面精修钻 interproximal finishing bur
邻旁小路的影响 alley influence
邻频道干扰 monkey chatter; side channel interference
邻墙 adjacent wall; adjoining wall; neighbo(u)ring wall
邻羟基苯 o-terphenyl
邻羟基苯甲酸 salicylic acid
邻羟基苯乙酮肟 o-hydroxy acetophenone
邻区 contiguous area
邻区法增强 adjacent enhancement
邻曲线 varied curve
邻人 abutter
邻室 adjacent room;adjoining room; neighbo(u)ring room
邻数 consecutive numbers
邻缩氨基脲 o-semicarbazone
邻台干扰 interference due to adjacent station
邻碳耦合 adjacent carbon couple
邻图拼接对比 comparison with adjacent chart
邻图索引 diagram of adjoining chart; index of adjoining chart
邻位 ortho-position;vicinal
邻位变换 para-ortho conversion
邻位促进 anchimeric assistance
邻位定向 ortho orientation
邻位化合物 <即苯核中 1、2 两位被代换>【化】ortho compound
邻位交叉式 gauche form;skew form
邻位面 vicinal surface
邻位取代 adjacent substitution
邻位取向 ortho orientation
邻位酸 ortho acid
邻位同分异构体 ortho-isomeride
邻位相关码 adjacent-bit-dependent code
邻位效应 anchimeric effect; ortho-effect
邻位协助 anchimeric assistance
邻涡 adjacent vortex
邻屋 adjoining building; adjoining room
邻屋地产业主 abutter
邻戊基苯酚 ortho-amyl phenol
邻线 adjacent line; adjacent track; neighbo(u)ring line; neighbo(u)ring track
邻线干扰 interference from neighbo(u)ring line
邻向 neighbo(u)rwise
邻项 successive term
邻硝基苯胺 o-nitroaniline; ortho-nitroaniline
邻硝基苯胺橙 ortho-nitroaniline orange
邻硝基苯酚 o-nitrophenol
邻硝基苯基荧光酮 o-nitrophenyl-fluorone
邻硝基苯甲醚 o-nitroanisole; ortho-nitroanisole
邻硝基酚 ortho-nitrophenol
邻硝基甲苯 ortho-methylnitrobenzene;ortho-nitrotoluene
邻信道干扰 monkey-chatter interference;side splatter;splatter
邻信道衰减 adjacent channel attenuation
邻溴代苯胺 o-bromoaniline
邻岩 adjacent rock
邻乙基(苯)酚 phlorol
邻乙酰氨基甲苯 acetorthotoluid
邻域 adjacent region;neighbo(u)ring areas
邻域模型 neighbo(u)rhood model
邻域平均法 neighbo(u)rhood averaging
邻域指示器 point of neighbo(u)rhood
邻域作用 neighbo(u)rhood effect
邻站 adjacent station
邻枕 adjacent tie
邻桩 adjacent pile; neighbo(u)ring pile

林

林班 compartment

林班记录 compartment history
林班线 compartment line
林斑线 vista
林波波造山旋回 Limpopo cycle
林卜拉德真空浓缩机 Linblad suction thickener
林草植被率 the forestry and grass coverage
林差纲港 <泰国> Leam Chabang Port
林产采收 harvesting
林产化工产品 silvichemical
林产集运 extraction
林产品 forest product
林产品实验室 forest products laboratory
林产物 forest product
林场 forestation field; forest plantation; forestry centre; forestry station; tree farm; tree plant; tree plantation;wood-run
林床 forest floor
林床拦蓄量 forest floor detention storage
林床滞留蓄水量 forest floor detention storage
林茨海绵铁粉 Linz powder
林丛 bush
林带 forest belt;tree belt
林丹 <一种农药> lindane
林德钢管对焊法 Linde welding
林德氯化铜脱硫法 Linde copper sweetening
林德洛夫空间 Lindelof space
林德曼玻璃 Lindemann's glass
林德曼法 Lindemann's method
林德曼接合 Lindemann's joint
林德曼静电计 Lindemann's electrometer
林德舍地面加劲条 <一种耐磨水泥地面中的加劲钢条> Lindsay's surface fabric
林德斯塔方程 Lindstedt equation
林德液化器 Linde's apparatus
林登梅耶系统【地】Lindenmayer system
林地 bocage; forest land; forestry; holt; miombo; timber land; woodland;forest floor
林地保护树 soil protection wood
林地草地 grass glade
林地常居动物 patocole
林地的 woodland
林地地表 forest floor
林地动物 patobiont
林地覆被物 forest floor
林地勘测 cruise
林地泥炭 woody peat
林地偶居动物 patoxene
林地清除 ground clearance
林地生态系统 woodland ecosystems
林地土壤 timbered soil;wood soil
林地造林 field planting
林地沼泽 <大陆与边缘岛之间> dreen
林地植被 forest litter;mulch
林分 forest stand
林分表 stand table
林分材积表 stand volume table
林分底面积 basal area of a stand; stand basal area
林分高 stand height;top height
林分高大木直径 stand height diameter;top-height diameter
林分类型 stand type
林分密度 stand density
林分密度指数 stand density index
林分组成 stand constitution; stand structure
林副产品 minor forest products
林格尔曼煤烟浓度测定表 Ringelmann chart
林格尔曼图 Ringelmann chart
林格曼煤烟黑度比色表 Ringelmann smoke chart
林格曼浓度 Ringelmann concentration
林格曼浓度表 Ringelmann concentration table
林格曼数 Ringelmann number
林格曼图表表 <测定烟囱排烟量用> Ringelmann chart
林格曼烟尘浓度图 Ringelmann smoke chart
林格曼烟黑图 Ringelmann smoke chart
林格曼烟气浓度图 Ringelmann smoke chart
林格曼烟污鉴别图 Ringelmann chart
林格溶液 Ringer's solution
林冠 canopy; crown cover; forest canopy;leaf canopy;plant canopy
林冠层 canopy class;stor(e)y
林冠覆盖 canopy layer;forest canopy
林冠覆盖面 canopy cover
林冠级 canopy class
林冠截留雨水 canopy interception
林冠疏开 opening up
林冠修整 canopy manipulation
林冠郁闭度 canopy density
林管区 district
林火 forest fire
林火第一工作日 firework period
林价算法 forest valuation
林间草地 forest grassland
林间车道 forest ride
林间防火线 cut-off
林间放牧 forest grazing
林间机场 forest airfield
林间空地 glade;slade
林间路 forest road
林间苗圃 bush nursery;field nursery
林间牧地 woodland pasture
林间通道 glade
林间隙地 frith
林间小道 forest track;path in woodland
林间栽植 interplanting
林警 forest ranger
林克-拜尔特型滚筒式精选机 Link-Belt drum type concentrator
林克标【气】 blue-sky scale; Linke scale
林克机 <模拟飞行或汽车驾驶的训练器> Link trainer
林克(消波)混凝土块体 link block
林肯巴哈型圆形固定淘汰盘 Linkenbach table
林肯郡灰岩 Lincolnshire limestone
林肯式铣床 Lincoln type milling machine
林肯隧道 Lincoln tunnel
林利 forest rent
林粮间作 alternation of agricultural and forest crops; intercropping corns in woodland
林龄 age of stand;forest age

林曼绿 Rinmann's green
林曼绿试法 Rimman's green test
林木 crop tree;forest;forest tree;silva[sylva];timber;trees
林木采伐许可证 permits for cutting forest and trees
林木采伐许可证制度 system of permits for cutting forest and trees
林木采收费 expenses of harvesting and of collection of revenue
林木打号 timber marking;tree marking
林木界限 timber limit
林木苗圃 nursery forest bed
林木年龄 age of stand
林木线 timber line;tree line
林木育种园 forest garden
林木沼泽 muskeg
林木植被 tree cover
林木种子园 tree seed orchard
林内草地 grass plot
林内潜居民 forest squatter
林内修筑林 wayleave
林农轮作 shifting cultivation
林诺泰 <一种无缝合成地板> Linotile
林栖的 arboreal
林切制瓶机 Lynch machine
林区 forest;forest district;forest region;forest zone;massif;reach of woodland;sylva;timber land;wood(ed)area
林区保护员制度 district-ranger system
林区道路 forest road
林区分界线 forest track
林区公路 forest highway
林区检察院 procuratorate of forest region
林区界 forest boundary;forest stand boundary
林区气候 tree climate
林区桥梁 forest bridge
林区人 backwoodsman
林区署 district forest-office
林区长 district forester
林区整理 consolidation of wooded areas;forest consolidation
林区资料 woodland information
林权 rights for forest
林氏可塑性测定仪 Linseis plastometer
林氏软件包 <具有奇异值分解处理功能> Linpack
林氏手制动机 Lindstrome hand brake
林氏无关系统 zero-sided Lindenmayer system
林泰 <一种地毡> Lintile
林维尔桁架 Linville truss;N-truss
林伍德石 ringwoodite
林务员 forester
林下草层 under growth
林下灌丛 underbrush
林下灌木 under growth
林下植物 under growth;understor(e)y;underwood
林下种植 underwood planting
林线 timber line
林相 appearance of forests;forest aspect;forest form
林相图 forest form map;forest map;stock map
林型 cover type;forest type;type of forest
林型图 stock map
林型学 forest type science;forest typology
林学 sylviculture
林学家 arborist;silviculturist
林野 weald
林业 forestry
林业部 Department of Forestry
林业测量 forest survey
林业产销证 forest concession
林业道路 forest highway
林业的各个方面 every aspect of forestry
林业地 woodland
林业地图 forestry map
林业点火枪 forestry torch
林业调查 forest survey
林业动物 forester
林业废物 forestry waste
林业工作者 forester;forest(ry) worker
林业公安局 public security bureau of forestry
林业顾问 forestry adviser
林业机械 forestry machine(ry)
林业基地 forestry base
林业基金 forestry fund
林业基金制度 system of forestry fund
林业加工企业 timber processing enterprise
林业经济 economy of forestry
林业居民 forester
林业局 Bureau of Forestry
林业立法 forestry legislation
林业林 forest planting
林业气候学 dendroclimatology
林业区域 forest area
林业试验站 forest experimental station
林业土壤改良 forest reclamation
林业拖拉机 forestry tractor
林业学 forestry
林业造林法 forest planting
林业政策 forest policy
林业主管部门 competent department for forestry
林业资源普查 comprehensive survey of forest resources
林业资源数据分析系统 forest resource data analysis system
林荫步道 arbo(u)r;pedestrian mall
林荫处 Bowers ridge
林荫大道 avenue;boulevard;pkwy[parkway]
林荫大道餐厅 boulevard restaurant
林荫大道饭店 boulevard restaurant
林荫大道停车处 boulevard stop
林荫带 boulevard strip
林荫道 boulevard;parking way;wayside trees;xyst(us)
林荫道路 green way
林荫分隔带(道路)mall
林荫公路 park highway
林荫宽步道 allee
林荫路 alameda;avenue;park road;parkway;prospect
林荫路段 picturesque stretch of road
林荫路网 <散步用> mall net
林荫面积 forested area
林荫散步场 pedestrian mall
林荫散步路 mall;alameda
林荫小道 alameda;alley;tree-lined footpath
林荫小径 covered walk;forest trail
林荫小路 alameda;mall
林园 arboretum
林园拖拉机 grove tractor;orchard tractor
林缘 border;edge of forest;forest edge
林缘树 edge tree
林沼 forest bog;swamp
林沼水水质 swamp water quality
林政 forestry
林植 forest planting
林中草地 grass glade;lovangar;wooded meadow
林中空地 slash <树木砍伐后形成的>;glade
林中空旷地 forest clearing;forest opening
林中落叶层 understor(e)y
林中深谷 den
林租 forest rent
林作底面积 crop basal area
林作高 crop height
林作密度 crop density

临

临岸建筑线 frontage line
临岸跨 abutment bay
临岸线 frontage
临边辐射红外线辐射仪 limb radiance infrared radiometer
临边昏暗 darkening towards the limb;limb darkening
临边扫描 limb scanning
临边增亮 brightening towards the limb;limb brightening
临滨 nearshore
临滨沉积 nearshore deposit
临滨风暴沉积 shoreface storm deposit
临滨阶地 shoreface terrace
临滨滩 shoreface beach
临场时间 approach time
临场引导波束 approach beam
临床化验室 clinical laboratory
临阀系数 threshold factor
临港(带形)铁路 belt-line railroad
临港地区 harbo(u)r district
临港工业区 maritime industrial area
临港面 harbo(u)r side
临港铁道 belt-line railroad
临管线收入 temporary administrating line revenue
临管运营 tentative operation
临海岸边 sea front
临海地段 sea front
临海地区 sea front
临海工业 sea-front industry
临海工业地带 seashore industrial reservations
临海贸易区 <与港口联系的> foreland
临海面 shore frontage
临河面 riverside face
临滑报警 <滑坡> warning of imminent movement
临检 visitation
临检权 right of visit(ation)
临街采光窗 pavement light
临街侧院 exterior side yard;side yard adjoining a street
临街出口 street exit
临街大门 street door
临街道路 frontage road;frontage street;service road
临街建筑线 frontage line
临街门 street door
临街门面 street frontage
临街面 frontage
临街入口 street entrance
临街土地 frontage;frontal land
临街住户屋前交通 frontage traffic
临界 threshold;ultimate
临界 pH 值 critical pH
临界 v/c 比【交】critical v/c ratio
临界安全 criticality safety
临界安全的 critically safe
临界安匝 critical ampere turn
临界案情 borderline case
临界暗期 critical dark-period
临界半径 critical radius
临界饱和 <土壤在此饱和界限下产生水流> threshold saturation;critical saturation
临界饱和度 critical degree of saturation;critical saturation
临界暴雨径流 critical storm runoff
临界暴雨径流量 critical storm water flow
临界泵抽水率 critical pump rate
临界比降 critical slope;critical gradient
临界比(率)critical ratio
临界比转速 critical specific speed
临界闭合压 critical closing pressure
临界边缘压力 critical edge pressure
临界变形 critical deformation;critical strain
临界标准贯入击数 critical standard penetration blow counts
临界表 critical table
临界表面张力 critical interface tension;critical surface tension
临界波长 critical wave length;threshold wavelength
临界波高 breaker height
临界波数 critical wave number
临界不良率 critical fraction defective
临界参数 critical parameter
临界操作 critical operation
临界糙率 critical roughness
临界侧向压力 critical confining pressure
临界层 critical layer
临界颤振速率 critical flutter speed
临界长度 critical length
临界长径比 critical aspect ratio
临界场 critical field
临界常数 critical constant
临界车道 critical lane
临界车道检测 critical lane detection
临界车速 critical speed
临界沉淀点 critical settling point;precipitability;precipitation threshold
临界沉淀速度 terminal setting velocity
临界沉降标准 critical settlement criterion
临界沉降速度 terminal fall velocity
临界成分 critical composition
临界程 critical range
临界吃水 critical draught
临界持续时间 critical(en)duration
临界尺寸 critical dimension;critical size;overall dimension;threshold size
临界赤道速度 critical equatorial velocity
临界冲击速度 critical impact velocity
临界冲刷流度 critical scouring velocity
临界冲刷速度 critical scouring velocity
临界抽样率 critical sampling rate
临界抽样区间 critical sampling interval
临界稠度 impending slough
临界出逸比降 critical exit gradient
临界传动 impending motion
临界床高度 critical bed depth
临界床密度 critical bed density
临界磁场 critical magnetic field
临界磁通密度 critical magnetic flux density
临界淬火 critical hardening
临界淬火速度 critical quenching rate
临界淬硬温度 critical hardening temperature
临界大小 critical size
临界带 critical zone
临界道砟电阻 critical ballast resistance
临界的 critical
临界等温线 critical isotherm(al)
临界低温范围 zone of low critical temperature
临界底斜率 critical bottom slope
临界地面运动 critical ground motion

临界地质不连续面 critical geologic(al) discontinuity
临界点 critical point; arrest point; breakthrough point; compass point; crash point; no(n)-slip point; point of transition; stagnation point; transformation point; transit (ion) point; transship point; arrests <加热及冷却的>
临界点参数 stagnation condition
临界点法 breakthrough technique
临界点理论【数】critical points theory
临界点偏移 stagnation point shift
临界点前的 precritical
临界点剩余压力 stagnation overpressure
临界点条件 stagnation condition
临界点位移 stagnation point movement
临界点线 stagnation line
临界点指数 index of critical point
临界电场 critical electric(al) field
临界电流 critical current
临界电流密度 critical current density
临界电势 critical potential
临界电通量密度 critical dielectric(al) flux density
临界电位 critical potential; cross-over potential; threshold potential
临界电压 critical potential; critical voltage; cut-in voltage; cut-off voltage; threshold voltage
临界电阻 critical resistance
临界调整 critical adjustment; threshold adjustment
临界堵车密度 critical jam concentration
临界段 critical section
临界(断裂)荷载 crippling load
临界断面 critical section
临界法 critical method
临界法向压力 critical normal pressure
临界法向应力 critical normal stress
临界反射 critical reflection; reflection at critical
临界反转密度 critical inversion density
临界返速 critical return velocity
临界范围 critical interval; critical range
临界方程 critical equation
临界放大系数 cut-off amplification factor
临界沸腾 critical boiling
临界费用 crash cost
临界分解温度 critical decomposition temperature
临界分量 marginal component
临界分裂 critical division
临界分析 critical analysis; threshold analysis
临界风量 critical air blast
临界风速 critical wind speed; critical wind velocity
临界缝宽 critical slit width
临界弗劳德数 critical Froude number
临界浮动比降 <砂土的> critical flo(a)tation gradient
临界浮动梯度 <砂土的> critical flo(a)tation gradient
临界符合频率 critical coincidence frequency
临界幅角 critical argument
临界辐射流 critical radiant flux
临界负荷 collapsing load; critical charge; critical load(ing)
临界负荷法 critical load approach
临界负荷设计 critical load design
临界负荷水平 critical loading level
临界负荷系数 critical load factor
临界负载 collapsing load; critical load(ing)
临界盖重 critical covered load
临界概率 critical probability
临界干旱期 critical drought period
临界高程 critical elevation
临界高度 critical altitude; critical level; cohesion height <φ=0 的黏[粘]性土的垂直边坡>
临界高温 critical high temperature
临界功 critical work
临界功率 critical power
临界攻角 angle of stall(ing)
临界(关键性)地带 critical corridor
临界过载力矩 pull-out torque
临界过载转矩 pull-out torque
临界含量 critical content
临界含水量 critical moisture content; threshold moisture content
临界含水率 critical liquid water content; critical moisture; critical moisture content
临界含油量 critical oil content
临界航向与深度监视器 critical course and depth monitor
临界河底速度 critical bottom velocity
临界荷载 crippling loading; critical edge pressure; critical load(ing); Euler load; transformation load
临界荷载组合 critical loading combination
临界恒量 critical constant
临界厚度 critical thickness
临界滑动 critical slide
临界滑动面 critical slide surface; critical surface
临界滑动圆(弧) critical slip circle
临界滑弧 critical slip circle
临界滑圆 critical slip circle
临界环节 critical link
临界环境管理 critical environmental management
临界环境区 critical environmental area
临界环境问题 critical environmental problem
临界环境污染 critical environmental pollution
临界回采面积 <使地表某点达到最大可能沉降量的面积> critical area of extraction
临界回授 critical reaction
临界会溶温度 critical consolute temperature
临界混凝剂浓度 critical coagulant concentration
临界极大值 critical maximum
临界极限 critical limit
临界加速度 critical acceleration
临界间距 critical gap
临界减幅 critical damp(ing)
临界剪(切)应力 critical shear(ing) stress
临界简正波 critical mode
临界降雨量 critical rain
临界降雨强度 critical rainfall intensity
临界交通密度 <又称公路容量> critical traffic density
临界胶束浓度 critical micelle concentration
临界胶团浓度 critical micelle concentration
临界焦点 critical focus
临界角 angle of draw; angle of non-slip point; critical angle; limit angle; neutral angle; no-slip angle
临界角测折射率术 critical angle refractometry
临界角测折射效法 critical angle refractometry
临界角反射 reflection at critical angle
临界角折射计 critical angle refractometer
临界搅拌速度 critical stirring speed
临界节点 critical node
临界截面 choking section; critical (cross-) section; throat section
临界截面积 throat area
临界截面面积 critical cross-section area; throat area <喷管的>
临界截面喷管 critical flow nozzle
临界截面速度 throat velocity
临界截面压力 throat pressure
临界截面直径 <喷管的> throat diameter
临界界面 critical interface
临界进口道车速 <在这个速率时,车辆可以及时停车而不致与横街交通车辆相撞> critical approach speed
临界晶核 critical(crystal) nucleus
临界径流量 critical runoff
临界竞争 critical race
临界距离 critical distance; critical range
临界开采区 critical area of extraction
临界开挖高度 critical excavation height
临界抗弯能力 marginal bending capacity
临界颗粒尺寸 limited grain size
临界空档 critical gap
临界空化数 critical cavitation number
临界空化系数 critical coefficient of cavitation
临界空化现象 critical cavitation
临界空隙比 critical void ratio
临界孔径 critical aperture
临界孔径物镜 lens of extreme aperture
临界孔隙 critical pore
临界孔隙比 critical void ratio
临界孔隙度 critical porosity
临界孔隙率 critical porosity; critical void ratio
临界控制 limit control
临界枯水期 critical dry period
临界跨距 critical span length
临界亏空额 critical deficit
临界亏缺 critical deficit
临界拉丝温度 critical spinning temperature
临界雷诺德数 critical Reynolds number; critical value of Reynolds number
临界雷诺数 critical Reynolds number
临界冷点 critical cold point
临界冷凝温度 cricondentherm; critical condensation temperature
临界冷凝压力 cricondenbar; critical condensation pressure
临界冷却速度 critical cooling rate
临界力 critical force
临界力矩 critical moment
临界利润 threshold returns
临界粒度 critical particle size
临界量 critical quantity; critical volume; threshold quantity
临界量水槽 critical depth flume; critical depth meter
临界裂缝扩展力 critical crack extension force
临界裂纹长度 critical crack length
临界裂纹尺寸 critical crack size
临界裂纹张开位移 critical crack-opening displacement
临界磷浓度 critical phosphorus concentration
临界灵敏度 threshold pick-up; threshold sensitivity
临界流(动) critical flow
临界流动参数 critical parameter of flow
临界流计算图 critical flow diagram
临界流量 critical discharge; critical flow; critical flow rate; dynamic(al) threshold discharge; swallowing-capacity
临界流量计 critical flowmeter; critical flow prover
临界流判别准则 critical flow criterion
临界流速 critical flow velocity
临界流速上限 upper critical velocity
临界流态 critical flow state; critical state of flow
临界流态化 critical fluidization
临界流态判别准则 critical flow criterion
临界流淌稠度 <喷射混凝土的> impending slough
临界路口控制 critical intersection control
临界路线法 critical path method
临界马赫数 critical Mach number
临界马力 critical horse power
临界毛细高度 critical capillary height
临界密度 optimum concentration; critical density
临界面 critical level; critical plane; critical surface; failure plane; limit plane
临界面积 critical area
临界明辨距离 critical viewing distance
临界摩擦流速 critical friction velocity
临界摩阻流速 critical friction velocity
临界纳污水体条件 critical receiving water condition
临界耐电压 critical withstand voltage
临界能量 critical energy; transition energy
临界能量释放率 critical energy release rate
临界年龄 critical age
临界黏[粘]度 critical viscosity
临界凝固速度 critical solidification rate
临界凝结温度 critical condensated temperature
临界凝结压力 cricondenbar
临界凝聚力 critical cohesion
临界凝聚值 critical cohesion value
临界凝析温度 <液体和气体处于平衡的最高温度> cricondentherm
临界凝析压力 cricondenbar
临界浓度 critical concentration
临界浓度范围 critical concentration range
临界耦合 critical coupling
临界排队距离 critical queuing distance
临界泡壁速度 critical velocity of bubble wall
临界偏压 critical bias
临界偏应力 critical deviator stress
临界频带 critical band; critical frequency band
临界频率 boundary frequency; critical frequency; edge frequency; threshold frequency
临界坡(道)长度 critical length of grade
临界坡度 critical gradient; critical slope; limit slope
临界坡降 critical gradient
临界坡角 critical slope angle
临界破坏 critical damage
临界破损率 critical break rate
临界期 critical period
临界起动流速 critical tractive velocity

临界起建电阻 critical build-up resistance
临界起建速度 critical build-up speed
临界气核半径 critical radius of gas nucleus
临界气柱高度 critical height of gas column
临界汽蚀系数 critical coefficient of cavitation
临界汽蚀现象 critical cavitation
临界牵引力 critical tractive force; critical tractive power
临界强度 critical intensity; critical strength; threshold intensity
临界切应力 critical shear(ing) stress
临界侵蚀区 critical area
临界倾角 critical dip; critical inclination
临界清晰度 critical definition; sharpness definition
临界情况 critical condition
临界球 critical sphere
临界区 critical range
临界区段 critical section
临界区域 critical area; critical region; critical zone
临界曲率值 critical value for buckling
临界曲线 critical curve
临界缺点 critical defect
临界缺陷 critical defective
临界热 critical heat
临界热负荷 burn-out heat flux
临界热流 critical heat flux
临界热通量 critical heat flux
临界日长度 critical day length
临界容积 critical volume
临界溶解度 critical solubility
临界溶解温度 consolute temperature
临界溶解氧 critical dissolved oxygen
临界溶解氧距离 distance of critical dissolved oxygen
临界溶液温度 critical solution temperature
临界熔点 critical melting point
临界熔解频率 critical fusion frequency
临界融合频率 critical fusion frequency
临界乳光 critical opalescence
临界入口压力 critical inlet pressure
临界入射角 critical angle of incidence
临界锐度 critical sharpness
临界瑞利数 critical Rayleigh number
临界润滑膜厚度 critical thickness of oil film
临界闪光频率 critical flicker frequency
临界闪烁频率 critical flicker frequency
临界设计 design margin
临界社会价值 critical social value; marginal social value
临界伸长比 critical extension ratio
临界深度 critical depth
临界深度测流槽 critical depth flume
临界深度控制槽口 critical depth control notch
临界深度控制(刻痕)标记 critical depth control notch
临界深度流量测定 critical depth discharge measurement
临界深度流量测定法 critical depth discharge measurement method
临界渗出率 critical leaching rate
临界渗透速度 critical seepage velocity
临界生长期 critical period of growth
临界生长速度 critical growth velocity
临界生长速率 critical growth rate
临界生存温度 critical survival temperature
临界生态系统 critical ecosystem
临界失稳荷载 crippling load
临界失稳压力 critical pressure in buckling

临界湿度 critical humidity; critical moisture
临界时间 critical time; crash time
临界时间间隔 critical time interval
临界时间数列模型 threshold time-series model
临界时限 critical moment
临界实时处理 critical real-time processing
临界实验 critical experiment
临界视距路径 grazing path
临界试验 critical experiment; marginal test
临界试验浓度 critical test concentration
临界收益率 cut-off rate of return
临界数据 critical data
临界数值 critical numerical value; critical value
临界衰减 critical attenuation; critical damp(ing)
临界衰减率 critical lapse rate
临界水分 critical moisture
临界水分含量 critical moisture content
临界水力比降 critical hydraulic gradient
临界水力坡降 critical hydraulic gradient
临界水力梯度 critical hydraulic gradient
临界水流 critical flow
临界水流断面因数 section factor for critical flow
临界水流深度 critical depth of flow; critical flow depth
临界水平 critical level; trigger level
临界水平法 method of critical levels
临界水深 critical depth(of water); critical water depth; breaker depth <碎波的>
临界水深测流法 critical depth discharge measurement
临界水深法 critical depth method
临界水深量测计 critical depth meter
临界水深线 critical depth line
临界水头 critical head
临界水头损失 critical head loss
临界水位 critical stage
临界水质 critical water quality
临界水质特征 critical water quality characteristic
临界速度 critical speed; critical velocity; decision speed; limit(ation)(of) velocity; optimum speed; optimum velocity; terminal velocity; thrashing speed; threshold velocity
临界速度指示仪 stallometer
临界速率 critical rate; critical speed; optimum speed
临界酸碱度 critical pH
临界损坏 critical damage; critical failure
临界损失 critical loss
临界梯度 critical gradient
临界体积 critical size; critical volume
临界体积分数 critical volume fraction
临界条件 critical condition; marginal condition
临界停闪频率 critical fusion frequency
临界通道 critical path
临界通量 critical flux
临界通路 critical path
临界通路测试产生法 critical path test generation
临界通路时间 critical path time
临界统计 critical statistics
临界突水系数 critical coefficient of water bursting

临界图 critical circle; critical graph
临界途径法 critical path method
临界土坡高度 critical slope height
临界土壤残余水分 critical content residue of soil moisture
临界土压力 critical earth pressure
临界推力 critical thrust; top thrust
临界推移力 critical tractive force; critical tractive power
临界推移应力 critical tractive stress
临界退火 critical annealing
临界拖力 critical drag(force)
临界拖曳力 critical drag(force); threshold drag; critical towing force
临界外压 critical external pressure
临界微操作 critical microoperation
临界微胶粒浓度 critical micelle concentration
临界微裂应变 critical crazing strain
临界位 critical potential
临界位移 critical displacement
临界位置 critical position
临界温度 critical temperature; limiting temperature; thermal critical point; threshold temperature
临界温度差 critical temperature difference
临界温度电阻器 critical temperature resister
临界温度范围 critical temperature range
临界温度热敏电阻器 critical temperature thermistor
临界温度下退火 process annealing
临界纹 marginal groove
临界稳定 neutrality; stagnation temperature
临界稳定浓度 critical stabilization concentration
临界稳定性 critical stability; marginal stability
临界稳性高度 critical metacentric height
临界污染物浓度 critical pollutant concentration
临界污染源 critical pollution source
临界污染源区 critical pollution source area
临界污水需求量 critical wastewater demand
临界物态模型 critical state model
临界物态强度 critical state strength
临界物态土力学 critical state soil mechanics
临界物态线 critical state line
临界误差 critical error
临界误差角 critical error angle
临界吸出高度 critical suction head
临界吸积半径 critical radius for accretion
临界吸收 critical absorption; marginal absorption
临界吸收波长 critical absorption wavelength
临界系数 critical coefficient
临界系统 critical system
临界细胞浓度 critical cell concentration
临界纤维长度 critical fiber[fibre] length
临界现象 critical phenomenon
临界线 critical line; critical locus
临界限度 critical threshold
临界相对湿度 critical relative moisture
临界相对压力 critical relative humidity
临界效应 critical effect; threshold effect
临界谐振腔 critical resonator

临界泄漏量 stalled leakage flow
临界信号 minimum detectable signal; threshold signal
临界性 criticality
临界性能 final performance
临界性质 critical property
临界性质的材料 marginal material; material of marginal quality
临界絮凝浓度 critical flocculation concentration
临界絮凝体积 critical flocculation volume
临界絮凝温度 critical flocculation temperature
临界压力 breakdown pressure; critical compressive force; critical pressure; emergent pressure
临界压力比 critical pressure ratio
临界压强 breakdown pressure; critical compressive force; critical pressure
临界压曲 critical buckling
临界压曲荷载 critical buckling load
临界压曲力 critical buckling force
临界压屈应力 critical buckling stress
临界压缩比 critical compression ratio
临界压缩压力 critical compression pressure
临界压应力 critical compressive stress
临界盐度降低率 critical rate of salinity decrease
临界盐浓度 critical salt concentration
临界颜料体积浓度 critical pigment volume concentration
临界颜料添加量 critical degree of pigmentation
临界阳极电压 critical anode voltage
临界氧张力 critical oxygen tension
临界曳引力 critical tractive force
临界液态含水率 critical liquid water content
临界依赖关系 critical dependence
临界以上的 above-critical
临界逸出坡降 critical exit gradient
临界溢呼 critical overflow
临界因素 critical factor
临界应变 critical strain
临界应变能释放率 critical strain energy release rate
临界应力 crippling stress; critical stress; limit(ing) stress
临界应力断裂韧度 critical stress fracture toughness
临界应力强度 critical stress intensity
临界应力强度系数 critical stress intensity factor; fracture toughness
临界应力强度因子 critical stress intensity factor; threshold stress intensity factor
临界应力区 critically stressed area
临界油柱高度 critical height of oil column
临界雨量 critical rain; critical rainfall
临界阈值 critical threshold; threshold limit value
临界载荷 collapse load; crippling loading; transformation load
临界再生 critical regeneration
临界再稳定浓度 critical restabilization concentration
临界张应力 critical tensile stress
临界照度 critical illumination; threshold illumination
临界照明 threshold illumination
临界照明度 critical illumination
临界折射 critical refraction
临界折射角 critical angle of refraction
临界振荡 threshold oscillation
临界振动 critical vibration; threshold

vibration
临界振幅 critical amplitude
临界震级 threshold magnitude
临界蒸气压力 crivapo(u)r bar
临界正反馈 critical regeneration
临界直减率 critical lapse rate
临界直径 critical diameter;cut-off diameter
临界值 critical number;critical quantity; critical value; cut-off value; marginal value;threshold;threshold quantity;threshold value
临界指数 critical exponent
临界质量 critical mass
临界质量比 critical mass-ratio
临界智力落后 borderline mental retardation
临界智能 borderline intelligence
临界置换率 marginal rate of substitution
临界周期 critical period
临界昼长 critical day length
临界转差率 breakdown slip
临界转数 critical revolutions;number of critical revolution
临界转速 breakdown torque speed; critical rotational speed; critical speed;critical speed of revolutions; whirling speed
临界装填 critical filling
临界装载量 critical load(ing)
临界装(炸)药深度 critical charge depth
临界装置 critical assembly
临界状况 criticality
临界状态 critical state; critical behavio(u)r;critical condition;criticality; critical position; threshold state
临界状态的混合料 critical mixture
临界状态反应堆 critical reactor
临界状态轨迹 critical state locus
临界状态模型 critical state model
临界状态能量理论 critical state energy theory
临界状态评价 critical evaluation
临界状态强度 critical state strength
临界状态通知 critical situation notification
临界状态土力学 critical state soil mechanics
临界状态下运行 critical operation
临界状态线 critical state line
临界着色程度 critical degree of pigmentation
临界纵向荷载 buckling load;collapse load
临界阻挡体积 critical blocking volume
临界阻挡温度 critical blocking temperature
临界阻力 critical drag(force)
临界阻尼 critical damp(ing);dead beat
临界阻尼百分比 fraction of critical damping
临界阻尼比 critical damping ratio; proportion of critical damping
临界阻尼地震仪 critical damping seismograph;critically damped seismograph
临界阻尼电阻 critical damping resistance
临界阻尼回路 critically damped circuit
临界阻尼器 critical damper
临界阻尼衰减 critical damping attenuation
临界阻尼系数 coefficient of damping of critical
临界阻尼因子 critical damping factor
临界阻尼振荡 critically damped oscillation
临界阻尼值 critical damping value
临界阻塞密度 critical jam concentration
临界最大浓度 critical maximum concentration
临界最大值 critical maximum
临近 close on;draw on
临近部分 approach segment
临近材料 nearby material
临近段 approach segment
临近接触网系统的设备 equipment in proximity to contact net system
临近流速 <堰、桥、涵等的> velocity of approach
临近水流 approaching flow
临近速度 approaching velocity;range rate;velocity of approach
临近探测器 proximity detector
临绝水生生物 emergent aquatic
临绝物种 endangered species
临靠两条公路的土地 approach nose
临空面 air face;free(sur)face;open face
临流 cross current
临陆坡 dry slope
临摹 copying;imitation
临旁侧街道的庭院 side street yard
临设工程 temporary construction
临时安排 makeshift arrangement
临时安装 rig up;temporary erection
临时安装板 temporary erection plate
临时安装的 temporarily erected
临时安装支架 temporary erection support
临时暗室 improvised darkroom
临时坝 horse dam
临时搬运工 heaver
临时板房 barrack
临时板篱 hoarding; temporary boarded fence
临时板围 hoarding; temporary boarded fence
临时板桩 temporary sheet piling
临时版 emergency issue; provisional edition;provisional issue
临时版地图 crude map;map substitute; map substitution; preliminary map; preliminary plot; preliminary series;provisional map
临时办法 interim arrangement;interim means;makeshift measure;temporary arrangement
临时办公室 hutment;office hut
临时保险单 provisional note
临时保险费 pro visional premium
临时报告 interim report; provisional report
临时备件单 interim spare parts list
临时备用构件 jury
临时备用闸门 emergency guard gate
临时庇护所 emergency shelter
临时避难所 temporary shelter
临时边界压力 critical edge pressure
临时编码 interim codes
临时便道 detour road; makeshift road; pioneer road; temporary access(road)
临时便桥 auxiliary bridge; detour bridge; makeshift bridge; service bridge; temporary bridge; accommodation bridge
临时便线 temporary track
临时变量 temporary variable
临时变速 momentary speed variation
临时标单 provisional list of tenders
临时标记 temporary marker
临时标识 temporary mark
临时标志 provisional marker;temporary marker;temporary sign
临时标志牌 temporary sign board
临时标准地 temporary sample plot
临时宾客 temporary guest
临时薄膜 temporary film
临时补救措施 interim remedial measure
临时补贴 temporary subsidy
临时布筋 temporary reinforcement
临时布线 haywire wiring
临时裁决 interim award
临时采伐 accidental cutting;incidental cutting;incidental felling
临时参考水尺 reference ga(u)ge
临时仓库 temporary storehouse;transit depot; transit godown; transit shed
临时操舵装置 jury steering gear
临时厕所 temporary toilet
临时测潮站 secondary tidal station; temporary tidal station
临时测量基线 random line
临时测站 temporary station;temporary surveying station;unrated ga(u)ging station
临时插入系统 come-on system
临时查验报关单 bill of sight;sight entry
临时觇标 temporary signal;temporary target
临时场地 beta site
临时超前支架 force piece;foreset
临时潮位站 temporary tide station
临时衬砌 provisional lining;temporary lining;primary lining <起支撑作用的>
临时衬砌混凝土 temporary concrete lining
临时撑杆 temporary bracing
临时撑木 cross spale
临时撑(柱)shoring
临时程序 transient program(me)
临时程序表 transient program(me) table
临时程序库 transient program(me) library
临时出入便道 temporary access track
临时储藏 interim storage
临时船级证书 provisional certificate of class; provisional classification certificate
临时船尾撑住 <下水时> thimble shore;trip shore
临时船闸 provisional shiplock;temporary navigation lock
临时床铺 shakedown
临时凑合 improvise
临时凑合的办法 improvised makeshift
临时凑合的代用品 makeshift
临时凑合的住处 makeshift dwelling
临时存储表 temporary storage table
临时存储控制 temporary storage control
临时存储区 scratch-pad area
临时措施 expedient measure;interim means;makeshift;provisional measure; stopgap measure; temporary cure;temporary measure
临时措施钢筋 interim reinforcement
临时代办 charged affaires ad interim
临时代理人 acting agent
临时代替物 stopgap
临时代用无灯浮标 temporary replaced by unlighted buoy
临时贷款 bridging loan;interim credit; interim loan; provisional loan; short temporary loan; short-term load(ing);temporary loan
临时挡板 retaining board;temporary retaining board;stop(ped)end <浇注垂直施工缝用>
临时挡水坝 makeshift check dam; splash dam;temporary dam
临时挡水板 temporary flush board
临时挡水闸门 flashboard
临时导流隧洞 temporary diversion tunnel
临时导线 temporary traverse
临时道路 access road;shoofly;temporary road;temporary way;trail
临时道路通行权 temporary wayleaves
临时的 extemporary; extraordinary; facultative;for a short time;interim; jury; makeshift; provisory; shakedown temporary; unscheduled; occasional; provisional; temporary
临时的禁止令 temporary prohibition
临时的屋面材料 temporary roofing
临时的延期决定 interim determination of extension
临时灯 temporary lamp;trouble light
临时灯标 occasional light;provisional light; temporarily lighted buoy; temporary light
临时堤 temporary dike[dyke]
临时底板 <沉箱的> false bottom
临时地理坐标图 temporary geographic grid
临时地下栖留水 temporary perched water
临时地震台站 temporary seismograph station
临时点 auxiliary station; provisional point;temporary point
临时点定焊缝 temporary weld
临时点固焊缝 temporary weld
临时点焊 tack(weld)
临时电缆连接器 umbilic(al)connector
临时电力 temporary power
临时电线 haywire
临时电源 temporary power
临时垫板 temporary backing
临时垫块 temporary backing
临时调节库容 regulator storage
临时钉 pilot nail;temporary nail
临时钉住 tacking
临时顶撑 raking shore
临时定时通话 occasional fixed time calls
临时定位铆钉 quiet rivet;tack rivet
临时定位桩 grouser
临时堵漏用木结构 standard patch
临时渡口 emergency ferry
临时渡线 emergency crossover
临时堆场 temporary storage yard; temporary yard
临时堆货场 farm
临时堆集(矿石、石料)paddock
临时堆栈 transit shed;transship shed
临时墩 temporary pier
临时发票 provisional invoice
临时法官 ad hoc judge
临时法庭 ad hoc tribunal
临时防空洞 temporary shelter
临时防锈涂料 temporary protective coating
临时防御营地 laager
临时房屋 tabernacle;temporary block
临时房屋建设 camp construction
临时费率 temporary tariff
临时费(用)casual expenses; contingency; extra expenditures; extraordinary expenditures; incidental cost; incidental expenses; interim expenses; non-recurrent cost; incidentals

临时分保 facultative reinsurance
临时分保合同 facultative treaty
临时分担合同 facultative treaty
临时封板 temporary face
临时封缝 temporary seal for joint
临时浮标 temporary buoy
临时浮筒 dan buoy；temporary buoy
临时付款 provisional payment
临时付款证书 interim payment certificate
临时负荷 provisional weight
临时改定编组线编组车辆任务 temporary reassignment of classification
临时改进措施 interim improvement
临时改善措施 interim improvement
临时钙化区 zone of provisional calcification
临时盖 substitution cover
临时概率密度 temporal probability density
临时干坞 temporary dry dock
临时赶做 rig up
临时钢筋 interim reinforcement
临时钢支柱 roof jack
临时港口 standing harbo(u)r；interim port
临时港区 interim port area
临时隔舱壁 temporary bulkhead
临时隔断 brattice；demising partition；temporary partition
临时隔墙 brattice；demising partition；temporary partition
临时更换零件 temporary replacement
临时工 auxiliary force；casual labo(u)r；casual labo(u)rer；casual worker；day labo(u)r；day taller；day worker；floater；hired labo(u)r；jobber；jobbing work；job-work；journey work；odd job(ber)；odd man；seasonal worker；temporary worker；boomer <俚语>；journeyman
临时工程 provisional works；temporary structure
临时工程费 temporary facility fee
临时工程指标 interim engineering order
临时工地 temporary site
临时工房 barrack；shanty；temporary shelter for workers
临时工工资率 hired labo(u)r rate
临时工棚 temporary site factory
临时工棚施工 building of barracks
临时工人 by-workman
临时工作 odd job
临时工作人员 supernumerary；temporary stuff
临时工作文件 temporary work files
临时供电 temporary power supply
临时供水 temporary water supply
临时拱门 <印度> toran
临时构件 temporary member；jury
临时构筑物 temporary construction
临时估价 interim valuation
临时谷坊 temporary check dam
临时股票持有者 scrip holder
临时固定 interim fixing；temporary fastening；working fastening
临时固定支撑 temporary bracing
临时固定装置 temporary fastening device
临时雇工 extra hand
临时雇员 emergency man
临时关闭的车站 <把某一中间小站的闭塞线跳开，使两个短区间合并为一个区间行车> switching-out station
临时关键码 session key；temporary key
临时关税 temporary duty
临时关税证书 temporary duty certificate
临时管道及电缆连接器 umbilic(al) connector
临时管道连接器 umbilic(al) connector
临时管架 temporary pipe support
临时管线 temporary line
临时灌溉 temporary irrigation
临时灌溉渠 temporary irrigating canal
临时光 occasional light
临时规定 tentative
临时轨道 temporary track；shoofly【铁】
临时过渡性费用 non-recurring transitional cost
临时过梁 loose lintel
临时过滤器 temporary filter；temporary strainer
临时过水道 temporary water course
临时含水层 temporary aquifer
临时焊缝(接) temporary weld
临时航海通告 temporary notices to mariners
临时合乘 instant carpool
临时合同 provisional contract
临时河流改道 temporary canal
临时荷载 live load；provisional weight；temporary load(ing)；transient loading
临时横撑 <矿井、矿坑内> false stull
临时洪水淹没 occasional flooding
临时活动教室 school caravan
临时货物列车 drag freight train
临时机场 opportunity airfield；short-term airfield；temporary airfield
临时基点 temporary mark
临时基(准)面 temporary base level
临时急用版 hurried provisional edition
临时集资 interim financing
临时计划 contingency plan
临时记录 interim record
临时记录簿 <记入正式档案前的> blotter
临时技术规格 tentative specification
临时寄宿 fraternity house；sorority house
临时加固 be temporarily stiffened
临时加固设备 shoring equipment
临时加燃料 break fueling
临时加燃油 break fueling
临时价格 interim price
临时架 racked
临时架设 temporary erection
临时监禁室 lockup
临时检查 casual inspection；contingent survey；extraordinary inspection；occasional survey
临时检修 transient service
临时检验 contingent survey；occasional survey
临时检疫证书 provisional pratique
临时简易住宅 temporary dwelling
临时建筑 temporary block；scaena <古剧院舞台后的>；wigwam <口语>
临时建筑工程 temporary construction
临时建筑物 makeshift building；makeshift construction；temporary building
临时交通 temporary communication
临时脚手架 temporary scaffolding；temporary staging
临时脚手架桥 rising scaffolding bridge
临时教堂 procathedral
临时阶段 interim stage
临时接班的列车乘务组 <俚语，当一个列车乘务组值勤已满十六小时，按法律规定暂时不许继续工作时的接班乘务组> dogcatcher
临时接地电极 temporary earth electrode
临时接地器 temporary earths
临时接缝 temporary joint
临时接合 temporary joint
临时接受 provisional acceptance
临时接水 temporary water connection
临时接头 temporary joint
临时接线 patch；temporary wiring
临时结构 temporary structure
临时结构物 temporary structure；jury
临时结合 temporary joint
临时结合剂 fugitive binder；temporary binding agent
临时解雇 lay-off
临时解锁 emergency release
临时界桩 non-monumented boundary peg
临时借款 temporary borrowing
临时金额 provisional sum
临时进口证 provisional import certificate
临时进路 emergency route
临时进入并进行测量调查的权利 rights of survey entry
临时禁猎区 temporary hunting prohibited area
临时经费 extraordinary expenses
临时救济所 casual ward
临时居住 transient occupancy
临时居住建筑 transient residential building
临时居住木板房 living hut
临时居住区 temporary settlement
临时居住设施 transient lodging facility
临时开支 interim charges；interim expenses；unforeseen expenses
临时客车 passenger extra
临时坑支柱 <矿井> pitprop
临时空气配管 temporary air pipe
临时孔隙度 critical porosity
临时控制装置 temporary control
临时款项 temporary payment
临时框架 temporary frame work
临时拉杆 hog rod <盾构管片衬砌的>；temporary bracing
临时拉索 provisional stay；temporary stay
临时劳务费 temporary service fee
临时冷却 temporary cooling
临时篱板 close-boarded hoarding
临时立体交叉 <多指临时人行桥> temporary flyover
临时利息 interim interest
临时利用件 throwaway
临时连接法 temporary connection
临时连接器 dummy coupling
临时列车 conditional train；deregulation train；nonregular train；out-of-schedule train
临时路面 temporary decking；temporary pavement
临时路线 temporary route；tentative route
临时路线标 temporary marker
临时旅客列车 additional passenger train；extra passenger train；passenger extra
临时旅游列车 temporary tour train
临时螺栓 temporary bolt
临时码头 makeshift handing stage；temporary terminal
临时锚地 emergency anchorage；temporary anchorage
临时锚具 temporary grip
临时铆钉 dummy rivet；temporary rivet
临时煤舱 temporary bunker
临时煤气用具安装工 journeyman gas fitter
临时苗圃 bush nursery；temporary nursery
临时模板 temporary form(work)；temporary shuttering
临时木板办公房 office hut
临时木板房 barrack
临时木板支撑 shoring sheeting
临时木工 temporary surfacing
临时木架 racked timbering
临时木建筑 brattice
临时木结构及帐篷 temporary wood frame structures and tents
临时木矿井 pitprop
临时木矿柱 pitprop
临时木棚子 back casing
临时木平台 dunnage
临时木支柱 <矿井、隧道用> pitprop
临时木桩 temporary wood pile；temporary wood piling
临时牧地 temporary pasture
临时暖房 hovel shelter
临时排水泵房 temporary water discharge pump room
临时排水干管 portable outlet header
临时排序 temporary order
临时盘 temporary disc[disk]
临时判决 interim judg(e)ment；interlocutory decree
临时跑道 temporary runway
临时赔偿 interim reparation
临时配备的 jury-rigged
临时配筋 temporary reinforcement
临时棚屋 <澳洲> mia-mia
临时批准 provisional ratification
临时偏心预应力 temporary eccentric prestress
临时拼装 temporary assembly；tentative assembly
临时拼装螺栓 fitting-up bolt
临时拼装式流动港口 transportable harbo(u)r
临时频率调制 incidental frequency modulation
临时平交道 <铁路施工时的> accommodation crossing
临时平台 false deck
临时凭证 scrip
临时铺板 <船上> waist board
临时铺板路 treadway
临时铺轨 shoofly
临时铺装 temporary paving
临时气象卫星 interim meteorologic(al) satellite
临时契约 binder；provisional contract
临时牵条 harpin(g)s
临时签署 initialling
临时签字 signature ad hoc
临时欠款 temporary debt
临时桥 auxiliary bridge；emergency bridge；spur bridge；temporary bridge
临时情况 emergency condition
临时区域 temporary realm
临时渠(槽) temporary canal
临时全权代表 ad hoc plenipotentiary
临时燃烧器 extra burner
临时任务 detached duty；momentary duty；temporary assignment；temporary task
临时塞座 stopgap basis
临时山洪 arroyo-running
临时上层滞水 temporary perched water
临时赊贷 interim financing
临时设备 temporary arrangement
临时设备表 special list of equipment

L

临时设计 tentative design
临时设施 construction site facility; improvised facility; improvised installation; improvised plant; temporary facility
临时设施费 fee for construction site facility; temporary facility expense; temporary works expense
临时审计 casual audit
临时生产 trial run
临时使用 transient occupancy
临时收据 temporary receipt
临时收容所 casual ward
临时收入 casual income; extraordinary receipts; extraordinary revenue; non-recurrent revenue; temporary revenue; transitory income
临时收入账户 temporary receipts account
临时手动装置 emergency hand-drive
临时售货棚 booth
临时束(筋) temporary tendon
临时竖井 temporary shaft
临时竖立 temporary erection
临时数据盒式盘 scratch data cartridge
临时数据集 temporary data set
临时水尺 temporary ga(u)ge
临时水手 runner
临时水源 temporary water
临时水闸 splash dam; temporary gate
临时水准(基)点 temporary bench mark; non-monumented benchmark
临时所有权令 <美> extent
临时索 temporary cable
临时锁闭 temporary locking
临时台车 temporary troll(e)y
临时台架 temporary staging
临时台站 temporary station
临时特征曲线 threshold response point
临时替用同灯质的灯标 temporary replaced by lighted buoy showing the same characteristics
临时替用线 relief line; relief track
临时天桥 temporary flyover
临时添挂的客车 optional coach
临时填补物 fill in
临时挑出支撑 horsing
临时条约 provisional treaty
临时铁路 construction way; constructor's railway
临时停车 temporary stop; unexpected halt
临时停车车道 emergency stopping lane
临时停车信号 temporary stop signal
临时停车信号机【铁】 temporary stop signal
临时停车站 conditional halt; conditional stop; optional halt; optional stop
临时停工 brief stoppage; time-out
临时通道 temporary access(road); temporary site access ramp; trail road
临时通航 temporary navigation
临时通航建筑物 temporary navigation structure
临时通航设施 temporary navigation facility
临时通融 temporary accommodation
临时通知 short notice
临时投资 temporary investment
临时投资额 turnover
临时透支 occasional overdraft
临时涂料 stripping lacquer
临时托架(牛腿) temporary corbel
临时托梁 needle beam
临时危险区 provisional hazard area
临时围篱 <建房时的> hoarding; hoarding stone
临时围堰 provisional cofferdam; provisional dyke[dike]; temporary cofferdam; temporary weir
临时桅杆 jury mast
临时维修措施 temporary maintenance expedient
临时委员会 ad hoc committee; interim committee
临时温床 temporary hotbed
临时文件 temporary file; temporary ga(u)ge
临时无灯浮标 temporary unlighted buoy
临时无线电信标 temporary radiobeacon
临时无线电信标业务 temporary radiobeacon service
临时舞台 temporary stage
临时雾号 occasional fog signal
临时戏台 fit-up
临时舷窗盖 temporary deadlight
临时线 <如建筑工地临时运料用> temporary way
临时线路 hookup; run-around; shoofly; temporary line; temporary paving; temporary route; temporary track
临时限速区段 temporary speed restriction section
临时项目 crash project; extraordinary item; provisional item
临时消防战斗员 pick-up fire fighter
临时小(房)屋 booth; shanty
临时小组委员会 provisional subcommittee
临时楔块 dry wedge; dry wedging
临时斜撑 <开挖时的> breast timber
临时协定 interim agreement; pilot contract; provisional agreement
临时协议 interim agreement; provisional agreement; temporary agreement
临时泄水管 temporary discharge pipe; temporary discharge piping; temporary discharge tube; temporary discharge tubing
临时信号 temporary signal
临时信号浮标 dan buoy; marker buoy; watch buoy
临时性 provisionality
临时性罢工示威 <警察等的> job action
临时性表流 temporary surface flow
临时性餐厅 temporary restaurant
临时性池塘的 ombrotiphic
临时性筹措资金 interim financing
临时性船闸 temporary ship lock
临时性道路标志带 prismoline
临时性的 band-aid
临时性的轻便铁道 field railway
临时性底漆 holding primer
临时性地锚 temporary(ground) anchorage
临时性调查 contemporary survey
临时性饭店 temporary restaurant
临时性防锈 temporary rust protection
临时性防御工事 temporary fortification
临时性房屋 temporary building; throwaway-type house
临时性费用 non-recurrent charges
临时性服务 temporary service
临时性工程 temporary project; temporary works
临时性构造 temporary construction
临时性观测点 temporary observation point
临时性观测站 incidental observation station; temporary observation station
临时性河道工程 temporary river works
临时性河流的 metanimic
临时性护岸 temporary bank protection
临时性检修 temporary repair
临时性建筑物 temporary building; temporary construction; temporary structure
临时性接缝带 temporary joint fillet
临时性接线 patching
临时性结构 temporary construction
临时性结构孔 temporary construction hole
临时性模板 false form
临时性木板工房 worker's barrack
临时性木边模 temporary timber side form
临时性跑道 soap-box race track
临时性铺砌用的劣质砖 peckings
临时性起重桅杆 temporary derrick
临时性桥(梁) temporary bridge
临时性沙洲 casual bar
临时性沙嘴 false point
临时性食品服务设施 temporary food service establishment
临时性收入 incidental revenue
临时性通路 temporary pass
临时性围栏 temporary fence
临时性围墙 temporary enclosure
临时性无业 temporary unemployment
临时性小溪 blind creek
临时性修补 transition patching
临时性修理 emergent repair; temporary repair
临时性养护薄膜 <喷射于新浇混凝土表面上> confilm temporary curing
临时性整治建筑物 temporary regulation structure
临时性住宅 temporary housing
临时性资料 ephemeral material
临时休息处 pied a terre
临时修补 <错误电脑程序> patch
临时修订版 interim revision
临时修复 emergency rehabilitation; temporary repair
临时修复库 temporary repair shed
临时修理 casual repair; light repair; running repair; unscheduled repair
临时需要 temporary needs
临时许可 provisional release
临时许可证 provisional licence [license]
临时蓄水量 temporary storage
临时悬臂斜撑 propped cantilever beam
临时悬挂式脚手架 temporary suspended scaffold
临时压载物 temporary ballast
临时掩蔽物 accidental cover
临时验收 provisional acceptance
临时验收证书 provisional acceptance certificate
临时堰 movable weir
临时洋流 temporary current
临时养护 extraordinary maintenance
临时业务 occasional service
临时移动装置 makeshift
临时议程 provisional agenda
临时因素 contingency factor
临时隐避所 temporary shelter
临时应急坝 emergency dam
临时应急舵 temporary rudder
临时应急工具 doctor
临时应急修复 jury repair
临时应急修理 jury repair
临时应急堰 emergency weir
临时应急装置 jury rig
临时应力 temporary stress
临时鹰架桥 rising scaffolding bridge
临时营房 cantonment; hutment
临时用材料 critical material
临时用地 temporary ground; temporary site
临时用地补偿 compensation for temporary land occupation
临时用结合铆钉 tacking rivet
临时预算 extraordinary budget; provisional budget; temporary budget; variable budget
临时预应力 temporary prestress
临时园林工(人) jobbing gardener
临时运输 occasional traffic
临时增加的床位 <客户里> spare bed
临时炸药 extemporaneous explosive
临时窄轨铁路 constructor's railroad
临时占地补偿 compensation for temporary land occupation
临时站台 temporary platform
临时账单 interim account
临时账户 provisional account
临时照明 temporary lighting
临时遮阴棚 temporary shade house
临时证书 provisional certificate
临时支撑 falsework; horse; re-shoring; shoring; temporary bracing; temporary shoring; temporary support; temporary timbering; timbering
临时支撑扶垛 erisma
临时支撑扶架 erisma
临时支撑工程 temporary support works; temporary underpinning
临时支撑梁 propped beam
临时支撑设备 shoring equipment
临时支撑桩 false pile
临时支承 provisional bearing; temporary support
临时支承梁 needle beam
临时支出 extraordinary expenditures; extraordinary payment; non-recurrent expenditures
临时支点 temporary support point
临时支付证书的最小限额 minimum amount of interim certificate
临时支护 gib; temporary support
临时支架 falsework; temporary support
临时支架的 racked
临时支索 freshwater stay; jumper stay; triatic stay
临时支柱 catch prop; prop(post); temporary column; temporary post; temporary support; poppet <船舶下水时的>
临时值机员 temporary operator
临时职工 temporary employee
临时职位 provisional post
临时指数 interim index
临时制动 unexpected braking
临时滞水 temporary perched water
临时终点站 railhead
临时仲裁 ad hoc arbitration
临时住处 temporary residence
临时住房 improvised housing; tabernacle; temporary housing; transient housing; barong-barong <菲律宾>
临时住宿处 crash pad
临时住所 temporary accommodation
临时住宅 temporary accommodation; temporary residence
临时贮存 interim storage
临时桩 grouser
临时装配 temporary assembly; tentative assembly
临时装设的 temporarily erected
临时资金 temporary fund
临时阻尼地震仪 critically damped seismograph

临时组合 improvise
临时最大输出 temporary maximum output
临时坐标 provisional coordinate
临水岸坡 riverside slope
临水结构物 waterfront structure
临水面 riverside face
临水面护堤 waterside banquette
临水坡 wet slope
临水坡度 riverside slope; waterside slope
临塑荷载 critical edge pressure; critical plastic load
临塑压力 critical pressure
临拓 frottage
临危水生生物 emergent aquatic
临鸣 near singing
临修 light(running) repair; minor repair; running repair; casual repair
临修所 unscheduled repair point
临修线 temporary repair siding
临涯水深 brink depth
临阈区域 threshold region
临阈振荡 threshold oscillation
临诊的 clinical
临振啸声 fringe howl(ing); threshold howl(ing)
临震预报 immediate prediction; impending earthquake prediction
临震预报法 immediate term approach for earthquake prediction
临震预测 imminent earthquake prediction

淋

淋灰机 liner watering treater

淋积 illuviation
淋积矿床 infiltration deposit
淋积物 illuvium
淋积异常 illuviated anomaly
淋积作用 illuviation
淋降现象 raining
淋浇式冷凝器 atmospheric condenser
淋粒反应器 raining solid reactor
淋滤 elutriation; leaching
淋滤层 leached layer
淋滤带【地】 eluvial horizon; leached zone; zone of leaching
淋滤实验 leaching experiment
淋滤土 eluvial soil; latosol
淋滤土层 <指生物活动最频繁的表土层,或受淋滤作用的土层> A-horizon; zone of eluviation
淋滤型卤水 leaking brine
淋滤氧化带矿物 mineral of leached and oxidized zone
淋滤晕 illuvial halo
淋滤晕范围 leaching halo
淋滤作用 eluviation
淋盘 tray
淋喷式预成型设备 plenum type preform machine
淋溶 leaching; leach out; washing-out
淋溶层 eluvial horizon; eluvium; A-horizon; leached horizon; leached layer; leaching horizon; leaching layer
淋溶沉积 eluvial deposit
淋溶出的褐色土 leached brown earth
淋溶带 leached zone
淋溶黑钙土 leached chernozem
淋溶还原黏[粘]土 gumbotil
淋溶碱土 leached alkali soil
淋溶率 leaching ratio
淋溶面 leached surface
淋溶侵蚀 leaching erosion
淋溶时间 leaching corrosion time
淋溶试验 leaching test
淋溶土 alfisol; eluvial soil; leached soil; luvisol
淋溶土层 A-horizon
淋溶需水量 leaching requirement
淋溶盐土 leached saline soil
淋溶棕色石灰土 terra fusca
淋溶作用 eluviation; leaching effect
淋洒器 shower
淋洒式空气增湿器 rinse type air humidifier
淋失 leaching loss
淋湿的 dripping wet
淋式冷却 trickle cooling
淋式冷却器 trickle cooler
淋水 water drenching
淋水板 drip water plate
淋水冷却 shower cooling
淋水冷却器 shower cooler
淋水密度 dripping density; water trenching density
淋水面积 area of water drenching
淋水室 air scrubber
淋水塔 oxidation column
淋水填料 packing
淋水系统 air washer; water spray system
淋水装置 liquid distribution
淋涂法 curtain coating
淋洗 eluting; leaching; lixiviation; rinse
淋洗法 elution method
淋洗盆 rinsing tub
淋洗水 leaching water; washing water
淋洗土壤 washed off soil
淋洗因数 leaching factor
淋洗用水百分率 leaching fraction
淋洗作业 leaching operation
淋釉法 flow coat(ing); waterfall process
淋余土【地】 pedalfer; leached soil; lixivium
淋雨式冷凝器 atmospheric condenser
淋雨试验 rain test
淋浴 bath shower; lave; needle bath; shower(bath)
淋浴槽 receptor; shower bath tray; shower tray
淋浴池 receptor
淋浴挡帘杆 shower curtain
淋浴调节 shower control
淋浴阀(门) shower valve
淋浴分隔间 combination compartment
淋浴缸 shower receptor; shower tray; shower tub
淋浴隔断 shower partition
淋浴隔间 shower compartment; shower cubicle; shower stall
淋浴隔墙 shower bath partition (wall); shower partition
淋浴挂帘杆 shower curtain rod
淋浴管式滤网 shower screen
淋浴恒温混合阀 thermostatic shower mixing valve
淋浴集水喷 shower tray
淋浴间 shower; shower bath; shower chamber; shower compartment; shower stall; spray shower stall
淋浴间地漏 shower bath drain
淋浴间隔墙 shower partition
淋浴间门 shower stall door
淋浴冷热水混合器 shower mixer
淋浴帘 shower curtain
淋浴排水口 shower bath drain
淋浴盘 shower pan
淋浴喷头 shower head; shower nozzle; shower rose
淋浴喷头滤网 shower screen
淋浴喷嘴 shower rose
淋浴盆 shower pan
淋浴器 shower
淋浴器混合阀 shower mixer valve
淋浴浅池 shower tray
淋浴浅盆 receptor
淋浴墙壁 shower wall
淋浴墙壁凹进处 shower recess
淋浴软管 shower hose
淋浴设备 shower; shower installation
淋浴式冷却 shower cooling
淋浴室 shower bath; shower bath room; shower room; shower stall; spray shower room
淋浴室帘 shower curtain
淋浴水混合器 shower mixer
淋浴水限流器 showerflow restrictor
淋浴小间 shower bath enclosure; shower cubicle
淋浴浴盆 shower receptor
淋浴帐帘 shower curtain
淋浴装置 shower bath; shower fittings; shower installation; shower set; shower unit

磷

磷铵肥法烟气脱硫 flue gas desulfurization by ammonium phosphate process

磷铵肥料厂 ammonium phosphate fertilizer
磷铵镁石 hannayite
磷铵石 biphosphmmite
磷胺 phospham(idon)
磷钡铝石 gorceixite
磷钡铅石 ferrazite
磷钡盐 baryta phosphate
磷钡铀矿 bergenite
磷壁酸质 teichoic acid
磷玻璃 phosphor(o)us glass
磷剥夺试验 phosphorus deprivation test
磷剥作用 scaly exfoliation
磷氮比 phosphorus-nitrogen ratio
磷的 phosphoric; phosphorous; phossy
磷的指示植物 indicator plant of phosphate
磷毒性的(俗称) phossy
磷矾土 peganite
磷方沸石 viseite; visite
磷肥 phosphate fertilizer; phosphatic fertilizer; phosphatic manure; phosphorescence; phosphoric manure
磷肥厂 phosphate fertilizer plant
磷粉 phosphorus powder
磷钙钒矿 sincosite
磷钙碱铝石 lehiite
磷钙救生浮灯 calcium light
磷钙铝矾 woodhouseite
磷钙镁石 collinsite
磷钙锰石 fairfieldite
磷钙钠石 merrillite; nacaphite
磷钙镍石 cassidyite
磷钙铍石 hurlbutite
磷钙石 phosphate chalk
磷钙铁矿 borickite
磷钙土 coprolite; hydroapatite; phosphate rock; phosphorite; rock phosphate
磷钙钍矿 cheralite
磷钙钍石 cathophorite
磷钙锌矿 scholzite
磷钙铀矿 ningyoite
磷酐 phosphoric anhydride; phosphorous pentoxide
磷钢 phosphoretic steel
磷铬黄 phosphate chrome
磷铬铅矿 embreyite
磷铬铜铅矿 vauquelinite
磷供体化合物 phosphorus donor complex
磷共晶 iron phosphide eutectic; phosphide eutectic; steadite
磷共晶体 steadite
磷固定 phosphorus fixation
磷光 noctilucence; phosphorescent glow; phosphorescent light
磷光板 phosphor plate
磷光变化探测器 phosphorescence variation detector
磷光测定器 phosphoroscope
磷光测量法 phosphorimetry
磷光猝灭 phosphorescence quenching
磷光带 phosphorescence band; phosphorus banding
磷光点 phosphor dot
磷光点平面 phosphor dot faceplate
磷光点阵 phosphor dot array
磷光分光光度计 spectrophosphorimeter
磷光分析 phosphorescence analysis
磷光分析法 phosphorimetric analysis method; phosphorimetry
磷光粉 phosphor powder
磷光粉饱和 phosphor powder saturation
磷光辐射探测器 phosphorescent detector
磷光光度法 phosphorimetry
磷光光谱 phosphorescence spectrum
磷光焊剂 phosphor-solder
磷光画 phosphorograph
磷光画法 phosphorography
磷光激活剂 phosphorogen
磷光计 phosphorometer; phosphoroscope
磷光镜 phosphorescope [phosphoroscope]
磷光屏 phosphor-coated screen; phosphorescent screen
磷光谱 phosphorescence spectrum
磷光漆 phosphorescent paint
磷光强度 phosphorescence intensity
磷光摄影学 phosphorophotography
磷光衰减时间 phosphor-decay time
磷光体 phosphorescent substance; phosphor(us)
磷光体点阵 phosphor dots
磷光体发光强度 shining intensity of phosphor
磷光体激光器 phosphor laser
磷光体加热时间 heating time of phosphor
磷光体加热温度 heating temperature of phosphor
磷光体衰变特性 decay characteristic phosphor
磷光体余辉 phosphorescent decay
磷光图样 phosphor pattern
磷光涂料 phosphorescent coating; phosphorescent paint
磷光物质 phosphor
磷光现象 phosphorescent glow; phosphorescence
磷光像 phosphorograph
磷光消失 tenebrescence
磷光效应 allochromy; phosphorescence effect
磷光性 phosphorescence
磷光性的 phosphorescent
磷光颜料 phosphorescent pigment
磷光余辉 phosphorescence afterglow; phosphorescent decay
磷光余辉时间 phosphor-decay time
磷光增强剂 phosphorogen
磷光照相术 phosphoro(photo)graphy
磷光质 phosphor(escent)
磷硅玻璃 phosphorosilicate glass
磷硅钙石 ciplyte
磷硅铝钙石 perhamite

磷硅铝钇钙石 saryarkite
磷硅铌钠钡石 bornemanite
磷硅铌钠石 vuonnemite
磷硅铈钠石 phosinaite
磷硅酸铅 lead phosphosilicate
磷硅酸盐 phosphosilicate
磷硅钛钙钠石 sobolevite
磷硅钛钠石 lomonosovite
磷硅钍铈石 cerphosphorhuttonite
磷硅稀土矿 steenstrupine
磷含量分级 phosphorus content graduation
磷合金 phosphorus alloy
磷和氮吸收 phosphorus and nitrogen uptake
磷褐帘石 nagatelite
磷化 bonderize[bonderise]; coslettize; parker（is）ing; phosphatization; phosphorize[phosphorise]
磷化层 phosphate coating
磷化处理 bonderisation; coslettise; coslettizing; granosealing; parkering; phosphate coating; phosphate treatment; phosphating; bonderizing <钢丝拉拔前的>; parkerizing <一种钢铁防蚀法>
磷化处理表面 bonderized finish
磷化处理的 coslettized; parkerized; phosphatized
磷化处理法 bonderizing
磷化处理膜 phosphating coat
磷化处理液 phosphate pickling agent
磷化底漆 active primer; etch（ing）primer; phosphoric priming coat; self-etch primer; wash primer
磷化二铁 di-iron phosphide
磷化防蚀处理 coslettise
磷化钙 calcium phosphide
磷化过程 parkerizing process
磷化合物 phosphorous compound
磷化护层法 phosphate coating
磷化剂 bonderite; phosphating agent
磷化镓半导体材料 gallium phosphide
磷化金属防锈处理 <加接触剂的> parkerise
磷化铝 alumin(i)um phosphide
磷化铝中毒 alumin(i)um phosphide poisoning
磷化膜 phosphate coating
磷化氢 hydrogen phosphide; phosphine; phosphorous hydride
磷化氢中毒 phosphine poisoning
磷化物 phosphide
磷化锌 zinc phosphide
磷化锌废水 zinc phosphide wastewater
磷化锌中毒 zinc phosphide poisoning
磷化作用 phosphorization
磷灰石 agustite; apatite; carbonate-apatite; phosphorite; tavistockite
磷灰石白云母片岩 apatite-muscovite-schist
磷灰石白云母石英片岩 apatite muscovite quartz schist
磷灰石黑云碳酸岩 apatite sovite
磷灰石矿床 apatite deposit
磷灰石片岩 apatite schist
磷灰石岩矿石 apatite ore
磷灰土 land phosphate; phosphate chalk
磷灰岩 phosphate chalk; phosphorite; phosphorite rock
磷灰岩矿石 apatitolite ore
磷灰岩土 phosphate chalk
磷回收 phosphorous recovery
磷火 jack-o-lantern; phosphorescence
磷钾铝石 taranakite
磷钾石 archerite
磷检测器 phosphorus detector
磷碱锰石 dickinsonite
磷碱铁石 arrojadite
磷降低 phosphorous reduction
磷腈树脂 phosphonitrilic resin
磷块岩 phosphoraite
磷块岩矿床 phosphorite deposit
磷块岩矿石 phosphorite ore
磷块岩异常 anomaly of phosphorite
磷矿 phosphorus ore
磷矿粉 ground phosphorite; powdered rock phosphate
磷矿码头 phosphorite terminal
磷矿石 phosphorus ore; rock phosphate in powder
磷锂铝石 montebrasite
磷锂锰矿 sicklerite
磷锂石 lithiophilite
磷菱铅矾 corkite
磷硫铅铝矿 hinsdalite
磷硫酸铵 ammonium phosphate sulfate
磷铝铋矿 waylandite
磷铝矾 kribergite
磷铝钙锂石 bertossaite
磷铝钾石 amblygonite; francoanellite
磷铝矿 berlinite
磷铝镁钡石 penikisite
磷铝镁钙石 montgomeryite
磷铝镁铁钙石 whiteite
磷铝锰钡石 bjarebyite
磷铝锰钙石 kingsmountite
磷铝锰矿 eosphorite
磷铝钠石 brazilianite
磷铝铅铜矿 rosoeresite
磷铝石 lucinite; variscite
磷铝铈矿 florencite
磷铝铈石 florencite
磷铝锶石 goyazite
磷铝铁钡石 kuanite
磷铝铁矿 childrenite
磷铝铁锰钠石 wyllieite
磷铝铁钠石 burangaite
磷铝铀矿 salengalite
磷绿矿石 pyromorphite
磷绿泥石岩 thuringite rock
磷氯铅矿 pyromorphite
磷镁铵石 schertelite
磷镁钙矿 stanfieldite
磷镁钙钠石 brianite
磷镁钙石 stanfieldite; thadeuite
磷镁铝石 gordonite
磷镁锰矿 beusite
磷镁钠石 panethite
磷镁石 farringtonite; wagnerite
磷镁铁锰矿 sarcopside
磷锰比 P-Mn ratio
磷锰矿 bermanite; reddingite
磷锰锂矿 lithiophilite
磷锰钠石 alluaudite
磷锰石 purpurite
磷锰铁矿 graftonite
磷钼钙石 matulaite
磷钼钙铁矿 melkovite
磷钼蓝 phosphomolybdenum blue
磷钼蓝比色法 phosphomolybdenum blue colo(u)rimetry
磷钼蓝分光光度法 phosphomolybdenum blue spectrophotometry
磷钼酸 phosphomolybdic acid
磷钼酸铵 ammonium phosphomolybdate
磷钼酸绿色淀 green phosphomolybdic acid lake
磷钼酸绿色原 green phosphomolybdic acid toner
磷钼颜料 phosphomolybdic pigment
磷钼杂多酸 phosphomolybdic heteropolyacid
磷钠铵石 stercorite
磷钠钙石 buchwaldite
磷钠镁石 bradleyite
磷钠锰矿 natrophilite
磷钠铍石 beryllonite
磷钠石 olympite
磷钠锶石 olgite
磷铌铁钾石 olmsteadite
磷镍青铜 Phosnic bronze
磷浓缩率 phosphorus enrichment ratio
磷铍钙石 allogonite; glucine; glucinite; herderite
磷铍锆钠石 gainesite
磷铍锰铁石 faheyite
磷片 dissepiment
磷偏析 phosphorus segregation
磷铅铝矾 hinsdalite
磷铅锶矾 hinsdalite
磷铅铁矾 corkite
磷铅铀矿 dewindtite
磷嵌镶屏 phosphor dot plate
磷青铜 phosphor（ous）bronze; caro bronze
磷青铜棒 phosphate bronze bar
磷青铜薄板 phosphor bronze sheet
磷青铜薄皮 phosphor bronze sheet
磷青铜管 phosphate bronze tube
磷青铜铸件 phosphate bronze casting
磷氢镁石 phosphorroessierite
磷氢钠石 naphoite
磷朊 phosphoprotein
磷砷杂多酸 phosphoarsenic heteropoyacid
磷石膏 ardealite; phosphogypsum
磷石膏废渣 phosphorus gypsum residue
磷铈镧矿 rhabdophane
磷铈镧矿砂 monazite sand
磷铈钠石 vitusite
磷释放 phosphorus release
磷锶铝矾 svanbergite
磷酸 phosphoric acid
磷酸铵镁 magnesium ammonium phosphate
磷酸铵镁沉淀法 magnesium ammonium phosphate precipitation method
磷酸铵镁重力沉淀法 magnesium ammonium phosphate gravitation settling method
磷酸铵（耐火剂）ammonium phosphate; bibasic
磷酸八钙 octocalcium phosphate
磷酸钡 barium phosphate
磷酸钡冕玻璃 barium phosphate crown glass
磷酸苯酯 phenyl phosphate
磷酸铋 bismuth phosphate
磷酸处理 <用热磷酸保护金属表面> phosphating
磷酸的 phosphatic
磷酸对硝基苯酯 4-nitrophenyl phosphate
磷酸二铵 diammonium phosphate
磷酸二苯基二甲苯酯 diphenyl xylenyl phosphate
磷酸二苯基邻联苯酯 diphenyl mono-o-xenyl phosphate
磷酸二苯基(一)甲苯酯 diphenyl cresyl phosphate
磷酸二苯酯 diphenyl phosphate
磷酸二丁酯 dibutyl phosphate
磷酸二芳酯 diaryl phosphate
磷酸二钙 dicalcium phosphate
磷酸二钙二水合物 dicalcium phosphate dihydrate
磷酸二氯苯酯 dichloriphenyl phosphate
磷酸二氢铵 <一种常用的换能器材料> ammonium dihydrogen phosphate
磷酸二氢钡 barium dihydrogen phosphate
磷酸二氢钙 monobasic calcium
磷酸二氢镉 cadmium dihydrogen phosphate
磷酸二氢钾 <一种常用的换能器材料> potassium dihydrogen phosphate
磷酸二氢钾调节器 potassium dihydrogen phosphate modulator
磷酸二氢锂 lithium dihydrogen phosphate
磷酸二氢铝 alumin(i)um dihydrogen phosphate
磷酸二氢钠 disodium hydrogen phosphate
磷酸二氢锶 strontium biphosphate
磷酸二氢锌 zinc dihydrogen phosphate
磷酸二氢盐 dihydric phosphate
磷酸二乙基对硝基苯酯 diethyl-p-nitrophenyl phosphate
磷酸法 phosphoric acid method
磷酸分解 decomposition with H_3PO_4
磷酸分解作用 phosphorolysis
磷酸敷层 phosphating
磷酸钙 calcium phosphate; phosphate of lime
磷酸钙铵 ammonium calcium phosphate
磷酸钙凝胶 calcium phosphate gel
磷酸甘油酯 phosphoglycerate
磷酸锆 zirconium phosphate
磷酸铬 chromium phosphate
磷酸铬酸（盐表面）处理法 chromate phosphate process; phosphate chromate treatment
磷酸根 phosphate acid ion; phosphate radical
磷酸根离子 phosphate ion
磷酸硅藻土催化剂 phosphoric acid-diatomite catalyst
磷酸化作用 phosphorylation
磷酸火石玻璃 phosphoric flint glass
磷酸基 phosphate group
磷酸基助焊剂 phosphoric acid-based flux
磷酸基助熔剂 phosphoric acid-based flux
磷酸甲苯二苯酯 cresyl diphenyl phosphate
磷酸甲苯联苯酯 cresyl diphenyl phosphate
磷酸钾 potassium phosphate
磷酸浸渍（除锈）法 phosphoric acid pickling method
磷酸磷 phosphate phosphorus
磷酸铝 alumin(i)um phosphate
磷酸铝刚玉胶结料 corundum alumin(i)um phosphate binder
磷酸铝胶结料 alumin（i）um phosphate binder
磷酸铝凝胶 alumin（i）um phosphate gel
磷酸铝碳化硅胶结料 silicon carbide alumin(i)um phosphate binder
磷酸镁 magnesium phosphate
磷酸镁铵 ammonium magnesium phosphate
磷酸镁胶结料 magnesium phosphate binder
磷酸镁水泥 magnesium phosphate cement
磷酸锰 manganese phosphate
磷酸锰铵 ammonium manganese phosphate
磷酸冕玻璃 phosphoric crown glass
磷酸膜防（腐）蚀处理 coslettizing; phosphating
磷酸钠 sodium phosphate
磷酸钠铝 acidic sodium alumin(i)um phosphate; sodium alumin（i）um phosphate
磷酸钠铍矿 beryllonite
磷酸钠铍石 beryllonite
磷酸铅 lead phosphate

磷酸铅玻璃 phosphoric flint glass
磷酸氢铵钠 microcosmic salt; salt of phosphorus; sodium ammonium biphosphate
磷酸氢钡 barium hydrogen phosphate
磷酸氢二铵 diammonium hydrogen phosphate
磷酸氢二钾 dipotassium hydrogen phosphate
磷酸氢二钠 disodium phosphate
磷酸氢钙 calcium monohydrogen phosphate; secondary calcium phosphate
磷酸氢镁 dibasic magnesium phosphate
磷酸氢盐 biphosphate; hydrophosphate
磷酸清洗 phosphoric acid wash
磷酸三苯酯 triphenyl phosphate
磷酸三丁氧基乙酯 tributoxyethyl phosphate
磷酸三丁酯 tributyl phosphate
磷酸三芳酯 triaryl phosphate
磷酸三钙 tricalcium phosphate
磷酸三甲苯酯 tricresyl phosphate; tritolyl phosphate
磷酸三甲酯 trimethyl phosphate
磷酸三钾 tripotassium phosphate
磷酸三间甲苯基酯 tri-m-cresylphosphate
磷酸三聚氰胺酯 melamine phosphate
磷酸三氯乙酯 trichloroethyl phosphate
磷酸三钠 tisodium phosphate
磷酸三烯丙酯 triallyl phosphate
磷酸三辛酯 trioctyl phosphate
磷酸三乙酯 triethyl phosphate
磷酸三元钠 sodium phosphate tribasic
磷酸三正丙酯 tri-n-propyl phosphate
磷酸四钙 tetracalcium phosphate
磷酸铁被膜防锈法 coslettizing
磷酸铁层 iron phosphate coating
磷酸铁膜 iron phosphate coating
磷酸铜 phosphoric bronze
磷酸纤维素 phosphate cellulose
磷酸锌 tribasic zinc phosphate; zinc orthophosphate; zinc phosphate
磷酸锌处理 zinc phosphate coating; granodraw <钢丝干式拉拔前的>
磷酸锌胶结料 zinc phosphate binder
磷酸锌黏[粘]固粉 zinc phosphate cement
磷酸锌黏[粘]固粉液 liquid for zinc-phosphate cement
磷酸亚铊 thallous phosphate
磷酸亚铁 ferrous phosphate
磷酸亚铁骨料 ferrophosphorous aggregate
磷酸亚铁集料 ferrophosphorous aggregate
磷酸岩 phosphate rock; rock phosphate
磷酸盐 phosphate
磷酸盐包埋料 phosphate investment
磷酸盐保护膜 phosphate protection coating
磷酸盐保护膜(防锈)处理 parkerise
磷酸盐被膜防锈处理 parkerise; parkerizing
磷酸盐被膜防锈处理的 coslettized
磷酸盐表面处理 phosphating treatment
磷酸盐表面处理法 bonderizing
磷酸盐玻璃 phosphate glass
磷酸盐(薄膜防锈)处理层 bonderite
磷酸盐沉积 phosphatoptosis
磷酸盐沉积物 phosphate sediment
磷酸盐处理 bonderization; granosealing; parker(is)ing; phosphate coating; phosphate treatment; phosphating
磷酸盐处理表面 bonderized finish
磷酸盐处理层 bonderite
磷酸盐处理的耐蚀镀锌钢板 bonderized sheet iron
磷酸盐处理法 atrament process; phosphating process
磷酸盐瓷 phosphate porcelain
磷酸盐的 phosphatic
磷酸盐法 phosphate method; phosphate process
磷酸盐反应性底漆 phosphate etch primer
磷酸盐防锈处理 parkerizing process
磷酸盐肥料 acid phosphatic manures; phosphate fertilizer
磷酸盐废水 phosphate wastewater
磷酸盐工业废料 phosphate industry waste
磷酸盐公司 <摩洛哥> Office Cherifien des Phosphates
磷酸盐固定 <土内的> phosphate fixation
磷酸盐固定作用 retention of phosphates
磷酸盐光学玻璃 phosphate optic(al) glass
磷酸盐化 phosphating; phosphatization
磷酸盐化合物 phosphate compounds
磷酸盐化剂 phosphating agent
磷酸盐缓冲系统 phosphate buffer system
磷酸盐缓冲液 phosphate buffer
磷酸盐胶结料 phosphate binder
磷酸盐胶结物 phosphatic cement
磷酸盐结合砖 phosphate-bonded brick
磷酸盐结核 phosphatic nodule
磷酸盐矿石 phosphate
磷酸盐离子 phosphate ion
磷酸盐冕(牌)玻璃 phosphate crown glass
磷酸盐膜防锈处理的 parkerized
磷酸盐耐火浇注料 phosphate-bonded refractory castables
磷酸盐黏[粘]合剂 phosphate binder
磷酸盐凝聚作用 phosphate coagulation
磷酸盐钕玻璃激光器 Nd-doped phosphate glass laser
磷酸盐溶液 phosphate based solution
磷酸盐熔化物 phosphate melt
磷酸盐熔体 phosphate melt
磷酸盐乳白玻璃 white phosphate opal
磷酸盐乳白釉 phosphate opacified glaze
磷酸盐软水法 phosphate softening
磷酸盐生物去除 biologic(al) phosphate removal
磷酸盐蚀刻底涂料 phosphate etch primer
磷酸盐水泥 phosphate cement
磷酸盐涂层 phosphate coating
磷酸盐脱硫 phosphate desulfurization
磷酸盐纤维 phosphate fiber[fibre]
磷酸盐岩 phosphate rock; rock phosphate
磷酸盐酯 phosphate ester
磷酸一铵 monoammonium phosphate
磷酸一钙 monocalcium phosphate
磷酸银 silver orthophosphate; silver phosphate
磷酸银玻璃 silver phosphate glass
磷酸酯 phosphate ester
磷酸酯合成液 phosphate ester synthetic fluid
磷酸酯类农药 phosphoric acid ester pesticide
磷酸酯类增塑剂 phosphate plasticizer
磷酸钴铵 cobalt bronze
磷钛钡石 curetonite
磷碳镁钠石 bradleyite
磷锑钼杂多酸 phosphoantimonomolybdic heteropolyacid
磷铁矾 diadochite
磷铁钙石 melonjosephite
磷铁(合金) ferrophosphorous
磷铁华 destinezite; diadochite
磷铁矿 barringerite; koninckite
磷铁矿表面研究 siderography
磷铁锂矿 triphylite
磷铁锰矿 beusite
磷铁镁锰钙石 jahnsite
磷铁锰钡石 perloffite
磷铁锰钙石 keckite
磷铁锰矿 graftonite; phosphoferrite
磷铁锰锌石 schoonerite
磷铁钠石 maricite
磷铁石 heterosite
磷铁锌钙石 jungite
磷铜 phosphor(ized) bronze; phosphorized copper; phosphor(o)us copper
磷铜焊料 phos-copper
磷铜合金 phosphor copper alloy
磷铜合金硬焊料 phos-copper braze alloy
磷铜矿 libethenite
磷铜丝布 phosphor bronze wire cloth
磷铜铁矿 chalcosiderite; sjogrenite
磷铜硝石 likasite
磷钍矿 grayite
磷钍铝矿 eylettersite
磷鎓 phosphonium
磷污染 phosphorus pollution
磷钨绿 phosphotungstic green
磷钨钼酸色淀 phospho-tungstomolybdic lake
磷钨酸 phosphotungstic acid
磷钨酸铵 ammonium phosphotungstate
磷钨酸绿色原 green phosphotungstic acid toner
磷钨颜料 phosphotungstic pigment; tungsten lake
磷吸附 phosphorus adsorption
磷稀土矿 rhabdophane
磷锡镉单晶 tin-cadmium phosphide monocrystal
磷锡镉探测器 tin-cadmium phosphide detector
磷锡合金 phosphor tin
磷霞岩 urtite
磷酰铵 phosphamide
磷酰胺 phosphorylamide
磷酰氯 phosphor(o)us oxychloride
磷酰三苯胺 phosphoryl trianilide
磷线 ghost band; phosphorus band
磷锌矿 hopeite
磷锌铜矿 veszelyite
磷形态 phosphorus form
磷循环 phosphorus cycle
磷盐岩 phosphate rock
磷氧比值 P/O ratio
磷氧铜黏[粘]固粉 oxyphosphate of copper cement
磷叶石 phosphophyllite; phosphorescence
磷钇矿(含量) xenotime
磷钇矿矿石 xenotime ore
磷银合金硬焊料 phos-silver braze alloy
磷铀矿 phosphuranylite
磷源 phosphorus source
磷渣 phosphorous slag
磷脂 phosphatide; phospholipid; phospho-lipin; phosphoripod
磷脂类 phospholipids
磷脂浓度 phospholipids concentration
磷指数 phosphorus index
磷质白垩 phosphatic chalk
磷质沉积【地】 phosphatic deposit; phosphatic sediment
磷质海绿石岩 glauconitic rock
磷质减少 phosphorpenia
磷质结核 phosphatic concretion; phosphatic nodule
磷质岩 phosphatic rocks
磷质岩相 phosphorite facies
磷滞留系数 phosphorus retention coefficient
磷中毒 phosphorism; phosphorus poisoning

鳞斑 fish scale; fleck scale

鳞板 dissepiment
鳞板带 dissepimentarium
鳞板输送机 apron conveyer[conveyor]
鳞瓣 cuiller
鳞比 lap
鳞剥 peeling
鳞剥作用 scaly exfoliation
鳞齿锤 bush hammer; roughening tool
鳞方解石 aphrite
鳞缝 squamous suture
鳞钙硅石 foshallasite
鳞硅钙石 foshallasite
鳞痕 scale scar
鳞迹 scale trace
鳞甲窗格 imbricated tracery
鳞甲饰 imbrication
鳞甲状窗(花)格 imbricated tracery
鳞壳虫属 Euglypha
鳞孔藻属 Lepocinclis
鳞绿泥石 leptochlorite; thuringite
鳞绿脱石 stilpnochlorane
鳞落 scale off
鳞镁铁矿 pyroaurite
鳞木结构镜质体 lepidophytotelinite
鳞木微镜煤 lepitophyto-vitrite
鳞硼锰石 seamanite
鳞皮 fire-coat; scale; roll scale <压扎的>
鳞皮冷杉 A.fargesii flake fir; flaky fir
鳞皮山核桃 shagbark(hickory)
鳞皮轧嵌 <钢板缺陷> pin-hole
鳞片 dissepiment; flake; flaking; palta; scale; snow flake; spilliness; squama[复 squamae]
鳞片变晶结构 lepidoblastic texture
鳞片变晶状 lepidoblastic
鳞片玻璃 flake glass; glass flake
鳞片插 scale cutting
鳞片带 scaly zone
鳞片花岗变晶结构 lepido granoblastic texture
鳞片粒状变晶结构 lepido granularblastic texture
鳞片石墨 crystalline flake graphite; flake graphite
鳞片碎玻璃 diamantini
鳞片线 flake yarn
鳞片样脱落 exfoliation
鳞片样脱屑 membranous desquamation
鳞片叶 scale leaf
鳞片云母 flake mica
鳞片状的 scaled; scaly; tegular; schaum; flaky
鳞片状镀层 scaled plating
鳞片状构造 flake-shaped structure; scaly structure
鳞片状滑石 scaly talc
鳞片状结构 flaky texture; imbricate structure; squamose structure
鳞片状矿物 phyllite

鳞片状裂纹 egg-shelling
鳞片状泥页岩 argille scagliose
鳞片状涂层 scaly coating
鳞片状瓦 scale tile
鳞片状釉 scale-like glaze
鳞片状云母 flaked mica
鳞球 lepisphere
鳞伞属 < 拉 > Pholiota
鳞石 lizardite
鳞石膏 schaumgyps
鳞石蜡 evenkite
鳞石英 tridymite
鳞纹 ripple; scale picture
鳞霰石 schaumkalk
鳞屑 flaky particle; scale; scum; scurf; squama[复 squamae]
鳞屑冲洗泵 discaling pump
鳞屑的 lepidic
鳞形 scaly pattern
鳞形垢 fish scale
鳞形痕 squamiform mark
鳞形裂缝 fish scale fracture
鳞形似槽模 scaly flute-like mo(u)ld
鳞形铸型 squamiform cast
鳞序 pholidosis
鳞英铁尖晶岩 tridymite heroynitite
鳞硬石膏 vulpinite
鳞云母 lepidolite
鳞状 scale-like
鳞状板 imbricated plate
鳞状剥落 desquamation; scale flaking; scaly exfoliation
鳞状窗花格 imbricated tracery
鳞状搭接的 clinker built
鳞状的 scaled; scaly; squamose; squamous
鳞状叠盖 imbricated
鳞状断口 fish scale fracture
鳞状沟瓦 scale gutter tile
鳞状构造【地】scaly structure; squamose structure
鳞状骨 squamosal bone
鳞状焊缝 ripple weld
鳞状化 squamatization
鳞状结构【地】imbricated texture; scaly texture
鳞状蜡 crude scale; paraffin(e) scale; scale wax
鳞状密陀僧 flake litharge
鳞状排列 scale-work
鳞状平瓦 scale-shaped plain tile
鳞状饰片 imbrex
鳞状饰物 imbricated ornament
鳞状纹 scaly figure
鳞状物 squama[复 squamae]
鳞状锈 laminar scale
鳞状氧化铅 flake litharge
鳞状装饰 imbricated ornament
鳞状组织 scaly fabric

檩 binding rafter; purlin(e); look-out <挑出墙山墙屋顶的>

檩撑 purlin(e) brace; purlin(e) strut
檩垫 purlin(e) cleat
檩上保温层 over-purlin(e) insulation
檩上内衬 over-purlin(e) lining
檩条 counter lathing; purlin(e); side timber purlin(e); span piece; summer(beam); wooden bar
檩条板 purlin(e) plate
檩条标高 purlin(e) level
檩条布置 purlin(e) arrangement; purlin(e) layout
檩条撑 purlin(e) brace
檩条椽子屋顶 framed roof
檩条钉 purlin(e) nail
檩条端部 purlin(e) head
檩条高程 purlin(e) level
檩条夹具 purlin(e) cleat
檩条间距 purlin(e) spacing
檩条铰接 purlin(e) hinge
檩条接合 purlin(e) joint
檩条扣件 purlin(e) cleat
檩条联结 purlin(e) connection
檩条锚碇 purlin(e) anchoring
檩条锚固 purlin(e) anchoring
檩条上荷载 purlin(e) load
檩条伸出部分 purlin(e) projection
檩条挑头 purlin(e) projection
檩条屋架 purlin(e) roof
檩条系统 system of span pieces
檩条下柱 purlin(e) post
檩条支托的楔块 purlin(e) cleat
檩条支柱 purlin(e) post
檩托 purlin(e) hanger
檩下保温层 under-purlin(e) insulation
檩下(内)衬 under-purlin(e) lining
檩香条撑 purlin(e) brace
檩香屋架 purlin(e) roof
檩支屋顶 purlin(e) roof
檩支屋面 purlin(e) roof
檩柱 purlin(e) post

膦 phosphonium

膦酸 phopshonic acid
膦酸树脂 phosphonic acid resin
膦酸盐 phosphonate; phosphonic salt
膦酰基丙酸 phosphono propionic acid

灵璧石 Lingbi stone

灵便型散货船 handy-size bulker
灵格风 Linguaphone
灵谷寺 Linggu temple
灵活贷款 basket loan
灵活点 flexible point
灵活冻结 flexible freeze
灵活度 flexibility ratio
灵活反应 immediate response
灵活复用器 flexible multiplexer
灵活隔断 demountable partition; dismountable division wall
灵活关税 flexible tariff
灵活加工系统 flexible manufacture system
灵活接入系统 flexible access system
灵活接入终端 flexible access terminal
灵活可调自动化 flexible adjustable automation
灵活控制 flexible control
灵活控制系统 flexible control system
灵活设备 smart
灵活条款 variation clause
灵活舞台 adaptable stage; variable stage
灵活性 adaptability; dirigibility; flexibility; man(o)euvreability; mobility
灵活性推进式信号系统 flexible progressive signal system
灵活预算 flexible budget
灵活运用关税保护 flexible use of tariff protection
灵活阵列 flexible array
灵活中断系统 flexible interruption system
灵活终端设备 smart terminal
灵活租赁 master lease
灵柩车 catafalco
灵柩台 catafalco; catafalque
灵菌素 prodigiosin
灵猫绿色 civette green
灵敏按钮 touch button
灵敏板 sensitive plate
灵敏不足 under-sensitive
灵敏部分 sensitive element; sensitive part
灵敏材料 sensitive material
灵敏测辐射热计 sensitive bolometer; sensitivity bolometer
灵敏测距系统 act active ranging system
灵敏传感器 fast-response probe
灵敏的 active; delicate; quick response; responsive; sensitive; sensory
灵敏点 sensitive point; sensitive spot
灵敏电流计 microdetector; sensitive galvanometer
灵敏电桥 sensitive bridge
灵敏电阻测辐射热器 sensitive bolometer
灵敏度 discrimination; factor of merit; figure of merit; response rate; responsiveness; responsivity; sensibility; sensitivity level; sensitiveness; sensitivity; degree of sensitivity
灵敏度比 sensitivity ratio
灵敏度变化 change in sensitivity; sensibility drift; sensitivity shift; variation in sensitivity
灵敏度补偿器 sensitivity compensator
灵敏度测量计 sensitivity meter
灵敏度测试法 sensitivity testing method
灵敏度常数 sensitivity constant
灵敏度倒数 sensibility reciprocal
灵敏度阀 threshold of sensitivity
灵敏度范围 range of sensitivity; sensitivity range
灵敏度方程 sensitivity equation
灵敏度分布 sensitivity distribution
灵敏度分析 sensitivity analysis
灵敏度高的天平 high sensitive balance
灵敏度函数 sensitivity function
灵敏度极限 limit of sensibility
灵敏度降低 desensibilization
灵敏度校正 sensitivity correction
灵敏度校准 sensitivity calibration
灵敏度控制 conference control; sensibility control; sensitivity control
灵敏度连续调整 continuous sensitivity control
灵敏度连续记录仪 sensitive continuous recording equipment
灵敏度漂移 sensitivity drift
灵敏度谱图 sensitivity spectrogram
灵敏度曲线 sensitivity curve
灵敏度时间调整 sensitivity-time control
灵敏度时间控制 sensitivity-time control
灵敏度实验 sensitivity experiment
灵敏度试验 sensitiveness test; sensitivity analysis; sensitivity test(ing)
灵敏度调节 sensitivity control
灵敏度调节装置 switch-operated response control
灵敏度调整 sensitivity control
灵敏度特性曲线 response characteristic; response curve
灵敏度系数 coefficient of sensitivity; ga(u)ge factor; sensitivity coefficient
灵敏度下降 sensitivity decrease
灵敏度因数 sensitivity factor
灵敏度阈(值) sensitivity threshold; threshold of sensitivity
灵敏度指标 index of sensitivity; sensitivity index
灵敏度指数 index of sensitivity; sensitivity index
灵敏阀 quick-action valve
灵敏范围 sensitive volume
灵敏分析 sensibility analysis
灵敏辐射热电偶 sensitive radiation thermocouple
灵敏辐射温差电偶 sensitive radiation thermocouple
灵敏高度表 statoscope
灵敏高度计 sensitive altimeter
灵敏攻丝机 sensitive tapping machine
灵敏过度 oversensitiveness
灵敏红外望远镜 sensitive infrared telescope
灵敏记录器 quick-acting recorder
灵敏继电器 sensitive relay
灵敏检震器 sensitive vibration detector
灵敏结 sensitive junction
灵敏率 sensitivity ratio
灵敏黏[粘]土 sensitive clay
灵敏气压计 statoscope
灵敏气压器 statoscope
灵敏区 sensitive region; sensitive volume; sensitivity volume
灵敏色板 sensitive colo(u)r plate
灵敏色调 sensitive hue
灵敏色辉片 sensitive tint plate
灵敏时间 sensitive time
灵敏探测器 sensitive detector
灵敏调整 sensitive regulation
灵敏体积 sensitivity volume; sensitive volume
灵敏头 sensing head
灵敏微生物探测器 sensitive microbiologic(al) detector
灵敏线 sensitive line
灵敏限 response limit
灵敏性 excitability; maneuverability; sensitiveness; sensitivity; susceptibility; susceptiveness
灵敏性分析 sensitivity analysis
灵敏压力计 lightly damped ga(u)ge; pressure-sensing device; sensitive manometer
灵敏仪表 sensing instrument
灵敏仪器 fast-response instrument; sensing instrument; sharp instrument
灵敏元件 detecting element; end organ; feeler; measuring element; primary control element; sensing element; sensitive element; sensitive pick-up; susceptor element
灵敏值 factor of merit; figure of merit
灵敏指示物 sensitive indicator
灵敏中继阀 sensitive relay valve
灵敏周期 sensitive period
灵敏轴 sensitive axis
灵敏转速表 kinemometer
灵敏转速计 kinemometer
灵敏钻床 sensitive drill press
灵巧电缆 intelligent cable
灵巧外设 smart peripheral
灵巧物 gadget
灵巧终端(设备) smart terminal
灵生代 Anthropozoic; Anthropozoic era; Psychozoic era
灵生纪 Anthropogene
灵生界 Anthropozoic
灵台 catafalco
灵堂 mourning hall
灵隐寺 < 杭州 > Temple of Soul's Retreat
灵芝属 < 拉 > Ganoderma

玲珑饰瓦 rice grain tile

凌驾 overrunning

凌乱 in a mess; in disorder

凌汛 flood ice flood; ice floe; ice flood; ice jam flood; snow water
凌汛泛滥 debacle
凌汛预报 forecast(ing) of ice-jam flood
凌壅 ice gorge

铃

铃锤 bell hammer; clapper
铃锤柄 clapper rod
铃锤锤击簧 hammer operating spring
铃锤动作簧 hammer operating spring
铃锤式继电器 clapper relay
铃锤式开关 clapper switch
铃的丁零声 jingle
铃符号 bell code
铃符号信号法 bell code signal(l)ing
铃腐 boll rot
铃蛊 gong
铃扣 bell pull
铃烂 boll rot
铃流 ring(ing) current
铃流变换器 ringing converter
铃流导线 ringing lead
铃流调整 ringing control
铃流断续器 ringing interrupter
铃流发电机 ringing dynamotor; ringing generator; ringing set
铃流发生器 calling machine; ringer oscillator; ringing current generator; ringing generator
铃流机 ringing generator; ringing machine
铃流机振铃 machine ringing
铃流机组 ringing set
铃流接收器 signal receiver
铃流频率 signal(l)ing frequency
铃流切断继电器 ringing cut-off relay
铃流振荡器 ringing generator
铃码信号法 bell code signal(l)ing
铃哨浮标 bell whistle buoy
铃舌 clapper
铃舌式 clapper type
铃声信号 bell signal
铃碗 bell dome; gong
铃弦信号 bell-cord signal
铃信号符号 bell signaling code
铃形断面 bell section
铃形分布 bell-shaped distribution
铃形绝缘子 bell insulator

陵

陵 hill; imperial tomb; mausoleum [复 mausoleums/mausoloa]

陵角状水系模式 angulated mode
陵墓 catacomb; mausoleum [复 mausoleums/mausoloa]
陵削河 incised river
陵削作用 degradation
陵行波段交叉 band-interleaved by lines
陵园 cemetery; memorial park

棂

棂【建】mullion

棂子 sash bar

绫

绫纹装饰 hatched ornamental

羚

羚羊皮 chamois; chamois leather

菱

菱板 quarrel

菱钡矾 weilerite
菱边定向 <金刚石> edge orientation
菱长斑岩【地】rhomb-porphyry
菱方晶系 rhombohedral(crystal) system
菱方系统孔型 diamond-square passes
菱沸石 chabasite
菱腹大梁 diamond girder
菱格玻璃窗 quarry light
菱镉矿 otavite
菱钴矿 spherocobaltite
菱硅钙钠石 combeite
菱硅钾铁石 zussmanite
菱花图案 water-caltrop flower pattern
菱花织物 diamond fabric
菱碱铁矾 slavikite; ungemachite
菱碱土矿 bentonite
菱角 water caltrop
菱角菱形 looped ends diamond
菱角线【数】cocked hat
菱晶 rhombohedral crystal
菱孔型 diagonal hole pattern
菱苦土 bitter earth; cereal cement; magnesia; magnesite
菱苦土板 magnesite slab
菱苦土薄板 magnesite sheet
菱苦土底层地板 magnesite subfloor
菱苦土地板 magnesite flooring
菱苦土地板砖 magnesite flooring tile
菱苦土地面 jointless floor(ing); magnesite flooring; regalite <无缝的>
菱苦土地平 magnesite(composition) flooring
菱苦土混合物 magnesite mixture
菱苦土混凝土 magnesite concrete
菱苦土建筑板 magnesite building board
菱苦土木屑板 xylolite; xylolite slab; xylolith
菱苦土水泥 magnesium oxide cement; oxychloride cement
菱苦土榍板 xylolite slab
菱苦土岩石 magnesite rock
菱苦土(组合)地面 magnesite composition flooring
菱磷铝锶石 svanbergite
菱磷铝岩 spheriolite
菱硫碳酸铅矿 susannite
菱硫铁矿 smythite
菱镁焦油 <矿炉炉衬用的> magnesite tar
菱镁矿 bitter spar; giobertite; magnesianite; magnesite
菱镁矿矿床 magnesite deposit
菱镁矿矿石 magnesite ore
菱镁镍矿 gaspeite
菱镁砂轮 magnesite wheel
菱镁蛇纹岩 baramite
菱镁土 magnesite
菱镁土地面铺料 Magbestic
菱镁土铺地 magnesite flooring
菱镁土水泥 magnesia cement; magnesite cement; magnesium oxychloride cement; Sorel('s) cement
菱镁岩 magnesite rock
菱镁硬度 magnesia hardness
菱镁铀矿 bayleyite
菱锰矿 dial(l)ogite; manganese spar; rhodochrosite
菱锰矿矿石 rhodochrosite ore
菱锰铁方硼石 congolite
菱面体 rhomb; rhombohedra; rhombohedron
菱面体的 rhombohedral; rhombohedroid
菱面体的密集装填 rhombohedral close packing
菱面体格子 rhombohedral lattice
菱面体晶类 rhombohedral class
菱面体孔 rhombohedral pore
菱面体棱镜 rhombohedral prism
菱面体石墨 rhombohedral graphite
菱面形 rhombohedral
菱钼铀矿 umohoite
菱钠矾 galeite
菱镍矿 gaspeite
菱硼硅铈矿 stillwellite
菱砷氯铅矿 georgiadesite
菱砷铁矿 arseniosiderite
菱铈钙矿 synchysite
菱水碳铬镁石 stichtite
菱水碳铝镁石 hydrotalcite [hydrotalkite]
菱水碳铁镁石 pyroaurite
菱锶矿 strontianite
菱锶矿矿石 strontianite ore
菱台 truncated pyramid
菱体 diamond
菱铁矿 blackband; chalybite; iron earth; iron spar; ironstone; siderite; sparry iron; spathic iron; steel ore
菱铁矿胶结物 siderite cement
菱铁矿结核 siderite concretion
菱铁矿矿石 siderite ore
菱铁矿泥岩 siderite mudstone
菱铁矿石 spathic iron ore; spathic ore
菱铁矿岩 siderite rock
菱铁镁矿 mesitite
菱纹 diaper; lozenge pattern
菱纹滚花 rhombic(al) knurling
菱纹呢 diamond
菱纹线脚 diamond mo(u)lding
菱纹织物 diamond cloth
菱锌矿 Calamine; hemimorphite; smithsonite; szaskaite; zinc spar
菱形 diamond; lozenge shape; rhomb; rhombus [复 rhombuses/rhombi]; thrombus; lozenge
菱形八面体 rhombicumboctahedron
菱形斑岩 rhomb(en)-porphyry
菱形板 diamond plate
菱形板条 diamond lath
菱形编织线圈 diamond weave coil
菱形变形 <木材不均匀干缩引起的> diamonding
菱形标志 diamond sign
菱形波痕 rhomboid ripple mark
菱形玻璃 quarry glass; pavement prism <行道灯上的>
菱形玻璃窗 quarry light
菱形玻璃块 quarry pane
菱形玻璃片 diamond-shaped pane of glass; quarry pane
菱形不互通交叉 grade-separated diamond junction
菱形插头 diamond insert
菱形柴油机 diamond-type diesel engine
菱形觇板 diamond target
菱形觇标 diamond target
菱形车架 arch bar truck
菱形衬板 diamond liner
菱形窗玻璃 diamond-shaped window pane; quirk
菱形窗格玻璃 lozen
菱形锤 diamond hammer
菱形粗琢 diamond-pointed rustication
菱形锉 rhombus file; slitting file
菱形带条 diamond lath
菱形道叉 diamond crossing
菱形道岔 diamond switch; diamond turnout; switch diamond
菱形道路交汇处 diamond interchange
菱形的 diamond-shaped; lozenge; rhombic(al); rhombohedral; rhombohedroid; double wedge <指剖面形状>
菱形垫圈 diamond washer
菱形雕带 diamond frieze
菱形堆积 rhombic(al) packing
菱形对称格位 rhombic(al) symmetry site
菱形法兰式轴承箱组 rhombic(al) flange unit
菱形飞摆 diamond pendulum
菱形浮标 nun buoy
菱形钢板 rhombic(al) steel plate
菱形钢板网 diamond mesh; diamond mesh lath; expanded steel diamond mesh
菱形钢筋(构件) diamond bar
菱形钢丝网孔板条 diamond mesh lath
菱形格地板 diagonal rectangular grid floor
菱形格子 diamond check
菱形工作稳定区 working diamond
菱形拱 ribbed arch
菱形光栏 diamond stop
菱形滚花 diamond(-shaped) knurling
菱形锅缝 diamond boiler seam
菱形海线藻 Thalassionema nitzschiodes
菱形桁架 diamond truss
菱形互通式立交 diamond interchange
菱形花饰镶拼 diamond matching
菱形花纹织物 diaper
菱形花纹装饰 diaper work
菱形回纹饰 diamond fret; lozenge fret
菱形混凝土板 <通常用以铺人行道> diamond-shaped concrete slab
菱形畸变 skew distortion; wracking
菱形激波 Mach diamond
菱形架伸缩千斤顶 pantograph jack
菱形尖端切割工具 diamond-point tool
菱形尖端切削工具 diamond-point tool
菱形尖瓦 diamond-point tile
菱形交叉 diamond crossing; double frog
菱形交叉的辙轨 diamond tongue
菱形交叉辙叉 diamond crossing frog
菱形校正 skew correction
菱形接合 rhomboid joint
菱形接头 rhomboid joint
菱形结构 diamond structure
菱形截面锉 lozenge file
菱形晶格 rhombohedral lattice
菱形晶体 rhomboidan
菱形晶系 rhombohedral(crystal) system
菱形井网 diamond-shaped pattern of well hole spacing
菱形均速管 rhombus even-speed tube
菱形勘探网 rhombic(al) exploration grid
菱形孔钢板网 lozenge expanded metal
菱形孔格栅 diagonal square grid
菱形孔金属网 diamond mesh
菱形孔空心砖 brick with lattice perforations
菱形孔型 diamond pass; diamonds
菱形孔眼 diamond mesh
菱形控制器 scissors inversor
菱形块件 diamond-shape segment
菱形块状 rhomboidal
菱形棱镜 rhombic(al) prism; rhomboidal prism
菱形立方体 diamond cubic
菱形立体交叉 diamond crossing; diamond interchange
菱形链 rhomboid chain
菱形裂陷盆地 rhombic(al) rift-sag basin
菱形六面体 rhombohedron
菱形绿柱石 steenstrupine
菱形铆钉 diamond rivet; lozenge rivet
菱形铆接 diamond riveting; lozenge riveting
菱形模芯 diamond-shaped core
菱形木花格 diamond wooden bar

菱形牌 diamond-shaped board
菱形拼板 diamond matching
菱形拼合 four-piece butt matching
菱形平面 diamond-shaped plan
菱形铺地砖 diapered type brick paver
菱形铺砌 diamond paving; paving in lozenge form; pointel(le)[poyntel(le)]
菱形铺砌地面 diamond pavement
菱形铺砌路面 <用菱形混凝土砌块铺装的路面> diamond pavement
菱形铺瓦屋面 French method roofing; French slating
菱形砌缝 diamond joint
菱形砌合 diaper bond
菱形砌块(圬工) diamond work
菱形砌筑 diamond work
菱形嵌缝板条 diamond matching
菱形切口 diamond shaped impression
菱形区 rhomboid
菱形绕组 diamond winding
菱形散热片 diamond heat sink
菱形筛格 diamond mesh
菱形筛孔 diamond mesh
菱形筛眼 diamond mesh; square diamond mesh
菱形筛眼格栅 diamond mesh grating
菱形筛眼金属丝网 diamond mesh wire lath
菱形栅反射器 diamond mesh reflector
菱形舌 rhomboid tongue
菱形失真调整 skew control
菱形十二面体 granatohedron; rhombic(al) dodecahedron
菱形石 quarry
菱形石板瓦 diamond-shaped slate
菱形石板屋顶 lozenge slate roof
菱形石香肠 rhombo-boudin
菱形式 <立体交叉的一种形式> diamond type
菱形饰 diamond ornament
菱形饰檐壁 lozenge frieze
菱形手锉 hack file
菱形算法 rhombus algorithm
菱形锁 chain of lozenge; rhomboid chain
菱形塔 diamond-shaped tower
菱形塔架 diamond-shape pylon
菱形塔柱 diamond tower
菱形体 rhombogen; rhomboid
菱形体的 rhombohedral
菱形天线 diamond antenna; rhombic(al) antenna
菱形天线网 multiple rhombic antenna
菱形头 diamond point
菱形凸纹衬板 diamond pattern liner plate
菱形凸纹钢筋 diamond bar
菱形图案 diamond pattern; lozenge motif; lozenge pattern
菱形图案砌合 diaper work
菱形图案砌砖工作 diaper work of bricklaying
菱形瓦 diamond slate; quarrel; quarry
菱形网 rhomboid network
菱形网采样 diamond grid sampling
菱形网孔金属拉网 diamond mesh metal lath
菱形网纹钢板 channel(l)ed plate; checked plate; checkered plate; chequered plate
菱形网眼 diamond mesh
菱形网眼钢板 diamond expanded metal
菱形网织物 lozenge fabric
菱形网状反射器 diamond mesh reflector
菱形网状构造 lozenge net(work)
菱形物 lozenge
菱形线脚 lozenge fret; lozenge mo(u)lding
菱形线圈 diamond-type coil
菱形镶板 diamond panel
菱形小砖铺面 poyntel
菱形(斜向)铺法 <板材屋面的> French method roofing
菱形形状 diamond shape
菱形压花玻璃 lozenged glass
菱形烟囱 diamond smoke stack
菱形叶 rhomboid leaf
菱形叶片调节阀 diamond-shaped damper
菱形翼面 double-wedge aerofoil
菱形翼型 double wedge
菱形錾 diamond-point chisel
菱形支撑 diamond bracing
菱形织物 diamond woven fabric
菱形主题装饰 diamond(-shaped) motif
菱形柱 cant column
菱形砖 quarry; rhomb brick
菱形砖砌图案 diaper work of bricklaying
菱形转向架 arch bar truck; diamond arch bar truck
菱形装饰 dicing; lozenge mo(u)lding
菱形装饰主题 diamond motif
菱形组合 diamond
菱形组饰 diaper; diaper work
菱形钻采矿 diamond mining
菱形钻孔洞 diamond drill hole
菱形钻头 diamond-pointed bit; mud bit; rhombic(al) bit
菱叶绿矾 slavikite
菱铀矿 rutherfordine

零包工人 butty gang
零保持 zero hold
零保护环记录 zero guard band recording
零背景技术 zero background technique
零比较 zero balancing
零变换 null transformation
零变数 zero argument
零变位齿轮 X-zero gear
零变元 zero argument
零标 zero mark
零标高 zero level
零标号 zero label
零标记 zero flag; zero mark
零并矢式 zero dyadic
零博奕 zero game
零补 spot patch
零补偿电压 zero offset voltage
零补偿溶液 zero member compensation solution
零补数 noughts complement
零不均匀性 zero offset
零部件 parts and accessories
零部件标准 part-subassemble standard
零部件故障率 parts failure rate
零部件规格一览表 parts requirement list
零部件可互换的生产 interchangeable manufacture
零部件手册 parts and components manual
零材料色散波长 zero material dispersion wavelength
零参考点 zero reference point
零参考电平 zero reference level
零测地线 null geodesic
零测度 measure zero; zero measure
零测度集 null set
零测法 zero method
零层 <水平流动几乎为零的海水层> zero layer
零层地址 zero level address
零层端子 terminals of lager zero of relay racks; terminals of zero level
零插补 null fill-in
零插入 zero insertion
零插入和零删除 zero insertion and deletion
零差 homodyne; zero beat
零差测量法 null method of measurement
零差法 zero balancing
零差检波 homodyne detection
零差检波器 homodyne detector
零差接收 homodyne reception; zero beat reception
零差轮廓线 zero difference contour line
零差拍法 zero-beat method
零差频【物】 homodyne frequency
零差频法 zero-beat method
零差全息术 homodyne holography
零差式电路 homodyne circuit
零差探测 homodyne detection; homodyning; zero difference detection
零缠度 zero twist
零长 zero length
零长弹簧重力仪 zero length spring gravimeter
零长导轨 zero length rail
零长导轨发射 zelling
零长度弹簧 zero length spring
零长度弹簧地震仪 zero length spring seismograph
零长度缓冲器 zero length buffer
零长发射架 zero length launcher
零场 null field
零成分 zero element
零乘数误差 multiplier zero error
零程差 zero path difference
零尺寸图像 zero-size image
零冲角 zero incidence
零冲力 no pull
零重复阵 zero redundancy array
零初始值 zero initial data
零除子 null divisor; zero divisor
零穿孔位 zero punch
零穿越 zero cross(ing)
零磁差线 agonic line; line of no variations
零磁场磁体 null flux magnet
零磁场强度线 kernel
零磁偏线 agonic line; line of no variations
零次 zero degree; zero dimension; zero(th) order
零次贝塞尔函数 zero Bessel function
零次波型 zeroth mode
零次干涉条纹 white-light fringe
零次相关 zero order correlation
零存储时间存储器 zero access storage[store]
零存整取基金 sinking fund
零担仓库 scattered freight storehouse
零担车 merchandise car
零担的 less-than-carload; less than container load; less-than-truckload; less-than-wagon-load
零担发货人 sender of groupage traffic
零担货场 less-than-carload team yard
零担货车 package car; trap car <一个单位收或发的>
零担货车集中区 centralized wagon zone
零担货清单 parcel list
零担货物 break-bulk cargo; less-than-carload freight transshipment station; less-than-carload lot; less than container lot; less than part-load transshipment station; package freight; parcel lot
零担货物 less-than-carload freight; less-than-carload goods; less-than-wagon-load goods; miscellaneous goods; station-to-station goods; part load
零担货物的集中托运 concentration of part-load goods consignments
零担货物调度员 collective freight controller; collective goods controller
零担货物集中点 <以便装入整车运送> concentration point
零担货物列车 train hauling part-load traffic
零担货物运输 transport of part-load goods
零担货物中转 less-than-carload freight transfer
零担货物中转站 part-load transshipment station
零担货物组织站 part-load organization station
零担货运费率 less-than-carload rate
零担批量 less-than-carload lot
零担散货 bulk cargo; bulk parcel; small lot
零担散液船 parcel tanker
零担液体化学品专用船 chemical parcel tanker
零担运价率 less-than-carload rate
零担运输 less-than-carload traffic; part-load traffic; smalls traffic; sundries traffic
零担摘挂列车 goods collecting train
零担整车 <一张货票有几种货物混装的> mixed carload
零担中转加给收入 part-load transfer increase revenue
零担中转作业 transshipment of part-load goods
零当量法 zero stoichiometric method
零挡 zero span
零导磁率隔离器 zero permeability isolator
零等倾线 acline
零等时线 zero isochron(e)
零底质输移 zero bed load transport
零地块线地区 zero lot line district
零地址码 zero address code
零地址指令 zero address instruction
零地址指令方式 zero address instruction format
零地址指令格式 zero address instruction format
零点 dead center[centre]; fiducial point; nil; node; null point; position 0; star point; zero end; zero point; reference mark【测】
零点边界线 zero boundary
零点变化 zero point variation
零点标高线 zero grade line
零点标志 zero mark
零点标准 <政府规定的工资，物价等提涨的最低标准> <英> nil norm
零点差修正 zero correction
零点长期上升 secular rise of zero-reading
零点常量 zero constant
零点粗调 coarse balance
零点抵押 zero percent mortgage
零点电荷 point of zero charge; zero point of charge
零点电流 zero current
零点读数 zero reading
零点断面 cross-section at zero point
零点二 naught point two
零点二水深法 two-tenth depth method
零点法 null method; null reading; zero method

零点分划 zero graduation
零点复位 zero reservoir
零点干扰 zero interference
零点高程 elevation of zero point;zero elevation;zero datum
零点检测器 null detector
零点校核 check for zero
零点校验 balance check
零点校正 zero correction;zero point adjustment
零点校正器 zero adjuster
零点校正值 zero point correction (value)
零点校准 zero calibration
零点接地 neutral earth
零点精调 fine balance
零点居中式 zero center type
零点刻度 zero mark
零点能量 energy of zero point;zero point energy
零点偏差 zero variation
零点偏移 null offset;origin offset;zero offset;zero point shift
零点漂移 null drift;null offset;wander of zero;zero creep;zero displacement;zero drift;zero fluctuation;zero shift;zero wander;instrument drift <仪表>;ga(u)ge zero shift
零点漂移改正 drift correction;zero offset correction
零点漂移误差 zero drift error
零点漂移校正放大器 drift-corrected amplifier
零点平衡 zero balance
零点设置 reset
零点水位 zero water level
零点调节器 zero governor
零点调整 zero adjustment;zeroing;zero reading;zero setting
零点调整刻度盘 setback scale
零点调整器 zero adjuster
零点调置 zero set
零点微调作用 fine zero control
零点位移 null drift
零点位置 zero position
零点稳定性 zero point constancy;zero stability
零点误差 balance error;error of zero;zero error;zero point error;zero shift
零点熄灭 suppressed zero
零点下降 depression of zero-reading
零点相重数 order of zeros
零点信号 zero point signal
零点衍射斑点 zero diffraction spot
零点验收标准 zero acceptance level
零点移位法 zero shifting;zero-shifting technique
零点抑制 zero suppression
零点应变 zero strain
零点运动 zero point motion
零点振动 residual vibration;zero point vibration
零点指示器 null instrument;zero indicator
零点指示示波器 null-indicating oscilloscope
零点指示信号 acoustic(al) zero indication signal
零点重调 zero reset
零电荷 zero charge
零电荷点 point of zero charge
零电极 zero electrode
零电抗线 zero reactance line
零电流测量 null-current measurement
零电流电路 null-current circuit
零电路 null circuit;zero circuit
零电平 datum level;dead level;zero (power) level
零电平传输参考点 zero level transmission reference point;zero transmission level reference point
零电平稳定性 zero level stability
零电平自动稳定放大器 self-balancing amplifier
零电势 zero potential
零电位 zero potential
零电压 no-voltage;zero voltage
零电压继电器 no-voltage relay
零叠合 zero lapped
零叠量阀 line-to-line valve;zero lap valve
零定理 zero principle
零动量 zero momentum
零动压 zero dynamic(al) pressure
零读数 null reading;zero reading
零度 nullity;zero;zero degree;zero mark;zero point;zero temperature
零度隔层 zero curtain
零度弧齿伞齿轮 zero gear
零度弧齿锥齿轮 zero bevel gear;zero gear
零度截断法 zero angle cut
零度截割(晶体) zero angle cut
零度经线 first meridian;Greenwich meridian;prime meridian
零度面 zero curtain
零度幕帘 zero curtain
零度偏斜 zero deflection
零度数 nullity
零度等温线 zero isotherm
零度调整杆 zero adjusting lever
零度下海水密度 sigma zero
零度信号 zero degree signal
零度以下 below zero;subzero
零度以下气温 subzero temperature
零短程线 null geodesic;zero geodesic
零断面 zero section
零对象 null object
零发光线 alychn(e)
零翻转 invert on zero
零反相 invert on zero
零方差问题 zero variance problem
零方位 null direction
零方向 zero direction
零分度 zero graduation
零分划 zero division
零分划线 zero division
零分类 zero kill
零风险目标 zero risk goal
零峰记录运动 zero-to-peak record motion
零峰值振幅 zero peak amplitude
零伏开关 zero volt switch
零浮力 neutral buoyancy
零符号 nil symbol
零复位 resetting of zero;reset to zero
零概率 zero probability
零概率破坏 zero probability of failure
零杆 false leader;false member;idle member;zero member
零刚度 zero stiffness
零高程 zero elevation
零高度 zero altitude;zero elevation;zero height
零高度爆炸 zero height of burst
零根 zero root
零工 casual labo(u)rer;char(e);days man;daywork;job-work;journey-man;odd job;odd-job man;part-timer;part-time worker
零工费 per diem fees
零工就业服务所 casual labo(u)r office
零功率 zero energy
零功率电平 zero power level
零功率反应堆 zero energy reactor;zero power reactor
零功率热核装置 zero energy thermonuclear apparatus;Zeta [zero Energy Thermonuclear Assembly]
零功率因数法 zero power factor method
零功率因数特性曲线 zero power-factor characteristic
零功率铀系统 zero energy uranium system[zeus]
零功率增益 zero power-gain
零攻角 zero incidence
零股经纪人 odd lot broker
零过载 zero g(ravity)
零和 zero sum
零和对策 zero-sum game
零荷载法 zero load method
零荷载试验 zero load test
零厚度 zero thickness
零化空间 null space
零化子 annihilator
零划分 zero division
零还储款 amortization
零活 char(e);odd job
零活度 zero activity
零积 null product
零基(方)法 zero base approach
零基计划与预算编制法 zero base planning and budgeting
零基线 zero base line
零基预算 zero base budget
零基预算(编制)法 zero base budgeting
零基预算制度 zero base budgeting system
零级 zero level;zero(th) order
零级波 zero order wave
零级地震 event of magnitude zero
零级地址 immediate address;real-time address;virtual address;zero level address
零级定址 immediate addressing;real-time addressing;virtual addressing;zero level addressing
零级反应 zero order reaction
零级反应生物转变 zero order biotransformation
零级风 calm
零级光谱 zero order spectrum
零级结合 zero level binding
零级浪 calm sea
零级能见度 dense fog
零级能量 zero energy
零级条纹法 zero order fringe technique
零级微分纠正 zeroth-order differential rectification
零级项 zero order term
零级像 zero order image
零级像差系数 zero order aberration coefficient
零级消除动力学 zero order elimination kinetics
零级衍射 zeroth diffraction order
零级中断向量 level zero interrupt vector
零级转化 zero order transformation
零极点和多项式变换 pole zero to polynomial transformation
零集 null set
零计数中断 count interrupt zero
零记忆信道 zero-memory channel
零记忆源 zero-memory source
零价的 non-valent;nulvalent
零价化合物 zero valent compound
零价金属类 zero valent metals
零价铁 zero valent iron
零价锌 zero valent zinc
零价氧化态 zero valent oxidation state
零假设 null hypothesis
零间隙 zero clearance
零剪力 zero shear
零剪力点 point of zero shear;zero shear point
零剪切黏[粘]度 zero shear viscosity
零检查 zero check;zero proof
零检验程序 zero check routine
零件 appurtenance;component parts;detail;element;fitting parts;fittings;gadget;machine components;parts;piece parts;spare parts
零件搬运车 caddy;parts caddy
零件备忘录 parts memo
零件编号 dash number;parts number [P/N];piece number
零件标号 piece mark
零件标签 parts tag
零件标准化 standardization of parts
零件表 parts list;piece list
零件补充 parts replacement
零件布置图 partial arrangement drawing
零件册(簿) parts book
零件拆用 cannibalise
零件程序设计员 part programmer
零件储仓 parts storage bin
零件单 parts list
零件的拆卸 parts removal
零件的互换性 interchangeability of parts
零件的配合 parts fitting
零件费比例 parts cost ratio
零件分解图 exploded view
零件分配 parts distribution
零件服务站 parts service
零件更换 parts replacement
零件更新 renewal of parts
零件供应 parts back-up;parts supply
零件供应站 parts service
零件故障 single failure
零件管理方式 stock control system
零件规格卡片 part requirement card
零件号 parts number
零件号码 parts number;pieces number
零件盒 work bin
零件计数器 parts counter
零件架 parts rack;piece rack
零件检验 component test
零件卷边 crimp
零件库 unit store
零件名称 parts name
零件明细表 parts list;piece list
零件磨损 parts depreciation
零件目录表 list of parts;parts catalog(ue);parts list;qualified parts list
零件配置 location of components
零件清单 part list;parts inventory
零件请购与定货申请 parts requisition and order request
零件设计 detail design;detailing of parts;element design
零件市场 after market
零件手册 parts manual
零件松动监测器 loose parts monitor
零件调配 fitting assembling
零件图 component drawing;detail(ed) drawing;detailed plan;detail of construction;parts drawing;working drawing
零件图号 part drawing number[part dwg No.]
零件弯边 crimp
零件箱 accessory case;spare parts kit;work bin
零件修复 parts renewal;renewal of parts
零件选配 parts selection matching
零件一览表 qualified parts list
零件与元件手册 parts and components manual
零件原形尺寸 size of original parts

L

零件折旧费 parts depreciation
零件制备机 component preparation machine
零件制造者 parts manufacturer
零件装配 component assembly;fitting assembling
零件装配机 component assembly machine
零件装配图 partial assembly drawing;partial general view
零件组装机 component assembly machine
零交比较器 zero cross comparator
零交波 zero crossing carrier; zero crossing wave
零交叉 zero cross(ing)
零交叉电平 zero cross level
零交叉检波 zero cross detection
零交叉脉冲 zero cross pulse
零交叉信号 zero cross signal
零交点 zero cross(ing)
零交点检测器 zero crossing detector
零交法 zero crossing method
零交率 zero crossing rate
零角 zero angle
零校正 zero correction
零阶 zero(th) order
零阶保持器 zero order hold
零阶贝塞尔函数 zero Bessel function
零阶逼近 zeroth-order approximation
零阶分量 zero order component
零阶条纹 zero order fringe
零阶通路 zero level channel
零阶跃电压 zero step-up voltage
零接触角 zero contact angle
零界面张力 zero interfacial tension
零劲度 zero rigidity;zero stiffness
零进程 null process
零经度子午线 zero meridian
零矩线 line of zero moment
零矩阵 null matrix;zero matrix
零距触发脉冲 zero range trigger
零位调节螺钉 zero adjusting screw
零位调节器 zero adjuster
零位调整 zero adjustment; checking for; checking for zero; mulling operation;null adjustment;nulling operation;zero balance;zero control; zeroing;zero set(ting)
零位调整杆 zero adjusting lever
零位调整器 zero adjuster
零位调整装置 zero adjuster
零距离标记 zero range mark
零距离起动脉冲 zero range trigger
零距直角头 zero offset optic(al) square
零开口 zero lap
零刻度 zero graduation;zero mark
零空间 null space
零空气孔隙 zero air void
零空气孔隙密度 zero air void density
零空气孔隙曲线【岩】 zero air void curve;saturation line
零空气隙线 saturation line; zero air voids line
零空速 zero air speed
零跨越 zero cross(ing)
零块玻璃 chunk
零框架 zero frame
零扩展域 zero-extended field
零来沙量 zero sediment supply
零类 null class
零力矩 zero moment
零力矩点 point of zero moment
零立体 zero stereo
零立体法 impossible stereoscopic effect
零利润 zero profit
零亮度 zero luminance
零亮度平面 zero luminance plane
零零迁 zero zero transition
零零碎碎的 piecemeal
零流量 zero delivery
零流量工况 nodischarge operation
零流量工况扬程 nodischarge pump head
零流量压力 deadhead pressure
零流量运行 nodischarge operation
零乱 in a mess;in disorder
零买 buy at retail;buy on scale
零门 null gate
零米高程 initial level;zero mark
零米高程图 ground plan
零面 zero layer;zero surface
零内函数 null built-in function
零内阻安培计 zero resistance ammeter
零挠度 zero deflection
零能海岸 zero energy coast
零能级 zero level
零能见度 zero visibility
零能量状态 zero energy state
零捻织物 zero twist fabric
零凝胶 zero gel
零欧姆调整 zero ohm adjustment
零拍 homodyne;zero beat
零拍点 silent point
零拍法 zero-beat method
零拍混频器 homodyne mixer
零拍检波器 homodyne detector
零拍接收 homodyne reception
零拍接收法 homodyne receiving; zero beat reception
零拍接收机 homodyne receiver
零拍闸门 homostrobe
零拍指示器 zero-beat indicator
零排放 zero discharge;zero draining; zero emission;zero release
零排放设计 zero discharge design
零排污 zero blowdown
零排污系统 zero blowdown system
零排泄 zero leakage
零配件 component parts; fitting; installation kit
零配件半成品 half-finished part
零配件图解目录 illustrated parts catalog(ue)
零配件样本 illustrated parts catalog(ue)
零膨胀微晶陶瓷 zero expansion glass ceramics
零膨胀系数玻璃 zero expansion glass
零批 odd lot
零批薄板轧机 jobbing sheet-rolling mill
零批交货 partial delivery
零批赎单 partial retirement of shipping documents
零批轧机 jobbing mill
零批铸造 jobbing casting
零批铸造车间 jobbing foundry
零偏差 zero deviation
零偏法 zero deflection method
零偏管 zero bias tube
零偏压 zero bias
零偏移距 VSP 射线追踪模型 ray tracing model of zero offset VSP
零偏移距资料处理 zero offset data processing
零偏置 zero offset
零偏置点 zero offset point
零偏转 zero deflection
零漂 null shift
零漂的混合值 mixed value of zero shift
零漂改正 correction of zero drift
零漂平均值 average value of zero shift
零漂移补偿 zero drift compensation
零漂移位置 zero deviation situation
零频 zero frequency
零频电流 zero frequency current
零频归一化 zero frequency normalization
零平衡 zero balancing
零平均 zero mean
零平均过程 zero mean process
零平均激振 zero mean excitation
零平均值 zero mean value
零平面 zero plane
零屏蔽 zero mask
零坡度 zero slope
零起点偏压 zero initial
零气 zero gas
零钱 broken money; odd money; small change; small money; spending money <美>
零强度 zero intensity
零强时间 zero strength time
零强温度 zero strength temperature
零区【计】 clear area
零曲面 null surface
零曲线 null curve
零屈光度 zero diopter;zero power
零屈光度空间 zero power space
零屈光度空气隙双(分)透镜 zero power air spaced doublet
零屈光度透镜 zero power lens
零屈光度像差 zero power aberration
零人口增长率 zero population growth
零容差 zero allowance
零容许误差 <施工超深部分无付款的一种疏浚付款规定> zero tolerance
零溶解氧 zero dissolved oxygen
零蠕变 zero creep
零散点 break-bulk point
零散开发 sporadic development
零散因数 spread factor
零散油砂层 stray sand
零散住房 scatter site housing
零散钻探 <不按勘探网的> scattered drilling
零上 above freezing
零上温度 temperature above freezing;temperature above zero
零伸长 zero elongation
零升力 zero lift
零升力翼弦 zero lift chord
零升力迎角 zero lift angle
零施工高度线 zero grade line
零时 midnight;zero hour
零时参考点 zero-time reference
零时差 <关键路线法中的> zero float
零时间 zero time
零时间基准点 zero-time reference
零时空格 blank when zero
零时区 initial zone; zero time zone; zero zone
零时水波线 zero isochron(e)
零始偏压 zero initial bias
零示器 null indicator
零示式电桥 null-type bridge
零示双光束系统 null indicating double-beam system
零示型阻抗测试器 null-type impedance meter
零示装置 nulling device
零式电测功率计 zero-type dynamometer
零式阻抗计 null-type impedance meter
零事件 null event
零视度 zero visibility;zero-zero
零试样 blank sample
零售 retail(ing);retail sale
零售百货商店 discount center[centre]
零售场地 retailing sales area
零售处 retail salesroom
零售店店主 <美> store(s)man
零售供应站 retail depot
零售价格 retail price
零售价与成本间的差额 price spread
零售苗圃 retail nursery
零售区 retailing sphere; retail shopping district
零售商的 retail
零售商店 retail shop;retail store
零售商购货 buying in retail business
零售商品场地 retail sales area
零售商(人) retailer;tradesman
零售商亭 kiosk
零售商业 retail trade
零售商业街(道) retail business district street
零售商业区 retail center[centre]; retail district;retailing business district
零售商业区街道 retail business district street
零售商业中心 retail center[centre]
零售市场 retail market
零售网 retail network
零售物价总水平 general level of retail price
零售业 retailer
零售业公会 chamber of trade
零售业务 retail business
零售用 trade use
零售账 charge account
零售中心区 central retail district
零输出 nought output;zero output
零输出信号 nought output signal; zero output signal
零输入端 reset terminal
零输沙率 zero sediment discharge
零输送电平参考点 zero transmission level reference point
零数 fraction; fractional amount; remainder
零数验证 zero proof
零数余额 zero balance
零衰减量 zero decrement
零水分指数 zero moisture index
零水平 zero level
零水头区 zero-head range
零水污染 zero water pollution
零税率货物 zero-rated goods
零速点 node;point of no flow
零速度 zero velocity
零速度卵形 oval of zero velocity
零速度面 surface of zero velocity; zero velocity surface
零速度椭圆 ellipse of zero velocity
零速度位置 zero speed position
零速度线 curve of zero velocity
零速度修改正 zero velocity update
零速断路器 zero speed switch
零速工况 stall condition
零速力矩 zero speed torque
零算符 zero operator
零算子 null operator
零碎的 broken;segmental;segmentary
零碎的辅助材料 segmental data
零碎的事情 odds and ends
零碎废物 <美> junk
零碎废物场 junk yard
零碎工作 odd job
零碎离子 fragmental ion
零碎物 endedness; oddment; flotsam; odd-come-short
零碎物件 oddment;odds and ends
零态 zero state
零坍落度混凝土 no lump concrete; zero-slump concrete
零调节 zero adjust(ing)
零调移相器 zero-setting phase shifter
零调整 set to zero
零调整刻度盘 setback scale
零调整器 zero setter

零调制 zero modulation
零调制解调器 null modem
零梯度 zero gradient
零体系 zero system
零填 <即不填不挖> zero fill and cut
零通量面法 zero flux plane method
零头 odd-come-short; odd (ment); remnant; scrap
零头布 fag-end
零头料 short
零头系列 tail series
零投资供给 zero investment supply
零透镜 null lens
零图 null graph
零推力螺距 zero thrust pitch
零椭圆 null ellipse
零弯矩 zero moment
零弯矩点 point of zero moment; zero moment point
零弯曲应力轴 neutral axis; zero bending stress axis
零维 nullity; zero dimension
零维的 zero dimensional
零维河流水质模型 zero dimensional water quality model of river; zero dimension of river water quality model
零维数 nullity; zero dimension
零位 cross-over position; null; null position; zero; zero bit; zero point
零位标线 index-mark for zeros
零位补偿 zero compensation
零位测量法 null method of measurement
零位传感器 null pick-up
零位电极 null electrode
零位电流 zero current
零位读出器 zero reader
零位读数 zero reading
零位读数修正 zero reading correction
零位读数仪表 null reading instrument
零位法 nil method; null method; zero method
零位负荷 zero load
零位复位 zero reset
零位函数 zero place function
零位红外分光光度计 null-type infrared spectrophotometer
零位滑移 zero slip
零位滑移区 zone of zero slip
零位恢复装置 zero resetting device
零位会聚度 zero power
零位计数器 reset counter
零位记号 zero mark
零位检测 zero bit detection
零位检查 balance check
零位精确调整 fine zero adjustment
零位刻度 zero mark
零位控制 zero control
零位力矩 null torque
零位连接 null junction
零位面 ground surface; zero potential surface
零位偏角 null angle
零位偏移 zero drift; zero offset
零位漂移 zero shift
零位漂移误差 zero drift error
零位频率 zero frequency
零位平衡 null balance; zero balance
零位平衡接收机 null-balanced receiver
零位容积效率 blankoff volumetric-(al) efficiency
零位扫描速度 zero scan speed
零位深度 null depth
零位试验 zero test
零距校准 range-zero calibration
零位谓词 zero place predicate
零位误差 zero error
零位线 kernel; naught line; reference line; zero line
零位线改正 correction of zero line
零位线路 null circuit; zero circuit
零位校验器 zero checker
零位校正 balancing control; zero correction
零位信号 zero signal
零位修整调节 zero set control
零位修正 zero correction
零位延迟 zero lag
零位仪表 zero instrument
零位仪器 null instrument
零位移 zero displacement
零位抑制 zero kill
零位张力 no pull
零位值 zero value
零位指示器 fiducial indicator; left-right indicator; null indicator; zero indicator
零位指示器放大器 null amplifier
零位置 null position; zero position
零位轴 null axis
零位准确调整 fine zero adjustment
零位最大浓度 zero of maximum concentration
零温度层 zero temperature level
零温度系数 zero temperature coefficient
零污染目标 zero-pollution goal
零污染排放 zero discharge
零误差基准线 zero error reference
零误差容量 zero error capacity
零下 below freezing; below zero; minus
零下冰箱 subzero refrigerator
零下处理 subzero treatment
零下淬火 cold quenching
零下的 subzero
零下冬化法 <在低温 -17.8℃以下工作> subzero winterization
零下度数 degree below zero
零下冷却剂 subzero coolant
零下气温 subzero temperature
零下温度 negative temperature; subzero; subzero temperature; temperature below zero
零下温度处理 subzero treatment
零下温度加工 subzero working; zero working
零下温度压延加工 zerolling
零线 inner conductor; null line; zero curve; zero line; neutral wire【电】
零线电流 natural current
零线端子 zero terminal
零线段 nil segment
零线镜 zero line mirror
零相窗 zero phase window
零相关 zero correlation
零相检测器 phase-null detector
零相交时间 zero crossing time
零相位 phase-null
零相位反褶积 zero phase deconvolution
零相位计 phase-null meter
零相位滤波器 zero phase filter
零相位线 zero phase lines
零相位效应 zero phase effect
零相位移滤波器 zero phase-shift filter
零相位指示器 phase-null detector
零相序 zero phase-sequence
零相序保护(装置) zero phase-sequence protection
零相序部分 zero phase-sequence component
零相序分量 zero phase-sequence component
零相序继电器 zero phase-sequence relay
零相移 zero phase shift
零向量 null vector; zero vector
零向前速度 zero forward velocity
零消失 zero kill
零消系数 nulling coefficient
零小的 petty
零斜率 zero slope
零泄漏 zero bleed; zero leakage
零星 odd
零星采购 hand-to-mouth buying; minor purchase
零星的 miscellaneous
零星地 odd area
零星东西 odds and ends
零星发展 sporadic development
零星废料 odds waste materials
零星分布 piecemeal distribution
零星服务 unbundled service
零星工具袋 wallet
零星工作 chore; odd job; part-time job
零星工作者 part-time worker
零星荷载 miscellaneous load
零星货混装运输 groupage
零星货物 <少于贸易中常用单位额度> unenumerated articles; odd lot
零星计日工程账 day work account
零星建筑 piecemeal building; piecemeal development
零星建筑物 piecemeal building
零星浇铸 jobbing casting
零星开发 piecemeal development
零星开支 operating cost; operation cost; running cost
零星木 small holding of tree
零星木材 ends
零星批量 job lot
零星器具 paraphernalia
零星时间 broken time; scramble time
零星物件 ends
零星物品 job lot
零星小件 sundries
零星小件翻砂厂 jobbing sand foundry
零星修补 dribbling; patchwork repair
零星修补工作 patch work
零星硬件 unbundled hardware
零星运输 retail shipment
零星杂物机械化 power choring
零星杂项费用 out-of-pocket expenses
零星铸件 jobbing casting
零星作业 jobbing work
零形式 zero form
零性 nullity
零序 zero order; zero sequence
零序保护继电器 zero sequence protective relay
零序保护(装置) zero sequence protection
零序电抗 null sequence reactance; zero sequence reactance
零序电流 residual current; zero sequence current
零序电流方向保护(装置) directional zero phase-sequence current protection
零序电流继电器 residual current relay
零序电压 residual voltage
零序分量 homopolar component; zero sequence component
零序功率 homopolar power
零序过流保护 zero sequence overcurrent protection
零序列 null sequence
零序阻抗保护(装置) zero sequence impedance protection
零循环 null recurrent
零压电流 zero current
零压接触 no-voltage contact
零压力 zero pressure
零压力线 zero pressure line
零压面 neutral margin
零压区 region of no pressure; register of no pressure
零压缩 zero compression
零压位置 zero pressure position
零延性转变 nil ductility transform
零养护 zero maintenance
零一分布 zero one distribution
零一过程 zero one process
零一律 law of zero or unity; zero one law
零一整(数)规划 zero one integer programming
零移动法 null-shift method
零抑制 null suppression; zero suppression
零因子 nil factor; null divisor; zero divisor
零应变速度 zero strain velocity
零应力 zero stress
零应力带 zone of zero stress
零应力光学常数 zero stress-optic (al) constant
零应力轨温 stress-free rail temperature
零应力区 zone of zero stress
零应力条件 zero stress condition
零用钱 petty cash
零用现金 petty cash
零用现金簿 petty cash book
零用现金基金 petty cash fund
零用现金日记账 petty cash journal
零用现金账 petty cash account
零用现款 petty cash
零元(素) neutral element; null element; zero element
零圆 zero circle
零源距中子测井 null spaced neutron log
零源距中子-中子测井曲线 null spacing neutron-neutron log curve
零运船 general ship
零杂工 builder's handyman
零载 zero load
零载车站 packet depot
零载阀门 no-load valve
零载法 method of zero load
零增长 zero growth
零增长率 zero growth rate
零增长论 theory of zero growth
零增益继电器 zero gain relay
零张量 null tensor
零遮盖 line lapped; zero lap
零遮盖阀 line-to-line valve; zero lap valve
零阵 zero matrix
零振幅载波 zero amplitude carrier
零证明 zero proof
零支 zero branch
零直线 zero straight line
零值 null; value zero; zero; zero value
零值补偿 null fill-in
零值测试 null detection
零值点间距 distance between zero points
零值电流计 zero galvanometer
零值电势计 null potentiometer
零值电位计 null potentiometer; synchronizing voltmeter
零值电阻率 zero resistivity
零值法测试 false zero test
零值方法 zero method
零值分光光度计 null spectrophotometer
零值功率 zero power
零值功率因数 zero power factor
零值贯入度 <桩的> zero rate of penetration
零值含水率指数 zero moisture index
零值换算法 zero value conversion method
零值检波器 null detector

零值进桩率 zero rate of penetration
零值连线 <用于交通工程> zero cost link
零值人流基线 zero inflow curve
零值湿润指数 <年雨量等于年蒸发量时> zero moisture index
零值停止 zero pause
零值星历表 null ephemeris table
零值指示 null detection
零值指示器 null detector;null indicator
零指示器 null indicator
零指数 zero exponent
零至峰值振幅 zero-to-peak amplitude
零滞后点 zero lag point
零滞后条件 zero-lag condition
零置换 zero replacement
零置换编辑 zero replacement editing
零终端 <所有输入线路全部断开和所有开关全部打开> zero terminal
零重力 zero g(ravity)
零重力圈 null circle
零重量 zero gravity
零周 zero circle
零周期 zero period
零周期加速度 zero period acceleration
零周向应力封头曲面 zero hoop stress head contour
零转矩特性 zero torque characteristic
零转移 branch on zero;zero branch
零转移指令 branch on zero instruction
零转指令 branch on zero instruction
零装置 null device
零装置螺钉 zero adjusting screw
零状态 nought state; null state; zero condition;zero state;zero status
零状态标志 zero status flag
零状态输出 output due to input
零状态位 zero status bit
零锥 cone of nulls;null cone
零子午线 zero meridian
零阻抗 zero impedance
零阻尼 zero damping

龄

龄级 age grade;age-group;age class

龄级分布 age class distribution
龄级结构 age class structure
龄级期 age class period
龄阶 age gradation
龄排列 age cycle
龄期 age;age hardening;age of hardening
龄期不足 under age
龄期-强度关系(曲线) age-strength relation
龄期因数 age(d) factor;ag(e)ing factor
龄期组 age-group
龄图 age map

岭

岭 sierra

岭鞍 saddle
岭回归 ridge regression

领

领班 foreman; assistant foreman; charge hand; chief operator; gang-boss; ganger; gang foreland; gang foreman; gang master; head of shift; leading hand; overman; shifter; gaffer <英>; captain【船】

领班船员 heading crew
领班人 principal
领班(人)员 operator in charge
领波 pilot wave
领菜窗口 service hatch
领带 scarf
领导层 executive level
领导船 leading ship
领导单位 supervising authority
领导公司 <联合企业的> lead company
领导人 manager
领导人员 executive;leadership
领导委员会 steering committee
领地 demesne;territory
领港 pilot a ship into or out of a harbor;piloting
领港费 pilotage(dues)
领港员 harbo(u)r pilot;pilot(man)
领港主任 chief pilot
领工 ganger
领工区 foreman's section
领工员 big bull;big savage;foreman; gang master;main squeeze;supervisor;grade-staff <俚语>
领工资者 <美> payroller
领海 closed sea;home waters;mare clausum;marine belt;maritime territory;territorial sea;territorial waters;waters
领海边界 coastal boundary
领海带 marine belt; territorial maritime belt
领海范围 extent of territorial waters
领海飞地 enclave of territorial sea
领海基线 limit of territorial water
领海界 limit of territorial sea; offshore administrative boundary;sovereignty across water
领海宽度 extent of territorial sea
领海权 command of the sea;domain maritime;sea rights;territorial sea right
领海水域 territorial sea; territorial waters;maritime belt
领海线 territorial waters demarcation line
领海与毗邻区公约 Convention on the Territorial Sea and the Contiguous Zone
领航 navigation;pathfinding;pilotage; piloting
领航表 navigator watch;navigraph
领航船 pilot boat;pilot vessel
领航带 marine belt; maritime belt; territorial maritime belt
领航灯 pilot lamp;pilot light
领航登陆艇 navigation landing craft
领航范围 extent of territorial waters
领航飞行员 aeronavigator
领航费价目表 pilotage tariff
领航(港)员 pilot
领航管辖权 jurisdiction within territorial waters
领航机 pathfinder
领航计算机 air navigation computer
领航加速表 navigational accelerometer
领航罗盘 steering compass
领航驱逐舰 flotilla leader
领航入港费 pilotage inward
领航水域 pilot(age) waters
领航艇 pilot launch
领航图 aerial navigation map; aeronautic map;pilot(age) chart;pilot sheet
领航系统 navigator system
领航信号灯 pilot(signal) light
领航仪 navigator;pilot machine
领航员 avigator; gang pilot; navigator;pilot(man)
领航资料 navigation information【船】; air navigation information【航空】
领航坐标 navigation fix
领环 collar
领机 leader
领舰 leader
领江 river pilot
领桨 row bow
领桨手 <左舷最后端的桨手> stroke-oarsman
领角鸮 collared scoops owl
领巾 neckerchief
领救济金者 dolesman
领空 aerial domain;air space;territorial air(space); territorial atmosphere;territorial space
领空权 air rights;command of the air
领口 collar extension
领款凭证 certificate of payment;certificate for payment
领款证明书 certificate of payment
领料单 call slip;invoice of withdrawals; material requisition; requisition;stock requisition; store requisition;storeroom receipt
领料单号 requisition number
领料单位 material requisition unit
领料日记账 material requisition journal
领料时间 item obtainment time
领陆 land domain
领年金者 annuitant
领盘【救】 breast plate;corselet
领跑者 pacemaker
领前角 advance angle;angle of advance
领取抚恤金人 pensioner
领取股息的权利 dividend rights
领取汇款人 remittee
领取利息 cashing interest
领取申请书 requisition
领取退休金人 pensioner
领取养老金人 pensioner
领圈 rolling track; supporting tyre [tire]
领圈形胀圈 L type packing
领失业救济金者 dole-drawer
领示 pilot
领示波 pilot wave
领示操作 pilot operation
领示灯 indicating light; indication light;pilot light
领示电池 pilot cell
领示电子管 pilot valve
领示阀 pilot valve
领示继电器 pilot relay
领示控制 pilot control
领示控制器 pilot controller
领示脉冲 main bang;pilot pulse
领示频率 pilot frequency
领示通道 pilot channel
领示线 pilot wire
领示线调节器 pilot wire regulator
领示线自动增益调节器 pilot wire trans mission regulator
领示信号 pilot signal
领示信号开关 pilot signal switch
领示蓄电池 pilot cell
领示选择器 pilot selector
领示延迟线 pilot delay line
领式粗块破碎机 primary jaw crusher
领事 consul
领事裁判权 consular jurisdiction; exterritorial jurisdiction; extraterritorial jurisdiction
领事裁判权特权 privilege of exterritoriality;privilege of extraterritoriality
领事档案 consular archives
领事发票 consular invoice
领事法庭 consular tribunal
领事法院 consular court
领事关系公约 convention on consular relations
领事馆 consulate
领事馆的办事处 chancellery
领事馆的全体工作人员 chancellery
领事馆邮袋 consular pouch
领事惯例 consular usage
领事机关 consular institution
领事签证 consular visa
领事签证费 consulage;consular fee
领事签证手续费 consulage
领事人员 consular personnel
领事条约 consular treaty
领事证书 consular exequatur
领饰 neck mo(u)ld(ing)
领受人 acceptor;receiver
领水 inland waters; territorial sea; territorial waters; waters; maritime belt
领水浮子 intermediate float
领水界 limit of territorial sea;sovereignty across water
领水员 navigator;pilot
领头 lead-out
领头车辆 leader vehicle
领头的 headmost
领头定价 price leadership
领头定价者 price leader
领头链 leading chain
领头木 <串集时> head log
领头位置 head position
领图室 customer
领土 dominion;land domain;land territory;territory under jurisdiction
领土范围 territorial limit
领土割让 cession
领土管辖权 territorial jurisdiction
领土规划 territory planning
领土极限 territorial limit
领土扩张 territorial aggrandizement
领土所属国家 territorial state
领土完整 integrity
领土主权改变 change of sovereignty
领峡 territorial strait
领先 lead; precede; precedence [precedency]
领先的 pilot
领先时间偏差 lead-time bias
领许可证税 excise
领眼钻头 pilot bit
领有地 land held in demesne
领有开业证书的人 licentiate
领有开业证书人员 licentiate
领有许可证者 licensee
领有执照的承包商 licenced[licensed] contractor
领有执照的工程师 licenced[licensed] engineer
领有执照的建筑师 licenced[licensed] architect
领域 area; demesne; domain; field; realm;region;sphere;terrain;territory
领域范围 spectrum
领域检索 area search
领域数据项 realm data item
领域现行指示器 realm currency indicator
领纸辊 pinch roll

令

令 link <测量用长度单位, = 20.12 厘米 = 7.92 英寸>; realm <一令纸等于500张>

令拱 regular arm
令牌传送 token passing
令牌传送网络 token bus network
令牌环 token ring
令牌环网 token-ring network
令牌总线 token-ring bus
令人不愉快的气味 objectionable odo

(u)r;offensive odo(u)r
令人满意的利润 satisfactory profit
令人厌恶的工业 offensive industry
令人厌恶的气味 objectionable odo(u)r
令重 ream weight-ring

另包工人 butty gang

另次侵染【地】another infection
另担货物的标记 marking of less-than-carload freight
另担货物运输 piece-goods traffic
另担整装公司 <美> consolidator
另附加元件的补强 reinforcement of additional elements
另寄 under separate cover
另加 super-induction
另件加工工时定额 floor-to-floor time
另件图 detail print
另建 re-establishment
另配的钥匙 false key
另配件费 parts and equipment cost
另售贸易 retail trade
另售销路 retail outlet
另算 recast
另一侧 opposite side
另一方 other party
另一个地点 alternate site
另一个(可选择)的 alternative
另一个位置 alternate location
"另一列车正在驶来"闪光警告标 flashing "Another Train Coming" warning sign
另一条通路 alternate plan
另一种 alternative
另一种办法 alternate solution;alternative solution
另一种布孔方式 alternate layout of hole
另一种布置方式 alternate layout
另邮 by separate mail
另有重要任务而解除本职 overslaugh
另钻新孔 <在孔内> side track borehole

溜板 cargo chute;slide carriage

溜板凸轮 saddle cam
溜板箱手把 apron lever
溜板正面 front of saddle
溜杯 flow cup
溜篦子筛 grating screen
溜边 fatty edge
溜冰场 ice rink;ice-skating rink;rink;roller-skating rink;skating rink
溜冰公园 skateboard park
溜冰馆 ice palace;indoor ice rink
溜冰鞋 skate
溜冰鞋更换室 skate changing room
溜冰鞋租借室 skate hire room
溜槽 articulated drop chute;cargo chute;chute;conveying trough;drain chute;flume;hopper chute;rubble chute;sluice box;strake;tip chute;flow-through;articulated chute <浇混凝土用的>
溜槽底 chute apron;chute sill
溜槽给料器 chute feeder
溜槽护壁 side-chute lagging
溜槽浇注的混凝土 chute concrete;chuting concrete
溜槽浇筑 <混凝土的> chute drop
溜槽口活门 fly gate
溜槽门 chute gate
溜槽输送系统 chuting system
溜槽水力输送 hydraulic flute transport
溜槽卸料 chute unloading
溜槽运料设备 chuting plant
溜槽运送 chuting
溜槽运送设备 chuting plant
溜槽闸门 chute door;dumping apron
溜槽转弯 trough bend
溜槽装置 chuting device;chuting equipment;chuting plane;chuting unit
溜车不利条件【铁】rolling car unfavo(u)rable condition;unfavo(u)rable condition for car rolling
溜车方向【铁】rolling direction
溜车有利条件 favo(u)rable condition for car rolling;rolling car favo(u)rable condition
溜出 shove
溜出表示器 shove indicator
溜出车辆 <调车时> shove car
溜出调车 backing-off
溜错股道的钩车 incorrectly routed cut
溜道 chute
溜放【铁】humping;rolling;throwing
溜放部分 rolling down section
溜放车辆进路监视装置 path monitoring device
溜放车组 humped unit
溜放程序 humping program(me)
溜放到挂钩点的距离 distance to coupling
溜放点 roll-off point
溜放调车 fly-coasting;fly-jerking;kick-off switching;shunting by pushing off wagons;push off
溜放调车法 fly-shunting;kicking shunting;loose shunting
溜放调车作业 throwing operation
溜放钩车之间的"天窗" stop short
溜放加速坡段 <车辆的> accelerating section for rolling down
溜放路程【铁】running route
溜放率 humping rate
溜放木材 logging
溜放能力 humping capacity
溜放坡 switching gradient
溜放速度 humping rate;humping speed;rolling speed
溜放速度能高 humping velocity head
溜放速度自动控制 automatic rolling down speed control
溜放特性测定 <车辆> rollability estimator
溜放线【铁】falling track;fly-shunting track;group lead track;lead track <驼峰编组场>
溜放信号 humping signal;push-off signal
溜放运动 humping movement
溜放自动化 humping automation
溜放作业【铁】pushing-up operation at hump;humping operation
溜管 articulated chute;articulated drop chute;chute;elephant trunk;pipe chute;tipping tube;loading spout
溜滑 skid
溜滑冰 skate
溜滑环 skid ring
溜滑力 skid force
溜滑阻力 skid resistance
溜井 drop shaft;gravity shaft;jackshaft
溜井平硐系统 glory hole tunnel system
溜口挡板 battery
溜矿槽衬底 blanket
溜矿井 ore pass
溜煤槽 coal chute
溜煤眼 jackshaft
溜泥槽 glide chute;mud chute;spoil chute
溜泥槽吊架 chute gantry
溜泥槽分泥门 chute flap
溜泥槽绞车 chute winch
溜泥槽起落装置 hoisting gear for glide chute
溜泥槽倾角 angle of glide chute
溜坡试验 coasting test
溜入速度 rolling speed
溜式索道 gravity wirerope way
溜送槽 feeding leg;loading leg
溜索 rope crossing
溜下 coasting
溜行坡度 floating grade
溜逸 <车辆或列车> running off;runaway
溜逸冲突 runaway collision
溜逸货车 runaway wagon;running away wagon
溜逸列车 runaway train
溜逸撞车 runaway collision
溜装置 chuting plant
溜子 pointing trowel

刘埃尔流动性 Luer fluidity

刘埃尔黏[粘]度 Luer fluidity

浏览【计】browse;scan;run-through

浏览程序 viewer
浏览窗橱 window-shop
浏览器【计】browser;explorer
浏览室 browsing room

流安松脂岩 leidleite

流杯法 <测黏[粘]度方法> efflux cup method
流比计 quotient meter;ratiometer
流边界 flow boundary
流边线 flowage line
流编码 stream encryption
流变 flowing deformation
流变变化 rheologic(al) change
流变材料 rheopectic material
流变参数 rheologic(al) parameter
流变测定法 rheometry
流变测角法 rheogoni(o)metry
流变常数 rheologic(al) constant
流变沉降 rheologic(al) settling
流变带 zone of flowage
流变弹性挤压成型 rheoelastic extrusion
流变的 rheologic(al)
流变动力学 <考虑物体变形的速度> rheologic(al) kinematics;rheologic(al) dynamics
流变动压润滑 rheodynamic(al) lubrication
流变度性 rheidity
流变二色性 rheodichroism
流变分析 rheologic(al) analysis
流变改进剂 rheologic(al) modifier
流变(观点)考虑 rheologic(al) consideration
流变光学 rheo-optics
流变计 rheometer
流变记录器 rheograph
流变剂 rheologic(al) agent
流变结构 rheologic(al) structure
流变理论 rheologic(al) theory
流变黏[粘]弹计 rheoviscometer
流变黏[粘]度计 rheoviscometer
流变平衡 rheologic(al) equilibrium
流变破坏 rheodestruction
流变侵入体 rheomorphic intrusion
流变曲线 flow curve;rheogram
流变屈服条件 rheologic(al) yield condition
流变试验曲线 rheologic(al) test curve
流变特性 rheologic(al) behavio(u)r;rheologic(al) property
流变体 rheid;rheologic(al) body
流变调节 theologic(al) control
流变调节剂 rheologic(al) control agent
流变图 rheogram;rheologic(al) gram
流变系数 rheologic(al) coefficient
流变现象 rheologic(al) phenomenon
流变响应 theologic(al) response
流变行为 rheologic(al) behavio(u)r
流变性 rheidity
流变性测定 rheometry
流变性测定法 rheogoni(o)metry
流变性测定仪 rheogoniometer
流变性测量法 rheometry
流变性流体 rheologic(al) fluid
流变性能 rheologic(al) behavio(u)r
流变性质 rheologic(al) property
流变性状 rheologic(al) behavio(u)r
流变学 <研究塑性变形和流动性的科学> rheology
流变学第一公理 first axiom of theology
流变学模型 rheologic(al) model
流变学性能 rheologic(al) behavio(u)r
流变压缩 rheostriction
流变仪 rheologic(al) ga(u)ge;rheometer
流变应力 flow stress
流变运动学 rheologic(al) kinematics
流变褶曲 rheid fold
流变褶皱 rheomorphic fold
流变指数 rheologic(al) index
流变滞后 rheologic(al) hysteresis
流变铸造 rheocasting
流变状态方程 rheologic(al) equation of state
流标度 scale of turbulence
流冰 floe ice;flooded ice;flow ice;iceberg;ice-drift(ing);ice floe;ice gang;ice run;movement of ice;run of ice;drift ice <漂流范围大于漂冰>
流冰保护 ice protection
流冰冲击压力 ice impact pressure
流冰带 stream of ice
流冰动压力 dynamic(al) ice pressure
流冰堆积 ice gorge;ice jam
流冰花 sludge run
流冰结束 complete ice clearance
流冰控制闸门 ice control gate
流冰期 drift epoch;period of ice drifting
流冰群 ice canopy;ice pack;pack;pack ice;treibeis
流冰推力 ice push
流冰推拥 ice push
流冰拥塞 ice jam
流冰壅塞 ice clogging;ice gorge;ice jam;ice push
流冰预报 forecasting of debacle
流冰原 patch
流冰转向设施 ice deflector
流冰最高水位 highest stage with drift ice
流部件 stream unit
流材挡栅 catch boom
流材索 boom cable;boom rope
流槽 drift-chute;flow channel;gutter;launder(er);runner;sluice;spout;alcove <玻璃熔窑的>

流槽分级机 Evans launder classifier
流槽裁弯 chute cut-off
流槽沙坝 chute bar
流槽筛 launder screen
流槽式串联孟席斯型水力分选机 launder-type tandem Menzies hydroseparator
流槽式分级机 log classifier
流槽式干扰下沉水力分级机 launder-type hindered-settling hydraulic classifier
流槽式涡流分级机 launder-type vortex classifier
流槽水套 launder jacket
流槽洗涤 launder
流槽选矿 launder washing
流槽选矿法 sluicing
流槽选煤机 launder washer
流槽砖 spout block
流层 current lamination;flow layer
流产 abort
流场 current field;flow field
流场叠加 superposition of flow field
流场分析法 method of flow field analysis
流场模拟 flow field simulation
流场显示 flow visualization
流畅的 affluent;easying;voluble
流程 circuit(r)y;current drift;driftage;drifting distance;drift way;flowage;flow path;technologic(al) process
流程表 flow sheet;flow statement;flow table;sheet drift;system diagram
流程程序图 flow process chart
流程方向 direction of flow;flow direction
流程分析 process analysis
流程分析器 on-stream analyser[analyzer];process analyser[analyzer]
流程工艺卡(片) route sheet
流程计划 flow scheme
流程监控器 on-stream instrument
流程矩阵 flow matrix
流程控制 flow control
流程链 process chain;process train
流程气相色谱法 on-stream chromatography
流程气相色谱仪 on-stream chromatograph
流程色谱 on-stream chromatography
流程色谱仪 industrial chromatograph;on-stream chromatograph;process chromatograph
流程设备 flow equipment
流程设计 process design
流程示意图 conspectus;flow diagram
流程图 block diagram;flow chart;flow plan;flow(process) diagram;flow sheet;following chart;layout chart;scheme;flow scheme
流程图编制 flowcharting
流程图表 process chart
流程图表示 flowcharting
流程图部件 flowchart package
流程图程序 flowchart program(me)
流程图的绘制 flowcharting
流程图符号 flowchart symbol
流程图规则 flowchart convention
流程图技术 flowchart technique
流程图连接符 flowchart connector
流程图连线 flow line
流程图模板 flowchart template
流程图模式 flowchart schema
流程图图符 flowchart symbol
流程图图解模型 flow graph schematic model
流程图微程序设计语言 flowchart microprogramming language
流程图文本 flowchart text
流程图(文字)说明 flowchart text
流程图约定 flowchart convention
流程图正文 flowchart text
流程网络 flow network
流程物料分析 on-stream analysis
流程系数 factor of circuit
流程性材料 processed material
流程需要 requirements of process
流程指示瓶 route-indicating bottle
流程组合 path combination
流出 drainage(off);drain away;drain off;drain out;draw-off;egress;exude;flow outlet;outgoing;outpour(ing);pass out;running off;severity sew;snap-out;spewing;spill;flow off;debouch;disembogue;disgorge < 江河等 >;bleed;debouchure;diffluence
流出杯 efflux cup;flow cup
流出杯法 efflux cup method
流出槽 running-out pit;tapping pit
流出道 efferent tract;outflow tract
流出到开阔地 debouch
流出的 effluent;effusive;excurrent;shedding
流出的空气 effluent air
流出的水 defluent
流出的水流量 effluent charge
流出地表的地下热水 geothermal discharge water
流出端饱和度 effluent end saturation
流出法 efflux method
流出废水 effluent sewage
流出峰 eluting peak
流出管 efflux tube;outlet pipe
流出角 efflux angle
流出口 bleed opening;outfall;outlet;debouchment;outflow;tapping
流出口涡漩 outflow vortex
流出量 discharge;efflux;outflow;outflow rate;outflow volume
流出量图 flow out diagram
流出量指数 index of discharge
流出率 rate of outflow
流出面 effluent face
流出泥沙 outflowing sediment;outflux sediment
流出腔 exhaust chamber
流出曲线 elution curve
流出时间 delivery time;efflux time
流出式黏[粘]度计 efflux visco(si)meter
流出水 discharged water;effluent water;running off water
流出水头 outflow head;static pressure for outflow
流出顺序 elution order
流出速度 outflow velocity;rate of effusion;rate of outflow;take-off rate;velocity of discharge
流出体积修正 drainage correction
流出瓦斯 feeder gas
流出污水 effluent sewage
流出物 effluence;ex(s)udation;flowage;effluent;effusion;exudate;exudation;outflow;efflux < 液体空气气体等的 >
流出物处理 effluent treatment
流出物控制 effluent control
流出物浓度 effluent concentration
流出物数据 effluent data
流出物稀释 effluent dilution
流出物资料 effluent data
流出系数 coefficient of runoff;efflux coefficient;orifice coefficient
流出型黏[粘]度计 efflux-type visco(si)meter
流出堰 effluent weir
流出液 effluent(liquid);exudation
流出液清洁度 effluent clarity
流出液体 effuse
流出油 effluent oil
流出元内溶质量变化速率 change rate of solute flowing-out volume element
流出元内溶质通量 solute flux of flow-out volume element
流出值 efflux value
流出指令 escape instruction
流出总量 outflow volume
流出阻力 resistance to outflow
流传 circulate;currency;spread
流传输 stream transmission
流传输方式 stream transmission mode
流床式炉 fluidized furnace
流垂 run and sag
流磁通密度 flux density
流代数 current algebra
流带 flow band
流导 conductance
流导面积 admittance area
流道 cast gate;flow passage;flow path;gangway;geat;internal channel;runner;sprue
流道表面 water passage surface
流道断面 passage area
流道管 blow line;exchange pipe
流的力 < 电、水、气的 > force of the current
流的增值链 flow augmenting chain
流滴供给阀 drip feed valve
流点 pour(ing) point
流点试验 flow-point test;pour test
流点温度 flow temperature
流电 galvanic electricity;galvanism
流电学 galvanism
流电阳极 galvanic anode
流电阻 leakage resistance
流动 floating;flow;flow of steams;flux(ion);popple;streaming;turnover
流动安全指数 mobility safety index
流动按钮开关 wandering push button
流动板 course plate
流动保险单 floating policy
流动崩坝 flowing avalanche
流动崩坍 flowing avalanche
流动比率 current ratio;liquid ratio
流动比色 flowing colo(u)r
流动比色计 flowing colo(u)rimeter
流动边界 flow boundary
流动变电站 portable substation
流动标准 flow criterion
流动冰川 live glacier;live ice;living glacier
流动冰河 acting glacier
流动冰块 flow ice
流动冰原 ice floe
流动补助金 current subsidy
流动不规则性 flow irregularity
流动不均匀性 flow irregularity
流动不稳定性 flow instability
流动财务情况表 statement of current position
流动财务状况比率 current position ratio
流动财务状况分析 current position analysis
流动仓库 distribution warehouse
流动侧面 flow side
流动厕所 toilet trailer
流动测量 flow measurement;flow survey
流动测试 flow test
流动层 flow layer;fluidised[fluidized] bed;zone of circulation
流动层造粒机 fluidized bed pelletizer
流动差额 < 英 > running margin
流动场流动分级 flow field flow fractionation
流动超显微镜 flow ultramicroscope
流动车测定法 moving car method
流动车队模型 efflux traffic queuing model
流动车观测法 floating vehicle method
流动车速 stream speed
流动程度 liquidity
流动程序 flowing programming
流动程序图 flow process chart
流动澄清法 flow clarification
流动池 flow cell
流动充填 mobile filling
流动稠度试验台 flow table apparatus
流动厨房 < 军事 > soup kitchen
流动储备 cash reserve
流动储料量 active content
流动储蓄 fluid savings
流动传感器 flow-sensing unit
流动床 fluidized bed
流动床传热 heat-transfer in fluidized bed
流动床焚烧炉 fluidized bed combustion
流动床粉末涂装 powder bed coating
流动床设备 fluidized bed plant
流动床污泥焚烧炉 fluidized bed sludge incinerator
流动炊事车 chuck-wagon
流动脆性 rheotropic brittleness
流动存款 liquid deposit
流动带 zone of flow(age)
流动贷款 floating loan
流动弹性 hydroelasticity
流动的 ambulant;current;flowing;fluent;fluxional;fluxionary;migratory;runabout;mobile
流动的产生 flow initiation
流动的豆石渣 running pea ballast
流动的砾石渣 running pea ballast
流动的砂 shifting sand
流动的收益率 running yield
流动的水 running water
流动的液体 flowing fluid
流动的影响 effect of current
流动抵押品 < 专指农场贷款 > floating charges
流动地层 running ground
流动地基 running ground
流动地震台 buoy-type seismic station;portable seismographic(al) station
流动地震台网 portable seismic network
流动点 flow point;pour point;yield point
流动电流 streaming current
流动电流检测器 streaming current detector
流动电视车 mobile television
流动电视台 telecruiser
流动电视主 television reporting van
流动电位 streaming potential
流动电子 mobile electron
流动调节剂 flow conditioning agent;flow control additive
流动动力式液压传动 hydrokinetic-type hydraulic transmission
流动度 degree of mobilization;fluidity
流动度测定 rheometry
流动度计 mobilometer
流动度控制剂 mobility control agent
流动度试验 flow test
流动煅烧炉 < 石灰 > fluidizing calciner
流动惰性 slumpability
流动法 flow method
流动法则 flow rule(r)
流动法则的正规性 normality of flow rule
流动范围 flow range;flow region

流动方程 flow equation
流动方法 < 资产及负债评估方法 > current method
流动方式 flow mode; flow regime; type of flow
流动费用 circulation cost; floating charges; current cost
流动分布器 flow distributor
流动分离 flow separation
流动分析法 flow analysis
流动分异作用 flowage differentiation
流动焚化炉 fluidised[fluidized] incinerator
流动服务车 pick-up truck
流动浮力 dynamic(al) lift
流动负债 cash liability; circulating liability; current liability; floating liability; immediate liability; liquid liability
流动负债合计 total of current liabilities
流动负债审计 liquid liabilities audit
流动负债与流动资产比较 acid test
流动改进剂 flow improver
流动改性剂 flow modifier
流动干扰 flow interference
流动杠杆 floating lever
流动工班 floating gang; flying gang; mobile gang; travel(l)ing work gang
流动工厂 mobile plant
流动工队 floating gang
流动工况模型 flow model
流动工(人) floater; bindle-stiff; boomer; migrant labo(u)r; migratory labo(u)r
流动工作班 mobile crew; mobile gang; mobile party; mobile team
流动构造 flow structure; fluidal structure
流动谷仓 ambulatory bin
流动股票 floating stock
流动观测 mobile observation
流动观测系统 mobile observation system
流动观察玻璃 flow glass
流动管理 drifting-management
流动光亮法 flow-brightening process
流动广播车 field broadcasting unit
流动规则 flow rule
流动果汁状 flowing juice state
流动过程 flow process
流动焊接设备 mobile welding plant
流动和坍落度试验 flow and slump test
流动荷载 flow load; running load
流动痕 roll mark
流动很急的窄洋流 stream current
流动户口 floating household
流动滑块 flow slide
流动滑坡 flow slide
流动换热 fluid interchange
流动回流 flow circuit
流动混合 flow mixing
流动混合器 flow mixer; line mixer
流动混凝土 flowing concrete
流动混凝土混合物 workable mixture
流动活微生物 liquid live microorganism
流动活微生物工艺 bioaugmentation process with liquid live microorganism
流动货币 floating currency
流动货船 tramp steamer
流动机构 flow mechanics
流动机理 flow mechanism
流动机器人 mobot
流动机械荷载 mobile machinery load
流动机修车间 mobile repair shop
流动机械库 mobile machinery shed
流动机油全部过滤 full flow filtered oil
流动基金 circulating fund; current fund
流动基金平均余额 average balance of current fund
流动极限 flow limit
流动集装箱 floatainer; floating container
流动剂 flowable formulation; flow agent
流动继电器 flow relay
流动监测 mobile monitoring; movable monitoring; transportable monitoring
流动监测站 mobile monitoring station; movable monitoring station
流动监察器 flow monitor
流动检查 mobile checkout
流动检查与维修 mobile checkout and maintenance
流动检查员 floating inspector
流动检验 itinerant inspection
流动交易 current transaction
流动校正锥体 flow corrective cone
流动结构 fluidal texture
流动截面(积) flow section
流动浸蚀 flow erosion
流动浸渍 slipper dip
流动经纪人 running broker
流动净额 net flow
流动净化水站 water purification vehicle
流动救护车 ambulet
流动救护队 ambulance corps
流动矩阵 flow matrix
流动均匀性 flow uniformity
流动开关 flow switch
流动空间 flowing space
流动空气 mobile air
流动控制 transportable control
流动控制剂 flow control agent
流动控制盘 transportable console
流动控制系统 flow control system
流动库存 floating supply
流动库存量 running stock
流动劳动力 floating labo(u)r; migrant labo(u)r
流动劳工制 migrant labo(u)r system
流动劳工住房 migrant labo(u)r housing
流动冷却 flow cooling
流动理财学 rheochrematistics
流动力学 flow mechanics
流动粒子淬火 fluidized particle quenching
流动粒子炉 fluidized bed furnace; fluidized furnace
流动面 flow surface
流动苗圃 flying nurserier
流动模 fluidal cast
流动模型 flow model
流动摩擦 flow friction; fluid friction
流动摩擦特性 flow friction characteristic
流动摩擦系数 flow friction characteristic
流动摩阻 flow friction
流动能力 flowability
流动能量 energy of flow; flow energy; mobility < 表示城镇交通方便程度的 >
流动黏度 kinematic(al) viscosity coefficient
流动培训队 mobile training team
流动批发 non-fixed wholesale
流动偏好函数 liquidity preference function
流动偏好需求 liquidity preference demand
流动平衡 flow equilibrium; mobile equilibrium
流动平均过程 moving average process
流动平均(数) moving average
流动平均(数)模型 moving average model
流动平面 flow plane; plane of flow
流动平面图形 flowing plan form
流动破坏 flow failure
流动奇点 parametric(al) singular point
流动气体计数管 gas flow counter
流动气体吸附器 mobile bed gas adsorber
流动强度 flow strength
流动倾向 tendency to flow
流动情况 flow behavio(u)r
流动区 flow zone
流动曲线 < 液限试验 > flow curve
流动曲线图 flow diagram
流动曲线斜度 flow index
流动屈服性 flow limit
流动屈服应力 yield stress of flow
流动屈服值 flow limit
流动人口 daytime population; floating population; flotsam; fluid population; mobile population
流动熔渣 fluid slag
流动润滑作用 current lubrication
流动三面形 moving trihedral
流动色谱图 flowing chromatogram
流动沙 shift sand
流动沙丘 active sand dune; fluid dune; migratory dune; moving dune; sand dune; travel(l)ing dune; wandering dune
流动沙洲 shifting bar
流动砂 free flowing sand
流动商店 mobile shop; motique
流动设备 mobile unit
流动深度 depth of flow; flow depth
流动声学 flow acoustics
流动时间 flow time; time of flow
流动实验室 ambulatory laboratory; mobile laboratory
流动食堂 canteen
流动式比色计 flow colo(u)rimeter
流动式处理 stream handling
流动式检测器 flow detector
流动式平均法 method of moving averages
流动式起重机 mobile crane; runabout crane
流动试验室 mobile laboratory
流动售货车 motique
流动售货汽车 mobile shop; travel(l)-ing shop
流动售货商店 mobile shop
流动双折射 birefringence of flow; streaming birefringence
流动水 flow(ing) water; mobile water; rheid
流动水带 zone of vadose water
流动水分 mobile moisture
流动速度 drift velocity; flow velocity; fluid velocity; velocity of flow
流动速率 flow rate; rate of flow
流动塑性 flow plasticity
流动损失 flow loss
流动塌方 flow landslide
流动台 drift station; flow table; portable station
流动台式对讲机 mounted mobile radio system
流动台试验 flow table test
流动台网 portable network
流动台站 mobile station
流动特性 flow behavio(u)r; flow characteristic; flow quality; flowage
流动特性指数 flow behavio(u)r index
流动条带 flow banding
流动条件 condition of flow; flow condition
流动通道 flow path
流动通信[讯] mobile communication; mobile service
流动通讯员 roving correspondent
流动投资 liquid investment
流动图 flow graph; streamline diagram
流动图表 flow chart
流动图书馆 bookmobile; travel(l)ing library
流动涂布器 flow coater
流动涂层 flow coat(ing)
流动涂刷 flowing
流动土 running soil; yielding soil
流动土层 mollisol; running ground
流动土楔形基础 wedge-type foundation of yielding soil
流动挖泥船 < 俚语 > hog barge
流动网 flow net
流动网络 flow network
流动围岩 running ground
流动温度 flow temperature; yield temperature
流动温度点 flow temperature point; pour temperature point
流动温度因数 flowing-temperature factor
流动紊流 flow turbulence
流动稳定性 flow stability
流动污染源 mobile pollution source
流动无线电设备 vehicular radio
流动无线电台 mobile radio unit
流动无形项目 current invisible item
流动无形资产 current intangibles
流动物 fluxion
流动系数 flow coefficient
流动系统 flow system; mobile system
流动下垂 run and sag
流动显示 flow visualization
流动显形 flow visualization
流动现金 liquid cash funds
流动线 flow line
流动相 flow phase; mobile phase
流动镶嵌模型 fluid mosaic model
流动项目收支差额 balance of payments on current account
流动小吃部(列车) refreshment trolley service
流动小吃车 pie wagon
流动形态 flow form
流动型热水炉 non-storage water heater
流动型式 type of flow
流动性 diffluence; flowability; flowing power; flowing property; flowing quality; fluid behavio(u)r; fluidity; fluidness; liquidity; mobility; ready flow; rheidity; runnability; ability to flow < 指混凝土等 >
流动性报告 liquidity report
流动性比率 liquidity ratio
流动性不良 poor flow quality
流动性材料 free flowing material
流动性促进剂 < 水泥浆的 > flow promoter[promotor]
流动性地基 < 位于流沙上的 > flowing ground
流动性定货 order of liquidity
流动性多样化 liquidity diversification
流动性范围 yield limit
流动性分析 liquidity analysis
流动性风险 liquidity risk
流动性改进剂 fluidity improver
流动性过剩 excess liquidity
流动性滑坡 flow slide
流动性极限 liquidity limit

流动性紧缩 liquidity squeeze
流动性决策形式 fluidity of decision situation
流动性能 nature of flow
流动性黏[粘]土 quick clay
流动性熔渣 fusible slag;running slag
流动性升水 liquidity premium
流动性试验 float test;fluidity test;flow test;mobility test <混凝土的>
流动性试验车 floating-test-car
流动性试验机 flow tester
流动性试验器 mobile tester
流动性试验台 flow table
流动性物料 free flowing product
流动性系数 coefficient of fluidity
流动性应力 stress of fluidity
流动性油坝系统 mobile oil dike [dyke] system
流动性指标 index of liquidity;liquidity index
流动性指数 fluidity index
流动性质 flow property
流动性助剂 flow aid
流动修理车 mobile repair shop;mobile repair truck;repair car;shop truck
流动修理车间 mobirepair(work) shop;mobile shop;mobile workshop
流动修理工厂 mobile repair shop
流动修理所 running repair shop
流动修理站 mobile repair shop;mobirepair(work) shop
流动修理组 maintenance detachment
流动悬浮物 flowing suspension
流动悬浮液 streaming suspension
流动旋压 flow forming
流动压力 flow(ing) pressure
流动液体 streaming liquefaction
流动液相 mobile liquid phase
流动医疗车 clinicar
流动医疗队 mobile medical unit
流动医疗队单位 mobile medical unit
流动医院 ambulance
流动艺术展览车 artmobile
流动因数 kinetic flow factor
流动引起的振动 flow-induced vibration
流动应力 flow stress
流动营业 ambulatory business
流动油 mobiloil
流动元件 flow cell
流动源 mobile source
流动源排放 mobile source emission
流动载荷 running load
流动载流子 mobile carrier
流动在制品占有量 amount of unfinished products in circulation
流动噪声 flow noise;hydrodynamic(al) noise
流动噪声谱 flow noise spectrum
流动栅栏 drift fence
流动债券 floating debenture;floating debt
流动债务 floating debt;floating indebtedness;unfunded debt
流动展览车 artmobile
流动站 mobile station;portable station
流动账户 active account;sweep account
流动账目收支差额 balance of payments on current account
流动障碍物 flow obstacle
流动褶皱 flow fold
流动者 turnovers
流动诊所 ambulatory clinic
流动蒸汽灭菌法 streaming steam sterilization
流动支票 circulating check;circulating cheque
流动值 yield point value;flow value <马歇尔沥青混合料稳定度指标>
流动指数 flow index
流动职工 mobile staff
流动指数 flow index;fluid index;fluvial index
流动质权 floating charges
流动质试验 float test
流动中资金 money on the wing
流动轴线 axis of flow;flow axis
流动皱纹 flow wrinkle
流动住宅 motor home
流动注射 flow injection
流动注射催化分光光度法 flow injection catalytic spectrophotometry
流动注射分析法 flow injection analysis
流动注射分析仪 flow injection analyser[analyzer]
流动注射原子吸收光谱法 flow injection atomic absorption spectrometry
流动装载机 mobile loader;mobiloader
流动状态 flow regime;flowage;flow condition;flow state;fluidal disposition;quick condition
流动锥 <测定水泥薄浆用> flow cone
流动准备金 liquid reserve
流动资本 active capital;circulating capital;circulating fund;circulation capital;current capital;floating capital;fluid capital;liquid capital;quick capital;working capital
流动资本货物 circulating capital goods
流动资本利润率 profit on working capital
流动资本循环 working capital cycle
流动资本周转 working capital turnover
流动资本周转率 turnover ratio of working capital
流动资本周转时间 working capital turnover time
流动资本总额 gross working capital
流动资产 circulating assets;accrued assets;active assets;chattels;chose transitory;circulating real capital;circulation capital;current assets;floating assets;fluid assets;immediate assets;liquid assets;quick assets;working assets
流动资产比率 current assets ratio
流动资产动态 movement of current assets
流动资产负债比 acid test ratio
流动资产结余 liquid balance
流动资产净额 net liquid assets
流动资产净值 net current assets
流动资产净值变动 movement in net liquid fund
流动资产率 current ratio
流动资产审计 current assets audit
流动资产限额 liquid assets rations
流动资产循环 current assets cycle
流动资产与固定资产比率 ratio of current assets to fixed assets
流动资产与总资产比率 ratio of current assets to total assets
流动资产周转率 current assets turnover;turnover of current assets
流动资金 active capital;active money;circulating capital;circulating fund;circulation capital;currency assets;current capital;current fund;floating capital;fluid capital;liquid fund;liquidity;operating fund;quick capital;working capital;working fund
流动资金比率 working capital ratio
流动资金单项定额 standard of current fund by items
流动资金的费用 liquidity cost
流动资金定额 current capital quota;standard of current capital
流动资金对标制度 system of current capital target checking
流动资金放款 working capital loan
流动资金负债表 current account balance sheet
流动资金管理 current capital management
流动资金计划周转次数 planned times of turnover of current capital
流动资金计划周转天数 planned days of turnover of current capital
流动资金降低率 circulation capital reductive rate
流动资金控制法 method of controlling current capital
流动资金来源 source of current capital;source of current capital source
流动资金来源及运用表 statement of sources and uses of working capital
流动资金利润率 profit margin of current capital
流动资金流转表 statement of working capital flow
流动资金明细定额 detailed standard of current capital
流动资金内资金部分 domestic capital as circulating funds
流动资金平衡 liquid balance
流动资金全额贷款 sum load of current capital
流动资金占用额 occupancy quota of circulating capital
流动资金占用费 charges for the use of circulating funds
流动资金占用率 occupancy rate of circulating capital;occupied rate of current capital
流动资金占用税 liquid funds tax
流动资金占用税率 liquid funds tax rate
流动资金周转 current capital turnover;turnover of current capital
流动资金周转次数 number of turnover of current funds;number of turnovers of current capital;revolving times of circulating capital
流动资金周转率 turnover of working funds;turnover rate of current capital
流动资金周转率计算 schedule of turnover rate of circulating capital
流动资金周转率计算表 schedule of turnover rate of circulating fund
流动资金周转天数 daylight of turnover of current funds;days of turnover of current capital;turnover days of circulating capital
流动资金准备 working capital reserves
流动资金总定额 general standard of current capital
流动阻力 flow resistance;hydraulic resistance;mobilizable resistance;resistance of flow;resistance to flow;stream friction
流动钻眼机 gadder
流动作业 mobile operation
流动作业队 mobile crew
流动作业法 mobile operation process
流动作用 mobilization
流动坐标 current coordinates
流度 fluidness;mobility
流度比 mobility ratio
流度计 flow meter;fluidimeter;fluid(ity) meter;fluid(o) meter;viscometer
流度温度关系 fluidity-temperature relationship
流度系数 coefficient of fluidity
流度指数 flow index
流发计 fluidistor
流方式 stream mode
流放 sluicing
流放道 sluice way
流放的木材 drift log;raft-wood;drift wood
流放的木材堵塞河道 log jam
流放法 tapping process
流放孔 bleeder hole
流放木排运河 raft canal
流肥 sulfur fertilizer
流分析 flow analysis
流粉 flow powder
流幅 yield step
流干 drain off;unwater(ing)
流感病毒 influenza virus
流钢砖 runner brick
流汞电极 streaming mercury electrode
流股温度 stream temperature
流挂 dripping;running;sag;veiling;weep;curtaining <漆病>
流挂(痕迹)修饰剂 running track resurfacer
流挂控制剂 sag control agent
流挂试验机 sag tester
流挂现象 sagging phenomenon
流管 drift pipe;flow passage;flow pipe;flow tube;stream tube;tube of flow
流管压力 flowline pressure
流光 streamer
流轨 trajectory
流滚 flow roll
流过 flow over;flow-through
流过率 flow-through rate;rate of throughput;throughput rate
流过浅滩 riffle
流过时间 flow(ing)-through period;flow(ing)-through time
流过式加热器 flow-type calorifier
流过室 flow-through chamber
流函数 stream function
流焊 fluid welding
流核 stream nucleus
流痕 current mark;current ripple(mark);flow mark;flute cast;rill mark;runnel;running mark
流痕长度 length of flow mark
流痕类 flow mark karst shape
流痕平均长度 mean length of flow mark
流滑 flow slide
流化 fluidifying
流化层 boiling bed;fluosolid
流化层窑 fluidized solid kiln
流化床 ebullated bed;fluidised[fluidized] bed
流化床焙烧 fluidized bed roasting
流化床焙烧反应 fluidized bed roasting reaction
流化床焙烧炉 fluidized bed roaster
流化床催化剂 fluid catalyst
流化床催化裂化 fluid catalytic cracking
流化床电解 fluidized bed electrolysis
流化床法 fluidised[fluidized] bed process
流化床反应堆 fluidized bed reactor
流化床反应器 ebullated bed reactor;fluidised[fluidized] bed reactor
流化床焚烧炉 fluidized bed incinerator
流化床干燥法 fluidized bed drying

流化床干燥器 fluidized bed drier [dryer]
流化床光催化反应器 fluidized bed photocatalytic reactor
流化床过程 fluidized bed process
流化床回收过程 fluidized bed recovery process
流化床混合机 fluidized bed mixer
流化床混合器 fluidized bed mixer
流化床焦化 fluidized bed coking
流化床浸涂 fluidized bed dip coating
流化床浸涂法 fluidized bed dipping
流化床冷却器 fluidised bed cooler
流化床离子交换 fluidized bed iron exchange
流化床连续焦化设备 continuous fluid coker
流化床炉 fluidised[fluidized] bed furnace
流化床喷射管 fluidised bed jet mill
流化床膨胀比 expansion ratio of fluidized bed
流化床气化 fluidized gasification
流化床气化系统 fluidized gasification system
流化床燃烧 fluidized bed combustion
流化床燃烧法 fluidized bed combustion process
流化床燃烧炉 fluidized bed firing furnace;fluidized bed incinerator
流化床燃烧脱硫 desulfurization by fluidized bed combustion
流化床燃烧装置 fluidized bed combustor
流化床设备 fluidized bed apparatus; fluidized bed plant;fluid unit
流化床生物反应器 fluidized bed bioreactor
流化床生物膜 fluidized bed biofilm
流化床生物膜反应器 fluidized bed biofilm reactor
流化床式干燥机 fluidized bed drier [dryer]
流化床送风系统 fluidizing air system
流化床涂层法 fluidized bed coating
流化床涂层工艺 fluidised bed coating technique
流化床涂装 fluidized bed painting
流化床涂装法 fluidized bed coating
流化床吸附器 fluidized bed adsorber
流化床洗涤器 fluidized bed scrubber
流化床系统 fluidized system
流化床预分解炉 precalcinator with fluidised bed
流化床造粒 fluidized bed granulation
流化催化剂 fluidized catalyst
流化点 point of fluidity;point of fluidization
流化电化学反应器 fluidized electrochemical reactor
流化焚烧 fluidised[fluidized] incineration
流化焚烧炉 fluidised[fluidized] incinerator
流化干燥 fluidized drying
流化干燥器 fluidized drier
流化固体 fluidized solid
流化固体反应堆 fluidized solid reactor
流化活性炭床 fluidized activated carbon bed
流化技术 fluidization technique
流化剂 fluidifier; fluidizer; fluidizing-(re) agent
流化加速器 accelerator of curing
流化焦化器 fluid coker
流化介质 fluidizing agent
流化净化 fluidized purification
流化流沉积 fluidized flow deposit
流化炉 fluidized bed boiler
流化煤 fluid coal
流化喷雾干燥器 fluidized spray drier [dryer]
流化器 ebullator
流化区 fluidized area
流化燃料反应堆 fluidized bed reactor;fluidized reactor
流化燃烧 fluidised[fluidized] combustion
流化砂床炉 fluidized sand bed furnace
流化生物膜法 fluidized biofilm process
流化式干燥器 fluidizing drier[dryer]
流化式冷却器 fluidizing cooler
流化输送机 flow conveyer[conveyor]
流化塔 fluidization tower; fluidized column
流化炭床 fluidized carbon bed
流化涂装 fluidized coating
流化吸附 fluidized absorption
流化柱焙烧炉 fluid column roaster
流化装置 fluidizer
流化状态 fluidized state
流化作用 fluidization
流回资本 returned capital
流迹 flow path;running
流迹线 path line;line of flow
流积土 rainwash;soil wash(ing)
流积岩 quickstone
流激涟波 current rips
流激振动 flow-induced vibration
流计 heat flow meter
流胶保护圈 zone of protective gummosis
流胶反应 gummous reaction
流胶现象 gummosis
流尽 drain away
流进 flow in
流浸膏剂 fluid extract;liquid extract
流径 flow path
流控的 fluidic
流控技术 fluidics;fluidic technology
流控剂 flow control agent
流控逻辑 fluid logic
流控学 fluidics
流口 head piece;outfall
流况 current regime
流况曲线 discharge duration curve
流矿槽 sluice box
流框图 <在电子计算机计算中,用一些框图及文字来说明解题的过程和步骤的方法> flow chart
流来的废水 incoming waste
流浪儿收容所 protectory
流浪生活 nomadism
流浪者 roadster;runabout
流泪现象 <水泥浆在混凝土表面渗水> weeping
流离失所者 flotsam
流量 carrying capacity;consumption; discharge rate; flow capacity; flow discharge;flow quantity;flow rate; flux; hydraulic discharge; quantity flow; quantity of current; quantity of flow; rate of (water) discharge; specific yield; stream flow; throughput; volume of discharge; volume of flow;volume rate[rating] of flow; water discharge; delivery volume <泵的>;runoff <美>;consumption rate <液体、气体等的>
流量泵 flow-type pump
流量比 discharge ratio; specific flux; flow ratio
流量比尺 <水工模型的> discharge scale ratio
流量比法 <用于交通信号配时中> Y values method
流量-比降-深度关系 discharge-slope-depth relation
流量比控制 flow-ratio control
流量比例控制 ratio flow control
流量比例曲线 flow proportional counter
流量比率控制器 flow-ratio controller
流量比色计 flow colo(u)rimeter
流量边界条件 flux boundary condition
流量变化 change in discharge; discharge variation; flow in momentum; flow variation; fluctuation in discharge; variation in discharge; variation in flow
流量变化情况 discharge regime
流量变量 flow variable
流量变率 discharge variability; flow variability;stream-flow variability
流量变送器 flow rate transmitter
流量标 flux scale
流量标么值 per-unit flow
流量表 consumption meter; flow ga(u)ge; flow instrument; flow meter; flow recorder; rate-of-flow indicator; rate-of-flow meter; water flowmeter
流量表格 discharge table;rating chart
流量波动 flow fluctuation
流量补充器 flow compensator
流量不足 discharge deficiency; flow deficiency
流量参数 mass flow parameter
流量测定 flow ga(u)ging;flow measurement; fluid measurement; fluid metering; measurement of flow rate;measurement of rate of flow; stream-flow ga(u)ging; stream-ga(u)ging
流量测定工作 metering practice
流量测定管 flow tube
流量测定值 discharge measurement (value)
流量测量 discharge measurement; flow(-through) measurement
流量测量槽 flow measuring flume
流量测量方法 discharge measuring method
流量测量孔板 metering orifice
流量测量喷嘴 flow nozzle
流量测量器 flow measuring probe; flow measuring unit
流量测量仪表 flow measuring instrument
流量测量员 hydrographer
流量测热法 flow calorimetry
流量测验 discharge measurement; stream-ga(u)ging
流量测验槽 flow measuring flume
流量测验方法 method of discharge measurement
流量插补 discharge interpolation
流量查算表 discharge table
流量差额 deficient flow
流量车速密度曲面 volume-speed-density surface
流量传感器 discharge sensor; flow sensor;flow transmitter
流量传送仪 flow transmitter
流量单位 flux unit; module; unit of flow
流量等级 <交通工程> quality of flow
流量递减 decrease of discharge
流量叠加法 flow superposition method
流量短缺 flow deficiency
流量断面图 volume profile
流量额定压力 flow rating pressure
流量阀 flow valve;flux valve
流量范围 flow range;range of flow
流量方程 discharge equation;flow equation
流量放大器 flow amplifier
流量放大系统 flow amplified system
流量分布 flow distribution;flux contours
流量分布曲线 flow distribution curve
流量分布图 flow volume and distribution figure
流量分配 flow distribution
流量分配器 flow divider
流量公式 flow formula
流量估算 estimate of discharge
流量关系曲线 flow rating curve
流量观测 discharge observation
流量观测精度 accuracy of discharge observation
流量观测频率 frequency of discharge observation
流量观测时间 time of flow observation
流量观测所 discharge observation station
流量观察 flow observation
流量管嘴水表 flow nozzle meter[centre]
流量过程曲线 discharge hydrograph; flow hydrograph
流量过程图 discharge diagram
流量过程线 discharge hydrograph; flow duration curve; hydrograph; hydrograph curve of discharge; runoff hydrograph;stream-flow hydrograph
流量过程线切割法 discharge hydrograph cutting method
流量函数 flow function;stream function
流量函数发生器 producer of flow function
流量恒值线 flow contour
流量混合比 flow ratio
流量积分系统 flow integrating system
流量积分仪 discharge integrator
流量计 bulkmeter; circular chart recorder; discharge instrument; effusion meter; flow counter; flow ga(u)ge; flow indicator; flow instrument; flow measuring device; flow meter; flowrator; hydrodynamometer; ratemeter; rate-of-flow meter; stream ga(u)ge; totameter; volume meter; water meter; weir ga(u)ge
流量计调整系统 flow meter pacing system
流量计读出器 flow meter readout
流量计读数的换算 conversion of flowmeter
流量计量 flow measurement
流量计量建筑物 flow measuring structure
流量计量设施 flow measuring device
流量计喷嘴 flow nozzle
流量计水槽 water meter pit
流量计水坑 water meter pit
流量计算 discharge calculation
流量计算公式 discharge formula; flow formula;formula of flow;water flow formula
流量记录 discharge record; flow record;flow-discharge record
流量记录控制器 flow recording controller
流量记录器 discharge recorder; flow recorder; fluxograph; rate-of-flow recorder
流量记录仪 discharge recorder; flow recorder; fluxograph; rate-of-flow recorder;recording flow-meter
流量季节变化 seasonal variations in flow

L

流量加法求和装置 flow totalizer
流量加权平均负荷 flow-weighted average loading
流量监测器 discharge monitor; flow monitor
流量减少 attenuation of flow; flow decay; decreasing discharge
流量降深关系曲线 curve of discharge-drawdown
流量降深曲线方程下推法 extrapolation method with equation discharge drawdown curve
流量节制闸 flow regulator
流量均衡沉淀池 sedimentation/flow-balancing tank
流量均衡器 flow equalizer
流量均化器 flow homogenizer
流量均匀性 discharge uniformity
流量开关 flow switch; flow valve
流量孔板 clout; orifice plate
流量控制 discharge control; stream-flow control; flow control
流量控制阀 flow control valve; flow metering valve; rate-of-flow control valve
流量控制过载溢流阀 flow control and overload relief valve
流量控制器 flow controller; flow control unit; flow operator; rate-of-flow controller
流量控制系统 flow control system
流量控制仪 flow controller
流量控制闸(门) flow control gate
流量控制装置 flow control device
流量窥视孔 flow sight
流量类型 discharge pattern
流量累积 discharge mass; flow mass
流量累积器 flow summarizer
流量累积曲线 discharge mass curve; flow mass curve; flow summation curve; mass discharge curve; runoff curve; integrated flow curve; mass flow curve
流量累积图 mass diagram of runoff; mass diagram
流量累计曲线 runoff curve
流量历时 discharge duration
流量历时关系 discharge duration relationship; flow duration relationship
流量历时曲线 discharge duration curve; flow duration curve; flow duration diagram
流量量测 discharge measurement; flow measurement; measurement of discharge
流量量测仪器 instrument of flow measurement
流量量热计 flow calorimeter
流量零点 point of zero flow
流量流速计算仪 hydrograph
流量流向图 volume and flow direction figure
流量率 < 单位时间的流量 > rate of discharge; rate of flow; ratio of runoff; runoff; specific discharge; water discharge rate
流量率定表 discharge rating table
流量率定曲线 flow rating curve; discharge rating curve
流量脉动 flow pulsation
流量密度 flux density
流量密度标 flux density scale
流量密度控制 volume-density control
流量密度谱 flux density spectrum
流量密度曲线 flow-concentration curve; flow-density curve
流量密度信号控制机 volume-density signal controller
流量密度运算 < 指控制交叉口绿灯分配的一种方法 > volume-density operation
流量模量 discharge modulus; hydromodulus; modulus of discharge; specific rate of flow
流量模数 discharge modulus; hydromodulus; modulus of discharge; specific rate of flow; unit discharge
流量-浓度-时间图 flow-concentration-time diagram
流量喷管水表 flow nozzle meter[centre]
流量喷孔板 nozzle plate
流量频率 flow frequency; frequency of flows
流量频率曲线 discharge frequency curve; flow frequency curve
流量平衡 flow equilibrium
流量平衡池 flow-balancing tank
流量平衡法 flow-balancing method
流量平衡器 flow compensator
流量平均速度 mean velocity of flow
流量起伏 flow rate fluctuation
流量曲线 curve of discharge; discharge curve; discharge diagram; discharging curve; flow curve; flow graph; rating curve; runoff curve
流量曲线指数 delivery exponent
流量日变化 diurnal variation in flow
流量容量比 volume-capacity ratio
流量生产力 discharge capacity
流量时间曲线 flow duration
流量示踪 flow tracing
流量式黏[粘]度计 flow visco(si)meter
流量试验 flow test
流量输沙率关系曲线 sediment discharge curve
流量数据 data on flows
流量衰减 flux depression
流量水头关系 discharge head relation
流量水位关系 discharge-stage relationship
流量水文过程线 discharge hydrograph; flow hydrograph
流量水质耦合模型 flow-water quality coupled model
流量水质水头模型 discharge-quality-head model
流量速度计算仪 hydrograph
流量特性 discharge characteristic
流量特征 discharge characteristic
流量梯度 flow gradient
流量调节 discharge regulation; flow control; flow regulating; flow regulation; stream-flow regulation
流量调节阀 flow control valve; flow regulating valve
流量调节工程 flow control works
流量调节回路 flow control circuit
流量调节开关 flow control switch; flow control valve
流量调节龙头 flow regulation cock
流量调节器 discharge regulator; flow control device; flow controller; flow governor; flow proportioner; flow regulator; fluid flow regulator; rate governor; volumetric(al) governor
流量调节水库 reservoir for low-flow augmentation
流量调节因子 flow adjustment factor
流量调节装置 discharge regulating device; discharge regulator; flow regulating device; flow regulator
流量调配器 flow proportioner
流量通过时间 flowing-through period
流量图 flow chart; flow diagram; hydrograph
流量图表 discharge chart
流量为零时水位 stage of zero flow
流量喂料机 flow feeder
流量稳定标准 stable criterion of discharge
流量稀少时间 graveyard hours
流量系列模拟 flow simulation
流量系数 coefficient of discharge; coefficient of flow; discharge coefficient; discharge factor; discharge ratio; flow coefficient; flow meter; load factor
流量限制 flow limiting; limitation of delivery
流量限制阀 excess flow valve
流量相关曲线 correlation curve of discharge; line of corresponding discharge
流量型计数器 flow counter
流量需要 discharge demand
流量压力曲线 flow pressure diagram
流量演算 discharge routing; flow routing; stream-flow routing
流量堰测法 weir method
流量扬程曲线 < 水泵的 > discharge head curve
流量要求 flow demand
流量仪 flow instrument; discharge meter; flow meter
流量因数 discharge factor; flow factor
流量预报 flow forecast; stream-flow forecasting; water yield prediction
流量原则 principle of flow
流量增加 increasing discharge
流量增益 flow gain
流量站 stream-flow measurement station; stream-ga(u)ging station
流量折减 discharge reduction
流量值 flow value
流量指标 flow indicator
流量指示 flow indication; flow tracing
流量指示计 flow ga(u)ge
流量指示器 flow(rate) indicator
流量指示速率 rate-of-flow indicator
流量-质量曲线 flow mass curve
流量重力图 flux-gravity diagram
流量资料 discharge record; flow data
流量自动控制系统 automatic flow control system
流量自记仪 rate-of-flow recorder
流量综合 stream-flow synthesis
流料槽 chute; spout
流料槽操作工 spout operator
流料口 spout lip
流料箱 flow box; head box
流路 stream
流路池 flow cell
流路分析法 stream analysis method
流路网 flow network
流率 discharge rate; flow rate; rate of flow
流率测定 measurement of rate of flow
流率测量 flow rate measurement
流率方程 flow rate equation
流率记录器 rate-of-flow recorder
流率控制器 rate controller; rate-of-flow controller
流率图面积 area of flow rate diagram
流率显示 flow rate display
流率指示器 flow rate indicator
流曼格 lumerg
流锚 cone anchor; drag anchor; drag sail; drag sheet; drift anchor; drift sail; drift sheet; drogue; floating anchor; sea anchor; stream anchor; water anchor
流玫瑰图 current rose
流密度 current density
流面 stream sheet; stream surface
流面构造 planar flow structure
流明 < 光通量单位 > lumen[复 lumina/lumens]
流明 · 小时 lumen-hour
流明当量 lumen equivalent
流明法 flux method; lumen method
流明范围 lumen range
流明合金 lumen alloys
流明计 illuminometer; lumen meter; lumeter; lux(o)meter
流明灵敏度 lumen sensitivity
流明秒 lumen-second
流明敏感度 lumen sensitivity
流明/瓦 lumen per watt
流明效率 lumen efficiency
流膜分级 film sizing
流木 drift log; drift wood
流木滑槽 log chute
流木拥塞 log jam
流幕电泳 flow curtain electrophoresis
流内进口 < 与流向正交的进口 > a-mid-stream entrance
流能磨 fluid energy mill
流凝性 rheopexy
流盘 flow table; flow table apparatus
流劈理 flow cleavage; slaty cleavage
流劈理带 flow cleavage belts
流平 level(l)ing
流平剂 level(l)ing agent
流平性 flow level(l)ing; level(l)ing property
流谱观察(气流) flow observation
流谱计 rheospectrometer
流气型计数管 gas flow counter tube; gas flow radiation counter
流切 incise
流青(色料) watery blue; flow blue
流倾沉淀法 flow clarification
流倾点 flow point; pour point
流倾角 flow angle; flow inclination
流倾面 pour plane
流容 fluid capacitance
流入 afflux; disgorge; fall into; flow in; incursion; indraft; influx; ingress; inrush; on-flow
流入的 influent
流入的水 influent water
流入底物 influent substance
流入高程 inflow level
流入管 inflow pipe; inflow tube
流入角 angle of indraught; inflow angle
流入井内液体 well stream
流入控制 inflow control
流入口 influx
流入量 inflow discharge; influx
流入量比 inflow ratio
流入流出 input-output
流入流出模型 input-output model
流入泥沙 flowed in mud; flowed in soil; inflowing sediment; sediment influx
流入人口 influx population
流入设备 inflow device
流入市场 come into the market
流入水 resurgent water
流入水量 water inflow
流入水头 entrance head
流入水文图 hydrograph of inflow
流入速度 rate of inflow
流入速率 inflow rate
流入物 inflow; influent
流入物梯度 influent gradient
流入液 influent
流入淤泥 flowed in mud; flowed in soil; glowed-in mud
流入质量 afflux mass
流散性差的材料 hard-flowing material
流散性货物 free flow cargo

流色 flowing colo(u)r
流沙 < 也称流砂 > blow sand; drift sand; floating earth; floating sand; flowing sand; heaving sand; mobile sand; quick gravel; quick sand; running sand; sand drift; shifting sand; unfixed sand; blown sand; drifted sand; free flowing sand; swimming sand; wind-drift sand; drifting sand; flow rock
流沙槽 hacking
流沙层 turbulent layer
流沙充填 hydraulic gravel fill
流沙地层 fluidised [fluidized] bed; quick ground
流沙地基 running ground; running sand foundation
流沙翻滚 boiling of sand
流沙翻腾 boiling; boiling of sand
流沙防护林 protection forest for shifting sand
流沙防治 shifting sand control
流沙固定 fixation of shifting sand
流沙固化 petrification of sand; solidification of sand
流沙滚动 saltation
流沙过滤 running sand filtration; sand flow filtration
流沙荒漠 arvideserta
流沙荒漠群落 arvideserta; mobilideserta
流沙灰层 mud seam
流沙井壁黏[粘]土背帮 moating
流沙量 sand-carrying capacity
流沙坡 landwaste slope
流沙丘盐碱地 barland
流沙区 quick sand area
流沙条件 quick condition
流沙土 quick ground
流沙微絮凝过滤 flowing sand micro-flocculation filtration
流沙现象 quick condition; quick sand; quick(en) ing
流沙状态 quick condition
流沙作用 quicking action
流深 flow depth
流失 bleed; flow off; leaching; leak; running down; running off
流失河 lost river; lost stream; sunken river; sunken stream
流失量 flow-off volume; loss quantity
流失木 flood trash
流失试验 leaching test
流失硝酸盐 nitrate run-off
流石 flowstone; rock flow
流石类 flowstone
流时面积法 time-area method
流时面积图 time-area diagram
流蚀 corrosion
流式传输 stream-oriented transmission; stream transmission
流式计算 stream-oriented computation
流式技术 flow technology
流式输入输出 stream-oriented input/output
流式数据传输 stream data transmission
流势 streaming potential
流势函数 liquid potential function
流输入输出 output
流属性 stream attribute
流束 filament band; fillet; flow beam; flow filament; flow tube; stream tube; stream filament < 河、气、潮的 >
流束分析 flux analysis
流束互击式喷射器 impinging injector
流束扩散 spreading of jet
流数 fluxion
流数的 fluxional; fluxionary
流水 running water; runoff water; outwell
流水搬运 transportation of running water
流水搬运作用 transporting action of running water
流水板 drain board
流水保持池 brook retention basin
流水保护条例 Clean Water Act
流水波痕 current ripple(mark)
流水剥蚀 fluvial denudation
流水剥蚀循环 fluvial cycle of denudation
流水槽 flow table; flume; sluice; stream-ga(u)ging flume; weep trough; launder
流水槽比重分选法 launder separation process
流水槽入口 inlet of weep hole
流水层 flood coat
流水层理 current bedding
流水冲蚀的 water worn
流水冲刷 stream erosion
流水冲刷的 water worn
流水抽气管 aspirator
流水抽气机 aspirator
流水抽气器 aspirator
流水传送带法 continuous conveyer belt method
流水存储 streaming
流水道 runway
流水的 eotic
流水的惯性 inertia of flowing water
流水的水文图 hydrograph of flow
流水垫木楞场 hot skidway
流水动力 fluvial process
流水动物 eotic animal
流水洞穴 outflow cave
流水分录 journal entry; journalizing
流水浮游生物 rheoplankton
流水跟踪 water tracing
流水攻砂 entrainment
流水沟 water gutter
流水管 tube of flow
流水号 consecutive run number; serial number; current number < 图书资料的 >
流水痕 < 溶岩 > scallop
流水滑动面 water slip
流水环境 flowing water environment
流水缓慢水渠 flush
流水机组法 consecutive machine method
流水集材作业 hot logging
流水加热器 instantaneous water heater
流水结构 line structure
流水孔 brick whistle; discharge orifice; limber hole; weep hole
流水冷却 tap cooling
流水量 quantity of water flowing-off
流水率 water rate
流水面高度 height of running water level
流水魔术 water magic
流水能量 energy of stream flow
流水沤麻 river retting
流水侵蚀 fluvial erosion; normal erosion
流水侵蚀平原 plain of fluviatile erosion
流水扫荡作用 fluviraption
流水生产 continuous production; current production; line production; serialized manufacture
流水生产法 line production method
流水生产线 flow process line; flow production line; line of production
流水生产线设备 production run equipment
流水生产制 progressive system of production
流水生态系统 running water ecosystem
流水式采运 < 木材的 > hot logging
流水式毒性试验 flow-through toxicity test
流水式给纸装置 stream feeder
流水式加工法 flow process
流水式生物测定 flow-through bioassay
流水式试验 flow-through test
流水式太阳热量计 water flow pyrheliometer
流水式作业系统 belt system of working
流水隧道 aqueduct tunnel
流水体系 current system
流水条件 discharge condition
流水庭园 < 二十世纪初美国庭园的 > water garden
流水庭院 water garden
流水网 flow net
流水位高度 height of running water level
流水纹理【地】current lamination
流水稀释 effluent dilution
流水线 belt line; pipe line; production line; progressive assembly line; streamline
流水线部件 pipeline unit
流水线操作 pipeline operation; pipelining; streamline operation; pile line operation
流水线处理 pipelining processing
流水线处理机 pipeline processor
流水线段 pipelining segment
流水线法 pipelining
流水线方式 pipeline system
流水线工艺卡片 route chart
流水线功能部件 pipelined functional unit
流水线化 pipelining
流水线计算机 pipeline computer
流水线计算机系统 pipelined computer system
流水线技术 pipelining
流水线脚 watershedding mo(u)lding
流水线结构 pipeline architecture; pipeline organization
流水线控制 pipeline control
流水线连续生产 in-line continuous production
流水线生产 flowline production; in-line production
流水线式 pipeline system
流水线数据处理 pipelining
流水线微程序设计系统 pipelined microprogramming system
流水线系统 pipeline(d) system
流水线运算 pipeline operation
流水线装配法 progressive assembly
流水线作业 flowline operation; flowline production; pipelining; continuous operation
流水形(装)饰件 running ornament
流水压力 flowing pressure; flowing water pressure; pressure of moving water
流水岩溶 fluviokarst
流水源沼泽 rheophilous bog
流水账 blotter; blotting book; bolting book; current account; day-to-day account; journal account; journal book; running account; water book
流水账打印机 daily logging printer
流水账的登记 keeping current account
流水账记录 daily logging
流水植物 fluminalis; rheophyte
流水植物酸沼 rheoplankton
流水植物沼泽 rheophilous bog
流水装配 progressive assembly; streamline assembly
流水装配机 in-line assembly machine
流水装配线 assembly belt; progressive assembly line; assembly line
流水钻成井孔 flowing borehole
流水作业 assembly line operation; belt production; belt-system work; continuous process; continuous production operation; continuous production process; current production; flow line; flow of work; flow process; flow production; in-line production; line production; streamline production; stream mode; tack system; work flow; flow-shop
流水作业的大量生产 flow production
流水作业的连续性 continuity of flow
流水作业的生产 production in series
流水作业法 assembling line method; assembly line method; assembly line process; construction flow process; flowline method; flowline procedure; flow method; progressive process; streamed-lined method; streamlined method; streamline working system; flowline production
流水作业法铺筑路面 straight-forward surfacing
流水作业方式 flow system
流水作业工艺 continuous flow process technology
流水作业铺沥青路面 rationalized making of bituminous paving
流水作业设备 continuous process plant
流水作业生产 streamlined production
流水作业生产工艺 streamline production technology
流水作业生产技术 streamline production technique
流水作业生产线 production line
流水作业施工 construction flow process; flow process of construction
流水作业施工法 flowline construction method
流水作业输送法 flowline conveyer method
流水作业输送线 progressive assembly line
流水作业图表 continuous production operation sheet
流水作业系统 continuous operation system; conveyer system
流水作业线 flow(process) line; processing line; production line; tact system
流水作业线装配 flowline assembly
流水作业因数 stream factor
流水作业装配法 assembly line technique
流水作业装配线 assembly line
流水作用 fluviation
流说明 flow specification
流送 alligation; booming; float
流送材 floater
流送工 log driver
流送管 flow line
流送距离 water lead
流送量调节 feed flow adjustment
流苏花 tassel flower
流苏花边 macramé
流苏饰【建】tassel
流苏树脂 chionathin
流苏形灌木 tassel bush
流素 fluid element

流速 current velocity; discharge velocity; flow number; flow rate; flow speed; flow velocity; fluid rate; rate of current; rate of flow; stream velocity; velocity of flow; water velocity
流速摆 < 测量河道流速用 > hydrometric(al) pendulum
流速比降 velocity gradient
流速比例 velocity scale
流速变动 velocity fluctuation
流速变化 velocity change; velocity variation
流速表 anemometer; current meter
流速波动 velocity fluctuation
流速测点 velocity measuring point
流速测定 measurement of rate flow; velocity ga(u)ging
流速测定法 hydrometry; stream velocity measuring method
流速测定管 ga(u)ge tube
流速测杆 rod float
流速测管 ga(u)ge tube
流速测井曲线 curve of velocity logging
流速测量 current measurement; current survey; flow-velocity measurement; velocity ga(u)ging; velocity measurement
流速层 velocity layer
流速查勘 velocity exploration
流速差 current difference; velocity deficiency
流速场 velocity field
流速垂直分布曲线 depth-velocity curve; vertical distribution curve of flow velocity; vertical velocity curve
流速等值线 curve of equal velocity
流速断面测流法 velocity-area measurement of discharge
流速分布 distribution of velocity; velocity distribution; current velocity distribution
流速分布曲线 velocity distribution curve
流速分布曲线槽 < 模型试验用的 > hodographic(al) tank
流速分布图 velocity distribution diagram; velocity profile
流速分量 flow-velocity component
流速杆 tach(e)ometer
流速杆校正数 velocity rod correction
流速公式 velocity formula
流速关系曲线 velocity relation curve
流速观测 velocity ga(u)ging; velocity measurement
流速管 Venturi tube
流速过程线 velocity hydrograph
流速积测法 integration method of velocity measurement
流速积深测量法 integration method of velocity measurement
流速极限 limiting velocity
流速计 current meter; flow indicator; flow meter; hydro(dynamo) meter; kinemometer; nozzle meter; pitometer survey; ratemeter; reometer; rhysimeter; stream ga(u)ge; stream measurer; stream meter; tachometer; velocimeter; velograph
流速计程仪 pit log
流速记录仪 current velocity recorder
流速界限 drift limit
流速控制阀 rate-of-flow control valve; flow control valve
流速控制器 flow speed controller
流速控制装置 rate-of-flow controller
流速亏损律 velocity defect law
流速廓线 current profile
流速流量关系曲线 discharge-velocity curve
流速流量计 velocity flowmeter
流速-流向-水深装置 velocity-azimuth-depth assembly
流速脉冲 flow rate impulse
流速脉动 stream velocity fluctuation; velocity fluctuation; velocity pulsation
流速面积(测流量)法 velocity area method
流速坡度 velocity gradient
流速剖面 velocity profile
流速曲线 current curve; flow-velocity curve
流速矢量 velocity vector
流速式流量计 current-type flowmeter
流速式水柱气动量仪 velocity-type column air ga(u)ge
流速势 velocity potential
流速势函数 velocity potential function
流速水深关系 velocity-depth relation(ship)
流速水头 flow strength; hydraulic head of flow velocity; kinetic head; velocity head
流速水头系数 velocity head coefficient
流速水头校正系数 velocity head correction coefficient; velocity head correction factor
流速梯度 velocity gradient
流速图表 tach(e)ograph
流速位函数 velocity potential function
流速系数 coefficient of current; coefficient of velocity; efflux coefficient; velocity coefficient; velocity factor
流速线 current line
流速限定 drift limit
流速相关 velocity correlation
流速型流量计 velocity-type flowmeter
流速压力 velocity pressure
流速沿程变化 spatial variation in flow velocity; streamwise variation of velocity
流速仪 current meter; flow ga(u)ge; flow meter; hydrometer; hydrometric(al) current meter; hydrometric(al) flowmeter; hydrometric(al) propeller; potamometer; velocimeter; velocity meter
流速仪测量 current-meter observation
流速仪测流的检验 verification of current meter
流速仪测流断面 current-meter measuring cross-section
流速仪测流法 current-meter discharge measurement; flow measurement by current meter
流速仪测流法 current-meter method
流速仪的检定 verification of current meter
流速仪吊索 meter suspension cable
流速仪法 current-meter method
流速仪检定 current-meter calibration; current-meter rating; rating of current meter
流速仪检定水槽 current-meter rating flume; velocity rating flume
流速仪率定 current-meter calibration; current-meter rating; rating of current meter
流速仪率定曲线 current meter rating curve
流速仪率定水槽 current-meter rating flume; velocity rating flume
流速仪装置 set of current meter
流速应力曲线 rate-of-flow-stress curve
流速在横截面的分布 velocity distribution in the cross-section
流速再分布 velocity redistribution
流速震动 velocity pulsation
流速指示器 flow indicator; flow rate indicator; rate-of-flow indicator
流速自动控制装置 rate-of-flow controller
流速纵断面 current profile
流速坐标图 kinemograph
流态 flow condition; flow form; flow pattern; fluidization state; pattern of flow; regime(n) of flow; state of flow
流态拌和物 wet mix
流态变形拖曳力 deformation drag
流态采样 isokinesis sampling
流态稠度 mushy consistence[consistency]
流态床分解炉 fluidized bed calciner
流态床烘干机 fluidization drier[dryer]; fluidizing drier[dryer]
流态地沥青 guss asphalt
流态观测 observation of flow pattern
流态化 fluidisaton; fluidize
流态化焙砂 fluid calcine
流态化焙烧法 fluosolid process; fluosolid system
流态化焙烧炉 fluosolid roaster
流态化材料 fluidized material
流态化床 fluidized bed
流态化的 fluidized
流态化法 fluid solid process
流态化反应器 fluidizing reactor
流态化干燥器 fluidization drier[dryer]; fluidized bed drier[dryer]; fluidizing drier[dryer]
流态化烘干机 fluidization drier[dryer]; fluidized bed drier[dryer]; fluidizing drier[dryer]
流态化技术 fluid technique
流态化空气 fluidizing air
流态化空气预热器 fluid air preheater
流态化炼焦 fluid coking
流态化炉 fluidized bed furnace
流态化喷嘴 fluidizing nozzle
流态化起点 point of incipient fluidization; point of onset of fluidization
流态化气动输送机 fluidized pneumatic conveyer[conveyor]
流态化气体 fluidizing gas
流态化燃烧 fluidized bed combustion
流态化输送 fluidized conveying
流态化输送机 fluidized conveyer[conveyor]
流态化输送料槽 fluidized trough conveyer[conveyor]
流态化数 fluidization number
流态化速度 fluidizing velocity
流态化物料冷却器 fluidized material cooler
流态化系统 fluidizing system
流态化卸料 emptying by fluidization; fluidized discharge
流态化窑 fluid solid kiln
流态化造粒 fluidized bed granulation
流态化质量 fluidization quality
流态化装置 fluidization installation
流态化作用 fluidization
流态化作用停滞 defluidization
流态混凝土 chutable concrete; collapsed concrete; concrete in fluid state; floated concrete; flocrete; flowing concrete; fluid concrete; guss concrete; liquid concrete; mushy concrete; self-compacting concrete; soupcrete; super-plastic(ized) concrete
流态介质 fluid medium
流态煤粉 fluid coal; fluidized coal
流态区域 flow region
流态砂 fluidized sand
流态砂浴炉 fluidized bed furnace
流态时的温度范围 fluid temperature range
流态示踪 tracing of flow pattern
流态水泥砂浆 fluid cement grout
流态稳定性 flow stability
流态显示 flow visualization
流态指数 index of flow state
流态自硬砂 liquid self-hardening sand
流体 body fluid; fluid body; influent; liquor
流体盎司 < 液体容积单位,英制 1 流体盎司 = 28.41 立方厘米,美制 1 流体盎司 = 29.6 立方厘米 > fluid ounce
流体包(裹)体 fluidgenic inclusion; fluid inclusion
流体饱和度 fluid saturation
流体泵 fluid pump
流体比重测定网络 hydrometric(al) network
流体边界层 fluid boundary layer
流体变速机 fluid transmission
流体采样设备 fluid sampling apparatus
流体操纵部件 fluid operated devices
流体测沉计 hydraulic level(l)ing device
流体测定 hydrometry
流体层 fluid stratum[复 strata]
流体产量减损 loss of fluid yield
流体超压 fluid overpressure
流体冲蚀 fluid wash
流体除冰器 fluid deicer
流体传动齿轮 fluid transmission gear
流体传动跳汰机 hydromotor jig; Southwestern-Kraut(hydromotor) jig
流体床催化裂化设备 fluid catalytic cracker
流体(单)元 fluid element
流体弹塑性体 hydroelasto-plastic body
流体弹性 elasticity of fluid; hydroelasticity
流体弹性不稳定 fluid elastic instability
流体弹性理论 hydroelasticity(theory)
流体弹性能 elastic energy of fluid
流体弹性振动 hydroelastic vibration
流体的 fluidal; hydrodynamic(al)
流体的俘获截面 fluid capture cross section
流体的黏[粘]度比 fluid viscosity ratio
流体的黏[粘]滞性 fluid viscosity
流体的势和力场 fluid potential and field of force
流体的视中子孔隙度 apparent neutron porosity of fluid
流体的应力 stress of fluidity
流体电阻率 fluid resistivity
流体动力 dynamic(al) flow; fluidic power
流体动力波 H-wave; hydrodynamic(al) wave
流体动力不稳定性 hydrodynamic(al) instability
流体动力传动 hydrodynamic(al) transmission; dynaflow; fluid drive
流体动力传送 hydrokinetic power transmission
流体动力的 hydrokinetic

流体动力的应力 hydrodynamic(al) stress
流体动力对称 hydrokinetic symmetry
流体动力过程 fluid dynamic(al) process
流体动力荷载 hydrodynamic(al) load
流体动力计算 hydrodynamic(al) computation
流体动力剪切力 hydrodynamic(al) shear force
流体动力模拟 fluid flow analogy;hydraulic analogy
流体动力模拟计算器 hydrocal
流体动力破碎法 hydrokinetic crushing
流体动力谱 hydrodynamic(al) spectrum
流体动力驱动 hydrodynamic(al) drive
流体动力润滑作用 hydrodynamic(al) lubrication
流体动力数字模型 hydrodynamic(al) digital model
流体动力特性 fluid dynamic(al) behavio(u)r; hydrodynamic(al) behavio(u)r
流体动力稳定性 hydrodynamic(al) stability
流体动力系统 fluid power system
流体动力现象 hydrodynamic(al) phenomenon
流体动力相似 hydraulic similarity
流体动力效应 hydrodynamic(al) effect
流体动力型换能器 hydrodynamic(al) transducer
流体动力学 flow mechanics;flow dynamics; fluid dynamics; fluid kine(ma)tics; hydrodynamics; hydrokinetics
流体动力学的 hydrodynamic(al)
流体动力学的圆柱绕流定理 circle theorem of hydrodynamics
流体动力学方程 hydrodynamic(al) equation
流体动力学基本方程 fundamental equation of hydrodynamics
流体动力学家 hydrodynamist
流体动力学扩散 hydrodynamic(al) diffusion
流体动力学理论 hydrodynamics theory
流体动力学模拟 hydrodynamic(al) analogy;water-wave analog(ue)
流体动力学时标 hydrodynamic(al) time scale
流体动力学特性 behavio(u)r of fluids dynamics; hydrodynamic(al) characteristic
流体动力学微分方程 hydrodynamic(al) differential equation
流体动力学相似律 law of hydrodynamic(al) similarity
流体动力学性能 hydrodynamic(al) performance
流体动力学研究 hydrodynamic(al) research
流体动力压力 hydrodynamic(al) pressure;hydrokinetic pressure
流体动力研究 fluid dynamic(al) research
流体动力杂志 journal of fluid mechanics
流体动力噪声 hydrodynamic(al) noise
流体动力振子 hydrodynamic(al) oscillator
流体动力质量 hydraulic mass;hydrodynamic(al) mass
流体动力阻力 hydrodynamic(al) drag
流体动力阻尼 hydrodynamic(al) damping
流体动压润滑 hydrodynamic(al) pressure lubrication
流体动压头 hydrodynamic(al) head
流体动阻力 hydrodynamic(al) resistance
流体对冷却器的温度效应 fluid temperature to cooler
流体对冷却器的压力 fluid pressure to cooler
流体吨<力单位,1 流体吨 = 0.906 立方米水所受的重力> fluid ton
流体发射速度 fluid emission rate
流体放大器 fluid amplifier
流体飞轮 fluid flywheel
流体分级 fluid classification
流体分离装置 fluid separation device
流体分配器 fluid distributor
流体分析仪 fluid analyzing apparatus
流体封闭 fluid seal
流体浮悬陀螺仪 hydrogyro
流体负荷 fluid load
流体负载量热计 liquid load calorimeter
流体高差 fluid head
流体固体耦合系统 solid-liquid coupled system
流体固体系统 fluid solid system
流体轨迹 flow line;streak line
流体焊接 flow soldering;flow welding
流体化 fluidization
流体化流 fluidizing flow;fluidized flow
流体化室 fluidizing chamber
流体化学 fluid chemistry
流体回灌率 fluid acceptance rate
流体回旋器 fluid gyroscope
流体混合器 flow mixer
流体机理 fluid mechanism
流体激光器 fluid state laser
流体集装箱 fluid tank container
流体几何条件 fluid geometry
流体计量器 fluid meter
流体计算机 fluid computer
流体剂量计 liquid dosimeter; liquid dosing apparatus
流体加热炉 fluid heating furnace
流体减振器 fluid damper
流体接触面 fluid contact
流体接触装置 fluid contacting apparatus;fluid contacting unit
流体节制 fluid damping
流体结构 fluid structure
流体结构相互作用 fluid structure interaction
流体介质 flow medium;fluid medium
流体浸入影响 fluid immersion effect
流体静力 hydrostatic force
流体静力称重 hydrostatic weighing
流体静力传送(设备) hydrostatic transmission
流体静力方程 hydrostatic equation
流体静力加速度仪 hydrostatic accelerometer
流体静力加速仪 hydrostatic accelerometer
流体静力平衡 hydrostatic equilibrium
流体静力强度 hydrostatic strength
流体静力曲线 hydrostatic curve
流体静力润滑 hydrostatic lubrication
流体静力水准测量 hydrostatic level(l)ing
流体静力水准(测量)仪 hydrostatic level;hydrostatic level(l)ing apparatus
流体静力围压 hydrostatic confining pressure
流体静力学 fluid statics; hydrostatics;statics of fluid
流体静力学的 hydrostatic
流体静力学地球 hydrostatic earth
流体静力学假设 hydrostatic assumption
流体静力学近似 hydrostatic approximation
流体静力学平衡 hydrostatic balance
流体静力学试验 hydrostatic test(ing)
流体静力应力状态 hydrostatic state of stress
流体静压分布 hydrostatic pressure distribution
流体静压(力) hydrostatic pressure; fluid pressure;hydropressure
流体静压力计 fluid static pressure meter
流体静压强 hydrostatic pressure
流体静压润滑 hydrostatic pressure-lubrication
流体静压试验 hydrostatic pressure test(ing)
流体静压头 hydrostatic pressure head;still water head
流体静压头计 hydrostatic head ga(u)ge
流体静压污泥排除法 hydrostatic sludge removal
流体静压(压力)计 hydrostatic ga(u)ge
流体静压轴向力 total hydrostatic(al) end force
流体静压轴向力差 difference between hydrostatic(al) end forces
流体静应力 hydrostatic stress
流体孔道式计数管 well-shaped counter
流体孔(隙)压力 fluid pore pressure
流体控制阀 control valve for fluids; fluid-controlled valve
流体雷诺德数 Reynold's number of fluid
流体冷却 fluid cooling
流体离合器 fluid clutch
流体力化学 fluid force chemistry
流体力学 fluid mechanics; hydromechanics
流体力学不稳定性 hydrodynamic(al) instability
流体力学的 hydromechanical
流体力学过程 hydromechanical process
流体力学理论 hydromechanics theory
流体力学模型 hydromechanical model
流体力学湍动 hydrodynamic(al) turbulence
流体力学稳定性 hydrodynamic(al) stability
流体力学学报<英国月刊> Journal of Fluid Mechanics
流体力学原理 fluid mechanics principle
流体连接 fluid coupling
流体连续方程 equation of continuous flow
流体联轴节 fluid coupling
流体流 fluid current
流体流变学 fluid rheology
流体流动 flow of fluid;fluid flow
流体流动的力 force of the current
流体流动方程 liquid flow equation
流体流动模拟 fluid flow analogy
流体流量 fluid discharge
流体流入 fluid influx
流体流入管道水头 entrance head
流体流失 fluid loss
流体流速 rate-of-flow of fluid
流体流速测定计 rhysimeter
流体流速计 rhysimeter
流体流态 fluid regime
流体流向 direction of flow; flow direction
流体逻辑 fluid logic
流体密度 fluid(-medium) density
流体密度计 fluid density meter
流体面 fluid surface
流体模拟计算机 fluid analogue computer
流体模型 rheologic(al) model
流体膜轴承 fluid film bearing
流体摩擦 fluid friction
流体摩擦阻力 resistance of fluid friction
流体磨料磨损 hydroabrasive wear
流体内摩擦 internal fluid friction
流体黏[粘]滞度 viscosity of liquid
流体排放点 fluid discharge point
流体抛光法 hydrofinish
流体喷射 fluid jet
流体喷射泵 fluid entrainment pump; fluid jet pump
流体喷头 fluid nozzle
流体品质测量 fluid quality measurement
流体平均温度 fluid bulk temperature
流体起旋 burbling
流体侵蚀 fluid erosion
流体区域 fluid region
流体曲线 fluid curve
流体驱动 fluid drive
流体驱动的 fluid actuated
流体驱替 fluid displacement
流体取样 fluid sampling
流体取样弹 fluid sampling bomb
流体圈闭 fluid trap
流体燃料 liquid fuel
流体燃料反应堆 fluid fuel reactor
流体扰动 flow turbulence
流体扰动黏[粘](滞)度 fluid turbulent viscosity
流体容器 fluid container
流体渗透率 fluidgenic permeability
流体渗透仪 fluidgenic percolator
流体渗透阻力 fluid transmission resistance
流体生物学 hydrobiology
流体试样 fluid sample
流体势(能) fluid potential
流体输送机 fluid conveyer[conveyor]
流体调节器 fluid conditioner
流体通道 channel of the fluid; fluid flow passage
流体通量 fluid flux
流体网络 fluid network
流体网络分析器 fluid network analyser[analyzer]
流体微分体 fluid element
流体温度 fluid temperature
流体污染物 fluidgenic pollutant
流体无回路系统 dead end system
流体系数 fluid coefficient
流体线 fluid line
流体相 fluid phase
流体镶嵌模型 fluid mosaic model
流体镶嵌膜 fluid mosaic membrane
流体效率 hydraulic efficiency
流体效应 hydrodynamic(al) effect
流体行为 fluid behavio(u)r
流体旋涡 fluid whirl
流体旋转运动 rotational fluid motion
流体学 fluidics
流体压力 fluid pressure; pressure of fluidity
流体压力测量法 piezometry
流体压力反应 flow pressure response
流体压力/积土压力 ratio of fluid pressure to overburden pressure
流体压力计 fluid pressure meter; hydromanometer; manometer; tens(i)ometer;manoscope
流体压力计的 manometric(al)

流体压力记录器 manograph
流体压力诱发的断层作用 fluid pressure-induced faulting
流体压强计 fluid pressure meter; hydromanometer; manometer; manoscope; tens(i)ometer; vacuum ga(u)ge
流体逸出结构 fluidgenic escape structure
流体应力 fluid stress
流体有害物质含量分析 fluid analysis for the content of injurants
流体预过盈轴承 hydra-rib bearing
流体元迹线 path of a fluid element
流体运动 fluid motion
流体运动方程 fluid motion equation
流体运动学 fluid kine(ma)tics; hydrokine(ma)tics
流体载热剂 heat-conducting fluid; heat-exchange fluid; heat releasing fluid; heat-transfer fluid; heat transport(ing) fluid
流体闸 fluid brake
流体折转角 fluid deflection
流体振荡 fluid oscillation
流体质点 fluid particle
流体质量 fluid mass
流体重力流 fluid gravity flow
流体轴承 fluid bearing
流体注入 fluid injection
流体柱 fluid column
流体转速计 fluid displacement tachometer
流体状态 fluid state
流体总能量 total energy of a fluid
流体阻抗 fluid impedance
流体阻力 fluid resistance; hydraulic resistance
流体作用 fluidization
流铁槽 casting runner; iron runner
流铁沟 casting runner
流通 circulate; circulating; circulation; conveyance; negotiation; running; turnover
流通仓库 distribution warehouse
流通池 flow cell
流通的钞票 bank note in circulation
流通地理学 geography of circulation
流通电泳法 flow-through electrophoresis
流通范围 sphere of circulation
流通费用 distribution charges; distribution cost; expenses of circulation
流通费用率 percent of circulation expenses
流通股 floating stock
流通管 run(ner) pipe; run(ner) tube
流通管理系统 circulation control system
流通过程 circulation process
流通环节 intermediate link
流通继电器 flow relay
流通截面 actual internal area; area of passage; free section; passage section; through section
流通截面积 flow area
流通空间(冷藏车) free air space
流通空气 draft air; ventilating air
流通库存 dealer inventory
流通离子电泳 flow-through ionophoresis
流通利润 profit through circulation
流通量环境 traffic environment
流通量模式 traffic pattern
流通量指示器 currency indicator
流通领域 field of circulation
流通路线 flow route
流通媒介 circulating medium; medium of circulation; medium of exchange
流通面积 circulation area; flow area
流通模式 circulation pattern
流通能力 flow capacity; negotiability
流通票据 negotiable instrument
流通期 period of circulation
流通渠道 circulation channel; flowing-through channel
流通券 currency note
流通设备 circulating equipment
流通时间 currency
流通市场 circulating market; circulation market
流通式比色计 flow-through colo(u)rimeter
流通式计数器 flow counter
流通式截面积 flow cross-section
流通试验 flow test
流通手段 medium of circulation
流通数量 quantity in circulation
流通速度 velocity of circulation; velocity of propagation
流通损耗 circulation loss
流通信[讯]用证 circular letter of credit
流通硬币 coin circulation
流通证券 active security; negotiable instrument
流通支票 negotiable check
流通中心 transaction center[centre]
流通资本 capital of circulation; circulating capital
流通资产 circulating real capital
流图算法 flow graph algorithm
流涂 flow coat(ing)
流涂法 flow coat method; flowing method
流涂清漆 flowing varnish
流土 earth flow; flowing clay; quick sand; soil flow(ing); flow soil
流网 drift net; drift seine; hydraulic flow net; flow net
流网场 field of flow net
流网法 drift net method; flow net method
流网分析 flow net analysis
流网概念 flow net concept
流网解 flow net solution
流网理论 theory of flow net
流网渔船 drift boat; drifter; drift fisher
流网作业 drift net fishing
流纹 flow line; flow mark
流纹斑晶 rhyocrystal
流纹斑岩 rhyolite porphyry
流纹带 flow banding
流纹构造 flow structure; fluidal structure; fluxion structure; rhyolitic structure
流纹辉绿结构 rhyodiabasic texture
流纹结构 fluxion texture
流纹凝灰岩 liparite tuff
流纹玄武岩 rhyobasalt
流纹岩 liparite; quartz trachyte; rhyolite
流纹岩玻璃 rhyolitic glass
流纹岩熔岩 rhyolitic lava
流纹岩岩浆 rhyolitic magma
流纹岩-英安岩-流纹岩类 rhyolite-dacite-rhyolite group
流纹岩质泛滥喷发 rhyolitic flood eruption
流纹英安斑岩 rhyodacite porphyry
流纹英安岩 dellenite; quartz lattice; rhyodacite
流纹英安质玻璃 rhyodacite glass
流纹油地毡 jaspe lino(leum)
流纹质火山角砾岩 rhyolitic volcanic breccia
流纹质集块岩 rhyolitic agglomerate
流纹质凝灰岩 rhyolitic tuff
流纹质熔结集块岩 rhyolitic welded agglomerate
流纹质熔结角砾岩 rhyolitic welded breccia
流纹质熔结凝灰岩 rhyolitic welded tuff
流纹质疑灰熔岩 rhyolitic tuff lava
流纹装饰 fire-cord decoration
流纹状层理 current bedding
流纹状的 rhyotaxitic
流纹状构造 rhyotaxitic structure
流洗槽 streaming box
流霞黄长岩 foyamelilitite
流霞正长岩 foyaite
流下 defluxion; flow down; shoot
流下的水 defluent
流下理论 trickle-down theory
流下去 fall down
流下水冻成冰 water ice
流线 current line; filament line; filament of water; flow filament; flow path; flow stream (line); Lüders' line; strain figure; stream filament; streamline; thread of current
流线比色分析 on-line colo(u)rimetric analysis
流线比色分析法 on-line colo(u)rimetry analysis method
流线场 streamline field
流线的 streamline
流线渡槽 flowline aqueduct
流线方向 grain direction
流线分析 on-line analysis
流线改接符 outconnector
流线改连接 outconnection
流线构造 aligned current structure; linear flow structure; current lineation; flow structure; parting lineation
流线轨迹 path of flow line
流线过程 streamline process
流线函数 stream function
流线化 streaming
流线理论 streamline theory
流线流 laminar flow; laminar motion; streamline flow
流线内接符 inconnector
流线偏转角 streamline deviation angle
流线剖面轴 spindle of streamline section
流线谱 configuration of flow; flow field; flow mark; flow pattern; stream(lines) pattern
流线圈 streamlined diagram
流线设计 circulation design
流线式过滤 streamline filtration
流线式过滤器 edge filter; streamline filter
流线式生产 churn
流线输送法 flowline conveyer[conveyor] method
流线输送机 flowline conveyer[conveyor]; streamline conveyer[conveyor]
流线体 fish-type body; fusiform body
流线图 flow map; network <统筹方法中由活动和事项组成的>
流线图技术 flow graph technique; network model
流线图谱 flow diagram; flowline plan; motion pattern; streamline diagram; streamlines pattern
流线外接符 outconnector
流线外皮 streamline casing
流线形 streamline shape
流线形的 fusiform; streamline
流线形体 ichthyoid
流线形外形 slender contour
流线形箱梁(截面) streamlined box girder
流线形状 aerodynamic(al) form
流线型 aerodynamic(al) form; flowing contours; flowing line; flowing style; hydrodynamic(al) form; streaming; streamline; streamline form; streamline pattern; streamline shape; streamlining; swept line model; aerodynamic(al) shape <车体外形设计>
流线型车 streamline car
流线型车辆 streamlined roiling stock
流线型车身 fleetline body; racing body; streamline body; teardrop body
流线型车体 racing body
流线型船 clean lines; streamline vessel
流线型船身 highly faired hull
流线型船尾 clean run
流线型窗花格 flowing tracery
流线型的 faired; fairshaped; fusiform; streamlined; well-rounded; fairing; fleetline
流线型洞口 enlarged culvert inlet
流线型断面 streamlined cross-section; streamline section
流线型舵 hydrofoil rudder; streamlined rudder
流线型房屋 streamlined house
流线型飞机 streamlined aircraft
流线型峰值分布 nappe-shaped crest profile
流线型管 streamline conduit; streamline pipe; streamline tube
流线型横断面 streamlined cross-section
流线型横截面 streamlined cross-section
流线型化 streamlining
流线型火车 streamlined liner; streamliner
流线型机车 streamline(d) locomotive
流线型机架 inswept frame
流线型机壳 streamlined housing
流线型机组 streamlined unit
流线型减阻平衡 faired contour balance
流线型筒体 streamline shell
流线型浇口 streamlined gating
流线型截面 streamlined cross-section; streamline section
流线型客车 streamlined coach
流线型空心型材 streamline hollow shape
流线型列车 streamlined train
流线型流(动) streamline flow
流线型旅客列车 streamline passenger train
流线型轮盖 spat
流线型轮廓 streamlined contour
流线型模式 flow model
流线型内接头 streamline rod coupling
流线型内燃牵引列车 tinlizard
流线型喷嘴 needle nozzle
流线型平衡舵 Simplex rudder; streamline balanced rudder
流线型汽车 streamline(d) car
流线型前身 eddy free front
流线型散流器 streamlined ceiling diffuser
流线型上层建筑 streamline superstructure; streamlining
流线型绳缆 faired cable
流线型输送法 flowline conveyer method
流线型体 fairing; streamline(d) body
流线型通风器 streamline ventilator
流线型外壳 fairing

流线型外形 streamlined contour
流线型物 streamliner
流线型液体混合器 flow mixer
流线型溢流堰顶 nappe-shaped crest of spillway
流线型溢流堰面 streamlined spillweir face
流线型油管 extreme-line tubing
流线型运动准则 criterion[复 criteria] of streamline motion
流线型张线 streamline wire
流线型罩 dome;fairing;spat;streamlined casing
流线型支架 streamline support
流线型支柱 streamlined strut
流线型重锤 streamlined weight
流线型装置 streamliner
流线印痕 flow mark
流线坐标系 streamline coordinate system
流限 ductility limit;ductility point;flow(ing) limit;limit of yielding;point of fluidity;yield limit;yield range;yields point
流限仪 liquid limit apparatus;mechanical liquid limit device
流向 current direction;directional flow;directional flow arrow;direction of current;direction of flow;flow direction;set of current;set of stream;traffic movement
流向板 course plate
流向变化 change of current direction
流向测定仪 current direction meter
流向测量 current direction measurement;current direction survey;flow direction measurement
流向测量器 flow direction probe
流向测验浮标 direct(ion) float
流向测验浮子 direct(ion) float
流向车站或枢纽的运输(货车) tributary traffic
流向袋 fair water cone
流向方法 <信号配时的一种方法> movement related method
流向分配 directional split
流向浮标 direction float
流向鉴别断路器 discriminating circuit-breaker
流向角 angle of current
流向可变车道 reversible flow lane
流向可逆性 flow reversibility
流向偏角 oblique angle of flow
流向频率分布图 current rose
流向探测仪 current direction finder
流向图 current rose;direction rose;flow graph;flow sheet
流向图分析 flow graph analysis
流向图可约性 flow graph reducibility
流向线 flow line
流向线图 flowline map
流向选择 the choice of flow direction
流向仪 current direction indicator;current direction meter;flow direction(al) vane;flow direction indicator
流向指示器 current direction indicator;direction finder
流向指示仪 current direction indicator
流向中心 center[centre] of flow
流楔 fluid wedge
流斜槽 flume
流泻 running off
流星 meteor;shooting star
流星尘 meteoric dust
流星反射通信[讯] meteor reflection communication;via meteors communication
流星散射传播 meteor-burst propagation
流星散射通信[讯] meteor scatter communication
流星体 meteoroid
流星物质 meteoric material;meteoric matter
流星余迹通信[讯] meteoric trail communication
流星余迹通信[讯]系统 meteor trail communication system
流星雨 meteoric shower
流星-自然卫星 meteor-nature satellite
流行 circulate;come into vogue;popularity;prevail;vogue
流行病 epidemic disease;epidemy;pestilence
流行病发生 epidemiogenesis
流行的 fashion(able);groovy;off-the-shelf;popular;prevailing;rampant
流行额 active circulation
流行规律 regularity of epidemic
流行过程 epidemic process;epidemiologic(al) process
流行货 articles in great demand
流行计数 fashion count
流行价格 prevailing price
流行建筑 pop architecture
流行建筑师 fashionable architect
流行扩散 epidemic spread
流行冷却 flow cooling
流行率 prevalence rate
流行品存货单 model stocklist
流行强度 epidemic strength
流行曲线 epidemic curve
流行全世界的 pandemic
流行色 colo(u)r popularity;current shade;fashion colo(u)r
流行色重复出现 colo(u)r cycle
流行式 fashionable
流行物 vogue
流行性疱疹热 epidemic catarrhal fever
流行性病毒 epidemic virus
流行性的 epidemic;pandemic
流行性腹泻 epidemic diarrhea
流行性肝炎 epidemic hepatitis
流行性感冒 break-bone fever;epidemic catarrhal fever;flu;influenza
流行性(疾)病 current disease
流行性卡他热 epidemic catarrhal fever
流行性脑膜炎 epidemic meningitis
流行性热病<马、猪等的> influenza
流行性乙型脑炎 encephalitis B
流行样式 regnant fashion
流行艺术 pop art
流行因素 epidemic factor
流行指数 epidemic index
流形 manifold
流形上的芬斯拉结构 Finsler structure on a manifold
流形上的平面场 field of plane on a manifold;plane field
流形上的向量场 field of vector on a manifold;vector field
流型 current pattern;flow cast;flow form;flow pattern;pattern of flow;stream(line) pattern
流型磁带机 streaming tape drive
流型的畸变 distortion of flow pattern
流型扩散 dispersion due to flow profile;hydrodynamic(al) diffusion
流型线 streamlining
流性黏[粘]土 quick clay
流性上限 liquid upper limit
流性树脂 casting resin
流性限度 liquid limit
流性液体 mobile liquid
流性油 mobile oil;mobiloil
流性指数 flow index;index of liquidity;liquidity index
流选择 stream option
流压 current pressure
流压测程计 Sal log
流压差 driftage;drift way
流压差修整量 allowance for current
流压管 piezometric tube
流压环 piezometer ring
流压计 piezometer
流压计的 piezometric
流压角 angle of crab
流压角差 current angle
流压术 manoscopy
流延 casting
流延薄膜 cast film
流延成型 tape casting;tape forming
流延法 casting method;doctor-blading process
流延法注浆 doctor-blade casting
流延机 casting machine
流延树脂 casting resin
流延涂布法 cast coating
流延涂布机 cast coater
流延用混合料 casting compound
流岩 flow rock;lava;light ground
流液比色检测器 flowing liquid colo(u)rimetric detector
流液洞 dog hole;flow hole;throat
流液洞侧壁 sleeper wall
流液洞侧壁砖 sleeper block;throat cheek
流液洞侧砖 dice block;throat sheek block;throat-side block
流液洞盖板砖 throat cover(block)
流液放射性测量计 effluent activity meter
流液计数器 liquid flow counter
流逸【物】 transpiration
流溢 slime flux
流英正长岩 evergreenite
流釉 flowing glaze
流淤土砂 sand run-down
流域 basin;catch basin;catchment (basin);catchment water basin;drainage;draining area;flow area;gathering ground;hydrographic(al) basin <美>;regions of flow;river basin;river catchment;tributary basin;valley catchment area;water catchment;watershed
流域按等高线分层曲线图 hypsometric curve
流域保护 watershed protection
流域保护工程 watershed protected engineering;watershed protected project
流域保护和洪水控制法规 Watershed Protection and Flood Control Act
流域保护及防洪法案 Watershed Protection and Flood Prevention Act
流域暴露位向 watershed exposure
流域边界 catchment boundary;drainage area boundary;outline of drainage basin;watershed boundary
流域补给 basin recharge;recharge of basin
流域不对称因子 watershed unsymmetry factor
流域不均匀因子 watershed non-homogeneity factor
流域产沙量 sediment yield of river basin;watershed sediment yield
流域产沙模数 module of sediment yield
流域产水量 drainage basin yield;yield of drainage basin
流域长度 basin length
流域长宽比 catchment aspect ratio
流域迟滞<由降雨量中心至流量洪峰线的时间> basin lag
流域出口 basin mouth
流域出水口 watershed outlet
流域出水量 catchment yield
流域大小 watershed size
流域大小化算 reduction of basin size
流域单元 basin cell
流域的河渠密度 drainage density
流域的排水网密度 drainage density
流域的自然地理特点 physical features of a basin
流域等级 basin order
流域地貌 drainage basin morphology;watershed morphology
流域地貌测量 drainage basin morphometry
流域地下水酸化模型 model of acidification of groundwater in catchment
流域地形学 basin topography;drainage basin topography
流域调查 basin investigation
流域调蓄流量 basin storage discharge
流域发展规划 river basin development plan(ning)
流域发展因素 watershed development factor
流域发展因子 watershed development factor
流域范围 basin perimeter
流域分界线 catchment boundary;drainage divide(line);watershed;watershed divide
流域分水岭 basin divide;watershed divide
流域分水线 basin divide;watershed divide
流域概述 outline of drainage basin
流域高宽比 relief ratio
流域管理 basin management;catchment management;management of river basin;river basin management;watershed management
流域管理处 catchment board
流域管理计算机优化 computer optimization of river basin management
流域管理局 river basin administration
流域管理委员会 river board
流域规划 basin planning;basin-wide program(me);plans for river basins;river basin plan(ning);river plan(ning);river valley planning;valley project;watershed planning
流域规模的 basin-wide
流域合同条约 river basin contracts and treaties
流域环境 valley environment
流域环境水文学 watershed environmental hydrology
流域环境卫生 watershed sanitation
流域环境质量图 environmental quality map of river basin
流域汇流时间 basin lag;lag of basin
流域汇流演算 watershed routing
流域汇流预报 forecasting of basin flow concentration
流域集水区 catchment area
流域集水时间滞后 watershed lag
流域计划<整体的> basin-wide program(me)
流域间地区 interbasin area
流域间分洪 interbasin diversion
流域间分流 trans-divide diversion
流域间面积 interbasin area
流域间水迁移 interbasin transfer of water
流域简图 outline of drainage basin
流域降水 drainage area precipitation
流域降水量 basin precipitation
流域截水区 catchment area

流域界 stream boundary
流域界线 basin line;drainage line
流域经营 basin management
流域径流 flow of catchment
流域径流量的推理公式 rational formula
流域开发 river basin development; river valley development; watershed development
流域开发工程 river basin project; valley project; watershed development project; watershed project
流域开发规划 river basin development plan(ning); watershed development planning
流域开发项目 river basin project; valley project; watershed development project; watershed project
流域垦殖规划 river valley reclamation project
流域垦殖计划 river valley reclamation project
流域轮廓 basin configuration; outline of drainage basin
流域面积 area of catchment; catching area; catchment area; contributory area; river basin area; tributary area; valley area; water catchment area; water collecting area; water collection area; watershed area; drainage area
流域面积定律 law of basin area
流域模型 river basin model; watershed model
流域内雨深-面积曲线 within-basin depth-area curve
流域排水工程 basin sewage
流域排水盆地 drainage basin
流域排水系统 catchment basin sewerage; catchment sewage system
流域盆地 drainage basin; draining basin
流域平均 basin mean
流域平均高程 mean basin height; mean elevation of basin
流域平均高度 mean basin height
流域平均降水量 basin mean precipitation
流域平均径流量 basin mean runoff
流域平均宽度 average width of watershed
流域平均年径流 drainage basin yield
流域平均坡度 mean basin slope
流域平均坡降 mean basin slope
流域平均雨量 average rainfall of the drainage area; average watershed rainfall; basin mean rainfall
流域平均雨深 mean areal depth of precipitation
流域坡度 basin slope; catchment slope; slope of basin; slope of catchment; slope of watershed; watershed slope
流域坡度系数 coefficient of basin slope
流域坡降 basin slope; catchment slope; slope of basin; slope of watershed; watershed slope
流域森林面积系数 coefficient of forestation
流域伸长比 basin elongation ratio
流域渗流量 watershed leakage
流域生态风险评价方法 watershed level ecological risk assessment methodology
流域生态系统 basin ecosystem; watershed ecosystem
流域生态学 watershed ecology
流域水道测量学 basin hydrography
流域水环境 basin water environment
流域水环境保护 basin water environment protection
流域水环境管理 river basin management of water environment
流域水量平衡 basin accounting; river basin balance; watershed water balance; hydrologic(al) accounting; water budget
流域水文地理学 basin hydrography
流域水文调查 hydrologic(al) survey of river basin; hydrologic(al) survey of watershed
流域水账 basin accounting; hydrologic(al) accounting; water budget
流域水质控制 catchment quality control
流域水质目标管理 basin water quality target management
流域水质评价 watershed-based water quality evaluation
流域酸化 watershed acidification
流域酸化模型 watershed acidification model
流域损失 basin loss
流域特征 basin characteristic; characteristics of basin; drainage characteristic; watershed characteristic
流域特征值 characteristic value of watershed
流域图 basin map; drainage map
流域土地使用状况 watershed land use
流域退水 basin recession
流域外形 basin configuration
流域委员会 river basin commission
流域卫星 watershed satellite
流域下水道 basin sewage
流域相对侵蚀强度指标 relatively erosive intensity index of watershed
流域相似 basin analog
流域小区 watershed plot
流域形态 aspect of drainage basin
流域形态测量参数 morphometric(al) parameter
流域形态学 drainage basin morphology
流域形心 centroid of drainage basin
流域形状 basin configuration; basin shape; shape of basin; watershed form
流域形状系数 basin shape factor; coefficient of basin shape; coefficient of the shape of the basin
流域形状因子 watershed shape factor
流域蓄水量 basin storage; storage capacity of water shed; valley storage; watershed storage capacity
流域雪覆盖密度 snow cover-density of watershed
流域因素 watershed factor
流域圆形度 basin circularity
流域再补给量 basin recharge
流域治理 valley harnessing
流域滞留 basin lag
流域滞时 basin lag; lag of basin; watershed lag
流域中的支流 catch feeder
流域周长 basin perimeter
流域自然地理调查 physical geographic(al) survey of watershed
流域综合查勘 comprehensive investigation of river basin; comprehensive survey of river basin; integrated investigation of river basin
流域综合管理 integrated catchment management
流域综合开发 integrated river-basin development
流域综合勘查 comprehensive investigation of river basin
流域综合勘察 comprehensive investigation of river basin
流域综合利用规划 comprehensive fiver basin planning
流域综合治理 comprehensive reclamation of river basin
流域总产流量 <包括地下径流的> run-out
流域总(径)流量 run-out
流域总面积 hydrographic(al) basin
流域总坡度 general slope of basin
流域总坡降 general slope of basin
流域总体规划 river basin master plan
流域总蒸发量 total evapo(u)ration of watershed
流域最大高差 maximum in basin relief
流源 point of fluidity
流云花纹 spider legs
流运 river driving
流渣槽 cinder spout; slag spout; slag trough
流渣沟 slag run; slag runner
流展 spreading
流展性 flow level(l)ing
流振元件 edgetone element
流值 <流动度的单位,为动态黏[粘]度的倒数> rhe
流至国外的资金 funds to be flowed abroad
流质 fluid; fluid medium
流质化 fluidization
流质混凝土 sloppy concrete
流质烈性炸药 monograin
流质去污剂 detergent
流轴 axis of flow
流注 affluxion; disembogue; influx; metastatic abscess
流注焊接 flow welding
流注活动 streaming motion
流注释 flow comment
流铸 slip cast
流铸程序 slip casting process
流铸法 slip casting
流铸件 slip cast block
流铸块 slip cast block
流铸型 flow cast
流转 circulation; exchange
流转泵 circulator
流转的空气 circulating air
流转的盐水 circulating brine
流转额总数 business sales
流转过程图 flow process chart
流转环节 intermediate link
流转器 circulator
流转热水 circulating hot water
流转式冷冻系统 circulating chilled water refrigeration system
流转式冷却系统 circulating cooling system
流转水头 circulating head
流转文件 circulated paper
流转制冷剂 circulating refrigerant
流转装置 circulator
流转资源 flow resource
流状构造 flow of structure; fluidal arrangement; fluidal structure; fluxion structure; flow structure
流状角砾岩 flow breccia
流状结构【地】 flow texture; fluidal texture; fluxion texture; turbulent texture
流状劈理 flow cleavage
流状片麻岩 fluxion gneiss
流状倾伏构造 flow-and-plunge structure
流状态 stream mode
流状褶皱 flow(age) fold
流走 flow off
流阻 flow resistivity; fluid resistance
流阻检测器 flow-and-jam detector
流阻平衡 drag balance
流阻系数 flow friction characteristic
流嘴 downspout; stem bar

留

留本基金 endowment fund
留边不齐的 ragged margin
留槽待填 back joint
留槽的 slotted
留茬 indenting; toothing
留槎 lead
留成利润 retained profit
留成外汇 retain a portion of foreign exchange
留成折旧基金 retain funds for depreciation
留成资金 retention fund
留齿缝 racked joint
留齿缝待接 racking back
留齿接砖墙 toothing of brick wall
留充木 filler
留存 retention
留存比率 retention ratio
留存金 retention fund
留存款项 retention money
留存利润 retained profit
留存收入 retained income
留存收益 retained earning
留存收益表 statement of retained earnings
留存收益余额 balance of retained earnings
留存土墩 <土方开挖中的> dumpling
留存现金 cash on hand
留存盈余 retained earning
留存资产增加额 addition to retained earnings
留大煤柱开采法 long-pillar working
留待将来交付的订货 back order
留待将来交货的订单 back order
留待解决 stand over
留点 stationary point
留点温度计 stationary point thermometer
留顶板煤 roof coal
留洞 <模板的> box(ing) out
留粉甲虫 powder-borer beetle; powder post beetle
留缝丁字接头 open tee joint
留缝对接 open butt joint
留副本 keep a copy of
留钢法 dominant pool method
留挂螺栓 retaining bolt
留痕迹 scar
留间隔 space
留间隙焊缝 open weld
留间隙机构 space mechanism
留空 piercing
留空缝 hollow joint
留空格 space
留空隙 interspace
留空隙装车法 <鲜货> loading by keeping gaps
留孔 <模板的> box(ing) out
留孔模 void former
留矿采矿场 shrinkage stope
留矿采矿法 shrinkage stoping method
留矿采矿工作面 shrinkage stope
留矿法 shrinkage; shrinkage method
留矿法采区 shrinkage area
留矿法放矿控制 shrinkage control
留矿法开采 shrinkage mining
留矿回采法 shrinkage stoping
留矿开采法工作面 shrinkage stope face
留矿(切割槽) shrink
留兰香 Mentha spicata; spearmint
留兰香油 spearmint oil
留粒筛 retaining screen; retaining sieve

留量 allowance;overmeasure
留量冲孔 subpunch
留马利兹 < 一种防蚀层,防蚀涂料 > lumarith
留马牙茬 < 砖墙 > toothing
留明沙 luminating sand
留尼汪正向极性亚带 Reunion normal polarity subzone
留尼汪正向极性亚时 Reunion normal polarity subchron
留尼汪正向极性亚时间带 Reunion normal polarity subchronzone
留鸟 resident bird
留砂槽 riffler
留筛百分率 retained percentage
留伤痕 scar
留守 left-in
留数【计】residue;residual;residuary
留数定理 residue theorem
留数计算 calculation of residues
留数条件 residue condition
留宿者 live in
留宿职工 accommodated staff; accommodation staff
留碳腐蚀 graphitic corrosion
留碳作用 graphitizing
留隙对接 gap butt
留隙焊头 open joint
留隙直径 clearance diameter
留有记录的 on record
留有间隙的特殊联轴器 special clearance coupling
留有间隙的特殊耦合 special clearance coupling
留有余地 leave leeway; make allowance for
留有余地的 over-designed
留有余地的结论 qualified conclusion
留在孔内 become lodge in a hole
留在原处的模板 left-in-place formwork
留职停薪 leave without pay
留置垂直缝 staunching bead; staunching piece
留置缝线固定夹 retaining suture fixator
留置金 retention money
留置金比例 percentage of retention
留置金的百分数 retained percentage
留置金额 retention sum
留置(扣押)权的占有者 lien holder
留置类别 retention class
留置权 lien; lien waiver; mechanic's lien
留置权的放弃 lien waiver
留置权理论 < 认为受甲方只有留置权而无法定所有权 > lien theory
留置权弃权声明书 waiver of lien
留置权书 letter of lien
留置权条款 lien clause
留置探子 permanent sound
留置物 retained thing
留置原位的(混凝土)模板 leave-in-place form
留置资产 assets subject to lien
留住 withhold
留砖牙 toothing
留状板岩 dnotenschiefer

琉璃 azure stone;colo(u)red glaze

琉璃璧 lapis lazuli
琉璃彩画 glazed tile decorative pattern
琉璃繁缕属 < 草本植物 > pimpernel
琉璃面砖 glazed facing tile
琉璃凝灰岩 vitric tuff
琉璃饰面 glazed tile facing
琉璃塔 glazed pagoda
琉璃天牛 < 拉 > Chreonoma fortune
琉璃瓦 colo(u)red glazing tile; enamel(l)ed brick;enamel(l)ed tile; encaustic tile; glazed facing tile; glazed roof(ing) tile; glazed tile; vitreous tile
琉璃瓦屋顶 glazed tile roof
琉璃檐口 glazed cornice
琉璃窑 glazed tile kiln
琉璃砖 encaustic brick;glazed brick; terra-cotta;terra-cotta tile;vitreous brick
琉璃砖块 terra-cotta block
琉莫根磷光体 Liumogen
琉球地槽 Ryukyu geosyncline
琉态 glassy state;vitreous state
琉态方晶石 vitreous cristobalite

硫铵炸药 bobbinite

硫胺 thiamine
硫钯矿 vsotskite
硫钡粉 solbar
硫铋镍矿 parkerite
硫铋铅矿 lillianite
硫铋铅铁铜矿 miharaite
硫铋铅银矿 ourayite
硫铋锑镍矿 hauchecornite
硫铋锑铅矿 kobellite;tintinatie
硫铋锑银矿 aramayoite
硫铋铜矿 wittichenite
硫铋铜铅矿 krupkaite;nuffieldite
硫铋铜银矿 arcuayite
硫铋铜银铅矿 cupropavonite
硫铋银矿 matildite
硫铂矿 cooperite
硫醇 mercaptan;thio-alcohol;thiol
硫醇二了锡 dibutyltin mercaptan
硫醇类 mercaptans
硫醇吸收塔 mercaptan absorber
硫醇盐 mercaptide;thiolate
硫代氨基甲酸酯 thiocarbomate
硫代氨基甲酰肼 thiosemicarbazide
硫代氨基脲 thiosemicarbazide
硫代苯甲酸 thiobenzoate
硫代醋酸 thioacetic acid
硫代二苯胺 phenothiazine;thiodiphenylamine
硫代二丙酸二硬脂酯 distearyl thiodipropionate
硫代铬酸铅 lead sulfochromate
硫代磷酸酯 thiophosphate
硫代硫酸 thiosulfuric acid
硫代硫酸铵 ammonium thiosulfate
硫代硫酸钡 barium hyposulfite;barium thiosulfate
硫代硫酸钙 calcium thiosulfate
硫代硫酸根离子 thiosulfate ion
硫代硫酸钾 potassium thiosulfate
硫代硫酸镁 magnesium hyposulfite; magnesium thiosulfate
硫代硫酸钠 hypo; sodium hyposulphite;sodium thiosulfate
硫代硫酸钠金 gold sodium thiosulfate
硫代硫酸铅 lead thiosulfate
硫代硫酸盐 thiosulfate[thiosulphate]
硫代硫酸银 silver thiosulfate
硫代铝酸钙 Candlot's salt
硫代铝酸盐 sulfoaluminate
硫代铝酸盐水泥 sulfoaluminate cement
硫代氰化钠 sodium thiocyanate
硫代酸 sulfoacid;thio-acid
硫代酸化合物 thio-acid compound
硫代碳酸盐 sulfocarbonate
硫代亚硫酸 thiosulfurous acid
硫代亚硫酸盐 thiosulfite
硫代乙醇酸 thioglocollic acid
硫代乙酸 thioacetic acid
硫代乙酸钠 sodium thioglycolate
硫代乙酰胺 thioacetamide
硫带 < 钢材的 > sulfur band
硫带裂纹 sulphur crack
硫丹 endosulfan
硫弹性沥青 thioelaterite
硫氮戊环烯 thiazoline
硫氮杂苯 thiazine
硫的氧化物 sulphur oxide
硫的制备 magister of sulfur
硫碲铋矿 grünlingite;sulphotsumite
硫碲铋镍矿 tellurohauchecornite
硫碲铋铅矿 alrksite
硫碲铜钙石 tlapallite
硫靛褐红 thioindigo maroon
硫靛红 thioindigo red
硫靛蓝 thioindigo
硫靛酸 sulfindigotic acid
硫靛酸盐 sulfindigotate
硫靛桃红 thioindigo pink
硫靛颜料 thioindigo colo(u)r;thioindigo pigment
硫丁环 propylene sulfide
硫铒矿 erlichmanite
硫钒铜矿 sulvanite
硫钒锡铜矿 colusite;nekrasovite
硫方英石 < 含碳和硫的氧化硅 > melanophlogite
硫仿 sulfoform
硫沸点 sulfur point
硫分 sulfur content
硫分析 sulfur analysis
硫分压 partial pressure of sulfur
硫酚并菲 thiophenylmercaptan
硫腐蚀 sulfur attack
硫复铁矿 greigite
硫钙粉煤灰 sulphocalcium fly-ash
硫杆菌 thiobacillus
硫杆菌铁氧化剂 Thiobacillus ferrooxidant
硫镉矿 cadmium blende;greenockite
硫铬矿 brezinaite
硫供体络合物 sulphur donor complex
硫汞锑矿 livingstonite
硫汞铜矿 gortdrumite
硫汞铜银矿 balkanite
硫汞锌矿 polhemusite
硫汞银铜矿 balkanite
硫钴矿 linn(a)eite
硫固定作用 thiopexy
硫光气 thiophosgene
硫硅钙钾石 tuscanite
硫硅钙铅矿 roeblingite
硫硅钙石 jasmundite
硫硅碱钙石 latiumite
硫硅铝锌铅石 kegelite
硫硅石 latiumite
硫硅锌铅石 queitite
硫含量 sulfur[sulphur] content
硫含量低的 low sulfur[sulphur] content
硫耗 sulfur[sulphur] consumption
硫合法 polysulfide process
硫合橡胶 elastopolymer; elastothiomer;polysulfide rubber;thioplast
硫华 flowers of sulphur;sublimed sulfur
硫化 sulfation[sulphation]; sulphidizing;vulcanize
硫化钡 barium sulphide
硫化变暗 sulfide staining
硫化变色 sulphide discolo(u)ration
硫化丙烯 propylene sulfide
硫化材料 vulcanizable material
硫化产品 vulcanisate
硫化车间 curing department
硫化程度 state of cure;state of vulcanization
硫化处理 curing
硫化处理碳钢 resulfurized carbon steel
硫化床回收过程 fluid bed recover process
硫化促进剂 cure accelerator;curing accelerator;rubber accelerator;vulcanization accelerator; vulcanization activator
硫化的 vulcanized;vulcanizing
硫化地沥青 sulphurized asphalt
硫化点 point of sulphuration
硫化调色法 sulphide toning
硫化度 sulfidity[sulphidity]
硫化煅烧 fluidized calcination
硫化二丁锡 dibutyltinsulphide
硫化二钠 disodium sulfide
硫化二烷基锡(环)三聚体 dialkyl tin sulphide trimer
硫化二乙基锡三聚体 diethyl tin sulphide trimer
硫化钒 vanadic sulfide[sulphide]; vanadium sulfide[sulphide]
硫化反应 vulcanization reaction
硫化腐蚀 sulphidation attack
硫化钙 calcium sulfide[sulphide]
硫化镉 cadmium sulfide;sulphide of cadmium
硫化镉曝光表 cadmium sulfide exposure meter
硫化镉光电池 cadmium sulphide photocell
硫化镉光电管 cadmium sulfide photocell
硫化镉颜料 cadmium sulphide
硫化汞 cinnabar(ite); mercuric sulfide;red mercury sulfide;vermiculus;vermilion
硫化汞镉橙 mercadium orange
硫化汞镉颜料 mercury-cadmium pigment
硫化汞红 red mercury sulphide
硫化汞颜料 carmine vermil(l)ion
硫化罐 heater;vulcanizer;vulcanizing boiler
硫化锅 vulcanizing heater
硫化过度 overcure
硫化合成橡胶 vulcanised[vulcanized] synthetic(al) rubber
硫化合物 sulfur compound
硫化合物分析仪 sulfur compound analyser[analyzer]
硫化黑 < 硫化青 > sulphur black
硫化烘箱 vulcanizing oven
硫化灰雾 sulphide fog
硫化活化剂 vlucanization activator
硫化机 heater; vulcanized machine; vulcanizer;vulcanizing machine
硫化机油 sulphurized solid-film
硫化及硫化还原染料 sulphur reducing dyes
硫化剂 curing agent; vulcanizator; vulcanized agent; vulcanizer; vulcanizing agent
硫化钾 fused potassium sulfide;hepar sulfuris;potassium sulfide
硫化胶 black factice
硫化胶泥 vulcanized rubber clay
硫化胶乳 vulcanized latex
硫化金属矿 blende
硫化矿 sulphide ores
硫化矿床次生富集作用 secondary enrichment of sulphide deposit
硫化矿床氧化带 oxidized zone of sulfide deposit
硫化矿床元素 elements of sulfide deposits
硫化矿富集作用 sulfide enrichment
硫化矿类 glance;pyrites
硫化矿物带 sulphide zone
硫化蓝 sulfur blue
硫化沥青 sulfurized[sulphurized] as-

phalt
硫化亮绿 sulphur bright green
硫化磷 phosphorus sulfide
硫化硫酸钠 sodium hyposulfite
硫化炉 curing oven; vulcanizing oven
硫化铝基润滑油 molybdenum sulfide base lubricant
硫化铝酸钙 calcium sulfoaluminate
硫化煤 sulphurated coal
硫化煤焦油脂 sulphurized coal-tar pitch
硫化煤沥青 sulfurized [sulphurized] coal-tar pitch
硫化镁 magnesium sulfide
硫化锰 manganese sulfide; manganous sulfide
硫化钼矿石 sulfidic Mo ore
硫化钠 sodium sulfide[sulphide]
硫化钠试剂 sodium sulfide reagent
硫化镍 nickel sulfide
硫化镍矿石 sulfidic nickel ore
硫化镨 praseodymium sulfide
硫化期 vulcanized period; vulcanizing period
硫化器 sulphurator; vulcanizer; vulcanizing apparatus
硫化铅 galena; lead sulfide; lead sulphite; plumbous sulfide; sugar of lead
硫化铅薄膜 lead sulfide film
硫化铅光电导元件 lead sulfide photoconductive cell
硫化铅光电检测器 lead sulfide photodetector
硫化铅光电探测器 lead sulfide photodetector
硫化铅光电元件 lead sulfide cell
硫化铅矿浆 galena pulp
硫化铅矿石 sulfidic lead ore
硫化铅试池 lead sulfide detector cell
硫化铅探测器 lead sulfide detector
硫化铅锌矿石 sulfidic Pb-Zn ore
硫化切削油 sulfurized oil
硫化氢 hydrogen sulfide [sulphide]; stinkdamp; sulphuretted hydrogen
硫化氢沉淀法 hydrogen sulfide precipitation method
硫化氢的定量分析 quantitative analysis of hydrogen sulphide
硫化氢气 sulfurated hydrogen gas
硫化氢气孔 putizze
硫化氢水 hydrogen sulfide water
硫化氢污染控制 control of hydrogen sulfide
硫化氢淤泥 hydrogen sulfide mud
硫化氢障 hydrogen sulfide barrier
硫化氢中毒 hydrogen sulfide [sulphide] poisoning
硫化氢自动分析计 hydrogen sulfide automatic analyser[analyzer]
硫化氢自动分析仪 hydrogen sulfide automatic analyser[analyzer]
硫化氰 thiocyanogen
硫化氰值 thiocyanogen number; thiocyanogen value
硫化染料 sulfide[sulphide] colo(u)rs; sulfide[sulphide] dyes
硫化熔炼 sulfiding smelting
硫化三苯基 sulfoform
硫化设备 vulcanizer
硫化砷 arsenic sulfate[sulphate]
硫化石油沥青 sulfurized[sulphurized] asphalt
硫化时间 vulcanized period; vulcanizing period
硫化室 curing chamber; curing room; vulcanizing chamber
硫化熟油 sulfurized boiled oil
硫化树脂 sulphurized resin
硫化锶 strontium sulphide
硫化锶颜料 strontium sulphate pigment
硫化松香 sulphurized rosin
硫化速度 curing process rate; curing rate
硫化铊光电池 thalofide photocell
硫化碳 carbon oxysulfide; carboxyl sulfide
硫化碳酰 carbonyl sulfide
硫化锑 antimonous sulphide; antimony sulfide [sulphide]; antimony trisulfide; black antimony
硫化锑矿石 sulfidic Sb ore
硫化锑铅铜矿 bournonite
硫化锑砂 antimony sulphide ore
硫化铁 ferric sulfide [sulphide]; iron sulfide[sulphide]
硫化铁材料 sulfuric material
硫化铁混凝剂 ferric sulphate coagulant
硫化铁矿类 pyrites
硫化铜 copper sulfide; cupric sulfide [sulphide]; sulphide of copper
硫化铜矿石 sulfidic copper ore
硫化铜镍矿石 Cu-Ni sulfide ore
硫化温度 curing temperature
硫化钨 tungsten sulfide
硫化物 sulfide[sulphide]; sulfuret[sulphuret]
硫化物变色 sulphide discolo(u)r
硫化物处理 sulfide treatment
硫化物催化剂 sulfide catalyst
硫化物带 sulfide zone
硫化物调色法 sulfide toning
硫化物对硫同位素分馏 sulfide pair sulfur isotope fractionation
硫化物二氧化硫同位素分馏 sulfide-H2S sulfur isotope fractionation
硫化物法 sulfide method
硫化物废水 wastewater sulfide
硫化物腐蚀 sulphite corrosion
硫化物富集 sulfide enrichment
硫化物夹杂 sulfide [sulphide] inclusion
硫化物矿(石) sulfide ore
硫化物矿物 sulfide mineral
硫化物磷光体 sulphide phosphor
硫化物硫 sulphide sulfur
硫化物炉瘤 sulfide accretion
硫化物锰矿石 Mn sulfide ore
硫化物尾矿 sulphide tailings
硫化物污染 sulfide pollution
硫化物污染失光 sulfide [sulphide] staining
硫化物硒化物 sulphide selenides
硫化物相含铁建造 sulfide-facies iron formation
硫化物型金矿石 gold ore associated by sulfide
硫化物型锡石矿石 cassiterite ore associated by sulfide mineral
硫化物型萤石矿石 fluorite ore associated by sulfide mineral
硫化物氧化 sulfide oxidation
硫化物应力腐蚀破裂 sulphide stress corrosion cracking
硫化物整流器 sulphide rectifier
硫化物总量 total sulphide
硫化硒 selenium sulfide
硫化锡 stannic sulfide; tin bisulfide
硫化锡黄粉 mosaic; mosaic gold
硫化系数 vulcanization coefficient
硫化纤维 vulcanized fibre[fiber]
硫化橡浆 vuitex
硫化橡胶 perduren; polysulfide rubber; sulfate rubber; sulfide rubber; vulcanisate; vulcanite; vulcanized rubber
硫化橡胶包皮电缆 vulcanized rubber cable
硫化橡胶电缆 vulcanized cable
硫化橡胶垫 vulcanized rubber mat
硫化橡胶浆 vultex
硫化橡胶密封胶 polysulphide-based sealant
硫化橡胶片材 vulcanized rubber sheet
硫化锌 zinc sulfide[sulphide]
硫化锌沉淀物 zinc sulfide precipitation
硫化锌大气示踪物 zinc sulfide atmosphere tracer
硫化锌镉 zinc-cadmium sulfide
硫化锌晶体 zinc sulfide crystal
硫化锌矿石 sulfidic zinc ore
硫化锌膜 ZnS-film
硫化性能 curability
硫化亚铅 lithopone
硫化亚铁 ferrous sulfide; iron sulfide
硫化亚锡 stannous sulfide; tin monosulfide; tin(proto) sulfide
硫化延迟剂 vulcanization retarder
硫化异丁烯橡胶 vulcanized butyl rubber
硫化银 argentic sulfide; silver glance; silver sulfide
硫化硬煤沥青 sulphurized coal-tar pitch
硫化油 vulcanized oil
硫化油膏 black factice
硫化雨 sulfur rain
硫化置换 sulfidizing cementation
硫化装量 vulcanizer
硫化作用 sulfofication; vulcanization; sulfurization; vulcanicity
硫还原菌 sulfur reducing bacteria
硫还原菌降解 sulfur reducing bacteria degradation
硫环磷 phosfolan
硫缓冲 sulfur buffer
硫黄 brenstone; burning stone; sulfur [sulphur]
硫黄船 sulphur tanker
硫黄调色法 sulphur toning
硫黄毒菌 sulfur tuff
硫黄粉 powdered sulfur; sulfur [sulphur] powder
硫黄华 sulfur bloom
硫黄混凝土 sulfur[sulphur] concrete
硫黄检验 sulfur print
硫黄胶合剂 sulfur[sulphur] cement
硫黄胶泥 sulfur plaster; sulphur mastic; sulphur mortar
硫黄胶泥浆锚法接桩 sulphur mortar pile splice
硫黄胶泥接桩 sulphuric cement pile coupling; sulphuric pile coupling
硫黄胶泥接桩法 pile connected with melted sulphuric paste
硫黄浸渍 sulphur impregnation
硫黄浸渍混凝土 sulphur impregnated concrete; sulfur [sulphur] infiltrated concrete
硫黄菌 sulphur fungus
硫黄沥青混合物 sulfur-asphalt mix
硫黄沥青胶结料 sulphur cement
硫黄沥青铺面 sulphur-asphalt paving
硫黄麻点 sulphur pockmark
硫黄锚固【铁】 sulphur anchorage; sulfur[sulphur] cement mortar anchor(age)
硫黄锚固物 anchorage with sulphur mixture
硫黄耐酸胶结料 sulfur[sulphur] acid resisting binder
硫黄耐酸砂浆 acid-proof sulphuric mortar
硫黄漂白器 sulphurator
硫黄气喷出孔 solfatara
硫黄球 sulfur ball
硫黄泉 sulfur[sulphur] spring
硫黄泉水 sulfur water
硫黄色的 brimstone
硫黄石 brimstone; burning stone; burnstone
硫黄水泥 sulfur[sulphur] cement
硫黄酸工艺过程 sulfacid process
硫黄塘 sulfur pool
硫黄温泉 solfatara
硫黄锡铅矿 montesite; plumboan herzenbergite
硫黄细菌 sulfur bacteria
硫黄炸药 aerolite; sulfur explosive
硫黄质的 brimstone
硫灰尘 sulfur dust
硫回收车间 sulfur recovery plant
硫回收过程 sulfur recovery process
硫基 sulfhydryl group
硫集料混合物 sulphur-aggregate
硫镓铜矿 gallite
硫碱平衡 sulphur alkali match
硫碱圈 sulphate ring
硫结合剂 <用于铁件> sulfur cement
硫解作用 thiolysis
硫金银矿 uytenbogaardtite
硫浸渍混凝土 <能提高混凝土的抗压强度> sulphur impregnated concrete
硫精砂 sulfide concentrate
硫绝缘开关 sulfur insulated switch
硫矿 sulfur[sulphur] deposit
硫矿坑 solfatara
硫矿石 sulfur[sulphur] ore
硫铑矿 sulrhodite
硫离子 sulfur[sulphur] ion
硫璃瓦 terra-cotta tile
硫沥青 <即高硫钒沥青> quisqueite
硫钌矿 laurite
硫裂 <焊接缺陷> sulfur crack
硫磷灰石 sulfateapatite
硫磷铝钙石 woodhouseite
硫磷铝石 kribergite
硫磷铝铁铀矿 coconinoite
硫磷铝锶矿 orpheite
硫卤化物 sulfhalides
硫铝酸钙(水化物) calcium sulphoaluminate
硫铝酸盐 sulpho-aluminate
硫铝酸盐结晶 sulfoaluminate crystal
硫铝酸盐膨胀水泥 sulfoaluminate expansive cement; sulpho-aluminate expansive cement
硫铝酸盐熟料 sulfoaluminate clinker
硫铝酸盐水泥 <一种膨胀水泥> sulfoaluminate cement; sulpho-aluminous cement
硫铝酸盐水泥熟料 sulfoaluminate cement clinker
硫铝酸盐早强水泥 sulfoaluminate early strength cement
硫铝酸盐自应力水泥 sulfoaluminate self-stressing cement
硫氯化磷 phosphorus thiochloride
硫氯化润滑剂 sulfo-chlorinated lubricant
硫麻子油酸 thiolin; thiolinic acid
硫麻子油酸钠 sodium thiolinate
硫茂 thiophene
硫镁矾 kieserite
硫镁矿 niningerite
硫锰矿 alabandite; manganblende
硫锰铅锑矿 benavidesite
硫醚 sulfoether; sulphide; sulphide thio-ether
硫钼矿 jordisite
硫钼铜矿 castaingite
硫钼锡铜矿 hemusite
硫钠硝石 darapskite
硫脲 thiourea
硫脲(甲醛)树脂 thiourea resin
硫镍钯铂矿 braggite
硫镍矿 heazlewoodite; polydymite

L

硫镍铁矿 nicopyrite;pentlandite
硫镍铁铊矿 thalfenisite
硫硼镁石 sulfoborite
硫平衡 sulphur budget
硫气孔【地】solfatara
硫铅铑矿 rhodplumsite
硫铅镍矿 shandite
硫铅铜矿 furutobeite;larosite
硫羟酸 thiol acid
硫羟酸盐 thiolate
硫侵蚀 sulphur corrosion
硫氰化铵 ammonium thiocyanate
硫氰化钾 potassium thiocyanate
硫氰化铅 lead thiocyanate
硫氰化物 rhodanide;thiocyanide
硫氰化作用 thiocyanation
硫氰钠钴石 julienite
硫氰酸 rhodanic acid; sulfocyanic acid;thiocyanic acid
硫氰酸铵 ammonium sulfocyanate
硫氰酸钡 barium rhodanid
硫氰酸汞 mercuric thiocyanate
硫氰酸钴 cobalt thiocyanate
硫氰酸钾 potassium rhodanate;potassium thiocyanate
硫氰酸钠 sodium sulfocyanate
硫氰酸铁 ferric sulfocyanate
硫氰酸铜 cupric thiocyanate
硫氰酸亚铁 ferrous rhodanate
硫氰酸盐 thiocyanate
硫氰酸银 silver thiocyanate
硫氰酸值 thiocyanate value
硫氰酸酯 thiocyanate
硫氰乙酸酯类 thiocyanoacetates
硫氰值 thiocyanogen value
硫球海沟 Ryukyu trench
硫醛 sulfaldehyde;thio-aldehyde
硫色峋孔菌 sulphur fungus
硫色素 thiochrome
硫色殉孔菌 Laetiporus sulphureus
硫砂砂浆 sulphur-sand mortar
硫砷铋镍矿 arsenohauchecornite
硫砷铂矿 platarsite
硫砷锇矿 osarsite
硫砷汞铊矿 routhierite
硫砷汞铜矿 aktashite
硫砷汞银矿 laffittite
硫砷钴矿 glaucodot(e)
硫砷化物 sulfoarsenide
硫砷矿 dimorphite
硫砷铑矿 hollingworthite
硫砷钌矿 ruarsite
硫砷铅矿 baumhauerite;dufrenoysite
硫砷铅铜矿 seligmannite
硫砷铊汞矿 galkhaite
硫砷铊矿 ellisite
硫砷铊铅矿 hutchinsonite
硫砷铊锑矿 vrbaite
硫砷铊银铅矿 hatchite
硫砷锑汞矿 tvalchrelidzeite
硫砷锑汞铊矿 vrbaite
硫砷锑矿 getchellite
硫砷锑铅矿 geocrinite
硫砷锑铅铊矿 chabourneite
硫砷铜矿 clairite;enargite;luzonite
硫砷铜铊矿 imhofite
硫砷铜银矿 pearceite
硫砷锌铜矿 nowackiite
硫砷铱矿 iraesite
硫砷银汞矿 laffittite
硫砷银矿 light-red silver ore;proustite
硫砷银铅矿 marrite
硫石灰石反硝化 sulfur limestone denitrification
硫石铁陨石 sorotiite
硫蚀 sulfidation corrosion
硫蚀裂纹 sulfur crack
硫试验 sulfur test
硫收支 sulfur[sulphur] budget
硫属 chalcogen
硫属化物 chalcogenide
硫(属)化物玻璃 chalcogenide glass
硫属元素 chalcogen
硫双铋镍矿 bismutohauchecornite
硫双氯酚 bithionol
硫霜 sulfur bloom
硫素循环 sulfate cycle
硫塑料 elastopolymer;thioplast
硫酸 spirit of vitriol;sulfuric[sulphuric] acid;sulphonic acid
硫酸氨浓度 ammonia sulfate concentration
硫酸铵 ammonia sulfate[sulphate];sulfate of ammonia
硫酸铵铝 alumin(i)um ammonium sulfate
硫酸铵溶液 ammonium sulfate solution
硫酸铵絮凝 ammonium sulfate flocculation
硫酸钡 barium sulfate[sulphate];permanent white;sulphate of barium
硫酸钡比浊法 barium sulfate turbidimetry
硫酸钡粉 blanc fix(e)
硫酸钡混凝土 barium sulphate concrete
硫酸钡混悬液 barium sulfate suspension
硫酸钡硫化锌混合颜料 azolite
硫酸钡试验 barium sulphate test
硫酸钡锶 barium and strontium sulfate
硫酸钡填充的二氧化钛 barium extended titanium dioxide;titan-barium white
硫酸钡颜料 barium sulfate pigment
硫酸钡重量法 barium sulfate gravimetry
硫酸苯胺 anilic sulphate;aniline sulphate
硫酸苯氢酯 phenyl-hydrogen sulfate
硫酸铂 platinic sulfate;platinum sulfate
硫酸捕沫器 sulfuric acid mist eliminator
硫酸槽车 tank car for sulphuric acid use
硫酸厂 sulphuric acid plant;vitriol plant
硫酸厂废水 sulphuric acid plant wastewater;wastewater from sulphuric acid plant
硫酸处理 sulphating;vitriolization
硫酸船 sulphuric acid carrier
硫酸醇 alcohol sulfate
硫酸的 vitriolic
硫酸电解液 sulphuric acid electrolyte
硫酸二苯胺 diphenylamine sulfate
硫酸二甲酯 dimethyl sulfate;methyl sulfate
硫酸二甲酯检验法 dimethyl sulfate test
硫酸二乙酯 diethyl sulfate[sulphate];ethyl sulfate
硫酸法 sulfate process
硫酸法二氧化钛 sulfate process titanium dioxide
硫酸矾 potassium-alumin(i)um sulfate
硫酸矾土 alumin(i)um sulphate
硫酸方柱石 silvialite
硫酸分解 decomposition with H_2SO_4;sulphuric acid breakdown
硫酸分离器 sulfuric acid separator
硫酸酚酯 ethereal sulfate[sulphate]
硫酸钙 calcium sulfate;salt lime;sulfate[sulphate] of lime;sulphate of calcium
硫酸钙积垢 calcium sulphate incrustant
硫酸钙块 pearl hardening
硫酸钙累积层 calcium sulphate horizon
硫酸钙墙分 calcium sulphate plaster
硫酸钙墙粉整平板 calcium sulphate plaster screen
硫酸钙泉 calcium sulfate spring
硫酸钙石膏 calcium sulphate
硫酸钙水 calcium sulfate water
硫酸钙霞石 vishnevite
硫酸干燥塔 sulfuric acid tower
硫酸酐 sulfuric acid anhydride;sulfur trioxide;sulphuric anhydride
硫酸高钴 cobaltic sulfate
硫酸高铅 plumbic sulfate
硫酸高铈 ceric sulfate
硫酸镉 cadmium sulfate
硫酸铬 chromic sulfate[sulphate];chromium sulphate
硫酸铬铵 ammonium chromic alum;ammonium chromic sulfate
硫酸铬钾 chromic potassium sulfate;potassium chrome alum;potassium chromium sulfate
硫酸根 sulfate[sulphate] radical
硫酸根离子 sulfate[sulphate] ion
硫酸工厂 sulfuric acid plant
硫酸工业废水 sulfuric[sulphuric] acid industry sewage;sulfuric[sulphuric] acid industry wastewater
硫酸汞 mercuric sulfate;mercury(per)sulfate
硫酸垢 sulfating[sulphating]
硫酸钴 rose vitriol
硫酸化焙烧 sulphating roasting
硫酸化残渣 sulfated residue
硫酸化剂 sulfating agent
硫酸化松油 sulfate pine oil
硫酸化液 kraft liquor
硫酸化因子 sulphation factor
硫酸化油 sulfated oil
硫酸化作用 sulfating;sulfation[sulphation]
硫酸还原菌 sulphate reducing bacteria
硫酸甲基对氨基苯酚 methyl p-aminophenol sulfate
硫酸甲基对氨基苯酚显像剂 metol
硫酸钾 lemery salt;potassium sulfate;salt of lemery;sulfate[sulphate] of potash
硫酸钾镁盐 double manure salt
硫酸钾石 arcanite
硫酸结晶紫 crystal violet sulfate
硫酸金 auric sulfate
硫酸精制 sulfuric acid refining
硫酸肼分光光度法 hydrazine sulfate spectrophotometry
硫酸冷却器 sulfuric acid cooler
硫酸离子 sulfate ion
硫酸锂 lithium sulphate
硫酸磷酸分解 decomposition with mixture of H_2SO_4 and H_3PO_4
硫酸硫丹 endosulfan sulfate
硫酸卤钠石 schairerite
硫酸铝 alum;alumin(i)um sulfate[sulphate];sulphate of alumina
硫酸铝铵 alumin(i)um ammonium sulphate
硫酸铝钾 alumin(i)um potassium sulphate;potassium-alumin(i)um sulphate
硫酸铝钠 alumin(i)um sodium sulphate
硫酸铝水泥 sulpho-aluminate cement;sulpho-aluminous cement
硫酸镁 magnesium sulphate
硫酸镁铵 ammonium magnesium sulfate
硫酸镁钾 sulphate of potash magnesia
硫酸镁泉 real bitter spring
硫酸镁水 magnesium sulfate water
硫酸钠 sodium sulfate[sulphate]
硫酸钠安定度试验 sodium sulfate[sulphate] soundness test
硫酸钠铝 alumin(i)um sodium sulfate
硫酸钠水 sodium sulfate water
硫酸钠硝石 darapskite
硫酸钠型 sulfate-sodium type
硫酸镍 nickelous sulfate;nickel sulfate[sulphate];nickel vitriol
硫酸镍铵 ammonium nickel sulfate;double nickel salt
硫酸凝胶 sulfogel
硫酸镨 praseodymium sulfate
硫酸气溶胶 sulfuric[sulphuric] acid aerosol
硫酸铅 lead sulfate[sulphate];plumbous sulphate;sulfate of lead
硫酸铅矿 anglesite;lanarkite;lead spar;lead vitriol
硫酸氢铵 ammonium bisulfate;ammonium hydrogen sulfate
硫酸氢氟酸分解 decomposition with mixture of H_2SO_4 and HF
硫酸氢钾 acid potassium sulphate;potassium bisulphate
硫酸氢钠 hydrosulfate of sodium;sodium bisulfate;sodium hydrogen sulfate
硫酸氢铅 lead hydrogen sulfate
硫酸氢锶 strontium bisulfate
硫酸氢盐 bisulfate[bisulphate];disulphate[disulfate];hydrosulfate[hydrosulphate];hydrogen sulfate
硫酸氢乙酯 ethero-sulfuric acid;ethyl hydrogen sulfate
硫酸溶胶 sulfosol
硫酸室 sulfuric acid chamber
硫酸双氧铀 ruanyl sulfate
硫酸水带 sulphate water zone
硫酸铊 thallic sulfate
硫酸钛 titanium sulfate
硫酸铁 ferric sulfate[sulphate];ferrocyanide sulphate;iron sulfate
硫酸铜 blue copperas;blue stone;blue vitriol;copper sulfate[sulphate];copper vitriol;cupric sulfate[sulphate];sulfate[sulphate] of copper
硫酸铜[溶液]处理法 Margary's process
硫酸铜处理 cuprobond
硫酸铜防腐法 <木材> boucherie process;boucherising
硫酸铜及砷锌盐处理(木材)mineralized cell treatment
硫酸铜溶液 copper sulfate solution
硫酸铜试验 copper sulfate test
硫酸铜水溶液腐蚀试验 copper sulphate test
硫酸铜铀矿 gilpinite
硫酸铜注入法 boucherizing
硫酸钍 normal thorium sulfate;thorium sulfate
硫酸烷基醚 alkyl ether sulfate
硫酸烷基氢酯 alkyl hydrosulfate
硫酸物指数 sulphate index
硫酸雾 sulfuric[sulphuric] acid mist
硫酸锡电解液 stannous sulphate electrolyte
硫酸洗涤 sulfuric acid scrubbing
硫酸细菌 sulfate[sulphate] bacteria
硫酸锌 white copperas;white vitriol;zinc sulfate[sulphate]
硫酸锌浮聚法 zinc sulfate flo(a)tation method
硫酸锌矿 goslarite
硫酸亚铬 chromous sulfate
硫酸亚汞 mercurous sulfate

硫酸亚钴 red vitriol
硫酸亚锰试法 manganous sulfate test
硫酸亚铊 thallous sulfate[sulphate]
硫酸亚钛 titanous sulphate
硫酸亚铁 copperas; ferrous sulfate; ferrous sulfate[sulphate]
硫酸亚铁铵 ammonium ferrous sulfate; ferrous ammonium sulfate[sulphate]; iron ammonium sulfate[sulphate]; Mohr's salt
硫酸亚铁铵滴定法 ammonium ferrous sulfate titration
硫酸亚铁铵废浸酸液 ammonium ferrous sulfate waste pickle liquor
硫酸亚铁中毒 ferrous sulfate poisoning
硫酸亚铜 cuprous sulfate
硫酸亚锡 stannous mono-sulfate[sulphate]; tin sulfate
硫酸烟雾 sulphuric acid aerosol
硫酸盐 sulfate[sulphate]; vitriol
硫酸盐安定试验 sulphate soundness test
硫酸盐比浊测定法 turbidimetric sulfate determination
硫酸盐玻璃 salt cake glass
硫酸盐电解液 stannous sulphate electrolyte
硫酸盐二氧化硫同位素分馏 sulfate-H2S sulfur isotope fractionation
硫酸盐法 sulfate[sulphate] method
硫酸盐矾土水泥 sulfo-aluminous cement
硫酸盐风化起霜 sulphate efflorescence
硫酸盐腐蚀 sulfate attack; sulfate corrosion
硫酸盐复盐 double-sulfate
硫酸盐含量 sulphate content
硫酸盐含量试验 sulfate[sulphate] test
硫酸盐黑液 sulfate[sulphate] liquor
硫酸盐湖 sulphate lake
硫酸盐华 sulfate bloom
硫酸盐化 sulphatising; vitriolization
硫酸盐化焙烧 sulfating roasting
硫酸盐化率 sulfation rate
硫酸盐化速率 sulphation rate
硫酸盐化作用 sulfation
硫酸盐还原带 sulfate reduction zone
硫酸盐还原法 sulfate reduction
硫酸盐还原菌降解 sulfate reducing bacteria degradation
硫酸盐还原条件 sulfate reducing condition
硫酸盐还原(细)菌 sulfate reducing bacteria
硫酸盐活化 sulphatic activation
硫酸盐激发作用 sulfate[sulphate] activation
硫酸盐激活 sulphatic activation
硫酸盐坚固性试验 sulphate soundness test
硫酸盐矿泉水 sulfate mineral spring water
硫酸盐矿石 sulfate ore
硫酸盐矿物 sulfate mineral
硫酸盐矿渣水泥 slag sulfate cement
硫酸盐类 sulfates
硫酸盐类水 sulfate groundwater
硫酸盐硫 sulphate sulfur
硫酸盐-硫化物硫同位素分馏 sulfate-sulfide sulfur isotope fractionation
硫酸盐木浆 sulfate pulp
硫酸盐木质素 sulfate lignin
硫酸盐耐力 sulphate resistance
硫酸盐泥炭 vitriol peat
硫酸盐膨胀 sulfate[sulphate] expansion
硫酸盐气泡 sulfate blister; sulfate bubble; sulfate scab; sulfate seed
硫酸盐铅白 basis sulfate white lead
硫酸盐侵蚀 corrosion by sulphate; sulfate [sulphate] attack; sulphate corrosion
硫酸盐溶液 sulfate liquor
硫酸盐碳化物盐土 sulfate-chloride salinized soil
硫酸盐碳酸盐盐土 sulfate-carbonate salinized soil
硫酸盐外加剂 sulphate admixture
硫酸盐稳定性试验 <混凝土试验> sulfate soundness test
硫酸盐污泥 sulfate sludge
硫酸盐污染 sulfate pollution
硫酸盐型热水 sulphate thermal water
硫酸盐盐渍土 sulfate salinized soil
硫酸盐颜料 sulfate pigment
硫酸盐硬水软化法 phosphate softening
硫酸盐障 sulfate barrier
硫酸盐纸浆厂废水 sulfate pulp mill wastewater
硫酸盐制浆法 kraft process; sulfate pulping
硫酸盐渍土 sulphate-saline soil
硫酸阳极极化法 sulphuric acid anodizing process
硫酸(阳极)氧化膜 sulphuric oxidation coating
硫酸氧钒 vanadic sulfate; vanadium sulfate; vanadyl sulfate
硫酸氧钛 titanyl sulfate
硫酸乙苯 ethyl benzene sulfate
硫酸乙酯 ethyl sulfate
硫酸银 normal silver sulfate; silver sulfate[sulphate]
硫酸铀铜矿 gilpinite; johannite
硫酸浴 sulfuric acid bath
硫酸月桂酯 lauryl sulfate
硫酸渣 sulfuric-acid residuum
硫酸纸 parchment paper; vegetable parchment
硫酸酯 sulfate[sulphate]
硫酸着色试验 acid wash colo(u)r test
硫铊铁铜矿 thjalcusite
硫铊铜矿 chalcothallite
硫钛铁矿 heideite
硫碳钙锰石 jouravskite
硫碳硅钙石 birunite
硫碳铝镁石 motukoreaite
硫碳镁钠石 tychite
硫碳铅矿 susannite
硫碳铅锰铝石 nasledovite
硫碳酸铅矿 leadhillite
硫特普 sulfotep
硫锑铋镍矿 hauchecornite
硫锑铋铅矿 kobellite
硫锑铋铁矿 garavellite
硫锑铋铜矿 jaskelskiite
硫锑钴镍矿 willyamite
硫锑锰银矿 samsonite
硫锑锰银铅矿 uchucchacuaite
硫锑镍矿 tuekite
硫锑镍铜矿 lapieite
硫锑铅矿 boulangerite; launayite
硫锑砷银矿 billingsleyite
硫锑铊矿 pierrotite
硫锑铊铜矿 chalcostibite
硫锑铁矿 gudmundite
硫锑铁铅矿 feather ore
硫锑铜矿 skinnerite
硫锑铜铊矿 rohaite
硫锑铜银矿 polybasite
硫锑锡铁铅矿 incaite
硫锑银矿 pyrargyrite
硫锑银铅矿 andorite
硫锑钴矿 costibite
硫铁钾铜矿 djerfisherite
硫铁钾矿 rasvumite
硫铁矿 greigite; pyrite
硫铁矿硫 pyretic sulfur
硫铁矿渣 pyrite cinder; pyrite slag
硫铁铅矿 shadlunite
硫铁铊矿 raguinite
硫铁铜钾矿 djerfisherite; dzerfisherite
硫铁铜矿 fukuchilite
硫铁铟矿 indite
硫铁银矿 sternbergite
硫同位素地质温度计 sulfur isotope geothermometer
硫铜铋矿 emplectite
硫铜钴矿 carrollite
硫铜锰矿 manganese-shadlunite
硫铜镍矿 fletcherite
硫铜锑矿 chalcostibite
硫铜铁矿 talnakhite
硫铜锡锌矿 kesterite
硫铜银矿 stromeyerite
硫铜锗矿 renierite
硫酮 thio-ketone
硫污染 pollution by sulfur; sulfur pollution
硫钨矿 tungstenite
硫钨锡铜矿 kiddcreekite
硫硒铋矿 laitakarite
硫硒铋铅矿 platinite[platynite]
硫硒碲化合物 cologenide
硫硒化镉颜料 cadmium sulphoselenide
硫硒化物 sulfoselenide
硫锡矿 herzenbergite
硫锡铅矿 teallite
硫锡铁铜矿 chatkalite; mawsonite
硫锡铜矿 kuramite
硫锡银矿 canfieldite
硫细菌 sulfur[sulphur] bacteria
硫酰 sulfuryl; sulphonyl
硫酰胺 sulfamide[sulphamide]; sulfonic acid amide
硫硝镍铝石 mbobomkite
硫循环 cycle of sulfur; sulfur[sulphur] cycle
硫亚砷酸盐 thioarsenite
硫盐 sulfosalt
硫氧化菌 sulfur oxidizing bacteria
硫氧化物 oxygen compound of sulphur; oxysulfide sulfoxide; oxysulphide
硫氧化物污染 pollution by sulfur oxides
硫氧锑钙石 sarabauite
硫氧锑矿 antimony blende; kermesite
硫氧锑铁矿 apuanite
硫氧同位素相关性 sulfur-oxygen isotope correlation
硫铱铑矿 bowieite
硫铟铜矿 roquesite
硫银铋矿 matildite
硫银锡矿 canfieldite
硫银锗矿 argyrodite
硫浴炉 sulfur boiler
硫元素转化与循环 sulfur transformation and cycle
硫杂环己烷 thiocyclohexane
硫锗铅矿 morozevicite
硫锗铁矿 polkovicite
硫锗铜矿 germanite
硫质黏土 solfataric clay
硫质喷气期 solfatara stage
硫质气孔 sulfatara
硫质气体 sulfur gas
硫自养反硝化工艺 sulfur-autotrophic denitrification process
硫腙 thizone
硫族元素 chalcogen; sulfur family element

馏 出【化】drive off; come over

馏出产品 cutback product
馏出的亚麻子脂肪酸 distilled linseed fatty acid
馏出蜡 fractional; paraffin(e)
馏出燃料 distillate fuel
馏出燃料油 distillate fuel oil
馏出温度 cut-point; distilled temperature; recovered temperature
馏出物 distillate; distillation
馏出椰子脂肪酸 distilled coconut fatty acid
馏出液 distillate
馏出油 distillate(fraction) oil; distill oil
馏出油接受罐 run-down tank (storage)
馏分 distillate fraction; distillation; distillation fraction; fraction; cut fraction
馏分成分 fractional composition
馏分收集器 fraction collector
馏分组成 fractional composition
馏铅薄板 laminated lead sheet
馏余沥青 post-distillation bitumen

榴 辉铁橄岩 eulysite

榴辉斜长角闪岩 garnet pyroxene plagioclase amphibolite
榴辉岩【地】eclogite
榴辉岩相 eclogite facies
榴莲树 durian
榴霞正长岩 ledmorite
榴云细斑岩 alsbachite
榴云岩 kinzigite
榴云紫苏浅色麻粒岩 garnet mica hypersthene light colo(u)red granulite

瘤 斑片岩 knotted schist

瘤黑粉菌属 <拉> Melanopsichium
瘤壳属 <拉> Bertia
瘤石 knobstone
瘤肿木 cancer-tree
瘤状 knotted
瘤状的 nodular; nodulated
瘤状构造 warty structure
瘤状灰岩 nodule limestone
瘤状结构 nodular texture
瘤状矿体 warty orebody
瘤状铁石 dogger
瘤状硬石膏 nodular anhydrite
瘤座菌属 <拉> Balansia

镏 金 gliding; gold plating

镏金顶 gilded roof; gilt roof
镏金斗拱 gilded corbel bracket
镏金技术 gilding technique

柳 安(木) mayapis; lauan; sakhu

柳安属 lauan; mangasinoro; Shorea <拉>
柳柴排护坡 willow fascine revetment
柳兰 rosebay; willow-herb
柳栎 peach leaved oak
柳帘 curtain of willow
柳林 osier bed
柳绿 willow green
柳木 willow
柳木蠹 <拉> Hococerus vicarius
柳木制品 willow articles
柳排 willow mattress
柳排褥 willow fascine mattress
柳杉 cryptomeria; japan cedar; Japanese cedar
柳杉皮灰 cryptomeria bark ash
柳杉属 <拉> Cryptomeria
柳梢 willow brush

柳梢捆丁坝 willow box groin;willow box groyne
柳梢(捆)排 willow fascine mattress
柳梢(透水)丁坝 willow groin;willow groyne
柳树 willow
柳树 willow tree
柳酸 salicylic acid
柳条 osier;sallow;wicker;willow sapling;willow twig;withe;basket rod <编篮筐料>
柳条坝 brush dam
柳条(编成的)衬垫 woven willow mat
柳条编的柴排 woven willow
柳条编织品 basket work
柳条编制品 wicker works
柳条玻璃 ribbed glass
柳条沉排 willow mattress
柳条垫 wicker mat
柳条筐 corf;willow basket
柳条篱笆 wicker work fence
柳条篓子 pannier
柳条墙 wicker wall
柳条绳 withy
柳条箱 crate
柳条椅 basket-chair
柳条制品 wicker;wicker works
柳叶桉 Sydney blue eucalyptus
柳叶刀 lance(t)
柳叶刀形的 lanceolate
柳叶刮刀 bearing scraper
柳叶青 willow blue
柳叶图案陶瓷器 willow pattern ware
柳园 osier bed
柳枝 osier
柳枝坝 wicker dam
柳枝编织排 woven willow fascine mattress
柳枝柴排 willow fascine mattress
柳枝浮坝 curtain of willow
柳枝工 brush wicker-work
柳枝谷坊 willow check dam
柳枝护岸 coppicing;willow revetment
柳枝护岸设施 wicker protection works
柳枝框架式排 framed willow fascine mattress
柳枝排 osier mattress;willow mattress;woven willow
柳枝条 wattle
柳枝织物 wicker works
柳属 osier;willow

铳

铳 copper matte;mat(te);regulus [复 reguli/reguluses]

铳的富集率 matte-fall
铳化物 sulfine;sulfonium compound
铳试金 fire assay through sulfide button
铳中的金属粒子 mat(te) separation metallics

六

六氨络高钴盐 cobaltic hexammine salt

六八面体 hexakisoocta-hedron;hexaoctahedron
六八面体类 hexoctahedral class
六百年 sexcentenary
六板层膜 hexalaminar membrane
六瓣窗花格 six-lobe tracery
六瓣花 hexapetalous flower
六瓣式抓具 six bladed grab
六瓣式抓岩机 six bladed grab
六瓣体 hexaploid
六瓣叶窗 sexfoil window
六倍 sextuple;sixfold;six times
六倍的 sextuple;sixfold
六苯乙烷 hexaphenylethane
六边形 hexagon;sexangle
六边形的 hexagonal;sexangular
六边形晶体 hexagonal crystal
六边形网格 hexagonal mesh
六部分 sexpartite
六侧向测井 laterolog 6
六侧向测井曲线 laterolog 6 curve
六层 1/4 波长片的多层系统 six-layer quarter-wave stack
六层轮胎 six-ply tire[tyre]
六齿小蠹 ips acuminatus
六重 sextuple
六重的 sixfold
六重线 sextet
六重轴 hexagonal axis;sixfold axis
六触点塞孔 six-point jack
六次 sextic
六次变换 cubo-cubic(al) transformation
六次的【数】 sextic
六次对称轴 axis of hexagonal symmetry;hexad axis
六次对称轴线 sixfold axis of symmetry
六次曲线 sextic curve
六次线【数】 sextic
六袋式泡沫塑料救生衣 six-pocket plastic foam life jacket
六单元码 six-unit code
六氮硫环 endosulfan
六刀头面刨 six-head matcher
六导程测速仪 six-lead tach(e)ometer
六点法 <航测布点法之一> six-point method
六点间隔 non-pareil
六点时圈 six o'clock hour circle
六点系泊 six point mooring
六度带 six-degree zone
六度简并度 sixfold degeneracy
六断点油断路器 six-break oil breaker
六对称面 hexasymmetric(al) faces
六颚板重型抓斗 six-jawed heavy duty grab
六二墙 two-and-a-half brick wall
六反相器 hex inverter
六方扳手 hexagonal spanner
六方板手 Allen key
六方半水石膏 bassanite
六方铋钯矿 sobolevskite
六方辰砂 hypercinnabar
六方单锥 hexagonal pyramid
六方碲银矿 stuetzite
六方堆积 hexagonal packing
六方复双锥 hexagonal dipyramid
六方复双锥类 hexagonal dipyramidal class
六方汞银矿 schachnerite
六方辉铜矿 hexachalcocite
六方钾霞石 kalsilite
六方间隙多孔硅石 hexagonal mesoporous silica
六方金刚石 hexagonal diamond;lonsdaleite
六方紧密堆积 hexagonal closest packing
六方堇青石 Indialite
六方晶格 hexagonal lattice
六方(晶体) hexagonal
六方晶系 hexagonal system
六方孔螺钉头用扳手 allen wrench
六方硫镍矿 heazlewoodite
六方铝氧石 akdalaite
六方氯铅矿 penfieldite
六方锰矿 nsutite
六方密集堆 hexagonal closest packing
六方偏方面体 hexagonal trapezohedron
六方偏方面体类 hexagonal trapezohedral class
六方偏三角面体 hexagonal scalenohedron
六方砷钯矿 stillwaterite
六方砷镍矿 orcelite
六方砷铜矿 koutekite
六方双锥 hexagonal bipyramid
六方水铬滑石 barbertonite
六方水锰矿 feitknechtite
六方钽铝石 simpsonite
六方碳 lonsdaleite
六方碳钙石 vaterite
六方锑钯矿 sudburyite
六方锑铂矿 stumpflite
六方锑银矿 allargentum
六方体 hexahedron
六方位可调司机座椅 six-way adjustable seat
六方位注记法 system of lettering in six direction
六方无水芒硝 metathenardite
六方硒钴矿 freboldite
六方硒镍矿 sederholmite
六方硒铜矿 klockmannite
六方锡铂矿 niggliite
六方纤铁矿 ferocyhyte
六方形 hexagon
六方形片晶 hexagonal platelet
六方形柱状冰晶 hexagonal column
六方压接模 hexagonal pressing die
六方柱 hexagonal prism
六方坠陀 hexagonal weight
六方钻杆 hexagonal kelly
六方最紧密堆积结构 hexagonal close-packed structure
六放体 hexactin
六放星 hexastar
六分度取样 six sampling intervals per decade
六分区穹顶 six-partite vault
六分(相互)方位 sextile aspect
六分仪 surveying sextant
六分仪标志杆 index arm
六分仪测角定位 sextant angle
六分仪测量 sextant survey
六分仪的波高校正 wave height correction
六分仪调准 sextant adjustment
六分仪动镜 index glass;index mirror
六分仪动镜校正 adjustment for horizon glass of sextant;adjustment for index glass of sextant
六分仪读数 sextant reading
六分仪高度 height of surveying sextant;sextant altitude
六分仪高度校正 sextant altitude correction
六分仪高度修正 sextant altitude correction
六分仪后方交会法 method of resection by sextant
六分仪后方交会法定位 sextant resection positioning
六分仪后方交会计算图 sextant chart
六分仪弧尺的转动 rocking the sextant;swinging the arc
六分仪校正 adjustment of sextant;sextant adjustment
六分仪刻度弧 arc of a sextant
六分仪倾斜角改正 correction for inclination of sextant
六分仪倾斜角校正 correction for inclination of sextant
六分仪缺陷 sextant imperfection
六分仪式测距器 sextant rangefinder
六分仪式测距仪 sextant rangefinder
六分仪双角定位法 double sextant angle method
六分仪误差 error of sextant;sextant error
六分仪游标 index arm;vernier of sextant
六分仪指示差 index error of sextant
六分之一分潮 sixth-diurnal constituent
六分钟取样计算 <道路交通技术> six-minute sample count
六分周 sextant
六氟苯 hexaluorobenzene
六氟丙烯 hexafluoropropylene
六氟化碲 tellurium hexafluoride
六氟化硫 sulphur hexafluorite
六氟化硫全封闭开关 gas-insulated switchgear
六氟化物 hexafluoride
六氟化硒 selenium hexafluoride
六氟化铀 uranium hexafluoride
六氟乙烷 fluorocarbon;hexaluoroethane;perfluoroethane
六幅条车轮 six-spoke wheel
六负荷碟压 heavy rolling
六钙铝酸盐 hexacalcium aluminate
六缸发动机 six-cylinder engine
六格式 hexaformat
六个自由度 six degrees of freedom
六工电报机 sextuple apparatus
六股钢丝 six-wire
六股钢丝缆 formed rope
六股七丝钢索 laid rope
六合星 sextuple star
六合仪 component of the six cardinal points
六环化合物 hexacyclic compound
六簧片塞孔 six-point jack
六级风 strong breeze;wind of Beaufort force six
六级浪 force-six wave;very rough sea
六级能见度 visibility moderate
六级涌 heavy swell
六极 hexapole;sextupole
六极变频管 hexod mixer tube
六极管(电子管) hexode
六极混频管 mixing hexode
六甲变动 Pokko movement(disturbance)
六甲磷 hempa
六甲氧甲基三聚氰胺 hexakismethoxymethyl melamine
六价 hexavalence;sexavalence
六价的 hexavalent;sexavalent
六价碲的 telluric
六价铬 secavalent chrome
六价铬的 chromic
六价铬化合物 chromium compound
六价锰的 manganic
六价钼的 molybdic
六价钨的 tungstic
六价铀的 uranic
六价元素 hexad
六键拉刀 six-keyway broach
六角凹口螺钉 hexagon socket head screw
六角凹头螺钉 hexagonal socket screw
六角凹头螺钉键 hexagonal socket screw key
六角扳手 allen wrench;hexagon spanner;hex wrench
六角扳手键 hexagon wrench key
六角扳牙 hexagon die nut
六角棒材 hexagonal bar(iron);hexahedral bar
六角扁螺母 hexagon thin nut;thin hex-nut
六角槽顶螺母 pinnacle nut
六角槽形螺母 slotted nut
六角车床 capstan lathe;chucker;tur-

ret;turret lathe
六角车床占夹 turret drill chuck
六角衬板 hexagonal liner
六角冲孔钳 revolving punch plier
六角刀架 capstan; capstan head; revolving head;turret;turret block
六角刀架定位器 turret lock; turret stop
六角刀架转塔 capstan rest; capstan turret
六角刀架转位 turret index
六角导轮 hexagonal prism
六角的 hexagonal; hexangular; sexangular
六角点阵 hexagonal lattice
六角垫圈 hexagonal washer
六角断面 hexagonal section;hexahedral section
六角反射镜 hexagonal mirror
六角防松螺母 hexagon check nut
六角盖垫片 hexagonal cover gasket
六角杆键 hexagon bar key
六角钢 hexagonal section; hexagonal steel;hexagon bar iron; hexahedral bar;hexahedral section;hollow drill steel
六角钢材 hexagon bar
六角钢立轧法 point-down method
六角钢平轧法 flat-down method
六角钢丝 hexagonal steel wire
六角钢条 hexagonal bar(iron);hexagonal iron bar;hexagonal rod;hexagonal steel bar
六角固定螺栓 Allen screw
六角固定螺丝 Allen screw
六角光螺帽 bright mild steel hexagonal nut
六角轨距块 hexagonal ga(u)ge block;hexagon ga(u)ge block
六角键 hex key
六角锦砖地面 honeycomb ground
六角晶体 hex(agonal) crystal
六角晶系 hexagonal crystal system; hexaplanar system
六角空间网架 hexagonal space grid
六角孔扳手 allen wrench; hexagon ring spanner
六角块(体) hexaleg block;hexapod
六角棱镜 hexagonal prism
六角棱柱体 hexagonal prism
六角棱锥 hexagonal pyramid
六角零件压力机 turret punch press
六角螺钉 coach screw; hexagonal screw
六角螺钉闩 mild steel hexagonal bolts and nuts
六角螺帽 a six loaned nut; hexagon(al) nut;hex nut
六角螺帽扳手 hexagon wrench
六角螺帽起子组 hexagon nut drivers set
六角螺母 a six loaned nut;hex nut
六角螺母外螺纹接头 hexagon nipple
六角螺丝插座 socket for hex screw
六角螺丝梗 mild steel hexagonal bolts
六角螺丝帽 bright mild steel hexagonal nut
六角螺纹管子扳头 hexagon nipple
六角铆钉窝子夹头 hexagonal snap chuck
六角帽螺钉 hexagon cap screw
六角密集堆积结构 hexagonal close-packed structure
六角内接头 hexagonal interior joint
六角平面 hexaplanar
六角钎杆的圆形钎尾 hexagon round shank
六角钎钢 hexagon steel
六角钎尾 hexagon shank
六角筛条 acron bar
六角闩 hexagonal bolts and nuts
六角双头套筒扳手 hexagonal double end tubular wrench
六角套顶 hexagonal socket top
六角套筒 hex(agonal)socket
六角套筒板手 hexagonal socket wrench
六角体 hexagon
六角条钢 hexagonal bar(iron);hexagon bar steel
六角铁 hexagon iron
六角亭 hexagonal pavilion
六角头 allen head;turret head
六角头扳手 hexagonal head wrench
六角头滑板 capstan head slide
六角头螺钉 hex(agonal)head screw
六角头螺栓 hex(agonal head)bolt; hexagonal head screw; hexagonal head tap bolt; hexagon cap bolt; hexagon-headed bolt
六角头油塞 hexagonal oil hole plug
六角瓦 favi
六角外螺钉 hexagon nipple
六角弯管套筒扳手 allen wrench
六角网 galvanized hexagonal wire mesh
六角屋顶 hex roofing
六角线图 hexagonal nomogram
六角星 double triangle; six-pointed star; six rayed star; Mogen David <犹太教的六芒星形标志>
六角星形内腔 six-pointed star core space
六角星形芯 six-pointed star core
六角形 hexagon; hexagonal shape; hexangle;sexangle
六角形扳手 hexagonal key
六角形扳牙 die nut
六角形堡垒 hexagonal bastion
六角形部件 hexagonal element
六角形弹簧冲头 hexagon pin punch
六角形的 hexagonal;sexangular
六角形电压 hexagon voltage
六角形断面 hexagonal profile
六角形多孔块体 perforated hexagonal block
六角形钢筋 hexagonal steel bar;hexagon bar
六角形构件 favas
六角形管接头 hexagon nipple
六角形滚筒回转试验 revolving hexagonal drum test
六角形接头 hexagon nipple
六角形结构 hexagonal structure
六角形孔径 hexagonal aperture
六角形扣纹螺母 hexagonal threading nut
六角形零件压冲机 turret punch press
六角形螺帽 slotted nut;hexagon nut
六角形螺母 hexagonal nut; wrench head
六角形螺栓 hexagon(al)bolt
六角形马赛克 hexagonal mosaic
六角形马赛克砖 hexagonal mosaic tile
六角形面砖 hexagonal tile; honeycombed tile
六角形皮带 hex belt
六角形平面 hexagonal ground plan
六角形平条 honeycombed coffering
六角形钎杆 hexagonal rod
六角形钎套 hexagonal hollow sleeve
六角形浅螺帽 shallow hexagonal nut
六角形穹顶 hexagonal dome
六角形塔楼 hexagonal turret
六角形套筒扳手 tubular hexagon box wrench
六角形铁杆 hexagonal bar(iron)
六角形铁丝网 hexagonal wire netting
六角形铁丝网玻璃 hexagonal wire-(d)glass
六角形铁氧体 hexagonal ferrite
六角形头 hexagonal head
六角形头木螺钉 hexagonal wood screw
六角形透镜光栅 hexagonal lenticulation
六角形瓦铺屋面 arris ways
六角形网格 hexagonal mesh; hexagonal mesh wire net
六角形网格钢丝网 chicken wire
六角形网络 hexagonal net
六角形纹样 hexagonal pattern
六角形钻钢 hexagon steel
六角型材 bar stock
六角型钢 bar steel
六角圆顶螺母 castle circular nut
六角栅条 acron bar
六角正交轴(线) orthohexagonal axis
六角止动螺母 hex stop nut
六角砖 favi
六角转塔刀架 hexagon bed turret
六角转头【机】 turret
六角桩 hexagonal pile
六角锥体 hexagonal pyramid; hexapod
六角钻杆 hexagonal shaft; hexagonal steel
六角钻机 hexagonal drill
六角钻头 hexagonal bit
六角钻轴 hexagonal shaft
六进制的 senary
六进制计数器 sextuple denotation counter
六聚偏磷酸钠 calgon;sodium hexametaphosphate
六聚物 hexamer
六开本 sexto
六开的纸 sexto
六孔冲孔钳 six way punch pliers
六孔底板 six-way plate
六孔夹板 six-hole joint bar
六孔钻岩机 six-hole stone drilling machine
六块镶板门 six panel door
六勒拱顶 ploughshare vault
六肋拱顶 sexpartite rib(bed)vault
六肋拱穹 sexpartite
六肋拱穹顶 sexpartite vault
六肋穹顶 hexapartite vault
六棱硅棒 silicon hex rod
六棱柱 hexagonal prism
六棱锥 hexagonal pyramid
六流底盘 six-way plate
六六六 benzene hexachloride; hexachlorocyclohexane
六六六杀虫剂 benzene hexachloride insecticide
六路通信[讯]制 multiplex hexode system
六铝酸钙 calcium hexa-aluminate
六氯苯酚 hexachlorophenol
六氯苯 hexachlorobenzene
六氯代内亚甲基四氢邻苯二甲酸酐 hexachloroendomethylene tetrahydrophthalic anhydride acid
六氯丁二烯 hexachlorobutadiene
六氯酚 hexachlorophene
六氯化苯 hexachlorocyclohexane;lindane
六氯化苯甲酸 cyclohexane-carboxylic acid;hexahydrobenzoic acid
六氯化苯中毒 hexachlorocyclohexane poisoning
六氯化合物 hexachloride
六氯化钨 tungsten hexachloride
六氯环己烷 hexachlorocyclohexane
六氯降冰片烯二酸 chlorendic acid
六氯降冰片烯二酸酯 chlorendate
六氯乙烷 carbon trichloride; hexachloroethane;perchloroethane
六轮翻斗车 six-wheel dumper
六轮货车 six-wheel freight car
六轮机车 six-wheel locomotive
六轮卡车 six-wheeler; six by four <俚语>
六轮汽车 six-wheel vehicle;three-axle vehicle
六轮驱动式 six-wheel drive
六轮驱动式平地机 six wheel drive grader
六轮驱动运货车 six-wheel-drive truck
六轮式平地机 six wheel grader
六芒星形 hexagram
六面吃水 the six draft[draught] readings
六面光混凝土砌块 double corner block
六面滚筒筛 hexagonal trommel
六面体 hexahedron
六面体的 hexahedral
六面体类 hexaoctahedral class
六面体陨铁 hexahedrite
六排汽口汽轮机 sextuple-flow turbine
六配位体 sexadentate
六片磁盘组 six-disk pack
六片透镜 six-element lens
六偏磷酸钠 sodium hexametaphosphate
六汽缸发动机 six-cylinder engine
六羟的 hexahydric
六羟甲基三聚氰胺 hexamethylol melamine
六氢化苯 hexahydrobenzene
六氢化苯基萘 hexahydrophenylnaphthalene
六氢化甲苯二异氰酸酯 hydrogenated toluene dilsocyanate
六氢化邻苯二甲酸二仲辛酯 di-sec-octyl hexahydro phthalate
六氢化邻苯二甲酸酐 hexahydrophthalic anhydride
六氢化邻苯甲酸 hexahydrophthalate acid
六氢邻苯二甲酸酐 hexahydrophthalic anhydride
六刃钎头 six-point bit
六刃钻头 six-point bit
六色测光 six-colo(u)r photometry
六色光电测光 six-colo(u)r photoelectric(al)photometry
六色红外光度计 six colo(u)r infrared photometer
六色记录仪 six-colo(u)r recorder
六色胶印机 six-colo(u)r press
六射珊瑚 hexacoral;scleractinian
六十度 V 形螺纹 V-type thread
六十度角距 sextile
六十度楼梯的鹅颈扶手 sixty degree swan-neck
六十度制度盘 sexagesimal circle
六十法制 rule of sixty
六十分数的 sexagesimal
六十分制 sexagesimal system
六十分制度盘 sexagesimal circle
六十分制分度 sexagesimal division
六十干支周 sexagesimal cycle
六十进制的 sexagesimal
六十进制度量 sexagesimal measure
六十进制计数表 sexagesimal counting table
六十进制角度度量 sexagesimal measure of angle
六十进制刻度 sexagesimal graduation
六十六尺测链 Gunter's chain; pole chain
六十六英尺测链 surveying chain; surveyor's chain
六十(碳)烷 hexacontane

六双尖弧形窗花格 six-vesica piscis tracery
六水铵镁矾 boussingaultite
六水铵铁矾 mohrite
六水化合的 hexahydric
六水绿矾 ferrohexahydrite
六水硼钙石 hexahydroborite
六水三氯化铁 ferric chloride
六水碳钙石 ikaite
六水铁矾 lausenite
六水泻盐 hexahydrite
六四面体 hexatetrahedron
六四面体类 hexatetrahedral class
六梭形环花窗花格 six-vesica piscis tracery
六羰基化物 hexacarbonyl
六通阀 six-way valve
六维的 sextuple
六维空间 sextuple space
六维运动量测仪 6 degree of freedom motion measuring instrument
六位代码 hexacode
六位反演器 hex inverter
六位制 six digit system
六位字节 sextet
六线铁路 sextuple tracks
六线形 hexagram
六相 hexaphase
六相的 six-phase
六相电路 six-phase circuit
六相电压 six-phase voltage
六相系统 six-phase system
六相星形接法 six-phase star connection
六相整流器 six-phase rectifier
六相制 six-phase system
六向动力安全座位 six-way power seat
六硝基二苯胺 hexyl
六硝炸药 hexyl
六效蒸发器 sextuple effect evapo(u)rator
六溴丙酮 perbromo-acetone
六溴化物值 hexabromide value
六溴乙烷 perbromo-ethane
六牙轮钻头 six-cone bit;six-roller bit
六亚甲基二胺 hexamethylene diamine
六亚甲基二异氰酸酯 hexamethylene diisocyanate
六亚甲基四胺 hexamethylene tetramine
六叶式窗 sexfoil window
六叶饰 sexfoil
六叶形窗 sexfoil window
六叶形(装饰图案)sexfoil
六乙基二甲硅氮烷 hexaethyl disiloxane
六翼钻头 six-point steel
六英尺线间距离 six-foot side
六英寸地图 six-inch map
六英寸方木料 standard timber
六英里见方的测区 <土地测量用单位 =93.24 平方千米 =36 平方英里> township
六元环 six-membered ring
六元环合成反应 Diels-Ader reaction
六折式尺 six-folding rule
六轴 six-axle
六轴车 six-axle car
六轴机车 six-axle locomotive
六轴抛光机 six-spindle polishing machine
六轴求积仪法 six-axis planimeter method
六柱式建筑 hexastyle building;hexastylos
六柱式门廊 hexastyle portico
六柱式神庙 hexastyle temple
六柱式(柱廊)hexastyle
六爪抓具 six bladed grab
六爪抓岩机 six bladed grab
六组并排椭圆弹簧 sextuple

龙川冰期 Lungchuan glacial stage

龙格-库塔法 Runge-Kutta method
龙格-库塔数值积分 Runge-Kutta numerical integration
龙格矢量 Runge vector
龙骨 framing;keel <船脊骨>
龙骨安置 laying down of keel
龙骨板 keel flat plate;keel plate
龙骨板条墙 stoothing
龙骨帮木 dead wood
龙骨边凝水管 keel condenser
龙骨补强板 slab keel
龙骨槽 keel rabbet
龙骨长度 length of keel
龙骨衬垫 furring insert
龙骨吃水 draft extreme;keel draft
龙骨船 keelboat
龙骨垫 docking block
龙骨垫及侧垫 keel-and-bilge block
龙骨垫木 keel block
龙骨垫木台 keel block tier
龙骨端包板 shoe plate
龙骨墩 building block;middle block;docking support;keel block <船坞中的>
龙骨墩地基梁 keel beam
龙骨墩高程 keel block level
龙骨墩荷载 keel block loading
龙骨墩木 keel block
龙骨墩上吃水 draught above keel blocks
龙骨墩上净空 clearance over blocks
龙骨墩上水深 drydock depth over blocks
龙骨飞高 keel flying height
龙骨构件 keel piece
龙骨和船尾部分用木材 backbone;back freight
龙骨护板 false keel
龙骨角钢 keel angle
龙骨角铁 keel angle
龙骨卡 furring clip
龙骨卡子 clip
龙骨冷却机 keel cooler
龙骨立板 centre of girder
龙骨连接件 furring clip
龙骨邻板 garboard strake
龙骨锚固 channel anchor
龙骨木 keel block
龙骨坡度 keel grade
龙骨铺设期 keel date
龙骨前端部 forefoot
龙骨嵌接 keel scarf
龙骨倾斜 initial trim
龙骨券 keel arch
龙骨式冷却器 keel cooler
龙骨水车 Chinese dragon pump;keel water lift
龙骨台 <船坞中的> docking block;keel block
龙骨突 keel
龙骨外板线 keel boundary line
龙骨弯曲的船 rocker
龙骨弯曲机 keel bender
龙骨尾铁 keel stop
龙骨下的 underkeel
龙骨下富余水深 underkeel clearance
龙骨下富裕水深 underkeel clearance
龙骨下净富余水深 net underkeel clearance
龙骨线 keel line
龙骨线脚 brace mo(u)lding;keel mo(u)lding
龙骨镶口 keel rabbet
龙骨向上 give the keel
龙骨斜度 keel grade
龙骨形 keel shape
龙骨形的 carinate
龙骨形小铸锭 keel block
龙骨翼板 garboard;garboard strake
龙骨支撑 keel shore
龙骨支柱 boat keel stay
龙骨重度 keel sagging
龙介虫礁海岸 serpulid reef coast
龙介礁 serpulid reef
龙锯 cross-cut;cross-cut saw;pit saw
龙卷 spout
龙卷风 hurricane; tornado; twister; wind spout
龙卷风卷起的水柱 rain spout;waterspout
龙卷风式集尘器 tornado dust collector
龙卷回波 tornado echo
龙卷雷暴 tornadic thunderstorm
龙卷漏斗柱 funnel
龙卷区 tornado belt
龙卷日珥 tornado prominence;water spout prominence
龙壳机 rice huller
龙壳胶辊 rubber roller for hulling rice
龙口 closure gap;gap <打桩船的>;kickout <墙体挑出排水口>
龙口石 arch keystone
龙口最大流速 maximum velocity in closure-gap
龙莱辉石 eulite
龙门扒杆 hoist portal frame
龙门板 batter board;profile;sight rail <挖沟槽时的>
龙门板撑 <挖基坑用的> batter board
龙门吊 frame crane; gallows frame derrick;gauntree;ga(u)ntry(crane);portal crane
龙门吊车 gantry crane; portal jib crane;transfer gantry
龙门吊杆柱 kingpost
龙门吊架 gallows frame
龙门吊式载驳(货)船 light aboard ship
龙门浮吊 floating gantry
龙门钩 bali
龙门架 gantry frame;goal post;portable frame; portal bridge gallows;portal(-type)frame;posts for sight rails
龙门架大梁 gantry girder
龙门架导轨 mast rail
龙门架梁 gantry beam
龙门架平台 gantry platform
龙门架升降机 gantry elevator
龙门架式起重机 gallows frame derrick
龙门架行驶 gantry travel
龙门架柱 gantry pillar; gantry column;gantry post
龙门剪床 gate shears;square shears
龙门脚 gantry legs
龙门卡头 standard pipe vise
龙门磨床 planogrinder
龙门刨床 closed planer;planing machine;table planing machine;vertical plane machine; frame planer <移动式的>
龙门起重车 gantry wagon
龙门起重机 bridge crane;full portal gantry; ga(u)ntry crane; portal bridge crane; straddle-transported crane; transfer crane; travel lift; trestle crane
龙门起重机房 gantry house
龙门起重机架 gantry
龙门起重机门架 gantry crane portal
龙门起重机上起重小车 gantry travel(l)er
龙门起重机伸距 reach of gantry crane
龙门起重架 gallows frame;hoist portal frame
龙门式吊运车 straddle truck
龙门式多机钻车 gantry jumbo
龙门式集装箱起重机 container gantry(crane)
龙门式架桥机 launch gantry
龙门式铺轨机 track-laying gantry
龙门式起重机 frame crane;portal crane;gallows frame derrick;travel(l)ing bridge
龙门式起重柱 twin derrick posts
龙门式拖拉机 saddle type tractor
龙门式有臂吊车 portal jib crane
龙门式自动气割机 flame planer
龙门(双柱)刨床 double column planer;double housing planer
龙门梃 leads
龙门桅(杆) goal post mast; pair masts;twin masts
龙门桅横桁 pair mast girder
龙门桅上桁架 king bridge
龙门铣床 horizontal boring and milling machine;planomiller;planomilling machine
龙门压床 gate press
龙门支柱 <缆车> gantry support
龙门柱销 norman(-bolt);norman pin
龙门桩 sight peg
龙脑香树 Borneo-camphor tree
龙脑香樟树 kapur
龙皮釉 dragon skin glaze
龙取水【气】 water spout
龙舌兰 American agave
龙舌兰纤维 agave fiber[fibre];henequen;istle;maguey
龙舌兰属 maguey;Agave <拉>
龙舌兰属大麻 aloe hemp
龙舌兰属植物 Agave
龙潭 vauclusian spring
龙头 ball-cock tap;bib(b);bibcock;bib tap;cock tap;crane;faucet;nipple;pipe stop(per);plug cock;stop cock;tap;tap end
龙头扳手 cock wrench
龙头端管 faucet end
龙头阀 valve cock
龙头管端 faucet end
龙头加气器 faucet aerator
龙头接头 faucet joint
龙头接嘴 faucet joint
龙头控制 faucet control
龙头螺栓 tap bolt
龙头内锥 head cone
龙头曝气 faucet aeration
龙头嘴 bib nozzle
龙头座 faucet seat
龙头座修整器 faucet seat dresser
龙纹 dragon design
龙虾艇 langoustier
龙涎香脂 ambetti
龙须缆【船】 bridle;towing bridle(cable)
龙血红 dragon's blood
龙血树 dragon tree
龙血树脂 dragon's blood
龙眼 longan[lungan]
龙眼树 dragon's eye
龙舟 Dragon boat

笼闭反应 cage reaction

笼蔽效应 cage effect
笼标 <浅滩立标> jack in the basket;lattice beacon

笼格式吊杆 bar lattice boom; lattice boom; lattice derrick
笼合物 clathrate
笼架底座 cage shoe
笼架装 boxing-in pocket setting
笼框 caging
笼轮式升运器 cage wheel elevator
笼门 elevator cage
笼门触点 car-door electric(al) contact
笼内开关控制 car-switch control
笼内控制 cage control
笼筛 cage screen
笼式采样器 basket type sampler
笼式打泥机 squirrel-cage disintegrator
笼式调节阀 cage valve
笼式粉碎机 cage disintegrator; cage mill
笼式格栅 cage screen
笼式滚筒 cage drum
笼式混料器 cage mixer
笼式加宽轮 < 一种拖拉机防下陷的轮,装在轮侧 > grid wheel
笼式搅拌机 cage mixer
笼式结构 cage construction
笼式拦污栅 cage rack; cage screen; basket type trash rack
笼式立标 skeleton beacon
笼式磨碎机 cage disintegrator; cage mill
笼式黏[粘]土破碎机 clay disintegrator
笼式区域熔化 cage zone melting
笼式区域提纯 cage zone refining
笼式筛网 cage screen
笼式升降机 cage elevator; cage hoist; cage lift(er)
笼式填石框 crib
笼式研磨干燥机 cage-mill drier[dryer]
笼式榨油机 cage oil press
笼式转子 cage rotor
笼网围堰 gabion cofferdam
笼箱 skeleton case
笼形侧向器 cage goniometer
笼形的 birdcage; cagelike; clathrate
笼形电路 cage circuit
笼形阀 cage type valve
笼形供料器 cylindric(al) screen feeder
笼形换热器 cage type recuperator
笼形继电器 cage relay
笼形结构 cage structure
笼形拦污栅 basket type trash rack; cage rack; cage screen
笼形磨机 cage mill
笼形偶极子 cage dipole
笼形绕组 basket winding
笼形栅极 cage grid
笼形天线 birdcage antenna; cage antenna; sausage antenna; squirrel-cage antenna
笼形桅 basket mast; cage mast
笼形线圈 basket coil; Lorentz coil; squirrel-cage coil; stagger-wound coil
笼形信号球 basket
笼形镇压器 cage roller
笼形转子 cage rotor
笼型粉碎 desintegrator
笼型粉碎机(炼焦) desintegrator
笼养法 battery rearing; cage culture; cage rearing
笼缘 nosing
笼罩 shroud
笼罩项目 umbrella project
笼置 enwrap
笼子 crate

聋度 deadness; hearing loss

聋哑人住房 housing for blind and deaf people
聋哑学校 deaf and dumb school; school for deaf-mutes

隆冬 midwinter

隆浮雕 alto-relievo; grand relief; high relief
隆腹形 belly
隆腹状砌筑 bolster work
隆脊 ridging
隆隆声 rumble
隆敏德统【地】Longmyndian Series
隆起 heave; heaving; balloon(ing); bulking; crowing; crown(ing); gibbosity; lifted block; protrusion; ridge; rise; swell; upfold; upheaval; upheave; uplift; upswell; upthrow; upwarping【地】; pucking < 煤矿层的 >; blow-up < 由冻胀引起的 >; lifting < 油漆、地面等 >
隆起标桩 heave stake
隆起部(分) crown; rump
隆起测定 < 一般指路基土在承载板四周的隆起 > swell measurement
隆起的 bulbous; bunchy; embossed; raised
隆起的部分 raised field
隆起的场地 raised field
隆起的拱顶地下室 domed vault
隆起的路钮 raised pavement marker
隆起的木纹 raised grain
隆起的平滑砂浆缝 raised flat joint
隆起的线脚 risen mo(u)lding
隆起地 swell
隆起地层 swelling ground
隆起地带 arched area; spine
隆起地基 swelling ground
隆起腹部 bilge
隆起高度 crown height
隆起谷 valley of elevation
隆起管涌 piping by heave
隆起海岸 coast of emergence; upheaval coast
隆起海岸线 shoreline of emergence
隆起极 uplift pole
隆起脊 rise crest
隆起监测计 < 沟底土层 > heave ga(u)ge
隆起礁 elevated reef
隆起接头 bump joint; hump joint
隆起块 bunch
隆起路堑 hog-backed cutting
隆起螺帽 knurled nut
隆起破坏 failure by heaving
隆起区 upwarping region; upwelling region
隆起山 dome(d) mountain
隆起式线脚 raised mo(u)lding
隆起式线条 raised mo(u)lding
隆起速率 rate of heave
隆起天窗 raised skylight
隆起条纹的路面 rumble surface
隆起物 ridge
隆起物法 bump method
隆起线 crown line
隆起线脚 raised mo(u)lding
隆起镶板 fielded panel
隆起页岩 heaving shale
隆起移动把起 upheave
隆起翼 rise flank
隆起褶皱 arched up folds; bending fold(ing)
隆起整平 bumpcutting
隆起(装)饰 risen mo(u)lding
隆丘成核 bulge nucleation
隆球饰【建】knurl
隆曲褶皱 bending fold(ing)
隆凸顶部接头 hump joint
隆眼管涌 piping by subsurface backward erosion
隆胀 heave; heaving
隆胀断层 heave fault
隆胀力 heave force
隆胀土 swollen soil
隆胀效应 < 爆破时的 > heaving effect
隆胀压力 heaving pressure
隆褶带 upwarping folded belt
隆褶区 upwarping folded region
隆皱【地】upfold
隆珠 cock bead

窿形道路 hump road

窿缘桉 Bendo eucalyptus

垄 ribbing

垄断 corner; make a corner in; monopolization; monopolize; monopoly
垄断财团 monopolies; monopolistic financial group
垄断化 company concentration
垄断集团 monopoly
垄断价格 administered price; administrated price; monopoly price
垄断利润 monopoly profit
垄断使用 captive use
垄断市场 < 用囤积、高价等办法 > forestall; captive market; engross the market; monopolistic market
垄断性竞争 monopolistic competition
垄沟 furrow; earth furrow; farm waterway; field ditch; furrow; cut < 疏浚 >
垄沟播种机 furrow drill
垄沟灌溉 ridge and furrow irrigation; ridge furrow irrigation
垄沟灌溉法 corrugation-method irrigation
垄沟灌水 corrugation irrigation
垄沟灌水流量 furrow stream
垄沟渗漏 corrugation infiltration
垄沟式池 ridge and furrow tank
垄沟式灌溉系统 ridge and furrow system
垄沟式空气扩散法 < 污水处理的 > ridge and furrow air diffusion
垄沟式曝气 ridge and furrow aeration
垄沟式曝气池 ridge and furrow aeration tank
垄沟式曝气系统 ridge and furrow aeration system
垄沟水流 furrow stream
垄沟线 cut line
垄灌 ridge irrigation
垄距 row spacing
垄宽 row spacing
垄上留空试验 experiment with skips in the row
垄输系统的组成部分 components of a transportation system
垄田 furrow field; ridged field
垄头沟 row ditch
垄洼构造 upwarp-downwarp structure
垄形阻流梯地 absorption-type terrace
垄用挖掘机 ridge digger
垄植 ridge planting
垄作 hill culture; ridge culture; ridge tillage; saddle-backed harrow
垄作区田 tied ridging; contour check

拢风索 bunt line

拢流器 baffle
拢起信号旗 folding up the signal flag

蒌叶油 betel leaves oil

楼板 floor; floor slab; slab; slab floor; Kleine floor < 先在空心砖缝间置钢筋然后用混凝土浇筑成整体的 >

楼板保养 floor(ing) care
楼板篦子 floor grill(e)
楼板擦光器 floor polisher
楼板材 mushroom floor slab
楼板材料 floor material
楼板采光 floor light
楼板层算条平面 floor grid plane
楼板层采暖系统 floor warning system
楼板层供暖炉 floor fire
楼板层供暖装置 floor warning installation
楼板层管道 floor duct
楼板层加热电缆 floor warning cable
楼板层热风采暖 floor heating by air
楼板层填充材料 floor filling material
楼板层填块 floor filler(block)
楼板插座 flooring plug socket
楼板衬垫 floor pad
楼板衬垫料 floor lining
楼板出入孔 floor opening
楼板大龙骨 large-size floor joist
楼板单元 floor panel
楼板的连续嵌板 continuous panel between floors
楼板底面 soffit
楼板底模工程 slab soffit formwork
楼板电热采暖 underfloor heating by electricity
楼板垫块 floor bearer
楼板垫木 floor furring
楼板吊杆 floor suspender
楼板钉 flooring nail
楼板洞 floor opening
楼板对中 floor center[centre]
楼板反射系数 floor reflection factor
楼板反射因数 floor reflection factor
楼板防护剂 floor(ing) protection agent
楼板粉饰 ceiling plaster
楼板辐射板采暖 floor panel heating
楼板复合构件 floor compound unit
楼板覆盖面工作 floor covering work
楼板钢筋 floor reinforcement
楼板钢筋箍 floor stirrup
楼板格纹平板 waffle floor plate; waffle floor slab
楼板格纹镶板 waffle floor panel
楼板格栅 boarding joist; common joist; floor binding joist; raglin
楼板格栅端头钉板条 box sill
楼板格栅木条 < 钉吊顶棚用 > ceiling strap
楼板格栅之间的支撑 dwang
楼板隔热层 floor insulation
楼板隔声 sound insulation of floors
楼板隔声材料 pugging
楼板隔声层 floor insulation
楼板供暖 floor heating
楼板供暖系统 floor heating system
楼板构架平面图 floor framing plan
楼板构件 floor building component;

floor building member; floor building unit; floor component; floor member; floor unit
楼板构造 floor construction; floor framing
楼板骨架 floor framing
楼板管道孔 floor hole
楼板贯穿断裂 floor breakthrough
楼板荷载 floor load(ing)
楼板横梁 floor joist
楼板横直接缝 cross seam
楼板厚度 floor depth; floor thickness
楼板滑面槽 floor guide
楼板活荷载 floor live load(ing)
楼板加热板 floor heating panel
楼板夹钳 floor clamp
楼板减振垫 floor buffer
楼板减振垫做法 floor buffer system
楼板交叉接缝 cross seam
楼板浇筑 floor cast(ing)
楼板胶结剂 floor cement(ing agent)
楼板铰链 floor hinge
楼板接头 floor joint
楼板结构 floor scheme
楼板结构平面图 floor framing plan
楼板结构系统 floor structural system
楼板净面积 net floor space
楼板锯 flooring saw
楼板空心砖 floor hollow tile
楼板孔洞 <管道孔> floor hole
楼板扣钉 floor cramp
楼板跨度 floor span
楼板框架体系 floor arming system
楼板腊克 floor lacquer
楼板肋 floor rib; rib of floor; rib of slab
楼板梁 floor beam
楼板梁底垫块 soffit block
楼板门槽 floor guide
楼板门后夹 floor door catch
楼板密封剂 flooring seal(er)
楼板面层 finish floor; floor coat; floor covering; floor layer; floor topping
楼板面层找平材料 floor covering screed material
楼板面积 floor area
楼板模板(工程) floor form(work); slab form(work)
楼板木底座 floor sill
楼板腻子 flooring mastic
楼板黏[粘]合剂 floor adhesive; floor(ing) bonding medium; floor(ing) bonding adhesive; floor(ing) bonding agent
楼板暖气 floor heating
楼板喷漆 floor lacquer
楼板平面 floor level
楼板剖面 floor cross-section
楼板砌块 floor block
楼板清洁器 floor cleaner
楼板清漆 floor clear varnish; flooring varnish
楼板清洗剂 floor cleaner
楼板乳化涂料 floor emulsion
楼板上平垫木 floor plate
楼板上下口 floor hatch
楼板设计 floor design
楼板伸缩缝 floor expansion joint
楼板式楼板结构 beam and slab floor construction
楼板饰面材料 floor covering material
楼板饰面层 floor finish coat
楼板饰面工作 floor finish work
楼板饰面乳化涂料 floor finish emulsion
楼板饰面石板 floor covering
楼板饰面塑料 floor covering plastics
楼板饰面硬质纤维板 floor covering hardboard; floor finish hardboard
楼板饰面油地毡 floor covering lino(leum); floor finish lino(leum)
楼板饰面毡 floor covering felt; floor felt
楼板饰面找平 floor finish screed (topping)
楼板饰面找平材料 floor finish material
楼板套管 floor sleeve
楼板填充板 floor filler slab
楼板填充砖 floor filler tile
楼板填料 floor filling
楼板涂层 floor(ing)(covering) coat
楼板涂料 flooring paint
楼板外层 floor skin
楼板吸尘器 floor cleaner
楼板系梁 floor binder
楼板下的 underfloor
楼板下电路 underfloor raceway
楼板下排风管道 underfloor exhaust duct
楼板下送风管道 underfloor fresh air duct
楼板下送气系统 plen-wood system
楼板线槽 underfloor raceway
楼板修饰用乳胶 floor covering emulsion
楼板用硬木 floor hard timber; floor hardwood
楼板油灰 flooring mastic
楼板油漆 flooring paint
楼板与墙的接缝 floor-to-wall joint
楼板在吊装时的应力 floor stress when climbing
楼板在使用中的应力 floor stress during operation
楼板支撑 propping of floors
楼板支承柱 floor column
楼板吱吱声 squatting of floor; squeaking of floor; squeak
楼板中的垫板 dead floor
楼板终饰 floor finishing
楼板终饰材料 floor finish material
楼板重量 floor weight
楼板柱 floor column; floor support
楼板砖 floor clay block; floor clay brick
楼板装饰 ceiling enrichment
楼板总厚度 overall floor depth; total floor depth
楼拌材料 plant-mixed material
楼层 floor; stor(e)y
楼层壁龛 floor recess
楼层标尺 stor(e)y rod
楼层标杆 story pole
楼层标高 stor(e)y level
楼层不多的 low-rise
楼层出口 exit from a story
楼层的梁与柱 stor(e)y post and beams
楼层的墙 stor(e)y wall
楼层地面黏[粘]合剂 floor adhesive
楼层顶棚龙骨 floor ceiling joist
楼层反应谱 floor response spectrum
楼层范围 floor zone
楼层分支 floor branch
楼层刚度 stor(e)y stiffness
楼层高程 stor(e)y level
楼层高度 floor(-to-floor) height; height between stories; stor(e)y height
楼层骨架 carcass flooring; framework of flooring
楼层关门装置 floor door closer
楼层横隔板 floor diaphragm
楼层呼叫按钮 landing-call push
楼层或平屋顶的防潮层 damping membrane
楼层机制 stor(e)y mechanism
楼层间的 interfloor
楼层间交通 interfloor traffic; interfloor travel
楼层剪力 stor(e)y shear
楼层净高 clear ceiling height
楼层净面积 net floor area; net floor space
楼层开关 floor switch
楼层框架 stor(e)y frame
楼层力矩 stor(e)y moment
楼层面积 floor area; floor space
楼层排废气管道 foul air floor duct; foul air floor flue
楼层排污浊空气管道 foul air floor duct; foul air floor flue
楼层平顶格栅 floor ceiling joist
楼层平面图 floor ground plan; floor plan; stor(e)y plan
楼层平台 stor(e)y landing
楼层墙壁 upper floor wall
楼层数 number of floor levels; number of stories
楼层挑台 balcony
楼层线 floor line
楼层直梁 stor(e)y beam
楼层直通钢筋 stor(e)y bar
楼层指示器 floor indicator
楼层住宅入口 apartment entrance
楼层柱 stor(e)y post
楼层转换矩阵 stor(e)y transfer matrix
楼层总面积 total stor(e)y space
楼道 corridor; passageway
楼地板箅条 floor grating; floor grid
楼地板格栅 floor joist
楼地板构件 floor unit
楼地板加热装置 floor warning installation
楼地板块件 floor block
楼地板梁空挡 case bay
楼地板面积 floor space
楼地板上的导轨 floor track
楼地板线 floor line
楼地面 flooring
楼地面材料 flooring material
楼地面盖板 floor covering sheet
楼地面翘曲 curling of flooring
楼地面上光 floor polishing
楼地面图案 flooring pattern
楼地面找平层 flooring finish screed (topping)
楼地面装修 floor finish
楼顶层 topmost stor(e)y; top story
楼顶房间 penthouse
楼顶广告牌 sky sign
楼段加劲杆 carriage piece
楼房 building; storied building; storied house
楼房过人竖井 circulation tower
楼房建有存车库 built-in garage
楼房内部 interior of a building
楼房维修计划 building maintenance project
楼盖端梁 end floor beam
楼盖格栅 floor joist
楼盖构造 floor construction; floor framing
楼盖构造体系 floor framing system
楼盖结构 floor
楼盖结构的吊筋 floor hanger
楼盖梁加劲条 floor strutting
楼盖梁间小穹顶 interposed vault
楼盖梁支撑 floor strutting
楼盖砌块 floor tile
楼盖水平面 floor level
楼盖填充块体 filler block
楼盖主梁 floor girder
楼阁 multistor(e)yed pavilion; stor(e)yed building
楼阁式木塔 pavilion-like wood pagoda
楼基盖板 string board
楼基楣饰 string cornice
楼间架空通道 bridgeway
楼间柱 story post
楼空花饰的塔尖顶 lace-like spire
楼门 <住宅楼的> landing door
楼面 floor
楼面板 floor(ing) board; floor plank; raised floor(ing); floor slab
楼面板条 floor batten
楼面板托梁 floor boarding joist
楼面箅条 flooring grating
楼面标高 floor elevation; floor level
楼面薄板终饰 sheeting floor(ing) finish
楼面布置(平面)图 floor plan
楼面材料 floor finish; flooring; flooring finish material
楼面采光口 floor light
楼面层 tier
楼面插管 floor sleeve
楼面插座 flooring socket
楼面出风板 floor register
楼面出水口 flooring outlet
楼面导轨 floor guide; flooring track
楼面底板 blind floor; floor underlayment; subfloor(ing)
楼面底部离天花板上边距离 drop
楼面地板胶结剂 floor cement(ing agent)
楼面地价 land price per floor area
楼面电源插座 flooring power point
楼面洞口 <运料用> chase hole
楼面覆盖(面)层 floor cover(ing)
楼面覆盖面层碾辊 floor covering rolls
楼面覆面层 floor covering
楼面高程 floor level
楼面高度 floor depth; floor level; height of floor
楼面隔板 floor diaphragm
楼面构架 floor framing; floor framework
楼面构造 floor construction; double floor <格栅置在次梁上的>
楼面荷载 floor load(ing)
楼面(横)梁 floor beam
楼面护层 floor cover
楼面活荷载 floor live load(ing); imposed floor load
楼面间的斜坡道 ramp between floor
楼面间交通 interfloor traffic
楼面间楼梯 interfloor stair(case)
楼面接头 floor joint
楼面金属覆盖板 metal floor decking
楼面进水口 floor inlet
楼面井 fall way
楼面净面积 net floor area
楼面绝缘 floor insulation
楼面竣工标高 finished floor level
楼面梁加劲条 floor strutting
楼面料 floor covering
楼面铝覆面层 alumin(i)um floor covering
楼面煤气炉 gas floor furnace
楼面面层 flooring layer; floor covering; floor finish
楼面面积 floor area; floor space; space floor area
楼面面积系数 floor area ratio
楼面面积与占地面积之比 plot ratio
楼面面置图 floor plan
楼面磨光 flooring polish
楼面磨耗层 flooring wear(ing) course; wearing floor
楼面磨损面 flooring wear(ing) surface
楼面黏[粘]结剂 flooring adhesive
楼面排水 floor drain

L

楼面排水沟 floor(ing) gulley
楼面排泄废气风道 vitiated air floor duct
楼面平台 floor landing
楼面铺砌工 flooring layer
楼面上操纵的起重机 floor-operated crane
楼面石板 floor slab
楼面石膏粉饰 flooring plaster
楼面饰面 flooring finish
楼面塑料密封 flooring plastic sealing
楼面填充 floor fill
楼面停门器 floor door closing device
楼面通风板 floor register
楼面温度 floor temperature
楼面(系)跨径 floor span
楼面系统 <桥的> floor system
楼面线 floor line
楼面硝基漆 floor lacquer
楼面小格栅 floor sleeper
楼面修整 floor covering; floor finish
楼面修整工作 floor finish work
楼面用瓷砖 flooring finish tile
楼面用大理石 flooring marble
楼面用钢板 steel floor(ing) plate; steel floor tile
楼面用乳化液 flooring emulsion
楼面用塑料 flooring finish plastics; flooring plastics
楼面用硬质纤维板 flooring hardboard
楼面油地毡 flooring finish lino(leum); floor lino(leum)
楼面油毛毡 flooring felt
楼面油毡 flooring lino(leum)
楼面圆板 floor disc[disk]
楼面找平材料 flooring screed material
楼面至顶棚尺寸 floor-to-ceiling dimension
楼面至顶棚高度 floor-to-ceiling height
楼面至楼面尺寸 floor-to-floor dimension
楼面至楼面高度 floor-to-floor height
楼面至屋顶尺寸 floor-to-roof dimension
楼面至屋顶高度 floor-to-roof height
楼面至屋面高度 floor-to-roof height
楼面制门器 floor door closing device; flooring door catch
楼面装修 floor finish
楼面装修材料 finish flooring
楼面装修层地板 finish floor
楼面总厚度 aggregate floor depth
楼面总面积 aggregate floor area; aggregate floor space; total floor space; gross floor area; gross floor area
楼内勤务溜槽 service chute
楼内网络电缆 intrabuilding network cable
楼前道路 frontage road
楼前基地 front stead
楼墙帮梁 bridge board
楼(桥)面跨径 floor space
楼上 topside; upper floor; upper stor(e)y
楼上包厢 balcony
楼上的 upstair(case); upstairs
楼台唱诗座 choir loft
楼台上层 galleried upper stor(e)y
楼梯 stair(case); cut-string stair(case) <采用连三角斜梁的>; apples and pears; dancers <俚语>; dog legged <折返段斜梁与下段在同一垂直面的>
楼梯(安全)出口 stair exit
楼梯帮 bridge board
楼梯步级 stair step; stair tread
楼梯侧板 bridge board; string piece
楼梯长度 staircase length
楼梯承(重)墙 stairwall
楼梯窗 staircase window
楼梯的鸠尾榫栏杆 dovetail baluster
楼梯的平台 half-space landing
楼梯的特型踏步 special-purpose step of stair(case)
楼梯的斜踏步 stair winder
楼梯的最下段 bottom rung of stair(case)
楼梯灯 stair light
楼梯底板 planceer; planceer piece; plancier
楼梯底端 soffit
楼梯底面 plancier; soffit; stair soffit
楼梯地面 plancier piece
楼梯地毯 stair carpet
楼梯地毯棍 stair rod; stair wire
楼梯地毯夹 stair clip
楼梯地毯压条 stair clip; stair rod
楼梯第一踏步 curtain step
楼梯迭代 treppeniteration
楼梯顶端 stairhead
楼梯顶口 stairhead
楼梯洞口短格栅 trimmed joist
楼梯洞口短栅栏 trimmed joist
楼梯端柱 newel post
楼梯段 flight; stair flight; stair slab
楼梯段背面 stair soffit
楼梯段的水平尺寸 stair run
楼梯段端部托梁 stair trimmer
楼梯段高度 rise of a flight
楼梯段纵梁 stair bearer
楼梯防滑条 kick plate
楼梯扶挡用弯玻璃 stair rail bent glass
楼梯扶手 banister; handrail of stair(case); stair handrail; stair rail(ing)
楼梯扶手处中柱或转弯角柱的接头 newel joint
楼梯扶手角柱 landing newel
楼梯扶手螺栓 handrail screw; stair bolt
楼梯扶手螺旋形弯头 volute with casement
楼梯扶手起柱垫子 miter cap
楼梯扶手弯头 wreathed handrail(ing); wreathed string
楼梯扶手涡旋端 handrail scroll
楼梯扶手柱头饰 miter[mitre] cap
楼梯扶手转角柱 newel post
楼梯扶手转角柱柱脚下垂装饰 newel drop
楼梯扶手转弯支柱 landing newel
楼梯搁板 notch board
楼梯搁架 stair horse
楼梯格栅 carriage; carriage piece; landing binding joist; landing ceiling joist; stair carriage; trimmer joist; trimming joist
楼梯隔墙 newel wall
楼梯横向连接 staircase transverse joint
楼梯换乘 staircase transfer
楼梯基 stair carriage; stringer; string piece
楼梯基圬工墙 string masonry wall
楼梯级距 go
楼梯级宽 tread; tread width
楼梯加劲(杆件) staircase stiffener; staircase stiffening
楼梯间 close; staircase; staircase shaft; stairwell; stairway
楼梯间间距 distance between stair(case) wells
楼梯间连续外斜梁 continuous string(er)
楼梯间入口 entrance stair(case)
楼梯间上塔楼 staircase tower; staircase turret
楼梯间深度 staircase depth
楼梯间塔楼 stair(case) tower; stair(case) turret
楼梯间斜平顶 bulkhead
楼梯接头 staircase joint
楼梯金属栏杆柱 metal newel(post)
楼梯井 <楼梯扶手档中的空间> staircase core; stair(case) shaft; staircase well; well hole; stairwell
楼梯井的竖向套筒 apron lining
楼梯井间距 distance between stair(case) wells
楼梯井框架梁 framing stair(case) well beam
楼梯净空 headroom; stair clearance
楼梯净空高度 stair clearance; stair(way) headroom
楼梯口 entrance of stair(case)
楼梯宽度 staircase width; stairway width
楼梯栏杆 banister; staircase railing; stair rail(ing)
楼梯栏杆端柱 starting newel(post)
楼梯栏杆扶手 balustrade
楼梯栏杆基脚 shoe rail
楼梯栏杆木柱 stor(e)y post
楼梯栏杆主管柱 newel tube
楼梯栏杆柱 newel; starting newel (post)
楼梯栏杆柱垂饰 newel drop
楼梯栏杆柱顶饰 newel cap
楼梯梁 bridge board; stair stringer; stringer beam
楼梯梁板支撑 landing bearer; landing binder
楼梯梁的楼梯间 bridge board stair(case)
楼梯量规 stair ga(u)ge
楼梯跑 stair flight
楼梯平台 broadstep; floor landing; half-landing; half pace; halfpace landing; landing (platform); platform; stair landing
楼梯平台板 landing slab
楼梯平台标高 landing level
楼梯平台长度 landing length
楼梯平台高程 landing level
楼梯平台格栅 floor header; landing carriage
楼梯平台宽度 floor width; landing width
楼梯平台梁 landing beam
楼梯平台起柱 landing newel
楼梯平台裙板 apron lining; breast plate
楼梯平台十字梁 stair builder's truss
楼梯平台踏板 landing tread
楼梯平台托架 landing bearer
楼梯平台支承 bearer
楼梯平台支承小横梁 pitching piece
楼梯平台支柱 floor post
楼梯坡度 pitch of stair(case); slope of stair(case)
楼梯起步板 stair riser
楼梯起步的圆头踏板 bull-nosed step
楼梯起步的圆头踏步板 bull-nose step
楼梯起步挑出踏步 curtail step
楼梯起始栏杆柱 starting newel (post)
楼梯墙 stairwall
楼梯扇步 kite winder; stair winder
楼梯升降机 stairlift
楼梯施工 construction of stair(case); stair(case) construction
楼梯石级 step stone
楼梯竖板 riser
楼梯竖板及踏板 stairway risers and treads
楼梯塔 staircase tower; stair turret
楼梯踏板 broadstep; grees; stair step; tread
楼梯踏板高度 stair run
楼梯踏板加劲撑板 stair bracket
楼梯踏板宽度 tread width
楼梯踏板面层 stair tread cover(ing)
楼梯踏板研磨机 stair tread grinder
楼梯踏步 flyer; rime; stair step; step of stair(case); tread
楼梯踏步板 stair tread; tread
楼梯踏步板磨光机 tread grinder
楼梯踏步端头旋涡形装饰 teram
楼梯踏步防滑条 non-slip nosing
楼梯踏步高度 stair rise
楼梯踏步高度样板 height board
楼梯踏步高宽比 rise and run ratio
楼梯踏步梁 carriage; carriage piece; rough string; stair carriage; stair horse
楼梯踏步木块 rough brackets
楼梯踏步平板 stair tread
楼梯踏步三角板 pitch board
楼梯踏步三角定线板 pitch board
楼梯踏步上的防滑条 safety nosing
楼梯踏步竖板 breast; stair riser
楼梯踏步小凸沿 stair nosing
楼梯踏步小突沿 nosing(piece); stair nosing
楼梯踏步斜竖板 raking riser
楼梯台 half pace
楼梯梯段板 waist slab
楼梯梯段模板 stair flight form (work)
楼梯梯级突出线 line of nosing
楼梯踢板 riser; rising run; stair riser
楼梯踢脚 stairwall
楼梯厅 stair hall
楼梯外侧小梁 outer string; outer string of stair(case)
楼梯外侧斜梁 outer string
楼梯外栏栅 outside string
楼梯下端 stair soffit
楼梯斜边板 string board
楼梯斜边梁 string
楼梯斜顶 bulkhead
楼梯斜度 pitch of stair(case)
楼梯斜度样板 pitch block
楼梯斜钢梁 steel section string
楼梯斜梁 carriage piece; stringer; string piece
楼梯斜梁边缘 margin
楼梯斜梁侧板 string board
楼梯斜梁框架 string frame
楼梯斜梁模板 string form(work); string shuttering
楼梯斜梁上线脚饰 string cornice
楼梯斜梁贴面板 semi-housed stringer
楼梯斜踏步 stair winder
楼梯斜踏步准线 walking line
楼梯行走线 walking line; line of travel <离扶手四十八厘米处>
楼梯休息平台 half floor; half-space; landing of stair(case); stair(case) landing; stair slab
楼梯休息平台格栅 landing joist(of stairs)
楼梯旋步 dancing steps
楼梯压毯棍 stair rod
楼梯有效跨度 staircase effective span
楼梯有效宽度 staircase effective breadth
楼梯支撑 staircase stay
楼梯支承斜梁 rough carriage
楼梯支架 stair horse
楼梯中间平台 stair platform
楼梯中间斜梁 center stringer
楼梯中线加固梁 stair horse
楼梯柱 stair(case) post

楼梯柱的颈圈 newel collar
楼梯砖 stair brick
楼梯转变处之梯台 quarter space
楼梯转角栏杆柱顶 newel cap
楼梯转角栏杆柱脚及装饰 newel drop
楼梯转角栏杆柱接头 newel joint
楼梯转身平台 half-space
楼梯转弯处 landing zone
楼梯转弯处的平台 halfpace
楼梯转弯柱 newel
楼梯转向斜踏步 kite winder
楼梯装修中的护墙裙板 apron lining
楼梯纵梁 stair carriage;string piece
楼梯纵向连接 staircase longitudinal connection
楼梯最下段 bottom rung
楼体地下连接通道 cellar for branches
楼厅 balcony;gallery;horseshoe;upper circle;circle
楼厅大梁 balcony girder
楼厅扶手 balcony balustrade
楼厅后座 upper circle
楼厅梁 balcony beam
楼下层 below stair(case)
楼下的 downstair(case)
楼下后厅 parquet circle
楼下停车 tuck-under parking
楼厢 loft;theologeion <古剧场为圣职者设的>;mo(u)ld loft <讲堂的>
楼宇资本价值 capital value of premises
楼宇自控 building security controlling
楼中一室 stanza
楼柱 ga(u)ge rod
楼座 clear stor(e)y

搂

搂草机 rake(r);raking machine
搂草耙 buckrake
搂齿杆 tine rake
搂齿梁 tine bar;tine shaft;tine spindle;tooth bar
搂齿倾斜机构 tooth-angling mechanism
搂齿式拨禾轮 finger reel
搂齿轴 tine spindle
搂根耙 root rake
搂集滚筒 rake cylinder;raking reel
搂集轮 raking reel
搂耙清理器 raker stripper
搂石器 stone rake

篓

篓 basket
篓费 <装箱篓费> crating charges
篓框 crate
篓装货 crated goods
篓子 crate

陋

陋居区 shanty town
陋屋 hovel;shebang
陋屋区 blighted area;shanty town
陋巷 empty nest;mean alley;slum;slum area;urban slums
陋巷改造 slum clearance
陋巷清除地区 clearance slum area;cleared slum area
陋巷清理场 slum-cleared site
陋巷清理区 slum clearance area;slum-cleared area
陋巷区(域)slum district
陋宅 blighted house;hovel;mean dwelling

漏

漏板 nozzle plate
漏板变压器 bushing transformer
漏板衬 bushing packing
漏板吹风器 bushing blower
漏板底板 bushing baseplate
漏板电极 bushing electrode
漏板电器 bushing electric
漏板垫片 bushing gasket
漏板调节针 bushing needle
漏板端子 bushing terminal
漏板耳朵 bushing ear;bushing terminal;terminal ear
漏板供玻璃液砖 bushing flow block
漏板夹头 bushing clamp;terminal clamp
漏板拉丝 drawing from a bushing
漏板拉丝法 mechanical drawing from a bushing
漏板流量 bushing throughout
漏板喷丝孔 bushing tip
漏板纱网 basket
漏板蛇形冷却管 bushing cooling coil;cooling coil
漏板式坩埚装置 bushing assembly
漏板托梁 bushing bracket;bushing supporting beam
漏板砖 bushing block
漏板装配 bushing assembling
漏板装置 bushing assembly
漏包 bottom pour ladle
漏报 under-reporting
漏报概率 miss probability
漏报率 rate of missing report
漏报应税货品 evade declaration of dutiable goods
漏标 spill tag
漏波 leaky wave
漏波天线 leaky wave antenna
漏槽撒布机 hopper spreader
漏测值 missing value
漏层井深 position of lost circulation zone
漏查 under-enumeration
漏查率 omission rate
漏差别型浇口杯 sprue cutter
漏衬底结 drain-substrate junction
漏乘 missing a train
漏出 bleed;exfiltrate;leak away;leak out;spill;transudation seeping
漏出的 leaking
漏出的燃气 blow-by gas
漏出的油 oil spill
漏出空气 leakage air
漏出量 leakage;outleakage
漏出溶液 spillage solution
漏出水 fugitive water;leakage water
漏出物 transudate
漏出液 transudate
漏处 leakage position
漏处定位 leak pinpointing
漏窗 decorative openwork window;ornamental perforated window
漏磁 flux leakage;leakance;magnetic dispersion;magnetic flux leakage
漏磁补偿绕组 leakage winding
漏磁测量 measurement by leakage field
漏磁场 leakage field;stray field
漏磁导率 leakage permeance
漏磁电感 leakage inductance
漏磁电抗 leakage reactance
漏磁端 leakage end
漏磁法 leakage method
漏磁链 interlinked leakage
漏磁路径 leakage path
漏磁通 dispersing flux;flux leakage;flux leaking
漏磁通管 leakage magnetic flue
漏磁通量 leakage flux;leakage magnetic flux
漏磁系数 leakage coefficient
漏的 leaked;leaking;leaky;untight
漏登 under registration
漏底车 hopper bottom car;inclined bottom car
漏底卸料的铲斗 bottom-dump
漏底卸料的卡车 bottom-dump
漏地电流 earth-leakage current
漏地电流指示器 earth-leakage indicator
漏地电阻 ground leakage resistance
漏地址标记 missing address marker
漏点 leak source
漏电 current leakage;electric(al) leakage;fault current;cable fault;creepage;inleakage;leakage(current);leakage of electricity;leakance;outleakage;soaking-out;ullage
漏电报警器 electric(al) leak alarm device
漏电表示器 leakage indicator
漏电测验插座 leakage testing socket
漏电测验座 leakage testing socket
漏电导率 drainage conductivity
漏电电流 earth-leakage current
漏电电容器 non-insulated capacitor
漏电断路器 leakage breaker;leakage interrupter
漏电痕迹 tracking
漏电检查器 earth detector;ground detector
漏电距离 leakage distance
漏电开关 electric(al) leakage current breaker
漏电流 leakage inductance;stray inductance
漏电路径 creepage distance
漏电率 leakage rate
漏电敏感继电器 earth sensing relay
漏电容 drainage capacitance
漏电试验 leak(age) test
漏电试验器 electric(al) leakage tester
漏电损耗 leakage loss
漏电损失 leakage loss
漏电探测器 earth-leakage detector
漏电系数 coefficient of losses;leakage coefficient;loss coefficient
漏电压 drain(age) voltage;leakage voltage
漏电引出线 drain wire
漏电指示器 leak(age) detector
漏电阻 drain resistance;ohmic leakage
漏顶式双冲构造 leaky duplex
漏洞 chink;hole;leak;loophole;oillet(te)
漏洞抢险 emergency protection against leakage;emergency protection against loophole
漏洞探测器 flooding detector;flooding finder
漏斗 dolina[doline];feeder;filling funnel;funnel;gob hopper;light split;tundish;water funnel
漏斗半径 crater semi-diameter
漏斗爆破 crater blasting
漏斗仓胶带输送机 hopper bunker-rubber belt conveyer
漏斗车 hopper(bottom) car;hopper bottom freight car;hopper chute;light hopper wagon
漏斗车斜底板 slope
漏斗秤 hopper scale
漏斗出口 hopper outlet
漏斗储藏量 hopper storage
漏斗单位下降值法 method of specific drawdown within funnel
漏斗底敞车 hopper bottom gondola car
漏斗底车 hopper wagon
漏斗底开门车 hopper bottom car
漏斗底门 hopper door
漏斗底门框 hopper door frame
漏斗底门锁闭掣子 hopper door locking pawl
漏斗底门折页 hopper door hinge
漏斗底门肘臂 hopper door toggle arm
漏斗底门肘节杆 hopper door toggle link
漏斗地板侧支柱 side strut for hopper floor
漏斗定位器 funnel positioner
漏斗分隔舱 hopper compartment
漏斗分隔间 hopper compartment
漏斗盖 filler cap
漏斗隔板 hopper partition plate
漏斗给料机 bin feeder
漏斗构造 hopper structure
漏斗管 downspout;filler;funnel pipe;funnel tube;filler tube;tremie <灌注水下混凝土用的>
漏斗滑板 hopper slide
漏斗货柜 hopper container
漏斗机 filler
漏斗架【化】funnel stand
漏斗架台 funnel support
漏斗进料 hopper feed
漏斗茎管 stem of funnel
漏斗颈 filler neck
漏斗均衡法 cone balance method
漏斗可见深度 appeared depth of crater
漏斗口 bell end;bell-mouth(ed opening);hopper opening;pipe socket
漏斗矿石车 hopper ore car
漏斗离地高度 hopper clearance
漏斗流 funnel flow
漏斗门 paddle door
漏斗内脚蹬 <漏斗车> bracket-step
漏斗黏[粘]度 funnel viscosity
漏斗黏[粘]度计 funnel visco(si)meter
漏斗棚车 covered hopper car
漏斗棚架(式隧道开挖)法 bottom-drift excavation method
漏斗棚架装渣 trap mucking
漏斗破坏半径 fracturing semi-diameter of crater
漏斗容量 hopper capacity
漏斗设备 hopper installation
漏斗射流式搅拌器 cone-jet mixer
漏斗射流式水泥搅拌器 cone-and-jet type cement mixer
漏斗式 hopper type
漏斗式城市 funnel town;intropolis
漏斗式导丝器 funnel guide
漏斗式底卸车 hopper bottom car;hopper car;hopper wagon
漏斗式滑槽 hopper chute
漏斗式集装箱 hopper container
漏斗式交叉口 flared crossing;flared intersection
漏斗式搅拌器 chance cone agitator
漏斗式空气调节器 hopper ventilator
漏斗式粒料撒布机 hopper spreader
漏斗式料车 hopper wagon
漏斗式料斗 hopper bottomed bin
漏斗式磨床 hopper grinder
漏斗式黏[粘]度计 flow cone
漏斗式破碎机 crusher
漏斗式铺砂机 hopper gritter
漏斗式撒布机 hopper spreader
漏斗式通风口 hopper vent(ilator)
漏斗式通气孔 hopper vent

L

漏斗式挖泥船 hopper dredge(r)
漏斗式斜槽 hopper chute
漏斗式溢洪道 bell-mouth overflow spillway;glory-hole spillway
漏斗式运输机 hopper conveyer[conveyor]
漏斗式柱头 flared column head
漏斗式自卸车 hopper bottom car
漏斗式钻粉取样器 chance cone silt skimmer
漏斗缩分法 funnel(l)ing
漏斗系数 funnel(l)ing factor
漏斗下口 lower opening of hopper
漏斗效应 funnel(ling) effect
漏斗斜面板 hopper slope sheet
漏斗卸料 hopper discharge
漏斗卸料口 hopper throat
漏斗形 funnel shape;trumpet
漏斗形铲刀 V-shaped
漏斗形承口 funnel;funnel-shaped opening
漏斗形城市 funnel town;intropolis
漏斗形出口 hoppered outlet
漏斗形打捞筒 wide mouth socket
漏斗形的 flared; funneled; funnel-like;funnel-shaped
漏斗形灯泡 funnel bulb
漏斗形底卸车 hopper truck
漏斗形断面 cup fracture
漏斗形阀 tulip valve
漏斗形管道口 flaring inlet
漏斗形海岸 funnel coast
漏斗形加宽车道 flared-added lane
漏斗形尖钻头 pointed funnel bit
漏斗形交叉口 flared intersection
漏斗形浇口 funnel;pouring cup;runner cup;sprue cup;trumpet
漏斗形进水井 gully hopper
漏斗形开口 funnel-shaped opening; mouthing
漏斗形连接器 funnel coupling
漏斗形溜槽 hopper chute
漏斗形入口 flared entrance
漏斗形榫接 tapered-end joint
漏斗形掏槽 crater cuts
漏斗形天线 funnel-shaped antenna; inverted pyramid antenna
漏斗形铁路卸货车 hopper bottom rail car
漏斗形外浇道 sprue cup
漏斗形效应 funnel effect
漏斗形溢洪道 glory hole
漏斗形阴极 trichter cathode
漏斗形中空腔 funnel-shaped cavity
漏斗形状 hopper shape
漏斗型 funnel type
漏斗型单闸门卸料装置 hopper type single opening shaft kiln discharge
漏斗型烧成带 funnel-shaped burning zone;funnel-shaped sintering zone
漏斗型直线油杯 funnel type straight oil cup
漏斗云 funnel cloud;pendent cloud
漏斗闸门 bunker gate; hood gate; hopper gate
漏斗支托 hopper support
漏斗指数 crater index
漏斗装料 hopper filling
漏斗装置 hopper installation
漏斗状 funnel type
漏斗状凹陷 funnel-shaped depression
漏斗状的 crateriform; infundibular; V-type;funnel-form
漏斗状对流层顶 tropopause funnel
漏斗状分级器 funnel classifier
漏斗状海湾 funnel-shaped bay
漏斗状河口 funnel-shaped estuary
漏斗状混合器 hopper mixer
漏斗状接口 bell
漏斗状卡车 gondola
漏斗状螺旋钻 helical funnel bit
漏斗状侵蚀 tunnel erosion
漏斗状日珥 funnel prominence
漏斗状渗水井 cockpit;poljie[复 polgia]
漏斗状石灰 poljie[复 polgia]
漏斗状石灰阱 cockpit
漏斗状石灰坑 cockpit
漏斗状塌陷 caldera-like depression
漏斗状斜面墙 embrasure
漏斗状岩盘 ethmolith
漏斗状溢洪道 funnel-shaped spillway
漏斗状罩 bell housing
漏斗自动称量计 hopper weigh(ing) batcher scale
漏斗作用 funnel(l)ing
漏读数 lost count
漏端子 drain terminal
漏粉斗 powder funnel
漏风 blast breakout;false air;leakage current;leak-in
漏风百分数 percent infiltration
漏风检测器 gas leak detector
漏风量 air leak(age)
漏风试验 air leak(age) test
漏风系数 false air coefficient
漏缝 pervious seam
漏缝地板 slatted floor
漏辐射 leakage radiation
漏钢 bleed-out;breakout;leaker
漏耕地 blank spot
漏功耗 drainage dissipation
漏谷格 beater grate
漏光 leakage of light;light leak(age)
漏光防护罩 camera hood
漏光式标记 <雕空> blank-out sign
漏锅 cullender
漏过点 breakthrough point
漏过辐射 transmitted radiation
漏过光 light-struck
漏过能力 breakthrough capacity
漏过容量 breakthrough capacity
漏耗 loss due to leakage
漏耗散 drainage dissipation
漏壶 drip-vessel;clepsydra <古代计时用的>
漏花窗格 perforated tracery
漏花地垄墙 honeycomb wall
漏花墙 screen wall
漏灰回收绞刀 spillage return screw
漏灰回收器 spillage collector
漏极 drain electrode
漏极电导率 drain conductance;drain conductivity
漏极电流 drain current
漏极击穿 drain break down
漏极接点 drain contact
漏极输出 drain output
漏极源极电阻 drain-source resistance
漏计数 counting loss
漏计误差 error in omission
漏记 drain logging
漏记折扣 missed discount
漏检错误 undetected error
漏检错误比例 residual error ratio
漏检错误率 undetected error rate
漏检概率 false dismissal probability
漏检故障 residual error
漏检故障率 residual error rate;residual error ratio; undetected error rate
漏件式落料模 blank through die
漏箭 indicator-rod
漏浆 leakage of grout; leakage of mortar
漏浇沥青处 holiday
漏节 leaking joint
漏结 drain junction
漏解锁 missing release
漏解锁区段 leftover-released section
漏警代价 miss cost
漏警概率 false dismissal probability
漏警时间 false dismissal time
漏看 overlook;overpass
漏抗 leakage reactance
漏空窗花格 openwork tracery
漏空的花边 pierced work
漏空的花饰 pierced work
漏空钢板楼面 open steel flooring
漏空花格 ajour
漏空气 leak air
漏空山墙 openwork gable
漏空石墙 claustra
漏空踏步 open riser step
漏空踏步楼梯 open riser stair(case)
漏空圆花窗 openwork rosette
漏孔 nozzle bore;nozzle pore;orifice
漏口 ventage
漏口侧板 chute jaw
漏库 leaky reservoir
漏缆 leaky coaxial cable;leaky feeder
漏料 leak;run-out;spill
漏料溜子 spill chute
漏流 leakage flow
漏流区 leaky area
漏炉 running out;run-out
漏录 dropout
漏率 degree of leakage
漏落物 riddlings
漏码 code missing;dropout
漏码概率 probability of missing bit
漏码率 loss code rate
漏码现象 code missing phenomenon
漏脉冲 missing pulse
漏模 leaky mode; pattern stripping; stripping pattern
漏模板 stripper plate;stripping plate
漏模架 draw arm
漏模框 stripping frame
漏模行程 draw stroke
漏模掩埋式异质结构 leaky mode buried-hetero-structure
漏模造型 strip casting;stripper-plate mo(u)ld
漏模装置 pattern stripping device
漏盘 drain cap
漏刨 planing skip;skips-in-planting
漏片 dropping fraction
漏偏压 drainage bias
漏偏置 drain bias
漏气 air break; air escape; air seepage; blow by; blow-by gas; blowing; compression leak; escape of gas; false air; fizz; gas escape; gas leakage;gas seepage;outgas(sing); puncture;steam leak
漏气的 blown
漏气阀 gas valve;leak valve;snifting valve
漏气风口 leaking tuyere
漏气构件 leaker
漏气活塞 blowing piston
漏气检测仪 gas leakage detector
漏气检查 leak detection
漏气检查器 gas leakage detector; snoop leak detector
漏气量 air leak (age); amount of leakage;entrained air content
漏气率 leak(age) rate;rate of leakage
漏气轮胎 puncture tire[tyre]
漏气凝水柜 leakage chamber;leakage condenser
漏气式转速表 air leak(age) tachometer
漏气试验 air leak(age) test;air test; leak(age) test
漏气速率 air leak(age) rate
漏气损失 leakage loss
漏气指示器 gas leakage indicator
漏汽 escape steam
漏汽点 steamy place
漏汽阀 steam leak-off valve
漏墙 openwork wall;perforated wall; pieced wall
漏区 drain region
漏缺 burst
漏热量 heat leak(age)
漏热因数 thermal leakage factor
漏入 inleakage;seep in
漏入的过剩空气 excess air inleakage
漏入空气 entrained air;false air;infiltrated air;leakage air
漏入冷风 influx of cold air
漏入水量 leaking in
漏砂 <又称漏沙> sand leakage
漏砂斗 sand hopper
漏勺 colander;perforated ladle;perforated skimmer;strainer
漏声 sound leakage
漏失 leakage loss
漏失带 zone of loss
漏失的(材料) lost ground
漏失的油品 escaped product
漏失辐射 spillover radiation
漏失概率 escape probability
漏失计数 countdown;lost count
漏失检验器 leak detector
漏失井 leakage well
漏失量 amount of mud loss;leakage (loss);wastage
漏失量试验 fluid loss test
漏失率 leak(age) rate;rate of leakage
漏失脉冲 missed pulse;missing pulse
漏失(泥浆)带 thief zone
漏失强度 loss intensity
漏失数据 missing data
漏失数据估计 estimation of missing data;estimation of missing value
漏失水 fugitive water;leakage water
漏失速度 rate of lost circulation
漏失途径 escape route
漏失系数 leakage factor
漏失信息 dropout message
漏失压力 lost circulation pressure
漏失岩层 thirsty formation
漏刷的 holiday
漏水 leakage (of water); water inrush;water leak;water ooze;water penetration; water seepage; weep; water escaping <钻杆>
漏水报警器 bilge water alarm
漏水槽 leak-off chute
漏水出口 leakage water outlet
漏水带 thief zone
漏水的 non-watertight;seepy;slack
漏水地点 location of leaks
漏水地基 leaky foundation
漏水垫圈 drainage grommet
漏水段 lost circulation interval
漏水防止 leakage-proof
漏水缝 leaky seam
漏水观察 water waste survey
漏水含水层 leaky aquifer;semi-confined aquifer
漏水和/或盗窃 leakage and/or thief
漏水计 waste meter
漏水检测器 water leak detector
漏水检查 leak detection;water waste survey
漏水检查器 leak-detector
漏水检验器 hydrophone
漏水警报 alarm of water leak;leak alarm
漏水警报器 bilge water alarm
漏水量 amount of leakage; water leakage
漏水路线 leakage path
漏水率 leakage rate;rate of leakage

漏水排放阀 leaking blow-off valve
漏水渠 counterdrain
漏栅电容 drain-gate capacitance
漏栅极漏电流 drain-gate leakage current
漏水损失 leakage loss
漏水探测仪 leak detector
漏水探查器 leak detector
漏水探知器 aquaphone;dectaphone
漏水田 water leaking paddy field
漏水位置测量 water waste survey
漏水系数 leakage factor
漏水线路 leakage path
漏水箱 waste tank
漏水因数 leakage factor
漏水铸件 leaker
漏税 defraud the revenue;evade duty;smuggling;tax dodging
漏损及破损险 risks of leakage and breakage
漏损量 leakage;spillage;ullage
漏损率 leak rate
漏损情况 <桶装液体的> ullaged condition
漏损水表 waste meter
漏损水分区 waste district
漏损系数 coefficient of leakage;coefficient of leaking; leakage coefficient;leakage factor;scattering coefficient
漏损险 risk of leakage
漏损与破损 leakage and breakage
漏锁闭 missing locking
漏铁水 metal runout
漏通量 leakage flux
漏同步 missed synchronization
漏涂 skipping;skippy;starving out
漏涂处 coating discontinuity
漏涂点 holiday;misses;vacation
漏涂点检测仪 holiday detector
漏涂区 misses
漏锡 tin leak(ing)
漏隙波导 leaky waveguide
漏隙云 perlucidus
漏下 metrostaxis
漏线 leak
漏箱 metal breakout error; metal runout
漏校错误 uncorrected error
漏泄 bleed-off;dissipation;escape;inleakage;leak(age);leakiness;leaking;sew;spill(age)
漏泄保护 leakage protection
漏泄保护系统 leakage protective system
漏泄波 leaky wave
漏泄波导系统 leaky waveguide system
漏泄场 leakage field
漏泄程度 leakiness
漏泄的 leaky
漏泄电导 leakage conductance;leakance
漏泄电流 currency from irregular sources;leakage current;stray current;vagabond current
漏泄电流腐蚀 stray current corrosion
漏泄电路 leak circuit
漏泄电阻 leakage resistance
漏泄功率 leakage power
漏泄构件 leaker
漏泄管 leak-off pipe
漏泄管闩 draining cock
漏泄路径 leakage path
漏泄区 leaky area
漏泄试验 leak(age) test
漏泄损失 leakage loss
漏泄同轴电缆 leaky coaxial cable
漏泄系数 leakage coefficient;leakance
漏泄蒸汽 leakage steam; leak-off steam
漏泄阻抗 leakage impedance
漏液现象 weeping phenomenon
漏逸系数 leakage factor
漏逸锥面 loss cone
漏引出线 drain terminal
漏印 bite
漏印版 stencil(ing)
漏油 escape of oil;oil leak(age);oil leaking;oil spill;petrol dripping
漏油衬垫 leaky gasket
漏油管 leak oil line
漏油检测器 oil leak detector
漏油控制 oil-spill control
漏油量 oil spillage
漏油清洗设备 spilled oil cleanup kit
漏油燃料 fuel leak
漏油事故 oil accident
漏油事件 oil leak accident
漏油显示 oil show
漏油应急队伍 spill response team
漏雨 leakage of rain
漏雨试验 rain test for leakage
漏源电压 drain-source voltage
漏诊率 rate of missed diagnosis
漏种格 beater grate
漏装 neglected loading
漏字 hiatus
漏嘴 bushing tip; discharge spout; forming tip;nozzle;orifice;spinnerette
漏嘴壁 nozzle wall

镂花 ornamental engraving

镂花雕刻 through-carved work
镂花珐琅 hollowed-out enamel
镂花格檐壁 tracery frieze
镂花锯 jigger
镂花模板 stencil
镂花模板涂敷 stencil application
镂花模版 stencil
镂花刷 stencil brush
镂花涂装 stencil finishing;stenciling
镂花涂装法 stencil process
镂花涂装用漆 stencil paint
镂花型板 stencil
镂花纸板 paper resist
镂刻 carving;enchase;enchasing;engraving
镂刻的 enchased
镂空板 stencil
镂空板印花用涂料 stencil paint
镂空雕刻 hollowed-out work; through-carved work
镂空花瓶 openwork vase
镂空花饰 <围屏或檐头顶部的> brattishing
镂空玫瑰花形饰 openwork rosette
镂空模板 stencil plate
镂空模板印字刷 stenciling brush
镂空女儿墙 pieced parapet; tracery parapet
镂空陶瓷 hollowed-out enamel
镂蚀 aquatint;engraving;etch(ing)
镂蚀高地 grooved upland
镂蚀剂 etchant;etching agent
镂蚀平原 etch plain
镂铣 routing
镂铣机 router

露板条 grinning through

露边侧(砌顺)砖 bull(-nose)stretcher
露侧石 stretcher
露侧砖 stretcher
露池 dew pond
露缝 T 形接头 open tee[T] joint
露缝接头 open joint
露钢梁楼板 open steel flooring
露黑 deficient opacity
露桁楼板格栅 open truss steel joist
露空踏步楼梯 open riser stair(case)
露面 uncover
露面宝光 heiligenschein
露面冠 half-cap crown; open face crown
露面集料 exposed aggregate
露面接缝 face joint
露面金冠 open face gold crown
露面楼梯小梁 face stringer
露面楼梯斜梁 face string
露面圬工 exposed masonry(work)
露面镶板 face stock;face veneer
露面油灰 <装窗玻璃的> face putty
露明布线 open wiring
露明椽 open rafter
露明的铅管系统 open plumbing
露明搁板 open shelving
露明格栅 exposed joist;open joist
露明格栅楼板 open floor;open-timber(ed)floor
露明隔板 open shelving
露明骨料面 exposed aggregate surface
露明管道 open conduit
露明管道落差 open-conduit drop
露明管线系统 open plumbing
露明过梁 front lintel
露明集料面 exposed aggregate surface
露明井梯 hollow newel stair(case); open newel stair(case)
露明栏杆 open rail(ing)
露明砾石板 exposed gravel aggregate panel
露明梁楼梯 cut-string stair(case); open string stair(case)
露明楼板 open floor
露明楼井 open stair well
露明楼梯 open riser stair(case); open stair(case);open stairway
露明楼梯梁 <贴有托座形装饰的> bracketed string
露明楼梯小梁 face stringer; open string
露明楼梯斜梁 face string; front string;open string
露明木构架屋顶 hammer-type roof
露明木骨架建筑 half-timbered building
露明木骨架墙 half-timbered wall
露明木架 angle post;half-timbered
露明木架墙 half-timber beam
露明缺陷 open defect
露明式屋顶 open roof
露明式装置法 exposed installation
露明踏步楼梯 open riser stair(case)
露明梯井 open ladder; open(stair) well
露明梯井楼梯 open well stair(case)
露明天沟 open valley
露明屋顶 open roof
露明屋檐 open eaves;open cornice
露明下水管道 aerial sewer
露明小便槽 open trough urinal
露明旋梯中柱 open newel
露明中柱旋梯 hollow newel stair(case)
露明中柱旋转楼梯 open newel stair(case)
露木房屋 open-timbered house
露木楼板 open-timbered floor
露木山墙 open-timbered gable
露木纹油漆 natural grain finish
露木屋顶 open(-timbered) roof
露奇点 naked singularity
露泉 outcrop spring
露砂 sand streak
露砂条形麻面 <混凝土中的> sandstone streak
露石混凝土 exposed aggregate concrete
露式桁架 open-type truss
露水 dew
露水膨胀 dew blown
露水塘 <英国山丘上的人工小水塘> dew pond
露丝 fiber[fibre] show
露宿者 outlier
露胎 exposed body
露胎贴花 applique design with exposed body
露头爆破 surface blasting
露头剥离 outcrop stripping
露头采样 outcrop sampling
露头侧砌丁砖 bull header
露头测量 discovery point surveying; outcrop surveying
露头层 header course
露头产状测定方法 measuring method of occurrence element of rock in outcrop
露头瓷砖 header tile
露头磁化率值 susceptibility value on outcrops
露头地表 cropping-out
露头地质素描图 geologic(al) sketch of exposure
露头点 point of emergence
露头钉面 face nailing
露头法 mini-four-electrode array method
露头钢筋 starter bar;stub bar
露头规模 scale of outcrop
露头记录卡片 record table of exposure
露头开采场 surface working
露头宽度 width of outcrop
露头矿脉 visible ore
露头矿石 visible ore
露头矿物 visible mineral
露头类型 type of outcrop
露头螺栓 headed bolt
露头煤 crop(ping) coal
露头木砖 wooden header
露头气泡 emerging bubble
露头砌块 header block
露头区径迹测量 track survey on outcrop area
露头缺失 disappearance of outcrop
露头渗出水 outcrop water
露头渗水 <岩石的> outcrop water
露头石 header(stone);inband;stone header
露头水平宽度 horizontal width of outcrop
露头特征 character of outcrop
露头填图 mapping of exposure
露头条件 condition of exposure
露头图 outcrop map
露头位置 exposure site
露头线 line of outcrop;outcrop line
露头岩面 exposed rock surface
露头岩石 day stone; outcropping rock;rock outcrop(ping)
露头燕尾榫 through dovetail
露头隐藏 disappearance of outcrop
露头砖 header(brick);starter brick
露头砖层 heading course
露头砖盖面 apply a header coat
露头走向 course of outcrop
露头作业 surface working
露岩 scar
露油漆底 grinning through
露罩 dew cap
露置下水管道 aerial sewer
露砖 exposure of lining

L

卢

卢贝克活性污泥厂 Lubeck activated sludge plant
卢伯拉尔铝基轴承合金 Lubral
卢布 r(o)uble
卢德洛层【地】Ludlow beds
卢德洛统 < 英国晚志留世 >【地】Ludlow series
卢多维西瓦 Ludowici tile
卢浮美术馆 < 法国 > Louvre
卢柑 < 汕头蜜橘 > Chinese honey
卢沟桥 < 在北京西南部,跨永定河,建于金明昌三年(1192 年),系大型连拱石桥共 11 孔,全长 266.5 米,为我国现存著名石桥 > Lugou bridge
卢加诺特风 luganot
卢金检测器 Luggin probe
卢卡尔石 lucullite
卢卡劳克斯 < 一种熔融氧化铝 > Lucalox
卢柯沙维兹表示法 Lukasawiez notation;prefix notation
卢克山脉 Montes rook
卢门锌基轴承合金 Lumenbronze
卢纳堡透镜 Luneburg lens
卢普河统【地】Loup river series
卢萨卡 < 赞比亚首都 > Lusaka
卢塞克 < 真空泵抽气速度单位 > lusec
卢瑟福 < 放射性强度单位 > rutherford;Rutherford unit
卢瑟福散射 Rutherford scattering
卢瑟条件 Luther condition
卢森堡法郎 < 卢森堡货币代号 > LuxF
卢森堡宫 < 法国 > palace de Luxembourg
卢森堡现象 Luxemburg phenomenon
卢森堡效应 Luxemburg effect
卢砷铁铅石 ludlockite
卢台特阶 < 始新世 >【地】Lutetian (stage)
卢特地块【地】Lut massif
卢温赫兹螺纹 Lowenhertz thread
卢西塔尼亚阶【地】Lusitanian stage
卢西塔统【地】Lusitanian

庐

庐硅铜铅石 luddenite

庐山冰期 Lushan glacial epoch
庐山-大理间冰期 Lushan-Dali interglacial epoch
庐舍 lodge

芦

芦杆束状线脚 reeding

芦荟木 aloes wood
芦荟属纤维 aloe fiber[fibre]
芦卡洛克斯烧结白刚玉 Lucalox
芦木微镜煤 calamito-vitrite
芦苇 bul(l)rush;common reed;reed;rush;sedge
芦苇板 reed board;reed panel
芦苇板条 reed lath(ing)
芦苇板条灰泥 reed lathing plaster
芦苇薄板 reed sheet
芦苇草 < 多产于北非的 > Alfa
芦苇草纤维 alfa fibre[fiber]
芦苇草沼 reed marsh
芦苇沉排 reed mattress
芦苇丛生的 reedy
芦苇丛生的沼泽地 reedy marshes
芦苇荡 reed marsh
芦苇垫层厂 reed mat factory
芦苇盖的 reeded
芦苇加筋土墙 reed slab wall
芦苇林沼 reed swamp
芦苇泥炭 phragmites peat;reed peat
芦苇排 < 即荷兰式排 > Dutch mattress
芦苇石膏板 gypsum plank with reed
芦苇属 reed
芦苇酸沼 reed bog
芦苇滩 reed beach
芦苇塘 reed field
芦苇条抹灰 plaster on reed lath(ing)
芦苇纹面板 parquet
芦苇屋顶 reed(ed) roof
芦苇屋面 reed thatch
芦苇纤维 water reed fiber
芦苇形玻璃 reed(ed) glass
芦苇沼泽 reed bog;plav < 指多瑙河三角洲的 >
芦苇沼泽边缘 rand
芦苇沼泽地 reed swamp
芦苇植被 reed vegetation
芦苇种植 reed planting
芦苇渍水沼泽 reed swamp
芦席 mat;reed mat
芦席帘 China grass cloth
芦席棚 mat shed
芦席纹金属铠包 interlocking metal tape armo(u)r
芦席纹图形 checkered pattern;reed mat pattern
芦席斜纹 cross twill
芦叶堇菜 viola calamlneria
芦珠饰【建】reed and bead

垆

垆姆的夯实工程 rammed loam construction

垆姆的夯实施工 rammed loam construction
垆姆或冲积土上群落 melangeophytia
垆姆 loam
垆姆荒漠地 loam desert
垆姆荒野地 loam heath
垆姆灰泥 loam mortar
垆姆路 loam road
垆姆密封 loam seal(ing)
垆姆黏[粘]土 loamy clay;mild clay
垆姆砂 loamy sand
垆姆填料 loam fill(ing)
垆姆填筑 loam fill(ing)
垆姆楔(块) loam wedge
垆姆芯 loam core
垆姆质的 loamy
垆姆质土 loamy earth;loamy ground;loamy soil
垆姆筑墙 loam wall(ing)
垆姆砖 loam brick

炉

炉 heater

炉疤 scar
炉坝 boil(er) bridge;bridge in furnace
炉板 hearth block
炉箅 fire grate;roaster
炉箅格底层 grid paving
炉箅有效面积 active grate area
炉壁 fire wall;furnace wall
炉壁柴架 fire dog
炉壁撑条 jamb
炉壁的背墙砖 fire back
炉壁横梁 lintel
炉壁结块 wall built-up
炉壁结瘤 wall accretion
炉壁面饰 mantel piece
炉壁内柴架 andiron
炉壁内衬 wall lining
炉壁水管排 < 锅炉 > water wall
炉壁托圈 lintel
炉壁烟道口 chimney throat;chimney waist
炉箅 bar grating;burning grate;finger grate;fire bar;fire grate;furnace bar;grate bar;stove grate
炉箅不工作部分 dead grate area
炉箅侧梁 grate bearer
炉箅放热塞 stoker combustion rate
炉箅火床 grate fire bed
炉箅空隙 grate opening
炉箅面 grate surface
炉箅面积 area of fire grate;area of grate;grate area
炉箅燃烧室 grate firing
炉箅热强度 grate release rate
炉箅筛格 pigeonhole checker
炉箅添煤器 grate stoker
炉箅托架 fire grate carrier;grate bar bearer;grid bearer
炉箅下点火燃烧器 underbar burner
炉箅下进风 underfire air
炉箅下送风 undergrate blast
炉箅摇动器 grate shaker
炉箅摇杆 skaking grate rod
炉箅栅链 grate chain
炉箅子 fire grate;grate
炉箅子加热器 travel(l)ing grate heat exchanger
炉箅子冷却器 air quenching cooler
炉箅子面积负荷 grate surface loading
炉箅子预热器 grate preheater
炉箅总面积 total grate area
炉箅座圈 grate ring
炉边 fire-side;hearth;ingleside
炉边安乐椅 inglenook
炉边凹处 ingle recess;inglenook
炉边躺椅 fireplace lounge;fireside lounge
炉边休息处 fireside lounge
炉彩釉 oven colo(u)rs(glaze)
炉舱棚顶 fid(d)ley
炉舱棚顶格子板 fid(d)ley grating
炉舱棚顶甲板 fid(d)ley deck
炉舱棚顶口 fid(d)ley hatch
炉槽金属 furnace sump metal
炉侧加热与气体循环管式炉 side-fired recirculating still
炉层 bank-slag
炉叉 oven fork
炉长 furnace superintendent
炉衬 brasq(ue);burner lining;furnace brick lining;furnace lining;lining;walling up
炉衬的局部修理 daubing
炉衬腐蚀 blowing-out of lines
炉衬料 gan(n)ister
炉衬耐火砖 inwall brick
炉衬膨胀 bloating
炉衬破裂 breakout;breakthrough
炉衬侵蚀 lining attack;lining wear
炉衬烧损 burn-back
炉衬熔蚀 lining burn-back;refractory erosion
炉衬烧穿 breakout;breakthrough
炉衬寿命 lining life
炉衬修补 patch(ing);tiling
炉衬砖 stove tile
炉撑 boiler brace;boiler stay;stay bolt
炉撑顶梁 crown bar
炉撑顶梁角座 crown bar foot
炉撑顶梁连接杆 crown bar link
炉撑顶梁螺栓 crown bar bolt
炉撑顶梁套管 crown bar thimble
炉撑顶梁悬杆 crown bar sling
炉撑顶梁悬杆销 crown bar sling pin
炉撑顶梁悬杆有眼螺栓 crown bar sling eye bolt
炉出口处热电偶 heater outlet couple
炉床 bed of furnace;bed of the hearth;boiler bed;bottom;burner hearth;fire grate;furnace bed;furnace hearth;grate;hearth;laboratory sole;oven bottom;oven hearth;siege
炉床边墙 rowlock course
炉床侧梁 grate side frame
炉床电阻炉 resistive hearth furnace
炉床架 grate frame
炉床架支座 grate frame bearer
炉床精炼 hearth refining
炉床框支架 grate frame support
炉床框支座 grate frame support
炉床面 grate surface
炉床内壁 hearth wall
炉床内衬 hearth lining
炉床前的砖石地面 hearth extension
炉床水管 grate water tube
炉床中梁 grate center frame
炉床砖 hearth block
炉次 heat
炉带 furnace zone
炉胆 boiler furnace;flame tube;flue;furnace;internal furnace
炉胆式锅炉 flue boiler
炉胆受热面 flue heating surface
炉挡 fire guard
炉挡板 fire guard
炉道 combustion flue
炉的使用寿命 life of furnace
炉底 bed of furnace;furnace bottom;furnace floor;furnace hearth;furnace seat;furnace siege;hearth bottom;hearth level;laboratory sole;oven bottom;oven hearth;port bottom;siege
炉底标高 hearth level
炉底衬 hearth fettling
炉底打结机 bottom ramming machine
炉底大块碎玻璃 rock cullet
炉底电极 hearth electrode
炉底分层铺料 bedding
炉底高程 hearth level
炉底管 floor tube
炉底锅筒 mud drum
炉底滑道 skid
炉底滑道水管 wet-skid
炉底滑管 skid pipe
炉底灰 bottom ash
炉底基台 bed plate
炉底结构 bottom construction
炉底结块 furnace sow;old horse;salamander;sow
炉底进风 undergrate blast
炉底空气冷却 underhearth air cooling
炉底孔 fettling hole
炉底煤灰 furnace bottom ash
炉底面积 hearth area
炉底砌块 oven-sole block
炉底强度 intensity of hearth
炉底燃烧法 floor combustion method
炉底燃烧炉 floor firing furnace
炉底热强度 heat intensity of hearth
炉底寿命 bottom life;life of bottom
炉底水帘管 bottom water screen;floor screen
炉底碎玻璃 basement cullet
炉底托梁 siege joist
炉底下部结构 substructure
炉底烟道 sole flue
炉底移动式电炉 mobile-hearth furnace
炉底支柱 bottom prop
炉底砖 bottom brick;hearth block;oven-sole brick
炉底座板 hearth plate
炉顶 arch;crown of furnace;furnace arch;furnace roof;oven roof;roof;roof arch;shaft top;summit of furnace
炉顶布料器 furnace top distributing gear

炉顶布料装置 top distributing gear
炉顶吊砖 block of suspended arch
炉顶封闭 top closure
炉顶钢圈 lip ring;top ring
炉顶高压能力 high-top-pressure capability
炉顶拱 furnace arch
炉顶拱脚 balance of roof
炉顶加料 top filling
炉顶加料器 top filler
炉顶结构 top contraction
炉顶煤气 top gas
炉顶排气孔 top gas exhaust port
炉顶砌块 roof block
炉顶烧损 cave-in
炉顶升降机 roof lift
炉顶石墨 roof carbon
炉顶温度 top temperature
炉顶楔形桩 cupola brick
炉顶压力 furnace top pressure
炉顶用楔形砖 cupola brick
炉顶支柱 crown bar
炉顶钟盖 furnace top bell
炉顶砖块 port lintel block
炉顶装料 basket charging;top charging
炉顶装置 top arrangement
炉端燃烧器 end burner
炉堆 bank-slag
炉法 oven process
炉法含铅氧化锌 co-fumed leaded zinc oxide
炉法炭黑 furnace(-type) carbon black
炉腹 bosh;breast;shoulder
炉腹底线 lower bosh line
炉腹顶线 upper bosh line
炉腹钢带 bosh band
炉腹角 bosh angle
炉腹冷却板 bosh cooling plate;bosh-plate
炉腹冷却器 bosh cooling box
炉腹冷却箱 bosh cooling box;bosh-plate box
炉腹冷却装置 bosh cooler
炉腹破裂 bosh break-out
炉腹区 bosh area
炉腹水平线 bosh line
炉腹外壳 bosh casing;bosh jacket
炉腹外套 bosh jacket
炉盖 bell;bell cover;furnace cover;furnace lid
炉干 furnace drying;oven drying
炉干的 stove dried
炉干密度 oven-dry density
炉干燥器 kiln
炉甘石 calamine;hemimorphite
炉甘石洗剂 calamine lotion
炉甘石洗液 calamine lotion
炉杆 slice bar
炉缸 crucible;furnace hearth;hearth;well
炉缸表面比功率 specific capacity of furnace chamber
炉缸冻结 gobbed up;hearth chill
炉缸结块 hearth sow
炉缸冷结 hearth accretion
炉缸内衬 basque
炉缸水平线 hearth line
炉缸外壳 hearth casing;hearth jacket
炉格 well-grate
炉工 furnace attendant;furnace-man;melter
炉供暖 furnace heating
炉拱 furnace arch;sprung arch
炉拱顶 main roof
炉垢 boiler scale
炉垢锤 scaling hammer
炉管 boiler tube;furnace tube
炉管表面温度 tube skin temperature
炉管弹簧吊架 furnace tube spring hanger
炉管焊接 stove pipe weld;welding of tubes
炉管炉板设备螺撑 tubular plate staybolt
炉管式井壁 stove pipe well casing
炉管束 nest of boiler tube
炉管凸起 hogging of furnace tube
炉管弯曲 crooking of the tubes
炉管系统 nest of boiler tube
炉管消振装置 vibration absorber;vibration stopper
炉管支承架 heating tube support
炉管支承架底座 seat for heating tube support
炉焊(接)oven soldering
炉号 heat batch number
炉黑 furnace black
炉烘木材 oven-dried wood;oven-dry timber
炉红 fire red
炉喉板 stock line armo(u)r
炉喉钢砖 throat armo(u)r
炉喉护板 stock line armo(u)r;throat armo(u)r
炉后 furnace rear
炉后出渣 back slagging;rear slagging
炉后出渣槽 rear slagging spout
炉灰 boiler ash;bottom ash;cinders;furnace dust
炉灰沉淀池 ash settler
炉灰挡板 ashpan damper
炉灰道 ash drop
炉灰骨料器 cipola dust collection
炉灰混凝土 ash concrete
炉灰集料器 cipola dust collection
炉灰盘 ashpan
炉灰盆 ash tray
炉灰腔 back hearth
炉灰膛 ashpan
炉灰提升机 ash lift
炉灰箱 ash-can
炉灰箱卸渣门 ash-box trap-door
炉火 firelight
炉基 furnace siege
炉加热损失试验 oven loss test
炉间间隔 <炼钢的> heat to heat
炉焦(炭)oven coke
炉角 chimney corner
炉节 knuckle
炉结 wall accretion
炉结爆破 accretion blasting
炉结块 hearth accretion
炉颈 knuckle;neck
炉绝缘体 furnace insulation
炉钧釉 oven Jun glaze
炉壳 furnace body;furnace jacket;furnace mantle;kiln shell
炉坑 pit kiln
炉口 fire hole;furnace mouth;glory hole
炉口装料斗和盖 bell and hopper
炉口钻机 tap-hole drilling machine
炉况 working of a furnace
炉冷 furnace cooling
炉料 burden(ing);charge material;charging (material);charging stock;furnace charge;furnace material;kiln stone;stock
炉料成分 charge composition
炉料储存跨 charge holding bay
炉料分析 burden analysis
炉料号 charge number
炉料混合机 charge mixing machine
炉料计算 burden calculation
炉料牌 charge indicator
炉料配比 charge composition
炉料热电偶 <测量炉料温度> load couple
炉料容量 charge capacity
炉料压紧器 burden squeezer
炉料组成 charge composition;charge ratio
炉龄 campaign;campaign length;campaign life;career;furnace campaign;furnace life;working life of furnace
炉瘤 clinker;furnace accretion;furnace clinker;hearth accretion;Salamander;scab;skull;wall accretion
炉镁 <用镁砖砌炉所用的镁灰泥材料> furnace magnesite
炉门 cut-off plate;fire door;fire hole door;firing door;furnace door;kiln gate;oven port;shear cake
炉门把 firedoor handle
炉门板锁垫圈 door plate pin washer
炉门保护环 fire door protection ring
炉门侧柱 door jamb
炉门衬圈 fire hole ring
炉门挡 firedoor catch
炉门挡板 door damper;door shield
炉门挡焰板 firedoor deflector
炉门导框 firedoor guide
炉门顶砖石 <煤气发生炉的> lintel brick
炉门垛 door jamb
炉门拱 <马丁炉的> fantail arch
炉门护板 fire door shield
炉门护圈 fire door protection ring
炉门机 door extractor
炉门铰链 firedoor hinge
炉门孔 firedoor hole
炉门框 firedoor frame;furnace gate frame
炉门圈 firedoor hole ring
炉门燃烧器 firing door burner
炉门闩 firedoor latch
炉门调节风门 firedoor damper;firedoor register
炉门罩 exhaust hood;firedoor hood
炉门作用缸 firebox door operating cylinder
炉面 boiler face
炉面死角 dead volume
炉面砖 stove tile
炉内抽气 furnace draft
炉内反压 furnace back pressure
炉内负荷 furnace load
炉内辊 furnace rolls
炉内还原 furnace reduction
炉内加热损失试验 oven loss on heating test
炉内(加热)消除应力 furnace stress relieving
炉内加入物 furnace addition
炉内检视孔 spare nozzle for furnace inspection
炉内结渣 ash erosion
炉内精炼 furnace refining
炉内均热带 hearth soaking zone
炉内坎墙 fire bridge
炉内空气 furnace air
炉内拉料辊 furnace pull-out rolls
炉内老化 oven ag(e)ing
炉内冷却的 cooled in furnace;furnace-cooled
炉内炉条 <老式的> andiron
炉内气氛 furnace atmosphere;furnace inside atmosphere
炉内气体 furnace gas
炉内钎焊 furnace brazing
炉内铅浴淬火 furnace patenting
炉内清理 furnace purge
炉内燃烧室压力 furnace pressure
炉内容积 furnace volume
炉内熔化 furnacing
炉内软水 water softening in boiler
炉内水处理 internal boiler water treatment
炉内添加剂 furnace addition
炉内铜焊 furnace brazing;furnace hard soldering
炉内退火 furnace annealing
炉内压力 furnace pressure
炉内氧化皮 furnace scale
炉内冶炼过程 working of a furnace
炉内应力消除 furnace stress relieving
炉内硬焊 furnace hard soldering
炉内硬块沉积 hard-bonded furnace deposit
炉内蒸发段 furnace evapo(u)rator
炉能量 capacity of furnace
炉能停留时间 residing time in furnace
炉黏[粘]土 clunch
炉耙 furnace rake
炉排 fire bar;fire grate;furnace bar;grate;grate bar
炉排表面 stoker surface
炉排单位面积燃烧率 rate of combustion per unit grate area
炉排风箱 grate funnel
炉排工作面积 fuel-burning area
炉排空气室 stoker air compartment
炉排炉 grate furnace;stoker
炉排面积 grate area;grate surface
炉排面积放热率 heat release rate of grate area
炉排片 fire grate segment
炉排燃烧率 stoker rating
炉排热强度 grate burning rate;grate release rate
炉排下鼓风 undergrate blast
炉排下送风机 undergrate blower
炉排摇动器 grate shaker
炉排有效表面 open grate surface
炉排有效面积 open grate area
炉排座圈 grate ring
炉盘 seat
炉旁架子 hob
炉批 batch
炉片格栅 grill(e) of radiator;radiator grate;radiator grill(e)
炉期 campaign;campaign life;furnace cycle
炉气 burner gas;combustion gas;furnace atmosphere;furnace gas
炉气成分 composition of fumes
炉气分析 analysis of fumes
炉气分析仪 combustion gas analyser [analyzer]
炉气净化 flue gas cleaning
炉气体干燥窑 furnace kiln
炉气洗涤器 kiln gas scrubber
炉钎 slice
炉前 stokehold
炉前测定 furnace site testing
炉前出渣 front slagging
炉前挡热板 dead plate
炉前吊车 cast house crane
炉前分析 bath analysis;on-the-spot sample analysis
炉前格栅 hearth trimmer
炉前工(人)melter;cave-man;finisher;furnace-man;hearth attendant
炉前拱 trimmer arch
炉前机械 machinery in the casthouse
炉前校正 furnace site adjustment
炉前控制盘 firing aisle panel
炉前料 ladle addition
炉前煤斗 furnace bin
炉前排渣 front slagging
炉前水冲渣 front flushing slag
炉前调整 instant adjustment
炉腔 furnace chamber
炉腔保护空气层 protective furnace atmosphere
炉墙 boiler wall;brickwork;chamber

wall; furnace wall; inwall; masonry; oven wall; shaft wall; wall (setting)
炉墙衬里 oven wall liner
炉墙拉杆 wall tie
炉圈翻砂机 hearth ring machine
炉缺积铁 bear
炉热试验 oven test
炉热损失试验 oven loss test
炉热消耗计 dasymeter
炉容量 heat size
炉筛条 rectangular mesh grating
炉上的吊顶 hanging arch
炉身 furnace shaft; furnace shell; furnace stack; furnace stake
炉身衬 stack lining
炉身衬砖 stack brickwork
炉身冷却 shell cooling
炉身冷却板 stack cooler; stack-cooling plate
炉身冷却壁 stack stave
炉身里衬 shaft lining
炉身内衬 lining of shaft; shaft liner
炉身砌砖 stack brickwork
炉身水平线 top inwall line
炉身套壳 stack casing
炉身外壳 stack casing
炉身斜度 stack batter
炉身支柱 shaft supporting column
炉式干燥器 kiln drier[dryer]
炉室 closet; furnace retort; oven chamber
炉刷 hearth brush
炉水分离 blast
炉水分离器 blast cooling device
炉水浓度 boiler water concentration
炉水排污 blow-off of boiler water
炉水携带 carry-over of boiler water
炉水循环加速器 hydrokineter
炉水预热器 economizer
炉台 charging floor; coil base; furnace platform; furnace stage; hot plate
炉台清扫器 furnace platform cleaner
炉台条 hot plate bar
炉膛 boiler; boiler combustion chamber; burning hearth; combustion chamber; combustor; fire box; fire pot; firing space; furnace; furnace cavity; furnace crucible; furnace tank; hearth; ingle; melting chamber
炉膛爆炸 boiler-furnace explosion
炉膛焙烧 hearth roasting
炉膛衬层 hearth lining
炉膛吹扫 furnace purge
炉膛断面 furnace profile
炉膛放热 furnace heat liberation
炉膛负荷 furnace load
炉膛负压 combustion chamber draft; furnace draft
炉膛负压调节 furnace-draft regulation
炉膛负压调节器 furnace pressure controller
炉膛高温带 bosh
炉膛隔墙 <焚化炉的> battery wall
炉膛工况 furnace condition
炉膛工况目视检查 stokehole control
炉膛构造 hearth construction
炉膛过热器 combustion chamber superheater
炉膛横截面积 furnace plan area
炉膛口 stokehold; stoke hole
炉膛轮廓 furnace profile
炉膛内空气状态 furnace atmosphere
炉膛排烟 furnace exhaust
炉膛气氛 furnace atmosphere
炉膛前床 furnace vessel
炉膛强化 boosting of furnace
炉膛热出力 furnace rating
炉膛热负荷 combustion rate; furnace load; furnace rating
炉膛热功率 burner capacity; furnace capacity; furnace rating
炉膛热强度 combustion intensity; furnace intensity
炉膛容积 combustion space; furnace cavity; furnace volume
炉膛容积热强度 furnace heat liberation; furnace heat release; furnace liberation rate; heat liberation per unit furnace volume; heat release rate; rate of heat liberation per unit furnace volume; rate of heat release
炉膛设备 coal-burning installation; fuel-burning equipment; furnace arrangement; furnace system
炉膛深度 furnace depth
炉(膛)石 hearth stone
炉膛释热 furnace heat release
炉膛水冷却 furnace water cooling
炉膛通风调节 furnace-draft regulation
炉膛外壳 furnace enclosure
炉膛吸附剂喷入法 furnace sorption injection
炉膛压力 furnace pressure; pressure in combustion chamber
炉膛烟气 furnace gas
炉膛有效面积 active furnace area
炉膛砖 bosh brick
炉膛最大热强度 maximum combustion rate
炉套 boiler clothing; furnace jacket; hearth jacket
炉套壳 furnace casing
炉体 furnace body; furnace shaft; furnace stack; furnace tank
炉体铜碗 copper bowl
炉体砖 body brick
炉条 fire bar; fire grate bar; furnace bar; furnace grate; furnace strip; got-plate bar; grate; grate bar; grilling
炉条表面 grate surface
炉条格篦 bar screen
炉条格架 grid bearer
炉条横梁 bar bearer
炉条烧结 clinkering
炉条套管 grate bar thimble
炉条托架 bearer for the grate bars
炉条碹 rider arch; saddle arch
炉筒补强环 Adamson's ring
炉筒角座 boiler shell foot
炉头钢圈 lip ring; top ring
炉头修补 jamb patch
炉头砖 jamb brick
炉瓦 burner tile
炉外点火炉 dog house; fore-chamber
炉外燃烧室 external combustion chamber; external furnace; separate combustion chamber
炉外熔剂 supplementary flux
炉外软水 water softening out of boiler
炉弯曲向上成弓形 furnace bow up
炉弯曲向下成弓形 furnace bow down
炉围 fender; margin
炉位隔板 bushing partition
炉温 furnace temperature
炉温梯度 furnace temperature gradient
炉效率 efficiency of the furnace
炉胸 breast; shaft
炉碹 furnace arch
炉烟分析器 flue gas analyser[analyzer]
炉烟管 furnace duct
炉腰 belly; bosh; breast; saucer bosh
炉腰环梁 carrier plate; carrying plate
炉腰角 angle of bosh
炉腰冷却板 boshplate
炉腰冷却器 bosh cooling box
炉腰剖面 section of bosh
炉腰烧穿 bosh break-out
炉腰水平线 bottom inwall line
炉腰外壳 bosh casing
炉腰压力 pressure on the bosh
炉腰支圈 lintel girder
炉窑车间 kiln building
炉窑尺寸 kiln size
炉窑改造 furnaces and kilns renovation
炉窑进料器 kiln feeder
炉窑运转 kiln operation
炉衣 boiler clothing; boiler lagging
炉役 campaign
炉用电阻 furnace resistor
炉用垛料台 furnace magazine
炉用辊底运输机 roller hearth
炉用缓冲器 stationary stop
炉用具 fire irons
炉用螺栓 stove bolt
炉用螺栓丝锥 stove bolt tap
炉用煤 furnace coal
炉用排气罩 range hood
炉用盘管 stove coil
炉用燃料 furnace fuel
炉用燃油 furnace oil
炉用推料机 charging carriage; charging machine
炉用油 furnace oil
炉灶 cooker; cooking range; cooking stove; foyer; kitchen range; stove
炉灶工作 stove and range work
炉灶后墙 cul-de-four
炉灶热水器 fire-back boiler; range boiler
炉灶旋钮 cooker cock
炉灶烟道 oven flue
炉灶罩 range hood
炉渣 furnace slag; furnace refuse; furnace residue; furnace cinder; furnace clinker; bank-slag; bird nest; boiler slag; bottom ash; cinder; clinker; engine ash; engine cinder; escorial; foundry slag; fuel cinder; hearth cinder; incinerator residue; pan breeze; residue of combustion; scruff; slag
炉渣板 cinder slab
炉渣玻璃 clinker glass
炉渣材料 furnace clinker material
炉渣采样 slag sampling
炉渣充填底 slag fill
炉渣穿出 breakout
炉渣粗骨料 cinder coarse aggregate
炉渣粗集料 cinder coarse aggregate
炉渣地面 cinder floor
炉渣电炉熔炼 electric(al) slag smelting
炉渣堆 escorial
炉渣粉 pulverised[pulverized] slag
炉渣粉末 cinder dust
炉渣骨料 breeze aggregate; cinder aggregate; slag aggregate
炉渣灰浆 slag plaster
炉渣混凝土 breeze concrete; cinder concrete; furnace clinker concrete; slag concrete
炉渣混凝土砌块 slag block
炉渣混凝土墙板 cinder concrete wall slab
炉渣混凝土屋面盖板 cinder concrete roof(ing) slab
炉渣集料 breeze aggregate; slag aggregate
炉渣结块 furnace clinker
炉渣空心砌块 cinder pot
炉渣粒化 slag beading
炉渣粒化池 granulating pit
炉渣流动性 slag fluidity
炉渣门 clinker door
炉渣棉 slag wool
炉渣黏附 adhesion of slag
炉渣喷水粒化 jet granulation
炉渣破碎机 slag crusher
炉渣起泡 slag bloating
炉渣砌块 breeze block
炉渣侵蚀 slag penetration
炉渣侵蚀作用 cutting effect of slag; slag action
炉渣热点 slag heat
炉渣绒 slag wool
炉渣砂 cinder sand; crushed ballast-furnace slag sand; crushed slag sand; iron blast furnace slag
炉渣砂混凝土 cinder sand concrete; iron slag sand concrete
炉渣砂空心砌块 cinder sand cored block
炉渣砂面砖 cinder sand tile
炉渣砂砌块 cinder sand block
炉渣生铁 cinder pig
炉渣石 madisonite
炉渣水泥 blast-furnace cement; clinker slag cement; slag cement
炉渣水泥灰浆 slag cement mortar
炉渣水碎 slag beading
炉渣水碎装置 slag granulating unit
炉渣碎坑 slag granulating pit
炉渣碎块 crushed slag
炉渣陶瓷 slagceram
炉渣填料 cinder filler; iron slag filler
炉渣通气床 cinder bed
炉渣纤维 cinder fibre[fiber]
炉渣小方块 cinder sett
炉渣小路 cinder path
炉渣屑 cinder chip(ping)s
炉渣研磨机 cinder mill
炉渣用铲斗 bucket for slag
炉渣运输带 ash conveyer[conveyor]
炉渣砖 breeze block; breeze brick; cinder block; cinder tile; slag brick; slag cement
炉渣作用 slag action
炉闸 furnace damper
炉闸门 tweel
炉栅 fire bar; fire grate; furnace bar; grate; grid melter; roaster
炉栅表面 grate surface
炉栅搁条 cross bearer
炉罩 bonnet
炉中分析 bath analysis
炉中火床 fire bed
炉中或桶内结块 bear
炉中钎焊 furnace brazing
炉中软钎焊 furnace soldering; oven soldering
炉钟梁 bell beam
炉砖 furnace block; furnace brick
炉子 furnace; stove; oven
炉子操作 furuace maneuver
炉子产量 furnace output
炉子长度 furnace length
炉子衬壁 furnace lining
炉子尺寸 furnace size
炉子抽风调节器 furnace-draft regulation; furnace draft regulator
炉子抽风机 furnace draft
炉子抽(风)力 furnace draft
炉子出口烟道 furnace offtake
炉子断面 furnace line
炉子额定电流 furnace rated current
炉子额定功率因素 furnace rated power factor
炉子额定温度 furnace rated temperature
炉子工况 kiln run; run of furnace
炉子工作区 main kiln room
炉子加料装置 furnace charging gear

炉子加温 furnace warming
炉子间 furnace room
炉子结构 furnace construction
炉子跨 charging aisle
炉子拉条 furnace bracing
炉子配料 burdening the furnace
炉子砌体 burner setting
炉子前室 furnace vestibule
炉子热清扫系统 thermal cleaning system for furnace
炉子热效率 calorific effect of furnace; furnace thermal efficiency
炉子容量 furnace capacity
炉子设备 furnace installation; furnace unit
炉子设计 furnace design
炉子生产率 productivity of furnace
炉子生产能力 furnace capacity
炉子使用期 campaign
炉子寿命 furnace life
炉子受料架 unscrambling bed
炉子效率 furnace efficiency
炉子烟囱罩 stove pipe jack
炉子正面 furnace front
炉子装置 furnace installation
炉组 bank of ovens; bench of burners; oven battery; oven block
炉组炼焦 battery coking
炉座底板 cradle plate

栌

栌斗 cap block

栌木 cotinus coggugria
栌木核(仁)油 sumac(h) seed oil

鸬

鸬鹚 cormorant

卤

卤铂探漏器 halogen-platinum leak detector

卤代醇【化】halohydrin
卤代二甲苯 xylene halide
卤代酚 halophenol
卤代硅酸酯 halogenosilicic acid ester
卤代硅烷 halogenosilane
卤代化合物 halogenated compound
卤代聚合物 halogenated polymer
卤代醚 halogen ether
卤代烃 halogenated hydrocarbon
卤代烃分解 halogenated hydrocarbon degrading; halo-hydrocarbon degrading
卤代烃污染 halogenated hydrocarbon pollution; halo-hydrocarbon pollution
卤代烃制冷剂 halocarbon refrigerant
卤代酮 halo-ketone
卤代烷 alkyl halide; alkylogen; haloalkane
卤代乙腈 haloacetonitrile
卤代乙酸 haloacetic acid
卤代有机溶剂 halogenerated organic solvent
卤代有机物 halogen organics
卤仿 haloform
卤仿生成势 haloform formation potential
卤根离子 halide ion
卤汞石 comancheite
卤化 halogenate
卤化铵 ammonium halide
卤化蒽垛蒽酮 halogenated anthanthrone
卤化法 halogen(ation) process
卤化反应 halogenous reaction
卤化芳烷基芳基醚 halogenated aralkyl-aryl ether
卤化锆 zirconium halide
卤化硅 silicon halide
卤化剂 halogenating agent
卤化季盐 quaternary halide
卤化镓 gallium halide
卤化钪 scandium halide
卤化铼 rhenium halide
卤化锂 lithium halide
卤化钌 ruthenium halide
卤化铝 alumin(i)um halide
卤化镁 magnesium halide
卤化锰 manganese halide
卤化钠 sodium halide
卤化铅 lead halide
卤化氢 hydrogen halide
卤化溶剂 halogenated solvent
卤化铷 rubidium halide
卤化碳 halocarbon
卤化锑 antimony halide
卤化烃 halocarbon
卤化烷基汞 alkyl mercuric salt
卤化烷基铝氨基 alkyl alumin(i)um halide
卤化烷基镁 alkyl magnesium halide
卤化烷基锌 alkyl zinc halide
卤化物 halide; halogen(ide)
卤化物玻璃 halide glass
卤化物灯 halide lamp
卤化物滴定 titration of halide
卤化物检漏灯 halide torch
卤化物晶体 halide crystal
卤化物灭火剂 halogenated fire extinguishing agent
卤化物灭火系统 haloid fire-extinguishing system; haloid smothering system
卤化物渗漏检测器 halide leak detector
卤化物酸 halide acid
卤化物压片法 pressed halide disk technique method
卤化物岩 haloidite
卤化硒 selenium halides
卤化锌 zinc halide
卤化衍生物 halogenated derivative
卤化异紫蒽酮 halogenated isoviolanthrone
卤化银 silver halide
卤化银光致变色玻璃 silver halide sensitized photochronic glass
卤化银乳胶 silver halide emulsion
卤化铀 uranium halide
卤化铕 europium halide
卤化锗 germanium halide
卤化作用 halogenation
卤甲苯 toluene halide
卤甲基化作用 halomethylation
卤甲烷 halogenated methane
卤间化合物 interhalogen
卤蜡 chloro-naphthalene wax
卤泉 bring spring
卤色化作用 halochromism
卤砂 ammonium chloride; sal ammoniac; salmiac
卤水 bittern; brine(water)
卤水池 bittern pan
卤水井 brine well
卤水坑 brine pit
卤水矿床 brine deposit
卤水泉 brine spring
卤水塘 brine pool
卤水系统 brine system
卤素 halide; halogen
卤素白炽灯 halogen incandescent lamp
卤素查漏仪 halogen leak detector; halogen leak locator
卤素猝灭计数器 halogen quenched counter
卤素灯 halide lamp; halogen lamp
卤素电池 halogen cell
卤素二极管探测头 halide diode detector head
卤素分析仪 halogen analyser[analyzer]
卤素汞化合物 mercury halogen compound
卤素管 halide torch
卤素含氧酸 haloid oxyacid
卤素互间化物 interhalogen compound
卤素化合物 halide; halogen compound
卤素计数管 halogen counter
卤素甲烷 methylene hydride
卤素检漏器 Freon leak detector; halogen leak detector
卤素冷冻机 halogen refrigerator
卤素灵敏探漏气 halogen sensitive leak detector
卤素消毒剂 halogen disinfectant
卤素制冷机 halogen refrigerator
卤素质量摩尔浓度 molar halogen concentration
卤素专用检测器 halogen-specific detector
卤酸酯 halite
卤烃类 halo-hydrocarbon
卤烷 alkyl halide; halogenated alkane; halogenated paraffin
卤烷基聚硅氧烷 polyhalogenoalkylsiloxane
卤钨灯 tungsten halogen lamp
卤咸水测管 brine calculation pipe
卤盐灭火器 haloid fire extinguisher
卤氧 oxyhalogen
卤氧化物 oxyhalide; oxyhalogenide
卤乙烯 vinyl halide
卤乙烯型 vinyl halide type
卤银矿 iodobromite
卤族 halogen family
卤族元素 halogen family elements
卤族元素分析 halogen family element analysis
卤族元素中毒 halogen poisoning

掳

掳获、捕捉、暴动和内乱不保 free of capture, seizure, riots and civil commotion

鲁

鲁班结 magnus hitch; Roband hitch

鲁班砖 <类似红玻璃砖> Ruabon brick
鲁棒自适应控制 robust adaptive control
鲁比尔阶 <中渐新世>【地】Rupelian
鲁宾逊测向系统 Robinson direction-finding system
鲁宾逊风速表 Robinson's anemometer
鲁宾逊水泥 Robinson cement
鲁道夫星表 Rudolphine table
鲁德阶 <始新世>【地】Ludian(stage)
鲁尔茨合金 Ruolz alloy
鲁福莱特 <一种金属窗的窗帘> Rufflette
鲁福林 <一种坚韧的防水毡> Rufereen
鲁格尼尔棕 Luganil brown
鲁硅钙石 rustumite
鲁吉法 Lurgi process
鲁吉内热式碳化炉 Lurgi-Spulgas carbonization plant
鲁门阔夫感应线圈 inductorium
鲁米诺溶液 Luminol solution
鲁米诺特征聚合物 Luminol tagged polymer
鲁纳巴理奥斯桥 <主跨 440 米,混凝土斜拉桥> <西班牙> Barrios de Luna Bridge
鲁奇公司煤沥青 <前联邦德国> Lurgi tar
鲁萨科夫石 rusacovite[rusakovite]
鲁赛板层 Rousay flags
鲁森盐 Roussin's salt
鲁施顿片岩 Rushton schist
鲁氏硬度 Ludwik hardness
鲁式因子分解 Lu factotization
鲁思蓄汽器 Ruths(steam) accumulator
鲁梭图(解) <求光通量的图解法> Rousseau diagram
鲁西定理 Lusin's theorem
鲁西萨尔超宽角照相物镜 Russar
鲁兹基改正 Rudzki(inversion) reduction

橹

橹 oar; scull

橹柄 roude
橹槽 sculling notch
橹钉脐 <摇橹船的> ireko
橹钉眼 <摇橹船的> ireko
橹栎 gland-bearing oak
橹梃 rokui; thole; thole pin; thow(e)l
橹叶 rosita

镥

镥 176 含量 content of 176 Lu

镥铪测年法 the Lu-Hf dating method
镥铪等时线 Lu-Hf isochron
镥铪法 lutetium hafnium method
镥铪年龄 Lu-Hf ages
镥矿 lutetium ore

陆

陆凹 depression of land

陆半球 continental hemisphere; land hemisphere
陆背斜 anteklise
陆壁谷 coulee
陆边岛 continental island
陆标 land mark; mere; terrestrial object
陆标栽植 landmark planting
陆标导航 terrestrial navigation
陆标定位 fixing by landmarks
陆标定位法 position by terrestrial observation
陆标交叉方位 terrestrial cross bearings
陆标栽植 landmark planting
陆标真方位 true bearing of landmark
陆表的 epeiric
陆表地槽 epigeosyncline
陆表海 continental sea; epeiric sea; inland sea
陆表海沉积 epicontinental deposit
陆表海碳酸盐沉积模式 sedimentation model of epeiric sea
陆表浅海相 epicontinental neritic facies
陆表相 epicontinental facies
陆冰 continental ice; ice cap; ice sheet; land ice
陆槽 syneklise
陆侧 landside
陆侧船位 terrestrial fix
陆产地沥青 land asphalt
陆潮 continental tide; earth tide
陆沉 displacement of land; land subsidence
陆沉带 geosyncline
陆沉运动 bathygenesis
陆成层【地】terrestrial bed
陆成沉积物 terrestrial deposit; terrestrial sediment
陆成风系 terrestrial wind system

陆稻 dry(-land) rice;dry rice;upland rice
陆德维格硬度试验机 Ludwig hardness tester
陆地 continent; dry land; ground; land;terra firma
陆地板块【地】lithospheric plate
陆地边 landside
陆地边缘的珊瑚礁 fringing reef
陆地表面 solid earth surface
陆地剥蚀 subaerial denudation
陆地哺乳动物 land mammal
陆地部分 land area
陆地测量 earth survey;land survey(ing)
陆地测量员 land surveyer[surveyor]
陆地沉积物 terrestrial deposit;terrestrial sediment
陆地沉(陷)land subsidence
陆地承运人 <集装箱运输的> on-carrier
陆地处置 land disposal
陆地的 terrestrial
陆地电缆 overland cable
陆地电台 land station
陆地吊 land-bound crane
陆地断裂带 continental rift zone
陆地多路电缆 inland multicircuit cable
陆地风 land breeze
陆地高程海底深度曲线 hypsographic curve
陆地管线 land pipeline
陆地锅炉 land boiler
陆地海洋气候卫星 land-ocean-climate satellite
陆地海洋相互作用 land-ocean interactions
陆地河流的 fluvioterrestrial
陆地河流学 fluvioterrestrial
陆地坏血病 land scurvy; thrombopenic purpura
陆地环抱港 landlocked harbo(u)r
陆地环抱海湾 landlocked inlet of sea
陆地环境 terrestrial environment
陆地环境遥感 terrestrial environmental remote sensing
陆地环绕的港湾 landlocked harbo(u)r
陆地回波 ground reflection
陆地活动 land-based activity
陆地机场 terrestrial airport
陆地检疫 land quarantine
陆地建造 land construction;land formation【地】
陆地结构 land structure
陆地进入视界 raise the land
陆地径流 land run-off
陆地开挖出的运河 land-cut canal
陆地克拉通 <稳定地块> epeirocratic craton;epeirocraton
陆地克拉通的【地】epeirocratic
陆地来源的海洋污染 land-based sources of ocean pollution;marine pollution from land-based sources
陆地来源的污染 land-based sources of pollution; pollution from land-based sources
陆地轮廓 landform
陆地轮廓线 land contour
陆地码头 land pier
陆地面积 surface area of land
陆地排水管 land drain(age)
陆地喷发 land eruption
陆地浅坑掩埋 shallow land burial
陆地桥梁 <欧亚两洲间的货物,经美国铁路搭接海运,铁路运输起桥梁作用> land-bridge
陆地桥梁路线 land-bridge route
陆地桥梁运输货物列车 land-bridge train
陆地热 channel fever;land fever
陆地上结构 land-based structure
陆地上碰撞 collision on land
陆地上升 emergence of land
陆地设备 land-bound equipment
陆地摄影 ground photography
陆地摄影法 land photography method
陆地生态系(统)terrestrial ecosystem
陆地生态系统评价 terrestrial ecosystem evaluation
陆地生态系统水文模型 terrestrial ecosystem hydrology model
陆地生态学 terrestrial ecology
陆地生物 terrestrial biota
陆地生物圈 terrestrial biosphere
陆地生物资源 terrestrial biologic(al) resources
陆地水 land waste;land-water
陆地水生植物 amphibious plant;amphiphyte
陆地水土保持 erosion control of land
陆地水文学 continental hydrology; hydrology of land
陆地填埋垃圾 land disposal
陆地填筑 land reclamation
陆地通信[讯]线 land line
陆地土壤 terrestrial soil
陆地挖泥机 dry dredge(r)
陆地围绕的 landlocked
陆地卫星 landsat;land satellite
陆地卫星 TM 图像 landsat TM image
陆地卫星成像 landsat imagery
陆地卫星传感器 landsat sensor
陆地卫星地面接收站 landsat ground station
陆地卫星图像 landsat image(ry)
陆地卫星运转控制中心 landsat operation controlling center[centre]
陆地污染物 land pollutant
陆地污染源 land-based source of pollution
陆地雾 land fog
陆地吸泥挖土设备 dry-land suction dredging plant
陆地效应 land effect
陆地形状 land configuration
陆地型履带式挖土机 land-type crawler shovel
陆地性 terrestriality
陆地淹水 land flood(ing)
陆地掩(护)港 landlocked harbo(u)r
陆地应用卫星系统 land application satellite system
陆地有效辐射 effective terrestrial radiation
陆地运费 land freight
陆地运输 land transport(ation); overland transportation
陆地运输委员会 land transportation committee
陆地运移 continental drift
陆地蒸发 evaporation from land area;land evapo(u)ration
陆地蒸发皿 land pan
陆地蒸发器 land pan
陆地重力测量 land gravity survey
陆地资源 land resources
陆地资源保护 land resources conservation
陆地钻探 dry-land drilling; dry-land operation
陆对海通信[讯] shore-to-ship communication
陆风 <从陆地吹向海洋的风> land breeze;land wind;offshore wind
陆风和海风 land(-and)-sea breeze
陆封 landlocked
陆封港 hidden harbo(u)r;landlocked harbo(u)r
陆高海深曲线 hypsographic(al) curve
陆高深曲线 hypsometric(al) curve
陆海沉积(物)oligomictic sediment
陆海集装箱联运 rail-bridge service
陆海联运 joint rail and water transportation
陆海联运港 continental marine terminal
陆海图 map chart
陆核 continental nucleus;nuclear area
陆核盆地 nuclear basin
陆基 continental rise
陆基臭氧站 ground-based ozone station
陆基吸扬泵 land-based suction pump
陆基系统 ground-based system
陆岬 foreland;head land;nose
陆架 shelf
陆架边缘沉积 shelf margin deposit
陆架边缘重力异常 gravity anomaly of continental shelf border
陆架冰 barrier ice;ice shelf;shelf ice
陆架波 wave of continental shelf
陆架沉积层 hinter surf bed
陆架沉积物 shelf deposit;shelf sediment
陆架沉积作用 epicontinental sedimentation;shelf deposition
陆架动力学计划 shelf dynamics project
陆架谷 shelf channel
陆架海 epicontinental sea;shelf sea
陆架间断 shelf break
陆架拦获波 shelf trapped wave
陆架盆地 shelf basin
陆架坡 shelf continental slope
陆架坡折 shelf break
陆架前缘盆地 shelf front basin
陆架区 shelf area
陆架山脊 spur
陆架水 shelf water
陆架水道 shelf channel
陆架水力状态 shelf hydraulic regime
陆架锁国 shelf-locked state
陆架洼地 strath
陆架外缘 shelf edge
陆架相 foreland facies;platform facies;shelf facies
陆间的 intercontinental
陆间地槽 intracontinental geosyncline; intrageosyncline;mesosyncline
陆间俯冲 intercontinental subduction
陆间海 intercontinental sea;intracontinental sea
陆间裂谷系 intercontinental rift system;intracontinental rift system
陆间盆地 intercractonic basin;intracontinental basin
陆解作用 aquatolysis
陆界 continental sphere; geosphere; lithosphere
陆进 reliction
陆静相 inundation phase
陆卷风 tornado
陆军部 <美> Department of the Army
陆军测绘局 <英> Ordnance Survey
陆军测绘局标准零点 <英> Ordnance Survey Datum
陆军的 military
陆军地形测量 Ordnance Survey
陆军防空系统 army air defence system
陆军工程兵 <美> Army Corps of Engineers
陆军工程部队(或马歇尔)沥青混合料配合设计法 <美> Corps of Engineers(or Marshall) asphalt mix-design method
陆军工程部队设计法 <美> Corps of Engineers method
陆军军械 <美国用语> armyord
陆军信息编码 army field data code
陆军信息编码系统 army data system
陆军医院 army hospital;military hospital
陆军用船 army service boat
陆军运输舰 army transport
陆均松 pierr dacrydium
陆壳 continental crust
陆空的 ground air
陆空联运 truck-air truck
陆空通信[讯] air-ground communication
陆空协同战联络格网 air-supported grid
陆块 continental segment;land block; land mass
陆连岛 continental island;isle(t);land-tied island;tied island;tombolo
陆连沙坝 tying bar
陆连沙嘴 barrier spit
陆梁 anteklise
陆龙卷(风)twister; tornado; land spout
陆龙卷区 tornado belt
陆隆 continental rise; continental apron
陆隆沉积 continental rise deposit
陆隆裙 continental rise apron
陆隆锥 continental rise cone
陆路 overground route; overland route
陆路的 overland
陆路货 haulier
陆路交通 land way
陆路贸易 overland trade
陆路运费 carriage by land; conveyance by land; land carriage; land freight; land transport(ation); overland freight;overland service
陆路运输行业 land transport operator
陆面 land surface
陆面蒸发 evaporation from land surface;land evapo(u)ration
陆默·布洛亨光度计 Lummer-Brodhun photometer
陆默·布洛亨立方体 Lummer-Brodhun cube
陆目植物生油说 terrestrial plant theory on origin of petroleum
陆内的 intracontinental
陆内俯冲 intracontinental subduction
陆内海 intracontinental sea
陆内盆地 intercontinental basin
陆内碰撞造山带 intracontinental collision orogen belt
陆旁地槽 parageosyncline
陆盆 land basin
陆棚 <沿海岸水深 200 米以内的浅海> shelf
陆棚边棱砂体圈闭 shelf-edge sand trap
陆棚边缘地震 shelf-edge earthquake
陆棚冰川 shelf glacier
陆棚草本相 shelf herbaceous facies
陆棚海 shelf sea
陆棚相 shelf facies
陆棚相互作用 shelf interaction
陆平极射投影 stereographic(al) projection
陆坡沉积物 aktian deposit
陆坡冲积扇 submarine alluvial fan
陆坡地形 clinoform
陆坡海水环流 slope-water gyral
陆坡裙 slope apron
陆坡水 slope water
陆坡相 slope facies
陆坡重力异常 continental slope gravity anomaly
陆栖动物 terrestrial animal

陆栖生物 terrestrial life
陆桥 continental bridge;land-bridge
陆桥假说 continental bridge hypothesis
陆桥联运 land-bridge movement; land-bridge service
陆桥水界面 land-water interface
陆桥说 hypothesis of land-bridge
陆桥运输 land-bridge service
陆侵 continental transgression
陆禽 terrestrial bird
陆区扩张的 geocratic
陆圈 continental sphere; geosphere; lithosphere
陆裙 continental shelf
陆上班 land crew
陆上剥蚀 subaerial denudation
陆上测量 land survey
陆上车辆 ground vehicle
陆上沉积物 subaerial deposit; subaerial sediment
陆上沉井 land caisson
陆上沉箱 land caisson
陆上冲沟 upland channel
陆上打桩机 land driver
陆上导航中心 ashore navigation center[centre]
陆上的 overland;subaerial
陆上的冰 ice sheet
陆上灯标 lights on land
陆上堤 subaerial levee
陆上地产 upland property
陆上地球物理学 terrestrial geophysics
陆上飞机 land engine;land plane
陆上废物处理 disposal on land
陆上风景 landscape
陆上风险 land risk
陆上高原 marginal plateau
陆上工作人员【港】shore man
陆上河水沉积物 fluvioterrestrial deposit
陆上河水的 fluvioterrestrial
陆上滑坡 subaerial landslide
陆上火山沉积相 continental volcanic deposit facies
陆上机械 land-based plant
陆上集散 overland transit
陆上建筑物 land structure
陆上累范特风 Terral levante
陆上联系 upland connection
陆上龙卷风 landspout
陆上冒海水的天然石洞 landspout
陆上贸易 land-borne trade
陆上明显标志 land mark
陆上模式反应堆 land-based prototype reactor
陆上排泥管线【疏】onshore pipeline
陆上抛泥区 upland disposal area
陆上起落装置 beaching gear
陆上桥台 land abutment
陆上侵蚀 subaerial erosion
陆上勤务人员 shoresman
陆上三角洲平原 subaerial delta plain
陆上生态学 terrestrial ecology
陆上施工 construction in the dry
陆上石油开发 land oil exploitation
陆上试验 shore-front-trials;shore trial
陆上疏运 <港口货物的> overland freight haulage
陆上隧道建筑防护板 land shield
陆上条款 shore(-to-shore) clause
陆上调整 terrestrial adjustment
陆上通道 land way;land access
陆上通信[讯]线 land line
陆上通信[讯]线(路)设施 landline facility
陆上挖掘机 land excavator
陆上挖土机 land dredge(r)
陆上危险不保条款 water-borne clause
陆上围埂抛泥 confined upland disposal
陆上纹理壳 subaerial-laminated crust
陆上污染源 land-based pollution source
陆上线路 land line
陆上旋风 landspout
陆上移动通信[讯] land mobile service
陆上运费 land freight
陆上运河 land cut canal;overland canal
陆上运输 land carriage;land transport(ation); overland transport; road transit;surface transport-(ation)
陆上运输计划 surface transportation program(me)
陆上运输危险 perils of land transit
陆上运输线 land line;overland transit
陆上贮木场 land depot
陆上转运 overland transit
陆上作业 dry-land operation
陆摄像片 ground photograph
陆生草丛 terriherbosa;terriprata
陆生草木群落 terriherbosa;terriprata
陆生的 telluric; terraneous; terrigenous
陆生动物 land animal;terrestrial animal
陆生动物群落 terrestrial animal community
陆生环境 terrestrial habitat
陆生生态系统 terrestrial biosphere
陆生生物界 terrestrial biosphere
陆生植物 land plant;terrestrial plant
陆生植物的总生物量 total biomass of terrestrial plant
陆水的 fluvioterrestrial
陆水界面 land-water interface
陆锁国 landlocked country
陆台 continental platform; measeta; platform;table
陆外地槽 extracontinental geosyncline
陆外盆地 extracontinental basin
陆外下陷盆地 downwarped extracontinental basin
陆外渊【地】foredeep
陆围的 landlocked
陆围海 landlocked sea
陆围湖(泊) landlocked lake
陆雾 land fog
陆线 land line
陆线费用 landline charges
陆相【地】land facies;terrestrial facies;continental facies
陆相沉积物 continent(al) deposit; continental sedimentation; land deposit; marginal deposit; terrestrial deposit
陆相的 continental;non-marine
陆相地层 land formation
陆相复理石建造 continental flysch formation
陆相火山岩含铁铜建造 continental volcanic rock iron and copper-bearing formation
陆相火山岩建造 continental volcanic formation
陆相生油说 terrestrial facies theory on origin of petroleum
陆相原油的典型变量值 canonic(al) variable value of terrigenous crude oil
陆续补还欠款 work off arrears
陆续的 consecutive
陆崖 continental escarpment
陆映光 land blink
陆用标准挖掘机 standard land excavator
陆用锅炉 land boiler;stationary boiler
陆用罗经 land(ing) compass
陆用罗盘 land(ing) compass
陆用汽轮机 land turbine
陆用设备 stationary plant
陆用装置 land installation; on-site plant
陆佑红花岗石 red balmoral
陆域 landside area; upland area <港区或码头的>
陆域面积 land area
陆域设备 shore accommodation; shore facility
陆域设施 shore accommodation
陆缘 continental fringe; continental margin
陆缘拗拉谷 marginal aulacogen
陆缘沉积物 epicontinental sediment
陆缘沉积作用 epicontinental sedimentation
陆缘的 epicontinental
陆缘地槽 epicontinental geosyncline; marginal geosyncline; paraliageosyncline
陆缘地台 epicontinental platform
陆缘陡坡 marginal escarpment
陆缘高原 marginal plateau
陆缘海 epeiric sea; epicontinental sea;marginal sea;inland sea
陆缘海沟 inland sea;marginal trench
陆缘海盆 marginal basin
陆缘海碳酸盐沉积模式 sedimentation model of pericontinental sea carbonate
陆缘海渊 marginal deep
陆缘环形盆地 marginal ring basin
陆缘克拉通【地】epirocraton
陆缘盆地 epicontinental basin
陆缘平原 marginal plain
陆缘浅海 epicontinental marginal sea
陆缘翘曲 epicontinental warp
陆缘区 continental marginal terrain; pericontinental area
陆缘盐田 marginal salt pan
陆缘-远洋相 epeiric-pelagic facies
陆缘重力异常 gravity anomaly of continental border
陆源冰 ice of land origin
陆源沉积(物)【地】terrigenous deposit;terrigenous sediment
陆源的 terraneous;terrigenous
陆源海洋污染 marine pollution from land-based sources; pollution of ocean originating on land
陆源湖 terrigenous lake
陆源矿物 terrigenous mineral
陆源区 terrigenous province
陆源砂 terrigenous sand
陆源水 land-water;land waste <河口处>
陆源碎屑岩 terrigenous clastic rocks
陆源污染 land-based pollution;pollution from land-based sources
陆源污染物 land-sourced pollutant
陆源污染源 land-based sources of pollution
陆源物 terrigenous deposit
陆源物质 terrigenous matter
陆源性海洋污染源 land-based sources of marine pollution; land-based sources of ocean pollution
陆源有机物 land-derived organic matter
陆源淤泥 terrigenous mud
陆运 carriage by land; drayage; land carriage;land transport(ation);overland transportation
陆运保险 insurance for land transportation;overland insurance
陆运的 land-borne
陆运段 land leg
陆运工具 land carrier; land craft; overland carrier; land transportation carrier
陆运公司 <短途的> drayage company
陆运共通地点 overland common point
陆运共通地点优惠运费率 overland common point rate
陆运货物 land-borne cargo
陆运货运 overland freight
陆运经营者 land transport operator
陆运路线 overland route
陆运收据 cargo receipt
陆运提单 inland bill of lading
陆运条款 shore(-to-shore) clause
陆运险 inland marine insurance;land transit insurance
陆运运费 <短途的> drayage
陆栅边缘地震 shelf-edge earthquake
陆战设施 shore accommodation
陆障 land barrier
陆照云光 land sky
陆震 continental earthquake
陆中地槽 mesogeosyncline

录

录波管 oscilloscope tube
录波器 oscillograph;oscilloscope
录储扫描 writing scan
录磁探伤仪 record magnetism flaw detector
录放幅频响应 recording frequency response
录放话机 telediphone
录放声信噪比 signal-to-noise ratio for record-playback
录号 OD 调查 <记录车号作出发地与目的地调查> registration number origin and destination survey
录还信噪比 signal-to-noise ratio for record-playback channel
录井钢丝绞车 wire-line unit
录取入学 matriculation
录取物标 acquire a target
录取物标距离 acquisition range
录入数据 logging data
录入与退出 log-in and log-out
录时器 chronograph
录像 image record(ing); image transcription; picture record(ing); recording(image); video(picture); video recording
录像车 recording van
录像(磁)带 videotape
录像磁带盒 video-cassette
录像带资料室 videotheque
录像管 glow lamp
录像机 telerecording apparatus; videocorder;video recorder
录像盘 viewdisk
录像设备 image storage device;video equipment
录像头 video head
录像图书(或书库) tape library
录像系统 video system
录像员 recordist
录音车 recording car;recording van
录音磁带 audio tape;magnetic(round-recording) tape
录音电话机 dictaphone[dictophone]; recording telephone set; telegraphone; telephone answering machine
录音师 sound engineer
录音室 recording room; recording studio;scoring stage;sound camera;sound studio
录影带 dictabelt
录影灯 glow lamp

录在胶片上的 microimaging

鹿斑花纹 roe figure

鹿斑纹 broked stripe
鹿角 antler
鹿角菜胶 Irish car(r)(h)ageen(in); Irish gum; pearl moss
鹿角菜精宁 car(r)ag(h)een(in); chondrus
鹿角精 hartshorn
鹿角莱 car(r)ag(h)een; chondrus; Irish moss; pearl moss
鹿角天线 deerhorn antenna
鹿角形柱 sloping lobe
鹿角型树枝堆成的透水堤 abat(t)is dike
鹿脚形斧柄 deer foot; fawn foot
鹿皮 chamois leather
鹿皮呢 buckskin
鹿特丹学派 <亦称风格派> Rotterdam school
鹿头状的 stag-headed
鹿苑 deer park
鹿砦 abat(t)is
鹿寨 abates; abat(t)is

盝顶 cut roof

路凹下 delve

路拌 <混凝土> mixed-in-transit; mix en route; mix-in-place; road-mix(ture)
路拌柏油(沥青)混合料路面 tar-road-mix surface
路拌柏油(沥青)混合料面层 tar-road-mix surface
路拌拌和机 road mixer
路拌材料 material mixed in site; material mixed in situ; road-mix material
路拌材料机械试验 material road-mixing machine test
路拌材料路面 road-mix pavement
路拌层 road-mix course
路拌厂 road-mix(ing) plant
路拌处治层 retread
路拌的 mixed-in-place
路拌地沥青混合料 asphaltic road-mix
路拌法 mixed-in-place construction; mixed-in-place method; mixing-in-place method; road-mix(ing) method; surface-mixing method; road mix(ing)
路拌法建筑的路面 road mix(ing); road-mix pavement; road-mix-(ture)
路拌法铺路(面) road-mix surfacing
路拌法施工 road-mix construction
路拌法筑路 mixed-in-place construction of road
路拌工作 road-mix job; road-mix work
路拌混合料 mixed-in-place mix; road mix(ing); road-mix(ture)
路拌混合料路面 mixed-in-place surface
路拌混合料面层 mixed-in-place surface
路拌混凝土 concrete mixing en route; concrete mixing on route; transit-mixed concrete; truck-mixed concrete
路拌机 in-place mixer; road mixer; road-mix machine; road pug travel-mix plant
路拌机械的拌和深度棘轮调节装置 depth-ratchet setting
路拌沥青混合料 asphaltic road-mix; bituminous mix-in-place; bituminous road mix(ture); road-mix bituminous mixture
路拌沥青混合料拌机 bituminous road-mixer
路拌沥青路面 mixed-in-place bituminous surfacing; road-mix bituminous surface
路拌沥青面层 road-mix bituminous surface
路拌沥青铺面 mixed-in-place bituminous surfacing
路拌联合机械 in-place mix combine
路拌联合装置 in-place mix combine
路拌路面 road-mixed pavement; road-mix surface
路拌面层 road-mix surface; road-mix surfacing
路拌铺筑路面 road-mixed surfacing
路拌施工 road-mixed type
路拌式表面处理法 <一种利用新集料的处理法> drag treatment
路拌式稳定搅拌机 soil stabilizer
路拌式稳定土搅拌机 stabilized road-mixer
路拌土壤稳定机 road-mix soil stabilizer
路边 curbside; road border; roadside; side of the road; verge; wayside
路边安全栅 roadside safety fence
路边标高以上 above curb[kerb]
路边标示(线) edge marking
路边标线 edge delineation
路边布局 lateral placement
路边侧石 flush curb[kerb]
路边侧桩 bull stretcher
路边茶点站 drive-in refreshment stand
路边差点亭 drive-in refreshment stand
路边车道 <四车道道路中靠边缘的车道> curb[kerb] lane
路边沉陷 edge subsidence
路边处理器 roadside processor
路边地带 border area
路边电话 roadside telephone
路边调查 roadside survey
路边发展 roadside development
路边反光标志 <供夜间行车识别用的> roadside delineator; roadside reflector sign
路边访问调查 roadside interview survey
路边分隔带 <通常在人行道两边,并加以绿化> side strip margin verge
路边分区 roadside zoning
路边服务性车道 motel driveway
路边干扰 roadside interference
路边公园 roadside garden; street park
路边灌木篱 roadside hedge
路边轨模 <水泥混凝土路面施工用> road-rail
路边护柱 safe(ty) post
路边花坛 roadside flower bed; verge
路边花园 stroll garden
路边划线 edge delineation
路边环境 roadside environment
路边几何形状 edge geometry
路边建设 roadside development
路边界地申请 <取得路边地权> marginal land acquisition
路边进水口 side inlet
路边居民 roadside resident
路边咖啡馆 pull-up
路边开发 roadside development
路边客店 minch house
路边客栈 osteria; wayside inn
路边控制 roadside control
路边路费收集系统 roadside toll collection system
路边路线显示 roadside route display
路边旅馆 road house
路边绿篱 border growth
路边明沟 side ditch
路边排水(沟) road drain(age); edge drain; side drain(age)
路边排水管 street gutter
路边排水渠 roadside channel
路边平台 curb[kerb] line platform
路边破坏 edge destruction
路边弃土 side cast(ing)
路边取水管 water hydrant
路边让车道 roadside turnout
路边设施 roadside installation
路边神龛 wayside shrine
路边石 curb[kerb]; kerbstone (of pavement); stone curb[kerb]; curbstone <美>
路边石模板 road form
路边实际超高值 pavement edge effective superelevation
路边市场 curb[kerb] market
路边视觉系统 roadside vision system
路边收集(垃圾) curb[kerb] collection
路边收集垃圾系统 curb[kerb] collection system
路边收集垃圾综合系统 integrated curbside collection system
路边水沟 kennel; roadside ditch; side ditch; street gutter
路边水栓 curb[kerb] cock
路边停车 curb[kerb] parking; kerb parking; roadside parking; side parking
路边停车场 curb[kerb] parking space; parking lay-by; roadside parking area
路边停车处 authorised[authorized] street parking
路边停车间距 curb[kerb] parking spacing
路边停车区 curb[kerb] parking place
路边停车站 wayside stop
路边无线电 roadside radio
路边无线电广播 roadside radio broadcasting
路边线 curb[kerb] line; kerb alignment
路边线轮廓标 delineator
路边线形 edge geometry
路边小沟 roadside gully
路边小站 wayside-station
路边斜坡 curb[kerb] ramp
路边信息系统 roadside information system
路边休息处 pull-up
路边休息所 pull-up
路边修整 roadside verge trimming
路边询问 roadside interview
路边询问调查法 roadside interview method
路边夜间反光标志 roadside delineator
路边阴沟 side drain
路边窨井 <下水道的路边进口> curb[kerb] inlet
路边引水沟 offlet
路边饮食店 road eating house
路边饮食铺 sidewalk café
路边应急地带 marginal emergency area
路边应急电话 emergency road side telephone
路边有效超高值 pavement edge effective superelevation
路边雨水进水口格栅 gravel guard
路边雨水口 curb[kerb] inlet
路边预留地 verge of road
路边缘石 pavement edge curb[kerb]; shoulder curb[kerb]
路边栅栏 roadside hedge
路边障碍物 <显著影响行车的> marginal obstruction; side obstacle
路边照明 curb lighting
路边整修 roadside verge trimming
路边植树权 planting easement
路边植物栽培 border growth
路边种植 roadside planting
路边驻车 side parking
路边抓斗式设备 curb[kerb] grab(bing) equipment
路边砖 kerb brick
路边装卸 curbside loading; curb[kerb] loading
路边装卸(货物)或乘客上下的地带 curb[kerb] loading zone
路边装置 roadside installation
路边阻力 marginal friction
路标 road mark; road sign; eye-stop; finger plate; finger post; guide board; guide post; guide sign; information sign; itinerary pillar; marker; marking; mile post; pavement marker; plastic finger plate; route mark(ing); route sign; sign board; sign post; way mark
路标玻璃球 balletini
路标串音 channel crosstalk
路标法兰 traffic flange
路标和信号 road sign and signal
路标漆 marking paint; traffic paint
路标漆耐磨试验器 traffic paint abrasion tester
路标涂料 traffic coating
路标油漆 marking painting; road line paint; road paint; road marking paint
路表损坏指数 distress index surface; surface distress index
路表永久变形 surface distortion
路槽 <在土路基中为摊铺道砟而建筑的> ballast boxing; depressed trough; road trough; trench
路槽底 road bed
路槽面 road bed
路槽排水 base course drainage
路侧避车道 parking turnout
路侧避车道和休息区 parking turnout and rest area
路侧标牌 curb[kerb] mark(ing)
路侧标志 roadside sign
路侧车道 curb[kerb] lane; herb-lane
路侧车道利用度 curb[kerb]-lane utilization
路侧存车湾 parking lay-by
路侧带 curbside strip
路侧地带 roadside
路侧地带管理 roadside management
路侧地带养护 roadside maintenance
路侧防冲刷(措施) roadside erosion control
路侧摩阻 marginal friction
路侧停车场 parking bay; parking lay-by
路侧停车处 lateral stopping area; lay-aside; lay by(e)
路侧停车坪 pull-out spot; roadside parking apron
路侧停车湾 parking lay-by
路侧养护 roadside maintenance
路侧栅栏 wing barricade
路侧组合标志 roadside assembly sign
路产 highway property
路厂联合编组站 railway-industrial joint marshalling station
路尘 road dust
路程 course; distance; journey; route; tenor
路程标 distance post
路程标桩 <罗马> lapis

路程单 routing sheet;waybill

路程极短的电车 <美> dink(e)y

路程计 cyclometer; hodometer; perambulator; trochometer; vialog; viameter

路程旅行指南 road book

路程时间工资 travel time

路程图 trip map

路程问题 path problem

路程限度 limitation of length of stroke

路程仪 vialog

路程英里数 miles on course

路程指南 road book

路程终点 journal's end;journey's end

路程阻力 friction of distance

路床 bed; road bed; road pocket; track bed

路床材料 roadbed material

路床断面 roadbed section

路床面 formation

路床平整的 even bedded

路床强度 strength of roadbed

路床缺点 roadbed defect

路带 strip

路丹尼造山运动 Rhodanian orogeny

路岛 island

路岛端 approach nose

路道缓和表面 transitional surface

路得 <英国面积单位,1 路得 = 1/4 英亩或 1011.7 平方米> rood

路的断头 dead end

路的横向坡度 crossfall of road

路灯 road lamp;roadway light;street lamp; street lantern; street light(ing)

路灯布置 arrangement of lanterns

路灯电路 all-night circuit

路灯杆 light pole

路灯间距与悬高比 spacing-to-mounting height ratio

路灯全套装置 street light luminaire

路灯系统 street lighting system

路灯柱 lamp pole; lamp post; lampstand;lamp standard;lighting mast; lighting pole; lighting post; street lamp stand;street lighting column

路堤 embankment; causeway; earth bank;earth embankment;earth embankment dam; fill; highway embankment; road embankment; road filling; soil embankment; subgrade embankment

路堤岸 marginal bank

路堤边坡 bank slope; embankment slope; fill slope; slope of embankment

路堤边坡夯实 tamped slope of earth dam

路堤(边)坡角 embankment slope angle

路堤边坡角度 angle of fill slope

路堤标桩 fill stake

路堤长度 fill length

路堤沉降 embankment settlement;fill settlement; settlement of embankment

路堤沉陷 embankment settlement;fill settlement; settlement of embankment

路堤底脚 fill foot

路堤顶 top of embankment

路堤顶部 fill crest

路堤断面 fill section

路堤防风吹蚀 embankment protection from wind

路堤防护 embankment protection

路堤放样 setting-out of embankment

路堤高度 depth of fill(ing);embankment altitude; fill height; height of embankment;height of fill

路堤工程 fill work

路堤拱度保持器 embankment crown retainer

路堤滚压 rolling of earthwork

路堤核心 core of bank

路堤护坡 embankment protection;facing of embankment

路堤滑坡 break of an earth bank;fill slide;side slip of embankment

路堤基层下面的排水层 <英> drainage blanket

路堤基础 embankment foundation

路堤基底 supporting subsoil

路堤加高 raising of fill

路堤加宽 bank widening;widening of embankment

路堤截面 fill section

路堤宽度 embankment width; fill width

路堤碾压填筑法 rolled-embankment method

路堤旁取土 side cutting

路堤偏坍 side slip of embankment

路堤坡度 embankment slope

路堤坡脚 fill toe;toe of fill

路堤破坏 burst(ing) of embankment

路堤上层(填土)upper fill

路堤施工 embankment construction

路堤式坝 embankment type dam

路堤式坝施工 embankment type dam construction

路堤坍方 fall-in of bank

路堤坍塌 falling-in of bank

路堤填高 raising of fill

路堤填料 embankment fill

路堤填土 embankment fill

路堤土 fill earth;fill soil

路堤下层 lower fill

路堤卸车线 fill unloading siding

路堤心 embankment core

路堤压实 fill compaction

路堤植草 seed(ing) of embankment

路堤最低高度 lowest height of embankment

路地表面 solid earth surface

路钉 marker;road stud;traffic stud

路顶 crest;crown

路端掉头环道 end-of-line loop turnaround;end-rounding

路端调向环道 end-rounding;"end of line" loop turnaround

路段 highway section; road margin; road section; section of road; stretch

路段长度 block length;section length

路段道工组 section gang

路段工程师 section engineer

路段工人 section hand

路段观察 <交通量测定> section measurement

路段交通量 link-flow

路段交通量统计 link traffic count

路段旅客列车设计行车速度 design running speed of passenger train in section

路段设计速度 section design speed

路段驶入驶出调查 input-output study

路段通行能力 section capacity

路段养路班 section crew; section gang;section party

路段养路班长 section boss; section foreman

路段养路工人 roadmaster; section man

路段载重 load on section

路段阻塞 road closure

路访起讫点调查 roadside interview origin-destination survey

路峰部警告标志 dump sign

路幅 breadth of road;roadway

路幅保留宽度 width of road reservation

路幅宽 width of road

路幅缩狭标志 road narrows sign

路工 road-man;roadsman

路拱 camber;crown(of pavement); crown of road (way); inverted crown;road camber

路拱板 camber board; camber templet;cross-section templet

路拱的调整范围 crown adjuster

路拱调节器 crown control device

路拱高 crown height

路拱高差 cross fall

路拱高差控制 control of crossfall

路拱高度 amount of crown;height of camber

路拱过大的 overcrowned

路拱横坡 cross fall; crown slope; slope of crown

路拱厚度 crowned thickness

路拱量 amount of crown

路拱路面排水 crowned drainage

路拱曲线 camber curve;crown course; crown curve

路拱线 crown line

路拱中心 center[centre] of crown

路沟 by-pass canal; road gull(e)y; side ditch

路沟断面 gutter section

路沟进水口 gutter inlet

路沟泄水口 gutter offtake

路沟窨井吸淤车 gull(e)y sucker

路刮 planer;road drag

路轨 rail;track

路轨测温计 rail thermometer

路轨回流电路 track return circuit

路轨回流供电制 track return power system

路轨检查车 rail testing wagon

路轨交叉 track crossing;track crossover

路轨接缝板螺栓 track bolt

路滚 roller

路过荷载 passing load

路过载荷 passing load

路滑 road slide

路滑标志 skid sign;slippery sign

路货 afloat cargo;floating cargo

路基 base course;basement soil(-subgrade);body of road;earth body; foundation for road;ground work; main body of road;pavement bed; permanent way; road bed; road foundation; road pavement bed; roadway; subbed; subgrade; substruction; surfacing foundation; track bed【铁】

路基保护层 subgrade protection layer

路基本体 roadbed body

路基边坡 roadbed side-slope

路基边线纵断面 bank-line profile

路基边缘 bank line of road;shoulder line

路基边缘线纵断面 bank-line profile

路基标高 formation level;grading elevation;subgrade;subgrade level

路基标高的正确性 formation accuracy

路基标桩 red top

路基表面 formation; road bed; subgrade

路基表面处理 <对路基表土进行稳定处理,但不改变土的基本性能> subgrade surface treatment

路基冰冻深度 subgrade frost penetration

路基病害 subgrade defect; subgrade lesion

路基不平整 subgrade irregularity

路基材料 roadbed material; subgrade material

路基测查 subgrade survey

路基测量 subgrade survey

路基沉降 subgrade settlement

路基承载交通系数 <交通密度与路基强度的相对关系> subgrade traffic factor

路基承载力 subgrade bearing capacity;subgrade capacity;subgrade rating;subgrade support

路基承载试验 subgrade test

路基承载压力 subgrade bearing pressure

路基承载值 subgrade bearing capacity;subgrade bearing value

路基尺寸图 roading diagram

路基冲刷 subgrade erosion; washout of earthwork

路基冲刷防治 subgrade erosion protection

路基处理 subgrade treatment

路基的疲劳 fatigue of subgrade

路基顶宽 width of top of subgrade

路基顶面 road bed;top of roadbed

路基顶面边缘 edge of formation

路基顶面侧倾坡 slope of formation

路基顶面横向坡度 lateral slope of top of subgrade

路基顶(面)宽度 width at top of subgrade

路基洞穴 roadbed cavern

路基断面 cross-section of subgrade; roadbed section; subgrade cross-section

路基堆放机 stacker for building up fills

路基反力 subgrade reaction

路基反力分布 distribution of subgrade reaction

路基反力模量 subgrade reaction modulus

路基反力系数 coefficient of subgrade reaction;coefficient of soil reaction

路基反应模量 subgrade modulus

路基反应系数 coefficient of subgrade reaction

路基防护 embankment protection; subgrade protection

路基改造 road reclamation

路基干湿类型 subgrade dry-moist type

路基刚度 subgrade stiffness

路基刚度系数 coefficient of subgrade stiffness

路基高程 formation elevation; subgrade level

路基高度 height of subgrade

路基工程 subgrade engineering

路基灌浆 roadbed grouting;subgrade pumping

路基含水率 moisture content of subgrade;subgrade moisture content

路基横断面 subgrade cross-section; railway bed transect【铁】

路基混凝土板 subgrade concrete slab

路基基面 supporting subgrade

路基加固 subgrade strengthening

路基加宽 cut-widening; widening of subgrade

路基减低强度设计 reduction in subgrade strength design

路基检验器 subgrade tester

路基建筑 subgrade construction

路基劲度系数 coefficient of subgrade stiffness

路基精密整平机 precision subgrader

路基精整机 fine trimmer

路基开挖 roadbed excavation; roadway excavation

L

路基抗力 subgrade resistance
路基宽度 roadway width;subgrade width;width of pavement;width of subgrade
路基临界高度 critical height of subgrade;subgrade critical height
路基隆起 subgrade heave
路基路面交界面 subgrade-pavement interface
路基路面结构 roadway structure
路基密度 density of subgrade;subgrade density
路基面 formation level;subgrade level; subgrade surface; top of subgrade
路基面层 road formation
路基面层防潮纸 subgrade paper
路基面层修整机 subgrader
路基面宽度 roadbed surface width; width of roadbed; width of subgrade
路基面摩擦力 subgrade friction
路基面平整机 subgrade machine
路基面牵曳理论 <设计水泥混凝土路面的一种理论> subgrade-drag theory
路基面(上的)横向斜坡度 lateral slope of formation
路基面压力 pressure on the subgrade;roadbed pressure
路基面压应力 compressive stress of subgrade
路基面整平机 subgrade planer
路基面准备工作 subgrade preparation
路基模量 subgrade modulus
路基摩擦的约束性 friction(al) restraint of(sub)grade
路基摩擦系数 coefficient of subgrade friction
路基排水 formation drainage; subgrade drainage
路基膨胀 <路面板下的> dilatancy of subgrade; subgrade dilatancy; subgrade dilation
路基疲乏 fatigue of subgrade
路基平衡湿度 subgrade balanced moisture
路基平整 grading
路基平整机 grade planer;subgrader; subgrading machine
路基强度 strength of roadbed; subgrade strength
路基切面 road cut
路基侵蚀 subgrade erosion
路基情况 formation condition; subgrade condition
路基全宽度 full-width of roadway; total-width of roadway
路基缺陷 roadbed defect
路基软化时期 period of weakening
路基上形成车辙 rutting of subgrade
路基设计 grade location;subgrade design
路基设计高 design elevation of subgrade
路基设计高程 design of elevation of subgrade
路基施工 grading;subgrade construction
路基施工机械 grading equipment
路基试验仪 subgrade tester
路基输送机 stacker for building up fills
路基水温状况 moisture-temperature condition of subgrade
路基填基 subgrade embankment
路基土 subgrade earth;subgrade soil
路基土的结构性质 <用稳定度仪测定> structural quality of subgrade soil
路基土类型 subgrade soil type
路基外侧的弃土堆 outside prism
路基维修工作 roadbed work
路基稳定措施 roadbed stabilization; subgrade stabilization
路基稳定法 roadbed stabilization; subgrade stabilization
路基稳定工艺 subgrade stabilization
路基稳定技术 roadbed stabilization; subgrade stabilization
路基稳定性 roadbed stability; subgrade stability
路基细平机 subgrade finisher
路基下层劳损 fatigue of subgrade
路基下沉 roadbed settling; subgrade settling;railway bed settling【铁】
路基限制 restraint of subgrade
路基相关试验 <美国路面设计公式中,往往指定所采用的路基土壤试验,如三轴剪力试验或其他> subgrade correlation test
路基箱 <安置观测设备用> roadbed box
路基斜坡 fill slope
路基修整机 mechanical subgrader; subgrade trimmer
路基修筑机 subgrading machine
路基修筑机械 subgrade equipment
路基样板 subgrade template; subgrade templet
路基应力系数 <土基应力与路面上压力之比> subgrade stress factor
路基约束 restraint of subgrade; subgrade restraint
路基造价 grading price
路基整平标准 grading requirements
路基整平工作 grading job
路基整平机 grading machine;subgrader
路基整平机械 grading outfit
路基整平器 subgrade planer
路基整平设备 grading equipment; grading outfit
路基整修机 mechanical subgrader
路基准备(工作) <铺砌路面前的> conditioning of road bed
路基准确度 subgrade accuracy
路基阻力系数 coefficient of subgrade resistance
路基最小填筑高度 minimum fill height of subgrade
路际串音 interchannel crosstalk
路际干扰 interchannel interference
路肩 berm(e);road(bed)shoulder; road border;roadside;road verge; shoulder(of earth body);shoulder of road; shoulder of subgrade; shoulder of subgrade formation; side of the road; subgrade shoulder;verge
路肩边线 edge line of shoulder of subgrade formation
路肩标高 formation level; shoulder elevation
路肩材料 shoulder material
路肩车道 lane one
路肩分色 shoulder contrast
路肩高程 formation level
路肩割草机 power scythe(for verge cutting)
路肩工程 shoulder work
路肩沟 shoulder ditch
路肩(横)坡度 shoulder slope
路肩宽度 shoulder width
路肩排水沟 let;let out;water bar
路肩排水系统 shoulder drainage system
路肩平地机 shoulder grader
路肩铺装标示 paved shoulder marking)
路肩缺口 shoulder gap
路肩让车道 shoulder turnout
路肩软弱标志 soft shoulder sign
路肩上的植物蔓延或侵占了车行道 overgrowth
路肩施工 shoulder work
路肩试件 shouldered test specimen
路肩坍塌 erosion of shoulder
路肩拖刮器 shoulder drag
路肩外边之间的总宽度 out to out of shoulders
路肩稳定 shoulder stabilization
路肩线 bank line;shoulder line
路肩线标划 shoulder line stripping
路肩斜度 shoulder pitch
路肩修理器 verge cutter
路肩修整 trimming of shoulder;verge cutting
路肩修整机 shoulder finisher
路肩养护 shoulder maintenance
路肩用平地机 shoulder grader
路肩与边坡的接合点 hinge point
路肩整平机 shoulder grader
路肩整平器 shoulder trimmer; verge trimmer
路肩整修机 shoulder finisher
路槛 <住宅区道路减速用> hump
路劫强盗 highwayman
路界 lining peg
路界控制 right-of-way controlling
路界图 right-of-way map
路界外风景保护权 scenic easement
路界外景观保护权 scenic easement
路界线 land line
路界栅栏 right-of-way fence
路界桩 lining peg
路径 leg pathway;path(way);route; track;way
路径标头 route header
路径表 routing table
路径表达式 path expression; routing expression
路径表示法 path representation
路径测绘 path plotting
路径差 path difference
路径长度 path length
路径导向标 trailblazer
路径断定 path predicate
路径分集 path diversity
路径分析 path analysis
路径管理进程 route management process
路径矩阵 path matrix
路径空隙 path clearance
路径控制 path control
路径扩充 route extension
路径敏化 path sensitization
路径敏化测试产生法 path sensitizing test generation
路径名 pathname
路径模型 path model
路径判定 routing decision
路径算法 routing algorithm
路径损耗 path loss
路径维护 route maintenance
路径问题 routing problem
路径系数 path coefficient
路径信息单元 path information unit
路径选择 routing
路径选择词典 routing dictionary
路径选择控制 routing control
路径选择码 route code;routing code
路径选择亲合性 routing affinity
路径选择亲和力 routing affinity
路径选择位 routing bit
路径延迟 path delay
路径直方图 path diagram
路径终端 route terminal
路径终端宿 route terminal sink
路径终端源 route terminal source
路局回缴途中款 railway bureau paid cash in transit
路局运输利润 railway bureau transport profit
路捐 toll
路坑 road pocket
路坑快速修补法 high-speed patching method
路口 access connection;crossing;four corners;intersection;road junction
路口分车岛 channelizing island
路口广场 carrefour
路口(交叉)视距 sight distance at intersection
路口截角 cut corner for sight line
路口时距 sight distance of intersection
路口指示标 junction marker
路口转角视角 corner sight angle
路口状态 intersection status
路宽 road width
路宽分级标准 width basis
路况 highway condition; road condition
路况表 road inventory
路况等级 level of service
路况调查 highway condition investigation;road condition survey
路况好的 well-roaded
路况监测系统 road conditions monitoring system
路况检查 highway condition inspection
路况事故(分析)图 combined condition collision diagram
路况特征 condition characteristics of pavement
路况图 condition diagram
路况巡视 highway condition patrol
路况指标 surface condition index
路况指数 pavement condition index
路况资料库 road data bank
路矿联合编组站 railway-mining joint marshalling station
路栏 barricade; curb fender; road block;traffic control barrier <交通管制用>
路廊环境研究 corridor study
路犁 plough;plow;road plough;rooter;towed scarifier
路犁畜队 plough team
路料处治层 retread
路龄 age of pavement
路隆 high-spot
路码表 cyclometer;mile meter;mileometer;odograph;odometer;speedometer
路镁电气石 chromdravite
路面 covering of load; delineation; ground surface; honing; landing pitch; paving; permanent (way); riding surface;road pavement;road-(way) surface; running surface; side facing; subgrade surface; surface;surfacing;topping of road
路面按车道施工法 lane-at-a-time construction
路面按缝机 lapping lubricant
路面凹槽 surface indentation
路面凹坑 pot-hole; surface cavity; birdbath <雨后积水处>
路面白色标线 white line
路面板 floor slab;panel of pavement; pavement slab; road deck; road-(way)slab;pavement overlay <人行道>
路面板边的垂直错位 faulting of slab ends
路面板抽吸作用 pavement(slab) pumping
路面板的传力 load transfer

路面板的水平滑移 horizontal sliding of slab
路面板的整体性 slab integrity
路面板-底基层-路肩交界面<混凝土路面最易发生冲刷唧呢的> slab-subbase-shoulder interface
路面板顶升 slab jacking
路面板端相对垂直错动 faulting of slab ends
路面板翻浆 pavement slab pumping
路面板防爬装置 anti-creeper of cover plate
路面板分仓 road bay
路面板分节 road bay
路面板分块 road bay
路面板滑动摩擦系数 coefficient of sliding friction of cover plate
路面板唧泥作用 pavement (slab) pumping
路面板加固边 strengthened edge; strengthening edge
路面板加固角 strengthening corner
路面板接头 pavement slab connector
路面板块 road panel
路面板抬高 slab jacking
路面半幅施工 construction in half-road width
路面拌和法 surface-mixing method
路面保护层 surface mat;surfacing mat
路面保养 surface maintenance
路面边裂缝 edge crack
路面边线 edge of pavement line; pavement edge line
路面边缘 edge of pavement
路面边缘损坏(伴生着开裂、面层脱落等)pavement edge breaks
路面边缘线 side-of-pavement line
路面边缘支撑 lateral support
路面变位 pavement deflection
路面变形 surface deformation
路面标白线机 white line machine
路面标钉 pavement marker
路面标高 grade elevation (of road surface)
路面标记 marking; pavement mark(ing);road mark(ing)
路面标记喷涂车 painting machine for road mark(ing)
路面标识 pavement identification
路面标示<用符号表示的> symbol mark(ing);pavement mark(ing)
路面标示砖 inlaid brick
路面标线 marking; pavement mark(ing); pavement strip; road mark(ing);route marking
路面标线材料 marking material;road marking material
路面标线混合料 road marking composition;road marking compound
路面标线机 pavement-marking machine
路面标志钉 road stud
路面标志机 stripe painter
路面标志油漆 striping paint; traffic paint
路面标志线 pavement marking
路面表层 road carpet;wearing course
路面表层压密土 top soil
路面表面 skin covering of the surface
路面表面处治 mat-forming treatment;surface treatment
路面表面的相对抗滑性 relative anti-skid characteristics of pavement surface
路面表面破坏指标 pavement surface distress index
路面表土 top soil
路面病害 pavement distress
路面病害摄影组合仪 photographic(al) road survey group
路面波浪 corrugated surface
路面波浪现象的形成 formation of corrugation
路面剥除 pavement removal
路面剥离 road surface stripping
路面剥落 pavement spalling; stripping;surface scaling;raveling
路面补强 pavement strengthening; strengthening
路面补强材料<水泥混凝土路面的> pavement patching materials (for concrete pavement)
路面不平 surface irregularity
路面不平的 surface irregular
路面不平度测定仪 rough(o)meter
路面不平凸起 chatter bump
路面不平整度 pavement roughness; slope variance
路面不平整度仪 mats meter
路面材料 pavement material;surface dressing
路面材料测试仪 a set of apparatus for road making materials
路面材料撒布机 finish spreader
路面材料撒布器 finish spreader
路面采光 pavement light;prism light
路面采光窗 pavement light
路面采光砖 pavement-light glass block;pavement prism
路面测定器 pavement tester
路面层 pavement layer;supercrust
路面层的开口构造 olden-void formation
路面长期使用性能 long-term pavement performance
路面长期性能 long-term pavement project
路面车道划线 pavement stripping
路面沉陷 graded depression; pavement depression; pavement sinkage; surface depression; surfacing sinkage
路面沉陷测试点 pavement settlement point
路面成型 pavement formation
路面承载(能)力 wheel load capacity;subgrade capacity
路面承重层<英> road base
路面抽水作用 pavement pumping
路面出水口 floor outlet
路面除冰<翻松及推开路面冰雪> loosing and windrowing icy materials
路面除尘 dust removal for pavement
路面处理 road surface treatment;surface treatment
路面处理机 surfacing machine
路面处治 road surface treatment;surface treatment
路面春季翻浆 spring break-up
路面粗糙度 pavement roughness;surface roughness;surfacing roughness
路面粗糙度测定器 roughness integrator
路面粗糙度测定仪 roughness meter
路面粗糙度综合参数测定法 overall parameter measuring method for pavement roughness
路面搓板 corrugated surface;surface corrugation
路面搓板带 jigger bar
路面搓板现象 surface washboarding
路面搓板现象的形成 formation of corrugation
路面搓板效果 corduroy effect
路面错断接缝 faulted joint
路面打磨机 surface grinding machine
路面大修 capital repair of pavement; heavy resurfacing;renewal of pavement
路面当量厚度系数 layer equivalency coefficient
路面导向标志 directional pavement marking
路面倒拱 reverse crown
路面的冻胀性状 blow-up performance(of pavement)
路面的反光特性 light reflecting characteristics of pavement
路面的功能损坏 functional failure in pavements
路面的功能质量 functional quality (of pavement)
路面的拱胀破坏 blow-up failure(on the pavement)
路面的拱胀性状 blow-up performance(of pavement)
路面的拱胀修补处 blow-up patches
路面的龟裂 alligator-hide crack(ing)
路面的坑窝、坑槽 pothole
路面的耐用性能 performance
路面的耐用性指数 serviceability index
路面的热拌铺筑法 hot-mix construction of road; hot-mixed construction of roads
路面的设计寿命 designed life of pavement
路面的松散状态 loose condition of surface
路面的系统分析模式 system analysis model for pavements
路面的行驶质量 rideability of pavement
路面的总磨损量 total wear of road surface
路面灯光 pavement light
路面等效设计法 equivalent design method
路面底板<接缝处> pavement base plate
路面底层 base course;blanket;pavement-subgrade blanket;road base; subbase;subcrust
路面底面 subcrust
路面地震分析仪 seismal pavement analyzer
路面电网 surface network
路面调查 pavement investigation
路面定期调查 pavement periodical investigation
路面冬滑 winter skid of pavement
路面冻胀 surface frost heave
路面断面 pavement cross-section
路面多层处理法 multiple surface treatment
路面多层结构 multiple layer structure
路面多层施工法 multiple lift construction
路面恶化 pavement distress
路面发射性 pavement reflectivity
路面翻浆 frost boil(ing)
路面翻新 renewal of pavement; retreading
路面翻新材料 resurfacing material
路面翻修 pavement recapping; pavement recycling; reconstruction of pavement
路面翻修材料 resurfacing material
路面翻修机 surface recycling machine
路面反光 luminous reflectance of pavement surface
路面反光标记显示 roadway delineation
路面反光钮 reflecting road stud
路面反射系数 pavement reflectivity
路面反应模型 pavement response model
路面泛油状况 flushing surface condition
路面方料 cube paving sett
路面防滑 pavement grip
路面防滑处理 anti-skid road surface treatment; non-skid surface treatment
路面防滑处治 anti-skid road surface treatment
路面防滑热处理 Kogel process
路面防滑凸纹 spike
路面防胀切缝机 expansion joints cutter
路面分道浇筑 alternate lane construction
路面分道线 land divider; land line; lane divider;lane line
路面分道线混凝土块 concrete traffic line
路面分级数 pavement classification number
路面分块浇筑 alternate lane construction
路面封缝料 pavement sealer
路面服务能力 pavement serviceability
路面浮渣<由磨损微粒所形成的> road scum
路面腐殖土层 surface mulch
路面附着力<公路> road traction
路面附着系数 coefficient of road adhesion
路面复拌 pavement retreading;recycling of pavement
路面复拌层 retread
路面复拌层材料搅拌机 retread mixer
路面覆盖 cover plate; road decking panel
路面覆盖料 surface mulch
路面改建 pavement improvement;reconstruction of pavement
路面改善 pavement improvement
路面盖料 surface covering material
路面刚度 pavement stiffness
路面钢筋沉放器 mesh sinker
路面杠杆式弯沉仪 Benkelman beam
路面高程 grade elevation (of road surface)
路面工程连续施工法 continuous construction of road
路面工程学 pavement engineering
路面工作 road pavement work
路面功能要求<包括平整度、粗糙度、车速、舒适性等> functional requirement
路面拱度 camber of bearing;camber of paving;crown of pavement
路面沟槽<因公共事业设施的埋设、维修而开挖的> utility trench
路面构造深度测量仪 road texture meter
路面刮土 road blading
路面管理 pavement management
路面管理体系 pavement management system
路面管理系统 pavement management system
路面光滑度 pavement slipperiness
路面光滑性 pavement slipperiness; pavement smoothness
路面龟裂 alligator cracking;crocodiling
路面龟裂后形成的碎块 blocks of crust
路面和码头面的分带荷载 channel(l)ized loading in pavement and deck
路面横断面 pavement cross-section; payment cross section
路面横向高差 cross fall
路面横向畸形 transverse deformation
路面横向摩阻系数 side skid resist-

ance coefficient
路面厚度 depth of pavement; pavement thickness; surfacing thickness
路面厚腻油斑 blot fat area
路面弧形拱度 barrel camber of road
路面护栏 surface railing
路面滑溜 slipperiness of pavement; surface skidding; surface slipperiness
路面滑溜性 pavement slipperiness
路面划线 road line; road mark(ing)
路面划线标示 delineation marking
路面划线材料 marking material
路面划线机 line marker; pavement-marking machine; road line machine; road marker; stripe painter; striper; white line machine
路面划线漆 line marking paint
路面绘线机 pavement-marking machine
路面混合料 pavement mixture; surface mixture
路面混凝土 pavement concrete
路面混凝土砌块 interlocking concrete block
路面机械 paving equipment; paving machinery; road pavement construction machinery
路面积水 surface gathered water
路面基层 base; base of road; pavement base; road pavement foundation; road surfacing foundation
路面基层处治 pavement undersealing
路面基础 pavement foundation; road pavement foundation; road surfacing foundation
路面激光测试仪 laser road surface tester
路面几何特性 pavement geometry
路面加固 pavement strengthening
路面加固层 reinforcing layer
路面加厚封层 heavy seal coat
路面加热机 fire devil; road heater; surface heater; road heating unit
路面加热刨平机 hot planning machine
路面加热器 road heater; surface heater
路面检测评价系统 pavement monitor and evaluation system
路面检测器 surface inspector
路面检测设备 road pavement tester
路面检查设备 road surfacing tester
路面检验器 road surfacing tester; surface inspector
路面建筑 road surfacing construction; surface construction; surfacing construction
路面建筑施工 surface construction
路面渐缩断面 tapered pavement cross-section
路面交替浇筑 alternate lane construction
路面交通标线 traffic stripe
路面交通标志 traffic marking
路面接缝安设机 road joint machine
路面接缝埋设机 joint installing machine
路面结构 pavement structure; road construction; surface texture
路面结构层 pavement structure layer
路面结构层的内部性状 internal behavio(u)r of pavement courses
路面结构功能 structural functionality of pavement
路面结构评价 pavement structural evaluation
路面结构设计 pavement structure design
路面结构组成部分 pavement structural component
路面结构组合设计 pavement structural composition design
路面截痕 surface indentation
路面劲度 stiffness of pavement
路面净宽 clear roadway
路面径流 street run-off
路面静摩擦系数 coefficient of static friction of pavement
路面静摩阻系数 coefficient of static friction of pavement
路面锯缝机 < 锯水泥混凝土用 > concrete joint saw
路面开裂 surface indentation
路面抗滑测试仪 pavement skid tester
路面抗滑冷加工技术 pavement texturing
路面抗滑性能 pavement skid resistance condition
路面抗滑性试验 pavement skid-resistance test
路面可见部分 < 从驾驶员位置上观察的 > fair face
路面刻槽机 road milling and grooving machine
路面客运(交通) surface transit
路面啃边 edge failure
路面坑槽 pot-hole
路面坑槽修补 patch repair
路面块料铺砌 grout of sets; laying of setts
路面快速加载试验机 accelerated loading tester of road pavement
路面快速行车试验 accelerated trafficking test of road pavement
路面宽度 pavement width; road width; surface(d) width; width of pavement; width of subgrade
路面宽度变化过渡区间 pavement width transition
路面宽度分级 width surface classification
路面类型 type of surface
路面冷刨设备 cold planing equipment
路面冷铣刨法 cold mill
路面力学性能 mechanical performance of pavement
路面沥青层 asphalt subbase
路面沥青喷洒车 pavement spreader
路面沥青涂层 sealing coat
路面沥青油饼 pancake
路面梁 road decking beam
路面两面立模浇灌混凝土施工 side form paving
路面亮度 road(way) luminance
路面裂缝 surface check; surface crack
路面鳞剥 surface scaling; surface sealing
路面隆起 road hump
路面路基交界面 pavement-subgrade interface; formation level
路面麻面 pock mark
路面密封剂 pavement sealer
路面面层 pavement surface; road mat; road surface course; subsurface course
路面模板 road form(work)
路面模型 pavement pattern
路面摩擦系数 coefficient of pavement friction; friction(al) coefficient of pavement; friction(al) factor of pavement; surface friction coefficient
路面磨 wearing surface
路面磨耗 pavement wear; surface abrasion
路面磨耗层 abrasive surface
路面磨平机 cold planer; planer; planing machine
路面磨平机具 cutting tool
路面磨平机械 cold planing equipment
路面磨平技术 pavement profiling
路面磨损 fretting corrosion; pavement wear; surface ablation; surface abrasion
路面耐久性 pavement durability
路面耐用性 pavement serviceability
路面(耐用)性能 surfacing performance
路面挠度 pavement deflection
路面黏[粘]结加铺层 < 与下层黏[粘]结的路面加铺层 > bonded overlay
路面黏[粘]结料 road binder
路面排水沟 let; surface water drain
路面排水(系统) roadway drainage; pavement drainage; road surface drainage; surface drainage
路面刨路机 pavemill
路面刨平机 road planer
路面刨脱屑料 milled-off material
路面喷浆 pavement pumping
路面喷铺沥青卡车 distributor truck
路面品位混凝土 < PQ 混凝土 > pavement quality concrete
路面平板 pavement slab
路面平压铁滚 branding iron
路面平整度 pavement evenness; pavement slipperiness; pavement smoothness; surface evenness; surfacing roughness
路面平整度测定仪 multiwheeled profilometer; profilometer; viameter
路面平整度测量仪 vialog
路面平整度测验计 viameter
路面平整度测验仪 viameter
路面平整度仪 rough(o)meter of road surface
路面平整度指标 profile index
路面平整机 motor patrol; surfacer
路面评定 pavement evaluation
路面评价 pavement evaluation
路面评价系统 pavement evaluation system
路面坡度 pavement grade
路面坡拱 sloped camber
路面破坏 pavement distress; pavement failure
路面破坏机 paving breaker; road breaker
路面破裂 pavement spalling
路面破碎机 pavement breaker; paving breaker; paving breaker drill; paving chipper; road breaker
路面破碎机械 road-breaking equipment
路面破损率 pavement damage ratio
路面铺砌 road surface pavement
路面铺砌工 blockman; mason flagger
路面铺设(材料) pavement laying
路面铺整器 screed
路面铺筑 grout of roadway; laying of roadway; surfacing laying
路面铺筑机组 train of surfacing plants
路面铺装工程 paving work
路面铺装率 paved ratio; rate of surfaced roads
路面铺装终止标志 pavement ends sign
路面漆标稳定度 degree of settling of traffic paint
路面起搓板 surface ribbing
路面嵌入式信号灯 pavement inset light
路面强度 pavement strength; strength of pavement
路面切缝锯 pavement saw
路面切割机 paving breaker; paving chipper
路面切割器 pavement saw
路面倾斜畸形 gradient deformation
路面清除铲斗 pavement removal bucket
路面清缝铲 trowel
路面清缝机 < 水泥混凝土 > concrete joint cleaner
路面清扫机 engine sweeper; pavement sweeping machine
路面情况指标 surface condition index
路面曲率半径测定仪 surface-curvature apparatus
路面曲率仪 surface-curvature apparatus
路面取样 pavement sample
路面全宽 full-surfaced width
路面热铣剂 hot mill
路面热铣刨法 hot mill
路面热熨器 road burner
路面热炙器 road burner
路面入口 pavement entrance
路面弱面缝 weakened plane joint
路面撒骨料处治法 sprinkle treatment of pavement
路面撒集料处治法 sprinkle treatment of pavement
路面扫毛 broom finish
路面扫平机 sweeping machine
路面上的坑槽 pot-hole
路面上的坑洞 chuck holes
路面上的轮胎印迹中心 tire centre on the road
路面上划车道线 traffic stripping
路面上坑洼的形成 potholing
路面上隆起的条纹 rumble strip
路面设计 pavement design; surfacing design
路面设计损坏 pavement design
路面设计运筹体系 operational pavement system
路面深洞 pot-hole
路面施工 pavement construction; road pavement construction; road surfacing construction
路面施工测量 pavement construction survey
路面施工钻取土样机械 road pavement coring machine
路面石板 pavement flag
路面石块 pavement flag; paving flag
路面石屑撒布机 surface dressing chip(ping)s distributor
路面石子脱落 plucking
路面使用能力 pavement performance
路面使用年数 age of pavement
路面使用年限 life of pavement
路面使用期当量 < 标准轴载作用总数 > equivalent "life" number(of standard axles)
路面使用寿命研究 pavement-life study
路面使用质量指标 pavement operating quality index
路面式安全岛 pavement type island
路面试验机 surfacing tester
路面试样 pavement sample; sample of pavement
路面寿命 pavement life; life of pavement
路面受热量 surface heating
路面水毁 pavement moisture damage
路面水泥 pavement cement
路面水平荷载试验 horizontal loading test for pavement
路面水损害 pavement moisture damage
路面松散 ravel(l)ing of pavement; surface loosening
路面松散破坏 fretting
路面随机调查 pavement random in-

vestigation
路面碎裂 pavement spalling
路面碎石层 road metal
路面损坏 disfigurement of surface; fretting; pavement distress; surface distress
路面损坏率曲线 road surface mortality curve
路面损坏模型 pavement distress model
路面损失 fretting
路面摊铺机 surfacing machine
路面特性 pavement characteristics
路面填缝 joint closure
路面填缝机 <水泥混凝土> concrete joint sealer; joint filler
路面填塞接缝 joint closure
路面条石 paving block
路面条状油迹 oil streak of road
路面跳子 pop-out
路面铁轨 surface railing
路面铁路 surface railway
路面通行能力 pavement rideability; pavement trafficability
路面通行性 pavement rideability; pavement trafficability
路面头道沥青 asphalt prime coat; asphalt primer; bitumen primer
路面透水度测定仪 surface permeameter
路面凸起处 high-spot
路面突起部分 surface projection
路面涂成"熊猫"斑形的人行横道 panda crossing
路面挖掘 surface excavation
路面洼坑 hollow spot
路面外的 off-road
路面外停车 off-road parking; off-street parking
路面弯沉 pavement deflection
路面弯沉试验 deflection test
路面弯沉仪 road rater
路面弯沉自动检测车 <美> pavement deflection data logging machine
路面网状裂缝 map crack(ing); map crazing
路面网状裂(纹) map crack(ing); map crazing; net-shaped crack(ing)
路面微纹理 <0.25 米/米> microtexture
路面维修 pavement maintenance; pavement rehabilitation
路面维修费 maintenance of way
路面文字标记 pavement lettering marking; word mark(ing) of road surface
路面纹理 surface texture
路面纹理高速测试仪 high-speed texture meter
路面稳定性 pavement stability
路面铣刨机 pavement cold milling machine; pavemill
路面铣刨宽度 milling width
路面铣刨深度 milling depth
路面铣刨深度调节 milling depth setting
路面铣刨速度 milling gear speed
路面铣刨屑料 milled material
路面铣刨阻力 milling resistance
路面铣切机 pavement milling machine; pavemill
路面铣削机 pavement miller; pavement milling machine; pavemill; surface miner; pavement cold milling machine
路面系统 pavement system
路面系统分析模型 system analysis model for pavement
路面细覆盖料 light surface mulch
路面下层 base course; subsurface pavement layer; underpavement
路面下横向排水沟 cross ditch; water bar
路面下基层 pavement base
路面下层整平 grading under pavement
路面现场透水性试验 field water permeability test
路面线纹 score line
路面陷穴 pot-hole
路面(镶)边石 <不高于路面的缘石> curb below ground
路面响应模型 pavement response model
路面消防栓 flush hydrant
路面新浇油警告标志 fresh oil sign; fresh tar sign
路面行车功用指数 serviceability index
路面行车特征 riding characteristic
路面行车压实 consolidation of road surfacing under traffic
路面行车质量 pavement rideability; riding quality
路面行车(质量)等级 riding grade
路面行驶条例 over-the-road travel regulation
路面形成车辙 rutting
路面性能 pavement performance; surfacing quality
路面性能调查研究 pavement performance survey
路面修补 paving repair; retreading; surface patching; surface repair
路面修补材料 pavement patching materials(for concrete pavement)
路面修复 pavement rehabilitation; pavement restoration; retreading; surfacing restoration
路面修复材料 resurfacing material
路面修建过程 pavement-making process
路面修整 surfacing
路面修整材料 resurfacing material
路面修整机 finishing machine; mechanical finisher; paving finisher; road finisher; road-finishing machine; surfacer
路面修整机的供料(卡)车 finisher feeding truck
路面压刻铁滚 branding iron
路面压力分布 pressure distribution on pavement
路面压实 consolidation of road surface; consolidation of road surfacing
路面压实机 surface compactor
路面沿革图解 histogram
路面验平器 profilometer
路面养护 maintenance of surface; roadway maintenance; surface maintenance
路面养护决策支持系统 pavement maintenance decision sup-port system
路面养护棚 curing tent
路面养护帐篷 tentage
路面阴沟 gutter of roadside
路面引起的车辆行驶噪声 road noise
路面涌包 upheaval; upheaval of pavement
路面涌包捣器 upheaval of pavement
路面用细石屑 guttings
路面油漆划线机 pavement paint striper
路面与车身之间的净空 road clearance
路面与车身之间的空隙 road clearance
路面与轮胎间的黏[粘]着力 road adherence; road adhesion
路面预留地 verge of road
路面缘石 pavement edge curb
路面再生 pavement recycling
路面再生机 surface recycling machine
路面在行车作用下的内部磨损 internal attrition under traffic
路面凿平器 pavement cuter
路面照明灯 road light
路面罩面 finishing coat; overlay of pavement
路面振动器 pavement vibrator
路面整平机 smoother
路面整平器 float
路面整平器后部滚筒 rolling tail gate
路面整形机 road shaper
路面整修 surface dressing; surface finishing; surfacing
路面整修机 road finisher; road-finishing machine; road shaper; road surfacer
路面指向标示 directional pavement marking; directional roadway marking
路面质量 pavement quality
路面质量指数 pavement quality index
路面重铺 repaving; resurfacing
路面重新填缝 reseal(ing)
路面主层 main layer of road; road base
路面主体 pavement proper
路面砖 pavement brick; paver; paving brick; paving tile; pavio(u)r; pavio(u)r brick
路面桩 pavement stake
路面状况 pavement behavio(u)r
路面状况评级(分) pavement condition rating
路面状况评价 surface evaluation
路面状态 pavement behavio(u)r
路面总厚度 <面层、基层、底层合计> total thickness of pavement
路面总体设计 overall design of pavement; overall pavement design
路面纵断面图 vertical profile map of road surface
路面阻力 surface resistance
路面组成单元 pavement element
路面组构 surface texture
路面钻孔机 paving breaker drill
路面钻芯机 pavement test core drill
路面钻样 road core
路面最大抗滑势能 maximum skid-resistance potential of surface
路面作用 pavement behavio(u)r
路名牌 guide board; route confirmation sign; route confirmatory sign; route definition sign; route identification sign; street name-plate; street name sign; street sign
路内人员伤亡 casualty of railway man; on-duty casualty
路内停车场 on-street parking area; on-street parking space
路内装卸费 home loading and unloading charges
路碾 road roller; roller; street roller
路钮 road stud; marker; pavement marker; button <路面标线用>; traffic button <路面划线用的圆头钉>
路耙 harrow; road harrow
路牌 guide board; road sign; service plate; street sign; tablet; train tablet
路牌闭塞制 tablet block system
路牌传递袋 tablet pouch
路牌传递器 tablet carrier
路牌机 tablet instrument; tablet machine
路牌交换器 tablet exchanger
路牌接受机 tablet catcher
路牌开关 route card switch
路牌路票闭塞制 tablet-ticket block system
路牌授受机 tablet exchanger
路牌锁闭器 tablet lock
路牌锁塞 tablet lock
路牌自动授受机 tablet exchanging apparatus
路旁 roadside; wayside
路旁 OD 调查 direct interview origin and destination survey
路旁保护 roadside protection
路旁采土工作 side borrow work
路旁采土坑 side borrow pit
路旁餐馆 <美> drive-in
路旁草皮 grass verge
路旁草坪 grassed verge; road verge
路旁车站 roadside platform; roadside station
路旁存放 <筑路材料> roadside storage
路旁的景色 vista
路旁地带 roadside zone
路旁发展 roadside development
路旁防护 roadside protection
路旁防护栽植 planting for roadside protection
路旁风景 roadside landscaping
路旁服务企业 drive-in establishment
路旁服务小店 drive-in business
路旁服务业 drive-in establishment
路旁改建 roadside improvement
路旁改良 roadside improvement
路旁广告 roadside advertisement
路旁建设 roadside development
路旁交通询问法 roadside interview method
路旁街道 side street
路旁借土 side borrow; side cutting
路旁借土工作 side borrow operation; side borrow work
路旁借土坑 road borrow pit; side borrow pit
路旁进水口 roadside gully
路旁景观 roadside landscaping
路旁景色 vista
路旁开发 roadside development
路旁空地 frontage
路旁控制 wayside control
路旁旅社 drive-in; motel
路旁绿化 roadside embellishment; roadside planting
路旁绿化带 roadside green belt
路旁绿化作业权 planting easement
路旁美化 roadside embellishment
路旁庙宇 road temple
路旁汽车银行 drive-in bank
路旁取土工作 side borrow operation
路旁上下车带 curb loading zone
路旁设施 <如餐馆等> drive-in facility; roadside development; roadside facility; roadside features
路旁十字形标记 wayside cross
路旁十字形标牌 wayside cross
路旁石料堆 roadside stone packing
路旁停车 kerb parking; roadside parking; side parking
路旁停车场 parking lay-by
路旁停车处 lay by(e)
路旁停车信号灯 roadside parking lamp; side-parking lamp
路旁小房 shanty
路旁小水沟 kennel
路旁休息场所 <长途车的> roadside rest
路旁休息停车场 <长途车的> roadside rest

路旁修理 roadside repair
路旁阴沟 gutter of roadside
路旁杂草控制 weed-control in rights-of-way
路旁障碍物 roadside obstruction
路旁植被 roadside vegetation
路旁植树 roadside planting;roadside tree planting
路棚 road shelf
路票 clearance card
路平板 smoother bar
路平车 articulated car
路平缘石 <即平式缘石> shoulder curb
路坡 hill
路企运输协作 transport cooperation between railway departments and enterprises
路签 train staff
路签闭塞 blocking by tablet
路签闭塞机 spheric(al) token instrument
路签传递器 staff carrier;staff pouch
路签灯 train staff lamp
路签递交机 staff deliverer
路签根数的平衡调整 <上下行列车次数相差过大时> staff equalization
路签和钢环制 <一种单线人工闭塞法> staff and link system
路签机 train staff instrument
路签机的补机附件装置 bank engine attachment
路签机的补机装置 bank engine assembly
路签交换 staff exchanging
路签接受机 staff catcher;staff catching apparatus
路签开关 route card switch
路签路票行车制 <两列以上列车同方向连续运行时,前行各列发给路票,最后一列发给路签> staff and ticket system
路签凭证 <行车凭证> train staff ticket
路签授受 staff exchanging
路签授受机 staff crane;staff exchanger
路签数调整 balancing of tokens
路签锁闭器 train staff lock
路签套 staff pouch
路签携带器 staff pouch
路签行车制 staff system
路签自动授受机 automatic staff exchanger
路堑 cutting;cutting excavation;depressed road (way);road cut;though cut;notch <美>;open-cut
路堑傍山一边 nigh side of cut
路堑边 cut edge
路堑边坡 cut(ting) slope;slope of cut;trench slope
路堑边坡滑坍 sloughing in earth cut
路堑边坡角 cut slope angle
路堑边坡坍方 sloughing in earth cut
路堑侧沟底 bottom of side ditch in cutting
路堑车道 sunken lane
路堑段 dugout way;dugway
路堑断面 cut section
路堑放样 setting-out of cut
路堑加宽 cut-widening
路堑开挖 excavation of cutting
路堑路堤过渡处 cut-to-fill location
路堑排水 open cut drainage
路堑上的铁路 railway in a cut
路堑深度 depth of cut
路堑式高速公路 <全线设在路堑中的不间断交通的高速公路> depressed freeway
路堑坍方 sloughing in earth cut
路堑植物护坡 ground cover
路桥 gird bridge
路桥通过能力 trafficability characteristic
路桥通过性 trafficability characteristic
路权 right of way
路权决定人 road lengthsman
路权线 right-of-way line;R/W line
路容 highway appearance;road appearance
路赛特树脂 lucite
路上拌和机 on the road mixer
路上高度拖行 rapid road towing
路上积油 puddles of oil on the road
路上骑车动态 on-road cycling behavio(u)r
路上清晰的条带 plastic strip
路上清晰的条纹 plastic strip
路上请求搭车 solicit a ride
路上停车道 parking lane
路上停车点 road parking lot
路上行车动态计数 ground count
路上行车计数 ground count
路上训练 on-road training
路上要求搭车的人 <美> thumb pusher
路上站台 roadway platform
路树 avenue tree;street tree
路刷 road broom;road brush;squeegee;street broom
路税 road tax
路斯型蓄气器 Ruths accumulator
路毯 <土工织物的别名> road rug
路天矿图 opencast mine map
路填挖方设计曲线图 mass-haul curve
路头调向环道 end-rounding
路途时间 travel time
路途状况 roadside condition
路外单位 non-railroad;non-railroad source
路外的 off-street
路外公司 non-railroad
路外交通事故 off-road accident
路外进口 off-street entrance
路外、路内装卸费 charges for loading and unloading
路外汽车事故 motor vehicle non-traffic accident
路外人士 non-railroad source
路外人员伤亡 casualty of non-railway man;not on-duty casualty
路外人员伤亡垫款 payment incurred for out-of-duty casualty
路外停车 park off pavement
路外停车场 off-street parking area;off-street parking lot;off-street parking space
路外行车 off-road vehicle
路外训练 off-road training
路外装卸费 outside of railway loading and unloading charges
路外自行车停车场 off-street bicycle parking space
路外作业 off-road operation
路弯 <根据街景需要在街区内的弯入路> road bay
路网 gridiron
路网编码 network coding
路网交通分配 network traffic assignment
路网节点 road net node
路网流量图 road net flow volume figure
路网容量 capacity of road net
路网特征 street network attribute
路网铁路 railway of national network
路网通过能力 capacity of network
路网通过容量 capacity of network
路网性编组站【铁】 railway network marshalling station
路网因子 street network attribute
路窝 road pocket
路务车 private car;service car;railway service car【铁】
路务货车现有数 stock of service wagons
路线 lay of line;line;roadway;route;track;travel line;way;curriculum[复 curricula/curriculums];itinerary
路线编号 number of route
路线标 route marking;route marker
路线标记 routing indicator
路线标志 markings for street traffic;route-indicating signal;route sign
路线标桩 anchorage picket;anchoring picket;anchor post;line stake
路线表 route sheet
路线布置图 layout map;layout sheet
路线草测 route reconnaissance
路线测绘 reconnaissance of route;reconnaissance survey
路线测量 road survey;route survey(ing)
路线测量队 party on line work
路线测量起点桩 zero end of survey
路线测量中心线 center[centre] line of survey
路线测图 route mapping
路线差别 <不同运输路线间的客运票价差别> route differential
路线抽样 route sampling
路线重定 relocation of road
路线出选 <公路、铁路的> initial selection of line
路线穿越法 passing through method
路线导向系统 route guidance system
路线导行系统 route guidance system
路线的直捷性 directness of route
路线地图 circulation map;communication map;traffic circulation map;traffic map
路线地质图 traverse geologic(al) map
路线反光标记 delineator
路线方便性 convenience of path
路线方位 orientation of route
路线方向 route direction
路线访问法 route interview
路线分配 route assignment
路线分配导行(策略) route distribution guidance
路线伽马测量 line gamma ray survey
路线改善 route improvement
路线改线 relocation of route
路线规划 planning of highway location
路线或环线闭合差 closure error of loop
路线计划 route planning
路线记录 record of route survey
路线间的调整 interline adjustment
路线检查 checking of routing
路线检索 path search
路线降低 track depression
路线交叉 crossing of lines;highway intersection;route crossing;route intersection
路线(径)选择(行为)【交】 route choice(behavio(u)r)
路线卡 route sheet
路线开通设备 route-setting equipment
路线勘测 route reconnaissance
路线勘测图 going map
路线控制导线【测】 control traverse of route
路线控制点 control point;control point of road【道】;control point of track【铁】
路线类型 type of route
路线密度 density of route
路线牌 route indicator;routing indicator
路线平面图 plan view of road;strip map
路线剖面图号 number of route profile
路线漆 road marking paint
路线起点 point of commencement of the route;point of commencement of the railway【铁】
路线趋向 course
路线确认标 confirming route marker
路线三维空间设计 route three-dimensional space design
路线设计 alignment design
路线示意图 conspectus
路线水准测量 level(l)ing along the line;route level(l)ing
路线说明 route report
路线踏勘 route reconnaissance
路线踏勘法 reconnaissance method
路线特性(性能)函数【交】 route performance function
路线填图 route mapping
路线图 circulation plan;itinerary diagram;itinerary map;layout map;line map;road map;route chart;route map;route report;route sheet
路线外控点 external control point of route
路线网方便性 convenience of path system
路线位置 location of route
路线选择 route planning;route selection;routing
路线延展 route development
路线业务 line activity
路线用漆 paint for road marking
路线元件 roadside element;roadway element
路线再次确认标 reassurance route marker
路线增长系数 route growth factor
路线征购地界 right of way
路线之标橛 pegging out the line
路线指示 routing instruction
路线指示标 auxiliary marker
路线指示码 routing code
路线指示牌 <公共汽车的> destination board
路线指示器 routing indicator
路线制导 route guidance
路线终点 end of route;end of railway;termination of railway【铁】
路线重力测量 route gravity survey
路线桩 alignment stake;line stake
路线准则 routing criterion[复 criteria]
路线走向 route alignment
路心圆盘式道路交叉 roundabout crossing
路型 road pattern
路选表 routing table
路选代码 routing code
路选键 routing key
路选键表 routing key table
路选控制 routing control
路选通路 routing path
路选限定器 routing qualifier
路牙 curb[kerb];kerbstone;street curb
路沿下陷处 curb cuts
路易港 <毛里求斯首都> port Louis
路易十六风格 Louis-seize style
路易斯安那 <美国州名> Louisiana
路易斯碱 Lewis's base
路易斯阶【地】 Luisian(stage)

路易斯理论 Lewis's theory
路易斯螺栓 Lewis's bolt
路易斯酸 Lewis's acid
路易斯酸性点 Lewis's acid site
路易斯易熔合金 Lewis's metal
路用材料撒布机 highway sprayer
路用材料洒布机 < 撒布松散材料及液体材料用 > highway sprayer
路用铲路机 roadpacker
路用车【铁】 railway service car
路用车公里 railway service car kilometers
路用车辆公里【铁】 railway service transport kilometers
路用除根孔 road rooter
路用混合沥青 road tar-asphalt mix(ture)
路用混合料 road-mix(ture)
路用货车 service wagon
路用机车 service locomotive
路用结合料 highway binder
路用沥青 road asphalt; road bitumen
路用列车 railway service train; service train
路用煤沥青贯入式碎石路面 road tar type penetration macadam
路用煤沥青和石油混合料 road tar-asphalt mix(ture)
路用煤沥青黏[粘]度计 road tar visco(si)meter
路用浓缩亚硫酸盐结合料 sulphite road binder concentrate
路用牵引机 road traction engine
路用乳化煤沥青 road tar emulsion
路用石料 road stone
路用石料等级 gradation of stone
路用挖土机 road excavator
路用亚硫酸盐结合料 sulphite road binder
路用盐类 road salt
路用阴离子乳化液 anionic road emulsion
路用运输 railway service transport
路用运行性能 roadability
路用栽植盆器 plant pot for road use
路用者节约费用的确定 quantification of road user savings
路由 route
路由闭塞 route locking
路由标志 route indication
路由标志器 route marker
路由查询 trunk directory enquiry
路由电码 route code; routing code
路由繁忙时间 route busy time
路由计划 route plan(ning)
路由检查 route inspection
路由矩阵 route matrix
路由控制 path control
路由控制数字 route control digit
路由扩展件 route extension
路由示闲器 void relay; idle route indicator
路由索引 route index
路由限制 route restriction
路由信息 routing information
路由信息单元 path information unit
路由信息单元程序设计 path information unit programming
路由选择 pathfinding; route selection; routing; routing select
路由选择表 routing table
路由选择控制 routing control
路由选择码 route code; routing code
路由(选择)器 router
路由选择通路 routing path
路由选择信息 routing information
路由选择信息协议 routing information protocol
路由选择制 route selection system
路由寻迹 route trace
路由寻找 pathfinding
路由指示器 route indicator; routing indicator
路油 < 常指慢凝液体沥青 > road oil
路油顶层 road-oil mat top
路油洒布机 asphalt distributor; road oiler; road oiling machine
路缘 border; kerb; margin; street curb
路缘标高 curb elevation; curb level
路缘标示 curb mark(ing)
路缘标线 boundary of carriage way
路缘(侧)进水口 curb-opening inlet
路缘(侧)禁止停车 curb parking taboo
路缘(侧)停车 curb parking
路缘(侧)停车间距 curb parking spacing
路缘(侧)停车容量 curb parking capacity
路缘车道 curb lane
路缘带 marginal verge; side trip; marginal strip < 行车道的 >; flush kerb; hard strip
路缘地带 curb space
路缘地带使用清册 curb space inventory
路缘地带现状图 curb space map
路缘阀门箱 buffalo box
路缘杆 curb bar
路缘高程 curb elevation; curb level
路缘高度 curb height; curb level
路缘关闭阀 curb stop
路缘轨模 side rail
路缘盒 curb box
路缘后移 curb cutback
路缘护栏 curb fender
路缘机 curb machine
路缘加强钢筋 heavy edge reinforcement
路缘进水井 curb inlet basin
路缘进水口 curb inlet
路缘开口 curb opening
路缘开挖机 kerb grab(bing) equipment
路缘空间 curb space inventory map
路缘空间(地带)使用清册 curb space inventory map
路缘宽度 curb width
路缘面 curb face
路缘模板 curb[kerb] form; kerb mo(u)ld; kerb tool
路缘模子 kerb mo(u)ld
路缘排水口 curb outlet; land subsidence; outlet through the curb
路缘坡道 curb ramp
路缘坡度 curb grade
路缘曲线 curb curve
路缘石 curb stone; border stone; curb (stone); edge of pavement; fellow guard; fender curb; kerb (stone); road kerb; stone curb; wheel guard
路缘石半径 curb radius
路缘石标高 curb level
路缘石标高以下 below curb
路缘石材 curbing
路缘石出水口 curb[kerb] outlet
路缘石顶面标高 curb level
路缘石高程以下 below curb
路缘石及边沟 curb and gutter
路缘石接缝 curb joint
路缘石模板 curb form
路缘石铺设机 curbing paver
路缘石人行道 kerb bed footway
路缘石施工工具 curb edger
路缘石挖方 curb cuts
路缘石修整 curbstone finish
路缘石压制机 kerb machine; kerb press
路缘石与路缘石之间的弯道直径 curb-to-curb turning diameter
路缘石之间的(车行道)宽度 curb to curb width
路缘石抓取设备 kerb grab(bing) equipment
路缘石准线 curb arrangement
路缘石琢边 margin draft
路缘石(自动)铺设机 curbing machine
路缘水平 curb level
路缘瓦刀 curb tool
路缘线 curb line
路缘线脚 curb mold
路缘修边器 curb edger; curb tool
路缘修整 curb finish
路缘修整机 siding machine
路缘旋塞 curb cock
路缘旋塞盒 curb cock box
路缘压路机 kerb press machine
路缘砖 curb[kerb] brick
路缘转角 curb corner
路缘准直 kerb alignment
路运货票 invoice for service traffic
路栅 road shelf
路窄标志 road narrows sign
路站 way station
路障 barricade; barrier block; cheval-de-frise; road block; wing barricade
路障号志灯 barricade lantern
路中安全岛 center[centre] safety island; safety island; central refuge
路中保留地 central reserve
路中挡栅 center barrier
路中分隔车道的储备长度 storage length of median lane
路中分隔带 center[centre] strip
路中分隔带护栏 median barrier
路中分隔带设计 median design
路中沟 centre trench
路中护栏 crash barrier; median barrier
路中林荫带 center[centre] mall; central mall
路中排水管 centre drain
路中式电车杆 center[centre] pole
路中停车 center[centre] parking; central parking
路中小公司 < 美 > terrace
路中心线坡度图 longitudinal profile
路中央保留用地 central reservation
路中央分隔带设计 media design
路中央停车(处) central parking
路中(央)悬挂式照明 central-suspended lighting
路中央预留地带 median strip
路中预留地带 central reservation; central reserve
路中预留分车带 central reservation
路帚 road broom

辘

辘车 pole dolly

辘管器 tube expander
辘轳 pulley; pulley tackle; bullock gear; burton; Chinese windlass; gin (wheel); hauler; hoisting tackle; jigger; pull tackle; tackle; tackle burton; water-wheel; well winch; whim; winch; windlass; Fidler's gear < 俚语 >
辘轳成型 jolley
辘轳机 wheel
辘轳头 winch head
辘轳钻 Chinese drill stock
辘绳 fall; purchase fall; tackle-fall
辘轴车 dolly

篦

篦式梯道 gridiron ladder

鹭

鹭鸶 egret

麓

麓积塌磊 talus

麓坡 foot slope
麓原 mountain pediment; pediment
麓原形成作用 pedimentation

露

露采场边坡角 slope wall angle of open pit

露采场标高 elevation of open pit
露采场高程 elevation of open pit
露采场建设 opencast pit building
露采场深度 depth of open pit
露出 disclose; emerge; expose; outcrop(ping); reveal; crop out; cropping【地】
露出插座 surface plug receptacle
露出的 uncased
露出的接头 stripped joint
露出底层 grinning through
露出地表的煤 cropping coal
露出地面【地】 basset
露出地面的岩层 outcrop(ping)
露出地面管道 projecting conduit; projection conduit
露出盖片 bare
露出海面并形成长礁的鲕状岩 filey brig(g)
露出或靠近涨潮点硬质岩岸所形成的岬或登陆地点 brig
露出接头 stripped joint
露出墙面四分之三柱径的柱壁 three-quarter(attached) column
露出水面 bare
露出水面的防波堤 emergent breakwater
露出楔 emerged wedge; wedge of emersion
露椽屋顶 open(-timbered) roof
露椽檐口 open cornice; open eaves
露底 bareness; grinning; grinning through; naked substrate
露底搁浅 high and dry
露底缩孔 crater(ing)
露底现象 grinning effect
露地 open ground
露地灌溉法 open field irrigation
露地面的砖瓦 clay visible under-face
露地苗床 outdoor bed
露地培养 culture in the open
露地植物 outdoor plant
露点 condensation point; thow point; dew point < 油质的一项指标 >
露点边界 dew point boundary
露点测定 dew point measurement
露点测试 dew point testing
露点差 dew point spread
露点的 dew point
露点公式 dew point formula
露点记录器 dew point recorder; mechanized dewpoint meter
露点技术 dew point determination
露点降低 dew point depression
露点节温器 dew point thermostat
露点控制 dew point control
露点控制器 dew point controller
露点曲线 dew point curve
露点升高 dew point rise
露点湿度表 dew point hygrometer; frost-point hygrometer
露点湿度计 dew point hygrometer; frost-point hygrometer
露点图 depegram
露点图表 dew point diagram
露点温度 dew point temperature
露点温度差 depression of dew point; dew point deficit; dew point depression

露点-温度曲线 depegram
露点温降 dew point depression
露点下降 dew point depression
露点压力 dew point pressure
露点指示器 dew point indicator
露点组成 dew point composition
露丁侧砖 bull(-nose) header
露顶式闸门 emersed gate
露菲尼终柱 brushes of Ruffini's terminal cylinder
露根 crab rooting
露根移植 bare root transplanting
露根栽植 bare root plant
露骨 bare surface;exposed bone
露冠 dew cap
露光表 exposure chart
露光不足 under-exposure
露光测定(术) actinometry
露光计 actinometer;expometer;exposure meter
露光宽裕度 exposure latitude
露光时间 time of exposure
露光水冷壁 bare tube wall
露光梯度 exposure step
露花光泽 resist luster[lustre]
露花器皿 resist ware
露花纸版 paper resist
露筋 <钢筋混凝土构件> sticking out reinforcement bar;exposed reinforcement
露浸 dew retting
露井楼梯 open newel stair(case)
露梁 head beam
露梁顶棚 beam ceiling;ceiling with exposed beam
露梁构造 open beam construction
露梁结构 open beam construction
露梁平顶 beam ceiling;ceiling with exposed beam
露梁屋顶 open-timber roof
露量表 dew ga(u)ge;drosograph;drosometer
露量计 dew ga(u)ge;drosograph;drosometer
露龙骨吊顶系统 exposed suspension system;grid system
露台 balcony;gazebo[复 gazebo(e)-s];terrace
露台工程 simple terracing works
露台花园 terraced garden
露台棱柱体 terraced pyramid
露台式停尸殿堂 terraced mortuary temple
露塘 dew pond
露梯基 open string
露天 exposed to weather;exposure to weather; in the open air;open;open-to-air
露天爆破 mammoth blast; quarry blast(ing);surface blasting
露天爆破孔钻进 surface blast-hole drilling
露天变电所 outdoor substation
露天变电站 open air substation;outdoor substation
露天变压器 outdoor transformer
露天变压器站 outdoor transformer station
露天标记 open air track
露天表演 pageant
露天表演场 pageant arena
露天剥采 <采矿> strip mining
露天剥离班组 stripping crew;stripping gang;stripping party;stripping team
露天博物馆 open air museum;outdoor museum
露天部分 weather boundary;weather parts;weather portions
露天采场边坡 pit slope
露天采场底面 pit bottom
露天采场验收测量 check-acceptance survey of open pit
露天采掘 openwork;surface mining
露天采掘场 open pit;openwork
露天采掘地 open pit
露天采掘机械 excavating machinery
露天采掘坑 strip pit
露天采掘矿 open pit mine
露天采矿 open cut mine[mining];open pit mine; open pit mining;strip mining;surface mining
露天采矿班组 stripping crew;stripping gang;stripping party;stripping team
露天采矿边界 boundary of open pit
露天采矿场 open pit;quarry
露天采矿的 strip-mined
露天采矿工 sledger
露天采矿坑 pit quarry
露天采矿坑采石法 glory-hole method of quarrying
露天采矿区 bare ground
露天采煤 strip coal mining
露天采煤矿 coal opening pit mining
露天采石场 pit quarry;strip mine;strip pit
露天采石场的开挖面 quarry face
露天采石工业 pit and quarry industry
露天餐馆 cafe;open air restaurant
露天仓库 open air storage
露天场地 exposed station
露天车场 open parking ground
露天车间 open air plant;outdoor plant
露天车库 open-deck garage
露天冲击式凿岩机 surface-mounted percussive drill
露天储藏场 open air storage
露天储存 open air stockpile;open air storage;outdoor storage
露天储存场 open storage area;open storage space
露天储放 open storage
露天储库 open storage dump
露天船台 open berth
露天船坞 open dock
露天粗粉状铵油炸药 opencast crude powder-type anfo explosive
露天存车场【铁】 open air storage
露天打眼设备 quarrymaster
露天大爆破 mammoth blast
露天大型运动场 <有看台的> stadion
露天弹药库 open ammunition space
露天的 hypaethral;non-embedded;outdoor;out of door;uncovered;unroofed;unsheltered;open air
露天的集合单元 open air assembly unit
露天地面 open floor
露天电动机 outdoor motor
露天电影院 open air cinema;outdoor cinema;drive-in cinema <可以把汽车开进位,并坐在汽车里看的>
露天电站 outdoor plant;outdoor type power station
露天顶棚 exposed ceiling
露天堆 open pile
露天堆场 open air storage(space);open area;open stacking ground;open stacking yard;open storage ground;open storage yard;outdoor storage area;outdoor storage yard
露天堆场面积 area of storage yard
露天堆场区 open storage area
露天堆放场 ground storage
露天堆放(储气) air storage
露天堆放煤渣场 open air clinker storage area
露天堆放区 outdoor storage area
露天堆放熔渣场 open air clinker storage area
露天堆放熟料场 open air clinker storage area
露天堆货场 open freight storage;open freight yard;outdoor storage
露天堆积 open dumping
露天堆料场 open storage
露天堆栈 open air depot;open air repository;open depot
露天多层停车场 open-deck car park
露天发电厂 outdoor power station
露天发电站 outdoor power station
露天房屋 hypaethral;hypaethros
露天放矿漏斗 glory hole;mill hole
露天废物堆场 open dump
露天分洪道 open floodway
露天焚烧 open burning;open fire
露天风化 open air weathering
露天风化作用 outdoor weathering
露天扶手 open rail(ing)
露天干燥(木材) open air seasoning;outdoor seasoning
露天钢筋 <连接用的> starter bar
露天工厂 open air plant
露天观测场 exposed station
露天观测场地 observation field
露天(管道)系统 open system
露天管路 bare tube
露天管线 open air piping
露天光源 open air spark
露天轨道 open track
露天锅炉 open air boiler;outdoor boiler
露天回廊 open air corridor
露天会场 outdoor assembly
露天会场的风雨棚 outdoor assembly shelter
露天混合料床 outdoor blending bed
露天活动场所 outdoor arena
露天火灾 fire in the open
露天货场 open depot;open freight storage
露天货堆 open storage pile
露天货棚 open shed
露天机组 outdoor unit
露天集市 kermess;kermis
露天甲板 exposed deck;open deck;weather deck
露天交易会场 fair ground
露天交易所 coulisse
露天教学游泳池 outdoor teaching pool
露天阶地 open terrace
露天阶台 <大建筑物门前的> perron
露天接头 stripped point
露天旧货市场 flea market
露天剧场 amphitheater[amphithcatre];open air theatre[theater];outdoor theatre[theater]
露天剧场的帐篷 velarium
露天掘矿 open cut mine
露天咖啡馆 cafe-terrace
露天开采 opencast;opencast mining;opencast work(ing);open mining;open pit mining;openwork;strip mining
露天开采车辆运行 surface mine car circulation
露天开采的 strip-mined
露天开采的褐煤矿 brown coal opencast mine
露天开采地质管理 supervision of open mining
露天开采地质指导 geologic(al) control of mining in pit
露天开采法 method of stripping;open cut method;surface mining;open cut mining
露天开采方式 type of open mining
露天开采技术指标 index of open pit mining technology
露天开采境界 pit limit
露天开采坑 open pit
露天开采矿 open cut;surface mining
露天开采矿坑 open pit
露天开采矿山 opencast
露天开采最终境界 final pit of open mining limit
露天开采作业 barrow excavation;open(cast) mining;opencast work(ing);openwork;strip mining
露天开关站 open switch yard;outdoor switch yard;switch yard
露天开矿 opencast mining
露天开挖 open cut;open excavation;openwork(ing)
露天开挖系统空运钢丝索道 overburden aerial ropeway
露天勘探 open cut exploration
露天看台 bleacher;open air grandstands and bleachers;stand
露天看台的观众 bleacherite
露天看台座位 bleacher seating
露天烤炉 open barbecue
露天坑道 open cut tunnel
露天坑式焚化炉 open pit incinerator
露天坑式焚烧 open pit incineration
露天库场 open storage
露天库存 ground storage
露天矿 borrow pit;opencast;open-(cast) mine;open cut;open pit;strip mine;strip pit;surface mine
露天矿边坡 open pit slope
露天矿边坡角 slope wall angle of open pit
露天矿边坡勘探类型 exploration types of opencast slope
露天矿表层挖掘机 stripping shovel
露天矿剥采比 overburden ratio of open pit
露天矿采场境界图 map of open pit limit
露天矿采掘工作 opencast getting
露天矿测量 opencast survey;strip mine survey
露天矿场的梯子 mining ladder
露天矿穿孔机 strip borer
露天矿床水文地质勘探类型 hydrogeologic(al) exploration type of open to-air mine
露天矿底盘 open pit bottom
露天矿砥柱 open pit sill pillar
露天矿服务年限 open pit mine life
露天矿管柱 quarry bar
露天矿阶段高度 bank height;bench height;digging height
露天矿开采 development of open pit
露天矿开采境界 open pit mining limit
露天矿开拓 open pit development;surface mine development
露天矿坑 glory hole
露天矿坑湖 strip mine lake
露天矿矿工 stripper
露天矿矿水污染 water pollution from strip-mining
露天矿矿用机车 opencast mining locomotive
露天矿漏斗开采法 open cut glory-hole mining
露天矿山岔线道路 opencast mine arterial road
露天矿山道路 opencast mine road
露天矿山干线道路 opencast mine arterial road
露天矿山主线(道路) opencast mine arterial road
露天矿设备 opencast equipment

露天矿水平炮眼钻机 strip-borer drill
露天矿台阶 open pit bench
露天矿台阶系统图 system map of open pit bench
露天矿台阶准备 bench preparation
露天矿未开采工作面 high wall
露天矿下放溜井 glory hole
露天矿用炸药 opencast explosive
露天矿运输 open pit haulage;quarry transportation
露天矿钻机 quarrymaster
露天矿最终边帮 final open pit edge
露天矿最终边坡 final pit slope
露天垃圾场 open dumping
露天料堆 open air stockpile;outdoor stockpile
露天溜井采矿法 glory-hole mining
露天楼板 open floor
露天漏斗采矿法 glory-hole mining
露天炉渣堆积处 open air clinker storage area
露天码头 open pier;open staging
露天码头面积 < 除去货棚、仓库、通道以外的 > open wharf area
露天模型 open air model
露天内庭 open inner court
露天尿槽 open trough urinal
露天排水斗 area drain;land drain
露天炮塔 barbette
露天平台 open platform;outdoor terrace;terrace
露天平台登台处 perron landing
露天曝露 outdoor exposure
露天曝晒 open air exposure
露天曝置 open air exposure
露天(气候)老化 open air weathering
露天汽车电影院设施 drive-in facility
露天汽车修理厂 open-deck garage
露天桥楼场所 open bridge space
露天青贮堆 open stack
露天倾倒垃圾 open dump
露天取水口 open air intake
露天燃烧 open burning
露天燃烧垃圾堆 open burning dump
露天熔渣堆场 outdoor clinker storage area
露天晒干 out-of-door drying
露天商业广告装置 outdoor commercial advertising device
露天上承式停车库 open-deck parking garage
露天设备 outdoor equipment;outdoor installation; outdoor location; outdoor plant;surface plant
露天设施 outdoor facility
露天神殿 hypaethral temple
露天生产勘探工程 open pit mine production exploration engineering
露天声压级 outdoor sound pressure level
露天施工坑 open building pit
露天石 rock header
露天石灰石矿 open pit limestone quarry
露天石头平台 < 伊斯兰教建筑 > mastaba
露天时效的 air seasoned
露天市场 blue-sky market; open air market
露天式大会堂 open air basilica
露天式电站 open air station;outdoor power station
露天式管道 exposed pipe
露天式开关站 outdoor switching station
露天式罗马大会堂 open air basilica
露天式配水池 open distribution reservoir
露天式压力水管 exposed penstock
露天试验 < 建筑材料和油漆等 > accelerated weathering
露天试验场 outdoor test field
露天试(验)坑 open test pit
露天竖井 open shaft
露天水池 open air pool;open(day) reservoir;open(dug) reservoir;outdoor pool;uncovered reservoir
露天水库 open reservoir; uncovered reservoir
露天台地 open terrace
露天台阶 bench
露天台站 exposed station
露天探坑 open test pit
露天梯 open stair(case)
露天梯级 < 建筑物入口 > perron
露天梯子 weather ladder
露天天线 open aerial;open antenna
露天庭院 atrium [复 atria/triums]; open court
露天停车场 open parking ground
露天停车场地 open newel lot
露天停车库 open air parking garage; open newel garage
露天停车台 open parking deck
露天突出部分 < 建筑物的 > open jetty
露天挖掘黏[粘]土 open cut quarrying of clay
露天舞池 open air dance floor
露天舞台 open(air) stage;open staging;outdoor stage
露天细粉状铵油炸药 opencast fine powder-type anfo explosive
露天消化池 uncovered digester
露天修船场 open dock
露天畜栏 feedlot;open yard
露天学校 outdoor school
露天压力钢管 surface penstock
露天压力管道 surface penstock
露天阳台 open balcony
露天窑炉 field kiln
露天溢流管 warning pipe
露天音乐台 outdoor music stand
露天音乐厅 open air concert hall
露天泳池 < 远洋轮上的 > lido
露天用餐凉台 outdoor dining terrace
露天游乐场 amusement park;fun fair < 美 >
露天游艺场 amusement park
露天游泳池 open air pool;open air swimming pool; outdoor pool; outdoor swimming pool
露天浴 open air bath
露天浴场 open air bath
露天预均化堆场 outdoor blending bed
露天预制系统 open system precasting
露天圆剧场 theatre-in-the-round
露天越冬 outdoor wintering
露天运动设施 open air sports facility
露天栽培 outdoor planting
露天栅栏 open fence
露天展览区间 open air exhibition space
露天站台 open platform; uncovered platform
露天贮场 stoking area
露天贮放场 open storage
露天砖 bonding header
露天砖石 heading
露天装置 open installation
露天走廊 open air corridor
露天组装场 erecting shop
露天钻车 < 相对于井下钻车的 > surface drill
露天作业 openwork(ing); outdoor work(ing); outdoor working basset;outwork
露天作业地段 openworking area
露天作业区 open air operation
露头 exposal;exposure;heading;crop(out); cropping-out; basset; outcrop(ping)【地】
露营 bivouac; camp; encampment; tent camp
露营包 camping bag
露营场地 camp ground
露营地 bivouac site;camp site
露营帐篷 camping tent
露珠 dewdrop
露珠玻璃 dewdrop glass

驴(子) donkey

吕宾空细胞法 < 木材防腐 > Rueping process

吕德尔线 Luders line
吕德尔应变 Luders strain
吕德斯线 < 某种金属试件在屈服时表面呈现的线条 > Lüders' lines
吕梁期【地】Luliang period
吕梁运动 Luliang movement
吕平法 Rueping
吕荣 < 岩石渗透性单位,1 吕荣为 10 个大气压下每分钟内每米钻孔长度上 1 升的吸水量 > Lugeon
吕荣单位 Lugeon unit
吕荣试验 Lugeon test
吕氏线 < 金属受拉后表面出现的线纹 > Lüders' lines
吕宋(大)麻 abaca;Manila hemp
吕宋绳 Manil(l)a rope

旅伴 fellow travel(l)er

旅差费 staff travel; travel expense; travel(l)ing and miscellaneous expense
旅程 itinerary; journey; route; travel length
旅程表 itinerary
旅程起讫点图 < 交通观测图的一种,用于选线比较方案 > trip termini map
旅程时间 journey time
旅程通知 advice of itinerary
旅程延长 extension of journey
旅店 hospitium; hostel; hostry; inn; kip; tavern; xenodochium; imaret < 土耳其招待朝圣者的 >
旅费 passage fare; passage money; travel(ling) expenses
旅费补助 travel grant
旅馆 caravansary; caravanserai; hostelry; hotel; inn; sleeporium; motor court < 公路边专为自驾汽车旅行者开设的 >
旅馆餐厅 hotel dining room; hotel restaurant
旅馆厨房 hotel kitchen
旅馆的鸡尾酒吧间 cocktail lounge
旅馆登记簿 lodge-book
旅馆服务员 < 美 > bellboy;bellman
旅馆供暖 hotel heating
旅馆建设 hotel construction
旅馆建筑 hotel building
旅馆建筑物 hotel construction
旅馆进口 hotel entrance
旅馆酒吧间 snuggery
旅馆客房 hotel bedroom
旅馆空气调节 hotel air conditioning
旅馆毛巾架 hotel towel holder
旅馆门厅 hotel foyer;hotel lobby
旅馆前厅办公室 front office
旅馆锁 hotel lock
旅馆通风 hotel ventilation
旅馆卧室 hotel bedroom
旅馆洗衣房 hotel laundry
旅馆休息室 hotel lounge;parlo(u)r
旅馆用瓷 hotel use porcelain
旅馆用品 hotel ware
旅馆预约系统 hotel reservation system
旅客 railway passenger;tourist;travel(l)er;wayfarer
旅客摆渡 passenger ferry
旅客保险 passenger insurance
旅客边窗 passenger side window
旅客泊位 passenger berth
旅客舱 passenger cabin; passenger room
旅客舱室 passenger's accommodation
旅客车 touring car;tourist bus
旅客车站 passenger depot
旅客成本 cost of passenger-kilometer
旅客乘降 passenger board on or alight from train
旅客乘降所 halt; passenger stopping point
旅客乘坐舒适性 ride comfort
旅客出发站 departure station
旅客出行发生率 passenger trip generation rate
旅客处理系统 passenger-handling system
旅客大厅 passenger concourse
旅客大众 travel(l)ing public
旅客导向牌 passenger information indication sign
旅客导向盘 passenger information indication system
旅客到达人数 number of passengers arrived
旅客登机/下机桥 < 飞机场 > passenger bridge
旅客等候处 place of awaiting transportation;waiting room
旅客地道 passenger subway; passenger tunnel;pedestrian subway;tunnel for passenger
旅客电梯 electric(al) passenger lift
旅客电梯入口 passenger elevator entrance
旅客定额 prescribed number of passengers
旅客动车列车车组 motor train unit
旅客渡船 passenger ferry
旅客渡轮 passenger ferry
旅客发生疾病或死亡处理 disposal of passengers suddenly caught sick or died by accident
旅客发送量 volume of sending passengers
旅客发送人数 number of passengers dispatched; number of passengers originated
旅客方便设施 passenger facility
旅客服务处 passenger agent; passenger service
旅客浮码头 passenger pontoon
旅客港 passenger harbo(u)r
旅客高站台 passenger high platform
旅客公里 passenger-kilometer [kilometre]
旅客航运公司 passenger shipping company
旅客和车辆轮渡 passenger and vehicle ferry
旅客和行包邮件搬运车合用站台 combined passenger and trucking platform
旅客候车室 visitor waiting room
旅客候机室 visitor waiting room
旅客环境设计 passenger environment design
旅客换乘 passenger transference
旅客或托运人随身携带的物品 articles accompanied by a passenger or consignor

L

旅客货物和列车轮渡 passenger
旅客货物或附属运输费用的比率 proportion of charges
旅客积累率 passenger accumulated rate
旅客基本站台 passenger main platform
旅客及行李合造车 combination coach
旅客及行旅流程 flow route of passengers and baggages
旅客集中办理手续 centralized passenger processing
旅客甲板 passenger deck
旅客交通量 visitor traffic
旅客交通艇 passenger tender
旅客接待柜台 passenger counter
旅客接运量 volume of continue carrying passengers
旅客紧急撤离 passenger escape
旅客进出口站手续 processing of passengers
旅客跨线桥 passenger overpass (bridge)
旅客快车 fast passenger train
旅客缆索道 passenger rope
旅客联运站 passenger station of international through traffic
旅客列车 passenger train
旅客列车包车制 responsibility crew system of passenger train
旅客列车包乘制 assigning crew system of passenger train
旅客列车编组 passenger train composition; passenger train formation
旅客列车采暖 passenger train heating
旅客列车车长 grabber
旅客列车车底 passenger train stock
旅客列车车底需要数 number of passenger train stock needed
旅客列车车底周转时间 turnround time of passenger train set
旅客列车车底周转图 turnround diagram of passenger train stock
旅客列车乘务工作组 passenger train crews originated
旅客列车乘务制度 crew working system of passenger train
旅客列车乘务组 passenger train crew
旅客列车到发线 passenger train siding; passenger train track
旅客列车公里 passenger train-kilometer[kilometre]
旅客列车合理开车范围 reasonable departure time range of passenger trains
旅客列车会让线 passenger train passing track
旅客列车技术速度 average passenger train technical speed
旅客列车技术作业 technical operations of passenger train
旅客列车驾驶员 passenger train operator
旅客列车检修所 passenger car inspection depot
旅客列车结构 structure of passenger train
旅客列车开行方案 passenger working train
旅客列车开行间隔 time interval between passenger trains' dispatching [despatching]
旅客列车旅行速度系数 coefficient of travel(l)ing to technical speed of passenger trains
旅客列车轮乘制 crew pooling system of passenger train
旅客列车轮渡 passenger train ferry
旅客列车平均技术速度 average technical speed of passenger trains
旅客列车平均旅行速度 average transit speed of passenger trains
旅客列车取暖的蒸汽机组 steam generating unit for train heating
旅客列车时刻表 passenger train timetable
旅客列车收入 passenger train revenue
旅客列车小时 passenger train-hour
旅客列车行进速度 passenger train travel(l)ing speed
旅客列车一览表 schedule of passenger trains
旅客列车运输 <包括旅客及其以外的行李、邮件、包裹等> traffic carried by passenger trains
旅客列车运输生产管理 production management of passenger traffic
旅客列车运行方案 passenger train running plan
旅客列车运行方案图 passenger train working graph
旅客列车运行线 passenger train path
旅客列车运行详图 passenger train move detailed diagram
旅客列车运行正点率 percent of punctuality of passenger trains running on time to total passenger trains
旅客列车载客人数 number of passengers carried per passenger train
旅客列车整备场 passenger train stock servicing yard
旅客列车正点率 punctuality of passenger train
旅客列车直达速度 through speed of passenger train
旅客流程 distance of passenger flow; passenger flow
旅客流量 passenger flow volume
旅客流时 passenger traffic time
旅客流通面积 <车站> circulating area
旅客流线 passenger flow paths
旅客流向 passenger flow direction; passenger traffic flow direction
旅客路线 passenger flow route
旅客旅行 passenger travel
旅客旅行总时间 total time of passenger's travel(l)ing
旅客满意率 rate of passenger satisfaction
旅客票价 passenger fare; rate of passenger fare
旅客票价里程区段 railway passenger fare kilometrage district
旅客票价收入 passenger ticket revenue
旅客平均旅程 average distance of passengers carried
旅客平均行程 average journey per passenger; average length of trip
旅客坡道 passenger ramp
旅客铺位 passenger berth
旅客汽车和火车轮渡 passenger car and rail ferry
旅客区段 passenger block
旅客区段密度报告 report of passenger number on train by accident
旅客人行道 passenger bridge
旅客人行桥 passenger foot-bridge
旅客入口 passengers' entrance
旅客上船 passenger embark
旅客上下船业务 passenger handling
旅客伤害事故处理 disposal of passengers caught injury by accident
旅客伤害事故责任 passenger casualty accident responsibility
旅客伤亡 passenger casualty
旅客伤亡人数 number of passenger casualties
旅客伤亡事故发生率 passenger casualty accident rate
旅客伤亡事故记录 passenger casualty accident record
旅客伤亡事故件数 accident number of passenger casualties
旅客伤亡事故赔偿程序 process of passenger casualty accident indemnity
旅客上车站台 passenger loading dock
旅客上下船引桥 passenger gangway
旅客上下船用的跳板 passenger gangway
旅客上下船用的舷梯 passenger gangway
旅客上下船用的引桥 passenger gangway
旅客设备 passenger accommodation; passenger facility
旅客设施 passenger facility
旅客使用 passenger usage
旅客室 passenger room
旅客输送机 passenger conveyer
旅客死亡率 passenger fatality rate
旅客天桥 overline bridge for passenger; passenger's overpass; passenger (foot-) bridge
旅客通道 passenger access; passenger concourse; visitor walk way
旅客通过量 <每小时人数> passenger throughput
旅客位移 passenger displacement
旅客线 passenger traffic line
旅客向导系统 passenger guide system
旅客斜坡道 passenger ramp
旅客携带品 articles accompanying passengers
旅客信息系统 passenger information system
旅客行程 passenger travel
旅客行程次数 <即旅客人数> passenger journeys
旅客行李舱 passenger luggage hold
旅客姓名 name of passenger
旅客休息厅 passengers' lounge
旅客衣箱 trunk
旅客遗失物品 lost articles accompanying passengers
旅客意外伤害 passenger accidental injury; passenger unexpected injury
旅客意外伤害保险 insurance of passenger unexpected injury
旅客英里 passenger-mile
旅客涌进 influx of passengers
旅客用水加热器 wash water heat exchanger
旅客与行、包、邮件搬运车隔离的站台 separate passenger and trucking platforms
旅客雨棚 passenger shelter
旅客云集 influx of passengers
旅客运输 passenger traffic; passenger transport
旅客运输产品 product of passenger traffic
旅客运输长远计划 long-term passenger transportation plan
旅客运输管理局 Passenger Transport Executive; Passenger Transport Authority <大城市的>
旅客运输计划 passenger transport plan
旅客运输量 volume of passenger traffic
旅客运输密度 density of passenger traffic
旅客运输年度计划 annual plan of passenger transportation
旅客运输日常计划 daily plan of passenger transportation
旅客运输市场营销 marketing of railway passenger traffic
旅客运输统计 passenger traffic statistics
旅客运输统计数量指标 quantitative indices of passenger transportation statistics
旅客运输委员会 <美> Passenger Transportation Committee
旅客运输指标 passenger traffic indices
旅客运输质量 quality of passenger transport
旅客运输周转量 passenger transport turnover
旅客运送量 volume of sending and carrying passengers
旅客运送人数 number of passengers transported
旅客运送速度 passenger transit speed
旅客运载能力 passenger capacity; passenger carrying capacity
旅客载重 passenger loading
旅客在中途站下车 stop over
旅客责任险 passenger liability insurance
旅客站房 passenger building; passenger station building
旅客站舍 passenger station building
旅客站台 passenger platform; platform
旅客站台地道 platform subway
旅客站台地下道 platform subway; platform tunnel
旅客招待所 <教会办的> hospice
旅客正运率 passengers transport regularity rate
旅客之家 tourist home
旅客中间站台 passenger intermediate platform
旅客周转量 passenger-kilometer[kilometre]; passenger miles; passenger travel; passenger turnover; turnover of passenger traffic; volume of passenger traffic
旅客住房 passenger building
旅客装载跳板 passenger loading apron
旅客坠车致伤 injury accident of passenger falling from train
旅客自身责任 passenger oneself responsibility
旅客走道 passenger walkway
旅客最高聚集人数 maximum passengers in waiting room
旅客座舱 passenger capsule
旅客座舱系统 capsule system
旅客座位 passenger seat
旅鸟 migratory bird
旅舍 hostel; dak bungalow <印度驿站的>
旅途旅馆 rest house
旅途招待所 rest house
旅行 excursion; locomotion; peregrination; tour; travel(l)ing
旅行安排 tour arrangement
旅行包 travel(l)ing bag; gripsack <美>
旅行舱位 travel accommodation
旅行车 beach wagon; estate (car); tourist coach; light bus; station wagon; touring car; wagon; station wagon <美>
旅行车队 caravan
旅行车辆 travel(l)ing carriage
旅行车停车场 <美> trailer park
旅行袋 handbag; valise; wallet
旅行刀具 travel(l)ing scissors

旅行的 travel(l)ing;viatic
旅行方向 direction of travel
旅行飞机 tourer
旅行费用法 travel cost method
旅行服务 travel(l)ing service
旅行环境 travel(l)ing environment
旅行机 tourer
旅行及交际费 travel and entertainment expense
旅行计划 itinerary
旅行纪录片 travelog(ue)
旅行剪刀 travel(l)er's scissors
旅行见闻讲座 travelog(ue)
旅行经停地点 good for passenger between
旅行径路控制券 <册页票> route control coupon
旅行卡 travel card
旅行路线 itinerary
旅行路线图 itinerary map
旅行目的 journal motive
旅行闹钟 travel(l)ing clock
旅行皮包 portmanteau
旅行皮箱 portmanteau
旅行期间 journey duration
旅行汽车 ranch wagon;station wagon
旅行人 travel(l)er
旅行日程 itinerary log;travel(l)ing schedule
旅行日志 itinerary log
旅行设备 travel facility
旅行社 passenger agent;tourist agency;tourist bureau;tourist office;travel agency;travel bureau;travel service
旅行社包办的旅游 package tour
旅行社册页票 agency coupon
旅行时分 <包括列车中间站停留时分> travel(l)ing time
旅行时间 coasting time for one way;journey time;travel(ling) time
旅行时间节约 saving of travel(l)ing time
旅行时间研究 travel-time study
旅行时刻表 itinerary timbetable
旅行手册 itinerary manual
旅行手提包 carryall;valise
旅行速度 speed of travel;commercial speed;schedule speed;travel(l)ing velocity;journey speed;travel(l)ing speed
旅行随身必需品 needments
旅行提款折 letter of credit
旅行途中附搭他人汽车者 hitch hiker
旅行推销商 drummer;travel(l)ing salesman
旅行推销商的折扣 drummer discount
旅行拖挂车 travel trailer
旅行向导 dragoman
旅行鞋 sneakers
旅行信息服务中心 travel information service;travel information service center[centre]
旅行信用状 travel(l)er's(circular) credit
旅行信用状汇票 draft drawn under traveller's letter of credit
旅行许可 travel authorization
旅行野营用具店 outfitter
旅行业 travel agent
旅行用品 outfit
旅行者 touristry;travel(l)er
旅行者信息服务 travel(l)ing-information services
旅行支票 international check;travel(l)er's check;travel(l)er's cheque
旅行执照 travel warrant
旅行指南 itinerary;travel guide;road book <尤指标有路线、里程的>
旅行中途逗留时间 layover
旅行中途滞留者 <因客观原因如断道等> strandee
旅行终点 trip destination
旅行终了 accomplish a journey
旅行钟 travel(l)ing clock
旅游 peregrination;tourism;touristry
旅游班车 sightseeing bus
旅游车 dome chair-lounge car;recreational vehicle;touring car;tourist car;wagon car;grass wagon <俚语>
旅游车停车场 caravan park;coach park
旅游城市 tourist city
旅游船 cruise ship;excursion vessel;pleasure steamer;tourist ship
旅游船码头 cruise ship terminal
旅游大客车 tourist coach
旅游代理商 travel agent
旅游道路 sightseeing road
旅游地带 touristic zone
旅游地废物 resort waste
旅游地理学 tourist geography
旅游地图 tourist map
旅游地质开发区 development area of tourism geology
旅游洞穴 tourist cave
旅游度假区 tourism and resort zone
旅游队 tour platoon
旅游风景城市 tourist resort city
旅游服务社 tourist office
旅游服务事业盈亏 surplus or deficit of travelling service operation
旅游服务员 courier
旅游港 tour harbo(u)r;yacht harbo(u)r
旅游公路 scenic highway;sightseeing highway
旅游功能 tourist function
旅游管理 tourist management
旅游护照 tourist card
旅游环境 tourism environment
旅游环境容量 environment capacity of tourism
旅游机构 tourist agency;travel agency
旅游基地 cruise base;tourist base
旅游建筑 tourism building
旅游交通 recreational traffic
旅游交通高峰 tourist traffic peak
旅游接待工作 tourism
旅游借宿处 tourist house
旅游借宿屋 tourist house
旅游居住车服务设施 mobile home service equipment
旅游居住车所需面积 mobile home space
旅游居住汽车 motorized home
旅游局 tourist agency;tourist bureau;travel agency;travel bureau
旅游卡 travel card
旅游客仓 cruise ship;tourist ship
旅游客舱 tourist cabin
旅游客轮 cruise ship
旅游列车 cruise train;excursion train;tourist train
旅游林业 recreation forestry
旅游路 sightseeing road;tourist
旅游旅馆 tourist hotel
旅游轮 tourist cabin
旅游码头 cruise terminal;tour terminal
旅游票 tourist ticket
旅游票价 excursion fare
旅游区 tourist spot
旅游区域环境 tourist regional environment
旅游设施 tourist facility
旅游胜地 tourist resort;tourist(ry) attraction;vacation land
旅游事业 tourism;tourist industries
旅游水道 cruise waterway;cruising waterway
旅游特许条件 travel concessions
旅游图 hiking map;tourist map
旅游污染 tourist pollution
旅游箱式太阳灶 travel(l)ing box-type solar cooker
旅游信息通报系统 travel(l)ing-information system
旅游需求预测 tourist demand forecasting
旅游业 recreation enterprise;tourism;tourist industry;tourist trade
旅游营地 tourist camp
旅游影响 tourist impacts
旅游用品 tourists novelty
旅游用气瓶 camping cylinder
旅游运输 tourist traffic;transportation for tourism
旅游帐篷 tent
旅游者 excursionist;tourist
旅游者观光台 tourist terrace
旅游者住处 tourist home
旅游中心 recreation center[centre]
旅游住宅 tourist home
旅游资源 recreation resources;tourist resources

铝

铝巴 alumin(i)um bars
铝白钙沸石 reyerite
铝百叶板 alumin(i)um louvre panel
铝板 alumin(i)um foil;alumin(i)um plate;alumin(i)um sheet;beaten alumin(i)um;sheet alumin(i)um
铝板吊顶 alumin(i)um panel ceiling
铝板顶板 alumin(i)um panel ceiling
铝板顶棚 alumin(i)um ceiling
铝板顶篷 alumin(i)um panel ceiling
铝板防护板 alumin(i)um slatted blind
铝板隔墙 alumin(i)um partition
铝板卷升式百叶窗 alumin(i)um slatted roller blind
铝板拼装的跑道 alumin(i)um plank runway
铝板铺面 alumin(i)um surfacing
铝板饰面 alumin(i)um surfacing
铝板天花板 alumin(i)um panel ceiling
铝板条 alumin(i)um strip
铝板图 map of alumin(i)um plate
铝板网 alumin(i)um expanded sheet;expanded alumin(i)um sheet
铝板屋顶 alumin(i)um deck(roof)
铝板屋面 alumin(i)um sheet roofing
铝板吸声吊平顶 alumin(i)um absorbent ceiling;alumin(i)um acoustic(al) ceiling
铝板吸声顶棚 alumin(i)um absorbent ceiling;alumin(i)um acoustic(al) ceiling;alumin(i)um acoustic(al) tiled ceiling
铝板吸声天花板 alumin(i)um absorbent ceiling;alumin(i)um acoustic(al) ceiling;alumin(i)um acoustic(al) tiled ceiling
铝板轧机 alumin(i)um sheet mill
铝版 algraphy;alumin(i)um plate
铝版制版法 aluminography
铝棒 alumin(i)um bar;alumin(i)um rod
铝包电缆 alumin(i)um-sheathed cable
铝包钢绞线 alumin(i)um-clad steel stranded wire
铝包钢芯铝绞线 alumin(i)um-clad steel reinforced alumin(i)um stranded wire
铝包皮 alumin(i)um sheath;alumin(i)um skin
铝背荧光屏 aluminized screen
铝钡白 gloss white
铝钡状态图 alumin(i)um barium chart
铝避雷器 alumin(i)um cell
铝扁丝 alumin(i)um flat wire
铝表面处理 alumin(i)um finish
铝表面阳极氧化法 Eloxal process
铝波纹板 corrugate alumin(i)um plate
铝波纹管 alumin(i)um bellows
铝箔 alumin(i)um foil(board);alumin(i)um leaf;leafing alumin(i)um
铝箔板 alumin(i)um sheet
铝箔板滚轧废水 alumin(i)um sheet-rolling wastewater
铝箔背衬 alumin(i)um foil backing
铝箔衬背石膏板 foil backed plasterboard
铝箔灯 alumin(i)um foil lamp
铝箔防护服 aluminized insulated garment
铝箔隔热 alumin(i)um foil insulation
铝箔隔声 alumin(i)um foil insulation
铝箔集装箱 alumin(i)um foil container
铝箔精轧机 finish foil mill
铝箔绝热 alumin(i)um foil insertion
铝箔面纤维玻璃 foil faced fiber[fibre] glass
铝箔片 beaten alumin(i)um
铝箔生产线 alumin(i)um foil production line
铝箔石膏板 foil backed gypsum board
铝箔塑料绝缘板 insulating plasterboard
铝箔贴面玻璃棉板 alumin(i)um foil faced fiberglass board
铝箔围裙 aluminized apron
铝箔油毡 alumin(i)um foil malthoid;alumin(i)um roofing roll
铝箔轧机 alumin(i)um foil mill
铝箔状薄板 ardor
铝薄板 alumin(i)um sheet
铝薄片 alumin(i)um flake;alumin(i)um leaf
铝材 alumin(i)um product
铝材船体 alumin(i)um hull
铝材底漆 alumin(i)um primer
铝材挤压(成型) alumin(i)um extrusion
铝材冷轧机 alumin(i)um cold mill
铝材热轧机 hot-alumin(i)um mill
铝材饰面 alumin(i)um finish
铝仓筒 <存放散装水泥> alumin(i)um silo
铝槽车 alumin(i)um tanker
铝厂 alumin(i)um manufacturer
铝厂酸性废水 alumite effluent
铝车 aluminum wagon
铝车身 <运货卡车> alumin(i)um body
铝尘肺 alumin(i)um pneumoconiosis;aluminosis;aluminosis pulmonum;shaver's disease
铝衬层 alumin(i)um lining
铝衬里 alumin(i)um lining
铝承重结构 alumin(i)um weight-carrying structure
铝臭葱石 aluminoscorodite;mansfieldite
铝窗 alumin(i)um window
铝窗格条 <不用油灰镶玻璃的> alumin(i)um patent glazing bar
铝窗框 alumin(i)um sash
铝窗配件 alumin(i)um window furniture;alumin(i)um window hard-

ware
铝窗纱 alumin(i)um wire netting
铝窗五金配件 alumin(i)um window fittings
铝窗小五金 alumin(i)um window hardware
铝窗装置 alumin(i)um window furniture
铝刺丝 alumin(i)um barked wire
铝带式话筒 high impedance velocity microphone;ribbon microphone
铝带扬声器 ribbon loudspeaker
铝当量 alumin(i)um equivalent
铝导线 alumin(i)um conductor
铝的焊接 welding of alumin(i)um
铝的键合 alumin(i)um bonding
铝电池 alumin(i)um cell
铝电池避雷器 alumin(i)um arrester;electrolytic arrester
铝电极法 < 加固地基用 > alumin(i)um electrode method
铝电极氧化饰面 anodic finish of alumin(i)um component
铝电解槽 alumin(i)um cell
铝电解电容器 alumin(i)um electrolytic capacitor
铝电解研磨法 aluminite
铝电解整流器 alumin(i)um(cell) rectifier
铝淀积导体 deposited alumin(i)um conductor
铝钉 alumin(i)um nail
铝顶板构件 alumin(i)um deck unit
铝定位器 alumin(i)um steady arm
铝锭 alumin(i)um ingot;alumin(i)um pig
铝锭铸造机 alumin(i)um pig casting machine
铝豆 alumin(i)um shot
铝毒石 alumopharmacosiderite
铝锻件 forged alumin(i)um piece
铝锻造 alumin(i)um forging
铝矾 sulphate of alumina
铝矾土 bauxite clay
铝矾土工业 alumin(i)um and bauxite industry
铝矾土滤质 activated bauxite;filter bauxite
铝矾土耐火材料 bauxite refractory
铝矾土水泥 bauxite cement
铝矾携带 alum carryover
铝反常 alumina anomaly;alumin(i)um anomaly
铝反射膜 alumin(i)um mirror coating
铝方柱石 gehelinite
铝防潮层 alumin(i)um vapo(u)r barrier
铝粉 aluminite powder;alumin(i)um dust;alumin(i)um flake;alumin(i)um powder;powdered alumin(i)um
铝粉船底漆 alumin(i)um primer
铝粉打底漆 alumin(i)um primer
铝粉打底涂料 alumin(i)um primer
铝粉底漆 alumin(i)um primer
铝粉调合漆 ready-mixed alumin(i)um paint
铝粉焊接剂 thermit(e)
铝粉焊热剂 thermit(e)
铝粉浆 alumin(i)um paste
铝粉浆漂浮率试验 spatula test
铝粉片 leafed alumin(i)um powder
铝粉漆 alumin(i)um paint;alumin(i)um powder paint;silver paint
铝粉色素 alumin(i)um flake pigment
铝粉砂浆 alumin(i)um powder mortar
铝粉涂料 alumin(i)um paint
铝粉脱漂浮 deleafing
铝粉脱脂剂 degreaser for alumin(i)um powder
铝粉颜料 alumin(i)um flake pigment;alumin(i)um pigment
铝粉油墨 alumin(i)um ink;silver rink
铝粉炸药 alumin(i)um explosive
铝敷层 alumin(i)um backing
铝扶手 alumin(i)um railing
铝氟石膏 beljankite;creedite
铝腐蚀细菌 alumin(i)um corroding bacteria
铝覆盖层 alumin(i)um coating
铝钙氟化物 alumo-calcium fluoride
铝钙合金 Kalzium metal
铝钙石 hovite
铝钙铀云母 sabugalite
铝盖卷封机 alumin(i)um capping machine
铝盖压盖机 alumin(i)um capping machine
铝杆 alumin(i)um post;alumin(i)um rod
铝钢 alumin(i)um steel;duralumin
铝钢导线 alumin(i)um steel conductor
铝搁板 alumin(i)um shelf
铝格板 alumin(i)um waffle
铝隔板 alumin(i)um waffle
铝隔汽层 alumin(i)um vapo(u)r barrier
铝铬镀层 alumin(i)um-chromium coating
铝铬钢 alumin(i)um chrome steel;alumin(i)um chromium
铝铬硅 Sichromal
铝铬硅合金钢 sichromal steel
铝铬硅耐热钢 sicromal steel
铝铬硅耐酸钢 sicromal steel
铝铬合金 alumin(i)um-chromium alloy
铝铬铁矿 alumin(i)um chromite;alumochromite
铝铬铁矿矿石 alumochromite ore
铝铬渣 alumo-chrome slag
铝铬质耐火材料 alumina-chrome refractory
铝铬砖 alumina-chrome brick
铝汞齐 alumin(i)um amalgam
铝构件 structural alumin(i)um
铝管 alumin(i)um pipe;alumin(i)um tube
铝管避雷器 aluminum cell arrestor [arrester]
铝管密封电缆 alumin(i)um-sheathed cable
铝管帐篷 tent with alumin(i)um poles
铝罐 alumin(i)um pot
铝硅钡石 cymrite
铝硅比 Al-Si ratio
铝硅比值 alumina-silica ratio
铝硅合金 alar alloy;alloy;alpax;alumin(i)um silicon alloy;alusil alloy;chromet;silumin
铝硅合金锭 alumin(i)um silicon ingots
铝硅镁合金 < 一种高频绝缘材料 > alsimag
铝硅片 alsifilm
铝硅铅石 wickenburgite
铝硅青铜 alumin(i)um-silicon bronze
铝硅热还原剂 Alsithermic reducing agent
铝硅酸钙 alumin(i)um calcium silicate;calcium aluminosilicate
铝硅酸钾 potassium aluminotrisilicate orthoclase
铝硅酸钠 sodium alumin(i)um silicate;sodium aluminosilicate;sodium silicoaluminate
铝硅酸盐 aluminosilicate;aluminous silicate;silicate of alumin(i)um
铝硅酸盐玻璃 aluminosilicate glass
铝硅酸盐耐火材料 aluminosilicate refractory
铝硅酸盐耐火砖 aluminosilicate brick
铝硅酸盐纤维 aluminosilicate fiber[fibre]
铝硅陶瓷耐高温纤维 < 商品名 > Fiberfrax
铝硅铁 ferro-silicon-alumin(i)um
铝硅铁粉 Sendust
铝硅铁粉磁芯 sendust core
铝硅铁合金 Alsifer
铝硅纤维 alumina-silica fiber
铝轨 alumin(i)um track
铝辊式破碎机 alumin(i)um rolling plant
铝过饱和 alumin(i)um oversaturation
铝过梁 < 门窗的 > alumin(i)um lintel
铝海泡石 meerschalminite;simlaite
铝焊料 alumin(i)um solder;Soluminium;Zelco
铝焊条 alumin(i)um welding rod;alumin(i)um welding wire;alumin(i)urn electrode
铝焊条合金 SM alloy
铝焊药 flux for alumin(i)um soldering
铝合金 alumin(i)um alloy;Y-alloy
铝合金百叶窗板条 alumin(i)um alloy blind slat
铝合金板 allautal;alumin(i)um alloy plate
铝合金棒 alumin(i)um alloy bar
铝合金棒材 alloy sticks;rods and bars of alumin(i)um alloy
铝合金扁丝 alumin(i)um alloy flat wire
铝合金薄板 alumin(i)um alloy sheet
铝合金插销 alumin(i)um alloy tower bolts
铝合金冲洗台 alumin(i)um sink
铝合金船 alumin(i)um alloy ship
铝合金船体 alumin(i)um alloy hull
铝合金窗 alumin(i)um alloy window;alumin(i)um window;metal casement
铝合金窗轨 al-alloy contain rod
铝合金窗扇 alumin(i)um alloy sash
铝合金刺丝 alumin(i)um barked wire
铝合金刺线 aluminous barbed wire
铝合金电镀法 cromalin
铝合金锭 alumin(i)um alloy ingot
铝合金防滑板 alumin(i)um alloy checkered plate
铝合金粉尘 alumin(i)um alloy dust
铝合金格片顶棚 alumin(i)um alloy eggcrate ceiling
铝合金管 alumin(i)um pipe
铝合金管子脚手架 tubular scaffolding in alumin(i)um alloy
铝合金过滤器 liquid filter
铝合金焊条 alumin(i)um alloy arc welding electrode
铝合金集装箱组件 component of alumin(i)um container
铝合金挤压件 alumin(i)um alloy extrusion
铝合金铰链 alumin(i)um alloy hinge
铝合金结构型材 alumin(i)um alloy shape;alumin(i)um alloy structure section
铝合金卷片 coiled alumin(i)um alloy sheet
铝合金壳分马力感应电动机 fractional horsepower light metal induction motors
铝合金空间框架 alumin(i)um alloy space frame
铝合金扣板 alumin(i)um alloy sheet
铝合金栏杆连接器 alumin(i)um rail coupling
铝合金龙骨 alumin(i)um alloy joist
铝合金门 alumin(i)um alloy door;alumin(i)um door
铝合金暖气片 alumin(i)um alloy radiator
铝合金平片 flat alumin(i)um alloy plate
铝合金桥 alumin(i)um alloy bridge
铝合金球型执手门锁 alumin(i)um alloy doorlock with knobs
铝合金纱窗 alumin(i)um screen window
铝合金双面复合硬铝板 alclad
铝合金条 alumin(i)um alloy rod
铝合金条吊顶 alumin(i)um alloy strip ceiling
铝合金涂漆前铬酸盐浸渍处理 pylumin process
铝合金网 alumin(i)um fabric
铝合金洗涤盆 alumin(i)um alloy sink;alumin(i)um sink
铝合金线材 alumin(i)um alloy wires
铝合金型材 alumin(i)um alloy extrusion;alumin(i)um alloy section
铝合金异形管 special tubes and pipes of alumin(i)um alloy
铝合金圆管 tube and pipe of alumin(i)um alloy
铝合金轧制型材 rolled alumin(i)um alloy shape
铝合金张拉板材 alumin(i)um tension board
铝合金张拉带材 alumin(i)um tension band
铝合金张拉杆 alumin(i)um tension bar
铝合金张拉丝 alumin(i)um tension wire
铝合金支撑带材 alumin(i)um brace band
铝合金柱 alumin(i)um post
铝合金铸件 alumin(i)um alloy casting;alumin(i)um casting
铝合金钻杆 alumin(i)um alloy drill pipe;alumin(i)um alloy drill rod
铝桁架支撑 alumin(i)um truss brace
铝红土 laterite(soil);lateritic soil
铝护层 alibate
铝护套电缆 alumin(i)um-sheathed cable
铝化(处理) alitizing;calorize;calorizing;alumin(i)um impregnation;aluminizing
铝化处理的 calorized
铝化钢 calorizing steel
铝化合物 aluminide;alumin(i)um compound
铝化加固 stabilization by aluminizing
铝化磷光体 aluminized phosphor
铝化镍 nickel aluminide
铝化物扩散敷层 aluminide diffusion coating
铝化学防蚀薄膜法 Alubond method
铝化作用 calorization
铝环氧密封层 alumin(i)um epoxy sealer
铝黄铜 Aldurbra;alumin(i)um brass;Yorcalbro
铝黄铜合金 alumin(i)um brass alloy;alumin(i)um yellow brass
铝回收 alumin(i)um recovery
铝汇流排 alumin(i)um busbar
铝汇流条 alumin(i)um busbar

铝混凝剂 alumin(i)um coagulant
铝活动支架 alumin(i)um adjustable bracket,slotted standard
铝活化测井 alumin(i)um activation log
铝活化反应 alumin(i)um activation
铝基硅镁合金 anti-corodal
铝基合金 acieral;alumin(i)um base alloy;Cindal;Skleron
铝基润滑脂 alumin(i)um base grease;alumin(i)um soap grease
铝基铜硅合金 Acron
铝基铜镍镁合金 magnalite
铝基轴承合金 Alco metal;Palium;Quarzal
铝及铝合金管材 alumin(i)um and alumin(i)um alloy pipes
铝及铝合金挤压棒材 alumin(i)um and alumin(i)um alloy extruded rods
铝及铝合金线材 alumin(i)um and alumin(i)um alloy wires
铝极电池 alumin(i)um cell
铝极电化学稳定 alumin(i)um electrochemical stabilization
铝夹芯飞机跑道板 <铺临时跑道用> alumin(i)um sandwich mat
铝钾矾 potash alum;potassium alum;potassium-alumin(i)um sulphate
铝建筑附件 alumin(i)um builders hardware
铝建筑小五金 alumin(i)um builders hardware
铝浆 <浇铸铝合金铸件用的> noral
铝胶 alumina gel
铝结构构件 alumin(i)um unit
铝结构构件 structural alumin(i)um
铝结构建筑学 alumin(i)um architecture
铝结构型材 alumin(i)um section;alumin(i)um trim
铝结合屋顶屋面 alumin(i)um bonded roof covering
铝金 <含铝黄铜的> alumin(i)um gold
铝金粉漆 alumin(i)um bronze paint
铝金属 alumin(i)um metal
铝金属雾 alumin(i)um mist
铝浸钎焊 alumin(i)um dip-brazing
铝镜条 alumin(i)um framing strips
铝卷百叶 alumin(i)um rolling shutter
铝卷材退火炉 alumin(i)um coil and sheet stack annealing furnace
铝卷片 alumin(i)um mill sheets in coils
铝铠电缆 alumin(i)um-sheathed cable
铝壳 alumin(i)um jacket
铝壳雷管 alumin(i)um blasting cap;alumin(i)um detonator
铝空气电池 alumin(i)um air battery
铝矿(石) alumin(i)um ore
铝矿指示植物 indicator plant of lead
铝框格 alumin(i)um sash
铝栏杆 alumin(i)um railing
铝栏杆连接器 alumin(i)um rail coupling
铝雷管 alumin(i)um detonator
铝离子 alumin(i)um ion
铝粒 granule
铝连接件 fasten alumin(i)um
铝梁 alumin(i)um beam
铝磷合金 phoral
铝磷酸盐矿石 alumophosphate ore
铝檩条 alumin(i)um purlin(e)
铝硫酸盐 alumina sulphate
铝榴石 pyralspite
铝路灯柱 alumin(i)um street lighting column
铝铝硅合金涂层 alumin(i)um/alumin(i)um silicon alloy coating
铝率 alumina iron modulus;alumina modulus;alumina ratio;alumin(i)um rate
铝绿泥石 sudoite
铝螺丝 alumin(i)um screw
铝铆钉 alumin(i)um rivet
铝铆钉头 alumin(i)um rivet head
铝镁硅合金 Aldray;Almasil alloy;Almasilium
铝镁合金 alumin(i)um magnesium alloy;Aludur;alumag
铝镁合金导线 AA conductor;Almelec conductor;alumin(i)um magnesium alloy conductor
铝镁耐火材料 Normagal
铝镁锌耐蚀合金 Neomagnal
铝镁锌系合金 Ergal
铝镁锌系形变铝合金 Unidal
铝门 alumin(i)um door
铝门窗料 alumin(i)um window door and sections
铝门窗锁 locks for alumin(i)um door and window
铝门拉手 alumin(i)um pull(handle)
铝门与硅门的区别 alumin(i)um gate and silicon gate differences
铝蒙脱石 aluminous montmorillonite
铝锰合金 Alumal;alumin(i)um manganese alloy;Therlo
铝密封 alumiseal
铝密封垫圈 alumin(i)um gasket
铝密封皮 alumin(i)um seal(ing) sheeting
铝棉 alumin(i)um wool
铝面 alumin(i)um finish
铝明矾 potash alum
铝模 alumin(i)um mo(u)ld
铝模板 alumin(i)um form(work);alumin(i)um mo(u)ld plate
铝模型 alumin(i)um pattern
铝膜 alumin(i)um foil
铝末混合炸药 torpex
铝母线(排) alumin(i)um busbar
铝木组合结构(体系) alumin(i)um wood composite system
铝幕墙 alumin(i)um curtain wall
铝幕墙系统 alumin(i)um curtain wall system
铝镍磁铁 Alnic magnet
铝镍磁铁合金 Alni
铝镍钢 alumin(i)um nickel steel
铝镍钴 V 形磁铁 alnico V magnet
铝镍钴磁钢 alnico magnet
铝镍钴系永久磁铁 Hycomax
铝镍钴(永磁)合金 Alnico[alumin(i)um-nickel-cobalt alloy];alnico alloy
铝镍焊 thermit(e) welding
铝镍合金 Alni;alumin(i)um nickel;alumin(i)um-nickel alloy;aluminonickel
铝镍黄铜 alumin(i)um nickel brass
铝镍强磁钢 Mishima magnet steel
铝镍青铜 Yorcalnic
铝镍铜弹簧合金 Kunial
铝凝胶 alumina gel
铝刨丝 alumin(i)um turnings
铝硼锆钙石 painite
铝硼硅酸盐玻璃 alumina-borosilicate glass
铝铍合金 alumin(i)um-beryllium alloy
铝皮包面 alumin(i)um sheet facing;alumin(i)um sheet lining;alumin(i)um sheet surface
铝皮饰面 alumin(i)um sheet facing;alumin(i)um sheet lining;alumin(i)um sheet surface
铝皮贴面 alumin(i)um sheet facing;alumin(i)um sheet lining;alumin(i)um sheet surface
铝皮铁板 alumin(i)um-clad iron
铝皮镶面 alumin(i)um sheet facing;alumin(i)um sheet lining;alumin(i)um sheet surface
铝片 alumin(i)um flake;alumin(i)um sheet;beaten alumin(i)um
铝片脊瓦 alumin(i)um ridge capping
铝平板蒸发器 alumin(i)um plate evaporator
铝平片 alumin(i)um flat sheet
铝屏蔽 alumin(i)um shielding
铝漆 alumin(i)um paint
铝气封层 alumin(i)um vapo(u)r barrier
铝汽封 alumin(i)um vapo(u)r barrier
铝钎焊 alumin(i)um soldering
铝钎料 Almit;alumin(i)um solder;Soluminium
铝铅电解整流器 nodon rectifier
铝墙板 alumin(i)um siding
铝墙纸 alumin(i)um wallpaper
铝桥 alumin(i)um bridge
铝青铜 albronze;alumin(i)um bronze;Alcumite
铝青铜粉末冶金 cubraloy
铝青铜涂料 alumin(i)um bronze paint
铝氢化锂 lithium aluminohydride
铝清洗液 alumin(i)um cleaning solution
铝热的 aluminothermic
铝热法 aluminothermics;aluminothermy;thermit(e) method;thermit(e) process;thermoreduction
铝热法炼制铁合金 exothermic ferro alloy
铝热反应 aluminothermic reaction;thermit(e) reaction
铝热焊钢粉 thermit(e) steel
铝热焊(接) aluminothermic welding;exothermic welding;Goldschmidt;thermit(e) welding
铝热焊接缝 thermit(e) joint
铝热焊接接头 aluminothermic welded joint
铝热焊接头 aluminothermic welded joint
铝热焊金属粉 thermit(e) metal
铝热还原法 aluminothermic method of reducing
铝热还原铁 thermit(e) iron
铝热剂 aluminothermics;plain thermit;thermit(e)
铝热剂法 thermit(e) process
铝热剂焊 thermit(e) welding
铝热剂焊钢筋搭接 thermit(e) splice
铝热剂焊接 aluminothermic welding
铝热剂焊接导接线 thermit(e) bond
铝热剂焊接法 thermit(e) welding
铝热剂焊接术 thermit(e) welding
铝热剂混合器 thermit(e) mixture
铝热铸型 thermit(e) mo(u)ld
铝绒 alumin(i)um wool
铝熔炼厂 alumin(i)um smelting plant
铝熔炼设备 alumin(i)um smelting plant
铝赛克斯合金 alsex
铝色的 alclad
铝砂 aloxite
铝砂管 aloxite tube
铝筛 alumin(i)um mesh
铝栅 alum gate
铝砷高强度黄铜 Albrac
铝砷铀云母 arsenuranospathite
铝石榴石光源 alumin(i)um garnet source
铝石砖 alundum tile
铝饰贴面 alumin(i)um facing
铝饰镶面 alumin(i)um facing
铝铈磷灰石 alemobholite
铝水化物 alumin(i)um hydroxide
铝水平尺 alumin(i)um alloy level;alumin(i)um spirit level
铝丝 alumin(i)um wire
铝丝布 alumin(i)um wire cloth
铝丝夹板 alumin(i)um wire splint
铝丝捆扎的 wirebound
铝丝网 alumin(i)um wire netting
铝酸钙 calcium aluminate
铝酸钙玻璃 calcium aluminate glass
铝酸钙水化物 calcium aluminate hydrate;calcium sulfate hydrate
铝酸钙水泥 aluminate cement;calcium aluminate cement;refractory cement
铝酸钙铁 calcium ferric calcium
铝酸根 aluminate
铝酸钴 cobalt aluminate
铝酸钾 potassium aluminate
铝酸钠 sodium aluminate;sodium calcium
铝酸钠溶液 sodium aluminate solution
铝酸钠施工法 chemi-ject construction method
铝酸铅 lead aluminate
铝酸三钙 <水泥中化学成分> tricalcium aluminate
铝酸锌 zinc calcium
铝酸性排水 alumin(i)um effluent
铝酸亚铁 ferrous calcium
铝酸盐 aluminate
铝酸盐贝利玻璃 aluminate glass
铝酸盐混凝土 aluminate concrete
铝酸盐耐火混凝土 aluminate refractory concrete
铝酸盐耐火水泥 aluminate refractory cement
铝酸盐水泥 aluminate cement
铝酸盐自(动)应力水泥 alumina self-stressing cement
铝炭电解法 alumin(i)um-carbon microelectrolysis
铝搪瓷 alumin(i)um enamel
铝套 alumin(i)um jacket
铝踢板 alumin(i)um kicking plate
铝铁 alumin(i)um iron
铝铁比 Al-Fe ratio;alumina-ferrous oxide ratio
铝铁矾土 bauxitic clay
铝铁高导磁合金 Alfenol
铝铁硅钙壳 duricrust
铝铁合金 Alfer(o);ferro-alumin(i)um
铝铁剂 aluminoferric
铝铁矿物 alferric mineral
铝铁黏[粘]土 bauxitic clay
铝铁青铜 Ampco;Silliman bronze
铝铁酸钙 calcium aluminoferrite
铝铁土 allite
铝铁土化作用 allitization
铝铁系数 iron modulus
铝铁岩 alite
铝铜合金 alumin(i)um bronze;alumin(i)um copper alloy;dural(umin)
铝铜镁合金 duralumin
铝铜镍合金 hidumimium
铝铜铁合金 alumin(i)um copper-iron alloy
铝铜锌合金 alumin(i)um copper zinc alloy
铝凸版 aluminotype
铝涂层 aluminized coating
铝涂层玻璃纤维 aluminous coated glass fiber
铝涂层钢板 aluminized coated sheet steel
铝涂层织物 aluminized coated fabric

铝涂覆层 alumin(i)um coating
铝涂料 alumin(i)um paint;alumin(i)um paste
铝涂料的底层底漆 alumin(i)um paint primer
铝土 alum clay;alumina;alumin(i)um bauxite;alumin(i)um oxide
铝土的 alumin(ifer)ous
铝土矿 alumyte;bauxite
铝土矿山 beauxite mine
铝土矿石 beauxite ore
铝土矿异常 anomaly of alumyte
铝土磨料 aluminous abrasive
铝土耐火材料 beauxite refractory
铝土耐火砖 bauxite fire brick
铝土泥浆注射泵 beauxite slurry injection pump
铝土水泥 alumina cement;aluminous cement;beauxite cement
铝土铁质岩建造 bauxite-ironstone formation
铝土岩 bauxite
铝土岩亚建造 bauxitic rocks formation
铝土页岩 bauxitic shale
铝土质红土 bauxitic laterite
铝土质黏[粘]土 bauxitic clay
铝土质岩 bauxitite
铝土砖 bauxite brick
铝脱氧的金属 alumin(i)um deoxidized metal
铝网 alumin(i)um fabric;alumin(i)um mesh
铝网格穹隆 alumin(i)um grid dome
铝污斑 alumin(i)um stain
铝屋面板 alumin(i)um roof cladding;alumin(i)um roofing sheet
铝钨华 alumotungstite
铝雾 alumin(i)um mist
铝锡合金轴承 alumin(i)um tin bearing;Morgoil bearing
铝锡合金轴瓦 alumin(i)um tin bearing
铝锡轴承合金 noral
铝洗涤系统 alumin(i)um plant scrubber system
铝纤维 alumin(i)um wool
铝线 alumin(i)um conductor;alumin(i)um wire
铝线锭 alumin(i)um for wire drawing
铝线绕制钢心电缆 steel-cored alumin(i)um
铝镶板 alumin(i)um panel
铝芯导体 alumin(i)um conductor
铝芯导线 alumin(i)um conductor
铝芯电缆 alumin(i)um cable
铝芯电缆甲套 alumin(i)um cable sheath
铝芯电缆包皮 alumin(i)um cable sheath
铝锌法热镀锌 Alplate process
铝锌合金 alumin(i)um zinc alloy;Sibley alloy
铝锌合金镀层钢绞线 coated alumin(i)um zinc steel stranded wire
铝锌涂层钢板 alumin(i)um zinc coated sheet
铝型材 alumin(i)um extruded sections;alumin(i)um trim
铝型材火焰钎焊 flame brazing of alumin(i)um bar section
铝型材抛光机 alumin(i)um profile polishing machine
铝型材镶板 alumin(i)um profile(d) panel
铝压模铸件 alumin(i)um die casting
铝压延机 alumin(i)um rolling plant
铝压铸件 alumin(i)um die casting
铝岩碎屑 greenstone chip(ping)s
铝盐残渣 alumin(i)um salt residue
铝盐混凝法 alumin(i)um salt coagulation method
铝盐混凝剂 alumin(i)um salt coagulant
铝盐类 alumin(i)um salts
铝颜料 alumin(i)um pigment
铝颜料沥青涂料 alumin(i)um pigmented asphalt coating
铝阳极 alumin(i)um anode
铝阳极电池 alumin(i)um anode cell
铝阳极涂层处理 Eloxal coating
铝阳极氧化处理(法) Eloxal
铝阳极氧化法 alumilite process
铝氧 alumina
铝氧八面体 alumin(i)um octahedron
铝氧比 alumina iron ratio
铝氧粉 alumina powder;alundum
铝氧化物 alanate
铝氧键 alumin(i)um oxygen bond
铝氧率 alumina ratio
铝氧石 aluminite
铝氧熟料 clinker of alumina oxide
铝氧土 alumina;argilla
铝冶金 metallurgy of alumin(i)um
铝冶炼厂 alumin(i)um smelting plant
铝衣合金 alclad
铝翼反射式显示系统 Distec system
铝翼式太阳能热水器 alumin(i)um wing type solar energy water heater
铝英岩 allophanite
铝荧光屏 aluminized screen
铝元片 alumin(i)um plate
铝圆片 alumin(i)um sheet circle
铝皂 alumin(i)um soap
铝皂(基)润滑脂 alumin(i)um soap grease
铝甑干馏试验 carbonization test in alumin(i)um retort
铝渣 alumin(i)um dross
铝张拉板材 alumin(i)um tension board
铝张拉带材 alumin(i)um tension band
铝张拉杆 alumin(i)um tension bar
铝张拉丝 alumin(i)um tension wire
铝真空注射配合膜 alumin(i)um vacuum injection type matched die
铝蒸发导体 deposited alumin(i)um conductor
铝正常的 alumin(i)um normal
铝支撑 alumin(i)um post
铝支撑带材 alumin(i)um brace band
铝支承结构 alumin(i)um-bearing structure
铝支腿底板 alumin(i)um outrigger base;alumin(i)um stabilizer base
铝支柱底板 alumin(i)um outrigger base
铝直闪石 gedrite
铝指板 <门锁的> alumin(i)um finger plate
铝制百叶窗 alumin(i)um shutter;alumin(i)um slatted blind;alumin(i)um sunblind
铝制波纹片 alumin(i)um corrugated (building) sheet
铝制波纹形 alumin(i)um corrugated profile
铝制波纹形构件 alumin(i)um corrugated unit
铝制波纹型材 alumin(i)um corrugated section
铝制玻璃格条 <用于玻璃采光窗的> alumin(i)um patent glazing bar
铝制车 aluminum car
铝制车身 alumin(i)um body
铝制承重构件 alumin(i)um load-bearing member
铝制窗格 alumin(i)um grid
铝制窗配件 alumin(i)um window hardware
铝制电缆护套 alumin(i)um cable sheath
铝制顶棚 alumin(i)um ceiling
铝制泛水板 alumin(i)um flashing
铝制扶手 alumin(i)um hand railing
铝制干货柜 alumin(i)um dry cargo container
铝制格栅 alumin(i)um grill(e)
铝制管 alumin(i)um pipe
铝制管座 alumin(i)um tube brackets
铝制过梁 <门窗的> alumin(i)um lintel
铝制护墙板 alumin(i)um siding
铝制建筑板材 alumin(i)um building member;alumin(i)um building sheet;alumin(i)um building unit
铝制建筑部件 alumin(i)um building component
铝制建筑附件 alumin(i)um builders hardware
铝制建筑构件 alumin(i)um building member;alumin(i)um building unit;alumin(i)um component
铝制建筑外门 alumin(i)um building entrance door
铝制建筑小五金 alumin(i)um builders hardware
铝制建筑制品 alumin(i)um building product
铝制铰链 alumin(i)um hinge
铝制结构立面 alumin(i)um facade;alumin(i)um face;alumin(i)um front
铝制结构正面 alumin(i)um facade;alumin(i)um face;alumin(i)um front
铝制卷板条 alumin(i)um rolling slat
铝制卷帘门(窗) alumin(i)um rolling shutter
铝制卷帘式遮光百叶 alumin(i)um slatted roller blind
铝制空心型材 alumin(i)um hollow section
铝制框架 alumin(i)um frame
铝制雷管 alumin(i)um blasting cap
铝制梁 alumin(i)um beam
铝制量雪尺 alumin(i)um snow stake
铝制零件 alumin(i)um hardware
铝制滤光板 alumin(i)um filter
铝制路灯柱 alumin(i)um street lighting column
铝制螺钉 alumin(i)um screw
铝制螺丝 alumin(i)um screw
铝制门 alumin(i)um door
铝制模板 alumin(i)um form(work);alumin(i)um shuttering
铝制幕墙 alumin(i)um curtain wall
铝制配件 alumin(i)um fittings
铝制品 alumin(i)um product
铝制器皿 alumin(i)um ware
铝制容器 alumin(i)um vessel
铝制声控顶棚 alumin(i)um sound control ceiling
铝制声控天花板 alumin(i)um sound control ceiling
铝制天窗 alumin(i)um glazing
铝制天花板 alumin(i)um ceiling
铝制推拉窗 alumin(i)um austral window
铝制推拉门 alumin(i)um sliding door
铝制网 alumin(i)um mesh
铝制网格天花板 alumin(i)um grid ceiling
铝制围栏 alumin(i)um fence;alumin(i)um hand railing
铝制屋顶 alumin(i)um roofing
铝制屋面板 alumin(i)um roof cladding;alumin(i)um roofing sheet
铝制镶板 alumin(i)um cassette;alumin(i)um coffer;alumin(i)um panel
铝制小五金 alumin(i)um fillings;alumin(i)um hardware
铝制型材 alumin(i)um section;alumin(i)um shape
铝制檐沟 alumin(i)um eave(s) gutter;alumin(i)um eave(s) trough
铝制液压支撑 aluminum hydraulic shoring
铝制易拉罐 alumin(i)um ring pull end
铝制引鞋 alumin(i)um guide shoe
铝制遮光窗 alumin(i)um shutter
铝制遮阳板 alumin(i)um sunblind;alumin(i)um sunbreaker
铝制折板屋顶 alumin(i)um folded plate roof
铝制折板屋面 alumin(i)um folded plate roof
铝制折叠式百叶门 alumin(i)um sliding folded shutter door
铝制支架底板 alumin(i)um stabilizer base
铝制支柱底板 alumin(i)um stabilizer base
铝制装饰型材 alumin(i)um ornamental section
铝质边框 alumin(i)um trim
铝质沉积物 aluminous sediments
铝质沉着病 aluminosis pulmonum
铝质防滑踢脚板 Kynal
铝质红土 aluminous laterite
铝质活塞 alumin(i)um piston
铝质集装箱 alumin(i)um container
铝质集装箱修理手册 repair manual for alumin(i)um freight container
铝质耐火黏[粘]土 bauxite fireclay
铝质耐火砖 aluminous fire(clay) brick
铝质黏[粘]土 bauxite clay;bauxitic clay
铝质上层建筑 alumin(i)um erection
铝质系数 aluminous coefficient
铝质消毒桶 alumin(i)um sterilizing drum
铝质校正原料 alumin(i)um correcting material
铝质岩 bauxitite;pelite
铝质岩类 aluminous rocks
铝质岩相 aluminous rock facies
铝轴承 alumin(i)um bearing
铝轴承合金 alumin(i)um-bearing alloy;z-alloy
铝珠 alumin(i)um shot;pill of alumin-(i)um
铝珠集电极 alumin(i)um beads collector
铝柱 alumin(i)um post
铝铸件 alumin(i)um casting
铝铸造合金 Ceralumin(alloy)
铝装饰线 alumin(i)um trim
铝装饰型材 alumin(i)um decorative section;alumin(i)um ornamental section
铝族 alumin(i)um family
铝佐剂 alumin(i)um adjuvant

屡

屡次 many a time

屡犯 recidivism

缕

缕 lea;thread

缕花锯 jig saw
缕纱测长机 sample skein winder

缕纱强力试验机 lea tester;skein yarn strength tester
缕条 roll

履

履齿 grouser

履刺 grouser
履带 apron wheel;caterpillar;caterpillar band;caterpillar tread;chain track;chain tread;crawler;crawler belt;crawler track;crawler tread;endless track;grouser track;track;track belt;track chain;tread caterpillar;pedrail < 拖拉机等的 >
履带摆动轴 track oscillation shaft
履带板 crawler track shoe;crawler tread shoe;creeper tread;grouser plate;shoe;sole plate;track block;track pad;track plate;track shoe;tractor shoe
履带板齿 guide lug
履带板刺 grouser;grouser bar
履带板的磨损 shoe wear
履带板后跟 heel
履带板后缘 heel
履带板筋 grouser(bar)
履带板筋的橡胶垫 track rubber grouser
履带板宽 track width
履带板宽度 pad width;track shoe width;width of shoe
履带板螺栓 track shoe bolt
履带板抓地齿 cleat
履带绷紧 crawler tension
履带闭合链节 master link
履带补偿器 track compensator
履带侧架 crawler side frame
履带长度 crawler length;track length
履带车 caterpillar tread wagon;crawler truck;creeper truck;endless track vehicle;track motor car
履带车辆跑道 track course
履带齿 grouser
履带齿片 grouser;grouser plate
履带冲击钻 crawler percussion drill
履带传带 crawler tread
履带传动 caterpillar tread;chain tread;crawler track;crawler tread;creeper tread;track drive
履带打滑 track slippage
履带带板 crawler shoe
履带导板 track guide
履带导承 caterpillar guide
履带导轨 caterpillar track
履带导轮 tread roller
履带导向轮 track guiding wheel
履带导向轮缓冲弹簧 track idler recoil spring
履带导向轮缓冲液压缸 track idle recoil cylinder
履带导向轮支架 track idler bracket
履带导向装置 caterpillar guide
履带的 trackless;track-mounted
履带的导向护板 track-guiding guard
履带的无内胎轮胎 < 其中一种 > steel shoe beadless tire
履带底架 crawler base
履带底盘 crawler chassis;crawler mounting
履带底盘的 crawler-mounted
履带吊车 crawler crane
履带定向护板 track-guiding guard
履带动力铲运机 crawler-powered scraper
履带动力刮土机 crawler-powered scraper
履带斗式高位装载机 crawler flip-over bucket loader
履带独立回转 independent rotation
履带独立旋转 independent rotation
履带惰轮 track idler
履带防护板 track guard
履带附件 crawler attachment
履带附着力 track adhesion
履带高度 crawler height
履带刮土机 track-chain scraper
履带轨迹 track path
履带轨距 track width;tread
履带滚轮 track roller
履带滑动转向 crawler skid steer
履带滑转 track slip
履带机械垫子 excavator mat
履带架 track frame
履带架半轴 track frame pivot shaft
履带架式推土机 elevated sprocket bulldozer
履带间距 crawler ga(u)ge;track ga(u)ge
履带接触面积 crawler contact area
履带接地长度 crawler bearing length;length of track on ground
履带接头 track connector;tracking joint
履带节距 track pitch
履带卡车 caterpillar lorry;caterpillar truck;crawler lorry;crawler truck
履带开山机 crawler drill
履带可变换的可改装车辆 convertible vehicle
履带空转轮 track idler wheel
履带块 track pad
履带宽度 track width
履带拉紧 track tension
履带链 crawler tread belt;caterpillar chain
履带链板 grouser shoe;spund
履带链节 track link
履带链节导轨 track link rail
履带链节组合 track link assembly
履带链轮 sprocket;sprocket gear
履带链轮轴 track sprocket shaft
履带链轮组 crawler sprocket
履带链条 tread plate
履带轮 Athey wheel;crawler;crawler wheel;track wheel
履带轮底 caterpillar tread
履带轮迹 chain track
履带轮距 chain track;chain tread
履带轮胎 beadless tire[tyre]
履带轮中心距 chain tread
履带轮轴 track wheel shaft
履带轮爪 grouser plate
履带螺栓 track bolt
履带密封 track seal
履带密封件 track seal
履带密缝 track seal
履带面积 shoe area
履带配件 track components
履带片 shoe
履带牵引 caterpillar traction;crawling traction
履带牵引车 crawler
履带牵引机 caterpillar tractor
履带牵引装置 crawler
履带驱动 track drive;caterpillar drive
履带驱动链 crawler drive chain
履带驱动轮 drive sprocket;sprocket gear;track driving wheel;track sprocket
履带驱动设备 caterpillar drive
履带全长 overall length of crawler
履带式 crawl(er mounted);tractor-mounted
履带式侧臂起重机 crawler side boom
履带式柴油发动挖土起重机 crawler-mounted diesel excavator-crane
履带式柴油牵引车 diesel crawler tractor
履带式铲车 crawler loader;crawler-type grader
履带式铲斗车 tractor loader;tractor shovel
履带式铲土车 caterpillar loading shovel
履带式铲土机 caterpillar loading shovel;crawler-mounted power shovel;crawler-scraper rig;crawler shovel;track shovel
履带式铲土挖掘机 crawler shovel loader
履带式铲土装卸机 crawler shovel loader
履带式铲土装载机 crawler shovel loader
履带式铲运机 crawler scraper
履带式铲运拖拉机 cat and can
履带式长臂吊车 track-laying type long-boom crane
履带式车驾驶员 cat-jockey
履带式车离合器 crawler clutch
履带式车辆 caterpillar;crawler(vehicle);tracked vehicle;track(-laying)vehicle
履带式车辆总成 crawler track unit
履带式车驱动离合器 crawler drive clutch
履带式车转向轴 crawler foot shaft
履带式车转向轴链轮 crawler foot shaft sprocket
履带式除雪汽车 snow mobile
履带式传动 caterpillar drive
履带式传动拖拉机 crawl tread tractor
履带式传送机 crawler conveyer[conveyor]
履带式打桩机 crawler-mounted piling rig
履带式单斗电铲 shovel crawler
履带式单斗挖掘机 crawler single bucket excavator;shovel crawler
履带式单斗挖土机 shovel crawler
履带式的 caterpillar;crawler-mounted;crawler-tracked;crawler type
履带式登陆车 amtrack
履带式底盘 track-type under-carriage
履带式电铲 caterpillar shovel;crawler shovel
履带式吊车 caterpillar crane
履带式吊管机 crawler pipelayer
履带式斗轮取料机 crawler-mounted bucket wheel reclaimer
履带式多斗挖掘机 crawler bucket ladder excavator
履带式多斗挖土机 crawler bucket ladder excavator
履带式多斗装载机 crawler bucket loader
履带式翻铲装载机 caterpillar rocker shovel;crawler rocker shovel
履带式翻转装载机 caterpillar flip-over bucket loader
履带式盖板 grouser boxes
履带式高架装载机 caterpillar overhead loader;caterpillar over-loader;caterpillar overshot loader;crawler overhead loader
履带式高位装载机 caterpillar overhead loader;caterpillar over-loader;caterpillar overshot loader;track-laying type overhead loader
履带式工程机械 crawler-mounted equipment
履带式拱钩 caterpillar logging arch;hyster arch
履带式刮土机 caterpillar scraper;crawler scraper
履带式过顶装载机 track-laying type overhead loader
履带式焊接工程车 welding tractor
履带式黑路面喷洒机 caterpillar black-top spreader
履带式滑模摊铺机 crawler slipform paver
履带式混凝土搅拌机 crawler concrete mixer
履带式货车 crawler truck
履带式机械 caterpillar equipment;caterpillar machinery;crawler;track-laying machine;track plant;track-type machine
履带式截煤机 crawler coal cutter
履带式开山机 crawler drill
履带式开土机 caterpillar bulldozer
履带式控制闸门 caterpillar gate
履带式括土机 crawler-scraper rig
履带式缆索起重机 cable crawler crane;cable rope crawler
履带式沥青混合料摊铺机 crawler asphalt paver
履带式沥青混凝土铺路机 caterpillar asphalt concrete paver
履带式沥青混凝土摊铺机 crawler(-type)asphalt paver
履带式沥青路面机 caterpillar asphalt finisher
履带式沥青路面铺料机 caterpillar asphalt paver
履带式沥青路面推土机 caterpillar bulldozer
履带式沥青路面整修机 caterpillar asphalt finisher;crawler-mounted asphalt finisher;track-laying type asphalt finisher
履带式沥青铺路机 caterpillar bituminous paving machine
履带式联合铺路机 track-laying type combined paver
履带式链斗挖掘机 crawler bucket ladder excavator
履带式链斗挖土机 crawler bucket ladder excavator
履带式流动制管机 crawler-mounted pipe factory
履带式路面机 caterpillar finisher
履带式轮斗挖掘机 crawler-wheel excavator
履带式内燃挖掘机 diesel crawler excavator
履带式内燃挖土机 diesel crawler shovel
履带式内燃正铲挖土机 diesel crawler face shovel
履带式喷丸机 chain shot blasting machine
履带式平板货车 flat-bed crawler truck
履带式平地机 crawler-type grader
履带式平土机 crawler bulldozer;crawler-type grader
履带式平巷凿岩钻车 hard-pick drifting machine
履带式铺管机 crawler pipelayer
履带式铺路机 caterpillar paver
履带式起重机 caterpillar crane;crawler crane;creeper crane;crawling crane;creeper derrick;creeper travel(l)er;tracked crane;track loader
履带式起重机构架 crawler frame
履带式汽车 crawler vehicle
履带式汽车起重机 link belt type truck crane
履带式汽动挖土机 crawler steam excavator
履带式牵引车 caterpillar tractor;crawler tread tractor;chain-track tractor;crawler-type vehicle;track-laying vehicle
履带式牵引机 crawler machine;

crawler tractor
履带式前端装载机 crawler front-end loader
履带式倾卸车 crawler dump wagon
履带式升降装载机 crawler bucket elevator loader
履带式水陆两用输送车 amphibious tracked carrier
履带式松土机 crawler ripper
履带式索铲 crawler-mounted dragline
履带式塔形吊车 crawler tower crane
履带式台车 crawler jumbo
履带式摊土机 crawler bulldozer
履带式提升机 caterpillar elevator
履带式推土机 bulldozer; bull dozer-equipped track-type tractor; crawler bulldozer; crawler dozer; crawler tractor; crawler-tractor-mounted bulldozer; dozer-equipped track-type tractor; dozer fitted to track-laying type tractor; tank dozer; tracked bulldozer; tractor dozer
履带式推运机 crawler pusher
履带式退火窑 conveyer belt lehr
履带式拖车 chain-track tractor; crawler tractor; track-type tractor; crawler trailer
履带式拖拉铲土机 crawler-tractor-mounted shovel
履带式拖拉机 agricat; caterpillar; chain-track tractor; crawler; crawler tractor; crawler-type tractor; creeper tractor; pedrail; track layer; track-laying vehicle; trackplaying tractor; track-type tractor; tread tractor; caterpillar tractor; crawler tread tractor
履带式拖拉机传动轮 cat operator
履带式拖拉机吊车 crawler tractor crane
履带式拖拉机附件 crawler tractor attachment
履带式拖拉机轨距 ga(u)ge of tracks
履带式拖拉机驾驶员 cat operator; catskinner <俚语>
履带式拖拉机牵引的 crawler-drawn; crawler-pulled
履带式拖拉机牵引的铲运机 cat and can
履带式拖拉机牵引的挂车 crawler trailer
履带式拖拉机前置装载机 crawler-tractor-mounted front end loader
履带式拖拉机拖曳铲运机 crawler tractor-drawn scraper
履带式拖拉机拖引刮土平整机 cat and can
履带式拖拉推土机 crawler-tractor-mounted bulldozer
履带式挖沟机 crawler-wheel trencher; gopher ditcher
履带式挖掘机 caterpillar excavating machine; caterpillar excavator; caterpillar shovel; crawler-mounted excavator; crawler shovel; tracked excavation; track-type excavator; traxcavator; crawler excavator
履带式挖土机 caterpillar excavating machine; caterpillar excavator; crawler mechanical shovel; crawler-mounted excavator; crawler shovel; crawler-type excavator; excavating machine; track-type excavator; caterpillar-mounted excavator
履带式挖土起重机 crawler-mounted excavator-crane
履带式万能挖土机 crawler universal excavator
履带式稳定土搅拌机 crawler soil stabilizer
履带式小车 cat wagon
履带式小型推土机 crawler baby bulldozer
履带式小型装甲车 Bren carrier
履带式行进装置 crawler track; crawler tread; crawler unit
履带式行走架 track-type under-carriage
履带式旋转铲土机 crawler revolving shovel
履带式旋转吊车 crawler revolving crane
履带式雪地上汽车 ski mobile
履带式压路机 crawler roller
履带式堰顶闸门 caterpillar crest gate
履带式液压(操纵)装载机 caterpillar hydraulic loader
履带式液压挖掘机 tracked hydraulic(al) excavator; hydraulic crawler excavator
履带式液压斜铲推土机 crawler tractor fitted with hydraulic angle dozer
履带式液压凿岩台车【机】 crawler hydraulic bench drill
履带式油槽车 crawler tank car
履带式原木钢绳拖运车 tracked cable skidder
履带式原木集材机 tracked skidder
履带式原木拖运车 tracked skidder; track-type skidder
履带式原木抓运车 tracked grapple skidder
履带式运货车 crawler-type truck
履带式运料车 crawler wagon
履带式运载装置 track-type undercarriage
履带式凿岩台车 track-drill; rock drilling crawler
履带式凿岩钻车 crawler drill; track-mounted drill
履带式闸门 caterpillar cut-off; caterpillar gate; crawler gate; tractor gate
履带式照明 caterpillar light
履带式振动机 crawler vibrator
履带式正铲挖掘机 crawler shovel
履带式正向铲挖土机 crawler face shovel
履带式重型风动凿岩机 air-track drill
履带式抓岩斗 crawler-mounted clamshell
履带式抓岩机 crawler-mounted clamshell
履带式转臂起重机 creeper wagon
履带式转向轴链轮架 crawler foot shaft sprocket yoke
履带式桩架 crawler-mounted pile frame
履带式装车机 crawler-mounted loader
履带式装料机 caterpillar loader; crawler loader; track-type loader
履带式装运机 caterpillar loader; crawler loader; track-type loader
履带式装载铲 track-type loading shovel
履带式装载机 caterpillar loader; crawler(-mounted) loader; crawler shovel; crawler-type loader; tracked loader; track-type loader
履带式自动车 track-mounted wagon drill
履带式自动平地机 crawler-type motor grader
履带式自动装载机 self-propelled truck loader
履带式走行装置 caterpillar tread; chain tread; crawler tread; creeper tread
履带式钻车 crawler(drill) jumbo; crawler-mounted drill rig; track-mounted jumbo; tractor jumbo
履带式钻机 crawler drill; strip bore drill; track-mounted drill
履带式钻探车 crawler wagon drill
履带松弛 track slack
履带松紧 track tensioner
履带松紧度的液压调节 hydraulic track adjuster
履带松紧度调节器 track adjuster
履带松紧调节装置 crawler take-up
履带塔式起重机 crawler-mounted tower crane
履带台车 crawler bogie
履带台车架 track frame
履带蹄块 track block
履带调节安全阀 track adjuster relief valve
履带调节汽缸 track adjusting cylinder
履带调节球形止回阀 track adjuster ball check valve
履带调整座 track adjusting base
履带推土机 crawler bulldozer; crawler-mounted bulldozer
履带托链轮 bearing roller
履带托链轮支架 carrier roller bracket
履带托轮 carrier roller; tread roller
履带托轮架 track frame
履带拖拉机 crawler; push cat; track tractor
履带拖拉机牵引 crawler-drawn; crawler-pulled
履带拖拉机悬挂收割机 crawler-mounted harvester
履带挖掘机 shovel crawler; tracked excavator
履带瓦 spund; track shoe
履带系统 track system
履带相干角 intertrack angle of interference
履带销 grouser bar; track link pin; track pin
履带销滚动外圈的磨损 rolling diameter wear
履带销前端承压面 forward drive side
履带销套 track bushing
履带销中心距 pitch of track chain
履带行走机构 caterpillar running mechanism
履带行走架 crawler under-carriage
履带行走效率 coefficient of track efficiency
履带行走效率系数 coefficient of track efficiency
履带行走装置 crawler-mounted device; crawler unit; track layer; undercarriage
履带压路机 track roller
履带氧漂机 caterpillar type oxidation bleaching range
履带液力(操纵)装载机 caterpillar hydraulic loader
履带一侧打滑 side slip(ping)
履带宜行式运载装填车 self-propelled tracked loader
履带诱导轮 adjusting idler wheel; track idler
履带与地面的附着力 track adhesion
履带运行 caterpillar drive
履带运行车辆 tracked vehicle
履带运行线 endless track
履带张紧 track tensioner
履带张紧机构支架 track adjusting bracket
履带张紧轮 idler sprocket(wheel); track tension roller
履带张紧装置 track tension device
履带张拉 track tensioning
履带张力 crawler tension; track tension
履带张力调节器具 track tension adjusting gear
履带张力调节装置 track tension adjusting gear
履带支撑 crawler bearing
履带支承轮 track carrying wheel
履带支承轴 crawler pivot shaft
履带支带轮 carrier roller
履带支架 crawler frame; track carrier
履带支面 ground contacting area of track
履带支托轮 upper track wheel
履带支重轮 bearing roller; track roller
履带支重轮架 bogie[bogey/bogy]; track frame roller frame; track roller frame
履带支重轴 track roller shaft
履带中心距(离) distance between centers of crawlers; track center distance; track ga(u)ge
履带中心线 center line of track
履带主链节 master track link
履带抓地齿 track lug
履带转向(装置) crawler steering
履带装置 crawler; crawler attachment; track assembly
履带着地面积 chain tread
履带总成 track assembly
履带总链节 master track section
履带走行部分 tread
履带走行机构 caterpillar running mechanism
履带组合 track group
履带组件 track sub-assembly
履函 performance bond
履历 occupational history
履历表 antecedents; curriculum vitae; personal autobiography; resume; statement of service; history-sheet
履历簿 memorandum[复 memoranda/memorandums]; record book
履历书 logbook
履历数据 historic(al) data
履面砖 coping brick
履行 acquit; acquittal; carryout; fulfill; implementation; make good; perform
履行保证金 performance bond
履行承诺 meet commitments
履行付款 effect payment
履行合同 carry a contract; comply with an agreement; discharge of contract; execution of contract; fulfill a contract; fulfillment the contract; hono(u)r a contract; implementation of contract; implementing a contract; performance of a contract
履行合同保证人 performance guarantee
履行合同风险 performance risk
履行合同责任 burden of contract
履行或解除汇票上的义务 discharge of liability on a bill of exchange
履行期末到前违约 breach of contract before performance is due
履行期限<义务等的> date of discharge
履行契约 meet one's engagements; perform a contract
履行日期 date of performance; fulfillment date
履行手续 comply with a formality
履行条款 fulfil term
履行协议 hono(u)r agreement; abide by the agreement
履行义务 acquittal; duty of perform-

L

ance; meet the obligation; satisfaction; satisfy
履行义务保证 guarantee of performance
履行预约 fulfil a former agreement
履行债务 meeting liability
履行职责 carry-out the duties; perform one's duty
履约 execution of contract; hono(u)r an agreement; keep an appointment
履约保函 performance bond; performance guarantee
履约保证 securities for fulfillment; security for fulfillment; performance security
履约保证金 performance bond; performance guarantee money; performance security; performance bond
履约保证书 guarantee of performance; performance bond; performance guarantee; guaranty bond; performance security
履约担保 guarantee of performance; performance guarantee; performance security; securities for fulfillment; performance bond
履约抵押品 securities for fulfillment
履约担保及材料、人工等付款担保继续有效 consent of surety
履约期限 contract date
履约预付款 performance security

律师 attorney; counsel(l)or; jurisconsult; jurist; lawyer; legal counsel; attorney; attorney-at-law <美>

律师对房产所有权的判定意见书 attorney's opinion of title
律师法 solicitor's act
律师费 attorney fee; retainer
律师事务所 law office
律速阶段 rate-determining step
律音 musical note

率比 risk ratio

率定 calibration; rating
率定表 rating table
率定槽 basin for calibration; calibration tank; canal rating; rating canal
率定常数 calibration constant
率定车 rating car
率定池 basin for calibration; canal rating; rating canal; rating flume; rating tank; calibration tank <流速仪用的>
率定吨位 rating tonnage
率定法 rating method
率定功率 rated horsepower
率定柜 rating tank
率定精度 calibration accuracy
率定曲线 <相互依存的数量之间的关系曲线> calibrated curve; calibration curve; rating curve
率定曲线稳定性 stability of rating curve
率定绳套 rating loop
率定试验 calibration test
率定水槽 rating flume; rating tank
率定系数 calibrated coefficient; calibration coefficient; calibration factor
率定箱 rating tank
率定站 rating station
率定证(书) calibration certificate
率定装置 calibrating device

绿斑 green spot; green stain

绿宝石 beryl; chatoyant; chlorosapphire; greenstone
绿宝石色的 emerald
绿碧硒 Brazilian emerald
绿变 green stain
绿波 <绿色信号灯联动控制,使车一到交叉口,即现绿灯,以便车队连续无阻通过各交叉口> green wave; progression
绿波波宽 <按推进式信号联动系统的设计速率,从通过第一辆车到可能最后一辆车的时距,以秒计,也称连续通过的时距> through band; bandwidth
绿波带 green(wave) band
绿波带带宽 green wave band width
绿波交通 traffic pacer
绿波运行图 <设计行进式信号系统用> time-space diagram
绿玻陨石 <产于波希米亚> moldavite
绿茶 green tea
绿常石 thaclite
绿场 green field
绿车 <发达国家的一种高级客车> green car
绿城袋 bag dust filter
绿初损失 start-loss(lag); start loss of plant
绿瓷漆 green enamel
绿瓷漆铁丝窗纱 green enameled iron wire netting
绿脆云母 brandisite; clintonite; seybertite
绿带 green belt; seeded strip
绿带城镇 green belt town
绿蛋白石 chloropal; nontronite
绿的 viridian
绿灯 go light; green light
绿灯不定期显示的推进式预定周期系统 flexible progressive pretimed system
绿灯部件 green unit
绿灯迟显信号 lagging green signal phase
绿灯带引导的移动式交汇控制系统 <入口匝道控制的一种> green hand system of moving merge control; hand system of moving merge control
绿灯带引导系统 greenband system
绿灯单元 green unit
绿灯后 end gain
绿灯后利用时间 end gain
绿灯继电器 green light relay
绿灯间隔时间 intergreen interval (time)
绿灯间隔延误 intergreen interval delay
绿灯交替显示的推进式信号系统 <一条路上绿灯在同一时间相隔一个或数个道口上显示> alternate progressive system
绿灯控制线 green control wire
绿灯前转弯 <交通信号> leading turn
绿灯时差形式 offset pattern
绿灯时长 green time
绿灯时间 green time
绿灯首期(秒) initial interval
绿灯同时显示的推进式信号系统 <一条路上各道口绿灯同时显示> simultaneous progressive system
绿灯推迟显示 <指交通灯> late release
绿灯尾续车流 build-up flow
绿灯信号复示继电器 green signal repeater; green signal repeater relay
绿灯信号复示器 green signal repeater
绿灯信号间隔时间 intergreen period
绿灯信号前的黄(琥珀)灯号 starting amber
绿灯信号相 green phase
绿灯延长时间 <感应信号用> green extension period
绿灯右转 right-turn on-green
绿灯最长时间 maximum interval
绿灯最长限制 maximum interval
绿地 green area; green belt; green land; green space; open space; planted area
绿地百分比 percentage of green area
绿地百分率 percentage of green area
绿地保护区 green space conservation area
绿地布局 green space layout
绿地布置 greening layout
绿地城市 green belt town
绿地分区 open space zoning
绿地空间 green open space
绿地蜡 curtisite; idrialine; idrialite
绿地率 coverage; cover ratio; greening coverage; ratio of green space
绿地面积 greening area
绿地设施 green facility
绿地网 green network
绿地系统 green network
绿地效果 green space effect
绿地性质 greening nature
绿地滞尘作用 dust-retention effect of plant
绿碲铜石 xocoecatlite
绿碲银矿 empressite
绿点板岩 spilosites
绿电气石 Brazilian emerald
绿靛花青 indocyanine green
绿豆 green gram; mung(bean)
绿豆改良 mung bean improvement
绿豆砂 mineral granule; pea grit; pea shingle; roof chip(ping)s; surface mineral <屋面保护层>
绿豆砂灰浆 pea gravel grout
绿豆砂面层 mineral granule finish; mineral surface
绿豆砂面油毡 mineral-surfaced asphalt felt; mineral-surfaced bitumen felt
绿豆石灰浆 pea gravel grout
绿二向色反射镜 green dichroic mirror
绿矾 copperas; green vitriol
绿矾氯化处理 <水的> treatment by chlorinated copperas
绿矾铁红 copperas red
绿肥 green manuring
绿肥皂 green soap
绿肥植物 green manure
绿肥作物 cover crop; green manure crop
绿肥作物休闲地 green fallow
绿腐朽 green rot
绿钙钒石 simplotite
绿钙铝榴石 South African jade; Transvaal jade
绿钙镁橄榄石 batrachite
绿钙闪石 hastingsite
绿钙铁榴石 Bobrovska garnet; Uralian emerald
绿刚玉 oriental emerald
绿高岭石【地】 nontronite
绿膏 Chinese green; lakao
绿革 shagreen
绿铬矿 eskolaite
绿沟菌类体 notched sclerotinite
绿谷隆 monolinuron
绿光 green light
绿光波效应 green wave effect
绿光硅酸锌荧光体 green willemite phosphor
绿光金黄色 green-gold
绿光蓝 greenish blue
绿光敏化剂 green sensitizer
绿光栅 green raster
绿函 greenmail
绿河条例 <指环境保护> green river ordinance
绿褐色 green-brown
绿褐色硬木 <产于西印度> bullet wood
绿褐色棕 cyprus umber
绿黑色 green black
绿花鹿角漆树 green staghorn sumac
绿化 greening; landscaping; planting; sprigging operation
绿化边坡 planted slope
绿化标准 planting standard
绿化草地 tree lawn
绿化城市 green planted city
绿化带 green area; green belt; tree belt; green strip
绿化带的城镇 green belt town
绿化岛(车站) greening island
绿化道路 green way
绿化地带 garden spot; green belt; green space; green zone; tree lawn
绿化地段 green district
绿化防治污染 prevention and control of pollution with afforestation
绿化费 afforestation fee
绿化分隔带 seeded strip
绿化覆盖 mantle of vegetation
绿化覆盖率 green coverage ratio; greening cover percentage
绿化工程 landscape engineering; landscaping; landscape works
绿化规划 green planning
绿化降噪 noise reduction by foliage
绿化结构 green structure
绿化抗污 resisting pollution by green plants
绿化客厅 green parlour
绿化里程 planting mileage
绿化路边 planted border
绿化面积 green space; planted area
绿化坡地 sowing a slope down to grass
绿化迁改 afforestation relocation
绿化区 green area; green space; green zone; lawn and planting area
绿化区总平面图 green area plan
绿化设计 greening design; planting design; landscaping
绿化委员会 afforestation committee
绿化协定 city green activity agreement
绿化用地 green space
绿化用地指数 green space index
绿化用水 garden watering demand; green belt sprinkling; green plot sprinkling
绿化在环保中的作用 green plants in environment protection
绿化造林 afforest(ation)
绿化植被调查 vegetation survey
绿化资源地 green matrix
绿化祖国 turn the country green
绿灰 green ash
绿灰色 green-grey
绿辉粗面岩 acmite trachyte
绿辉花岗伟晶岩 acmite-granite pegmatite
绿辉石 omphacite
绿辉石榴辉岩 omphacite-eclogite
绿辉荧光屏 green screen
绿基色点 green apex
绿钾铁矾 goldichite; voltaite
绿钾铁盐 douglasite

L

绿尖晶石 chlorospinel
绿胶 Chinese green;lakao
绿焦油 green oil tar;green tar
绿禁令 green ban
绿卡 <无美国国籍外国人在美国工作的许可证> green card
绿空 green sky
绿蜡 green wax
绿蓝色 turquoise;turquoise blue
绿廊 xyst(us)
绿篱 green fence; hedge (-living fence); hedgerow; live enclosure; living fence; planting screen; brush hurdle <灌木栽成的篱笆>; live fence <用树木组成的>
绿篱修剪器 hedge cutter
绿篱植物 hedge plant
绿粒橄榄石 glaucochroite
绿帘花岗岩 unakite
绿帘角闪片岩 epidote hornblende schist
绿帘角闪斜长片麻岩 epidote hornblende plagioclase gneiss
绿帘角闪岩 epidote amphibolite
绿帘金红角闪片岩 ollenite
绿帘绿泥片岩 epidote chlorite schist
绿帘钠长岩 helsinkite
绿帘闪岩相 epidote-amphibolite facies
绿帘石 akanticone;allochite;epidote;pistacite;thailite
绿帘石化作用 epidotization
绿帘石角闪石角岩相 epidote-hornblende hornfels facies
绿帘石角闪岩相 epidote-amphibolite facies
绿帘石角岩 epidote hornfels
绿帘石镁铁闪石片岩 epidote cummingtonite schist
绿帘石片麻岩 epidote gneiss
绿帘石透闪石片岩 epidote-tremolite schist
绿帘石矽卡岩 epidote sharn
绿帘石岩 epidote rock;epidosite
绿帘石云母片岩 epidote-mica schist
绿帘透闪片岩 epidote-tremolite schist
绿帘阳起角闪岩 epidote actinolite amphibolite
绿帘阳起片岩 epidote actinolite schist
绿廉石 achmatite
绿林溪谷 dene
绿磷铝石 callainite
绿磷锰矿 dickinsonite
绿磷锰钠石 varulite
绿磷铅铜矿 tsumebite
绿磷铁矿 dufrenite;ludlamite
绿鳞石 celadonite;kmaite
绿鳞云母 cryophyllite
绿鳞云母质矿物 cryophilic mineral
绿硫钒矿 patronite
绿硫钒脉状矿床 patronite lode deposit
绿硫钒石 patronite
绿榴石 uvarovite
绿路黑电平 green black level
绿麻石 green fountain
绿霉 green mould
绿钠闪石 hastingsite
绿泥板岩【地】chlorite slate
绿泥千枚岩 chail phyllite
绿泥花岗岩 protogine
绿泥间滑石 kulkeite
绿泥间蛭石 corrensite
绿泥角闪片岩 chlorite hornblende schist
绿泥绢云母片岩 chlorite-sericite schist
绿泥矿物质 chloritic mineral
绿泥纳长白云母片岩 chlorite-albite muscovite-schist
绿泥纳长白云母石英角岩 chlorite albite muscovite quartz hornfels
绿泥泥灰岩层 chloritic marl
绿泥蛇纹片岩 chlorite serpentine schist
绿泥石 green earth;chlorite
绿泥石板 chlorite slate
绿泥石带 chlorite zone
绿泥石鲕状岩 chlorite-oolite
绿泥石化 chloritization;chlorization
绿泥石胶结物 chlorite cement
绿泥石角闪岩 chlorite amphibolite
绿泥石镁铁闪石片岩 chlorite cummingtonite schist
绿泥石片麻岩 chlorite gneiss
绿泥石片岩 chlorite schist
绿泥石千枚岩 chlorite phyllite
绿泥石型锡石矿石 cassiterite ore of chlorite type
绿泥石岩 chlorite rock
绿泥石质沉凝灰岩 chloritic
绿泥透闪片岩 chlorite tremolite schist
绿泥页岩 chlorite shale
绿镍矿 bunsenite
绿盘菌 <拉> Chlorosplenium aeruginosum
绿盘石 propylite
绿盘岩 propylite
绿盘岩化作用 propylization
绿皮层 phelloderm
绿皮书 Green Paper <英国,提出意见、建议以备讨论的政府文件>; green book <英、意等国政府的>
绿片 embolium
绿片岩 green schist
绿片岩相型片岩碳酸盐建造 schist-carbonate formation of green schist facies
绿偏移 offset
绿偏移选择【道】offset selection
绿坡缕石 attapulgite;palygorskite
绿桤木 green alder
绿漆窗纱 green enameled iron wire netting
绿前转弯 leading turn
绿枪阴极 green cathode
绿蔷薇辉石 allagite
绿青 malachite
绿清真寺 green mosque
绿球花 guilder rose
绿球藻(属)chlorococcum
绿区 <可见光谱部分> green region
绿色 green;bice
绿色板岩 green slate
绿色饱和度标度 green saturation scale
绿色背景 green background
绿色玻璃 green glass
绿色材料 green material
绿色产品 green production
绿色沉着斑 green stain
绿色的 greenish
绿色地带 green belt
绿色淀 green lake
绿色发动机 <助动车汽油机可较充分燃烧> green engine
绿色反射镜 green reflecting dichroic
绿色风化 green efflorescence
绿色浮标 green buoy
绿色覆盖率 greening cover percentage
绿色革命 <指农业生产方面的改革> green revolution
绿色光 green light
绿色和平运动 Green Peace Movement
绿色和平组织 Green Peace Organization
绿色环保混凝土 green concrete
绿色建筑材料 green building material
绿色经济学 green economics
绿色矿泥 <铀矿石处理过程沉淀的> green sludge
绿色磷光体 green(-emitting) phosphor
绿色硫黄细菌 green sulfur bacteria
绿色滤光片 green filter
绿色滤光器 green filter
绿色盲 <紫红色与绿色分辨不清> deuteranopia;green-blind
绿色面积 green area
绿色魔力 green power
绿色黏[粘]土砖 green clay brick
绿色凝灰岩 green tuff
绿色抛光块 chromic oxide polishing composition
绿色片痕 green patch distortion
绿色片岩 green schist
绿色片岩相 greenschist facies
绿色色盲 achloropsia
绿色闪光 flashed green
绿色石英岩 glaucoquartzite
绿色苔藓泥炭土 green moss peat
绿色碳化硅 green silicon carbide
绿色条款 green clause
绿色条款信用证 green clause credit; green clause letter of credit; green ink clause credit
绿色通道 green passageway
绿色铜盐颜料 green verditer
绿色图案 green pattern
绿色涂料 green paint
绿色文件 green paper
绿色细菌 green bacteria
绿色消费主义 green consumptionism
绿色信号 green signal
绿色蚜虫 greenfly
绿色盐 praseo salt
绿色颜料 green pigment;veridian
绿色荧光粉 green-emitting phosphor
绿色荧光体 green-emitting phosphor
绿色有机颜料 green organic pigment
绿色釉 green salt glaze
绿色釉点 green stain
绿色照明 green illumination
绿色直行箭头 green straight-through arrow
绿色植物 green plant
绿色状态 green state
绿砂 <钾质肥料> green sand
绿砂压滤池 greensand pressure filter
绿砂岩 green sandstone
绿闪(光)green flash;blue flash;blue-green flame;green ray
绿闪石 smaragdite;taramite
绿闪瞬间 green segment
绿闪太阳 green sun
绿射线 green ray
绿砷钡铁矿 dussertite
绿砷钡铁石 dussertite
绿砷铁铜矿 chenevixite
绿砷铜石 chlorotile
绿砷锌锰矿 chlorophoenicite
绿砷锌锰石 chlorophoenicite
绿石棉 byssolite
绿石砂 pea gravel
绿石英 prase
绿时比 <交通信号相位有效绿灯时间与周期时间之比> green time ratio
绿时差信号 offset signal
绿时差延误关系式 offset-delay relationship
绿树 greenery
绿水 green water
绿水钒钙矿 simplotite
绿松色 turquoise blue
绿松石 calaite;chalchewete;turquoise
绿松石矿床 turquoise deposit
绿松香油 green oil
绿素石 chlorophyl(l)
绿酸 green acid
绿苔 <金属表面的> greenish patina
绿碳钙铀矿 liebigite
绿锑铅矿 monimolite
绿铁碲矿 durdenite; emmonsite; mackayite
绿铁矿 rockbridgeite
绿铜矿 dioptase
绿铜铅矿 chloroxiphite
绿铜锌矿 aurichalcite;brass ore
绿头鸭 mallard
绿透辉石 alalite
绿土 green earth; lime green; terra verte;smectite <蒙脱石夹土>
绿脱石 chloropal; gramenite; morencite;nontronite;pinguite
绿污泥 fresh sludge; green sludge; green mud
绿霞石 gieseckite
绿纤石 chlorastrolite;lotrite;pumpellyite;zonochlorite
绿纤硬柱蓝闪石片岩 pumpellyite lawsonite glaucophane schist
绿线 green line
绿线平纹袋 green striped heavy bag
绿相蓝 greenish blue
绿楔 green wedge
绿心奥寇梯木 green heart
绿心硬木 cirouablli;green heart <产于圭亚那>;musiga <产于东非>
绿信比 green(period)ratio;split ratio
绿信比选择 split selection
绿雪 green snow
绿亚光照明 green argon illumination
绿氩光 green argon light
绿岩 green rock;greenstone
绿岩带 greenstone belt
绿岩带中含金石英脉 gold-quartz vein in greenstone belt
绿岩地槽 greenstone geosyncline
绿岩花岗岩组合 greenstone-granite association
绿岩凝灰岩 greenstone tuff
绿岩片岩 greenstone schist
绿岩溶 green karst
绿盐 green salt
绿盐剂 <含有铜、砷、铬的木材防腐剂> green salt
绿颜料 green ocher
绿叶 greenery
绿叶石 chlorophyllite
绿液 green liquor
绿液粗滤器 green liquor strainer
绿液过滤器 green liquor strainer
绿荫步道 mall
绿荫大道 tree-bordered pass
绿荫地区 forested region
绿荫路 green way
绿荫面积 forested area
绿荫区 shade tree section
绿荫树 shade tree
绿荫效应 leaf-canopy inhibition germination
绿荫栽植 shade planting
绿油漆 green paint
绿铀矿 vandenbrandeite
绿玉 beryl
绿玉色 jade;jade green
绿玉石 green onyx
绿玉髓 chrysoprase; green chalcedony;plasma
绿云母 euchlorite;euchroite;kmaite
绿藻 green alga[复 algae]
绿藻纲 Chlorophyceae
绿藻类 green algae
绿藻门 Chlorophyta
绿藻素 chlorellin
绿至橄榄色硬木 <委内瑞拉产> tuque
绿质霞石正长岩 monmouthite

绿洲 oasis[复 oases]
绿洲农业 oasis farming
绿珠花岗岩 <产于挪威的> emerald pearl
绿柱橄榄石 glaucochroite
绿柱石 beryl;beryl concentrate;davidsonite
绿柱石铍矿石 beryl ore
绿柱石石英脉矿床 beryl-quartz vein deposit
绿柱石伟晶岩矿床 beryl pegmatite deposit
绿锥石 cronstedtite

氯

氯氨处理 chlorine-ammonia treatment
氯氨法 chlorine-ammonia method;chlorine-ammonia process
氯氨化合物 chloramines compound
氯铵汞矿 kleinite
氯胺 chloramine
氯胺化 chloramination
氯胺溶液 chloramine solution
氯胺铜 cupric chloramine
氯胺消毒 disinfection by ammonium chloride
氯苯 chlorinated benzene;chlorobenzene;chlorobenzol
氯苯胺 chloroaniline
氯苯酚 chlorophenol
氯苯酚分解作用 chlorophenol decomposition
氯苯酚盐 chlorophenate
氯苯甲酸 chlorobenzoic acid
氯苯氧基丙酸 chlorophenoxy propionic acid
氯苯乙酮 chloroacetophenone;chlorophenylmethylketone
氯苯乙烯 chlorostyrene
氯苯中毒 chlorobenzene poisoning
氯铋矿 bismoclite
氯冰 chlorine ice
氯丙官能基硅烷 chloropropyl functional silane
氯丙基三甲氧基硅烷 chloropropyl trimethoxysilane
氯丙炔 propargyl chloride
氯丙酮 chloracetone;chlorinated acetone
氯丙烷 chloropropane
氯丙烷切割 oxy-propane cutting
氯丙烯醛 chloroacrolein
氯铂酸 chloroplatinic acid;platinic chloride
氯铂酸钡 barium chloroplatinate
氯铂酸盐 chloroplatinate;platinochloride
氯铂酸银 silver chloroplatinate
氯残量控制 chlorine residual control
氯草酸钠矿 stepanovite
氯草酸钠石 stepanovite
氯测井 chlorine log
氯产品 chlorine products
氯醇 alpha-chlorahydrin;chlorohydrin
氯醇橡胶 polyepichlorohydrin rubber
氯醋共聚物 vinyl chloride-acetate copolymer
氯醋酸 chloroacetic acid
氯醋酸乙酯 ethyl chloroacetate
氯催化剂 chlorination catalyst
氯代 chloro
氯代醇 chlorohydrin(e)
氯代庚酸 chloroheptanoic acid
氯代环己烷 chlorocyclohexane
氯代甲烷 methyl(ic)chloride
氯代氢醌 chlorohydroquinone
氯代烃 chlorohydrocarbon
氯代烃类 chlorinated hydrocarbon
氯代铜酞菁 chlorinated copper phthalocyanine
氯代烷烃 chloralkane
氯代有机物 chloro-organics
氯丹 <杀虫剂> chlordane
氯当量 chlorinity
氯的 chloric
氯的催化作用 chlorine catalyst
氯的杀菌作用 bactericidal action of chlorine
氯的选择性 chlorine selectivity
氯的氧化物 chlorine oxide
氯的最大浓度 peak chlorine loading
氯碘化物 chloriodide
氯碘甲烷 chloroiodomethane
氯碘铅矿 schwartzembergite
氯碘铅石 seeligerite
氯碘油剂 iodochlorol
氯丁醇 chlorobutanol
氯丁二烯 chloroprene
氯丁二烯胶乳 chloroprene latex
氯丁二烯聚合物 chloroprene polymer
氯丁二烯树脂 chloroprene resin
氯丁二烯橡胶 chloroprene(gum) rubber
氯丁二烯中毒 chloroprene poisoning
氯丁分段膨胀接头 neoprene section expansion joint
氯丁合成橡胶 neoprene synthetic(al) rubber
氯丁基 neoprene base;chlorobutyl
氯丁胶乳 neoprene latex
氯丁胶粘剂 chloroprene rubber adhesive agent
氯丁片状膨胀接头 neoprene sheet expansion joint
氯丁橡胶 chloronorgutta;chloroprene;chloroprene gum;duprene rubber;neoprene;neoprene rubber;polychloroprene;polychloroprene rubber;polymeric chlorobenzene rubber
氯丁橡胶板 sheet neoprene
氯丁橡胶板条 <一种嵌缝料> neoprene strip
氯丁橡胶包皮电缆 neoprene sheathed cable
氯丁橡胶薄板 neoprene sheet
氯丁橡胶薄膜优质密封板 sure-seal neoprene sheet membrane
氯丁橡胶槽管 neoprene channel
氯丁橡胶插片 neoprene insert(ion)
氯丁橡胶缠包体系 <悬索桥主缆的> neoprene wrapping system
氯丁橡胶衬垫 neoprene insert(ion)
氯丁橡胶大块垫料 neoprene structural gasket
氯丁橡胶挡风片 neoprene weather baffle
氯丁橡胶的支承梁垫 <预应力混凝土结构或钢结构桥梁的> neoprene rubber bridge bearing pad
氯丁橡胶垫板上加聚氯乙烯面滑动支座 sliding bearing of neoprene pad surface with Teflon coat
氯丁橡胶垫带 neoprene gasket
氯丁橡胶垫片 neoprene gasket
氯丁橡胶垫圈 neoprene gasket;neoprene washer
氯丁橡胶垫座 neoprene pad-support
氯丁橡胶吊钩 neoprene hanger
氯丁橡胶防水 neoprene waterproofing
氯丁橡胶防水卷材 neoprene elastometric roofing sheet
氯丁橡胶防振垫 neoprene vibration pad
氯丁橡胶防震垫 neoprene vibration pad
氯丁橡胶盖层 neoprene decking
氯丁橡胶隔水器 neoprene waterstop
氯丁橡胶管道 neoprene channel
氯丁橡胶减振垫 neoprene vibration pad
氯丁橡胶浆 neoprene latex
氯丁橡胶胶 neoprene glue
氯丁橡胶胶浆 neoprene glue
氯丁橡胶胶粘剂 neoprene adhesive;neoprene rubber;neoprene rubber adhesive
氯丁橡胶接缝条 neoprene joint strip
氯丁橡胶沥青漆 bituminous neoprene paint
氯丁橡胶沥青涂料 neoprene asphalt coating
氯丁橡胶密封 neoprene seal
氯丁橡胶密封垫片 neoprene sealing gasket
氯丁橡胶密封圈 neoprene seal(ing) ring
氯丁橡胶密封填料 neoprene sealing gasket
氯丁橡胶黏[粘]结剂 neoprene-rubber adhesive
氯丁橡胶泡沫 neoprene foam
氯丁橡胶盆形轴承 neoprene pot bearing
氯丁橡胶片材 sheet neoprene
氯丁橡胶桥梁支承垫 neoprene rubber bridge bearing pad
氯丁橡胶桥面压力缝填封料 neoprene bridge deck pressure joint seal
氯丁橡胶桥面支座 neoprene bridge deck bearing
氯丁橡胶乳液 neoprene latex
氯丁橡胶色漆 neoprene colo(u)r paint
氯丁橡胶伸缩缝条 neoprene control strips
氯丁橡胶水密封 neoprene waterstop
氯丁橡胶套 neoprene sleeve
氯丁橡胶套筒 neoprene rubber sleeve
氯丁橡胶填塞物 neoprene gasket
氯丁橡胶筒形轴承 neoprene pot bearing
氯丁橡胶涂层 application neoprene
氯丁橡胶涂层尼龙织物 neoprene coated nylon fabric
氯丁橡胶涂层织物 neoprene coated fabric
氯丁橡胶涂料 liquid applied neoprene;neoprene coating;neoprene paint
氯丁橡胶托架 neoprene hanger
氯丁橡胶屋面 neoprene roof(ing)
氯丁橡胶屋顶面层 neoprene roof
氯丁橡胶屋面片材 neoprene roof
氯丁橡胶压力填封 neoprene compressible seal;neoprene compression seal
氯丁橡胶压缩密封 neoprene compressible seal;neoprene compression seal
氯丁橡胶压缩填缝料 neoprene compressible seal;neoprene compression seal
氯丁橡胶釉料 neoprene glue
氯丁橡胶毡密封 felt-neoprene seal
氯丁橡胶罩 neoprene jacket
氯丁橡胶支承架 neoprene bearing
氯丁橡胶支承面 neoprene bearing
氯丁橡胶支座 duprene rubber bearing;neoprene pad;neoprene bearing
氯丁橡胶止水 neoprene waterstop
氯丁橡胶轴承 neoprene bearing
氯丁橡胶轴承瓦 neoprene bearing pad
氯丁预制橡胶垫片 neoprene preformed gasket
氯定 nitrapyrin
氯定量法 chlorometry
氯毒气 chlorine war gas
氯度 chlorinity
氯对苯二酚 chlorohydroquinone
氯对苯二酚显影剂 adurol
氯二甲苯酚 chloroxylenol;roxenol
氯阀 chlorine valve
氯矾石 chloraluminite
氯仿 chloroform;trichloromethane
氯仿萃取 chloroform extract
氯仿萃取法 chloroform extract method
氯仿沥青 A 的转化率 transformation ratio of chloroform bitumen A
氯仿沥青 A 含量 chlotoform bitumen A content
氯仿乳剂 emulsion of chloroform
氯仿水 chloroform water
氯仿中毒 chloroform poisoning
氯酚红 chlorophenol red
氯酚味 chlorophenol taste
氯氟甲烷 chlorofluoromethane
氯氟碳化合物 chlorofluorocarbon
氯氟碳化合物制冷剂 chlorofluorocarbon refrigerant
氯氟碳化合物制冷液 chlorofluorocarbon refrigeration fluid
氯氟烃 chlorofluorohydrocarbon
氯氟烃塑料 chlorofluorohydrocarbon plastics
氯钙石 hydrophilite
氯钢瓶 chlorine cylinder
氯根离子 chloride ion
氯汞矿 eglestonite;mercury chloride
氯钴胺 chlorocobalamine
氯硅钙铅矿 nasonite
氯硅锆钠石 petarasite
氯硅铁铅矿 jagoite
氯硅烷 chlorosilane
氯含量 chlorinity
氯含量记录 chlorine log
氯化 chloridize;chlorinate
氯化氨酒精 ammonium chloride alcohol
氯化铵 ammonia chloride;ammonium chloride;muriate of ammonia;sal ammoniac;salmiac
氯化铵电池 sal-ammoniac cell
氯化铵废水 ammonium chloride wastewater
氯化铵镁 magnesium ammonium chloride
氯化铵消毒 disinfection by ammonium chloride
氯化钯 palladium chloride
氯化钡 barium chloride
氯化钡中毒 barium chloride poisoning
氯化焙烧 chloridizing roasting
氯化焙烧炉 chloridizing roaster
氯化苯酚 chlorinated phenol
氯化苯汞 phenylmercury chloride
氯化苯氧基乙酸 chlorinated phenoxyacetic acid
氯化吡啶 pyridine chloride
氯化丙烯 propylene dichloride
氯化铂 platinum chloride
氯化不饱和脂肪烃 unsaturated chlorinated aliphatic hydrocarbon
氯化产物 chlorinate;chlorizate
氯化池 chlorination chamber
氯化处理 chloridization;chlorination
氯化的 chlorinated
氯化灯管 chlorinating light tube
氯化地沥青 chlorinated asphalt
氯化碘试验 iodine(mono) chloride test

L

氯化电炉 electric(al) chlorinator
氯化淀粉 radon chloride
氯化丁二烯 chlorinated butadiene
氯化对位红 chlorinated para nitraniline red;chlorinated para red
氯化蒽油 carbolineum
氯化二乙基铝 diethyl alumin(i)um chloride
氯化二异丁铝 diisobutyl alumin(i)-um chloride
氯化法 chlorination process;chlorination route
氯化法二氧化钛 chloride process titanium dioxide
氯化法二氧化钛色相 chloride colo(u)r
氯化法二氧化钛原料 chloride feedstock
氯化法分解 decomposition by chlorination
氯化法分离的纤维素 cross and Bevan cellulose
氯化法工艺 chloride technology
氯化法消毒 disinfection by chlorination
氯化法纸浆 soda chlorine pulp
氯化钒 vanadium chloride
氯化反应 chlorination reaction
氯化芳香化合物 chlorinated aromatic compound
氯化芳族化合物 chlorinated aromatic compound
氯化废水 chlorinated effluent
氯化分解 chlorination breakdown
氯化酚混合剂 chlorinated phenolic compound
氯化钙 calcium chloride;chloride calcium;lime chloride;solid fused
氯化钙处理 calcium chloride treatment
氯化钙防冻剂 <混凝土> temperite
氯化钙干燥器 calcium chloride desiccator
氯化钙管 calcium chloride tube
氯化钙氯化镁总含量 calcium and magnesium oxide content
氯化钙泥浆 calcium chloride mud
氯化钙配制槽 calcium chloride compounding tank
氯化钙稳定处理 calcium chloride stabilization
氯化钙型 chloride-calcium type
氯化钙型水 calcium chloride water
氯化钙盐水 calcium brine;calcium chloride brine
氯化钙针剂 calcium chloride injection
氯化高汞 mercuric chloride;mercury bichloride
氯化高钴 cobaltic chloride
氯化高铅 plumbic chloride
氯化镉 cadmium chloride
氯化铬 chromium chloride
氯化汞 corrosive sublimate;mercuric chlorite
氯化汞冷浸处理 <木材防腐> kyanising[kyanizing]
氯化钴 cobalt(ous) chloride
氯化硅 silicon chloride
氯化过程 chlorination process
氯化化合物 chlorination compound
氯化剂 chlorating agent
氯化甲基汞 methylmercury chloride
氯化甲烷 chlorinated methane
氯化钾 potassium chloride
氯化焦油 chloride tar
氯化接触槽 chlorination contact tank
氯化金 gold chloride
氯化聚丙烯 chlorinated polypropylene
氯化聚氯乙烯 chlorinated polyvinyl chloride
氯化聚氯乙烯管 chlorinated polyvinylchloride pipe
氯化聚氯乙烯螺纹塑料管件 threaded chlorinated polyvinyl chloride plastic fittings
氯化聚氯乙烯塑料 chlorinated polyvinyl chloride plastics
氯化聚氯乙烯塑料管件 chlorinated polyvinyl chloride plastic fittings
氯化聚氯乙烯涂料 chlorinated polyvinyl chloride paint
氯化聚醚 chlorinated polyether;chloropolyether
氯化聚醚塑橡胶 penton-rubber
氯化聚乙醚管 chlorinated polyether pipe
氯化聚乙烯 chlorinated polyethylene
氯化聚乙烯薄膜 chlorinated polyethylene membrane
氯化聚乙烯管 chlorinated polyvinyl pipe
氯化聚乙烯涂层织物 chlorinated polyvinyl coated fabric
氯化钪 scandium chloride
氯化苦 chloropicrin;nitrochloroform
氯化苦炸药 aquinite
氯化镭 radium chloride
氯化锂 lithium chloride
氯化沥青 chlorinated asphalt
氯化联苯 chlorinated biphenyl;chlorobiphenyl
氯化链烷烃 chlorinated paraffin
氯化磷 chlorphonium;phosphorus chloride
氯化磷酸酯 chlorinated phosphate
氯化硫 sulphur chloride
氯化硫胺 thiamine chloride
氯化硫酰 sulphury chloride
氯化炉 chlorination furnace
氯化铝 alumin(i)um chloride
氯化铝法 Alchlor process
氯化铝合剂 chloralum
氯化绿矾 chlorinated copperas
氯化镁 magnesium chloride
氯化镁法 magnesium chloride process
氯化镁溶液 magnesium chloride solution
氯化镁型 chloride-magnesium type
氯化镁型水 magnesium chloride water
氯化钠 common salt;sodium chloride
氯化钠氯化钾总含量 sodium and potassium oxide content
氯化钠浓度 sodium chloride concentration
氯化钠水 sodium chloride water
氯化钠型热水 sodium chloride thermal water
氯化钠盐水溶液 sodium chloride brine
氯化萘 chlorinated naphthalene
氯化萘防腐杀虫剂 xylamon
氯化萘蜡状物 <房屋建筑中防火橡胶用的> seekay wax
氯化镍 nickel chloride
氯化镨 praseodymium chloride
氯化铅 lead chloride
氯化铅黄 Cassel yellow;Turner's yellow;Verona yellow
氯化氢 hydrogen chloride
氯化氢的 hydrochloric
氯化氰 cyanogen chloride
氯化溶剂 chlorinated solvent
氯化润滑剂 chlorinated lubricant
氯化三苯甲基镁 triyl magnesium chloride
氯化三吩砒嗪 tri-phenarsazine chloride
氯化三甲胺 trimethyl ammonium chloride
氯化三联苯 arochlor
氯化三乙基锡 triethyltin chloride
氯化三元乙丙橡胶 chlorinated ethylene-propylene-diene copolymer
氯化杀虫剂 chlorinated insecticide
氯化设施 chlorination plant
氯化石灰 chloride of lime;chlorinated lime
氯化石蜡 chlorinated paraffin wax;chloroparaffine;chlorowax
氯化石蜡油 chlorocosanes
氯化树脂 chlorinated resin
氯化双氧铀 uranyl chloride
氯化水 chlorinated water
氯化水解法 chlorinolysis
氯化锶 strontium chloride
氯化四乙铵 tetraethylammonium chloride
氯化松节油 strobane
氯化铊 thallium chloride
氯化塔 chlorination tower
氯化碳氢化合物 chlorinated hydrocarbon
氯化碳氢化合物制冷剂 chlorinated hydrocarbon refrigerant
氯化锑涂料 antimony chloride paint
氯化添加剂 chlorinated additive
氯化铁 ferric chloride;iron chloride
氯化铁防水砂浆 waterproof mortar with ferric chloride
氯化烃 chlorhydrocarbon;chlorinated hydrocarbon
氯化烃类杀虫剂 chlorinated hydrocarbon insecticides
氯化铜 copper chloride;cupric chloride
氯化钍 thorium chloride
氯化烷基铵 monoalkyl ammonium chloride
氯化烷烃 chlorinated alkane;chloroalkane
氯化污水 chlorinated effluent
氯化物 bichloride;chloride;chlorinate;muriate
氯化物产生的锈蚀 chloride-induced corrosion
氯化物沉淀 chloride deposit
氯化物萃取 chloride extraction
氯化物腐蚀裂纹 chloride stress corrosion cracking
氯化物含量 chloride content
氯化物湖 chloride lake
氯化物矿泉水 chloride mineral spring water
氯化物矿石 chloride ore
氯化物-硫酸盐盐土 chloride-sulfate salinized soil
氯化物浓度 chloride concentration
氯化物排放控制 control fluoride emissions
氯化物侵入 chloride ingression
氯化物水 chloride water
氯化物水带 chloride water zone
氯化物通量 chloride flux
氯化物污染 chloride pollution
氯化物型泉 chloride spring
氯化物型热水 chloride thermal water
氯化物溴化物碘化物 chlorides bromides iodides
氯化物盐渍土 chloride salinized soil
氯化物预洗涤器 chloride pre-scrubber
氯化物指标 chloride index
氯化物指数 chloride index;chlorine index
氯化物质平衡 chloride mass balance
氯化稀土 rare earth chloride
氯化锡 butter of tin;stannic chloride;tin chloride
氯化橡胶 alloprene;chlorinated rubber
氯化橡胶磁漆 chlorinated rubber enamel
氯化橡胶底漆 chlorinated rubber priming paint
氯化橡胶基 chlorinated rubber base
氯化橡胶加色罩光漆 chlorinated rubber pigmented varnish
氯化橡胶胶粘剂 chlorinated rubber additive
氯化橡胶聚合物 chlorinated rubber polymer
氯化橡胶黏[粘]结剂 chlorinated rubber glue
氯化橡胶漆 chloride rubber paint;chlorinated rubber paint
氯化橡胶清漆 chlorinated rubber lacquer;chlorinated rubber varnish
氯化橡胶涂层 chlorinated rubber coat
氯化橡胶涂料 chloride rubber paint;chlorinated rubber paint
氯化橡胶养护混合物 chlorinated rubber curing compound
氯化消毒 chlorination disinfection
氯化消毒副产物 chlorination disinfection by-products
氯化效应 chlorination effect
氯化锌 butter of zinc;killed spirit;zinc chloride
氯化锌底漆 zinc chlorinate primer
氯化锌防腐法 <护材作业法> burnettizing;zinc chloride process
氯化锌浸渍(木材) burnettizing
氯化锌全吸收法 Burnett's process
氯化锌溶剂 zinc chlorite solution
氯化锌溶液 zinc chloride solution
氯化锌杂酚油浸注(防腐)法 zinc creosote process
氯化锌注入(防腐)法 Burnett's process;burnettizing
氯化学 chlorine chemistry
氯化亚铂 patinous chloride
氯化亚钒 vanadous chloride
氯化亚汞 calomel(ite);horn mercury;horn quicksilver;mercurous chloride;mercury protochloride;subchloride of mercury
氯化亚硫酰 thionyl chloride
氯化亚钐 samarous chloride
氯化亚铁 ferrous chloride
氯化亚铜 cuprous chloride
氯化亚铜的氢氯酸溶液 hydrochloric solution of cupreous chloride
氯化亚锡 stannous chloride;tin dichloride
氯化氧钒 vanadyl chloride
氯化冶金 chlorine metallurgy
氯化乙汞 ceresin(e)
氯化乙炔反应 chlorinated ethylene reaction
氯化乙烯 ethylene chloride
氯化异氰尿酸盐 chlorinated isocyanurates
氯化异吲哚酮橙颜料 chlorisoin-dolinone orange
氯化异吲哚酮红颜料 chlorisoin-dolinone red
氯化银 cerargyrite;silver chloride
氯化银钠 silver sodium chloride
氯化银乳剂 chlorite emulsion
氯化银像纸 chloride paper
氯化有机化合物 chlorinated organic compound
氯化有机农药 chlorinated organic pesticide
氯化有机杀虫剂 chlorinated organic pesticide
氯化有机物 chlorinated organic sub-

stance
氯化折点 chlorination breakpoint
氯化转效<水净化>点 break-point (of) chlorination; chlorination breakpoint
氯化装置 chlorinator
氯化作用 chlori(di)zation;chlor(in)ation
氯黄晶 zunyite
氯磺化聚乙烯 chlorosuphonated polyethene
氯磺化聚乙烯胶泥 Hypalon cement
氯磺化聚乙烯密封膏 chlorosulfonated polyethylene sealant; Hypalon sealant
氯磺化聚乙烯填缝材料 Hypalon ca(u)lking
氯磺化聚乙烯涂料 Hypalon coating; liquid applied chlorosulfonated polyethylene
氯磺化聚乙烯屋面材料 Hypalon roofing
氯磺化聚酯橡胶 chlorosulfonated polyester rubber
氯磺酸 chlorosulphonic acid
氯磺酸盐 chlorosulphonate
氯磺(酰)化 chlorosulphonation
氯磺酰化聚乙烯 chlorosulfonated polyethylene
氯磺酰化聚乙烯合成橡胶 hypalon
氯或氮的总量 total chlorine or nitrogen
氯剂量 chlorine dose
氯甲苯 toluene chloride
氯甲代氧丙环 epichlorohydrin
氯甲基二甲基氯硅烷 chloromethyl dimethyl chlorosilane
氯甲基硅烷 chloromethyl silane
氯甲桥萘 aldrin
氯甲烷 chloromethane; methyl chloride
氯甲烷污水 methyl chloride wastewater
氯钾胆矾 chlorothionite
氯钾钙石 chlorocalcite
氯钾铁盐 douglasite
氯钾铜矾 chlorothinite
氯钾铜矿 mitscherlichite
氯碱度 alkalinity chlorosity
氯碱工厂 chloralkali plant
氯角银矿 chlorargyrite
氯接触池 chlorine contact chamber
氯金酸 chlorauric acid
氯菌酸 chlorendix acid; hexachloroendomethylene tetrahydrophthalic acid
氯菌酸二甲酯 dimethyl chlorendate
氯菌酸二烯丙酯 diallyl chlorendate
氯菌酸酐 chlorendic anhydride
氯菌酸酯 chlorendate
氯醌电极 chloranil electrode
氯离子 chloride ion; chlorine ion; chlorion
氯离子等值线图 map of isochloside contours
氯离子含量日增率 daily increasing rate of chlorine content
氯离子钠离子/镁离子当量比 equivalent weight ratio of chloride ion-sodium ion to magnesium ion
氯离子浓度 chloride concentration
氯离子转移 chloride ion shift
氯量 chlorinity
氯量滴定法 chlorimetry
氯量计 chloridometer
氯钌酸 ruthenium hydrochloride
氯磷灰石 chlorapatite
氯磷钠铜矿 sampleite
氯硫汞矿 corderoite
氯硫磷 chlorthion
氯硫硼钠钙石 heidornite
氯硫锑铅矿 ardaite
氯铝石 chloraluminite
氯绿色 chlor
氯霉素 Chloramphenicol; Chloromycetin
氯镁芒硝 dansite
氯镁石 chloromagnesite
氯锰石 scacchite
氯萘 chlorinated naphthalene; chloronaphthalene
氯萘蜡 chloro-naphthalene wax
氯泥石 chloride
氯硼钙镁石 aldzhanite
氯硼硅铝钾石 kalborsite
氯硼钠石 teepleite
氯硼铜矿 bandylite
氯偏(乳液改性)砂浆 vinylidene chloride modified mortar
氯气 chlorine
氯气腐蚀 chlorine corrosion
氯气监测仪 chlorine gas monitor
氯气灭菌 chlorination
氯气消毒 disinfection by chlorine
氯气消毒室 chlorine contact chamber
氯气消毒装置 chlorination plant
氯气运输船 chlorine tanker
氯气中毒 chlorine gas poisoning
氯铅矾 sundiusite
氯铅铬矿 yedinite
氯铅钾石 paeudocotunnite
氯铅矿 cotunnite
氯铅芒硝 caracolite
氯铅锑矿 nadorite
氯羟铝石 cadwaladerite
氯羟镁铝石 koenenite
氯羟锰矿 kempite
氯羟硼钙石 hilgardite
氯桥酸 hexachloroendomethylene tetrahydrophthalic acid
氯桥酸酐 hexachlorocndomethylene tetrahydrophthalk anhydride
氯氢化作用 chlorhydrogenation
氯醛 chloral; trichloraacetaldehyde
氯容比(值) alkalinity chlorosity
氯三氟甲烷 chlorotrifluoroethane
氯三氟乙烯 chlorotrifluoroethylene
氯三氟乙烯聚合物 chlorotrifluoroethylene polymer
氯三氟乙稀树脂 chlorotrifluoroethylene resin
氯砷汞石 kuznetsovite
氯砷锰矿 magnussonite
氯砷钠铜石 lavendulan
氯砷铅矿 ecdemite
氯砷铅石 georgiadesite
氯水 chloric water
氯水胆矿 koenenite
氯四环素 aureomycin; chlorotetracycline
氯酸 chloric acid
氯酸镉 cadmium chlorate
氯酸根离子 chlorate ion
氯酸钾 potassium chlorate; potassium oxymuriate
氯酸铝 alumin(i)um chlorate
氯酸钠 sodium chlorate
氯酸锶 strontium chlorate
氯酸亚铊 thallous chlorate
氯酸盐 chlorate; oxymuriate
氯酸盐炸药 chlorate(blasting) explosive
氯酸银 silver chlorate
氯碳化合物 chlorocarbon
氯碳钠镁石 northupite
氯碳铜铅矾 wherryite
氯铁铅石 zirklerite
氯铁铅矿 hematophanite
氯烃溶剂 chlorocarbon solvent
氯烃制冷剂 chlorocarbon refrigerant
氯铜矿 atacamite
氯铜铅矾 spangolite
氯铜铅矾 arzrunite
氯铜铅矿 percylite
氯铜硝石 buttgenbachite
氯铜银铅矿 boleite
氯烷烃 chloralkane
氯烷氧化 chloroalkane oxidation
氯污染 chlorine pollution
氯吸收槽 chlorine sink
氯吸收库 chlorine(-bearing) reservoir; reservoir of chlorine
氯烯磷 phenexion
氯锡酸铵 ammonium chlorostamate; pink salt
氯系消毒剂 chlorine and derivative disinfectants
氯消毒 chlorination; chlorine disinfection
氯消毒法 disinfection by chlorine
氯溴比值系数 chloride-bromine ratio
氯溴银矿 embolite
氯溴纸 chlorobromide paper
氯需要量 chlorine required
氯蓄电池 chloride storage battery
氯亚铂酸钠 platinous sodium chloride
氯盐土壤稳定法<氯化钙或氯化钠> chloride stabilization of soil
氯盐渍土 chlorine saline soil
氯氧铋铅矿 perite
氯氧汞矿 pinchite
氯氧化法 oxychlorination method
氯氧化镁成分 magnesium oxychloride composition
氯氧化镁地板成品 magnesium oxychloride tile floor(ing) finish
氯氧化镁地板垫层 magnesium oxychloride subfloor
氯氧化镁地砖铺面 magnesium oxychloride tile floor cover(ing)
氯氧化镁胶结料 magnesium oxychloride binder; magnesium oxychloride cement
氯氧化镁砂浆层顶面 magnesium oxychloride screed topping
氯氧化镁水泥 magnesium oxychloride cement
氯氧化镁组成 magnesium oxychloride composition
氯氧化锰<制无缝地板用> manganese oxychloride
氯氧化铅 mineral yellow
氯氧化铅黄色颜料 Cassel yellow
氯氧化铜 copper oxychloride
氯氧化物 oxychloride; oxymuriate
氯氧化物水泥 oxychloride cement
氯氧镁结合剂 oxychloride bond
氯氧镁铝石 koenenite
氯氧锰矿 kempite
氯氧铅矿 blixite
氯氧水泥 oxychlorium cement
氯氧锑矿 onoratoite
氯氧锑铅矿 nadorite
氯乙醇 chlorohydrin(e)
氯乙醛 chloroacetaldehyde
氯乙酸 chloroacetate
氯乙酸钙 calcium chloroacetate
氯乙烷 chloroethane; ethyl chloride
氯乙烯 chloroethene; vinyl chloride
氯乙烯单体 vinyl chloride monomer
氯乙烯地面卷材 vinyl chloride floor sheet
氯乙烯焚化炉 vinyl chloride incinerator
氯乙烯管 vinyl chloride pipe
氯乙烯合成橡胶 vinyl chloride synthetic rubber
氯乙烯和丙烯共聚短纤维 Dynel
氯乙烯夹板 vinyl chloride plywood
氯乙烯胶合板 vinyl chloride plywood
氯乙烯焦油 vinyl chloride tar
氯乙烯绝缘线 vinyl chloride wire
氯乙烯偏(二)氯乙烯树脂 vinyl chloride-vinylidene chloride resin
氯乙烯乳胶 vinyl chloride latex
氯乙烯树脂 koroseal; vinyl chloride resin
氯乙烯树脂瓷漆 vinyl chloride resin enamel
氯乙烯树脂亮漆 vinyl chloride resin enamel
氯乙烯树脂漆 vinyl chloride resin paint
氯乙烯树脂清漆 vinyl chloride resin varnish
氯乙烯树脂涂料 resin coating of vinyl chloride; vinyl chloride resin coating
氯乙烯塑料 koroseal; vinyl chloride plastics
氯乙烯塑性溶胶 vinyl chloride plastisol
氯乙烯橡胶 vinyl chloride rubber
氯乙烯-乙酸乙烯酯共聚物 vinyl chloride-acetate copolymer
氯乙烯有机溶胶 vinyl chloride organosol
氯乙烯中毒 vinyl chloride poisoning
氯乙酰苯 chloroacetophenone
氯乙酰氯 chloroacetic chloride
氯铟碱矾 cataiite
氯银矿 chlorargyrite
氯银铅矿 bideauxite
氯有机化合物 chlororganic compound
氯(杂)萘【化】 quinoline
氯致氧化剂 chlorine-induced oxidant
氯中毒 chlorine poisoning
氯种铅矿 ecdemite

滤

滤板 filter board; filter leaf; filter pad; filter plate; screen plate; strainer(plate)

滤棒 filter stick
滤棒柱 filter candle
滤杯 filler bowl
滤杯垫圈 filter bowl gasket
滤杯护圈 filter bowl retainer
滤饼 cake; filtered solid collected in frame; mud cake
滤饼出口 filtered solid outlet
滤饼刮板 cake scraper
滤饼刮刀 scraper
滤饼过滤 cake filtration
滤饼厚度 filter cake thickness
滤饼破碎机 cake breaker; filter cake breaker; filter cake shredder
滤饼脱落 removing of cake
滤饼洗涤 filter cake washing
滤饼洗涤流程 filter cake washing circuit
滤饼卸出装置 cake discharge
滤饼压 press cake
滤饼运输带 cake conveyer[conveyor]
滤波 filtering; filtration; smoothing; wave filtering
滤波白噪声 filtered white noise
滤波泊松过程 filtered Poisson process
滤波成像 filtered image
滤波程序 filter
滤波电抗器 filter reactor; smoothing reactor
滤波电路 eliminator; filter network
滤波电容器 filter condenser; smoothing capacitor
滤波电阻 filter resistance
滤波电阻器 filter resistor
滤波段 filter section; filter segment
滤波扼流圈 filter choke; smoothing choke(coil)

滤波范围 filter range
滤波放大器 filter amplifier
滤波分析 filter analysis
滤波分异 filtration differentiation
滤波回路 wave limiting circuit
滤波级 filtering stage
滤波技术 filter technique
滤波节 filter segment
滤波解调 demodulation by filter
滤波晶体 filter crystal
滤波理论 filter theory
滤波能力 filter capacity; filter discrimination; filter efficiency; filtration capacity
滤波耦合开关调制器 filter-coupler-switch-modulator
滤波频谱仪 filter-bank spectrometer
滤波器 absorber; electric (al) filter; filter; pass filter; smoothing device; wave filter; wave limiting circuit
滤波器变压器 filter transformer
滤波器电感线圈 filter inductor
滤波器电路 filter circuit
滤波器电容器 filter capacitor
滤波器扼流圈 filter choke
滤波器分辨力 filter discrimination
滤波器分辨率 filter discrimination ratio
滤波器盒 filter hut
滤波器校正 filter correction
滤波器节 filter section
滤波器滤波能力 filter discrimination
滤波器盘 filter panel
滤波器设计 filter design
滤波器衰减带 filter attenuation band
滤波器特性(曲线) filter characteristic(curve)
滤波器天线共用器 filter plexer
滤波器通带 filter pass band; filter transmission band
滤波器响应 filtered response
滤波器选择器 filter selector
滤波器元件 filter element
滤波器罩 filter cover
滤波器阻带 filter rejection band; filter stop band
滤波器组 filter bank
滤波全息图 filtered hologram
滤波权函数 weighting function of filtration
滤波设备 smoothing equipment; wave filter
滤波设施 wave filter
滤波式双工器 filter plexer
滤波衰减 filter attenuation
滤波衰减带 filter attenuation band
滤波速率 filtering rate
滤波算法 filtering algorithm
滤波算子 filtering operator
滤波算子长度 filtering operator length
滤波通带 filter pass band
滤波图像 filtered image
滤波网络 filter network; iterated network
滤波系数 filter coefficient
滤波隙 filter slot
滤波效应 filtering effect
滤波因数 hum reduction factor
滤波因子 filtering factor
滤波振荡器 filter oscillator
滤波作用 filter action
滤不过的残渣 non-filtrable residue
滤布 cloth filler; filter fabric; filter(ing) cloth; filter sheet; filtration fabric; tamis; tammy
滤布堵塞 cloth binding; filter blinding; plug clogging
滤布孔堵塞 plug of cloth
滤布洗涤液入口 filter washing liquor inlet
滤布型计尘仪 filter cloth type dust meter
滤材 filter medium
滤材感电式空气过滤器 charged media electronic air filter
滤材框架 filter frame
滤材支承 media supported
滤材自动更换机构 automatic media renewing mechanism
滤材阻力 filtering medium resistance
滤槽 filter chute; filter gallery; filter pocket
滤层 drainage layer; filter(ing) bed; filter(ing) course; filter(ing) layer; filter(ing) mat; filter blanket
滤层冲洗 filter wash
滤层堵塞 filter clogging
滤层高度 filter bed depth
滤(层泥)饼 filter cake
滤层排水 filter drain
滤层膨胀 bed expansion
滤层织物阻土试验 filter fabric soil retention test
滤尘 dust filtration
滤尘袋 bag dust filter
滤尘呼吸器 respirator
滤尘器 air filter; dirt filter; dust filter; dust remover; dust separator; dust strainer; filter collector; strainer
滤尘器盒 strainer case
滤尘器极限指示器 restriction indicator
滤尘器体 strainer body
滤尘室 filter collector
滤尘网 dirt filtrating screen; dust ga(u)ge; strainer; strainer mesh; strainer net
滤尘网网圈 strainer flange
滤程 filter fly
滤池 cleaning strainer; dust filter; filter cell; filter tank; hybrid rock filter; percolator; polarite filter
滤(池)泵 filter pump
滤池操作台 filter operating table
滤池产量 filter yield
滤池成塘 filter ponding
滤池冲洗 filter wash(ing)
滤池冲洗废水 filter wastewater
滤池冲洗器 filter washer
滤池冲洗强度 backwashing intensity of filter
滤池冲洗水 wash-water
滤池冲洗水量 filter wash-water consumption
滤池出水 filter effluent
滤池底 filter bottom; filter floor
滤池底排水道 filter underdrain
滤池地下排水 filter underdrain
滤池地下排水系统 filter underdrain system
滤池堵塞 choking of filter; filter choking
滤池反冲洗 backwashing of filter; filter washing by reversing of water
滤池反冲洗废水 filter backwashing wastewater
滤池反洗强度 backwashing intensity of filter; filter backwashing intensity
滤池反洗系统 filter backwashing system
滤池腐殖质 filter humus
滤池负荷(率) filter loading
滤池工作水头 operating head of filter
滤池刮砂 scraping of a filter
滤池刮洗 decrusting of a filter
滤池管廊 filter gallery
滤池积水 filter ponding; filter pooling
滤池积水控制 filter ponding control
滤池集水渠 underdrain of filler
滤池集水系统 filter collective system
滤池假底 false filter bottom
滤池介质调理阶段 filter media conditioning stage
滤池空隙面积 area opening of filter
滤池控制器 controller of filter; filter controller
滤池控制台 operating table of filter
滤池廊道 filter gallery
滤池砾石过滤层 filter blanket of gravel
滤池流出物 filter effluent
滤池流量元件 filter flow element
滤池滤率 filtering rate; operating rate of filter
滤池滤器 filter strainer
滤池滤速控制 rate control to filter
滤池滤纸 filter
滤池黏[粘]膜 filter slime
滤池黏泥 filter slime
滤池排列 filter configuration
滤池排水 filter drain
滤池排水系统 filter drainage system
滤池配水系统 filter underdrain system
滤池喷头 filter nozzle
滤池喷嘴 filter nozzle
滤池器外壳 oil filter housing
滤池软管 filter hose
滤池水头损失 loss of head of filter
滤池水头损失计 loss of head ga(u)ge of filter
滤池体 filter box
滤池调节 filter conditioning
滤池调节器 filter regulator
滤池吸附器 filter adsorber
滤池洗涤水 filter cleaning water
滤池洗砂 scraping of a filter
滤池洗水槽 gutter of filter
滤池系数比 filter ratio
滤池效率 filter effect; filter efficiency
滤池泄漏 breakthrough in filter
滤池卸模 filter unloading
滤池压差 differential head of filter
滤池蝇类 filter flies
滤池预调理 filter preconditioning
滤池遮盖 filter housing
滤池周期 filter cycle; filter period
滤池阻塞 choking of filter
滤池组 battery of filters
滤出 filter out; leaching; leaking
滤出来的 caught on a filter
滤出流量元件 filtrate flow element
滤出水 filtrate
滤出物 leachates
滤出液 filter effluent; filtrate
滤除 filtering; filtration; removal by filter; removal by filtration; smoothing
滤除算法 filtering algorithm
滤床 filter base; filter(ing) bed; filtrating bed; seepage bed
滤床分层 filter stratification
滤床过滤 deep-bed filtration; depth filtration
滤床气阻 air binding of filter
滤袋 bag filter; filter bag; filter pocket
滤袋除尘器 bag dust collector; baghouse precipitator
滤袋织物过滤负荷 tension at filter bag
滤得过的 filtrable
滤底 filter bottom
滤垫 filtering bed; filtering mat; filtering pad
滤垫层 filter bed; filter layer
滤掉 removal by filtration
滤毒罐 canister; respirator; toxicant filtering tank
滤毒呼吸器 respirator
滤毒剂 chemical filling; chemical filter
滤毒式过滤器 canister type filler
滤阀 trap valve
滤干器 drainer
滤缸 filtering jar
滤格 filter cell
滤鼓 drum filter; filter drum
滤鼓式过滤器 drum filter
滤管 filter pipe; filter strainer; filter tube; screen liner; strainer; well tube filter; perforated casing <井的>
滤管地下水排水管渠 pipe and strainer underdrain; pipe and strainer underdrainage
滤管孔眼 screen pipe openings
滤灌合滤芯 filtered water
滤光 filtering; filtration; light filtering; light filtration
滤光板 filter plate; light filter
滤光比 filter ratio
滤光玻璃 filter(ing) glass
滤光材料 filter
滤光测定法 <用于鉴定半透明薄膜反射比> filter photometry
滤光层 filter layer
滤光光电管 filter photocell
滤光光度计 filter photometer
滤光镜 colo(u)r filter; filter; filter absorber; glass filter; ray filter
滤光镜透射率 filter transmission
滤光轮 filter wheel
滤光膜 filter coating
滤光盘 filter disk[disc]; filter wheel
滤光片 absorption colo(u)r filter; colo(u)r absorber; colo(u)r filter; colo(u)r frame; colo(u)r mask; filtering mask; light filter
滤光片倍数 filter factor
滤光片的波形系数 coefficient of wave shape
滤光片的衬度 contrast of filter
滤光片的稳定性 stableness of filter
滤光片集 filter atlas
滤光片架 filter holder
滤光片框 ray filter holder
滤光片眼镜 filter spectacles
滤光片组 filter pack
滤光片组件 optic(al) filter box
滤光器 colo(u)r absorber; filter; filter skin; glass filter; light filter; optic(al) filter; ray filter; spectral filter
滤光器不透明带 filter stop band
滤光器差值法 filter difference technique
滤光器分光光度计 filter spectro-photometer
滤光器减光带 filter attenuation band
滤光器透射带 filter transmission band
滤光器因数 light filter factor
滤光扫描管 filter scan tube
滤光套 filter mount
滤光透镜 absorptive lens; filter lens
滤光网孔 filter screen
滤光系数 filter factor
滤光液 filter liquor
滤光因数 filter factor
滤光荧光计 filter fluorometer
滤光元件 filter element
滤光作用 filter action
滤锅 colander; filtering crucible
滤过 filter out
滤过比 filtration ratio
滤过波 transmissive wave
滤过常数 filtration constant
滤过重吸收学说 filtration reabsorption theory
滤过除菌法 sterilization by filtration
滤过的废水 filtered wastewater
滤过的空气 filtered air
滤过的水 filtered water

滤过的信号 filtered signal
滤过的烟气道 filtered flue gas
滤过分数 filtration fraction
滤过辐射 filtered radiation
滤过机油 filter stock
滤过阶段 filterable stage
滤过率 filterability; filterableness; filtering rate; filtration rate
滤过膜 filtration membrane
滤过屏障 filtration barrier
滤过式浓缩机 filter type thickener
滤过速度 filtration rate
滤过系数 filtration coefficient
滤过隙 filtration slit
滤过效率 filtration efficiency
滤过性 filt(e)rability
滤过性病毒 filterable virus; filter passer; ultravirus
滤过性惰性磷 filterable unreactive phosphorus
滤过性活性磷 filterable reactive phosphorus
滤过性细菌 filterable bacteria
滤过性有机体 filterable organism
滤过性指数 filterability index
滤过性总有机碳 filtered total organic carbon
滤过压 filtration pressure
滤过液体 filtered solution
滤过状况 filtered state
滤过作用 filtration
滤后沉淀 filter cake
滤灰槽 leach
滤灰尘网 ash screen; dust gauze
滤灰池 maturing bin
滤机隔膜 filter diaphragm
滤剂 filtration aid
滤浆 feed slurry; filter pulp; slurry to be filtered
滤浆入口 feed liquor inlet; feed slurry inlet; slurry inlet
滤胶机 rubber filter; rubber strainer
滤进水 filter influent
滤井 filter well; well filter
滤净 defecate
滤净度 degree of filtration
滤净集乳器 filter milk claw
滤净器 clarifying filter; cleaning strainer; strainer
滤镜 heliofilter
滤镜系数 filter coefficient; filter factor
滤镜效应 filter effect
滤菌 bacteriological filtration
滤菌器 bacterial filter
滤孔 filter opening; filtration pore
滤口 filter vent
滤口器 filtering mouth parts
滤块 filter block
滤框 filtering basket; filtering frame
滤沥循环卫生填埋法 health filling method by leaching cycle
滤料 filter(ing) mass; filter(ing) material; filter(ing) medium; filtration medium; gravel pack【岩】
滤料采样 filtering material sampling
滤料层 filtering material layer; laying of loaded material
滤料特性 filter-medium characteristic
滤流 filtering flow
滤率 filter rate
滤毛发网 <下水道中> hair interceptor
滤煤气器 gas filter
滤煤气器零件 gas filter element
滤面 filtering surface
滤模器 mode filter
滤膜 filter diaphragm; filter film; filter membrane; membrane filter
滤膜采样 filter membrane sampling
滤膜采样器 filter membrane sampler
滤膜层 schmutzdecke
滤膜电池 filter diaphragm cell
滤膜法 filter membrane method; membrane filtration method
滤泥 mud
滤泥机 mud press
滤泥器 mud filter
滤片 filtering disc[disk]; filtering leaf; filtering strip
滤片类别 filtrated film type
滤片组 filter disk assembly
滤屏 <彩色照相用的> reseau
滤瓶 filter flask
滤漆机 strainer
滤漆筛 paint strainer
滤气 air cleaning
滤气阀 gas take; gas trap
滤气器 aerofilter; air cleaner; air filter; air strainer; gas strainer; inhaler
滤气器弹簧 air cleaner spring
滤气器发卷 air cleaner hair
滤气器盖 air filter cover
滤气器夹钳 air cleaner clamp
滤气器滤筒 air cleaner cartridge
滤气器滤网 air cleaner screen
滤气器壳体 air cleaner body
滤气器气封 air cleaner air seal
滤气器维护 air cleaner service
滤气器元件 air cleaner element
滤气网 air screen; air strainer
滤气网垫环 strainer ring
滤气网垫圈 strainer ring
滤汽阀 steam strainer valve; steam trap valve; strainer valve
滤汽器 steam strainer
滤汽网 steam strainer
滤器 colander; cullender; filter; filter apparatus; filter feeder; filtrum; strainer; rugosa <吸水管末端的>
滤器出流液 filter effluent
滤器穿透菌 filter passer
滤器堵塞 filter blinding
滤器负荷 filter loading
滤器净化元件 cleansing filter element
滤器卡簧 strainer retainer
滤器冷却剂 filter cooler
滤器零件 gauze element
滤器流出物 filter effluent
滤器屏压 screen filter pressure
滤器塞 strainer plug
滤器填料 filter medium
滤器网 gauze strainer
滤器无菌检查法 filter sterility test
滤器箱 strainer case
滤器效率 filter efficiency
滤器心子 cleaner insert part
滤器蝇 filter fly
滤前水 unfiltered water
滤清 cleaning; depurate; filtering; filtrate; smoothing
滤清程度 degree of filtration
滤清的河口水域 filtered estuarine waters
滤清的水 filtered water
滤清的污水 filtered sewage
滤清的油料 filtered stock
滤清方法 filtration(method)
滤清面积 filter area; filtration area
滤清器 cleaner; filter; filtrator; packed-bed filter; purifier; scrubber; strainer; washer
滤清器盖 strainer cover
滤清器金属滤片 metal filter elements
滤清器壳 filter bowl
滤清器外壳 housing of filter
滤清器芯子 cleaner insert part
滤清器元件堵塞 clogging of filter element
滤清器座 base of filter
滤清泉 filtration spring
滤清室 straining chamber
滤清水器 water clarifier
滤清作用 depuration
滤球 filter bulb
滤燃油器 fuel filter
滤热玻璃 calorex; heat-filter glass; heat-reducing filter
滤热片 heat(-reducing) filter
滤色 colo(u)r filtering
滤色玻璃 filter glass
滤色玻璃框 filter glass frame
滤色单色仪 abridged monochromator
滤色调整 filtering adjustment
滤色分光光度计 abridged spectrophotometer
滤色分析器 filter analyser[analyzer]
滤色光度法 filter photometry
滤色光度计 abridged spectrophotometer; colo(u)rimetric photometer; filter photometer
滤色光栅 filter grating
滤色检眼灯 filter ophthalmic lamp
滤色镜 colo(u)r(ed) filter; filter; filter lens; filter screenoscope; light filter; optic(al) filter
滤色镜色彩 filter colo(u)r
滤色镜系数 filter factor
滤色轮 filter wheel
滤色盘 colo(u)r filter wheel
滤色片 colo(u)r disc[disk]; colo(u)red filter; colo(u)r filter; filter strip
滤色片架 colo(u)r filter frame
滤色偏振片 filter polarizer
滤色屏 photographic(al) screen
滤色器 colo(u)red filter; colo(u)r filter
滤色条 filter strip
滤色相片 filtered photograph
滤色效应 filter effect
滤色荧光计 filter fluorimeter[fluorometer]
滤色转盘 rotating filter
滤砂 filter sand; permutite
滤砂池 filter bed; sand basin
滤砂沟 sand filter trench
滤砂离子交换 permutite base exchange
滤砂软化 permute
滤筛 filter screen; filter strainer
滤筛盖 screen cap
滤栅 grating
滤声 filtration of sound; sound filtration
滤声板 acoustic(al) filter board
滤声器 acoustic(al) filter; filter plexer; rumble filter; sound filter
滤失控制剂 filtration control agent
滤失量 filter loss; filtration loss
滤湿器 absorbent filter
滤石 filter gravel; filtros
滤食结构筛选机 screening device
滤食性生物 filter feeder; filter feeding organism
滤室 filter cell; straining chamber
滤水暗管 filter drain
滤水坝趾 filter toe; toe drainage
滤水表层 filter skin
滤水层 filtration bed
滤水厂 filter plant; filtration plant
滤水车 filter car
滤水车间 filter plant
滤水池 desilter; filter bed; filtering basin; filter plant; leaching basin; leakage basin; settling basin; water filter
滤水垫层 filter blanket
滤水斗 rosehead
滤水废水 filter wastewater
滤水格栅 strainer cross
滤水隔墙 filter dam
滤水沟 filter drain
滤水管 screen pipe; strainer; water strainer; well strainer
滤水管安装段数 section number of screen well installation
滤水管长度 length of screen tube
滤水管规格 specification of screen tube
滤水管合理长度 rational filter length; rational length of water filtering sections
滤水管内径 internal diameter of screen tube
滤水管外径 external diameter of screen tube
滤水管下置深度 depth of screen tube installation
滤水管有效长度 effective filter length
滤水井 filter well; infiltration well; leaching well
滤水孔 filter opening
滤水孔直径 diameter of screen tube
滤水框 <水泵取水用的> filter crib
滤水砾石 filter gravel
滤水密植作物 filter crop
滤水能力 drainability
滤水坡脚 filter toe
滤水器 cleanser; filter tank; water cell; water clarifier; water filter; water strainer
滤水器骨架孔隙率 porosity of screen tube framework
滤水渠 filter gallery
滤水熔渣 filter slag
滤水砂 permutite
滤水砂石 filter sandstone
滤水砂岩 filter sandstone
滤水设备 filter plant
滤水石 porous stone
滤水头 <吸水管末端的> rosehead
滤水网 water sieve
滤水系统 screening system
滤水样器 water sample filter
滤水毡垫 filter mat
滤水站 filtration plant
滤速 filtering velocity; rate of filtration; velocity of filtering; velocity of filtration; filter rate; filtration rate
滤速控制器 filter rate controller; filter velocity controller
滤速调节器 filtering velocity regulator; filter rate controller; filter velocity controller
滤炭 filter charcoal
滤筒 filter(ing) cylinder; filter(ing) cartridge; filter(ing) drum
滤筒采样管 filter cylinder for sampling
滤筒顶盖 cartridge cover
滤筒顶盖垫圈 packing for cartridge cover
滤头 strainer head
滤头系统 strainer system
滤头装置 strainer system
滤土层 loose earth layer
滤土带 filter strip
滤网 filter cloth; filter ga(u)ge; filter gauze; filtering screen; filter net; filter screen; filter strainer; gauze filter; mesh screen; net filter; passage of a screen; screen cloth; service screen; stainer(mesh); woven filter medium
滤网冲洗泵 screen wash pump
滤网管井点 screen well point
滤网号 number of filter net
滤网架 screen holder
滤网浇口 strainer gate
滤网井 screen well

L

滤网框架 screen frame(unit)
滤网连接 screwed connection
滤网设施 screening device
滤网式尘埃计 filter cloth type dust meter
滤网式井点 screen well point
滤网式喷管 gauze nozzle
滤网室 screen chamber
滤网损坏 screen failure
滤网塔架 screening tower
滤网通过量 throughput of screen
滤网凸缘衬垫 screen flange gasket
滤网网眼宽度 mesh width of filter net
滤网系统 screen system
滤网斜度 screen inclination
滤网芯 skim strainer
滤网芯浇口 strainer core gate
滤网芯片 strainer core
滤网有效面积 screen area
滤网种类 type of filter net
滤网注浆 strainer grouting; strainer injection
滤网状型芯 strainer core
滤网组件 screen assembly
滤网组配件 strainer sub-assembly
滤污器 catch basin
滤吸管 rose pipe
滤匣 filter cell
滤线栅 grid
滤箱 filter tank;screening box
滤像 filtering image;image filtering
滤芯 cartridge;filter candle;filter cartridge;filter element;strainer insert
滤芯更换指示器 filter change indicator
滤芯过滤 cartridge filtration
滤芯过滤器 cartridge filter
滤芯座 cartridge holder
滤压分异作用【地】 filter press action
滤压机 filter press
滤压力 filtration pressure
滤压污泥 filter pressed sludge
滤烟气器 gas filter
滤烟器 smoke filter; soot arrester; soot catcher;soot collector
滤烟网 clinker screen
滤盐器 salt filter
滤叶 filter leaf;leaf clarifier
滤叶试验 filter leaf test;leaf test
滤液 colature;filter liquor
滤液槽 filtrate receiver
滤液出口 clear filtrate outlet;filtrate outlet;liquid outlet
滤液储罐 filtrate tank
滤液接收器 filtrate receiver
滤液漏斗 filtering funnel
滤液因素 filtrated factor
滤液硬度 filtrate hardness
滤液用泵 filter pump
滤液与洗液受槽 filtrate and washing water receiver
滤液真空接收器 filter vacuum receiver;filtrate vacuum receiver
滤液总管 filtrate manifold
滤音板 acoustic(al) filter board
滤音器 frequency filter
滤油 splashing of oil
滤油杯 filter bowl
滤油驳船 filter barge; oil-separating barge
滤油管弹簧 filter tube spring
滤油管塞 strainer plug
滤油机 filter press
滤油器 fuel strainer; oil cleaner; oil filter;oil purifier;oil strainer;purolator
滤油器垫密片 oil filter gasket
滤油器放油塞 oil filter drain plug
滤油器盖弹簧 oil filter cover spring
滤油器夹 oil filter clamp
滤油器脚座 fuel strainer foot
滤油器壳 oil filter casing; oil filter shell
滤油器滤网 oil filter strainer;oil(filter)screen
滤油器纳垢容量 contaminant-holding capacity of oil filter
滤油器体 fuel oil filter bowl;oil filter body
滤油器托架 oil filter bracket
滤油器外壳 fuel oil filter housing
滤油器芯子 oil filter cartridge
滤油器芯子弹簧 oil filter cartridge spring
滤油器芯子支器 oil filter cartridge support
滤油器元件 oil filter element
滤油设备 oil filtering unit
滤油试验 oil strain test
滤油网 oil cleaner screen;oil strainer
滤油箱 inlet box
滤油芯轴 fuel oil filter element shaft
滤油芯子 filtered cartridge
滤渣 filter residue; filter slag; filter slime; filtration residue; flux residue;residue
滤渣槽 strainer tub
滤渣(排)出口 sludge outlet; solid outlet
滤渣片 strainer core
滤渣砂芯 sand strainer core
滤渣网 skim strainer
滤渣芯片 core strainer; dross filter; strainer-gate core
滤毡 filter blanket
滤罩 filter bowl;filter casing
滤汁布 tammy
滤纸 bibulous paper; filter paper; filtration paper
滤纸采样夹 filter paper holder
滤纸采样器 filter paper sampler
滤纸法 filter paper method
滤纸放射性计数管 filter paper counter
滤纸分析 filter paper analysis
滤纸排水 filter paper drain
滤纸式空气取样器 tape air sampler
滤纸显微镜试验 filter paper microscopic test
滤纸箱 filter paper box
滤质 filtering medium
滤质器 massenfilter;mass filter
滤烛 filter candle
滤砖配水系 Leopold underdrain system
滤子【地】 filter
滤嘴 filter nozzle

孪窗 gemel window;two-light window

孪晶 composition crystal; compound twin;crystal twin;twinned crystal; twin-grain
孪晶对比 twin contrast
孪晶滑移面 twin gliding plane
孪晶间界 twin boundary
孪晶律 twin law
孪晶面 twinning plane
孪晶面边界 twin boundary; twin plane boundary
孪晶面反射 twin plane reflection
孪晶条纹 twin striation
孪晶现象 twinning
孪晶轴 twining axis
孪晶作用 twinning
孪生 twinning;dual
孪生变形 twinning deformation
孪生波 twin wave
孪生薄壁组织 disjunctive parenchyma
孪生城市 twin cities
孪生船闸 twin locks
孪生带 <金属中的> twin band
孪生低气压 dumbbell depression; twinned depression
孪生段 twin segment
孪生二极管 duodiode;twin diode
孪生二进制码 twinned binary code
孪生管 dual tube; duplex tube; twin-tube
孪生河川 twin river
孪生环形构造 twin ring structures
孪生面 twinning plane
孪生器具 twin apparatus
孪生三极管 dual triode; duotriode; duplex triode;twin triode
孪生四极管 duo-tetrode
孪生像 twin images
孪生指针 twin pointer
孪生种 germinate species
孪生轴 twinning axis
孪生作用 twinning
孪支流 twin-lateral
孪柱 geminated columns

栾树 China tree; golden rain tree; goldrain(tree)

栾树属 <拉> Koelreuteria

卵斑结构 pebbled porphyritic texture

卵苯 ovalene
卵镖饰 egg and anchor;egg and dart; egg and tongue
卵化石 ovulite
卵黄 yolk
卵箭饰【建】 egg and anchor;egg and dart;egg and tongue
卵砾石 pebble
卵锚饰 egg and anchor;egg and dart
卵青 egg-blue
卵青釉 egg and spinach glaze
卵石 cobble (stone); cobstone; egg stone; gravel cobble; gravel stone; grouan; handling stone; pebble gravel; pebble roundstone; pebble stone; rounded pebble; rounded stone; rubble stone; boulder flint; cailloutis;shingle
卵石扁平度 flatness of pebble
卵石层 pebble bed;pebble ground
卵石澄清池 pebble clarifier
卵石床 pebble bed
卵石床沉淀池 pebble-bed clarifier
卵石床澄清池 pebble-bed clarifier
卵石床或岩石床 pebble-bed or rock-bed
卵石床冷藏库 pebble-bed regenerator
卵石道砟 gravel ballast(ing); pebble ballast
卵石的 bouldery
卵石底 pebbly bottom
卵石地层 conglomerate stratum
卵石地基 gravel foundation
卵石堆积 pebble accretion
卵石分离器 gravel separator
卵石分析 pebble analysis
卵石粉刷 pebble plastering
卵石覆盖层 gravel spread
卵石沟 boulder ditch
卵石构造 pebbly structure
卵石骨料 rounded aggregate
卵石管磨机 pebble tube mill
卵石海滩 pebble beach;cobble beach
卵石河床 boulder riverbed;pebble riverbed
卵石河床河流 cobble-bed river
卵石混凝土 boulder concrete; gravel concrete;pebble concrete
卵石基层 boulder base
卵石基础 cobble(stone)foundation
卵石及沙石海滩 boulder and shingle foreshore
卵石级煤 cobble
卵石急滩 pebble rapids
卵石集料 rounded aggregate
卵石滤床澄清池 pebble-bed clarifier
卵石路面 cobble (stone) pavement; pebble pavement;pebble paving
卵石煤 pebble coal
卵石磨 gravel mill
卵石抹灰 pebble-dash plaster
卵石抹面 pebble-dash plaster
卵石黏合 pebble bond
卵石排水沟 cobblestone drain
卵石铺面 paving with pebbles;pebble pavement;pebble paving
卵石铺砌 cobbling; paved with cobblestone;paving with pebbles;pebble paving
卵石铺砌路面 pebble pavement
卵石砌护的渠道 cobble-paved canal
卵石砌护沟 cobbled gutter
卵石(浅)滩 pebble shoal
卵石墙 boulder well; pebble walling)
卵石球 pebble ball
卵石球磨机 pebble mill
卵石散水 pebble apron
卵石沙漠沉积 serir deposit
卵石砂浆路面 ruderation
卵石砂岩 pebbled sandstone
卵石饰 ovum[复 ova]
卵石饰面 facing with pebbles;pebble-dash;roughcast
卵石输移过程 transport process of pebbles
卵石-碎石粒组 pebble debris grade
卵石滩 boulder bar;pebble bar;pebble beach;shingle bank
卵石填层 pebble filling
卵石填料 gravel packing;gravel pack material;pebble packing
卵石填料滤池 gravel packed filter
卵石条 gravel fillet
卵石推移质 bed-load of pebbles
卵石形 calculiform
卵石形燃料元件 pebble fuel element
卵石状锈蚀 pebble
卵饰【建】 ovum[复 ova]
卵形 oval;oviform;ovoid body
卵形凹地 scallop
卵形长廊 egg-shaped gallery
卵形成 ovification
卵形窗 oeil de boeuf; oval window; ox-eye
卵形的 egg-shaped; ogival; oval; oviform
卵形度 ovality
卵形断面 egg-shaped cross-section
卵形拱 arch oval;ogive
卵形管(道) egg-shaped pipe; oval tubing
卵形回旋曲线 egg-shaped clothoid
卵形活塞 cam-shaped piston
卵形极光 auroral oval
卵形节 oval knot
卵形截面 egg-shaped cross-section;oval(cross-)section
卵形绝缘子 egg insulator
卵形卡钳 egg cal(l)ipers
卵形孔 ox-eye
卵形老虎窗 ox-eye
卵形裂痕 oval flaw
卵形鳞状尖顶饰 pineapple

卵形六角螺栓 oval hexagon head bolt
卵形面 ovaloid
卵形面积 egg-shaped section
卵形排水管 egg-shaped drain pipe; egg-shaped sewer
卵形瓶 mat(t)ras(s)
卵形缺陷 oval defect
卵形饰 egg-shaped ornament; ovoid mo(u)lding; ovum[复 ova]
卵形手柄杆 lever with ovoid grip
卵形体 ogival-shape body; ovoid; ovoid body
卵形体截面 oval-body section
卵形凸轮 oval cam
卵形椭球 egg-shaped spheroid
卵形洼地 scallop
卵形截面下水道 building sewer
卵形掘土机 mole ball
卵形污水管 egg-shaped sewer
卵形物 egg; oval; ovoid body
卵形下水道 egg-shaped sewer; oval-shaped sewer
卵形线 egg-shaped line; ogive; oval
卵形装饰 <雕刻在线脚上的> ovum [复 ova]
卵与飞标形交替的线饰 <西方古建筑中的> egg and dart mo(u)lding
卵与尖形装饰 egg and anchor; egg and dart; egg and tongue
卵与箭形交替的线饰 <西方古建筑中的> egg and arrow mo(u)lding
卵与锚形交替的线饰 <西方古建筑中的> egg and anchor mo(u)lding
卵与舌形交替的线饰 <西方古建筑中的> egg and tongue mo(u)lding
卵圆窗 fenestra ovalis; fenestra vestibuli; oval window
卵圆孔 Botallo's foramen; foramen ovale; oval foramen
卵圆饰 egg-mo(u)lding
卵圆窝缘 border of oval fossa; limbus fossae ovalis
卵圆形 reniform; ovoid
卵圆形的 calculiform; ovoidal
卵圆形叶 oval leaf; ovate leaf
卵状结构 oolitic texture

乱

乱板筛 dray screen

乱层云 nimbostratus
乱叉河 braided river
乱插花砌法 skintled brickwork
乱冲 ramp(age)
乱穿马路的人 jaywalker
乱倒 fly tipping
乱堆 jungle
乱堆木材 Z-pile
乱堆石 riprap
乱堆填料 random packing
乱反射 irregular reference
乱反射区 clutter region
乱放 pell-mell placing
乱滚花抹面 rag-rolled finish
乱画 scribble
乱卷云 cirrus intortus
乱开车 reckless driving
乱开快车的司机 speeder
乱开炮眼 wild hole
乱开钻孔 wild hole
乱砍者 slasher
乱磕乱碰 knock about
乱扣盘 dial thread indicator; thread-chasing dial
乱块 pell-mell block
乱块建筑 pell-mell construction
乱浪 cross sea
乱流 air turbulence; bumpy flow; mixed flow; sinuous flow; turbid flow; turbulent current
乱流测量仪 turbulence meter
乱流河道 braided river
乱码 clobber
乱毛石 rough rubble
乱毛石墙 snecked rubble
乱毛石墙砌体 polygonal rubble
乱毛石饰面 random rubble facing; random rubble finish; rough rubble facing
乱抛 pell-mell placing; random fill
乱抛的 pell-mell; random-placed
乱抛法 pell-mell placement
乱抛块体 random block
乱抛块体工程【港】 query-random blockwork
乱碰 barge about
乱劈 hackle
乱铺路面 crazy pavement; random paving
乱铺面 random pavement
乱铺石板小径 crazy pavement
乱铺纹样 random pattern
乱七八糟的地 topsy-turvy
乱七八糟 ruck(le)
乱七八糟的 rough-and-tumble
乱砌 random bonding
乱砌层 irregular course; random course; random coursed work
乱砌层墙 irregular-coursed wall
乱砌成层毛石 random coursed rubble
乱砌的 uncoursed
乱砌法 random bond
乱砌方石 random ashlar
乱砌方石工程 broken ashlar; random ashlar work; random range ashlar; random(range) work
乱砌合 random bond
乱砌料石 random ashlar
乱砌乱石墙 random course
乱砌毛石 irregular-coursed rubble; random rubble; rubble works; uncoursed rubble
乱砌毛石墙 snecked masonry wall; snecked rubble wall
乱砌毛石圬工 random rubble masonry(work)
乱砌石工 random stone work
乱砌石工事 random work
乱砌体 random bond
乱砌圬工 random(range) masonry; rubble masonry
乱砌琢石 random ashlar
乱砌琢石面 random ashlar facing
乱砌琢石墙面 random ashlar facing
乱取向 disorientation
乱绕 mush winding; random winding
乱绕线圈 random coil
乱散射 random scatter(ing)
乱石 freestone; quarry rubble; random rubble; rippling stone; riprap stone; rock riprap; rubble; rubble stone; sneck; snecked rubble
乱石保护 <边坡> riprap protection
乱石冰碛 rubble drift
乱石层 cyclopean riprap; irregular-coursed rubble
乱石道砟 pebble ballast
乱石的 rubbly
乱石堆 cyclopean; cyclopean ripple; cyclopean riprap; dumped riprap; heap of rubble; random riprap; rubble pile; stone riprap
乱石堆成的护岸 riprap
乱石堆填 random rockfill; random rubble fill
乱石堆筑 quarry-run rockfill; random rubber fill
乱石方石墙 alternating coursed ashlar masonry
乱石工程 cyclopean masonry work; random (-placed) riprap; rubble works
乱石拱 rubble arch; rustic arch
乱石拱桥 rubble stone arch bridge
乱石灌浆 grouted riprap
乱石护面 pavement of riprap; riprap pavement
乱石护坡 random riprap; riprap; riprap protection of slope; rubble mound; rubble-slope(protection)
乱石基础 riprap foundation; rubble-mound foundation
乱石基底 rubble soling
乱石集水沟 rubble catchwater channel
乱石块 stone riprap
乱石嶙峋的 boulder studded
乱石流 rubble flow
乱石路堤 riprapped embankment
乱石路基 riprapped embankment
乱石路面 pavement of riprap; random paving
乱石盲沟 boulder ditch; French drain; rubble drain
乱石抛填 random dumping; riprap dumping
乱石铺路 crazy paving
乱石铺面 pavement of riprap
乱石铺砌 random paving; riprap pavement
乱石砌法 <成层砌筑的> pointed joint of random rubble
乱石砌体 irregular-coursed rubble; moellon; random rubble masonry (work)
乱石砌筑 stone rubble masonry(work)
乱石砌筑的 snecked
乱石砌筑的墙 snecked wall
乱石墙 antiquum opus; cyclopean wall; irregular-coursed rubble; random rubble masonry(work); random work; rough wall
乱石墙皮 rubble outerskin
乱石墙石块 backing
乱石饰面 paretta
乱石体 riprap works
乱石纹路面 crazy pavement; crazy paving
乱石圬工 bastard masonry; moellon; random (range) masonry; random rubble masonry(work); rubble masonry; stone rubble masonry (work)
乱石圬工拱桥 rubble stone masonry bridge
乱石圬工重力式挡土墙 stone masonry gravity retaining wall
乱石峥嵘的 boulder studded
乱石琢石墙 alternating coursed ashlar masonry
乱石组 irregular-coursed rubble
乱视 astigmatism
乱收费用 collect fees arbitrarily
乱数表 random table
乱数的产生 generation of random numbers
乱水 confused current
乱丝 floss; flue
乱碎集料 crusher-run aggregate
乱涂 scratch work; scrawl
乱涂的 scrabbled
乱涂乱画 graffito
乱位线 dislocation line
乱纹理 wild grain
乱纹琢石饰 boasted ashlar
乱显示 confused indication; false indication
乱行 random walk
乱序执行 out-of-order execution
乱涌 confused swell; cross swell
乱用 maltreatment
乱油环 wipe ring
乱糟糟的 aclutter
乱凿纹方石 random tooled ashlar
乱凿纹面 random tooled finish
乱真的 spurious
乱真电子信号 glitch
乱真放射 spurious emission
乱真计数 spurious count
乱真清晰度 spurious resolution
乱真输出 spurious output
乱真信号 spurious signal
乱真信号功率测量仪 spurious power meter
乱真影像 spurious image
乱真振荡 spurious oscillation
乱支乱用 playing fast and loose with funds
乱砖墙 rough wall
乱撞 barge about
乱琢方石 random tooled ashlar

掠

掠夺经济 <眼前利益或出于十足的愚昧,造成将来不可能恢复的不必要破坏> robber-economy

掠夺物 booty
掠夺行为 act of depredation; predatory behavio(u)r
掠夺性开发 predatory exploitation
掠夺性要价 predatory pricing
掠夺者 grabber; pirate
掠过 brush through; skim; sweep-over
掠面加速度 areal acceleration
掠面速度 area(l) velocity
掠取 skimming
掠入射 glancing incidence; grazing incidence
掠射角 grazing angle
掠射角观察的颜色 flop colo(u)r
掠射路径 grazing path
掠水面划船法 feathering stroke

略

略暗褐色 donnish

略呈绿色的 greenish; greeny
略大于螺栓的孔 clearing hole
略带淡玫瑰红色的硬木 <澳大利亚昆士兰产> sweetbark
略带棱角的 subangular
略带棱角的颗粒 subangular particle
略符 monomark
略固结 little consolidation
略含盐分的 mildly brackish
略号 contracted notation
略计 approximation
略开阀(门) crack a valve; cracked valve
略名 monomark
略去的读数 lost count
略去尾数 rounding-of figures
略式订货单 open order
略式提单 short form bill of lading
略述 outline
略图 abridged drawing; block map; block plan; contour outline; delineation; diagrammatic drawing; diagrammatic sketch; drawing of site; eye sketch; itinerary; outline; outline drawing; outline map; outline sketch; rough draft; rough drawing; rough sketch; scantling; schematic map; schematic representation; simplified schematic; skeleton form; skeleton map; sketch drawing; sketch map; sketchpad; thumbnail sketch
略图簿 sketch book

略图参考说明 advice added to delineation
略微 in some measure
略微粗糙的 slighting rough
略为提高的道路 little-raised road
略咸的水 brackish water
略现瑕疵 show slight breaks
略斜向上游的丁坝 groin pointing slightly upstream
略有棱角的 subangular
略语键盘 abbreviated keyboard
略语名称 abbreviated name
略字 logograph

伦巴德风 lombarde

伦巴第白杨木 Lombard poplar
伦巴第建筑 Lombard architecture
伦巴第利率 Lombard rate
伦巴木 afara <非洲橄仁树>;korina <非洲果仁树>
伦贝格-奥斯古特应力与变形关系 Ramberg-Osgood force-deformation relation
伦贝格-奥斯古特滞变曲线 Ramberg-Osgood skeleton curve
伦道普森水泥砂造型法 Randupson process
伦德伯格插接头 <一种插座与插头相连的接电器> Lundberg adapter
伦德尔式电动机 Lundell motor
伦丁故障搜索器 Lundin hitch point searcher
伦丁热镀铝法 Lundin process
伦敦 <英国首都> London
伦敦白 London white
伦敦穿透深度 London penetration depth
伦敦单位 London standard;London unit
伦敦到岸价格条件 London landed terms
伦敦地下铁道 <英> the M-railway
伦敦地质学会 Geologic(al) Society of London
伦敦(蒂尔伯里)港 London Port
伦敦方程 London equation
伦敦富人时髦阶层 belgravia
伦敦港务局 Port of London Authority
伦敦公约 London Convention
伦敦国际金融期货交易所 London International Financial Futures Exchange
伦敦黄金市场 London bullion market;London gold market
伦敦基准面 PLA Datum
伦敦加权 London weighting
伦敦价格 <指美国股票在伦敦的价格> London price
伦敦建筑法规 London Building Acts
伦敦交通管理联合会 London Traffic Management Unit
伦敦交通局 London Transport
伦敦交通使用者咨询委员会 <英> Transport Users Consultative Committee for London
伦敦郊区 <伦敦地下铁道通达的> Metroland
伦敦金属交易所 London Metal Exchange
伦敦力 London force
伦敦黏[粘]土 London clay
伦敦盆地 London basin
伦敦盆地河流沉积黏[粘]土 <供制砖用> London clay
伦敦商品交易所 London Commodity Exchange
伦敦手制砖 London stock brick
伦敦塔 Tower of London
伦敦外汇市场 London foreign exchange market
伦敦污染型 <以煤烟污染大气为主的> London pattern(pollution)
伦敦卸货条款 London landed clause
伦敦卸泥公约 <国际防止卸泥或其他废料污染海洋公约> London dumping convention
伦敦型泥刀 London pattern trowel
伦敦型(烟)雾 London-type smog
伦敦旋凿 London screwdriver
伦敦烟色 London smoke
伦敦烟雾事件 London smog incident
伦敦议会 <英国,1960 年建> Greater London Council
伦敦银行同业拆放利率 London Inter-Bank Offered Rate
伦敦运输管理局 LT[London Transport] Executive
伦敦证券交易所 London Stock Exchange
伦敦仲裁法庭 London Court of Arbitration
伦敦砖 London stock
伦福德壁炉 Rumford fireplace
伦福德光度计 Rumford photometer
伦格测氮管 Lunge nitrometer
伦格氮量计 Lunge nitrometer
伦哈姆层 Lenham beds
伦孟螺帽 Lomas nut
伦纳德方式 Leonard system
伦纳德统【地】Leonardian
伦诺克斯法 Lenox method
伦奇藻类体 Reinschia-alginite
伦琴 <射线量单位> Roentgen
伦琴单位 Roentgen unit
伦琴当量 Roentgen equivalent
伦琴辐射 X-radiation
伦琴辐射计 radiationmeter
伦琴管 Roentgen tube
伦琴计 radiationmeter;r-meter;Roentgenometer;Roentgen(rate) meter
伦琴射线 Roentgen ray;X-ray
伦琴射线发光 Roentgenoluminescence
伦琴射线机 Roentgen machine
伦琴射线记录法 Roentgen kymography
伦琴射线谱 Roentgen spectrum
伦琴射线绕射照相室 X-ray diffraction camera
伦琴射线摄影术 Roentgen cinematography;roentgenography
伦琴射线探伤法 Roentgen detectoscopy
伦琴射线透视法 radioexamination;roentgenoscopy
伦琴射线透视机 roentgenoscope
伦琴射线显微分光术 Roentgen microspectrography
伦琴射线像片 Roentgen ray photograph
伦琴射线学 roentgenology
伦琴射线荧光镜 fluoroscopic device
伦琴射线照片 roentgenogram;Roentgen photograph;X-ray photograph
伦琴射线照射 roentgenization;X-raying
伦琴射线照相 radiograph;roentgenogram
伦琴射线照相测量术 Roentgen photogrammetry
伦琴射线照相乳胶 roentgenographic emulsion
伦琴射线照相术 roentgenography
伦琴射线装置 Roentgen apparatus
伦琴石 roentgenitte
伦琴小时米 Rontgen-hour metre
伦琴仪 Roentgen meter
伦移 homotopy
伦兹式阀装置 Lentz valve gear

轮 <木材的>裂 cup shake

轮摆动 wheel shimmy
轮班 by spells;in relays;in shifts;rotating shift;shift;shifts system;spell;take turns;turns of duty
轮班次数 numbers of shift
轮班工作制 shift changing system;shift work
轮班制 shifting
轮班制度 rotating shift system;shifts system;swing swift
轮班作业 shift-working
轮板 wheel plate
轮棒 swivel
轮背(内侧)距离 distance of wheel backs
轮泵 wheel pump
轮边 wheelside
轮边减速 wheelside speeddown;wheelside reduction
轮边减速器 wheel side reducer
轮边力车速与爬坡的关系 rimpull-speed-gradeability
轮槽 wheel slot
轮槽角度 angle of the V-groove
轮侧壁护板 sidewall protector
轮层炭壳属 <拉> Daldinia
轮叉中心轴 fork center[centre] shaft
轮差速器 bevel gear differential
轮铲车 wheel-type loader
轮车 wheeler
轮掣测力计 brake dynamometer
轮乘值班表 pooled roster
轮乘制 system of shift change by spells;allocation system;crew pooling system of passenger train【铁】
轮乘制乘务组 pooled crew
轮乘制机车 pooled locomotive
轮程车 perambulator
轮尺 cal(l)iper
轮尺检材 cal(l)iper scale
轮尺量材法 cal(l)iper measure
轮尺量度 cal(l)iper measure
轮齿 cog(-tooth);gear tooth;teeth of a cogwheel;wheel tooth
轮齿背侧 reverse side of tooth
轮齿成型 gear tooth forming
轮齿重叠 tooth overlap
轮齿负载 tooth load
轮齿干涉 interference of tooth
轮齿公差 tooth tolerance
轮齿规 gear tooth ga(u)ge
轮齿几何学 tooth geometry
轮齿接触面 tooth bearing
轮齿距 pitch of teeth
轮齿脉冲 sprocket pulse
轮齿啮合 tooth mesh
轮齿倾斜角 helix angle of tooth
轮齿隙 back lash
轮齿修正 tooth correction
轮齿压碎压力 tooth crushing pressure
轮齿研磨 burnishing of gear teeth
轮齿研磨机 gear teeth lapping machine
轮齿窄短承载区 short bearing of tooth
轮齿趾端 toe-end of tooth
轮齿主动侧 driving side of tooth
轮冲击 wheel impact
轮船 steam boat;steamer;steam ship;steam vessel
轮船舱面厨房 caboose
轮船乘务员 steward
轮船出口报告 outward declaration
轮船代理公司 steamship agent
轮船的叶轮 water-wheel
轮船抵押 ship mortgage
轮船风险 ship hazard
轮船公司 ship-owning company;shipping house;steam ship line
轮船公司运货契约 steamship freight contract
轮船公司自订信号 private signal
轮船航线 steam ship line
轮船集装箱 steamship container
轮船交通 steamer traffic
轮船帘线 cord thread
轮船轮翼 float board
轮船码头 landing stage;motor boat;steamer wharf
轮船水压载 water ballasting
轮船调速器 velometer
轮船尾部装货 stern loading
轮船卧室 state room
轮船载货清单 ship's manifest
轮船装卸区 shiploading area
轮椽 compass rafter
轮次 turn
轮带 box tire;live ring
轮带链(系) pulley chain
轮带位移 live ring migration
轮带下筒体段节 kiln shell section under a tyre
轮挡 catch;chock;wheel block
轮挡杆 catch lever
轮挡时间 block time;buoy-to-buoy time;chock-to-chock time
轮刀 flywheel knife
轮刀式切碎机 flywheel chopper;flywheel cutter
轮导油器 wheel oil deflector
轮到 come round
轮的构型 wheel configuration
轮的摇振特性 shimmy characteristic
轮底面积 wheel-base
轮调 transfer on a rotating basis
轮叠层分离 ply separation
轮动力头 wheel power unit
轮动起重机 <活动龙门吊> wheeled lift
轮斗式 bucket wheel
轮斗式取料机 bucket wheel reclaimer
轮斗式挖沟机 wheel and bucket ditch dredger;wheel-bucket trencher
轮斗式喂料机 ferris wheel feeder
轮斗式装运机 carryall loading hopper
轮渡 ferry;ferry boat;ferry steamer;motorized ferry
轮渡费 ferriage
轮渡港(口) ferry harbo(u)r
轮渡工人 ferry man
轮渡候车室 ferry house
轮渡滑板 transfer slip
轮渡交通 ferry(-boat) traffic
轮渡联络线 ferry link
轮渡码头 ferry dock;ferry landing pier;ferry landing stage;ferry terminal;roll on/roll off dock
轮渡码头港池 ferry slip
轮渡码头管理处 ferry house
轮渡码头候船室 ferry house
轮渡码头靠船架 ferry rack
轮渡码头引桥 ferry ramp;ferry transfer bridge;float bridge
轮渡设备 ferry(ing) equipment;roll-on/roll-out
轮渡式泊位 end loading berth
轮渡式船舶 drive on/drive off;ferry steamer;ferry-type boat
轮渡式综合运输系统 integrated Ro/Ro system
轮渡收入 ferry service revenue
轮渡跳板 ferry ramp

轮渡突堤码头 ferry pier
轮渡斜引道 ferry slip
轮渡业务设施 ferry service unit
轮渡引桥 ferry bridge; ferry ramp; transfer bridge
轮渡运输 ferry(-boat) traffic
轮渡站 ferry station
轮端成型压力机 end wheel press
轮对 pair of wheels; set of wheels; wheel pair; wheel set
轮对抱死 locking of wheels
轮对测量装置 wheel set measuring device
轮对的可调节式量规 variable-ga(u)ge wheelset
轮对电阻 wheel-pair resistance
轮对间 wheel set workshop
轮对宽度(内距) inside distance between wheel pairs
轮对磨损 wheel wear
轮对内侧距离 distance between backs of wheel flanges; distance between backs of wheel rims; distance between insides of rims; wheel back-to-back diameter dimension
轮对蛇行 taking turns in S-shaped motion
轮对压装 pressing on of wheels
轮轭 wheel yoke
轮伐更新区 periodic(al) block
轮伐龄 rotation age
轮伐期 felling cycle; rotation period
轮伐区 periodic(al) coupe
轮番连印 work-and-twist
轮番生产 alternate production; spiral production
轮番提价 price spiral
轮番(制动) cycling
轮辐式花格窗 wheel tracery
轮辐 arm of wheel; bearing rib; hub spider; spoke; spoke rib; wheel arm; wheel rib; wheel spoke
轮辐板 wheel plate
轮辐刀 spokeshave
轮辐钢丝螺母 spoke nipple
轮辐环 spoke ring
轮辐尖端 spoke dowel
轮辐刨床 spoke planing machine
轮辐条 wheel web
轮辐条盘 wheel spider
轮辐弯曲定径压力机 coning press
轮辐压弯机 dishing press
轮辐轧机 wheel-web-rolling mill
轮辐中心 spoke center[centre]
轮腐 ring rot
轮副 wheel set
轮盖 enclosing cover; shroud; wheel cap; wheel shroud
轮杆控制 wheel column control
轮缸盖 wheel cylinder cover
轮杠千斤顶 ratchet lever jack
轮隔片 wheel spacer
轮耕 alternation of culture
轮耕地 alternate field
轮毂 boss; hub; nave; wheel boss; wheel hub; wheel nave
轮毂比 <转轮轮毂直径与转轮直径之比> hub ratio
轮毂测力计 hub dynamometer
轮毂拆卸器 hub puller
轮毂电机 hub wheel motor
轮毂高 hub height
轮毂箍 boss ring
轮毂厚度 boss thickness
轮毂减速 hub reduction
轮毂螺母扳手 hub wrench
轮毂螺栓 hub bolt
轮毂帽 wheel hub cap
轮毂驱动 wheel hub drive
轮毂外过渡弧圆 outer hub-fillet area
轮毂罩 hub cap
轮毂直径 diameter of boss
轮毂制动器 hub brake
轮箍 bandage; rim; shrouding band; strake; wheel band; wheel-tyre [tire]; tyre <英>; tire <美>
轮箍不圆度 ovalization of tire[tyre]
轮箍重旋 resurfacing of tires[tyres]
轮箍车床 railway wheel lathe; wheel-tire[tyre] lathe
轮箍唇 lip of tyre[tire]; lip on tire[tyre]
轮箍粗轧机 becking mill
轮箍钢 tire[tyre] steel
轮箍钢条 tire[tyre] bar
轮箍规 tire[tyre] ga(u)ge
轮箍滚轧机 tire[tyre] rolling mill
轮箍焊补片 tire[tyre] shim
轮箍厚度 tire[tyre] thickness
轮箍环辗轧 becking
轮箍加工机床 tire[tyre] lathe
轮箍加热炉 tire[tyre] heater; tire [tyre] heating furnace
轮箍加热器 flange heater
轮箍紧缩量 tire[tyre] shrinkage
轮箍距 ga(u)ge of tyres
轮箍扣环 retaining ring for tire[tyre]
轮箍冷却 cooling of tires[tyres]
轮箍轮轴导接线 Mansell disc wheel bond; wheel bond
轮箍螺栓 tire bolt
轮箍内侧距(离) inside distance between tires [tyres]; distance between insides of tires[tyres]
轮箍术 tiring
轮箍缩压机 tire[tyre] upsetting machine
轮箍压机 tire[tyre] press
轮箍压装 pressing on the tire[tyre]
轮箍压装机 tire[tyre] applying press
轮箍轧机 tire[tyre] mill; tire[tyre] rolling
轮冠距 tip distance
轮灌 follow-on irrigation; irrigation rotation; rotation(al) irrigation
轮灌登记表 rotation(al) irrigation register
轮灌法 rotation flow method
轮灌方式 rotation flow method
轮灌期 rotational turn
轮轨【铁】 wheel-rail; wheel track
轮轨动力学 wheel-rail dynamics
轮轨反力 wheel-rail reaction force
轮轨关系 wheel-rail interaction
轮轨间的黏[粘]着极限 adhesion limit between wheel and rail
轮轨间距出错通知 overga(u)ge notice
轮轨间黏[粘]着力 wheel-rail adhesion
轮轨接触力 wheel-rail contact force
轮轨接触面【铁】 running surface of rail; running surface; running surface of wheeltrack; wheel-rail interface
轮轨接触应力 rail-wheel contact stress; wheel-rail contact stress
轮轨距 wheel center[centre]
轮轨力 wheel-rail force
轮轨式天线座架 wheel rack antenna mount
轮轨系统 wheel-rail system
轮轨相互作用 wheel-rail interaction
轮轨游间 clearance between wheel flange, ga(u)ge line; flangeway clearance
轮轨作用力 wheel-rail force
轮耗模型 tire[tyre] consumption model
轮荷载 wheel load
轮护脂圈 wheel grease retainer
轮滑 skidding; skidding of wheel; wheel slip
轮滑转 wheel spike
轮滑转动 wheel slippage
轮环 torus[复 tori]
轮环夹 rim clamp; wheel rim clamp
轮换 alternate; shift; take turns
轮换操作 alternate operations
轮换操作塔 alternate operation column
轮换冲击试验机 alternating impact machine
轮换抽样 rotation sampling
轮换寄生 alternate host
轮换矩阵 circulant matrix
轮换牧地 rotation pasture
轮换烧成 alternate firing
轮换用水 alternative water use
轮换栽培 alternation of culture
轮换制 take turns system
轮换种植 shifting cultivation
轮荒地 land on fallow rotation
轮回计 odometer
轮回选择 recurrent selection
轮回选择过程的半衰期 half life of recurrent selection process
轮机 marine engine; marine machinery; motor ship engine; turbine
轮机部 engine department
轮机部储藏品 engine stores
轮机长 chief engineer
轮机长日志 chief engineer's log
轮机长室 chief engineer's room
轮机车间 engine fitting-out shop; engine working shop
轮机工程【船】 marine engineering; maritime engineering
轮机工程师 marine engineer
轮机工程系统国际协作委员会【船】 International Cooperation on Marine Engineering
轮机集中操纵台 centralized engine control panel
轮机入级证书 machinery certificate of class
轮机实习员 cadet engineer; engineer cadet
轮机调节器 marine governor
轮机验船师 engineer surveyor
轮机叶 turbine blade
轮机员 chief engineman; marine engineer
轮机员室 chief engineman room; marine engineer's room
轮机长 chief engineer
轮机脂 tunnel-bearing grease
轮机助理 assistant engineer
轮机转向转数指示器 direction and revolution indicator
轮机组 engine crew
轮迹 cart rut; tire(im)print; tire tread imprint; wheelmark; wheel trace
轮迹播种法 wheel track planting
轮迹车辙 wheel track rutting
轮迹车辙形成 rutting in the wheel-paths
轮迹重叠量 drum overlap
轮迹带 wheel path
轮迹当量圆直径 equivalent circle diameter of tire[tyre] imprint
轮迹地带 wheel path area
轮迹横向分布系数 coefficient of wheel tracking trans-verse distribution
轮迹裂缝 wheel path crack
轮迹消除耙 wheelmark eliminator
轮迹消除器 wheelmark eraser
轮迹消除装置 wheelmark eliminator; wheelmark eraser
轮迹中心 tire[tyre] center[centre] on the road
轮迹纵向长度 longitudinal length of wheel mark
轮集重 wheel concentration
轮架 plough carriage; plow carriage; roller box; wheel(ed) carrier; wheel stand
轮架凸缘 wheel carrier flange
轮架支柱 wheel carrier support
轮键 wheel key
轮键槽 wheel key way
轮脚扶梯 ladder on wheels
轮叫探询 roll call polling
轮接面 wheel contact
轮结 rolling hitch
轮界薄壁组织 marginal parenchyma; terminal parenchyma
轮径 diameter of wheel
轮距 base; ga(u)ge; ga(u)ge of wheels; rut; spread of wheel; tire tread imprint; track width; tread (truck); wheel center [centre]; wheel center distance; wheel ga(u)ge; wheel space; wheel span; wheel track; wheel track width; wheel tread
轮距超出范围 overga(u)ge
轮距桁梁式桥 treadway bridge
轮距调整 track setting
轮锯 circular saw
轮开桥 rolling lift bridge
轮壳螺栓 boss bolt
轮垦 shifting cultivation
轮垦农业 shifting agriculture
轮坑 wheel pit
轮孔镗床 wheel borer
轮廓 atobit; broad outline; configuration; contour(ing); delineation; figuration; gabarite; lineament; lineation; outline of figure; planform; profile; silhouette
轮廓报告 profile report
轮廓爆破 contour blasting; perimeter blasting
轮廓边 contour hole
轮廓变换 contour transformation
轮廓标线 delineation line
轮廓不均匀度 profile irregularity
轮廓草图 dimensional sketch; outline sketch; skeleton sketch
轮廓测定法 profilometry
轮廓测定器 profilometer; roughness integrator
轮廓测定投影器 profile projector
轮廓测定仪 profilograph; profilometer
轮廓车削 contour turning
轮廓尺寸 boundary dimension; boxed dimension; external dimension; leading dimension; outline dimensions; out-to-out dimension; out-to-out distance; overall dimension; overall size; skeleton dimension
轮廓尺寸图 dimension chart; dimension diagram
轮廓抽取 contour extraction
轮廓重合 contour convergence
轮廓淬火 contour hardening; contour quenching
轮廓的 diagrammatic; skeletal; out-to-out
轮廓灯 clearance(lamp side) light
轮廓度 profile tolerance
轮廓法 consistency profiles
轮廓仿形 profile tracer
轮廓仿形铣床 line trace mill
轮廓分明的 clearly defined; well-defined
轮廓分明的峰态 well-defined peak
轮廓分析 contour analysis; edge anal-

ysis
轮廓跟踪 contour tracing
轮廓光 outline light;rimming light
轮廓规划 broad planning;outline program(me)
轮廓规划图 outline plan
轮廓滚形 contour roll forming
轮廓计划 framework plan; outline plan;skeleton plan
轮廓纪录绘制器 delineator
轮廓加工 contouring;contour machining
轮廓校正电路 contour correction circuit
轮廓控制 contour(ing) control
轮廓量规 profile ga(u)ge;receiving ga(u)ge
轮廓略图 outline map
轮廓面积 bounded area
轮廓模糊 range ambiguity;soft edge
轮廓模数 contour module
轮廓模型 contour model; skeleton pattern
轮廓目镜 template eyepiece
轮廓目录 skeleton dictionary
轮廓炮眼 line blasthole
轮廓平面图 profile in plan
轮廓清楚的 clear-cut
轮廓清晰的 clear-cut
轮廓清晰度 definition of contour; edge sharpness
轮廓曲线(测定)仪 profilograph;profilometer
轮廓曲线光学投影仪 profile projector
轮廓锐度 contour acuity
轮廓设计 outline design
轮廓摊铺机 contour paver
轮廓调整 configuration control
轮廓投影仪 contour projector;measuring projector;profile projector
轮廓图 contour drawing;contour(line) map; dimensional drawing; dimensioned drawing; outline chart; outline drawing; outline map; outline sketch;profile diagram;skeletal diagram; skeleton diagram; skeleton drawing
轮廓图形评价法 appraisal method with the aid of contour graph
轮廓微观不平度 profile irregularity
轮廓鲜明的 clean-cut;clear-cut
轮廓显微镜 profile microscope
轮廓线 border line;borderline curve; configuration line;contour line;exterior outline; form line; object line; planimetric(al) line; skeleton line;tidal limit;visible line;profile line
轮廓线检视器 contour finder
轮廓线输入 outline input
轮廓线图 line drawing;outline map
轮廓线效果 silhouette effect
轮廓线仪 cymograph
轮廓像 wire-frame image
轮廓效应 contour effect
轮廓性规划 conceptual planning
轮廓修整工 profile fabricator
轮廓仪 contour ga(u)ge; contourgraph;profile meter;profile testing instrument;profilometer;rough(o) meter
轮廓引线 ranging line
轮廓凿刀 profiled chisel
轮廓凿岩 contour drilling
轮廓增强 edge enhancement
轮廓轧机 contour rolling mill
轮廓照明 outline lighting
轮廓照明灯 outline light
轮廓(描写)阴影 adumbration
轮链 endless chain
轮链式污泥机 endless chain dredge(r)
轮列 train of wheels;wheel train
轮列式 wheel arrangement
轮裂 <木材> annular space; ring shake; round shake; shell shake; wind shake; ring crack; shake; wheel shake
轮裂气孔 cyclocytic of stomata
轮菱 diamond in looped end
轮流 by spells;by turns;interchange; rotation;take turns
轮流的 alternant;rotational
轮流工作制 work on rotating-basis
轮流沟灌 alternate furrow irrigation
轮流灌溉 circular irrigation;rotational irrigation
轮流换班 rotating shift
轮流检验 survey in rotation
轮流开花 rotation of bloom
轮流配水 rotary distribution;rotation irrigation
轮流审计制 auditing by rotation
轮流生产方法 alternate production methods
轮流式安排 round-robin scheduling
轮流投标 by-turn bidding
轮流延迟放牧 rotation-deferred grazing
轮流引爆 rotation firing
轮流优先权方案 rotating priority scheme
轮流值班 heel-and-toe watches
轮面 face of wheel;wheel face
轮磨机线 edge runner mill
轮末薄壁组织 terminal parenchyma
轮牧 deferred grazing; rotational grazing
轮牧周期 rotational grazing cycle
轮碾 rolling
轮碾机 chaser;chaser mill;edge mill; edge runner;edge runner mill;kollergang;kollermill;pan grinder;roll grinding mill; wheel mill; wheel roller
轮碾磨 edge mill
轮碾盘 edge runner pan
轮碾式混料机 Muller mixer
轮碾式混砂机 edge mill
轮碾型磨机 grinding mill of the edge runner
轮碾压 edge mill
轮盘 body of wheel;cam plate;disc [disk];wheel disk[disc]
轮盘的平行度 alignment of wheels
轮盘搅拌器 disk impeller
轮盘摩擦 disk friction
轮盘摩擦损失 disk friction loss
轮盘破裂试验 disk-bursting test
轮盘式启闭机 gear wheel lifter; wheel-type lifter
轮盘式移摆管装置 carousel rod changer
轮盘轴向定心 alignment of wheels
轮刨 spokeshave plane
轮坯 wheel blank;wheel block
轮偏转角 wheel angle
轮撬 wheel-ski
轮壳螺帽 hub bolt
轮壳螺栓 boss bolt
轮曲柄 wheel crank
轮曲面 wheel camber
轮驱动 drive wheel
轮圈 collar rim;disc;rim
轮圈安装线 rim fit rib
轮圈硫化器 rim vulcanizer
轮圈刹车 rim brake
轮韧测力计 brake dynamometer
轮韧功率计 brake dynamometer
轮刹车 wheel brake
轮上不受载时的起重能力 lifting capacity of free-on-wheels
轮上防滑套爪 wheel girdles
轮上负荷 load on the wheel
轮上配重 wheel weight
轮生的【植】verticillate
轮式搬运车 porter
轮式泵 wheel pump
轮式铲斗装载机 wheel loading shovel
轮式铲土机 carryall scraper
轮式铲运机 carryall;carryall scraper;wheel(tractor-) scraper
轮式车架 wheel-type chassis
轮式打印机 wheel printer
轮式的 round-robin;wheel-mounted
轮式底盘 wheel-type chassis
轮式吊杆挖掘机 boom-mounted wheel excavator
轮式调度法 round-robin scheduling
轮式定向器 wheel tracer
轮式堆垛车 wheeled carrier-and-stacker
轮式翻斗加料器 scoop wheel feeder
轮式干粉灭火机 wheeled dry powder fire extinguisher
轮式工程机械(设备) industrial wheeled equipment
轮式刮土机 wheel(ed) scraper
轮式过滤器 wheeler filter
轮式护舷 wheel fender
轮式机械 wheel machine
轮式集材拱架 sulky
轮式集材拱架机 wheel skidder
轮式集材机 wheeled skidder
轮式集电器 troll(e)y travel
轮式集装箱 wheeled container
轮式计量器 wheel meter
轮式夹盘 wheel chock
轮式捡拾器 wheel-type pickup
轮式铰 wheel cutter
轮式卡管器 wheel chock
轮式拉铲挖土机 wheel-mounted dragline
轮式犁 wheel(ed) plough
轮式立爪扒渣机 wheel digging arm loader
轮式沥青路面整修(摊铺)机 tire mount asphalt finisher
轮式裂土机 wheeled ripper
轮式码垛机 wheeled stack
轮式灭火机 wheeled fire extinguisher
轮式抛光机 wheeled polishing machine
轮式泡沫灭火器 wheeled foam extinguisher
轮式碰垫 fender wheel
轮式起落架 wheel undercarriage
轮式起重机 tyre crane; wheel(-mounted) crane; wheel-type truck crane
轮式牵引车 tournapull; tournatractor; wheeled tractor; wheel-type tractor
轮式牵引起重机 wheel tractor crane
轮式取样器 wheel-type sampler
轮式输送机 wheel conveyer[conveyor]
轮式双晶 cyclic(al) twin
轮式松土机 wheeled ripper
轮式探测器 wheel detector
轮式推土机 tire dozer;tournadozer; wheel bulldozer;wheel dozer
轮式拖拉机 roller tractor; wheeled tractor;wheel-type tractor
轮式拖拉机前端装载机 wheel tractor front-end loader
轮式挖槽机 wheel-type trenching machine
轮式挖沟机 rotary scoop trencher; wheel ditcher; wheel trencher; wheel-trench excavation; wheel trenching machine; wheel-type excavator; wheel-type trencher; wheel-type trenching machine
轮式挖掘铲 wheel lifter
轮式挖掘机 wheeled excavator; wheel-mounted excavator
轮式挖泥船 wheel dredge(r)
轮式挖泥机 wheel ditcher; wheel dredge(r)
轮式挖土机 wheeled shovel;wheel(-type) excavator
轮式压路机 wheel roller
轮式振动压路机 vibratory drum roller
轮式中耕锄 wheel-hoe cultivator
轮式装岩机 wheel-mounted mucker
轮式装载机 tired[tyred] tractor shovel;wheel(-type) loader
轮式自行铲运机 wheel tractor-scraper
轮式自行钻车 self-travel(l)ing wheeled jumbo
轮式钻机 wheel-mounted drill
轮饲牧场 green conveyer[conveyor]
轮送带 conveyor band
轮胎 convertible vehicle;rubber-tired [tyred] wheel; wheel band; tire [tyre] <尤指外胎>
轮胎爆裂 blowout; blowout of tire [tyre] ;blow pipe;tire[tyre] burst
轮胎爆裂口 blowout
轮胎爆裂声 report of a burst tire [tyre]
轮胎壁 sidewall;tire[tyre] wall
轮胎表面的补胎料 camel back
轮胎擦印 tire[tyre] scuff mark
轮胎侧壁 sidewall;tire[tyre] sidewalk
轮胎侧边撑圈 bead lock ring
轮胎层 body ply
轮胎层级 ply-rating(of tire)
轮胎层数 ply rating(of tire)
轮胎拆卸锤 beading hammer
轮胎拆卸器 tire[tyre] demounter;tire [tyre] stripper
轮胎铲斗车 tired[tyred] tractor shovel
轮胎车拖运 rubber-tired[tyred] haulage
轮胎衬带 tire[tyre] flap; tire[tyre] strap
轮胎撑架 tire[tyre] holder
轮胎撑开器 tire[tyre] opener; tire [tyre] spreader
轮胎成型床 tire[tyre] builder
轮胎成型机 tire[tyre] building machine
轮胎承载断面 loaded section of type
轮胎承载能力 tire[tyre] load capacity
轮胎尺寸 size of rubber tire; tire [tyre] dimension
轮胎充气泵 tire[tyre] -inflation pump
轮胎充气泵软管 tire[tyre] pump hose
轮胎充气表 inflation table
轮胎充气不足 tire[tyre] under-inflation;under-inflation
轮胎充气工具 tire[tyre] inflation kit
轮胎充气过度 overinflation;tire[tyre] overinflation
轮胎充气机 tire[tyre] inflater[inflator]
轮胎充气量 tire[tyre] inflation
轮胎充气气压 tire[tyre] inflation pressure
轮胎充气压力 tire[tyre] inflating pressure;tire[tyre] pressure
轮胎充气压力表 tire[tyre] pressure watch
轮胎充气压力计 pneumatic tire[tyre] inflation ga(u)ge
轮胎充气压缩机 air compressor for inflating tires
轮胎充气装置 tire[tyre] inflation device
轮胎穿孔 puncture

轮胎存放架 tire[tyre] storage rack
轮胎打滑 tire[tyre] slip; tire[tyre] spin
轮胎打气泵 tire[tyre] -inflation pump; tire[tyre] pump
轮胎打气桶 tire[tyre] hand air pump
轮胎打气筒 tire[tyre] hand air pump
轮胎带出(路面材料) picking up
轮胎的挡带 flap
轮胎的防滑花纹 non-skid tread of tire[tyre]
轮胎的缓冲能力 cushioning ability of tire[tyre]
轮胎的减震能力 cushioning ability of tire[tyre]
轮胎的可磨耗体积 wearable volume of tire[tyre]
轮胎的微小不规则处 minute irregularities of tire[tyre]
轮胎底盘的 rubber-mounted; wheel-mounted
轮胎地中心 center of the tire[tyre] contact
轮胎店 tire[tyre] shop
轮胎垫 tire[tyre] cushion
轮胎吊 rubber-tired crane; tire[tyre] crane; truck-mounted crane
轮胎斗式装载机 roller-type bucket loader
轮胎断面 tire[tyre] section
轮胎(对路面的)附着力 tire[tyre] grip(on road)
轮胎阀 tire[tyre] valve
轮胎阀帽 tyre-valve cap
轮胎阀芯 tire[tyre] valve core
轮胎帆布 tire[tyre] canvas; tire[tyre] canvas
轮胎翻新 remo(u)ld; retread(ing)
轮胎翻新硫化模 retreader; retreading mould
轮胎翻新器 recapper
轮胎翻修硫化机 tire[tyre] recapping mo(u)ld
轮胎防护链 tire[tyre] protective chain
轮胎防滑花纹 gripping pattern; tire[tyre] gripping pattern
轮胎防滑花纹高度 tire[tyre] antiskid lug depth
轮胎防滑链 tire chain
轮胎防滑套爪 tire[tyre] girdle
轮胎防滑铁链 cleat tire[tyre] chain; tire[tyre] chain
轮胎防舷材 rubber-tired truck wheel fender
轮胎放气 tire[tyre] deflation
轮胎费用 tire[tyre] cost
轮胎粉 tire[tyre] powder
轮胎风(雨)挡 tire[tyre] wind shield
轮胎浮式防波堤 floating tire breakwater
轮胎附着力 tire[tyre] traction; tire[tyre] grip
轮胎刚性悬挂式平地机 straight wheel grader
轮胎钢圈 tire[tyre] rim; tire[tyre] rim
轮胎钢丝 bead wire; tire[tyre] bead wire
轮胎割痕 tire[tyre] cut
轮胎隔层 tire[tyre] breaker
轮胎构造 wheel configuration
轮胎箍绳 tire[tyre] cord
轮胎骨料接触面 tire-aggregate interface
轮胎鼓包 blister
轮胎固着法 tire[tyre] fastening; tire[tyre] fastening
轮胎轨迹 tire[tyre] imprint; tire[tyre] tread imprint
轮胎滚动表面 tread running surface
轮胎滚滑噪音 tire[tyre] noise
轮胎和路面的摩阻力 tire[tyre]-pavement friction
轮胎和轮辋总成 tire[tyre] and rim
轮胎荷载 tire[tyre] load
轮胎痕迹 tire[tyre] printing
轮胎护舷 tire[tyre] fender
轮胎花纹 lug; tire[tyre] impression; tire[tyre] tread; tread; tread lug; tread pattern; tire[tyre] section; tire[tyre] tread pattern; wheel tread
轮胎花纹高度 lug height; tire[tyre] tread height; tread depth
轮胎花纹沟 tire[tyre] tread groove
轮胎花纹块宽度 lug width
轮胎花纹设计 tire[tyre] tread design
轮胎花纹胎面 tire[tyre] tread
轮胎花纹形式 tire[tyre] tread pattern
轮胎滑行 sliding tire[tyre]
轮胎环 tire[tyre] ring
轮胎缓冲层 tire[tyre] breaker strip; tire[tyre] cushion
轮胎活动打气装置 mobile tire[tyre] inflation unit
轮胎加热装置 tire[tyre] heating device
轮胎架 tire[tyre] mounting; tire[tyre] rack
轮胎肩部加强肋 buttress
轮胎检查 tire[tyre] inspection
轮胎胶布 tire[tyre] fabric
轮胎接触地面附着力 tire[tyre] grip
轮胎接触面积 tire[tyre] contact area
轮胎接地长度 contact length of tyre
轮胎接地点 point of tire[tyre] road
轮胎接地点扁平化 flat-spotting of tires[tyres]
轮胎接地面积 tire[tyre] contact area
轮胎紧固方法 tire[tyre] fastening
轮胎紧固件 tire[tyre] fastening
轮胎浸渍胶乳 cord dip latex
轮胎空转 tire[tyre] spin
轮胎烙印铁 tire[tyre] branding iron; tire[tyre] branding iron
轮胎沥青路面整修机 tyre-mounted asphalt finisher
轮胎帘布 cotton tire[tyre] cord; tire[tyre] canvas; tire[tyre] cord; tire[tyre] fabric
轮胎帘布层 cord carcass of tire[tyre]; tire[tyre] carcass
轮胎帘布缓冲层 cord breaker
轮胎硫化机 tire[tyre] vulcanizing machine; tire[tyre] vulcanizer
轮胎硫化器 tire[tyre] vulcanizer
轮胎龙门吊 tired gantry crane
轮胎漏气 tire[tyre] flat
轮胎路机 tire[tyre] press
轮胎路面相互作用 tire/road interaction
轮胎轮辋结构负荷定额 tire[tyre] and rim structural rating
轮胎螺母 hub nut
轮胎螺栓扳 tire[tyre] wheel wrench
轮胎门式起重机 rubber-tired gantry crane
轮胎密封衬带 tire[tyre] tourniquet
轮胎面层 tread layer
轮胎面花纹 tread pattern
轮胎面橡胶 tread rubber
轮胎名义接地面积 nominal tire-bearing surface
轮胎磨耗 tire-killing
轮胎磨耗率 rate of tread wear
轮胎磨耗面 tire[tyre] wearing surface
轮胎磨耗系数 tire[tyre] wear coefficient
轮胎磨损 tire[tyre] wear
轮胎磨损前的行驶英里数 tread miles
轮胎内胎 inner tube; tire[tyre] inner tube
轮胎耐久性 tire[tyre] last
轮胎耐(路面)粗糙性 harshness(of concrete)
轮胎挠曲 tire[tyre] flexing
轮胎黏[粘]着花纹 gripping pattern
轮胎黏[粘]附性 tire[tyre] adhesion
轮胎黏[粘]着力 tire[tyre] adhesion
轮胎排列形式 tire[tyre] arrangement; tire[tyre] arrangement
轮胎配合 matching of tire[tyre]
轮胎喷淋系统 tire[tyre] sprinkling system
轮胎碰垫 tire[tyre] fender
轮胎平衡 balancing of tyre
轮胎平均负荷 mean tire[tyre] load
轮胎破裂 burst tire[tyre][tire]
轮胎漆 tire[tyre] paint; tire[tyre] finish
轮胎起泡 blister; sand blister
轮胎起重机 low truck crane; mobile crane; truck crane; tire(d) [tyre(d)] crane
轮胎气门 tire[tyre] valve
轮胎气门扳手 tire[tyre] valve key
轮胎气门嘴 tire[tyre] valve
轮胎气压 tire[tyre] pressure
轮胎气压表 inflation ga(u)ge; tire[tyre] air ga(u)ge; tire[tyre] pressure ga(u)ge
轮胎气压计 tire[tyre] air ga(u)ge; tire[tyre] pressure ga(u)ge; tire[tyre] ga(u)ge
轮胎气嘴 cranked tire[tyre] valve
轮胎汽车钻 rubber-tired[tyred] drill
轮胎撬板 tire[tyre] lever
轮胎撬棍 tire[tyre] clawbar; tire[tyre] iron
轮胎切痕 tire[tyre] imprint; tire[tyre] tread imprint
轮胎热补 tire[tyre] hot patch; vulcanize
轮胎热补机 tire[tyre] vulcanizing machine
轮胎热压器 tire[tyre] heater
轮胎容许荷载 allowable tire[tyre] load
轮胎容许载荷 allowable tire[tyre] load
轮胎深入系数 tire[tyre] -penetration factor
轮胎式 rubber-tired[tyred]; wheel reaction; wheel-type
轮胎式侧卸车 rubber-tired[tyred] side dumping car
轮胎式铲土机 wheel tractor-scraper; wheeled scraper
轮胎式铲运机 tired[tyred] tractor shovel; wheel(ed) scraper
轮胎式车辆 rubber-tired; rubber-tired[tyred] vehicle
轮胎式单斗挖掘机 wheel-type single bucket excavator
轮胎式单塔起重机 rubber-mounted mono-tower crane
轮胎式的 rubber-tyred
轮胎式底盘 rubber-tired carrier mounting; rubber-tired chassis
轮胎式地下铁道 <在加拿大蒙特利尔市> rubber-tired Metro
轮胎式动力铲 wheel-mounted power shovel
轮胎式钢索原木集材机 pneumatic tire[tyre] cable skidder
轮胎式钢索原木拖运机 pneumatic tire[tyre] cable skidder
轮胎式港口运载工具 rubber-tired [tyred] port vehicle
轮胎式滑模摊铺机 tire[tyre] type slipform paver
轮胎式活动起重机 pneumatic-tired [tyred] mobile crane
轮胎式机动铲 wheel-mounted power shovel
轮胎式机械 rubber-tired-mounted machine
轮胎式集材机 pneumatic tire[tyre] grapple skidder
轮胎式集装箱门式起重机 rubber-tired [tyred] container gantry crane; rubber-tired[tyred] transtainer
轮胎式沥青混合料摊铺机 rubber-tired[tyred] asphalt paver
轮胎式沥青混凝土摊铺机【机】 wheel-type asphalt paver
轮胎式龙门吊 rubber-tired[tyred] gantry crane
轮胎式龙门起重机 rubber-tired [tyred] gantry crane; gantry crane rubber tired
轮胎式路碾 rubber-tired[tyred] roller
轮胎式碾压机 rubber-tired compactor; rubber-tired roller
轮胎式起重机 rubber-mounted crane; rubber-tired [tyred] crane; tire [tyre]-mounted crane; tire[tyre] crane; wheel crane; rubber-tired mobile crane; wheel-mounted crane; wheeled crane; pneumatic-tired mobile crane
轮胎式起重机由轮胎支承时的起重能力 on-rubber capacity
轮胎式牵引车 wheel tractor
轮胎式塔式起重机 mobile tower crane; tyre-mounted tower crane
轮胎式推土机 rubber-tired dozer; tire[tyre] dozer; wheel(-tractor-mounted) bulldozer
轮胎式拖拉铲土机 tyred tractor shovel
轮胎式拖拉机 pneumatic-tired tractor; roller tractor; rubber-mounted tractor; rubber-tired tractor; truck tractor; tyred tractor; wheel(ed) tractor; wheel-type tractor
轮胎式拖拉机铲运机 wheel tractor-scraper
轮胎式拖拉机牵引铲运机 rubber-mounted tractor-drawn scraper
轮胎式拖拉起重机 wheel tractor crane
轮胎式拖拉挖土机 tired[tyred] tractor shovel; wheel-mounted dragline
轮胎式挖沟机 rubber-mounted ditcher; rubber-tired ditcher; wheel-trench excavator
轮胎式挖壕机 wheeled ditching machine
轮胎式挖掘机 pneumatic-tyred excavator; rubber-tired excavator; truck(-mounted) shovel; wheel excavator
轮胎式挖掘装载机 rubber-tired shovel loader
轮胎式挖土机 rubber-mounted mobile excavator
轮胎式挖土起重两用机 rubber-mounted shovel crane
轮胎式稳定土搅拌机 wheel-type soil stabilizer
轮胎式压槽器 tire[tyre] regroover
轮胎式压路机 pneumatic-tired roller; rubber-tired compactor; rubber-tired[tyred] roller; truck roller; tire(d)[tyre] roller
轮胎式摇臂起重机 rubber-mounted derricking jib crane
轮胎式液压挖土机 rubber-wheeled hydraulic excavator

轮胎式移动破碎机 wheel-mounted mobile crusher
轮胎式移动破碎设备 wheel-mounted mobile plant
轮胎式移动起重机 rubber-mounted mobile crane
轮胎式与履带式可转换车辆 convertible vehicle
轮胎式原木搬运机 pneumatic tire [tyre] skidder
轮胎式运输 road haulage; trackless haulage
轮胎式运输车 rubber-tired haulage vehicle
轮胎式运输工具 rubber-tired vehicle
轮胎式凿岩车 rubber-tired drill
轮胎式轧碎机 rubber-mounted crusher
轮胎式抓木机 pneumatic tire [tyre] grapple skidder
轮胎式装载机 truck loader; wheel loader
轮胎式自动平地机 rubber-tired power blader
轮胎式钻 rubber-wheeled jumbo
轮胎式钻机 wagon drill
轮胎寿命 tire[tyre] last; tire[tyre] life
轮胎锁 tire[tyre] lock
轮胎胎壳 carcase; carcass; tire [tyre] carcass
轮胎胎面花纹 tread contour; tread pattern
轮胎体 carcass; tire[tyre] carcass; tire [tyre] case[casing]
轮胎跳振频率 tire[tyre] hop frequency
轮胎凸纹 tire[tyre] tread
轮胎凸纹设计 tire[tyre] tread design
轮胎凸胀 bulging of tire[tyre]
轮胎拖拉机 wheeled tractor
轮胎拖拉式机铲 wheel-tractor-mounted shovel
轮胎拖印 tire[tyre] skid mark
轮胎脱壳 tread separation
轮胎外壳 carcase
轮胎外倾 tire[tyre] toe-out
轮胎外胎 outer tube
轮胎弯阀 bent tire[tyre] valve
轮胎弯机 tire[tyre]-bending machine
轮胎细钢丝绳 steel cord for tyre
轮胎线层修理补丁 tire [tyre]-repairing patch
轮胎陷入地面 tire[tyre] penetration
轮胎行程寿命 < 以公里计 > life of tire[tyre]
轮胎行驶里程 tire[tyre] tread life
轮胎行走装置 wheel-mounted device
轮胎形状 wheel configuration
轮胎修补车间 tire [tyre] repairing shop
轮胎压床 bladder press
轮胎压花纹 knurl
轮胎压机 tire[tyre] press
轮胎压力 inflation pressure; tire[tyre] [type] pressure
轮胎压力表 tire[tyre] pressure watch
轮胎压力分布仪 sectometer
轮胎压力计 tire[tyre] pressure ga(u)ge
轮胎压路机 pneumatic-tired [tyred] roller; tire[tyre] roller
轮胎压圈 wheel detachable side ring
轮胎压实机 tire[tyre] press
轮胎压载物 tire[tyre] ballast
轮胎沿 tire[tyre] bead
轮胎沿口加强钢丝圈 bead-forming ring
轮胎印 tire[tyre] printing
轮胎印痕 tire[tyre] impression
轮胎印迹 tire [tyre] print; tire [tyre] tread imprint
轮胎印迹中心 < 路面上的 > tire [tyre] center[centre]
轮胎与路面的附着力 road adhesion
轮胎与路面的接触面 road contact of tire[tyre]; road wheel contact
轮胎与路面的接触面积 tire [tyre] contact area
轮胎与路面间的摩擦阻力 tire-pavement friction
轮胎与路面接触点 point of tire[tyre] road
轮胎与路面接触面积 tire[tyre] -to-pavement contact area
轮胎与履带可转换式 convertible vehicle
轮胎缘 sided bead; tire[tyre] bead
轮胎缘趾 tire[tyre] bead toe
轮胎载荷 tire[tyre] load
轮胎载荷与充气压力表 load-inflation table
轮胎载重额 tire[tyre] load rating
轮胎载重量 tire[tyre] capacity
轮胎噪声 tire[tyre] noise
轮胎闸 < 作用在轮胎上的闸 > tire [tyre] brake
轮胎正圆机 tire[tyre]-tru(e)ing machine
轮胎支承作业 < 起重机 > on-rubber operation
轮胎制动器 tire[tyre] brake
轮胎中心距 wheel tread
轮胎助 tire[tyre] shoulder
轮胎抓地齿 tread bar
轮胎转向 wheel steering
轮胎桩架 tire [tyre]-mounted pile frame
轮胎装车机 tired[tyred] loader
轮胎装配 fitting of tire
轮胎装配床 tire [tyre] building machine
轮胎装卸机 tire[tyre] mounting and dismounting machine
轮胎装卸起重机 tire [tyre] handling crane
轮胎装卸压床 tire[tyre] press
轮胎着地面 tire[tyre] tread
轮胎着地面压强 tread pressure
轮胎作用力 tire[tyre] force
轮胎作用在路面上的力 tire [tyre] force on road
轮套筒 wheel sleeve
轮体 wheel body
轮替班 alternating shift
轮替工作制 job rotation
轮替运动不能 adiadochokinesis
轮托架 wheel carrier bracket
轮外倾角 camber angle
轮弯臂 wheel arm
轮辋 felloe; felly; rim; tire[tyre] rim; wheel felloe; wheel rim
轮辋边圈 rim flange
轮辋拆除器 rim remover
轮辋底部 base of rim
轮辋断面 rim section
轮辋功率 rim horsepower
轮辋滚动直径 rolling diameter of wheel tread
轮辋截面轮廓 rim contour
轮辋宽度 rim width
轮辋拉力 rim pull
轮辋拉力-车速-爬坡能力关系曲线 rimpull-speed-gradeability curve
轮辋马力 rim horsepower
轮辋内侧厚度 rim inside thickness
轮辋起重机 rim lift jack
轮辋气门嘴槽 valve slot of rim
轮辋牵引力 rim pull; tractive effort at the wheel rim
轮辋填片 wheel rim filling piece
轮辋外侧厚度 rim outside thickness
轮辋压圈 rim flange; side ring
轮辋轧材 rim section
轮辋直径 rim diameter
轮位 wheel order
轮位对准 wheel alignment
轮位规 wheel setting ga(u)ge
轮系 train of wheels; wheel train
轮系夹板 train bar
轮系振动 disc-coupled vibration
轮线【数】 epicycloid
轮箱 roller box; wheel cover; wheelhouse
轮心 core wheel; disc wheel; wheel boss; wheel center[centre]
轮心孔 wheel bore
轮形窗花格 wheel tracery
轮形窗(扇) wheel window
轮形的 cricoid
轮形钢丝刷 wire wheel
轮形花格窗 wheel tracery
轮形连续挤出机 wheel-type continuous extrusion machine
轮形气压表 wheel-barometer
轮形图 wheel
轮形图式【道】 wheel pattern
轮形系数 wheel-type factor
轮形旋刻刀 engraving disc revolver
轮形圆窗 Catherine wheel window
轮休 have holidays by turns; rotate days off; sequential leave; sequential rest; stagger holidays
轮询 polling; roll polling
轮询表 polling list
轮询电路 polling circuit
轮询规定 polling discipline
轮询技术 polling technique
轮询间隔 polling interval
轮询装置 polling set-up
轮询字符 polling character
轮训 training in rotation
轮讯网 poll network
轮压 < 车轮对路面的压力 > wheel-pressure; wheel load(ing)
轮压测定器 loadometer
轮压机 calender; wheel press
轮压机启动系统 calender take-off system
轮压面 < 轮胎与道路的接触面 > wheel contact
轮压式流动起重机 pneumatic-tired [tyred] mobile crane
轮压系列 load train
轮压展机 wheel stretcher; wheel stretching machine
轮牙 cog
轮窑 annular kiln; circular kiln; Hoffmann's kiln; ring chamber kiln; ring kiln; simplex kiln
轮叶 beater blade; blade; paddle; runner blade; vane; wheel blade; float board < 轮船明轮的 >
轮叶泵 wing pump
轮叶长度 blade length
轮叶间距 blade spacer
轮叶间隙空化 blade clearance cavitation
轮叶间隙空蚀 blade clearance cavitation
轮叶能量损失 blade energy loss
轮叶起动机 vane starter
轮叶式反应室 paddle reaction chamber
轮叶调节阀 blade regulating valve
轮叶调节器 blade regulating valve
轮叶调节伺服器 blade adjusting servomotor
轮叶调整机构 blade adjusting mechanism
轮椅 rolling chair; wheel chair
轮椅车坡道 wheelchair ramp
轮椅存放处 wheelchair store
轮椅牵引机 wheelchair tractor
轮椅住房单元 wheelchair housing unit
轮椅住宅 wheelchair housing
轮印 tracing rut
轮印机 rotary-proof press
轮与轴承式滚轮系统 wheel and bearing roller system
轮缘 annulet; collar roof; felloe; felly; flange; flange of wheel; rim; runner band; shrouding band; wheel flange; wheel rim
轮缘扳手 rim wrench
轮缘板 felloe plate
轮缘槽 flange clearance; flange way; flange(way) groove
轮缘槽保护装置 flangeway guard
轮缘槽衬铁 flangeway filler
轮缘槽间隔铁 flangeway filler
轮缘槽空间 flangeway space
轮缘槽宽度 flangeway width; width of flangeway
轮缘槽深度 flangeway depth
轮缘传动 rim drive
轮缘垂直磨损 vertical wear on wheel tread
轮缘带 rim band
轮缘的水平状态 horizontality of the rim
轮缘断裂 rim cut
轮缘钢轨间隙 flange to rail clearance
轮缘高度 flange height; wheel flange height
轮缘高度测定线 flange base line; wheel flange baseline
轮缘过度圆弧 wheel throat
轮缘厚度 flange thickness; wheel flange thickness
轮缘环 rim collar
轮缘加热器 flange heater
轮缘间隙 rim clearance
轮缘检测器 flange detector
轮缘接点 wheel flange contact
轮缘接合 rim joint
轮缘宽度 rim width
轮缘拉力 rim pull
轮缘冷却 rim cooling
轮缘力 flange force
轮缘螺栓 rim bolt; rim joint bolt
轮缘马力 horsepower at the wheel rim
轮缘磨薄 sharpening of flange
轮缘磨直 vertical flange
轮缘内边 rim inner flange
轮缘内侧距离 ga(u)ge of flanges; inside distance between wheel flanges
轮缘内外轨间距离 check ga(u)ge distance
轮缘内压圈 rim inner flange
轮缘内圆角 flange throat; throat
轮缘爬上轨面 climbing on rail
轮缘爬越轨面 wheel flange overreach
轮缘破裂检测器 < 装设在峰顶或达到场入口处 > broken flange detector
轮缘牵引力 rim pull
轮缘润滑器 flange lubricator; flange oiler
轮缘润滑系统 wheel flange lubrication system
轮缘润滑装置 flange lubrication device; wheel flange lubrication equipment
轮缘式 flange-wheel
轮缘顺轨爬升 climbing of wheel flange onto rail
轮缘速度 peripheral velocity; rim speed; rim velocity
轮缘踏面宽度 width of wheel tread
轮缘踏面量规 wheel flange and tread ga(u)ge
轮缘跳上轨面 jumping of wheel-

flange on rail
轮缘涂油器 flange lubricator
轮缘外边 rim outer flange
轮缘外表面 wheel face
轮缘外侧距离 overall ga(u)ge
轮缘外压圈 rim outer flange
轮缘应力 rim stress
轮缘直径 tip diameter
轮缘制动器 rim brake
轮缘转矩 rim moment
轮缘阻力 flange resistance
轮缘座 rim bearing
轮载 wheel load
轮载测定器 loadometer
轮载的动力变化 dynamic(al) fluctuation of wheel-load
轮载分布(面) wheel load distribution
轮载峰值 peak wheel-load
轮载荷 wheel load
轮载应力 wheel load stress
轮载主车架 wheel-mounted main frame
轮载作用时间 wheel load acting time
轮藻 brittle wort
轮藻灰岩 chara limestone
轮藻类 charophyta
轮藻属 chara
轮闸 hub brake; wheel brake; wheel drag
轮闸储气缸活塞 wheel cylinder piston
轮闸储气筒 wheel(brake) cylinder
轮闸鼓 brake drum
轮闸支座 wheel brake support
轮辗机 wheel pan; wheel roller
轮罩 wheel casing; wheel cover; wheel cowl
轮罩拱 wheel arch
轮辙 tracing rut; track pit; wheelmark
轮辙距 wheel tread
轮辙试验 wheel rutting test
轮枝孢属 < 拉 > Verticillium
轮直径 wheel diameter
轮值 spell
轮值表 shift roster
轮值时间 spell
轮制动 wheel brake
轮制动杆 wheel brake lever
轮制动系统 wheel brake system
轮种 crop rotation; shift cultivation
轮种法 relay cropping; rotation
轮重 wheel load
轮重减载试验 wheel unloading test
轮周 circumference of wheel; wheel circumference
轮周功率 rim horsepower
轮周量尺 wheel circumference measure
轮周牵引力【铁】 tractive effort [force] at the wheel rim
轮周输出功率 output power at the wheel rim
轮周速度 rim velocity
轮周楔块 wheel rim wedge
轮周圆势 crown
轮周制动功率 braking power at wheel rim
轮轴 axle(-dead); axle tree; running gear; swivel; wheel axle; wheel shaft; wheel spindle
轮轴承 wheel bearing
轮轴承扣环 wheel-bearing retaining ring
轮轴承外杯 wheel-bearing outer cup
轮轴电流 axle current
轮轴电阻 axle resistance
轮轴集中重量 axle concentration
轮轴集重 axle concentration
轮轴距 wheel-base
轮轴摩擦 axle friction
轮轴平行度 wheel and axle parallelism
轮轴润滑油 axle oil
轮轴通过次数 number of axle passages
轮轴铜衬 crown brass
轮轴头架 headstock
轮轴线 wheel axis
轮轴压检吨数 checked mounting tonnage of wheel and axle
轮轴轴承 wheel bearing
轮助【船】 assistant engineer
轮爪 grip hook; grouser; lug; strake
轮爪长度 lug length
轮转 cycle; rotate
轮转凹印油墨 gravure ink
轮转裁切机 rotary cut-off
轮转的 cyclic(al); rotatory
轮转机 rotary machine; vane borer < 钻探用 >
轮转计 hodometer; odometer; trechometer
轮转盘 turning piece
轮转切片机 rotary microtome
轮转全景照相机 cyclograph
轮转向式 front-wheel steer type
轮转印刷机 rotary press
轮转照相凹版印刷机 rotogravure press
轮转周期 turnaround time
轮转子 turbine rotor
轮状的 annular; wheel shaped
轮状花纹 wheel
轮状模型 wheel model
轮状平缘 annulet
轮子 sliding wheel
轮子刮泥板 wheel cleaner
轮子坡 back balance; gravity incline; gravity plane; self-acting incline
轮子洒水 < 压路机的 > sprinkling of the wheels
轮子斜向 toeing
轮子轧机 wheel rolling mill
轮阻力 wheel drag
轮组 set of wheels; wheel set
轮组定距 < 机车的 > wheel-base
轮组距 wheel-base
轮组系数 < 以双轮组为单位 > wheel set factor
轮作 alternation of culture
轮作草地 lay lea
轮作计划 rotation plan
轮作经营 convertible husbandry
轮作牧场 rotation pasture
轮作顺序 crop succession
轮作田 rotation plough land
轮作栽培 rotation cropping
轮作制 crop rotation; rotation of crops
轮作中的前作物 proceeding crop
轮作周期 period of crop-rotation; rotation cycle
轮作作物 crop rotation; rotation crop
轮座 wheel seat
轮座配合 wheel fit

论

论丛 symposium
论断 guesswork
论断性决策理论 predicative decision theory
论断性决策模型 predicative decision model
论功行赏制度 merit system
论航次计费 charter by voyage
论集 polygraph
论件 by the job
论件计酬工作 piecework
论据 basis of an argument
论块出售石板 tally slate
论量燃烧 stoichiometric(al) combustion
论时计费 charter by time
论数石板瓦 tally slate
论说 dissertation
论坛 forum[复 forums/fora]; tribune
论题 proposition; subject matter; theme; topic
论文 article; dissertation; paper; theme; treatise
论文范围 theme-circle
论文集 collections of papers; colloquia; symposium
论文命题 lemma[复 lemmata/lemmas]
论文著者 essayist
论证 argument; clarify; demonstration; dialectic; justification; reasoning
论证报告 verification report
论证的坝址 considered dam site
论证方法 means of demonstration
论证可能性 demonstrability
论证原理 principle of reasoning

捋

捋出(缝) raking out joint
捋缝 raked joint
捋角器 < 抹灰用 > corner slicker; angle paddle

罗

罗 < 计量单位,等于十二打 > gross
罗安达 < 安哥拉首都 > Luanda
罗巴契夫斯基几何 Lobachevskian geometry
罗巴切夫斯基空间 Lobachevsky space
罗彼塔法则 L'Hospital rule
罗宾定律 Robin's law
罗宾法 Robin's method
罗宾汉风 Robin Hood's wind
罗宾斯擒纵机构 Robins escapement
罗滨逊矿 robinsonite
罗伯特浮筒 Robert buoy
罗伯特加煤机 Robot fireman
罗伯特连杆机构 Roberts' linkage
罗伯特磨木机 Roberts grinder
罗伯特喷粉机 Robert's shotting machine
罗伯特梯度 Robert gradient
罗伯特无线电测流仪 Robert radio current meter
罗伯特无线电海流计 Robert radio current meter
罗伯特烟色图 Robert's smoke chart
罗伯特转炉 Robert converter
罗伯逊脆断试验 Robertson test
罗差 magnetic deviation
罗彻斯特页岩 Rochester shale
罗城 outer city
罗茨泵 Lobed element pump; lobe pump; Root's pump
罗茨电动机 lobed rotor motor
罗茨高真空泵 Root's high vacuum pump
罗茨马达 lobed rotor motor
罗茨式鼓风机 Root's blower; Root's type rotary blower
罗茨式流量计 Root's type flowmeter
罗茨式煤气表 Connersville meter; Root's meter; rotary displacement meter
罗茨式排气机 Root's type gas exhauster
罗茨式增压器 Root's type supercharger
罗茨压缩机 lobed rotor compressor; Root's compressor; straight-lobe compressor
罗茨增压泵 Root's blower pump
罗达明染色剂 Rhodamine dye
罗达远程精确测位器 lodar
罗氮铁矿 roaldite
罗得岛 < 美国州名 > Rhode Island
罗得西亚古陆 Rhodesian old land
罗得西亚桃花心木 Rhodesian mahogany
罗得西亚柚木 < 产于北非 > Rhodesian teak
罗得西亚紫檀木 Rhodesian bloodwood
罗得希巨人像 colossus of Rhodes
罗德参数 Lode's parameter
罗德-邓肯模型 Lode-Duncan model
罗德角 Lode's angle
罗德里格公式 Rodriguez formula
罗德里格斯破裂带【地】 Rodriguez fracture zone
罗德洛阶 < 晚志留世 >【地】 Ludlovian(stage)
罗德数 Lode's number
罗甸 collodion
罗缎 bengaline; faille; grosgrain
罗恩式多辊轧机 Rohn mill
罗尔定理 Rolle's theorem
罗尔卡尔巴石棉毡 Rokalba
罗尔塞 Rawlplug; rawplug
罗尔纤维管胀垫 Rawlplug; rawplug
罗尔亚特系统 < 一种罐热水系统 > Rolyat system
罗法尺 Lovar tape
罗芬尼器 Ruffini's organs
罗芬尼圆柱体 Ruffini cylinder
罗弗行车线路优先法程序 rover
罗浮宫 Palais du Louvre
罗格拉膺架 centering Rogla
罗格油漆 < 用于新的水泥面 > Rog
罗锅桥 camel-back bridge; hump-back bridge
罗汉柏 Chinese arbor-vitae
罗汉松 Buddha pine; Chinese black pine; yew podocarpus
罗汉松属 < 拉 > Podocarpus
罗加切夫切线法 Logarcheve tangential method
罗加指数 Roga index
罗加指数分级 Roga index graduation
罗经 magnetic compass
罗经点 compass point; points of the compass
罗经度盘 compass circle
罗经航向 compass course
罗经花 compass rose
罗经刻度盘 compass rose; pelorus; rhumb card
罗经面板 compass dial
罗经盘 compass rose
罗经(误)差 compass error
罗经校正器 compass corrector
罗-卡拉费兹边坡稳定分析法 Lowe and Karafiath of slope stability analysis
罗卡散射 Rocard scatter
罗壳木钻头 twisted shell bit
罗克 < 电导率单位 > Roc
罗克林石 < 产于美国加利福尼亚州的一种浅色花岗岩 > Rocklin granite
罗克林碳化钨表面硬化法 Rocklinizing
罗克穹隆 < 688 年 ~ 692 年建于耶路撒冷的伊斯兰神殿,具有高穹隆 > Dome of the Rock
罗克手提水准仪 Loke hand level
罗克维尔石 < 产于美国明尼苏达州的一种红灰色粗粒花岗岩 > Rockville
罗克毡 < 屋面防水材料 > Rok
罗拉德远距离探测系统 Lorad[Long-

Range Detection]
罗拉盖板梳理机 roller-top card
罗拉克导航系统 Lorac [Long-Range Accuracy system]
罗拉克导航制 Lorac[Long-Range Accuracy system]
罗拉输出机构 roller delivery motion
罗拉碎茎机 roller crushing machine
罗兰 Rowland <波长单位,约=0.1毫米>;long-range navigation system [loran] <一种远距离导航系统>
罗兰 A Loran A;standard Loran
罗兰 A/C 接收机 Loran A/C receiver
罗兰 A 导航系统 Loran A system
罗兰 A 台对名称 designator for Loran A station pair
罗兰 C Loran C
罗兰 C 导航系统 cytac
罗兰 C 发射台配置 configuration of Loran transmitting stations
罗兰 C 惯性导航系统 Loran C-inertial integrated navigation
罗兰 C 监控台 Loran C monitor station
罗兰 C 警告 Loran C alarm
罗兰 C 系统 Loran C system
罗兰 C 信号 Loran C signal
罗兰重复频率 Loran repetition rate
罗兰凹面光栅 Rowland-circle concave grating
罗兰波长系 Rowland wavelength system
罗兰船位 Loran fix
罗兰导航表 Loran table
罗兰导航图 Loran chart
罗兰导航网 Loran network
罗兰导航系统 long-range navigation aids; Loran system; long-range navigation system <旧称劳兰导航系统>
罗兰(导航系统)接收机 Loran receiver
罗兰导航仪 Loran navigator
罗兰导航站 Loran station
罗兰导航制 Loran system
罗兰电子定位系统 Loran C electronic positioning system;
罗兰雕像 statue of Roland
罗兰定标 Loran fix
罗兰定时图 Loran timer
罗兰定位 Loran fixing;Loran location
罗兰(发光光谱仪)装置 Rowland mounting
罗兰发射台 Loran station
罗兰法 Loran method
罗兰覆盖区 Loran coverage
罗兰惯性导航系统 Loran inertial navigation system
罗兰光栅 Rowland grating
罗兰鬼线 Rowland ghost
罗兰(海)图 Loran chart
罗兰航空图 aeronautical Loran charts
罗兰环 Rowland ring
罗兰监测站 Loran monitor station
罗兰链 Loran chain
罗兰欧米伽航向航迹装置 Loran/Omega course and track equipment
罗兰排列反射光栅 Rowland arrangement reflection grating
罗兰曲线 Loran curve
罗兰台链 Loran triad;Loran triplet
罗兰位置线 Loran chart line; Loran position line
罗兰显示管 Loran indicator
罗兰显示器 Loran scope
罗兰线 Loran line
罗兰效应 Rowland effect
罗兰圆 Rowland circle
罗兰远程导航系统 Loran[long range navigation aid]
罗兰指示器 Loran indicator
罗兰坐标 Loran coordinates
罗勒粒径分析仪 Roller particle-size analyser[analyzer]
罗勒油 basil oil
罗伦导航网时间变更线 Lorhumb line
罗马 <意大利首都> Rome
罗马 S 形铣头 Roman ogee bit
罗马爱奥尼娅式柱式 Roman Ionic order
罗马爱奥尼娅式柱头 Roman Ionic capital
罗马柏木 Roman cypress
罗马半圆形露天剧场的阶坡座位 cavea
罗马城的康科迪娅神庙 Temple of Concorde at Rome
罗马的大型建筑 Colosseum at Rome
罗马的麦西剧院 Theatre of Marcellus at Rome
罗马的维纳斯和罗马神庙 Temple of Venus and Rome at Rome
罗马的维斯太神庙 Temple of Vesta at Rome
罗马地下墓穴中的拱顶小室 arcosolium
罗马帝国建筑 Roman imperial architecture
罗马帝国(建筑)风格 Imperial Rome style
罗马鼎盛期文艺复兴 Roman High Renaissance
罗马风格侧厅 Romanesque transept
罗马风格雕饰 Romanesque sculpture
罗马风格拱顶体系 Romanesque vault(ing) system
罗马风格建筑 Romanesque architecture
罗马风格建筑学派 Romanesque school
罗马风格教堂 Romanesque church
罗马风格叶饰 Romanesque leaves
罗马风格柱础 Romanesque column base
罗马浮雕装饰 Roman ornament
罗马复合式柱头 composite capital of Rome
罗马复兴式 Roman Revival
罗马高巴洛克式 high Baroque Rome
罗马公共浴场 Roman bath; Roman thermae
罗马宫廷式 Roman palazzo style
罗马皇宫 Palace of the Emperors at Rome
罗马黄铜 Roman brass
罗马混凝土 Roman concrete
罗马记数法 Roman notation
罗马祭祖室旁走道 andron
罗马建筑 Roman architecture
罗马建筑形式的复兴 Romanesque revival
罗马建筑之字形线脚直段 batons rompus
罗马建筑柱式 Roman order of architecture
罗马俱乐部 Club of Rome
罗马剧院 Roman theatre
罗马剧院的挡土墙 analemma
罗马凯旋门 Roman triumphal arch
罗马康士坦丁拱门 arch of Constantine at Rome
罗马考林辛柱头 Roman Corinthian capital
罗马考林辛柱型 Roman Corinthian order
罗马马库斯奥里利斯柱 column of Marcus Aurelius at Rome
罗马马赛克 <用彩色玻璃或搪瓷的> opus musivum
罗马马赛克铺面 tessellated pavement
罗马镘形饰 Roman ovolo
罗马尼亚 <欧洲> Romania
罗马尼亚船舶登记局 Romanian Register of Shipping
罗马尼亚船级社 Romanian Register
罗马尼亚建筑 Romanian architecture
罗马墙上小角锥石网状镶面 opus reticulatum
罗马塞弗拉斯凯旋门 Arch of Septimus Severus at Rome
罗马十字架 Roman cross
罗马式 Roman style; Romanesque; Romanism
罗马式巴西卡利 Roman basilica
罗马式拱 Roman arch
罗马式建筑 Roman architecture; Romanesque style
罗马式结构 Roman structure
罗马式马赛克 Roman mosaic
罗马式券 Roman arch
罗马式式柱头 capital of Romanesque column
罗马式凸圆线脚 Roman ovolo mo(u)lding
罗马式瓦 <仰瓦为槽形,覆瓦为筒形> Roman tile
罗马式屋面坡度 < 25° > Roman pitch
罗马式线脚 Roman mo(u)lding
罗马式镶嵌铺面 tessellated paving
罗马式镶嵌细工 Roman mosaic
罗马式烟囱 engaged chimney; engaged fire-place
罗马式住房内院 cavaedium
罗马式柱 Roman column
罗马式砖 Roman brick
罗马数字 Roman figure; Roman numeral
罗马水泥 eminently hydraulic lime; Parkers cement; Roman cement <一种快凝水泥,用黏[粘]土石灰岩烧成的>
罗马泰塔斯凯旋门 arch of Titus; Arch of Titus at Rome
罗马陶立克式神殿 Roman Doric temple
罗马陶立克式柱式 Roman Doric order
罗马陶立克式柱头 Roman Doric capital
罗马筒形穹顶 Roman barrel vault; Roman wagon vault
罗马万神殿 <建于 120 ~ 124 年> Pantheon at Rome
罗马王朝式 Imperial Rome style
罗马文艺复兴时期艺术 Roman Renaissance
罗马学派 Roman school
罗马要塞 Roman fort
罗马叶饰 Roman acanthus leaf
罗马圆形剧场 Colosseum
罗马遮光帘 Roman shades
罗马柱式 Roman column; Roman order
罗马柱型 Roman order
罗马字母 Roman letter; upright letter
罗马宗教十字架 triple cross
罗曼铝合金 Romanium
罗曼诺夫斯基染剂 Romanowsky's stain
罗曼什海沟 Lomanche trench
罗曼式柱头 block capital; cushion cap(ital)
罗曼希破裂带 Romanche fracture zone
罗美因(宽顶)量水堰 Romeijn(broad crest) weir
罗镁大隅石 roedderite
罗门全息图 Lohmann hologram
罗蒙诺索夫海岭 Lomonosov ridge
罗米鲁积分 Lommel integral
罗面 compass rose
罗慕路斯神庙 Temple of Romulus
罗盘 <又称罗经> compass; box and needle; circuity
罗盘摆动 compass swing
罗盘北(向) compass north
罗盘变动误差 compass variation error; declination error
罗盘标度 compass scale
罗盘标度板 compass card
罗盘标度盘 compass dial
罗盘标线 compass lubber-line
罗盘表 watch compass
罗盘测量 compass survey; free needle survey; loose needle survey
罗盘测斜仪 compass inclinometer; static dial inclinometer
罗盘差 error of compass
罗盘常平环 gimbal
罗盘迟滞 lag of compass
罗盘船首向 compass heading
罗盘磁差 compass variation(from true north)
罗盘磁偏计 compass declinometer
罗盘磁偏角 compass declination
罗盘磁偏仪 compass declinometer
罗盘磁铁 compass magnet
罗盘粗测 loose needle survey
罗盘导线 needle traverse
罗盘导线测量 dialling
罗盘的东西圈 compass prime vertical
罗盘的盘面 compass card
罗盘的主方位 <共 32 个> points of the compass
罗盘点 compass point; point of compass
罗盘点单位 rhumb
罗盘调整 compass adjustment
罗盘顶转盘 verge ring
罗盘定位器 compass locator
罗盘定向 compass determination
罗盘读数 compass reading
罗盘度盘 compass circle
罗盘发送器 compass transmitter
罗盘方位 compass bearing; compass point; quadrantal bearing; rhumb; rhumb bearing
罗盘方位板 compass card
罗盘方位单位 rhumb
罗盘方位角 compass azimuth
罗盘方位牌 compass card
罗盘方位盘 compass card; main azimuth plate
罗盘方位圈 azimuth circle of compass
罗盘方位线 thumb line
罗盘方向 compass course; compass direction; compass heading
罗盘方向线 loxodrome; loxodromic curve
罗盘放大镜 compass amplifier; compass reading glass
罗盘分度圈 compass circle
罗盘分划 <分划等于 1/32 圆周> compass point; compass graduation
罗盘幅度 compass amplitude
罗盘复示器 compass repeater; repeater compass
罗盘改正量 compass correction
罗盘盖 compass cover
罗盘固有误差 individual compass error
罗盘观测台 compass bridge; compass deck; compass flat; compass platform
罗盘轨道方向 compass track
罗盘柜 binnacle; compass binnacle
罗盘柜常平环 binnacle ring; grimble ring
罗盘柜盖 compass binnacle top
罗盘(柜)帽 compass hood
罗盘柜门 compass door
罗盘柜上半部 compass chamber
罗盘柜座 binnacle stand; compass

stand
罗盘航线 compass course
罗盘航向 compass course
罗盘盒 binnacle; compass binnacle; compass box
罗盘花 chart compass; compass rose
罗盘校正 adjustment of compass; compass adjustment; compass correction; compass police; compensation of compass
罗盘校正浮标 compass adjustment buoy; compass buoy; mark for compass adjustment
罗盘校正器 compass corrector; gyro adjuster
罗盘校正师 compass adjuster
罗盘校正台 compass barrier; compass base
罗盘校准器 compass corrector unit
罗盘积分器 compass integrator
罗盘基点 cardinal point; quarter
罗盘极化误差 course pull; course push
罗盘记录器 rugosa
罗盘甲板 compass deck; monkey island
罗盘交汇法 two-compass crossing method
罗盘角 compass angle
罗盘矫正电动机 compass torque motor
罗盘经纬仪 compass theodolite; theodolite with compass
罗盘卡 card; compass card; compass dial; rhumb
罗盘卡摆动不定 compass is wild
罗盘卡浮室 compass float
罗盘卡基线 compass card axis
罗盘卡转动不灵 compass hangs
罗盘刻度 compass graduation
罗盘刻度盘 compass card; compass dial; rhumb card
罗盘玫瑰图 compass card; compass rose
罗盘面 card; compass card; compass rose
罗盘面玻璃 verge glass
罗盘面中轴线 compass card axis
罗盘盆 bowl; compass bowl
罗盘盆液 bottom liquid
罗盘偏差 compass deviation
罗盘偏角 compass deflection
罗盘日晷 compass dial
罗盘日志 compass journal
罗盘上的刻点 compass point
罗盘视距仪 compass tach(e)ometer; compass tachymeter
罗盘速向 compass determination
罗盘碗 compass bowl
罗盘误差 compass error
罗盘箱 binnacle
罗盘象限角 compass bearing
罗盘形单面横臂 compass type restricting side arms
罗盘修正表 compass correction card
罗盘修正台 declinating point
罗盘旋转刻度盘 compass swinging rose
罗盘遥示器 remote-indicating compass; remote-reading compass
罗盘液体 compass liquid
罗盘仪 box(-trough) compass; magnetic compass
罗盘仪测量 compass survey
罗盘仪测量草图 compass sketch
罗盘仪测站 compass station
罗盘仪导线 compass traverse; needle traverse
罗盘仪导线网 network of compass traverse
罗盘仪法则 compass rule
罗盘仪(距真北)变差 compass variation(from true north)
罗盘仪刻度盘 compass rose
罗盘仪三脚架 compass tripod
罗盘仪图解导线 graphic(al) compass traverse
罗盘仪游标 declination vernier
罗盘运动误差 compass motion
罗盘照明灯 compass light
罗盘照准器 azimuth vane
罗盘针 compass needle; mariner's needle
罗盘指示差 compass index error
罗盘重锤测斜仪 mechanical compass inclinometer
罗盘轴 compass axis
罗盘轴针 compass pivot; compass spindle
罗盘转发器 compass repeater; repeater compass
罗盘准线 lubber's line
罗盘子午线 compass meridian
罗盘自差 compass deviation
罗盘自差补偿 compass compensation
罗盘自差图 compass deviation chart; compass diagram
罗盘自差校正 compass compensation
罗盘座 binnacle; compass pedestal
罗奇层【地】Roach bed
罗塞尔海流 Rossel current
罗赛超阶【地】Rossellian(stage)
罗赛特电木塑料 roxite
罗森巴赫公式 Rosenbach formula
罗森堡发电机 Rosenberg generator
罗森达水泥 Rosendale cement
罗森棱镜 Rochon prism
罗森偏振棱镜 Rochon polarizing prism
罗氏固结仪 Rowe consolidation cell
罗氏烈度 Rossi-Forel intensity
罗氏判据 Routh's criterion
罗-寿兹令斯基混凝土较张破力表达式 Rowe-and-Zielinski expression
罗水硅钙石 rosenhnite
罗水氯铁石 rokuhnite
罗斯比波 planetary wave; Rossby wave
罗斯比参数 Rossby parameter; Rossby term
罗斯比数 Rossby number
罗斯比图 Rossby diagram
罗斯比型式 Rossby regime
罗斯冰障 Ross Barrier
罗斯布拉层 Rosebrae bed
罗斯海 Ross Sea
罗斯校正器 Ross corrector
罗斯给料器 Ross feeder
罗斯镜头 Ross objective
罗斯科面 Roscoe surface
罗斯科模型 Roscoe model
罗斯宽角透镜 Ross wide angle lens
罗斯兰定理 Rosseland theorem
罗斯兰平均不透明度 Rosseland mean opacity
罗斯兰平均吸收系数 Rosseland mean absorption coefficient
罗斯勒钢筋混凝土楼板 Roseler reinforced block floor
罗斯链式给料机 Ross chain feeder
罗斯林包铜薄钢板 Rosslyn metal
罗斯林砂岩 Roslin sandstone
罗斯林数 Rosslyn number
罗斯曼驱动 Rossman drive
罗斯水质指数 Ross water quality index
罗斯透镜系统 Ross lens system
罗斯物镜 Ross objective
罗斯易熔合金 Rose's alloy; Rose's metal
罗宋式压缩机 Lysholm type compressor
罗素悖论 Russell's paradox
罗素混合物 Russell's mixture
罗素角 <光通量测量用角> Russell's angle
罗素棱纹呢 Russell cord
罗素模型 Russell's model
罗素牵引 Russell's traction
罗素烧瓶 Russell's flask
罗素试验 Russell's test
罗素图 Russell's diagram
罗素效应 Russell's effect
罗素(准则)数 Nusselt number
罗嗦的 verbose
罗索柱 <一种可调的支柱> roo-shor
罗台数 Lode number
罗太普筛分机 Ro-Tap
罗特顿 <一种抗木材虫害的防蚀剂> Rotdoom
罗望子 Indian date
罗威剪力盒 <大型固结试验用> row cell
罗威筒 row cell
罗维邦德色调计 Rovibond tintometer
罗纹管 screw tube
罗纹机 ribber
罗纹松紧带 ribbed cotton elastic braids
罗纹鸭 falcated teal
罗纹针织物 rib fabric
罗西-佛瑞尔烈度表 Rossi-Foruir intensity scale
罗西-福利地震烈度级 Rossi-Forel scale
罗西计数管 Rossi counter
罗西连续铸钢法 Rossi process
罗西托效应 Rossiter effect
罗西耶水泥 <一种膨胀性水泥> Lossier cement
罗辛分布 Rosinos distribution
罗新镍铝合金 Rosein
罗星塔零点 Lo-Hsing-To zero datum
罗旋簿 spiral books
罗针 bearing bar; compass needle
罗针摆幅 compass amplitude
罗针导线 needle traverse
罗针灵敏度 compass sensibility
罗针仪 aiming circle; bearing circle
罗针制动 compass needle clamp
罗兹式鼓风机 Roote's blower
罗兹吸能护舷系统 Roote's energy absorbing fender system

逻辑0直流噪声容限 logic-0 D-C noise margin

逻辑1直流噪声容限 logic-1 D-C noise margin
逻辑摆幅 logic(al) swing
逻辑板 logic(al) card
逻辑逼近分析法 problem analysis by logic(al) approach
逻辑比较 logic(al) comparison
逻辑比较器 logic(al) comparator
逻辑编程 programming in logic
逻辑编号 logic(al) number
逻辑编辑 logic(al) edit
逻辑编辑符 logic(al) editing symbol
逻辑变换 logic(al) conversion
逻辑变换矩阵 logic(al) conversion matrix
逻辑变换器 logic(al) converter
逻辑变量 Boolean variable; logic(al) variable
逻辑变数 Boolean variable; logic(al) variable
逻辑表 logic(al) table
逻辑表达式 logic(al) expression
逻辑补 logic(al) complement
逻辑不等性 logic(al) inequality
逻辑布线 logic(al) wiring
逻辑部件 logic(al) block; logic(al) unit
逻辑部件连接测试 logic(al) unit connection test
逻辑操作 logic(al) action; logic(al) multiplication; logic(al) operation
逻辑操作符 logic(al) operator
逻辑操作数 logic(al) operand
逻辑测试 logic(al) testing
逻辑测试设备 logic(al) test equipment
逻辑层次 logic(al) level
逻辑插件 logic(al) card
逻辑差 logic(al) difference
逻辑常数 logic(al) constant
逻辑乘 intersection; logic(al) multiply
逻辑乘法 conjunction; logic(al) multiplication
逻辑乘法探索 conjunctive search
逻辑乘符号 conjunctive symbol
逻辑乘积 conjunction; logic(al) product
逻辑乘检索 conjunctive search
逻辑乘门 logic(al) product gate
逻辑程序 logic(al) process; logic(al) program(me); logic(al) sequence
逻辑程序设计 logic(al) programming; programming in logic
逻辑尺 logic(al) rule
逻辑出错条件 logic(al) fault condition
逻辑初等量 logic(al) primary
逻辑触发生成器 logic(al) trigger generator
逻辑词 logic(al) word
逻辑磁芯 logic(al) core; logicor
逻辑次序 logic(al) sequence
逻辑存储 logic(al) storage
逻辑存取层 logic(al) access level
逻辑存取器 logic(al) in memory
逻辑错误 logic(al) error; logic(al) mistake
逻辑打印机 logic(al) typewriter
逻辑代数 <即布尔代数> logic(al) algebra; algebra of logic; Boolean algebra
逻辑代数运算 Boolean calculation (operation)
逻辑单元 logic(al) block; logic(al) element
逻辑单元服务 logic(al) unit services
逻辑单元类型 logic(al) unit type
逻辑倒相器 logic(al) inverter
逻辑等价 logic(al) equivalence
逻辑等价物 logically equivalent
逻辑地址 logic(al) address
逻辑电路 complementary transistor logic; logic(al) circuit
逻辑电路板 logic(al) circuit card
逻辑电路能力 logic(al) capability
逻辑电平 logic(al) level
逻辑电子学 logic(al) electronics
逻辑定时存储器 logic(al) timing memory
逻辑对比 logic(al) correction
逻辑方程模拟 logic(al) equation simulation
逻辑方程式 logic(al) equation
逻辑方阵 square of opposition
逻辑分类 logic(al) division
逻辑分析 logic(al) analysis
逻辑分析器 logic(al) analyser[analyzer]
逻辑分析系统 logic(al) analysis system
逻辑分析仪 logic(al) analyser[analyzer]
逻辑分析装置 logic(al) analysis device
逻辑分页 logic(al) paging
逻辑符号 logic(al) symbol
逻辑符合 logic(al) identify
逻辑赋值语句 logic(al) assignment statement

逻辑概率 logic(al)probability
逻辑公理 logic(al)axiom
逻辑公式 logic(al)formula
逻辑功能 logic(al)function
逻辑共享系统 shared-logic-system
逻辑故障 logic(al)fault
逻辑关系式 logic(al)relation
逻辑规格 logic(al)specification
逻辑规则 logic(al)rule;rule of logic
逻辑函数 logic(al)function
逻辑函数方程 logic(al)function equation
逻辑和 disjunction;logic(al)sum
逻辑和标准形 canonic(al)disjunctive form
逻辑和门 logic(al)sum gate
逻辑和形 disjunctive form
逻辑核对 logic(al)verify
逻辑恒量 logic(al)constant
逻辑化存储器 logicalized memory
逻辑划分 logic(al)partition(ing)
逻辑环 logic(al)box
逻辑机 logic(al)machine
逻辑积 logic(al)multiply;logic(al)product
逻辑积标准形 canonic(al)conjunctive form
逻辑积形 conjunctive form
逻辑级 logic(al)level
逻辑极性 logic(al)polarity
逻辑集成电路 logic(al)integrated circuit
逻辑计时器 logic(al)timer
逻辑记录 logic(al)record
逻辑记录布局 logic(al)record layout
逻辑记录接口 logic(al)record interface
逻辑记入 logic(al)logging
逻辑继电器 logic(al)relay
逻辑加 Boolean add;logic(al)add
逻辑加法 disjunction;logic(al)addition
逻辑加法器 logic(al)adder
逻辑兼容性 logic(al)compatibility
逻辑检测器 <可为公共汽车优先等功能服务> logic(al)detector
逻辑检查 logic(al)inspection;plausibility check
逻辑检验系统 logic(al)verification system
逻辑接地 logic(al)ground
逻辑接口 logic(al)interface
逻辑结构 logic(al)organization;logic(al)structure
逻辑结果 logic(al)consequence;logic(al)outcome
逻辑结尾 logic(al)end
逻辑矩阵 logic(al)matrix
逻辑矩阵方程式 logic(al)matrix equation
逻辑卷 logic(al)volume
逻辑决策 logic(al)decision
逻辑决策过程 logic(al)decision process
逻辑卡片 logic(al)card
逻辑开发系统 logic(al)development system
逻辑开关 functional switch;logic(al)switch
逻辑控制 logic(al)control
逻辑控制配电屏 logic(al)panel
逻辑控制时序计算机 logic(al)controlled sequential computer
逻辑块 logic(al)block
逻辑框 logic(al)box
逻辑框图 logic(al)diagram;logic(al)schematic
逻辑扩大器 logic(al)expander
逻辑类型 logic(al)type
逻辑连接 logic(al)connection;logic(al)link
逻辑连接词 logic(al)connective
逻辑连接的终端 logically connected terminal
逻辑连接符 logic(al)connective;logic(al)connector
逻辑连接路径 logic(al)link path
逻辑连接通路 logic(al)link path
逻辑连接终端 logic(al)connected terminal;logic(al)connection terminal
逻辑连接 logic(al)connection
逻辑链路层 logic(al)link layer
逻辑灵活性 logic(al)flexibility
逻辑零时钟 logic(al)zero clock
逻辑流程 logic(al)flow
逻辑流程框图 logic(al)procedure diagram
逻辑流程图 logic(al)(flow)chart
逻辑孪生 logic(al)twins
逻辑脉冲发生器 logic(al)pulser
逻辑冒险 logic(al)hazard
逻辑门 logic(al)gate
逻辑描述符 logic(al)descriptor
逻辑名表 logic(al)name table
逻辑名字 logic(al)name
逻辑模件 logic(al)module
逻辑模块 logic(al)module
逻辑模拟 logic(al)analog;logic(al)simulation
逻辑模拟分析系统 logic(al)analyzer for maintenance planning
逻辑模型 logic(al)model
逻辑能力 logic(al)capability
逻辑判定 logic(al)decision
逻辑判定表 logic(al)decision table
逻辑判断 logic(al)decision
逻辑器件 logic(al)device
逻辑前端 logic(al)leading end
逻辑箝位 logic(al)clamp
逻辑亲体 logic(al)parent
逻辑求反 Boolean complementation
逻辑曲线 logic(al)curve
逻辑设备 logic(al)device;logic(al)unit
逻辑设备表 logic(al)device table;logic(al)equipment table
逻辑设备地址 logic(al)device address
逻辑设备服务 logic(al)unit services
逻辑设备号 logic(al)device number
逻辑设备命令 logic(al)device order
逻辑设备指令 logic(al)device order
逻辑设计 logic(al)design
逻辑设计系统 logic(al)design system
逻辑设计者 logic(al)designer
逻辑设计自动化 logic(al)design automation
逻辑时钟 logic(al)timer
逻辑实体 logic(al)entity
逻辑实证论 logic(al)positivism
逻辑示波器 logic(al)oscilloscope
逻辑事件 logic(al)event
逻辑输出 fan out
逻辑输入输出设备表 logic(al)device table
逻辑树 logic(al)tree
逻辑数据 logic(al)data
逻辑数据传输 logic(al)data transfer
逻辑数据传送 logic(al)data transfer
逻辑数据独立性 logic(al)data independence
逻辑数据基 logic(al)data base
逻辑数据基记录 logic(al)data base record
逻辑数据结构 logic(al)data structure
逻辑数据库 logic(al)data base
逻辑数据库定义 logic(al)data base definition
逻辑数据库记录 logic(al)data base record
逻辑数据库结构 logic(al)data base structure
逻辑数据库设计 logic(al)data base design
逻辑数据类型 logic(al)data type
逻辑数据链路 logic(al)data link
逻辑数据码 logic(al)data number
逻辑数据描述 logic(al)data description
逻辑数据通路 logic(al)data path
逻辑数学 logic(al)mathematics
逻辑数组 Boolean array;logic(al)array
逻辑顺序 logic(al)sequence
逻辑思维 logic(al)thinking
逻辑算子 logic(al)operator
逻辑态子模块 logic(al)state submodule
逻辑探头 logic(al)probe
逻辑探头指示器 logic(al)probe indicator
逻辑探针 logic(al)probe
逻辑条件 logic(al)condition
逻辑通道 logic(al)channel
逻辑通道号 logic(al)channel number
逻辑通道控制块 logic(al)channel control block
逻辑图 logic(al)drawing;logic(al)map;logic(al)pattern
逻辑图框 logic(al)diagram frame
逻辑图像 logic(al)image
逻辑推理 logic(al)inference;logic(al)reasoning
逻辑推理机 logic(al)inference engine
逻辑推论符合 consilience
逻辑推演 logic(al)deduction by reasoning
逻辑完全性 logically complete
逻辑网络 logic(al)network
逻辑网络概念 logic(al)network concept
逻辑文法 logic(al)grammar
逻辑文件 logic(al)file
逻辑文件名 logic(al)file name
逻辑文件系统 logic(al)file system
逻辑系列 logic(al)family;logic(al)spectrum
逻辑系统 logic(al)system
逻辑系统设计 logic(al)system design
逻辑显示板 logic(al)scope board
逻辑险态 logic(al)hazard
逻辑线路 functional arrangement;logic(al)circuit
逻辑线组 logic(al)line group
逻辑项 logic(al)term
逻辑消息 logic(al)message
逻辑协议 logic(al)protocol
逻辑(心)片 logic(al)chip
逻辑信道 logic(al)channel
逻辑信道号 logic(al)channel number
逻辑信息法 logic(al)information method
逻辑行 logic(al)line
逻辑行结束符 logic(al)line end symbol
逻辑行列式 logic(al)determinant
逻辑形式 logic(al)form
逻辑型 logic(al)type
逻辑型数据 logic(al)data
逻辑性 logicality
逻辑性信息 logic(al)information
逻辑序列 logic(al)sequence
逻辑选择 logic(al)choice
逻辑选择器开关 logic(al)gate
逻辑延迟 logic(al)delay
逻辑演算 Boolean calculus;logic(al)calculation;logic(al)calculus
逻辑页编号 logic(al)page number
逻辑页面 logic(al)page
逻辑移位 logic(al)shift
逻辑移位操作 logic(al)shift operation
逻辑异 logic(al)difference
逻辑因子 logic(al)factor
逻辑隐含 logic(al)implication
逻辑永真式 logic(al)truth
逻辑右移 logic(al)shift right
逻辑语义分析 logicosemantic analysis
逻辑元件 logic(al)element;logic(al)unit
逻辑运算 logic(al)calculation;logic(al)operation
逻辑运算符 logic(al)operator
逻辑运算计算机 logic(al)computer
逻辑运算继电器 all-or-nothing relay
逻辑运算器 logic(al)arithmetic unit
逻辑运算指令 logic(al)operation instruction
逻辑正确 logically true
逻辑值 logic(al)value
逻辑指令 logic(al)instruction;logic(al)order
逻辑指令系统 logic(al)instruction set
逻辑指示 logic(al)light
逻辑指示符 logic(al)pointer
逻辑指示器 logic(al)indicator
逻辑指示字 logic(al)pointer
逻辑制表 logic(al)tab
逻辑终端 logic(al)terminal
逻辑终端组 logic(al)terminal pool
逻辑重叠系数 logic(al)overlap coefficient
逻辑转出 logic(al)roll-out
逻辑转换 logic(al)conversion;logic(al)shift
逻辑转义符 logic(al)escape symbol
逻辑装置 logic(al)unit
逻辑状态 logic(al)state
逻辑状态表 logic(al)state table
逻辑状态分析器 logic(al)state analyser[analyzer]
逻辑状态指示器 logic(al)state indicator
逻辑追踪 logic(al)tracing
逻辑综合 logic(al)synthesis
逻辑组 logic(al)group
逻辑组号 logic(al)group number
逻辑组合 logic(al)combination
逻辑组合变量 logic(al)composite variable
逻辑组件 logic(al)module
逻辑组配法 logic(al)coordination method
逻辑组织 logic(al)organization
逻辑最小化算法【计】logic(al)minimization algorithm
逻辑作用 logic(al)action;logic(al)function

锣 gong

骡队 mule team

骡马车道 mule trail
骡马运输队 team
骡子 mule

螺槽辊 spiral fluted roller

螺槽流量 channel flow
螺槽手用铰刀 spiral flute hand reamer
螺撑 pillar-bolt;stay bolt
螺撑车丝机 stay bolt threading machine
螺撑钢 stay bolt iron
螺齿铣刀 helical mill cutter
螺翅 helical fin section
螺带混合机 spiral ribbon mixer

螺带式掺混机 ribbon blender
螺带式搅拌机 spiral ribbon mixer
螺带式搅拌器 helix ribbon type agitator
螺刀夹头钻套 <凿岩机> bit holder
螺的轴柱 columella
螺钿 mother-of-pearl
螺钉 external screw; lag spike; male screw; mechanical bolt; nut bolt; screw(nail); screw spike; tap bolt; tap screw
螺钉扳手 screw wrench
螺钉棒材 <用易切钢> screw stock
螺钉带 screw belt
螺钉带扣 screw belt fastener
螺钉垫圈 screw bead; screw cup
螺钉顶瓦式导轴承 pivoted-pad guide bearing
螺钉镦锻法 Kaufman method
螺钉钝头 blunt start
螺钉杆 screw body; screw shank; shank of screw
螺钉钢 screw steel
螺钉固持钳 screw holding forceps
螺钉固定 fix with screw; secure by means of screw
螺钉管帽 screw cap
螺钉规格 screw ga(u)ge
螺钉号 screw ga(u)ge
螺钉和双螺母 screw and double nut
螺钉间距 screwing interval
螺钉脚 screw base
螺钉孔 nail hole
螺钉扣 screw fastener
螺钉连接 screw connection; screw fastening; screw joint
螺钉锚固 screw anchor
螺钉帽 cap of screw
螺钉内固定术 internal fixation with screws
螺钉坯件 screw blank
螺钉枪 stud gun
螺钉射入 stud shooting
螺钉锁紧装置 screw-locking device
螺钉体 body of screw
螺钉条料 screw stock
螺钉调整 screw adjustment
螺钉调整内卡尺 screw adjusting inside caliper
螺钉调整内外卡尺 screw adjusting double caliper
螺钉调整外卡尺 screw adjusting outside caliper
螺钉头 head of screw; screw cap; screw head
螺钉头部(旋纹)形式 driving profile
螺钉头锉 screw head file; slitting file
螺钉头沟槽铣床 screw-slot milling machine
螺钉头开槽机 screw nicking machine
螺钉头开槽铣刀片 screw-slitting cutter
螺钉凸缘联轴节 screw flange coupling
螺钉用钢丝 screw wire
螺钉组 sems
螺钉最小直径 minor diameter of screw
螺钉座 screw base
螺堵 screw plug
螺二氧己烷 oxetone
螺幅 nut screw
螺盖 blind nut; screw cap
螺杆 bolt rod; gudgeon; helix; screw; screw arbor; screw bolt; screw stem; stud; thread bar; threaded bolt; threaded stud; worm
螺杆泵 moyno pump; screw pump
螺杆变幅 screw luffing
螺杆测微计 screw micrometer
螺杆抽油泵 progressive cavity pump
螺杆传动 screw drive
螺杆传动机床 screw-driving machine
螺杆传动机械 screw machine
螺杆传动牛头刨 screw-driven shaper
螺杆传动刨床 screw-driven planer; screw-driven planing machine
螺杆封隔器 screw packer
螺杆滑块操舵装置 screw steering gear
螺杆回转式压气机 worm-type rotary compressor
螺杆活塞式注塑成型机 screw-piston type injection mo(u)lding machine
螺杆给料机 screw feeder
螺杆挤压机 screw extrusion press
螺杆挤压造粒机 extruder-pelletizer
螺杆检验干涉仪 screw testing interferometer
螺杆卡紧卡盘 screw chuck
螺杆拉杆装置 screw take-up
螺杆冷镦机 bolt header
螺杆联结分节浮船坞 bolted floating dock
螺杆螺母齿扇转向器 screw rut and sector steering gear
螺杆螺母传动机构 screw-and-nut mechanism
螺杆螺母式转向器 screw-and-nut steering gear
螺杆螺母转向装置 screw-and-nut steering gear
螺杆马达 screw motor
螺杆锚 anchorage with screw rod
螺杆千斤顶 jack screw; screw jack
螺杆式纺丝机 extruder type spinning machine
螺杆式高度调节器 screw height control
螺杆式滑动闸门 alfalfa gate
螺杆式灰浆泵 screw squeeze pump
螺杆式空气压缩机 bolt rod air-pressing machine; screw air compressor
螺杆式目镜测微计 eyepiece screw-micrometer
螺杆式热泵 screw heat pump
螺杆式深度调节器 screw depth control
螺杆式水冷机组 screw aqua chill unit
螺杆式水冷器 screw water chiller
螺杆式压气机 screw compressor; spiral lobe(type) compressor
螺杆式压缩机 helical screw compressor; screw(-type) compressor
螺杆式制冷机 screw-type compressor
螺杆塑化式注塑 screw plasticizing injection mo(u)lding
螺杆调节工具 <钻紧时> knock stick
螺杆通孔 screw vent
螺杆弯轨机 screw rail bender
螺杆弯轨器 screw rail bender
螺杆蜗轮蜗杆式闸门启门机 screw and worm gate lifting device
螺杆箱 screw case
螺杆箱机座 screw case box
螺杆箱紧固件 screw case suppressing metal
螺杆向下制动阀 screw-down stop valve
螺杆销 key bolt; screw rod pin
螺杆压出机 screw machine; worm press
螺杆压机 fly press
螺杆压滤机 screw press
螺杆压缩机 helical lobe compressor; spiral lobe(type) compressor
螺杆压榨机 screw extrusion press
螺杆油泵 screw oil pump
螺杆造粒机 screw pelletizer
螺杆闸 screw brake
螺杆制动(器) screw brake; spindle brake
螺杆制冷压缩机 screw compressor for refrigeration
螺杆轴 screw shaft
螺杆注塑机 screw injection machine
螺杆钻 wimble
螺杆钻进 worm feed
螺杆钻具 helicoids drill
螺管 solenoid
螺管磁铁操作 solenoid-operated
螺管阀 solenoid valve
螺管阀基板 solenoid valve base
螺管阀基础 solenoid valve base
螺管感应线圈 solenoidal inductor
螺管接头 screwed(pipe) joint
螺管联结 screwed pipe coupling; screwed pipe joint
螺管式继电器 solenoid relay
螺管式预热器 coil-type preheater
螺管输送机 helical tube conveyer [conveyor]
螺管线圈 magnetic plug; solenoid
螺管行星式离心机 coil planet centrifuge
螺焊钢管 spiral welding steel pipe
螺环 loop coil; volution
螺环化合物 spiro-compound; spirocyclic(al) compound
螺环结构 spiral structure
螺环(烃)树脂 spirane resin
螺环系 spiro ring system
螺环行星减速器 spiral planetary speed reducer
螺簧 coil spring
螺簧缓冲器 coil spring dampener
螺簧减震器 coil spring shock absorber
螺簧接线器 coil spring switch; minisswitch
螺基 tap bolt; tap screw
螺尖丝锥 gun tap; spiral pointed tap
螺浆式通风机 propeller-type fan
螺浆效应 rotor
螺桨 propeller
螺桨调节器 propeller controller
螺桨毂盖 propeller spinner
螺桨机构 propeller mechanism
螺桨扭矩 propeller torque
螺桨喷气发动机 propeller-jet engine
螺桨梢速 propeller tip speed
螺桨式除雪机 rotary snow plough; snow blower
螺桨式风车 propeller windmill
螺桨式风机 propeller fan
螺桨式搅拌机 mixer with propeller
螺桨式扫雪机 snow blower
螺桨式水轮机 propeller-type water turbine
螺桨式透平 propeller turbine
螺桨效率 propeller efficiency
螺桨效应 rotor
螺桨叶角 propeller-blade angle
螺桨直升飞机 gyrodine
螺桨轴 propeller shaft
螺距 flight lead; pitch; pitch of screws; pitch of threads; pitch thread; screw lead; screw pitch; thread interval; thread pitch
螺距比 pitch ratio
螺距测量器 blade beam
螺距范围 range of thread cut
螺距公差 pitch tolerance
螺距规 pitch ga(u)ge; pitch(o)meter; screw ga(u)ge; screw-pitch ga(u)ge; thread ga(u)ge
螺距极限规 limit screw pitch ga(u)ge
螺距角 angle of pitch(ing); pitch angle
螺距角再分布 pitch angle redistribution
螺距可变的螺旋桨 controllable pitch propeller
螺距累积误差 cumulative pitch error
螺距联杆 pitch control link
螺距偏差 screw-pitch deviation
螺距调节杆 pitch control rod
螺距调整杆 pitch stick
螺距误差 lead error; pitch error
螺距下调开关 screw-down tap
螺距下调龙头 screw-down tap
螺距下调旋塞 screw-down tap
螺距修正 pitch correction
螺距仪 thread indicator
螺距直径比 pitch-diameter ratio
螺距指示器 pitch indicator
螺距准确度 spacing accuracy
螺壳木钻头 twisted shell bit
螺壳状的回教寺院的尖塔 spiral minaret
螺孔 bolt hole; screw hole
螺孔刮面 arbour
螺孔刮面刀具 arbouring tool
螺孔周裂 split web near bolt-hole
螺孔钻(头) tap(ping) drill; hole drill; tap borer; tap-size drill
螺口插座 screw base; screw(ed) socket(adapter)
螺口灯泡 bulb socket with Edison cap; bulb with Edison cap; screw bulb
螺口灯头 screw cap; screw holder; screw socket
螺口灯座 screw socket
螺口法兰盘 screwed flange
螺口盖 screw cap
螺口红灯泡 screw red lamp bulb
螺口平灯泡 screw batten lamp holder
螺口脱水机 extrusion dryer
螺口铸铁管 cast-iron screwed pipe
螺扣接杆 screw jaw
螺扣接合杆 screwed joint
螺扣式连杆 turnbuckle bar links
螺硫银矿 acanthite
螺轮万能试验机 screw gear universal testing machine
螺帽 blind nut; cap(ped) nut; female screw; nut(cover); riffle nut; screw cap; screw nut
螺帽扳手 key screw; nut key; nut-runner; nut-wrench; spanner
螺帽背 back nut
螺帽的酸洗剂 nut mordant
螺帽垫圈 cap collar gasket; cap flange; screw washer
螺帽盖 nut cap
螺帽固定 nut anchorage
螺帽固定器 nut lock
螺帽锚碇 nut anchorage
螺帽锚固 nut anchorage
螺帽母 cover cap nut
螺帽钳 nut-pliers; spanner
螺帽式 nut type
螺帽松紧工具 nut-running tool
螺帽锁 nut lock
螺帽锁销 nut check
螺帽头 spanner
螺帽形开关 nut switch
螺帽止松垫圈 nut lock washer
螺帽转数法 <张紧高强螺栓之> turn-of-the-nut method
螺帽子 spanner
螺面 spiral surface
螺母 blind nut; bolt cap; bolt nut; cap nut; cover nut; female screw; inside screw; nut(retainer); nut screw; screw cap; screw nut; threaded nut
螺母扳手 basin wrench; knuckle buster; nut-setter; nutter; nut-wrench; pecker neck <架塔用的>; nut-runner

螺母保险 nut lock
螺母车床 nut lathe
螺母成面车床 nut facing lathe
螺母成面机 nut facing machine
螺母成型机 nut shaping machine
螺母冲孔 nut piercing
螺母垫圈 cap collar gasket; cap flange; nut collar; nut washer
螺母端部加工机 nut facing machine
螺母锻压机 nut former
螺母锻造机 nut forging machine
螺母防松铁丝 peg wire
螺母盖 nut cap
螺母攻丝机 nut tapper
螺母固定器 nut-setter
螺母和垫圈 nuts and washers
螺母护圈 nut retainer
螺母机 nut machine
螺母及螺栓 nut and bolt
螺母加工机 nut shaping machine
螺母夹 nut clamp
螺母紧松器 nut-runner
螺母块体 screw block
螺母扭矩 nut torque
螺母破碎机 nut cracker
螺母切割器 nut splitter
螺母栓 nut lock
螺母丝攻 nut tap
螺母丝锥 leading tap; nut tap; tapper tap
螺母锁垫 nut lock washer
螺母锁紧 nut check; nut lock(ing)
螺母锁紧垫圈 nut lock washer
螺母锁紧动螺帽 nut lock
螺母锁紧螺栓 nut lock bolt
螺母锁紧装置 nut locking device
螺母套管式扩口管接头 nut-and-sleeve flare fitting
螺母心轴 nut mandrel
螺母压机 nut press
螺母支承面 nut seat
螺母制造机 nut making machine
螺母制作 nut tap
螺母制作机 nut making machine
螺母状板牙 die nut
螺盘管 spiral pipe
螺片式螺旋钻 flight auger
螺圈 helicoid; locking pin; ring nut
螺塞 ping; plug screw; screw; screw plug
螺塞保险器 screw-plug cut-out
螺塞垫圈 drain plug gasket
螺栓 bolt; gudgeon; key bolt; screw bolt; threaded bolt; tail bolt <固定石棉屋面板下端的>
螺栓安装的 bolt-on
螺栓扳钳 screw key
螺栓扳手 bolt spanner; track wrench
螺栓保险(器) bolt-lock
螺栓备料 bolt stock
螺栓标志 <固定在墙上的> fixation bolt; fixing bolt; fastening bolt
螺栓柄 grip of bolt
螺栓补板 soft patch
螺栓操作荷载 bolt load for operating conditions
螺栓插座 bolt socket; molly
螺栓车床 bolt cutting lathe; bolt threader; bolt turning machine
螺栓车纹机 bolt-threading machine
螺栓衬板 bolted liner
螺栓承压能力 bolt-bearing property
螺栓承载力 bolt capacity
螺栓冲孔器 bolt forcer
螺栓冲压机 bolt press
螺栓存货 bolt stock
螺栓刀具 bolt cutter
螺栓的松紧 loosening and tightening of bolts
螺栓电弧压力钎焊 Nelson method
螺栓垫圈 anchor plate; bolt washer; grommet; nut collar
螺栓顶紧式接触线终端锚固线夹 dead-end clamp with cup-point screws
螺栓顶瓦导轴承 pivoted-pad guide bearing
螺栓端 bolt end
螺栓端杆锚具 thread anchorage
螺栓断损 shearing of joint bolt
螺栓锻造机 bolt former
螺栓锻制机 bolt header
螺栓镦锻机 bolt former
螺栓阀杆 threaded valve stem
螺栓法兰连接设计 design of bolted flange connection
螺栓分布圆 bolt circle
螺栓分节拼装的箱式浮船坞 bolted sectional box type of floating dock
螺栓封闭器 bolted closure
螺栓杆 body of bolt; bolt bar; bolt shank; shank of bolt
螺栓杆身 shank
螺栓钢 bolt(ing) steel
螺栓钢料 bolt stock
螺栓钢条 bolt wire
螺栓割丝机 bolt threader
螺栓钩环 bolt shackle
螺栓固定 bolting down
螺栓固定的犁铧 bolt-on share
螺栓固定式链轮 bolt-on sprocket
螺栓管箍 bolt coupling
螺栓管塞 casing cap
螺栓滚丝机 bolt thread rolling machine
螺栓焊(接) stud weld(ing)
螺栓和螺帽拼合机 bolt and nut split machine
螺栓和螺母 screw bolt and nut
螺栓和铆钉制头机 bolt and rivet heading machine
螺栓荷载 bolt load
螺栓机 bolt-making machine
螺栓及钉结合 bolt and nail connection
螺栓及扣板式扣件 bolt and clip type fastening
螺栓及拉杆表 list of bolts and tie rods
螺栓及螺母拧紧扭矩 bolt and nut torque
螺栓挤压 bolt shank extruding
螺栓计算长度 effective length of bolt
螺栓加热器 bolt heater
螺栓夹板续接 bolted fishplate splice
螺栓夹扣 bolt clasp
螺栓尖 bolt point
螺栓间距 bolt pitch; pitch; pitch of bolts
螺栓肩 bolt shoulder; talons
螺栓剪 cable cutter
螺栓绞紧器 bolt tightener
螺栓铰接 bolted splice
螺栓接合 bolt-connected joint; bolted connection; bolted joint; dowel(l)-ed joint; joining by screw; pin connection
螺栓接合法兰盘 bolted flange
螺栓接头 bolted joint; boned joint; screwed joint
螺栓接桩 bolted pile
螺栓结合 bolted connection; bolted joint
螺栓结合凸缘 bolted flange
螺栓紧度 bolt tightness
螺栓紧固 bolt-on; bolt-up
螺栓紧固器 bolt tightener
螺栓紧固型接触线接头线夹 contact wire splice with cup-point screws
螺栓茎长 grip of bolt
螺栓颈 bolt neck
螺栓卡扎里密封 Casle's seal with bolts
螺栓孔 bolt hole; holes for screw; threaded hole
螺栓孔刀棱 bolt hole chamfering
螺栓孔分布图 bolt hole circle
螺栓孔间距 bolt hole spacing
螺栓孔开裂 bolt hole crack
螺栓孔裂纹 bolt hole crack; bolt hole star crack
螺栓孔圈 bolt hole circle
螺栓孔数量 number of bolt hole
螺栓孔削角 bolt hole chamfering
螺栓孔直径 diameter of bolt hole
螺栓孔钻 bolt drill
螺栓孔钻孔器 bolt hole borer
螺栓拉力 bolt tension
螺栓连接 bolt(ed) connection; bolt(ed) joint; bolt fastening; bolting; bolt together; mechanical joint; pin(-and-eye) connection; pin-connected joint
螺栓连接泵 bolted pump
螺栓连接槽 clamping slot
螺栓连接的管片 bolted segment
螺栓连接的凸缘 bolting lug
螺栓连接的箱式浮船坞 bolted sectional box type of floating dock
螺栓连接阀盖 bolted bonnet
螺栓连接法 bolted on connection
螺栓连接法兰 bolted flange; screw flange
螺栓连接分段浮船坞 bolted sectional dock
螺栓连接钢管脚手架 bolt-connected tubular scaffold
螺栓连接口 screwed joint
螺栓连接器 bolted connector
螺栓联结 bolt coupling
螺栓联结的 bolt-on
螺栓联轴节 bolt coupling; bolted joint
螺栓零件 bolted element
螺栓螺母组合 unit bolt nut
螺栓毛坯 bolt blank; screw blank
螺栓锚件 bolt anchor
螺栓帽 bolt nut
螺栓模板盒 bolt box
螺栓啮接 bolted bridle joint
螺栓扭角终拧法 bolt final twisting by twist
螺栓扭矩终拧法 bolt final twisting by torque method
螺栓坯料 blank bolt
螺栓拼接 bolted splice
螺栓起动力矩 bolt torque
螺栓枪 bolt firing tool
螺栓鞘(套) molly
螺栓切割器 bolt clipper; bolt cutter
螺栓球节点 bolted spherical node
螺栓容量 bolt capacity
螺栓上的定位螺母 cathead
螺栓式钢轨接头 bolted rail joint
螺栓式中柱 king bolt; king rod
螺栓套(管) bolt sleeve
螺栓套纸板匣 bolt carton
螺栓体 shank of bolt
螺栓铁 bolt iron
螺栓头 bolt head; head button
螺栓头冲压 bolt head trimming
螺栓头锻(造)机 bolt header
螺栓头镦(锻)机 bolt header
螺栓头镦压机 bolt heading machine
螺栓线规 bolt-ga(u)ge
螺栓销 bolt pin
螺栓形交叉接触线接头线夹 contact wire splice for wire crossing with cup-point screws
螺栓形心 bolt core
螺栓压盖 bolted bonnet
螺栓压帽 bolted cap
螺栓压入机 bolt forcer
螺栓眼 bolt eye
螺栓应力 bolt stress
螺栓用绝缘套管 bolt bushing
螺栓用纤维(绝缘)套管 fiber bolt bushing
螺栓有效长度 grip
螺栓鱼尾 bolted fishplate
螺栓鱼尾板接合 bolted fishplate splice
螺栓鱼尾板拼接 bolted fishplate splice
螺栓与螺母 bolt and nut
螺栓预紧荷载 bolt load for gasket sealing; bolt load under pretension condition
螺栓圆直径 bolt circle diameter
螺栓圆周 bolt hole circle
螺栓栽焊 bolt embedded welding
螺栓闸门 bolt cam
螺栓张力 bolt tension
螺栓支撑 bolted support
螺栓支座 bolted support
螺栓直径 diameter of bolt
螺栓中心圆直径 diameter of centre hole in bolts
螺栓轴 stud shaft
螺栓轴心线圆 bolt pitch-circle
螺栓铸钢斗齿 bolt-on cast steel teeth
螺栓桩 bolted pile
螺栓钻孔机 screw bolt boring machine
螺丝 screw; thread
螺丝把 key screw
螺丝扳钳 screw wrench
螺丝扳手 basin wrench; die stock; monkey spanner; monkey wrench; screw key; screw wrench; tap wrench; vice clamp
螺丝扳手接合 positive engagement
螺丝扳手套上 positive engagement
螺丝扳(牙) die; die block; die chaser; tapping die; tapping head; thread chaser; threading die
螺丝扳牙导口 throat of threading die
螺丝扳牙加工工具 cutter for screw plate
螺丝板 jam plate
螺丝板加工刀具 cutter for screw plate
螺丝板牙架 stock and dies
螺丝版框 screw chases
螺丝插座 screw socket
螺丝长孔接合 slot screwing
螺丝车床 screw chasing machine; screw-cutting lathe; screw(-cutting) machine; thread chasing machine; thread-cutting lathe; threader
螺丝承插口 screwed socket
螺丝承接口 screwed socket
螺丝承窝 screwed socket
螺丝触点 screw contact
螺丝刀 bolt driver; screwdriver; screwdriver bit; thread driver; turnscrew
螺丝刀槽 screwdriver slot
螺丝刀的握柄 screwdriver handle
螺丝刀夹具 screwdriver bit holder
螺丝刀具 chasing tool
螺丝灯头 screw cap; screw holder; screwing chuck; screw socket
螺丝灯座 screw base
螺丝(底)孔钻头 tapping drill
螺丝钉 helically threaded nail; lag spike; screw nail
螺丝堵头 screw plug
螺丝端杆锚具 screw and post anchorage device; screw ended rod anchorage; threaded bar end anchorage device
螺丝法兰联结 screw flange coupling
螺丝钢 screw steel

螺丝钢板 screw stock;thread chaser;screw plate
螺丝钢板盘 screwing chuck
螺丝公及螺丝母 tap and die
螺丝攻 die stock;screwing tap;tap;tapping tool;tap screw;thread tap
螺丝攻扳手 tap wrench
螺丝攻槽铣刀 fluting cutter for tap
螺丝攻定心孔 internal center[centre]
螺丝攻(夹)头盘 tapping chuck
螺丝攻尖端 external center[centre]
螺丝攻丝锥 screw tap
螺丝钩 round bend screw hook;screw hook
螺丝箍 screw shoe
螺丝固定 screw fixing
螺丝管连接 screw pip coupling
螺丝辊(子) roll die
螺丝滚压机床 thread rolling machine
螺丝和螺母 screw and nut
螺丝花刀 thread chaser
螺丝黄铜 screwing brass
螺丝加工机床 screwing machine
螺丝夹持器 screw holder
螺丝夹具 screw clamp
螺丝夹钳 cramp frame;hand clamp;screw clamp
螺丝绞板 die;die and stock;die stock
螺丝绞牙架 stock and dies
螺丝接合 joining by screw;screwed joint;screw fastening
螺丝接头 screwed end;screwed nipple;threaded joint(ing);turnbuckle;threaded outlet
螺丝接线端 screw terminal
螺丝孔 pin-hole;screw hole
螺丝口 screw socket
螺丝口残损 screwing threads damaged
螺丝口灯泡 screw base lamp
螺丝口龙头 screw tap
螺丝口损坏 screws damaged
螺丝扣 buckle;screw thread;thread of a screw;turnbuckle;turn buckle
螺丝联结 screwed coupling
螺丝龙头 screwing tap
螺丝模 screw plate
螺丝模钢 tap steel
螺丝磨床 threader
螺丝批 screwdriver
螺丝起子 corkscrew;screwdriver;thread driver;turn-screw
螺丝起子降机 screwdriver
螺丝千斤顶 screw jack
螺丝钳 set-screw spanner
螺丝塞 screwed plug
螺丝式阀门 screw-type valve
螺丝栓 carriage bolt
螺丝缩接 bushing
螺丝缩节 bushing
螺丝套帽接头 screw joint coupling
螺丝套筒 screw socket
螺丝头 screw head
螺丝头十字凹槽 Phillips recess
螺丝头数 number of heads of screws
螺丝纹柄 screw stock
螺丝铣床 threader
螺丝形销子 dowel screw
螺丝旋棒 tommy bar
螺丝旋杆 tommy;tommy bar
螺丝眼 screw eye
螺丝用线材 wire-rod for screws
螺丝状硬质炭精管式电炉 Arsem furnace
螺丝锥 screwing tap;gimlet <木工用>
螺丝最小直径 minor diameter
螺套 threaded sleeve
螺套封闭器 turnbuckle closure
螺体连接 bolted joint
螺条拌和器 ribbon blender
螺条掺和机 ribbon blender
螺条干燥机 ribbon drier[dryer]
螺条混合机 ribbon blender;ribbon mixer
螺条混合器 ribbon blender;ribbon mixer
螺条搅拌器 ribbon stirrer
螺条输送机 ribbon conveyer[conveyor]
螺条温度传感器 ribbon type temperature sensor
螺头撑杆 screwed staybolt
螺头钢导管 screwed steel conduit
螺纹 fillet;helical burr;rib weave;screw;screw thread;spiral burr;spiral ridge;thread;whorl
螺纹扳手 die stock;screw chaser;tap wrench;threading die;threading tool chaser
螺纹扳牙 screw die;screw stock;threading-process die
螺纹板 screw stock;screw-threaded rod
螺纹标称直径 diameter of screw
螺纹标准 standard of thread;thread standard
螺纹标准图表 thread representation
螺纹部分 threaded part;threaded portion
螺纹槽 groove of thread;screw trough;thread groove;spiral groove
螺纹槽刀 thread-cutting tool
螺纹槽分路 threaded shunt
螺纹侧面角 flank angle
螺纹测微器 thread micrometer cal(l)pers
螺纹插塞 threaded plug
螺纹插头 threaded plug
螺纹长度 length of thread;thread length
螺纹车床 chasing lathe;screw-cutting lathe;thread chasing machine;thread-cutting lathe;threading lathe;threading unit
螺纹车刀 threading tool
螺纹衬套 screw-thread bush;threaded bush(ing)
螺纹成型刀具 thread forming tool
螺纹成型机 thread forming machine
螺纹承插口 screw socket
螺纹尺寸 thread dimension
螺纹齿高 height of thread
螺纹传动装置 screw gear
螺纹大节距 steep pitch of thread
螺纹刀 chaser;screwer
螺纹刀杆 nut arbo(u)r
螺纹刀具 chasing tool;screw cutter;screw(-threading) tool;thread cutter;threading chaser;threading tool
螺纹导程周期误差 drunkness error
螺纹导管 spiral vessels
螺纹导管的小维管束 small bundles of spiral vessels
螺纹道钉 screw(-thread) spike;screw track spike;thread spike
螺纹道钉杆 screw shaft
螺纹道钉拧入器 screw spike driver
螺纹的外直径 major diameter
螺纹底部 bottom of thread
螺纹底径 bottom diameter of thread;diameter at bottom of thread
螺纹底孔 tap bore
螺纹底孔钻 hole drill;tap borer
螺纹钉 drive screw;drivescrew nail;screw nail;threaded nail;screw-shank nail;spiral nail
螺纹顶部间隙 thread crest clearance
螺纹顶部孔隙 thread top clearance
螺纹堵 screwed plug
螺纹端 end of thread;screwed end;threaded end
螺纹端杆 thread connection
螺纹端铰刀 thread end reamer
螺纹短管接头 short
螺纹断面角 thread angle
螺纹额定值 thread rating
螺纹阀盖 screwed bonnet
螺纹法兰 screwed flange;threaded flange
螺纹法兰的法兰管 flanged pipe with threaded flanges
螺纹防松装置 screw retention
螺纹盖 cap screw
螺纹杆 threaded rod;twisted rod
螺纹杆件 screw-thread member
螺纹钢 deformed steel bar;screw-threaded steel
螺纹钢板 screw die
螺纹钢钉 thread steel nail
螺纹钢筋 corrugated bar;corrugated steel bar;deformed bar;deformed reinforcement;helical reinforcement;indented bar;Ransome iron;re-bar;reinforced bar;screwed reinforcement;screwed reinforcement bar;screw-thread steel;spiral bar;threaded bar;threaded steel bar;twisted bar;twisted rod;twisted steel bar;deformed reinforcing bar;twisted steel
螺纹钢筋的螺距 pitch of spiral reinforcement
螺纹钢筋混凝土柱 spirally reinforced column
螺纹钢筋网 twisted steel mat;twisted steel sheet
螺纹杠杆 screw spike
螺纹高度 depth of thread
螺纹根 thread root
螺纹根部剖面 root section
螺纹工 tapper
螺纹攻丝机 bolt-threading machine
螺纹沟槽管 spirally grooved tube
螺纹谷 groove of thread
螺纹挂钩 threaded hook
螺纹管 gas thread;screwed conduit;screwed pipe;screwed tube;threaded conduit;threaded(line) pipe;threaded(line) tube
螺纹管胞 spiral tracheid
螺纹管接 screw pipe fitting;screw-type coupling
螺纹管接口 close nipple;nipple
螺纹管接头 close nipple;nipple;threaded joint(ing)
螺纹管紧密连接所需的接头长度 normal thread engagement
螺纹管节 screw connection;screw fitting;screw pipe coupling;screw pipe joint
螺纹管口 threaded end
螺纹管连接 screwed pipe coupling;screwed pipe joint
螺纹管支架 screwed pipe support
螺纹规 closing screw;filling screw;screw-pitch ga(u)ge;screw-thread ga(u)ge;threaded ga(u)ge
螺纹滚刀 thread cutting hobbing
螺纹滚花辊 threading roll
螺纹滚铣刀 threading hob
螺纹滚压 slash
螺纹滚压法 slashings
螺纹滚压机 thread rolling feeder
螺纹滚轧 thread rolling
螺纹滚轧机 screw-thread rolling machine;thread rolling feeder
螺纹过渡连接件 thread coupling
螺纹厚度 thickness of thread
螺纹护环 thread protector
螺纹花序 helicoid inflorescence
螺纹滑扣 thread stripping
螺纹环规 ring screw ga(u)ge;ring thread ga(u)ge;screw ring ga(u)ge;thread ring ga(u)ge
螺纹回转法 thread-whirling
螺纹活接头 threaded for union
螺纹或法兰连接 tapped or flanged connections
螺纹机 rib machine
螺纹基准牙形 basic thread profile
螺纹加工工具 thread-cutting tool;threader
螺纹加工机 threader;thread generator;thread producing machine
螺纹加工机床 thread-cutting machines
螺纹加厚 spiral thickening
螺纹夹角 included angle of thread
螺纹检查孔 threaded inspection opening
螺纹角(度) angle of thread;angle of rifling;screw-thread angle
螺纹铰板 screw die;tap and die
螺纹接触基准高度 basic thread overlap
螺纹接箍连接 threaded collar joint
螺纹接管 close nipple;nipple;nipple joint;screw nipple;shoulder nipple
螺纹接合 screwed joint;threaded connection;threaded joint(ing)
螺纹接合管 nipple for fittings
螺纹接合器 hick(e)y
螺纹接口(管) close nipple;nipple;nipple for fittings;source nipple
螺纹接套 connecting nipple;nipple
螺纹接套钢丝 binding-in wire
螺纹接头 nipple;nipple joint;screw coupling;screwed fitting;tapped fitting;thread connection;threaded adapter;threaded connector;threaded coupling;threaded joint(ing);thread joint;union
螺纹截面角 angle of thread
螺纹紧固件 threaded fastener
螺纹距 pitch of screws;pitch of threads;screw pitch;thread interval;thread pitch
螺纹锯床 fret-sawing machine
螺纹卡尺 thread cal(l)ipers
螺纹卡规 screw snap ga(u)ge;screw-thread ga(u)ge
螺纹卡钳 thread cal(l)ipers
螺纹刻度盘 thread dial
螺纹刻度手柄 thread chasing lever
螺纹孔 tapered hole;tap(ping) hole;thread holing
螺纹口 threaded pipe end
螺纹口熟铁管 threaded wrought iron pipe
螺纹口套管 shoulder nipple
螺纹扣数 number of threads
螺纹扣形 screw-thread form
螺纹宽度 width of thread
螺纹立柱 threaded stud
螺纹连接 screw(ed) connection;screw joint;threaded connecting;threaded connection;threaded joint
螺纹连接管 screw nipple
螺纹连接环 screw shackle
螺纹连接密封 seal by screwed union;seal with screwed joint
螺纹连接凸缘 threaded flange
螺纹连接柱体 threaded drum
螺纹连接 threaded connection
螺纹联结 threaded and coupled;threaded attachment
螺纹联接器 screw coupling
螺纹两端面互相顶紧 butt together
螺纹量规 external thread ga(u)ge;female thread ga(u)ge;pitch ga(u)ge;screw ga(u)ge;thread ga(u)ge

螺纹轮廓 thread contour
螺纹罗盘仪 screw compasses
螺纹螺母 tapped nut;twist nut
螺纹螺栓 indented bolt
螺纹螺纹玻璃球 threaded glass globe
螺纹毛坯直径 blank diameter
螺纹锚定件 threaded anchorage
螺纹锚杆 screw anchor;indented bolt
螺纹锚固 nut anchorage;threaded anchorage
螺纹锚具 threaded anchorage
螺纹锚栓 threaded bolt;threaded rod
螺纹铆钉 screwed rivet
螺纹帽 thread cap
螺纹煤气管 screwed gas pipe
螺纹面 flank of thread;flat of thread
螺纹模 screw die
螺纹磨床 thread and form grinder;thread grinder
螺纹磨削 thread grinding
螺纹木材 spiral-grained wood
螺纹木塞 screwed dowel;treenail
螺纹内径 bottom diameter;minor diameter;thread bottom diameter;thread root diameter
螺纹啮合 thread engagement
螺纹啮合长度 length of thread engagement
螺纹配合 screw coupling;screw-thread fit;thread(ed)fit
螺纹喷管 threaded nozzle
螺纹平垫密封 seal by flat gasket
螺纹千分表 thread-dial indicator
螺纹嵌入件 threaded insert
螺纹切割机 thread-cutting machine
螺纹切削 screw chasing;screw cutting;thread cutting
螺纹切削板牙磨床 chaser grinder
螺纹切削刀具 thread-cutting tool
螺纹切削机 screw chasing machine;screw machine;screw screwing machine
螺纹切削机床 screw-cutting machine
螺纹切削结构 thread-cutting mechanism
螺纹切削头 screw-thread cutting head
螺纹切削油 thread-cutting compound;thread-cutting oil
螺纹圈 fillet of screw
螺纹软管接头 hose nipple
螺纹润滑脂 thread dope
螺纹塞 closing screw
螺纹塞规 plug thread ga(u)ge;screw-plug ga(u)ge;thread plug;thread plug ga(u)ge
螺纹伸杆 threaded projecting bar
螺纹深度 depth of thread
螺纹式方口套筒夹头 threaded type square socket chuck
螺纹式轨道螺母夹头 threaded type track bolt nut chuck
螺纹式(连接) screwed type
螺纹式联接器 screw-type coupling
螺纹枢 threaded pivot
螺纹梳刀 chaser;comb;screw chaser;screw chasing tool;screw comb;thread chaser
螺纹梳刀机 chaser mill
螺纹梳刀磨床 chaser grinder
螺纹梳刀盘 chaser die head
螺纹梳刀头 chaser die head
螺纹梳刀样板 screw-thread tool ga(u)ge
螺纹束节 threaded coupling
螺纹栓 dowel screw;threaded bolt
螺纹锁 screw fastening
螺纹套 threaded bush
螺纹套管 screw(ed)sleeve;tapping sleeve;tension sleeve;threaded bush;threaded sleeve
螺纹套管插口 screwed pipe joint;screw socket joint(ing)
螺纹套管接头 screwed connection;screwed pipe joint;screwed socket joint
螺纹套筒 screw shell;screw sleeve;threaded sleeve
螺纹填料 thread sealant
螺纹头 thread head
螺纹头钢管 screw end steel pipe
螺纹透镜 Fresnel's lens
螺纹退刀扣 end of thread
螺纹托尔钢 deformed Tor-steel
螺纹外径 full diameter of thread;major diameter
螺纹弯头 union bend
螺纹尾(部) run-out of thread
螺纹铣床 screw-thread milling machine;thread miller
螺纹铣床附件 thread milling attachment
螺纹铣刀 screw cutter;thread fraise;threading cutter;thread mill(ing cutter)
螺纹铣削 thread milling
螺纹线数 number of leads
螺纹销钉 stud
螺纹斜度 slope of thread
螺纹心轴 threaded mandrel;threaded spindle
螺纹形嵌条 twisted fillet
螺纹形式 thread type
螺纹修复刀具 thread restoring tool
螺纹修整板牙 rethreading die
螺纹修整刀具 thread restoring tool
螺纹旋车 thread rolling
螺纹旋入长度 length of fit
螺纹旋压 slash
螺纹压盖 union-screwed bonnet
螺纹压帽 union cap
螺纹牙的齿侧面 flank
螺纹牙底 root of thread;thread root
螺纹牙顶 crest of screw thread;crest of thread
螺纹牙尖间隙 tip clearance
螺纹牙形 form of thread;thread form;thread profile
螺纹牙形角 angle of thread;thread angle
螺纹验规不过端 no-go thread ga(u)ge
螺纹验规止端 no-go thread ga(u)ge
螺纹样板 pitch ga(u)ge;screw ga(u)ge;screw templet;template ga(u)ge
螺纹印模的底与模具 stock and dies
螺纹支管 tapping sleeve;threaded sleeve
螺纹直径 diameter of threads;root diameter
螺纹指示盘 chasing dial;dial thread indicator;thread-chasing dial
螺纹指示器 dial thread indicator;thread indicator
螺纹指数 spiral grain index
螺纹制 screw-thread system
螺纹中径 effective diameter of thread;pitch diameter;pitch diameter of thread
螺纹轴 screw spindle;threaded shaft;thread spindle
螺纹轴套型接头 threaded-sleeve-type fitting
螺纹轴线 axis of thread
螺纹主轴端 threaded spindle nose
螺纹铸铁管件 threaded cast-iron fittings
螺纹桩 screw pile
螺纹桩钉 screw post
螺纹状的 threadlike
螺纹锥 twist gimlet
螺纹钻 helical auger;screw drill;twist bit;twist drill
螺纹最小直径 minimum diameter of thread
螺线 helical;screw thread;spiral;spiral curve;spiral line;spire;thread
螺线的【数】 spiral
螺线灯丝 spiral filament
螺线阀 solenoid-operated valve
螺线方向 hand of spiral
螺线管 actuator;electric(al)solenoid;follow-up coil;solenoid(coil)
螺线管安培计 solenoid ammeter
螺线管闭合装置 solenoid-operated closing mechanism
螺线管操纵阀 solenoid valve
螺线管操纵空气阀 solenoid-operated air valve
螺线管传动器 solenoid actuator
螺线管磁场 solenoidal field
螺线管磁化 circuital magnetization;solenoidal magnetization
螺线管电感线圈 solenoidal inductor
螺线管动作的 solenoid-actuated
螺线管阀 solenoid valve
螺线管控制的 solenoid-controlled
螺线管控制真空阀 solenoid-controlled vacuum valve
螺线管式继电器 solenoid relay
螺线管式控制器 solenoid controller
螺线管向量 solenoidal vector
螺线管形的 solenoidal
螺线管振荡器 helitron oscillator
螺线管执行器 solenoid actuator
螺线管制动器 solenoid brake
螺线规 spiral rule
螺线极点 spiral point
螺线桨尖速度 helical tip speed
螺线精馏柱 spiral wire column
螺线控制阀 solenoid-operated valve;solenoid controlled valve
螺线流 spiral flow
螺线轮 helical gear
螺线腔模 spiral-cavity mo(u)ld
螺线绕法 spiral winding
螺线扫描 helical scan
螺线扫描法 spiral-scan method
螺线扫描记录法 helical recording
螺线生长 spiral growth
螺线式灯丝 coiled-coil filament
螺线式灯丝灯泡 coiled-coil lamp
螺线天线 spiral antenna
螺线凸轮 spiral cam
螺线图形 roulette pattern
螺线位错 helical dislocation;screw dislocation
螺线钨丝 spiral tungsten cable
螺线向量场 solenoidal vector field
螺线形导线 fish-line conductor
螺线形灯丝 coiled coil;coiled-coil filament
螺线形行波管 helix travel(l)ing wave tube
螺线型相位 threadlike phase
螺线延迟线 spiral delay line
螺线质谱仪 helicotron
螺线轴 spiral reel
螺线状阴极 helix heater
螺线族 family of spirals
螺形薄壳 helical shell
螺形齿轮 helical gear
螺形的 spiral-shaped bucket
螺形管 worm pipe
螺形花键 spiral spline
螺形喇叭 rear-feed horn
螺形木纹 spiral grain
螺形砌石路面 pegtop paving
螺形曲线 curve spiral
螺形托脚桌案 <古式家具> console table
螺形托座 console bracket
螺形位错 screw dislocation
螺形位错十字格 grid of screw dislocations
螺形线圈制动器 solenoid brake
螺形压缩泵 peristaltic pump
螺形支架 console
螺形支托 console bracket
螺形支柱挑檐 console cornice
螺形钻 auger
螺形钻头 spiral-shaped bit
螺旋 coiling;corkscrew spin;screw;spiral;spire
螺旋凹槽辊 spiral-groover roll
螺旋拔塞器 corkscrew
螺旋把手 bolt bar
螺旋摆动机构 screw swinging mechanism
螺旋摆动角 screw swinging angle
螺旋摆动速度 screw swinging speed
螺旋扳钳 screw wrench
螺旋扳手 screw stock
螺旋板 chasing;spiral plate
螺旋板荷载试验 screw plate loading test
螺旋板换热器 spiral heat exchanger;spiral-type heat exchanger
螺旋板热交换器 panel coil;plate coil(exchanger)
螺旋板式换热器 spiral plate heat exchanger
螺旋板式热交换器 spiral heat exchanger
螺旋板载荷试验 screw plate loading test
螺旋半径 radius of spin
螺旋拌合[和](搅拌)输送机 stirring screw conveyer[conveyor]
螺旋拌合[和]机 screw mixer
螺旋拌合[和]输送机 stirring screw conveyer[conveyor]
螺旋瓣 Heister's valves;spiral valve;valvular spiral
螺旋棒 Rigle bar;twist bar
螺旋棒止推轴承 rifle bar bearing
螺旋保险 fuse cutout
螺旋保险器 screwed cutout
螺旋报警灯 spiral alarm lamp;spiral alarm light
螺旋泵 Archimedean screw pump;Archimedean screw water lift;helicoidal pump;involute pump;propeller pump;screw(-type)pump;spiral pump;worm pump
螺旋泵排砂 grit discharge with spiral pump
螺旋泵送混凝土 screwcrete
螺旋标度 spiral scale
螺旋柄 screw spindle
螺旋拨料机 screw-type kickoff
螺旋波 helicon wave
螺旋波导 helical waveguide
螺旋波导直线加速器 helix accelerator;helix linac
螺旋不稳定性 corkscrew instability;helical instability;positive-column screw instability
螺旋操纵杆 auger-lever
螺旋槽 helical groove;spiral flute;spiral groove;spiral scroll
螺旋槽端铣刀 spiral cut end mill;spiral fluted end mill
螺旋槽阀芯 helical spool
螺旋槽管 spiral grooved tube
螺旋槽滚刀 spiral flute hob
螺旋槽棘轮旋凿 spiral ratchet screwdriver
螺旋槽铰刀 spiral cut reamer;spiral fluted reamer

螺旋槽可胀式铰刀 spiral fluted expansion reamer
螺旋槽可胀式手铰刀 spiral fluted expansion hand reamer
螺旋槽面卷筒 fluted drum; grooved barrel; grooved drum
螺旋槽式锥铰刀 spiral taper reamer
螺旋槽手用铰刀 spiral flute hand reamer
螺旋槽丝锥 spiral fluted tap
螺旋槽纹辊 spirally grooved roller
螺旋槽铣刀 spiral cut milling cutter
螺旋槽形磁鼓 helical slit drum
螺旋测径器 micrometer cal(l)ipers
螺旋测流计 screw current meter
螺旋测微计 micrometer screw ga(u)ge; spiral micrometer
螺旋测微镜 screw microscope
螺旋测微器 micrometer screw ga(u)ge; screw micrometer
螺旋插齿刀 helical pinion cutter
螺旋插座 screwdriver socket; screw-in socket
螺旋差动式钻机 geared-head drill
螺旋缠绕 spiral winding
螺旋缠绕管系统 spiral-wound pipe system
螺旋缠绕模件 spiral-wound module
螺旋场 helical field
螺旋沉降器 screw decanter
螺旋撑条 screwed stay; thread stay
螺旋承窝 screwed socket for union
螺旋澄清器 screw decanter
螺旋齿 helical tooth; screw(ed) tooth; spiral-curved tooth; spiral gear tooth
螺旋齿轮 helical gear; screw gear; spiral wheel; worm gear; twisted gear
螺旋齿轮齿 spiral gear teeth
螺旋齿轮传动 spiral gear drive; helical gearing
螺旋齿轮传动装置 screw gearing
螺旋齿轮毂 helical gear hub
螺旋齿轮减速器 helical gear reducer
螺旋齿轮切齿法 helical gear cutting
螺旋齿轮轴 helical gear shaft
螺旋齿轮装置 spiral gearing
螺旋齿条 helical rack; screw rack
螺旋齿铣刀 helical tooth(milling) cutter
螺旋翅片 helical fin
螺旋翅片管 spiral fin coil; spiral-finned tube
螺旋冲压弹簧 spiral press working spring
螺旋冲压机 screw press; screw punch
螺旋虫属 Spirorbis
螺旋抽水机 Archimedean screw pump
螺旋稠化机 spiral densifier
螺旋出料机 unloading screw
螺旋出土器 screw conveyer[conveyor]
螺旋触簧 whisker
螺旋传动 helical gearbox; screw drive; screw-driven
螺旋传动齿轮 helical design transfer gearing
螺旋传动的偏心距 hypoid pinion offset
螺旋传动装置 screw gearing
螺旋传送器 screw spreader
螺旋磁性 helimagnetism
螺旋带 helical band; hurricane radar band; tape helix
螺旋带缆桩 screw pile dolphin
螺旋带摩擦离合器 helical band friction clutch
螺旋带式混合机 helical ribbon mixer
螺旋带式搅拌机 helical ribbon mixer; spiral ribbon mixer
螺旋带式输送器 ribbon flight spiral conveyer[conveyor]
螺旋带式温度计 spiral thermometer
螺旋带涡轮搅拌器 spiral ribbon turbine
螺旋弹簧 coiled spring; disc spring; helix; spring coil
螺旋弹簧管 helical Bourdon tube; helix Bourdon tube; spiral Bourdon tube
螺旋弹簧接触体 helical contact
螺旋弹簧离合器 coil clutch
螺旋弹簧摩擦离合器 coil friction clutch
螺旋弹簧胀圈活塞环 ring with coil spring expander
螺旋弹性 screw resilience
螺旋刀片 screw blade
螺旋导程 lead of screw
螺旋捣固机 spiral tamping machine
螺旋道钉 screw spike
螺旋道钉锤 screw spike driver
螺旋道钉拧入器 screw spike driver
螺旋道钉拧入器夹头 screw spike driver chuck
螺旋的 screwed
螺旋的小直径 minor diameter of screw
螺旋灯泡座 screw shell
螺旋灯丝 helix heater
螺旋灯座 Edison base
螺旋底托瓣式浮标锚碇杆 screw and mushroom sinker
螺旋电位器 helical potentiometer
螺旋垫圈 screw(-type) washer; spiral washer
螺旋钉 spiral nail
螺旋顶撑 screw strut
螺旋顶高器 block screw; screw block
螺旋顶升器 jack screw; screw block; screw jack
螺旋顶重器 jack screw; screw jack
螺旋定则 screw rule
螺旋端锁销 cotter with screw end
螺旋对称性 helical symmetry
螺旋对称轴 screw axis
螺旋阀 screw(ed) valve
螺旋法兰 screwed flange
螺旋法兰连接 screw flange coupling; screw flange joint; screw flange jointing
螺旋法兰联轴节 screw flange coupling
螺旋法则 corkscrew rule
螺旋方向 direction of spiral; hand of spiral
螺旋分布机 screw spreader
螺旋分布器 screw spreader
螺旋分度头 spiral head
螺旋分级机 Akins' classifier; screw classifier; screw grader; spiral classifier; spiral grader
螺旋分离器 spiral separator
螺旋分配仪 screw distributor
螺旋分选机 spiral classifier; Akins' classifier; washing screw
螺旋分选器 spiral picker; spiral separator
螺旋风道 spiral duct
螺旋风洞 spin wind tunnel
螺旋风口式化铁炉 erps cupola
螺旋风扇 helical fan
螺旋缝 spiral seam
螺旋缝焊接管 helically welded tube
螺旋缝隙 spiral slit
螺旋扶手端头 handrail wreath
螺旋辐射元 helix element
螺旋副 helix pair; screw pair
螺旋盖 screw cap; screw lid
螺旋干燥机 screw drier[dryer]
螺旋杆 endless screw; hob; screw rod
螺旋杆启闭机 screw capstan head
螺旋杆启闭器 screw capstan head
螺旋杆式并条机 screw gill drawing frame
螺旋杆式粗纺机 spiral roving frame
螺旋钢箍 spiral hoop-iron
螺旋钢管 spiral steel pipe
螺旋钢管普通水准标石 ordinary spiral steel tube benchmark
螺旋钢筋 helix; spiral hooping; spiral reinforcement; spiral steel; steel hooping; twisted bar
螺旋钢筋混凝土柱 helically reinforced column; spiral column; spirally reinforced column
螺旋钢筋柱 column with spiral hooping
螺旋钢丝加强的塑料管道 flex duct
螺旋钢丝索 helical strand
螺旋钢索 spirally wound cable; twisted rope
螺旋钢桩 steel screw pile
螺旋工作机构 screw working mechanism
螺旋供料 worm screw feed
螺旋供料成粒机 auger feed granulator
螺旋供料器 screw feeder; worm feeder
螺旋拱顶 helical vault
螺旋共振器 helical resonator
螺旋钩 snail hook; spiral flute
螺旋钩环 screw shackle
螺旋构型 helical configuration
螺旋构造 spiral structure
螺旋毂盖 propeller spinner
螺旋箍 spiral hoop
螺旋箍筋 column spiral; helical binding; helical reinforcement; spiral hooping; spiral hoop reinforcement; spiral reinforcement; spiral rod; steel hooping; tie hoop
螺旋箍筋柱 column with spiral hooping; column with steel hooping; helically reinforced column; spirally reinforced column; spiral stirrup column
螺旋箍缩 screw pinch
螺旋鼓风机 helical blower; spiral blower
螺旋固定锚 screw anchor
螺旋固定式钢圈 bolt-on rim
螺旋刮板 screw conveyer flight
螺旋刮料机 auger-type scraper
螺旋管 helical coil; helix tube; labyrinth; serpentine; serpentine coil; serpentine pipe; spiral coil; spiral conduit; spiral pipe; spiral tube; spiratron; toroid; toroid worm pipe; worm; conchoids
螺旋管底 screw base
螺旋管段 pigtail
螺旋管过热器 spiral superheater
螺旋管记录器 helix recorder
螺旋管冷却器 coil in box cooler
螺旋管曝气器 static tube aerator
螺旋管塞 casing head <井钻的>; casing cap
螺旋管式热交换器 spiral-tube heat exchanger
螺旋管式散热器 coiled radiator
螺旋管式输送机 screw tube conveyer[conveyor]
螺旋管式输送喂料机 screw tube conveyor feeder
螺旋管束 helical coiled tube bundle; spiral header
螺旋管线圈 electromagnetic cylinder
螺旋管形 toroidal
螺旋管压力计 spiral pressure ga(u)ge
螺旋管振荡器 helitron oscillator
螺旋管柱 screw cylinder
螺旋光学测微计 spiral optic(al) micrometer
螺旋规 helicograph; screw(-thread) ga(u)ge
螺旋规尺 screw ga(u)ge
螺旋辊 propeller
螺旋辊揉布机 spiral breaker
螺旋辊子 embossing roller; engraved roller; spiral roller; spiral-wound roller
螺旋滚刀式切碎器 helical knife cutter head
螺旋滚式输送道 roller spiral conveyer[conveyor]
螺旋滚式输送机 roller spiral conveyer[conveyor]
螺旋滚筒 worm roller
螺旋滚柱 spiral roller
螺旋滚柱轴承 flexible roller bearing; spiral-wound roller bearing; wound roller bearing; wound roller-type bearing
螺旋滚子 wound roller
螺旋滚子轴承 spiral roller bearing
螺旋过滤器 coil filter
螺旋函数 spiral function
螺旋焊 spiral welding
螺旋焊缝钢管 spiral-seamed steel pipe
螺旋焊缝管 spiral seam pipe; spiral seam tube
螺旋焊管 helical weld pipe; spirally welded tube
螺旋焊管机 spiral weld-pipe mill
螺旋焊接 helical welding
螺旋焊接钢管 spiral-welded steel pipe
螺旋焊接钢管桩 spirally welded steel tube pile
螺旋焊接管 helical-welded tube[pipe]
螺旋焊接壳体 helically welded case
螺旋荷载板试验 screw plate test
螺旋荷载板试验仪 field compressometer; screw plate tester
螺旋虎钳 screw vice
螺旋花键 spiral spline
螺旋花键槽拉刀 spiral spline broach
螺旋花键惯性啮合机构 Bendix drive
螺旋花键拉刀 helical spline broach
螺旋花线 spiral yarn
螺旋滑槽 screw sliding slot
螺旋滑车 worm pulley block
螺旋环 screw collar; spiral ring
螺旋环扎筋的 spirally reinforced
螺旋环终末 annulospiral ending
螺旋缓和曲线 spiral curve; spiral easement curve; spiral(l)ed transition curve
螺旋缓和竖曲线 spiral easement vertical curve
螺旋换热器 coil heat exchanger
螺旋回动机构 screw reverse gear
螺旋回动装置 screw reverse gear
螺旋回油槽 helical spill groove
螺旋混合机 helix mixer; mixing screw
螺旋混合器 helix mixer; mixing screw; ribbon mixer
螺旋混合型曝气器 helical mixer type aerator
螺旋活络扳手 screw spanner; screw wrench
螺旋活塞式泵 pump with helicoidal piston
螺旋活嘴夹 screw pinch-cock
螺旋给进回转器 gear feed(swivel) head
螺旋给进器 auger feeder; screw feed gear; screw feed head
螺旋给进式金刚石钻机 screw feed diamond drill; screw feed diamond rig

L

螺旋给进式钻机 screw feed machine; screw feed rig
螺旋给进系统 screw feed system
螺旋给进钻机回转器 screw feed swivel head
螺旋给矿机 single-spiral feeder
螺旋给料机 feed screw; feed worm; screw-type feeder; single-spiral feeder; worm distributor; worm screw feeder; screw feeder
螺旋给料机构 screw feeder
螺旋给料级联掺和机 auger-feeder cascading blender
螺旋给料阶式掺和机 auger-feeder cascading blender
螺旋给料器 worm feeder
螺旋棘轮改锥 spiral ratchet screw-driver
螺旋挤出机 auger machine; extruder-screw; screw extrusion press
螺旋挤芯机 worm feeding core extrusion machine
螺旋挤压机 extruder-screw; plodder; screw extruder; screw extrusion press
螺旋记录斑点 spiral recording spot
螺旋加料机 auger feeder; auger machine; mechanical screw batch charge; screw charger; screw feeder; self-conveyer feed; vane feeder; worm feeder
螺旋加料机构 screw feed mechanism
螺旋加料器 auger feeder; mechanical screw batch charge; screw charger; screw feeder; self-conveyer feed; vane feeder; worm feeder
螺旋加煤炉排 screw feed stoker
螺旋加速器 helical accelerator
螺旋夹 screw clamp
螺旋夹盘 screw chuck
螺旋夹钳 screw cramp
螺旋尖梢 flight tip
螺旋键 key screw; screw key
螺旋桨叶片 screw blade
螺旋桨 air screw; propeller; propellor; screw; screw propeller; screw propellor
螺旋桨敞水率 open propeller efficiency
螺旋桨车床 propeller lathe
螺旋桨车轴 output shaft propeller
螺旋桨传动轴 propeller drive shaft
螺旋桨船 screw ship; screw vessel
螺旋桨船后效率 behind propeller efficiency
螺旋桨带动 propeller-driven
螺旋桨带动的 propeller-driven
螺旋桨发动机 airscrew engine; propeller jet
螺旋桨防冰器 propeller anti-icer
螺旋桨飞车 propeller racing
螺旋桨飞机 propeller-driven plane
螺旋桨风扇 propeller fan
螺旋桨负荷 propeller load
螺旋桨根 propeller root
螺旋桨根套 propeller cuff
螺旋桨功率系数 propeller power coefficient
螺旋桨毂 airscrew hub; boss; propeller boss; propeller hub
螺旋桨毂盖 propeller spinner
螺旋桨荷载曲线 propeller load curve
螺旋桨后进气口 propeller scoop
螺旋桨弧 propeller arc
螺旋桨滑退率 slip
螺旋桨加力梁 propeller reinforcing girder
螺旋桨间距 propeller spacing
螺旋桨减速齿轮 airscrew reduction gear
螺旋桨桨距调节机构 propeller pitch control
螺旋桨桨叶 screw blade; propeller blade
螺旋桨桨叶面积 area of propeller
螺旋桨搅拌机 crutcher; propeller-type agitator; propeller-type mixer
螺旋桨搅拌器 propeller mixer; crutcher
螺旋桨进程 propeller advance
螺旋桨进料 propeller feed; screw feed
螺旋桨进料机 propeller feeder
螺旋桨壳 airscrew boss
螺旋桨框架 propeller frame
螺旋桨框穴 propeller aperture; screw aperture
螺旋桨流 screw current; screw race
螺旋桨螺距 airscrew pitch; pitch of propeller; propeller pitch
螺旋桨螺母 propeller nut
螺旋桨螺栓 propeller bolt
螺旋桨马力 propeller horsepower; screw horsepower
螺旋桨帽 propeller cap
螺旋桨盘面比 propeller area ratio
螺旋桨盘面圆 airscrew circle
螺旋桨喷气飞机 jet-propeller aeroplane
螺旋桨平衡 propeller balance
螺旋桨平衡架 propeller balancing stand
螺旋桨平衡器 airscrew balancing apparatus
螺旋桨平衡试验机 propeller balancing machine
螺旋桨剖面 propeller section
螺旋桨起动器 propeller starter
螺旋桨气蚀 propeller cavitation
螺旋桨气穴 propeller cavitation
螺旋桨切口钻头 spiral-type whipstock bit
螺旋桨式 propeller-type
螺旋桨式拌和机 propeller-type mixer
螺旋桨式泵 feathering pump; propeller pump; screw impeller pump
螺旋桨式风机 screw ventilator
螺旋桨式风力发电机 propeller wind generator
螺旋桨式风扇 propeller(-type) fan
螺旋桨式风速表 helicoidal anemometer; propeller anemometer
螺旋桨式风速计 helicoidal anemometer; propeller anemometer
螺旋桨式风速仪 helicoidal anemometer; propeller anemometer
螺旋桨式鼓风机 propeller-type fan
螺旋桨式护管 screw guard
螺旋桨式滑橇 propeller sled
螺旋桨式混合池 propeller mixing chest
螺旋桨式混合器 propeller mixer
螺旋桨式搅拌混合器 propeller mixer
螺旋桨式搅拌机 propeller agitator; propeller-type agitator; propeller-type mixer; propeller-type stirrer
螺旋桨式搅拌器 propeller agitator; propeller stirrer
螺旋桨式流量计 propeller-type flowmeter; screw-type flowmeter
螺旋桨式流速仪 propeller current meter; propeller-type current meter; screw current meter
螺旋桨式扭曲 propeller twist
螺旋桨式喷气发动机 propeller jet
螺旋桨式坡道 helicoidal ramp; propeller ramp
螺旋桨式器 propeller-type thruster
螺旋桨式水泵 propeller pump
螺旋桨式水表 propeller flowmeter; propeller meter
螺旋桨式水轮机 feathering propeller turbine; propeller-type turbine
螺旋桨式送风机 propeller-type fan
螺旋桨式速度计 propeller-type speed meter
螺旋桨式通风机 propeller(-type) fan; screw-type ventilator
螺旋桨式涡轮机 propeller-type turbine
螺旋桨式叶轮 propeller-type impeller; screw impeller
螺旋桨式叶轮机 propeller-type turbine
螺旋桨式转子 propeller runner
螺旋桨试验架 propeller test stand
螺旋桨水表 propeller flowmeter
螺旋桨水流 propeller current
螺旋桨停转 propeller dead stick
螺旋桨调速器 propeller governor
螺旋桨通风机强制通风系统 propeller-fan induced draught system
螺旋桨通风机强制屋顶通风装置 propeller-fan induced powered roof ventilator
螺旋桨通风机诱导通风系统 propeller-fan induced draught system
螺旋桨通风机诱导屋顶通风装置 propeller-fan induced powered roof ventilator
螺旋桨投影面积 projected propeller area
螺旋桨推进 screw propulsion
螺旋桨推(进)力 propeller thrust; airscrew thrust
螺旋桨拖船 screw propelled tug boat
螺旋桨尾流 propeller race
螺旋桨系 propeller set
螺旋桨系数 propeller coefficient
螺旋桨效率 propeller efficiency
螺旋桨效率比 relative rotative efficiency
螺旋桨效应 screw effect
螺旋桨斜度 propeller rake
螺旋桨修理车间 propeller repair shop
螺旋桨旋转面积 propeller disk area
螺旋桨旋转盘总面积 total propeller-disk area
螺旋桨旋转试验 propeller whirling test
螺旋桨旋转真空 propeller cavitation
螺旋桨叶 airscrew blade; propeller blade
螺旋桨叶尖 propeller tip
螺旋桨叶面积 propeller-blade area
螺旋桨叶片 propeller blade
螺旋桨叶式搅拌机 helical blade stirrer
螺旋桨叶式搅拌运输机 compulsory (type) mixer
螺旋桨叶凸缘 propeller-blade flange
螺旋桨用涡轮机 propeller turbine
螺旋桨噪声 propeller noise
螺旋桨增强梁 propeller reinforcing girder
螺旋桨闸 airscrew brake
螺旋桨直径 airscrew diameter
螺旋桨直升机 propcopter
螺旋桨制动器 airscrew brake; propeller brake
螺旋桨轴 propeller shaft; screw propeller shaft
螺旋桨轴扳手 propeller shaft turning wrench
螺旋桨轴槽轭 propeller shaft splined yoke
螺旋桨轴孔膨出部 propeller shaft bossing
螺旋桨轴帽 propeller cone
螺旋桨轴伸缩节 propeller shaft slip
螺旋桨轴推力弹簧 propeller shaft thrust spring
螺旋桨轴线 propeller axis
螺旋桨柱 heel post; propeller post
螺旋桨转矩 propeller torque
螺旋桨转速 propeller speed
螺旋桨总宽度比 total propeller-width ratio
螺旋桨总面积 propeller area
螺旋降车 propeller dolly
螺旋角 angle of ascent; angle of helix; angle of rifling; helical angle; pitch angle; spiral angle
螺旋角大的螺线 quick spiral
螺旋角检查仪 helix angle tester
螺旋绞刀 conveyor screw
螺旋绞线 spiral strand
螺旋搅拌棒 spiral mixing rod
螺旋搅拌机 mixing screw; screw agitator; spiral agitator; spiral stirrer
螺旋搅拌器 mixing screw; screw agitator; screw mixer; spiral agitator; spiral stirrer
螺旋搅拌输送机 stirring screw conveyer[conveyor]
螺旋阶梯状 helicoidal step configuration
螺旋接合 screw(ed) joint(ing); spiral joint
螺旋接头 screw coupling; screw joint
螺旋接线柱 screw plug
螺旋节距 screw pitch
螺旋结构 helical structure
螺旋截尖角 helical rake angle
螺旋金钢石扩孔器 spiral diamond reaming shell
螺旋金属板套管 spiral sheet metal casing
螺旋筋混凝土柱 spiral concrete column; spirally concreted column
螺旋筋螺距 pitch of spiral
螺旋筋约束混凝土 spirally confined concrete
螺旋筋柱 spiral column; spiral concrete column
螺旋进给 screw feed
螺旋进料斗式提升装载机 screw feed type bucket elevator loader
螺旋进料机 feed screw
螺旋进料器 auger feeder; feeding screw
螺旋进料输送器 spiral feed conveyer [conveyor]
螺旋进料运输机 spiral feed conveyer [conveyor]
螺旋精选机 spiral concentrator
螺旋举升器 bottle jack
螺旋举重器 elevating screw
螺旋距 pitch of screw
螺旋卷管 <俗称蛇皮管> spirally wound duct
螺旋卷盘 spiral tank reel
螺旋卷式曝气器 spiral roll aerator
螺旋掘进机 screw feed machine
螺旋卡盘 screw chuck
螺旋孔 screw hole
螺旋口灯座 <爱迪生式灯座> screw socket
螺旋扣 rigging screw; screw shackle; turnbuckle
螺旋框 screw mount
螺旋拉紧设备 screw shackle
螺旋拉条 screw stay
螺旋缆索 spiral strand
螺旋缆(索)股 spiral strand
螺旋捞矛 coil drag
螺旋肋片 spiral fin
螺旋肋式波纹管 corrugated and spiral rib pipe
螺旋冷溜槽 spiral cooling chute
螺旋冷却 spiral cooling

螺旋冷却器 cooling screw
螺旋离心泵 helico-centrifugal pump; mixed flow pump
螺旋离心式喷嘴 screw(ed)(type) centrifugal nozzle
螺旋立轴 screw mandrel
螺旋连接 screwed connection
螺旋连接的 screwing on
螺旋连接的管子 screwed-on pipe
螺旋连接器 screw connector; screw coupling
螺旋联动装置 screw gear
螺旋联接器 screw coupling
螺旋联轴节 coupling screw; screwed coupling
螺旋联轴节手柄 screw coupling lever
螺旋量增量 <斜齿轮> increment of face advance
螺旋裂缝 spiral crack
螺旋溜板 spiral slide
螺旋溜槽 spiral sluice
螺旋流 gyrating current; screw flow; spiral(ing) flow
螺旋流槽 spiral launder
螺旋流动 spiral flow
螺旋流搅拌机 spiral-flow mixer
螺旋流空气扩散法 <污水处理的> spiral-flow air diffusion
螺旋流空气扩散曝气池 spiral-flow air diffusion aeration tank
螺旋流冷却 helical flow cooling
螺旋流量计 screw flowmeter; vane flow meter; vane-type gasmeter
螺旋流曝气 spiral-flow aeration
螺旋流式曝气池 spiral-flow tank
螺旋楼梯 circular (winding) stair(case); corkscrew stair (case); screw stair (case); vice stair(case); vice <英国古建筑>
螺旋楼梯管柱 newel tube
螺旋楼梯中柱 newel post; starting newel(post)
螺旋楼梯中柱柱脚下垂装饰 newel drop
螺旋轮 helical wheel
螺旋螺纹磨损 strip the thread of a screw
螺旋锚碇系统 screw anchoring system
螺旋锚碇桩 screw anchor pile
螺旋锚碇装置 screw anchoring system
螺旋锚杆 screw anchor; spiral anchor
螺旋锚链掣 devil's claw; screw controller; screw stopper; cable stopper
螺旋锚着桩 screw anchor pile
螺旋铆钉 screw rivet; stud rivet; tap rivet
螺旋铆钉顶撑 screw-dolly
螺旋铆顶 screw-dolly
螺旋铆机 screw riveting machine
螺旋铆接管 spiral-riveted pipe
螺旋帽 blind; screw cap; screw head; sleeve nut
螺旋密封 helixseal
螺旋面 helical convolute; helical surface; helicoidal surface; helicoids; screw surface; skew helicoid; spiral surface
螺旋面牙嵌式离合器 spiral jaw clutch
螺旋膜 spiral membrane
螺旋摩擦压力机 flying press; screw friction press
螺旋捏和机 screw-kneader
螺旋浓缩机 spiral densifier
螺旋排绕 helical cast; spiral cast
螺旋排水机 Persian screw
螺旋盘管 spiral pipe
螺旋抛光机 spiral polishing machine
螺旋刨煤机 auger stripper
螺旋配筋 spiral reinforcement
螺旋喷流 spiral jet
螺旋喷卸管 auger spout
螺旋捧回转 rifle-bar rotation
螺旋偏振 helical polarization
螺旋平衡重 spiral balance; spiral sash balance
螺旋平面铣刀 plain spiral milling cutter
螺旋坡道 spiral ramp
螺旋坡线 helical ramp; helicline; spiral ramp
螺旋破裂法 <用于土壤滑坡分析> spiral method
螺旋破裂面法 spiral fracture method
螺旋曝气器 static tube aerator
螺旋起重机 bottle screw; elevating screw; jack screw; lifting screw; screw hoist; screw jack
螺旋起重机支柱 screw jack prop
螺旋起重器 bottle screw; elevating screw; jack (ing) screw; lifting screw; lift screw; screw hoist; screw jack; screw lifting jack
螺旋气体透镜 helical gas lens
螺旋器 acoustic(al) organ; organ of Corti; organum spirale; spiral organ
螺旋器隧道 canal of Corti; Corti's tunnel
螺旋千分尺 micrometer screw ga(u)ge; screw micrometer; screw-thread micrometer
螺旋千分卡尺 screw micrometer cal(l)iper
螺旋千斤顶 jacking block; jacking screw; jack screw; lifting screw; screw block; screw block-lifter
螺旋千斤顶柱 screw post
螺旋钎钢 auger steel
螺旋钎子 auger
螺旋牵簧 helical tension spring
螺旋前角 helical rake angle
螺旋钳 screw vice
螺旋嵌固金属塞 Mettex plug
螺旋切槽 helical cutting
螺旋切削 spiral cutting
螺旋切削机 screw-cutting machine
螺旋倾析器 screw decanter
螺旋清洁器 <运输机皮带的> spiral cleaner
螺旋球阀 screw valve
螺旋曲线 curve spiral; solenoidal curve; spiral (ed) curve; helical curve; helical line
螺旋曲线起点 tangent to spiral
螺旋曲线图 spiral diagram
螺旋取土钻 auger; soil auger
螺旋取向照像 helical diagram
螺旋取样器 auger sampler
螺旋绕带式多层圆筒 spirally coil-layered cylinder
螺旋绕法 helically wound
螺旋绕丝机 helical winding machine
螺旋绕组 fish winding; helically wound; spiral winding
螺旋刃带 helical land
螺旋熔断器 plug fuse
螺旋撒料盘 spiral disc distributor
螺旋塞 screw(ed) plug; screw stopper
螺旋伞齿轮 helical bevel gear; spiral bevel gear
螺旋伞齿轮副 spiral bevel gear pair
螺旋伞齿轮滚齿机 spiral bevel gear generating machine; spiral bevel gear generator
螺旋伞齿轮减速 helical bevel gear reduction
螺旋伞齿轮铣刀 spiral bevel gear cutter
螺旋伞齿轮终端传动 helicoidal bevel final drive
螺旋伞齿轮装置 spiral bevel gearing
螺旋伞形齿轮传动 spiral bevel gear drive
螺旋伞形小齿轮和齿圈 spiral bevel pinion and ring gear
螺旋扫描 spiral scan
螺旋扫描点 spiral scanning spot
螺旋扫描记录法 helical recording
螺旋扫雪机 screw snow plough
螺旋筛分机 spiral classifier
螺旋闪灯 helical flash lamp
螺旋扇风机 screw fan
螺旋上料器 auger feeder; screw feeder
螺旋上升的通货膨胀 inflation spiral; spiral(l)ing inflation
螺旋伸张器 spiral expander
螺旋升高机 screw block-lifter
螺旋升角 helix angle; lead angle; pitch angle
螺旋升流式反应器 spiral upflow reactor
螺旋升水器 Archimedean screw
螺旋升运机 auger elevator
螺旋升运器 auger elevator; elevating screw; screw elevator
螺旋生长 spiral growth
螺旋绳 spiral rope
螺旋式 auger-type; volute type; enclosed screw
螺旋式拌和机 crutcher
螺旋式泵 helical type pump; screw pump
螺旋式变阻器 screw-type rheostat
螺旋式擦拭器 screw wiper
螺旋式测微目镜 spiral micrometer eyepiece
螺旋式除雪机 screw snow remover
螺旋式打捞器 fox trip spear
螺旋式刀具盘 screw capstan head
螺旋式导管螺纹导管 spiral duct
螺旋式灯口 Edison socket
螺旋式灯丝 spiral filament
螺旋式镀层应力测试仪 helical plating stress tester
螺旋式发展 develop in spiral
螺旋式阀(门) screw-down valve; screw-type valve; alfalfa valve
螺旋式分类器 screw classifier
螺旋式分配器 auger divider; auger-type distributor; worm divider
螺旋式分选机 screw classifier; spiral classifier
螺旋式风机 propeller fan
螺旋式风力分级机 volute type air classifier
螺旋式干油枪 screw gun
螺旋式谷物升运器 auger-type grain elevator
螺旋式滑(冰)道 spiral slide
螺旋式滑槽 spiral chute
螺旋式缓行器 screw retarder
螺旋式换热器 plate coil(exchanger); votator
螺旋式回转泵 screw-type rotary pump
螺旋式混合器 helical mixer; screw-type mixer; spiral mixer
螺旋式混凝土布料机 screw-type concrete spreader
螺旋式混凝土撒布机 screw-type concrete spreader
螺旋式混凝土摊铺机 screw type concrete paver
螺旋式给料器 screw feeder; spiral feeder
螺旋式给水栓 screw-down hydrant
螺旋式挤压机 auger-type extrusion (unit); extrusion auger
螺旋式挤压器 auger-type machine
螺旋式夹套 spiral jacket
螺旋式减速器 screw retarder
螺旋式绞盘杆 screw capstan head
螺旋式搅拌机 crutcher; ribbon type mixer
螺旋式搅拌叶轮 screw impeller
螺旋式接线柱 screw terminal
螺旋式结筛 worm knotter
螺旋式进料器 screw feeder
螺旋式均压线 involute equalizer
螺旋式空气压缩机 spiral air compressor
螺旋式垃圾溜槽 spiral chute
螺旋式冷床 screw-type cooling bed
螺旋式冷却器 screw-type cooler; worm-type cooler
螺旋式离心泵 screw centrifugal pump
螺旋式犁 helical plow
螺旋式连续拌合[和]机 continuous screw-type mixer
螺旋式连接装置 <凿岩机钻头和钻杆的> screw-on attachment
螺旋式练泥机 auger machine
螺旋式溜槽 spiral chute; spiral ramp
螺旋式流速计 screw current meter
螺旋式流速仪 helical current meter
螺旋式楼梯 caracol(e); cockle stair(case); helical stair(case); spiral stair(case); vys(e); winding stair(case); geometric(al) stair(case); staircase of helical type; turnpike stair(case)
螺旋式锚 mooring screw; screw-type anchor
螺旋式锚系 screw mooring
螺旋式黏[粘]度泵 screw viscosity pump
螺旋式排绳器 lead screw rope guiding device
螺旋式盘绕 spiral winding
螺旋式配筋混凝土柱 spiral concrete column
螺旋式喷射机 screw spraying machine
螺旋式喷头 screw sprayhead
螺旋式皮带清洁机 spiral cleaner
螺旋式坡道 circular ramp; spiral ramp
螺旋式坡道停车处 spiral ramp car park
螺旋式破碎机 screw crusher; spiral crusher; worm crusher
螺旋式曝气系统 spiral-rolled aeration system; spiral-flow system
螺旋式起重机 bottle screw
螺旋式千斤顶 jack-in-the-box; screw jack
螺旋式牵引杆 screw tow bar
螺旋式清粮机 auger-type grain cleaner
螺旋式热交换器 votator
螺旋式熔断器 screw base fuse
螺旋式熔断器底座 Edison-base fuse holder
螺旋式入口 spiral inlet
螺旋式入土深度调节器 screw depth regulator
螺旋式扫描 spiral scan
螺旋式砂分级器 screw-type sand classifier
螺旋式砂筛分机 screw-type sand classifier
螺旋式栅格凹板 auger-type grate concave
螺旋式升降机 screw elevator
螺旋式升运器 spiral elevator
螺旋式输煤机 auger conveyer; conveyor worm; screw coal conveyer; unloading auger; worm conveyer [conveyor]
螺旋式输送机 helical conveyer; helicoidal conveyer; screw conveyer;

spiral conveyer; worm conveyer; screw-down conveyer[conveyor]
螺旋式输送器 helicoid conveyer; screw conveyer[conveyor]
螺旋式树桩挖掘机 helical stump cutter
螺旋式水泵 propeller pump
螺旋式水表 propeller flowmeter
螺旋式水龙头 screw-down cock
螺旋式水轮机 spiral wheel
螺旋式水泥进料器 cement screw feeder
螺旋式送料(器) screw feed
螺旋式隧道 spiral tunnel
螺旋式摊铺机 screw spreader; combination screw-screed spreader
螺旋式提升机 screw elevator
螺旋式通风机 helical fan
螺旋式通风扇 propeller fan
螺旋式通货膨胀 inflation spiral
螺旋式推车机 screw pusher
螺旋式挖坑机 screw earth auger
螺旋式挖泥船 screw dredge(r)
螺旋式弯钢筋机 worm-operated bar bender
螺旋式弯嘴管水龙头 screw-down bibcock
螺旋式桅灯泡 bulb with goliath screw cap
螺旋式涡轮机 propeller-type turbine
螺旋式洗砂机 <螺旋式洗沙机> screw sand washer; screw-type washer
螺旋式系紧装置 screw tightening device
螺旋式限时解锁器 screw release
螺旋式消防龙头 screw-down hydrant
螺旋式消防栓 screw-down hydrant
螺旋式小屋顶 spiral cupola
螺旋式斜槽 spiral chute
螺旋式卸车机 helical car unloader
螺旋式卸船机 screw ship unloader; screw-type ship unloader
螺旋式卸载机 auger unloader
螺旋式芯退出器 screw-type core pusher
螺旋式旋流分离器 involute cyclone
螺旋式选种机 spiral cleaner
螺旋式压力机 fly press
螺旋式压力计 helical manometer
螺旋式压实机 gyratory compactor
螺旋式压缩机 screw(-type) compressor
螺旋式压榨器 expeller
螺旋式叶轮 screw impeller
螺旋式叶片 screw blade
螺旋式液压马达 screw motor
螺旋式油枪 screw gun
螺旋式运输机 helical conveyer[conveyor]; spiral conveyer[conveyor]
螺旋式运输机配料 batching worm conveyer[conveyor]
螺旋式闸门 alfalfa gate
螺旋式闸门启闭机 screw gate lifting device
螺旋式闸门升降机 screw gate lifting device
螺旋式整平摊铺机 <混凝土> combination screw-screed spreader
螺旋式制冷机 screw refrigerator
螺旋式注油器 screw-type lubricator
螺旋式柱 spiral column
螺旋式转子泵 screw-type rotary pump
螺旋式装粮机 spiral grain loader
螺旋式装配衬砌 spiral-type lining
螺旋式装载机 auger loader
螺旋式自动钻孔机 self-drilling screw
螺旋式钻井机 auger rig
螺旋式钻头 auger twist bit; auger-type bit
螺旋式钻土器 screw earth auger
螺旋试验 spiral test
螺旋试验模型 spin model
螺旋饰品 volute
螺旋室 volute chamber
螺旋收敛 spiral convergence[convergency]
螺旋手柄工具 screwed shank tool
螺旋手锥 twist gimlet
螺旋输送 auger delivery
螺旋输送给料机 helical conveying feeder
螺旋输送机 Archimedean screw conveyer; conveyer screw; conveying screw; conveying spiral; conveying worm; conveyor screw; helicoid conveyer[conveyor]; screw feeder; auger conveyer[conveyor] <装卸谷物等>
螺旋输送机的差动装置 differential gear for screw conveyer[conveyor]
螺旋输送机轴承 bearing for screw conveyer[conveyor]
螺旋输送离心式泥浆泵 screw feed centrifugal sludge pump
螺旋输送器 auger conveyer; conveyer auger; conveyer screw; conveying worm; helical conveyer; spiral conveyer; worm conveyer[conveyor]
螺旋输送器底壳 auger concave
螺旋输送器减速电动机 gear motor for screw conveyer[conveyor]
螺旋输送器外罩 auger conveyer box
螺旋输送式吹送机 auger feed blower
螺旋束天线 helical beam antenna
螺旋刷筛 spiral brush sifter
螺旋水流 helical flow; helicoidal flow
螺旋水轮 spiral wheel
螺旋水栓 <用于排水试验的> screw plug
螺旋丝电热器 helix heater
螺旋丝锥 spiral tap
螺旋松紧式捞管器 rotary releasing spear
螺旋送料机 auger feeder; feed screw
螺旋送料器 auger feeder; feed screw
螺旋索头连接器 screw head connector
螺旋摊铺器 distributing screw conveyer[conveyor]
螺旋掏槽 spiral cut
螺旋套 helical casing; scroll cover; nut
螺旋套管 screw shackle; screw shell
螺旋套管接合 screwed socket joint
螺旋套筒 screw(driver) socket; screw shell
螺旋梯 cockle stair(case); round ladder
螺旋梯实心中柱 solid newel of stair(case)
螺旋梯踏步 step of spiral stair(case)
螺旋梯梯井 hollow newel; open newel
螺旋梯中柱 newel
螺旋提升 screw elevation
螺旋提升刮片 spiral flight
螺旋提升机 screw lift; worm elevator; worm lift
螺旋提升机构 screw lifting mechanism
螺旋提水器 Archimedean screw water lift; spiral water lift
螺旋提扬水机 Archimedean screw water lift
螺旋体 helicoid
螺旋体属 spirochaeta
螺旋天线阵 helix array
螺旋通道 spiral conduit
螺旋通风器 screw ventilator
螺旋同轴线匹配交换器 helix-to-co-axial-line transducer
螺旋桶 screw barrel
螺旋头 screw head
螺旋头部用活动杆 tommy wrench
螺旋投料机 screw batch charger
螺旋透镜 helical lens
螺旋凸 spiral prominence
螺旋凸棱辊 spiral-ribbed roll
螺旋凸轮 spiral cam
螺旋凸缘 screwed flange
螺旋图样 spiral pattern
螺旋土钻 earth borer
螺旋推出机 screw-type kickoff
螺旋推动 screw drive
螺旋推进 screw feed
螺旋推进器 propeller screw; propelling screw; screw auger; screw propeller; spiral propeller; spreader screw; water screw
螺旋推进器手柄 screw feed handle
螺旋推进式凿岩钻机 screw feed drill
螺旋推进套 helical propelling sleeve
螺旋推拉起重器 pushing and pulling screw jack
螺旋推力压缩机 screw-impelled compactor
螺旋推运器 auger
螺旋推运器传动链轮 auger drive wheel; auger sprocket
螺旋推运器传动装置 auger drive
螺旋推运器外壳 auger cover
螺旋推运器轴 auger core
螺旋椭圆弹簧组 spiral elliptic(al) spring set
螺旋挖掘机 helical digger
螺旋外叶 helical out lobe
螺旋位错 helical dislocation; screw dislocation
螺旋位移 screw displacement
螺旋喂料机 feeding screw; helical conveyer feeder; screw feeder; spiral feeder; worm feeder
螺旋喂送泵 screw feed pump
螺旋喂送器 screw feed; worm feed
螺旋纹 helicoid
螺旋纹板 stock
螺旋纹理 spiral grain
螺旋涡轮机 spiral turbine
螺旋蜗杆式闸门启闭机 screw and worm gate lifting device
螺旋洗矿机 screw washer
螺旋洗砂器 screw washer
螺旋铣刀 screw-on cutter; spiral milling cutter
螺旋铣法 helical milling
螺旋铣(削) helical milling
螺旋隙 slack in the screw
螺旋下降 spiral descent
螺旋下降式调整 screw-down control
螺旋下落式输送机 gravity spiral conveyer[conveyor]
螺旋显微镜 spiral microscope
螺旋线 coiling; conchoid; cylindric(al) spiral; helix(line); screw line; spiral line; circular conchoid
螺旋线波导管 spiral coiled waveguide
螺旋线尺 spirule
螺旋线导程 lead of helix
螺旋线的 helical
螺旋线电位器 helical potentiometer
螺旋线电压 helix voltage
螺旋线管 spiraltron
螺旋线滑阀 helical spool
螺旋线角 spiral angle
螺旋线节距 helix lead
螺旋线慢波结构直线加速器 helical linac
螺旋线耦合叶片慢波线 helix-coupled-vane circuit
螺旋线圈电位计 helipot
螺旋线圈起动器 solenoid starter
螺旋线升角 angle of spiral
螺旋线饰【建】 helix; spiral motif
螺旋线特性 spiral characteristic
螺旋线天线 helical antenna
螺旋线铣削 helix-milling
螺旋线形滤波器 helical line type filter
螺旋线形弯曲 toroidal bend
螺旋线阻抗 helix impedance
螺旋限制器 screw-type stop
螺旋销 screw pin; spiral pin
螺旋销卡环 screw shackle
螺旋销卸扣 screw shackle
螺旋小齿轮 helical pinion; spiral pinion
螺旋斜挂链 helical chain
螺旋斜角 angle of helix
螺旋斜坡道 helicline
螺旋斜纹织物 corkscrew weave
螺旋斜轴 spiral bevel axle
螺旋卸车机 spiral unloading machine
螺旋卸货机 unloading auger
螺旋卸粮管 auger spout
螺旋卸料 screw discharge
螺旋卸料机 unloading auger
螺旋卸料离心机 helical conveyer centrifugal; screw centrifuge; screw decanter; scroll discharge centrifuge
螺旋卸料器 auger stripper; screw discharger
螺旋卸料系统 spiral discharge system
螺旋卸煤机 screw coal unloader; spiral coal unloader
螺旋卸载 screw discharge
螺旋卸载机 unloading auger
螺旋心 heliocentric
螺旋心撑 radiator chaplet; spring chaplet
螺旋心软线 spiral-conductor flexible cord
螺旋心轴 screw mandrel
螺旋形 cochleary; cochleary cochleated; cochleated; helix; shape of spiral; spirality helicity; spiral(l)ing; volute; volution
螺旋形凹槽的 spiral fluted
螺旋形波导管 helix waveguide; spiral waveguide
螺旋形步态 helicopod gait; helicopodia
螺旋形槽 spiral slot
螺旋形超高缓和段结构 spiral structure
螺旋形齿轮 spiral gear; helical gear
螺旋形触探钻 helical sounding borer
螺旋形磁畴 serpentine domain; snake domain
螺旋形弹簧 coil spring; helical spring; volute spring; spiral spring
螺旋形弹簧提引钩 wiggle-spring casing hook
螺旋形挡栅浓缩槽 spiral rake thickener
螺旋形挡栅浓缩机 spiral rake thickener
螺旋形挡栅浓缩器 spiral rake thickener
螺旋形刀片 spiral blade
螺旋形导气 guiding air in spirality
螺旋形道路 spiral highway; spiral road
螺旋形的 gyroidal; helical; helicoidal; screwy; serpentine; spiral; spiral-shaped; spiry
螺旋形灯管 helical lamp
螺旋形灯丝 helix heater
螺旋形电极 spiral electrode
螺旋形电阻丝 resistance spiral
螺旋形垫衬 spiral-wound gasket
螺旋形锭料 spiral charge

螺旋形陡槽 spiral chute
螺旋形房屋 spiral house
螺旋形分光仪 spiral spectrometer
螺旋形分析器 spiral classifier
螺旋形副流 spiral cross current
螺旋形杆 spiral worm
螺旋形钢带制成的铁芯 spirakore
螺旋形钢箍 spiral hoop
螺旋形钢筋 helical reinforcement; reinforcing spiral; twisted steel
螺旋形钢筋(混凝土)柱 spirally reinforced column
螺旋形钢水槽 <超高压汽轮机的> steel spiral flume
螺旋形钢丝 fishing wire
螺旋形钢丝刷 rifle brush
螺旋形隔板 spiral septum
螺旋形公路 spiral highway
螺旋形钩 spiral hook
螺旋形箍 helical strake
螺旋形箍筋 helical binder
螺旋形刮板 spiral flight
螺旋形刮板浓缩机 spiral scraper thickener
螺旋形管 Bourdon tube
螺旋形管道 spiral duct
螺旋形管件 spiral element
螺旋形光纤 helical fibre
螺旋形光栅 spiral grating
螺旋形轨道 spiral path
螺旋形过渡曲线 transition spiral
螺旋形焊缝 spiral weld
螺旋形焊缝管 spiral-welded pipe
螺旋形焊缝套管 spiral sheet metal casing
螺旋形焊接管 spiral-welded pipe
螺旋形横向环流 spiral cross current
螺旋形花键 helical spline
螺旋形花键槽 spiral flute
螺旋形滑道 spiral ramp
螺旋形缓和曲线 easement curve; spiraled easement curve; spiraled transition curve; transition spiral; spiral transition curve
螺旋形畸变 spiral distortion
螺旋形极化天线 helicone
螺旋形挤压型材 helical extruded shape
螺旋形记录斑点 spiral recording spot
螺旋形加热器 spiral heater
螺旋形尖塔 <伊斯兰教寺院的> spiral minaret
螺旋形剪力接合器 spiral shear connector
螺旋形建筑 helical architecture
螺旋形搅动器 spiral-shaped agitator
螺旋形阶 spiral(l)ed scale
螺旋形结构 spiral structure
螺旋形进料离心泵 screw feed centrifugal pump
螺旋形进路 spiral approach
螺旋形晶体 spiral crystal
螺旋形井筒支架 helical steel support
螺旋形空气流扩散 spiral-flow air diffusion
螺旋形扩幅装置 spiral expander
螺旋形(粒料)撒布机 helical screw spreader
螺旋形连接板 spiral continuous slab
螺旋形连续板 spiral continuous slab
螺旋形裂缝 spiral crack
螺旋形流动 helical flow
螺旋形楼梯 helical stair(case); vise <英国古建筑>; geometric(al) stair(case); winding stairs
螺旋形楼梯间 cochlea
螺旋形楼梯斜梁 spiral stringer
螺旋形楼梯的中柱顶饰 newel cap
螺旋形螺丝分级机 spiral screw washer
螺旋形螺丝分类机 spiral screw washer
螺旋形螺丝洗选机 spiral screw washer
螺旋形锚 Mitchell's screw anchor; mooring screw; screw anchor
螺旋形锚碇块(体) mooring screw; screw mooring
螺旋形铆接管 spiral-riveted pipe
螺旋形目镜 helical eyepiece
螺旋形内冷铁 chill coil
螺旋形扭曲 spiral distortion
螺旋形排列 spiral disposition
螺旋形排丝器 spiral traverse
螺旋形盘管 spiral coil
螺旋形盘簧 helical wound spring
螺旋形抛撒轮 widespread spiral
螺旋形刨花 spill
螺旋形配筋柱 spiraled column
螺旋形喷射染色机 spiro-jet
螺旋形片状热交换器 spiral plate heat exchanger
螺旋形坡道 helical ramp; ramp tower; spiral ramp
螺旋形桥墩 spiral pier
螺旋形切刀 spiral(l)ed knife
螺旋形切削(木料) screwed work
螺旋形倾斜浓缩槽 spiral rake thickener
螺旋形倾斜浓缩机 spiral rake thickener
螺旋形倾斜浓缩器 spiral rake thickener
螺旋形曲线 spiral curve
螺旋形燃烧炉 spiral burner
螺旋形燃烧器 spiral burner
螺旋形绕管成型 spiral forming
螺旋形入口 spiral approach
螺旋形软管保护器 spiral-type hose guard
螺旋形沙坝 scroll bar
螺旋形闪光灯 helical flash lamp
螺旋形闪光管 helical flash tube; helix flash tube
螺旋形闪光泡 helical flash lamp
螺旋形上升的 spiring
螺旋形蛇管保护器 spiral-type hose guard
螺旋形盛料器 helical form container
螺旋形失真 spiral distortion
螺旋形失真校正 screw correction
螺旋形视野 spiral field; spiral visual field
螺旋形水泵 volute pump
螺旋形水槽 spiral flush port; spiral waterways
螺旋形水流 spiral current; helicoidal flow
螺旋形水轮机 helical-flow turbine
螺旋形隧道 spiral tunnel
螺旋形塔 spiral column
螺旋形套管 spiral casing
螺旋形梯 caracol(e)
螺旋形天线 corkscrew antenna; helical aerial; helical beam antenna; helix; screw antenna; helical antenna
螺旋形条纹 spiral fringe
螺旋形通道 spiral duct
螺旋形筒拱 helical barrel vault
螺旋形透镜框 screw-type lens mount
螺旋形挖掘头 spiral cutter-head
螺旋形外包装的 spiral wrapped
螺旋形涡流 spiral vortex
螺旋形蜗轮 helical worm gear
螺旋形物 spiral; wreath
螺旋形氙电弧灯 helical xenon-arc lamp
螺旋形线脚 cable mo(u)lding; spiral mo(u)lding; torsade
螺旋形线路 <高山地区> spiral line
螺旋形线圈 helical coil; spiral coil
螺旋形箱 scroll case
螺旋形效应 spiral effect
螺旋形谐振器 helical resonator
螺旋形旋转泵 screw-type rotary pump
螺旋形压力弹簧管 helical pressure tube
螺旋形引桥 spiral approach
螺旋形油箱 helical tank
螺旋形匝道 helical ramp; helicline
螺旋形镇压器 coil roller
螺旋形蒸馏塔 spiral column
螺旋形支柱 crosette; spiral pier
螺旋形终末 spiral end
螺旋形重力滑槽 spiral gravity shoot
螺旋形重力滑道 spiral gravity shoot
螺旋形柱 console; cork(screw) column; salomonica; screwed column; spiral (-shaped) column; torso; twisted column
螺旋形爪式联轴节 spiral jaw coupling
螺旋形钻 helical shaped bit
螺旋形钻孔 spiraling
螺旋形钻孔灌注桩 screwcrete pile
螺旋形钻土器 earth auger
螺旋型泵 pumping helix
螺旋型环形天线 spiral loop
螺旋型扩散 spiral mode divergence
螺旋型楼梯中柱 newel post
螺旋型位错 spiral dislocation
螺旋型正排量压气机 spiral positive-displacement compressor
螺旋性 helicity
螺旋旋转轴 screw shaft
螺旋选矿机 spiral concentrator; spiral separator
螺旋选矿机溜槽 spiral separator chute
螺旋选煤机 spiral coal unloader
螺旋压出机 screw extruder
螺旋压杆 screw strut
螺旋压簧 helical compression spring
螺旋压机 fly press
螺旋压紧封闭 pinch screw seal
螺旋压力弹簧 helical compression spring
螺旋压力机 screw press; spindle press; worm press
螺旋压滤机 screw filtering press; screw press
螺旋压气机 screw compressor
螺旋压缩机管夹 screw compressor clamp
螺旋压下阀 screw-down valve
螺旋压下机构 screw-down; screw-down gear; screw-down mechanism
螺旋压榨机 pressofiner; pressure screw extractor; screw filtering press; screw press
螺旋压砖机 screw press
螺旋延长部 extension screw
螺旋延迟电缆 helical delay cable
螺旋延迟线 delay line helix
螺旋眼 screw eye; screw hole
螺旋扬水机 spiral water lift
螺旋叶轮 helical runner
螺旋叶轮泵 screw-impelled pump; screw impeller pump
螺旋叶盘式截装机 spiral vane disk cutter
螺旋叶片 auger flight; helical blade
螺旋叶片流量计 spiral vane flowmeter
螺旋叶片式搅拌机 ribbon mixer
螺旋叶片式输送器 helically bladed screw conveyer[conveyor]
螺旋叶片式转子 spiral-bladed rotor
螺旋翼冲击钻杆 spiral-winged drill stem
螺旋翼轮表 screw flowmeter; vane-type gasmeter
螺旋油槽 helical oil groove; spiral oil grooves
螺旋预榨机 preliminary anger press
螺旋原理分级器 classifier using screw principle
螺旋运动 helical motion; screw motion; spiral motion; spiral movement
螺旋运输给料机 helical conveyer feeder
螺旋运输机 conveyer screw; screw conveyer[conveyor]; spiral conveyer[conveyor]
螺旋运送器 bazooka
螺旋运行机构 screw running mechanism
螺旋扎制钎杆 spiral-rolled drill steel
螺旋扎制钻杆 spiral-rolled drill steel
螺旋轧制 helical forging
螺旋闸门千斤顶 screw gate jack
螺旋展平机 spiral expander
螺旋振动上料器 helical vibration feeder
螺旋振动运输机 spiral vibrating conveyer[conveyor]
螺旋正齿轮 spiral spur gear
螺旋支架 helical mount
螺旋支柱 console
螺旋直径 diameter of screw; screw diameter
螺旋止动器 screw
螺旋止水 labyrinth sealing
螺旋止水环 labyrinth seal ring
螺旋纸浆传送器 helical screw pulp conveyer[conveyor]
螺旋制动(器) screw brake; thread brake
螺旋制砖机 auger machine
螺旋质谱计 helicotron
螺旋质谱仪 helicotron
螺旋重力分离器 spiral gravity separator
螺旋重力溜槽 helical gravity chute
螺旋重力溜子 helical gravity chute
螺旋周值 screw value
螺旋轴 screw rod; screw shaft; screw spindle; spiral shaft
螺旋轴衬 screw bushing
螺旋轴衬套 screw-shaft bushing
螺旋轴端 upset end; upset rod
螺旋轴式拌和机 screw mixer
螺旋轴式搅拌机 screw mixer
螺旋轴线 axis of screw; spiral axis; screw axis
螺旋肘杆式压力机 screw and toggle press
螺旋主盘 helical master
螺旋柱 screwed pile; spiral column; thread at both ends; threaded column; wreathed column; screw cylinder
螺旋柱式绞盘 pile-screwing capstan
螺旋爪离合器 spiral jaw clutch
螺旋转鼓 screw drum
螺旋转速 revolution speed of screw
螺旋桩 auger(ed) pile; screw pile; screw stake
螺旋桩基(础) screw pile foundation
螺旋桩码头 auger pile wharf; screw pile quay; screw pile wharf
螺旋桩墙 bore diaphragm
螺旋桩式绞盘 pile-screwing capstan
螺旋桩系泊 screw-pile mooring
螺旋桩系船墩 screw pile mooring dolphin
螺旋桩系船柱 screw pile dolphin
螺旋桩桩身 screw pile shaft
螺旋装订 spiral binding
螺旋装粮机 auger grain loader
螺旋装料器 auger packer
螺旋状凹纹立柱 spiral fluted column
螺旋状波导管 helix waveguide

螺旋状的 corkscrew; screw shaped; spiral helicine
螺旋状灯丝 helical heater
螺旋状吊槽扩孔器 swirl-type reamer
螺旋状对称 helical symmetry
螺旋状钢筋 spiral reinforcement
螺旋状管 helical coil
螺旋状焊接套管 spiral-weld sheet-metal casing
螺旋状焊丝 spiral-wound electrode
螺旋状角 spiral horn
螺旋状聚合物 coil polymer; spiral polymer
螺旋状肋片 helical fin
螺旋状硫银矿 acanthite
螺旋状排列 eccentric pattern; spiral arrangement
螺旋状坡道 spiral ramp
螺旋状输送器 creeper
螺旋状水流 helicoidal flow; spiral current
螺旋状送料器 spiral feeder
螺旋状弯曲 spiral deviation
螺旋状弯曲钻孔 spiral hole
螺旋状纹 wreathing
螺旋状物 helix; wreath
螺旋状细菌 spiral bacteria
螺旋状岩芯 corkscrew core; spiral core
螺旋状阴极 helix heater
螺旋状运动 gyrate
螺旋状支柱 crossette
螺旋状柱子 Barley sugar; barley-sugar column
螺旋锥 bit; twist gimlet
螺旋锥齿轮 spiral bevel gear
螺旋锥齿轮齿面接触提前量 face advance
螺旋锥齿轮副 spiral bevel gear pair
螺旋锥口钻 snail countersink
螺旋锥式选种机 spiral cone seed cleaner
螺旋锥体 screw cone
螺旋锥形钻头 screw point bit
螺旋钻 auger; auger drill; auger twist bit; Archimedean drill; earth auger; helical auger; helical drill; perforator; rotating auger; screw auger; spiral auger; spiral borer; spiral drill; twist drill; twist (ed) auger; twisted bit; wimble; worm auger; mucking tool < 取土样用 >; auger rig
螺旋钻的可卸钎头 finger rotary detachable bit
螺旋钻垫叉 auger fork
螺旋钻杆 auger pipe; auger rod; auger spindle; auger stem; screw
螺旋钻杆柱 auger string
螺旋钻机 auger drill; earth auger
螺旋钻机回转器 auger drill head
螺旋钻机开采薄煤层法 auger mining
螺旋钻机头 auger drill head
螺旋钻检验器 rotating-auger tester
螺旋钻接柄 auger extension
螺旋钻进 auger boring
螺旋钻进法 augering; corkscrew auger method
螺旋钻进方法 auger system
螺旋钻井 bored well
螺旋钻径规 twist drill ga(u)ge
螺旋钻孔 auger boring; auger drilling; auger hole
螺旋钻孔法 < 渗透试验的 > auger-hole method
螺旋钻孔灌注桩 augered pile
螺旋钻孔机 auger machine; earth auger
螺旋钻孔螺帽 bored screw nut
螺旋钻孔桩 bored pile
螺旋钻试验 rotating-auger test
螺旋钻探 auger boring; augering
螺旋钻头 auger (bit); auger head; twist drill; worm bit; gimlet bit; spiral bit
螺旋钻头钢 auger steel
螺旋钻土机 mechanical earth auger
螺旋钻土器 auger screw
螺旋钻挖土法 corkscrew auger method
螺旋钻轴 auger spindle
螺旋钻桩 augered pile
螺旋钻钻进 auger drilling
螺旋钻钻孔 auger boring
螺甾烷 spirostane
螺柱 double screw bolt; stud bolt; stud screw; rod threaded at both ends < 两端都有螺纹的螺杆 >
螺柱拆装工具 stud driver
螺柱电弧焊 arc stud welding
螺柱滚子 spiral roller
螺柱焊 stud weld(ing)
螺柱焊接 stud weld(ing)
螺柱焊枪 stud welding gun
螺柱接头 stud adapter
螺柱铆钉 stud rivet; tap rivet
螺柱铆钉锤 stud riveting hammer
螺柱枪 < 矿测设点用的 > stud gun
螺柱升降机 spindle lift
螺柱钻具 < 将钢固定件打进混凝土的 > stud driver
螺桩 dowel
螺桩固定的盖 bolted bonnet
螺桩固定的罩 bolted bonnet
螺装铣刀 screw-on cutter
螺状薄壳 helicoidal shell
螺状二歧分枝 helicoid dichotomy
螺状过滤曲线 spiral transition curve
螺状滑道 spiral shoot
螺状聚伞花序 bostryx; helicoid cyme
螺状轮轴 helicoidal wheel shaft
螺状扫描声呐 screw scanning type sonar
螺状纹理 spiral grain
螺钻 auger drill; auger shell; twist bit
螺钻接柄 auger extension
螺钻孔 auger hole
螺钻输送机 auger conveyer[conveyor]
螺钻形刀 strephotome
螺钻钻井法 auger drilling
螺钻钻探 auger boring

裸板 bare board

裸爆 lay-on blasting; surface blasting
裸爆炸层厚度 layer thickness of dobie blasting
裸冰 < 无雪覆盖的 > bare ice
裸船排水量 naked displacement; skeleton displacement
裸船体 bare deck; bare hull; naked hull
裸船租船合同 bare boat form charter
裸春孢器 caeoma
裸导火索 open fuse
裸导线 bare conductor; bare wire; plain conductor; uninsulated conductor
裸底井 barefoot(ed) well
裸地 bare area; bare ground; bare land; bare soil; barren ground; barren land; nudation
裸地休闲 black fallow
裸点 bare spot
裸电焊条 bare filler rod
裸电极 bare electrode; naked electrode
裸电缆 bare cable; naked cable
裸电线 bare conductor; bare wire; uninsulated conductor; bare electric(al) conductor
裸堆心 bare core
裸多芯电缆 strand
裸儿雕饰 putto[复 putti]
裸反应堆 bare reactor; naked reactor
裸钢 bare steel
裸钢丝绳 bright rope
裸根栽植 bare-rooted planting
裸拱肋卸架 unloading bare rib
裸拱圈卸架 unloading hare ring
裸拱卸架 unloading bare rib
裸构架 naked frame
裸管 bare pipe; bare tube
裸光纤 bare fiber; bare optic(al) fiber [fibre]
裸规 nude ga(u)ge
裸焊条 bare electrode; bare filler rod; bare welding rod; bare wire electrode; naked electrode
裸焊条电弧焊 bare metal arc weld; bare-metal arc welding
裸荒地 barren
裸汇流条 bare busbar
裸火 naked fire
裸货 null cargo
裸机 bare machine
裸极 bare electrode
裸计算机 bare computer
裸甲板 bare deck; bare electrode
裸礁石 bare rock
裸接地线 bare ground wire
裸接(头) wiped joint
裸井 barefoot(ed) well; nude well; open hole
裸井堵塞 wall plug
裸井段 barefoot interval
裸井段的起止深度 depth of nude well length from top to bottom
裸孔 bare hole
裸缆 bare cable
裸离子 bare ion
裸粒子 bare particle
裸楼层 naked flooring
裸露 bare; denudation
裸露爆破 adobe blasting; dobie; dobie blasting; exposed explosion; surface blasting; surface charge; lay-on blasting
裸露表面 exposed surface
裸露部分 exposed part
裸露残丘 exhumed monadnock
裸露齿轮 open gear
裸露导电部分 exposed conductive part
裸露的 laid bare; naked; raw; uncovered; uncovering
裸露的防火地板 non-combustible uncovered floor
裸露的防水板 exposed flashing(piece)
裸露的防雨板 exposed flashing(piece)
裸露的钢筋混凝土 exposed reinforced concrete
裸露的混凝土浇制件 exposed concrete casting
裸露的混凝土立面建筑构件 exposed concrete facade building component
裸露的混凝土梁 exposed concrete beam
裸露的混凝土柱 exposed concrete column
裸露的接头 stripped joint
裸露的肋 exposed rib
裸露的砌块 exposed block
裸露的砌砖工程 exposed brickwork
裸露的烧制成分 exposed cast component
裸露地 bare land; barren land
裸露地板 naked floor
裸露电离计 nude ion ga(u)ge
裸露端 exposed end
裸露钢框架 exposed steel framing
裸露管 bare pipe
裸露管线 bare pipeline
裸露海岸 exposed coast
裸露河槽 bare channel
裸露花砖 exposed tile
裸露混凝土的整修 exposed concrete finish
裸露混凝土结构 exposed concrete texture
裸露混凝土楼梯间 exposed concrete stair(case)
裸露混凝土面板 exposed concrete panel
裸露混凝土模板 exposed concrete shuttering
裸露混凝土模板工程 exposed concrete formwork
裸露混凝土形状 exposed concrete form
裸露基准面 base level of denudation
裸露阶地 undefenced terrace
裸露金属液 naked molten metal
裸露喀斯特 bare karst; naked karst
裸露面 bare surface
裸露轻质混凝土砌块 exposed lightweight concrete block
裸露渠道 < 没有植被的 > bare channel
裸露热电偶 bare thermocouple
裸露散热片 bare radiator
裸露散热器 bare radiator
裸露烧制构件 exposed cast member
裸露土层 open ground
裸露土(壤) bare soil
裸露位置 exposed position
裸露型喀斯特 bare karst
裸露型岩溶 bare karst
裸露岩层 exposed rock formation
裸露岩溶 bare karst; base karst; naked karst
裸露岩石 bare rock; rock exposure
裸露药包 dobie
裸露药包二次爆破法 mudcap method
裸露预浇混凝土构件 exposed precast concrete component
裸露在工地上的混凝土 exposed site-placed concrete
裸露砖石砌筑 exposed masonry(work)
裸铝绞股线 bare alumin(i)um stranded wire
裸麦 rye
裸麦完好交货条款 rye terms sound delivery
裸面榫舌 bare face(d) tongue
裸面榫(头) bare face(d) tenon
裸面雄榫 < 榫舌 > bare face(d) tongue
裸母线 bare bus; bare busbar
裸木格栅 boarding joist
裸盘菌属 < 拉 > psilopezia
裸奇点 naked singularity
裸清管器 bare pig
裸区 apterium; bare area
裸伞属 < 拉 > Gymnopilus
裸散货 nude cargo
裸松 < 产于美国南部 > walter pine
裸体单母线 single bare busbar
裸体的 nude
裸体躯干雕像 torso
裸体神童雕像饰 putto[复 putti]
裸体小儿雕像饰 putto[复 putti]
裸铜接头 bare copper connection
裸铜丝 bare copper wire; bare wire
裸铜线 bare copper wire
裸头的接头 stripped joint
裸土 bare soil; exposed soil
裸网 dead netting
裸线 bare cable; bare conductor; bare wire; blank wire; exposed wire; naked wire; nude wire; open wire; plain conductor

裸线匝 <不带绝缘的> bared turn
裸休闲地 bare fallow
裸锈子器 caeoma
裸芽 naked bud
裸岩 bare rock
裸眼 bare foot;naked hole;open hole
裸眼成井 barefoot completion;finish barefooted;open hole completion
裸眼封隔器 external packer; open hole packer
裸眼井 barefoot(ed) well;open hole well
裸眼井段 <未下套管的> barefoot interval
裸眼射孔 open hole shooting
裸眼水泥塞 bare hole cement plug
裸眼完成 barefoot finishing
裸眼完井 barefoot completion;finish barefooted;open hole completion;run barefoot
裸眼终孔 barefoot finishing
裸药 bare charge
裸域 apterium
裸值 bare value
裸质量 bare mass
裸砖 bare brick
裸装货 nude cargo;unpacked cargo
裸装货物 naked goods
裸装药 bare charge
裸子植物 gymnosperm
裸子植物门 Gymnospermae

洛

洛多斯风 lodos

洛风 Loo
洛夫波 Love wave
洛夫数 Love's number
洛甘宁系【地】Loganian system
洛根型片式截煤机 Logan slabbing machine
洛吉 <代表分贝的名称> logit
洛吉脱模型 <出行需求分析模型之一> Logit model
洛柯克型强制通风滤池 Lowcock's forced-draught filter
洛科特罗(机车遥控装置) Loeotrol
洛可可式【建】Rococo
洛可可式建筑 Rococo architecture
洛可可式园林 Rococo style garden
洛克金属双环木材连接件 Locker two-piece ring
洛克康 <一种钢筋座> loxon
洛克威尔硬度 Rockwell hardness
洛克威尔硬度数 Rockwell hardness scale
洛克伍德鲕状石灰石 <产于美国拉巴马州> Rockwood oolitic limestone
洛伦兹方程 Lorentz equation
洛伦兹关系式 Lorentz relation
洛伦兹光源理论 Lorentz theory of light sources
洛伦兹规范 Lorentz ga(u)ge
洛伦兹混凝土钻桩 Lorenz bored pile
洛伦兹矩阵 Lorentz matrix
洛伦兹框架 Lorentz frame
洛伦兹力 Lorentz force
洛伦兹力密度 Lorentz force density
洛伦兹螺旋钻孔桩 Lorenz bored pile
洛伦兹-洛伦兹公式 Lorenz-Lorentz's formula
洛伦兹谱线劈裂理论 Lorentz line-splitting theory
洛伦兹曲线 Lorenz curve
洛伦兹群 Lorentz group
洛伦兹线圈 Lorentz coil
洛伦兹线型 Lorentz line type
洛伦兹仪 Lorenz apparatus
洛伦兹因子 Lorentz factor
洛洛克隆 <一种防滑器> Rolokron
洛马克斯法 Lomax method
洛美 <多哥首都> Lome
洛杉矶(石料)磨耗试验 Los Angeles rattler test
洛杉矶港 Los Angeles Port
洛杉矶骨料磨损试验机 Los Angeles machine
洛杉矶光化学型雾 Los Angeles-type photochemical smog
洛杉矶光化学烟雾 Los Angeles smog
洛杉矶集料磨损试验机 Los Angeles machine
洛杉矶冷杉 alpine fir
洛杉矶磨耗试验 <岩石试验> Los Angeles abrasion test
洛杉矶磨耗试验机 Los Angeles abrasion testing machine
洛杉矶磨蚀试验 Los Angeles abrasion test
洛杉矶磨蚀试验机 Los Angeles abrasion machine;Los Angeles abrasion tester
洛杉矶磨损试验机 Los Angeles abrasion machine;Los Angeles abrasion tester
洛杉矶盆地 Los Angeles basin
洛杉矶(石料)磨耗机 Los Angeles rattler
洛杉矶(石料)磨耗试验 Los Angeles abrasion test
洛杉矶试验 Los Angeles test;rattler test
洛杉矶污染型 <以汽车排放废气污染大气为主的> Los Angeles(pollution) pattern
洛杉矶型雾 Los Angeles-type smog
洛氏 ABC 级硬度表 Rockwell ABC scale
洛氏硬度 <用 ABC 等级别表示> Rockwell hardness
洛氏硬度机 Rockwell machine;Rockwell tester
洛氏硬度计 Rockwell apparatus;Rockwell hardness tester
洛氏硬度试验 ball test for hardness;Rockwell hardness test
洛氏硬度试验机 Rockwell hardness tester
洛氏硬度试验器 Rockwell hardness tester
洛氏硬度试验仪 Rockwell hardness tester
洛氏硬度数 Rockwell hardness scale
洛氏硬度仪 Rockwell apparatus
洛氏硬度值 Rockwell hardness number
洛特卡定律 Lotka's law
洛特曼试验 <评价沥青混合料抗水损害性能的冻融循环试验> Lottman test
洛特赛萃取机 Rotocel extractor
洛特斯铅锑锡轴承合金 Lotus alloy
洛瓦带尺 <新型因瓦带尺> Lovar tape
洛维邦测色计 Lovibond tintometer
洛维邦德玻璃标准 Lovibond glass standard
洛维邦德色度计 Lovibond colo(u)rimeter
洛维邦色调比较计 Lovibond comparator
洛维邦色调计 Lovibond tintometer
洛维邦色辉计 Lovibond tintometer
洛维邦颜色体系 Lovibond colo(u)r system
洛西默思层【地】Lossiemouth bed
洛辛格系统 Losinger system
洛阳铲 <中国> Luoyang spoon;Luoyang shovel;drive pipe
洛阳浮法工艺 Luoyang float process
洛泽桥 <一种系杆拱> Lohse bridge

络

络分子 complex molecule

络合超滤纳滤耦合法 complexation-ultrafiltration-nanofiltration coupling process
络合超滤耦合法 complexation-ultrafiltration coupling process
络合沉淀 complex precipitation
络合催化 complex catalysis
络合催化剂 complex catalysis
络合滴定法 chelatometry;complex formation titration;complexometric titration;complexometry
络合滴定剂 complexometric agent
络合滴定试剂 complexone
络合反应 complexation reaction
络合废水 complex wastewater
络合分离法 complexing separation
络合汞离子 complex mercury ion
络合(化合)物 complex compound
络合剂 complexant;complexing agent;complexion
络合聚合电解质 complex polyelectrolyte
络合离解 complex dissociation
络合离子 complex ion
络合离子的不稳定性常数 unstability constant of complex ion
络合量法 complexiometry
络合磷酸盐 <如四代磷酸盐和酸式焦磷酸钠> complex phosphate
络合配位 complex-forming ligand
络合配位体 complexing ligand
络合染料 complex dye
络合容量 complexing capacity
络合柔量 complex compliance
络合色谱 complex chromatography
络合色谱法 complexation chromatography
络合态 complexing form
络合态铬离子 complex chromium ion
络合碳酸铁铵 complex ammonium-iron carbonate
络合碳酸盐 complex carbonate
络合铜活性染料 complex-Cu reactive dye
络合物 clathrate;complex;complex organic compound
络合吸附 complexation adsorption
络合盐【化】complex salt
络合阳离子 complex cation
络合阴离子 complex anion
络合有机分子 complex organic molecule
络合指示剂 complexometric indicator
络合作用 complexation;complexing action
络经机 warp winder
络聚剂 polycomplex
络纱 spooling
络纱机 spooler
络丝 silk winding
络丝机 silk reeling frame;silk reeling machine;silk winding frame
络酸 complex acid
络索水 funicular water
络筒 spooling
络筒机 high-speed cone winder
络网玻璃 ferro-glass;wired glass
络纬机 filling winder
络阳离子 cationic complex
络阴离子 anionic complex;complex anion

骆

骆驼 camel

骆驼刺 camel thorn;mannaplant alhagi
骆驼刺属植物 <拉> alhagi
骆驼刺属(固沙植物) <拉> alhagi
骆驼蓬 harmel;Peganum harmala

落

落板测具 <用于测试沥青乳液黏[粘]着性的> plate-dropping apparatus

落板口 drop door;trap door
落板装置 drop door;trap door
落棒法 rod-drop method
落笔 plot instruction
落布架 folder
落布装置 plaiting apparatus
落差 drop(height);drop in level;fall head;fall head of water;head of water;height of drop;height of fall;position head;section gradient;water head;throw【地】
落差测量 fall measurement
落差产生的水流 discharge due to fall
落差范围 range of head
落差检验 check and drop
落差建筑物 drop structure
落差流 hydraulic current
落差流量计 head meter
落差式(硫酸铜)注入法 <一种木材防腐剂> boucherizing
落差水流 hydraulic current
落差水头损失 loss of head;lost head
落差水位流量关系 fall-stage-discharge relation
落差随深度增大值 incremental value of throw with depth
落差损失 head loss;loss of fall
落差梯度 hydraulic gradient
落差增流器 fall increaser
落差贮水池 head tank
落潮 drop tide;ebb tide;falling tide;fall of tide;go-out;outgoing tide;tidal fall;tide ebb
落潮潮差 ebb tide range
落潮持续时间 duration of ebb(current);duration of fall
落潮间隙 ebb interval
落潮历时 duration of ebb tide;ebb tide duration
落潮量 ebb tide volume;volume of ebb
落潮流 ebb(ing) current;ebb stream;ebb tide current;ebb tide stream;outgoing ebb
落潮流沟槽 ebb channel
落潮流构造 ebb-current flow structure
落潮流间隙 ebb interval;strengthening of ebb interval
落潮流间隙强度 strength of ebb interval
落潮(流)历时 duration of ebb(current);duration of fall
落潮流速 ebb strength;strength of ebb
落潮流轴 ebb axis
落潮锚 ebb anchor
落潮末 ending of ebb
落潮平均流量 average ebb discharge;mean flow at outgoing flow
落潮平流 slack-water on the ebb
落潮憩流 slack-water level
落潮强度 strength of ebb
落潮时间 time of ebb
落潮水道 ebb channel
落潮水流 ebb current
落潮死航道 blind ebb channel
落潮涌浪 ebb surge
落潮淤积层 tidal mud deposit
落潮闸(门) ebb(tide) gate
落潮主槽 total volume of ebb tide;volume of ebb
落潮总量 volume of ebb tide

L

落车 car body dropping
落车台 drop table
落尘 dust fall; dust precipitation; fall dust; fallout
落尘收集器 dustfall jar
落成典礼 inauguration
落程 height of fall
落穿测深装置 drop penetration sounding apparatus
落床 denidation
落锤 drop(board) hammer; drop pile hammer; block hammer; block weight; drop press; drop stamp; drop weight; lift hammer; monkey hammer; tripped drop hammer; drop pile-driver; falling weight; fall weight <打桩用>; drop ball <破碎废金属用>
落锤测深 drop sounder
落锤扯裂试验 drop weight tear test
落锤冲击贯入仪 drop-impact penetrometer
落锤冲击试验 drop test; tup impact
落锤打桩法 drop hammer pile driving method
落锤打桩机 common pile driver; drop hammer driver
落锤捣(碎)矿(石)机 gravity stamp
落锤锻 drop forge
落锤锻模 drop die
落锤锻造 drop forging; drop stamping
落锤锻造钢 drop forging steel; Flashkut
落锤法 drop hammer method; weight dropping method
落锤高度 dropping height; fall of ram; hammer drop; height of drop; height of fall
落锤贯入试验 drop penetration test(ing)
落锤夯 drop(weight) rammer
落锤机 falling tup machine
落锤基础 base for drop-hammer
落锤抗断试验 crack starter test
落锤抗裂试验机 crack starter
落锤抗裂试验 crack starter test
落锤缆 <击碎机上的> hammer cable
落锤模 drop hammer die
落锤模锻法 drop hammer stamping
落锤破碎机 wrecking ball
落锤绳索 drop hammer cable; drop hammer line
落锤式打桩机 drop hammer pile driver; drop pile hammer
落锤式打桩设备 drop hammer pile driving plant
落锤式蝶形阀 falling weight type butterfly valve
落锤式蝶形风门 falling weight type butterfly valve
落锤式夯实机 drop weight; tamper-crane rammer; tamping-crane rammer
落锤式破碎机 skull cracker
落锤式取样器 drop coring device; drop coring sampler
落锤式弯沉仪 fall(ing) weight deflectometer
落锤式压实机 dropping-weight compaction machine; dropping-weight compactor
落锤式闸门 hammer gate
落锤式钻探工具 drop boring tool
落锤试验 drop hammer test; falling (weight) test
落锤试验机 drop hammer tester; drop testing machine
落锤效率 efficiency of hammer
落锤心棒 axle of drop hammer
落锤压实方法 dropping-weight method of compaction
落锤增量(冲击弯曲)试验 increment-drop test
落锤重 weight of hammer
落袋法冲击强度试验 shot bag impact test
落到船外 drop overboard
落道 lowering of track; track lowering; undercutting of track
落滴法 falling-drop method
落底 cutting down of bed; floor lowering; lowering of roadbed; undercut
落底门 drop bottom; hopper door
落底式进水口 drop inlet
落底式进水口溢洪道 drop-inlet spillway
落底式料斗 drop bottom bucket
落底式溢水口 shaft and tunnel spillway
落地安装型电动机 foot-mounted motor
落地(磅)秤 <称量载重汽车的> loadometer; load meter; pit scale
落地插座 floor plug
落地长窗 French sash; French window
落地车床 heavy duty face lathe series; pit lathe; surfacing lathe; T lathe
落地窗 door window; floor window; French casement; valved window
落地窗锁 French door lock; French window lock
落地窗旋转插销 Cremo(r)ne bolt
落地大座钟 grand clock
落地灯 <支柱可伸缩的> standard lamp; floor lamp; floor light; standing lamp
落地风扇 floor fan; ground fan
落地俯角 quadrant angle of fall
落地格栅 ground joist
落地拱 drop arch
落地固定式 floor type
落地柜 console
落地过低 <飞机> undershooting; undershoot landing
落地过高 <飞机> overshoot a landing field; overshooting; overshoot landing
落地花格窗 down-to-floor lattice window
落地混凝土板 ground slab
落地铰链窗 French sash
落地轮 ground wheel
落地浓度 ground-level concentration
落地刨床 pit planer
落地前平飘 <飞机> ballooning over the runway; hydroplaning
落地纱架 side creel
落地砂轮机 floor type grinding wheel
落地扇 floor fan
落地式 console model; floor mount type
落地式安装法 floor standing mounting
落地式摆锯 undercut swing saw
落地式变速操纵杆 floor shift
落地式操纵台 floor type control machine
落地式车床【机】 face lathe
落地式单位供暖器 floor type unit heater
落地式复印机 console documents copying machine
落地式固定导轨 floor type mounting rail
落地式键盘 console keyboard
落地式接收机 console receiver
落地式开关柜 floor standing enclosure
落地式控制台 console control desk; desk-like console panel; desk-like control panel; desk-type console; floor type control machine
落地式脸盆 pedestal lavatory; pedestal washbasin
落地式灵敏钻床 floor type sensitive drill press
落地式屏风 console screen
落地式设备 floor type
落地式收音机 console radio set; console receiver; console set
落地式镗床 floor type borer; floor type boring machine
落地式小便器 stall-type urinal
落地式仪表台 console
落地式圆筒(料仓) cylindric(al) ground type
落地式运输机 floor type carryall
落地式振动运输机 ground shaker
落地式支架 console
落地式轴承架 floor pedestal
落地收音机 console
落地水槽 bucket sink
落地台灯 floor lamp; torchere
落地镗床 floor type borer; floor type boring machine
落地未成 <飞机> aborted landing
落地污水盆 cleaner's sink; housemaid's sink
落地线 line of fall
落地型开关柜 foot-mounting cubicle
落地衣帽架 hall tree
落地罩 down-to-ground openwork screen
落地支架 floor stand
落地中转 transshipment by unloading goods from one part-load wagons to goods section then loading into another
落地钟 floor clock; floor clown-to-ground openwork screen; tall-case clock
落地烛台 candlestand table
落地装载车 ground-level loader
落点误差 landing error
落顶充填采矿法 cut-and-fill mining
落顶充填开采法 cut-and-fill mining
落顶开采法漏斗 caving bin
落定价 settled price
落端门敞车 drop end gondola car
落锻 drop-forged; drop forging; stamp forging
落锻锤 jumper bit
落锻钢模 drop-forging die
落阀 drop valve
落杆式 <水底凿岩的疏浚设备> drop bar
落弓调节器 chopper-bar controller; chopper controller
落弓式继电器 hoop-drop relay
落果 abscission of fruit
落黑 drop black
落洪段 falling curve; falling limb; falling segment
落洪率 flood subsidence rate
落洪期 falling flood stage
落后 back slide; fall behind; lag(behind); lagging; leeway; out-of-date; retardation; time delay; time lag; drop astern【船】
落后的 backward; behindhand; lost ground; underdeveloped
落后的边远地区 backwoods
落后地区 backward area
落后工业 ag(e)ing industry
落后国家 backward country
落后回归 lag regression
落后角 angle of lag; angle of retard
落后九十度 quadrature-lagging
落后履带 lagging truck
落后特性 lag characteristic
落后相角 lagging phase angle
落后协方差 lag covariance
落后阴影 lagging shadow
落后于 lag behind
落后于预定计划 behind the schedule
落后者 laggard
落后指标 lagging indicator
落户 domicile
落花 blossom drop; flower abscission
落花现象 blossom drop
落华石 blossom rock
落灰计 deposit(e) ga(u)ge
落货费 terminal charges
落基海槽 Rocky marine trough
落基山柏木材 western red cedar
落基山地槽 Rocky geosyncline
落基山海退 Rocky regression
落基山桧 Rocky Mountain red cedar; silver cedar
落急 <指潮汐> maximum ebb
落价 drop in price; fall in price
落架【建】 decentering
落箭试验 falling dart test
落角 falling angle
落角间隙 drop
落绞装置 collapsing motion
落脚处 stamping ground
落井式溢洪道 straight drop spillway
落距 drop; fall; fall head; height of drop
落空车数 wagon loadings not completed in monthly transport plan
落空的合同 frustrated contract
落孔内 run over in the hole
落跨 fall(ing) space; fall(ing) span
落雷 thunderbolt
落梁 lowering girder; lowering of girder
落料 blanking
落料槽 charging conduit
落料导槽 scoop
落料管 loading spout
落料间隙调节孔 regulating hole for discharging interval
落料件 blank
落料模 blank-and-cup die; blanking die; cutting die
落料生产线 blanking line
落料压力机 blank press
落轮坑 drop pit
落轮台 wheel drop table
落轮修【铁】 dropout wheel repair
落芒草类 rice grass
落煤槽 coal conduit
落煤风镐 pneumatic coal hammer
落煤刮板 conveyer[conveyor] scraper
落煤管 coal spout
落煤机 buster
落煤控制板 coal damper
落煤器 coal tripper
落棉自动剥取装置 automatic bourette stripper
落模 stamping die
落末 end of ebb
落球 falling sphere
落球冲击试验 falling-ball impact test
落球锤试验 drop weight test
落球法 falling-ball method
落球贯入度试验 drop-ball penetration test
落球回弹硬度计 scleroscope
落球黏[粘]度法 falling-ball visco(si)metry
落球黏[粘]度计 falling-ball visco(si)meter
落球黏[粘](滞)度仪 falling body visco(si)meter; drop-ball visco(si)

meter;drop sphere visco(si)meter
落球式黏[粘]度计 falling sphere visco(si)meter
落球式强度测定仪 falling-ball strength tester
落球式仪器 rolling sphere instrument
落球试验 ball impact test;ball test;drop-ball test;falling ball test;falling sphere test
落球硬度试验 dynamic(al) ball indentation test
落日征 setting-sun sign
落入 drop in
落入式绕组 drop in winding
落色工艺 lost-colo(u)r process
落砂 knockout;ramaway;ramoff;shakeout;sandfall
落砂格子板 shakeout grate;shakeout grid
落砂工 knocker-out
落砂工序 shakeout operation
落砂机 flask shaker;knockout machine;shakeout machine
落砂架 knockout grating
落砂孔 drop hole
落砂磨损试验 falling sand abrasion test
落砂清理 peeling
落砂栅 knockout grating;knockout grid;shakeout grate;shakeout grid
落砂设备 machinery;shakeout equipment
落砂试验 falling sand test
落射荧光显微镜 epifluorescent microscope
落石 falling rock;rock fall;rock slide;spalling of rock;stone falling
落石报警 falling rock alarm
落石防护设施 prevention for falling stone
落石工班 rock gang
落石警报装置 rock-fall alarm device
落石警告器 falling rock alarm
落石判断 rock-fall prediction
落石圬方防护法 rock-slide protection
落石圬方检测栅 rock-slide detector fence
落石围墙检测器 rock fence detector
落石楔 stone weir
落石预兆 rock-fall prediction
落石栅栏检测器 rock fence detector
落实 come down to earth
落实产量 verified output
落水 fall overboard
落水板 drip mo(u)ld(ing)
落水槽 standing gutter
落水池 plunge pool
落水洞 cloup;dolina[doline];gouffre;light hole;lime(stone) sink;locket;ponor[复 ponore];shackhole;sink hole;slocker;sumidero;swallet hole;swallow hole;water sink;water swallow;aven <灰岩地区的>
落水洞河外流处 keld
落水洞湖 <岩溶地区或冰川表面的> sinkhole lake;katavothra lake
落水洞泉 estavel
落水洞深度 depth of ponor
落水洞水系模式 sinkhole mode
落水洞直径 diameter of ponor
落水斗 cesspit;gutter spout funnel;leader head
落水管 down pipe;downspout;drain spout;fall tube;leader;rain downpipe;rainwater pipe
落水管卡 leader strap
落水管支路 down corner leg
落水虹管 waterfall siphon;waterfall syphon
落水井 ebbing well
落水口 drain gully
落水期 falling(flood) stage
落水期水位流量关系 falling stage-flow stage relation
落水溪 <岩溶河支流> sinking creek
落水斜口 rainwater shoe
落速 fall velocity;terminal velocity
落梭箱 shuttle receiver box
落梭斜槽 shuttle chute
落体 faller;falling body;falling mass;false body
落体加速度 acceleration of falling body
落体黏[粘]度计 falling body visco(si)meter
落体试验 drop test
落体速度 velocity of falling bodies
落筒 doff
落筒式黏[粘]度计 falling cylinder viscometer
落蜗杆 drop worm
落物保护结构 falling object protection structure
落物保护装置 falling object protection device
落物激振 vibration excited by dropping weight
落物卡钻 stuck fish
落物事故 accident of falling
落下 bed down;drop-away;dropout;falling;fall off;incidence;sloughing off
落下侧板 <敞车> drop-side
落下侧板倾卸垒 drop-side dump car
落下窗 drop window
落下次数 falling count
落下弹簧弓形仪 <画小圆用的圆规> drop spring bow instrument
落下的 droppings
落下的东西 droppage
落下的继电器 relay dropped-away;relay released
落下的物体 falling object
落下电流 drop-away current;dropout current
落下电流值 dropping current strength
落下电压 drop-away voltage
落下端板 <敞车> drop end
落下后反弹起来的物体 kicker
落下灰 fallout
落下灰沉降区 area of fallout
落下灰粒子 fallout particle
落下灰损伤 fallout damage;fallout injury
落下角 angle of fall
落下接点 back contact;bottom contact
落下孔车 well hole car
落下栏木 dropping the barrier
落下破碎 breaking by falling
落下时间 drop-away time;time of fall
落下式铰链门 drop door
落下式手制动轴 drop brake shaft;drop staff
落下位置 lowered position;lowering position
落下物 droppage;droppings
落下物防护装置 fall(ing) objects protective structure
落下值 drop-away value;dropout value;release value
落下重量 falling weight
落纤 tow
落线 drop
落限 setting limit
落箱机 flask drop down machine
落箱砂 shakeout sand
落像 falling
落屑 exfoliation
落选 fail to be elected;lose an election
落岩 breaking of ground
落叶 defoliation;leaf fall
落叶病 leaf cast;needle cast
落叶(覆盖)层 leaf-cover;duff;forest litter;leaf litter;mulch cover(ing)
落叶常绿混合硬木群落 aestidurilignosa
落叶灌木 deciduous shrub
落叶混交林 mixed deciduous forest
落叶剂 defoliant;harvest aid
落叶阔叶灌木丛 deciduous broadleaf scrub
落叶阔叶林 deciduous broadleaf forest
落叶栎 deciduous oak
落叶绿篱 deciluous hedge
落叶木本群落 deciduilignosa
落叶期 abscission period
落叶森林群落 ptenphyllium
落叶树 deciduous tree;fir tamarack
落叶树林 deciduous forest
落叶树木材 deciduous wood;wood of deciduous tree
落叶树树叶 leave from the deciduous trees
落叶松板瓦 larch shingle
落叶松木 dahurian larch;larch;tamarack
落叶松皮 laricis cortex
落叶松鞘蛾 <拉> Coleophora laricella
落叶松松节油 larch turpentine
落叶松小蠹 Seolytus morawitzi
落叶松枕木 larch sleeper
落叶松属 larch;Larix <拉>
落叶性的 deciduous
落叶延展机 gill faller spreader
落叶硬材树 deciduous hardwood tree
落叶植物 deciduous plant;defoliate plant
落影 dropping shadow
落淤坑 sediment trap
落鱼长度 length of fish
落羽杉 tidewater red cypress
落羽松 balcony bald cypress;bald cypress;common bald cypress
落在 fall on
落凿碎石机 drop chisel rock breaker
落渣 adhered residue;kiln dirt
落渣法向上凿井 drop raiser
落渣孔 glory hole
落涨 tide ebb
落针黏[粘]度计 falling needle visco(si)meter
落纸架 form receiving tray
落重法 weight-drop
落重破碎 drop crushing
落轴装置 beam doffer
落锥 falling dart
落锥冲击试验 fall-dart test
落锥试验 fall-cone test
落座面 seating surface
落座配汽阀 drop valve
落座试验 <浮坞门> seating test

摞

摞包机 bag stacker
摞包机进袋辊道 feeding roller table
摞合 pairing

参 考 文 献

[1] 罗新华. 英汉土木工程大词典[M]. 北京:人民交通出版社,2014.

[2] 中国社会科学院语言研究所词典编辑室. 现代汉语词典[M]. 6 版. 北京:商务印书馆,2012.

[3] 罗新华. 汉英港湾工程大词典[M]. 北京:人民交通出版社,2000.

[4] 中国社会科学院语言研究所. 新华字典[M]. 11 版. 北京:商务印书馆,2011.

[5] 方天中. 英汉港口工程词典[M]. 北京:人民交通出版社,2006.

[6] 张泽祯. 英汉水利水电技术词典[M]. 3 版. 北京:中国水利水电出版社,2005.

[7] 全国石油天然气标准技术委员会液化天然气分技术委员会. 液化天然气词汇:SY/T 6936—2013[S]. 北京:石油工业出版社,2014.

[8] 科学出版社名词室. 英汉建筑工程词汇[M]. 北京:科学出版社,2005.

[9] 全国科学技术名词审定委员会. 土木工程名词[M]. 北京:科学出版社,2003.

[10] 顾兴蓥. 新编氧化空调暖通制冷技术词典[M]. 北京:人民交通出版社,1999.

[11] 本词典编写组. 日英汉土木建筑词典[M]. 北京:. 中国建筑工业出版社,1996.

[12] 邱民. 英汉航海・航运・船舶大词典[M]. 北京:人民大学出版社, 1995.

[13] 洪庆余. 现代英汉水利水电科技词典[M]. 武汉: 武汉出版社, 1990.

[14] 谢凯成. 英汉・汉英涂料技术词典[M]. 北京:化学工业出版社, 1999.

[15] 瑞典 BENGT B. BROMS. 英汉对照图示基础工程学[M]. 史佩栋,编译. 北京: 人民交通出版社, 2005.

[16] 宁滨. 英汉汉英铁路词典[M]. 北京:中国铁道出版社,2005.

[17] 张文健. 汉英英汉地铁轻轨词汇[M]. 成都:西南交通大学出版社,2003.

[18] 本词汇编辑组. 英汉测绘词汇[M]. 北京:测绘出版社,1985.

[19] 王业俊,许保玖. 英汉给排水辞典[M]. 北京:中国建筑工业出版社,1989.

[20] 陈明扬. 英汉船舶机电词典[M]. 北京:人民交通出版社, 1996.

[21] 李若珊,等. 新编英汉科技常用词汇[M]. 北京:中国宇航出版社, 1994.

[22] 陆谷孙. 英汉大词典[M]. 缩印本. 上海:上海译文出版社,1993.

[23] 夏行时. 新英汉建筑工程词典[M]. 北京:中国建筑工业出版社,1999.

[24] 李开运. 英汉建筑工程大辞典[M]. 南京:河海大学出版社,1989.

[25] 王同亿英汉科技词天[M]. 北京:中国环境科学出版社,1987.

[26] 本词汇编订组. 新英汉机械工程词汇[M]. 北京:科学出版社,2008.

[27] 马家驹,李骝. 英汉铁路综合词典[M]. 北京:中国铁道出版社,1992.

[28] 潘钟林. 英汉起重装卸机械词典[M]. 北京:人民交通出版社, 1983.

[29] 李轸,朱和. 英汉石油化工词典[M]. 北京:化学工业出版社, 1997.

[30] 交通部基建管理司. 英汉水运工程词典[M]. 北京:人民交通出版社, 1997.

[31] 余昌菊,等. 英汉电工词汇[M]. 2 版. 北京:科学出版社,1987.

[32] 麦世基,等. 英汉工程机械词汇[M]. 哈尔滨:黑龙江科学技术出版社,1992.

[33] 本词典编辑组. 英汉地质词典[M]. 北京:地质出版社,1983.

[34] 马怀平,邵伯岐. 最新汉英审计·会计·金融大辞典[M]. 北京:中国审计出版社,1993.

[35] 周湘寅. 实用汉英机电词典[M]. 北京:人民交通出版社,1994.

[36] 戎培康. 英汉 - 汉英建材工业大词典[M]. 北京:中国建材工业出版社,2000.

[37] 张人琦. 汉英建筑工程词典[M]. 北京:中国建筑工业出版社,1993.

[38] 赵祖康,徐以枋. 汉英土木建筑工程词典[M]. 北京:人民交通出版社,1997.

[39] 赵祖康,等. 英汉道路工程词汇[M]. 4 版. 北京:人民交通出版社,2001.

[40] 李育才. 英汉建筑装饰工程词典[M]. 北京:中国建筑工业出版社,1997.

[41] 本词典编委会. 新英汉建筑工程词典[M]. 北京:中国建筑工业出版社,1991.

[42] 科学出版社名词室. 汉英生物学词汇[M]. 北京:科学出版社,1998.

[43] 科学出版社名词室. 汉英化学化工词汇[M]. 北京:科学出版社,2007.

[44] 吴钰. 英汉铁路工务工程词汇[M]. 北京:中国铁道出版社,2003.

[45] 辞海编辑委员会. 辞海[M]. 缩印本. 上海:上海辞书出版社,1989.

[46] 林鸿慈. 英汉港口航道工程词典[M]. 2 版. 北京:人民交通出版社,1997.

[47] 白英彩. 英汉计算机技术大词典[M]. 上海:上海交通大学出版社,1997.

[48] 中国土木工程学会土力学及基础工程学会. 土力学及基础工程名词(汉英及英汉对照[M]. 2 版. 北京:中国建筑工业出版社,1991.

[49] 李浑成,等. 英汉/汉英航海词典[M]. 北京:人民交通出版社,1998.

[50] 林宗元. 岩土工程勘察设计手册[M]. 沈阳:辽宁科学技术出版社,1996.

[51] 本词汇编辑组. 英汉现代科学技术词汇[M]. 上海:上海科技出版社,1982.

[52] FG Bell with specialist contributors. *Ground Engineer's Reference Book* [M]. ,Butterworths and Co (publishers) Ltd ,1987.

[53] BritishStandard(BS).

[54] American Society for Testing and Materials(ASTM).

[55] 中华人民共和国住房与城乡建设部. 岩土工程勘察术语标准:JGJ/T 84—2015[S]. 北京:中国建筑工业出版社,2015.

[56] 全国暖通空调及净化设备标准化技术委员会. 采暖、通风、空调净化设备术语:GB/T 16803—1997[S]. 北京:中国标准出版社, 1997.

[57] 中华人民共和国住房和城乡建设部. 供暖通风与空气调节术语标准:GB/T 50155—2015[S]. 北京:中国建筑工业出版社, 2015.

[58] 全国地理信息标准化技术委员会. 测绘基本术语:GB/T 14911—2008[S]. 北京:中国标准出版社, 2008.

[59] 中华人民共和国建设部. 城市规划基本术语标准:GB/T 50280—98[S]. 北京:中国计划出版社, 1999.

[60] 中华人民共和国住房和城乡建设部. 城市轨道交通工程基本术语标准:GB/T 50833—2012[S]. 北京:中国建筑工业出版社, 2012.

[61] 全国地理信息标准化技术委员会. 大地测量术语:GB/T 17159—2009 [S]. 北京:中国标准出版社, 2009.

[62] 中华人民共和国交通部. 道路工程术语标准:GBJ 124—88[S]. 北京:中国计划出版社, 1989.

[63] 全国地理信息标准化技术委员会. 地图学术语:GB/T 16820—2009 [S]. 北京:中国标准出版社, 2009.

[64] 全国国土资源标准化技术委员会. 地质矿产勘查测绘术语:GB/T 17228—1998 [S]. 北京:中国标准出版社, 1998.

[65] 中华人民共和国建设部. 电力工程基本术语标准:GB/T 50297—2006[S]. 北京:中国计划出版社, 2006.

[66] 中华人民共和国住房和城乡建设部. 房地产业基本术语标准:JGJ/T 30—2015[S]. 北京:中国建筑工业出版社,2016.

[67] 中华人民共和国交通运输部. 港口工程基本术语标准:GB/T 50186—2015 [S]. 北京:中国计划出版社, 2014.

[68] 中华人民共和国交通运输部. 港口装卸工属具术语:JT/T 392—2013[S]. 北京:人民交通出版社, 2013.

[69] 中华人民共和国住房和城乡建设部. 给水排水工程基本术语标准:GB/T 50125—2010[S]. 北京:中国计划出版社, 2010.

[70] 中华人民共和国住房和城乡建设部. 工程测量基本术语标准:GB/T 50228—2011[S]. 北京:中国计划出版社, 2012.

[71] 全国海洋船标准化技术委员会. 工程船术语:GB/T 8843—2002[S]. 北京:中国标准出版社, 2003.

[72] 全国海洋船标准化技术委员会. 海洋调查船术语:GB/T 7391—2002[S]. 北京:中国标准出版社, 2004.

[73] 中华人民共和国交通部. 航道工程基本术语标准:JTJ/T 204—1996[S]. 北京:人民交通出版社, 1997.

[74] 中华人民共和国住房和城乡建设部. 建材工程术语标准: GB/T 50731—2011[S]. 北京:中国计划出版社, 2012.

[75] 中华人民共和国住房和城乡建设部. 建筑材料术语标准:JGJ/T 191—2009[S]. 北京:中国建筑工业出版社, 2010.

[76] 中华人民共和国住房和城乡建设部. 工程结构设计基本术语标准:GB/T 50083—2014[S]. 北京:中国 建筑工业出版社, 2015.

[77] 中华人民共和国住房和城乡建设部. 岩土工程勘察术语标准:JGJ/T 84—2015[S]. 北京:中国 建筑工业出版社,2015.

[78] 中华人民共和国住房和城乡建设部. 建筑照明术语标准:JGJ/T 119—2008[S]. 北京:中国建筑工业出版社, 2009.

[79] 陈宽基. 科技标准术语词典:第一卷 综合[M]. 北京:中国标准出版, 1995.

[80] 中华人民共和国住房和城乡建设部,国家质量监督检验检疫局. 民用建筑设计术语标准:GB/T 50504—2009 [S]. 北京:中国建筑工业出版社, 2009.

[81] 中华人民共和国国家质量监督检验检疫总局,中国国家标准化管理委员会. 摄影测量与遥感术语: GB/T 14950—2009 [S]. 北京:中国标准出版社, 2009.

[82] 中华人民共和国工业和信息化部. 石油化工配管工程术语:SH/T 3051—2014 [S]. 北京:建材工业出版社,2015.

[83] 孙跃东. 实用英汉汉英土木工程词汇与术语[M]. 北京:人民交通出版社, 2005.

[84] 中华人民共和国住房和城乡建设部. 水文基本术语和符号标准:GB/T 50095—2014 [S]. 北京:中国计划出版社,2015.

[85] 中华人民共和国住房和城乡建设部. 铁路工程基本术语标准:GB/T 50262—2013 [S]. 北京: 中国计划出版社,2014.

[86] 铁道部标准计量研究所. 铁路隧道术语:GB/T 16566—1996[S]. 北京:中国标准出版社, 1997.

[87] 中华人民共和国住房和城乡建设部. 岩土工程基本术语标准:GB/T 50279—2014[S]. 北京:中国计划出版社, 2015.

[88] 全国阀门标准化技术委员会. 蒸汽疏水阀 术语、标志、结构长度:GB/T 12250—2005[S]. 北京:中国标准出版社, 2006.

[89] 全国质量管理和质量保证标准化技术委员会. 质量管理体系 基础和术语: GB/T 19000—2008[S]. 北京:中国标准出版社, 2009.

[90] 本书编委会. 工程地质手册[M]. 4 版. 北京:中国建筑工业出版社,2007.